BOSCH
Technik fürs Leben

Kraftfahrtechnisches Taschenbuch
30. Auflage

BOSCH

Technik fürs Leben

Kraftfahrtechnisches Taschenbuch

Impressum

Herausgeber
Robert Bosch GmbH
Postfach 410960,
D-76225 Karlsruhe.
Unternehmensbereich
Automotive Aftermarket.

Wissenschaftlicher Beirat und Schriftleitung
Prof. Dr.-Ing. Konrad Reif,
Duale Hochschule Baden-Württemberg, Ravensburg, Campus Friedrichshafen,
Studiengangsleiter
Fahrzeugelektronik und Mechatronische Systeme.

Redaktion
Dipl.-Ing. Karl-Heinz Dietsche.

Satz
Dipl.-Ing. Karl-Heinz Dietsche.

Autoren
Dipl.-Ing. Karl-Heinz Dietsche,
Prof. Dr.-Ing. Konrad Reif
sowie ca. 280 Autoren aus der Industrie und dem Hochschulbereich.

Technische Grafik
Bauer & Partner, Gesellschaft für technische Grafik mbH, Stuttgart;
Schwarz Technische Grafik, Leonberg.

30., überarbeitete und erweiterte Auflage, Januar 2022.

ISBN 978-3-658-36386-4
ISBN 978-3-658-36387-1 (E-Book)
https://doi.org/10.1007/978-3-658-36387-1

Die Deutsche Nationalbibliothek verzeichnet diese Publikation in der Deutschen Nationalbibliografie; detaillierte bibliografische Daten sind im Internet über http://dnb.d-nb.de abrufbar.

Planung/Lektorat: Markus Braun.

Springer Vieweg ist ein Imprint der eingetragenen Gesellschaft Springer Fachmedien Wiesbaden GmbH und ist ein Teil von Springer Nature. Die Anschrift der Gesellschaft ist: Abraham-Lincoln-Str. 46, 65189 Wiesbaden, Germany.

Abbildungen, Beschreibungen, Schemazeichnungen und andere Angaben dienen nur der Erläuterung und Darstellung des Textes. Sie können nicht als Grundlage für Konstruktion, Einbau und Lieferumfang verwendet werden.

Die Ausführungen geben ausschließlich die persönliche Auffassung der jeweiligen Autoren wieder. Ausführungen zu Rechtsnormen erheben keinen Anspruch auf Vollständigkeit und Richtigkeit. Die Inhalte des Buches treffen keine Aussage dazu, ob Fahrzeuge bzw. Fahrzeugbestandteile im Einzelfall zulassungsfähig sind und sie die jeweils geltenden rechtlichen Anforderungen einhalten.
Änderungen vorbehalten.

Die im Inhalt genannten Markenbezeichnungen dienen als Beispiele und stellen keine Bewertung oder Bevorzugung eines Herstellers dar. Markenzeichen sind nicht als solche gekennzeichnet.

Text-, Bild- und Informationsmaterial stellten freundlicherweise zur Verfügung:

Automotive Lighting Reutlingen GmbH.

BASF Ludwigshafen.

Bosch Engineering GmbH, Abstatt.

Brose Schließsysteme GmbH & Co. KG, Wuppertal.

BMW Group, München.

Daimler Truck AG, Stuttgart.

Dr. Ing. h.c. F. Porsche AG, Weissach.

Eberspächer Climate Control Systems GmbH & Co. KG, Esslingen.

ETAS GmbH, Stuttgart.

Gates GmbH, Aachen.

IAV GmbH, Berlin.

iwis motorsysteme GmbH & Co. KG, München.

J. Eberspächer GmbH & Co. KG, Esslingen.

Knorr-Bremse Systeme für Nutzfahrzeuge GmbH, Schwieberdingen.

MAHLE Behr GmbH & Co. KG, Stuttgart.

MAN Nutzfahrzeuge Gruppe.

MANN+HUMMEL GmbH, Ludwigsburg.

Mercedes-Benz AG, Stuttgart.

Mercedes-Benz AG, Sindelfingen.

Michelin Reifenwerke AG & Co.KGaA, Karlsruhe.

Robert Bosch Automotive Steering GmbH Schwäbisch Gmünd.

Saint-Gobain Sekurit Deutschland GmbH & Co. KG, Herzogenrath.

SEG Automotive Germany GmbH, Stuttgart.

Trelleborg Sealing Solutions Germany GmbH, Stuttgart.

Volkswagen AG, Wolfsburg.

ZF Friedrichshafen AG, Friedrichshafen.

Duale Hochschule Baden-Württemberg, Ravensburg, Campus Friedrichshafen.

Friedrich-Alexander-Universität Erlangen-Nürnberg.

Hochschule Esslingen.

Hochschule Karlsruhe – Technik und Wirtschaft.

Hochschule München.

Karlsruher Institut für Technologie (KIT).

Reinhold-Würth-Hochschule, Künzelsau.

Rheinisch-Westfälische Technische Hochschule (RWTH) Aachen.

Vorwort zur 30. Auflage

Die Kraftfahrzeugtechnik ist in den letzten Jahren und Jahrzehnten zu einem äußerst komplexen Fachgebiet geworden. Es wird immer schwieriger, das gesamte Gebiet zu überblicken und die wichtigen Themen der für die Kraftfahrzeugtechnik bedeutenden Fachgebiete ständig parat zu haben. Mittlerweile ist zwar eine Fülle dieser neuen Themen für sich in der vielfältigen Spezialliteratur ausführlich dokumentiert. Diese Literatur ist jedoch häufig für jemanden, der sich in ein Thema neu einarbeiten will, weder überblickbar noch in der dafür zur Verfügung stehenden Zeit lesbar.

Hier will das Kraftfahrtechnische Taschenbuch unterstützen. Es ist so gestaltet, dass sich auch ein Leser zurechtfindet, für den das einzelne Fachgebiet neu ist. Die wichtigsten für die Fahrzeugtechnik relevanten Themen sind in kompakter, verständlicher und praxisrelevanter Form zusammengestellt. Dies ist dadurch möglich, dass die Inhalte von Fachleuten verfasst wurden, die bei Bosch und bei anderen Fahrzeug- und Zulieferfirmen sowie im Hochschulbereich an genau den dargestellten Fachgebieten arbeiten.

In der hier vorliegenden 30. Auflage wurden viele Themen neu aufgenommen, grundlegend überarbeitet oder ergänzt. Schwerpunkt bei der Überarbeitung lag bei der Elektrifizierung des Antriebs. Das Buch wurde aber auch an vielen anderen Stellen überarbeitet, erweitert und aktualisiert, um die Inhalte dem Leser noch verständlicher nahezubringen. So wurde auch das Thema Künstliche Intelligenz aufgenommen, die in vielen Bereichen zur Anwendung kommt. Mehr als 260 Seiten sind gegenüber der 29. Auflage hinzugekommen. Soweit trotz der Vielzahl der Autoren möglich, wurde eine einheitliche Darstellungsweise und eine durchgängige Systematik und Nomenklatur innerhalb des Buchs angestrebt.

Die einzelnen Kapitel dieses Werks sind nach und nach mit Eingang der Autorenmanuskripte ins Layout gesetzt worden. Dabei wurde darauf geachtet, dass die Bilder möglichst so platziert sind, dass sie mit dem dazugehörigen Text auf der gleichen oder der gegenüberliegenden Seite dargestellt sind und somit beides für den Leser auf einen Blick sichtbar ist. Eine nachträgliche Verschiebung der Paginierung um eine Seite würde diesen Text-Bild-Bezug zerstören. Daraus ergeben sich allerdings an einigen Stellen leere Seiten.

Ohne die außerordentliche Unterstützung Vieler hätte diese 30. Auflage nicht entstehen können. Zuallererst gilt der Dank den Verfassern der einzelnen Beiträge, die mit großer Sorgfalt und Geduld selbst sehr umfangreiche und anspruchsvolle Kapitel termingerecht fertiggestellt haben. Ferner danken wir auch allen Lesern, die uns wertvolle Hinweise für Korrekturen gegeben haben.

Friedrichshafen und Karlsruhe, im Oktober 2021,

Wissenschaftlicher Beirat und Schriftleitung
und die Redaktion.

Inhalt

Kraftfahrzeuge
Gesamtsystem Kraftfahrzeug 28
Definition von Kraftfahrzeug 28
Funktionseinheiten eines Kraftfahrzeugs 28
Klassifikation von Kraftfahrzeugen 29

Grundlagen
Größen und Einheiten 32
SI-Einheiten 32
Gesetzliche Einheiten 35
Weitere Einheiten 41
Naturkonstanten 44
Mathematische Zeichen 45
Griechische Buchstaben 45
Grundlagen der Mechanik 46
Geradlinige Bewegung und Drehbewegung 46
Statik 49
Festigkeitsberechnung 51
Reibung 53
Fluidmechanik 56
Hydrostatik 56
Strömungsmechanik 57
Schwingungen 60
Begriffe 60
Gleichungen 62
Schwingungsminderung 63
Modalanalyse 64
Akustik 66
Allgemeine Begriffe 66
Messgrößen für Geräusch-emissionen 69
Messgrößen für Geräusch-immissionen 70
Subjektive Geräuschbewertung 71
Technische Optik 74
Elektromagnetische Strahlung 74
Geometrische Optik 74
Wellenoptik 77
Lichttechnische Größen 79
Lasertechnik 82
Lichtwellenleiter 83
Thermodynamik 86
Grundlagen 86
Hauptsätze der Thermodynamik 88
Zustandsgleichungen 89
Zustandsänderungen 91
Kreisprozesse und technische Anwendungen 91
Wärmeübertragung 96
Elektrotechnik 102
Grundlagen der Elektrizität 103
Elektrische Größen im Stromkreis 104
Leiter, Nichtleiter, Halbleiter 109
Gesetzmäßigkeiten 110
Elektrische Leistung und Arbeit 112
Zeitabhängiger Strom 114
Elektrisches Feld 117
Magnetisches Feld 118
Elektromagnetische Felder 125
Leistung im Wechselstromkreis 126
Wellenausbreitung 128
Elektrische Effekte in metallischen Leitern 131
Elektronik 138
Grundlagen der Halbleitertechnik 138
Diskrete Halbleiterbauelemente 141
Monolithische integrierte Schaltungen 157
Grundlagen Elektrische Maschinen 158
Energiewandlung 158
Systematik rotierender elektrischer Maschinen 159
Definition geometrischer Größen 159
Gleichstrommaschinen 160
Asynchronmaschine 166
Synchronmaschine 168
Geschalteter Reluktanzmotor 173
Elektronikmotoren 176
Energieeffizienzklassen 177
Drehstromsystem 178
Chemie 182
Elemente 182
Chemische Bindungen 188
Stoffe 192
Stoffkonzentrationen 194
Reaktion von Stoffen 195
Elektrochemie 202

Mathematik und Methoden
Mathematik 204
Zahlen 204
Funktionen 204
Gleichungen im ebenen Dreieck 210
Komplexe Zahlen 210
Koordinatensysteme 211
Vektoren 213
Differential- und Integralrechnung 215
Lineare Differentialgleichungen 218
Laplace-Transformation 219
Fourier-Transformation 220
Matrizen-Rechnung 222

Technische Statistik 226
Deskriptive Statistik 226
Wahrscheinlichkeitsrechnung 228
Kennzahl in der Qualitätssicherung und im Qualitätsmanagement 232
Finite-Elemente-Methode 234
Anwendung 234
FEM-Beispiele 237
Regelungs- und Steuerungstechnik 242
Begriffe und Definitionen 242
Regelungstechnische Übertragungsglieder 243
Entwurf einer Regelungsaufgabe 244
Adaptive Regler 246
Künstliche Intelligenz 248
Einführung in die KI 248
Maschinelles Lernen 250
Repräsentation von Information 253
Planen 254
IT-Sicherheit von KI-Systemen 256

Werkstoffe
Werkstoffe 258
Stoffkenngrößen 258
Werkstoffgruppen 270
Metallische Werkstoffe 271
EN-Normen der Metalltechnik 286
Magnetwerkstoffe 290
Nichtmetallische anorganische Werkstoffe 303
Verbundwerkstoffe 303
Kunststoffe 306
Wärmebehandlung metallischer Werkstoffe 328
Härte 328
Verfahren der Wärmebehandlung 331
Thermochemische Behandlungen 337
Korrosion und Korrosionsschutz 340
Korrosionsvorgänge 340
Phänomenologie der Korrosion 341
Korrosionsprüfungen 342
Korrosionsschutz 344
Überzüge und Beschichtungen 348
Überzüge 348
Beschichtungen 353

Maschinenelemente
Toleranzen 354
Gestaltabweichungen 354
Geometrische Produktspezifikation 354
Achsen und Wellen 359
Funktion und Anwendung 359
Dimensionierung 359
Gestaltung 361
Federn 362
Grundlagen 362
Metallfedern 364
Gleitlager 370
Merkmale 370
Hydrodstatische Gleitlager 370
Hydrodynamische Gleitlager 371
Selbstschmierende Gleitlager aus Metall 374
Selbstschmierende Gleitlager aus Kunststoff 376
Wälzlager 378
Anwendung 378
Allgemeine Grundlagen 378
Auswahl der Wälzlager 379
Berechnung der Tragfähigkeit 382
Dichtungen 384
Dichtungstechnik 384
O-Ring 386
Formteildichtung 393
Flachdichtungen 395
Verschlusskappen 396
Radialwellendichtring 398
Pneumatikdichtungen 406
Zweikomponentendichtungen 408
Stangen- und Kolbendichtsysteme 411
Elastomer-Werkstoffe 415

Verbindungstechnik
Lösbare Verbindungen 426
Formschlussverbindungen 426
Reibschlussverbindungen 430
Schraubenverbindungen 437
Schnappverbindungen an Kunststoffteilen 447
Unlösbare Verbindungen 450
Schweißtechnik 450
Löttechnik 454
Klebtechnik 455
Niettechnik 457
Durchsetzfügeverfahren 459

Fahrzeugphysik
Bewegung des Fahrzeugs 462
Koordinatensystem 462
Freiheitsgrade der Fahrzeugbewegung 462
Fahrwiderstände 464
Gesamtfahrwiderstand 464
Einzelfahrwiderstände 464
Dynamik der Kraftfahrzeuge 470
Merkmale der Fahrzeugdynamik 470
Fahrzeuglängsdynamik 471
Fahrzeugquerdynamik 479
Fahrzeugvertikaldynamik 486
Spezielle Fahrdynamik für Nutzfahrzeuge 493
Fahrdynamik-Testverfahren 498
Bewertung des Fahrverhaltens 498
Fahrdynamik-Testverfahren nach ISO 499
Energiebedarf für Fahrantriebe 506
Kraftstoffverbrauch von Verbrennungsmotoren 506
Kraftstoffverbrauch von Hybridfahrzeugen 509
Reichweite und Verbrauch von Elektrofahrzeugen 510
Well-to-Wheel-Analyse 512
Fahrzeug-Aerodynamik 516
Aerodynamische Kräfte 516
Aufgaben der Fahrzeug-Aerodynamik 519
Fahrzeug-Windkanäle 524
Fahrzeugakustik 530
Gesetzliche Vorgaben 530
Fahrzeugakustische Entwicklungsarbeiten 532
Geräuschquellen 533
Sounddesign 535

Betriebsstoffe
Schmierstoffe 538
Begriffe und Definitionen 538
Motorenöle 544
Getriebeöle 548
Schmieröle 549
Schmierfette 549
Kühlmittel für Verbrennungsmotoren 553
Anforderungen 553
Zusammensetzung von Kühlmitteln 553
Typen von Kühlerschutzmitteln 554
Bremsflüssigkeiten 556
Anforderungen 556
Kenngrößen 557
Chemischer Aufbau 558
Kraftstoffe 560
Übersicht 560
Kenngrößen 562
Benzin 563
Dieselkraftstoff 569
Methan 579
Autogas 581
Wasserstoff 582
Stromgenerierte regenerative Kraftstoffe 583
Ether 584
Harnstoff-Wasser-Lösung 590
Kältemittel für Klimaanlagen 591
Entwicklung bis heute 591
Alternative Möglichkeiten 592

Antriebsstrang
Antriebsstrang mit Verbrennungsmotor 594
Elemente des Antriebsstrangs 594
Aufgaben des Antriebsstrangs 594
Zugkraftkurven 595
Antriebsarten 598
Anfahrelemente und Schwingungsentkoppelung 600
Einfachkupplung 600
Doppelkupplung 602
Hydrodynamischer Drehmomentwandler 603
Schwingungsentkoppelung 605
Übersetzungsgetriebe 608
Komponenten in Schaltgetrieben 608
Handschaltgetriebe 614
Automatisiert geschaltete Getriebe 617
Doppelkupplungsgetriebe 618
Planetenautomatikgetriebe 620
Stufenlose Umschlingungsgetriebe 622
Nutzfahrzeuggetriebe 624
Differentialgetriebe 626
Achsgetriebe 626
Elektronische Getriebesteuerung 630
Aufgaben und Anforderungen 630
Komponenten der Getriebesteuerung 631
Schaltpunktsteuerung 632
Hydraulische Steuerung 634
Elektrohydraulische Aktoren 635

Verbrennungsmotoren

Verbrennungsmotoren 642
Wärmekraftmaschinen 642
Gemischbildung, Verbrennung, Emissionen 646
Ottomotor 646
Dieselmotor 657
Mischformen und alternative Betriebsstrategien 662
Ladungswechsel und Aufladung 664
Ladungswechsel 664
Variable Ventiltriebe 667
Aufladeverfahren 671
Abgasrückführung 674
Hubkolbenmotor 676
Komponenten 676
Bauformen des Hubkolbenmotors 690
Triebwerksauslegung 691
Tribologie und Reibung 699
Erfahrungswerte und Berechnungsunterlagen 703
Abgasemissionen 716
Historische Maßnahmen 716
Bestandteile des motorischen Abgases 716
Grundlagen der katalytischen Abgasnachbehandlung 718
Katalytische Verfahren zur Abgasnachbehandlung 719
Riemenantriebe 720
Kraftschlüssige Riemenantriebe 720
Formschlüssige Riemenantriebe 725
Kettenantriebe 730
Übersicht 730
Steuerketten 730
Kettenräder 734
Kettenspann- und Kettenführungselemente 734
Kühlung des Motors 736
Luftkühlung 736
Wasserkühlung 737
Ladeluftkühlung 743
Abgaskühlung 744
Öl- und Kraftstoffkühlung 745
Modularisierung 747
Intelligentes Thermomanagement 749
Schmierung des Motors 750
Druckumlaufschmierung 750
Komponenten 751
Thermomanagement 753
Ansaugluftsysteme und Saugrohre 754
Übersicht 754
Pkw-Ansaugluftsystem 755
Pkw-Saugrohre 763
Motorradsaugrohre 768
Nfz-Ansaugsystem 768
Nfz-Saugrohre 771
Aufladegeräte für Verbrennungsmotoren 772
Mechanische Lader 772
Abgasturbolader 775
Komplexe Aufladesysteme 784
Abgasanlage 790
Aufgaben und Aufbau 790
Krümmer 792
Katalysator 792
Partikelfilter 793
Schalldämpfer 794
Verbindungselemente 796
Akustische Abstimmelemente 797
Nfz-Abgassysteme 798

Steuerung und Regelung des Ottomotors

Steuerung und Regelung des Ottomotors 800
Aufgabe der Motorsteuerung 800
Systemübersicht 801
Motronic-Ausführungen für Pkw 805
Motronic-Ausführungen für Motorräder 809
Zylinderfüllung 812
Bestandteile 812
Steuerung der Zylinderfüllung 813
Erfassung der Luftfüllung 815
Zylinderabschaltung 817
Kraftstoffversorgung 820
Kraftstoffförderung bei Saugrohreinspritzung 820
Kraftstoffförderung bei Benzin-Direkteinspritzung 822
Kraftstoffverdunstungs-Rückhaltesystem 824
Benzinfilter 825
Elektrokraftstoffpumpe 827
Hochdruckpumpen für die Benzin-Direkteinspritzung 830
Kraftstoffverteilerrohr 833
Kraftstoffdruckregler 835
Kraftstoffdruckdämpfer 836

Gemischbildung 838
Grundlagen 838
Gemischbildungssysteme 840
Saugrohreinspritzung 841
Benzin-Direkteinspritzung 843
Einspritzventile 846
Zündung 854
Grundlagen 854
Zündzeitpunkt 855
Zündsysteme 860
Zündspule 862
Zündkerze 865
Katalytische Abgasnachbehandlung 874
Katalysator 874
λ-Regelung 879
Partikelfilter für Ottomotoren 881
Motorsport 882
Anforderungen 882
Komponenten 882
Steuergeräte 884
Reine Motorsportentwicklungen 884

Ottomotorbetrieb mit alternativen Kraftstoffen
Flüssiggasbetrieb 886
Anwendung 886
Aufbau 887
LPG-Systeme 889
Komponenten 891
Erdgasbetrieb 894
Anwendung 894
Aufbau 896
Komponenten 897
Alkoholbetrieb 900
Anwendung 900
Ethanol als alternativer Kraftstoff 901
Flexfuel-Konzepte für die Märkte 903
Flexfuel-Komponenten 904

Steuerung und Regelung des Dieselmotors
Elektronische Dieselregelung 906
Aufgabe der Motorsteuerung 906
Anforderungen 907
Arbeitsweise und Architekur 908
Datenverarbeitung 910
Applikation 915
Niederdruck-Kraftstoffversorgung 916
Kraftstoffförderung 916
Dieselkraftstofffilter 922
Speichereinspritzsystem Common-Rail 924
Systemübersicht 924
Injektoren 929
Hochdruckpumpen 937
Rail 943
Zeitgesteuerte Einzelpumpen-einspritzsysteme 944
Unit-Injector-System für Pkw 944
Unit-Injector-System für Nfz 946
Unit-Pump-System für Nfz 947
Elektronische Steuerung 947
Diesel-Verteilereinspritzpumpen 948
Axialkolben-Verteilereinspritz-pumpen 948
Radialkolben-Verteilereinspritz-pumpen 951
Einspritzsystem 953
Starthilfesysteme für Dieselmotoren 954
Glühsysteme für Pkw und leichte Nfz 954
Flammanlagen für Nfz-Dieselmotoren 958
Gridheater für Nfz-Dieselmotoren 961
Abgasnachbehandlung 962
Katalytische Oxidation 962
Filtration von Partikeln 963
Katalytische Reduktion von Nitrosen Gasen 965
On-Board-Diagnose (OBD) 969

Elektrifizierung des Antriebs
Elektrifizierung des Antriebs 970
Merkmale 970
Komponenten des elektrifizierten Antriebs 972
Elektrifizierte Nebenaggregate 975
Regeneratives Bremssystem 976
Thermomanagement für Elektrofahrzeuge 980
Ladeinfrastruktur für elektrifizierte Fahrzeuge 982
Steuerung elektrischer Antriebe 984
Antriebsstrang eines Elektro-fahrzeugs 984
Vehicle Control Unit für Elektrofahrzeuge 984
Weitere Anwendungen der VCU für Elektrofahrzeuge 989

Hybridantriebe 990
Motivation 990
Funktionalitäten der Hybridantriebe 992
Klassifikation Hybridantriebe 994
Einteilung nach Antriebsstruktur 998
Einbindung des Getriebes im Hybridantrieb 1007
Steuerung eines Hybridantriebs 1010
Hybridfahrzeug 1010
Vehicle Control Unit für Hybridfahrzeuge 1010
Antriebsstrang-Betriebsstrategie für Hybridfahrzeuge 1012
Elektrischer Achsantrieb 1020
Funktionale Komponentenintegration 1020
Fahrzeugintegration und Schnittstellen 1024
Leistungsklassen und Leistungscharakteristik 1026
Adaption für Einsatzzweck 1028
Elektroantriebe mit Brennstoffzelle 1030
Merkmale 1030
Aufbau und Funktionsprinzip der Brennstoffzelle 1031
Funktionsweise des Brennstoffzellensystems 1034
Brennstoffzelle im Antriebsstrang 1038
Elektromobilität für Zweiräder 1040
Merkmale 1040
Systemarchitektur 1041

Abgas- und Diagnosegesetzgebung
Abgasgesetzgebung 1042
Übersicht 1042
Abgasgesetzgebung für Pkw und leichte Nfz 1043
Testzyklen für Pkw und leichte Nfz 1057
Abgasgesetzgebung für schwere Nfz 1062
Testzyklen für schwere Nfz 1067
Emissionsgesetzgebung für Motorräder 1071
Abgas-Messtechnik 1078
Abgasprüfung 1078
Abgas-Messgeräte 1081
Dieselrauchkontrolle 1085
Verdunstungsprüfung 1087
Diagnose 1090
Überwachung im Fahrbetrieb 1090
On-Board-Diagnose 1092
OBD-Funktionen 1098
OBD-Anforderungen für schwere Nfz 1101
On-Board-Diagnose für Motorräder 1105
Steuergeräte-Diagnose und Service-Informationssystem 1106

Fahrwerk
Fahrwerk 1108
Übersicht 1108
Grundlagen 1110
Kenngrößen 1113
Federung 1124
Grundlagen 1124
Federformen 1127
Federungssysteme 1132
Schwingungsdämpfer und Schwingungstilger 1136
Schwingungsdämpfer 1136
Schwingungstilger 1144
Radaufhängung 1146
Grundlagen 1146
Kinematik und Elastokinematik 1146
Grundtypen von Radaufhängungen 1148
Räder 1154
Aufgaben und Anforderungen 1154
Aufbau 1154
Auslegungskriterien 1159
Bezeichnung für Pkw-Räder 1159
Werkstoffe für Räder 1160
Herstellverfahren 1162
Radausführungen 1165
Beanspruchung und Prüfung von Rädern 1167
Reifen 1170
Aufgaben und Anforderungen 1170
Reifenkonstruktion 1171
Reifenfülldruck 1173
Reifenprofil 1174
Kraftübertragung 1176
Reifenhaftung 1177
Rollwiderstand 1180
Reifenkennzeichnung 1182
EU-Reifenlabel 1185
Winterreifen 1186
Entwicklung eines Reifens 1187
Reifendruckkontrollsysteme 1188
Rotationsdichtung für Reifendruckregelung 1190

Lenkung 1192
Aufgaben von Kraftfahrzeuglenkanlagen 1192
Anforderungen an Lenkanlagen 1193
Bauformen der Lenkgetriebe 1195
Hilfskraftlenkanlagen für Pkw 1196
Hilfskraftlenkanlagen für Nfz 1203
Bremssysteme 1206
Begriffe und Grundlagen 1206
Gesetzliche Vorschriften 1211
Aufbau und Gliederung von Bremsanlagen 1214
Bremsanlagen für Pkw und leichte Nfz 1216
Unterteilung von Pkw-Bremsanlagen 1216
Komponenten der Pkw-Bremsanlage 1217
Elektrohydraulische Bremse 1224
Integriertes Bremssystem 1226
Bremsanlagen für Nfz 1230
Systemübersicht 1230
Komponenten von Nutzfahrzeugbremsanlagen 1233
Elektronisch geregeltes Bremssystem 1242
Dauerbremsanlagen 1246
Radbremsen 1250
Scheibenbremsen für Pkw 1250
Scheibenbremsen für Nfz 1255
Trommelbremsen 1256

Fahrwerksregelung
Radschlupfregelsysteme 1260
Aufgabe und Anforderungen 1260
Regelsysteme 1261
ABS/ASR-Systeme für Pkw 1265
ABS/ASR-Systeme für Nfz 1269
Fahrdynamikregelung 1272
Aufgabe 1272
Anforderungen 1273
Arbeitsweise 1274
Typisches Fahrmanöver 1274
Struktur des Gesamtsystems 1275
Systemkomponenten 1284
Spezielle Fahrdynamikregelung für Nfz 1287
Automatische Bremsfunktionen 1292
Motorrad-Stabilitätskontrolle 1296
Anwendung 1296
Fahrphysik eines Zweiradfahrzeugs 1296
Motorrad-ABS 1298
Motorrad-Traktionskontrolle 1302
Integrierte Fahrdynamik-Regelsysteme 1304
Übersicht 1304
Funktionen 1304
Systemarchitektur 1307

Fahrzeugaufbau
Fahrzeugaufbau Pkw 1310
Einleitung 1310
Meilensteine der Automobilgeschichte 1310
Definitionen 1312
Fahrzeugaufbau und Fahrzeugsegmente 1313
Fahrzeugsysteme 1315
Schnittstellenmanagement in der Gesamtfahrzeugentwicklung 1316
Prozess der Fahrzeugkonzeptentwicklung 1317
Abschnittsweise Ausarbeitung des Fahrzeugkonzepts 1321
Aktuelle Trends der Fahrzeugkonzeptentwicklung 1322
Fahrzeugaufbau Nfz 1324
Klassifizierung von Nutzfahrzeugen 1324
Transporter 1325
Lastkraftwagen und Sattelzugmaschinen 1325
Omnibusse 1330
Aktive und Passive Sicherheit bei Lkw 1332
Beleuchtungseinrichtungen 1334
Aufgaben 1334
Vorschriften und Ausrüstung 1335
Lichtquellen 1336
Kraftfahrzeuglampen 1337
Hauptlichtfunktionen 1337
Hauptlichtfunktionen für Europa 1341
Hauptlichtfunktionen für USA 1343
Definitionen und Begriffe 1345
Technische Ausführung von Scheinwerfern 1346
Zusatzscheinwerfer 1353
Lichtfunktionen 1355
Anbau und Vorschriften für Signalleuchten 1359
Technische Ausführung für Leuchten 1363
Leuchtweitenregelung 1367
Scheinwerfereinstellung 1368
Automobilverglasung 1374
Werkstoff Glas 1374
Glasscheiben 1375
Funktionsverglasungen 1376

Scheiben- und Scheinwerfer-reinigung 1380
Front-Wischersysteme 1380
Heck-Wischersysteme 1388
Scheibenwaschanlagen 1389
Scheinwerfer-Reinigungsanlagen 1390

Komfort
Klimatisierung des Fahrgastraums 1392
Anforderungen an die Klimatisierung 1392
Aufbau und Arbeitsweise des Klimageräts 1392
Systeme der Klimatisierung 1395
Klimatisierung für Hybrid- und Elektrofahrzeuge 1396
Innenraumfilter 1397
Motorunabhängige Heizungen 1398
Komfortsysteme im Tür- und Dachbereich 1404
Fensterhebersysteme 1404
Dachsysteme 1406
Komfortfunktionen im Fahrzeug-innenraum 1408
Elektrische Sitzverstellung 1408
Elektrische Lenkradverstellung 1409

Sicherheitssysteme im Kfz
Sicherheitssysteme im Kfz 1410
Phasen der Fahrzeugsicherheit 1410
Aktive Sicherheit 1412
Passive Sicherheit 1413
Gesetzliche Vorschriften und Verbrauchertests 1414
Insassenschutzsysteme 1416
Aufgaben 1416
Rückhaltemittel und Aktoren 1418
Insassensensierung 1422
Systeme der Integralen Sicherheit 1424
Übersicht 1424
Lösungsansätze 1425
Ausblick 1429

Fahrzeugsicherungssysteme
Schließsysteme 1430
Aufgabe und Aufbau 1430
Zugangsberechtigung 1431
Aufbau des Schlosses 1432
Anforderungen 1434
Schlossauslegung 1434
Sicherheitsfunktionen 1438
Entwicklungsgeschichte 1439
Fahrzeugzugang mittels digitalem Schlüssel 1441
Diebstahl-Sicherungssysteme 1444
Elektronische Wegfahrsperre 1444
Diebstahl-Alarmanlagen 1448

Autoelektrik
12-Volt-Bordnetze 1450
Aufgaben und Anforderungen 1450
Leistung der Verbraucher im 12-Volt-Bordnetz 1451
Aufbau und Arbeitsweise 1452
Zusammenspiel der Komponenten 1455
Bordnetzstrukturen 1458
Bordnetzkenngrößen 1460
Elektrisches Energiemanagement 1462
Energiebordnetze für Nutzfahrzeuge 1466
Anforderungen an Lkw-Bordnetze 1466
Schematischer Aufbau von Lkw-Bordnetzen 1467
Energiebordnetzkonzepte für hoch- und vollautomatisierte Fahrfunktionen 1471
12-Volt-Starterbatterien 1476
Anforderungen 1476
Batterieaufbau 1478
Ladung und Entladung 1480
Batteriekenngrößen 1482
Batterieausführungen 1483
Batteriebetrieb 1487
Drehstromgenerator 1490
Elektrische Energieerzeugung 1490
Aufbau des Drehstrom-generators 1492
Spannungsregelung 1496
Generatorkennwerte 1498
Einsatzbedingungen 1499
Wirkungsgrad 1501
Generatorausführungen 1502
Starter für Pkw und leichte Nfz 1506
Anwendung 1506
Anforderungen 1506
Starteraufbau und Funktion 1507
Auslegung eines Starters 1511
Ansteuerung des Starters 1512
Starter für schwere Nfz 1514
Anwendung 1514
Leistungsanforderungen 1514
Arbeitsweise 1515
Spezielle Anforderungen für Nfz-Starter 1517

Kabelbäume und Steckverbindungen 1518
Kabelbäume 1518
Steckverbindungen 1520
Elektromagnetische Verträglichkeit 1524
Anforderungen 1524
Störaussendung und Störfestigkeit 1525
EMV-gerechte Entwicklung 1528
EMV-Messtechnik 1529
EMV-Messverfahren 1530
EMV-Simulation 1533
Gesetzliche Anforderungen und Normen 1534
Schaltzeichen und Schaltpläne 1538
Schaltzeichen 1538
Schaltpläne 1545
Klemmenbezeichnungen 1557

Elektrik für Elektro- und Hybridfahrzeuge
Bordnetze für Hybrid- und Elektrofahrzeuge 1560
Bordnetze für Mild- und Vollhybridfahrzeuge 1560
Bordnetze für extern aufladbare Hybrid- und Elektrofahrzeuge 1563
Ladestrategie 1564
Elektrische Maschinen als Kfz-Fahrantrieb 1566
Anforderungen 1566
Aufbau 1569
Typen elektrischer Maschinen 1571
Einflussfaktoren auf das Betriebsverhalten 1574
Verluste in elektrischen Maschinen 1579
Kühlung der elektrischen Maschine 1580
Wechselrichter für elektrische Antriebe 1582
Einsatzgebiet 1582
Funktion und Beschaltung 1583
Ansteuerung und Regelung 1586
Software und Funktionale Sicherheit 1589
Gerätemechanik 1591
Gleichspannungswandler 1594
Anwendung 1594
Potentialverbindende Gleichspannungswandler 1595
Potentialtrennende Gleichspannungswandler 1598
On-Board-Ladevorrichtung 1600
Anwendung 1600
Anforderungen 1601
Ladeleistung 1602
Prinzipieller Aufbau und Arbeitsweise 1603
Batterien für Elektro- und Hybridantriebe 1606
Anforderungen 1606
Speichertechnologien 1607
Grundsätzlicher Aufbau eines Batteriesystems 1610
Komponenten eines Lithium-Ionen-Batteriesystems 1610
Ladeverfahren für Li-Ionen-Batterien 1615
Recycling für Li-Ionen-Batterien 1615
Superkondensatoren 1616
Anwendung 1616
Elektrische Doppelschichtkondensatoren 1617
Hybride Superkondensatoren 1618

Autoelektronik
Steuergerät 1620
Aufgaben 1620
Anforderungen 1621
Komponenten des Steuergeräts 1624
Datenverarbeitung 1632
Aufbau- und Verbindungstechnik 1636
Software 1638
Applikation 1638
Funktionale Sicherheit 1639
EOL-Programmierung 1639
Mechatronik 1640
Mechatronische Systeme und Komponenten 1640
Entwicklungsmethodik 1642
Ausblick 1645

Automotive Software-Engineering 1646
Motivation 1646
Aufbau von Software im Kraftfahrzeug 1647
Wichtige Standards für Software im Kraftfahrzeug 1647
Der Entwicklungsprozess 1650
Qualitätssicherung in der Softwareentwicklung 1654
Abläufe der Softwareentwicklung im Kraftfahrzeug 1654
Modellierung und Simulation von Softwarefunktionen 1656
Design und Implementierung von Softwarefunktionen 1659
Integration und Test von Software und Steuergeräten 1660
Applikation von Softwarefunktionen 1662
Ausblick 1664
Architektur elektronischer Systeme 1666
Allgemeines 1666
Entwicklung von E/E-Architekturen 1674
Zusammenfassung und Ausblick 1680
Kommunikationsbordnetze 1682
Bussysteme 1682
Technische Grundlagen 1684
Busse im Kfz 1692
CAN 1692
FlexRay 1697
LIN 1700
Ethernet 1703
PSI5 1705
MOST 1707
Serial Wire Ring 1711
Sensoren im Kraftfahrzeug 1716
Einsatz im Kraftfahrzeug 1716
Grundlagen der klassischen Sensoren 1718
Positions- und Winkelsensoren 1724
Drehzahlsensoren 1738
Schwingungsgyrometer 1743
Durchflussmesser 1746
Beschleunigungs- und Vibrationssensoren 1750
Drucksensoren 1756
Temperatursensoren 1760
Drehmomentsensor 1764
Kraftsensor 1765
Gassensoren und Konzentrationssonden 1766
Optoelektronische Sensoren 1776

Infotainment
Infotainment und Cockpitlösungen 1780
Historie 1780
Infotainmentsysteme 1781
Smartphone-Anbindung an das Infotainmentsystem 1782
Anzeige und Bedienung 1784
Interaktionskanäle 1784
Instrumentierung 1785
Display-Ausführungen 1789
Sprachsteuerung 1793
Rundfunkempfang im Kfz 1794
Drahtlose Signalübertragung 1794
Rundfunkempfänger 1797
Verkehrstelematik 1801
Übertragungswege 1801
Standardisierung 1801
Informationserfassung 1802

Fahrerassistenz und Sensorik
Fahrerassistenzsysteme 1804
Einführung Fahrerassistenz 1804
Ultraschall-Sensorik 1812
Ultraschallsensor 1812
Abstandsmessung mit Ultraschall 1813
Radar-Sensorik 1816
Anwendung 1816
Radarprinzip 1817
Varianten von Radarsensoren 1822
Homologation 1822
Lidar-Sensorik 1824
Aufgaben und Anwendungen 1824
Funktionsprinzip 1824
Eigenschaften und Nutzung 1827
Messprinzipien 1828
Verfahren zur Erhöhung der Anzahl von Bildpunkten 1834
Video-Sensorik 1838
Anwendung 1838
Bildsensor 1839
Objektiv 1842
Computer Vision 1844
Sensordatenfusion 1860
Einführung 1860
Sensoren 1861
Fusionstypen 1862
KI-basierte Sensordatenfusion 1865

Fahrerassistenzsysteme
Fahrzeugnavigation 1872
Navigationssysteme 1872
Funktionen der Navigation 1972
Digitale Karte 1875
Nachtsichtsysteme 1876
Anwendungsbereich 1876
Fern-Infrarot-Systeme 1876
Nah-Infrarot-Systeme 1877
Einpark- und Manövriersysteme 1882
Anwendung 1882
Ultraschallbasierte Einparkhilfe 1882
Ultraschallbasierter Einparkassistent 1884
Videobasierte Systeme 1886
Adaptive Fahrgeschwindigkeitsregelung 1890
Aufgabe 1890
Aufbau und Funktion 1890
Regelalgorithmen 1892
Einsatzbereich und funktionale Erweiterungen 1893
Aktuelle Weiterentwicklungen 1895
Informations- und Warnsysteme 1896
Rückfahrkamerasystem 1896
Multikamerasystem 1897
Digitaler Außenspiegel 1898
Verkehrszeichenerkennung 1899
Fahrermüdigkeitserkennung 1900
Querverkehrswarnung 1900
Abbiegewarnung für Lkw 1901
Anfahrinformationssystem für schwere Nfz 1902
Falschfahrerwarnung 1904
Fahrspurassistenz 1906
Spurverlassenswarner 1906
Spurhalteassistent 1908
Spurmittenführung für schwere Lkw 1908
Notfall-Spurhalteassistent für schwere Lkw 1909
Baustellenassistent 1909
Engstellenassistent 1910
Fahrstreifenwechselassistent 1912
Totwinkelassistent 1912
Spurwechselassistent 1913
Ausweichassistent 1914
Weiterentwicklungen 1914
Notbremssysteme 1916
Notbremssysteme im Längsverkehr 1916
Manövrier-Notbremsassistent 1919
Automatische Notbremsung auf ungeschützte Verkehrsteilnehmer 1920
Kreuzungsassistenz 1924
Motivation 1924
Linksabbiegeassistent 1925
Querverkehrsassistent 1926
Ampel- und Stoppschildassistent 1927
Intelligente Scheinwerfersteuerung 1928
Motivation 1928
Systemausprägungen 1928
Radarbasierte Assistenzsysteme für Zweiräder 1930
Adaptive Abstands- und Geschwindigkeitsregelung 1930
Kollisionswarnung 1931
Totwinkelwarner 1931
Systeme zur Innenraumbeobachtung 1932
Kamerabasierte Innenraumbeobachtung 1932

Zukunft der automatisierten Fahrens
Zukunft der automatisierten Fahrens 1934
Automatisierungsstufen 1934
Hürden des automatisierten Fahrens 1935
Schritte auf dem Weg zum autonomen Fahren 1936

Anhang
Sachwörter 1940
Abkürzungen 2033

Autoren

Soweit nichts anderes angegeben, handelt es sich um Mitarbeiter von Bosch.

Kraftfahrzeuge
Gesamtsystem Kraftfahrzeug
Dipl.-Ing. Karl-Heinz Dietsche.

Grundlagen
Größen und Einheiten
Dipl.-Ing. Karl-Heinz Dietsche;
Prof. Dr. rer. nat. Susanne Schandl, Duale Hochschule Baden-Württemberg, Ravensburg, Campus Friedrichshafen.

Grundlagen der Mechanik
Prof. Dr.-Ing. Horst Haberhauer, Hochschule Esslingen.

Fluidmechanik
Prof. Dr.-Ing. Horst Haberhauer, Hochschule Esslingen.

Schwingungen
Dipl.-Ing. Sebastian Loos, Rheinisch-Westfälische Technische Hochschule (RWTH) Aachen.

Akustik
Dipl.-Ing. Hans-Martin Gerhard, Dr. Ing. h.c. F. Porsche AG, Weissach.

Technische Optik
Dr. rer. nat. Stefanie Mayer.

Thermodynamik
Dr.-Ing. Ingo Stotz.

Elektrotechnik
Dipl.-Ing. Herbert Bernstein, Freiberuflicher Autor;
Dr.-Ing. Hans Roßmanith, Friedrich-Alexander-Universität Erlangen-Nürnberg;
Prof. Dr.-Ing. Klemens Gintner, Hochschule Karlsruhe – Technik und Wirtschaft.

Elektronik
Prof. Dr.-Ing. Klemens Gintner, Hochschule Karlsruhe – Technik und Wirtschaft;
Dr. rer. nat. Ulrich Schaefer.

Grundlagen Elektrische Maschinen
Prof. Dr.-Ing. Jürgen Ulm, Reinhold-Würth-Hochschule, Künzelsau;
Reinhardt Erli, M. Sc., Reinhold-Würth-Hochschule, Künzelsau.

Chemie
Dr. rer. nat. Jörg Ullmann.

Mathematik und Methoden
Mathematik, Technische Statistik
Prof. Dr.-Ing. Matthias E. Rebhan, Hochschule München.

Finite-Elemente-Methode
Prof. Dipl.-Ing. Peter Groth, Hochschule Esslingen.

Regelungs- und Steuerungstechnik
Dr.-Ing. Wolf-Dieter Gruhle, ZF Friedrichshafen AG, Friedrichshafen.

Künstliche Intelligenz
Dr. phil. Christoph Peylo;
Dr.-Ing. Bastian Bischoff;
Dr.-Ing. Mathias Bürger.

Werkstoffe
Werkstoffe
Dr.-Ing. Hagen Kuckert;
Dr. rer. nat. Jörg Ullmann;
Dr. rer. nat. Witold Pieper;
Dr. rer. nat. Waldemar Draxler;
Dipl.-Ing. Angelika Schubert;
Dipl.-Ing. Gert Lindemann;
Dr.-Ing. Carsten Tüchert;
Dr.-Ing. Sven Robert Raisch;
Dr.-Ing. Reiner Lützeler;
Dr. rer. nat. Jörg Bettenhausen;
Dr.-Ing. Gerrit Hülder;
Dipl.-Ing. Cornelius Gaida;
Dipl.-Phys. Klaus-Volker Schütt.

Wärmebehandlung metallischer Werkstoffe
Dr.-Ing. Thomas Waldenmaier;
Dr.-Ing. Jochen Schwarzer.

Korrosion und Korrosionsschutz
Dipl.-Ing. (FH) Thomas Jäger.

Überzüge und Beschichtungen
Dr. Helmut Schmidt;
Dipl.-Ing. (FH) Hellmut Schmid;
Dipl.-Ing. (FH) Susanne Lucas.

Maschinenelemente
Toleranzen, Achsen und Wellen, Federn, Gleitlager
Prof. Dr.-Ing. Horst Haberhauer,
Hochschule Esslingen.

Wälzlager
Dr.-Ing. Zhenhuan Wu.

Dichtungen
Dipl.-Ing. (FH) Ulrich Schmid;
Dipl.-Ing. Sascha Bürkle;
Thorsten Nitze, M. Eng.;
Claudius Göller, MBE (DHBW);
Dipl.-Ing. Wolfgang Böhler;
Frank Kleemann;
Sergio Amorim, M. Sc.;
Felix Schädler.
Alle Autoren des Kapitels Dichtungen von Trelleborg Sealing Solutions Germany GmbH, Stuttgart.

Verbindungstechnik
Lösbare Verbindungen
Prof. Dr.-Ing. Horst Haberhauer,
Hochschule Esslingen;
Dipl.-Ing. Rolf Bald;
Dr.-Ing. Sven Robert Raisch.

Unlösbare Verbindungen
Dr.-Ing. Knud Nörenberg,
Volkswagen AG, Wolfsburg;
Dr. rer. nat. Patrick Stihler.

Fahrzeugphysik
Bewegung des Fahrzeugs, Fahrwiderstände
Dipl.-Ing. Marc Birk,
Mercedes-Benz AG, Stuttgart;

Dynamik der Kraftfahrzeuge
Dipl.-Ing. Marc Birk,
Mercedes-Benz AG, Stuttgart;
Prof. Dr. rer. nat. Ludger Dragon,
Mercedes-Benz AG, Sindelfingen;
Dr. Michael Hilgers,
Daimler Truck AG;
Dr. Darko Meljnikov,
Daimler Truck AG.

Fahrdynamik-Testverfahren
Dr. Michael Hilgers,
Daimler Truck AG;
Dr. Darko Meljnikov,
Daimler Truck AG.

Energiebedarf für Fahrantriebe
Dipl.-Ing. Marc Birk,
Mercedes-Benz AG, Stuttgart;
Dipl.-Ing. Martin Rauscher.

Fahrzeug-Aerodynamik
Dipl.-Ing. Michael Preiß,
Dr. Ing. h.c. F. Porsche AG, Weissach.

Fahrzeugakustik
Dipl.-Ing. Hans-Martin Gerhard,
Dr. Ing. h.c. F. Porsche AG, Weissach.

Betriebsstoffe
Schmierstoffe
Dr. rer. nat. Gerd Dornhöfer.

Kühlmittel für Verbrennungsmotoren
Dr. rer. nat. Oliver Mamber,
MAHLE Behr GmbH & Co. KG, Stuttgart.

Bremsflüssigkeiten
Dr. rer. nat. Michael Hilden;
Dr. rer. nat. Harald A. Dietl,
BASF Ludwigshafen.

Kraftstoffe
Dr. rer. nat. Jörg Ullmann.

Harnstoff-Wasser-Lösung
Thilo Schulz, M. Sc.;
Dipl.-Ing. (FH) Manfred Fritz.

Kältemittel für Klimaanlagen
Prof. Dr.-Ing. Stephan Engelking,
Duale Hochschule Baden-Württemberg,
Ravensburg, Campus Friedrichshafen.

Antriebsstrang
Antriebsstrang mit Verbrennungsmotor,
Dipl.-Ing. Jürgen Wafzig, M. Sc.,
ZF Friedrichshafen AG, Friedrichshafen.
Dipl.-Ing. Karl-Heinz Dietsche;
Dipl.-Ing. (BA) Rolf Lucius Dempel.

Anfahrelemente
Dipl.-Ing. Jürgen Wafzig, M. Sc.,
ZF Friedrichshafen AG, Friedrichshafen.
Dipl.-Ing. Karl-Heinz Dietsche;
Dipl.-Ing. (BA) Rolf Lucius Dempel.

Übersetzungsgetriebe
Dipl.-Ing. Jürgen Wafzig, M. Sc.,
ZF Friedrichshafen AG, Friedrichshafen;
Dipl.-Ing. Karl-Heinz Dietsche;
Dipl.-Ing. (BA) Rolf Lucius Dempel;
Ard van de Wiel, B Eng,
Bosch Transmission Technology B.V.

Differentialgetriebe,
Dipl.-Ing. Jürgen Wafzig, M. Sc.,
ZF Friedrichshafen AG, Friedrichshafen.

Elektronische Getriebesteuerung
Alexander Fuchs, M. Sc.;
Dr.-Ing. Heiko Michel;
Dipl.-Ing. (FH) Thomas Müller.

Verbrennungsmotoren
Verbrennungsmotoren, Gemischbildung, Ladungswechsel und Aufladung, Hubkolbenmotor
Prof. Dr. sc. techn. Thomas Koch,
Karlsruher Institut für Technologie (KIT);
Tobias Michler, M. Sc.,
Karlsruher Institut für Technologie (KIT);
Dipl.-Ing. Heijo Oelschlegel,
Mercedes-Benz AG, Stuttgart;
Dr.-Ing. Otmar Scharrer,
MAHLE Behr GmbH & Co. KG, Stuttgart.

Abgasemissionen
Dr. rer. nat. Christoph Osemann;
Dr.-Ing. Hartmut Lüders.

Riemenantriebe
Dipl.-Ing. (FH). Mario Backhaus,
Gates GmbH, Aachen.

Kettenantriebe
Dr.-Ing. Thomas Fink,
iwis motorsysteme GmbH & Co. KG, München;
Dr.-Ing. Peter Bauer,
iwis motorsysteme GmbH & Co. KG, München.

Kühlung des Motors
Dipl.-Ing. (FH) Ralf-Holger Schink,
MAHLE Behr GmbH & Co. KG, Stuttgart;
Dr.-Ing. Otmar Scharrer,
MAHLE Behr GmbH & Co. KG, Stuttgart.

Schmierung des Motors
Dipl.-Ing. Markus Kolczyk,
MANN+HUMMEL GmbH, Ludwigsburg;
Dr.-Ing. Harald Banzhaf,
MANN+HUMMEL GmbH, Ludwigsburg.

Ansaugluftsysteme und Saugrohre
Dipl.-Ing. Andreas Weber,
MANN+HUMMEL GmbH, Ludwigsburg;
Dipl.-Ing. Andreas Pelz,
MANN+HUMMEL GmbH, Ludwigsburg;
Dipl.-Ing. Markus Kolczyk,
MANN+HUMMEL GmbH, Ludwigsburg;
Dipl. Ing. (FH) Alexander Korn,
MANN+HUMMEL GmbH, Ludwigsburg;
Dipl. Ing. (FH) Matthias Alex,
MANN+HUMMEL GmbH, Ludwigsburg;
Dr.-Ing. Matthias Teschner,
MANN+HUMMEL GmbH, Ludwigsburg;
Dipl. Ing. (FH) Mario Rieger,
MANN+HUMMEL GmbH, Ludwigsburg;
Dipl. Ing. Christof Mangold,
MANN+HUMMEL GmbH, Ludwigsburg;
Dipl.-Ing. Hedwig Schick,
MANN+HUMMEL GmbH, Ludwigsburg.

Aufladegeräte
Dr.-Ing. Gunter Winkler,
BMTS Technology GmbH & Co. KG.

Abgasanlage
Dr. rer. nat. Rolf Jebasinski,
J. Eberspächer GmbH & Co. KG, Esslingen.

Steuerung und Regelung des Ottomotors
Steuerung und Regelung des Ottomotors
Dipl.-Ing. Armin Hassdenteufel;
Dr.-Ing. Henning Heikes.

Zylinderfüllung
Dr.-Ing. Martin Brandt;
Dr.-Ing. Henning Heikes.
Dipl.-Ing. (FH) Thomas Kortwittenborg;
Dipl.-Ing. Frank Walter.

Kraftstoffversorgung
Dipl.-Ing. Timm Hollmann;
Dipl.-Ing. Thomas Herges;
Dipl.-Ing. Johannes Högl;
Dipl.-Ing. Karsten Scholz;
Dipl.-Ing. Michael Kuehn;
Dipl.-Ing. Zdenek Liner;
Dr.-Ing. Thomas Kaiser;
Dipl.-Ing. Serdar Derikesen;
Dipl.-Ing. Uwe Müller;
Dipl.-Ing. (FH) Horst Kirschner.

Gemischbildung
Dipl.-Ing. Andreas Binder;
Dipl.-Ing. Anja Melsheimer;
Dipl.-Ing. Markus Gesk;
Dipl.-Ing. Andreas Glaser;
Dr.-Ing. Tilo Landenfeld.

Zündung
Dr.-Ing. Martin Brandt;
Dipl.-Ing. Walter Gollin;
Dipl.-Ing. Werner Häming;
Dipl.-Ing. Tim Skowronek;
Dr.-Ing. Grit Vogt;
Dr.-Ing. Matthias Budde.

Katalytische Abgasnachbehandlung
Dipl.-Ing. Klaus Winkler;
Dipl.-Ing. Detlef Heinrich;
Dr.-Ing. Frank Meier.

Motorsport
Dipl.-Red. Ulrich Michelt,
Bosch Engineering GmbH, Abstatt.

Ottomotorbetrieb mit alternativen Kraftstoffen
Flüssiggasbetrieb
Dipl.-Ing. Iraklis Avramopoulos,
IAV GmbH, Berlin.

Erdgasbetrieb
Dipl.-Ing. (FH) Thorsten Allgeier.

Alkoholbetrieb
Dipl.-Ing. Andreas Posselt.

Steuerung und Regelung des Dieselmotors
Steuerung und Regelung des Dieselmotors
Dipl.-Ing. Klaus Schwarze.

Niederdruck-Kraftstoffversorgung
Dipl.-Ing. (FH) Stefan Kieferle;
Dr.-Ing. Thomas Kaiser;
Dipl.-Ing. Serdar Derikesen.

Speichereinspritzsystem Common-Rail
Dipl.-Ing. Felix Landhäußer;
Dipl.-Ing. (FH) Andreas Rettich;
Dr. rer. nat. Matthias Schnell;
Dipl.-Ing. Thilo Klam;
Dr.-Ing. Holger Rapp;
Anees Haider Bukhari, B. Eng, MBA.;
Dipl.-Ing. (FH) Herbert Strahberger.

Zeitgesteuerte Einzelpumpensysteme
Dipl.-Ing. (BA) Jürgen Crepin,
ETAS GmbH, Stuttgart.

Diesel-Verteilereinspritzpumpen
Dipl.-Ing. (BA) Jürgen Crepin,
ETAS GmbH, Stuttgart.

Starthilfesysteme
Dipl.-Ing. (FH) Steffen Peischl;
Dipl.-Ing. Friedrich Schmid,
Mercedes-Benz AG, Stuttgart.

Abgasnachbehandlung
Dr. rer. nat. Christoph Osemann;
Dr.-Ing. Hartmut Lüders.

Elektrifizierung des Antriebs
Elektrifizierung des Antriebs
Dipl.-Ing. Karl-Heinz Dietsche;
Dr. rer. nat. Anselm Stüken;
Benjamin Heinz, B. Eng.;
Martin Kuehnemund, M. Sc.;
Dr. Thomas Weil.

Steuerung elektrischer Antriebe
Dipl.Ing. (FH) Harald Paulhart;
Dipl.Ing. (FH) Arno Hafner.

Hybridantriebe
Dipl.-Ing. Thomas Huber;
Dipl.-Ing. Rasmus Frei;
Dipl.-Ing. Karl-Heinz Dietsche.

Steuerung von Hybridantrieben
Ph.D. James Girard;
Dipl.Ing. (FH) Arno Hafner;
Dipl.Ing. (FH) Harald Paulhart.

Elektrischer Achsantrieb
Dipl.-Ing (FH) Matthias Herrmann;
Dr.-Ing. Andreas Wuensch;
Dipl.-Ing (FH) Bernd Spielmann.

Elektroantriebe mit Brennstoffzellen
Dipl.-Ing. (FH) Jan-Michael Grähn;
Dr. rer. nat. Michael G. Marino;
Tiffany Mittelstenscheid, M. Sc.

Elektromobilität für Zweiräder
Sven Digele, M.Sc.

Abgas- und Diagnosegesetzgebung
Abgasgesetzgebung
Dr. rer. nat. Matthias Tappe;
Dipl.-Ing. Michael Bender.

Abgas-Messtechnik
Dipl.-Phys. Martin-Andreas Drühe;
Felix Reinke, B.Sc;
Dipl.-Ing. Andreas Weiß;
Dipl.-Ing. (BA) Marc Rottner;
Dipl.-Ing. Andreas Kreh;
Dipl.-Ing. Bernd Hinner;
Dr. rer. nat. Matthias Tappe;
Dr.-Ing. Christelle Oediger.

Diagnose
Dr.-Ing. Markus Willimowski;
Dr. Richard Holberg,
Dr. rer. nat. Hauke Wendt;
Dipl.-Ing. Sani Dzeko.

Fahrwerk
Fahrwerk
Univ.-Prof. Dr.-Ing. Ralph Mayer,
Technische Universität Chemnitz;
Prof. Dr. rer. nat. Ludger Dragon,
Mercedes-Benz AG, Sindelfingen.

Federung, Schwingungsdämpfer und Schwingungstilger, Radaufhängung
Univ.-Prof. Dr.-Ing. Ralph Mayer,
Technische Universität Chemnitz;
Dipl.-Ing. Fridtjof Körner,
Technische Universität Chemnitz.

Räder
Dipl.-Ing. Martin Lauer,
Mercedes-Benz AG, Sindelfingen;
Dipl.-Ing. Werner Hann,
Mercedes-Benz AG, Sindelfingen;
Dipl.-Hdl. Martin Bauknecht,
MAN Nutzfahrzeuge Gruppe.

Reifen
Dipl.-Ing. Dirk Vincken,
Agentur für Text&Bild, Eurasburg;
Dipl.-Ing. Reimund Müller,
Michelin Reifenwerke AG & Co.KGaA
Karlsruhe;
Thilo Balcke,
Michelin Reifenwerke AG & Co.KGaA
Karlsruhe;
Dipl.-Ing. Norbert Polzin;
Frank Kleemann,
Trelleborg Sealing Solutions.

Lenkung
Dipl.-Ing. Peter Brenner,
Robert Bosch Automotive Steering GmbH
Schwäbisch Gmünd.

Bremssysteme
Dr. rer. nat. Jürgen Bräuninger;
Werner Schneider.

Bremsanlagen für Pkw
Werner Schneider;
Dipl.-Ing. Isabell Maier;
Dipl.-Ing. Andreas Burg;
Dipl.-Ing. Andreas Mayer.
Dipl.-Ing. Hubertus Wienken,
Dipl.-Ing. Frank Bährle-Miller;
Dipl.-Ing. Bernhard Kant;
Dipl.-Ing. Urs Bauer.

Bremsanlagen für Nfz,
Werner Schneider;
Dr.-Ing. Falk Hecker,
Knorr-Bremse SfN, Schwieberdingen;
Dipl.-Ing. Frank Schwab,
Knorr-Bremse SfN, Schwieberdingen;
Dr.-Ing. Dirk Huhn,
ZF Friedrichshafen AG, Friedrichshafen.

Radbremsen
Werner Schneider;
Dipl.-Ing. Andreas Burg;
Dipl.-Ing. Andreas Mayer;
Dr. Christof Gente;
Dr.-Ing. Falk Hecker,
Knorr-Bremse SfN, Schwieberdingen.

Fahrwerksregelung
Radschlupfregelsysteme
Dr.-Ing. Falk Hecker,
Knorr-Bremse SfN, Schwieberdingen;
Dipl.-Ing. Frank Schwab,
Knorr-Bremse SfN, Schwieberdingen.

Fahrdynamikregelung
Dr.-Ing. Gero Nenninger;
Dipl.-Ing. (FH) Jochen Wagner;
Dr.-Ing. Falk Hecker,
Knorr-Bremse SfN, Schwieberdingen.

Motorrad-Stabilitätskontrolle
Dr. rer. nat. Markus Lemejda;
Dr.-Ing. Fevzi Yildirim.

Integrierte Fahrdynamik-Regelsysteme
Dr.-Ing. Michael Knoop.

Fahrzeugaufbau
Fahrzeugaufbau Pkw
Dr.-Ing. Jochen Bisinger,
Mercedes-Benz AG;
Dr. rer. pol. Dipl.-Ing. Thomas M. Neff,
Mercedes-Benz AG;
Dipl.-Ing. (FH) Hubert Kazmaier,
Mercedes-Benz AG;
Dipl.-Ing. Matthijs Ravestein,
Mercedes-Benz AG.

Fahrzeugaufbau Nfz
Dipl.-Ing. Georg Stefan Hagemann,
Mercedes-Benz AG, Stuttgart.

Beleuchtungseinrichtungen
Dipl.-Ing. Doris Boebel,
Automotive Lighting Reutlingen GmbH;
Dipl.-Ing. Gert Langhammer,
Automotive Lighting Reutlingen GmbH;
Dr.-Ing. Michael Hamm,
Audi AG, Ingoldstadt.

Automobilverglasung
Caroline Hermsdorff, M.A.
Saint-Gobain Sekurit Deutschland
GmbH & Co.KG, Herzogenrath.

Scheiben- und Scheinwerferreinigung
Dr. techn. Günter Kastinger.

Komfort
Klimatisierung des Fahrgastraums
Dipl.-Ing. Peter Kroner,
MAHLE Behr GmbH & Co. KG, Stuttgart;
Dipl.-Ing. (FH) Thomas Feith,
MAHLE Behr GmbH & Co. KG, Stuttgart;
Dipl.-Ing. Günter Eberspach,
Eberspächer Climate Control Systems
GmbH & Co. KG, Esslingen;
Ulrich Karl Weber,
Eberspächer Climate Control Systems
GmbH & Co. KG, Esslingen;
Dipl.-Betriebsw. Marcel Bonnet.

Komfortsysteme im Tür- und Dachbereich
Dipl.-Ing. (FH) Walter Haußecker;
Dipl.-Ing. (FH) Siegfried Reichmann.

Komfortsysteme im Fahrzeuginnenraum
Mattias Hallor, M. Sc.

Sicherheitssysteme im Kfz
Sicherheitssysteme im Kfz
Dipl.-Ing. Robert Krott.
Dipl.-Ing Karl-Heinz Dietsche.

Insassenschutzsysteme
Dipl.-Ing. Robert Krott.

Systeme der Integralen Sicherheit
Dr.-Ing. Dagobert Masur.

Fahrzeugsicherungssysteme
Schließsysteme
Dr.-Ing. Ulrich Nass,
Brose Schließsysteme GmbH & Co. KG,
Wuppertal;
Michael Bergmann, M. Eng.;
Emre Inal, M. Sc.

Diebstahl-Sicherungssysteme
Dipl.-Ing. (FH) Manuel Wurm,
ZF Friedrichshafen AG, Friedrichshafen;
Dipl.-Ing. (FH) U. Götz.

Autoelektrik
12-Volt-Bordnetze
Dipl.-Ing. Eberhard Schoch;
Dipl.-Ing. Clemens Schmucker;
Dipl.-Ing. Markus Beck.

Energiebordnetze für Nutzfahrzeuge
Dipl.-Ing. Christian Bohne,
Dr. rer. nat. Felix Hoos,
Dipl.-Ing. Matthias Horn.

12-Volt-Starterbatterien
Dr. rer. nat. Richard Aumayer,

Drehstromgenerator
Dipl.-Ing. Reinhard Meyer.
SEG Automotive Germany GmbH;

Starter für Pkw und leichte Nfz
Dipl.-Ing. Oliver Capek,
SEG Automotive Germany GmbH;
Andreas Brosche, M. Sc.,
SEG Automotive Germany GmbH.

Starter für schwere Nfz
Dipl.-Ing. Henning Stoecklein,
SEG Automotive Germany GmbH.

Kabelbäume und Steckverbindungen
Dr.-Ing. Eckhardt Philipp.

Elektromagnetische Verträglichkeit
Dr.-Ing. Wolfgang Pfaff.

Schaltzeichen und Schaltpläne
Dipl.-Ing. Karl-Heinz Dietsche

Elektrik für Elektro- und Hybridantriebe
Bordnetze für Hybrid- und Elektrofahrzeuge
Dr.-Ing. Hans-Peter Groeter.

Elektrische Maschinen als Fahrantriebe
Dr.-Ing. Marcus Alexander;
Dr.-Ing. Arndt Kelleter;
Dr.-Ing. Stephan Usbeck;
Dipl.-Ing Uwe Knappenberger;
Dr.-Ing. Marc Brück.

Wechselrichter für elektrische Traktionsantriebe
Dr.-Ing. Hans-Peter Groeter.

Gleichspannungswandler
Dipl.-Ing. (FH) Wolfgang Haas.

On-Board-Ladevorrichtung
Dr.-Ing. Christoph van Booven.

Batterien für Elektro- und Hybridantriebe
Dr. rer. nat. Richard Aumayer.

Superkondensatoren
Dr. Volker Doege.

Autoelektronik
Steuergeräte
Dipl.-Ing. Klaus Schwarze;
Dipl.-Ing. Axel Aue.

Mechatronik
Dipl.-Ing. Hans-Martin Heinkel;
Dr.-Ing. Klaus-Georg Bürger.

Automotive Software-Engineering
Dipl.-Ing. (BA) Jürgen Crepin,
ETAS GmbH, Stuttgart;
Dr. rer. nat. Kai Pinnow,
ETAS GmbH, Stuttgart;
Dipl.-Ing. Jörg Schäuffele,
ETAS GmbH, Stuttgart.

Architektur elektronischer Systeme
Dr.-Ing. Ralf Machauer,
Bosch Engineering GmbH, Abstatt;
Andreas Hörtling, M. Sc.,
Bosch Engineering GmbH, Abstatt;
Andreas Ehrhart, M. Sc.,
Bosch Engineering GmbH, Abstatt.

Kommunikationsbordnetze
Dr. rer. nat Harald Weiler;
Dr.-Ing. Tobias Lorenz;
Dipl.-Ing. Karl-Heinz Dietsche.

Busse im Kfz
Dr. rer. nat Harald Weiler;
Dr.-Ing. Tobias Lorenz;
Dipl.-Ing. Oliver Prelle,
Dipl.-Ing. Dieter Thoss.

Sensoren im Kraftfahrzeug
Dr.-Ing. Erich Zabler;
Dipl.-Ökon. Frauke Ludmann;
Dr. rer. nat Peter Spoden;
Dipl.-Ing. (FH) Cyrille Caillié;
Dr.-Ing. Uwe Konzelmann;
Dr.-Ing. Tilmann Schmidt-Sandte;

Dr.-Ing. Reinhard Neul;
Dr. Berndt Cramer;
Dipl.-Ing. Dipl.-Wirt.-Ing. Nils Kaiser;
Dipl.-Ing. Karl-Heinz Dietsche.

Infotainment
Infotainment und Cockpit-Lösungen
Dipl.-Ing. Karl-Heinz Dietsche.

Anzeige und Bedienung
Prof. Dr.-Ing. Peter Knoll;
Dipl.-Ing. Karl-Heinz Dietsche.

Rundfunkempfang im Kfz
Dr.-Ing. Jens Passoke.

Verkehrstelematik
Dr.-Ing. Michael Weilkes.

Fahrerassistenz und Sensorik
Fahrerassistenzsysteme
Dr.-Ing. Thomas Michalke;
Dr.-Ing. Frank Niewels;
Dipl.-Math. (FH) Thomas Lich;
Dr.-Ing. Thomas Maurer.

Ultraschall-Sensorik
Prof. Dr.-Ing. Peter Knoll.

Radar-Sensorik
Dipl.-Ing. Joachim Selinger,
M. Sc. (University of Colorado);
Dr.-Ing. Michael Schoor.

Lidar-Sensorik
Dr.-Ing. Jan Sparbert.

Video-Sensorik
Dr. sc. Moritz Eßlinger;
Christian Schwarz, M. Sc.;
Dr.-Ing. Stjepan Dujmovic.

Sensordatenfusion
PD Dr.-Ing. habil. Alexandru Paul Condurache;
Dr.-Ing. André Treptow.

Fahrerassistenzsysteme
Fahrzeugnavigation
Dipl.-Ing. Ernst Peter Neukirchner.

Nachtsichtsysteme
Prof. Dr.-Ing. Peter Knoll.

Einpark- und Manövriersysteme
Prof. Dr.-Ing. Peter Knoll.

Adaptive Fahrgeschwindigkeitsregelung
Dipl.-Ing. Gernot Schröder;
Prof. Dr.-Ing. Peter Knoll.

Informations- und Warnsysteme
Dipl.-Ing. Karl-Heinz Dietsche;
Dr. Benjamin Schoen.

Fahrspurassistenz
Dipl.-Ing. Karl-Heinz Dietsche;
Dr.-Ing. Thomas Michalke;
Dr. rer. nat. Lutz Bürkle.

Fahrstreifenwechselassistent
Dipl.-Ing. Karl-Heinz Dietsche;
Dr.-Ing. Thomas Michalke;
Dr. rer. nat. Lutz Bürkle.

Notbremssysteme
Dipl.-Ing. Karl-Heinz Dietsche;
Dr.-Ing. Thomas Gussner;
Dr.-Ing. Steffen Knoop;
Dr.-Ing. Falk Hecker,
Knorr-Bremse SfN, Schwieberdingen.

Kreuzungsassistenz
Dipl.-Ing. Karl-Heinz Dietsche;
Dr. rer. nat. Wolfgang Branz;
Dr.-Ing. Rüdiger Jordan.

Intelligente Scheinwerfersteuerung
Dipl.-Ing. Doris Boebel,
Automotive Lighting Reutlingen GmbH;
Dipl.-Ing. (FH) Bernd Dreier,
Automotive Lighting Reutlingen GmbH.
Dipl.-Ing. Karl-Heinz Dietsche.

Radarbasierte Assistenzsysteme für Zweiräder
Dipl.-Ing. Karl-Heinz Dietsche.

Systeme zur Innenraumbeobachtung
Dipl.-Ing. Karl-Heinz Dietsche.

Zukunft des automatisierten Fahrens
Zukunft des automatisierten Fahrens
Holger Scharf.

Gesamtsystem Kraftfahrzeug

Definition von Kraftfahrzeug

Das internationale Übereinkommen über Straßenverkehrszeichen [1] definiert ein Kraftfahrzeug als ein auf der Straße mit eigener Kraft verkehrendes Fahrzeug mit Antriebsmotor. Ausnahme sind Schienenfahrzeuge sowie länderspezifisch Motorfahrräder, wenn sie nicht den Krafträdern gleichgestellt sind. Eine zweite Definition in diesem Übereinkommen schränkt den Begriff Kraftfahrzeug auf jene Fahrzeuge ein, die für die Beförderung von Personen oder Gütern oder zum Ziehen von Fahrzeugen, die für die Personen- oder Güterbeförderung benutzt werden, dienen. Elektrisch betriebene nicht auf Schienen fahrende Oberleitungsomnibusse sind in dieser Definition eingeschlossen. Diese Definition umfasst jedoch nicht Fahrzeuge, die nur der gelegentlichen Personen- oder Güterbeförderung dienen, wie landwirtschaftliche Zugmaschinen.

Eine entsprechende Definition ist zum Beispiel im deutschen Straßenverkehrsgesetz (§1 StVG [2]) und in den Gesetzen anderer Länder verankert.

Funktionseinheiten eines Kraftfahrzeugs

Ein Kraftfahrzeug besteht aus mehreren Funktionseinheiten (Bild 1). Üblicherweise erfolgt die Einteilung in Antriebsstrang, Antriebseinheit, Fahrwerk, Fahrzeugaufbau und elektrische Anlage. Diese Einteilung ist jedoch nicht genormt.

Die Funktionseinheiten setzen sich aus den Teilsystemen zusammen, die miteinander verkettet sind. Aber auch zwischen den Funktionseinheiten besteht eine Wechselwirkung. So wirkt zum Beispiel die Antriebseinheit auf die Übertragungseinheit mit dem Teilsystem Getriebe, das über die Gelenkwellen und das Achsgetriebe die Räder der Funktionseinheit Fahrwerk antreibt.

Elektrische und elektronische Systeme haben nach und nach Einzug in allen Bereichen des Kraftfahrzeugs gehalten. Sie haben mechanische Systeme ersetzt, oder aber ganz neue Möglichkeiten geschaffen. Große Auswirkungen auf die Kaftfahrzeugentwicklung haben die Elektrifizierung des Antriebs und die Weiterentwicklungen zum automatisierten Fahren.

Bild 1: Systemverbund eines Kraftfahrzeugs.

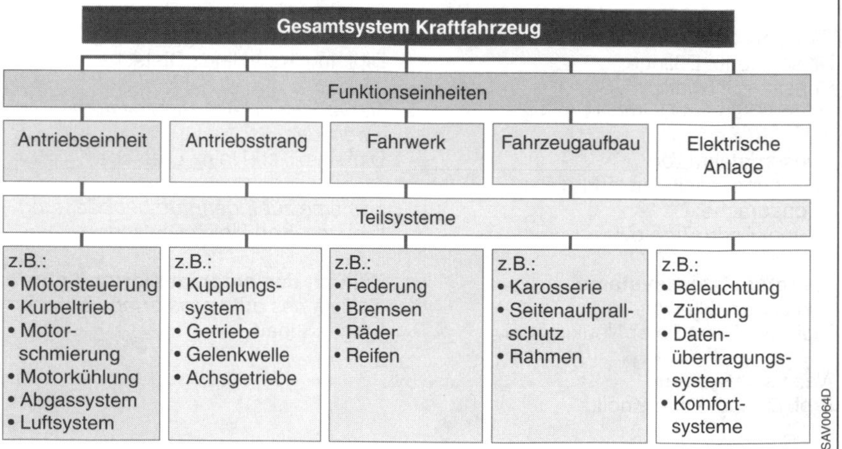

Klassifikation von Kraftfahrzeugen

Zu Kraftfahrzeugen zählen Kraftwagen, aber auch die einspurigen Krafträder (Bild 2). Bei den zwei- oder mehrspurigen Kraftwagen unterscheidet man Personenkraftwagen (Pkw) und Nutzkraftwagen (Nkw, oder auch Nutzfahrzeuge, Nfz). Zu den Nutzkraftwagen zählen Lastkraftwagen (Lkw), Kraftomnibusse (KOM) und Zugmaschinen.

Bestimmung von Kraftfahrzeugen

Personenkraftwagen

Personenkraftwagen (Pkw) haben mindestens vier Räder. Sie werden auch als Auto (abgeleitet von Automobil) bezeichnet. Pkw dienen zum Transport von Personen und zusätzlich Gepäck, aber auch von Gütern. Auch das Ziehen eines Anhängers ist möglich.

Nutzkraftwagen

Nutzkraftwagen (Nkw) dienen zum Transport von Personen, Gütern und zum Ziehen von Anhängerfahrzeugen.

Krafträder

Krafträder sind einspurige Kraftfahrzeuge, wobei sie aber auch mit einem Beiwagen gekoppelt werden können.

Bild 2: Einteilung der Kraftfahrzeuge.

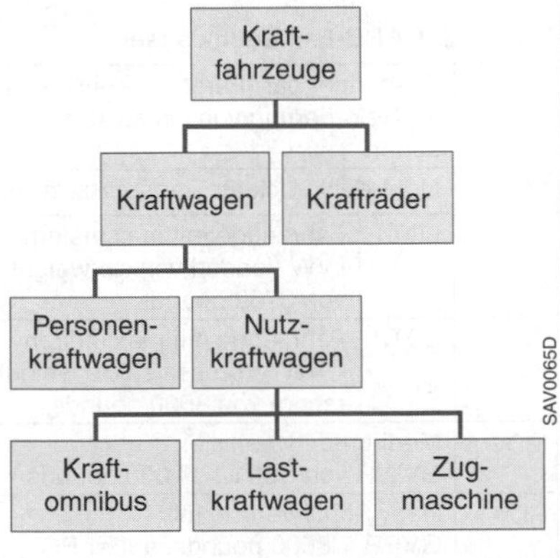

Länderspezifische Klassifikation

EG-Fahrzeugklassen

Kraftfahrzeuge werden entsprechend ihrer Bestimmung in Fahrzeugklassen eingeteilt. Dabei gibt es abhängig von der Gesetzgebung unterschiedliche Klasseneinteilungen. Tabelle 1 gibt einen Überblick über die Fahrzeugklassen in Europa. Diese Einteilung gilt für die Länder der Europäischen Union und alle weiteren europäischen Länder.

Eine Besonderheit gilt für geländegängige Fahrzeuge. Fahrzeuge der Klasse N1 mit einer zulässigen Gesamtmasse von nicht mehr als 2 Tonnen und Fahrzeuge der Klasse M1 gelten nach Richtlinie 87/403/EWG [3] als Geländefahrzeuge (Geländewagen), wenn sie wie folgt ausgestattet sind:

– Sie verfügen über mindestens eine Vorderachse und mindestens eine Hinterachse, die beide gleichzeitig angetrieben werden können (Allradantrieb). Der

Tabelle 1: EG-Fahrzeugklassen.

L	L-Fahrzeuge	
	L1e-A	Fahrrad mit Antriebssystem (Pedelec)
	L1e-B	Zweirädriges Kleinkraftrad
	L2e	Dreirädriges Kleinkraftrad, in Unterklassen unterteilt nach besonderer Nutzung (-P, -U)
	L3e	zweirädriges Kraftrad (Motorrad), in Unterklassen unterteilt nach Kraftradleistung (-A1, -A2, -A3) und besonderer Nutzung (-AxE, -AxT)
	L4e	zweirädriges Kraftrad mit Beiwagen (Motorradgespann), Unterklassen entsprechend L3e
	L5e	dreirädriges Kraftfahrzeug, in Unterklassen unterteilt nach besonderer Nutzung (-A, -B)
	L6e-A	leichtes vierrädriges Kraftfahrzeug, in Unterklassen unterteilt nach Kraftradleistung (-A, -B) und besonderer Nutzung (-BU, -BP)
	L7e	schweres vierrädriges Kraftfahrzeug (max. Nutzleistung 15 kW, Leermasse bis 400 kg, bis 600 kg für Güterbeförderung, jeweils ohne Batterien bei Elektrofahrzeugen), in Unterklassen unterteilt nach besonderer Nutzung

Antrieb einer der Achsen kann abgekoppelt werden.
- Eine Differentialsperre oder eine Vorrichtung, die ähnliches bewirkt, muss vorhanden sein.
- Als Einzelfahrzeug (ohne Anhänger) müssen sie eine Steigung von 30 % überwinden können (Nachweis durch Berechnung).
- Desweiteren bestehen weitere Anforderungen zum Beispiel bezüglich der Bodenfreiheit.

SUV (Sport Utility Vehicles) sind im Aufbau dem Erscheinungsbild von Geländewagen angelehnt, erfüllen aber nicht alle der zuvor genannten Anforderungen. Die Geländegängigkeit ist von Modell zu Modell sehr unterschiedlich, sie werden meist auch gar nicht im Gelände eingesetzt und werden deshalb als Geländelimousinen oder als Stadtgeländewagen bezeichnet.

Tabelle 1: EG-Fahrzeugklassen (Fortsetzung).

M	Kraftfahrzeuge für Personenbeförderung mit mindestens vier Rädern	
	M1	Fahrzeuge mit maximal acht Sitzplätzen (außer Fahrersitz) Transport von stehenden Personen ist nicht möglich
	M2	Fahrzeuge mit mehr als acht Sitzplätzen unter 5 t zGM Transport von stehenden Personen zusätzlich zu den sitzenden Personen ist möglich
	M3	Fahrzeuge mit mehr als acht Sitzplätzen über 5 t zGM Transport von stehenden Personen zusätzlich zu den sitzenden Personen ist möglich
N	Kraftfahrzeuge für Güterbeförderung mit mindestens vier Rädern	
	N1	Fahrzeuge mit einer zulässigen Gesamtmasse bis zu 3,5 t
	N2	Fahrzeuge mit einer zulässigen Gesamtmasse bis zu 12 t
	N3	Fahrzeuge mit einer zulässigen Gesamtmasse über 12 t
O	Anhänger für Güter- oder Personenbeförderung, einschließlich Sattelanhänger	
	O1	Anhänger bis 750 kg (leichte Anhänger)
	O2	Anhänger bis 3,5 t
	O3	Anhänger bis 10 t
	O4	Anhänger über 10 t

CARB-Fahrzeugklassen
Tabelle 2 gibt einen Überblick über die Klasseneinteilung der CARB-Gesetzgebung. Diese gilt für den US-Bundesstaat Kalifornien sowie einige weitere Bundesstaaten.

EPA-Fahrzeugklassen
Für alle übrigen Bundesstaaten gilt die EPA-Gesetzgebung. Die EPA-Fahrzeugklassen sind in Tabelle 3 aufgelistet.

Fahrzeugklassen weiterer Länder
Die Japan-Gesetzgebung lehnt sich an die Klasseneinteilung von CARB an. China und Indien richten sich nach der EU-Klasseneinteilung.

Aufbauarten und Segmente von Personenkraftwagen

Je nach Verwendung werden an Personenkraftwagen unterschiedliche Anforderungen gestellt. Daraus ergeben sich in allen Märkten verschiedene Segmente mit unterschiedlichen Karosserieformen. Für die M-Klassen werden folgende Aufbauarten unterschieden [4]:
- AA Limousine,
- AB Schräghecklimousine,
- AC Kombilimousine,
- AD Coupé,
- AE Kabrio-Limousine,

Tabelle 2: CARB-Fahrzeugklassen.

PC	Passenger car (Personenkraftwagen) für Beförderung von bis zu 12 Personen	
LDT	Light-duty truck für Transportzwecke	
	LDT1	Fahrzeuge mit maximalem LVW (loaded vehicle weight) von 3750 pounds
	LDT2	Fahrzeuge mit maximalem GVWR (gross vehicle weight rating) von 8500 pounds
MDV	Medium-duty vehicle, GVWR von 8501...14000 pounds	
HDV	Heavy-duty vehicle mit GVPR > 8500 pounds, außer PC	

- AF Mehrzweckfahrzeug (z.B. Feuerwehrfahrzeug, Rettungswagen),
- AG Pkw Pick-up.

Die Einteilung der Fahrzeuge in Segmente ist fließend, da es keine offizielle Definition hierfür gibt. Das ist unter Anderem darauf zurückzuführen, dass im Laufe der Zeit immer neue Fahrzeugmodelle auf den Markt kamen. Folgende Bezeichnungen haben sich eingebürgert:

- Mini,
- Kleinwagen,
- untere Mittelklasse (Kompaktklasse mit quer eingebauten Frontmotor, Schrägheck mit Heckklappe),
- Mittelklasse,
- obere Mittelklasse,
- Oberklasse,
- SUV,
- Geländewagen,
- Van (kleine Vans und große Vans).

Desweiteren gibt es Fahrzeuge mit zweckbestimmten Aufbauarten:
- SA Wohnmobile,
- SB Beschussgeschützt,
- SC Krankenwagen,
- SD Leichenwagen,
- SG Sonstige,
- SH Rollstuhlgerecht.

Tabelle 3: EPA-Fahrzeugklassen.

LDV	Light-duty vehicle (Personenkraftwagen) für Beförderung von bis zu 12 Personen	
LLDT	Light light-duty truck mit GVWR < 6 000 lbs (gross vehicle weight rating) LDT1 und LDT2 ist in LLDT zusammengefasst	
HLDT	Heavy light-duty truck mit GVWR > 6 000 lbs LDT3 und LDT4 ist in HLDT zusammengefasst	
LDT	Light-duty truck, Fahrzeug mit GVWR < 8 500 lbs oder Leergewicht < 6 000 lbs oder Frontfläche kleiner 45 square feet; für Transport von Eigentum oder Personenbeförderung von mehr als 12 Personen oder mit Eigenschaften für Offroad-Betrieb	
	LDT1	LLDT mit LVW < 3750 lbs (loaded vehicle weight)
	LDT2	LLDT mit LVW > 3750 lbs
	LDT3	HLDT mit ALVW < 5750 lbs
	LDT4	HLDT mit ALVW > 5750 lbs
Full Size Pickup Truck	Light truck mit Passagierabteil und offenem Frachtkasten, Abschleppfähigkeit > 5 000 lbs, Nutzlast > 1 700 lbs	
MDPV	Medium-duty passenger vehicle, Heavy-duty vehicle mit GVWR <10 000 lbs für Personentransport von bis zu 12 Personen	
HDV	Heavy-duty vehicle mit GVWR > 8500 lbs, oder Leergewicht > 6 000 lbs, oder Frontfläche größer 45 square feet	

Literatur

[1] Rechtsinformationssystem des Bundes (RIS) – Übereinkommen über Straßenverkehrszeichen; https://www.ris.bka.gv.at/GeltendeFassung.wxe?Abfrage=Bundesnormen&Gesetzesnummer=10011543.

[2] Straßenverkehrsgesetz (StVG) § 1 Zulassung.

[3] Richtlinie 87/403/EWG des Rates vom 25. Juni 1987 zur Ergänzung des Anhangs I der Richtlinie 70/156/EWG zur Angleichung der Rechtsvorschriften der Mitgliedstaaten über die Betriebserlaubnis für Kraftfahrzeuge und Kraftfahrzeuganhänger.

[4] Kraftfahrtbundesamt: Verzeichnis zur Systematisierung von Kraftfahrzeugen und ihren Anhängern. Stand: März 2020. https://www.kba.de.

Größen und Einheiten

Um die Werte physikalischer Größen angeben zu können, benötigt man ein System von Einheiten, die als Maßstab jeder Messung zugrunde liegen. Der Größenwert der physikalischen Größe wird als Produkt aus Zahlenwert und Einheit aufgefasst. Ein solches Einheitensystem ist das SI-System, das im Jahre 1960 von der 11. Generalkonferenz für Maß und Gewicht (Conférence Générale des Poids et Mesures, CGPM) festgelegt wurde. Inzwischen ist es von über 50 Ländern übernommen worden.

In Deutschland untersteht die Verwaltung der Einheiten per Gesetz der Physikalisch-Technischen Bundesanstalt (PTB, Sitz in Braunschweig), dem nationalen Metrologie-Institut Deutschlands. Die internationale Zuständigkeit liegt beim Internationalen Büro für Maß und Gewicht (BIPM, Bureau International des Poids et Mesures) in Sèvres bei Paris.

Weitere Einheiten, die bis heute gebräuchlich sind (z.B. Liter, Tonne, Stunde, Grad Celsius), sind in Deutschland ebenfalls gesetzlich zugelassen und werden hier als solche erwähnt.

In anderen Ländern zugelassene (z.B. Inch, Ounce, degree Fahrenheit) oder veraltete Einheiten werden in einem eigenen Abschnitt behandelt.

Tabelle 1: SI-Basiseinheiten.

Basisgröße und Formelzeichen		SI-Basiseinheit	
		Name	Zeichen
Länge	l	Meter	m
Masse	m	Kilogramm	kg
Zeit	t	Sekunde	s
Elektrische Stromstärke	I	Ampere	A
Thermodynamische Temperatur	T	Kelvin	K
Stoffmenge	n	Mol	mol
Lichtstärke	I	Candela	cd

SI-Einheiten

SI bedeutet „Système International d'Unités" (Internationales Einheitensystem). Das System ist festgelegt in ISO 80000 [1] (ISO, International Organization for Standardization) und für Deutschland in DIN 1301 [2] (DIN, Deutsches Institut für Normung).

Tabelle 1 listet die sieben SI-Basiseinheiten auf.

Definition der SI-Basiseinheiten

Im Jahre 2018 wurde bei der 26. Generalkonferenz eine grundlegende Änderung für das SI beschlossen, die am 20. Mai 2019 in Kraft trat: Sieben „definierende Konstanten" bilden nun das Fundament des SI und somit die Grundlage für die Definition der Basiseinheiten und aller weiteren SI-Einheiten (Quelle: [3]).

Sekunde (Zeit)

Die Sekunde, Einheitenzeichen s, ist die SI-Einheit der Zeit. Sie ist definiert, indem für die Cäsiumfrequenz $\Delta\nu_{\mathrm{Cs}}$, der Frequenz des ungestörten Hyperfeinübergangs des Grundzustands des Cäsiumatoms 133, der Zahlenwert 9 192 631 770 festgelegt wird, ausgedrückt in der Einheit Hz, die gleich s^{-1} ist.

Das heißt, eine Sekunde ist gleich der Dauer von 9 192 631 770 Schwingungen der Strahlung, die der Energie des Übergangs zwischen den zwei Hyperfeinstrukturniveaus des ungestörten Grundzustands im ^{133}Cs-Atom entspricht.

Meter (Länge)

Der Meter, Einheitenzeichen m, ist die SI-Einheit der Länge. Er ist definiert, indem für die Lichtgeschwindigkeit in Vakuum c der Zahlenwert 299 792 458 festgelegt wird, ausgedrückt in der Einheit m/s, wobei die Sekunde mittels $\Delta\nu_{\mathrm{Cs}}$ definiert ist.

Das heißt, ein Meter ist gleich der Strecke, die Licht im Vakuum innerhalb des Bruchteils von 1/299 792 458 einer Sekunde zurücklegt.

Kilogramm (Masse)
Das Kilogramm, Einheitenzeichen kg, ist die SI-Einheit der Masse. Es ist definiert, indem für die Planck-Konstante h der Zahlenwert $6{,}62607015 \cdot 10^{-34}$ festgelegt wird, ausgedrückt in der Einheit J s, die gleich kg m^2 s^{-1} ist, wobei der Meter und die Sekunde mittels c und $\Delta\nu_{Cs}$ definiert sind.

Das heißt, die Einheit kg wird mit der Wirkung verknüpft, einer Größe in der theoretischen Physik mit der Einheit kg m^2 s^{-1}. Zusammen mit der Definition für die Sekunde und den Meter ergibt sich die Definition für das Kilogramm als Funktion des Planck'schen Wirkungsquantums h.

Ampere (elektrische Stromstärke)
Das Ampere, Einheitenzeichen A, ist die SI-Einheit der elektrischen Stromstärke. Es ist definiert, indem für die Elementarladung e der Zahlenwert $1{,}602176634 \cdot 10^{-19}$ festgelegt wird, ausgedrückt in der Einheit C, die gleich A s ist, wobei die Sekunde mittels $\Delta\nu_{Cs}$ definiert ist.

Das heißt, ein Ampere entspricht dem Stromfluss von $1/(1{,}602176634 \cdot 10^{-19})$ Elementarladungen (Elektronen) pro Sekunde.

Kelvin (thermodynamische Temperatur)
Das Kelvin, Einheitenzeichen K, ist die SI-Einheit der thermodynamischen Temperatur. Es ist definiert, indem für die Boltzmann-Konstante k der Zahlenwert $1{,}380649 \cdot 10^{-23}$ festgelegt wird, ausgedrückt in der Einheit J K^{-1}, die gleich kg m^2 s^{-2} K^{-1} ist, wobei das Kilogramm, der Meter und die Sekunde mittels h, c und $\Delta\nu_{Cs}$ definiert sind.

Das heißt, ein Kelvin entspricht einer Änderung der thermodynamischen Temperatur, die mit einer Änderung der thermischen Energie (kT) um $1{,}380649 \cdot 10^{-23}$ J einhergeht.

Mol (Stoffmenge)
Das Mol, Einheitenzeichen mol, ist die SI-Einheit der Stoffmenge. Ein Mol enthält genau $6{,}02214076 \cdot 10^{23}$ Einzelteilchen. Diese Zahl entspricht dem für die Avogadro-Konstante N_A geltenden festen Zahlenwert, ausgedrückt in der Einheit mol^{-1}, und wird als Avogadro-Zahl bezeichnet. Die Stoffmenge, Zeichen n, eines Systems ist ein Maß für eine Zahl spezifizierter Einzelteilchen. Bei einem Einzelteilchen kann es sich um ein Atom, ein Molekül, ein Ion, ein Elektron, ein anderes Teilchen oder eine Gruppe solcher Teilchen mit genau angegebener Zusammensetzung handeln.

Das heißt, ein Mol ist die Stoffmenge eines Systems, das $6{,}02214076 \cdot 10^{23}$ eines bestimmten Einzelteilchens enthält.

Candela (Lichtstärke)
Die Candela, Einheitenzeichen cd, ist die SI-Einheit der Lichtstärke in einer bestimmten Richtung. Sie ist definiert, indem für das photometrische Strahlungsäquivalent K_{cd} der monochromatischen Strahlung der Frequenz $540 \cdot 10^{12}$ Hz der Zahlenwert 683 festgelegt wird, ausgedrückt in der Einheit lm W^{-1}, die gleich cd sr W^{-1} oder cd sr kg^{-1} m^{-2} s^3 ist, wobei das Kilogramm, der Meter und die Sekunde mittels h, c und $\Delta\nu_{Cs}$ definiert sind.

Das heißt, eine Candela ist die Lichtstärke (in eine bestimmte Raumrichtung) einer Strahlquelle, die mit einer Frequenz von $540 \cdot 10^{12}$ Hz emittiert und die eine Strahlungsintensität in dieser Richtung von 1/683 W sr^{-1} hat.

Dezimale Teile und Vielfache der SI-Einheiten
Dezimale Teile und Vielfache der SI-Einheiten (SI-Basiseinheiten und abgeleitete SI-Einheiten) werden durch Vorsätze vor dem Namen der Einheit (z.B. Milligramm) oder durch Vorsatzzeichen vor dem Einheitenzeichen (z.B. mg) gekennzeichnet (Tabelle 2). Das Vorsatzzeichen wird ohne Zwischenraum vor das Einheitenzeichen gesetzt und bildet mit diesem eine eigene Einheit.

Bei weiteren Einheiten des Winkels (Grad, Minute, Sekunde), der Zeit (Minute, Stunde) und der Temperatur (Grad Celsius) werden keine Vorsätze verwendet.

Tabelle 2: Vorsätze für Maßeinheiten nach DIN 1301 [2].

Vorsatz	Vorsatz-zeichen	Faktor	Name des Faktors
Yokto	y	10^{-24}	Quadrillionstel
Zepto	z	10^{-21}	Trilliardstel
Atto	a	10^{-18}	Trillionstel
Femto	f	10^{-15}	Billiardstel
Piko	p	10^{-12}	Billionstel
Nano	n	10^{-9}	Milliardstel
Mikro	µ	10^{-6}	Millionstel
Milli	m	10^{-3}	Tausendstel
Zenti	c	10^{-2}	Hundertstel
Dezi	d	10^{-1}	Zehntel
Deka	da	10^{1}	Zehn
Hekto	h	10^{2}	Hundert
Kilo	k	10^{3}	Tausend, Tsd.
Mega	M	10^{6}	Million, Mio.
Giga	G	10^{9}	Milliarde, Mrd.[1]
Tera	T	10^{12}	Billion, Bio.[1]
Peta	P	10^{15}	Billiarde
Exa	E	10^{18}	Trillion
Zetta	Z	10^{21}	Trilliarde
Yotta	Y	10^{24}	Quadrillion

[1] In den USA: 10^9 = 1 Billion, 10^{12} = 1 Trillion.

Abgeleitete SI-Einheiten

SI-Einheiten sind die sieben SI-Basiseinheiten und alle daraus abgeleiteten, d.h. als Produkt von Potenzen der Basiseinheiten darstellbaren Einheiten. So erhält man z.B. die Einheit der Kraft aus dem Newton'schen Gesetz $F = ma$ zu

$$1\,\text{kg}\,\frac{\text{m}}{\text{s}^2} = 1\,\text{N (Newton)}.$$

Ist im Potenzprodukt allein der Faktor 1 enthalten, spricht man von kohärent abgeleiteten Einheiten. Insgesamt gibt es 22 kohärent abgeleitete Einheiten, die wie das Newton einen eigenen Namen erhalten haben (Tabelle 3).

Tabelle 3: Abgeleitete SI-Einheiten mit besonderem Namen.

Größe	Einheit	Einheiten-zeichen	in anderen SI-Einheiten ausgedrückt
Ebener Winkel	Radiant	rad	1
Raumwinkel	Steradiant	sr	1
Frequenz	Hertz	Hz	1 Hz = 1/s
Kraft	Newton	N	1 N = 1 kg m/s² = 1 J/m
Druck	Pascal	Pa	1 Pa = 1 N/m²
Energie, Arbeit, Wärmemenge	Joule	J	1 J = 1 N m = 1 W s
Leistung	Watt	W	1 W = 1 J/s = 1 V A
Celsius-Temperatur	Grad Celsius	°C	
Elektrische Spannung	Volt	V	1 V = 1 W/A
Elektrischer Leitwert	Siemens	S	1 S = 1 A/V = 1/Ω
Elektrischer Widerstand	Ohm	Ω	1 Ω = 1 V/A
Elektrische Ladung	Coulomb	C	1 C = 1 A s
Elektrische Kapazität	Farad	F	1 F = 1 C/V
Induktivität	Henry	H	1 H = 1 Wb/A
Magnetischer Fluss	Weber	Wb	1 Wb = 1 V s
Magnetische Flussdichte, Induktion	Tesla	T	1 T = 1 Wb/m²
Lichtstrom	Lumen	lm	1 lm = 1 cd sr
Beleuchtungsstärke	Lux	lx	1 lx = 1 lm/m²
Radioaktivität	Becquerel	Bq	1 Bq = 1/s
Energiedosis	Gray	Gy	1 Gy = 1 J/kg
Äquivalentdosis	Sievert	Sv	1 Sv = 1 J/kg
Katalytische Aktivität	Katal	kat	1 kat = 1 mol/s

Gesetzliche Einheiten

Das Gesetz über Einheiten im Messwesen und die Zeitbestimmung (Einheiten- und Zeitgesetz – EinhZeitG), neugefasst am 22. Februar 1985, zuletzt geändert am 18. Juli 2016 (Stand 2021), legt fest, dass im geschäftlichen und amtlichen Verkehr die gesetzlichen Einheiten anzuwenden sind. Gesetzliche Einheiten sind:

- die SI-Einheiten,
- dezimale Teile und Vielfache der SI-Einheiten,
- weitere zugelassene Einheiten, siehe Übersicht auf den folgenden Seiten und [3].

Die folgenden Tabellen geben eine Übersicht nach DIN 1301 [2].

Tabelle 4: Gesetzliche Einheiten.

Größe und Formelzeichen	gesetzliche Einheiten SI	weitere	Name	Beziehung	Bemerkungen sowie nicht mehr anzuwendende Einheiten und ihre Umrechnung
1. Länge, Fläche, Volumen.					
Länge l	m		Meter		
Fläche A	m^2		Quadratmeter		
		a	Ar	$1\ a = 100\ m^2$	
		ha	Hektar	$1\ ha = 100\ a = 10^4\ m^2$	
Volumen V	m^3		Kubikmeter		
		l, L	Liter	$1\ l = 1\ L = 1\ dm^3 = 10^3\ cm^3 = 10^{-3}\ m^3$	
2. Winkel.					
ebener Winkel[1] α, β usw.	rad		Radiant	$1\ rad = \frac{1\ m\ Bogen}{1\ m\ Radius}$	1^g (Neugrad) = 1 gon 1^c (Neuminute) = 10^{-2} gon 1^{cc} (Neusekunde) = 10^{-4} gon
		°	Grad	$1° = \frac{\pi}{180}\ rad$	
		′	Minute		
		″	Sekunde	$1° = 60' = 3600''$	
		gon	Gon	$1\ gon = \frac{\pi}{200}\ rad$	
Raumwinkel[1] Ω	sr		Steradiant	$1\ sr = \frac{1\ m^2\ Kugeloberfläche}{1\ m^2\ Kugelradius^2}$	

[1] Die Einheiten rad und sr können beim Rechnen durch die Zahl 1 ersetzt werden.

Größe und Formelzeichen	gesetzliche Einheiten SI	weitere	Name	Beziehung	Bemerkungen sowie nicht mehr anzuwendende Einheiten und ihre Umrechnung
3. Masse.					
Masse m (Gewicht) [1]	kg		Kilogramm		
		g	Gramm	1 g = 10^{-3} kg	
		t	Tonne	1 t = 10^3 kg	
Dichte ρ	kg/m^3			1 kg/m^3 = 1 g/dm^3	Wichte γ (kp/dm^3 oder p/cm^3) $\gamma = \rho\, g$
Trägheitsmoment J (Massenmoment 2. Grades)	kg m^2			$J = m\, r^2$ r = Trägheitshalbmesser	Schwungmoment $G D^2$ in kp m^2 $D = 2r$, $G = m\, g$ $G D^2 = 4 J g$
4. Zeitgrößen.					
Zeit t Zeitdauer Zeitspanne [2]	s		Sekunde		In der Energiewirtschaft berechnet man das Jahr zu 8760 Stunden
		min	Minute	1 min = 60 s	
		h	Stunde	1 h = 60 min	
		d	Tag	1 d = 24 h	
		a	Jahr		
Frequenz f	Hz		Hertz	1 Hz = 1/s	
Drehzahl n (Umdrehungsfrequenz)	s^{-1}			1 s^{-1} = 1/s	U/min (Umdrehungen in der Minute) für Drehzahlangaben weiterhin zulässig, aber besser durch min^{-1} ersetzen (1 U/min = 1 min^{-1})
		min^{-1} 1/min		1 min^{-1} = 1/min = (1/60) s^{-1}	
Kreisfrequenz ω	s^{-1}			$\omega = 2\pi f$	
Geschwindigkeit v	m/s	km/h		1 km/h = (1/3,6) m/s	
Beschleunigung a [4]	m/s^2			Normal-Fallbeschleunigung $g \approx 9{,}80665$ m/s^2	
Winkelgeschwindigkeit ω [3]	rad/s				
Winkelbeschleunigung α [3]	rad/s^2				

[1] Der Begriff Gewicht ist im Sprachgebrauch doppeldeutig; er wird sowohl zur Bezeichnung der Masse als auch zur Bezeichnung der Gewichtskraft verwendet (DIN 1305 [4]).

[2] Uhrzeitangaben: h, min, s erhöht. Beispiel: $3^h\,25^m\,6^s$.

[3] Die Einheit rad kann beim Rechnen durch die Zahl 1 ersetzt werden.

[4] Die Beschleunigung wird manchmal statt in m/s^2 als Vielfaches der Erdbeschleunigung g angegeben.

Größe und Formelzeichen	gesetzliche Einheiten SI	weitere	Name	Beziehung	Bemerkungen sowie nicht mehr anzuwendende Einheiten und ihre Umrechnung

5. Kraft, Energie, Leistung.

Größe und Formelzeichen	SI	weitere	Name	Beziehung	Bemerkungen sowie nicht mehr anzuwendende Einheiten und ihre Umrechnung
Kraft F Gewichtskraft G	N N		Newton	$1\ \text{N} = 1\ \text{kg m/s}^2$	1 kp (Kilopond) $\approx$ 9,80665 N
Impuls p	N s			$1\ \text{N s} = 1\ \text{kg m/s}$	
Druck, allg. p	Pa		Pascal	$1\ \text{Pa} = 1\ \text{N/m}^2$	1 at (techn. Atmosphäre) $= 1\ \text{kp/cm}^2$ $\approx$ 0,980665 bar $p \approx$ 1,01325 bar $\approx$ 1 013,25 hPa (Normwert des Luftdrucks)
		bar	Bar	$1\ \text{bar} = 10^5\ \text{Pa}$	
mechanische Spannung σ, τ	N/m^2			$1\ \text{N/m}^2 = 1\ \text{Pa}$	$1\ \text{kp/m}^2 \approx 9{,}80665\ \text{N/m}^2$
		N/mm^2		$1\ \text{N/mm}^2 = 1\ \text{MPa}$	
Härte	Als Einheit bei Brinell- und Vickershärte wird nicht mehr kp/mm^2 angegeben. Stattdessen wird hinter den bisherigen Zahlenwert das Kurzzeichen der betreffenden Härte (gegebenenfalls mit Angabe der Prüfkraft usw.) als Einheit geschrieben.				Beispiele: bisher — jetzt HB = 350 kp/mm^2 — 350 HB HV30 = 720 kp/mm^2 — 720 HV30 HRC = 60 — 60 HRC
Energie E Arbeit W	J		Joule	$1\ \text{J} = 1\ \text{N m} = 1\ \text{W s} = 1\ \text{kg m}^2/\text{s}^2$	1 kcal (Kilokalorie) = 4,1868 kJ
Wärme, Wärmemenge[1] Q		W s	Wattsekunde	$1\ \text{W s} = 1\ \text{J}$	
		kW h	Kilowattstunde	$1\ \text{kW h} = 3{,}6\ \text{MJ}$	
		eV	Elektronvolt	$1\ \text{eV} = 1{,}602176634 \cdot 10^{-19}\ \text{J}$	
Drehmoment M	N m		Newtonmeter		1 kp m (Kilopondmeter) $\approx$ 9,80665 N m
Leistung P Wärmestrom $\dot{Q}$ Strahlungsleistung Φ	W		Watt	$1\ \text{W} = 1\ \text{J/s} = 1\ \text{N m/s}$	1 kp m/s $\approx$ 9,80665 W 1 PS (Pferdestärke) $\approx$ 0,7355 kW
Scheinleistung P_s	VA		Voltampere	$1\ \text{VA} = 1\ \text{W}$	
Blindleistung P_q	var		Var	$1\ \text{var} = 1\ \text{W}$	

[1] Die Wärmemenge wird in Joule angegeben.

Größe und Formelzeichen	gesetzliche Einheiten SI	weitere	Name	Beziehung	Bemerkungen sowie nicht mehr anzuwendende Einheiten und ihre Umrechnung

6. Viskosimetrische Größen.

Größe und Formelzeichen	SI	weitere	Name	Beziehung	Bemerkungen
dynamische Viskosität η	Pa s		Pascalsekunde	1 Pa s = 1 N s/m² = 1 kg/(s m)	1 P (Poise) = 0,1 Pa s
kinematische Viskosität ν	m²/s			1 m²/s = 1 Pa s/(kg/m³)	1 St (Stokes) = 10^{-4} m²/s

7. Temperatur und Wärme.

Größe und Formelzeichen	SI	weitere	Name	Beziehung	Bemerkungen
Temperatur T	K		Kelvin	$\vartheta = (T - 273{,}15\ \text{K})\frac{°\text{C}}{\text{K}}$	
ϑ		°C	Grad Celsius		
Temperaturdifferenz ΔT	K		Kelvin	1 K = 1 °C	Temperaturdifferenzen bei zusammengesetzten Einheiten in K angeben
$\Delta\vartheta$		°C	Grad Celsius		

Wärmemenge und Wärmestrom siehe unter 5.

Größe und Formelzeichen	SI	weitere	Name	Beziehung	Bemerkungen
spezifische Wärmekapazität (spez. Wärme) c	J/(kg K)				1 kcal/(kg K) = 4,1868 kJ/(kg K)
molare Wärmekapazität C	J/(mol K)				
Wärmeleitfähigkeit λ	W/(m K)				1 kcal/(m h K) = 1,163 W/(m K)

8. Elektrische Größen.

Größe und Formelzeichen	SI	weitere	Name	Beziehung	Bemerkungen
elektrische Stromstärke I	A		Ampere		
elektrische Spannung U	V		Volt	1 V = 1 W/A	
elektrischer Leit-wert: Wirkleitwert G, Blindleitwert B, Scheinleitwert Y	S		Siemens	1 S = 1 A/V = 1/Ω	
elektrischer Widerstand: Wirkwiderst. R, Blindwiderst. X, Scheinwiderst. Z	Ω		Ohm	1 Ω = 1/S = 1 V/A	
Elektrizitätsmenge Q	C		Coulomb	1 C = 1 As	
		Ah	Amperestunde	1 Ah = 3600 C	
elektrische Kapazität C	F		Farad	1 F = 1 C/V	

Größe und Formelzeichen	gesetzliche Einheiten SI	weitere	Name	Beziehung	Bemerkungen sowie nicht mehr anzuwendende Einheiten und ihre Umrechnung
elektrische Flussdichte, Verschiebung D	C/m^2			$1\ C/m^2 = 1\ As/m^2$	
elektrische Feldstärke E	V/m			$1\ V/m = 1\ W/(Am)$	

9. Magnetische Größen.

Induktivität L	H		Henry	1 H = 1 Wb/A	
magnetischer Fluss Φ	Wb		Weber	1 Wb = 1 Vs	$1\ M\ (Maxwell) = 10^{-8}\ Wb$
magnetische Flussdichte, Induktion B	T		Tesla	$1\ T = 1\ Wb/m^2$	$1\ G\ (Gauß) = 10^{-4}\ T$
magnetische Feldstärke H	A/m			1 A/m = 1 N/Wb	$1\ Oe\ (Oersted) = \frac{10^3}{(4\pi)}\frac{A}{m}$

10. Lichttechnische Größen.

Lichtstärke I	cd		Candela		
Leuchtdichte L	cd/m^2				$1\ sb\ (Stilb) = 10^4\ cd/m^2$ $1\ asb\ (Apostilb) = 1/\pi\ cd/m^2$
Lichtstrom Φ	lm		Lumen	1 lm = 1 cd sr (sr = Steradiant)	
Beleuchtungsstärke E	lx		Lux	$1\ lx = 1\ lm/m^2$	

11. Akustische Größen.

Schalldruck p	Pa		Pascal		
Schallintensität I	W/m^2				
Schalldruckpegel L_p Schallintensitätspegel L_I	Np		Neper	1 Np = 1 (dimensionslos)	$L_p = \ln(p_1/p_2)$ Np $= L_I = 0{,}5 \ln(I_1/I_2)$ Np
		dB	Dezibel	$1\ dB = \frac{1}{20} \ln 10\ Np$ $\approx 0{,}1151$ Np	$L_p = 20 \lg(p_1/p_2)$ dB $= L_I = 10 \lg(I_1/I_2)$ dB Bei $f = 1\,000$ Hz gilt für die (physiologische) Lautstärke „Phon“: 1 phon = 1 dB und für die Lautheit „Sone“: 1 sone = 40 phon
		B	Bel	1 B = 10 dB $\approx 1{,}151$ Np	

Größe und Formelzeichen	gesetzliche Einheiten SI	weitere	Name	Beziehung	Bemerkungen sowie nicht mehr anzuwendende Einheiten und ihre Umrechnung
Schalldruckpegel L_{pA} Schallleistungspegel L_{WA} A-bewertet		dB (A)			auf das menschliche Ohr abgestimmte frequenzabhängige Bewertung bei 20…40 phon

12. Atomphysikalische und andere Größen.

Energie W		eV	Elektronvolt	1 eV = 1,602176634 · 10^{-19} J	
Aktivität einer radioaktiven Substanz A	Bq		Becquerel	1 Bq = 1 s^{-1}	1 Ci (Curie) = 3,7 · 10^{10} Bq
Energiedosis D	Gy		Gray	1 Gy = 1 J/kg	1 rd (Rad) = 10^{-2} Gy
Äquivalentdosis D_q	Sv		Sievert	1 Sv = 1 J/kg	1 rem (Rem) = 10^{-2} Sv
Energiedosisleistung $\dot{D}$	Gy/s			1 Gy/s = 1 W/kg	1 rd/s = 10^{-2} Gy/s
Ionendosis J	C/kg				1 R (Röntgen) = 258 · 10^{-6} C/kg
Ionendosisleistung $\dot{J}$	A/kg				
Stoffmenge n	mol		Mol		
Katalytische Aktivität	kat		Katal	1 kat = 1 mol/s	

Weitere Einheiten

Tabelle 5: Umrechnung von Einheiten.

Längeneinheiten

Name	*Umrechnung*
Mikron	1 µ = 1 µm
typographischer Punkt	1 p = 0,376065 mm
inch, Zoll	1 in = 25,4 mm
foot	1 ft = 12 in = 0,3048 m
yard	1 yd = 3 ft = 0,9144 m
mile	1 mile = 1 760 yd = 1,609344 km
nautical mile (internationale Seemeile)	1 NM = 1 sm = 1,852 km (≈ 1′ des Längengrads)

Anglo-amerikanische Längeneinheiten:

microinch	1 µin = 0,0254 µm
milliinch	1 mil = 0,0254 mm
link	1 link = 201,17 mm
rod	1 rod = 1 pole = 1 perch = 5,5 yd = 5,0292 m
fathom	1 fathom = 2 yd = 1,8288 m
chain	1 chain = 22 yd = 20,1168 m
furlong	1 furlong = 220 yd = 201,168 m

Flächeneinheiten

Name	*Umrechnung*
square inch (sq in)	1 in^2 = 6,4516 cm^2
square foot (sq ft)	1 ft^2 = 144 in^2 ≈ 0,0929 m^2
square yard (sq yd)	1 yd^2 = 9 ft^2 ≈ 0,8361 m^2
acre	1 ac = 4 840 yd^2 ≈ 4 046,856 m^2
square mile (sq mile)	1 mile^2 = 640 acre ≈ 2,59 km^2
barn	1 b = 10^{-28} m^2

Volumeneinheiten

Name	*Umrechnung*
cubic inch (cu in)	1 in^3 = 16,3871 cm^3
cubic foot (cu ft)	1 ft^3 = 1 728 in^3 = 0,02832 m^3
cubic yard (cu yd)	1 yd^3 = 27 ft^3 = 0,76456 m^3

Weitere Einheiten in Großbritannien (UK):

fluid ounce	1 fl oz ≈ 0,028413 *l*
pint	1 pt ≈ 0,56826 *l*
quart	1 qt = 2 pt ≈ 1,13652 *l*
gallon	1 gal = 4 qt ≈ 4,5461 *l*
barrel (Rohöl)	1 bbl = 35 gal ≈ 159,1 *l*
barrel (andere Flüssigkeiten	1 bbl = 36 gal ≈ 163,6 *l*

Weitere Einheiten in den Vereinigten Staaten (US):

fluid ounce	1 fl oz ≈ 0,029574 *l*
liquid pint	1 liq pt ≈ 0,47318 *l*
liquid quart	1 liq qt = 2 liq pt ≈ 0,94635 *l*
gallon	1 gal = 4 liq qt ≈ 3,7854 *l*
liquid barrel	1 liq bbl = 31,5 gal ≈119,24 *l*
barrel petroleum	1 barrel petroleum = 42 gal ≈ 158,99 *l* (für Rohöl)

Geschwindigkeiten

Name	*Umrechnung*
Kilometer pro Stunde	1 km/h = (1/3,6) m/s ≈ 0,2778 m/s
Meilen pro Stunde	1 mile/h ≈ 1,6093 km/h
Knoten	1 kn = 1 NM/h = 1 sm/h = 1,852 km/h ≈ 0,5144 m/s
Machzahl Ma	Die Machzahl Ma ist der Quotient von Geschwindigkeit und Schallgeschwindigkeit.

Masseneinheiten

Name	*Umrechnung*
Pfund	1 Pfund = 0,5 kg
Zentner	1 Ztr = 50 kg
Doppelzentner	1 dz = 100 kg
Gamma	1 γ = 1 µg
metrisches Karat (nur für Edelsteine)	1 Kt = 0,2 g
atomare Masseneinheit	1 u ≈ $1{,}660539 \cdot 10^{-27}$ kg
grain	1 gr = 64,79891 mg
pennyweight	1 dwt = 24 gr ≈ 1,5552 g
dram	1 dr ≈ 1,77184 g
ounce (Unze)	1 oz = 16 dram ≈ 28,3495 g
troy ounce (Feinunze)	1 oz tr (US) = 1 oz tr (UK) ≈ 31,1035 g
pound	1 lb = 16 oz ≈ 453,592 g
stone (UK)	1 st = 14 lb ≈ 6,35 kg
quarter (UK)	1 qr = 28 lb ≈ 12,7 kg
slug (Masse, die von 1 lbf um 1 ft/s^2 beschleunigt wird)	1 slug ≈ 14,4939 kg
hundredweight (US)	1 cwt = 1 cwt sh (short cwt) = 1 quintal = 100 lb ≈ 45,3592 kg
hundredweight (UK)	1 cwt = 1 cwt l (long cwt) = 112 lb ≈ 50,8023 kg
ton (US)	1 ton (US) = 1 tn sh (short ton) ≈ 0,90718 t
ton (UK)	1 ton (UK) = 1 tn l (long ton) = 1 ton dw (ton deadweight) ≈ 1,01605 t
–	1 t dw = 1 t

Dichte

Name	*Umrechnung*
	1 lb/ft^3 = 16,018 kg/m^3
	1 lb/gal (UK) = 99,776 kg/m^3
	1 lb/gal (US) = 119,83 kg/m^3

Aräometergrade n sind ein Maß für die Dichte ρ einer Flüssigkeit relativ zur Dichte von Wasser bei 15 °C.
$n = 144{,}3(\rho - 1\ \text{kg}/l)/\rho$ °Bé (Baumégrad)
$n = (141{,}5\ \text{kg}/l - 131{,}5 \cdot \rho)/\rho$ °API
(API: American Petroleum Institute)

Krafteinheiten

Name	*Umrechnung*
Pond	1 p ≈ 9,80665 mN
Kilopond	1 kp ≈ 9,80665 N
Dyn	1 dyn = 10^{-5} N
sthène (franz.)	1 sn = 1 kN
pound-force	1 lbf = 4,44822 N
poundal (Kraft, die eine Masse von 1 lb um 1 ft/s^2 beschleunigt)	1 pdl = 0,138255 N

Druck und Spannungseinheiten

Name	*Umrechnung*
Mikrobar	1 µbar = 0,1 Pa
Millibar	1 mbar = 1 hPa = 100 Pa
Bar	1 bar = 10^5 Pa
–	1 kp/mm^2 ≈ $9{,}80665 \cdot 10^6$ Pa
technische Atmosphäre	1 at = 1 kp/cm^2 ≈ $9{,}80665 \cdot 10^4$ Pa
physikalische Atmosphäre	1 atm = $1{,}01325 \cdot 10^5$ Pa
Torr	1 Torr = 1 mm Hg (Quecksilbersäule) = 133,322 Pa
–	1 mm WS (Wassersäule) = 1 kp/m^2 ≈ 9,80665 Pa

Aus der technischen Atmosphäre leiten sich folgende Einheiten ab:
p_{abs} (absoluter Druck): 1 ata
p_{amb} (Umgebungsdruck)
$p_e = p_{abs} - p_{amb}$
(Überdruck): 1 atü für $p_{abs} > p_{amb}$
$p_e = p_{amb} - p_{abs}$
(Unterdruck): 1 atu für $p_{abs} < p_{amb}$

Anglo-amerikanische und andere Einheiten:

pound-force per square inch	1 lbf/in^2 = 1 psi = 6894,76 Pa
pound-force per square foot	1 lbf/ft^2 = 1 psf = 47,8803 Pa
ton-force per square inch (UK)	1 $tonf/in^2$ = $1{,}54443 \cdot 10^7$ Pa
poundal per square foot	1 pdl/ft^2 = 1,48816 Pa
barye (franz.)	1 barye = 0,1 Pa
pièce (franz.)	1 pz = 1 sn/m^2 ($sthène/m^2$) = 1 000 Pa

Energieeinheiten

Name	*Umrechnung*
erg	1 erg = 10^{-7} J
Kalorie [1]	1 cal = 4,1868 J
	1 kp · m = 9,80665 J
	1 PS · h = $2{,}6478 \cdot 10^6$ J
Therm	1 therm = $105{,}50 \cdot 10^6$ J

Anglo-amerikanische und andere Einheiten:

inch ounce-force	1 in ozf = 7,062 mJ
foot poundal	1 ft pdl = 0,04214 J
inch pound-force	1 in lbf = 0,11299 J
foot pound-force	1 ft lbf = 1,35582 J
British thermal unit [2]	1 Btu = 1 055,06 J
therm	1 therm = 10^5 Btu
horsepower hour	1 hp · h = $2{,}685 \cdot 10^6$ J
thermie (franz.)	1 thermie = 1 000 frigories = 1 000 kcal = 41,868 MJ
kg Steinkohlen-einheiten	1 kg SKE = 29,3076 MJ (für den Heizwert H_i = 7000 kcal/kg Steinkohle)
Tonne Steinkohlen-einheiten	1 t SKE = 1 000 kg SKE

Leistungseinheiten

Name	*Umrechnung*
Kilokalorie pro Stunde	1 kcal/h = 1,163 W
Kalorie pro Sekunde	1 cal/s = 4,1868 W
–	1 kp · m/s = 9,80665 W
Pferdestärke, cheval vapeur (franz.)	1 PS = 1 ch = 735,499 W

Anglo-amerikanische Einheiten:

–	1 ft · lbf/s = 1,35582 W
horsepower	1 hp = 745,70 W
–	1 Btu/s = 1 055,06 W

Kraftstoffverbrauch

Name	*Umrechnung*
–	1 g/(PS · h) = 1,3596 g/(kW h)
–	1 lb/(hp · h) = 608,277 g/(kW h)
–	1 liq pt/(hp · h) = 634,545 cm^3/(kW h)

x mile/gal (US) $\triangleq \frac{235{,}21}{x}$ l/100 km

x mile/gal (UK) $\triangleq \frac{282{,}48}{x}$ l/100 km

y l/100 km $\triangleq \frac{235{,}21}{y}$ mile/gal (US)

y l/100 km $\triangleq \frac{282{,}48}{y}$ mile/gal (UK)

[1] Die Wärmemenge, die zum Erwärmen von 1 g Wasser von 15 °C auf 16 °C benötigt wird.
[2] Die Wärmemenge, die zum Erwärmen von 1 lb Wasser von 63 °F auf 64 °F benötigt wird.

Temperatureinheiten

Name	*Umrechnung*
K (Kelvin)	
°C (Grad Celsius)	ϑ/°C = T/K − 273,15 Dieser Skala liegen der Schmelzpunkt des Wassers bei 0 °C und der Siedepunkt bei 100 °C, jeweils bei Normaldruck, zugrunde
°F (Grad Fahrenheit)	T_F/°F = 1,8 · T/K − 459,67 Der Gefrierpunkt des Wassers liegt bei 32 °F, die Körpertemperatur des Menschen bei 96 °F
°Ra (Grad Rankine)	T_{Ra}/°Ra = 1,8 · T/K Diese Skala beginnt mit dem absoluten Temperatur-Nullpunkt bei 0 K und verwendet eine Gradeinteilung wie das Fahrenheit
°Re (Grad Réaumur)	T_{Re}/°Re = 0,8 · (T/K − 273,15) Der Schmelzpunkt des Wassers befindet sich bei 0 °Re, der Siedepunkt bei 80 °Re
Temperaturdifferenzen	1 K ≙ 1 °C ≙ 1,8 °F ≙ 1,8 °Ra ≙ 0,8 °Re

Viskositätseinheiten (kinematisch)

Name	*Umrechnung*
	1 ft²/s = 0,092903 m²/s Die Messung wird durch Viskosimeter nach der Norm DIN EN ISO 2431 [5] durchgeführt
A-Sekunden	Auslaufzeit aus Auslaufbecher
Englergrad	relative Auslaufzeit aus Engler-Gerät: 1 °E ≈ 7,6 mm²/s
RI-Sekunden	Auslaufzeit aus Redwood-I-Viskosimeter (UK) 1 R″ ≈ 4,06 mm²/s
SU-Sekunden	Auslaufzeit aus Saybolt-Universal-Viskosimeter (US): 1 S″ ≈ 4,63 mm²/s

Naturkonstanten

Man geht derzeit davon aus, dass die physikalischen Gesetze an jedem Ort unserer Welt gleich gelten. Dies beschreiben die Naturkonstanten, die sowohl physikalische Größen enthalten (z. B. Vakuumlichtgeschwindigkeit, Massen der Elementarteilchen) als auch die Zusammenhänge zwischen ihnen darstellen (z. B. Feldkonstanten von Gravitation, Elektrizität und Magnetismus). Ihre Werte hängen vom Einheitensystem ab und müssen experimentell ermittelt werden.

Seit der 26. CGPM bilden sieben Konstanten das Fundament des Internationalen Einheitensystems SI. Mit ihnen werden die Basiseinheiten definiert, deshalb werden sie als definierende Konstanten bezeichnet (Tabelle 6). Die Zahlenwerte dieser Konstanten können somit exakt angegeben werden.

Tabelle 6: Definierende Konstanten.

Hyperfeinübergangsfrequenz des Cäsiumatoms $\Delta\nu_{Cs}$	9 192 631 770 Hz
Lichtgeschwindigkeit c (in Vakuum)	299 792 458 $\frac{m}{s}$
Planck-Konstante h	$6{,}626\,070\,15 \cdot 10^{-34}$ J s
Elementarladung e	$1{,}602\,176\,634 \cdot 10^{-19}$ C
Boltzmann-Konstante k	$1{,}380\,649 \cdot 10^{-23} \frac{J}{K}$
Avogadro-Konstante N_A	$6{,}022\,140\,76 \cdot 10^{23}$ mol^{-1}
Photometrisches Strahlungsäquivalent	683 lm W^{-1}

Tabelle 7: Auswahl für abgeleitete, exakte Konstanten.

Faraday-Konstante F	$F = e\,N_A = 96\,485{,}333\,12\ldots \frac{C}{mol}$
Universelle Gaskonstante R	$R = k\,N_A = 8{,}314\,4626\,318\ldots \frac{J}{mol \cdot K}$
Stefan-Boltzmann-Konstante σ	$5{,}670\,374\,419\ldots \cdot 10^{-8} \frac{W}{m^2 \cdot K^4}$

Tabelle 8: Weitere Naturkonstanten.

Loschmidt'sche Zahl N_L	$N_L = \frac{N_A}{V_{m0}}$ $\approx 2{,}6867805(24) \cdot 10^{25}\ \mathrm{m^{-3}}$ V_{m0}: Molare Volumen eines idealen Gases unter Normalbedingungen
elektrische Feldkonstante ε_0	$\frac{1}{\mu_0 \cdot c^2}$ $\approx 8{,}854\,187\,817\,62 \cdot 10^{-12}\ \frac{\mathrm{F}}{\mathrm{m}}$
magnetische Feldkonstante μ_0	$4\pi \cdot 10^{-7}\ \frac{\mathrm{Vs}}{\mathrm{Am}}$ $\approx 12{,}566\,370\,614 \cdot 10^{-7}\ \frac{\mathrm{H}}{\mathrm{m}}$
Gravitationskonstante G	$6{,}674\,2(10) \cdot 10^{-11}\ \frac{\mathrm{m^3}}{\mathrm{kg \cdot s^2}}$
atomare Masseneinheit u	$1{,}660\,538\,86(28) \cdot 10^{-27}\ \mathrm{kg}$
Ruhemasse des Elektrons m_e	$9{,}109\,382\,6(16) \cdot 10^{-31}\ \mathrm{kg}$
Ruhemasse des Protons m_p	$1{,}672\,621\,71(29) \cdot 10^{-27}\ \mathrm{kg}$

Aus diesen defiinierenden Konstanten abgeleitete Konstanten sind ebenfalls exakt angebbar (Tabelle 7).

Tabelle 8 listet weitere wichtige Naturkonstanten auf (Quelle: [3]). Die Ziffern in Klammern hinter einem Zahlenwert bezeichnen die Unsicherheit in den letzten Stellen des Werts.

Literatur

[1] ISO 80000: Größen und Einheiten (2013).

[2] DIN 1301: Einheiten – Teil 1: Einheitennamen, Einheitenzeichen (2010).

[3] Die gesetzlichen Einheiten in Deutschland. 2. Auflage, Physikalisch-Technische Bundesanstalt Nationales Metrologieinstitut, 2019, Braunschweig.

[4] DIN 1305: Masse, Wägewert, Kraft, Gewichtskraft, Gewicht, Last; Begriffe. (1988).

[5] DIN EN ISO 2431: Beschichtungsstoffe – Bestimmung der Auslaufzeit mit Auslaufbechern (ISO 2431:2011); Deutsche Fassung EN ISO 2431:2011.

Mathematische Zeichen

$+$	plus
$-$	minus
$\cdot$ oder $\times$	mal
: oder /	geteilt durch
$=$	gleich
$\approx$	ungefähr gleich
$\neq$	ungleich
$<$	kleiner
$>$	größer
$\leq$	kleiner gleich
$\geq$	größer gleich
$\sim$ oder $\propto$	proportional zu
$\sum a_i$	Summe über a_i
$\prod a_i$	Produkt der a_i
$n!$	n Fakultät $(1 \cdot 2 \cdot 3 \ldots n)$
Δ	Differenz oder Laplace-Operator
$\sqrt{\ }$	Wurzel
$\parallel$	parallel zu
$\perp$	senkrecht auf
$\rightarrow$	geht gegen
∞	unendlich
d/dx	Ableitung nach x
$\partial/\partial x$	partielle Ableitung nach x
$\int f(x)dx$	Integral von $f(x)$

Griechische Buchstaben

A	α	Alpha
B	β	Beta
Γ	γ	Gamma
	δ	Delta
Δ	ε, ϵ	Epsilon
Z	ζ	Zeta
H	η	Eta
Θ	θ, ϑ	Theta
I	ι	Iota
K	$\kappa, \varkappa$	Kappa
Λ	λ	Lambda
M	μ	My
N	ν	Ny
Ξ	ξ	Xi
O	o	Omikron
Π	π, ϖ	Pi
P	ρ, ϱ	Rho
Σ	σ, ς	Sigma
T	τ	Tau
Y, Υ	υ	Ypsilon
Φ	ϕ, φ	Phi
X	χ	Chi
Ψ	ψ	Psi
Ω	ω	Omega

Grundlagen der Mechanik

Geradlinige Bewegung und Drehbewegung

Für die Bewegung von massebehafteten Körpern werden Kräfte, Momente und Energien benötigt. Beliebige Bewegungen können aus geradlinigen Bewegungen (Translation) und Drehbewegungen (Rotation) zusammengesetzt werden. In Tabelle 2 sind die wichtigsten Grundgleichungen dafür zusammengestellt. Die verwendeten Größen sind in Tabelle 1 aufgelistet.

Masse und Trägheitsmoment
Die Masse m ist eine Eigenschaft der Materie und die Ursache für die Trägheit, die einer Geschwindigkeitsänderung (Beschleunigung) bei einer geradlinigen Bewegung einen Widerstand entgegensetzt. Das Trägheitsmoment J (auch als Massenträgheitsmoment oder Drehmasse bezeichnet) verursacht einen Widerstand bei einer Drehbewegung (Tabelle 3).

Weg, Geschwindigkeit und Beschleunigung
Der Weg s ist eine begrenzte Strecke, die Geschwindigkeit v ist der während einer bestimmten Zeit t zurückgelegte Weg. Für eine Drehbewegung ergibt sich die Winkelgeschwindigkeit ω aus dem während einer bestimmten Zeit überstrichenen Winkel φ. Eine gleichförmige Bewegung liegt vor, wenn die Geschwindigkeit v oder die Drehzahl n (beziehungsweise Winkelgeschwindigkeit ω) konstant ist. In diesem Fall ist die Beschleunigung (a beziehungsweise α) gleich Null.

Bei einer Geschwindigkeitsänderung wird ein Körper beschleunigt. Gleichförmig beschleunigt ist eine Bewegung, wenn die Beschleunigung konstant ist. Bei negativer Beschleunigung wird die Bewegung verzögert oder abgebremst.

Tabelle 1: Formelzeichen und Einheiten.

Größe		Einheit
A	Fläche	m^2
E	Elastizitätsmodul	N/mm^2
E_k	kinetische Energie	J = Nm
E_p	potentielle Energie	J = Nm
E_{rot}	Rotationsenergie	J = Nm
F	Kraft	N
F_G	Gewichtskraft	N
F_m	mittlere Kraft während der Stoßzeit	N
F_R	Reibkraft	N
F_U	Umfangskraft	N
F_Z	Zentrifugalkraft (Fliehkraft)	N
H	Drehstoß	$N m \cdot s = kg \cdot m^2/s$
I	Kraftstoß	$N s = kg \cdot m/s$
J	Trägheitsmoment	$kg \cdot m^2$
L	Drehimpuls (Drall)	$N m \cdot s$
M_t	Drehmoment	Nm
$M_{t,m}$	Mittleres Drehmoment während der Stoßzeit	Nm
P	Leistung	W = Nm/s
R_e	Streckgrenze	N/mm^2
R_m	Zugfestigkeit	N/mm^2
V	Volumen	m^3
W	Arbeit, Energie	J = Nm
a	Beschleunigung	m/s^2

Größe		Einheit
a_Z	Zentrifugalbeschleunigung	m/s^2
d	Durchmesser	m
e	Grundzahl der natürlichen Logarithmen ($e \approx 2{,}781$)	–
g	Fallbeschleunigung ($g \approx 9{,}81$)	m/s^2
h	Höhe	m
i	Trägheitsradius	m
l	Länge	m
m	Masse	kg
n	Drehzahl	1/s
p	Impuls	Ns
p	Flächenpressung	N/mm^2
r	Radius	m
s	Weglänge	m
t	Zeit	s
v	Geschwindigkeit	m/s
α	Winkelbeschleunigung	rad/s^2
β	Umschlingungswinkel	°
γ	Keilwinkel	°
ε	Dehnung	%
μ	Reibungszahl	–
ν	Querkontraktion	–
ρ	Dichte	kg/m^3
φ	Drehwinkel	rad
ω	Winkelgeschwindigkeit	1/s

Kraft und Moment

Eine Kraft beschleunigt oder verformt einen Körper. Sie wird in der klassischen Physik als zeitliche Änderung des Impulses p bezeichnet. Wird eine Masse m mit dem Schwerpunktabstand r um eine Drehachse mit der Winkelgeschwindigkeit ω gedreht, entsteht dadurch eine Fliehkraft F_Z, die vom Mittelpunkt radial nach außen wirkt. Eine Kraft, die im Abstand r von einem Drehpunkt angreift, erzeugt ein Drehmoment. Eine beschleunigte Drehbewegung mit der Drehmasse J verursacht ein Moment in Form eines Beschleunigungs- oder Bremsmoments.

Arbeit und Energie

Verschiebt eine Kraft F einen Körper um den Weg s, wird dabei die Arbeit W verrichtet, die als Energie in diesem Körper gespeichert ist. Energie wird daher in der Physik als gespeicherte Arbeit definiert. Umgekehrt kann eine Energie Arbeit verrichten. In der Mechanik wird zwischen der kinetischen und der potentiellen Energie unterschieden. Die kinetische Ener-

Tabelle 2: Geradlinige Bewegung und Drehbewegung.

Geradlinige Bewegung (Translation)		**Drehbewegung (Rotation)**	
Masse		**Trägheitsmoment** (Tabelle 3)	
$m = V\rho$		$J = m i^2$	
Weg		**Winkel**	
$s = \int v(t)\, dt$		$\varphi = \int \omega(t)\, dt$	
$s = v t$	[v = konst.]	$\varphi = \omega t = 2\pi n$	[n = konst.]
$s = \frac{1}{2} a t^2$	[a = konst.]	$\varphi = \frac{1}{2} \alpha t^2$	[α = konst.]
Geschwindigkeit		**Winkelgeschwindigkeit**	
$v = ds(t)/dt$		$\omega = d\varphi(t)/dt$	
$v = s/t$	[v = konst.]	$\omega = \varphi/t = 2\pi n$	[n = konst.]
$v = a t = \sqrt{2 a s}$	[a = konst.]	$\omega = \alpha t = \sqrt{2 \alpha \varphi}$	[α = konst.]
		Umfangsgeschwindigkeit	
		$v = r\omega$	
Beschleunigung		**Winkelbeschleunigung**	
$a = dv(t)/dt$		$\alpha = d\omega(t)/dt$	
$a = (v_2 - v_1)/t$	[a = konst.]	$\alpha = (\omega_2 - \omega_1)/t$	[α = konst.]
		Zentrifugalbeschleunigung	
		$a_Z = r\omega^2$	
Kraft		**Drehmoment**	
$F = m a$		$M_t = F r = J\alpha$	
		Zentrifugalkraft (Fliehkraft)	
		$F_Z = m r \omega^2$	
Arbeit		**Dreharbeit**	
$W = F s$		$W = M_t \varphi$	
Translationsenergie		**Rotationsenergie**	
$E_k = \frac{1}{2} m v^2$		$E_{rot} = \frac{1}{2} J \omega^2$	
Potentielle Energie			
$E_p = F_G h$			
Leistung		**Leistung**	
$P = dW/dt = F v$		$P = dW/dt = M_t \omega = M_t \cdot 2\pi n$	
Impuls		**Drehimpuls**	
$p = m v$		$L = J\omega = J \cdot 2\pi n$	
Kraftstoß		**Drehstoß**	
$I = \Delta p = F_m (t_2 - t_1)$		$H = M_{t,m} (t_2 - t_1)$	

Tabelle 3: Trägheitsmomente.

Art des Körpers		Trägheitsmomente (J_x um die x-Achse [1], J_y um die y-Achse [1])
Rechkant, Quader	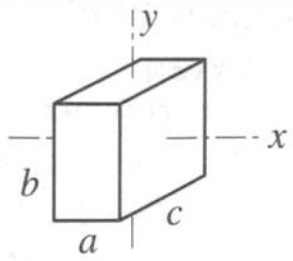	$J_x = m\frac{b^2+c^2}{12}$, $J_y = m\frac{a^2+c^2}{12}$ $J_x = J_y = m\frac{a^2}{6}$ (Würfel mit Seitenlänge a)
Kreiszylinder	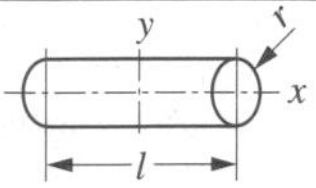	$J_x = m\frac{r^2}{2}$, $J_y = m\frac{r^2+l^2}{12}$
hohler Kreiszylinder	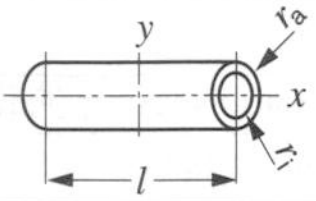	$J_x = m\,\frac{r_a^2+r_i^2}{2}$ $J_y = m\,\frac{r_a^2+r_i^2+\frac{l^2}{3}}{4}$
Kreiskegel	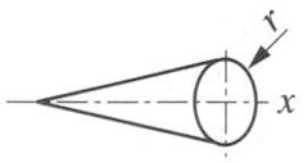	$J_x = m\frac{3r^2}{10}$ $J_x = m\frac{r^2}{2}$ Kegelmantel (ohne Grundfläche)
Kreiskegelstumpf	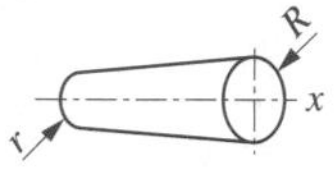	$J_x = m\frac{3(R^5-r^5)}{10(R^3-r^3)}$ $J_x = m\frac{(R^2+r^2)}{2}$ Kegelmantel (ohne Endflächen)
Kugel und Halbkugel	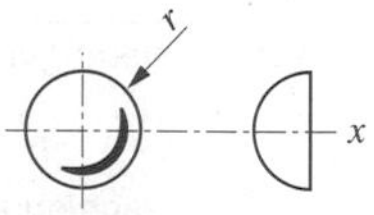	$J_x = m\frac{2r^2}{5}$ $J_x = m\frac{2r^2}{3}$ Kugeloberfläche
Hohlkugel	r_a äußerer Kugelhalbmesser r_i innerer Kugelhalbmesser	$J_x = m\frac{2(r_a^5-r_i^5)}{5(r_a^3-r_i^3)}$
zylindrischer Ring	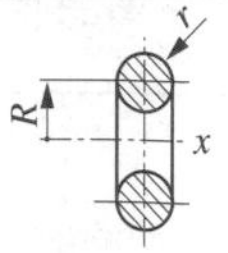 UAN0007-2Y	$J_x = m(R^2+\frac{3}{4}r^2)$

gie (Bewegungsenergie) entspricht der Arbeit, die aufgewendet werden muss, um einen Körper mit der Masse m oder der Drehmasse J auf die Geschwindigkeit v oder die Winkelgeschwindigkeit ω zu beschleunigen. Die potentielle Energie entspricht der Arbeit, die aufgewendet werden muss um einen Körper auf eine Höhe h zu heben. Beim Spannen einer Feder wird potentielle Energie gespeichert, die beim Loslassen wieder Arbeit verrichten kann.

[1] Das Trägheitsmoment für eine zur x-Achse beziehungsweise zur y-Achse im Abstand a parallel verlaufende Achse ist: $J_A = J_x + m a^2$ beziehungsweise $J_A = J_y + m a^2$.

Energieerhaltung
Der Energieerhaltungssatz besagt, dass die Gesamtenergie in einem geschlossenen System konstant ist. Energie kann weder erzeugt noch vernichtet werden, sondern nur zwischen verschiedenen Energieformen umgewandelt (z.B. Bewegungsenergie in Wärmeenergie) oder von einem Körper auf einen anderen übertragen werden.

Leistung
Die Leistung ist die während einer bestimmten Zeitspanne verrichtete Arbeit. Da jede Leistungsübertragung verlustbehaftet ist, ist die abgegebene Leistung immer kleiner als die zugeführte. Das Verhältnis von Abtriebs- zu Antriebsleistung wird als Wirkungsgrad η bezeichnet und ist deshalb immer kleiner als 1.

$$\eta = \frac{P_{ab}}{P_{an}} .$$

Impuls und Stoß
Der Impuls p beschreibt die Bewegung eines massebehafteten Körpers, er berechnet sich als Produkt der bewegten Masse m und der Geschwindigkeit v. Jeder bewegte Körper kann seinen Impuls bei einem Stoßvorgang auf einen anderen Körper übertragen, wie dies z.B. bei einem Zusammenstoß zwischen zwei Fahrzeugen geschieht. Die auf einen Körper einwirkende Kraft bewirkt eine Impulsänderung, die als Kraftstoß I bezeichnet wird.

Bei einer Drehbewegung ergibt sich der Drehimpuls L aus dem Produkt von Drehmasse J und Winkelgeschwindigkeit ω. Ein Drehstoß H entsteht z.B. beim ruckartigen Kuppeln von zwei Scheiben.

Impulserhaltung
Der Impulserhaltungssatz besagt, dass der Gesamtimpuls in einem geschlossenen System konstant ist. Daraus folgt, dass der Gesamtimpuls vor und nach einem Stoß gleich sein muss.

Statik

Statik ist die Lehre vom Gleichgewicht am starren Körper. Ein Körper ist im Gleichgewicht, wenn er sich in Ruhe befindet oder gleichförmig und geradlinig bewegt wird. Gleichgewicht herrscht, wenn die Summe der angreifenden Kräfte und Momente in allen Richtungen gleich Null ist.

Ebenes Kräftesystem
Kräfte sind Vektoren, die durch Größe und Richtung bestimmt sind. Sie werden geometrisch (vektoriell) addiert:

$$\vec{F}_{res} = \vec{F}_1 + \vec{F}_2 .$$

Zwei Kräfte werden mit einem Kräfteparallelogramm oder einem Kräftedreieck zusammengesetzt (Bild 1a). Bei mehreren Kräften wird die Resultierende F_{res} über ein Krafteck ermittelt (Bild 1b). Wenn das Krafteck geschlossen ist, ist das Kräftesystem im Gleichgewicht.

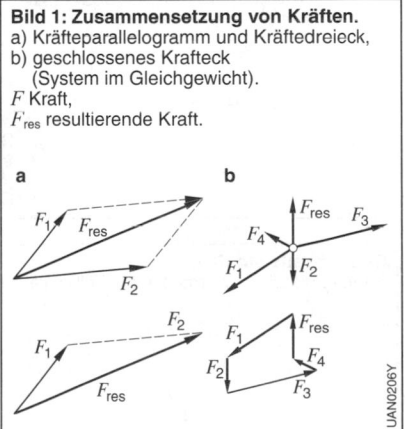

Bild 1: Zusammensetzung von Kräften.
a) Kräfteparallelogramm und Kräftedreieck,
b) geschlossenes Krafteck (System im Gleichgewicht).
F Kraft,
F_{res} resultierende Kraft.

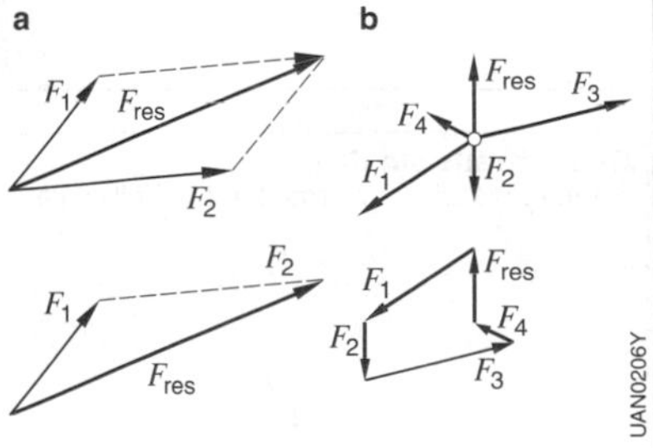

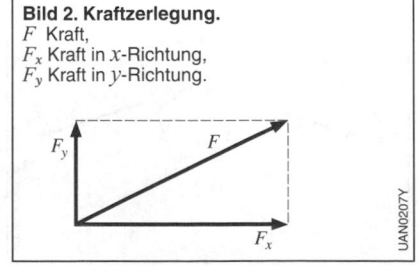

Bild 2. Kraftzerlegung.
F Kraft,
F_x Kraft in x-Richtung,
F_y Kraft in y-Richtung.

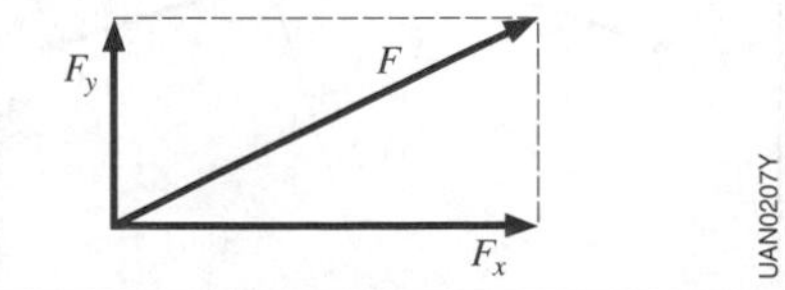

Eine Kraft kann auch in Komponenten zerlegt werden. Sinnvoll ist eine Zerlegung in orthogonale Komponenten (Bild 2).

Kraftübersetzung
Mechanische Maschinen zur Kraftübersetzung lassen sich auf die Wirkprinzipien „Hebel" und „Keil" zurückführen.

Hebel
Das Hebelgesetz lässt sich aus der Gleichgewichtsbedingung „Summe der Momente gleich Null" ableiten. Bei Vernachlässigung der Reibung ist das System in Bild 3 für folgende Bedingung im Gleichgewicht:

$$M_{t1} = M_{t2} \quad \text{oder} \quad F_1 r_1 = F_2 r_2 \, .$$

Bild 3: Hebelgesetz.
F Kraft, r Radius.

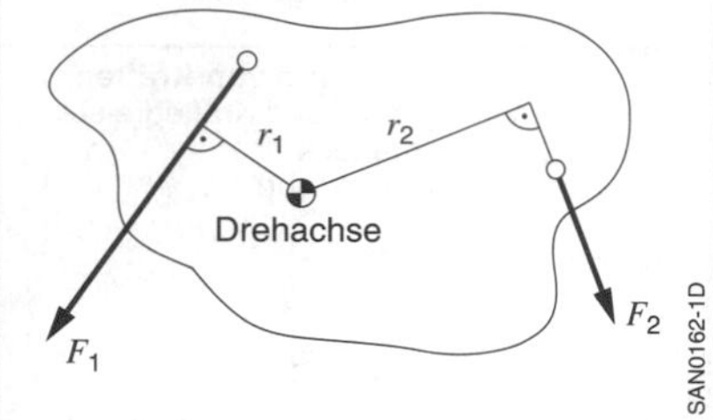

Bild 4: Kräfte am Keil.
F Eintreibkraft, F_N Normalkraft, γ Keilwinkel.

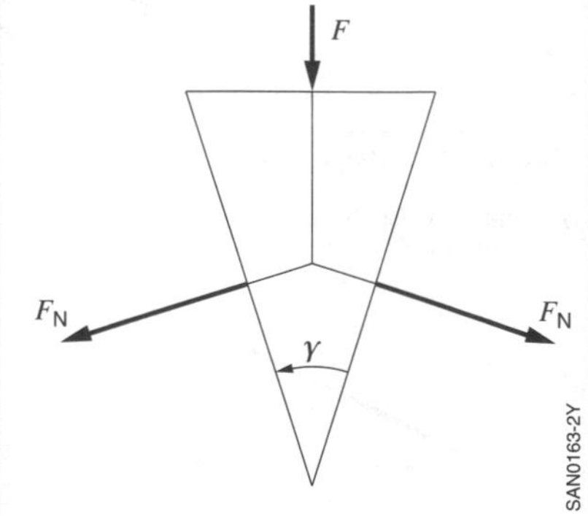

Das Hebelgesetz findet man in sehr vielen Anwendungen von einfachen Zangen, Waagen, Schraubenschlüsseln über Zahnräder und Riementriebe bis zum Pleuel im Triebwerk eines Kolbenmotors.

Keil
Mit dem Keilprinzip lassen sich abhängig vom Keilwinkel γ kleine Kräfte (Eintreibkraft F) in große Normalkräfte F_N übersetzen (Bild 4). Ohne Berücksichtigung der Reibung gilt:

$$F_N = \frac{F}{2 \sin \frac{\gamma}{2}} \, .$$

Mit Hilfe von Keilen können auf kleinstem Raum sehr große Spannkräfte aufgebracht werden. Beispiele hierfür sind Keile in Wellen-Naben-Verbindungen und Kegelverbindungen zum Übertragen von Drehmomenten. Aber auch die Schraube und der Spannexzenter arbeiten nach dem klassischen Keilprinzip.

Bild 5: Spannung-Dehnung-Diagramm.
1 Hook'scher Bereich,
2 Streckgrenze,
3 plastische Verformung,
4 Zugfestigkeit.
R_{eL} Untere Streckgrenze,
R_{eH} obere Streckgrenze,
R_m Zugfestigkeit
(maximale Belastung vor Bruch).

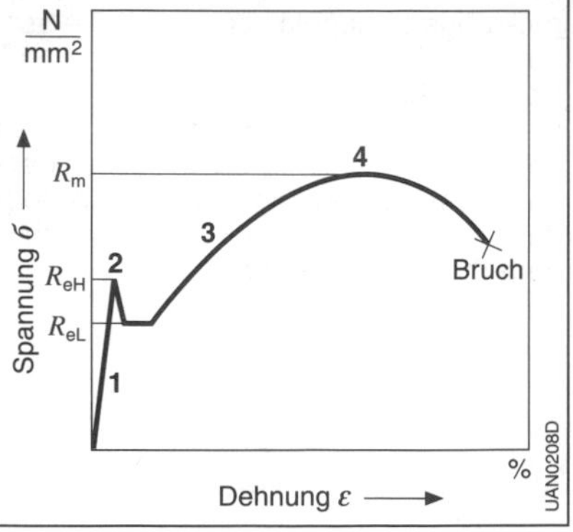

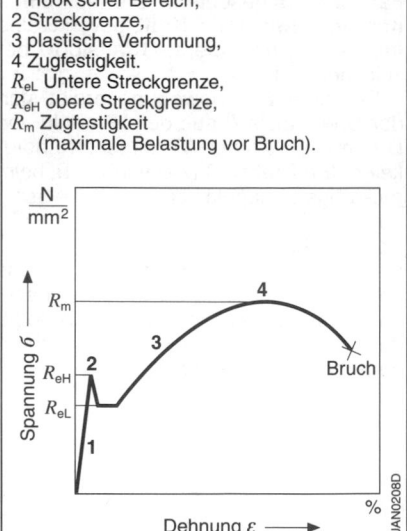

Festigkeitsberechnung

Hookesche Gesetz
Infolge einer äußeren Belastung wird ein Körper verformt und im Inneren des Werkstoffs entstehen Spannungen (Bild 5). Metalle besitzen bis zum Erreichen der Streckgrenze ein linear-elastisches Verhalten. Das heißt, innerhalb dieses Hooke'schen Bereichs nimmt das Bauteil bei Entlastung seine ursprüngliche Länge wieder ein. Die Streckgrenze R_e ist die Grenze zwischen elastischer und plastischer Verformung. Oberhalb der Streckgrenze beginnt der Werkstoff zu „fließen" und bleibt dann dauerhaft verformt. Die Zugfestigkeit R_m ist die maximale Belastung vor dem Reißen beziehungsweise Bruch des Bauteils.

Bei duktilen Werkstoffen mit ausgeprägter Steckgrenze wird immer R_e als Grenze für die Dimensionierung angegeben. Nur bei spröden Werkstoffen, die keine ausgeprägte Streckgrenze haben (z.B. Grauguss), wird für die Auslegung die Zugfestigkeit angesetzt.

Der lineare Bereich ist bekannt als Hooke'sche Gerade, in dem das Verhältnis von Spannung σ und Dehnung ε konstant ist. Mit der Proportionalitätskonstanten E, die als Elastizitätsmodul bezeichnet wird, lautet das Hooke'sche Gesetz für den einachsigen Spannungszustand:

$$\sigma = E\varepsilon \,.$$

Bild 6: Festigkeitsnachweis.

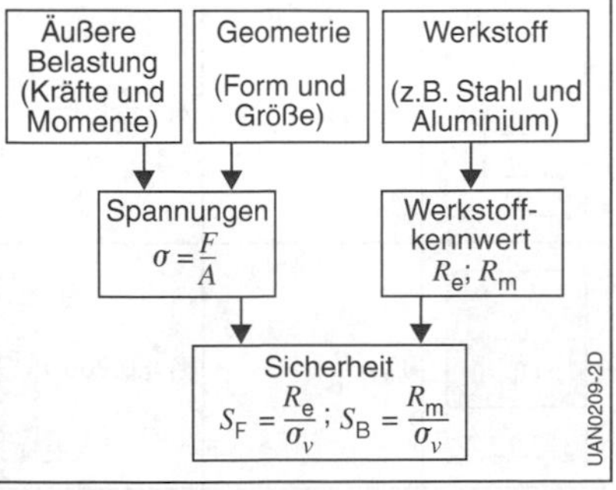

Festigkeitsnachweis
Das Ziel des Festigkeitsnachweises ist die sichere Dimensionierung und werkstoffgerechte Gestaltung von Bauteilen. Der Festigkeitsnachweis nach Bild 6 erfolgt in vier Schritten:

1. Bestimmung der äußeren Belastung (Kräfte und Momente),
2. Ermittlung der vorhandenen Spannung,
3. Wahl des Werkstoffkennwerts,
4. Vergleich der vorhandenen Spannung mit dem Werkstoffkennwert.

Wenn die äußeren Kräfte und Momente bekannt sind, können nach Tabelle 4 die Spannungen im Bauteil berechnet werden. Da Zug-, Druck- und Biegespannungen (Normalspannungen) in einer Ebene liegen beziehungsweise in dieselbe Richtung wirken, können sie additiv überlagert werden. Auch die Scher- und Torsionsspannungen (Schubspannungen) können addiert werden. Treten in einem Bauteil jedoch gleichzeitig Normal- und Schubspannungen auf, muss mit einer Festigkeitshypothese eine Vergleichsspannung gebildet werden, da die Werkstoffkennwerte aus einachsigen Zug- und Schwingversuchen ermittelt wurden.

Je nach Werkstoffverhalten (zäh oder spröde) gibt es unterschiedliche Hypothesen. Für zähe Werkstoffe (die meisten Metalle) wird die Gestaltänderungsenergiehypothese (GEH) verwendet. Für den einachsigen Spannungszustand (Stab) berechnet sich die Vergleichsspannung nach Tabelle 4.

Flächenpressung
Die Flächenpressung ist eine Druckspannung. Sie entsteht, wenn von einem Festkörper auf einen anderen eine Kraft F übertragen wird. Bei ebenen Wirkflächen ist die Pressung p gleich dem Verhältnis von Kraft F zu Auflagefläche A.

Lochleibungsdruck
Bei der Paarung von Zapfen und Bohrung oder Welle und Gleitlager wird in der Regel mit dem Lochleibungsdruck gerechnet. Hier wird die Belastungskraft auf die projizierte Fläche A_{proj} (Bild 7) bezogen:

$$p = \frac{F}{A_{proj}} = \frac{F}{dl} \leq p_{zul} \,.$$

Tabelle 4: Grundgleichungen der Festigkeitsberechnung.

Beanspruchung	Spannung
Zugspannung 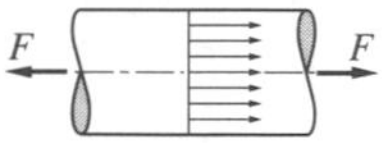	$\sigma_z = \frac{F}{A}$
Druckspannung 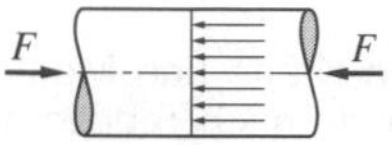	$\sigma_d = \frac{F}{A}$
Biegespannung 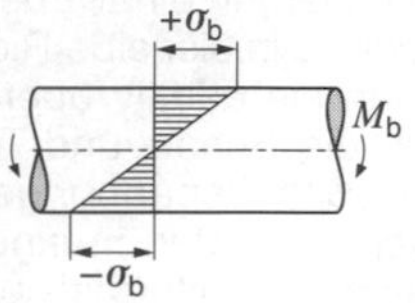	$\sigma_b = \frac{M_b}{W_b}$ W_b aus Tabelle 5
Scherspannung 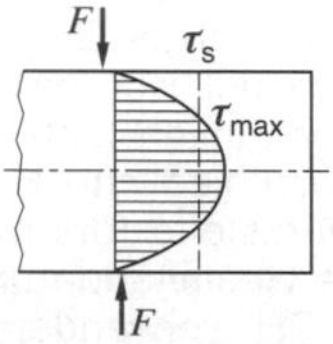	$\tau_s = \frac{F}{A}$
Torsionsspannung 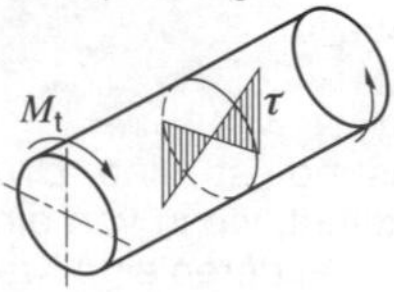	$\tau_t = \frac{M_t}{W_t}$ W_t aus Tabelle 5
Vergleichsspannung 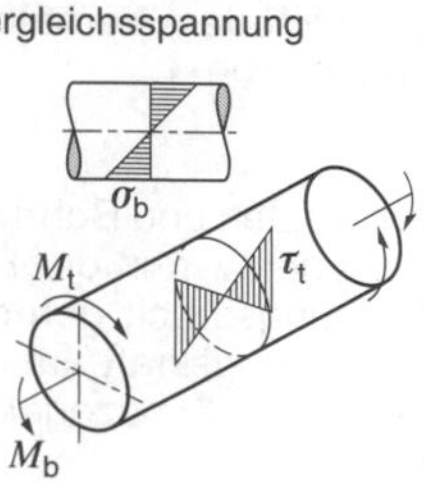	$\sigma_v = \sqrt{\sigma^2 + 3\tau^2}$

Hertz'sche Pressung

In Wirklichkeit ist die maximale Pressung bei gekrümmten Flächen jedoch größer und kann nach der Theorie von Hertz berechnet werden. Die maximale Hertz'sche Pressung ist abhängig von der Verformung (Abplattung) der berührenden Oberflächen (Bild 8). Diese wiederum ist anhängig von den Radien, vom Elastizitätsmodul E und von der Quer-

Bild 7: Lochleibungsdruck.
a) Projektion,
b) Seitenansicht.
1 Freistich.
F Belastung,
d Zapfendurchmesser,
l gemeinsame Berührlänge.

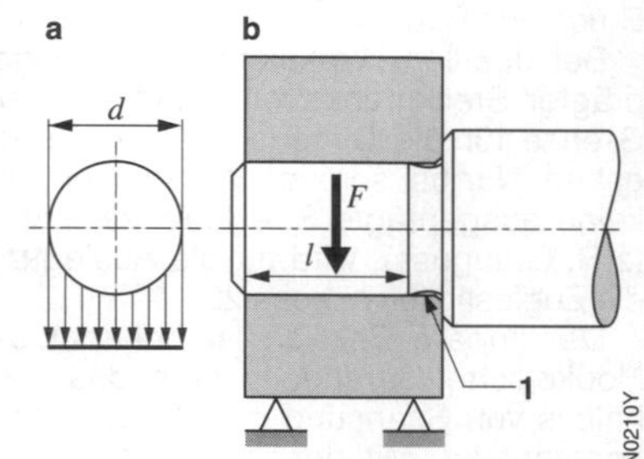

Tabelle 5: Widerstandsmomente.

Querschnitt	Biegung	Torsion
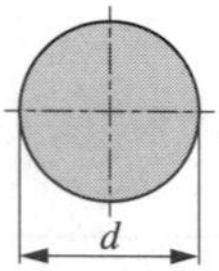	$W_b = \frac{\pi}{32} d^3$	$W_t = \frac{\pi}{16} d^3$
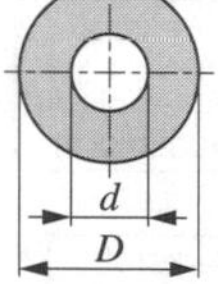	$W_b = \frac{\pi}{32}\left(\frac{D^4 - d^4}{D}\right)$	$W_t = \frac{\pi}{16}\left(\frac{D^4 - d^4}{D}\right)$
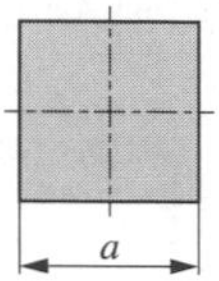	$W_b = \frac{a^3}{6}$	$W_t = 0{,}208\, a^3$

kontraktion ν. In Tabelle 6 sind die Gleichungen für die Fälle „Kugel – Kugel" und „Zylinder – Zylinder" angegeben. Für die Sonderfälle „Kugel – Ebene" und „Zylinder – Ebene" wird der Radius $r_2 \rightarrow \infty$ oder $r = r_1$.

Bild 8: Hertz'sche Pressung.
F Normalkraft,
r Radius,
p_{max} maximale Pressung.

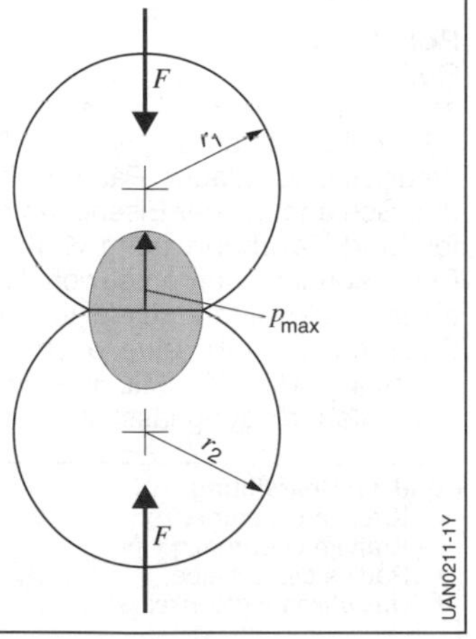

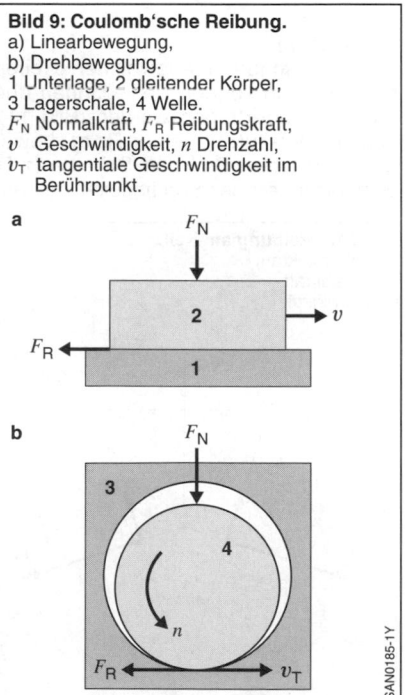

Tabelle 6: Hertz'sche Pressung.

Kugel – Kugel (Punktberührung) $p_{max}=\frac{1}{\pi}\sqrt[3]{\frac{1{,}5FE^2}{r^2(1-\nu^2)^2}}$	Mittlere E-Modul: $E=2\cdot\frac{E_1E_2}{E_1+E_2}$ Für die Radien gilt:
Zylinder – Zylinder (Linienberührung) $p_{max}=\sqrt{\frac{FE}{2\pi r l(1-\nu^2)}}$	$\frac{1}{r}=\frac{1}{r_1}+\frac{1}{r_2} \rightarrow r=\frac{r_1r_2}{r_1+r_2}$ l Berührlänge Zylinder ν Querkontraktion

Reibung

Coulomb'sche Reibung

Bewegen sich berührende Körper relativ zueinander, so wirkt die Reibung als mechanischer Widerstand entgegen der Bewegungsrichtung mit der Geschwindigkeit v (Bild 9). Die Widerstandskraft, Reibkraft F_R genannt, ist proportional zur Normalkraft F_N. Solange die äußere Kraft kleiner als die Reibkraft ist und der Körper in Ruhe bleibt, liegt Haftreibung vor. Wird die Haftreibung überwunden und setzt sich der Körper in Bewegung, so gilt für die Reibkraft das Coulomb'sche Gleitreibungsgesetz

$$F_R = \mu F_N \, .$$

Reibungszahl

Die Reibungszahl μ kennzeichnet immer eine System- und nicht eine Materialeigenschaft. Reibungszahlen sind u.a. abhängig von Materialpaarung (siehe Tabelle 7), Temperatur, Oberflächen-

Bild 9: Coulomb'sche Reibung.
a) Linearbewegung,
b) Drehbewegung.
1 Unterlage, 2 gleitender Körper,
3 Lagerschale, 4 Welle.
F_N Normalkraft, F_R Reibungskraft,
v Geschwindigkeit, n Drehzahl,
v_T tangentiale Geschwindigkeit im Berührpunkt.

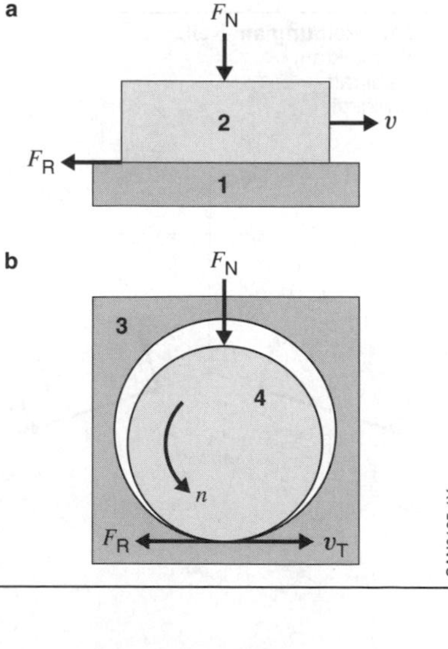

beschaffenheit, Gleitgeschwindigkeit, Umgebungsmedium (z.B. Wasser oder CO_2, das von der Oberfläche adsorbiert werden kann) und von einem Zwischenstoff (Schmiermittel). Daher schwanken Reibungszahlen immer zwischen Grenzwerten und sind gegebenenfalls experimentell zu ermitteln. Die Haftreibung ist in der Regel größer als die Gleitreibung. In Sonderfällen kann die Reibungszahl auch größer als 1 werden. Zum Beispiel. bei sehr glatten Oberflächen, bei denen die Kohäsionskräfte überwiegen oder bei Rennreifen mit Klebe- oder Saugeffekt.

Reibung am Keil
Unter Berücksichtigung der Reibung gilt für die Eintreibkraft (Bild 10):

$$F = 2\left(F_N \sin\frac{\gamma}{2} + F_R \cos\frac{\gamma}{2}\right)$$

Die Normalkraft wird dann

$$F_N = \frac{F}{2\left(\sin\frac{\gamma}{2} + \mu\cos\frac{\gamma}{2}\right)}.$$

Seilreibung
Mit elastischen, biegeweichen Seilen oder Riemen können Bewegungen und Momente übertragen werden (Bild 11). Gleitreibung tritt bei einer Relativbewegung zwischen Seil und Scheibe (z.B. Bandbremse oder Schiffspoller bei laufendem Seil) auf. Haftreibung liegt vor, wenn Seil und Scheibe relativ zueinander in Ruhe sind (z.B. Riementrieb, Bandbremse als Haltebremse, Schiffspoller bei ruhendem Seil). Dementsprechend ist die Gleitreibungszahl μ oder die Haftreibungszahl μ_H anzusetzen.

Nach der Euler'schen Seilreibungsformel ist die Kraft im gezogenen Trum (Lasttrum):

$$F_1 = F_2 e^{\mu\beta}.$$

Die Umfangskraft F_U beziehungsweise Reibkraft F_R ergibt sich aus

$$F_U = F_R = F_1 - F_2$$

und das übertragbare Reibmoment aus

$$M_R = F_R\, r.$$

Rollreibung
Rollreibung entsteht, wenn ein Kugel, eine Rolle oder ein Rad auf einer Lauf- oder Fahrbahn abrollt. Typische Beispiele dafür sind Wälzlager, Paarung Radkranz und Schiene bei der Eisenbahn oder Reifen und Fahrbahn beim Kraftfahrzeug. Beim Abrollen werden sowohl Rollkörper als auch die Unterlage elastisch verformt. Dadurch entsteht eine asymmetrische Pressung (Bild 12). Mit Hilfe der Gleichgewichtsbedingung lässt sich für den tro-

Bild 10: Reibung am Keil.
F_N Normalkraft,
F_R Reibkraft,
γ Keilwinkel.

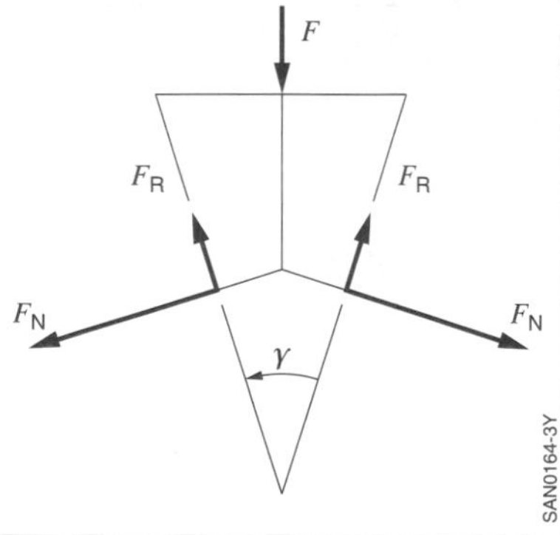

Bild 11: Seilreibung
F_1 Kraft im Lasttrum,
F_2 Kraft im Leertrum,
r Radius der Scheibe,
β Umschlingungswinkel.

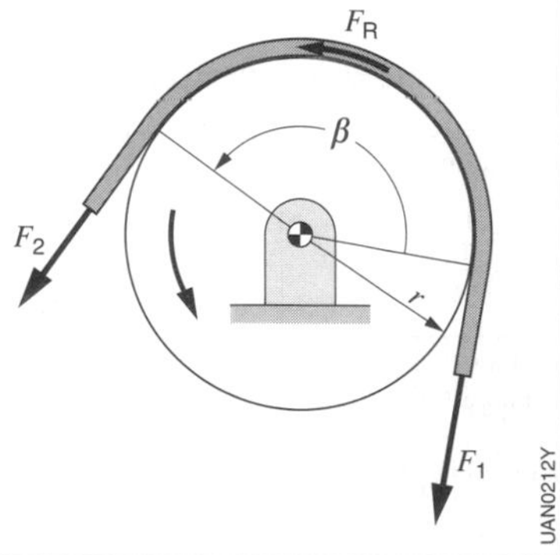

ckenen Zustand (d.h. ohne Schmierung) die Reibkraft F_R berechnen:

$$F_R = \frac{x}{R} F_N = \mu_R F_N .$$

Das Verhältnis x/R kann als Reibwiderstand oder Rollreibungskoeffizient μ_R bezeichnet werden. Daraus ist ersichtlich, dass große Rollköper leichter rollen als kleine. Harte Oberflächen (Wälzlager und Eisenbahn) haben kleine Verformungen zur Folge und führen daher zu sehr kleinen Reibbeiwerten, weiche Oberflächen, wie bei der Reifen-Fahrbahn-Paarung, dagegen zu größeren Reibbeiwerten. Während bei Kugellagern Reibwiderstände von $\mu_R = 0{,}0015$ erreicht werden können, liegen die Reibbeiwerte eines Autoreifens auf Asphalt bei $\mu_R = 0{,}015$.

Literatur

[1] A. Böge: Technische Mechanik. 30. Aufl., Verlag Springer Vieweg, 2013.
[2] R.C. Hibbeler: Technische Mechanik 1, 2 und 3, Pearson Studium.
[3] K.-H. Grote, J. Feldhusen: Dubbel – Taschenbuch für den Maschinenbau. 23. Aufl., Springer-Verlag 2011.

Bild 12: Rollreibung.
a) Asymmetrische Pressungsverteilung,
b) Ersatzkräfte für Berechnungsmodell.
F Belastung, F_N Normalkraft, F_R Reibkraft,
R Radius des Rollkörpers,
x Hebelarm für Momentengleichgewicht.

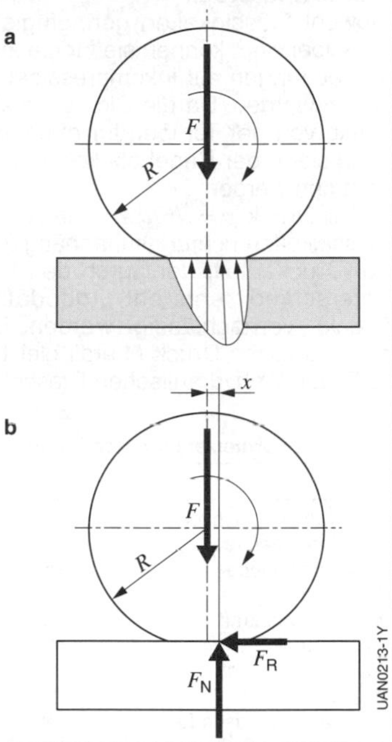

Tabelle 7: Anhaltswerte für Haft- und Gleitreibungsbeiwerte.

Stoffpaar	Haftreibungszahl μ_H		Gleitreibungszahl μ	
	trocken	geschmiert	trocken	geschmiert
Stahl – Stahl	0,15…0,20	0,10	0,10…0,15	0,05…0,10
Stahl – Gusseisen	0,18…0,25	0,10	0,15…0,20	0,10
Stahl – Sinterbronze	0,20…0,40	0,08…0,13	0,18…0,30	0,06…0,09
Stahl – Bremsbelag	–[1]	–[1]	0,50…0,60	0,20…0,50
Stahl – Polyamid	0,60	0,20	0,32…0,45	0,10
Stahl – Eis	0,027	–[1]	0,014	–[1]
Gusseisen – Gusseisen	0,18…0,25	0,10	0,15…0,20	0,10
Aluminium – Aluminium	0,50…1,00	–[1]	0,50…1,00	–[1]
Holz – Holz	0,40…0,60	0,20	0,20…0,40	0,10
Holz – Metall	0,60…0,70	0,10	0,40…0,50	0,10
Leder – Metall	0,50…0,60	0,20…0,25	0,20…0,25	0,12
Autoreifen auf trockenem Asphalt	0,50…0,60	–[1]	–[1]	–[1]
Autoreifen auf nassem Asphalt	0,20…0,30	–[1]	–[1]	–[1]
Autoreifen auf vereistem Asphalt	0,10	–[1]	–[1]	–[1]

[1] Keine sinnvolle Anwendung.

Fluidmechanik

Hydrostatik

Dichte und Druck

Obwohl Flüssigkeiten geringfügig kompressibel sind, können sie für die meisten Anwendungen als inkompressibel angesehen werden. Da die Dichte zudem nur wenig von der Temperatur abhängig ist, kann sie in der Regel als konstant angenommen werden.

Der Druck $p = dF/dA$ ist in ruhenden Flüssigkeiten richtungsunabhängig. Kann der Druckanteil, der durch den Höhenunterschied entsteht (geodätischer Druck), vernachlässigt werden, ist der hydrostatische Druck überall gleich groß (z.B. bei der hydraulischen Presse).

Tabelle 1: Formelzeichen und Einheiten.

Größe		Einheit
A	Querschnittsfläche	m^2
A_B	Bodenfläche	m^2
A_S	Seitenfläche	m^2
F	Kraft	N
F_A	Auftriebskraft	N
F_B	Bodenkraft	N
F_G	Gewichtskraft	N
F_S	Seitenkraft	N
F_W	Widerstandskraft	N
L	Länge in Strömungsrichtung	m
Q	Volumenstrom	m^3/s
R_e	Reynolds-Zahl	–
V_F	Volumen der verdrängten Flüssigkeit	m^3
c_W	Luftwiderstandsbeiwert	–
d	Durchmesser	m
g	Fallbeschleunigung ($g \approx 9{,}81\ m/s^2$)	m/s^2
h	Höhe (Flüssigkeitshöhe)	m
m	Masse	kg
m_F	Masse der verdrängten Flüssigkeit	kg
$\dot{m}$	Massenstrom	kg/s
p	Druck	$Pa = N/m^2$
t	Dicke	m
w	Strömungsgeschwindigkeit	m/s
α	Kontraktionszahl	–
η	Dynamische Viskosität	$Pa \cdot s = Ns/m^2$
μ	Ausflusszahl	–
ν	Kinematische Viskosität	m^2/s
ρ	Dichte	kg/m^3
φ	Geschwindigkeitsziffer	–
τ	Schubspannung	N/m^2

Ruhende Flüssigkeit in einem offenen Behälter

Bei offenen Behältern ist der Druck in der Flüssigkeit nur von der Flüssigkeitshöhe abhängig (Bild 1). Geschlossene Behälter mit Druckausgleich, z.B. Kraftstoffbehälter und Vorratsbehälter für die Bremsflüssigkeit, können ebenfalls als offene Behälter betrachtet werden. Es gilt:

Druck: $p(h) = \rho g h$

Bodenkraft: $F_B = A_B \rho g h$

Seitenkraft: $F_S = 0{,}5 A_S \rho g h$

Hydraulische Presse

Nach dem Prinzip der hydraulischen Presse (Bild 2) funktioniert z.B. die Kraftverstärkung bei Fahrzeugbremsen und hydraulischen Hilfskraftlenkungen. Für den Druck p und die Kolbenkräfte F gelten folgende Beziehungen:

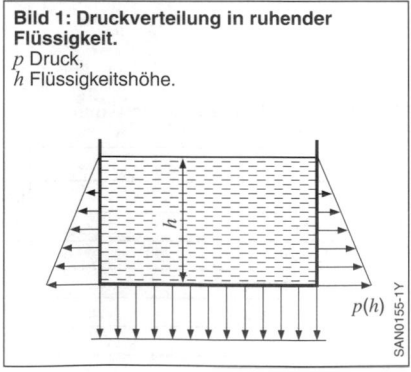

Bild 1: Druckverteilung in ruhender Flüssigkeit.
p Druck,
h Flüssigkeitshöhe.

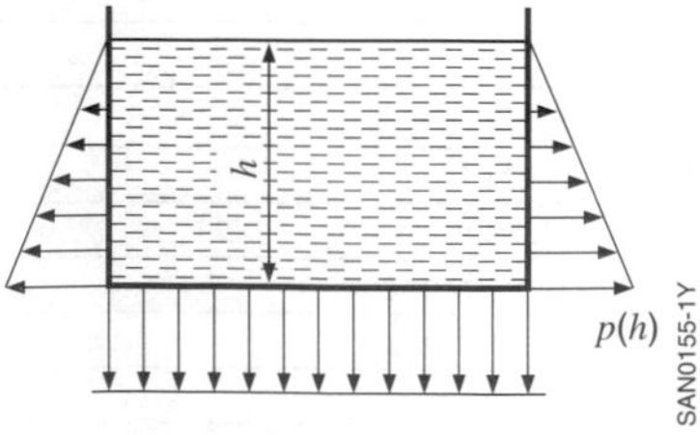

Bild 2: Hydraulische Presse.
F Kraft,
A Querschnittsfläche.

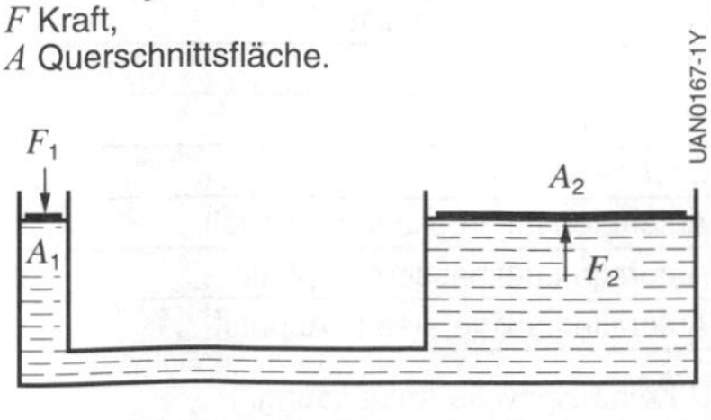

Druck: $p = \frac{F_1}{A_1} = \frac{F_2}{A_2}$.

Kolbenkräfte: $F_1 = pA_1 = F_2\frac{A_1}{A_2}$,

$F_2 = pA_2 = F_1\frac{A_2}{A_1}$.

Auftrieb
Die Auftriebskraft ist eine der Schwerkraft entgegen gerichtete Kraft und greift im Volumenschwerpunkt der verdrängten Flüssigkeit an. Sie entspricht der Gewichtskraft F_G der von dem eingetauchten Körper verdrängten Flüssigkeitsmenge:

$$F_\mathrm{A} = m_\mathrm{F} g = V_\mathrm{F} \rho g\,.$$

Ein Körper schwimmt, wenn $F_\mathrm{A} = F_\mathrm{G}$.

Mit analogen Sensoren (Schwimmer) im Kraftstoffbehälter kann mithilfe des Auftriebs einfach und zuverlässig die zur Verfügung stehende Kraftstoffmenge gemessen werden.

Bild 3: Schubspannungen in Fluiden.
τ Schubspannung,
w Strömungsgeschwindigkeit,
h Höhe,
F Kraft.

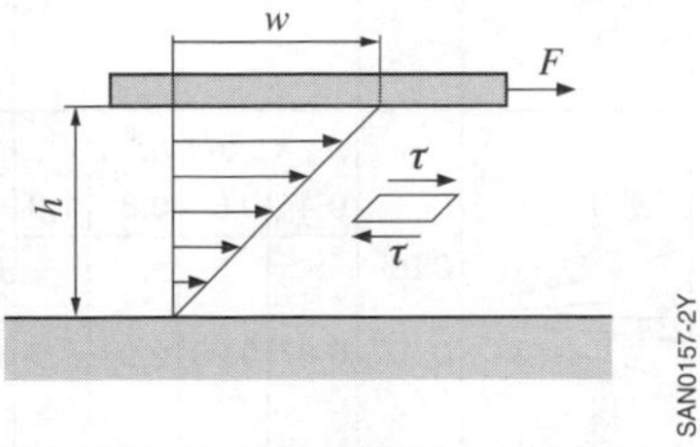

Strömungsmechanik

Grundlagen
Ein ideales Fluid (übergeordneter Begriff für Gase und Flüssigkeiten) ist inkompressibel und reibungsfrei. Das heißt, es treten keine Schubspannungen im Fluid auf und der Druck an einem Fluidelement ist nach allen Richtungen gleich groß. Tatsächlich ist aber in Fluiden bei Formänderungen durch Verschieben von Fluidelementen ein Widerstand zu überwinden (Bild 3). Diese auftretende Schubspannung ist nach Newton

$$\tau = \frac{F}{A} = \eta\,\frac{w}{h}\,.$$

Der Proportionalitätsfaktor η wird als dynamische Viskosität bezeichnet und ist stark von der Temperatur abhängig. In der Praxis wird jedoch häufig die kinematische Viskosität

$$\nu = \frac{\eta}{\rho}$$

verwendet, da sie sehr einfach mit Kapillarviskosimeter gemessen werden kann.

Strömungen ohne Wirbelbildung, bei denen die einzelnen Fluidschichten sich nebeneinander bewegen und vorwiegend durch die Viskosität bestimmt sind, werden laminare Strömungen genannt. Übersteigt die Strömungsgeschwindigkeit einen Grenzwert, verwirbeln benachbarte Schichten und es kommt zu einer turbulenten Strömung. Neben der Strömungsgeschwindigkeit hängt der Umschlagpunkt zwischen laminarer und turbulenter Strömung auch von der Reynolds-Zahl

$$R_\mathrm{e} = \frac{\rho L w}{\eta} = \frac{L w}{\nu}$$

ab. Bei einer Rohrströmung wird für L der Rohrdurchmesser eingesetzt. Eine Rohrströmung wird bei $R_\mathrm{e} > 2300$ instabil und turbulent.

Da bei Gasen für kleine Strömungsgeschwindigkeiten (bis 0,5-facher Schallgeschwindigkeit) die Kompression bei vielen Strömungsvorgängen vernachlässigbar ist, gelten auch für sie die Gesetze inkompressibler Fluide.

Grundgleichungen der Strömungsmechanik

Die wichtigsten Grundgleichungen der Strömungsmechanik sind die Kontinuitätsgleichung und die Bernoulli-Gleichung. Sie beschreiben die Massen- und Energieerhaltung in strömenden Flüssigkeiten.

Kontinuitätsgleichung

Für den stationären Zustand fordert die Massenerhaltung, dass bei einer Strömung der Massendurchsatz für jeden Querschnitt gleich groß ist (Bild 4):

$$\dot{m} = \rho A_1 w_1 = \rho A_2 w_2 = \text{konst.}$$

Bei inkompressiblen Fluiden (ρ = konst.) muss auch der Volumenstrom konstant sein:

$$Q = A_1 w_1 = A_2 w_2 = \text{konst.}$$

Bernoulli-Gleichung

Aus der Kontinuitätsgleichung folgt, dass zwischen A_1 und A_2 eine Beschleunigung stattfindet. Diese führt zu einer Erhöhung der kinetischen Energie, die durch ein Druckgefälle mit $p_1 > p_2$ bewirkt werden muss (Bild 4). Nach dem Energieerhaltungssatz ist in einem strömenden Fluid die Summe aus dem statischen Druck p, dem kinetischen Druck und dem geodätischen Druck konstant. Bei Vernachlässigung der Reibungsverluste gilt demnach für das strömende Fluid in einer nicht horizontalen Leitung:

$$p_1 + \frac{1}{2}\rho w_1^2 + \rho g h_1 = p_2 + \frac{1}{2}\rho w_2^2 + \rho g h_2 \,.$$

Bild 4: Kontinuitäts- und Bernoulli-Gleichung.
A Querschnittsfläche, h Höhe, p Druck, w Strömungsgeschwindigkeit.

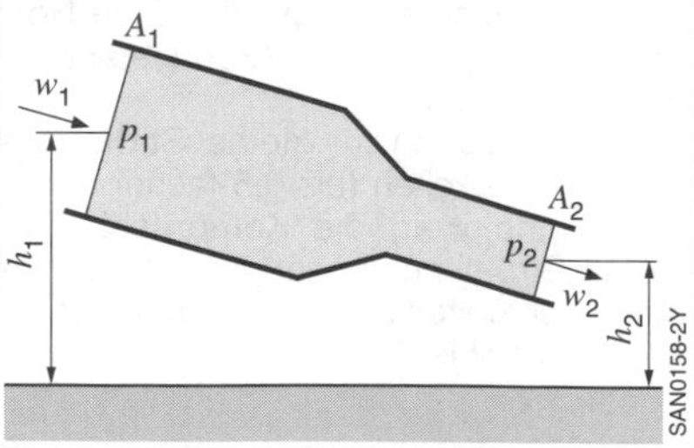

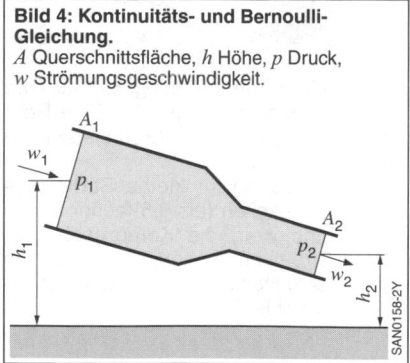

Ausfluss aus Druckbehälter

Unter der Voraussetzung, dass die Querschnittsfläche des Ausflusses sehr viel kleiner ist als die des Behälters (Bild 5), ist nach der Kontinuitätsbedingung die Geschwindigkeit w_1 vernachlässigbar klein. Aus der Bernoulli-Gleichung folgt dann für die Ausflussgeschwindigkeit:

$$w_2 = \varphi \sqrt{\frac{2}{\rho}(p_1 - p_2) + 2gh}$$

Die Geschwindigkeitsziffer φ berücksichtigt die auftretenden Verluste. Für den Volumenstrom oder die Ausflussmenge ist noch die Strahleinschnürung zu berücksichtigen, die von der Kontraktionszahl α abhängig ist. Für den austretenden Volumenstrom gilt dann:

$$Q = \alpha \varphi A_2 \sqrt{\frac{2}{\rho}(p_1 - p_2) + 2gh} \,.$$

Geschwindigkeitsziffer und Kontraktionszahl werden häufig auch zur Ausflusszahl $\mu = \alpha\varphi$ zusammengefasst (Tabelle 2).

Tabelle 2: Ausflussöffnungen.

<table>
<tr><th>Mündungsform</th><th>Geschwindigkeitsziffer φ</th><th colspan="4">Kontraktionszahl α</th><th>Ausflusszahl μ</th></tr>
<tr><td>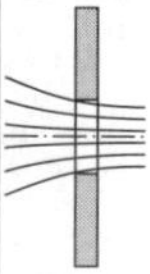</td><td>0,97</td><td colspan="4">0,61…0,64</td><td>0,59…0,62</td></tr>
<tr><td>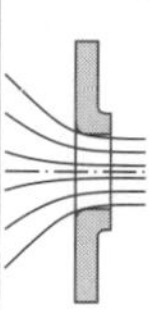</td><td>0,97…0,99</td><td colspan="4">1,0</td><td>0,97…0,99</td></tr>
<tr><td rowspan="3">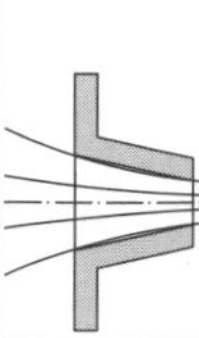</td><td rowspan="3">0,95…0,97</td><td colspan="4">$(d_2/d_1)^2$</td><td rowspan="3">0,82…0,97</td></tr>
<tr><td>0,4</td><td>0,6</td><td>0,8</td><td>1,0</td></tr>
<tr><td>0,87</td><td>0,90</td><td>0,94</td><td>1,0</td></tr>
</table>

Widerstand umströmter Körper
An einem umströmten Körper (z.B. die Fahrzeugkarosserie) entsteht eine Druckdifferenz, die eine Widerstandskraft

$$F_W = \frac{1}{2} c_W A \rho w^2$$

zur Folge hat. Dabei ist A die der Strömung dargebotene Querschnittsfläche des Körpers und c_W ein dimensionsloser Widerstandsbeiwert, der von der Form des umströmten Körpers abhängt.

Da eine genaue Berechnung des Strömungswiderstands bereits für einfache Körper extrem aufwändig ist, werden Strömungswiderstände in der Regel experimentell bestimmt. Bei großen Abmessungen werden die Messungen an verkleinerten Modellen durchgeführt. Neben der geometrischen Ähnlichkeit müssen auch die auftretenden Energieformen (kinetische Energie, Reibungsarbeit) bei der Originalströmung und bei der Modellströmung im gleichen Verhältnis stehen. Dieses Verhältnis wird durch die Reynolds-Zahl Re gekennzeichnet.

Es gilt: Zwei Strömungen sind fluiddynamisch ähnlich, wenn ihre Reynolds-Zahlen Re gleich sind. Da sich auch komplexe Geometrien aus einfachen Grundkörpern zusammensetzen, können bereits während der Modellierungsphase nach Tabelle 3 strömungsgünstige Oberflächen abgeleitet werden.

Bild 5: Ausfluss aus Druckbehälter.
A Querschnittsfläche, h Höhe, p Druck, w Strömungsgeschwindigkeit.

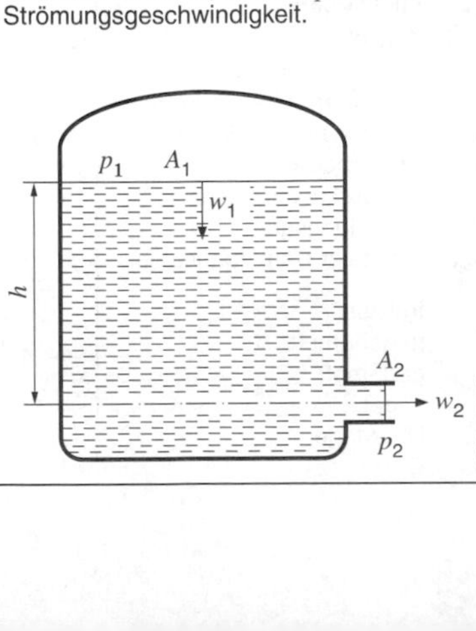

Literatur
[1] A. Böge; W. Böge: Technische Mechanik. 31. Aufl., Verlag Springer Vieweg, 2015.
[2] W. Bohl; W. Elmendorf: Technische Strömungslehre. 15. Aufl., Vogel-Verlag, 2014.

Tabelle 3: Luftwiderstandsbeiwerte c_W.

Körperform: *L Länge, t Dicke, Re Reynolds-Zahl.*	c_W
Kreisplatte 	1,11
offene Schale 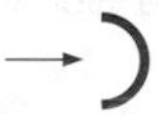	1,33
Kugel 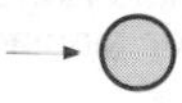 $Re < 200\,000$ $Re > 250\,000$	0,47 0,20
schlanker Rotationskörper $L/t = 6$ 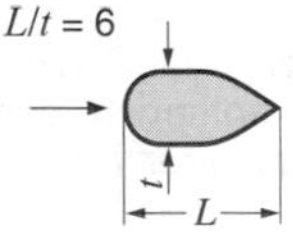	0,05
langer Zylinder 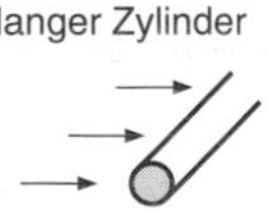 $Re < 200\,000$ $Re > 450\,000$	1,0 0,35
lange Platte $L/t = 30$ 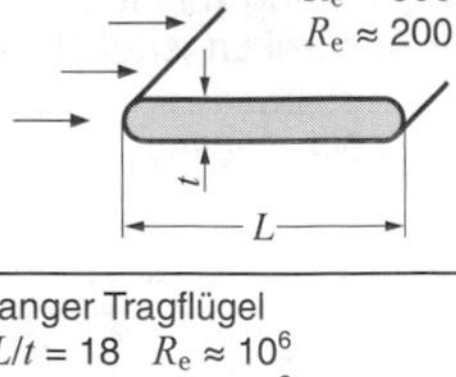 $Re \approx 500\,000$ $Re \approx 200\,000$	0,78 0,66
langer Tragflügel $L/t = 18$ $Re \approx 10^6$ $L/t = 8$ $Re \approx 10^6$ $L/t = 5$ $Re \approx 10^6$ $L/t = 2$ $Re \approx 2 \cdot 10^5$ 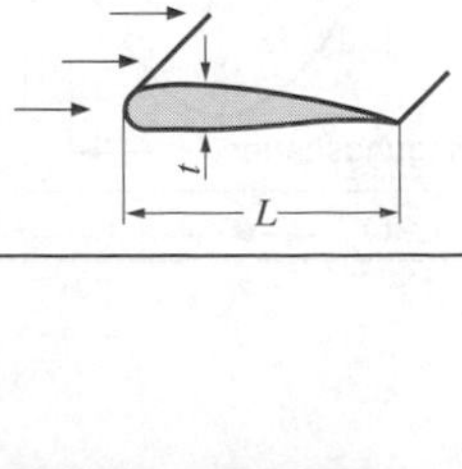	 0,2 0,1 0,08 0,2

Schwingungen

Begriffe

(Formelzeichen und Einheiten in Tabelle 1, siehe auch DIN 1311 [1] und [2]).

Schwingung
Eine Schwingung ist die Änderung einer physikalischen Größe, die sich mehr oder weniger regelmäßig zeitlich wiederholt und deren Richtung mit ähnlicher Regelmäßigkeit wechselt (Bild 1).

Schwingungsdauer
Die Schwingungsdauer T ist die Zeit, in der eine einzelne periodische Schwingung abläuft (Periode).

Amplitude
Die Amplitude $\hat{y}$ ist der maximale Augenblickswert (Scheitelwert) einer sinusförmigen Größe.

Frequenz
Die Frequenz f ist die Anzahl der Schwingungen pro Sekunde, sie entspricht dem Kehrwert der Schwingungsdauer T.

Kreisfrequenz
Die Kreisfrequenz ω ist das 2π-fache der Frequenz f.

Schwinggeschwindigkeit
Die Schwinggeschwindigkeit v (oder die Schnelle) ist der Augenblickswert der Wechselgeschwindigkeit eines Teilchens in seiner Schwingrichtung (nicht zu verwechseln mit der Ausbreitungsgeschwindigkeit einer fortschreitenden Welle, z.B. der Schallgeschwindigkeit).

Bild 1: Sinusförmige Schwingung.
(Größen siehe Tabelle 1).

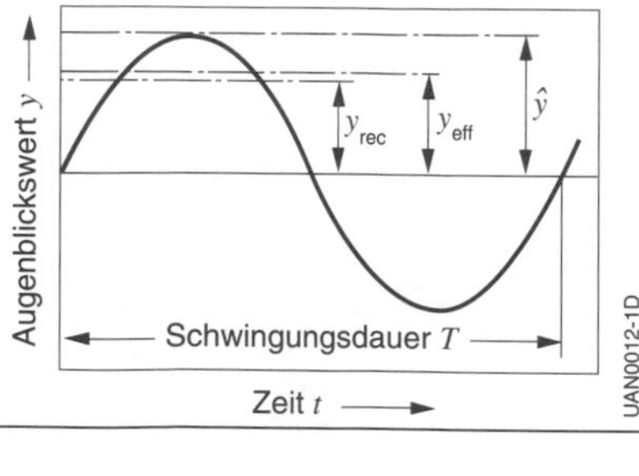

Tabelle 1: Formelzeichen und Einheiten.

Größe		Einheit
a	Speicherkoeffizient	
b	Dämpfungskoeffizient	
c	Speicherkoeffizient	
c	Federkonstante	N/m
c_α	Drehsteife	N m/rad
C	Kapazität	F
f	Frequenz	Hz
f_g	Resonanzfrequenz	Hz
Δf	Halbwertsbreite	Hz
F	Kraft	N
F_Q	Erregungsfunktion	
I	Strom	A
J	Trägheitsmoment	$kg \cdot m^2$
L	Induktivität	H
m	Masse	kg
M	Drehmoment	N m
n	Drehzahl	1/min
Q	Ladung	C
Q	Resonanzschärfe	
r	Dämpfungskonstante	N s/m
r_α	Drehdämpfungskonstante	N s · m
R	Ohmscher Widerstand	Ω
t	Zeit	s
T	Schwingungsdauer	s
U	elektrische Spannung	V
v	Schwinggeschwindigkeit	m/s
x	Weg	m
y	Augenblickswert	
$\hat{y}$	Amplitude	
$\dot{y}$ ($\ddot{y}$)	einfache (zweifache) Ableitung nach der Zeit	
y_{rec}	Gleichrichtwert	
y_{eff}	Effektivwert	
α	Winkel	rad
δ	Abklingkoeffizient	1/s
Λ	Logarithmisches Dekrement	
ω	Winkelgeschwindigkeit	rad/s
ω	Kreisfrequenz	1/s
Ω	Erregerkreisfrequenz	1/s
D	Dämpfungsgrad	
D_{opt}	optimaler Dämpfungsgrad	
	Indizes:	
0	ungedämpft	
d	gedämpft	
T	Tilger	
U	Unterlage	
G	Gerät	

Fourier-Reihe
Jede periodische, stückweise monotone und stetige Funktion lässt sich als Summe von sinusförmigen Teilschwingungen darstellen.

Schwebungen
Schwebungen entstehen durch Überlagerung zweier Sinusschwingungen, deren Frequenzen nicht sehr voneinander verschieden sind ($f_1 \approx f_2$). Sie sind periodisch. Ihre Grundfrequenz ist die Differenz der Frequenzen der überlagerten Sinusschwingungen.

Eigenfrequenz
Die Eigenfrequenz ist diejenige Frequenz f, mit der ein schwingungsfähiges System nach einmaliger Anregung frei schwingen kann (Eigenschwingung). Sie hängt nur von den Eigenschaften des schwingenden Systems ab.

Dämpfung
Die Dämpfung beschreibt den Energieverlust in einem Schwingungsgebilde bei der Umwandlung in eine andere Energieform. Die Folge ist ein Abklingen der Schwingung (Bild 2).

Dämpfungsgrad
Der Dämpfungsgrad D ist das Maß für die Dämpfung.

Logarithmisches Dekrement
Das logarithmische Dekrement Λ ist der natürliche Logarithmus des Verhältnisses zweier um eine Periodendauer auseinander liegender Extremwerte einer gedämpften Eigenschwingung.

Erzwungene Schwingungen
Erzwungene Schwingungen entstehen unter Einwirkung einer äußeren physikalischen Größe (Erregung), welche die Eigenschaften des Schwingers nicht verändert. Ihre Frequenz wird von der Frequenz der Erregung bestimmt.

Übertragungsfunktion
Der Betrag der Übertragungsfunktion ist der Quotient der Amplitude der betrachteten Zustands- oder Ausgangsgröße und der Amplitude der Erregung, aufgetragen über der Erregerfrequenz f oder der Erregerkreisfrequenz ω.

Resonanz
Eine Resonanz tritt auf, wenn die Übertragungsfunktion bei der Annäherung der Erregerfrequenz an die Eigenfrequenz ihr Maximum annimmt.

Resonanzfrequenz
Die Resonanzfrequenz ist die Erregerfrequenz, bei der die Zustandsgröße des Schwingers ihr Maximum annimmt. Unter Vernachlässigung der Dämpfung ist die Resonanzfrequenz gleich der Eigenfrequenz.

Halbwertsbreite
Die Halbwertsbreite ist die Differenz zwischen den Frequenzen, bei denen der Betrag der betrachteten Größe gegenüber dem Maximalwert auf $1/\sqrt{2} \approx 0{,}707$ gesunken ist.

Resonanzschärfe
Die Resonanzschärfe Q (oder Gütefaktor) ist der Maximalwert der Übertragungsfunktion.

Koppelung
Werden zwei Schwingungssysteme miteinander gekoppelt – mechanisch durch Masse oder Elastizität, elektrisch durch induktive oder kapazitive Beeinflussung – so findet ein periodischer Energieaustausch zwischen den Systemen statt.

Welle
Eine Welle ist eine räumliche und zeitliche Zustandsänderung eines Kontinuums, die sich als örtliche Verlagerung eines bestimmten Zustandes mit der Zeit beschreiben lässt. Die im Raum eventuell vorhandene Materie wird nicht notwendigerweise mittransportiert.

Es gibt Transversalwellen (z.B. Seilwellen, Wasserwellen) und Longitudinalwellen (z.B. Schallwellen in Luft).

Interferenz
Das Prinzip der ungestörten Überlagerung von Wellen heißt Interferenz. In jedem Raumpunkt ist der Augenblickswert der resultierenden Welle gleich der Summe der Augenblickswerte der Einzelwellen.

Ebene Welle
Eine ebene Welle ist eine Welle, bei der die Flächen gleicher Phase (z.B. Maxima oder Wellenfronten) eine Ebene bilden. Das bedeutet, dass die Welle sich geradlinig ausbreitet. Die Wellenfronten stehen senkrecht zur Ausbreitungsrichtung.

Stehende Wellen
Stehende Wellen entstehen durch Interferenz gegenläufiger Wellen gleicher Frequenz, Wellenlänge und Amplitude. Im Gegensatz zur fortschreitenden Welle bleibt die Amplitude der stehenden Welle an jedem Ort konstant; es treten „Bäuche" (maximale Amplitude) und „Knoten" (Amplitude null) auf. Stehende Wellen entstehen z.B. bei Reflexion einer ebenen Welle an einer ebenen Wand, die senkrecht zur Ausbreitungsrichtung der Welle steht.

Gleichrichtwert
Der Gleichrichtwert y_{rec} ist der arithmetische, zeitlich lineare Mittelwert der Beträge eines periodischen Signals:

$$y_{\text{rec}} = \frac{1}{T}\int_0^T |y|\,dt.$$

Für eine Sinuskurve ist

$$y_{\text{rec}} = \frac{2\hat{y}}{\pi} \approx 0{,}637\,\hat{y}.$$

Effektivwert
Der Effektivwert y_{eff} ist der zeitlich quadratische Mittelwert eines periodischen Signals. Er wird auch RMS-Wert (Root Mean Square) genannt:

$$y_{\text{eff}} = \sqrt{\frac{1}{T}\int_0^T y^2\,dt}\,.$$

Für eine Sinuskurve ist

$$y_{\text{eff}} = \frac{\hat{y}}{\sqrt{2}} \approx 0{,}707\,\hat{y}.$$

Formfaktor
Der Formfaktor ist das Verhältnis von y_{eff} zu y_{rec}. Für eine Sinuskurve ist der Formfaktor $y_{\text{eff}}/y_{\text{rec}} \approx 1{,}111$.

Scheitelfaktor
Für eine Sinuskurve ist der Scheitelfaktor $\hat{y}/y_{\text{eff}} = \sqrt{2} \approx 1{,}414$.

Gleichungen

Die folgenden Gleichungen gelten für einfache Schwinger (Tabelle 2), wenn die allgemeinen Größenbezeichnungen in den Formeln durch die zugehörigen physikalischen Größen ersetzt werden.

Tabelle 2: Einfache Schwingungssysteme.

	Mechanisch		Elektrisch
	Translatorisch	Rotatorisch	
	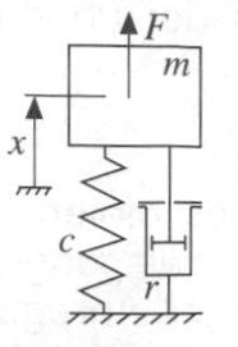	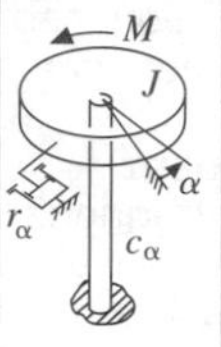	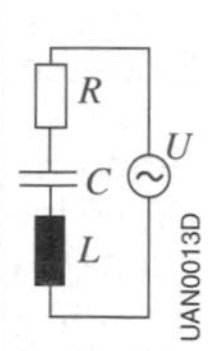
Bez.	Physikalische Größe		
y	x	α	Q
$\dot{y}$	$\dot{x}=v$	$\dot{\alpha}=\omega$	$\dot{Q}=I$
$\ddot{y}$	$\ddot{x}=\dot{v}$	$\ddot{\alpha}=\dot{\omega}$	$\ddot{Q}=\dot{I}$
F_{Q}	F	M	U
a	m	J	L
b	r	r_α	R
c	c	c_α	$1/C$

Differentialgleichung

$$a\ddot{y}+b\dot{y}+cy = F_{\text{Q}}(t) = \hat{F}_{\text{Q}}\sin\Omega t,$$

Schwingungsdauer $T = 1/f$,
Kreisfrequenz $\omega = 2\pi f$.

Sinusförmige Schwingung: $y = \hat{y}\sin\omega t$.

Bild 2: Freie Schwingung und Dämpfung für $0 < D < 1$.

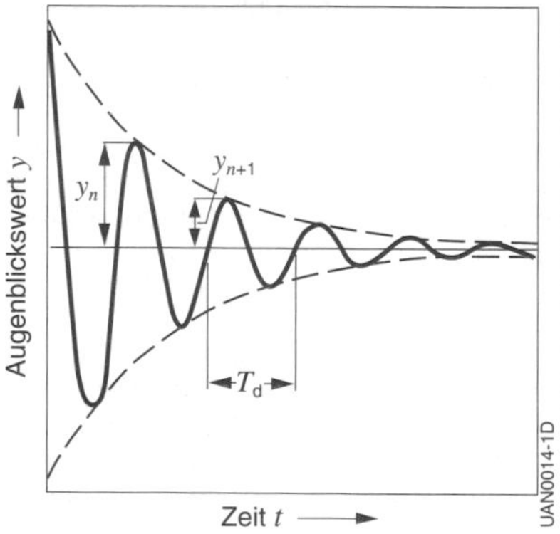

Freie Schwingungen ($F_Q = 0$)
Logarithmisches Dekrement (Bild 2):

$$\Lambda = \ln\left(\frac{y_n}{y_{n+1}}\right) = \frac{\pi b}{\sqrt{ca - \frac{b^2}{4}}},$$

Abklingkoeffizient $\delta = \frac{b}{2a}$,

Dämpfungsgrad $D = \frac{\delta}{\omega_0} = \frac{b}{2\sqrt{ca}}$,

$D = \frac{\Lambda}{\sqrt{\Lambda^2 + 4\pi^2}} \approx \frac{\Lambda}{2\pi}$ (kleine Dämpfung).

Kreisfrequenz der ungedämpften Schwingung ($D = 0$): $\omega_0 = \sqrt{c/a}$.

Kreisfrequenz der gedämpften Schwingung ($0 < D < 1$): $\omega_d = \omega_0 \sqrt{1 - D^2}$.

Für $D \geq 1$ keine Schwingungen, sondern Kriechvorgang.

Erzwungene Schwingungen
Betrag der Übertragungsfunktion:

$$\frac{\hat{y}}{\hat{F}_Q} = \frac{1}{\sqrt{(c - a\Omega^2)^2 + (b\,\Omega)^2}}$$

$$= \frac{1}{c\sqrt{\left(1 - \left(\frac{\Omega}{\omega_0}\right)^2\right)^2 + \left(\frac{2D\Omega}{\omega_0}\right)^2}},$$

Resonanzfrequenz $f_g = f_0 \sqrt{1 - 2D^2} < f_0$,

Resonanzschärfe $Q = 1/\left(2D\sqrt{1 - D^2}\right)$,

Resonanzfrequenz $f_g \approx f_0$ (für $D \leq 0{,}1$),

Resonanzschärfe $Q \approx \frac{1}{(2D)}$ (für $D \leq 0{,}1$),

Halbwertsbreite $\Delta f = 2Df_0 = \frac{f_0}{Q}$.

Bild 3: Normierte Übertragungsfunktion.

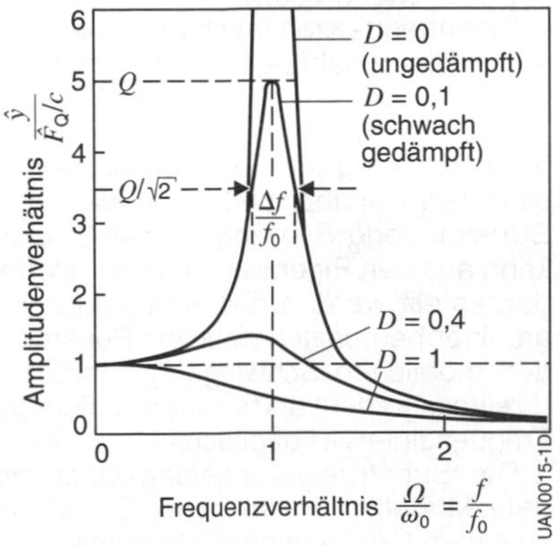

Schwingungsminderung

Schwingungsdämpfung
Kann die Dämpfung nur zwischen Gerät und einem ruhenden Punkt erfolgen, muss sie groß sein (Bild 3).

Schwingungsisolierung
Aktive Schwingungsisolierung
Die zu isolierenden Geräte sind so zu befestigen, dass die auf die Unterlage übertragenen dynamischen Kräfte klein sind.

Maßnahme: Eine tiefe Abstimmung der Lagerung, damit die Eigenfrequenz unterhalb der niedrigsten Erregerfrequenz liegt. Eine vorhandene Dämpfung verschlechtert die Isolierung. Kleine Werte können beim Hochlauf während des Durchfahrens des Resonanzbereichs zu unzulässig hohen Schwingungen führen (Bild 4).

Bild 4: Schwingungsisolierung.
a) Übertragungsfunktion,
b) tiefe Abstimmung.

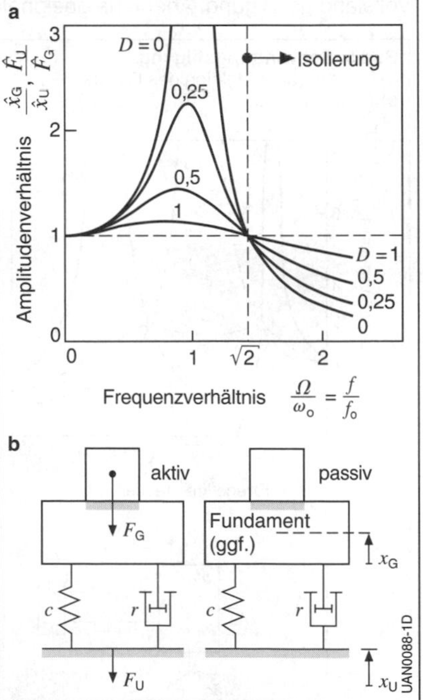

Passive Schwingungsisolierung
Die zu isolierenden Geräte sind so zu befestigen, dass Erschütterungen der Unterlage in geringem Maß auf sie übertragen werden.

Die Maßnahmen sind identisch wie bei der aktiven Isolierung. In vielen Fällen ist eine weiche Aufhängung oder extreme Bedämpfung nicht realisierbar. Damit keine Resonanz auftritt, sollte die Befestigung so steif ausgebildet sein, dass die Eigenfrequenz in hinreichendem Abstand oberhalb der höchsten auftretenden Erregerfrequenz liegt (Bild 4).

Schwingungstilgung
Tilger mit fester Eigenfrequenz
Durch die Abstimmung der Eigenfrequenz f_T einer elastisch, verlustfrei angekoppelten Tilgermasse auf die Frequenz der Erregung werden die Schwingungen des Geräts vollständig getilgt (Bild 5). Nur die Tilgermasse schwingt noch. Die Tilgerwirkung verschlechtert sich bei sich ändernder Erregerfrequenz. Eine vorhandene Dämpfung verhindert eine vollständige Tilgung. Aber eine geeignete Abstimmung der Tilgerfrequenz und ein optimaler Dämpfungsgrad führen zu breitbandiger Schwingungsminderung, die bei Änderung der Erregerfrequenz wirksam bleibt.

Bild 5: Schwingungstilgung.
a) Übertragungsfunktion des Geräts.
b) Prinzipaufbau.

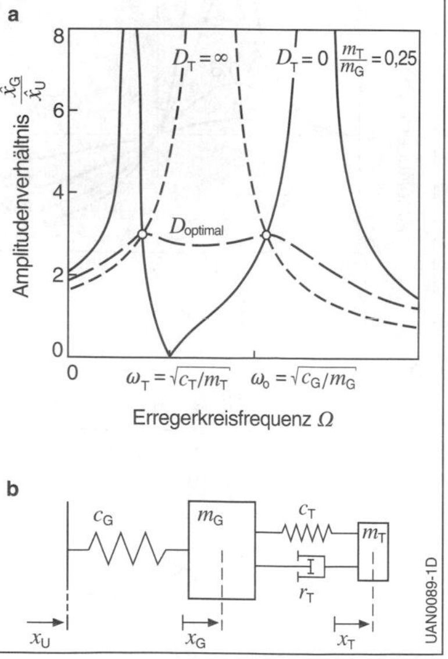

Tilger mit veränderlicher Eigenfrequenz
Drehschwingungen mit drehzahlproportionaler Erregerfrequenz (z. B. Ordnungen von Motoren mit veränderlicher Drehzahl) können durch Tilger mit drehzahlproportionaler Eigenfrequenz (Pendel im Fliehkraftfeld) getilgt werden. Die Tilgung ist bei jeder Drehzahl wirksam. Tilgung ist auch bei Schwingern mit mehreren Freiheitsgraden, Kontinua und unter Verwendung mehrerer Tilgermassen möglich.

Modalanalyse

Mit der Modalanalyse wird das dynamische Verhalten (Eigenschwingungsverhalten) von schwingungsfähigen Systemen ermittelt. Sie wird u. a. in der Konstruktion zur Optimierung von Strukturen hinsichtlich des Schwingungsverhaltens und zur Identifizierung von Schwachstellen sowie in der Akustik zur Analyse des Körperschalls angewendet [3].

Die schwingungsfähige Struktur, die als Kontinuum unendlich viele Freiheitsgrade besitzt, wird auf eindeutige Art und Weise durch eine endliche Zahl von Einmassenschwingern ersetzt. Das so entstehende modale Modell der Struktur wird beschrieben durch die modalen Parameter
- Eigenschwingungsformen (auch Eigenvektor oder Mode),
- Eigenfrequenzen (auch Eigenwerte)
- und die zugehörigen modalen Dämpfungswerte.

Voraussetzung für die Modellbildung ist eine zeitinvariante und linear-elastische Struktur. Jede Schwingung der Struktur kann aus den Eigenvektoren und -werten dargestellt werden. Sie wird jedoch nur an einer begrenzten Zahl von Punkten in den möglichen Schwingungsrichtungen (Freiheitsgraden) und in einem definierten Frequenzintervall beobachtet.

Die Substrukturkoppelung fasst modale Modelle verschiedener Strukturen zu einem Gesamtmodell zusammen.

Numerische Modalanalyse
Geometrie, Materialdaten und Randbedingungen müssen bekannt sein. Grundlage für die numerische Modalanalyse ist ein Mehrkörpersystem- oder Finite-Elemente-Modell der Struktur. Daraus lassen sich die Eigenwerte und Eigenvektoren durch Lösen eines Eigenwertproblems berechnen.

Die numerische Modalanalyse kommt ohne einen Prototyp der Struktur aus und kann schon in einem frühen Entwicklungsstadium angewendet werden. Oft fehlen aber exakte Kenntnisse wesentlicher Eigenschaften der Struktur (Dämpfung, Randbedingungen), sodass das modale Modell teilweise ungenau sein kann. Der Fehler ist zudem unbekannt. Abhilfe kann der Abgleich des Modells mit den Ergebnissen einer experimentellen Modalanalyse schaffen.

Experimentelle Modalanalyse
Für die experimentelle Modalanalyse wird ein Prototyp der Struktur benötigt. Die Analyse beruht auf Messungen von Übertragungsfunktionen. Dazu wird die Struktur entweder an einer Stelle im interessierenden Frequenzbereich angeregt und die Schwingungsantworten an mehreren Stellen gemessen, oder die Strukur wird nacheinander an vielen Stellen angeregt, wobei die Schwingungsantworten immer an derselben Stelle gemessen werden. Aus der Matrix der Übertragungsfunktionen (sie beschreibt das Responsemodell) wird das modale Modell abgeleitet. Als Anregung wird ein Impulshammer oder ein elektrodynamischer oder hydraulischer „Shaker" verwendet. Die Antwort wird mit Beschleunigungsaufnehmern oder einem Laser-Vibrometer gemessen.

Die experimentelle Modalanalyse kann auch dazu dienen, die numerische Analyse zu validieren. Am validierten numerischen Modell können dann Simulationsrechnungen durchgeführt werden. Bei der Responserechnung wird die Antwort der Struktur auf eine definierte Anregung berechnet, die z.B. Prüffeldbedingungen entspricht.

Durch Strukturmodifikationen (Änderung von Masse, Dämpfung oder Steifigkeit) lässt sich das Schwingungsverhalten auf die Einsatzbedingungen optimieren.

Wenn die modalen Modelle beider Verfahren aufeinander abgeglichen werden, ist aufgrund der größeren Zahl von Freiheitsgraden das modale Modell aus einer analytischen Modalanalyse detaillierter als das aus einer experimentellen Modalanalyse. Dies gilt insbesondere für die auf dem Modell basierenden Simulationsrechnungen.

Die aus einer Modalanalyse resultierenden Eigenschwingformen können grafisch dargestellt oder animiert werden (Beispiele in Bild 6). Die unterschiedlichen Graustufen beschreiben dabei die Auslenkung senkrecht zur Zeichenebene. Die teilweise vorhandene Verzerrung der Kreisscheiben resultiert aus diesen Auslenkungen.

Literatur
[1] DIN 1311: Schwingungen und schwingungsfähige Systeme – Teil 1: Grundbegriffe, Einteilung.
[2] P. Hagedorn, D. Hochlenert: Technische Schwingungslehre. 2. Aufl., Europa Lehrmittel, 2014.
[3] H.G. Natke: Einführung in Theorie und Praxis der Zeitreihen- und Modalanalyse. 3. Aufl., Vieweg+Teubner Verlag, 2013.

Bild 6: Eigenmode runder Scheiben.

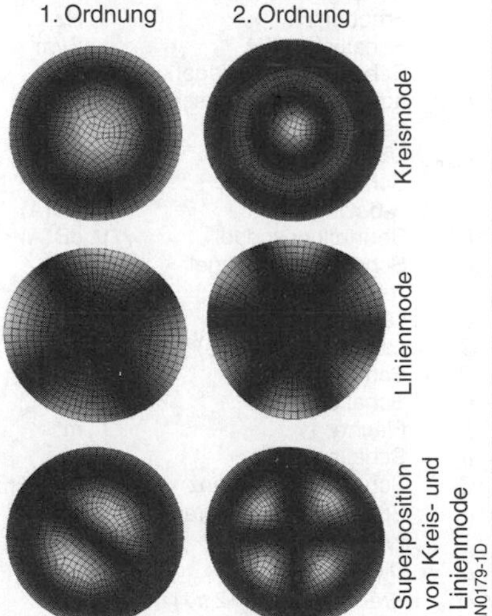

Akustik

Akustik (griechisch „hören“) ist ein Teilgebiet der allgemeinen Schwingungslehre und befasst sich mit den für den Menschen hörbaren Schwingungen von Luftteilchen. Dabei entstehen Druckunterschiede in der Luft, die unser Ohr wahrnehmen kann. Bei einem Automobil entstehen Schwingungen durch vielfältige Anregungen, die teilweise direkt den Luftschall anregen oder die sich über die Struktur des Fahrzeugs ausbreiten und sich von dort in den Luftschall ausbreiten können.

Tabelle 1: Größen und Einheiten.
(siehe auch DIN EN ISO 80000-8 [2])

Größe		SI-Einheit
c	Schallgeschwindigkeit	m/s
f	Frequenz	Hz
I	Schallintensität	W/m^2
L_I	Schallintensitätspegel	dB
L_Aeq	äquivalenter Dauerschallpegel, A-bewertet	dB (A)
L_den	Lärmindizes	dB (A)
L_pA	Schalldruckpegel, A-bewertet	dB (A)
L_r	Beurteilungspegel	dB (A)
L_WA	Schallleistungspegel, A-bewertet	dB (A)
L_S	Lautstärkepegel	phon
S	Lautheit (Loudness)	sone
P	Schallleistung	W
p	Schalldruck	Pa
S	Fläche	m^2
v	Schallschnelle	m/s
Z	Schallkennimpedanz	Pa · s/m
α	Schallabsorptionsgrad	1
λ	Wellenlänge	m
ρ	Dichte	kg/m^3
ω	Kreisfrequenz ($=2\pi f$)	1/s
SEL	Lärmexpositionspegel	dB (A)

Allgemeine Begriffe

(Formelzeichen und Einheiten in Tabelle 1, siehe auch DIN 1320 [1])

Schall
Als Schall werden mechanische Schwingungen und Wellen eines elastischen Mediums im hörbaren Frequenzbereich bezeichnet (16...20 000 Hz).

Ultraschall
Hochfrequente Schwingungen oberhalb des Frequenzbereichs des menschlichen Hörens werden als Ultraschall bezeichnet.

Infraschall
Infraschall ist der Bereich sehr tiefer Frequenzen, die zwar vom Ohr nicht mehr wahrgenommen werden können, aber dennoch vom Körper gefühlt werden.

Schalldruck
Der Schalldruck p ist der durch Schallschwingungen im Medium hervorgerufene Wechseldruck.

Schallschnelle
Die Schallschnelle v ist die Wechselgeschwindigkeit eines schwingenden Teilchens. Im freien Schallfeld gilt:

$$v = \frac{p}{Z}\,.$$

Spezifische Schallkennimpedanz
Die spezifische Schallkennimpedanz Z bezeichnet den Wellenwiderstand eines Mediums und kennzeichnet die Übertragungseigenschaften eines Mediums für Schallwellen.

Im freien Feld ist der Zusammenhang zwischen Schalldruck, Schallschnelle und Schallkennimpedanz:

$$Z = \frac{p}{v} = \rho c\,.$$

Bildlich gesprochen beschreibt die Formel die Kopplung eines schwingenden Teilchens zu seinen Nachbarteilchen. In Gasen ist die Kopplung wesentlich geringer als in festen Medien, die Teilchen können freier schwingen.

Hördynamik
Die Hördynamik ist die Fähigkeit des menschlichen Gehörs zur Wahrnehmung von Geräuschen von der Hörgrenze bis zur Schmerzgrenze. Sie entspricht Druckunterschieden von der Hörschwelle, die allgemein mit 20 µPa definiert wird, bis zur Schmerzgrenze bei ca. 200 Pascal. Daraus ergibt sich eine sehr große Hördynamik von etwa 1:10 000 000.

Dezibel dB
Das Dezibel ist keine Einheit, sondern das logarithmische Verhältnis einer Messgröße zu einem Referenzwert. Die Verwendung von Dezibel erleichert die Handhabung des großen Dynamikbereichs.

Der Schalldruckpegel wird in dB bezogen auf den Referenzdruck der Hörschwelle (p_{ref} = 20 µPa) angegeben:

$$L_{\mathrm{p}} = 20 \log_{10}\left(\frac{p}{p_{\mathrm{ref}}}\right).$$

Frequenz
Die Frequenz f gibt die Anzahl der Schwingungen je Sekunde an. Die Einheit ist Hertz (Hz). Es gilt:

1 Hz = 1/s.

Schallgeschwindigkeit
Die Schallgeschwindigkeit c ist die Ausbreitungsgeschwindigkeit einer Schallwelle in einem Medium (Tabelle 2).

Tabelle 2: Schallgeschwindigkeit und Wellenlänge in unterschiedlichen Materialien.

Stoff	Schallgeschwindigkeit c in m/s	Wellenlänge λ in m bei 1 000 Hz
Luft, 20 °C, 1014 hPa	343	0,343
Wasser, 10 °C	1 440	1,44
Gummi (je nach Härte)	60…1500	0,06...1,5
Aluminium (Stab)	5 100	5,1
Stahl (Stab)	5 000	5,0

Wellenlänge
Der Abstand zweier Wellenberge voneinander wird als Wellenlänge bezeichnet. Sie ist mit der Frequenz verknüpft:

$$\lambda = \frac{c}{f} = \frac{2\pi c}{\omega}.$$

Schallausbreitung
Der Schall breitet sich im Allgemeinen kugelförmig von der Schallquelle aus. Im freien Schallfeld nimmt der Schalldruckpegel mit der Entfernung von der Schallquelle um 6 dB je Entfernungsverdoppelung ab (20 log 2). Reflektierende Gegenstände beeinflussen das Schallfeld und die Pegelabnahme je Entfernungsverdoppelung wird geringer. Sich bewegende Fahrzeuge haben keine kugelförmige Schallausbreitung, sondern werden als Linienstrahler betrachtet. Die Schallabnahme je Entfernungsverdopplung ist dabei wesentlich geringer und liegt je nach Fahrzeug und Rechenmodell zwischen 3 dB und 4,5 dB je Entfernungsverdopplung.

Schallleistung
Die Schallleistung P ist die von einer Schallquelle je Zeiteinheit abgegebene Schallenergie. Sie ist raum- und entfernungsunabhängig.

Schallintensität
Die Schallintensität I (Schallstärke) ist die Schallleistung durch eine Fläche senkrecht zur Ausbreitungsrichtung:

$$I = \frac{P}{S}.$$

Im Schallfeld ist:

$$I = \frac{p^2}{\rho} c = v^2 \rho c.$$

Doppler'sches Prinzip
Bei bewegten Schallquellen gilt: Nähert sich die Schallquelle dem Beobachter, so wird der Ton höher wahrgenommen als er abgestrahlt wird; entsprechend tiefer wird er bei zunehmender Entfernung wahrgenommen.

Schallspektrum
Jedes Geräusch ist eine Mischung aus Anteilen mit unterschiedlichen Frequenzen und Pegeln. Mit einer Frequenzana-

lyse können die Schalldruckpegelanteile nach Frequenzen aufgeschlüsselt werden. Je nach Art der Frequenzauflösung werden diese Spektren voneinander unterschieden.

Oktavbandspektrum

Die Schalldruckpegel werden je Oktavbandbreite bestimmt und dargestellt. Bei der Oktave verhalten sich die Eckfrequenzen (f_1, f_2) wie 1:2. Die mittlere Frequenz der Oktave beträgt:

$$f_m = \sqrt{f_1 f_2}\,.$$

Terzbandspektrum

Die Schalldruckpegel werden je Terzband- oder Eindrittel-Oktavbandbreite bestimmt und dargestellt. Bei der Terz verhalten sich die Eckfrequenzen wie $1:2^{1/3}$. Die Bandbreite ist wie beim Oktavbandspektrum zur Mittenfrequenz relativ konstant.

Die Festlegung der Frequenzen erfolgt in der DIN EN 61260 [3]. Frequenzanalysen im Oktav- und Terzbereich ergeben Balkendiagramme mit der Frequenz auf der x-Achse und den zugehörigen Pegeln auf der y-Achse.

Schmalbandspektrum

Im Unterschied zu obigen Spektren lassen sich mit der Fourieranalyse [4] Frequenzanteile mit konstanten Frequenzbandbreiten analysieren. Daraus ergeben sich sehr viel feinere Frequenzauflösungen gegenüber den obigen Spektren. Die Darstellung erfolgt als Liniendiagramme, was genaugenommen nicht korrekt ist, aber dadurch eine Vergleichsmöglichkeit verschiedener Analysen ermöglicht.

Häufig werden solche Schmalbandanalysen auch mit einer weiteren Information verknüpft (z.B. mit der Drehzahl eines Motors), sodass z.B. bei einem Hochlauf des Motors für jede Drehzahl eine Frequenzanalyse vorliegt. Die Darstellung solcher Analysen erfolgt dann dreidimensional, entweder als „Wasserfalldiagramme", oder heute häufig in Farbspektren, wobei die x-Achse die Drehzahl, die y-Achse die Frequenz und die z-Achse in der Aufsicht als Farbkodierung dargestellt wird.

Schalldämmung

Die Schalldämmung erfolgt durch Einfügen einer reflektierenden (dämmenden) Wand (z.B. einer Hauswand) zwischen Schallquelle und Einwirkungsort. Dadurch wird die Schalleinwirkung gemindert.

Schalldämpfung, Schallabsorption

Bei der Schalldämpfung und Schallabsorption kann die Schallenergie in das Medium eindringen. Dabei wird bei der Reflexion an Begrenzungsflächen, aber auch bei der Ausbreitung im Medium, die Energie in Wärme umgewandelt.

Moderne Schallwände arbeiten nach dem Prinzip der Schalldämmung, das bedeutet, dass Schall reflektiert wird. Es werden aber auch Teile der Schallenergie von den Wänden aufgenommen.

Schallabsorptionsgrad

Der Schallabsorptionsgrad α ist das Verhältnis der nicht reflektierten zur auffallenden Schallenergie. Bei vollständiger Reflexion ist $\alpha = 0$, bei vollständiger Absorption ist $\alpha = 1$.

Lärmarme Konstruktion

Unter einer lärmarmen Konstruktion versteht man eine nach akustischen Gesichtspunkten strukturoptimierte Konstruktion, um die eigene Schallabstrahlung und die Schallausbreitung innerhalb der Struktur zu minimieren. Häufig kommen Simulationstechniken zur Berechnung und Optimierung des akustischen Verhaltens zum Einsatz.

Lärmminderung

Unter Lärmminderung versteht man die Reduzierung der Geräuschemission eines Gesamtsystems, primär durch lärmarme Konstruktionen und sekundär über Verringerung der Schallausbreitung durch dämmende, dämpfende und absorbierende Materialien.

Messgrößen für Geräuschemissionen

Üblicherweise werden Schallfeldgrößen als Effektivwerte angegeben. Da der Mensch Frequenzen unterschiedlich laut wahrnimmt, werden häufig Bewertungsfilter verwendet, um die gemessenen Pegel in jedem Frequenzbereich den menschlichen Höreigenschaften anzupassen. Die gängigsten Bewertungen sind A für Schall z.B. im Automobilsektor und C für deutlich lautere Geräusche z.B. im Luftfahrtbereich. Die entsprechende Bewertung wird dem Formelzeichen angehängt, also z.B. dB(A).

Schallleistungspegel

Die Schallleistung einer Schallquelle wird durch den Schallleistungspegel L_W beschrieben. Er ist der zehnfache Zehnerlogarithmus des Verhältnisses aus berechneter Schallleistung zur Bezugsschallleistung $P_0 = 10^{-12}$ W:

$$L_W = 10 \log\left(\frac{P}{P_0}\right),$$

wobei log hier und auch im Folgenden der Logarithmus zur Basis 10 (Zehnerlogarithmus) bedeutet.

Die Schallleistung ist nicht direkt messbar. Sie wird aus Größen des Schallfelds, das sich um die Quelle herum ausbildet, berechnet. Üblicherweise werden die Schalldruckpegel L_p oder die Schallintensitätspegeln L_I für die Berechnung herangezogen.

Schalldruckpegel

Der Schalldruckpegel L_p ist der zehnfache Zehnerlogarithmus des Verhältnisses aus dem Quadrat des Schalldruck-Effektivwerts und dem Quadrat des Bezugsschalldrucks $p_0 = 20$ µPa:

$$L_p = 10 \log\left(\frac{p_{eff}^2}{p_0^2}\right) \text{ oder}$$

$$L_p = 20 \log\left(\frac{p_{eff}}{p_0}\right).$$

Die Angabe des Schalldruckpegels erfolgt in Dezibel (dB). Als frequenzabhängig A-bewerteter Schalldruckpegel L_{pA} wird er für einen Messabstand von $d = 1$ m häufig zur Charakterisierung von Schallquellen benutzt.

Schallintensitätspegel

Der Schallintensitätspegel L_I ist der zehnfache Zehnerlogarithmus des Verhältnisses aus Schallintensität und Bezugsschallintensität $I_0 = 10^{-12}$ W/m²:

$$L_I = 10 \log\left(\frac{I}{I_0}\right).$$

Die Schallintensität kann mit einer Sonde direkt gemessen werden.

Zusammenwirken mehrerer Schallquellen

Überlagern sich zwei unabhängige Schallfelder, dann müssen die Schallintensitäten oder die Schalldruckquadrate addiert werden. Der Gesamtschallpegel ergibt sich dann aus den Einzelschallpegeln gemäß Tabelle 3.

Tabelle 3: Gesamtschallpegel bei Überlagerung von unabhängigen Schallfeldern.

Differenz zwischen zwei Einzelschallpegeln	Gesamtschallpegel = höherer Einzelschallpegel + Zuschlag von:
0 dB	3,0 dB
1 dB	2,5 dB
2 dB	2,1 dB
3 dB	1,8 dB
4 dB	1,5 dB
6 dB	1,0 dB
8 dB	0,6 dB
10 dB	0,4 dB

Messgrößen für Geräuschimmissionen

Lärm

Lärm ist die Klassifizierung eines Geräuschs als unerwünschtes Schallereignis und hängt von folgenden Faktoren ab:

- Vom Geräusch selbst, messbar durch physikalische Größen (z.B. Frequenz, Schalldruckpegel oder Schallleistung),
- von der subjektiven Einstellung der betroffenen Person zum Geräusch,
- von der persönlichen Verfassung der betroffenen Person und
- von der konkreten Situation, in der das Geräusch auftritt.

Schutz vor Lärm und hierbei speziell Umgebungslärm gewinnt als Umweltthema zunehmend an Bedeutung. Die Erfassung und Bewertung der Lärmimmission bildet die Grundlage zur effizienten Lärmminderung.

Beurteilungspegel

Die Geräuscheinwirkung auf den Menschen wird mit dem Beurteilungspegel L bewertet (siehe auch DIN 45645-1 [5]; an einem ISO-Standard wird derzeit gearbeitet). Er ist ein Maß für die mittlere Geräuschimmission während einer Beurteilungszeit (z.B. acht Arbeitsstunden). Er wird bei zeitlich schwankenden Geräuschen entweder mit integrierenden Messgeräten direkt gemessen oder aus einzelnen Schalldruckpegelmessungen und den zugehörigen Zeitspannen der einzelnen Schalleinwirkungen errechnet (siehe auch DIN 45641 [6]). Besonderheiten des einwirkenden Geräuschs, wie Impulshaltigkeit (kurzzeitige starke Abweichungen des Schallpegels vom Durchschnittspegel) oder Tonhaltigkeit (starke Dominanz einer oder mehrerer diskreter Frequenzen), können durch Pegelzuschläge berücksichtigt werden.

Energieäquivalenter Dauerschallpegel

Bei zeitlich schwankenden Geräuschen ist der aus den Schalldruckpegeln unter Berücksichtigung ihrer Einwirkungszeit gebildete mittlere A-bewertete Schalldruckpegel gleich dem energieäquivalenten Dauerschallpegel L_{Aeq} (siehe auch DIN 45641).

Tabelle 4 gibt Richtwerte des Beurteilungspegels an (TA Lärm, [7]), gemessen vor dem nächstgelegenen Wohnhaus (0,5 m vor geöffnetem Fenster).

Lärmindizes

Die EU-Richtlinie 2002/49/EG [8] definiert die für die EU verbindliche Lärmindizes L_{den} und L_{night} als einheitliche Deskriptoren für die Lärmbelästigung des gesamten Tages (L_{den} für day, evening, night) und der Nacht (L_{night}) ähnlich zum oben beschriebenen L_{Aeq}. Der Beurteilungszeitraum ist dabei ein Kalenderjahr. Es werden beim L_{den} im Unterschied zum L_{Aeq} Aufschläge für den Abend (5 dB) und die Nacht (10 dB) berücksichtigt.

$$L_{\mathrm{den}} = 10 \log \frac{1}{24} \cdot \left(12 \cdot 10^{\frac{L_d}{10}} + 4 \cdot 10^{\frac{L_e+5}{10}} + 8 \cdot 10^{\frac{L_n+10}{10}}\right)$$

wobei L_d, L_e und L_n die Werte für den Tag (day), für den Abend (evening) und für die Nacht (night) sind.

Lärmexpositionspegel

Der Lärmexpositionspegel SEL (Sound Exposure Level) wird zur Bewertung von einzelnen Lärmereignissen (z.B. dem Start eines Flugzeugs) in besonders schützenswerten Gebieten herangezogen. Zur Berechnung wird die Schallenergie des kompletten Ereignisses erfasst und dessen Energie dann auf 1 Sekunde verteilt. Es wird also so getan, als ob das Ereignis sich immer in einer Sekunde abspielt. Auf dieser Basis wird dann der Schallpegel berechnet.

Tabelle 4: Richtwerte der zulässigen Lärmbelastung nach TA Lärm [7].

	bei Tag	bei Nacht
Reine Industriegebiete	70 dB(A)	70 dB(A)
Gebiete mit vorwiegend gewerblichen Anlagen	65 dB(A)	50 dB(A)
Gemischte Gebiete	60 dB(A)	45 dB(A)
Gebiete mit vorwiegend Wohnungen	55 dB(A)	40 dB(A)
Reine Wohngebiete	50 dB(A)	35 dB(A)
Kurgebiete, Krankenhäuser usw.	45 dB(A)	35 dB(A)

Subjektive Geräuschbewertung

Das menschliche Gehör ist in der Lage, etwa 300 Lautstärkestufen und 3 000...4 000 Frequenzstufen (Töne) dynamisch in hoher zeitlicher Auflösung zu unterscheiden und nach komplexen Mustern auszuwerten. Das Empfinden von Lautstärke korreliert aber nicht unbedingt mit den (energieorientierten) technischen Schallpegeln. Korrekturen (A-, B- und C-Bewertung) berücksichtigen die Frequenzabhängigkeit des menschlichen Hörempfindens (Bild 1).

Das Phon-Maß und die Lautheitsbestimmung in „sone“ geben näherungsweise Maßzahlen für die subjektive Lautstärkeempfindung an. Lästigkeit und Störpotential von technischen Geräuschen können aber nicht alleine mit Lautstärkemaßen beschrieben werden. Selbst ein in lauter Umgebung kaum hörbares Ticken kann als außerordentlich störend empfunden werden.

Lautstärkepegel

Der Lautstärkepegel L_S ist das Vergleichsmaß für die Stärke der subjektiven Wahrnehmung eines Schallvorgangs, gemessen in „phon“. Der Lautstärkepegel eines Schalls (Ton oder Geräusch) wird durch Hörvergleich mit dem Standardschall ermittelt. Standardschall ist dabei eine von vorn auf den Kopf des Beobachters treffende ebene Schallwelle der Frequenz 1 000 Hz. International wird der Lautstärkepegel mit „Loudness Level“ bezeichnet. Ein Unterschied von 8...10 phon wird als doppelt oder halb so laut empfunden.

Bild 1: Frequenzabhängige Korrekturwerte für den Schallpegel zur Berücksichtigung des menschlichen Hörempfindens.

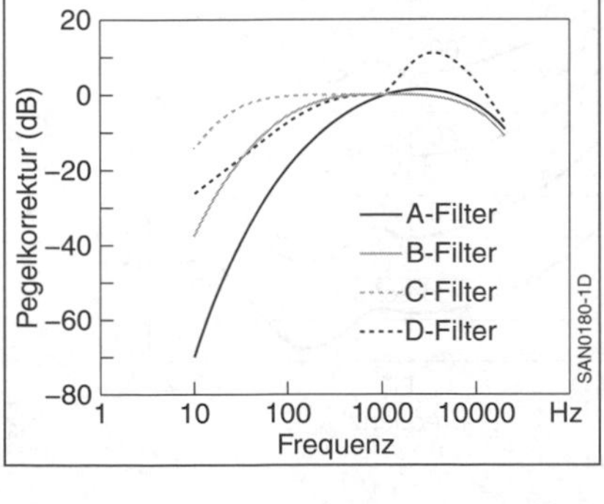

Phon

Der als gleich laut empfundene Standardschall hat einen bestimmten Wert in dB. Dieser Wert wird als Lautstärkepegel des Testschalls mit der Benennung „phon“ angegeben. Weil das menschliche Schallempfinden frequenzabhängig ist, stimmen z.B. für Töne die dB-Werte des Testschalls nicht mit den dB-Werten des Standardschalls überein. Den Zusammenhang zwischen Kurven gleicher Lautstärkeempfindung und Schalldruck in Dezibel sind immer empirisch ermittelt und wurden 1933 erstmals von Fletcher und Munson veröffentlicht. Sie bildeten die Grundlage für die heute verwendeten isophonen Kurven nach DIN ISO 226 [9]. Bild 2 zeigt Kurven nach dieser Norm.

Lautheit (Loudness) in „sone“

Die Lautheit S ist das Maß für die Größe der subjektiven Schallempfindung, bei der man von der Frage ausging, wie viel lauter oder leiser ein Geräusch empfunden wird, wenn man es mit einem anderen vergleicht. Es gilt folgende Festlegung: Der Lautstärkepegel von $L_S = 40$ phon entspricht der Lautheit $S = 1$ sone. Eine Verdopplung oder Halbierung der Lautheit ergibt Unterschiede im Lautstärkepegel von ungefähr 10 phon.

Für stationären Schall gibt es ein DIN-genormtes Berechnungsverfahren der Lautheit aus Terzpegeln (nach Zwicker, [10]). Es berücksichtigt sowohl die Frequenzgewichtung als auch Verdeckungseffekte des Gehörs.

Tonheit, Schärfe

Das Spektrum des hörbaren Schalls kann in 24 gehörorientierte Frequenzgruppen (Bark-Skala) eingeteilt werden. Die Bark-Skala ist eine psychoakustische Skala für die empfundene Tonhöhe (Tonheit). Aus der Lautheits-Tonheits-Verteilung lassen sich Maßzahlen für andere subjektive Hörempfindungen – wie der Schärfe (z.B. metallisches Klirren) eines Geräuschs – ableiten.

Artikulationsindex

Grundvoraussetzung für das Wahrnehmen von Sprachen ist die möglichst korrekte Übertragung der Schallwellen des Gesprochenen vom Sender (Mund) zum Empfänger (Ohr). Der Artikulationsindex (AI) bietet ein Berechnungsmodell zur Vorhersage der Sprachverständlichkeit bei einem vorliegenden Störgeräusch. Dabei wird angenommen, dass die Information der Sprache auf die verschiedenen Frequenzbänder des akustischen Signals verteilt ist. Jedes Band liefert dann einen Beitrag zur Sprachverständlichkeit. Hat ein Band einen Signal-Rauschabstand größer als 15 dB, wird der Sprachanteil in diesem Band als verständlich bewertet. Die Summe aller Bänder, die diesen Rauschabstand haben, jeweils multipiziert mit ihrem spezifischen Gewichtungsfaktor, ergibt den Artikulationsindes AI in Prozent.

Literatur

[1] DIN 1320: Akustik – Begriffe.

[2] DIN EN ISO 80000-8: Größen und Einheiten – Teil 8: Akustik.

[3] DIN EN 61260: Elektroakustik – Bandfilter für Oktaven und Bruchteile von Oktaven.

[4] B. Lenze: Einführung in die Fourier-Analysis. 3. Aufl., Logos Verlag, Berlin, 2000.

[5] DIN 45645-1: Ermittlung von Beurteilungspegeln aus Messungen – Teil 1: Geräuschimmissionen in der Nachbarschaft.

[6] DIN 45641: Mittelung von Schallpegeln.

[7] Sechste Allgemeine Verwaltungsvorschrift zum Bundes-Immissionsschutzgesetz (Technische Anleitung zum Schutz gegen Lärm – TA Lärm) vom 26. August 1998 (GMBl Nr. 26/1998 S. 503).

[8] Richtlinie 2002/49/EG des Europäischen Parlaments und des Rates vom 25. Juni 2002 über die Bewertung und Bekämpfung von Umgebungslärm.

[9] DIN ISO 226: Akustik – Normalkurven gleicher Lautstärkepegel.

[10] DIN 45631: Berechnung des Lautstärkepegels und der Lautheit aus dem Geräuschspektrum; Verfahren nach E. Zwicker.

Bild 2: Isophone Kurven nach DIN ISO 226 mit einer Zuordnung von Geräuschen (Beispiele).

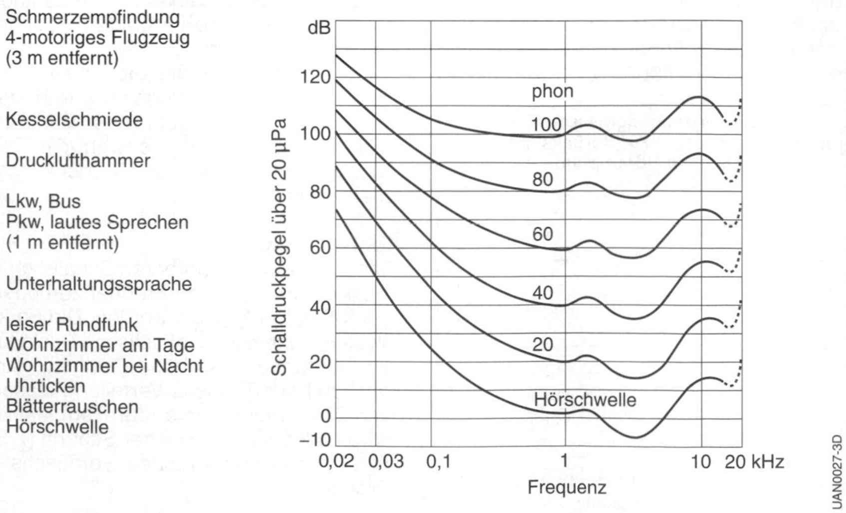

Technische Optik

Elektromagnetische Strahlung

Elektromagnetische Strahlung bezeichnet die Wellennatur von sichtbarem Licht, aber auch von Strahlung, die für das menschliche Auge nicht sichtbar ist (z.B. ultraviolettes Licht, Röntgenstrahlung, Strahlung im Infrarotbereich). So wird die elektromagnetische Strahlung anhand ihrer Wellenlänge λ unterteilt (Tabelle 2).

Tabelle 1: Größen und Einheiten.

Größe		SI-Einheit
A	Fläche A_1 strahlende Fläche A_2 angestrahlte Fläche	m^2
E_e	Bestrahlungsstärke	W/m^2
I_e	Strahlstärke	W/sr
L_e	Strahldichte	$W/(m^2 sr)$
M_e	Spezifische Ausstrahlung	W/m^2
P_e	Leistung	W
Q_e	Strahlungsenergie	Ws
R	Reflexionskoeffizient	%
H_e	Bestrahlung	Ws/m^2
$K(\lambda)$	Absolute spektrale Empfindlichkeit	lm/W
$V(\lambda)$	Spektraler Hellempfindlichkeitsgrad	–
Φ_e	Strahlungsfluss	W
r	Entfernung	m
t	Zeit	s
ε_1	Winkel einfallender Strahl (gegen Flächennormale)	°
ε_2	Winkel gebrochener Strahl	°
ε_3	Winkel reflektierter Strahl	°
$\varepsilon_{1,max}$	Winkel der Totalreflexion	°
η	Lichtausbeute	lm/W
Ω	Raumwinkel	sr
λ	Wellenlänge	nm
E_{Phot}	Photonenenergie	eV
h	Planck'sches Wirkungsquantum	Js
c	Lichtgeschwindigkeit im Vakuum	m/s
n	Brechzahl	–

Geometrische Optik

Die Beschreibung optischer Systeme lässt sich auf zwei Modelle begrenzen – die geometrische Optik und die Wellenoptik. In der geometrischen Optik (auch als Strahlenmodell bezeichnet) wird die Ausbreitung des Lichts und seine Ablenkung durch abbildende Elemente mit einfachen geometrischen Überlegungen beschrieben. Dies ist aber nur zulässig, solange die abbildenden Elemente (z.B. Spiegel, Linsen) sehr viel größer als die Wellenlänge des Lichts sind.

Effekte wie Interferenz, Beugung und Polarisation werden in der Physik durch die Wellenoptik beschrieben. Diese befasst sich mit der Ausbreitung des Lichts in Form einer Welle.

Grundlagen der geometrischen Optik

Ein Großteil der in der Optik verwendeten abbildenden Systeme kann durch die geometrische Optik beschrieben werden. Die Strahlungsausbreitung wird durch „Lichtstrahlen" erklärt und kann mit Hilfe von einfachen geometrischen Gesetzen beschrieben werden.

Grundaxiome der geometrischen Optik

Als Grundlage für die geometrische Optik dient das Fermat'sche Prinzip. Aus der Grundaussage dieses Prinzips, dass

Tabelle 2: Bereiche elektromagnetischer Strahlung.

Bezeichnung	Wellenlängenbereich
Gammastrahlung	0,1...10 pm
Röntgenstrahlung	10 pm bis 10 nm
Ultraviolettstrahlung	10...380 nm
Sichtbare Strahlung	380...780 nm
Infrarotstrahlung	780 nm bis 1 mm
Millimeterwellen (EHF)	1...10 mm
Zentimeterwellen (SHF)	10...100 mm
Dezimeterwellen (UHF)	100 mm bis 1 m
Ultrakurzwellen (VHF)	1...10 m
Hochfrequenzwellen (HF)	10...100 m
Mittelwellen (MF)	100 m bis 1 km
Langwellen (LF)	1...10 km
Längstwellen (VLF)	10...100 km

Licht immer den kürzesten Weg zwischen zwei Punkten wählt, lassen sich die Grundaxiome der geometrischen Optik herleiten [1]:

- Lichtstrahlen sind in homogenen Medien gerade.
- An der Grenze zwischen zwei homogenen Materialien werden die Strahlen nach dem Reflexionsgesetz und nach dem Brechungsgesetz umgelenkt.
- Jeder Strahlengang ist umkehrbar.
- Lichtstrahlen können sich kreuzen, ohne sich gegenseitig zu beeinflussen.

Brechungsgesetz

Aus dem Fermat'schen Prinzip lässt sich auch das Snellius'sche Brechungsgesetz [2] ableiten. Es beschreibt den Übergang eines Lichtbündels von einem Medium (z.B. Luft) in ein anderes Medium (z.B. Glas). An der Grenzfläche der beiden Medien kommt es aufgrund der Brechzahländerung zur Umlenkung des Lichts. Ein einfallender Strahl wird in einen gebrochenen und in einen reflektierten Strahl aufgeteilt (Bild 1). Für den gebrochenen Strahl gilt das Brechungsgesetz:

$$n_1 \sin \varepsilon_1 = n_2 \sin \varepsilon_2 \,.$$

Für Vakuum und die dielektrischen Medien (z.B. Luft, Glas, Kunststoffe) sind die Brechzahlen n reelle Zahlen (Tabelle 3). Materialien mit großer Brechzahl n heißen optisch dicht, Materialien mit kleiner Brechzahl optisch dünn.

Die Eigenschaft der Brechzahlen, von der Wellenlänge abhängig zu sein, wird als Dispersion bezeichnet. In den meisten Fällen nehmen sie mit steigender Wellenlänge ab.

Reflexionsgesetz

Es gilt für die Richtung des reflektierten Strahls (Reflexionsgesetz):

$$\varepsilon_3 = \varepsilon_1 \,.$$

Der Ausfallswinkel ist also gleich dem Einfallswinkel. Das Intensitätsverhältnis von reflektierter zu einfallender Strahlung (Reflexionsgrad, Reflexionskoeffizient) wird durch die Fresnel-Formel [3] beschrieben und hängt vom Einfallswinkel ε_1 und von den Brechzahlen der aneinandergrenzen-

Bild 1: Brechung eines Lichtstrahls an der Grenzfläche zweier Medien mit unterschiedlichen Brechzahlen.
a Medium 1 mit Brechzahl n_1,
b Medium 2 mit Brechzahl n_2.
1 Einfallender Strahl, 2 gebrochener Strahl, 3 reflektierter Strahl.
ε_1 Winkel einfallender Strahl,
ε_2 Winkel gebrochener Strahl,
ε_3 Winkel reflektierter Strahl.

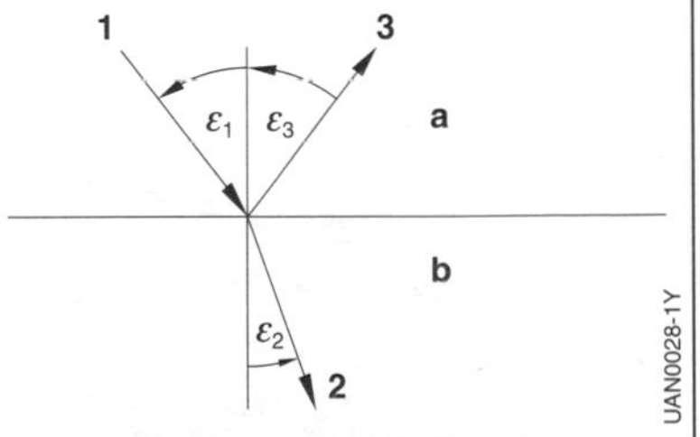

Bild 2: Abhängigkeit des Reflexionskoeffizienten vom Einfallswinkel.
Medium 1 mit Brechzahl n_1 = 1,00,
Medium 2 mit Brechzahl n_2 = 1,52.

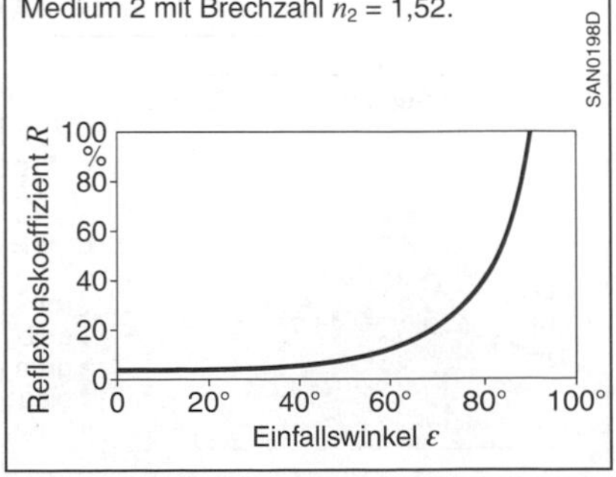

Tabelle 3: Brechzahl *n* einiger Medien.
(Für gelbes Licht der Wellenlänge λ = 589,3 nm).

Vakuum, Luft	1,00
Eis (0 °C)	1,31
Wasser (20 °C)	1,33
Quarzglas	1,46
Polymethylmethacrylat	1,49
Standardglas für Optik (BK 7)	1,51673
Fensterglas	1,52
Glas für Scheinwerferstreuscheiben	1,52
Polyvinylchlorid	1,54
Polycarbonat	1,58
Polystyrol	1,59
Epoxidharz	1,60
Galliumarsenid (je nach Dotierung)	ca. 3,5

den Medien ab (Bild 2). Beim Übergang von Luft (n_1 = 1,00) zu Glas (n_2 = 1,52) ergibt sich daraus, dass bei senkrechtem Strahleinfall (ε_1 = 0) ein Anteil von 4,3 % der Strahlenenergie reflektiert wird.

Totalreflexion

Beim Übergang von einem optisch dichteren in ein optisch dünneres Medium ($n_1 > n_2$) erreicht der Brechungswinkel ε_2 für einen bestimmten Einfallswinkel ε_1 seinen größtmöglichen Wert (90 °). Dieser Einfallswinkel $\varepsilon_{1,\max}$ bezeichnet man als Grenzwinkel für Totalreflektion. Laut Brechungsgesetz ergibt sich für die Totalreflexion:

$$\sin \varepsilon_{1,\max} = \sin 90\,°\frac{n_2}{n_1} = \frac{n_2}{n_1}\,.$$

Bild 3: Strahlengang bei sphärischen Linsen.
a) Konvexe Linse,
b) konkave Linse.
A optische Achse, F Brennpunkt.
f Brennweite, d Dicke der Linse,
r_1, r_2 Krümmungsradien der Linse.

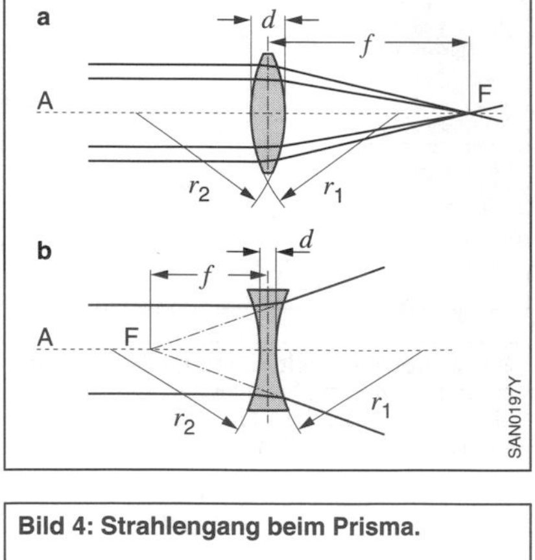

Bild 4: Strahlengang beim Prisma.

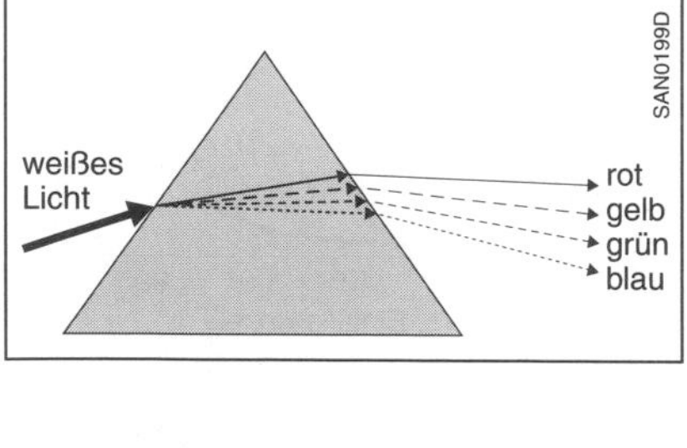

Optische Komponenten

Sphärische Linsen

Die optische Wirkung und die Abbildungseigenschaft einer Linse wird durch die Form der Grenzflächen und durch den Brechungsindex des Linsenmaterials bestimmt [4]. Mit Hilfe des Snellius'schen Brechungsgesetzes lassen sich die Abbildungseigenschaften von Lichtstrahlen bestimmen.

Die Funktionsweise der Linse lässt sich aufgrund ihrer Form in zwei Untergruppen teilen (Bild 3). Als Sammellinsen (konvexe Linsen) werden Linsen bezeichnet, die paralleles Licht in einen Brennpunkt fokussieren. Im Gegensatz dazu werden durch Zerstreuungslinsen (konkave Linsen) parallele Strahlenbündel gestreut.

Prismen

Bei einem Prisma wird die Abhängigkeit der Brechzahl von der Wellenlänge des eingestrahlten Lichts ausgenutzt (Dispersion). So wird blaues Licht (λ = 420...490 nm) unter einem anderen Winkel ε_2 gebrochen als rotes Licht (λ = 650...750 nm). Fällt weißes Licht auf ein Prisma, wird es in seine unterschiedlichen Bestandteile (Farbkomponenten) zerlegt (Bild 4).

Dieser Effekt tritt auch beim Regenbogen in Erscheinung. Die verschiedenen Farbkomponenten des Sonnenlichts werden an Wassertropfen in der Luft unterschiedlich gebrochen.

Im Kfz-Scheinwerfer werden Streuscheiben (Elemente aus Zylinderlinsen und Prismen) eingesetzt, um die aus dem Reflektor kommende Strahlung günstig zu beeinflussen.

Reflektoren

Reflektoren (Spiegel) werden in der Optik dazu verwendet, Licht in eine bestimmte Richtung umzulenken (Bild 5). Reflektoren finden unter anderem im Scheinwerferbereich ihre Anwendung, wo sie das Licht gezielt lenken und bündeln.

Die Aufgabe von Reflektoren liegt darin, Licht von der Scheinwerferlampe zu erfassen, eine möglichst hohe Reichweite zu erzielen und die Verteilung des Lichts auf der Straße so zu beeinflussen, dass die gesetzlichen Bestimmungen erfüllt werden. Zusätzliche Anforderungen an die Scheinwerfer werden durch das Design gestellt (z.B. beim Einbau in den Stoßfänger).

Während früher fast ausschließlich Paraboloide als Reflektoren verwendet wurden, lassen sich heute die oben erwähnten zum Teil widersprüchlichen Forderungen manchmal nur durch Stufenreflektoren, Freiformflächen oder neue Scheinwerferkonzepte realisieren (siehe Beleuchtungseinrichtungen).

Generell kann eine umso größere Reichweite eines Scheinwerfers erzielt werden, je größer die Lichtaustrittsfläche ist. Andererseits ist die Lichtausbeute um so höher, je größer der vom Reflektor erfasste Raumwinkel ist.

Farbfilter

Für spezielle Anwendungen, z.B. Leuchten am Kfz, existieren je nach Verwendungszweck (Blinkleuchte, Bremsleuchte) genaue Vorschriften bezüglich der Wellenlänge des verwendeten Lichts. Dabei werden Farbfilter zur Abschwächung oder Unterdrückung ungewünschter Spektralbereiche verwendet.

Wellenoptik

Bei den bisherigen Überlegungen wurden nur makroskopische Systeme betrachtet, d.h., die betrachteten abbildenden Elemente waren sehr viel größer als die Wellenlänge des beobachteten Lichtstrahls. Die Wellenoptik befasst sich mit Systemen, bei denen Licht als elektromagnetische Welle beschrieben wird. Die Farbe der Strahlung wird durch die Wellenlänge definiert. So besteht monochromatisches Licht nur aus Lichtwellen einer Wellenlänge, weißes Licht hingegen beinhaltet Lichtwellen unterschiedlicher Wellenlängen.

Polarisation

Bei der wellenoptischen Betrachtung eines Systems wird auch die Polarisation berücksichtigt. Diese beschreibt die Orientierung der Wellen beziehungsweise der Schwingungen bezüglich der Einfallsebene. Man unterscheidet zwischen linearer, zirkularer und elliptischer Polarisation. Bei der linearen Polarisation variiert die Amplitude des elektrischen Felds bei konstanter Ausbreitungsrichtung, bei der zirkularen Polarisation variiert die Richtung bei konstanter Amplitude des elektrischen Felds. Die elliptische Polarisation beschreibt eine Mischform aus linearer und zirkularer Polarisation.

Bei der linearen Polarisation unterscheidet man noch zwischen s-Polarisation (senkrecht zur Einfallsebene) und p-Polarisation (in der Einfallsebene).

Wie in Bild 6 dargestellt teilt sich der in Bild 2 berechnete Verlauf der Fresnel-

Bild 5: Strahlengang beim Parabolspiegel.
A optische Achse,
F Brennpunkt (Fokus),
P Parabelscheitel.

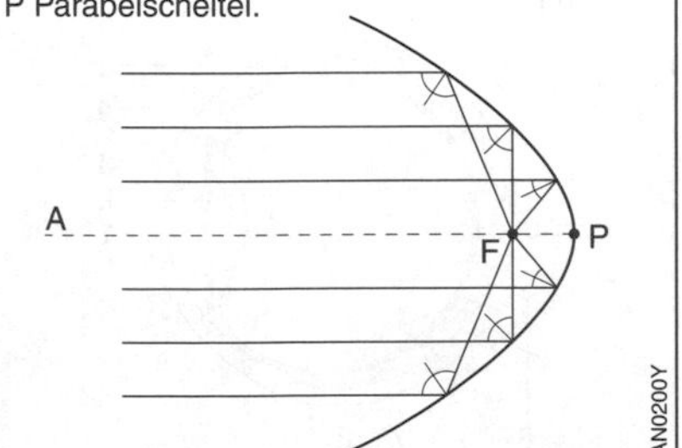

Bild 6: Reflexionskoeffizient.
Medium 1 mit Brechzahl $n_1 = 1{,}00$,
Medium 2 mit Brechzahl $n_2 = 1{,}50$.

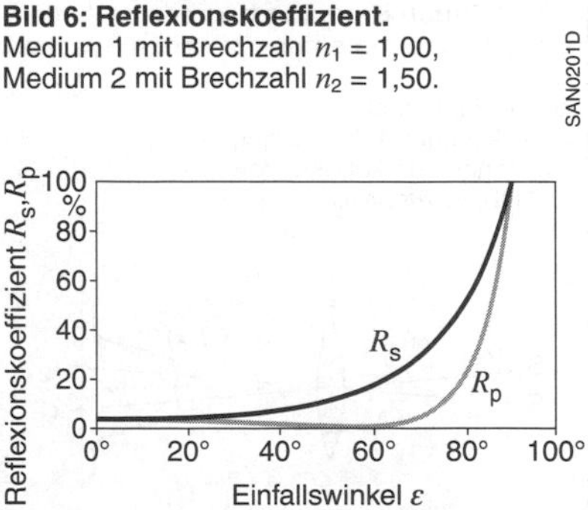

Gleichungen, unter Berücksichtigung der s- und p-Polarisation, in zwei unterschiedliche Kurven auf. Die Ebene senkrecht zur Ausbreitungsebene wird als Schwingungsebene bezeichnet. Daraus folgt, dass nur Wellen, deren elektrische Feldkomponenten in der Schwingungsebene schwingen, polarisierbar sind. Diese werden auch als Transversalwellen bezeichnet (Licht). Im Gegensatz dazu schwingen die Longitudinalwellen (z.B. Schall) in Ausbreitungsrichtung und sind daher nicht polarisierbar.

Interferenz

Die Überlagerung zweier Wellen gleicher Wellenlänge kann zur Interferenz führen. Dabei bilden sich nach dem Superpositionsprinzip Orte konstruktiver und Orte destruktiver Interferenz. Es entsteht ein Interferenzmuster mit Interferenzmaxima und Interferenzminima. Ein bekanntes Beispiel hierfür ist der Young'sche Doppelspaltversuch [4], mit dem die Wellennatur des Lichts erstmals bewiesen wurde.

Beugung

Mit Hilfe der Wellenoptik lassen sich auch Beugungsphänomene von Lichtwellen beschreiben. Von Beugung spricht man, wenn eine optische Welle auf ein Hindernis (z.B. Blende, Einfachspalt) trifft. Die Lichtwelle wird am Hindernis abgelenkt und es entstehen nach dem Huygens'schen Prinzip [4] neue Elementarwellen. Diese Wellen interferieren miteinander und aufgrund von Interferenzeffekten entsteht ein Beugungsmuster. So dringt Licht in Bereiche, die gemäß der geometrischen Optik dunkel sein sollten.

Die Beugung an einem Einzelspalt ergibt aufgrund von Interferenzeffekten den in Bild 7 dargestellten Intensitätsverlauf $I(x)$.

Betrachtet man die Beugung an einer Lochblende beziehungsweise an einer Kreisblende, lässt sich das resultierende elektrische Feld nach der Blende durch die Besselfunktionen erster Ordnung $J_1(2\pi\, r)$ beschreiben [5]:

$$E(r) = \frac{E_0}{\pi r} J_1(2\pi\, r)\,.$$

Die resultierende Intensitätsverteilung nach der Beugung an der Blende ergibt sich aus

$$I(r) \sim E^2(r).$$

Unter der Annahme, dass sich durch die Beugung an einer kreisförmigen Blende nur sehr schwache (im speziellen der

Bild 7: Intensitätsverlauf $I(x)$ bei Beugung am Einzelspalt.
L Linse, B Blende,
D Öffnungsdurchmesser,
x Abstand,
$I(x)$ Intensitätsprofil.

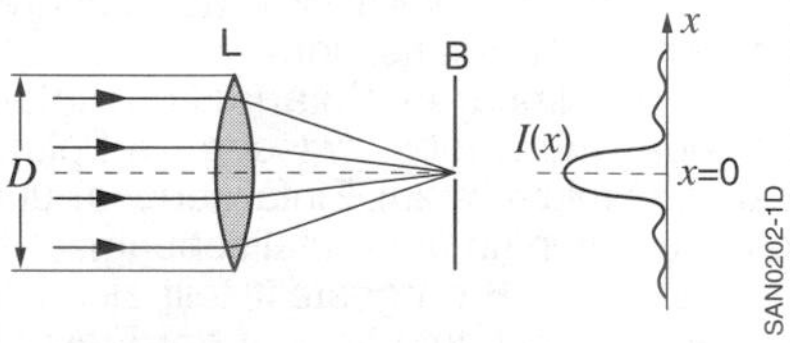

Bild 8: Durch Beugung begrenztes Auflösungsvermögen eines optischen Systems.
L Linse,
S_1, S_2 Punktquellen,
x_1, x_2 Abbildung der Punktquellen,
δ_{min} minimaler Auflösungswinkel
$I(x)$ Intensitätsprofil.

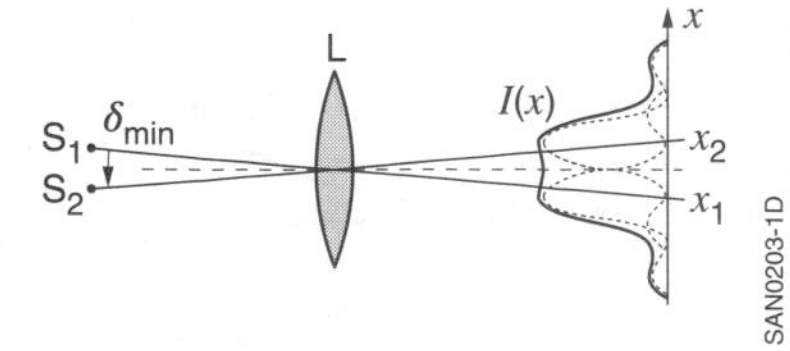

Bild 9: Aufbau des Auges.
1 Pupille, 2 Iris, 3 Hornhaut, 4 Linse, 5 Lederhaut, 6 Sehnerv, 7 Glaskörper, 8 Netzhaut.

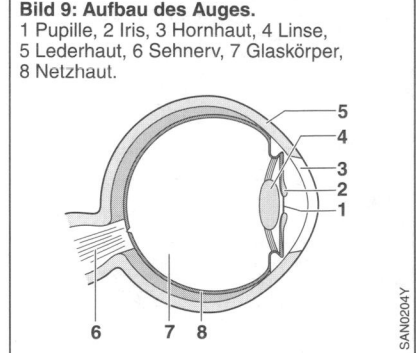

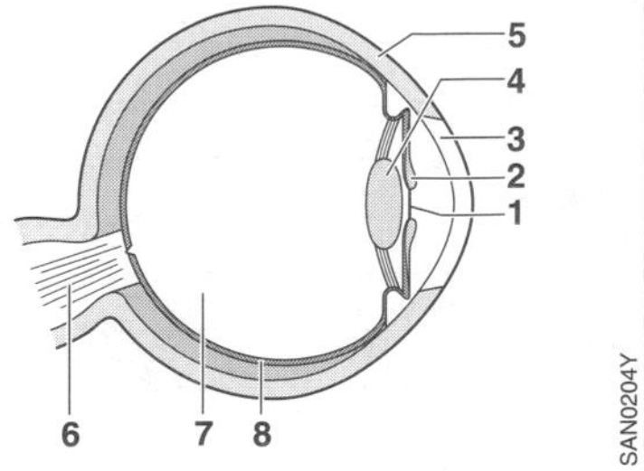

Radius) Nebenmaxima ausbilden, kann die Größe der Hauptmaxima aus der Nullstelle der Besselfunktion bestimmt werden. Diese ergibt sich zu $r = 0{,}6098$.

Wird die Beugung vernachlässigt, können optische Systeme eine unendliche Auflösung erreichen. Die Beugung reduziert das Auflösungsvermögen eines beliebigen optischen Systems (z.B. Linsen, Objektive) erheblich. Als Auflösungsvermögen U wird der kleinste noch wahrnehmbare Abstand zwischen zwei Punktquellen (S1 und S2) bezeichnet.

Generell sind optische Elemente durch eine kreisförmige Blende begrenzt. Aus der Größe des Beugungsmusters einer Kreisblende lässt sich somit das Auflösungsvermögen eines beliebigen optischen Systems berechnen. Für jede Punktquelle erhält man den Intensitätsverlauf $I(x)$. Der minimale Winkel δ_{min}, bis zu dem die Punkte auf dem Schirm noch getrennt wahrgenommen werden (Bild 8), berechnet sich wie in der nachfolgenden Gleichung beschrieben aus der Wellenlänge λ der beobachteten Strahlung und dem Öffnungsdurchmesser D:

$$\sin\delta_{\mathrm{min}} = 1{,}22\,\frac{\lambda}{D}\,.$$

Da der Durchmesser der Blendenöffnung sich aus dem zweifachen Radius berechnet, wurde der Faktor 1,22 aus der Nullstelle der Besselfunktion bestimmt. Aus δ_{min} lässt sich mit $U = 1/\delta_{\mathrm{min}}$ das Auflösungsvermögen des Systems bestimmen.

Das menschliche Auge kann ebenfalls als optisches System betrachtet werden. In diesem Fall stellt die Bildebene die Pupille dar und das dargestellte Intensitätsprofil $I(x)$ einer Punktlichtquelle wird auf der Netzhaut abgebildet (Bild 9). Der Öffnungsdurchmesser D wird durch die Größe der Pupille bestimmt. Für eine Wellenlänge von $\lambda = 550$ nm und eine Pupillengröße von 1,5 mm (Tagsehen) ergibt sich für den minimalen Winkel $\delta_{\mathrm{min}} = 0{,}02\,°$. Daraus berechnet sich im Abstand von 25 cm zum Auge der minimal auflösbare Abstand zwischen S_1 und S_2 zu 0,11 mm.

.

Lichttechnische Größen

Lichtquellen besitzen aufgrund ihrer Beschaffenheit Strahlung unterschiedlicher Stärke und unterschiedlicher Wellenlänge. Anhand der charakteristischen Wellenlänge wird die Lichtquelle in das Wellenlängenspektrum eingeordnet.

Für die Änderung der Stärke der Lichtquelle und zur Beschreibung der Wirkung des Lichts auf den Menschen haben sich physikalische Kenngrößen etabliert. Man unterscheidet hierbei zwischen radiometrischen und photometrischen Kenngrößen. Bei der Photometrie wird das menschliche Auge als Detektor ausgewertet. Dieses beschränkt sich auf den ultravioletten (UV) und den sichtbaren Spektralbereich. In der Radiometrie wird die von einem Detektor gemessene Leistung der Lichtquelle bestimmt und man erreicht somit auch Messungen im Infrarot- und Ultraviolettbereich sowie mit Gammastrahlen. Die lichttechnischen Größen der Radiometrie (Strahlungsgrößen) werden zur besseren Verständlichkeit durch die Indizes „e" („e" für energetisch) gekennzeichnet.

Strahlungsgrößen

Strahlungsenergie Q_e

Die Strahlungsenergie Q_e umfasst die Gesamtenergie der Lichtwelle.

Strahlungsfluss Φ_e

Als Strahlungsfluss Φ_e wird die Energiemenge dQ_e bezeichnet, die pro Zeiteinheit dt von der Lichtwelle transportiert wird:

$$\Phi_e = \frac{dQ_e}{dt}\,.$$

Bestrahlungsstärke E_e

Der Anteil des Strahlungsflusses $d\Phi_e$, der auf einen definierten Oberflächenbereich dA auftrifft, wird als Bestrahlungsstärke E_e bezeichnet:

$$E_e = \frac{d\Phi_e}{dA}\,.$$

Bestimmt wird die Gesamtheit der abgestrahlten Energie, die auf ein leuchtendes Oberflächenelement dA trifft.

Strahlstärke I_e
Als Strahlstärke I_e wird der von einer Punktwelle in eine bestimmte Richtung (Raumwinkel $d\Omega$) emittierte Strahlungsfluss $d\Phi_e$ bezeichnet.

$$I_e = \frac{d\Phi_e}{d\Omega}\,.$$

Strahldichte L_e
Mit der Strahldichte L_e wird die Strahlstärke auf eine senkrechte Fläche bezeichnet.

$$L_e = \frac{dI_e}{dA\cos\varepsilon} = \frac{d^2\Phi_e}{d\Omega\, dA\cos\varepsilon}.$$

Spezifische Ausstrahlung M_e
Die spezifische Ausstrahlung M_e bezeichnet den in den Halbraum abgestrahlten Strahlungsfluss $d\Phi_{e,H}$ einer Lichtquelle:

$$M_e = \frac{d\Phi_{e,H}}{dA}\,.$$

Bestrahlung H_e
Als Bestrahlung H_e wird der Anteil der Strahlungsenergie dQ bezeichnet, der pro Zeit dt auf ein Flächenelement dA trifft.

$$H_e = \int E_e\, dt\,.$$

Lichttechnische Größen der Photometrie

Spektraler Hellempfindlichkeitsgrad $V(\lambda)$
Für die Definition der lichttechnischen Größen der Photometrie wird berücksichtigt, dass das Auge keine konstante spektrale Hellempfindlichkeit besitzt. Die für den Menschen sichtbare Strahlung liegt im Wellenlängenbereich von 380 nm (blau) bis 780 nm (rot). Das Auge ist bei Tageslicht im gelb-grünen Bereich um 555 nm am empfindlichsten, bei schwächeren Lichtverhältnissen verschiebt sich der Wert zu niedrigeren Wellenlängen. Um für andere Wellenlängen den Eindruck gleicher Helligkeit zu erhalten, ist eine größere Strahlungsenergie erforderlich. Der spektrale Hellempfindlichkeitsgrad $V(\lambda)$ ist als Verhältnis der Strahlungsenergie bei 555 nm zu der Strahlungsenergie für die verschiedenen Wellenlängen definiert.

Da nicht alle menschlichen Augen identisch sind, wurde für lichttechnische Messungen und Rechnungen eine dimensionslose standardisierte Hellempfindlichkeitsfunktion des menschlichen Auges $V(\lambda)$ in DIN 5031-3 [9] festgelegt. Diese wurde für verschiedene Wellenlängenbereiche und für Tages- und für Nachtlichtbedingungen ermittelt (Bild 10).

Bild 10: Hellempfindlichkeitsfunktion des menschlichen Auges.
$V(\lambda)$ Tageswertkurve,
$V'(\lambda)$ Nachtwertkurve.

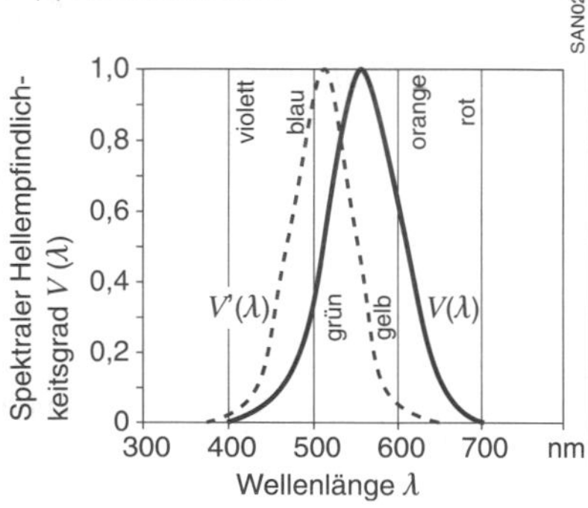

Photometrisches Strahlungsäquivalent
Die absolute spektrale Empfindlichkeit $K(\lambda)$, auch als photometrisches Strahlungsäquivalent bezeichnet, ist der Quotient aus der physiologischen Größe Lichtstrom Φ und dem physikalischen Strahlungsfluss Φ_e. Für das Tagsehen (helladaptiertes Auge) liegt der Maximalwert $K_{m,T}$ von $K(\lambda)$ bei einer Wellenlänge

Tabelle 4: Gegenüberstellung Strahlungsgrößen und photometrische Größen.

Strahlungsgrößen		Photometrische Größen	
Bezeichnung	Einheit	Bezeichnung	Einheit
Strahlungsenergie Q_e	Ws	Lichtmenge Q	lm s
Strahlungsfluss Φ_e	W	Lichtstrom Φ	lm
Strahlstärke I_e	W/sr	Lichtstärke I	cd = lm/sr
Strahldichte L_e	W/(m²sr)	Leuchtdichte L	cd/m²
Bestrahlungsstärke E_e	W/m²	Beleuchtungstärke E	lx = lm/m²
spezifische Ausstrahlung M_e	W/m²	Spezifische Lichtausstrahlung M	lx
Bestrahlung H_e	Ws/m²	Belichtung H	lx s

von λ = 555 nm. Für das Nachtsehen (dunkeladaptiertes Auge) liegt das Maximum $K_{m,N}$ bei λ = 505 nm. Für die absolute spektrale Empfindlichkeit $K(\lambda)$ ergeben sich folgende Beziehungen:

Tagsehen:
$K(\lambda) = K_m\, V(\lambda)$,
$K_{m,T}$ = 683 lm/W.

Nachtsehen:
$K'(\lambda) = K_m\, V'(\lambda)$,
$K_{m,N}$ = 1699 lm/W.

$K(\lambda)$ ermöglicht eine Verknüpfung der Strahlungsgrößen X_e und der photometrischen Größen X (Tabelle 4). Es gilt:

$$X = K_m \int X_{e\lambda}\, V(\lambda)\, d\lambda,$$
$$= \int X_{e\lambda}\, K(\lambda)\, d\lambda,$$
mit $X_{e\lambda} = \frac{dX_e}{d\lambda}$.

Lichtstrom Φ
Der Lichtstrom Φ bezeichnet die Gewichtung des radiometrischen Strahlungsflusses Φ_e mit der wellenlängenabhängigen Empfindlichkeitskurve $K(\lambda)$ des menschlichen Auges. Der Lichtstrom Φ bestimmt die in die Gesamtheit der Raumwinkel abgestrahlte Lichtleistung. Alle weiteren photometrischen Größen sind mit dem Lichtstrom verknüpft.

Lichtmenge Q
Die Lichtmenge Q ist das fotometrische Äquivalent zur radiometrischen Strahlungsenergie Q_e. Sie berechnet sich aus dem Integral des Lichtstroms Φ über eine bestimmte Zeit dt:

$$Q = \int \Phi(t)\, dt.$$

Lichtstärke I
Der Lichtstrom Φ, der in einen bestimmten Raumwinkel abgestrahlt wird, wird als Lichtstärke I definiert. Sie bietet ein Maß für die in eine bestimmte Richtung abgestrahlte Lichtausstrahlung einer Quelle und berechnet sich aus der radiometrischen Strahlungsintensität:

$$I = \frac{\Phi}{}.$$

Beleuchtungsstärke E
Im Gegensatz zur Lichtstärke I bezeichnet die Beleuchtungsstärke E den auf eine bestimmte Fläche A abgestrahlten Lichtstrom einer Lichtquelle:

$$E = \frac{\Phi}{A}.$$

Leuchtdichte L
Die Leuchtdichte L definiert den durch eine beleuchtete (oder auch selbstleuchtende) Fläche hervorgerufenen Helligkeitseindruck im menschlichen Auge. Sie ergibt sich aus der radiometrischen Größe für die Strahlstärke:

$$L = \frac{I}{}.$$

Spezifische Lichtausstrahlung M
Der Anteil des Lichtstroms $d\Phi$, der von einem definierten Oberflächenelement dA generiert wird, bezeichnet man als spezifische Lichtausstrahlung. Sie ist das fotometrische Pendant zur radiometrischen spezifischen Ausstrahlung:

$$M = \frac{d\Phi}{dA}.$$

Belichtung H
Die Belichtung H berechnet sich aus der Beleuchtungsstärke E_V, die über eine Zeitspanne dt auf das Flächenelement dA auftrifft.

$$H = \int E_V(t)\, dt.$$

Weitere Begriffe
Die lichttechnischen Größen werden noch durch die nachfolgend erläuterten, ganz allgemeinen Begriffe ergänzt.

Lichtausbeute η
Die Lichtausbeute η berechnet sich aus dem Verhältnis des ausgestrahlten Lichtstroms Φ zur aufgenommenen Leistung P:

$$\eta = \frac{\Phi}{P}.$$

Die Lichtausbeute ist ein Maß für den Wirkungsgrad der Umsetzung der elektrischen Leistung P in den Lichtstrom Φ. Sie kann den Höchstwert des photometrischen Strahlungsäquivalents

K_m = 683 lm/W bei der Wellenlänge λ = 555 nm nicht übersteigen.

Raumwinkel Ω
Der Raumwinkel Ω beschreibt das Verhältnis des durchstrahlten Stücks der Kugeloberfläche (einer zur Strahlungsquelle konzentrischen Kugel) zum Quadrat des Kugelhalbmessers. Die Gesamtoberfläche der Kugel beträgt $4\pi r^2$, somit ist der volle Raumwinkel

$\Omega = 4\pi$ sr (sr = Steradiant).

Steradiant ist eine dimensionslose Größe für den Raumwinkel.

Kontrast
Der Konstrast bestimmt das Leuchtdichteverhältnis zwischen zwei benachbarten Flächen beziehungsweise den maximalen Intensitätsunterschied innerhalb einer beleuchteten (beziehungsweise selbstleuchtenden) Fläche. Der Kontrast beschreibt das Verhältnis einer Leuchtdichte oder der Beleuchtungsstärke eines hellen Bereichs eines Bildes zu einem dunklen Bereich desselben Bildes. Laut der Norm ISO IEC 21118 [10] muss der Kontrast aus den Werten eines Schwarz-Weiß-Schachbrettmusters (bestehend aus sechzehn gleichen Rechtecken) bestimmt werden.

Ergänzend dazu kann der Kleinfeldkontrast für abwechselnde schwarze und weiße Linien bestimmt werden. Er ist ein Maß für die Spezifikation eines optischen Beleuchtungssystems, feine Details auf einer Leinwand darzustellen. Dazu werden sowohl vertikale Linien als auch horizontale Linien vermessen.

Tabelle 5: Beispiele einiger Lasertypen.

Lasertyp	Wellenlänge	Anwendung
He-Ne-Laser	632 nm	Messtechnik, Holografie
CO_2-Laser	10,6 µm	Materialbearbeitung
Nd:YAG-Laser	1064 nm	Materialbearbeitung
Halbleiterlaser	z.B. 670 nm z.B. 1 300 nm	Messtechnik Nachrichtentechnik
Ytterbium-Faserlaser	z.B. 1 070 nm	Materialbearbeitung

Lasertechnik

Ein Laser (Light Amplification by Stimulated Emission of Radiation) hat gegenüber anderen Lichtquellen folgende charakteristischen Eigenschaften:
- Monochromatische Strahlung, d.h. ein begrenzter Wellenlängenbereich,
- sehr hohe Strahlungsdichte,
- geringe Strahlaufweitung,
- gute Fokussierbarkeit,
- hohe zeitliche und räumliche Kohärenz der Strahlung.

Funktionsweise
Ein Laser enthält ein laseraktives Medium, das gasförmig, fest oder flüssig sein kann (Tabelle 5). Durch Zufuhr von Energie können die Atome oder die Moleküle des aktiven Mediums in einen angeregten Zustand gebracht werden (Bild 11). Dieser Prozess wird als Pumpen bezeichnet und kann elektrisch (durch Anlegen einer Spannung) oder optisch (mit einer anderen Lichtquelle) erfolgen.

Nach einer bestimmten Zeit relaxieren die angeregten Teilchen des aktiven Mediums wieder in ihren Grundzustand und geben dabei ihre Energie durch die spontane Emission eines Photons (Lichtteilchen) wieder ab. Die Energie des Photons wird durch die quantisierten Energiezustände des aktiven Mediums bestimmt und gibt die Wellenlänge λ des Laserlichts vor:

$$E_P = \frac{hc}{\lambda}.$$

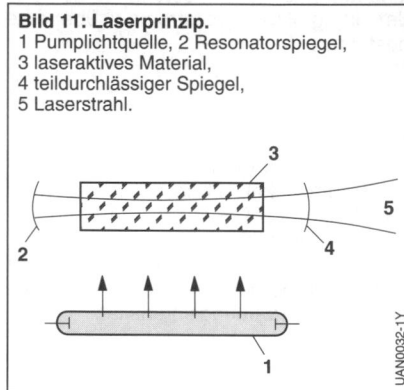

Bild 11: Laserprinzip.
1 Pumplichtquelle, 2 Resonatorspiegel,
3 laseraktives Material,
4 teildurchlässiger Spiegel,
5 Laserstrahl.

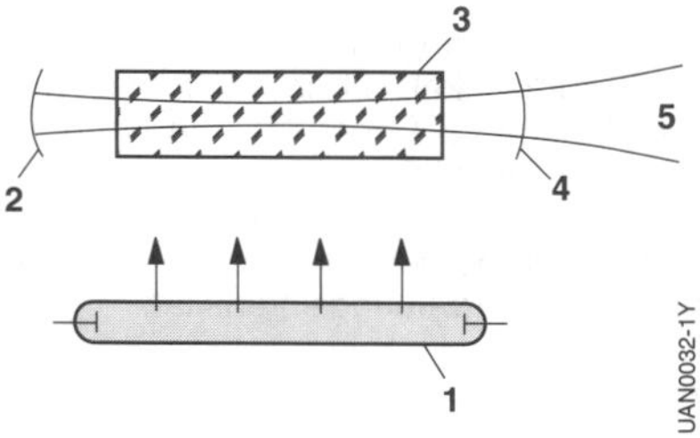

h ist das Planck'sche Wirkungsquantum und *c* die Lichtgeschwindigkeit im Vakuum. Für *h* und *c* gelten folgende Werte:
$h \approx 6{,}62606957 \cdot 10^{-34}$ Js,
$c \approx 300\,000\,000$ m/s.

Der Resonator besteht aus Spiegelflächen an den Enden des aktiven Mediums und bewirkt, dass die spontan emittierten Photonen in das aktive Medium zurückreflektiert werden. Beim erneuten Durchlaufen des aktiven Mediums bewirken sie die Emission neuer Photonen mit gleicher Wellenlänge und identischer Phasenlage. Man spricht von stimulierter Emission.

Der Resonator ist für die Strahlungsverstärkung und für die gewünschte Strahlcharakteristik verantwortlich. Der Laserstrahl tritt an einem Resonatorende über einen teildurchlässigen Spiegel aus.

Abhängig vom aktiven Medium und vom Lasertyp können Laser mit kontinuierlicher (continous wave) Strahlung oder im Pulsbetrieb mit Pulslängen bis unter 1 fs (10^{-15} s) betrieben werden [12, 13].

Anwendungsgebiete
Mit der Lasermesstechnik lassen sich Fertigungstoleranzen von feinst bearbeiteten Oberflächen (z.B. Einspritzventile) berührungs- und rückwirkungsfrei überprüfen. Interferometrische Methoden erreichen Auflösungen im nm-Bereich.

In der Fertigungstechnik ermöglichen Laser eine hochpräzise, flexible und schnelle Materialbearbeitung. Durch Laserbohren z.B. können Lochdurchmesser von 30 µm erzielt werden.

Weitere Anwendungen des Lasers in der Technik sind Holografie (räumliche Bildinformationen), Zeichenerkennung (Bar-Code-Leser), Informationserfassung (CD-Abtastung, 3D-Raumvermessung), Mikrochirurgie und Sender für Datenübertragung in Lichtwellenleitern.

Für den Umgang mit Lasereinrichtungen sind spezielle Vorschriften zu beachten. Lasereinrichtungen sind im Hinblick auf potentielle Gefährdungen in Klassen eingeteilt. Zu Einzelheiten siehe DIN EN 60825 [11].

Lichtwellenleiter

Aufbau
Lichtwellenleiter (LWL) dienen der kontrollierten Leitung elektromagnetischer Wellen im ultravioletten (UV), im sichtbaren und im infraroten (IR) Spektralbereich. Sie bestehen aus Quarz, Glas oder Polymeren, in Form von Fasern oder von in transparenten Materialien erzeugten Kanälen mit einem Kern. Dessen Brechzahl liegt in der Regel höher als die des Mantels. Dadurch wird in die Kernzone einfallendes Licht durch Brechung oder durch Totalreflexion in diesem Bereich festgehalten und weitergeleitet.

Bei den Fasern unterscheidet man vier Typen mit unterschiedlichen Brechzahlprofilen (Bild 12):
- Die Stufenfaser mit scharfer Grenze zwischen Kern und Mantel,
- die Gradientenfaser mit parabolischem Brechzahlverlauf in der Kernzone,
- die Einmodenfaser mit sehr kleinem Kerndurchmesser,
- die photonische Kristallfaser mit periodisch um die Kernzone angeordneten, luftgefüllten Kapillaren. Die Anordnung entspricht der Stufen- oder der Einmodenfaser (EM).

Stufen- und Gradientenfasern sind Mehrmodenfasern (MM), d.h., in ihnen können sich mehrere Schwingungsmoden der Lichtwellen mit unterschiedlicher

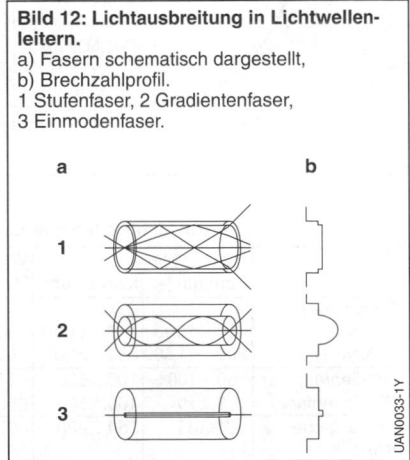

Bild 12: Lichtausbreitung in Lichtwellenleitern.
a) Fasern schematisch dargestellt,
b) Brechzahlprofil.
1 Stufenfaser, 2 Gradientenfaser,
3 Einmodenfaser.

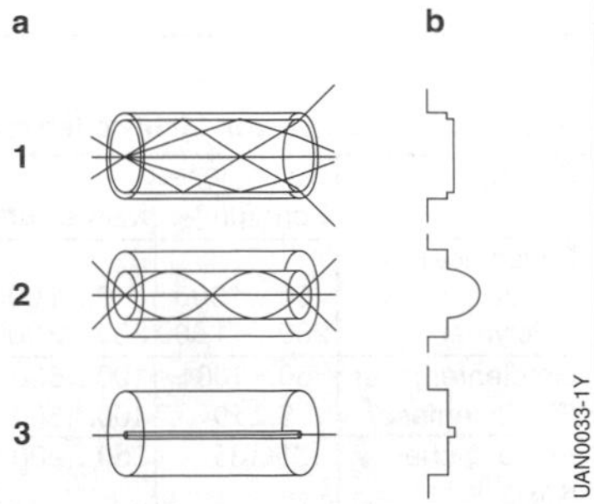

Geschwindigkeit ausbreiten. Die unterschiedlichen Schwingungsmoden der Lichwelle sind von der Geometrie und den Materialeigenschaften des Trägermaterials abhängig. Polymerfasern (Kunststoffe) sind stets Stufenfasern. Einmodenfaser sind durch ihre Geometrie und das verwendete Material so konstruiert, dass nur eine Ausbreitung der Grundmode der Lichtwelle möglich ist. Photonische Kristallfasern führen abhängig von der Ausführung der Strukturierung eine oder mehrere Moden.

Eigenschaften

Lichtwellenleiter aus Glas besitzen eine gute Transparenz im Bereich von Ultraviolett bis Infrarot. Verluste entstehen hauptsächlich durch die Verunreinigung des verwendeten Fasermaterials beim Herstellungsprozess. So generieren aus der Umgebungsluft absorbierte H_2O-Moleküle Absorptionsbanden im Spektrum der Lichtwellenleiter. Bei 950 nm, 1 240 nm und 1 380 nm ist die Transparenz der Lichtwellenleiter durch die Absorption der H_2O-Moleküle in der Glasfaser reduziert. Betrachtet man die spektral aufgelöste Absorption der Lichtwellenleiter, so sind bei 850 nm, 1 310 nm und 1 550 nm Minima zu sehen, d.h., die Dämpfung ist bei den Wellenlängen 850 nm, 1 310 nm und 1 550 nm besonders gering. Fasern aus Kunststoff absorbieren oberhalb 850 nm und unterhalb von 450 nm.

Lichtwellenleiter können Licht nur aus einem begrenzten Winkelbereich Θ aufnehmen. Als Maß dafür dient die numerische Apertur $A_N = \sin(\Theta/2)$ (Tabelle 6).

Dispersion und Laufzeitunterschiede der Moden verursachen eine mit der Faserlänge zunehmende Verbreiterung von Lichtimpulsen und begrenzen so die Bandbreite. In photonischen Kristallfasern kann durch entsprechende Mikrostrukturierung der Kernzone die Dispersion sowie die Effizienz nichtlinearer Effekte in gewünschter Weise beeinflusst werden.

Lichtwellenleiter sind in einem Temperaturbereich von −40...135 °C, Spezialausführungen sogar bis 800 °C einsetzbar.

Bild 13: Dämpfung einer 360°-Biegung in Abhängigkeit vom Biegeradius.
Quelle: [14].

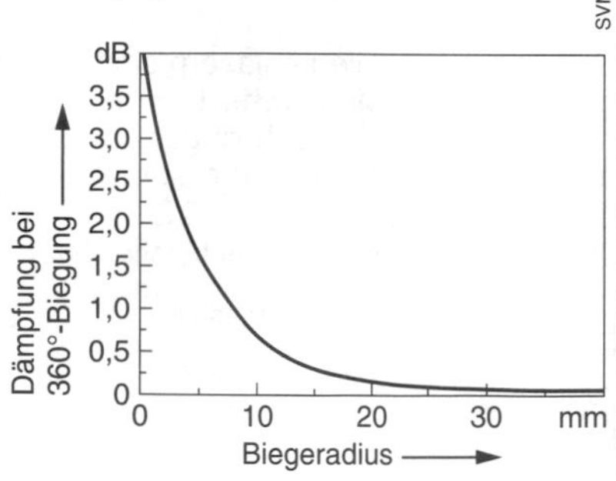

Anwendungsgebiete

Hauptanwendungsgebiet für Lichtwellenleiter ist die Datenübertragung. Kunststofffasern werden vorzugsweise im LAN-Bereich (Local Area Network) eingesetzt. Für mittlere Entfernungen eignen sich am besten Gradientenfasern. Zur Datenfernübertragung werden ausschließlich Einmodenfasern verwendet. In faseroptischen Netzen dienen erbiumdotierte Glasfasern als optische Verstärker. Hierbei wird durch das zusätzliche optische Pumpen mit einer Halbleiterquelle eine Verstärkung der transportierten Strahlung ermöglicht.

Tabelle 6: Kenndaten von Lichtwellenleitern.

Fasertyp	Durchmesser Kern [µm]	Mantel [µm]	Wellenlänge [nm]	Numerische Apertur (A_N)	Dämpfung [db/km]	Bandbreite [MHz · km]
Stufenfaser						
Quarz, Glas	50...1 000	70...1 000	250...1 550	0,2...0,87	5...10	10
Polymer	200...>1 000	250...2 000	450...850	0,2...0,6	100...500	< 100
Gradientenfaser	50...100	100...500	450...1 550	0,2...0,3	3...5	200...10 000
Einmodenfaser	3...10	100...500	850...1 550	0,12...0,21	0,3...1	2 500...10 000
Photonische Kristallfaser	1...35	250...200	300...2 000	0,1...0,8	0,2...2	≤ 160 000

Lichtwellenleiter werden im Kfz beim MOST-Bus eingesetzt. Die Montage im Kfz ist wegen der Einhaltung von Biegeradien kritisch. Bei zu kleinen Biegeradien ist die Dämpfung zu groß (Bild 13, [14]).

Zunehmende Bedeutung haben Lichtwellenleiter bei Kfz-Leuchten und in der Sensorik. Faseroptische Sensoren erzeugen weder Streufelder noch Funken und sind selbst unempfindlich gegen derartige Störungen. Sie werden derzeit in explosionsgefährdeter Umgebung, in der Medizin und in Hochgeschwindigkeitsbahnen (ICE) eingesetzt.

Der Energietransport steht bei der Materialbearbeitung mit Laserstrahlen, in der Mikrochirurgie und in der Beleuchtungstechnik im Vordergrund.

Literatur

[1] H. Haferkorn: Optik – Physikalisch-technische Grundlagen und Anwendungen. 4. Aufl., Wiley-VCH, 2002.
[2] P.A. Tipler, G. Mosca: Physik. 6. Aufl., Springer, 2009.
[3] W. Demtröder: Experimentalphysik 2 – Elektrizität und Optik. 6. Aufl., Springer, 2013.
[4] G. Litfin: Technische Optik in der Praxis. 3. Aufl., Springer, 2005.
[5] W. Nolting: Grundkurs Theoretische Physik 5/2 – Quantenmechanik – Methoden und Anwendungen (Springer-Lehrbuch), 7. Aufl., Springer-Verlag, 2012.
[6] E. Hecht: Optik. 5. Aufl., Oldenbourg Wissenschaftsverlag, 2009.
[7] F. Pedrotti, L. Petrotti, W. Bausch: Optik– Eine Einführung. Reihe Prentice Hall, Markt+Technik Verlag, 1996.
[8] F. Pedrotti, L. Petrotti: Introduction to Optics. 3. Aufl., Pearson Education Limited, 2013.
[9] DIN 5031-3: Strahlungsphysik im optischen Bereich und Lichttechnik; Größen, Formelzeichen und Einheiten der Lichttechnik.
[10] ISO IEC 21118: Information technology – Office equipment – Information to be included in specification sheets – Data projectors.
[11] DIN EN 60825: Sicherheit von Lasereinrichtungen.
Teil 1: Klassifizierung von Anlagen und Anforderungen (2008).
Teil 2: Sicherheit von Lichtwellenleiter-Kommunikationssystemen (2011).
Teil 4: Laserschutzwände (2011).
Teil 12: Sicherheit von optischen Freiraumkommunikationssystemen für die Informationsübertragung (2004).
[12] W. Radloff: Laser in Wissenschaft und Technik. Spektrum Akademischer Verlag, 2011.
[13] F. K. Kneubühl, M. W. Sigrist: Laser. 7. Aufl., Vieweg+Teubner, 2008.
[14] A. Grzemba (Hrsg.): MOST – Das Multimedia-Bussystem für den Einsatz im Automobil. 1. Aufl., Franzis-Verlag, 2007.

Thermodynamik

Grundlagen

System

Thermodynamische Systeme werden typischerweise in drei Arten unterteilt. Allen Systemen gemein ist ihre Abgrenzung von der Umgebung durch die Systemgrenze, innerhalb derer sich das System befindet.

Abgeschlossenes System
Die Systemgrenze eines abgeschlossenen Systems ist undurchlässig für alle Arten von Wärme Q, Arbeit W und Masse m (z.B. das Medium innerhalb einer perfekt isolierten Thermoskanne).

Geschlossenes System
Ein geschlossenes System erlaubt den Austausch von Wärme und Arbeit mit der Umgebung über die Systemgrenze hinweg, nicht jedoch den von Masse (z.B. ein Gas in einem durch einen beweglichen Kolben verschlossenen Zylinder).

Offenes System
In einem offenen System schließlich können Wärme, Arbeit und Masse über die Systemgrenze hinweg mit der Umgebung ausgetauscht werden (z.B. ein offener Kochtopf).

Zustands- und Prozessgrößen

Zustandsgrößen
In der Thermodynamik werden Zustände von Systemen und (Änderungen von) Prozessen über Zustandsgrößen wie z.B. Temperatur T, Druck p, Volumen V oder Masse m beschrieben. Die Änderungen dieser Größen werden als Zustandsänderungen bezeichnet. Der Zustand eines Systems ist eindeutig über die Zustandsgrößen beschrieben. Zur Beschreibung des Zustands eines Systems, welches eine Zustandsänderung von Zustand 1 nach Zustand 2 erfährt, ist also die Kenntnis des beschrittenen Wegs zwischen Anfangs- und Endzustand nicht erforderlich, sondern ausschließlich die Kenntnis der jeweiligen Zustandsgrößen.

Prozess und Prozessgrößen
Als Prozess wird im Allgemeinen die Aneinanderreihung von Zustandsänderungen bezeichnet. Im Gegensatz zu den Zustandsgrößen hängen die für die Beschreibung des Prozesses erforderlichen Prozessgrößen vom Weg zwischen Anfangs- und Endzustand ab. Arbeit und Wärme sind somit Prozessgrößen, die Art und somit auch die Größe der Arbeits-

Tabelle 1: Formelzeichen und Einheiten.

Größe		SI-Einheit
A	Fläche, Querschnitt	m^2
a	Temperaturleitfähigkeit	m^2/s
c	spezifische Wärmekapazität c_p Isobare (Druck konstant) c_v Isochore (Volumen konst.)	J/(kg·K)
E	Energie	J
e	spezifische Energie	J/kg
H	Enthalpie	J
h	spezifische Enthalpie	J/kg
k	Wärmedurchgangszahl	$W/(m^2 \cdot K)$
m	Masse	kg
n	Polytropenexponent	–
p	Druck	$Pa = N/m^2$
Q	Wärme	J
$\dot{Q}$	Wärmestrom dQ/dt	W
R_m	universelle Gaskonstante $R_m \approx 8{,}3145$ J/(mol·K)	J/(mol·K)
R	spezifische Gaskonstante $R = R_m/M$ (M Molmasse)	J/(kg·K)
R_λ	Wärmeleitwiderstand	K/W
S	Entropie	J/K
s	Länge	m
T	thermodynamische Temperatur	K
ΔT	Temperaturunterschied $\Delta T = T_1 - T_2$	K
U	innere Energie	J
u	spezifische innere Energie	J/kg
V	Volumen	m^3
v	spezifisches Volumen	m^3/kg
W	Arbeit	J
W_t	technische Arbeit	J
t	Zeit	s
α	Wärmeübergangskoeffizient	$W/(m^2 \cdot K)$
ε	Emissionsgrad	–
κ	Isentropenexponent	–
λ	Wärmeleitfähigkeit	W/(m·K)
ρ	Dichte	kg/m^3
ν	kinematische Viskosität	m^2/s
σ	Stefan-Boltzmann-Konstante $\sigma \approx 5{,}6704 \cdot 10^{-8}$ W/m^2K^4	W/m^2K^4

zufuhr unterscheidet sich z.B. je nach Prozessführung.

Durchläuft ein System eine Abfolge von Prozessen und endet wieder im Ausgangszustand, so wird dies als Kreisprozess bezeichnet. Kreisprozesse sind wichtig für die Beschreibung vieler technischer Anwendungen (z.B. Motoren, Triebwerke, Kraftwerke, Klimaanlagen).

Intensive und extensive Zustandsgrößen
Zustandsgrößen lassen sich weiter in intensive und extensive Größen unterteilen. Unterteilt man ein bestehendes System in zwei Teile, so werden alle Größen, deren Werte in den beiden neuen Systemen erhalten bleiben, als intensive Größen bezeichnet (z.B. Temperatur, Druck). Größen, deren Werte sich ändern, werden als extensive Größen bezeichnet (z.B. Volumen).

Oftmals sind Systemeigenschaften von Interesse, die nicht von der absoluten Größe eines Systems abhängen. Darum kann es praktikabel sein, die extensiven Größen durch die Systemmasse zu teilen. Man erhält somit spezifische Zustandsgrößen, die ihren Wert bei Unterteilung des Systems beibehalten (z.B. das spezifische Volumen $v = V/m$ und dessen Kehrwert, die Dichte $\rho = 1/v$).

Energieformen
Wie in der klassischen Mechanik werden in der Thermodynamik die Zustandsgrößen „kinetische Energie" und „potentielle Energie" definiert. Bewegt sich die Masse m mit der konstanten Geschwindigkeit c, so besitzt sie die kinetische Energie

$$E_{\text{kin}} = \frac{1}{2} m c^2.$$

Eine Masse m, die sich in einem Schwerefeld mit der Fallbeschleunigung g und der Höhe z befindet, besitzt die potentielle Energie

$$E_{\text{pot}} = m g z.$$

Zusätzlich zu diesen Energieformen besitzt ein thermodynamisches System eine weitere inhärente Art der Energie, die innere Energie U. Neben der Bewegung des Systems berücksichtigt diese weiterhin Änderungen im Systeminneren z.B. durch Änderung der Temperatur. Die Gesamtenergie eines Systems wird dann:

$$E_{\text{ges}} = U + E_{\text{kin}} + E_{\text{pot}}\,.$$

Arbeit und Wärme
Die Arbeit W ist allgemein definiert als das Integral der auf das System in einem Angriffspunkt wirkenden Kraft F über die Wegstrecke ds (von s_1 nach s_2):

$$W_{12} = \int_{s_1}^{s_2} F\,ds\,.$$

Von besonderer Bedeutung in der Thermodynamik ist der Spezialfall der Volumenänderungsarbeit. Diese ist definiert als

$$W_{12} = -\int_{V_1}^{V_2} p\,dV\,.$$

Die Volumenänderungsarbeit ist als Fläche (Integral) unter der Kurve in einem pV-Diagramm darstell- und ablesbar (Bild 1).

Im Unterschied zur Arbeit ist die Wärme Q eine Form der Energie, die ungeordnet auftritt. Führt man einem System z.B. über einen elektrischen Heizer Energie zu, so wird die Änderung des Gleichgewichtszustands des Systems durch Wärme, nicht jedoch durch Arbeit, die in diesem Beispiel gleich null ist, hervorgerufen.

Die beiden Größen Arbeit und Wärme werden positiv gezählt, wenn sie einem System zugeführt werden. Werden Arbeit oder Wärme abgegeben, so sind diese negativ. Dies entspricht einem systemegoistischen Standpunkt.

Bild 1: Volumenänderungsarbeit als Integral im pV-Diagramm.

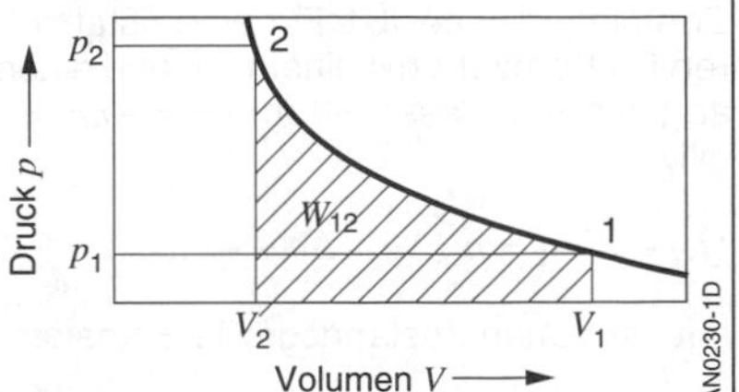

Hauptsätze der Thermodynamik

Nullter Hauptsatz
Zwei Systeme, die sich jeweils im thermischen Gleichgewicht mit einem weiteren System befinden, stehen auch untereinander im thermischen Gleichgewicht. Alle Systeme besitzen somit die gleiche Temperatur.

Erster Hauptsatz
Der erste Hauptsatz der Thermodynamik besagt, dass Energie weder erzeugt noch vernichtet, sondern nur von einer Form in eine andere umgewandelt werden kann, z.B. von Wärme in Arbeit.

Für ein abgeschlossenes System, bei dem also weder Massen- noch Energieströme über die Systemgrenzen hinweg auftreten, ist die Summe aller Energieänderungen gleich null.

Für ein geschlossenes System, bei dem keine Masse, jedoch Energie über die Systemgrenzen fließen kann, gilt:

$$Q_{12} + W_{12} = \Delta U + \Delta E_{\text{kin}} + \Delta E_{\text{pot}}\ .$$

Die Summe der Änderung der inneren Energie ΔU und der kinetischen Energie ΔE_{kin} sowie der potentiellen Energie ΔE_{pot} des Systems ist also die Summe der zugeführten Wärmemenge Q_{12} und der am System verrichteten Arbeit W_{12} (bei einer Änderung von Zustand 1 zu Zustand 2).

In vielen technischen Anwendungen wird ein offenes System in einem stationären Fließprozess von einem Medium durchströmt. Zusätzlich muss also noch berücksichtigt werden, dass das Ein- und Ausschieben der zu- beziehungsweise abgeführten Masse mit der Arbeit W_t verbunden ist und die zu- beziehungsweise abgeführte Masse einen zusätzlichen Energiegehalt besitzt. Für einen stationären Fließprozess mit einem zu- und einem abgeführten Massenstrom $\dot{m}_1 = -\dot{m}_2 = \dot{m}$ gilt:

$$\dot{Q}_{12} + \dot{W}_{t,12} = \dot{m}\,(\Delta h + \Delta e_{\text{kin}} + \Delta e_{\text{pot}}),$$

mit der neuen Zustandsgröße Enthalpie:

$$h = u + pv.$$

e bezeichnet die spezifische Größe, also:

$$e = \frac{E}{m}.$$

Ein Perpetuum Mobile erster Art verletzt den ersten Hauptsatz der Thermodynamik, da es „Energie aus dem Nichts" erzeugt beziehungsweise einen (nicht möglichen) Wirkungsgrad größer als 100 % voraussetzt.

Zweiter Hauptsatz
Nachdem durch den ersten Hauptsatz die Erhaltung der gesamten Energie beschrieben ist, gibt der zweite Hauptsatz der Thermodynamik die Richtung des Energieaustauschs und der Abläufe von Prozessen vor. Zum Beispiel kann ein Wärmeübergang nur von einem heißen zu einem kalten Körper erfolgen, niemals umgekehrt. Die maßgebliche Zustandsgröße hierfür ist die Entropie. Für reversible Zustandsänderungen ist die Änderung dS der Entropie S eines Systems definiert als:

$$dS = \frac{dQ}{T}.$$

Man teilt also die übertragene Wärmemenge dQ durch die Temperatur T an der Stelle des Wärmeaustauschs. Wird also z.B. einem System eine Wärmemenge dQ isotherm zugeführt, so erhöht sich dadurch die statistische Fluktuation der Bewegungsenergie der Atome (nichts anderes bedeutet die Zufuhr von Wärme) und es erhöht sich auch dessen Entropie um den Wert dS.

Für alle irreversiblen Zustandsänderungen und somit für alle realen (verlustbehafteten) technischen Prozesse gilt infolge der Energiedissipation, dass die Entropieproduktion positiv ist. Bei einem reversiblen Prozess wird hingegen keine Entropie erzeugt. Zusammenfassend kann also festgehalten werden, dass die Entropieproduktionsrate niemals negativ werden kann und somit gilt:

$$dS \geq 0.$$

Ein Perpetuum Mobile zweiter Art verletzt den zweiten Hauptsatz der Thermodynamik, während es durchaus den ersten Hauptsatz erfüllen kann. Der zweite Hauptsatz besagt, dass es nicht möglich ist, Wärme bei gleichbleibender Umgebungstemperatur in Arbeit umzusetzen. Des Weiteren ist es ebenso nicht möglich, eine Wärmemenge, die auf einem Temperaturniveau über der Umgebung vorliegt, vollständig in Arbeit umzuwandeln.

Dritter Hauptsatz
Der dritte Hauptsatz weist der Entropie am absoluten Nullpunkt, bei dem die Temperatur $T = 0$ K beträgt, einen von Druck, Temperatur, Volumen usw. unabhängigen Wert zu. Dieser ist $S_0 = 0$ J/K.

Er besagt weiterhin, dass der absolute Nullpunkt durch eine Abfolge verschiedener Prozesse nur asymptotisch angenähert, jedoch niemals erreicht werden kann.

Tabelle 2: Spezifische Wärmekapazität c_p bei konstantem Druck für einige Gase.
Werte gelten für 1 bar und 293,15 K [1].

Gas	c_p [kJ/kg·K]
Stickstoff (N_2)	1,041
Sauerstoff (O_2)	0,9189
Helium	5,251
Luft	1,007
Kohlendioxid	0,8459
Ammoniak (NH_3)	2,160

Zustandsgleichungen

Das thermische Verhalten eines Gases wird über den Zusammenhang von Druck p, Temperatur T und Volumen V beschrieben, also über eine Funktion $F(p, V, T) = 0$. Diese Funktion wird als thermische Zustandsgleichung bezeichnet.

Neben der Beschreibung des thermischen Verhaltens wird zur Beschreibung des kalorischen Verhaltens eine weitere Gleichung benötigt, die einen Zusammenhang der inneren Energie U mit den thermischen Zustandsgrößen herstellt. Die kalorische Zustandsgleichung lautet somit $U = U(V, T)$. Dieser Zusammenhang wird benötigt, wenn z.B. aus dem ersten Hauptsatz die resultierende Temperaturänderung nach Zufuhr einer gewissen Wärmemenge berechnet werden soll.

Ideales Gas
Die thermische Zustandsgleichung für ein ideales Gas lautet:

$$pV = mRT \quad \text{oder spezifisch}$$
$$pv = RT,$$

mit der (spezifischen) Gaskonstanten R ($R = R_m/M$) und der Masse m. Weiterhin gilt:

$$u = u(T) \text{ und } h = h(T).$$

Das heißt, die innere Energie u und die Enthalpie h eines idealen Gases hängen nur von der Temperatur T ab. Aus den Differentialen der inneren Energie und der Enthalpie folgt mit $(du/dT)_v = c_v$ und $(dh/dT)_p = c_p$:

$$u(T) = \int_{T_0}^{T} c_v(T)\,dt + u_0,$$

$$h(T) = \int_{T_0}^{T} c_p(T)\,dt + h_0.$$

Dieser Zusammenhang lässt sich weiter vereinfachen, wenn c_v und c_p konstant angenommen werden, also unabhängig von der Temperatur sind. Ein solches Gas wird als perfektes Gas bezeichnet. Für ideale Gase besteht der Zusammenhang

$$c_p - c_v = R.$$

Tabelle 2 zeigt beispielhaft Werte für c_p einiger Gase.

Reales Gas

Die ideale Gasgleichung weist in gewissen Bereichen, z.B. bei sehr hohen Drücken, sehr große Abweichungen zur Realität auf. Eine Gleichung, die dieses Verhalten besser beschreibt, ist die Van-der-Waals-Gleichung:

$$\left(p + \frac{a}{v^2}\right)(v - b) = RT\,.$$

Hierin sind a und b stoffspezifische Größen, die den Einfluss des Binnendrucks a/v^2, resultierend aus der Molekülanziehung, sowie das Eigenvolumen b der Moleküle berücksichtigt. Neben dieser Gleichung existiert noch eine Vielzahl weiterer Realgasgleichungen. Für diese und weitere Details sei auf die weiterführende Literatur verwiesen [2], [3], [4].

Tabelle 3: Die wichtigsten Zustandsänderung idealer Gase und ihre Eigenschaften.

Zustands-änderung	Diagramm	Gleichungen für Volumenänderungs-arbeit W_{12} und die zugeführte Wärme Q_{12}. (Verwendete Größen siehe Tabelle 1).
Isochore (V = const)	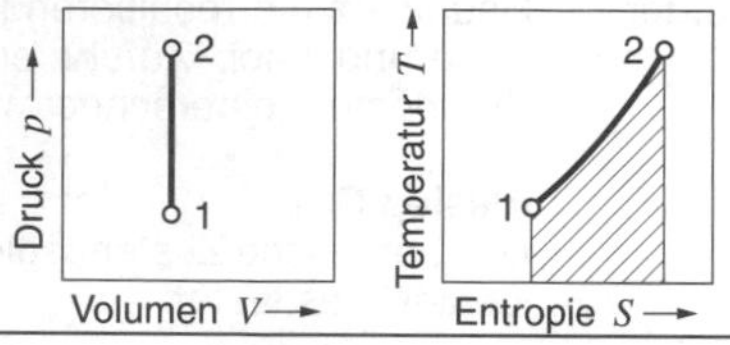	$W_{12} = 0$ $Q_{12} = m\,c_v\,(T_2 - T_1)$
Isobare (p = const)	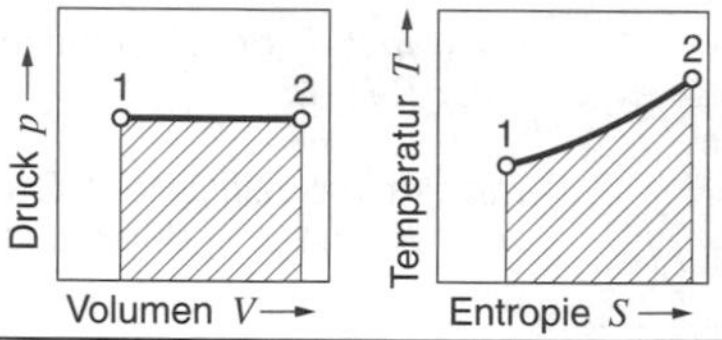	$W_{12} = -p\,(V_2 - V_1)$ $Q_{12} = m\,c_p\,(T_2 - T_1)$
Isotherme (T = const)	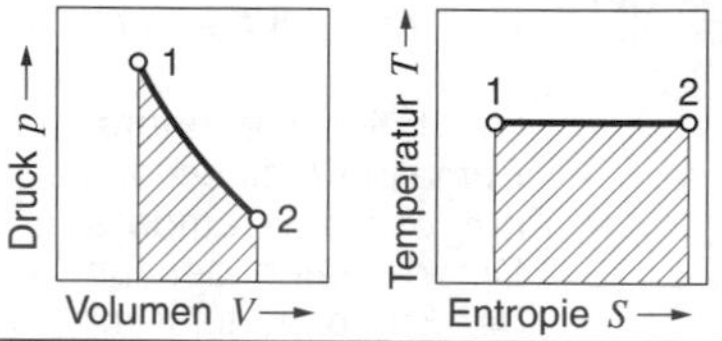	$W_{12} = -p_1 V_1 \ln\frac{p_1}{p_2}$ $Q_{12} = -W_{12}$
Reversibel Adiabate ($dS = 0$)	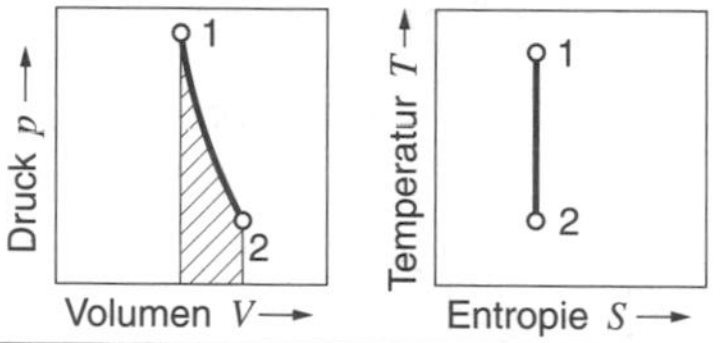	$W_{12} = \frac{p_1 V_1}{\kappa - 1}\left(\left(\frac{V_1}{V_2}\right)^{\kappa-1} - 1\right)$ $Q_{12} = 0$
Polytrope ($p v^n$ = const)	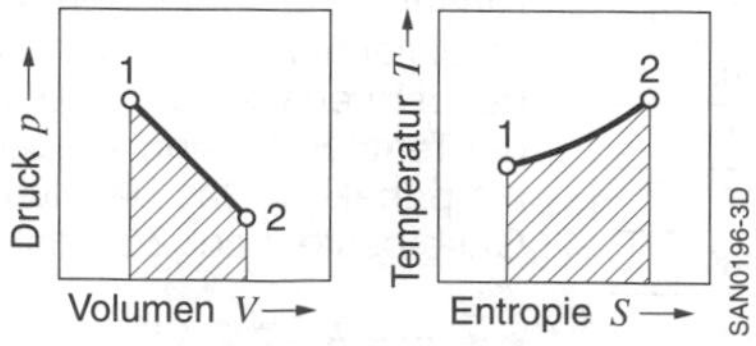	$W_{12} = \frac{p_1 V_1}{n - 1}\left(\left(\frac{V_1}{V_2}\right)^{n-1} - 1\right)$ $Q_{12} = m\,c_v\frac{n-\kappa}{n-1}\,(T_2 - T_1)$

Zustandsänderungen

Reale Zustandsänderungen von Gasen können für viele technische Prozesse durch vereinfachende idealisierte Annahmen angenähert werden. Zu den technisch wichtigsten Zustandsänderungen gehören die isotherme (T = const), die isobare (p = const), die isochore (V = const) sowie die reversibel adiabate ($\dot{q} = 0$ beziehungsweise $dS = 0$, kein Wärmeaustausch). Neben der Beschreibung durch diese vereinfachten idealisierten Zustandsänderungen, die oft in guter Näherung realisiert werden, können unter Annahme eines idealen Gases manche technischen Prozesse mit höherer Genauigkeit durch eine polytrope Zustandsänderung der Form

$$p V^n = \text{const}$$

beschrieben werden. Je nach Wahl des Exponenten n werden verschieden Prozesswege abgebildet, so auch die erwähnten isothermen ($n = 1$), isobaren ($n = 0$), isochoren ($n \rightarrow \infty$) und reversibel adiabaten ($n = \kappa$, mit dem Isentropenexponenten κ) Zustandsänderungen. Die Zustandsänderungen, die zugehörigen Beziehungen der Größen p, V und T, die zugehörigen Gleichungen für Volumenänderungsarbeit

$$W_{12} = -\int_{V_1}^{V_2} p\, dV$$

sowie die zu- beziehungsweise abgeführte Wärme Q_{12} sind in Tabelle 3 aufgeführt. Arbeit und Wärme können weiterhin aus den dargestellten pV- und TS-Diagrammen als Flächen abgelesen werden.

Kreisprozesse und technische Anwendungen

Grundlagen

Ein Kreisprozess ist eine Abfolge verschiedener thermodynamischer Zustandsänderungen (Prozesse), nach deren Durchlaufen sich wieder der Anfangszustand einstellt, d.h., die Zustandsgrößen im Anfangs- und im Endzustand sind identisch. Ein Kreisprozess kann hierbei mit einem konstanten zirkulierenden Massenstrom in einem geschlossenen System (z.B. in einem Stirlingmotor oder einer Kältemaschine) oder in einem offenen System mit Medientausch (z.B. in einem Verbrennungsmotor oder einer Gasturbine) stattfinden.

Ein Kreisprozess ist typischerweise derart ausgeführt, dass ihm entweder Arbeit entnommen werden kann (bei einer Wärmekraftmaschine) oder durch Arbeitszufuhr die Wärme auf ein höheres Temperaturniveau gehoben wird (bei einer Kältemaschine oder einer Wärmepumpe).

Bild 2: Rechtslaufender Kreisprozess.
a) Darstellung im pV-Diagramm,
b) Darstellung im TS-Diagramm.

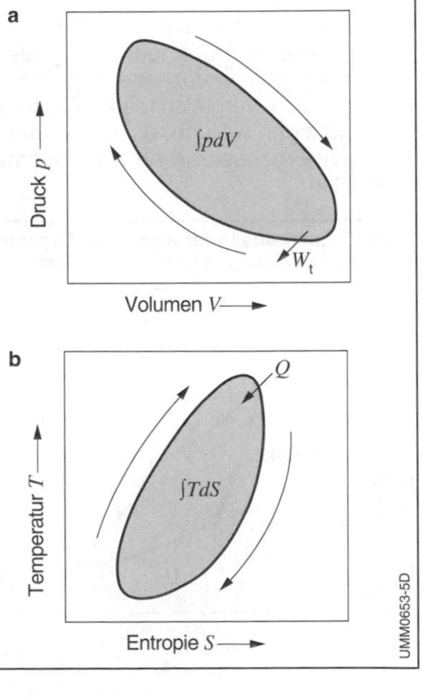

Diese beiden Formen können hinsichtlich der Abfolgerichtung ihrer Zustandsänderungen im pV- und im TS-Diagramm in rechtslaufende (Kraftmaschinen) und in linkslaufende Maschinen (Arbeitsmaschinen) untergliedert werden. Die jeweils durch den Kreisprozess eingeschlossenen Flächen stellen hierbei die zugeführte Arbeit im pV-Diagramm und die zugeführte Wärme im TS-Diagramm dar (Bild 2).

Für den in Bild 2 dargestellten Fall eines rechtslaufenden Kreisprozesses wird also netto Wärme zu- und Arbeit abgeführt. Der Wirkungsrad η eines solchen Prozesses wird üblicherweise als Verhältnis von Nutzen (Arbeitsabfuhr W_t) und Aufwand (Wärmezufuhr Q_{zu}) dargestellt, in diesem Fall also:

$$\eta = \frac{|W_t|}{|Q_{zu}|} .$$

Für technische Anwendungen werden die realen Abläufe durch Vergleichsprozesse angenähert. Hierbei wird der gesamte Kreisprozess in verschiedene reversibel angenommen Teilprozesse unterteilt. Letztgenannte können dann durch einfache Zustandsänderungen (z.B. isentrope, isotherme, isobare, isochore) beschrieben werden. Neben der einfachen Beschreibbarkeit können solche idealisierten Vergleichsprozesse weiterhin als Referenz zum Vergleich realer Maschinen herangezogen werden, da sie bei der jeweiligen Prozessführung das Optimum darstellen.

Carnot-Prozess

Den idealen Vergleichsprozess, der den bestmöglichen Wirkungsgrad einer zwischen zwei Temperaturniveaus (T_{min} und T_{max}) arbeitenden Maschine darstellt, stellt der Carnot-Prozess dar. Die Wärmezufuhr und Wärmeabfuhr erfolgen beim Carnot-Prozess wie in Bild 3 dargestellt isotherm und somit dissipationsfrei, die Arbeitsverrichtung (Kompression und Expansion) geschieht reversibel adiabat.

Für den Carnot-Wirkungsgrad ergibt sich für ein ideales Gas gemäß vorstehender Definition und unter Anwendung des ersten Hauptsatzes:

$$\eta = \frac{|W_t|}{|Q_{zu}|} = 1 - \frac{T_{min}}{T_{max}} .$$

Der Carnot-Prozess hat eine herausgestellte Bedeutung, da er – obwohl er in Realität nur mit hohem Aufwand näherungsweise darstellbar ist – das Maximum an nutzbarer Energie (Exergie) beziehungsweise nicht-nutzbarer Energie (Anergie) beschreibt und sich mit ihm der maximal mögliche Wirkungsgrad erzielen lässt.

Bild 3: Zustandsänderungen des Carnot-Prozesses.
a) Im pV-Diagramm, b) im TS-Diagramm.

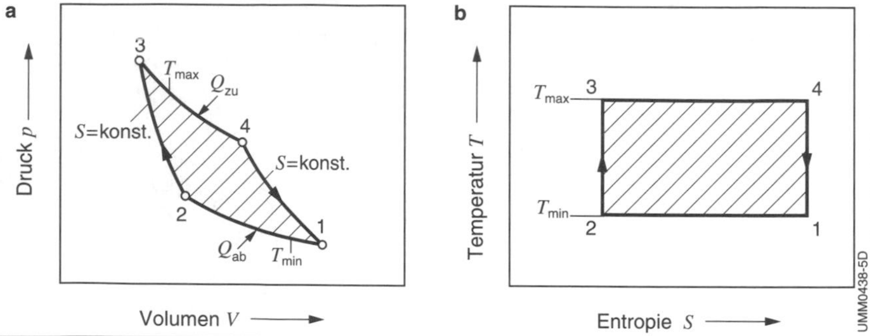

Vergleichsprozesse technischer Anwendungen

Seiliger-Prozess

Durch den Seiliger-Prozess werden die Abläufe und Vorgänge in Verbrennungsmotoren beschrieben. Er bildet weiterhin den Gleichdruckprozess (Diesel-Prozess) und den Gleichraumprozess (Otto-Prozess) als Grenzprozesse ab. Beim Seiliger-Prozess findet die Wärmezufuhr durch Verbrennung statt. Diese kann isochor (bei quasi stehendem Kolben und konstantem Volumen) oder isobar (bei sich bewegendem Kolben und konstantem Zylinderinnendruck) angenommen werden. Im Seiliger-Prozess sind beide Formen sowie Mischformen dieser beiden Formen abgebildet. Folgende fünf Prozessschritte sind beinhaltet und in Bild 4 im pV- und im TS-Diagramm dargestellt:

- Reversibel adiabate Kompression (1→2),
- isochore Wärmezufuhr (2→3),
- isobare Wärmezufuhr (3→4),
- reversibel adiabate Expansion (4→5),
- isochore Wärmeabfuhr (5→1).

Wichtige Kenngrößen des Seiliger-Prozesses sind das Verdichtungsverhältnis $\varepsilon = V_1/V_2$, das Drucksteigerungsverhältnis $\psi = p_1/p_2$ sowie das Einspritzverhältnis $\varphi = V_4/V_3$. Für den thermischen Wirkungsgrad des Seiliger-Prozesses ergibt sich für ein ideales Gas der Ausdruck:

$$\eta_{th} = 1 - \varepsilon^{1-\kappa} \frac{\psi \varphi^{\kappa} - 1}{\psi - 1 + \kappa \psi(\varphi - 1)}.$$

In Bild 5 sind die erreichbaren Wirkungsgrade verschiedener Prozessführungen in Abhängigkeit von Verdichtungs- und Drucksteigerungsverhältnis dargestellt. Des Weiteren sind hierin auch die Werte der Grenzfälle Gleichraum- und Gleichdruckprozess abgebildet. Diese beiden

Bild 5: Wirkungsgrade der Vergleichsprozesse in Abhängigkeit vom Verdichtungsverhältnis.
1 Gleichraumprozess,
2 Seiliger-Grenzdruckprozess, $\varphi=1{,}5$, $\psi=5{,}0$,
3 Seiliger-Grenzdruckprozess, $\varphi=1{,}5$, $\psi=1{,}5$,
4 Gleichdruckprozess, $\varphi=1{,}5$,
5 Seiliger-Grenzdruckprozess, $\varphi=2{,}0$, $\psi=5{,}0$,
6 Seiliger-Grenzdruckprozess, $\varphi=2{,}0$, $\psi=1{,}5$,
7 Gleichdruckprozess, $\varphi=2{,}0$,
ε Verdichtungsverhältnis,
φ Einspritzverhältnis,
ψ Drucksteigerungsverhältnis.

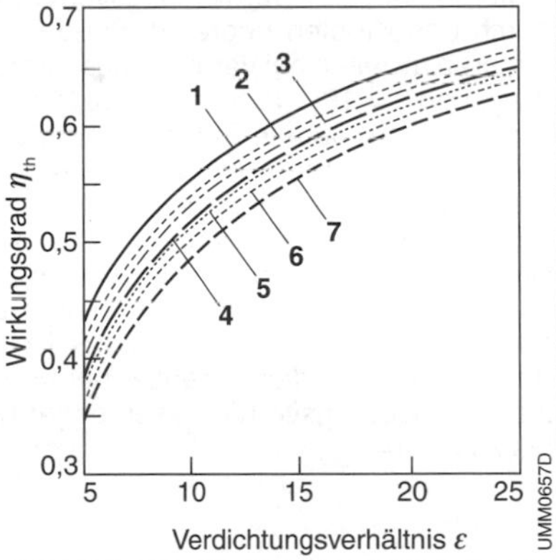

Bild 4: Zustandsänderungen des Seiliger-Prozesses.
a) Im pV-Diagramm, b) im TS-Diagramm.

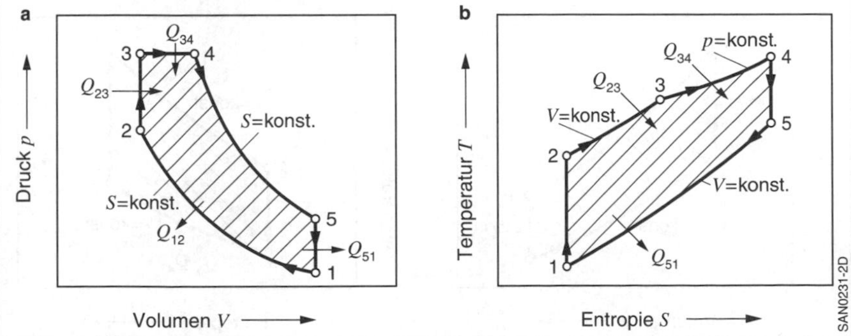

Grenzfälle werden im Folgenden näher beschrieben.

Gleichraumprozess
Der Gleichraumprozess (Otto-Prozess) stellt den Grenzprozess des Seiliger-Prozesses dar, bei dem die Wärmezufuhr beziehungsweise Verbrennung ausschließlich isochor stattfindet. Im Vergleich zum Seiliger-Prozess fehlt also der Prozessschritt der isobaren Wärmezufuhr (3→4). Die Prozessführung im pV- und im TS-Diagramm ist in Bild 6 dargestellt. Für den Wirkungsgrad des Gleichraumprozesses ergibt sich die vereinfachte Beschreibung:

$$\eta_{\text{th}} = 1 - \varepsilon^{1-\kappa}.$$

Der Wirkungsgrad steigt mit zunehmendem Verdichtungsverhältnis ε. Bei Ottomotoren wird das Verdichtungsverhältnis durch das Klopfen begrenzt. Saug-Ottomotoren arbeiten bei Verdichtungsverhältnisse von $\varepsilon = 10...12$, die Maximaldrücke liegen bei ca. 60 bar. Aufgeladene Motoren arbeiten wegen der Klopfgrenze bei niedrigeren Verdichtungsverhältnissen, z.B. bei $\varepsilon = 9...10$. Es werden Spitzendrücke bis zu 120 bar erreicht. Direkteinspritzende Schichtladungsmotoren kommen auf Verdichtungsverhältnisse $\varepsilon > 12$, in der Teillast liegt das Potential bei variablen Verdichtungsverhältnissen sogar bei bis zu $\varepsilon = 14$.

Gleichdruckprozess
Der zweite Grenzprozess des Seiliger-Prozesses ist der Gleichdruckprozess (Diesel-Prozess). Die Prozessführung im pV- und im TS-Diagramm ist in Bild 7 dargestellt. Bei diesem Prozess findet die Wärmezufuhr beziehungsweise Verbrennung isobar statt, es fehlt also der Prozessschritt der isochoren Wärmzufuhr (2→3). Der Wirkungsgrad des Gleichdruckprozesses ergibt sich zu:

$$\eta_{\text{th}} = 1 - \frac{\varphi^{\kappa} - 1}{\varepsilon^{\kappa-1}\kappa\,(\varphi - 1)}.$$

Der erzielte Wirkungsgrad ist bei gleichem Verdichtungsverhältnis ε niedriger als beim Gleichraumprozess. Da Dieselmotoren jedoch typischerweise mit höherem Verdichtungsverhältnis betrieben werden, ist deren Wirkungsgrad im Allgemeinen besser. Entwicklungsziel beim Dieselmotor ist es deshalb, einen hohen Spitzendruck darzustellen.

Bei Pkw-Motoren liegen die maximal zulässigen Spitzendrücke bei etwa 180 bar, bei Nfz-Motoren über 220 bar. Die Kompressionsverhältnisse liegen bei den heute üblicherweise verwendeten Direkteinspritzverfahren bei $\varepsilon = 16...19$. Bei spätem Spritzbeginn entspricht tatsächlich der Kompressionsenddruck dem Spitzendruck und der Dieselprozess ähnelt dem Gleichdruckprozess mit einem $\varphi \approx 9$.

Bild 6: Zustandsänderungen des Gleichraumprozesses.
a) Im pV-Diagramm, b) im TS-Diagramm.

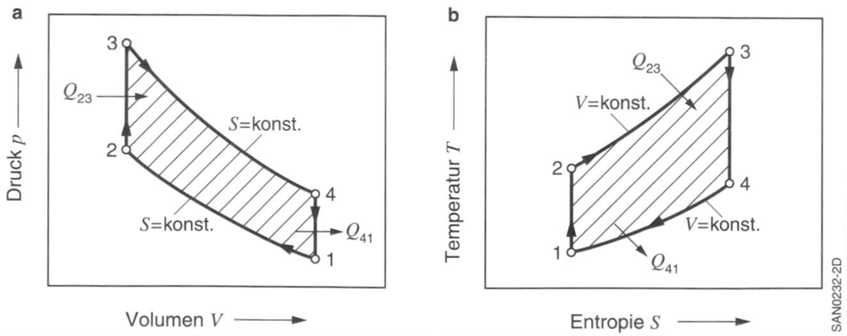

Joule-Prozess
Der Joule-Prozess (oder Brayton-Prozess) stellt den Vergleichsprozess für Gasturbinen dar. Im Gegensatz zu Verbrennungsmotoren und deren Vergleichsprozessen wird eine Gasturbine kontinuierlich durchströmt. Der Joule-Prozess ist gekennzeichnet durch die folgenden Prozessschritte (Bild 8):
- Reversibel adiabte Kompression (1→2),
- isobare Wärmezufuhr (2→3),
- reversibel adiabate Expansion (3→4),
- isobare Wärmeabfuhr (4→1).

Eine wichtige Kenngröße des Joule-Prozesses ist das Druckverhältnis $\pi = p_1/p_2$. Der Wirkungsgrad ergibt sich hiermit zu:

$$\eta_{\text{th}} = 1 - \frac{T_1}{T_2} = 1 - \pi^{\frac{\kappa-1}{\kappa}}.$$

Clausius-Rankine Prozess
Der Clausius-Rankine-Prozess wird üblicherweise als Vergleichsprozess für Dampfturbinen herangezogen. Es handelt sich hierbei um einen geschlossenen Kreisprozess, bei dem das Arbeitsmedium u.a. zwei Phasenwechsel (Verdampfung und Kondensation) durchläuft. Der Prozess beinhaltet typischerweise die nachstehenden Schritte (Bild 9):
- Reversibel adiabate Druckerhöhung in der flüssigen Phase (1→2),
- isobare Wärmezufuhr (2→3),
- isobare und isotherme Verdampfung (3→4),
- isobare Überhitzung (4→5),
- reversibel adiabate Expansion (5→6),
- isobare und isotherme Kondensation (6→1).

Bild 7: Zustandsänderungen des Gleichdruckprozesses.
a) Im pV-Diagramm, b) im TS-Diagramm.

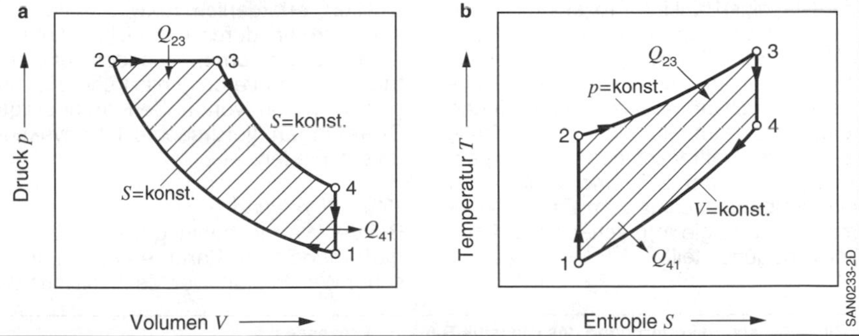

Bild 8: Zustandsänderungen des Joule-Prozesses.
a) Im pV-Diagramm, b) im TS-Diagramm.

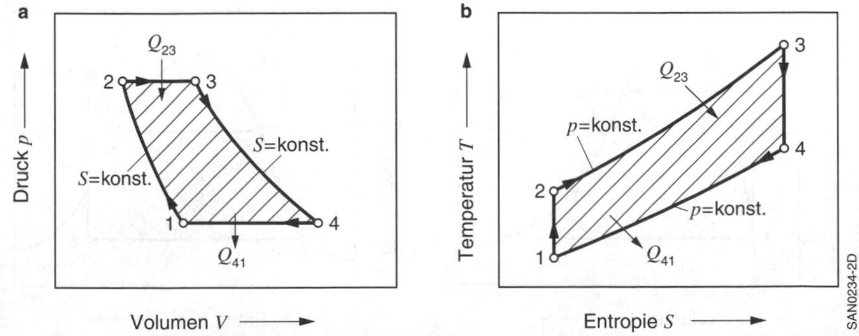

Bei den beiden Kurven in Bild 9 handelt es sich um die Phasengrenzlinien (Siedebeziehungsweise Taulinie). Die Siedelinie stellt den Bereich gerade siedender Flüssigkeit dar, die Taulinie den des Sattdampfes. Unterhalb dieser beiden Linien liegt das Nassdampfgebiet, also der Bereich, in dem flüssige und gasförmige Phase gemeinsam vorliegen. Der Scheitelpunkt der Kurven wird als kritischer Punkt bezeichnet.

Der Clausius-Rankine-Prozess lässt sich aufgrund der Phasenwechsel nicht mit einem idealen Gas darstellen, er erfordert eine Realgasbeschreibung. Aus dem gleichen Grund ergibt sich eine Darstellung, die Nutzen und Aufwand und somit den thermischen Wirkungsgrad mit Enthalpien beschreibt. Der thermische Wirkungsgrad ergibt sich hiermit zu [3]:

$$\eta_{th} = 1 - \frac{h_6 - h_1}{h_5 - h_2}.$$

In Kraftfahrzeuganwendungen kommt der Clausius-Rankine-Prozess beispielsweise im Bereich der Abwärmenutzung (Waste Heat Recovery) als Vergleichsprozess zur Anwendung. Die Motor- oder die Abgasabwärme liefert hierbei die erforderliche Wärme für die Prozessschritte 2 → 5. Als Kraftmaschine für die Expansion (5 → 6) kann z.B. eine Turbine oder eine Kolbenmaschine zum Einsatz kommen, die Energie in mechanischer Form zur Verfügung stellt.

Wärmeübertragung

Begriffsbildung

Grundsätzlich werden drei Formen der Wärmeübertragung unterschieden.

Wärmeleitung

Bei der Wärmeleitung oder Konduktion findet der Wärmetransport auf molekularer Ebene statt. Die Wärme wird hierbei infolge eines aufgeprägten Temperaturgradienten durch einen Festkörper oder ein ruhendes Medium (flüssig oder gasförmig) geleitet, ohne dass hierbei ein makroskopischer Stofftransport erfolgt. Gemäß des zweiten Hauptsatzes der Thermodynamik findet der Wärmtransport hierbei in Richtung der geringeren Temperatur statt.

Konvektiver Wärmeübergang

Beim konvektiven Wärmeübergang ist ein Stoffstrom, wie er nur in fluiden, strömenden Medien (Flüssigkeiten oder Gasen) existiert, erforderlich. Es wird weiter zwischen freier (durch natürlichen Auftrieb aufgrund der vorherrschenden Temperaturgradienten verursachter) und erzwungener (durch von außen aufgeprägte Strömungen verursachter) Konvektion unterschieden.

Wärmestrahlung

Bei der Wärmestrahlung findet der Energietransport in Form elektromagnetischer Wellen statt. Der Mechanismus der

Bild 9: Zustandsänderungen des Clausius-Rankine-Prozesses.
a) Im pV-Diagramm, b) im TS-Diagramm.
1 Siedelinie, 2 Taulinie, 3 kritischer Punkt.

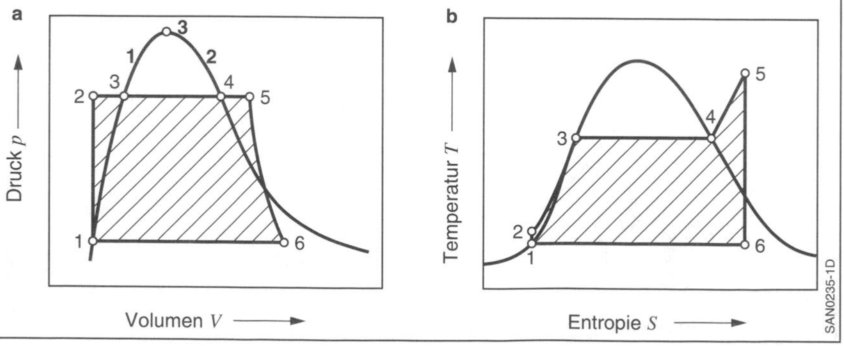

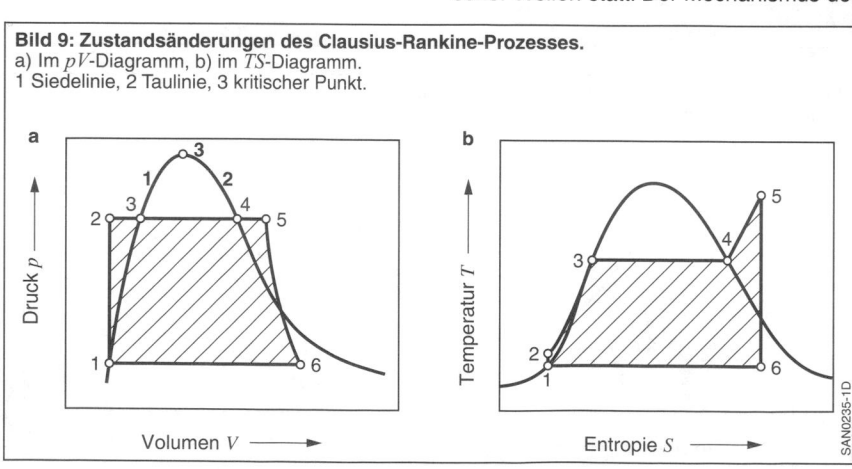

Wärmeübertragung von einem Körper auf einen anderen ist hierbei nicht stoffgebunden und somit auch im Vakuum möglich.

Wärmeleitung

Stationäre eindimensionale Wärmeleitung in der einfachen ebenen Wand

In einem homogenen Körper mit konstanter Querschnittsfläche A ist die Wärmestromdichte $\dot{q} = \dot{Q}/A$ im eindimensionalen Fall gegeben durch:

$$\dot{q} = -\lambda \frac{dT}{dx} .$$

Dies ist die Fourier'sche Wärmeleitungsgleichung mit der (stoffspezifischen) Wärmeleitfähigkeit λ der Wand. Für den in Bild 10 dargestellten Fall (Ausdehnung in y- und z-Richtung sehr groß) folgt für eine Temperaturdifferenz $T_1 - T_2$ zwischen den Wänden:

$$\dot{q} = \frac{\lambda}{d}(T_1 - T_2)$$

und

$$\dot{Q} = \frac{\lambda}{d}(T_1 - T_2)A.$$

In Analogie zur Elektrizitätslehre lässt sich der Wärmeleitwiderstand einführen:

$$R_\lambda = \frac{T_1 - T_2}{\dot{Q}} = \frac{d}{\lambda A} .$$

Tabelle 4 zeigt die Werte für λ für einige Materialien.

Stationäre eindimensionale Wärmeleitung in der geschichteten ebenen Wand

Besteht die Wand nicht aus einem, sondern aus mehreren geschichteten Materialien mit verschiedenen Dicken $d_1,\ldots,$ d_n und Wärmeleitfähigeiten $\lambda_1,\ldots, \lambda_n$ (Bild 11) so ergibt sich für eine Temperaturdifferenz $T_1 - T_2$ normal zur Schichtung:

$$\dot{q} = \frac{\lambda_R}{d}(T_1 - T_2) ,$$

mit der effektiven resultierenden Wärmeleitfähgkeit:

$$\lambda_R = \frac{1}{\frac{d_1}{\lambda_1} + \frac{d_2}{\lambda_2} + \ldots + \frac{d_n}{\lambda_n}}$$

und dem Wärmewiderstand:

$$R_{\lambda R} = R_{\lambda 1} + R_{\lambda 2} + \ldots R_{\lambda n} .$$

Tabelle 4: Wärmeleitfähigkeit λ einiger Materialien bei 293,15 K.

Stoff	λ [W/K·m]
Aluminium (Al)	237
Eisen (Fe)	81
Kupfer (Cu)	399
Titan (Ti)	22
Cr-Ni-Stahl (X12CrNi 18,8)	15
Glas	0,87…1,40
Teflon (PTFE)	0,23
Polyvinylchlorid (PVC)	0,15

Bild 10: Stationäre eindimensionale Wärmeleitung durch eine ebene Wand.

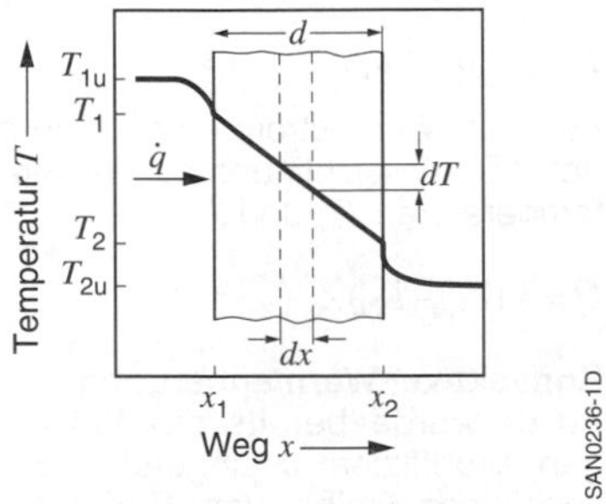

Bild 11: Stationäre eindimensionale Wärmeleitung durch eine geschichtete ebene Wand.

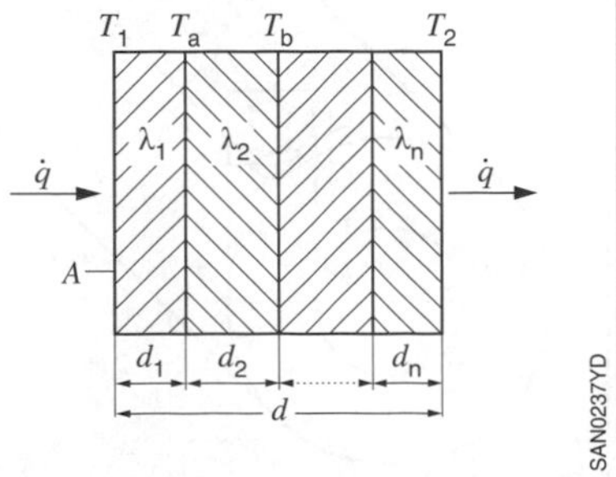

Der Wärmewiderstand verhält sich also additiv (wie bei einer Reihenschaltung), die Reihenfolge der Schichten spielt dabei keine Rolle.

Wird das Temperaturgefälle längs der Platten (entlang einer Länge l) aufgeprägt, so folgt:

$$\dot{q} = \frac{\lambda_p}{l}(T_1 - T_2)$$

mit der effektiven resultierenden Wärmeleitfähgkeit

$$\lambda_p = \frac{1}{d}(\lambda_1 d_1 + \lambda_2 d_2 + \ldots + \lambda_n d_n)$$

und dem Wärmeleitwiderstand

$$\frac{1}{R_{\lambda p}} = \frac{1}{R_{\lambda 1}} + \frac{1}{R_{\lambda 2}} + \ldots + \frac{1}{R_{\lambda n}}.$$

Der Kehrwert des Gesamtwärmewiderstands setzt sich also aus den Kehrwerten der Einzelwärmewiderstände additiv zusammen und verhält sich wie bei einer Parallelschaltung.

Stationäre eindimensionale Wärmeleitung in einer Rohrwand
Analog zur Wärmeleitung durch eine Wand ergibt sich für ein Rohr (quasi-unendlicher Länge) der Länge l im eindimensionalen Fall (Wärmleitung nur normal zur Rohrachse) wie in Bild 12 dargestellt:

$$\dot{Q} = 2\pi l \lambda \frac{T_1 - T_2}{\ln\left(\frac{r_2}{r_1}\right)},$$

wobei T_1 die Temperatur an der Innenseite und T_2 die Temperatur an der Außenseite ist.

Aufgrund der unterschiedlichen Flächen an Rohrinnen- und Rohraußenseite nimmt die Temperatur einen logarithmischen Verlauf in der Rohrwand an.

Bild 12: Stationäre eindimensionale Wärmeleitung durch eine zylindrische Rohrwand.
1 Temperaturverlauf über dem Rohrquerschnitt.
r_1 Innenradius des Rohrs,
r_2 Außenradius des Rohrs,
l Länge des Rohrs,
T_1 Temperatur am Innenradius,
T_2 Temperatur am Außenradius.

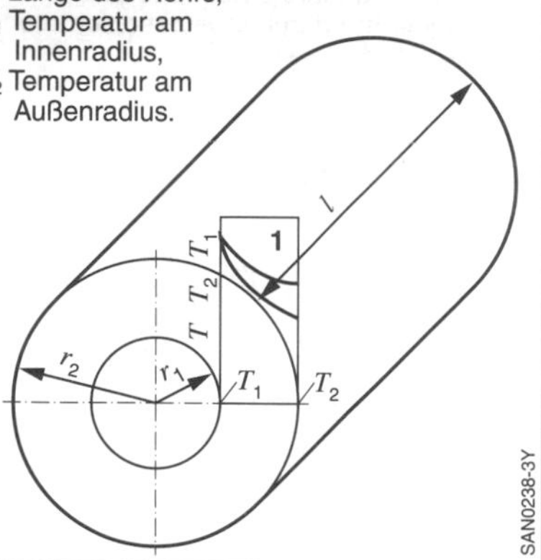

Stationärer Wärmedurchgang
In vielen technischen Anwendungen tritt die Wärmeleitung im Inneren eines Festkörpers in Kombination mit einem konvektiven Wärmeübergang auf (siehe konvektiver Wärmeübergang). Neben der Wärmeleitung findet, wie in Bild 10 dargestellt, ein (konvektiver) Wärmeübergang statt; zur Wand hin aufgrund der Temperaturdifferenz ($T_{1u} - T_1$) und von der Wand weg aufgrund der Temperaturdifferenz ($T_2 - T_{2u}$). Die Wärmeströme müssen selbstverständlich vom Betrag alle gleich groß sein, da weder bei konvektivem Wärmeübergang noch bei Wärmeleitung Wärme verloren geht. Für die auftretenden Wärmeströme gilt:

$$\dot{Q} = \frac{\lambda}{d}(T_1 - T_2)A,$$

$$\dot{Q} = \alpha_{1u}(T_{1u} - T_1)A,$$

$$\dot{Q} = \alpha_{2u}(T_2 - T_{2u})A,$$

mit den Wärmeübergangskoeffizienten α_{1u} beziehungsweise α_{2u}. Für solch einen Fall kann man die Wärmedurchgangszahl k bilden, die sich wie folgt ergibt:

$$\frac{1}{k} = \frac{d}{\lambda} + \frac{1}{\alpha_{1u}} + \frac{1}{\alpha_{2u}}.$$

Für den Wärmestrom erhält man hiermit unter Berücksichtigung der beiden Fluidtemperaturen T_{1u} und T_{2u}:

$$\dot{Q} = k(T_{1u} - T_{2u})A.$$

Konvektiver Wärmeübergang
Zuvor wurde bereits der Wärmeübergangskoeffizient α eingeführt. Er hängt von einer Reihe von Einflussgrößen

ab, wie z. B. Temperatur, Dichte, Geometrie, Art der Strömung (laminar oder turbulent) und Geschwindigkeit. Er ist durch die das (strömungsmechanische) Problem beschreibenden Erhaltungsgleichung (nichtlineare partielle Differentialgleichungen) festgelegt, für die es nur in Ausnahmen geschlossen analytische Lösungen gibt. Wärmeübergangskoeffizienten werden daher oft auf Grundlage von numerischen Lösungen oder direkt aus Experimenten bestimmt. Auf Basis von Dimensionsanalyse und Ähnlichkeitsbeziehungen können hieraus die funktionellen Abhängigkeiten für die Wärmeübergangskoeffizienten gefunden werden.

Aufgrund dieser Komplexität sei an dieser Stelle für Herleitung und weitere Details auf die weiterführende Literatur verwiesen (z. B. [1]). Die wichtigste dimensionslose Kenngröße für den Wärmeübergang stellt die Nusseltzahl Nu dar:

$$Nu = \frac{\alpha L}{\lambda}.$$

Diese Zahl enthält neben dem Wärmeübergangskoeffizienten α die Wärmleitfähigkeit λ des Fluids sowie eine Referenzlänge L, bei der es sich z. B. um einen Rohrdurchmesser oder um eine Plattenlänge handeln kann. Es lässt sich weiterhin zeigen, dass für die gemittelte, d. h über die Körperoberfläche integrierte und somit ortsunabhängige Nusseltzahl Nu_∞ folgenden funktionalen Zusammenhänge gelten:

- $Nu_\infty = f(Re, Pr)$ für erzwungene Konvektion,
- $Nu_\infty = f(Gr, Pr)$ für freie Konvektion.

Die Nusseltzahl und somit der Wärmeübergang lässt sich also in Abhängigkeit der dimensionslosen Kennzahlen Reynoldszahl Re, Prandtlzahl Pr und Grashofzahl Gr beschreiben. Diese müssen jeweils in Abhängigkeit von der Geometrie und der Strömung (Re und Gr) beziehungsweise in Abhängigkeit der Fluideigenschaften (Pr) berechnet werden. Die Reynoldszahl ist definiert als:

$$Re = \frac{cL}{\nu}.$$

Hierin ist c die Strömungsgeschwindigkeit, L eine für die Anwendung charakteristische Länge (z. B. Rohrdurchmesser) und ν die kinematische Viskosität des Fluids.

Die Prandtlzahl ist eine reine Stoffgröße, sie ist gegeben durch:

$$Pr = \frac{\nu}{a},$$

mit der Temperaturleitfähigkeit a. Für Gase kann für Drücke unter 10 bar näherungsweise $Pr = 0{,}7$ angenommen werden.

Für die Berechnung der Grashofzahl Gr wird auf weiterführende Literatur verwiesen (z. B. [1]).

Für einige ausgewählte Fälle mit erzwungener Konvektion sind nachstehend die Zusammenhänge angeführt. Hierbei sind die Zusammenhänge jeweils für die gemittelten Werte samt ihrem Gültigkeitsbereich angegeben. Mit den hieraus ermittelten Nusseltzahlen und der Definition dieser können dann die Wärmeübergangskoeffizienten bestimmt werden.

Längsangeströmte ebene Platte mit laminare Grenzschicht
Nusseltbeziehung:

$$Nu_\infty = 0{,}664\, Re^{\frac{1}{2}} Pr^{\frac{1}{3}}.$$

Charakteristische Länge:
Plattenlänge L.

Gültigkeitsbereich:
$Re \leq 5 \cdot 10^5$; $0{,}6 \leq Pr \leq 2000$.

Längsangeströmte ebene Platte mit turbulenter Grenzschicht
Nusseltbeziehung:

$$Nu_\infty = 0{,}037\, Re^{0{,}8} Pr^{\frac{1}{3}}.$$

Charakteristische Länge:
Plattenlänge L.

Gültigkeitsbereich:
$5 \cdot 10^5 \leq Re \leq 10^7$; $0{,}6 \leq Pr \leq 60$.

Turbulente Rohrinnenströmung
Nusseltbeziehung:

$$Nu_\infty = 0{,}023\, Re^{0{,}8}\, Pr^n,$$

mit $n = 0{,}4$ für $T_W > T_F$
und $n = 0{,}3$ für $T_W < T_F$.

Hierbei ist T_W die Wandtemperatur und T_F die gemittelte Fluidtemperatur. Die Nusseltzahl ist für die gemittelte Fluidtemperatur auszuwerten, da sich diese bei einer Innenströmung vom Eintritt zum Austritt ändert.

Charakteristische Länge:
Rohrdurchmesser D.

Gültigkeitsbereich:
$10^4 \le Re$; $0{,}7 \le Pr \le 120$.

Die Rohrlänge muss mindestens das Zehnfache des Rohrdurchmessers betragen.

Die obige Beziehung kann auch für Rohre mit nicht-kreisförmigen Querschnitten verwendet werden, hier wird dann der gleichwertige oder hydraulische Durchmesser d_h verwendet, der wie folgt gebildet wird:

$$d_h = \frac{4A}{U},$$

mit der durchströmten Querschnittsfläche A und dem Umfang U.

Wärmestrahlung
Wärmestrahlung hängt nur von der Art sowie der Temperatur des strahlenden Körpers ab. Trifft Strahlung auf einen Körper, so werden die folgenden Phänomene beobachtet: Ein Teil der einfallenden Strahlung wird reflektiert (Reflexion), ein Teil absorbiert (Absorption) und ein Teil hindurch gelassen (Transmission). Aufgrund der Energieerhaltung gilt, dass die Summe dieser drei Energieanteile der Energiemenge der einfallenden Strahlung entspricht.

Nach dem Stefan-Boltzmann-Gesetz beträgt der von einem Körper mit der Oberfläche A mit der Temperatur T abgestrahlte Wärmestrom:

$$\dot{Q} = \varepsilon \sigma A T^4 .$$

mit der Stefan-Boltzmann-Konstante σ,

$$\sigma \approx 5{,}67 \cdot 10^{-8} \frac{\mathrm{W}}{\mathrm{m^2 K^4}},$$

und dem Emissionsgrad ε des Körpers. Der Emissionsgrad liegt zwischen 0 (totale Reflexion) und 1 (schwarzer Strahler) und ist unter anderem abhängig von der Temperatur sowie der Oberflächenbeschaffenheit des Körpers. In Tabelle 5 sind beispielhafte einige Emissionsgrade angegeben.

Literatur
[1] H.D. Baehr, K. Stephan: Wärme- und Stoffübertragung. 9. Auflage, Verlag Springer Vieweg, 2016.
[2] H.D. Baehr, S. Kabelac: Thermodynamik: Grundlagen und technische Anwendungen. 16. Auflage, Verlag Springer Vieweg, 2016.
[3] E. Hahne: Technische Thermodynamik: Einführung und Anwendung. 5. Auflage, Oldenbourg Wissenschaftsverlag, 2010.
[4] B. Weigand, J. Köhler, J. von Wolfersdorf: Thermodynamik kompakt. 4. Auflage, Springer Vieweg, 2016.

Tabelle 5: Emissionsgrad ε einiger Materialien (Werte im Bereich bis 300 °C).

Schwarzer Strahler	1,00
Aluminium, roh	0,07
Aluminium, poliert	0,04
Gusseisen, rau, oxidiert	0,94
Gusseisen, gedreht	0,44
Kupfer, oxidiert	0,64
Kupfer, poliert	0,05
Messing, matt	0,22
Messing, poliert	0,05
Stahl, matt, oxidiert	0,96
Stahl, poliert, ölfrei	0,06
Stahl, poliert, geölt	0,40

Elektrotechnik

Die Geschichte der Elektrizität reicht etwa 3000 Jahre zurück. Lange Zeit waren die elektrischen Wirkungen geheimnisvollen Deutungen unterworfen. Erst im 19. und 20. Jahrhundert konnten diese Wirkungen durch planmäßiges Experimentieren und exaktes Messen genauer beschrieben werden. Man erkannte, dass die meisten Vorgänge nach bestimmten Gesetzen verlaufen. Die sinnvolle Anwendung dieser Gesetzmäßigkeiten führte zu einer steilen Entwicklung der Elektrotechnik und – seit einigen Jahrzehnten – der Elektronik. Die Elektrotechnik umfasst dabei vorwiegend Bereiche, in denen der Energiegehalt der Elektrizität eine Rolle spielt (z.B. bei Elektromotoren), während elektronische Geräte zum Messen, Steuern und Regeln dieser Energie eingesetzt werden. Es gibt zahlreiche Anwendungen von Einrichtungen, die aus elektrischen und elektronischen Bauelementen bestehen. Eine scharfe Abgrenzung beider Gebiete gegeneinander ist oft nicht möglich.

Tabelle 1: Größen und Einheiten.
(Weitere Größen und Einheiten im Text).

Größe		SI-Einheit
A	Fläche	m^2
a	Abstand	m
B	magnetische Flussdichte, Induktion	$T = Wb/m^2 = V\,s/m^2$
C	elektrische Kapazität	F = C/V
D	elektrische Flussdichte, Verschiebung	C/m^2
E	elektrische Feldstärke	V/m
F	Kraft	N
f	Frequenz	Hz
G	elektrischer Leitwert	$S = 1/\Omega$
G	Antennengewinn	dB
H	magnetische Feldstärke	A/m
I	elektrische Stromstärke	A
J	magnetische Polarisation	T
k	elektrochemisches Äquivalent	kg/C (üblich: g/C)
L	Induktivität	H = Wb/A = V s/A
l	Länge	m
M	elektrische Polarisation	C/m^2
P	Leistung	W = V A
P_s	Scheinleistung	V A
P_q	Blindleistung	var = V A
Q	Elektrizitätsmenge, Ladung	C = A s
q	Querschnittsfläche	m^2
R	elektrischer Widerstand	$\Omega = V/A$
T	Temperatur	K
t	Zeit	s
r	Radius	m
r	Reflexionsfaktor	–
S	elektromagnetische Leistungsdichte	W/m^2
s	Stehwellenverhältnis	–

Größe		SI-Einheit
U	elektrische Spannung	V
V	magnetische Spannung	A
W	Arbeit, Energie	J = W s
W_e	elektrische Energie	Ws
W_m	magnetische Energie	Ws
w_e	elektrische Energiedichte	Ws/m^3
w_m	magnetische Energiedichte	Ws/m^3
w	Windungszahl	–
Z	Wellenwiderstand	Ω
α	geometrischer Winkel	° (Grad)
ε	Dielektrizitätskonstante	F/m = C/(V m)
ε_0	elektrische Feldkonstante $\approx 8{,}854 \cdot 10^{-12}$ F/m	
ε_r	Dielektrizitätszahl	–
λ	Wellenlänge	m
Θ	elektrische Durchflutung	A
μ	Permeabilität	H/m = V s/(A m)
μ_0	magnetische Feldkonstante $\approx 1{,}257 \cdot 10^{-6}$ H/m	
μ_r	Permeabilitätszahl	–
ρ	spezifischer elektrischer Widerstand	$\Omega\,m = 10^6\,\Omega\,mm^2/m$
σ	spezifische elektrische Leitfähigkeit (= $1/\rho$)	$1/(\Omega\,m)$ = $10^{-6}\,m/(\Omega\,mm^2)$
Φ	magnetischer Fluss	Wb = V s
φ	Phasenverschiebungswinkel	° (Grad)
φ (P)	Potential im Punkt P	V
ω	Kreisfrequenz (= $2\pi f$)	Hz

Grundlagen der Elektrizität

Atomaufbau

Die gesamte Materie besteht aus winzigen Bausteinen, den Atomen (atomos, griechisch: unteilbar). Ein Kupferwürfel mit einer Kantenlänge von 1 cm enthält etwa 10^{23} Atome, die fest aneinander „gebunden" sind. Nach den Erkenntnissen der Atomphysik setzen sich Atome aus noch kleineren Teilchen zusammen – Elektronen, Protonen und Neutronen. Als Modell für den Atomaufbau dient unser Sonnensystem, bei dem Planeten (Erde, Jupiter, Mars usw.) um einen gemeinsamen Kern, die Sonne, kreisen. Stoffe, die aus gleichartigen Atomen aufgebaut sind, bezeichnet man als Grundstoffe.

Heute weiß man, dass die Elektrizität eine Eigenschaft der Elektronen ist. Diese kleinsten Teilchen umkreisen den Atomkern, bestehend aus den Protonen und Neutronen, mit großer Geschwindigkeit. Je nach Grundstoff findet man in dessen Atomen eine unterschiedliche Zahl von Elektronen auf verschiedenen Bahnen, den Elektronenschalen. Ein Elektron trägt die kleinste vorkommende Elektrizitätsmenge, für die Art seiner elektrischen Ladung hat man die Bezeichnung „negativ" festgelegt.

Die Kernbausteine sind Neutronen und Protonen. Letztere tragen die gleiche Elektrizitätsmenge wie die Elektronen. Da sich ihre elektrische Ladung jedoch umkehrt, verhält sie sich wie ein Elektron und ist positiv. Diese positiven Protonen bestimmen, zusammen mit den elektrisch neutralen Neutronen, die Elektrizitätsmenge.

Da die Elektronen mit großer Geschwindigkeit den Atomkern umkreisen, müssten sie durch die Fliehkraft aus ihrer Bahn geschleudert werden, wenn nicht die beiden entgegengesetzten Ladungen im Atom (Elektronen negativ, Protonen positiv) sich gegenseitig anziehen würden. Umgekehrt stoßen sich Körper mit gleichartiger elektrischer Ladung gegenseitig ab.

Ladungsträger

Freie Elektronen

Durch elektrische Kräfte (Spannung) kann die Bewegung dieser Leitungselektronen in eine bestimmte Richtung gelenkt werden und man erhält den Elektronenstrom. Durch Zufuhr von Energie (elektrische, thermische, optische usw.) können Elektronen unter bestimmten Voraussetzungen auch aus dem Atomverband eines Stoffs herausgelöst werden.

Die Elektronen auf der äußersten Schale der Atome bestimmen neben dem elektrischen auch das chemische Verhalten eines Stoffs, sie stellen die Verbindung zu Nachbaratomen anderer oder gleicher Grundstoffe her. Man bezeichnet diese an den Verbindungen beteiligten Elektronen als Valenz- oder Wertigkeitselektronen. Da an elektrischen Vorgängen nur Valenzelektronen beteiligt sind, kann man das Atommodell weiter vereinfachen. Danach besteht dieses aus den elektrisch wirksamen Elektronen der äußersten Schale und einem positiven Atomrumpf, der den Atomkern und die Elektronen der restlichen Schalen enthält. Beim Kupfermodell gehört zu jedem Atomrumpf ein Valenzelektron.

Ionen

Durch besondere Maßnahmen, z. B. durch mechanische oder chemische Einwirkungen, lassen sich bei einem Atom ein oder mehrere Valenzelektronen abspalten oder hinzufügen. Dieses Atom ist dann nicht mehr elektrisch neutral und man bezeichnet dieses als Ion. Atome, denen Elektronen (negative Ladung) fehlen, sind positive Ionen, solche, die mehr Elektronen als Protonen besitzen, sind negative Ionen.

Fehlende Elektronen im Atomverband

In Halbleitern (Dioden, Transistoren) wird schließlich eine dritte Art elektrischer Ladungsträger wirksam. Stellen im Atomverband mit fehlenden Elektronen (Löcher) wirken als positive Ladungsträger. Im Gegensatz zu den Ionen sind die Atomrümpfe in Halbleiterstoffen (Germanium, Silizium) jedoch nicht frei beweglich.

Ladungsmenge

Die kleinstmögliche Ladungsmenge ist die Elementarladung, Träger dieser Elementarladung ist das Elektron (beziehungsweise das Proton). Jede Ladungsmenge ist ein ganzzahlig Vielfaches der Elementarladung und das Kurzzeichen (Formelzeichen) für die Ladungsmenge ist Q.

Im Gegensatz zu Wassertröpfchen wird hier nicht die Masse der Elektronen betrachtet, sondern nur ihre elektrische Eigenschaft, die Ladung. Diese besitzt Mengencharakter und die Elektrizitätsmenge ist also gleichbedeutend mit elektrischer Ladung. Die Einheit der Ladungsmenge ist das „Coulomb“ mit dem Kurzzeichen C.

Eine andere Bezeichnung für „Coulomb“ ist auch die „Amperesekunde“ mit dem Kurzzeichen „As“.

1 C = 1 As; $[Q]$ = C = As.

Der Betrag der Elementarladung beträgt:

$e = 1{,}602\,176\,634 \cdot 10^{-19}$ As.

Dieser Wert ergibt sich durch die bereits festgelegte Einheit „Ampere“ entsprechend dem SI-System (siehe Größen und Einheiten).

An elektrischen und elektronischen Vorgängen sind meist viele Milliarden kleinster Ladungsträger (Elektronen) beteiligt. Es liegt daher nahe, eine große Zahl von Elementarladungen zu einem „handlichen“ Maß zusammenzufassen. Aus der Größe der Elementarladung e ergibt sich: 6,3 Trillionen Elementarladungen entspricht 1 Coulomb.

Elektrische Größen im Stromkreis

Strom

Stromstärke

Elektrischer Strom ist Ladungstransport. Unter „transportierte Ladungsmenge“ versteht man die während der Zeit t bzw. Δt durch einen Leiterquerschnitt A geflossene Ladungsmenge Q beziehungsweise ΔQ. Die Stromstärke I ist definiert als transportierte Ladungsmenge pro Zeiteinheit ([1], [2]):

$$I = \frac{Q}{t}$$

Einheit der Stromstärke:

$[I]$ = A.

Damit ergibt sich für die Einheit der Ladungsmenge:

$[Q] = [I] \cdot [t]$ = As = C.

Um einen Stromfluss zu erzeugen, sind eine Spannungsquelle und ein geschlossener Stromkreis notwendig (Bild 1). Es werden nur negative Ladungen (Elektronen) transportiert. Die Stromstärke in einem geschlossenen Stromkreis (ohne Verzweigungen) ist überall gleich groß.

Leuchtet eine elektrische Glühlampe auf, erkennt man den Stromfluss. Bei allen elektrischen Wirkungen handelt es sich um Fortbewegung elektrischer Ladungsträger. Oft sind im gleichen Gerät negative und positive Ladungsträger an den Leitungsvorgängen beteiligt. Normalerweise werden nur die Leitungselektronen in Metallen betrachtet.

Technische Stromrichtung

Als technisch positive Stromrichtung wird diejenige Richtung definiert, in die sich positive Ladungsträger bewegen würden, wenn sie vorhanden wären. Die technische Stromrichtung ist also der Richtung der Elektronenbewegung entgegengesetzt (Bild 1). Im Falle der Bewegung positiver Ionen sind die technische Stromrichtung und die Bewegungsrichtung der Ladungsträger identisch.

Stromdichte
Unter der Stromdichte S versteht man die auf den Leiterquerschnitt A bezogene Stromstärke I. Bild 2 zeigt die Stromdichte S im elektrischen Leiter.

Stromdichte $S = \frac{I}{A}$.

S Stromdichte in A/mm^2,
A Leiterquerschnitt in mm^2.

Spannung

Elektrische Spannung entsteht, wenn man die positiven Ladungsträger und die negativen Ladungsträger (Elektronen), die in den elektrisch neutralen Atomen aller Stoffe vorhanden sind, voneinander trennt. Das geschieht in Spannungserzeugern, z.B. in einer Taschenlampenbatterie. Diese weist am Minuspol Elektronenüberschuss (negative Ladung) und am Pluspol Elektronenmangel (positive Ladung) auf. Die negativ geladenen Elektronen eines angeschlossenen Leiters werden daher vom Pluspol angezogen und vom Minuspol abgestoßen. Da im Leiter eine große Zahl von Leitungselektronen zur Verfügung steht, setzt sich diese Wirkung fort und ein Elektronenstrom fließt vom Minuspol zum Pluspol.

Bild 1: Stromkreis mit Erzeuger und Glühlampe.
G Generator (Spannungsquelle)

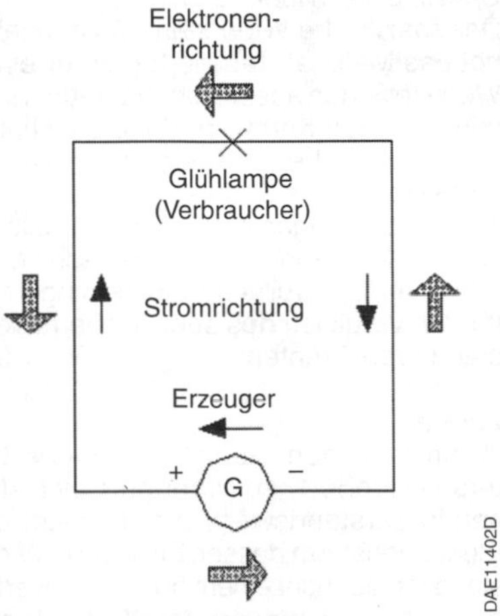

Bild 2: Stromdichte S im elektrischen Leiter.
A Querschnittsfläche des Leiters,
I elektrischer Strom.

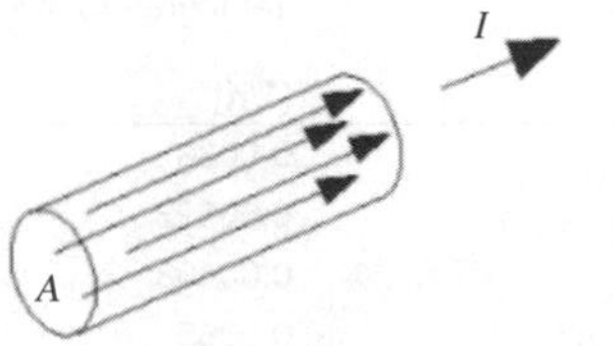

Die elektrische Spannung ist die Ursache des Stroms. Die Stromrichtung hängt von der Polarität der Spannung und von der Art der am Stromfluss beteiligten Ladungsträger ab. Positive Ionen in einer elektrisch leitenden Flüssigkeit bewegen sich beispielsweise vom Pluspol (Abstoßung) zum Minuspol (Anziehung), also in umgekehrter Richtung wie der Elektronenstrom in einem Leiter. Die positive Richtung des technischen Stroms ist durch Norm von plus nach minus festgelegt.

Entscheidend für das Auftreten einer Spannung sind unterschiedliche elektrische Ladungen an den Polen der Spannungserzeuger. Die Wirkung der Spannung entspricht einer Kraft, die elektrische Ladungsträger (z.B. Leitungselektronen) in Bewegung setzt. Daher nennt man Spannung dort, wo sie erzeugt wird, auch elektromotorische Kraft. Man erkennt, dass ohne Spannung (Ursache) kein Stromfluss (Wirkung) zustande kommen kann. Dagegen kann Spannung vorhanden sein, auch wenn kein Strom fließt, z.B. zwischen den Polen eines Spannungserzeugers.

Maßeinheit
Die Maßeinheit für die Spannung, d.h. für einen bestimmten Ladungsunterschied, ist das Volt und das Maßkurzzeichen heißt V. Das Formelzeichen (Kurzschreibweise für Spannung) lautet U.

Ladungstransport
Die elektrische Spannung ist die Ursache der Bewegung von Ladungsträgern. Ein Kupferdraht von 1 m Länge und 1 mm^2 Querschnitt hat ein Volumen von 1 cm^3 und enthält etwa 10^{23} Leitungselektronen. Bei einer Stromstärke von 1,6 A würden je Sekunde etwa 10^{19} Elektronen durch-

fließen. Das sind etwa 1/10 000 der im Leiter vorhandenen Ladungsträger. Wenn nun am Leiterende in einer Sekunde etwa 10^{19} Elektronen herausfließen, müssen die Elektronen im Leiter in der gleichen Zeit um etwa 1/10 000 der gesamten Drahtlänge (l = 1 m = 1 000 mm), also um etwa 0,1 mm weiterrücken. Das ergibt eine Geschwindigkeit von etwa 0,1 mm/s! Ein Elektron braucht bei dieser Geschwindigkeit für die Bewegung durch einen Draht von 1 m Länge etwa 10 000 Sekunden (ca. drei Stunden!)

Aus der Praxis weiß man, dass z. B. eine eingeschaltete Tischlampe augenblicklich aufleuchtet, wenn man sie mit der Netzsteckdose verbindet. Die Spannung als Ursache des Stroms muss daher den oft einige Meter langen Weg von der Steckdose über das Anschlusskabel zur Lampe mit sehr großer Geschwindigkeit zurücklegen. Da die Elektronen im Leiter sehr zahlreich sind, „stoßen" sie sich beim Anlegen einer Spannung gegenseitig an. Diese Stoßwirkung (Spannungswirkung) pflanzt sich mit einer Geschwindigkeit fort, die sich der Lichtgeschwindigkeit ($3 \cdot 10^8$ m/s) nähern kann.

Widerstand

Leitungswiderstand

Die Spannung U kann die Elektronen in einem Leiter nur dann in Bewegung setzen, wenn der Stromkreis geschlossen wird. Die Stromstärke hängt dabei von der wirksamen Spannung und vom Widerstand ab, den der Leiter dem elektrischen Strom entgegensetzt. Diese „Bremswirkung" ist je nach Material, Länge und Querschnitt einer Leitung verschieden groß. Die Maßeinheit für den Widerstand ist das Ohm. Als Maßkurzzeichen wurde der Buchstabe Ω aus dem griechischen Alphabet gewählt. Das Formelzeichen lautet R. Der Widerstand R ist umso größer

- je größer die Länge l eines Leiters ist,
- je kleiner die Querschnittsfläche A ist,
- je größer der spezifische Widerstand ρ ist, d. h. je schlechter das betreffende Material bei sonst gleichen Bedingungen den Elektronenstrom leitet.

Für den Widerstand R gilt:

$$R = l/\gamma A,$$

$$R = l\rho/A.$$

R Leitungswiderstand in Ω,
l Leiterlänge in m,
A Leiterquerschnitt in mm²,
ρ spezifischer Widerstand in (Ω mm²)/m,
γ spezifische Leitwert in m/(Ω mm²).

Spezifischer Widerstand

Der spezifische Widerstand ρ kennzeichnet das Material. Tabelle 2 gibt für einige Werkstoffe den spezifischen Widerstand ρ sowie dessen Kehrwert, der die Leitfähigkeit (spezifischer Leitwert γ) bezeichnet, an. Verschiedene Stoffe müssen unter gleichen Bedingungen miteinander verglichen werden: 1 m Länge, 1 mm² Querschnitt und 20 °C Temperatur sind die Bedingungen für den Vergleich des spezifischen Widerstands von Drähten.

Leitwert

Wenn man den Querschnitt eines Leiters vergrößert, so verringert sich dessen Widerstandswert, d. h. er leitet den Elektronenstrom besser. Ein kleiner Widerstand R entspricht einem hohen Leitwert G, der sich als Kehrwert des Widerstandswerts ergibt. Die Maßeinheit für den Leitwert ist das Siemens.

Tabelle 2: Spezifischer Widerstand und Leitwert einiger Werkstoffe.

Werkstoff	Spezifischer Widerstand ρ [Ω mm²/m]	Spezifischer Leitwert γ [m/Ω mm²]	Temperaturbeiwert α [1/K]
Silber	0,0164	61	0,0038
Kupfer	0,01724	58	0,00393
Aluminium	0,0278	36	0,00403
Eisen	0,13	7,7	0,0065
Konstantan	0,5	2,0	±0,00001

$$G = \frac{1}{R},$$

G Leitwert in S (Siemens),
R Widerstandswert in Ω (Ohm).

In einem Stromkreis mit großem Leitwert oder kleinem Widerstandswert wird der elektrische Strom gut geleitet.

Beispiel: Welcher Leitwert gehört zum Widerstandswert 2 Ω?

$$G = \frac{1}{R} = \frac{1}{2\Omega} = 0{,}5\ \text{S}.$$

Temperaturbeiwert von Widerständen
Der spezifische Widerstand ρ ist jeweils für eine Temperatur von 20 °C angegeben. Die meisten Stoffe ändern ihren Widerstandswert, wenn man ihre Temperatur ändert.

Erwärmt man Metalle, so gerät der Atomverband durch die Energiezufuhr etwas in Unruhe. Dadurch wird die Beweglichkeit der Leitungselektronen eingeschränkt. Der Widerstandswert der meisten Metalle steigt mit wachsender Temperatur. Bis zu einer Temperatur von etwa 200 °C ist die Widerstandsänderung proportional (verhältnisgleich) der Temperaturänderung. Bei den meisten Flüssigkeiten, Gasen und Halbleitern verringert sich der Widerstandswert mit zunehmender Temperatur.

Man kennzeichnet die Widerstandsänderung ΔR je Grad Temperaturänderung durch den Temperaturbeiwert (Temperaturkoeffizient) α. Die Maßeinheit für Temperaturdifferenzen zwischen zwei Temperaturpunkten ist °C oder K (Kelvin) auf der Celsius- oder auf der Kelvin-Skala. Prozentwerte für den Temperaturkoeffizienten erleichtern in vielen Fällen die Beurteilung der Widerstandsänderung in Abhängigkeit von der Temperaturänderung.

Für die temperaturabhängige Widerstandsänderung gilt folgender Zusammenhang:

$$\Delta R = \alpha R_{20}\, \Delta T$$

ΔR Widerstandsänderung in Ω,
ΔT Temperaturänderung in K oder C,
α Temperaturbeiwert in 1/K,
R_{20} Widerstandswert bei 20 °C.

Die meisten reinen Metalle haben einen positiven Temperaturkoeffizienten. Tabelle 2 zeigt neben den Werten für den spezifischen Widerstand ρ und den spezifischen Leitwert γ auch den Temperaturbeiwert α für einige Metalle.

Bild 3 zeigt die Kennlinien von temperaturabhängigen Widerständen. Werkstoffe mit positivem Temperaturbeiwert leiten bei niedrigen Temperaturen besser, sie werden deshalb als Kaltleiter bezeichnet. Werkstoffe mit negativem Temperaturbeiwert leiten besser bei hohen Temperaturen und werden als Heißleiter bezeichnet.

Neben der Umgebungstemperatur kann auch die Stromstärke den Widerstandswert eines Stoffs beeinflussen. Durch „elektrische Reibung“ zwischen beweglichen Ladungsträgern und Atomrümpfen entsteht im stromdurchflossenen Stoff Wärme und damit eine Temperaturerhöhung, die den Widerstandswert je nach Stoffart erhöht oder verringert.

Während sich der Widerstandswert von reinen Metallen bei abnehmender Temperatur verringert, steigt der Widerstandswert von Halbleitern an. In der Umgebung des absoluten Nullpunkts (0 K ≈ –273 °C) weisen Metalle überhaupt keinen Widerstand mehr auf (Supraleitfähigkeit) und Halbleiterstoffe erreichen einen unendlich hohen Widerstandswert. In komplizierten Einrichtungen hat man schon Temperaturen erhalten, die sich in der Nähe des absoluten Nullpunkts befinden.

Temperaturbeiwert von Messwiderständen
Der Widerstandswert von Messwiderständen darf sich bei Temperaturschwankun-

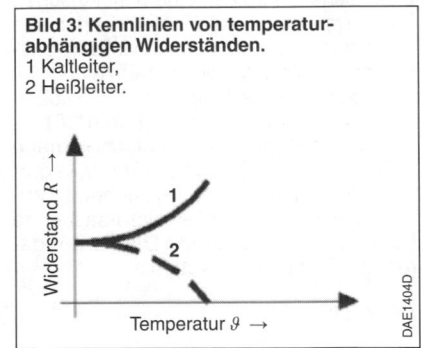

Bild 3: Kennlinien von temperaturabhängigen Widerständen.
1 Kaltleiter,
2 Heißleiter.

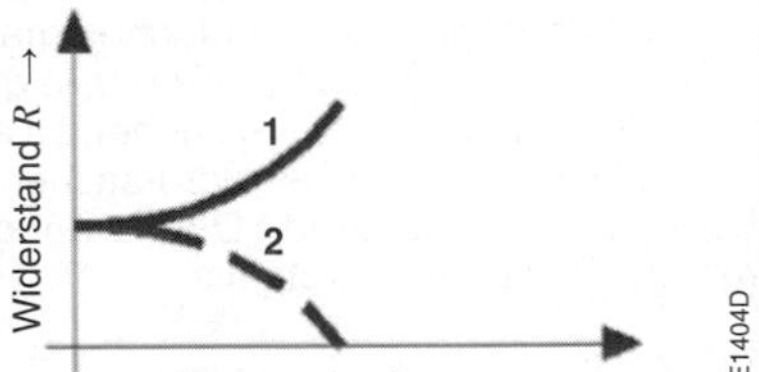

gen nur sehr wenig ändern. Die Änderung hat einen Einfluss auf die elektrischen Eigenschaften von Messgeräten, die durch die Temperatur beeinflusst würde. Sehr kleine Temperaturbeiwerte für Widerstandswerkstoffe erreicht man durch Legieren bestimmter Metalle, z. B. Kupfer, Nickel und Mangan. Der Temperaturkoeffizient liegt je nach Anteil der Legierungsbestandteile zwischen –0,001 und –0,005 % je K.

Temperaturkoeffizient von Halbleitern
Fast alle Halbleiterstoffe weisen einen negativen Temperaturkoeffizienten auf. Dieser liegt für Germanium und Silizium zwischen –2 und –5 % je K.

Kondensator
Aufbau
Kondensatoren sind Bauelemente, die im Prinzip aus zwei gegenüberliegenden, leitfähigen Platten bestehen (Plattenkondensator). Die beiden Platten sind durch eine Isolierschicht (Dielektrikum) getrennt. Bei der Verwendung von Kondensatoren wird die Wirkung des elektrischen Felds zwischen den beiden Kondensatorplatten ausgenutzt. Durch Anlegen einer Spannung lassen sich Ladungsmengen speichern, wobei die Speicherfähigkeit eines Kondensators von folgenden Faktoren abhängig ist:
- die Größe und Beschaffenheit der Plattenoberfläche,
- der Abstand der Platten zueinander und
- die Leitfähigkeit des Dielektrikums für die elektrischen Feldlinien.

Kapazität
Die Möglichkeit, mit einem Kondensator elektrische Energie in einem elektrischen Feld zu speichern, wird in elektrischen und elektronischen Schaltungen vielfältig ausgenutzt. Ein Maß für die Aufnahmefähigkeit für elektrische Ladungen ist die Kapazität C, diese hat die Einheit „Farad“ (F).

Die vom Kondensator aufgenommene Ladungsmenge Q ist umso größer, je größer seine Kapazität C und je höher die anliegende Spannung U als verursachende Ladungsdifferenz sind. Die Ladungsmenge Q berechnet sich aus

$$Q = C\,U.$$

Die Kapazität C kann damit als Verhältnis der aufgenommenen Ladung Q zur dabei anliegenden Spannung U angegeben werden.

Berechnungsformel für die Kapazität
Die Kapazität C hängt vom Aufbau eines Kondensators, der Plattenfläche A dem Plattenabstand d, von den elektrischen Eigenschaften des Dielektrikums und der sogenannten Dielektrizitätskonstanten ε wie folgt ab.
- Wirksame Plattenfläche A: Je größer die Plattenfläche, desto größer die Kapazität. Es gilt ein linearer Zusammenhang $\rightarrow C \sim A$.
- Plattenabstand d: Je kleiner der Plattenabstand, desto größer die Kapazität. Es gilt ein umgekehrt proportionaler Zusammenhang $\rightarrow C \sim 1/d$.
- Dielektrizitätskonstante ε: Je größer ε ist („besseres“ Dielektrikum), desto größer die Kapazität $\rightarrow C \sim \varepsilon$.

Die elektrische Feldkonstante ε_0 gibt die Dielektrizität des luftleeren Raums an (Vakuum zwischen den Kondensatorplatten), sie hat den konstanten Wert

$$\varepsilon_0 \approx 8{,}85 \text{ As/Vm}.$$

Die Dielektrizitätszahl ε_r, gibt an, um welchen Faktor sich die Kapazität bei einem bestimmten Dielektrikum gegenüber Vakuum erhöht. Sie ist stoffspezifisch und hat die Einheit 1. Man erhält die Dielektrizitätskonstante ε als Produkt dieser beiden Größen.

$$\varepsilon = \varepsilon_0\,\varepsilon_r,$$ mit der Einheit As/Vm oder F/m.

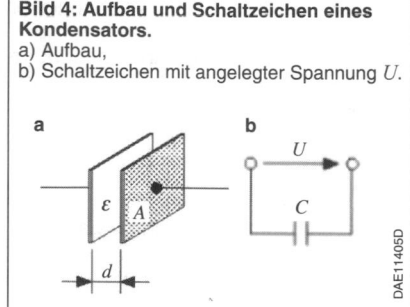

Bild 4: Aufbau und Schaltzeichen eines Kondensators.
a) Aufbau,
b) Schaltzeichen mit angelegter Spannung U.

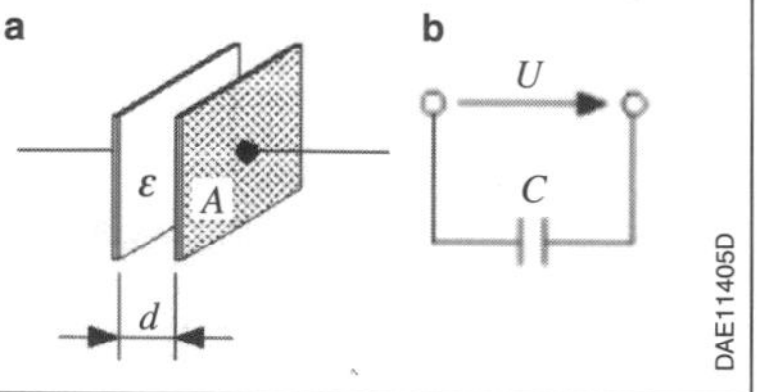

Die Berechnungsformel für die Kapazität eines Kondensators kann also auch wie folgt angegeben werden:

$C = \varepsilon_0\, \varepsilon_r\, A/d\,.$

Energieinhalt
Der Energieinhalt eines geladenen Kondensators (Ladung Q, Spannung U, Kapazität C) beträgt:

$$W = \frac{1}{2} Q\,U = \frac{Q^2}{2C} = \frac{1}{2} C\,U^2\,.$$

Spule
Aufbau
Ein stromdurchflossener Leiter erzeugt ein Magnetfeld, dessen magnetische Feldlinien konzentrisch um den Leiter angeordnet sind (siehe magnetisches Feld). In einer Spule ist ein Draht auf einem Spulenkern aufgewickelt, sodass sich darauf viele parallel liegende Leiterschleifen ergeben. Dadurch wird das von einem Strom verursachte Magnetfeld verstärkt (Details hierzu siehe „Spule im Wechselstromkreis").

Induktivität
Die Induktivität L ist eine Kenngröße von Spulen. Sie ist abhängig von den geomertrischen Eigenschaften der Spulen, der Windungszahl und von den magnetischen Eigenschaften des vom Spulenkern ausgefüllten Stoffs. Für eine lange Spule der Länge l, der Querschnittsfläche A und der Windungszahl N gilt:

$$L = \mu_0 \mu_r N^2 A / l.$$

μ_0 ist die magnetische Feldkonstante mit dem Wert $4\pi \cdot 10^{-7}$ Vs/Am, μ_r ist die materialabhängige Permeabilität. Für Luft gilt $\mu_r = 1$.

Energieinhalt
Der Energieinhalt einer den Strom I führenden Spule der Induktivität L beträgt:

$$W = \frac{1}{2} L\, I^2.$$

Leiter, Nichtleiter, Halbleiter

Die Tatsache, dass der Widerstandswert R mit größer werdender Länge und mit kleiner werdendem Querschnitt zunimmt, ist allen Werkstoffen gemeinsam. Man kann sich das etwa folgendermaßen vorstellen: Neben den elektrischen Ladungsträgern ist meist eine große Zahl von Atomen (Atomrümpfe) vorhanden. In Metallen müssen sich die Leitungselektronen förmlich zwischen den Atomrümpfen „hindurchzwängen". Es gilt, dass diese „elektrische Reibung" in einem kurzen Drahtstück mit großem Querschnitt geringer ist als in einem langen Leiter mit kleinem Querschnitt.

Grundstoffe unterscheiden sich durch den Aufbau ihrer Atome. Valenzelektronen stellen die Verbindung zu gleichen oder verschiedenartigen Nachbaratomen her. Je nach Stoff ergibt sich eine unterschiedliche Zahl wirksamer elektrischer Ladungsträger (z.B. Leitungselektronen in Metallen) für ein bestimmtes Volumen. Die Zahl der wirksamen Ladungsträger je Volumeneinheit sowie deren Beweglichkeit zwischen den Atomrümpfen des Atomverbands bestimmen den spezifischen Widerstand ρ eines Stoffs.

Leiter
Die meisten Metalle sind gute Stromleiter, weil sie eine große Anzahl von Leitungselektronen je Volumeneinheit besitzen. Der spezifische Widerstand von Metallen ist deshalb klein. Zwischen verschiedenen Metallen bestehen jedoch erhebliche Unterschiede (siehe Tabelle 2).

Kupfer wird wegen seines geringen spezifischen Widerstands vorzugsweise als Leiter verwendet. Daneben findet man oft Aluminium, Nickel, Platin, Gold, Tantal, Wolfram, Silber, Quecksilber und Zinn. In bestimmten Elektromotoren benötigt man Schleifbürsten aus kohlehaltigen Stoffen und in einfachen Mikrofonen werden Schalldruckänderungen mit Hilfe von Kohlegrieß in Widerstandsänderungen umgeformt. In der Elektrotechnik und in der Elektronik ist der Spannungsfall oft erwünscht, hier benutzt man die Widerstandswerkstoffe zum Verringern der elektrischen Stromstärke. Die entsprechenden Bauelemente fasst man unter dem Sammelbegriff „Widerstände" zusammen. Diese Widerstände werden – je nach Anforderung – aus bestimmten Metallen, aus Kohle oder aus Metalllegierungen hergestellt.

Nichtleiter
In Nichtleitern sind die Valenzelektronen durch starke Kräfte innerhalb des Atomaufbaus gebunden und es stehen nur sehr wenig freie Ladungsträger zur Verfügung, was einen hohen spezifischen Widerstand ergibt. Durch hohe Spannungen oder durch starke Erwärmung können diese Bindungen allerdings aufgebrochen werden. Nichtleiter werden als Isolatoren bezeichnet, es handelt sich z.B. um Porzellan, Glas, Gummi, Kunststoffe, Teflon, PVC.

Je nach Zahl der wirksamen elektrischen Ladungsträger unterscheidet man Leiter und Nichtleiter.

Halbleiter
Es gibt Stoffe, deren elektrische Leitfähigkeit weder unter den Leitern noch unter den Nichtleitern eingeordnet werden kann. Sie werden, wie auch die aus ihnen gefertigten Bauelemente, als Halbleiter bezeichnet. Diese Halbleiter (Germanium, Silizium) sind in sehr reinem Zustand gute Isolatoren. Durch bestimmte Maßnahmen, z.B. durch gezielte Verunreinigungen oder Temperaturerhöhung, kann die Leitfähigkeit stark verändert werden. Die Eigenschaften von Halbleiterstoffen finden in Dioden und Transistoren vielfältige Anwendung.

Gesetzmäßigkeiten

Ohm'sches Gesetz
In einem Stromkreis sind Strom, Spannung und Widerstand durch das Ohm'sche Gesetz verknüpft. Es beschreibt den Zusammenhang zwischen Spannung U und Strom I in festen und flüssigen Elektrizitätsleitern. Das Ohm'sche Gesetz lautet:

$$U = R I .$$

Die Proportionalitätskonstante R heißt ohmscher Widerstand, die Angabe erfolgt in Ohm (Ω)

Das Ohm'sche Gesetz enthält die Größen Stromstärke I, Spannung U und Widerstand R. Eine Größe lässt sich berechnen, wenn die beiden anderen bekannt sind. Das Ohm'sche Gesetz gehört zu den wichtigen Grundlagen eines Elektronikers.

Kirchhoff'sche Gesetze
1. Kirchhoff'sches Gesetz: Knotenpunktregel
Für jeden Verzweigungspunkt (Knoten) ist die Summe der (gemäß ihrer Zählrichtung) zufließenden Ströme gleich der Summe der abfließenden Ströme.

2. Kirchhoff'sches Gesetz: Maschenregel
Für jeden geschlossenen Umlauf (eine Masche) eines Leiternetzes ist die Summe der in Umlaufrichtung orientierten Teilspannungen an den einzelnen Elementen (Widerständen und Quellen) gleich der Summe der gegen die Umlaufrichtung orientierten Teilspannungen.

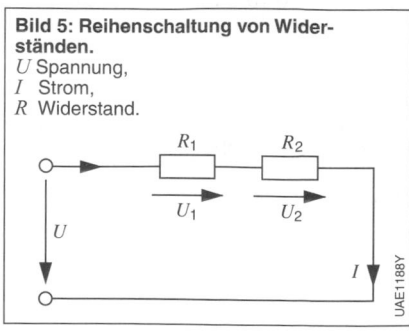

Bild 5: Reihenschaltung von Widerständen.
U Spannung,
I Strom,
R Widerstand.

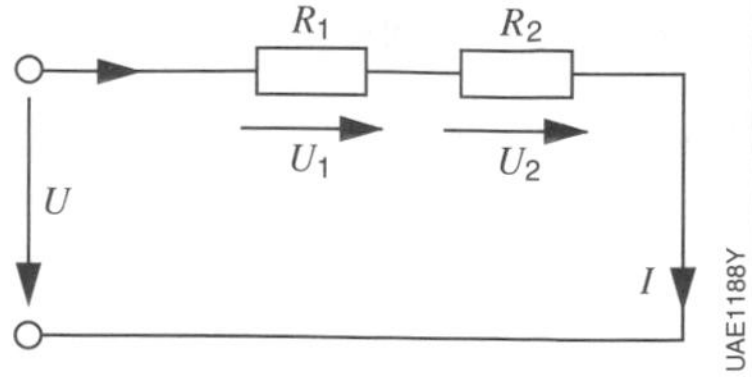

Beschaltungen von Widerständen

Reihenschaltung von Widerständen

Bei der Reihenschaltung von Widerständen sind mehrere Widerstände hintereinander geschaltet (Bild 5).

Messungen an verschiedenen Stellen in einer Reihenschaltung bestätigen, die Stromstärke ist überall gleich. Allgemein gilt für die Reihenschaltung:

$I = I_1 = I_2 = I_3 = \ldots$; alle Ströme in A.

Bei Spannungsmessungen muss man den Stromkreis im Gegensatz zu den Strommessungen nicht auftrennen. Aus diesem Grund bevorzugt man bei der Fehlersuche oder zu Prüfarbeiten (z.B. in elektronischen Geräten und Anlagen) nach Möglichkeit die Spannungsmessung.

In dem Beispiel von Bild 5 misst man an jedem Widerstand eine bestimmte Teilspannung (U_1, U_2). Die Summe dieser Teilspannungen ist genauso groß wie die Gesamtspannung U am Eingang der Schaltung und es gilt allgemein:

$U = U_1 + U_2 + U_3 + \ldots$; Spannungen in V

Der Gesamtwiderstand R dieser Schaltung ergibt sich, ebenfalls nach dem Ohm'schen Gesetz, aus der Gesamtspannung U und der Stromstärke I zu

$R = R_1 + R_2 + R_3 + \ldots$

Parallelschaltung von Widerständen

Bei der Parallelschaltung von Widerständen kommt es zur Stromteilung (Bild 6). Es gilt gemäß der Knotenregel (1. Kirchhoff'sches Gesetz) allgemein:

Bild 6: Parallelschaltung von Widerständen.
U Spannung,
I Strom,
R Widerstand.

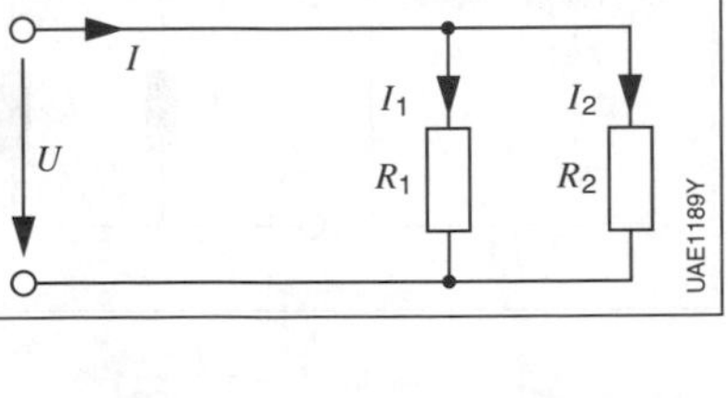

$I = I_1 + I_2 + I_3 + \ldots$;

$\frac{1}{R_{ges}} = \frac{1}{R_1} + \frac{1}{R_2} + \frac{1}{R_3}$ oder

$G_{ges} = G_1 + G_2 + G_3 + \ldots$

An allen Widerständen liegt dieselbe Spannung U.

Beispiel:

Jeder einzelne Widerstand hat 100 Ω, der Gesamtwiderstand bei drei Widerständen beträgt 33,33 Ω. Man kann über zwei Rechenwege die Werte berechnen, nämlich über die Leitwerte in S (Siemens) oder über den Widerstand in Ω.

$G = \frac{1}{R} = 1/100\ \Omega = 0{,}01\ \text{S}.$

$G = G_1 + G_2 + G_3$
$= 0{,}01\ \text{S} + 0{,}01\ \text{S} + 0{,}01\ \text{S} = 0{,}03\ \text{S}.$

Damit ergibt sich ein Gesamtwiderstand von

$R = \frac{1}{G} = 1/0{,}03\ \text{S} = 33{,}33\ \Omega.$

An jedem Einzelwiderstand einer Parallelschaltung ist die gleiche Spannung wirksam. Wenn verschiedene Widerstände parallel geschaltet sind, ergeben sich auch verschiedene Einzelströme. Nach dem Ohm'schen Gesetz ist die Stromstärke im kleinsten Widerstand am größten. Im größten Widerstand fließt dagegen der kleinste Strom. Die Ströme sind den Widerständen umgekehrt proportional.

Beschaltungen von Kondensatoren

Parallelschaltung von Kondensatoren

Durch Parallelschalten von Kondensatoren vergrößert man die Plattenfläche A (Bild 7b) und die Gesamtkapazität wird größer. Es gilt:

$$C_{\text{ges}} = C_1 + C_2 + \ldots + C_n.$$

C_{ges} Gesamtkapazität in F.
C_1, C_2 ... C_n Einzelkapazitäten in F.

Reihenschaltung von Kondensatoren

Bei Reihenschaltung von Kondensatoren (Bild 7a) wird der Abstand zwischen den äußeren Belägen größer. Dadurch verkleinert sich die Gesamtkapazität. Es gilt:

$$\frac{1}{C_{\text{ges}}} = \frac{1}{C_1} + \frac{1}{C_2} + \ldots + \frac{1}{C_n}.$$

Beschaltung von Spulen

Reihenschaltung von Spulen

Bei der Reihenschaltung von Spulen (Bild 8a) addieren sich die einzelnen Induktivitäten.

$$L_{\text{ges}} = L_1 + L_2 + \ldots + L_n.$$

L_{ges} Gesamtinduktivität in H.
L_1, L_2 ... L_n Einzelinduktivitäten in H.

Parallelschaltung von Spulen

Die Parallelschaltung von Spulen (Bild 8b) gilt:

$$\frac{1}{L_{\text{ges}}} = \frac{1}{L_1} + \frac{1}{L_2} + \ldots + \frac{1}{L_n}.$$

Elektrische Leistung und Arbeit

In einem stromdurchflossenen Widerstand gilt für die während der Zeit t in Wärme oder eine andere Energieform umgesetzte Energie (mit ohmschem Widerstand R, Spannung U und Strom I):

$$W = UIt = RI^2t$$

und damit für die Leistung:

$$P = UI = RI^2 = U^2/R.$$

Mit einem Volt- und Amperemeter kann man die elektrische Leistung eines Geräts anhand dieser genannten Formeln bestimmen (Bild 9). Bild 10 zeigt die Beschaltung mit einem angeschlossenen Wattmeter.

Beispiel
Welche Leistungsaufnahme hat ein elektrisches Gerät an einer Spannung von U = 230 V und I = 0,5 A?

$$P = UI = 230\ \text{V} \cdot 0{,}5\ \text{A} = 115\ \text{W}$$

Die elektrische Arbeit W ist das Produkt aus der elektrischen Leistung $U \cdot I$ und der aufgewendeten Zeit t.

$$W = P\,t.$$

W elektrische Arbeit in Ws, Wmin oder Wh,
P Leistung in W,
t Zeit in s, min oder h.

Bild 7: Zusammenschaltung von Kondensatoren.
a) Reihenschaltung,
b) Parallelschaltung.

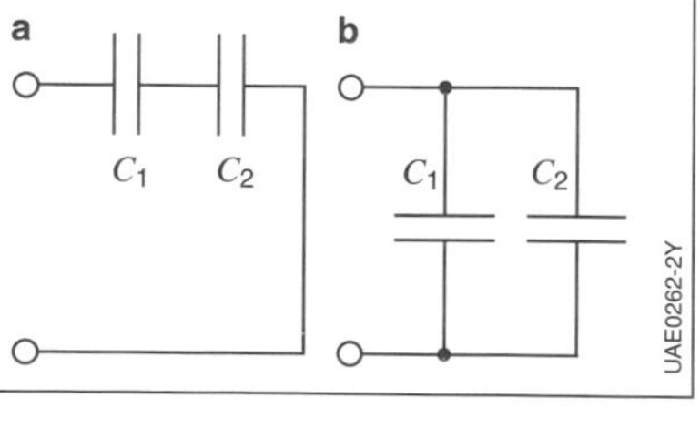

Bild 8: Zusammenschaltung von Spulen.
a) Reihenschaltung,
b) Parallelschaltung.

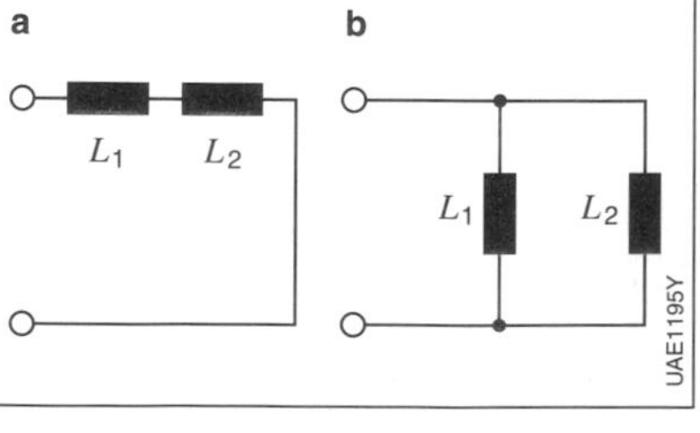

Maßumrechnungen
Tabelle 3 gibt die Umrechnungsfaktoren an, die bei der Umrechnung der verschiedenen Einheiten anzuwenden sind.

Messen elektrischer Leistung
Beispiel
Aus der elektrischen Arbeit und dem geltenden Tarif des Energieversorgungsunternehmens (EVU) lassen sich die Energiekosten berechnen. Es sollen die Kosten für die entnommene Arbeit und die Kosten bei einem Tarif von 35 Cent/kWh berechnet werden, wenn U = 230 V, I = 5 A und t = 24 h sind.

$W = U\,I\,t$
= 230 V · 5 A · 24 h = 27 600 Wh
= 27,6 kWh.

Kosten: 27,6 kWh · 35 Cent/kWh = 9,66 €.

Beispiel
In Verbindung mit einer Stoppuhr dient der Elektrizitätszähler auch als Leistungsmesser:

$$P = \frac{W}{t}$$

Durch das Einschalten eines Wärmegeräts veränderte sich in 18 Minuten der Zählerstand von 1 432,3 kWh auf 1 432,6 kWh. Die Leistung des Wärmegeräts ergibt sich wie folgt:

P = 1 432,6 kWh – 1432,3 kWh = 0,3 kWh
= 300 Wh = 18 000 Wmin.

$P = \frac{W}{t}$ = 18 000 Wmin/18 min = 1000 W.

Durch das Internationale Einheitensystem ergeben sich folgende Basisgrößen für die direkten Umrechnungen:

1 Ws = 1 V · 1 A · 1 s = 1 Nm = 1 kg · m²/s².

Bild 9: Strom- und Spannungsmessung.
R Verbraucher,
A Amperemeter im Strompfad,
V Voltmeter im Nebenschluss.

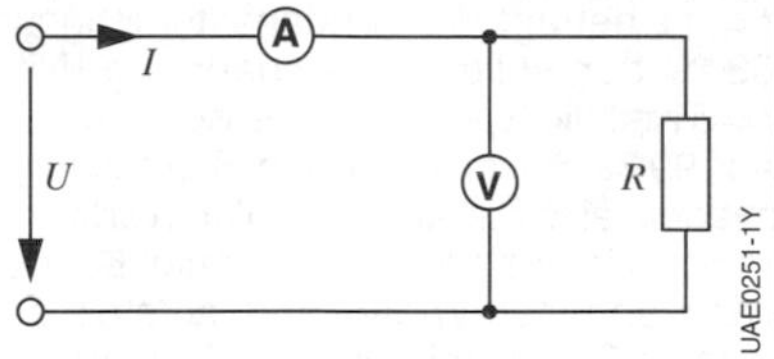

Bild 10: Anschluss eines Wattmeters.
U Spannung,
I Strom,
R_L Lastwiderstand.

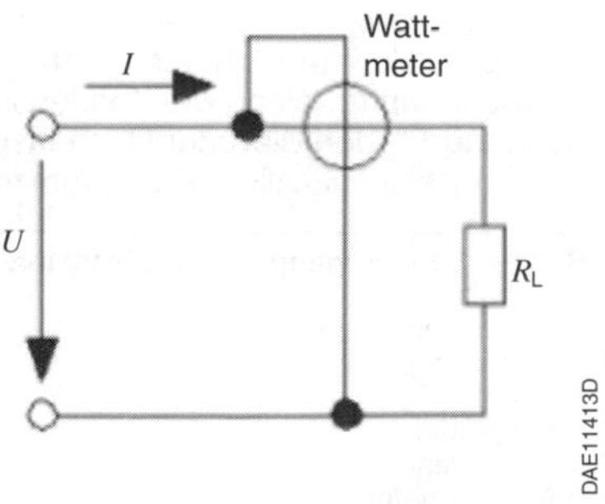

Tabelle 3: Umrechnung von Einheiten.

	Ws	Wmin	Wh	kWh
Ws (Wattsekunden)	1	1/60	$2{,}78 \cdot 10^{-4}$	$2{,}78 \cdot 10^{-7}$
Wmin (Wattminuten)	60	1	1/60	$1/60 \cdot 10^{-3}$
Wh (Wattstunden)	$3{,}6 \cdot 10^{3}$	60	1	0,001
kWh (Kilowattstunden)	$3{,}6 \cdot 10^{6}$	$60 \cdot 10^{3}$	10^{3}	1

Zeitabhängiger Strom

Laden und Entladen eines Kondensators

Der Kondensator an Gleichspannung kennt zwei Betriebszustände: Laden und Entladen. Legt man einen (ungeladenen) Kondensator an eine Gleichspannungsquelle an (Bild 11), so nimmt er Ladung auf, d.h. er wird geladen. Die Kondensatorspannung steigt im Laufe der Zeit von anfangs null bis angenähert auf die angelegte Gleichspannung. Es fließt ein Ladestrom, der umgekehrt anfangs einen Maximalwert annimmt und dann bis null absinkt.

Je größer der Widerstand R, durch den der Ladestrom fließt, und je größer die Kapazität C (aufnehmbare Ladungsmenge), desto länger dauert ein Ladevorgang. Das Produkt dieser beiden Größen, die Zeitkonstante τ, ist das Maß für die Dauer des Ladevorgangs.

$$\tau = RC.$$

Ladevorgang

$$I = \frac{U_0}{R} e^{-\frac{t}{\tau}},$$

$$U = U_0 (1 - e^{-\frac{t}{\tau}}).$$

Entladevorgang

$$I = \frac{U_0}{R} e^{-\frac{t}{\tau}},$$

$$U = U_0\, e^{-\frac{t}{\tau}}.$$

U_0 Ladespannung bzw. Spannung bei Entladungsbeginn,
I Lade- bzw. Entladestrom,
I_0 $I_0 = U_0/R$ Strom bei Ladebeginn,
R Lade- bzw. Entladewiderstand,
U Kondensatorspannung,
τ Zeitkonstante.

Lade- und Entladestrom haben entgegengesetzte Richtungen.

Beispiel 1
Über den Widerstand von R = 1 kΩ kann sich der Kondensator aufladen, C = 1 µF. Die Spannung beträgt U = 10 V. Die Ladezeit beträgt t = 2,5 ms. Wie groß ist die Spannung U?

τ = 1 kΩ · 1 µF = 1 ms.
τ / t = 1 ms/2,5 ms = 0,4.

$$U = 10\ \text{V} \cdot (1 - e^{-0,4}) = 9,18\ \text{V}.$$

Beispiel 2
Über den Widerstand von R = 10 kΩ kann sich der Kondensator mit der Kapazität C = 0,15 µF aufladen. Die Spannung beträgt U = 10 V. Die Ladezeit beträgt t = 1 ms. Wie groß ist der Strom I?

τ = 10 kΩ · 0,15 µF = 1,5 ms.
t/τ = 1 ms/1,5 ms ≈ 0,667.

$$I = \frac{U_0}{R} e^{-0,667} = 10\ \text{V}/10\ \text{k}\Omega \cdot 0,513 = 0,513\ \text{mA}.$$

Nach Dauer einer Zeitkonstanten von $t = 1\,\tau$ beträgt die Kondensatorspannung 63 % der vollen Ladespannung. Nach $t = 5\,\tau$ ist die Spannung des Kondensators auf 99 % der anliegenden Spannung gestiegen, also fast auf den vollen Wert von U.

Schaltet man einen geladenen Kondensator an einen Widerstand, so stellt er in diesem Stromkreis eine Spannungsquelle dar, die Ladungen gleichen sich aus, es fließt ein abnehmender Entladestrom und der Kondensator wird entladen.

Kondensator im Wechselstromkreis

Im Kondensator fließt nur dann ein Strom, wenn sich die wirksame Spannung ändert, z.B. beim Ein- und Ausschalten einer Gleichspannung. Wenn die Kondensatorspannung U_C den Wert der Gesamtspannung U erreicht hat, fließt kein Strom mehr.

Bild 11: Ladevorgang am Kondensator.
a) Schaltung,
b) Spannungs- und Stromverlauf.
U Spannung,
I Strom,
C Kapazität,
R Widerstand,
A Amperemeter.

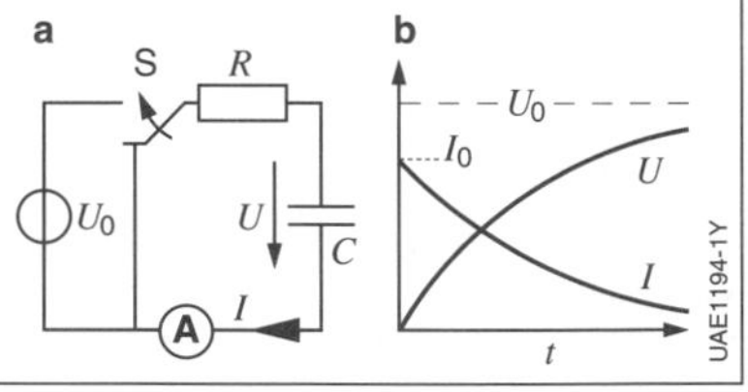

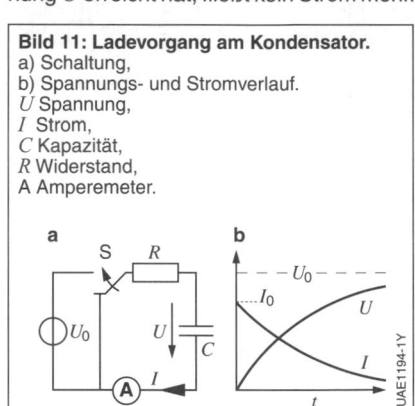

Der kapazitive Widerstand des geladenen Kondensators erscheint unendlich groß.

Im Wechselstromkreis wirkt am Kondensator eine Spannung, deren Richtung sich in periodischem Wechsel ändert. Auf- und Entladung wechseln sich daher ebenfalls in periodischer Folge ab – diese Betrachtung soll sich auf die sinusförmige Wechselspannung beschränken. Der Kondensator wird während der positiven Halbwelle aufgeladen und über den inneren Widerstand des Spannungserzeugers wieder entladen, wenn die Spannung ihren Höchstwert überschritten hat. Die Stromrichtung kehrt sich dabei um.

Bei der negativen Halbwelle wiederholt sich dieser Vorgang mit entgegengesetztem Vorzeichen. Die beiden Kondensatorplatten führen abwechselnd Elektronenüberschuss und Elektronenmangel. Mit einem Messgerät kann man eine bestimmte Stromstärke feststellen. Der Kondensator wirkt bei Wechselspannung als Widerstand. Der Kondensatorstrom (durch Aufladung und Entladung) ist dann am höchsten, wenn die größte Spannungsänderung vorliegt. Auf die sinusförmige Wechselspannung übertragen bedeutet dies hohe Stromstärke bei den Nulldurchgängen der Spannung. Strom und Spannung sind um 90 ° gegeneinander phasenverschoben (Bild 12), der Kondensatorstrom eilt der Spannung in jedem Augenblick um 1/4 Periode (1 Periode = 360 °) voraus. Da Strom und Spannung nicht zur gleichen Zeit wirksam werden, erhält man im Gegensatz zum ohmschen Widerstand keine Wärmeleistung im Kondensator. Den Wechselstromwiderstand des Kondensators bezeichnet man als kapazitiven Blindwiderstand X_C.

Bei einem idealen Kondensator ist der Phasenverschiebungswinkel φ zwischen Spannung und Strom −90 °. Aufgrund des endlichen Isolationswiderstands des Dielektrikums, auftretender Oberflächenströme und dielektrischer Verluste durch Umpolarisation bei Wechselspannung ist dieser Winkel aber beim realen Kondensator nicht ganz −90 ° Diese Abweichung wird durch den Verlustfaktor oder einen Kehrwert, die Güte des Kondensators, beschrieben. Ein von seiner Spannungsquelle abgetrennter Kondensator wird sich langsam über sein Dielektrikum entladen.

Bei gleichbleibender Spannung ist die Stromstärke umso größer, je höher die Frequenz der angelegten Wechselspannung ist (mit mehr Umladungen in einer bestimmten Zeit) und je höher der Kapazitätswert C ist (da mehr Elektronen an den Umladungen beteiligt sind). Der strombestimmende kapazitive Blindwiderstand X_C ist demnach der Frequenz f und dem Kapazitätswert C umgekehrt proportional. Für sinusförmige Wechselspannung muss die Kreisfrequenz $\omega = 2\pi f$ eingesetzt werden.

$$X_C = 1/(2\pi f C) = 1/\omega C.$$

X_C kapazitiver Blindwiderstand in Ω,
f Frequenz in Hz,
C Kapazität in F.

Bild 12: Zeigerdiagramm Kondensator.
$\hat{u}$ Spannungsamplitude,
$\hat{\imath}$ Stromamplitude.

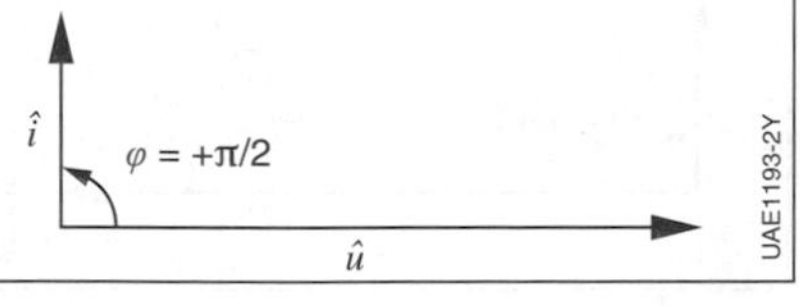

Laden und Entladen einer Spule

Einschalten der Spule

Misst man den zeitlichen Verlauf des Einschaltstroms einer Spule, so ergibt sich dafür ein ähnliches Bild wie für den zeitlichen Verlauf der Einschaltspannung an einer Kapazität.

Ursache für den verzögerten Stromanstieg ist die Induktivität L der Spule. Beim Einschalten beginnt der Aufbau des Magnetfelds der Spule. Diesem Feldaufbau wirkt die Selbstinduktionsspannung der Spule entgegen. Entscheidend für den Aufladevorgang ist die Zeitkonstante $\tau = L/R$. Bild 13 zeigt den Spannungs- und Stromverlauf.

$$U = U_0\, e^{-\frac{t}{\tau}}.$$

$$I = \frac{U_0}{R}\,(1 - e^{-\frac{t}{\tau}}).$$

Abschalten der Spule

Beim Abschalten einer Induktivität im Gleichstromkreis ist die Induktionsspannung so gerichtet, dass sie dem Feldabbau entgegenwirkt. Sie ist dabei umso höher, je schneller der Feldabbau (infolge der Änderung des Stroms) ist. Beim Öffnen von Stromkreisen mit Induktivitäten entstehen aufgrund der kleinen Zeitkonstanten $\tau = L/R$ (R geht gegen unendlich, τ geht somit gegen null) hohe Induktionsspannungen, weil die Schnelligkeit der Stromänderung beim Ausschalten besonders hoch ist. Die Induktionsspannung sinkt also von ihrem Höchstwert bei Beginn des Abschaltvorgangs im zeitlichen Verlauf einer e-Funktion mit der Zeitkonstanten $\tau = L/R$ auf null. Demselben Verlauf folgt auch der Strom beim Abschaltvorgang.

$$I = I_0\, e^{-\frac{t}{\tau}}\,.$$

$$U = I_0\, R\, e^{-\frac{t}{\tau}}\,.$$

U_0 Ladespannung bzw. Spannung bei Entladungsbeginn,
I Augenblickswert des Spulenstroms,
I_0 $I_0 = U_0/R$ Strom im Einschaltaugenblick in A,
R Lade- bzw. Entladewiderstand,
U Kondensatorspannung,
t Zeit nach Beginn des Ein- bzw. Ausschaltens,
τ Zeitkonstante in s.

Bild 13: Ein- und Ausschaltvorgang einer Spule.
a) Schaltung,
b) Spannungs- und Stromverlauf.
U Spannung,
U_0 Anfangsspannung,
I Strom,
L Induktivität,
R Widerstand,
A Amperemeter.

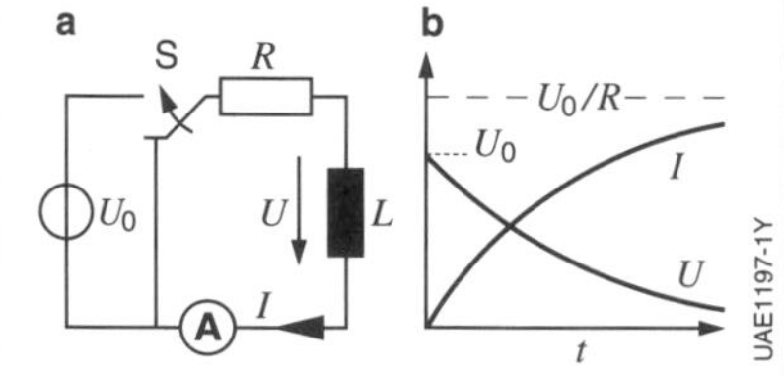

Spule im Wechselstromkreis

Induktiver Blindwiderstand

Der Spulenstrom kann raschen Spannungsänderungen nicht folgen, da die Induktivität stromverzögernd wirkt. Beim Einschalten der Gleichspannung fließt im ersten Moment kein Strom. Im Ausschaltmoment geht die Spannung U sprunghaft auf den Wert null zurück, während die Stromstärke nur verzögert abklingt. Der Spulenstrom eilt der Spannung nach.

Bei sinusförmiger Wechselspannung verursacht die Induktivität einen Zeitunterschied zwischen gleichen Phasen von Strom und Spannung. Der Strom erreicht beipielsweise den positiven Scheitelwert jeweils 1/4 Periode später als die Spannung, zu den Scheitelwerten der Spulenspannung U_L gehört jeweils die Stromstärke null. Die Phasenverschiebung zwischen Strom und Spannung beträgt 90 °, wenn man die Spulenverluste (z.B. Wicklungswiderstand) außer acht lässt (Bild 14). Die Kurvenform der beiden Größen bleibt hierbei unverändert.

In Spulen kann der durch die Induktivität verzögerte Strom seinen vollen Wert nicht erreichen, da die Scheitelwerte der sinusförmigen Wechselspannung im Gegensatz zur Gleichspannung nur als Augenblickswerte auftreten. Die Stromstärke richtet sich daher nach der angelegten Wechselspannung und nach der in der Spule erzeugten Selbstinduktionsspannung. Man fasst diesen Einfluss der Induktivität im induktiven Blindwiderstand X_L zusammen. Hohe Frequenzen ergeben rasche Feldänderungen in der Spule und damit hohe Selbstinduktionsspannungen. Der induktive Blindwiderstand ist deshalb der Induktivität L und der Frequenz f proportional.

$$X_L = 2\pi f L = \omega L$$

Bild 14: Zeigerdiagramm Spule.
$\hat{u}$ Spannungsamplitude,
$\hat{i}$ Stromamplitude.

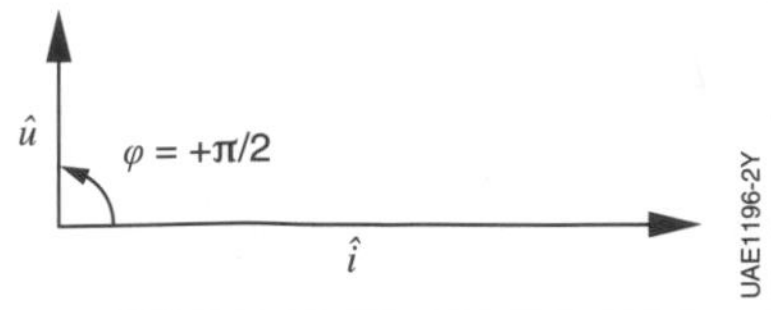

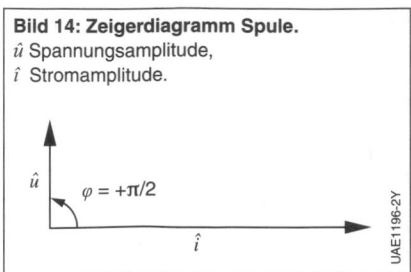

Der Faktor 2π berücksichtigt, wie beim kapazitiven Blindwiderstand, den zeitlich sinusförmigen Verlauf von Strom und Spannung. Da Stromstärke und Spannung zu verschiedenen Zeiten und in verschiedenen Richtungen wirksam sind, entsteht in der verlustfreien (idealen) Spule keine Wärme. Diese Tatsache erklärt die Bezeichnung „Blindwiderstand".

Bild 15: Feldlinienverlauf im elektrischen Feld (Beispiele).
a) Einzelne Punktladung,
b) zwei benachbarte Punktladungen mit unterschiedlicher Ladung,
c) zwei benachbarte Punktladungen mit gleicher Ladung,
d) Plattenkondensator.

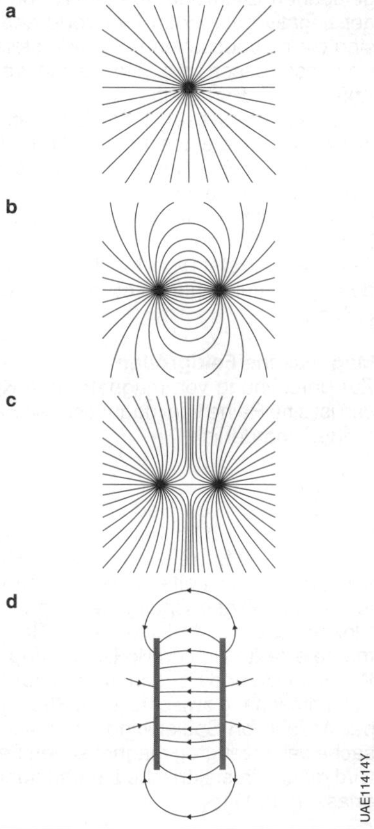

Elektrisches Feld

Merkmale

Die Kraft auf eine ruhende elektrische Ladung wird der Wirkung eines elektrischen Felds zugeschrieben. Bild 15 zeigt beispielhaft einige Feldlinienverläufe. Das elektrostatische Feld lässt sich durch folgende Größen beschreiben.

Elektrisches Potential $\varphi(P)$ und elektrische Spannung U

Das elektrische Potential $\varphi(P)$ im Punkt P gibt an, welche Arbeit pro Ladung erforderlich ist, um die Ladung Q von einem Bezugspunkt nach P zu bringen:

$$\varphi(P) = \frac{W(P)}{Q}\ .$$

Die elektrische Spannung U ist die Potentialdifferenz (bei gleichem Bezugspunkt) zwischen zwei Punkten P_1 und P_2:

$$U = \varphi(P_1) - \varphi(P_2)\ .$$

Elektrische Feldstärke E

Die elektrische Feldstärke E im Punkt P ist abhängig vom Ort und den umgebenden Ladungen. Sie beschreibt die maximale Steigung des Potentialgefälles im Punkt P. Für die Feldstärke im Abstand a von einer positiven punktförmigen Ladung Q_1 gilt: Sie ist von der Ladung Q_1 weggerichtet und hat den Wert

$$E = \frac{Q_1}{4\pi\varepsilon_0 a^2}\ .$$

Auf eine positive Ladung Q_2 wirkt im Punkt P eine Kraft in Richtung der elektrischen Feldstärke vom Wert

$$F = Q_2 E\ .$$

Elektrisches Feld und Materie

Ein elektrisches Feld erzeugt in einem polarisierbaren Stoff (Dielektrikum) elektrische Dipole (positive und negative Ladungen $\pm Q$ im Abstand a; $Q\,a$ heißt Dipolmoment). Das Dipolmoment pro Volumeneinheit heißt Polarisation M. Die Verschiebungsdichte D gibt die Dichte des elektrischen Verschiebungsflusses an. Es gilt:

$$D = \varepsilon E = \varepsilon_0 \varepsilon_r E = \varepsilon_0 E + M\ .$$

$\varepsilon = \varepsilon_0 \varepsilon_r$ heißt Dielektrizitätskonstante (DK) des Stoffs, ε_0 elektrische Feldkonstante (Dielektrizitätskonstante des Vakuums), ε_r Dielektrizitätszahl (relative Dielektrizitätskonstante). Für Luft ist $\varepsilon_r = 1$.

Die Größe

$$w_e = \frac{1}{2} E D$$

heißt elektrische Energiedichte. Mit dem Volumen multipliziert ergibt sich die elektrische Energie W_e.

Bild 16: Stromleiter und die zugehörigen Magnetfeldlinien.
a) Einzelner stromdurchflossener Leiter mit Magnetfeld,
b) parallele Leiter, Stromfluss in gleiche Richtung (Leiter ziehen sich an),
c) parallele Leiter, Stromfluss in entgegengesetzte Richtung (Leiter stoßen sich ab),
d) ein Magnetfeld der Flussdichte B übt eine Kraft auf den stromführenden Leiter aus (Richtung der Kraft wird über die Rechte-Hand-Regel bestimmt).

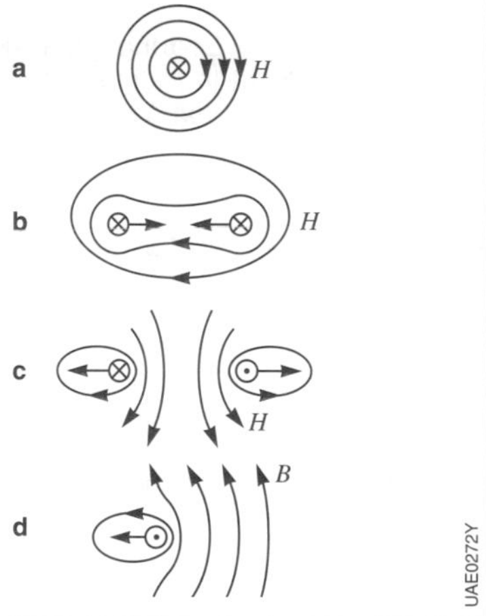

Magnetisches Feld

Merkmale

Bewegte Ladungen sind mit einem Magnetfeld verknüpft, d.h,, elektrischer Strom erzeugt in dem ihn umgebenden Raum ein magnetisches Feld. Seine Erscheinungen stimmen mit den Erscheinungen natürlicher Magnetfelder, z.B. dem Feld eines Dauermagneten oder dem Magnetfeld der Erde, überein. Um Magnetfelder darstellen zu können, wurden – in gleicher Weise wie bei den elektrischen Feldern – Feldlinien eingeführt (Bild 16). Die Stromrichtung (⊗ Strom nach hinten, ⊙ Strom nach vorne gerichtet) bei positiven Strömen und die Richtung der magnetischen Feldstärke bilden eine Rechtsschraube. Während jedoch in einem elektrischen Feld die elektrischen Feldlinien strahlenförmig von der positiv geladenen Elektrode ausgehen und auf der negativ geladenen Elektrode enden, sind die magnetischen Feldlinien stets in sich geschlossen, d.h., sie weisen weder Anfang noch Ende auf.

Ein weiterer wesentlicher Unterschied zwischen dem elektrischen Feld und dem magnetischen Feld besteht darin, dass ein Magnetfeld stets einen Polcharakter hat. Es ist daher nicht möglich, einen getrennten Nord- oder Südpol zu verwirklichen. Die Feldlinien sind stets vom Nord- zum Südpol des Magnetfelds gerichtet und berühren sich nie.

Magnetische Feldgrößen

Zur Berechnung von magnetischen Kreisen ist eine Reihe von magnetischen Feldgrößen erforderlich.

Durchflutung

Für die Praxis von Bedeutung sind die Magnetfelder von Leiterschleifen und insbesondere von Spulen, die sich als Reihenschaltung vieler Leiterschleifen betrachten lassen. Diese Spulen weisen in der Elektrotechnik und Elektronik als Bauelemente eine ähnlich große Bedeutung wie Widerstände und Kondensatoren auf. Der Zusammenhang zwischen dem Strom und der Anzahl von Spulenwindungen als Ursache des erzeugten magnetischen Felds wird durch die elektrische Durchflutung Θ erfasst (Bild 17).

$\Theta = NI$,

Θ Durchflutung in A (magnetische Spannung),
N Windungszahl der Spule,
I Strom in A.

Magnetische Feldstärke
Die magnetische Feldstärke H ordnet als vektorielle Größe jedem Raumpunkt eine Stärke und Richtung des durch die magnetische Spannung erzeugten Magnetfelds zu (Bild 18).

$H = \Theta / l$,
$H = NI / l$

H magnetische Feldstärke in A/m,
l mittlere Feldlinienlänge in m,
N Windungszahl.

Magnetischer Fluss und Flussdiche
Der magnetische Fluss Φ ist das Maß für die Summe der Magnetfeldlinien (Bild 19).

Bild 17: Magnetische Durchflutung.
I Strom,
N Windungszahl.

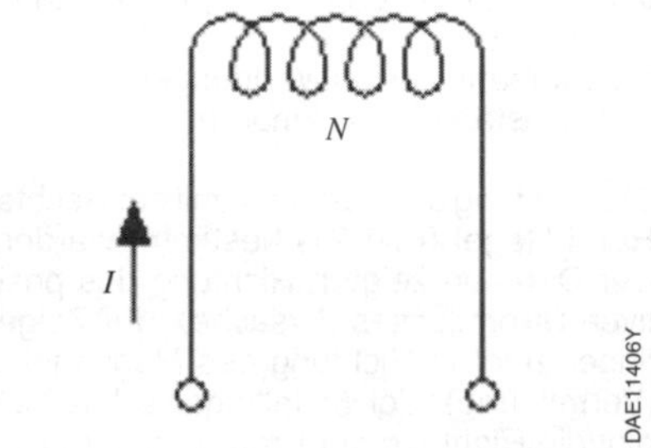

Bild 18: Magnetische Feldstärke.
I Strom,
N Windungszahl,
l mittlere Feldlinienlänge.

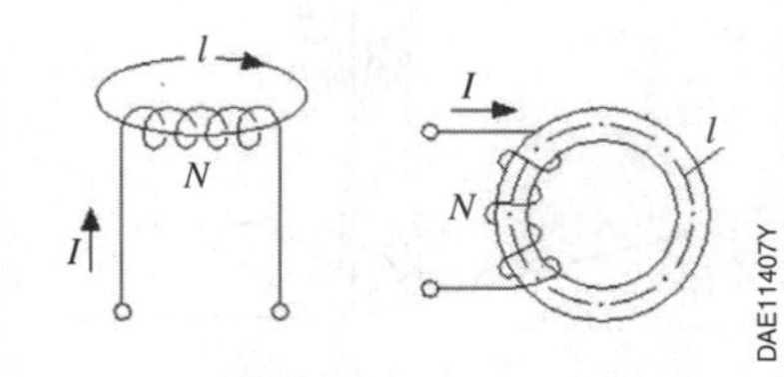

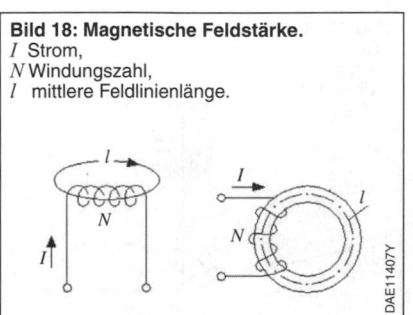

Eine weitere wichtige Feldgröße ist die Flussdichte oder magnetische Induktion B.

$B = \Phi / A$,
B magnetische Flussdichte in Tesla
1 T = 1 Tesla = 1 Vs/m^2,
Φ magnetischer Fluss in Weber (Vs)
1 Wb = 1 Weber = 1 Vs,
A Fläche in m^2.

Magnetismus und magnetisches Feld
Als Magnete bezeichnet man Körper mit der Eigenschaft, auf bestimmte Stoffe, z.B. Eisen, in ihrer Umgebung eine Kraftwirkung auszuüben, ein Magnet zieht Eisen an. Diese Magnetwirkung tritt verstärkt an den beiden Enden der Pole des Magneten auf.

Die Durchflutung Θ (elektrische oder magnetische Durchflutung), stellt ein Maß für die magnetische Wirkung einer stromdurchflossenen Spule dar. Dabei ist die Durchflutung umso größer, je höher der Strom I und die Windungszahl N der Spule sind.

Bei geschlossenen magnetischen Kreisen ohne nennenswerte Streufelder (Ringspulen, Spulen mit geschlossenem Eisenkreis, gegebenenfalls auch mit Luftspalt) ergibt sich die mittlere Feldlinienlänge aus der mittleren Weglänge. Zu beachten ist, dass bei unterschiedlichen Materialien oder unterschiedlichen Querschnitten folgende Beziehung gilt:

$\Theta = I_1 N_1 + I_2 N_2 + \ldots$

Bild 19: Magnetischer Fluss und magnetische Flussdichte (Induktion).
Φ Magnetischer Fluss,
A Fläche,
B magnetische Flussdichte.
$B = \Phi / A$

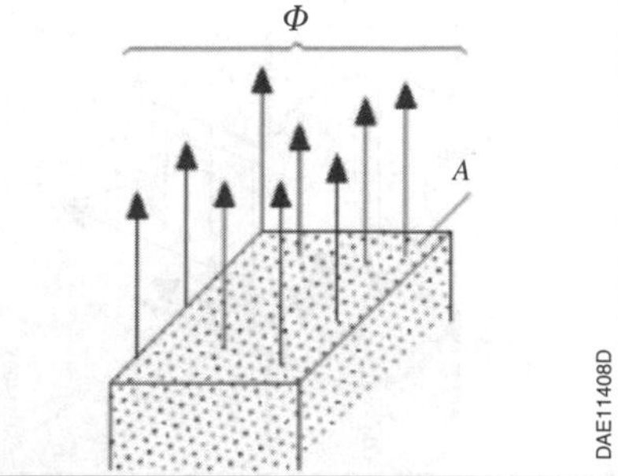

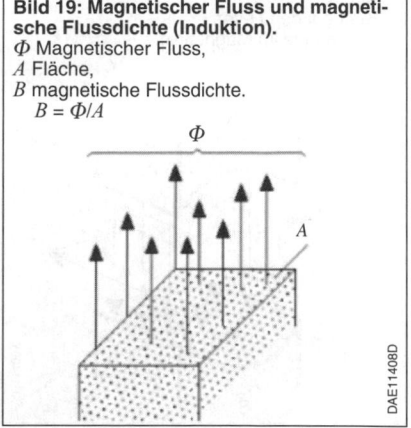

Das Magnetfeld einer stromdurchflossenen Spule kann noch um ein Vielfaches verstärkt werden, wenn man in den Spulenhohlraum einen ferromagnetischen Stoff – z. B. in Form eines Eisenkerns – bringt. Dieser Einfluss wird in der magnetischen Flussdichte B berücksichtigt, indem die verursachende Feldstärke H mit einem Faktor, der sogenannten Permeabilität μ, multipliziert wird.

$$B = \mu H.$$

Dabei setzt sich die Permeabilität μ aus zwei Anteilen zusammen:

- der magnetischen Feldkonstanten $\mu_0 \approx 1{,}256 \cdot 10^{-6}$ Vs/Am (der Wert für Vakuum), und
- der relativen Permeabilität (Permeabilitätszahl) μ_r, der als reiner Zahlenfaktor angibt, um wieviel die magnetische Flussdichte durch einen bestimmten Stoff im Spulenhohlraum gegenüber Vakuum vergrößert wird.

Mit $\mu = \mu_0 \, \mu_r$ ergibt sich also die magnetische Flussdichte

$$B = \mu_0 \, \mu_r \, H \approx 1{,}256 \cdot 10^{-6}\ \text{Vs/Am}\ \mu_r \, H.$$

Mit der magnetischen Feldstärke H in A/m und μ_0 in Vs/Am erhält man für die magnetische Flussdichte B die Einheit Vs/m² und wird mit Tesla (T) bezeichnet.

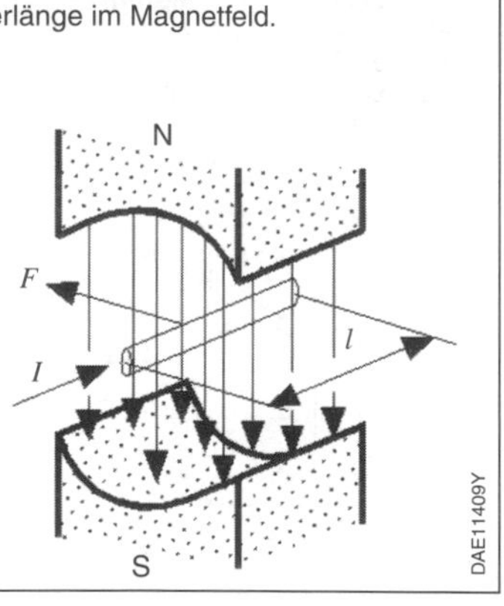

Bild 20: Stromdurchflossener Leiter im Magnetfeld.
I Strom,
F Kraft auf den Leiter,
l Leiterlänge im Magnetfeld.

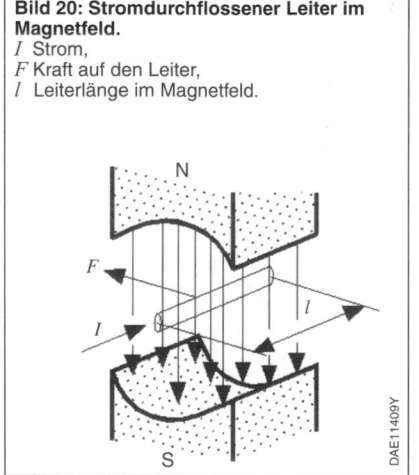

Mit B in Vs/m² und A in m² ergibt sich für Φ die Einheit Vs und wird abgekürzt mit Weber (Wb).

Kräfte auf stromdurchflossene Leiter im Magnetfeld

Magnetfelder üben Kraftwirkungen aufeinander aus. Ungleichnamige Pole ziehen sich an, gleichnamige Pole stoßen sich ab. Diese Wirkungen kann man mit Dauermagneten (z. B. Stabmagnet und Magnetnadel) nachweisen. Auch der stromdurchflossene Leiter mit seinem Magnetfeld ist Kraftwirkungen durch andere Magnetfelder ausgesetzt (Bild 20). Der stromdurchflossene Leiter verstärkt den rechten Teil des Dauermagnetfelds (gleiche Feldlinienrichtung). Links vom Leiter wird das Dauermagnetfeld geschwächt (entgegengesetzte Feldlinienrichtung).

Der stromdurchflossene Leiter erfährt somit im Magnetfeld des Dauermagneten eine Kraftwirkung. Die Kraft F ergibt sich zu

$$F = B I l z \sin\alpha.$$

F Kraft auf den Leiter in N (Newton),
B magnetische Flussdichte in T (Tesla),
l wirksame Leiterlänge in m (Meter),
α Winkel zwischen l und B, in Bild 20 ist $\sin\alpha = \sin 90° = 1$.
z Leiterzahl (Anzahl Windungen),
I Stromstärke in A (Ampere).

Die Richtung der Kraft kann mit der Rechte-Hand-Regel (Bild 21) bestimmt werden. Der Daumen zeigt in Richtung des positiven Stromflusses (Ursache), der Zeigefinger zeigt in Richtung des Magnetfelds (Vermittlung), der Mittelfinger schließlich gibt die Richtung der Kraft (Wirkung) an.

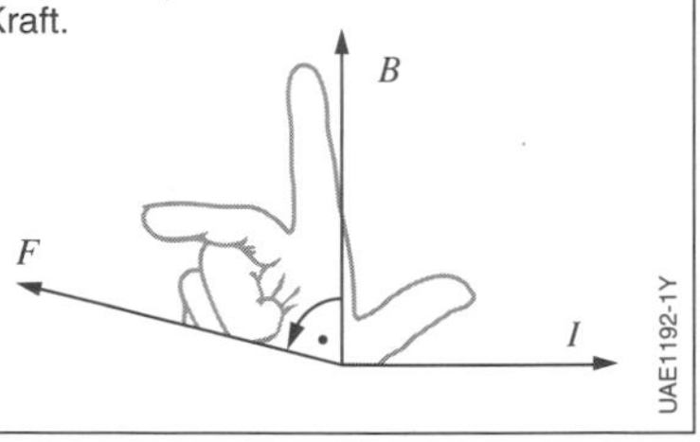

Bild 21: Rechte-Hand-Regel.
I Strom,
B magnetische Flussdichte,
F Kraft.

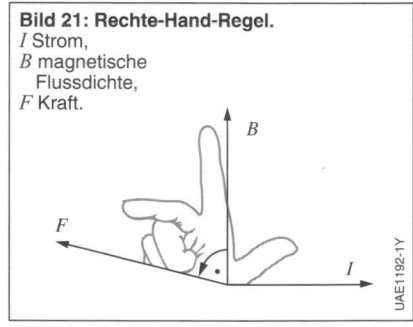

Elektrodynamisches Prinzip

Induktion

Während beim Motor elektrische Energie in mechanische Energie umgewandelt wird, lässt sich mit einem Generator mechanische Energie in elektrische Energie umwandeln. Wird nämlich ein Leiter in einem Magnetfeld so bewegt, dass er Feldlinien schneidet, so wird in ihm während der Bewegung eine Spannung induziert (Bild 22). Die Höhe der induzierten Spannung U_{ind} hängt dabei von der Größe der magnetischen Flussdichte B, der Bewegungsgeschwindigkeit v der Leiterschleifen und damit von der Flächenänderung dA in der Zeiteinheit dt, sowie von deren Windungszahl z ab. Es gilt:

$$U_{ind} = -zB\,dA/dt.$$

Selbstinduktion

Ändert sich in einem Leiter oder in einer Spule die Stromstärke und damit das Magnetfeld, so wird auch in dem Leiter oder in der Spule selbst eine Induktionsspannung erzeugt. Die Größe dieser Selbstinduktionsspannung hängt genauso wie die Größe der Induktionsspannung (der Ruhe oder der Bewegung) vom Umfang und der Schnelligkeit der Magnetfeldänderung ab.

Die Eigenschaft einer Spule, bei bestimmter Stromänderung dI pro Zeiteinheit dt eine bestimmte Selbstinduktionsspannung U_{ind} zu erzeugen, wird als Induktivität L bezeichnet. Ihre Einheit ergibt sich aus der erzeugten Spannung (in Volt) pro Stromänderung (in A/s) zu V/(A/s) = Vs/A, abgekürzt Henry (H).
Es gilt:

$$U_{ind} = -L\,(dI/dt).$$

In allen Fällen hängt die Höhe der erzeugten Induktionsspannung von dem Umfang ab, in dem sich die Stärke des Magnetfelds (B bzw. Φ) und der Schnelligkeit, mit der sich die Stärke des Magnetfelds ändert.

Bild 22: Induktion der Bewegung.
I Strom,
v Geschwindigkeit des Leiters im Magnetfeld senkrecht zu den Feldlinien,
U_{ind} induzierte Spannung.

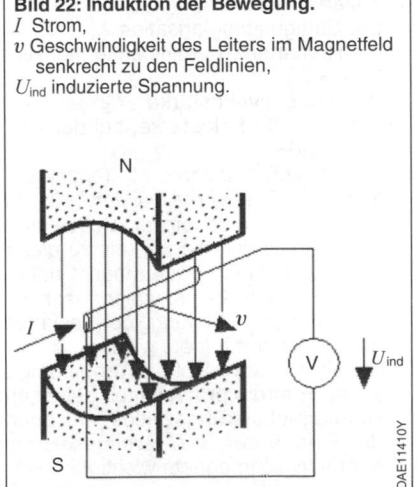

Magnetisches Feld und Materie

Magnetische Polarisation

Die Induktion B setzt sich in der Materie formal aus einem Beitrag des angelegten Felds ($\mu_0 H$) und aus einem Beitrag der Materie (J) zusammen:

$$B = \mu_0 H + J.$$

J ist die magnetische Polarisation und beschreibt den Beitrag der Materie zur Flussdichte. Physikalisch entspricht J einem magnetischen Dipolmoment je Volumeneinheit und ist im Allgemeinen eine Funktion der Feldstärke H. Für viele Werkstoffe ist $J >> \mu_0 H$ und proportional zu H. Dann gilt:

$$B = \mu_r \mu_0 H$$

mit der Permeabilitätszahl μ_r; im freien Raum hat sie den Wert $\mu_r = 1$.

Magnetische Energiedichte

Die Größe

$$w_m = \frac{1}{2} BH$$

heißt magnetische Energiedichte. Mit dem Volumen multipliziert ergibt sich die magnetische Energie W_m.

Klassifizierung der Stoffe
Entsprechend dem Wert für die Permeabilitätszahl werden die Stoffe in drei Gruppen unterteilt.

Diamagnetische Stoffe
μ_r ist unabhängig von der magnetischen Feldstärke und kleiner als 1, die Werte liegen im Bereich
$(1-10^{-5}) < \mu_r < (1-10^{-11})$
(z.B. Ag, Au, Cd, Cu, Hg, Pb, Zn, Wasser, organische Stoffe, Gase).

Paramagnetische Stoffe
μ_r ist unabhängig von der magnetischen Feldstärke und größer als 1, die Werte liegen im Bereich
$(1+10^{-8}) < \mu_r < (1+10^{-4})$
(z.B. O_2, Al, Pt, Ti).

Ferromagnetische Stoffe
Bei diesen Stoffen erreicht die Polarisation sehr große Werte und ändert sich nichtlinear mit der Feldstärke H; außerdem ist sie abhängig von der Vorgeschichte (Hysterese). Wählt man trotzdem, wie in der Elektrotechnik üblich, die Darstellung $B=\mu_r\mu_0 H$, so ist μ_r eine Funktion von H und zeigt eine Hysterese; die Werte für μ_r liegen im Bereich
$10^2 < \mu_r < 5 \cdot 10^5$
(z.B. Fe, Co, Ni, Ferrite).

Bild 23: Hysteresekurve (z.B. Hartferrit).
1 Neukurve,
2, 3 Entmagnetisierungskurven.
H Magnetische Feldstärke,
B magnetische Flussdichte,
J magnetische Polarisation,
B_r Remanenz,
H_{cB}, H_{cJ} Koerzitivfeldstärke,
H_G Grenzfeldstärke.

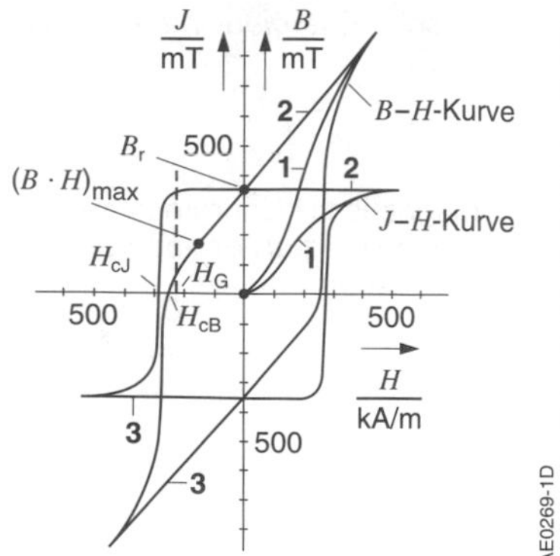

Hysteresekurve
Die Hysteresekurve (Bild 23), die den Zusammenhang zwischen B und H sowie zwischen J und H zeigt, wird wie folgt durchlaufen: Befindet sich der Werkstoff im unmagnetischen Zustand ($B=J=0$, $H=0$), wird er beim Anlegen eines Felds H entlang seiner Neukurve (1) magnetisiert. Ab einer bestimmten, materialabhängigen Feldstärke sind alle magnetischen Dipole ausgerichtet und J erreicht den Wert der Sättigungspolarisation J_s (materialabhängig), der nicht mehr erhöht werden kann. Wird H vermindert, nimmt J entlang dem Kurventeil (2) ab und schneidet bei $H=0$ die B- bzw. die J-Achse im Remanenzpunkt B_r bzw. J_r (es gilt $B_r=J_r$). Erst durch Anlegen eines Gegenfelds der Feldstärke H_{cB} bzw. H_{cJ} wird die Flussdichte und die Polarisation zu Null; diese Feldstärke heißt Koerzitivfeldstärke.

Bei weiterer Erhöhung der Feldstärke des Gegenfelds wird die Sättigungspolarisation in der Gegenrichtung erreicht. Wird die Feldstärke wieder reduziert und das Feld umgekehrt, so wird die zum Kurventeil (2) symmetrische Kurve (3) durchlaufen.

Die wichtigsten Kennwerte eines ferromagnetischen Materials werden meist tabelliert:
- Die Sättigungspolarisation J_s,
- die Remanenz B_r (bleibende Induktion für $H=0$),
- die Koerzitivfeldstärke H_{cB} (entmagnetisierende Feldstärke, bei der $B=0$ wird) und
- die Koerzitivfeldstärke H_{cJ} (entmagnetisierende Feldstärke, bei der $J=0$ wird, nur für Dauermagnete von Bedeutung),
- die Grenzfeldstärke H_G (bis zu dieser Feldstärke ist ein Dauermagnet stabil),
- die maximale Kleinsignalpermeabilität μ_{max} (maximale Steigung der Neukurve; nur für Weichmagnete wichtig),
- der Hystereseverlust (in Wärme umgesetzte Energie pro Volumen bei einem Ummagnetisierungszyklus, entspricht der Fläche der B–H-Hysteresekurve; nur für Weichmagnete wichtig).

Ferromagnetische Werkstoffe
Die ferromagnetischen Werkstoffe werden in weich- und dauermagnetische Werkstoffe aufgeteilt. Hervorzuheben ist der immense Bereich von acht Zehnerpotenzen, den die Koerzitivfeldstärke überdeckt.

Dauermagnetwerkstoffe
Dauermagnetwerkstoffe haben hohe Koerzitivfeldstärken; die Werte liegen im Bereich

$$H_{cJ} > 1\,\frac{\text{kA}}{\text{m}}$$

Damit dürfen hohe entmagnetisierende Felder H auftreten, ohne dass der Werkstoff seine magnetische Polarisation verliert. Der magnetische Zustand und Arbeitsbereich eines Dauermagneten liegt im zweiten Quadranten der Hysteresekurve, auf der Entmagnetisierungskurve.

In der Praxis liegt der Arbeitspunkt eines Dauermagneten nie im Remanenzpunkt, weil die magnetische Polarisation des Dauermagneten in seinem Innern stets ein Magnetfeld, das entmagnetisierende Feld hervorruft, das den Arbeitspunkt in den zweiten Quadranten hinein verschiebt.

Der Punkt auf der Entmagnetisierungskurve, in dem das Produkt BH den höchsten Wert $(BH)_{max}$ erreicht, ist ein Maß für die maximal erreichbare Luftspaltenergie. Dieser Wert ist neben der Remanenz und der Koerzitivfeldstärke wichtig zur Charakterisierung von Dauermagneten.

Die zurzeit technisch bedeutsamen Dauermagnete sind die AlNiCo-, Ferrit-, FeNdB (REFe)- und SeCo-Magnete; die Entmagnetisierungskurven (Bild 24) zeigen die typischen Merkmale der einzelnen Sorten.

Weichmagnetische Werkstoffe
Weichmagnetische Werkstoffe haben eine niedrige Koerzitivfeldstärke

$$H_{cJ} < 1\,\frac{\text{kA}}{\text{m}},$$

d.h. eine schmale Hysteresekurve. Die Flussdichte nimmt bereits für kleine Feldstärken hohe Werte an (große μ_r-Werte), sodass bei üblichen Anwendungen $J >> \mu_0 H$ ist, d.h., in der Praxis braucht nicht zwischen $B(H)$- und $J(H)$-Kurven unterschieden zu werden.

Wegen der hohen Induktion bei niedrigen Feldstärken werden weichmagnetische Werkstoffe als Leiter für den magnetischen Fluss verwendet. Für den Einsatz in magnetischen Wechselfeldern eignen sich besonders Werkstoffe mit niedriger Koerzitivfeldstärke, da bei ihnen die Ummagnetisierungsverluste (Hystereseverluste) klein bleiben.

Die Eigenschaften der weichmagnetischen Werkstoffe hängen weitgehend von der Vorbehandlung ab. Durch mechanische

Bild 24: Entmagnetisierungskurven verschiedener Dauermagnetwerkstoffe.
1 AlNiCo 52/6, 2 REFe 220/140, 3 AlNiCo 60/11, 4 SECo 112/100, 5 AlNiCo 30/10, 6 SECo 70/70p, 7 PlCo 60/40, 8 MnAl, 9 Hartferrit 25/25.

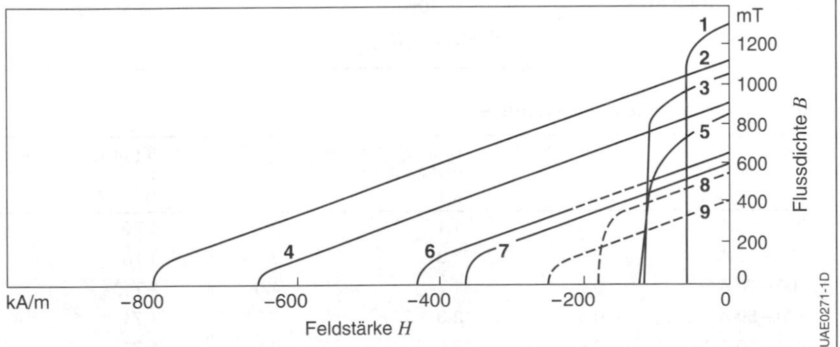

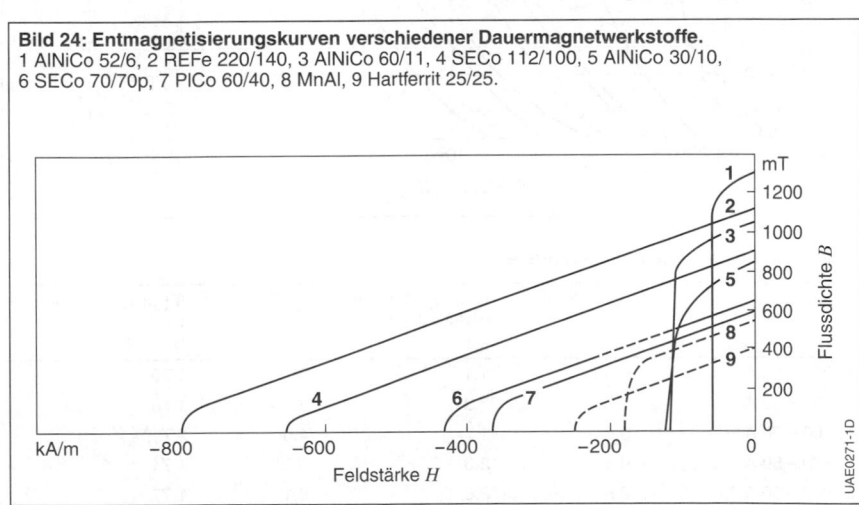

Bearbeitung (z.B. spanabhebend) steigt die Koerzitivfeldstärke an, d.h., die Hysteresekurve wird breiter. Mit einer werkstoffspezifischen Glühung bei höheren Temperaturen (magnetisches Schlussglühen) können diese Einflüsse wieder rückgängig gemacht werden. Für einige wichtige weichmagnetische Werkstoffe sind in Bild 25 die Magnetisierungskurven, d.h. der B-H-Zusammenhang, angegeben.

Ummagnetisierungsverluste

In Tabelle 4 geben P1 und P1,5 den Ummagnetisierungsverlust bei einer Aussteuerung von 1 bzw. 1,5 Tesla mit 50 Hz bei 20 °C an. Die Verluste setzen sich aus Hysterese- und Wirbelstromverlusten zusammen. Die Wirbelstromverluste werden durch elektrische Felder verursacht, die in den weichmagnetischen Teilen des magnetischen Kreises bei der Wechselfeldmagnetisierung durch Flussänderungen induziert werden (Induktionsgesetz). Mit folgenden Maßnahmen, die die elektrische Leitfähigkeit verringern, können die Wirbelstromverluste klein gehalten werden:
- Blechung des Kerns,
- Verwendung legierter Werkstoffe (z.B. Siliziumeisen),
- im Bereich höherer Frequenzen durch Unterteilung in isolierte Pulverteilchen (Pulverkerne),
- Verwendung keramischer Werkstoffe (Ferrite).

Bild 25: Magnetisierungskurven für Weichmagnete.
1 Reineisen, 2 78 NiFe (Permalloy), 3 36 NiFe, 4 Ni-Zn-Ferrit, 5 50 CoFe, 6 V360-50A (Elektroblech), 7 Baustahl, 8 Gusseisen, 9 Fe-Pulverkern.

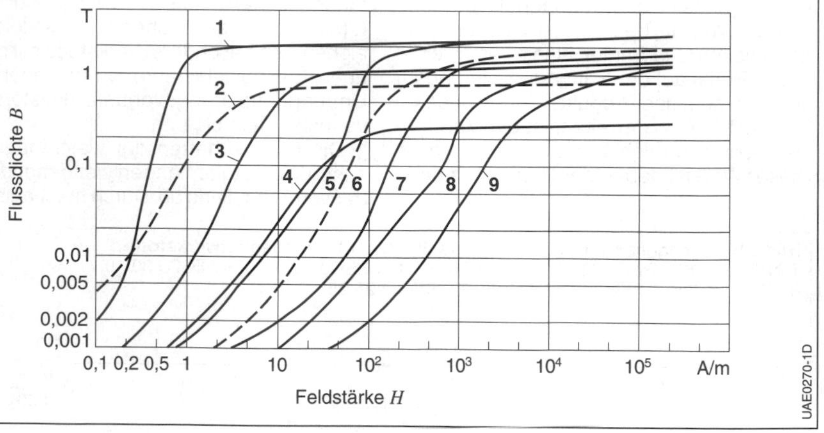

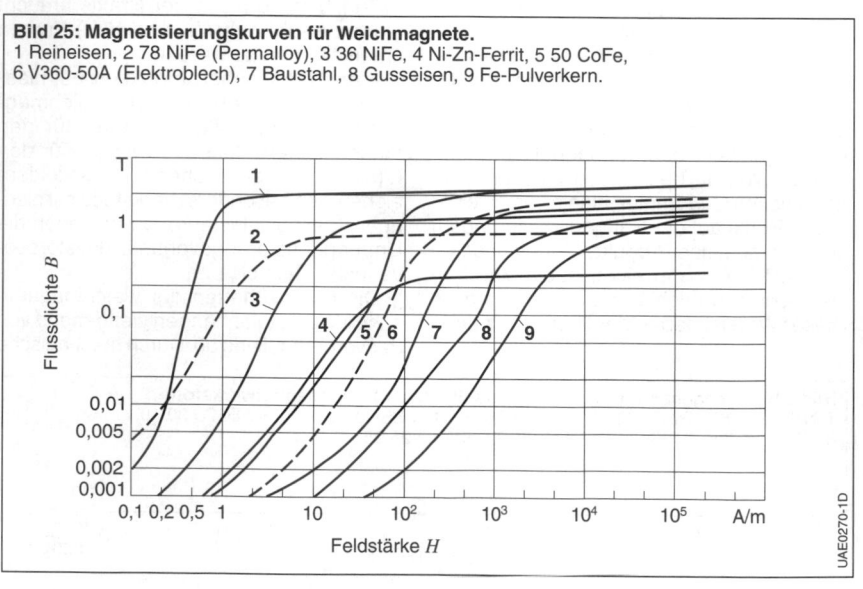

Tabelle 4: Ummagnetisierungsverluste.

Blechsorte	Nenndicke mm	Ummagnetisierungsverlust W/kg P1	P1,5	B (für H = 10 kA/m) T
M 270 – 35 A	0,35	1,1	2,7	1,70
M 330 – 35 A	0,35	1,3	33,3	1,70
M 400 – 50 A	0,5	1,7	4,0	1,71
M 530 – 50 A	0,5	2,3	5,3	1,74
M 800 – 50 A	0,5	3,6	8,1	1,77

Elektromagnetische Felder

Elektromagnetische Felder und deren Wirkungen sind Gegenstand der Elektrotechnik. Diese Felder sind mit elektrischen Ladungen (jeweils ganzzahligen Vielfachen der elektrischen Elementarladung) verknüpft. Die Physik macht keine Aussage darüber, ob die Felder die Ursache oder die Wirkung sind. Ruhende Ladungen erzeugen ein elektrisches Feld, bewegte Ladungen zusätzlich ein magnetisches Feld. Die Verknüpfung der elektrischen und der magnetischen Felder mit ruhenden und bewegten Ladungen wird durch die maxwellschen Gleichungen beschrieben [3].

Der Nachweis der Felder gelingt durch ihre Kraftwirkung auf andere elektrische Ladungen. Die Kraft auf eine Punktladung Q im elektrischen Feld heißt Coulombkraft. Sie bewirkt eine Abstoßung zwischen gleichnamigen Ladungen. Bei zwei punktförmigen Ladungen Q_1 und Q_2 im freien Raum im Abstand a lautet sie:

$$F=\frac{Q_1 Q_2}{4\pi\varepsilon_0 a^2}\,.$$

$\varepsilon_0 \approx 8{,}854\cdot 10^{-12}$ F/m ist die elektrische Feldkonstante, auch Dielektrizitätskonstante des Vakuums genannt.

Die Kraft auf eine bewegte Ladung im Magnetfeld wird durch die Lorentzkraft ausgedrückt. Sie ist dafür verantwortlich, dass sich zwei parallele Leiter, die gleichgerichtete Ströme I_1 und I_2 führen, gegenseitig anziehen. Auf einer Länge l im freien Raum mit einem Leiterabstand a lautet die anziehende Kraft zwischen beiden Leitern:

$$F=\frac{\mu_0 I_1 I_2 l}{2\pi a}\,.$$

$\mu_0 \approx 1{,}257\cdot 10^{-6}$ H/m steht für die magnetische Feldkonstante, auch Permeabilität des freien Raums genannt.

Leistung im Wechselstromkreis

Merkmale

Widerstände, Kondensatoren und Spulen sind wichtige Bauelemente in der Elektrotechnik und in der Elektronik. Insbesondere in den elektronischen Schaltungen sind sie in den unterschiedlichsten Kombinationen und Schaltungsvarianten zu finden. Aber auch viele elektrische Geräte zeigen als Verbraucher (z. B. Motoren und Leuchtstofflampen) ein Verhalten, das sich mit einer Ersatzschaltung von Widerständen, Kondensatoren und Spulen nachbilden lässt.

Das Verhalten dieser Bauelemente und ihr Zusammenwirken ist besonders bei Betrieb an sinusförmiger Wechselspannung von Bedeutung. Wird ein ohmscher Widerstand an eine sinusförmige Spannung angeschlossen, sind Strom und Spannung stets in Phase. Bei einem Kondensator eilt der Strom der Spannung um 90 ° voraus, während bei einer Spule der Strom der Spannung um 90 ° nacheilt.

Die auftretenden Phasenverschiebungen lassen sich sowohl in Linien- als auch in Zeigerdiagrammen darstellen. Für die Beschreibung des Zusammenwirkens von Wirk- und Blindwiderständen weisen die Zeigerdiagramme für Spannungen, Ströme, Widerstände und Leistungen aber eine besondere Bedeutung auf. Hierbei tritt in jedem Zeigerdiagramm ein rechtwinkliges Dreieck auf, sodass sich mathematische Zusammenhänge mit Hilfe des Lehrsatzes von Pythagoras ableiten lassen. Aber auch mit Hilfe der Winkelfunktionen Sinus, Cosinus und Tangens lassen sich die mathematischen Zusammenhänge in Zeigerdiagrammen und damit in Wechselstromkreisen beschreiben.

Im Wechselstromkreis kennt man drei unterschiedliche Leistungen: Wirkleistung P in Watt, Scheinleistung S in va

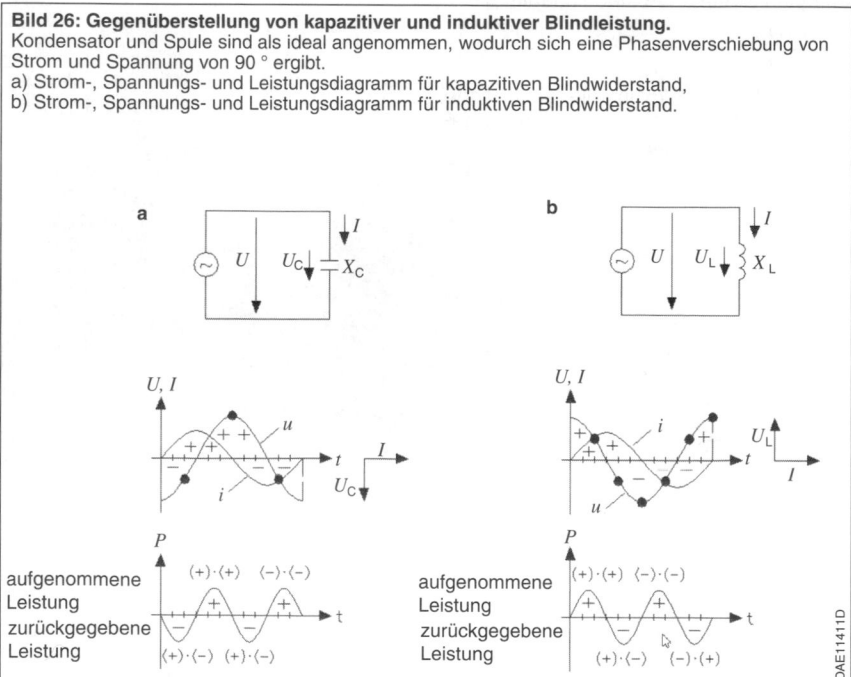

Bild 26: Gegenüberstellung von kapazitiver und induktiver Blindleistung.
Kondensator und Spule sind als ideal angenommen, wodurch sich eine Phasenverschiebung von Strom und Spannung von 90 ° ergibt.
a) Strom-, Spannungs- und Leistungsdiagramm für kapazitiven Blindwiderstand,
b) Strom-, Spannungs- und Leistungsdiagramm für induktiven Blindwiderstand.

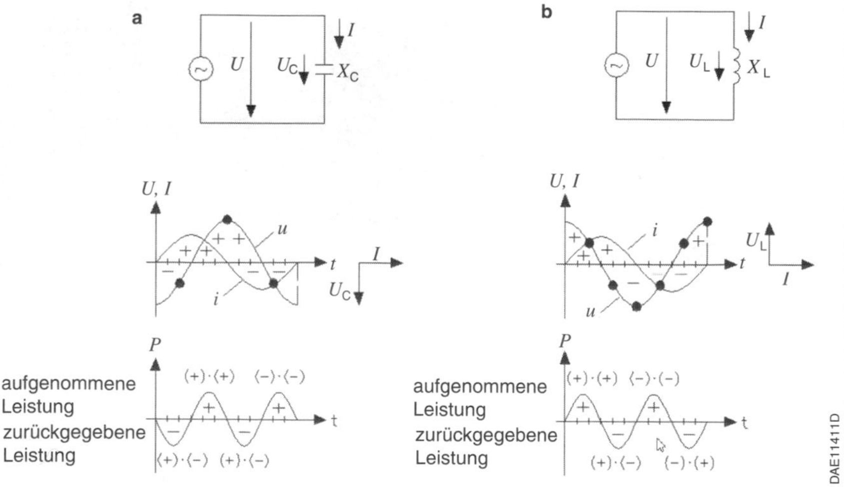

(volt-ampere) und die Blindleistung Q in var (volt-ampere-reaktiv).

Wirkleistung
Der ohmsche Widerstand in einem Heizgerät verbraucht im Wechselstrom reine Wirkleistung, denn Strom I und Spannung U liegen in Phase. Multipliziert man die Augenblickswerte von Spannung und Strom, so erhält man die Augenblickswerte der Leistung $P = U\,I$.

Beispiel:
Eine elektrische Heizplatte ist an $U = 230$ V angeschlossen und es fließt ein Strom von $I = 3$ A. Wie groß ist die Wirkleistung?

$P = UI = 230 \text{ V} \cdot 3 \text{ A} = 690 \text{ W}$

Blindleistung
Durch die Phasenverschiebung zwischen Spannung und Strom haben u und i nicht immer die gleichen Vorzeichen (Bild 26). Für die Leistung ergibt sich eine Fläche, die genau je zur Hälfte im positiven und negativen Bereich liegt. „Positive" Leistung ist die vom Verbraucher aus der Spannungsquelle aufgenommene Leistung.

Die Werte U und I werden multipliziert und ergeben die Blindleistung $Q = U\,I \sin\alpha$ oder $Q = S \sin\alpha$.

Scheinleistung
Eine Scheinleistung S entsteht, wenn Wirkwiderstände (R) und Blindwiderstände (X_L beziehungsweise X_C) zusammengeschaltet werden. Bildet man für eine solche Schaltung das Produkt aus gemessener Spannung U und gemessenem Strom I, so erhält man die Scheinleistung S.

Die Scheinleistung lässt keinen Rückschluss darüber zu, wie groß der Anteil der wirklich aufgenommenen und „verbrauchten" Leistung ist. Wirk- und Blindleistung lassen sich im Zeigerbild zur Scheinleistung addieren (Bild 27).

Bild 27: Wirk-, Schein- und Blindleistung im Leistungsdreieck.
P Wirkleistung,
Q Blindleistung,
S Scheinleistung.

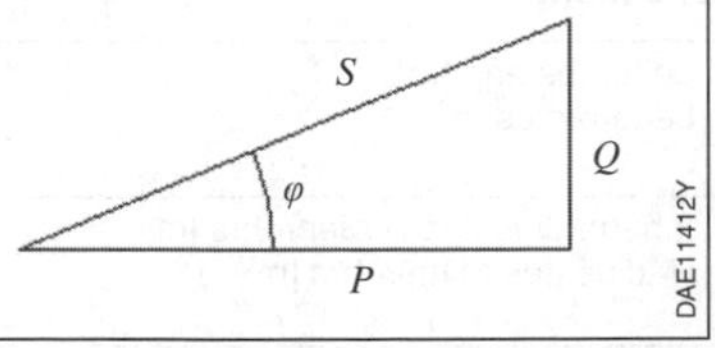

Bei sinusförmigem Verlauf gilt $S = UI$. Die Phasenverschiebung φ von Strom und Spannung lässt sich berechnen

$P = UI\cos\varphi$
$P = S\cos\varphi$
$Q = UI\sin\varphi$

S Scheinleistung in VA,
P Wirkleistung in W,
Q Blindleistung in var,
U Spannung (Effektivwert),
I Strom (Effektivwert),
$\cos\varphi$ Leistungsfaktor,
$\sin\varphi$ Blindleistungsfaktor.

Blindleistungskompensation
Die Energieversorgungsunternehmen machen es ihren Abnehmern zur Pflicht, in ihren Anlagen einen Leistungsfaktor von etwa $\cos\varphi = 0{,}9$ zu erreichen. Bei Unterschreitung dieses Werts wird durch Einzel- oder Gruppenkompensation der Phasenwinkel verkleinert. Durch Parallelschalten eines entsprechenden Kondensators kann die Zuleitung teilweise oder ganz von Blindstrom befreit werden. Damit heben sich die Blindströme beziehungsweise Blindleistungen in der Zuleitung auf und diese kann mit Wirkstrom beziehungsweise Wirkleistung abgegeben werden.

Wellenausbreitung

Wellenleiter

Bei höheren Frequenzen werden Hin- und Rückleiter einer elektrischen Verbindungsstrecke zusammengefasst und als Wellenleiter oder kurz als Leitung bezeichnet. Gebräuchliche Strukturen sind die Paralleldrahtleitung, die verdrillte Zweidrahtleitung (Twisted Pair), die Koaxialleitung, die Streifenleitung und die Mikrostreifenleitung.

Bei höheren Frequenzen verteilt sich der Strom nicht mehr gleichmäßig über den Leitungsquerschnitt. Im einzelnen Draht wird der Strom mit steigender Frequenz immer stärker an den Rand gedrängt (Skineffekt). Bei Leitungen erfolgt zusätzlich eine Stromverdrängung zum jeweils anderen Leiter hin (Proximityeffekt). Dadurch erhöht sich insbesondere der ohmsche Verlustwiderstand und somit auch die Dämpfung der Leitung.

Eine Leitung hat den Wellenwiderstand Z, wenn sie mit diesem Widerstand Z abgeschlossen wird und dann den gleichen Widerstand Z als Eingangswiderstand aufweist. Bei den im Kfz verwendeten Leitungen (TEM- oder L-Leitungen) hängt der Wellenwiderstand Z direkt mit der Kapazität C pro Länge l und der Induktivität L pro Länge l zusammen:

$$Z = \sqrt{\frac{L}{C}}\,.$$

Tabelle 5 zeigt Wellenwiderstände einiger ausgewählter Leitungstypen.

Auch die Amplituden des elektrischen und des magnetischen Felds entlang der Leitung sind über den Wellenwiderstand verknüpft:

$$Z = \frac{\hat{E}}{\hat{H}}\,.$$

Eine Leitung vom Wellenwiderstand Z, die mit dem Widerstand R abgeschlossen ist, weist an ihrem Ende den Reflexionsfaktor

$$r = \frac{R - Z}{R + Z}$$

auf. Das Betragsquadrat des Reflexionsfaktors gibt an, welcher Bruchteil der Leistung am Ende der Leitung zurückgeschickt wird.

$$P_\mathrm{r} = |r|^2\, P_0\,.$$

An den Abschlusswiderstand weitergegeben wird dagegen die Leistung

$$P_\mathrm{t} = (1 - |r|^2)\, P_0\,.$$

Wenn $R = Z$ gilt, liegt Anpassung vor und der Reflexionsfaktor r ist Null. Es wird dann keine Leistung reflektiert, die ganze Leistung wird an den Abschlusswiderstand R weitergegeben.

Bei höheren Frequenzen und längeren Leitungen sind Spannung und Strom entlang der Leitung nicht mehr konstant. Zu einem festen Zeitpunkt variieren beide entlang der Leitung. Dabei kann es Stellen auf der Leitungslänge geben, an denen die Amplitude der Spannungsschwankungen maximal ist, während an anderen Stellen nur minimale Spannungsamplituden auftreten. Das Verhältnis der maximalen zur minimalen Amplitude auf einer Leitung wird als Stehwellenverhältnis s bezeichnet.

$$s = \frac{U_\mathrm{max}}{U_\mathrm{min}}\,.$$

Wird eine Leitung nur an einem Ende mit einer sinusförmigen Zeitfunktion gespeist, am anderen dagegen mit einem Widerstand abgeschlossen, so kann man das

Tabelle 5: Wellenwiderstände einiger ausgewählter Leitungstypen.

Parallele Leiter (Doppelleitung) in Luft	$Z = \sqrt{\frac{\mu_0}{\varepsilon_0}}\,\frac{1}{\pi}\ln\frac{a+\sqrt{a^2-4r^2}}{2r}$	a r	Leiterabstand [m] Leiterradius [m]
Konzentrische Leitung (Koaxialleitung)	$Z = \sqrt{\frac{\mu_r\mu_0}{\varepsilon_r\varepsilon_0}}\,\frac{1}{2\pi}\ln\frac{r_2}{r_1}$	r_2, r_1	Innenradius des Außenrohrs [m] Radius des Mittelrohrs [m]
Leiter gegen Erde in Luft	$Z = \sqrt{\frac{\mu_0}{\varepsilon_0}}\,\frac{1}{2\pi}\ln\frac{a+\sqrt{a^2-r^2}}{r}$	a r	Abstand des Leiters von der Erde [m] Leiterradius [m]

Stehwellenverhältnis aus dem Reflexionsfaktor berechnen.

$$s = \frac{1 + |r|}{1 - |r|}.$$

Bei Anpassung ist $s = 1$ und überall auf der Leitung ist die Spannungsamplitude gleich.

Koppelelemente und Anpassungstransformatoren

Um eine elektromagnetische Welle von einem Wellenleiter in einen anderen weiterzuleiten, werden Koppelelemente zusammen mit Anpassungstransformatoren verwendet. Anpassungstransformatoren verringern den Reflexionsfaktor beim Übergang von einem Wellenwiderstand auf einen anderen oder koppeln einen symmetrischen Wellenleiter (z.B. eine Paralleldrahtleitung) mit einem unsymmetrischen (z.B. einer Koaxialleitung).

Koppelelemente und Anpassungstransformatoren sind gewöhnlich reziprok, sie koppeln also genauso gut in die eine wie in die andere Richtung.

Wellenausbreitung im freien Raum

Auch der freie Raum ist ein Wellenleiter, mit dem Wellenwiderstand des freien Raums (dem Feldwellenwiderstand Z_0):

$$Z_0 = \sqrt{\frac{\mu_0}{\varepsilon_0}} \approx 377\ \Omega.$$

Weit weg von Antennenstrukturen stehen die Richtung des elektrischen Felds, die Richtung des magnetischen Felds und die Ausbreitungsrichtung der elektromagnetischen Welle im freien Raum jeweils senkrecht aufeinander, und die elektrische Feldstärke ist mit der magnetischen Feldstärke über den Wellenwiderstand Z_0 verknüpft. Die von einem Sender ausgestrahlte elektromagnetische Leistungsdichte S ist über die Amplituden der elektrischen Feldstärke $\hat{E}$ und der magnetischen Feldstärke $\hat{H}$ festgelegt. Im freien Raum, weit weg vom Sender, nimmt die elektromagnetische Leistungsdichte mit dem umgekehrten Quadrat der Entfernung vom Sender ab:

$$S = \frac{1}{2}\hat{E}\,\hat{H};$$

$$S(r) = S(r_0)\,\frac{r_0^2}{r^2}.$$

Elektrische und magnetische Feldstärke nehmen dort dagegen nur umgekehrt mit der Entfernung vom Sender ab:

$$\hat{E}(r) = \hat{E}(r_0)\,\frac{r_0}{r},$$

$$\hat{H}(r) = \hat{H}(r_0)\,\frac{r_0}{r}.$$

Für einige Anwendungen im Kraftfahrzeug liegt der Empfänger so nahe am Sender, dass Nahfeldbedingungen herrschen. Funkfernbedienungen beispielsweise erzeugen über eine stromdurchflossene Spule Magnetfelder, deren Feldstärke im Nahfeld umgekehrt proportional zur dritten Potenz der Entfernung vom Sender ist.

Antennen

Ein Koppelelement von einem Wellenleiter in den freien Raum wird als Antenne bezeichnet. Auch Antennen sind gewöhnlich reziprok, sie können also gleichermaßen als Sendeantenne wie als Empfangsantenne wirken.

Eine elektromagnetische Welle im freien Raum besteht aus zeitveränderlichen elektrischen und magnetischen Feldern. Diese haben eine räumliche Richtung – weit weg von Sendeantennen stehen die Feldrichtungen dieser beiden Felder senkrecht zu der Ausbreitungsrichtung der Welle. Die Richtung des entsprechenden elektrischen Felds bestimmt die Polarisationsrichtung der elektromagnetischen Welle. Die meisten Antennen sind so aufgebaut, dass sie nur eine einzige Richtung der elektrischen (manchmal auch der magnetischen) Feldstärke aussenden und empfangen können. Sie senden also nur linear polarisierte Wellen aus und empfangen nur eine bestimmte Polarisation der Welle.

Man unterscheidet schmalbandige Antennen (Dipolantennen, wie sie z.B. für GPS, GSM, Bluetooth, WLAN oder auch UKW eingesetzt werden) von breitbandigen, die als Sende- und Empfangsantennen bei EMV-Messungen am Kfz Verwendung finden. Ein Beispiel für schmalbandige Antennen ist der Halbwellendipol, einem Stab oder Draht mit der Länge $l = 0{,}96\,\lambda/2$ (λ: Wellenlänge im freien Raum). Die optimale Länge wird kürzer für dickere Stäbe, oder gegebenenfalls auch durch Beschaltung mit zusätzlichen Kapazitäten. In Verbindung mit einer ausgedehnten Metallfläche verkürzt sich die Dipollänge auf die Hälfte zu einem $\lambda/4$-Dipol.

Ein Beispiel für breitbandige Antennen ist die logarithmisch periodische Antenne. Hier werden mehrere unterschiedlich lange Halbwellendipole entlang einer Doppelleitung angeordnet. Keine Antenne strahlt im Sendebetrieb gleichmäßig in alle Richtungen ab, genausowenig empfängt sie im Empfangsbetrieb alle Richtungen gleich gut. Diese Richtungsabhängigkeit wird mit dem Richtdiagramm (auch Antennenrichtcharakteristik genannt) beschrieben. Bild 28 zeigt das Richtdiagramm eines Halbwellendipols in einem vertikalen Schnitt durch die Dipolantenne. Dargestellt ist die ausgestrahlte Leistungsdichte über dem Winkel.

Oft interessiert nicht das gesamte Richtdiagramm, sondern nur dessen maximaler Wert in der bevorzugten Richtung. Der Richtfaktor gibt an, um wie viel die abgestrahlte Leistung pro Fläche S_{max} der Antenne im Sendebetrieb in der bevorzugten Richtung größer ist als bei einer Referenzantenne, die keine Richtung bevorzugt:

$$D_0 = \frac{S_{max}}{S_0} \,.$$

Als dB-Wert angegeben wird der Richtfaktor zum Antennengewinn G:

$$G = 10 \log D_0 \,.$$

Bild 28: Richtdiagramm eines Halbwellendipols.
(Vertikaler Schnitt durch die Dipolantenne, Leistungsdichte über dem Winkel).

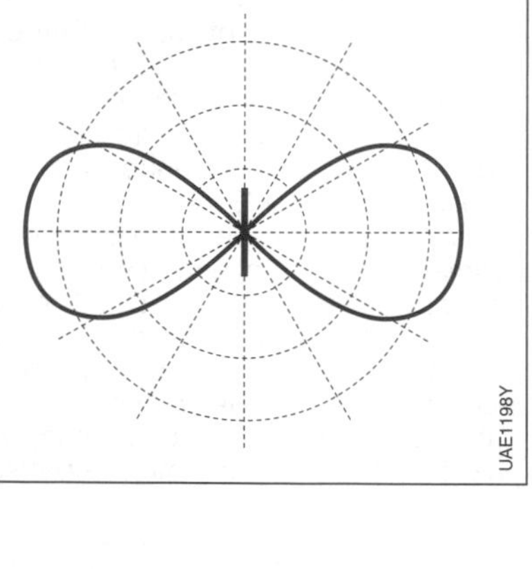

Meist sind in den Antennengewinn auch die Verluste der Antenne eingerechnet, sodass G kleiner ist als im Idealfall. Derselbe Richtfaktor und derselbe Antennengewinn gelten auch im Empfangsbetrieb. Dort geben sie an, um wieviel die von der Antenne aufgenommene Leistung größer ist als bei der Referenzantenne.

In den EMV-Normen wird statt mit dem Antennengewinn mit dem Antennenfaktor AF gerechnet:

$$AF = 20 \log \frac{E}{U} \,.$$

Der Antennenfaktor gibt an, welche Spannungsamplitude U (in V) am Eingangswiderstand des an die Antenne angeschlossenen Messgeräts abfällt, wenn ein elektrisches Feld der Amplitude E (in V/m) empfangen wird. Derselbe Antennenfaktor gilt auch für den Sendebetrieb und verknüpft die Spannungsamplitude U (in V) am Eingang der Sendeantenne mit der Amplitude E (in V/m) des elektrischen Felds der ausgesendeten Welle.

Antennengewinn und Antennenfaktor können ineinander umgerechnet werden:

$$AF = 10 \log \left(\frac{4 \pi Z_0}{\lambda^2 R_L} \right) - G$$

mit

R_L Eingangswiderstand des Messgeräts und des Antenneneingangs (in Ω, meist 50 Ω),

Z_0 Feldwellenwiderstand des freien Raums (gleich 377 Ω),

λ Wellenlänge (in m).

Elektrische Effekte in metallischen Leitern

Kontaktspannung zwischen Leitern

Analog zur Reibungs- oder Kontaktelektrizität bei Isolatoren (z. B. Glas, Hartgummi) treten bei Leitern Kontaktspannungen auf. Verbindet man zwei verschiedene Metalle gleicher Temperatur leitend miteinander und trennt sie anschließend, so herrscht zwischen ihnen eine Kontaktspannung. Ursache sind verschieden hohe Austrittsarbeiten der Elektronen. Die Höhe der Spannung ist abhängig von der Stellung der Elemente in der thermoelektrischen Spannungsreihe (Tabelle 6). Verbindet man mehrere Leiter, so setzt sich die resultierende Kontaktspannung additiv aus den Einzelspannungen zusammen.

Thermoelektrizität und Thermoelemente

Seebeck-Effekt

Zwischen den beiden Enden eines Leiters tritt eine elektrische Spannung auf, wenn diese auf unterschiedlichen Temperaturen liegen. Mit steigender Temperatur nimmt die Elektronendichte im Leiter aufgrund der zunehmenden Bewegungsenergie der Elektronen ab: Die Elektronen im „heißen" Bereich besitzen eine größere kinetische Energie und bewegen sich im Mittel in Richtung zum „kalten" Bereich. Insgesamt herrscht dann im „kalten" Bereich im Vergleich zum „warmen" Bereich eine höhere Elektronendichte und somit ein negatives Potential. In der Halbleiterphysik lässt sich dies durch unterschiedliche Fermi-Niveaus und hieraus resultierende Potentialdifferenz (Thermospannung U_T) ausdrücken. Insgesamt stellt sich nach folgender Gleichung die Thermospannung U_T zwischen den Enden mit der Temperaturdifferenz ΔT ein:

$$U_T = \alpha \Delta T,$$

mit

α: Seebeck-Koeffizient in µV/K,
ΔT: Temperaturdifferenz in K.

Der Seebeck-Koeffizient α ist näherungsweise temperaturunabhängig und wird durch das Material bestimmt. Mit dem Seebeck-Koeffizienten α kann die Thermospannung U_T in µV für das jeweilige Material bei gegebener Temperaturdifferenz in Kelvin ermittelt werden; häufig besteht der zweite Leiter aus Platin – daher ist der Seebeck-Koeffizient α für Platin in Tabelle 7 gleich null. Zuweilen wird statt α auch der k-Faktor verwendet.

Technisch lässt sich dieser Effekt nicht mit einem homogenen Material nutzen. Da die beiden Messstellen zum Spannungsabgriff über das Messgerät auf die gleiche

Tabelle 6: Stellung einiger Elemente in der thermoelektrischen Spannungsreihe bei der Temperatur 0 °C (Quelle [4]).
(Für Pb ist die Thermokraft willkürlich gleich Null gesetzt).

Element	Thermokraft [µV K⁻¹]
Antimon	+35
Eisen	+16
Zink	+3
Kupfer	+2,8
Silber	+2,7
Blei	0
Aluminium	−0,5
Platin	−3,1
Nickel	−19
Bismut	−70

Tabelle 7: Seebeck-Koeffizient einiger Elemente bezogen auf Platin bei der Bezugstemperatur 0 °C (Quelle [5]).

Element	Thermospannung [µV K⁻¹]
Selen	900
Tellur	500
Silizium	440
Germanium	300
Antimon	47
Nickelchrom	25
Eisen	19
Wolfram	7,5
Cadmium	7,5
Silber	6,5
Gold	6,5
Kupfer	6,5
Rhodium	6
Tantal	4,5
Blei	4
Aluminium	3,5
Kohlenstoff	3
Quecksilber	0,6
Platin	0
Natrium	−2
Kalium	−9
Nickel	−15
Konstantan	−35
Bismut	−72

Temperatur gebracht werden würden, wären dann zweimal gleich große Spannungen gegensinnig in Reihe geschaltet. So könnte dann keine Spannung zwischen den beiden Messstellen abgegriffen werden. Dies ändert sich, wenn unterschiedliche Materialien verwendet werden (Bild 29). Das eigentliche Thermoelement besteht in Bild 21 aus zwei Leitern aus den Materialien 1 und 2. Da die Anschlüsse unter Umständen zu kurz sind, werden sie an einer Koppelstelle verlängert. Diese Koppelstelle befindet sich auf der Temperatur T_K. Gegebenenfalls ist noch eine weitere Verlängerung erforderlich – dies ist in Bild 29 mit Material 3 gekennzeichnet. Dabei kann es sich z.B. um Leiterbahnen aus Kupfer handeln. Schließlich kann die Thermospannung U_T abgegriffen werden. Die Elektronik befindet sich dabei auf der Umgebungstemperatur T_U.

Die Reihenschaltung der verschiedenen Elemente in Bild 29 ergibt folgenden Zusammenhang:

$$U_T = \alpha_3\,(T_U - T_K) + \alpha_1\,(T_K - T_M) + \alpha_2\,(T_M - T_K) + \alpha_3\,(T_K - T_U),$$

$$U_T = (\alpha_1 - \alpha_2)\,(T_K - T_M).$$

Passend zu der Materialpaarung eines Thermoelements sind zugehörige Verlängerungen aus dem gleichen Material als Ausgleichsleitungen möglich.

Der Vorteil der Thermoelemente liegt in der kleinen Baugröße, die einen Einsatz in Bereichen mit sehr kleinen Abmessungen erlaubt – z.B. können Thermoelemente für strömungstechnische Messungen in einem Windkanal auf der Oberfläche aufgeklebt werden. Die Thermospannungen sind zwar sehr klein; allerdings ist der Innenwiderstand der Thermoelemente klein, sodass Störungen wenig Einfluss auf das Ausgangssignal haben. Thermoelemente können so vorteilhaft bis Temperaturen über 2000 °C eingesetzt werden. Nachteilig ist allerdings die geringe Langzeitstabilität der Thermoelemente.

Bild 29: Prinzipieller Aufbau eines Thermoelements.
1 Leiter mit Material 1,
2 Leiter mit Material 2,
3 Leiterverlängerung mit Material 3,
T_M Temperatur an der Messstelle,
T_K Temperatur an der Koppelstelle,
T_U Umgebungstemperatur,
U_T Thermospannung.

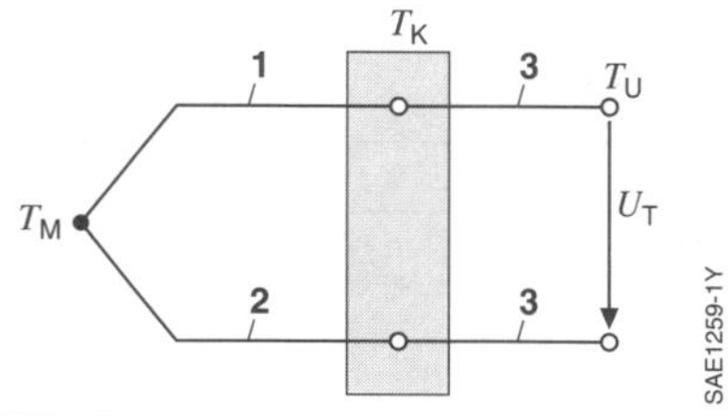

Peltier-Effekt

Die Umkehrung des Seebeck-Effekts ist der Peltier-Effekt, bei dem durch elektrische Energie eine Temperaturdifferenz erzeugt wird (z.B. als Wärmepumpe). Ein Stromfluss durch die Kontaktstellen zweier unterschiedlicher Leiter führt dazu, dass an einem Kontakt Wärmeenergie Q aufgenommen und am anderen Kontakt abgegeben wird. Je nach Stromrichtung kann somit an einem Kontakt Wärme zugeführt oder auch abgeführt werden. Für den Wärmetransport ΔQ pro Zeiteinheit Δt gilt:

$$\frac{\Delta Q}{\Delta t} = \Pi\, I \text{ (in V A)},$$

mit
Π: Peltier-Koeffizient (in V),
I: Stromstärke (in A),
Δt: Zeitintervall (in s).

Zwischen dem Peltier-Koeffizienten Π, der Temperatur T und der Thermospannung U_T besteht folgender Zusammenhang:

$$\Pi = U_T\, T\,.$$

Für die Nutzung des Peltier-Effekts wird z.B. Bismuttellurid (Bi_2Te_3) oder auch Siliziumgermanium (SiGe) verwendet, welche entweder n- oder p-dotiert sind, um so Bereiche mit unterschiedlichen Fermi-Niveaus zu erhalten. Die maximale Spannung pro Thermopaar (also je n- und p-dotierter Bereich) beträgt 0,12 V, sodass ein Peltier-Element mit 127 Thermopaaren (Thermocouples) eine Versorgungsspannung von ca. 15 V benötigt.

Zu beachten ist beim Betrieb eines Peltier-Elements, dass zwar mit steigendem Strom I die Kühlleistung ebenso zunimmt, allerdings führt dies aufgrund der elektrischen (ohmschen) Verlustleistung $P = RI^2$ auch zu einer Eigenerwärmung, welche der Kühlleistung entgegenwirkt. Somit gilt für die Bestimmung des Betriebspunkts mit maximaler Effizienz: Das Verhältnis zwischen Stromstärke und maximaler Stromstärke ist so zu wählen wie das zwischen der Temperaturdifferenz und der maximal erreichbaren Temperaturdifferenz.

Galvano- und thermomagnetische Effekte

Darunter versteht man Änderungen der elektrischen oder thermischen Durchströmung eines Leiters, die durch ein Magnetfeld hervorgerufen werden. Es gibt zwölf Effekte dieser Art. Die bekanntesten sind Hall-, Ettingshausen-, Righi-Leduc- und Nernst-Effekt.

Hall-Effekt

Von besonderer technischer Bedeutung ist der Hall-Effekt. Schickt man durch einen geeigneten Leiter einen Strom I und legt zeitgleich senkrecht dazu ein Magnetfeld beziehungsweise eine magnetische Flussdichte B an, entsteht senkrecht zur Stromrichtung und zum Magnetfeld eine Spannung, die Hall-Spannung U_H (Bild 30):

$$U_\text{H} = \frac{R_\text{H}\, I\, B}{d},$$

mit
R_H Hall-Konstante (in m³/A s),
I Versorgungsstrom (in A),
B magnetische Flussdichte (in Vs/m²),
d Dicke des Leiters (in m).

Bild 30: Hall-Sensorelement.
B Flussdichte,
I Versorgungsstrom,
U Versorgungsspannung,
I_H Hall-Strom,
U_H Hall-Spannung,
d Dicke des Leiters.

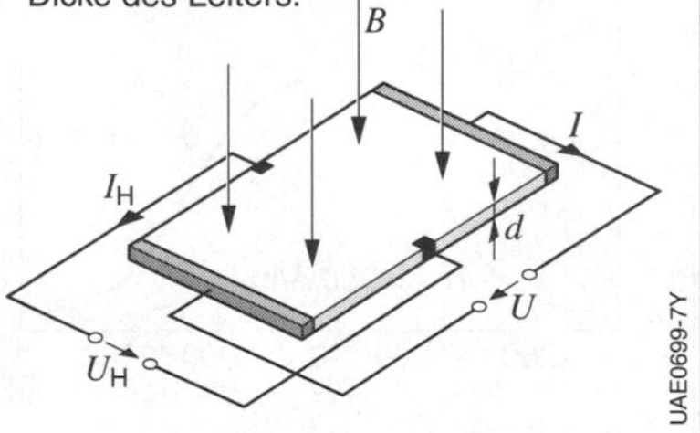

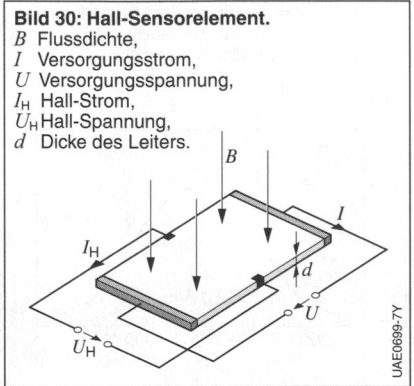

Bei Hall-Sensoren aus dotierten Materialien wie Silizium – also n- oder p-Silizium – bestimmen die Majoritäten das Vorzeichen und die Richtung der Hall-Spannung U_H.

Für die Anwendung ist die Hall-Konstante R_H relevant: Betragsmäßig höchste Werte im Bereich von 10^{-4} m³/A s werden für Indium-Arsenid (InAs) erreicht; für Silizium sind u.a. die Werte von der Dotierung abhängig und deutlich kleiner. Bei bekanntem Strom I kann dann auf die magnetische Flussdichte B beziehungsweise auf das Magnetfeld geschlossen werden. Vorteilhaft ist die streng lineare Abhängigkeit der Hall-Spannung vom Magnetfeld beziehungsweise von der magnetischen Flussdichte; nachteilig ist der in der Regel nicht vernachlässigbare Offset aufgrund von Inhomogenitäten (Kristallfehler, insbesondere an der Oberfläche) und Geometrieeinflüssen.

Bei ferromagnetischen Stoffen ist die Hall-Spannung von der Magnetisierung abhängig, wobei dann auch Hysterese-Effekte auftreten können.

Häufig werden Hall-Sensoren für die Drehzahlerfassung genutzt, bei der die Wechsel von Zahn und Lücke eines rotierenden weichmagnetischen Geberrads detektiert wird. Andere Anwendungen Im Automobil sind u.a. die Erkennung von Endpunkten oder die potentialfreie (also berührungslose) Messung von elektrischen Strömen über das vom Strom erzeugte Magnetfeld.

Magnetoresistive Effekte

Anisotroper Magnetoresistiver Effekt

Sensoren auf Basis des Anisotropen Magnetoresistiven Effekts (AMR-Effekt) ändern aufgrund eines anliegenden Magnetfelds H den elektrischen Widerstand R; im Unterschied zu herkömmlichen Hall-Sensoren und auch Feldplatten reagieren AMR-Sensoren auf Magnetfelder in Schichtebene (hier xy-Ebene in Bild 31).

AMR-Sensorelemente bestehen im Wesentlichen aus einem dünnen, nur ca. 20…50 nm dicken Streifen aus hochpermeablen Permalloy ($Ni_{81}Fe_{19}$-Legierung), der eine starke Formanisotropie aufweist (Bild 31). Diese drückt sich durch eine deutlich größere Länge l als Breite b aus; hierdurch wird eine „leichte Achse“ (englisch: „easy axis“) definiert, welche die

Ausrichtung der Magnetisierung M ohne äußeres Magnetfeld H in der xy-Ebene in Bild 31 festlegt. Ein Magnetfeld H in Richtung der „schweren Achse" („hard axis", in Bild 31 in y-Richtung) dreht M aus dieser Position heraus, was zu einer relativen Änderung des elektrischen Widerstands R um maximal 3 % führt.

R hängt vom Winkel Θ_{JM} zwischen der Stromdichte J und der Magnetisierung M ab: Sind J und M parallel (also $\Theta_{JM}=0$), resultiert der maximale elektrische Widerstand $R_{\|}$; stehen J und M senkrecht zueinander ($\Theta_{JM}=90$ °), dann stellt sich der minimale Wert $R_{\perp}$ ein. Der Ausdruck $\sin\Theta_{JM}$ kann für kleine Winkel Θ_{JM} durch das Verhältnis des anliegenden Magnetfelds H_y in schwerer Richtung und der Anisotropiefeldstärke H_K ausgedrückt werden, wobei H_K von der Geometrie der AMR-Schicht abhängt – genauer vom Verhältnis Breite b zu Dicke d. Es gilt für R folgender Zusammenhang (Bild 31b, [6]):

$$R(\Theta_{JM}) = R_{\|} - \Delta R_{max}(\sin\Theta_{JM})^2.$$

Für kleine Θ_{JM} gilt:

$$\sin\Theta_{JM} \approx \frac{H_y}{H_K}.$$

$R_{\|}$: Widerstand für $\Theta_{JM} = 0$ °;
$R_{\perp}$: Widerstand für $\Theta_{JM} = 90$ °;
$\Delta R_{max} = R_{\|} - R_{\perp}$: maximal erreichbare absolute Widerstandsänderung.

Eine physikalische Erklärung dieses Effekts liefert die Quantenphysik: Abhängig von der Spin-Orientierung ergeben sich Änderungen in der elektrischen Leitfähigkeit.

Die Anisotropiefeldstärke H_K spielt für die Empfindlichkeit $S=dR/dH$ eine wichtige Rolle; je breiter die AMR-Schicht, desto steiler wird die Kennlinie und damit die Empfindlichkeit S.

Aus Bild 31b folgt, dass für betragsmäßig kleine Magnetfelder H_y die Empfindlichkeit S sehr klein ist; daher sollte der Arbeitspunkt in einen Bereich mit linearem Verhalten gebracht werden. Hierfür sind vor

Bild 31: AMR-Sensorelement.
a) Aufbau,
b) Kennlinie,
1 Sensorelement,
2 Kontaktschicht.
3 Analytische Berechnung gemäß
$R=R_{\|}-\Delta R_{max}(\sin\Theta_{JM})^2$
für $-H_K \le H_y \le H_K$ und
$R=R_{\|}-\Delta R_{max}$ außerhalb dieses Bereichs.
4 reale Kennlinie.
l Länge des Sensorelements,
b Breite des Sensorelements,
H Magnetfeld,
M Magnetisierung,
J Stromdichte,
R Widerstand,
Θ_{JM} Winkel zwischen J und M.

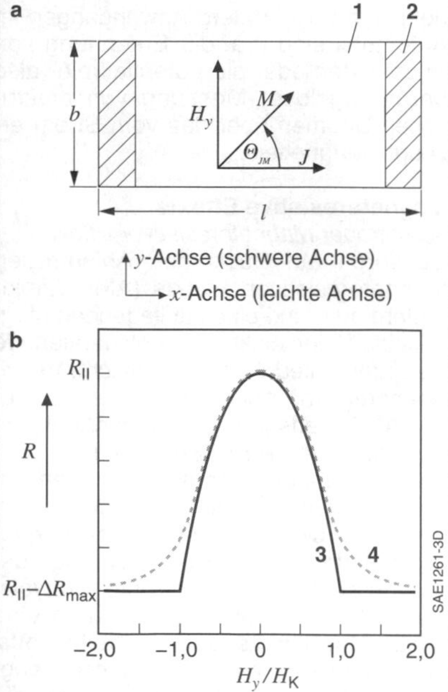

Bild 32: Linearisierung der AMR-Kennlinie.
1 Kennlinie mit zusätzlichem Magnetfeld H_{y0} (gemessen mit $H_{y0}=980$ A/m),
2 Kennlinie ohne Linearisierung.
H Magnetfeld,
R Widerstand.

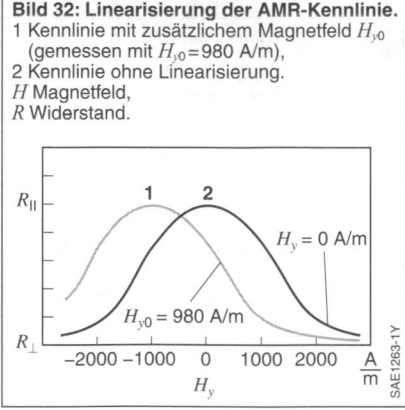

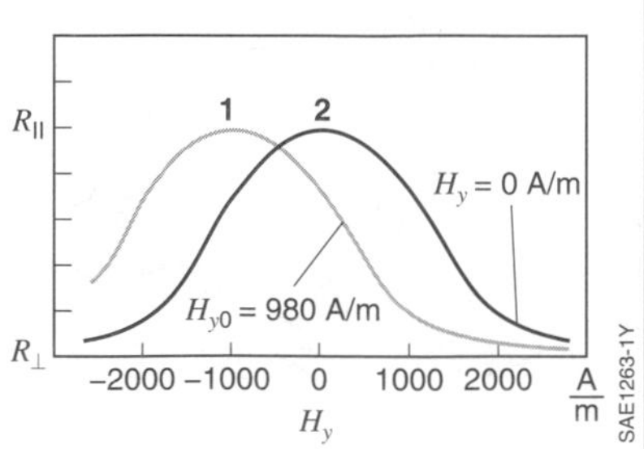

allem zwei Verfahren bekannt: Linearisierung mit einem zusätzlichen (konstanten) Magnetfeld H_{y0} (in Richtung der schweren Achse in Bild 31a), was eine Verschiebung der Kennlinie in Bild 32 nach links in den steilen Bereich bewirkt; oder die häufig eingesetzte Barber-Pole-Struktur in Bild 33. Hierbei wird der Stromdichtevektor J um annähernd 45 ° gedreht, um eine lineare Kennlinie für kleine Magnetfelder H_y zu erhalten.

Zu beachten ist aber gemäß Bild 34, dass die Ausrichtung der leichten Achse nicht verändert werden darf, denn ein „Umklappen der Domänen" um 180 ° führt zu einer Spiegelung der Kennlinie bezüglich $H_y = 0$ („Butterfly-Kurve"). Dies wird in der Regel durch ein zusätzliches konstantes Magnetfeld in „leichter Richung" (hier: x-Richtung) bewerkstelligt, was aber die Empfindlichkeit und auch den absoluten Widerstand und damit auch die absolute Widerstandsänderung reduziert, da die maximale relative Änderung von R stets ca. 3 % beträgt. Ein Umklappen der Domänen führt zu keiner Änderung der Kennlinie bei der Linearisierung mit einem konstanten Magnetfeld H_{y0}.

Für den Einsatz von AMR-Sensoren spricht die höhere Magnetfeldempfindlichkeit als mit Silizium-Hall-Sensoren. Ungünstig ist die Tatsache, dass die AMR-Sensoren nicht kompatibel mit Halbleiterprozessen sind und daher gesondert aufgebaut werden müssen. Aufgrund der um null spiegelsymmetrischen Kennlinie

Bild 33: AMR-Sensorelement mit Barber-Pole-Struktur.
1 Hochleitfähige Schicht (Barber Pole).
H Magnetfeld,
M Magnetisierung,
J Stromdichte Versorgungsstrom,
Θ Winkel.

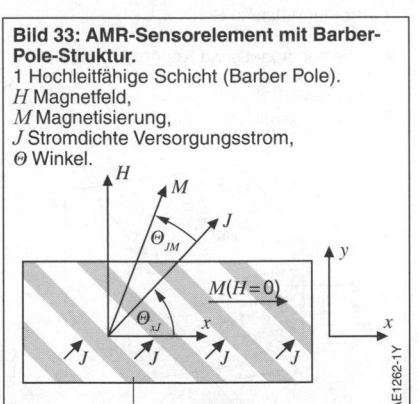

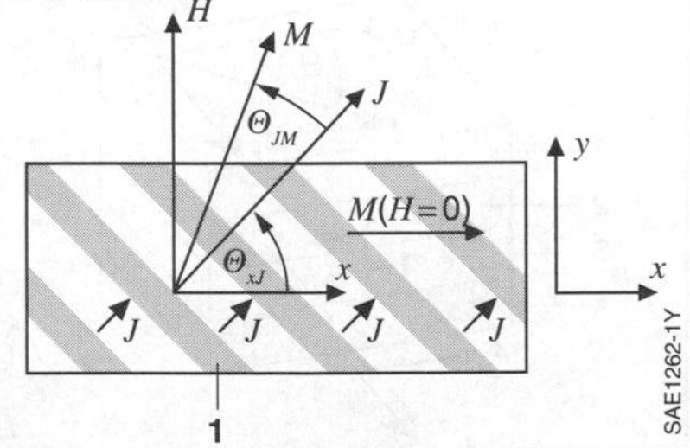

Bild 34: Linearisierung der AMR-Kennlinie mit Barber-Pole-Struktur.
1 Kennlinie 1: Leichte Achse in negativer x-Richtung,
2 Kennlinie 2. 1: Leichte Achse in positiver x-Richtung,
H Magnetfeld,
R Widerstand.

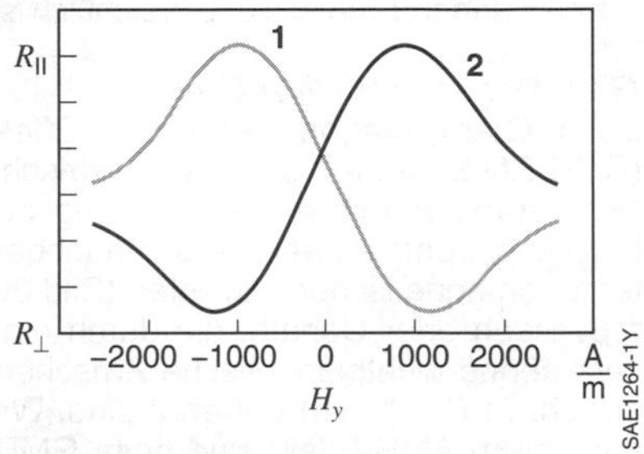

Bild 35: Wheatstone'sche Brücke mit vier AMR-Sensorelementen mit Barber-Pole-Struktur.
Barber-Pole-Struktur der AMR-Elemente ist kreuzweise gleich.
a) Aufbau,
b) Kennlinie.
H Magnetfeld,
U_V Versorgungsspannung,
U_A Spannung an Sensorelement A,
U_B Spannung an Sensorelement B,
U_D Brückenspannung,
ΔR Widerstandsänderung.

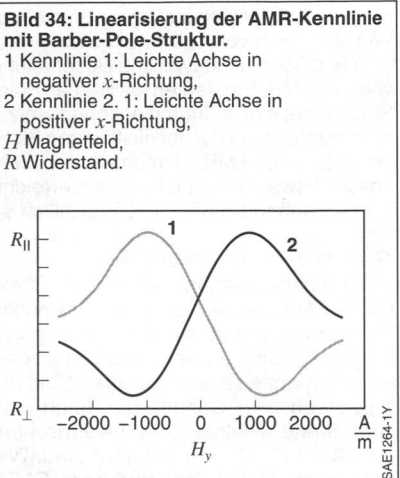

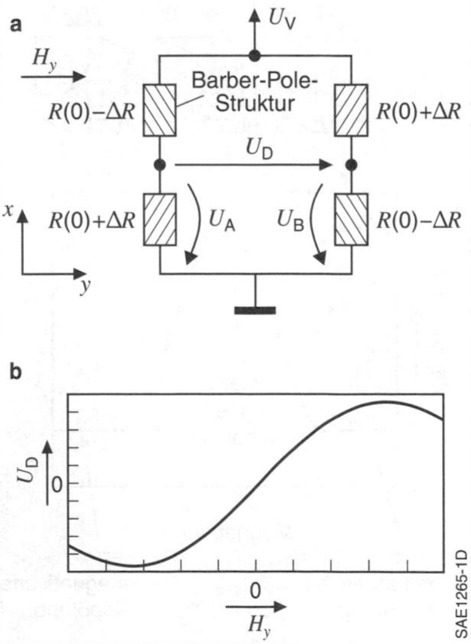

können AMR-Winkelsensoren nur einen Winkelbereich von 180 ° auflösen.

In Bild 35 ist eine typische Beschaltung von vier AMR-Elementen mit Barber-Pole-Struktur gezeigt; aufgrund der gegensätzlichen Ausrichtung der hochleitfähigen Streifen in je zwei AMR-Elementen wird eine abschnittsweise lineare Kennlinie erreicht, wie dies anhand von Bild 35b ersichtlich ist.

Giant Magnetoresistiver Effekt

Beim Giant Magnetoresistiven Effekt (GMR-Effekt) ändert sich der elektrische Widerstand R mit der Ausrichtung der Magnetisierung M zweier eng benachbarter ferromagnetischer Schichten (Bild 36, z.B. Eisen oder Cobalt), die durch eine sehr dünne nichtmagnetische Zwischenschicht (z.B. Chrom) getrennt sind. Wie auch beim AMR-Effekt sind beim GMR-Effekt nur anliegende Magnetfelder in Schichtebene relevant. Aufgrund der spinabhängigen Streuung der Elektronen in einer der magnetischen Schichten ergibt sich bei paralleler Orientierung der Magnetisierung M (also bei ferromagnetischer Kopplung) in den beiden Schichten der minimale elektrische Widerstand R_{min}; bei antiparalleler Ausrichtung der beiden Magnetisierungen M (somit bei antiferromagnetischer Kopplung) resultiert dann der maximale Wert R_{max}. Bei Verwendung von mehreren Schichtfolgen ergeben sich relative Widerstandsänderungen von ca. 6 %.

Der Strom I fließt in GMR-Sensoren vorzugsweise in Schichtebene der Magnetisierung M (CIP-GMR, Current-in-plane-GMR). Möglich ist aber auch ein Stromfluss senkrecht zur Schichtebene (CPP-GMR, Current-perpendicular-to-plane-GMR). In Bild 36b ist der „glockenförmige" Verlauf von R (ähnlich wie beim AMR-Effekt) in Abhängigkeit eines anliegenden Magnetfelds H angegeben.

Wichtig ist die geringe Dicke der elektrisch leitfähigen und nichtmagnetischen Zwischenschicht (Chrom in Bild 36 beziehungsweise „Spacer" in Bild 37; ebenso kommt Kupfer zum Einsatz), welche im Bereich unterhalb eines Nanometers liegt.

Um bei kleinen Magnetfeldern H ein ausreichendes und zumindest abschnittsweise lineares Signal zu erzeugen, werden häufig GMR-Sensorelemente als Spin-

Bild 36: Kennlinie und prinzipieller Aufbau eines GMR-Sensorelements.
a) Prinzipieller Aufbau,
b) Kennlinie.
M Magnetisierung,
I Strom,
R Widerstand,
H Magnetfeld.

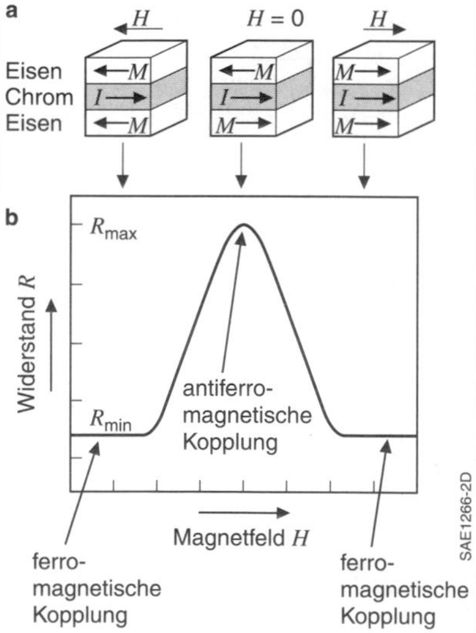

Bild 37: Aufbau eines Spin-Valve.
1 Weichmagnetische Schicht, drehbare Magnetisierung M_1,
2 „Spacer", metallische nichtmagnetische Einzelschicht,
3 ferromagnetische Schicht, fixierte Magnetisierung M_2,
4 antiferromagnetische Koppelschicht.
M Magnetisierung,
H Magnetfeld,
Θ_{xM} Winkel zwischen x und M.

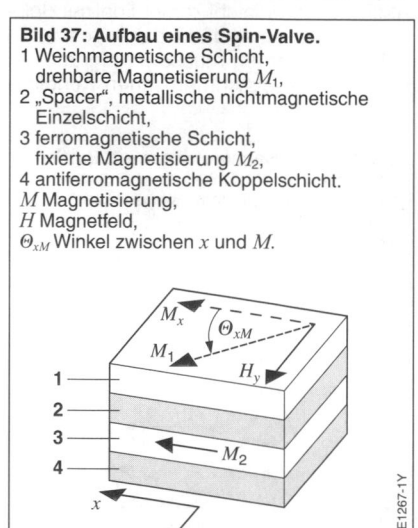

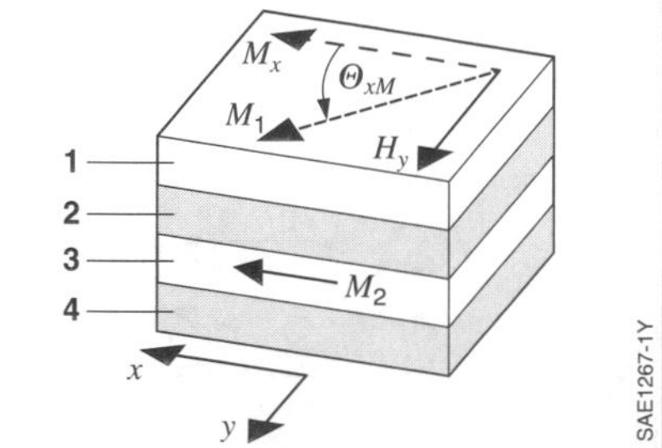

Valves (Spinventile) verwendet; der prinzipielle Aufbau ist in Bild 37 gezeigt: Hier wird die Magnetisierung M_2 einer ferromagnetischen Schicht festgehalten (im „Pinned Layer" mit antiferromagnetischer Kopplung), sodass nur die („drehbare") Magnetisierung M_1 der weichmagnetischen Schicht einem äußeren Magnetfeld H_y folgt; M_x in Bild 37 entspricht der Ausrichtung von M_1 ohne äußeres Magnetfeld H_y. Die resultierende Kennlinie zeigt Bild 38; diese Kennlinie zeigt bei kleinen Magnetfeldern H_y eine zumindest abschnittsweise lineare Kennlinie – allerdings tritt bei höheren Magnetfeldern H_y eine Hysterese auf. Die maximale relative Änderung von R bei GMR-Spin-Valve-Sensoren liegt im Bereich von ca. 4 %.

Häufig werden GMR-Sensorelemente in einer Wheatstone'schen Brückenschaltung – also als Vollbrücke – aufgebaut.

Die Vorteile von GMR-Sensoren im Vergleich zu AMR-Sensoren liegen in der höheren Empfindlichkeit S (= dR/dH) und einem kleinerem Platzbedarf, d.h. mehr Signal pro Fläche. Darüber hinaus kann aufgrund der kleineren GMR-Sensorelemente eine höhere Ortsauflösung erreicht werden. All dies ermöglicht den Einsatz kleinerer Magnete bei Winkelsensoren und kleinerer Zahnräder z.B. bei Drehzahlsensoren.

Des Weiteren sind mit GMR-Sensoren Winkelsensoren mit einem Messbereich von 360 ° möglich, während mit AMR-Sensoren nur 180 ° erreichbar sind. Der Grund liegt darin, dass bei GMR-Sensoren die Ausrichtung der gepinnten Magnetisierung

Bild 38: Beispiel für eine Kennlinie eines Spin-Valve-GMR-Sensorelements.
H Magnetfeld,
R Widerstand.

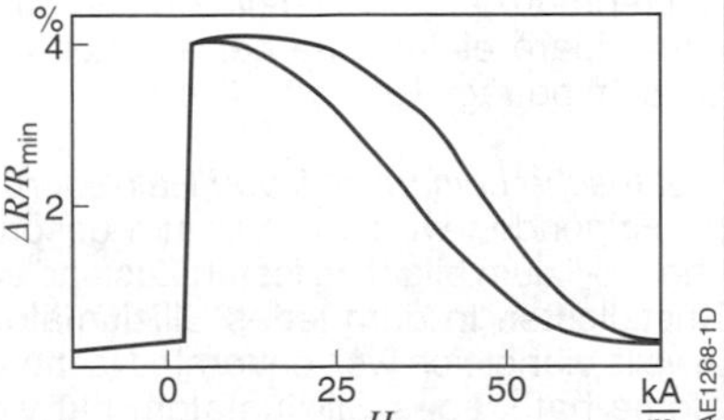

für die einzelnen GMR-Sensorelemente unterschiedlich ausgerichtet werden kann.

Tunnel-Magnetoresistiver Effekt

Beim Tunnel-Magnetoresistiven Effekt (TMR-Effekt) ändert sich wie auch beim GMR-Effekt der elektrische Widerstand R mit der Ausrichtung der Magnetisierung M zweier eng benachbarter ferromagnetischer Schichten. Allerdings fließt bei TMR-Sensoren der Strom I nicht wie bei üblichen CIP-GMR-Sensoren parallel (vergleiche hierzu Bild 36), sondern aufgrund des Tunneleffekts senkrecht zu der elektrisch isolierenden und nichtmagnetischen Zwischenschicht. Wie beim AMR- und GMR-Effekt sind auch beim TMR-Effekt nur anliegende Magnetfelder in Schichtebene relevant.

Mit der TMR-Technologie können im Vergleich zu GMR- und AMR-Sensoren deutlich kleinere und noch empfindlichere Sensoren aufgebaut werden; dies infolge des deutlich höheren elektrischen Widerstands R bei vergleichbaren relativen Widerstandsänderungen. Der elektrische Leistungsbedarf wird hierbei gemäß $P = U^2/R$ reduziert.

Literatur

[1] H. Bernstein: Elektrotechnik/Elektronik für Maschinenbauer – Einfach und praxisgerecht. 3. Aufl., Verlag Springer Vieweg, 2018.
[2] D. Zastrow: Elektrotechnik – Ein Grundlagenlehrbuch. 20. Aufl., Verlag Springer Vieweg, 2018.
[3] E. Philippow: Grundlagen der Elektrotechnik. Verlag Technik, Huss-Medien, 10. Aufl., 2000.
[4] D. Meschede: Gerthsen Physik. 25. Aufl., Verlag Springer Spektrum, 2015.
[5] http://www.uni-magdeburg.de/exph/messtechnik1/Parameter_Thermoelemente.pdf.
[6] E. Kneller: Ferromagnetismus. 1. Aufl., 1962; Reprint 2012, Springer-Verlag.

Elektronik

Grundlagen der Halbleitertechnik

Elektrische Leitfähigkeit von Festkörpern

Die Anzahl und die Beweglichkeit der freien Ladungsträger in den verschiedenen Stoffen bestimmen ihre spezifische Eignung zur Stromleitung. Die elektrische Leitfähigkeit fester Körper hat bei Raumtemperatur die Variationsbreite von 24 Zehnerpotenzen. Das führt zur Einteilung in drei elektrische Stoffklassen.

Leiter (Metalle)
Alle Festkörper haben je Kubikzentimeter rund 10^{22} Atome, die durch elektrische Kräfte zusammengehalten werden. In Metallen ist die Zahl der freien – d.h. nicht gebundenen – Ladungsträger sehr groß (je Atom ein bis zwei freie Elektronen), ihre Beweglichkeit ist mäßig. Die elektrische Leitfähigkeit von Metallen (z.B. Silber, Kupfer, Aluminium) ist hoch, sie beträgt für gute Leiter ca. 10^6 S/cm.

Bild 1: Dotiertes Silizium.
a) n-dotiertes Silizium,
b) p-dotiertes Silizium.
o Elektron, Si Silizium, P Phosphor, B Bor,
E elektrisches Feld.
Die gekrümmten Pfeile geben die Bewegungsrichtung der Elektronen bei angelegtem Elektrischen Feld E an.

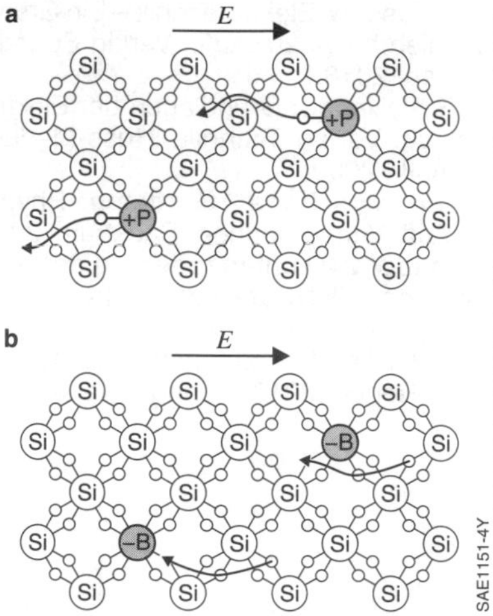

Nichtleiter (Isolatoren)
In Isolatoren (z.B. Aluminiumoxid, Teflon, Quarzglas) ist die Anzahl der freien Ladungsträger praktisch null. Dementsprechend ist die elektrische Leitfähigkeit verschwindend klein. Die Leitfähigkeit guter Isolatoren beträgt ca. 10^{-18} S/cm.

Halbleiter
Die elektrische Leitfähigkeit von Halbleitern (z.B. Germanium, Silizium, Galliumarsenid) liegt zwischen der von Metallen und Isolatoren. Sie ist – im Gegensatz zur Leitfähigkeit von Metallen und Isolatoren – stark von folgenden Größen abhängig:
- Der Druck beeinflusst die Beweglichkeit der Ladungsträger,
- die Temperatur hat Einfluss auf die Anzahl und Beweglichkeit der Ladungsträger,
- die Lichteinwirkung hat ebenfalls Einfluss auf die Anzahl der Ladungsträger,
- zugefügte Fremdstoffe bestimmen unter anderem ebenso die Anzahl und Art der Ladungsträger.

Aufgrund dieser Abhängigkeiten sind Halbleiter auch als Druck-, Temperatur- und Lichtsensoren geeignet.

Dotieren von Halbleitern

Durch Dotieren, d.h. durch kontrollierten Einbau von elektrisch wirksamen Fremdstoffen, lässt sich die Leitfähigkeit von Halbleitern definiert und lokalisiert einstellen. Dies bildet die Grundlage der Halbleiterbauelemente. Die durch Dotieren reproduzierbar herstellbare und auch einstellbare elektrische Leitfähigkeit von Silizium beträgt $10^4 \ldots 10^{-2}$ S/cm.

Elektrische Leitfähigkeit von Halbleitern
Im Folgenden wird von Silizium gesprochen. Silizium bildet im festen Zustand ein Kristallgitter, in dem jedes Siliziumatom jeweils vier gleich weit entfernte Nachbaratome hat. Jedes Siliziumatom hat vier Außenelektronen. Die Bindung mit den

Nachbaratomen erfolgt durch je zwei gemeinsame Elektronen. In diesem Idealzustand besitzt das Silizium keine freien Ladungsträger, ist also ein Nichtleiter. Das ändert sich grundlegend durch geeignete Zusätze und bei Energiezufuhr.

Hier soll anhand einer anschaulichen Modellvorstellung die Dotierung erläutert werden. Es ist jedoch zu beachten, dass nicht alle Effekte anhand dieses Modells erklärt werden können [2].

n-Dotierung
Der Einbau von Fremdatomen mit fünf Außenelektronen (z.B. Phosphor) liefert freie Elektronen, denn zur Bindung in das Siliziumgitter werden nur vier Elektronen benötigt (Bild 1a). Jedes eingebaute Phosphoratom liefert also ein freies, negativ geladenes Elektron, wobei ein einfach positiv geladener Phosphor-Atomkern zurückbleibt. Das Silizium wird n-leitend (n-Silizium), da ein Überschuss an negativen Ladungen (Elektronen) vorliegt. Aufgrund einer von außen angelegten Spannung wird ein elektrisches Feld E erzeugt, das den beweglichen Ladungsträgern eine Vorzugsrichtung für die Bewegung vorgibt (Bild 1).

p-Dotierung
Der Einbau von Fremdatomen mit drei Außenelektronen (z.B. Bor) erzeugt Elektronenlücken („Löcher“), denn zur vollständigen Bindung in das Siliziumgitter fehlt dem Boratom ein Elektron (Bild 1b). Diese Lücke wird als Loch oder Defektelektron bezeichnet; dies bedeutet ein fehlendes Elektron. Löcher sind im Silizium beweglich; sie werden von Elektronen aufgefüllt, die ihrerseits wieder ein Loch hinterlassen. In einem elektrischen Feld wandern sie in entgegengesetzter Richtung wie die Elektronen. Löcher verhalten sich wie freie positive Ladungsträger. Jedes eingebaute Boratom liefert also ein freies, positiv geladenes Defektelektron (Loch). Das Silizium ist p-leitend und wird p-Silizium genannt.

Eigenleitung
Durch Wärmezufuhr oder durch Lichteinstrahlung werden auch im undotierten Silizium freie bewegliche Ladungsträger erzeugt, nämlich Elektron-Loch-Paare, die zu einer Eigenleitfähigkeit des Halbleiters führen. Sie ist im Allgemeinen klein gegenüber der durch Dotieren erzeugten Leitfähigkeit. Mit steigender Temperatur nimmt die Zahl der Elektron-Loch-Paare exponentiell zu und verwischt schließlich die durch Dotieren erzeugten elektrischen Unterschiede zwischen p- und n-Gebieten. Dadurch ergibt sich eine Grenze für die maximale Betriebstemperatur von Halbleiterbauelementen. Sie beträgt für Germanium 90...100 °C, für Silizium 150...200 °C und für Galliumarsenid 300...350 °C.

Im n- und im p-Halbleiter sind stets eine kleine Anzahl von Ladungsträgern entgegengesetzter Polarität vorhanden. Diese Minoritätsladungsträger sind für die Arbeitsweise fast aller Halbleiterbauelemente wesentlich.

pn-Übergang im Halbleiter

Der Grenzbereich zwischen einer p-leitenden Zone und einer n-leitenden Zone im selben Halbleiterkristall wird pn-Übergang genannt. Seine Eigenschaften sind grundlegend für die meisten Halbleiterbauelemente.

pn-Übergang ohne äußere Spannung
Im p-Gebiet sind sehr viele Löcher, im n-Gebiet extrem wenige; im n-Gebiet sind sehr viele Elektronen, im p-Gebiet extrem wenige. Dem Konzentrationsgefälle folgend diffundieren die beweglichen Ladungsträger ins jeweils andere Gebiet (Bild 2b).

Durch die Diffusion der Löcher in das n-Gebiet lädt sich das p-Gebiet im Bereich des pn-Übergangs negativ auf, da die negativ geladenen Atomrümpfe (z.B. Boratome) ortsfest bleiben. Durch den Verlust an Elektronen lädt sich das n-Gebiet positiv auf, da hier ortfeste positiv geladene Atomrümpfe (z.B. Phosphor) überschüssig sind. Dadurch bildet sich zwischen dem p- und dem n-Gebiet eine Spannung (Diffusionsspannung U_D) aus, die der Ladungsträgerwanderung entgegenwirkt. Der Ausgleich von Löchern und Elektronen kommt hierdurch zum Stillstand. Die aufgrund der Diffusion entstandene Spannung U_D ist von außen nicht direkt messbar, sie beträgt im Silizium typischerweise knapp 0,6 V.

Am pn-Übergang entsteht somit eine an beweglichen Ladungsträgern verarmte, elektrisch schlecht leitende Zone: Diese wird Raumladungszone oder Sperrschicht genannt. In ihr herrscht ein elektrisches Feld, dessen Stärke auch von der außen angelegten Spannung abhängt.

pn-Übergang mit äußerer Spannung
Nun sollen die Verhältnisse an einer Diode erklärt werden, da ein pn-Übergang dem Aufbau einer Diode entspricht; hierbei liegt am p-dotierten Silizium die Anode, am n-dotierten Bereich die Kathode vor.

Bei Anlegen einer Spannung U in Sperrrichtung (Minuspol am p-Gebiet und Pluspol am n-Gebiet) verbreitert sich die Raumladungszone (Bild 2c). Infolgedessen ist der Stromfluss I bis auf einen geringen Rest, der von den Minoritätsladungsträgern herrührt (Sperrstrom), gesperrt. Die Spannung U fällt dann innerhalb der Raumladungszone ab; daher herrscht dort eine hohe elektrische Feldstärke.

Als Durchbruchspannung wird die Spannung in Sperrichtung bezeichnet, von der ab eine geringe Spannungserhöhung einen steilen Anstieg des Sperrstroms hervorruft (Bild 3). Dieser Effekt lässt sich folgendermaßen erklären: Elektronen, welche die Raumladungszone erreichen, werden aufgrund der hohen Feldstärke stark beschleunigt. Dadurch können sie ihrerseits infolge von Stößen freie Ladungsträger erzeugen; dies wird auch als Stoßionisation bezeichnet. Dadurch steigt der Strom lawinenartig an und führt zum Lawinendurchbruch. Neben dem Lawinendurchbruch ist noch der Zenerdurchbruch bekannt, der auf dem Tunneleffekt beruht. Der Durchbruch eines pn-Übergangs kann diesen zerstören und ist daher oft nicht erwünscht. In manchen Fällen ist der Durchbruch jedoch gewollt. Der Lawinendurchbruch und der Zenerdurchbruch treten nur auf, wenn die Diode in Sperrrichtung betrieben wird.

Bei Anlegen einer Spannung U in Durchlassrichtung (Pluspol am p-Gebiet und Minuspol am n-Gebiet) wird die Raumladungszone abgebaut (Bild 2d). Ladungsträger überschwemmen den pn-Übergang und es fließt ein großer Strom in Durchlassrichtung (Bild 3), da die Raumladungszone keinen nennenswerten Widerstand mehr darstellt. Es wirkt lediglich der Bahnwiderstand, also der ohmsche Widerstand der dotieren Schichten. Der Anstieg des Stroms I in Abhängigkeit von U erfolgt exponentiell. Zu beachten ist aber der „thermische Durchbruch", bei welchem der Halbleiter aufgrund der starken Erwärmung zerstört werden kann. Dieser kann z.B. dann auftreten, wenn die Diode in Durchlassrichtung mit einem unzulässig hohen Strom betrieben wird.

Bild 2: pn-Übergang in einer Diode.
a) Schaltzeichen der Diode,
b) pn-Übergang ohne äußere Spannung,
c) pn-Übergang in Sperrrichtung,
d) pn-Übergang in Durchlassrichtung.
U angelegte Spannung (Diodenspannung),
I Diodenstrom.
⊕ Positiv geladene Atomrümpfe,
⊖ negativ geladene Atomrümpfe.

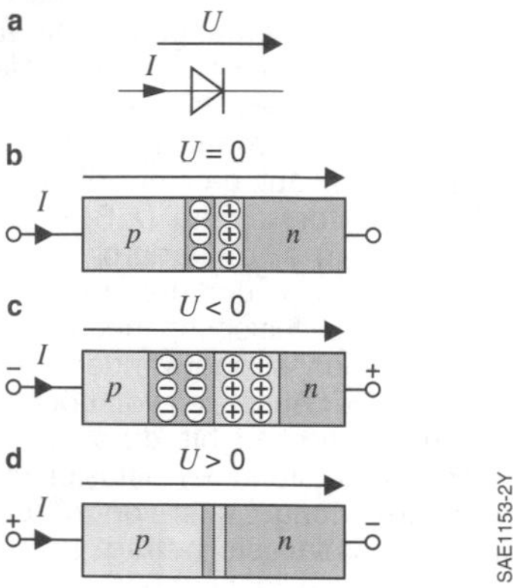

Bild 3: Kennlinie einer Silizium-Diode.
U angelegte Spannung (Diodenspannung),
I Diodenstrom.

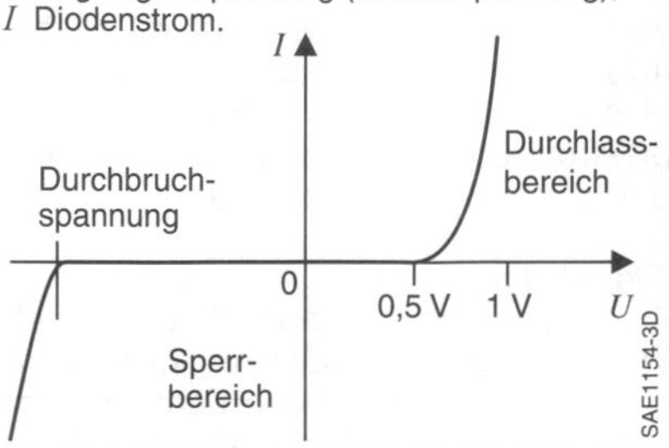

Diskrete Halbleiterbauelemente

Die Eigenschaften des *pn*-Übergangs und die Kombination mehrerer *pn*-Übergänge im gleichen Halbleiterkristallplättchen (Chip) sind die Basis einer immer noch wachsenden Fülle von Halbleiterbauelementen, die klein, robust, zuverlässig und kostengünstig sind. Ein *pn*-Übergang führt zu Dioden, zwei *pn*-Übergänge führen zu Transistoren. Die durch Planartechnik mögliche Zusammenfassung einer Vielzahl solcher Funktionselemente auf einem Chip führt zu der wichtigen Familie der integrierten Halbleiterschaltungen. In der Regel sind die wenige Quadratmillimeter messenden Halbleiterchips in genormte Gehäuse (aus Metall, Keramik oder Plastik) montiert.

Dioden

Dioden sind Halbleiterbauelemente mit einem *pn*-Übergang. Das spezifische Verhalten wird durch den jeweiligen Verlauf der Dotierungskonzentration im Kristall bestimmt. Dioden mit mehr als 1 A Durchlassstrom werden häufig als Leistungsdioden bezeichnet.

Gleichrichterdiode

Die Gleichrichterdiode wirkt wie ein Stromventil und ist deshalb das geeignete Bauelement zur Gleichrichtung von Wechselströmen. Der Durchlassstrom kann etwa 10^7-mal größer sein als der Strom in Sperrrichtung (Sperrstrom, Bild 3). Dieser wächst mit steigender Temperatur stark an.

Dioden können auch als Verpolschutzdiode eingesetzt werden, um im Falle eines falschen Spannungsanschlusses einen Stromfluss zu verhindern. Ebenso ist der Einsatz als Freilaufdiode üblich.

Gleichrichterdiode für hohe Sperrspannung

Bei einem Gleichrichter fällt die Spannung über der Raumladungszone ab. Da diese im Allgemeinen nur wenige Mikrometer dick ist, herrscht dort bei hohen Sperrspannungen eine hohe elektrische Feldstärke, die freie Elektronen stark beschleunigen kann. Beschleunigte Elektronen können zur Zerstörung des Halbleiters führen (Lawinendurchbruch). Um dies zu verhindern, erweist sich die Integration einer intrinsischen (eigenleitenden) Schicht zwischen der *p*- und der *n*-Schicht als nützlich, da sich in dieser nur wenige freie Elektronen befinden und somit die Gefahr eines Durchbruchs vermindert wird.

Schaltdiode

Die Schaltdiode wird vorzugsweise für ein rasches Umschalten von hoher auf niedrige Impedanz und umgekehrt eingesetzt. Die Schaltzeit wird durch zusätzliche Diffusion von Gold verkürzt; dies begünstigt die Rekombination von Elektronen und Löchern. Beim Umschalten muss die Raumladungszone entsprechend umgeladen werden; beim Einschalten vom sperrenden in den leitenden Zustand wird die zunächst ladungsfreie Raumladungszone mit Ladungen gefüllt, was zur Durchlassverzögerungszeit (Forward Recovery Time) führt. Entsprechend müssen beim Übergang der Diode in den sperrenden Zustand die in der Raumladungszone befindlichen (überschüssigen) Ladungsträger entfernt werden – die hierfür erforderliche Zeit wird Sperrverzögerungszeit (Backward Recovery Time) genannt. Bei Bipolartransistoren ist daher die Sättigung ($U_{CE} < 0{,}2$ V) kritisch, wenn ein schnelles Umschalten erforderlich ist. Häufig wird hier auch die Speicherladung beziehungsweise der maximale Rückstrom angegeben.

Bei den Verlusten wird zwischen Durchlassverlusten (Durchlassspannung mal Strom) und Schaltverlusten unterschieden; bei niedrigeren Frequenzen bis einigen 100 Hz dominieren die Durchlassverluste, bei höheren Frequenzen spielen die Schaltverluste zunehmend eine Rolle.

Leistungsdioden

Im Vergleich zu Schaltdioden sind Leistungsdioden für höhrere Ströme (> 1 A) und hohe Sperrspannungen (bis über 1 kV) konzipiert. Diese Forderungen entstehen aus den Gegebenheiten in der Leistungselektronik, wo hohe Stromstärken und hohe (Sperr-)Spannungen auftreten können, wobei geringe Durchlassverluste erwünscht sind. Daher weisen Leistungsdioden häufig – ähnlich zu Gleichrichterdioden für hohe Sperrspannungen – eine schwach dotierte „Mittelschicht" zwischen p- und n-dotiertem Bereich – also eine pin-Struktur: p-dotiert, undotiert beziehungsweuse intrinsisch, n-dotiert. In der schwach dotierten Zone kann die Raumladungszone sich weiter ausdehnen und somit kann eine höhere (Sperr-) Spannung erreicht werden, ohne dass die Dotierungen im p- und n-Gebiet reduziert werden müssen.

Neben reinen Silizium-Dioden werden hier auch Schottky-Dioden auf Basis von Siliziumcarbid (SiC) verwendet; diese Dioden zeigen eine Durchlassspannung von 0,8 V und eine maximale Sperrspannung von knapp 2 kV. Ferner können die SiC-Dioden auch bei höheren Temperaturen (bis 200 °C) betrieben werden.

Freilaufdioden
Beim schnellen Schalten von Strömen durch Induktivitäten können hohe Spannungen auftreten, da die induzierte Spannung proportional zu dI/dt ist. Um Schäden an den Bauelementen wie Leistungstransistoren (z.B. MOSFET oder IGBT) zu vermeiden, werden häufig Freilaufdioden (englisch flyback diode) eingesetzt. Hierdurch wird der Stromfluss nicht abrupt unterbrochen, sondern kann über die Freilaufdioden noch weiterfließen, sodass hohe induzierte Spannungen vermieden werden.

Z-Diode
Die Z-Diode (Zenerdiode) ist eine Halbleiterdiode, bei der im Fall wachsender Spannung in Sperrrichtung ab einer bestimmten Spannung ein steiler Anstieg des Stroms infolge eines Zener- oder eines Lawinendurchbruchs eintritt. Z-Dioden sind für den Dauerbetrieb im Bereich dieses Durchbruchs konstruiert. Sie werden häufig zur Bereitstellung einer Konstantspannung oder einer Referenzspannung genutzt.

Kapazitätsdiode
Die Raumladungszone am pn-Übergang wirkt wie ein Kondensator; als Dielektrikum wirkt das von Ladungsträgern entblößte Halbleitermaterial. Eine Erhöhung der angelegten Spannung verbreitert die Sperrschicht und verkleinert die Kapazität, eine Spannungserniedrigung vergrößert die Kapazität.

Schottky-Diode
Die Schottky-Diode enthält einen Metall-Halbleiter-Übergang. Weil Elektronen leichter aus n-Silizium in die Metallschicht gelangen als umgekehrt, entsteht im Halbleiter eine an Elektronen verarmte Randschicht (Schottky-Sperrschicht). Der Ladungstransport erfolgt ausschließlich durch Elektronen. Das führt zu einem extrem schnellen Umschalten, weil keine Minoritäten-Speichereffekte (Ladungsträgerüberschuss in der Raumladungszone wird abgebaut) auftreten. Die Durchlassspannung und damit der Spannungsfall ist bei Schottky-Dioden mit ca. 0,3 V kleiner als bei Silizium-Dioden (ca. 0,6 V). Aufgrund des schnellen Umschaltens und den vergleichbar geringen Verluste werden Schottky-Dioden in hochfrequenten Schaltungen bis in den Mikrowellenbereich verwendet.

Solarzelle
Fotovoltaik bezeichnet die direkte Umwandlung von Lichtenergie in elektrische Energie. Die Bauelemente der Fotovoltaik sind die Solarzellen, die im Wesentlichen aus Halbleitermaterialien bestehen. Bei Lichteinwirkung können im Halbleiter freie Ladungsträger (Elektron-Loch-Paare) gebildet werden. Befindet sich im Halbleiter ein pn-Übergang, werden in dessen elektrischem Feld die freien Ladungsträger getrennt und zu den Metallkontakten an den Oberflächen des Halbleiters geleitet. Es entsteht je nach Halbleitermaterial zwischen den Kontakten eine elektrische Gleichspannung (Fotospannung) von 0,5...1,2 V. Dies passiert nur dann, wenn die Lichtquanten mindestens die benötigte Energie zur Erzeugung eines Elektronen-Loch-Paares besitzen; die Energie ist proportional zur Frequenz beziehungsweise umgekehrt proportional zur Wellenlänge des Lichts. Der theoretische Wirkungsgrad von kristallinen Siliziumsolarzellen liegt bei ca. 30 %.

Fotodiode
In der Fotodiode wird der Sperrschichtfotoeffekt ausgenutzt. Der pn-Übergang wird in Sperrrichtung betrieben. Einfal-

lendes Licht erzeugt zusätzliche freie Elektronen und Löcher. Sie erhöhen den Sperrstrom (Fotostrom) proportional zur Lichtintensität. Daher ist die Fotodiode vom Prinzip her betrachtet der Solarzelle sehr ähnlich.

Leuchtdiode
Die Leuchtdiode (LED, Light Emitting Diode) gehört zu den Elektrolumineszensstrahlern. Sie besteht aus einem Halbleiterelement mit pn-Übergang. Beim Betrieb in Durchlassrichtung rekombinieren die Ladungsträger (freie Elektronen und Löcher). Der dabei frei werdende Energiebetrag wird in elektromagnetische Strahlungsenergie umgewandelt.

Je nach Wahl des Halbleiters sowie dessen Dotierung strahlt die Leuchtdiode in einem begrenzten Spektralbereich. Häufig verwendete Halbleiterwerkstoffe sind Galliumarsenid (infrarot), Galliumarsenidphosphid (rot bis gelb), Galliumphosphid (grün) und Indium-Galliumnitrid (blau). Um weißes Licht zu erzeugen, wird entweder eine Kombination aus drei Leuchtdioden mit den Grundfarben Rot, Grün und Blau verwendet, oder man regt mit einer blau oder ultraviolett strahlenden Leuchtdiode einen Fluoreszensfarbstoff an. Die maximale Lichtausbeute von heutigen LEDs liegt bei über 300 lm/W – der maximal mögliche Wert beträgt ca. 350 lm/W, wobei hier nur das vom menschlichen Auge erfassbare Spektrum berücksichtigt ist (photometrische Größe „Lichtstrom" in Lumen beziehungsweise abgekürzt „lm").

OLED
OLED steht als Abkürzung für „Organic Light Emitting Diode". Eine OLED stellt eine sehr dünne, zweidimensionale Lichtquelle dar, die weiches und größtenteils blendfreies Licht ausstrahlt – scharfe Schattenwürfe treten hierbei nicht auf. OLEDs sind in guter Näherung Lambert-Strahler, d.h., sie erscheinen unabhängig vom Betrachtungswinkel immer gleich hell. Zu beachten sind ebenso die kleinen geometrischen Abmaße; so sind OLEDs weniger als 2 mm dick – einschließlich Glassubstrat und Vergusskapselung. Eine weitere Besonderheit ist die Biegsamkeit des extrem flachen Designs, was zusätzlich zu den Lichteigenschaften mit hoher Farbwiedergabe weitere Applikationsmöglichkeiten schafft.

Als blendfreie Flächenstrahler mit breitem Farbsprektrum eignen sich OLEDs besonders für Interieur-Anwendungen im Automobil. Als Ansteuerung bietet sich ein stromkonstanter Betrieb an, wodurch Lichtänderungen aufgrund von Alterung, Temperatur oder auch durch Fertigungstoleranzen minimiert werden können. OLEDs sind z.B. durch Pulsweitenmodulation dimmbar.

Bei der Herstellung von OLEDs werden mehrere dünne organische Halbleiterschichten nacheinander auf das leitfähige Substrat aufgebracht (Bildung eines Stacks); diese Schichten können einerseits polymere Substanzen oder „Kleinmolekülmaterialien" als amporphe Schicht bilden.

Anschließend finden weitere leitfähige und transparente Elektroden Verwendung, welche die organische Schichten von beiden Seiten bedecken. Als Material für diese Elektroden werden leitfähige Oxide wie Indiumzinnoxid (ITO, Indium Tin Oxide) eingesetzt; aufgrund der nicht idealen Leitfähigkeit zeigt sich ein Spannungsfall der aktiven Schichten von außen nach innen, was zu einer entsprechenden Minderung der Strahlungsintensität von außen nach innen führt. Abhilfe kann durch eine Hilfsstruktur aus leitfähigerem Material erzielt werden. Allerdings kann durch mehrschichtigen Aufbau (Stacking) die Homogenität der Strahlungsintensität verbessert werden.

Die maximale Lichtausbeute bei OLEDs liegt heutzutage bei ca. 100 lm/W – also noch deutlich unterhalb der LED. Allerdings ist hierbei die Lebensdauer ebenso zu beachten, welche bei höherem Betriebsstrom – und damit höherer Lichtleistung – abnimmt.

Laser-LED
Neue Beleuchtungssysteme verwenden zunehmend Laser-LEDs – Laserlichtquellen auf Halbleiterbasis. Diese stellen einen kleinen Punktstrahler mit sehr hoher Leuchtdichte (ca. Faktor 4 gegenüber LED) dar. Hierbei ist zu beachten, dass der zunächst erzeugte blaue Laserstrahl ($\lambda \approx 450$ nm) den Scheinwerfer nicht ver-

lässt, sondern mit Hilfe von Leuchtstoffen (keramische Hochleistungsmaterialien) in sichtbares weißes Licht mit einer Farbtemperatur von etwa 5 500 K umgewandelt wird. Mit sehr kleinen optischen Linsen kann dann ein Lichtkegel mit sehr hoher Reichweite (bis zu 600 m) realisiert werden. Dadurch sind kleine Scheinwerfer mit großer Lichtleistung möglich. Die Leistungsfähigkeit einer Laser-LED wird entscheidend von den Eigenschaften dieser Leuchtstoffe und deren optischen Eigenschaften beeinflusst. Zurzeit werden häufig hybride Lichtkonzepte verwendet, sodass LEDs für das Fahrlicht und Laser-LEDs für das Fernlicht genutzt werden.

Bild 4: *npn*-Transistor.
a) Schaltbild,
b) Aufbau.
E Emitter, B Basis, C Kollektor.
U_{BE} Basis-Emitter-Spannung,
U_{CE} Kollektor-Emitter-Spannung.
I_B Basisstrom,
I_C Kollektorstrom,
I_E Emitterstrom.

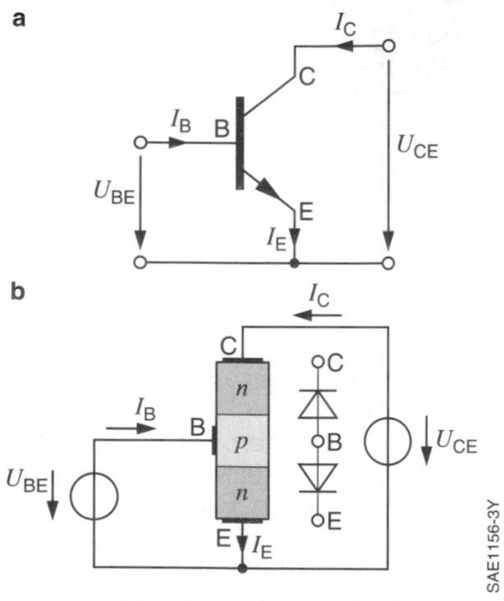

Bipolare Transistoren

Zwei eng benachbarte *pn*-Übergänge führen zum Transistoreffekt und zu Bauelementen, die elektrische Signale verstärken oder als Schalter wirken. Bipolare Transistoren bestehen aus drei Zonen unterschiedlicher Leitfähigkeit: *pnp* oder *npn*. Die Zonen (und ihre Anschlüsse) heißen Emitter E, Basis B und Kollektor C (Bild 4).

Je nach Einsatzgebieten unterscheidet man z. B. zwischen Kleinsignaltransistoren (bis 1 Watt Verlustleistung), Leistungstransistoren, Schalttransistoren, Niederfrequenztransistoren, Hochfrequenztransistoren, Mikrowellentransistoren und Fototransistoren. Sie heißen bipolar, weil Ladungsträger beider Polaritäten (Löcher und Elektronen) am Transistoreffekt beteiligt sind.

Wirkungsweise eines bipolaren Transistors

Die Wirkungsweise eines bipolaren Transistors ist hier am Beispiel eines *npn*-Transistors erklärt (Bild 5). Der *pnp*-Transistor ergibt sich analog durch Vertauschen der *n*- und *p*-dotierten Gebiete. Der Basis-Emitter-Übergang wird in Durchlassrichtung gepolt; dies ist in Bild 4b als Diode zwischen Basis B und Emitter E dargestellt. Dadurch werden bei ausreichender Spannung U_{BE} Elektronen in die Basiszone injiziert und es fließt der Basisstrom.

Der Basis-Kollektor-Übergang wird in Sperrrichtung gepolt; dies ist in Bild 4b

Bild 5: Wirkungsweise eines *npn*-Transistors.
E Emitter, B Basis, C Kollektor.
U_{BE} Basis-Emitter-Spannung,
U_{CE} Kollektor-Emitter-Spannung,
I_B Basisstrom, I_C Kollektorstrom,
I_E Emitterstrom.

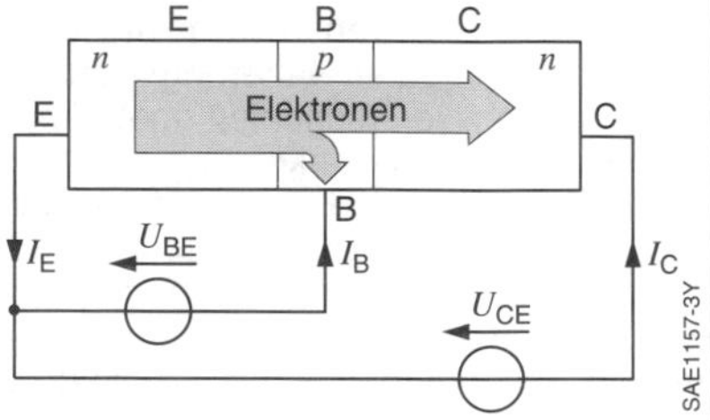

als Diode zwischen Basis B und Kollektor C dargestellt. Dadurch bildet sich eine Raumladungszone im *pn*-Übergang zwischen Basis und Kollektor mit einem hohen elektrischen Feld aus.

Wegen der in Durchlassrichtung gepolten Diode zwischen Basis und Emitter fließt ein großer Strom bestehend aus Elektronen vom Emitter zur Basis. Hier kann jedoch nur ein geringer Bruchteil mit den (weit weniger) vorhandenen Löchern rekombinieren und als Basisstrom I_B aus dem Basisanschluss herausfließen; zu beachten ist, dass in Bild 4 die technische Stromrichtung – also die Bewegungsrichtung der positiven Ladungsträger – angegeben ist. Der weitaus größere Teil der in die Basis injizierten Elektronen diffundiert durch die Basiszone hin zum Basis-Kollektor-Übergang und fließt dann als Kollektorstrom I_C zum Kollektor (Bild 5). Da die Basis-Kollektor-Diode in Sperrrichtung betrieben ist und eine Raumladungszone vorherrscht, werden fast alle (ca 99 %) der vom Emitter fließenden Elektronen durch das starke elektrische Feld in der Raumladungszone vom Kollektor „abgesaugt". Zwischen dem Kollektorstrom I_C und dem Basisstrom I_B gilt dann näherungsweise ein linearer Zusammenhang:

$$I_C = B\, I_B$$

mit B als Stromverstärkung, die im Allgemeinen zwischen 100 und 800 liegt. Im bipolaren Transistor gilt ebenso die Beziehung für den Emitterstrom I_E (vgl. Bild 4 und Bild 5):

$$I_E = I_B + I_C\,.$$

Mit der Annahme, dass I_B aufgrund der Stromverstärkung B viel kleiner als I_C ist, folgt dann:

$$I_E \approx I_C\,.$$

Die sehr dünne (und relativ niedrig dotierte) Basis stellt eine über die Basis-Emitter-Spannung U_{BE} einstellbare Barriere für den Ladungsträgerfluss vom Emitter zum Kollektor dar. Mit einer kleinen Änderung von U_{BE} und dem Basisstrom I_B kann eine größere Änderung des Kollektorstroms I_C und der Kollektor-Emitter-Spannung U_{CE} gesteuert werden. Kleine Änderungen des Basisstroms I_B bewirken somit große Änderungen im Emitter-Kollektor-Strom I_C. Der *npn*-Transistor ist ein bipolares, stromgesteuertes, verstärkendes Halbleiterbauelement. Insgesamt erfolgt eine Leistungsverstärkung.

In Bild 6 ist die Ausgangskennlinie für einen *npn*-Transistor dargestellt. Ab der Sättigungsspannung von ca. 0,2 V für U_{CE} ist der Kollektorstrom I_C nahezu nur noch vom Basisstrom I_B als Parameter abhängig; dieser Bereich wird als „aktiver Bereich" bezeichnet: U_{CE} hat hierbei dann kaum mehr Einfluss auf I_C und es gilt:

$$I_C = B\, I_B\,.$$

Der Bereich unterhalb der Sättigungsspannung heißt „Sättigungsbereich". In diesem Bereich steigt I_C stark mit U_{CE} an.

Bild 6: Ausgangskennlinie eines *npn*-Transistors.
U_{CE} Kollektor-Emitter-Spannung,
I_C Kollektor-Strom,
I_B Basis-Strom als Parameter der Kennlinie.

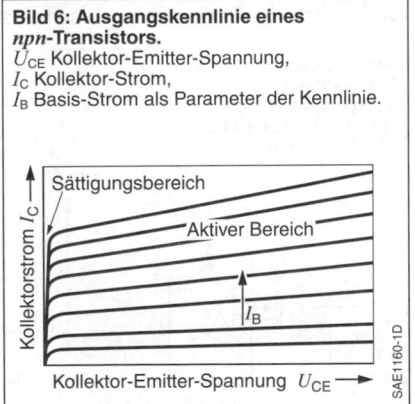

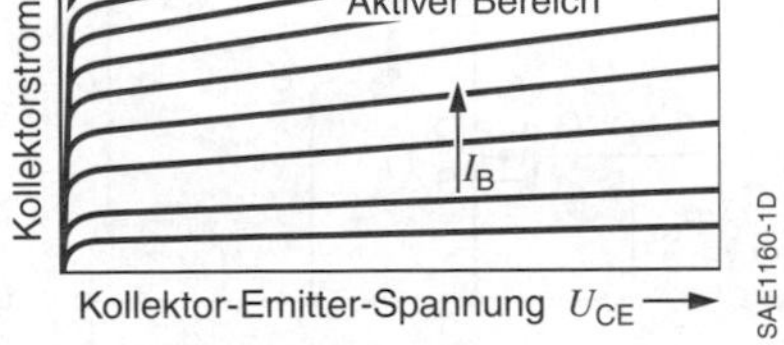

Darlington-Transistor
Um eine höhere Stromverstärkung zu erreichen, wird häufig die Darlington-Schaltung aus zwei Bipolar-Transistoren verwendet; die Zusammenschaltung der beiden Transistoren ist auch als Darlington-Transistor bekannt (Bild 7). Der Transistor T_1 (als Emitterfolger) schaltet den Transistor T_2, sodass insgesamt eine sehr große Stromverstärkung β (bis zu 50000) als Produkt der beiden Stromverstärkungen der beiden Transistoren T_1 und T_2 erreicht wird: $\beta = \beta_1 \cdot \beta_2$ ($\approx I_{C2}/I_{B1}$). Im Vergleich zu Leistungs-Bipolar-Transistoren

($\beta \approx$ 5...10) ist die Stromverstärkung deutlich höher und damit ist der Steuerstrom deutlich kleiner.

Darlington-Transistoren werden eingesetzt, wenn eine Spannung (die nicht belastet werden soll) eine möglichst große Last (d.h. Strom) schaltet. Aufgrund der Phasenverschiebung zwischen dem Eingang (Steuerstrom I_{B1} in die Basis von T_1) und dem Ausgang (Kollektorstrom I_{C2} in T_2) ist der Darlington-Transistor nur für relativ kleine Frequenzen geeignet – daher wird diese Schaltung nicht in Hochfrequenzschaltungen eingesetzt. Der Grund liegt vor allem in der erforderlichen Zeit zum Umschalten von T_2 durch den Abtransport der überschüssigen Ladungen in der Basis von T_2 über den Widerstand R; wird R zu klein gewählt, erniedrigt sich die gesamte Stromverstärkung β.

Nachteilig ist auch die im Vergleich zu einfachen Bipolar-Transistoren doppelt so große Spannung am Eingang von 1,2...1,4 V. Die Durchlassspannung U_{CE2} an T_2 erhöht sich um U_{BE2} auf ca. 0,9 V (im Vergleich zur Sättigungsspannung von 0,2 V bei einfachen Bipolar-Transistoren – hier U_{CE1}) oder ca. 2 V bei Leistungstypen. Hierdurch werden die Verluste (proportional $U_{CE2} \cdot I_{C2}$) erhöht.

Die Diode D_3 stellt eine Freilaufdiode für induktive Lasten dar, um hohe Spannungen zwischen Emitter und Kollektor von T_2 zu vermeiden.

Bild 7: Beschaltung eines Darlington-Transistors.
T Bipolartransistoren, R Widerstand,
E Emitter, B Basis, C Kollektor,
D Diode.
I_C Kollektor-Strom,
U_{BE} Basis-Emitter-Spannung,
U_{CE} Kollektor-Emitter-Spannung.

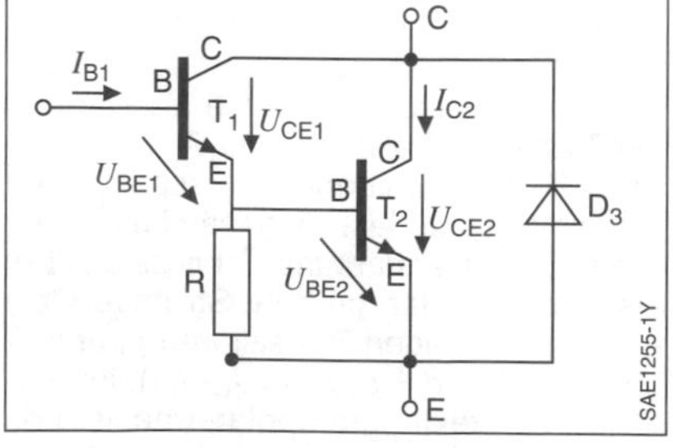

IGBT

Der Insulated Gate Bipolar Transistor (IGBT) ist im mittleren Leistungsbereich für Ströme bis 3 kA und Spannungen bis 3 kV ein wichtiges Schaltelement. Der IGBT zeichnet sich durch relativ geringe Schaltverluste und einen hohen Wirkungsgrad aus.

Der IGBT verknüpft die Vorteile eines MOSFET (T_1 in Bild 8, siehe Feldeffekt-Transistoren) mit einer leistungsarmen, spannungsgesteuerten Ansteuerung und eines Leistungs-Bipolar-Transistors T_2 mit einer relativ kleinen Duchlassspannung am Ausgang: Im Bild 8 wird mit der Spannung U_{GE} am MOS-Transistor T_1 der *pnp*-Bipolar-Transistor T_2 eingeschaltet, der dann den Ausgangsstrom I_C mit relativ kleiner Durchlassspannung U_{CE} weiterleitet; die Sättigungsspannung U_{CESAT} liegt im Bereich von 2...3 V.

Wegen des schweifförmigen Abklingens des Stroms beim Ausschalten aufgrund der schwachen Dotierung ist die Schaltfrequenz begrenzt – in der Regel 20 kHz bis maximal 100 kHz für kleinere Leistungen.

Feldeffekt-Transistoren

Beim Feldeffekt-Transistor (FET) wird der Strom in einem leitenden Kanal im Wesentlichen durch ein elektrisches Feld gesteuert, das durch eine über eine Steuerelektrode (Gate) angelegte Spannung entsteht (Bild 9). Im Gegensatz zum bipolaren Transistor arbeiten Feldeffekt-Transistoren nur mit Ladungsträgern einer Sorte (entweder Elektronen oder Löcher), daher auch die Bezeichnung „unipolare

Bild 8: Beschaltung eines IGBT.
T_1 Feldeffekttransistor,
T_2 Bipolartransistor.
G Gate, S Source, D Drain.
U_{GE} Gate-Emitter-Spannung,
I_C Kollektorstrom.

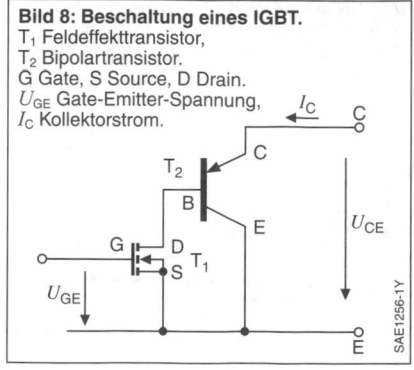

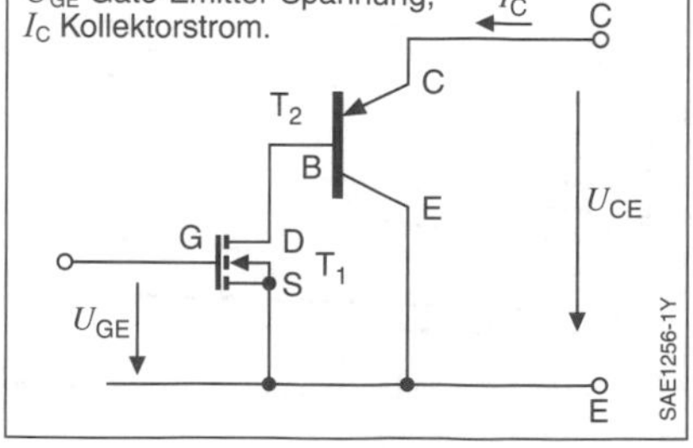

Transistoren". Diese lassen sich einteilen in Sperrschicht-Feldeffekt-Transistoren (Junction-FET, JFET) und Isolierschicht-Feldeffekt-Transistoren, insbesondere MOS-Feldeffekt-Transistoren (MOSFET oder MOS-Transistoren).

MOS-Feldeffekt-Transistoren eignen sich gut für hochintegrierte Schaltungen. Leistungs-Feldeffekt-Transistoren sind für viele Anwendungen ernst zu nehmende Konkurrenten zu bipolaren Leistungstransistoren.

Die Vorteile eines bipolaren Transistors und eines Feldeffekt-Transistors werden in der Leistungselektronik in „Insulated Gate Bipolar Transistoren" (IGBT) genutzt, die einen geringen Durchgangswiderstand (für kleine Verluste) und eine vergleichsweise kleine Ansteuerleistung vorweisen.

Wirkungsweise eines Sperrschicht-FET

Die Wirkungsweise des Sperrschicht-Feldeffekt-Transistors wird anhand des n-Kanal-Typs erklärt (Bild 9). Die Anschlüsse des Feldeffekt-Transistors werden mit Gate (G), Source (S) und Drain (D) bezeichnet.

An den Enden eines n-leitenden Kristalls liegt die positive Gleichspannung U_{DS}. Elektronen fließen durch den Kanal von Source zu Drain. Die Breite des Kanals wird von zwei seitlich eindiffundierten p-Zonen und der an diesen anliegenden negativen Gate-Source-Spannung U_{GS} bestimmt. Die Spannung U_{GS} zwischen der Steuerelektrode (Gate G) und dem Anschluss Source steuert somit den Strom I_D zwischen Source und Drain.

Bild 9: Sperrschicht-Feldeffekt-Transistor mit n-Kanal.
a) Schaltbild,
b) Aufbau.
Der hell gezeichnete Bereich um den Source- und Drainkontakt ist stärker dotiert als der Kanal.
G Gate, S Source, D Drain.
U_{DS} Drain-Source-Spannung,
U_{GS} Gate-Source-Spannung, I_D Drainstrom.

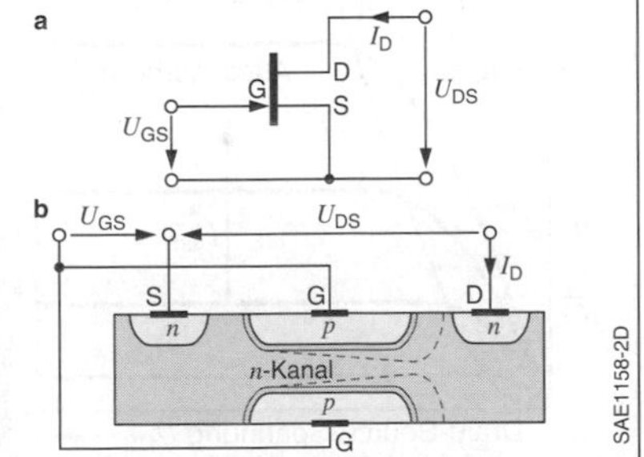

Für die Funktion des Feldeffekt-Transistors sind nur Ladungsträger einer Polarität notwendig. Die Steuerung des Stroms erfolgt nahezu leistungslos. Der Sperrschicht-FET ist also ein unipolares, spannungsgesteuertes Bauelement. Erhöht man U_{GS}, dehnen sich die Raumladungszonen stärker in den Kanal hinein aus und schnüren den Kanal und somit die Strombahn ein (vgl. gestrichelte Linien in Bild 9). Wenn die Spannung U_{GS} an der Steuerelektrode (Gate) null beträgt, ist der Kanal zwischen den beiden p-Gebieten nicht eingeschnürt und der Strom I_D von Drain nach Source ist maximal.

Die Übertragungskennlinie – also I_D in Abhängigkeit von U_{GS} – sieht dann genauso wie die Kennlinie eines selbstleitenden n-Kanal-MOSFET gemäß Bild 11c aus.

Wirkungsweise eines MOS-Transistors

Die Wirkungsweise des MOS-Transistors (Metal-Oxide-Semiconductor) wird anhand des selbstsperrenden n-Kanal-MOSFET (Anreicherungstyp) erklärt (Bild 10). Ohne Spannung an der Gate-Elektrode fließt zwischen Source und Drain kein Strom, die pn-Übergänge sperren. Durch eine positive Spannung am Gate werden aufgrund der Influenz im p-Gebiet unterhalb dieser Elektrode die Löcher in das Kristallinnere verdrängt und Elektronen – die ja als Minoritätsladungsträger auch im p-Silizium immer

Bild 10: n-Kanal-MOSFET im Querschnitt.
S Source, G Gate, D Drain.
U_{DS} Drain-Source-Spannung,
U_{GS} Gate-Source-Spannung, I_D Drainstrom.

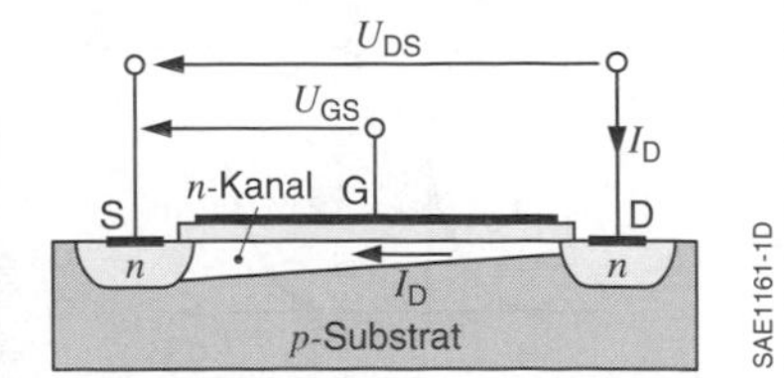

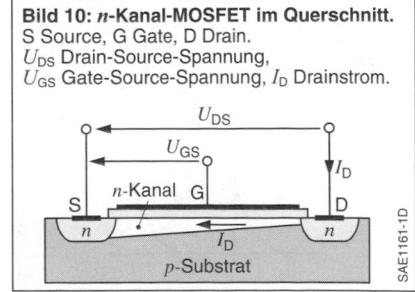

vorhanden sind – an die Oberfläche gezogen. Es entsteht eine schmale n-leitende Schicht unter der Oberfläche, ein n-Kanal. Zwischen beiden n-Gebieten (Source und Drain) kann jetzt Strom fließen. Er besteht nur aus Elektronen. Da die Gate-Spannung über eine isolierende Oxidschicht wirkt, fließt kein stationärer Strom über das Gate, die Steuerung erfolgt leistungslos. Es ist lediglich zum Ein- und Ausschalten elektrische Leistung erforderlich, um die Gatekapazität umzuladen. Der MOS-Transistor ist also ein unipolares, spannungsgesteuertes Bauelement.

Beim selbstleitenden n-Kanal-MOSFET (Verarmungstyp, Bild 11a) liegt die Gate-Source-Spannung U_{GS} zwischen der hier negativen Schwellspannung U_T (Threshold-Spannung) und null Volt (Bild 11c). Bei $U_{GS} = 0$ V weist der selbstleitende n-Kanal-MOSFET einen Kanal unterhalb des Gates für den Stromfluss auf. In Bild 11c ist I_D in Abhängigkeit der Spannung U_{GS} dargestellt, wobei die Schaltung bei ausreichendem und konstantem U_{DS} im aktiven Bereich betrieben wird. Die Übertragungskennlinie ist eine Parabel. Im Gegensatz hierzu leitet der selbstsperrende n-Kanal-MOSFET (Bild 11b) erst ab der hier positiven Schwellspannung $U_T{}^* > 0$ V (vgl. Bild 11c). Der selbstsperrende MOSFET ist wesentlich gebräuchlicher als der selbstleitende MOSFET.

Bild 11: n-Kanal-MOSFET.
a) Schaltbild des selbstleitenden n-Kanal-MOSFET,
b) Schaltbild des selbstsperrenden n-Kanal-MOSFET,
c) Kennlinien.
1 Kennlinie des selbstleitenden n-Kanal-MOSFET,
2 Kennlinie des selbstsperrenden n-Kanal-MOSFET.
U_{GS} Gate-Source-Spannung, I_D Drain-Strom,
U_{DS} Drain-Source-Spannung,
U_T, $U_T{}^*$ Schwellspannung.

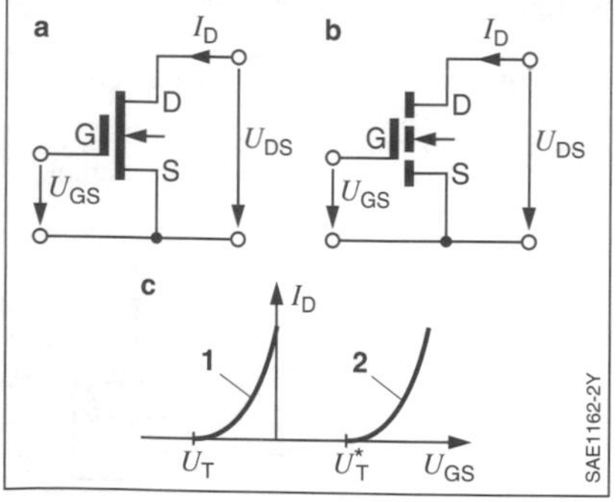

In Bild 12 ist die Ausgangskennlinie eines selbstsperrenden n-Kanal-MOSFET dargestellt. Den Bereich unterhalb der Kniespannung U_K, d.h. für $U_{DS} < U_K$, bezeichnet man aufgrund der linearen Kennlinie als linearen oder als ohmschen Bereich; hier verhält sich der MOSFET wie ein ohmscher Widerstand. Oberhalb der Kniespannung U_K, d.h. für $U_{DS} > U_K$, ist der Ausgangsstrom I_D nahezu unbeeinflusst von der Drain-Source-Spannung U_{DS}; dieser Bereich wird Abschnürbereich genannt. Der Betrag von I_D hängt nur von der Gate-Source-Spannung U_{GS} ab. Der formelmäßige Zusammenhang lautet:

$$I_D = 0{,}5\,K\,(U_{GS} - U_T)^2$$

mit K als Proportionalitätszahl (abhängig unter anderem von technologischen Größen) und der Schwellspannung U_T, ab welcher der Transistor leitet, d.h. sich ein Kanal ausbildet (vgl. Bild 11c).

PMOS-, NMOS-, CMOS-Transistoren
Neben dem n-Kanal-MOSFET (NMOS-Transistor) gibt es durch Vertauschen der Dotierung den PMOS-Transistor. NMOS-

Bild 12: Ausgangskennlinie eines selbstsperrenden n-Kanal-MOSFET.
U_{DS} Drain-Source-Spannung,
U_{GS} Gate-Source-Spannung,
I_D Drain-Strom,
U_K Kniespannung.

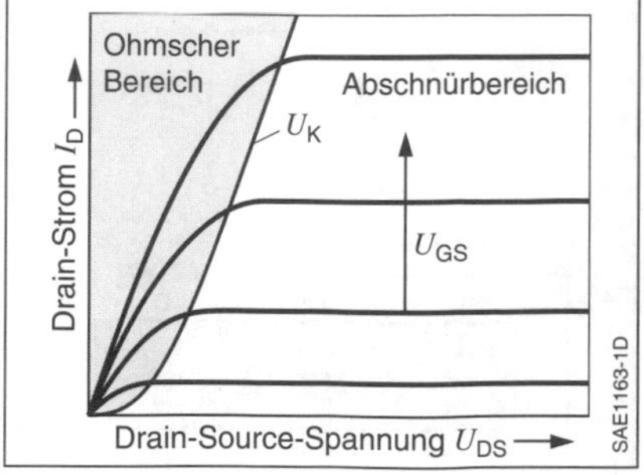

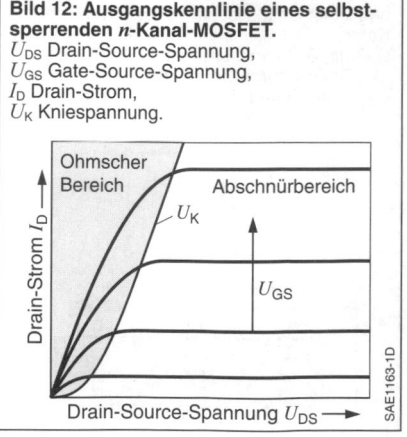

Transistoren sind wegen der höheren Beweglichkeit der Elektronen schneller als PMOS-Transistoren, die leichter herstellbar und daher zuerst verfügbar waren.

Wenn PMOS- und NMOS-Transistoren paarweise im selben Siliziumchip hergestellt werden, spricht man von komplementärer MOS-Technik oder von Complementary-MOS-Transistoren (CMOS-Transistoren, Bild 13). Besondere Vorteile von CMOS-Transistoren sind die sehr niedrige Verlustleistung, die hohe Störsicherheit, eine unkritische Versorgungsspannung sowie die Eignung für Analogsignalverarbeitung und Hochintegration [2].

BCD-Mischprozess
Steigende Bedeutung gewinnen integrierte Strukturen für Leistungselektronikanwendungen. Sie werden auf einem Siliziumchip mit Bipolar- und MOS-Bauelementen realisiert und können damit die Vorteile beider Technologien nutzen. Ein für die Automobilelektronik wichtiger Herstellungsprozess, der auch MOS-Leistungsbauelemente (DMOS) ermöglicht, ist der BCD-Mischprozess. Dieser ist eine Kombination aus Bipolar-, CMOS- und DMOS-Technologie [2].

Operationsverstärker

Anwendungsgebiete der Operationsverstärker
Der Name „Operationsverstärker" (OPV) kommt aus der Analogrechentechnik und kennzeichnet einen (fast) idealen Verstärker. Aufgrund seiner Eigenschaften wurde er insbesondere in Analogrechnern für die Lösung nichtlinearer Differentialgleichungen verwendet; also z.B. als Summierer, Integrierer und Differenzierer. Mit der stürmischen Weiterentwicklung der Digitalelektronik wurden die Analogrechner immer mehr vom Markt verdrängt, sodass Analogrechner aktuell keine Rolle mehr spielen.

Bild 13: Aus PMOS- und NMOS-Technik zusammengesetzter CMOS-Inverter.

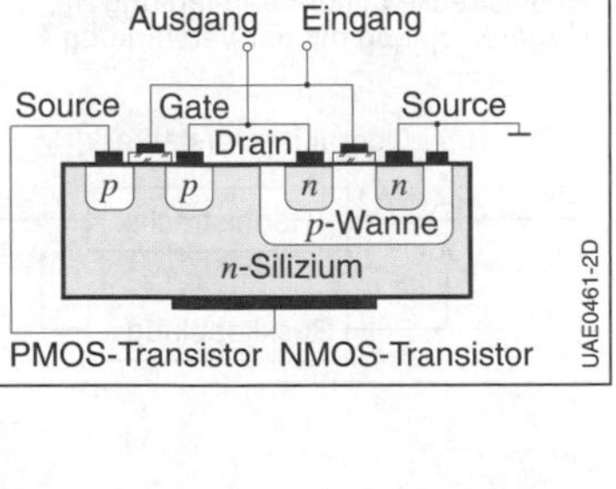

Durch die Integration in mikroelektronischen Schaltkreisen ist es heute möglich, solche Operationsverstärker zu einem sehr günstigen Preis auf dem Markt anzubieten, sodass viele Verstärkeranwendungen damit realisiert werden können. Um die gewünschten Eigenschaften zu erzielen, enthalten Operationsverstärker in integrierter Form einige (je nach Forderung 10...250) Transistoren, deren Anzahl bei der Integration jedoch nur eine untergeordnete Bedeutung spielt.

Ausgehend von einem „normalen" Operationsverstärker mit Spannungseingang und Spannungsausgang (VV-Operationsverstärker) soll zunächst das Verhalten eines idealen Operationsverstärkers beschrieben und seine Anwendung gezeigt werden. Danach werden die realen – d.h. nichtidealen – Eigenschaften näher beleuchtet und ihr Einfluss auf die zu realisierende Schaltung untersucht.

Grundlagen
Der ideale Standard-Operationsverstärker ist ein Verstärker mit zwei Eingängen und (normalerweise) einem Ausgang (Bild 14). Die Eingänge sind der nichtinvertierende und der invertierende Ein-

Bild 14: Grundsätzliches Schaltbild eines Operationsverstärkers.
+ Nichtinvertierender Verstärkereingang,
– invertierender Verstärkereingang,
U_D Differenzspannung zwischen den beiden Eingangspotentialen U_P und U_N mit
$U_D = U_P - U_N$,
U_A Ausgangsspannung,
U_{CC} positive Versorgungsspannung,
U_E negative Versorgungsspannung.

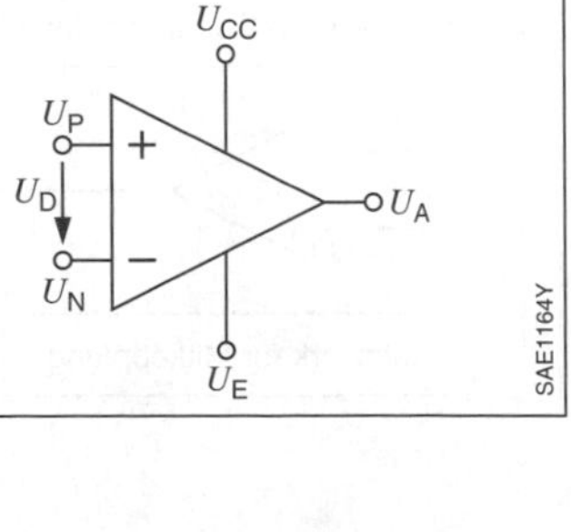

gang. Die Differenzspannung U_D wird verstärkt und dann am Ausgang als Ausgangsspannung U_A bereitgestellt: Es gilt die Beziehung:

$$U_A = A_D \, U_D \, .$$

A_D stellt die Leerlaufverstärkung dar. Der Operationsverstärker wird an eine positive und an eine negative Versorgungsspannung bezüglich des Massepotentials angeschlossen. Bei unipolarer Versorgung kann die negative Versorgungsspannung auf Massepotential liegen. Üblicherweise werden die Versorgungsspannungen in vielen Schaltplänen nicht angegeben. Sie sind aber sehr wohl erforderlich, um die Energieversorgung des Operationsverstärkers zu gewährleisten.

Als Typen des Operationsverstärkers sind folgende Varianten geläufig (Bild 15):

- „Normaler" Operationsverstärker (VV-Operationsverstärker) mit Spannungseingängen und Spannungsausgang.
- Transkonduktanz-Verstärker (VC-Operationsverstärker) mit Spannungseingängen und Stromausgang.
- Transimpedanz-Verstärker (CV-Operationsverstärker) mit Stromeingängen und Spannungsausgang.
- Stromverstärker (CC-Operationsverstärker) mit Stromeingängen und Stromausgang.

In der Regel wird der VV-Operationsverstärker eingesetzt, der nun im Folgenden näher erläutert wird. Da für die Funktion eines Operationsverstärkers die Beschaltung von entscheidender Bedeutung ist, wird zunächst auf diese näher eingegangen. Wichtig ist hierbei die Unterscheidung zwischen einer Mit- und einer Gegenkopplung. Des Weiteren soll bei der Herleitung der Zusammenhänge von einem idealen Operationsverstärker ausgegangen werden.

Beschaltung: Gegen- und Mitkopplung
Die Gegenkopplung wirkt der Ursache entgegen. Beim Operationsverstärker ist hierfür eine Verbindung vom Ausgang auf den invertierenden Eingang erforderlich (Bild 16). Diese Verbindung kann durch ein Netzwerk realisiert sein. Die Ursache für eine Änderung der Ausgangsspannung U_A ist stets eine Änderung der Differenzspannung U_D am Eingang; daher

Bild 15: Operationsverstärker-Typen (Prinzipdarstellung).
a) Normaler Operationsverstärker (VV) mit Spannungseingang und Spannungsausgang.
b) Transkonduktanz-Operationsverstärker (VC) mit Spannungseingang und Stromausgang.
c) Transimpedanz-Operationsverstärker (CV) mit Stromeingang und Spannungsausgang.
d) Stromverstärker (CC) mit Stromeingang und Stromausgang.

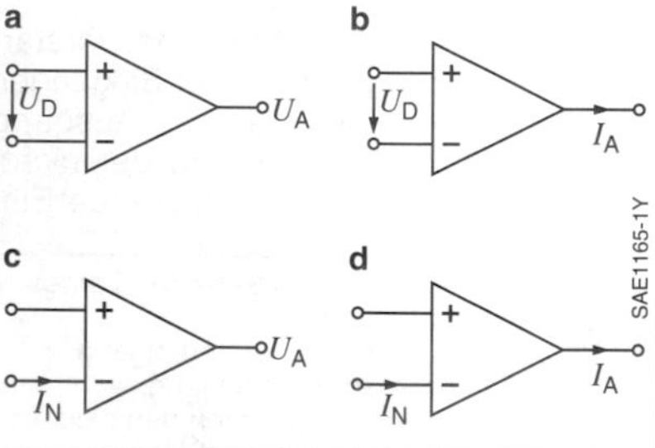

Bild 16: Gegen- und Mitkopplung.
U_D Differenzspannung,
U_A Ausgangsspannung.

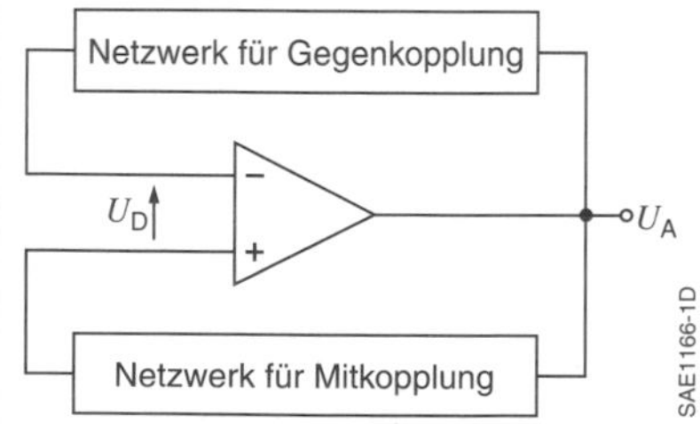

Bild 17: Gegenkopplung.
U_E Eingangsspannung als Sollwert,
U_A Ausgangsspannung,
U_D Differenzspannung ergibt sich am Summationspunkt ⊕ zu $U_D = U_E - k\,U_A$.
Regelstrecke mit der Verstärkung A_D,
Gegenkopplung mit der Verstärkung k.

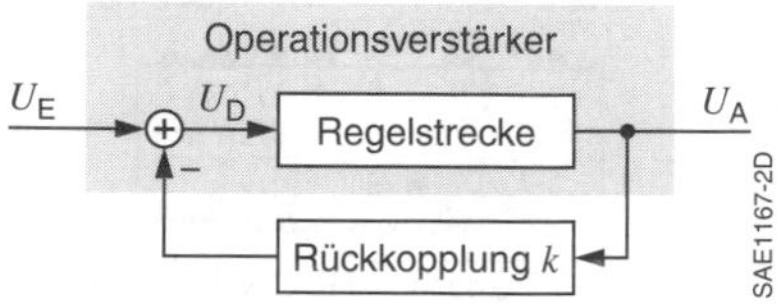

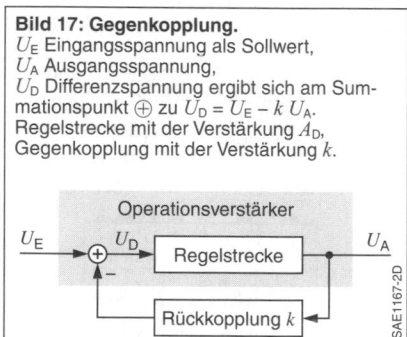

wirkt die Gegenkopplung immer so, dass die Spannung U_D sehr klein und im Idealfall null wird.

Die Mitkopplung unterstützt im Unterschied zur Gegenkopplung die Ursache für die Änderung am Ausgang. So wird U_A durch die Mitkopplung verstärkt, d.h., U_D wächst mit sich änderndem U_A noch an und ist damit stets ungleich null. Damit kann die Ausgangsspannung U_A nur zwei stationäre Werte annehmen, nämlich den Maximalwert oder den Minimalwert.

Aus regelungstechnischer Sicht ergibt sich aus dem Operationsverstärker und der Rückkopplung gemäß Bild 17 eine Gegenkopplung. Unter Berücksichtung einer hohen Verstärkung A_D folgt

$$U_A = A_D\ U_D = A_D\ (U_E - k\ U_A)$$

und für die die Gesamtverstärkung

$$A = \frac{U_A}{U_E} = \frac{A_D}{1 + k A_D} \approx \frac{1}{k}\,.$$

Damit wird deutlich, dass trotz einer sehr hohen Leerlaufverstärkung A_D des Operationsverstärkers mit Hilfe der Gegenkopplung eine endliche Verstärkung A mit dem Gegenkoppelnetzwerk eingestellt werden kann. Dies wird weiter unten anhand von Beispielen näher erläutert.

Idealer und realer Operationsverstärker

Zunächst werden die Eigenschaften eines idealen Operationsverstärkers gemäß Bild 18 im Überblick dargestellt. Weitere Informationen hierzu siehe [1].

- Gleichtakt-Eingangswiderstand zwischen je einem Eingang und Masse, wobei gilt: $r_{GL\_P} = U_P/I_P$; $r_{GL\_N} = U_N/I_N$. Im Allgemeinen kann r_{GL} vernachlässigt werden.
- Differenz-Eingangswiderstand zwischen den beiden Eingängen; hier gilt: $r_D = (U_P - U_N)/I_P$. Durch die Gegenkopplung wird r_D erhöht.
- Ausgangswiderstand, differentielle Größe $r_A = dU_A/dI_A$. r_A wird durch eine Gegenkopplung erniedrigt.
- Offsetspannung U_{OS}: Kenngröße zur Beschreibung der Tatsache, dass auch bei Kurzschluss zwischen den beiden Eingängen (also $U_D = 0$) die Ausgangsspannung U_A ungleich null ist.
- Gleichtaktunterdrückungsverhältnis (CMRR, Common-Mode-Rejection-Ratio): Diese Größe beschreibt die Änderung der Ausgangsspannung U_A, wenn sich die beiden Eingangsspannungen U_P und U_N gleichzeitig (im Falle vom periodischen Eingangssignalen gleichphasig) ändern, d.h. U_D konstant bleibt.
- Netzstörunterdrückungsverhältnis (PSRR, Power-Supply-Rejection-Ratio): Änderung der Ausgangsspannung U_A aufgrund einer Änderung der Versorgungsspannungen.

Die wesentlichen Idealisierungen lauten:

- Die Leerlaufverstärkung A_D geht gegen unendlich; im Falle einer Gegenkopplung gilt dann: $U_D = 0$.
- Die Eingangsströme I_N und I_P gehen jeweils gegen null.
- Falls I_N und I_P jeweils gegen null gehen, folgt, dass der Gleichtakt- und der Differenz-Eingangswiderstand gegen unendlich gehen.
- Die Offsetspannung U_{OS} geht gegen null.
- Der Ausgangswiderstand R_A geht gegen null.
- Das Gleichtaktunterdrückungsverhältnis (CMRR) geht gegen unendlich, d.h., bei gleich großer und gleichphasiger Änderung der Spannungen U_P und U_N bleibt U_A unverändert.
- Das Netzstörunterdrückungsverhältnis (PSRR) geht gegen unendlich, d.h., bei einer Änderung der Versorgungsspannung ändert sich U_A nicht.
- Das Verhalten ist unabhängig von der Frequenz.

Bild 18: Idealer Operationsverstärker.
U_D Differenzspannung zwischen den beiden Eingangspotentialen U_P und U_N mit $U_D = U_P - U_N$,
I_P, I_N Eingangsströme,
U_A Ausgangsspannung,
I_A Ausgangsstrom.

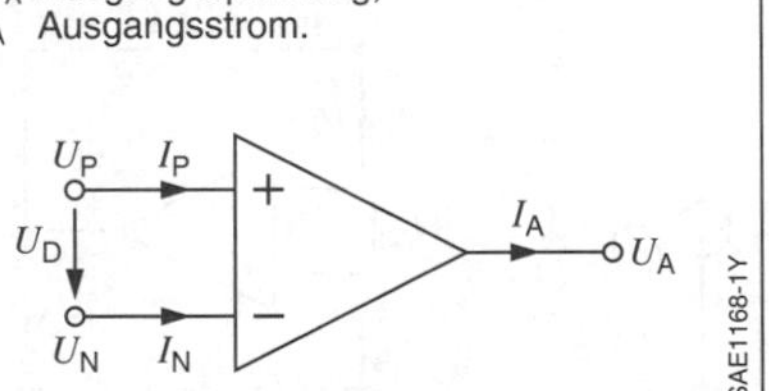

In der Realität treffen die oben genannten Idealisierungen nicht ganz zu:

- Die Leerlaufverstärkung A_D liegt im Bereich von $10^4 \ldots 10^7$.
- Die Eingangsströme I_N und I_P liegen im Bereich von 10 pA bis 2 µA.
- Der Gleichtakt-Eingangswiderstand liegt im Bereich von $10^6 \ldots 10^{12}\ \Omega$, der Differenz-Eingangswiderstand bei bis zu $10^{12}\ \Omega$.
- Der Ausgangswiderstand R_A liegt im Bereich von 50 Ω bis 2 kΩ.
- Das Gleichtaktunterdrückungsverhältnis (CMRR) liegt im Bereich von 60…140 dB.
- Das Netzstörunterdrückungsverhältnis (PSRR) liegt im Bereich von 60…100 dB.
- Das Verhalten ist abhängig von der Frequenz (Tiefpassverhalten).

Grundschaltungen

Die äußere Beschaltung eines Operationsverstärkers bestimmt das Verhalten der gesamten Schaltung. Hierbei spielt die Gegenkopplung die dominierende Rolle, da hierdurch die Verstärkung durch die Wahl von Widerständen exakt eingestellt werden kann. Anhand von mehreren Beispielen soll nun die Funktion erläutert werden.

Invertierender Verstärker

In Bild 19 ist die Grundschaltung für einen invertierenden Verstärker dargestellt. Der Name ist auf die negative Verstärkung zurückzuführen, d.h., dass bei einer periodischen Eingangsspannung die Ausgangsspannung U_A stets um 180° zur Eingangsspannung U_1 phasenverschoben ist. Im Folgenden ist es wichtig, dass aufgrund der Gegenkopplung und der hohen Leerlaufverstärkung A_D die Differenzspannung U_D am Eingang stets null ist, da der nichtinvertierende und der invertierende Eingang auf gleichem Potential gehalten werden. Da aufgrund der Gegenkopplung die Differenzspannung U_D auf null geregelt wird, bezeichnet man dies als „virtuellen Kurzschluss“. Man spricht hier auch von der „virtuellen Masse“, da der invertierende Eingang aktiv auf null (d.h. auf Massepotential) gehalten wird. Außerdem werden die Eingangsströme vernachlässigt, insbesondere $I_N = 0$ gesetzt. Es gilt:

$$I_{R1} = \frac{U_1}{R_1} \text{ und } I_{R2} = -\frac{U_A}{R_2}.$$

Mit $I_{R1} = I_{R2}$ folgt dann:

$$U_A = -\frac{R_2}{R_1} U_1 .$$

Die Ausgangsspannung U_A ist somit direkt von der Eingangsspannung U_1 und von der Wahl der Widerstände R_2 und R_1 abhängig.

Bild 19: Invertierender Verstärker.
U_1 Eingangsspannung,
U_D Differenzspannung,
U_A Ausgangsspannung,
R_1, R_2 Netzwerkwiderstände,
I_{R1}, I_{R2} Ströme in R_1 und R_2,
I_N Eingangsstrom.

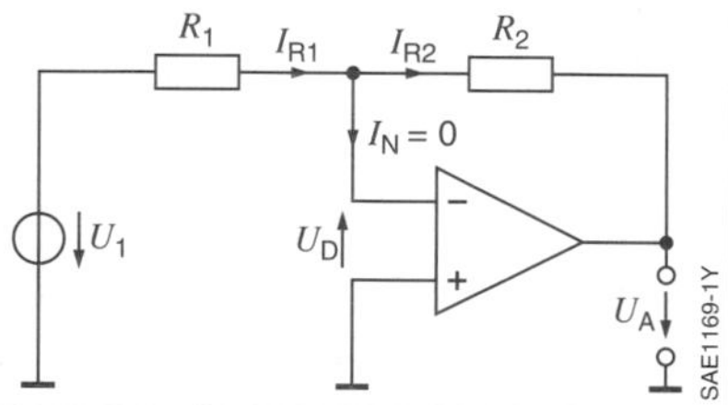

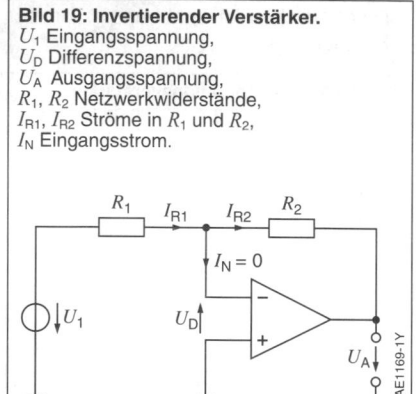

Bild 20: Nichtinvertierender Verstärker.
U_1 Eingangsspannung,
U_D Differenzspannung,
U_A Ausgangsspannung,
R_1, R_2 Netzwerkwiderstände,
I_{R1}, I_{R2} Ströme in R_1 und R_2,
I_N Eingangsstrom.

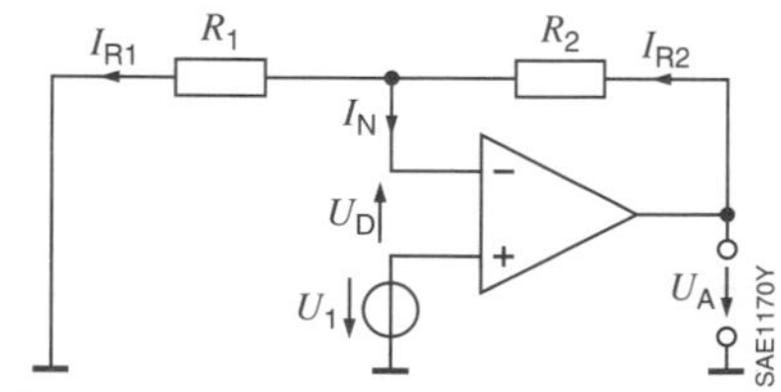

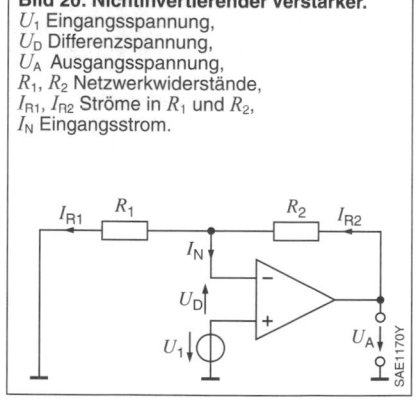

Nichtinvertierender Verstärker
Analog zum invertierenden Verstärker lässt sich der nichtinvertierende Verstärker behandeln (Bild 20). Wegen der Gegenkopplung gilt $U_D = 0$. Mit $I_{R1} = I_{R2}$ kann gemäß dem Spannungsteiler – bestehend aus R_1 und R_2 – die Spannung

$$U_1 = \frac{R_1}{R_1 + R_2} U_A$$

berechnet werden. Daraus folgt

$$U_A = \frac{R_1 + R_2}{R_1} U_1 = \left(1 + \frac{R_2}{R_1}\right) U_1 .$$

Die Ausgangsspannung U_A ist hier ebenso direkt von der Eingangsspannung U_1 und der Wahl der Widerstände R_2 und R_1 abhängig; allerdings beträgt hier die Verstärkung U_A/U_1 mindestens den Wert eins; U_A und U_1 sind in Phase.

Ein Spezialfall des nichtinvertierenden Verstärkers ist der Spannungsfolger oder Impedanzwandler. Wenn R_1 einen unendlich großen Wert annimmt (Leerlauf) und R_2 gleich null (Kurzschluss) gesetzt wird (Bild 21), dann ist die Verstärkung gleich eins (d.h., $U_A = U_1$).

Als Vorteil dieser Schaltung gilt die Eigenschaft, dass die Eingangsspannungsquelle U_1 mit dem Innenwiderstand R_E nicht belastet wird, da der Eingangsstrom I_P näherungsweise gleich null ist. Damit ergibt sich ein vernachlässigbarer Spannungsfall über R_E und wegen $U_D = 0$ steht die Eingangsspannung U_1 am Ausgang des Operationsverstärkers als U_A zur Verfügung. Dies ist insbesondere für die Aufbereitung von Sensorsignalen wichtig, da hier die Sensor-Ausgangsspannung in vielen Fällen nicht belastet werden darf, d.h., dass jeglicher Stromfluss aus dem Sensorelement die abgreifbare Spannung nennenswert erniedrigen kann.

Subtrahierverstärker
Als gemeinsame Variante der beiden vorher genannten Schaltungen kann der Subtrahierverstärker (Bild 22) betrachtet werden. Aufgrund des Überlagerungssatzes (Superpositionsprinzip) kann der Zusammenhang zwischen der Ausgangsspannung U_A und den Eingangsspannungen U_1 und U_2 hergeleitet werden.

$$U_A = \frac{R_2}{R_1} (U_2 - U_1) .$$

Instrumentenverstärker
Insbesondere in der Sensorik müssen oft Differenzspannungen an Brückenschaltungen abgegriffen und verstärkt werden, ohne dass eine unzulässig hohe Belastung der Sensorspannung oder der Brückenspannung auftritt. Dies lässt sich durch einen hochohmigen Spannungsabgriff realisieren. Hierfür kann ein Instrumentenverstärker verwendet werden, der die Differenz zwischen zwei Potentialen U_2 und U_1 als verstärkte Ausgangsspannung U_A ausgibt. Der Instrumentenverstärker lässt sich in zwei Teile untergliedern: In den Vorverstärker und einen Subtrahierverstärker (Bild 22) mit

Bild 21: Impedanzwandler oder Spannungsfolger.
U_1 Eingangsspannung,
U_D Differenzspannung,
U_A Ausgangsspannung,
R_E Eingangswiderstand,
I_P Eingangsstrom.

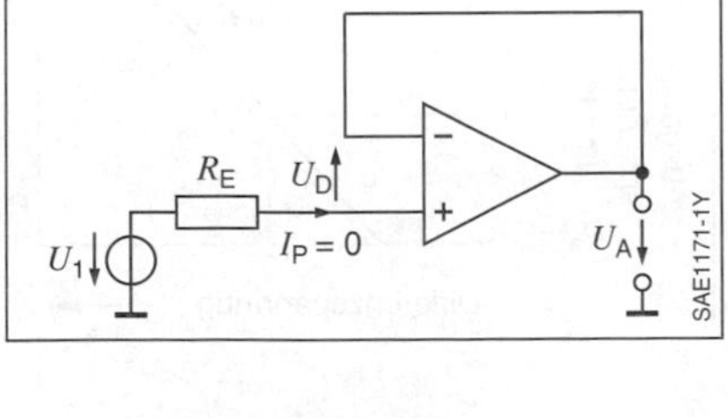

Bild 22: Subtrahierverstärker.
U_1, U_2 Eingangsspannungen,
U_D Differenzspannung,
U_A Ausgangsspannung,
R_1, R_2 Netzwerkwiderstände.

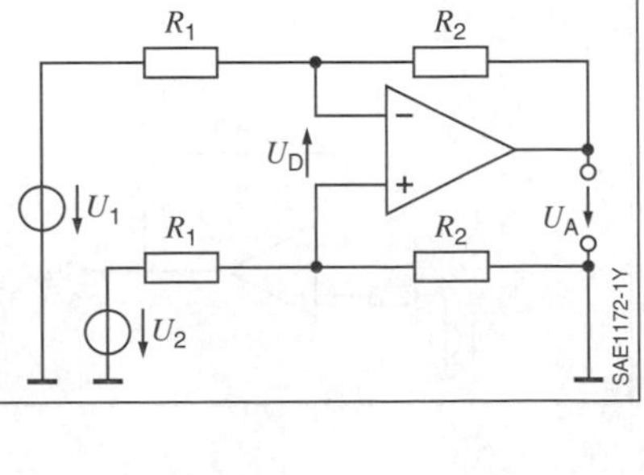

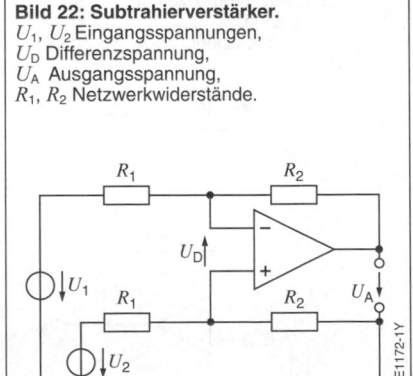

weiterer Verstärkung. In Bild 23 ist die prinzipielle Eingangsschaltung der Vorverstärkung eines Instrumentenverstärkers dargestellt.

Gemäß der Regel der Gegenkopplung ist die Potentialdifferenz zwischen den invertierenden und nichtinvertierenden Eingängen gleich null. Durch die Widerstände R und R' fließt jeweils der Strom I, da die Eingangsströme I_{N1} und I_{N2} vernachlässigt werden können. Es gilt:

$$I = \frac{U_1 - U_2}{R'} = \frac{U_{A1} - U_{A2}}{2R + R'}, \text{ also}$$

$$U_{A1} - U_{A2} = (U_1 - U_2)\left(\frac{2R}{R'} + 1\right).$$

Somit ergibt sich als Potentialdifferenz U_D zwischen den beiden Ausgängen der beiden Operationsverstärker die verstärkte Differenz zwischen den beiden Spannungen U_1 und U_2. Um diese Spannung U_D als eine auf die Masse bezogene Ausgangsspannung U_A auszugeben, kann ein Subtrahierverstärker nachgeschaltet werden (Bild 22), wobei U_{A1} anstelle von U_1 und U_{A2} anstelle von U_2 eingespeist wird.

Wichtige Kenndaten
Für viele Anwendungen müssen die Operationsverstärker bestimmte Eigenschaften aufweisen, die sich zum Teil widersprechen. Es gibt eine Vielzahl von Operationsverstärkern, die für verschiedene Einsatzgebiete optimiert sind. Grundsätzlich werden die Daten für bestimmte Arbeitspunkte oder Arbeitsbereiche angegeben.

Temperaturbereich
Im Konsumelektronik-Bereich ist der Temperaturbereich zwischen 0 °C und 70 °C üblich. Für den erweiterten industriellen Bereich wird häufig der Temperaturbereich zwischen –20 °C und +70 °C genannt; dieser Bereich wird vor allem für Geräte gefordert, die außerhalb von Gebäuden eingesetzt werden. Für militärische Einsatzgebiete wird der Temperaturbereich von –55 °C bis +125 °C angegeben. Diese Forderungen decken allerdings nicht alle Anforderungen für die Anwendung in Fahrzeugen ab; z.B. treten im Motorraum oder in Bremssystemen durchaus noch höhere Temperaturen auf.

Offsetspannung
Als Offsetspannung U_{OS} wird die Kenngröße zur Beschreibung der Tatsache bezeichnet, dass auch bei Kurzschluss zwischen den beiden Eingängen (d.h. für $U_D = 0$) die Ausgangsspannung U_A ungleich null ist. Diese wirkt somit wie eine von außen angelegte Spannung U_D und addiert sich zu dieser. Die Offsetspannung U_{OS} kann z.B. dadurch ermittelt werden, dass am Eingang diejenige Spannung ermittelt wird, welche die Ausgangsspannung U_A gleich null einstellt (Bild 24). Die Offsetspannung U_{OS} rührt u.a. von Asymmetrien in der inneren Beschaltung der beiden Eingänge her und

Bild 23 Vorverstärkung eines Instrumentenverstärkers.
U_1, U_2 Eingangsspannungen,
I_{N1}, I_{N2} Eingangsströme, I Strom,
R, R' Widerstände,
U_{A1}, U_{A2} Ausgangsspannungen, bezogen auf Masse.

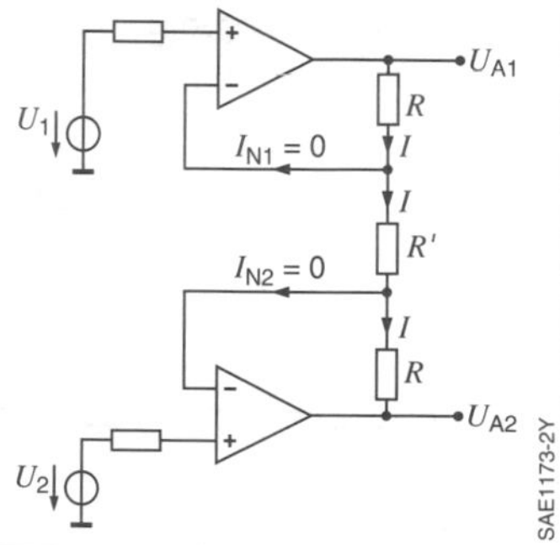

Bild 24: Offsetspannung.
U_A Ausgangsspannung
U_D Differenzspannung zwischen Eingängen,
U_{OS} Offsetspannung,
$U_{A,\,max}$ Maximale Ausgangsspannung,
$U_{A,\,min}$ Minimale Ausgangsspannung.

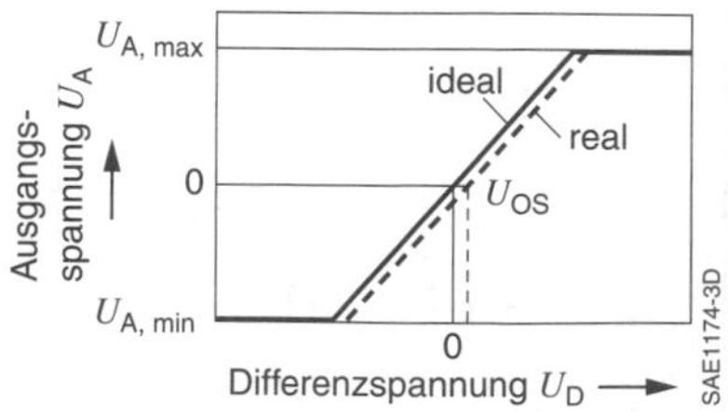

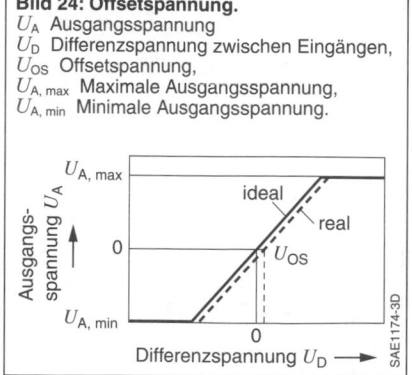

liegt typischerweise im Bereich von einigen µV bis wenigen mV.

Allerdings ist neben dem Wert der Offsetspannung U_{OS} auch der Temperatureinfluss und die Langzeitstabilität von großer Bedeutung. Bei einigen Operationsverstärkern wird die Möglichkeit geboten, durch eine äußere Beschaltung die Offsetspannung zu kompensieren – soweit dies nicht bereits durch interne schaltungstechnische Maßnahmen realisiert ist. Wichtig ist in diesem Zusammenhang, dass auch die Eingangsspannung aufgrund des Temperatureinflusses driften kann; so stellen Lötstellen Thermoelemente mit einer Spannung in der Größenordnung von 10…100 µV/K dar.

Eingangswiderstände und -ströme

Aufgrund der in der Regel sehr kleinen Eingangsströme I_N und I_P ergeben sich entsprechend sehr große Eingangswiderstände, die zum Teil im hohen Megaohm-Bereich liegen. Es wird hier zwischen dem Gleichtakt-Eingangswiderstand (Widerstand zwischen je einem Eingang und Masse) und dem Differenz-Eingangswiderstand zwischen den beiden Eingängen unterschieden.

Die Eingänge üblicher Operationsverstärker bilden Transistoren; entweder bipolare Transistoren, bei denen jeweils die Basis angesteuert wird, oder MOS-Feldeffekt-Transistoren, bei denen das Gate umgeladen wird. Hierdurch erklären sich die kleinen Eingangsströme. Bei Verwendung von bipolaren Transistoren sind dies Basisströme und liegen im Bereich von µA. Bei Verwendung von MOSFET ergeben sich die entsprechenden Gate-Ströme, die zum Umladen der beteiligten Gatekapazität erforderlich sind. Letztere sind proportional zur Schaltfrequenz und liegen in der Regel im Bereich von pA.

Der Eingangsstrom (Input Bias Current) kann bei hochohmigen Schaltungen einen Eingangsspannungsfehler verursachen. Dieser kann kompensiert werden, wenn an beiden Eingängen gleiche Impedanzen angeschlossen werden, da dann jeweils die gleiche Spannung abfällt und die Differenzspannung U_D davon unberührt bleibt. Wie die Offsetspannung kann auch der Eingangsstrom über die Temperatur und die Zeitdauer driften.

Ausgangswiderstand

Der Ausgang des Operationsverstärkers lässt sich durch eine Serienschaltung einer idealen Spannungsquelle und einem Widerstand beschreiben; letzterer ist dann der Ausgangswiderstand R_A. Dieser Widerstand begrenzt den Ausgangsstrom. Im Allgemeinen können Operationsverstärker Ausgangsströme von 20 mA treiben, wobei es auch Typen mit einem Ausgangsstrom bis zu 10 A gibt.

Spannungsanstiegsrate

Die Spannungsanstiegsrate (SR, Slew Rate) bezeichnet die maximal mögliche Änderung der Ausgangspannung U_A pro Zeit, d.h. den maximalen Wert für dU_A/dt. Die Werte für die Spannungsanstiegsrate liegt für herkömmliche Operationsverstärker im Bereich von unter 1 V/µs bis über 1 V/ns.

Rauschen

Das Rauschen lässt sich durch durch Angabe der Rauschspannungsdichte oder der Rauschstromdichte beschreiben. Üblicherweise wird die Rauschspannungsdichte U_R' in nV/$\sqrt{\text{Hz}}$ angegeben.

Der Effektivwert der Rauschspannung U_R (analog gilt dies für den Rauschstrom) ergibt sich aus der jeweiligen Kennzahl multipliziert mit der Wurzel der betrachteten Bandbreite B:

$$U_R = U_R' \sqrt{B} .$$

Für eine Verstärkerschaltung ergibt sich die gesamte effektive Rauschspannungsdichte als die Wurzel aus der Summe der Quadrate der Effektivwerte.

$$U'_{R,ges} = \sqrt{(U_{R,1})^2 + \ldots (U_{R,m})^2} .$$

m bezeichnet dabei die Anzahl der Rauschterme.

Das Rauschen wird überwiegend am Eingang des Operationsverstärkers bestimmt. Werden JFET oder MOSFET verwendet, ergibt sich ein niedriges Strom-, aber vergleichsweise hohes Spannungsrauschen. Umgekehrt verhält es sich bei Operationsverstärkern, die auf bipolaren Transistoren basieren (siehe [1] und [4]).

Push-Pull-Treiber

Operationsverstärker weisen üblicherweise einen maximalen Ausgangsstrom von ca. 20 mA auf. Wird ein größerer Strom z. B. für die Ansteuerung von Leistungsbauelementen oder Aktoren (z. B. Gleichstrom-Elektromotoren) benötigt, dann kann dies durch eine Treiberstufe erreicht werden – solche sind auch als Push-Pull-Schaltungen oder Push-Pull-Stufen beziehungsweise Push-Pull-Treiber bekannt. Wichtig ist hierbei, dass ein betragsmäßig unter Umständen großer Strom I_{Last} durch die Last (ohmscher Widerstand R_{Last}, Bild 25) in beiden Richtungen fließt. Dies wird durch den Einsatz von zwei Leistungstransistoren (in Bild 25 T_1 als *npn*- und T_2 als *pnp*-Transistor) möglich; statt bipolarer Transistoren können auch MOS-FETs verwendet werden.

Aufgrund der Gegenkopplung ist die Ausgangsspannung U_{OUT} stets gleich U_{IN} (Bild 26) und somit folgt bei einer ohmschen Last der Ausgangsstrom I_{Last} der Eingangsspannung U_{IN}.

Die beiden Transistoren T_1 und T_2 in Bild 25 werden so angesteuert, dass diese niemals gleichzeitig leiten (Gegentaktbetrieb), weil dies einen Kurzschluss der Versorgungsspannungen $+U_{\text{V}}$ und $-U_{\text{V}}$ zur Folge hätte. Da beim Umpolen des Stroms I_{LAST} durch den Lastwiderstand R_{LAST} zunächst ein Transistor und dann sofort danach der andere Transistor leiten muss, hat dies zur Folge, dass die Spannung $U_{\text{OPV\_out}}$ in der Schaltung nach Bild 25 abrupt von beispielsweise –0,7 V auf +0,7 V springt, wie dies in Bild 26 dargestellt ist. Dies kann in Anwendungsfällen mit hoher Dynamik zu Problemen führen.

Push-Pull-Schaltungen kommen häufig auch in Treiberschaltungen für IGBT (Insulated Gate Bipolar Transistor) zum Einsatz; hier werden für die Ansteuerung von IGBT eine positive (häufig +15 V) und eine negative Spannung (häufig –15 V) zur Verfügung gestellt. Die Treiberendstufe wird in der Regel über einen isolierten DC-DC-Wandler mit einer galvanisch getrennten Spannung versorgt. Ferner übernimmt die Treiberschaltung auch diverse Schutzfunktionen wie die Überstromerkennung oder auch Verriegelungslogiken.

Bild 25: Push-Pull-Stufe.
Prinzipieller Aufbau mit zwei Bipolartransistoren.
T_1 *npn*-Bipolartransistor,
T_2 *pnp*-Bipolartransistor,
OVP_1 Operationsverstärker,
R_{IN} Eingangswiderstand,
R_{LAST} Lastwiderstand.
U_{IN} Eingangsspannung,
U_{OUT} Ausgangsspannung,
I_{LAST} Laststrom,
$+U_{\text{V}}$ Spannungsversorgung Pluspotential,
$-U_{\text{V}}$ Spannungsversorgung Minuspotential.

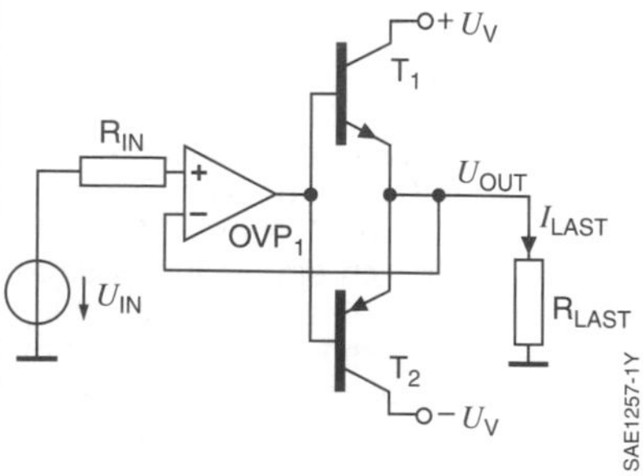

Bild 26: Kennlinien einer Push-Pull-Stufe.
1 Spannung an Ausgang von OVP_1,
2 Ausgangsspannung ($U_{\text{OUT}} = U_{\text{IN}}$)

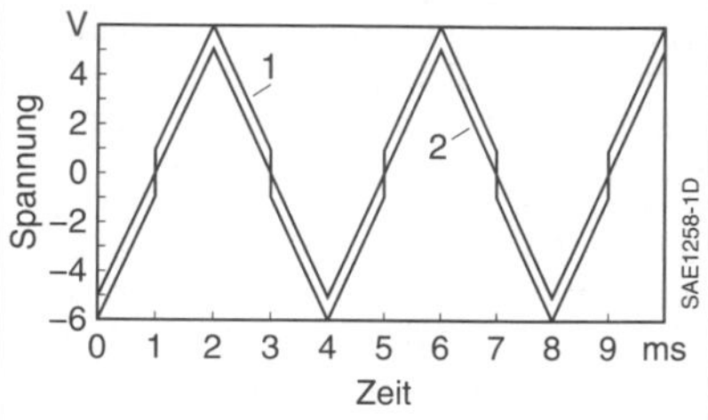

Monolithische integrierte Schaltungen

Monolithische Integration

Bei monolithisch integrierten Schaltungen (Integrated Circuit, IC) werden Bauelemente auf einem einzigen Stück einkristallinen Siliziums (Substrat) hergestellt. Es werden Verfahren der Halbleitertechnik zum Schichtaufbau (z.B. Epitaxie), zum Schichtabtrag und zur Änderung von Materialeigenschaften (z.B. Dotierung) eingesetzt. Mit dieser Technik lassen sich komplexe Schaltungen auf engstem Raum unterbringen.

Die Planartechnik beruht darauf, dass sich Siliziumscheiben (Wafer) leicht oxidieren lassen und dass Dotierstoffe um viele Zehnerpotenzen langsamer ins Oxid als ins Silizium eindringen: nur wo Öffnungen in der Oxidschicht sind, erfolgt die Dotierung. Die durch die IC-Konstruktion bestimmten geometrischen Muster werden mithilfe fotolithografischer Verfahren auf die Wafer übertragen. Alle Prozessschritte (Oxidieren, Abtragen, Dotieren, Abscheiden) erfolgen nacheinander von einer Oberflächenebene her (planar).

Die Planartechnik ermöglicht die Herstellung aller Komponenten einer Schaltung (z.B. Widerstände, Kondensatoren, Dioden, Transistoren) einschließlich der leitenden Verbindungen in einem gemeinsamen Fertigungsprozess auf einem einzigen Siliziumplättchen (Chip). Aus Halbleiterkomponenten werden monolithische integrierte Schaltungen.

Im Allgemeinen umfasst diese Integration ein Teilsystem der elektronischen Schaltung, zunehmend mehr auch das Gesamtsystem („System on a Chip").

Aufgrund der immer höher steigenden Packungsdichte (Integrationsdichte) wird auch zunehmend die dritte Dimension, d.h. die Ebene senkrecht zur Oberfläche, im Design genutzt. Hierdurch können insbesondere für die Leistungselektronik Vorteile wie kleinere Widerstände, niedrigere Verluste und damit auch höhere Stromdichten erreicht werden.

Integrationsgrad

Der Integrationsgrad ist ein Maß für die Anzahl der Funktionselemente je Chip. Nach Integrationsgrad (und Chipfläche) unterscheidet man folgende Techniken:

- SSI (Small Scale Integration) mit bis zu einigen 100 Funktionselementen pro Chip und einer mittleren Chipfläche von 1 mm^2. Die Chipfläche kann bei Schaltungen mit hohen Leistungen aber auch sehr viel größer sein (z.B. Smart Power Transistors).
- MSI (Medium Scale Integration) mit einigen 100 bis 10 000 Funktionselementen pro Chip und einer mittleren Chipfläche von 8 mm^2.
- LSI (Large Scale Integration) mit bis zu 100 000 Funktionselementen pro Chip und einer mittleren Chipfläche von 20 mm^2.
- VLSI (Very Large Scale Integration) mit bis zu 1 Million Funktionselementen pro Chip und einer mittleren Fläche von 30 mm^2.
- ULSI (Ultra Large Scale Integration) mit über 1 Million Funktionselementen pro Chip (Flash-Speicher enthalten heute bis zu 20 Milliarden Transistoren pro Chip), einer Fläche bis zu 300 mm^2 und kleinsten Strukturgrößen von weniger als 30 nm.

Für die Konstruktion integrierter Schaltungen sind rechnergestützte Simulations- und Entwurfsmethoden (CAE und CAD) unerlässlich. Bei VLSI und ULSI werden ganze Funktionsblöcke eingesetzt, da sonst der zeitliche Aufwand und das Fehlerrisiko die Entwicklung unmöglich machen würde. Zusätzlich werden Simulationsprogramme benutzt, um eventuell auftretende Fehler erkennen zu können.

Literatur

[1] U. Tietze, Ch. Schenk, E. Gamm: Halbleiter-Schaltungtechnik. 15. Auflage, Verlag Springer Vieweg, 2016.

[2] A. Führer, K. Heidemann, W. Nerreter: Grundgebiete der Elektrotechnik, Bände 1–2. 9. Aufl., Carl Hanser Verlag, 2011.

[3] R. Ose: Elektrotechnik für Ingenieure. 5. Auflage, Carl Hanser Verlag, 2013.

[4] R. Müller: Rauschen. 2. Aufl., Springer-Verlag, 2013.

Grundlagen elektrische Maschinen

Energiewandlung

Elektrische Maschinen sind elektromagnetomechanische Energiewandler im Motor- und Generatorbetrieb. Die zugeführte elektrische Energie W_{el}

$$W_{el} = W_m + W_v$$

wird in die magnetische Energie W_m und die Verlustenergie W_v mit

$$W_m = \int_0^{t_0} u_l i_l \, dt \quad \text{und} \quad W_v = \int_0^{t_0} i_l^2 R \, dt$$

überführt. Mit $u_l = d\Psi/dt$ folgt die magnetische Energie mittels Integration

$$W_m = \int_0^{\Psi_0} i_l(\delta, \Psi) \, d\Psi .$$

Dabei ist δ der im Magnetkreis befindliche Luftspalt, Ψ der mit allen Windungen einer Wicklung verkettete magnetische Fluss und Ψ_0 der maximal auftretende verkettete magnetische Fluss. In Bild 1 ist beispielsweise die Energie W_m im Raum $V = A_z \delta$ über der vom Fluss Φ durchsetzten Zahnfläche gespeichert. Durch Ableiten der magnetischen Energie nach einer Ortskoordinate Ω folgt die Magnetkraft F_m

$$F_m = \frac{\partial W}{\partial \Omega}$$

in Richtung der Ortskoordinate als Kraft auf eine Grenzschicht zur Bewegungserzeugung. Erfolgt beispielsweise die Ableitung der magnetischen Energie nach einer Umfangskoordinate, so führt diese zu einer Magnetkraft in Umfangsrichtung, welche durch Multiplikation mit Radius r das Moment $M = F_m r$ hervorruft. Erfolgt die Berechnung der magnetomechanischen Energiewandlung durch Ableiten der magnetischen Energie nach einer Winkelkoordinate α, so folgt damit das Moment M:

$$M = \frac{\partial W}{\partial \alpha} .$$

In Bild 1 ist der Schnitt eines permanentmagnetisch erregten Motors ersichtlich. Der Stator besteht dabei aus dem magnetischen Rückschluss und dem Permanentmagneten. Den Rotor bilden die Rotorzahnfläche A_z, der Rotorzahn, die Wicklung, die vom magnetischen Fluss durchsetzt wird und an der Zahnfläche eine momentenbildende Reluktanzkraft (Tangentialkraft F_t) hervorruft. Die auf die Zahnfläche wirkende Normalkraft F_n hebt sich zusammen mit der Normalkraft des auf der Welle gegenüberliegenden Zahns auf.

Hinsichtlich der Kräfte wird folgendermaßen unterschieden:
- Magnetkraft, die an einer Grenzschicht bestehend aus Luft und Eisen wirkt,
- Lorentzkraft auf bewegte Ladungsträger im Magnetfeld.

Anwendungsbeispiele für den ersten Fall sind Kommutatormaschinen und geschaltete Reluktanzmotoren. Anwendungsbeispiele für den zweiten Fall sind Kommutatormaschinen mit eisenfreien Läufern und Kommutator-Scheibenläufermaschinen.

Weiterführende Literatur siehe [1] und [2].

Bild 1: Schnittansicht eines Innenläufermotors .
1 Magnetischer Rückschluss,
2 Permanentmagnet, 3 Rotorzahnfläche A_Z,
4 Rotorzahn, 5 Ankerwicklung,
6 magnetischer Fluss Φ.
r Rotorradius,
F_t Tangentialkraft (Reluktanzkraft),
F_n Normalkraft, M Drehmoment,
α Drehwinkel, δ Luftspalt im Magnetkreis.

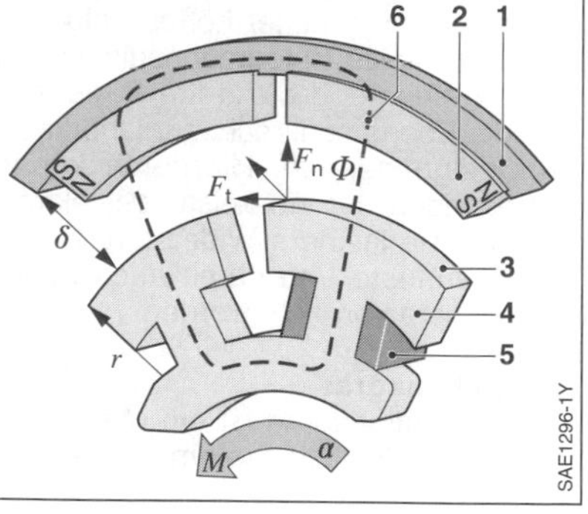

Systematik rotierender elektrischer Maschinen

Die Bestromung der Wicklungen von elektrischen Maschinen entscheidet über ihre Eigenschaften. Unterschieden werden selbstgeführte (positionsgeführte, feldgeführte) und fremdgeführte (netzgeführte, frequenzgeführte) Motoren.

Zur ersten Gruppe gehören die Gleichstrommotoren, bei denen das zyklische Einschalten der Wicklungsstränge im Läufer selbstgeregelt über den mechanischen (oder elektronischen) Kommutator erfolgt. Die magnetische Erregung erfolgt entweder mit einem Elektromagneten (Gleich- und Wechselstrombetrieb des Motors möglich) oder mittels Permanentmagneten (nur Gleichstrombetrieb des Motors möglich).

Bei den fremdgeführten Motoren (z.B. Asynchronmotor) werden die Stränge durch das speisende Netz beziehungsweise die Steuerelektronik geschaltet. Tabelle 1 zeigt eine Systematisierung von Elektromotoren hinsichtlich deren Führungsverhalten. In der DIN 42027 [3] ist eine Motorsystematik bezüglich der Stromversorgung ersichtlich.

Definitionen geometrischer Größen

In Bild 2 ist die Skizze eines 4-poligen (Polpaarzahl $p = 2$) Maschinenquerschnitts dargestellt. Die Benennung der Größen erfolgt teilweise mit DIN EN 60027-4 [4]. Diese Norm gibt Namen und Formelzeichen für Größen und Einheiten an.

Ein Polpaar besteht aus jeweils einem Nord- und einem Südpol. Der sich einstellende magnetische Fluss tritt aus dem Nordpol heraus durch den Rotor über den Luftspalt in den Südpol ein.

Bild 2: Statorschnitt und Rotorschnitt mit Bemaßung.
1 Stator,
2 Rotor (mit Radius r_R).
τ_p Polteilung ($= \pi d/2p$), p Polpaarzahl,
τ_Q Nutteilung ($= \pi d/Q$), Q Anzahl der Nuten,
b_L Pollückenbreite,
b_P Polschuhbreite,
r_S Statorradius,
δ Luftspalt,
Φ magnetischer Fluss.

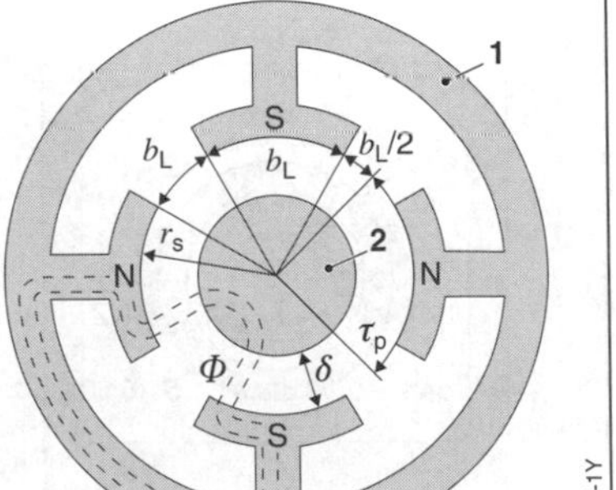

Tabelle 1: Systematik der Elektromotoren.

Selbstgeführte Maschinen			Fremdgeführte Motoren	
Mechanischer Kommutator		Elektronischer Kommutator	Lastabhängige Drehzahl	Frequenzabhängige Drehzahl
Wechselstrommotoren	Gleichstrommotoren	Elektronisch kommutierte Motoren (EC-Motoren)	Asynchronmotoren	Synchronmotoren
Kommutatormotoren, Universalmotoren	Reihenschluss-, Nebenschlussmotoren	Block-, Sinuskommutierte Motoren	Drehfeldmotoren, Käfigläufer	Drehfeldmotoren

Gleichstrommaschinen

Bei Gleichstrommaschinen wird häufig der motorische Betrieb dem generatorischen Betrieb bevorzugt. Diese finden beispielsweise als Antriebe für Elektrokraftstoffpumpen, Lüfter, Starter, Scheibenwischer und Fensterheber Anwendung. In Bild 3a ist ein zweipoliger und in Bild 3b ein vierpoliger Motor ersichtlich. Bei höherpoligen Motoren entstehen mehrere und kürzere magnetische Kreise, die eine höhere Ausnützung des Magnetvolumens ermöglichen. Die Motoren bestehen aus dem magnetischen Rückschluss, den Polen, Kupferlamelle, Einlassbürste, Wicklungsstrang und Auslassbürste, die vom Ankerstrom I_A durchflossen wird, der sich wiederum in die Zweigströme I_Z aufteilt.

Bild 3: Gleichstrommaschinen.
a) Zweipoliger Motor (1 Polpaar),
b) vierpoliger Motor (2 Polpaare).
1 Magnetischer Rückschluss,
2 Pol, 3 Kupferlamelle, 4 Einlassbürste,
5 Wicklungsstrang, 6 Auslassbürste.
I_A Ankerstrom, I_Z Zweigstrom.
NZ Neutrale Zone.

a

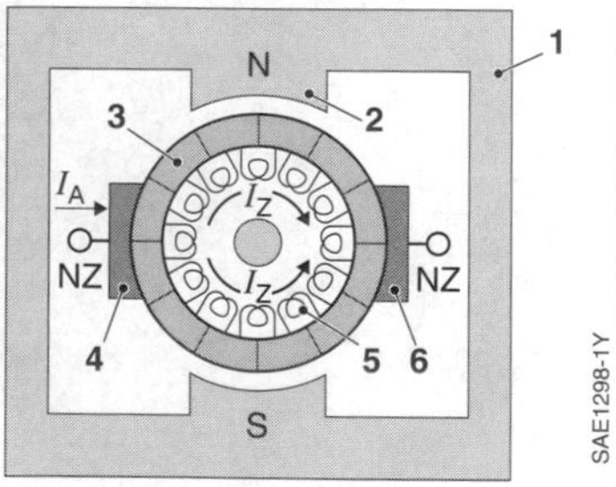

b

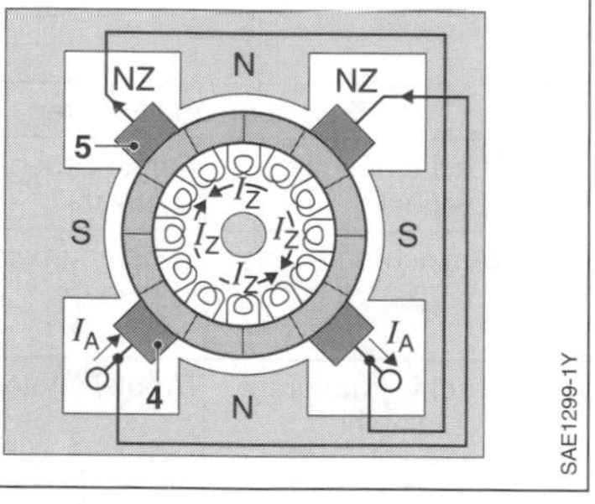

Gleichstrommaschinen mit Erregung durch Elektromagneten werden nach ihrem Schlussverhalten gegliedert. Beim Reihenschlussmotor sind Anker- und Erregerwicklung in Reihe geschaltet. Beim Nebenschlussmotor sind Anker- und Erregerwicklung parallel geschaltet. Die Anschlussbezeichnungen der Gleichstrommaschinen erfolgen nach DIN EN 60034, Teil 8 [5] sowie DIN EN 60617 Teil 6 [6].

Kommutatorspannung

Bild 3 wird auf das Motorersatzschaltbild Bild 4, bestehend aus Kommutator und zwei auf eine Windung reduzierte Stränge vereinfacht. Hiervon wird das elektrische Ersatzschaltbild Bild 5 abgeleitet. In Bild 5a und 5b ist der Motorbetrieb, in Bild 5c und 5d der Generatorbetrieb dargestellt. Die sich einstellenden Spannungsbeziehungen sind Tabelle 2 zu entnehmen.

Die induzierte Spannung U_L ist gemäß Induktionsgesetz

$$U_L = \frac{d\Psi(I,\delta)}{dt}. \tag{1}$$

Mit dem totalen Differential (Differentiation einer Funktion nach all ihren unabhängigen Variablen) des verketteten, strom- und luftspaltabhängigen magnetischen Flusses Ψ

$$d\Psi = \frac{\partial\Psi(I,\delta)}{\partial I}\,dI + \frac{\partial\Psi(I,\delta)}{\partial\delta}\,d\delta \tag{2}$$

Bild 4: Motorersatzschaltbild.
1 Kupferlamelle, 2 Einlassbürste,
3 Auslassbürste, 4 Wicklungsstrang.
I_A Ankerstrom, I_Z Zweigstrom.
Φ magnetischer Fluss,
A vom magnetischen Fluss durchsetzte Fläche.

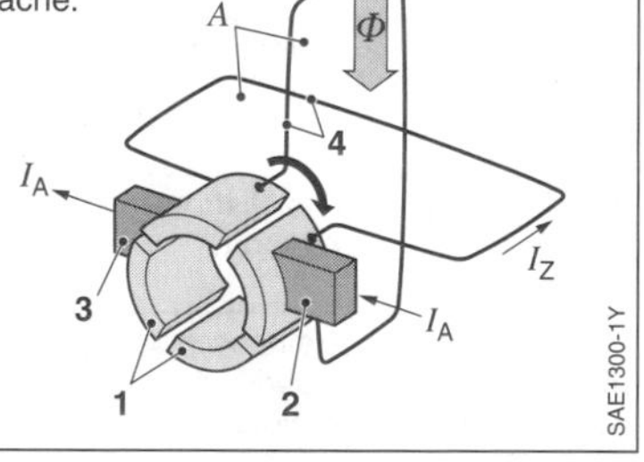

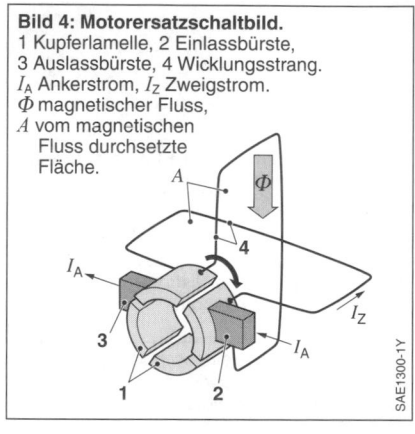

folgt erneut die induzierte Spannung

$$U_{\mathrm{L}} = \frac{\partial \Psi(I,\delta)}{\partial I}\frac{dI}{dt} + \frac{\partial \Psi(I,\delta)}{\partial \delta}\frac{d\delta}{dt}, \quad (3)$$

wobei der erste Term wegen DC-Bestromung null wird. Damit verbleibt der zweite Term des Induktionsgesetzes, der mit der Windungszahl N, dem Fluss Φ, der Flussdichte B und der Fläche A weiterentwickelt wird:

$$U_{\mathrm{L}} = N\frac{\partial \Phi}{\partial \delta}\frac{d\delta}{dt} = NB\frac{dA}{dt}. \quad (4)$$

Tabelle 2: Spannungsbeziehungen.

Motorbetrieb	Generatorbetrieb
$U_{\mathrm{Kl}} = U_{\mathrm{A}} + U_{\mathrm{L}}$	$U_{\mathrm{Kl}} = U_{\mathrm{A}} - U_{\mathrm{L}}$
$U_{\mathrm{Kl}} = E_{\mathrm{A}}l + E_{\mathrm{L}}l$	$U_{\mathrm{Kl}} = E_{\mathrm{A}}l - E_{\mathrm{L}}l$
$U_{\mathrm{Kl}} = (E_{\mathrm{A}} + E_{\mathrm{L}})l$	$U_{\mathrm{Kl}} = (E_{\mathrm{A}} - E_{\mathrm{L}})l$

Bild 5: Elektrisches Ersatzschaltbild für Motor- und Generatorbetrieb.
I_{A} Ankerstrom,
U_{Kl} Klemmenspannung,
R_{A} Ankerwiderstand,
L Ankerinduktivität,
U_{A} Spannungsfall über Ankerwiderstand R_{A}.
U_{L} induzierte Spannung,
E_{A} elektrische Feldstärke entlang des Wicklungsdrahts,
E_{L} in der Wicklung induzierte Feldstärke,
l Drahtlänge,
A_{d} Drahtquerschnittsfläche,
κ spezifische elektrische Leitfähigkeit.

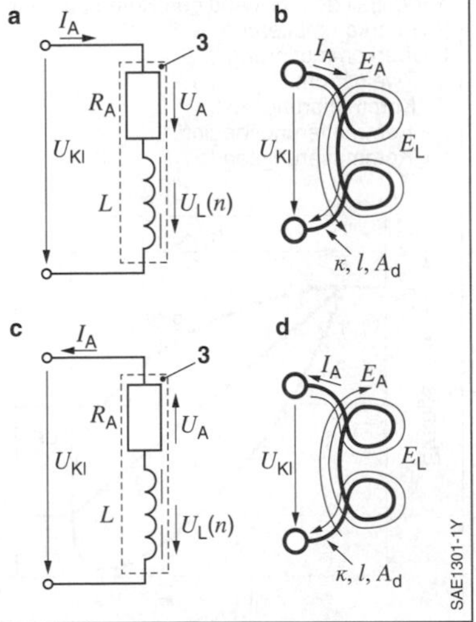

Mit dem Ersetzen des Differentialquotienten durch einen Differenzenquotienten unter Verwendung der Periodendauer T und der Berücksichtigung, dass für die Anordnung in Bild 4 mit $k = 4$ Lamellen für die Kommutierung nur $T/4 = T/k$ Zeit verbleibt, folgt erneut die induzierte Spannung

$$U_{\mathrm{L}} = NB\frac{A}{\frac{T}{k}} = NBAfk \quad (5)$$

als Funktion der Drehfrequenz f [s^{-1}]. Eine Erweiterung mit 60 und Umformung mit $c_1 = k \cdot 60$ führt zu

$$U_{\mathrm{L}} = \Psi nk \cdot 60 = LInc_1 = \Psi nc_1 \; (n \text{ in min}^{-1})$$

und damit zur drehzahlproportionalen induzierten Spannung, mit der die Maschengleichung von Bild 5

$$U_{\mathrm{Kl}} = R_{\mathrm{A}}I_{\mathrm{A}} \pm \Psi nc_1 \quad (6)$$

erfüllt wird. Hierbei gilt „+“ für den Motor- und „–“ für den Generatorbetrieb. n gibt die Umdrehungen pro Minute an.

Kommutierung

Erst der Kommutator ermöglicht das Drehen des Ankers und dient zur Stromwendung in einem Wicklungsstrang („kommutieren“ bedeutet Größen umstellen, miteinander vertauschen, die Richtung des elektrischen Stroms ändern). Die Kommutierung ist damit die Umkehrung der Stromrichtung.

Bild 6: Superponierung von Feldern während der Kommutierung.
a) Ungestörter Stator-Feldverlauf,
b) ungestörter Anker-Feldverlauf,
c) Superponierung des Feldverlaufs aus a und b,
d) Umkehrung der Stromrichtung unter Beibehaltung der Ankerdrehrichtung.

SAE1302Y

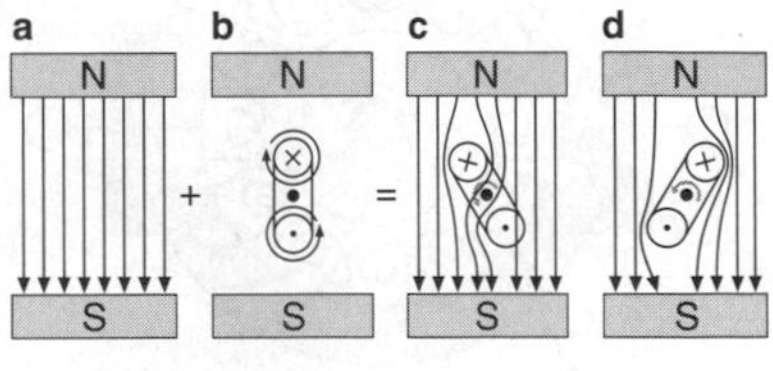

In Bild 6a ist der ungestörte Stator-Feldverlauf dargestellt. In Bild 6b ist der ungestörte Ankerfeldverlauf eingezeichnet. In Bild 6c werden die beiden Fälle superponiert. Es entsteht eine resultierende Kraft, die den Anker nach links drehen lässt. Mittels Kommutator erfolgt in Bild 6d die Umkehrung der Stromrichtung unter Beibehaltung der Ankerdrehrichtung.

Der Rotor aus Bild 3a ist in Bild 7 vergrößert dargestellt. Der Ankerstrom I_A wird jeweils in Zweigströme I_Z aufgeteilt. Die Zweigströme fließen in die Wicklungsstränge des Nord- und Südpols. Unterhalb der Polflächen ist damit die Stromrichtung in den Wicklungssträngen immer gleich. Die Stromrichtung ändert sich jeweils nur in dem zu kommutierenden Wicklungsstrang. Als Beispiel einer Kommutierung wird die Kommutierung eines Wicklungsstrangs an der Einlassbürste vermittelt. Die zu kommutierenden Spulen befinden sich in der neutralen Zone (NZ). Bei einer angenommenen Rechtsdrehung des Rotors läuft der Wicklungsstrang unter die Einlassbürste (Bild 7, Position 1). Seine derzeitige Stromrichtung ist mit einem Pfeil gekennzeichnet. Im Fortgang wird der Wicklungsstrang von der Einlassbürste kurzgeschlossen (Bild 7, Position 2). In Position 3 wurde die Bestromungsrichtung des Zweigstroms umgekehrt (Stromwendung), was durch einen Pfeil gekennzeichnet ist.

Der zeitliche Vorgang der Stromwendung innerhalb der Kommutierungszeit T_C ist in Bild 8 ersichtlich. Der Kommutierungsbeginn ist mit t_{CB} und das Kommutierungsende mit t_{CE} gekennzeichnet. Der Idealfall ist die vollständige Kommutierung nach Verlauf von Kurve 1. Hier hebt sich die Wirkung der induktiven Spannungen durch den Wendepol (siehe folgender Abschnitt) auf. Die vom Wendefeld induzierte Spannung ist gleich der Reaktanzspannung. Der Kurvenverlauf 2 wird als Unterkommutierung bezeichnet. Der Spulenstrom I nimmt von $+I_Z$ nur langsam ab und erreicht erst kurz vor dem Zeitpunkt t_{CE} das Stromniveau $-I_Z$. Die Ursache dafür ist eine zu klein dimensionierte induzierte Wendepolspannung.

Dem entgegen steht der Kurvenverlauf 3, der eine Überkommutierung beschreibt. Diese wird durch eine zu hohe induzierte Wendepolspannung erreicht.

Grundsätzlich belastet die sprunghafte Stromänderung das Kontaktsystem bestehend aus Bürste und Lamelle.

Die Bezeichnungen wurden der DIN 1304, Teil 7 [7] entnommen.

Wendepol- und Kompensationswicklung

Kompensierte Maschine

In Bild 9 ist eine mit Wendepol- und Kompensationswicklung versehene Maschine für höhere Leistung (ca. > 5 kW) abgebildet.

Bild 7: Kommutierungsvorgang im Rotor.
1 Wicklungsstrang unter der Einlassbürste,
2 von Einlassbürste kurzgeschlossener Wicklungsstrang,
3 Umkehrung der Bestromung.
I_A Ankerstrom.

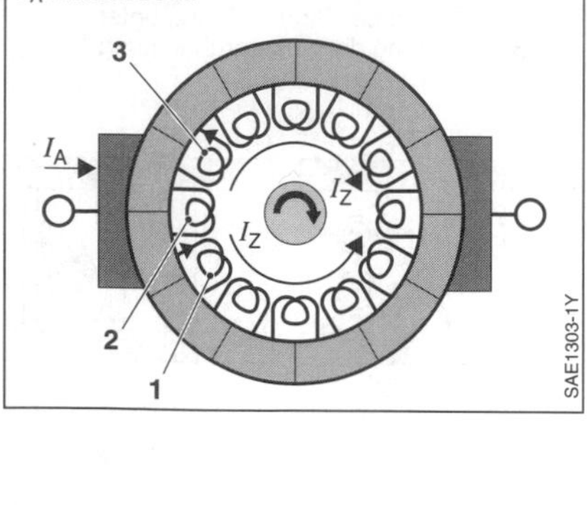

Bild 8: Stromwendung.
1 Idealfall der vollständigen Kommutierung,
2 Unterkommutierung,
3 Überkommutierung.
I_Z Zweigstrom,
T_C Kommutierungszeit,
t_{CB} Kommutierungsbeginn,
t_{CE} Kommutierungsende.

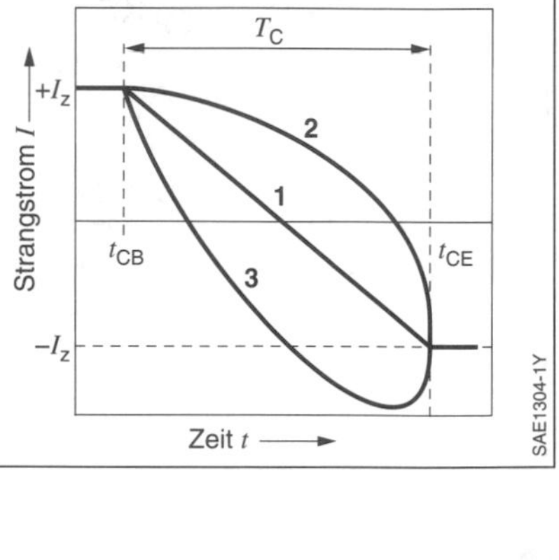

Bild 9: Aufbau der Zweipol-Gleichstrommaschine (Querschnitt).
1 Stator, 2 Erregerpol (Polschuh),
3 Erregerwicklung,
4 Kompensationswicklung (vorzugsweise bei Maschinen höherer Leistung),
5 Wendepol, 6 Wendepolwicklung, 7 Rotor,
8 Rotorwicklung, 9 Kommutatorlamellen,
10 Kommutatorbürste (Position in der neutralen Zone).

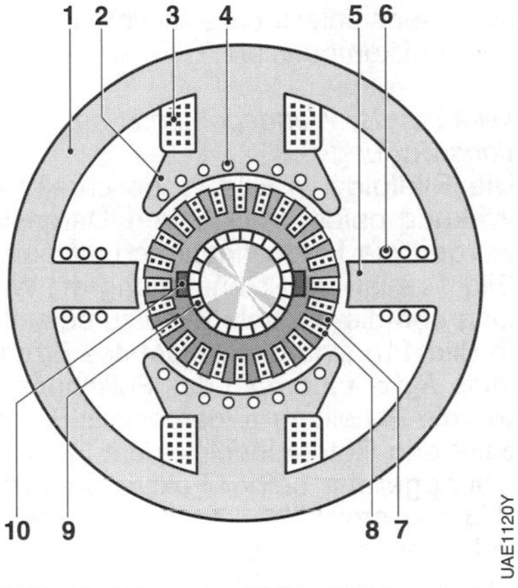

Feldverlauf

Das den unbestromten Rotor ungestört durchdringende Hauptfeld weist eine symmetrische Verteilung auf (Bild 10a). Desgleichen erfolgt eine symmetrische Flussaufteilung, wenn nur der Rotor bestromt wird (Bild 10b). Werden beide Felder überlagert, so wird die neutrale Zone um den Winkel β ausgelenkt (Bild 10c). Diese magnetisch neutrale Zone entspricht somit nicht mehr der geometrisch neutralen Zone (Position der Kommutatorbürsten). In der geometrisch neutralen Zone stellt sich damit ein magnetisches Feld ein, durch das beim Kommutierungsvorgang in der zu kommutierenden Spule eine Spannung induziert wird, die zwischen Bürste und ablaufender Kommutatorlamelle ein Bürstenfeuer (Abrissfunken) entstehen lässt. Um das zu verhindern, wird während der Kommutierung in der betroffenen Spule eine weitere Spannung induziert, die nach Amplitude und Richtung die Wirkung der ursprünglich induzierten Spannung aufhebt.

Dies wird durch die Wendepolwicklung erreicht (Bild 9). Die Wendepolwicklung ist mit der Rotorwicklung in Reihe ge-

Bild 10: Überlagerung von Feldern.
a) Hauptfeld: Erregerstrom eingeschaltet, Rotorstrom ausgeschaltet.
b) Ankerquerfeld: Erregerstrom ausgeschaltet, Rotorstrom eingeschaltet.
c) Gesamtfeld: Überlagerung von Haupt- und Ankerquerfeld; magnetisch neutrale Zone ist um Winkel β ausgelenkt.
1 Erregerpol (Statorpol, Hauptpol), 2 Rotor, 3 Rotorwicklung.
Φ_S Magnetischer Statorfluss (magnetischer Rückschluss über das Motorgehäuse),
Φ_R magnetischer Rotorfluss (magnetischer Rückschluss über Erregerpol oder Motorgehäuse),
Φ_{RS} magnetischer Fluss des Gesamtfelds.

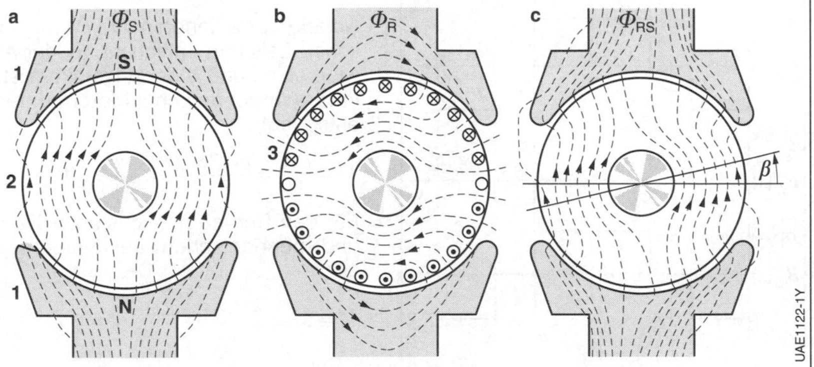

schaltet. Sie wirkt einer Verschiebung der magnetisch neutralen Zone durch die Rotorrückwirkung entgegen. Bei Motoren ohne Wendepolwicklungen müssen die Bürsten in die magnetisch neutrale Zone verschoben werden.

Bild 11: Wirkung der Kompensations- und Wendepolwicklung.
a) Polanordnung,
b) Verlauf des Erregerfelds $B_E(x)$,
c) Verlauf des Rotorquerfelds $B_R(x)$,
d) Überlagerung von $B_E(x)$ und $B_R(x)$,
e) Kompensationsinduktion $B_K(x)$,
f) Überlagerung von $B_E(x)$, $B_R(x)$ und $B_K(x)$,
g) Wendepolinduktion $B_W(x)$,
h) Überlagerung aller Feldverläufe.
1 Polschuh, 2 neutrale Zone.
Φ Statorfluss.

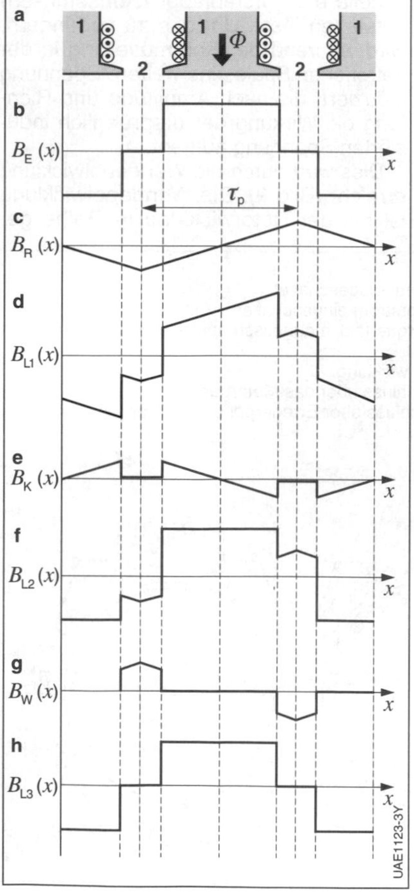

Die im Polschuhbereich auftretende Hauptfeldverzerrung bewirkt eine Verminderung der zur Verfügung stehenden Polfläche, verbunden mit einer Vergrößerung des magnetischen Widerstands. Größere Maschinen erhalten aus diesem Grund eine Kompensationswicklung, die in die Polschuhe integriert ist (Bild 9). Die Kompensationswicklung ist mit der Rotorwicklung in Reihe geschaltet und so dimensioniert, dass diese das Rotorquerfeld kompensiert.

Wirkung der Wendepol- und Kompensationswicklung

Die Bildfolge in Bild 11 beschreibt die Wirkung beider Wicklungen. Dargestellt werden die Feldverläufe im Luftspalt. In Bild 11a ist die Polanordnung mit Wicklung und die neutrale Zone zu erkennen. In Bild 11b sind der Verlauf des Erregerfelds $B_E(x)$ unterhalb des Polschuhs sowie die Polteilung τ_P dargestellt. Bild 11c zeigt den Rotorquerfeldverlauf $B_R(x)$. Die Überlagerung beider Feldverläufe ist in Bild 11d ersichtlich. Die Kompensationsinduktion $B_K(x)$ (Bild 11e) sowie die mit Bild 11d erfolgte Superponierung zeigt Bild 11f. Wird die Wendepolinduktion $B_W(x)$ in Bild 11g mit dem Feldverlauf von Bild 11f superponiert, so ergibt dies den gewünschten Feldverlauf nach Bild 11h.

Moment und Leistung

Die vom Motor am Anschluss aufgenommene (+) oder abgegebene (–) elektrische Leistung ist

$$P_{el} = P_{th} \pm P_{em} = I_A{}^2 R_A \pm U_L I_A, \qquad (7)$$

wobei P_{em} der inneren und P_{th} der thermischen Leistung entspricht, R_A der Ankerwiderstand und I_A der Ankerstrom ist. Das innere mechanische Motormoment M entspricht

$$M = \frac{P_{em}}{\omega} = \frac{c_1 \Psi n I_A}{2\pi f} = \frac{c_1}{2\pi 60} \Psi I_A. \qquad (8)$$

Für den Betrieb mit konstanter Drehzahl und mechanischem Lastmoment M_{mech} gilt

$$M = M_{mech}.$$

Nebenschlussmaschine

Die Nebenschlussmaschine (NSM) ist dadurch gekennzeichnet, dass die Rotorwicklung parallel zur Erregerwicklung geschaltet ist. Für die Nebenschlussmaschine gelten die folgenden Anschlussbezeichnungen (Bild 12) nach DIN EN 60034-8 [5]:

- A kennzeichnet die Ankerwicklung,
- B die Wendepolwicklung,
- C die Kompensationswicklung und
- E die Nebenschlusserregerwicklung.

Durch Umstellen von Gleichung (6) nach der Drehzahl n folgt die Drehzahl-Stromgleichung

$$n(I_\mathrm{A}) = -\frac{R_\mathrm{A}}{c_1\Psi} I_\mathrm{A} + \frac{U_\mathrm{Kl}}{c_1\Psi} \qquad (9)$$

als Geradengleichung mit negativer Steigung und Achsenabschnitten

$$n_0(I_\mathrm{A}{=}0) = \frac{U_\mathrm{Kl}}{c_1\Psi}\,;\; I_\mathrm{An}(n{=}0) = \frac{U_\mathrm{Kl}}{R_\mathrm{A}}. \qquad (10)$$

Dabei ist n_0 die Leerlaufdrehzahl und I_An der Anlaufstrom. Durch Umformen der Gleichung (8) nach dem Strom und Einsetzen in Gleichung (9) folgt als Geradengleichung die Drehzahl-Momentengleichung

$$n(M) = -\frac{R_\mathrm{A} c_2}{c_1^2 \Psi^2} M + \frac{U_\mathrm{Kl}}{c_1\Psi},\; c_2 = 2\pi \cdot 60 \qquad (11)$$

Die Achsenabschnitte sind mit

$$M(n{=}n_0) = 0,\; M_\mathrm{An}(n{=}0) = \frac{U_\mathrm{Kl}}{R_\mathrm{A}} \frac{c_1}{c_2} \Psi \qquad (12)$$

gegeben. In Bild 13 ist die Drehzahl über dem Ankerstrom und dem Motormoment mit vier Quadranten dargestellt. Hierbei unterscheidet sich der Motor- vom Generatorbetrieb jeweils durch die Dreh- und Momentenrichtung. Das Drehzahlstellen der Maschine kann durch Änderung der Klemmenspannung U_Kl gemäß Gleichung (9) erfolgen, was eine Parallelverschiebung der Gerade in Bild 13 bewirkt. Eine vom Ankerstrom getrennte Änderung des Erregerstroms erlaubt gemäß Gleichung (9) eine Änderung des Flusses Ψ und damit ebenfalls eine Drehzahländerung. Diese Maßnahme wird als Feldschwächung bezeichnet.

Durch eine Reihenschaltung von Ankerwiderstand R_A mit einem Vorwiderstand R_V in den Ankerkreis (Bild 14a) wird die Geradensteigung von Gleichung (9) geändert. In Bild 14b sind Drehzahl-Kennlinien mit dem Vorwiderstand als Parameter ersichtlich.

Bild 12: Anschlussbezeichnung der Nebenschlussmaschine.
A Rotorwicklung, B Wendepolwicklung, C Kompensationswicklung, E Erregerwicklung, M Motor.

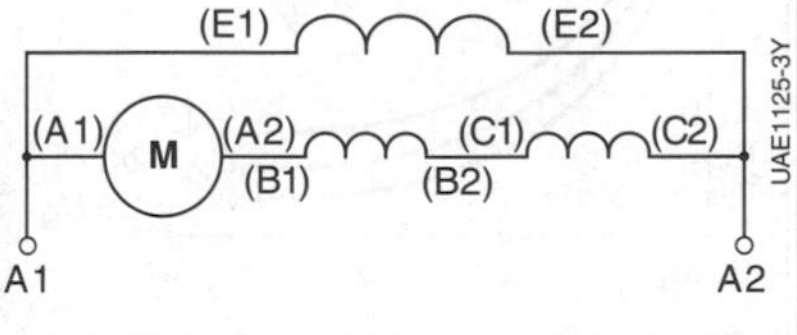

Bild 13: Vier-Quadrantenbetrieb der Nebenschlussmaschine.

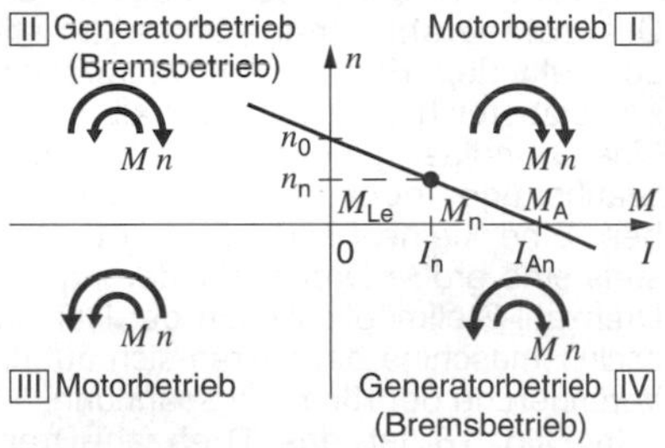

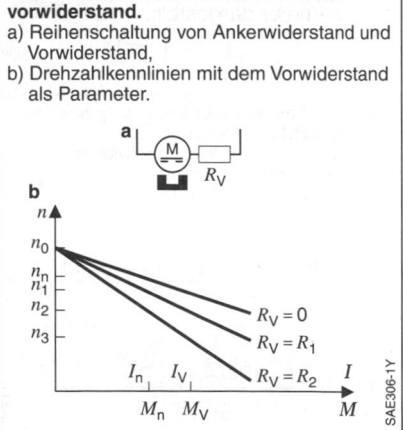

Bild 14: Drehzahlstellen mittels Ankervorwiderstand.
a) Reihenschaltung von Ankerwiderstand und Vorwiderstand,
b) Drehzahlkennlinien mit dem Vorwiderstand als Parameter.

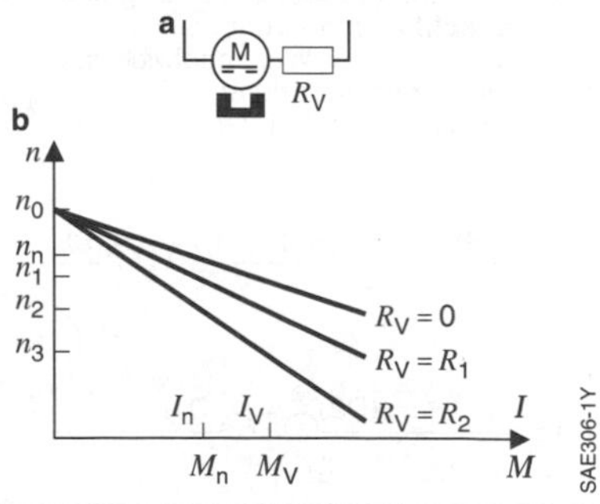

Reihenschlussmaschine

Bei der Reihenschlussmaschine (RSM) sind die Wendepol-, Kompensations-, Erreger- und Rotorwicklung in Reihe geschaltet (Bild 15). D bezeichnet die Erregerwicklung der Reihenschlussmaschine. Für die Ermittlung des Betriebsverhaltens werden die ohmschen Widerstände der Wicklungen zum Widerstand R_A zusammengefasst. Die Beziehung $\Psi = LI$ und Gleichung (8) in Gleichung (9) eingesetzt, folgt die Drehzahl-Drehmoment-Gleichung der Reihenschlussmaschine:

$$n(M) = \frac{1}{c_1 L}\left(U_{Kl}\sqrt{\frac{c_1 L}{c_2 M}} - R_A\right). \qquad (13)$$

Aufgrund des im Nenner stehenden Moments erreicht der Motor bei kleiner Last hohe Drehzahlen und darf nie gänzlich ohne Grundlast betrieben werden. Aufgrund der fehlenden externen Erregung kann die Reihenschluss-Kommutatormaschine nur als Motor fungieren. Die Drehzahl-Drehmoment-Charakteristik schränkt den Einsatz des Motors ein. Einsatzbereiche müssen deshalb immer eine Grundlast (Reibmoment) wie beim Staubsauger oder bei Pumpen vorsehen. Eine kleine Laständerung bewirkt stets eine große Drehzahländerung. Die Drehzahl-Stellmöglichkeiten der Reihenschlussmaschine begrenzen sich auf die Veränderung der Klemmenspannung.

In Bild 16 ist das Drehzahl-Drehmoment-Diagramm der Reihenschlussmaschine mit der Klemmenspannung U_{Kl} als Parameter dargestellt.

Bild 15: Anschlussbezeichnung der Reihenschlussmaschine.
A Rotorwicklung, B Wendepolwicklung, C Kompensationswicklung, D Erregerwicklung, M Motor.

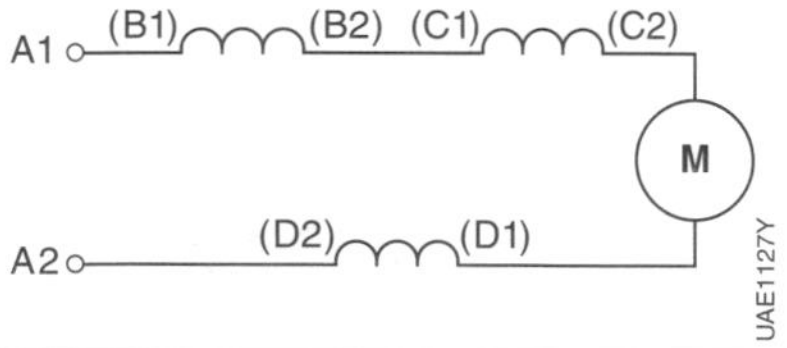

Asynchronmaschine

Die Asynchronmaschine (ASM) gilt in der Industrie als der Hauptantrieb. Im Kfz-Bereich findet sie beispielsweise in der elektrischen Hilfskraftlenkung und bei Hybridfahrzeugen Anwendung. Im Folgenden wird die Wirkungsweise der Asynchronmaschine als Induktionsmaschine vorgestellt.

Allgemeiner Aufbau

Unterschieden wird zwischen Außenläufer- und Innenläufermaschinen. Bei der Außenläufermaschine umschließt der Rotor den Stator, bei der Innenläufermaschine der Stator den Rotor.

Das Prinzipbild (Bild 17) lässt den grundsätzlichen Aufbau einer Innenläufer-Asynchronmaschine erkennen. Der Rotor besteht im einfachsten Fall aus einer kurzgeschlossenen Spule (Kurzschlussläufer). Der Stator besteht aus drei Spulen mit Eisenkern, die jeweils einem Strang zugeordnet sind. Der Eisenkern besteht aus einzelnen gegeneinander isolierten Blechen, um die Wirbelstromverluste gering zu halten. Das umlaufende Statormagnetfeld induziert in der kurzgeschlossenen Spule einen Strom, der seinerseits ein Magnetfeld hervorruft, das sich an das drehende Statorfeld koppelt und damit momentenwirksam wird.

Bild 16: Betriebskennlinien der Reihenschlussmaschine.
n Motordrehzahl, n_N Nenndrehzahl, U_{Kl} Klemmenspannung, U_N Nennspannung, M_M Motordrehmoment, M_R Reibmoment, M_N Nennmoment.

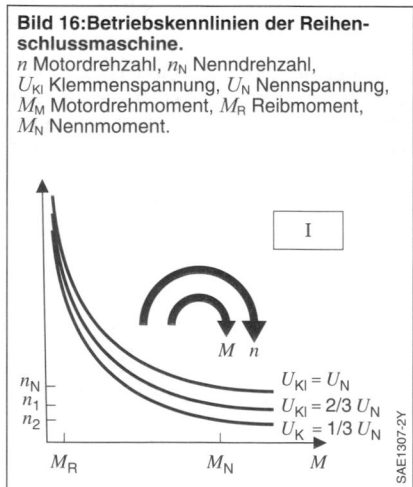

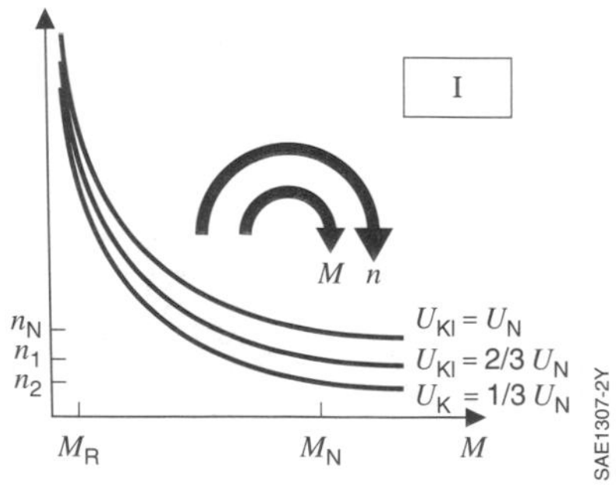

Betriebsverhalten

Die Statorwicklung erzeugt mit einem Dreiphasenwechselstrom ein Drehfeld. Zwischen der Drehfelddrehzahl und der Rotordrehzahl besteht eine Drehzahldifferenz, welche die Induktion eines magnetisch wirksamen Stroms im Rotor ermöglicht, der seinerseits zur Momentenbildung beiträgt. Die physikalische Wirkungsweise beruht auf dem Induktionsgesetz. In Bild 18 ist der Rotor durch eine vereinfachte, drehbar gelagerte Leiterschleife dargestellt. Die Relativbewegung zwischen dem umlaufenden Statorfeld und Rotor wird durch die Schlupfkreisfrequenz ω_S beschrieben.

Das mit der Schlupfkreisfrequenz umlaufende Magnetfeld B_R induziert gemäß dem Induktionsgesetz im Kurzschlussrotor die Spannung

$$\oint E\,ds = -\iint \frac{dB}{dt}\,dA_S. \qquad (14)$$

E bezeichnet die elektrische Feldstärke entlang der Kurzschlussstäbe und -stege. Es folgt die Entwicklung des linken Terms

- mit stofflichen ($E = J/\kappa$),
- geometrischen ($\int E\,ds = E \cdot 2(l+2r)$ und
- elektrischen ($J = i_{ind}/A_{nenn}$) Größen

$$\oint E\,ds = \frac{2(l+2r)}{\kappa A_{nenn}}\, i_{ind} = R_S\, i_{ind}, \qquad (15)$$

gefolgt von der Entwicklung des rechten Terms mittels geometrischen ($A_s = 2\,l\,r$) und magnetischen Größen im Frequenzbereich

$$\iint \frac{dB}{dt}\,dA_S = 2\,l\,r\,\hat{B}_R\,\omega_S \sin(\omega_S t)$$
$$= \hat{u}_{ind} \sin(\omega_S t). \qquad (16)$$

Bild 17: Prinzip eines dreisträngigen Asynchronmotors.
1 feststehende Statorwicklung,
2 Rotor als drehbare kurzgeschlossene Spule.
Drehachse senkrecht zur Zeichenebene.

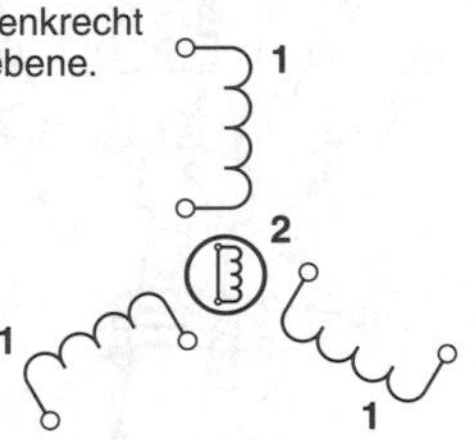

Dabei ist κ die spezifische elektrische Leitfähigkeit, J die Stromdichte und R_S der Leiterschleifenwiderstand (Kurzschlussstäbe und -stege). Durch Zusammenführen der Gleichungen (15) und (16) und Umformen nach dem Strom i_{ind} folgt

$$i_{ind} = \frac{\hat{u}_{ind}}{R_S} \sin(\omega_S t). \qquad (17)$$

Mit dem Leiterstrom stellt sich an der Leiterschleife die Tangentialkraft F_t (Lorentzkraft)

$$F_t = i_{ind}\, l\, \hat{B}_R \sin(\omega_S t) \qquad (18)$$

ein. Zusammen mit den beiden Stäben des Rotors folgt das Moment M

$$M = 2\,F_t\,r$$
$$= \frac{2\,\kappa A_{nenn}\,\omega_S}{l+2r}\left(l\,r\,\hat{B}_R \sin(\omega_S t)\right)^2 \qquad (19)$$

mit stofflichen, geometrischen und magnetischen Größen. Unter Einbezug der trigonometrischen Funktion

$$\sin^2(\omega_S t) = \frac{1}{2}(1 - \cos(2\,\omega_s t))$$

folgt erneut das Moment M

$$M = \frac{\kappa A_{nenn}\,\omega_S}{l+2r}\left(l\,r\,\hat{B}_R\right)^2 (1 - \cos(2\,\omega_s t)). \qquad (20)$$

Bild 18: Zweistabrotor als Kurzschlussläufer.
1 Kurzschlusssteg, 2 Kurzschlussstab.
i_{ind} induzierter Strom, l Kurzschlussstablänge,
r Rotorradius, A_{nenn} Stabquerschnittsfläche,
B_R mit Schlupfkreisfrequenz umlaufendes Magnetfeld,
A_S Querschnittsfläche der Leiterschleife,
κ spezifische elektrische Leitfähigkeit der Leiterschleife,
ω_S Schlupfkreisfrequenz (ergibt sich aus der Relativbewegung zwischen Statordrehfeld und Rotordrehzahl).

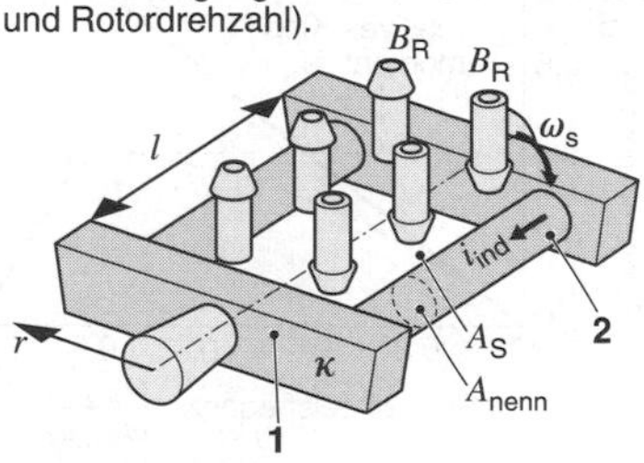

Dieses setzt sich aus einem konstanten und einem zeitlich veränderlichen Anteil mit der doppelten Schlupfkreisfrequenz schwankenden Pendelmoment zusammen. Die Amplitude des Pendelmoments entspricht der Größe des konstanten Anteils. Die magnetische Wirkung des induzierten Stroms in der Leiterschleife wird wie folgt berücksichtigt. Der Strom ruft aufgrund des Durchflutungsgesetzes das induzierte Magnetfeld H_{ind} und die Feldstärke die induzierte magnetische Flussdichte B_{ind} hervor:

$$H_{\text{ind}} = \frac{i_{\text{ind}} N}{l_{\text{H}}};\ B_{\text{ind}} = \mu H_{\text{ind}}. \qquad (21)$$

Dabei ist N die Leiterzahl und l_{H} die Feldlinienlänge. Die sich im Rotor einstellende Verlustleistung P_{v} wird mit

$$P_{\text{V}} = R_{\text{S}}\, i_{\text{ind}}^{2} = \frac{l_{\text{S}}}{\kappa A_{\text{nenn}}}\, i_{\text{ind}}^{2} \qquad (22)$$

berechnet. Bild 19 zeigt Momentenverläufe in Abhängigkeit der Schlupfkreisfrequenz.

Bild 19: Momentenverlauf einer Asynchronmaschine.
1 Verlauf unter Einfluss der Gegeninduktion,
2 Verlauf ohne Wirkung der Gegeninduktion.
ω_{S} Schlupfkreisfrequenz,
ω_{Smax} maximal mögliche Schlupfkreisfrequenz, ω_{K} Kippkreisfrequenz,
M Motordrehmoment, M_{K} Kippmoment.

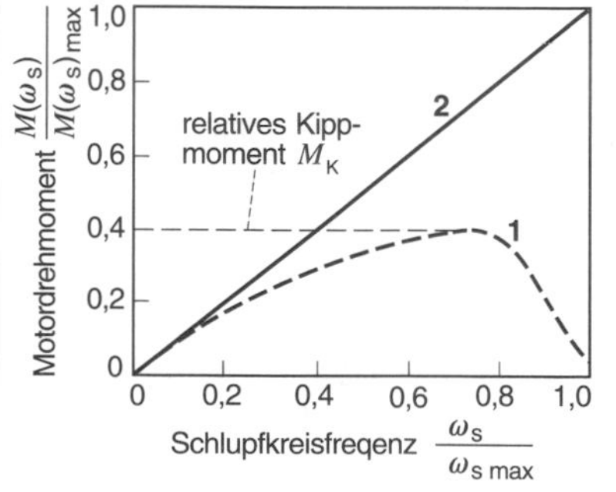

Synchronmaschine

Synchronmaschinen (SM) werden vorzugsweise im generatorischen Betrieb als Klauenpolgeneratoren eingesetzt. Im motorischen Betrieb werden diese beispielsweise in der elektrischen Hilfskraftlenkung, beim Antrieb von Hybridfahrzeugen und bei elektrisch betriebenen Turboladern eingesetzt.

Allgemeiner Aufbau
Im Gegensatz zur Asynchronmaschine läuft in der Synchronmaschine der Rotor synchron zum Erregerfeld mit der Winkelgeschwindigkeit $\omega_{\Phi\text{S}}$ um. Der von der Rotorwicklung erzeugte Fluss Φ_{R} und der Statorfluss Φ_{S} überlagern sich zum resultierenden Fluss Φ_{RS} (Bild 20):

$$\Phi_{\text{RS}} = \Phi_{\text{R}} + \Phi_{\text{S}}. \qquad (23)$$

Da Rotor- und Statorwerkstoff weit unterhalb der magnetischen Sättigung betrieben werden ($\mu_{\text{r}} \rightarrow \infty$), bestimmen der Luftspalt d zwischen Rotor und Stator sowie der Winkel α den Magnetkreiswiderstand R_{m}:

Bild 20: Prinzipieller Aufbau der Synchronmaschine.
1 Stator, 2 Rotor,
3 Rotorwicklung mit N Windungen.
Φ_{S} Statorfluss, Φ_{R} Rotorfluss,
Φ_{RS} überlagerter Fluss,
$\omega_{\Phi\text{S}}$ Winkelgeschwindigkeit des Erregerfelds,
I_{er} Erregerstrom im Rotor,
A_{S} magnetisch wirksame Statorfläche,
A_{R} magnetisch wirksame Rotorfläche,
r Radius des Rotors,
d Abstand Rotor zum Stator,
δ Luftspaltlänge, α Auslenkwinkel.

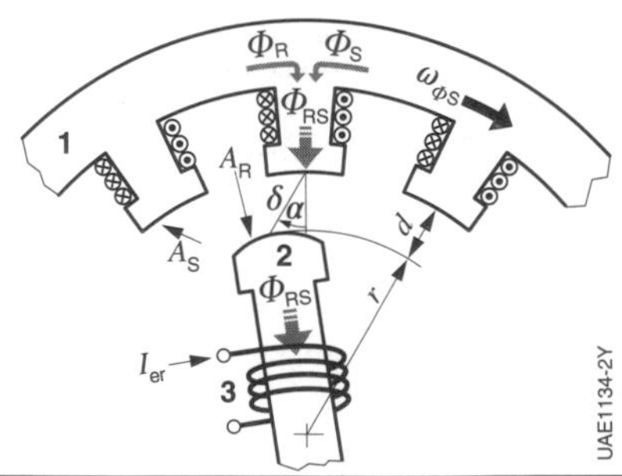

$$R_m = \frac{2\delta}{(\mu_0 A_R)} = \frac{2d}{(\mu_0 A_R \cos\alpha)}\,. \quad (24)$$

Der Faktor 2 ergibt sich daraus, dass zwischen Rotor und Stator zwei Luftspalte vorhanden sind. Gibt der Motor ein Moment ab, so dreht sich der Rotor mit dem Winkel α aus seiner Leerlauflage (Bild 21).

Der resultierende Fluss Φ_{RS} wird berechnet zu:

$$\Phi_{RS} = \frac{\Theta_{er}}{R_m} + \Phi_S\,. \quad (25)$$

Mit R_m aus Gleichung (24) ergibt sich

$$\Phi_{RS} = \frac{\Theta_{er}\mu_0 A_R \cos\alpha + 2d\Phi_S}{2d}\,. \quad (26)$$

Mit $\Theta_{er} = NI_{er}$ erhält man

$$\Phi_{RS} = \frac{NI_{er}\mu_0 A_R \cos\alpha + 2d\Phi_S}{2d}\,. \quad (27)$$

Θ_{er} ist die magnetische Rotordurchflutung und I_{er} der über die Schleifringe dem Rotor zugeführte Erregerstrom. Die momentenwirksame Tangentialkraft F_t wird mit der Maxwell'schen Polkraftformel

$$F_t = \frac{\Phi_{RS}{}^2}{\mu_0 A_R}\sin\alpha \quad (28)$$

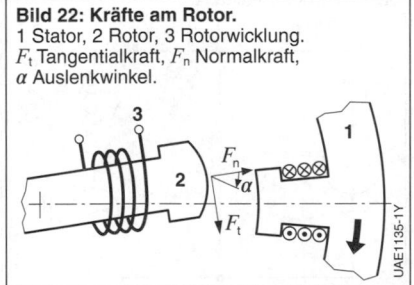

berechnet [4, 5, 8]. Mit der Tangentialkraft wird das Motormoment M_M berechnet:

$$M_M = 2F_t r\,. \quad (29)$$

Gleichung (27) in Gleichung (28) und das Ergebnis in Gleichung (29) eingesetzt ergibt folgenden Zusammenhang:

$$M_M = \frac{r\sin\alpha}{2\mu_0 A_R d^2} \cdot [(NI_{er}\mu_0 A_R \cos\alpha)^2 + 4NI_{er}\mu_0 A_R d\Phi_S\cos\alpha + 4d^2\Phi_S{}^2]. \quad (30)$$

Der erste Term ist nur vom Erregerstrom I_{er} abhängig und entspricht dem Rastmoment. Der zweite Term erzeugt maßgeblich das Motormoment. Hier ist die lineare Abhängigkeit von der Rotordurchflutung $\Theta = I_{er}N$ und vom Statorfluss Φ_S zu erkennen. Der dritte Term erzeugt ebenfalls ein Moment und ist nur vom Statorfluss abhängig [8]. Der Betrieb des Motors mit nur dem dritten Term entspricht dem Betrieb eines Reluktanzmotors.

Eine Zunahme des äußeren Lastmoments bedingt eine Vergrößerung des Lastwinkels α und damit eine Veränderung des abzugebenden Motormoments M_M (Bild 22). Das maximal abzugebende Motormoment wird als Kippmoment M_K an der Stelle α_k bezeichnet. Bei Überschreiten von α_k fällt die Maschine außer Tritt.

Alternativ kann das Drehmoment näherungsweise auch über die Lorentzkraft F_L berechnet werden [9]. Dies ist die Kraft, die auf bewegte Ladungen in einem Magnetfeld wirkt und mit

$$\vec{F}_L = I\,(\vec{l} \times \vec{B}) \quad (31)$$

definiert ist. Dabei ist I der Strom im Leiter, l die Länge des Leiters und B die Flussdichte des wirksamen Magnetfelds. Die vektorielle Notation und das Kreuzprodukt bedeuten, dass Leiter und Magnetfeld senkrecht zueinander stehen müssen, um eine Kraft auszubilden.

Führt man einen Strombelag A ein, der die Ströme in den einzelnen Leitern einer Maschine auf eine fiktive Linienstrom-

Bild 21: Momenten-Lastwinkel-Kennlinie.
M_K Kippmoment, α_K Auslenkung bei Erreichen des Kippmoments.

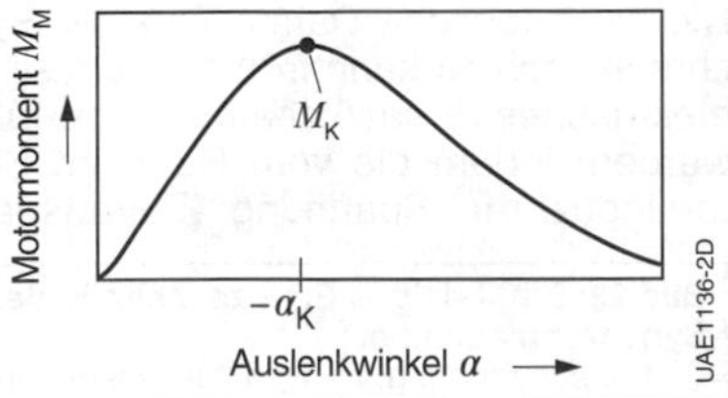

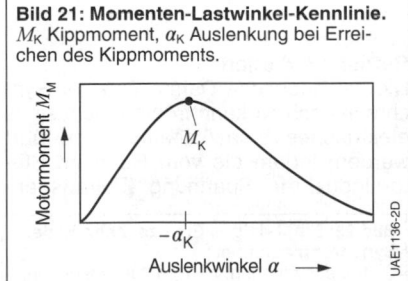

Bild 22: Kräfte am Rotor.
1 Stator, 2 Rotor, 3 Rotorwicklung.
F_t Tangentialkraft, F_n Normalkraft,
α Auslenkwinkel.

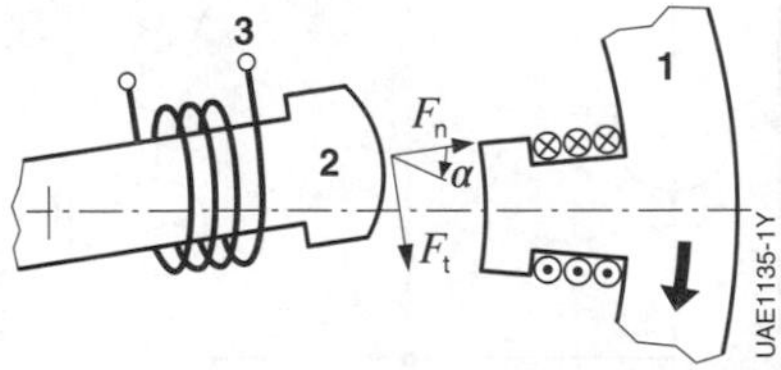

dichte entlang des Umfangs abbildet, so kann die Lorentzkraft

$$\vec{F}_{\mathrm{L}} = A\,(\vec{S} \times \vec{B}\,) \qquad (32)$$

mit Hilfe der Luftspaltfläche S zwischen Rotor und Stator beschrieben werden. Für den Effektivwert des Strombelags gilt

$$A = \frac{\hat{A}}{\sqrt{2}} \qquad (33)$$

bei sinusförmiger Durchflutungsverteilung. Der Spitzenwert des Strombelags wird mit der Anzahl der Statorphasen m, der Windungszahl pro Phase N und der Polteilung τ_{p} am mittleren Luftspaltradius r_δ mit

$$\hat{A} = \frac{m\sqrt{2}\,NI}{p\tau_{\mathrm{p}}} = \frac{m\sqrt{2}\,NI}{\pi r_\delta} \qquad (34)$$

ausgedrückt. Mit der Rotorlänge l in axialer Richtung ergibt sich die Luftspaltfläche S

$$S = 2\pi r_\delta l. \qquad (35)$$

Für die Flussdichte B wird der Mittelwert einer Polteilung eingesetzt. Hat die Flussdichteverteilung entlang des Umfangs einen sinusförmigen Verlauf mit der Amplitude $\hat{B}$, dann ist ihr Mittelwert mit

$$B = \frac{1}{\frac{\pi}{p}} \int_0^{\frac{\pi}{p}} \hat{B} \sin(p\,\alpha)\,d\alpha$$

$$= \frac{2}{\pi}\hat{B}$$

$$\approx 0{,}64\hat{B} \qquad (36)$$

gegeben. Mit der Beziehung $M = r_\delta F_{\mathrm{L}}$ folgt das Drehmoment

$$M_{\mathrm{M}} = 2mNIBlr_\delta \qquad (37)$$

für einen stationären Betriebszustand.

Unterdrückung von Oberwellen
Eine sinusförmige Durchflutungsverteilung entlang des Umfangs eines Stators ist technisch nicht realisierbar, daher treten im Betrieb zusätzlich zu der Hauptwelle des Magnetfelds Oberwellen auf. Diese führen zu unerwünschten Schwankungen des Drehmoments, Vibrationen und zusätzlichen Verlusten. Um gezielt den Einfluss von bestimmten Magnetfeldoberwellen zu unterdrücken, werden bei elektrischen Maschinen oft die Rotor- oder Statornuten geschrägt. Durch die Schrägung soll erreicht werden, dass stets die gleiche Fläche von Nord- und Südpolen der zu neutralisierenden Oberwelle von den Windungen einer Spule umschlossen werden. Die magnetischen Flüsse dieser Pole heben sich somit gegenseitig auf und wirken sich nicht mehr negativ auf das Betriebsverhalten der Maschine aus.

Eine weitere Möglichkeit, Oberwellen zu unterdrücken, ergibt sich aus der räumlichen Verteilung und Sehnung der Spulen. Die Auswirkung der räumlichen Verteilung und der Sehnung spiegelt sich im Wicklungsfaktor wider. Dieser ist ein Maß für die Kopplung von Wicklungen mit den jeweiligen magnetischen Flussdichtewellen.

Betriebsverhalten
Die zeichnerische Darstellung der Synchronmaschine kann in ein einphasiges elektrisches Ersatzschaltbild überführt werden, indem die vom Rotor im Stator induzierte Spannung (Polradspan-

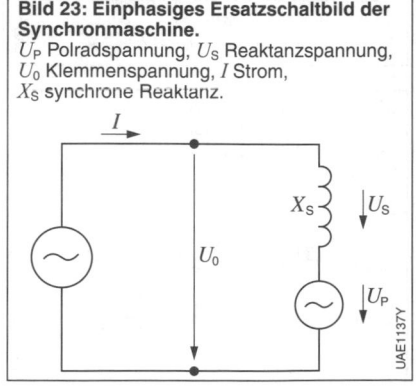

Bild 23: Einphasiges Ersatzschaltbild der Synchronmaschine.
U_{P} Polradspannung, U_{S} Reaktanzspannung,
U_0 Klemmenspannung, I Strom,
X_{S} synchrone Reaktanz.

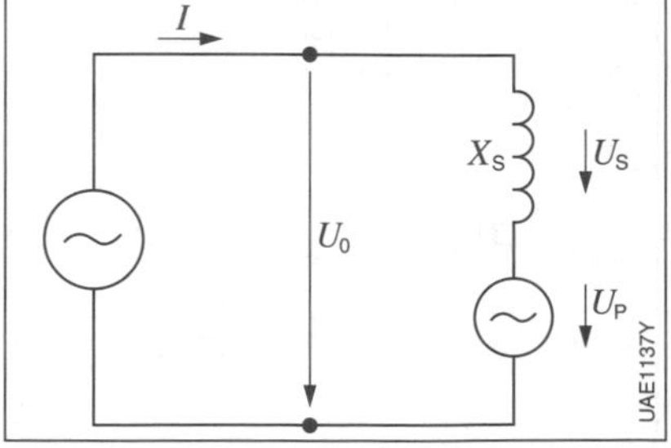

nung U_P) als Spannungsquelle angenommen wird und verbleibende Reaktanzen (induktive Widerstände) zur synchronen Reaktanz X_S zusammengefasst werden (Bild 23). Die Spannung über der synchronen Reaktanz wird mit U_S und die Klemmenspannung als U_0 bezeichnet. Die Stromrichtung wird gemäß dem Verbraucherzählpfeilsystem festgelegt. Während beim motorischen Betrieb Strom in den Verbraucher hineinfließt, fließt im generatorischen Betrieb Strom aus dem Generator heraus. Durch Aufstellen der Maschengleichung ergibt sich der Strom I zu

$$I = \frac{U_0 - U_P}{X_S}. \quad (38)$$

Die Größe der Polradspannung wird vom Erregerstrom beeinflusst. Die Zusammenhänge sollen im Folgenden hergeleitet werden. Es gilt:

$$U_P = -\frac{d\Phi_R}{dt}. \quad (39)$$

Mit dem kosinusförmig verlaufenden Fluss Φ_R und der Beziehung

$$\Phi_R = B A_S \quad (40)$$

einschließlich dessen zeitlichen Ableitung folgt

Bild 24: Betriebszustände der Synchronmaschine im Leerlauf.
a) Untererregung (induktiv),
b) $I = 0$ (resistiv),
c) Übererregung (kapazitiv).
U_P Polradspannung, U_S Reaktanzspannung,
U_0 Klemmenspannung, I_1 Statorstrom.

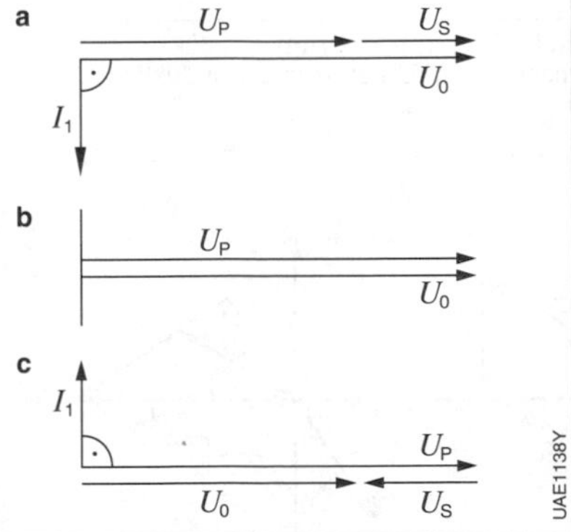

$$u_P = \Phi_R \omega_{\Phi S} \sin(\omega_{\Phi S} t)$$
$$= B_R A_S \omega_{\Phi S} \sin(\omega_{\Phi S} t)$$
$$= \mu H_R A_S \omega_{\Phi S} \sin(\omega_{\Phi S} t). \quad (41)$$

Die im Rotor erzeugte magnetische Feldstärke wird mit dem Durchflutungsgesetz umschrieben. Die Polradspannung

$$u_P = \mu \frac{\Theta_R}{2\delta} A_S \omega_{\Phi S} \sin(\omega_{\Phi S} t)$$
$$= I_{er} \frac{\mu N}{2\delta} A_S \omega_{\Phi S} \sin(\omega_{\Phi S} t)$$
$$= \hat{u}_P \sin(\omega_{\Phi S} t) \quad (42)$$

ist dann linear vom Erregerstrom I_{er} abhängig. Die Umrechnung der zeitlich veränderlichen Polradspannung in deren Effektivwert erfolgt mit

$$U_P = \frac{\hat{u}_P}{\sqrt{2}}. \quad (43)$$

Anhand der Maschengleichung (38) können drei Betriebszustände der Synchronmaschine in Abhängigkeit der Polradspannung hergeleitet werden (Bild 24):
Fall 1: $U_P < U_0$, Untererregung, induktiv;
Fall 2: $U_P = U_0$, resistiv;
Fall 3: $U_P > U_0$, Übererregung, kapazitiv.

Der erste Fall tritt ein, solange $U_P < U_0$ ist. Ist $I_{er} = 0$, so wird als induzierte Spannung nur die Selbstinduktionsspannung wirksam. Findet eine Rotorbestromung statt, so wird zusätzlich die vom Rotor verursachte Gegeninduktionsspannung wirksam. Der erste Fall wird als Untererregung bezeichnet. Der Strom eilt der Spannung um 90 nach ($\varphi(I,U) < 0$). Die Synchronmaschine zeigt ein induktives Verhalten.

Eine weitere Erhöhung des Erregerstroms führt zu $U_P = U_0$. Damit tritt der zweite Betriebsfall (Bild 24b) ein. Der Strom I_1 wird zu null, wenn über der synchronen Reaktanz keine Spannung mehr abfällt.

Eine erneute Erhöhung des Rotorstroms führt mit $U_P > U_0$ zum dritten Betriebsfall (Übererregung).

Alle drei Fälle gelten für den motorischen und generatorischen Betrieb. Für das einphasige Ersatzschaltbild werden die Zeiger der Spannungen und Ströme aufgetragen. Des Weiteren wird der Lastwinkel β definiert, der sich zwischen den Spannungen U_0 und U_S einstellt. Für den motorischen Betrieb ist der Lastwinkel $\beta < 0$ (Bild 25a). Das Spannungsdreieck wird durch die Spannung U_S geschlossen.

Durch die synchrone Reaktanz fließt der um 90 ° zur Spannung U_S voreilende Strom I_1. Dieser wird in seine Komponenten, den Wirkstrom I_W und den Blindstrom I_B, zerlegt (Bild 25a).

Wird die Polradspannung soweit zurückgenommen, dass der Zeiger der Reaktanzspannung senkrecht auf dem Zeiger der Klemmenspannung U_0 steht, so nimmt der Motor nur Wirkstrom auf (Bild 25b).

Eine weitere Verringerung der Polradspannung führt zu einer Untererregung. Der Strom I_1 eilt der Spannung U_S um 90 ° nach, was einem induktiven Verhalten des Motors gleichkommt (Bild 25c).

Wird dem Motor ein Moment zugeführt, so geht dieser in den generatorischen Betrieb über. Der generatorische Betrieb ist durch den positiven Lastwinkel β gekennzeichnet (Bild 26). Das Vorzeichen des Stroms wird negativ. Strom fließt aus der Maschine heraus. Im Fall der Übererregung verhält sich die Maschine wie ein Kondensator. Sie gibt Blindleistung ab (Bild 26a).

Wird die Polradspannung verringert, sodass der Zeiger der Reaktanzspannung U_S senkrecht auf dem Zeiger der Klemmenspannung steht, gibt der Generator nur Wirkstrom ab (Bild 26b).

Die weitere Verringerung der Polradspannung führt zum Fall der Untererregung. Die Maschine verhält sich induktiv. Sie nimmt Blindleistung auf (Bild 26c).

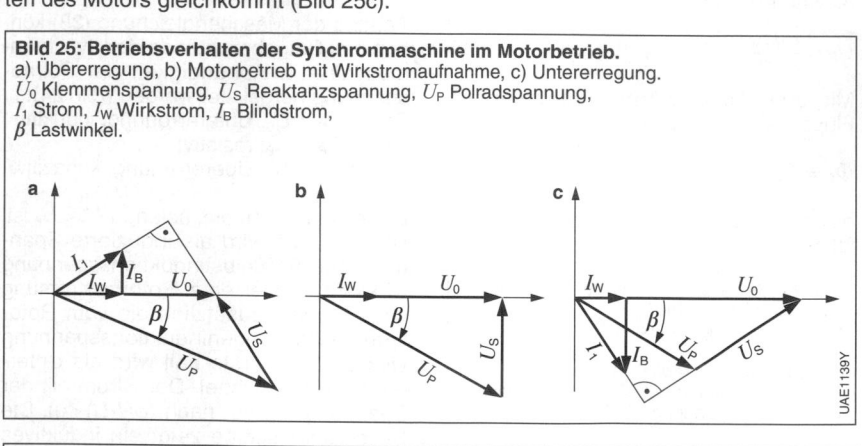

Bild 25: Betriebsverhalten der Synchronmaschine im Motorbetrieb.
a) Übererregung, b) Motorbetrieb mit Wirkstromaufnahme, c) Untererregung.
U_0 Klemmenspannung, U_S Reaktanzspannung, U_P Polradspannung,
I_1 Strom, I_W Wirkstrom, I_B Blindstrom,
β Lastwinkel.

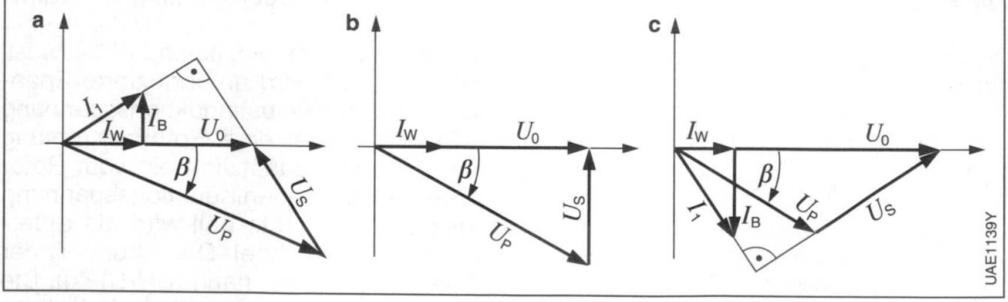

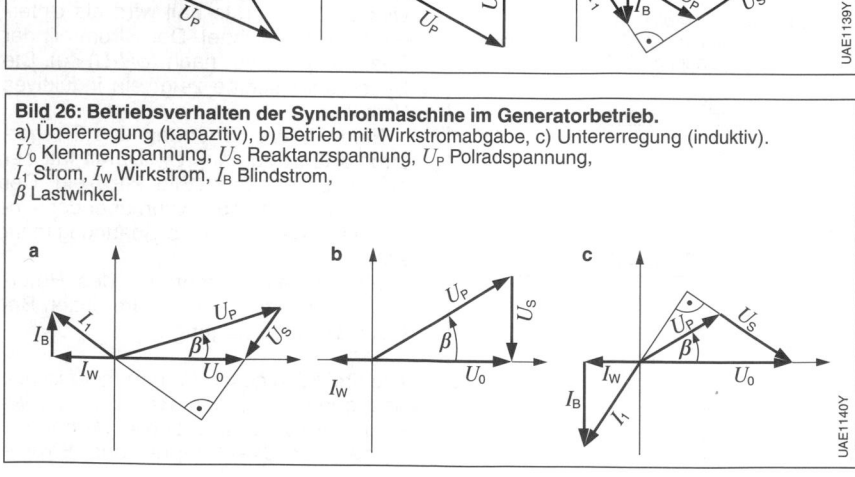

Bild 26: Betriebsverhalten der Synchronmaschine im Generatorbetrieb.
a) Übererregung (kapazitiv), b) Betrieb mit Wirkstromabgabe, c) Untererregung (induktiv).
U_0 Klemmenspannung, U_S Reaktanzspannung, U_P Polradspannung,
I_1 Strom, I_W Wirkstrom, I_B Blindstrom,
β Lastwinkel.

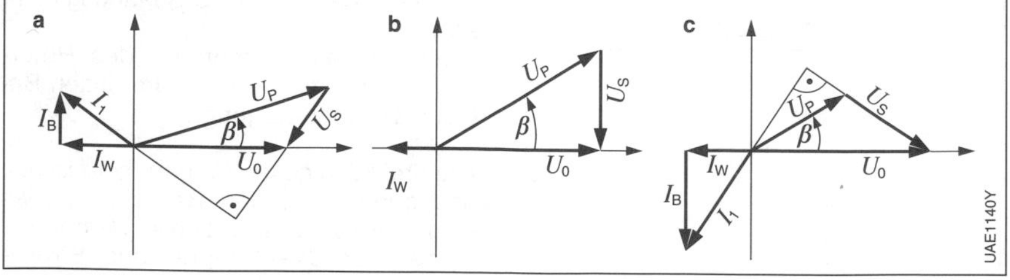

Starten von Synchronmotoren
Synchronmotoren erzeugen nur dann ein permanent positives Drehmoment, wenn Rotor- und Drehfelddrehzahl übereinstimmen. Ist dies nicht der Fall, werden die Magnetpole des Rotors abwechselnd angezogen beziehungsweise abgestoßen. Der Rotor fängt an zu oszillieren und erwärmt sich zudem stark, da die Stromaufnahme nicht durch die induzierte Polradspannung begrenzt wird. Im schlimmsten Fall werden die Isolationen der Wicklungen durch die thermische Belastung zerstört. Um zu verhindern, dass so etwas geschieht, muss der Rotor der Maschine zunächst auf Synchrondrehzahl beschleunigt werden. Hierzu haben sich in der Vergangenheit drei Verfahren bewährt.

Verfahren 1
Der Rotor wird mit Hilfe eines DC-Motors auf Synchrondrehzahl beschleunigt, bevor er in Betrieb genommen wird.

Verfahren 2
Bei Schenkelpolläufern kann ein Kurzschlusskäfig, auch Dämpfungswicklung genannt, in den Polschuh integriert werden. Ein solcher Aufbau ist in Bild 27 zu sehen. Diese Wicklung liefert im asynchronen Betrieb das nötige Drehmoment, um auf Synchrondrehzahl zu beschleunigen. Zusätzlich werden die Wicklungen kurzgeschlossen und liefern einen weiteren kleinen Drehmomentbeitrag während des Hochlaufs. Befindet sich die Maschine bereits auf Drehzahl, werden aufgrund der fehlenden Relativgeschwindigkeit zwischen Rotor- und Statordrehzahl keine weiteren Ströme induziert.

Verfahren 3
Die Drehfeldgeschwindigkeit wird mit Frequenzumrichtern an die Geschwindigkeit des Rotors angepasst und langsam bis auf Synchrondrehzahl gesteigert.

Geschalteter Reluktanzmotor

Eigenschaften des geschalteten Reluktanzmotors
Der „Switched Reluctance Motor“ oder „geschalteter Reluktanzmotor“ (SRM) gehört zur der Klasse der Synchronmotoren. Die Funktionsweise beruht auf der Kraftwirkung auf eine Grenzschicht (Reluktanzkraft). Sein Aufbau ist vergleichbar mit vielen parallel geschalteten Magnetkreisen, die fortlaufend zyklisch bestromt werden. Ein zyklisches Bestromen (Weiterschalten mit dem erforderlichen Steuergerät) von Statormagnetzähnen ermöglicht eine Drehbewegung, indem die Rotorzähne zur Deckung mit den Statorzähnen gebracht werden. Da auf den Einsatz von Seltenerden-Werkstoffen verzichtet werden kann, erschließen sich Anwendungsgebiete, in welchen mit Dauermagnetwerkstoff besetzte Motoren nicht eingesetzt werden können. Beispielsweise zu nennen sind hier Einsatzbereiche bei hohen Temperaturen.

Der geschaltete Reluktanzmotor ist für drehzahlvariable Antriebsaufgaben sowie für Positionieraufgaben geeignet. Er kann aufgrund seines Aufbaus ein Haltemoment über längere Zeit erzeugen. Aufgrund seines Aufbaus erzeugt er große Drehmomentschwankungen.

Bild 27: Schenkelpol mit integrierter Kurzschlusswicklung.
1 Schenkelpol,
2 Kurzschlusswicklung.

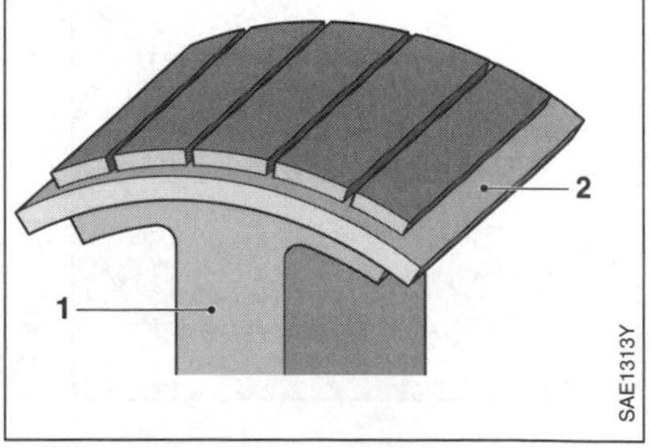

Aufbau des geschalteten Reluktanzmotors

In Bild 28 ist ein Querschnitt eines viersträngigen ($m = 4$) geschalteten Reluktanzmotors ersichtlich. In der Momentaufnahme von Bild 28 sind die Statorwicklungen bestromt (im Bild dunkelgrau gekennzeichnet). Der Strom treibt einen magnetischen Fluss durch die vierpolige Anordnung der Zähne A1, A2, A3 und A4. Da sich die Rotor- und Statorzähne nicht in Deckung befinden, entsteht an den Rotorzahnflächen eine Reluktanzkraft, deren Tangentialkomponente momentenbildend wirkt und damit den Rotor im Uhrzeigersinn drehen lässt. Das Moment wird null, sobald sich eine Deckung zwischen den Rotor- und Statorzähnen einstellt. Spätestens beim Eintritt dieses Zustands muss auf weitere Wicklungen umgeschaltet werden (siehe auch [7], [10]).

Berechnung Stator- und Rotorzähnezahl

Ein mit einer Strangwicklung versehener Magnetkreis beinhaltet einen ferromagnetischen Flussleiter (Joch und Anker) und zur Energiewandlung stets einen Luftspalt. Um eine Rotation des Ankers zu ermöglichen, sind zwei in Reihe geschaltete Luftspalte in demselben Magnetkreis erforderlich. Der magnetische Fluss durchdringt den Luftspalt dabei einmal vom Rotor zum Stator und schließt sich wieder vom Stator zum Rotor. Dies wird zu einem Polpaar des Reluktanzmotors $Z_p = 1$ zusammengefasst. Das bedeutet auch, dass in diesem Beispiel $2Z_p$ gleich der Polpaarzahl pro Strang ist. Die Anzahl der Statorzähnezahl N_S wird sich mittels der Überlegung erschlossen, indem zwei sich in Deckung befindliche Rotor-Stator-Zähnepaare (Rotorzahn steht Statorzahn gegenüber) pro Strang einen Magnetkreis mit der geringsten Reluktanz (größter Induktivität) bilden. Die Multiplikation der Anzahl Pole pro Strang mit der Strangzahl m führt zur Anzahl der Statorzähne $N_S = 2\,m\,Z_p$. Um eine Relativbewegung des Rotors zum Stator zu erreichen, muss eine Asymmetrie der Zähnezahlen von Stator und Rotor erreicht werden. Ein praktikabler Ansatz zur Berechnung der Rotorzähnezahl N_R ist

$$\begin{aligned} N_R &= N_S \pm \Delta N \\ &= m \cdot 2\,Z_p \pm 1 \cdot 2Z_p \\ &= 2\,Z_p(m \pm 1)\,. \end{aligned} \tag{44}$$

Die Rotorzähnezahl unterscheidet sich dabei gerade um ein in Deckung befindliches Zähnepaar (Polpaar) eines einzigen Strangs (Unterschied ΔN). Aufgrund der magnetischen Flussführung zwischen Rotor- und Statorzähnen wird für einen Außenläufer $N_R = 2\,Z_p\,(m+1)$ und für einen Innenläufer $N_R = 2\,Z_p\,(m-1)$ bevorzugt. Beispielsweise sind in Bild 28 $N_S = 2\,Z_p\,m = 2 \cdot 2 \cdot 4 = 16$ Statorzähne und $N_R = 2\,Z_p\,(m-1) = 2 \cdot 2 \cdot (4-1) = 12$ Rotorzähne ersichtlich.

Bild 28: Aufbau eines geschalteten Reluktanzmotors als Innenläufer.
1 Rotorwelle, 2 Rotorzahn,
3 Stator, 4 Statorzähne,
5 nicht bestromte Statorwicklung,
6, 7, 8, 9 bestromte Statorwicklungen,
10 Fluss Φ,
11 Kühlungskanal.

SAE1308-1Y

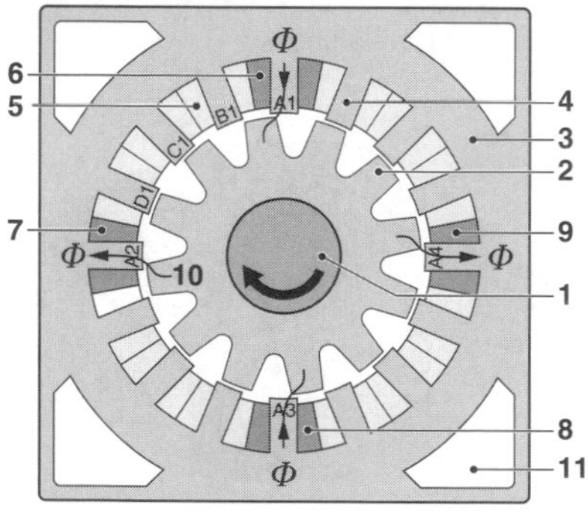

Berechnung der Schrittwinkel

Die Berechnung des Schrittwinkels gilt für den gesteuerten Schrittmotor. Die Differenz zwischen Statorwinkel α_S und Rotorwinkel α_R mit

$$\alpha_S = \frac{2\pi}{N_S} = \frac{2\pi}{m \cdot 2Z_p} \quad \text{und}$$

$$\alpha_R = \frac{2\pi}{N_R} = \frac{2\pi}{2Z_p(m \pm 1)} \tag{45}$$

ergibt den Schrittwinkel θ mit

$$\theta = \alpha_S - \alpha_R$$
$$= \frac{2\pi}{m \cdot 2Z_p} - \frac{2\pi}{2Z_p(m \pm 1)}$$
$$= \frac{\pm\pi}{Z_p m(m \pm 1)}$$
$$\theta = \frac{-\pi}{Z_p m(m-1)} = \frac{-\pi}{2 \cdot 4(4-1)} = -\frac{\pi}{24}. \quad (46)$$

Die Änderung des Schrittwinkels θ nach der Zeit t ergibt die Winkelgeschwindigkeit ω_m, aus welcher die Drehfrequenz f_r errechnet wird. Beispielsweise ergibt sich bei dem Schrittmotor aus Bild 28 ein Schrittwinkel $\theta = -\pi/24$ (siehe Gleichung (46)) mit einer Drehfrequenz f_r:

$$f_r = \frac{1}{2\pi} \frac{d\theta}{dt}. \quad (47)$$

Der Rotor läuft entgegen der Strang-Schaltrichtung.

Bild 29: Schematische Darstellung des geschalteten Reluktanzmotors.
d Längsachse, q Querachse, a Strang,
ω_m Winkelgeschwindigkeit Rotor,
θ Schrittwinkel,
Ψ_a Flussverkettung der Ständerwicklung,
U_a Strangspannung, I_a Strangstrom,
r_f Gleichstromwiderstand der Erregerwicklung.

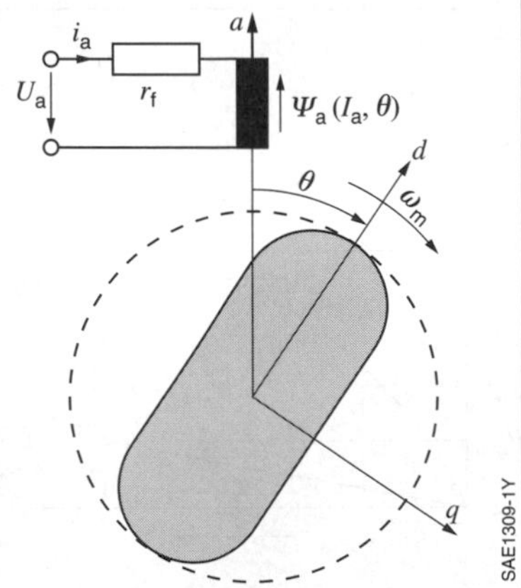

Einphasiges Ersatzschaltbild des geschalteten Reluktanzmotors

In Bild 29 ist das auf einen Strang a reduzierten Ersatzschaltbild des geschalteten Reluktanzmotors ersichtlich. Die Formelzeichen und Benennungen wurden der VDI/VDE 3680 [10] entnommen.

Betriebsverhalten des geschalteten Reluktanzmotors

Spannungsbeziehung

Das Betriebsverhalten wird am Beispiel der Spannungsdifferential- und Drehmomentgleichung vorgestellt. Die Spannungsdifferentialgleichung des nichtlinearen Magnetkreises

$$u_a(t) = u_R(t) + u_L(t)$$
$$= i_a(t)\, r_f + \frac{d\Psi_a(I_a,\theta)}{dt} \quad (48)$$

wird mit Hilfe von Bild 29 aufgestellt. Durch Bildung des totalen Differentials von $\Psi_a(I_a,\theta)$ und Einsetzen in die Spannungsdifferentialgleichung folgt

$$u_a(t) = i_a(t)\, r_f + \frac{\partial \Psi_a}{\partial I} \frac{di_a}{dt} + \frac{\partial \Psi_a}{\partial \theta} \frac{d\theta}{dt}. \quad (49)$$

Um die Winkelabhängigkeit der Induktivität zu betonen, folgt mit $\Psi_a = L_r(\theta) I_a$ die inhomogene Spannungsdifferentialgleichung erster Ordnung

$$u_a(t) = L_r(\theta) \frac{di_a}{dt} + \left(r_f + \frac{\partial L_r(\theta)}{\partial \theta} \frac{d\theta}{dt} \right) i_a. \quad (50)$$

Ersichtlich ist, dass die induzierte Spannung eine Proportionalität zur Rotorwinkelgeschwindigkeit aufweist. Mit zunehmender Winkelgeschwindigkeit steigt die induzierte Spannung, welche stromsenkend und damit momentenreduzierend wirkt, wie nachfolgend gezeigt wird.

Drehmomentbeziehung

Unter Zuhilfenahme der winkelabhängigen Co-Energie W_{mag}^{Co} des linearen (Bild 30a) und nichtlinearen Magnetkreises (Bild 30b) folgt die mechanische Energie W_{mech} mit

$$\Delta W_{mag}^{Co} = W_{mag}^{Co}(\theta_1) - W_{mag}^{Co}(\theta_2)$$
$$= W_{mech}. \quad (51)$$

Die magnetische Co-Energie W_{mag}^{Co} entspricht der Fläche (Energie) unterhalb der jeweiligen Kennlinie.

Die Co-Energie zusammen mit der magnetischen Energie ergibt im Diagramm stets ein Rechteck oder Quadrat. Mit der Einschränkung auf den linearen Magnetkreis nach Bild 30a folgt

$$\Delta W_{mag}^{Co} = \frac{1}{2} I_a^2 \left(L(\theta_1) - L(\theta_1)\right)$$
$$= W_{mech}.$$

Ersichtlich ist die quadratische Stromfunktion, welche die Fläche W_{mech} maßgeblich beeinflusst. Je größer diese Fläche, umso größer das Bemessungsmoment m_A,

$$m_A = \frac{\partial W_{mech}}{\partial \theta},$$

welches mit der winkelabhängigen Co-Energie berechnet wird. In der Winkelposition θ_1 stehen sich Rotor- und Statorzahn deckungsgleich gegenüber. In dieser Winkelposition stellt sich die minimale Reluktanz und damit der maximale verkettete Fluss Ψ_{max} ein. Das Drehmoment ist in dieser Position gleich null. Ein Drehmoment stellt sich in der Winkelposition θ_2 ein. Dem Statorzahn steht die Rotornut gegenüber. Der Reluktanzwert nimmt ein Maximum, der Fluss Ψ ein Minimum ein.

Die verwendeten Symbole und Abkürzungen wurden der VDI/VDE 3680 [10] entnommen.

Elektronikmotoren

Bei den elektronisch kommutierten Motoren (Elektronikmotor, EC-Motor) entfällt die Rotorerregerwicklung einschließlich der elektrischen Kontaktierung mit Schleifringen. Elektronikmotoren sind bürstenlose Synchronmotoren, deren Rotoren mit Permanentmagneten besetzt sind. Die Permanentmagnete können beispielsweise auf der Rotoroberfläche oder im Rotor angeordnet sein (Bild 31). Die Kommutierung des Stroms erfolgt im Allgemeinen in der feststehenden Statorwicklung durch eine elektronische Baugruppe (Bild 33).

Bild 31: Ausführungsformen von Rotoren beim Elektronikmotor.
a) Rotor mit Oberflächenmagneten,
b) Rotor mit eingebetteten Magneten (vergrabene Magnete).
Φ Rotorfluss.

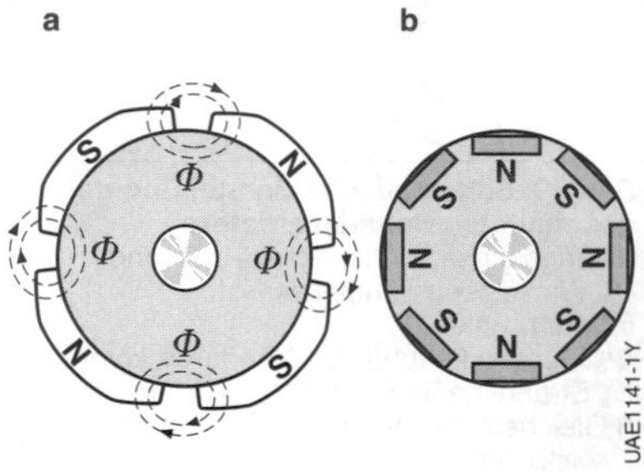

Bild 30: Drehmomentbildende mechanische Energie.
a) Linearer Magnetkreis,
b) nichtlinearer Magnetkreis.

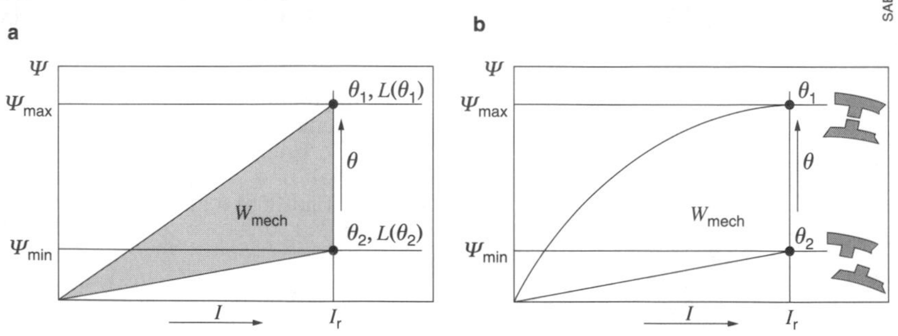

Die Drehzahl des Elektronikmotors wird durch die Frequenz des umlaufenden Statorfelds vorgegeben. Zur Erfassung der Rotorstellung sind Sensoren erforderlich. Weite Verbreitung erfahren die im Arbeitsluftspalt angebrachten Hall-Sensoren, um eine zyklische Weiterschaltung zwischen den Wicklungssträngen mithilfe der Ansteuerelektronik zu ermöglichen.

Bild 32: Motorwirkungsgrade.
1 2-poliger Motor,
2 4-poliger Motor,
3 6-poliger Motor.

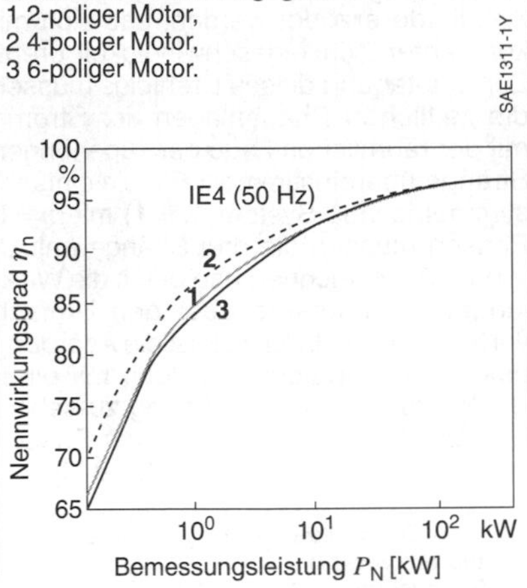

Energieeffizienzklassen

Die International Electrotechnical Commission (IEC) beabsichtigt mit der Norm DIN EN 60034 Teil 30-1 [8] Wirkungsgradklassen für elektrische Motoren weltweit zu harmonisieren. Die Norm gilt für alle Typen elektrischer Motoren, die für einen Direktanlauf am Netz bemessen sind. In Tabelle 3 sind die Effizienzklassen benannt. In Bild 32 sind die Motorwirkungsgrade über der Nennleistung für 2-, 4- und 6-polige Motoren mit 50 Hz aufgetragen.

Auszugsweise wird der Anwendungsbereich der Norm IE4 vorgestellt:
- Bemessungsleistung P_N: 0,12 kW bis 1 000 kW;
- Bemessungsspannung U_N: 50 V bis 1 kV;
- Polzahl von 2, 4, 6 oder 8.

Tabelle 3: Effizienzklassen.

Abkürzung	Name
IE1	Standard-Efficiency
IE2	High-Efficiency
IE3	Premium-Efficiency
IE4	Super-Premium-Efficiency

Bild 33: Ansteuerelektronik des Elektronikmotors.

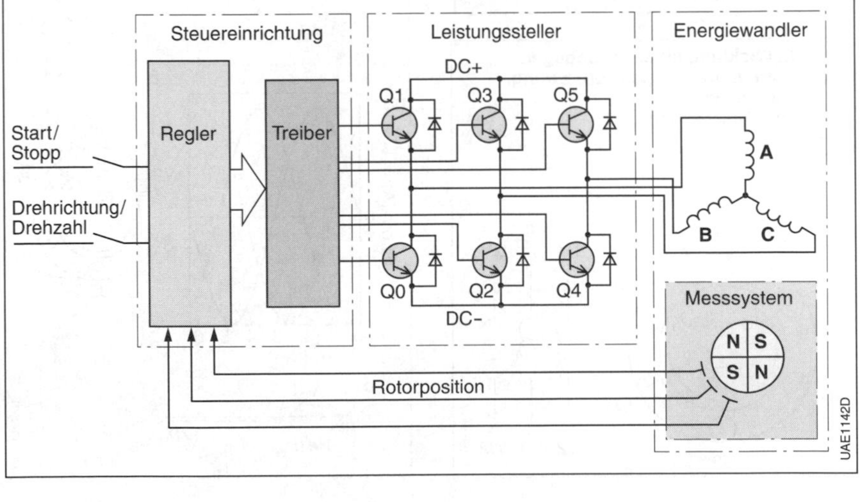

Drehstromsystem

Technisch relevant ist die Anwendung des Dreiphasen-Wechselstromsystems als Drehstromsystem, das dadurch gekennzeichnet ist, dass die Summe aller Spannungen und Ströme in jedem Augenblick null ist.

Definitionen

Die Stromkreise werden als Phasen m bezeichnet. Die Gesamtheit der Stromkreise, in denen Spannungen gleicher Frequenz wirken und phasenverschoben sind, werden als Mehrphasensysteme bezeichnet. Ein Mehrphasensystem besteht aus Wicklungssträngen. Bei einem Dreiphasensystem sind $n = 3$ symmetrische Systeme möglich (Bild 34). Bei allen symmetrischen Systemen mit Ausnahme des Nullsystems ist die Summe aller Zeiger null. Bei m Phasen erhält man n verschiedene symmetrische Systeme in Abhängigkeit der Phasendifferenz α:

$$\alpha = \frac{2\pi\, n}{m}\,. \qquad (52)$$

Die Aufgabe der Wicklungen ist die Erzeugung eines Drehfelds. Asynchrone und synchrone Maschinen besitzen im Stator denselben Aufbau. Im Luftspalt soll ein magnetisches Feld mit konstanter Amplitude erzeugt werden, das sich mit konstanter Winkelgeschwindigkeit dreht. Zur Entstehung dieses Drehfelds müssen die zeitlichen Phasenlagen der Ströme mit der räumlichen Lage der zugehörigen Stränge übereinstimmen. Für ein einfach-symmetrisches System ($n = 1$) mit $m = 3$ Phasen müssen die drei Stränge (mit U, V und W bezeichnet) und damit die Wicklungen gleichmäßig über den Umfang verteilt werden. In Bild 35 ist die Anordung einer dreisträngigen Wicklung mit einer Spule pro Polpaar und Strang zu sehen. Die Anschlussbezeichungen der Phasen erfolgt nach DIN EN 60034, Teil 8 [8].

Bild 34: Symmetrische Systeme.
a) Mitsystem, $n = 1$, $\alpha = 2\pi/3$ (120°).
b) Gegensystem, $n = 2$, $\alpha = 4\pi/3$ (240°).
c) Nullsystem, $n = 1$, $\alpha = 0$.
n symmetrische Systeme,
α Phasendifferenz.

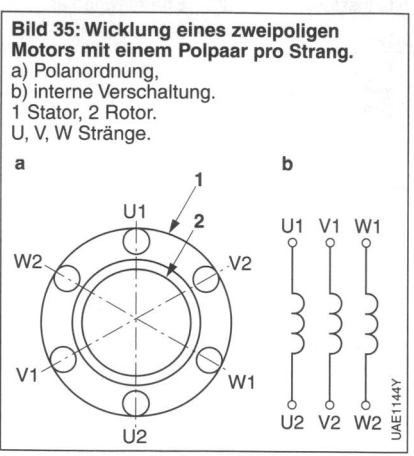

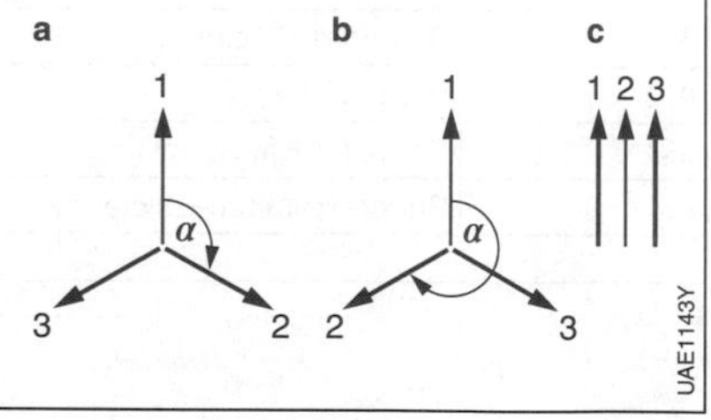

Bild 35: Wicklung eines zweipoligen Motors mit einem Polpaar pro Strang.
a) Polanordnung,
b) interne Verschaltung.
1 Stator, 2 Rotor.
U, V, W Stränge.

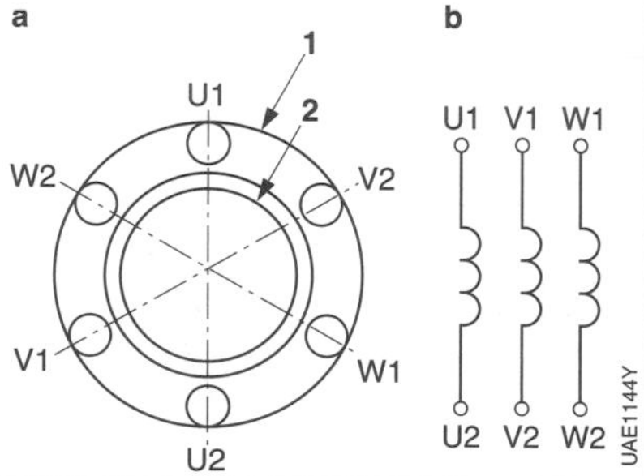

Bild 36: Drehfelderzeugung mit einer Spule pro Strang.
a) Strangströme,
b) Strangströme beim Winkel $\alpha = \alpha_1$,
c) Richtung des Drehfelds (Raumrichtungen).
1 Stator, 2 Rotor.
U, V, W Stränge.

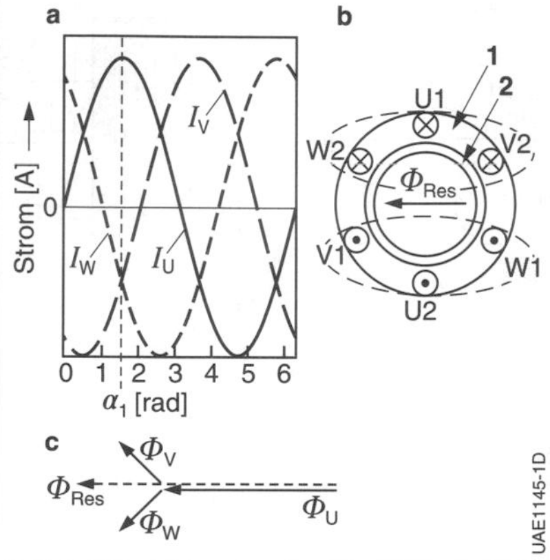

Drehfelderzeugung
Zur Erzeugung eines Drehfelds bei einem einfach-symmetrischen System ($n = 1$) mit der Strangzahl $m = 3$ müssen die Stränge um den elektrisch wirksamen Winkel

$$\alpha_{\mathrm{el}} = 360\,° \cdot \frac{1}{3} = 120\,°$$

geometrisch versetzt sein. Bei einer Spule pro Polpaar und Strang dreht sich das resultierende Magnetfeld gegen den Uhrzeigersinn, indem in Bild 36a der nach rechts wandernde „Zeigerbalken" (bei $\alpha = 90\,°$) den jeweiligen Phasenstrom in den Strängen in Bild 36b in Flussrichtung anzeigt. Die Anordnung bildet ein Polpaar aus. Senkrecht zur Wickelebene der Stränge treten die dazugehörigen magnetischen Flüsse aus (Bild 36b).

Der aus den drei Strängen resultierende Fluss Φ_{Res} (Bild 36c) sowie dessen Richtung wird durch geometrische Addition der drei Einzelflüsse Φ_{U}, Φ_{V} und Φ_{W} erreicht.

Das Fortschreiten des Zeigerbalkens bis $\alpha = 180\,°$ bewirkt eine Stromrichtungsumkehr im Strang W und damit eine weitere Linksdrehung des resultierenden Felds Φ_{Res} (Bild 37).

Bild 37: Drehfelderzeugung mit einer Spule pro Strang.
a) Strangströme,
b) Strangströme bei $\alpha = \alpha_2$
c) Richtung des Drehfelds (Raumrichtungen).
1 Stator, 2 Rotor.
U, V, W Stränge.

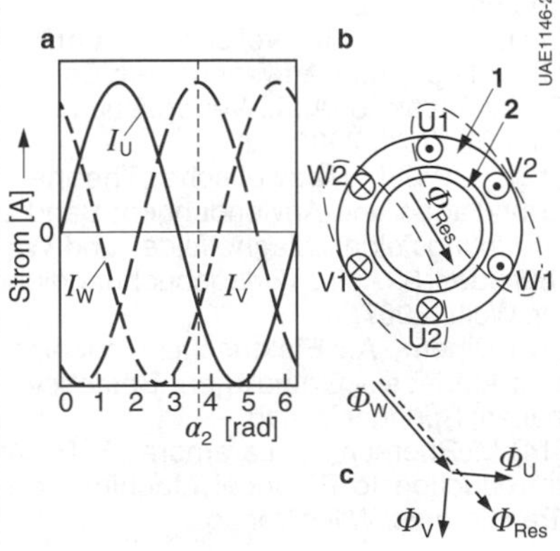

Bei der Verwendung von zwei Spulen pro Strang „verdoppelt" sich die Leiteranordnung. Soll die Wicklung zwei Polpaare ($p = 2$) ausbilden, so müssen die Wicklungen in Gruppen aufgeteilt werden (Bild 38). Damit stellt sich der mechanisch wirksame Winkel

$$\alpha_{\mathrm{m}} = 360\,° \cdot \frac{1}{m\,p} = 60\,°$$

Bild 38: Wicklung mit zwei Polpaaren pro Strang.
a) Polanordnungen,
b) Beispiel der internen Verschaltung des vierpologen Motors mit zwei Wicklungen pro Polpaar und Strang.
Die in Klammern gesetzten Verschaltungen sind intern und damit nicht zugänglich.
1 Stator, 2 Rotor.
U, V, W Stränge.

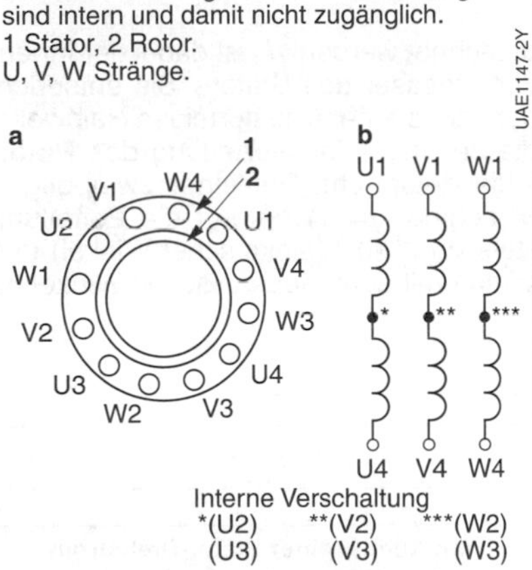

Bild 39: Drehfelderzeugung mit zwei Spulen pro Strang.
a) Strangströme bei Winkel $\alpha = \alpha_1$,
b) Resultierendes Magnetfeld bei $\alpha = \alpha_1$.
1 Stator, 2 Rotor.
U, V, W Stränge.

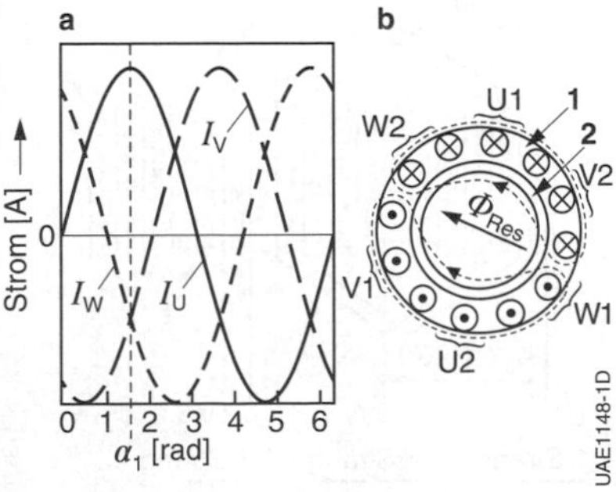

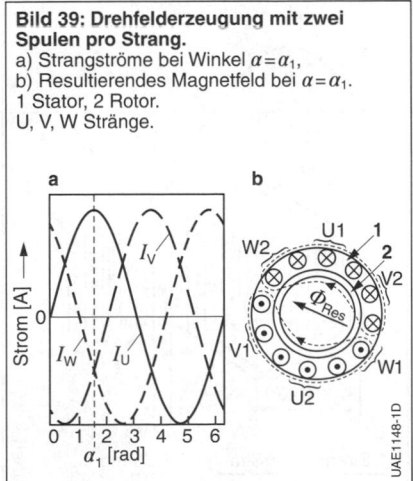

ein. Der elektrisch wirksame Winkel bleibt unverändert. Sowohl bei der zwei- wie auch bei der vierpoligen Anordnung dreht sich das Feld gegen den Uhrzeigersinn (Bild 39). Die Drehfelddrehzahl

$$n_{\text{d}} = \frac{f_{\text{n}}}{p}$$

lässt sich mit der Netzfrequenz f_{n} und der Polpaarzahl p berechnen. Für $p = 1$ ist die Drehfelddrehzahl gleich der Netzfrequenz (Tabelle 4).

Zusammen mit der Polpaarzahl kann als Statorumfangsanteil die Polteilung

$$\tau_{\text{p}} = \pi\, d_{\text{si}}/2p$$

berechnet werden. d_{si} ist dabei der Innendurchmesser des Stators. Sie entspricht der Länge einer sinusförmigen Halbwelle, die der Induktionsverteilung des Rotorfelds entspricht. Bei einer zweipoligen Maschine ($p=1$) beträgt die Polteilung stets $\alpha_{\text{el}}=180$ ° (elektrischer Winkel) und stimmt mit dem mechanischen Winkel α_{m}

Tabelle 4: Drehfelddrehzahlen.

Polpaar p	n_0 [min^{-1}] bei $f=50$Hz
1	3000
2	1500
3	1000

Bild 40: Aufbau einer Stator-Drehstromwicklung.
1 Statorzahn,
2 Statornut mit Wicklungsstrang.

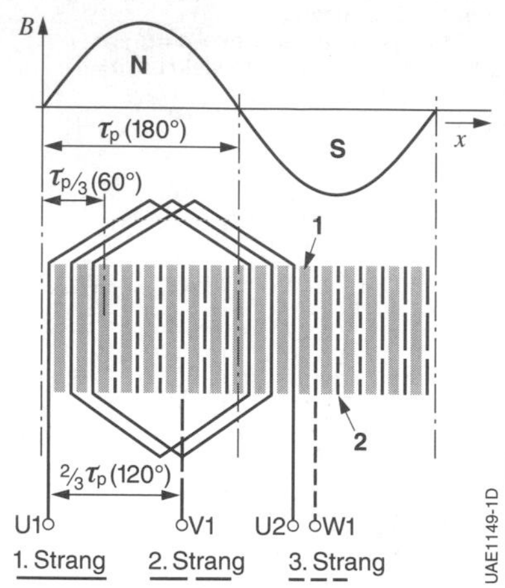

überein. Der Zusammenhang beider Winkel ist mit $\alpha_{\text{el}} = p\,\alpha_{\text{m}}$ gegeben. Damit in den Wicklungen gleich große Spannungen induziert werden, müssen die Wicklungsstränge um $\alpha_{\text{el}} = 120$ ° oder $2\tau_{\text{p}}/3$ gegeneinander versetzt sowie Spulenaufbau und Windungszahl gleich sein. Auf jeden Strang entfällt ein Drittel der Polteilung.

Literatur

[1] R. Fischer: Elektrische Maschinen, 13. Aufl., Carl Hanser Verlag, 2006.
[2] K. Fuest, P. Döring: Elektrische Maschinen und Antriebe, 6. Aufl., Vieweg-Verlag, 2008.
[3] DIN 42027: Stellmotoren; Einteilung, Übersicht.
[4] DIN EN 60027: Formelzeichen für die Elektrotechnik – Teil 4: Drehende elektrische Maschinen.
[5] DIN EN 60034, Teil 8: Drehende elektrische Maschinen; Anschlussbezeichnungen und Drehsinn.
[6] DIN EN 60617: Graphische Symbole für Schaltpläne – Teil 6: Schaltzeichen für die Erzeugung und Umwandlung elektrischer Energie.
[7] DIN 1304, Teil 7: Formelzeichen für elektrische Maschinen.
[8] DIN EN 60034, Teil 30-1: Drehende elektrische Maschinen; Wirkungsgrad-Klassifizierung von netzgespeisten Drehstrommotoren.
[9] Gieras, J. F.; Wang, R. J.; Kamper, M. J.: Axial Flux Permanent Magnet Brushless Machines; Springer Verlag.
[10] VDI/VDE 3680: Regelung von Synchronmaschinen.
[11] I. Wolff: Maxwellsche Theorie – Grundlagen und Anwendungen; Band 1, Elektrostatik, 5. Aufl., Verlagsbuchhandlung Dr. Wolff, 2005.
[12] I. Wolff: Maxwellsche Theorie – Grundlagen und Anwendungen; Band 2, Strömungsfelder, Magnetfelder und Wellenfelder, 5. Aufl., Verlagsbuchhandlung Dr. Wolff, 2007.
[13] Binder, A.: Elektrische Maschinen und Antriebe – Grundlagen, Betriebsverhalten; Springer Verlag.
[14] McPherson, G. Laramore, R. D.: An Introduction to Elecrical Machines and Transformes; Wiley Verlag.

Chemie

Elemente

Periodensystem

Aufbau des Periodensystems

Die Atome der chemischen Elemente bestehen aus positiv geladenen Protonen, ungeladenen Neutronen und negativ geladenen Elektronen [1]. Im Periodensystem (Tabellen 1 und 2) werden die Elemente fortlaufend nach steigender Anzahl an Protonen – also nach zunehmender Kernladungszahl – angeordnet und nicht nach ihrer Atommasse. Die Atommasse wird im Wesentlichen durch die Gesamtzahl der Kernbausteine, also der Summe aus Protonen und Neutronen bestimmt. Die Gesamtzahl aus Protonen und Neutronen wird auch als Massenzahl bezeichnet. Die Zahl der Protonen entspricht der Ordnungszahl. Die neutralen Elementatome besitzen stets gleich viele Protonen und Elektronen.

Gruppen und Perioden

Im Periodensystem werden die Elemente in verschiedene Gruppen (senkrechte Spalten) und Perioden (waagrechte Zeilen) unterteilt. Die ineinander geschachtelte Struktur der Gruppen ergibt sich dadurch, dass die Elektronen immer die niedrigsten vorhandenen Energieniveaus besetzen. Die Lage dieser Energieniveaus, die auch als Elektronenorbitale bezeichnet werden und die Aufenthaltswahrscheinlichkeit der Elektronen um den Atomkern angeben, lässt sich quantenmechanisch herleiten.

Quantenzahlen

Der Aufbau des Periodensystems basiert auf vier Quantenzahlen (Haupt-, Neben-, Magnet- und Spinquantenzahl), mit denen sich die vier Elektronenorbitale mit den Bezeichnungen s, p, d und f berechnen lassen. Bei Anordnung der Elektronen in diese Orbitale nach steigender Energie entstehen Gruppen von Elementen, die über alle Perioden hinweg ein ähnliches Reaktionsverhalten aufweisen. Das Reaktionsverhalten wird nur wenig durch die Elektronen auf den inneren Orbitalen beeinflusst. Entscheidend sind Energie und Anzahl der äußeren Elektronen. Für die äußeren Elektronen wird häufig der Begriff „Valenzelektronen“ verwendet.

Hauptgruppen

Die Elemente in den Gruppen Ia, IIa und IIIa...VIIIa werden als Hauptgruppenelemente bezeichnet. Zu den Hauptgruppenelementen gehören Wasserstoff und die Alkalimetalle (Ia), die Erdalkalimetalle (IIa), die Bor- (IIIa), Kohlenstoff- (IVa) und Stickstoffgruppe (Va), die Chalkogene oder Erzbildner (VIa), die Halogene oder Salzbildner (VIIa) und die Edelgase (VIIIa). Die Elektronen der Hauptgruppenelemente der 1. Periode, Wasserstoff und Helium, befinden sich ausschließlich in s-Orbitalen. Bei den weiteren Hauptgruppenelementen in der 2. bis 7. Periode besetzen die Elektronen ab der Hauptgruppe IIIa zusätzlich p-Orbitale.

Nebengruppen

Die Elemente der Nebengruppen Ib, IIb und IIIb...VIIIb mit Elektronen in d-Orbitalen haben alle metallischen Charakter. Der Kupfergruppe wird die Nebengruppe Ib zugewiesen, weil deren Elektronenanordung (Elektronenkonfiguration) Ähnlichkeiten zur Hauptgruppe Ia aufweist. Die Elemente in beiden Gruppen bilden bevorzugt Salze aus einwertigen Ionen. Analoges gilt für die Gruppen IIa und IIb. Sowohl in der Gruppe der Erdalkalimetalle IIa als auch bei der Zinkgruppe IIb entstehen zweiwertige Metallverbindungen. Die Bezeichnungen für die Nebengruppen IIIb...VIIb sind ebenfalls in der Elektronenkonfiguration begründet und geben einen Hinweis auf die maximale Wertigkeit dieser Metallionen. Die Elemente Eisen, Cobalt und Nickel sowie die jeweils darunter stehenden und als höhere Homologe bezeichnete Elemente werden wegen ihrer großen chemischen Ähnlichkeit als Nebengruppe VIIIb zusammengefasst.

Perioden mit f-Orbitalen

In der 6. und 7. Periode stehen nach der Nebengruppe IIIb Lanthan und Actinium

Tabelle 1: Periodensystem der Elemente.

Ia	IIa	IIIb	IVb	Vb	VIb	VIIb	VIIIb	VIIIb	VIIIb	Ib	IIb	IIIa	IVa	Va	VIa	VIIa	VIIIa
1 **H** 1,008																	2 **He** 4,003
3 **Li** 6,941	4 **Be** 9,012											5 **B** 10,811	6 **C** 12,011	7 **N** 14,007	8 **O** 15,999	9 **F** 18,998	10 **Ne** 20,180
11 **Na** 22,990	12 **Mg** 24,305											13 **Al** 26,982	14 **Si** 28,086	15 **P** 30,974	16 **S** 32,066	17 **Cl** 35,453	18 **Ar** 39,948
19 **K** 39,098	20 **Ca** 40,078	21 **Sc** 44,956	22 **Ti** 47,87	23 **V** 50,942	24 **Cr** 51,996	25 **Mn** 54,938	26 **Fe** 55,845	27 **Co** 58,933	28 **Ni** 58,693	29 **Cu** 63,546	30 **Zn** 65,39	31 **Ga** 69,723	32 **Ge** 72,61	33 **As** 74,922	34 **Se** 78,96	35 **Br** 79,904	36 **Kr** 83,80
37 **Rb** 85,468	38 **Sr** 87,62	39 **Y** 88,906	40 **Zr** 91,224	41 **Nb** 92,906	42 **Mo** 95,94	43 **Tc** (98)	44 **Ru** 101,07	45 **Rh** 102,906	46 **Pd** 106,42	47 **Ag** 107,868	48 **Cd** 112,411	49 **In** 114,818	50 **Sn** 118,710	51 **Sb** 121,760	52 **Te** 127,60	53 **I** 126,904	54 **Xe** 131,29
55 **Cs** 132,905	56 **Ba** 137,327	57 **La*** 138,906	72 **Hf** 178,49	73 **Ta** 180,948	74 **W** 183,84	75 **Re** 186,207	76 **Os** 190,23	77 **Ir** 192,217	78 **Pt** 195,078	79 **Au** 196,967	80 **Hg** 200,59	81 **Tl** 204,383	82 **Pb** 207,2	83 **Bi** 208,980	84 **Po** (209)	85 **At** (210)	86 **Rn** (222)
87 **Fr** (223)	88 **Ra** (226)	89 **Ac**** (227)	104 **Rf** (267)	105 **Db** (268)	106 **Sg** (271)	107 **Bh** (267)	108 **Hs** (277)	109 **Mt** (274)	110 **Ds** (282)	111 **Rg** (280)	112 **Cn** (285)	113 **Nh** (284)	114 **Fl** (289)	115 **Mc** (291)	116 **Lv** (293)	117 **Ts** (292)	118 **Og** (294)

*	58 **Ce** 140,116	59 **Pr** 140,908	60 **Nd** 144,24	61 **Pm** (145)	62 **Sm** 150,36	63 **Eu** 151,964	64 **Gd** 157,25	65 **Tb** 158,925	66 **Dy** 162,50	67 **Ho** 164,930	68 **Er** 167,26	69 **Tm** 168,934	70 **Yb** 173,04	71 **Lu** 174,967
**	90 **Th** 232,038	91 **Pa** 231,036	92 **U** 238,029	93 **Np** (237)	94 **Pu** (244)	95 **Am** (243)	96 **Cm** (247)	97 **Bk** (247)	98 **Cf** (252)	99 **Es** (252)	100 **Fm** (257)	101 **Md** (258)	102 **No** (259)	103 **Lr** (262)

Sämtliche Elemente sind nach steigender Ordnungszahl (Protonenzahl) geordnet. Die waagrechten Zeilen werden als Perioden, die senkrechten Spalten als Gruppen bezeichnet. Unter den Elementsymbolen ist die relative Atommasse angegeben. Eingeklammerte Werte sind die Massenzahlen (Nukleonenzahlen) der stabilsten Isotope radioaktiver Elemente.

Tabelle 2: Bezeichnungen der chemischen Elemente.

Element	Zeichen	Ordnungszahl
Actinium	Ac	89
Aluminium	Al	13
Americium [1]	Am	95
Antimon	Sb	51
Argon	Ar	18
Arsen	As	33
Astat	At	85
Barium	Ba	56
Berkelium [1]	Bk	97
Beryllium	Be	4
Bismut	Bi	83
Blei	Pb	82
Bohrium [1]	Bh	107
Bor	B	5
Brom	Br	35
Cadmium	Cd	48
Cäsium	Cs	55
Calcium	Ca	20
Californium [1]	Cf	98
Cer	Ce	58
Chlor	Cl	17
Chrom	Cr	24
Copernicium [1]	Cn	112
Cobalt	Co	27
Curium [1]	Cm	96
Darmstadtium [1]	Ds	110
Dubnium [1]	Db	105
Dysprosium	Dy	66
Einsteinium [1]	Es	99
Eisen	Fe	26
Erbium	Er	68
Europium	Eu	63
Fermium [1]	Fm	100
Fluor	F	9
Flerovium [1]	Fl	114
Francium	Fr	87
Gadolinium	Gd	64
Gallium	Ga	31
Germanium	Ge	32
Gold	Au	79
Hafnium	Hf	72
Hassium [1]	Hs	108
Helium	He	2
Holmium	Ho	67
Indium	In	49
Iod	I	53
Iridium	Ir	77
Kalium	K	19
Kohlenstoff	C	6
Krypton	Kr	36
Kupfer	Cu	29
Lanthan	La	57
Lawrencium [1]	Lr	103
Lithium	Li	3
Livermorium [1]	Lv	116
Lutetium	Lu	71
Magnesium	Mg	12
Mangan	Mn	25
Meitnerium	Mt	109
Mendelevium [1]	Md	101
Molybdän	Mo	42
Moscovium [1]	Mc	115
Natrium	Na	11
Neodym	Nd	60
Neon	Ne	10
Neptunium [1]	Np	93
Nickel	Ni	28
Nihonium [1]	Nh	113
Niob	Nb	41
Nobelium [1]	No	102
Oganesson [1]	Og	118
Osmium	Os	76
Palladium	Pd	46
Phosphor	P	15
Platin	Pt	78
Plutonium [1]	Pu	94
Polonium	Po	84
Praseodym	Pr	59
Promethium	Pm	61
Protactinium	Pa	91
Quecksilber	Hg	80
Radium	Ra	88
Radon	Rn	86
Rhenium	Re	75
Rhodium	Rh	45
Roentgenium [1]	Rg	111
Rubidium	Rb	37
Ruthenium	Ru	44
Rutherfordium [1]	Rf	104
Samarium	Sm	62
Sauerstoff	O	8
Scandium	Sc	21
Schwefel	S	16
Seaborgium [1]	Sg	106
Selen	Se	34
Silber	Ag	47
Silizium	Si	14
Stickstoff	N	7
Strontium	Sr	38
Tantal	Ta	73
Technetium	Tc	43
Tellur	Te	52
Tennessine [1]	Ts	117
Terbium	Tb	65
Thallium	Tl	81
Thorium	Th	90
Thulium	Tm	69
Titan	Ti	22
Uran	U	92
Vanadium	V	23
Wasserstoff	H	1
Wolfram	W	74
Xenon	Xe	54
Ytterbium	Yb	70
Yttrium	Y	39
Zink	Zn	30
Zinn	Sn	50
Zirconium	Zr	40

[1] Künstlich hergestellt, kommt in der Natur nicht vor.

jeweils eine weitere Reihe an neuen Energieniveaus, die f-Orbitale, zur Verfügung. Diese werden von den Elektronen der Elemente der Lanthanoide (6. Periode) und Actinoide (7. Periode) eingenommen. Die Lanthanoide sind auch unter dem Begriff „Seltene Erden" bekannt. Alle Actinoide sind radioaktiv.

Die Anordnung der Elemente im Periodensystem nach der energetischen Lage ihrer Elektronenorbitale wird im Energiestufendiagramm (Bild 1) deutlich. Man erkennt, dass bei höheren Orbitalenergien nach der Besetzung des s-Orbitals nicht mehr automatisch die dieser Hauptquantenzahl untergeordneten p-, d- und f-Orbitale mit Elektronen aufgefüllt werden. Es wird zum Beispiel nachvollziehbar, warum die Nebengruppenelemente Scandium bis Zink mit den Orbitalenergien 3d nach dem Element Calcium in die vierte Periode des Periodensystems eingeschoben werden. Bei höheren Kernladungszahlen werden allerdings die Unterschiede zwischen den Orbitalenergien so gering, dass die im Energiestufendiagramm dargestellte energetische Reihenfolge der Orbitale nicht mehr für jedes einzelne Element im Periodensystem gilt. In diesen Fällen wird die genaue energetische Lage zusätzlich von der Teil-, Halb- oder Vollbesetzung der Orbitale mit Elektronen beeinflusst. Erkennbar wird das bei den Lanthanoiden mit den 4f-Orbitalen, die erst nach dem Element Lanthan in die sechste Periode eingeschoben werden, und nicht – wie entsprechend dem Energiestufensdiagramm zu erwarten wäre – bereits nach dem Element Barium.

Bild 1: Energiestufendiagramm der Elektronenorbitale.

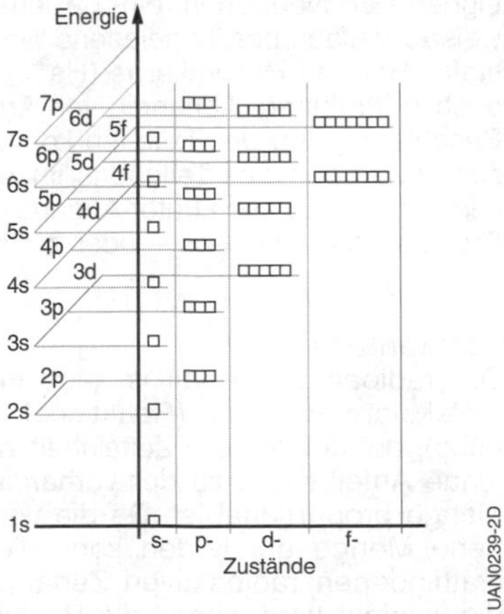

Isotope

Bei Isotopen handelt es sich um Atome desselben Elements, also mit gleicher Protonenzahl, aber mit verschiedener Massenzahl, d.h. mit einer unterschiedlichen Anzahl an Neutronen. Zur eindeutigen Bezeichnung der Isotope wird oben links neben dem Atomsymbol die Massenzahl angegeben, links unten die Zahl der Protonen, sodass man die Zahl der Neutronen sofort durch Differenzbildung erkennen kann. Die meisten natürlich vorkommenden Elemente sind Isotopengemische. Kohlenstoff besteht zum Beispiel zu 98,89 % aus ${}^{12}_{6}C$ und zu 1,11 % aus ${}^{13}_{6}C$. Der Anteil an ${}^{14}_{6}C$ ist mit 10^{-10} % sehr gering. ${}^{14}_{6}C$ ist im Vergleich zu ${}^{12}_{6}C$ und ${}^{13}_{6}C$ kein stabiles Isotop. Das Verhältnis von ${}^{14}_{6}C$ zu ${}^{12}_{6}C$ wird bei der Radiokarbonmethode zur Altersbestimmung organischer Materie herangezogen.

Nuklide

Der Nuklidbegriff ist weit gefasst. Alle Atome, die sich im Bau ihres Kerns unterscheiden, werden als Nuklide bezeichnet. Die Zahl der Nuklide entspricht also der Anzahl an Atomsorten. In der 8. Auflage der Karlsruher Nuklidkarte 2012 sind 3847 experimentell nachgewiesene Nuklide und Isomere verzeichnet. Bei den Isomeren handelt es sich um Nuklide, die die gleiche Massenzahl und damit die gleiche Anzahl an Protonen und Neutronen aufweisen. Bei den isomeren Nukliden bestehen jedoch Unterschiede im inneren Zustand der Atomkerne. Atomkerne können neben dem Grundzustand auch verschiedene angeregte Zustände annehmen. Nur etwa 270 Nuklide sind stabil. Die Mehrzahl der Nuklide sind radioaktiv und werden deshalb als Radionuklide bezeichnet.

Radioaktiver Zerfall

α-Zerfall

Bei der natürlichen Radioaktivität [2] beobachtet man den α-Zerfall, wenn der Atomkern einen aus zwei Protonen und zwei Neutronen bestehenden doppelt positiv geladenen Heliumkern He^{2+} abgibt. Dabei reduziert sich Massenzahl des Atomkerns um 4 und die Kernladungszahl um 2. Es entsteht ein anderes Element (Beispiel siehe Bild 2a).

Bild 2: Strahlungsarten beim natürlichen radioaktiven Zerfall.
a) α-Strahlung,
b) β^--Strahlung,
c) β^+-Strahlung,
d) γ-Strahlung,
n Neutron, p Proton, e^- Elektron, e^+ Positron.

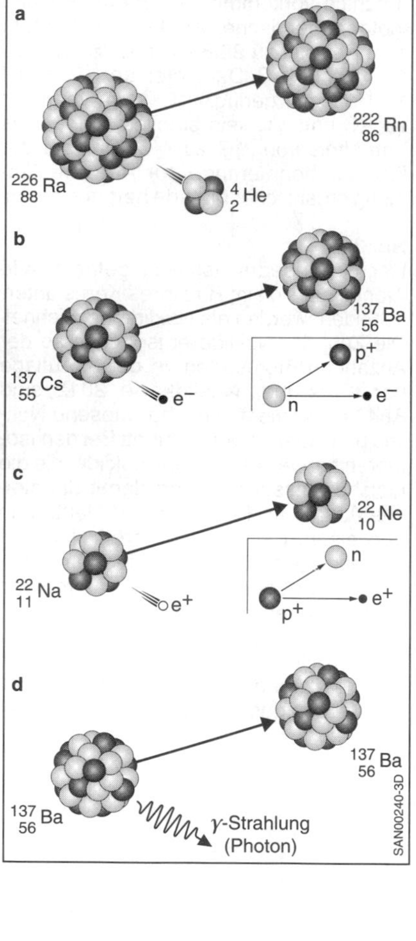

β-Zerfall

Auch beim radioaktiven β-Zerfall findet eine Elementumwandlung statt. Man spricht vom β^--Zerfall, wenn ein Neutron aus dem Atomkern ein Elektron abgibt (Beispiel siehe Bild 2b). Dadurch erhöht sich die Zahl der Protonen um 1 und das Element mit der nächst höheren Ordnungszahl entsteht. Wenn statt einem Elektron ein Positron, also ein positiv geladenes Teilchen abgegeben wird, liegt ein β^+-Zerfall vor. Beim β^+-Zerfall wird ein Proton in ein Neutron umgewandelt. Bei gleicher Massenzahl nimmt die Kernladungszahl also um 1 ab, sodass das im Periodensystem davor stehende Element entsteht (Beispiel siehe Bild 2c). Beim β-Zerfall werden zusätzlich noch Antineutrinos (beim β^--Zerfall) oder Neutrinos (beim β^+-Zerfall) freigesetzt, auf die an dieser Stelle nicht eingegangen werden kann.

γ-Zerfall

Beim γ-Zerfall gibt der Atomkern innere Energie von angeregten Kernzuständen ab, die meist während des α- oder des β-Zerfalls entstehen. Durch die beim γ-Zerfall emittierte γ-Strahlung ändert sich die Massenzahl nicht; das Element bleibt erhalten (Beispiel siehe Bild 2d).

Künstliche Elementumwandlung

Elemente können auch künstlich durch Beschuss mit Teilchen hoher Energie ineinander umgewandelt werden. Dazu eignen sich Neutronen, ein- beziehungsweise zweifach positiv geladene Wasserstoff- (H^+) und Heliumkerne (He^{2+}), aber auch γ-Strahlung. Abhängig von Art und Beschleunigung der Teilchen kommt es zur Absorption des Teilchens im Atomkern – teilweise auch unter Abgabe eines Protons oder Neutrons – oder zur Kernspaltung.

Halbwertszeit

Der radioaktive Zerfall ist eine monomolekulare Reaktion (Reaktion 1. Ordnung), bei der der pro Zeiteinheit zerfallende Anteil direkt zu der vorhandenen Menge proportional ist. Da die vorhandene Menge durch den kontinuierlich stattfindenen radioaktiven Zerfall ständig weniger wird, nimmt die Reaktionsgeschwindigkeit immer mehr ab. Um die Geschwindigkeit des radioaktiven Zerfalls mengenunabhängig beschreiben zu können, gibt man die Halbwertszeit des Radionuklids an. Die Halbwertszeit ist die Zeitdauer, nach der die Hälfte der Atomkerne zerfallen ist. Je kürzer die Halbwertszeit des radioaktiven Elements ist, desto höher ist seine spezifische Aktivität, d.h., um so mehr Kernzerfälle finden pro Masseneinheit statt.

Elementspektroskopie

Alle chemischen Elemente unterscheiden sich im Atomaufbau und können deshalb über ihre Elektronenspektren identifiziert und in Mischungen quantifiziert werden [3]. Um Elektronen aus ihren Energieniveaus zu lösen, muss Energie in Höhe ihrer Bindungsenergie von außen zugeführt werden.

Röntgenfluoreszenzanalyse

Die inneren, durch die Anziehung des positiven Atomkerns fester gebundenen Elektronen können nur mit Röntgenstrahlung oder mit Elektronen ausreichender Energie entfernt werden. Die Röntgenfluoreszenzanalyse (RFA) basiert darauf, dass die geschaffenen Lücken auf den energetisch günstig liegenden inneren Niveaus von Elektronen höherer Energie

Bild 3: Elektronenübergänge bei der Elementspektroskopie.

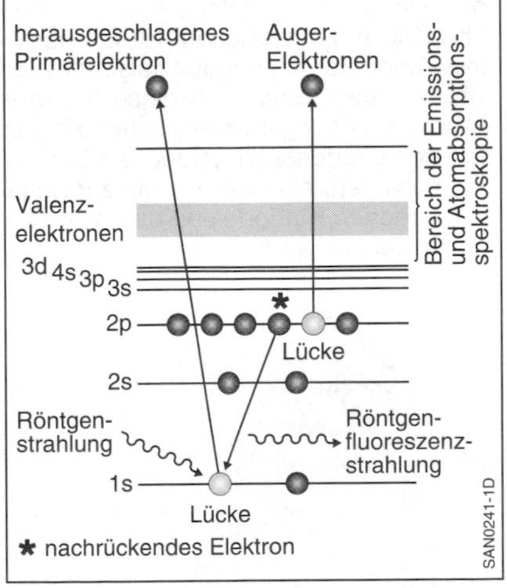

aufgefüllt werden. Diese nachrückenden Elektronen setzen die überschüssige Energie in Form von Fluoreszenzstrahlung frei. Die Energie der Fluoreszenzstrahlung entspricht genau der Differenz zwischen dem höheren und dem niedrigeren Energieniveau und ist damit elementspezifisch (Bild 3).

Auger-Elektronenspektroskopie

Die durch nachrückende Elektronen freiwerdende Energie kann als Fluoreszenzstrahlung abgegeben, aber auch auf andere Elektronen übertragen werden. Mit der übertragenen Energie kann ein Elektron das Atom verlassen. Diese Elektronen aus dem so genannten Auger-Prozess besitzen ebenfalls hochspezifische Elementinformation, da folgende Beiträge die Energie des Auger-Elektrons bestimmen: Die Orbitalenergie des ursprünglich herausgeschlagenen Elektrons, die Energie, die durch das nachrückende Elektron frei wird und die Energie des im Auger-Prozess emittierten Elektrons selbst (Bild 3). Bei der Auger-Elektronenspektroskopie analysiert man die Energie der emittierten Elektronen.

Emissionsspektrometrie

Die weniger fest gebundenen äußeren Valenzelektronen können bereits thermisch angeregt und so auf höher liegende, nicht besetzte Energieniveaus angehoben werden. Da die Energie der Flamme eines Gasbrenners nicht für die Anregung der Valenzelektronen aller Elemente ausreicht, wird oft ein Plasma zur Anregung verwendet. Bei der Plasmainduzierten Emissionsspektrometrie (Inductively Coupled Plasma Optical Emission Spectrometry, ICP-OES) wird das beim Rückfall der Valenzelektronen freigesetzte Licht registriert, das im Bereich des sichtbaren und ultravioletten Lichts liegt. Wie bei den inneren Elektronen ist auch die Energiedifferenz zwischen den äußeren besetzten und unbesetzten Energieniveaus elementspezifisch.

Atomabsorptionsspektroskopie

Statt der Emissionsstrahlung kann auch die Lichtabsorption durch die Anregung der Valenzelektronen gemessen werden. Dazu wird bei der Atomabsorptionsspektroskopie (AAS) mit einer Hohlkathodenlampe die Emissionsstrahlung des zu untersuchenden Elements eingestrahlt. Wenn das Element in der Probe mit dem Element der Hohlkathode übereinstimmt, kommt es durch die Anregung der Elektronen in der Probe zur Schwächung der Intensität des Anregungslichts. Da der Nachweis von verschiedenen Elementen entsprechend umfangreiches Material an Hohlkathodenlampen erfordert und nur sequentiell gemessen werden kann, hat sich die Atomabsorptionsspektroskopie bei Multielementanalysen nicht durchgesetzt.

Röntgenphotoelektronenspektroskopie
Bei der Röntgenphotoelektronenspektroskopie (X-Ray Photo Electron Spectrometry, XPS) werden durch energiereiche Röntgenstrahlung Elektronen aus allen Energieniveaus im Atom herausgeschlagen. Aus der kinetischen Energie dieser Elektronen kann man auf die elementspezifische Bindungsenergie schließen. Durch das bei der Ultraviolett Photo Electron Spectroscopy (UPS) statt der Röntgenstrahlung verwendete ultraviolette Licht werden nur die Valenzelektronen herausgelöst. Die kinetische Energie von Valenzelektronen kann sehr genau bestimmt werden, sodass über Unterschiede in den Orbitalenergien sogar Rückschlüsse auf die Art der chemischen Bindungen gezogen werden können.

Röntgenbeugung
Die Röntgenbeugung an Feststoffen ist, wie der Name schon sagt, kein spektroskopisches Verfahren. Die am Kristallgitter gebeugte Röntgenstrahlung wird winkelaufgelöst, d.h. nach ihrem Beugungswinkel, registriert [4]. Die Winkelposition, Intensität und Breite der Beugungspeaks erlauben eine Analyse der Gitterstruktur und damit eine Identifizierung von Kristallen (Kristallstrukturanalyse). In Gemischen können auch Kristallitgröße, Vorzugsorientierungen (Texturen) und Gitterverzerrungen bestimmt werden. Mechanische Eigenspannungen von Bauteilen können ebenfalls ermittelt werden.

Chemische Bindungen

Die Art der Bindung, die von den einzelnen Elementen bevorzugt eingegangen wird, wird durch die Zahl und Anordnung der Elektronen um den Atomkern (Elektronenkonfiguration) bestimmt [5]. Die Natur dieser Bindungen kann sehr unterschiedlich sein. Man unterscheidet ionische, kovalente und metallische Bindungen. Einzelatome ohne chemische Bindung kommen in der Natur bei Edelgasen und bei einigen Elementen in der Dampfphase vor.

Zwischen Molekülen, also Teilchen, die aus zwei- oder mehr Atomen aufgebaut sind, bestehen zusätzliche, aber weitaus schwächere Wechselwirkungen. Die schwachen Anziehungskräfte, die verschiedene physikalische Ursachen haben, führen dazu, dass nicht nur Ionen, sondern auch Moleküle eine Nahordnung eingehen, die nur in der Gasphase aufgehoben wird.

Ionische Bindungen
Ionische Bindungen werden bevorzugt in Verbindungen zwischen metallischen und nichtmetallischen Elementen gebildet. Dabei kommt es zum Übertrag von Elektronen. Metallatome (Elektronendonatoren) geben Elektronen ab und werden zum positiv geladenen Kation. Durch Aufnahme der Elektronen werden die Nichtmetallatome (Elektronenakzeptoren) in negativ geladene Anionen überführt. Die Begriffe „Kation“ für ein positiv und „Anion“ für ein negativ geladenes Ion rühren daher, dass sich diese Ionen in wässriger Lösung im elektrischen Feld zu den entgegengesetzt geladenen Elektroden bewegen, also das Kation zur negativ geladenen Kathode und das Anion zur positiv geladenen Anode.

Die Anzahl der abgegebenen und aufgenommenen Elektronen wird durch die Elektronenkonfiguration des Elements bestimmt. Ionische Verbindungen mit Konfigurationen, bei denen die p-, d- und f-Orbitale leer, halbvoll und voll sind, werden besonders bevorzugt.

Die entstehenden Ionenverbindungen bezeichnet man als Salze. Im Feststoff sind Kation und Anion in einem Ionengitter angeordnet, dessen Struktur vom Verhältnis der Ionenradien bestimmt wird. Beim Schmelzen von Salzen oder Lösen von Salzen in Wasser müssen die Kräfte zwischen den Ionen im Gitter überwunden werden. Deshalb muss Schmelzwärme (Schmelzenthalpie) zugeführt werden. Die zum Lösen notwendige Energie (Lösungswärme) wird durch zwei gegenläufige Anteile bestimmt. Einerseits muss Energie zum Auflösen des Kristallgitters aufgebracht werden (Dissoziationsenergie), andererseits wird Energie durch Koordination der Lösungsmittelmoleküle an die herausgelösten Ionen frei (Solvatationswärme). Ist das Lösungsmittel Wasser, spricht man von Hydratationswärme. Wenn die Dissoziationsenergie größer ist als die Solvatationswärme, kühlt sich die Lösung beim Lösungsvorgang ab. Bei der Lösung von wasserfreien Metallsalzen, bei denen zunächst zusätzlich Wasser in das Ionengitter mit eingebaut wird, ist die durch Hydratation freiwerdende Wärme oft größer als der Energieverbrauch zur Überwindung der Gitterkräfte, und die Lösung erwärmt sich.

Kovalente Bindungen

Bindungen aus Elektronenpaaren, die zwischen zwei neutralen Atomen aus den ungepaarten Elektronen in den äußeren Orbitalen (Valenzelektronen) entstehen, bezeichnet man als Atombindungen. Der Begriff „kovalent" verdeutlicht, dass zwei gleiche oder ähnliche Atome durch die Bildung eines gemeinsames Elektronenpaares eine energetisch günstigere Elektronenkonfiguration erreichen können, ohne dass es dabei zu einem Elektronenübertrag und damit zu einer Änderung der Wertigkeit („Valenz") durch die Bildung von Ionen kommt. Als energetisch günstiger Zustand wird in der Regel die Konfiguration des Edelgases aus der Periode eingenommen, in der das Element steht.

Im Methanmolekül (CH_4) besitzen alle Atome eine Edelgaskonfiguration. Der Kohlenstoff hat in den p-Orbitalen zwei Valenzelektronen und vier freie Plätze für weitere Elektronen, die von den vier Wasserstoffatomen zur Verfügung gestellt werden. Damit erlangt Kohlenstoff die Edelgaskonfiguration von Neon. Da beide beteiligte Atome an dem gemeinsamen Bindungselektronenpaar teilhaben, erhalten auch die Wasserstoffatome, die nur über je 1 Valenzelektron im s-Orbital verfügen, durch die gemeinsamen Elektronenpaare mit dem Kohlenstoff die Edelgaskonfiguration des Heliums. Bei den Hauptgruppenelementen der 2. Periode wird das Auffüllen leerer Orbitale mit Valenzelektronen anderer Atome bis zum Erreichen der Edelgaskonfiguration als Oktettregel bezeichnet, weil dann insgesamt acht Elektronen, zwei in s- und sechs in p-Orbitalen, vorhanden sind.

Ein Atom kann zu einem Nachbaratom auch mehrere kovalente Bindungen eingehen, wie z.B. der Kohlenstoff Doppelbindungen im Ethylen ($H_2C{=}CH_2$) oder Dreifachbindungen im Acetylen ($H{-}C{\equiv}C{-}H$).

Bei der Oktettregel werden vorhandene freie Elektronenpaare, die keine Bindungsfunktion haben, mit berücksichtigt. Die räumliche Struktur von Molekülen wird durch die Gesamtzahl an Atomen, Art und Zahl der Bindungselektronenpaare und durch die vorhandenen freien Elektronenpaare bestimmt. Zum Beispiel weisen Methan (CH_4), Ammoniak (NH_3)

und Wasser (H_2O) eine tetraedrische Grundstruktur auf. Allerdings stellt nur das Molekül des Methans einen idealen Tetraeder mit einem Bindungswinkel von 109,5 ° dar (Bild 4). Freie Elektronenpaare haben einen höheren Platzbedarf als Bindungselektronenpaare. Durch das eine vorhandene freie Elektronenpaar im Ammoniak wird der Bindungswinkel auf 107,5 ° reduziert. Im Wassermolekül sind zwei freie Elektronenpaare vorhanden, die den Bindungswinkel weiter auf 104,5 ° verkleinern.

In dem hier vorgestellten vereinfachten Modell werden kovalente Atombindungen auf eine Elektronenpaarbildung von Valenzelektronen aus Atomorbitalen zurückgeführt. Die alleinige Betrachtung von Atomorbitalen wird aber den komplexen Verhältnissen im Molekül nur ansatzweise gerecht. Im Molekül beeinflussen sich alle Atomkerne und Elektronen gegenseitig, und die Bindungsverhältnisse werden daher besser durch Molekülorbitale beschrieben. Für die Beschreibung von Doppel- und Dreifachbindungen sowie delokalisierten Bindungssystemen in Aromaten ist eine quantenmechanische Betrachtung der Molekülorbitale erforderlich, wobei es auch hierbei weitgehend ausreicht, sich auf die Valenzelektronen zu beschränken.

Bild 4: Einfluss von freien Elektronenpaaren auf die Struktur von Molekülen.
a) Methan (CH_4),
b) Ammoniak (NH_3),
c) Wasser (H_2O).

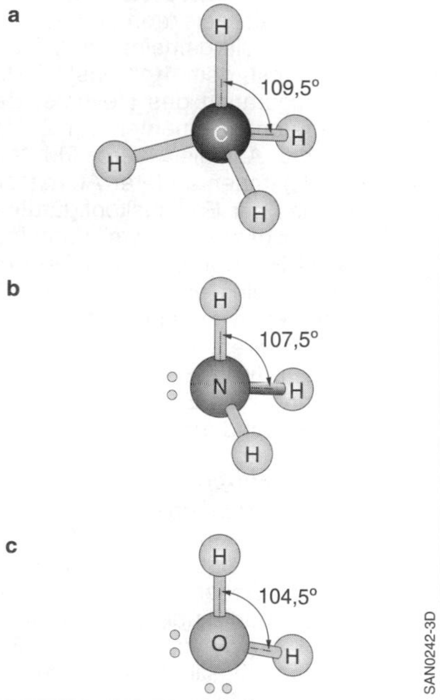

Metallische Bindungen

In Metallen sind die Atome in räumlichen Gittern angeordnet, wobei die Valenzelektronen der Atome frei beweglich sind und deshalb oft auch als Elektronengas bezeichnet werden. Metalle besitzen eine gute elektrische Leitfähigkeit, ebenso eine gute Wärmeleitfähigkeit, die beide auf die freien Valenzelektronen zurückgehen. Zur Wärmeleitfähigkeit tragen auch die Gitterschwingungen der Atome bei, die auf ihren Positionen im Metallgitter frei schwingen und auf diese Weise leicht Wärme übertragen können. Das Verständnis von komplexeren Einzelheiten der elektrischen Leitfähigkeit von Metallen erfordert auch hier eine quantenmechanische Betrachtung von Molekülorbitalen. Daraus lässt sich dann ableiten, dass die Elektronen sich in Energiebändern aufhalten, die aus Molekülorbitalen mit geringsten Energieunterschieden gebildet werden. Zwischen den Energiebändern bestehen Zonen, die nicht von Elektronen besetzt werden können.

Wechselwirkungen zwischen Molekülen

Van-der-Waals-Kräfte

Partialladungen, die durch räumliche Schwankungen der positiven und negativen Ladungsschwerpunkte im Molekül entstehen, induzieren elektrische Dipole (Bild 5a). Wechselwirkungen, die zwischen den auf diese Weise polariserten Molekülen entstehen, nennt man Van-der-Waals-Kräfte. Je größer ein Molekül ist, desto stärker ist es polarisierbar, desto stärker sind auch die zwischenmolekularen Kräfte.

Dipol-Dipol-Wechselwirkungen
In Molekülen, die aus verschiedenen Atomen aufgebaut sind, ist der Ladungsschwerpunkt dauernd verschoben (Bild 5b). Abhängig von der Größe und der Ladung der beteiligten Atomkerne und inneren Elektronen wird das gemeinsame Valenzelektronenpaar unterschiedlich stark angezogen. Die Eigenschaft von Atomen, das Bindungselektronenpaar an sich zu ziehen, nennt man Elektronegativität. Das stärker ziehende, elektronegativere Atom erhält eine partielle negative Ladung. Entsprechend ist das schwächer ziehende Atom partiell positiv aufgeladen. Die durch einen Unterschied in der Elektronegativität entstehenden permanenten Dipole zeigen im Vergleich zu den Van-der-Waals-Kräften deutlich stärkere zwischenmolekulare Kräfte. Man spricht von Dipol-Dipol-Wechselwirkungen.

Zusätzlich werden die Dipol-Dipol-Wechselwirkungen durch die räumliche Struktur des Moleküls beeinflusst. Obwohl Unterschiede in der Elektronegativität von Kohlenstoff und Sauerstoff bestehen, ist z.B. Kohlenstoffdioxid (CO_2) wegen des linearen Aufbaus kein Dipol. Wasser (H_2O) mit gleichem Atomverhältnis 2:1 dagegen ist ein Dipol, weil das zentrale Sauerstoffatom über zwei freie Elektronenpaare verfügt, die zu einer abgewinkelten Struktur führen.

Bild 5: Arten der Wechselwirkungen zwischen Molekülen.
a) Van-der-Waals-Kräfte,
b) Dipol-Dipol-Wechselwirkung,
c) Wasserstoffbrückenbindung.
δ^+ Positive Partialladung,
δ^- negative Partialladung.
Pfeile geben die Kraftwirkung an.

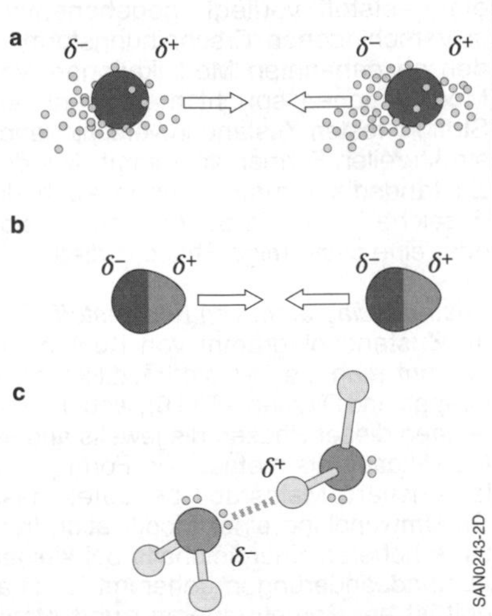

Wasserstoffbrückenbindungen
Die gewinkelte Struktur des Wassermoleküls ermöglicht zusätzliche Dipol-Dipol-Wechselwirkungen (Bild 5c). Die partiell positiv geladenen Wasserstoffatome können mit den freien Elektronenpaaren von Nachbarmolekülen in Wechselwirkung treten. In flüssigem Wasser ergibt sich durch die zusätzlichen Dipol-Dipol-Wechselwirkungen eine besondere Nahstruktur, die dafür verantwortlich ist, dass Wasser bei 4 °C die höchste Dichte besitzt. Dies ermöglicht Fischen das Überleben im Winter, da das Wasser mit der höchsten Dichte sich am Boden von zugefrorenen Seen sammelt.

Molekülspektroskopie
Moleküle können wie Atome Energie aufnehmen und definierte Energiezustände einnehmen. Mit ultraviolettem oder mit sichtbarem Licht können Valenzelektronen (UV/VIS-Spektroskopie) und mit Infrarotlicht auch Schwingungen und Rotationen (IR-Spektroskopie) angeregt werden [6]. Diese Verfahren werden zur Strukturaufklärung eingesetzt, weil die Energieaufnahme einen Rückschluss auf den Molekülaufbau erlaubt. Bei der Raman-Spektroskopie wird die inelastische Streuung von monochromatischem Licht an Molekülen untersucht. Die z.B. durch Anregung von Schwingungen frequenzverschobenen Anteile liefern strukturelle Informationen.

Die Massenspektroskopie basiert dagegen nicht auf der Anregung von Energiezuständen. Bei diesem Verfahren werden Moleküle verdampft, ionisiert und die erhaltenen Ionen entsprechend ihrem Verhältnis von Masse zu Ladung aufgetrennt und identifiziert.

Stoffe

Stoffbegriff in der Chemie

Die chemischen Eigenschaften eines Körpers werden durch sein Material bestimmt und nicht durch seine Größe und Gestalt. Das Material eines Körpers wird deshalb auch als Stoff bezeichnet. Auch bei sehr feiner Verteilung des Körpers bleiben die chemischen Eigenschaften gleich. Durch eine große Oberfläche kann jedoch die Reaktivität zusätzlich gesteigert werden, wie dies bei Nanopartikeln bekannt ist.

Homogene und heterogene Stoffe

Einheitlich aufgebaute Stoffe nennt man einphasig oder homogen. Ein Stoff, der aus zwei oder mehr Anteilen aufgebaut ist, die nicht miteinander mischbar sind, wird als heterogen bezeichnet. Ein Beispiel für einen homogenen festen Stoff ist elementarer Schwefel. Für ein heterogenes Feststoffgemisch typisch ist Granit, der aus Quarz, Feldspat und Glimmer zusammengesetzt ist.

Dispersion

Heterogene Gemische sind immer Dispersionen. Dispersionen bestehen aus mindestens zwei verschiedenen Stoffen, die sich unter den vorherrschenden Bedingungen nicht oder kaum ineinander lösen und auch nicht chemisch miteinander reagieren. Abhängig von den Phasen unterscheidet man Suspensionen (Flüssigkeit und Feststoff), Emulsionen (Flüssigkeit und Flüssigkeit) und Aerosole (Gas und Feststoff oder Gas und Flüssigkeit).

Suspension

Gibt man beispielsweise zu reinem Wasser – einer homogenen Flüssigkeit – Lehm hinzu, entsteht ein heterogenes Gemisch aus einer Flüssigkeit und einem Feststoff, das als Suspension bezeichnet wird.

Emulsion

Heterogene Gemische aus zwei Flüssigkeiten, z.B. Wasser und Öl, nennt man Emulsionen.

Aerosol

Ein heterogenes Gemisch aus festen oder flüssigen Schwebeteilchen und einem Gas wird als Aerosol bezeichnet. Ein Beispiel für ein Aerosol aus Gasen und Feststoffen ist Abgas mit Rußpartikeln. Abgas mit Weißrauch, der entsteht, wenn Wasser und Schwefelsäure während des Startvorgangs im noch kalten Abgas kondensieren, stellt dagegen ein Aerosol aus Gasen und Flüssigkeiten dar.

Kolloid

Der Begriff Kolloid wird auf Teilchen oder Tröpfchen im Größenbereich von 1 nm bis 1 µm angewendet, unabhängig davon, ob es sich bei den heterogenen Gemischen um Suspensionen, Emulsionen oder Aerosole handelt.

Aggregatszustände

Die drei klassischen Aggregatszustände (Phasen) sind fest, flüssig und gasförmig – je nach dem, ob die Teilchen ortsfest im Festkörper, verschiebbar in einer Flüssigkeit unter Beibehaltung einer Nahordnung oder weit voneinander entfernt in einem Gas vorliegen. Das Plasma ist ein nichtklassischer Aggregatzustand und besteht aus freien Elektronen und ionisierten Atomen.

Die Aggregatszustände von Stoffen sind druck- und temperaturabhängig und werden in Zustands- oder Phasendiagrammen beschrieben. Zustandsdiagramme, in denen der Druck gegen die Temperatur aufgetragen wird, verdeutlichen die Bedingungen, unter denen ein Feststoff vorliegt, gegebenenfalls in verschiedenen Erscheinungsformen, den so genannten Modifikationen. Von Modifikationen spricht man, wenn ein Stoff im festen Zustand in verschiedenen strukturellen Formen vorkommt. Aus den Zustandsdiagrammen gehen auch die Bereiche hervor, in denen eine flüssige oder eine gasförmige Phase vorliegt.

Zustandsdiagramm von Kohlenstoff

Im Zustandsdiagramm von Kohlenstoff erkennt man die Feststoffmodifikationen Graphit und Diamant (Bild 6), wobei in Bereichen dieser Phasen die jeweils andere Modifikation als metastabile Form parallel existiert. Metastabil bedeutet, dass die Umwandlung einer Modifikation trotz ihres höheren Energieinhalts bei kleinen Zustandsänderungen gehemmt ist. Graphit ist bei Raumtemperatur und Atmoshärendruck die stabile Modifikation; Diamanten existieren jedoch als metastabile Strukturvariante, weil die Umwandlung in die stabilere Graphitform durch eine hohe Aktivierungsenergie stark gebremst ist.

Zustandsdiagramm von Wasser

Die drei Flächen im Zustandsdiagramm von Wasser geben die Existenzbereiche von Eis, flüssigem Wasser und Wasserdampf wieder (Bild 7). Innerhalb dieser Flächen herrscht nur der jeweilige Aggregatszustand vor. Die Kurven zwischen den Flächen beschreiben das Gleichgewicht zwischen der flüssigen und der gasförmigen Phase (Dampfdruckkurve), der festen und der flüssigen Phase (Schmelzkurve) sowie der festen und der gasförmigen Phase (Sublimationskurve). Jeder Punkt auf den Kurven entspricht einem Gleichgewichtszustand zwischen den angrenzenden Phasen. Am Schnittpunkt der drei Kurven, dem Tripelpunkt TP (0,01 °C; 6,1 mbar), sind alle drei Phasen des Wassers nebeneinander beständig. Verändert man die Temperatur oder den Druck, liegt nur noch ein Aggregatszustand vor. Werden Temperatur und Druck gleichzeitig so geändert, dass der neue Zustand einem Punkt auf einer der Gleichgewichtskurven entspricht, existieren zwei Phasen nebeneinander.

Eine Temperaturerhöhung führt immer zu einem höheren Anteil an gasförmigem Wasser, entweder durch stärkere Sublimation oder durch einen höheren Dampfdruck. Umgekehrt führt ein höherer Umgebungsdruck zu mehr Kondensation oder Resublimation von Wasserdampf. Die Dampfdruckkurve verdeutlicht auch, dass der Siedepunkt von Wasser vom äußeren Druck abhängt. Bei niedrigem Luftdruck oder im Vakuum siedet Wasser bei Temperaturen unter 100 °C.

Auffällig ist die Anomalie, die am Phasenübergang von fest zu flüssig beobachtet werden kann. Sowohl eine Temperatur- als auch eine Druckerhöhung führen zur Verflüssigung von Eis. Die Umwandlung von Eis in flüssiges Wasser wird durch Druck begünstigt, weil flüssiges Wasser ein geringeres Volumen als Eis einnimmt.

Ein besonderer thermodynamischer Zustand ist der Kritische Punkt KP (374 °C; 220,5 bar), bei dem sich die Dichte der gasförmigen und der flüssigen Phase angeglichen haben. Am Ende der Dampfdruckkurve gehen die beiden Aggregatzustände flüssig und gasförmig in einen neuen Zustand, die überkritische Phase, über. Wasser im überkritischen Zustand ist eine Flüssigkeit, die eine geringere Dichte als flüssiges Wasser unterhalb des kritischen Punkts besitzt.

Bild 6: Zustandsdiagramm von Kohlenstoff.

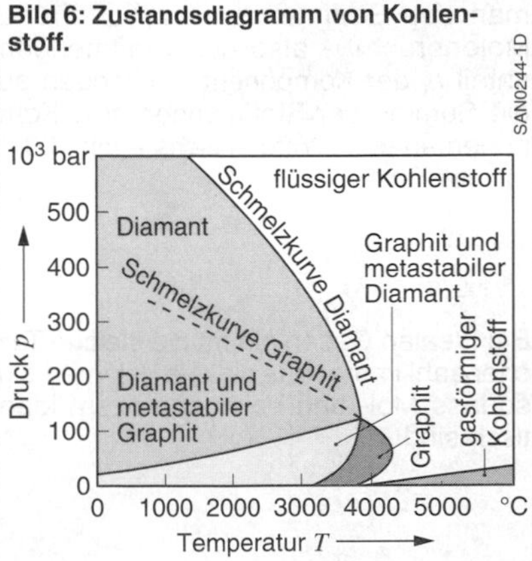

Bild 7: Zustandsdiagramm von Wasser.
1 Sublimationskurve,
2 Schmelzkurve,
3 Dampfdruckkurve.

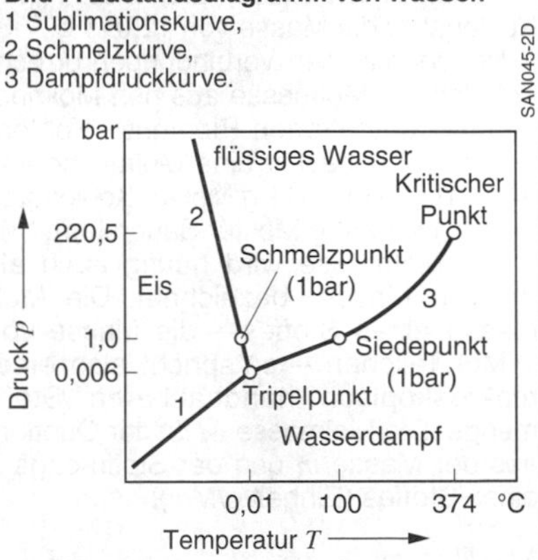

Stoffkonzentrationen

Um das Mengenverhältnis der an einer chemischen Reaktion beteiligten Stoffe beschreiben zu können, benötigt man Mengenangaben, die sich auf die Anzahl der am Umsatz beteiligten Teilchen beziehen.

Bedingt durch den unterschiedlichen Aufbau der Atomkerne unterscheiden sich alle Elementatome und natürlich auch alle daraus hervorgehenden Molekülverbindungen in der Masse. Es wäre wenig praktikabel, mit den verschwindend kleinen Massen einzelner Atome oder Moleküle direkt zu rechnen. Da es bei chemischen Reaktionen zudem hilfreich ist, immer die gleiche Anzahl an Teilchen zu betrachten, wurde der Begriff der Stoffmenge mit der Einheit „Mol" eingeführt.

Stoffmenge

Eine Stoffmenge n von 1 Mol enthält immer die gleiche Anzahl an Teilchen und wurde deshalb früher auch häufig als Molzahl bezeichnet. Unabhängig vom chemischen Element, Molekül oder der Stoffart sind in 1 Mol rund $6 \cdot 10^{23}$ Teilchen enthalten. Diese Teilchenzahl lässt sich experimentell bestimmen und ist auch als „Avogadrozahl" bekannt.

Molmasse

1 Mol eines Stoffes besteht also immer aus rund $6 \cdot 10^{23}$ Teilchen. Bei Elementatomen entspricht die Masse dieser Teilchen (Molmasse M) deshalb deren relativer Atommasse, z.B. hat 1 Mol Kohlenstoff die Masse von 12,011 g.

Bei chemischen Verbindungen errechnet sich die Molmasse aus den Molmassen der enthaltenen Elemente. Kohlendioxid (CO_2) besitzt eine Molmasse von 44,01 g/Mol (12,011 g/Mol für Kohlenstoff und $2 \cdot 15{,}9994$ g/Mol für Sauerstoff).

Die Molmasse wird häufig auch als „molare Masse" bezeichnet. Die Molmasse eines Stoffes – die Masse von 1 Mol Teilchen – entspricht also einer makroskopisch handhabbaren Stoffmenge. Die Molmasse M ist der Quotient aus der Masse m und der Stoffmenge n eines Stoffes (Einheit g/Mol):

$$M = \frac{m}{n}.$$

In der Chemie wird häufig anstelle von Masse auch von Gewicht gesprochen. Die Masse bezeichnet die enthaltene Materie, das Gewicht die durch das Schwerefeld auf diese Materie wirkende Kraft. Da die Schwerkraft auf der Erde näherungsweise immer gleich ist, wird zwischen Masse und Gewicht oft nicht unterschieden. Daher ist auch der Begriff „Molgewicht" weit verbreitet.

Molvolumen

Da 1 Mol eines Stoffes immer aus gleich vielen Teilchen besteht, ist das Volumen (Molvolumen V_M), das diese Teilchen einnehmen, immer gleich – vorausgesetzt, die Teilchen beeinflussen sich nicht gegenseitig. Dieser Grenzfall ist nur bei einem idealen Gas gegeben: 1 Mol eines idealen Gases nimmt unter Normaldruck ($p = 1013{,}25$ mbar) bei $T = 273{,}15$ K (0 °C) ein Volumen von 22,414 l und bei $T = 298{,}15$ K (25 °C) ein Volumen von 24,789 l ein. Bei Bezug auf die Standardbedingungen können näherungsweise bei allen Gasen gewichts- und volumenbezogene Konzentrationsangaben über das Molvolumen ineinander umgerechnet werden.

Molprozent

Manche Konzentrationsangaben findet man in Molprozent. Dabei ist die stoffmengen- von der volumenbezogenen Definition zu unterscheiden. Die stoffmengenbezogene Konzentration Molprozent x mit der Einheit % (n/n) erhält man, wenn man den Stoffmengengehalt x_i (früher Molenbruch) – also den Stoffmengenanteil n_i der Komponente i bezogen auf die Summe der Stoffmengen aller Komponenten des Stoffgemischs – mit 100 % multipliziert:

$$x = \frac{n_i}{\sum_{j=1}^{n} n_j} \cdot 100.$$

Bei idealen Gasen nimmt die gleiche Teilchenzahl immer das gleiche Volumen ein, sodass Mol- und Volumenprozent identisch sind.

Reaktionen von Stoffen

Chemische Thermodynamik

Bei chemischen Reaktionen wandeln sich Ausgangsstoffe in Reaktionsprodukte mit anderen Eigenschaften um. Die chemische Thermodynamik beschreibt den Stoffumsatz und die damit einhergehende Änderung der inneren Energie ΔU, also letztlich, ob und unter welchen Bedingungen Reaktionen stattfinden können [7]. Der Reaktionsweg wird durch die aufgenommene oder abgegebene Energiemenge bestimmt.

Reaktionswärme

Die meisten Reaktionen werden in offenen Gefäßen, also bei konstantem Luftdruck angesetzt. Bei konstantem Druck setzt sich die Änderung der inneren Energie bei einer chemischen Reaktion aus den beiden Anteilen Reaktionswärme Q_{P} und Arbeit W zusammen:

$$\Delta U = Q_{\mathrm{P}} + W.$$

Mechanische Arbeit wird zum Beispiel bei einer exothermen Reaktion verrichtet, bei der ein Gas entsteht, das gegen den Atmosphärendruck expandiert oder gegen eine Membran oder einen beweglichen Stempel drückt.

Reaktionen können auch unter konstantem Volumen durchgeführt werden. Da dann der Energieinhalt nur durch die Reaktionswärme Q_{V} und nicht durch Arbeit W verändert werden kann, entspricht die Änderung der inneren Energie ΔU der Reaktionswärme Q_{V}. Es gilt:

$$\Delta U = Q_{\mathrm{V}}\,.$$

Die Reaktionswärme bei konstantem Volumen Q_{V} ist also immer größer als Q_{P} bei konstantem Druck.

Reaktionsenthalpie

Der Anteil der Reaktionswärme Q_{P} beziehungsweise Q_{V} kann auch als Differenz der Wärmeinhalte von Reaktions- und Ausgangsprodukten beschrieben werden und wird als Reaktionsenthalpie ΔH_{R} bezeichnet. Bei einer Aufnahme von Wärme ist die Reaktion endotherm ($\Delta H_{\mathrm{R}} > 0$). Chemische Reaktionen, bei denen Reaktionswärme frei wird ($\Delta H_{\mathrm{R}} < 0$), sind exotherm.

Der Zusammenhang

$$\Delta U^0 = \Delta H^0_{\mathrm{R}} + W^0$$

wird als 1. Hauptsatz der Thermodynamik bezeichnet. Da die Änderung der inneren Energie ΔU, die Enthalpie ΔH_{R} und die verrichtete Arbeit W vom Druck und der Temperatur abhängen, wird häufig auf die Standardbedingungen bei 25 °C und 1 013 mbar referenziert und dies an den Symbolen mit einer hoch gestellten Null indiziert (z.B. bei ΔU^0).

Aktivierungsenthalpie

Auch exotherme Reaktionen haben trotz der freiwerdenden Reaktionsenthalpie ΔH_{R} oft einen anfänglichen Energiebedarf. Diese Aktivierungsenthalpie ΔH_{A} muss aufgewendet werden, um z.B. Bindungen aufzuspalten und einen aktivierten Komplex der Reaktionspartner herzustellen, bevor durch die Entstehung neuer Bindungen bei der Bildung des Reaktionsprodukts mehr Energie frei wird, als für die Spaltung der Bindungen in den Ausgangsprodukten erforderlich war.

Thermodynamisch und kinetisch kontrollierter Reaktionsverlauf

Das thermodynamisch stabile, also energetisch günstigere Reaktionsprodukt entsteht bei einer Reaktion, wenn die für die Stoffumwandlung erforderliche Aktivierungsenthalphie aufgebracht werden kann, zum Beispiel durch Zufuhr von Wärme von außen (Bild 8, Weg A). Wenn jedoch die Aktivierungsenthalpie ΔH^0_{A1}, die für die Bildung des thermodynamisch stabileren Produktes erforderlich ist, nicht zur Verfügung steht, kann unter Umständen dennoch eine andere chemische Reaktion eintreten, nämlich die Bildung des kinetisch, also des durch die Reaktionsgeschwindigkeit kontrollierten Produkts. Für dessen Bildung ist ebenfalls eine Aktivierungsenthalphie ΔH^0_{A2} erforderlich (Weg B), die allerdings vom absoluten Betrag her niedriger ist. Dieses durch kinetische Kontrolle der Reaktion entstandene Produkt besitzt dann eine höhere innere Energie. Durch die Wahl der

Reaktionsbedingungen, also z.B. über die der Reaktion zur Verfügung gestellte Wärmemenge, kann Einfluss genommen werden, ob das thermodynamisch oder kinetisch kontrollierte Produkt bevorzugt entsteht.

Katalysatoren setzten die Aktivierungsenthalphie einer Reaktion herab und erhöhen so die Reaktionsgeschwindigkeit; sie können aber nicht das thermodynamische Gleichgewicht verschieben (Weg C).

Entropie

Die Reaktionsenthalphie ΔH_R alleine ist nicht der einzige Faktor, der die Richtung einer Reaktion bestimmt. Auch die Verteilung des Energieinhalts spielt eine Rolle. Das Verdampfen einer Flüssigkeit läuft trotz der erforderlichen Verdampfungswärme $\Delta H_V > 0$ ab, weil dadurch die Zwangsbedingungen für die einzelnen Moleküle abnehmen. Die auf die einzelnen Moleküle verteilte Bewegungsenergie geht beim Verdampfen von einer geordneteren, weniger wahrscheinlichen Verteilung in einen Zustand geringerer Ordnung aber größerer Wahrscheinlichkeit über. Die Änderung des Ordnungszustands wird über die Kenngröße Entropie S beschrieben [7]. Die Entropie nimmt bei chemischen Reaktionen zu, wenn mehr Moleküle entstehen als abreagieren, wenn die Temperatur ansteigt oder wenn Teilchen in einen weniger geordneten Aggregatszustand übergehen (z.B. von fest nach flüssig oder von flüssig nach gasförmig). Die Zunahme der Entropie ΔS ist um so größer, je höher die Wärmezufuhr und je tiefer die Temperatur T ist, bei der die Wärme übertragen wird.

Bild 8: Enthalpieänderungen bei thermodynamisch und kinetisch kontrollierten Reaktionen.

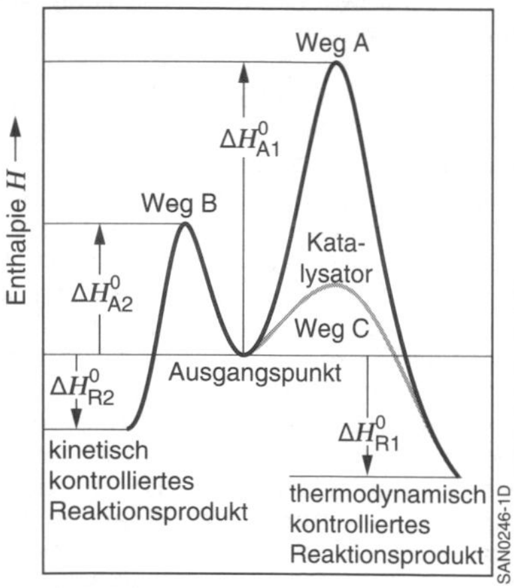

Reaktionskinetik

Während also die Thermodynamik den stofflichen und energetischen Umsatz beschreibt, befasst sich die Reaktionskinetik mit der Geschwindigkeit von Reaktionen [7]. Die Reaktionsgeschwindigkeit eines an der Reaktion beteiligten Stoffes wird als Konzentrationsänderung pro Zeitintervall angegeben (Bild 9). Die Ordnung einer Reaktion ergibt sich aus der Zahl der Ausgangsstoffe, deren Konzentration sich bei der Reaktion ändert.

Reaktion nullter Ordnung

Eine Reaktion nullter Ordnung liegt z.B. vor, wenn der Zerfall eines Gases an einer Platinoberfläche heterogen katalysiert wird. Die Konzentration des an den Katalysator adsorbierten Gases ändert sich während der Reaktion nicht, sodass die Reaktionsgeschwindigkeit unabhängig von der Reaktionszeit immer gleich bleibt.

Reaktion erster Ordnung

Bei einer Reaktion erster Ordnung hängt die Reaktionsgeschwindigkeit nur von der

Bild 9: Abnahme der Konzentration eines Ausgangsstoffs bei Reaktionen verschiedener Ordnungen (bei Annahme gleicher Anfangsgeschwindigkeiten).
$t_{1/2}$ Halbwertszeit.

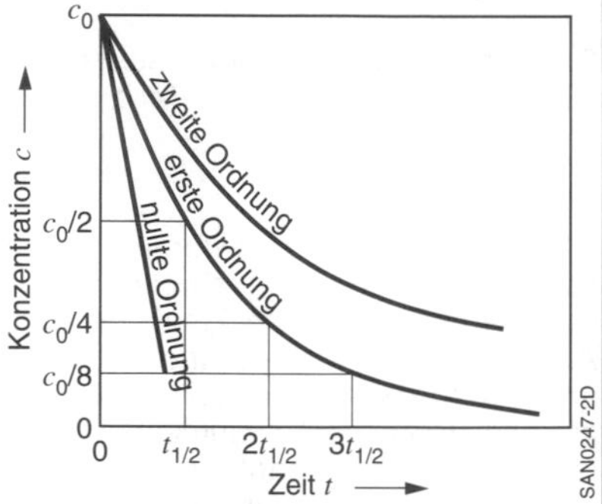

Konzentration des (einen) Ausgangsprodukts ab. Viele Zerfallsprozesse wie z.B. der radioaktive Zerfall folgen einer Reaktion erster Ordnung, die dadurch charakterisiert ist, dass die Zeitdauer, in der die Konzentration des Ausgangsprodukts um die Hälfte abnimmt (Halbwertszeit), immer gleich groß ist. Die Halbwertszeit ist also unabhängig von der Ausgangskonzentration.

Reaktion zweiter Ordnung
Bei einer Reaktion zwischen zwei Molekülen spricht man von einer Reaktion zweiter Ordnung, wenn die Reaktionsgeschwindigkeit durch die Konzentration beider Ausgangsstoffe bestimmt wird. Liegt einer der Reaktanden in einem sehr großen Überschuss vor, wie es z.B. bei Hydrolysereaktionen der Fall ist, bei denen Wasser gleichzeitig Lösungsmittel und Reaktionspartner darstellt, gleicht die Reaktionsgeschwindigkeit der einer Reaktion erster Ordnung. Man spricht in diesem Fall dann von einer Reaktion pseudo-erster Ordnung.

Bei gleicher Anfangskonzentration und Anfangsgeschwindigkeit verläuft eine Reaktion zweiter Ordnung immer langsamer als eine Reaktion erster Ordnung. Die Geschwindigkeit beider Reaktionstypen hängt von der Konzentration der Ausgangsstoffe ab. Bei einer Reaktion zweiter Ordnung kommt jedoch hinzu, dass für eine Stoffumwandlung – anders als bei einer Reaktion erster Ordnung – ein Zusammenstoß von Molekülen beider Reaktionspartner erforderlich ist und zudem nicht jede Kollision auch tatsächlich zu einer Umsetzung führt.

Reaktion dritter Ordnung
Die Wahrscheinlichkeit für eine trimolekulare Reaktion, also den gleichzeitigen Zusammenstoß von drei Teilchen, ist statistisch gering. Deshalb kommen Reaktionen dritter Ordnung nur sehr selten vor.

Chemisches Gleichgewicht
Die meisten chemischen Reaktionen sind reversibel, d.h., es stellt sich ein Gleichgewicht zwischen den Ausgangsstoffen und den Reaktionsprodukten ein [8]. Die Lage des Gleichgewichts kann natürlich stark auf die eine oder andere Seite verschoben sein und wird durch eine Änderung der Konzentration eines Reaktionspartners, Entfernen eines Reaktionsprodukts und die Wahl der Temperatur beeinflusst.

Bei der Reaktion von zwei gasförmigen Stoffen kann die Umsetzung durch Erhöhung des Drucks vervollständigt werden, wenn durch die Stoffumwandlung die Gesamtzahl der Moleküle abnimmt. Niedriger Druck würde zu einer schlechteren Umsetzung führen.

Ähnlich wie Druckänderungen bei Gasreaktionen wirken sich auch Konzentrationsänderungen in Flüssigkeiten aus. Verdünnen unterstützt Reaktionen, die mit einer Zunahme der Teilchenzahl einhergehen. Katalysatoren können dagegen – wie schon beschrieben – die Lage eines Gleichgewichts nicht ändern, sondern nur die Geschwindigkeit seiner Einstellung beeinflussen.

Massenwirkungsgesetz
Das chemische Gleichgewicht wird durch das Massenwirkungsgesetz beschrieben [8]. Die Gleichgewichtskonstante K ergibt sich aus dem Produkt der Konzentrationen c der Stoffe C und D, die an der Rückreaktion teilnehmen, dividiert durch das Produkt der Konzentrationen c der Stoffe A und B, die an der Hinreaktion beteiligt sind. Das Massenwirkungsgesetz gilt gleichermaßen für Lösevorgänge, chemische Reaktionen und Zustandsänderungen:

$$\mathrm{A + B \rightleftharpoons C + D},$$

$$K = \frac{c(\mathrm{C}) \cdot c(\mathrm{D})}{c(\mathrm{A}) \cdot c(\mathrm{B})}.$$

Beim Auflösen eines Salzes entstehen positiv und negativ geladene Ionen, also Kationen und Anionen, die im Löslichkeitsgleichgewicht mit dem ungelösten Bodensatz stehen. In einer gesättigten Lösung ist die Zahl der Ionen, die in Lösung gehen, gleich der Zahl der Ionen, die sich wieder abscheiden. x beschreibt die Anzahl an Kationen A und y die Anzahl an Anionen B im Salz A_xB_y. Beim Lösevorgang entstehen x gelöste Kationen A, deren positive Ladung von der Anzahl y an Anionen B bestimmt wird. Ebenso bilden sich y gelöste Anionen B mit einer negativen Ladung, die von der Anzahl x an Kationen A abhängt.

$$A_xB_y \rightleftharpoons xA^{y+} + yB^{x-},$$

$$K = \frac{c(A^{y+})^x \cdot c(B^{x-})^y}{c(A_xB_y)}.$$

Das Massenwirkungsgesetz gilt in dieser Form jedoch nur für den Grenzfall einer idealen Lösung ohne Wechselwirkung zwischen den gelösten Teilchen. Näherungsweise ist dies bei sehr verdünnten Lösungen der Fall, wie sie beim Lösen von schwerlöslichen Salzen entstehen.

Allgemein auf Lösungen anwendbar wird das Massenwirkungsgesetz erst, wenn man die Konzentrationen c der Ionen noch um einen Faktor f nach unten korrigiert. Dieser Faktor, der den gegenseitigen Einfluss der gelösten Teilchen berücksichtigt, ist konzentrationsabhängig und wird als Aktivitätskoeffizient f bezeichnet. Es gilt: $f \leq 1$. Der Aktivitätskoeffizient berücksichtigt die Neigung der Ionen, sich aufgrund des Ladungsunterschieds in der Lösung zu assoziieren. Die um den Aktivitätskoeffizient f korrigierte Konzentration c nennt man Aktivität a. Es gilt:

$$a = f \cdot c,$$

$$K = \frac{a(A^{y+})^x \cdot a(B^{x-})^y}{a(A_xB_y)}.$$

Für den ungelösten Anteil lässt sich keine Konzentration angeben. Dieser Anteil wird als konstant betrachtet und gleich eins gesetzt. In dieser vereinfachten Form wird das Massenwirkungsgesetz als Löslichkeitsprodukt K_L bezeichnet:

$$K_L = a(A^{y+})^x \cdot a(B^{x-})^y.$$

Die Einheit des Löslichkeitsprodukts hängt von der Anzahl der verschiedenen Teilchensorten ab, die beim Lösen entstehen. Je niedriger das Löslichkeitsprodukt, desto schlechter löslich ist das Salz. Zur besseren Übersichtlichkeit wird statt des Löslichkeitsprodukts in der Regel der mit −1 multiplizierte Zehnerlogarithmus des Zahlenwerts von K_L angegeben und als pK_L bezeichnet. Je größer der pK_L-Wert, desto kleiner ist die Löslichkeit.

Der Anteil des Salzes, der in Lösung geht, zerfällt in Kationen und Anionen. Die Auftrennung in räumlich getrennte Ionen unterschiedlicher Ladung wird häufig auch als Dissoziation bezeichnet. Beim Lösen von Salzen entstehen viele Ladungsträger, die zur Leitung des elektrischen Stroms beitragen. Man spricht bei wässrigen Salzlösungen von starken Elektrolyten.

In der täglichen Laborpraxis wird statt mit Aktivitäten a näherungsweise mit Konzentrationen c gerechnet. Im folgenden Text wird deshalb der Begriff „Konzentration“ anstelle von „Aktivität“ verwendet, auch wenn in den Formeln die Aktivität als physikalische Größe beibehalten wird.

Säuren in Wasser

Auch Säuren (HA, A steht für acid) dissoziieren in Wasser unter Abgabe von Wasserstoffionen H^+ an die Wassermoleküle und Bildung von Hydroxoniumionen H_3O^+ (Protolyse). Auch hier kann das Massenwirkungsgesetz angewendet werden [8].

$$HA + H_2O \rightleftharpoons H_3O^+ + A^-,$$

$$K = \frac{a(H_3O^+) \cdot a(A^-)}{a(HA) \cdot a(H_2O)},$$

$$K_S = K \cdot a(H_2O) = \frac{a(H_3O^+) \cdot a(A^-)}{a(HA)}.$$

Die Konzentration des Wassers mit 55,3 Mol/l bleibt nahezu konstant und wird mit in die Gleichgewichtskonstante übernommen, welche dann als Säurekonstante oder K_S-Wert bezeichnet wird und die Einheit einer Konzentration in Mol/l besitzt. Wenn der K_S-Wert groß ist, ist das Gleichgewicht stark nach rechts verschoben. Die Konzentration an Hydroxoniumionen (H_3O^+) ist hoch. Die Säure besitzt also eine große Säurestärke.

Der K_S-Wert wird in der Regel in den pK_S-Wert umgerechnet, indem der K_S-Wert zunächst durch die Normkonzentration von 1 Mol/l dividiert wird. Der mit −1 multiplizierte Zehnerlogarithmus ergibt dann den pK_S-Wert. Starke Säuren haben einen niedrigen oder sogar negativen pK_S-Wert.

Säurestärke von Wasser
Auch im chemisch reinen Wasser liegen die Wassermoleküle im Gleichgewicht mit Hydroxoniumionen (H_3O^+) und Hydroxidionen (OH^-) vor.

$$2\,H_2O \rightleftharpoons H_3O^+ + OH^-.$$

Das Ionenprodukt K_W von Wasser ist stets 10^{-14} Mol^2/l^2. Die Eigendissoziation von Wasser ist also sehr gering, wobei Hydroxoniumionen (H_3O^+) und Hydroxidionen (OH^-) in gleich hoher Konzentration von 10^{-7} Mol/l entstehen.

Unter Vernachlässigung des durch Dissoziation verloren gegangenen Wassers ergibt sich damit die Säurestärke K_S von Wasser ($a(H_2O)$ = 55,3 Mol/l) zu:

$$K = \frac{a(H_3O^+) \cdot a(OH^-)}{a(H_2O) \cdot a(H_2O)},$$

$$K_S = K \cdot a(H_2O) = \frac{a(H_3O^+) \cdot a(OH^-)}{a(H_2O)},$$

$$-\log K_S = -\log a(H_3O^+) - \log a(OH^-) + \log a\,(H_2O),$$

$$pK_S = 7 + 7 + \log 55{,}3 = 14 + 1{,}74 = 15{,}74.$$

Basen in Wasser
Basen hingegen, die in Wasser gelöst werden, nehmen Wasserstoffionen (H^+) auf [8]. Wird Ammoniak (NH_3) in Wasser gelöst, übernehmen Ammoniakmoleküle Wasserstoffionen (H^+) von den Wassermolekülen. Es bilden sich Ammoniumionen (NH_4^+) und Hydroxidionen (OH^-):

$$NH_3 + H_2O \rightleftharpoons NH_4^+ + OH^-.$$

Entsprechend der Säurekonstanten K_S als Maß für die Säurestärke kann auch die Stärke von Basen über die Basenkonstante K_B beschrieben werden. Die Herleitung der Basenstärke erfolgt aus dem Massenwirkungsgesetz analog der Säurestärke oder einfacher aus dem Ionenprodukt K_W des Wassers über die Beziehung

$$K_W = K_S \cdot K_B = 10^{-14}\ Mol^2/l^2 \quad \text{oder}$$

$$pK_W = pK_S + pK_B = 14.$$

Korrespondierende Säure-Base-Paare
Bei der Dissoziation einer Säure, z.B. Salzsäure (HCl), stellt die Salzsäure die Säure und das nach der Wasserstoffionenabgabe mit der Säure im Gleichgewicht stehende Säureanion, in diesem Beispiel das Chloridanion (Cl^-), die Base dar. Zusammen werden sie als korrespondierendes Säure-Base-Paar bezeichnet. Analog bildet eine Base, z.B. Ammoniak (NH_3) in Wasser, mit seiner korrespondierenden Säure, dem Ammoniumion (NH_4^+), ein Säure-Base-Paar.

Für viele Säure-Base-Paare sind die pK_S- und pK_B-Werte experimentell bestimmt (Tabelle 3). Im Fall der Eigendissoziation des Wassers wirkt Wasser sowohl als Säure wie auch als Base. Die Eigenschaft von Wasser, sowohl als Säure als auch als Base zu agieren, wird als amphoteres Verhalten bezeichnet. Stellt Wasser ($pK_S = 15{,}74$) die Säure dar, sind nach der Wasserstoffionenabgabe Hydroxidionen (OH^-, $pK_B = -1{,}74$) die korrespondierende Base. Wenn Wasser ($pK_B = 15{,}74$) als Base wirkt, sind Hydroxoniumionen (H_3O^+, $pK_S = -1{,}74$) die dazugehörige Säure.

pH-Wert
Der pH-Wert („potentia hydrogenii“) ist als negativer dekadischer Logarithmus der Aktivität a^* der Hydroxoniumionen (H_3O^+) definiert. Um eine dimensionslose Größe zu bekommen, wird die Aktivität a der H_3O^+-Ionen vor der Logarithmierung durch die Normkonzentration von 1 Mol/l dividiert. Der dann mit −1 multiplizierte Zehnerlogarithmus ergibt den pH-Wert.

$$a^*(H_3O^+) = a(H_3O^+)\,[Mol/l] \cdot \frac{1}{[Mol/l]},$$

$$pH = -\log a^*(H_3O^+).$$

Häufig setzt man vereinfacht die Aktivität der Hydroxoniumionen mit ihrer Konzentration gleich.

Der pH-Wert ist also ein Maß für die Konzentration einer Säure; Säurekonzentration (pH-Wert) und Säurestärke (pK_S-Wert) laufen nicht notwendigerweise parallel. Eine verdünnte Salzsäurelösung mit der Konzentration von 10^{-4} Mol/l kann trotz hoher Säurestärke ($pK_S = -6$) schwächer sauer sein (pH = 4) als eine

Essigsäurelösung (pK_S = 4,75) mit der höheren Konzentration von 10^{-1} Mol/*l* (pH = 2,87) (Bild 10).

Bei der Eigendissoziation von Wasser entstehen wie zuvor schon beschrieben Hydroxoniumionen (H_3O^+) und Hydroxidionen (OH^-) in gleich hoher Konzentration von 10^{-7} Mol/*l*. Der pH-Wert ist also 7, reines Wasser ist neutral.

Im Labor reagiert reines Wasser tatsächlich oft leicht sauer, weil sich CO_2 aus der Luft unter Bildung von Kohlensäure (H_2CO_3) im Wasser löst. Kohlensäure dissoziiert geringfügig zu Hydroxoniumionen (H_3O^+) und Hydrogencarbonationen (HCO_3^-), wodurch der pH-Wert leicht ins Saure verschoben wird.

Das Verhältnis von Hydroxoniumionen (H_3O^+) zu Hydroxidionen (OH^-) entscheidet, ob eine Lösung sauer, neutral oder basisch ist (Bild 10):

Sauer $a(H_3O^+) > a(OH^-)$: pH < 7.
Neutral $a(H_3O^+) = a(OH^-)$: pH = 7.
Basisch $a(H_3O^+) < a(OH^-)$: pH > 7.

pH-Wert starker Säuren

Starke Säuren wie Chlorwasserstoff dissozieren vollständig in Wasser, indem sie positiv geladene Wasserstoffionen (H^+) auf Wassermoleküle unter Bildung von Hydroxoniumionen (H_3O^+) übertragen. Aus 0,1 Mol (3,65 g) Salzsäure in 1 Liter Wasser entstehen 0,1 Mol Hydroxoniumionen und 0,1 Mol Chloridanionen (Cl^-).

Bild 10: pH-Skala mit Beispielen von starken und schwachen Säuren und Basen.

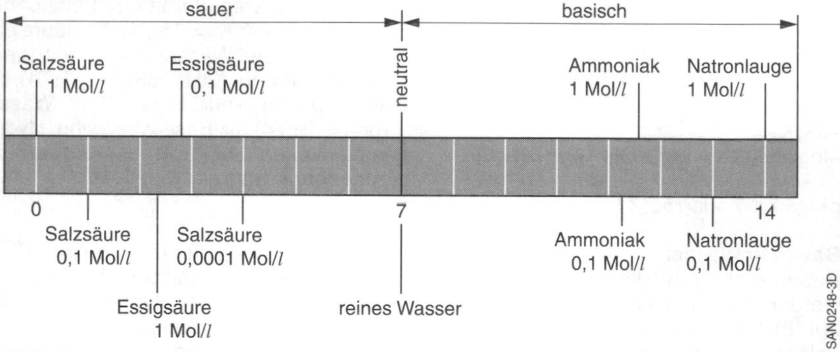

Tabelle 3: pK_S- und pK_B-Werte starker und schwacher Säuren.

Name	Säurestärke pK_S	Korrespondierende Säure-Base-Paare		Basenstärke pK_B
Salzsäure	–6	HCl	Cl^-	20
Schwefelsäure	–3	H_2SO_4	HSO_4^-	17
Hydroxoniumion	–1,74	H_3O^+	H_2O	15,74
Salpetersäure	–1,32	HNO_3	NO_3^-	15,32
Phosphorsäure	1,96	H_3PO_4	$H_2PO_4^-$	12,04
Fluorwasserstoff	3,14	HF	F^-	10,68
Essigsäure	4,75	CH_3COOH	CH_3COO^-	9,25
Kohlensäure	6,52	H_2CO_3	HCO_3^-	7,48
Ammoniumion	9,25	NH_4^+	NH_3	4,75
Hydrogencarbonation	10,40	HCO_3^-	CO_3^{2-}	3,60
Hydrogenphosphation	12,36	HPO_4^{2-}	PO_4^{3-}	1,64
Wasser	15,74	H_2O	OH^-	–1,74

Eine 10^{-1}-molare Salzsäurelösung hat also einen pH-Wert von 1.

pH-Wert schwacher Säuren
Bei schwachen Säuren bleibt ein bestimmter Anteil der Säure im Wasser undissoziiert. Da der pH-Wert von schwachen Säuren aber nur durch den Anteil an dissoziierten Säuremolekülen bestimmt wird, wird die Berechnung des pH-Werts komplizierter. Dies soll hier exemplarisch an einer wässrigen Essigsäurelösung verdeutlicht werden:

Bei Lösungen von Essigsäure in Wasser sind weniger als 1 % aller in Wasser gelösten Essigsäuremoleküle (CH_3COOH) tatsächlich zu Hydroxoniumionen (H_3O^+) und Acetationen (CH_3COO^-) dissoziiert. Bei einer wässrigen Essigsäurelösung handelt es sich also anders als bei bei einer wässrigen Kochsalz- oder Salzsäurelösung um einen schwachen Elektrolyten. Das Dissoziationsgleichgewicht lässt sich wieder über das Massenwirkungsgesetz beschreiben:

$$CH_3COOH + H_2O \rightleftharpoons H_3O^+ + CH_3COO^- ,$$

$$K_S = \frac{a(H_3O^+) \cdot a(CH_3COO^-)}{a(CH_3COOH) \cdot a(H_2O)} .$$

Die Konzentration von Wasser kann wegen des großen Überschusses wieder gleich eins gesetzt werden.

Essigsäure hat eine Säurestärke K_S von $1{,}8 \cdot 10^{-5}$ mol/l oder anders ausgedrückt einen pK_S-Wert von 4,75. Bei der Dissoziation entstehen gleich viele Hydroxoniumionen (H_3O^+) wie Acetationen (CH_3COO^-). Da die Dissoziation geringfügig ist, kann der dissoziierte Anteil gegenüber der Gesamtkonzentration an Essigsäure CH_3COOH vernachlässigt werden.

Mit $a(H_2O) = 1$ und $a(H_3O^+) = a(CH_3COO^-)$ folgt:

$$K_S = \frac{a(H_3O^+)^2}{a(CH_3COOH)},$$

$$a(H_3O^+)^2 = K_S \cdot a(CH_3COOH),$$

$$a(H_3O^+) = \sqrt{K_S \cdot a(CH_3COOH)},$$

$$-\log a(H_3O^+) =$$

$$-\frac{1}{2} (\log K_S + \log a(CH_3COOH)) =$$

$$\frac{1}{2} (-\log K_S - \log a(CH_3COOH)).$$

Unter Berücksichtigung der Definitionen für den pH- und pK_S-Wert ergbt sich dann:

$$pH = \frac{1}{2}(pK_S - \log a(CH_3COOH)).$$

Eine Essigsäurelösung mit der Konzentration von 0,1 Mol/l hat also einen pH-Wert von

$$pH = \frac{1}{2}(4{,}75 - \log 0{,}1)$$

$$= \frac{1}{2} (4{,}75 + 1) = 2{,}87.$$

Analog können pH-Werte anderer schwacher Säuren und Basen ausgerechnet werden.

Elektrochemie

Wenn ein Salz in Wasser gelöst wird, so liegen die Bestandteile des Salzes dort in Form von Ionen vor. Diese Ionen sind geladen, sodass sie sich beim Anlegen eines elektrischen Feldes bewegen und somit einen elektrischen Strom bilden. In diesem Fall spricht man von elektrolytischer Leitung. Im Vergleich dazu wird der Strom in einem elektrischen Leiter wie Kupfer oder Eisen durch Elektronen transportiert. Neben wässrigen Lösungen können geschmolzenen Salze, aber auch bestimmte Festkörper (wie Zirconiumoxid im Katalysator eines Pkw) als Elektrolyte fungieren ([9], [10] und [11]).

Negativ geladene Ionen bewegen sich in Richtung der Anode und werden daher Anionen genannt; positiv geladene Ionen (Kationen) wandern in Richtung Kathode. An diesen Elektroden findet eine chemische Reaktion statt, bei der die Ionen entweder an der Kathode Elektronen aufnehmen oder an der Anode Elektronen abgeben. Diese Reaktionen können nur stattfinden, wenn Kathode und Anode elektrisch leitend miteinander verbunden sind, um den Elektronenaustausch zwischen beiden zu ermöglichen.

Wenn ein Akkumulator als Spannungsquelle genutzt, also entladen wird, fließen die Elektronen von der Anode über den äußeren Stromkreis zur Kathode. Somit ist die Anode für den Nutzer der Minuspol und die Kathode der Pluspol.

Elektrochemische Spannungsreihe

Die Stärke, mit der diese Ionenreaktion abläuft, wird durch die elektrochemische Spannungsreihe ausgedrückt, die in Tabelle 4 dargestellt ist. Angegeben ist das Normalpotential E^0, das für eine Ionenkonzentration von 1 mol/l gilt. Diese „normale" Konzentration wird durch den hochgestellten Index 0 dargestellt. Die in der Tabelle angegebenen Spannungen beziehen sich auf die Normal-Wasserstoffelektrode, der damit ein Potential von 0 V zugewiesen wird. Es gilt also:

$$E^0(2H^+ + 2e^- \leftrightarrow H_2) = 0\ V.$$

In Tabelle 4 bedeutet ein positives Vorzeichen von E^0 eine Elektronenaufnahme (Reduktion) und ein negatives Vorzeichen eine Elektronenabgabe (Oxidation). Beispielsweise gibt Lithium bevorzugt ein Elektron ab ($E^0 < 0$) und wird zum einfach geladenen Lithium-Ion Li^+ oxidiert, während Fluor Elektronen aufnimmt ($E^0 > 0$) und damit reduziert wird.

Oxidation: $2\ Li \rightarrow 2\ Li^+ + 2e^-$, $E_{Li} = +3{,}045$ V.

Reduktion: $F_2 + 2e^- \rightarrow 2\ F^-$, $E_F = +2{,}87$ V.

Bilanzgleichung: $2\ Li + F_2 \rightarrow 2\ Li^+ + 2\ F^-$, $E = +\ 5{,}915$V.

Eine elektrochemische Reaktion besteht somit immer aus den beiden Teilschritten der Oxidation und der Reduktion. Da das Lithium die Elektronen abgibt, erscheinen die Elektronen auf der rechten Seite der Reaktionsgleichung im Vergleich zur Angabe in der elektrochemischen Span-

Tabelle 4: Elektrochemische Spannungsreihe [11] mit den dazugehörigen Ionenreaktionen (Normalpotentiale bei 25 °C).

Halbreaktionen	E^0 [V]
$Li^+ + e^- \leftrightarrow Li$	−3,045
$Na^+ + e^- \leftrightarrow Na$	−2,714
$Mg^{2+} + 2e^- \leftrightarrow Mg$	−2,363
$Al^{3+} + 3e^- \leftrightarrow Al$	−1,662
$2H_2O + 2e^- \leftrightarrow H_2 + 2OH^-$	−0,828
$Zn^{2+} + 2e^- \leftrightarrow Zn$	−0,763
$Cr^{3+} + 3e^- \leftrightarrow Cr$	−0,744
$Fe^{2+} + 2e^- \leftrightarrow Fe$	−0,440
$PbSO_4 + 2e^- \leftrightarrow Pb + SO_4^{2-}$	−0,356
$Ni^{2+} + 2e^- \leftrightarrow Ni$	−0,250
$Pb^{2+} + 2e^- \leftrightarrow Pb$	−0,13
$Sn^{2+} + 2e^- \leftrightarrow Sn$	−0,136
$2H^+ + 2e^- \leftrightarrow H_2$	0
$Cu^{2+} + 2e^- \leftrightarrow Cu$	+0,337
$Cu^+ + e^- \leftrightarrow Cu$	+0,521
$Fe^{3+} + e^- \leftrightarrow Fe^{2+}$	+0,771
$Ag^+ + e^- \leftrightarrow Ag$	+0,799
$Pt^{2+} + 2e^- \leftrightarrow Pt$	+1,118
$4H^+ + O_2 + 4e^- \leftrightarrow 2H_2O$	+1,229
$Cl_2 + 2e^- \leftrightarrow 2Cl^-$	+1,360
$Au^{3+} + 3e^- \leftrightarrow Au$	+1,498
$PbO_2 + 4H^+ + 2e^- \leftrightarrow Pb^{2+} + 2H_2O$	+1,685
$F_2 + 2e^- \leftrightarrow 2F^-$	+2,87

nungsreihe (Tabelle 4). Daher muss das Vorzeichen der Spannung für diese Oxidationsgleichung umgekehrt werden. Die Gesamtspannung E der Redox-Reaktion addiert sich somit aus den Einzelwerten. In der Bilanzgleichung sind somit keine Elektronen vorhanden, da diese nur zwischen den Reaktionspartnern ausgetauscht werden.

Eine elektrochemische Reaktion kann nur dann stattfinden, wenn die Gesamtspannung positiv ist. Eine Säure (d.h. H^+-Ionen) kann somit Kupfer, Silber, Platin und Gold nicht auflösen. In diesem Fall spricht man von edlen Metallen. Im Gegensatz dazu werden unedle Metalle wie Natrium, elementares Eisen, Nickel und Blei von Säuren angegriffen und die Metalle gehen als Ionen in Lösung.

Damit eine elektrochemische Reaktion stattfinden kann, sind mindestens zwei verschiedene Reaktionspartner notwendig. Die dabei resultierende elektrochemische Gesamtspannung E hängt von der Konzentration der Ionen ab (Anwendungen siehe Bleiakkumulator, Lithium-Ionen-Zellen).

Nernst'sche Gleichung

Die Nernst'sche Gleichung lautet:

$$E = E^0 + \frac{RT}{nF}\ln\frac{[\mathrm{Ox}]}{[\mathrm{Red}]}$$

$$= E^0 + \frac{0{,}0592\,\mathrm{V}}{n}\log_{10}\frac{[\mathrm{Ox}]}{[\mathrm{Red}]} \quad \text{(bei 25 °C)}.$$

Dabei bezeichnet [Ox] die Konzentration der oxidierten Ionen, [Red] die Konzentration der reduzierten Ionen, n die Anzahl der Elektronen in der Reaktionsgleichung, R die Gaskonstante, T die absolute Temperatur und F die Faradaykonstante.

Damit kann das Potential für jede chemische Teilreaktion der einzelnen Ionensorten errechnet werden. Die Gesamtspannung der elektrolytischen Reaktionen ergibt sich aus der Summe aller Potentiale der Teilreaktionen. Darüber hinaus ist E von der Temperatur abhängig.

Anwendung

Der Sauerstoffkonzentrationssensor (siehe λ-Sonden) misst den Restsauerstoffgehalt des Abgases im Verbrennungsmotor. Hierfür wird eine Zirconiumoxid-Keramik (ZrO) als Festkörperelektrolyt eingesetzt, da dieser Sauerstoffionen bei Temperaturen über 300 °C leitet. Als Elektroden dienen chemisch inerte Platinelektroden, die als poröse Dickschicht aufgebracht sind. Die an den Elektroden entstehende Spannung U_λ kann mit der Nernst-Gleichung berechnet werden. Wird dabei [Ox] und [Red] durch die Sauerstoffpartialdrücke $p(O_2)$ im Referenzbereich (Umgebungsluft) und im Abgasbereich ersetzt, so ergibt sich folgender Zusammenhang:

$$U_\lambda = \frac{RT}{4F}\ln\frac{p_\mathrm{R}(\mathrm{O_2})}{p_\mathrm{A}(\mathrm{O_2})}$$

Dabei bezeichnet $p_A(O_2)$ den Sauerstoffpartialdruck im Abgas, $p_R(O_2)$ den Sauerstoffpartialdruck im Referenzbereich, R die Gaskontante, T die absolute Temperatur und F die Faradaykonstante.

Literatur

[1] K.-H. Lautenschläger, W. Weber: Taschenbuch der Chemie. Edition Harri Deutsch, 21. Auflage, 2013.
[2] M. Borlein: Kerntechnik – Grundlagen. Vogel Buchverlag, 2. Auflage, 2011.
[3] G. Schwedt: Analytische Chemie. Wiley-VCH Verlag, 2. Auflage, 2008.
[4] L. Spieß, G. Teichert, R. Schwarzer, H. Behnken, C. Genzel: Moderne Röntgenbeugung – Röntgendiffraktometrie für Materialwissenschaftler, Physiker und Chemiker. Springer Verlag, 3. Auflage, 2013.
[5] K. Schwister: Taschenbuch der Chemie. Carl Hanser Verlag, 4. Auflage, 2010.
[6] M. Hesse, H. Meier, B. Zeeh: Spektroskopische Methoden in der Organischen Chemie. Thieme Verlag Stuttgart, 8. Auflage, 2011.
[7] P.W. Atkins, L. Jones: Chemie - einfach alles. Wiley-VCH Verlag, 2. Auflage, 2006.
[8] R. Pfestorf: Chemie – Ein Lehrbuch für Fachhochschulen. Edition Harri Deutsch, 9. Auflage, 2013.
[9] E. Fluck, R.C. Brasted: Allgemeine und Anorganische Chemie. 6. Aufl., UTB Nr. 53, Quelle & Meyer, Heidelberg, 1987.
[10] C.E. Mortimer, U. Müller: Chemie. 12. Aufl.,Thieme, Stuttgart, 2015.
[11] C.H. Hamann, W. Vielstrich: Elektrochemie. 4. Aufl., Wiley-VCH, 2005.

Mathematik

Zahlen

Mengen

Zahlen werden unterteilt in die natürlichen Zahlen $\mathbb{N} = \{1, 2, 3, \ldots\}$, die ganzen Zahlen $\mathbb{Z} = \{\ldots, -3, -2, -1, 0, +1, +2, +3, \ldots\}$, die rationalen Zahlen $\mathbb{Q}$, die reellen Zahlen $\mathbb{R}$ und die komplexen Zahlen $\mathbb{C}$.

Die rationalen Zahlen enthalten neben allen ganzen Zahlen auch alle Brüche, deren Zähler und Nenner ganze Zahlen sind. In den reellen Zahlen sind neben den rationalen Zahlen auch alle (unendlich vielen) Zahlen enthalten, die zwischen den Brüchen liegen. Zwei Beispiele für reelle Zahlen sind die Kreiszahl Pi (π = 3,14159...) und die Euler'sche Zahl e (e = 2,718281...). Die komplexen Zahlen stellen eine Erweiterung der reellen Zahlen dar. Diese werden weiter unten ausführlich erläutert (siehe hierzu auch [1], [2] und [3]).

Zahlensysteme

Physikalische und technische Größen werden durch ihren Zahlenwert und ihre Einheit beschrieben. Die Zahlen werden üblicherweise im Dezimalsystem dargestellt, das heißt auf Basis der Zahl 10. Weitere gängige Zahlensysteme sind das Binär- und das Hexadezimalsystem, die auf den Zahlen 2 beziehungsweise auf 16 basieren. Während das Dezimalsystem die Ziffern 0, 1, 2, ... bis 9 kennt, existieren im Binärsystem nur die Ziffern 0 und 1. Das Hexadezimalsystem hingegen nutzt neben den Ziffern 0, 1, ..., 9 auch die Buchstaben A, B, ..., F für die Zahlen 10, 11, ... 15. In Tabelle 1 und Tabelle 2 wird die Umrechnung zwischen den Zahlensystem dargestellt.

Das Binär- und das Hexadezimalsystem wird vor allem in der Informationstechnik verwendet, da ein Computer nur die beiden elektrischen Zustände „Strom aus" („0") und „Strom an" („1") verarbeiten kann. Diese bilden die Grundlage für das Binärsystem. Werden acht binäre Ziffern zu einem Byte zusammengefasst, dann können damit die Zahlen 0 bis 255 dargestellt werden, was den hexadezimalen Zahlen 0 bis FF entspricht.

Funktionen

Im Folgenden werden elementare mathematische Funktionen beschrieben. Ihre wichtigsten Eigenschaften wie ihre Definitions- und Wertemenge, ihr Verhalten für sehr große und sehr kleine x-Werte, ihre Nullstellen, ihre Ableitungen und fundamentale Rechenoperationen mit ihnen werden aufgezeigt.

Diese Funktionen wurden aus einer sehr großen Menge an Funktionen ausgewählt, da sich mit ihnen sehr viele technische Prozesse darstellen lassen, wie z.B. die geometrischen Zusammenhänge zwischen der Pleuelstange und dem Kurbeltriebwerk (siehe Verbrennungsmotoren, Triebwerksauslegung), die Schwingungen im Fahrzeug (siehe Fahrwerk, Grundlagen zum Schwingungsverhalten), die Abstandsmessungen des Fahrzeugs zu anderen Autos und zu Personen (siehe Fahrerassistenzsysteme, Einparksysteme).

Tabelle 1: Dezimal- und Binärsystem.

Dezimal	Binär
0	0
1	1
2	10
3	11
4	100
8	1000
9	1001
15	1111
16	10000
32	100000
64	1000000
255	11111111

Tabelle 2: Dezimal- und Hexadezimalsystem.

Dezimal	Hexadezimal
0, 1...9	0, 1...9
10, 11...15	A, B...F
16	10
17	11
30	1E
31	1F
32	20
255	FF
4096	1000
65535	FFFF

Polynom
Ein Polynom n-ten Grads besteht aus $n+1$ Summanden mit den reellen (oder komplexen) Koeffizienten $a_0, a_1, \ldots, a_n$ und den dazugehörigen Monomen x^i:

$$f(x)=a_0+a_1x+a_2x^2+\ldots+a_nx^n,$$

mit $a_i \in \mathbb{R}$ (oder $a_i \in \mathbb{C}$)
und der Definitionsmenge $D_f = \mathbb{R}$ (oder $D_f = \mathbb{C}$) und der Wertemenge $W_f = \mathbb{R}$.

Ein Polynom n-ten Grads kann maximal n Nullstellen und $n-1$ lokale Extrema besitzen.

Gerade
Die Gerade ist ein Polynom ersten Grads ($n=1$):

$f(x)=a_0+a_1x$ oder
$y=mx+t$ (mit Steigung m und Achsenabschnitt t).

Die Nullstelle liegt bei $x_0=-\frac{t}{m}$ (für $m \neq 0$).

Parabel
Eine Parabel stellt ein Polynom zweiten Grads dar ($n=2$, quadratische Funktion):

$f(x)=a_0+a_1x+a_2x^2$ oder
$y=ax^2+bx+c$.

Nullstellen: $x_{1/2}=\frac{1}{2a}\left(-b\pm\sqrt{b^2-4ac}\right)$

Tabelle 3: Polynom.

Definitionsmenge D_f, Wertemenge W_f.
$f(x)=a_0+a_1x+a_2x^2+\ldots+a_nx^n$
$D_f=\mathbb{R}$, $W_f=\mathbb{R}$ (oder Teilmenge).

Bild 1: Gerade (gestrichelt) und Parabel als Polynome ersten und zweiten Grads.

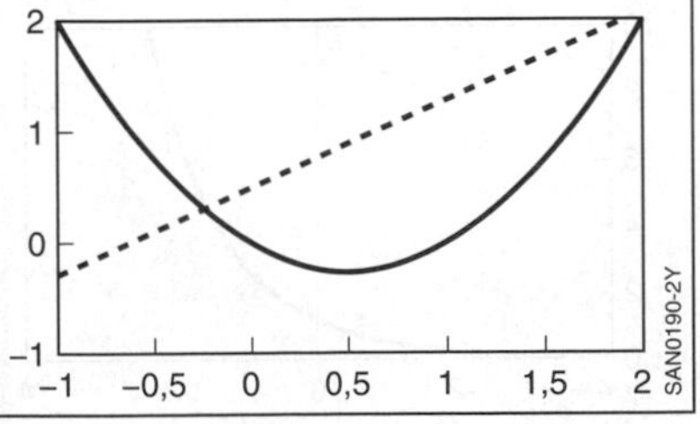

Eine Parabel kann keine, eine oder zwei Nullstellen haben.

In Tabelle 3 und Bild 1 ist exemplarisch eine Gerade (Polynom ersten Grads) und eine Parabel (Polynom zweiten Grads) dargestellt.

Wurzelfunktion
Die Wurzelfunktion $f(x)=\sqrt{x}=x^{1/2}$ (Tabelle 4 und Bild 2) ist die Umkehrfunktion zur quadratischen Funktion $f(x)=x^2$. Sie wird beispielsweise benötigt, um quadratische Gleichungen zu lösen (z.B. Nullstellensuche eines Polynoms zweiten Grads, siehe Polynom).

Daraus resultiert auch der Wurzelterm, der z.B. in der Berechnung der Resonanzfrequenz und des Dämpfungsgrads einer Schwingung vorkommt (siehe Schwingungen).

Analog gibt es zu jedem Monom $f(x)=x^n$, $n \in \mathbb{N}$, eine streng monoton wachsende Umkehrfunktion

$$f^{-1}(x)=\sqrt[n]{x}=x^{1/n},$$

die nur für $x \geq 0$ definiert ist.

Tabelle 4: Wurzelfunktion.

Definitionsmenge D_f, Wertemenge W_f und Verhalten.	Eigenschaften.
$f(x)=\sqrt{x}=x^{1/2}$	$\sqrt{x}\cdot\sqrt{y}=\sqrt{xy}$
$D_f=\mathbb{R}_0^+$ $W_f=\mathbb{R}_0^+$ $x\to+\infty: f(x)\to+\infty$	$\sqrt{x^n}=(\sqrt{x})^n$, $n\in\mathbb{N}$

Bild 2: Kurvenverlauf der Wurzelfunktion.

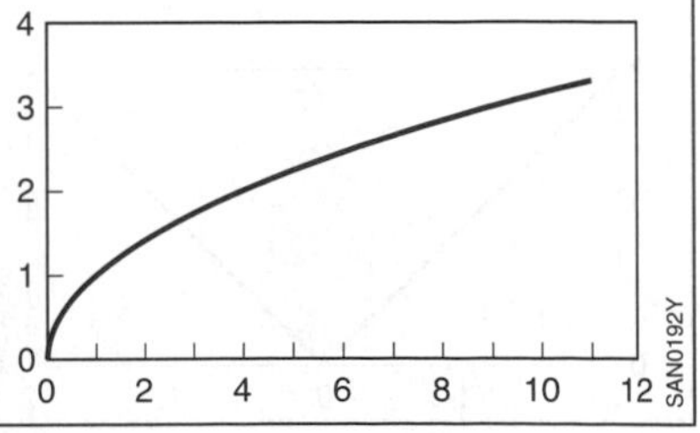

Betrags- und Signumsfunktion

Jede reelle Zahl x kann in ihr Vorzeichen (Signum +/–) und in ihren Betrag $|x|$ zerlegt werden.

$$x = \operatorname{sgn}(x) \cdot |x|.$$

Es gilt beispielsweise sgn(–3) = –1 und sgn(+4) = +1. Somit gibt der Betrag den Abstand der Zahl x zum Ursprung 0 an. Die Betragsfunktion (Tabelle 5 und Bild 3) kann damit dargestellt werden als

$$f(x) = |x| = \begin{cases} x & \text{für } x \geq 0 \\ -x & \text{für } x < 0, \end{cases}$$

Exponentialfunktion

Die Exponentialfunktion ist eine sehr wichtige Funktion der Mathematik, der Physik und der Technik, denn sie ist die einzige Funktion, die identisch zu ihrer Ableitung ist. Diese zentrale Eigenschaft wird bei der Lösung von linearen Differentialgleichungen genutzt wie z. B. der Schwingungsgleichung (siehe Schwingungen).

Mit der komplexen Exponentialfunktion (siehe komplexe Zahlen) sind sowohl die Sinus- als auch die Kosinusfunktion verwandt. Daher kann die Exponentialfunktion eingesetzt werden, um Schwingungen zu beschreiben.

$$f(t) = e^{-\gamma t + i\omega t} = e^{-\gamma t} (\cos \omega t + i \sin \omega t).$$

Dabei stellt der reelle negative Exponent $-\gamma t$ die Dämpfung der Schwingung dar, während der komplexe Exponent $i\omega t$ den periodischen Anteil wiedergibt, was auch aus der Darstellung mit der Sinus- und Kosinusfunktion deutlich wird (siehe komplexe Zahlen, lineare Differentialgleichungen).

Darüber hinaus können Wachstumsgesetze (z. B. Zins- und Zinseszinsrechnungen) und auch Zerfallsgesetze (z. B. radioaktiver Zerfall) mit der Exponentialfunktion ausgedrückt werden. Auflade- und Entladevorgänge von Kondensatoren folgen ebenfalls einem exponentiellen Verlauf (siehe Kondensator). Schließlich hängen auch der Verdichtungsenddruck, die Verdichtungsendtemperatur und der Wirkungsgrad im Hubkolbenmotor exponentiell vom Polytropen- beziehungsweise vom Adiabatenexponenten ab (siehe Hubkolbenmotor).

Tabelle 6 und Bild 4 zeigen die Definitions- und Wertemenge sowie das Verhalten der Exponentialfunktion.

Tabelle 5: Betragsfunktion.

Definitionsmenge D_f, Wertemenge W_f und Verhalten.
$f(x) = \operatorname{sgn}(x)$ $D_f = \mathbb{R}$ $W_f = \mathbb{R}_0^+$ $x \to \pm\infty: \; f(x) \to +\infty$

Bild 3: Verlauf der Betragsfunktion.

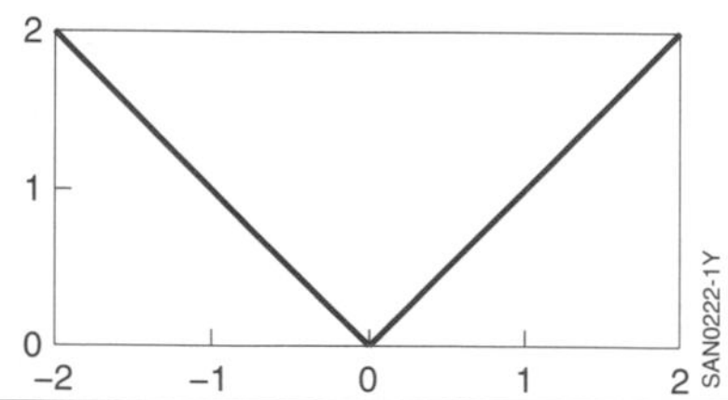

Tabelle 6: Exponentialfunktion.

Definitionsmenge D_f und Verhalten.	Eigenschaften.
$f(x) = e^x$; $D_f = \mathbb{R}$ $x \to -\infty: f(x) \to 0$ $x \to +\infty: f(x) \to +\infty$ $f(0) = e^0 = 1$	$e^a e^b = e^{a+b}$ $(e^a)^b = e^{ab}$ $\frac{d}{dx} e^x = e^x$
Euler'sche Zahl $e = 2{,}71828...$	

Bild 4: Kurvenverlauf der Exponentialfunktion.

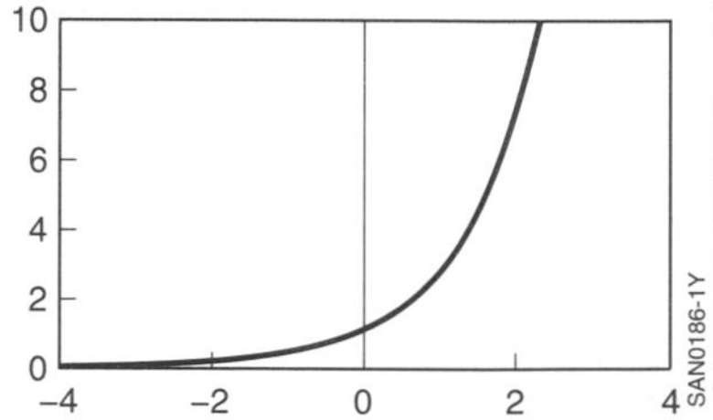

Logarithmusfunktion
Die Logarithmusfunktion ist die Umkehrfunktion zur Exponentialfunktion. Sie wird benötigt, um beispielsweise die Lösung für folgende Gleichung zu finden:

$2^x = 8 \Rightarrow x = \log_2 8 \Rightarrow x = 3.$

Tabelle 7 und Bild 5 zeigen die Definitions- und Wertemenge sowie das Verhalten der Logarithmusfunktion.

Anwendungsbeispiele
Als Anwendung für die Logarithmusfunktion sei hier exemplarisch die Nernst-Gleichung genannt, die aus den Sauerstoffkonzentrationen der Umgebung und des Abgases den Spannungswert liefert, der für die λ-Regelung nötig ist (siehe λ-Sonde).

In der Akustik wir das Dezibel (dB) über den Logarithmus des Schalldrucks definiert (siehe Akustik, Dezibel). Analog werden auch der Schallleistungspegel und der Schallintensitätspegel über Logarithmen festgelegt.

Tabelle 7: Logarithmusfunktion.

Definitionsmenge D_f und Verhalten.	Eigenschaften.
$f(x) = \ln x = \log_e x$; $D_f = \mathbb{R}^+$ $x \to 0: \quad f(x) \to -\infty$ $x \to +\infty: \quad f(x) \to \infty$ $f(1) = \ln 1 = 0$	$\ln a + \ln b = \ln ab$ $\ln a - \ln b = \ln \frac{a}{b}$ $c \ln a = \ln a^c$ $\frac{d}{dx} \ln x = \frac{1}{x}$

Bild 5: Kurvenverlauf der Logarithmusfunktion.

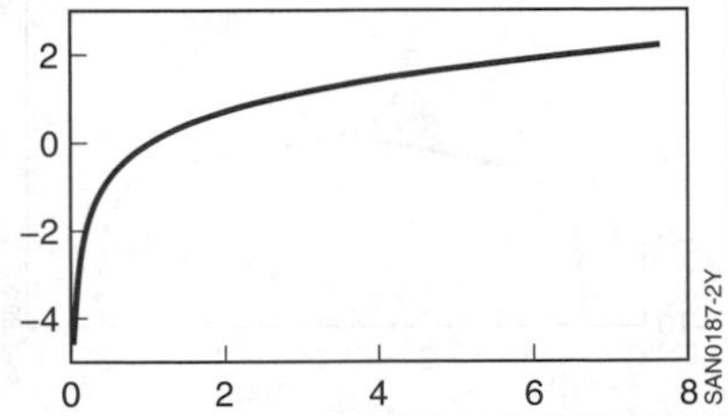

Umrechnung verschiedener Logarithmen
Der Logarithmus der Zahl z zur Basis a kann zur Basis b folgendermaßen umgerechnet werden (a, $b > 0$):

$$\log_a z = \frac{\log_b z}{\log_b a}.$$

Damit ergibt sich für den gebräuchlichen Zehnerlogarithmus $\lg z = \log_{10} z$ und für den Zweierlogarithmus (binären Logarithmus) $\text{lb}\, z = \log_2 z$:

$$\log_a z = \frac{\ln z}{\ln a} = \frac{\text{lb}\, z}{\text{lb}\, a} = \frac{\lg z}{\lg a}.$$

Trigonometrische Funktionen
Bogenmaß
Winkel werden in der Mathematik meist im Bogenmaß und nur selten im Gradmaß angegeben. Dabei entspricht der Winkel $\varphi = 360\,°$ dem Bogenmaß $x = 2\pi$. Denn der Umfang eines Kreises mit dem Radius 1 hat genau diesen Wert.

Somit ergibt sich folgende Umrechnung zwischen dem Winkel φ im Gradmaß und dem Winkel x im Bogenmaß:

$$\frac{\varphi}{360°} = \frac{x}{2\pi},$$

$$\Rightarrow \varphi = \frac{180°}{\pi} x,$$

$$\Rightarrow x = \frac{\pi}{180°} \varphi.$$

Oft wird dem Bogenmaß die Einheit rad angefügt, um zu verdeutlichen, dass es sich um eine Winkelangabe handelt. In Bild 6 sind der Bogen x zum Winkel φ dargestellt. Das zum Winkel φ gehörende Bogenmaß x ist als gekrümmter Pfeil dargestellt.

Bild 6: Sinus und Kosinus im Einheitskreis.

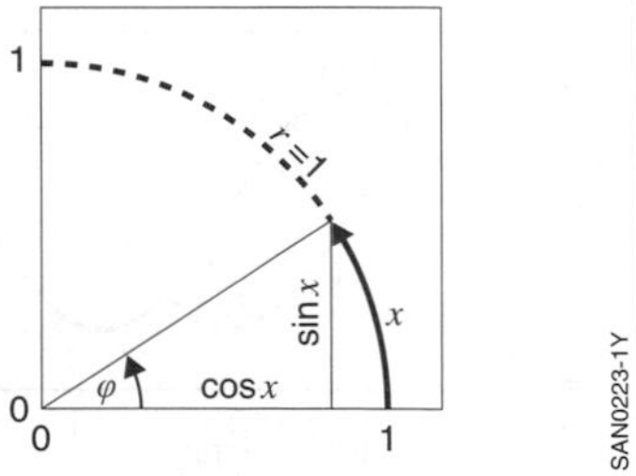

Sinus- und Kosinusfunktion

Im rechtwinkligen Dreieck ist der Sinus des Winkels φ beziehungsweise des Bogenmaßes x gleich dem Verhältnis aus Gegenkathete zu Hypotenuse. Der Kosinus ist das Verhältnis von Ankathete zu Hypotenuse.

Im rechtwinkligen Dreieck mit der Hypotenuse der Länge $r = 1$ (Einheitskreis) entspricht die Ankathete dem Kosinus und die Gegenkathete dem Sinus (Bild 6).

Viele periodische Vorgänge wie Schwingungen können durch die Sinus- oder die Kosinusfunktion ausgedrückt werden (Tabelle 8 und Bild 7). Wenn die Variable x durch

$$x = \frac{2\pi}{T}\, t \text{ und } \omega = \frac{2\pi}{T}$$

ersetzt wird, wobei die Variable t meist für die Zeit steht, dann ist T die Periodendauer der Schwingung. Die Frequenz f ist der Kehrwert der Periodendauer:

$$f = \frac{1}{T}.$$

Die Kreisfrequenz ω enthält noch den Faktor 2π; sie gibt somit den überstrichenen Winkel (im Bogenmaß) pro Zeiteinheit an.

Wenn ein Auto über eine Straße oder einen Feldweg fährt, ist es ständig kleineren oder größeren Stößen und Erschütterungen ausgesetzt. Daher muss das Fahrwerk so konstruiert werden, dass es die Unebenheiten der Straße auffängt oder kompensiert. Dazu müssen die Schwingungseigenschaften der Stoßdämpfer genau ausgelegt werden (siehe Fahrwerk, Grundlagen zum Schwingungsverhalten).

Für viele Anwendungen sind Überlagerungen von Schwingungen wichtig, wie z. B. Wasserwellen, Schallwellen und Überlagerung von elektrischen Wechselströmen. Dazu wird die Welle meist als Sinus- oder Kosinusfunktion

$$f(t) = A \sin(\omega t + \varphi) \text{ oder}$$
$$f(t) = A \cos(\omega t + \varphi)$$

mit der (positiven) Amplitude A und der Phasenverschiebung φ formuliert.

Tabelle 8: Sinus- und Kosinusfunktion.

Definitionsmengen D_f, D_g, Wertemengen W_f, W_g, und Verhalten.	Eigenschaften.
$f(x) = \sin x$; $D_f = \mathbb{R}$	$\sin(x + 2\pi) = \sin x$
$g(x) = \cos x$; $D_g = \mathbb{R}$	$\cos(x + 2\pi) = \cos x$
$W_f = W_g = [-1; +1]$	$\sin(x \pm \frac{\pi}{2}) = \pm \cos x$
Periodenlänge: 2π	$\cos(x \pm \frac{\pi}{2}) = \mp \sin x$
	$\sin^2 x + \cos^2 x = 1$

Bild 7: Kurvenverlauf der Sinus- und der Kosinusfunktion.

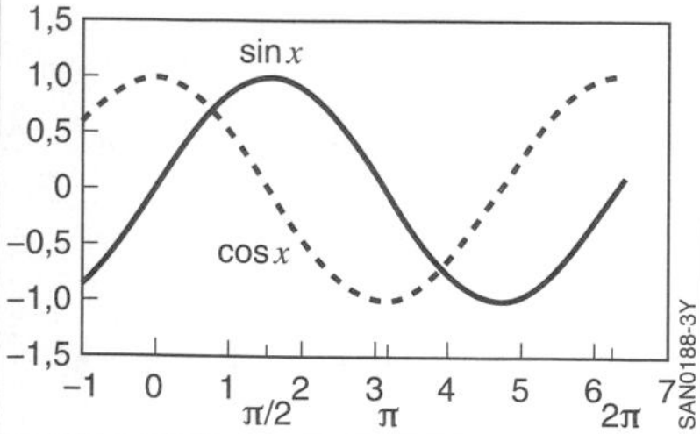

Tabelle 9: Tangens- und Kotangensfunktion.

Definitionsmengen D_f, D_g, Wertemengen W_f, W_g, und Verhalten.	Eigenschaften.
$f(x) = \tan(x) = \frac{\sin(x)}{\cos(x)}$	$\tan(x + \pi) = \tan(x)$
$g(x) = \cot(x) = \frac{\cos(x)}{\sin(x)}$	$\cot(x + \pi) = \cot(x)$
	$\tan(x + \frac{\pi}{2}) = -\cot(x)$
$D_f = \mathbb{R} \setminus \{\frac{\pi}{2} + k \cdot \pi, k \in \mathbb{Z}\}$	$\cot(x + \frac{\pi}{2}) = -\tan(x)$
$D_g = \mathbb{R} \setminus \{k \cdot \pi, k \in \mathbb{Z}\}$	$\cot(x) = \frac{1}{\tan(x)}$
$W_f = W_g = \mathbb{R}$	
Periodenlänge: π	

Bild 8: Kurvenverlauf Tangens- und Kotangensfunktion.

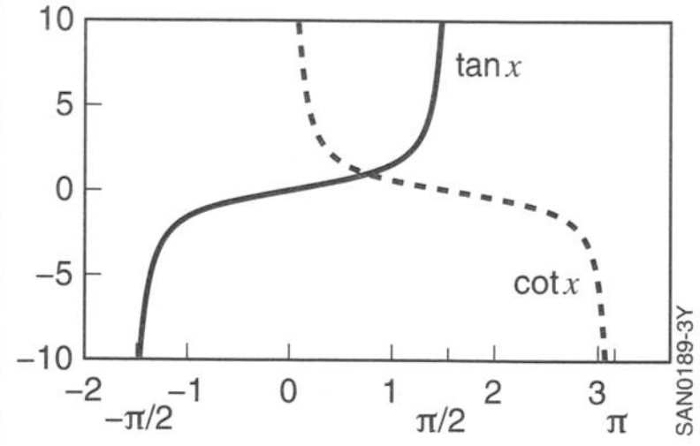

Wenn sich Schwingungen mit gleicher Kreisrequenz überlagern, können sich diese verstärken (durch konstruktive Interferenz), abschwächen oder gar auslöschen (durch destruktive Interferenz). Dies hängt von der Phasenbeziehung und den Amplituden der beteiligten Schwingungen ab.

Destruktive Interferenz wird beispielsweise an Flughäfen als „Antischall" genutzt. Dabei erzeugen Lautsprecher Töne mit der gleichen Frequenz wie der Turbinenlärm der Flugzeuge. Dabei sind der „Antischall" und der Lärm phasenverschoben zueinander, sodass sich beide gegenseitig auslöschen und dadurch der Lärm bei den Flughafenanwohnern verringert wird.

Tangens- und Kotangensfunktion
Der Tangens ergibt sich im rechtwinkligen Dreieck aus dem Verhältnis von Gegenkathete zu Ankathete. Daraus lässt sich folgende Beziehung ableiten:

$$\tan x = \frac{\sin x}{\cos x}\,.$$

Der Kotangens ergibt sich aus dem Verhältnis von Ankathete zu Gegenkathete. Daraus folgt:

$$\cot x = \frac{\cos x}{\sin x}\,.$$

Tabelle 9 und Bild 8 zeigen die Eigenschaften und die Verläufe dieser beiden Funktionen.

Die wichtigsten Eigenschaften der trigonometrischen Funktionen sind in Tabelle 10 zusammengefasst.

Arkusfunktionen
Die Umkehrung der trigonometrischen Funktionen sind die Arkusfunktionen. Folgende Gleichung kann beispielsweise mit dem Arkussinus gelöst werden:

$$\sin x = 0{,}5 \quad \text{mit } x \in [0; \pi/2]$$

$$\Rightarrow x = \arcsin(0{,}5) = \pi/6.$$

Analog gibt es den Arkuscosinus, Arkustangens und den Arkuskotangens.

Im Gegensatz zum Sinus, Kosinus, Tangens und Kotangens, die (bis auf Lücken) auf ganz $\mathbb{R}$ definiert sind, haben die Arkusfunktionen unter Umständen ein endliches Intervall als Definitionsbereich, nämlich den Wertebereich der ursprünglichen Funktion. Dies und weitere Eigenschaften sind in Tabelle 11 zusammengestellt. Die Arkusfunktionen sind nicht periodisch.

Tabelle 10: Eigenschaften der trigonometrischen Funktionen, $k \in \mathbb{Z}$.

	sin(x)	cos(x)	tan(x)	cot(x)
D_f	$\mathbb{R}$	$\mathbb{R}$	$\mathbb{R}\setminus\{x\,\vert\,x=\frac{\pi}{2}+k\pi\}$	$\mathbb{R}\setminus\{x\,\vert\,x=k\pi\}$
W_f	[–1; +1]	[–1; +1]	$\mathbb{R}$	$\mathbb{R}$
Periode	2π	2π	π	π
Symmetrie	ungerade	gerade	ungerade	ungerade
Nullstellen	$x_0=k\pi$	$x_0=\frac{\pi}{2}+k\pi$	$x_0=k\pi$	$x_0=\frac{\pi}{2}+k\pi$
Maxima	$x_{\max}=\frac{\pi}{2}+k\cdot 2\pi$	$x_{\max}=k\cdot 2\pi$	–	–
Minima	$x_{\min}=\frac{3}{2}+k\cdot 2\pi$	$x_{\min}=\pi+k\cdot 2\pi$	–	–
Pole	–	–	$x_{\text{Pol}}=\frac{\pi}{2}+k\pi$	$x_{\text{Pol}}=k\pi$

Tabelle 11: Eigenschaften der Arkusfunktionen.

	arcsin (x)	arccos (x)	arctan (x)	arccot (x)
D_f	$[-1;+1]$	$[-1;+1]$	$\mathbb{R}$	$\mathbb{R}$
W_f	$[-\frac{\pi}{2};\frac{\pi}{2}]$	$[0;\pi]$	$]-\frac{\pi}{2};\frac{\pi}{2}[$	$]0;\pi[$
Symmetrie	ungerade	Punktsymmentrie zu $P(0;\frac{\pi}{2})$	ungerade	Punktsymmentrie zu $P(0;\frac{\pi}{2})$
Nullstellen	$x_0=0$	$x_0=1$	$x_0=0$	–
Monotonie	streng monoton wachsend	streng monoton fallend	streng monoton wachsend	streng monoton fallend
Asymptoten	–	–	$y=\pm\frac{\pi}{2}$	$y=0;y=\pi$

Gleichungen im ebenen Dreieck

In Bild 9 ist ein Dreieck mit beliebigen Seitenlängen a, b und c und beliebigen Winkeln α, β und γ dargestellt. Der Zusammenhang zwischen diesen Größen wird durch die folgenden Gleichungen beschrieben.

Winkelsumme:
$\alpha + \beta + \gamma = 180\,°$.

Sinussatz:
$a : b : c = \sin\alpha : \sin\beta : \sin\gamma$.

Kosinussatz:
$c^2 = a^2 + b^2 - 2ab\cos\gamma$.

Satz des Pythagoras:
$c^2 = a^2 + b^2$, mit $\gamma = 90\,°$.

Die Winkelbeziehungen im Dreieck spielen bei der Auslegung von Bauteilen eine wichtige Rolle. Als Beispiel sei hier die Triebwerksauslegung eines Hubkolbenmotors genannt, bei dem Kolbenweg und Pleuellänge über den Winkel der Kurbelwellenposition und den Pleuelschenkelwinkel miteinander in Beziehung stehen (siehe Verbrennungsmotoren, Triebwerksauslegung).

Komplexe Zahlen

In den reellen Zahlen kann von jeder positiven Zahl die Wurzel gezogen werden, von negativen reellen Zahlen ist dies jedoch nicht möglich. Um diese Einschränkung aufzuheben, werden die reellen Zahlen zu den komplexen Zahlen erweitert. Deren zentrales Element ist die imaginäre Einheit i, für die gilt:

$i^2 = -1$.

Eine komplexe Zahl z besitzt einen Real- (Re) und einen Imaginärteil (Im). Der Imaginärteil wird mit der imaginären Einheit i multipliziert. Mit den Koordinaten a und b kann z in der kartesischen Form dargestellt werden. Diese können mit einer einfachen Transformation in die Polarkoordinaten r und φ (Abstand zum Koordinatenursprung und Winkel zur x-Achse) umgewandelt werden (Bild 10).

Bild 9: Ebenes Dreieck.
Ecken A, B und C.
Seitenlängen a, b und c.
Winkel α, β und γ.

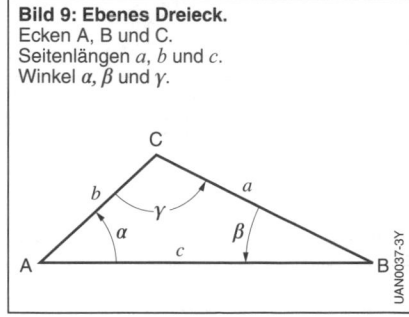

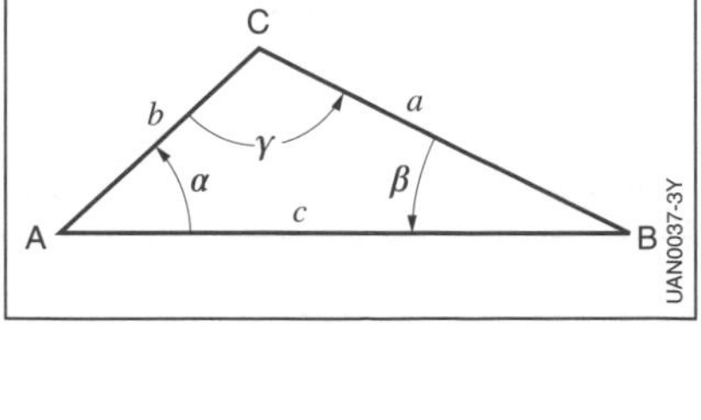

Komplexe Zahl z in kartesischer Form

$z = a + ib$ mit $i^2 = -1$.

$\mathrm{Re}\,z = a$, $\mathrm{Im}\,z = b$.

Komplexe Zahl z in Polarkoordinaten

$z = r e^{i\varphi}$,

mit $r = \sqrt{a^2 + b^2}$, $\tan \varphi = \frac{b}{a}$,

$a = r\cos\varphi$, $b = r\sin\varphi$.

Komplexe Exponentialfunktion (Euler'sche Formel)

$e^{i\varphi} = \cos\varphi + i\sin\varphi$.

Rechenregeln für komplexe Zahlen

Für komplexe Zahlen gelten dieselben Rechenregeln wie für reelle Zahlen, wobei die Addition einfacher in der kartesischen Darstellung durchzuführen ist und die Multiplikation in der Polarschreibweise.

Addition:

$z_1 + z_2 = (a_1 + a_2) + i(b_1 + b_2)$.

Multiplikation:

$z_1 z_2 = (r_1 r_2)\, e^{i(\varphi_1 + \varphi_2)}$

In vielen Fällen dienen die komplexen Zahlen als Hilfsmittel, um komplizierte mathematische Fragestellungen leichter lösen zu können. Für die reale Lösung wird am Ende häufig nur der Realteil oder der Imaginärteil der komplexen Lösung benötigt.

Beispielsweise lassen sich Schwingungsvorgänge durch lineare Differentialgleichungen ausdrücken (siehe Differentialgleichungen), wie z.B. die Schwingungs- und Dämpfungseigenschaften von Stoßdämpfern oder die Stromstärke und die Spannung eines Wechselstromkreises. Mit Hilfe der komplexen Exponentialfunktion kann eine Lösung schnell gefunden werden. Die Euler'sche Formel der Exponentialfunktion wird abschließend genutzt, um eine komplexe Lösung in eine reelle Lösung umzuwandeln.

Koordinatensysteme

Koordinatensystem in der Ebene

Im vorhergehenden Abschnitt wird eine komplexe Zahl z entweder durch seine beiden Koordinaten x und y oder durch deren Betrag $r = |z|$ und den Winkel φ zur x-Achse dargestellt. Grafisch kann diese Zahl als ein Punkt in einer Ebene dargestellt werden (Bild 10).

Analog können alle Punkte einer Ebene durch ihre kartesischen Koordinaten (x und y) oder durch ihre Polarkoordinaten (r und φ) ausgedrückt und ineinander umgewandelt werden.

Umrechnung von kartesischen Koordinaten zu Polarkoordinaten:

$r = \sqrt{x^2 + y^2}$, $x, y \in \mathbb{R}$,

$\tan\varphi = \frac{y}{x}$.

Umrechnung von Polarkoordinaten zu kartesischen Koordinaten:

$x = r\cos\varphi$, $r \in \mathbb{R}_0^+$, $\varphi \in [0; 2\pi]$,

$y = r\sin\varphi$.

Diese Umwandlung liefert immer einen eindeutigen Wert, d.h., zu jedem x-y-Paar gibt es genau ein r-φ-Paar. Nur im Koordinatenursprung (0,0) ist $r = 0$, aber der Winkel φ ist nicht eindeutig definiert. Dies bedeutet in der Praxis jedoch keine Einschränkung.

Für geradlinige Bewegungen bieten sich kartesische Koordinaten an. Will man jedoch eine Kreisbewegung darstellen,

Bild 10: Komplexe Zahl z.
Darstellung in kartesischen Koordinaten (a und b) und Polarkoordinaten (r und φ).

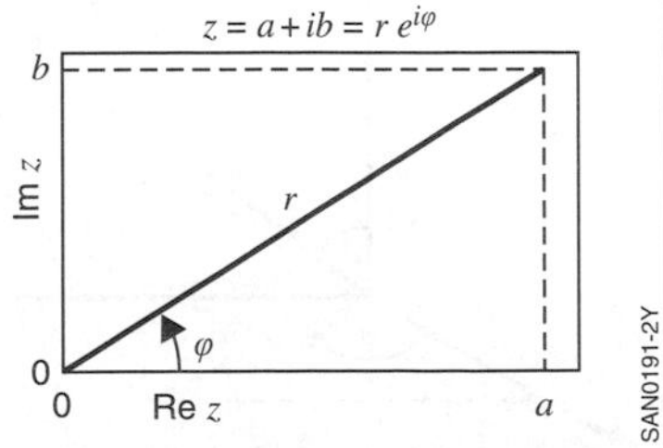

ist dies in kartesischen Koordinaten natürlich möglich. Allerdings sind dann die entsprechenden Gleichungen deutlich komplizierter im Vergleich zu einer Beschreibung in Polarkoordinaten (siehe z.B. Grundbegriffe der Fahrzeugtechnik, translatorische Bewegung).

Koordinatensysteme im Raum

Jeder Punkt im dreidimensionalen Raum besitzt drei kartesischen Koordinaten (x, y, z). Diese Darstellung wird häufig verwendet, wenn das zu beschreibenden System rechtwinklig oder schiefwinklig ist. Hat man es jedoch mit einem rotationssymmetrischen oder einem kugelsymmetrischen System zu tun, empfiehlt es sich, Zylinder- beziehungsweise Kugelkoordinaten zu verwenden.

In Bild 11 sind die x-, y- und z-Koordinatenachsen eingezeichnet. Darin findet man auch den Abstand r des Punkts P zum Ursprung und die beiden Winkel θ und φ, die von der z- beziehungsweise von der x-Achse aus gemessen werden. r, θ und φ bezeichnet man als Kugelkoordinaten oder räumliche Polarkoordinaten.

Bis auf den Ursprung (0,0,0) sind die Koordinaten für jeden Punkt sowohl in der kartesischen als auch in den Polarkoordinaten eindeutig bestimmt. Zwischen diesen beiden Koordinatensystemen kann folgendermaßen umgerechnet werden.

Umrechnung von kartesischen Koordinaten in Polarkoordinaten:

$$r = \sqrt{x^2 + y^2 + z^2}\,, \quad x, y, z \in \mathbb{R},$$

$$\tan\varphi = \frac{y}{x},$$

$$\cos\Theta = \frac{z}{r} = \frac{z}{\sqrt{x^2+y^2+z^2}}\,.$$

Umrechnung von Polarkoordinaten in kartesische Koordinaten:

$$x = r\cos\varphi\,\sin\Theta,$$
$$r \in \mathbb{R}_0^{+},\ \varphi \in [0; 2\pi],\ \Theta \in [0; \pi],$$
$$y = r\sin\varphi\,\sin\Theta,$$
$$z = r\cos\Theta\,.$$

Die Erdoberfläche ist karteographisch in geografische Koordinaten eingeteilt. Die geografische Länge ist der Winkel φ in Kugelkoordinaten. Die geografische Breite wird vom Äquator aus mit einem Winkel zwischen –90 ° und +90 ° angegeben. Dies ist gleichwertig zum Winkel θ in den Kugelkoordinaten, der vom Nordpol aus gemessen wird und zwischen 0 ° und 180 ° (0 und π im Bogenmaß) liegt.

Zylinderkoordinaten

Ist ein Objekt oder ein Systemen rotationssymmetrisch, dann werden Zylinderkoordinaten eingesetzt (Bild 12). Die x- und y-Koordinaten werden analog zu den Polarkoordinaten in der Ebene in den Radius ρ umgerechnet; die z-Komponente

Bild 11: Kugelkoordinaten eines Punkts.

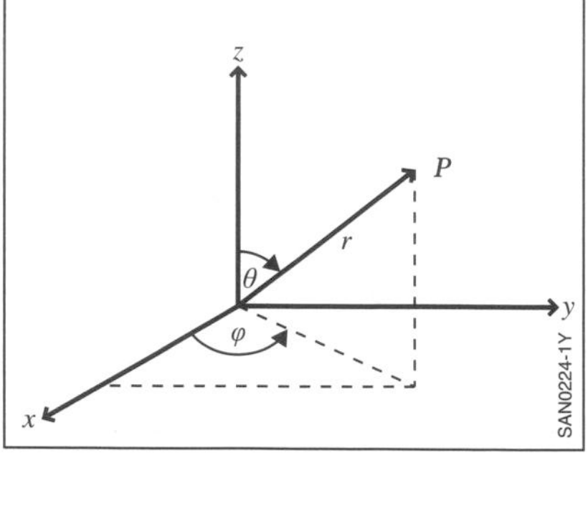

Bild 12: Zylinderkoordinaten eines Punkts.

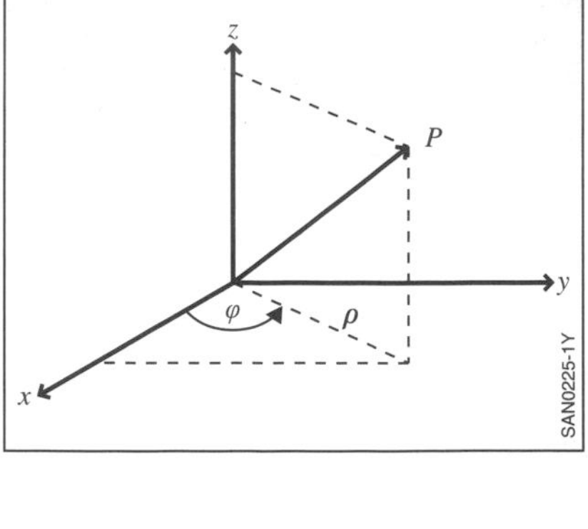

der Zylinderkoordinaten ist identisch zum z der kartesischen Koordinaten.

Analog zu den Kugelkoordinaten kann jeder Punkt bis auf dem Ursprung (0,0,0) eindeutig durch die Zylinderkoordinaten dargestellt werden.

Umrechnung von kartesischen Koordinaten in Zylinderkoordinaten:

$$\rho = \sqrt{x^2 + y^2}\,,\quad x, y, z \in \mathbb{R},$$

$$\tan\varphi = \frac{y}{x},$$

$$z = z.$$

Umrechnung von Zylinderkoordinaten in kartesische Koordinaten:

$$x = \rho\cos\varphi\,,\quad \rho \in \mathbb{R}_0^+,\ \varphi \in [0; 2\pi],\ z \in \mathbb{R},$$
$$y = \rho\sin\varphi\,,$$
$$z = z.$$

Die Zylinderkoordinaten werden analog zu den Polarkoordinaten in der Ebene berechnet, wobei diese um die z-Achse erweitert sind.

Zylinderkoordinaten bieten sich bei der Konstruktion von rotationssymmetrischen Objekten an, wie z.B. Rohren, Motorzylindern, Schrauben, Muttern, Wälz- und Gleitlagern.

Vektoren

Bei physikalischen und technischen Begriffen unterscheidet man zwischen skalaren Größen und vektoriellen Größen. Beispiele für Skalare sind die Masse, die Temperatur und der Druck. Im Vergleich dazu haben Vektoren eine Richtung wie z.B. die Geschwindigkeit, die Kraft und das elektrische Feld. Im Folgenden werden Vektoren, ihre wichtigsten Rechenoperationen und Rechenregeln aufgezeigt.

Darstellung von Vektoren

Ein Vektor im dreidimensionalen Raum hat die drei Komponenten a_x, a_y und a_z für die x-, y- und z-Richtung. In der Mathematik wird er folgendermaßen beschrieben:

$$\vec{a} = \begin{pmatrix} a_x \\ a_y \\ a_z \end{pmatrix}.$$

Rechenregeln

Für die Addition von Vektoren und deren Multiplikation mit einer Zahl gelten die gleichen Rechenregeln wie bei der Addition und Multiplikation von Zahlen.

Addition

Für die Addition zweier Vektoren mit den Koordinaten

$$\vec{a} = \begin{pmatrix} a_x \\ a_y \\ a_z \end{pmatrix} \text{ und } \vec{c} = \begin{pmatrix} c_x \\ c_y \\ c_z \end{pmatrix}$$

gilt:

$$\vec{a} + \vec{c} = \begin{pmatrix} a_x + c_x \\ a_y + c_y \\ a_z + c_z \end{pmatrix}$$

Es gelten folgende Gesetzmäßigkeiten:

- Abgeschlossenheit: Die Summe und die Differenz zweier Vektoren ist wieder ein Vektor.
- Kommutativgesetz:
  $\vec{a} + \vec{c} = \vec{c} + \vec{a}$.
- Assoziativgesetz:
  $\vec{a} + (\vec{c} + \vec{n}) = (\vec{a} + \vec{c}) + \vec{n}$.
- Zu zwei beliebigen Vektoren $\vec{a}$ und $\vec{c}$ gibt es immer einen Vektor $\vec{z}$, sodass gilt:
  $\vec{a} + \vec{z} = \vec{c}$, d.h. $\vec{z} = \vec{c} - \vec{a}$.

Multiplikation eines Vektors mit einem Skalar
Für die Multiplikation eines Vektors a mit einem Skalar $\lambda \in \mathbb{R}$ gilt:

$$\lambda \vec{a} = \begin{pmatrix} \lambda a_x \\ \lambda a_y \\ \lambda a_z \end{pmatrix}$$

Für den Vektor $\vec{c}$ gilt:

$$\vec{c} = \lambda \vec{a} \Rightarrow |\vec{c}| = |\lambda| \cdot |\vec{a}| .$$

Mit den Vektoren $\vec{a}$ und $\vec{c} \in \mathbb{R}^3$ und den Skalaren λ und $\mu \in \mathbb{R}$ gelten folgende Gesetzmäßigkeiten:
- Abgeschlossenheit: Das Produkt eines Vektors mit einem Skalar ist wieder ein Vektor.
- Assoziativgesetz: $(\lambda \cdot \mu) \cdot \vec{a} = \lambda \cdot (\mu \cdot \vec{a})$.
- Distributivgesetz:
  $(\lambda + \mu) \cdot \vec{a} = \lambda \cdot \vec{a} + \mu \cdot \vec{a}$,
  $\lambda \cdot (\vec{a} + \vec{c}) = \lambda \cdot \vec{a} + \lambda \cdot \vec{c}$.
- Multiplikation mit neutralem Element:
  $1 \cdot \vec{a} = \vec{a}$.

Skalarprodukt
Für die Multiplikation zweier Vektoren miteinander sind zwei verschiedene Produkte definiert: das Skalarprodukt und das Vektorprodukt.

Das Ergebnis des Skalarprodukts ist eine Zahl (Skalar). Beispielsweise ist die physikalische Arbeit definiert als Skalarprodukt aus dem Kraft-Vektor $\vec{F}$ und dem Weg-Vektor $\vec{s}$ (Bild 13). Zur Arbeit trägt nur diejenige Komponente von $\vec{F}$ bei, die entlang von $\vec{s}$ zeigt. Dies entspricht der in Bild 13 versetzt dargestellten Projektion. Somit gilt für den Betrag der Projektion

$$|\vec{F_s}| = |\vec{F}| \cos \varphi .$$

Das Skalarprodukt ist definiert als

$$\vec{a} \cdot \vec{c} = |\vec{a}| \cdot |\vec{c}| \cdot \cos \varphi = a_x c_x + a_y c_y + a_z c_z .$$

Um das Produkt zu verdeutlichen, wird der Multiplikationspunkt „·" zwischen den beiden Vektoren verwendet.

Die Rechenregeln für das Skalarprodukt sind analog zu den Rechenregeln für Zahlen.
- Kommutativgesetz:
  $\vec{a} \cdot \vec{c} = \vec{c} \cdot \vec{a}$.
- Distributivgesetz:
  $\vec{a} \cdot (\vec{c} + \vec{n}) = \vec{a} \cdot \vec{c} + \vec{a} \cdot \vec{n}$.
- Multiplikation mit einem Skalar, Assoziativgesetz:
  $\lambda (\vec{a} \cdot \vec{c}) = (\lambda \vec{a}) \cdot \vec{c} = \vec{a} \cdot (\lambda \vec{c})$.

Das Skalarprodukt wird beispielsweise verwendet, um den Betrag (die Länge) eines Vektors zu berechnen. Zudem können damit Winkel zwischen Vektoren ermittelt werden. Insbesondere wird das Skalarprodukt genutzt, um herauszufinden, ob zwei Vektoren aufeinander senkrecht stehen. In diesem Fall ist das Skalarprodukt Null.

Kreuzprodukt
Beim Kreuzprodukt (äußeres Produkt) zweier Vektoren entsteht ein neuer Vektor, der senkrecht auf den beiden Ausgangsvektoren steht (Bild 14). Seine Länge ist so groß wie die Fläche des Parallelogramms, das von den beiden

Bild 13: Skalarprodukt
Skalarprodukt der beiden Vektoren $\vec{F}$ und $\vec{s}$ mit der Projektion $\vec{F_s}$ des Vektors $\vec{F}$ auf $\vec{s}$. φ ist der Winkel zwischen den beiden Vektoren $\vec{F}$ und $\vec{s}$.

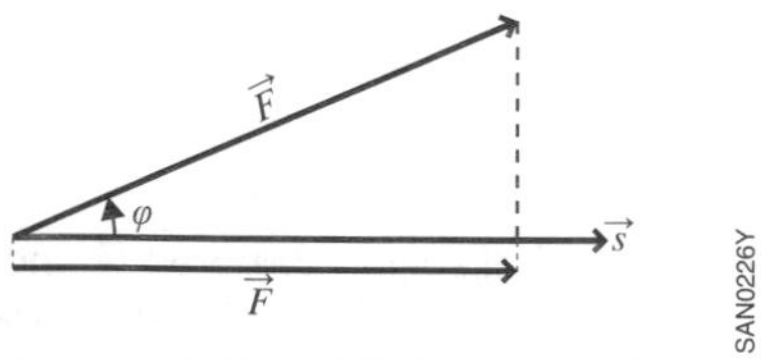

Bild 14: Kreuzprodukt.
Die beiden Vektoren $\vec{a}$ und $\vec{c}$ spannen eine Ebene E auf. Das aus $\vec{a}$ und $\vec{c}$ gebildete Kreuzprodukt (Vektor $\vec{m}$) seht senkrecht auf den beiden Ausgangsvektoren. φ ist der Winkel zwischen $\vec{a}$ und $\vec{c}$.

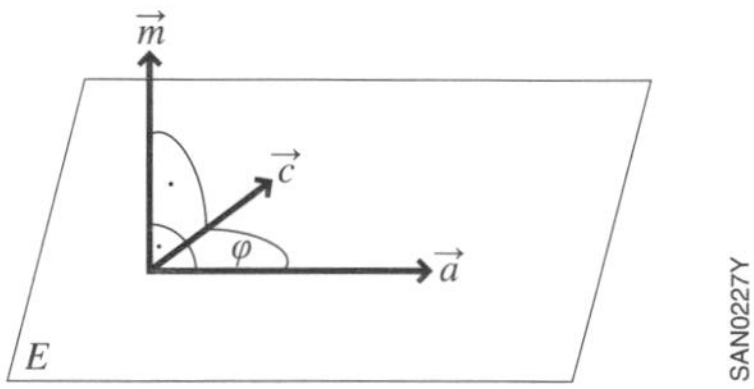

Ausgangsvektoren aufgespannt wird. Die Vektoren $\vec{a}$, $\vec{c}$ und $\vec{m}$ bilden ein sogenanntes Rechtssystem. Dabei zeigen nach der Rechte-Hand-Regel der Daumen in Richtung von $\vec{a}$, der Zeigefinger in Richtung von $\vec{c}$ und der resultierende Vektor $\vec{m}$ in Richtung des Mittelfingers der rechten Hand.

Um das Kreuzprodukt vom Skalarprodukt unterscheiden zu können, wird als Multiplikationssymbol ein „x" zwischen den Vektoren verwendet.

Die Rechenvorschriften für das Kreuzprodukt sind im Folgenden zusammengefasst:

$\vec{m} = \vec{a} \times \vec{c}$ mit

$$|\vec{m}| = |\vec{a}| \cdot |\vec{c}| \cdot \sin\varphi = \begin{vmatrix} \vec{e}_x & \vec{e}_y & \vec{e}_z \\ a_x & a_y & a_z \\ c_x & c_y & c_z \end{vmatrix} = \begin{bmatrix} a_y c_z - a_z c_y \\ a_z c_x - a_x c_z \\ a_x c_y - a_y c_x \end{bmatrix}$$

$\vec{m} \perp \vec{a}, \vec{m} \perp \vec{c},$

$\vec{a}, \vec{c}, \vec{m}$ sind „rechtshändig".

mit den Einheitsvektoren $\vec{e}_x$, $\vec{e}_y$ und $\vec{e}_z$ in x-, y- und z-Richtung.

Bei den Rechenregeln muss beachtetet werden, dass sich das Vorzeichen umdreht, wenn die Reihenfolge der Vektoren vertauscht wird (Antikommutativität):

- Antikommutativität:
  $\vec{a} \times \vec{c} = -\vec{c} \times \vec{a}.$
- Distributivgesetz:
  $\vec{a} \times (\vec{c} + \vec{n}) = \vec{a} \times \vec{c} + \vec{a} \times \vec{n}.$
- Multiplikation mit Skalar, Assoziativgesetz:
  $\lambda(\vec{a} \times \vec{c}) = (\lambda \vec{a}) \times \vec{c} = \vec{a} \times (\lambda \vec{c})$

Das Kreuzprodukt wird null, wenn beide Vektoren in die gleiche oder die entgegengesetzte Richtung zeigen, also kollinear sind. Somit kann mit dem Kreuzprodukt überprüft werden, ob zwei Vektoren eine Ebene aufspannen. Denn dann ist das Kreuzprodukt ungleich null.

Das Kreuzprodukt eines Vektors mit sich selbst ist damit Null.

$\vec{a}, \vec{c} \neq \vec{0}$ mit $\vec{a} \times \vec{c} = \vec{0} \Leftrightarrow \vec{a} \parallel \vec{c}$,

$\vec{a} \times \vec{a} = \vec{0}.$

Differential- und Integralrechnung

Differentiation von Funktionen

Erste Ableitung

Mit dem Funktionsterm $y = f(x)$ können die Nullstellen, die Definitionslücken und auch das Verhalten der Funktion an den Rändern des Definitionsbereichs ermittelt werden. Interessant ist oft auch herauszufinden, wie steil eine Funktion ist oder wo die Funktion maximale oder minimale Werte annimmt. Dies kann mit Hilfe der Differentation (Ableitung) der Funktion beschrieben werden.

Die Steigung (Steilheit) einer Funktion $y = f(x)$ ist über die Tangente an diese Funktion gegeben (Bild 15). Wenn eine Funktion ein Maximum oder ein Minimum annimmt, dann ist die Tangente an dieser Stelle waagrecht. Um die Steigung der Funktion $f(x)$ berechnen zu können, muss sie abgeleitet (differenziert) werden. Dazu haben sich die folgenden beiden Schreibweisen für die erste Ableitung der Funktion $f(x)$ etabliert:

$$\frac{d}{dx} f(x) = f'(x).$$

Die Ableitungen elementarer Funktionen sind in Tabelle 12 zusammengefasst.

Mit Hilfe der folgenden Rechenregeln können die Ableitung von zusammengesetzten Funktionen berechnet werden:

Bild 15: Ableitung einer Funktion.

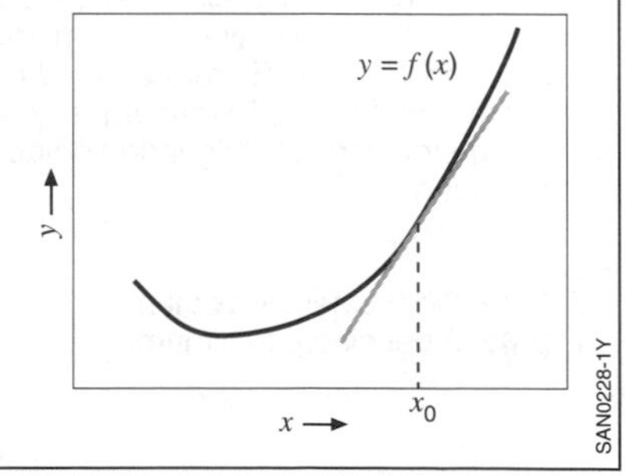

Summenregel:

$$\frac{d}{dx}(f(x) \pm g(x)) = f'(x) \pm g'(x).$$

Multiplikation mit einer Zahl λ:

$$\frac{d}{dx}(\lambda f(x)) = \lambda f'(x).$$

Produktregel:

$$\frac{d}{dx}(f(x) \cdot g(x)) = f'(x) \cdot g(x) + f(x) \cdot g'(x).$$

Quotientenregel:

$$\frac{d}{dx}\left(\frac{f(x)}{g(x)}\right) = \frac{f'(x) \cdot g(x) - f(x) \cdot g'(x)}{[g(x)]^2}$$

Kettenregel:

$$\frac{d}{dx}(F(g(x)) = F'(g(x)) \cdot g'(x).$$

Höhere Ableitungen
Wird die erste Ableitung erneut differenziert, so erhält man die zweite Ableitung. Analog können höhere Ableitungen gebildet werden.

2. Ableitung:

$$\frac{d}{dx} f'(x) = f''(x) \text{ oder } f''(x) = \frac{d^2}{dx^2} f(x)$$

3. Ableitung:

$$\frac{d}{dx} f''(x) = f'''(x) \text{ oder } f'''(x) = \frac{d^3}{dx^3} f(x).$$

n-te Ableitung ($n > 3$):

$$\frac{d}{dx} f^{(n-1)}(x) = f^{(n)}(x) \text{ oder } f^{(n)} = \frac{d^n}{dx^n} f(x).$$

Extrema von Funktionen
Wenn von einer Funktion $f(x)$ die erste und die zweite Ableitung existieren, dann können diese genutzt werden, um die Maxima und Minima (Extrema) von $f(x)$ zu bestimmen. Für ein Extremum an der Stelle x_0 gelten dann die folgenden beiden Bedingungen:

– $f'(x_0) = 0$,
– $f''(x_0) < 0$ bei einem Maximum,
$f''(x_0) > 0$ bei einem Minimum.

Wendepunkt
Die zweite Ableitung kann genutzt werden, um das Krümmungsverhalten der Funktion zu ermitteln. Insbesondere ist der Punkt x_w interessant, an den die Funktion von linksgekrümmt ($f''(x) > 0$, konvexe Krümmung) zu rechtsgekrümmt ($f''(x) < 0$, konkave Krümmung) wechselt (und umgekehrt). Diesen Punkte nennt man Wendepunkte. Dort gilt:

$$f''(x) = 0.$$

Integration einer Funktion
In Bild 16 ist eine (stetige) Funktion $f(x)$ gegeben. Diese schließt zusammen mit

Tabelle 12: Elementare Funktionen $f(x)$ und ihre Ableitungen $f'(x)$.

$f(x)$	$f'(x)$
$c = \text{const}$	0
x^n	$n x^{n-1}$
$\sqrt{x} = x^{1/2}$	$\frac{1}{2}\frac{1}{\sqrt{x}} = \frac{1}{2}x^{-1/2}$
$\sin(x)$	$\cos(x)$
$\cos(x)$	$-\sin(x)$
$\tan(x)$	$\frac{1}{\cos^2(x)}$
$\cot(x)$	$-\frac{1}{\sin^2(x)}$
e^x	e^x
$a^x = e^{x \ln a}$	$(\ln a)\, a^x$
$\ln x$	$\frac{1}{x}$
$\log_a x = \frac{\ln x}{\ln a}$	$\frac{1}{\ln a}\frac{1}{x}$

Bild 16: Integral.
Integration der Funktion $f(x)$ im Intervall von a bis b.

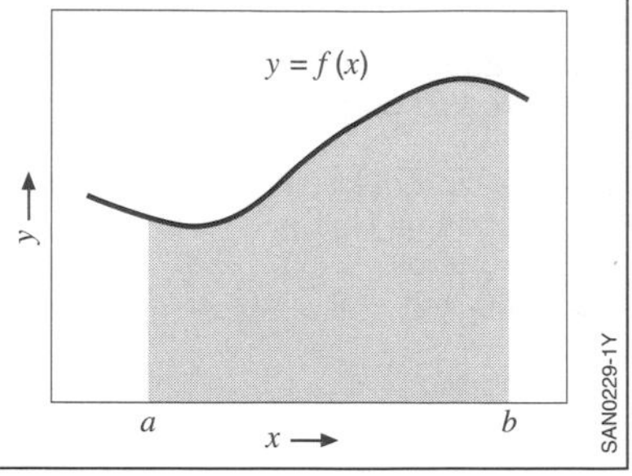

der x-Achse im Intervall [a; b] die grau markierte Fläche A ein. Deren Größe kann mit Hilfe der Integration berechnet werden.

Die gesuchte Fläche A wird als Integral von a bis b über die Funktion $f(x)$ mit der Variablen x dargestellt:

$$A = \int_a^b f(x)\,dx.$$

Stammfunktion
Um eine Lösung für diese Fragestellung zu finden, benötigt man eine Stammfunktion $F(x)$ zu $f(x)$. Deren Eigenschaft wird im Fundamentalsatz der Differential- und Integralrechnung ausgedrückt.

$$F(x) = \int_a^x f(t)\,dt$$

ist eine Stammfunktion zu $f(x)$, wenn gilt:

$$\frac{d}{dx}F(x) = f(x).$$

Wenn $F(x)$ eine Stammfunktion zu $f(x)$ ist, dann kann die gesuchte Fläche berechnet werden als

$$A = \int_a^b f(x)\,dx = F(b) - F(a).$$

In Tabelle 13 sind wichtige Stammfunktionen zusammengestellt. Zu jeder Funktion $f(x)$ gibt es nur eine Stammfunktion $F(x)$.

Tabelle 13: Elementare Funktionen und ihre Stammfunktionen (Beispiele).

$f(x)$	$\int f(x)\,dx$
0	$C = \text{const}$
$x^n,\ c \neq -1$	$\frac{1}{n+1}x^{n+1}+C$
$\frac{1}{x}$	$\ln\lvert x\rvert + C$
$\sqrt{x} = x^{1/2}$	$\frac{2}{3}x^{3/2}+C$
$\sin x$	$-\cos x + C$
$\cos x$	$\sin x + C$
$\frac{1}{\cos^2 x}$	$\tan x + C$
$\frac{1}{\sin^2 x}$	$\cot x + C$
e^x	$e^x + C$
$a^x = e^{x \ln a}$	$\frac{a^x}{\ln a} + C$

Diese ist bis auf eine Integrationskonstante C eindeutig bestimmt.

Rechenregeln für die Intergration
Für die Integration gelten folgende Rechenregeln:

Summenregel:

$$\int_a^b f(x) + g(x)\,dx = \int_a^b f(x)\,dx + \int_a^b g(x)\,dx.$$

Multiplikation mit einer Zahl λ:

$$\int_a^b \lambda f(x)\,dx = \lambda \int_a^b f(x)\,dx.$$

Vertauschen der Integrationsgrenzen:

$$\int_a^b f(x)\,dx = -\int_b^a f(x)\,dx.$$

Unterteilen der Integrationsbereiche in Intervalle ($a < c < b$):

$$\int_a^b f(x)\,dx = \int_a^c f(x)\,dx + \int_c^b f(x)\,dx.$$

Obere und untere Integrationsgrenzen sind identisch:

$$\int_a^a f(x)\,dx = 0.$$

Partielle Integration
Neben der Suche nach der Stammfunktion stehen mit der partiellen Integration und der Integration durch Substitution zwei hilfreiche Methoden zur Verfügung, um Integrale zu lösen. Die partielle Integration ist die Umkehrung der Produktregel beim Ableiten.

$$\int_a^b f'(x)\cdot g(x)\,dx = f(x)\cdot g(x) - \int_a^b f(x)\cdot g'(x)\,dx.$$

Entscheidend bei dieser Methode ist, die beiden Produktterme $f'(x)$ und $g(x)$ im Integral richtig zuzuordnen.

Substitution
Die Substitution ist die Umkehrung der Kettenregel. Die Kunst bei der Anwendung der Substitution besteht darin, die passende Funktion zu finden, die ersetzt werden kann (siehe hierzu z.B. [1], [2], [3]).

Lineare Differentialgleichungen

In vielen technischen Fragestellungen wird nach einer Funktion gesucht, die diese Aufgabe beschreiben kann, aber nicht explizit angegeben ist. Stattdessen hat man Informationen über deren Krümmungsverhalten (zweite Ableitung) oder über deren Steigung (erste Ableitung) oder über Kombinationen aus beiden in Form einer Gleichung.

Eine derartige Gleichung, in der gegebenenfalls die Funktion und ihre Ableitungen vorkommen, nennt man eine Differentialgleichung (DGL). Im Folgenden werden sogenannte gewöhnliche lineare Differentialgleichungen n-ter Ordnung mit konstanten Koeffizienten behandelt ([1], [2] und [3]):

$$y^{(n)}(x) + a_{n-1} y^{(n-1)}(x) + \ldots + a_0 y(x) = g(x).$$

Darin ist die n-te Ableitung von $y(x)$ die höchste vorkommende Ableitung. Vor den einzelnen Ableitungen stehen reelle Zahlen $a_0, a_1, \ldots, a_{n-1}, a_n$, wobei $a_n = 1$ gewählt wird. Ist die Funktion $g(x)$ konstant null, so nennt man die Differentialgleichung homogen, andernfalls inhomogen. Hierbei ist x die Variable der gesuchten Funktion $y(x)$.

Die obige Differentialgleichung ist linear, da $y(x), y'(x), \ldots y^{(n)}(x)$ nur von den Koeffizienten begleitet werden und sie selbst nicht als Potenzen, z.B. $y(x)^2$, oder als nichtlineare Funktion, z.B. $\sin(y'(x))$ vorkommen.

Mit dem Ansatz
$y(x) = Ae^{\lambda x}$, $A \in \mathbb{R}$, $\lambda \in \mathbb{R}$, wird eine homogene Differentialgleichung zum charakteristischen Polynom vereinfacht, da sich der Exponentialterm heraus kürzt:

$$\lambda^n + a_{n-1}\lambda^{n-1} + \ldots + a_2\lambda^2 + a_1\lambda + a_0 = 0.$$

Somit reduziert sich das Lösen der Differentialgleichung auf die Nullstellensuche des charakteristischen Polynoms. Wenn die n Nullstellen $\lambda_1, \lambda_2, \ldots, \lambda_n$ ermittelt sind, dann ergibt sich die homogene Lösung $y_\text{h}(x)$ der Differentialgleichung als

$$y_\text{h}(x) = A_1 e^{\lambda_1 x} + A_2 e^{\lambda_2 x} + \ldots + A_n e^{\lambda_n x}.$$

Die Zahlen $A_1, A_2, \ldots A_n$ sind (beliebige) reelle Zahlen und werden als Integrationskonstanten bezeichnet. Wenn für die Funktion Anfangs- oder Randbedingungen gegeben sind, dann können daraus die Werte $A_1, A_2, \ldots, A_n$ berechnet werden.

Nach der homogenen Lösung sucht man eine spezielle Lösung $y_\text{ih}(x)$ für die inhomogene Differentialgleichung und erhält dann die Gesamtlösung

$$y(x) = y_\text{h}(x) + y_\text{ih}(x).$$

Lineare Differentialgleichungen zweiter Ordnung mit konstanten Koeffizienten sind die Basis aller Schwingungsvorgänge (siehe z.B. Schwingungen, Schwingungsverhalten) und damit auch die Basis für die Auslegung sicherheitsrelevanter Sensoren wie Beschleunigungs- und Vibrationssensoren (siehe Beschleunigungssensoren). Auch die Steuerungs- und Regelungstechnik basiert auf diesen Differentialgleichungen (siehe Regelungstechnik).

Neben gewöhnlichen linearen Differentialgleichungen mit konstanten Koeffizienten gibt es auch lineare Differentialgleichungen, bei denen die konstanten Koeffizienten durch Funktionen ersetzt sind, wie z.B.

$$\sin(x) \cdot y'(x) + \cos(x) \cdot y(x) = 0,$$

Darüber hinaus ist beispielsweise die zweidimensionale Schwingungsgleichung der Funktion $f(x,y)$ mit den Ortskoordinaten x und y und der Zeit t

$$\frac{\partial^2 f}{\partial x^2} + \frac{\partial^2 f}{\partial y^2} = \frac{1}{c^2}\frac{\partial^2 f}{\partial t^2}, c \in \mathbb{R},$$

eine partielle Differentialgleichung. Diese beiden Typen an Differentialgleichungen zu lösen ist deutlich komplexer als bei den oben beschriebenen linearen Differentialgleichungen. Hierbei und für die vertiefte Behandlung der Differentialgleichungen sei auf die umfangreiche Literatur verwiesen, z.B. [1], [2] und [3].

Laplace-Transformation

Im Kraftfahrzeug gibt es sehr viele Regelkreise (siehe Regelungs- und Steuerungstechnik) beispielsweise im Motor (z.B. Klopfregelung, λ-Regelung), in der Klimaanlage oder im Fahrwerk (z.B. Gierratenregelung). Diese Regelkreise werden oft durch lineare Differentialgleichungen dargestellt. Eine Möglichkeit, diese Differentialgleichung zu lösen, ist der Exponentialansatz (siehe Differentialgleichungen).

Alternativ kann auch die Laplace-Transformation eingesetzt werden, wenn neben der Differentialgleichung auch Anfangswerte wie $y(0)$, $y'(0)$ usw. gegeben sind ([1], [2], [3]). Ihr Vorteil ist, dass mit der Laplace-Transformation die Differentialgleichung in eine algebraische Gleichung umgewandelt wird. Diese kann in der Regel nach der Laplace-Transformierten Funktion $Y(s)$ leicht aufgelöst werden. Abschließend muss nur noch die Laplace-Rücktransformation durchgeführt werden, um die gesuchte Funktion $y(x)$ zu erhalten.

Die Laplace-Transformierte $\mathscr{L}\{y(x)\}$ oder Bildfunktion $Y(s)$ einer Funktion $y(x)$ erhält man folgendermaßen:

$$Y(s) = \mathscr{L}\{y(x)\} = \int_0^\infty e^{-sx} y(x)dx,\ s \in \mathbb{R}.$$

Damit das Integral lösbar ist, muss der Betrag der Funktion exponentiell beschränkt sein. Bei der Transformation dient s lediglich als Variable [3].

Eigenschaften

Für die Lösung der Differentialgleichungen sind insbesondere die Laplace-Transformationen der Ableitungen $y'(x)$, $y''(x)$ entscheidend.

$$\mathscr{L}\{y'(x)\} = s\,Y(s) - y(0)$$

$$\mathscr{L}\{y''(x)\} = s^2\,Y(s) - s\,y(0) - y'(0)$$

$$\mathscr{L}\{c_1 y_1(x) + c_2 y_2(x)\} = c_1 \mathscr{L}\{y_1(x)\} + c_2 \mathscr{L}\{y_2(x)\} \quad \text{(Linearität)}$$

$$\mathscr{L}\{y(ax)\} = \frac{1}{a}\,Y\left(\frac{s}{a}\right),\quad a > 0 \quad \text{(Ähnlichkeitssatz)}$$

$$\mathscr{L}\{e^{-ax}\,y(x)\} = Y(s+a),\quad a > 0 \quad \text{(Dämpfungssatz)}$$

Man erkennt, dass die Ableitungen in Terme mit der Funktion $Y(s)$ umgewandelt werden.

In Tabelle 14 sind einige ausgewählte Beispiele für Laplace-Transformationen von Funktionen zusammengestellt.

Tabelle 14: Funktionen $y(x)$ und die dazugehörige Laplace-Transformierte $Y(s)$.

$y(x)$	$Y(s) = \mathscr{L}\{y(x)\}$
$y(x) = \begin{cases} 0 & x < 0 \\ 1 & x \geq 0 \end{cases}$	$\frac{1}{s}$
$y(x) = \begin{cases} 0 & x < 0 \\ x^{n-1} & x \geq 0 \end{cases}$	$\frac{(n-1)!}{s^n}$ $n = 1, 2, 3$
$y(x) = \begin{cases} 0 & x < 0 \\ \sin(ax) & x \geq 0 \end{cases}$	$\frac{a}{s^2 + a^2}$
$y(x) = \begin{cases} 0 & x < 0 \\ \cos(ax) & x \geq 0 \end{cases}$	$\frac{s}{s^2 + a^2}$
$y(x) = \begin{cases} 0 & x < 0 \\ e^{-ax} & x \geq 0 \end{cases}$	$\frac{1}{s + a}$

Fourier-Transformation

Oft erhält man bei der Analyse eine zeitabhängige Funktion $f(t)$. Dabei interessiert man sich für die Frequenzen der Schwingungen, die dieser Funktion zugrunde liegen. Beispielsweise soll das Fahrwerk eines Autos die Unebenheiten der Straße kompensieren, damit das Fahrzeug nicht zu schwingen beginnt. Dazu wird ein Unebenheitsprofil $h(x)$ der Straße benötigt. Fährt das Auto mit einer bestimmten Geschwindigkeit über diese Straße, fängt es an zu schwingen, was der Funktion $f(t)$ entspricht. Daraus müssen die charakteristischen Frequenzen ermitteln werden, um die Stoßdämpfer des Fahrzeugs dimensionieren und auswählen zu können, die schließlich diese Schwingungen dämpfen sollen (siehe Fahrwerk, Fahrbahnanregung, Unebenheitsverläufe).

Aus der Funktion $f(t)$ können die charakteristischen Schwingungsfrequenzen ermittelt werden, wenn diese Funktion $f(t)$ zur Funktion $F(\omega)$ Fourier-transformiert wird:

$$F(\omega) = \mathcal{F}\{f(t)\} = \int_{-\infty}^{\infty} f(t)\, e^{-i\omega t} dt, \text{ mit } i^2 = -1.$$

Somit wird die zeitabhängige Funktion $f(t)$ in eine frequenzabhängige Spektralfunktion $F(\omega)$ überführt ([1], [2]).

Die Rücktransformation erfolgt analog:

$$f(t) = \mathcal{F}^{-1}\{F(\omega)\} = \frac{1}{2\pi} \int_{-\infty}^{\infty} F(\omega) e^{i\omega t} d\omega.$$

Bild 17: Symbolische Darstellung des Dirac'schen Delta-Funktionals.

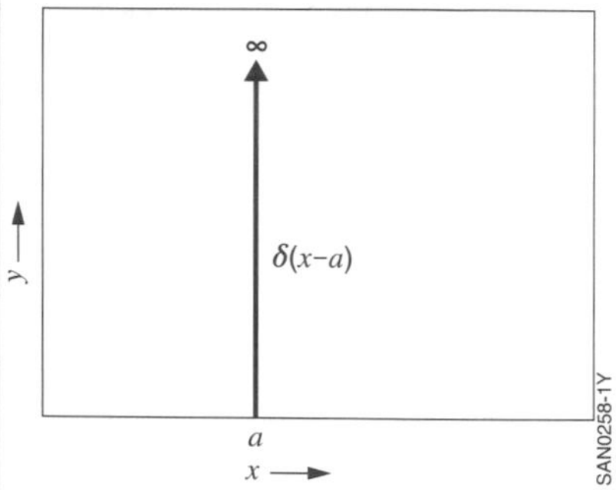

In der Literatur wird als Vorfaktor für die Fourier-Transformation teils 1 (wie hier), $1/2\pi$ oder $1/\sqrt{2\pi}$ angegeben. Dadurch ändert sich auch der Faktor bei der Rücktransformation. Entscheidend dabei ist, dass das Produkt der Vorfaktoren der Transformation und der Rücktransformation $1/2\pi$ ergeben.

Eigenschaften

Im Folgenden sind einige Eigenschaften der Fourier-Transformation aufgeführt.

$$\mathcal{F}\{c_1 f_1(t) + c_2 f_2(t)\} = c_1 \mathcal{F}\{f_1(t)\} + c_2 \mathcal{F}\{f_2(t)\}$$
(Linearität)

$$\mathcal{F}\{f_1(at)\} = \frac{1}{|a|} F\left(\frac{\omega}{a}\right), \quad a \in \mathbb{R}, a \neq 0,$$
(Ähnlichkeitssatz)

$$\mathcal{F}\{f(t - t_0)\} = e^{-i\omega t_0} F(\omega), \quad t_0 \in \mathbb{R},$$
(Verschiebungssatz im Zeitbereich)

$$\mathcal{F}\{e^{i\omega_0 t} f(t)\} = F(\omega - \omega_0), \quad \omega_0 \in \mathbb{R},$$
(Verschiebungssatz im Frequenzraum)

$$\mathcal{F}\left(\int_{-\infty}^{\infty} f(\tau)\, g(t-\tau)\right) d\tau = \mathcal{F}\{f(t)\} \mathcal{F}\{g(t)\}.$$

Mit der Schreibweise

$$(f * g)(t) = \int_{-\infty}^{\infty} f(\tau)\, g(t-\tau)\, d\tau = \int_{-\infty}^{\infty} f(t-\tau)\, g(t)\, d\tau$$

kann der Faltungssatz folgendermaßen zusammengefasst werden:

$$\mathcal{F}\{(f * g)\} = F(\omega)\, G(\omega).$$

Die Transformation in den Frequenzraum wird über das Dirac'sche Delta-Funktional verdeutlicht, das folgendermaßen definiert ist [4]:

$$\delta(t) = 0 \text{ für } t \in \mathbb{R}, t \neq 0, \text{ und}$$

$$\int_{-\infty}^{\infty} \delta(t - t_0)\, f(t)\, dt = f(t_0).$$

Alternativ kann sie auch geschrieben werden als

$$\delta(t - t_0) = \frac{1}{2\pi} \int_{-\infty}^{\infty} e^{i(t-t_0)\tau} d\tau.$$

Das Dirac'sche Delta-Funktional ist überall null. An der Stelle jedoch, an der ihr Argument null ist, wird sie quasi unendlich groß. Dies ist in Bild 17 veranschaulicht. Somit liefert die Fourier-Transformation der komplexen Exponentialfunktion beziehungsweise der Sinus- und Kosinusfunktion mit der Kreisfrequenz ω_0 die Dirac'sche Delta-Funktionale zu ω_0:

$$\mathcal{F}\{e^{-i\omega_0 t}\} = 2\pi\, \delta(\omega - \omega_0)\, dx,$$

$$\mathcal{F}\{\delta(t - t_0)\} = \frac{1}{2\pi}\, e^{-i\omega t_0},$$

$$\mathcal{F}\{\sin(\omega_0 t)\} = i\pi\, [\delta(\omega + \omega_0) - \delta(\omega - \omega_0)],$$

$$\mathcal{F}\{\cos(\omega_0 t)\} = \pi\, [\delta(\omega + \omega_0) + \delta(\omega - \omega_0)].$$

Die Fourier-Transformation wird beispielsweise genutzt, um die Frequenzen von Signalen zu ermitteln (z.B. die einzelnen Töne, die in einem Klang eines Klaviertons enthalten sind). Zudem erhält man dabei die Verhältnisse der dazugehörigen Amplituden, was der Lautstärke der Töne entspricht. Schallwellen können somit in einzelne Töne (Frequenzen) und deren Amplitude (Lautstärke) zerlegt werden (siehe z.B. Fahrwerk, Fahrbahnanregung; Akustik, subjektive Geräuschbewertung).

Gemeinsamkeiten und Unterschiede zwischen Laplace- und Fourier-Transformation

Die Laplace-Transformierte einer Funktion $y(x)$

$$\mathcal{L}\{y(x)\} = \int_0^\infty e^{-sx} y(x) dx,\ s \in \mathbb{R}, \mathbb{C}$$

und die Fourier-Transformierte von $y(x)$

$$\mathcal{F}\{y(x)\} = \int_{-\infty}^\infty e^{-i\omega x}\, y(x)\, dx, \text{ mit } i^2 = -1$$

sind ähnlich definiert. Daher haben beide Transformationen ähnliche oder gleiche Eigenschaften. So sind beide Transformationen linear, ihre Ähnlichkeitssätze sind fast identisch und der Dämpfungssatz der Laplace-Transformation entspricht dem Verschiebungssatz der Fourier-Transformation.

Die beiden Transformationen unterscheiden sich jedoch in den Integrationsgrenzen, da das Laplace-Integral bei $x = 0$ und das Fourier-Integral bei $-\infty$ beginnt. Anders ausgedrückt kann die Funktion $y(x)$ im Falle des Fourier-Integrals auf ganz $\mathbb{R}$ definiert sein, während $y(x)$ beim Laplace-Integral nur für $\mathbb{R}^+$ von Null verschieden sein darf. Außerdem hat die Exponentialfunktion im Laplace-Integral in der Regel einen beliebigen komplexen Exponenten $-sx$, während dieser Term $-i\omega x$ beim Fourier-Integral meist rein imaginär ist.

Die Umkehrung der Fourier-Transformation kann in der Regel analog zur Fourier-Transformation berechnet werden. Jedoch ist die Berechnung der inversen Laplace-Transformation mittels komplexer Kurvenintegrale oft schwierig [1]. Bei der Lösung von Differentialgleichungen behilft man sich meist mit Tabellen wie z.B. Tabelle 14, um aus der Laplace-Transformierten die ursprüngliche Funktion $y(x)$ zu ermitteln.

Der unmittelbare Zusammenhang zwischen der Laplace- und der Fourier-Transformation soll im Folgenden dargestellt werden: Zu einer Funktion $y(x)$ sei die Funktion $g(x)$ definiert als:

$$g(x) = \begin{cases} 0 & x < 0 \\ e^{-\lambda x}\, y(x) & x \geq 0 \end{cases} \qquad \lambda \in \mathbb{C}$$

Wird nun $g(x)$ Fourier-transformiert, so ergibt sich

$$\mathcal{F}\{g(x)\} = \int_{-\infty}^\infty e^{-i\omega x}\, g(x)\, dx = \int_0^\infty e^{-i\omega x}\, e^{-\lambda x}\, y(x)\, dx.$$

Fasst man nun $s = \lambda + i\omega$ zusammen, dann erhält man

$$\mathcal{F}\{g(x)\} = \int_{-\infty}^\infty e^{-i\omega x} g(x) dx = \int_{-\infty}^\infty e^{-sx} y(x) dx = \mathcal{L}\{y(x)\}.$$

Matrizen-Rechnung

Vektoren können die Stärke und Richtung von Kräften oder einer Geschwindigkeit anzeigen (siehe Vektoren). Im Falle einer kreisförmigen Bewegung lässt sich dies einfach mit Hilfe eines Vektors darstellen, der die anfängliche Bewegungsrichtung angibt, zusammen mit einer Matrix, die die Rotation beschreibt.

Darüber hinaus spielen Matrizen die zentrale Rolle beim Lösen linearer Gleichungssysteme (LGS), die in vielen technischen Fragestellungen vorkommen. Um beispielsweise mechanische oder thermische Spannungen in einem Bauteil zu berechnen, werden komplizierte nichtlineare Differentialgleichungen numerisch gelöst. Als Standardverfahren wird dazu die Finite-Elemente-Methode eingesetzt (FEM), die letztlich (auf sehr kleinen Zeit- und Raumintervallen) die Differentialgleichungen in lineare Gleichungssysteme und damit in Matrizen umwandelt. Beispielhaft sei hier auch auf Anwendung von Matrizen bei der Bildverarbeitung von Kameradaten im Pkw hingewiesen (siehe Computer-Vision).

Im Folgenden werden zuerst Matrizen eingeführt. Anschließend werden Rechenoperationen mit Matrizen wie Addition und Multiplikation definiert. Schließlich werden drei Lösungsmethoden für lineare Gleichungssysteme vorgestellt.

Aufbau von Matrizen

Eine $(m \times n)$-Matrix A ist aus m Zeilen und n Spalten aufgebaut. Die Komponente (Elemente, Einträge) a_{ik} in der i-ten Zeile und k-ten Spalte ist eine reelle oder eine komplexe Zahl.

$$A = \begin{bmatrix} a_{11} & a_{12} \dots & a_{1k} \dots & a_{1n} \\ a_{21} & a_{22} \dots & a_{2k} \dots & a_{2n} \\ \vdots & \vdots & \vdots & \vdots \\ a_{i1} & a_{i2} \dots & a_{ik} \dots & a_{in} \\ \vdots & \vdots & \vdots & \vdots \\ a_{m1} & a_{m2} \dots & a_{mk} \dots & a_{mn} \end{bmatrix}$$

Wenn die Matrix genauso viele Zeilen wie Spalten hat ($m = n$), dann spricht man von einer quadratischen Matrix. Unter diesen zeichnen sich die oberen und unteren Dreiecksmatrizen, die Diagonalmatrizen und die Einheitsmatrix aus. Eine obere beziehungsweise untere Dreiecksmatrix (A_o beziehungsweise A_u) hat auf der Diagonale und oberhalb beziehungsweise unterhalb von Null verschiedene Einträge; unterhalb beziehungsweise oberhalb der Diagonalen stehen nur Nullen.

$$A_\text{o} = \begin{bmatrix} a_{11} & a_{12} \dots & a_{1n} \\ 0 & a_{22} \dots & a_{2n} \\ \vdots & & \vdots \\ 0 & 0 \dots & a_{nn} \end{bmatrix}, \quad A_\text{u} = \begin{bmatrix} a_{11} & 0 \dots & 0 \\ a_{21} & a_{22} \dots & 0 \\ \vdots & \vdots & \vdots \\ a_{n1} & a_{n2} \dots & a_{nn} \end{bmatrix}$$

Eine Diagonalmatrix D hat nur auf der Diagonale von Null verschiedene Elemente a_{kk}. Die Einheitsmatrix E ist eine Diagonalmatrix mit Einsen als Einträgen.

$$D = \begin{bmatrix} a_{11} & 0 \dots & 0 \\ 0 & a_{22} \dots & 0 \\ \vdots & \vdots & \vdots \\ 0 & 0 \dots & a_{nn} \end{bmatrix}, \quad E = \begin{bmatrix} 1 & 0 \dots & 0 \\ 0 & 1 \dots & 0 \\ \vdots & \vdots & \vdots \\ 0 & 0 \dots & 1 \end{bmatrix}$$

Rechenregeln für Matrizen

Zwei Matrizen A und B sind gleich, wenn sie in allen Komponenten übereinstimmen:
$A = B \Leftrightarrow a_{ik} = b_{ik}$ für alle i, k.

Zwei Matrizen können nur dann addiert oder subtrahiert werden, wenn sie sowohl in ihrer Zeilenzahl als auch in ihrer Spaltenzahl übereinstimmen. In diesem Fall wird die Addition (Subtraktion) komponentenweise durchgeführt:
$C = A + B$, $c_{ik} = a_{ik} + b_{ik}$.

Wird eine Matrix mit einer reellen oder komplexen Zahl λ multipliziert, so wird jede einzelne Komponente mit diesem Skalar multipliziert:
$B = \lambda A$, $b_{ik} = \lambda a_{ik}$.

Damit ergeben sich folgende Rechenregeln für Matrizen:
$A + B = B + A$,
$A + (B + C) = (A + B) + C$,
$\lambda(\mu A) = (\lambda \mu) A$,
$(\lambda + \mu) A = \lambda A + \mu A$,
$\lambda(A + B) = \lambda A + \lambda B$.

Ein Spaltenvektor x mit n Einträgen kann von rechts mit einer $(m \times n)$-Matrix folgendermaßen multipliziert werden:

$$Ax = \begin{bmatrix} a_{11} & a_{12} \dots a_{1n} \\ a_{21} & a_{22} \dots a_{2n} \\ \vdots & \vdots \\ a_{m1} & a_{m2} \dots a_{mn} \end{bmatrix} \cdot \begin{bmatrix} x_1 \\ x_2 \\ \vdots \\ x_n \end{bmatrix}$$

$$= \begin{bmatrix} a_{11}x_1 + a_{12}x_2 + \dots + a_{1n}x_n \\ a_{21}x_1 + a_{22}x_2 + \dots + a_{2n}x_n \\ \vdots \\ a_{m1}x_1 + a_{m2}x_2 + \dots + a_{mn}x_n \end{bmatrix}$$

Betrachtet man dabei die Zeilen der Matrix A als Vektoren, d.h. die k-te Zeile entspricht dem Zeilenvektor $a_k = (a_{k1}\ a_{k2}\ a_{k3} \dots a_{kn})$, dann wird bei dieser Multiplikation jeweils das Skalarprodukt aus dem Zeilenvektor a_k und dem Spaltenvektor x gebildet.

Somit entsteht beim Produkt einer $(m \times n)$-Matrix mit einem n-zeiligen Vektor ein m-zeiliger Vektor. Diese Multiplikation ist linear, d.h. für die Matrix A, die beiden Vektoren x, y und die beiden Skalare λ, μ gilt:

$$A(\lambda x + \mu y) = \lambda Ax + \mu Ay \,.$$

Analog kann die Multiplikation eines Zeilenvektors von links mit einer Matrix definiert werden, worauf hier nicht eingegangen werden soll.

Zwei Matrizen können miteinander multipliziert werden, wenn die Spaltenzahl s der ersten Matrix A mit der Zeilenzahl der zweiten Matrix B übereinstimmt. Fasst man die Spalten der Matrix B als Vektoren auf, dann ist die Matrizenmultiplikation eine natürliche Erweiterung der Multiplikation einer Matrix mit einem Vektor:

$$C = AB = \begin{bmatrix} a_{11} & a_{12} \dots a_{1s} \\ a_{21} & a_{22} \dots a_{2s} \\ \vdots & \vdots \\ a_{i1} & a_{i2} \dots a_{is} \\ \vdots & \vdots \\ a_{m1} & a_{m2} \dots a_{ms} \end{bmatrix} \cdot \begin{bmatrix} b_{11} & b_{12} \dots b_{1j} \dots b_{1n} \\ b_{21} & b_{22} \dots b_{2j} \dots b_{2n} \\ \vdots & \vdots \quad \vdots \quad \vdots \\ b_{s1} & b_{s2} \dots b_{sj} \dots b_{sn} \end{bmatrix}$$

$$= \begin{bmatrix} c_{11} \dots c_{1j} \dots c_{1n} \\ c_{i1} \dots c_{ij} \dots c_{in} \\ \vdots \quad \vdots \quad \vdots \\ c_{m1} \dots c_{mj} \dots c_{mn} \end{bmatrix}$$

mit

$$c_{ij} = a_{i1}b_{1j} + a_{i2}b_{2j} \cdots a_{is}b_{sj} \,.$$

Analog zu oben entspricht das neue Element c_{ij} dem Skalarprodukt aus dem i-ten Zeilenvektor $a_i = (a_{i1}\ a_{i2}\ a_{i3} \dots a_{is})$ der Matrix A mit dem j-ten Spaltenvektor $b_j = (b_{1j},\ b_{2j}\ b_{3j} \dots b_{sj})$ der Matrix B. Somit entsteht beim Produkt einer $(m \times s)$-Matrix mit einer $(s \times n)$-Matrix eine $(m \times n)$-Matrix.

Bezüglich der Multiplikation ergeben sich daraus folgende Rechenregeln:

$A(BC) = (AB)C$,
$A(B+C) = AB + AC$,
$(A+B)C = AC + BC$,
$AE = EA = A$,

Hierbei ist zu beachten, dass bei der Multiplikation zweier Matrizen in der Regel die Reihenfolge nicht vertauscht werden darf (nicht kommutativ).

Determinanten

Quadratische Matrizen können durch die sogenannte Determinante charakterisiert werden. Fasst man die Spalten (oder Zeilen) der Determinante als Vektoren auf, so gibt der Wert der Determinante das Volumen des Spats an, den diese Vektoren aufspannen. Daraus wird klar, dass die Determinante nur dann von Null verschieden ist, wenn die Spalten- beziehungsweise Zeilenvektoren linear unabhängig sind.

Schreibweisen für die Determinanten

$$\det(A) = |A| = \begin{vmatrix} a_{11} & a_{12} \dots a_{1n} \\ a_{21} & a_{22} \dots a_{2n} \\ \vdots & \vdots \quad \vdots \\ a_{n1} & a_{n2} \dots a_{nn} \end{vmatrix}$$

Bei (2×2)- und (3×3)-Matrizen kann die Determinante mit Hilfe der Regel von Sarrus berechnet werden. Dabei werden alle Elemente miteinander multipliziert, die auf von links oben nach rechts unten verlaufenden Diagonalen liegen. Diese Diagonalen werden anschließend addiert. Die Elemente, die auf von rechts oben nach links unten verlaufenden Diagonalen liegen, werden ebenfalls miteinander multipliziert und von den anderen Werten subtrahiert. Dazu bietet es sich insbesondere bei (3×3)-Matrizen an, die ersten beiden Spaltenvektoren rechts neben die

Determinante zu schreiben, um sich das Rechnen zu erleichtern.

$$\begin{vmatrix} a_{11} & a_{12} \\ a_{21} & a_{22} \end{vmatrix} = a_{11}\,a_{22} - a_{12}\,a_{21}$$

$$\begin{vmatrix} a_{11} & a_{12} & a_{13} \\ a_{21} & a_{22} & a_{23} \\ a_{31} & a_{32} & a_{33} \end{vmatrix} = \begin{matrix} a_{11}\,a_{22}\,a_{33} + a_{12}\,a_{23}\,a_{31} \\ + a_{13}\,a_{21}\,a_{32} - a_{13}\,a_{22}\,a_{31} \\ - a_{12}\,a_{21}\,a_{33} - a_{11}\,a_{23}\,a_{32} \end{matrix}$$

Wenn die Determinanten mehr als drei Zeilen (Spalten) haben, dann kann die Determinante mit dem Laplace'schen Entwicklungssatz bestimmt werden.

Für die Einheitsmatrix gilt:
$\det(E) = 1$.

Für das Produkt zweier quadratischer Matrizen gilt:
$\det(AB) = \det(A) \cdot \det(B)$.

Inverse Matrix
Zu einer quadratischen $(n \times n)$-Matrix A ist die quadratische $(n \times n)$-Matrix B die inverse Matrix, wenn gilt:
$AB = BA = E$.

In diesem speziellen Fall ist die Multiplikation kommutativ. Dann schreibt man $B = A^{-1}$ und die vorhergehende Gleichung wird zu
$AA^{-1} = A^{-1}A = E$.

Es ergibt sich für die Determinante einer invertierbaren Matrix:
$\det(A) \neq 0$ und $\det(A^{-1}) = \dfrac{1}{\det(A)}$

Lineare Gleichungssysteme
Bei einem linearen Gleichungssystem sind reelle (oder komplexe) Zahlen a_{ij} und b_j $(j = 1 \ldots m)$ gegeben, während die x_i $(i = 1 \ldots n)$ unbekannt sind und somit ermittelt werden sollen.

$$\begin{matrix} a_{11}x_1 + a_{12}x_2 + \cdots + a_{1n}x_n = b_1 \\ a_{21}x_1 + a_{22}x_2 + \cdots + a_{2n}x_n = b_2 \\ \cdots \quad \cdots \quad \cdots \quad \cdots \\ a_{m1}x_1 + a_{m2}x_2 + \cdots + a_{mn}x_n = b_m \end{matrix}$$

Dieses Gleichungen lassen sich mit Hilfe der $(m \times n)$-Matrix A und der beiden Vektoren b, x

$$A = \begin{bmatrix} a_{11} & a_{12} \ldots a_{1n} \\ a_{21} & a_{22} \ldots a_{2n} \\ \vdots & \vdots \\ a_{m1} & a_{m2} \ldots a_{mn} \end{bmatrix} \quad b = \begin{bmatrix} b_1 \\ b_2 \\ \vdots \\ b_m \end{bmatrix} \quad x = \begin{bmatrix} x_1 \\ x_2 \\ \vdots \\ x_n \end{bmatrix}$$

kompakt zusammenfassen als eine Matrix-Vektor-Gleichung:
$Ax = b$

Im Folgenden werden drei Methoden vorgestellt, mit deren Hilfe das lineare Gleichungssystem gelöst werden kann.

1) Im Falle einer quadratischen und zudem invertierbaren Matrix A ergibt sich:
$x = A^{-1}b$.

2) Alternativ kann die Cramer'sche Regel zur Lösung eines linearen Gleichungssystems einer quadratischen und zudem invertierbaren Matrix A eingesetzt werden. Dabei erhält man die Komponente x_i des Lösungsvektors x als:

$$x_i = \frac{\det(A_i)}{\det(A)}.$$

Bei der Berechnung der Hilfsdeterminante A_i wird die i-te Spalte der Matrix durch den Vektor b ersetzt.

3) Im Falle einer beliebigen $(m \times n)$-Matrix kann stets der Gauß-Jordan-Algorithmus angewendet werden, um die Lösung des linearen Gleichungssystems zu ermitteln. Dabei wird sukzessive durch Zeilenoperationen die Matrix A in eine obere Dreiecksmatrix umgewandelt. Als Zeilenoperationen ist
- die Multiplikation einer Zeile mit einem Skalar (ohne Null) und
- die Addition beziehungsweise Subtraktion zweier Zeilen erlaubt.

Bild 18: Schnittmenge von Ebenen im Raum.
a) Parallele Ebenen,
b) zwei Ebenen schneiden sich in einer Geraden,
c) drei Ebenen schneiden sich in einem Punkt.

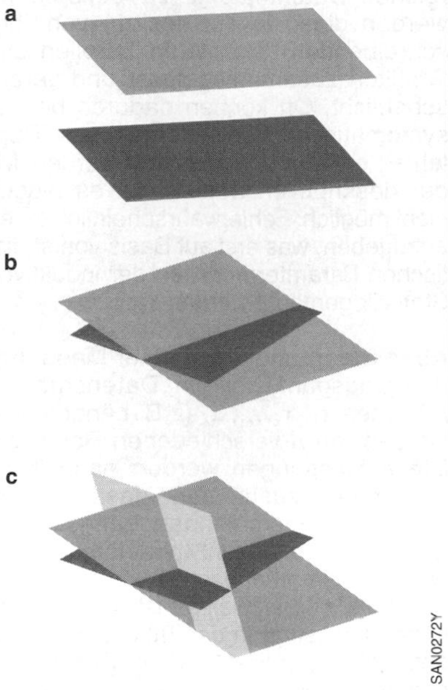

Geometrische Interpretation eines linearen Gleichungssystems
Jede Zeile eines linearen Gleichungssystems kann geometrisch als eine Hyperebene interpretiert werden. Somit wird beim Lösen eines linearen Gleichungssystems nach den Punkten gesucht, an denen sich diese Hyperebenen schneiden. In Bild 18 ist dies exemplarisch an zwei beziehungsweise drei Ebenen im $\mathbb{R}^3$ verdeutlicht: Wenn die Ebenen parallel zueinander sind, dann schneiden sie sich nicht. Zwei Ebenen können sich in einer Geraden schneiden, drei Ebenen in einem Punkt. Letzteres entspricht genau einer Lösung des linearen Gleichungssystems.

Literatur

[1] T. Arens et al.: Mathematik. 3. Aufl., Verlag Springer Spektrum, 2015.
[2] I. N. Bronstein et al.: Taschenbuch der Mathematik. 10. Aufl., Europa Lehrmittel, 2016.
[3] L. Papula: Mathematik für Ingenieure und Naturwissenschaftler, Band 1–3. Verlag Springer Vieweg, 2014.
[4] F. W. J. Oliver et al. (Hrsg.): NIST Handbook of Mathematical Functions. 1. Aufl., Cambridge University Press, 2010.

Technische Statistik

Für die Produktion eines Autos werden mehrere tausend Teile benötigt. Da bei jedem Produktionsprozess (zufällige oder systematische) Schwankungen auftreten, wird von jedem Teil beispielsweise nicht nur seine Größe, sondern auch die dazugehörige Toleranz spezifiziert.

Auch der Messprozess unterliegt in der Regel zufälligen Schwankungen, die als Messunsicherheit bezeichnet werden (früher wurde auch der missverständliche Begriff Messfehler verwendet). Diese Messunsicherheit sollte jedoch weit unter der Toleranzgrenze des zu messenden Teils liegen, sodass sie normalerweise vernachlässigt werden kann.

In der Produktion und damit zusammenhängend in der Qualitätssicherung spielen Messungen eine zentrale Rolle. Da die geforderte Fehlerrate bei Einzelteilen sehr gering sein muss, d.h. oft im ppm-Bereich (parts per million) liegt, ist es meist aus prozesstechnischen und ökonomischen Gründen nicht möglich, alle Teile zu vermessen. Stattdessen erfolgen Stichproben, um dann mit statistischen Methoden auf die Qualität der Bauteile zu schließen. Im Folgenden werden diese statistischen Methoden vorgestellt.

Ziel eines Produktionsprozesses ist es, genau und präzise zu arbeiten. Genau bedeutet, dass der Mittelwert der Zielgröße nahe am spezifizierten Wert liegt. Präzise ist die Fertigung, wenn die Streuung um den Mittelwert gering ist. Mit den im Folgenden aufgeführten statistischen Methoden kann überprüft werden, ob diese Anforderungen erfüllt werden.

Tabelle 1: Längenmessung und dazugehörige absolute Häufigkeit des Messwerts.

l [mm]	190	191	192	193	194	195
h	0	0	27	23	0	0
l [mm]	196	197	198	199	200	201
h	0	0	34	0	0	2
l [mm]	202	203	204	205	206	
h	6	1	0	0	0	

Deskriptive Statistik

Um einen Überblick über ein umfangreiches Datenmaterial zu bekommen, werden diese in der deskriptiven (beschreibenden) Statistik in Tabellen und Grafiken zusammengefasst und veranschaulicht. Oft können dadurch bereits systematische Fehler (oder auch Tippfehler) erkannt und eliminiert werden. Mit der deskriptiven Statistik ist es jedoch nicht möglich, Fehlerwahrscheinlichkeiten anzugeben, was erst auf Basis von statistischen Paramtermodellen der induktiven Statistik gemacht werden kann.

Absolute Häufigkeiten einer Messung
Ausgangspunkt ist ein Datensatz mit n Werten $x_1, x_2, \ldots, x_n$ (z.B. Längenmessungen) an n verschiedenen Bauteilen. Diese Messungen werden nach ihren Merkmalen zusammengefasst, indem zu jeder vorkommenden Länge l_i die dazugehörige Anzahl (absolute Häufigkeit) h_i zusammengestellt wird ($i = 1, 2, \ldots, k$; $k \leq n$). Beispielhaft ist dies für eine Längenmessung in der Tabelle 1 und im dazugehörigen Histogramm (Bild 1) dargestellt.

In diesem Beispiel kommt die Länge $l = 198$ mm am häufigsten vor. Bei $l = 192$ mm und $l = 193$ mm tritt eine Akkumulation auf, ebenso wie um $l = 202$ mm. Längenwerte $l \geq 204$ mm

Bild 1: Histogramm einer Längenmessung mit der Angabe der absoluten Häufigkeit des Messwerts.

SAN0259D

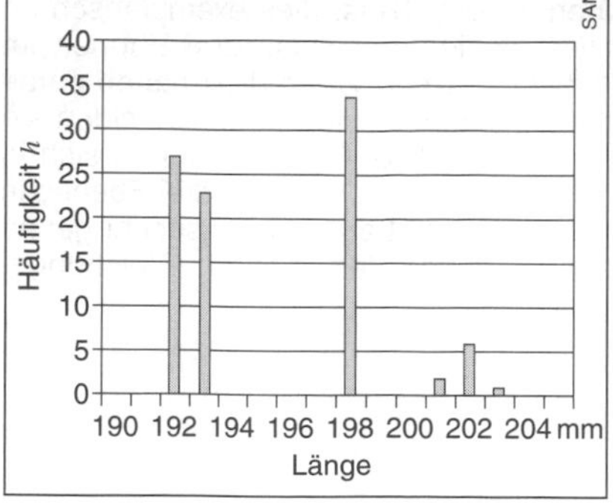

beziehungsweise $l \leq 191$ mm wurden bei dieser Stichprobe nicht gemessen.

Der Stichprobenumfang n entspricht der Anzahl der Messungen und ergibt sich somit als Summe der absoluten Häufigkeiten:

$$n = h_1 + h_2 + \cdots + h_k = \sum_{i=1}^{k} h_i.$$

Daraus erhält man die die relative Häufigkeit

$$f_i = \frac{h_i}{n} \text{ mit } i = 1, 2, ..., k.$$

Wird die relative Häufigkeit aufsummiert, so ergibt dies den Wert 1:

$$\sum_{i=1}^{k} f_i = 1.$$

Um einen Datensatz zu charakterisieren und um diesen mit anderen Datensätzen vergleichen zu können, berechnet man daraus Kennzahlen wie die Lageparameter und Streuparameter.

Lageparameter und Lagemaße

Der Median x_{med}, auch als Zentralwert bezeichnet, ist der Wert in der Mitte einer Datenreihe $\{x_1, x_2, \ldots, x_n\}$, wenn man die Werte der Größe nach sortiert. Das bedeutet, dass mindestens die Hälfte der Daten kleiner oder gleich x_{med} und zugleich mindestens die Hälfte der Daten größer oder gleich x_{med} sind. Bei einer geradzahligen Anzahl von Daten ergibt sich x_{med} als Mittelwert der beiden Daten, die in der Datenreihe in der Mitte stehen.

Oft interessiert auch die Lage des unteren (beziehungsweise oberen) Anteils von Werten. Den zugehörigen Schwellenwert $x_{p\text{Q}} \in \{x_1, x_2, \ldots, x_n\}$ bezeichnet man auch als p-Quantil oder als Perzentil. Somit sind also mindestens $p \cdot 100$ % der Daten kleiner oder gleich $x_{p\text{Q}}$. Zugleich sind mindestens $(1 - p) \cdot 100$ % der Daten größer oder gleich $x_{p\text{Q}}$. Das 25-%-Quantil bezeichnet man auch als erstes oder unteres Quartil; das 75-%-Quantil als oberes oder drittes Quartil.

Das arithmetische Mittel (Durchschnittswert) ist definiert als

$$\overline{x} = \frac{1}{n}(x_1 + x_2 + \cdots + x_n) = \frac{1}{n}\sum_{i=1}^{n} x_i$$

und das geometrische Mittel von nicht negativen Zahlen x_i als

$$\overline{x}_{\text{geo}} = \sqrt[n]{x_1 \cdot x_2 \cdot \cdots \cdot x_n}\,.$$

Stets gilt: $\overline{x}_{\text{geo}} \leq \overline{x}$.

Ebenso kann das arithmetische und das geometrische Mittel auch über die Merkmale l_i und deren Häufigkeit h_i berechnet werden.

$$\overline{x} = \frac{1}{n}\sum_{i=1}^{k} l_i h_i\,,$$

$$\overline{x}_{\text{geo}} = \sqrt[n]{l_1^{h_1}\, l_2^{h_2} \cdots l_k^{h_k}}\,.$$

Für den Mittelwert wird neben dem Symbol $\overline{x}$ oft auch μ verwendet.

Streuparameter

Bei einem Datensatz ist es auch wichtig zu wissen, ob die einzelnen Werte nahe am oder fern vom Mittelwert liegen. Dies wird durch die folgenden Streuparameter erfasst. Die Varianz $\text{Var}(x) = s^2$ des Datensatzes x ermittelt sich als

$$s^2 = \text{Var}(x) = \frac{1}{n-1}\sum_{i=1}^{n}(x_i - \overline{x})^2$$

$$= \frac{1}{n-1}\sum_{i=1}^{k} h_i (l_i - \overline{x})^2\,.$$

Die Wurzel daraus heißt Standardabweichung s.

$$s = \sqrt{s^2} = \sqrt{\text{Var}(x)}$$

Für die Standardabweichung wird neben s oft auch σ benutzt.

Beispiel

Für das obige Beispiel (Bild 1 und Tabelle 1) ergibt sich somit der Mittelwert als $\overline{x} = 195{,}40$ mm. Die beiden Häufigkeiten $h_{192\,\text{mm}}$ und $h_{193\,\text{mm}}$ ergeben addiert eine Anzahl 50. Diese liegt über $n/2 = 46{,}5$. Somit folgt der Median mit $x_{\text{med}} = 193$ mm. Die Varianz hat den Wert $s^2 = 11{,}48\ \text{mm}^2$ und die Standardabweichung $s = 3{,}38$ mm.

Wahrscheinlichkeitsrechnung

Aus einer Stichprobe (z.B. Längenmessung einer bestimmten Menge von Bauteilen) soll auf die Qualität eines Produktionsprozesses geschlossen werden. Dies ist jedoch nur möglich, wenn realistische Annahmen über die Verteilung dieses Messwerts getroffen werden. Dazu werden im Folgenden mehrere Wahrscheinlichkeitsverteilungen vorgestellt.

Die Binomialverteilung, die Hypergeometrische Verteilung und die Poisson-Verteilung stellen diskrete Verteilungen dar. Dabei wird eine Stichprobe aus einer Menge entnommen und anschließend die entsprechenden Wahrscheinlichkeiten berechnet. Mathematisch gesehen sind sowohl der Stichprobenumfang als auch die Größe der Menge, der die Stichprobe entnommen wird, natürliche Zahlen.

Hingegen gelten die Weibull-Verteilung und die Gauß'sche Normalverteilung für stetige Verteilungen, d.h. für reelle Variablen t beziehungsweise x.

Diskrete Verteilungen

Binomialverteilung

Eine Stichprobe liefert nur zwei Werte (Bernoulli-Experiment), davon den einen Wert mit der Wahrscheinlichkeit p und den zweiten mit der Wahrscheinlichkeit $q = 1 - p$ (da $p + q = 1 = 100\ \%$). Ein Beispiel hierzu ist das Ziehen einer Kugel aus einer Urne, in der sich Kugeln mit zwei unterschiedlichen Farben befinden. Nach der Ziehung wird die Kugel wieder zurückgelegt. Somit ist die Wahrscheinlichkeit für jede Entnahme einer Stichprobe gleich.

Die dazugehörige Wahrscheinlichkeitsfunktion $f(x)$ gibt an, dass dieses Ereignis bei n-facher Ausführung genau x-mal eintritt:

$$f(x) = \binom{n}{x} p^x q^{n-x} = \binom{n}{x} p^x (1-p)^{n-x},$$

$$\text{mit } x = 0, 1, 2, \ldots, n; \quad \binom{n}{x} = \frac{n!}{x!\,(n-x)!}.$$

Die Binomialverteilung hat den Mittelwert $\mu = np$, die Varianz $\sigma^2 = npq = np(1-p)$ und die Standardabweichung $\sigma = \sqrt{npq} = \sqrt{np(1-p)}$.

Hypergeometrische Verteilung

Diese Verteilung spielt oft eine Rolle bei Qualitäts- und Endkontrollen. Ähnlich zum vorigen Urnenmodell befinden sich am Anfang m weiße und $n - m$ rote Kugeln in einer Urne. Im Gegensatz zur Binomialverteilung entspricht diese Verteilung einem Ziehen ohne Zurücklegen, was bei einer Stichprobe in der Produktion üblich ist. Somit ändert sich mit jeder Stichprobenentnahme die Wahrscheinlichkeit, eine weiße Kugel zu ziehen.

Werden nun k Stichproben entnommen, so ergibt sich die Wahrscheinlichkeitsfunktion $f(x)$ zu:

$$f(x) = \frac{\binom{m}{x}\binom{n-m}{k-x}}{\binom{n}{k}}, \quad x = 0, 1, 2, \ldots, k.$$

Die hypergeometrische Verteilung hat den Mittelwert

$$\mu = k\frac{m}{n}, \text{ die Varianz}$$

$$\sigma^2 = \frac{km(n-m)(n-k)}{n^2(n-1)}$$

und die Standardabweichung

$$\sigma = \sqrt{\frac{km(n-m)(n-k)}{n^2(n-1)}}.$$

Für $k < 0{,}05\,n$ kann die leichter zu berechnende Binomialverteilung als sehr gute Näherung für die hypergeometrische Verteilung verwendet werden.

Poisson-Verteilung

Liegt eine Binomialverteilung mit einer sehr geringen Eintrittswahrscheinlichkeit p vor, so kann diese auch durch eine Poisson-Verteilung mit dem Mittelwert μ und der Varianz $\sigma^2 = \mu$ beschrieben werden:

$$f(x, \mu) = \frac{\mu^x}{x!} e^{-\mu}, \quad x = 0, 1, 2, \ldots$$

Die Poisson-Verteilung hat den Mittelwert μ, die Varianz $\sigma^2 = \mu$ und die Standardabweichung $\sigma = \sqrt{\mu}$.

Eine Binomialverteilung kann gut durch eine Poisson-Verteilung genähert werden, wenn folgende beiden Bedingungen erfüllt sind:
$np < 10$,
$n > 1500p$.

Stetige Verteilungen
Die Weibull-Verteilung und die Gauß'sche Normalverteilung zählen zu den stetigen Verteilungen. Somit sind sie Funktionen von reellen Variablen x. Um diese zu beschreiben, benutzt man Dichtefunktionen $f(x)$ und die dazugehörigen Verteilungsfunktionen $F(x)$, die deren Stammfunktionen darstellen:

$$\frac{d}{dx}F(x) = f(x).$$

Das Integral über die Dichtefunktion von x_1 bis x_2

$$\int_{x_1}^{x_2} f(x)\,dx = F(x_2) - F(x_1)$$

gibt die Wahrscheinlichkeit an, dass die Zufallsvariable x in dem Intervall von x_1 bis x_2 liegt. Dementsprechend ist die Verteilungsfunktion

$$F(x_2) = \int_{-\infty}^{x_2} f(x)\,dx$$

die Wahrscheinlichkeit dafür, dass eine Ereignis mit $x \leq x_2$ eintritt.

Oft spricht man anstelle von Mittelwert μ vom Erwartungswert $E(x)$

$$\mu = E(x) = \int_{-\infty}^{\infty} x\,f(x)\,dx.$$

Die Varianz ist definiert als

$$\sigma^2 = \mathrm{Var}(x) = E\left((x-\mu)^2\right) = \int_{-\infty}^{\infty} (x-\mu)^2 f(x)\,dx.$$

Weibull-Verteilung
Die Ermüdung eines Werkstoffs und der Ausfall einer Maschine kann oft über eine Weibull-Verteilung über der Zeit t (anstelle der Variablen x) beschrieben werden (Lebensdauer T des Werkstücks oder der Maschine, empirische oder spezifische Parameter α, β).

Demnach liegt die Wahrscheinlichkeit, dass die Lebensdauer $\leq t$ ist bei

$$F(t) = 1 - e^{-\alpha t^{\beta}}$$

und somit die Überlebenswahrscheinlichkeit (Zuverlässigkeit)

$$R(t) = 1 - F(t) = e^{-\alpha t^{\beta}}.$$

Die dazugehörige Dichtefunktion $f(t)$ ist die erste Ableitung von $F(t)$:

$$f(t) = F'(t) = \alpha\,\beta\,t^{\beta-1}\,e^{-\alpha t^{\beta}}$$

für $t > 0$, sonst $f(t) = 0$.

Daraus ergibt sich die Ausfallrate zu

$$\lambda = \frac{f(t)}{R(t)} = \alpha\,\beta\,t^{\beta-1}.$$

Bild 2 zeigt eine Dichtefunktion und die dazugehörige Verteilung für $\alpha = 0{,}5$ und $\beta = 5$. Die größte Ausfallwahrscheinlichkeit liegt etwa bei $t = 1{,}1$. Mit zunehmender Zeit nimmt zwar die Ausfallwahrscheinlichkeit wieder ab, aber die Funktion $F(t)$, also die Gesamtausfallrate bis zum Zeitpunkt t, nähert sich naturgemäß der 1 = 100 %.

Bild 2: Weibull-Verteilung.
Für $\alpha = 0{,}5$ und $\beta = 5{,}0$.
1 Dichtefunktion,
2 Verteilung.

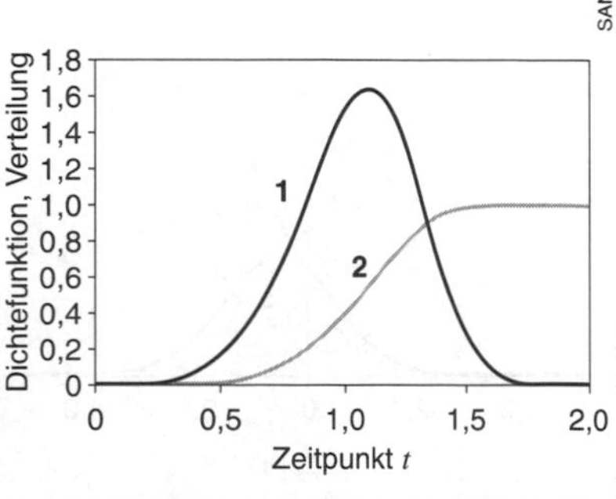

Gauß'sche Normalverteilung

Sehr viele zufällige Prozesse in der Natur und auch in der Technik können durch eine Gauß'sche Normalverteilung beschrieben werde. Die dazugehörige Dichtefunktion enthält den Erwartungswert μ und die Standardabweichung σ:

$$f(x, \mu, \sigma) = \frac{1}{\sqrt{2\pi}\,\sigma} e^{-\frac{(x-\mu)^2}{2\sigma^2}}, \quad -\infty < x < \infty.$$

Die dazugehörige Gauß'sche Normalverteilungsfunktion

$$F(x,\mu,\sigma) = \int_{-\infty}^{x} f(z,\mu,\sigma)dz = \frac{1}{\sqrt{2\pi}\,\sigma} \int_{-\infty}^{x} e^{-\frac{(z-\mu)^2}{2\sigma^2}} dz, \quad -\infty < x < \infty$$

ist die Stammfunktion zu $f(x,\mu,\sigma)$. Wie der Name bereits ausdrückt, ist diese normiert, d.h.

$$\lim_{x\to\infty} F(x,\mu,\sigma) = \frac{1}{\sqrt{2\pi}\,\sigma} \int_{-\infty}^{\infty} e^{-\frac{(z-\mu)^2}{2\sigma^2}} dz = 1.$$

In Bild 3 sind beispielhaft eine Gauß'sche Dichtefunktion und die dazugehörige Gauß'sche Normalverteilung dargestellt. Die Dichtefunktion hat ihr Maximum am Erwartungswert; ihre Breite wird durch die Standardabweichung bestimmt. Zudem ist sie achsensymmetrisch zu $x=\mu$. Diese „Gauß'sche Glockenkurve" fällt für große x-Werte und für kleine x-Werte stark ab und nähert sich asymptotisch der x-Achse an.

Bild 3: Gauß'sche Normalverteilung.
1 Dichtefunktion mit dem Erwartungswert $\mu=0{,}5$ und der Standardabweichung $\sigma^2=1$,
2 zur Dichtefunktion zugehörige Normalverteilung.

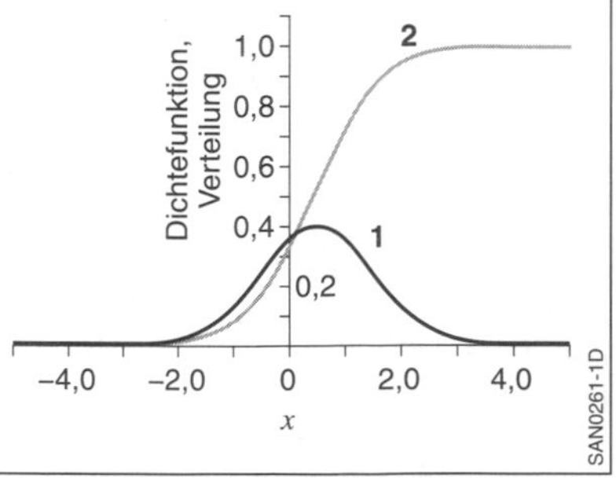

Die Gauß'sche Normalverteilung wächst von 0 (für $x \to -\infty$) auf den Wert 1 (für $x \to \infty$) an. Bei $x=\mu$ hat sie den Wert $F(x=\mu)=0{,}5$.

Die Gauß'sche Normalverteilung besitzt den Mittelwert μ, die Varianz σ^2 und die Standardabweichung σ.

Mit der Substitution $y=\frac{x-\mu}{\sigma}$ erhält man die Standardnormalverteilung

$$\varphi(y) = \frac{1}{\sqrt{2\pi}} e^{-\frac{1}{2}y^2}, \quad -\infty < z < \infty$$

Dementsprechend erhält man daraus folgende Normalverteilung

$$\Phi(y) = \int_{-\infty}^{y} \varphi(z)\,dz = \frac{1}{\sqrt{2\pi}} \int_{-\infty}^{y} e^{-\frac{1}{2}z^2} dz, \quad -\infty < y < \infty.$$

Viele Produktionsprozesse werden über ihr σ-Level charakterisiert (Tabelle 2). Beim 3σ-Level etwa beträgt die Wahrscheinlichkeit 93,3 %, dass die produzierten Teile fehlerfrei sind.

Das 6σ-Level (Six Sigma Level) spielt im Qualitätsmanagement eine zentrale Rolle. Abweichend von der obigen Definition der Dichtefunktion werden dabei langfristige Mittelwertverschiebungen einbezogen. Somit entspricht das 6σ-Level 3,4 DPMO (Defects Per Million Opportunities), d.h., $3{,}4 \cdot 10^{-6}$ der Teile liegen außerhalb des Toleranzbereichs.

Für eine normalverteile Zufallsvariable X mit dem Mittelwert μ und der Standardabweichung σ ergeben sich folgende Wahrscheinlichkeiten:

Tabelle 2: σ-Level.
Die mittlere Spalte gibt die Wahrscheinlichkeit an, dass die Werte innerhalb des Bereichs $\mu - k\sigma < x < \mu + k\sigma$.

σ-Level	innerhalb [%]	außerhalb [%]
σ	32	68
2σ	69	31
3σ	93,3	6,7
4σ	99,38	0,62
5σ	99,977	0,023
6σ	99,99966	0,00034

$$P(X \leq x) = \Phi\left(\frac{x-\mu}{\sigma}\right) = \Phi(y).$$

$$P(X > x) = 1 - P(X \leq x) = 1 - \Phi(y).$$

$$P(a \leq X \leq b) = \Phi\left(\frac{b-\mu}{\sigma}\right) - \Phi\left(\frac{a-\mu}{\sigma}\right).$$

$$P(|X-\mu| \leq k\sigma) = P(\mu - k\sigma \leq X \leq \mu + k\sigma) = 2\,\Phi(k) - 1.$$

Parameterschätzung bei der Gauß'schen Normalverteilung

Mit Hilfe von statistischen Modellen (Verteilungsmodellen) sollen quantitative Aussagen basierend auf Stichproben getroffen werden. Dabei möchte man Kennzahlen wie beispielsweise den Mittelwert μ und die Standardabweichung σ bestimmen. Dies ist jedoch nicht exakt möglich, da die Stichprobe begrenzt ist. Allerdings können aus der Stichprobe heraus Schätzwerte für den Mittelwert und die Standardabweichung berechnet werden und dazu Konfidenz- beziehungsweise Vertrauensintervalle ermittelt werden, mit der die gesuchte Kennzahl in diesem Intervall mit einer vorgegeben Wahrscheinlichkeit liegt.

Dazu wird eine zufällige Stichprobe vom Stichprobenumfang n genommen, die die Werte $x_1, x_2, \ldots, x_n$ liefern. Diese Elemente nennt man auch die Realisierung der Stichprobe. Daraus berechnet man den Schätzwert des Mittelwerts

$$\overline{x} = \frac{1}{n}(x_1 + x_2 + \cdots + x_n) = \frac{1}{n}\sum_{i=1}^{n} x_i$$

und den Schätzwert der Varianz

$$s^2 = \frac{1}{n-1}\sum_{i=1}^{n}(x_i - \overline{x})^2.$$

Im Folgenden werden Parameterschätzung durchgeführt, wobei angenommen wird, dass eine Gauß'sche Normalverteilung zugrunde liegt. Diese Verteilung liegt sehr vielen Produktionsprozessen zugrunde. Für die Parameterschätzungen bei anderen Verteilungen sei hier auf die Literatur verwiesen ([3], [4], [5]).

Vertrauensintervall bei unbekanntem Mittelwert und bekannter Varianz

Bei einem vorgegeben Vertrauensniveau γ (meist 95 % oder 99 %) soll das Konfidenz- beziehungsweise das Vertrauensintervall der Breite Δx ermittelt werden, in dem der unbekannte Mittelwert μ mit einer Wahrscheinlichkeit von γ liegt, d.h.:

$$P(|\overline{x} - \mu| \leq \Delta x) = \gamma.$$

Dies ist damit gleichbedeutend, dass der unbekannte Mittelwert μ im Intervall

$$\overline{x} - \Delta x \leq \mu \leq \overline{x} + \Delta x$$

mit einer Wahrscheinlichkeit von $\gamma \cdot 100$ % liegt. Der Schätzwert des Mittelwerts wird aus der Stichprobe berechnet.

Mit der standardisierten Zufallsvariablen

$$z = \frac{\overline{x} - \mu}{\frac{\sigma}{\sqrt{n}}} \text{ und } \Delta z = \frac{\Delta x}{\frac{\sigma}{\sqrt{n}}}$$

lässt sich obige Wahrscheinlichkeit folgendermaßen darstellen:

$$P(|z| \leq \Delta z) = \gamma.$$

Aus

$$P(|z| \leq \Delta z) = 2\,\Phi(\Delta z) - 1$$
$$\Rightarrow \Phi(\Delta z) = 0{,}5(\gamma + 1)$$

kann die rechte Seite berechnet und dann Δz beispielsweise in einer Tabelle für die normalverteilte Gaußfunktion nachgeschaut und schließlich daraus Δx berechnet werden.

Vertrauensintervall bei unbekanntem Mittelwert und unbekannter Varianz

Aus der Stichprobe werden zunächst der Schätzwert des Mittelwerts $\overline{x}$ und der Standardabweichung s berechnet. Analog zu zuvor soll bei einem vorgegeben Vertrauensniveau γ (meist 95 % oder 99 %) das Konfidenz- beziehungsweise das Vertrauensintervall der Breite Δx ermittelt werden, in dem der unbekannte Mittelwert μ mit einer Wahrscheinlichkeit von γ liegt, d.h.

$$P(|\overline{x} - \mu| \leq \Delta x) = \gamma.$$

Die Vorgehensweise zur Ermittlung von Δx erfolgt genauso wie zuvor, wobei für σ hier nun s eingesetzt wird.

Summen und Produkte von Zufallsvariablen

Wenn ein Prozess von mehreren Zufallsvariablen $x_1, x_2, \ldots, x_n$ bestimmt wird, dann ergeben sich für die Summe $z_S = x_1 + x_2 + \cdots + x_n$ und für das Produkt $z_P = x_1 \cdot x_2 \cdot \cdots \cdot x_n$ die Erwartungswerte E und die Varianz:

$E(z_S) = E(x_1) + E(x_2) + \cdots + E(x_n)$
beziehungsweise $\mu_{zS} = \mu_1 + \mu_2 + \cdots + \mu_n$.

$E(z_P) = E(x_1) \cdot E(x_2) \cdot \cdots \cdot E(x_n)$
beziehungsweise $\mu_{zP} = \mu_1 \cdot \mu_2 \cdot \cdots \cdot \mu_n$.

$\mathrm{Var}(z_S) = \mathrm{Var}(x_1) + \mathrm{Var}(x_2) + \cdots + \mathrm{Var}(x_n)$
beziehungsweise $\sigma_{zS}^2 = \sigma_1^2 + \sigma_2^2 + \cdots + \sigma_n^2$.

Lineare Regression

Bei einer Stichprobe wird ein linearer Zusammenhang zwischen dem Parameter x und der Messgröße y vermutet:

$$y = mx + t.$$

Die Stichprobe liefert zu den eingestellten Parametern x_i die Messwerte y_i (i = 1, 2, …, n). Aus diesen Werten soll die Steigung der Geraden m und der Achsenabschnitt t ermittelt werden, sodass die Abweichung zwischen der Gerade und den Messwerten (x_i, y_i) möglichst klein ist (minimale Gauß'sche Abweichung). Diese ergeben sich dann als

$$t = \frac{\left(\sum_{i=1}^{n} x_i\right) \cdot \left(\sum_{i=1}^{n} x_i y_i\right) - \left(\sum_{i=1}^{n} x_i^2\right) \cdot \left(\sum_{i=1}^{n} y_i\right)}{\left(\sum_{i=1}^{n} x_i\right)^2 - n \sum_{i=1}^{n} x_i^2}$$

und als

$$m = \frac{\left(\sum_{i=1}^{n} x_i\right) \cdot \left(\sum_{i=1}^{n} y_i\right) - n \sum_{i=1}^{n} x_i y_i}{\left(\sum_{i=1}^{n} x_i\right)^2 - n \sum_{i=1}^{n} x_i^2}$$

Im Fall eines linearen Zusammenhangs $y = mx$ ohne Achsenabschnitts vereinfacht sich m zu

$$m = \frac{\sum_{i=1}^{n} x_i y_i}{\sum_{i=1}^{n} x_i^2}.$$

Kennzahl in der Qualitätssicherung und im Qualitätsmanagement

Die Statistische Prozessregelung (Statistical Process Control, SPC) wird in Produktionsprozessen und im Qualitätsmanagement genutzt, die Qualität der hergestellten Waren zu sichern. Dabei wird in der Regel von einer Gauß'schen Normalverteilung ausgegangen.

Bei einem Fertigungsprozess sind der obere und der untere Grenzwert (OGW beziehungsweise UGW) z.B. durch Kundenanforderungen vorgegeben. Die Toleranzbreite T ergibt sich daraus als

$$T = \mathrm{OGW} - \mathrm{UGW}.$$

Aus einer Stichprobe wird der Mittelwert $\overline{x}$ und die Standardabweichung s berechnet. Zudem wird die kritische Länge Z_{krit} bestimmt, d.h., es wird der Betrag der Differenz zwischen dem Mittelwert $\overline{x}$ und

Bild 4: Gauß-Verteilungen zweier Stichproben.
a) Mittelwert liegt genau in der Mitte von unterem und oberen Grenzwert,
b) Mittelwert liegt näher am oberen Grenzwert.
$\overline{x}$ Mittelwert,
UGW unterer Grenzwert,
OGW oberer Grenzwert.

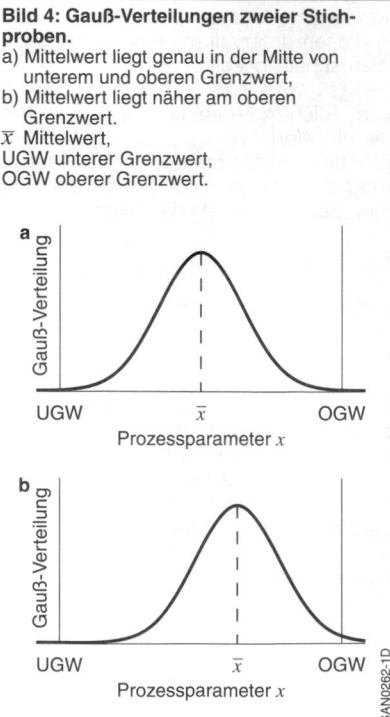

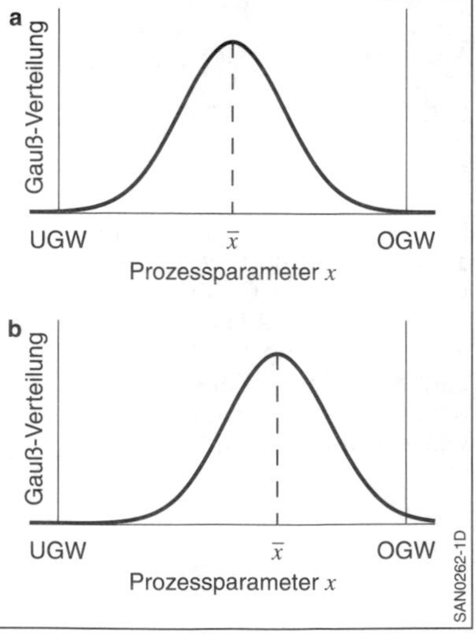

OGW beziehungsweise zwischen dem Mittelwert $\overline{x}$ und UGW gebildet und der kleinere davon als Z_{krit} genommen.

$Z_{krit} = \min(|OGW - \overline{x}|, |UGW - \overline{x}|)$.

In Bild 4 erkennt man, dass der Mittelwert näher am OGW liegt als am UGW. Somit ist hier
$Z_{krit} = OGW - \overline{x}$.

Daraus erhält man die Prozessfähigkeit c_p als

$$c_p = \frac{T}{6s}$$

und den Prozessfähigkeitskennwert c_{pk} als

$$c_{pk} = \frac{Z_{krit}}{3s} .$$

In der Serienfertigung gelten als Richtwerte für einen stabilen Prozess, der die Qualitätsanforderungen erfüllt, wenn $c_p \geq 1{,}33$ und $c_{pk} \geq 1{,}33$.

Literatur

[1] T. Arens et al.: Mathematik. 3. Aufl., Verlag Springer Spektrum, 2015.
[2] I.N. Bronstein et al.: Taschenbuch der Mathematik. 10. Aufl., Europa Lehrmittel Verlag, 2016.
[3] L. Papula: Mathematik für Ingenieure und Naturwissenschaftler, Band 1 bis 3. 14. Aufl., Verlag Springer Vieweg, 2014
[4] A. Steland: Basiswissen Statistik. 3. Aufl., Verlag Springer Spektrum, 2013.
[5] G. Bamberg, F. Baur, M. Krapp: Statistik. 17. Aufl, Oldenbourg Verlag, 2012.

Finite-Elemente-Methode

Anwendung

Mit der Finite-Elemente-Methode, FEM, (der Begriff wurde von Ray W. Clough Anfang der 1960er-Jahre eingeführt, [1]) lassen sich nahezu alle Vorgänge der Technik auf dem Computer simulieren. Dabei muss jedoch ein beliebiger Körper (gasförmig, flüssig oder fest) in möglichst kleine Elemente einfacher Form (Linie, Dreieck, Viereck, Tetraeder, Pentaeder oder Hexaeder) zerlegt werden, die an ihren Eckpunkten („Knoten") fest miteinander verbunden sind. Kleine Elemente sind wichtig, weil das näherungsweise über lineare Gleichungen formulierte Verhalten der Elemente nur für das unendlich (infinitesimal) kleine Element gilt. Die Rechenzeit verlangt jedoch endlich große (finite) Elemente. Die Annäherung an die Realität ist dabei umso besser, je kleiner die Elemente sind.

Der Anwendung der FEM in der Praxis – auch FEA (Finite-Elemente-Analysis) genannt – begann in den frühen 1960er-Jahren in der Luft- und Raumfahrtindustrie und sehr bald auch im Fahrzeugbau. Heute findet die Methode in allen Gebieten der Technik einschließlich Wettervorhersage und Medizintechnik ihre Anwendung; im Fahrzeugbau bei Kleinteilen über Motor und Fahrwerk bis hin zur Karosserieberechnung einschließlich Crashverhalten.

Zu unterscheiden ist zwischen zwei unterschiedlichen Anwendungsarten. Einmal die in allen CAD-Programmen (Computer-Aided Design) enthaltene, nahezu vollautomatische Black-Box-FEM für überschlägige Berechnungen des Konstrukteurs (z.B. bei der Auslegung eines Stoßfängers), und zum anderen der den Spezialisten vorbehaltene Einsatz spezieller FEM-Programme (z.B. in der Karosserieberechnung, in der Achsentwicklung oder in der Fahrdynamik).

FEM-Programmsystem

Die Software eines FEM-System besteht aus dem Pre- und dem Postprozessor sowie dem eigentlichen FEM-Programm. Die Netzerstellung, d.h. die Zerlegung in Elemente, erfolgt im Preprozessor weitgehend automatisch auf der Basis einer CAD-Geometrie, die direkt oder über neutrale Schnittstellen wie IGES (Initial Graphics Exchange Specification), VDA-FS (Verband der Automobilindustrie – Flächenschnittstelle) oder STEP (Standard for the Exchange of Product Model Data) gelesen wird. Das FEM-Programm berechnet das so formulierte Rechenmodell. Das gefundene Ergebnis wird dann im Postprozessor grafisch dargestellt (z.B. Spannungsverteilung über Isofarben, Verformungen als Bewegungsanimation).

Grundkenntnisse für die Anwendung

Die FEM ist wie alle numerischen Methoden ein Nährungsverfahren. In der Mechanik, dem Hauptanwendungsgebiet, können die dadurch verursachten Einschränkungen wie folgt beschrieben werden.

Kleine Bewegungen in einem Lösungsschritt

Körper bewegen sich auf Bahnen, die in der Regel Kurven höherer Ordnung sind. Mit dem Grundprinzip der Linearisierung aller Vorgänge beschränkt sich diese Bewegung auf eine gerade Bahn, die dann durch lineare Gleichungen beschrieben werden kann. Übertragen auf die Elementecken (Knoten) bewegen sich diese ebenfalls auf einer Geraden. Die Knoten können somit nur sehr kleine Bewegungen richtig realisieren (Knotenverdrehungen kleiner 3,5 °). Die tatsächliche Bewegung auf einer beliebigen Bahn oder ein nichtlineares Materialverhalten wird somit schrittweise linear mit vielen kleinen Schritten gelöst.

Berechnungsgenauigkeit

Die Formulierung und die Lösung des linearen Gleichungssystems erfolgen mit der eingeschränkten Rechengenauigkeit des Computers. Üblicherweise werden dabei für die zu speichernde Zahl acht Bytes (=64 Bit) mit einer Rechengenauigkeit von 16 signifikanten Stellen verwendet, d.h., nur diese Ziffern einer Zahl können exakt dargestellt werden.

Die weiteren Ziffern in dieser Zahl sind Zufallszahlen. Dadurch sind beliebige Steifigkeitsunterschiede der einzelnen Bauteile in einem Modell nicht möglich. Bei der Verformungsberechnung einer Rohkarosserie müssen daher z. B. wie bei der Messung der Karosserieverformung die Achsfedern durch starre Lager ersetzt werden.

Ergebnisinterpretation
Die große Gefahr ist, dass ein von einem Anfänger formal richtig formuliertes Rechenmodell in der Ergebnisdarstellung zwar wunderschöne farbige Bilder liefert, die gezeigten Ergebnisse jedoch um Faktoren neben der Realität liegen können.

Die aus oben beschriebenen Einschränkungen resultierenden Probleme müssen also vom Rechenprogramm erkannt und gemeldet werden, damit auch der wenig erfahrene Anwender problemlos richtige Ergebnisse erzielt.

Einsatzgebiete der FEM
In der Technik wird die Physik allgemein in fünf Bereiche unterteilt – in die Mechanik mit Statik und Kinematik (z. B. Karosserie, Achse), die Dynamik mit Akustik (z. B. Fahrzeuggeräusch), die Wärmelehre (z. B. Temperaturverteilung im Motor), die Elektrizität mit Magnetismus (z. B. Zündspule, Sensorik) und die Optik (z. B. Scheinwerfer). Bei der FEM gibt es grundsätzlich eine Unterscheidung zwischen

- linearen und nichtlinearen Statik- und Dynamikproblemen mit den Verformungen als Unbekannte zur Spannungsberechnung und dynamischen Untersuchung,
- stationären (zeitlosen) und instationären (zeitabhängigen) Potentialproblemen (z. B. Temperatur, Schalldruck, elektrisches oder magnetisches Potential) mit den Potentialen als Unbekannte
- sowie der Kopplung dieser unterschiedlichen Bereiche, z. B. die Berechnung eines Temperaturfelds und die daraus resultierenden Verformungen, Spannungen und Kräfte in der linearen Statik beim Start des Motors.

Elemente der FEM
Die Eigenschaften der Elemente (Bausteine) definieren die wichtigsten Leistungsdaten eines FEM-Programms. Die Elementqualität ist durch den Grad der gewählten mathematischen Ansatzfunktion bestimmt. Dabei ist zum Beispiel zwischen Elementen mit linearem oder quadratischem Ansatz, erkennbar an den Zwischenknoten in der Kantenmitte, zu unterscheiden. Die Qualität eines Rechenmodells hängt also nicht nur von der Feinheit des verwendeten Netzes ab, sondern auch ganz wesentlich von der Ansatzfunktion.

Bei den Elementen unterscheidet man zwischen Stabelementen, Flächenelementen und Volumenelementen.

Stabelemente
Die Stabelemente (Bild 1) sind entweder gerade oder mit einem Zwischenknoten gekrümmt. Die Beschreibung der Querschnitte erfolgt durch die Angabe der Zahlenwerte für die Querschnittsfläche A, die reduzierten Schubquerschnitte $A_{\text{red-v-w}}$ (Shear Areas), die Hauptträgheitsmomente (I_v, I_w), das Torsionsträgheitsmoment (I_t) mit dem Torsionswiderstandsmoment (W_t), das Sektorträgheitsmoment für Wölbkrafttorsion und einem Winkel α, der die Lage der Hauptträgheitsachsen v und w zur Fahrbahnebene beschreibt sowie der maximal vier Spannungspunkte (S_v, S_w) für die Biegespannungsberechnung.

Flächenelemente
Die Flächenelemente (Bild 2) für Blechteile haben entweder dreieckige oder viereckige Form – im Idealfall als gleich-

Bild 1: Stabelemente.
Mit konstanten oder linear veränderlichem Querschnitt.

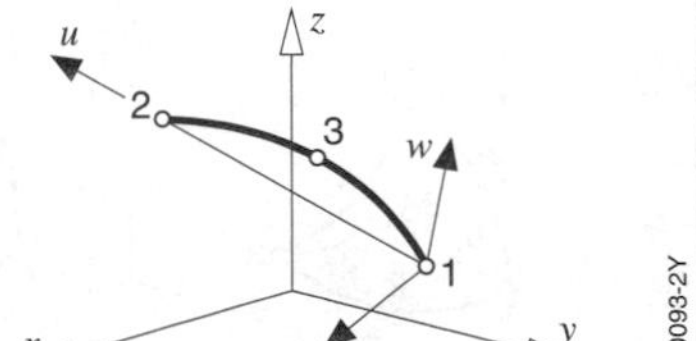

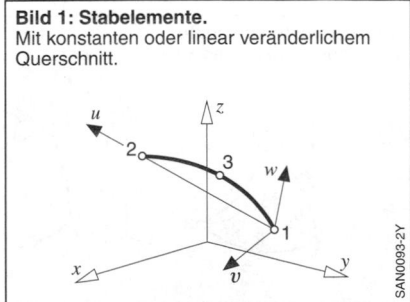

seitiges Dreieck oder Quadrat, meist mit konstanter Dicke. Entfallen die Zwischenknoten, so sind die Kanten gerade.

Volumenelemente

Die Volumenelemente (Bild 3) als Tetraeder, Pentaeder und Hexaeder haben ohne Zwischenknoten gerade Kanten – im Idealfall als gleichseitiger Tetraeder oder als Würfel. Bei ausreichender Elementanzahl über der Dicke (größer oder gleich drei) sind heute Elemente mit Zwischenknoten nicht erforderlich. Dies gilt jedoch nicht für Tetraeder, die fast immer bei einer komplizierten Geometrie, wie z.B. bei einem Zylinderkopf, verwendet werden.

Modellierung und Ergebnisauswertung

Die wichtigste Aufgabe bei der Anwendung eines FEM-Programms ist die meist zeitaufwändige Erstellung der Eingabedaten als Rechenmodell mit dem

Bild 2: Flächenelemente.
a) Dreieck, b) Viereck.

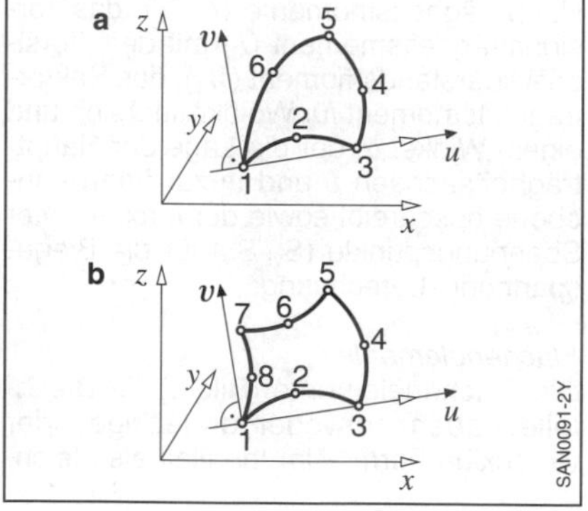

Preprozessor. Der Anwender sollte dabei versuchen, dieses Ziel mit möglichst wenigen Elementen und Knoten (das Rechenmodell einer Karosserie hat jedoch heute ca. drei bis vier Millionen Knoten) zu erreichen. Dazu benötigt er umfangreiche Erfahrung und in jedem Fall die genaue Kenntnis der Eigenschaften der verwendeten Elemente (siehe FEM-Beispiele), die in jedem FEM-Programm leicht unterschiedlich sein können.

Der erste Schritt in der Modellierung ist somit die Wahl des Elementtyps (Stab-, Flächen- oder Volumenelement) und die Festlegung der Feinheit des Netzes, z.B. über die vorgegebene mittlere Elementkantenlänge. Im nächsten Schritt werden die Eigenschaften (Properties, Materialdaten), z.B. die Elementdicke bei Flächenelementen, die Querschnittswerte bei Stabelementen und die verwendeten Einheiten (z.B. Länge in mm und Kraft in N) definiert. Ein weiterer Schritt ist die Festlegung der Lagerbedingungen und der Belastungen. Maßgebend dabei ist die Überlegung, wo ein Modell festgehalten und wo es belastet ist. Bei der Belastung kommt eine sinnvolle Zerlegung der Gesamtlast in Lastfälle, z.B. in die Massenlast aus Eigengewicht und verschiedene Verkehrslasten hinzu.

Alle FEM-Ergebnisse liegen wahlweise in Listenform oder im Datenformat des Postprozessors vor und können damit grafisch dargestellt werden (siehe FEM-Beispiele). Der Postprozessor bietet dazu alle denkbaren Darstellungsmöglichkeiten an.

Bild 3: Volumenelemente.
a) Tetraeder, b) Pentaeder c) Hexaeder,

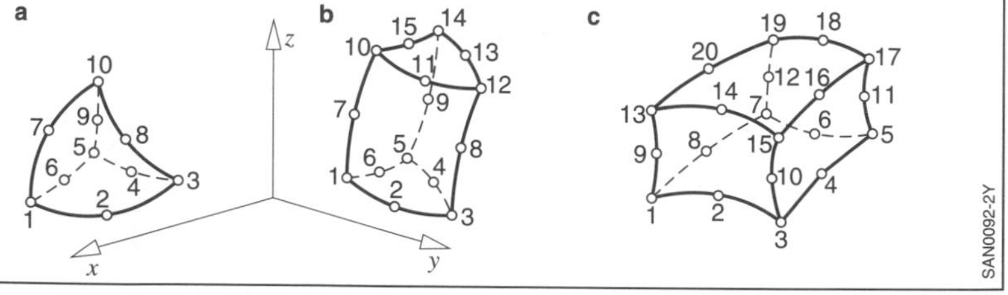

FEM-Beispiele

Für die Beispiele erfolgt die Modellierung auf der Basis einer CAD-Geometrie unter Anwendung des FEM-Programms TP 2000. Unter der in [2] angegebenen Internetseite finden sich auch die Modelleingaben mit farbiger Darstellung der Ergebnisse.

In der Realität sind alle Körper dreidimensional. In der Simulation wird wegen Zeit- und Kostenersparnis oft eine vereinfachte Lösung gewählt. Die automatische Vernetzung einer ebenen Fläche in Flächenelemente ist z.B. leichter zu realisieren als die eines Körpers in Volumenelemente. Denn das häufig verwendete Tetraedernetz, das heute jeder Preprozessor für eine beliebige Volumengeometrie erzeugt, entspricht nicht immer den Erwartungen.

Bild 4: Stahlguss-Motorlager.
a) CAD-Modell mit Belastung F_x, F_y, F_z,
b) Modell A1 (Hexaeder),
c) Modell B1 (Tetraeder),
d) Modell C (Schale).

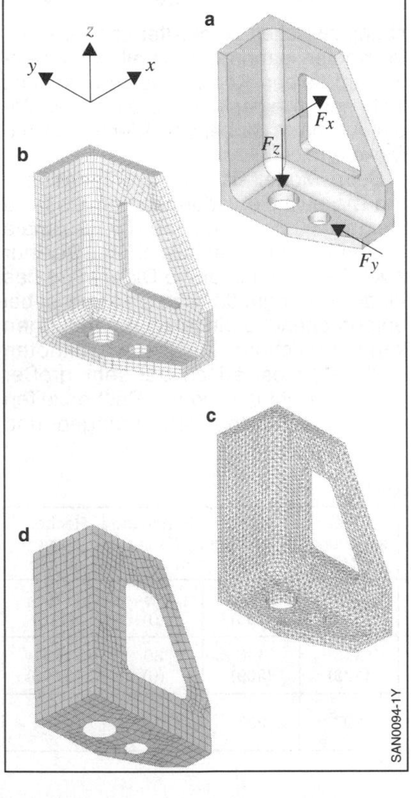

Im Fahrzeugbau sind die tragenden Teile entweder dickwandig massiv (z.B. Motor, Getriebe, Achsen, Räder) und werden mit Volumenelementen modelliert. Oder sie sind dünnwandig aus Blech (z.B. Pkw-Karosserie, Lkw-Fahrerhaus) und werden mit Schalen- und Stabelementen modelliert.

Das erste Beispiel gehört als Volumenelementmodell zur ersten Gruppe der dickwandigen massiven Bauteile. Verglichen wird es mit dem meist verwendeten Schalenmodell der zweiten Gruppe. Auch das im Fahrzeugbau häufig verwendete Stabelement gehört mit dem zweiten Beispiel dazu.

Beispiel 1: Stahlguss-Motorlager als Schalen- und Volumenelementmodell (lineare Statik)

Ziel ist der Vergleich von Schalen- und Volumenelementen in der linearen Statik an einem relativ dickwandigen (3,75 mm) Stahlguss-Motorlager (50 × 25 × 57 mm^3). Bei den Volumenelementen werden zwei Modelle A und B (jeweils mit und ohne Zwischenknoten) mit deutlich unterschiedlicher Ergebnisqualität verglichen, dazu kommt das Schalenmodell C (Bild 4). Im Preprozessor werden ausgehend von der CAD-Volumengeometrie automatisch das Volumenelementnetz A und B sowie zusätzlich über das Mittelflächenmodell das Schalenelementmodell C erzeugt.

Die Materialeigenschaften in den Einheiten mm, N und kg sind:
E-Modul: 210 000 N/mm^2,
Poison'sche Konstante: 0,3,
Dichte: 0,00000785 kg/mm^3.

Die Elementeigenschaften („Properties") werden bei den Modellen A und B mit dem Elementtyp „Solid" (Volumen) mit drei Knotenfreiheitsgraden v_x, v_y und v_z festgelegt. Bei Modell C erfolgt die Festlegung mit dem Elementtyp „Plate" (Schale) mit sechs Knotenfreiheitsgraden v_x, v_y, v_z, d_x, d_y, d_z und konstanter Dicke d = 3,75 mm.

Die Vernetzung mit Volumenelementen (Solid Mesh) zeigt im Modell A die bevorzugte Zerlegung in Hexaeder (nicht für alle Geometrien vollautomatisch möglich, denn hier musste z.B. die Geometrie vorher in Grundkörper zerlegt werden) und im Modell B die automatische Tetraedervernetzung. Die für die Genauigkeit entscheidende Elementanzahl über der Dicke wird dabei vorgegeben (hier mindestens drei Elemente).

Lagerbedingungen
An der rechteckigen xz-Fläche gilt für alle Knoten $v_y = 0$. Für alle Kantenknoten am rechten, langen Schenkel gilt $v_x = 0$ und für die des unteren, kurzen Schenkels gilt $v_z = 0$.

Belastungen
$\sum F_x = 900$ N, $\sum F_y = 2006$ N, $\sum F_z = -550$ N. Alle Lasten sind als Flächenlast („on Surface", bei Schale „on Curve") an der Aussparung mit $F_x = 600$ N, am kleinen Loch mit $F_y = 2006$ N und am großen Loch mit $F_z = -550$ N definiert.

Zu beachten: „einsame" Einzellasten sind nur bei Stabelementen erlaubt.

Ergebnis
Die Ergebnisse sind in Tabelle 1 dargestellt. Bild 5 zeigt die Ergebnisdarstellung für Modell A mit Spannungen als Grautöne (gefährdete Stellen sind dunkel dargestellt) oder als Isofarben im Original.

Volumenelemente sind sehr empfindlich auf falsch angenäherte Lastverteilungen. Daher dürfen Volumenelemente immer nur mit Flächenlasten belastet werden.

Betrachten wir die Tabelle 1 genau: Das Modell A2 mit Zwischenknoten liefert erfahrungsgemäß das korrekte Ergebnis ($v = 0{,}064$ mm, $\sigma = 195$ MPa). Die Abweichung zwischen gemittelter und maximaler Knotenspannung (aus allen Elementen am selben Knoten) sollte möglichst klein sein (kleiner 15 %). Dies ist bei Modell A1 mit 11 % bei drei Elementen pro Dicke erreicht.

Bild 5: Verformung und Spannungsverteilung im Modell A2 als korrektes Modell.
$v = 0{,}064$ mm, $\sigma = 195$ MPa.

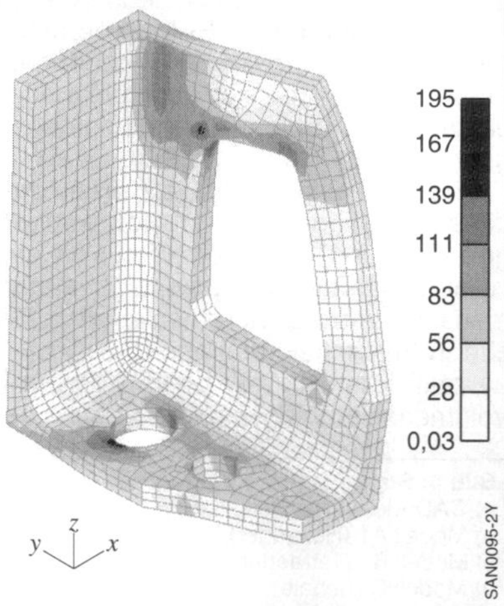

Beim Modell B1 mit drei Tetraedern pro Dicke ist die Verformung um 25 % zu klein ($v = 0{,}048$ mm), wie die maximale Spannung mit ebenfalls 25 %. Bei nur zwei Tetraedern über die Dicke wäre das Modell sogar um 58 % zu steif und ist bei entsprechend geringeren Spannungen kaum brauchbar. Mit Zwischenknoten (B2) liefert es jedoch bei sehr großer Knotenanzahl und hohen Rechenzeiten nahezu identische Verformungen und

Tabelle 1: Ergebnisdarstellung für Motorlager-Modell.
Werte in Klammern gelten für Elemente mit Zwischenknoten.

Modell	Elementtyp	Anzahl Knoten	Gewicht in kg	max. Verformung in mm	Mittelspannung in MPa	max. Spannung in MPa	Spannung Fehler max. in %	Rechenzeit in sec
A1 (A2)	Solid Hexaeder	4 000 (15 000)	0,119	0,061 (0,064)	145 (185)	164 (195)	15 (0)	10 (110)
B1 (B2)	Solid Tetraeder	10 000 (70 000)	0,119	0,048 (0,064)	115 (173)	146 (209)	30 (6)	60 (2 400)
C	Viereck Schale	766	0,114	0,081	197	223	14	2

Spannungen wie A2. Deshalb ist Vorsicht mit groben Netzen ohne Zwischenknoten geboten.

Das Modell C mit Schalenelementen ohne Schubverformung (nur für dünnwandige Strukturen gedacht) ist deutlich zu weich (v = 0,081 mm, größer 21 %, als dickwandig mit Schubverformung sogar größer 30 %). Schalenelemente, ob dünn- oder dickwandig, liefern bei relativ großen Dicken insbesondere bei sehr kompakten Körpern wie hier, nur bedingt brauchbare Verformungen. Es liegt jedoch bei den Spannungen mit +14 % meist auf der sicheren Seite.

Beispiel 2: Karosserie-Rohrrahmen

Das Ziel ist die FEM-Berechnung einer Karosserie als Rohrrahmen (Spaceframe) ohne Blechbeplankung einschließlich Optimierung von Gewicht und Steifigkeit am Beispiel eines Mini-Pickup (kein reales Fahrzeug). Die Materialeigenschaften sind:
E-Modul: 200 000 N/mm^2,
Poisson'sche Konstante: 0,3,
Dichte: 0,00000785 kg/mm^3.

Als Profile werden vereinfacht nur zwei Formen verwendet (Bild 6). Ein Hohlkastenprofil (90 × 120 × 1,5 mm^3) und ein Rohrprofil (70 x 2 mm^2), die im Preprozessor in den Properties mit ihrer Form direkt mit dem Elementtyp „Bar" mit konstantem Querschnitt definiert werden (unterschiedlicher Anfangs- und Endquerschnitt wäre „Beam"). Dabei ergeben sich die erforderlichen Querschnittswerte wie folgt (in mm^2 bzw. mm^4 und mm^3).

Bild 6: Profile des Rohrrahmens.
a) Hohlkastenprofil, b) Rohrprofil.

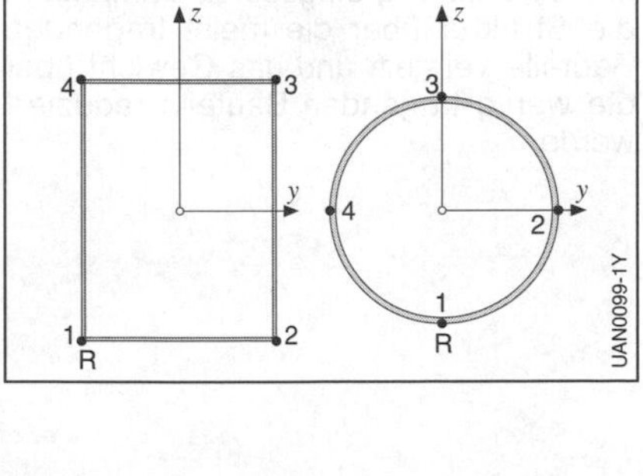

Hohlkasten/Rohr (Bild 6)
- Querschnittsfläche:
  A = 621/427.
- Reduzierte Schubquerschnitte (Shear Area):
  A_{redI} = 325/227,
  A_{redII} = 219/227.
- Hauptträgheitsmomente:
  I_{I} = 1348306/247168,
  I_{II} = 869596/247168.
- Torsionsträgheitsmoment:
  I_{t} = 1606083/494261.
- Torsionswiderstandsmoment:
  W_{t} = 7334/2177.
- Lage der Hauptträgheitsachsen zur Fahrbahn:
  $\alpha = 0\,°$.
- Maximal vier Spannungspunkte:
  S_x = –45/45/45/–45 / 0/35/0/–35,
  S_y = –60/–60/60/60 / –35/0/35/0.

Die Hauptabmessungen gemäß Seitenansicht und Draufsicht (Bild 7) betragen (in mm):
L_1 = 4114 (max.),
L_2 = 2650,
W_1 = 1517 (max.),
W_2 = 1147 (vorn),
W_3 = 1374 (hinten),
H_1 = 1402 (max.),
H_2 = 1315,
H_3 = 469 (Kasten).

Aufbau

Der Rohrrahmen besteht aus 18 Bauteilen (Bild 8), z.B.:
2 Längsträger,
3 Pedalquerträger,
7 Cockpitträger,
8 Längsträger vorn,
10 Hilfsträger vorn,
14 Dachrahmen seitlich,
15 Dachrahmen quer,
16 Hinterachsträger,
17 Längsträger Kasten,
19 Stoßfänger hinten.

Lagerbedingungen

Lineare Statik, Lastfall Biegung (nicht dargestellt):
A $v_y = 0$; (A…F, siehe Bild 7).
B, C, E, F $v_z = 0$; D $v_x = 0$, $v_y = 0$.

Bild 7: Rohrrahmen eines Mini-Pickups.

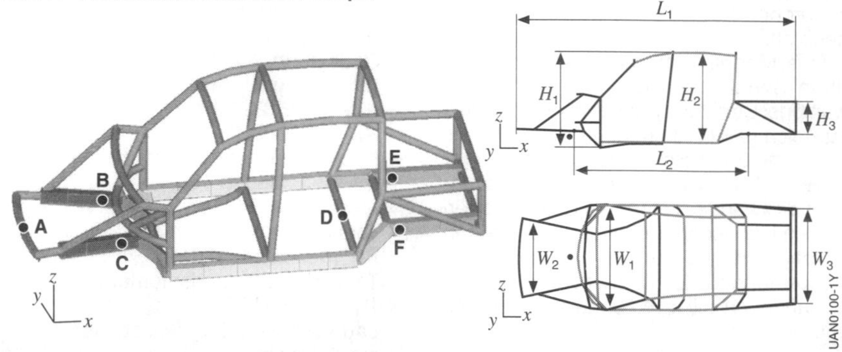

Lineare Statik, Lastfall Torsion:
A, B, C = frei;
E, F $v_z = 0$;
D v_x, $v_y = 0$, $d_y = 0$, $d_z = 0$.

Frei/frei-Dynamik:
Keine Lager, Karosserie schwingt frei in den Federn.

Belastungen
Lineare Statik, Lastfall Torsion:
Torsionsmoment 300 0000 Nmm als übliche Einheitsbelastung auf
Vorderachslager B: $F = -3593{,}7$ N,
Vorderachslager C: $F = 3593{,}7$ N.

Frei/frei-Dynamik:
Nur Massen aus Eigengewicht mit 170 kg, keine Zusatzmassen.

Ergebnisse
Frei/frei-Dynamik:
- Die Karosserie kann frei in ihren Federn schwingen, man erhält die unteren Eigenwerte und -formen des ungedämpften, elastischen Systems in aufsteigender Reihenfolge; bei frei/frei beginnend mit mehreren Starrkörperschwingformen (hier 1 bis 6) mit jeweils der Eigenfrequenz 0.
- Der 1. Eigenwert (38 Hz) ergibt sich als 1. Torsionsschwingung, der 3. Eigenwert (48 Hz) als 1. Biegeschwingung; mit jeweils den hier auf max. 0,1 mm normierten Verformungen x, y, z an allen Knoten, den normierten Spannungen in allen Elementen, und den für die Gewichtsoptimierung wichtigen Formänderungsarbeiten je Element und je Bauteil 1 bis 18 in Prozent als Balkendiagramm (wie für lineare Statik in Bild 8 gezeigt). Absolute Werte erhält man nur bei einer Erregungsberechnung.

Lineare Statik:
- Verformungen x, y, z an allen Knoten,
- Reaktionskräfte und -momente an den Lagerknoten, Spannungen an allen Elementen, Formänderungsarbeiten je Element und je Bauteil in Prozent.

Gewichts- und Steifigkeitsoptimierung
Seit den 1960er-Jahren ist die Abschätzformel zur Gewichts- und Steifigkeitsoptimierung bekannt (Fehler maximal 10 % bei Steifigkeitsverdoppelung). Die Steifigkeitsänderung der Gesamtstruktur (in Prozent) ergibt sich aus der Steifigkeitsänderung des Bauteils multipliziert mit dem Formänderungsarbeitsanteil des Bauteils, dividiert durch 100.

Für den in nahezu allen Pkw kritischen Lastfall „Torsion“, unter Beachtung der übrigen Lastfälle, wird diese Formel gezielt zur Optimierung eingesetzt. Damit kann die Struktur über die meist tragenden Bauteile versteift und das Gewicht über die wenig tragenden Bauteile reduziert werden.

Anwendung der Formel
1. Bauteil (siehe Bild 8):
Bauteil 15 (Dachrahmen quer, G =11,85 kg mit 14,57 % Traganteil:
Ergibt (14,57 × 116) / 100 = 16,9 % Änderung (d. h. Reduzierung) der Verwindung zwischen den Achsen, wenn die Steifigkeit (das Flächenträgheitsmoment) dieses Bauteils um den Faktor 2,169 (116,9 %) erhöht wird. Der Gewichtszuwachs beträgt dabei 3,55 kg, wenn der Rohrdurchmesser von 70 auf 90 mm erhöht wird.

2. Bauteil (siehe Bild 8):
Bauteil 6 (Längsversteifung, G=11,14 kg) mit 2,64 % Traganteil:
Ergibt (2,64 × 250)/100 = 6,6 % Änderung, d.h., nur sehr kleine Erhöhung der Verwindung zwischen den Achsen, wenn die Steifigkeit (Trägheitsmoment) dieses Bauteils um den Faktor 3,5 (250 %) reduziert wird. Die Gewichtsreduzierung beträgt dann 3,34 kg, wenn der Rohrdurchmesser von 70 auf 50 mm reduziert wird.

Ergebnis:
Mit einer minimalen Gewichtserhöhung von 3,55 – 3,34 = 0,21 kg erhöht sich die Verwindungssteifigkeit um 16,9 – 6,6 = 10,3 % (Die Nachrechnung mit geänderten Profilen ergibt 9 %, das belegt den geringen Fehler in der Abschätzformel).

Ein Blick in die hier nicht abgebildeten Tragdiagramme der übrigen Lastfälle zeigt, dass dies auch für die Torsionsschwingung gilt und für die Biegung ohne Belang ist. Die Torsions- und die Biegesteifigkeit dieser Karosserie lässt sich noch erheblich erhöhen und durch Querschnittsverringerung der überdimensionierten Bauteile sicher das Gesamtgewicht reduzieren.

Literatur
[1] R.W. Clough: The Finite Element Method In Plane Stress Analysis; Veröffentlichung, 2nd ASCE Conference on Electronic Computation,1960.
[2] www.IGFgrothTP2000.de.
[3] D. Braess: Finite Elemente: Theorie, Schnelle Löser und Anwendungen in der Elastizitätstheorie. 5. Aufl., Springer Spectrum, 2013.

Bild 8: Lastfall Torsion: 3 000 000 Nmm an den Vorderachspunkten.
Maximale Verformung in mm:
x-Richtung: 0,868459; y-Richtung: 3,071005; z-Richtung: 3,688961.
Maximale Spannung: 64 N/mm².

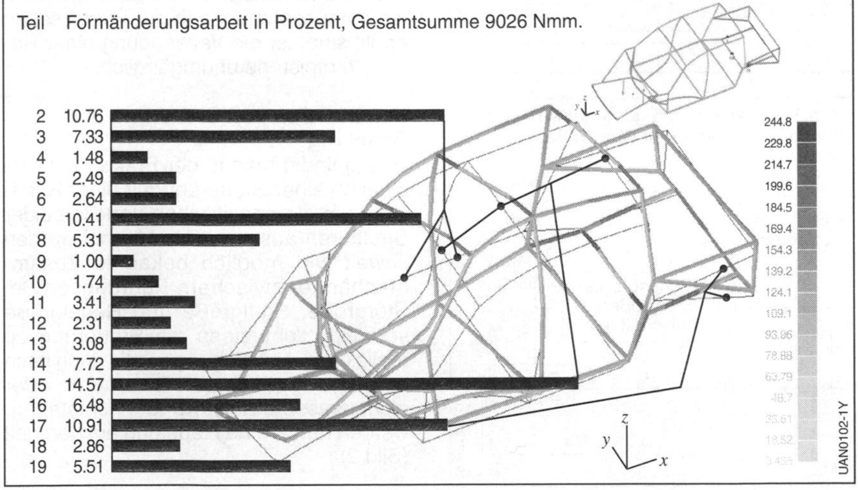

Regelungs- und Steuerungstechnik

Begriffe und Definitionen

(nach DIN 19226 [1])

Regelung

In einem technischen Prozess hat eine Regelung die Aufgabe, eine bestimmte physikalische Größe (Regelgröße y) auf einen vorgegebenen Wert zu bringen und dort zu halten (z.B. die Generatorspannung im Energiebordnetz). Dabei wird die Regelgröße fortlaufend gemessen und mit dem vorgegebenen Wert (der Führungsgröße w, z.B. der Sollwertvorgabe der Generatorspannung in Abhängigkeit vom Ladezustand der Batterie) verglichen (Bild 1). Bei einer Abweichung wird mit einer geeigneten Verstellung der Stellgröße u (z.B. Beeinflussung des Erregerstroms im Generator) derart auf den Prozess (Regelstrecke) Einfluss genommen, dass die Regelgröße y sich wieder an die Vorgabe angleicht. Dieser Vorgang findet in einem geschlossenen Regelkreis statt. Abweichungen können entstehen, wenn Störgrößen z (z.B. das Zuschalten eines weiteren elektrischen Verbrauchers) auf die Regelstrecke einwirken und die Regelgröße y in unerwünschter Weise beeinflussen ([2], [3] und [4]).

Im Kraftfahrzeug trifft man an vielen Stellen auf Regelungen. Als weitere Beispiele seien die Regelung der Kühlwassertemperatur, die Klimaregelung, sowie viele weitere Regelvorgänge aus Motor (Klopfregelung, λ-Regelung), Getriebe (Kupplungsregelung) und Fahrwerk (Gierratenregelung) genannt.

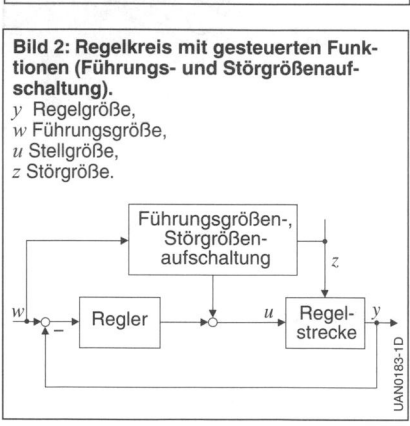

Bild 1: Grundstruktur eines Regelkreises.
y Regelgröße,
w Führungsgröße,
u Stellgröße,
z Störgröße.

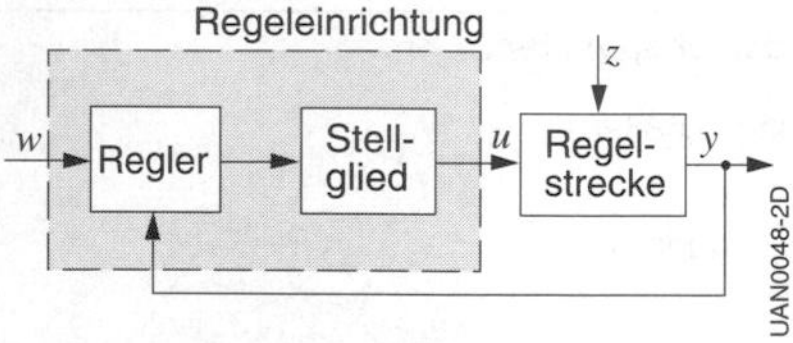

Bild 2: Regelkreis mit gesteuerten Funktionen (Führungs- und Störgrößenaufschaltung).
y Regelgröße,
w Führungsgröße,
u Stellgröße,
z Störgröße.

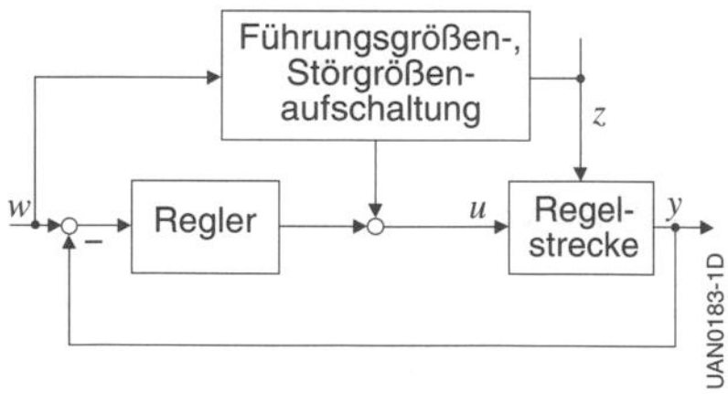

Steuerung

Grundsätzlich werden auch Steuerungen anstelle von Regelungen verwendet. Dann wird die Regeleinrichtung durch eine Steuereinrichtung ersetzt und die Rückführung der Regelgröße entfällt. Dieses Vorgehen ist dann möglich, wenn das Verhalten der Regelstrecke genau bekannt ist und wenn keine (nicht messbaren) Störgrößen z auf die Regelstrecke einwirken.

Grundsätzlich sind Steuerungen zu bevorzugen, da hier aufgrund der fehlenden Rückführung keine Stabilitätsprobleme entstehen können. Da die zuvor genannten Voraussetzungen in der Praxis selten erfüllt sind, ist die Verwendung einer Regelung meistens unumgänglich.

Kombination von Steuerung und Regelung

Häufig findet man in der Praxis die Kombination einer Steuerung mit einer Regelung, um die spezifischen Vorteile beider Strukturen auszunutzen. Hierbei werden soweit wie möglich bekannte Zusammenhänge zwischen Führungsgröße, Störgröße, Stellgröße und Regelgröße verknüpft, um diese als Steuerung zu realisieren. Abweichungen, die dann noch aufgrund geänderter Parameter oder nicht messbarer Störungen entstehen, werden durch eine Regelung ausgeregelt (Bild 2).

Kaskadenregelung
Häufig findet man eine Struktur, bei der die Regelstrecke in zwei oder mehr Teilstrecken zerlegt wird (z.B. in den eigentlichen Prozess und das zugehörige Stellglied). Entsprechend dieser Aufteilung gibt es einen oder mehrere innere und einen äußeren Regler, die getrennt entworfen und eingestellt werden. Man spricht bei dieser Vorgehensweise von einer Kaskadenregelung (Bild 3).

Durch diese Aufteilung der Regelaufgabe in mehrere überschaubare Teilaufgaben wird der Reglerentwurf vereinfacht. Zusätzliche Vorteile im dynamischen Verhalten ergeben sich dadurch, dass Störungen, die im inneren Regelkreis angreifen, dort ausgeregelt werden, bevor sie sich auf den äußeren Regelkreis auswirken. Damit wird die gesamte Regelung schneller. Ebenso können nichtlineare Kennlinien des inneren Kreises linearisiert werden.

Kaskadenregelungen kommen bei vielen Regelsystemen im Kraftfahrzeug zum Einsatz, z.B. bei Stromregelungen für elektrohydraulische Steller oder bei Positionsregelungen für elektromotorische Steller.

Regelungstechnische Übertragungsglieder

Es gibt vier wesentliche Forderungen an das Verhalten eines Regelkreises:
- Der Regelkreis muss stabil sein,
- der Regelkreis muss eine bestimmte stationäre Genauigkeit aufweisen,
- die Antwort auf einen Führungsgrößensprung muss genügend gedämpft sein und
- der Regelkreis muss hinreichend schnell sein.

Zur Erfüllung dieser teils widersprüchlichen Forderungen ist es zunächst erforderlich, das statische und das dynamische Verhalten der Regelkreisglieder

Bild 3: Kaskadenregelkreis.
y_1, y_2 Regelgrößen,
w_1, w_2 Führungsgrößen,
u Stellgröße.

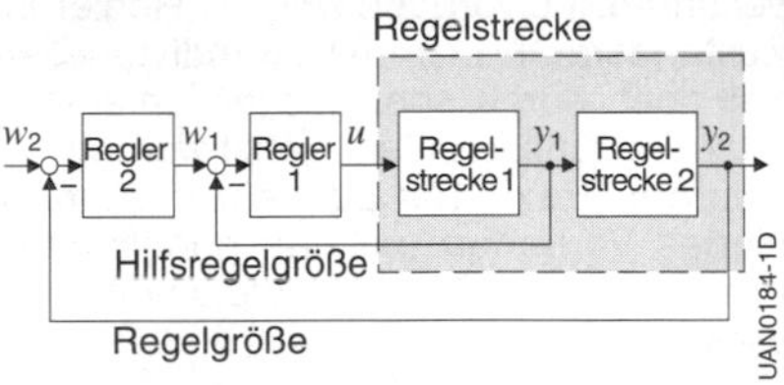

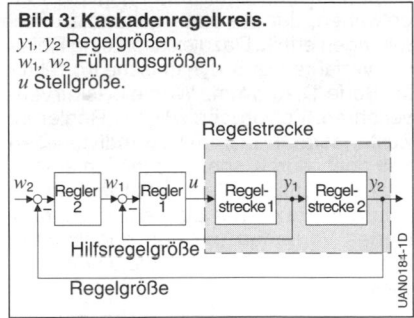

Tabelle 1: Zusammenstellung wesentlicher Übertragungsglieder.

Übertragungs-glied	Differenzialgleichung (Eingang u, Ausgang y)	Übertragungs-funktion	Sprungantwort
P-Glied	$y = Ku$	K	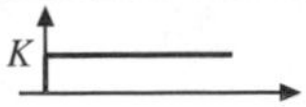
I-Glied	$y = K \int_0^t u(\tau)\,d\tau$	$\frac{K}{s}$	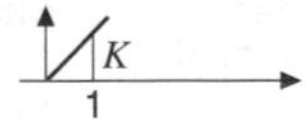
D-Glied	$y = K\dot{u}$	Ks	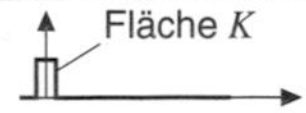
Totzeitglied	$y(t) = Ku(t - T_t)$	$Ke^{-T_t s}$	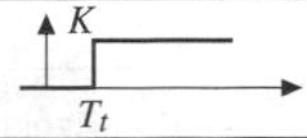
P-T_1-Glied	$T\dot{y} + y = Ku$	$\frac{K}{1+Ts}$	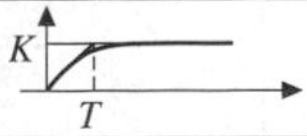
P-T_2-Glied	$T^2\ddot{y} + 2dT\dot{y} + y = Ku$	$\frac{K}{1+2dTs+T^2s^2}$	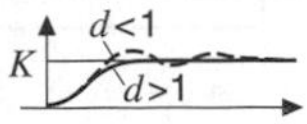

(Regelstrecke und Regler) mit geeigneten Methoden zu beschreiben, um das Verhalten im Regelkreis analysieren und den Regler entsprechend der Anforderungen entwerfen zu können. Diese Beschreibung kann im Zeitbereich (z.B. mit Differentialgleichungen) oder im Frequenzbereich (z.B. mit einer Übertragungsfunktion oder einem Bode-Diagramm) durchgeführt werden.

Viele regelungstechnische Übertragungsglieder lassen sich auf bestimmte Grundtypen zurückführen oder lassen sich durch eine Verknüpfung derselben beschreiben (Tabelle 1).

Aufgabe der Regelkreissynthese ist es, zu einer gegebenen Regelstrecke den passenden Regler (Struktur und Parameter des Übertragungsglieds) zu entwerfen, der die oben genannten Forderungen erfüllt. Dazu existiert eine Reihe von Verfahren (z.B. dynamische Korrektur im Bode-Diagramm, Wurzelortskurvenverfahren, Polvorgabe, Riccati-Regler im Zustandsraum [4]), die im individuellen Fall noch durch spezifische Funktionen oder Entwurfsschritte ergänzt werden.

In der Praxis hat sich ein systematisiertes Vorgehen mit den nachfolgend beschriebenen Schritten als sinnvoll erwiesen.

Entwurf einer Regelungsaufgabe

Regelungsaufgabe

Typischerweise wird die Regelungsaufgabe nicht als solche ausformuliert vorgegeben, sondern sie muss als Ergebnis von Anforderungen im spezifischen technischen Prozess erarbeitet werden. Hierbei geht es um die Definition der Steuer- und Regelaufgabe im System, um Klärung der Fragen, was mit der Regelfunktion erreicht werden soll und durch welche Größen die Zielvorstellung beschrieben wird. Als Beispiel sei die geregelte Lastschaltung in einem Automatikgetriebe genannt. Mit dieser Funktion soll der Kupplungsdruck der Schaltkupplung während der Gangschaltung dem Drehzahlgradienten so nachgeführt werden, dass die Schleifzeit unter allen Betriebsbedingungen, auch bei veränderlichen Parametern (z.B. Reibwert), konstant bleibt.

System- und Blockschaltbild

Hilfreich bei diesen Betrachtungen ist die Erstellung eines Systembilds, in dem das grundsätzliche Zusammenwirken von Elektronik, Mechanik, Hydraulik und Pneumatik sowie aller Sensoren, Aktoren und Bussysteme ersichtlich ist. Daraus ist das regelungstechnische Blockschaltbild abzuleiten, aus dem das funktionale Zusammenwirken aller gesteuerten und geregelten Funktionen mit der zu regelnden Strecke ersichtlich ist (Bild 4). Die Funktionen sind überschriftartig beschrieben, aber noch nicht detailliert ausformuliert.

Bild 4: Regelungstechnisches Blockschaltbild am Beispiel einer geregelten Lastschaltung in einem Automatikgetriebe.

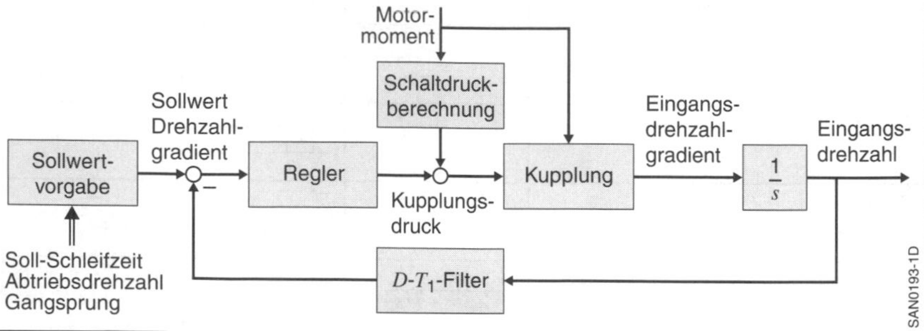

Aus dem Systembild und dem Blockschaltbild soll bereits ein grundlegendes Systemverständnis über die Wirkzusammenhänge möglich sein. Solange das System (Mechanik, Peripherie, Hardware usw.) sich noch in der Entwicklung befindet, soll an dieser Stelle noch ein Einfluss auf die konstruktive Auslegung des Systems möglich sein im Sinne eines gesamtheitlichen mechatronischen Ansatzes. Als Beispiel sei das Füllverhalten einer hydraulisch aktuierten Kupplung erwähnt. Diese soll konstruktiv so gestaltet sein, dass aufgrund von Leitungsquerschnitten, Volumina und Dichtverhalten ein reproduzierbares Verhalten mit möglichst wenig Totzeit gegeben ist.

Regelstrecke

Es folgt die Identifikation der Regelstrecke. Dies kann auf theoretischem Wege (durch Modellbildung) oder praktisch z.B. durch Messung der Sprungantwort oder des Frequenzgangs erfolgen. Es empfiehlt sich, beide Wege zu beschreiten und einen Abgleich durchzuführen. Je nach Aufgabe ist die Identifikation sehr umfangreich. Manchmal genügt es auch, nur den Grundtyp und die Ordnung der Regelstrecke zu ermitteln.

Reglerentwurf

Basierend auf dem Ergebnis der Identifikation erfolgt der Entwurf des Reglers, was die zentrale Aufgabe der Reglersynthese darstellt. Zweckmäßig wird dies zunächst theoretisch anhand von Simulationen durchgeführt, wobei gleichzeitig die Einstellung der verschiedenen Reglerparameter vorgenommen wird. Wenn dieser Schritt ausreichend validiert ist, erfolgt die Inbetriebnahme an der realen Regelstrecke am Prüfstand oder im Fahrzeug. Üblicherweise werden hier noch einmal Rekursionsschritte durchgeführt, um weitere Optimierungen zu erzielen.

Entwurfskriterien

Über diesen grundlegenden Ablauf hinaus sei auf folgende zusätzliche Kriterien hingewiesen:

Digitale (zeitdiskrete) Regelung

Die überwiegende Zahl der Regelungen im Kraftfahrzeug wird auf Mikrocontrollern implementiert. Hier ist die Abtastzeit, orientiert an der Dynamik der Regelstrecke, geeignet festzulegen. Dabei muss sichergestellt sein, dass die Berechnung sämtlicher Funktionsalgorithmen in der zur Verfügung stehenden Zeit zwischen zwei Abtastungen möglich ist.

Nichtlinearitäten

In vielen Fällen sind die oben beschriebenen einfachen linearen Methoden nicht ausreichend, da reale Regelstrecken Nichtlinearitäten enthalten (z.B. Druckreglerkennlinien, Kupplungskennlinien usw.). In einfachen Fällen, wenn es sich um statische stetige Nichtlinearitäten handelt, können diese durch ein zusätzliches Übertragungsglied inversen Verhaltens kompensiert werden. Bei Regelvorgängen mit kleinen Signalamplituden um einen Arbeitspunkt können die Systemgleichungen an diesem Punkt linearisiert werden, anderenfalls sind komplexere Verfahren erforderlich.

Strukturumschaltungen

Viele Regelvorgänge werden zunächst durch gesteuerte Signale eingeleitet (z.B. zuerst Kupplung füllen, dann Schaltdruck einstellen, dann Schaltungsregelung starten). In diesen Fällen muss beim Umschalten vom gesteuerten in den geregelten Zustand darauf geachtet werden, dass dies stoßfrei erfolgt und dass die Speicher (Integratoren der I-Glieder) richtig initialisiert werden.

Robustheit

Typischerweise entwirft man die Regelung mit einer „nominalen" Regelstrecke. In der Praxis kommen aber aufgrund von Fertigungstoleranzen Regelstrecken vor, die bis zu einem definierten Grad von dieser Nominaldefinition abweichen. Darüber hinaus ändern sich die Parameter über der Lebensdauer, z.B. durch Kupplungsverschleiß oder in Abhängigkeit dritter Größen (Temperatur). In keinem dieser Fälle darf es zu signifikanten Funktionseinbußen oder zu Instabilität des Regelkreises kommen. Zur Beherrschung dieser Anforderungen stehen verschiedene Verfahren aus dem Gebiet der „robusten Regelung" oder der „adaptiven Regelung" zur Verfügung.

Adaptive Regler

Motivation

Regelstrecken haben oft kein konstantes Verhalten. In vielen Fällen ändern sich Parameter wie Zeitkonstanten und Verstärkungsfaktoren. Es kann sich sogar die Struktur der Strecke ändern. Adaptionen passen Steuerungs- und Regelverfahren an unterschiedliches Streckenverhalten an. Beispiele hierfür sind:

Fertigungstoleranzen
In einer Serie sind nicht alle Produkte zu 100 % identisch. Da ein individueller Abgleich aufwändig ist, soll das System sich selbsttätig an unterschiedliche Parameter anpassen (z.B. Abgleichdaten für automatische Getriebe, [5]).

Verschleiß
Durch Abnutzung verändern sich Parameter reproduzierbar (z.B. ein größer werdender Kupplungsweg) oder zufällig (z.B. der Reibwert von Lamellen). Adaptionen können dieses unterschiedliche Verhalten ausgleichen (z.B. Kupplungsweg-Adaption für automatisierte Kupplungen, [6]).

Abhängigkeit von einer dritten Größe (z.B. Temperatur)
Die Viskosität von Öl ist stark temperaturabhängig. Da diese Schwankungen auch kurzfristig (z.B. mehrmals täglich) durchlaufen werden, müssen sie ausgeglichen werden (z.B. Störmomentbeobachter, Wandlerkupplungsregelung, [7], [8]).

Arbeitspunktabhängigkeit nichtlinearer Systeme
Nichtlineare Systeme werden häufig an einem Arbeitspunkt linearisiert und dann durch einen linearen Regler (Kleinsignalverhalten) geregelt. Über eine Adaption kann man dem unterschiedlichen Verhalten an den Arbeitspunkten Rechnung tragen (z.B. Adaption des Schaltdrucks bei verschachtelten Mehrfachschaltungen beim automatischen Getriebe, [9]).

Aus den vielfältigen Anforderungen, diese Problematik steuerungstechnisch zu beherrschen, ergibt sich der Wunsch nach adaptiven Systemen, die nachfolgend beschrieben und definiert werden.

Definition „Adaptive Regelung"

Das Verhalten der Regelung wird den sich ändernden Eigenschaften der Regelstrecke und ihrer Signale angepasst. Adaptionsverfahren gliedern sich damit grundsätzlich in zwei Schritte.

- Identifikation: Bestimmung des Systemverhaltens (Systemparameter) aus zeitveränderlichen Größen des Systems.
- Adaption: Anpassung des Steuer- oder Regelgesetzes als Reaktion auf eine Änderung des Systemverhaltens.

Gesteuerte Adaptionen

Die Anpassung erfolgt durch eine Steuerung, eine vorwärtsgerichtete Struktur. Dabei wird davon ausgegangen, dass die sich verändernden Eigenschaften durch messbare äußere Signale z (Störgrößen) erfasst werden können und dass die

Bild 5: Gesteuert adaptives System.
y Regelgröße,
w Führungsgröße,
u Stellgröße,
z Störgröße.

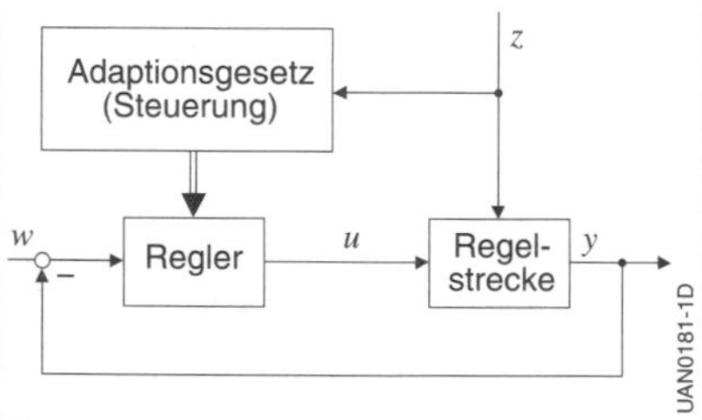

Bild 6: Adaptives System mit Rückführung.
y Regelgröße,
w Führungsgröße,
u Stellgröße.

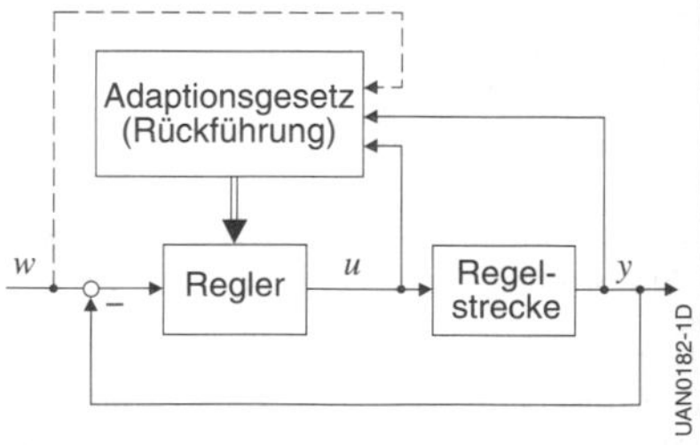

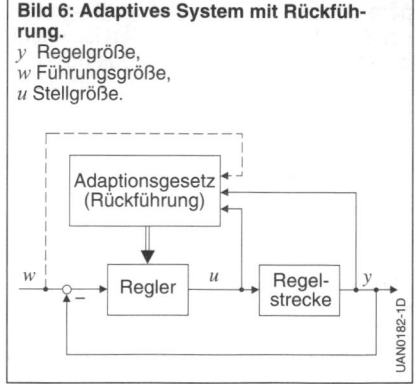

Abhängigkeit der Regelung von diesen Signalen bekannt ist (Bild 5). Es erfolgt keine Rückführung von inneren Signalen des Regelkreises auf die Einstellung des Reglers.

Adaption mit Rückführung
Bei einer Adaption mit Rückführung sind die sich verändernden Eigenschaften nicht direkt erfassbar und müssen aus messbaren Signalen des Regelkreises identifiziert werden. Die Identifikation kann eine einfache Messung oder auch ein komplexer Algorithmus zur Schätzung dynamischer Prozessmodelle sein. Zusätzlich zum Grundregelkreis wird eine zweite Rückführschleife über das Adaptionsgesetz realisiert (Bild 6).

Grundsätzlich ist zunächst eine gesteuerte Adaption zu empfehlen, d.h., vorab bekannte und messtechnisch erfassbare Zusammenhänge werden in gesteuerter Form zur Anpassung genutzt. Der Vorteil dieser vorwärtsgerichteten Struktur lässt sich mit den Vorteilen einer Steuerung gegenüber einer Regelung vergleichen. Eine Rückführschleife, die möglicherweise Stabilitätsprobleme verursachen kann, entfällt. In der industriellen Praxis werden meist gesteuert adaptive Systeme verwendet.

Entwurfshinweise
Folgende Fragen sind beim Entwurf einer adaptiven Regelung zu klären:
– Welche Parameter und Merkmale müssen adaptiert werden, da sie nicht über einen robusten Entwurf abgedeckt werden können?
– Durch welche Signale oder Größen können diese Parameter und Merkmale ermittelt werden?
– Muss das System gezielt angeregt werden, um diese Parameter und Merkmale zu ermitteln, oder kann die Adaption im laufenden Betrieb der Regelung erfolgen?
– Kann die Adaption gesteuert durchgeführt werden oder muss eine Rückführung vorgesehen werden?
– Wie kann die Stabilität und Konvergenz der adaptiven Regelung geprüft werden?

Eine ausführliche Behandlung der Themenfelder „Entwurf adaptiver Regelungen“ und „Identifikation dynamischer Prozesse“ findet sich in [4], [10] und [11].

Literatur
[1] DIN 19226: Regelungstechnik und Steuerungstechnik; Begriffe und Benennungen.
[2] W. Oppelt: Kleines Handbuch technischer Regelvorgänge. 5. Aufl., Verlag Chemie GmbH, 1972.
[3] O. Föllinger: Regelungstechnik. 12. Aufl., VDE Verlag GmbH, 2016.
[4] R. Isermann: Digitale Regelsysteme. 2. Aufl., Springer-Verlag, 2008.
[5] DE 102 007 040 485 A1, Abgleichdaten AT-Getriebe.
[6] DE 102 007 027 702 A1, Kupplungsweg-Adaption für automatisierte Kupplungen.
[7] DE 000 019 943 334 A1, Störmomentbeobachter, Wandlerkupplungsregelung.
[8] G. Bauer; C. Schwemer: Entwurf einer Wandlerkupplungsregelung unter Berücksichtigung nichtfunktionaler Anforderungen. AUTOREG 2008, 4. Fachtagung Baden-Baden, 12. und 13. Februar 2008, VDI/VDE-Gesellschaft Mess- und Automatisierungstechnik.
[9] DE 102 006 001 899 A1, Adaption Schaltdruck bei verschachtelten Mehrfachschaltungen AT- Getriebe.
[10] R. Isermann: Identifikation dynamischer Systeme 1, 2. 2. Aufl., Springer-Verlag, 2012, 1992.
[11] R. Isermann: Mechatronische Systeme. 2. Aufl., Springer-Verlag, 2007.

Künstliche Intelligenz

Einführung in die KI

Das Ziel von „Künstlicher Intelligenz“ (KI) ist es zu verstehen, wie intelligentes Verhalten funktioniert und wie es mit Mitteln der Informatik auf Computersystemen implementiert werden kann. Dazu wird versucht, Maschinen, Roboter und Softwaresysteme zu befähigen, abstrakt beschriebene Aufgaben und Probleme eigenständig zu bearbeiten und zu lösen, ohne dass jeder Schritt vom Menschen programmiert wird. Wichtige Unterfelder sind maschinelles Lernen, Wissensrepräsentation, Sprachverstehen und logisches Schließen [1].

Von KI-Systemen [2] wird eine gewisse Robustheit erwartet, d.h. sie sollen sich auch an ihre Umwelt und sich ändernde Bedingungen anpassen und lernen können [3].

Dem Begriff System wird im Weiteren folgende Definition zugrunde gelegt: „Ein System besteht aus einer Reihe miteinander verbundener Komponenten, bei denen ein erwartetes Verhalten an der Schnittstelle zu seiner Umgebung beobachtet wird“ [3].

Geschichte der KI

Die Begründung der KI als eigenständige wissenschaftliche Disziplin lässt sich auf das „Dartmouth Summer Research Project on Artificial Intelligence“ zurückführen, das 1956 am Dartmouth College in Hanover (New Hampshire) stattfand und an dem u.a. John McCarthy, Marvin Minsky, Herbert Simon, Alan Newell und Claude Shannon teilnahmen [4].

Der KI als Wissenschaft liegen zwei fundamentale Annahmen zu Grunde:

- 1.) Intelligenz beruht auf der Fähigkeit physischer Systeme, Regelmäßigkeiten im Verhalten äußerer Erscheinungen in inneren Modellen zu repräsentieren, diese Repräsentationen zu analysieren und die Ergebnisse der Analyse zur Steuerung des Systemverhaltens zu verwenden.
- 2.) Die eigentliche Intelligenzleistung sei das Erzeugen und Manipulieren formaler Systeme durch formale Systeme.

Durch den Symbolverarbeitungsansatz wurden kognitive Leistungen als Transformationen von Symbolstrukturen verstanden, wobei Symbole direkt mit bedeutungstragenden Einheiten identifiziert wurden [5]. Mit dieser Form einer stark logik-orientierten KI konnten zwar einige Fortschritte erzielt werden, allerdings vor allem in Bereichen, die sich durch logische Formalismen effizient beschreiben ließen.

In Feldern, die durch hohe Komplexität, Unschärfe oder Unsicherheit gekennzeichnet sind, war dieser Ansatz weniger erfolgreich. Die eintretende Ernüchterung führte zu einem starken Rückgang an Forschungsinvestitionen in der KI, dem sogenannten „KI-Winter“.

Fortschritte in der KI

Der zunehmende Preisverfall von Rechenkapazität, Speicher und Verbindungskosten und das damit verbundene Aufkommen des Cloud-Computings, brachte die materielle Grundlage, um maschinelles Lernen – konkret konnektionistische Prinzipien in Form von künstlichen neuronalen Netzen (KNN) – in größerem Umfang zu implementieren. Eine andere, oft verwendete Bezeichnung für diese Klasse an Lernverfahren ist auch Deep Learning (siehe maschinelles Lernen). Dabei werden „Wissen“ und „Bedeutung“ nicht durch explizite symbolische Repräsentationen, sondern in Aktivitätsmustern über „Knoten“ und „Verbindungen“ implementiert. Das Vorgehen ist dabei grundlegend anders als bei klassischen nicht auf KI basierte Algorithmen. Bei klassischen Algorithmen beschreibt der Programmierer über Anweisungen, wie ein gegebenes Problem gelöst werden soll. Bei maschinellem Lernen und KNN beschreibt der Entwickler nicht den Weg, sondern stattdessen über Beispiele direkt das Ziel der Problemstellung. Zusätzlich gibt er einen Lernalgorithmus an, der selbstständig nach einem Lösungsweg für die Problemstellung sucht.

Der Ressourcenbedarf von elaborierten KNN darf dabei nicht unterschätzt werden. So wurden in einem Trainingszyklus von AlphaGo (s.u.) 5000 Tensor-Processing-Units über 40 Tage eingesetzt, die 192 000 KWh benötigten, was dem Jahresenergiebedarf von 32 Haushalten in Deutschland entspricht.

In der heutigen KI sind die auf KNN basierenden Ansätze dominant, wobei den logik-basierten Verfahren bei dem Erklären von KI-Algorithmen in Zukunft wieder höhere Bedeutung zukommen könnte.

Wesentliche Meilensteine

Konzeptionelle Weiterentwicklungen der KI führten immer wieder zu aufsehenerregenden Durchbrüchen, die auch von einer größeren Öffentlichkeit mit Interesse wahrgenommen wurden:

- 1996 konnte „Deep-Blue" den amtierenden Weltmeister Garri Kasparow im Schachspiel schlagen.
- 2005 gelang es „Stanley", einem modifizierten VW Touran, bei der „DARPA Grand Challenge" einen Parcours in der Mohave-Wüste von 212 km in weniger als sieben Stunden selbstständig zu absolvieren und das Rennen zu gewinnen. Noch im Jahr davor waren 100 Teams an dieser Aufgabe gescheitert.
- 2011 gewann „Watson", ein System für Textverstehen und semantische Suche, in der Quizsendung „Jeopardy" gegen zwei menschliche Gegner.
- 2012 konnte „AlexNet" ein „tiefes" neuronales Netz, die „ImageNet Large Scale Visual Recognition Challenge" mit weitem Abstand und „super human performance" gewinnen.
- 2016 besiegte „AlphaGo" im Go-Spiel den als besten Spieler geltenden Meister Lee Sedol. Dies war eine umso bemerkenswertere Leistung, als Go eine wesentlich höhere Komplexität als Schach besitzt und es auch für Super-Computer unmöglich ist, den kompletten Lösungsraum erschöpfend zu durchsuchen.

Diese Erfolge können dazu führen, dass von spezifischen idealen Wettbewerbsbedingungen abstrahiert und von leichter Übertragbarkeit in offene Alltagssituationen ausgegangen wird. Tatsächlich sind Systeme, die unter Idealbedingungen eindrückliche übermenschliche Fähigkeiten zeigen, wesentlich weniger robust gegenüber Störungen oder Beeinflussungen, die in Alltagssituationen auftauchen können.

Wesentliche Anwendungen

Durch die signifikanten algorithmischen Fortschritte ist künstliche Intelligenz heute bereits in vielen Produkten in unserem Alltag angekommen.

Beispiele

Persönliche Assistenten

Ein prominentes Beispiel sind persönliche Assistenten, mit denen Anwender meist über Sprache interagieren können. So können sich Anwender beispielsweise Fragen zum aktuellen Wetter oder den Nachrichten einfach vom mobilen Endgerät beantworten lassen. Im Hintergrund laufen dazu verschiedene KI-Algorithmen

- zur Übersetzung der Audiosignale in eine für den Computer zugängliche Repräsentation der Frage,
- zum Auffinden der Informationen in einem Wissensgraph,
- zur Generierung einer Sprachausgabe, um dem Nutzer die Information mitzuteilen.

Computer-Sehen

Ein zweite, inzwischen weitverbreitete Anwendung von KI, ist das Computer-Sehen (siehe Computer Vision). Die Wahrnehmung der Umwelt über Bilder ist für Menschen meist eine einfache Aufgabe, war für Maschinen aber lange ein ungelöstes Problem. Heute werden meist künstliche neuronale Netze eingesetzt (siehe künstliche neuronale Netze), um aus dem Bild einer Kamera Rückschlüsse zu ziehen. Essenziell ist dies z.B. bei Fahrerassistenzsystemen, konkret der Erkennung von Schildern, Ampeln, der Fahrspur, Fußgängern und allgemein anderen Verkehrsteilnehmern. Ähnlich verbreitet ist KI auch bei der Überwachung mit Hilfe von Kameras, beispielsweise um Ausnahmesituationen frühzeitig zu erkennen.

Bedeutung der KI
Ohne KI-Algorithmen wären diese Problemstellungen heute technisch nicht zu lösen. Eine generelle Daumenregel für die Anwendungen der KI lautet: Ist das Problem einfach mit klassischen Methoden lösbar, ist dies meist vorzuziehen. KI ist spannend für Anwendungen, bei denen sich der Lösungsweg nicht durch wenige einfache Regeln als Algorithmus beschreiben lässt.

Intelligente Agenten
KI-Systemen liegt häufig das grundlegende Konzept eines „intelligenten Agenten" zugrunde, der aufgrund von eigenem Wissen in einem gegebenen Kontext rational zu handeln in der Lage scheint und daher von externen menschlichen Beobachtern als intelligent wahrgenommen wird. Dieses Konzept der Zuschreibung von Intelligenz durch einen externen Beobachter aufgrund von Handlungen, die eine intelligente Wissensverarbeitung nahelegen, wurde von A. Newell 1980 formuliert [7].

Wesentliches Merkmal der generischen Architektur eines intelligenten Agenten sind die „Sense Plan Act"-Komponenten und die Interaktion mit seiner Umgebung (Bild 1). Aus der Umgebung empfängt der Agent über seine Wahrnehmung (Perzeption) Informationen, die er verarbeitet und durch Handlungen umsetzt, die Auswirkungen auf die Umgebung haben. Wichtige Voraussetzungen für erfolgreiche Interaktionen sind eine hinreichend stabile und zuverlässige Wahrnehmung des Agenten, sowie die Abbildung der wahrgenommenen Objekte auf ein Welt- oder Domänenmodell, das Planungsvorgänge und ein – zumindest für den jeweiligen Weltausschnitt – ausreichendes semantisches Verständnis ermöglicht. Hinzu kommt die Fähigkeit zu handeln, d.h. das Gelernte und den Gegenstand der Planung in die Realität umzusetzen.

Im Folgenden wird insbesondere auf die Fähigkeiten des Lernens, Repräsentieren der Inhalte und ihrer weiteren Verarbeitung eingegangen. Abschließend wird noch auf Aspekte der Sicherheit von KI-Systemen eingegangen.

Maschinelles Lernen

Lernen als Vorhersage
Lernen ist ein Prozess, bei dem aus Erfahrung Expertise generiert wird, d.h.:

„Ein Computer-Programm lernt aus Erfahrung E hinsichtlich von bestimmten Aufgaben T und Performanzmessung P, wenn die Performanz, wie von P gemessen, bei der Abarbeitung der Aufgaben T mit steigender Erfahrung E besser wird." [8]

Dabei soll ein Lernender aus einzelnen Beispielen erfolgreich generalisieren, d.h. induktiv vom Einzelnen auf das Allgemeine schließen. Dabei muss der Lernende aus wahrnehmbaren Eigenschaften eines Objekts auf die Zugehörigkeit zu einer bestimmten Klasse schließen. Das Lernziel ist erreicht, wenn der Lernende eine zutreffende Hypothese oder ein Modell erstellen konnte, das die korrekte Vorhersage der Zugehörigkeit zu einer bestimmten Klasse aufgrund von Merkmalen ermöglicht. Lernen kann somit als Klassifizierungsproblem verstanden werden, und in dem Modell sind die Klassifizierungsregeln kodiert [9]. Formal ausgedrückt: Es muss eine Menge $\mathbb{X}$ von Objekten geben, die klassifiziert werden sollen. Desweiteren eine Menge $\mathbb{Y}$ von möglichen Annotationen oder Labeln, mit denen die Zugehörigkeit von Beispielen zu einer Klasse gekennzeichnet sind. Im

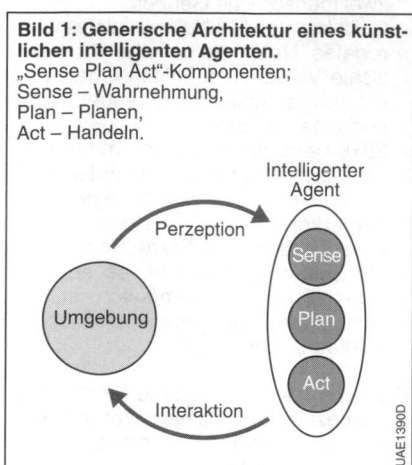

Bild 1: Generische Architektur eines künstlichen intelligenten Agenten.
„Sense Plan Act"-Komponenten;
Sense – Wahrnehmung,
Plan – Planen,
Act – Handeln.

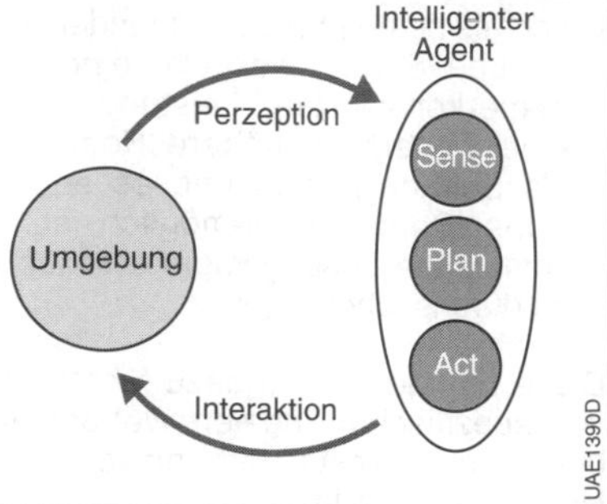

einfachsten Fall mit einem Element aus {0,1}. Weiterhin eine endliche Menge $\mathbb{M}$ von annotierten Trainingsbeispielen aus $\mathbb{X} \times \mathbb{Y}$, d.h. $\mathbb{M} = ((x_1, y_1)\ldots(x_m, y_m))$. Die Trainingsbeispiele stammen aus einer Wahrscheinlichkeitsverteilung D aus $\mathbb{X}$ und die Annotationen von allen Beispielen wurden von einer bereits vorhandenen Klassifizierungsfunktion $f{:}\mathbb{X} \rightarrow \mathbb{Y}$ ausgeführt, d.h. $y_i = f(x_i)$.

Auf Basis dieser Trainingsdaten formuliert der Lernende eine Hypothese eines geeigneten Klassifikationsmodells:

$$h{:}\mathbb{X} \rightarrow \mathbb{Y}.$$

Der Erfolg des Lernens, also die Perfomanzmessung, lässt sich über den Fehler des vom Lerner generierten Vorhersagemodells bestimmen. Der Fehler L der Vorhersage $h{:}\mathbb{X} \rightarrow \mathbb{Y}$ ist also:

$$\begin{aligned} L_{D,f}(h) &= \mathbb{P}\ |(h(x) \neq f(x))| \\ &= D(\{h(x) \neq f(x)\}) \end{aligned}$$

Der Fehler bezieht sich somit auf die Wahrscheinlichkeitsverteilung und die korrekte Annotierungsfunktion.

Beispiel

Ist auf einem Foto ein Boschhammer oder ein Bosch Schwingschleifer zu sehen? Diese Aufgabe könnten wir zum Beispiel mit maschinellem Lernen lösen. Die Menge $\mathbb{X}$ sind dabei Fotos, auf denen entweder ein Boschhammer oder ein Schwingschleifer zu sehen ist. Die Menge $\mathbb{Y}$ an möglichen Annotationen ist hier „Boschhammer“ und „Schwingschleifer“. Nun haben wir vor uns einen Stapel an Fotos, jeweils mit einem „Post-it“ mit Text (Label) „Boschhammer“ oder „Schwingschleifer“, je nach Inhalt des Fotos. Dies ist die Menge $\mathbb{S}$, die Beispieldaten, welche wir zum Lernen verwenden. Der bereits vorhandene Klassifizierungsalgorithmus war dabei eine Person, die den Fotos (aus der Menge $\mathbb{X}$) jeweils das korrekte Label (aus der Menge $\mathbb{Y}$) zugeordnet hat. Mit Hilfe dieser Lernbeispiele trainieren wir den Algorithmus nun, das Problem, gegeben ein neues Bild, sehen wir einen Boschhammer oder Schwingschleifer, zu lösen.

Der Lernerfolg lässt sich dabei einfach messen: wir füttern den Algorithmus mit einem neuen Bild x_T. Wir erhalten eine Vorhersage $h(x_T)$, um welches der Werkzeuge es sich laut Lernalgorithmus handelt. Diese Vorhersage vergleichen wir mit der Wirklichkeit, $f(x_T)$. Stimmt dies überein, oder liegt der Lernalgorithmus falsch, ist also $h(x_T) \neq f(x_T)$? Wenn wir diesen Test sehr häufig (unendlich oft) wiederholen, können wir die Wahrscheinlichkeit abschätzen, dass der Algorithmus bei Vorhersagen falsch liegt. Diese Wahrscheinlichkeit ist formal beschrieben durch $\mathbb{P}\,|h(x_T) \neq f(x_T)|$ und ergibt ein Maß für den Lernerfolg. Ist dieses Maß eins, so sind $h(x)$ und $f(x)$ immer verschieden, der Algorithmus macht nie eine korrekte Vorhersage. Ist die Wahrscheinlichkeit dagegen 0, war das Lernen erfolgreich und der Lernalgorithmus ergibt immer eine korrekte Vorhersage.

Lernen oder Trainieren bedeutet bei maschinellem Lernen übrigens so gut wie immer vereinfacht folgendes: Anhand von Daten stellt das Lernverfahren seine Parameter so ein, dass möglichst oft eine korrekte Vorhersage gegeben wird.

Lernstrategien

Überwachtes Lernen

Der weiter oben geschilderte Lernansatz, bei dem aus auf vorklassifizierten Beispielen gelernt wird, wird als „überwachtes Lernen“ (supervised learning) bezeichnet. Wenn die Daten richtig annotiert vorliegen, ist dies ein sehr effizientes Lernverfahren. Der Aufwand, die Daten bereitzustellen, zu annotieren und die richtige Annotation sicherzustellen, ist allerdings sehr hoch.

Unüberwachtes Lernen

Eine grundsätzlich andere Lernstrategie stellt das „unüberwachte Lernen“ (unsupervised learning) dar. Dabei werden Objekte hinsichtlich ihrer Ähnlichkeit zu einem Zielkonzept eingeordnet und entsprechende Cluster gebildet. Es wird nur jeweils ein, möglichst typisches Beispiel benötigt, sowie eine Metrik (häufig die euklidische Distanz) und die Objekte werden in Relation zu ihrer Ähnlichkeit von dem Zielobjekt gruppiert und eingeordnet.

Bestärkendes Lernen
Eine weitere Lernstrategie stellt das „bestärkende Lernen" (reinforcement learning) dar, bei dem ein Algorithmus wie beim unüberwachten Lernen nicht-annotierte Trainingsbeispiele bekommt und ein Modell erstellen soll. Über positives und negatives Feedback soll die Modellbildung in die gewünschte Richtung gelenkt werden. Dies ist quasi eine Weiterentwicklung des Konzepts evolutionärer Algorithmen, die sich selbst modifizieren und bei denen die Selektion über Fitnessfunktionen gesteuert wird.

Wesentliche Algorithmen

Lineare Regression
Ein sehr einfacher Algorithmus, welcher maschinelles Lernen aber anschaulich darstellt, ist die lineare Regression. Nehmen wir als Beispiel einige eindimensionale Messwerte, also Tupel an Eingangsgröße x und Messwert y.

Bei linearer Regression versuchen wir die Messwerte (in Bild 2 die Kreuze) durch eine Gerade $mx+c$ zu erklären. Ganz konkret müssen wir also die beiden Parameter m (Geradensteigung) und c (y-Achsenabschnitt) so festlegen, dass der Abstand zu den Messwerten minimal ist. Dies können wir beispielsweise mit Hilfe eines Optimierungsverfahrens erreichen. Es gibt allerdings auch mathematische Abkürzungen, sodass dies hier nicht erforderlich ist und direkt die optimalen Parameter bestimmt werden können. Das Optimieren, also Anpassen von Modellparametern an Daten, wird in der Welt der KI mit Lernen oder Trainieren bezeichnet.

Bild 2: Lineare Regression.

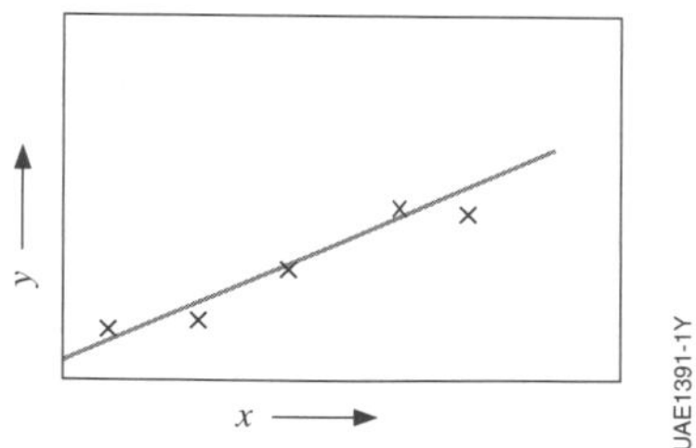

Künstliche neuronale Netze
Ein wesentlich komplexeres Verfahren, welches heute sehr weit verbreitet ist, sind „Künstliche Neuronale Netze" (KNN). KNN sind angelehnt an ein erfolgreiches biologisches Vorbild – das menschliche Gehirn. Mathematisch sind neuronale Netze die Parallel- und Hintereinanderschaltung vieler einfacher Bausteine.

Neuron
Ein Baustein (Neuron, Bild 3, [10]) nimmt dabei mehrere Eingangswerte x_1, … x_n, multipliziert diese Werte jeweils mit Gewichten w_1, … w_n, und wendet auf die Summe dieser Einträge eine meist einfache Funktion an:

$$\varphi:\mathbb{R}\rightarrow\mathbb{R},\ \varphi\left(\sum_{i=1}^{n} w_i x_i\right).$$

Dieser Wert bildet den Ausgangswert des Neurons.

Aufbau eines neuronalen Netzes
Zahlreiche, in vielen Fällen Millionen solcher Operationen, werden nun hintereinandergeschaltet (Bild 4). Der Ausgang mehrerer solcher paralleler Neuronen bildet den Eingang einer weiteren Schicht an Neuronen, so entstehen Verbindungen innerhalb eines Netzwerks. Die letzte Schicht stellt den Ausgang des Netzes dar. Die Größe und Struktur eines Netzes ist von der Menge der Trainingsdaten und

Bild 3: Künstliches Neuron.
x Eingangswerte,
w Wichtungen (Gewichte).
A Summe aus jeweils Eingangswert multipliziert mit Gewicht,
B Aktivierungsfunktion (z.B. $f(x) := \max(0,x)$).

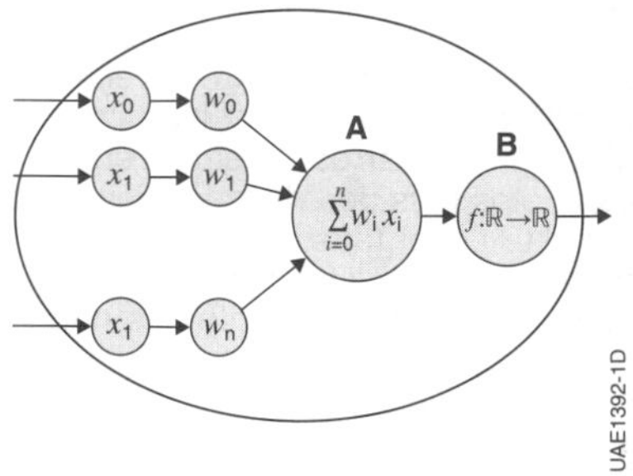

der Komplexität der Eingangswerte abhängig. In der Bildverarbeitung sind beispielsweise Netze mit bis zu 100 Schichten und über 100 Millionen Gewichten verbreitet. Ein Netz wird aber durch Lernen nicht „größer".

Lernen
KNN lernen üblicherweise überwacht, das bedeutet konkret, die zahlreichen Gewichte des Netzwerks werden durch Optimierung so eingestellt, dass das KNN für gegebene Beispiele die korrekte Vorhersage liefert. Damit ist der Lernprozess dann beendet, die gelernten Gewichte werden als Lernergebnis abgespeichert.

Dieser Optimierungsprozess ist sehr rechenintensiv und wurde erst durch neue Prozessortechniken, wie beispielsweise Grafikkarten der aktuellen Generation, möglich.

Anwendungen
Konkret werden KNN beispielsweise eingesetzt, um Objekte zu klassifizieren, also einzuschätzen, um welche Kategorie es sich bei einem gegebenen Beispiel handelt. Die letzte Schicht liefert als Ausgang einen Wert, beispielsweise 0 für Boschhammer und 1 für Schwingschleifer. Nun werden dem Netz viele Beispiele präsentiert und die Gewichte so eingestellt, dass die Vorhersage des Lernverfahrens möglichst immer korrekt ist (siehe Abschnitt Lernen als Vorhersage). Der gesamte Lernvorgang des KNN wird dabei auch als „Deep Learning" bezeichnet.

Eine zweite Anwendung neben der Klassifikation von Objekten sind sogenannte generative Modelle. Anstatt beispielsweise bei einem Bild die Klasse Boschhammer oder Schwingschleifer vorherzusagen, wird das KNN genutzt, um neue Daten zu generieren. So könnte das Netz z.B. ein neues Bild generieren, was eine Mischung aus Boschhammer und Schwingschleifer darstellt. Diese Aufgaben erfordern allerdings wesentlich kompliziertere Verfahren, um die Gewichte des KNN einzustellen.

Repräsentation von Information

Die Repräsentation von Wahrnehmungen oder Erfahrungsinhalten und die anschließende Weiterverarbeitung ist eine der wesentlichen Grundvoraussetzungen für die KI.

Die Art und Weise der Weiterverarbeitung ist dabei bestimmend für die geeignete Repräsentationsform. In den Bereichen der KI, die stark von Expertensystemen und der Strukturierung von Wissen in einfach kommunizierbare logische Strukturen geprägt waren, war „Wissensrepräsentation" praktisch gleichbedeutend mit der Repräsentation in logische Formalismen zusammen mit einer Ontologie, d.h. einer systematischen Zusammenstellung von Objekten und deren systematischem Zusammenhang in einem Anwendungsfeld, die eine semantische Interpretation der Formeln ermöglichte.

Spezielle neuronale Netze, Autoencoder, lassen sich zur Repräsentation von komplexen Zusammenhängen einsetzen. Diese werden daraufhin trainiert, eine effiziente Repräsentation für Daten und damit auch wesentliche Merkmale zu lernen [11]. Wesentliche Einsatzmöglichkeiten finden sich in der kompakten Repräsentation von Wörtern mit ihrem

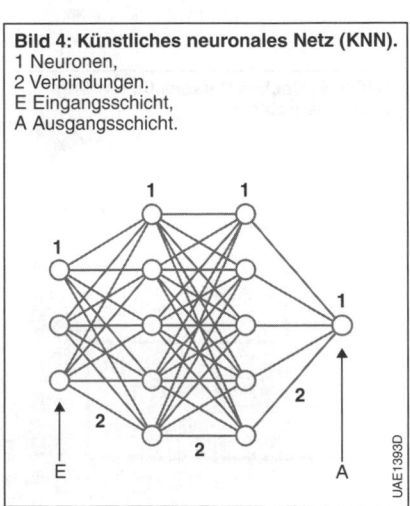

Bild 4: Künstliches neuronales Netz (KNN).
1 Neuronen,
2 Verbindungen.
E Eingangsschicht,
A Ausgangsschicht.

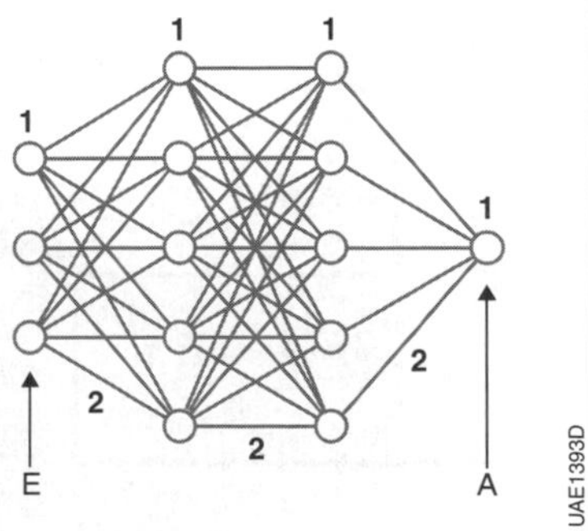

Kontext durch „Word-Embeddings“ in der Sprachverarbeitung.

Generative Adversarial Networks (GANs) liegt ein ähnliches Konzept zugrunde, wobei hier das Kodieren und Dekodieren auf zwei Systeme, einen Generator und einen Diskriminator verteilt ist. Der Generator hat die Aufgabe, eine bestimmte Verteilung von Daten zu erzeugen. Der Diskriminator versucht, diese generierten Daten von denen einer „echten“ Verteilung, die in dem Anwendungsbereich vorliegt, zu unterscheiden. Der Generator hat also das Ziel, solche Daten zu erzeugen, die der Diskriminator als „echt“ bewertet. Der Einsatz von GANs ist vielfältig, von der Erstellung fotorealistischer Bilder bis zur Bewegungsmodellierung in Videosequenzen.

Bild 5: Einfaches Beispiel für ein Wegplanungsproblem.
S Start,
Z Ziel.

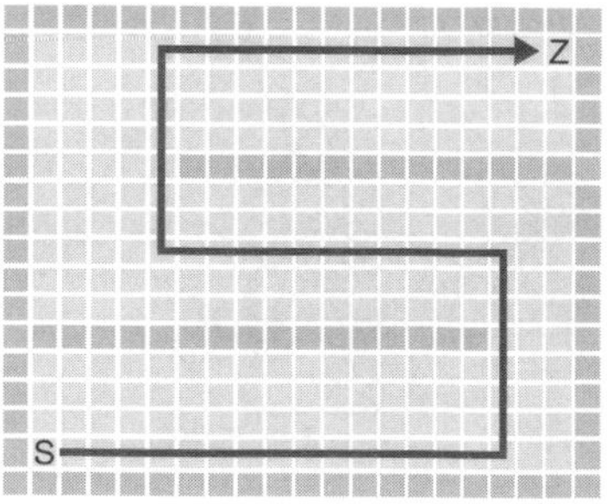

UAE1394Y

Planen

Bedeutung des Planens

Rational oder intelligent erscheinendes Verhalten erfordert oft „jetzt“ eine Entscheidung zu treffen beziehungsweise eine Handlung auszuführen, um erst sehr viel später in der Zukunft ein Ziel zu erreichen. Viele extrem anspruchsvolle KI-Aufgaben haben eine solche Charakteristik.

- Bei Spielen wie Schach oder Go muss ein Spieler in jeder Runde einen Zug spielen, um irgendwann in der Zukunft das Spiel zu gewinnen. Bei jedem Spielzug muss er abschätzen, wie der Zug das Spiel langfristig beeinflussen wird.
- Autonome Fahrzeuge müssen auf verschiedenen Ebenen planen. Zum Beispiel müssen sie einen Weg zum Zielort finden. Dies bezeichnet man als Routenplanung. Die Fahrzeuge müssen aber auch ihre Bewegung, insbesondere die Steuerkommandos wie Lenkwinkel oder Beschleunigung, so planen, dass sie ohne Kollisionen ihr Ziel erreichen, selbst wenn sich andere Fahrzeuge in der Umgebung bewegen. Dies bezeichnet man als Bewegungs- beziehungsweise Verhaltensplanung.

Eine Voraussetzung für das Planen ist ein Verständnis davon zu haben, wie eine Handlung die Zukunft beeinflussen wird. Die Fähigkeit zu Planen setzt also voraus, dass ein KI-Agent die Fragen „Was wäre wenn...“ oder „Wie sieht die Welt nach dieser Handlung aus?“ beantworten kann.

Etwas formaler benötigt der Agent ein Modell der Umwelt. In einem Spiel ist das Modell durch den Spielmechanismus und die Regeln gegeben. Bei der Navigation eines autonomen Fahrzeugs ergibt sich ein Modell aus der Physik des Fahrzeugs, sowie der Umgebung mit allen Hindernissen.

Beispiel für ein Planungsproblem

Eine einfache und illustrative Form der Planung ist die Wegsuche von einem Start- zu einem Zielpunkt (Bild 5). Dieses Planungsproblem kann mit einfachen Methoden der Graphensuche berechnet werden. In diesem Beispiel ist die Zahl der Positionen (auch Zustände) und der möglichen Bewegungen überschaubar klein. In wirklichen Anwendungen kann es extrem viele Zustände oder Handlungsmöglichkeiten geben. Beim Spiel Go gibt es beispielsweise 10^{170} mögliche Zustände auf dem Spielbrett. Bei einem Fahrzeug können Lenkwinkel und Beschleunigung kontinuierlich eingestellt werden, was einen praktisch unendlichen Aktionsraum ergibt. Bei sehr großen Zustands- und Handlungsräumen nutzt man daher oft sampling-basierte Methoden in der Suche, in denen Handlungen nach einer speziellen statistischen Verteilungen zufällig ausgewählt und ausgewertet werden.

Problematik beim Planen
Erschwert wird Planen auch daher, dass sich die Zukunft meist nicht genau vorhersehen lässt. Bei Spielen hängt sie immer von den Zügen des Gegners ab. Autonome Fahrzeuge müssen auf andere Verkehrsteilnehmer reagieren. Anders als bei einer Routenplanung lässt sich daher nicht ein eindeutiger Weg finden, der zum Ziel führt. Vielmehr muss eine Entscheidung die „erwartete" Zukunft abbilden und auf diese reagieren.

Rechenzeit und Rechenleistung
Eine große Herausforderung bei vielen Planungsproblemen ist die benötigte Rechenzeit und Rechenleistung. Bei einem Spiel wie Schach oder Go bekommt ein Spieler (auch ein Computer) nur eine begrenzte Zeit zu denken. Bei einem Fahrzeug müssen in Echtzeit sicherheitskritische Entscheidungen getroffen werden. Die große Herausforderung ist daher, die Planung effizient zu gestalten. Ein wichtiges Konzept dabei ist das „Führen" der Suchalgorithmen. Hierbei wird oft eine einfach auszuwertende Funktion genutzt, um die vom Programm als nächstes betrachteten Handlungen oder Zustände auszuwählen. Diese Regeln können z.B. bei einer Suche auf einer geographischen Karte die euklidische Distanz zum Ziel sein (dies wird beim sogenannten A*-Algorithmus angewandt). Diese Auswahlfunktion kann aber auch komplexer sein. Das berühmte Programm AlphaGo [12], das 2015 den weltbesten menschlichen Go spieler schlug, nutzt zum Beispiel ein sehr großes KNN, um die Suche zu leiten. Dieses Netz wurde mit unzähligen simulierten Spielen trainiert. Dieser Trick erlaubt es AlphaGo in einem neuen Spiel mit einer neuen (möglicherweise bisher ungesehenen) Spielsituation dennoch sehr schnell einen Plan beziehungsweise eine Strategie zu entwickeln und sinnvolle Züge zu spielen.

Neu-Planung
Ein anderer Trick, um rationales Verhalten zu erzeugen, ist die Neu-Planung. Statt zu jeder Zeit einen vollständigen Weg bis zum Ziel zu planen, wird stattdessen nur ein kürzerer Plan berechnet. Von diesem Plan wird die erste Handlung ausgeführt und eine neue Planung wird gestartet. Dieses Vorgehen kann extrem effizient sein, da zum einen die Rechenzeit signifikant reduziert werden kann und durch die ständige Neu-Planung auch einfach auf Veränderungen der Umwelt reagiert werden kann. Allerdings stellt ein solcher Ansatz neue Herausforderungen bezüglich der Vollständigkeit und Optimalität der Algorithmen.

Intelligenz
Planen ist ein klassischer, und immer noch sehr wichtiger Teilbereich der KI. Die Fähigkeit eines KI-Agenten zu planen und eine strategische Voraussicht zu haben, wird oft von außen betrachtet als Intelligenz wahrgenommen.

Bild 6: Ein Suchbaum, in dem die Knoten Zustände und die Pfeile mögliche Handlungen darstellen.

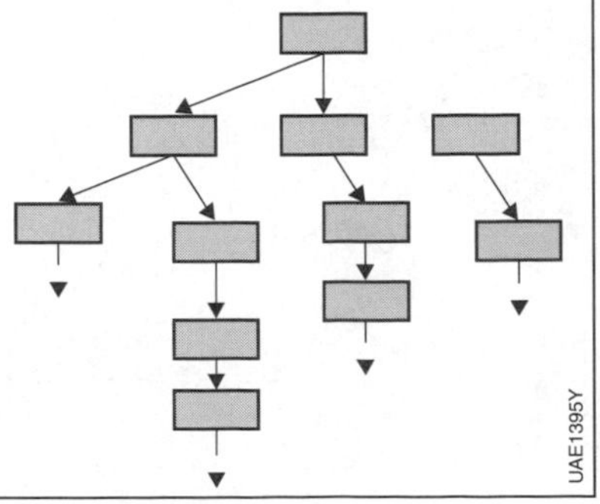

IT-Sicherheit von KI-Systemen

Vergleich KI-System zu klassischem Programm

Ein KI-System unterscheidet sich von einem klassischen Computerprogramm dadurch, dass bei letzterem eine starke Trennung zwischen der in Algorithmen kodierten Anwendungslogik und den verwendenten Daten besteht. Der Datenfluss ist durch die Struktur des Algorithmus vorgegeben. Bei KI-Systemen ist beispielsweise die Struktur eines neuronalen Netzes in einem spezifischen Algorithmus kodiert. Die Gewichte des Netzes und damit auch der Datenfluss durch das System sind aber von den Daten abhängig. Zwischen Daten und Systemverhalten besteht also ein viel engerer Zusammenhang als bei herkömmlichen Systemen.

Wenn ein gelerntes Modell dauerhaft gespeichert werden soll, müssen daher die Struktur und die Werte der Gewichte festgehalten werden.

Manipulationsmöglichkeiten

Die Software und der ausführbare Kode eines KI-System unterliegen in gleichem Maße allen Risiken und Gefahren der Manipulation, wie jedes andere Software-System, das als Anwendung auf einem Computersystem ausgeführt wird. Im IT-Umfeld wird Sicherheit meist unter den Aspekten der Vertraulichkeit, Integrität und Verfügbarkeit betrachtet. Im Hinblick auf KI-Systeme und intelligente Agenten spielt die Systemintegrität eine besondere Rolle, da mit diesem Begriff auf die intendierte Funktionsweise eines Systems referenziert wird.

Manipulation des Kontrollflusses
Das „Hacken“ von Systemen bezweckt genau dieses, nämlich die Übernahme und „Fremdsteuerung“ eines Systems durch Manipulation des Kontrollflusses. Statt die ursprünglichen Befehle des Programms abzuarbeiten wird ein System dazu gebracht, beliebigen anderen Kode auszuführen. Das heißt, der ursprüngliche Algorithmus wird durch einen anderen ersetzt. Ein Angreifer macht sich dabei Schwachstellen im Systemdesign, z.B. fehlende oder unzureichende Eingabevalidierung zunutze, provoziert damit Fehler im Speicherzugriff und „deponiert“ dort Rücksprungadressen auf von ihm eingeschleuste Kodefragmente.

Data-Poisoning
Bei einem KI-System existieren darüber hinaus zusätzliche Möglichkeiten, die Arbeitsweise des Systems zu beeinflussen. Da lernfähige Systeme nicht in herkömmlichem Sinne programmiert, sondern trainiert werden, kann das Systemverhalten durch Manipulation von Daten, aus denen gelernt wird, verändert werden. Man bezeichnet dies als Data-Poisoning.

In Anwendungsfällen, bei denen ein System kontinuierlich lernt, besteht gegenüber dieser Art von Angriffen eine hohe Verwundbarkeit. Ein System könnte durch neue Daten sein grundlegendes Verhalten ändern. Aus diesem Grund werden bei sicherheitskritischen Anforderungen die Gewichte eines Netzes „eingefroren“, um dies zu vermeiden. Darüber hinaus kann die Wahrnehmung des Systems durch „Adversarial Attacks“ gestört werden. Das kann dazu führen, dass eine Szene von einem hochautomatisierten Fahrzeug nicht richtig erkannt wird und entsprechend nicht angemessen reagiert wird.

Schutzmaßnahmen
Während traditionelle Computersysteme vor Angriffen auf ihren Kontrollfluss – zumindest theoretisch – weitgehend geschützt werden könnten, wobei die Wirklichkeit hinter den gegebenen Möglichkeiten zurückbleibt, ist das bei KI-Systemen nicht der Fall. In offenen Anwendungsdomänen kann keine vollständige Inputvalidierung geleistet werden. Deshalb ist es bei KI-Systemen angebracht, neben der Beachtung der wesentlichen Grundsätze sicherer Systementwicklung in der Systemarchitektur weitere Funktionalitäten vorzusehen, die das Systemverhalten aktiv beobachten, schützen und stabilisieren.

Es handelt sich dabei zum einen über die Fähigkeit eines Systems, zusammenhängende Handlungsfolgen zu erkennen und sie typischen Kontexten zuzuordnen. Dazu kommt das Vermögen, sich selbst im zeitlichen Kontext wahrzunehmen und aktuelles gegenüber früherem Verhalten zu vergleichen.

Literaturhinweise
[1] S. Russell, P. Norvig: Artificial Intelligence: A Modern Approach. Prentice Hall, 3. Auflage, 2009.
[2] https://www.plattform-lernende-systeme.de/glossar.html
[3] „A system is a set of interconnected components that has an expected behavior observed at the interface with its environment". Siehe: J. Saltzer, F. Kaashoek: Principles of Computer System Design, Morgan Kaufman. Boston 2009, S.8.
[4] G. Görz (Hrsg.): Einführung in die Künstliche Intelligenz. Addison-Wesley. Bonn usw., 2. Auflage, 1995. S. 3.
[5] A. Newell, H. Simon: Computer Science as Empirical Inquiry: Symbols and Search. ACM, Vol. 19, Nr. 3. 1967.
[6] https://keplerlounge.com/artificial/intelligence/2019/03/24/alpha-go-zero.html
[7] A. Newell: The Knowledge Level. AI Magazin, Vol. 2, Nr. 2. 1981.
[8] T. Mitchell: Machine Learning. Mcgraw-Hil. 1997.
[9] S. Sharlev-Shwartz, S. Ben-David: Understanding Machine Learning. Cambridge University Press, 2014.
[10] H. Wang, B. Raj: On the Origin of Deep Learning.
https://arxiv.org/abs/1702.07800, 2017.
[11] I. Goodfellow, Y. Bengio, A. Courville: Deep Learning. MIT Press. 2016. S. 493ff.
[12] D. Silver et al. „Mastering the game of Go with deep neural networks and tree search" Nature, 529, pages 484–489(2016).

Werkstoffe

Stoffkenngrößen

Die Auswahl eines Werkstoffs für einen spezifischen Einsatzzweck erfolgt anhand von Stoffkenngrößen, die die Werkstoffeigenschaften beschreiben. Dabei kann zwischen den physikalischen Stoffkenngrößen, die sich aus dem atomaren Aufbau ergeben und den mechanisch-technologischen Stoffkenngrößen, die z. B. durch Fertigungsverfahren beeinflusst werden können, unterschieden werden.

In den Tabellen 3 bis 6 sind für eine Vielzahl von Stoffen einige physikalische Stoffkenngrößen aufgelistet.

Physikalische Stoffkenngrößen

Dichte
Die Dichte ρ ist das Verhältnis von Masse zu Volumen einer bestimmten Stoffmenge (siehe auch DIN 1306:1984-06 [1]). Die Einheit ist kg/m^3.

Schmelztemperatur
Die Schmelztemperatur bezeichnet die Temperatur, bei der ein Stoff vom festen in den flüssigen Zustand übergeht.

Siedetemperatur
Die Siedetemperatur bezeichnet die Temperatur, bei der ein Stoff vom flüssigen in den gasförmigen Zustand übergeht.

Schmelzwärme
Die spezifische Schmelzwärme (Schmelzenthalpie) ist diejenige Wärmemenge, die erforderlich ist, um einen Stoff bei der Schmelztemperatur aus dem festen in den flüssigen Zustand zu überführen. Die Einheit ist kJ/kg.

Verdampfungswärme
Die spezifische Verdampfungswärme (Verdampfungsenthalpie) ist diejenige Wärmemenge, die erforderlich ist, um eine Flüssigkeit bei gleichbleibender Siedetemperatur zu verdampfen. Sie ist sehr stark druckabhängig. Die Einheit ist kJ/kg.

Wärmeleitfähigkeit
Die Wärmeleitfähigkeit ist diejenige Wärmemenge, die aufgrund eines Temperaturunterschieds durch eine Stoffprobe mit definierter Fläche und Dicke strömt. Die Wärmeleitfähigkeit ist bei Flüssigkeiten und Gasen – im Gegensatz zu festen Stoffen – oft stark temperaturabhängig. Die Einheit ist W/(m·K).

Elektrische Leitfähigkeit
Die elektrische Leitfähigkeit beschreibt die physikalische Eigenschaft eines Stoffs, elektrischen Strom zu leiten. Gemäß dem Wiedemann-Franz-Gesetz ist sie nahezu proportional zur Wärmeleitfähigkeit. Die Einheit ist S/m (Siemens pro Meter).

Wärmeausdehnungskoeffizient
Der lineare Wärmeausdehnungskoeffizient α (Längenausdehnungskoeffizient) gibt die relative Längenänderung eines Stoffs bei einer Temperaturänderung an. Bei einer Temperaturänderung T beträgt die Längenänderung $\Delta l = l\,\alpha\,\Delta T$. Die Einheit ist K^{-1}.

Analog ist der kubische Wärmeausdehnungskoeffizient (Volumenausdehnungskoeffizient) definiert. Er beträgt bei Gasen etwa 1/273 K^{-1}; bei festen Stoffen ist er etwa dreimal so groß wie der Längenausdehnungskoeffizient.

Wärmekapazität
Die spezifische Wärmekapazität (spezifische Wärme) ist die Wärmemenge, die erforderlich ist, um einen Stoff zu erwärmen. Sie ist von der Temperatur abhängig. Bei Gasen wird zwischen der spezifischen Wärmekapazität bei konstantem Druck oder bei konstantem Volumen unterschieden (Formelzeichen c_p beziehungsweise c_v). Bei festen und flüssigen Stoffen ist der Unterschied meist vernachlässigbar. Die Einheit ist kJ/(kg · K).

Permeabilität

Die Permeabilität μ beschreibt das Verhältnis aus magnetischer Flussdichte B und magnetischer Feldstärke H (siehe magnetisches Feld, Permeabilitätszahl):

$$B = \mu H.$$

Die Permeabilität setzt sich aus der magnetischen Feldkonstante μ_0 und der werkstoffabhängigen relativen Permeabilität μ_r zusammen ($\mu_0 = 4\pi \cdot 10^{-7}$ A s/V m, $\mu_r = 1$ für Vakuum) zusammen. Je nach Einsatzgebiet des magnetischen Werkstoffs definiert man etwa 15 verschiedene Permeabilitäten, abhängig vom Aussteuerungsbereich und von der Beanspruchung (Gleich- oder Wechselfeldbeanspruchung). Im Folgenden sind die wichtigsten Größen genannt.

Anfangspermeabilität μ_a

Die Steigung der Neukurve (Bild 1, siehe auch Hysteresekurve) für $H \to 0$ wird als Anfangspermeabilität μ_a bezeichnet. Meist wird jedoch nicht dieser Grenzwert, sondern die Steigung für eine bestimmte Feldstärke (in mA/cm) angegeben. Schreibweise: μ_4 ist die Steigung der Neukurve für H = 4 mA/cm.

Maximalpermeabilität μ_{max}

Als Maximalpermeabilität μ_{max} wird die maximale Steigung der Neukurve bezeichnet.

Permanente Permeabilität μ_p

Als permanente Permeabilität μ_p (oder auch μ_{rec}) wird die mittlere Neigung einer rückläufigen Magnetisierungsschleife bezeichnet, deren Fußpunkt meist auf der Entmagnetisierungskurve liegt:

$$\mu_p = \frac{\Delta B}{\Delta H \, \mu_0}.$$

Bild 1: Hysteresekurve einer magnetisch harten Eisensorte.
1 Neukurve,
2, 3 Entmagnetisierungskurven.
H Magnetische Feldstärke,
B magnetische Flussdichte,
B_r Remanenzflussdichte,
H_c Koerzitivfeldstärke.
Die Pfeile geben an, welche magnetische Flussdichte sich einstellt, wenn die magnetische Feldstärke geändert wird.

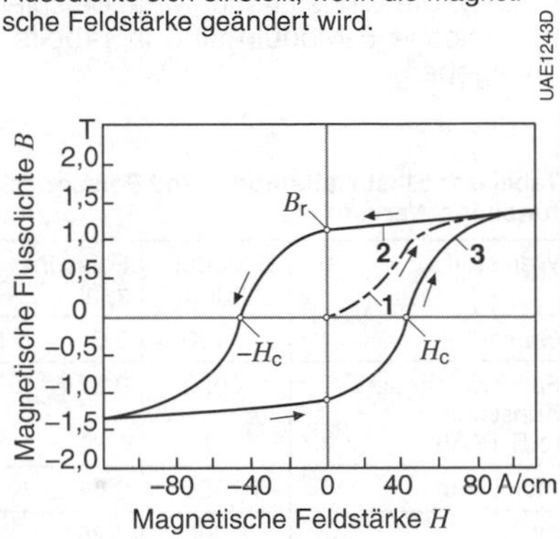

Temperaturkoeffizient der magnetischen Polarisation

Der Temperaturkoeffizient der magnetischen Polarisation $TK(J_s)$ gibt die relative Änderung der Sättigungspolarisation mit der Temperatur in Prozent pro Kelvin an.

Temperaturkoeffizient der Koerzitivfeldstärke

Der Temperaturkoeffizient der Koerzitivfeldstärke $TK(H_c)$ gibt die relative Änderung der Koerzitivfeldstärke mit der Temperatur in Prozent pro Kelvin an.

Curie-Punkt

Der Curie-Punkt (Curie-Temperatur T_C) gibt an, bei welcher Temperatur die Magnetisierung ferro- und ferrimagnetischer Werkstoffe null wird und sie sich wie Paramagnetika verhalten (siehe Magnetwerkstoffe).

Mechanisch-technologische Stoffkenngrößen

Elastizitätsmodul

Der Elastizitätsmodul (E-Modul) beschreibt den linearen Zusammenhang zwischen Spannung und Dehnung bei der Verformung eines festen Körpers im Bereich seiner elastischen Verformung (Bild 2). Die Einheit lautet MPa. Beispiele für typische E-Moduln sind in Tabelle 1 angegeben.

Tabelle 1: Elastizitätsmodul und Poissonzahl für einige Werkstoffe.

Werkstoff	E-Modul [MPa]	Poissonzahl
Gummi	100	0,5
Faserverstärkter Kunststoff (z.B. PA66)	2000	0,37
Aluminium	70000	0,34
Titan	110000	0,28
Stahl	200000	0,3
Wolfram	400000	0,28
Keramik (z.B. Al_2O_3)	400000	0,23

Bild 2: Bestimmung des Elastizitätsmoduls.
E Elastizitätsmodul,
R_m Zugfestigkeit,
$R_{p0,2}$ 0,2 %-Dehngrenze,
A Bruchdehnung,
A_g Gleichmaßdehnung.

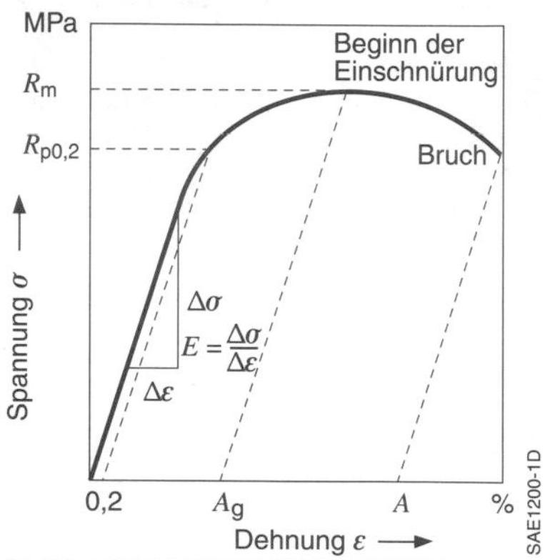

Poissonzahl

Die dimensionslose Querkontraktionszahl (Poissonzahl) ist der Proportionalitätsfaktor zwischen der Längsdehnung eines Körpers unter Zug- oder Druckbeanspruchung und der daraus resultierenden Querdehnung. Typische Werte sind in Tabelle 1 angegeben.

Streckgrenze

Die Streckgrenze (Fließgrenze) ist die Größe derjenigen Zugspannung, ab der ein Werkstoff eine bleibende plastische Verformung erfährt. Sie wird aus der im Zugversuch ermittelten Spannung-Dehnung-Kurve (σ-ε-Kurve) bestimmt (siehe DIN EN ISO 6892-1:2020-06, [2]). Die Einheit ist MPa.

0,2 %-Dehngrenze

Die 0,2 %-Dehngrenze ($R_{p0,2}$) ist die Größe derjenigen Zugspannung, die in einem Werkstoff eine bleibende (plastische) Dehnung von 0,2 % hervorruft. Die Einheit ist MPa.

Zugfestigkeit

Die Zugfestigkeit R_m ist die Spannung, die im Zugversuch aus der maximal erreichten Zugkraft bezogen auf den Ausgangsquerschnitt einer genormten Werkstoffprobe berechnet wird (Bild 2 und Bild 3). Die Einheit lautet MPa.

Bild 3: Spannungs-Dehnungs-Kurve einiger Werkstoffe.

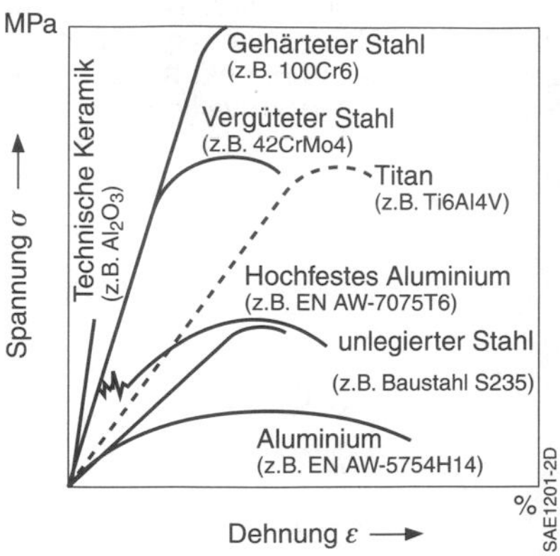

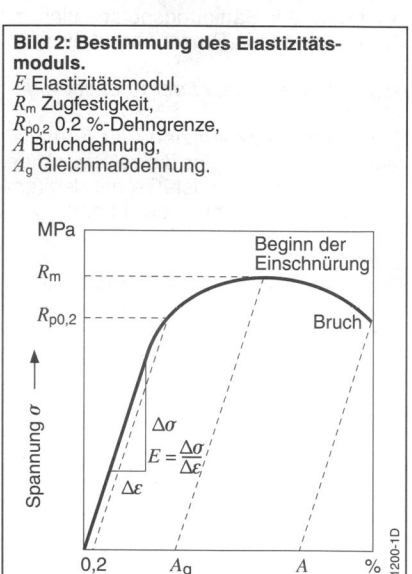

Bruchdehnung
Die Bruchdehnung A ist ein Maß für die Duktilität (Verformungsfähigkeit) eines Werkstoffs. Sie gibt die bleibende Verlängerung einer Zugprobe nach dem Bruch bezogen auf die Anfangslänge in Prozent an.

Brucheinschnürung
Die Brucheinschnürung Z ist ebenfalls wie die Bruchdehnung ein Maß für die Duktilität (Verformungsfähigkeit) eines Werkstoffs. Sie gibt in Prozent die relative Querschnittsänderung bezogen auf den Anfangsquerschnitt einer Zugprobe an.

Gleichmaßdehnung
Die Gleichmaßdehnung A_g gibt die Längenänderung in Prozent an, um die sich eine Zugprobe plastisch verformt ohne einzuschnüren. Nach dem Erreichen der Gleichmaßdehnung (und der Zugfestigkeit) kommt es bei duktilen Werkstoffen zum Einschnüren der Probe (Querschnittsverringerung).

Schwingfestigkeit
Unter Schwingfestigkeit versteht man das Verformungs- und Versagensverhalten von Werkstoffen bei zyklischer Beanspruchung. Typische Schwingfestigkeitskennwerte wie z.B. die Dauerfestigkeit müssen in oft aufwändigen Wöhlerversuchen (benannt nach August Wöhler) ermittelt werden (Bild 4). Die Durchführung erfolgt meist auf elektromechanischen oder auf elektrohydraulischen Prüfmaschinen im Frequenzbereich von 10...1 000 Hz.

Eine Vielzahl von Prüfparametern beeinflusst die ermittelten Kennwerte (Oberflächenqualität, Prüffrequenz, Prüfdauer, Prüfmedium, Biegung auf Zug oder auf Druck). Die ermittelte Dauerfestigkeit eines Werkstoffs liegt dabei deutlich unterhalb der statischen Festigkeit (z.B. R_m). Eine einfache Abschätzung ist mittels FKM-Richtlinie (Forschungskuratorium Maschinenbau e.V.) möglich (siehe Tabelle 2). Der Zug-Druck-Wechselfestigkeitsfaktor kennzeichnet das Verhältnis aus Schwingfestigkeit zu Zugfestigkeit (Zug-Druck-Wechselfestigkeit). Für Metalle mit kubisch-flächenzentriertem Kristallgitter wie z.B. austenitischem Stahl oder Aluminium existiert keine Dauerfestigkeit, da die Beanspruchbarkeit mit zunehmender Beanspruchungsdauer sinkt.

Die Kenntnis der Schwingfestigkeitskennwerte ist unabdingbar für die Auslegung von Bauteilen und Komponenten im Maschinenbau, da nur selten eine rein statische Beanspruchung vorliegt.

Bild 4: Darstellung der Schwingfestigkeit mit der Wöhlerlinie mit typischen Werten für die Lastspielzahl N.
R_m Zugfestigkeit,
$S_{a,D}$ Dauerfestigkeit.

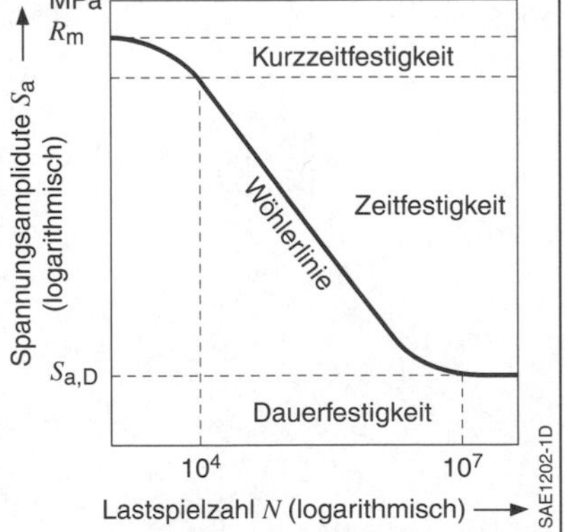

Biegewechselfestigkeit
Die Biegewechselfestigkeit bezeichnet diejenige Spannung in MPa, die ein Werkstoff bei einer zyklischen Biegebeanspruchung ohne Bruch ertragen kann (siehe Schwingfestigkeit).

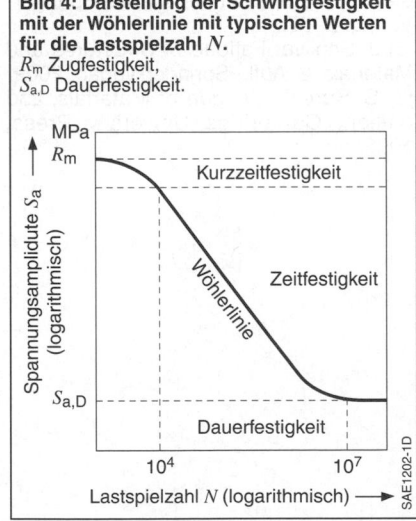

Tabelle 2: Abschätzung der Schwingfestigkeit.

Werkstoffgruppe	Zug-Druck-Wechselfestigkeitsfaktor für Lastspielzahl $N = 10^6$
Aluminium, Knet- und Gusswerkstoffe	0,30
Gusseisen mit Lamellengraphit (GJL)	0,30
Gusseisen mit Kugelgraphit (GJS)	0,34
Nichtrostender Stahl	0,40
Baustahl, Vergütungsstahl usw.	0,45

Härte
Die Härte eines Werkstoffs kennzeichnet seinen Widerstand gegen das Eindringen eines Körpers. Verschiedene Verfahren zur Härtebestimmung sind im Kapitel „Wärmebehandlung metallischer Werkstoffe“ aufgeführt.

Bruchzähigkeit
Die Bruchzähigkeit ist der Widerstand eines Werkstoffs gegenüber der Ausbreitung von Rissen. Als Kenngröße hierfür wird meist der kritische Spannungsintensitätsfaktor K_{Ic} verwendet. Bei bekanntem K_{Ic} kann man aus der gegebenen Risslänge die kritische Bruchlast oder aus der äußeren Belastung die kritische Risslänge berechnen.

Spezielle Kenngrößen für Sinterwerkstoffe
Radiale Bruchfestigkeit
Die radiale Bruchfestigkeit ist eine Festigkeitskenngröße, die für gesinterte Gleitlager angegeben wird. Man ermittelt sie durch Stauchen eines Hohlzylinders im Druckversuch.

Porosität
Die Porosität ist eine dimensionslose Kenngröße für Sintermetalle, insbesondere Gleitlager. Sie beschreibt den Anteil an Bauteilvolumen, der aus Hohlräumen besteht und nicht mit eigentlichem Werkstoff ausgefüllt ist.

Stauchgrenze
Vergleichbar zur Streckgrenze im Zugversuch wird im Druckversuch die Stauchgrenze als Werkstoffkenngröße (Einheit MPa) herangezogen. Diese kennzeichnet die Spannung, ab der eine irreversible plastische Verformung im Werkstoff eintritt.

Spezielle Kenngrößen für Federn
Biegespannung
Bei der Beanspruchung von Drehfedern treten Biegespannungen auf. Die maximale Biegespannung sollte dabei $0{,}7\,R_{\mathrm{m}}$ nicht überschreiten.

Schubspannung
Bei der Beanspruchung von Druck- und Zugfedern treten Schubspannungen im Werkstoff auf. Die maximale Schubspannung (Oberspannung) sollte $0{,}5\,R_{\mathrm{m}}$ nicht überschreiten. Die Schubspannung ist dabei abhängig vom Windungsdurchmesser der Feder, der Federkraft sowie des Drahtdurchmessers. Die Differenz zwischen Oberspannung und Unterspannung wird auch Hubspannung genannt.

Literatur zu Stoffkenngrößen
[1] DIN 1306:1984-06: Dichte; Begriffe, Angaben.
[2] DIN EN ISO 6892-1:2020-06: Metallische Werkstoffe – Zugversuch – Teil 1: Prüfverfahren bei Raumtemperatur (ISO 6892-1:2019); Deutsche Fassung EN ISO 6892-1:2019.
[3] D. Radaj, M. Vormwald: Ermüdungsfestigkeit – Grundlagen für Ingenieure. 3. Aufl., Springer-Verlag, 2010.
[4] G. Gottstein: Physikalische Grundlagen der Materialkunde. 3. Aufl., Springer-Verlag, 2007.
[5] J. Schijve: Fatigue of Structures and Materials. 2. Aufl., Springer-Verlag, 2009.
[6] S. Suresh: Fatigue of Materials. 2nd edition, Cambridge University Press, 1998.

Tabelle 3: Eigenschaftswerte fester Stoffe.

Stoff		Dichte g/cm³	Schmelztemperatur [1] °C	Siedetemperatur [1] °C	Wärmeleitfähigkeit [2] W/(m·K)	Mittlere spezif. Wärmekapazität [3] kJ/(kg·K)	Schmelzenthalpie ΔH [4] kJ/kg	Längenausdehnungskoeffizient [3] ×10⁻⁶/K
Aluminium	Al	2,70	660	2467	237	0,90	395	23,0
Aluminiumlegierungen		2,60...2,85	480...655	–	70...240	–	–	21...24
Antimon	Sb	6,69	630,8	1635	24,3	0,21	172	8,5
Arsen	As	5,73	–	613 [5]	50,0	0,34	370	4,7
Asbest		2,1...2,8	< 1300	–	–	0,81	–	–
Asphalt		1,1...1,4	80...100	< 300	0,70	0,92	–	–
Barium	Ba	3,50	729	1637	18,4	0,28	55,8	18,1...21,0
Bariumchlorid		3,86	963	1560	–	0,38	108	–
Basalt		2,6...3,3	–	–	1,67	0,86	–	–
Bernstein		1,0...1,1	< 300	zerfällt	–	–	–	–
Beryllium	Be	1,85	1278	2970	200	1,88	1087	11,5
Beton		1,8...2,2	–	–	< 1,0	0,88	–	–
Bismut	Bi	9,75	271	1551	8,1	0,13	59	12,1
Bitumen		1,05	< 90	–	0,17	1,78	–	–
Blei	Pb	11,3	327,5	1749	35,5	0,13	24,7	29,1
Bleioxid, -glätte	PbO	9,3	880	1480	–	0,22	–	–
Bor	B	2,34	2027	3802	27,0	1,30	2053	5
Borax		1,72	740	–	–	1,00	–	–
Bronze CuSn 6		8,8	910	2300	64	0,37	–	17,5
Cadmium	Cd	8,65	321,1	765	96,8	0,23	54,4	29,8
Calcium	Ca	1,54	839	1492	200	0,62	233	22
Calciumchlorid		2,15	782	>1600	–	0,69	–	–
Celluloseacetat		1,3	–	–	0,26	1,47	–	100...160
Chrom	Cr	7,19	1875	2482	93,7	0,45	294	6,2
Chromoxid	Cr_2O_3	5,21	2435	4000	0,42 [6]	0,75	–	–
Cobalt	Co	8,9	1495	2956	69,1	0,44	268	12,4
Dachpappe		1,1	–	–	0,19	–	–	–
Diamant	C	3,5	3820	–	–	0,52	–	1,1
Duroplaste								
Phenolharz ohne Füllstoff		1,3	–	–	0,20	1,47	–	80
Phenolharz mit Asbestfaser		1,8	–	–	0,70	1,25	–	15...30
Phenolharz mit Holzmehl		1,4	–	–	0,35	1,47	–	30...50
Phenolharz mit Gewebeschnitzel		1,4	–	–	0,35	1,47	–	15...30
Melaminharz mit Cellulosefaser		1,5	–	–	0,35	–	–	< 60
Eis (0 °C)		0,92	0	100	2,33 [7]	2,09 [7]	333	51 [8]
Eisen, rein	Fe	7,87	1535	2887	80,2	0,45	267	12,3
Germanium	Ge	5,32	937	2830	59,9	0,31	478	5,6
Gips		2,3	1200	–	0,45	1,09	–	–
Glas (Fensterglas)		2,4...2,7	< 700	–	0,81	0,83	–	< 8
Glas (Quarzglas)		–	–	–	–	–	–	0,5
Glimmer		2,6...2,9	zerfällt bei 700 °C		0,35	0,87	–	3
Gold	Au	19,32	1064	2967	317	0,13	64,5	14,2
Granit		2,7	–	–	3,49	0,83	–	–
Graphit, rein	C	2,24	< 3800	< 4200	168	0,71	–	2,7
Grauguss		7,25	1200	2500	58	0,50	125	10,5

[1] Bei 1,013 bar. [2] Bei 20 °C. ΔH der chemischen Elemente bei 27 °C (300 K).
[3] Bei 0...100 °C. [4] Bei Schmelztemperatur und 1,013 bar. [5] Sublimiert.
[6] pulverförmig. [7] Bei –20...0 °C. [8] Bei –20...–1 °C.

Tabelle 3: Eigenschaftswerte fester Stoffe (Fortsetzung).

Stoff	Dichte g/cm³	Schmelztemperatur [1] °C	Siedetemperatur [1] °C	Wärmeleitfähigkeit [2] W/(m·K)	Mittlere spezif. Wärmekapazität [3] kJ/(kg·K)	Schmelzenthalpie ΔH [4] kJ/kg	Längenausdehnungskoeffizient [3] $\times 10^{-6}$/K
Hartgewebe, -papier	1,3...1,4	–	–	0,23	1,47	–	10...25 [8]
Hartgummi	1,2...1,5	–	–	0,16	1,42	–	50...90 [8]
Hartmetall K 20	14,8	> 2000	< 4000	81,4	0,80	–	5...7
Hartschaum, luftgefüllt [5]	0,015... ...0,06	–	–	0,036... ...0,06	–	–	–
Hartschaum, frigengefüllt	0,015... ...0,06	–	–	0,02... 0,03	–	–	–
Heizleiterlegierung NiCr 8020	8,3	1400	2350	14,6	0,50 [6]	–	–
Holz [7] Ahorn	0,62	–	–	0,16			
Balsa	0,20	–	–	0,06		–	
Birke	0,63	–	–	0,14		–	
Buche	0,72	–	–	0,17		–	
Eiche	0,69	–	–	0,17		–	
Esche	0,72	–	–	0,16	2,1...2,9	–	in Faserrichtung 3...4, quer zur Faser 22...43
Fichte, Tanne	0,45	–	–	0,14		–	
Kiefer	0,52	–	–	0,14		–	
Nussbaum	0,65	–	–	0,15		–	
Pappel	0,50	–	–	0,12		–	
Holzkohle	0,3...0,5	–	–	0,084	1,0	–	–
Holzwolle-Leichtbauplatten	0,36...0,57	–		0,093	–	–	–
Indium In	7,29	156,6	2006	81,6	0,24	28,4	33
Iod I	4,95	113,5	184	0,45	0,22	120,3	–
Iridium Ir	22,55	2447	4547	147	0,13	137	6,4
Kalium K	0,86	63,65	754	102,4	0,74	61,4	83
Kautschuk, roh	0,92	125	–	0,15	–	–	
Kesselstein	< 2,5	< 1200	–	0,12...2,3	0,80	–	–
Kochsalz	2,15	802	1440	–	0,92	–	–
Koks	1,6...1,9	–	–	0,18	0,83	–	–
Kolophonium	1,08	100...130	zerfällt	0,32	1,21	–	–
Kork	0,1...0,3	–	–	0,04...0,06	1,7...2,1	–	–
Kreide	1,8...2,6	zerfällt in CaO und CO_2		0,92	0,84	–	–
Kupfer Cu	8,96	1084,9	2582	401	0,38	205	–
Leder, trocken	0,86...1	–	–	0,14...0,16	< 1,5	–	
Linoleum	1,2	–	–	0,19	–	–	–
Lithium Li	0,534	180,5	1317	84,7	3,3	663	56
Magnesium Mg	1,74	648,8	1100	156	1,02	372	26,1
Magnesiumlegierungen	< 1,8	< 630	1500	46...139	–	–	24,5
Mangan Mn	7,47	1244	2100	7,82	0,48	362	22
Marmor $CaCO_3$	2,6...2,8	zerfällt in CaO und CO_2		2,8	0,84	–	–
Mennige, Blei- Pb_3O_4	8,6...9,1	bildet PbO		0,70	0,092	–	–
Messing CuZn37	8,4	900	1110	113	0,38	167	18,5
Molybdän Mo	10,22	2623	5560	138	0,28	288	5,4
Monelmetall	8,8	1240... ...1330	–	19,7	0,43	–	
Mörtel, Kalk	1,6...1,8	–	–	0,87	–	–	–
Mörtel, Zement	1,6...1,8	–	–	1,40	–	–	–

1) Bei 1,013 bar. 2) Bei 20 °C. 3) Bei 0...100 °C.
4) Bei Schmelztemperatur und 1,013 bar. 5) Hartschaum aus Phenolharz, Polystyrol, Polyäthylen u. ä., Werte abhängig vom Zelldurchmesser und vom Füllgas. 6) Bei 0...1000 °C.
7) Mittlere Werte für lufttrockenes Holz (Feuchtigkeit etwa 12 %). Wärmeleitfähigkeit radial; axial etwa doppelt so groß. 8) Bei 20...50 °C.

Tabelle 3: Eigenschaftswerte fester Stoffe (Fortsetzung).

Stoff		Dichte g/cm³	Schmelztemperatur [1] °C	Siedetemperatur [1] °C	Wärmeleitfähigkeit [2] W/(m·K)	Mittlere spezif. Wärmekapazität [3] kJ/(kg·K)	Schmelzenthalpie ΔH [4] kJ/kg	Längenausdehnungskoeffizient [3] $\times 10^{-6}$/K
Natrium	Na	0,97	97,81	883	141	1,24	115	70,6
Neusilber CuNi12Zn24		8,7	1020	–	48	0,40	–	18
Nickel	Ni	8,90	1455	2782	90,7	0,46	300	13,3
Niob	Nb	8,58	2477	4540	53,7	0,26	293	7,1
Osmium	Os	22,57	3045	5027	87,6	0,13	154	4,3...6,8
Palladium	Pd	12,0	1554	2927	71,8	0,24	162	11,2
Papier		0,7...1,2	–	–	0,14	1,34	–	–
Paraffin		0,9	52	300	0,26	3,27	–	–
Pech		1,25	–	–	0,13	–	–	–
Phosphor (weiß)	P	1,82	44,1	280,4	–	0,79	20	–
Platin	Pt	21,45	1769	3827	71,6	0,13	101	9
Plutonium	Pu	19,8	640	3454	6,7	0,14	11	55
Polyamid		1,1	–	–	0,31	–	–	70...150
Polycarbonat		1,2	–	–	0,20	1,17	–	60...70
Polyethylen		0,94	–	–	0,41	2,1	–	200
Polystyrol		1,05	–	–	0,17	1,3	–	70
Polyvinylchlorid		1,4	–	–	0,16	–	–	70...150
Porzellan		2,3...2,5	< 1600	–	1,6 [5]	1,2 [5]	–	4...5
Quarz		2,1...2,5	1480	2230	9,9	0,80	–	8 [6]/14,6 [7]
Radium	Ra	5	700	1630	18,6	0,12	32	20,2
Rhenium	Re	21,02	3160	5762	150	0,14	178	8,4
Rhodium	Rh	12,41	1966	3727	150	0,248	211	8,4
Rotguss CuSn5ZnPb	Rb	8,8	950	2300	38	0,67	–	–
Rubidium		1,53	38,9	688	58	0,33	26	90
Ruß		1,7...1,8	–	–	0,07	0,84	–	–
Sand, Quarz, trocken		1,5...1,7	< 1500	2230	0,58	0,80	–	–
Sandstein		2...2,5	< 1500	–	2,3	0,71	–	–
Schamotte		1,7...2,4	< 2000	–	1,4	0,80	–	–
Schaumgummi		0,06...0,25	–	–	0,04...0,06	–	–	–
Schlacke, Hochofen-		2,5...3	1300... ...1400	–	0,14	0,84	–	–
Schwefel (α)	S	2,07	112,8	444,67	0,27	0,73	38	74
Schwefel (β)	S	1,96	119,0	–	–	–	–	–
Selen	Se	4,8	217	684,9	2,0	0,34	64,6	37
Silber	Ag	10,5	961,9	2195	429	0,24	104,7	19,2
Silizium	Si	2,33	1410	2480	148	0,68	1410	4,2
Siliziumcarbid		2,4	zerfällt über 3000 °C		9 [8]	1,05 [8]	–	4,0
Sillimanit		2,4	1820	–	151	1,0	–	–
Sinterstahl		–	–	–	–	–	–	11,5
Sinterkorund		–	–	–	–	–	–	6,5 [9]
Stahl, unlegiert u. niedr. leg.		7,9	1460	2500	48...58	0,49	205	11,5
Stahl, rostbest. (18Cr, 8Ni)		7,9	1450	–	14	0,51	–	16
Stahl, Wolframstahl (18 W)		8,7	1450	–	26	0,42	–	–
Stahl, Chromstahl		–	–	–	–	–	–	11
Stahl, Dynamoblech		–	–	–	–	–	–	12
Stahl, Magnetst. AlNiCo12/6		–	–	–	–	–	–	11,5
Stahl, Schnellarbeitsstahl		–	–	–	–	–	–	11,5
Stahl, Nickelst. 36% Ni (Invar)		–	–	–	–	–	–	1,5

1) Bei 1,013 bar. 2) Bei 20 °C. ΔH der chemischen Elemente bei 27 °C (300 K). 3) Bei 0...100 °C.
4) Bei Schmelztemperatur und 1,013 bar. 5) Bei 0...100 °C. 6) Parallel zur Kristallachse.
7) Senkrecht zur Kristallachse. 8) Bei 1000 °C. 9) Bei 20...1000 °C.

Tabelle 3: Eigenschaftswerte fester Stoffe (Fortsetzung).

Stoff		Dichte g/cm³	Schmelztemperatur [1] °C	Siedetemperatur [1] °C	Wärmeleitfähigkeit [2] W/(m · K)	Mittlere spezif. Wärmekapazität [3] kJ/(kg · K)	Schmelzenthalpie ΔH [4] kJ/kg	Längenausdehnungskoeffizient [3] $\times 10^{-6}$/K
Steatit		2,6...2,7	< 1520	–	1,6 [6]	0,83	–	8...9 [5]
Steinkohle (Anthrazit)		1,35	–	–	0,24	1,02	–	–
Talg, Rinder-		0,9...0,97	40...50	< 350	–	0,87	–	–
Tantal	Ta	16,65	2996	5487	57,5	0,14	174	6,6
Tellur	Te	6,24	449,5	989,8	2,3	0,20	106	16,7
Thorium	Th	11,72	1750	4227	54	0,14	< 83	12,5
Titan	Ti	4,51	1660	3313	21,9	0,52	437	8,3
Tombak CuZn 20		8,65	1000	< 1300	159	0,38	–	–
Ton, trocken		1,5...1,8	< 1600	–	0,9...1,3	0,88	–	–
Torfmull, lufttrocken		0,19	–	–	0,081	–	–	–
Uran	U	18,95	1132,3	3677	27,6	0,12	65	12,6
Vanadium	V	6,11	1890	3000	30,7	0,50	345	8,3
Vulkanfiber		1,28	–	–	0,21	1,26	–	–
Wachs		0,96	60	–	0,084	3,4	–	–
Watte		0,01	–	–	0,04	–	–	–
Weichgummi		1,08	–	–	0,14...0,24	–	–	–
Widerstandsleg. CuNi 44		8,9	1280	< 2400	22,6	0,41	–	15,2
Wolfram	W	19,25	3422	5727	174	0,13	191	4,6
Zement, abgebunden		2...2,2	–	–	0,9...1,2	1,13	–	–
Ziegelmauerwerk		> 1,9	–	–	1,0	0,9	–	–
Zink	Zn	7,14	419,58	907	116	0,38	102	25,0
Zinn (weiß)	Sn	7,28	231,97	2270	65,7	0,23	61	21,2
Zirconium	Zr	6,51	1852	4377	22,7	0,28	252	5,8

[1] Bei 1,013 bar. [2] Bei 20 °C. ΔH der chemischen Elemente bei 27 °C (300 K). [3] Bei 0...100 °C.
[4] Bei Schmelztemperatur und 1,013 bar. [5] Bei 20...1000 °C. [6] Bei 100...200 °C.

Tabelle 4: Eigenschaftswerte flüssiger Stoffe.

Stoff		Dichte [2] g/cm³	Schmelztemperatur [1] °C	Siedetemperatur [1] °C	Wärmeleitfähigkeit [2] W/(m·K)	Spezifische Wärmekapazität [2] kJ/(kg·K)	Schmelzenthalpie ΔH [3] kJ/kg	Verdampfungsenthalpie [4] kJ/kg	Volumenausdehnungskoeffizient $\times 10^{-3}$/K
Aceton	$(CH_3)_2CO$	0,79	–95	56	0,16	2,21	98,0	523	–
Benzin (Ottokraftstoff)		0,72...0,75	–50...–30	25...210	0,13	2,02	–	–	1,0
Benzol	C_6H_6	0,88	+5,5 [6]	80	0,15	1,70	127	394	1,25
Dieselkraftstoff		0,81...0,85	–30	150...360	0,15	2,05	–	–	–
Ethanol	C_2H_5OH	0,79	–117	78,5	0,17	2,43	109	904	1,1
Ethylether	$(C_2H_5)_2O$	0,71	–116	34,5	0,13	2,28	98,1	377	1,6
Ethylchlorid	C_2H_5Cl	0,90	–136	12	0,11 [5]	1,54 [5]	69,0	437	–
Ethylenglykol	$C_2H_4(OH)_2$	1,11	–12	198	0,25	2,40	–	–	–
Gefrierschutzmittel-Wasser-Gemisch									
23 Vol.-%		1,03	–12	101	0,53	3,94	–	–	–
38 Vol.-%		1,04	–25	103	0,45	3,68	–	–	–
54 Vol.-%		1,06	–46	105	0,40	3,43	–	–	–
Glycerin	$C_3H_5(OH)_3$	1,26	+20	290	0,29	2,37	200	828	0,5
Heizöl EL		< 0,83	–10	> 175	0,14	2,07	–	–	–
Kochsalzlösung 20 %		1,15	–18	109	0,58	3,43	–	–	–
Leinöl		0,93	–15	316	0,17	1,88	–	–	–
Methanol	CH_3OH	0,79	–98	65	0,20	2,51	99,2	1109	–
Methylchlorid	CH_3Cl	0,99 [7]	–92	–24	0,16	1,38	–	406	–
m-Xylol	$C_6H_4(CH_3)_2$	0,86	–48	139	–	–	–	339	–
Paraffinöl		–	–	–	–	–	–	–	0,764
Petrolether		0,66	–160	> 40	0,14	1,76	–	–	–
Petroleum		0,76...0,86	–70	> 150	0,13	2,16	–	–	1,0
Quecksilber [8]	Hg	13,55	–38,84	356,6	10	0,14	11,6	295	0,18
Rüböl		0,91	± 0	300	0,17	1,97	–	–	–
Salpetersäure, konz.	HNO_3	1,51	–41	84	0,26	1,72	–	–	–
Salzsäure 10 %	HCl	1,05	–14	102	0,50	3,14	–	–	–
Schmieröl		0,91	–20	> 300	0,13	2,09	–	–	–
Schwefelsäure, konz.	H_2SO_4	1,83	+10,5 [6]	338	0,47	1,42	–	–	0,55
Silikonöl		0,76...0,98	–	–	0,13	1,09	–	–	–
Spritus 95 % [9]		0,81	–114	78	0,17	2,43	–	–	–

Tabelle 4: Eigenschaftswerte flüssiger Stoffe (Fortsetzung).

Stoff		Dichte [2] g/cm³	Schmelz-temperatur [1] °C	Siede-temperatur [1] °C	Wärme-leitfähigkeit [2] W/(m·K)	Spezifische Wärme-kapazität [2] kJ/(kg·K)	Schmelz-enthalpie ΔH [3] kJ/kg	Ver-dampfungs-enthalpie [4] kJ/kg	Volumenaus-dehnungs-koeffizient $\times 10^{-3}$/K
Teer		1,2	–15	300	0,19	1,56	–	–	–
Terpentinöl		0,86	–10	160	0,11	1,80	–	293	1,0
Toluol	C_7H_8	0,87	–93	111	0,14	1,67	74,4	364	–
Transformatorenöl		0,88	–30	170	0,13	1,88	–	–	–
Trichlorethylen	C_2HCl_3	1,46	–85	87	0,12	0,93	–	265	1,19
Wasser		1,00 [10]	±0	100	0,60	4,18	332	2256	0,18 [11]

1) Bei 1,013 bar. 2) Bei 20 °C. 3) Bei Schmelztemperatur und 1,013 bar. 4) Bei Siedetemperatur und 1,013 bar. 5) Bei 0 °C.
6) Erstarrungstemperatur 0 °C. 7) Bei –24 °C. 8) Für Umrechnung von Torr in Pa-Wert 13,5951 g/cm³ (bei 0 °C) verwenden.
9) Ethanol vergällt. 10) Bei 4°C. 11) Volumenausdehnung beim Gefrieren: 9 %.

Tabelle 5: Eigenschaftswerte von Wasserdampf.

Absoluter Druck bar	Siede-temperatur °C	Verdampfungs-enthalpie kJ/kg
0,1233	50	2382
0,3855	75	2321
1,0133	100	2256
2,3216	125	2187
4,760	150	2113
8,925	175	2031
15,55	200	1941
25,5	225	1837
39,78	250	1716
59,49	275	1573
85,92	300	1403
120,5	325	1189
165,4	350	892
221,1	374,2	0

Tabelle 6: Eigenschaftswerte gasförmiger Stoffe.

Stoff		Dichte [1]	Schmelztemperatur [2]	Siedetemperatur [2]	Wärmeleitfähigkeit [3]	Spezifische Wärmekapazität [3] kJ/(kg·K)			Verdampfungsenthalpie [2]
		kg/m³	°C	°C	W/(m·K)	c_p	c_v	c_p/c_v	kJ/kg
Acetylen	C_2H_2	1,17	–84	–81	0,021	1,64	1,33	1,23	751
Ammoniak	NH_3	0,77	–78	–33	0,024	2,06	1,56	1,32	1369
Argon	Ar	1,78	–189	–186	0,018	0,52	0,31	1,67	163
n-Butan	C_4H_{10}	2,70	–138	–0,5	0,016	1,67	1,51	1,10	–
i-Butan	C_4H_{10}	2,67	–145	–10,2	0,016	–	–	1,11	–
Chlor	Cl_2	3,21	–101	–35	0,009	0,48	0,37	1,30	288
Chlorwasserstoff	HCl	1,64	–114	–85	0,014	0,81	0,57	1,42	–
Cyan (Dicyan)	$(CN)_2$	2,33	–34	–21	–	1,72	1,35	1,27	–
Dichlordifluormethan (= Frigen F 12)	CCl_2F_2	5,51	–140	–30	0,010	0,61	0,54	1,14	–
Ethan	C_2H_6	1,36	–183	–89	0,021	1,66	1,36	1,22	522
Ethanoldampf	C_2H_4	2,04	–114	+78	0,015	–	–	1,13	–
Ethylen (Ethen)		1,26	–169	–104	0,020	1,47	1,18	1,24	516
Fluor	F_2	1,70	–220	–188	0,025	0,82	0,61	1,35	172
Gichtgas		1,28	–210	–170	0,024	1,05	0,75	1,40	–
Helium	He	0,18	–270	–269	0,15	5,20	3,15	1,65	20
Kohlenmonoxid	CO	1,25	–199	–191	0,025	1,05	0,75	1,40	–
Kohlendioxid	CO_2	1,98	–57 [4]	–78	0,016	0,82	0,63	1,30	368
Krypton	Kr	3,73	–157	–153	0,0095	0,25	0,15	1,67	108
Luft		1,293	–220	–191	0,026	1,005	0,716	1,40	209
Methan	CH_4	0,72	–183	–164	0,033	2,19	1,68	1,30	557
Methylchlorid	CH_3Cl	2,31	–92	–24	–	0,74	0,57	1,29	446
Neon	Ne	0,90	–249	–246	0,049	1,03	0,62	1,67	86
Ozon	O_3	2,14	–251	–112	0,019	0,81	0,63	1,29	–
Propan	C_3H_8	2,00	–182	–42	0,018	1,70	1,50	1,13	–
Propylen (Propen)	C_3H_6	1,91	–185	–47	0,017	1,47	1,28	1,15	468
Sauerstoff	O_2	1,43	–218	–183	0,0267	0,92	0,65	1,41	213
Schwefeldioxid	SO_2	2,93	–73	–10	0,010	0,64	0,46	1,40	402
Schwefelhexafluorid	SF_6	6,16 [3]	–50,8	–63,9	0,011	0,66	–	–	117 [1]
Schwefelkohlenstoff	CS_2	3,41	–112	+46	0,0073	0,67	0,56	1,19	–
Schwefelwasserstoff	H_2S	1,54	–86	–61	0,013 [1]	0,96	0,72	1,34	535
Stadtgas		0,56...0,61	–230	–210	0,064	2,14	1,59	1,35	–
Stickstoff	N_2	1,24	–210	–196	0,026	1,04	0,74	1,40	199
Wasserdampf, 100°C	[5]	0,60	± 0	+100	0,025	2,01	1,52	1,32	–
Wasserstoff	H_2	0,09	–258	–253	0,181	14,39	10,10	1,42	228
Xenon	Xe	5,89	–112	–108	0,0057	0,16	0,096	1,67	96

1) Bei 0 °C und 1,013 bar.
2) Bei 1,013 bar.
3) Bei 20 °C und 1,013 bar.
4) Bei 5,3 bar.
5) Bei Sättigung und 1,013 bar, siehe auch Tabelle 5.

Werkstoffgruppen

Anforderungen an Werkstoffe

Eine technisch und ökonomisch sinnvolle Werkstoffverwendung setzt die Kenntnis des Anwendungszwecks und der im Betrieb auftretenden Beanspruchungen zur Ableitung der Werkstoffanforderungen voraus. Ziel ist es, die gewünschte Funktion im Bauteil oder in der Komponente zu realisieren und über die geplante Einsatzdauer sicherzustellen. Die maßgeblichen Beanspruchungen sind dabei meist mechanischer Natur (Festigkeit, Elastizitätsmodul, siehe Tabelle 1), werden jedoch häufig durch Korrosions-, Verschleiß- oder Temperaturbeanspruchungen ergänzt. Weiterhin können spezielle physikalische Eigenschaften (z.B. Magnetismus, Leitfähigkeit) oder eine Kombination aus den genannten ausschlaggebend für die Werkstoffverwendung sein.

Einteilung der Werkstoffe

Es existieren verschiedene Möglichkeiten die heute in der Technik eingesetzten Werkstoffe einzuteilen. Ein Beispiel ist die Untergliederung in die vier Werkstoffgruppen:
- Metallische Werkstoffe: Erschmolzene Metalle, Sintermetalle.
- Nichtmetallische anorganische Werkstoffe: Keramik, Glas.
- Nichtmetallische organische Werkstoffe: Naturstoffe, Kunststoffe.
- Verbundwerkstoffe.

Tabelle 1: E-Modul einiger Werkstoffe (Beispiele).

Werkstoffgruppe	Werkstofftyp (Auswahl)	Kurzname Beispiel	E-Modul [GPa]
Gusseisen und Temperguss	Gusseisen mit Lamellengraphit	EN-GJL-200	80...140
	Gusseisen mit Kugelgraphit	EN-GJS-400	160...180
	Weißer Temperguss	EN-GJMW-450	175...195
	Schwarzer Temperguss	EN-GJMB-450	175...195
Stahlguss	Stahlguss für allgemeine Anwendung	GE300	≈210
Stahl	Unlegierte Stähle	C60	≈210
	Niedriglegierte Stähle	42CrMoS4	≈210
	Austenitische Stähle	X5CrNi18-10	≥190
	Hochlegierte Werkzeugstähle	HS 6-5-4	≤230
Kupfer-Knetlegierungen	Leitkupfer	Cu-ETP	110...130
	Messing	CuZn30	115
	Neusilber	CuNi18Zn20	135
	Zinnbronze	CuSn6	100...120
Kupfer-Gusslegierungen	Guss-Zinnbronze	CuSn10-C	100
	Rotguss	CuSn7Zn4Pb7-C	100
Aluminium-legierungen	Aluminium-Knetlegierung	EN AW-AlSi1MgMn	65...75
	Aluminium-Gusslegierung	EN AC-AlSi12Cu1	65...80
Magnesium-legierungen	Magnesium-Knetlegierung	MgAl6Zn	40...45
	Magnesium-Gusslegierung	EN-MCMgAl9Zn1	40...45
Titanlegierungen	Titan-Knetlegierung	TiAl6V4	110
Zinnlegierungen	Zinn-Gusslegierungen für Verbundgleitlager	SnSb12Cu6Pb	30
Zinklegierungen	Zink-Druckgusslegierung	GD-ZnAl4Cu1	70

Metallische Werkstoffe

Die Metalle haben im Allgemeinen einen kristallinen Aufbau. Die Atome sind regelmäßig im Kristallgitter angeordnet. Die äußeren Elektronen der Atome sind nicht an diese gebunden, sondern können sich frei im Metallgitter bewegen – es liegt eine metallische Bindung vor. Die Besonderheit des Aufbaus erklärt die charakteristischen Eigenschaften der Metalle: Die Duktilität und die daraus folgende gute Verformbarkeit, die hohe elektrische Leitfähigkeit, die gute Wärmeleitfähigkeit, die geringe Lichtdurchlässigkeit und das große optische Reflexionsvermögen (metallischer Glanz).

Die am häufigsten in der Technik eingesetzten metallischen Werkstoffe sind die Eisenwerkstoffe. Dabei kommen überwiegend Eisenlegierungen zum Einsatz. Unter einer Legierung versteht man einen metallischen Werkstoff, der mindestens aus zwei chemischen Elementen besteht.

Die Eisenwerkstoffe werden in die Gruppe der Stähle und Gusseisenwerkstoffe eingeteilt. Das Hauptunterscheidungsmerkmal der beiden Gruppen ist der Kohlenstoffgehalt. Der Kohlenstoffgehalt von Stahl liegt im Allgemeinen unter 2 %, der von Gusseisen über 2 % (Details siehe EN-Normen der Metalltechnik).

Stähle

Gefügeaufbau von Stählen

Die Mehrzahl der Stähle besteht zum überwiegenden Teil aus Eisen und weiteren eigenschaftsbestimmenden Legierungselementen wie z.B. Chrom, Nickel, Vanadium, Molybdän und Titan. Das wichtigste Legierungselement ist Kohlenstoff, der im Eisengitter gelöst und als Eisencarbid (Fe_3C) – auch Zementit genannt – vorliegt. In Abhängigkeit des Kohlenstoffgehalts, der Legierungselemente und der Wärmebehandlung (z.B. Härten, Vergüten) liegen im Stahl verschiedene Phasen mit ihren charakteristischen Eigenschaften vor. Diese sind aus dem Eisen-Kohlenstoff-Diagramm ersichtlich (Bild 1). Die wichtigsten Phasen sind im Folgenden beschrieben.

Ferrit

Das ferritische Gefüge weist eine kubisch-raumzentrierte Atomanordnung auf, es ist weich, gut verformbar und ferromagnetisch (z.B. S235). Ferrit liegt bei unlegierten Stählen nur bei sehr niedrigen Kohlenstoffgehalten (< 0,02 %) als einzige Phase vor (auch α-Phase genannt).

Perlit

Perlit ist ein lamellares Eisen-Kohlenstoff-Gefüge, bei dem sich wechselnd an ein Gebiet mit Ferrit ein Gebiet mit Eisencarbid (Fe_3C) anschließt. Diese Phase liegt bei Stählen mit einem Kohlenstoffgehalt größer 0,02 % vor. Mit zunehmen-

Bild 1: Eisen-Kohlenstoff-Diagramm.

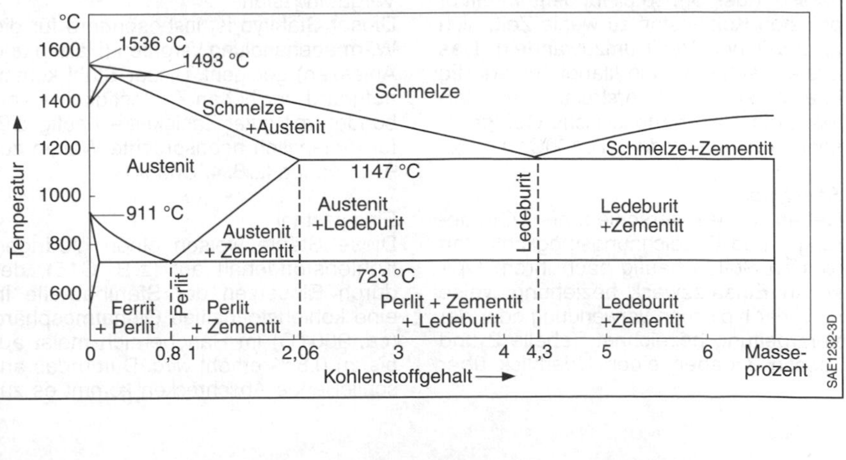

dem Kohlenstoffgehalt nimmt der neben dem Ferrit vorliegende Perlitanteil zu, bis das Gefüge bei 0,8 % Kohlenstoffgehalt vollständig aus Perlit besteht (z.B. C80). Das perlitische Gefüge weist eine hohe Festigkeit auf.

Bei weiterer Erhöhung des Kohlenstoffanteils wird zunehmend Eisencarbid gebildet, das sich vorzugsweise an den Korngrenzen ausscheidet.

Austenit
Wird ein Stahl erhitzt (je nach Kohlenstoffgehalt zwischen ca. 750 °C und 1150 °C), so wandelt sich das kubisch-raumzentrierte Eisengitter (α-Phase) in ein kubisch-flächenzentriertes Eisengitter um (γ-Phase). Dieses austenitische Gefüge kann im Vergleich zum ferritischen Gefüge die 100-fache Menge an Kohlenstoff lösen. Beim langsamen Abkühlen entsteht aus dem Gefüge dann wiederum Ferrit und Perlit. Diese Gitterstruktur liegt bei einfachen Eisen-Kohlenstoff-Legierungen nur bei diesen hohen Temperaturen vor. Durch die Zugabe von Legierungselementen wie z.B. Nickel oder Cobalt kann das austenitische Gefüge auch bei Raumtemperatur stabil erhalten bleiben. Solche austenitische Legierungen sind sehr zäh, gut verformbar sowie warmfest und korrosionsbeständig (z.B. X5CrNi1810).

Martensit
Kühlt man einen Stahl bei der Wärmebehandlung aus dem Austenitgebiet sehr schnell ab (z.B. durch Abschrecken in Wasser oder Öl), so bleibt dem im Gitter gelösten Kohlenstoff zu wenig Zeit, sich zu Ferrit und Perlit umzuwandeln. Das austenitische Gefüge klappt schlagartig in eine verzerrte Gitterstruktur, den Martensit um. Das martensitische Gefüge ist sehr hart und spröde (z.B. 100Cr6).

Stahltypen
Neben vielen verschiedenen Gliederungs- und Bezeichnungsmöglichkeiten werden Stähle häufig nach ihrem typischen Einsatzzweck beziehungsweise nach der typischen Verwendung oder der Verarbeitung bezeichnet. Tabelle 2 und Tabelle 3 geben einen Überblick über Eigenschaftswerte und Anwendungsbeispiele.

Baustahl
Dies ist ein einfacher Stahl, der meist gut schweiß- und bearbeitbar ist. Er wird in großen Mengen im allgemeinen Maschinenbau und im Bauwesen verwendet und ist kostengünstig (z.B. S235JR).

Automatenstahl
Dieser Stahl zeichnet sich durch einen meist hohen Schwefelgehalt aus, der dazu führt, dass sich bei der Bearbeitung (Drehen, Fräsen) kurze Späne bilden, die im Bearbeitungsautomaten unproblematisch abgeführt werden können. Solche Stähle werden meist für gering bis mittelstark beanspruchte Massenteile angewendet (z.B. 11SMn30).

Werkzeugstahl
Dies ist der Überbegriff für einen Stahltyp, der für Werkzeuge und Formen eingesetzt wird. Je nach Anwendung zeichnet er sich durch hohe Zugfestigkeit, Warmfestigkeit, Zähigkeit oder Korrosionsbeständigkeit aus. In Abhängigkeit der Einsatztemperatur kann man diesen Stahltyp unterteilen in Kaltarbeitsstähle (bis ca. 200 °C) und Warmarbeitsstähle (bis ca. 400 °C). Insbesondere für Bearbeitungswerkzeuge, wie z.B. Bohrer und Fräser, kommen ferner Schnellarbeitsstähle mit hoher Warmfestigkeit (größer 400 °C) und Verschleißbeständigkeit zum Einsatz (z.B. 90MnCrV8, X40CrMoV5-1, HS 6-5-2).

Vergütungsstahl
Dieser Stahltyp ist insbesondere für die Wärmebehandlung Vergüten (Härten und Anlassen) geeigent. Dieser Stahl kommt aufgrund der hohen Zugfestigkeit – verbunden mit guter Zähigkeit – häufig z.B. für dynamisch beanspruchte Wellen zur Anwendung (z.B. 42CrMo4).

Einsatzstahl
Diese Stähle weisen einen niedrigen Kohlenstoffgehalt auf (z.B. C15), der durch Einsetzen der Stahlbauteile in eine kohlenstoffhaltige Ofenatmosphäre (ca. 900 °C) im Randbereich meist auf bis zu 0,8 % erhöht wird. Durch das anschließende Abschrecken kommt es zur

Tabelle 2: Eigenschaftswerte und Anwendungsbeispiele von Stählen.

Werkstoffgruppe	Werkstoffbeispiel	Härte Oberfläche	Härte Kern	Eigenschaften	Anwendungsbeispiele
Einsatzstahl (einsatzgehärtet und angelassen)	C15	700…850 HV	200…450 HV	hoher Verschleißwiderstand	mäßig beanspruchte Zahnräder, Gelenke
	16MnCr5	700…850 HV	300…450 HV	hoher Verschleißwiderstand	Kolbenbolzen, Zahnräder
	18CrNiMo7-6	700…850 HV	400…550 HV	hoher Verschleißwiderstand, schweißbar	Zahnräder, Getriebeteile
Nitrierstahl (vergütet und nitriert)	31CrMoV9	700…850 HV	250…400 HV	hoher Verschleißwiderstand	hochbeanspruchte Kolbenbolzen, Spindeln
Wälzlagerstahl (gehärtet und angelassen)	100Cr6	60…64 HRC		hoher Verschleißwiderstand, hohe Härte und Festigkeit	Kugellager, Rollenlager, Nadellager
Kaltarbeitsstahl (unlegiert, gehärtet und angelassen)	C80	60…64 HRC		oberflächenhärtbar, zäher Kern	Messer, Meißel, Schlagwerkzeuge
Kaltarbeitsstahl (legiert, gehärtet und angelassen)	90MnCrV8	60…64 HRC		hohe Maßbeständigkeit, gute Schneidhaltigkeit, gute Zähigkeit.	Reibahlen, Holzbearbeitungswerkzeuge, Gewindeschneider
	X210Cr12	60…64 HRC		hoch verschleißfest, gute Maßbeständigkeit, hohes Einhärtevermögen	Schnitt- und Stanzwerkzeuge, Räumnadeln, Bördelrollen, Kaltfließpresswerkzeuge
Warmarbeitsstahl (gehärtet und angelassen)	X40CrMoV5-1	43…45 HRC		hohe Warmverschleißfestigkeit, gute Zähigkeit und Wärmeleitfähigkeit	Schmiedegesenke, Druckgießwerkzeuge, Pressmatrizen
Schnellarbeitsstahl (gehärtet und angelassen)	HS 6-5-2	61…65 HRC		hohe Festigkeit, gute Zähigkeit, hohe Härte	Bohrer, Senker
Nichtrostender martensitischer Stahl (gehärtet und angelassen)	X20Cr13	≈40 HRC		bis 550 °C verwendbar, ferromagnetisch, hoher Verschleißwiderstand	Pumpenteile, Kolbenstangen, Düsennadeln, Schiffsschrauben
	X90CrMoV18	≥57 HRC		gute chemische Beständigkeit, Verschleißfestigkeit und Polierfähigkeit	Schneidwerkzeuge, Kugellager

Tabelle 3: Eigenschaftswerte und Anwendungsbeispiele von Stählen.

Werkstoffgruppe	Werkstoffbeispiel	Zugfestigkeit [MPa]	Streckgrenze [MPa]	Bruchdehnung A5 [%]	Biegewechselfestigkeit [MPa]	Eigenschaften	Anwendungsbeispiele
Feuerverzinktes Band / Blech	DX53D	≤380	≤260	≥30 (A80)	≥190	gute Tiefziehbarkeit, feuerverzinkt, höhere Festigkeit	Pkw-Blechteile z.B. Motorhaube, Seitenwand
Baustahl	S235 JR	340 …510	≥225	≥26	≥170	gute Schweißbarkeit, keine vorherige oder nachträgliche Wärmebehandlung	allgemeine Konstruktionsteile, Profile
Automatenstahl	11SMn30	380 …570	–	–	≥190	hoher Schwefelgehalt für kurze Späne, nicht schweißgeeignet	mäßig beanspruchte Massenteile aus der Autoindustrie wie z.B. Wellen
	35S20	520 …680	–	–	≥260	hoher Schwefelgehalt für kurze Späne, nicht schweißgeeignet	Massenteile wie z.B. mäßig beanspuchte Schrauben
Vergütungsstahl	C45	700 …850	≥490	≥14	≥280	zäh, wärmebehandelbar, mittlere bis hohe Festigkeit	Achsen, Bolzen, Schrauben
	42CrMo4	1100 …1300	≥900	≥10	≥440		Kurbelwellen, Achswellen
	30CrNiMo8	1250 …1450	≥1050	≥9	≥500		Getriebeteile
Nichtrostender ferritischer Stahl (geglüht)	X6Cr17	450 …600	≥270	≥20	≥200	gute Korrosionsbeständigkeit, Tiefziehfähigkeit, Polierbarkeit, magnetisch	Haushaltsgeräte, Medizintechnik, Sanitär
Nichtrostender austenitischer Stahl (lösungsgeglüht)	X5CrNi18-10	500 …700	≥190	≥45	–	am häufigsten eingesetzter korrosionsbeständiger Stahl, gute Schweißbarkeit, gute Tiefzieh- und Polierbarkeit, nicht magnetisch	chemischer Apparatebau, Architektur, Haushaltsgegenstände
Kaltband (unlegiert)	DC05LC	270 …330	≤180	≥40 (A80)	≥130	gute Tiefziehbarkeit	Pkw-Blechteile, z.B. Motorhaube, Seitenwand

Tabelle 4: Eigenschaftswerte und Anwendungsbeispiele von Federstahl.

Werkstoff	Durchmesser und Dicke [mm]	Elastizitätsmodul E [MPa]	Schubmodul G [MPa]	minimale Zugfestigkeit [MPa]	Brucheinschnürung Z [%]	Zulässige Biegespannung [MPa]	Zulässige Hubspannung für $N \geq 10^7$ [MPa]	Zulässige Oberspannung [MPa]	Eigenschaften und Anwendung
Federstahldraht D (patentiert und federhart gezogen)	1	206 000	81 500	2 230	40	1 590	380	1 115	Zug-, Druck-, Drehfedern, hohe statische und geringe dynamische Beanspruchbarkeit
	3			1 840	40	1 280	360	920	
	10			1 350	30	930	320	675	
Nichtrostender Federstahldraht	1	185 000	73 500	2 000	40	1 400	–	1 000	Rostbeständige Federn
	3			1 600	40	1 130	–	800	
Vergüteter, legierter Ventilfederstahldraht VD SiCr	1	200 000	79 000	2 060	50	–	430	1 030	hochfester Federwerkstoff, gute Zähigkeit z. B. Pkw-Ventilfedern
	3			1 920	50	–	430	960	
Federstahlband Ck85	≤ 2,5	206 000	–	1 470	–	1 270	640	–	hoch beanspruchte Blattfedern
Nichtrostendes Federstahlband	≤ 1	185 000	–	1 370	–	1 230	590	–	Rostbeständige Blattfedern

Martensitbildung im Randbereich und damit verbunden zu einer hohen Randschichthärte bei gleichzeitig zähem Kern (ferritisch, perlitisch). Anwendungen sind Zahnräder oder Kolbenbolzen. Im Gegensatz zum Nitrieren führt das Einsatzhärten aufgrund der martensitischen Härtung zu größeren Verzügen.

Nitrierstahl
Dieser Stahl bildet aufgrund seiner chemischen Zusammensetzung in Verbindung mit einer entsprechenden Wärmbehandlung (Nitrieren bei ca. 450...600 °C) eine sehr harte und verschleißbeständige Oberflächenschicht (ca. 10 µm) aus. Dabei bleibt der zähe Werkstoffkern erhalten, sodass diese Werkstoffe besonders für Zahnräder geeignet sind. Aufgrund der im Vergleich zum Einsatzhärten niedrigeren Temperatur ist auch der Bauteilverzug geringer (z.B. 31CrMoV9).

Federstahl
Dies sind Stähle, die insbesondere durch Zulegieren von Silizium eine feine Gefügestruktur mit hoher Streckgrenze aufweisen. Sie eignen sich insbesondere für die Herstellung von Federn im Motorenbau (z.B. Ventilfedern). Tabelle 4 gibt eine Übersicht über verschiedene Federstähle.

Gusseisenwerkstoffe
Unter Gusseisen versteht man Eisenlegierungen mit einem Kohlenstoffgehalt von mehr als ca. 2 %. Die Bezeichnung Gusseisen rührt von der besonders guten Gießbarkeit dieser Legierungen her. Diese ergibt sich unter anderem aufgrund der im Vergleich zu Stahl deutlich niedrigeren Schmelztemperatur (ca. 1 150 °C im Vergleich zu ca. 1 500 °C).

Tabelle 5 gibt einen Überblick über Eigenschaftswerte und Anwendungen beispielhaft für einige Werkstoffe.

Tabelle 5: Eigenschaftswerte und Anwendungsbeispiele von Gusseisen.

Werkstoffgruppe	Werkstoffbeispiel	Zugfestigkeit [MPa]	Streckgrenze [MPa]	Bruchdehnung A5 [%]	Biegewechselfestigkeit [MPa]	Eigenschaften	Anwendungsbeispiele
Gusseisen mit Lamellengraphit (Grauguss)	EN-GJL-200	≥ 200	–	–	90	gute Gießbarkeit, hohe Schwingungsdämpfung und Wärmekapazität	Pumpengehäuse, Zylinderkopf, Maschinenbett, Bremsscheiben
Gusseisen mit Kugelgraphit	EN-GJS-400-15	≥ 400	≥ 250	≥ 15	200	höhere Festigkeit und Duktilität als GJL	Kurbelwelle, Kurbelgehäuse, Naben
Weißer Temperguss	EN-GJMW-400-5	≥ 400	≥ 220	≥ 5 (A3)	–	gute Schweißbarkeit, dünne Wandstärken gießbar	Fittings, Armaturen
Schwarzer Temperguss	EN-GJMB-350-10	≥ 350	≥ 200	≥ 10 (A3)	–	bessere Zerspanbarkeit und Härtbarkeit sowie dickwandiger herstellbar als weißer Temperguss	Fittings, Armaturen

Gusseisentypen
Durch das langsame Abkühlen beim Gießen liegt der Kohlenstoff überwiegend als Graphit in einer meist ferritisch-perlitischen Matrix vor.

Grauguss
Je nach Ausbildung des Graphits in Lamellen oder Kugeln sprich man von Grauguss mit Lamellengraphit (GJL) oder Grauguss mit Kugelgraphit (GJS). Die kugelige Ausbildung des Graphits wird dabei durch eine entsprechende Behandlung der Schmelze z.B. mit Calcium gesteuert. GJS weist eine höhere Festigkeit und eine bessere Verformbarkeit als GJL auf. Zwischen diesen beiden Legierungstypen liegt sowohl bezüglich der Graphitausbildung als auch der Eigenschaften der Grauguss mit Vermiculargraphit.

Temperguss
Neben diesen drei Typen kann eine weitergehende Beeinflussung des Gefüges durch eine Wärmebehandlung (Tempern) nach dem Gießen erfolgen. Beim Temperguss wird das gegossene Bauteil aus Temperrohguss einer Glühbehandlung unterzogen, bei der der in der Matrix vorliegende Eisencarbid in Temperkohle umgewandelt wird. Dadurch wird die Zähigkeit des Werkstoffs gesteigert. Aufgrund des Aussehens der Bruchfläche unterscheidet man den weißen (in oxdidierender, entkohlender Atmosphäre geglüht) und den schwarzen Temperguss (in neutraler Atmosphäre geglüht).

Stahlguss
Für besonders hoch beanspruchte, schweißbare Gussstücke wird Stahlguss eingesetzt. Im Vergleich zum einfachen Gusseisen mit Lamellengraphit ist die Gießbarkeit deutlich schlechter, die Gießtemperatur und Schwindung sind deutlich höher.

Nichteisenmetalle
Neben den Stählen besitzen einige Nichteisenmetalle (NE-Metalle) wichtige technisch relevante Eigenschaften, wie sie in verschiedenen Anwendungen benötigt werden. Besonders hervorzuheben sind dabei die Kupferlegierungen (Schwermetall, Dichte größer 5 g/cm^3), die insbesondere aufgrund ihrer hohen elektrischen Leitfähigkeit Anwendung finden, sowie die gut zerspanbaren, leichten und unmagnetischen Aluminiumwerkstoffe (Leichtmetall, Dichte kleiner als 5 g/cm^3).

Einteilung der NE-Metalle
Eine grundsätzliche Einteilung der NE-Metalle (Nichteisenmetalle und Legierungen mit einem Eisenanteil unter 50 %) kann in Knet- und Gusslegierungen erfolgen. Dabei weisen die NE-Knetlegierungen ein sehr gut umformbares duktiles Gefüge auf und können durch Tiefziehen, Biegen, Bördeln, Fließpressen oder ähnliche Verformungsprozesse in die gewünschte Form gebracht werden. Aufgrund der geringen Duktilität ist die Formgebung bei NE-Gusslegierungen auf das Gießen beschränkt.

Die Eigenschaften der NE-Metalle werden dabei häufig durch Zugabe von Legierungselementen den Werkstoffanforderungen angepasst. Die Tabellen 6 bis 9 geben einen Überblick über Eigenschaftswerte und Anwendungsbeispiele einiger Werkstoffe.

Aluminiumlegierungen
In Aluminiumlegierungen zielt die Zugabe von Legierungselementen überwiegend der Verbesserung der mechanischen Eigenschaften. Zum Beispiel ermöglicht die Zugabe von Zink oder Kupfer die Wärmebehandelbarkeit und führt zu hohen Festigkeiten.

Kupferlegierungen
Durch Zulegieren von Zink zu Kupfer entsteht Messing (z.B. CuZn30), mit im Vergleich zu reinem Kupfer höherer Festigkeit. Kupferlegierungen mit anderen Legierungselementen außer Zink werden als Bronzen bezeichnet. Die häufigsten Bronzen sind die Zinn-Bronzen (z.B. CuSn6) mit hoher Festigkeit und geringer Duktilität. Für Steckkontakte werden häufig Kupfer-Nickel-Legierungen (Neusilber) eingesetzt.

Tabelle 6: Eigenschaftswerte und Anwendungsbeispiele von Kupfer-Knetlegierungen.

Werkstoff-gruppe	Werkstoff-beispiel	Zug-festig-keit [MPa]	Dehn-grenze [MPa]	Biege-wechsel-festigkeit (Anhalts-werte) [MPa]	Eigenschaften	Anwendungs-beispiele
Leitkupfer	Cu-OF R220	220 …260	≤140	70	hohe elektrische Leitfähigkeit, lötbar, schweißbar, umformbar	Elektronik, Elektrotechnik
Messing	CuZn30 R350	350 …430	>170	110	gute Festigkeitseigenschaften, sehr gute Kaltumformbarkeit, sehr gut weich- und hartlötbar	Tiefziehteile, Befestigungselemente, Schrauben, Reißverschlüsse
Neusilber	CuNi18Zn20 R500	500 …590	>410	–	kaltumformbar, anlaufbeständig, gute Federeigenschaften	Relaisfedern, Stecker
Zinnbronze	CuSn6 R470	>470	≈ 350	190	gute Kaltumformbarkeit, gute Festigkeitseigentschaften, gute Härteeigenschaften, gute Verschleiß- und Korrosionsbeständigkeit, lötbar	Federn, Metallschläuche, allgemeiner Maschinen- und Apparatebau

Tabelle 7: Eigenschaftswerte und Anwendungsbeispiele von NE-Knetlegierungen.

Werkstoffgruppe	Werkstoffbeispiel	Zugfestigkeit [MPa]	Dehngrenze [MPa]	Biegewechselfestigkeit (Anhaltswerte) [MPa]	Eigenschaften	Anwendungsbeispiele
Reinaluminium	EN AW-Al99,5 O	65	20	40	hohe Leitfähigkeit, duktil, lebensmittelecht	Apparate- und Behälterbau, Tiefziehteile
Naturharte Aluminium-Legierung	EN AW-AlMg2Mn0,8 H111	190	80	90	Meerwasserbeständig, gut schweißbar	Fahrzeug- und Schiffbau
Aushärtbare Aluminium-Legierung	EN AW-AlSi1MgMn T6	310	260	90	warm ausgehärtet, gute Kombination aus Festigkeit, Korrosionsbeständigkeit	häufigst verwendete aushärtbare Al-Legierung, Profile, Fahrzeugrahmen, Pkw-Querlenker
Warmfeste Aluminium-Legierung	EN AW-AlCu4MgSi (A) T4	390	245	120	sehr gut zerspanbar, hohe Temperaturbeständigkeit, gute Warmfestigkeit	Bauteile in Hydrauliksystemen, Luftfahrtindustrie
Hochfeste Aluminium-Legierung	EN AW-AlZn5,5MgCu T6	540	485	140	gute Zerspanbarkeit, höchste Festigkeit	Luftfahrtindustrie, Maschinenbau
Universelle Aluminium-Gusslegierung	EN AC-AlSi7Mg0,3 T6	290	210	80	Guss-Universallegierung, gute mechanische Eigenschaften, gute Korrosionsbeständigkeit, sehr gute Schweiß- und Zerspanbarkeit	Armaturen, Motorenbau, Architektur
Eutektische Gusslegierung	EN AC-AlSi12Cu1 (Fe) DF	240	140	70	ausgezeichnetes Formfüllungsvermögen und Gießeigenschaften, gute chemische Beständigkeit	dünnwandige Gussstücke, Armaturen
Universelle Aluminium-Druckgusslegierung	EN AC-AlSi9Cu3 (Fe) DF	240	140	70	gute Verarbeitbarkeit, preiswert	Ansaugrohre, Getriebegehäuse

Tabelle 8: Eigenschaftswerte und Anwendungsbeispiele von NE-Gusslegierungen.

Werkstoffgruppe	Werkstoffbeispiel	Zugfestigkeit [MPa]	Dehngrenze [MPa]	Biegewechselfestigkeit (Anhaltswerte) [MPa]	Eigenschaften	Anwendungsbeispiele
Hochfeste Gusslegierung	EN AC-AlCu4Ti K T6	330	220	90	hohe Festigkeit und Zähigkeit	Getriebegehäuse
Magnesium-Druckgusslegierung	EN-MCMgAl9Zn1	200	140	50	sehr leicht, geringe Korrosions- und Temperaturbeständigkeit, Späne sind brennbar	Deckel, Gehäuse, Mobiltelefonteile
Titan-Schmiedelegierung	TiAl6V4	890	820	–	hohe Festigkeit und Korrosionsbeständigkeit	Implantate, Luftfahrtindustrie

Weitere NE-Metalle

Neben Aluminium und Kupfer sind insbesondere die im Folgenden beschriebenen NE-Metalle technisch relevant.

Magnesium

Mit einer Dichte von etwa 1,75 g/cm³ ist Magnesium deutlich leichter als Aluminium. Durch die niedrige Schmelztemperatur ist es besonders für Gussstücke geeignet. Anwendungen im Kfz-Bereich sind z. B. Pkw-Felgen, Gehäuse und Profile.

Titan

Die schwer bearbeitbaren Titanlegierungen zeichnen sich durch eine gute Korrosionsbeständigkeit und eine hohe Warmfestigkeit aus. Aufgrund des günstigen Verhältnisses aus Dichte und Festigkeit kommt es insbesondere in der Luftfahrtindustrie zum Einsatz (z. B. Turbinenschaufeln von Verdichtern). Ein weiteres Einsatzgebiet ist aufgrund der Biokompatibilität die Medizintechnik (Implantate, z. B. Hüftendoprothese).

Sintermetalle

Metallpulversintern

Sintermetalle werden im Allgemeinen durch endkonturnahes Pressen von Metallpulvern hergestellt. Dadurch können kompliziert geformte Bauteile einbaufertig oder mit geringer Nachbearbeitung wirtschaftlich hergestellt werden. Nach dem endkonturnahen Pressen der Metallpulver wird bei Temperaturen zwischen 60 und 80 % der Schmelztemperatur durch ablaufende Diffusionsprozesse eine feste Verbindung zwischen den Körnern hergestellt.

Metal Injection Molding

Bei einer Verfahrensvariante des Sinterns, dem MIM (Metal Injection Molding), wird ein Bauteil durch Spritzgießen von Metallpulver und Kunststoffmischungen geformt. Nach dem chemisch oder thermischen Entfernen von Gleit- und Bindemitteln erhalten die Formkörper wie beim Metallpulversintern ihre charakteristischen Eigenschaften.

Neben der chemischen Zusammensetzung bestimmt der Porenanteil wesentlich die Eigenschaften und auch die Anwendung von Sintermetallen (siehe Tabelle 10 und Tabelle 11).

Tabelle 9: Sonstige Legierungen und Kupfer-Gusslegierungen.

Werkstoff-gruppe	Werkstoff-beispiel	Zug-festig-keit [MPa]	Dehn-grenze [MPa]	Biege-wechsel-festigkeit (Anhalts-werte) [MPa]	Eigenschaften	Anwendungs-beispiele
Zinn-Legierung	SnSb12Cu6Pb	–	60	28	niedrige Härte, gute Korrosions-beständigkeit	Gleitlager
Zink-Druckguss	ZP0410	330	250	80	aus-gezeichnetes Gießverhalten, Maßhaltigkeit, Oberflächen-güte	dünnwandige, niedrig-beanspruchte Gussteile
Heizleiter-legierung	NiCr8020	650	–	–	Hoher elektri-scher Widerstand, hohe Temperatur-beständigkeit	Heizwendel
Widerstands-legierung	CuNi44	420	–	–	kleiner Temperatur-koeffizient, hohe Oxidations-beständigkeit	Widerstände, Potentio-meter, Heizwendel
Guss-Zinnbronze	CuSn10-C-GS	250	160	90	gute Korrosions-, Verschleiß-beständigkeit	Armaturen, Pumpen-gehäuse
Rotguss	CuSn7Zn4Pb7-C-GZ	260	150	80	meerwasser-beständig, gute Zer-spanbarkeit, Notlauf-eigenschaften	Gleitlager, Lagerbuchsen

Literatur zu „Metallische Werkstoffe"

[1] DIN 30910-3: Sintermetalle – Werkstoff-Leistungsblätter (WLB) – Teil 3: Sintermetalle für Lager und Formteile mit Gleiteigenschaften.
[2] DIN 30910-4: Sintermetalle – Werkstoff-Leistungsblätter (WLB) – Teil 4: Sintermetalle für Formteile.

Tabelle 10: Sintermetalle für Lager und Formteile mit Gleiteigenschaften [1].

		Zulässige Bereiche				Repräsentative Beispiele					
Werkstoff	Kurzzeichen Sint-	Dichte ρ g/cm³	Chemische Zusammensetzung Massenanteil Prozent	Rad. Bruchfestigkeit K [2)] N/mm²	Härte HB	Dichte ρ g/cm³	Chemische Zusammensetzung Massenanteil Prozent	Rad. Bruchfestigkeit K [2)] N/mm²	Stauchgrenze $\delta_{d\,0,2}$ N/mm²	Härte HB [2)]	Wärmeleitfähigkeit λ W/mK
Sintereisen	A 00 B 00 C 00	5,6…6,0 6,0…6,4 6,4…6,8	<0,3 C; <1,0 Cu; <2 andere; Rest Fe	>150 >180 >220	>25 >30 >40	5,9 6,3 6,7	<0,2 andere; Rest Fe	160 190 230	130 160 180	30 40 50	37 43 48
Sinterstahl Cu-haltig	A 10 B 10 C 10	5,6…6,0 6,0…6,4 6,4…6,8	<0,3 C; 1…5 Cu; <2 andere; Rest Fe	>160 >190 >230	>35 >40 >55	5,9 6,3 6,7	2,0 Cu; <0,2 andere; Rest Fe	170 200 240	150 170 200	40 50 65	36 37 42
Sinterstahl Cu- und C-haltig	B 11	6,0…6,4	0,4…1,5 C; 1…5 Cu; <2 andere; Rest Fe	>270	>70	6,3	0,6 C; 2,0 Cu; <0,2 andere; Rest Fe	280	160	80	28
Sinterstahl höher Cu-haltig	A 20 B 20	5,8…6,2 6,2…6,6	<0,3 C; 15…25 Cu; <2 andere; Rest Fe	>180 >200	>30 >45	6,0 6,4	20 Cu; <0,2 andere; Rest Fe	200 220	140 160	40 50	41 47
Sinterstahl höher Cu- und C-haltig	A 22 B 22	5,5…6,0 6,0…6,5	0,5…3,0 C; 15…25 Cu; <2 andere; Rest Fe	>120 >140	>20 >25	5,7 6,1	2,0 C [3)]; 20 Cu; <0,2 andere; Rest Fe	125 145	100 120	25 30	30 37
Sinterbronze	A 50 B 50 C 50	6,4…6,8 6,8…7,2 7,2…7,7	<0,2 C; 9…11 Sn; <2 andere; Rest Cu	>120 >170 >200	>25 >30 >35	6,6 7,0 7,4	10 Sn; <0,2 andere; Rest Cu	140 180 210	100 130 160	30 35 45	27 32 37
Sinterbronze graphithaltig [4)]	A 51 B 51 C 51	6,0…6,5 6,5…7,0 7,0…7,5	0,5…3,0 C; 9…11 Sn; <2 andere; Rest Cu	>100 >150 >170	>20 >25 >30	6,3 6,7 7,1	1,5 C [4)]; 10 Sn; <0,2 andere; Rest Cu	120 155 175	80 100 120	20 30 35	20 26 32

[1] Nach „Sintermetall Werkstoff-Leistungsblätter“: DIN 30910-3, Ausgabe 2004 [1]. [2] Gemessen an kalibrierten Lagern 10/16Ø · 10.
[3] C liegt vorwiegend als freier Graphit vor. [4] C liegt als freier Graphit vor.

Tabelle 11: Sintermetalle für Formteile [1].

Werkstoff	Kurzzeichen Sint-	Zulässige Bereiche Dichte ρ g/cm³	Zulässige Bereiche Chemische Zusammensetzung Massenanteil Prozent	Zulässige Bereiche Härte HB	Repräsentative Beispiele Dichte ρ g/cm³	Repräsentative Beispiele Chemische Zusammensetzung Massenanteil Prozent	Zugfestigkeit R_m N/mm²	Streckgrenze $R_{p\,0,1}$ N/mm²	Bruchdehnung A Prozent	Härte HB	E-Modul $E \cdot 10^3$ N/mm²
Sintereisen	C 00 D 00 E 00	6,4…6,8 6,8…7,2 >7,2	<0,3 C; <1,0 Cu; <2 andere; Rest Fe	>35 >45 >60	6,6 6,9 7,3	<0,5 andere; Rest Fe	120 170 240	60 80 120	3 8 14	40 50 60	100 130 160
Sinterstahl C-haltig	C 01 D 01	6,4…6,8 6,8…7,2	0,3…0,9 C; <1,0 Cu; <2 andere; Rest Fe	>70 >90	6,6 6,9	0,5 C; <0,5 andere; Rest Fe	240 300	170 200	2 2	75 90	100 130
Sinterstahl Cu-haltig	C 10 D 10 E 10	6,4…6,8 6,8…7,2 >7,2	<0,3 C; 1…5 Cu; <2 andere; Rest Fe	>40 >50 >80	6,6 6,9 7,3	1,5 Cu; <0,5 andere; Rest Fe	200 250 340	140 180 240	2 3 5	55 80 110	100 130 160
Sinterstahl Cu- und C-haltig	C 11 D 11	6,4…6,8 6,8…7,2	0,4…1,5 C; 1…5 Cu; <2 andere; Rest Fe	>80 >95	6,6 6,9	0,6 C; 1,5 Cu; <0,5 andere; Rest Fe	390 460	290 370	1 2	115 130	100 130
	C 21	6,4…6,8	0,4…1,5 C; 5…10 Cu; <2 andere; Rest Fe	>105	6,6	0,8 C; 6 Cu; <0,5 andere; Rest Fe	470	360	<1	140	100
Sinterstahl Cu-, Ni- und Mo-haltig	C 30 D 30 E 30	6,4…6,8 6,8…7,2 >7,2	<0,3 C; 1…5 Cu; 1…5 Ni; <0,6 Mo; <2 andere; Rest Fe	>55 >60 >90	6,6 6,9 7,3	0,3 C; 1,5 Cu; 4,0 Ni; 0,5 Mo; <0,5 andere; Rest Fe	360 460 570	290 330 390	2 2 4	100 125 160	100 130 160
Sinterstahl Mo-haltig	C 31 D 31 E 31	6,4…6,8 6,8…7,2 >7,2	<0,3 C; <3,0 Cu; <5,0 Ni; 0,6…2 Mo; <2 andere; Rest Fe	>50 >60 >90	6,6 6,9 7,3	0,2 C; 2,0 Ni; 1,5 Mo; <0,5 andere; Rest Fe	320 380 460	220 260 320	1 2 3	100 120 150	100 130 160
Sinterstahl Mo- und C-haltig	C 32 D 32	6,4…6,8 6,8…7,2	<0,3…0,9 C; <3,0 Cu; <5,0 Ni; 0,6…2 Mo; <2 andere; Rest Fe	>55 >60	6,6 6,9	0,6 C; 2,0 Cu; 1,5 Mo; <0,5 andere; Rest Fe	400 520	370 480	<1 1	140 180	100 130
Sinterstahl P-haltig	C 35 D 35	6,4…6,8 6,8…7,2	<0,3 C; <1 Cu; 0,3…0,6 P; <2 andere; Rest Fe	>70 >80	6,6 6,9	0,45 P; <0,5 andere; Rest Fe	290 310	180 210	9 10	80 85	100 130
Sinterstahl Cu- und P-haltig	C 36 D 36	6,4…6,8 6,8…7,2	<0,3 C; 1…5 Cu; 0,3…0,6 P; <2 andere; Rest Fe	>80 >90	6,6 6,9	2,0 Cu; 0,45 P; <0,5 andere; Rest Fe	330 350	270 300	4 5	90 95	100 130

Tabelle 11 (Fortsetzung): Sintermetalle für Formteile [1].

Werkstoff	Kurzzeichen	Zulässige Bereiche			Repräsentative Beispiele						
		Dichte ρ	Chemische Zusammensetzung Massenanteil	Härte	Dichte ρ	Chemische Zusammensetzung Massenanteil	Zugfestigkeit R_m	Streckgrenze $R_{p\,0,1}$	Bruchdehnung A	Härte	E-Modul $E \cdot 10^3$
	Sint-	g/cm³	Prozent	HB	g/cm³	Prozent	N/mm²	N/mm²	%	HB	N/mm²
Sinterstahl Cu-, Ni-, Mo-, und C-haltig	C 39 D 39	6,4…6,8 6,8…7,2	0,3…0,9 C; 1…3 Cu; 1…5 Ni; <0,6 Mo; <2 andere; Rest Fe	>90 >120	6,6 6,9	0,5 C; 1,5 Cu; 4,0 Ni; 0,5 Mo; <0,5 andere; Rest Fe	480 560	350 380	1 2	140 160	100 130
Rostfreier Sinterstahl AISI 316	C 40 D 40	6,4…6,8 6,8…7,2	<0,08 C; 10…14 Ni; 2…4 Mo; 16…19 Cr; <2 andere; Rest Fe	>95 >125	6,6 6,9	0,06 C; 13 Ni; 2,5 Mo; 18 Cr; <0,5 andere; Rest Fe	330 400	250 320	1 2	110 135	100 130
AISI 430	C 42	6,4…6,8	<0,08 C; 16…19 Cr; <2 andere; Rest Fe	>140	6,6	0,06 C; 18 Cr; <0,5 andere; Rest Fe	420	330	1	170	100
AISI 410	C 43	6,4…6,8	<0,3 C; 11…13 Cr; <2 andere; Rest Fe	>165	6,6	0,2 C; 13 Cr; <0,5 andere; Rest Fe	510	370	1	180	100
Sinterbronze	C 50 D 50	7,2…7,7 7,7…8,1	9…11 Sn; <2 andere; Rest Cu	>35 >45	7,4 7,9	10 Sn; <0,5 andere; Rest Cu	150 220	90 120	4 6	40 55	50 70
Sinteraluminium AlCuMgSi	E 73	2,55…2,65	4…6 Cu; <1 Mg; <1 Si; <2 andere; Rest Al.	>55	2,58 [2] 2,58 [3]	4,5 Cu; 0,6 Mg; 0,7 Si; <0,5 andere; Rest Al.	180 285	150 [4] n.b.	1 <0,5	65 90	55 [5] 55 [5]
AlSiMgCu	F 75	2,60…2,66	2…3 Cu; <1 Mg; 13…16 Si; <2 andere; Rest Al.	>70	2,63 [2] 2,63 [3]	2,5 Cu; 0,5 Mg; 14 Si; <0,5 andere; Rest Al.	200 300	180 [4] n.b.	<0,5 <0,5	90 125	78 [5] 78 [5]
AlZnMgCu	F 77	2,74…2,78	1,5…2,0 Cu; 2,2…2,8 Mg; 5,6…6,4 Zn; <2 andere; Rest Al.	>90	2,78 [2] 2,78 [3]	1,6 Cu; 2,6 Mg; 6,0 Zn; <0,5 andere; Rest Al.	300 450	190 [4] 230 [4]	3 1,5	100 155	68 [5] 68 [5]

[1] Nach „Sintermetall Werkstoff-Leistungsblätter“: DIN 30910-4, Ausgabe 2010 [2].
[2] T1a-Sinterzustand und mindestens fünf Tage bei Raumtemperatur ausgelagert. [3] T6-lösungsgeglüht und warm ausgelagert.
[4] Streckgrenze $R_{p0,2}$. [5] Bestimmung des E-Modul mittels Ultraschall.
n.b. nicht berechnet.

EN-Normen der Metalltechnik

Normung der Stähle
(Nach DIN EN 10020, [1])
Stahl ist definiert als eine Eisenlegierung, in der Regel mit einem Kohlenstoffgehalt ≤ 2 %. Eisenwerkstoffe mit höherem Kohlenstoffgehalt werden üblicherweise zu Gusseisen gezählt. Stähle werden in die drei Klassen „Unlegierte Stähle", „Nichtrostende Stähle" sowie „Andere legierte Stähle" eingeteilt.

Unlegierte Stähle
Unlegierte Stähle, die die festgelegten Mindestgehalte an Legierungselementen nicht erreichen, gliedern sich wiederum in unlegierte Qualitätsstähle und unlegierte Edelstähle. Für unlegierte Qualitätsstähle gelten festgelegte Anforderungen z.B. bezüglich Zähigkeit und Umformbarkeit.

Unlegierte Edelstähle weisen einen höheren Reinheitsgrad und dadurch verbesserte Eigenschaften wie hohe Streckgrenze, Härtbarkeit, gute Zähigkeit und Schweißbarkeit auf. Sie sind meist für das Vergüten oder für das Oberflächenhärten vorgesehen.

Nichtrostende Stähle
Nichtrostende Stähle weisen einen Chromgehalt von mindestens 10,5 Masseprozent und einen Kohlenstoffgehalt von weniger als 1,2 Masseprozent auf. Eine weitere Untergliederung erfolgt nach dem Nickelgehalt (weniger oder mehr als 2,5 Masseprozent) und nach den Haupteigenschaften korrosionsbeständig, hitzebeständig und warmfest.

Andere legierte Stähle
Dies sind Stähle, für die Anforderungen z.B. bezüglich Zähigkeit, Korngröße oder Umformbarkeit bestehen. Sie sind in der Regel nicht für das Vergüten oder für das Oberflächenhärten vorgesehen. Man unterscheidet legierte Qualitätsstähle und legierte Edelstähle.

Bezeichnungssystem für Stähle mit Kurznamen
(Nach DIN EN 10027-1, [2])
Die Kurznamen der Stähle lassen sich in zwei Gruppen unterteilen.
- Gruppe 1: Kurznamen, die Angaben zur Verwendung sowie zu den mechanischen und physikalischen Eigenschaften aufweisen.
- Gruppe 2: Kurznamen, die Angaben zur chemischen Zusammensetzung enthalten.

Kurznamen der Gruppe 1
Diese Kurznamen enthalten Hinweise auf die Verwendung und die mechanischen oder physikalischen Eigenschaften. Der Vorsatz G kennzeichnet, dass es sich um einen Stahlgusswerkstoff handelt:

S, GS	Für allgemeinen Stahlbau,
P, GP	für den Druckbehälterbau,
L	für den Rohrleitungsbau,
E	Maschinenbaustähle,
B	Betonstähle,
Y	Spannstähle,
R	Schienenstähle,
H	Flacherzeugnisse aus höherfesten Stählen, zum Kaltumformen
D	Flacherzeugnisse zum Kaltumformen,
T	Verpackungsblech und -band,
M	Elektroblech und -band.

Beispiele:
S235JR

S	Allgemein für Stahlbau,
235	Streckgrenze in MPa,
JR	Kerbschlagarbeit 27 J bei 20 °C.

HC240LA

H	Höherfester Stahl,
C	kaltgewalzt,
240	Mindeststreckgrenze in MPa,
LA	niedriglegiert.

Kurznamen der Gruppe 2
Diese Kurznamen enthalten Hinweise auf die chemische Zusammensetzung. Der Vorsatz G kennzeichnet, dass es sich um einen Stahlgusswerkstoff handelt:

C, GC	Unlegierte Stähle (Mn < 1 %),
G	unlegierte Stähle (Mn niedriglegierte Stähle)

X, GX	hochlegierte Stähle,
PM	Pulvermetallurgie,
HS	Schnellarbeitsstahl.

Beispiele:

C85S

C	Unlegierter Stahl (< 1 % Mn),
85	0,01 mal C-Gehalt, d.h. 0,85 % C,
S	für Federn.

42CrMo4

42	Niedriglegierter Stahl (Mn ≥ 1 %), 0,01 mal C-Gehalt, d.h. 0,42 % C,
Cr	4 mal Cr-Gehalt in Prozent, d.h. 1 % Cr,
Mo	nicht spezifizierter Legierungsanteil Mo (<1%).

X5CrNi18-10

X	Hochlegierter Stahl,
5	0,05 % Kohlenstoff,
18	18 % Cr,
10	10 % Ni.

HS 7-4-2-5

HS	Schnellarbeitsstahl, Legierungsanteile in ganzen Prozentsätzen in der Reihenfolge Wolfram – Molybdän – Vanadium – Cobalt,
7	7 % Wolfram,
4	4 % Molybdän,
2	2 % Vanadium,
5	5 % Cobalt.

Weiterhin können besondere Anforderungen wie z.B. zur Art des Überzugs oder Hinweise zum Behandlungszustand definiert werden. Beispielangaben können wie folgt lauten:

+H	Mit Härtbarkeit,
+CU	mit Kupferüberzug,
+Z	feuerverzinkt,
+ZE	elektrolytisch verzinkt,
+C	kaltverfestigt,
+M	thermomechanisch umgeformt,
+Q	abgeschreckt,
+U	unbehandelt.

Bezeichnungssystem für Stähle nach dem Nummernsystem

(Nach DIN EN 10027-2, [3])

Alle Stähle sind zusätzlich zum Kurznamen auch durch eine Werkstoffnummer nach folgendem Aufbau festgelegt: Hauptgruppe + Stahlgruppe + Zähler.

Werkstoff-Hauptgruppennummer:

0	Roheisen, Ferrolegierungen,
1	Stahl,
2	Nichteisen-Schwermetalle,
3	Leichtmetalle,
4...8	nichtmetallische Werkstoffe,
9	frei für interne Benutzung.

Stahlgruppennummer (Auswahl):

00	Unlegierte Grundstähle,
01...07	unlegierte Qualitätsstähle,
10...18	unlegierte Edelstähle,
40...49	legierte chemisch beständige Stähle,
20...29	legierte Werkzeugstähle.

Beispiel:

1.4301 (Kurzname: X5CrNi18-10)

1	Stahl,
43	nichtrostender Stahl mit mehr als 2,5 % Ni, ohne Mo, Nb und Ti,
01	Zählnummer.

Normung der Eisen-Gusswerkstoffe

Wesentlich für die Eigenschaften ist das Gefüge, die Form des Kohlenstoffs (Karbid oder Graphit) sowie die Graphitstruktur. In der Normung werden die folgenden vier Gruppen Gusseisen unterschieden:

- Gusseisen mit Lamellengraphit (DIN EN 1561, [4]),
- Temperguss (DIN EN 1562, [5]),
- Gusseisen mit Kugelgraphit (DIN EN 1563, [6]),
- Ausferritisches Gusseisen (DIN EN 1564, [7]).

Für die Bezeichnung von Gusseisen existieren zwei Möglichkeiten – nach Werkstoffnummern oder nach Kurzzeichen.

Bezeichnungssystem für Gusseisen mit Kurzzeichen
(Nach DIN EN 1560, [8])
Die Bezeichnung erfolgt alphanumerisch und besteht aus maximal sechs einzelnen Positionen. An erster Stelle steht EN (Europäische Norm). Nach einem Bindestrich folgt ein G (Guss) und J (Iron, Eisen). An Position 3 folgt das Zeichen für die Graphitstruktur:

L	Lamellar,
S	kugelig,
M	Temperkohle,
V	Vermikular,
N	graphitfrei, ledeburitischer Hartguss,
Y	Sonderstruktur.

Falls notwendig können an Position 4 Hinweise zur Mikro- oder zur Makrostruktur folgen, wie zum Beispiel (Auswahl):

A	Austenit,
F	Ferrit,
Q	abgeschreckt.

An Position 5 folgen Angaben zur Zugfestigkeit, Schlagenergie mit Prüftemperatur oder zur Härte. Alternativ wird an Position 5 die chemische Zusammensetzung angegeben.

Position 6 schließlich enthält zusätzliche Anforderungen wie zum Beispiel:

D	Rohgussstück,
H	wärmebehandeltes Gussstück.

Beispiele:
EN-GJL-150

EN	Europäische Norm,
GJ	Gusseisen,
L	lamellarer Graphit,
150	Zugfestigkeit in MPa.

EN-GJV-HV400

EN	Europäische Norm,
GJ	Gusseisen,
V	vermikularer Graphit,
HV400:	Härte Vickers.

EN-GJS-SiMo30-8

EN	Europäische Norm,
GJ	Gusseisen,
S	kugeliger Graphit,
Si	Silizium-Gehalt 3 %,
Mo	Molybdän-Gehalt 0,8 %.

Bezeichnungssystem für Gusseisen mit Werkstoffnummern
(Nach DIN EN 1560, [8])
Die Bezeichnung besteht aus ingesamt sechs Positionen. Die Positionen 1 und 2 lauten „5.", gefolgt von Angaben zur Graphitstruktur an Position 3:

1	Lamellar,
2	vermikular,
3	kugelig,
4	Temperkohle.

Position 4 beschreibt die Matrixstruktur (Auswahl):

1	Ferrit,
3	Perlit,
5	Austenit.

Nach Position 4 folgt eine zweistellige Zählnummer (00-99), die den einzelnen Werkstoff identifiziert.

Nichteisenmetall-Legierungen
Die EN-Norm enthält wie für die Eisenwerkstoffe auch für die Nichteisenmetalle (NE) und ihre Legierungen für jeden Werkstoff zwei Möglichkeiten zur Beschreibung und Identifikation. Erstens ein Bezeichnungssystem mit Hilfe chemischer Symbole (Kurzzeichen) und zweitens ein numerisches Bezeichnungssystem.

Die NE-Metalle werden im Gegensatz zu den Stählen mit jeweils einem eigenen numerischen Bezeichnungssystem gekennzeichnet. Damit wird den verschiedenen Eigenschaften und Anforderungen von z.B. Aluminium-, Kupfer- oder Zinklegierungen besser Rechnung getragen.

Bezeichnungssystem der NE-Metalle mit Kurzzeichen
Die EN-Norm kennzeichnet die Nichteisenmetalle (NE-Metalle) entsprechend folgendem Grundschema.

Beispiel:
EN AW–Al Si1MgMn T6

EN	Europäische Norm.

Kennbuchstabe für Metall:

A	Aluminium,
C	Kupfer,
M	Magnesium.

Kennbuchstabe für die Verarbeitung:

W	Wrought (Knetlegierung),
C	Casting (Gusslegierung).

Bezeichnungssystem mit chemischen Symbolen, hier z.B.: AlSi1MgMn.

Werkstoffzustand, hier z.B.: T6.

Die Systematik führt die Legierungsmetalle nach dem Grundmetall geordnet nach fallenden Prozentanteilen auf.

Spezielles numerisches Bezeichnungssystem für Aluminium (Al) und Aluminiumlegierungen
Bei Al-Halbzeugen (Al und Al-Knetlegierungen nach DIN EN 573-1, [9]) ist die Legierung durch vier Ziffern (Beispiel 1), bei Al-Gusslegierungen (nach DIN EN 1706, [10]) durch fünf Ziffern (Beispiel 2) bestimmt.

Beispiel 1:
EN AW–6082 T6

EN	Europäische Norm,
AW	Aluminium-Knetlegierung,
6	Kennziffer 6 für Legierungsgruppe (Al-Mg-Si-Legierungen),
0	Originallegierung (1, 2 Abwandlungen),
82	Bezeichnung für die Legierung mit ca. 1 % Si, 0,7 % Mn und 0,9 % Mg,
T6	Werkstoffzustand T6 (lösungsgeglüht und warmausgelagert).

Beispiel 2:
EN AC-45200

EN	Europäische Norm,
AC	Aluminium-Gusslegierung,
45	Legierungsgruppe AlSi5Cu,
200	Nummer für einzelne Legierung (hier Al Si5Cu3Mn).

Kennziffern für die Legierungsgruppen:

1	Rein-Aluminium,
2	mit Kupfer,
3	mit Mangan,
4	mit Silizium,
5	mit Magnesium,
6	mit Magnesium-Silizium,
7	mit Zink,
8	sonstige.

Werkstoffzustände (Auswahl):

O	Weichgeglüht,
H	kaltverfestigt,
H14	kaltverfestigt, 1/2 hart (für Blech),
T6	lösungsgeglüht und warmausgelagert.

Literatur zu EN-Normen der Metalltechnik

[1] DIN EN 10020: Begriffsbestimmungen für die Einteilung der Stähle.
[2] DIN EN 10027-1: Bezeichnungssysteme für Stähle – Teil 1: Kurznamen.
[3] DIN EN 10027-2: Bezeichnungssysteme für Stähle – Teil 2: Nummernsystem.
[4] DIN EN 1561: Gießereiwesen – Gusseisen mit Lamellengraphit.
[5] DIN EN 1562: Gießereiwesen – Temperguss.
[6] DIN EN 1563: Gießereiwesen – Gusseisen mit Kugelgraphit.
[7] DIN EN 1564: Gießereiwesen – Ausferritisches Gusseisen mit Kugelgraphit.
[8] DIN EN 1560: Gießereiwesen – Bezeichnungssystem für Gusseisen – Werkstoffkurzzeichen und Werkstoffnummern.
[9] DIN EN 573-1: Aluminium und Aluminiumlegierungen – Chemische Zusammensetzung und Form von Halbzeug – Teil 1: Numerisches Bezeichnungssystem.
[10] DIN EN 1706: Aluminium und Aluminiumlegierungen – Gussstücke – Chemische Zusammensetzung und mechanische Eigenschaften.

Magnetwerkstoffe

Stoffe mit ferro- oder ferrimagnetischen Eigenschaften werden als Magnetwerkstoffe bezeichnet. Sie gehören entweder zur Gruppe der Metalle (schmelzmetallurgisch hergestellte Metalle oder Sintermetalle) oder der nichtmetallischen anorganischen Werkstoffe. In zunehmendem Maße spielen auch Verbundwerkstoffe wie weichmagnetische Verbundwerkstoffe oder kunststoffgebundene Dauermagnete eine wichtige Rolle. Charakteristisch sind die Darstellung eines permanenten äußeren Felds oder die guten Leiteigenschaften für den magnetischen Fluss (Weichmagnete).

Neben den Ferro- und Ferrimagneten gibt es noch dia-, para- und antiferromagnetische Stoffe. Die Unterscheidung erfolgt über die Permeabilität μ oder über die Temperaturabhängigkeit der Suszeptibilität κ. Diese Größe gibt das Verhältnis der Magnetisierung einer Substanz zur magnetischen Feldstärke oder Erregung an.

$$\mu_r = 1 + \kappa.$$

Einteilung

Ferro- und Ferrimagnete

Beide Substanzen zeigen eine spontane Magnetisierung, die im Curie-Punkt (Curie-Temperatur T_C) verschwindet. Oberhalb der Curie-Temperatur verhalten sie sich paramagnetisch. Für die Suszeptibilität κ gilt bei $T > T_C$ das Curie-Weiß-Gesetz:

$$\kappa = \frac{C}{T - T_C},$$

mit

C Curie-Konstante,

T Temperatur in K.

Ferromagnete haben höhere Sättigungsinduktionen als Ferrimagnete, da bei ihnen alle Momente parallel gerichtet sind. Bei Ferrimagneten sind dagegen die Momente der beiden Untergitter antiparallel gerichtet. Da die Momente der beiden Untergitter ungleich groß sind, resultiert trotzdem eine nach außen wirksame Magnetisierung.

Diamagnete

Bei Diamagneten ist die Suszeptibilität κ_{Dia} unabhängig von der Temperatur.

Paramagnete

Bei Paramagneten sinkt die Suszeptibilität κ_{Para} mit steigender Temperatur. Das Curie-Gesetz lautet hier:

$$\kappa_{Para} = \frac{C}{T}.$$

Antiferromagnete

Wie bei den Ferrimagneten stehen benachbarte Momente antiparallel. Da sie gleich groß sind, resultiert keine nach außen wirksame Magnetisierung.

Oberhalb des Néel-Punkts (Néel-Temperatur T_N) verhalten sich Antiferromagnete paramagnetisch. Für die Suszeptibilität gilt bei $T > T_N$:

$$\kappa = \frac{C}{T + \Theta},$$

Θ Asymptotische Curie-Temperatur.

Beispiele für Antiferromagnete: MnO, MnS, $FeCl_2$, FeO, NiO, Cr, V_2O_3, V_2O_4.

Weichmagnetische Werkstoffe

Die in Tabelle 1 angegebenen Zahlenwerte sind aus den jeweiligen DIN-Normen entnommen (weichmagnetische metallische Werkstoffe, DIN IEC 60404-8-6, [1]). Die in dieser Norm definierten Stoffqualitäten betreffen zum Teil die Stoffe in DIN 17405 (Gleichstromrelais, [2]) und DIN IEC 60740-2 (Transformatoren und Drosseln, [3]).

Bezeichnung (Zusammensetzung)

„Kennbuchstabe" „Zahl 1" „Zahl 2" – „Zahl 3".

Der „Kennbuchstabe" gibt die Legierungsklasse an:

„A" Reineisen, „C" Silizium-Eisen SiFe, „E" Nickel-Eisen NiFe, „F" Kobalt-Eisen CoFe.

Die „Zahl 1" dient der Unterscheidung, wie hoch der Gehalt des Hauptlegierungselements ist.

Die „Zahl 2" unterscheidet zwischen den Kurvenformen: 1 kennzeichnet eine runde Hystereseschleife, 2 eine rechteckige Hystereseschleife.

Tabelle 1: Weichmagnetische metallische Werkstoffe

Magnetsorte	Legierungsbestandteile Masseanteile	Statische magnetische Eigenschaften: Koerzitivfeldstärke $H_{c(max)}$ in A/m, Dicke in mm		Minimale magnetische Polarisation in Tesla (T) bei Feldstärke H in A/m									Wechselstrommessung, 50 Hz[1]: Messpunkt $\hat{H}$ in A/m	Mindestamplitudenpermeabilität μ_r, Blechdicke in mm	
	%	0,4…1,5	>1,5	20	50	100	300	500	800	1600	4000	8000		0,30...0,38	0,15...0,20
A – 240	100 Fe	240	240				1,15	1,30			1,60		Nicht geeignet für Wechselstromanwendungen.		
A – 120	100 Fe	120	120				1,15	1,30			1,60				
A – 60	100 Fe	60	60				1,25	1,35			1,60				
A – 12	100 Fe	12	12			1,15	1,30	1,40			1,60				
C1 – 48	0…5 Si (typisch 2…4,5)	48	48			0,60	1,10	1,20			1,50				
C1 – 12	0…5 Si (typisch 2…4,5)	12	12			1,20	1,30	1,35			1,50				
C21 – 09	0,4…5 Si (typisch 2…4,5)												1,60	900	750
C22 – 13	0,4…5 Si (typisch 2…4,5)												1,60	1300	–
E11 – 60	72…83 Ni	2	4	0,50	0,65	0,70		0,73			0,75		0,40	40000	40000
E21	54…68 Ni	ungeeignet für diese Dicke											Nach Vereinbarung		
E31 – 06	45…50 Ni	10	10	0,50	0,90	1,10		1,35			1,45		0,40	6000	6000
E32	45…50 Ni	ungeeignet für diese Dicke											Nach Vereinbarung		
E41 – 03	35…40 Ni	24	24	0,20	0,45	0,70		1,00			1,18		1,60	2900	2900
F11 – 240	47…50 Co		240				1,40		1,70	1,90	2,06	2,15	Wie zwischen Hersteller und Abnehmer vereinbart.		
F11 – 60	47…50 Co	60					1,80		2,10	2,20	2,25	2,25			
F21	35 Co	300							1,50	1,60	2,00	2,20			
F31	23…27 Co	300									1,85	2,00			

[1] Angaben gelten für laminierte Ringe.

Die „Zahl 3“ nach dem Bindestrich hat für die einzelnen Legierungen unterschiedliche Bedeutung. Im Falle der Nickellegierungen gibt sie die minimale Anfangspermeabilität μ_a/1000 an, bei den übrigen Legierungen die maximale Koerzitivfeldstärke in A/m. Die Eigenschaften dieser Stoffe sind stark geometrieabhängig und in hohem Maße anwendungsspezifisch. Die aus der Norm auszugsweise zitierten Stoffwerte können deshalb nur einen sehr groben Überblick über die Eigenschaften dieser Werkstoffe geben.

Elektroblech und Elektroband

Anwendung und Eigenschaften

Aus Elektrobändern werden üblicherweise durch Paketieren einzelner Blechlamellen Pakete aufgebaut, die für Transformatoren oder als Stator- oder Rotorpaket für Elektromotoren eingesetzt werden. Elektrobänder werden oft als lange Bänder (Breitband oder Spaltband) in gewickelter Form (sogenannte Coils) geliefert, sie sind aber auch als Tafeln (Elektrobleche) erhältlich.

Elektrobänder bestehen typischerweise aus Eisen-Silizium-Legierungen ([4] und [5]), weitere Legierungsbestandteile in geringen Mengen sind z.B. Aluminium und Mangan. Abhängig von der Zusammensetzung ergeben sich Dichten von 7,65...7,85 g/cm^3. Im Vergleich zu anderen weichmagnetischen Eisenwerkstoffen zeichnen sie sich durch geringe Ummagnetisierungsverluste, hohe Polarisation und hohe Permeabilität aus. Die statische Koerzitivfeldstärke H_c beträgt für A- und K-Typen (siehe Bezeichnungen) typischerweise 100...300 A/m, die maximale Permeabilität μ_{max} liegt bei etwa 5000. Für S- und P-Typen liegen die Werte für H_c in der Größenordnung von 1 A/m und für μ_{max} bei etwa 30000.

Kornorientiertes Elektroband

Es gibt sowohl kornorientiertes als auch nicht-kornorientiertes Elektroband. Im kornorientierten Elektroband liegt eine kristallografische Textur (Würfeltextur) vor, d.h., die Körner werden bei der Herstellung durch verschiedene Walz- und Glühschritte in eine Vorzugsrichtung orientiert. Dadurch weist das Bandmaterial eine magnetische Vorzugsrichtung in Bandrichtung auf. Die magnetischen Eigenschaften werden richtungsabhängig (anisotrope magnetische Eigenschaften). Kornorientiertes Elektroband wird deswegen vor allem in Komponenten eingesetzt, bei denen es auf einen besonders guten magnetischen Fluss in eine bestimmte Richtung ankommt (z.B. Transformatoren, Drosselspulen und Wandler).

Nicht-kornorientiertes Elektroband

Im nicht-kornorientierten Elektroband liegt hingegen keine Textur vor, d.h., die Körner sind in ihrer kristallografischen Orientierung nahezu regellos angeordnet. Die magnetischen Eigenschaften sind nicht von der Richtung abhängig (isotrope magnetische Eigenschaften). Nicht-kornorientiertes Elektroband wird deswegen in Komponenten verwendet, bei denen der magnetische Fluss nicht auf eine Vorzugsrichtung beschränkt ist (z.B. Elektromotoren und Generatoren) [6].

Nicht-kornorientierte Elektrobänder werden meist im schlussgeglühten Zustand (fully-finished) geliefert, d.h., die Schlussglühung zur Optimierung der magnetischen Eigenschaften erfolgt beim Elektrobandhersteller. Beim nicht-schlussgeglühten Elektroband (semi-finished) muss die Schlussglühung noch durchgeführt werden. Dies erfolgt typischerweise am fertigen Lamellenpaket.

Beschichtung

Durch die elektrische Isolation der Einzellamellen werden bei Wechselfeldmagnetisierung auftretende Wirbelströme unterdrückt und so die Ummagnetisierungsverluste reduziert.

Bezeichnungen

Die Bezeichnung von Elektroblechen und Elektrobändern (EB) ist in der DIN EN 10027-1 [7] festgelegt:

Kennbuchstabe 1 Zahl 1 – Zahl 2 Kennbuchstabe 2 (Beispiel siehe unten).

Der „Kennbuchstabe 1“ lautet für alle Sorten „M“. Die „Zahl 1“ gibt das Hundertfache des Höchstwerts für den Ummagnetisierungsverlust bei 50 Hz und 1,5 T (Typen A und K) beziehungsweise 1,7 T (Typen S und P) in W/kg an. Die „Zahl 2“ ist das Hundertfache der Nenndicke des Erzeugnisses in mm.

Tabelle 2: Eigenschaften von Elektrobändern und Elektroblechen.

Blechsorte Kurzname	Werkstoff-nummer	Nenn-dicke mm	maximale Ummagnetisierungsverluste in W/kg bei 50 Hz und Ansteuerung von 1,0 T	1,5 T	1,7 T	minimale magnetische Polarisation in Tesla (T) im Wechselfeld bei Feldstärke H in A/m 2500	5000	10000	Anwendung
M270-35A	1.0801	0,35	1,10	2,7	–	1,49	1,60	1,70	Elektromotoren
M330-35A	1.0804	0,35	1,30	3,3	–	1,49	1,60	1,70	
M330-50A	1.0809	0,50	1,35	3,3	–	1,49	1,60	1,70	
M530-50A	1.0813	0,50	2,30	5,3	–	1,56	1,65	1,75	
M800-50A	1.0816	0,50	3,60	8,0	–	1,60	1,70	1,78	
M400-65A	1.0821	0,65	1,70	4,0	–	1,52	1,62	1,72	
M1000-65A	1.0829	0,65	4,40	10,0	–	1,61	1,71	1,80	
M800-100A	1.0895	1,00	3,60	8,0	–	1,56	1,66	1,75	
M1300-100A	1.0897	1,00	5,80	13,0	–	1,60	1,70	1,78	
M340-50K	1.0841	0,50	1,42	3,4	–	1,54	1,62	1,72	Kleinmotoren für Industrie- und Haushaltsgeräte (z.B. Waschmaschinenmotoren, Mikrowellentransformatoren, Kühlschrankkompressoren)
M560-50K	1.0844	0,50	2,42	5,6	–	1,58	1,66	1,76	
M660-50K	1.0361	0,50	2,80	6,6	–	1,62	1,70	1,79	
M1050-50K	1.0363	0,50	4,30	10,5	–	1,57	1,65	1,77	
M390-65K	1.0846	0,65	1,62	3,9	–	1,54	1,62	1,72	
M630-65K	1.0849	0,65	2,72	6,3	–	1,58	1,66	1,76	
M800-65K	1.0364	0,65	3,30	8,0	–	1,62	1,70	1,79	
M1200-65K	1.0366	0,65	5,00	12,0	–	1,57	1,65	1,77	
						Bei Feldstärke H = 800 A/m			
M140-30S	1.0862	0,30	–	0,92	1,40	1,78			Wandler, Transformatoren, Drosselspulen
M150-30S	1.0861	0,30	–	0,97	1,50	1,75			
M111-30P	1.0881	0,30	–	–	1,11	1,88			

Der „Kennbuchstabe 2“ unterscheidet zwischen den Typen:

- „A“ kaltgewalztes nicht kornorientiertes Elektroband im schlussgeglühten Zustand (DIN EN 10106, [8]).
- „S“ konventionell kornorientiertes Elektroband oder „P“ kornorientiertes Elektroband mit hoher Permeabilität, beide Typen werden im schlussgeglühten Zustand (DIN EN 10107, [9]) geliefert.
- „K“ kaltgewalztes Elektroband aus unlegierten und legierten Stählen im nicht schlussgeglühten Zustand (DIN EN 10341, [10]).

Beispiel: Das Elektroband mit der Bezeichnung M330-35A ist ein nicht kornorientiertes Elektroband im schlussgeglühten Zustand, weist einen Ummagnetisierungsverlust von 3,3 W/kg bei 50 Hz und 1,5 T auf und hat eine Dicke von 0,35 mm.

Werkstoffe für Transformatoren und Drosseln (DIN-IEC 740-2)
Diese Werkstoffe umfassen die Legierungsklassen C21, C22, E11, E31 und E41 aus der Norm für weichmagnetische Werkstoffe (DIN IEC 60404-8-6). Die Norm enthält im Wesentlichen für vorgegebene Kernblechschnitte (YEI, YED, YEE, YEL, YUI und YM) die Mindestwerte für die Kernblechpermeabilität.

Werkstoffe für Gleichstromrelais (DIN 17405)
Bezeichnung:
a) Kennbuchstabe „R" (Relaiswerkstoff).
b) Kennbuchstaben für die kennzeichnenden Legierungsbestandteile:
„Fe" unlegiert, „Si" Siliziumstähle,
„Ni" Nickelstähle oder -legierung.
c) Kennzahl für den Höchstwert der Koerzitivfeldstärke.
d) Kennbuchstabe für den gewünschten Lieferzustand: „U" unbehandelt, „GB" biegbar vorgeglüht, „GT" tiefziehbar vorgeglüht, „GF" fertig geglüht.

In der DIN IEC 60404-8-10 sind im Wesentlichen die Grenzabmaße für magnetische Relaiswerkstoffe aus Eisen und Stahl angegeben. Die Bezeichnung in dieser Norm ist wie folgt aufgebaut (Beispiel: M 80 TH):
- Kennbuchstabe „M".
- Zulässiger Höchstwert der Koerzitivfeldstärke in A/m.
- Kennbuchstabe für die Stoffzusammensetzung: „F" Reineisen, „T" legierter Stahl, „U" unlegierter Stahl.
- Kennbuchstabe für den Lieferzustand: „H" warmgewalzt, „C" kaltgewalzt oder kaltgezogen.

Sintermetalle für weichmagnetische Bauteile (DIN IEC 60404-8-9)
Bezeichnung:
- Kennbuchstabe „S" für Sinterwerkstoffe.
- Bindestrich, gefolgt von den kennzeichnenden Legierungselementen, d.h. Fe plus zusätzlich gegebenenfalls P, Si, Ni oder Co.
- Nach einem weiteren Bindestrich folgt die maximal zulässige Koerzitivfeldstärke in A/m.

Weichmagnetische Ferritkerne (früher DIN 41280, [11])
Weichmagnetische Ferrite sind Formteile aus einem Sinterwerkstoff der allgemeinen Formel $MO \cdot Fe_2O_3$, wobei M eines oder mehrere der bivalenten Metalle Cd, Co, Ca, Mg, Mn, Ni, Zn ist.

Bezeichnung:
Die Sorten sind nach dem Nennwert der Anfangspermeabilität in Hauptgruppen unterteilt, die Kennzeichnung erfolgt durch Großbuchstaben. Durch Zusatzzahlen erfolgt eventuell eine Aufteilung in Untergruppen; sie stellen keine Qualitätsbewertung dar.

Die Koerzitivfeldstärke H_c der Weichferrite liegt üblicherweise im Bereich 4...500 A/m. Die Induktion B liegt bei einer Feldstärke von 3000 A/m im Bereich 350...470 mT.

Pulververbundwerkstoffe
Pulververbundwerkstoffe sind derzeit noch nicht genormt, gewinnen aber zunehmend an Bedeutung. Sie bestehen aus ferromagnetischem Metallpulver (aus Eisen oder einer Legierung) und einer organischen oder anorganischen Korngrenzenphase als „Binder". Ihre Herstellung entspricht weitgehend der der Sintermetalle. Die einzelnen Herstellungsschritte sind:
- Mischen der Ausgangsstoffe (Metallpulver und Binder),
- Formgebung durch Spritzen, Extrudieren oder Pressen und
- Wärmebehandlung unterhalb der Sintertemperatur (< 600 °C).

Je nach Formgebungsverfahren, Bindertyp und eingesetzter Bindermenge kann der Werkstoff entweder in Richtung hoher Sättigungspolarisation, hoher Permeabilität oder hoher spezifischer elektrischer Widerstand optimiert werden.

Die Hauptanwendung liegt in Feldern, in denen alle oben genannten Kenngrößen von Bedeutung sind und keine allzu hohen Forderungen an die mechanische Festigkeit und die Bearbeitbarkeit gestellt werden. Derzeit sind dies schnell schaltende Aktoren für die Dieseleinspritztechnik und schnell laufende Elektro-Kleinmotoren für Kfz.

Tabelle 3: Werkstoffe für Transformatoren und Drosseln.
Kernblechpermeabilität für die Legierungsklassen C21, C22, E11, E31 und E41 für den Kernblechschnitt YEI1.

Mindestkernblechpermeabilität μ_{lam} (min)

IEC-Bezeichnung		C21-09 Dicke in mm				C22-13 Dicke in mm				E11-60 Dicke in mm			
		0,3...0,38	0,15...0,2			0,3...0,38				0,3...0,38	0,15...0,2	0,1	0,05
YEI 1	–10	630	630			1000				14 000	18 000	20 000	20 000
	13	800	630			1000				18 000	20 000	22 400	20 400
	14	800	630			1000				18 000	22 400	22 400	22 400
	16	800	630			1000				20 000	22 400	25 000	22 400
	18	800	630			1000				22 400	25 000	25 000	22 400
	20	800	630			1120				22 400	25 000	25 000	25 000
	22	800	630			1120							
	25	800	630			1120							

IEC-Bezeichnung		E11-100 Dicke in mm				E31-04 Dicke in mm				E31-06 Dicke in mm			
		0,3...0,38	0,15...0,2	0,1	0,05	0,3...0,38	0,15...0,2	0,1	0,05	0,3...0,38	0,15...0,2	0,1	0,05
YEI 1	–10	18 000	25 000	31 500	31 500	2800	2800	3150	3150	3550	4000	4500	5000
	13	20 000	28 000	35 500	35 500	2800	3150	3150	3550	4000	4500	5000	5000
	14	22 400	28 000	35 500	35 500	2800	3150	3150	3550	4000	4500	5000	5000
	16	25 000	31 500	35 500	35 500	2800	3150	3150	3550	4500	4500	5000	5000
	18	25 000	31 500	40 000	35 500	3150	3150	3550	3550	4500	4500	5000	5000
	20	28 000	35 500	40 000	40 000	3150	3150	3550	3550	4500	5000	5000	5000

IEC-Bezeichnung		E31-10 Dicke in mm				E41-02 Dicke in mm				E41-03 Dicke in mm			
		0,3...0,38	0,15...0,2	0,1	0,05	0,3...0,38	0,15...0,2	0,1	0,05	0,3...0,38	0,15...0,2	0,1	0,05
YEI 1	–10	5600	6300	5600	6300	1600	1800	1800	2000	2000	2240	2500	2240
	13	6300	7100	6300	6300	1800	1800	2000	2000	2240	2240	2500	2240
	14	6300	7100	6300	7100	1800	1800	2000	2000	2240	2240	2500	2240
	16	6300	7100	6300	7100	1800	1800	2000	2000	2240	2500	2500	2240
	18	7100	7100	6300	7100	1800	1800	2000	2000	2240	2500	2500	2240
	20	7100	7100	6300	7100	1800	2000	2000	2000	2240	2500	2500	2240

Tabelle 4: Werkstoffe für Gleichstromrelais.

Werkstoffsorte Kurzname	Werkstoffnummer	Legierungsbestandteile Massenanteil %	Dichte[1] ρ g/cm³	Härte[1] HV	Remanenz[1] T (Tesla)	Permeabilität[1] μ_{max}	spez. el. Widerstand[1] $\frac{\Omega \cdot mm^2}{m}$	Koerzitivfeldstärke A/m max.	Magnetische Polarisation in T (Tesla) min. bei Feldstärke H in A/m: 20	50	100	200	300	500	1000	4000	Eigenschaften, Verwendungsbeispiele
Unlegierte Stähle																	
RFe 160	1.1011				–	–	0,15	160	–	–	–	–	1,15	1,30	–	1,60	Geringe Koerzitivfeldstärke.
RFe 80	1.1014				1,10	–	0,15	80	–	–	–	1,10	1,20	1,30	1,45	1,60	
RFe 60	1.1015	–	7,85	max. 150	1,20	–	0,12	60	–	–	–	1,15	1,25	1,35	1,45	1,60	
RFe 20	1.1017				1,20	≈ 20 000	0,10	20	–	–	1,15	1,25	1,30	1,40	1,45	1,60	
RFe 12	1.1018				1,20		0,10	12	–	–	1,15	1,25	1,30	1,40	1,45	1,60	
Siliziumstähle																	Gleichstromrelais und ähnliche Zwecke.
RSi 48	1.3840	2,5	7,55	130	0,50	–	0,42	48	–	–	0,60	–	1,10	1,20	–	1,50	
RSi 24	1.3843	–	–	–	1,00	≈ 20 000	–	24	–	–	1,20	–	1,30	1,35	–	1,50	
RSi 12	1.3845	4 Si	7,75	200	1,00	≈ 10 000	0,60	12	–	–	1,20	–	1,30	1,35	–	1,50	
Nickelstähle und -legierungen																	
RNi 24	1.3911	≈ 36 Ni	8,2	130…180	0,45	≈ 5000	0,75	24	0,20	0,45	0,70	–	0,90	1,0	–	1,18	
RNi 12	1.3926	≈ 50 Ni	8,3	130…180	0,60	≈ 30 000	0,45	12	0,50	0,90	1,10	–	1,25	1,35	–	1,45	
RNi 8	1.3927	≈ 50 Ni	8,3	130…180	0,60	30 000…100 000	0,45	8	0,50	0,90	1,10	–	1,25	1,35	–	1,45	
RNi 5	2.4596	70…80 Ni	8,7	120…170	0,30	≈ 40 000	0,55	5	0,50	0,65	0,70	–	–	–	–	0,75	
RNi 2	2.4595	kleine Mengen Cu, Cr, Mo	8,7	120…170	0,30	≈ 100 000	0,55	2	0,50	0,65	0,70	–	–	–	–	0,75	

[1] Richtwerte.

Tabelle 5: Sintermetalle für weichmagnetische Bauelemente.

Werkstoff Kurzname	Charakteristische Legierungselemente (außer Fe) Masseanteile %	Sinterdichte ρ_s g/cm³	Porosität p_s %	Maximale Koerzitivfeldstärke $H_{c(max)}$ A/m	Magnetische Polarisation in Tesla (T) bei Feldstärke H in A/m				Maximale Permeabilität $\mu_{(max)}$	Vickershärte HV5	Spezifischer elektrischer Widerstand ρ µΩm
					500	5000	15000	80000			
S-Fe-175	–	6,6	16	175	0,70	1,10	1,40	1,55	2000	50	0,15
S-Fe-170	–	7,0	11	170	0,90	1,25	1,45	1,65	2600	60	0,13
S-Fe-165	–	7,2	9	165	1,10	1,40	1,55	1,75	3000	70	0,12
S-FeP-150	≈ 0,45 P	7,0	10	150	1,05	1,30	1,50	1,65	3400	95	0,20
S-FeP-130	≈ 0,45 P	7,2	8	130	1,20	1,45	1,60	1,75	4000	105	0,19
S-FeSi-80	≈ 3 Si	7,3	4	80	1,35	1,55	1,70	1,85	8000	170	0,45
S-FeSi-50	≈ 3 Si	7,5	2	50	1,40	1,65	1,70	1,95	9500	180	0,45
S-FeNi-20	≈ 50 Ni	7,7	7	20	1,10	1,25	1,30	1,30	20000	70	0,50
S-FeNi-15	≈ 50 Ni	8,0	4	15	1,30	1,50	1,55	1,55	30000	85	0,45
S-FeCo-100	≈ 50 Co	7,8	3	100	1,50	2,00	2,10	2,15	2000	190	0,10
S-FeCo-200	≈ 50 Co	7,8	3	200	1,55	2,05	2,15	2,20	3900	240	0,35

Tabelle 6: Weichmagnetische Ferrite.

Ferritsorte	Anfangs-permeabilität[1] μ_i ±25 %	Bezogener Verlustfaktor tan δ/μ_i[2]		Bezogene Verlust-leistung[3] mW/g	Amplituden-permeabi-lität[4] μ_a	Curie-Tem-peratur[5)6)] Θ_c °C	Frequenz für $0{,}8 \cdot \mu_i$[6] MHz	Eigenschaften, Verwendungs-beispiele
		10^{-6}	MHz					
Werkstoffe in weitgehend offenen magnetischen Kreisen								
C 1/12	12	350	100	–	–	>500	400	Anfangspermeabilität. Im Vergleich zu metallischen magnetischen Werkstoffen hoher spezifischer Widerstand ($100\ldots10^5\ \Omega\cdot$m, Metalle $10^{-7}\ldots10^{-6}\ \Omega\cdot$m), deshalb geringe Wirbelstromverluste. Nachrichtentechnik (Spulen, Übertrager).
D 1/50	50	120	10	–	–	>400	90	
F 1/250	250	100	3	–	–	>250	22	
G 2/600	600	40	1	–	–	>170	6	
H 1/1200	1200	20	0,3	–	–	>150	2	
Werkstoffe in weitgehend geschlossenen magnetischen Kreisen								
E 2	60… 160	80	10	–	–	>400	50	
G 3	400…1200	25	1	–	–	>180	6	
J 4	1600…2500	5	0,1	–	–	>150	1,5	
M 1	3000…5000	5	0,03	–	–	>125	0,4	
P1	5000…7000	3	0,01	–	–	>125	0,3	
Werkstoffe für Leistungsanwendungen								
W 1	1000…3000	–	–	45	1200	>180	–	
W 2	1000…3000	–	–	25	1500	>180	–	

[1] Nennwerte. [2] tan δ/μ_i kennzeichnet die frequenzabhängigen Werkstoffverluste bei kleiner Flussdichte ($B<0{,}1$ mT). [3] Verluste bei großer Flussdichte. Messung vorzugsweise bei: $f=25$ kHz, $B=200$ mT, $\Theta = 100$ °C. [4] Permeabilität bei stärkerer, sinusförmiger Aussteuerung. Messung bei: $f\leq25$ kHz, $B=320$ mT, $\Theta = 100$ °C. [5] Curie-Temperatur Θ_c ist hier diejenige Temperatur, bei der die Anfangspermeabilität μ_i unter 10 % ihres Wertes bei 25 °C sinkt. [6] Richtwerte.

Dauermagnetwerkstoffe
(DIN 17410, ersetzt durch DIN IEC 60404-8-1)
Soweit chemische Symbole in den Kurznamen der Werkstoffe verwendet werden, weisen sie auf die hauptsächlichen Legierungsbestandteile hin. Die Zahlen in Kurznamen vor dem Schrägstrich bezeichnen den $(BH)_{max}$-Wert in kJ/m³ und nach dem Schrägstrich ein Zehntel des H_cJ-Werts in kA/m (gerundete Werte). Dauermagnete mit Bindemittel werden durch ein nachgesetztes p gekennzeichnet.

Bezeichnung durch Kurzname oder Codenummer
Aufbau der Codenummern
(DIN IEC 60404-8-1:2005-8):
Kennbuchstabe (Gruppe)
+ 1. Ziffer (Materialart),
+ 2. Ziffer 0 (isotrop) oder 1 (anisotrop),
+ 3. Ziffer (verschiedene Qualitätsstufen).

R – Magnetisch harte Legierungen,
z.B. R1: Aluminium-Nickel-Kobalt-Eisen-Titan-Legierungen (AlNiCo).

S – Magnetisch harte keramische Werkstoffe,
z.B. S1: hartmagnetische Ferrite.

U – Gebundene hartmagnetische Werkstoffe,
z. B.
- U1: gebundene Aluminium-Nickel-Kobalt-Eisen-Titan-Magnete (AlNiCo).
- U2: gebundene Seltene Erdemetall-Kobalt-Magnete (RECo).
- U3: gebundene Neodym-Eisen-Bor-Magnete.
- U4: gebundene Hartferrite.

Vergleich von Dauer- und Weichmagneten
Bild 1 zeigt die Bereiche der magnetischen Kennwerte einiger gebräuchlicher kristalliner Werkstoffe. Verglichen werden die Werte von Weichmagneten mit denen von Hartmagneten (Dauermagnete).

Tabelle 7: Dauermagnetwerkstoffe.
Bosch-Qualitäten BTMT (nicht genormt)

Werkstoff Kurzname	Dichte[1] ρ g/cm³	$(BH)_{max}$[2] kJ/m³	Remanenz[2] B_r mT	Koerzitivfeldstärke[2] der Flussdichte H_{CB} kA/m	der Polarisation H_{CJ} kA/m
RBX HC 370		25	360	270	390
RBX HC 380		28	380	280	370
RBX 380 K		28	380	280	300
RBX 400		30	400	255	260
RBX 400 K	4,7...4,9	31	400	290	300
RBX HC 400		29	380	285	355
RBX 420		34	420	255	270
RBX 410 K		33	410	305	330
RBX HC 410		30	395	290	340
RBX 420 S		35	425	260	270
RBX HC 400 N		28	380	280	390

[1] Richtwerte. [2] Mindestwerte.

Tabelle 8: Dauermagnetwerkstoffe.

Werkstoff Kurzname	Werkstoffnummer DIN	Werkstoffnummer IEC	Chemische Zusammensetzung[1)] Gewichtsprozent Al	Co	Cu	Nb	Ni	Ti	Fe	Dichte ρ[1)] g/cm³	$(BH)_{max}$[2)] kJ/m³	Remanenz B_r[2)] mT	Koerzitivfeldstärke[2)] der Flussdichte H_{CB} kA/m	Koerzitivfeldstärke[2)] der Polarisation H_{CJ} kA/m	Rel. permanente Permeabilität[1)] μ_p	Curie-Temp.[1)] T_c K	Temp.-Koeff. der Polar. $TK\ (J_s)$[1)3)] %K	Temp.-Koeff. der Koerzit. $TK\ (H_c)$[1)3)] %K	Herstellung, Bearbeitung, Verwendung
Metallische Magnete																			
Isotrop																			
AlNiCo 9/5	1.3728	R 1-0-3	11…13	0… 5	2…4	–	21…28	0…1		6,8	9,0	550	44	47	4,0…5,0	1030		+ 0,03	
AlNiCo 18/9	1.3756	–	6… 8	24…34	3…6	–	13…19	5…9	Rest	7,2	18,0	600	80	86	3,0…4,0	…	– 0,02		
AlNiCo 7/8p	1.3715	R 1-2-3	6… 8	24…34	3…6	–	13…19	5…9		5,5	7,0	340	72	84	2,0…3,0	1180		…– 0,07	Herstellung: Gießen oder Sintern. Bei Magneten mit Binder Pressen oder Spritzen. Bearbeitung: Schleifen. Verwendung: max. 400…500 °C.
Anisotrop																			
AlNiCo 35/5	1.3761	–	8…9	23…26	3…4	0…1	13…16	–		7,2	35,0	1120	47	48	3,0…4,5				
AlNiCo 44/5	1.3757	R 1-1-2	8…9	23…26	3…4	0…1	13…16	–		7,2	44,0	1200	52	53	2,5…4,0	1030		+ 0,03	
AlNiCo 52/6	1.3759	–	8…9	23…26	3…4	0…1	13…16	–	Rest	7,2	52,0	1250	55	56	1,5…3,0	…	– 0,02		
AlNiCo 60/11	1.3763	R 1-1-6	6…8	35…39	2…4	0…1	13…15	4…6		7,2	60,0	900	110	112	1,5…2,5	1180		…– 0,07	
AlNiCo 30/14	1.3765	–	6…8	38…42	2…4	0…1	13…15	7…9		7,2	30,0	680	136	144	1,5…2,5				
			Pt	Co															
PtCo 60/40	2.5210	R2-0-1	77…78	20…23						15,5	60	600	350	400	1,1	800	– 0,01 …– 0,02	– 0,35	
			V	Co	Cr	Fe													
FeCoVCr 11/2	2.4570	R 3-1-3	8…15	51…54	0…4					–	11,0	800	24	24	2,0…8,0	1000	– 0,01	≈ 0	
FeCoVCr 4/1	2.4571	–	3…15	51…54	0…6	Rest				–	4,0	1000	5	5	9,0…25,0				
RECo – Magnete vom Typ $RECo_5$																			
RECo 80/80	–	R 5-1-1	typisch $MMCo_5$ (MM = Cer-Mischmetall)							8,1	80	650	500	800	1,05	1000	– 0,05	– 0,3	
RECo 120/96	–	R 5-1-2	typisch $SmCo_5$, typisch $(SmPr)\ Co_5$							8,1	120	770	590	960	1,05	1000	– 0,05	– 0,3	
RECo 160/80	–	R 5-1-3								8,1	160	900	640	800	1,05	1000	– 0,05	– 0,3	
RECo – Magnete vom Typ RE_2Co_{17}																			
RECo 165/50	–	R 5-1-11	typisch $MMCo_5$ (MM = Cer-Mischmetall)							8,2	165	950	440	500	1,1	1100	0,03	– 0,02	
RECo 180/90	–	R 5-1-13	typisch $SmCo_5$, typisch $(SmPr)\ Co_5$							8,2	180	1000	680	900	1,1	1100	0,03	– 0,02	
RECo 190/70	–	R 5-1-14								8,2	190	1050	560	700	1,1	1100	0,03	– 0,02	
RECo 48/60p	–	R 5-3-1								5,2	48	500	360	600	1,05	1000	– 0,05	– 0,3	

Werkstoff Kurzname	Werkstoffnummer DIN	Werkstoffnummer IEC	Chemische Zusammensetzung[1] Gewichtsprozent Al	Co	Cu	Nb	Ni	Ti	Fe	Dichte ρ[1] g/cm³	$(BH)_{max}$[2] kJ/m³	Remanenz B_r[2] mT	Koerzitivfeldstärke[2] der Flussdichte H_{CB} kA/m	Koerzitivfeldstärke[2] der Polarisation H_{CJ} kA/m	Rel. permanente Permeabilität[1] μ_p	Curie-Temp.[1] T_c K	Temp.-Koeff. der Polar. $TK(J_s)$[1)3)] %K	Temp.-Koeff. der Koerzit. $TK(H_c)$[1)3)] %K	Herstellung, Bearbeitung, Verwendung
CrFeCo 12/4	–	R 6-0-1	(keine Angaben)							7,6	12	800	40	42	5,5…6,5	1125	– 0,03	– 0,04	
CrFeCo 28/5	–	R 6-1-1								7,6	28	1000	45	46	3…4	1125	– 0,03	– 0,04	
REFe 165/170	–	R 7-1-1	(keine Angaben)							7,4	165	940	700	1700	1,07	583	– 0,1	– 0,8	
REFe 220/140	–	R 7-1-6								7,4	220	1090	800	1400	1,05	583	– 0,1	– 0,8	
REFe 240/110	–	R 7-1-7								7,4	240	1140	850	1100	1,05	583	– 0,1	– 0,8	
REFe 260/80	–	R 7-1-8								7,4	260	1180	750	800	1,05	583	– 0,1	– 0,8	

Werkstoff Kurzname	Werkstoffnummer DIN	Werkstoffnummer IEC	Dichte[1] ρ g/cm³	$(BH)_{max}$[2] kJ/m³	Remanenz[2] B_r mT	Koerzitivfeldstärke[2] der Flussdichte H_{CB} kA/m	Koerzitivfeldstärke[2] der Polarisation H_{CJ} kA/m	Rel. permanente Permeabilität[1] μ_p	Curie-Temp.[1] T_c K	Temp.-Koeff. der Polarisation[1] $TK(J_s)$ %K	Temp.-Koeff. der Koerzit.[1] $TK(H_c)$ %K	Herstellung, Bearbeitung, Verwendung
Keramische Magnete												
Isotrop												
Hartferrit 7/21	1.3641	S 1-0-1	4,9	6,5	190	125	210	1,2	723	– 0,2	0,2…0,5	Herstellung: Sintern. Kunststoff-gebundene Magnete durch Pressen, Spritzen, Walzen, Extrudieren. Bearbeitung: Schleifen.
Hartferrit 3/18p	1.3614	S 1-2-2	3,9	3,2	135	85	175	1,1				
Anisotrop												
Hartferrit 20/19	1.3643	S 1-1-1	4,8	20,0	320	170	190	1,1	723	– 0,2	0,2…0,5	
Hartferrit 20/28	1.3645	S 1-1-2	4,6	20,0	320	220	280	1,1				
Hartferrit 24/23	1.3647	S 1-1-3	4,8	24,0	350	215	230	1,1				
Hartferrit 25/22	1.3651	S 1-1-5	4,8	25,0	370	205	220	1,1				
Hartferrit 26/26	–	S 1-1-8	4,7	26,0	370	230	260	1,1				
Hartferrit 32/17	–	S 1-1-10	4,9	32,0	410	160	165	1,1				
Hartferrit 24/35	–	S 1-1-14	4,8	24,0	360	260	350	1,1				
Hartferrit 9/19p	1.3616	S 1-3-1	3,4	9,0	220	145	190	1,1				
Hartferrit 10/22p	–	S 1-3-2	3,5	10,0	230	165	225	1,1				

[1] Richtwerte. [2] Mindestwerte. [3] Im Bereich 273…373 K.

Literatur zu Magnetwerkstoffe
[1] DIN IEC 60404-8: Magnetische Werkstoffe – Teil 8: Anforderungen an einzelne Werkstoffe.
8-1: Anforderungen an einzelne Werkstoffe – Hartmagnetische Werkstoffe (Dauermagnete).
8-6: Anforderungen an einzelne Werkstoffe – Weichmagnetische metallische Werkstoffe.
8-9: Standard-Anforderung für weichmagnetische Sintermetalle.
8-10: Magnetische Werkstoffe (Eisen und Stahl) für Relaisanwendungen.
[2] DIN 17405: Weichmagnetische Werkstoffe für Gleichstromrelais; Technische Lieferbedingungen.
[3] DIN IEC 60740-2: Kernbleche für Transformatoren und Drosseln für nachrichtentechnische und elektronische Einrichtungen – Teil 2: Beschreibung der Mindestpermeabilität von Kernblechen aus weichmagnetischen metallischen Materialien.
[4] R. Boll: Weichmagnetische Werkstoffe – Einführung in den Magnetismus, VAC Werkstoffe und ihre Anwendungen. 4. Aufl., Publicis Corporate Publishing, 1990.
[5] L. Michalowsky, J. Schneider (Hrsg.): Magnettechnik – Grundlagen, Werkstoffe, Anwendungen. 3. Aufl., Vulkan-Verlag GmbH, 2006.
[6] Merkblatt 401 „Elektroband und -blech“, Stahl-Informations-Zentrum, Düsseldorf, Ausgabe 2005.
[7] DIN EN 10027-1: Bezeichnungssysteme für Stähle – Teil 1: Kurznamen.
[8] DIN EN 10106: Kaltgewalztes nicht kornorientiertes Elektroband und -blech im schlussgeglühten Zustand.
[9] DIN EN 10107: Kornorientiertes Elektroband und -blech im schlussgeglühten Zustand.
[10] DIN EN 10341: Kaltgewalztes Elektroblech und -band aus unlegierten und legierten Stählen im nicht schlussgeglühten Zustand.
[11] DIN 41280: Weichmagnetische Ferritkerne; Werkstoff-Eigenschaften

Bild 1: Vergleich von Dauer- und Weichmagneten.

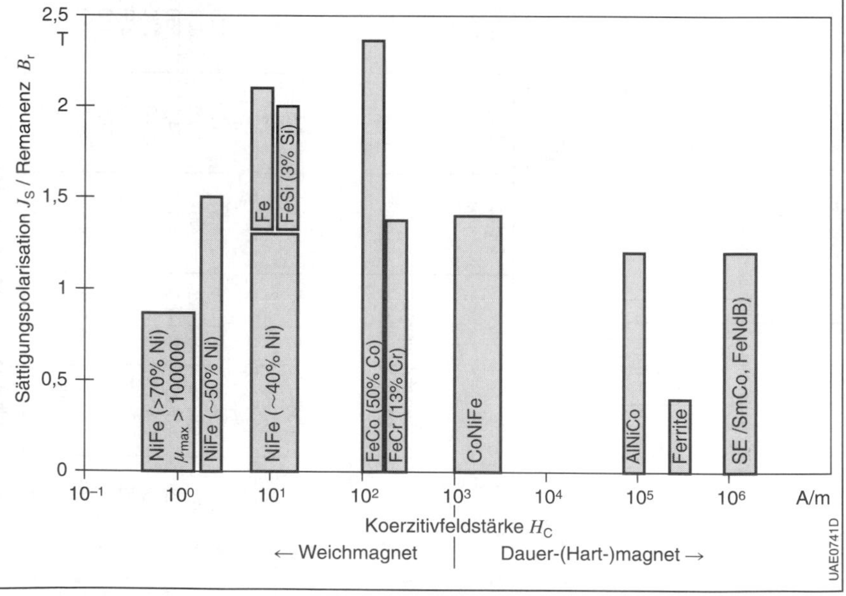

Nichtmetallische anorganische Werkstoffe

In diesen Werkstoffen gibt es Ionenbindungen (z.B. Keramik), gemischte (hetero- und homöopolare) Bindungen (z.B. Glas) oder homöopolare Bindung (z.B. Kohlenstoff). Diese Art der Bindung ist wiederum bestimmend für einige charakteristische Eigenschaften: Im Allgemeinen schlechte Wärmeleitfähigkeit und schlechte elektrische Leitfähigkeit (letztere nimmt mit steigender Temperatur zu), schlechtes Lichtreflexionsvermögen, Sprödigkeit und damit praktisch nicht vorhandene Kaltverformbarkeit.

Keramik
Keramische Werkstoffe enthalten mindestens 30 % kristalline Anteile; hinzu kommen in den meisten Fällen amorphe Anteile und Poren. Sie werden – ähnlich wie die Sintermetalle – jedoch aus nichtmetallischen Pulvern oder Pulvermischungen geformt und erhalten durch Sintern bei Temperaturen von allgemein höher als 1 000 °C ihre charakteristischen Eigenschaften. Gelegentlich geschieht auch die Formgebung bei hoher Temperatur oder gar über den Schmelzfluss mit anschließender Kristallisation.

Tabelle 1 gibt einen Überblick über keramische Werkstoffe und ihre Eigenschaften.

Gläser
Gläser sind als unterkühlte eingefrorene Flüssigkeiten anzusehen. In ihnen besteht nur eine Nahordnung der Atome. Sie werden als amorph bezeichnet. Bei der Transformationstemperatur T_g (T_g ist von der früheren Bezeichnung Glasbildungstemperatur abgeleitet) bildet sich aus der Schmelze das feste Glas. Die Transformationstemperatur ist von verschiedenen Parametern abhängig und daher nicht eindeutig bestimmt (besser: Transformationsbereich).

Verbundwerkstoffe

Verbundwerkstoffe bestehen aus mindestens zwei physikalisch oder chemisch verschiedenen Komponenten. Diese müssen über eine Grenzschicht fest miteinander verbunden sein. Unter diesen Bedingungen besteht die Möglichkeit, viele Werkstoffe miteinander zu kombinieren. Der erzeugte Verbundwerkstoff weist Eigenschaften auf, die keiner der Ausgangswerkstoffe zeigt. Man unterscheidet:
- Teilchenverbundwerkstoffe: Zum Beispiel pulvergefüllte Harze, Hartmetalle, kunststoffgebundene Magnete, Cermets.
- Schichtverbundwerkstoffe: Zum Beispiel Thermobimetalle, Sandwichplatten.
- Faserverbundwerkstoffe: Zum Beispiel glas- oder kohlenstofffaserverstärkte Kunststoffe.

Literatur zu Nichtmetallische anorganische Werkstoffe
[1] DIN EN 623: Hochleistungskeramik; Monolithische Keramik; Allgemeine und strukturelle Eigenschaften; Teil 2: Bestimmung von Dichte und Porosität.
[2] DIN EN 843: Hochleistungskeramik – Mechanische Eigenschaften monolithischer Keramik bei Raumtemperatur. Teil 1: Bestimmung der Biegefestigkeit. Teil 2: Bestimmung des Elastizitätsmoduls, Schubmoduls und der Poissonzahl.
[3] DIN EN 993: Prüfverfahren für dichte geformte feuerfeste Erzeugnisse – Teil 5: Bestimmung der Kaltdruckfestigkeit.
[4] DIN EN 821: Hochleistungskeramik – Monolithische Keramik – Thermophysikalische Eigenschaften.
Teil 1: Bestimmung der thermischen Längenänderung.
Teil 2: Messung der Temperaturleitfähigkeit mit dem Laserflash (oder Wärmepuls-) Verfahren.
Teil 3: Bestimmung der spezifischen Wärmekapazität.
[5] DIN EN 60672-1: Keramik- und Glasisolierstoffe – Teil 1: Begriffe und Gruppeneinteilung.
[6] www.keramikverband.de.
[7] www.matweb.com.

Tabelle 1: Keramische Werkstoffe.

Werkstoffe	Zusammen-setzung	ρ 1) g/cm³	σ_{bB} 2) MN/m²	σ_{dB} 3) MN/m²	E 4) GN/m²	α_t 5) 10^{-6}/K	λ 6) W/mK	c 7) kJ/kg · K	ρ_D 8) Ω · cm	ε_r 9)	tan ρ 10) 10^{-4}
Aluminiumnitrid	AlN > 97 %	3,3	250...350	1100	320...350	5,1	100...220	0,8	$> 10^{14}$	8,5...9,0	3...10
Aluminiumoxid	Al_2O_3 > 99 %	3,9...4,0	300...400	3000...4000	380...400	7,2...8,6	20...40	0,8...0,9	$> 10^{11}$	8...10	2
Aluminiumtitanat	$Al_2O_3 \cdot TiO_2$	3,0...3,7	25...40	450...550	10...30	0,5...1,5	< 2	0,7	$> 10^{11}$	–	–
Berylliumoxid	BeO > 99 %	2,9...3,0	250...320	1500	300...340	8,5...9,0	240...280	1,0	$> 10^{14}$	6,5	3...5
Borkarbid	B_4C	2,5	300...500	2800	450	5,0	30...60	–	$10^{-1}...10^{2}$	–	–
Cordierit z.B. C 410, 520 11)	$2MgO \cdot 2Al_2O_3 \cdot 5SiO_2$	1,6...2,3	5...100	300	6...60	2,0...5,0	1,3...2,5	0,8	$> 10^{11}$	5,0	70
Graphit	C > 99,7 %	1,5...1,8	5...30	20...50	5...15	1,6...4,0	100...180	–	10^{-3}	–	–
Porzellan z. B. C 110 – 120 (unglasiert)	Al_2O_3 30...35 % Rest SiO_2 + Glasphase	2,2...2,4	20...100	500...550	50	4,0...6,5	1,2...2,6	0,8	10^{11}	6	120
Siliziumkarbid drucklos gesintert SSiC	SiC > 98 %	3,1...3,2	400...600	> 1200	400	4,0...4,5	90...120	0,8	10^{3}	–	–
Siliziumkarbid heißgepresst HPSiC	SiC > 99 %	3,1...3,2	450...800	> 1500	420	4,0...4,5	100...120	0,8	10^{3}	–	–
Siliziumkarbid reaktionsgesintert SiSiC	SiC > 90 % + Si	3,0...3,1	300...400	> 2200	380	4,2...4,8	100...160	0,8	10...100	–	–
Siliziumnitrid gasdruckgesintert GPSN	Si_3N_4 > 90 %	3,2	800...1400	> 2500	300	3,2...3,5	30...45	0,7	10^{12}	–	–
Siliziumnitrid heißgepresst HPSN	Si_3N_4 > 95 %	3,2	600...900	> 3000	310	3,2...3,5	30...45	0,7	10^{12}	–	–

Werkstoffe	Zusammen-setzung	ρ [1] g/cm³	σ_{bB} [2] MN/m²	σ_{dB} [3] MN/m²	E [4] GN/m²	α_t [5] 10^{-6}/K	λ [6] W/mK	c [7] kJ/kg · K	ρ_D [8] Ω · cm	ε_r [9]	tan ρ [10] 10^{-4}
Siliziumnitrid reaktionsgesintert RBSN	Si_3N_4 > 99 %	2,4…2,6	200…300	< 2000	140…160	2,9…3,0	15…20	0,7	10^{14}	–	–
Steatit z.B. C 220, 221	SiO_2 55…65 % MgO 25…35 % Al_2O_3 2…6 % Alkalioxid < 1,5 %	2,6…2,9	120…140	850…1000	80…100	7,0…9,0	2,3…2,8	0,7…0,9	> 10^{11}	6	10…20
Titankarbid	TiC	4,9	–	–	320	7,4	30	–	$7 \cdot 10^{-5}$	–	–
Titannitrid	TiN	5,4	–	–	260	9,4	40	–	$3 \cdot 10^{-5}$	–	–
Titandioxid	TiO_2	3,5…3,9	90…120	300	–	6,0…8,0	3…4	0,7…0,9	–	40…100	8
Zirkondioxid teilstabilisiert, PSZ	ZrO_2 > 90 % Rest Y_2O_3	5,7…6,0	500…1000	1800…2100	140…210	9,0…11,0	2…3	0,4	10^8	–	–
Normen zu Prüfmethoden		DIN EN 623 Teil 2 [1]	DIN EN 843 Teil 1 [2]	DIN EN 993 Teil 5 [3]	DIN EN 843 Teil 2 [2]	DIN EN 821 Teil 1 [4]	DIN EN 821 Teil 2 [4]	DIN EN 821 Teil 3 [4]			

Je nach Rohstoff, Zusammensetzung und Herstellverfahren variieren die Eigenschaftswerte der einzelnen Werkstoffe in weiten Grenzen. Die Werkstoffdaten beziehen sich auf die Angaben verschiedener Hersteller.

Die Bezeichnung „KER" entspricht DIN EN 60672-1 [5].

Weiterführende umfassende Informationen zu keramischen Werkstoffen, Eigenschaftstabellen, Anwendung usw. sind auf einschlägigen Internetseiten zu finden, z.B. Informationszentrum Technische Keramik [6], oder MatWeb Material Property Data [7].

1) Dichte. 2) Biegefestigkeit. 3) Kaltdruckfestigkeit. 4) Elastizitätsmodul. 5) Thermische Längenänderung RT…1000 °C. 6) Wärmeleitfähigkeit bei 20 °C. 7) Spezifische Wärme. 8) Spezifischer elektrischer Widerstand bei 20 °C und 50 Hz. 9) Dielektrizitätszahl. 10) Dielektrizitätsverlustfaktor bei 25 °C und 10 MHz. 11) Eigenschaften sehr stark abhängig von anwendungsspezifisch eingestellter Porosität.

Kunststoffe

Kunststoffe sind eine noch verhältnismäßig sehr „junge“ Werkstoffgruppe, deren Bedeutung ab Mitte des zwanzigsten Jahrhunderts stetig gewachsen ist. Produkte aus Kunststoffen spielen eine große Rolle in den unterschiedlichsten Bereichen unserer heutigen Gesellschaft. So werden Kunststoffe als Werkstoff in Bereichen wie der Versorgungs-, Medizin- und Elektrotechnik, für Verpackungen, Haushaltsgeräte und Gebrauchsgüter genutzt.

Bild 1: Durchschnittlicher Anteil der einzelnen Werkstoffgruppen in einem Mittelklassewagen [1].

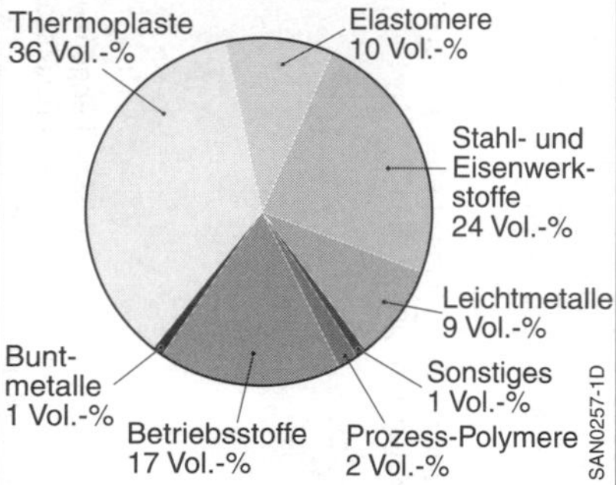

Vor allem im Automobil haben Kunststoffe in der Vergangenheit einen Zuwachs wie keine andere Werkstoffgruppe gewinnen können (Bild 1). Oft ist die Automobilindustrie der Treiber kunststofftechnischer Innovationen.

Dennoch ist die „Sättigungsgrenze“ für den Einsatz von Kunststoffen bei weitem noch nicht erreicht. Es finden sich immer noch Anwendungen, in denen die konventionellen Werkstoffe wie Metall durch Kunststoffe substituiert werden.

Der zunehmende Einsatz von Kunststoffen liegt zum größten Teil in den gegenüber anderen Werkstoffen kostengünstigeren Verarbeitungsmöglichkeiten und in den vorteilhaften Eigenschaften dieser „Werkstoffgruppe nach Maß“ begründet. Zudem erschließen neue Werkstoff- und Verfahrensentwicklungen weitere Märkte und bieten gleichzeitig ein enormes Potential für neue, innovative Produkte aus Kunststoff. Insbesondere durch die zunehmende Elektromobilisierung wird ein starker Anstieg des Kunststoffanteils prognostiziert. Hier ist der größte Treiber die Gewichtseinsparung gegenüber metallischen Werkstoffen.

Kunststoffe ist der allgemeine Überbegriff für polymere Werkstoffe. Sie haben als wesentliches Kennzeichen eine makromolekulare Struktur. Man unterteilt

Bild 2: Einteilung der Kunststoffe in Anlehnung an [2].

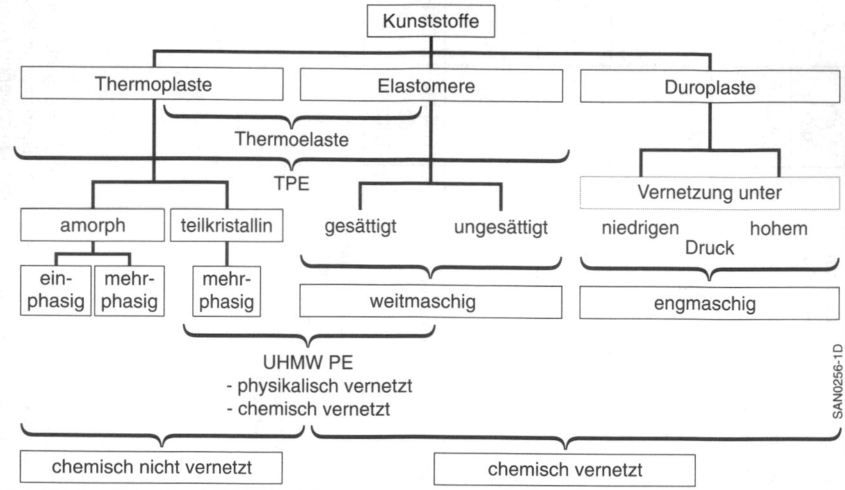

Kunststoffe in Thermoplaste, Duroplaste, Elastomere und thermoplastische Elastomere (Bild 2), auf die im Folgenden vertieft eingegangen wird.

Thermoplaste
Hervorstechendes Merkmal der Thermoplaste ist der unvernetzte Aufbau zwischen den Makromolekülen. Dieser ermöglicht eine wiederholte Umform- oder Verarbeitbarkeit oberhalb ihrer Gebrauchstemperatur im Schmelzbereich. Nur Thermoplaste sind schweißbar.

Die Werkstoffklasse der Thermoplaste lässt sich in amorphe Thermoplaste und teilkristalline Thermoplaste weiter unterteilen [3]. Dabei setzen sich teilkristalline Thermoplaste aus amorphen und aus teilkristallinen Makromolekülanordnungen zusammen. Sie liegen also im Gegensatz zu amorphen Thermoplasten mehrphasig vor. Werden amorphe Thermoplaste während ihrer Synthese in Form eines Copolymers modifiziert, können auch amorphe Thermoplaste mehrphasig vorliegen. Die Zusammenhänge werden in Bild 3 beschrieben (in Anlehnung an [2]). Die mehrphasig vorliegenden Block-Copolymere bilden dabei das Bindeglied in die Werkstoffklasse der thermoplastischen Elastomere.

Die Anzahl an Herstellern und Handelstypen ist im Thermoplastbereich sehr groß. Es gibt die meisten Polymere ohne oder mit unterschiedlichen Sorten und Anteilen von Füll- und Verstärkungsstof-

Bild 3: Einteilung der Thermoplaste in Anlehnung an [2].

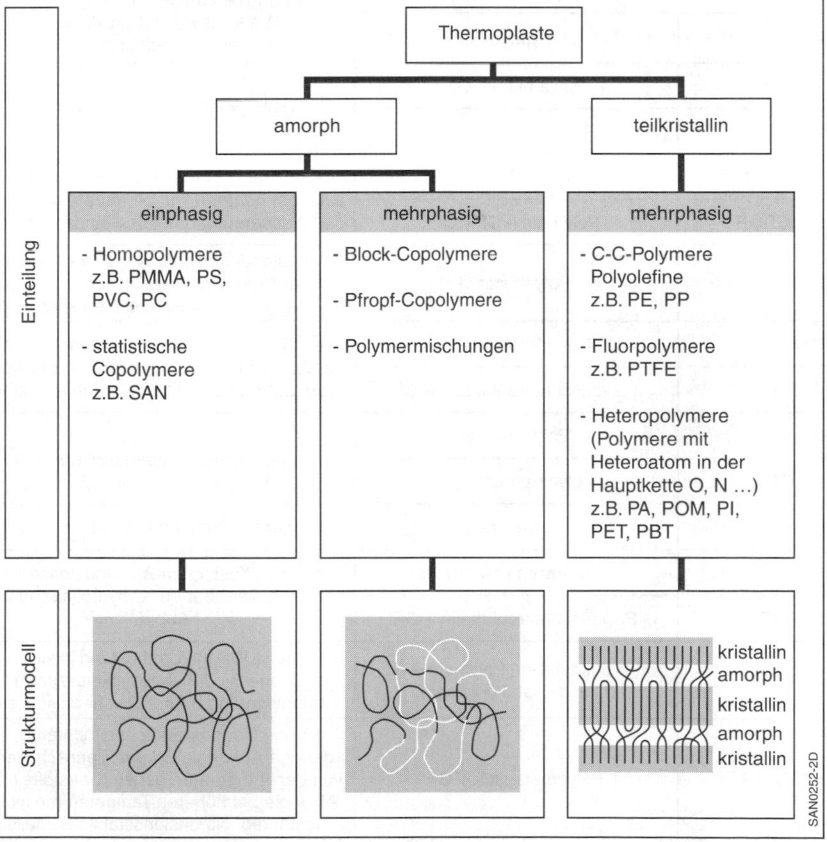

fen. Das Eigenschaftsspektrum der auf dem Markt erhältlichen Thermoplaste ist daher sehr groß. Tabelle 1 gibt eine Übersicht über Namen, Kurzzeichen und beispielhaften Anwendungen weit verbreiteter Thermoplaste wieder.

Mechanische Eigenschaften der Thermoplaste

Thermoplaste zeigen im Vergleich zu anderen Konstruktionswerkstoffen ein ausgeprägtes viskoelastisches und viskoplastisches Deformationsverhalten. Dies hat zur Folge, dass das mechanische Verhalten stark von der Temperatur, der Beanspruchungszeit und der Beanspru-

Tabelle 1: Chemische Bezeichnung und Eigenschaften von thermoplastischen Kunststoffen.

Kurzzeichen	Chemische Bezeichnung	Eigenschaftsbeschreibung; Verwendungsbeispiele
ABS	Acrylnitril-Butadien-Styrol	hoher Glanz, auch transparente Sorten, schlagzähe Gehäuseteile
PA 11, 12	Polyamid 11, 12	zähhart und abriebfest, kleiner Reibkoeffizient, gute Schalldämpfung, etwa 1 bis 3 % Wasseraufnahme für gute Zähigkeit erforderlich; PA 11, 12 wesentlich kleinere Wasseraufnahme
PA6	Polyamid 6	
PA66	Polyamid 66	
PA6-GF	Polyamid 6 + GF	schlagfeste Maschinengehäuse
PA66-GF	Polyamid 66 + GF	
PA6T/6I/66-GF	Polyamid 6T/6I/66 +GF	steife Maschinengehäuse und -bauteile auch bei höheren Temperaturen, geringere Wasseraufnahme als Standard-PA
PA6/6T-GF	Polyamid 6/6T + GF	
PAI	Polyamidimid	Bauteile, die mechanischer oder elektrischer Beanspruchung ausgesetzt sind, günstiges Verschleißverhalten
PBT	Polybutylenterephthalat	verschleißfest, chemisch unempfindlich, in Wasser über 70 °C hydrolytischer Abbau, sehr gute elektrische Eigenschaften
PBT-GF	Polybutylenterephthalat + GF	
PC	Polycarbonat	zäh und steif über weiten Temperaturbereich, Bauteile hoher Steifigkeit
PC-GF	Polycarbonat + GF	
PE	Polyethylen	säurefeste Behälter und Rohre, Folien
PET	Polyethylenterephthalat	verschleißfest, chemisch unempfindlich, in Wasser über 70 °C hydrolytischer Abbau
PET-GF	Polyethylenterephthalat + GF	
LCP-GF	Flüssigkristalline Polymere + GF (Liquid cristal polymers)	hohe Wärmeformbeständigkeit, geringe Bindenahtfestigkeit, extrem dünnwandige Bauteile, sehr anisotrop
PESU-GF	Polyethersulfon + GF	hohe Dauergebrauchstemperatur, geringe Abhängigkeit der Eigenschaften von der Temperatur, gegen Kraftstoffe und Alkohole bei höheren Temperaturen nicht beständig, dimensionsstabile Bauteile.

Tabelle 1 (Fortsetzung): Chemische Bezeichnung und Eigenschaften von thermoplastischen Kunststoffen.

Kurzzeichen	Chemische Bezeichnung	Eigenschaftsbeschreibung; Verwendungsbeispiele
PEEK-GF	Polyetheretherketon + GF	hochfeste Bauteile für hohe Temperaturen, gute Gleiteigenschaften bei geringem Verschleiß; sehr teuer.
PMMA	Polymethylmethacrylat	glasklar und in vielen Farben erhältlich, witterungsbeständig
POM	Polyoxymethylen	empfindlich gegen Spannungsrissbildung bei Säureeinwirkung, genaue Formteile
POM-GF	Polyoxymethylen + GF	
PPE+SB	Polyphenylenether + SB	heißwasserbeständig, flammwidrig
PPS-GF	Polyphenylensulfid + GF	hoch wärme- und medienbeständig, inhärenter Flammschutz; Teile unter der Motorhaube
PP	Polypropylen	Haushaltsartikel, Batteriekästen, Abdeckhauben, Lüfterräder (verstärkte Typen)
PP-GF	Polypropylen + GF	
PS	Polystyrol	transparent und in vielen Farben erhältlich
PSU-GF	Polysulfon + GF	geringe Abhängigkeit der Eigenschaften von der Temperatur, gegen Kraftstoffe und Alkohole nicht beständig.
PVC-P	Polyvinylchlorid (weichmacherhaltig)	Kunstleder, elastische Hauben, Kabelisolierungen, Schläuche, Dichtungen
PVC-U	Polyvinylchlorid (weichmacherfrei)	witterungsbeständige Außenteile, Rohrleitungen
SAN	Styrol-Acrylnitril	Formteile mit chemisch guter Beständigkeit, auch transparent
SB	Styrol-Butadien	schlagzähe Gehäuseteile für viele Bereiche
SPS-GF	Syndiotaktisches Polysterol	verzugsarm, spröde, bei Verarbeitung hohe Werkzeugtemperaturen erforderlich
PI	Polyimid	hoch wärme- und strahlenbeständig, nur durch Pressen und Sintern verarbeitbar
PTFE	Polytetrafluorethylen	starke Abhängigkeit der Steifigkeit von der Temperatur, hohe Wärme-, Alterungs- und Chemikalienbeständigkeit, nur durch Pressen und Sintern verarbeitbar

chungsgeschwindigkeit beeinflusst wird (Bild 4). Dabei verhalten sich amorphe Thermoplaste und teilkristalline Thermoplaste unterschiedlich. Die Ursache liegt im unterschiedlichen Verlauf der Schubmodulkurve und der damit verbundenen unterschiedlichen Übergangsbereiche. Sie werden Glasübergangstemperatur T_g und Schmelzbereich genannt (Bild 5, in Anlehnung an [2] und [3]). Die Kombination von Belastung und höherer Temperatur führt bei Thermoplasten aufgrund des

Bild 4: Darstellung des Einflusses unterschiedlicher Prüfgeschwindigkeiten und Temperaturen auf das Spannungs-Dehnungs-Verhalten von Thermoplasten.
a) Abhängigkeit von der Prüfgeschwindigkeit,
b) Abhängigkeit von der Temperatur.

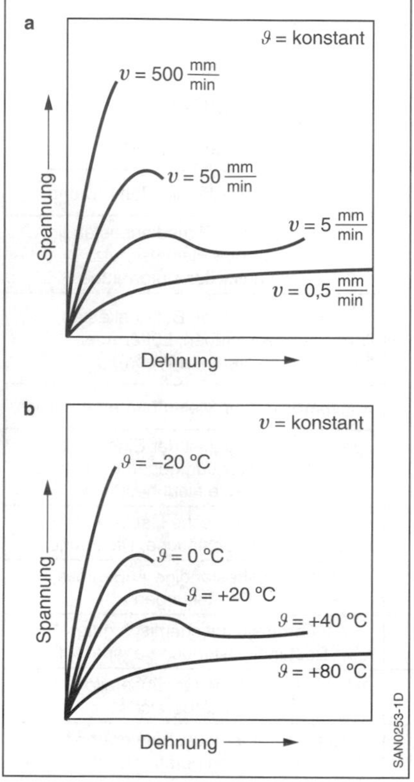

viskoelastischen und viskoplastischen Materialverhaltens zu Kriechen oder Relaxation. In Bild 6 ist das Kriech- und das Relaxationsverhalten von Thermoplasten dem Materialverhalten von Metallen gegenübergestellt [2].

In Tabelle 2 und Tabelle 3 sind die mechanischen Eigenschaften amorpher und teilkristalliner Werkstoffe zusammengestellt. Die Werte geben Richtwerte aus der Literatur ([2] und [4]) wieder. Je nach Hersteller und Füll- beziehungsweise Verstärkungsstoffzusammensetzung können die Werte abweichen.

Chemische Eigenschaften von Thermoplasten

Das chemische Verhalten der Thermoplaste wird durch den Aufbau der Makromoleküle bestimmt, aus denen sie aufgebaut sind. Polare Kunststoffe werden von polaren Lösemitteln angegriffen, unpolare Kunststoffe von unpolaren Lösemitteln. Niedermolekulare Substanzen können durch feste Thermoplaste wandern (Permeation).

Das Eindringen von niedermolekularen Stoffen kann, ähnlich wie bei Metallen (hier Spannungsrisskorrosion genannt), Spannungsrissbildung auslösen. Durch Wahl des richtigen Thermoplasttyps, stoff- und artikelgerechter Formgebung und optimaler Fertigungsparameter können für sehr viele Einsatzgebiete geeignete Thermplaste ausgewählt werden. In Tabelle 4 sind die chemischen Eigenschaften einiger Thermoplaste dargestellt. Die Werte stellen Richtwerte aus der Literatur dar ([2], [4], [6]). Da das chemische Verhalten zum Teil schwierig einzuschätzen ist, empfiehlt es sich, Rücksprache mit den Kunststoffherstellern zu nehmen oder eigene Messungen durchzuführen.

Beständigkeit und Alterung der Thermoplaste

Unter Alterung fasst man die Gesamtheit aller im Laufe der Zeit in einem Material irreversibel ablaufenden Materialveränderungen zusammen [7]. Alterungsvorgänge verändern die Eigenschaften von Thermoplasten während einer bestimmten Zeitspanne. Die Alterung wird in innere (z.B. Eigenspannungen, begrenzte Mischbarkeit von Zusätzen) und äußere (Energiezufuhr durch Wärme und Strahlung, Temperaturwechsel, mechanische Beanspruchung, chemische Einflüsse) Ursachen unterschieden. Diese Ursachen führen zu Alterungsvorgängen, die sich in Alterungserscheinungen äußern und eine sichtbare oder messbare Wirkung auf Thermoplaste haben. Hierzu zählen z.B. Quellung, Nachschwindung, Verfärbung, Veränderung der mechanischen Eigenschaften wie z.B. Versprödung.

Bild 5: Temperaturabhängigkeit des dynamischen Schubmoduls.
1 Amorphe Thermoplaste,
2 teilkristalline Thermoplaste.
T_g Glasübergangstemperatur,
T_m Schmelz- beziehungsweise Fließtemperatur,
T_s Kristallitschmelztemperatur.

Amorphe Thermoplaste

Bereich I:
Glaszustand, energieelastisches Verhalten; Anwendungsbereich

Bereich IIa:
entropieelastisches Verhalten (zähelastisch), Bereich der Warmumformung

Bereich III:
viskoses Fließverhalten, Bereich von Urformen und Schweißen

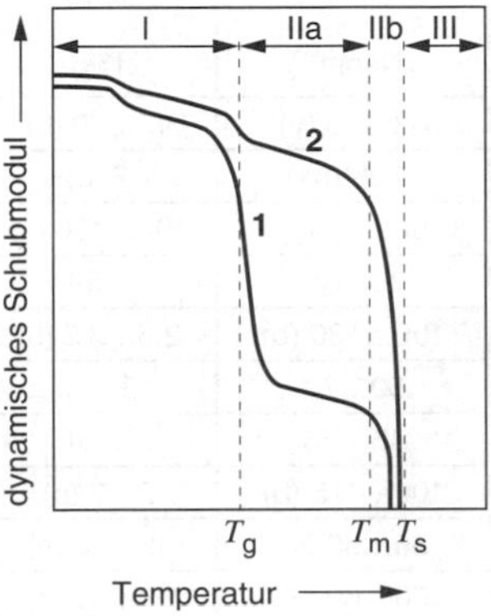

Teilkristalline Thermoplaste

Bereich I:
Glaszustand, energieelastisches Verhalten, amorphe Bereiche eingefroren

Bereich IIa:
amorphe Anteile thermoelastisch, teilkristalline Anteile starr; Anwendungsbereich

Bereich IIb:
Kristallite beginnen aufzuschmelzen, Bereich der Warmumformung

Bereich III:
viskoses Fließverhalten, Bereich von Urformen und Schweißen

SAN0254-2D

Bild 6: Einfluss der Zeit auf das mechanische Verhalten von Metallen und Thermoplasten im Vergleich.
T_R Rekristallisierungstemperatur, T_g Glasübergangstemperatur.

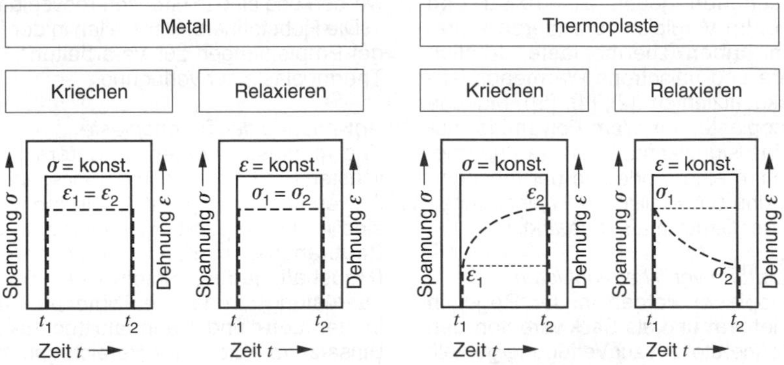

Einfluss von t relativ gering sofern $T < T_R$

Einfluss von t ist insbesondere bei $T > T_g$ zu beachten
Kriechneigung größer je kleiner E-Modul

SAN0255-1D

Tabelle 2: Mechanische Eigenschaften amorpher Thermoplaste.

Kurzzeichen	E-Modul [N/mm²]	Streck- oder Bruchspannung [N/mm²]	Streck- oder Bruchdehnung [%]	Glasübergangs-temperatur [°C]	Dauer-gebrauchs temperatur [°C]
ABS	1300...2700	32...45 (y)	15...30 (b)	80...110	75...85
PAI-GF30	10800	205 (b)	7 (b)	240...275	260
PC	2100...2400	56...67 (y)	100...130 (b)	150	130
PEI-GF30	9000	160 (y)	3 (b)	215	170
PESU-GF20	5700...7500	105...130 (b)	2,5...3,2 (b)	220...225	160...200
PMMA	1600...3600	50...77	2...10	110	65...90
PS	3200...3250	45...65	3...4	95...100	60...80
PSU-GF20	6200...7000	100...115 (b)	2...3 (b)	180...190	160...180
PVC-E	2000...3000	50...60 (y)	10...50 (b)	80	65
PVC-S	2000...3000	50...60 (y)	10...20 (b)	85	65
SAN	3600	75 (b)	5 (b)	110	85
PI	3000*...3200*	75...100 (b)	k.A.	250...270	260

* Biege-E-Modul,
y Wert beim ersten Wertmaximum während des Zugversuchs,
b Wert, bei der die Probe bricht,
k.A. keine Angabe.

Weitere physikalische Eigenschaften der Thermoplaste

Thermoplaste besitzen gute Isolationseigenschaften gegen Elektrizität und Wärme. Im Vergleich zu anderen Werkstoffen haben Thermoplaste deutlich größere und unisotrope Wärmeausdehnungskoeffizienten ([2], [4], [5]). Manche Thermoplaste, vor allem Polyamide, haben eine signifikante Wasseraufnahme, die sich in einer Änderung der mechanischen und physikalischen Eigenschaften sowie der Bauteilmaße auswirkt.

Verarbeitung von Thermoplasten

Thermoplaste werden in der Regel in Granulatform und als Sackware von den Rohstoffherstellern zur Verfügung gestellt und können auf handelsüblichen Spritzgussmaschinen und Extrudern verarbeitet werden. Da Thermoplaste umformbar sind, können sie auch in Tiefzieh- oder in Pressverfahren verarbeitet werden. Da Thermoplaste schmelzbar sind und wieder erstarren, können sie während des Produktionsprozesses auch geschweißt werden und sind in Grenzen recycelbar.

Die Rohstoffhersteller stellen in der Regel Empfehlungen zur Verarbeitung von Thermoplaste zur Verfügung.

Anwendung der Thermoplaste

Thermoplaste werden in unterschiedlichsten Branchen und in sehr vielfältigen Anwendungen eingesetzt. Thermoplaste sind in der Verpackungsindustrie, in der Baubranche, im Konsumartikelbereich (Haushaltsgeräte, Spielwaren, Sportausrüstung), in der Medizintechnik und in der Luft- und Raumfahrttechnik im Einsatz. Im Automotive-Bereich kommen Thermoplaste sowohl im Interior, Exterior und im Powertrain-Bereich sehr erfolgreich zum Einsatz.

Tabelle 3: Mechanische Eigenschaften teilkristalliner Thermoplaste.

Kurzzeichen	E-Modul [N/mm²]	Streck- oder Bruchspannung [N/mm²]	Streck- oder Bruchdehnung [%]	Glasübergangs-temperatur [°C]	Dauer-gebrauchs temperatur [°C]
PA 11	1370 (k)	42 (k, y)	5 (k, y)	49 (tr)	70...80
PA 11-GF30	7300 (k)	134 (k, b)	6 (k, b)	49 (tr)	70...80
PA 12	1600 (tr) / 1100 (k)	50 (tr, y) / 40 (k, y)	5 (tr, y) / 12 (k, y)	49 (tr)	70...80
PA 12-GF30	8000 (tr) / 7500 (k)	130 (tr, b) / 120 (k, b)	6 (tr, b) / 6 (k, b)	49 (tr)	70...80
PA 6	3000 (tr) / 1000 (k)	85 (tr, y) / 40 (k, y)	4,5 (tr, y) / 20 (k, y)	60 (tr)	80...100
PA 6-GF30	9500 (tr) / 6200 (k)	185 (tr, y) / 115 (k, y)	3,5 (tr, y) / 8 (k, y)	60 (tr)	100...130
PA 66	3000 (tr) / 1100 (k)	85 (tr, y) / 50 (k, y)	4,4 (tr, y) / 20 (k, y)	70 (tr)	80...120
PA 66-GF30	10000 (tr) / 7200 (k)	190 (tr, y) / 130 (k, y)	3 (tr, y) / 5 (k, y)	70 (tr)	100...130
PAEK-GF30	10600	168 (b)	2,3 (b)	158	240...250
PBT	2500	60 (y)	3,7 (y) / >50 (b)	60	100
PBT-GF30	10000	135	2,5 (b)	60	150
PE-LD	200...500	8...23	300...1000	–30	60...75
PET	2800	80 (y)	4 (y) / 12 (b)	98	100
PET-GF35	14000	150 (b)	1,5 (b)	98	100
PEEK-GF30	9700	156 (b)	2 (b)	145	240
POM (H)	3200	67...72 (y)	25–70 (b)	–60	90...110
POM (CoP)	2800	65...70 (y)	25–70 (b)	–60	90...110
PPS-GF	14700	195 (b)	1,9 (b)	85...95	200...240
PP	1100...1300	30 (y)	20–800 (b)	–10...0	100
PTFE	408	25...36 (y)	350–550 (b)	127	260

k konditioniert,
tr trocken,
y Wert beim ersten Wertmaximum während des Zugversuchs,
b Wert, bei der die Probe bricht.

Tabelle 4: Chemische Eigenschaften von Thermoplaste.

Kurzzeichen	Benzin	Benzol	Diesel	Alkohol	Mineralöl	Bremsflüssigkeit	Wasser kalt/heiß
ABS	+	–	+	+	+	–	+/+
PA 11	+	+	+	+	+	+	+/O
PA 12	+	+	+	+	+	k.A.	+/O
PA6	+	+	+	+	+	+/O	+/O
PA6-GF30	+	+	+	+	+	+/O	+/O
PA66	+	+	+	+	+	+/O	+/O
PA66-GF30	+	+	+	+	+	+/O	+/O
PAI-GF	+	k.A.	k.A.	+	+	k.A.	+/–
PBT	+	O	+	+	+	+	+/–
PBT-GF30	+	O	+	+	+	+	+/–
PC	+	–	O	O	+	k.A.	+/O
PC-GF	+	–	O	O	+	k.A.	+/O
PE	O	O	+	+	+	k.A.	+/+
PET	+	+	+	+	+	k.A.	+/–
PET-GF30	+	+	+	+	+	k.A.	+/–
PESU-GF	+	–	+	O	+	–	+/O
PEEK-GF	+	k.A.	k.A.	+	k.A.	k.A.	+
PI	+	O	+	+	+	k.A.	+/O
PMMA	+	O	+	–	+	k.A.	+/+
POM (H)	+	+	+	+	+	k.A	+/+
POM-GF (H)	+	+	+	+	+	k.A	+/+
POM (CoP)	+	+	+	+	+	+	+
POM-GF (CoP)	+	+	+	+	+	+	+
PPS-GF40	+	+	+	+	+	+	+/+
PP	O	O	+	+	+	k.A.	+/+
PP-GF30	O	O	+	+	+	k.A.	+/+
PS	–	–	O	+	O	–	+/+
PSU	+	–	+	O	+	–	+/O
PTFE	+	+	+	+	+	k.A.	+/+
PVC-P	–	–	O	–	O	k.A.	+/O
PVC-U	+	–	+	+	+	k.A.	+/O
SAN	–	–	O	+	+	–	+/+

+ beständig O bedingt beständig – unbeständig k.A. keine Angabe

Thermoplastische Elastomere

Die thermoplastischen Elastomere (TPE) bilden eine eigene Kunststoff-Werkstoffklasse zwischen den Thermoplasten auf der einen und den Elastomeren auf der anderen Seite. Sie lassen sich in einem rein physikalischen Prozess in Kombination von hohen Scherkräften, Wärmeeinwirkung und anschließender Abkühlung (z.B. beim Spritzgießen oder der Extrusion) verarbeiten. Obwohl keine chemische Vernetzung durch eine zeit- und temperaturaufwändige Vulkanisation wie bei den Elastomeren notwendig ist, haben die hergestellten Teile aufgrund ihrer besonderen Molekularstruktur doch gummielastische Eigenschaften. Erneute Wärme- und Scherkrafteinwirkung führt wieder zur Aufschmelzung und Verformung des Materials. Das bedeutet aber zugleich, dass die thermoplastischen Elastomere weit weniger thermisch und dynamisch belastbar sind als Standard-Elastomere. Die thermoplastischen Elastomere sind kein „Nachfolge-Produkt" konventioneller Elastomere, sondern eine interessante Ergänzung, die die Verarbeitungsvorteile der Thermoplaste mit den Werkstoffeigenschaften der Elastomere verbindet ([2], [5], [8], [9], [10]) .

Arten von thermoplastischen Elastomeren

Thermoplastische Elastomere ist der Übergriff für eine ganze Reihe verschiedener Werkstoffe. Grundsätzlich werden sie durch Blends oder durch Block-Copolymere erzeugt.

Die Blends sind Legierungen aus einer Kunststoffmatrix und einem weichen elastomeren Werkstoff. Block-Copolymere sind Molekülketten mit unterschiedlichen Segmenten, die sich beim Abkühlen zu Hart- und zu Weichbereichen zusammenlagern. Auf Basis der DIN EN ISO 18064 [11] kann folgende Unterteilung vorgenommen werden.

- TPO: Thermoplastische Elastomere auf Olefinbasis, vorwiegend PP/EPDM, z.B. Santoprene (Exxon Mobil).
- TPV: Vernetzte thermoplastische Elastomere auf Olefinbasis, vorwiegend PP/EPDM, z.B. Sarlink (DSM), Forprene (SoFter).
- TPU: Thermoplastische Elastomere auf Urethanbasis, z.B. Desmopan (Bayer), Elastollan (BASF).
- TPC: Thermoplastische Copolyesterelastomere, z.B. Hytrel (DuPont) oder Riteflex (Ticona).
- TPS: Styrol-Block-Copolymere (SBS, SEBS, SEPS, SEEPS und MBS), z.B. Thermoplast (Kraiburg TPE).
- TPA: Thermoplastische Copolyamide, z.B. PEBAX (Arkema).

Eigenschaften der thermoplastischen Elastomere

Die Anzahl verschiedenster Handelstypen mit unterschiedlichen Eigenschaften auf dem Markt ist sehr groß. In der Regel werden sie wie Thermoplaste in Granulatform und als Sackware von den Rohstoffherstellern zur Verfügung gestellt.

Thermoplastische Elastomere lassen sich sehr gut im Spritzgieß- und im Extrusionsprozess verarbeiten, da sie dabei den plastischen, schmelzeförmigen Zustand durchlaufen. Sie lassen sich in allen Härten von 5 Shore A bis über 70 Shore D herstellen. Die Härte sowie der Druckverformungsrest (DVR) sind wesentliche Merkmale bei der Verwendung von thermoplastischen Elastomeren als Dichtmaterial. Insbesondere ihre Temperaturbeständigkeit ist in der Regel geringer als die von Elastomeren. Maximale derzeit zu erreichende Dauergebrauchstemperaturen von thermoplastischen Elastomeren betragen ca. 150 °C.

Durch Modifizierung erreicht man eine Haftung an nahezu allen technischen Thermoplasten. Ihre Fließfähigkeit sowie ihre Dichte, Optik, Kratzfestigkeit und andere Eigenschaften lassen sich ebenfalls durch Compoundierung mit verschiedensten Füllstoffen und Additiven einstellen.

Anwendung thermoplastischer Elastomere

Thermoplastische Elastomere finden sehr vielfältige Anwendung in unterschiedlichen Branchen und erfüllen dabei die branchenüblichen Anforderungen. So werden sie im Automotive-Bereich sowohl als Bedienelemente im Interior als auch als Fenstereinfassung im Exterior oder als motornahe Dichtungen eingesetzt. Des

Weiteren werden sie im Industriebereich eingesetzt, z.B. für Werkzeuggriffe oder Kabelummantelungen. Im Consumerbereich findet man thermoplastische Elastomere an Spielwaren, Sportgeräten, Verpackungen und Hygieneartikeln wie Zahnbürsten und Rasierer. Auch für Medizinalanwendungen gibt es spezielle Compounds, die den hohen Anforderungen gerecht werden. Sie werden u.a. für Tropfkammern, Dichtungen und medizinische Schläuche verwendet.

Elastomere

Elastomere (oder Gummiwerkstoffe) sind formfeste, aber elastisch verformbare Kunststoffe. Das wesentliche Merkmal dieser Materialien ist, dass sie sich auf mindestens das Doppelte ihrer Länge dehnen lassen. Bei Wegfall der Zug- oder der Druckbelastung kehren sie jedoch wieder in ihren Ausgangszustand zurück. Dieses einzigartige Rückstellvermögen wird auch als Gummielastizität bezeichnet.

Elastomere entstehen durch lose, weitmaschige und dreidimensionale Vernetzung von amorphen Vorprodukten (Kautschuk). Diese lockere Fixierung von Polymerketten durch chemische Bindungen führt zum typischen elastischen Verhalten oberhalb der Glasübergangstemperatur T_g. Dieser Wert liegt dabei in der Regel deutlich unterhalb von 0 °C und somit der Einsatztemperatur von Gummiwerkstoffen.

Wird die Vernetzung hingegen fest und engmaschig ausgeführt, so spricht man von einem Duroplasten. Vernetzte Elastomere sind (genau wie Duroplaste) nicht schmelzbar, d.h., sie zersetzen sich bei hohen Temperaturen, ohne zu schmelzen.

Ausgangspunkt für die Herstellung von Elastomerwerkstoffen ist entweder Natur- oder Synthesekautschuk. Der Kautschuk wird mit verschiedenen Zusatzstoffen wie z.B. Füllstoffen, Weichmachern, Vernetzungschemikalien, Alterungsschutzmitteln oder Verarbeitungshilfen gemischt und anschließend unter Temperatureinwirkung vernetzt.

Bei der Vernetzung (Vulkanisation) läuft eine chemische Reaktion ab, die in der Regel während des Formgebungsprozesses unter Temperatur (150...210 °C) und Druck erfolgt. Erst nach der Vulkanisation besitzt das Material seine gummielastischen und mechanischen Eigenschaften, wie z.B. die gewünschte Härte, Zugfestigkeit und Reißdehnung ([9], [12], [13], [14], [15]).

Systematik von Elastomeren

Elastomere ist ein Oberbegriff für eine ganze Materialklasse, deren einzelne Werkstoffe sich in ihren Eigenschaften stark unterscheiden können. Sie lassen sich in Gruppen einteilen, wobei auf Basis der Norm DIN ISO 1629 [16] folgende Unterteilung vorgenommen werden kann:

- R-Klasse: Kautschuke mit einer ungesättigten Kohlenstoffkette wie z.B. NR, NBR und SBR.
- M-Klasse: Kautschuke mit einer gesättigten Kohlenstoffkette wie z.B. ACM, EPDM und FKM.
- O-Klasse: Kautschuke mit Kohlenstoff und Sauerstoff in der Polymerkette wie z.B. ECO.
- U-Klasse: Kautschuke mit Kohlenstoff, Sauerstoff und Stickstoff in der Polymerkette wie z.B. Polyurethan-Elastomere AU und EU.
- Q-Klasse: Kautschuke mit Silizium und Sauerstoff in der Polymerkette wie z.B. Silikon-Elastomere VMQ.

Hierbei ist zu beachten, dass die ISO-Bezeichnung (z.B. NR für Natural Rubber oder Naturkautschuk) lediglich auf den Basiskautschuk hinweist.

Eigenschaften von Elastomeren

Durch den eingesetzten Basiskautschuk werden allgemeine Grundeigenschaften wie die Temperatur- und Medienbeständigkeit bereits weitgehend festgelegt. Diese sind nur in gewissen (stark eingeschränkten) Grenzen veränderbar. Doch innerhalb einer Elastomerklasse, wie z.B. NBR, stehen eine Vielzahl an unterschiedlichen Mischungen zur Verfügung, die sich in ihren spezifischen Eigenschaften wie Härte, Festigkeits- und Rückstellverhalten deutlich unterscheiden können. Hinzu kommt, dass die Bauteillieferanten oft eigene Rezepturen für ihre Werkstoffe verwenden und die Gummimischungen oft speziell auf die Anforderungen einer Anwendung abgestimmt werden.

Im Gegensatz zu Thermoplasten oder thermoplastischen Elastomeren sind die unvernetzten Elastomermischungen nur in wenigen Fällen auf dem freien Markt verfügbar und werden auch nicht in Granulatform als Sackware o. ä. angeboten.

Die Tabellen 5 und 6 geben einen zusammenfassenden Überblick zu Bezeichnung, Anwendungsbeispielen und einigen wichtigen Eigenschaften der gebräuchlichsten Elastomerarten. Bitte beachten: Die dort angegebenen Daten können nur als grobe Richtwerte dienen und müssen im Einzelfall für die vorgesehene Anwendung genauer überprüft werden.

Anwendung von Elastomeren
Elastomere besitzen zum einen die Eigenschaft, große Verformungen reversibel aufnehmen zu können, und zum

Tabelle 5: Bezeichnung und Anwendungsbeispiele von Elastomeren.

Kurzzeichen	Bezeichnung	Anwendungsbeispiele
M-Gruppe		
ACM	Acrylat-Kautschuk	Ölkreislauf (z. B. O-Ringe, RWDR)
AEM	Acrylat-Ethylen-Kautschuk	Ölkreislauf, Dämpfer, Tilger
EPDM	Ethylen-Propylen-Dien-Kautschuk	Kühlwasserkreislauf, Bremsenteile, Karosseriedichtungen
FFKM	Perfluorierter Kautschuk	wenig Einsatz (Spezialanwendungen)
FKM	Fluorkautschuk	Standard für Kraftstoffanwendungen (Otto und Diesel)
O-Gruppe		
ECO	Epichlorhydrin-Kautschuk	Kraftstoffschläuche, Membranen
Q-Gruppe		
FVMQ	Fluorsilikonkautschuk	Membranen, Kraftstoffanwendungen
VMQ	Silikonkautschuk	Turboladerschläuche, Auspuffaufhängung, Airbag-Beschichtung
R-Gruppe		
CR	Chloropren-Kautschuk	Faltenbälge, Tüllen, Scheibenwischer, Keilriemen
HNBR	Hydrierter (Acryl-)Nitril-Butadien-Kautschuk	Dichtungen im Motorraum, Schläuche, Antriebsriemen
IIR	Isobuten-Isopren-Kautschuk (Butylkautschuk)	gasdichte Elastomerteile (Innenlage Reifen), Dämpfer, Membranen
NBR	(Acryl-)Nitril-Butadien-Kautschuk	Dichtungen, Dämpfer, Tilger, Membranen, Ventile
NR	Naturkautschuk	(Lkw-)Reifen, Motoraufhängungen, Fahrwerkslager
SBR	Styrol-Butadien-Kautschuk	Pkw-Reifen, Bremsenteile
U-Gruppe		
AU / EU	Polyurethan-Kautschuk (Polyester / Polyether)	Zahnräder, Abstreifer, Dämpfungselemente (als Schaumstoff), Interieur

Tabelle 6: Eigenschaften von Elastomeren.

Kurzzeichen	Härtebereich in Shore A	Einsatztemperatur (Dauer) in °C	Beständigkeit gegen					
			Witterung und Ozon	Öle (Mineralöl, Motoröl)	Ottokraftstoff	Dieselkraftstoff	Wasser	Bremsflüssigkeit (Glykolbasis)
M-Gruppe								
ACM	50...90	−25...+150 1)	1–2	1	3–4	3	4	4
AEM	50...90	−35...+150	1	1–2	3–4	3	3	4
EPDM	30...95	−50...+125 2) −50...+150 3)	1	4	4	4	1	1
FFKM	60...90	−15...+260	1	1	1	1	1	1
FKM	55...90	−20...+200 1)	1	1	1	1	2	4
O-Gruppe								
ECO	50...90	−40...+120	1–2	2	2	2	3	4
Q-Gruppe								
FVMQ	30...80	−55...+175	1	1	2	1–2	1–2	4
VMQ	20...80	−60...+200	1	2–3	4	3	1–2	2–3
R-Gruppe								
CR	30...90	−40...+110	2–3	2–3	3–4	3	2–3	3
HNBR	40...90	−30...+130 4)	2	1	2	1	1	2
IIR	40...85	−40...+120	2–3	4	4	4	1	1
NBR	35...95	−30...+100 4)	3–4 6)	1	2	1	1–2	3–4
NR	30...95	−55...+80	4	4	4	4	1	1
SBR	30...95	−50...+100	4	4	4	4	1	1
U-Gruppe								
AU / EU	50...98	−40...+90 5)	2	1–2	3	2–3	4	4

1 sehr gut beständig (kein oder geringer Angriff)
2 gut beständig (moderater Angriff)
3 bedingt beständig (signifikanter Angriff)
4 unbeständig (ungeeignet)

1) spezielle Werkstoffe mit besserer Kältebeständigkeit möglich
2) schwefelvernetzt
3) peroxidvernetzt
4) Kaltbeständigkeit abhängig von der Zusammensetzung des Polymers
5) Werkstoffe mit besserer Wärme- und Hydrolysebeständigkeit möglich
6) Werkstoffe mit besserer Ozonbeständigkeit möglich

anderen die Möglichkeit, mechanische Energie zu absorbieren. Dies führt letztlich zu vielfältigen Anwendungen dieser Materialklasse. So werden aus Gummiwerkstoffen Produkte hergestellt, die Toleranzen überbrücken, Bewegungen zwischen verschiedenen Bauteilen erlauben, statische und dynamische Abdichtungen darstellen, Schwingungen abbauen oder dämpfen und Federfunktionen übernehmen.

Typische technische Anwendungen sind z. B. Reifen, Dichtungen (siehe auch Elastomer-Werkstoffe, Dichtungen), Keilriemen, Schläuche, elastische Kupplungen, Kabelummantelungen, Lager- und Halteelemente, Schwingungsdämpfer, Scheibenwischer, Förderbänder, Dachfolien und Schuhsohlen. Doch auch Gummistiefel, Radiergummis, Gummibänder, Luftballons, Kondome, Gummihandschuhe, Babyschnuller oder Neoprenanzüge sind Gegenstände des täglichen Gebrauchs, die aus Elastomeren hergestellt werden.

Duroplaste

Duroplaste sind die ersten Kunststoffe, die in einem synthetischen Verfahren für die industrielle Fertigung hergestellt wurden. Bereits 1910 kam das Bakelit, ein aus Formaldehyd und Phenol hergestelltes Harz zur Anwendung. In den 1920er- und 1930er-Jahren kamen zudem Harnstoff- und Melamin-Pressharzmassen auf den Markt. Nach Ende des Zweiten Weltkriegs wurden erstmals Polyester- und Epoxidharze eingesetzt [17].

Generell werden unter Duroplasten Kunststoffe verstanden, deren Molekülketten engmaschig, fest untereinander vernetzt sind. Hieraus ergeben sich die typischen Eigenschaften der Duroplaste:
- Hohe Festigkeiten und Steifigkeiten bei gleichzeitig geringer Dichte,
- hohe Wärmeform- und Temperaturbeständigkeit,
- gute Chemikalienbeständigkeit und
- hohe Sprödigkeit.

Die verschiedenen Duroplaste finden in unterschiedlichsten Bereichen im Automobil Einsatz. Neben den strukturellen Bauteilen, auf die im folgenden verstärkt eingegangen werden soll, sind dies z. B. Lack- und Klebstoffsysteme, Vergussmassen und Substrate für Schaltungsträger in der Elektronik.

Durch die guten thermischen Eigenschaften der Duroplaste sind diese besonders für den Einsatz in thermisch beanspruchten Bereichen geeignet. Hierzu zählen vor allem Anwendungen im Motorraum bei Automobilen. Typische Beispiele für Bauteile aus Duroplast sind Wasserpumpengehäuse, Riemenscheiben und Flügelräder [18]. Durch neue Entwicklungen im Bereich tribologisch modifizierter PF-Formmassen erschließen sich zudem weitere Einsatzmöglichkeiten, wie für Lager-, Gleit- und Führungselemente [19].

Aufgrund der großen Anzahl an duroplastischen Harzsystemen soll im Folgenden nur auf die technisch relevanten Werkstoffe eingegangen werden (Tabelle 7).

Ungesättigte Polyesterharze

Ungesättigte Polyesterharze (UP-Harze) reagieren durch radikalische Polymerisation unter Wärmeeinfluss aus. Sie lassen sich nahezu schwindungsfrei einstellen, was zu einer sehr guten Dimensionsstabilität führt. Daher werden Bauteile mit besonderen Anforderungen an die Präzision, wie z. B. Scheinwerferreflektoren, aus solchen Werkstoffen hergestellt. Weiterhin zeichnen sich Bauteile aus UP-Harzen durch ihre guten elektrischen Eigenschaften aus, wodurch sie früher vermehrt Einsatz in den Zündanlagen von Kraftfahrzeugen gefunden haben (Zündverteiler).

Epoxidharze

Epoxidharze (EP-Harze) härten in einer Polyadditionsreaktion aus und spalten daher im Gegensatz zu den Phenol-Formaldehyd-Harzen keine flüchtigen Reaktionsprodukte ab. Im Vergleich zu anderen duroplastischen Werkstoffen besitzen EP-Harze eine besonders niedrige Viskosität, wodurch die Verarbeitung vereinfacht wird. Aufgrund der hohen Materialpreise ist der Einsatz von Epoxiden jedoch eingeschränkt. Eingesetzt werden EP-Harze z. B. zur Verkapselung von Elektronikkomponenten (hier wird spezielles Niederdruck-EP eingesetzt). Darüberhinaus werden EP-Harze zuneh-

Tabelle 7: Duroplaste.

Typ	Harzart	Füllstoff	t_G [1] °C	σ_{bB} [2] mind. N/mm²	a_n [3] mind. kJ/m²	CTI [4] mind. Stufe	Eigenschaften, Verwendungsbeispiele
Duroplaste (neue Normen) – Rieselfähige Phenol-Formmassen (PF–PMC) DIN EN ISO 14526-1 [33] – Rieselfähige Melamin-Formaldehyd-Formmassen (MF–PMC) DIN EN ISO 14528-1 [34] – Rieselfähige Melamin/Phenol-Formmassen (MP–PMC) DIN EN ISO 14529-1 [35] – Rieselfähige ungesättigte Polyester-Formmassen (UP–PMC) DIN EN ISO 14530-1 [36] – Rieselfähige Epoxidharz-Formmassen (EP–PMC) DIN EN ISO 15252-1 [37]							
(WD30+MD20) bis (WD40+MD10) (31 und 31.5) [7]	Phenol [8]	Holzmehl	160/140	70	6	CTI 125	Für elektrisch hoch beanspruchte Teile. [9]
(LF20+MD25) bis (LF30+MD15) (51) [7]		Zellstoff [5]	160/140	60	5	CTI 150	Für Teile mit guter Isolierfähigkeit im Niederspannungsbereich. Typ 74 schlagzäh. [9]
*SS40 bis SS50 (74) [7]		Baumwollgewebeschnitzel [5]	160/140	60	12	CTI 150	
(LF20+MD25) bis (LF40+MD05) (83) [7]		Baumwollfasern [6]	160/140	60	5	CTI 150	Zäher als Typ 31. [9]
–		Glasfasern, kurz	220/180	200	12	CTI 125	Hohe mechanische Festigkeit. Sehr gute Beständigkeit gegen „automotive fluids", geringes Quellverhalten.
–		Glasfasern, lang	220/180	230	17	CTI 175	
–		Kohlefaser	220/180	250	14	–	Hohe Steifigkeit, geringe Dichte, gute Verschleißeigenschaften. Nicht für elektrische Anwendungen geeignet (leitfähig).
(WD30+MD15) bis (WD40+MD05) (150) [7]	Melamin	Holzmehl	160/140	70	6	CTI 600	Glutfest, elektrisch hochwertig, hohe Nachschwindung.

Tabelle 7 (Fortsetzung): Duroplaste.

Typ	Harzart	Füllstoff	t_G [1] °C	σ_{bB} [2] mind. N/mm²	α_n [3] mind. kJ/m²	CTI [4] mind. Stufe	Eigenschaften, Verwendungsbeispiele
Duroplaste							
LD35 bis LD45 (181) [7]	Melamin-Phenol	Zellstoff	160/140	80	7	CTI 250	Für elektrisch und mechanisch beanspruchte Teile.
(GF10 + MD60) bis (GF20 + MD50) (802 und 804) [7]	Polyester	Glasfasern, anorganische Füllstoffe	220/170	55	4,5	CTI 600	Typ 801, 804 geringer Pressdruck nötig (großflächige Teile möglich); Typ 803, 804 glutbeständig.
MD65 bis MD75	Epoxid	Gesteinsmehl	200/170	80	5	CTI 600	Sehr gute dielektrische Eigenschaften. Ummantelung von Sensoren und Aktoren.
(GF25 + MD45) bis (GF35 + MD35)		Glasfasern/ Mineral	230/190	160	10	CTI 250	
–	Epoxid-Niederdruck-pressmassen (Molding compounds)	SiO_2 (kugelförmig)	250/200	120	6	–	Chipverkapselung (Dünnbonddrähte).

[1] maximale Gebrauchstemperatur, kurzzeitig (100 h)/dauernd (20000 h). [2] Biegefestigkeit. [3] Schlagzähigkeit (Charpy). [4] Kriechstromfestigkeit nach DIN IEC 112 Verfahren zur Bestimmung der Vergleichszahl und Prüfzahl der Kriechwegbildung (CTI). [5] mit oder ohne Zusatz anderer organischer Füllstoffe. [6] und/oder Holzmehl. [7] alte Bezeichnung in Klammern. [8] Typ 13 bis Typ 83 (rein organisch gefüllte Massen für Neuanwendungen nicht mehr verwenden (Verfügbarkeit nicht mehr gesichert). [9] finden bei Neuanwendungen kaum mehr Verwendung. Versorgung langfristig nicht sichergestellt.

mend in endlosfaserverstärkten (zumeist kohlenststofffaserverstärkten) strukturellen Leichtbauteilen als Matrixwerkstoffe im Automobil eingesetzt.

Phenol-Formaldehyd-Harze
Phenol-Formaldehyd-Harze (PF-Harze) werden durch die Polykondensation von Phenol und Formaldehyd hergestellt. Sie besitzen hohe mechanische Steifigkeiten und Festigkeiten und zeichnen sich durch hohe Chemikalien-, Temperatur- und Wärmeformbeständigkeiten aus. Es existieren zudem tribologisch modifizierte Formen, die allerdings durch den Zusatz von Kohlenstofffasern einen deutlich höheren Preis aufweisen. PF-Harze sind inherent flammhemmend, sodass sie sich insbesondere für Anwendungen im Motorraum anbieten.

Füllstoffe
Die Einteilung der Füllstoffe erfolgt nach DIN EN ISO 1043-2 [20]. Hier wird zwischen Material (z.B. Kohlenstoff, Glas, Mineral), der Form und Struktur (z.B. Fasern, Kugeln, Pulver) und speziellen Eigenschaften (z.B. Flammschutz, thermische Beständigkeit) unterschieden [4]. Zu den technisch relevanten Füllstoffen zählen vor allem Glasfasern und Glaskugeln sowie mineralische Füllstoffe. Vor allem in der Luft- und Raumfahrtindustrie, aber auch zunehmend im Automobil werden zudem Kohlefasern als Verstärkungsmaterialien für Duroplaste eingesetzt.

Verarbeitungsverfahren
Duroplastische Formmassen werden vorwiegend durch Pressen oder Spritzgießen verarbeitet. Es existieren zudem eine Vielzahl an weiteren Verfahrensvarianten, die Mischformen oder Weiterentwicklungen der genannten Varianten darstellen.

Pressen
Beim Pressen wirken gleichzeitig Druck und Temperatur auf die Formmasse. Die Masse wird dem Werkzeug entweder formlos oder in Tablettenform zugeführt. Durch Druck wird die Masse in die gewünschte Form gebracht, während die Temperatur zur Vernetzung des Materials dient. Aufgrund des geringen maschinentechnischen Aufwands stellt das Pressen die billigste Verarbeitungsmethode dar. Allerdings können mit dieser Methode nur einfache, großflächige Bauteile hergestellt werden. Die hergestellten Bauteile zeichnen sich vor allem durch einen geringen Orientierungsgrad und einen hohen Aufwand an Nachbearbeitung aus.

Spritzgießen
Hierbei muss zwischen rieselfähigem Granulat und Feuchtpolyester unterschieden werden. Bei der Verarbeitung von rieselfähigem Granulat wird eine sehr hohe Produktivität erzielt, wobei die Zykluszeiten maßgeblich von der Bauteildicke abhängig sind. Die Zylindertemperaturen beim Spritzgießen liegen zwischen 80 °C und 100 °C, während die Werkzeugtemperaturen 160...190 °C betragen. Während die injizierte Masse im Werkzeug aushärtet, wird in der Schnecke bereits neues Material für den nächsten Zyklus plastifiziert.

Bei der Verarbeitung von Feuchtpolyester (UP-BMC) ist zu beachten, dass zusätzlich zu der herkömmlichen Maschinenausrüstung noch eine Stopfvorrichtung benötigt wird, um das Material in die Schnecke zu befördern. Das Material wird anschließend im Spritzzylinder homogenisiert. Ein Aufschmelzen ist nicht notwendig, die Zylindertemperaturen liegen in der Regel bei ca. 25...35 °C.

Isolierstoffe
Die elektrische Isolierung spielt eine entscheidende Rolle für die Funktionsfähigkeit und Lebensdauer von z.B. Generatoren, Motoren und elektrischen Geräten, nicht nur im Kfz.

Die besten elektrischen Isolationseigenschaften haben Polymere in ungefülltem Zustand. Jeder Zusatz von Füllstoffen reduziert die elektrische Festigkeit eines polymeren Werkstoffs durch die Bildung von Grenzflächen zwischen Füllstoff und Polymermatrix sowie durch Spannungsüberhöhungen aufgrund von unterschiedlichen dielektrischen Eigenschaften.

Die elektrische Isolierung im Kraftfahrzeug muss nicht nur elektrische Durchschläge sicher verhindern, sondern auch auftretende Verlustwärme abführen, mechanische Belastungen aufnehmen und sie muss beständig sein gegenüber Kfz-typischen Flüssigkeiten. Diese Eigenschaften müssen typischerweise in einem Temperaturbereich von –40 °C bis +180 °C gewährleistet sein. Aus diesem Grund ist selten ein einzelner Werkstoff, sondern meist ein System aus mehreren Werkstoffen als Isoliersystem im Einsatz.

Als Beispiel soll hier auf Flächenisolierstoffe eingegangen werden. Diese werden in der Regel als mehr oder weniger flexible Mehrschichtisolierstoffe in elektrischen Maschinen wie Starter, Generatoren, Hybrid- und Traktionsmotoren eingesetzt.

Flexible Mehrschichtisolierstoffe sind Kunststofffolien, die mit Pressspan, Vliesen oder Papieren aus Polymeren verklebt sind. Flexible Mehrschichtisolierstoffe werden oft dreischichtig mit Kunststofffolie als mittlere Lage aufgebaut. Abhängig von der Werkstoffkombination haben sie unterschiedliche Dauergebrauchstemperaturen, Zugfestigkeiten und Bruchdehnungen, elektrische Festigkeiten, Steifigkeiten und Imprägnierbarkeiten.

Die Kombination von Kunststofffolien mit Faser- oder Vlieswerkstoffen bringt technische Vorteile. Die Kunststofffolie aus ungefüllten Polymeren sorgt für ausgezeichnete elektrische Eigenschaften. Die Faser- oder Vlieswerkstoffe bringen dagegen eine gute Imprägnierbarkeit und den Schutz der Folie gegen mechanische und thermische Belastungen mit sich.

Als Ausgangskomponenten werden überwiegend Folien aus Polyester oder Polyimid sowie Faser- oder Vlieswerkstoffe aus organischen Fasern, Polyester oder Aramid verwendet.

Flexible Mehrschichtisolierstoffe sind genormt als DIN EN 60626-1 ([21], Definitionen, allgemeine Anforderungen), DIN EN 60626-2 ([21], Prüfverfahren) und DIN EN 60626-3 ([21], Eigenschaften einzelner Werkstoffkombinationen). Darüber hinaus existieren Normen für weitere Flächenisolierstoffe.

- Isolierfolien: DIN EN 60674-1 ([22], Definitionen, allgemeine Anforderungen), DIN EN 60674-2 ([22], Prüfverfahren), DIN EN 60674-3-1 bis -3-8 ([23], [24], Eigenschaften einzelner Werkstoffe).
- Tafel- und Rollenpressspan: DIN EN 60641-1 ([25], Definitionen, allgemeine Anforderungen), DIN EN 60641-2 ([26], Prüfverfahren), DIN EN 60641-3-1, -3-2 ([26], Eigenschaften einzelner Werkstoffe).
- Schichtpressstoffe: DIN EN 60893-1 ([27], Definitionen, allgemeine Anforderungen), DIN EN 60893-2 ([27], Prüfverfahren), DIN EN 60893-3-1 bis -3-7 ([27], Eigenschaften).

Vergussmassen

Als Vergussmassen (oder auch Gießharze) werden reaktive Kunstharze bezeichnet, die flüssig zum Endprodukt verarbeitet werden und als dieses oder dessen Bestandteil erstarren. Das noch flüssige Harz wird in eine wiederverwendbare oder in eine verlorene Form gegossen. Dabei entstehen entweder reine Gießharzkörper mit Freiformflächen oder es werden andere Teile mit eingeschlossen ([28], [29], [30], [31], [32]).

Die Erstarrung erfolgt im Gegensatz zu schmelzbaren Kunststoffen (Thermoplaste) durch eine chemische Vernetzungsreaktion und ist irreversibel (Duroplast). Das Eingießen dient meist

- der Umhüllung und dem Schutz von Teilen gegen Eindringen von Feuchtigkeit, Staub, Fremdkörpern, Wasser usw.,
- der Fixierung von Teilen untereinander,
- der Erhöhung der mechanischen Stabilität sowie der Vibrations- und Schockfestigkeit,
- der elektrischen Isolation, d.h. der Erhöhung der Spannungsfestigkeit und dem Berührungsschutz und
- der Ableitung von anfallender Verlustwärme.

Der Einsatzbereich von Vergussmassen ist breit und vielfältig. Dementsprechend vielfältig sind die Aufgaben und Anforderungen, von der Verarbeitung über die Härtung bis zu den Eigenschaften des späteren Einsatzgebietes. Auswahlkriterien sind:

- Bei der Applikation der flüssigen, noch nicht gehärteten Vergussmasse: Viskosität, Topfzeit, vorhandene Anlagentechnik (manuell, Dosier- oder Vergießanlage).

- Die Anforderungen, die im späteren Einsatz an die ausgehärtete Formmasse gestellt werden, z.B. Härte, Elastizität, Dehn- oder Biegbarkeit, thermische, mechanische, elektrische und chemische Belastungen der vergossenen Bauteile.

Aufgrund ihrer mechanischen und elektrischen Eigenschaften (Tabelle 8) sind Vergussmassen besonders für den Einsatz in der Elektrotechnik und Elektronik geeignet. Typische Anwendungszwecke von Vergussmassen sind beispielsweise:

- Verguss und Herstellung elektrotechnischer Bauteile (z.B. Zündspulen, Transformatoren, Isolatoren, Kondensatoren, Halbleiter, Baugruppen),
- Verguss von offenen Kontaktstellen bei Kabeln und Leitungen.

Je nach Anforderungsprofil (z.B. Einsatztemperaturen, chemische Beständigkeit, Vergießgeometrie) kommen verschiedene Stoffklassen zum Einsatz. Die am häufigsten im Elektronikverguss eingesetzten Vergussmassen gehören zu den Stoffklassen der Epoxide, der

Tabelle 8: Eigenschaften verschiedener Vergussmassen (Beispiele).

Eigenschaften	Norm	Einheit	Epoxidharze, ungefüllt	Epoxidharze, gefüllt (Quarzmehl)	Ungesättigte Polyesterharze	Polyurethane	Silikone
Zugfestigkeit	ISO 527-1 [38]	N/mm²	60…90	80…100	30…80	3…80	0,3…10
Reißdehnung	ISO 527-1 [38]	%	3…8	0,8…1,1	2…4	0,5…80	50…700
Biegefestigkeit	ISO 178 [39]	N/mm²	60…140	110…120	60…140	40…140	n.a.
Schlagzähigkeit	ISO 179-1 [40]	kJ/m²	15…30	10…12	8…15	40	n.a.
Glasübergangstemperatur T_G		°C	+70…+200	+70…+200	+70…+150	−40…+130	−120
E-Modul		N/mm²	2000…4000	5000…8000	3500	250…3000	0,005…5
Dauertemperaturbeständigkeit	DIN EN 60216-1 [41]	°C	110…200	110…200	120…140	90…140	150…250
Spezifischer Durchgangswiderstand		Ω cm	10^{14}…10^{16}	10^{14}…10^{16}	10^{13}	10^{13}…10^{16}	10^{15}…10^{17}
Exothermie bei Härtung			hoch	mittel	sehr hoch	sehr niedrig	sehr niedrig
Wärmeausdehnungskoeffizient		$K^{-1}\ 10^{-6}$	80…100	30…70	60…80	50…150	300
Schwund		%	0,5…2	0,1…1	3…9	0,2…1	0,1…2

\+ = beständig
O = bedingt beständig
\- = unbeständig
n.a. = nicht anwendbar

Polyurethane und der Silikone. Weniger verbreitet sind z.B. Polyester oder Heißschmelzvergussmassen (Hotmelts, Schmelzklebstoffe).

Es bestehen zusätzlich umfangreiche chemische und formulatorische Einflussmöglichkeiten, um Vergussmassen an die anwendungstypischen Erfordernisse anzupassen:

- Chemisch, z.B. unterschiedliche Harz- und Härtersysteme,
- formulatorisch, z.B. Füllstoffe, Pigmente, Beschleuniger, Zähmodifikatoren, Benetzungs-, Entgasungs- und Antisedimentationsmittel.

Die chemische Beständigkeit von Vergussmassen ist abhängig von den Bausteinen des Gießharzes, der Netzwerkdichte und dem Grad der Vernetzung. Als Faustregel gilt: Harte Vergussmassen sind beständiger als weiche.

Die Endeigenschaften der ausgehärteten Vergussmassen hängen in großem Maße von der Art und Menge der verwendeten Inhaltsstoffe (Härter, Verdünnungsmittel, Füllstoffe) und der Härtungsbedingungen ab. Allgemeingültige Angaben über physikalische Eigenschaften sind daher nicht möglich.

Epoxid-Systeme

Epoxide werden seit vielen Jahren in großem Umfang verwendet. Sie sind generell hart sowie belastbar, ihr Volumenschrumpf während des Aushärtens ist eher gering.

Charakteristisch sind ihre exzellenten mechanischen Eigenschaften, die gute Temperaturverträglichkeit, ihre gute Haftung auf verschiedensten Oberflächen und die ebenfalls gute chemische Beständigkeit. Der Vernetzungs- oder Aushärteprozess ist generell langsam, insbesondere wenn nur geringe Volumina miteinander reagieren. Höher reaktive Härter könnten genutzt werden, was aber eine wesentlich stärker exotherm ausfallende Reaktion und damit Stress für Bauteile und Leiterplatte mit sich bringen kann.

Wesentlicher Bestandteil von Epoxidharzformulierungen sind Füllstoffe. Sie senken die Kosten und verbessern die mechanischen Eigenschaften. Zugleich führen sie zu einer Erhöhung der Rissbeständigkeit und Steifigkeit, sowie zu einer Verringerung der thermischen Schwindung und somit zu geringeren inneren Spannungen. Standardfüllstoff in elektronischen Anwendungen ist Quarzmehl.

Eingesetzt werden Epoxid-Systeme z.B. häufig als wärmeleitfähige Vergussmasse für Magnetspulen aller Art.

Polyurethan-Systeme

Polyurethan-Vergussmassen sind auch nach dem Aushärten noch dehnbar und besitzen eine – wenn auch moderate – Beweglichkeit, was insbesondere dort von Bedeutung ist, wo empfindliche Bauteile (z.B. Ferrite auf Leiterplatten) vergossen werden.

Die Aushärtereaktion verläuft bei Polyurethan-Systemen weniger exotherm ab als bei Epoxid-Vergussmassen. Der Volumenschrumpf nach der Aushärtung ist gering und die Härte beziehungsweise Elastizität ist in einem weiten Spektrum verfügbar. Die chemischen und mechanischen Beständigkeiten sind gut.

Silikone

Auf Silikon basierende Vergussmassen sind zwar in der Regel deutlich teurer als Epoxid- oder Polyurethan-Vergussmassen, aber sie finden ihren Einsatz dort, wo Dauerbetriebstemperaturen von in der Regel mehr als 180 °C auftreten. Auch die exotherme Wärmeentwicklung während des Aushärtens ist nur sehr gering.

Polyester-Systeme

Diese Systeme besitzen sehr gute Beständigkeiten gegen verschiedenste Medien, zeigen aber eine sehr starke Wärmeentwicklung bei der Aushärtung und einen nach der Aushärtung resultierenden großen Schrumpf. Dies führt unter Umständen zu einer thermomechanischen Beschädigung der vergossenen Bauteile bis hin zum Abreißen der Bauteile vom Substrat.

Literatur zu Kunststoffe

[1] M. Gehde, S. Englich, G. Hülder, M. Höer: Schlummerndes Potenzial für den Leichtbau. In: Plastverarbeiter (10), S. 80–83, 2012. http://www.plastverarbeiter.de/36471/schlummerndes-potenzial-fuer-den-leichtbau/

[2] P. Elsner, P. Eyerer, T. Hirth (Hrsg.): Domininghaus – Kunststoffe: Eigenschaften und Anwendungen. 8. Aufl., Springer, 2012.

[3] DIN 7724:1993: Polymere Werkstoffe – Gruppierung polymerer Werkstoffe aufgrund ihres mechanischen Verhaltens.

[4] W. Hellerich, G. Harsch, E. Baur: Werkstoff-Führer Kunststoffe – Eigenschaften, Prüfungen, Kennwerte. 10. Aufl., Carl Hanser Verlag, 2010.

[5] E. Baur, S. Brinkmann, N. Rudolph, T.A. Osswald, E. Schmachtenberg: Saechtling Kunststoff Taschenbuch, 31. Aufl., Carl Hanser Verlag, 2013.

[6] G.W. Ehrenstein, S. Pongratz: Beständigkeit von Kunststoffen. 1. Aufl., Carl Hanser Verlag, 2007.

[7] DIN 50035:2012: Begriffe auf dem Gebiet der Alterung von Materialien – Polymere Werkstoffe.

[8] T. Dolansky, M. Gehringer, H. Neumeier: TPE-Fibel – Grundlagen, Spritzguss. 1. Aufl., Dr. Gupta Verlag, 2007.

[9] F. Röthemeyer, F. Sommer: Kautschuk Technologie: Werkstoffe – Verarbeitung – Produkte. 3. Aufl., Carl Hanser Verlag, 2013.

[10] G. Holden, H.R. Kricheldorf, R. Quirk: Thermoplastic Elastomers. 3. Aufl., Hanser Gardner Publ., 2004.

[11] DIN EN ISO 18064: Thermoplastische Elastomere – Nomenklatur und Kurzzeichen.

[12] K. Nagdi: Gummi-Werkstoffe. 3. Aufl., Dr. Gupta Verlag, 2004.

[13] W. Hofmann, H. Gupta (Hrsg.): Handbuch der Kautschuk-Technologie. Dr. Gupta Verlag, 2001.

[14] J. Schnetger: Lexikon Kautschuktechnik. 3. Aufl., Beuth, 2004.

[15] G. Abts: Einführung in die Kautschuktechnologie. Carl Hanser Verlag, 2007.

[16] DIN ISO 1629: Kautschuk und Latices – Einteilung, Kurzzeichen.

[17] G.W. Becker, D. Braun, W. Woebcken (Hrsg.): Kunststoff Handbuch – Band 10: Duroplaste. 2. Aufl., Hanser Fachbuch, 1988.

[18] E. Bittmann: Duroplaste kommen ins Rollen. In: Kunststoffe 3/2003, A25-A27. https://www.kunststoffe.de/kunststoffe-zeitschrift/archiv/artikel/automobilanwendungen-duroplaste-kommen-ins-rollen-530048.html.

[19] E. Bittmann: Duroplaste. In: Kunststoffe 10/2005, 168–172. https://www.kunststoffe.de/kunststoffe-zeitschrift/archiv/artikel/hoffnungsvolle-auftragslage-duroplaste-und-fvk-537533.html.

[20] DIN EN ISO 1043-2: Kunststoffe – Kennbuchstaben und Kurzzeichen – Teil 2: Füllstoffe und Verstärkungsstoffe.

[21] DIN EN 60626: Flexible Mehrschichtisolierstoffe zur elektrischen Isolierung. Teil 1: Definitionen und allgemeine Anforderungen.
Teil 2: Prüfverfahren.
Teil 3: Bestimmungen für einzelne Materialien.

[22] DIN EN 60674: Bestimmung für Isolierfolien für elektrotechnische Zwecke. Teil 1: Begriffe und allgemeine Anforderungen.
Teil 2: Prüfverfahren.

[23] DIN EN 60674-3-1: Isolierfolien für elektrotechnische Zwecke – Teil 3: Anforderungen für einzelne Werkstoffe.
Blatt 1: Biaxial orientierte Polyprophylen-(PP)-Folien für Kondensatoren.

[24] DIN EN 60674-3-2: Bestimmung für Isolierfolien für elektrotechnische Zwecke – Teil 3: Bestimmungen für einzelne Materialien.
Blatt 2: Anforderungen an isotrop biaxial orientierte Polyethylenterephthalat-(PET)-Folien zur elektrischen Isolierung.
Blatt 3: Anforderungen an Polycarbonat-(PC)-Folien zur elektrischen Isolierung.
Blätter 4 bis 6: Anforderungen an Polyimid-Folien zur elektrischen Isolierung.
Blatt 7: Anforderungen an Fluorethylenpropylen-(FEP)-Folien zur elektrischen Isolierung.
Blatt 8: Isotrop biaxial orientierte Polyethylennaphthalat-(PEN)-Folien zur elektrischen Isolierung.

[25] DIN EN 60641-1: Bestimmung für Tafel- und Rollenpressspan für elektrotechnische Anwendungen.
Teil 1: Begriffe und allgemeine Anforderungen.
[26] DIN EN 60641-2: Tafel- und Rollenpressspan für elektrotechnische Anwendungen.
Teil 2: Prüfverfahren.
Teil 3: Bestimmungen für einzelne Werkstoffe.
Blatt 1: Anforderungen für Tafelpressspan.
Blatt 2: Anforderungen für Rollenpressspan.
[27] DIN EN 60893-1: Isolierstoffe – Tafeln aus technischen Schichtpressstoffen auf der Basis warmhärtender Harze für elektrotechnische Zwecke.
Teil 1: Definitionen, Bezeichnungen und allgemeine Anforderungen.
Teil 2: Prüfverfahren.
Teil 3-1: Bestimmungen für einzelne Werkstoffe – Typen von Tafeln aus technischen Schichtpressstoffen.
Teil 3-2: Bestimmungen für einzelne Werkstoffe – Anforderungen für Tafeln aus Schichtpressstoffen auf der Basis von Epoxidharzen.
Teil 3-3: Bestimmungen für einzelne Werkstoffe – Anforderungen für Tafeln aus Schichtpressstoffen auf der Basis von Melaminharzen.
Teil 3-4: Bestimmungen für einzelne Werkstoffe – Anforderungen für Tafeln aus Schichtpressstoffen auf der Basis von Phenolharzen.
Teil 3-5: Bestimmungen für einzelne Werkstoffe – Anforderungen für Tafeln aus Schichtpressstoffen auf der Basis von Polyesterharzen.
Teil 3-6: Bestimmungen für einzelne Werkstoffe – Anforderungen für Tafeln aus Schichtpressstoffen auf der Basis von Silikonharzen.
Teil 3-7: Bestimmungen für einzelne Werkstoffe – Anforderungen für Tafeln aus Schichtpressstoffen auf der Basis von Polyimidharzen.
[28] R. Stierli: Epoxid-Gieß- und Imprägnierharze für die Elektroindustrie. In: Wilbrand Woebcken (Hrsg.): Duroplaste – Kunststoff Handbuch, Band 10. 2.Aufl., Hanser Fachbuch, 1988.
[29] W. Becker, D. Braun, G. Oertel (Hrsg.): Polyurethane – Kunststoff-Handbuch, Band 7. 3. Aufl., Hanser Fachbuch, 1993.
[30] Dr. Werner Hollstein, Huntsman Advanced Materials GmbH: Einführung in die Chemie der Epoxidharze und Formulierungskomponenten.
[31] http://www.electrolube.com.
[32] Lackwerke Peters GmbH & Co. KG: Technische Informationen TI 15/2. https://www.peters.de/de/download-center.
[33] DIN EN ISO 14526-1: Kunststoffe – Rieselfähige Phenol-Formmassen (PF-PMC) – Teil 1: Bezeichnungssystem und Basis für Spezifikationen.
[34] DIN EN ISO 14528-1: Kunststoffe – Rieselfähige Melamin-Formaldehyd-Formmassen (MF-PMC) – Teil 1: Bezeichnungssystem und Basis für Spezifikationen.
[35] DIN EN ISO 14529-1: Kunststoffe – Rieselfähige Melamin/Phenol-Formmassen (MP-PMC) – Teil 1: Bezeichnungssystem und Basis für Spezifikationen.
[36] DIN EN ISO 14530-1: Kunststoffe – Rieselfähige ungesättigte Polyester-Formmassen (UP-PMC) – Teil 1: Bezeichnungssystem und Basis für Spezifikationen.
[37] DIN EN ISO 15252-1: Kunststoffe – Rieselfähige Epoxidharz-Formmassen (EP-PMC) – Teil 1: Bezeichnungssystem und Basis für Spezifikationen.
[38] ISO 527-1: Kunststoffe – Bestimmung der Zugeigenschaften – Teil 1: Allgemeine Grundsätze.
[39] ISO 178: Kunststoffe – Bestimmung der Biegeeigenschaften.
[40] ISO 179-1: Kunststoffe – Bestimmung der Charpy-Schlageigenschaften – Teil 1: Nicht instrumentierte Schlagzähigkeitsprüfung.
[41] DIN EN 60216-1: Elektroisolierstoffe – Eigenschaften hinsichtlich des thermischen Langzeitverhaltens – Teil 1: Warmlagerungsverfahren und Auswertung von Prüfergebnissen.

Wärmebehandlung metallischer Werkstoffe

Härte

Härte ist eine Eigenschaft fester Stoffe und definiert als ein Maß für den Widerstand eines Stoffs gegenüber dem Eindringen eines härteren Festkörpers. Bei metallischen Werkstoffen wird die Härte zur Abschätzung mechanischer Eigenschaften wie z.B. Festigkeit, Zerspanbarkeit, Umformbarkeit oder Verschleißwiderstand herangezogen. Nach DIN EN ISO 18265 [1] kann die Härte in Zugfestigkeit umgewertet werden.

Härteprüfung
Die Härteprüfung ermöglicht es, zerstörungsarm und in relativ kurzer Zeit Informationen über die mechanischen Eigenschaften eines Werkstoffs zu gewinnen.

Zur Ermittlung eines Kennwerts wird meist der mit einem definierten Prüfkörper unter definierter Belastung durch Verformung erzeugte Eindruck nach Größe oder Tiefe ausgemessen. Es wird zwischen statischer und dynamischer Prüfung unterschieden. Bei der statischen Prüfung wird der bleibende Eindruck des Prüfkörpers gemessen. Genormte oder weit verbreitete Verfahren sind das Rockwell-, Vickers- und Brinellverfahren. In Bild 1 sind die Anwendungsbereiche der Härteprüfung nach diesen Verfahren gegenübergestellt.

Bei der dynamischen Prüfung wird die Rückprallhöhe eines Prüfkörpers, der auf die Oberfläche des zu prüfenden Körpers beschleunigt wird, ermittelt.

Eine weitere Möglichkeit zur Bestimmung eines Maßes für die Härte ist das Verformen durch Ritzen mit einem härteren Prüfkörper und das Ausmessen der Riefenbreite.

Härte-Prüfverfahren
Rockwellhärte (DIN EN ISO 6508, [2])
Dieses Verfahren eignet sich besonders für die schnelle, automatisierte Prüfung metallischer Werkstücke, stellt aber besondere Anforderungen an die Einspannung des Werkstücks im Prüfgerät. Es ist ungeeignet für Werkstücke, die aufgrund ihrer Geometrie im Prüfgerät elastisch nachgeben (z.B. Rohre).

Der Prüfkörper von definierter Größe, Form (kegel- oder kugelförmig) und Werkstoff (Stahl, Hartmetall oder Diamant) wird bei diesem Verfahren in zwei Stufen in die Probe gedrückt. Dabei wird nach Aufbringen der Prüfvorkraft die Prüfzusatzkraft für eine festgelegte Zeitdauer ausgeübt. Aus der bleibenden Eindringtiefe h in mm wird zunächst der Faktor e wie folgt für

Bild 1: Vergleich der Härtebereiche der verschiedenen Prüfverfahren für unlegierte und niedriglegierte Stähle und Stahlguss.
Die Zahlen an den Bereichsgrenzen sind Härtewerte des betreffenden Verfahren.
HV Vickershärte,
HR Rockwellhärte,
HBW Brinellhärte.

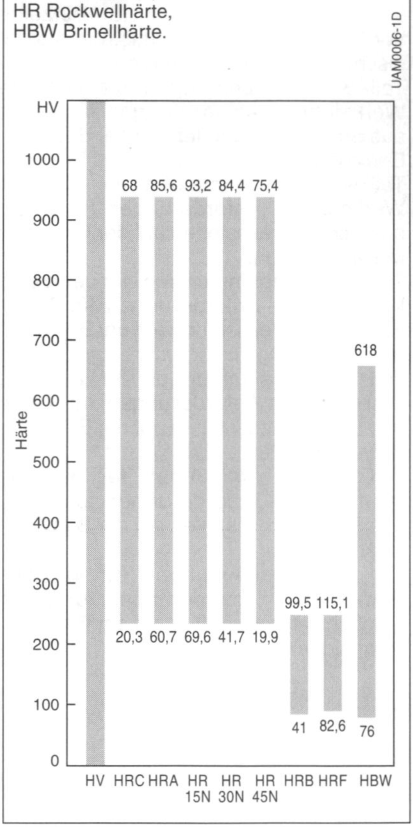

die Verfahren HRA, HRB, HRC und HRF berechnet:

$$e = \frac{h}{0{,}002}\,.$$

Für die Verfahren HR..N und HR..T errechnet sich der Faktor e aus der Eindringtiefe h mit der Gleichung:

$$e = \frac{h}{0{,}001}\,.$$

Mit dem Faktor e kann nun die Rockwellhärte HR für die Verfahren HRA, HRC, HR..N und HR..T berechnet werden:

$$\mathrm{HR} = 100 - e\,.$$

Werden die Verfahren HRB und HRF angewendet, berechnet sich die Rockwellhärte HR nach folgender Gleichung:

$$\mathrm{HR} = 130 - e\,.$$

Die zu prüfende Oberfläche sollte glatt und möglichst eben sein. Bei Prüfung auf konvex-zylindrischen oder kugeligen Oberflächen muss der ermittelte Wert in Abhängigkeit von der Härte korrigiert werden.

Bei der Angabe von Härtewerten ist dem Zahlenwert das Kurzzeichen des Prüfverfahrens anzuhängen (zum Beispiel: 65 HRC, 76 HR45N). Die Bezeichnungen geben einen Hinweis auf den verwendeten Prüfkörper (Diamantkegel oder Kugel), die Prüfvorkraft und die Prüfgesamtkraft. Je nach verwendetem Prüfkörper und eingesetzter Prüfgesamtkraft wird zwischen unterschiedlichen Härteskalen mit den Kurzzeichen HRA, HRB, HRC, HRD, HRE, HRF, HRG, HRH, HRK, HR15N, HR30N, HR45N, HR15T, HR30T und HR45T unterschieden.

Als Vorteil der Rockwellverfahren erweist sich, dass der Prüfling mit geringem Aufwand vorbereitet und die Prüfung schnell durchgeführt und vollständig automatisiert werden kann. Erschütterungen des Prüfgeräts oder eine Verlagerung der Probe und des Eindringkörpers während des Prüfens, eine unebene Auflage des Prüflings oder Beschädigungen des Eindringkörpers können zu Messfehlern führen.

Tabelle 1: Anwendung der Brinell-Härteprüfung.

Werkstoff	Brinellhärte	Belastungsgrad $0{,}102\,F/D^2$
Stahl; Nickel- und Titanlegierungen		30
Gusseisen (Nenndurchmesser der Kugel muss 2,5, 5 oder 10 mm betragen)	< 140 ≥ 140	10 30
Kupfer und Kupferlegierungen	< 35	5
	35…200	10
	> 200	30
Leichtmetalle und ihre Legierungen	< 35	2,5
	35…80	5 10 15
	> 80	10 15
Blei und Zinn		1
Sintermetalle	siehe DIN EN ISO 4498 [4]	

Brinellhärte (DIN EN ISO 6506, [3])

Das Verfahren wird für wenig harte bis mittelharte metallische Werkstoffe angewendet. Der Prüfkörper ist eine Kugel aus Hartmetall mit dem Durchmesser D. Diese wird mit der Prüfkraft F senkrecht in die Oberfläche einer Probe eingedrückt. Nach Wegnahme der Prüfkraft wird aus dem zurückbleibenden Eindruckdurchmesser d die Brinellhärte berechnet:

$$\mathrm{HBW} = 0{,}102\,\frac{2F}{\pi D^2\left(1-\sqrt{1-d^2/D^2}\right)}\,,$$

mit der Belastung F in N, dem Kugeldurchmesser D in mm und dem mittleren Eindruckdurchmesser d in mm.

Die Prüflasten reichen von 9,81 N bis 29 420 N. Werte, die mit verschieden großen Kugeln ermittelt werden, sind nur bedingt vergleichbar, wenn sie mit gleichem Belastungsgrad ermittelt wurden. Grundsätzlich sollte die größtmögliche Kugel und der Belastungsgrad so gewählt werden, dass der Durchmesser des Kugeleindrucks zwischen 0,24 D und 0,6 D liegt. Tabelle 1 enthält für verschiedene Werkstoffe die zweckmäßigen Belastungsgrade und Kugeldurchmesser nach DIN EN ISO 6506-1 [3].

Dem Zahlenwert der Brinellhärte ist das Kurzzeichen für das Verfahren, der Kugeldurchmesser in mm und die mit 0,102 multiplizierte Prüfkraft in N anzufügen (z.B. 600 HBW 1/30).

Mit höherer Prüflast können relativ große Eindrücke erzeugt werden, sodass auch Werkstoffe mit ungleichmäßigem Gefügezustand prüfbar sind. Von Vorteil ist, dass die Korrelation zwischen der Brinellhärte und der Zugfestigkeit von Stahl relativ hoch ist.

Der erforderliche Aufwand für das Vorbereiten und Prüfen ist größer als bei den Rockwellverfahren.

Vickershärte (DIN EN ISO 6507, [5])
Dieses Verfahren kann für alle metallischen Werkstoffe jeglicher Härte, für besonders kleine und dünne Teile sowie speziell für randschicht- oder einsatzgehärtete, nitrierte oder nitrocarburierte Werkstücke angewendet werden.

Als Prüfkörper dient eine vierseitige Diamantpyramide mit 136 ° Spitzenwinkel, die mit unterschiedlicher Belastung F auf die Oberfläche des zu prüfenden Teils aufgesetzt wird. Die Diagonalen d_1 und d_2 des Eindrucks, der nach Rücknahme der Prüfkraft F auf der Prüffläche verbleibt, werden gemessen. Aus dem arithmetischen Mittelwert d der beiden Diagonalen ergibt sich die Vickershärte zu:

$$\mathrm{HV} = \frac{2F \sin \frac{136}{2}}{d^2} \approx 0{,}1891\,\frac{F}{d^2},$$

mit der Prüfkraft F in N und dem arithmetischen Mittelwert d der Diagonalenlängen d_1 und d_2 in mm.

Dem Zahlenwert der Vickershärte sind das Kurzzeichen HV sowie die mit 0,102 multiplizierte Belastung in N und, getrennt durch einen Schrägstrich, die eventuell vom Regelfall (15 Sekunden) abweichende Belastungsdauer in s angefügt (z.B.: 750 HV 10/25).

Die zu prüfende Oberfläche sollte glatt und eben sein. Der Einfluss gekrümmter Oberflächen auf den Messwert der Diagonalenlängen ist nach DIN EN ISO 6507 [5] durch einen Korrekturwert auszugleichen. Die Prüflast richtet sich nach der Dicke des zu prüfenden Werkstücks oder der zu prüfenden Schicht.

Ein großer Vorteil des Verfahrens ist die nahezu unbegrenzte Anwendbarkeit auch auf dünne Teile oder Schichten. Auch die Härte einzelner Gefügebestandteile lässt sich mit sehr geringer Belastung noch ermitteln. Bis etwa 350 HV besteht eine zahlenmäßig gute Übereinstimmung mit der Brinellhärte. Zur Vermeidung von Messfehlern muss jedoch die Oberfläche des Prüflings ausreichend geglättet werden.

Knoophärte (DIN EN ISO 4545, [6])
Dieses Verfahren ist dem Vickersverfahren sehr ähnlich. Die in der Vickersprüfung gleichseitige Diamantspitze hat in der Knoopprüfung eine rhombische Form. Der Prüfkörper ist so geformt, dass ein schmaler Rhombus als Eindruck entsteht. Die lange Diagonale d des Eindrucks, der nach Rücknahme der Prüfkraft F auf der Prüffläche verbleibt, wird gemessen. Der Härtewert HK wird wie folgt berechnet:

$$\mathrm{HK} = 1{,}451\,\frac{F}{d^2},$$

mit der Prüfkraft F in N und der Länge d der langen Diagonalen in mm.

Dem Zahlenwert der Knoophärte ist das Kurzzeichen HK für das Verfahren, die mit 0,102 multiplizierte Prüfkraft in N und – gegebenenfalls durch einen Schrägstrich getrennt – die Einwirkdauer der Prüfkraft in s anzufügen (z.B. 640 HK 0,1/20).

Die Eindringtiefe ist um etwa ein Drittel geringer als beim Vickersverfahren, sodass auch die Oberflächenhärte dünner Teile oder Schichten ermittelt werden kann. Allerdings stellt das Prüfverfahren dadurch auch hohe Anforderungen an die Oberfläche: Die Prüfung ist an einer polierten, glatten und ebenen Oberfläche vorzunehmen.

Die Knoopprüfung wird häufig bei spröden Materialien wie zum Beispiel Keramik oder Sinterwerkstoffen angewandt.

Martenshärte (DIN EN ISO 14577, [7])
Bei diesem Verfahren wird der Eindringvorgang eines pyramidenfömigen Prüfkörpers in Werkstoffe erfasst, indem sowohl die Kraft als auch der Weg während der plastischen und elastischen Verformung gemessen werden. Die Martenshärte wird als das Verhältnis der Prüfkraft F zu der aus der Eindringtiefe h berechneten Oberfläche A_S des Eindringkörpers definiert und in N/mm² angegeben.

Die Martenshärte wird mit dem Formelzeichen HM bezeichnet, dem die Prüfkraft in N, die Aufbringzeit der Prüfkraft in s und die Haltezeit der Prüfkraft in s nachgestellt werden (zum Beispiel: HM 0,5/20/20 ≙ 8700 N/mm²).

Skleroskophärte
Es handelt sich hierbei um ein dynamisches Verfahren speziell für große schwere Teile aus metallischen Werkstoffen. Das Prüfprinzip besteht darin, dass die Rückprallhöhe eines Prüfkörpers aus Stahl mit Diamant- oder Hartmetallspitze, der aus einer festgelegten Höhe auf die Oberfläche des Prüflings fällt, ermittelt und als Maß für die Härte angesehen wird.

Das Verfahren ist nicht genormt und es bestehen keine Korrelationen zu anderen Härteprüfverfahren.

Verfahren der Wärmebehandlung

Durch Wärmebehandeln werden die technologischen Werkstoffeigenschaften metallischer Bauteile und Werkzeuge an die jeweiligen Anforderungen angepasst. Solche Anforderungen können sowohl fertigungsgerechte Verarbeitungseigenschaften als auch funktionsgerechte Gebrauchseigenschaften sein.

Nach DIN EN 10052 [8] versteht man unter Wärmebehandeln, ein „Werkstück ganz oder teilweise Zeit-Temperatur-Folgen zu unterwerfen, um eine Änderung seiner Eigenschaften oder seines Gefüges herbeizuführen. Gegebenenfalls kann während der Behandlung die chemische Zusammensetzung des Werkstoffs geändert werden".

Dadurch entstehen Gefügezustände, die durch beanspruchungsgerechte Härte, Festigkeit, Verformbarkeit, Verschleißwiderstandsfähigkeit usw. bei statischer oder dynamischer Belastung gekennzeichnet sind. Die industriell wichtigsten Verfahren sind in Tabelle 2 zusammengestellt (Begriffe siehe DIN EN 10052, [8]).

Härten

Härten dient dazu, bei Eisenwerkstoffen (Stahl, Gusseisen) den als Martensit bezeichneten Gefügezustand einzustellen, der sich durch besonders hohe Härte und Festigkeit auszeichnet. Es besteht aus den beiden Verfahrensschritten Austenitisieren und Abkühlen oder Abschrecken.

Härten über den ganzen Querschnitt
Das Werkstück wird auf Austenitisier- oder Härtetemperatur (Tabelle 3) erwärmt und so lange gehalten, bis der Gefügezustand Austenit entsteht und in ihm eine ausreichende Menge Kohlenstoff gelöst ist, der aus dem Zerfall von Karbiden (oder Graphit bei Gusseisen) freigesetzt wird. Nach dem Austenitisieren wird das Werkstück mit einer für die Härtung ausreichenden Geschwindigkeit abgekühlt oder abgeschreckt, was auch in Temperaturstufen geschehen kann. Dabei soll möglichst eine vollständige Umwandlung in den Gefügezustand Martensit erfolgen. Der erforderliche Abkühlverlauf

Tabelle 2: Übersicht über die Wärmebehandlungsverfahren.

Härten	Bainitisieren	Anlassen	Thermochemische Behandlung	Glühen	Aushärten
Härten über den ganzen Querschnitt Randschichthärten Härten aufgekohlter Teile (Einsatzhärten)	Isothermisches Umwandeln in der Bainit-Stufe	Anlassen gehärteter Teile Anlassen oberhalb 540 °C zum Vergüten	Aufkohlen Carbonitrieren Nitrieren Nitrocarburieren Borieren Chromieren	Spannungsarmglühen Rekristallisationsglühen Weichglühen GKZ-Glühen Normalglühen Diffusionsglühen	Lösungsbehandeln und Auslagern

wird durch die chemische Zusammensetzung, die Austenitisierbedingungen und die Form und Abmessungen sowie den gewünschten Gefügezustand bestimmt. Anhaltswerte für die erforderliche Abkühlgeschwindigkeit findet man im Zeit-Temperatur-Umwandlungsschaubild des jeweiligen Stahls.

Die Härtetemperatur richtet sich nach der Werkstoffzusammensetzung (genaue Daten siehe DIN, Technische Lieferbedingungen von Stählen; in Tabelle 3 sind Anhaltswerte angegeben). Hinweise für die praktische Durchführung des Härtens von Bauteilen und Werkzeugen siehe DIN 17022 [9] Teil 1 und Teil 2.

Zum Härten eignen sich nur die härtbaren Stähle und Gusseisensorten. Die erreichbare Härte bei vollständig martensitischem Gefüge kann mit nachstehender Beziehung für die Aufhärtbarkeit für

Tabelle 3: Übliche Härtetemperaturen.

Stahlart	Gütenorm [10, 11, 12]	Härtetemperatur in °C
Unlegierte und niedrig legierte Stähle	DIN EN 10083-1 10083-2 10083-3	
< 0,8 Masse-% C	10085	780...950
≥ 0,8 Masse-% C	–	750...820
Kalt- und Warmarbeitsstähle	DIN EN ISO 4957	780...1150
Schnellarbeitsstähle		1150...1300

unlegierte und legierte Stähle mit Kohlenstoff-Massenanteilen zwischen 0,15 % und 0,60 % abgeschätzt werden:

$$\text{Höchsthärte} = (35 + 50x \pm 2)\,\text{HRC}, \qquad \text{(Gl. 1)}$$

wobei für x hier der Massenanteil Kohlenstoff in Prozent einzusetzen ist. Besteht das Gefüge nicht vollständig aus Martensit, wird die Höchsthärte nicht erreicht.

Bei Kohlenstoffgehalten über 0,6 Massenanteil in Prozent ist damit zu rechnen, dass das Gefüge außer Martensit noch Anteile an nicht umgewandeltem Austenit (Restaustenit) enthält. Größere Anteile an Restaustenit können sich ungünstig auf die erreichbare Härte auswirken und den Verschleißwiderstand verringern. Außerdem ist Restaustenit metastabil, d.h., es kann sich bei Temperaturen unterhalb der Raumtemperatur oder infolge der Beanspruchung zu einem späteren Zeitpunkt in Martensit umwandeln. Dadurch kann es zu ungewollten Maß- und Formänderungen des Werkstücks im Betrieb kommen. Sofern sich Restaustenit beim Härten nicht vermeiden lässt, kann ein anschließendes zeitnahes Tiefkühlen oder Anlassen bei Temperaturen über 230 °C zweckmäßig sein.

Beim Abkühlen und beim Abschrecken treten Temperaturunterschiede zwischen Rand und Kern der Werkstücke auf. Bei größeren Querschnitten kann es durch die im Kern verringerte Abkühlgeschwindigkeit zu einem Härteabfall mit zunehmendem Abstand zur Oberfläche kommen. Es liegt ein Härteverlauf vor. Der Gradient der Härte ergibt sich aus der von der Werkstoffzusammensetzung und den Austenitisierungsbedingungen abhängenden Härtbarkeit (Prüfung nach DIN EN ISO 642, [13]). In diesem Fall ist es im Hinblick auf die geforderte Härte notwendig, Werkstoff mit ausreichender Härtbarkeit einzusetzen. Hinweise zur Stahlauswahl aufgrund der Härtbarkeit finden sich in DIN 17021 [14].

Aus der Härte kann nach DIN EN ISO 18265 [15] die Zugfestigkeit R_m abgeschätzt werden, vorausgesetzt, Oberflächen- und Kernhärte sind nahezu gleich hoch.

Beim Härten ist die Umwandlung des Gefüges in den martensitischen Zustand mit einer Volumenzunahme verbunden. Bezogen auf den Ausgangszustand vergrößert sich das Volumen um ca. 1 %. Dies entspricht einer Längenänderung von ca. 0,3 %.

Infolge der mit Gefügeumwandlungen verbundenen Volumenänderungen und thermischer Gradienten beim Abkühlen entstehen Spannungen, die zu Verzug in Form von Maß- und Formänderungen führen. Die nach dem Härten im Werkstück zurückbleibenden Spannungen werden als Eigenspannungen bezeichnet. Tendenziell liegen im Randbereich gehärteter Werkstücke Zug- und im Kernbereich Druckeigenspannungen vor.

Tabelle 4: Vergleich der Leistungsdichte beim Erwärmen mit verschiedenen Wärmequellen.

Energiequelle	Übliche Leistungsdichte in W/cm^2
Laserstrahl	$10^3 \ldots 10^4$
Elektronenstrahl	$10^3 \ldots 10^4$
Induktion (mit mittel- oder hochfrequentem Wechselstrom, oder Hochfrequenzimpulsen)	$10^3 \ldots 10^4$
Brennerflamme	$1 \cdot 10^3 \ldots 6 \cdot 10^3$
Plasmastrahl	10^4
Salzschmelze (Konvektion)	20
Luft, Gas (Konvektion)	0,5

Randschichthärten

Dieses Verfahren eignet sich besonders für die Großserienfertigung und kann in den Takt einer Fertigungsstraße eingeordnet werden.

Die Werkstücke werden nur am Rand erwärmt und gehärtet, woraus geringe Maß- und Formänderungen resultieren. Das Erwärmen erfolgt meist durch Elektroinduktion mit hoch- oder mittelfrequentem Wechselstrom (Induktionshärten) oder mit einem Gasbrenner (Flammhärten). Die zum Austenitisieren erforderliche Wärme kann auch durch Reibung (Reibhärten) oder mit Hochenergiestrahlen (z.B. Elektronen- oder Laserstrahl) übertragen werden. Tabelle 4 zeigt eine Übersicht über die spezifische Wärmeenergie der einzelnen Verfahren.

Es können linien- oder flächenförmige Bereiche erfasst werden, was mit einem Erwärmen im Stand oder unter Bewegung des Werkstücks oder der Wärmequelle im Vorschub erfolgen kann. Rotationssymmetrische Werkstücke lässt man zweckmäßigerweise rotieren, um eine konzentrische Einhärtung zu gewährleisten. Abgeschreckt wird durch Tauchen oder Spritzen mit einem flüssigen Abschreckmittel. Hinweise zur Durchführung des Randschichthärtens finden sich in DIN 17022-5 [9].

Wegen der sehr raschen Erwärmung muss auf 50...100 °C höhere Temperaturen als in Öfen erwärmt werden, um die geringere Einwirkdauer zu kompensieren. Meist werden niedrige oder unlegierte Stähle mit 0,35...0,60 Massenanteilen Kohlenstoff in Prozent eingesetzt. Jedoch ist es durchaus üblich, auch legierte Vergütungsstähle, Wälzlagerstähle oder Gusseisen randschichtzuhärten. Bei vergüteten Bauteilen kann eine hohe Grundfestigkeit mit hoher Randhärte an besonders hoch beanspruchten Stellen (Einstichkanten, Lagerstellen, Querschnittsübergängen) kombiniert werden.

Durch das Randschichthärten entstehen im Normalfall am Rand Druckeigenspannungen, was insbesondere bei Wechselschwingbelastung eine höhere Beanspruchung (besonders bei gekerbten Bauteilen) ermöglicht. Die Beanspruchung in Bild 2 entspricht der Biegespannung. Die höhere Beanspruchbarkeit ergibt sich daraus, dass sich aus der Überlagerung von Biegespannung und Eigenspannung der Spannungszustand (resultierende Spannung) reduziert.

Die erreichbare Oberflächenhärte kann mithilfe der in Gleichung Gl. 1 angegebenen Beziehung abgeschätzt werden. Von der Werkstückoberfläche aus nimmt die Härte zum nicht gehärteten Kernbereich hin deutlich ab. Aus der Härteverlaufskurve kann die Einhärtungstiefe *SHD* (Surface Hardness Depth) – das ist der Abstand von der Oberfläche, an dem die Härte noch 80 % der Mindest-Oberflächenhärte in Vickers beträgt – entnommen werden (vgl. DIN EN 10328, [16]).

Bainitisieren

Bei diesem Verfahren ist der angestrebte Gefügezustand Bainit, der durch eine etwas geringere Härte als Martensit, andererseits jedoch durch größere Zähigkeit und geringere spezifische Volumenänderung gekennzeichnet ist.

Zum Bainitisieren wird nach dem Austenitisieren (vgl. Härten) je nach Werkstoffzusammensetzung auf eine Temperatur im Bereich von 200...350 °C mit einer ausreichenden Geschwindigkeit abgekühlt und so lange auf dieser Temperatur gehalten, bis die Gefügeumwandlung in Bainit mehr oder weniger vollständig abgeschlossen ist. Das Abschrecken auf die Umwandlungstemperatur findet meist

Bild 2: Zyklisch wechselnde Beanspruchung nach Randschichtverfestigung.
$+\sigma$ Zug, $-\sigma$ Druck.
1 Einhärtungsschicht, 2 Biegespannung,
3 Verringerung der Zugspannung,
4 resultierende Spannung, 5 Eigenspannung,
6 Erhöhung der Druckspannung.

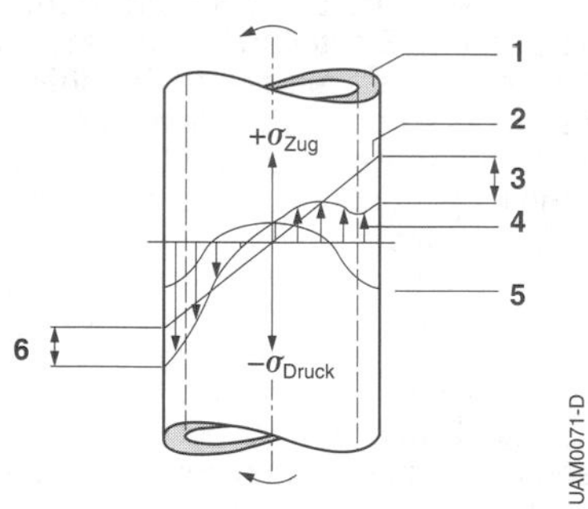

in Salzschmelzen (typisches Salz ist ein Gemisch aus Kaliumnitrat und Natriumnitrit) statt. Anschließend an die Gefügeumwandlung kann beliebig auf Raumtemperatur abgekühlt werden.

Das Bainitisieren ist eine optimale Alternative für solche Bauteile, die durch ihre ungünstige Formgeometrie verzugs- oder rissgefährdet sind, bei denen eine große Zähigkeit bei hoher Härte erforderlich ist oder die im harten Zustand niedrige Restaustenitgehalte aufweisen sollen.

Anwendung

Zylinderköpfe in modernen Diesel-Hochdruckpumpen für Common-Rail-Systeme, die hohen Verschleiß- und Innendruckbeanspruchungen standhalten müssen, werden bainitisiert.

Anlassen

Das Anlassen gehärteter Bauteile und Werkzeuge dient dazu, das Formänderungsvermögen zu erhöhen und das Rissrisiko zu reduzieren. Nach DIN EN 10052 [8] versteht man unter Anlassen ein ein- oder mehrmaliges Erwärmen auf Anlasstemperatur, Halten bei dieser Temperatur und anschließendes zweckentsprechendes Abkühlen. Das Anlassen wird zwischen Raum- und Ac_1-Temperatur, d.h. der Temperatur, bei der wieder austenitische Gefügebestandteile entstehen würden, duchgeführt.

Bei niedrig- und unlegierten Stählen nimmt die Härte bereits durch Anlassen bei 180 °C um etwa 1...5 HRC ab. Bei höheren Temperaturen stellt sich ein für die Werkstoffzusammensetzung charakteristischer Härteabfall ein. In Bild 3 ist dieses Verhalten für einige typische Stahlsorten mit charakteristischen Anlasskurven dargestellt. Daraus wird ersichtlich, dass bei Stählen, die mit sonderkarbidbildenden Elementen (Mo, V, W) legiert sind – wie z.B. Warm- oder Schnellarbeitsstahl – durch ein Anlassen im Temperaturbereich zwischen 400 °C und 600 °C die Härte auf Werte, die über der Abschreckhärte liegen können, erhöht wird (Sekundärhärtung).

Der Zusammenhang zwischen Anlasstemperatur einerseits und Härte, Festigkeit, Streckgrenze, Brucheinschnürung, Bruchdehnung oder Zähigkeit andererseits, kann für die verschiedenen Stähle aus Anlassschaubildern entnommen werden (vgl. z.B. DIN 17021, [17]).

Im Allgemeinen nehmen durch das Anlassen Härte und Festigkeit ab und das Formänderungsvermögen nimmt zu. Bei Anlasstemperaturen über 300 °C können auch Eigenspannungen abgebaut werden.

Das spezifische Volumen nimmt beim Anlassen restaustenitfreier Gefüge ab. Bei restaustenithaltigen Gefügen findet jedoch bei der Umwandlung von Restaustenit zu Martensit eine Volumenzunahme statt. Die Härte nimmt zu, das Formänderungsvermögen wird reduziert und es können neue Eigenspannungen entstehen. Auch das Rissrisiko vergrößert sich.

Zu beachten ist, dass Stähle, die mit Mangan, Chrom und Nickel oder Kombinationen dieser Elemente legiert sind, nicht im Bereich von etwa 350...550 °C angelassen werden sollten, da sie dabei verspröden können. Beim Abkühlen von Anlasstemperaturen oberhalb von 550 °C muss dementsprechend rasch abgekühlt werden (weitere Hinweise siehe DIN 17022 Teil 1 und 2, [9]). Durch Zulegieren von Molybdän oder Wolfram kann diese Anlassempfindlichkeit vermieden werden.

Bild 3: Charakteristische Anlasskurven verschiedener Stähle.
1 Unlegierter Vergütungsstahl (C45),
2 unlegierter Kaltarbeitsstahl (C80W2),
3 niedriglegierter Kaltarbeitsstahl (105WCr6),
4 legierter Kaltarbeitsstahl (X165CrV12),
5 Warmarbeitsstahl (X40CrMoV51),
6 Schnellarbeitsstahl (HS6-5-2).

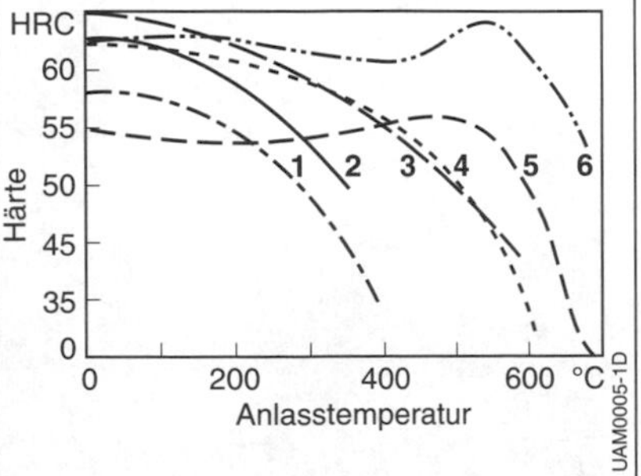

Vergüten

Unter Vergüten versteht man die Kombination aus Härten und nachfolgendem Anlassen auf einer Temperatur, die im Allgemeinen zwischen 540 °C und 680 °C liegt. Dabei soll ein optimales Verhältnis zwischen Festigkeit und Zähigkeit herbeigeführt werden. Es wird dann angewendet, wenn eine besonders große Zähigkeit oder Verformbarkeit erforderlich ist.

Beim Vergüten ist auf die Versprödungsgefahr zu achten (siehe oben).

Glühen

Durch Glühen lassen sich sowohl bestimmte Gebrauchs- wie auch Verarbeitungseigenschaften optimieren. Es besteht in einem Erwärmen auf eine bestimmte Temperatur, ausreichend langem Halten und zweckentsprechendem Abkühlen auf Raumtemperatur. Im folgenden wird auf die technisch bedeutendsten Glühverfahren eingegangen.

Spannungsarmglühen

Das Spannungsarmglühen wird je nach Werkstoffzusammensetzung bei Temperaturen zwischen 450 °C und 650 °C durchgeführt, um in Bauteilen, Werkzeugen oder Rohlingen vorhandene Eigenspannungen gezielt zu reduzieren.

Rekristallisationsglühen

Das Rekristallisationsglühen wird bei kaltumgeformten Werkstücken durchgeführt, um die eingebrachten Verfestigungen aufzuheben, eine Kornneubildung des verformten Gefüges herbeizuführen und dadurch weitere Verformungen zu ermöglichen oder zu erleichtern.

Die erforderliche Temperatur richtet sich nach der Werkstoffzusammensetzung und dem Verformungsgrad; bei Stahl liegt sie zwischen 550 °C und 730 °C.

Weichglühen und GKZ-Glühen

Das Weichglühen hat zum Ziel, die Bearbeitbarkeit schwer zerspanbarer oder schwer kaltumformbarer Werkstoffzustände durch Absenken der Härte zu verbessern. Es besteht aus einem Erwärmen auf Temperaturen über 600 °C, möglichst kurz oberhalb der Ac_1-Temperatur des jeweiligen Stahls, einem Halten auf dieser Temperatur und langsamem Abkühlen auf Raumtemperatur.

Die erforderliche Temperatur richtet sich nach der Werkstoffzusammensetzung. Bei Stahl liegt sie zwischen 650 °C und 850 °C, bei Nichteisenmetallen darunter.

Soll eine Gefügeausbildung mit einer körnigen Einformung der Karbide erreicht werden, dann wird ein „Glühen auf kugeligen Zementit" (GKZ-Glühen) durchgeführt. Der Zementit verliert durch die Glühtemperatur an Festigkeit und kann seinem Streben nach einem Körper mit möglichst geringer Oberfläche (der Kugel) nachgehen. Ist das Ausgangsgefüge Martensit oder Bainit, ergibt sich dadurch eine besonders homogene Verteilung der Karbide.

Normalglühen
Das Normalglühen ist ein Erwärmen auf Austenitisiertemperatur und langsames Abkühlen auf Raumtemperatur. Dabei entsteht bei niedrig- und unlegierten Stählen ein aus Ferrit und Perlit bestehendes Gefüge. Es wird hauptsächlich angewendet, um grobkörnige Gefüge zu verfeinern, Grobkornbildung gering verformter Werkstoffe zu vermeiden und eine möglichst homogene Verteilung von Ferrit und Perlit zu erreichen.

Aushärten
Dieses Verfahren besteht aus Lösungsbehandeln und Auslagern. Durch Erwärmen und Halten werden ausgeschiedene Gefügebestandteile in feste Lösung und durch Abschrecken auf Raumtemperatur in übersättigte Lösung gebracht. Das Auslagern besteht in einem ein- oder mehrmaligem Erwärmen und Halten auf Temperaturen oberhalb Raumtemperatur („Warmauslagern"), wodurch eine oder mehrere Phasen, d.h. metallische Verbindungen bestimmter Legierungselemente, gebildet und in der Matrix ausgeschieden werden.

Die ausgeschiedenen Teilchen erhöhen Härte und Festigkeit des Grundgefüges. Die erreichten Eigenschaften werden durch Temperatur und Dauer (Austauschbeziehung) des Auslagerns bestimmt, wobei meist nach Durchschreiten eines Maximums Härte und Festigkeit wieder abnehmen.

Das Aushärten wird hauptsächlich bei Nichteisenmetall-Legierungen angewendet, kann aber auch bei aushärtbaren (martensitaushärtenden) Stählen durchgeführt werden.

Anwendung
Aushärtbare Stähle kommen beispielsweise bei Raildrucksensoren in Common-Rail-Systemen zum Einsatz.

Thermochemische Behandlungen

Bei thermochemischen Behandlungen wird durch Stoffaustausch mit geeigneten Mitteln eine Änderung der chemischen Zusammensetzung des Grundwerkstoffs herbeigeführt. Durch Eindiffusion bestimmter Elemente in die Randschicht lassen sich spezifische Funktionseigenschaften einstellen. Von besonderem Interesse sind dabei die Elemente Kohlenstoff, Stickstoff und Bor.

Aufkohlen, Carbonitrieren und Einsatzhärten

Beim Aufkohlen wird die Randschicht mit Kohlenstoff, beim Carbonitrieren mit Kohlenstoff und Stickstoff angereichert. Dies geschieht üblicherweise bei 750...1 050 °C in Gasen, die Kohlenstoff oder Stickstoff wegen ihres thermischen oder im Plasma angeregten Zerfalls abgeben. Das Härten erfolgt daran anschließend entweder direkt von der Aufkohlungs- oder Carbonitriertemperatur (Direkthärten) oder nach Abkühlen auf Raumtemperatur (Einfachhärten) oder eine geeignete Zwischentemperatur (Härten nach isothermischem Umwandeln, z.B. bei 620 °C) und Wiedererwärmen auf Härtetemperatur. Dabei entstehen eine martensitische Randschicht und je nach Härtetemperatur, Härtbarkeit und Werkstückquerschnitt ein mehr oder weniger vollständig martensitischer Kern.

Die Härtetemperatur kann auf den höher kohlenstoffhaltigen Rand (Härten von Randhärtetemperatur) oder den nicht aufgekohlten Kern (Härten von Kernhärtetemperatur) abgestimmt werden (vgl. DIN 17022 Teil 3, [9]). Das Aufkohlen oder Carbonitrieren führt zu einer von der Werkstückoberfläche zum Kern hin abnehmenden Kohlenstoffkonzentration (Kohlenstoffverlauf). Üblicherweise wird der Abstand von der Oberfläche bis zu dem Punkt, an dem noch 0,35 Massenanteile Kohlenstoff in Prozent vorhanden sind, als Aufkohlungstiefe definiert.

Die Dauer des Aufkohlens oder Carbonitrierens richtet sich nach der erforderlichen Aufkohlungstiefe und hängt von der Temperatur und der Wirkung des Kohlenstoffspenders ab.

Typische Randkohlenstoffgehalte beim Einsatzhärten liegen im Bereich von 0,5...0,85 Massenanteile Kohlenstoff in Prozent, um eine ausreichende Randhärte zu erzielen. Die Kohlenstoffkonzentration bestimmt im Wesentlichen die Randhärte.

Ein zu hoher Kohlenstoffgehalt kann zu Restaustenit oder Karbidausscheidungen führen, was die Gebrauchseigenschaften einsatzgehärteter Werkstücke beeinträchtigen kann. Der Steuerung des Kohlenstoffangebots kommt deshalb bei der Prozessführung eine besondere Bedeutung zu.

Die gebräuchlichsten Verfahren zum Aufkohlen sind heute das Gasaufkohlen und das Unterdruckaufkohlen. Beim Gasaufkohlen wird der Kohlenstoffpegel der Ofenatmosphäre derart geregelt, dass die Randschicht des Werkstücks den gewünschten Kohlenstoffgehalt annimmt. Es stellt sich ein Gleichgewicht mit der umgebenden Ofenatmosphäre ein. Beim Unterdruckaufkohlen hingegen ist eine Regelung des Kohlenstoffpegels nicht möglich. Hier erfolgt das Einstellen definierter Randkohlenstoffgehalte über Mehrstufenaufkohlung. In einer ersten Stufe wird auf einen sehr hohen Randkohlenstoffgehalt aufgekohlt, der im Bereich der Sättigung des Werkstoffs liegt. In der folgenden Stufe wird dieser hohe Kohlenstoffgehalt auf den gewünschten Wert durch Diffusion abgebaut. In der Praxis bestehen Unterdruckaufkohlungsprozesse aus mehreren aufeinanderfolgenden Aufkohlungs- und Diffusionsschritten.

Entsprechend dem Kohlenstoffverlauf ergibt sich nach dem Härten ein Gradient der Härte über den Werkstückquerschnitt. Aus diesem kann die Einsatzhärtungstiefe CHD (Case Hardening Depth) entnommen werden. Dies ist nach DIN EN ISO 2639 [18] derjenige Abstand senkrecht zur Oberfläche bis zu der Schicht, die eine Vickershärte von 550 HV 1 aufweist.

Im Normalfall weist ein einsatzgehärtetes Werkstück am Rand Druck- und im Kern Zugeigenspannungen auf, woraus – wie bei randschichtgehärteten Bauteilen – eine höhere Belastbarkeit bei schwingender Beanspruchung hervorgeht.

Der beim Carbonitrieren aufgenommene Stickstoff verbessert die Härtbarkeit und die Anlassbeständigkeit der Randschicht sowie deren Verschleißwiderstand. Dies wirkt sich besonders bei unlegierten Stählen positiv aus.

Weitere Hinweise zur praktischen Durchführung des Einsatzhärtens siehe DIN 17022 Teil 3 [9] sowie Merkblatt 452 des Stahl-Informationszentrums [19].

Anwendung
Verschleißbeanspruchte Einspritzdüsen für Common-Rail-Systeme von Bosch, die hohen Verschleiß- und Innendruckbeanspruchungen standhalten müssen, werden durch Unterdruckaufkohlung einsatzgehärtet.

Nitrieren und Nitrocarburieren
Nitrieren (Aufsticken) ist eine thermische Behandlung, bei der die Randschicht von nahezu allen Eisenwerkstoffen bei Temperaturen im Bereich 400...600 °C mit Stickstoff angereichert werden kann. Beim Nitrocarburieren diffundiert simultan zum Stickstoff etwas Kohlenstoff ein.

Molekularer Stickstoff, wie er bei gasförmigem Stickstoff in diesem Temperaturbereich vorliegt, kann nicht in metallische Werkstoffe eindiffundieren. Es ist daher erforderlich, diffusionsfähigen Stickstoff über geeignete Spendermedien anzubieten. In der anwendungstechnischen Praxis werden Nitrier- und Nitrocarburierprozesse in ammoniakhaltigen Gasatmosphären, im stickstoffhaltigen Plasma oder auch in cyanathaltigen Salzschmelzen durchgeführt. Während Ammoniakgas beim thermischen Zerfall diffusionsfähigen Stickstoff freisetzt, wird im Plasma Stickstoff ionisiert, um die Moleküle zu spalten und die Diffusion von Stickstoffatomen zu ermöglichen.

Der sich in der Randschicht anreichernde Stickstoff führt zur Ausscheidung von Nitriden, wodurch sich die Randschicht verfestigt. Dies führt letztendlich zu einem höheren Widerstand gegen Verschleiß und Korrosion sowie zu einer höheren Dauerschwingfestigkeit.

Wegen der relativ niedrigen Behandlungstemperatur findet keine mit volumetrischen Änderungen verbundene Gefügeumwandlung statt, sodass Maß- und Formänderungen außerordentlich gering sind.

Die Nitrierschicht besteht aus einer äußeren, wenige Mikrometer dicken und je nach Werkstoffzusammensetzung 700 HV bis über 1 200 HV harten Verbindungsschicht aus Nitriden. Darunter liegt eine einige Zehntel Millimeter dicke, etwas weniger harte Diffusionsschicht, in der der Stickstoffgehalt mit zunehmendem Abstand von der Oberfläche abnimmt. Die Schichtdicke ergibt sich aus Dauer und Temperatur der Behandlung. Dabei stellt sich über den Werkstückquerschnitt ein Härteverlauf ein (ähnlich wie nach einem Randschicht- oder Einsatzhärten), aus dem die Nitrierhärtetiefe NHD (Nitriding Hardness Depth) ermittelt werden kann. Dies ist nach DIN 50190 Teil 3 [20] der senkrechte Abstand von der Oberfläche bis zu dem Punkt, an dem die Härte einem festgelegten Grenzwert entspricht. Diese Grenzhärte beträgt im Regelfall: Ist-Kernhärte + 50 HV 0,5.

Maßgebend für das Verschleißverhalten ist hauptsächlich die bis zu 10 Massenanteile Stickstoff in Prozent enthaltende Verbindungsschicht, für die Dauerschwingfestigkeit die Nitrierhärtetiefe und die Randhärte (weitere Einzelheiten siehe DIN 17022 Teil 4, [9] und Merkblatt 447 des Stahl-Informationszentrums, Düsseldorf, [21]).

Die Korrosionsbeständigkeit nitrierter oder nitrocarburierter Werkstücke lässt sich durch ein Nachoxidieren in Wasserdampf oder anderen geeigneten Gasen, oder in Salzschmelzen bei Temperaturen zwischen 350 °C und 550 °C wesentlich erhöhen.

Anwendung
In Common-Rail-Systemen von Bosch werden beispielsweise Einspritzdüsen, die höchsten Betriebstemperaturen standhalten müssen, gasnitriert.

Komponenten für Front- und Heckscheibenwischersysteme werden zur Steigerung der Korrosions- und Verschleißbeständigkeit nitrocarburiert und nachoxidiert. Die Bauteile erhalten dadurch ihre typische schwarze Farbe.

Borieren

Beim Borieren wird die Randschicht von Eisenwerkstoffen mit Bor angereichert. Es entsteht je nach Dauer und Temperatur (üblicherweise 850...1 000 °C) der Behandlung unter der Werkstückoberfläche eine 30 µm bis 0,2 mm dicke Verbindungsschicht mit einer Härte von 2000...2500 HV. Sie besteht aus Eisenboriden.

Das Borieren ist besonders wirksam gegen Abrasionsverschleiß (d.h. abschabendem Verschleiß). Wegen der relativ hohen Behandlungstemperatur und den dadurch verursachten relativ großen Maß- und Formänderungen lässt es sich jedoch nur dort erfolgreich anwenden, wo größere Maßtoleranzen akzeptabel sind.

Anwendung

Bei Bosch-Bohrhämmern kommen teilweise borierte Werkzeughalter mit hoher Verschleißbeständigkeit zum Einsatz.

Literatur

[1] DIN EN ISO 18265: Metallische Werkstoffe – Umwertung von Härtewerten.
[2] DIN EN ISO 6508: Metallische Werkstoffe – Härteprüfung nach Rockwell.
[3] DIN EN ISO 6506: Metallische Werkstoffe – Härteprüfung nach Brinell.
[4] DIN EN ISO 4498: Sintermetalle, ausgenommen Hartmetalle – Bestimmung der Sinterhärte und der Mikrohärte.
[5] DIN EN ISO 6507: Metallische Werkstoffe – Härteprüfung nach Vickers.
[6] DIN EN ISO 4545: Metallische Werkstoffe – Härteprüfung nach Knoop.
[7] DIN EN ISO 14577: Metallische Werkstoffe – Instrumentierte Eindringprüfung zur Bestimmung der Härte und anderer Werkstoffparameter.
[8] DIN EN 10052: Begriffe der Wärmebehandlung von Eisenwerkstoffen.
[9] DIN 17022: Wärmebehandlung von Eisenwerkstoffen – Verfahren der Wärmebehandlung.
Teil 1: Härten, Bainitisieren, Anlassen und Vergüten von Bauteilen.
Teil 2: Härten und Anlassen von Werkzeugen.
Teil 3: Einsatzhärten.
Teil 4: Nitrieren und Nitrocarburieren.
Teil 5: Randschichthärten.
[10] DIN EN 10083: Vergütungsstähle.
Teil 1: Allgemeine technische Lieferbedingungen.
Teil 2: Technische Lieferbedingungen für unlegierte Stähle.
Teil 3: Technische Lieferbedingungen für legierte Stähle.
[11] DIN EN 10085: Nitrierstähle – Technische Lieferbedingungen.
[12] DIN EN ISO 4957: Werkzeugstähle.
[13] DIN EN ISO 642: Stahl – Stirnabschreckversuch (Jominy-Versuch).
[14] DIN 17021: Wärmebehandlung von Eisenwerkstoffen.
[15] DIN EN ISO 18265: Metallische Werkstoffe – Umwertung von Härtewerten.
[16] DIN EN 10328: Eisen und Stahl – Bestimmung der Einhärtungstiefe nach dem Randschichthärten.
[17] DIN 17021-1: Wärmebehandlung von Eisenwerkstoffen; Werkstoffauswahl, Stahlauswahl aufgrund der Härtbarkeit.
[18] DIN EN ISO 2639: Stahl – Bestimmung und Prüfung der Einsatzhärtungstiefe.
[19] Merkblatt 452 des Stahl-Informations-Zentrums, Düsseldorf: „Einsatzhärten", Ausgabe 2008.
[20] DIN 50190-3: Härtetiefe wärmebehandelter Teile; Ermittlung der Nitrierhärtetiefe.
[21] Merkblatt 447 des Stahl-Informations-Zentrums, Düsseldorf: „Wärmebehandlung von Stahl – Nitrieren und Nitrocarburieren", Ausgabe 2005.

Korrosion und Korrosionsschutz

Korrosionsvorgänge

Unter Korrosion versteht man die Schädigung eines Metalls infolge einer Reaktion mit Partnern aus der Umgebung. Korrosionsvorgänge beinhalten stets Phasengrenzreaktionen. Zu ihnen gehört beispielsweise auch das Zundern der Metalle, d.h. die Oxidation in heißen Gasen. Dabei gehen die Metallatome aus dem metallischen in den nichtmetallischen Zustand über – sie werden oxidiert. Dieser Vorgang entspricht – thermodynamisch betrachtet – einem Übergang vom geordneten, energiereicheren Zustand in den weniger geordneten, energieärmeren und somit stabileren Zustand. Der Vorgang läuft deshalb von selbst ab.

Hier soll jedoch ausschließlich die Korrosion an der Phasengrenze von Metall zu wässriger Phase (Elektrolyt) behandelt werden, die allgemein als elektrochemische Korrosion bezeichnet wird.

Korrosiver Angriff

Anodischer Teilprozess

Bei der elektrochemischen Korrosion laufen zwei prinzipiell verschiedene Reaktionen ab: im anodischen Teilprozess, dem unmittelbar erkennbaren Korrosionsvorgang, geht das Metall unter Zurücklassen einer äquivalenten Anzahl von Elektronen gemäß der Reaktionsgleichung

$$Me \rightarrow Me^{n+} + n\,e^-$$

Bild 1: Freie Korrosion an der Phasengrenze von Metall zu korrosivem Medium. Im aggressiven Medium (neutral oder alkalisch) wird am korrodierenden Metall Sauerstoff reduziert. Gleichzeitig werden Korrosionsprodukte gebildet.

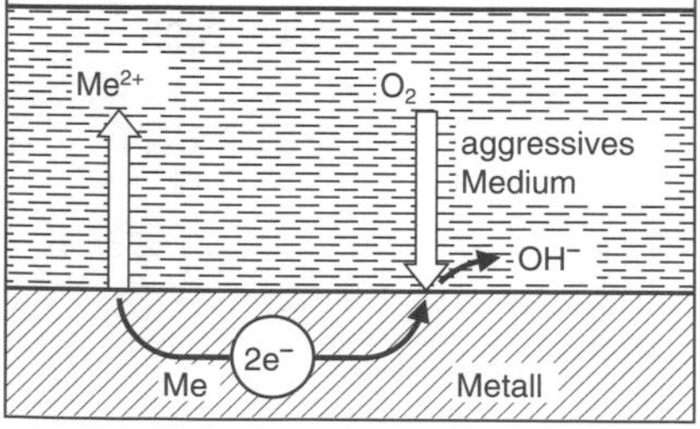

in den oxidierten Zustand über (Bild 1). Die gebildeten Metallionen können entweder in dem Elektrolyten gelöst werden oder aber sich nach Reaktionen mit Bestandteilen des angreifenden Mediums auf dem Metall als Korrosionsprodukte (z.B. Rost) niederschlagen [1].

Kathodische Gegenreaktionen

Dieser anodische Teilprozess kann nur so lange ablaufen, wie die gebildeten Elektronen in einem zweiten Prozess verbraucht werden. Bei diesem Prozess handelt es sich um eine kathodische Teilreaktion. In neutralen oder in alkalischen Medien wird dabei Sauerstoff gemäß

$$O_2 + 2\,H_2O + 4\,e^- \rightarrow 4\,OH^-$$

zu Hydroxylionen reduziert, die ihrerseits beispielsweise mit den Metallionen reagieren können. In sauren Medien werden die Wasserstoffionen unter Bildung von freiem Wasserstoff reduziert, der gasförmig entweicht:

$$2\,H^+ + 2\,e^- \rightarrow H_2\,.$$

Elektrochemische Spannungsreihe

Häufig werden die Metalle nach steigenden Werten des Normalpotentials als „elektrochemische Spannungsreihe" angeordnet (siehe auch Elektrochemie). Mit steigendem Wert des Normalpotentials werden die Metalle als „edler" bezeichnet, umgekehrt als „unedler".

Es muss betont werden, dass die Aufstellung rein thermodynamische Werte angibt. Einflüsse der Korrosionskinetik, etwa infolge der Ausbildung schützender Deckschichten, sind hier nicht berücksichtigt. Die meisten korrosionsbeständigen Konstruktionswerkstoffe bilden jedoch Deckschichten aus, die entscheidend für die Korrosionsbeständigkeit sind. So erscheinen hier beispielsweise die Werkstoffe Aluminium, Zink und Titan als sehr unedle Metalle, sie sind jedoch durch Deckschichtbildung sehr beständig. Von der Deckschichtbildung wird beim elektrochemischen Korrosionsschutz Gebrauch gemacht.

Phänomenologie der Korrosion

Flächenkorrosion
Flächenkorrosion ist eine Korrosionsart mit gleichmäßigem Abtrag von der gesamten Grenzfläche zwischen Werkstoff und angreifendem Medium. Es handelt sich um eine sehr häufig auftretende Korrosionsart, bei der sich aus dem Korrosionsstrom der Dickenabtrag pro Zeiteinheit berechnen lässt.

Lochkorrosion
Die Lochkorrosion ist ein punktförmiger Angriff des korrosiven Mediums auf den Werkstoff, sodass Löcher entstehen, die meist tiefer sind als ihr Durchmesser. Außerhalb der Lochstellen erfolgt praktisch kein Flächenabtrag. Lochkorrosion wird häufig durch Chloridionen (z.B. aus Kochsalz) verursacht.

Kontaktkorrosion
Stehen zwei verschiedenartige Metalle, die beide von demselben Medium benetzt sind, miteinander in elektrischem Kontakt, so wird der kathodische Teilprozess am edleren und der anodische Teilprozess am unedleren Metall ablaufen. Man spricht in diesem Fall von Kontaktkorrosion.

Spaltkorrosion
Spaltkorrosion ist ein bevorzugter korrosiver Angriff in engen Spalten, bedingt durch Konzentrationsunterschiede im korrosiven Medium, beispielsweise infolge langer Diffusionswege für den Sauerstoff. Zwischen Anfang und Ende des Spalts entstehen dann Potentialunterschiede, die eine erhöhte Korrosion an den weniger belüfteten Stellen verursachen.

Spannungsrisskorrosion
Hier handelt es sich um Korrosion bei gleichzeitiger Einwirkung von korrosivem Medium und mechanischer Zugspannung, die auch eine Eigenspannung im Werkstück sein kann. Die Risse bilden sich inter- oder transkristallin, wobei oft keine sichtbaren Korrosionsprodukte entstehen.

Schwingungsrisskorrosion
Schwingungsrisskorrosion ist Korrosion bei gleichzeitiger Einwirkung von korrosivem Medium und mechanischer Wechselbeanspruchung, etwa durch Schwingungen. Es kommt zu transkristallinen Rissen, häufig ohne sichtbare Verformungen.

Interkristalline und transkristalline Korrosion
Es handelt sich hier um Korrosionsarten, bei denen die Korrosion selektiv entlang den Korngrenzen oder annähernd parallel zur Verformungsrichtung durch das Innere der Körner verläuft.

Entzinkung
Aus dem Messing wird selektiv das Zink herausgelöst, wobei ein poröses Kupfergerüst zurückbleibt.

Korrosionsprüfungen

Elektrochemische Prüfverfahren

Das wesentliche Werkzeug für elektrochemische Korrosionsprüfungen ist der Potentiostat. Dabei lassen sich Metalle oder andere elektrisch leitende Werkstoffe in unterschiedlichen korrosiven Medien untersuchen. Der typische Aufbau mit drei Elektroden ist in Bild 2 dargestellt. Im Wesentlichen werden – neben den Korrosionspotentialen der korrodierenden Werkstoffe – vor allem die Korrosionsströme bestimmt. Aus diesen lässt sich bei gleichmäßiger Flächenkorrosion sowohl der Gewichts- als auch der Dickenabtrag pro Zeiteinheit berechnen.

Die elektrochemischen Prüfverfahren sind eine wertvolle Ergänzung der nicht elektrochemischen Methoden, weil dabei ein Verständnis für ablaufende Korrosionsmechanismen ermöglicht wird. Neben geringen erforderlichen Mengen an korrosivem Prüfmedium besitzen sie gegenüber nicht elektrochemischen Verfahren den Vorteil, dass sie quantitative Abtragsraten liefern.

Mithilfe des Potentiostaten wird das Potential des zu untersuchenden Werkstoffs verändert und der dabei fließende Strom gemessen. Durch Auswertung lassen sich Reaktionsmechanismen und vor allem Korrosionsstromdichten ermitteln.

Polarisationswiderstandsmessung

Im Falle freier Korrosion bestimmt man den Korrosionsstrom aus dem Polarisationswiderstand (Steigung der Summen-Stromdichte-Potentialkurve) und durch kleine anodische und kathodische Impulse, die abwechselnd auf das Metall gegeben werden.

Impedanzspektroskopie

Zur Aufklärung von Korrosionsmechanismen wird die elektrochemische Impedanzspektroskopie (EIS) angewandt. Dies ist eine Wechselstromtechnik, die den Wechselstromwiderstand (die Impedanz) eines elektrochemischen Messobjekts in Abhängigkeit von der Frequenz bestimmt. Dazu wird dem Potential der Arbeitselektrode eine sinusförmige Wechselspannung geringer Amplitude überlagert und die Stromantwort gemessen. Zur Interpretation der Messung wird das System durch ein Ersatzschaltbild näherungsweise beschrieben. Bild 3 zeigt als Beispiel ein Ersatzschaltbild für das System, bestehend aus Metall, Beschichtung und Medium.

Den Abläufen (z.B. Elektronendurchtritt) an der Phasengrenze werden Impedanzelemente (Widerstände, Kapazitäten, Induktivitäten) zugeordnet. In diesem einfachen Beispiel von Bild 3 wird die Beschichtung – ähnlich wie die Phasengrenze von Werkstoff zu korrosivem Me-

Bild 2: Schematischer Aufbau für die Messung der Stromdichte-Potentialkurven mit einem Potentiostaten.
1 Arbeitselektrode,
2 Bezugselektrode,
3 Gegenelektrode.

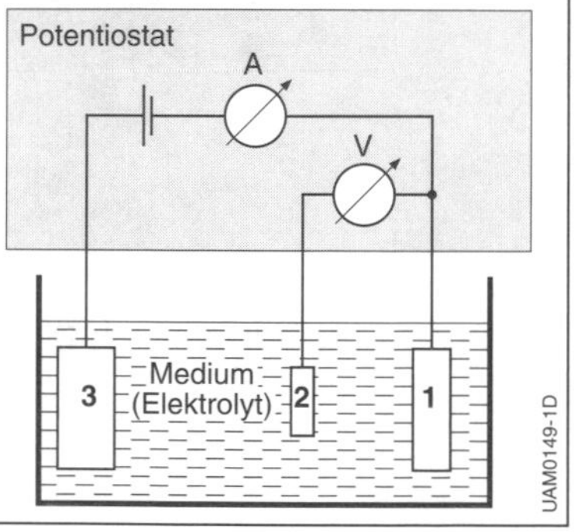

Bild 3: Auswertung von EIS-Daten (Elektrochemische Impedanzspektroskopie).
a) Anordnung,
b) Ersatzschaltbild.
1 Metall,
2 Beschichtung,
3 Phasengrenze Metall zu Medium,
4 korrosives Medium.

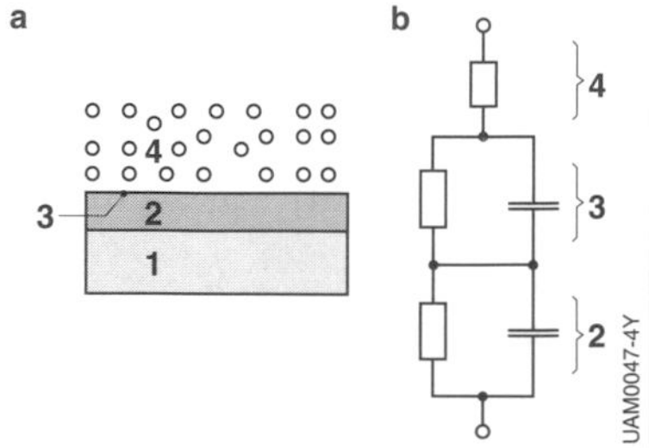

dium – als Kondensator und Widerstand beschrieben.

Aus den Ersatzschaltbildern und den Impedanzelementen können dann unmittelbare Rückschlüsse auf verschiedene Eigenschaften gezogen werden, z. B. Korrosionsschutzwirkung, Porosität, Schichtdicke, Wasseraufnahmefähigkeit der Beschichtung, Inhibitorenwirksamkeit, Korrosionsgeschwindigkeit des Basismetalls usw.

Kontaktkorrosionsstrommessung
Bei der Messung der Kontaktkorrosion befinden sich beide Metallpartner in demselben korrosiven Medium. Sie werden bei der Messung nicht direkt, sondern über den Potentiostaten verbunden. Dabei wird das Kontaktkorrosionspotential und der Kontaktkorrosionsstrom, der zwischen den beiden Metallen fließt, direkt gemessen und der Verlauf über die Messdauer dargestellt.

Nicht elektrochemische Korrosionsprüfverfahren
Der grundsätzliche Ablauf von nicht elektrochemischen Prüfverfahren ist, dass Prüflinge zunächst in einer korrosiven Umgebung ausgelagert werden (Auslagerungsversuche) und hinterher die Veränderung der Prüflinge beurteilt wird.

Einfache Standardprüfungen (z. B. Korrosionsbelastung durch die neutrale Salzsprühnebelprüfung) werden mit dem Ziel der Qualitätsüberprüfung oder Vergleich von Korrosionsschutzmaßnahmen und Werkstoffen durchgeführt. Der Schwerpunkt liegt dabei darauf, Prüfungen anzuwenden, die Schwachpunkte von Korrosionsschutzmaßnahmen aufdecken und unterschiedliche Qualitäten beschreiben können.

Nach durchgeführter Korrosionsbelastung können durch Vergleich mit Bildern gemäß DIN EN ISO 4628-3 [2] Rostgrade zugeordnet werden, die entsprechend der rostbedeckten oder durchgerosteten Fläche definiert sind (Tabelle 1).

Tabelle 1: Rostgrad und Rostfläche nach DIN EN ISO 4628-3.

Rostgrad	Rostfläche in Prozent
R_i0	0
R_i1	0,05
R_i2	0,5
R_i3	1
R_i4	8
R_i5	40...50

Zur Lebensdauerabschätzung haben sich Prüfverfahren durchgesetzt, die an die speziellen Anforderungen, beispielsweise im Kraftfahrzeug, angepasst sind. In der Regel sind dies Korrosionsbelastungen mit zyklisch wechselnder Belastung durch Salzsprühnebel, Trockenphase und Feuchtephase. Infolge verschärfter Bedingungen lassen die Prüfungen auf die Lebensdauer im praktischen Betrieb in verkürzter Zeit schließen (z. B. Prüfung nach Bosch-Norm N42AP 226 „Klimaprüfungen – Verschärfte Lebensdauer – Korrosionsprüfung“).

Für eine weitere Anpassung der Korrosionsbelastung an den praktischen Betrieb werden Erzeugnisse unter verschärften Bedingungen betrieben (z. B. Fahrzeugtests der verschiedenen Automobilhersteller).

Nach den Korrosionsbelastungen zur Lebensdauerprüfungen steht die Beurteilung der Funktion der Erzeugnisse im Vordergrund.

Korrosionsschutz

Die vielfältigen Erscheinungsformen und Mechanismen der Korrosion erlauben es, sehr unterschiedliche Methoden zum Schutz von Metallen gegen Korrosion einzusetzen. Korrosionsschutz bedeutet den Eingriff in den Korrosionsvorgang mit dem Ziel, die Geschwindigkeit der Korrosion zu vermindern, um die Nutzungsdauer der Bauteile zu verlängern.

Korrosionsschutz lässt sich mit Hilfe von vier Grundprinzipien erreichen:
- Maßnahmen bei Planung und Konstruktion durch die Auswahl geeigneter Werkstoffe und die geeignete Gestaltung von Bauteilen,
- Maßnahmen, die in die Korrosionsreaktion auf elektrochemischen Wege eingreifen,
- Maßnahmen zur Trennung des Metalls vom angreifenden Medium durch Überzüge oder Beschichtungen,
- Maßnahmen im angreifenden Medium, z.B. durch Zusatz von Inhibitoren.

Korrosionsschutz durch geeignete Bauteilgestaltung

Werkstoffauswahl

Die Auswahl geeigneter Werkstoffe, die unter den zu erwartenden Korrosionsbelastungen optimale Beständigkeit zeigen, kann ein wesentlicher Schritt zur Vermeidung von Korrosionsschäden sein. Oft kann ein teureres Material unter Berücksichtigung der andernfalls entstehenden Sanierungs- und Instandsetzungskosten im Endeffekt preisgünstiger sein.

Konstruktion

Konstruktive Maßnahmen spielen bei der Gestaltung von Bauteilen eine erhebliche Rolle. Die Gestaltung, vor allem die Auslegung von Verbindungen zwischen Werkstücken aus gleichem oder unterschiedlichem Material, erfordert große Fachkenntnis.

Ecken und Kanten von Profilen sind Ansatzpunkte der Korrosion, die schwer geschützt werden können. Durch eine günstige Einbaulage kann die Korrosion vermindert werden (Bild 4).

Auch Sicken und Falze enthalten die Gefahr der Ablagerung von Schmutz und Feuchtigkeit. Durch geneigte Flächen und Ablauföffnungen kann dieser Nachteil vermieden werden (Bild 5).

Bei Schweißverbindungen wird das Gefüge meist in nachteiliger Weise verändert. Um Spaltkorrosion zu vermeiden, müssen bei solchen Verbindungen glatte Flächen ohne Spalte entstehen (Bild 6).

Kontaktkorrosion kann durch Verbindung gleicher oder ähnlicher metallischer

Bild 4: Günstige und ungünstige Einbaulagen von Profilen.

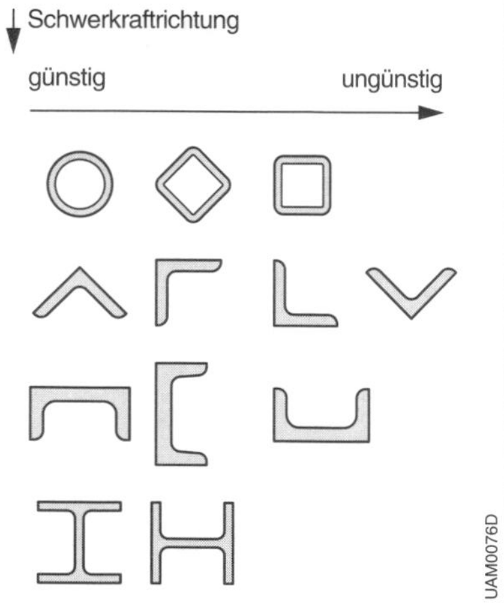

Bild 5: Gestaltung von Sicken und Falzen.
1 Geneigte Flächen (Verunreinigungen gleiten ab),
2 breiter Spalt mit Ablauföffnung,
3 Ablagerungen von Schmutz und Feuchtigkeit.

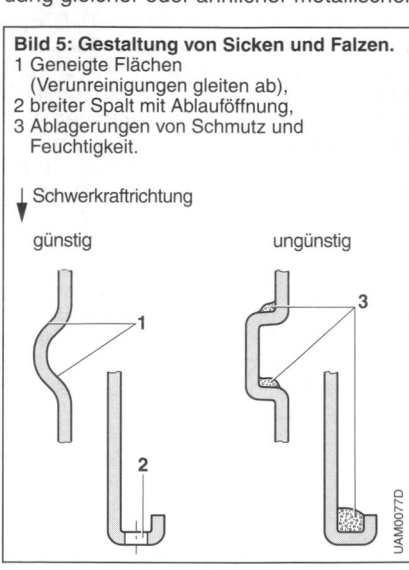

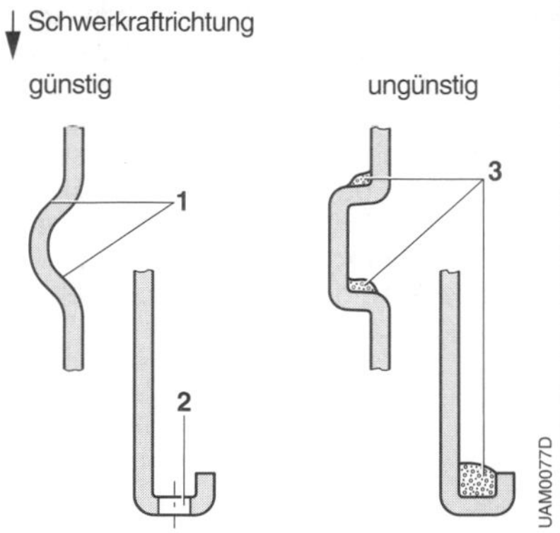

Partner, oder durch komplette elektrische Isolierung beider Metalle in Form von Unterlegscheiben, Muffen oder Hülsen vermieden werden (Bild 7).

Elektrochemische Verfahren

Die Wirkungsweise dieser Verfahren lässt sich an der schematischen Stromdichte-Potentialkurve eines passivierbaren Metalls (z.B. durch Oxidschicht auf nicht-rostendem Stahl) darstellen (Bild 8). Die auf der Ordinatenachse nach oben aufgetragenen Stromdichten entsprechen dabei anodischen Strömen, die gemäß

$$\mathrm{Me} \rightarrow \mathrm{Me}^{n+} + n\,e^{-}$$

einer Korrosionsreaktion entsprechen. Die nach unten aufgetragenen Stromdichten entsprechen dagegen kathodischen Strömen.

Wie aus dem Schema ersichtlich ist, tritt die Korrosion nur bei Potentialen $E_a \leq E \leq E_p$ und $E \geq E_d$ auf. Daher kann die Korrosion durch Anlegen einer äußeren Spannung unterdrückt werden. Dazu bieten sich prinzipiell zwei Möglichkeiten.

Kathodischer Schutz

Beim kathodischen Schutz wird das Potential so weit nach links verschoben, dass keine anodischen Ströme fließen, also $E < E_a$ wird. Außer durch Anlegen einer äußeren Spannung kann die Potentialverschiebung auch durch Kontaktierung eines unedlen Metalls erfolgen, das dadurch zur „Opferanode" wird.

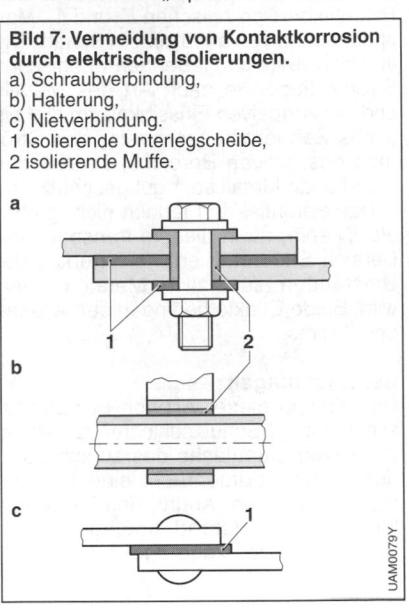

Bild 6: Konstruktiv bedingte Spalten an Schweißverbindungen und ihre Vermeidung.

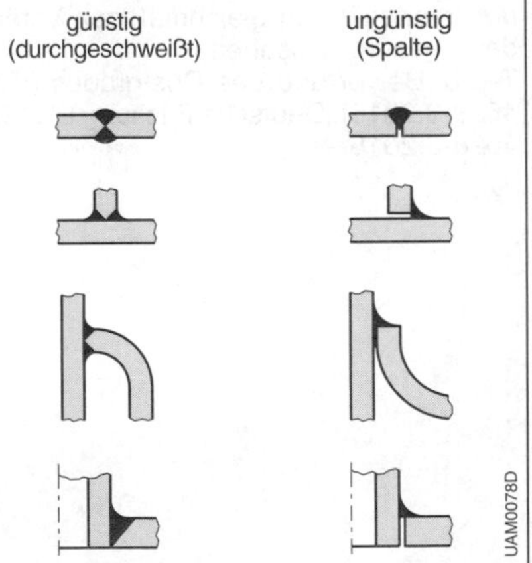

Bild 7: Vermeidung von Kontaktkorrosion durch elektrische Isolierungen.
a) Schraubverbindung,
b) Halterung,
c) Nietverbindung.
1 Isolierende Unterlegscheibe,
2 isolierende Muffe.

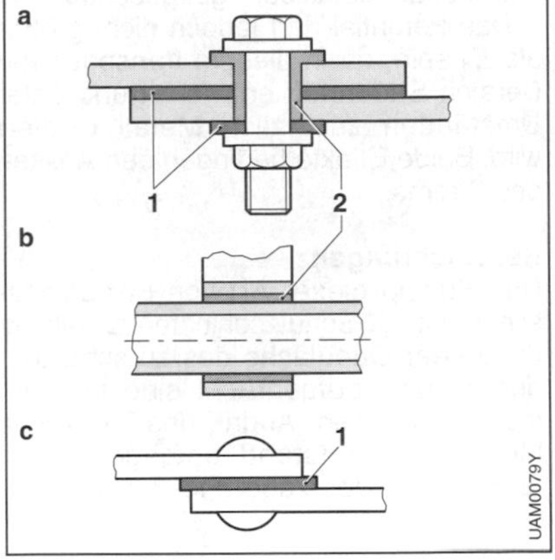

Bild 8: Schematischer Verlauf der Stromdichte in Abhängigkeit des Potentials für ein passivierbares Metall.
1 Kathodischer Schutz, tritt bei $E < E_a$ auf,
2 Korrosion ohne Schutz,
3 anodischer Schutz, tritt bei $E_p < E < E_d$ auf.
4 transpassiver Bereich.
E_a Freies Korrosionspotential des Metalls im aktiven Zustand,
E_p Passivierungspotential,
E_d Durchbruchspotential.

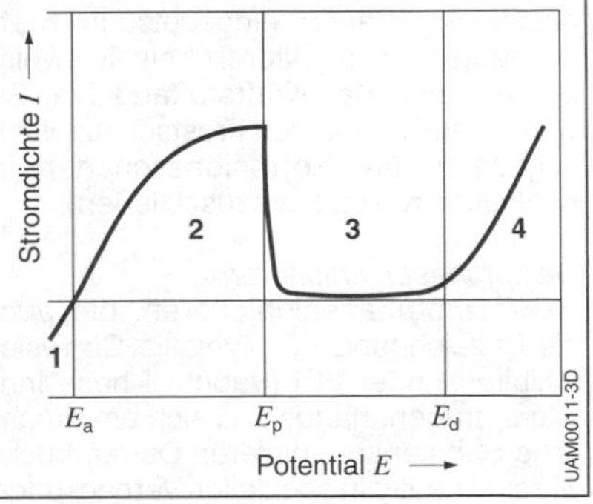

Anodischer Schutz
Das Potential der zu schützenden Elektrode kann aber auch durch Anlegen einer äußeren Spannung in den Passivbereich verschoben werden, also in den Potentialbereich zwischen E_p und E_d. Man spricht dann von anodischem Schutz. Die im Passivbereich fließenden anodischen Ströme liegen je nach Art des Metalls und der korrosiven Flüssigkeit um drei bis sechs Zehnerpotenzen unter den Strömen des aktiven Bereichs, sodass das betreffende Metall sehr gut geschützt ist.

Das Potential darf jedoch nicht größer als E_d sein, da in diesem transpassiven Bereich Sauerstoff entwickelt und unter Umständen zusätzlich Metall oxidiert wird. Beide Effekte bedingen den Anstieg des Stroms.

Beschichtungen
Das Prinzip dieser Art von Korrosionsschutz ist es, Schutzschichten zu bilden, die an der Oberfläche des zu schützenden Metalls aufgebracht sind und auf diese Weise dem Angriff des korrosiven Mediums Widerstand entgegensetzen (siehe auch Überzüge und Beschichtungen).

Inhibitoren
Inhibitoren sind Substanzen, die in geringen Konzentrationen (bis maximal einige 100 ppm) dem angreifenden Medium zugesetzt und an den Metallen adsorbiert werden. Sie setzen die Korrosionsraten drastisch herab, indem sie entweder den anodischen oder den kathodischen Teilprozess (häufig auch beide gleichzeitig) blockieren. Als Inhibitoren werden vor allem organische Amine sowie Amide organischer Säuren eingesetzt. Im Kraftfahrzeug sind Inhibitoren beispielsweise Bestandteile der Kraftstoffadditive. Sie werden außerdem den Frostschutzmitteln zugesetzt, um Korrosionsschäden im Kühlmittelkreislauf auszuschließen.

Dampfphaseninhibitoren
Bei Dampfphaseninhibitoren, die auch die Bezeichnung VCI (Volatile Corrosion Inhibitors) oder VPI (Vapour Phase Inhibitors) tragen, handelt es sich um organische Substanzen mittleren Dampfdrucks. Sie sind häufig in speziellen Verpackungsmaterialien eingebracht oder gelöst in wässrigen oder ölhaltigen Medien enthalten. Sie verdampfen oder sublimieren allmählich und werden in monomolekularer Belegung auf dem Metall adsorbiert, wo sie entweder den anodischen oder den kathodischen Teilschritt der Korrosion, oder auch beide inhibieren (d.h. verlangsamen oder unterbinden). Ein typischer Vertreter ist Dicyclohexylaminnitrit.

Voraussetzung für die Wirksamkeit dieser Inhibitoren sind eine möglichst große Oberfläche der Substanz und eine gute geschlossene Umhüllung.

Handelsübliche Dampfphaseninhibitoren enthalten in der Regel Mischungen mehrerer Komponenten, die gleichzeitig mehrere Metalle oder Legierungen schützen – ausgenommen Cadmium, Blei, Wolfram und Magnesium.

Dampfphaseninhibitoren gewähren nur einen temporären Schutz während der Lagerung und des Transports von metallischen Gütern. Sie müssen leicht aufzubringen und wieder zu entfernen sein. Ihr Nachteil liegt in den möglichen gesundheitlichen Nebenwirkungen.

Literatur
[1] DIN 50919:2016-02: Korrosion der Metalle – Korrosionsuntersuchungen der Bimetallkorrosion in Elektrolytlösungen.
[2] DIN EN ISO 4628-3:2016-07: Beschichtungsstoffe – Beurteilung von Beschichtungsschäden – Bewertung der Menge und der Größe von Schäden und der Intensität von gleichmäßigen Veränderungen im Aussehen.
Teil 3: Bewertung des Rostgrades (ISO 4628-3:2016); Deutsche Fassung EN ISO 4628-3:2016.

Überzüge und Beschichtungen

Überzüge und Beschichtungen werden eingesetzt, um die Eigenschaften der Oberflächen von Bauteilen den Erfordernissen anzupassen („Surface Engineering", Tabelle 1). So kann z.B. ein Bauteil aus einem zähen und kostengünstigen Werkstoff gefertigt werden und trotzdem eine harte und verschleißfeste Oberfläche besitzen. Hauptanwendungen für Überzüge und Beschichtungen sind

- der Korrosionsschutz (neben Funktionserhalt häufig auch aus dekorativen Gründen),
- der Verschleißschutz sowie
- die Verbindungstechnik (Steck-, Schweiß-, Löt-, Bond- und Crimpkontakte).

Bei Schichtsystemen unterscheidet man grundsätzlich zwischen

- Überzügen, bei denen eine Schicht aufgebracht wird,
- Konversionsschichten, bei denen die funktionelle Schicht durch chemische oder elektrochemische Umwandlung des Grundwerkstoffs erzeugt wird und
- Diffusionsschichten, bei denen durch Eindiffusion von Atomen oder Ionen in den Grundwerkstoff die Funktionsschicht erzeugt wird.

Überzüge

Galvanische Überzüge

Galvanische Überzüge werden unter Anwendung einer äußeren Stromquelle abgeschieden. Die zu beschichtenden Werkstücke werden dabei in einen Elektrolyten getaucht (Bild 1), der Ionen des abzuscheidenden Metalls enthält. Die bei der Abscheidung verbrauchten Metallionen werden entweder durch die Auflösung der Anode nachgeliefert oder dem Elektrolyten zugesetzt (bei Verwendung inerter Anoden). Der Verlauf und die Verteilung der Feldlinien beeinflussen die Schichtdickenverteilung. Eine gleichmäßige Schichtdicke kann durch eine optimierte Anordnung von Anoden und Blenden erzielt werden.

Galvanische Überzüge finden eine breite Anwendung im Korrosionsschutz, im Verschleißschutz und für elektrische Kontakte. Nachfolgend sind einige wichtige Überzüge beschrieben.

Zink und Zinklegierungen

Elektrolytisch abgeschiedene Zinküberzüge finden eine breite Anwendung als Korrosionsschutz für Bauteile aus Stahl. Sie stellen einen kathodisch wirksamen Korrosionsschutz (Opferwirkung) dar. Zur Erhöhung der Korrosionsschutzwirkung

Bild 1: Galvanische Überzüge.
a) Verlauf und Verteilung der elektrischen Feldlinien zwischen Anode und Kathode als Ursache für ungleichmäßige Schichtdickenverteilung.
b) Vergleich der Schichtdickenverteilung bei der Galvanisierung ohne Hilfsmittel, mit Hilfsanoden und mit Blenden (schematische Darstellung).
1 Anode, 2 Kathode, 3 Hilfsanode, 4 Blende.

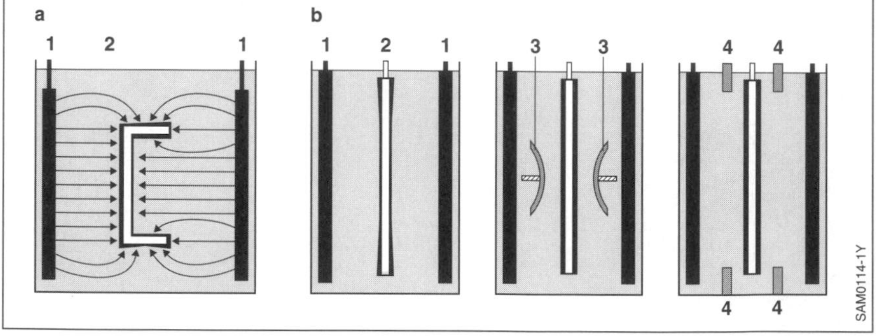

werden Zinküberzüge in einer Chrom(VI)-freien Lösung passiviert. Zinklegierungen wie Zink-Nickel mit ca. 15 % Nickel bieten einen deutlich erhöhten Korrosionsschutz.

Nickel

Galvanisch abgeschiedene Nickelüberzüge bieten einen begrenzten Korrosionsschutz bei ansprechender Optik. Eine Hauptanwendung in der Kfz-Technik ist die Vernickelung von Zündkerzengehäusen.

Chrom

Bei Chromüberzügen unterscheidet man zwischen Hartchrom und Glanzchrom. Glanzchrom wird als ca. 0,3 µm dünner Überzug mit einem Nickel- oder Kupfer-Nickel-Zwischenüberzug eingesetzt. Aus dekorativen Gründen wurden in der Vergangenheit z. B. Stoßstangen und Zierleisten mit Glanzchromüberzügen versehen. Inzwischen stellen dekorative Chromschichten ein wichtiges Element im Fahrzeugdesign dar.

Hartchromüberzüge sind Chromüberzüge mit einer Schichtdicke größer 2 µm. Aufgrund der hohen Härte der galvanisch abgeschiedenen Chromschicht eignet sie sich gut als Verschleißschutzschicht. Hartchromüberzüge wurden in der Vergangenheit oft in hohen Schichtdicken aufgebracht und dann mechanisch nachbearbeitet. Durch Weiterentwicklungen in der Prozesstechnik werden Bauteile heute vermehrt maßbeschichtet mit Schichtdicken im Bereich von 5...10 µm und dann ohne Nachbearbeitung eingesetzt (z.B. Komponenten für Einspritzventile).

Zinn

Galvanisch abgeschiedene Zinnüberzüge werden vorwiegend als Kontaktoberflächen bei Steck- und Schaltkontakten und als lötbare Oberflächen eingesetzt. Für Steckkontakte ist eine Schichtdicke von 2...3 µm optimal. Für Lötanwendungen werden größere Schichtdicken gefordert, um die Lötbarkeit auch nach längerer Lagerzeit sicherzustellen.

Gold

Für Kontakte mit hohen Anforderungen werden üblicherweise Goldüberzüge eingesetzt. Sie zeichnen sich durch gute Leitfähigkeit, niedrigen Kontaktwiderstand und gute Beständigkeit gegen Korrosion und Schadgase aus. Damit wird die Kontaktsicherheit gewährleistet. Hartgoldüberzüge (mit ca. 0,5 % Legierungsbestandteilen, überwiegend Kobalt) sind härter und abriebbeständiger als Reingoldüberzüge und für Kontakte mit mechanischer Belastung geeignet.

Tabelle 1: Anwendungsgebiete von Schichten.

Schichtsystem	Schichtwerkstoff	Haupteinsatzgebiet
Galvanische Überzüge	Zn, ZnNi, Ni Cr Sn, Ag, Au	Korrosionsschutz Verschleißschutz Dekorativ Elektrische Kontakte
Chemische Überzüge	NiP, NiP-Dispersionen Cu, Sn, Pd, Au	Verschleiß- und Korrosionsschutz Elektronikanwendungen
Schmelztauchüberzüge	Zn, Al Sn	Korrosionsschutz Elektrische Kontakte
Lacke (Nass- und Pulverlacke)	Organische Polymere Pigmente (Farbpartikel)	(Dekorativer) Korrosionsschutz Verschleißminderung Elektroisolation
PVD- und CVD-Schichten (Plasmatechnik)	TiN, TiCN, TiAlN DLC i-C(WC), a-C:H	Verschleißschutz von Werkzeugen Minderung von Reibung und Verschleiß von Bauteilen

Chemisch (außenstromlos) abgeschiedene Überzüge

Chemisch abgeschiedene Überzüge zeichnen sich gegenüber galvanischen Überzügen durch eine gleichmäßigere Schichtdickenverteilung auf dem Bauteil aus, da die Abscheidung in einem Beschichtungsbad nicht unter dem Einfluss eines äußeren elektrischen Felds erfolgt. Wegen der langsamen Abscheidegeschwindigkeit und der aufwändigen Chemie des Beschichtungsbads sind sie jedoch teurer als galvanische Schichten. Eine technische Bedeutung haben erlangt:

- „Chemisch Nickel" (Nickel Phosphor, NiP) als Korrosions- und Verschleißschutzüberzug, eingesetzt z.B. in Elektrokraftstoffpumpen oder in Hochdruckpumpen für die Benzin-Direkteinspritzung.
- „Chemisch Kupfer" und „Chemisch Zinn" in der Leiterplattentechnik.

Schmelztauchüberzüge

Schmelztauchüberzüge werden durch Tauchen der Substrate in eine Metallschmelze abgeschieden. Kathodisch wirksame Schmelztauchüberzüge dienen zum Korrosionsschutz niedriglegierter Stähle. Zum Einsatz kommen Zink, Zink-Aluminium-Legierungen und Aluminium. Breit im Einsatz und kostengünstig ist die Beschichtung von Blechen und Bändern als Vormaterial. Hier müssen dann allerdings freie Stanzkanten in Kauf genommen werden.

Im Schmelztauchverfahren abgeschiedene Zinn- und Zinnlegierungsüberzüge finden hauptsächlich Anwendung als Oberfläche bei Steckverbindern und als Lötoberfläche.

Bild 2: Schichtaufbau bei Lackschichten für Karosserien.
A Optik,
B Korrosionsschutz.
a Decklack transparent,
b Decklack farbig,
c Füller,
d Kathodische Tauchlackierung (KTL),
e Phosphatschicht,
f Galvanisch Zink,
g Stahlblech.

Lackaufbau (Schichten siehe Tabelle 2):
Uni: 1, 2, 3a, 3b, 4, 5.
Metallic: 1, 2, 3c, 3d, 4, 5.

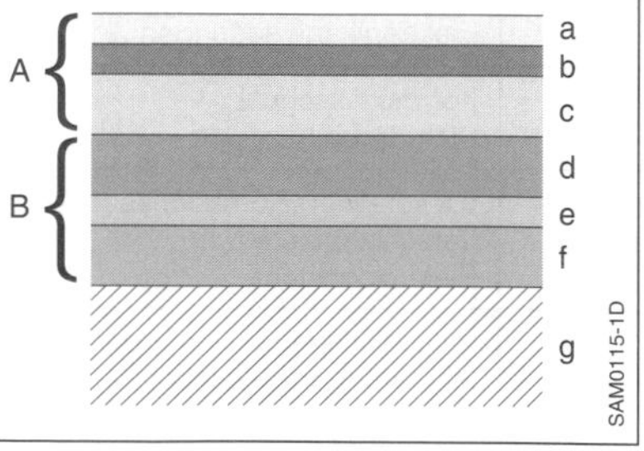

Zinklamellenüberzüge

Zinklamellenüberzüge sind Überzüge auf Basis von Zink- und Aluminiumlamellen in einem anorganischem Bindemittel. Sie werden durch Tauchschleudern oder elektrostatisches Spritzen aufgebracht und thermisch ausgehärtet. Zinklamellenüberzüge sind ein kostengünstiger Korrosionsschutz für Massenteile (z.B. Schrauben) aus Stahl.

Lacke

Lacke besitzen eine hohe Variationsbreite aufgrund ihrer breit gefächerten chemischen Grundlage und der Vielzahl von Auftragsverfahren wie Streichen, Spritzen und Tauchen, auch unter Verwendung von Strom (KTL: kathodische Tauchlackierung).

Lackschichten können auch eine Vielzahl verschiedener Funktionen erfüllen. Im Vordergrund stehen im Kfz Korrosionsschutz gekoppelt mit dekorativer Wirkung. Aber auch Verschleißschutz, Geräuschdämmung oder Elektroisolierung kommen vor.

Die sehr hohen Anforderungen bezüglich Korrosionsschutz und Optik über die Lebensdauer eines Kfz werden durch einen komplexen, aufwändigen Schichtaufbau garantiert (Bild 2 und Tabelle 2). Die Aggregate im Motorraum dagegen werden im Allgemeinen nur ein- bis zweischichtig lackiert. Die dekorativen Eigenschaften sind hier eher untergeordnet.

In der Kfz-Technik werden fast ausschließlich lösemittelarme Systeme, vor allem Wasserlacke, eingesetzt. Wo es möglich ist werden Pulverlacke und UV-härtende Lacke eingesetzt, die vollkommen lösemittelfrei sind.

Tabelle 2: Lackaufbau mit UNI- und Metallic-Lackierung.

Schicht	Schichtdicke in µm	Lackaufbau	Zusammensetzung Bindemittel	Lösemittel	Pigmente	Füllstoffe	Additive und FK	Applikation
1	20…25	Kathodische Tauchlackierung	Epoxidharze Polyurethan	Wasser, geringe Anteile wassermischbarer organischer Lösungsmittel	anorganisch (organisch)	anorganische Füllstoffe	oberflächenaktive Substanzen, Antikratermittel, FK 20 %	Elektrotauchen
2a	ca. 35…50	Füller	Polyester-, Melamin-, Harnstoff-, Epoxidharze	Aromaten, Alkohole	anorganisch und organisch	anorganische Feststoffe	z. B. Netzmittel, oberflächenaktive Substanzen FK 55…>70 %	PZ ESTA-HR
2b	ca. 35…50	Wasserfüller	wasserverdünnbare Polyester-, Polyurethan-, Melaminharze	Wasser, geringe Anteile wassermischbarer organischer Lösungsmittel			FK 43…50 %	PZ ESTA-HR
3a	40…50	UNI-Decklack	Alkyd-, Melaminharze	Ester, Aromaten, Alkohole		–	z. B. Verlaufs-, Netzmittel FK 50…60 %	PZ ESTA-HR
3b	10…35 (farbtonabhängig)	wasserverdünnbarer UNI-Basislack	wasserverdünnbare Polyester-, Polyurethan-, Polyacrylat-, Melaminharze	geringe Anteile wassermischbarer Kosolventen		–	Netzmittel FK 20…40 %	PZ ESTA-HR
3c	10…15	Metallic-, Basislack	CAB, Polyester-, Melaminharze	Ester, Aromaten	Alu-Plättchen, Mica-Plättchen	–	FK 15…30 %	PZ ESTA-HR
3d	10…15	wasserverdünnbarer Metallic-Basislack	wasserverdünnbare Polyester-, Polyurethan-, Polyacrylat-, Melaminharze	geringe Anteile wassermischbarer Kosolventen	Alu-Mica-Plättchen organische und anorganische Pigmente	–	Netzmittel FK 18…25 %	PZ ESTA-HR
4a	40…50	Klarlack konventionell	Acryl-, Melaminharz	Aromaten, Alkohole, Ester	–	–	z. B. Verlaufs-, Lichtschutzmittel, FK 45 %	PZ ESTA-HR
4b	40…50	2K-HS	HS-Acrylatharz-Polyisocyanate	Ester, Aromaten	–	–	z. B. Verlaufs-, Lichtschutzmittel, FK 58 %	
4c	40…50	Pulverslurry-Klarlack	Urethanmodifiziertes Epoxy/Carboxysystem	–	–	–	z. B. Lichtschutzmittel, FK 38 %	
4d	40…50	Pulver-Klarlack	Acrylatharz	–	–	–	100 %	ESTA PZ

Abkürzungen: ESTA-HR Elektrostatische Hochrotation; FK Festkörper; PZ Pneumatische Zerstäubung; 2K-HS 2-Komponenten-Highsolid (Festkörperreich)

PVD- und CVD-Beschichtungen

PVD- und CVD-Schichtsysteme werden im Vakuum in der Regel durch Plasma- oder thermische Unterstützung auf Bauteile und Werkzeuge abgeschieden (Bild 3). Hierbei unterscheidet man Verfahren, die das schichtbildende Material aus der festen (PVD, physical vapor deposition) oder aus der gasförmigen (CVD, chemical vapor deposition) Phase beziehen. Die meisten modernen Verfahren kombinieren beide Verfahrensklassen.

Hartstoffschichten

Werkzeuge werden zur Erhöhung der Lebensdauer und zur Steigerung der Leistungsfähigkeit mit Hartstoffschichten beschichtet. Typischer Vertreter der am Markt breit eingeführten Werkzeugbeschichtungen ist das goldfarbene Titannitrid (TiN), das z.B. durch Kathodenzerstäubung (Sputtern) oder Lichtbogenverdampfen (Arc-Verfahren) von Titan in einer Reaktion mit Stickstoffgas hergestellt werden kann. Neuere Schichtsysteme wie Titancarbonitrid (TiCN) oder Titanaluminiumnitrid (TiAlN) können für die Hochgeschwindigkeitszerspanung oder für die Trockenbearbeitung eingesetzt werden.

Superharte Materialien wie Diamant finden zurzeit zunehmende Anwendung bei der Beschichtung von Hartmetallwerkzeugen.

Bild 3: Schema einer plasmagestützten PVD/CVD-Beschichtung im Vakuumkessel.
1 Kathode mit Sputtertarget,
2 Gaseinlass,
3 intensiver Ionenbeschuss,
4 Substrat,
5 Substratspannung,

○ Argon,
● Metall/Kohlenstoff,
● Stickstoff/Wasserstoff.

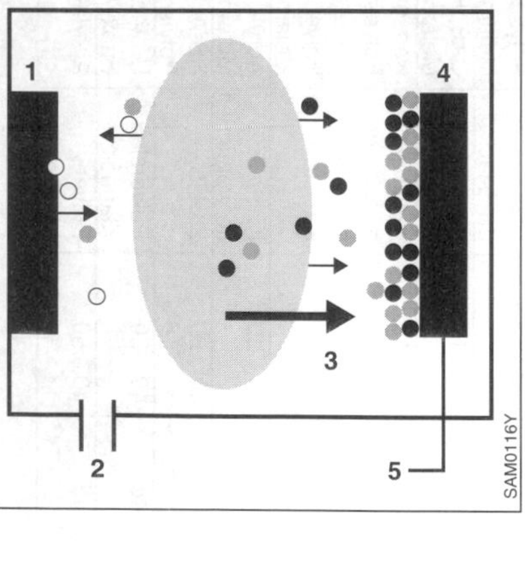

DLC-Schichten

Für den Verschleißschutz von Bauteilen gelten besondere Bedingungen. Hier soll die Beschichtung für die miteinander in Kontakt stehenden und relativ zueinander bewegten Bauteile einen niedrigen Reibkoeffizienten herstellen und den Verschleiß für die gesamte Anordnung minimieren. Diamantartige Kohlenstoffschichten (DLC, diamond like carbon) schützen nicht nur das beschichtete Bauteil vor Verschleiß, sondern auch den unbeschichteten Gegenkörper. Sie besitzen sowohl in einer trockenen Reibpaarung gegen Stahl wie auch unter Medien einen sehr niedrigen Reibkoeffizienten von 0,1...0,2. DLC-Schichten sind medienbeständig und besitzen eine korrosionshemmende Wirkung. Aufgrund dieser Vorteile haben in der Bauteilbeschichtung DLC-Schichten große Bedeutung. Allerdings ist zu beachten, dass für wasserstoffhaltige Schichten in oxidierender Atmosphäre ab 350 °C lokaler Temperatur eine Degradation der Schicht erfolgt. Hartstoffschichten wie TiN halten wesentlich höhere Temperaturen aus und werden ebenfalls in der Bauteilbeschichtung eingesetzt.

Unterschiedliche Schichtzusammensetzungen und Beschichtungsverfahren ermöglichen die Anpassung an unterschiedliche Verschleißbelastungen oder Kombinationen aus Abrasiv-, Schwingungs-, Gleit-, Fress- und Adhäsivverschleiß. Der Begriff DLC beschreibt daher keine Schicht, sondern eine Materialklasse, innerhalb derer eine Vielzahl von Schichtvarianten unterschiedlichster Eigenschaften und herstellerspezifischer Nomenklatur existieren.

Plasmagestützte PVD- und CVD-Verfahren werden so geführt, dass die Anlasstemperatur des Bauteils während der Beschichtung nicht überschritten wird, damit die Härte des Grundmaterials aus Stahl nicht beeinträchtigt wird.

Reibarme, metallcarbidhaltige Kohlenstoffschichten i-C(WC) sind elektrisch leitend und haben eine Mikrohärte von ca. 1 800 HV bei einem Elastizitätsmodul von 150...200 GPa.

Metallfreie Kohlenstoffschichten a-C:H bieten demgegenüber eine gesteigerte Härte von ca. 3 500 HV und eine deutlich verbesserte Verschleißbeständigkeit, allerdings auch eine Zunahme der Sprödigkeit. Sie sind elektrisch isolierend.

Die höchste Schichthärte und Verschleißbeständigeit bei DLC-Schichten wird derzeit mit metall- und wasserstofffreiem ta-C (tetrahedral amorphous carbon) erreicht. Bei allen DLC-Schichten ist aufgrund ihrer hohen Druckeigenspannung auf eine stabile Anbindung an das Substrat zu achten, die meist durch ein metallisches Haftschichtsystem erreicht wird.

Diamantartige Kohlenstoffschichten bieten mit Schichtdicken von 2...4 µm einen sehr guten Verschleißschutz und eignen sich besonders für mechanisch hochbelastete Präzisionsbauteile. Eine Nachbearbeitung nach der Beschichtung ist nicht nötig.

Thermische Spritzschichten

Beim thermischen Spritzen werden Metalle oder Legierungen thermisch oder in einer Plasmaflamme aufgeschmolzen und auf die zu beschichtende Oberfläche gespritzt. Es gibt eine Vielzahl von Modifikationen des Verfahrens, bei denen neben metallischen Schichten auch keramische Oberflächen erzeugt werden können. Durch die Wahl des Verfahrens können dichte geschlossene Schichten beispielsweise für den Verschleiß- oder Korrosionsschutz oder poröse durchlässige Schichtsysteme dargestellt werden.

Beschichtungen

Diffusionsschichten

Die Oberflächenbehandlung kann gezielt mit einer Oberflächenhärtung verbunden werden, indem mit dem Diffusionsverfahren thermochemisch aufgekohlt, karbonitriert, boriert, chromiert oder vanadiert wird (siehe Wärmebehandlung metallischer Werkstoffe, thermochemische Behandlungen). Ohne Härten kann auch oxidiert, nitriert oder sulfidiert werden.

Konversionsschichten

Konversionsschichten sind Schichten, die nicht ausschließlich durch Auftrag eines Materials, sondern durch teilweise chemische oder elektrochemische Umwandlung des Grundwerkstoffs gebildet werden.

Brünierschichten

Brünierschichten bestehen aus dünnen Eisenoxidschichten (vorwiegend Fe_3O_4), die durch Oxidation des Eisens im Stahl in einer alkalischen, nitrithaltigen wässrigen Lösung bei Temperaturen größer 100 °C gebildet werden. Mit anschließender Beölung bieten sie einen temporären Korrosionsschutz für niedrig legierte Stähle.

Phosphatierschichten

Phophatierschichten werden auf Stahl, verzinktem Stahl und Aluminium in phosphorsäurehaltigen Lösungen durch Tauchen oder Spritzen gebildet. Zinkphosphatschichten werden vorwiegend als Haftgrund für Lackierungen oder in Verbindung mit Korrosionsschutzöl als temporärer Korrosionsschutz eingesetzt, Manganphosphatschichten dienen als Verschleißschutzschichten mit Notlaufeigenschaften sowie als Haftgrund für andere, die Gleiteigenschaften verbessernde Beschichtungen.

Anodisierschichten

Anodisierschichten entstehen durch elektrochemische Umwandlung des Metalls in wässrigen Elektrolyten in Metalloxid. Anodisierbar sind Aluminium, Magnesium und Titan. Anodisierschichten auf Aluminiumwerkstoffen werden breit eingesetzt zum Korrosions- und Verschleißschutz.

Toleranzen

Gestaltabweichungen

Kein Bauteil kann mit einer absoluten Genauigkeit, d.h. mit einer idealen Geometrie, hergestellt werden. Verantwortlich dafür ist eine ganze Reihe von Ursachen, z.B. Verformungen infolge von Bearbeitungskräften, das Spiel in Führungen der Bearbeitungsmaschinen, Verschleiß von Werkzeugen, Schwingungen und vieles mehr. Die Folge davon ist, dass jedes Bauteil Maß-, Geometrie- und Oberflächenabweichungen aufweist. Für die Gewährleistung der Funktion ist es erforderlich, dass alle zulässigen Abweichungen in der Zeichnung angegeben werden.

Maßabweichungen
Jedes Maß kann nur innerhalb von einem oberen und unteren Grenzmaß hergestellt werden. Die Differenz zwischen diesen beiden Grenzen wird als Maßtoleranz bezeichnet.

Geometrieabweichungen
Auch Geometrien weisen Abweichungen von der idealen Geometrie auf. Sie werden in Form- und Lageabweichungen unterschieden.

Oberflächenabweichungen
Die Oberfläche eines Werkstücks kann ebenfalls nicht ideal glatt hergestellt werden. Die Beschreibung der Oberflächenbeschaffenheit kann mit Hilfe des Primär-, Welligkeits- und Rauheitsprofils angegeben werden.

Geometrische Produktspezifikation

Unter Geometrischer Produktspezifikation (GPS) sind alle Angaben in einem CAD-Modell oder einer Zeichnung zu verstehen, die für die Herstellung und Prüfung (Verifikation) eines Produkts erforderlich sind. Die Produktspezifikation ist so vorzunehmen, dass das herzustellende Bauteil seine Funktion ohne Einschränkungen erfüllt.

Ziel der Geometrischen Produktspezifikation ist die eindeutige und vollständige Beschreibung des Produkts nach einheitlichen Regeln. Diese Regeln sind in Form von GPS-Normen festgelegt. Außerdem muss aus einer Zeichnung die Konstruktionsabsicht, d.h., was für die Funktion wichtig ist, ersichtlich sein.

In ISO 8015 [1] sind wichtige Standards festgelegt, die für die korrekte Interpretation der Toleranzen wichtig sind. Dazu gehört u.a. der standardmäßige Tolerierungsgrundsatz.

Tolerierungsgrundsätze
Mit dem Tolerierungsgrundsatz wird der Zusammenhang zwischen den Maß- und Geometrietoleranzen festgelegt. Nach GPS gibt es dafür zwei Möglichkeiten.

1. Das Hüllprinzip
Bis 1985 wurde auf Zeichnungen kein Tolerierungsgrundsatz angegeben, sondern nach dem Taylor'schen Grundsatz interpretiert. Das entspricht der Hüll-

Bild 1: Hüllbedingung.
1 Hülle mit Maximum-Materialmaß.

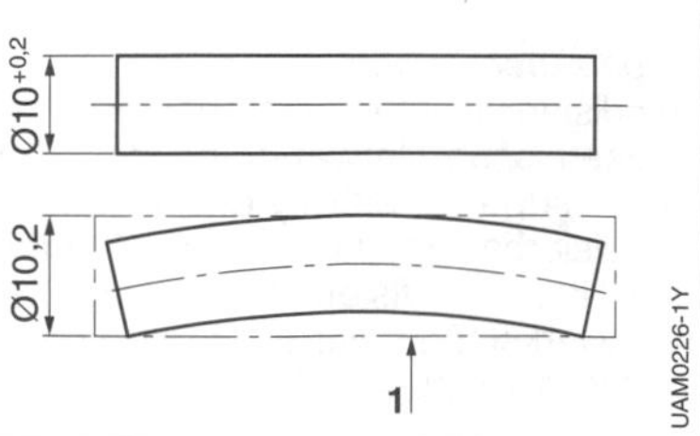

Bild 2: Unabhängigkeitsprinzip.
1 Hülle mit Maximum-Material-Virtualmaß.

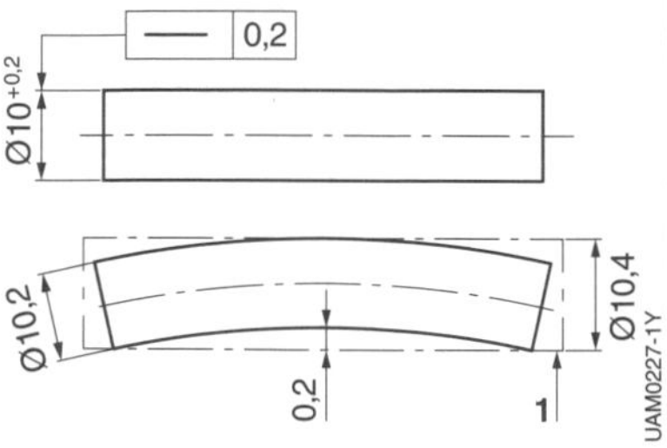

bedingung, bei der das Maximum-Materialmaß eine ideale Hülle bildet (Bild 1). Innerhalb dieser Hülle müssen alle Maß-, Form- und Parallelitätsabweichungen liegen. Diese Bedingung kann angewendet werden für Zylinder und parallele, sich gegenüberliegende Flächen. Die Hüllbedingung wurde 1987 in der DIN 7167 [2] beschrieben und legte dieses Prinzip als Standard fest, wenn nichts anderes in der Zeichnung angegeben wurde.

2. Das Unabhängigkeitsprinzip
Die ISO 8015 definierte 1985 zum ersten Mal das Unabhängigkeitsprinzip. Danach sind Maß- und Geometrietoleranzen unabhängig voneinander. Durch Addition beider Toleranzen ergibt sich eine Hülle mit Maximum-Material-Virtualmaß (Bild 2). Für Zeichnungen, für die das Unabhängigkeitsprinzip gelten sollte, war der Eintrag „Tolerierung nach ISO 8015“ unbedingt erforderlich. Dieses Prinzip ist seit 2012 (nachdem die DIN 7167 zurückgezogen wurde) GPS-Standard und auch ohne einen entsprechenden Eintrag in der Zeichnung gültig. Soll für ein einzelnes Maßelement die Hüllbedingung gelten, so ist hinter dem Maß ein Ⓔ einzutragen. Das Unabhängigkeitsprinzip kann mit dem Zeichnungseintrag „Maße nach ISO 14405 Ⓔ“ außer Kraft gesetzt werden. In diesem Falle gilt für die gesamte Zeichnung die Hüllbedingung.

Bild 3: Maße nach ISO 14405.
a) Zweipunktmaß LP,
b) größtes einbeschriebene Maß GX.
c) kleinstes umschriebenes Maß GN,
d) gemitteltes Maß (nach Gauß) GG.

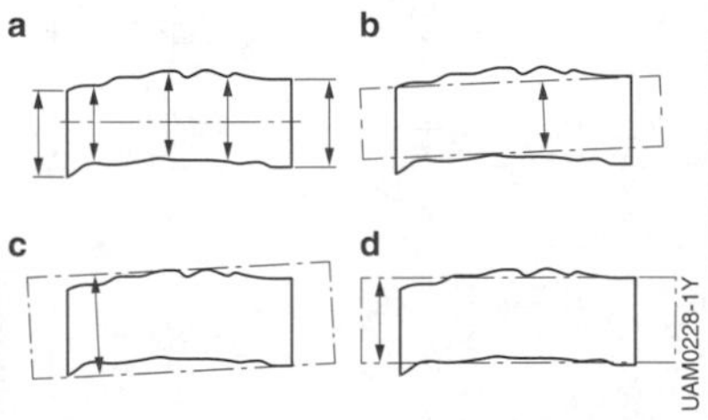

Maßtoleranzen
Maßdefinition
Obwohl Maße so alt sind wie das technische Zeitalter, wurden Maßmerkmale erstmals 2010 in der ISO 14405 [3] definiert. Danach kann einem Maßelement, z.B. einem Zylinder, unterschiedliche Maßmerkmale zugewiesen werden, indem das entsprechende Modifikationssymbol hinter dem Maß angegeben wird. In Bild 3 sind vier unterschiedliche Maßmerkmale und die dazugehörigen Modifikationssymbole angegeben. Das Zweipunktmaß muss nicht angegeben werden, da ohne Zeichnungsangabe alle Maße danach gemessen werden müssen (GPS-Standard).

ISO-Toleranzsystem
Für die Paarung von zwei Maßelementen wurde in ISO 286 [4] ein spezielles Toleranzsystem festgelegt. Es ist gültig für Zylinder (Rundpassungen) und zwei parallele, sich gegenüberliegende Flächen (Flachpassungen). Ein spezielles Beispiel dafür ist im Kapitel „Wälzlager“ für Lagersitze angegeben (siehe Wälzlager).

Die Toleranzklasse wird durch eine Kombination aus Buchstaben und Kennziffern gekennzeichnet. Großbuchstaben werden für Bohrungen, Kleinbuchstaben für Wellen verwendet. Damit wird das Grundabmaß festgelegt, das die Lage des Toleranzintervalls relativ zur Nulllinie angibt (Bild 4). Die Kennziffer (01 bis 18) legt den Grundtoleranzgrad (Größe der Toleranz) fest. Sowohl das Grundabmaß als auch der Toleranzgrad sind in ISO 286 in Tabellen angegeben.

Als Passungen sind alle Kombinationen von A bis z und von a bis Z sowie alle Kennziffern von 01 bis 18 möglich (z.B. $30^{H7}/30_{e6}$). Damit können Spiel-, Übergangs- und Übermaßpassungen definiert werden. Um die Vielzahl der möglichen Passungen einzugrenzen, werden nur Bohrungen mit dem Grundabmaß Null (Kennziffer H) mit unterschiedlichen Wellentoleranzen gepaart. Dadurch erhält man das Passungssystem „Einheitsbohrung“ (Bild 5). Es wird immer dann angewendet, wenn für die Fertigung von Bohrungen teure Werkzeuge (z.B. Reibahle) eingesetzt werden. Die ISO 286 definiert auch ein Passungssystem

„Einheitswelle“. Dabei werden nur Wellen mit dem Grundabmaß Null (Kennziffer h) verwendet. Mit diesen Kombinationen können Spiel-, Übergangs- und Übermaßpassungen realisiert werden.

Geometrietoleranzen
Da ein Zweipunktmaß keine Geometrieeigenschaften definieren kann, benötigt es zusätzlich eine Angabe bezüglich der zulässigen Form- oder Lageabweichungen.

Eine Formtoleranz legt nur fest, wie weit die reale Form von der idealen Form abweichen darf und benötigt daher keinen Bezug. Eine Fläche muss z. B. innerhalb einer vorgegebenen Toleranz eben sein, unabhängig von der Lage dieser Fläche.

Lagetoleranzen begrenzen die zulässigen Abweichungen eines Elements von der idealen Lage zu einem oder mehreren Elementen, den sogenannten Bezugselementen. Für die Definition einer Lage im Raum ist immer eine Referenz (Bezug) notwendig. Da Bezüge von realen Elementen abgeleitet werden, sollten sie möglichst genau sein und benötigen daher immer eine Formtoleranz.

In ISO 1101 [5] sind sechs Form- und elf Lagetoleranzen definiert (Tabelle 1). Die Spezifikation für eine Parallelität ist in Bild 6 dargestellt.

Allgemeintoleranzen
Allgemeintoleranzen werden verwendet, damit Zeichnungen einfacher werden. Für alle Maße und Geometrieelemente, die nicht unmittelbar für die Funktion oder Austauschbarkeit von Bedeutung sind, genügt eine werkstattübliche Genauigkeit. Sie kann ohne besonderen Aufwand eingehalten werden und ist gültig für alle Maße und Geometrien, die nicht individuell toleriert sind. Die Allgemeintoleranzen sind von den unterschiedlichen Fertigungsverfahren abhängig, z. B. die spanende Bearbeitung (ISO 2768, [6], [7]), Gussteile aus Metall (ISO 8062-3, [8]) oder Gussteile aus Kunststoff (DIN 16742, [9]).

Die ISO 2768 ist die am häufigsten verwendete Allgemeintoleranz und deshalb

Bild 5: Einheitsbohrung.

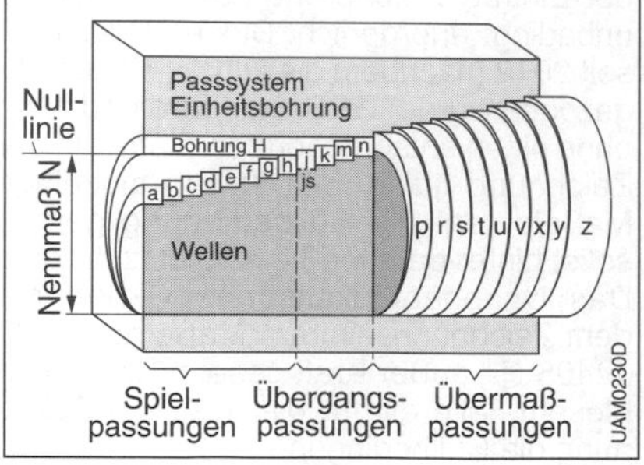

Bild 4: Lage der Toleranzintervalle.
EI Unteres Grenzmaß für Innenmaße, *ES* Oberes Grenzmaß für Innenmaße,
ei Unteres Grenzmaß für Außenmaße, *es* Oberes Grenzmaß für Außenmaße.

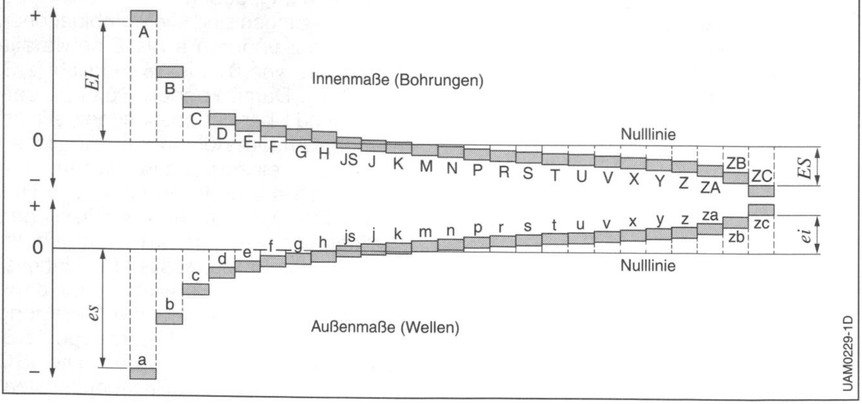

auf vielen Zeichnungen angegeben. Die Angabe erfolgt entweder im oder in der Nähe des Schriftfelds. Für Maßtoleranzen gibt es vier Toleranzklassen (f, m, c, v), während für Geometrietoleranzen nur drei Toleranzklassen (H, K, L) zur Verfügung stehen. Für die Toleranzklasse „mittel“ (m) ist folgender Eintrag erforderlich: ISO 2768–mH.

Oberflächenkenngrößen
Die Oberflächenbeschaffenheit kann die Funktion eines Produkts sehr stark beeinflussen. So sollten die Oberflächen von Führungen und Lagern möglichst glatt sein, um Verschleiß und Reibverluste gering zu halten. Für Reibschlussverbindungen (z.B. Presssitze) sind glatte Oberflächen jedoch von Nachteil, weil dadurch der Reibkoeffizient und somit auch die übertragbare Kraft klein werden.

Oberflächenmessgeräte erfassen das Profil der realen Oberfläche und werten sie entsprechend der Zeichnungsangaben aus. Nach ISO 4287 [10] und ISO 1302 [11] können folgende Oberflächenkenngrößen angegeben und ausgewertet werden:
- Primärprofil, ungefiltert (Kenngröße P),
- Welligkeitsprofil, ohne Rauheitsprofil (Kenngröße (W),
- Rauheitsprofil, ohne Welligkeitsprofil (Kenngröße R).

In der Praxis werden hauptsächlich Rauheitsprofile verwendet. Die am meisten auf Zeichnungen angegebenen Kenngrößen sind Rz und Ra (Bild 7).

Mittlere Rautiefe Rz
Die mittlere Rautiefe Rz ist der Mittelwert von fünf Rz-Werten aus fünf aneinandergrenzenden Einzelmessstrecken l_r.

$$Rz = \frac{1}{5}\sum_{i=1}^{i=5} Rz_i \,.$$

Der größte Rz-Wert aus den fünf Einzelmessstrecken wird als $Rz1\text{max}$ bezeichnet. Rt ist der Abstand zwischen der höchsten Spitze und dem tiefsten Tal des Profils der gesamten Messstrecke l_n. Diese beiden Kenngrößen können ebenfalls zur Beschreibung der Oberfläche angegeben werden.

Arithmetischer Mittenrauwert Ra
Der Mittenrauwert Ra ist das arithmetische Mittel der absoluten Beträge der Abweichungen von der Oberflächenmittellinie über die Messstrecke l_n.

$$Ra = \frac{1}{l_n}\int_0^{l_n} |Z(x)|\, dx.$$

Ra war bis in die 1990er-Jahre der Standardkennwert für die Oberflächenbeschaffenheit. Da Ra jedoch unempfind-

Bild 6: Spezifikation einer Parallelität.

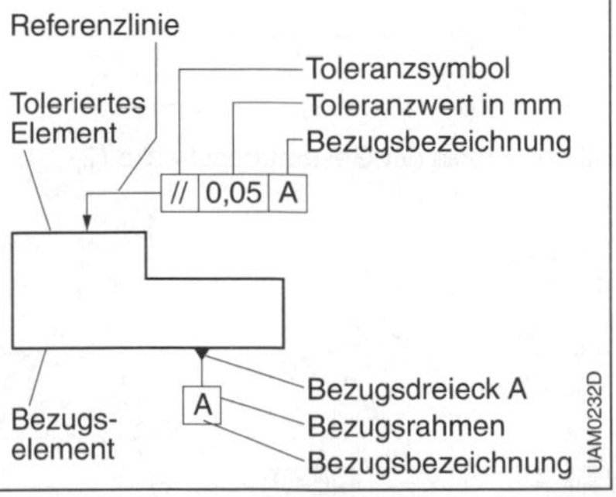

Tabelle 1: Symbole für Form- und Lagetoleranzen nach ISO 1101.

Formtoleranzen ohne Bezug		Lagetoleranzen mit Bezug: Richtung		Ort		Lauf	
—	Geradheit	//	Parallelität	⌖	Position	↗	Lauf
⏥	Ebenheit	⊥	Rechtwinkligkeit	◎	Konzentrität	⌰	Gesamtlauf
○	Rundheit	∠	Neigung	◎	Koaxialität		
⌭	Zylindrizität			⌯	Symmetrie		
⌒	Linienform			⌒	Lage einer Linie		
⌒	Flächenform			⌓	Lage einer Fläche		

UAM0231Y

lich gegenüber Spitzen und Riefen reagiert, ist seine Aussagekraft sehr gering. Das heißt, *Ra* filtert sehr stark, sodass z.B. ein einzelner Kratzer nicht bewertet wird. Das ist der Grund, warum *Ra* immer weniger angewendet wird und *Rz* dafür immer mehr zum Einsatz kommt.

Literatur

[1] DIN EN ISO 8015: Geometrische Produktspezifikation (GPS) – Grundlagen – Konzepte, Prinzipien und Regeln (ISO 8015:2011); Deutsche Fassung EN ISO 8015:2011.
[2] DIN 7167: Zusammenhang zwischen Maß-, Form- und Parallelitätstoleranzen; Hüllbedingung ohne Zeichnungseintragung.
[3] ISO 14405: Geometrische Produktspezifikation (GPS) – Dimensionelle Tolerierung.
Teil 1: Lineare Größenmaße.
Teil 2: Andere als lineare Maße.
Teil 3: Winkelgrößenmaße.
[4] ISO 286: Geometrische Produktspezifikation (GPS) – ISO-Toleranzsystem für Längenmaße.
[5] ISO 1101: Geometrische Produktspezifikation (GPS) – Geometrische Tolerierung – Tolerierung von Form, Richtung, Ort und Lauf.
[6] DIN ISO 2768-1: Allgemeintoleranzen; Toleranzen für Längen- und Winkelmaße ohne einzelne Toleranzeintragung.
[7] DIN ISO 2768-2: Allgemeintoleranzen; Toleranzen für Form und Lage ohne einzelne Toleranzeintragung.
[8] ISO 8062: Geometrische Produktspezifikationen (GPS) – Maß-, Form- und Lagetoleranzen für Formteile.
Teil 1: Begriffe.
Teil 3: Allgemeine Maß-, Form- und Lagetoleranzen und Bearbeitungszugaben für Gussstücke.
[9] DIN 16742: Kunststoff-Formteile – Toleranzen und Abnahmebedingungen.
[10] ISO 4287: Geometrische Produktspezifikation (GPS) – Oberflächenbeschaffenheit: Tastschnittverfahren – Benennungen, Definitionen und Kenngrößen der Oberflächenbeschaffenheit.
[11] ISO 1302: Geometrische Produktspezifikation (GPS) – Angabe der Oberflächenbeschaffenheit in der technischen Produktdokumentation.

Bild 7: Oberflächenkenngrößen.
a) Arithmetischer Mittenrauwert Ra,
b) mittlere Rautiefe Rz.
Rt Abstand zwischen höchster Spitze und tiefstem Tal des Profils der Gesamtmesstrecke l_n,
l_r Einzelmessstrecke, l_n Gesamtmessstrecke,
$Rz_1 \dots Rz_5$ mittlere Rautiefe der Einzelmessstrecken,
$Rz1max$ größter Rz-Wert aus den fünf Einzelmessstrecken,
Z absoluter Betrag der Abweichungen von der Oberflächenmittellinie.

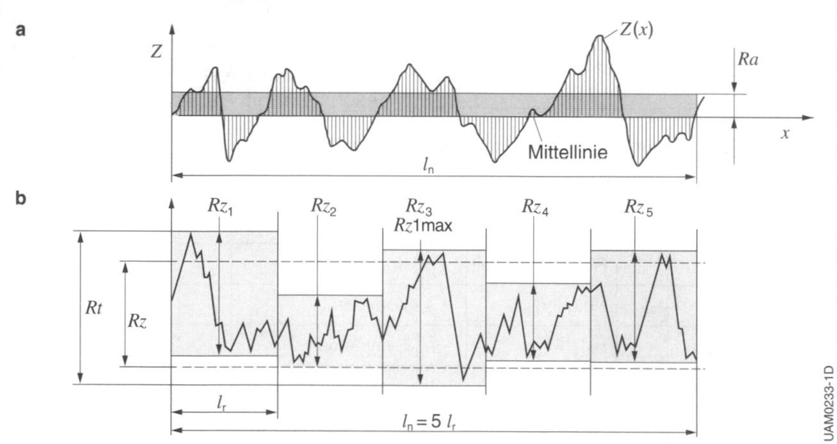

Achsen und Wellen

Funktion und Anwendung

Achsen und Wellen haben die Aufgabe, Kräfte und Momente aufzunehmen und an das Gehäuse weiterzuleiten. Sie unterscheiden sich aber hinsichtlich Ihrer Funktion. So überträgt eine Achse nie, eine Welle aber immer ein Drehmoment. Während eine Achse stillstehen oder umlaufen kann, ist eine Welle immer drehbeweglich. Obwohl die meisten Wellen umlaufen (z.B. Kurbelwelle), können sie aber auch nur kleinere Winkelbewegungen ausführen (z.B. in Schwenkantrieben).

Achsen

Achsen dienen ausschließlich zur Aufnahme von Rädern, Rollen, Trommeln usw. Auf stillstehenden Achsen sitzen drehende Maschinenteile. Eine umlaufende Achse dreht sich in Lagern um sich selbst, während z.B. ein Rad fest auf ihr angeordnet ist. Bild 1a zeigt eine im Fahrzeugbau übliche feststehende Achse, während in Bild 1b eine umlaufende Achse für einen Eisenbahnwaggon dargestellt ist. Die Aufgabe von Achsen beschränkt sich somit auf das Tragen und Stützen. In der Praxis wird diese Definition sprachlich jedoch nicht immer konsequent umgesetzt, wie das Beispiel für Achsantrieb zeigt (siehe Achsantrieb).

Wellen

Wellen müssen nicht nur Elemente aufnehmen und Kräfte abstützen, sondern auch Leistung übertragen. Die Leistung P ergibt sich mit dem Drehmoment M_t und der Kreisfrequenz ω beziehungsweise Drehzahl n zu

$$P = M_t\,\omega = M_t \cdot 2\pi\, n.$$

Zur Ein- und Ausleitung dienen Maschinenelemente wie Zahnräder, Riemenscheiben, Kupplungsnaben u.v.m. Wellen sind in jedem drehenden Antriebssystem zu finden, z.B. die Kurbelwelle im Motor (siehe Kurbelwelle) oder eine Welle im Getriebe (Bild 2).

Dimensionierung

Bei Achsen und Wellen können drei Versagensursachen beobachtet werden, nach denen sie dann auch ausgelegt werden müssen:
- Überschreitung der Tragfähigkeit,
- Unzulässige Verformung,
- Betrieb im Resonanzbereich (dynamisches Verhalten).

Tragfähigkeit

Achsen und Wellen versagen, wenn die vorhandenen Spannungen größer sind als die ertragbaren Spannungen. Neben

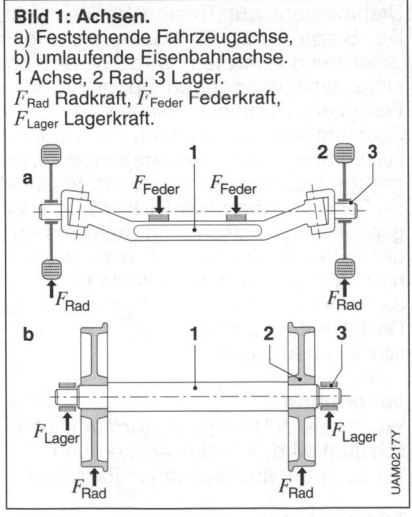

Bild 1: Achsen.
a) Feststehende Fahrzeugachse,
b) umlaufende Eisenbahnachse.
1 Achse, 2 Rad, 3 Lager.
F_{Rad} Radkraft, F_{Feder} Federkraft,
F_{Lager} Lagerkraft.

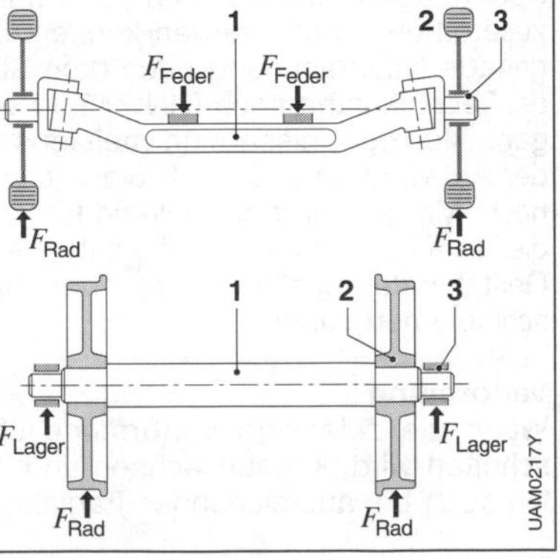

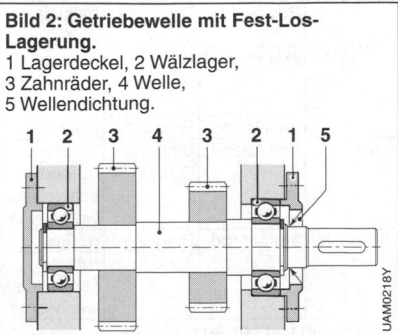

Bild 2: Getriebewelle mit Fest-Los-Lagerung.
1 Lagerdeckel, 2 Wälzlager,
3 Zahnräder, 4 Welle,
5 Wellendichtung.

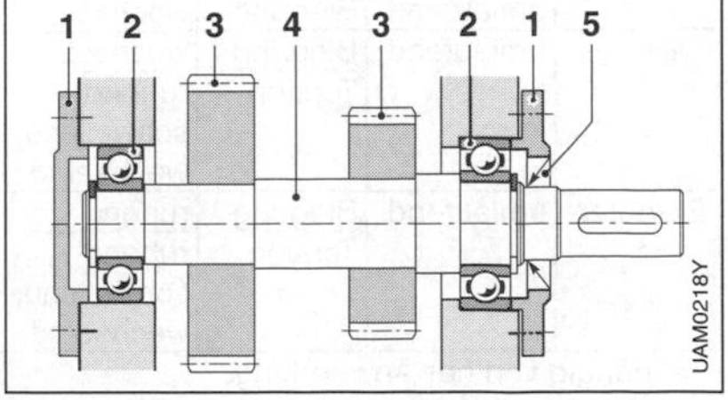

der Größe der Spannungen sind auch die Lastfälle von Bedeutung. Das heißt, ob es sich um eine statische oder eine dynamische Beanspruchung handelt.

Die wesentlichen Unterschiede zwischen Achsen und Wellen bezüglich der Spannungen sind in Tabelle 1 dargestellt. Daraus ist ersichtlich, dass bei umlaufenden Achsen und Wellen die Biegebeanspruchung immer wechselnd ist. Eine Ausnahme ist die Exzenterwelle, bei der die Fliehkraft infolge der Unwucht mit der Welle umläuft und somit zu einer statischen Biegebeanspruchung führt.

Bei einer stillstehenden Achse kann die Biegebeanspruchung abhängig von der Anwendung ruhend, schwellend oder wechselnd sein.

Wellen werden zusätzlich durch das Drehmoment auf Torsion beansprucht. Da Biege- und Torsionsspannungen gleichzeitig auftreten, wird zur Berechnung der vorhandenen Spannung eine Festigkeitshypothese benötigt, da diese Spannungen nicht einfach per Addition zusammengefasst werden können. Eine genaue Nachrechnung nach dem Stand der Technik kann nach DIN 743 [1] erfolgen. Die Ergebnisse sind meistens gut, der Aufwand dafür jedoch entsprechend hoch. Mit geringerem Aufwand lässt sich die Tragfähigkeit einer Welle mit Hilfe der Gestaltänderungshypothese (GEH) überschlägig berechnen [2].

Verformung

Wenn die zulässige Verformung überschritten wird, können Achsen und Wellen auch bei ausreichender Tragfähigkeit die Funktion beeinträchtigen. Infolge von Querkräften entstehen Durchbiegungen, auf die Lager und Zahnräder sehr empfindlich reagieren (Bild 3). Sowohl die Kantenpressungen an den Lagern als auch die Eingriffsstörungen bei den Zahnrädern erzeugen Geräusche und die Lebensdauer wird dadurch stark reduziert. Für einen konstanten Querschnitt lässt sich die maximale Durchbiegung einfach berechnen. Allerdings besitzen Achsen und Wellen üblicherweise komplexe Geometrien, sodass Biegelinien mit Hilfe von FEM-Berechnungen ermittelt werden.

Tabelle 1: Beanspruchungen.

	Bewegung	Beanspruchung	Lastfall
Achse	stillstehend	Biegung	ruhend, schwellend, wechselnd [1]
	umlaufend	Biegung	wechselnd
Welle	umlaufend	Biegung	wechselnd
		Torsion	ruhend, schwellend, wechselnd [1]
Exzenterwelle	umlaufend	Biegung	ruhend
		Torsion	ruhend, schwellend, wechselnd [1]

[1] Abhängig von der Anwendung.

Wellen werden zusätzlich durch das Torsionsmoment verdreht, was sich negativ auf das Übertragungsverhalten von Welle-Nabe-Verbindungen auswirken kann. Deshalb sollte der Verdrehwinkel φ 0,25 ° je Meter Länge nicht überschreiten. Die beiden Enden eines Wellenabschnitts mit konstantem Wellenquerschnitt im Abstand l werden durch das Drehmoment M_t um den Winkel φ verdreht:

$$\varphi = \frac{M_t l}{G I_p} \cdot \frac{180°}{\pi}.$$

G ist der Schubmodul und kann für Stahl mit ausreichender Genauigkeit mit 80 GPa angenommen werden. I_p ist das polare Flächenträgheitsmoment, für Vollwellen mit dem Durchmesser d gilt:

$$I_p = \frac{\pi}{64} \cdot d^4$$

Dynamisches Verhalten

Wellen sind elastische Bauteile, die massebehaftet und zusätzlich mit Massen wie Zahnrädern, Riemenscheiben usw. besetzt sind. Deshalb sind umlaufende Achsen und Wellen schwingungsfähige Systeme, die durch Fliehkräfte oder durch rhythmische Kraft- oder Drehmomentschwankungen zu erzwungenen Schwingungen angeregt werden. Resonanz tritt auf, wenn die Erregerfrequenz mit der Eigenfrequenz übereinstimmt. Die Amplituden werden in diesem Falle theoretisch unendlich groß. Das heißt, eine Achse oder Welle kann bereits bei sehr kleinen Belastungen zerstört werden, wenn das System genügend Zeit hat, um sich im Resonanzbereich aufzuschwingen.

Gestaltung

Achsen und Wellen sollen kostengünstig herstellbar sein. Für die Gestaltung bedeutet das, möglichst wenig bearbeitete Flächen vorsehen, große Toleranzen verwenden und große Rautiefen zulassen. Neben geringen Herstellkosten ist natürlich auch die Betriebssicherheit zu gewährleisten. Die Anforderungen an die Gestaltung ergeben sich aus den zu erfüllenden Funktionen und der Montierbarkeit, der geforderten Tragfähigkeit, der zulässigen Verformung und dem dynamischen Verhalten.

Funktion und Montierbarkeit

Eine Welle wie in Bild 2 dargestellt hat mehrere Funktionen zu erfüllen: Drehmoment über Welle-Nabe-Verbindungen leiten, Kräfte über Lager abstützen, axiale Verschiebungen der Lagerringe verhindern, axiale Positionen der Zahnräder festlegen und Schmiermittel abdichten. Eine Dichtung stellt andere Anforderungen an die Wellenoberfläche als ein Lagersitz oder eine Welle-Nabe-Verbindung. Daraus folgt, dass in der Regel jede Funktion einen separaten Wellendurchmesser besitzt. Die axiale Lagesicherung von Lagerinnenringen und Naben können über Wellenabsätze und Sicherungsringe erfolgen. Bei der Montage der Lager ist darauf zu achten, dass keine Dichtflächen beschädigt werden. So ergibt sich zwangsläufig eine abgestufte Welle mit unterschiedlichen Durchmessern.

Bild 3: Kantenpressung und Schiefstellung infolge Durchbiegung.
1 Lager,
2 Zahnräder,
3 Welle.

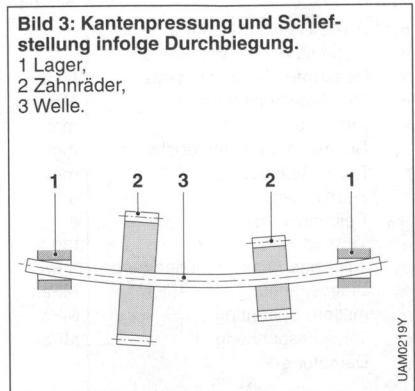

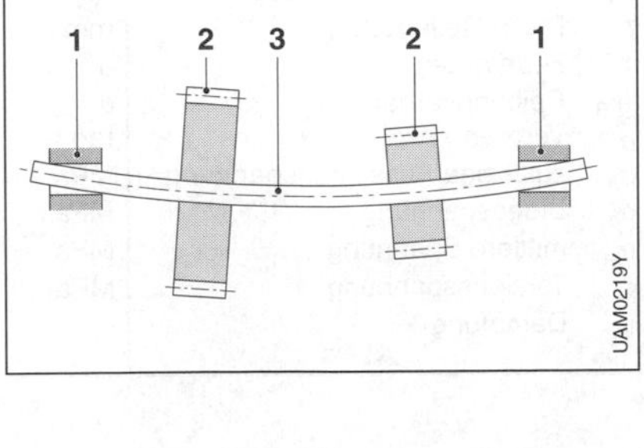

Tragfähigkeit

Wellenabsätze, die für die Funktion erforderlich sind, führen infolge der Kerbwirkung zu Spannungsspitzen und reduzieren dadurch die Tragfähigkeit. Auch durch Passfedern und Nuten für Sicherungsringe entstehen Kerben. Da umlaufende Achsen und Wellen durch Umlaufbiegung dynamisch beansprucht werden, sind sie besonders kerbempfindlich. Deshalb sind Kerben in hochbeanspruchten Zonen zu vermeiden. Ist dies nicht möglich, ist die Kerbwirkung durch konstruktive Maßnahmen wie kleine Wellenabsätze und große Radien an der Innenkante so weit wie möglich zu reduzieren.

Verformung

Die Verformbarkeit ist im Wesentlichen vom Widerstandsmoment abhängig. Für kleine Verformungen sind steife Achsen und Wellen mit großen Widerstandsmomenten erforderlich. Hierbei ist zu beachten, dass Hohlwellen eine viel bessere Materialausnutzung haben als Vollwellen. Gewichtseinsparungen bis 50 % sind ohne weiteres möglich.

Dynamisches Verhalten

Große Dreh- und Biegesteifigkeiten haben hohe Eigenfrequenzen zur Folge. Deshalb werden umlaufende Achsen und Wellen möglichst steif ausgeführt, damit die Resonanzdrehzahl ausreichend weit von der Betriebsdrehzahl entfernt ist. Wie bei den Verformungen bieten auch hier Hohlwellen den Vorteil, dass sie maximale Steifigkeit bei minimaler Masse bieten.

[1] DIN 743: Tragfähigkeitsberechnung von Wellen und Achsen.
Teil 1: Grundlagen.
Teil 2: Formzahlen und Kerbwirkungszahlen.
Teil 3: Werkstoff-Festigkeitswerte.
Teil 4: Zeitfestigkeit, Dauerfestigkeit – Schädigungsäquivalente Spannungsamplitude.
[2] Haberhauer/Bodenstein: Maschinenelemente. 18. Auflage, Verlag Springer Vieweg, 2017.

Federn

Grundlagen

Aufgaben

Alle elastischen Bauteile, die mit Kräften beaufschlagt werden, sind Federelemente. Als Federn im engeren Sinne werden jedoch nur diejenigen elastischen Elemente bezeichnet, die auf einem relativ großen Weg Arbeit aufnehmen, speichern und wieder abgeben können. Die gespeicherte Energie kann auch zur Aufrechterhaltung einer Kraft verwendet werden. Die wichtigsten Anwendungen von technischen Federn sind:

- Aufnahme und Dämpfung von Stößen (Stoßdämpfer beziehungsweise Schwingungsdämpfer),
- Speicherung potentieller Energie (Federmotoren),
- Aufbringen einer Kraft (Kupplungsfedern),
- schwingungsfähige Systeme (Schwingtisch),
- Kraftmessung (Federwaage).

Federkennlinie

Die Federkennlinie zeigt das Verhalten der Feder oder des Federsystems. Man versteht darunter die Abhängigkeit der Federkraft F oder des Federmoments M_t von der Verformung. Metallfedern haben lineare Kennlinien (Hooke'sche Gerade), Gummifedern haben progressive und Tellerfedern degressive Kennlinien (Bild 1a). Die Steigung der Kennlinie wird Federrate R genannt.

Für Translationsbewegungen gilt: $R = \frac{dF}{ds}$.

Für Rotationsbewegungen gilt: $R_t = \frac{dM_t}{d\widehat{\alpha}}$.

Federarbeit

Für reibungsfreie Federn stellt die Fläche unter der Kennlinie bei Belastung die aufgenommene oder abgegebene Arbeit dar (Bild 1b):

$$W = \int F\, ds\,.$$

Federdämpfung

Tritt Reibung auf, ist die auftretende Kraft bei Belastung größer als bei Entlastung. Die von den beiden Kennlinien umschlossene Fläche ist die Reibungsarbeit W_R und somit ein Maß für die Dämpfung (Bild 1b):

$$\psi = \frac{W_R}{W}\,.$$

Die Dämpfung infolge der inneren Reibung kann bei Gummifedern sehr hoch sein ($0{,}5 < \psi < 3$), bei Metallfedern ist sie jedoch eher gering ($0 < \psi < 0{,}4$). Das heißt, dass bei Metallfedern eine nennenswerte Dämpfung nur durch äußere Reibung, wie sie z.B. durch geschichtete Blatt- und Tellerfedern auftritt, erzielt werden kann.

Tabelle 1: Formelzeichen und Einheiten.

Größe		Einheit
b	Breite des Federblatts	mm
d	Drahtdurchmesser	mm
D	Mittlerer Windungsdurchmesser	mm
E	Elastizitätsmodul	MPa
F	Federkraft	N
G	Schubmodul	MPa
h	Höhe Federblatt	mm
h_0	Federweg (Tellerfeder)	mm
i	Anzahl der Blätter (Blattfeder)	–
i'	Anzahl der bis zu den Enden durchgeführten Blätter	–
k	Spannungsbeiwert	–
L_c	Blocklänge	mm
l_f	federnde Länge	mm
M_b	Biegemoment (Federmoment)	Nm
M_t	Torsionsmoment (Federmoment)	Nm
n	Anzahl federnde Windungen	–
n_t	Gesamtzahl der Windungen	–
R	Federrate (Federkonstante)	N/mm
R_t	Drehfederkonstante	Nm/rad
s	Federweg	mm
S_a	Summe der Mindestabstände	mm
t	Dicke (Tellerfeder)	mm
W	Federarbeit	J
W_R	Reibungsarbeit	J
$\widehat{\alpha}$	Verdrehwinkel	rad
σ_A	zulässige Ausschlagspannung	MPa
σ_b	Biegespannung	MPa
σ_m	mittlere Spannung	MPa
τ_t	Torsionsspannung	MPa
ψ	Dämpfung	–

Federschaltungen

Durch das Zusammenschalten mehrerer Federn (Bild 2) lassen sich die unterschiedlichsten Federkennlinien realisieren. Grundsätzlich können Federn parallel oder hintereinander geschaltet werden. Aber auch eine Kombination aus Parallel- und Hintereinanderschaltung ist möglich.

Bild 1: Federkennlinien und Federarbeit.
a) Federkennlinien verschiedener Federn,
b) Federarbeit.
s Federweg, $\widehat{\alpha}$ Verdrehwinkel,
F Federkraft, M_t Federmoment,
W Federarbeit,
W_R Reibungsarbeit.

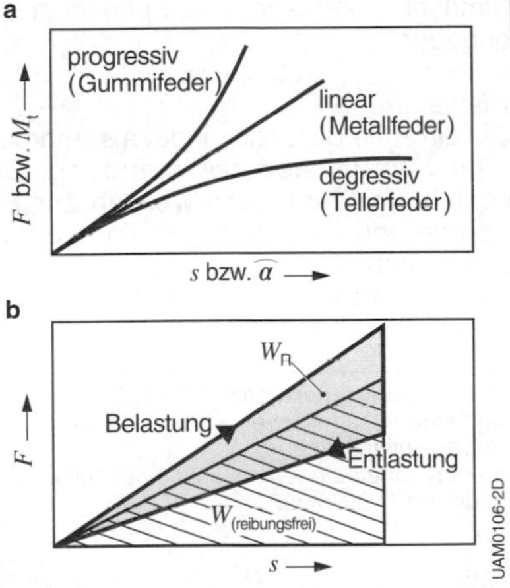

Parallelschaltung

Werden Federn parallel angeordnet, so verteilt sich die äußere Belastung anteilmäßig auf die einzelnen Federn. Die Auslenkung (Federweg s) ist jedoch für alle Federn gleich groß. Die Federrate des Federsystems ergibt sich aus der Addition der Einzelfederraten:

$$R_{ges} = R_1 + R_2 + R_3 + ... + R_n \,.$$

Federsysteme aus parallel geschalteten Federn sind demnach härter als die Einzelfedern.

Reihenschaltung

Bei Federn, die hintereinander angeordnet sind, wirkt auf jede einzelne Feder die gesamte äußere Last. Die Federwege sind jedoch entsprechend ihren Einzelfederraten unterschiedlich und addieren sich. Für die resultierende Federrate des Gesamtsystems gilt:

$$\frac{1}{R_{ges}} = \frac{1}{R_1} + \frac{1}{R_2} + ... + \frac{1}{R_n} \,.$$

Federsysteme, bestehend aus in Reihe geschalteten Federn, sind demnach weicher als die weichste Einzelfeder.

Bild 2: Federschaltung.
Parallelschaltung von Feder 2 und Feder 3 in Reihe mit Feder 1.

$$R_B = R_2 + R_3$$

$$\frac{1}{R_A} = \frac{1}{R_1} + \frac{1}{(R_2 + R_3)}$$

$$F_A = s_1 R_1$$

$$s_A = s_1 + \frac{F_A}{R_B}$$

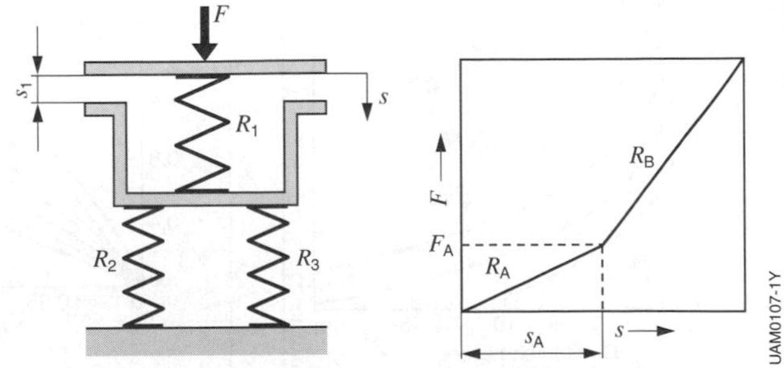

Metallfedern

Die Einteilung von Metallfedern erfolgt üblicherweise nach ihren Beanspruchungen (Tabelle 2). Zu beachten ist, dass unter permanenter Beanspruchung und höheren Temperaturen ein Kraftverlust auftritt, der als Relaxation bezeichnet wird. Dieser Kraftverlust, der mit steigender Temperatur und Belastungsdauer zunimmt, kann für Druckfedern in der DIN EN 13906-1 [1] aus werkstoffabhängigen Relaxationsschaubildern entnommen werden. Ab 120 °C kann die Relaxation nicht mehr vernachlässigt werden. Bei unlegierten Federstählen kann bereits ab 40 °C ein Kraftverlust auftreten.

Tabelle 2: Beanspruchung von Federn.

Beanspruchung	Bauformen
Zug-, Druckbeanspruchung	Zugstabfeder, Ringfeder
Biegebeanspruchung	Blattfeder, Drehfeder, Spiralfeder, Tellerfeder
Torsionsbeanspruchung	Drehstabfeder, Schraubenfeder

Tabelle 3: Zulässige Biegespannungen für Blattfedern.

Stahlbänder	Statische Beanspruchung $\sigma_{b, zul}$	Dynamische Beanspruchung $\sigma_{b,zul}=\sigma_m \pm \sigma_A$
Warm gewalzt	960 MPa	
Kalt gewalzt, gehärtet und angelassen	1000 MPa	
Einzelne Blätter geschliffen		500 ± 320 MPa
Einzelne Blätter mit Walzhaut		500 ± 100 MPa
Geschichtete Blätter mit Walzhaut		500 ± 80 MPa

Bild 3: Zulässige Biegespannungen.
R_m Zugfestigkeit.

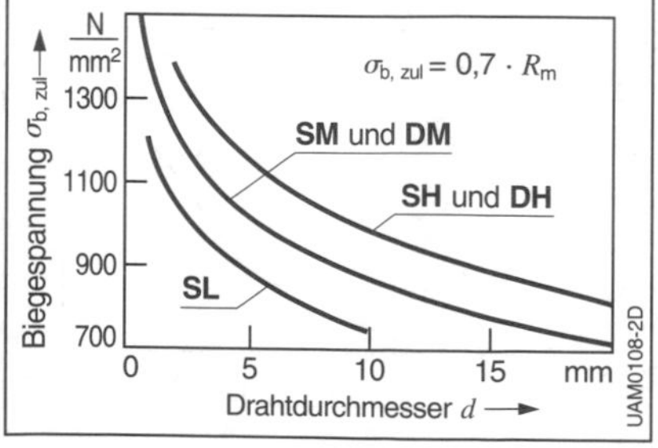

Auf Zug und Druck beanspruchte Federn

Wegen ihrer hohen Federsteifigkeit (hohe Federrate) sind Zug- und Druckstäbe aus Metall nur für sehr wenige Spezialanwendungen geeignet.

Auf Biegung beanspruchte Federn

In Tabelle 4 sind die Berechnungsgleichungen für die biegebeanspruchte Blattfeder, Drehfeder und Spiralfeder angegeben.

Blattfedern

Die einfache Blattfeder findet als Andrückoder Führungsfeder Anwendung. Geschichtete Blattfedern werden zur Federung und Radführung in Fahrzeugen eingesetzt. Sie werden meistens aus Federstahl nach DIN EN 10089 [2] (warmgewalzt) und DIN EN 10132 [3] (Kalt-

Bild 4: Tellerfedern nach DIN 2093.
a) Ohne Auflageflächen,
b) mit Auflageflächen,
c) berechnete Federkennlinie einer Tellerfeder nach DIN 2092.

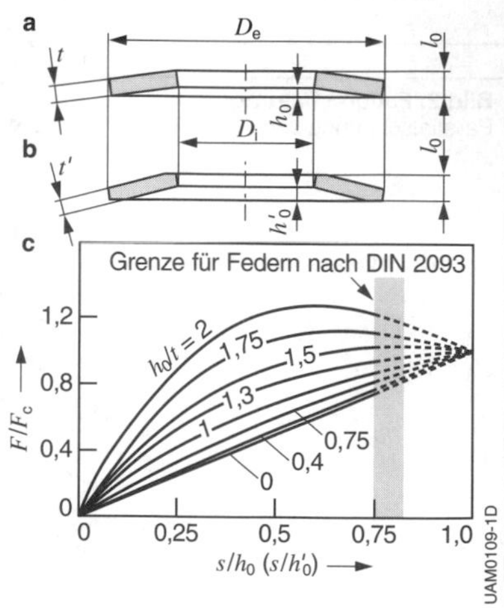

band) hergestellt. Für die Grobauslegung kann mit den in Tabelle 3 angegebenen zulässigen Biegespannungen gerechnet werden.

Dreh- und Spiralfedern

Bei einer Auslenkung der Dreh- oder Spiralfeder (Verdrehwinkel $\widehat{\alpha}$) werden Rückstellmomente um die Drehachse erzeugt. Infolge der Einspannbedingungen liegen im Winkelbereich nahezu gleichmäßige Biegebeanspruchungen vor. In Tabelle 4 sind die Berechnungsgleichungen für runde und rechteckige Querschnitte angegeben, die sowohl für Dreh- als auch für Spiralfedern gelten. Für die häufig verwendeten Federstahlsorten (SL, SM beziehungsweise DM und SH beziehungsweise DH) kann für die Auslegung bei statischer und quasistatischer Beanspruchung, bei Vernachlässigung der Spannungsüberhöhung infolge der Drahtkrümmung, mit den zulässigen Biegespannungen nach Bild 3 gerechnet werden.

Tellerfedern

Die kegelschalenförmigen Tellerfedern (Bild 4) werden vorwiegend auf Biegung beansprucht. Dank der überaus

Tabelle 4: Blattfeder, Drehfeder und Spiralfeder.

Bauform			
Einfache gerade Blattfeder (konstanter Querschnitt) 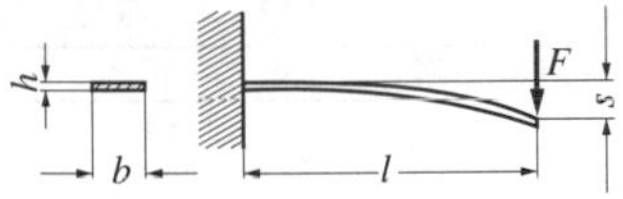 UAM0026-1Y		Federkraft: $F_{max}=\frac{b\cdot h^2}{6\cdot l}\cdot\sigma_{b,zul}$	Federweg: $s=\frac{4\cdot F\cdot l^3}{E\cdot b\cdot h^3}$
		Federrate: $R=\frac{F}{s}=\frac{E\cdot b\cdot h^3}{4\cdot l^3}$	Federarbeit: $W_{max}=\frac{\sigma_{b,zul}^2}{18\cdot E}\cdot b\cdot h\cdot l$
Geschichtete Blattfeder 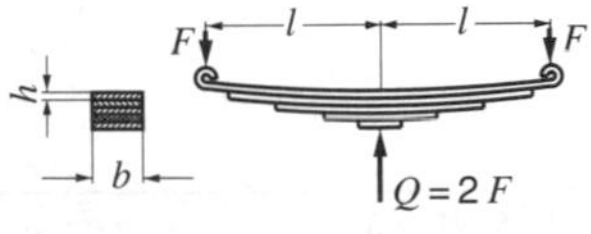 UAM0028-1Y		Federkraft, Federmoment: $F_{max}=\frac{i\cdot b\cdot h^2}{6\cdot l}\cdot\sigma_{b,\,zul}$	Federweg: $s=\frac{12\cdot F\cdot l^3}{(2\cdot i+i')\cdot E\cdot b\cdot h^3}$
		Federrate: $R=\frac{(2i+i')\cdot E\cdot h^3\cdot b}{12\cdot l^3}$	Federarbeit: $W_{max}=\frac{\sigma_{b,zul}^2}{3\cdot E}\cdot\frac{i^2}{(2i+i')}\cdot b\cdot h\cdot l$
Drehfeder (Schenkelfeder) $l_f=\pi\cdot D\cdot n$ 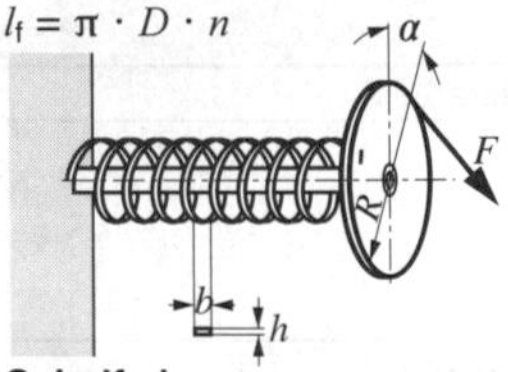 UAM0029-1Y	Kreisquerschnitt	Federkraft, Federmoment: $M_{t,\,max}=\frac{\pi\cdot d^3}{32}\cdot\sigma_{b,\,zul}$	Federweg: $\widehat{\alpha}=\frac{64\cdot M_t\cdot l}{E\cdot\pi\cdot d^4}$
	Kreisquerschnitt	Federrate: $R=\frac{M_t}{\widehat{\alpha}}=\frac{E\cdot\pi\cdot d^4}{64\cdot l}$	Federarbeit: $W_{max}=\frac{\sigma_{b,zul}^2}{32\cdot E}\cdot\pi\cdot d^2\cdot l$
Spiralfeder $l_f=2\cdot\pi\cdot n\cdot[r_0+0{,}5\cdot n\cdot(h+\delta_r)]$ 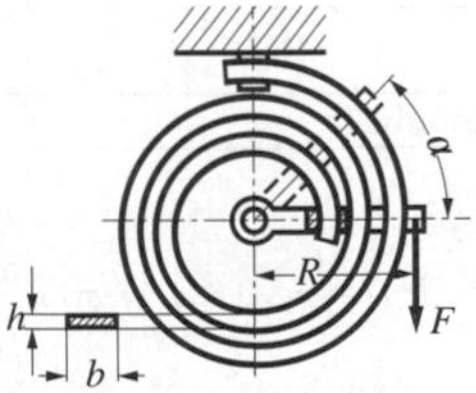 UAM0030-1Y	Rechteckquerschnitt	Federkraft, Federmoment: $M_{t,\,max}=\frac{b\cdot h^2}{6}\cdot\sigma_{b,\,zul}$	Federweg: $\widehat{\alpha}=\frac{12\cdot M_t\cdot l}{E\cdot b\cdot h^3}$
	Rechteckquerschnitt	Federrate: $R=\frac{M_t}{\widehat{\alpha}}=\frac{E\cdot b\cdot h^3}{12\cdot l}$	Federarbeit: $W_{max}=\frac{\sigma_{b,zul}^2}{6\cdot E}\cdot b\cdot h\cdot l$

großen Kombinationsmöglichkeiten aus Parallel- und Reihenschaltungen ergeben sich vielfältige Anwendungen. Tellerfedern werden vor allem dort eingesetzt, wo große Kräfte und Wege bei minimalen Platzverhältnissen aufgenommen werden müssen. Sie werden unter anderem in Schalt- und Überlastkupplungen eingesetzt und zur Vorspannung von Wälzlagern. Da bei gleichsinnig geschichteten Federpaketen zwischen den einzelnen Tellerfedern Reibung auftritt, eignen sie sich auch zur Dämpfung von Schwingungen und Stößen.

Für $h_0/t > 0{,}4$ dürfen die Nichtlinearitäten der Federn nicht mehr vernachlässigt werden. Die Federkräfte, Federwege und Federraten können nach DIN 2092 [4] ausreichend genau berechnet oder Herstellerangaben entnommen werden.

Für statisch beanspruchte Tellerfedern (< 10^4 Lastspiele) ist ein Festigkeitsnachweis nicht erforderlich, wenn die maximale Federkraft bei $s = 0{,}75\ h_0$ nicht überschritten wird. Für dynamisch beanspruchte Tellerfedern kann die maximal zulässige Zugspannung und die zulässige Hubspannung der DIN 2093 [5] entnommen werden.

Auf Torsion beanspruchte Federn
In Tabelle 5 sind die Berechnungsgleichungen für die torsionsbeanspruchten Drehstab- und Schraubenfedern angegeben.

Drehstabfedern
Für Drehstabfedern werden meist Kreisquerschnitte gewählt. Sie besitzen einen sehr hohen Volumenausnutzungsfaktor,

Tabelle 5: Drehstabfeder und Schraubenfedern.

Bauform	Federkraft, Federmoment	Federweg
Drehstabfeder Kreisquerschnitt (DIN 2091, [6])	$M_{t,\,max} = \frac{\pi \cdot d^3}{16} \cdot \tau_{t,\,zul}$	$\widehat{\alpha} = \frac{32 \cdot M_t \cdot l_f}{G \cdot \pi \cdot d^4}$
	Federrate	Federarbeit
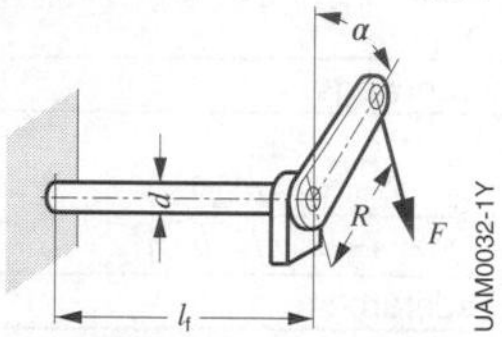	$R = \frac{M_t}{\widehat{\alpha}} = \frac{G \cdot \pi \cdot d^4}{32 \cdot l_f}$	$W_{max} = \frac{\tau_{t,\,zul}^2}{16 \cdot G} \cdot \pi \cdot d^2 \cdot l_f$
Zylindrische Schraubenfedern Kreisquerschnitt (DIN EN 13906, [1]) Druckfeder Zugfeder	Federkraft, Federmoment	Federweg
	$F_{max} = \frac{\pi \cdot d^3}{8 \cdot k \cdot D} \cdot \tau_{t,\,zul}$	$s = \frac{8 \cdot D^3 \cdot n}{G \cdot d^4} \cdot F$
	Federrate	Federarbeit
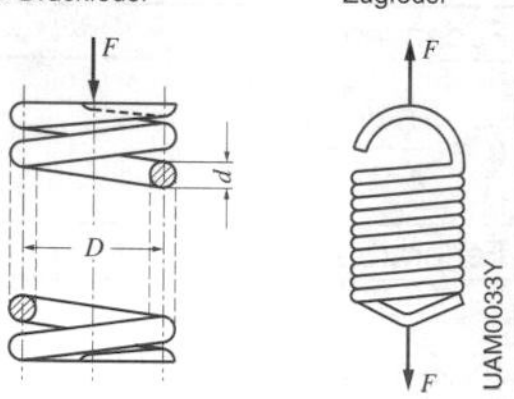	$R = \frac{G \cdot d^4}{8 \cdot D^3 \cdot n}$	$W_{max} = \frac{\tau_{t,\,zul}^2}{16 \cdot G} \cdot d^2 \cdot D \cdot \pi^2 \cdot n$
Kegelige Schraubenfedern mit Kreisquerschnitt	Federkraft, Federmoment	Federweg
	$F_{max} = \frac{\pi \cdot d^3}{16 \cdot k \cdot r_2} \cdot \tau_{t,\,zul}$	$s = \frac{16 \cdot (r_1 + r_2) \cdot (r_1^2 + r_2^2) \cdot n \cdot F}{G \cdot d^4}$
	Federrate	Federarbeit
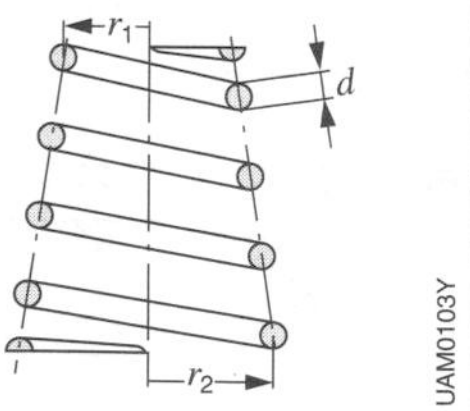	$R = \frac{G \cdot d^4}{16\,(r_1 + r_2) \cdot (r_1^2 + r_2^2) \cdot n}$	$W_{max} = \frac{\tau_{t,\,zul}^2}{32 \cdot G} \cdot \frac{d^2\,(r_1 + r_2) \cdot (r_1^2 + r_2^2) \cdot \pi \cdot n}{r_2^2}$

das heißt, sie können viel Energie bei kleinem Bauraum aufnehmen.

Schraubenfedern
Zylindrische Schraubenfedern werden als Druck- und Zugfedern hergestellt. Die Berechnungsgleichungen sind für beide Bauarten identisch. Druckfedern mit kegelförmiger Ausführung haben eine optimale Raumausnutzung, wenn die einzelnen Windungen sich ineinander schieben lassen.

Druckfedern
Damit bei einer Druckfeder die Kraft möglichst zentrisch eingeleitet werden kann, werden die Federenden angelegt und senkrecht zur Federachse plangeschliffen. Kaltgeformte Federn bestehen aus mindestens zwei federnden Windungen ($n \geq 2$) und zwei angelegten nicht federnden Endwindungen. Bei warmgeformten Federn sollte $n \geq 3$ sein und als nicht federnde Endwindungen werden jeweils nur ¾ Windungen angelegt. Damit ergibt sich die Gesamtzahl der federnden Windungen wie in Tabelle 6 angegeben. Außerdem werden die Federenden um 180 °

Bild 6: Zulässige Torsionsspannungen für Schraubenfedern bei statischer Beanspruchung.
a) Kaltgeformt aus patentiert-gezogenen Federstahldrähten (SL, SM, DM, SH und DH) und Ventilfederstahldraht (VDC) nach DIN EN 10270-2 [12],
b) warmgeformt aus Federstählen nach DIN EN 10089.
R_m Zugfestigkeit.

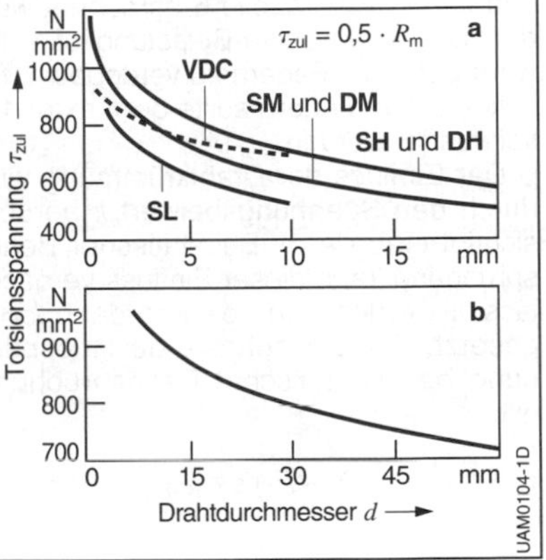

Bild 5: Dauerfestigkeitsschaubilder für Schraubendruckfedern.
a) Für kaltgeformte Federn aus Federstahldrähten SH und DH (nicht kugelgestrahlt),
b) für kaltgeformte Federn aus Federstahldrähten SH und DH (kugelgestrahlt),
c) für kaltgeformte Federn aus Ventilfederstahldraht (VDC),
d) für warmgeformte Federn.

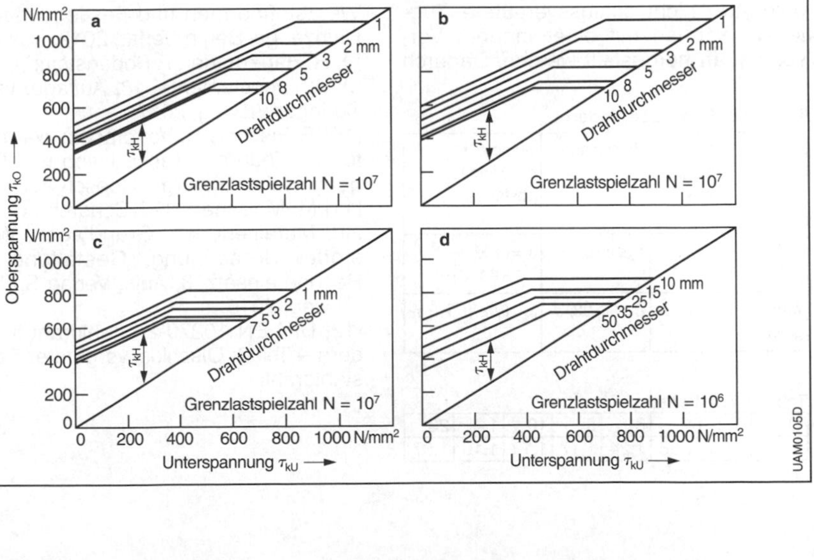

versetzt zueinander angeordnet, sodass sich als Gesamtwindungszahl n_t = 2,5; 3,5; 4,5; 5,5; 6,5 usw. ergibt.

Um plastische Verformungen in der Feder zu vermeiden, dürfen sich die federnden Windungen bei maximaler Belastung nicht berühren. Das heißt, eine Druckfeder darf nie bis auf die Blocklänge L_c zusammengedrückt werden. Die Summe der Mindestabstände zwischen den einzelnen Windungen wird mit S_a bezeichnet und kann nach Tabelle 6 berechnet werden. Bei dynamischer Belastung ist S_a für warmgeformte Federn zu verdoppeln, für kaltgeformte Federn sollte der Faktor 1,5 verwendet werden.

Der Einfluss der Drahtkrümmung wird durch den Spannungsbeiwert k berücksichtigt (Tabelle 7). Bei statischer Beanspruchung kann dieser Einfluss vernachlässigt werden, d.h., es wird dann $k = 1$ gesetzt. Für die auftretende Hubspannung bei dynamischer Beanspruchung gilt:

$$\tau_{\text{kh}} = k \frac{8\,D}{\pi \cdot d^3} \cdot (F_2 - F_1) \leq \tau_{\text{kH}} \,.$$

Zugfedern

Zugfedern werden mit Ösen ausgebildet oder mit eingerollten oder eingeschraubten Endstücken versehen. Wegen des starken Einflusses der Ösen auf die Lebensdauer ist es nicht möglich, allgemeingültige Dauerfestigkeitswerte anzugeben. Kaltgeformte, nicht schlussvergütete Zugfedern können mit einer inneren Vorspannkraft hergestellt werden. Dadurch sind deutlich höhere Beanspruchungen möglich.

Tabelle 6: Schraubenfedern.

	Gesamtanzahl der Windungen	Blocklänge	Summe der Mindestabstände
kaltgeformt	$n_t = n + 2$	$L_c \leq n_t \cdot d$	$S_a = (0{,}0015 \cdot D^2/d + 0{,}1 \cdot d) \cdot n$
warmgeformt	$n_t = n + 1{,}5$	$L_c \leq (n_t - 0{,}3) \cdot d$	$S_a = 0{,}02 \cdot (D + d) \cdot n$

Tabelle 7: k-Faktor.

D/d	3	4	6	8	10	14	20
k	1,55	1,38	1,24	1,17	1,13	1,10	1,07

Literatur

[1] DIN EN 13906: Zylindrische Schraubenfedern aus runden Drähten und Stäben – Berechnung und Konstruktion. Teil 1: Druckfedern. Teil 2: Zugfedern. Teil 3: Drehfedern.

[2] DIN EN 10089: Warmgewalzte Stähle für vergütbare Federn – Technische Lieferbedingungen.

[3] DIN EN 10132: Kaltband aus Stahl für eine Wärmebehandlung – Technische Lieferbedingungen. Teil 1: Allgemeines. Teil 2: Einsatzstähle. Teil 3: Vergütungsstähle. Teil 4: Federstähle und andere Anwendungen.

[4] DIN 2092: Tellerfedern – Berechnung.

[5] DIN 2093: Tellerfedern – Qualitätsanforderungen – Maße.

[6] DIN 2091: Drehstabfedern mit rundem Querschnitt; Berechnung und Konstruktion.

[7] DIN-Taschenbuch 29: Federn 1. Berechnungs- und Konstruktionsgrundlagen, Qualitätsanforderungen, Bestellangaben, Begriffe, Formelzeichen und Darstellungen. Beuth-Verlag 2015.

[8] DIN-Taschenbuch 349: Federn 2. Eine Zusammenstellung der aktuellen Werkstoffnormen und Festlegungen für Halbzeuge. Beuth-Verlag 2012.

[9] H. Haberhauer; F. Bodenstein: Maschinenelemente. 18. Auflage, Verlag Springer Vieweg, 2017.

[10] F. Fischer; H. Vondracek: Warm geformte Federn – Konstruktion und Fertigung. Hohenlimburg – Hoesch AG, 1987.

[11] M. Meissner; H.-J. Schorcht; U. Kletzin: Metallfedern – Grundlagen, Werkstoffe, Berechnung, Gestaltung und Rechnereinsatz. 3, Aufl., Verlag Springer Vieweg, 2015.

[12] DIN EN 10270-2: Stahldraht für Federn – Teil 2: Ölschlussvergüteter Federstahldraht.

Gleitlager

Merkmale

Lager haben die Aufgabe, Maschinenteile zu führen und Kräfte zwischen relativ zueinander bewegten Flächen abzustützen. Um den Verschleiß und die Verlustleistung gering zu halten, muss die dabei auftretende Reibung möglichst klein sein.

Gleitlager werden aus metallischen (z.B. Sintermetalle) und nichtmetallischen Werkstoffen hergestellt. Nach der Richtung der äußeren Belastung wird in Radial- und Axiallager unterschieden. Ein weiteres Unterscheidungsmerkmal ist die Schmierung. So können Gleitlager entweder hydrostatisch oder hydrodynamisch geschmiert werden oder selbstschmierend sein. Optimal ist eine vollständige Trennung der Gleitflächen. Bei einer Vollschmierung liegt eine reine Flüssigkeitsreibung mit sehr geringen Reibzahlen vor. Die Schmiermittelschicht wirkt stoß-, schwingungs- und geräuschdämpfend.

Tabelle 1: Formelzeichen und Einheiten (DIN 31652 [1]).

Benennung	Formelzeichen	Einheit
Lagerbreite, tragend	B	m
Lagerinnendurchmesser (Nennmaß)	D	m
Wellendurchmesser (Nennmaß)	d	m
Exzentrizität (Verlagerung der Wellenachse gegenüber der Lagerachse)	e	m
Lagerkraft (Last)	F	N
Minimale Schmierfilmdicke	h_{min}	m
Örtlicher Schmierfilmdruck	p	$\text{Pa} = \text{N/m}^2$
Spezifische Lagerbelastung = $F/(B\,D)$	$\overline{p}$	Pa
Lagerspiel = $D - d$	s	m
Sommerfeldzahl	So	–
Gleitgeschwindigkeit	v	m/s
Relative Exzentrizität = $2\,e/s$	ε	–
Effektive dynamische Viskosität des Schmierstoffs	η_{eff}	Pa·s
Relatives Lagerspiel = s/D	ψ	–
Hydrodynamisch effektive Winkelgeschwindigkeit	ω_{eff}	s^{-1}

Hydrostatische Gleitlager

Bei hydrostatischen Lagern wird das Schmiermittel von einer externen Pumpe mit hohem Druck zwischen die Gleitflächen gedrückt. Zu jedem Zeitpunkt liegt aufgrund des dünnen Schmierfilms eine vollständige Trennung der Gleitflächen vor (Bild 1). Reibungsverluste treten nur aufgrund der Scherkräfte im Schmiermittel auf. Diese Kräfte sind proportional der Geschwindigkeit, mit der sich die Lagerflächen gegeneinander bewegen. Bei geringen Relativgeschwindigkeiten arbeiten hydrostatische Gleitlager somit nahezu reibungsfrei. Ein Stick-Slip-Effekt (Losreißeffekt) beim Anfahren und Auslaufen entfällt aufgrund des nicht vorhandenen Gleitwiderstands.

Hydrostatische Gleitlager sind somit verschleißfrei und erreichen dadurch eine sehr hohe Lebensdauer. Der Nachteil dieser Gleitlager sind die hohen Kosten und der große Bauraum. Deshalb werden sie hauptsächlich im Großmaschinenbau eingesetzt.

Bild 1: Hydrostatisches Gleitlager.
1 Ölversorgung (hoher Druck),
2 Ölablauf.

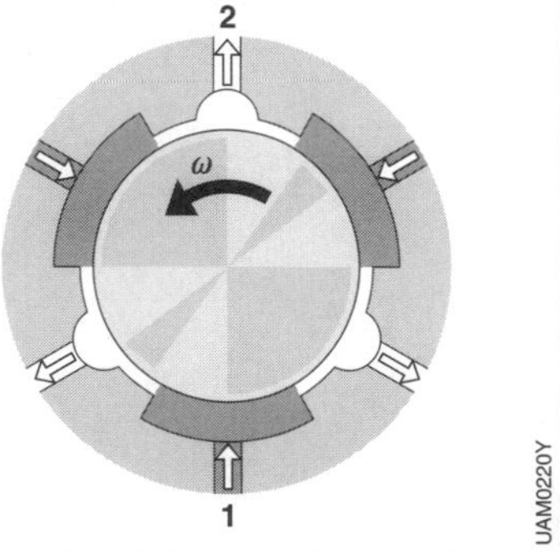

Hydrodynamische Gleitlager

Anwendung
Die im Kraftfahrzeugmotor verwendeten hydrodynamischen Gleitlager sind überwiegend Radialgleitlager (Bild 2) und werden zur Lagerung des Kurbeltriebs, einschließlich der Nockenwellen, eingesetzt. Sie werden meist als Lagerhalbschalen mit spezieller Spielgebung (Zitronenspiel nach Bild 3) ausgeführt.

Arbeitsweise
Bei hydrodynamischen Gleitlagern wird der Druck selbsttätig erzeugt. Dafür sind folgende Voraussetzungen erforderlich:
- Relativbewegung zwischen den Gleitflächen,
- keilförmiger Spalt,
- Schmiermittel muss an den Gleitflächen haften,
- ausreichende Schmiermittelversorgung.

Um einen tragfähigen Schmierspalt aufzubauen, benötigt ein Gleitlager ein Lagerspiel. Im Stillstand berührt die Welle die Lagerschale und es liegt somit eine Festkörperreibung vor. Durch die exzentrische Verlagerung der Welle entsteht ein keilförmiger Schmierspalt (Bild 3). Beim Hochfahren der Drehzahl wird ein tragfähiger Schmierfilm aufgebaut, indem das Schmiermittel, das an den Gleitflächen haftet, in den Keilspalt hineingepumpt wird. Bis sich der Druck im Schmierspalt vollständig aufgebaut hat, d.h., bis die Gleitflächen vollständig getrennt sind, berührt die Welle die Lagerschale noch teilweise. Während dieser Zeit läuft das Lager im Bereich der Mischreibung. Erst wenn die Betriebsdrehzahl größer als die Übergangsdrehzahl ist, liegt reine Flüssigkeitsreibung vor.

Stribeck-Kurve
Die Reibungszustände im hydrodynamischen Gleitlager hat Richard Stribeck untersucht. Die nach ihm benannte Kurve zeigt die Abhängigkeit der Reibung von der Wellendrehzahl (Bild 4, [2]).

Sommerfeldzahl
Abhängig von Belastung und Drehzahl stellt sich die Exzentrizität der Wellen so ein, dass das Integral des Schmiermitteldrucks der äußeren Lagerkraft das Gleichgewicht hält. Die hydrodynamische Druckverteilung in einem konvergenten Lagerspalt wird aus der Lösung der Reynolds'schen Differentialgleichung ermittelt. Die Integration der Druckvertei-

Bild 2: Druckverteilung im Radialgleitlager.
e Exzentrizität,
F Lagerkraft,
h_{min} kleinster Schmierspalt,
d Wellendurchmesser,
D Lagerinnendurchmesser,
p Druckverteilung,
ω Winkelgeschwindigkeit,
S Schalenmittelpunkt (Lager),
W Wellenmittelpunkt.

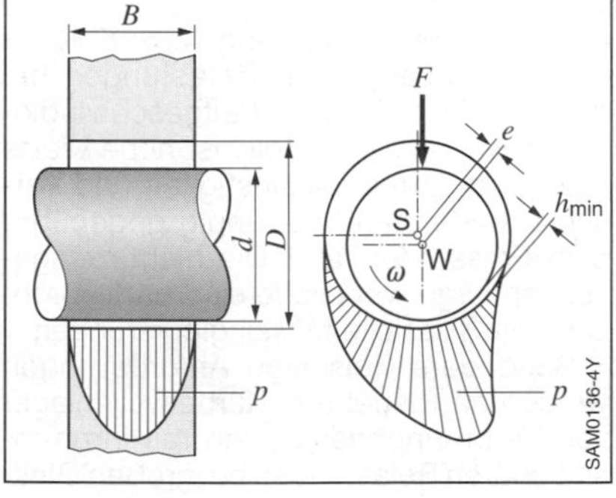

Bild 3: Zweiflächenlagerschale mit Zitronenspiel.
1 Obere Lagerschale, 2 Ölversorgung,
3 unterer Schmierkeil, 4 oberer Schmierkeil,
5 untere Lagerschale.
r_o Radius obere Lagerschale,
r_u Radius untere Lagerschale,
ω Winkelgeschwindigkeit.

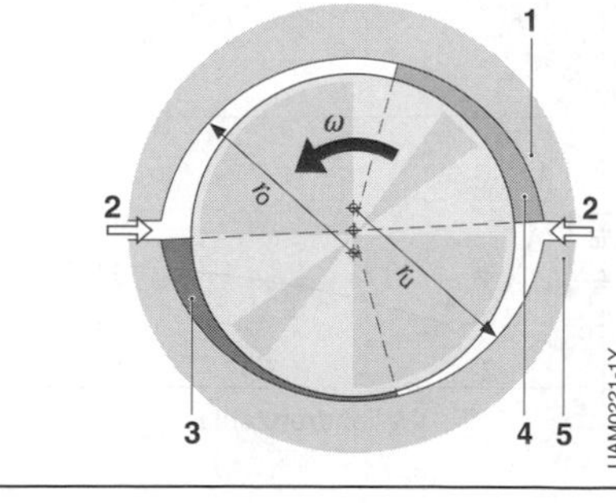

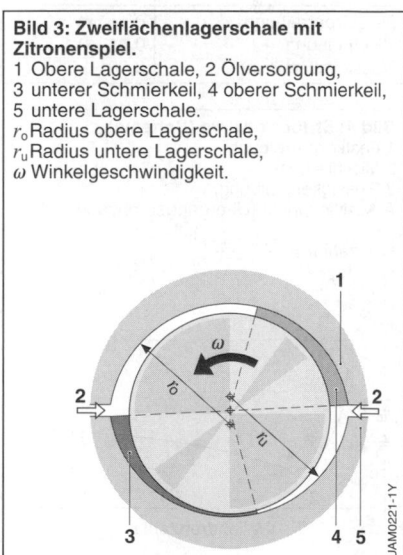

lung ergibt die Tragfähigkeit des Schmierfilms und wird in der dimensionslosen Sommerfeldzahl So [1] ausgedrückt (Größen siehe Tabelle 1):

$$So = \frac{F\,\psi^2}{(D\,B\,\eta_{\text{eff}}\,\omega_{\text{eff}})}\;.$$

Für einen stabilen Lauf muss $So > 1$ sein, hochbelastete Lager sollten mit $So > 3$ ausgeführt werden. Mit größer werdender Sommerfeldzahl steigt die relative Exzentrizität ε und damit sinkt die minimale Schmierspaltdicke h_{min}. Es gilt:

$$h_{\text{min}} = \frac{(D - d)}{2} - e = 0{,}5\,D\,\psi\,(1 - \varepsilon)\;.$$

Die relative Exzentrizität beträgt dann:

$$\varepsilon = \frac{2e}{(D - d)}\;.$$

Mit Hilfe der Sommerfeldzahl kann nach DIN 31652 [1] und VDI 2204 [2] die Reibzahl μ im Lager und damit auch die Reibleistung und die thermische Beanspruchung berechnet werden.

Tabelle 2: Reibzahlen bei unterschiedlichen Reibungsarten.

Reibungsart	Reibzahl μ
Festkörperreibung	0,1...>1
Mischreibung	0,01...0,1
Flüssigkeitsreibung	0,001...0,01

Bild 4: Stribeck-Kurve (Schema).
1 Festkörperreibung,
2 Mischreibung,
3 Flüssigkeitsreibung,
A Ausklinkpunkt (Übergangsdrehzahl).

Reibzahl $\mu = \dfrac{\text{Reibungskraft}}{\text{Normalkraft}}$

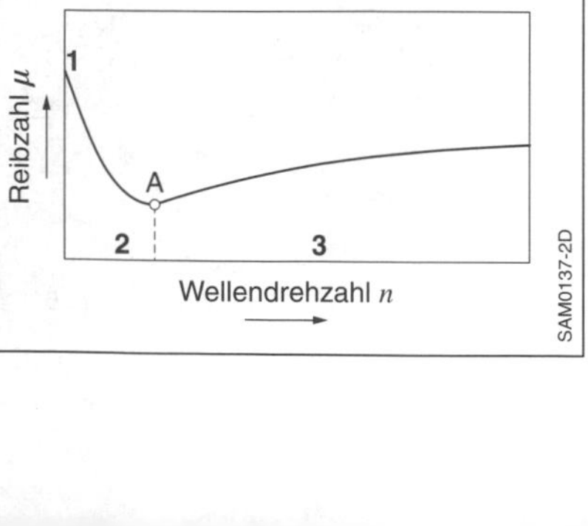

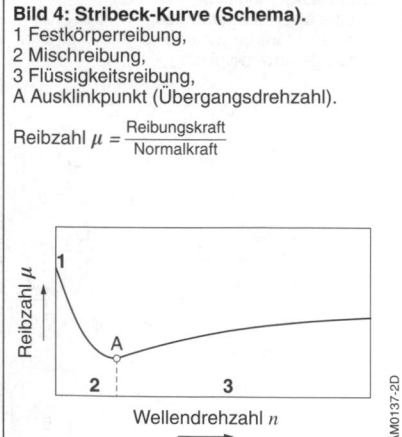

Anforderungen

Die in Tabelle 2 angegebenen Reibzahlen sind ungefähre Werte und dienen nur zum Vergleich der unterschiedlichen Betriebszustände. Da auch hydrodynamische Lager zeitweise im Mischreibungsgebiet laufen, einen gewissen Grad an Verschmutzung ohne Funktionsverlust ertragen müssen und insbesondere in Kolbenmotoren zusätzlich dynamisch und thermisch hoch belastet werden, muss der Lagerwerkstoff mehrere, teilweise entgegengesetzte Anforderungen erfüllen:

- Schmiegsamkeit: Das ist die Eigenschaft eines Lagerwerkstoffs, sich notwendigen Gestaltsänderungen durch örtliche Verformung ohne bleibende Schädigung anzupassen.
- Einbettfähigkeit: Darunter versteht man die Fähigkeit, Schmutzteilchen ohne negative Folgen in die Lageroberfläche aufzunehmen.
- Verschleißwiderstand: Er verhindert die Abtrennung kleiner Teilchen bei mechanischer Belastung im Mischreibungsgebiet.
- Einlaufvermögen: Das ist das Zusammenwirken von Schmiegsamkeit, Einbettfähigkeit und Verschleißwiderstand.
- Fresswiderstand: Er verhindert partielles Verschweißen der Gleitflächen bei hoher Flächenpressung.
- Mechanische Belastbarkeit: Sie verhindert plastische Verformungen bei hohen Flächenpressungen.
- Ermüdungsfestigkeit: Sie beschreibt die langsam fortschreitende Materialermüdung, die bei wechselnder Belastung auch bei kleinen Lagerkräften zum Versagen führen kann.

Liegen für eine Lagerung (z.B. Kolbenbolzenbuchsen) hohe Belastungen bei gleichzeitig niedrigen Gleitgeschwindigkeiten vor, so sind möglichst hohe Werte bezüglich Ermüdungsfestigkeit und Verschleißwiderstand vorrangig gegenüber dem Fresswiderstand. Die hierfür eingesetzten Lagerwerkstoffe sind harte Bronzen oder spezielle Messinglegierungen.

Besonders vielseitige Anforderungen werden an Pleuel und Kurbelwellenlager von Verbrennungsmotoren mit ihren instationären Belastungen bei großen Gleitgeschwindigkeiten gestellt. Dafür haben sich die Mehrschichtgleitlager (Bild 5), vor allem die Dreistofflager, gut bewährt.

Eine weitere Steigerung der Lebensdauer von Gleitlagern im Kurbeltrieb erreicht man durch spezielle Lösungen wie das Sputterlager (Bild 6). Es enthält eine sehr verschleißfeste AlSn-Laufschicht (Sputterschicht), die mit dem PVD-Verfahren (Physical Vapor Deposition) auf das darunterliegende Lagermaterial aufgebracht wird.

Bild 5: Mehrschichtgleitlager.
(Aufbau eines Dreistofflagers).
1 Stahlstützschale, 2 Lagermetall,
3 Diffusionssperre (z.B. 1...2 µm Nickel),
4 Einlaufschicht (ca. 20 µm, galvanisch aufgebrachte SnCu-Schicht oder Gleitlack).

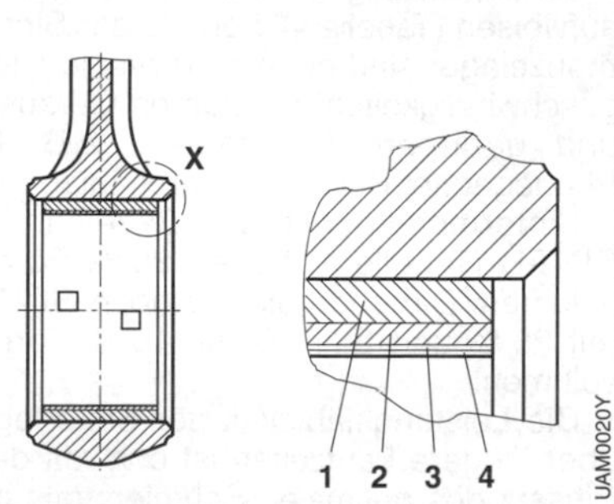

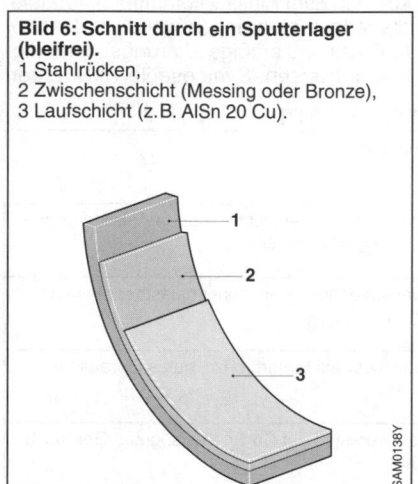

Bild 6: Schnitt durch ein Sputterlager (bleifrei).
1 Stahlrücken,
2 Zwischenschicht (Messing oder Bronze),
3 Laufschicht (z.B. AlSn 20 Cu).

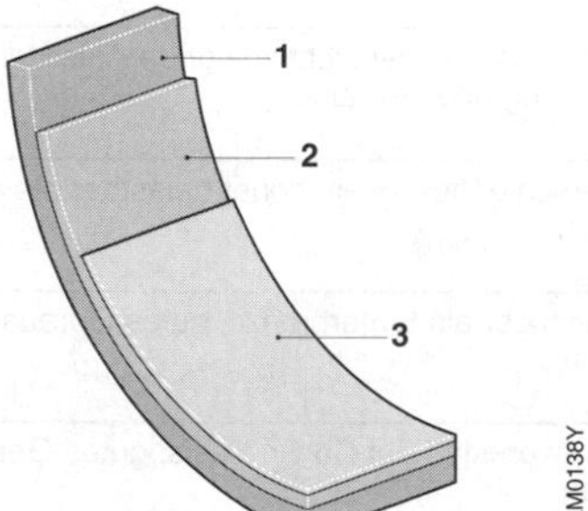

In hochbelastenden Verbrennungsmotoren (z.B. aufgeladene Dieselmotoren) werden auch Rillenlager (Bild 7) eingesetzt. Bei dieser Variante sind feine Rillen in Umfangsrichtung der Lauffläche eingearbeitet, die mit einem weichen Füllstoff (z.B. PbSnCu) gefüllt sind. Die Lauffläche weist somit nebeneinander weiche und harte Bereiche auf.

Lagerwerkstoffe

Als Lagerwerkstoffe werden Blei, Zinn-, Kupfer- und Aluminiumlegierungen verwendet. In Tabelle 3 sind Werte für die zulässige spezifische Lagerbelastung angegeben.

Blei- und Zinn-Lagermetalle, früher als Weißmetalle bezeichnet, eigenen sich gut für höhere Gleitgeschwindigkeiten und

Tabelle 3: Erfahrungswerte für zulässige spezifische Lagerbelastung (nach DIN 31652-3).

Lagerwerkstoffe	Zulässige spezifische Lagerlast $\bar{p}_{\lim}$ [MPa]
Pb- und Sn-Legierungen (Weißmetalle)	5 ... 15
Bronze auf Zinn-Basis	7 ... 25
Bronze auf Blei-Basis	7 ... 20
AlSn-Legierungen	7 ... 18
AlZn-Legierungen	7 ... 20
Höchstwerte gelten nur bei sehr geringen Gleitgeschwindigkeiten	

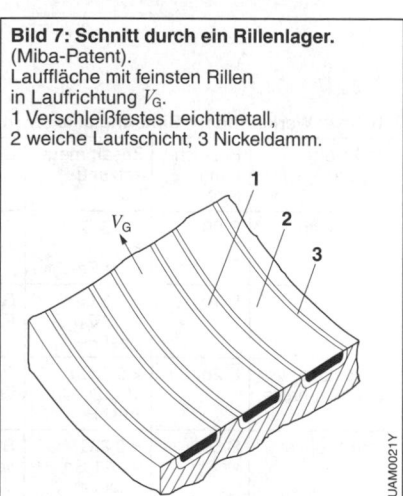

Bild 7: Schnitt durch ein Rillenlager.
(Miba-Patent).
Lauffläche mit feinsten Rillen in Laufrichtung V_G.
1 Verschleißfestes Leichtmetall,
2 weiche Laufschicht, 3 Nickeldamm.

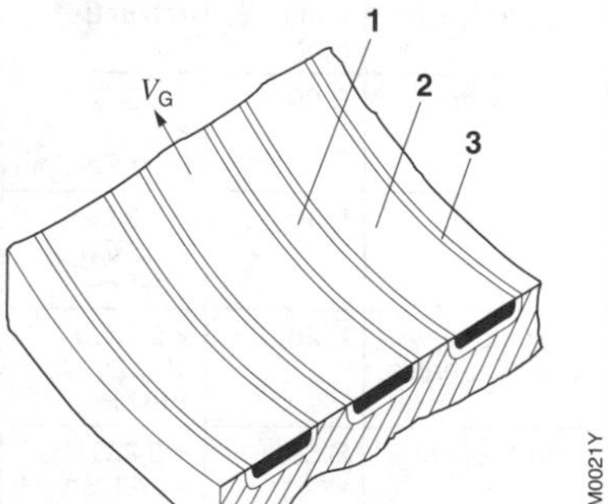

zeichnen sich durch gute Einlauf- und Notlaufeigenschaften aus. Zinnbronzen sind für hohe Beanspruchungen geeignet und sehr verschleißfest, Einlauf- und Notlaufeigenschaften sind jedoch weniger gut. Bleibronzen weisen bessere Notlaufeigenschaften auf, bei nur geringfügig schlechterer Verschleißfestigkeit. Aluminiumlegierungen besitzen eine höhere Korrosionsfestigkeit als Weißmetall und Kupferlegierungen (Bronzen).

Genormte Werkstoffe für Gleitlager findet man in ISO 4381 [3], ISO 4382 [4] und ISO 4383 [5]. Einige Lagerwerkstoffe enthalten Blei. Nach EU 2016/774 [6] ist die Verwendung von Blei im Pkw-Bereich verboten. Im Nfz-Bereich und im allgemeinen Maschinenbau ist Blei zurzeit noch erlaubt.

Selbstschmierende Gleitlager aus Metall

Sinterlager

Gleitlager aus Sintermetall gehören zu den selbstschmierenden Lagern. Sie bestehen aus gesinterten Metallen mit einem verbleibenden Porenvolumen, das mit flüssigen Schmierstoffen imprägniert wird. Für viele Hilfsaggregate im Kraftfahrzeugbau (Kleinmotoren) stellt dieser Lagertyp einen guten Kompromiss von Präzision, Einbau, Wartungsfreiheit, Lebensdauer und Kosten dar. Der Anwendungsschwerpunkt liegt bei Wellendurchmessern von 1,5...12 mm.

Für Kraftfahrzeuge werden Sintereisen- und Sinterstahllager gegenüber Sinterbronzelagern bevorzugt, da sie preisgünstiger sind und eine geringere Wechselwirkung mit dem Schmierstoff aufweisen (Tabelle 4). Vorteile der Sinterbronzelager sind höhere zulässige Gleitgeschwindigkeiten, geringeres Geräusch und geringere Reibzahlen (z.B. für Phonogeräte, Büro- und Datenanlagen).

Sintermetalle mit der Bezeichnung SINT-B (Tabelle 4) haben 20 % Porenvolumen. Daneben gibt es noch SINT-A mit 25 % und SINT C mit 15 % Porenvolumen.

Die Leistungsfähigkeit der Sinterlager über längere Laufzeiten ist eng mit dem Einsatz des optimalen Schmierstoffs gekoppelt. Zum Einsatz kommen Mineralöle, die jedoch eine ungenügende Kältefließfähigkeit und mäßige Alterungsbeständigkeit aufweisen. Syntheseöle (z.B. Ester,

Tabelle 4: Werkstoffe für Sintermetalllager (nach DIN 30910-3 [7]).

Werkstoffgruppe	Bezeichnung Sint- ...	Zusammensetzung [%]	Bemerkungen
Sintereisen	B 00	< 0,3 C < 1 Cu Rest Fe	Standardwerkstoff bei nicht zu hohen Anforderungen an Belastung und Geräusch.
Sinterstahl, Cu-haltig	B 10	< 0,3 C 1...5 Cu Rest Fe	Gute Verschleißfestigkeit, höher belastbar als reine Fe-Lager.
Sinterstahl, höher Cu-haltig	B 20	< 0,2 Cu 15...20 Cu Rest Fe	Preisgünstiger als Sinterbronze, gutes Geräuschverhalten.
Sinterbronze	B 50	< 0,2 C 9...11 Sn Rest Cu	Standardwerkstoff auf Cu-Sn-Basis, gutes Geräuschverhalten.

Poly-α-Olefine) besitzen dagegen eine gute Kältefließfähigkeit und sind thermisch hoch belastbar. Außerdem ist die Verdampfungsneigung gering. Synthetische Fettöle (Öle, die mit Metallseifen versehen sind) zeichnen sich durch eine geringe Anlaufreibung und einen geringen Verschleiß aus. Die wichtigsten Eigenschaften der Sinterlager sind in Tabelle 5 angegeben.

Metallkeramische Lager

Metallkeramische Gleitlager bestehen aus pulvermetallurgisch hergestelltem Material, das neben der metallischen Matrix fein verteilte Festschmierpartikel enthält.

Als Werkstoff kommen Bronze, Eisen und Nickel zum Einsatz, als Schmierstoff z.B. Graphit oder Molybdändisulfid (MoS_2). Keramiklager eigenen sich besonders für hohe Belastungen bei gleichzeitiger Selbstschmierung. Sie sind jedoch sehr spröde und deshalb empfindlich gegen Stöße.

Metallkeramische Lager finden im Kfz Anwendung z.B. als Achsschenkellager.

Tabelle 5: Eigenschaften wartungsfreier, selbstschmierender Gleitlager.

	Sinterlager ölgetränkt		Polymerlager		Verbundlager Laufschicht		Kunstkohle
Eigenschaften Größe	Sintereisen	Sinterbronze	Thermoplast Polyamid	Duroplast Polyimid	PTFE + Zusatz	Acetalharz	
Druckfestigkeit MPa	80…180		70	110	250	250	100…200
Max. Gleitgeschwindigkeit m/s	10	20	2	8	2	3	10
Spezifische Belastung MPa	1…4 (10) [1]		15	50 (bei 50 °C) 10 (bei 200 °C)	20…50	20…50	50
Zulässige Betriebstemperatur °C Kurzzeitig	− 60…180 (ölabhängig) 200		-130 ... 100 120	−100…250 300	−200…280	−40…100 130	−200…350 500
Reibzahl ohne Schmierung	mit Schmierung 0,04…0,2		0,2…0,4 (100 °C) 0,4…0,6 (25 °C)	0,2…0,5 (ungefüllt) 0,1…0,4 (gefüllt)	0,4…0,2	0,7…0,2 PTFE gefüllt	0,1…0,35
Wärmeleitfähigkeit W/(m·K)	20…40		0,3	0,4…1	46	2	10…65
Korrosionsbeständigkeit	weniger gut	gut	sehr gut		gut	gut	sehr gut
Chemische Beständigkeit	nein		sehr gut		bedingt	bedingt	gut
Max. $p \cdot v$ MPa·m/s	20		0,05	0,2	1,5...2		0,4…1,8
Einbettfähigkeit von Schmutz und Abrieb	weniger gut		gut	gut	weniger gut	gut	weniger gut

[1] Wert in Klammern gilt bei zusätzlicher Schmierung.

Selbstschmierende Gleitlager aus Kunststoff

Für Gleitlager können unterschiedliche Kunststoffe verwendet werden.Die unterschiedlichen Eigenschaften von Kunststofflagern sind in Tabelle 5 zusammengestellt.

Vollpolymerlager aus Thermoplasten

Merkmale

Gleitlager aus Thermoplasten sind kostengünstig und eignen sich für geringe Lagerkräfte und niedrige Betriebstemperaturen. Die Gefahr des „Festfressens“ ist äußerst gering.

Die am häufigsten benutzten thermoplastischen Polymerwerkstoffe sind:
- Polyoximethylen (POM, POMC),
- Polyamide (PA),
- Polyethylen und Polybutylenterephthalat (PET, PBT),
- Polyetheretherketon (PEEK).

Durch Zusatz von Schmierstoffen und Verstärkungen im thermoplastischen Grundwerkstoff lassen sich die tribologischen Eigenschaften und auch die mechanischen Kenngrößen in weiten Grenzen variieren.

Schmierstoffzusätze
- Polytetrafluorethylen (PTFE),
- Graphit (C),
- Silikonöl und andere flüssige Schmierstoffe, neuerdings auch in Mikrokapseln verschlossen.

Verstärkungszusätze
- Glasfaser (GF),
- Kohlefaser (CF).

Anwendungsbeispiele
- Scheibenwischerlager (PA und Glasfaser),
- Leerlaufsteller (PEEK + Kohlefaser, PTFE und andere Zusätze).

Polymerlager aus Duroplasten

Diese Werkstoffe besitzen eine hohe Eigenreibung und werden in Kfz als Lagermaterial wenig eingesetzt. Duroplaste, die für Gleitlager verwendet werden, sind:
- Phenolharze (hohe Reibung),
- Epoxidharze (Zusätze von PTFE oder C, wegen Eigensprödigkeit ist eine Verstärkung mit Fasern erforderlich),
- Polyimid (thermisch und mechanisch hoch belastbar).

Anwendungsbeispiel

Polymerlager aus Duroplasten finden im Wischermotor als axialer Anlaufpilz aus Polyimid Anwendung.

Verbundlager

Verbundlager sind Kombinationen von Polymerwerkstoffen, Fasern und Metallen. Durch den jeweiligen Aufbau (Bild 8) ergeben sich gegenüber den reinen oder gefüllten Polymergleitlagern Vorteile bezüglich Belastbarkeit, Lagerspiel, Wärmeleitung und Montage. Sie sind auch besser geeignet bei oszillierenden Bewegungen.

Aufbaubeispiel

Das Lager besteht aus einem galvanisch verzinnten Stahlrücken, darüber ist eine 0,2...0,35 mm dicke Bronzekugelschicht

Bild 8: Schnitt durch ein selbstschmierendes Verbundlager.
1 Polymergleitschicht, 2 Bronzekugelschicht, 3 Kupferschicht, 4 Stahlrücken, 5 Zinnschicht.

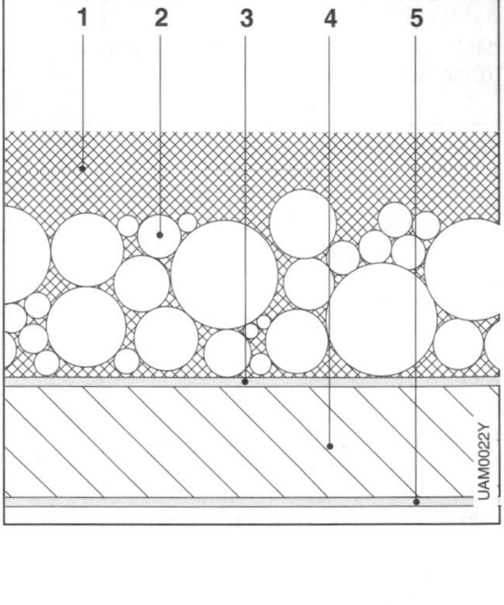

mit 30...40 % Porenvolumen aufgesintert, in der ein reibungsarmer Polymerwerkstoff als Gleitschicht eingewalzt ist. Die Gleitschicht besteht aus

- Acetalharz oder Polyvinylidenfluorid, ölimprägniert oder mit Schmiernäpfchen oder
- PTFE + ZnS oder Molybdändisulfid (MoS_2) beziehungsweise Graphit als Zusatz.

Verbundlager gibt es in vielfältiger Form und Zusammensetzung. Besonders hoch belastbar und geeignet für Kugelgelenke sind Verbundlager mit eingewebten PTFE-Fasern.

Anwendungsbeispiele für Kfz

- Kolbenstangenlager von Federbeinen,
- Ausrückhebellager von Kupplungsdruckplatten,
- Bremsbackenlagerung von Trommelbremsen,
- Kugelgelenklager,
- Türscharnierlager,
- Lager von Aufwickelwellen für Sicherheitsgurte,
- Achsschenkellager,
- Zahnradpumpenlager.

Für die sehr hohen Anforderungen in Diesel-Hochdruckeinspritzpumpen sind Verbundlager mit speziell modifizierter Gleitschicht notwendig. Die Gleitschicht besteht aus PEEK oder PPS mit Zusätzen (z.B. C-Fasern, ZnS, TiO_2 und Graphit). Die Teilchengröße liegt teilweise im Bereich von Nanometern.

Kunstkohlelager

Kunstkohlelager zählen aufgrund des Herstellungsverfahrens und der Materialeigenschaften zu den keramischen Lagern. Als Basismaterial dienen pulverförmige Kohlenstoffe, als Binder Peche und Kunstharze. Zu beachten ist, dass Kunstkohlelager sehr spröde sind.

Vorteile

- Temperaturbeständigkeit bis 350 °C (Hartbrandkohle) beziehungsweise bis 500 °C (Elektrographit),
- geringe Reibung,
- gute Korrosionsbeständigkeit,
- gute Wärmeleitfähigkeit,
- gute Thermoschockbeständigkeit.

Anwendungsbeispiele für Kunstkohlelager

- Lager von Kraftstoffpumpen,
- Lager in Trockenöfen,
- verstellbare Leitschaufeln von Verdichtern in Abgasturboladern.

Literatur

[1] DIN 31652: Gleitlager – Hydrodynamische Radial-Gleitlager im stationären Betrieb.
Teil 1: Berechnung von Kreiszylinderlagern.
Teil 2: Funktionen für die Berechnung von Kreiszylinderlagern.
Teil 3: Betriebsrichtwerte für die Berechnung von Kreiszylinderlagern.
[2] VDI 2204: Auslegung von Gleitlagerungen.
[3] ISO 4381: Gleitlager – Zinn-Gusslegierungen für Verbundgleitlager.
[4] ISO 4382: Gleitlager; Kupferlegierungen;
Teil 1: Kupfer-Gusslegierungen für massive und dickwandige Verbundgleitlager.
Teil 2: Kupfer-Knetlegierungen für massive Gleitlager.
[5] ISO 4383: Gleitlager – Verbundwerkstoffe für dünnwandige Gleitlager.
[6] Richtlinie (EU) 2016/774 der Kommission vom 18. Mai 2016 zur Änderung von Anhang II der Richtlinie 2000/53/EG des Europäischen Parlaments und des Rates über Altfahrzeuge.
[7] DIN 30910: Sintermetalle; Werkstoff-Leistungsblätter (WLB);
Teil 1: Hinweise zu den WLB.
Teil 2: Sintermetalle für Filter.
Teil 3: Sintermetalle für Lager und Formteile mit Gleiteigenschaften.
Teil 4: Sintermetalle für Formteile.
Teil 6: Sinterschmiedestähle für Formteile.

Wälzlager

Anwendung

Bei den meisten Maschinen zählen Wälzlager zu den wichtigsten Bauteilen. An ihre Tragfähigkeit und Betriebszuverlässigkeit werden hohe Anforderungen gestellt. In Kraftfahrzeugen finden Wälzlager verbreitete Anwendung. Personenkraftwagen und Nutzkraftwagen sind mit einer großen Anzahl von Wälzlagern ausgestattet in Lagerungen für Generator, Starter, Radlager, Getriebe, Federbein, Gelenkwelle, Wasserpumpe, Spannrolle, Lenkung, Scheibenwischermotor, Lüfter und Einspritzpumpe.

Bild 1: Aufbau der Wälzlager.
a) Rillenkugellager,
b) Schrägkugellager,
c) Nadellager,
d) Zylinderrollenlager,
e) Kegelrollenlager,
f) Pendelrollenlager.
1 Äußerer Ring, 2 innerer Ring,
3 Käfig, 4 Wälzkörper.

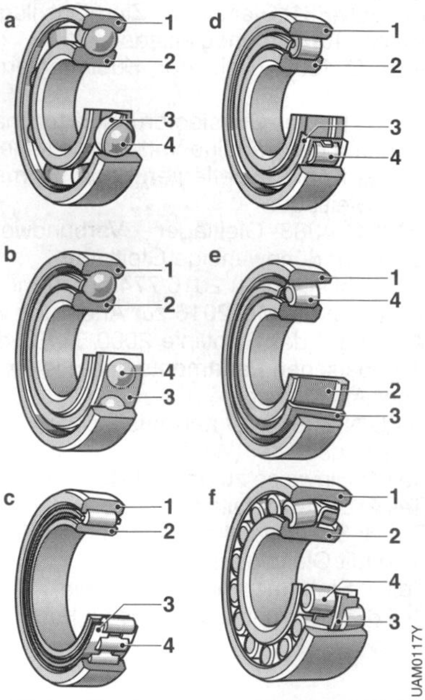

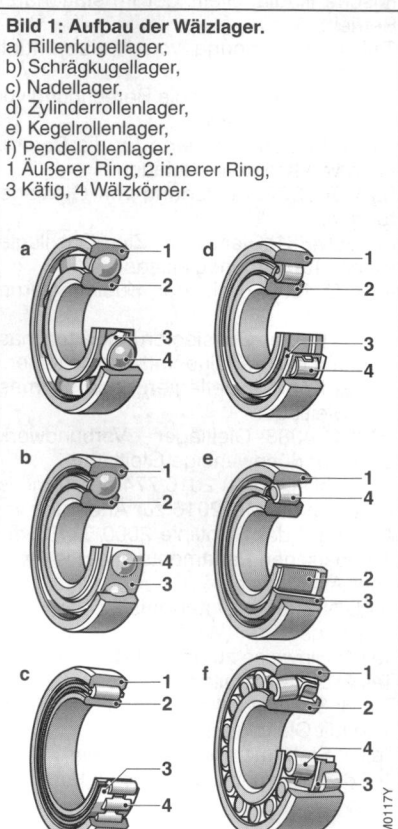

Allgemeine Grundlagen

Bauart

Wälzlager bestehen im Allgemeinen aus zwei Ringen (Bild 1, äußerer Ring und innerer Ring), einem Käfig und einem Wälzkörpersatz. Die vom Käfig geführten Wälzkörper rollen auf den Laufbahnen der Ringe ab. Als Wälzkörper werden Kugeln, Zylinderrollen, Nadelrollen, Kegelrollen und Pendelrollen verwendet. Ein Wälzlager kann mit Fett geschmiert werden. Zur Verhinderung des Fettaustritts und zur Abdichtung gegen Schmutz wird das Wälzlager mit Deckscheiben aus Stahlblech oder mit Dichtscheiben aus Gummi bestückt.

Das Wälzlager überträgt die äußere Kraft von einem Lagerring über die Wälzkörper zum anderen Ring. Nach der Hauptbelastungsrichtung unterscheidet man zwischen Radiallagern und Axiallagern.

Baumaße

Das Wälzlager ist ein einbaufertiges Maschinenelement. Für einen Bohrungsdurchmesser sind mehrere Außendurchmesserreihen und Breitenreihen verfügbar. Durch genormte Kurzzeichen werden die Durchmesser- und Breitenreihen eines Wälzlager bezeichnet. In der Norm DIN 623-1 [1] sind die Bezeichnungen festgelegt.

Die äußeren Abmessungen sind im Katalog von Wälzlagerherstellern angegeben.

Toleranzen

Maß- und Formtoleranzen der Wälzlager sind in ISO 492 [2] und DIN 620 ([3], [4], [5], [6], [7]) nach Genauigkeiten genormt. Wälzlager mit normaler Genauigkeit, d.h. Toleranzklasse P0 (auch PN genannt), erfüllen im Allgemeinen alle Forderungen, die der Maschinenbau an die Qualität einer Lagerung stellt. Für höhere Ansprüche sieht die Norm genauere Toleranzklassen P6, P5, P4 und P2 vor.

Lagerluft und Lagerspiel

Unter Lagerluft eines nicht eingebauten Wälzlagers versteht man das Maß, um das sich die Lagerringe gegeneinander verschieben lassen. Dabei unterscheidet man zwischen der Radialluft und der Axialluft.

In der Norm DIN 620 Teil 4 [6] ist die Radialluft maßgeblich festgelegt. Die normale Radialluftgruppe ist CN. Nach Betriebsverhältnissen – z.B. Passungen mit Umbauteilen und Temperaturen – kann man auch die anderen Radialluftgruppen C2 (<CN) beziehungsweise C3 und C4 (>CN) verwenden.

Die Axialluft ergibt sich aus der Radialluft, Laufbahn- und Wälzkörpergeometrien und wird generell als Referenzparameter angegeben.

Bei eingebauten Lagern spricht man von Lagerspiel. Im Betrieb wird das Lagerspiel durch die ursprüngliche Lagerluft, Passungen und Material der Umbauteile wie Welle und Gehäuse sowie Temperaturunterschied zwischen Lagerringen bestimmt. In der Regel soll ein einwandfrei laufendes Lager ein sehr kleines Lagerspiel haben.

Werkstoffe

Lagerringe und Wälzkörper bestehen überwiegend aus chromlegiertem Sonderstahl 100Cr6 (DIN EN ISO 683-17, [8]) beziehungsweise 52100 (ASTM A295, [9]) mit hohem Reinheitsgrad und Härten von 58...65 HRC. Für spezielle Anwendungen können die Ringe und Wälzkörper aus anderen Materialien, z.B. Keramik bestehen.

Wälzlagerkäfige werden aus Metall oder Kunststoff hergestellt. Der metallische Käfig in kleinen Wälzlagern besteht überwiegend aus Stahlblech. Für die Mehrzahl der Kunststoffkäfige wird Polyamid 66 (PA66) verwendet. Der Werkstoff, besonders mit Glasfaserverstärkung, zeichnet sich durch eine günstige Kombination von Festigkeit und Elastizität aus. Für besondere Anwendungsfälle mit extrem hoher thermischer Beanspruchung werden auch andere thermoplastische und duroplastische Kunststoffe als Käfigmaterialien verwendet.

Auswahl der Wälzlager

Um das richtige Lager aus der Vielzahl der Möglichkeiten herauszufinden, müssen viele äußere Einflüsse berücksichtigt werden.

Auswahlkriterien

Belastung

Die Größe und Richtung der auf Wälzlager wirkenden Belastung bestimmen normalerweise Bauart und Baugröße des Wälzlagers. Bei niedrigen bis mittleren Belastungen werden in der Regel Rillenkugellager verwendet. Rollenlager haben bei hohen Belastungen und bei beschränktem Einbauraum einen Vorteil. Mit Ausnahme der nur rein radial belastbaren Nadellager, Zylinderrollenlager und der axialen Lager können Wälzlager gleichzeitig radiale und axiale Belastung (kombinierte Belastungen) aufnehmen.

Rillenkugellager übertragen axiale Belastungen in beiden Richtungen, während Schrägkugellager und Kegelrollenlager nur in einer Richtung axial belastbar sind.

Zylinderrollenlager und Pendellager eignen sich besonders für radiale, weniger für axiale Belastungen.

Drehzahlgrenze

Bei gleichen Baugrößen haben Kugellager mit Punktberührung zwischen Wälzkörpern und Laufbahnen eine höhere Drehzahlgrenze als Rollenlager. Die zulässige Drehzahl eines Wälzlagers hängt vor allem von Bauart, Baugröße und auch vom Schmierungsverfahren ab. Ein mit Öl geschmiertes Lager weist üblicherweise eine höhere Drehzahlgrenze gegenüber einem mit Fett geschmierten Lager auf.

Montage

Bei Wälzlagern unterscheidet man zwischen selbsthaltenden Lager (fertig zusammenmontiert) und nicht-selbsthaltenden Lager (zerlegbar). Zu den nicht-selbsthaltenden Lagern gehören Kegelrollenlager, Schrägkugellager, Zylinderrollenlager und Nadellager. Diese Lager sind meist einfacher zu montieren beziehungsweise zu demontieren als selbsthaltende Lager wie Rillenkugellager und Pendellager. Bei der Montage auf die Welle und ins Gehäuse müssen Kegelrollenlager und Schrägkugellager auf das geforderte Lagerspiel beziehungsweise die Vorspannung eingestellt werden, was immer große Sorgfalt voraussetzt.

Weitere Auswahlkriterien
Neben den zuvor genannten Hauptkriterien berücksichtig man bei der Wälzlagerauswahl auch Winkeleinstellbarkeit zum Ausgleich der Schiefstellung und Fluchtfehler zwischen den Lagerstellen, Laufgenauigkeit, Reibung und Kosten.

Gestaltung der Lagerung
Zur Führung und Abstützung eines umlaufenden Maschinenteils sind in der Regel zwei in bestimmtem Abstand voneinander angeordnete Lager erforderlich. Für die Anordnung der Lager gibt es zwei wichtige Varianten: Die Fest-Los-Lagerung und die angestellte Lagerung.

Fest-Los-Lagerung
Zwei Radiallager sitzen auf der Welle und im Gehäuse (Bild 2). Der Abstand zwischen den beiden Lagerstellen wird durch gefertigte Umbauteile im Rahmen der Toleranz bestimmt. Außerdem dehnt sich die Welle bei unterschiedlicher Erwärmung beziehungsweise unterschiedlichen Werkstoffen nicht gleich wie das Gehäuse aus. Diese Differenzen müssen in den Lagerstellen ausgeglichen werden. Deswegen soll ein Lager als Festlager auf der Welle und im Gehäuse axial befestigt werden und ein Lager als Loslager in axialer Richtung bewegbar sein. Typische Anwendungen der Fest-Los-Lagerung finden sich in Generatoren und Lenkungsmotoren.

Man verwendet häufig einreihige Rillenkugellager als Festlager. Zylinderrollenlager, Nadellager und Rillenkugellager kommen üblicherweise als Loslager zum Einsatz.

Bei hohen radialen und axialen Belastungen finden auch zweireihige Schrägkugellager und Kegelrollenlager Anwendung, z.B. als Radlagerung.

Angestellte Lagerung
Eine angestellte Lagerung wird überwiegend aus zwei spiegelbildlich angeordneten Schrägkugellagern oder Kegelrollenlagern gebildet (Bild 3). Bei der Montage wird ein Lagerring auf seiner Sitzfläche so weit verschoben, bis die Lagerung das gewünschte beziehungsweise erforderliche Spiel oder die Vorspannung hat. Wegen der Möglichkeit einer Spielregulierung eignet sich eine angestellte Lagerung besonders für Anwendungsfälle mit enger Führung, z.B. Lagerung in Getrieben.

Bild 2: Fest-Los-Lagerung.

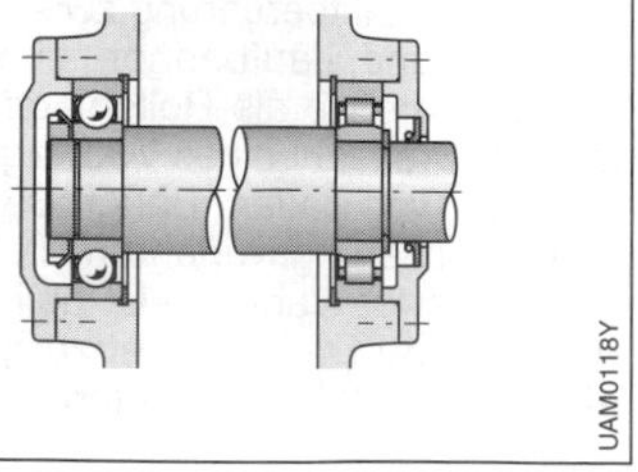

Bild 3: Angestellte Lagerung.

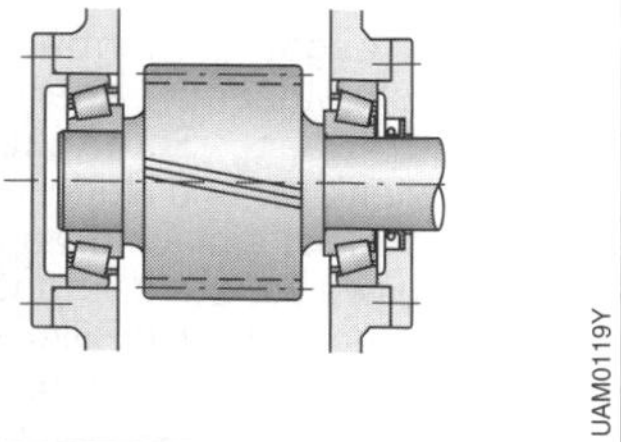

Toleranzen und Passung der Lagerstellen
Wälzlager haben grundsätzlich Minustoleranzen für Bohrungsdurchmesser, Außendurchmesser und Breite. Das heißt, das Nennmaß ist immer Größtmaß.

Wichtig für den Einbau der Wälzlager ist die Befestigung der Ringe an den Lagerstellen (Welle und Gehäusebohrung). Auf den Gegenstücken dürfen die Wälzlager vor allem tangential unter Belastung nicht verdrehen. Die Befestigung wird am sichersten und einfachsten durch richtige Auswahl einer Passung und Toleranzen erreicht, damit die Tragfähigkeit des Lagers voll genutzt werden kann. Je nach dem Toleranzband des Lagersitzes spricht man von Spielpassung, Übergangspassung oder Presspassung (Bild 4).

Bild 4: Passungen des Lagersitzes.

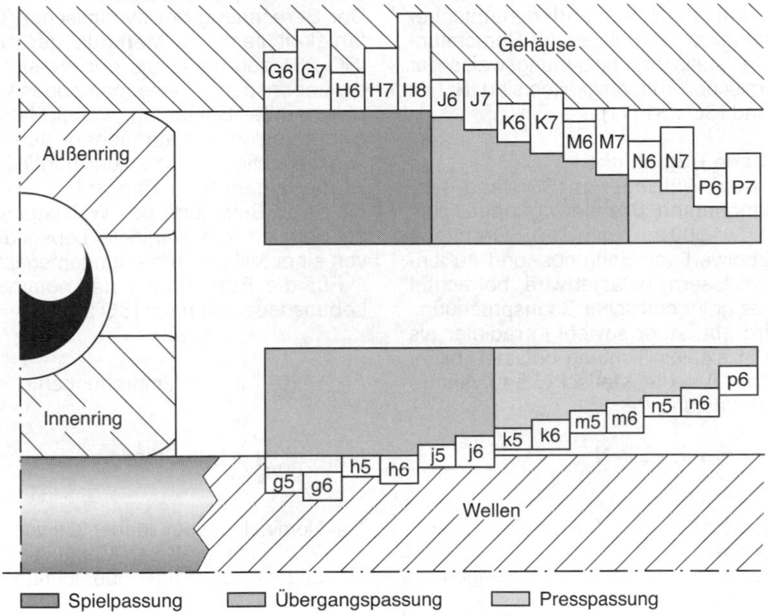

Für die Auswahl der Passung sind die Lastverhältnisse der Lagerringe von großer Bedeutung. Nach der Lastrichtung und der Drehung der Lagerringe unterscheidet man zwischen zwei Lasten.

- Umfangslast: Der Ring läuft relativ zur Lastrichtung um und muss fest sitzen.
- Punktlast: Der Ring steht relativ zur Lastrichtung still und kann eine enge Spielpassung bis Presspassung mit seinem Gegenstück haben.

Wegen der geringen Dicken der Lagerringe übertragen sich die Formabweichungen der Sitzflächen auf die Laufbahnen. Die Gegenstücke sollen also möglichst hohe Formqualität wie Rundheit, Zylinderform und Planlauf aufweisen.

Berechnung der Tragfähigkeit

Bei der Berechnung der Tragfähigkeit eines Wälzlagers ist zu unterscheiden zwischen statischer und dynamischer Tragfähigkeit. Grundlagen für Berechnungen der statischen beziehungsweise der dynamischen Tragfähigkeiten sind ISO 76 [10] und ISO 281 [11] .

Statische Tragfähigkeit

Wenn ein Wälzlager im Stillstand oder bei langsamen Drehbewegungen, d.h. $n\,d_m \leq 4\,000\,\text{mm} \cdot \text{min}^{-1}$ (n Drehzahl, d_m Mittelwert von Bohrungs- und Außendurchmessern) belastet wird, betrachtet man es unter statischer Beanspruchung.

Wird ein Lager sowohl in radialer als auch in axialer Richtung belastet, bildet sich daraus die statische äquivalente Lagerbelastung P_0:

$$P_0 = X_0\,F_r + Y_0\,F_a \text{ in N}$$

mit

- X_0 Radialfaktor; $X_0 = 0{,}6$ für einreihiges Rillenkugellager.
- Y_0 Axialfaktor; $Y_0 = 0{,}5$ für einreihiges Rillenkugellager.
- F_r Radiallast in N.
- F_a Axiallast in N.

Bei $P_0 < F_r$ ist mit $P_0 = F_r$ zu rechnen. Die Faktoren X_0 und Y_0 für andere Lagerbauarten sind Angaben in Katalogen von Wälzlagerherstellern zu entnehmen.

Als Maß für die statische Tragfähigkeit wird ein Verhältnis

$$f_S = \frac{C_0}{P_0}$$

gebildet, wobei C_0 als statische Tragzahl bezeichnet wird. C_0 ist die Belastung, bei der die bleibende plastische Gesamtverformung von Wälzkörpern und Laufbahnen an der höchstbeanspruchten Berührstelle 0,0001 des Wälzkörperdurchmessers beträgt. In Katalogen ist C_0 für alle Wälzlager angegeben. Die Berechnung der statischen Tragzahl C_0 ist in der Norm ISO 76 dargestellt.

Bei normalen Ansprüchen kann man die Kennzahl $f_s = 1$ zulassen. Die Anforderung einer geringeren Verformung (< 0,0001) entspricht einer größeren Kennzahl $f_s > 1$.

Dynamische Tragfähigkeit

Der Berechnung der dynamischen Tragfähigkeit liegt die Methode der Norm ISO 281 zugrunde. Sie bezieht sich auf die Lebensdauer eines rotierenden Wälzlagers unter Belastung, wobei Materialermüdung der Laufflächen auftreten kann. Wichtige Kennzahl der Tragfähigkeit ist die dynamische Tragzahl C. Sie gibt diejenige Belastung des Wälzlagers an, bei der sich eine nominelle Lebensdauer von einer Million Umdrehungen ergibt.

Für die Berechnung der nominellen Lebensdauer gilt nach ISO 281:

$$L_{10} = 10^6 \left(\frac{C}{P}\right)^p \text{ in Umdrehungen,}$$

$$L_{10h} = \frac{10^6}{60n} \left(\frac{C}{P}\right)^p \text{ in Stunden.}$$

- L_{10} Nominelle Lebensdauer, die von 90 % einer größeren Menge gleicher Lager erreicht oder überschritten wird.
- C Dynamische Tragzahl in N, sie ist in Wälzlagerkatalogen angegeben.
- P Dynamische äquivalente Lagerbelastung in N.
- p Exponent, $p = 3$ für Kugellager, $p = 10/3$ für Rollenlager.
- n Drehzahl in min^{-1}.

Die dynamische äquivalente Belastung P ist definiert als die gedachte, in Größe und Richtung konstante Belastung, die den Einfluss auf die Lebensdauer hat wie die tatsächlich wirkende Radiallast und Axiallast. Sie ergibt sich aus:

$$P = X\,F_r + Y\,F_a \text{ in N}$$

mit

- F_r Radiallast,
- F_a Axiallast,
- X Radialfaktor,
- Y Axialfaktor.

Der Radialfaktor X und der Axialfaktor Y hängen von Lagerbauart, Baugröße, Lagerspiel und Lastverhältnis ab und sind in ISO 281 beziehungsweise in Wälzlagerkatalogen angegeben.

Modifizierte Lebensdauer
Zusätzlich zur nominellen Lebensdauer wurde in die Norm ISO 281 eine erweiterte modifizierte Lebensdauer L_{na} eingeführt, bei der auch Betriebsbedingungen in die Rechnung mit einbezogen werden können:

$$L_{na} = a_1\, a_2\, a_3\, L_{10}\,,$$

mit

a_1 Beiwert für die Erlebenswahrscheinlichkeit, z.B.:
90 %: $a_1 = 1$;
95 %: $a_1 = 0{,}62$.

a_2 Beiwert für besondere Lagerausführung wie Innenkonstruktion und Werkstoffe.

a_3 Beiwert für die Betriebsbedingungen wie Lagerschmierung und Betriebstemperatur.

Die Beiwerte a_2 und a_3 sind nicht unabhängig voneinander und häufig als Beiwert a_{23} zusammengefasst:

$$L_{na} = a_1\, a_{23}\, L_{10}\,.$$

Die vielfältigen systematischen Untersuchungen und Erfahrungen aus der Praxis ermöglichen eine Quantifizierung der Einflüsse von Lagerwerkstoffen und Betriebsbedingungen auf die erreichbare Lebensdauer von Wälzlagern. Zur Ermittlung der Beiwerte a_2, a_3 beziehungsweise a_{23} stehen Diagramme und Rechenprogramme von Wälzlagerherstellern zur Verfügung.

Literatur

[1] DIN 623: Wälzlager – Grundlagen: Teil 1: Bezeichnung, Kennzeichnung. Teil 2: Zeichnerische Darstellung von Wälzlagern.

[2] ISO 492: Wälzlager – Radiallager – Maße und Toleranzen.

[3] DIN 620-1: Wälzlager; Meßverfahren für Maß- und Lauftoleranzen.

[4] DIN 620-2: Wälzlager; Wälzlagertoleranzen; Toleranzen für Radiallager.

[5] DIN 620-3: Wälzlager; Toleranzen für Axiallager.

[6] DIN 620-4: Wälzlager – Wälzlagertoleranzen – Teil 4: Radiale Lagerluft.

[7] DIN 620-6: Wälzlager – Wälzlagertoleranzen – Teil 6: Grenzmaße für Kantenabstände.

[8] DIN EN ISO 683-17: Für eine Wärmebehandlung bestimmte Stähle, legierte Stähle und Automatenstähle – Teil 17: Wälzlagerstähle.

[9] ASTM A295: Kohlenstoffreiche Wälzlagerstähle.

[10] ISO 76: Wälzlager – Statische Tragzahlen.

[11] ISO 281: Wälzlager – Dynamische Tragzahlen und nominelle Lebensdauer.

Dichtungen

Dichtungstechnik

Aufgabe

Die Aufgabe einer Dichtung ist es, zwei unterschiedliche Medien räumlich voneinander zu trennen. Aus wirtschaftlichen Gründen ist es erforderlich, vorhandene Dichtstellen mit einfachen Geometrien abzudichten. Die einfachste dieser Geometrien nimmt dabei der O-Ring ein.

Einteilung

Man unterscheidet zwischen statischen und dynamischen Dichtungen (Bild 1). Bei einer statischen Dichtung besteht keine Relativbewegung zwischen Dichtung und Maschinenteilen, bei einer dynamischen Dichtung ist zwischen Dichtung und Maschinenteilen eine relative Bewegung vorhanden. Diese kann sowohl zwischen Dichtung und Welle als auch zwischen Dichtung und Gehäuse bestehen.

Bei statischen Dichtungen kann eine hundertprozentige Dichtheit erreicht werden, dies ist bei dynamischen Dichtungen meistens nicht der Fall. Bei dynamischen Dichtungen wird eine „Leckage-Rate" festgelegt, die nicht überschritten werden darf. Wenn eine Dichtung diese Rate erfüllt, spricht man von einer technischen Dichtheit.

Werkstoffe für Dichtungen

Für Dichtungen im Automobilbereich werden hauptsächlich Elastomere, aber auch andere Werkstoffe eingesetzt. Elastomere kommen für die unterschiedlichsten Anwendungen zum Einsatz – ob als Reifen, bei Türdichtungen, als Achsmanschetten, in Kraftstoffschläuchen oder als diverse Dichtungen im Motorraum.

Anforderungen

Elastomere sind wie alle organisch-chemischen Werkstoffe nicht uneingeschränkt nutzbar. Äußere Einflüsse, z.B. unterschiedliche Medien, Sauerstoff oder Ozon wie auch Druck oder Temperatur verändern die Materialeigenschaften und somit deren Verhalten. Elastomere können quellen, schrumpfen, verhärten, rissig werden oder gar brechen.

Bei der Auslegung einer neuen Dichtung muss immer das komplette Dichtsystem berücksichtig werden. Dies umfasst folgende sieben Punkte:

Bild 1: Arten von Dichtungen.
Dichtungen in gestrichelt dargestellten Kästchen haben im Kfz-Bereich keine Bedeutung.

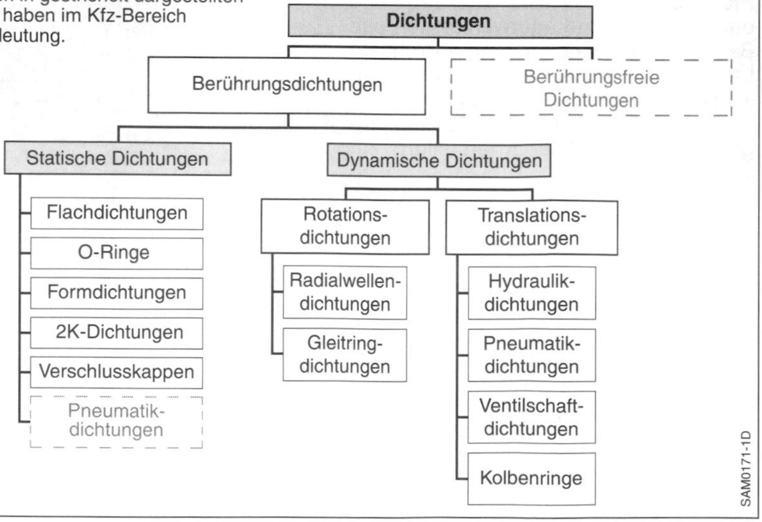

- Dichtungsgeometrie,
- Systemdruck (gemittelter Druck sowie kurzzeitige Spitzendrücke),
- Systemtemperatur (gemittelte Temperatur sowie kurzzeitige Spitzentemperaturen),
- abzudichtender Spalt,
- Rauigkeit der Gegenlauffläche,
- abzudichtendes Medium,
- Relativgeschwindigkeit zwischen Dichtung und Maschinenteil.

Anwendungsbereiche
Abhängig von den vorherrschenden Anforderungen wird das passende Dichtsystem ausgelegt. Einen Überblick über die bestehenden Lösungen und wo sie zur Anwendung kommen gibt die Übersicht in Bild 2.

Bild 2: Anwendungen von Dichtungen im Kfz.

1 Klimaanlage
- O-Ringe
- PTFE-Dichtungen
- Rotationsdichtungen

2 Wärmemanagement
- Spezielle Rotationsdichtungen
- Mehrkomponentendichtungen
- Dichtungsringe
- O-Ringe
- PTFE-Komponenten

3 Zylinderkopf
- Metalldichtungen
- Multi-Layer-Dichtungen

4 Einspritzsystem
- O-Ringe
- kundenspezifische Dichtungsringe
- PTFE-Formringe

5 Abgasrückführung
- AGR-Dichtung

6 Batterie
- Elastomer-Druckbegrenzungsventil

7 Sicherheitsrelevante Komponenten (Airbag)
- Maßgeschneiderte Zweikomponententeile

8 Elektrik
- Maßgeschneiderte Gehäusedeckel aus thermoplastischem Werkstoff oder in Kombination mit Silikon

9 Elektronische Steuereinheiten
- Speziell entwickelte Multi-Layer-Dichtungen

10 Motor, Getriebe, Lenkung, u.a.
- Verschlusskappen

11 Bremsanlage
- O-Ringe
- kundenspezifische Formteile

12 Antriebsstrang und Getriebe
- Rotationsdichtungen
- Führungsringe
- Stützringe
- O-Ringe
- Dichtscheiben
- Verschlusskappen

13 Fenster und Türen
- Extrudierte Elastomerprofile

14 Fahrwerk
- Dichtkantenring
- O-Ringe
- Buffer-Ring
- Stützringe
- Vaneseal

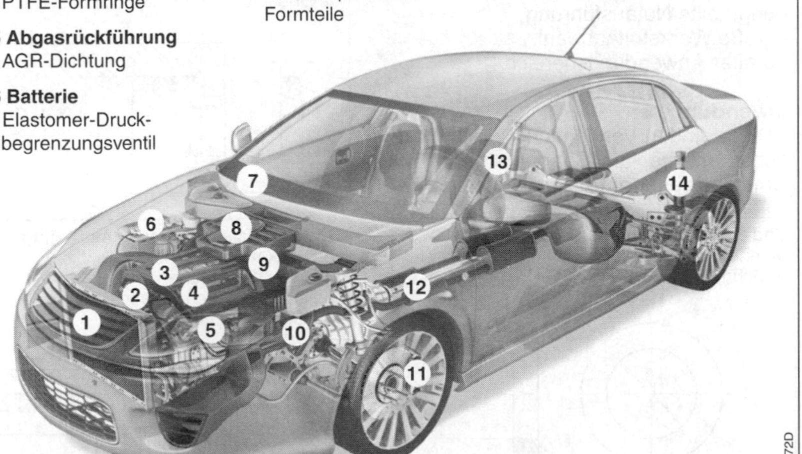

O-Ring

Mit dem O-Ring steht dem Konstrukteur ein leistungsfähiges und wirtschaftliches Dichtelement für eine Vielzahl unterschiedlicher Anwendungsfälle zur Verfügung. Hauptsächlich wird er als statisches Dichtelement verwendet, kann aber auch bei dynamischen Anwendungen zum Einsatz kommen. Kostengünstige Herstellverfahren und einfache Handhabung machten den O-Ring zu der meistverwendeten Dichtung.

Eine große Auswahl von Elastomer-Werkstoffen für Standard- und Sonderanwendungen ermöglicht die Abdichtung nahezu aller flüssiger und gasförmiger Medien.

Beschreibung

O-Ringe werden in Formen endlos vulkanisiert. Sie sind gekennzeichnet durch die Ringform mit einem kreisförmigen Querschnitt. Der O-Ring wird in seinem Abmessungen durch den Innendurchmesser d_1 und den Schnurdurchmesser d_2 definiert (Bild 1).

Aufgrund seiner einfachen Geometrie hat der O-Ring vielfältige Vorteile:
- Symmetrischer Querschnitt,
- einfache, kompakte Ausführung,
- selbsttätig und beidseitig wirkend,
- einfache Berechnung und Festlegung der Nut,
- ungeteilte Nutausführung,
- große Werkstoffauswahl,
- breiter Anwendungsbereich.

Anwendungen

O-Ringe finden Verwendung als primäre Dichtelemente, als Spannelemente für gummivorgespannte Hydraulikdichtungen und als Abstreifer (sekundäres Dichtelement). Sie decken somit eine Vielzahl von Anwendungsbereichen ab.

Ob als Einzeldichtung für einen Reparaturfall oder als qualitätsgesichertes Dichtelement im Automobil- oder Maschinenbau – es gibt heute keinen Bereich in der Industrie, in dem der O-Ring nicht verwendet wird. Überwiegend wird der O-Ring bei statischen Abdichtungen eingesetzt
- als radial-statische Abdichtung, z.B. bei Buchsen, Deckeln, Rohren, Zylindern (Bild 2),
- als axial-statische Abdichtung, z.B. bei Flanschen, Platten, Verschlüssen (Bild 3).

Der dynamische Einsatz ist nur bei geringer Beanspruchung möglich. Er ist begrenzt durch die Geschwindigkeit und den abzudichtenden Druck
- zur Abdichtung z.B. hin- und hergehender Kolben, Stangen, Plunger,
- zur Abdichtung z.B. langsam schwenkender, rotierender oder schraubenförmiger Bewegungen an Wellen, Spindeln, Drehdurchführungen.

Bild 1: Bemaßung des O-Rings.
d_1 Innendurchmesser,
d_2 Schnurdurchmesser.

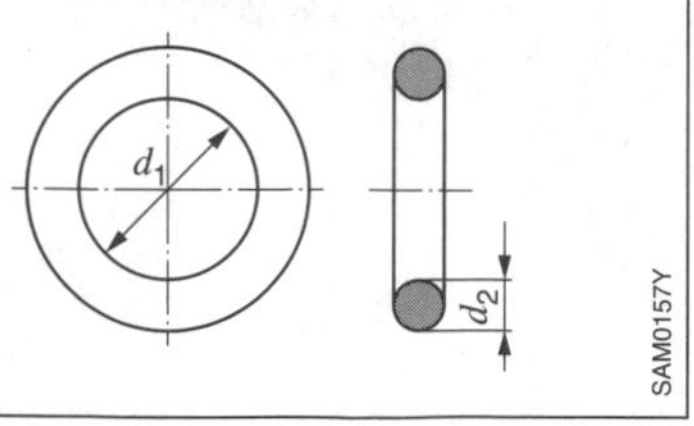

Bild 2: Radialer Einbau eines O-Rings.
d_1 Innendurchmesser,
d_2 Schnurdurchmesser,
d_3 Nutgrunddurchmesser,
d_6 Einbauraum-Außendurchmesser.

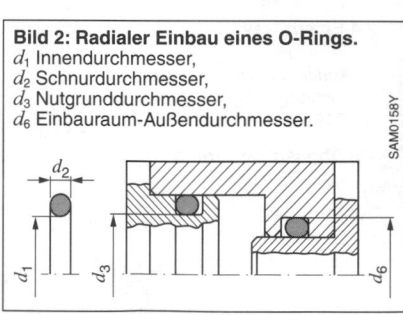

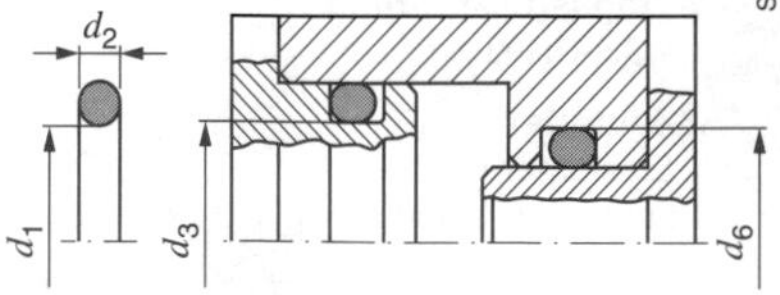

Bild 3: Axialer Einbau eines O-Rings.
a) Druck p von innen,
b) Druck p von außen.
d_7 Nutaußendurchmesser,
d_8 Nutinnendurchmesser.

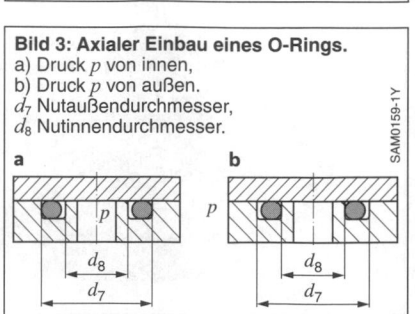

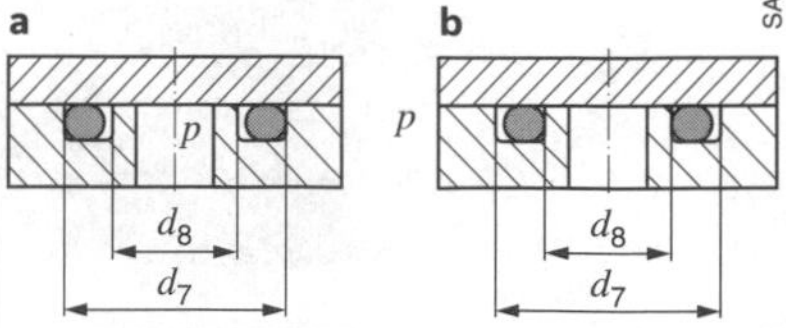

Wirkungsweise

O-Ringe sind selbsttätige, doppelt wirkende Dichtelemente. Die durch den Einbau in radialer oder axialer Richtung hervorgerufenen Anpresskräfte bewirken die Anfangsdichtheit. Sie werden vom Systemdruck überlagert. Dadurch entsteht eine Gesamtdichtpressung, die mit steigendem Systemdruck zunimmt (Bild 4). Der O-Ring verhält sich unter Druck ähnlich einer Flüssigkeit mit hoher Oberflächenspannung. Dadurch wird der Druck gleichmäßig nach allen Seiten übertragen.

Bild 4: Anpresskräfte beim O-Ring.
a) Ohne Vorpressung,
b) Anpresskräfte mit Vorpressung,
c) Anpresskräfte mit Vorpressung, mit Systemdruck
1 Druckverlauf im O-Ring.
p Systemdruck.

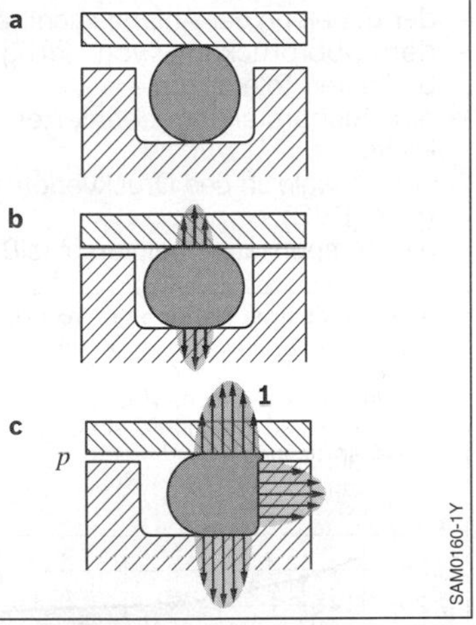

Werkstoffe

Anlagenhersteller und Betreiber erwarten von Dichtungssystemen, dass sie leckagefrei arbeiten und lange Standzeiten aufweisen. Um daher die ideale Dichtungslösung im Einzelfall zu finden, ist neben der richtigen Konstruktion auch die Materialauswahl von entscheidender Bedeutung. Auf die konkreten Materialeigenschaften wird an anderer Stelle eingegangen (siehe Elastomere), da diese für alle Dichtungen gleichermaßen gelten.

Dichtspalte

Bei zu großen Dichtspalten besteht die Gefahr der Spaltextrusion (Bild 5), die eine Zerstörung des O-Rings zur Folge haben kann.

Bild 5: Dichtspalt.
p Systemdruck,
S Dichtspalt.

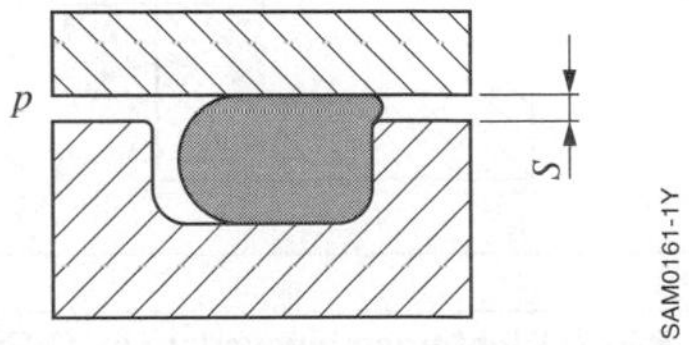

Tabelle 1: Spaltmaße.

O-Ring-Schnurdurchmesser d_2 [mm]	bis 2	2…3	3...5	5...7	>7
O-Ringe mit Härte 70 Shore A					
Druck p [MPa]			Spalt S [mm]		
≤3,50	0,08	0,09	0,10	0,13	0,15
≤7,00	0,05	0,07	0,08	0,09	0,10
≤10,50	0,03	0,04	0,05	0,07	0,08
O-Ringe mit Härte 90 Shore A					
Druck p [MPa]			Spalt S [mm]		
≤3,50	0,13	0,15	0,20	0,23	0,25
≤7,00	0,10	0,13	0,15	0,18	0,20
≤10,50	0,07	0,09	0,10	0,13	0,15
≤14,00	0,05	0,07	0,08	0,09	0,10
≤17,50	0,04	0,05	0,07	0,08	0,09
≤21,00	0,03	0,04	0,05	0,07	0,08
≤35,00	0,02	0,03	0,03	0,04	0,04

Der zulässige radiale Dichtspalt S zwischen den abzudichtenden Teilen ist vom Systemdruck, dem Schnurdurchmesser, der Medientemperatur und der Shorehärte des O-Rings abhängig. In Tabelle 1 sind Empfehlungen für das zulässige Spaltmaß S in Abhängigkeit vom O-Ring-Schnurdurchmesser und von der Shorehärte angegeben. Die Tabelle gilt für Elastomer-Werkstoffe, ausgenommen Polyurethan und FEP- oder PFA-ummantelte O-Ringe. Bei Drücken größer 5 MPa für Innendurchmesser größer 50 mm und Drücken größer 10 MPa für Innendurchmesser kleiner 50 mm sind Stützringe vorzusehen (Bild 6).

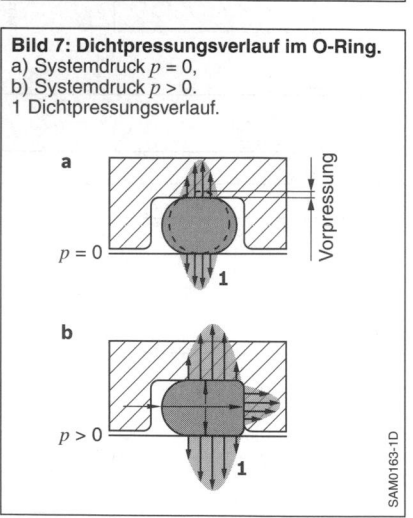

Bild 6: Einbau eines O-Rings.
a) Einbau ohne Stützring,
b) Einbau mit Stützring.
p Systemdruck,
S Dichtspalt.

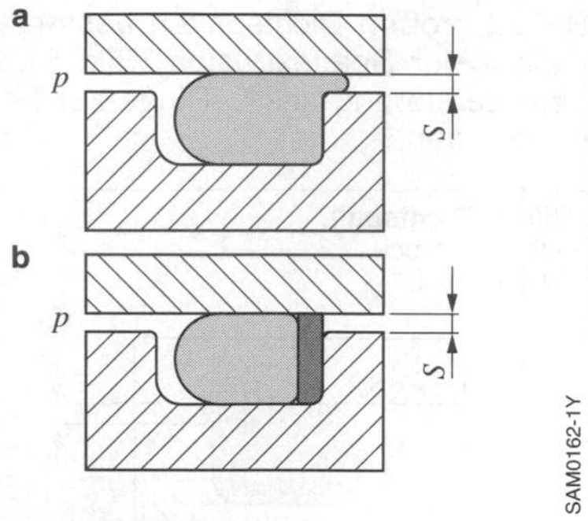

Bild 7: Dichtpressungsverlauf im O-Ring.
a) Systemdruck $p = 0$,
b) Systemdruck $p > 0$.
1 Dichtpressungsverlauf.

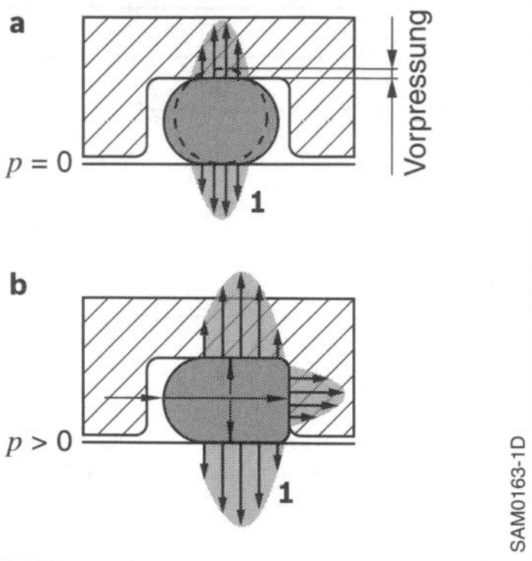

Nutfüllung

Um schädigende Auswirkungen auf die Dichtfunktion zu vermeiden, ist es wichtig, die Nutfüllung bei eingebautem O-Ring zu berücksichtigen. Sie sollte im Einbauzustand 85 % möglichst nicht übersteigen, um eine eventuelle thermische Ausdehnung des O-Rings, Volumenquellung durch Medienkontakt und Einflüsse von Toleranzen aufzufangen.

Vorpressung

Die Vorpressung (Bild 7) dient u.a.
- der Erzielung der Anfangsdichtheit,
- der Überbrückung von fertigungsbedingten Toleranzen,
- der Sicherstellung definierter Reibkräfte,
- dem Ausgleich des Druckverformungsrests (DVR),
- der Kompensation bei Verschleiß.

Bild 8: Zulässiger Bereich der Vorpressung in Abhängigkeit vom Schnurdurchmesser.
a) Hydraulik, dynamische Beanspruchung,
b) Hydraulik und Pneumatik, statische Beanspruchung.

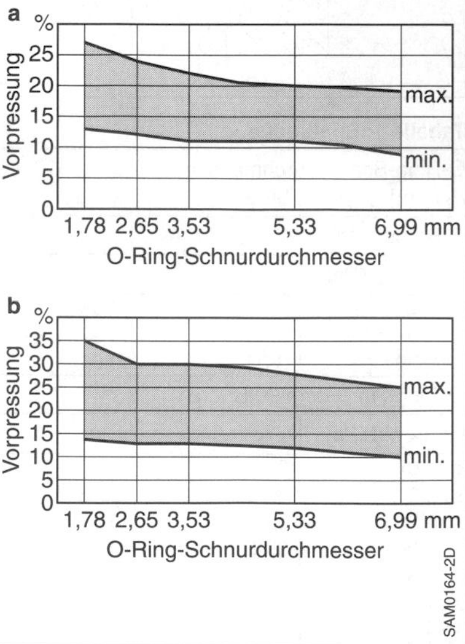

Je nach Anwendung werden für die Vorpressung folgende Werte, bezogen auf den Schnurdurchmesser (d_2), empfohlen: für den dynamischer Einsatz 6...20 %, für den statischen Einsatz 15...30 %.

Für die Auslegung von Nuten können die Richtwerte für die Vorpressung aus den Diagrammen in Bild 8 und Bild 9 entnommen werden. Diese berücksichtigen in Übereinstimmung mit ISO 3601-2 [1] die Abhängigkeit von Beanspruchungen und den Schnurdurchmesser.

Oberflächen

Elastomere passen sich an unregelmäßige Oberflächen unter Druck an. Für gas- oder flüssigkeitsdichte Verbindungen müssen jedoch Mindestanforderungen an die Oberflächengüte der abzudichtenden Flächen gestellt werden. Grundsätzlich sind z.B. Riefen, Kratzer, Lunker, konzentrisch verlaufende oder spiralförmige Bearbeitungsriefen nicht zulässig.

An dynamische Gegenlaufflächen sind bezüglich der Oberflächengüte höhere Anforderungen zu stellen als an statische

Bild 9: Zulässiger Bereich der Vorpressung in Abhängigkeit vom Schnurdurchmesser.
a) Pneumatik, dynamische Beanspruchung,
b) axial statische Beanspruchung.

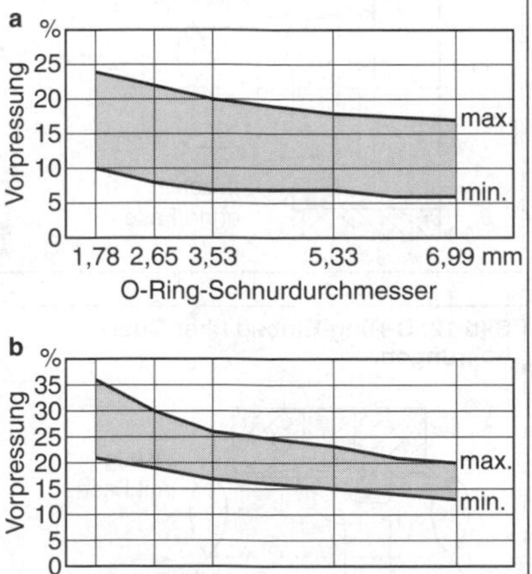

Abdichtungen. Für die Beschreibung von Gegenlaufflächen gibt es noch keine einheitlichen Festlegungen. Die Angabe des R_a-Werts (Mittenrauwert) reicht in der Praxis für die Beurteilung der Oberflächengüte nicht aus. Hersteller-Empfehlungen beinhalten deshalb verschiedene Begriffe und Definitionen u.a. nach DIN 4768 [2] und DIN EN ISO 4287 [3].

Allgemeine technische Daten

O-Ringe können in einem weiten Anwendungsspektrum eingesetzt werden. Temperatur, Druck und Medien bestimmen die Auswahl der geeigneten Werkstoffe. Um die Eignung des O-Rings als Dichtelement für einen gegebenen Anwendungsfall beurteilen zu können, muss das Zusammenwirken aller Betriebsparameter berücksichtigt werden. Weitere Hinweise sind auch im Berechnungsprogramm für O-Ringe von Trelleborg Sealing Solutions abrufbar [4].

Einsatzkriterien

Betriebsdruck

Statischer Einsatz

Im statischen Einsatz gelten für den Betriebsdruck folgende Werte:
- Betriebsdruck < 5 MPa für Innendurchmesser > 50 mm ohne Stützring.
- Betriebsdruck < 10 MPa für Innendurchmesser < 50 mm ohne Stützring (abhängig von Material, Schnurdurchmesser und Spaltmaß).
- Betriebsdruck < 40 MPa mit Stützring.
- Betriebsdruck < 250 MPa mit Sonderstützring.

Dabei sind die zulässigen Spaltmaße zu beachten.

Dynamischer Einsatz

Im dynamischen Einsatz gelten für den Betriebsdruck folgende Werte:
- Betriebsdruck < 5 MPa bei hin- und her gehenden Einsatz, ohne Stützring.
- höhere Drücke mit Stützring.

Geschwindigkeit

Bei hin- und her gehenden Einsatz sind Geschwindigkeiten bis 0,5 m/s zulässig, bei rotierenden Dichtungen ebenfalls bis 0,5 m/s. Die gilt jeweils in Abhängigkeit von Werkstoff und Anwendung.

Temperatur
In Abhängigkeit von Werkstoff und Medienbeständigkeit ist der Einsatz im Temperaturbereich von −60...+325 °C zulässig.

Bei der Beurteilung der Einsatzkriterien sind die kurzzeitige Spitzen- und Dauergebrauchstemperatur sowie die Einschaltdauer zu berücksichtigen. Bei rotierendem Einsatz sind die Temperaturerhöhungen durch Reibungswärme zu beachten.

Medien
Mit einer großen Vielfalt an Werkstoffen mit unterschiedlichen Eigenschaften können nahezu alle Flüssigkeiten, Gase und Chemikalien abgedichtet werden. Angaben zur Auswahl des geeigneten Werkstoffs sind an anderer Stelle zu finden (siehe Elastomere). Weitere Hinweise sind im Internet abrufbar, z.B in der Chemical compatibility database [5].

Einbauhinweise
Vor Beginn der Montage sind folgende Punkte zu überprüfen:
- Einführungsschrägen nach Zeichnung ausgeführt?
- Innenliegende Bohrungen entgratet und verrundet?
- Bearbeitungsrückstände (z.B. Späne, Schmutz, Fremdpartikel) entfernt?
- Gewindespitzen abgedeckt?
- Dichtungen und Bauteile eingefettet oder eingeölt? Auf Medienverträglichkeit mit Elastomer ist zu achten. Es wird empfohlen, das abzudichtende Medium zur Schmierung zu verwenden. Es dürfen keine Schmierstoffe mit Feststoffzusätzen (z.B. Molybdändisulfid, Zinksulfid) verwendet werden.

Durch eine montagegerechte Konstruktion können mögliche Fehlerquellen für ein Dichtungsversagen ausgeschaltet werden (Beispiele in Bild 10, Bild 11 und Bild 12). Da O-Ringe immer mit Übermaß montiert werden, sind Einführungsschrägen (Fasen) und Kantenverrundungen vorzusehen.

Einbau von Hand
- Keine scharfen Gegenstände verwenden.
- Auf Verdrillen achten, Hilfsmittel verwenden zur lagegerechten Positionierung.
- Wo immer möglich, Montagehilfen verwenden.
- O-Ringe nicht überdehnen.
- Aus extrudierter Rundschnur hergestellte O-Ringe nicht über die Stoßstelle aufdehnen.

Bild 10: Stangeneinbau mit O-Ring.

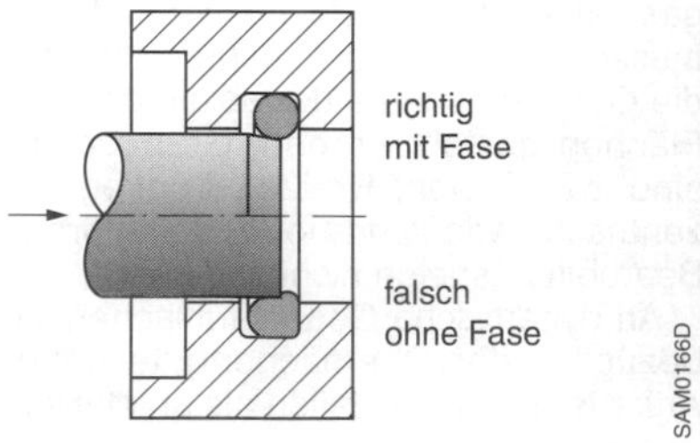

Bild 11: Kolbeneinbau mit O-Ring.

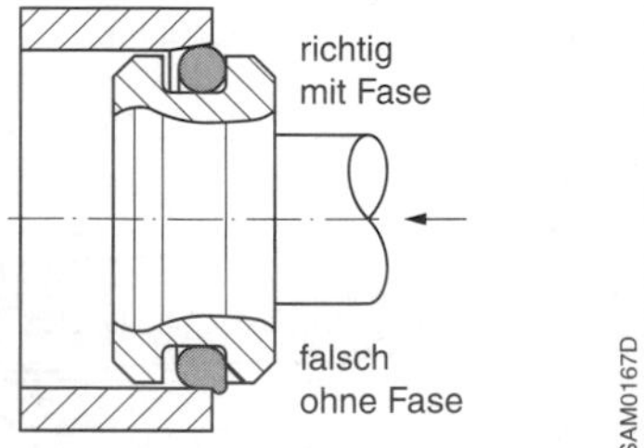

Bild 12: O-Ring-Einbau über Querbohrungen.

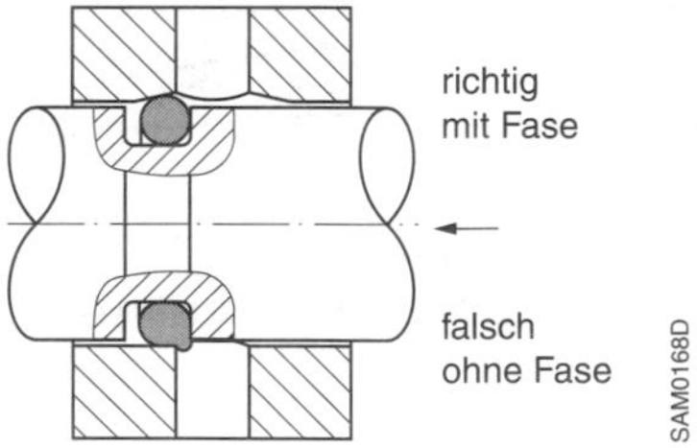

Einbau über Gewinde, Wellen u.ä.
Muss der O-Ring bei der Montage über Gewinde, Wellen, Keilnuten oder ähnliches geführt werden, ist eine Montagehülse notwendig. Diese sollte keine scharfen Kanten oder Grate aufweisen und kann aus weichem Metall oder Kunststoff gefertigt werden.

Einführungsschrägen
Die Mindestlängen der Einführungsschrägen sind in Tabelle 2 in Abhängigkeit des Schnurdurchmessers d_2 angegeben (siehe auch Bild 13 und Bild 14). Die Oberflächenrauheit der Einführungsschräge wird angegeben mit:
$R_z \leq 6{,}3$ µm; $R_a \leq 0{,}8$ µm.

Einbauarten und Hinweise zur Einbauraumgestaltung
Einbauarten
O-Ringe können in vielfältiger Weise in Bauteilen Verwendung finden. Bei der Konstruktion ist bereits die spätere Montagesituation zu berücksichtigen. Um eine Beschädigung bei der Montage zu vermeiden, sollten beim Einbau keine Kanten und Bohrungen überfahren werden. Bei langen Schiebebewegungen ist der Dichtsitz möglichst abzusetzen oder die O-Ringe so anzuordnen, dass sie nur kurze Montagewege zurücklegen. Es besteht sonst die Gefahr des Verdrillens.

Radialer Einbau (statisch und dynamisch)
Die O-Ring-Größe ist bei Stangendichtungen (innendichtend) so auszuwählen, dass der O-Ring-Außendurchmesser ($d_1 + 2\,d_2$) zumindest gleich groß oder größer als der Einbauraum-Außendurchmesser d_6 ist (Bild 2).

Tabelle 2: Einführungsschrägen.

Einführungsschrägen Länge Z min. [mm]		O-Ring-Schnurdurchmesser d_2 [mm]
15 °	20 °	von Inch umgerechnete Standardabmaße (metrische Standardabmaße)
2,5	1,5	bis 1,78 (1,80)
3,0	2,0	bis 2,65 (2,62)
3,5	2,5	bis 3,53 (3,55)
4,5	3,5	bis 5,33 (5,30)
5,0	4,0	bis 7,00
6,0	4,5	über 7,00

Die O-Ring Größe ist bei der Kolbendichtung (außendichtend) so auszuwählen, dass der Innendurchmesser d_1 gleich oder kleiner als der Nutgrunddurchmesser d_3 ist (Bild 2).

Axialer Einbau (statisch)
Bei axial-statischem Einbau ist bei der Wahl der O-Ring-Größe die Druckrichtung zu beachten (Bild 3). Bei Innendruck soll der Außendurchmesser des O-Rings gleich oder größer als der Nutaußendurchmesser d_7 gewählt werden. Bei Außendruck wird der O-Ring-Innendurchmesser kleiner als der Nutinnendurchmesser d_8 gewählt.

Dehnung und Stauchung
Radialer Einbau der Kolbendichtung
Wird der O-Ring als Kolbendichtung (außendichtend) verwendet, sollte der nominale Innendurchmesser d_1 des O-Rings (siehe Bild 2) bei dynamischen

Bild 13: Einführungsschräge für Bohrungen und Rohre.
Z Einführungsschräge.

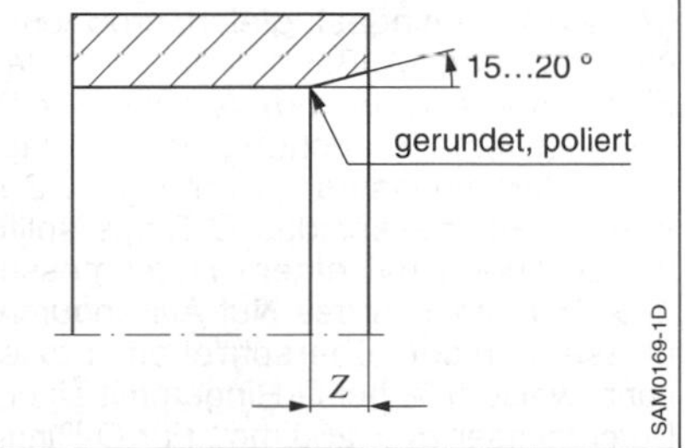

Bild 14: Einführungsschräge für Wellen und Stangen.
Z Einführungsschräge.

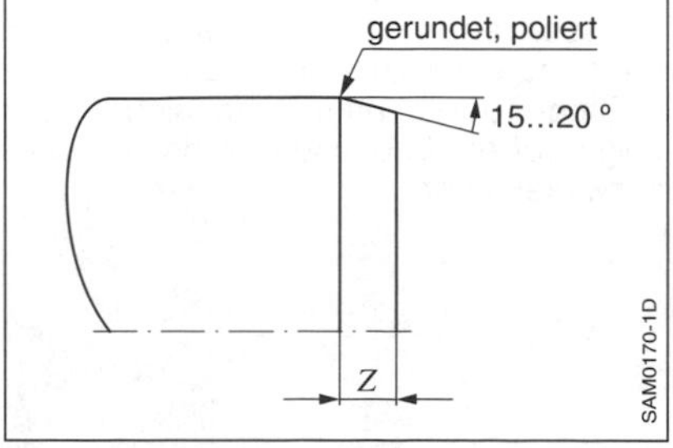

Anwendungen zwischen 2 % und 5 % und bei statischen Anwendungen zwischen 2 % und 8 % gedehnt werden. Bei O-Ringen mit einem Innendurchmesser d_1 < 20 mm ist es nicht immer möglich, dies einzuhalten, was zu einem größeren Dehnungsbereich führen kann. Um den Dehnungsbereich und die maximale Aufdehnung zu minimieren, ist es notwendig, den Durchmesser im Nutgrund d_3 (siehe Bild 2) zu minimieren und weniger strenge Anforderungen an die minimale Aufdehnung zu stellen.

In dynamischen Anwendungen ist es wichtig, eine maximale Dehnung von 5 % nicht zu überschreiten, um nachteilige Auswirkungen auf die Dichtfunktion zu vermeiden. Grundsätzlich führt ein Überschreiten dieser empfohlenen Werte zu einer stärkeren Verringerung des O-Ring-Querschnitts, was sich in der Folge auf die Lebensdauer des O-Rings auswirken kann.

Radialer Einbau der Stangendichtung
Wird der O-Ring als Stangendichtung (innendichtend) verwendet, sollte der Außendurchmesser des O-Rings $(d_1 + 2\,d_2)$ zumindest gleich groß oder größer als der Außendurchmesser des Einbauraums (Nutgrund) d_6 (siehe Bild 2) sein, um eine Stauchung des O-Ring-Außendurchmessers zu erreichen. Der Außendurchmesser des O-Rings sollte bei O-Ringen mit einem Durchmesser d_1 > 250 mm 3 % des Nut-Außendurchmessers nicht überschreiten beziehungsweise 5 % bei O-Ringen mit einem Durchmesser d_1 < 250 mm. Für O-Ringe mit einem Durchmesser d_1 < 20 mm ist dies aufgrund der Toleranzlage nicht immer möglich, wodurch es zu einer größeren Stauchung des Außendurchmessers kommen kann. Grundsätzlich führt ein Überschreiten dieser empfohlenen Werte zu einer zu starken Zunahme des O-Ring-Querschnitts, was sich in der Folge auf die Lebensdauer des O-Rings auswirken kann.

Axial-statischer Einbau
Wird der O-Ring als axial-statische Dichtung verwendet, sollte bei der Wahl der O-Ring-Größe die Druckrichtung beachtet werden (Bild 3). Bei Druckbeaufschlagung des O-Rings sollte die O-Ring-Größe so gewählt werden, dass der O-Ring vor der Druckbeaufschlagung an der Nutflanke der druckabgewandten Seite anliegt. Bei Innendruck sollte der O-Ring so gewählt werden, dass der Außendurchmesser $(d_1 + 2\,d_2)$ des O-Rings gleich oder leicht größer (maximal ca. 1...2 %) ist als der Nutaußendurchmesser d_7. Bei Außendruck sollte der O-Ring ca. 1...3 % kleiner als der Nutinnendurchmesser d_8 gewählt werden.

Stützringe
Stützringe haben keine Dichtfunktion, sondern sind wie der Name sagt Schutz- und Abstützelemente aus extrusionsfesten Materialien mit einem vorwiegend rechteckigen Querschnitt. Sie werden zusammen mit einer elastomeren Dichtung, in der Regel mit einem O-Ring, in eine Nut für die statische Anwendung eingebaut. Die enge Passung zwischen Stützring und Bohrung beziehungsweise Stange verhindert das Extrudieren des unter Druck stehenden O-Rings in den Dichtspalt.

Vorteile
- Einsatz von O-Ringen in Hochdruckanwendungen,
- Verwendung von O-Ringen mit geringer Härte,
- Ausgleich von großen radialen Spaltmaßen,
- außen- und innendichtende Anwendung möglich,
- Einsatz für statische sowie hin- und her gehende beziehungsweise langsam rotierende Bewegungen,
- Kompensation von Spaltvergrößerung durch Wärmeausdehnung,
- statische und dynamische Anwendungen.

Formteildichtung

Anwendung

Downsizing und Gewichtsreduzierung im Fahrzeug stellen immer höhere Anforderungen an die Dichtsysteme. Motorkomponenten und Anbauteile werden zunehmend aus Kunststoffen hergestellt. Bedingt durch die geringeren Steifigkeiten entstehen bei Kunststoffbauteilen höhere Verformungen als bei Metallbauteilen (z.B. axiale und radiale Toleranzen, Verformungen aufgrund hoher Drücke).

Metallbauteile aus Druckguss werden in der Regel nicht nachbearbeitet, damit verbunden sind entsprechend größere Bauteiltoleranzen. Diese anspruchsvollen Anforderungen können mit Elastomer-Dichtsystemen hervorragend erfüllt werden (Bild 1).

Dichtsystem

Einflussgrößen

In Bild 2 sind die wesentlichen Einflussgrößen für ein Dichtsystem dargestellt. Zu erkennen ist eine Formteildichtung zur Abdichtung zwischen Gehäuse und Deckel. Das Anforderungsprofil des Systems kann in die folgenden Beanspruchungsarten unterteilt werden: Mechanisch (Druck, Schwingungen), chemisch oder physikalisch (Fluide beziehungsweise Medien), thermisch und elektrisch.

Konstruktive Merkmale

Bei den konstruktiven Merkmalen wird der Einbauraum (Bild 2, A1) mit seinen Toleranzen, Ebenheiten, der Oberflächenbeschaffenheit sowie dem Dichtspalt, den Radien- und Flankenwinkeln betrachtet. Der Einbauraum besteht aus den Dichtungspartnern Nut und Gegendichtfläche. Das Profil der Formteildichtung (Bild 2, A2) wird unter den Gesichtspunkten der

Bild 1: Designbeispiele.
a) I-Profil,
b) Doppel-I-Profil,
c) T-Profil.

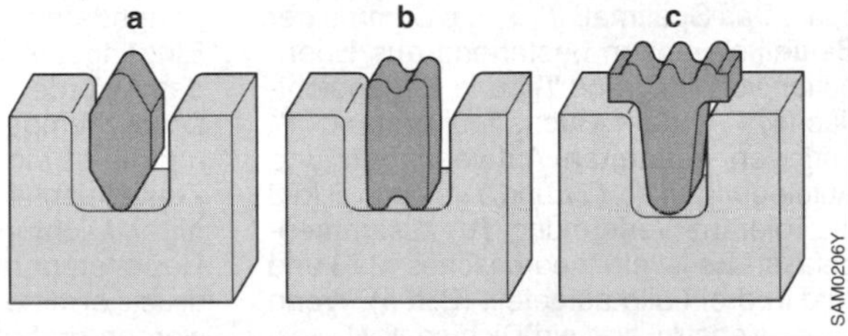

Bild 2: Wesentliche Einflussgrößen für ein Dichtsystem.
1 Formteildichtung (Abdichtung zwischen Gehäuse und Deckel).
A1 Einbauraum,
A2 Profil der Formteildichtung.

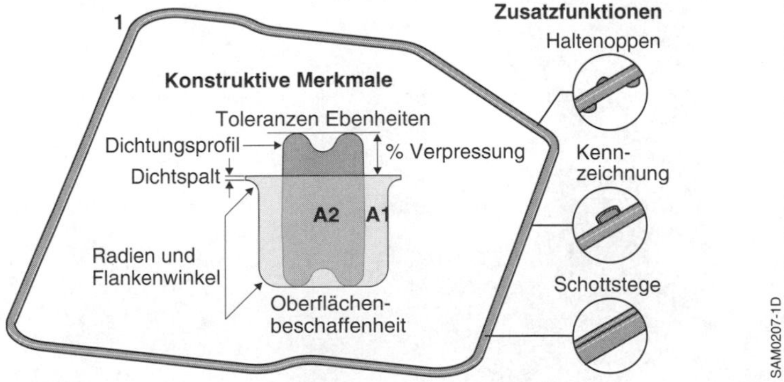

Bild 3: Zusammenhang zwischen Spaltmaß und Dichtspalt.

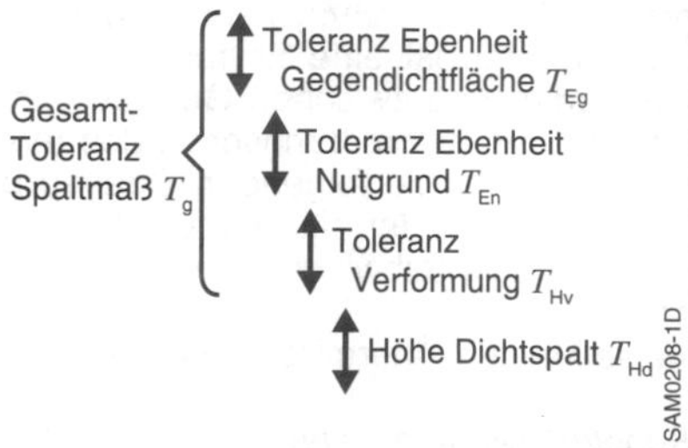

Verpressung und der Freiraumbetrachtung auf den Einbauraum abgestimmt.

Zusatzfunktionen können am Formteil ebenfalls zum Einsatz kommen. So dienen Haltenoppen zur Transportsicherung z.B. bei der Montage, eine Kennzeichnung zur Rückverfolgbarkeit und Schottstege zur Lokalisierung von Leckage.

Die Übersicht in Bild 3 zeigt den Zusammenhang zwischen Spaltmaß und Dichtspalt. Das Spaltmaß T_g ist die Summe der Bauteiltoleranzen bestehend aus Ebenheiten von Nutgrund T_{En} und Gegendichtfläche T_{Eg}, dem Buchsenüberstand T_B und den gesamten Aufweitungen und Aufbiegungen T_A (T_A und T_B sind in Bild 3 als Toleranz Verformung T_{Hv} zusammengefasst).Es ist ein theoretisches Maß und wird in drei Fälle aufgeteilt (Bild 4). Wenn in der Konstruktion ein Dichtspalt H_d vorhanden ist, muss dieser in der Auslegung der Verpressung berücksichtigt werden.

Bild 4: Übersicht minimaler, nominaler und maximaler Freiraum.
a) Maximale Dichtung, minimaler Einbau, minimaler Freiraum.
b) Nominale Dichtung, nominaler Einbau, nominaler Freiraum.
c) Minimale Dichtung, maximaler Einbau und maximaler Freiraum.

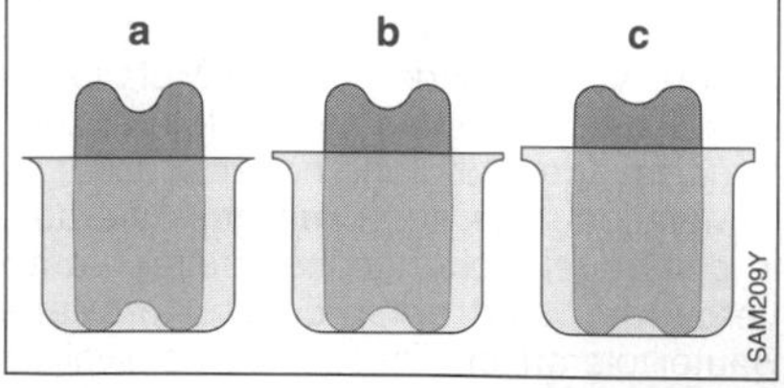

Finite-Elemente-Methode

Die Finite-Elemente-Methode ist eine numerische Analysetechnik, um Abschätzungen für komplexe technische Probleme zu erhalten (siehe Finite-Elemente-Methode). Alle FEM-Berechnungen basieren auf idealisierten Eingangsdaten. Nur bei exakt bekannten Eingangsgrößen für das Materialmodell, das Anforderungsprofil des Systems (z.B. Druck, Temperatur, Einbau) und die Geometrie ist eine Berechnung zielführend. Zum Beispiel kann die Gesamtdehnung einer Dichtung nach der Montage bei Raumtemperatur und definiertem Überdruck ermittelt werden. Die Ergebnisse werden grafisch dargestellt, die Bereiche mit unterschiedlicher Dehnung werden unterschiedlich eingefärbt.

Flachdichtungen

Anwendung

Flachdichtungen und ihre Einsatzgrenzen hängen stark von dem verwendeten Werkstoff ab. Dabei variiert der Anwendungsfall im Automobilbau von heißen Fluiden über starke chemische Beanspruchung bis hin zu hohen Drücken. Je nach Anforderung kann die Flachdichtung mit Metall ummantelt werden oder sogar komplett aus Metall bestehen.

Die unterschiedlichen Typen von Flachdichtungen stellen sich wie folgt dar:
- Wenig strapazierbar: Papier, Pressfaser, Elastomer, hart- und elastomergebundener Kork.
- Mittelmäßig strapazierbar: Gebundene Glasfaser-, Aramidfaser-, Kohlefaser- und Mineralfaser-Dichtungen (Weichstoffdichtungen), Elastomer-Metall-Verbund.
- Stark strapazierbar: Expandierter Graphit, Metall.
- Korrosionswiderstandsfähig: Massives, expandiertes, gefülltes PTFE; Korrosionsbeständiges Metall, Elastomer-Metall-Verbund.

Varianten

Wie die vorhergende Aufzählung zeigt, gibt es eine große Vielfalt an Flachdichtungen. Im Folgenden soll jedoch lediglich auf die Wichtigsten eingegangen werden.

Zylinderkopfdichtungen

Zylinderkopfdichtungen (Bild 1) sind elementare statische Dichtungen im Motorraum. Die komplexe Flachdichtung besteht in der Regel aus einer oder mehreren beschichteten Metalllagen mit der Möglichkeit, Elastomerbereiche anzuvulkanisieren. Die Zylinderkopfdichtung dichtet nicht nur gegen Brenngas, Öl und Kühlmittel, sondern dient auch als Kraftübertragungselement zwischen Zylinderkopf und Kurbelwellengehäuse.

Weichstoffdichtungen

Weichstoffdichtungen aus Elastomer-Faser-Verbundwerkstoffen gehören vom Grundprinzip her zu den ältesten Dichtungen. Sie hängen in erster Linie von der Beschaffenheit ihrer Fasern ab und sind sehr druck- und temperaturbeständig. Anwendung finden sie z.B. als Einlasskrümmerdichtungen und in Abgasrückführventilen. Als Binder bei elastomergebundenen Weichstoffdichtungen werden Naturgummi, NBR, SBR, CR, HNBR und FKM verwendet (siehe Elastomere). Für höhere Beanspruchungen sind lediglich Flachdichtungen mit expandiertem Graphit oder reine Metalldichtungen einsetzbar.

Metallsickendichtungen

Bei schmalen Dichtstegen oder geringer Flächenpressung bietet sich der Einsatz von Metallsickendichtungen an (Einsatz z.B. als Deckeldichtung in Druckanwendungen). Die Flächenpressung wird aufgrund der Sicken auf eine Linienpressung reduziert. Dies ermöglicht eine höhere Flächenpressung bei gleichbleibender Schraubenkraft. Eine auf dem Trägerblech aufgebrachte Elastomerbeschichtung ermöglicht außerdem die Mikrodichtwirkung.

Bild 1: Beispiel einer Zylinderkopfdichtung für eine Zylinderbank eines 6-Zylinder-Motors mit zwei Auslass- und zwei Einlassventilen.

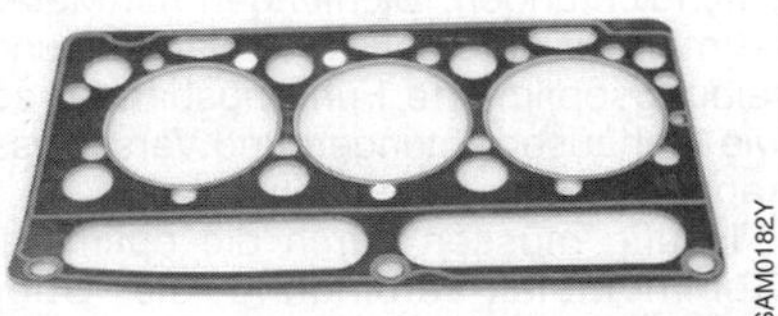

Bild 2: Flachdichtung in einem Elektromotorgehäuse mit integrierter Kühlung.

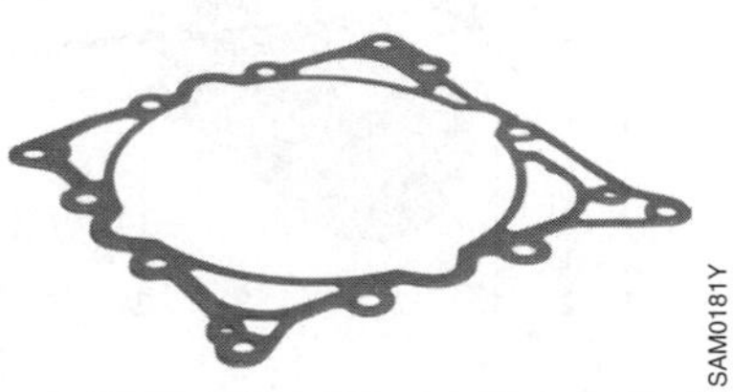

Elastomer-Metall-Flachdichtung
Um Mikroleckagen zu verhindern, eignet sich insbesondere die Flachdichtung aus einem Elastomer-Metall-Verbund. Die formstabile und zugleich anpassungsfähige Dichtung besteht aus einer dünnen Metallschicht mit aufvulkanisierter Elastomerschicht (Bild 2). Gestanzt zu komplexen Geometrien ist die Dichtung ideal für den Einsatz im Krafthauptschluss. Mit einer Elastomerschichtdicke von mindestens 0,2 mm bietet sie außerdem die Möglichkeit, Lunker und Poren im Gussteil auszugleichen. Anwendung findet die Elastomer-Metall-Flachdichtung in Flanschverbindungen, Pumpen, Automatikgetrieben und Elektromotoren.

Bild 3: Coil-Produktion.
1 Metallträger,
2 erstes Elastomer-Coil,
3 zweites Elastomer-Coil.

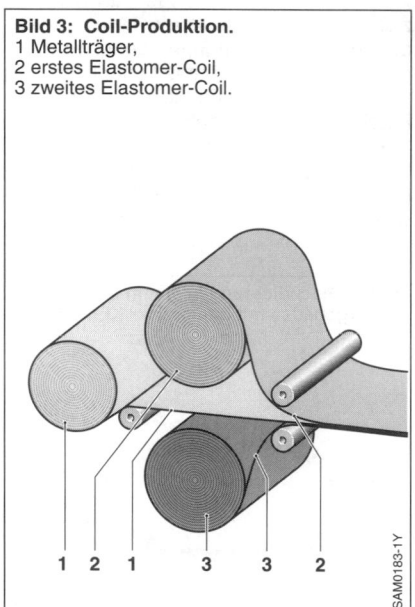

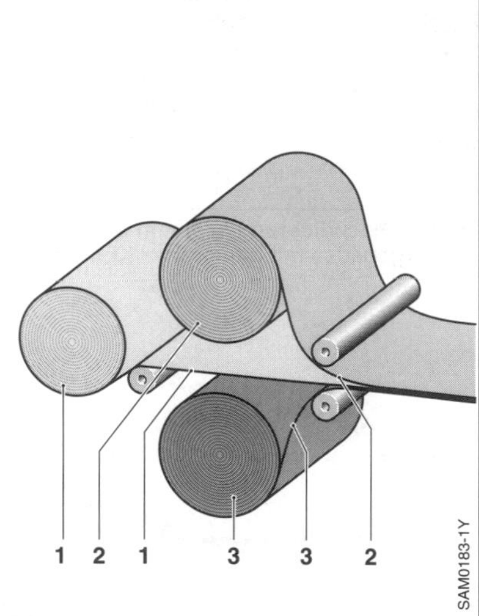

Verschlusskappen

Anwendung
Verschlusskappen gehören zu der Gruppe der statischen Dichtungen. Sie ermöglichen das zuverlässige Dichten von montage- oder fertigungsbedingten Bohrungen an diversen Stellen im Motorraum. Der Konstrukteur kann stets zwischen der Standardlösung nach DIN 443 [6] und weiteren Sonderbauformen wählen, die den hohen Anforderungen der Automobilindustrie entsprechen.

Die Standardlösung nach DIN 443 beschreibt einen Verschlussdeckel aus Metall, der in der Regel in das Gehäuse eingepresst wird und erst durch eine zusätzliche Klebeverbindung ein sicheres Abdichten ermöglicht. Demgegenüber stehen Verschlusskappen, die mit einer Elastomerschicht versehen sind und keine zusätzlichen Klebstoffe benötigen. Die Elastomerschicht ermöglicht überdies einen Einbau ohne Beschädigung der Gehäuseoberfläche und verhindert somit Mikro-Leckagepfade.

Technologie
Metall-Verschlusskappen werden in einem Tiefziehprozess vom Coil-Material zum Fertigprodukt verarbeitet. Die vorteilhaften Elastomer-Metall-Verschlusskappen lassen sich auf verschiedene Arten herstellen. Mögliche Herstellverfahren sind Formpressen, Spritzgießen, Laminieren oder Vulkanisieren. Ein innovatives Herstellverfahren bietet die Technologie, bei der mehrlagige Gummi-Metall-Verbindungen hergestellt werden, die dann anschließend als Verbundmaterial gestanzt und tiefgezogen werden (Bild 3).

Durch Aufbringen eines Bindemittels auf Metallträgern und die Vulkanisierung von Elastomeren auf Metall entstehen sichere und schlüssige Verbindungen, die sich zu komplexen Dichtungsgeometrien gestalten lassen. So können gezielt Flachdichtungen, Dichtungen mit Metallrahmen für automatisierte Handhabung, reibungsoptimierte Führungsbänder sowie Gehäusedichtungen und Verschlusskappen produziert werden.

Häufig müssen durch die optimierte Gummi-Metall-Verbindung die Oberflächen der Dichtflächen nicht mehr aufwändig bearbeitet werden. Die Elastomerschicht verbessert die Dichtleistung und darüber hinaus sind keine Klebe- oder Dichtstoffe in der Produktion notwendig, wodurch die Taktzeiten in der Montage verkürzt und der Produktionsprozess prozesssicherer gestaltet werden kann. Durch einfachere Handhabung, der Möglichkeit zur Automatisierung in der Montage sowie durch Reduzierung des Logistikaufwands erzielen Anwender Kostenvorteile. Gerade gegenüber Spritzguss-Verschlusskappen bieten sich Kostenreduktionspotentiale.

Praxisbeispiele
Motorblöcke entstehen durch Sandgießen. Am Ende des Herstellprozesses sind am Motorblock mehrere Bohrungen, die sich aus fertigungstechnischer Sicht nicht vermeiden lassen, jedoch trotzdem verschlossen werden müssen. Die Gummi-Metall-Verschlusskappen bieten hierfür eine ideale Lösung, da sie einfach montiert, nicht geklebt und rostbeständig sind. Die Einbausituation ist in Bild 4 dargestellt.

Weitere Einsatzmöglichkeiten als statische Abdichtung von Bohrungen finden sich im Getriebe sowie in Lenksystemen wieder. Aber auch in Nocken- und Kurbelwellengehäusen oder in Pumpen sind die Gummi-Metall-Verschlusskappen in der Praxis im Einsatz.

Bild 4: Einbausituation der Verschlusskappe.
1 Verschlusskappe,
2 Metall,
3 Gummischicht.

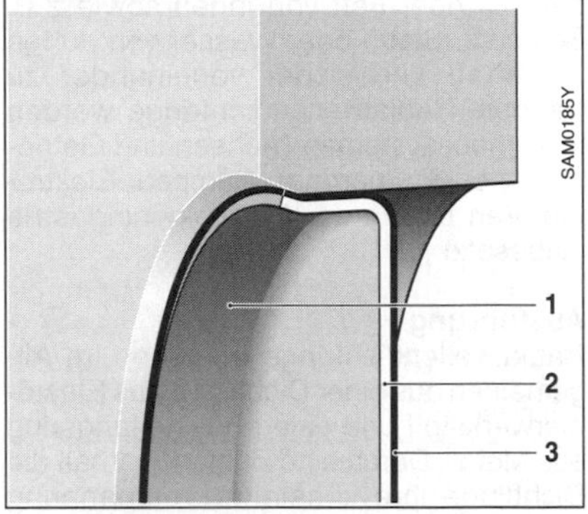

Varianten
Die Gummi-Metall-Verschlusskappen können aus verschiedenen Werkstoffen hergestellt werden. Als Metallwerkstoff stehen Stahl, galvanisierter Stahl und rostfreier Stahl zur Verfügung. Die möglichen Elastomer-Werkstoffe sind NBR, EPDM und AEM und ermöglichen somit einen Temperaturbereich von –45...150 °C und unterschiedliche Medienbeständigkeiten.

Radialwellendichtring

Anwendung

Radialwellendichtringe sind ringförmige Dichtelemente, die die Aufgabe haben, Öl oder Fett von innen sowie z.B. Schmutz, Staub oder Wasser von außen dauerhaft und sicher voneinander zu trennen. Radialwellendichtringe werden in Antriebssystemen (Achsen und Getrieben, z.B. Simmerring), Pumpen, Elektromotoren und in der Maschinenindustrie eingesetzt.

Ausführung

Radialwellendichtringe bestehen im Allgemeinen aus einer Dichtlippe aus Elastomerwerkstoff und einem Versteifungsring aus Metall. Durch eine Zugfeder erhält die Dichtlippe ihre konstante Vorspannung über die gesamte Lebensdauer (Bild 1). Die Dichtlippe ist das Ende der Membrane (Dichtmanschette). Die Dichtkante ist der Bereich der Dichtlippe, der an der Welle anliegt und die eigentliche Dichtfunktion übernimmt.

Die Dichtlippengeometrie entspricht dem heutigen Stand der Technik und basiert auf einer langjährigen anwendungstechnischen Erfahrung. Die Dichtkante kann fertig gepresst oder stirnseitig durch mechanisches Schneiden hergestellt werden.

Bild 1: Profilschnitt eines Radialwellendichtrings.
1 Zugfeder, 2 Federhaltebund, 3 Dichtlippe, 4 Federnut, 5 Dichtkante, 6 Welle, 7 Außenmantel, 8 Elastomer, 9 Bodenfläche, 10 Versteifungsring, 11 Membrane (Dichtmanschette), 12 Staublippe, 13 Federwirklinie.
A Stirnseite, B Bodenseite.

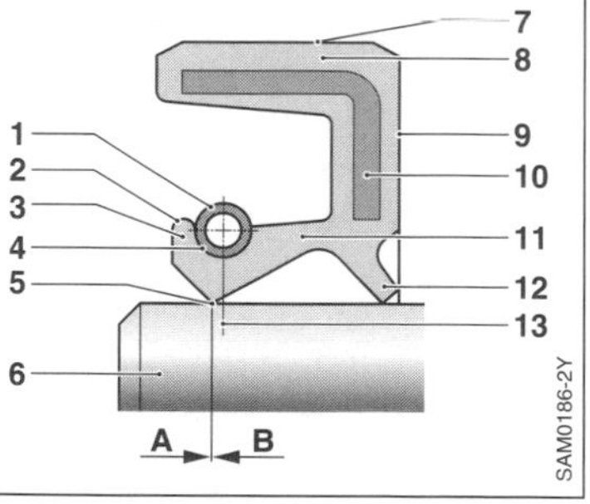

Die gesamte Radialkraft der Dichtung wird durch die Vorspannkraft der Elastomerdichtlippe und die Zugkraft der Feder gebildet. Ersteres ergibt sich verformungsabhängig aus der Elastizität des Werkstoffs, der Dichtlippengeometrie und aus der Überdeckung zwischen Welle und Dichtung.

Grundlegend sind für die Automobilindustrie die Funktion und anwendungsrelevanten Informationen von Radialwellendichtringen in der DIN 3761 [7] beziehungsweise in der ISO 6194 [8] beschrieben.

Dichtungsdesign

Standardbauformen

Radialwellendichtringe sind in Standardbauformen nach DIN 3760 [9] und DIN 3761 beziehungsweise ISO 6194 erhältlich. Bild 2 zeigt Ausführungen, bei denen der Versteifungsring vollständig mit Elastomer umgeben ist, sowie Ausführungen, bei denen der Versteifungsring nur im Bereich der Membrane im Elastomer eingebettet ist und somit das Gehäuse des Wellendichtrings bildet (Haftteil, auf dem das Elastomer haftet).

Bild 2: Radialwellendichtringe in Standardbauformen.
Standardbauformen nach DIN 3760 und DIN 3761 beziehungsweise ISO 6194.
a) DIN 3760 Type A, b) DIN 3760 Type AS
c) DIN 3761 Type B, d) DIN 3761 Type BS
e) DIN 3761 Type C, f) DIN 3761 Type CS

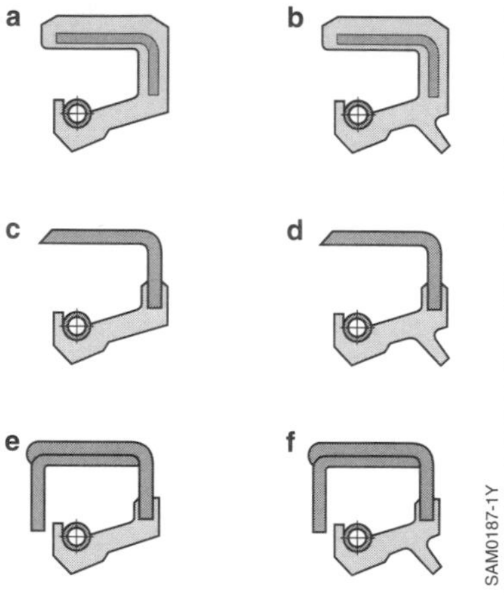

Sonderbauformen
Sonderbauformen werden verwendet, wenn sich Anwendungsparameter außerhalb der DIN 3760 und DIN 3761 beziehungsweise ISO 6194 befinden. Dies kann eine erhöhte Geschwindigkeit größer 10 m/s, Druck über 0,05 MPa, Fett statt Öl als abzudichtendes Medium, oder erhöhter Schmutzanfall sein. In all diesen Situationen ist zu empfehlen, eine Sonderdichtung zu verwenden. Bild 3 zeigt beispielhaft einige Sonderbauformen.

Hauptmerkmale
Die zu beachtenden Hauptmerkmale bei einer Dichtungsauswahl ist der Außenmantel, der Versteifungsring, die Zugfeder und der Werkstoff.

Außenmantel
Der Außenmantel kann entweder glatt oder rilliert ausgeführt sein, in beiden Fällen kann die Dichtung in Bohrungen nach ISO-Passung H8 eingepresst werden. Der Außendurchmesser des Radialwellendichtrings ist nach ISO 6194-1 gefertigt (Tabelle 1).

Metallischer Versteifungsring
Für die Normalausführung wird kaltgewalztes Stahlblech nach DIN EN 10139 [10] verwendet. Je nach Einbauverhältnissen beziehungsweise Umgebungsbedingungen können jedoch andere Werkstoffe wie Messing und nichtrostender Stahl (Stahlsorte 1.4301 nach DIN EN 10088-3 [11]) in Frage kommen.

Der Versteifungsring hat die Hauptaufgabe, den Radialwellendichtring zu versteifen und zu verstärken. Es darf im Normalfall nicht axial belastet werden. Falls es erforderlich sein sollte, kann auch eine Sonderausführung des Versteifungsrings

Tabelle 1: Toleranzen nach ISO 6194-1.

Außendurchmesser d_2 nominal [mm]	Diametrale Toleranzen [mm]	
	Metall-gehäuse	Gummi-beschichtet
$d_2 < 50$	+0,20 +0,08	+0,30 +0,15
$50 < d_2 < 80$	+0,23 +0,09	+0,35 +0,20
$80 < d_2 < 120$	+0,25 +0,10	+0,35 +0,20
$120 < d_2 < 180$	+0,28 +0,12	+0,45 +0,25
$180 < d_2 < 300$	+0,35 +0,15	+0,45 +0,25
$300 < d_2 < 500$	+0,45 +0,20	+0,55 +0,30

Bild 3: Sonderbauformen von Radialwellendichtringen.
a) Bauformen mit halbgummiertem Außendurchmesser, b) Rotationsdichtungen ohne Zugfeder, c) Bauform für mittlere bis hohe Drücke, d) Bauformen für mittlere Drücke, e) Kassettendichtungen, f) Systemwellendichtungen.

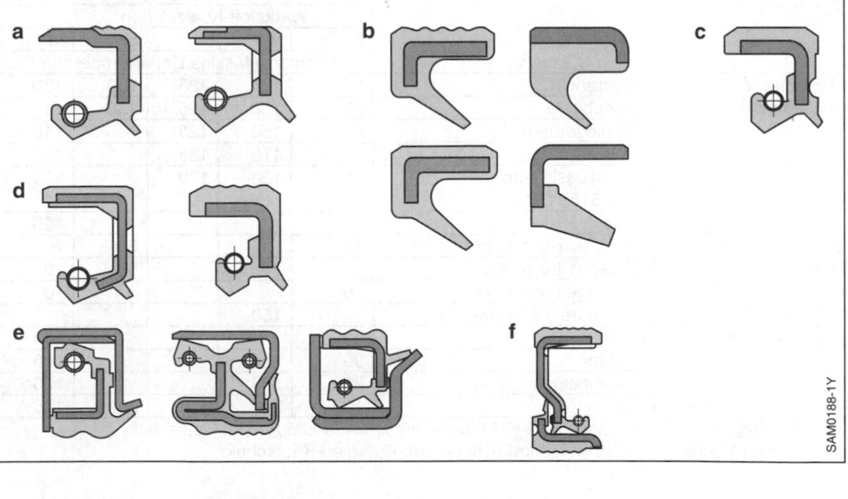

verwendet werden (z.B. metallische Ausführung, teilgummierte Ausführung).

Zugfeder
Wenn Gummi einer Erwärmung, Belastung oder chemischen Beanspruchung ausgesetzt wird, verliert es nach und nach seine ursprünglichen Eigenschaften. Man sagt, das Gummi altert. Die ursprüngliche Radialkraft der Dichtmanschette geht hierdurch verloren. Die Zugfeder hat deshalb in der Hauptsache die Aufgabe, die radiale Kraft aufrechtzuerhalten.

Versuche haben erwiesen, dass die Radialkraft je nach Größenbereich und Dichtringtyp unterschiedlich sein muss. Dabei hat sich außerdem herausgestellt, dass es sehr wichtig ist, die Abweichungen der Radialkraft während der Standzeit der Dichtung in engen Grenzen zu halten. Durch umfangreiche Laboruntersuchungen wurde die Radialkraft festgelegt.

Die Zugfeder ist eng und mit Vorspannung gewickelt. Die Gesamtkraft der Zugfeder besteht somit teils aus der Vorspannung und teils aus der Kraft, die sich aus der Federrate der Feder ergibt. Die Verwendung einer Zugfeder mit Vorspannung bietet folgende Vorteile:

- Bei einem Verschleiß der Dichtlippe bleibt der aus der Vorspannung der Feder resultierende Teil der gesamten Radialkraft unverändert.
- Durch teilweises Enthärten der Feder (durch Wärmebehandlung) lässt sich die Vorspannung so regeln, dass die vorgesehene Radialkraft für den jeweiligen Wellendurchmesser erreicht wird.

Elastomerwerkstoff der Dichtung
Das Hauptmerkmal für eine zuverlässige Funktion von Radialwellendichtringen ist sowohl die konstruktive richtige Auslegung als auch die Wahl des richtigen Werkstoffs. Daher ist die Werkstoffwahl als eine der wichtigsten Entscheidungen im Bezug auf Medienverträglichkeit und Umgebungsbedingungen zu berücksichtigen. Einige Werkstoffeigenschaften, die in unmittelbarem Zusammenhang mit den Umgebungsbedingungen stehen, sind:
- Gute chemische Beständigkeit,
- gute Wärme- und Kältebeständigkeit,
- gute Ozon- und Wetterbeständigkeit.

Funktionstechnische Anforderungen an den Werkstoff sind u.a.:
- Hohe Verschleißfestigkeit,
- geringe Reibung,
- geringe Druckverformung,
- gute Elastizität.

Tabelle 2: Werkstoffempfehlungen.

Werkstoffe für die Abdichtung gebräuchlicher Medien		Werkstoffbezeichnung				
		NBR	FKM	ACM	VMQ	HNBR
		Werkstoff-Kurzzeichen				
		N	V	A	S	M
		Maximal zulässige Dauertemperatur [°C]				
Mineralische Schmierstoffe	Motorenöle	100	170	125	150	130
	Getriebeöle	80	150	125	130	110
	Hypoidgetriebeöle	80	150	125		110
	ATF-Öle	100	170	125		130
	Druckflüssigkeiten (DIN 51524, [14])	90	150	120		130
	Fette	90				100
Schwerentflammbare Druckflüssigkeiten (VDMA 24317, [12]) (DIN 24320, [13])	Öl-Wasser-Emulsion	70			60	70
	Wasser-Öl-Emulsion	70			60	70
	Wässrige Lösungen	70				70
	Wasserfreie Flüssigkeiten		150			
Sonstige Medien	Heizöle	90				100
	Wasser	90	100			100
	Waschlaugen	90	100			100
	Luft	100	200	150	200	130

NBR Acrylnitril-Butadien-Kautschuk, FKM Fluor-Kautschuk, ACM Acrylat-Kautschuk, VMQ Silikon-Kautschuk. HNBR Hydrierter Acrylnitril-Butadien-Kautschuk.

Als weiteres Merkmal ist aus Kostengründen eine gute Verarbeitbarkeit wünschenswert. Keiner der heute verfügbaren Werkstoffe kann all diese Anforderungen erfüllen. Die Werkstoffwahl ist daher immer ein Kompromiss zwischen der relativen Bedeutung der jeweiligen Faktoren.

Werkstoffe und deren Bezeichnungen sind

- Acrylnitril-Butadien-Kautschuk (NBR),
- Acrylat-Kautschuk (ACM),
- Silikon-Kautschuk (VMQ),
- Fluor-Kautschuk (FKM),
- Hydrierter Acrylnitril-Butadien-Kautschuk (HNBR).

Der hydrierte Acrylnitril-Butadien-Kautschuk (HNBR) ist eine Weiterentwicklung des herkömmlichen Nitril-Butadien-Kautschuks (NBR). Dieses Material bietet eine wesentlich verbesserte Wärme- und Ozonbeständigkeit und kann anstelle von Acrylat-Kautschuk und in bestimmen Fällen auch anstelle von Fluor-Kautschuk eingesetzt werden. Um den zahlreichen Anforderungen an Dichtungen gerecht zu werden, wurde für jeden Kautschuktyp eine spezielle Zusammensetzung entwickelt. Darüber hinaus sind für einige extreme Bedingungen noch weitere Mischungen verfügbar.

Tabelle 2 zeigt Werkstoffempfehlungen für verschiedene Einsatzzwecke auf.

Auslegung von Welle und Bohrung

Oberflächenbeschaffenheit, Härte und Bearbeitungsverfahren

Die Ausführung der Welle ist von entscheidender Bedeutung sowohl für die Abdichtung wie auch für die Lebensdauer (Bild 4). Prinzipiell gilt, dass die Härte der Welle umso größer sein soll, je höher die Umfangsgeschwindigkeiten sind. In der Norm DIN 3760 ist festgelegt, dass die Welle mindestens eine Härte von 45 HRC aufweisen muss. Mit zunehmender Umfangsgeschwindigkeit steigt die Forderung bezüglich der Härte, und bei 10 m/s ist eine Härte von 60 HRC erforderlich.

Die Wahl der geeigneten Härte ist nicht allein von der Umfangsgeschwindigkeit abhängig, sondern sie wird auch von Faktoren wie Schmierung und verschleißfördernden Teilchen beeinflusst. Schlechte Schmierung und schwere äußere Verhältnisse (z.B. hoher Staubeintrag bei Baumaschinen) verlangen deshalb auch eine höhere Härte der Welle. In DIN 3760 und DIN 3761 sind Höchstwerte für die Oberflächenrauigkeit angegeben, es wird eine Oberflächenrauigkeit von R_t = 1...4 µm (maximale Rauigkeit) empfohlen. Bei Laborversuchen hat sich dagegen herausgestellt, dass die günstigste Rauigkeit R_t = 2 µm (Mittenrauwert R_a = 0,3 µm) ist. Sowohl gröbere als auch feinere Oberflächen verursachen höhere Reibung, die zu höherer Temperatur und vermehrter Abnützung führt. Zu empfehlen ist somit eine Rauigkeit von R_t = 2...3 µm (R_a = 0,3...0,5 µm).

Reibungs- und Temperaturmessungen haben auch ergeben, dass das Schleifen der Welle das beste Bearbeitungsverfahren ist. Spiralförmige Schleifspuren können jedoch eine Pumpenwirkung und Leckage verursachen, weshalb Einstichschleifen gewählt werden sollte. Dabei sind ganzzahlige Verhältnisse von Scheibendrehzahl zu Werkstückdrehzahl zu vermeiden. Ein Polieren der Lauffläche mit Schleiftuch ergibt eine Oberflächenstruktur, die eine höhere Reibung und Temperaturentwicklung verursacht als bei Einstichschleifen.

In einigen Fällen ist es nicht möglich, eine Welle mit der für den Dichtring erforderlichen Härte, Oberflächengüte und

Bild 4: Ausführung der Welle.
1 Kante gerundet und poliert, Einführungsschräge (Fase) 15...30 °.
d_1 Durchmesser der Welle, Toleranz h11,
d_3 Innendurchmesser der Fase,
R Radius,
R_z mittlere Rautiefe.
p Druck des Mediums,
y, z Montagerichtung.

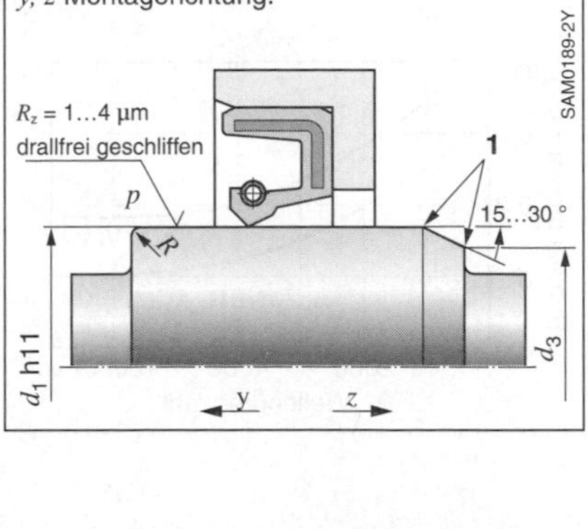

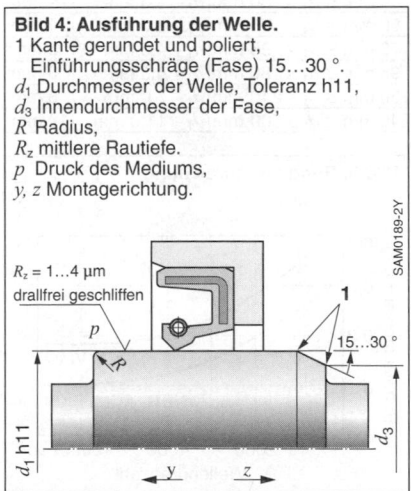

Korrosionsbeständigkeit zu versehen. Durch den Einbau einer separaten Hülse auf der Welle lässt sich jedoch dieses Problem lösen. Bei einem eventuellen Verschleiß ist dann nur die Hülse zu erneuern.

Rundlaufabweichung
Eine Rundlaufabweichung der Welle soll möglichst vermieden oder in kleinsten Grenzen gehalten werden. Bei hohen Drehzahlen besteht die Gefahr, dass die Dichtlippe infolge ihrer Trägheit der Welle nicht mehr folgen kann. Der Wellendichtring ist in unmittelbarer Nähe des Lagers (z.B. Wälzlager) anzuordnen und das Lagerspiel möglichst klein zu halten (Bild 5).

Mittigkeitsabweichung
Eine Mittigkeitsabweichung zwischen Welle und aufnehmender Bohrung soll möglichst vermieden werden, um die Dichtlippe nicht einseitig zu belasten (Bild 6). Je nach Montagerichtung y oder z wird die Anbringung einer Fase oder eines Radius empfohlen. Die Abmessungen hierfür sind Bild 4 und Tabelle 3 zu entnehmen.

Eigenschaften der Wellenoberfläche
Die Werte der sich bewegenden Oberfläche sind für Wellendichtungen in der DIN 3760 und DIN 3761 beziehungsweise ISO 6194 festgelegt. Die Oberfläche sollte folgendermaßen beschaffen sein.

Oberflächenrauigkeit
R_a = 0,2...0,5 µm (arithmetischer Mittenrauwert),
R_z = 1...4 µm (mittlere Rautiefe),
R_{max} (= R_t) = 6,3 µm.

Härte
55 HRC oder 600 HV,
Härtetiefe mindestens 0,3 mm.

Gehäusebohrung für den Wellendichtring
Die Gehäuseabmessungen können Tabelle 4 und Bild 7 entnommen werden. Die Toleranzen für die metrischen Größen entsprechen DIN 3761 beziehungsweise ISO 6194, sodass bei einer Toleranz in der Gehäusebohrung mit ISO H8 ein guter Presssitz erzielt wird. Bei den Zollgrößen entsprechen die Toleranzen den amerikanischen Normen. Bei Einbaufallen, wo die Gehäusebohrung eine andere Toleranz hat, kann der Dichtring mit einem passenden Übermaß gefertigt werden. Für Gehäusebohrungen aus weichem Werkstoff, z.B. Leichtmetall, ebenso wie bei Lagergehäusen mit dünnen Wänden, kann eine besondere Passung zwischen Dichtring und Bohrung notwendig werden.

Tabelle 3: Fasenlänge für das Wellenende.

Durchmesser d_1	Durchmesser d_3	Radius R
d_1 <10 mm	d_1 – 1,5 mm	2 mm
10 mm ≤ d_1 ≤ 20 mm	d_1 – 2,0 mm	2 mm
20 mm ≤ d_1 ≤ 30 mm	d_1 – 2,5 mm	3 mm
30 mm ≤ d_1 ≤ 40 mm	d_1 – 3,0 mm	3 mm
40 mm ≤ d_1 ≤ 50 mm	d_1 – 3,5 mm	4 mm
50 mm ≤ d_1 ≤ 70 mm	d_1 – 4,0 mm	4 mm
70 mm ≤ d_1 ≤ 95 mm	d_1 – 4,5 mm	5 mm
95 mm ≤ d_1 ≤ 130 mm	d_1 – 5,5 mm	6 mm
130 mm ≤ d_1 ≤ 240 mm	d_1 – 7,0 mm	8 mm
240 mm ≤ d_1 ≤ 500 mm	d_1 – 11,0 mm	12 mm

Bild 5: Rundlaufabweichung.

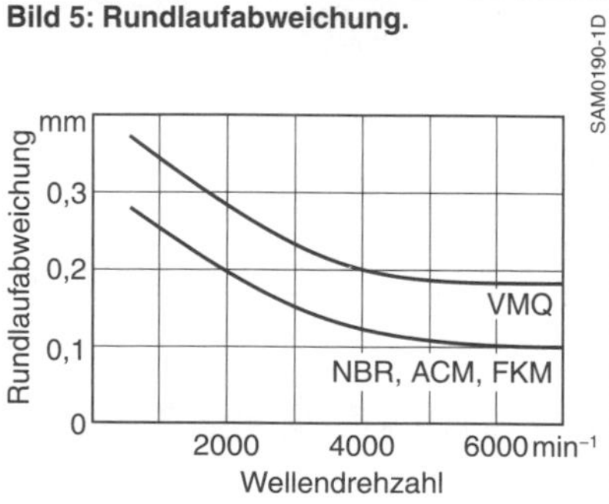

Bild 6: Mittigkeitsabweichung.

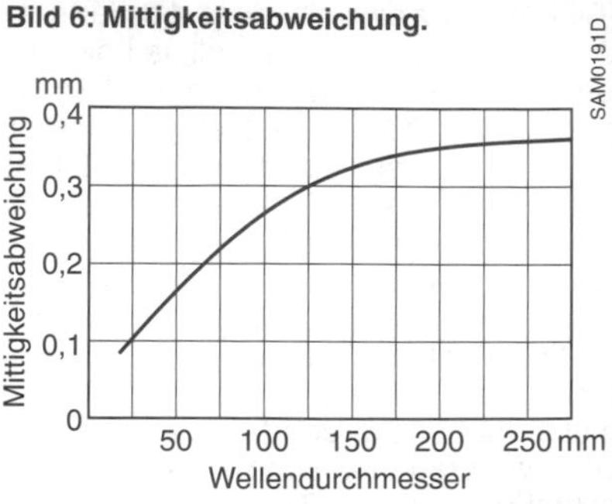

Die Toleranzen für Dichtung und Bohrung sind in solchen Fällen durch praktische Versuche festzulegen.

Wenn ein Teil, z.B. ein Lager, durch den Dichtringsitz gepresst wird, kann dieser beschädigt werden. Um solche Schäden zu vermeiden, ist der Dichtring mit einem größeren Außendurchmesser als der des Lagers zu wählen.

Oberflächenrauheit der Gehäusebohrung
Die Werte für die Oberflächenrauheit in der Gehäusebohrung sind in ISO 6194-1 spezifiziert. Zu empfehlen sind folgende Werte:
R_a = 1,6...3,2 µm,
R_z = 6,3...12,5 µm,
R_{max} (= R_t) = 16...25 µm.

Bei Dichtungen mit Metallkäfig (nicht gummiert) oder geforderter Gasdichtheit ist eine gute, riefen- und drallfreie Oberflächenqualität erforderlich. Wird der Radialwellendichtring im Gehäuse eingeklebt, ist darauf zu achten, dass kein Kleber mit der Dichtlippe oder der Welle in Berührung kommt.

Tabelle 4: Gehäusemaße.

Breite der Dichtung b mm	b_1 min. (0,85 b) mm	b_2 min. (b+0,3) mm	r_2 max. mm
7	5,95	7,3	
8	6,80	8,3	0,5
10	8,50	10,3	
12	10,30	12,3	
15	12,75	15,3	0,7
20	17,00	20,3	

Bild 7: Gehäusemaße: Einbautiefe und Einführungsschräge.
Größen siehe Tabelle 4.

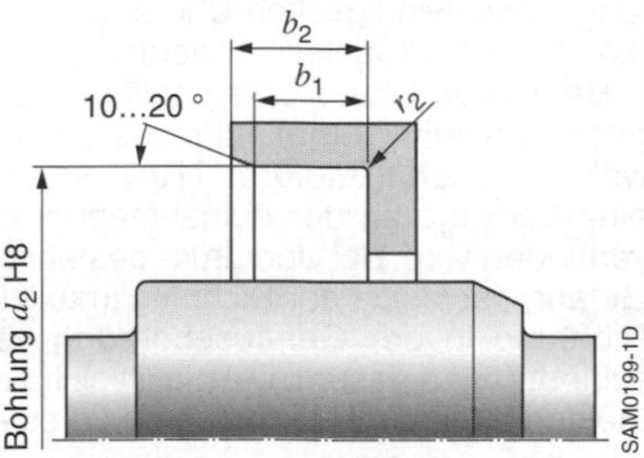

Montagehinweise
Für die Montage von Radialwellendichtringen sind folgende Punkte zu beachten:
- Vor der Montage sind die Einbauräume zu reinigen.
- Bei Gummidichtungen müssen Wellen und Dichtung eingefettet beziehungsweise eingeölt werden.
- Scharfkantige Übergänge müssen angefast beziehungsweise gerundet oder abgedeckt werden.
- Beim Einpressen ist darauf zu achten, dass der Dichtring nicht verkantet wird.
- Die Einpresskraft muss möglichst nahe am Außendurchmesser angesetzt werden.

Bild 8: Einbauhilfen bei der Montage von Radialwellendichtringen.
1 Radialwellendichtring,
2 Montagewerkzeug,
3 Demontagebohrung.
F Einpresskraft.

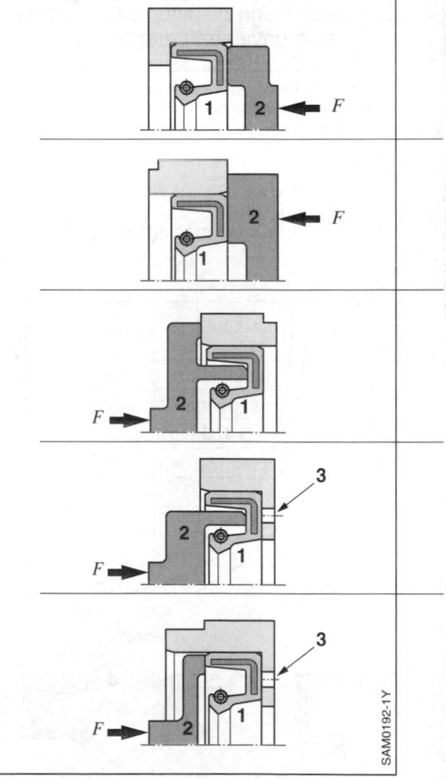

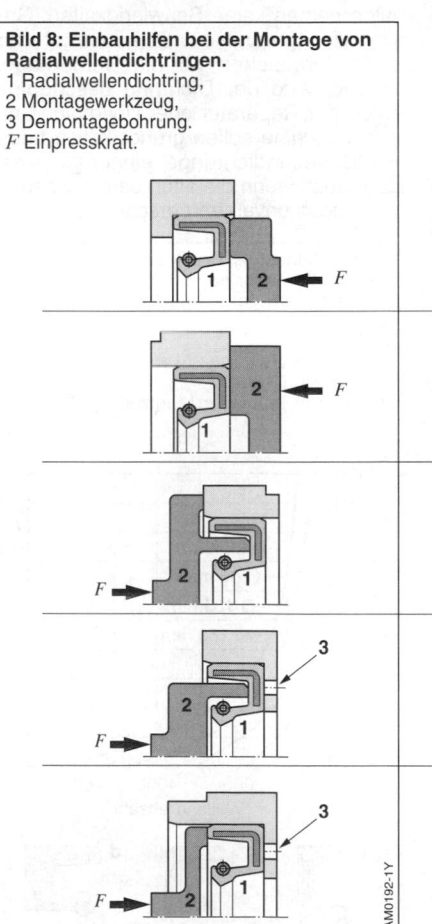

- Die Dichtung muss nach dem Einbau zentrisch und rechtwinklig zur Welle sitzen.
- Als Anschlagsfläche wird gewöhnlich die Endfläche der Aufnahmebohrung benutzt, die Dichtung kann auch mit einem Absatz oder einer Distanzscheibe fixiert werden.

Bild 8 zeigt verschiedene Einpresssituationen des Radialwellendichtrings mit geeigneten Montagewerkzeugen beziehungsweise Vorrichtungen.

Ausbau und Austausch
Der Ausbau von Dichtringen bereitet im Allgemeinen keine Schwierigkeiten. Gewöhnlich genügt ein Schraubendreher oder dergleichen für die Demontage. Hierbei wird der Dichtring beschädigt. Nach der Reparatur oder Überholung einer Maschine sollen grundsätzlich neue Radialwellendichtringe eingebaut werden, auch wenn die alten dem Aussehen nach noch unversehrt erscheinen.

Bild 9: Zulässiger Druck des abzudichtenden Mediums für abgestützte Radialwellendichtringe und für Druckdichtungen.
a) Diagramm,
b) Bauform TRU,
c) Bauform TRP/6CC,
d) Bauform TRA/CB mit Stützring.

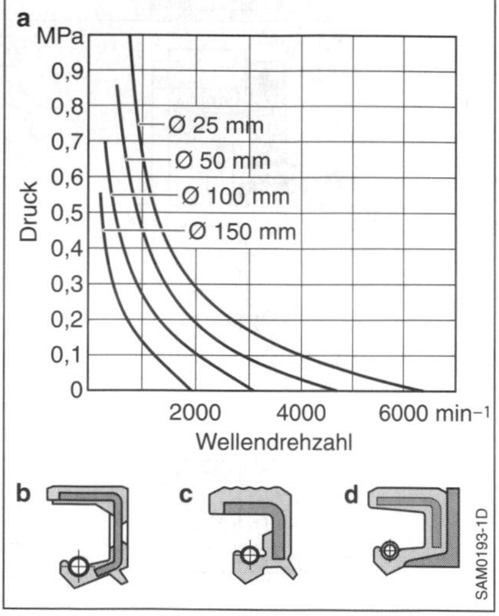

Die Dichtkante des neuen Rings soll nicht auf der alten Laufstelle zur Anlage kommen. Dies kann erreicht werden durch
- Austausch der Wellenschutzhülse,
- verschieden tiefes Einpressen in die Aufnahmebohrung,
- Nachbesserung der Welle und Montage einer Wellenschutzhülse.

Einsatzparameter
Überdruck
Wird die Dichtmanschette mit Überdruck beaufschlagt, wird sie gegen die Welle gepresst, wobei sich die Anliegefläche der Dichtlippe gegen die Welle vergrößert. Hierdurch nehmen Reibung und Wärmeentwicklung zu. Bei Überdruck sind somit die Richtwerte für die höchstzulässige Umfangsgeschwindigkeit nicht anwendbar, sondern diese müssen im Verhältnis zur Größe des Drucks herabgesetzt werden. Bei hohen Umfangsgeschwindigkeiten können jedoch bereits Überdrücke von 0,01...0,02 MPa zu Problemen führen. Durch Anwendung eines zusätzlichen Stützrings können die in Bild 2 dargestellten DIN-Typen A, AS, C und CS über 0,05 MPa eingesetzt werden. Der separate Stützring soll der Rückseite der Dichtmanschette angepasst sein. Er soll jedoch nicht an der Dichtmanschette anliegen, solange kein Überdruck herrscht. Der Stützring ist genauestens einzupassen.

Bei der Bauform TRU ist der Versteifungsring so ausgebildet, dass er die Dichtmanschette abstützt (Bild 9). Bauform TRP ist mit einer kurzen und kräftigen Dichtlippe versehen, die einen Überdruck ohne zusätzliche Unterstützung zulässt. Wenn ein Stützring eingebaut wird oder wenn Druckringe zur Anwendung kommen, können bei mäßigen Umfangsgeschwindigkeiten Überdrücke von 0,4...0,5 MPa zugelassen werden.

Bei hohen Überdrücken sollten Dichtringtypen mit Gummiaußenmantel gewählt werden (Bauform TRA), sodass eine Leckage an der Aufnahmebohrung verhindert wird. Bei Überdruck besteht die Gefahr, dass sich der Dichtring in axialer Richtung in der Gehäusebohrung verschiebt (Auspressen). Dies lässt sich vermeiden, indem der Dichtring durch einen

Absatz, Distanzring oder Sicherungsring fixiert wird.

Umfangsgeschwindigkeit und Drehzahl
Verschiedene Dichtmanschettenkonstruktionen beeinflussen die Größe der Reibung und führen dadurch zu unterschiedlicher Temperatursteigerung. Dies hat zur Folge, dass die verschiedenen Dichtmanschettenausführungen unterschiedlich hohe Umfangsgeschwindigkeiten erlauben. Bild 10 enthält Richtwerte für die höchstzulässige Umfangsgeschwindigkeit für Dichtelemente ohne Schutzlippe aus NBR, ACM, FKM und VMQ bei drucklosem Betrieb und wo ausreichende Schmierung beziehungsweise Kühlung der Dichtkante durch das abzudichtende Medium gewährleistet ist. Die zulässigen Dauertemperaturen in Tabelle 2 müssen dabei berücksichtigt und dürfen nicht überschritten werden. Die Kurve lässt erkennen, dass größere Wellendurchmesser höhere Umfangsgeschwindigkeiten zulassen als kleinere Wellendurchmesser. Dies beruht darauf, dass mit wachsendem Wellenquerschnitt eine größere Wärmeableitung gegeben ist.

Reibungsverluste
Der Reibungsverlust liegt oft in einer zu beachtenden Größenordnung. Dies gilt besonders bei der Übertragung von kleineren Leistungen. Der Reibungsverlust wird von folgenden Faktoren beeinflusst: Dichtringausführung und Dichtringwerkstoff, Federkraft, Drehzahl, Temperatur, Medium, Wellengestaltung, Schmierung und Medium.

Bild 11 lässt erkennen, welche Reibungsverluste in Watt ein Radialwellendichtring ohne Schutzlippe verursacht, wenn er gemäß den technischen Hinweisen der Hersteller eingebaut ist. In gewissen Fällen kann der Reibungsverlust durch besondere Gestaltung der Dichtlippe verringert werden. Ein Herabsetzen der Federkraft oder die Verwendung einer besonderen Gummiqualität können auch das gleiche Ergebnis erzielen. In diesem Zusammenhang ist zu beachten, dass der Reibungsverlust während der „Einlaufzeit" des Dichtrings größer ist als in Bild 11 dargestellt. Die normale Einlaufzeit beträgt einige Stunden.

Bild 10: Zulässige Drehzahlen in drucklosem Zustand nach DIN 3761.

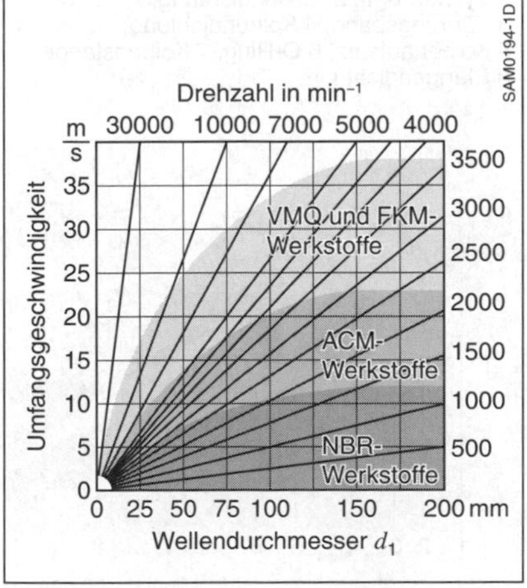

Bild 11: Reibungsverlust bei einer Dichtung aus Nitril-Kautschuk, Bauform TRA.

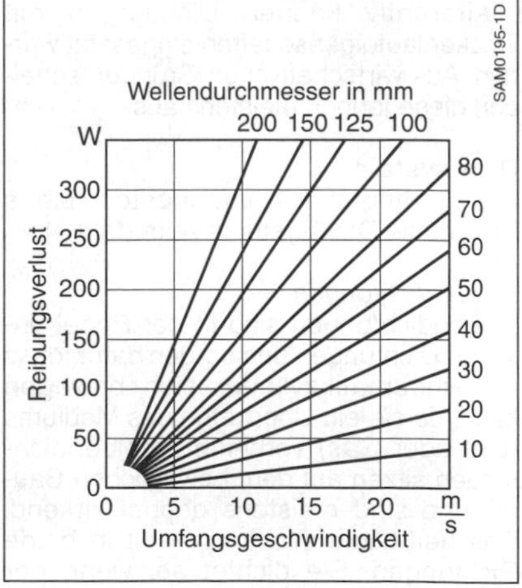

Pneumatikdichtungen

Die Abdichtung gegen Druckluft bringt verschiedene Herausforderungen mit sich, denen mit Pneumatikdichtungen entgegengetreten wird. Im Gegensatz zu Hydraulikdichtungen stehen andere Faktoren im Vordergrund.

In der Regel werden pneumatische Anwendungen mit einem Luftdruck von 0,8...1,0 MPa betrieben, in Ausnahmefällen bis 1,6 MPa, bei Hochdruckventilen teilweise sogar bis 5,0 MPa. Die Geschwindigkeiten liegen im Bereich von 0,2...1,0 m/s, bei Sonderanwendungen bis 5,0 m/s.

Leckage, Reibung und Schmierung

Die Leckage von Luft spielt eine untergeordnete Rolle. Einen viel größeren Einfluss auf die Leistung einer Pneumatikanwendung hat die Reibung. Die Schmierung ist daher von großer Bedeutung. Da der Einsatz von geölter Luft abnimmt, werden die meisten Pneumatikdichtsysteme bei der Montage einmalig mit Fett geschmiert. Diese Schmierung muss über die gesamte Lebensdauer bestehen bleiben. Eine Anforderung an die Pneumatikdichtung, die sich daraus ergibt, ist somit, dass das Schmierfett in der Anwendung nicht abgestreift wird. Im Vergleich zu Hydraulikdichtungen ergeben sich daher Unterschiede in der Geometrie der Dichtkante und dem sich daraus ergebenden Pressungsverlauf.

Alternativ können Dichtungen mit Trockenlaufeigenschaften eingesetzt werden. Aus wirtschaftlichen Gründen scheiden diese jedoch meistens aus.

Dichtsystem

Die wichtigsten Komponenten eines Pneumatik-Dichtsystems zeigt (Bild 1).

Kolbendichtungen

Kolbendichtungen sind in der Regel „interne“ Dichtungen und sorgen dafür, dass ein Pneumatikzylinder sich bewegen kann, da sie ein Übertreten des Mediums (Luft oder Gas) verhindert. Kolbendichtungen sitzen auf dem beweglichen Bauteil und sind meistens doppeltwirkend. Das heißt, die Dichtung wirkt in beide Richtungen. Sie dichtet ab, wenn der Kolben nach links fährt und wenn er nach rechts fährt. Häufig zeigt sich das durch ein symmetrisches Profil.

Stangendichtung

Stangendichtungen sind in der Regel „externe“ Dichtungen und sorgen dafür, dass kein Medium an die Atmosphäre gelangt. Stangendichtungen sitzen im Gehäuse und sind meistens einfachwirkend. Die Dichtung wirkt nur in eine Richtung, häufig zeigt sich das durch ein unsymmetrisches Profil.

Schmutzabstreifer

Schmutzabstreifer schützen das System vor Schmutz, Fremdpartikeln, Spänen und Feuchtigkeit. Dies vermeidet ein frühzeitiges Versagen der Komponenten. Je nach Anwendung und Dichtsystem werden einfach- und doppeltwirkende Abstreifer eingesetzt.

Dämpfungsdichtung

Dämpfungsdichtungen dämpfen den aufprallenden Kolben und übernehmen zusätzlich die Aufgabe eines Rückschlagventils.

Führungsband

Führungsbänder führen den Kolben und die Stange. Sie nehmen Radialkräfte auf,

Bild 1: Dichtsystem eines Pneumatikzylinders mit Kolbendichtung und Stangendichtung.
1 Zylinderrohr, 2 Kolbendichtung, 3 Führungsband, 4 Kolbendichtung, 5 Kolbenaufsatz, 6 O-Ring, 7 Kolbenstange, 8 Stangendichtung.

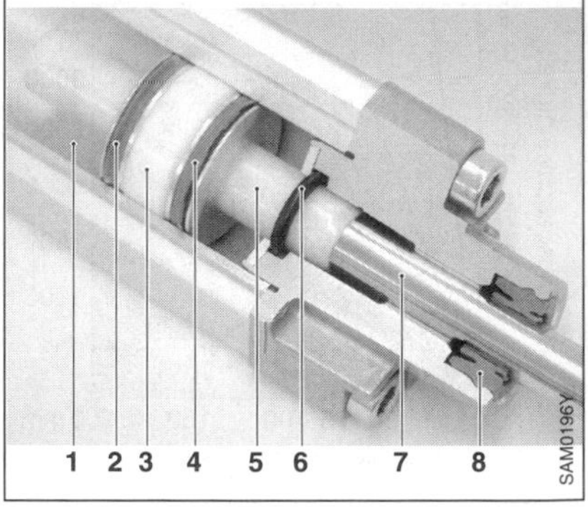

absorbieren Schwingungen und vermeiden Metall-Metall-Kontakt.

Bild 1 zeigt einen Standardzylinder, bestehend aus den oben genannten Komponenten.

Bauformen
Neben klassischen Dichtungsprofilen wie dem O-Ring oder dem X-Ring gibt es auch für die Pneumatik Standarddichtungselemente. Bild 2 zeigt einige dieser Profile.

Über einfache Dichtungselemente hinaus geht der Trend zur Baugruppe, sodass in vielen Anwendungen bereits Komplettkolben eingesetzt werden (Bild 3).

Werkstoffe
In Abhängigkeit der Anwendung kommen verschiedene Werkstoffe zum Einsatz: Elastomere, Polyurethane und Polytetrafluorethylen (PTFE).

Bild 2: Pneumatik-Dichtungsprofile für Standardzylinder.
a) Stangendichtung, einfach wirkend,
b) Kolbendichtung, einfach wirkend,
c) Dämpfungsdichtung,
d) Stangendichtungs-Abstreiferkombination (vergleiche Bild 1, Profil der Stangendichtung).

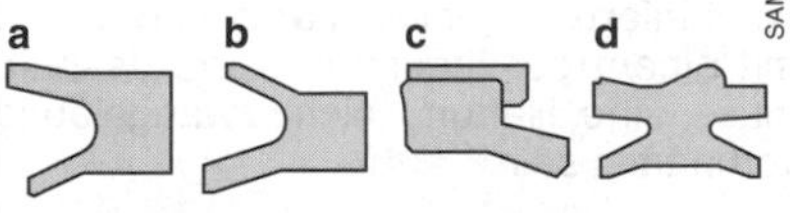

Bild 3: Pneumatik-Komplettkolben.
1 Doppelt wirkende Dichtungsanordnung,
2 Magnetring (dient der Positionsabfrage),
3 Aluminiumkolben, 4 O-Ring.

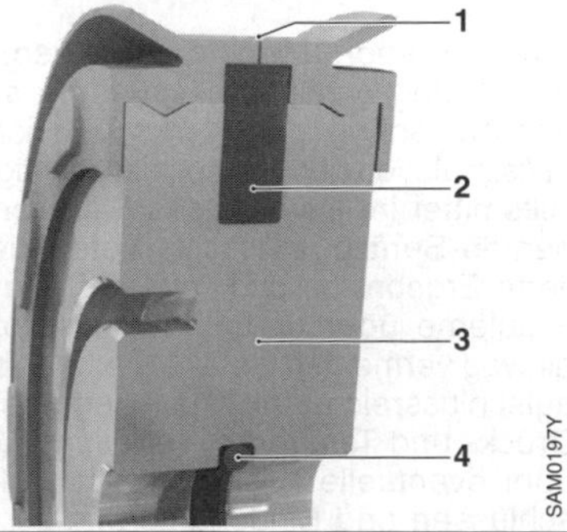

Elastomerdichtungen
Elastomerwerkstoffe (vor allem NBR und FKM) sind aufgrund ihrer Wirtschaftlichkeit in der Herstellung der Hauptwerkstoff für Pneumatikdichtungen. Die einfache Montage ist ein positiver Nebeneffekt. Herausforderungen für Elastomerdichtungen können durch hohen Abrieb gegeben sein.

Polyurethandichtungen
Als Teil der Elastomere muss Polyurethan gesondert betrachtet werden. Als abriebfesteres und elastisches Material wird es häufig zwischen Elastomeren wie NBR, FKM und PTFE eingeordnet.

PTFE-Dichtungen
Im Vergleich zu Elastomeren ist PTFE aufgrund des Herstellungsverfahrens häufig nicht wirtschaftlich. Es bietet jedoch Vorteile bei hohen Drücken, Verschleiß und Reibung, wenn keine Schmierung gegeben ist.

Anwendungen
Pneumatikkomponenten finden Ihre Anwendung in praktisch allen Branchen. Am stärksten im Fokus steht dabei die Automatisierungstechnik oder Prozessautomatisierung. Dort werden Pneumatikeinheiten u.a. zum Greifen, Drehen, Vereinzeln, Saugen oder Antreiben eingesetzt. Diese Komponenten sorgen für sehr effiziente, präzise und wirtschaftliche Produktions- und Montageanlagen. Die Steuerung und Regelung übernehmen dabei pneumatische Zylinder und Ventile.

Ein weiteres großes Einsatzgebiet sind Nutzfahrzeuge (Lkw, Busse, Eisenbahn). Dort werden im Antrieb, Fahrwerk und Getriebe u.a. Rückschlagventile, Druckregelventile und Schaltventile eingesetzt. Zylinder werden in diesen Branchen zum Beispiel zur präzisen Steuerung von Drosselklappen verwendet.

Aber auch in anderen Branchen wie Biowissenschaften, Nahrungsmittel- und Getränkeindustrie, chemische Prozessindustrie und Elektronikindustrie werden immer häufiger Pneumatiksysteme eingesetzt.

Zweikomponentendichtungen

Mehrkomponenten-Spritzguss

Im Wesentlichen beinhaltet der Begriff Mehrkomponenten-Spritzguss alle Materialien und deren Kombinationen, die im Spritzgussverfahren miteinander kombiniert werden können. Hierbei sind folgende Materialkombinationen derzeit am meisten verbreitet:

- Thermoplast mit Thermoplast,
- Thermoplast mit thermoplastischem Elastomer,
- Thermoplast mit Elastomer,
- Mehrfarbenspritzguss.

Grundlagen

Es gibt verschiedene Verfahrenstechniken, die bei der Herstellung von Mehrkomponentenformteilen eingesetzt werden können. Alle Fertigungstechniken basieren auf demselben Fertigungsprozess, welcher mit zwei oder mehreren Spritzeinheiten arbeitet; jedoch wird hier nochmals explizit zwischen dem einstufigen Verfahren und dem zweistufigen Verfahren unterschieden.

Einstufiges Verfahren

Beim einstufigen Verfahren wird der Vorspritzling mittels eines Handlings von der einen Seite zur anderen Station im Werkzeug transportiert. Das spätere Mehrkomponentenformteil wird nun entweder mittels einer Werkzeugbewegung (z.B. Auswerferstift) ausgeworfen oder aber mit dem Handling entnommen und nesterspezifisch abgelegt. Hierbei wird nur eine Schließeinheit (Maschine) verwendet.

Zweistufiges Verfahren

Beim zwei- oder mehrstufigen Verfahren kann eine der Komponenten sogar aus Metall bestehen, wobei man derzeit bestrebt ist, Metallteile soweit als möglich durch technische Kunststoffe vollständig zu ersetzen und somit eine Gewichtsreduktion zu erreichen. Das zwei- oder mehrstufige Verfahren wird über mindestens zwei Schließeinheiten und somit auf zwei autarken Maschinen beziehungsweise Werkzeugen ausgeführt. Auch hier werden die Einlegeteile (Metall) oder Vorspritzlinge mit einem Handling beziehungsweise Roboter in die dafür vorgesehenen Kavitäten des jeweiligen Werkzeugs eingelegt und durch Werkzeugbewegung ausgeworfen oder durch ein Handling beziehungsweise einen Roboter nesterspezifisch abgelegt.

Verfahrenstechniken

Bei den Verfahrenstechniken kann man im Wesentlichen zwischen Verfahren mit getrennten Konturen, Komponenten oder mit ineinander verlaufenden Konturen beziehungsweise Komponenten unterscheiden.

Verbundspritzgießen

Beim Verbundspritzgießen sollten die Kombinationen eine gute chemische Haftung zueinander aufweisen, wie z.B. eine Dichtung an technischen Bauteilen.

Montagespritzgießen

Hier wählt man Materialkombinationen, die keine chemische Haftung zueinander aufweisen, da sonst die Funktion des Bauteils (z.B. ein Gelenk) nicht mehr gegeben ist.

Sandwichspritzgießen beziehungsweise Co-Injektionstechnik

Bei diesem Verfahren werden verschiedene Materialeigenschaften miteinander kombiniert, z.B. eine starre Außenhaut mit einem geschäumten Kern; deshalb muss eine Haftung nicht zwangsläufig vorhanden sein.

Mehrfarbenspritzgießen

Hierbei wird der gleiche Werkstoff in unterschiedlichen Farben in einem Bauteil verarbeitet (z.B. bei mehrfarbigen Autorückleuchten).

Füllsimulation (Moldflow-Analyse)

Bei all den erwähnten Verfahren sowie der Auslegung der Werkzeuge ist die Füllsimulation heute eines der wichtigsten Hilfsmittel im Bereich des Mehrkomponenten-Spritzgusses. Sie liefert detaillierte Ergebnisse und zeigt auf, wie sich Probleme über den Spritzgussprozess hinweg vermeiden lassen. Hierbei gibt sie aufschlussreiche Informationen über die Druck- und Temperaturverteilung sowie über eventuelle Positionen von Lufteinschlüssen und Bindenähten im zu fertigenden Bauteil. Auf diese Weise können bei einer Füllsimulation potentielle Fehler von Formteilen und Werkzeugen bereits in der Entwicklungsphase erkannt und eliminiert werden.

Durch die frühzeitige Erkennung dieser potentiellen Fehlerquellen können die potentiellen Kostentreiber bei Mehrkomponenten-Spritzgussbauteilen bereits frühzeitig ausgeschaltet werden.

Verbundtechniken

Bei den Verbundtechniken gibt es mehrere Möglichkeiten die Materialien miteinander zu verbinden. Die richtige Verbundtechnik hängt hier von mehreren Faktoren ab: Anwendung des Bauteils, Auswahl der verwendeten Materialien, mechanische Belastung des Bauteils und Bedarfsmengen des Bauteils. Nach diesen Kriterien sind derzeit die folgenden Verbundtechniken vorherrschend:

- Mechanische Verbindung durch Hinterschnitte,
- chemische Verbindung der beiden Materialien,
- chemische Verbindung durch vorheriges Grundieren (Haftvermittler),
- chemische Verbindung durch Oberflächenbehandlung des Substrats.

Werkzeugtechniken

Drehteller

Der Drehteller ist in der Regel zwischen schließseitiger Werkzeughälfte und Aufspannplatte angebracht. Auf diese Art ist es möglich, Bauteile von einer ersten Kavität in eine zweite Kavität zu platzieren. Zunächst wird somit in eine erste Kavität eingespritzt (Bild 1). Nach Zwischenöffnen und Drehvorgang wird der Vorspritzling nun in die zweite Kavität eingebracht. Zusätzlich gibt die Kavität einen Hohlraum für den zweiten Kunststoff frei. Nach erfolgreichem Einspritzvorgang wird das Werkzeug wieder geöffnet und das fertige Zweikomponentenbauteil ausgeworfen. Parallel zu diesem zweiten Ar-

Bild 1: Drehtellerverfahren.
a) Gleichzeitiges Füllen beider Kavitäten.
b) Fertigteil wird ausgeworfen, Drehen des Drehtellers auf der Maschinenplatte inklusive des Vorspritzlings.

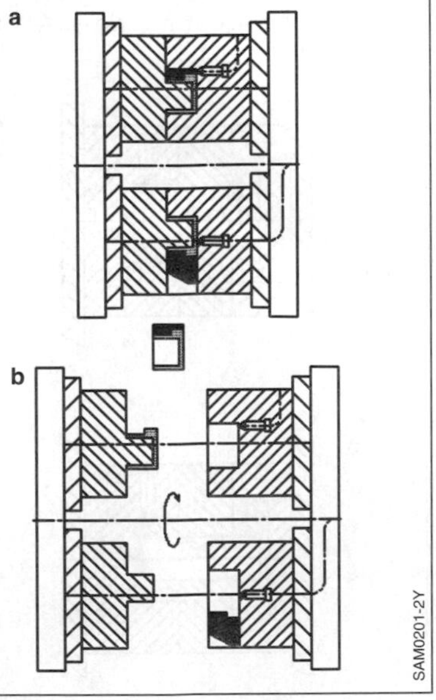

Bild 2: Drehwerkzeug.
a) Gleichzeitiges Füllen beider Kavitäten.
b) Fertigteil wird ausgeworfen, Drehen der Werkzeugplatte inklusive des Vorspritzlings.

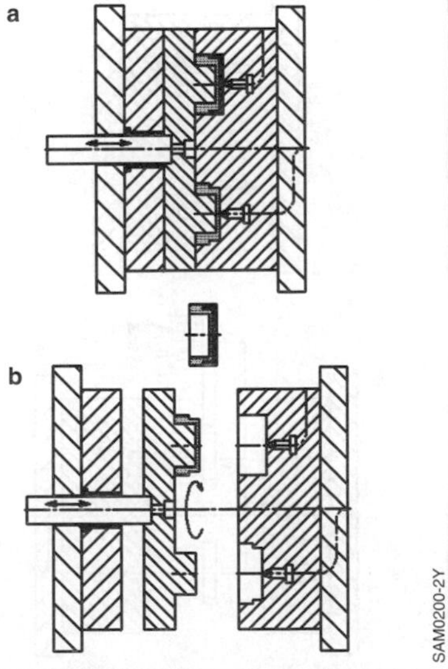

beitsschritt wird in der ersten Kavität bereits der nächste Vorspritzling produziert.

Drehwerkzeug
Bei dieser Drehtechnik wird die Drehbewegung nicht maschinenseitig realisiert, sondern durch einen Mechanismus im Werkzeug (Bild 2). Das kann z. B. durch eine Platte im Werkzeug erfolgen.

Drehkreuze und Drehkerne
Anstatt die komplette schließseitige Werkzeughälfte zu drehen, wird bei dieser Lösung lediglich eine im Werkzeug liegende Zwischenplatte (auch Indexplatte genannt) mit Vorspritzling gedreht.

Umsetztechnik beziehungsweise Einlegetechnik
Über einen Greifroboter oder per Hand wird der Vorspritzling bei der Umsetz- beziehungsweise Einlegetechnik von der einen Kavität in die andere umgesetzt beziehungsweise eingelegt (Bild 3). Hier wird dann das zweite Material eingespritzt. Unter Umsetztechnik versteht man auch das Fertigen des Vorspritzlings auf einer Maschine, Entnahme und Einlegen in eine zweite Maschine und somit ein zweistufiges Verfahren.

Core-Back-Technik (Schiebertechnik)
Eine Herstellung von Zweikomponentenbauteilen, ohne dabei das Werkzeug öffnen zu müssen, bietet das Core-Back-Verfahren (Bild 4). Während der Hohlraum für die zweite Komponente über einen verschiebbaren Einsatz im Werkzeug verschlossen bleibt, wird der erste Kunststoff eingespritzt. Ist dieser Einspritzvorgang beendet, kann nach Betätigen des Schiebers die verschlossene Kavität freigegeben werden und die zweite Komponente verarbeitet werden. Mit diesem Verfahren lässt sich, im Gegensatz zu drehenden Werkzeugsystemen, die Grenzflächentemperatur beim Auftreffen des zweiten Materials deutlich besser kontrollieren und einstellen.

Bild 3: Umsetz- beziehungsweise Einlegetechnik.
a) Gleichzeitiges Füllen beider Kavitäten.
b) Fertigteil und Vorspritzling werden entnommen beziehungsweise vom Handling eingelegt

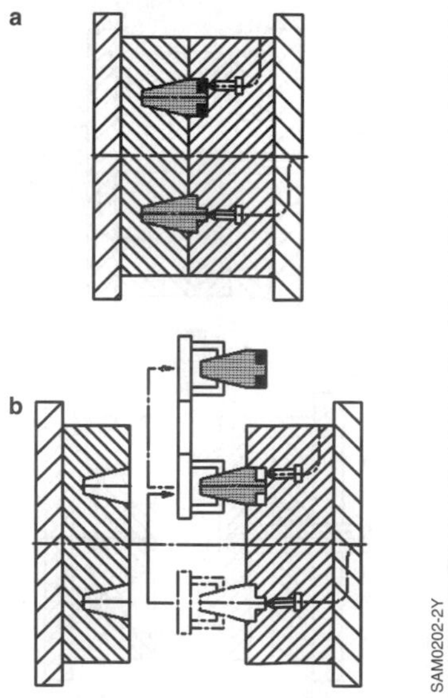

Bild 4: Core-Back-Technik beziehungsweise Schiebertechnik.
a) Kavität wird mit einer Komponente gefüllt.
b) Kern beziehungsweise Schieber wird gezogen und somit die geschlossene Kavität freigegeben.

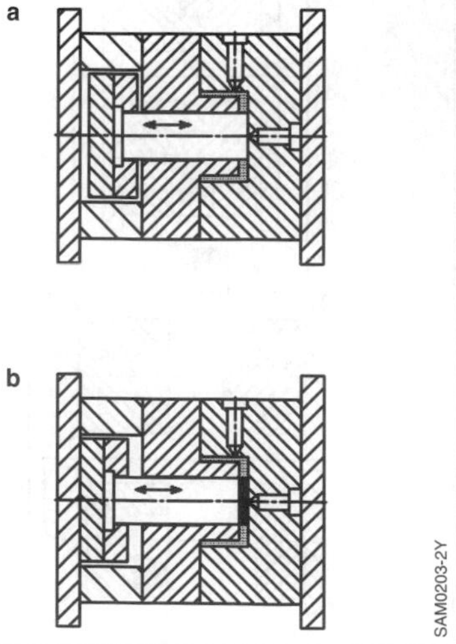

Stangen- und Kolbendichtsysteme

Hydraulische Stangendichtungen

Elemente

Ein Stangendichtsystem besteht in der Regel aus fünf Elementen (Bild 1): Stangendichtung, Stangenführung, Abstreifer, Stangenoberfläche und Hydraulikflüssigkeit. Die einzelnen Elemente stehen in Wechselwirkung zueinander. Zum Beispiel macht eine Führung mit viel Spiel eine Dichtung erforderlich, die dieses Spiel elastisch kompensieren kann. Dies ist besonders bei einer Tieftemperaturanwendung (–40 °C) zu beachten, da die Flexibilität des Elastomers abnimmt (siehe Elastomer). Eine weitere Wechselwirkung kann beispielhaft zwischen Dichtelement und Stange entstehen. Ist die Stangenoberfläche zu rau, so tritt Verschleiß am Dichtelement, eventuell am Abstreifer und am Führungsband auf. Dieser Verschleiß führt zur Leckage, obwohl die Dichtung nicht die Ursache hierfür ist.

Aufbau

Stangendichtungen sind asymmetrische Dichtungen, deren Profil mittels einer Dichtkante so optimiert ist, dass sie so gut wie möglich das abzudichtende Medium von der Stange abstreifen und somit abdichten können. Die Auswahl des Dichtelements ist hauptsächlich abhängig von Druck, geforderter Reibung, Temperatur, Medienbeständigkeit, Viskosität, Schmierfähigkeit und Preis. Es kann grob folgende Regel aufgestellt werden: Ist der Preis und nicht die Reibung bei mittleren Drücken dominierend und handelt es sich um Flüssigkeiten mit normaler Viskosität und Schmierfähigkeit, so können Elastomer-Nutringe oder Polyurethan (PU) zum Einsatz kommen. Wird hingegen geringe Reibung oder höhere Drücke gefordert, so sind PTFE-Dichtkantenringe zu empfehlen. Dasselbe gilt im Falle von hoher Viskosität oder schlechter Schmierfähigkeit.

PTFE-Dichtungen werden von einem Elastomer-Vorspannelement aktiviert – meist einem O-Ring – da PTFE keine gummielastischen Eigenschaften besitzt. Jedoch hat es eine sehr geringe Reibung und ein hohe Formstabilität. PTFE-Dichtkantenringe streifen die Hydraulikflüssigkeit nicht so gut aus der Topografie der Stangenoberfläche heraus wie Elastomer- und PU-Dichtungen. Aus diesem Grund sollten sie ein hinreichend gutes Rückförderverhalten aufweisen; d.h. sie sollten die Eigenschaft besitzen, einen beim Ausfahrhub hinausgezogenen Schmierfilm von wenigen Moleküllagen beim Rückhub wieder gegen den Systemdruck in den Druckraum zurückzufördern. Durch dieses Verhalten haben PTFE-Dichtungen den Vorteil, immer auf wenigen Moleküllagen geschmiert zu laufen, was ihre Lebensdauer erhöht. Im Gegensatz hierzu streichen PU- und Elastomer-Dichtungen die Flüssigkeit aus der Oberfläche heraus, um dicht zu sein. Sie weisen nur ein begrenztes Rückfördervermögen auf. Durch das geschmierte Aus- und Einfahren und den geringen Reibungskoeffizienten wird ein Quietschen oder Brummen der Dichtung weit besser vermieden als bei PU- oder Elastomer-Dichtungen.

Solche Systeme kommen z.B. beim Abdichten der Kolbenstange eines Einrohrstoßdämpfers oder beim Abdichten der Zahnstange einer hydraulischen Zahnstangenlenkung zum Einsatz. Es können damit auch die translatorischen Bewegungen eines Stellzylinders in Getrieben oder in Kupplungen abgedichtet werden.

Abstreifer

Abstreifer haben die Aufgabe, Schmutz, Staub und Wasser von der Stange abzustreifen und somit vom Dichtsystem fern zu halten. Dichtkantenringe werden zu-

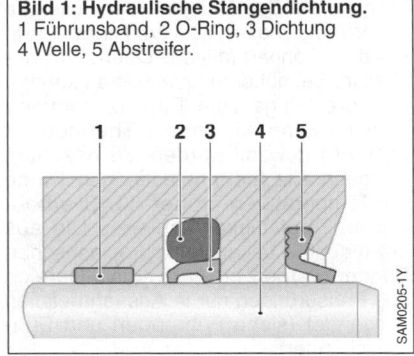

Bild 1: Hydraulische Stangendichtung.
1 Führunsband, 2 O-Ring, 3 Dichtung
4 Welle, 5 Abstreifer.

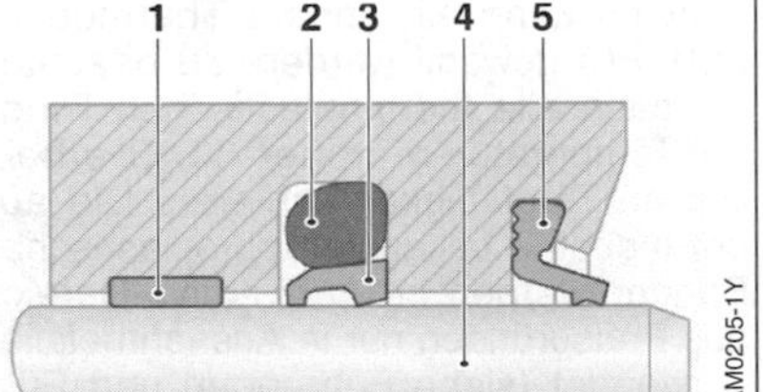

sammen mit Doppelabstreifern (mit einer Abstreiflippe und einer nach innen abstreifenden Dichtlippe) oder mit Doppelkantenabstreifern (mit einer Lippe, auf der je eine Abstreif- und eine Dichtkante platziert sind) eingesetzt. Die Doppelkantenabstreifer haben eine geringere Reibung als die Doppelabstreifer. Nutringe kommen mit einem einlippigen Abstreifer aus. Sie stellen einen Kompromiss dar zwischen einer scharfen Abstreifkante mit guten Abstreifeigenschaften und einer minimal gerundeten Kante, die Flüssigkeiten nicht so konsequent abstreift.

Als Materialien für Abstreifer können Elastomere oder PU verwendet werden. In Sonderfällen kann PTFE eingesetzt werden, wenn an der Stange fest anhaftende Substanzen abgestreift werden sollen. Auch bei Abstreifern, die nicht unmittelbar mit der Hydraulikflüssigkeit in Kontakt kommen, ist wegen des herausgezogenen Schmierfilms der Stangendichtung (dieser besteht bei Abstreifern auch bei PU und Elastomeren) auf die Medienbeständigkeit zu achten.

Stangenführungen

Führungsringe – eigentlich Bänder – sind unter Berücksichtigung der Forderungen von Querkraft, Reibung, Medienbeständigkeit und Temperatur auszulegen. Bei den am meisten verwendeten gefüllten PTFE-Führungen stellen Temperatur, Reibung und Medienbeständigkeit kein Problem dar. Sie decken einen Temperaturbereich von –40...+200 °C ab und besitzen die geringsten Reibungswerte. Die Medienverträglichkeit von PTFE ist in den meisten Fällen gegeben; es ist lediglich die Beständigkeit der Füllstoffe zu prüfen. Diese Art von Ringen und Bändern können mittlere Querkräfte abstützen. Bei höheren Querkräften können mehrere Ringe zum Einsatz kommen oder es kann ein anders Thermoplast (z.B. PA) gewählt werden. Zu beachten ist, dass alle thermoplastischen Ringe bei Temperaturen größer 80 °C erheblich an Tragfähigkeit verlieren. Die aus der Industrie bekannten duroplastischen Bänder werden im Automotive-Bereich aus Preisgründen nur in Ausnahmefällen verwendet (siehe Führungen und Führungsbänder).

Hydraulikflüssigkeiten

Hydraulikflüssigkeiten werden meist vorgegeben. Es sollten keine festen Partikel darin enthalten sein. Diese können zwischen Dichtung, Führung, Abstreifer oder Stangenoberflächen gelangen und sowohl die genannten Elemente wie auch die Stangenoberfläche beschädigen beziehungsweise verriefen; dies führt dann zur Leckage. Schmierfähigkeit und Viskosität sind bei der Dichtungsauswahl zu berücksichtigen.

Stangenoberfläche

Eine gehärtete oder verchromte oder auch andersartig hartbeschichtete Oberfläche (hier Rücksprache mit dem Dichtungshersteller) kann zumindest das Problem der Verriefung durch harte Partikel verringern. Kleinere Beschädigungen an PTFE-Dichtungen heilen sich normalerweise von selbst. Die erforderliche Rauigkeit der Stange ist abhängig vom Dichtungsmaterial und der Relativgeschwindigkeit. PTFE-Dichtungen benötigen eine glattere Oberfläche als PU- und Elastomer-Dichtungen. Für PU- und Elastomer-Dichtungen mit einer maximalen Geschwindigkeit kleiner 0,5 m/s gilt der Wert $R_z < 2{,}3$ µm. Für PTFE-Dichtungen liegt dieser Wert zwischen 0,5 µm und 1,3 µm. Für hohe Geschwindigkeiten oder für hohe Frequenzen (ab ca. 0,8 m/s oder 5 Hz) gilt der geringe Wert, für langsamere Bewegungen der höhere Wert. Bei hohen Drücken und hohen Geschwindigkeiten sollte die Oberfläche eine Härte von HRC > 50 mit einer Einsatzhärtetiefe $CHD > 0{,}15$ besitzen. Generell sind geschlossene (plateauförmige) Oberflächenprofile offenen (spitzen) Profilen vorzuziehen. Alle Oberflächenwerte sind in axialer Bewegungsrichtung der Dichtung gemessen.

Einbau von Stangendichtungen

Stangendichtungen müssen bei der Montage im Durchmesser zusammengedrückt werden, wenn keine geteilte Nut vorgesehen ist. Die Grenze des Zusammendrückens liegt bei 13 % des Abdichtdurchmessers. Das Zusammendrücken kann mit einem Montagewerkzeug (z.B. Trichter) mit einer Einführungsschräge von ca. 10...15 ° geschehen, der das

Dichtelement so weit staucht, dass es durch den Bohrungsdurchmesser gelangen und in die Nut einschnappen kann.

Zum Einschieben der Dichtung in den Konus kann ein PU-Schlauch oder ein axial geschlitztes Rohr dienen. Ein anschließendes Kalibrieren durch eine Stange mit einem möglichst großem Durchmesser und einer Einführungsschräge kleiner 15 ° ist zumindest bei PTFE-Dichtungen erforderlich. Der Außendurchmesser der Einführschräge sollte etwas kleiner sein als der zu kalibrierende Dichtungsdurchmesser. Meist wird das Kalibrieren mit der Original-Kolbenstange durchgeführt, der eine Kalibrierspitze aufgesetzt wird. Hierbei ist wichtig, dass sie einen gratfreien Übergang von der Spitze zur Stange hat, der keine scharfen Kanten aufweist und somit die Dichtung nicht beschädigt. Die Oberfläche der Kalibrierspitze beziehungsweise des Kalibrierwerkzeugs sollte die gleiche Oberflächengüte haben wie die der Stange.

Von einem Einbau durch Zusammendrücken (nierenförmiger Einbau) von PTFE-Dichtungen, wie er teilweise bei Industrieanwendungen vorgeschlagen wird, ist bei Automotive-Anwendungen abzusehen, da bleibende Verformungen an den Dichtungen nicht auszuschließen sind. Sollte ein Einbau durch Zusammendrücken nicht möglich sein, so ist eine geteilte Nut vorzusehen.

Hydraulische Kolbendichtungen

Dichtung, Führung, Medium, Oberfläche

Für Kolbendichtsysteme gilt sinngemäß dasselbe, was für Stangendichtsysteme gültig ist. Normalerweise besitzen Kolbendichtsysteme keine Abstreifer. Diese Aufgabe wird zumindest teilweise von Kolbenführungsringen oder Kolbenbändern übernommen. An Kolbendichtungen werden in der Regel keine so hohen Dichtheitsansprüche („nur" innere Leckage) gestellt wie an Stangendichtsysteme, die Öl sicher von der Atmosphäre fern halten müssen. Kolbendichtungen sollen in beide Bewegungsrichtungen gleich gute Dichtheit aufweisen. Aus diesem Grund besitzen sie meist einen symmetrischen Querschnitt. Alternativ müssen zwei Nutringe – Rücken an Rücken – verwendet werden.

Eine interessante Lösung stellt eine PTFE-Kolbendichtung dar, die je eine Dichtkante in Abhängigkeit des aufgebrachten Drucks aktiviert. Der Druck lässt die Dichtung so kippen, dass sich hierdurch je nach Druckrichtung eine Kante ausbildet und dadurch wie eine Stangendichtung arbeiten kann.

Kolbenführung

Für die Auswahl der richtigen Kolbenführungsringe beziehungsweise Führungsbänder gelten die gleichen Grundsätze wie bei Stangendichtsystemen und Stangenführungen. Es erwies sich als vorteilhaft, je einen Führungsring beziehungsweise Führungsband rechts und links der Dichtung zu platzieren. Hierdurch können die Führungen bedingt als Abstreifer wirken (siehe Führungen und Führungsbänder).

Hydraulikflüssigkeiten

Siehe hierzu Hydraulikflüssigkeiten für Stangendichtsysteme.

Kolbenoberflächen

Für Kolbendichtungen gelten dieselben Oberflächenrauigkeiten und Oberflächenhärten wie für Stangendichtsysteme. In speziellen Anwendungen kann auch eine nicht gehärtete, gezogene oder gerollte Oberfläche zum Einsatz kommen. Durch die Oberflächenverdichtung kommt es zu Texturen, die die Oberfläche härter werden lassen.

Einbau Kolbendichtungen

Kolbendichtungen können über einen Konus mit einer Einführungsschräge von ca. 10...15 ° auf den Kolbendurchmesser aufgedehnt werden, wenn die Dehnung 30 % des Innendurchmessers nicht überschreitet. Die gedehnte Dichtung schnappt anschießend in die Nut ein. Zum Einschieben der Dichtung in den Konus kann ein PU-Schlauch oder ein axial geschlitztes Einbauwerkzeug (z.B. Rohr) dienen.

Bei PTFE-Dichtungen ist ein anschließendes Kalibrieren erforderlich. Dies kann mit einem separaten Kalibierwerkzeug oder mit dem Zylinder selbst geschehen. Das Kalibrierwerkzeug ist ein Zylinder mit einer Einführungsschräge kleiner 15 ° und einem Bohrungsdurchmesser so nah wie möglich am Kolbendurchmesser. Der Außendurchmesser der Einführungsschräge sollte mindestens so groß sein wie der Außendurchmesser der zu kalibrierenden Dichtung. Sowohl beim Kalibrierwerkzeug wie auch bei der Einführungsschräge am Zylinder ist darauf zu achten, dass die Oberfläche so gut ist wie bei der Zylinderlaufbahn, um eine Beschädigung des Dichtelements zu vermeiden. Der Übergang von Kalibrierwerkzeug zum Zylinder sollte gratfrei und ohne scharfe Kanten sein.

Übersteigt die Aufdehnung der Dichtung 30 %, so ist eine geteilte Nut vorzusehen.

Führungen und Führungsbänder

Führungsbänder haben in Stangen- und Kolbendichtsystemen zwei wesentliche Aufgaben zu erfüllen: Kolben oder Stange präzise zu führen und – wenn erforderlich – Querkräfte aufzunehmen. Um diese Aufgaben zu erfüllen, können verschiedene Materialien eingesetzt werden, z. B. Bronze, Verbundwerkstoffe oder gefüllte PTFE-Werkstoffe. Bronzebuchsen müssen zusätzlich geschmiert werden und sind teuer. Im Falle von Verbundwerkstoffen sind unterschiedliche Führungen und Führungsbänder möglich. Es gibt gewebeverstärkte Duroplast-Führungsringe, die eine relativ hohe Querkraft abstützen, jedoch nicht für Trockenlauf geeignet sind und auch geschmiert eine relativ hohe Reibung besitzen. Der Markt bietet außerdem Führungen, die einen geschlitzten Blechring besitzen, auf welchem Bronzepartikel aufgespritzt und eine PTFE-Laufschicht eingewalzt werden. Diese Buchsen bieten eine hervorragende Führungsqualität und eine geringe Reibung, sind jedoch im hochpreisigen Segment angesiedelt.

Eine weitere Führungsmöglichkeit stellen Buchsen aus einem Drahtgeflecht dar, die von PTFE umhüllt sind und ebenfalls eine geringe Reibung besitzen.

Eine gängige und preiswerte Lösung im Automobilbau stellen Führungsbänder aus gefülltem PTFE dar. Sie weisen eine gute Reibung auf, dämpfen Schwingungen und können Querkräfte bis zu einem gewissen Maß abstützen.

Bei Führungen ist generell darauf zu achten, dass sie nicht die Funktion einer Dichtung übernehmen. Aus diesem Grund bilden die beiden Enden der Führungsringe (Bänder) einen Spalt (Bild 2). Bei Buchsen oder Führungen mit engem Spiel (ohne Spalt) ist darauf zu achten, dass keine Schleppströme auftreten, die sich dem Systemdruck überlagern. Eventuell ist in diesen Fällen ein Bypass erforderlich.

Die Dicke von Führungsbändern hängt vom zu führenden Durchmesser ab. Je kleiner der Durchmesser, desto schwieriger wird es, ein dickes Band z. B. um einen Kolben zu biegen und in Position zu halten. Im Automotive-Bereich werden Führungsbänder in Dicken von 0,85...2,5 mm eingesetzt. Je dünner die Bänder sind, umso kleiner sind ihre Verformungen unter Last und eine dementsprechend bessere Führungsqualität besitzen sie. Die Berechnung der zulässigen Last ist den einschlägigen Katalogen zu entnehmen. Je nach Einsatzfall und Medium stehen verschieden gefüllte PTFE-Werkstoffe zur Verfügung.

Typische Einsatzgebiete für Führungsbänder sind z. B. die Führung des Kolbens in einem Einrohrstoßdämpfer oder die Führung der Stange oder des Kolbens in einem Stellzylinder für translatorische Bewegungen (Getriebe, Kupplungen).

Bild 2: Führungsband.

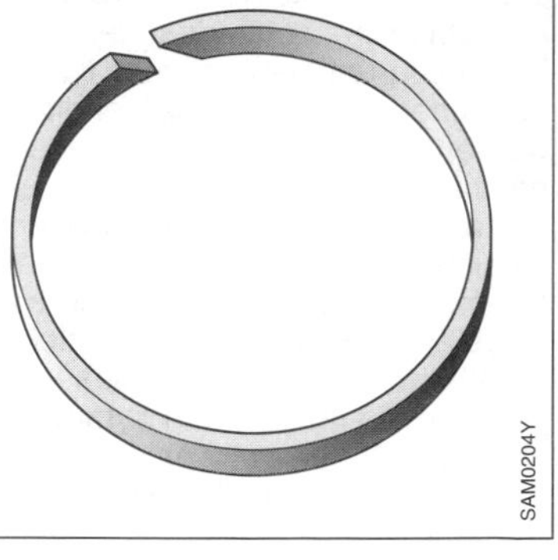

Elastomer-Werkstoffe

Allgemeine Einsatzgrenzen

Die Anwendungsfelder von elastomeren Werkstoffen sind sehr breit gefächert (siehe auch Werkstoffe, Elastomere). Entsprechend unterschiedlich sind auch die spezifischen Anforderungen, die an die Materialien jeweils gestellt werden (z.B. Abriebbeständigkeit, Dämpfungsverhalten, Isolationswirkung, lang anhaltende Dichtkraft, Beständigkeit gegen Ermüdungsrisse, Druckfestigkeit, Medienbeständigkeit).

Hitzebeständigkeit und Quellverhalten in Öl

Folgende Schaubilder geben einen groben Überblick über die unterschiedlichen Einsatzgrenzen nach der allgemeinen Einstufung ASTM D2000 [15], basierend auf der Öl- und Hitzebeständigkeit der Werkstoffe. Bild 1 zeigt die maximale Arbeitstemperatur und die Volumenänderung nach einer Lagerung von 70 Stunden im Referenzöl IRM 903. In Bild 2 ist der Einsatztemperaturbereich dargestellt. Diese Temperaturbereiche gelten für Anwendungen, bei denen ein Kontakt mit Medien, die gegenüber dem jeweiligen Werkstoff aggressiv wirken, ausgeschlossen sind.

Bild 1: Öl- und Hitzebeständigkeit von Elastomeren.
1 Wert abhängig vom Acrylnitril-Gehalt (ACN)

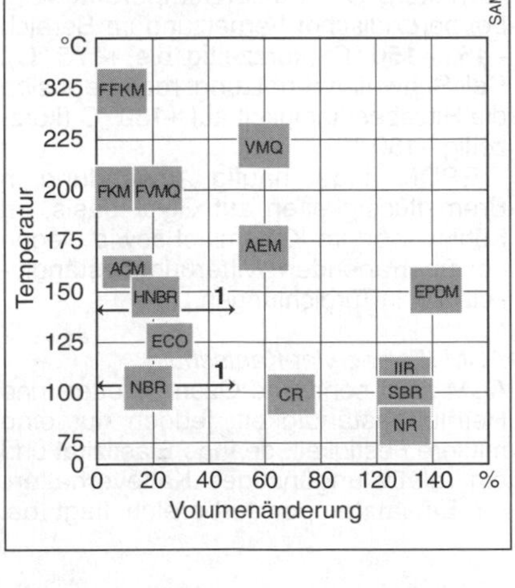

Elastomere

Allgemein lassen sich die unterschiedlichen Elastomere wie folgt grob charakterisieren. Die für die Kurzzeichen der Elastomere verwendeten Großbuchstabenfolgen sind in DIN ISO 1629 (Kautschuke) [16] genormt.

IIR (Isobuten-Isopren-Kautschuk)

Isobuten-Isopren-Kautschuk (Butyl-Kautschuk) zeichnet sich besonders durch seine sehr geringe Permeabilität gegenüber Luft, Wasserdampf und anderen Gasen aus. Zusätzlich weist IIR neben einer guten Ozon-, Witterungs- und Alterungsbeständigkeit auch eine gute Beständigkeit gegenüber organischen und anorganischen Chemikalien auf. Die mögliche Einsatztemperatur liegt im Bereich –40°...+110 °C (kurzzeitig bis +120 °C).

Wegen der geringen Gas- und Feuchtigkeitsdurchlässigkeit wird IIR vorwiegend in Reifen eingesetzt.

CR (Chloropren-Kautschuk)

Im Allgemeinen zeigen Chloropren-Vulkanisate eine relativ gute Ozon-, Wetter-, Chemikalien- und Alterungsbeständigkeit, des Weiteren eine hohe Flamm-

Bild 2: Einsatztemperaturbereiche für Elastomere.

Einsatztemperaturbereich.
Nur unter bestimmten Voraussetzungen bei speziellen Werkstoffen.

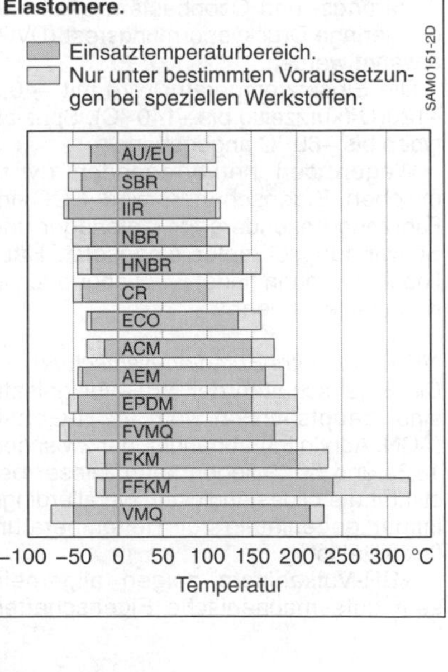

widrigkeit, gute mechanische Eigenschaften, eine gute Abriebresistenz und eine gute Kälteflexibilität. Der Einsatztemperaturbereich liegt bei −35...+90 °C (kurzzeitig bis +120 °C). Spezialtypen sind bis −55 °C einsetzbar.

CR-Werkstoffe finden ihre Anwendung u.a. als Dichtung gegen Kältemittel, im Außenbereich sowie in Klebstoffen.

SBR (Styrol-Butadien-Kautschuk)
Besonders hervorzuhaben sind bei SBR-Werkstoffen die hervorragenden mechanischen Eigenschaften, insbesondere die Abriebbeständigkeit. Dementsprechend ist die Hauptanwendung bei Reifen angesiedelt, und auch bei Keilriemen ist das Material zu finden.

Im Dichtungsbereich spielt SBR eine untergeordnete Rolle, die Beständigkeit gegenüber typischen Medien im Automobil wie Öl oder Kraftstoff ist nicht gegeben. Der Einsatztemperaturbereich liegt bei −40 °...+110 °C (kurzzeitig bis +120 °C).

ECO (Epichlorhydrin-Kautschuk)
Die Besonderheit von ECO-Werkstoffen ist deren gute Beständigkeit gegenüber Motorölen und Kraftstoffen, wie sie im Automobil vorkommen. Zudem muss die extrem geringe Gasdurchlässigkeit, die Witterungs- und Ozonbeständigkeit und der geringe Druckverformungsrest (DVR) erwähnt werden.

Die Einsatztemperatur wird mit −40... +120°C (kurzzeitig bis +140 °C), Spezialtypen bis -60 °C angegeben.

Wegen den hervorragenden dynamischen Eigenschaften wird ECO im Fahrzeug besonders für Motorlager und Schwingungsdämpfer eingesetzt. Häufige Anwendung findet ECO aber auch in Kraftstoffleitungen.

NBR (Acrylnitril-Butadien-Kautschuk)
Die Eigenschaften der NBR-Vulkanisate sind hauptsächlich vom ACN-Gehalt (ACN: Acrylnitril) abhängig, der zwischen 18 % und 50 % liegen kann. Dieser bestimmt die Ölbeständigkeit, die allerdings immer gegenläufig zur Tieftemperaturflexibilität ist.

NBR-Vulkanisate zeigen allgemein sehr gute mechanische Eigenschaften und eine gute Abriebbeständigkeit bei einer Einsatztemperatur von −30...+100 °C (kurzzeitig bis +120 °C). Spezialtypen sind bis −50 °C einsetzbar.

NBR findet hauptsächlich als Dichtung (auch dynamisch) oder als Schlauch in Kontakt mit Mineralölen und Fetten seine Anwendung.

HNBR (Hydrierter Acrylnitril-Butadien-Kautschuk)
HNBR wird durch selektive Hydrierung der Butadiengruppen von NBR hergestellt. Zusätzlich zum ACN-Gehalt werden die Eigenschaften deshalb zusätzlich durch den dabei eingestellten Sättigungsgrad beeinflusst.

Die Grundeigenschaften des HNBR sind vergleichbar mit denen des NBR. Durch die Sättigung der Hauptkette wird allerdings die Einsatztemperatur deutlich verbessert und liegt im Bereich von −30...+140 °C (kurzfristig bis +160 °C). Spezialtypen sind bis −40 °C nutzbar.

Der Einsatz liegt hier hauptsachlich bei Teilen, die mit Mineralölen und Fetten in Kontakt stehen. Der Werkstoff besitzt jedoch auch eine gute Beständigkeit gegenüber Kühlwasser und gegenüber Dieselkraftstoff.

EPDM (Ethylen-Propylen-Dien-Kautschuk)
EPDM besitzt eine sehr gute Hitze-, Ozon- und Alterungsbeständigkeit, ferner eine hohe Elastizität und ein sehr gutes Kälteverhalten. Die Einsatztemperatur liegt bei peroxidischer Vernetzung im Bereich −45...+150 °C (kurzzeitig bis +175 °C). Bei Schwefelvernetzung reduziert sich die Hitzebeständigkeit auf +130 °C (kurzzeitig +150 °C).

EPDM findet häufig Anwendung in Bremsflüssigkeiten auf Glycolbasis, im Kühlwasser, im Kältemittel sowie wegen der überragenden Witterungsbeständigkeit z.B. in Türdichtungen.

ACM (Polyacrylat-Kautschuk)
ACM zeigt sehr gute Ozon-, Wetter- und Heißluftbeständigkeit, jedoch nur eine mittlere Festigkeit, geringe Elastizität und ein relativ ungünstiges Kälteverhalten. Ihr Einsatztemperaturbereich liegt bei

−20...+150 °C (kurzzeitig +175 °C). Spezialtypen sind bis −35 °C einsetzbar. ACM-Werkstoffe werden hauptsächlich aufgrund ihrer besonderen Beständigkeit gegen hochadditivierte Schmieröle (auch schwefelhaltig) bei höheren Temperaturanwendungen als Dichtungswerkstoff eingesetzt.

AEM (Ethylen-Acrylat-Kautschuk)
Im Vergleich zu ACM zeigt AEM üblicherweise bessere mechanische Eigenschaften, eine weitere bessere Temperaturbeständigkeit und einen sehr guten Druckverformungsrest. Ihr Einsatztemperaturbereich liegt bei −40...+160 °C (kurzzeitig bis +190 °C).

AEM-Werkstoffe werden wie ACM aufgrund ihrer besonderen Beständigkeit gegen hochadditivierte Schmieröle bei höheren Temperaturanwendungen als statische Dichtungen im motornahen Bereich eingesetzt (Motor, Getriebe).

FKM (Fluor-Kautschuk)
Je nach Aufbau und Fluorgehalt unterscheiden sich Fluorelastomere in ihrer Medienbeständigkeit und Kälteflexibilität. Neben ihrer sehr guten Beständigkeit gegenüber Kraftstoffen, Ölen und anderen aggressiven Medien zeichnen sie sich durch eine geringe Gasdurchlässigkeit und sehr gute Ozon-, Wetter- und Alterungsbeständigkeit aus. Die Einsatztemperatur der Fluor-Kautschuke liegt bei −20...+200°C (kurzzeitig bis +230 °C). Spezialtypen sind bis unter −40 °C einsetzbar.

FKM wird wegen seiner sehr guten Beständigkeit gegen Kraftstoffe überwiegend in Anwendungen wie Einspritzventilen, Kraftstoffleitungen u.ä. eingesetzt.

Zu erwähnen ist der recht hohe Preis dieser Elastomergruppe, der je nach verwendetem Polymertyp sehr stark variiert.

VMQ (Silikon-Kautschuk)
Die Besonderheit von Silikon-Kautschuken ist deren hohe thermische Beständigkeit, die hervorragende Kälteflexibilität, gute dielektrische Eigenschaften und vor allem die gute Witterungsbeständigkeit. Silikon-Kautschuke sind hydrophob und vor allem im Bereich wässriger Medien im Einsatz. Spezielle Formulierungen sind beständig gegen Motor- und Getriebeöle sowie Wasserdampf. Je nach Ausführung befinden sich die möglichen Einsatztemperaturen im Bereich von −50...+200 °C (kurzzeitig zum Teil auch bis +230 °C).

Verwendung finden Silikone im Automobil, wenn es um die Abdichtung von elektrischen Steckverbindungen geht sowie zum Teil auch in Kühlern bei hohen Temperaturen.

Eine Untergruppe, das LSR (Liquid Silicone Rubber) ist aufgrund seiner Verarbeitbarkeit sehr interessant, vor allem für Zweikomponententeile mit Kunststoffen.

FVMQ (Fluorsilikon-Kautschuk)
Fluorsilikon-Kautschuk kennzeichnen im Vergleich zu Silikonen seine deutlich bessere chemische Beständigkeit in Kohlenwasserstoffen, aromatischen Mineralölen und Kraftstoffen. Der mögliche Einsatztemperaturbereich wird mit −55...+175 °C angegeben (kurzzeitig zum Teil auch bis +200 °C).

PUR (Polyurethane)
Die Gruppe der Polyurethane ist äußerst vielschichtig. Unterschiedlichste Einsatzbereiche können individuell damit abgedeckt werden, eine Vereinheitlichung der Eigenschaften ist nicht möglich und die Materialien werden deshalb auf ihre entsprechenden Einsatzbereiche konzipiert. Je nach Rezeptur erreicht man dadurch ein hervorragendes Rückstellverhalten, eine extreme Tieftemperaturflexibiltät oder eine optimale Hydrolysebeständigkeit. Im Allgemeinen zeichnet diese Werkstoffgruppe eine geringe Gasdurchlässigkeit, eine gute Mineralölbeständigkeit, eine hohe Festigkeit und Abriebbeständigkeit, aber auch eine eher ungünstige Wärmebeständigkeit aus. Je nach Typ sind Temperatureinsatzbereiche von −50...+110°C, kurzzeitig auch höher, realisierbar.

Kenndaten und Prüfungen von Elastomer-Werkstoffen

Je nach Einsatzzweck von Elastomeren kommen unterschiedliche Eigenschaften zum Tragen. Um die Eignung eines Materials für einen bestimmten Einsatz beurteilen zu können, werden üblicherweise vorab Tests durchgeführt, die die Bedingungen in der späteren Applikation abbilden sollen. Zudem dienen diese Prüfungen dazu, die Eigenschaften eines Materials zu definieren beziehungsweise zu spezifizieren. Im Folgenden werden einige der gängigsten Prüfmethoden beschrieben.

Dichte

Als eine der grundlegendsten Eigenschaften ist die Dichte zu sehen. Diese Prüfung ist bei konstanter Prüftemperatur von weiteren Parametern wie Teilegeometrie o.ä. weitgehend unabhängig, weshalb sie als spezifische Stoffkonstante gerne als erste Identifikationsprüfung bei Materialtests verwendet wird. Üblicherweise wird die Dichte mit dem Auftriebsverfahren nach ISO 1183-1 [17] bestimmt, bei dem aus dem gemessenen Gewicht in Luft und in einer Prüfflüssigkeit die Dichte errechnet wird.

Druckverformungsrest

Ein wichtiger Parameter für das Dichtverhalten ist der Druckverformungsrest (DVR) des Elastomer-Werkstoffs unter Temperatureinwirkung. Elastomere zeigen unter Belastung neben einer elastischen Komponente auch eine dauerhafte, plastische Verformung (Bild 3). Je größer ein DVR-Wert ist, umso schlechter ist das elastische Verhalten eines Materials.

Bild 3: Darstellung des Druckverformungsrests.
a) Zylindrische Scheibe vor der Verformung,
b) im verformten Zustand,
c) nach der Entspannung.
h_0 Ursprüngliche Höhe,
h_1 Höhe im verformten Zustand,
h_2 Höhe nach Entspannung.

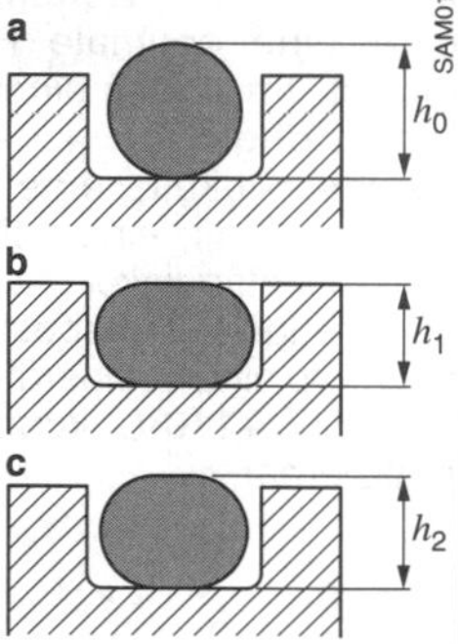

Gängige Probekörper

Der Druckverformungsrest wird nach DIN ISO 815 [18] ermittelt. Ein gängiger Probekörper ist eine zylindrische Scheibe mit 13 mm Durchmesser und 6,3 mm Höhe. Die Prüfung ist grundsätzlich bei geeignetem Querschnitt auch an Dichtungen durchführbar (z.B. bei O-Ringen).

Gängige Parameter

Die Verformung beträgt 25%. Die Prüftemperatur wird abhängig vom Elastomertyp gewählt. Die Prüfdauer ist zu definieren und beträgt üblicherweise 24 h, 72 h, 168 h beziehungsweise ein Vielfaches davon.

Um die Ergebnisse vergleichen zu können, müssen alle Parameter unbedingt genau definiert werden.

Berechnung

Der Druckverformungsrest wird wie folgt berechnet:

$$DVR = \frac{h_0 - h_2}{h_0 - h_1}.$$

h_0 Ursprüngliche Höhe,
h_1 Höhe im verformten Zustand,
h_2 Höhe nach Entspannung.

Druckspannungsrelaxation

Diese Prüfung z.B. nach ISO 3384 [19] ähnelt der DVR-Prüfung, wobei jedoch hier nicht das Rückstellverhalten nach Entspannung gemessen wird, sondern im verpressten Zustand die konkret entstehende Gegenkraft ermittelt wird. Sie ist apparativ wesentlich aufwändiger zu messen, hat aber eine deutlich bessere Korrelation zu der bei statischen Dichtungen im Einbauzustand auftretenden Dichtkraft.

Gängige Probekörper

- Zylindrische Scheibe mit einem Durchmesser von 13 mm und einer Höhe von 6,3 mm,

- O-Ringe mit einem Durchmesser von 14 mm und einem Schnurdurchmesser von 2,65 mm,
- Rechteckringe mit einem Durchmesser von 15 mm und einem quadratischen Querschnitt von 2 mm Kantenlänge.

Die Prüfung ist grundsätzlich bei geeignetem Querschnitt an jeder Dichtung durchführbar.

Gängige Parameter
Die Verformung beträgt 25%. Die Prüftemperatur wird abhängig vom Elastomertyp gewählt. Die Prüfdauer ist zu definieren und beträgt üblicherweise 24 h, 72 h, 168 h beziehungsweise ein Vielfaches davon.

Prüfverfahren
Es werden zwei Verfahren unterschieden: Bei Verfahren A werden die Verformung und sämtliche Gegenkraftmessungen bei Prüftemperatur vorgenommen. Bei Verfahren B werden die Probekörper bei der Prüftemperatur gelagert, die Verformung und sämtliche Kraftmessungen werden bei Raumtemperatur vorgenommen.

Die Messung kann in Luft als auch in Medien ablaufen.

Berechnung
Die Druckspannungsrelaxation $R(t)$ wird wie folgt berechnet:

$$R(t) = \frac{F_0 - F_t}{F_0} \cdot 100$$

$R(t)$ Druckspannungsrelaxation nach einer vorgegebenen Zeit t, ausgedrückt in Prozent der Anfangsgegenkraft,
F_0 Anfangsgegenkraft nach 30 min,
F_t Gegenkraft nach der vorgegebenen Prüfdauer t.

Härte
Die Härte ist eine der am häufigsten genannten Eigenschaften von Gummiwerkstoffen. Trotzdem können die Werte sehr irreführend sein. Härte ist der Widerstand eines Körpers gegen das Eindringen eines Eindringkörpers bestimmter Form unter definierter Druckkraft.

Für Härteprüfungen an Normprobekörpern und an Fertigteilen aus Elastomer-Werkstoffen kommen hauptsächlich zwei Verfahren zur Anwendung:
- Shore-Härte (Eindringhärte nach dem Durometer-Verfahren) nach ISO 7619-1 [20] für Messungen an Normprobekörpern.
- IRHD-Härte (International Rubber Hardness Degree) nach ISO 48 [21], für Messungen an Normprobekörpern und Fertigteilen.

Die Messwerte sind abhängig von
- dem Elastizitätsmodul des Elastomers,
- den viskoelastischen Eigenschaften des Elastomers,
- der Dicke des Probekörpers,
- der Geometrie des Eindringkörpers,
- dem ausgeübten Druck,
- der Geschwindigkeit des Druckanstiegs,
- der Zeitdauer, nach der die Härte registriert wird.

Auch hier gilt: Um Ergebnisse vergleichen zu können, müssen alle Parameter unbedingt genau definiert werden. Wegen dieser Einflussgrößen ist es zudem nicht möglich, die mit einem Durometer erhaltenen Ergebnisse (Shore-Härte) direkt mit IRHD-Werten zu vergleichen.

Die Prüfungen sollen bei 23 ± 2 °C durchgeführt werden.

Härteprüfungen nach Shore A und Shore D
Das Härteprüfgerät Shore A (Kegelstumpf) ist im Härtebereich 10...90 sinnvoll anwendbar. Härtere Proben sollten

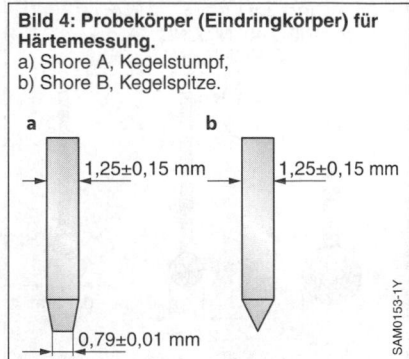

Bild 4: Probekörper (Eindringkörper) für Härtemessung.
a) Shore A, Kegelstumpf,
b) Shore B, Kegelspitze.

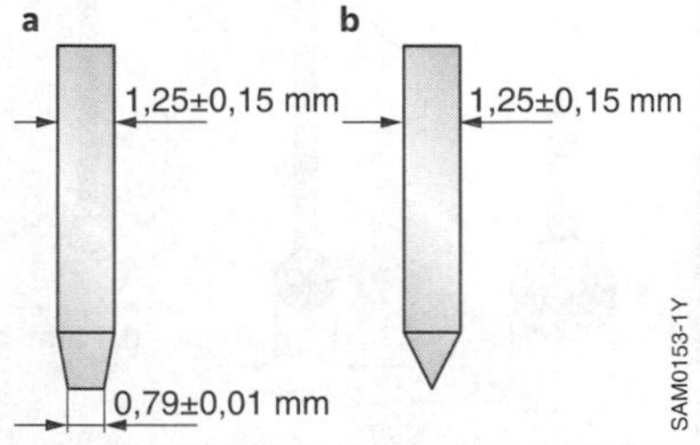

mit dem Gerät nach Shore D (Kegelspitze) gemessen werden (Bild 4).

Normprobekörper
- Durchmesser mindestens 30 mm,
- Dicke mindestens 6 mm,
- Ober- und Unterseite glatt und eben.

Bei dünnerem Material darf geschichtet werden, wenn die Mindestprobendicke durch maximal drei Schichten erreicht wird. Keine der Schichten darf eine Dicke von 2 mm unterschreiten.

Härteprüfungen nach IRHD
Die Prüfung der Kugeldruckhärte nach IRHD (International Rubber Hardness Degree) wird sowohl an Normprobekörpern als auch an Fertigteilen angewandt.

Die Prüfplatte ist in ihren Dicken dem Härtebereich anzupassen. Nach ISO 48 wird dabei in zwei Härtebereiche unterteilt (Bild 5).

Weich: 10 bis 35 IRHD
- Probendicke über 10 mm bis 12 mm.

Normal: Über 35 IRHD
- Probendicke 6...10 mm,
- Probendicke 1,5...2,5 mm (Microhärte).

An Fertigteilen oder Proben anderer Abmessung ermittelte Härtewerte weichen in der Regel von den an Normproben gemessenen Werten ab. Dies trifft hauptsächlich bei gekrümmter Oberfläche zu. Eine Positionierung der Messspitze muss bei gekrümmten Oberflächen unbedingt am höchsten Punkt stattfinden, um Messfehler zu verringern. Bei sehr kleinen Schnurstärken können Positionierhilfen wie Lupen, Zentrierstifte und automatische Laserpositionierung verwendet werden.

Prüfung der Zugspannungs-Dehnungs-Eigenschaften nach DIN 53504 [22] beziehungsweise ISO 37 [23]
Dieser Test dient dazu, die typischen mechanischen Kennwerte eines Elastomers wie Zugfestigkeit, Reißdehnung und der Spannungswerte von Probekörpern bestimmter Form beim Dehnen mit konstanter Geschwindigkeit bis zum Reißen zu ermitteln (Bild 6).

Zugfestigkeit
Die Zugfestigkeit R_m berechnet sich als Quotient aus der gemessenen Höchstkraft F_{max} und dem Anfangsquerschnitt A_0 des Probekörpers:

$$R_m = \frac{F_{max}}{A_0} .$$

Reißdehnung
Die Reißdehnung ε_R ergibt sich als Quotient aus der im Augenblick des Reißens gemessenen Änderung $L_R - L_0$ (Messlänge L_R) und der Anfangsmesslänge L_0 des Probekörpers:

$$\varepsilon_R = \frac{L_R - L_0}{L_0} .$$

Bild 5: Probekörper (Eindringkörper) für Härtemessung nach IRHD.
a) Weich, ISO 48 „L“/„CL“,
b) Normal, ISO 48 „N“/„CNL“,
c) Normal, ISO 48 „M“/„CM“.

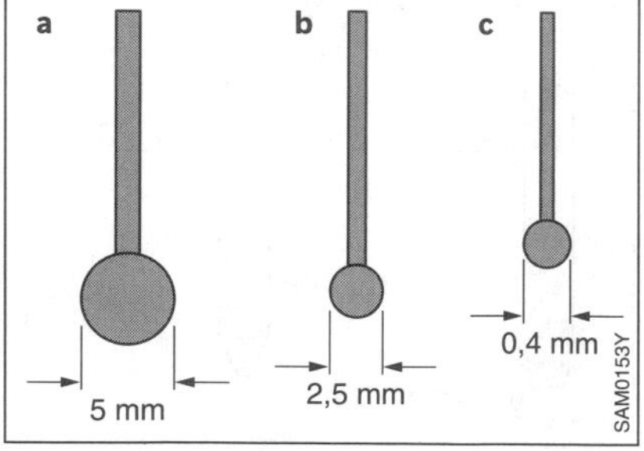

Bild 6: Kraft-Weg-Diagramm.

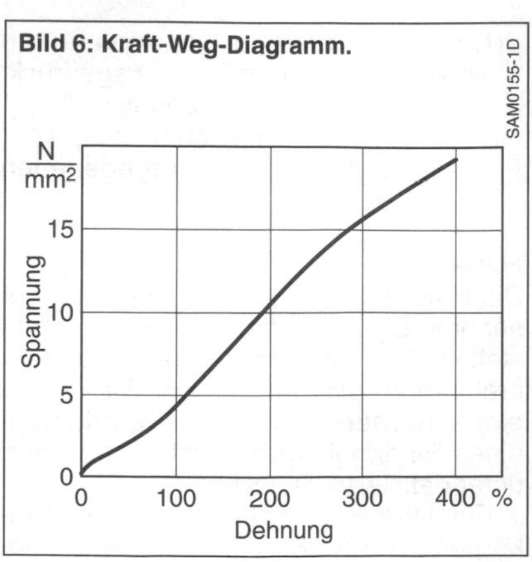

Spannungswert

Der Spannungswert σ ist der Quotient aus der bei Erreichen einer bestimmten Dehnung vorhandenen Zugkraft F_i und dem Anfangsquerschnitt A_0. Üblicherweise wird der Wert bei 100 % angegeben.

$$\sigma = \frac{F_i}{A_0}.$$

Gängige Probekörper

Gängige Probekörper sind S2-Zugstäbe, die aus einer 2 mm-Prüfplatte gestanzt werden (Bild 7).

Die Prüfung ist grundsätzlich auch an O-Ringen durchführbar und wird entsprechend beschrieben. Jedoch sind die dabei ermittelten Ergebnisse nicht direkt mit den Werten von normierten Zugstäben vergleichbar.

Gängige Parameter

Die Prüfungen werden im Allgemeinen bei der Prüftemperatur von 23 ± 2 °C durchgeführt. Von Interesse sind oft auch Tests bei erhöhter oder niedriger Temperatur, die in speziellen Temperierkammern durchgeführt werden.

Prüfung der Weiterreißfestigkeit nach DIN ISO 34-1 [24] beziehungsweise ASTM D624 [25]

Bei der Prüfung wird die Kraft gemessen, die benötigt wird, um einen spezifizierten Probekörper entweder durch Fortführung eines bereits vorhandenen Schnittes oder durch die gesamte Breite des Probekörpers einzureißen.

Gängige Probekörper

Als Probekörper werden Zugprüfstäbe unterschiedlicher Geometrien verwendet, die aus einer 2 mm dicken Prüfplatte gestanzt werden. Zu beachten ist, dass jeder Probekörper zu einem gänzlich anderen Ergebnis führt, weshalb nur Ergebnisse der absolut identischen Methode miteinander verglichen werden können.

Bild 7: Probekörper für Prüfung der Zugspannungs-Dehnungs-Eigenschaften.

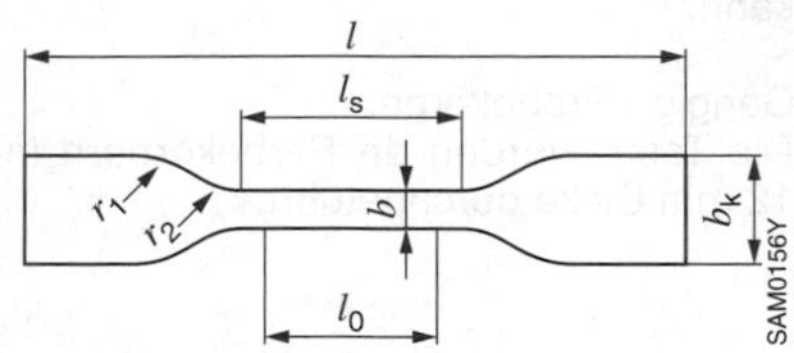

Prüftemperatur

Die Prüfungen werden bei der Prüftemperatur von 23 ± 2 °C durchgeführt.

Prüfung der Medien- und Temperaturbeständigkeit

Elastomere haben, wie alle organischen Materialien, eine begrenzte Lebensdauer. Äußere Einflüsse wie Medien, Temperatur, Ozon und Sauerstoff beeinflussen die Materialeigenschaften. Elastomere können quellen, schrumpfen, verhärten oder können sogar rissig werden, wenn diese unter falschen Bedingungen eingesetzt werden.

Um die Eignung eines Elastomers unter verschiedenen Bedingungen zu überprüfen, werden Verträglichkeitstests nach DIN ISO 1817 [26] in Medien beziehungsweise nach DIN 53508 [27] in Luft durchgeführt. Eine Medienverträglichkeit kann dabei mit standardisierten Prüfmedien (z.B. ASTM-Öle, FAM-Prüfkraftstoffe) oder in konkreten Betriebsmedien aus der Applikation gemacht werden.

Die Einwirkung einer Flüssigkeit auf vulkanisiertes Elastomer kann folgendes bewirken:

- Absorption der Flüssigkeit durch das Elastomer,
- Extraktion löslicher Bestandteile aus dem Elastomer,
- Chemische Reaktion mit dem Elastomer.

Bei diesem Test werden folgende Veränderungen erfasst:

- Änderung von Masse, Volumen und Maßen,
- Änderung von Härte und Zugspannungs-Dehnungs-Eigenschaften nach DIN 53504 [28] nach der Einwirkung und gegebenenfalls nach anschließender Trocknung.

Gängige Probekörper

Als Probekörper werden S2-Zugstäbe nach DIN 53504 eingesetzt. Die Prüfung ist grundsätzlich auch an Dichtungen durchführbar (z.B. O-Ringe).

Gängige Parameter
Die Prüftemperatur wird abhängig vom Elastomertyp gewählt. Die Prüfdauer ist zu definieren und beträgt üblicherweise 24 h, 72 h, 168 h beziehungsweise ein Vielfaches davon.

Um Ergebnisse vergleichen zu können, müssen alle Parameter unbedingt genau definiert werden.

Prüfung der Tieftemperaturflexibilität
Die Eigenschaften von Elastomeren werden sehr stark durch Temperaturextreme beeinflusst. Bei hohen Temperaturen kommt es zu einer Verhärtung bis hin zu einer irreversiblen Zerstörung des Materials. Hingegen wird das Material bei tiefer Temperatur durch eine reduzierte Kettenbeweglichkeit und dem Verlust der Elastizität steif beziehungsweise hart und spröde. Dieser Effekt ist reversibel.

Zur Erfassung dieses Tieftemperatureffekts dienen verschiedene Prüfmethoden:

- Kalorimetrische Prüfung (DSC, Differential Scanning Calorimetry; DDK, Dynamische Differentkalorimetrie): Sie ermöglicht die Bestimmung des T_g-Werts (Glasübergangstemperatur).
- Statische Messung (TMA, Thermomechanische Analyse): Sie ist einsetzbar zur Bestimmung des TR10-Werts; sie beschreibt die Rückverformung einer gedehnten Probe in der Kälte um 10 %, nach ASTM D1329 [29] beziehungsweise ISO 2921 [30].
- Dynamische Messung (DMA, Dynamisch-Mechanische Analyse): Sie ist zur Bestimmung des TR-Werts (Kälterichtwert für die Dichtkraft in der Kälte, siehe oben) sowie weiterer Kennwerte einsetzbar.

Jedes Prüfverfahren führt zu einem etwas anderen Messergebnis, zwischen den Ergebnissen gibt es keine direkte Korrelation.

Neben diesen analytischen Methoden gibt es die Möglichkeit, über einfache Biegeprüfungen oder eine Härteprüfung den Einfrier-Temperaturbereich eines Materials zu ermitteln.

Prüfung der Ozonbeständigkeit
Materialien, die in ihrer Polymerstruktur Doppelbindungen in der Hauptkette enthalten (ungesättigte Polymere wie NBR, HNBR und CR) sind gegenüber Ozon aus der Umgebungsluft anfällig, vor allem in gedehntem Zustand. Die Prüfung der Ozonbeständigkeit erfolgt nach ISO 1431-1 [31] in speziellen Prüfkammern, wobei die Prüflinge über die Prüfdauer statisch auf Zug beansprucht sind. Beurteilt wird dabei,

- ob nach einer definierten Prüfdauer Risse im Prüfling vorhanden sind beziehungsweise
- nach welcher Prüfdauer bei definierter Ozonkonzentration Risse auftreten.

Gängige Probekörper
Die Tests können an Prüfstäben oder bei geeignetem Querschnitt auch an Dichtungen durchgeführt werden.

Um Ergebnisse vergleichen zu können, müssen die Parameter Temperatur, Ozonkonzentration, relative Feuchtigkeit, Aufdehnung, Prüfdauer und Prüfverfahren eindeutig definiert sein.

Prüfung der Rückprallelastizität
Elastomere sind nie zu 100 % elastisch, sondern ihre Eigenschaft setzt sich immer aus einem viskosen und einem elastischen Anteil zusammen.

Für bestimmte Anwendungen ist die Dämpfungseigenschaft von Interesse. Diese kann beispielsweise über die Rückprallelastizität nach DIN 53512 [32] oder ISO 4662 [33] ermittelt werden, bei der ein Pendel mit definierter Masse (definierter kinetischer Energie) auf einen Probekörper trifft und dabei die erreichte Höhe nach dem Aufprall gemessen wird.

Maximale Dämpfung entspricht dann einem Wert von 0 %. Minimalste Dämpfung hätte man bei einem Wert von 100 %, der jedoch nicht erreicht werden kann.

Gängige Probekörper
Die Tests werden an Probekörpern mit 12 mm Dicke durchgeführt.

Literatur

[1] ISO 3601: Fluidtechnik – O-Ringe.
Teil 1: Innendurchmesser, Schnurdurchmesser, Toleranzen und Bezeichnungsschlüssel.
Teil 2: Einbauräume für allgemeine Anwendungen.
Teil 3: Qualitäts-Annahmebedingungen.
Teil 4: Stützringe.
Teil 5: Anforderungen an elastomere Werkstoffe für industrielle Anwendungen.

[2] DIN 4768: Ermittlung der Rauheitskenngrößen R_a, R_z, R_{max} mit elektrischen Tastschnittgeräten; Begriffe, Messbedingungen.

[3] DIN EN ISO 4287: Geometrische Produktspezifikation (GPS) – Oberflächenbeschaffenheit: Tastschnittverfahren, Benennungen, Definitionen und Kenngrößen der Oberflächenbeschaffenheit.

[4] http://www.tss.trelleborg.com/de/de/service/desing_support/oringcalculator_1/O-ringcalculator.html.

[5] http://www.tss.trelleborg.com/de/de/service/desing_support/chemicalcompatibility_1/chemical-compatibility.html.

[6] DIN 443: Verschlussdeckel zum Eindrücken.

[7] DIN 3761: Radial-Wellendichtringe für Kraftfahrzeuge.
Teil 1: Begriffe; Maßbuchstaben, zulässige Abweichungen, Radialkraft.
Teil 2: Anwendungshinweise.
Teil 3: Werkstoffanforderungen und Prüfung.
Teil 4: Sichtbare Unregelmäßigkeiten.
Teil 5: Prüfung; Messbedingungen und Messmittel.

[8] ISO 6194: Radial-Wellendichtringe mit elastomeren Dichtelementen.
Teil 1: Nennmaße und Toleranzen.
Teil 2: Vokabular.
Teil 3: Lagerung, Handhabung und Einbau .
Teil 4: Durchführung der Leistungsprüfungen.
Teil 5: Erkennung sichtbarer Unregelmäßigkeiten.

[9] DIN 3760: Radial-Wellendichtringe.

[10] DIN EN 10139: Kaltband ohne Überzug aus weichen Stählen zum Kaltumformen – Technische Lieferbedingungen.

[11] DIN EN 10088: Nichtrostende Stähle.
Teil 1: Verzeichnis der nichtrostenden Stähle.
Teil 2: Technische Lieferbedingungen für Blech und Band aus korrosionsbeständigen Stählen für allgemeine Verwendung.
Teil 3: Technische Lieferbedingungen für Halbzeug, Stäbe, Walzdraht, gezogenen Draht, Profile und Blankstahlerzeugnisse aus korrosionsbeständigen Stählen für allgemeine Verwendung.

[12] VDMA 24317: Fluidtechnik – Schwerentflammbare Druckflüssigkeiten – Technische Mindestanforderungen.

[13] DIN 24320: Schwerentflammbare Flüssigkeiten – Druck-Flüssigkeiten der Kategorien HFAE und HFAS – Eigenschaften und Anforderungen.

[14] DIN 51524: Druckflüssigkeiten – Hydrauliköle
Teil 1: Hydrauliköle HL; Mindestanforderungen.
Teil 2: Hydrauliköle HLP; Mindestanforderungen.
Teil 3: Hydrauliköle HVLP; Mindestanforderungen.

[15] ASTM D2000: Klassifikation von Kautschuk-Erzeugnissen für die Automobilindustrie.
[16] DIN ISO 1629: Kautschuk und Latices – Nomenklatur.
[17] ISO 1183-1: Kunststoffe – Verfahren zur Bestimmung der Dichte von nicht verschäumten Kunststoffen.
Teil 1: Eintauchverfahren, Verfahren mit Flüssigkeitspyknometer und Titrationsverfahren.
[18] DIN ISO 815: Elastomere oder thermoplastische Elastomere – Bestimmung des Druckverformungsrestes.
Teil 1: Bei Umgebungstemperaturen oder erhöhten Temperaturen.
Teil 2: Bei niedrigen Temperaturen.
[19] ISO 3384: Elastomere oder thermoplastische Elastomere – Bestimmung der Spannungsrelaxation unter Druck.
Teil 1: Prüfung bei konstanter Temperatur.
Teil 2: Bei wechselnden Temperaturen.
[20] ISO 7619-1: Elastomere oder thermoplastische Elastomere – Bestimmung der Härte.
Teil 1: Durometer-Verfahren (Shore-Härte).
[21] ISO 48: Elastomere oder thermoplastische Elastomere – Bestimmung der Härte (Härte zwischen 10 IRHD und 100 IRHD).
[22] DIN 53504: Prüfung von Kautschuk und Elastomeren – Bestimmung von Reißfestigkeit, Zugfestigkeit, Reißdehnung und Spannungswerten im Zugversuch.
[23] ISO 37: Elastomere oder thermoplastische Elastomere – Bestimmung der Zugfestigkeitseigenschaften.
[24] DIN ISO 34-1: Elastomere oder thermoplastische Elastomere – Bestimmung des Weiterreißwiderstandes.
Teil 1: Streifen-, winkel- und bogenförmige Probekörper.
[25] ASTM D624: Prüfung von Kautschuk; Bestimmung des Ausreißwiderstandes.
[26] DIN ISO 1817: Elastomere oder thermoplastische Elastomere – Bestimmung des Verhaltens gegenüber Flüssigkeiten.
[27] DIN 53508: Prüfung von Kautschuk und Elastomeren – Künstliche Alterung.
[28] DIN 53504: Prüfung von Kautschuk und Elastomeren – Bestimmung von Reißfestigkeit, Zugfestigkeit, Reißdehnung und Spannungswerten im Zugversuch.
[29] ASTM D1329: Prüfung von Kautschuk; Bestimmung der visco-elastischen Eigenschaften bei niedrigen Temperaturen.
[30] ISO 2921: Elastomere – Bestimmung der Eigenschaften bei niederen Temperaturen – Abkühlungsverfahren (TR-Prüfung).
[31] ISO 1431-1: Elastomere oder thermoplastische Elastomere – Widerstand gegen Ozonrissbildung.
Teil 1: Statische und dynamische Dehnungsprüfung.
Teil 3: Referenz- und alternative Verfahren zur Bestimmung der Ozonkonzentration in Laborprüfkammern.
[32] DIN 53512: Prüfung von Kautschuk und Elastomeren – Bestimmung der Rückprall-Elastizität (Schob-Pendel).
[33] ISO 4662: Kautschuk – Bestimmung der Rückprallelastizität von Vulkanisaten.

Lösbare Verbindungen

Formschlussverbindungen

Funktion

Formschlussverbindungen haben die Aufgabe, über ihre geometrische Form Kräfte zu übertragen, die selbst den Kontakt über die berührenden Flächen aufrechterhalten. Die Kräfte werden immer senkrecht zu den Berührflächen übertragen, wodurch vornehmlich Druck- und Scherspannungen entstehen ([1], [2]).

Mit Formschluss entstehen leicht lösbare Verbindungen, da in der Regel zwischen den sich berührenden Flächen (z.B. zwischen einer Welle und der Bohrung einer Nabe, [3]) eine Spiel- oder eine Übergangspassung vorhanden ist (siehe Toleranzen). Je nach Passungswahl können im Betrieb axiale Relativbewegungen auftreten, die gegebenenfalls durch geeignete Sicherungselemente verhindert werden müssen. Dafür werden u.a. Sicherungsringe nach DIN 471 [4] oder Nutmuttern nach DIN 981 [5] verwendet.

Passfeder- und Scheibenfederverbindungen

Passfederverbindungen (Bild 1a) kommen zur Anwendung, um Riemenscheiben, Zahnräder, Kupplungsnaben usw. drehfest mit Wellen zu verbinden. Manchmal werden Passfedern zusätzlich verwendet, um Reibschlussverbindungen zu sichern oder eine bestimmte Stellung in Umfangsrichtung festzulegen.

Tabelle 1: Formelzeichen und Einheiten.

Größe		Einheit
D	Durchmesser	mm
F	Kraft	N
K_A	Anwendungsfaktor (Betriebsfaktor)	–
M_t	Drehmoment	Nm
b	Breite	mm
d	Durchmesser	mm
h	Höhe	mm
i	Anzahl der Scherflächen	–
l	Länge	mm
l_{tr}	tragende Passfederlänge	mm
n	Anzahl der Mitnehmer	–
p	Flächenpressung	N/mm²
t_1	Nuttiefe Welle	mm
t_2	Nuttiefe Nabe	mm
σ_b	Biegespannung	N/mm²
τ_s	Scherspannung	N/mm²
φ	Traganteil	–

Dem letztgenannten Zweck und zur Übertragung kleinerer Drehmomente dient vor allem im Kraftfahrzeugbau die billigere Scheibenfeder (Bild 1b), die mit der runden Seite in der Welle sitzt.

Bei Passfederverbindungen legen sich die Nuten-Seitenflächen an die Passfeder-Seitenflächen an. Im Gegensatz zur Keilverbindung besteht zwischen dem Passfederrücken und dem Nutgrund ein Spiel (Rückenspiel). Die Kräfte werden dadurch ausschließlich über die Flanken der Passfeder übertragen.

Bild 1: Formschlussverbindungen.
a) Passfederverbindung, b) Scheibenfederverbindung.
Formelzeichen siehe Tabelle 1.

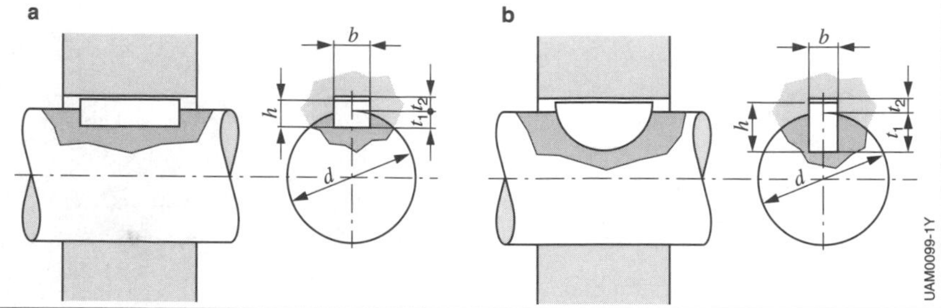

Für die Passfederbreite ist das Toleranzfeld $h\,9$ (Keilstahl nach DIN 6880 [6]) vorgesehen, für die Nutbreiten b gelten die in Tabelle 2 angegebenen Toleranzfelder.

Ein Gleitsitz ist anzuwenden, wenn eine Nabe auf der Welle in Längsrichtung verschiebbar sein soll (z.B. Zahnrad im Schaltgetriebe). Üblicherweise wird dabei die Gleitfeder in der Wellennut festgeschraubt. Passfedern (Bild 2) werden abgerundet (Form A) oder eckig (Form B) hergestellt. DIN 6885 [7] legt ihre Norm hinsichtlich ihrer Form und ihren Abmessungen, abhängig vom Wellendurchmesser, fest (Tabelle 3).

Passfedern werden in der Praxis nur auf Flächenpressung ausgelegt. Mit der Bedingung $p \leq p_{\text{zul}}$ ist die erforderliche tragende Passfederlänge (siehe Tabelle 1)

$$l_{\text{tr}} = \frac{2\,K_{\text{A}}\,M_{\text{t}}}{d\,(h - t_1)\,n\,\varphi\,p_{\text{zul}}}\,.$$

Bei rundstirnigen Passfedern (Form A) ist die Passfederlänge $l = l_{\text{tr}} + b$, bei geradstirnigen (Form B) ist sie $l = l_{\text{tr}}$. Für die zulässige Flächenpressungen gibt die Norm $p_{\text{zul}} = 0{,}9\,R_{\text{e, min}}$ an, wobei $R_{\text{e, min}}$ die Mindeststreckgrenze des Wellen-, Naben- oder Passfederwerkstoffs ist. Bei einer Passfeder ($n = 1$) wird der Traganteil mit $\varphi = 1$ und bei zwei Federn mit $\varphi = 0{,}75$ berücksichtigt.

Tabelle 2: Toleranzen für Nutbreiten.

Nutsitz	bei festem Sitz	bei leichtem Sitz	bei Gleitsitz
in der Nabe	$P\,9$	$N\,9$	$H\,8$
in der Welle	$P\,9$	$J\,9$	$D\,10$

Profilwellenverbindungen

Anstatt in Wellennuten mehrere Passfedern einzusetzen, kann auch unmittelbar der Wellenquerschnitt als Profil ausgebildet und der Nabenquerschnitt entsprechend gestaltet sein (Ta-

Bild 2: Passfederformen.
a) Form A, b) Form B.
Formelzeichen siehe Tabelle 1.

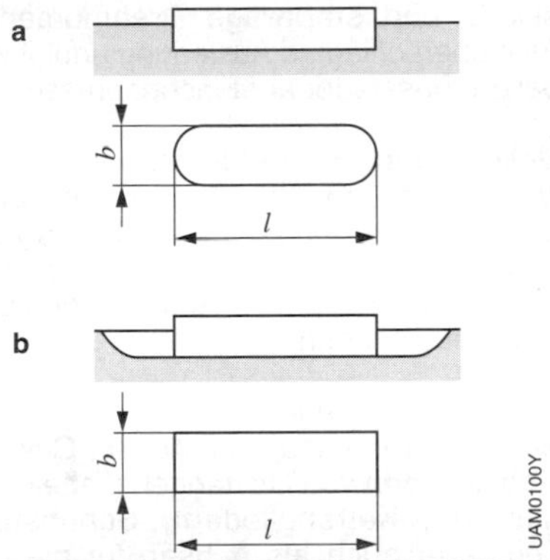

Tabelle 3: Passfederabmessungen nach DIN 6885.

Wellendurchmesser d		Breite × Höhe	Nuttiefen		Länge
über	bis	$b \times h$	t_1	t_2	l
mm	mm	mm	mm	mm	mm
6	8	2 × 2	1,2	1,0	6...20
8	10	3 × 3	1,8	1,4	6...36
10	12	4 × 4	2,5	1,8	8...45
12	17	5 × 5	3,0	2,3	10...56
17	22	6 × 6	3,5	2,8	14...70
22	30	8 × 7	4,0	3,3	18...90
30	38	10 × 8	5,0	3,3	22...110
38	44	12 × 8	5,0	3,3	28...140
44	50	14 × 9	5,5	3,8	36...160
50	58	16 × 10	6,0	4,3	45...180
58	65	18 × 11	7,0	4,4	50...200
65	75	20 × 12	7,5	4,9	56...220
75	85	22 × 14	9,0	5,4	63...250
85	95	25 × 14	9,0	5,4	70...280
95	110	28 × 16	10,0	6,4	80...320
Passfederlängen in mm:		6, 8, 10, 12, 14, 16, 18, 20, 22, 25, 28, 32, 36, 40, 45, 50, 56, 63, 70, 80, 90, 100, 110, 125, 140, 160, 180, 200, 220, 250, 280, 320			

belle 4). Profilwellen werden auch eingesetzt, wenn die Nabe relativ zur Welle axial verschiebbar sein muss (z.B. Lenksäule bei höhenverstellbarem Lenkrad). Die Profilwellenverbindung hat den Vorteil, dass sie kein zusätzliches Zwischenelement (Passfeder) zur Übertragung des Drehmoments benötigt. Die Zentrierung der Nabe auf der Welle kann über den kleinsten Durchmesser der Welle erfolgen. Man spricht dann von einer Innenzentrierung, mit der ein sehr guter Rundlauf erzielt werden kann.

Die Zentrierung der Nabe kann auch über die Flanken der Mitnehmer beziehungsweise der Verzahnung erfolgen. Diese Flankenzentrierung gewährleistet ein kleines Verdrehspiel zwischen Welle und Nabe und eignet sich daher für wechselnde und stoßartige Drehmomente. Eine überschlägige Auslegung erfolgt wie bei der Passfeder auf Flächenpressung.

Bolzen- und Stiftverbindungen
Mit Bolzen und Stifte lassen sich zwei oder mehrere Bauteile einfach und kostengünstig miteinander verbinden. Sie zählen zu den ältesten Verbindungen und sind weitestgehend genormt.

Bolzenverbindungen
Bolzen werden hauptsächlich für Gelenkverbindungen von Gestängen (Tabelle 5), Laschen, Kettengliedern, Schubstangen, aber auch als Achsen für die Lagerung von Laufrädern, Rollen, Hebeln und dergleichen verwendet. Da hierbei Relativbewegungen auftreten, muss mindestens ein Teil beweglich sein. Als Beanspruchungen treten überwiegend Flächenpressung (Tabelle 6) und Scherung auf. Die Biegebeanspruchung kann meistens vernachlässigt werden. Nur bei Bolzen, die lang im Verhältnis zu ihrem Durchmesser sind, treten nennenswerte Biegespannungen auf.

Stiftverbindungen
Stifte eignen sich für die feste Verbindung von Naben, Hebeln und Stellringen auf Wellen oder Achsen (z.B. Querstiftverbindung), ferner zur genauen Lagesicherung zweier Maschinenteile und als Stecksteifte zur Befestigung beispielsweise von Federn (Tabelle 5). Da sie als Presssitze mit Übermaß in die Bohrungen eingeschlagen werden, sind alle Teile fest. Den Stift kann man mit einem Durchschlag wieder herausschlagen ohne die Bauteile zu zerstören.

Tabelle 4: Profilwellenverbindungen.

Bezeichnung	Norm	Abbildung	Mitnehmer	Zentrierung	Traganteil
Keilwelle	ISO 14 [8] DIN 5464 [9]	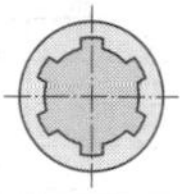 UAM0101-1Y	Prismatische Mitnehmer	Innen	$\varphi = 0{,}75$
				Flanken	$\varphi = 0{,}9$
Zahnwelle mit Kerbverzahnung	DIN 5481 [10]	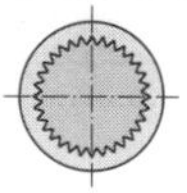 UAM0101-2Y	Kerbverzahnung	Flanken	$\varphi = 0{,}5$
Zahnwelle mit Evolventenverzahnung	DIN 5480 [11] DIN 5482-1 [12]	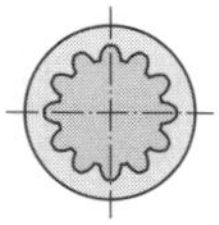 UAM0101-3Y	Evolventenverzahnung	Flanken	$\varphi = 0{,}75$

Tabelle 5: Bolzen- und Stiftverbindungen.

Bezeichnung	Abbildung	Berechnung
Gelenkverbindung	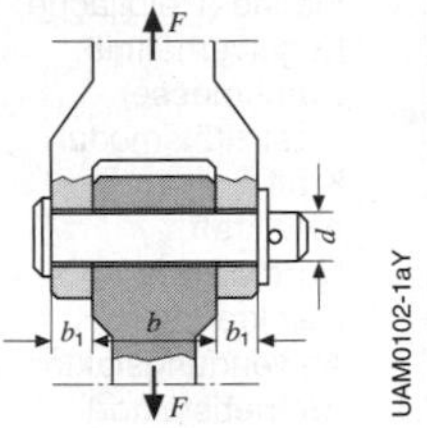	Flächenpressung in der Gabel: $p_G = \frac{F}{2\,b_1\,d} \le p_{zul}$ Flächenpressung in der Stange: $p_S = \frac{F}{b\,d} \le p_{zul}$ Flächenpressung im Stift: $\tau_S = \frac{4\,F}{i\,\pi\,d^2} \le \tau_{S,zul}$
Querstiftverbindung	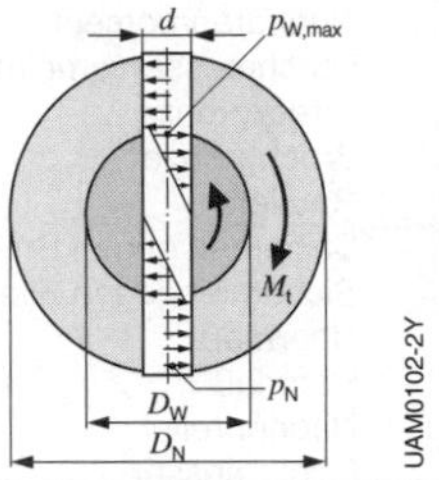	Flächenpressung in der Welle: $p_{W,max} = \frac{6\,M_t}{d\,D_W^2} \le p_{zul}$ Flächenpressung in der Nabe: $p_N = \frac{4\,M_t}{d\left(D_N^2 - D_W^2\right)} \le p_{zul}$ Flächenpressung im Stift: $\tau_S = \frac{4\,M_t}{D_W\,\pi\,d^2} \le \tau_{S,zul}$
Steckstift	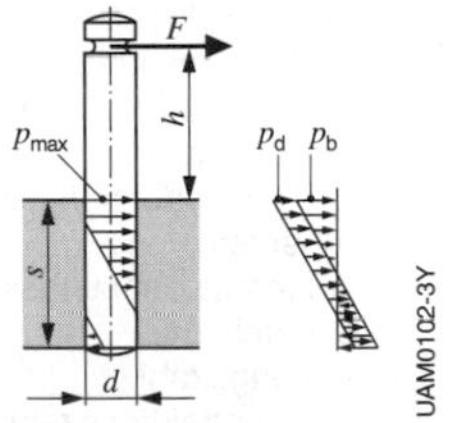	Maximale Pressung: $p_{max} = p_b + p_d = \frac{F}{d\,s}\left(1 + 6\cdot\frac{h + s/2}{s}\right) \le p_{zul}$ Biegespannung an der Einspannstelle: $\sigma_b = \frac{32\,F\,h}{\pi\,d^3} \le \sigma_{b,zul}$ Scherspannung in der Einspannstelle: $\tau_s = \frac{4\,F}{\pi\,d^2} \le \tau_{S,zul}$

Tabelle 6: Zulässige mittlere Flächenpressung für Bolzen- und Stiftverbindungen.

Festsitze			Gleitsitze	
Werkstoff	Mittlere Flächenpressung		Werkstoffpaarung	Mittlere Flächenpressung
	ruhend	schwellend		
	p_{zul} N/mm²	p_{zul} N/mm²		p_{zul} N/mm²
Grauguss	70	50	St / GG	5
S 235 (St 37)	85	65	St / GS	7
S 295 (St 50)	120	90	St / Bz	8
S 335 (St 60)	150	105	St geh./ Bz	10
S 369 (St 70)	180	120	St geh./ St geh.	15

Reibschlussverbindungen

Funktion

Bei Reibschlussverbindungen werden in den Fugen (die Reibflächen sind dabei die Wirkflächen), in denen sich die zu verbindenden Teile unmittelbar berühren, Pressungen erzeugt (Bild 1). Die Flächenpressung p kann durch Schraubenkräfte, Keile, elastische Zwischenelemente oder durch die Elastizität der Bauteile selbst hervorgebracht werden. Die dadurch entstehende Normalkraft $F_N = pA$ (mit der Reibfläche A) induziert eine Reibkraft F_R, die einer Verschiebung durch äußere Kräfte entgegenwirkt ([1], [2]).

Pressverbindung

Anwendung

Bei einer Pressverbindung (Zylindrischer Pressverband) wird die erforderliche Flächenpressung durch die elastische Verformung von Welle und Nabe erzeugt, die durch eine Übermaßpassung entsteht. Bei einer Übermaßpassung handelt es sich um die Paarung von zylindrischen Passteilen, die vor dem Fügen Übermaß besitzen (Bild 2).

Da Pressverbindungen leicht herstellbar sind und auch stoßartige und wechselnde Drehmomente und Längskräfte übertragen können, eignen sie sich für die Verbindungen von zylindrischen Flächen, die nicht mehr gelöst werden müssen (z.B. Zahnrad auf Welle, Rad auf

Tabelle 1: Formelzeichen und Einheiten.

Größe		Einheit
A	Fläche (Reibfläche)	mm^2
C	Kegelverhältnis	–
D	Durchmesser	mm
E	Elastizitätsmodul	N/mm^2
F	Kraft	N
F_a	Axialkraft	N
F_N	Normalkraft	N
F_R	Reibkraft	N
K_A	Anwendungsfaktor (Betriebsfaktor)	–
M_t	Drehmoment	Nm
$M_{t,\,nenn}$	Nenndrehmoment	Nm
Q	Durchmesserverhältnis	–
R_e	Streckgrenze	N/mm^2
R_m	Bruchgrenze	N/mm^2
R_z	Rautiefe	mm
S_B	Sicherheit gegen Bruch	–
S_F	Sicherheit gegen Fließen	–
U	Übermaß	mm
Z	Haftmaß	mm
b	Nabenbreite	mm
d	Durchmesser	mm
l	Kegel- bzw. Hebellänge	mm
n	Anzahl Schrauben	–
p	Flächenpressung	N/mm^2
t	Temperatur in Celsius	°C
α	Kegelwinkel	°
α_A	Längenausdehnungskoeffizient, Außenteil	$10^{-6}/K$
α_I	Längenausdehnungskoeffizient, Innenteil	$10^{-6}/K$
μ	Reibungszahl	–
ν	Querkontraktionszahl	–
ξ	bezogenes Haftmaß	mm^3/N
σ_{zul}	Zulässige Spannung	N/mm^2

Bild 1: Reibschlussverbindungen.
a) Axial beanspruchte Verbindung,
b) tangential beanspruchte Verbindung.
1 Festgehaltene Seite der Verbindung.
F Kraft, F_R Reibkraft, p Flächenpressung, M_t Drehmoment.

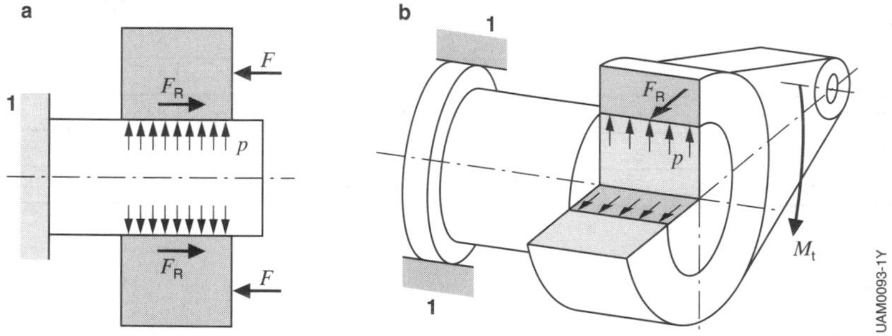

Achse, Buchse in Gehäuse). Zylindrische Pressverbindungen zählen zu den schwer lösbaren Verbindungen, da bei großen Übermaßen bei der Demontage die Oberflächen von Welle und Bohrungen in Mitleidenschaft gezogen werden.

Elastische Auslegung zylindrischer Pressverbände
Eine Pressverbindung muss so ausgelegt werden, dass mindestens eine minimale Flächenpressung p_{min} vorhanden ist, um die größte auftretende Belastung sicher zu übertragen und eine maximale Flächenpressung p_{max} nicht überschritten wird, damit die Bauteile nicht überbeansprucht werden.

Dabei sind grundsätzlich zwei Berechnungsziele möglich: es wird die erforderliche Passung bei gegebener Belastung festgelegt (Tabelle 2), oder es wird die zulässige Belastung bei gegebener Passung ermittelt (Tabelle 3). In den folgenden Gleichungen bezeichnet der Index I das Innenteil (Welle) und der Index A das Außenteil (Nabe) der Presseverbindung.

Mit den Durchmesserverhältnissen (siehe Bild 2)

$$Q_{\text{A}} = \frac{D_{\text{F}}}{D_{\text{Aa}}} \text{ und}$$

$$Q_{\text{I}} = \frac{D_{\text{Ii}}}{D_{\text{F}}}$$

sowie dem bezogenen Haftmaß [1]

$$\xi = D_{\text{F}}\left[\frac{1}{E_{\text{I}}}\left(\frac{1+Q_{\text{I}}^2}{1-Q_{\text{I}}^2}-\nu_{\text{I}}\right)+\frac{1}{E_{\text{A}}}\left(\frac{1+Q_{\text{A}}^2}{1-Q_{\text{A}}^2}+\nu_{\text{A}}\right)\right]$$

Tabelle 2: Festlegen von Passungen bei gegebener Belastung [1].

Belastung M_{t} oder F_{a} gegeben	$\sigma_{\text{zul}} = R_{\text{e}}/S_{\text{F}}$ oder $\sigma_{\text{zul}} = R_{\text{m}}/S_{\text{B}}$ gegeben
Erforderliche Pressung: $p_{\text{min}} = \frac{\sqrt{F_{\text{a}}^2 + \frac{4 M_{\text{t,nenn}}^2}{D_{\text{F}}^2}}}{\mu \pi D_{\text{F}} b} K_{\text{A}}$	Zulässige Pressung in der Nabe: $p_{\text{max}} = \left(1-Q_{\text{A}}^2\right) \sigma_{\text{zul}}/\sqrt{3}$ Zulässige Pressung in der Hohlwelle: $p_{\text{max}} = \left(1-Q_{\text{I}}^2\right) \sigma_{\text{zul}}/\sqrt{3}$
Erforderliches Haftmaß: $Z_{\text{min}} = p_{\text{min}}\, \xi$	Zulässiges Haftmaß: $Z_{\text{max}} = p_{\text{max}}\, \xi$
Erforderliches Übermaß: $U_{\text{min}} = Z_{\text{min}} + 0{,}8\,(R_{\text{zI}} + R_{\text{zA}})$	Zulässiges Übermaß: $U_{\text{max}} = Z_{\text{max}} + 0{,}8\,(R_{\text{zI}} + R_{\text{zA}})$
Es sind ISO-Passungen mit $U_{\text{k}} \geq U_{\text{min}}$ und $U_{\text{g}} \leq U_{\text{max}}$ zu wählen	

Bild 2: Pressverbindungen.
a) Nach dem Fügen,
b) vor dem Fügen.
1 Innenteil (Welle), 2 Außenteil (Nabe).
F_{R} Reibkraft, p Flächenpressung, M_{t} Drehmoment, b Nabenbreite, D_{F} Fügedurchmesser,
D_{Ia} Außendurchmesser Welle, D_{Ii} Innendurchmesser Welle,
D_{Aa} Außendurchmesser Nabe, D_{Ai} Innendurchmesser Nabe.

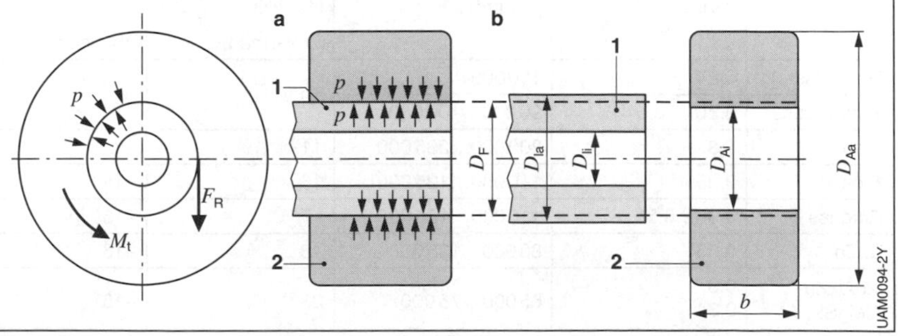

Tabelle 3: Ermitteln der Belastung bei gegebener Passung.

Kleinstes Übermaß U_k gegeben	Größtes Übermaß U_g gegeben
kleinstes Haftmaß: $Z_k = U_k - 0{,}8\,(R_{zI} + R_{zA})$	größtes Haftmaß: $Z_g = U_g - 0{,}8\,(R_{zI} + R_{zA})$
kleinste Pressung: $P_k = \frac{Z_k}{\xi}$	größte Pressung: $P_g = \frac{Z_g}{\xi}$
zulässige Belastung: $M_t = 0{,}5 p_k \mu \pi D_F^2\, b$ (nur M_t) $F_a = p_k \mu \pi D_F\, b$ (nur F_a)	Sicherheit Nabe: $S_F = \frac{1-Q_A^2}{\sqrt{3}\,p_g} R_e$ bzw. $S_B = \frac{1-Q_A^2}{\sqrt{3}\,p_g} R_m$
$M_t = \frac{D_F}{2}\sqrt{(p_k \mu \pi D_F b)^2 - F_a^2}$ (F_a gegeben) $F_a = \sqrt{p_k \mu \pi D_F b - \frac{4 M_t}{D_F^2}}$ (M_t gegeben)	Sicherheit Hohlwelle: $S_F = \frac{1-Q_I^2}{\sqrt{3}\,p_g} R_e$ bzw. $S_B = \frac{1-Q_I^2}{\sqrt{3}\,p_g} R_m$

können Pressverbindungen bezüglich ihrer Funktion und der erforderlichen Bauteilsicherheit ausgelegt werden.

Für den Fügedurchmesser D_F wird der Nenndurchmesser in die Berechnung eingesetzt. Beim Fügen entsteht durch plastisches Einebnen der Rauigkeitsspitzen ein Übermaßverlust. Nach DIN 7190 [13] wird die Glättung der beiden Oberflächen mit je 40 % der gemittelten Rautiefen R_{zI} (Welle) und R_{zA} (Bohrung) in der Berechnung berücksichtigt.

Die größten Spannungen treten nach den Gleichungen in Tabelle 2 und Tabelle 3 an den jeweiligen Innendurchmessern von Hohlwelle und Nabe auf. Vollwellen sind unkritisch und müssen in der Regel nicht berechnet werden.

Montage

Nach dem Fügeverfahren wird zwischen Längs- und Querpresssitzen unterschieden. Bei einem Längspresssitz erfolgt das Fügen durch „kaltes" Aufpressen bei Raumtemperatur. Die dafür erforderlichen großen Einpresskräfte bringen meistens hydraulische Pressen auf, deren Einpressgeschwindigkeit 2 mm/s nicht überschreiten sollte. Für die Einpresskraft gilt:

$$F_e = \frac{(U_g - 0{,}8\,(R_{zI} + R_{za}))\,\mu \pi D_F\, b}{\xi}$$

Bei einem Querpresssitz wird vor dem Fügen entweder das Außenteil durch Erwärmen aufgeweitet oder das Innenteil durch Unterkühlen im Durchmesser so verkleinert, dass sich die Teile kräfte-

Tabelle 4: Querkontraktionszahl, Elastizitätsmodul und linearer Wärmeausdehnungskoeffizient für metallische Werkstoffe.

Werkstoff	Querkontraktionszahl ν	Elastizitätsmodul E [N/mm²]	Längenausdehnungskoeffizient α [10^{-6}/K]	
			Erwärmen	Abkühlen
Grauguss	0,24	100 000	10	–8
Temperguss	0,25	90 000…100 000		
Stahl	0,3	200 000…235 000	11	–8,5
Bronze	0,35	110 000…125 000	16	–14
Rotguss	0,35…0,36	110 000…125 000	17	–15
CuZn	0,36	80 000…125 000	18	–16
$MgAl_8Zn$ AlMgSi	0,3 0,34	65 000…75 000	23	–18

frei fügen lassen. Wird das Außenteil erwärmt, so schrumpft es beim Abkühlen auf das Innenteil und es liegt ein Schrumpfsitz vor. Wird das Innenteil so abgekühlt, dass es sich beim Erwärmen auf die Raumtemperatur dehnt, liegt ein Dehnsitz vor. Um ein kräftefreies Fügen zu ermöglichen, ist ein Fügespiel von $ED = 0{,}001 \cdot D_F$ vorzusehen.

Mit der Umgebungstemperatur t_U, dem Größtübermaß U_g und dem linearen Wärmeausdehnungskoeffizienten α (Tabelle 4) wird ergibt sich die Fügetemperatur der Nabe bei einem Schrumpfsitz zu

$$t_A = t_u + \frac{U_g + \Delta D}{\alpha_A D_F}$$

und bei einem Dehnsitz zu

$$t_I = t_u - \frac{U_g + \Delta D}{|\alpha_I|\, D_F}.$$

Kegelverbindung

Anwendung

Die Kegelverbindung (konischer Pressverband) eignet sich zur Übertragung dynamischer Kräfte und Momente. Sie werden überwiegend zur Befestigung von Naben an Wellenenden verwendet, z.B. die Keilriemenscheibe am Generator oder der Bohrkopf in der Spindel der Bohrmaschine. In DIN 254 [14] sind Kegel und Kegelwinkel genormt, unter anderem auch Verbindungselemente wie die Endpole bei Starterbatterien.

Kegelverbindungen sind meistens nachspannbar und gut lösbar. Als Welle-Nabe-Verbindung weisen sie keine Wellenschwächung auf und besitzen eine sehr gute Zentrierung (d.h. keine Unwucht).

Nachteilig sind dagegen die hohen Herstellkosten und die fehlende Einstellbarkeit in axialer Richtung. Es gilt (Bild 3) für das

Kegelverhältnis $C = \frac{(d_1 - d_2)}{l}$

und für den

Kegelwinkel $\tan\frac{\alpha}{2} = \frac{(d_1 - d_2)}{2l}$.

Als Richtwerte werden folgende Kegelverhältnisse angegeben (DIN 254 [14], DIN 406 [15]):

$C = 1:5$ leicht lösbare Verbindung,
$C = 1:10$ schwer lösbare Verbindung.

Funktion

Das Wirkflächenpaar einer Kegelverbindung hat die Form eines Kegelstumpfs. Die erforderliche Fugenpressung p wird im Allgemeinen durch eine axiale Schraubenkraft F_a aufgebracht. Der Zusammenhang zwischen axialer Einpresskraft F_a und übertragbarem Drehmoment M_t kann folgender Gleichung entnommen werden [1]:

$$F_a \geq \frac{2K_A M_{t,\text{nenn}}}{\mu_u d_m}\left(\sin\frac{\alpha}{2} + \mu_a \cos\frac{\alpha}{2}\right).$$

Mit dem Anwendungsfaktor K_A, der nach DIN 3990 [16] zwischen 1 und 2,25 liegen kann, werden Lastüberhöhungen (Stöße) berücksichtigt, die während des Betriebs auftreten können. Außerdem wird in dieser Gleichung berücksichtigt, dass die Reibungszahlen μ_u in Umfangsrichtung und μ_a in axialer Richtung unterschiedlich sein können. Selbsthemmung liegt vor, wenn zum Lösen der Verbindung eine Austreibkraft (F_a wird negativ) erforderlich ist. Das heißt, es kann auch dann ein Drehmoment übertragen werden, wenn die Schraube nach dem axialen Verspannen der Teile wieder gelöst wird. Dagegen liegt bei einer nicht selbsthemmenden Kegelverbindung nach dem Lösen der

Bild 3: Kegelverbindung.
D_a Außendurchmesser Nabe,
d_1 großer Kegeldurchmesser,
d_2 kleiner Kegeldurchmesser,
d_m mittlerer Kegeldurchmesser,
l gemeinsame Länge,
p Fugenpressung,
α Kegelwinkel,
M_t Drehmoment,
F_a Einpresskraft (Schraubkraft).

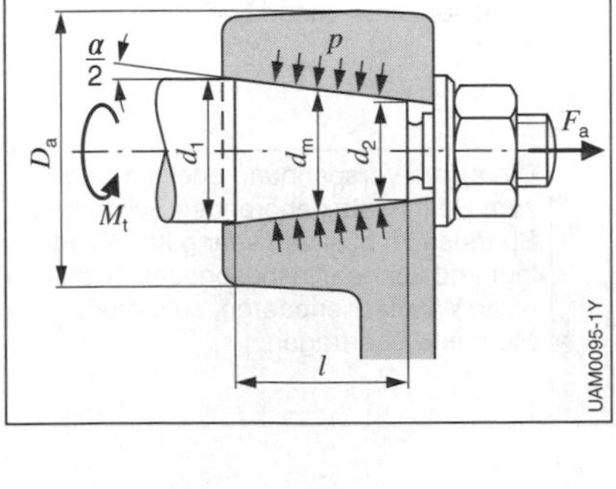

Tabelle 5: Spannelementverbindungen.

Bezeichnung	Abbildung	Merkmale
Druckhülse (nach Spieth)	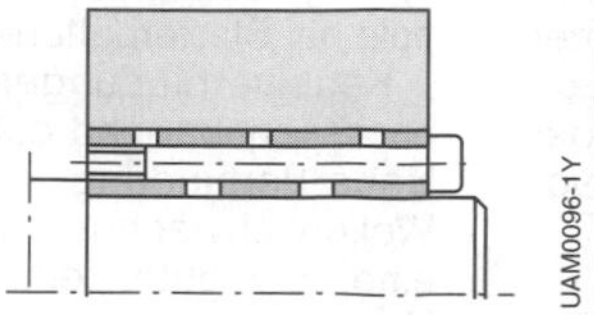	Durch axiale Verspannung wird der Außendurchmesser der Druckhülse vergrößert, der Innendurchmesser verkleinert. Durch lange Schrauben wird die Gefahr des Lockerns und Losdrehens bei dynamischen Belastungen verringert.
Hydraulische Hohlmantel-Spannbuchse (nach Lenze)	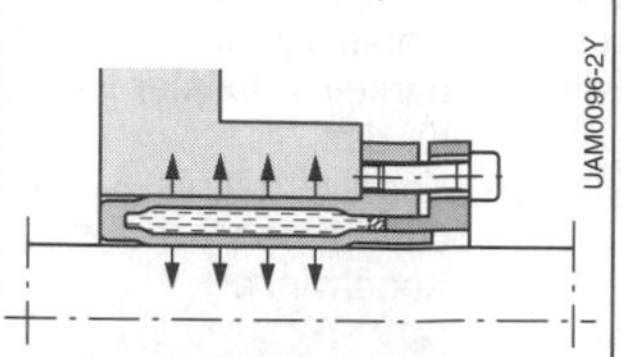	Durch axiale Verspannung wird ein Druck in einem dünnwandigen Hohlzylinder erzeugt. Die Spannbuchse ist infolge gleichmäßiger Pressungsverteilung selbstzentrierend und besitzt somit gute Rundlaufeigenschaften. Bei höheren Temperaturen ist die thermische Ausdehnung des Druckfluids zu beachten.
Wellspannungshülse (nach Dr. Tretter)	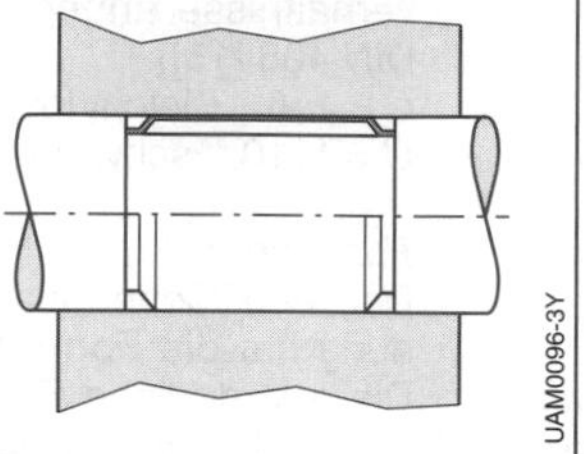	Wellspannungshülsen sind geschlitzte Ringe aus dünnem gewellten Blech, auch Toleranzringe genannt. Die erforderliche Vorspannkraft erfolgt durch Zwangsverformung des elastischen Zwischenglieds. Sie können größere Bearbeitungstoleranzen überbrücken, Wärmedehnungen ausgleichen und Drehmomente übertragen.
Sternscheibe (nach Ringspann)	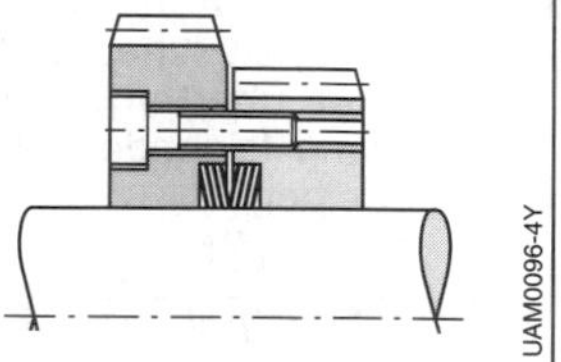	Sternscheiben sind dünnwandige, sehr flache Kegelschalen mit radialen Schlitzen. Die axiale Vorspannkraft wird durch Zwangsverformung in eine fünf- bis zehnfache Radialkraft übersetzt. Sternscheiben zentrieren nicht.
Kegelspannring (nach Ringfeder)	1 Vorzentrierung 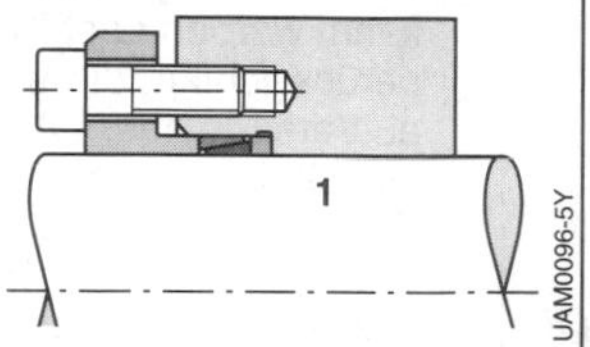	Kegelspannringe bestehen aus zwei koaxial angeordneten konischen Ringen. Die radiale Vorspannung erfolgt durch axiale Verspannung der Ringe. Konische Spannringe zentrieren nicht. Sie sind nicht selbsthemmend und somit leicht lösbar.
Kegelspannsatz (nach Bikon)	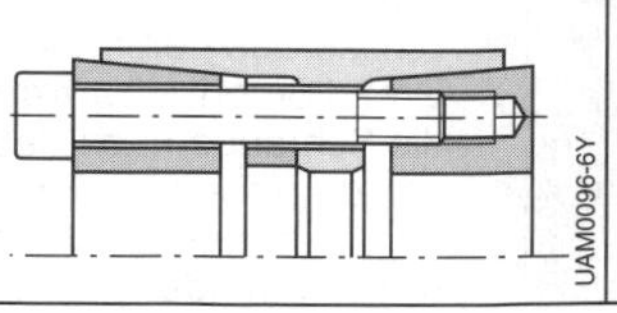	Die axiale Verspannung erfolgt mit den zum Spannsatz gehörenden Schrauben. Spannsätze besitzen sehr guten Rundlauf und können, insbesondere mit mehreren Wirkflächenpaaren, sehr große Momente übertragen.

axialen Spannkraft keine Pressung zwischen den Wirkflächen vor. Die Bedingung für die Selbsthemmung lautet:

$$\frac{\alpha}{2} \leq \arctan \mu_a$$

Bauteilsicherheit
Das gefährdete Bauteil ist die Nabe. Die Berechnung erfolgt als offener dickwandiger Hohlzylinder. Mit $Q = d_m / D_a$ gilt für die Sicherheit der Nabe bei elastischer Auslegung nach der modifizierten Schubspannungshypothese (DIN 7190):

$$S_F = \frac{1-Q^2}{\sqrt{3}} \, \frac{\left(\sin\frac{\alpha}{2} + \mu_a \cos\frac{\alpha}{2}\right) \pi \, d_m \, l}{F_{a,max}} \, .$$

Spannelementverbindungen
Die erforderliche Pressung in den Wirkflächen können auch durch elastische Zwischenelemente aufgebracht werden (Tabelle 5). Die großen Vorteile dieser Spannelementverbindungen liegen darin, dass mit ihrer Hilfe Naben, Zahnräder, Kupplungen und dergleichen auf glatten, zylindrischen Wellen sicher befestigt werden können. Im Gegensatz zum zylindrischen Pressverband sind sie axial und tangential frei einstellbar und vor allem leicht lösbar. Sie eignen sich daher besonders für Naben (z.B. Riemenscheiben), die einstellbar und austauschbar sein müssen. Als nachteilig können der erforderliche Bauraum und die hohen Kosten aufgeführt werden. Die Auslegung erfolgt in der Regel nach Herstellerangaben (siehe Herstellerkataloge und Tabelle 5).

Klemmverbindungen
Bei den Klemmverbindungen bringen äußere Kräfte, meist mit Schrauben, die erforderliche Flächenpressung in der Fuge auf. Es gibt Verbindungen mit geteilter oder geschlitzter Nabe, die vorzugsweise für geringe und wenig schwankende Drehmomente verwendet werden. Ihr

Tabelle 6: Klemmverbindungen.

Bezeichnung	Abbildung	Merkmale
Klemmverbindung mit geteilter Nabe.	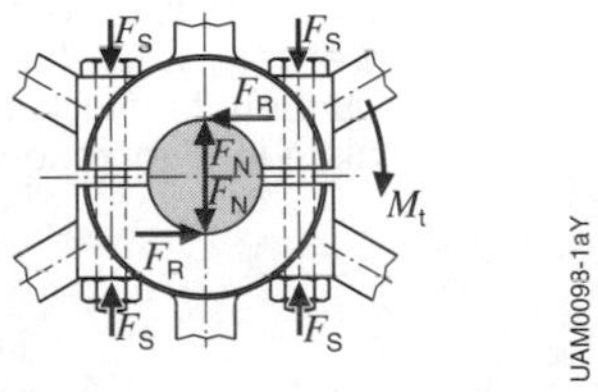	Übertragbares Drehmoment: $M_t = n F_S \mu \frac{\pi}{2} D_F$. n Anzahl der Schrauben, F_S Schraubenkraft, F_R Reibkraft, F_N Normalkraft, M_t Drehmoment.
Klemmverbindung mit geschlitzter Nabe.	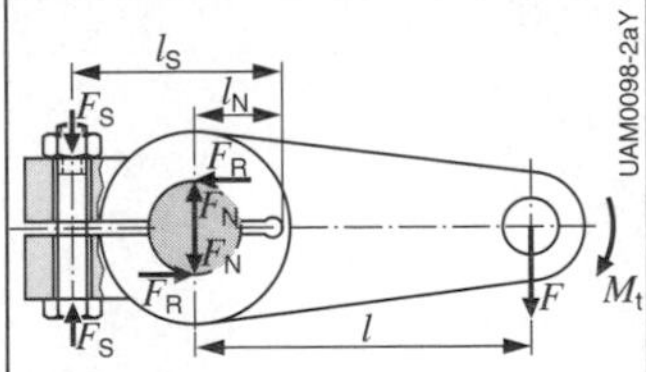	Übertragbares Drehmoment: $M_t = n F_S \mu \frac{\pi}{2} D_F \frac{l_S}{l_N}$. n Anzahl der Schrauben, F Kraft, F_S Schraubenkraft, F_R Reibkraft, F_N Normalkraft, M_t Drehmoment, l_S Hebelarm Schraube, l_N Hebelarm Nabenmitte.
Selbsthemmende Klemmverbindung (Schraubzwingenprinzip).	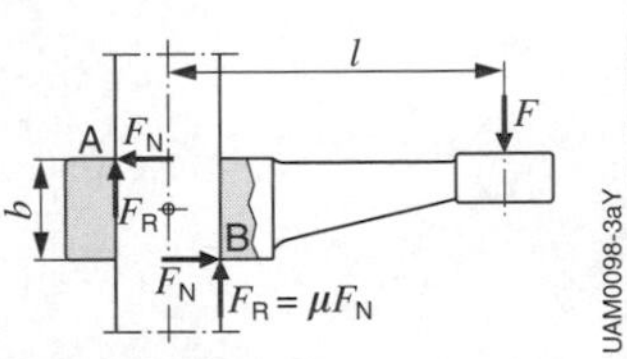	Bedingung für Selbsthemmung: $\frac{l}{b} \geq \frac{1}{2}$. F Kraft, F_R Reibkraft, F_N Normalkraft, μ Reibungszahl, b Nabenbreite, A, B Kontaktpunkte.

Vorteil besteht darin, dass die Nabenstellung in axialer und tangentialer Richtung leicht einstellbar ist. So lassen sich Räder oder Hebel sehr einfach auf glatten Wellen befestigen. Es gibt aber auch selbsthemmende Klemmverbindungen. Bei ihnen erzeugt die Kippkraft F_K Kantenpressungen in A und B (Tabelle 6), die eine axiale Bewegung verhindern.

Keilverbindungen

Längskeilverbindungen

Durch das Eintreiben eines genormten Keils (Keilwinkel = 0,57 °) zwischen Welle und Nabe wird eine einseitige radiale Verspannung erzielt. Keile sind jedoch infolge ihrer nicht eindeutigen Montage (Hammermontage) und der dabei entstehenden Exzentrizitäten nur noch von untergeordneter Bedeutung.

Bild 4: 3K-Kreiskeilprofil.

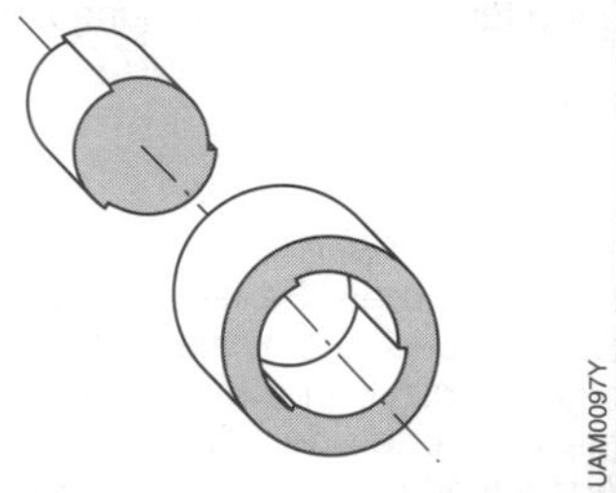

Kreiskeilverbindung

Eine neuartige Keilverbindung ist mit dem 3K-Kreiskeilprofil möglich (Bild 4). Hierbei sind auf der Zylindermantelfläche einer Welle (Innenteil) drei Kreiskeile in Umfangsrichtung angeordnet. Die Nabe (Außenteil) enthält in einer zylindrischen Bohrung eine entsprechende Anzahl korrespondierender Keile. Durch Verdrehen entsteht eine radiale Verspannung, wodurch große Axial- und Tangentialkräfte in beliebigen Richtungen übertragen werden können.

Im Gegensatz zur Pressverbindung sind Kreiskeilverbindungen lösbar. Sie werden z.B. für Welle-Nabe-Verbindungen, für Nockenwellen und für Scharniere im Fahrzeugbau angewendet.

Schraubenverbindungen

Grundlagen

Funktion

Mit einer Schraubenverbindung lassen sich sichere und beliebig oft lösbare Verbindungen herstellen. Die Aufgabe von Schrauben besteht darin, die zu verbindenden Teile so zu verspannen, dass die auf die Verbindung wirkenden ruhenden oder dynamischen Betriebskräfte keine Relativbewegungen zwischen den Teilen verursachen ([1], [17], [18], [19], [20].

Beim Anziehen oder Lösen einer Schraube wird eine Schraubung ausgeführt. Bei einer vollen Schraubenumdrehung entsteht eine Axialverschiebung, die der Steigung P entspricht. Die Abwicklung einer auf einem Zylinder mit dem Flankendurchmesser d_2 liegenden Schraubenlinie ergibt eine ansteigende Gerade mit dem Steigungswinkel $\varphi = \arctan\,(P/(\pi\,d_2))$.

In der Regel besitzen Verbindungsschrauben rechtsgängige Gewinde (rechtssteigende Geraden). Spezielle Anwendungen können auch linksgängige Gewinde erfordern.

Für normale Befestigungsschrauben werden metrische Gewindeprofile (DIN 13 [21], ISO 965 [22]) verwendet. Bei Rohrleitungen, Armaturen, Gewinde-

Tabelle 1: Formelzeichen und Einheiten.

Größe		Einheit
A	Querschnittsfläche	mm²
A_S	Spannungsquerschnitt	mm²
D_{Km}	Wirksamer Durchmesser für das Reibmoment in der Schraubenkopf- oder Mutterauflage	mm
E	E-Modul	N/mm²
F_A	Axiale Betriebskraft	N
F_K	Klemmkraft	N
F_M	Montagevorspannkraft	N
F_N	Normalkraft	N
F'_N	Normalkraftkomponente im ebenen Kräfteplan	N
F_{PA}	Plattenzusatzkraft	N
F_Q	Querkraft, senkrecht zur Schraubenachse gerichtete Betriebskraft	N
F_U	Umfangskraft	N
F_S	Schraubenkraft	N
F_{SA}	Schraubenzusatzkraft	N
F_V	Vorspannkraft	N
F_z	Vorspannkraftverlust infolge Setzens	N
M_A	Anziehdrehmoment	Nm
M_G	Im Gewinde wirksamer Teil des Anziehdrehmoments	Nm
M_{KR}	Kopfreibmoment	Nm
M_L	Losdrehmoment	Nm
P	Steigung des Gewindes	mm
R_e	Streckgrenze	N/mm²
$R_{p0,2}$	0,2%-Dehngrenze	N/mm²
R_P	Federsteifigkeit der verspannten Teile (Platten)	N/mm
R_S	Federsteifigkeit der Schraube	N/mm
R_z	Rautiefe	µm
W_t	Widerstandsmoment gegen Torsion	mm³
d	Gewinde-Nenndurchmesser	mm
d_2	Gewinde-Flankendurchmesser	mm
d_3	Gewinde-Kerndurchmesser	mm
d_h	Bohrungsdurchmesser der verspannten Teile	mm

Größe		Einheit
d_w	Außendurchmesser der ebenen Schraubenkopf- bzw. Mutterauflagefläche	mm
f_A	Elastische Längenänderung durch F_A	mm
f_{PV}	Elastische Längenänderung der verspannten Teile durch F_V	mm
f_{SV}	Elastische Längenänderung der Schraube durch F_V	mm
f_z	Setzbetrag	mm
i	Reibflächenpaare	–
l	Länge	mm
m	Mutterhöhe bzw. Einschraubtiefe	mm
n	Krafteinleitungsfaktor	–
n_S	Anzahl der Schrauben	–
α	Flankenwinkel des Gewindes	°
α_A	Anziehfaktor	–
μ_G	Reibungszahl im Gewinde	–
μ_K	Reibungszahl in der Kopfauflage	–
μ_T	Reibungszahl in der Trennfuge	–
μ'_G	Scheinbare Reibungszahl im Gewinde	–
ρ'_G	Reibungswinkel zu μ'_G	–
σ_a	Dauerschwingbeanspruchung der Schraube	N/mm²
σ_A	Zulässige Ausschlagspannung	N/mm²
$\sigma_{red,B}$	Vergleichsspannung im Betriebszustand	N/mm²
$\sigma_{red,M}$	Vergleichsspannung im Montagezustand	N/mm²
$\sigma_{z,M}$	Maximale Zugspannung im Montagezustand	N/mm²
σ_z	Maximale Zugspannung im Betriebszustand	N/mm²
τ_t	Maximale Torsionsspannung im Gewinde	N/mm²
φ	Steigungswinkel	°
Φ	Kraftverhältnis	–
Φ_n	Kraftverhältnis bei $n < 1$	–

flansche usw. kommen Rohrgewinde (DIN ISO 228-1 [23], DIN EN 10226-1 [24]) zum Einsatz. Die Abmessungen dieser Gewinde sind den Bilder 7 bis 9 und Tabellen 7 bis 10 zu entnehmen.

Berechnungen von Schraubenverbindungen
Die Berechnungsgrundlage für hochbeanspruchte Schraubenverbindungen bildet gegenwärtig die VDI-Richtlinie 2230 [25]. Danach lassen sich die Kräfte und Spannungen im Gewinde sowie die erforderlichen Anzieh- und Lösemomente für eine zylindrische Einschraubenverbindung, die als Ausschnitt aus einer sehr biegesteifen Mehrschraubenverbindung betrachtet werden kann, einfach und ausreichend genau berechnen. Das heißt, auch komplexe Mehrschraubenverbindungen können in vielen Fällen wie Einschraubenverbindungen betrachtet werden. Voraussetzung dafür ist, dass die Schraubenachsen parallel zueinander und senkrecht zu den Trennflächen liegen. Außerdem wird elastisches Verhalten der Bauteile vorausgesetzt. Weiter ist noch darauf hinzuweisen, dass hier nur zentrisch vorgespannte und zentrisch belastete Verbindungen betrachtet werden. Für große exzentrische Beanspruchungen, die zu einem Auseinanderklaffen der Trennfuge führen können, wird auf VDI 2230 verwiesen (Bild 1).

Festigkeitsklassen
Nach DIN EN ISO 898-1 [26] wird die Festigkeit einer Schraube mit zwei Zahlen, die durch einen Punkt getrennt sind, bezeichnet. Die erste Zahl ist gleich 1/100 der Mindestzugfestigkeit, die zweite gibt das 10-fache des Verhältnisses der Streckgrenze zur Zugfestigkeit an. Die Multiplikation beider Zahlen ergibt also 1/10 der Mindeststreckgrenze (Beispiel: 8.8 $\rightarrow R_e = R_{p0,2} = 640$ MPa).

Die Festigkeitsklasse einer genormten Mutter wird mit einer Zahl gekennzeichnet. Diese Zahl entspricht 1/100 der Mindestzugfestigkeit einer Schraube mit gleicher Festigkeitsklasse. Um eine optimale Werkstoffausnutzung zu erzielen, sollten daher immer Schrauben und Muttern mit gleichen Festigkeitsklassen gepaart werden (z.B. Schraube 10.9 mit Mutter 10).

Verspannen von Schraubenverbindungen

Vorspannung
Schraubenverbindungen sind vorgespannte Verbindungen, bei denen durch das Anziehen die Schraube um f_{SV} gedehnt und die zu verspannenden Teile beziehunsweise Platten um f_{PV} zusammengedrückt werden. Die jeweiligen Verformungen sind von den Abmessungen (Querschnitt und Länge) und von den Werkstoffen (Elastizitätsmoduln) abhängig. Sie sind nach dem Hooke'schen Gesetz im elastischen Bereich proportional

Bild 1: Beanspruchung von Schraubenverbindungen.
a) Zentrisch verspannte und zentrisch belastete Schraube,
b) exzentrisch verspannte und exzentrisch belastete Schraube,
c) Mehrschraubenverbindung.
1 Gedrückter Bereich.

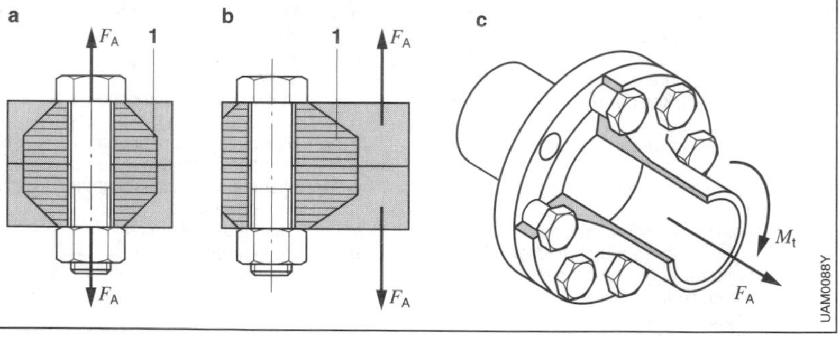

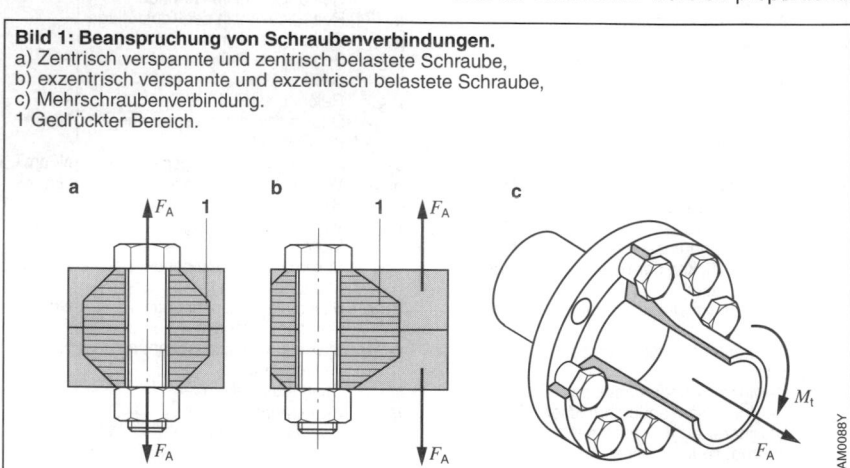

zur auftretenden Längskraft. Das Verhältnis von Kraft F und Längenänderung f ist die Federsteifigkeit

$$R = \frac{F}{f} = \frac{E \cdot A}{l}.$$

Sind die Steifigkeiten von Schrauben und verspannten Teilen, die nach VDI 2230 berechnet werden können, bekannt, lässt sich die vorgespannte Schraubenverbindung als Verspannungsschaubild darstellen. Nach der Montage stellt sich ein Kräftegleichgewicht derart ein, dass die Vorspannkräfte in Schraube und verspannten Teilen gleich groß sind (Bild 2a).

Betriebskräfte

Bei querbelasteten Schraubenverbindungen (Betriebskraft F_Q senkrecht zur Schraubenachse) werden die Kräfte per Reibschluss in der Trennfuge übertragen. Solange die infolge der Schraubenvorspannkräfte erzeugten Reibkräfte größer sind als die zu übertragenden Betriebskräfte, ändert sich das Montage-Verspannungsschaubild nicht. Das heißt, die Schraube „merkt“ nichts von der äußeren Belastung.

Mit dem Reibbeiwert μ_T in der Trennfuge, n_S Anzahl der Schrauben, i Anzahl der Reibflächenpaare und S_R Sicherheit gegen Rutschen gilt für die erforderliche Mindestklemmkraft

$$F_{K,min} = F_V \geq \frac{S_R\, F_Q}{\mu_T\, n_S\, i}\ .$$

Greift eine äußere Betriebskraft F_A in Richtung der Schraubenachse nach Bild 1 an, so wird die Schraube dadurch um f_A verlängert. Gleichzeitig wird die Zusammendrückung der verspannten Teile um den gleichen Betrag verringert. Die Schraube erfährt dadurch eine zusätzliche Belastung um F_{SA}, während die verspannten Teile um F_{PA} entlastet werden. Die Schraubenzusatzkraft F_{SA} ist somit abhängig von der Steifigkeit beziehungsweise Nachgiebigkeit der Schraube (Bild 2b).

Je „weicher“ die Schraube (Dehnschraube: lang und dünn), desto kleiner die zusätzliche Schraubenbelastung F_{SA} infolge einer äußeren axialen Betriebskraft F_A. Dies ist besonders bei dynamischen Betriebskräften (z.B. bei Zylinderkopfschrauben) anzustreben.

Krafteinleitung

Die Steifigkeiten der Schraube und der verspannten Teile sind auch von der Krafteinleitung abhängig. Wird die äußere axiale Betriebskraft F_A direkt am Schraubenkopf eingeleitet, ist der Krafteinleitungsfaktor $n=1$. Für die Krafteinleitung in der Trennfuge wird $n=0$. Reale Krafteinleitungen liegen zwischen diesen beiden Extremwerten (Bild 3). In diesem Fall wird nur ein Teil der verspannten Teile entlastet. Dadurch wird die Federrate R_P der verspannten Teile härter, da sich die Klemmlänge reduziert. Die belasteten Anteile der verspannten Teile werden der Schraube zugeschlagen, die somit fiktiv länger und deshalb weicher wird. Kleine n-Werte führen also zu kleinen Schraubenzusatzkräften, was

Bild 2: Verspannen von Schraubenverbindungen.
a) Verspannungsschaubild bei Montage,
b) Verspannungsschaubild mit axialer Betriebskraft F_A.

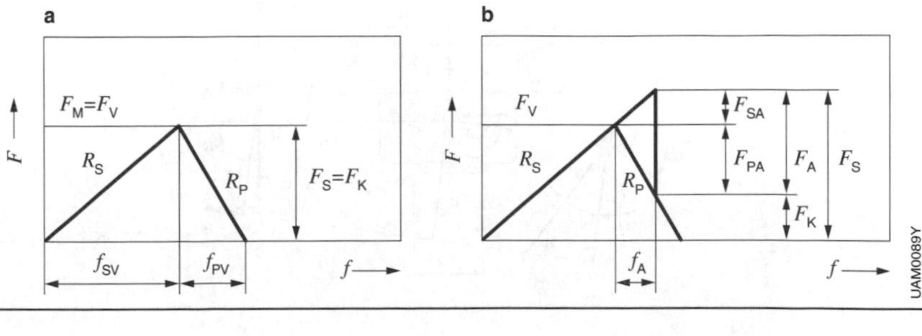

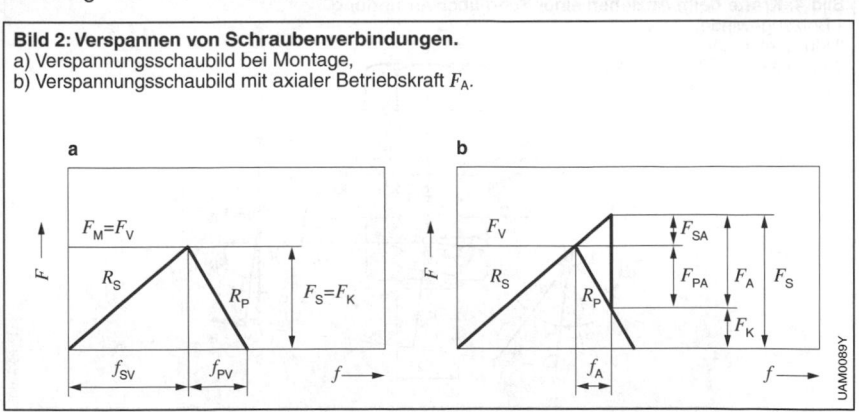

Tabelle 2: Schraubenkräfte (abhängig von der Krafteinleitung).

Kräfte	Krafteinleitung am Schraubenkopf $n=1$	Krafteinleitung beliebig $0<n<1$	Krafteinleitung in der Trennfuge $n=0$
Max. Schraubenkraft	$F_S=F_V+\Phi F_A$	$F_S=F_V+\Phi_n F_A$	$F_S=F_V$
Klemmkraft	$F_K=F_V-(1-\Phi)F_A$	$F_K=F_V-(1-\Phi_n)F_A$	$F_K=F_S-F_A$
Schraubenzusatzkraft	$F_{SA}=\Phi F_A$	$F_{SA}=\Phi_n F_A$	$F_{SA}=0$
Plattenzusatzkraft	$F_{PA}=(1-\Phi)F_A$	$F_{PA}=(1-\Phi_n)F_A$	$F_{PA}=F_A$

Mit $\Phi=\frac{R_S}{(R_P+R_S)}$ und $\Phi_n=n\Phi$

sich vorteilhaft auf die Schraubensicherheit auswirkt. Gleichzeitig verringert sich aber auch die Klemmkraft und das ist für die Funktion der Verbindung von Nachteil.

Die Berechnung des Krafteinleitungsfaktors n, der die Lage der Krafteinleitung festlegt, ist mit einfachen Mitteln nicht möglich. Entweder wird n $(0\leq n\leq 1)$ abgeschätzt oder näherungsweise nach VDI 2230 berechnet. Die im Verspannungsschaubild angegebenen Kräfte können nach Tabelle 2 berechnet werden.

Bild 3: Krafteinleitung zwischen Schraubenkopf und Trennfuge.
n Krafteinleitungsfaktor.

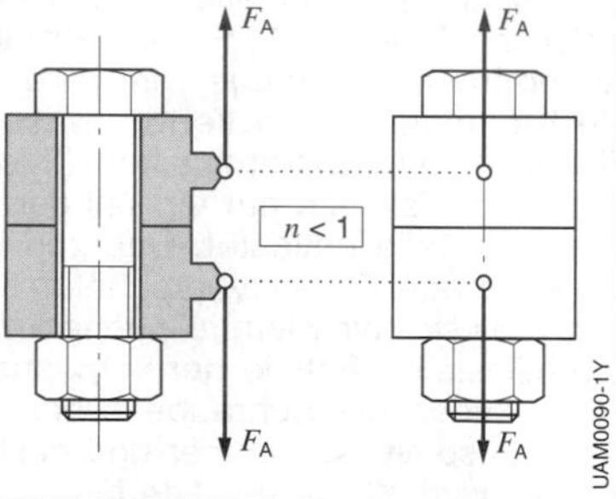

Schraubenkräfte und Schraubenmomente

Berechnungsmodell

Die Kraftverhältnisse in einer Schraubenverbindung können am einfachsten dargestellt werden, indem die auf alle Gewindegänge verteilte Flächenkraft auf ein Mutterelement konzentriert wird. Dieses Mutterelement bewegt sich beim Anziehen und Lösen entlang dem Bolzengewinde, das in abgewickelter Form eine schiefe Ebene – oder einen Keil – darstellt (Bild 4).

Anziehen einer Schraubenverbindung

Beim Anziehen wird das Mutterelement von der Umfangskraft F_U keilaufwärts verschoben. Die dadurch entstehende Normalkraft F_N bewirkt eine Reibkraft F_R, die entgegen der Bewegungsrichtung wirkt

Bild 4: Kräfte beim Anziehen einer Schraubenverbindung.
1 Bolzengewinde,
2 Mutterelement,
3 Schnitt durch Gewindeprofil und Mutterelement.

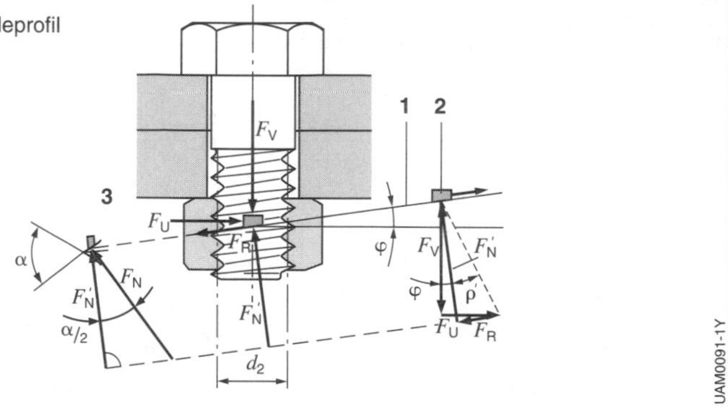

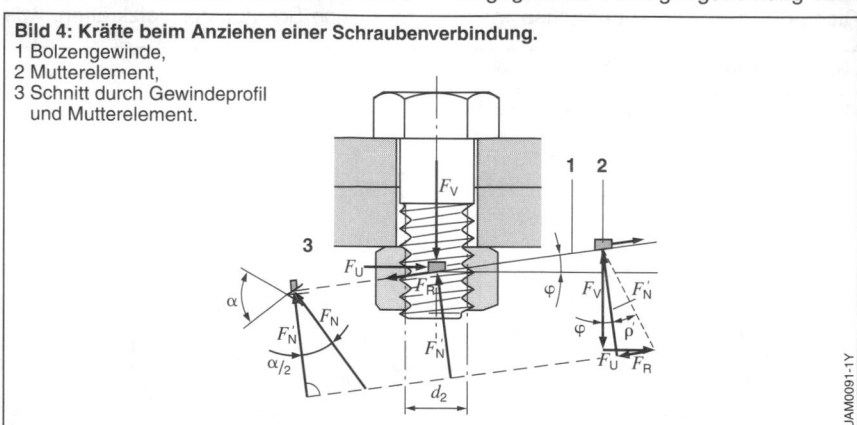

und den Reibungswinkel ρ einschließt. Da jedoch alle genormten Gewindeprofile geneigte Flanken aufweisen, wie im Schnitt in Bild 4 dargestellt, steht die tatsächliche Normalkraft F_N senkrecht auf die geneigte Gewindeoberfläche. Im ebenen Kräfteplan erscheint deshalb nur die Komponente $F'_N = F_N \cdot \cos\alpha/2$. Für die Reibkraft gilt dann:

$$F_R = F_N \cdot \mu_G = F'_N \cdot \mu'_G.$$

Damit die Kräfte in einem ebenen, parallel zur Schraubenachse liegenden Kräfteplan berechnet werden können, wird ein scheinbarer Reibbeiwert

$$\mu'_G = \frac{\mu_G}{\cos\alpha/2} = \tan\rho'$$

eingeführt. Wenn die Umfangskraft am Flankendurchmesser d_2 angreift, wird das Gewindemoment

$$M_G = F_V \cdot \frac{d_2}{2} \cdot \tan(\varphi + \rho').$$

Zum Anziehen einer Schraube auf die Vorspannkraft F_V ist zusätzlich zum Gewindemoment M_G ein Kopfreibmoment M_{KR} erforderlich, um die Reibung zwischen Kopf- beziehungsweise Mutterauflage zu überwinden. Mit dem Reibbeiwert μ_K und dem mittleren Kopfreibdurchmesser D_{Km} gilt für das Kopfreibmoment:

$$M_{KR} = F_V \cdot \mu_K \cdot \frac{D_{Km}}{2}.$$

Das bei der Montage aufzubringende Schraubenanzugsmoment ist dann:

$$M_A = M_G + M_{KR} = F_V\left(\frac{d_2}{2}\tan(\varphi + \rho') + \mu_k \frac{D_{km}}{2}\right).$$

Lösen einer Schraubenverbindung
Beim Lösen einer Schraubenverbindung ändert die Reibkraft gegenüber dem Anziehen ihre Richtung. Für das Schraubenlösemoment (Losdrehmoment) gilt dann:

$$M_L = F_V\left(\frac{d_2}{2}\tan(\varphi + \rho') - \mu_k \frac{D_{km}}{2}\right).$$

Bei selbsthemmenden Gewinden ($\varphi < \rho'$) wird das Lösemoment negativ. Das heißt, es muss ein Moment entgegen der Anziehrichtung aufgebracht werden.

Auslegung von Schraubenverbindungen

Überbeanspruchung
Bei Einhaltung der Mindesteinschraubtiefen $m = (1{,}0...1{,}5) \cdot d$ versagt eine Schraubenverbindung bei Überbeanspruchung nicht durch Ausreißen der Gewindegänge, sondern durch Bruch des zylindrischen Schraubenbolzens.

Montagebeanspruchung
Beim Anziehen auf die Vorspannkraft F_V wird die Schraube auf Zug und infolge des Gewindemoments M_G zusätzlich auf Torsion beansprucht. Da die Reibung im Gewinde ein Zurückdrehen der Schraube verhindert, wirkt die Torsionsspannung auch nach dem Anziehen. Nach der Gestaltänderungsenergiehypothese (siehe Mechanik, Grundlagen) ist die Vergleichsspannung in der Schraube

$$\sigma_{red,M} = \sqrt{\sigma_{z,M}^2 + 3\,\tau_t^2} \le v \cdot R_{p0,2}$$

mit der Zugspannung

$$\sigma_{z,M} = \frac{F_{V,max}}{A_S} = \frac{\alpha_A \cdot F_V}{A_S}$$

Bild 5: Wirksamer Durchmesser D_{Km} für das Kopfreibmoment.
a) Bei Innensechskantschraube (d_w = Kopfdurchmesser),
b) bei Sechskantschraube/-mutter (d_w = Schlüsselweite).

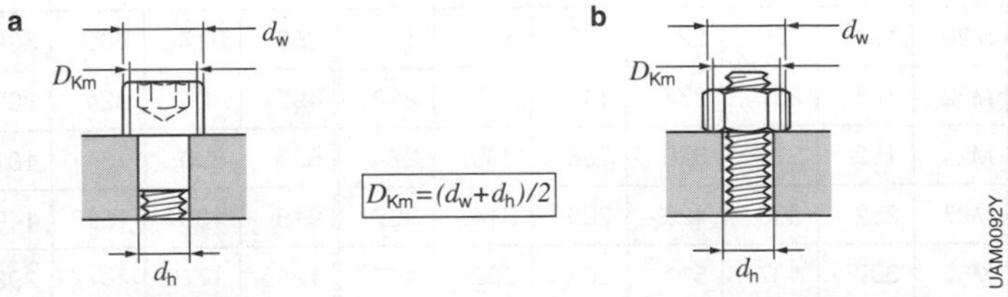

und der Torsionsspannung

$$\tau_t = \frac{M_{G,max}}{W_t} = \frac{16 \cdot \alpha_A \cdot F_V \cdot d_2 \cdot \tan(\varphi + \rho')}{2 \cdot \pi \cdot d_3^3}.$$

Der Anziehfaktor α_A berücksichtigt dabei die bei der Montage unvermeidlichen Ungenauigkeiten. Für drehmomentgesteuertes Anziehen (mit Drehmomentschlüssel) ist $\alpha_A = 1{,}4...1{,}6$, für impulsgesteuertes Anziehen (Schlagschrauber) ist $\alpha_A = 2{,}5...4{,}0$.

Um eine hohe Betriebssicherheit zu gewährleisten, ist eine möglichst hohe Werkstoffausnutzung anzustreben. Dies wird mit dem Ausnutzungsgrad ν berücksichtigt. Für eine 90-prozentige Ausnutzung ($\nu = 0{,}9$) der genormten Mindeststreckgrenze können aus Tabelle 3 für unterschiedliche Reibbeiwerte die zulässigen Vorspannkräfte und Anziehmomente bei der Montage entnommen werden.

Statische Beanspruchung
Eine axiale Betriebskraft F_A erhöht die Zugspannung in der Schraube. Da im Betriebszustand der Einfluss der Torsionsspannung geringer ist als im Montagezustand, gilt nach VDI 2230 für die Vergleichsspannung:

$$\sigma_{red,B} = \sqrt{\sigma_z^2 + 3(0{,}5 \cdot \tau_t)^2} < R_{p0,2}$$

mit der Zugspannung:

$$\sigma_z = \frac{F_{S,max}}{A_S} = \frac{\alpha_A \cdot F_V + F_{SA}}{A_S}.$$

Schwingbeanspruchung
Bei einer dynamischen Betriebskraft F_A darf der Spannungsausschlag σ_a die zulässige Ausschlagspannung σ_A nicht überschreiten. Es gilt:

$$\sigma_a = \frac{F_{S,max} - F_{S,min}}{2 \cdot A_S} \le \sigma_A.$$

Tabelle 3: Zulässige Vorspannkräfte und Anziehmomente für Regelschrauben (nach DIN 2230).

Gewinde	Montagevorspannkraft F_V für unterschiedliche Reibwerte μ im Gewinde						Anziehmoment M_A mit Gewindereibung $\mu = 0{,}12$					
	F_V in $10^3 \cdot$ N für $\mu = 0{,}1$			F_V in $10^3 \cdot$ N für $\mu = 0{,}2$			M_A in Nm mit $\mu_K = 0{,}1$			M_A in Nm mit $\mu_K = 0{,}2$		
	8.8	10.9	12.9	8.8	10.9	12.9	8.8	10.9	12.9	8.8	10.9	12.9
M4	4,5	6,7	7,8	3,9	5,7	6,7	2,6	3,9	4,5	4,1	6,0	7,0
M5	7,4	10,8	12,7	6,4	9,4	11,0	5,2	7,6	8,9	8,1	11,9	14,0
M6	10,4	15,3	17,9	9,0	13,2	15,5	9,0	13,2	15,4	14,1	20,7	24,2
M8	19,1	28,0	32,8	16,5	24,3	28,4	21,6	31,8	37,2	34,3	50,3	58,9
M10	30,3	44,5	52,1	26,3	38,6	45,2	43	63	73	68	100	116
M12	44,1	64,8	75,9	38,3	56,3	65,8	73	108	126	117	172	201
M14	60,6	88,9	104,1	52,6	77,2	90,4	117	172	201	187	274	321
M16	82,9	121,7	142,4	72,2	106,1	124,1	180	264	309	291	428	501
M18	104	149	174	91,0	129	151	259	369	432	415	592	692
M20	134	190	223	116	166	194	363	517	605	588	838	980
M22	166	237	277	145	207	242	495	704	824	808	1151	1347
M24	192	274	320	168	239	279	625	890	1041	1011	1440	1685
M27	252	359	420	220	314	367	915	1304	1526	1498	2134	2497
M30	307	437	511	268	382	447	1246	1775	2077	2931	2893	3386

Die zulässige Ausschlagspannung σ_A ist nicht von der Festigkeitsklasse, sondern nur vom Nenndurchmesser abhängig (Tabelle 4).

Flächenpressung zwischen Kopf- und Mutterauflage

Bei großen Vorspannkräften ist die Flächenpressung an den Kopf- und den Mutterauflageflächen zu überprüfen. Durch zu große Flächenpressungen entstehen plastische Verformungen und Vorspannkraftverluste. Dies kann dazu führen, dass sich Schraubenverbindungen lockern.

Die aus der maximalen Schraubenkraft resultierende Flächenpressung p darf deshalb die zulässige Grenzflächenpressung p_G nicht überschreiten (Richtwerte für p_G siehe Tabelle 5):

$$p = \frac{4F_{S,max}}{\pi\left(d_w^2 - d_h^2\right)} \leq p_G .$$

Schraubensicherungen

Das selbsttätige Lösen einer Schraubenverbindung ist auf einen vollständigen oder teilweisen Verlust der Vorspannkraft zurückzuführen, der durch Setzvorgänge (Lockern) oder durch Relativbewegungen in der Trennfuge (Losdrehen) hervorgerufen wird.

Lockern

Der durch plastische Verformungen hervorgerufene Setzbetrag f_z führt zu dem Vorspannkraftverlust

$$F_z = \frac{R_p \cdot R_S}{R_p + R_S} \cdot f_z .$$

Der Setzbetrag f_z in µm hängt von der Oberflächenbeschaffenheit und der Anzahl der Trennfugen ab (Tabelle 6).

Der gesamte Setzbetrag ist gleich der Summe der einzelnen Anteile. Die so ermittelten Setzbeträge gelten jedoch nur für den Fall, dass die Grenzflächenpressungen nicht überschritten werden. Sonst entstehen wesentlich größere Setzungen. Sicherungen gegen Setzen sollen Setzerscheinungen reduzieren oder kompensieren.

Folgende Sicherungsmaßnahmen gegen Lockern haben sich bewährt:
- Hohe Vorspannkraft,
- elastische Schrauben,
- geringe Flächenpressung durch große Auflageflächen und ausreichende Einschraubtiefen,
- geringe Anzahl von Trennfugen,
- keine plastischen oder quasi-elastischen Elemente (z.B. Dichtungen) mit Verspannen.

Losdrehen

Dynamische Belastungen, insbesondere senkrecht zur Schraubenachse, können dazu führen, dass Schrauben sich trotz ausreichender Vorspannkraft selbsttätig losdrehen. Wenn Querverschiebungen auftreten können, sorgen Sicherungen gegen Losdrehen dafür, dass die Funktion der Verbindung erhalten bleibt. Geeignete Maßnahmen sind:
- Querverschiebungen vermeiden durch Formschluss in der Trennfuge,
- elastische Schrauben,
- große Klemmlängen,
- hohe Vorspannkräfte,
- geeignete Sicherungselemente (sperrende oder klebende Elemente, Bild 6).

Tabelle 4: Zulässige Ausschlagspannung σ_A.

Durchmesserbereich	M6... M8	M10... M18	M20... M30
Zulässige Ausschlagsspannung σ_A in N/mm²	60	50	40

Tabelle 5: Richtwerte für Grenzflächenpressung p_G nach VDI 2230.

Werkstoff	Grenzflächenpressung p_G in N/mm²
GD-AlSi 9 Cu 3	290
S 235 J	490
E 295	710
EN-GJL-250	850
34 CrNiMo 6	1080

Tabelle 6: Setzbetrag f_z abhängig von Oberflächenbeschaffenheit und Anzahl der Trennfugen.

Oberfläche	Belastung	Setzbetrag f_z in µm		
		im Gewinde	je Kopf oder Mutterauflage	je Trennfuge
$R_z < 10$	Zug/Druck Schub	3,0 3,0	2,5 3,0	1,5 2,0
$10 \leq R_z < 40$	Zug/Druck Schub	3,0 3,0	3,0 4,5	2,0 2,5
$40 \leq R_z < 160$	Zug/Druck Schub	3,0 3,0	4,0 6,5	3,0 3,5

Bild 6: Sperrende Sicherungselemente (Beispiele).
a) Sperrzahnschraube, b) Sperrzahnmutter, c) Keilscheibenpaar.

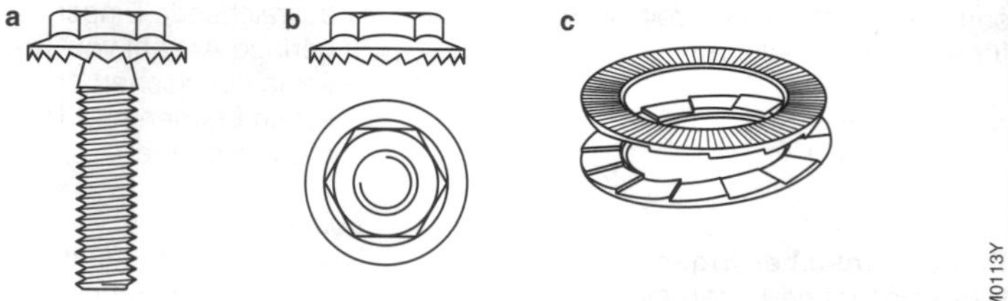

Gewindeabmessungen

Bild 7: Metrisches ISO-Gewinde.
(DIN 13, ISO 965); Nennmaße.

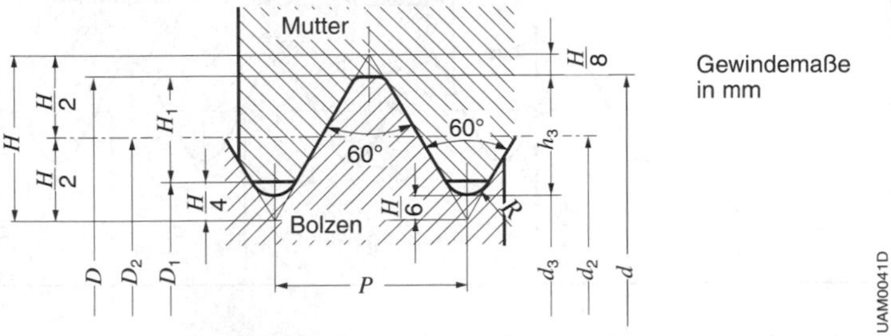

Tabelle 7: Metrisches Regelgewinde.
Bezeichnungsbeispiel: M8 (Gewinde-Nenndurchmesser 8 mm).

Gewinde-Nenndurchmesser	Steigung	Flanken-durchmesser	Kern-durchmesser		Gewindetiefe		Spannungs-querschnitt
$d=D$	P	$d_2=D_2$	d_3	D_1	h_3	H_1	A_s in mm²
3	0,5	2,675	2,387	2,459	0,307	0,271	5,03
4	0,7	3,545	3,141	3,242	0,429	0,379	8,78
5	0,8	4,480	4,019	4,134	0,491	0,433	14,2
6	1	5,350	4,773	4,917	0,613	0,541	20,1
8	1,25	7,188	6,466	6,647	0,767	0,677	36,6
10	1,5	9,026	8,160	8,376	0,920	0,812	58,0
12	1,75	10,863	9,853	10,106	1,074	0,947	84,3
14	2	12,701	11,546	11,835	1,227	1,083	115
16	2	14,701	13,546	13,835	1,227	1,083	157
20	2,5	18,376	16,933	17,294	1,534	1,353	245
24	3	22,051	20,319	20,752	1,840	1,624	353

Tabelle 8: Metrisches Feingewinde.
Bezeichnungsbeispiel: M8 x 1 (Gewinde-Nenndurchmesser 8 mm und Steigung 1 mm).

Gewinde-Nendurch-messer	Steigung	Flanken-durchmesser	Kern-durchmesser		Gewindetiefe		Spannungs-querschnitt
$d=D$	P	$d_2=D_2$	d_3	D_1	h_3	H_1	A_s in mm²
8	1	7,350	6,773	6,917	0,613	0,541	39,2
10	1,25	9,188	8,466	8,647	0,767	0,677	61,2
10	1	9,350	8,773	8,917	0,613	0,541	64,5
12	1,5	11,026	10,160	10,376	0,920	0,812	88,1
12	1,25	11,188	10,466	10,647	0,767	0,677	92,1
16	1,5	15,026	14,160	14,376	0,920	0,812	167
18	1,5	17,026	16,160	16,376	0,920	0,812	216
20	2	18,701	17,546	17,835	1,227	1,083	258
20	1,5	19,026	18,160	18,376	0,920	0,812	272
22	1,5	21,026	20,160	20,376	0,920	0,812	333
24	2	22,701	21,546	21,835	1,227	1,083	384
24	1,5	23,026	22,160	22,376	0,920	0,812	401

Bild 8: Rohrgewinde für nicht im Gewinde dichtende Verbindungen.
(DIN ISO 228-1); zylindrisches Innen- und Außengewinde; Nennmaße.

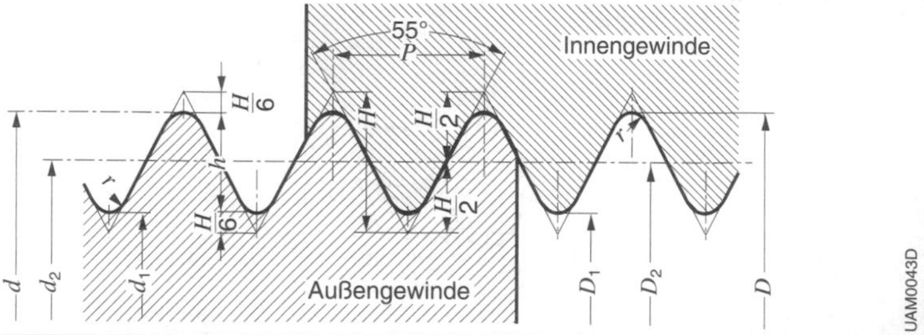

Tabelle 9: Bezeichnungsbeispiel: G1/2 (Gewinde-Nenngröße 1/2).

Gewinde-Nenngröße	Gangzahl auf 25,4 mm	Steigung P mm	Gewinde-tiefe h mm	Außen-durchmesser $d=D$ mm	Flanken-durchmesser $d_2=D_2$ mm	Kerndurch-messer $d_1=D_1$ mm
1/4	19	1,337	0,856	13,157	12,301	11,445
3/8	19	1,337	0,856	16,662	15,806	14,950
1/2	14	1,814	1,162	20,955	19,793	18,631
3/4	14	1,814	1,162	26,441	25,279	24,117
1	11	2,309	1,479	33,249	31,770	30,291

Bild 9: Whitworth-Rohrgewinde für Gewinderohre und Fittings.
(DIN EN 10226-1); zylindrisches Innen- und kegeliges Außengewinde; Nennmaße (in mm).

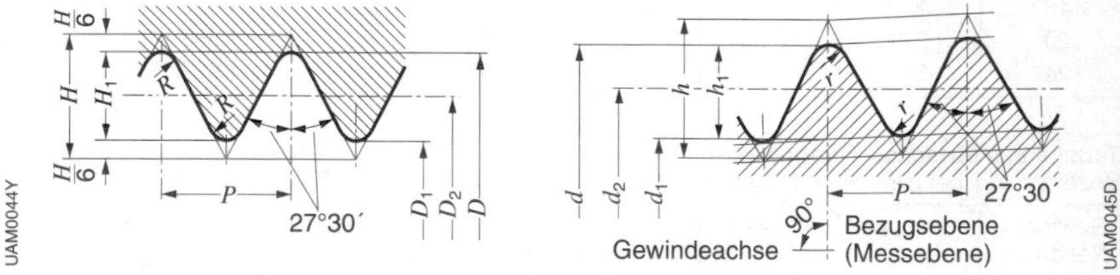

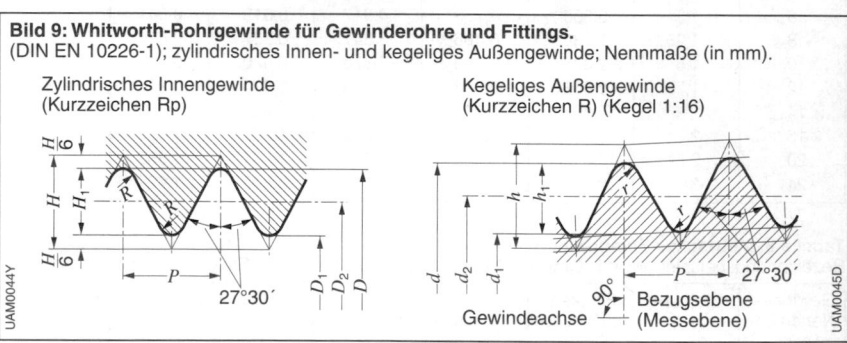

Tabelle 10: Whitworth-Rohrgewinde für Gewinderohre und Fittings.

Kurzzeichen Außen-gewinde	Kurzzeichen Innen-gewinde	Außen-durch-messer $d=D$	Flanken-durch-messer $d_2=D_2$	Kern-durch-messer $d_1=D_1$	Steigung P	Gangzahl auf 25,4 mm Z
R 1/4	Rp 1/4	13,157	12,301	11,445	1,337	19
R 3/8	Rp 3/8	16,662	15,806	14,950	1,337	19
R 1/2	Rp 1/2	20,955	19,793	18,631	1,814	14
R 3/4	Rp 3/4	26,441	25,279	24,117	1,814	14
R 1	Rp 1	33,249	31,770	30,291	2,309	11

Anwendungsgebiete: Verbindungen von zylindrischen Innengewinden an Armaturen, Fittings, Gewindeflanschen usw. mit kegeligen Außengewinden.

Schnappverbindungen an Kunststoffteilen

Merkmale

Schnappverbindungen sind eine rationelle und kostengünstige Montagetechnik für Bauteile aus Kunststoffen. Sie werden zur Verbindung von Gehäusehälften, bei Steckverbindern und der Fixierung von Einbauteilen in Kunststoffgehäusen eingesetzt. Dabei wird die hohe Dehnfähigkeit der Kunststoffe bei relativ geringer Steifigkeit genutzt.

Merkmal aller Schnappverbindungen ist die kurzzeitige Auslenkung eines elastisch federnden Elements beim Fügevorgang, bevor es hinter einer Rastnase einschnappt. Je nach Ausführung der Fügewinkel an den Schnappelementen lassen sich zerstörungsfrei lösbare und nicht lösbare Verbindungen gestalten (Bild 1).

Grundformen [27] von Schnappverbindungen sind (Tabelle 1):

- Federnde Schnapphaken (einseitig eingespannte Biegefedern),
- Torsionsschnapphaken,
- federnde Laschen,
- ringförmige Schnappverbindungen, auch segmentiert (längs geschlitzt),
- kugelförmige Schnappverbindungen, auch segmentiert.

Bild 1: Schnappverbindung (Prinzip).
a) Maßgebliche Größen,
b) Füge- und Lösewinkel
(lösbare Verbindung: $\alpha_2 < 90°$,
nicht lösbare Verbindung: $\alpha_2 \geq 90°$).
1 Federelement, 2 Rastnase.
f Federweg (Hinterschnitt), l Länge,
h Dicke am Einspannquerschnitt,
F Fügekraft, Q Auslenkkraft,
α_1 Fügewinkel, α_2 Lösewinkel.

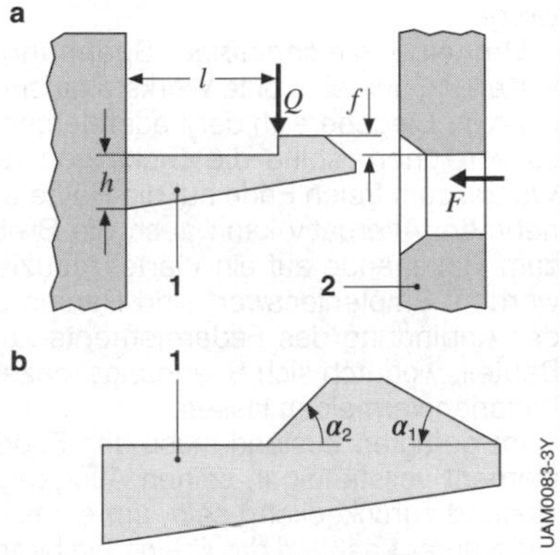

Auslegungsrichtlinien und Gestaltung

Die Federelemente werden auf die zulässige Dehnung des Kunststoffs beim Fügevorgang ausgelegt. Dabei ist der ungünstigste Zustand des Werkstoffs zu berücksichtigen (z.B. trockenes Polyamid).

Tabelle 1: Grundformen und Ausführungen von Schnappverbindungen [27].

Form	Hakenform			Ringform		
				Ringwulst, Ringnut	Ringwulst segmentiert, Ringnut	Hohlkugelabschnitt
Federelement	Biegefeder	Torsionsfeder (+ Biegefeder)	Verbundene Biegefedern mit Raststeg	Ringfeder	Ringfeder segmentiert	Ringfeder
Bezeichnung	(Biege-) Schnapphaken	Torsionsschnapphaken	federnde Lasche	Ringschnappelement	Ringschnappverbindung	Kugelschnappelement
Ausführung	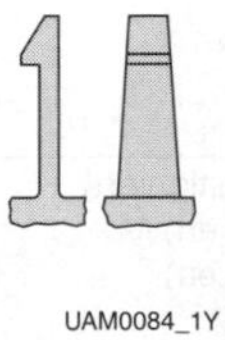 UAM0084_1Y	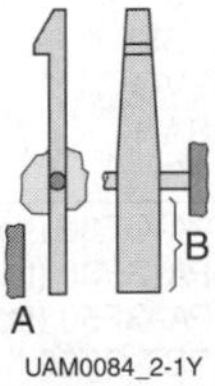 A B UAM0084_2-1Y	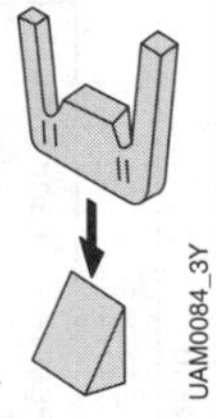 UAM0084_3Y	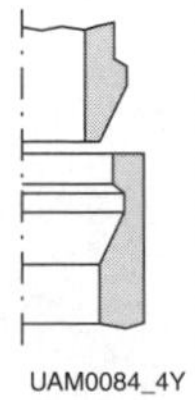 UAM0084_4Y	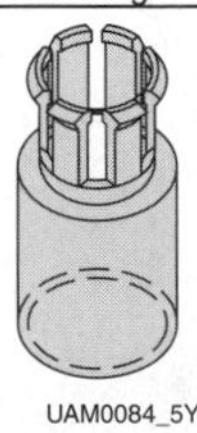 UAM0084_5Y	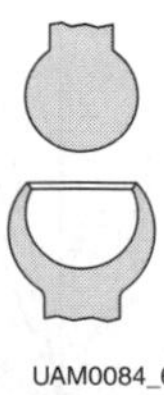 UAM0084_6Y

A Anschlag gegen Überdehnung der Torsionsachse.
B Tastenseite zum Lösen des Torsionsschnapphakens muss steifer ausgelegt werden als Seite mit Rasthaken.

Als Elastizitätsmodul kommt der dehnungsabhängige Sekantenmodul

$$E_s = \frac{\sigma_1}{\varepsilon_1}$$

zur Anwendung (Ermittlung dargestellt in Bild 2).Die entsprechenden Spannungs-Dehnungs-Diagramme können z.B. der Datenbank CAMPUS [29] entnommen oder bei den Materialherstellern erfragt werden.

Um eine gleichmäßige Spannungsverteilung und eine gute Werkstoffausnutzung im Biegebereich der Federelemente zu erreichen, sollte die Dicke von der Wurzel zum freien Ende auf die Hälfte abnehmen. Alternativ kann auch die Breite zum Hakenende auf ein Viertel reduziert werden. Empfehlenswert sind Radien an der Anbindung des Federelements zum Bauteil, wodurch sich Spannungskonzentrationen vermeiden lassen.

Im gefügten Zustand muss das Federelement vollständig in seinen Ausgangszustand zurückgekehrt sein, um ein Kriechen unter Last und damit eine bleibende Verformung zu verhindern. Zugspannungen im Schnappelement infolge von Betriebskräften sind zulässig.

Die zulässige Auslenkung (Federweg f) beim Fügen hängt von der Geometrie des Schnapphakens und der zulässigen Dehnung ε des Kunststoffs ab (Tabelle 2). Formeln für verschiedene Querschnittsformen sind der Fachliteratur ([28], [30], [31]) zu entnehmen oder werden von speziellen Berechnungsprogrammen bereitgestellt.

In die Berechnung der Auslenkkraft Q gehen die Steifigkeit des Kunststoffs als Sekantenmodul E_S und die Geometrie als Biege-Widerstandsmoment W ein.

Die Fügekraft F ergibt sich aus der Auslenkkraft Q, dem Fügewinkel α_1 (meist 30 °) und dem Reibungskoeffizienten μ zwischen den Fügepartnern nach der Formel:

$$F = \frac{Q\,(\mu + \tan\alpha_1)}{(1 - \mu\tan\alpha_1)}\,.$$

Werte für das Biege-Widerstandsmoment W und den Reibungskoeffizient μ sind ebenfalls der Fachliteratur ([28], [30], [31]) zu entnehmen.

Die Lösekraft einer Schnappverbindung wird nach der gleichen Formel wie für die Fügekraft berechnet, wobei der Lösewinkel α_2 des Schnapphakens (meist 60 °) einzusetzen ist. Bei einer nicht lösbaren Verbindung ($\alpha_2 \geq 90$ °) begrenzt die axiale Belastbarkeit des Schnappelements die Festigkeit.

Bild 2: Bestimmung des Sekantenmoduls E_S.
$E_{S1} = \sigma_1/\varepsilon_1$,
E_0 Elastizitätsmodul.

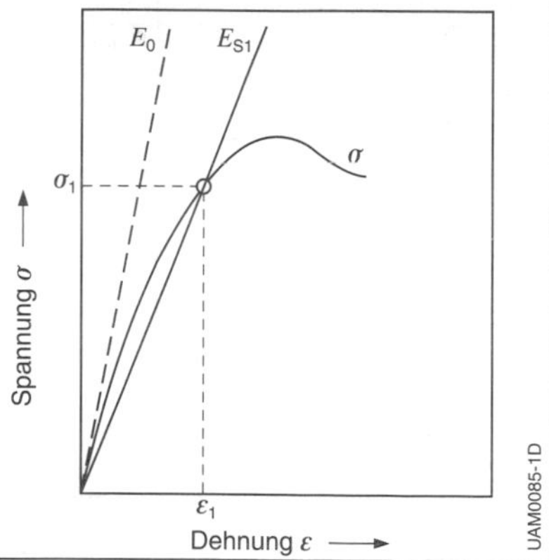

Berechnungsprogramme

Verschiedene Kunststoffhersteller stellen als Kundenservice einfach zu bedienende

Tabelle 2: Richtwerte für die zulässige Dehnung ε für Schnappverbindungen [28].
(Für einmaligen, kurzzeitigen Fügevorgang, bei häufigen Fügevorgängen Reduzierung der Werte um ca. 40 %).

	Werkstoff	ε
teilkristallin	PE	0,080
	PP	0,060
	PA (konditioniert), POM	0,060
	PA (trocken)	0,040
	PBT	0,050
amorph	PC	0,040
	ABS	0,025
	PVC	0,020
	SAN	0,020
	PS	0,018
glasfaserverstärkt	PA-GF30 (konditioniert)	0,020
	PA-GF30 (trocken)	0,015
	PA-GF50 (trocken)	0,005
	PBT-GF30	0,015
	PC-GF30	0,018
	ABS-GF30	0,012

Berechnungsprogramme zur Verfügung (z.B. „Snaps“ von BASF [32], „FEMsnap tool“ von Covestro [33], „FEMSnap“ von Lanxess [34]). In diesen Programmen sind meist die notwendigen Werkstoffdaten für das Kunststoffsortiment des Herstellers integriert. Es ist ebenso möglich und empfehlenswert, die Schnapphakenauslegung mittels FEM-Analyse im Rahmen der Bauteilentwicklung zu überprüfen.

Literatur

[1] H. Haberhauer; F. Bodenstein: Maschinenelemente. 18. Auflage, Verlag Springer Vieweg, 2017.
[2] Dubbel, Taschenbuch für den Maschinenbau. 24. Aufl., Verlag Springer Vieweg, 2014.
[3] F.G. Kollmann: Welle-Nabe-Verbindungen, Springer-Verlag, 1984.
[4] DIN 471: Sicherungsringe (Halteringe) für Wellen – Regelausführung und schwere Ausführung.
[5] DIN 981: Wälzlager – Nutmuttern.
[6] DIN 6880: Blanker Keilstahl – Maße, zulässige Abweichungen, Masse.
[7] DIN 6885-1: Mitnehmerverbindungen ohne Anzug; Passfedern, Nuten, hohe Form.
[8] ISO 14: Keilwellen-Verbindungen mit geraden Flanken und Innenzentrierung; Maße, Toleranzen, Prüfung.
[9] DIN 5464: Passverzahnungen mit Keilflanken – Schwere Reihe.
[10] DIN 5481: Passverzahnungen mit Kerbflanken.
[11] DIN 5480: Passverzahnungen mit Evolventenflanken und Bezugsdurchmesser.
[12] DIN 5482-1: Zahnnabenprofile und Zahnwellenprofile mit Evolventenflanken; Maße.
[13] DIN 7190: Pressverbände – Berechnungsgrundlagen und Gestaltungsregeln.
[14] DIN 254: Geometrische Produktspezifikation (GPS) – Reihen von Kegeln und Kegelwinkeln; Werte für Einstellwinkel und Einstellhöhen.
[15] DIN 406-10: Technische Zeichnungen; Maßeintragung; Begriffe, allgemeine Grundlagen.
[16] DIN 3990-1: Tragfähigkeitsberechnung von Stirnrädern; Einführung und allgemeine Einflussfaktoren.
[17] DIN-Taschenbuch 10: Mechanische Verbindungselemente 1 – Schrauben, Nationale Normen. 24. Aufl., Beuth-Verlag, 2017.
[18] DIN-Taschenbuch 45: Gewinde. 11. Aufl., Beuth-Verlag, 2017.
[19] DIN-Taschenbuch 140: Mechanische Verbindungselemente 4 – Muttern. 10. Aufl., Beuth-Verlag, 2016.
[20] H. Wiegand; K.-H. Kloos; W. Thomala: Schraubenverbindungen – Grundlagen, Berechnung, Eigenschaften, Handhabung. 5. Auflage, Springer-Verlag, 2007.
[21]: DIN 13: Metrisches ISO-Gewinde allgemeiner Anwendung.
[22] ISO 965: Metrisches ISO-Gewinde allgemeiner Anwendung.
[23] DIN EN ISO 228: Rohrgewinde für nicht im Gewinde dichtende Verbindungen.
[24] DIN EN 10226-1: Rohrgewinde für im Gewinde dichtende Verbindungen.
Teil 1: Kegelige Außengewinde und zylindrische Innengewinde; Maße, Toleranzen und Bezeichnung.
[25] VDI-Richtlinie 2230: Systematische Berechnung hochbeanspruchter Schraubenverbindungen. Beuth-Verlag: Blatt 1, 2015; Blatt 2, 2014.
[26] DIN EN ISO 898-1: Mechanische Eigenschaften von Verbindungselementen aus Kohlenstoffstahl und legiertem Stahl. Teil 1: Schrauben mit festgelegten Festigkeitsklassen – Regelgewinde und Feingewinde.
[27] U. Delpy u.a.: Schnappverbindungen aus Kunststoff. Expert Verlag, 1989.
[28] A. Maszewski.: Schnappverbindungen und Federelemente aus Kunststoff. Anwendungstechnische Information, Bayer AG, 2000.
[29] http://www.campusplastics.com.
[30] G.W. Ehrenstein (Hrsg.): Handbuch Kunststoffverbindungstechnik. Carl Hanser Verlag, 2004.
[31] T. Brinkmann: Produktentwicklung mit Kunststoffen. Carl Hanser Verlag, 2010.
[32] http://www.plasticsportal.net/wa/plasticsEU~de_DE/portal/show/common/content/technical_resources/calculation_programmes.
[33] http://www.plastics.covestro.com/en/Engineering/Tools/FEMSnap-tool.
[34] https://techcenter.lanxess.com/scp/emea/en/techServscp/article.jsp?docId.

Unlösbare Verbindungen

Schweißtechnik

Zum Fügen von Bauteilen und Untergruppen aus dem Automobilbau kommen die unterschiedlichsten Schweiß- und Fügeverfahren zur Anwendung [1], [2]. Zu den am häufigsten eingesetzten Schweißverfahren gehören das Widerstands- und das Schmelzschweißen. Die Übersicht in Bild 1 zeigt die wichtigsten produktionstechnisch angewendeten Widerstandsschweißverfahren (Verfahrensarten und Kurzzeichen siehe DIN 1910, Teil 100, [3]).

Widerstandsschweißen

Widerstandspunktschweißen

Beim Widerstandspunktschweißen werden die zu verbindenden Fügeteile an der Berührungsfläche durch elektrischen Strom örtlich bis zum teigigen oder schmelzflüssigen Zustand erwärmt und unter Druck miteinander verbunden (Bild 2a und Bild 2b). Die Zuführung des Schweißstroms erfolgt über die Punktschweißelektroden, die gleichzeitig die Elektrodenkraft auf die zu verbindenden Werkstücke (Fügeteile) übertragen. Für die zur Erzeugung der Schweißlinse benötigte Wärmemenge gilt die Beziehung:

Bild 1: Einteilung der Widerstandsschweißprozesse nach DIN 1910-100.

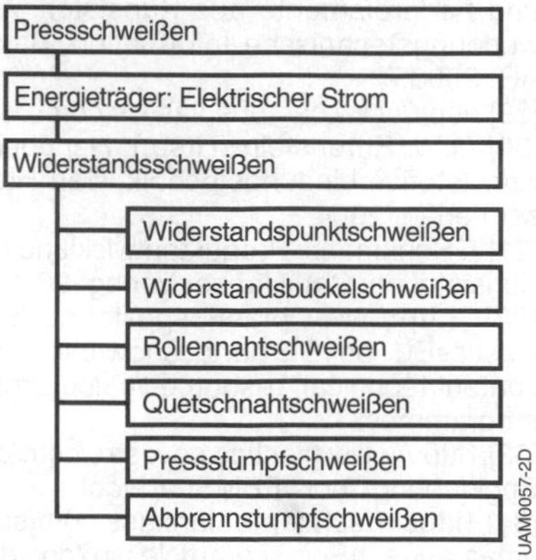

$Q = I^2 R t$ (Joule'sches Gesetz).

Die erforderliche Wärmemenge Q ist eine Funktion von Schweißstromstärke I, Widerstand R und Schweißzeit t. Ein einwandfreier und ausreichend großer Schweißlinsendurchmesser lässt sich durch das Abstimmen von Schweißstromstärke I, Elektrodenkraft F und Schweißzeit t erzielen.

Je nach Art der Stromzuführung unterscheidet man zweiseitiges direktes Widerstandspunktschweißen (Bild 2a) und einseitiges indirektes Widerstandspunktschweißen (Bild 2b).

Die Auswahl der Punktschweißelektroden erfolgt entsprechend der Fügeaufgabe nach Form, Außendurchmesser sowie Spitzendurchmesser. Da die Fügeteile weitestgehend frei von Zunder, Oxiden, Farben, Fett und Ölen sein sollten, erhalten sie bei Bedarf vor dem Schweißen eine entsprechende Oberflächenvorbehandlung.

Anwendung:
- Fügen von Blechteilen bis ca. 3 mm Einzelblechdicke im Überlappstoß oder als Schweißflansch.
- Neben Zweiblech- auch Mehrblechverbindungen unterschiedlicher Blechdicken und Blechwerkstoffe.
- Punktschweißkleben im Kombination mit Klebstoff.

Widerstandsbuckelschweißen

Das Buckelschweißen (Bild 2c) ist ein Schweißverfahren, bei dem großflächige Elektroden den Schweißstrom und die Elektrodenkraft auf das Werkstück übertragen. Die allgemein in das dickere Fügeteil eingeprägten Buckel bewirken eine Stromkonzentration an den Berührungspunkten und werden während des Schweißvorgangs durch die Elektrodenkraft ganz oder teilweise wieder eingeebnet. Es entsteht eine an den Schweiß-, also den Berührungsstellen nicht lösbare Verbindung. Je nach Ausführung der Buckel (Rund-, Lang- oder Ringbuckel) und Leistung der Schweißeinrichtung lassen sich ein oder mehrere Buckel gleichzeitig verschweißen. Nach der Anzahl der erzeugten Verbindungen unterscheidet man nach Einzelbuckelschweißung und Vielbuckelschweißung.

Das Widerstandsbuckelschweißen erfordert hohe Schweißströme bei kurzer Schweißzeit.

Anwendung:
- Fügen von unterschiedlich dicken Teilen,
- Verschweißen mehrerer Buckel innerhalb eines Arbeitsgangs.

Rollennahtschweißen
Bei diesem Verfahren werden die vom Widerstandspunktschweißen her bekannten Punktschweißelektroden durch Rollenelektroden ersetzt (Bild 2d). Das Rollenpaar berührt das Werkstück nur auf einer sehr kleinen Fläche. Die Zuführung des Schweißstroms und der Elektrodenkraft erfolgt über die Rollenelektroden. Die Rollen drehen sich entsprechend der Weiterbewegung des Werkstücks.

Anwendung:
- Herstellung von Dichtnähten oder Rollenpunktnähten (z.B. Kraftstoffbehälter).

Abbrennstumpfschweißen
Beim Abbrennstumpfschweißen werden die Werkstückenden an den Stoßflächen unter leichtem Druck verbunden (Bild 2e) und durch den Stromdurchgang an den Kontaktflächen durch Bildung von Schmorstellen (hohe Stromdichte) erwärmt (Stromzufuhr über Kupferbacken). Schmelzflüssiger Werkstoff schleudert durch den Metalldampfdruck aus dem Stoßflächenbereich heraus (Abbrennen). Die Schweißverbindung entsteht anschließend durch Stauchen der Werkstücke mit einer hohen Stauchkraft.

Die Stoßflächen sollen nahezu parallel sein und senkrecht zur Stauchrichtung stehen. Glatte Oberflächen sind nicht erforderlich. Der beim Abbrennstumpfschweißen entstehende Längenverlust muss durch Längenzugabe ausgeglichen

Bild 2: Widerstandsschweißverfahren.
a) Zweiseitiges Widerstandspunktschweißen, b) einseitiges Widerstandspunktschweißen, c) Widerstandsbuckelschweißen, d) Rollennahtschweißen, e) Abbrennstumpfschweißen, f) Pressstumpfschweißen.
1 Fügeteil, 2 Punktschweißelektroden, 3 Schweißlinse, 4 Transformator, 5 großflächige Elektroden, 6 Rollenelektroden, 7 feststehende Kupferbacken, 8 längsverschiebbare Kupferbacken, 9 Schweißverbindung mit Stauchgrat, 10 Schweißverbindung mit Stauchwulst.

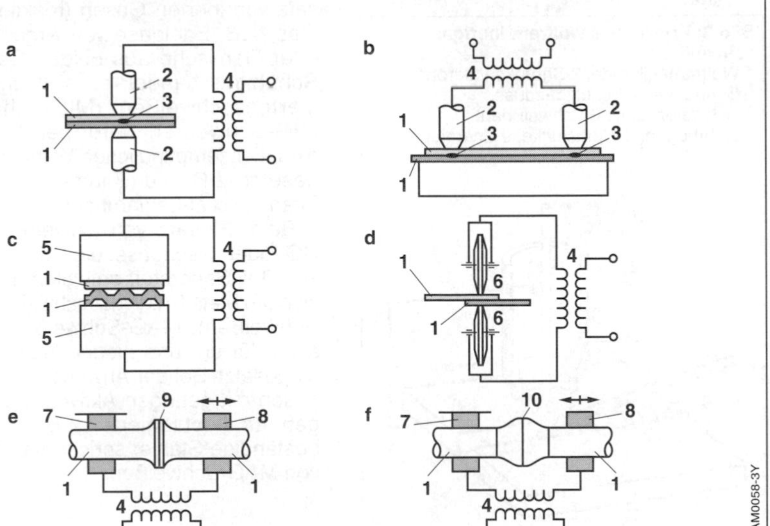

werden. Als Ergebnis erhält man eine Schweißnaht mit charakteristischer Ausbildung eines Stauchgrats.

Anwendung:
- Fügen im Stumpfstoß, z.B. Felgen, Gliederketten.
- Werkstattverfahren, z.B. für Sägebänder.

Pressstumpfschweißen
Bei diesem Verfahren (Bild 2f) wird der Schweißstrom über Kupferbacken den zu verbindenden Werkstückenden zugeführt. Nach Erreichen der Schweißtemperatur schaltet der Strom ab, und unter Anwendung stetiger Kraft werden beide Werkstückenden aufeinander gepresst und miteinander verschweißt (Voraussetzung: sauber bearbeitete Stoßflächen). An den Stoßstellen eventuell vorhandene Verunreinigungen werden nicht vollständig verdrängt. Als Ergebnis erhält man eine Schweißnaht mit charakteristischer Ausbildung eines gratfreien Stauchwulstes.

Anwendung:
- Fügen im Stumpfstoß, z.B. Wellen, Achsen.

Bild 3: Prinzip des Wolfram-Inertgasschweißens.
1 Wolframelektrode, 2 Stromkontaktrohr, 3 Schutzgas, 4 Schutzgasdüse, 5 Schweißzusatz, 6 Schweißnaht, 7 Lichtbogen, 8 Werkstücke, 9 Energiequelle.

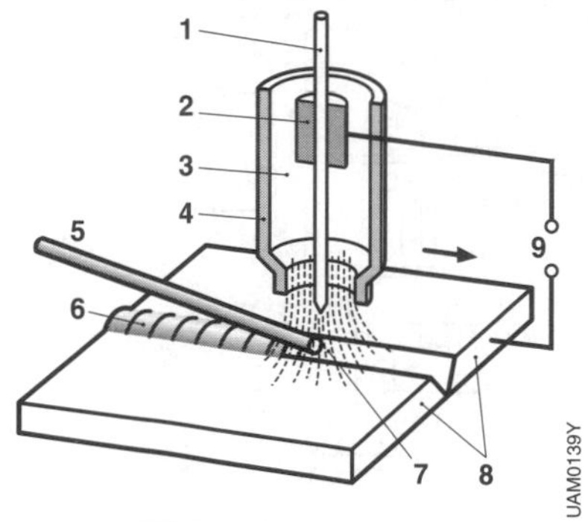

Schmelzschweißen
Schmelzschweißen bezeichnet das Verbinden von Werkstoffen mit Hilfe eines örtlich begrenzten Schmelzflusses unter Anwendung von Wärme ohne Druck. Das Schutzgasschweißen gehört zu der Gruppe der Schmelzschweißverfahren. Als Wärmequelle dient der elektrische Lichtbogen. Er brennt zwischen der Elektrode und dem Werkstück. Dabei deckt ein Schutzgasmantel den Lichtbogen und das Schmelzbad gegen die Atmosphäre ab. Die Elektrodenart bestimmt die Einteilung in folgende Verfahren.

Wolfram-Inertgasschweißen
Beim Wolfram-Inertgasschweißen (WIG-Schweißen) zündet ein Lichtbogen zwischen einer nicht abschmelzenden Wolframelektrode und dem Werkstück. Als Schutzgas dient Argon oder Helium. Die Zuführung des stabförmigen Zusatzwerkstoffs erfolgt von der Seite (Bild 3).

Metall-Schutzgasschweißen
Beim Metall-Schutzgasschweißen (MSG-Schweißen) zündet ein Lichtbogen zwischen dem abschmelzenden Ende der Drahtelektrode (Zusatzwerkstoff) und dem Werkstück. Der Schweißstrom fließt über eine Stromkontaktdüse im Schweißbrenner zur Drahtelektrode. Beim Einsatz von inerten Gasen (reaktionsträges Gas, z.B. Edelgase wie Argon, Helium oder Gemische aus beiden Gasen) als Schutzgas handelt es sich um Metall-Inertgasschweißen (MIG-Schweißen). MIG-Schweißen wird bei besonders oxidationsempfindlichen Werkstoffen eingesetzt, z.B. Aluminium-, Magnesium-, Titan-, Nickel-Legierungen.

Beim Einsatz von aktivem Gas (z.B. CO_2 oder Mischgase, die CO_2, Argon und zum Teil Sauerstoff enthalten) handelt es sich um Metall-Aktivgasschweißen (MAG-Schweißen). MAG-Schweißen wird vor allem für un- und niedrig legierte Stähle eingesetzt. Bei der Anwendung von Inertgasen mit geringen Aktivgasbeimischungen für hochlegierte, z.B. korrosionsbeständige Stähle, spricht man ebenfalls von MAG-Schweißen.

Laserstrahlschweißen
Beim Laserstrahlschweißen (oder kurz Laserschweißen) dient Licht als Energiequelle, um die zu verschweißenden Werkstücke aufzuschmelzen. Die monochromatische Laserstrahlung wird in einer Strahlquelle erzeugt, wobei die Wellenlänge vom jeweiligen Anregungsmedium bestimmt wird. In der industriellen Praxis sind CO_2-Laser und NdYAG-Laser (Festkörperlaser) verbreitet [5], [6]. Neuere Entwicklungen sind Diodenlaser und Faserlaser.

Für die Führung des Strahls vom Strahlerzeuger zur Schweißstelle sind je nach Wellenlänge Rohrführungen mit Umlenkspiegeln (bei CO_2-Laser) oder Lichtleitfasern (z.B. bei NdYAG-Laser) erforderlich (Bild 4). Um die Energie des Laserstrahls zum Schweißen zu nutzen, ist eine Fokussierung erforderlich, die mit Spiegel- oder Linsensystemen erfolgt. Damit werden an der Schweißstelle besonders hohe Energieflussdichten erreicht, durch die es zum Tiefschweißeffekt kommt, der besonders tiefe, aber dabei schmale Nähte ermöglicht. Im einfachsten Fall wird ohne Zusatzwerkstoff geschweißt.

Bild 4: Prinzip des Laserstrahlschweißens.
a) Strahlführung durch Spiegel,
b) Strahlführung durch Lichtleitfaser.
1 Strahlerzeuger,
2 Strahlführung mit Umlenkspiegel,
3 Strahlführung mit Lichtleitfaser,
4 Fokussieroptik, 5 fokussierter Laserstrahl,
6 Werkstücke (Stumpfstoß) mit Schweißnaht,
7 Werkstücke (Überlappstoß) mit Schweißnaht.

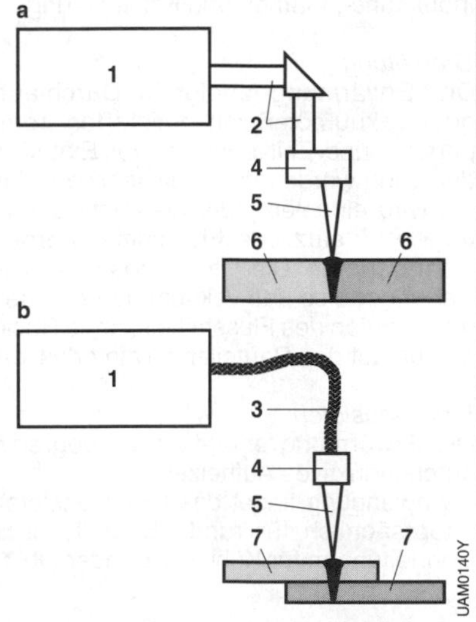

Für die Führung des Strahls entlang der Nahtfuge dienen entweder ein Vorschub des Werkstücks relativ zur Fokussieroptik, der Optik relativ zum Werkstück oder eine Kombination aus beidem. Für ein Bewegen der Fokussieroptik, z.B. beim robotergeführten Schweißen dreidimensionaler Nahtgeometrien, eignen sich besonders Systeme mit Lichtleitfasern.

Beim Remote-Schweißen wird der Strahl aus relativ großem Abstand (lange Brennweite der Fokussieroptik) durch eine Bewegung des Fokussierspiegels oder der Fokussierlinse innerhalb der Fokussieroptik über das Werkstück geführt.

Durch Strahlweichen ist es möglich, mit einem Strahlerzeuger mehrere Bearbeitungsstationen zu betreiben.

Anwendungen:
- Fügen von Stahlblechen mit Überlappstoß im Karosseriebau,
- Fügen von un- und niedriglegierten Stählen als Stumpfstoß in Fahrwerks- und Aggregatebauteilen,
- Fügen von hochlegierten Stählen in Abgasanlagen,
- Fügeverbindungen in Sitzanlagen,
- Fügen von Aluminiumlegierungen (mit Zusatzwerkstoff).

Sonstige Schweißverfahren
Ferner kommen folgende Schweißverfahren im Automobilbau zur Anwendung [5], [6]:
- Elektronenstrahlschweißen,
- Reibschweißen,
- Lichtbogenpressschweißen (Bolzenschweißen),
- Kondensator-Entladungsschweißen (Impulsschweißen).

Löttechnik

Löten ist ein Verfahren zum Herstellen einer nicht lösbaren Verbindung von zwei oder mehr Werkstücken aus gleichen oder verschiedenen metallischen Werkstoffen unter Verwendung eines schmelzenden Zusatzmaterials (Lot). Zusätzlich kommen Flussmittel oder Lötschutzgas zur Anwendung [7], [8], [9].

Flussmittel (nichtmetallische Stoffe) sollen nach entsprechender Reinigung Oxidschichten von den Oberflächen der Lötstellen beseitigen sowie ihre Neubildung verhindern, damit das Lot die Fügeflächen benetzen kann. Angaben über Flussmittel enthalten DIN EN ISO 9454-1 [10] und DIN EN 1045 [11].

Die Schmelztemperatur des Zusatzmaterials liegt unterhalb der Schmelztemperatur der zu verbindenden Werkstücke. Die Verbindung entsteht durch feste Benetzung des Lotes an den Fügeflächen, ohne dass die zu verbindenden Werkstoffe geschmolzen werden.

Bei Lötverbindungen kann die Verbindungsfestigkeit die Festigkeit des Grundwerkstoffs erreichen. Bedingung hierfür sind enge Lötspalte, in denen es zu einer Verformungsbehinderung des Lotes durch den angrenzenden, höherfesten Grundwerkstoff kommt.

Zur Beschreibung von Lötverbindungen dienen Angaben zum Temperaturbereich, der Wärmequelle und der Geometrie der Stoßform (Konstruktion). Hinsichtlich der Arbeitstemperatur wird unterschieden in Weichlötungen und Hartlötungen. Die Arbeitstemperatur ist die niedrigste Oberflächentemperatur des Werkstücks an der Fügestelle, bei der das Lot benetzen, sich ausbreiten und am Werkstück binden kann. Angaben über Lote enthalten die DIN-Blätter DIN EN ISO 9453 [12], DIN EN ISO 12224-1 [13], DIN EN ISO 17672 [14].

Bei den Stoßformen sind prinzipiell das Spaltlöten (Lötspalt bis 0,5 mm) und das Fugenlöten (Lötspalt größer als 0,5 mm) zu unterscheiden.

Unterscheidung nach Arbeitstemperatur

Weichlötungen

Weichlötungen bilden unlösbare Verbindungen mit Loten, deren Schmelztemperatur unter 450 °C liegt (z. B. Lötzinn). Weichlote mit einer Schmelztemperatur bis 200 °C werden auch als Schnelllote oder Sickerlote bezeichnet.

Anwendungen Weichlöten:

- Einsatz in der Elektrotechnik für Kontaktierungen (z. B. Schwalllöten von bestückten Leiterplatten).

Hartlötungen

Hartlötungen sind unlösbare Verbindungen mit Loten, deren Schmelztemperatur über 450 °C liegt (z. B. Kupfer, Kupfer-Zink- und Silberlegierungen, d. h. Silberlot).

Anwendungen Hartlöten:

- Fugenlöten: Stahlbleche im Karosseriebau, auch unterschiedlicher Güten und bei großen Wanddickenunterschieden.
- Spaltlöten: Kühler, Verrohrungen im Aggregatebereich.

Herstellverfahren

Ein weiteres Kriterium zur Beschreibung von Lötverbindungen ist die Art der Erwärmung. Die wichtigsten sind die Ofen-, Induktions-, Flamm- und Kolbenlötung.

Ofenlötung

Die Erwärmung erfolgt in Durchlauf- oder Vakuumöfen mit definierten Temperatur- und Zeitverläufen. Vor Eintritt in den Ofen werden die Bauteile fixiert, das Lot wird eingelegt oder als Paste aufgetragen. Zusätzliche Flussmittel werden nicht benötigt. Die Ofenatmosphäre beziehungsweise das Vakuum übernehmen die Funktion des Flussmittels, ohne Rückstände auf den Bauteilen zu hinterlassen.

Induktionslöten

Die Erwärmung erfolgt örtlich begrenzt durch induktives Aufheizen.

Anwendung findet das Induktionslöten hauptsächlich für runde Bauteile, z. B. Rohrleitungen für Kühlwasser oder Öl.

Flammlötung
Die Erwärmung erfolgt durch einzelne Brenner oder in einer gasbeheizten Anlage. Je nach Art der Lötung kommen die vom Autogenschweißen her bekannten Acetylen-Sauerstoff-Brenner, Propangasbrenner oder Lötlampen zur Anwendung. Das Lot wird meist in Stabform seitlich zugeführt. Das Flussmittel wird separat aufgetragen oder ist im Lot integriert.

Flammlöten wird für sehr kleine Serien, Prototypen oder als Nacharbeits- und Reparaturverfahren z.B. für Rohrleitungen angewendet.

Kolbenlötung
Die Erwärmung erfolgt durch von Hand oder maschinell geführte Lötkolben. Die Kolbenlötung lässt sich auch bei vorverzinnten Fügeflächen einsetzen.

Kolbenlöten wird nur beim Weichlöten eingesetzt.

Weitere Verfahren
- Salzbadlöten,
- Tauchlöten,
- Widerstandslöten sowie
- MIG-Löten,
- Plasmalöten und
- Laserlöten.

Spalt- und Fugenlöten
Desweiteren wird hinsichtlich der Geometrie der Lötung und des Lotflusses zwischen Spaltlöten und Fugenlöten unterschieden.

Spaltlöten
Die Füllung des Lötspalts erfolgt durch Kapillarwirkung des flüssigen Lotes. Die Festigkeit der Lötverbindung wird ausschließlich von den Festigkeiten der Grundwerkstoffe bestimmt. Typische Herstellverfahren hierfür sind Flamm-, Ofen- und Induktionslöten.

Fugenlöten
Die Füllung des Lötspalts erfolgt durch Schwerkraft. Die Festigkeit der Lötverbindung wird vor allem von der Festigkeit des Lotzusatzes bestimmt. Typische Herstellverfahren hierfür sind Lichtbogen- und Laserlöten.

Klebtechnik

Klebstoffe
Ein Klebstoff ist ein nichtmetallischer Werkstoff, der Werkstücke (Fügeteile) durch Oberflächenhaftung (Adhäsion) und seine innere Festigkeit (Kohäsion) verbinden kann, ohne dass sich das Gefüge der Fügeteile wesentlich verändert. Ein Klebstoff ermöglicht den Aufbau von nicht lösbaren Werkstoffverbindungen zwischen homogenen oder heterogenen Werkstoffpaarungen.

Organische und anorganische Klebstoffe bauen im Zuge der Klebstoffaushärtung zum einen Haftung zu den Werkstoffoberflächen durch chemisch-physikalische Wechselwirkungen (Adhäsion beziehungsweise Bindekräfte) und zum anderen die erforderliche konstruktive Festigkeit (Kohäsion) auf. Abhängig von der Klebstoffchemie härten diese z.B. bei Raumtemperatur, erhöhten Temperaturen oder UV-Strahlung mit unterschiedlichen Mechanismen aus.

Die Härtung (Vernetzung) und der Haftungsaufbau erfolgt je nach chemischer Grundstruktur und Formulierung über einen gewissen Zeitraum, abhängig z.B. von der Temperatur oder der Luftfeuchtigkeit. Die Reaktionstypen werden als Polymerisation, Polyaddition oder Polykondensation bezeichnet. Dabei entstehen räumlich vernetzte Makromoleküle. Je nach erforderlicher Aushärtetemperatur lassen sich Klebstoffe in die Klasse der bei Raumtemperatur oder der bei höheren Temperaturen (100...200 °C) aushärtenden Klebstoffe unterteilen.

Klebstoffe werden auf Basis Ihrer Rezeptur und Darreichungsform in Einkomponenten- und Zweikomponentenklebstoffe unterschieden.

Zweikomponentenklebstoffe
Hierbei handelt es sich um Klebstoffe, die aus zwei Komponenten bestehen und zum Härten miteinander vermischt werden müssen. Dabei muss das stöchiometrische Mischungsverhältnis der beiden Komponenten genau eingehalten werden. Komponente A enthält das Basisharz. Die zweite Komponente (Komponente B) enthält einen Härter, der die Vernetzungsreaktion einleitet und die

Harzmoleküle aus Komponente A miteinander verknüpft. Dem Härter kann noch ein Beschleuniger zugesetzt sein. Die Härtung erfolgt üblicherweise bei Raumtemperatur, kann aber durch zusätzliche Einwirkung von leicht erhöhten Temperaturen (80...120 °C) beschleunigt und somit schneller durchgeführt werden.

Einkomponentenklebstoffe
Einkomponentenklebstoffe enthalten alle die zum Kleben notwendigen Bestandteile in einer Phase. Diese Systeme enthalten Inhibitoren, die eine vorzeitige chemische Reaktion (Aushärtung) zwischen den in der einen Phase vorliegenden Reaktionspartnern (Monomere, Harz und Härter; vorgemischter Zweikomponentenklebstoff) verhindern. Einkomponentenklebstoffe benötigen nicht den zusätzlichen Prozessschritt des Mischens der Komponenten wie bei einem Zweikomponentenklebstoff.

Die Härtung muss je nach chemischer Formulierung durch höhere Temperaturen (im Ofen, durch Induktion oder Infrarotstrahlung), Ultraviolettstrahlung oder Luftfeuchtigkeit eingeleitet und durchgeführt werden. Dabei werden die Inhibitoren neutralisiert und die im Klebstoff ebenso enthaltenen Beschleuniger freigesetzt, die den Härtungsprozess beschleunigen.

Die meisten Einkomponentenklebstoffe müssen gekühlt (elektrisch leitfähige Klebstoffe bis −20°C im Tiefkühlschrank, konstruktive Kleb- und Dichtstoffe bei 4...10 °C im Kühllager) oder unter Lichtauschluss (UV-Klebstoffe) bis zum Gebrauch gelagert werden.

Konstruktive Ausführungen von Klebeverbindungen
Klebeverbindungen sollten so ausgelegt werden, dass vorwiegend Scherbelastungen auftreten. Besonders geeignet sind Überlappverbindungen. Auf Zug beanspruchte Stumpfstöße sowie Schälbeanspruchung sind zu vermeiden.

Kombinationen von Kleben mit anderen Fügeverfahren, z.B. Schweißen, Schrauben oder Nieten können sich vorteilhaft auswirken. Die Fügepunkte fixieren die Bauteile während der Aushärtezeit des Klebstoffs. Auch lassen sich z.B. Spannungsspitzen an Schweißpunkträndern oder an Nietstellen minimieren. Bei dynamisch beanspruchten Konstruktionen erhöhen sich die dynamische Festigkeit, Steifigkeit sowie Dämpfung.

Beispiele für Klebstoffe mit technischem Einsatzpotential
Die wichtigsten Klebstoffe sind Epoxide, Silikone, Polyurethane und Acrylate.

Silikon- und Polyurethanklebstoffe
Silikon- und Polyurethanklebstoffe finden ihre Bedeutung insbesondere bei Verklebungen mit dynamischen Lasten, aber auch wo Dichtheit gegenüber flüssigen Medien (z.B. Wasser) gefordert wird. Je nach Medium (polar, unpolar) besteht allerdings die Gefahr, dass flexible Klebstoffe quellen können (z.B. in Kraftstoff). Dieser Vorgang kann reversibel sein, sofern eine Rücktrocknung des Systems im Betrieb möglich ist und der Klebstoff keinen Schaden genommen hat (z.B. Materialversprödung durch Extraktion). Aufgrund ihrer Flexibilität (Dehneigenschaften) können diese Klebstoffe die unterschiedlichen thermischen Ausdehnungskoeffizienten der Fügeteile im Temperaturanwendungsbereich durch ihre Deformierbarkeit ausgleichen (niedriger E-Modul oberhalb Kristallisationstemperatur von −60 °C bis −40 °C), sodass in der Klebung nur geringe mechanische Spannungen aufgebaut werden können. Silikone zeigen gegenüber Polyurethanen zusätzlich eine sehr gute Eignung bei hohen Anwendungstemperaturen bis ca. 220 °C auf.

Epoxidklebstoffe
Epoxidklebstoffe hingegen sind überwiegend sehr spröde und harte Klebstoffe, sie lassen sich je nach Klebstoffformulierung bis ca. 200 °C einsetzen. Sie zeigen gegenüber den flexiblen Klebstoffen ein deutlich geringeres Quellverhalten durch flüssige Medien. Den hochfesten Epoxidklebstoffen fehlt die bei Silikonen ausgeprägte Eigenschaft, mechanische Spannungen im Klebverbund, die durch unterschiedliche thermische Ausdehnungskoeffizienten der Fügeteile im Temperatureinsatzbereich hervorgerufen werden, durch Deformierbarkeit (Dehnung) auszugleichen. Ausnahmen sind

Klebstoffe, die aufgrund ihrer speziellen Formulierung (z. B. Schlagzähmodifizierung) gezielt für Verklebungen im Karosseriebau eingesetzt werden, um die im Crahsfall auftretenden mechanischen Kräfte und Energien gezielt abzubauen und die strukturelle Integrität der Fahrgastzelle zu erhalten. Epoxidklebstoffe ermöglichen Verklebungen mit sehr hohen Klebfestigkeiten (hoher E-Modul bis zur Glasübergangstemperatur; diese liegt im Bereich von 80...200 °C, abhängig von der chemischen Rezeptur der Klebstoffkomponenten).

Acrylatklebstoffe
Acrylate sind zu schnellen Härtungsreaktionen fähig und daher für Fertigungsprozesse sehr attraktiv. Die Härtung kann je nach chemischer Klebstoffarchitektur durch ultraviolette Strahlung, Mischen von zwei Komponenten, unter erhöhten Temperaturen oder auch durch Luftfeuchtigkeit („Sekundenklebstoff") innerhalb weniger Minuten bis hin zu Sekunden erfolgen. Zum anderen weisen Acrylate allerdings eine nicht so ausgeprägte thermomechanische Leistungsfähigkeit wie die Silikon- und Epoxidklebstoffe oberhalb ca. 120 °C oder unter aggressiven Medien auf.

Anwendung im Automobilbau
Das Fügeverfahren Kleben hat im Automobilbau seinen festen Stellenwert eingenommen. Teilbereiche, in denen Klebeverfahren eingebunden werden, lassen sich wie folgt aufteilen.
- Elektronische Komponenten: Dichtkleben von Gehäusen bei Sensoren, Steuergeräten und Videosystemen; elektrisch leitfähiges und wärmeleitfähiges Verkleben von elektronischen Bauteilen in Leistungsmodulen und elektronischen Schaltungen.
- Elektromotoren: Magnetverklebungen bei Rotoren und Statoren.
- Rohbau: Bördelnaht- und Strebenverklebung an Anbauteilen.
- Montagelinie: Einkleben von Dämmaterial, Dekorfolien, Zierleisten, Spiegelfuß auf Frontscheibe.
- Teilefertigung: Verkleben von Bremsbelägen, Zweischeiben-Sicherheitsglas, Gummi-Metall-Verbindungen als Schwingungsdämpfer.

Niettechnik

Klassische Niettechnik

Verfahren
Nieten ist ein Verfahren zum Herstellen einer unlösbaren Verbindung von zwei oder mehreren Bauteilen aus gleichen oder verschiedenen Werkstoffen. Dabei werden die zu fügenden Bauteile durch Bohren oder durch Stanzen gemeinsam gelocht. In die Bohrung wird anschließend der Niet als verbindendes Element eingesetzt. Hinsichtlich ihrer Verwendung und konstruktiven Ausbildung unterteilen sich die Nietverbindungen in
- feste Verbindungen (Kraftverbindungen, z. B. im allgemeinen Maschinenbau, Anlagenbau),
- feste und dichte Verbindungen (z. B. Kessel- und Druckbehälterbau) und
- extrem dichte Verbindungen (z. B. Rohrleitungen, Vakuumanlagen).

Je nach Temperatur, mit der Niete geschlagen werden, unterscheidet man zwischen Warm- und Kaltnietung. Kaltgenietet werden Niete bis zu einem Durchmesser von 10 mm aus Stahl, Kupfer, Kupferlegierungen, Aluminium und

Bild 5: Nietformen.
a) Halbrundniet, b) Senkniet,
c) Linsenniet, d) Flachrundniet,
e) Hohlniet, f) Rohrniet.

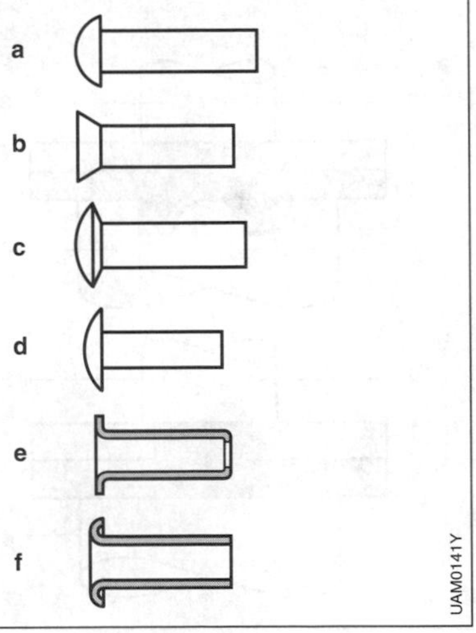

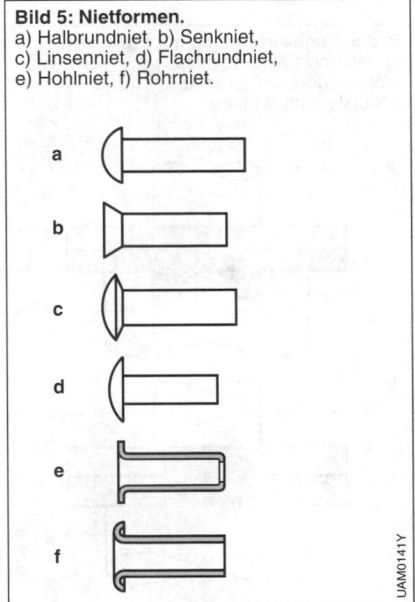

dergleichen. Niete mit einem Durchmesser von mehr als 10 mm werden warm geschlagen.

Die gebräuchlichsten Nietformen sind (Bild 5, [15]...[20]) der Halbrundniet (DIN 660), der Senkniet (DIN 661), der Linsenniet (DIN 662), der Flachrundniet (DIN 674), der Hohlniet (DIN 7339) und der Rohrniet (DIN 7340).

Ferner gibt es noch einige genormte Sonderniete, z.B. Sprengniete oder Blindniete. Bei den Blindnieten handelt es sich um Hohlniete, die durch Dorne oder Stifte aufgetrieben werden.

Desweiteren werden Niete häufig als Funktionselemente ausgeführt. Als Beispiele seien Nietmuttern und Nietbolzen genannt, die als Anschraubpunkte dienen.

Die Festigkeitseigenschaften und die chemische Zusammensetzung der Nietwerkstoffe sind in zahlreichen nationalen und internationalen Normen festgelegt. Für Niete und Bauteil sollen möglichst gleichartige Werkstoffe verwendet werden, um elektrochemische Korrosion zu vermeiden.

Das Nieten ist im allgemeinen Maschinenbau und im Behälterbau vielfach durch das Schweißen verdrängt worden.

Bild 6: Fügeverbindung mit Stanzniet.
a) Halbhohlniet, b) Vollniet.
1 Werkstücke, 2 Stanzniet,
3 Nietstempel, 4 Matrize.

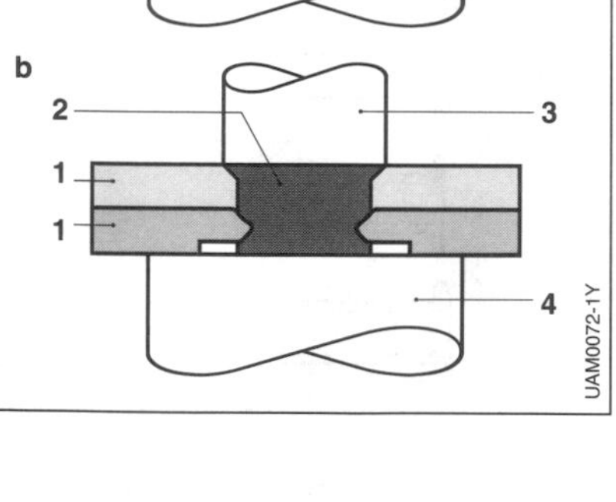

Vorteile und Nachteile gegenüber anderen Verbindungstechniken
- Es tritt keine Werkstoffbeeinflussung wie Aufhärtung oder Gefügeumwandlung wie beim Schweißen auf,
- die Bauteile verziehen sich nicht,
- ungleichartige Werkstoffe lassen sich verbinden.
- Bauteile werden durch Nietung geschwächt,
- Stumpfstöße lassen sich nicht herstellen und
- Nietungen in Werkstätten sind meist teurer als das Schweißen.

Anwendung im Automobilbau
- Nieten von Gelenkbolzen (Fensterheber, Scharniere, Scheibenwischergestelle),
- Nieten von Verstärkungsblechen (Reparaturlösung).

Stanznieten

Verfahren

Die Verbindung der Werkstücke wird beim Stanznieten ohne Vorlochen durch einen Niet-Schneidvorgang mit Stanznietelementen (Vollniet oder Halbhohlniet) hergestellt. Das sonst notwendige Vorlochen oder Vorbohren der Fügeteile entfällt.

Stanznieten mit Halbhohlniet

Beim Stanznieten mit einem Halbhohlniet (Bild 6a) wird die Fügestelle der zu verbindenden Bauteile auf die (untere) Matrize gelegt. Der Nietstempel fährt nach unten und drückt den Halbhohlniet in einem Stanzvorgang durch die obere Blechlage in das untere Blech. Er verformt bei gleichzeitiger Verspreizung den Nietfuß zu einem Schließkopf. In der Regel wird die untere Blechlage nicht durchtrennt.

Stanznieten mit Vollniet

Beim Stanznieten mit einem Vollniet (Bild 6b) wird die Fügestelle der zu verbindenden Bauteile auf die Matrize gelegt. Der obere Teil der Nieteinheit einschließlich Niederhalter fährt nach unten und der Nietstempel drückt den Niet in einem Stanzvorgang durch die zu verbindenden Bauteile.

Einrichtungen
Zur Herstellung der Verbindungen werden hydraulische Fügeeinrichtungen eingesetzt, in denen Stempel und Matrize in einem sehr steifen, C-förmigen Rahmen angeordnet sind. Die Zuführung der Niete zum Setzwerkzeug kann lose oder über magazinierte Trägerstreifen erfolgen.

Werkstoffe
Die Nietwerkstoffe müssen härter sein als die zu fügenden Teile. Üblich sind Werkstoffe aus Stahl, Edelstahl, Kupfer und Aluminium mit verschiedensten Oberflächenbeschichtungen.

Merkmale
- Verbinden von artgleichen und artverschiedenen Werkstoffen (z.B. Stahl, Kunststoff oder Aluminium), von Werkstücken mit unterschiedlichen Dicken und Festigkeiten und von lackierten Blechen ist möglich.
- Nicht erforderlich sind Vorlochen oder Vorbohren, Wärme oder eine Absaugvorrichtung.
- Die gesamte nietbare Werkstoffdicke beträgt für Stahl 6,5 mm, für Aluminium 11 mm.
- Das Fügeverfahren ist wärme- und geräuscharm.
- Die Lebensdauer der Setzwerkzeuge (ca. 300000 Nietungen) ist lange und liefert über einen langen Zeitraum gleichbleibende Qualität der Fügeverbindungen.
- Es liegt eine hohe Prozesssicherheit durch Überwachung der Prozessparameter vor.
- Hohe Kräfte sind erforderlich.
- Größere Zangenausladungen der Nietwerkzeuge sind aufgrund der Steifigkeitsanforderungen nur eingeschränkt möglich.

Anwendungen
- Stanznieten mit Vollniet: Verbinden von Blechen im Kfz-Bereich, z.B. Pkw-Fensterantrieb.
- Stanznieten mit Halbhohlniet: Verbindungen im Pkw-Karosseriebau und bei weißer Ware (Haushaltsgeräten) sowie bei Komponenten aus Metallen und Verbundwerkstoffen (Hitzeschild).

Durchsetzfügeverfahren

Verfahren
Das Durchsetzfügen („Clinchen") umfasst mechanische Verbindungsverfahren, bei denen Durchsetzen, Kaltstauchen und teilweise auch Schneiden einstufig in einem einzigen, ununterbrochenen Fügeschritt ohne Wärmeeinwirkung vorgenommen werden. Dem Prinzip nach kann es dem Fügen durch Umformen zugeordnet werden (siehe DIN 8593-5, [21]).

Man unterscheidet Verfahren mit und ohne Schneidanteil sowie solche mit runder oder rechteckiger Form der Fügestelle.

„Toxen"
Für einige Verfahrensvarianten werden im technischen Sprachgebrauch ursprüngliche Herstellerbezeichnungen verwendet, z.B. „Toxen" für das Durchsetzfügen mit rundem Stempel ohne Schneidanteil (Bild 7b). Die zum „Toxen" verwendeten Werkzeuge haben relativ kleine Abmessungen. Je nach Anwendungsfall lassen sich unterschiedlich große Durchmesser herstellen. Ein für das „Toxen" typischer Kraft-Weg-Verlauf lässt sich in fünf charakteristische Phasen (A...E) einteilen (Bild 8).

Durchsetzfügen
Das Durchsetzfügen (Bild 7a) erlaubt zurzeit das Verbinden von Platinen bis zu 3 mm Dicke. Die Gesamtdicke beider Platinen sollte 5 mm nicht übersteigen. Es lassen sich sowohl artgleiche Platinenwerkstoffe (z.B. Stahl mit Stahl) als auch artverschiedene Platinenwerkstoffe (z.B. Stahl mit Nichteisenmetall) verbinden. Beschichtete Bleche, lackierte Teile sowie verklebte Teile können mit dem Durchsetzfügen verarbeitet werden. Ferner lassen sich in einem Arbeitsgang (z.B. pro Pressenhub) mehrere Fügeelemente (bis zu 50) gleichzeitig herstellen (Mehrfach-Durchsetzfügen).

Vorteile und Nachteile der Durchsetzfügeverfahren
- Es ist keine Lärmschutzkapselung erforderlich.
- Beim Toxen bleibt der Korrosionsschutz weitgehend erhalten.
- Beim Durchsetzfügen mit Schneidanteil geht der Korrosionsschutz teilweise verloren.
- Es tritt kein Verzug durch Wärmespannung auf.
- Verarbeitung von lackierten, konservierten (Öl, Wachs) und geklebten Blechen ist möglich.
- Kombination von Blechen unterschiedlicher Materialien ist möglich (z. B. Stahl mit Kunststoff).
- Energie kann eingespart werden, da kein Schweißnetz und kein Kühlwassersystem erforderlich ist.
- Eine Werkstückseite zeigt eine nietkopfähnliche Erhöhung, die Gegenseite eine entsprechende Vertiefung.

Anwendung im Automobilbau
- Stahl- und Aluminium-Karosserien,
- Scheibenwischer-Rahmenträger,
- Befestigung Türinnenblech,
- Scharniere, Schlösser,
- Sitzanlagen.

Bild 7: Durchsetzfügeverfahren.
a) Durchsetzfügen,
b) „Toxen".
1 Stempel,
2 Fügeteile,
3 Matrize.

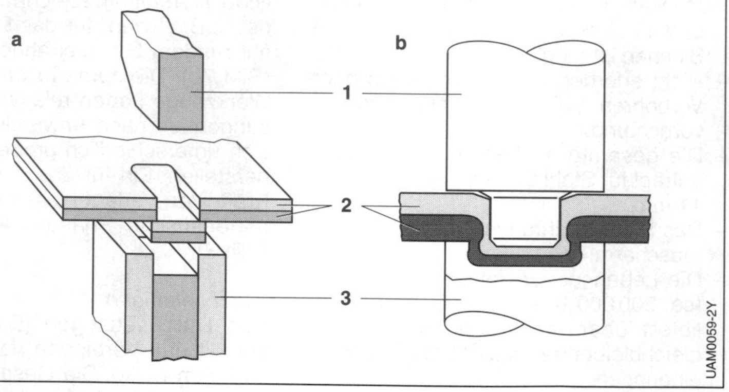

Bild 8: Typischer Kraft-Weg-Verlauf bei Durchsetzfügeverfahren.
a) Stempelkraft-Stempelweg-Verlauf,
b) Prozessschritte.
A Kombiniertes Einsenken und Durchsetzen,
B Stauchen und Breiten,
C Ausfüllen der oberen Kontur der Gravur,
D Ausfüllen des Ringkanals,
E Napf-Rückwärts-Fließpressen.
1 Stempel,
2 Fügeteile,
3 Matrize.

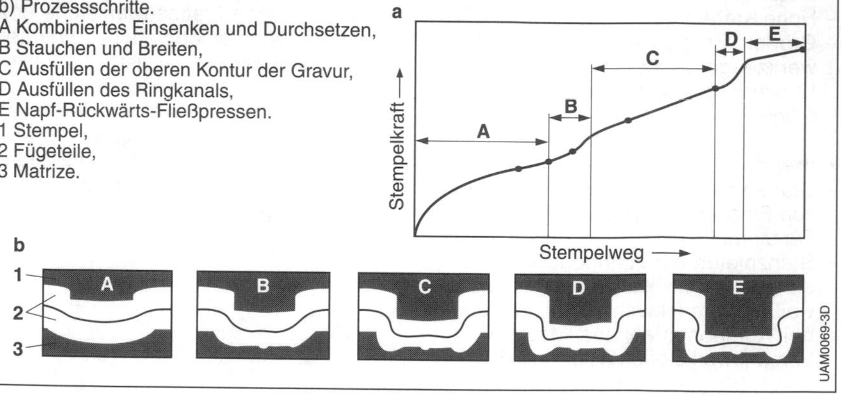

Literatur

[1] Fügetechnik Schweißtechnik; 7. Auflage, DVS Media, 2007.
[2] DIN-DVS-Taschenbuch 284 – Schweißtechnik 7: Schweißtechnische Fertigung, Schweißverbindungen; 3. Auflage, DVS Media, 2009.
[3] DIN 1910-100:2008: Schweißen und verwandte Prozesse – Begriffe – Teil 100: Metallschweißprozesse mit Ergänzungen zu DIN EN 14610:2005.
[4] DIN EN 14610:2005: Schweißen und verwandte Prozesse – Begriffe für Metallschweißprozesse; Dreisprachige Fassung EN 14610:2004.
[5] DIN-DVS-Taschenbuch 283 – Schweißtechnik 6: Elektronenstrahlschweißen, Laserstrahlschweißen; 4. Auflage. DVS Media, 2010.
[6] DIN EN 1011: Schweißen – Empfehlungen zum Schweißen metallischer Werkstoffe –
Teil 6 (2006): Laserstrahlschweißen; Deutsche Fassung EN 1011-6:2005.
Teil 7 (2004): Elektronenstrahlschweißen; Deutsche Fassung EN 1011-7:2004.
[7] DIN-DVS-Taschenbuch 196/1 – Schweißtechnik 5: Hartlöten; 5. Auflage. DVS Media, 2008.
[8] DIN-DVS-Taschenbuch 196/2 – Schweißtechnik 12: Weichlöten, gedruckte Schaltungen; 1. Auflage. DVS Media, 2008.
[9] DIN ISO 857-2:2007: Schweißen und verwandte Prozesse – Begriffe – Teil 2: Weichlöten, Hartlöten und verwandte Begriffe (ISO 857-2:2005).
[10] DIN EN ISO 9454-1:2016: Flussmittel zum Weichlöten – Einteilung und Anforderungen – Teil 1: Einteilung, Kennzeichnung und Verpackung (ISO 9454-1:2016); Deutsche Fassung EN ISO 9454-1:2016.
[11] DIN EN 1045:1997: Hartlöten – Flussmittel zum Hartlöten – Einteilung und technische Lieferbedingungen; Deutsche Fassung EN 1045:1997.
[12] DIN EN ISO 9453:2014: Weichlote – Chemische Zusammensetzung und Lieferformen (ISO 9453:2014); Deutsche Fassung EN ISO 9453:2014.
[13] DIN EN ISO 12224-1:1998: Massive Lotdrähte und flussmittelgefüllte Röhrenlote – Festlegungen und Prüfverfahren – Teil 1: Einteilung und Anforderungen (ISO 12224-1:1997); Deutsche Fassung EN ISO 12224-1:1998.
[14] DIN EN ISO 17672:2010: Hartlöten – Lote (ISO 17672:2010); Deutsche Fassung EN ISO 17672:2010.
[15] DIN 660:2012: Halbrundniete – Nenndurchmesser 1 mm bis 8 mm.
[16] DIN 661:2011: Senkniete – Nenndurchmesser 1 mm bis 8 mm.
[17] DIN 662:2011: Linsenniete – Nenndurchmesser 1,6 mm bis 6 mm.
[18] DIN 674:2011: Flachrundniete – Nenndurchmesser 1,4 mm bis 6 mm.
[19] DIN 7339:2011: Hohlniete, einteilig, aus Band gezogen.
[20] DIN 7340:2011: Rohrniete aus Rohr gefertigt.
[21] DIN 8593-5:2003: Fertigungsverfahren Fügen – Teil 5: Fügen durch Umformen; Einordnung, Unterteilung, Begriffe.

Bewegung des Fahrzeugs

Koordinatensystem

Die Bewegung des Fahrzeugs wird durch drei translatorische und drei rotatorische Freiheitsgrade beschrieben (Bild 1). Im Allgemeinen liegt der Ursprung des Koordinatensystems (rechtwinkliges Rechtssystem) im Schwerpunkt S des Fahrzeugs. Die x-Achse (Längsachse) ist nach vorne gerichtet, also in Fahrtrichtung. Sie befindet sich in der Ebene, die senkrecht zur Fahrbahn steht. Diese Ebene wird Fahrzeugmittelebene genannt. Senkrecht zur Fahrzeugmittelebene befindet sich die y-Achse (Querachse) und zeigt in Fahrtrichtung gesehen nach links. Die z-Achse (Hochachse) zeigt nach oben (nach DIN ISO 8855 [1].

Tabelle 1: Größen und Einheiten.

Größe		Einheit
β	Schwimmwinkel	Grad
ψ	Gierwinkel	Grad
φ	Wankwinkel	Grad
θ	Nickwinkel	Grad
a_x	Längsbeschleunigung	m/s²
a_y	Querbeschleunigung	m/s²
a_z	Vertikalbeschleunigung	m/s²
a_t	Tangentialbeschleunigung	m/s²
a_c	Zentripetalbeschleunigung	m/s²
M_x	Wankmoment	N m
M_y	Nickmoment	N m
M_z	Giermoment	N m
v_x	Längsgeschwindigkeit	m/s
v_y	Quergeschwindigkeit	m/s
v_z	Vertikalgeschwindigkeit	m/s

Freiheitsgrade der Fahrzeugbewegung

Translatorische Bewegungen

Definitionen der Bewegungsgrößen
Die translatorischen Bewegungen haben die folgende Bezeichnung.
- In x-Richtung: Längsbewegung.
- In y-Richtung: Seitenbewegung.
- In z-Richtung: Heben, Huben.

Die Längsbewegung wird durch Antriebskraft, Bremskraft sowie Reibungskräfte verursacht. Die Seitenbewegung ist eine Folge von Fliehkraft, Seitenwindkraft und Seitenführungskraft. Die Ursache für die Hubbewegung sind Radlast und Kräfte durch Fahrbahnunebenheiten.

Translatorische Geschwindigkeiten und Beschleunigungen
Durch einmalige zeitliche Ableitung der translatorischen Bewegungsgrößen wird die Längs-, Quer- und Vertikalgeschwindigkeit (v_x, v_y, v_z) bestimmt (Größen und Einheiten siehe Tabelle 1). Nochmaliges Ableiten nach der Zeit führt zur Längsbeschleunigung a_x, Querbeschleunigung a_y und Vertikalbeschleunigung a_z.

Schwimmwinkel
In der Querdynamik bewegt sich der Schwerpunkt des Fahrzeugaufbaus nicht immer entlang der x-Achse. Der Winkel, der sich zwischen der Fahrzeugmittelebene und der momentanen Fahr-

Bild 1: Translatorische und rotatorische Freiheitsgrade des Fahrzeugaufbaus.
ψ Gierwinkel,
φ Wankwinkel,
θ Nickwinkel,
S Schwerpunkt.

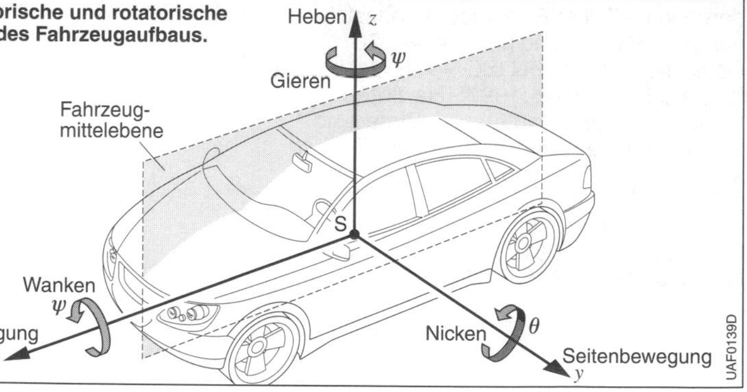

zeuglängsgeschwindigkeit (Trajektorie) bildet, wird Schwimmwinkel β genannt (Bild 2). Er wird von der Fahrzeugmittelebene zur Trajektorie gezählt. Der Schwimmwinkel berechnet sich aus der Längsgeschwindigkeit v_x und der Quergeschwindikeit v_y in folgender Form:

$$\beta = \arctan \frac{v_y}{v_x}.$$

Da die Längsgeschwindigkeit bei Vorwärtsfahrt definitionsgemäß positiv ist, bestimmt das Vorzeichen der Quergeschwindigkeit in diesem Fall auch das Vorzeichen des Schwimmwinkels.

Zentripetalbeschleunigung und Tangentialbeschleunigung

Die Beschleunigung wird in der horizontalen Ebene entlang der momentanen Fahrzeugtrajektorie in die Zentripetalbeschleunigung a_c und in die Tangentialbeschleunigung a_t aufgeteilt (Bild 2). Die Zentripetalbeschleunigung ist der Anteil, der senkrecht zur Trajektorie steht, die Tangentialbeschleunigung ist der Anteil in der tangentialen Richtung der Trajektorie.

Bild 2: Schwimmwinkel, Zentripetal- und Tangentialbeschleunigung.
1 Trajektorie.
β Schwimmwinkel,
a_t Tangentialbeschleunigung,
a_c Zentripetalbeschleunigung,
v_x Längsgeschwindigkeit,
v_y Quergeschwindigkeit.

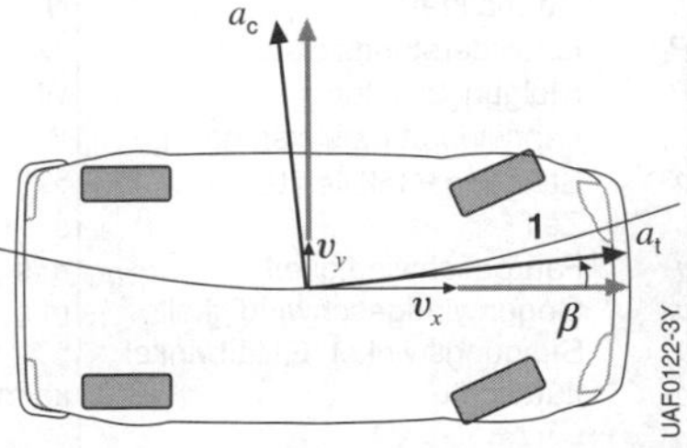

Rotatorische Bewegungen

Definitionen der Bewegungsgrößen

Für die rotatorischen Bewegungen sind folgende Begriffe festgelegt worden.
- Gieren: Reine Drehung um die z-Achse mit Gierwinkel ψ.
- Nicken: Reine Drehung um die y-Achse mit Nickwinkel θ.
- Wanken: Reine Drehung um die x-Achse mit Wankwinkel φ.

Die Vorzeichen der Drehungen entsprechen denen eines rechtwinkligen Rechtssystem. Im Bild 1 sind die Zählrichtungen dargestellt. In vielen Fahrmanövern bewegt sich der Aufbau gleichzeitig um mehr als eine Achse. Da mathematisch gesehen die drei Rotationen nicht kommutativ sind, wurde in der DIN ISO 8855 folgende Reihenfolge der Rotationen festgelegt:
1. Gieren,
2. Nicken,
3. Wanken.

Rotatorische Geschwindigkeiten und Beschleunigungen

Die einmalige zeitliche Ableitung der rotatorischen Bewegungsgrößen ergibt die Gier-, Nick- und Wankgeschwindigkeit. Eine nochmalige zeitliche Ableitung führt auf die Gier-, Nick- und Wankbeschleunigung.

Momente

Definitionen

Äußere, auf das Fahrzeug einwirkende Kräfte können ein Moment um den Schwerpunkt erzeugen. Dieses Moment wird in drei Komponenten zerlegt.
- Momentenanteil um die z-Achse: Giermoment M_z.
- Momentenanteil um die y-Achse: Nickmoment M_y.
- Momentenanteil um die x-Achse: Wankmoment M_x.

Literatur

[1] DIN ISO 8855: Straßenfahrzeuge – Fahrzeugdynamik und Fahrverhalten – Begriffe.
(Frühere Norm: DIN 70000).

Fahrwiderstände

Gesamtfahrwiderstand

Der Fahrwiderstand F_W bei konstanter Fahrgeschwindigkeit v berechnet sich als Summe von Rollwiderstand F_{Ro}, Luftwiderstand F_L und Steigungswiderstand F_{St} (Bild 1):

$$F_W = F_{Ro} + F_L + F_{St}.$$

Im Falle einer Beschleunigung muss zusätzlich der Beschleunigungswiderstand überwunden werden (siehe Fahrzeuglängsdynamik). In der folgenden Betrachtung bleibt dieser Widerstand unberücksichtigt.

Die an den Antriebsrädern zur Überwindung der Fahrwiderstände aufzuwendende Antriebsleistung (Fahrwiderstandsleistung) ist:

$$P_W = F_W\, v \quad \text{(Größengleichung) oder}$$

$$P_W = \frac{F_W\, v}{3600} \quad \text{(Zahlenwertgleichung).}$$

Die Zahlenwertgleichung wird gerechnet mit P_W in kW, F_W in N, v in km/h (Größen und Einheiten siehe Tabelle 1).

Einzelfahrwiderstände

Rollwiderstand

Der Rollwiderstand F_{Ro} entsteht durch Formänderungsarbeit an Reifen und Fahrbahn. Ein Maß für den Rollwiderstand ist der Rollwiderstandsbeiwert f_R. Für den Rollwiderstand gilt folgende Beziehung:

$$F_{Ro} = f_R\, G \cos\alpha = f_R\, m\, g \cos\alpha.$$

Der Rollwiderstand wird vom Rollwiderstandsbeiwert f_R und von der Normalkraft, der senkrecht auf die Fahrbahn wirkenden Kraft N ($G \cos\alpha$, siehe Bild 1), bestimmt.

Auf befestigten Straßen ist der durch Formänderung verursachte Anteil am Rollwiderstand vernachlässigbar. Auf Fahrbahnen mit weichem oder nachgebenden Untergrund macht die Formänderungsarbeit jedoch einen erheblichen Anteil am Rollwiderstand aus (Tabelle 2).

Die Formänderungsarbeit am Reifen entsteht durch Walken des Reifens. Einfluss auf diese Verluste haben die mit zunehmender Radlast und abnehmenden Reifenfülldruck größer werdende Walkamplitude sowie die mit der Fahrgeschwindigkeit ansteigende Walkfrequenz. Die Walkfrequenz ist auch höher bei Reifen mit kleinem Radius.

Tabelle 1: Größen und Einheiten.

Größe		Einheit
A	Größte Querschnittsfläche des Fahrzeugs (Stirnfläche)	m²
c_W	Luftwiderstandsbeiwert	–
F	Antriebskraft	N
F_K	Kurvenwiderstand	N
F_L	Luftwiderstand	N
F_{Ro}	Rollwiderstand	N
F_{St}	Steigungswiderstand	N
F_W	Fahrwiderstand	N
f_K	Kurvenwiderstandsbeiwert	–
f_R	Rollwiderstandsbeiwert	–
G	Gewichtskraft, $G = m\,g$	N
g	Erdbeschleunigung ≈ 9,81 m/s²	m/s²
h	Höhe auf projizierte Strecke l	m
l	Strecke	m
m	Fahrzeugmasse	kg
N	Normalkraft	N
P_L	Luftwiderstandsleistung	W
P_{St}	Steigungsleistung	W
P_W	Fahrwiderstandsleistung	W
p	Steigung, Gefälle ($\tan\alpha$)	%
t	Zeit	s
v	Fahrgeschwindigkeit	m/s
v_0	Gegenwindgeschwindigkeit	m/s
α	Steigungswinkel, Gefällwinkel	°
ρ	Luftdichte	kg/m³

Zur angenäherten Berechnung des Rollwiderstands kann mit den Rollwiderstandsbeiwerten aus Tabelle 2 und Bild 2 gerechnet werden.

Bei Kurvenfahrt vergrößert sich der Rollwiderstand um den Kurvenwiderstand

$$F_K = f_K\, G\,.$$

Der Kurvenwiderstandsbeiwert f_K ist abhängig von der Fahrgeschwindigkeit, vom Kurvenradius, von der Achskinematik, von der Bereifung, vom Reifenfülldruck und vom Schräglaufverhalten.

Bild 1: Fahrwiderstand.
α Steigungswinkel,
S Schwerpunkt,
F_L Luftwiderstand, F_{Ro} Rollwiderstand,
F_{St} Steigungswiderstand,
G Fahrzeuggewicht, N Normalkraft.

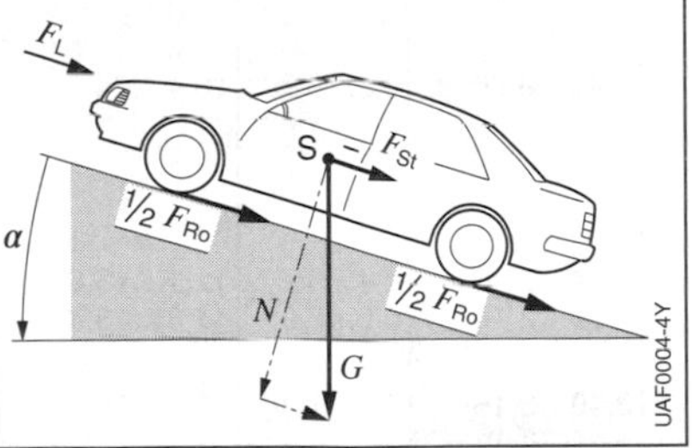

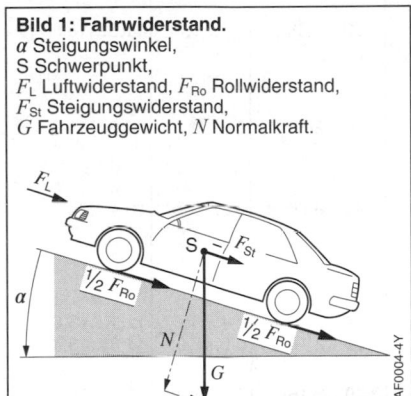

Bild 2: Rollwiderstandsbeiwert von Pkw-Radialreifen auf glatter, ebener Fahrbahn bei normaler Belastung und vorgeschriebenem Reifenfülldruck.

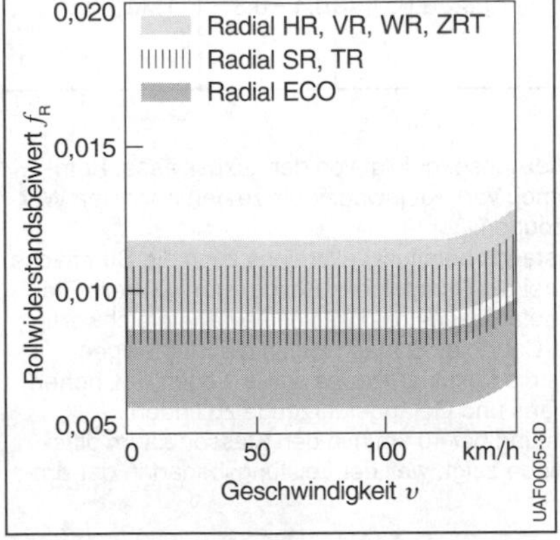

Luftwiderstand

Der Luftwiderstand entsteht im Fahrbetrieb durch die Umströmung und Durchströmung des Fahrzeugs. Er berechnet sich in Abhängigkeit von der Luftdichte ρ (ρ = 1,204 kg/m³ auf Meereshöhe, Normdruck 1013 mbar, 20 °C), der Querschnittsfläche A des Fahrzeugs, dem Luftwiderstandsbeiwert c_w und dem Quadrat der Anströmgeschwindigkeit (Summe aus Fahrgeschwindigkeit v und Gegenwindgeschwindigkeit v_0) zu:

$$F_L = 0{,}5\,\rho\, c_w A\,(v + v_0)^2 \text{ oder}$$

$$F_L = 0{,}0386\,\rho\, c_w A\,(v + v_0)^2$$

mit v in km/h, F_L in N, ρ in kg/m³, A in m².

In Tabelle 3 sind für unterschiedliche Pkw-Fahrzeugbauformen typische Wertebereiche für Luftwiderstandsbeiwert c_w und Querschnittsfläche A (Stirnfläche) aufgelistet. Für Nutzfahrzeuge ergeben sich Werte für den Luftwiderstandsbeiwert von c_w = 0,4...0,9, für die Querschnittsfläche von A = 4...9 m².

Die Luftwiderstandsleistung beträgt

$$P_L = F_L v = 0{,}5\,\rho\, c_w A\, v\,(v + v_0)^2 \text{ oder}$$

$$P_L = 12{,}9 \cdot 10^{-6}\, c_w A\, v\,(v + v_0)^2$$

mit P_L in kW, F_L in N, v und v_0 in km/h, A in m², ρ = 1,204 kg/m³.

Tabelle 2: Rollwiderstandsbeiwerte.

Straßendecke	Rollwiderstandsbeiwert f_R
Pkw-Luftreifen auf	
Großpflaster	0,011
Kleinpflaster	0,011
Beton, Asphalt	0,008
Schotter, gewalzt	0,02
Erdweg	0,05
Ackerboden	0,1...0,35
Nfz-Luftreifen auf	
Beton, Asphalt	0,006...0,01
Greiferräder auf	
Ackerboden	0,14...0,24
Kettenschlepper auf	
Ackerboden	0,07...0,12
Rad auf Schiene	0,001...0,002

Tabelle 3: Luftwiderstandsbeiwerte und Luftwiderstandsleistung verschiedener Fahrzeugbauformen.

		Luftwider-stands-beiwert c_W	Stirnfläche in m^2	Luftwiderstandsleistung in kW bei einer Fahrgeschwindigkeit von	
				40 km/h	120 km/h
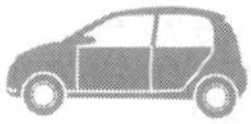	Kleinwagen	0,29…0,37	2,05…2,20	0,5…0,7	13,2…18,1
	Kompakt-klasse	0,22…0,32	2,18…2,28	0,4…0,6	10,7…16,2
	Mittelklasse	0,23…0,35	2,20…2,38	0,4…0,7	11,3…18,5
	Kombi	0,27…0,35	2,20…2,38	0,5…0,7	13,2…18,5
	Van	0,25…0,35	2,40…3,20	0,5…0,9	13,4…24,9
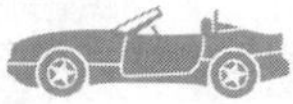	Cabriolet				
	- geschlossen	0,28…0,38	1,94…2,20	0,4…0,7	12,1…18,6
	- offen	0,35…0,50	1,84…2,10	0,5…0,9	14,3…23,4
	Gelände-wagen	0,29…0,55	2,49…3,15	0,6…1,3	16,1…38,6
	Sportwagen	0,27…0,40	1,65…2,20	0,4…0,7	10,0…19,6
	Luxus-klasse UAF0006-2D	0,23…0,35	2,28…2,65	0,4…0,8	11,7…20,6

Tabelleninformation:
Die geringsten c_W-Werte zeigt das Marktsegment Mittelklasse, gefolgt von der Luxusklasse, Kompaktklasse, Sportwagen, geschlossen Cabriolets, Kombi, Van, Kleinwagen bis zu den höchsten Werten bei den offenen Cabriolets und den Geländefahrzeugen.
Den Leistungsbedarf zur Überwindung des Luftwiderstands beinflusst allerdings auch die Stirnfläche des Fahrzeugs wesentlich. Deswegen ändert sich dabei die Rangfolge in Bezug zum c_W-Wert. Die geringste Leistung benötigen auch hier die Mittelklassefahrzeuge, gefolgt von beinahe gleichwertig der Kompaktklasse, Sportwagen und geschlossenem Cabriolet. Danach folgen die Kleinwagen, Kombis und wegen der Größe deutlich zurückgefallen die Luxusfahrzeuge sowie wegen des hohen c_W-Werts die offenen Cabriotlets. Am Ende sind die Vans und Geländefahrzeuge zu finden.
Es ist auch zu erkennen, dass die Luftwiderstandsleistung bei 40 km/h in den Klassen kaum differiert, bei 120 km/h jedoch schon erhebliche Unterschiede zeigt, weil der Leistungsbedarf in der dritten Potenz mit der Geschwindigkeit ansteigt.

Bei Pkw ist der größte Querschnitt des Fahrzeugs:

$A \approx 0{,}9 \times$ Spurweite $\times$ Höhe.

Tabelle 3 zeigt Werte für die Luftwiderstandsleistung für verschiedene Pkw-Fahrzeugbauformen bei zwei unterschiedlichen Fahrgeschwindigkeiten. Wegen des quadratischen Einflusses der Anströmgeschwindigkeit auf den Luftwiderstand bestimmt der Luftwiderstand maßgeblich den Gesamtfahrwiderstand bei hohen Geschwindigkeiten.

Bestimmung von Luftwiderstands- und Rollwiderstandsbeiwert durch Versuch
Das Fahrzeug wird bei Windstille und nicht eingelegtem Gang auf ebener Straße auslaufen gelassen. Bei einer hohen Geschwindigkeit v_1 und einer niedrigen Geschwindigkeit v_2 werden für ein Geschwindigkeitsintervall die Ausrollzeiten gemessen und die mittleren Verzögerungen a_1 und a_2 ermittelt. Der Rechnungsgang mit dem Zahlenwertbeispiel aus Tabelle 4 gilt für ein Fahrzeug mit der Masse $m = 1\,450$ kg und dem Querschnitt $A = 2{,}2$ m².

Diese Methode ist für Fahrgeschwindigkeiten unter 100 km/h anwendbar.

Steigungswiderstand und Hangabtriebskraft
Der Steigungswiderstand (F_{St} mit positivem Vorzeichen) und der Hangabtrieb (F_{St} mit negativem Vorzeichen) errechnen sich zu:

$$F_{St} = G \sin\alpha = m\,g \sin\alpha$$

oder näherungsweise

$$F_{St} \approx \frac{m\,g\,p}{100\,\%}.$$

Diese Beziehung ist gültig für $p < 20\,\%$ ($\alpha < 11\,°$) Steigung, weil bei kleinen Winkeln gilt:

$\sin\alpha \approx \tan\alpha$ (Abweichung unter 2 % für $\alpha < 11\,°$).

Aus Tabelle 5 kann der Steigungswiderstand, normiert auf 1 000 kg Fahrzeugmasse, in Abhängigkeit von der Steigung p beziehungsweise des Steigungswinkels α entnommen werden. „in“ beim Maßstab des Gradienten in Tabelle 5 bedeutet „geteilt durch“ und ist im angloamerikanischen Sprachraum üblich.

Die Steigungsleistung ergibt sich aus:

$P_{St} = F_{St}\,v$ (Größengleichung) oder

$$P_{St} = \frac{F_{St}\,v}{3600} = \frac{m\,g\,v \sin\alpha}{3600} \quad \text{(Zahlenwertgleichung)}$$

mit P_{St} in kW, F_{St} in N und v in km/h.
Näherungsweise gilt:

Tabelle 4: Bestimmung von Luftwiderstands- und Rollwiderstandsbeiwerten durch Versuch.

	1. Versuch (große Geschwindigkeit)	2. Versuch (kleine Geschwindigkeit)
Anfangsgeschwindigkeit Endgeschwindigkeit Zeit zwischen v_a und v_b	$v_{a1} = 60$ km/h $v_{b1} = 55$ km/h $t_1 = 7{,}8$ s	$v_{a2} = 15$ km/h $v_{b2} = 10$ km/h $t_2 = 12{,}2$ s
mittlere Geschwindigkeit	$v_1 = \frac{v_{a1} + v_{b1}}{2} = 57{,}5$ km/h	$v_2 = \frac{v_{a2} + v_{b2}}{2} = 12{,}5$ km/h
mittlere Verzögerung	$a_1 = \frac{v_{a1} - v_{b1}}{t_1} = 0{,}64\ \frac{\text{km/h}}{\text{s}}$	$a_2 = \frac{v_{a2} - v_{b2}}{t_2} = 0{,}41\ \frac{\text{km/h}}{\text{s}}$
Luftwiderstandsbeiwert (alle Größen als Zahlenwerte)	$c_W = \frac{6m\,(a_1 - a_2)}{A\,(v_1^2 - v_2^2)} = 0{,}29$ (mit $m = 1450$ kg, $A = 2{,}2$ m²)	
Rollwiderstandsbeiwert (alle Größen als Zahlenwerte)	$f_R = \frac{28{,}2\,(a_2\,v_1^2 - a_1\,v_2^2)}{10^3 \cdot (v_1^2 - v_2^2)} = 0{,}011$	

$$P_{St} = \frac{m\,g\,p\,v}{360\,000}.$$

Aus Tabelle 6 kann die notwendige Steigungsleistung, normiert auf 1000 kg Fahrzeugmasse, in Abhängigkeit von der Geschwindigkeit v und des Steigungswiderstands F_{St} entnommen werden (Werte sind begrenzt auf ein Leistungsgewicht des Fahrzeugs von 72 kW/t).

Die Steigung ist:

$p = (h/l) \cdot 100$ % oder
$p = (\tan \alpha) \cdot 100$ %,

wobei h die Höhe auf die projizierte Strecke l ist.

Beispiel zur Ermittlung von Antriebskraft und Steigungsleistung

Zur Überwindung einer Steigung von $p = 21$ % werden von einem 1 500 kg schweren Fahrzeug etwa 1,5 · 2 000 N = 3000 N Antriebskraft an den Rädern (Wert aus Tabelle 5) und bei $v = 40$ km/h Geschwindigkeit etwa 1,5 · 22 kW = 33 kW Steigungsleistung (Wert aus Tabelle 6) verlangt.

Tabelle 5: Steigungswinkel und Steigungswiderstand.

Steigungswinkel α	Steigung p in %	Gradient	Steigungswiderstand F_{St} bei $m = 1\,000$ kg in N

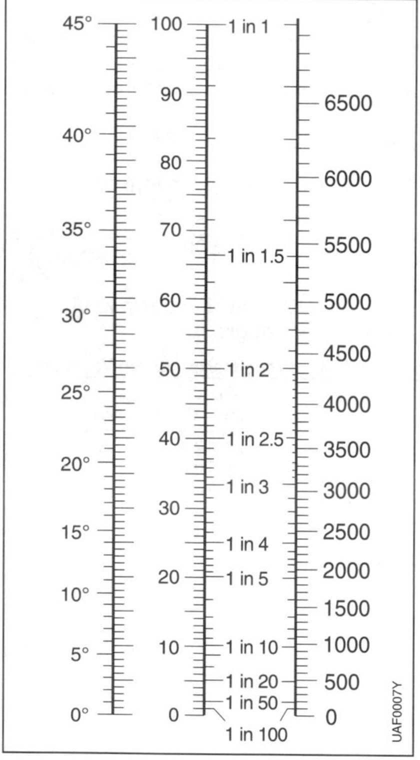

Tabelle 6: Steigungswiderstand und Steigungsleistung.

Werte bei m = 1000 kg					
Steigungswiderstand F_{St} in N	Steigungsleistung P_{St} in kW bei verschiedenen Geschwindigkeiten				
	20 km/h	30 km/h	40 km/h	50 km/h	60 km/h
6500	36	54	72	–	–
6000	33	50	67	–	–
5500	31	46	61	–	–
5000	28	42	56	69	–
4500	25	37	50	62	–
4000	22	33	44	56	67
3500	19	29	39	49	58
3000	17	25	33	42	50
2500	14	21	28	35	42
2000	11	17	22	28	33
1500	8,3	12	17	21	25
1000	5,6	8,3	11	14	17
500	2,3	4,2	5,6	6,9	8,3
0	0	0	0	0	0

Dynamik der Kraftfahrzeuge

Merkmale der Fahrzeugdynamik

Die Dynamik der Fahrzeuge kann in drei Teilgebiete aufgeteilt werden (Bild 1):
- Fahrzeuglängsdynamik,
- Fahrzeugquerdynamik und
- Fahrzeugvertikaldynamik.

Man kann diese drei Teilgebiete mit Fahrdynamik, Agilität und niederfrequenten Komfort ohne Akustik grob umschreiben. In der Fahrzeugquerdynamik wird vor allem das Fahrverhalten, das sich durch Lenkradbetätigung ergibt, betrachtet. Die Fahrzeuglängsdynamik behandelt schwerpunktmäßig das Beschleunigungsverhalten des Fahrzeugs, d.h. alle Situationen, bei denen der Fahrer abbremst beziehungsweise beschleunigt. Bei der Fahrzeugvertikaldynamik geht es vor allem um die Wechselwirkung mit unebenen Straßen sowie um die Auswirkung von Unwuchten bei rotierenden Bauteilen, wie z.B. das Rad-Reifen-System [1, 2, 3].

Diese drei Teilgebiete sind nicht scharf voneinander zu trennen. So gibt es z.B. das Manöver „Bremsen in der Kurve" (siehe Fahrdynamik-Testverfahren). Dieses Manöver verbindet die Fahrzeugquerdynamik mit der Fahrzeuglängsdynamik. Da es bei diesem Manöver vor allem um die Stabiltät des Fahrzeugs in Querrichtung geht und nicht um Verzögerungswerte, wird es dem Teilgebiet Fahrzeugquerdynamik zugeordnet. Ein weiteres Beispiel ist das „Versetzen eines Fahrzeugs". Dieses Fahrzeugverhalten verbindet die Fahrzeugquerdynamik mit der Fahrzeugvertikaldynamik. Hierbei wird eine ungewünschte ruckartige Bewegung in Querrichtung hervorgerufen, die entstehen kann, wenn ein Rad in der Kurve über eine Unebenheit fährt und gleichzeitig die Dämpfung zu gering ist, um den Bodenkontakt zwischen Reifen und Straße aufrechtzuerhalten.

Tabelle 1: Größen und Einheiten.

Größe		Einheit
a	Beschleunigung, Verzögerung	m/s²
F	Antriebskraft	N
F_L	Luftwiderstand	N
F_{Ro}	Rollwiderstand	N
F_{St}	Steigungswiderstand	N
F_W	Fahrwiderstand	N
f_R	Rollwiderstandsbeiwert	–
g	Erdbeschleunigung ≈ 9,81 m/s²	m/s²
i	Gesamtübersetzungsverhältnis zwischen Motor und Antriebsrädern	–
k_m	Massenfaktor	–
M	Motordrehmoment	N m
m	Fahrzeugmasse	kg
n	Motordrehzahl	min⁻¹
k	Verhältnis der Radlasten	–
P	Motorleistung	W
P_A	Antriebsleistung	W
P_W	Fahrleistung	W
r	dynamischer Rollradius des Reifens	m
s	Strecke, Weg	m
t	Zeit	s
v	Fahrgeschwindigkeit	m/s
W	Arbeit	J
α	Steigungswinkel, Gefällwinkel	°
μ_r	Haftreibungszahl	–
η	Wirkungsgrad	–

Bild 1: Teilgebiete der Fahrzeugdynamik und die wichtigsten Aggregate.

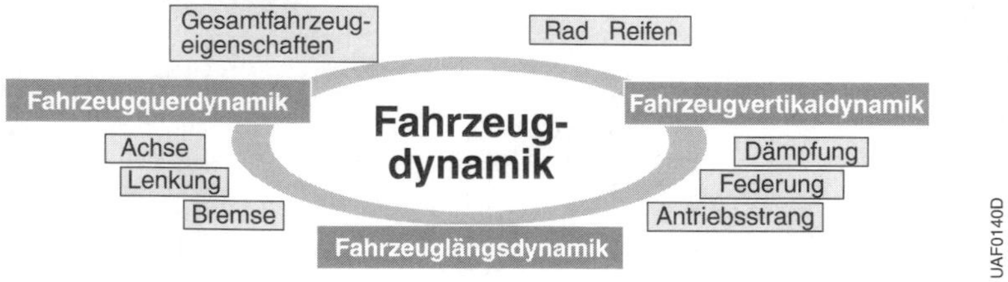

Fahrzeuglängsdynamik

Merkmale

Die Längsdynamik umfasst die Fahrwiderstände, das Beschleunigen und Verzögern, die Kräfte und Leistungen für Antriebs- und Verzögerungsvorgänge und den hierfür notwendigen Energieaufwand, der als Verbrauch (siehe Kraftstoffverbrauch) bezeichnet wird. Aufgabe der Antriebs- und Bremskräfte ist, die Längsdynamik des Fahrzeugs zu kontrollieren.

Die durch Lenken, Beschleunigen und Bremsen verursachte Bewegungsänderung eines Fahrzeugs wird durch Kräfte bewirkt, die aufgrund von Reibung zwischen Reifen und Straßenbelag auf die Fahrbahn übertragen werden. Die Höhe der maximal übertragbaren Kraft hängt u.a. von der an den Rädern senkrecht auf die Fahrbahn wirkenden Kraft, der Radlast, ab. Zusätzlichen Einfluss auf die auf die Fahrbahn wirkenden Kräfte haben auch geschwindigkeitsabhängige aerodynamische Auf- und Abtriebskräfte.

Antriebskraft und Motordrehzahl

Fahrzeug mit Handschaltgetriebe

Antriebskraft

Die an den angetriebenen Rädern zur Verfügung stehende Antriebskraft F ist umso größer, je größer das Motordrehmoment M, je größer die Gesamtübersetzung i zwischen Motor und den Antriebsrädern und je geringer die Übertragungsverluste sind:

$$F = \frac{M\,i}{r} \cdot \eta \quad \text{oder} \quad F = \frac{P\,\eta}{v}.$$

η gibt den Wirkungsgrad der Kraftübertragung an. Für den Motorlängseinbau ist $\eta \approx 0{,}88...0{,}92$, für den Motorquereinbau ist $\eta \approx 0{,}91...0{,}95$.

Die Gesamtübersetzung i liegt bei heutigen Pkw im Bereich zwischen 1,5 und 20, bei Geländefahrzeugen mit zusätzlichem Untersetzungsgetriebe auch deutlich darüber.

Die Antriebskraft F wird zum Teil zur Überwindung der Fahrwiderstände F_W benötigt. Den mit der Steigung stark zunehmenden Fahrwiderständen wird die Antriebskraft durch größere Übersetzungen stufenweise angepasst (Wechselgetriebe).

Geschwindigkeit und Motordrehzahl

Für die Motordrehzahl n in min^{-1} gilt mit dem dynamischen Rollradius r des Reifens in m und der Fahrgeschwindigkeit v in m/s:

$$n = \frac{60\,v\,i}{2\pi r},$$

oder mit v in km/h:

$$n = \frac{1\,000\,v\,i}{2\pi\,60\,r}.$$

Die Fahrgeschwindigkeit v in m/s beziehungsweise in km/h lässt sich aus der Motordrehzahl nach folgender Formel berechnen:

$$v\left[\frac{\text{m}}{\text{s}}\right] = \frac{n\pi r}{30\,i} \quad \text{oder} \quad v\left[\frac{\text{km}}{\text{h}}\right] = \frac{0{,}12\,n\pi r}{i}.$$

Fahrzeug mit automatischen Getriebe

Bei automatischen Getrieben mit hydrodynamischem Drehmomentwandler ist in der Formel für die Antriebskraft an Stelle des Motormoments M das Moment an der Wandlerturbine und in der Formel für die Motordrehzahl die Drehzahl der Wandlerturbine einzusetzen. Die Ermittlung des Zusammenhangs $M_{\text{Turb}} = f(n_{\text{Turb}})$ aus der Motorkennlinie $M_{\text{Mot}} = f(n_{\text{Mot}})$ erfolgt über

Bild 2: Zugkraft-Fahrdiagramm für einen Pkw mit automatischem Getriebe und hydrodynamischem Drehmomentwandler bei Volllast.

1 Antriebskraftlinien (Zugkraftlinien) bei unterschiedlichen Gängen.

2 Fahrwiderstandslinien bei unterschiedlicher Steigung (Summe aus Luftwiderstand, Rollwiderstand und Steigungswiderstand),

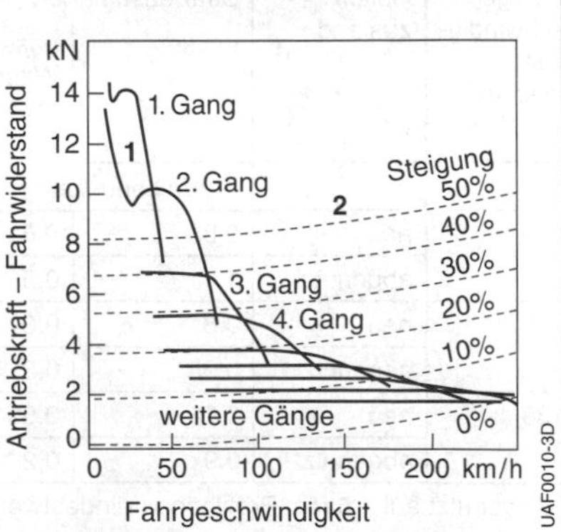

die Kennlinien des hydrodynamischen Wandlers (siehe Hydrodynamischer Drehmomentwandler).

Zugkraft-Fahrdiagramm

Aus dem Zugkraft-Fahrdiagramm (Bild 2) kann die Zugkraft (Antriebskraft) an den Rädern für die einzelnen Gänge in Abhängigkeit von der Fahrgeschwindigkeit abgelesen werden. Es ist in den ersten beiden Gängen der für einen hydrodynamischen Wandler typische Knick infolge des Endes der Momentenüberhöhung zu erkennen. In höheren Gängen wird der Wandler durch eine Kupplung überbrückt. Aus den Schnittpunkten der Zugkraftlinien mit den Fahrwiderstandslinien (Summe aus Rollwiderstand, Luftwiderstand und Steigungswiderstand), dargestellt für unterschiedliche Steigungen, lässt sich die jeweilige Höchstgeschwindigkeit abhängig von Gang und Steigung bestimmen. Links vom Schnittpunkt ist die Antriebskraft größer als der Fahrwiderstand, das Fahrzeug wird somit beschleunigt. Im Schnittpunkt wird die Antriebskraft vollständig zur Überwindung des Fahrwiderstands aufgebraucht, die Geschwindigkeit bleibt dann konstant.

Beschleunigung

Die Überschusskraft $F - F_W$ beschleunigt das Fahrzeug. Oder sie verzögert es, wenn F_W größer ist als F:

$$a = \frac{F - F_W}{k_m m} \text{ oder } a = \frac{P\eta - P_W}{v k_m m}.$$

Bei einer translatorischen Beschleunigung des Fahrzeugs werden auch die drehenden Teile des Antriebsstrangs (Räder, Schwungrad, Kurbelwelle usw.) rotatorisch beschleunigt. Die hierfür notwendige zusätzliche rotatorische Widerstandskraft wird in Form des Massenfaktors k_m als scheinbare Vergrößerung der Fahrzeugmasse durch die Drehmassen berücksichtigt. Der Massenfaktor ist abhängig vom Verhältnis der Fahrzeugmasse m zum auf die Antriebsachse reduzierten Massenträgheitsmoments des Antriebsstrangs. Letzteres wird quadratisch durch das Gesamtübersetzungsverhältnis i zwischen Motor und Antriebsrädern beeinflusst. Auch das Trägheitsmoment des Motors, das näherungsweise linear zum Hubraum V_H ist, hat deutlichen Einfluss (Bild 3).

Bodenhaftung

Haftreibungszahl

Die Haftreibungszahl μ_r (Kraftschlussbeiwert) ist abhängig von der Fahrgeschwindigkeit, vom Reifenzustand und vom Straßenzustand (Tabelle 2). Die Werte gelten für Straßendecken aus Beton und Asphalt in gutem Zustand. Sie liegen in der Regel bei $\mu < 1$. Die Gleitreibungszahlen (bei blockiertem Rad) sind im Allgemeinen kleiner als die Haftreibungszahlen.

Reifen für straßentaugliche Sportwagen erreichen μ_r-Werte bis zu 1,3. Ihre Gummimischung ist weicher als bei her-

Tabelle 2: Haftreibungszahlen von Luftreifen auf Straßendecken.

Fahrgeschwindigkeit in km/h	Reifenzustand	Straßenzustand trocken	nass, Wasserhöhe etwa 0,2 mm	starker Regen, Wasserhöhe etwa 1 mm	Pfützen, Wasserhöhe etwa 2 mm	vereist (Glatteis)
		Haftreibungszahl μ_r				
50	neu	0,85	0,65	0,55	0,5	0,1 und kleiner
	abgenutzt[1]	1	0,5	0,4	0,25	
90	neu	0,8	0,6	0,3	0,05	–
	abgenutzt[1]	0,95	0,2	0,1	0,05	
130	neu	0,75	0,55	0,2	0	–
	abgenutzt[1]	0,9	0,2	0,1	0	

[1] Abgenutzt auf 1,6 mm Profilhöhe (Mindestwert in Deutschland nach § 36 StVZO).

kömmlichen Reifen und ihr Profil weniger stark ausgeprägt.

Reifen, die im Motorsport eingesetzt und bei denen spezielle weiche Gummimischungen verwendet werden, können Haftreibungszahlen bis $\mu_r = 1{,}8$ erreichen. Diese sind meist profillose Slics, bei denen die Mikroverzahnungseffekte zwischen Gummi und Straßenoberfläche durch Maximierung der Reifenaufstandsfläche besonders wirken können.

Aquaplaning (Wasserglätte)
Besonders stark wird der Fahrbahnkontakt durch das Aquaplaning beeinflusst. Man versteht darunter das Aufschwimmen des Reifens auf dem Wasserfilm einer nassen Fahrbahn (Bild 4). Dabei schiebt sich ein Wasserkeil unter die gesamte Aufstandsfläche des Reifens und hebt diesen vom Boden ab. Das Aquaplaning ist abhängig von der Wasserhöhe auf der Fahrbahn, von der Geschwindigkeit des Fahrzeugs, von der Profilform und von der Abnützung des Reifens sowie von der Last, mit der der Reifen auf die Fahrbahn gedrückt wird. Breitreifen sind besonders gefährdet. Im Zustand des Aquaplanings können keine Führungs- und Bremskräfte auf die Fahrbahn übertragen werden, das Fahrzeug kann daraufhin ins Schleudern geraten.

Bild 3: Ermittlung des Massenfaktors k_m.
V_H Motorhubraum in Liter,
m Fahrzeugmasse,
i Gesamtübersetzung zwischen Motor und Antriebsrädern,
r Radradius.
1 m/V_H = 500 kg/l,
2 m/V_H = 750 kg/l,
3 m/V_H = 1000 kg/l.

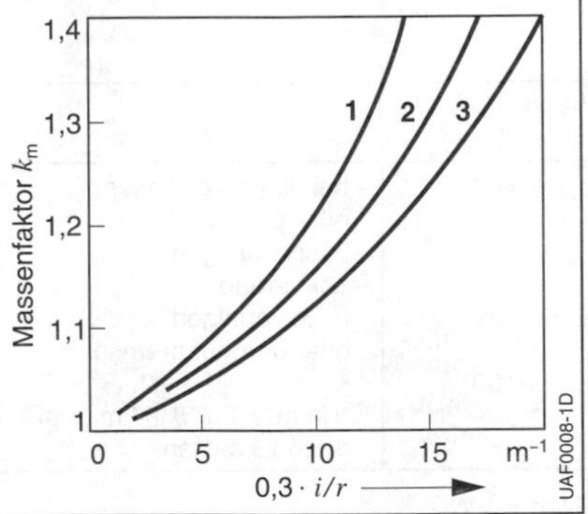

Antreiben und Bremsen
Eine gleichmäßig beschleunigte oder verzögerte Bewegung liegt vor, wenn die Beschleunigung a konstant ist. Für die Beschleunigung aus dem Stillstand beziehungsweise Verzögerung in den Stillstand ($v = 0$) gelten die in Tabelle 3 aufgezeigten Beziehungen.

Höchstwerte der Beschleunigung und Verzögerung
Wenn auf Fahrzeugräder Antriebs- oder Bremskräfte von solcher Größe wirken, dass die Räder auf der Fahrbahn gerade noch haften (d.h. bei maximalen Kraftschluss), dann bestehen zwischen Steigungswinkel α, Haftreibungszahl μ_r und größtmöglicher Beschleunigung oder Verzögerung die in Tabelle 4 und Tabelle 5 aufgezeigten Beziehungen. Hierbei gibt k das Verhältnis der Radlasten der angetriebenen oder gebremsten Räder zum Gesamtgewicht an. Wenn alle Räder angetrieben oder gebremst sind, ist $k = 1$. Bei einer Lastverteilung von 50 % ist $k = 0{,}5$. In der Praxis liegen die erreichbaren Werte niedriger, weil nicht bei jeder Beschleunigung oder Verzögerung alle Räder gleichzeitig den maximal möglichen Kraftschluss nutzen. Elektronisch geregelte Antriebs- und Bremssysteme (Antriebsschlupfregelung, Antiblockiersystem, Fahrdynamikregelung) regeln

Bild 4: Aquaplaning.
1 Reifen, 2 Wasserkeil, 3 Fahrbahn.

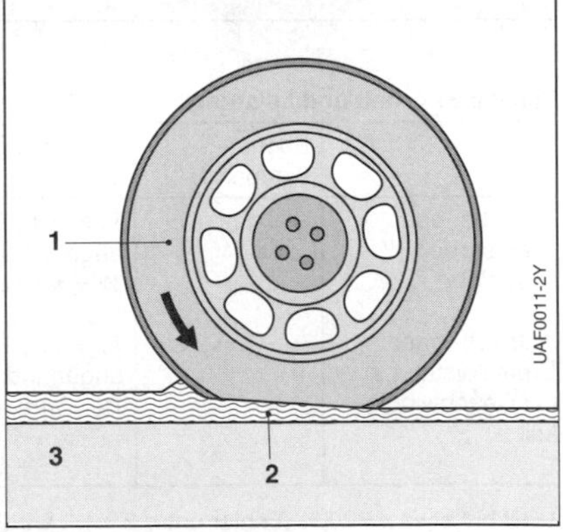

im Bereich der größtmöglichen Haftreibungszahl μ_r.

Aus der Formel in Tabelle 4 geht hervor, dass auf ebener Fahrbahn mit Reifen, die $\mu_r < 1$ aufweisen, für allradangetriebene Fahrzeuge (mit $k=1$) die Maximalbeschleunigung $g(\mu_r - f_R)$ beträgt (f_R Rollwiderstandsbeiwert).

Beispiel:
$k = 0{,}5$; $g \approx 10$ m/s²;
$\mu_r = 0{,}6$; $p = 15$ %;
$a_{max} \approx 10 \cdot (0{,}5 \cdot 0{,}6 \pm 0{,}15)$ m/s²
bergauf bremsen (+): $a_{max} = 4{,}5$ m/s²,
bergab bremsen (–): $a_{max} = 1{,}5$ m/s².

Tabelle 3: Antreiben und Bremsen.

	Gleichungen für v in m/s	Gleichungen für v in km/h
Beschleunigung oder Verzögerung in m/s²	$a = \frac{v^2}{2s} = \frac{v}{t} = \frac{2s}{t^2}$	$a = \frac{v^2}{25{,}92 s} = \frac{v}{3{,}6 t} = \frac{2s}{t^2}$
Antriebs- oder Bremszeit in s	$t = \frac{v}{a} = \frac{2s}{v} = \sqrt{\frac{2s}{a}}$	$t = \frac{v}{3{,}6 a} = \frac{7{,}2 s}{v} = \sqrt{\frac{2s}{a}}$
Antriebs- oder Bremsweg in m	$s = \frac{v^2}{2a} = \frac{vt}{2} = \frac{at^2}{2}$	$s = \frac{v^2}{25{,}92 a} = \frac{vt}{7{,}2} = \frac{at^2}{2}$

Tabelle 4: Beschleunigung und Verzögerung.

	Ebene Fahrbahn	Geneigte Fahrbahn α; $p = 100\,\% \cdot \tan\alpha$	
Grenzbeschleunigung oder -verzögerung a_{max} in m/s²	$a_{max} = k\,g(\mu_r - f_R)$	$a_{max} = g(k(\mu_r - f_R)\cos\alpha \pm \sin\alpha)$ angenähert [1]: $a_{max} \approx g(k(\mu_r - f_R) \pm 0{,}01p)$	+ bei bergauf bremsen oder bergab beschleunigen – bei bergauf beschleunigen oder bergab bremsen

[1] Gilt bis etwa $p = 20$ % (Fehler unter 2 %).

Tabelle 5: Erreichbare Beschleunigung a_e bei gegebener Antriebsleistung P_A.
a_e in m/s, P_A in kW, v in km/h, m in kg.

Ebene Fahrbahn	Geneigte Fahrbahn	
$a_e = \frac{3600\,P_A}{k m v}$	$a_e = \frac{3600\,P_A}{k m v} \pm g\sin\alpha$	+ bergab beschleunigen – bergauf beschleunigen für $g\sin\alpha$ gilt angenähert [1] $g\,p$ mit p in %

Tabelle 6: Arbeit und Leistung.

	Ebene Fahrbahn	Geneigte Fahrbahn α; $p = 100\,\% \cdot \tan\alpha$ [%]	
Antriebs- oder Bremsarbeit W in J, siehe [2]	$W = k m a s$	$W = ms(ka \pm g\sin\alpha)$ angenähert [1]: $W = ms(ka \pm g\,p/100)$	+ bei bergab bremsen oder bergauf beschleunigen – bei bergab beschleunigen oder bergauf bremsen
Antriebs- oder Bremsleistung in W bei Geschwindigkeit v	$P_A = k m a s v$	$P_A = m v(ka \pm g\sin\alpha)$ angenähert [1]: $P_A = m v(ka \pm g\,p/100)$	v in m/s. Für v in km/h ist $v/3{,}6$ zu setzen.

[1] Gilt bis etwa $p = 20$ % (Fehler unter 2 %), [2] 1 J = 1 N m = 1 W s.

Arbeit und Leistung

Bei gleichmäßiger Beschleunigung (Verzögerung) ändert sich die dafür nötige Leistung mit der Fahrgeschwindigkeit (Tabelle 6). Die verfügbare Beschleunigungsleistung beträgt:

$P_A = P\,\eta - P_W$, mit

P Motorleistung,
η Wirkungsgrad,
P_W Fahrleistung.

Reaktion, Bremsen und Anhalten

(nach ÖNORM V 5050 [4] und [5])

Gefahrerkennungszeit

Die Gefahrerkennungszeit ist die Zeitspanne zwischen dem Wahrnehmen des sichtbaren Hindernisses oder seiner Bewegung und dem Erkennen als Gefahr (Bild 5, Größen siehe Tabelle 7). Ist dazu eine Blickzuwendung erforderlich, vermehrt sich die Gefahrerkennungszeit um ca. 0,4 s. Sie wird durch mangelnde Aufmerksamkeit oder Müdigkeit weiter erhöht.

Bild 5: Vorgänge: Reaktion, Bremsen und Anhalten.
a) Verzögerung während des Bremsvorgangs,
b) Strecke beim Bremsvorgang.

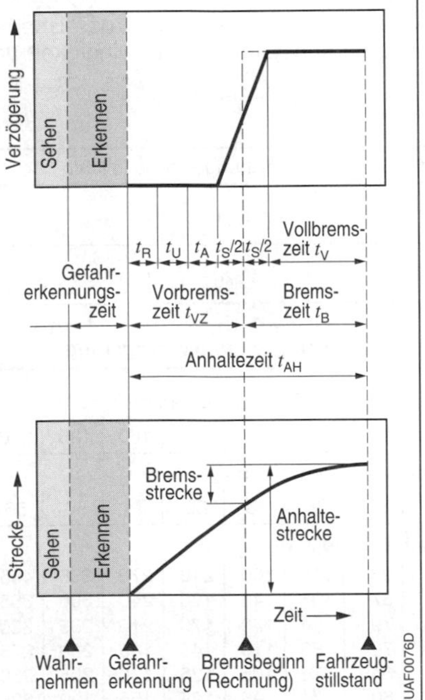

Vorbremszeit

Die Vorbremszeit t_{VZ} ist die Zeitspanne zwischen Gefahrerkennung und dem rechnerischen Bremsbeginn. Sie beträgt ca. 0,8...1,0 s und setzt sich wie folgt zusammen:

$$t_{VZ} = t_R + t_U + t_A + \frac{t_S}{2}\,.$$

Die Reaktionszeit t_R ist die Zeitspanne zwischen dem Eintreten eines bestimmten Reizes und dem Beginn der ersten darauf gerichteten Handlung. Eine unbewusste Gefahrerkennung löst eine eingeschliffene automatisierte Reaktion (Spontanreaktion, unbewusster Reflex) aus, sodass der Fahrzeuglenker sowohl die Reaktionsstelle als auch die Position des Reaktionsanlasses um die jeweils in der Vorbremszeit zurückgelegte Strecke verschoben angibt. Für die Spontanreaktion benötigt der Mensch ca. 0,2 s. Muss eine Entscheidung zu einer zweckmäßigen Abwehrhandlung nach bewusster Gefahrerkennung getroffen werden (Wahlreaktion, bewusste Aktion), beträgt die Reaktionszeit mindestens 0,3 s.

Die Umsetzzeit t_U ist die Zeitspanne, die der Fahrer zum Umsetzen des Fußes vom Gaspedal auf das Bremspedal benötigt. Sie beträgt ca. 0,2 s.

Die Ansprechzeit t_A ist die Zeitspanne, die für die technische Übertragung des Pedaldrucks über das Bremssystem bis zum Wirksamwerden der Bremsung (bis zum vollständigen Aufbau des Anlege-

Tabelle 7: Größen und Einheiten.

Größe		Einheit
t_{VZ}	Vorbremszeit	s
t_R	Reaktionszeit	s
t_U	Umsetzzeit	s
t_A	Ansprechzeit	s
t_S	Schwellzeit	s
t_B	Bremszeit	s
t_V	Vollbremszeit	s
t_{AH}	Anhaltezeit	s
s_{AH}	Anhaltestrecke	m

drucks beziehungsweise Beginn des Anstiegs der Fahrzeugverzögerung) erforderlich ist.

Die Schwellzeit t_S ist die Zeitspanne zwischen dem Wirksamwerden der Bremsung und dem Erreichen der voll wirksamen Bremsverzögerung. Ersatzweise wird die Hälfte des Betrags der Schwellzeit ($t_S/2$) als rechnerischer Bremsbeginn angenommen.

Gemäß EU-Ratsrichtlinie EWG 71/320 Anh. 3/2.4 [6] darf die Summe aus Ansprechzeit und Schwellzeit 0,6 s nicht überschreiten. Ein schlechter Zustand der Bremsanlage verlängert Ansprech- und Schwellzeit.

Bremszeit

Die Bremszeit t_B ist die Zeitspanne zwischen dem rechnerischen Bremsbeginn und dem Fahrzeugstillstand. Sie beinhaltet die halbe Schwellzeit $t_S/2$ (idealisierte Annahme zur Berechnung: nur halbe Schwellzeit, aber volle Verzögerung) sowie die Vollbremszeit t_V, in der die volle Verzögerung tatsächlich wirksam ist:

$$t_B = \frac{t_S}{2} + t_V\,.$$

Anhaltezeit und Anhaltestrecke

Die Anhaltezeit t_{AH} ist die Summe aus Vorbremszeit t_{VZ} und Bremszeit t_B.

$$t_{AH} = t_{VZ} + t_B\,.$$

Durch Integration lässt sich die Anhaltestrecke s_{AH} berechnen (Tabellen 8 und 9).

Sicherheitsabstand

Der Sicherheitsabstand muss mindestens gleich der während der Vorbremszeit t_{VZ} zurückgelegten Fahrstrecke sein. Bei einer Vorbremszeit von $t_{VZ} = 1{,}08$ s für Geschwindigkeiten in km/h wären dies $0{,}3\,v$ Meter, außerhalb geschlossener Ortschaften sind aber mindestens $0{,}5\,v$ Meter empfehlenswert.

Überholen

Der Überholvorgang setzt sich aus den Vorgängen Ausscheren, Vorbeifahren und Wiedereinscheren zusammen (Bild 6). Er kann sich unter den verschiedensten Verhältnissen und Bedingungen abspielen, die rechnerisch nur schwer zu erfassen sind. Für die rechnerische und grafische Lösung werden deshalb im Folgenden nur zwei Grenzfälle betrachtet, das Überholen mit konstanter Geschwindigkeit und

Tabelle 8: Anhaltezeit und Anhaltestrecke.
a in m/s², v in m/s, t_{vz} in s.

	Gleichungen für v in m/s	Gleichungen für v in km/h
Anhaltezeit t_{AH} in s	$t_{AH} = t_{VZ} + \frac{v}{a}$	$t_{AH} = t_{VZ} + \frac{v}{3{,}6\,a}$
Anhaltestrecke s_{AH} in m	$s_{AH} = v\,t_{VZ} + \frac{v^2}{2\,a}$	$s_{AH} = \frac{v}{3{,}6}\,t_{VZ} + \frac{v^2}{25{,}92\,a}$

Tabelle 9: Anhaltestrecke in Abhängigkeit von Fahrgeschwindigkeit und Verzögerung.

Verzögerung a in m/s²	Fahrgeschwindigkeit vor dem Bremsen in km/h												
	10	30	50	60	70	80	90	100	120	140	160	180	200
	Strecke während der Vorbremszeit von 1 s in m												
	2,8	8,3	14	17	19	22	25	28	33	39	44	50	56
	Anhaltestrecke in m												
4,4	3,7	16	36	48	62	78	96	115	160	210	270	335	405
5	3,5	15	33	44	57	71	87	105	145	190	240	300	365
5,8	3,4	14	30	40	52	65	79	94	130	170	215	265	320
7	3,3	13	28	36	46	57	70	83	110	145	185	230	275
8	3,3	13	26	34	43	53	64	76	105	135	170	205	250
9	3,2	12	25	32	40	50	60	71	95	125	155	190	225

das Überholen mit konstanter Beschleunigung. Für die grafische Darstellung ist es günstig, den Überholweg s_u aus zwei Teilstücken zusammenzusetzen und den zum Vorbeifahren notwendigen Seitenversatz zu vernachlässigen.

Überholweg
Der Überholweg beträgt

$s_U = s_H + s_L$ (Größen in Tabelle 10).

Die vom schnelleren Fahrzeug gegenüber dem langsameren – ortsfest gehaltenen – relativ zurückzulegende Strecke s_H setzt sich aus den Fahrzeuglängen l_1 und l_2 und den Sicherheitsabständen s_1 und s_2 zusammen:

$$s_H = s_1 + s_2 + l_1 + l_2 .$$

Während der Überholzeit t_u legt das langsamere Fahrzeug die Strecke s_L zurück, die das schnellere Fahrzeug zusätzlich zu

Bild 6: Überholweg.
Größen siehe Tabelle 14.
(Wegen der Übersichtlichkeit ist s_L hier klein dargestellt, in praktischen Fällen ist $s_L > s_H$).
1 Überholtes Fahrzeug,
2 überholendes Fahrzeug.

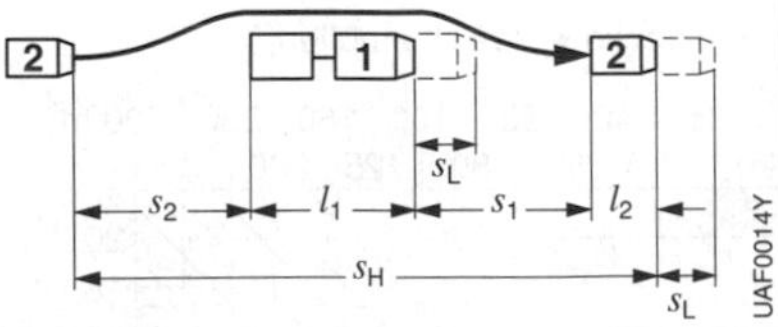

Tabelle 10: Größen und Einheiten.

Größe		Einheit
a	Beschleunigung	m/s²
l_1, l_2	Fahrzeuglänge	m
s_1, s_2	Sicherheitsabstand	m
s_H	relative Fahrstrecke des Überholers	m
s_L	Fahrstrecke des Überholten	m
s_U	Überholweg	m
t_U	Überholzeit	s
v_L	Geschwindigkeit des langsameren Fahrzeugs	km/h
v_H	Geschwindigkeit des schnelleren Fahrzeugs	km/h

s_H zu fahren hat, damit der Sicherheitsabstand erhalten bleibt (s_L in m, t_u in s):

$$s_L = \frac{t_U\, v_L}{3{,}6} \quad \text{(für } v \text{ in km/h).}$$

Überholen mit konstanter Geschwindigkeit
Auf Straßen mit mehr als zwei Fahrbahnen hat das überholende Fahrzeug oft schon die erforderliche Geschwindigkeit, wenn es zum Überholen ansetzt. Die Überholzeit (vom Beginn des Ausscherens bis zur Beendigung des Wiedereinscherens) ist dann:

$$t_U = \frac{3{,}6\, s_H}{v_H - v_L}$$

mit t in s, s in m und v in km/h, und der Überholweg ist

$$s_U = \frac{t_U\, v_H}{3{,}6} \approx \frac{s_H\, v_H}{v_H - v_L} .$$

Überholen mit konstanter Beschleunigung
Auf schmalen Straßen muss meist zuerst die Geschwindigkeit auf die des vorausfahrenden Fahrzeugs verringert und dann für das Überholen wieder beschleunigt werden. Die erreichbaren Beschleunigungen sind abhängig von Motorleistung, Fahrzeugmasse, Geschwindigkeit und Fahrwiderstand. Sie liegen in der Größenordnung von 0,4...0,8 m/s², in niederen Gängen bis 1,4 m/s², wodurch der Überholvorgang vorteilhaft gekürzt werden kann. Grundsätzlich sollte jeder Überholvorgang innerhalb der halben frei übersehbaren Strecke abgeschlossen werden.

Unter der Voraussetzung, dass eine konstante Beschleunigung a während des ganzen Überholvorgangs eingehalten werden kann, ist die Überholzeit

$$t_U = \sqrt{\frac{2 s_H}{a}} .$$

In dieser Zeit legt das langsamere Fahrzeug die Strecke $s_L = t_U v_L / 3{,}6$ zurück; damit ist der Überholweg:

$$s_U = s_H + \frac{t_U\, v_L}{3{,}6} ,$$

mit t in s, s in m und v in km/h.

In Bild 7 sind im linken Teil die relative Fahrstrecke s_H für verschiedene Geschwindigkeitsunterschiede $v_H - v_L$ und Beschleunigungen a dargestellt, im rechten Teil die Fahrstrecke s_L des überholten, langsameren Fahrzeugs für verschiedene Geschwindigkeiten v_L. Der Überholweg s_U ist jeweils die Summe aus s_H und s_L.

Man errechnet zunächst die Fahrstrecke s_H des Überholers und trägt diese Strecke im linken Teil des Diagramms zwischen der Ordinate und der zugehörigen $(v_H - v_L)$-Linie oder Beschleunigungslinie ein. Dann verlängert man die Linie nach rechts bis zur entsprechenden Geschwindigkeitslinie v_L.

Beispiel 1 (konstante Beschleunigung):
$v_L = v_H = 50$ km/h (v bei Überholbeginn),
$a = 0{,}4$ m/s²,
$l_1 = 10$ m, $l_2 = 5$ m,
$s_1 = s_2 = 0{,}3\,|v_L| = 0{,}3\,|v_H| = 15$ m,
$\rightarrow s_H = 45$ m.

Lösung
Schnittpunkt von $a = 0{,}4$ m/s² mit
$s_H = 45$ m
in den linken Teil des Diagramms einzeichnen.

Abgelesen wird: $t_U = 15$ s, $s_L = 210$ m.
Damit ist: $s_U = s_H + s_L = 255$ m.

Beispiel 2 (konstante Geschwindigkeit):
$v_L - v_H = 16$ km/h,
$v_H = 66$ km/h.
$v_L = 50$ km/h,
$s_1 = 0{,}3\,|v_L| = 15$ m,
$s_2 = 0{,}3\,|v_H| = 20$ m,
$\rightarrow s_H = 50$ m.

Lösung
Schnittpunkt von $v_L - v_H = 16$ km/h mit
$s_H = 50$ m
in den linken Teil des Diagramms einzeichnen.
Abgelesen wird: $t_U = 11$ s, $s_L = 150$ m.
Damit ist: $s_U = s_H + s_L = 200$ m.

Sichtweite
Damit man gefahrlos überholen kann, muss auf schmalen Straßen die Sichtweite mindestens gleich der Summe aus dem Überholweg und dem von einem entgegenkommenden Fahrzeug während des Überholens zurückgelegten Weg sein. Bei Geschwindigkeiten der begegnenden Fahrzeuge von 90 km/h und des überholten Fahrzeugs von 60 km/h sind dies etwa 400 m.

Bild 7: Grafische Ermittlung des Überholwegs.

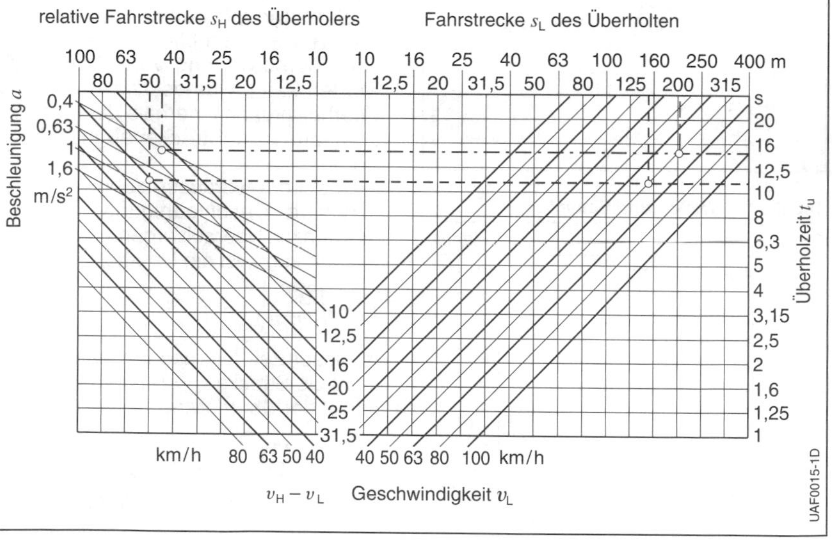

Fahrzeugquerdynamik

Merkmale

Die Fahrzeugquerdynamik befasst sich mit allen Fahrzeugzuständen, bei denen eine Dynamik in Querrichtung zur Fahrzeuglängsachse auftritt. Diese Manöver werden vor allem durch das Lenken des Fahrzeugs, aber auch durch äußere Einflüsse wie den Seitenwind hervorgerufen.

Bei der Fahrzeugquerdynamik steht zum einen eine vom Fahrer als passend wahrgenommene Fahrzeugreaktion aufgrund von einer Lenkwinkeleingabe und zum anderen die Stabilität des Fahrzeugs im Vordergrund. Dieses Verhalten wird von drei Eigenschaften des Fahrzeugs bestimmt:

- Eigenschaften des Gesamtfahrzeugs: Gesamtmasse, Schwerpunktlage, Aerodynamik.
- Eigenschaften der Achsen: Kinematik und Elastokinematik der Achse, Verhalten der Reifen und Bremsen sowie Feder- und Dämpferabstimmung.
- Eigenschaften der Regler: Elektrische Lenkunterstützung und Fahrdynamikregelung.

Bild 8: Querbeschleunigungsbereiche.
A Kleinsignalbereich,
B linearer Bereich (relevant für normale Autofahrer),
C Übergangsbereich,
D Grenzbereich (Stabilität steht im Vordergrund, relevant für Presse und Experten).

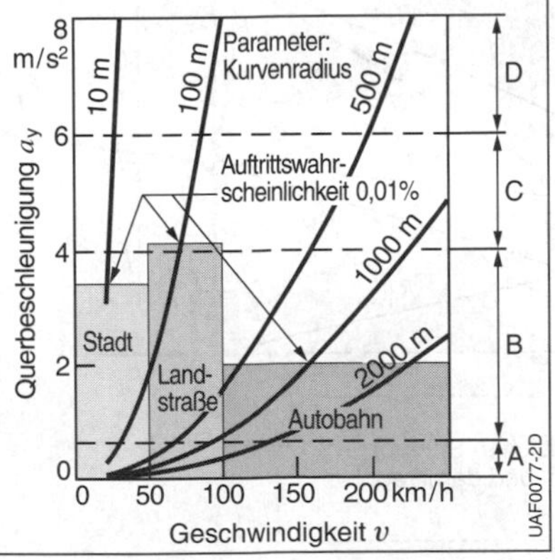

Bereiche der Querbeschleunigung

Pkw können Querbeschleunigungen bis zu 10 m/s² erreichen. Dieser Bereich liegt unterhalb von Rennsportwagen, die bis zu 40...50 m/s² erreichen können, aber deutlich oberhalb von Nfz, die je nach Größe und Beladung nur 4...5 m/s² realisieren können. Die Querbeschleunigungen werden in folgende Abschnitte eingeteilt (Bild 8).

Kleinsignalbereich

Der Bereich von 0...0,5 m/s² wird als Kleinsignalbereich bezeichnet. Das zu betrachtende Phänomen ist das Geradeauslaufverhalten, hervorgerufen durch Straßenanregungen wie Spurrillen und Seitenwind. Die Seitenwindanregung entsteht durch böigen Wind sowie durch Ein- und Ausfahrt in Windschattengebiete.

Tabelle 11: Größen und Einheiten.

Größe		Einheit
δ	Achslenkwinkel (Lenkwinkel)	rad
δ_H	Lenkradwinkel	rad
α_v	Schräglaufwinkel der Vorderachse	rad
α_h	Schräglaufwinkel der Hinterachse	rad
β	Schwimmwinkel	rad
ψ	Gierwinkel	rad
ω_e	ungedämpfte Eigenfrequenz	s^{-1}
θ	Gierträgheitsmoment	Nms^2
ρ	Luftdichte	kg/m^3
τ	Anströmwinkel	rad
a_y	Querbeschleunigung	m/s^2
c_S	Seitenkraftbeiwert	–
c_M	Giermomentenbeiwert	–
i_l	Lenkübersetzung	–
l	Radstand	m
l_v	Abstand Vorderachse – Schwerpunkt	m
l_h	Abstand Hinterachse – Schwerpunkt	m
m	Gesamtmasse	kg
v	Längsgeschwindigkeit	m/s
v_r	resultierende Anblasgeschwindigkeit	m/s
v_W	Windgeschwindigkeit	m/s
A	Stirnfläche	m^2
C_v	Schräglaufsteifigkeit der Vorderachse	N/rad
C_h	Schräglaufsteifigkeit der Hinterachse	N/rad
D	Dämpfungsmaß	1/rad
F_{SV}	Seitenkraft an der Vorderachse	N
F_{SH}	Seitenkraft an der Hinterachse	N
F_{FL}	Fliehkraft	N
F_S	Seitenwindkraft	N
M_Z	Seitenwindgiermoment	Nm

Linearer Bereich
Der Bereich von 0,5...4 m/s^2 wird als linearer Bereich bezeichnet, da sich das hier auftretende Fahrzeugverhalten durch das lineare Einspurmodell beschreiben lässt. Typische querdynamische Manöver sind Lenkwinkelsprung, Fahrspurwechsel und Kombinationen von quer- und längsdynamischen Manövern wie Lastwechselreaktionen in der Kurvenfahrt.

Übergangsbereich
Im Querbeschleunigungsbereich von 4...6 m/s^2 verhalten sich Pkw je nach Auslegung noch linear oder bereits nichtlinear. Dieser Bereich wird daher als Übergangsbereich klassifiziert. Fahrzeuge, deren maximale Querbeschleunigung bei 6...7 m/s^2 liegt (z.B. echte Geländefahrzeuge), verhalten sich hier bereits nichtlinear, während Fahrzeuge, die eine höhere Querbeschleunigung erreichen (z.B. Sportwagen) sich hier noch linear verhalten.

Grenzbereich
Der Querbeschleunigungsbereich oberhalb von 6 m/s^2 wird nur in Extremsituationen erreicht und daher als Grenzbereich bezeichnet. Hier ist das Fahrzeugverhalten stark nichtlinear und das Stabilitätsverhalten der Fahrzeuge steht im Vordergrund. Dieser Bereich wird auf Rennstrecken oder bei unfallnahen Situationen im normalen Straßenverkehr erreicht.

Der Normalfahrer bewegt sein Fahrzeug im Allgemeinen nur im Bereich bis 4 m/s^2. Das heißt, sowohl der Kleinsignalbereich als auch der lineare Bereich sind für die subjektive Beurteilung für den Autofahrer relevant (Bild 8). Die Auftrittswahrscheinlichkeit der Querbeschleunigung nimmt für den normalen Autofahrer exponentiell mit der Querbeschleunigung ab.

Lineares Einspurmodell

Merkmale
Wichtige Aussagen über das querdynamische Verhalten können über das line-

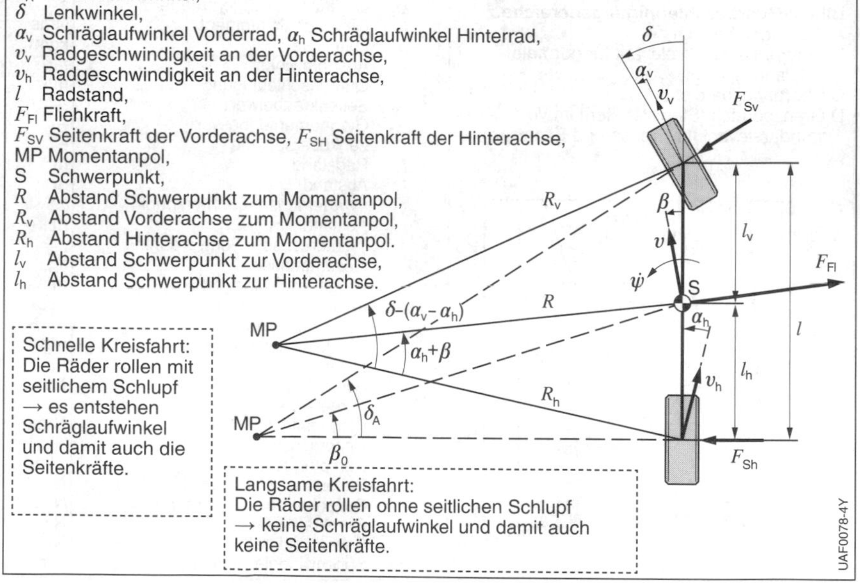

Bild 9: Einspurmodell bei stationärer Kreisfahrt.
β Schwimmwinkel,
$\dot{\psi}$ Gierrate
β_0 Schwimmwinkel beim schlupffreien Rollen,
δ_A Ackermannwinkel,
δ Lenkwinkel,
α_v Schräglaufwinkel Vorderrad, α_h Schräglaufwinkel Hinterrad,
v_v Radgeschwindigkeit an der Vorderachse,
v_h Radgeschwindigkeit an der Hinterachse,
l Radstand,
F_{Fl} Fliehkraft,
F_{SV} Seitenkraft der Vorderachse, F_{SH} Seitenkraft der Hinterachse,
MP Momentanpol,
S Schwerpunkt,
R Abstand Schwerpunkt zum Momentanpol,
R_v Abstand Vorderachse zum Momentanpol,
R_h Abstand Hinterachse zum Momentanpol.
l_v Abstand Schwerpunkt zur Vorderachse,
l_h Abstand Schwerpunkt zur Hinterachse.

are Einspurmodell gewonnen werden. In ihm werden die querdynamischen Eigenschaften einer Achse und deren Räder zu einem effektiven Rad zusammengefasst [3]. In der einfachsten, hier dargestellten Version sind die berücksichtigten Eigenschaften linear angesetzt. Das heißt zum Beispiel, die Reifenseitenkraft ist proportional dem Schräglaufwinkel, oder die seitliche Luftkraft ist proportional dem Anströmwinkel. Diese Modellversion wird deshalb als lineares Einspurmodell bezeichnet. Bereits mit diesen linearen Eigenschaften kann das nichtlineare Verhalten des Gesamtfahrzeugs im Querbeschleunigungsbereich von 0,5...4 m/s² sehr gut beschrieben werden. Die wichtigsten Modellannahmen sind:

- Kinematik und Elastokinematik der Achse werden nur linear berücksichtigt.
- Der Seitenkraftaufbau des Reifens ist linear und das Reifenrückstellmoment wird vernachlässigt.
- Die Schwerpunkthöhe befindet sich in Fahrbahnhöhe. Damit besitzt das Fahrzeug nur die Gierbewegung als rotatorischen Freiheitsgrad. Wanken, Nicken und Huben werden nicht berücksichtigt.

Mit den Annahmen des linearen Einspurmodells reduziert man das Fahrverhalten in zwei translatorische und einen rotatorischen Freiheitsgrad des Fahrzeugaufbaus.

Eigenlenkverhalten

Bild 9 stellt das Einspurmodell bei schneller und bei langsamer Kreisfahrt dar. Die ebene Bewegung dieses Starrkörpers kann als Drehung um dem Momentanpol MP aufgefasst werden. Daraus ergibt sich für die Geschwindigkeit im Schwerpunkt S:

$$v = \dot{\psi} R .$$

Aus dieser Darstellung ergeben sich für die kinematischen Beziehungen der Schräglaufwinkel folgende Zusammenhänge [1, 2, 3]:

$$\alpha_{\mathrm{v}} = \delta - \beta - \frac{\dot{\psi}\, l_{\mathrm{v}}}{v}\ ; \quad \alpha_{\mathrm{h}} = -\beta - \frac{\dot{\psi}\, l_{\mathrm{h}}}{v} .$$

Zusammen mit der Momentenbilanz lässt sich daraus die Änderung des Lenkradwinkels bei steigender Querbeschleunigung a_{y} für das Manöver „Kreisfahrt mit konstantem Radius“ berechnen. Dies führt zur Definition des Eigenlenkgradienten (Größen siehe Tabelle 11):

$$EG = \frac{d\delta}{da_{\mathrm{y}}} = \frac{m}{l} \left(\frac{l_{\mathrm{h}}}{C_{\mathrm{v}}} - \frac{l_{\mathrm{v}}}{C_{\mathrm{h}}} \right) .$$

Alle Pkw sind im linearen Querbeschleunigungsbereich untersteuernd ausgelegt. Der EG-Wertebereich liegt für Pkw um 0,25 Grad · s²/m.

Der Eigenlenkgradient charakterisiert für die Querdynamik des Fahrzeugs Stabilität und Dämpfung. Darüber hinaus wird die Bedeutung des Eigenlenkgradienten für den normalen Autofahrer dadurch deutlich, dass der Lenkwinkelbedarf bei immer schneller gefahrenen Kurven größer wird und somit den Fahrer auf die zunehmende Querbeschleunigung hinweist.

Aus Bild 9 kann der Schwimmwinkelgradient (SG) berechnet werden. Der Schwimmwinkelgradient soll möglichst gering sein, um die Stabilität des Fahrzeugs zu erhöhen [1, 2, 3].

$$SG = \frac{d\beta}{da_{\mathrm{y}}} = \frac{m}{C_{\mathrm{h}}} \frac{l_{\mathrm{v}}}{l} .$$

Der SG-Wertebereich liegt für Pkw unterhalb von 0,35 Grad · s²/m. Größere Schwimmwinkelgradienten sind für Experten durchaus beherrschbar, führen aber bereits für stationäre Manöver zu einem schlechten Sicherheitsgefühl für den normalen Fahrer und werden daher vermieden.

Gierverstärkung

Die Gierverstärkung sagt aus, mit welcher Gierreaktion ein Fahrzeug auf einen Lenkwinkel im quasistationären Bereich reagiert. Versuchstechnisch kann die Gierverstärkung wie folgt ermittelt werden: Bei einer Fahrt mit konstanter Geschwindigkeit wird das Lenkrad sinusförmig mit einer Frequenz unterhalb von 0,2 Hz eingeschlagen. Die Lenkwinkelamplitude wird so gewählt, dass eine maximale Querbeschleunigung um 3 m/s² entsteht.

Beginnend bei 20 km/h wird das Manöver jeweils mit einer um 10 km/h höheren Geschwindigkeit wiederholt. Sofern bei höheren Geschwindigkeiten keine aerodynamischen Einflüsse (wie die Auftriebskräfte an der Vorder- und Hinterachse) auftreten, ergeben sich im Versuch Gierverstärkungskurven, die im Wesentlichen mit folgender Formel aus dem linearen Einspurmodell übereinstimmen [1, 2, 3]:

$$\left(\frac{\dot{\Psi}}{\delta}\right)_{\text{stat}} = \frac{v}{l + EG\ v^2}$$

Bild 10 zeigt die Gierverstärkung für ein übersteuerndes (EG < 0), ein neutralsteuerndes (EG = 0) und ein untersteuerndes (EG > 0) Fahrzeug. Nur das untersteuernde Fahrzeug ist bei höheren Geschwindigkeiten akzeptabel und hat damit die Voraussetzung, auch beim Geradeauslauf gute fahrdynamische Eigenschaften aufzuweisen. Die Geschwindigkeit, bei der ein untersteuerndes Fahrzeug die größte Gierreaktion zeigt, heißt charakteristische Geschwindigkeit v_{char}. Im linearen Einspurmodell gilt:

$$v_{\text{char}} = \sqrt{\frac{l}{EG}}$$

Dämpfungsmaß

Für das lineare Einspurmodell ergibt sich folgendes Kräftegleichgewicht in Querrichtung:

$$m\,a_y = F_{\text{SV}} \cos\delta + F_{\text{SH}}\,.$$

Für die Momentenbilanz gilt:

$$\theta\,\ddot{\psi} = F_{\text{SV}}\,l_v \cos\delta + F_{\text{SH}}\,l_h\,.$$

Aus beiden Gleichungen lässt sich das Dämpfungsmaß D für eine querdynamische Anregung ableiten:

$$D = \frac{1}{\omega_e}\left(\frac{C_v + C_h}{m\ v} + \frac{C_v\ l_v^2 + C_h\ l_h^2}{\theta\ v}\right).$$

Hier gilt für die ungedämpfte Eigenfrequenz:

$$\omega_e = \sqrt{\left(\frac{C_h\ l_h - C_v\ l_v}{\theta} + \frac{C_v\ C_h\ l^2}{\theta\ m\ v^2}\right)}.$$

Das Dämpfungsmaß eines Fahzeugs kann z.B. aus der Gierreaktion eines Lenkwinkelsprungs identifiziert werden. Die Fahrzeugauslegung wird so gewählt, dass die Dämpfung möglichst hoch ist.

Bild 11 stellt für verschiedene Eigenlenkgradienten das Dämpfungsmaß und die Gierverstärkung dar. Hier zeigt sich folgender Zielkonflikt:

- Ein hoher Eigenlenkgradient ist Voraussetzung für ein Fahrzeug mit guten Geradeauslaufeigenschaften.
- Für ein hohes Dämpfungsmaß gerade bei hohen Geschwindigkeiten muss der Eigenlenkgradient möglichst gering sein.

Bild 10: Geschwindigkeitsabhängige Gierverstärkung.

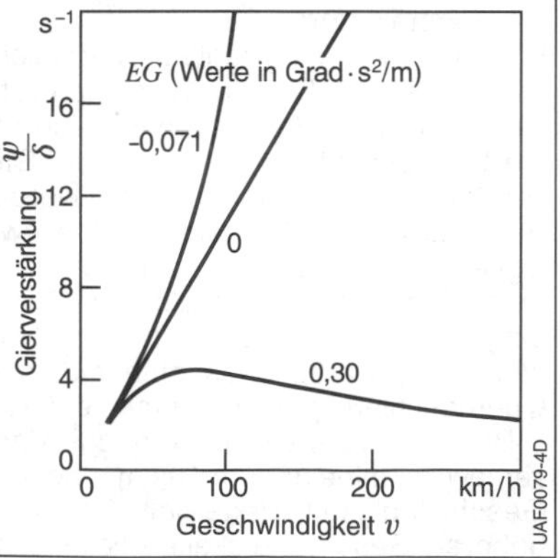

Bild 11: Dämpfungsmaß und Gierverstärkung.

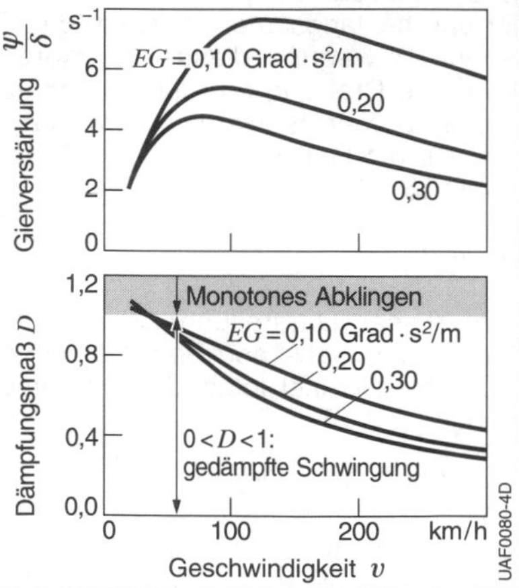

Queragilitätsdiagramm
Eine weitere wichtige Größe zur Fahrzeugabstimmung ist die Gesamtlenkübersetzung i_l. Der Lenkradwinkel errechnet sich mit der Gesamtlenkübersetzung i_l aus dem Achslenkwinkel

$$\delta_H = i_l\ \delta .$$

Damit ergibt sich für das Maximum der Gierverstärkung [1]:

$$\left(\frac{\dot{\psi}}{\delta_H}\right)_{max} = \frac{1}{2\, i_l \sqrt{l\ EG}} .$$

Im Queragilitätsdiagramm (Bild 12) ist dieses Maximum über der Lenkübersetzung aufgetragen. Ebenfalls dargestellt sind die EG-Isolinien. Entlang dieser Kurven ist der Eigenlenkgradient konstant. Die gewünschten Zielbereiche für die Gierverstärkung und Lenkübersetzung können in diesem Diagramm eingezeichnet und damit die benötigten Eigenlenkgradienten festgelegt werden.

Ändert man bei einem Fahrzeug nur die Lenkübersetzung, so findet man die maximale Gierverstärkung im Queragilitätsdiagramm, indem man den Ausgangspunkt entlang der EG-Isolinien verschiebt. Werden die Achseigenschaften variiert, so bewegt man sich in vertikaler Richtung.

Allgemeines Einspur- und Zweispurmodell
Mit dem linearen Einspurmodell können der Eigenlenkgradient, der Schwimmwinkelgradient und die Gierverstärkung mit zugehörigen Dämpfungsmaß analytisch angegeben werden; damit werden die Zusammenhänge deutlich. Will man das reale Fahrzeugverhalten genauer beschreiben, so müssen immer mehr Nichtlinearitäten berücksichtigt werden. Dies kann man realsieren, indem man zum Beispiel das nichtlineare Verhalten der Seitenkraft vom Schräglaufwinkel berücksichtigt. Mit derartigen Nichtlinearitäten kann man Einspurmodelle entwickeln, die ebenfalls das Wanken der Fahrzeuge und das Fahrverhalten bis zu einer Lenkfrequenz von 3 Hz beschreiben und ebenfalls im fahrdynamischen Grenzbereich gültig sind [7].

In der Automobilindustrie werden fast ausschließlich sogenannte Zweispurmodelle für die Prognose der Fahrzeugquerdynamik eingesetzt. Der große Vorteil dieser Zweispurmodelle liegt in der bauteilorientierten Modellierung des Gesamtfahrzeugs und damit der besseren Integration in den Entwicklungsablauf.

Der Einsatz von Zweispurmodellen ist ebenfals für die folgenden Aspekte „Querdynamik durch Seitenwind" und „Wankverhalten bei Kurvenfahrt" sinnvoll.

Bild 12: Queragilitätsdiagramm.
EG Eigenlenkgradient.

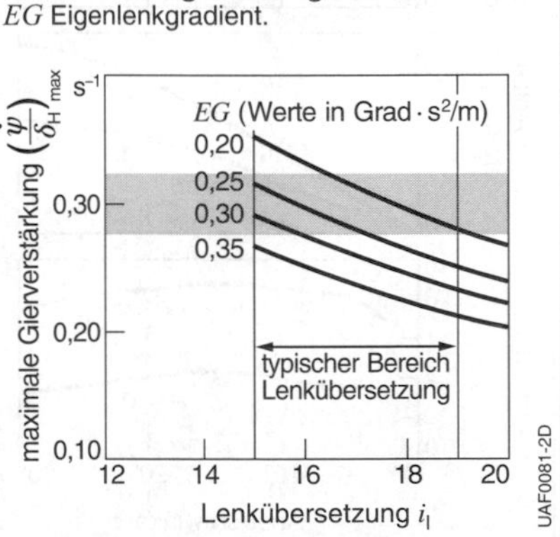

Querdynamik durch Seitenwind
Wind kann Fahrzeuge querdynamisch anregen. Auf diese äußere Störung reagiert das Fahrzeug durch Kursabweichung, Querbeschleunigung, Gierwinkel- und Wankwinkeländerung. Der Fahrer versucht dann, diese Störung auszuregeln. Damit kommen in einem zweiten Schritt die Reaktionsfähigkeit des Fahrers sowie die Korrigierbarkeit des Fahrzeugs mit in Betracht. Nach aktuellem Wissensstand ist die direkte Reaktion des Fahrzeugs auf die Störung Seitenwind die dominierende Größe für die subjektive Beurteilung des Gesamtfahrzeugs bei Seitenwind. Dies hat den Vorteil, dass die Wechselwirkung zwischen Seitenwind und Fahrzeugreaktion gut analytisch betrachtet werden kann.

Der normale Autofahrer verspürt typischerweise zwei Windanregungen:

- Natürlicher Seitenwind, der sich während der Fahrt in Richtung und Windgeschwindigkeit ändern kann.

- Einfahren in Windschattengebiete sowie Herausfahren aus diesen Gebieten, wodurch stark sich ändernde Kräfte auf das Fahrzeug wirken können.

Der Fahrzeugbau strebt an, die entstehenden Anregungen durch Windkräfte zu minimieren. Dazu sind folgende Faktoren des Fahrzeugs von Bedeutung:
- „Cornering Stiffness“ der Reifen, d.h., wie stark ändert sich die Seitenkraft bei größer werdendem Schräglaufwinkel. Die Radlast des Reifens wird bei dieser Betrachtung konstant gehalten.
- Gesamtmasse des Fahrzeugs.
- Schwerpunktlage.
- Achseigenschaften.
- Gleich- und wechselseitige Federung.
- Dämpfung.
- Kinematik und Elastokinematik der Achsen.
- Aerodynamische Form und Stirnfläche des Fahrzeugs.

Aerodynamische Kräfte und Momente
Bewegt sich ein Fahrzeug mit der Geschwindigkeit v in einem Wind mit der Geschwindigkeit v_w, so wird das Fahrzeug mit der resultierenden Geschwindigkeit v_r angeblasen. Der Anströmwinkel τ ist bei natürlichem Seitenwind im Allgemeinen von 0 Grad verschieden und erzeugt somit eine Seitenkraft F_S und ein Giermoment M_Z, das auf das Fahrzeug wirkt.

Bild 13: Fahrzeug bei Seitenwind.
D Druckmittelpunkt, S Schwerpunkt,
B aerodynamischer Bezugspunkt,
v Fahrgeschwindigkeit,
v_w Windgeschwindigkeit,
v_r resultierende Geschwindigkeit,
τ Anströmwinkel, F_S Seitenwindkraft,
l Radstand, d Abstand von B zu D,
M_z Giermoment.

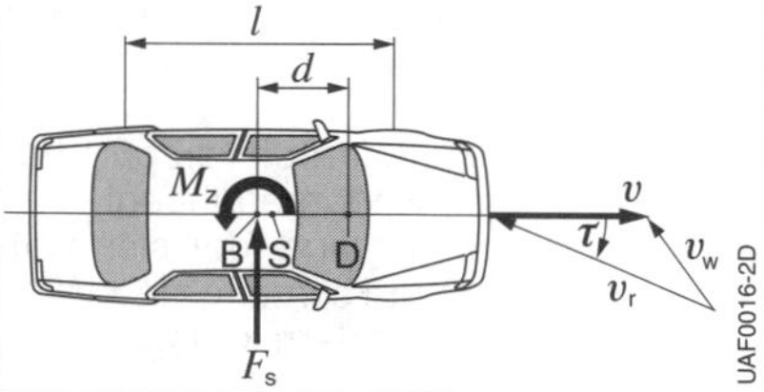

In der Aerodynamik [8] ist es üblich, anstelle von Kräften und Momenten dimensionslose Beiwerte anzugeben. Somit gilt:

$$F_S = c_S \frac{\rho}{2} v_r^2 A \; ; \; M_Z = c_M \frac{\rho}{2} v_r^2 A l \, .$$

Das Moment M_Z und die Seitenkraft F_S, die in der Mitte des Radstands bestimmt wird, lassen sich allein durch eine Seitenkraft F_S darstellen, wenn der Angriffspunkt im Druckmittelpunkt D liegt (Bild 13). Der Abstand d vom aerodynamischen Bezugspunkt B zum Druckmittelpunkt D berechnet sich wie folgt:

$$d = \frac{M_z}{F_s} = \frac{c_M \, l}{c_S} \, .$$

Um die aerodynamischen Einflüsse möglichst gering zu halten, ist es anzustreben, dass der Druckmittelpunkt D möglichst nahe beim Fahrzeugschwerpunkt S liegt. Dadurch wird das effektiv angreifende Moment reduziert.

Bild 14 stellt die aerodynamischen Beiwerte für die beiden typischen Fahrzeugbauformen Kombi und Limousine als

Bild 14: Seitenkraftbeiwert und Druckpunkt.
1 Kombi-Form, 2 Limousine.
d Abstand vom aerodynamischen Bezugspunkt B zum Druckmittelpunkt D.

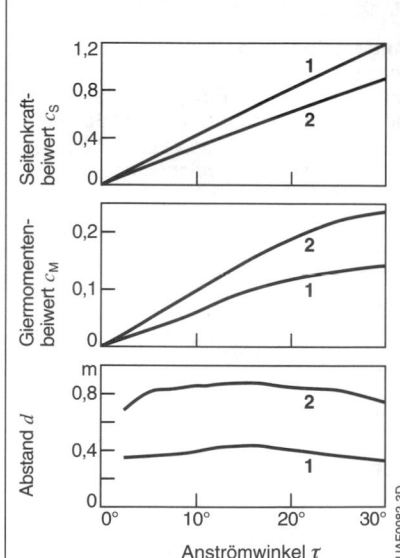

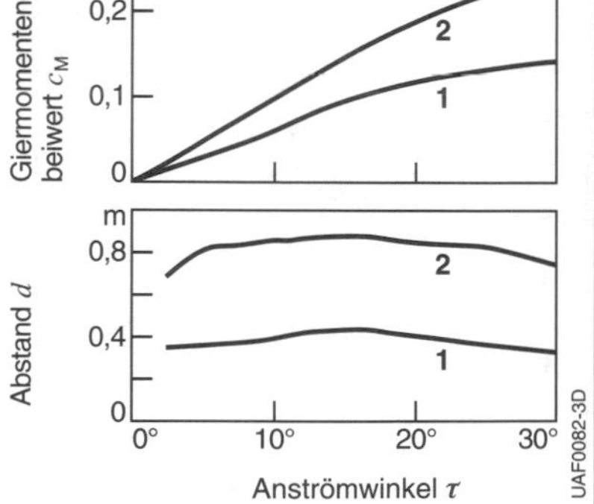

Funktion des Anströmwinkels τ dar. Der sich daraus ergebende Abstand d ist für Kombi-Fahrzeuge deutlich geringer als für Limousinen (Bild 13). Für Fahrzeuge, deren Schwerpunktlage in der Mitte des Radstands liegt, ist die Kombi-Bauform damit weniger seitenwindempfindlich als die Limousinen-Bauform.

Wankverhalten in der Kurve

Bei Kurvenfahrt wankt der Fahrzeugaufbau um seine Wankachse. Diese Wankbewegung wird durch die Fliehkraft F_{FL} hervorgerufen (siehe Bild 9 und Bild 15), die im Fahrzeugschwerpunkt angreift. Die Größe der Neigung hängt von der Federrate bei wechselseitiger Einfederung und dem Hebelarm der Fliehkraft (Abstand des Schwerpunkts von der Wankachse) ab. Als starrer Körper im Raum vollführt die Karosserie in jedem Augenblick eine Schraubung, also eine Drehung, verbunden mit einer Schiebung entlang der Momentanachse.

Bild 15: Wankverhalten in der Kurve.
b Spurweite, h_S Schwerpunkthöhe,
R Kurvenradius, ε Kurvenüberhöhung,
G Fahrzeuggewicht, F_{FL} Fliehkraft
S Schwerpunkt, W Wankpol.

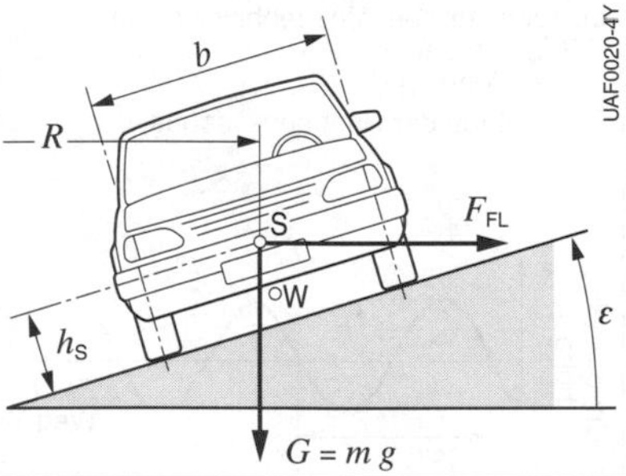

Je höher, d.h. je näher die Wankachse zu einer ihr parallelen Schwerachse liegt, desto geringer ist die Kurvenneigung bei gleicher wechsel- und gleichseitiger Federrate. Da hierzu aber die Wankpole der Achsen nach oben wandern müssen, wächst dabei die Spurweitenänderung. Bei zu großen Spurweitenänderungen kann es bei Fahrt auf unebener Straße zu gestörtem Geradeauslauf kommen und somit zu einem für das Sicherheitsgefühl ungünstigen Fahrverhalten. Darüber hinaus besteht die Gefahr, dass bei zu hohen Wankpolen der Aufbau bei höheren Querbeschleunigungen aushebt. Daher liegen die Wankpole typischerweise unterhalb von 120 mm.

Näherungsweise wird die Wankachse häufig so bestimmt, dass die Drehpole einer Ersatzbewegung der Karosserie in den beiden zur Fahrbahn senkrechten Ebenen durch die Vorder- und Hinterachse ermittelt werden. Die Drehpole sind (gedachte) Punkte der Karosserie, die bei der Drehung in Ruhe bleiben. Die Wankachse ist dann die Verbindungslinie dieser Wankpole (Momentanzentren).

Für eine genauere räumliche Betrachtung bei räumlichen Radführungen empfiehlt es sich jedoch, mit allgemeinen, dreidimensionalen Simulationsmodellen zu arbeiten [1, 2, 3].

Je größer die Fahrgeschwindigkeit bei gleichem Kurvenradius wird, desto stärker nähert man sich dem fahrdynamischen Grenzbereich und es besteht die Gefahr des Schleuderns beziehungsweise des Kippens (siehe Tabelle 12).

Tabelle 12: Grenzgeschwindigkeiten in Kurven (Zahlenwertgleichungen).

	Nicht überhöhte Kurve	Überhöhte Kurve
Geschwindigkeit, bei der das Fahrzeug die Haftgrenze überschreitet (Schleudern)	$v \leq 11{,}28\sqrt{\mu_r\ r_K}$ km/h	$v \leq 11{,}28\sqrt{\frac{(\mu_r + \tan\varepsilon)\ r_K}{1 - \mu_r\ \tan\varepsilon}}$ km/h
Geschwindigkeit, bei der das Fahrzeug kippt	$v \geq 11{,}28\sqrt{\frac{b\ r_K}{2\ h_S}}$ km/h	$v \geq 11{,}28\sqrt{\frac{\left(\frac{b}{2\ h_S} + \tan\varepsilon\right)\ r_K}{1 - \frac{b}{2\ h_S}\ \tan\varepsilon}}$ km/h

h_S Schwerpunkthöhe (in m), μ_r maximaler Kraftschlussbeiwert, b Spurweite (in m),
r_K Kurvenradius (in m), ε Kurvenüberhöhung.

Fahrzeugvertikaldynamik

Merkmale
Die Vertikaldynamik eines Fahrzeugs wird hauptsächlich durch sein Verhalten in vertikaler Richtung beim Überfahren von Straßenanregungen bestimmt. Zwar gibt es auch Anregungen in Quer- und Längsrichtung sowie Anregungen von drehenden Körpern mit Unwucht, z.B. erzeugt durch Unwucht am Rad-Reifen-Verbund, aber im Vordergrund stehen die vertikalen Anregungen der Fahrbahn. Der betrachtete Frequenzbereich liegt bis ca. 30 Hz. Das Fahrzeug hat die Aufgabe, die Anregungen der Fahrbahn mit möglichst geringen Beschleunigungen auf die Fahrzeuginsassen zu übertragen.

Die wichtigsten Parameter zur Abstimmung eines Fahrzeugs sind:
- Feder- und Dämpferabstimmung, gegebenfalls auch aktive Systeme wie eine aktive Verstelldämpfung,
- Kinematik und Elastokinemaitk der Achsen,
- Reifeneigenschaften, hier vor allem die Federsteifigkeit in vertikaler Richtung,
- Abstimmung der Motor- und Getriebelager sowohl bei Fahrzeugen mit Verbrennungsmotoren als auch bei elektrisch angetriebenen Fahrzeugen.

Die Fahrzeugvertikaldynamik wird auch als Fahrkomfort bezeichnet, gemeint ist hierbei der haptisch spürbare Komfort, nicht aber die Akustik.

Fahrbahnanregung
Bevor im Folgenden ein vereinfachtes Modell für das Übertragungsverhalten des Fahrzeugs vorgestellt wird, soll zunächst auf die Quantifizierung der Fahrbahnanregung eingegangen werden.

Fahrbahnanregungen werden für die Fahrzeugvertikaldynamik in zwei Gruppen aufgeteilt:
- Quasi beliebig lange Unebenheitsanregungen,
- Einzelereignisse, z.B. die Überfahrt von Kanaldeckeln.

Bei der Beschreibung von quasi beliebig langen Fahrbahnunebenheitsverläufen in Abhängigkeit vom Weg oder von der Zeit unterscheidet man harmonische (sinusförmige), periodische und stochastische Unebenheitsverläufe (Bild 16).

Harmonischer Unebenheitsverlauf
In diesem Fall (Bild 16a) ergibt sich die Unebenheitshöhe h nach zurückgelegter Strecke x oder zum Zeitpunkt t zu:

$$h(x) = \hat{h} \sin(\Omega x + \varepsilon), \quad \text{(Gl. 1)}$$

$$h(t) = \hat{h} \sin(\omega t + \varepsilon), \quad \text{(Gl. 2)}$$

mit:
$\hat{h}$ Amplitude der Unebenheitshöhe,
L Periodenlänge,
v Geschwindigkeit,
ε Phasenverschiebung,
$\Omega = 2\pi/L$ Wegkreisfrequenz,
$\omega = v\,\Omega = 2\pi\, v/L$ Zeitkreisfrequenz.

Bild 16: Arten von Unebenheitsverläufen.
a) Sinusförmiger Unebenheitsverlauf,
b) periodischer Unebenheitsverlauf,
c) stochastischer Unebenheitsverlauf.
T Periodendauer,
L Periodenlänge,
$\hat{h}$ Amplitude der Unebenheitshöhe.

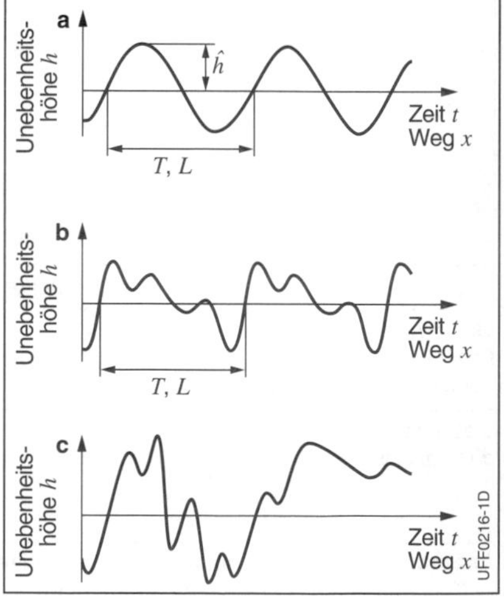

Periodischer Unebenheitsverlauf

Im nächsten Schritt wird nicht mehr nur von rein sinusförmigen, sondern von periodischen Unebenheitsverläufen (Bild 16b) ausgegangen, sodass sich mit der Formulierung als Fourierreihe (periodische Funktionen lassen sich als unendliche Reihe von Sinusschwingungen beschreiben) der Zusammenhang ergibt:

$$h(x) = h_0 + \sum_{k=1}^{\infty} \hat{h}_k \sin(\Omega x + \varepsilon_k), \qquad \text{(Gl. 3)}$$

$$h(t) = h_0 + \sum_{k=1}^{\infty} \hat{h}_k \sin(\omega t + \varepsilon_k), \qquad \text{(Gl. 4)}$$

mit:

h_0 Grundamplitude,
$\hat{h}_k$ Amplitude,
ε_k Phasenverschiebung,
$\Omega = 2\pi/L$ Wegkreisfrequenz,
L Periodenlänge.

Stochastischer Unebenheitsverlauf

Für reale Fahrbahnen, d.h. nicht nur für periodische, sondern auch für regellose (stochastische) Unebenheitsverläufe (Bild 16c), kommt man schließlich im Übergang in die komplexe Schreibweise von der Summationsformel zum Integral und somit vom diskreten zum kontinuierlichen Spektrum [3]:

$$h(x) = \int_{-\infty}^{\infty} \underline{\hat{h}}(\Omega)\, e^{j\Omega x} d\Omega \qquad \text{(Gl. 5)}$$

mit dem kontinuierlichen Amplitudenspektrum

$$\underline{\hat{h}}(\Omega) = \frac{1}{2\pi} \int_{-\infty}^{\infty} h(x)\, e^{-j\Omega x} dx. \qquad \text{(Gl. 6)}$$

Im Zeitbereich gilt:

$$h(t) = \int_{-\infty}^{\infty} \underline{\hat{h}}(\omega)\, e^{j\omega t} d\omega \qquad \text{(Gl. 7)}$$

mit

$$\underline{\hat{h}}(\omega) = \frac{1}{v}\, \underline{\hat{h}}(\Omega). \qquad \text{(Gl. 8)}$$

Aus der Beschreibung des Höhenprofils $h(t)$ bzw. $h(x)$ lassen sich wegkreisabhängige spektrale Leistungsdichten $\Phi_h(\Omega)$ (PSD, Power Spectral Density) gewinnen. Auf eine mathematische Definition und eine ausführliche Behandlung dieser Größen wird hier verzichtet und auf [1, 3] verwiesen. Für die folgenden Betrachtungen reicht die anschauliche Bedeutung der spektralen Leistungsdichte aus, die in der „Energie in einem infinitesimal kleinen Frequenzband" (bezüglich Weg- oder Zeitfrequenz) oder der „Leistung im Einheitsfrequenzband" besteht.

Diese spektralen Leistungsdichten geben die Verteilung der Leistung des Anregungsspektrums innerhalb des gesamten Unebenheitsspektrums an. Die Darstellung erfolgt üblicherweise im doppeltlogarithmischen Maßstab (Bild 17). Eine Annäherung der Leistungsdichteverläufe von realen Fahrbahnen ist dabei mit Geraden möglich, die durch folgende Gleichung beschrieben werden:

$$\Phi_h(\Omega) = \Phi_h(\Omega_0) \left(\frac{\Omega}{\Omega_0}\right)^{-w} \qquad \text{(Gl.10)}$$

mit:

- $\Phi_h(\Omega_0)$ Spektrale Leistungsdichte bei einer Bezugskreisfrequenz Ω_0 (in der Regel $\Omega_0 = 1\ \text{m}^{-1}$, was einer Bezugswellenlänge von $L_0 = 2\pi/\Omega_0 = 6{,}28$ m entspricht).
- w Welligkeit der Fahrbahn (von 1,7 bis 3,3; für Normstraße beträgt $w = 2$).

Bei Kenntnis des Unebenheitsgrads und der Welligkeit einer Fahrbahn ist die obige Geradengleichung vollständig parametriert und kann so zur Charakterisierung unterschiedlicher Fahrbahntypen herangezogen

Bild 17: Unebenheitsspektrum in Abhängigkeit von der Wegkreisfrequenz.
1 Landstraße, 2 Autobahn,
3 obere Bereichsgrenze für schlechte Straßen,
4 untere Bereichsgrenze für gute Straßen.

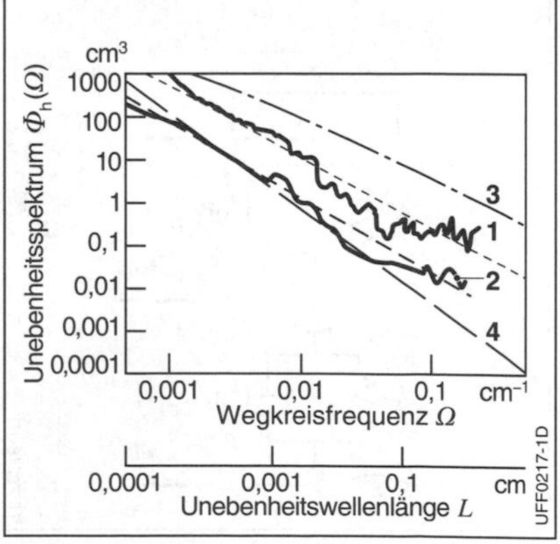

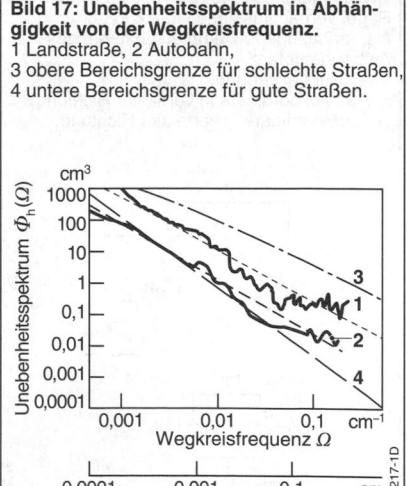

werden. Unter dem Unebenheitsgrad ist die spektrale Leistungsdichte bei einer Bezugskreisfrequenz, also $\Phi_h(\Omega_0)$, zu verstehen.

Der größte Vorteil der spektralen Leistungsdichte besteht darin, dass es mit der ISO-Norm ISO 8608:2016-11 [9] einen Standard gibt, sodass alle stochastischen Unebenheitsverläufe von „sehr gut“ bis „sehr schlecht“ klassifiziert werden können.

Der Nachteil der spektralen Leistungsdichte besteht darin zu sehen, dass einzelne Hindernisse, wie z.B. Kanaldeckel, Dehnfugen bei Brücken und sogenannte Sleeping Policeman, nicht richtig aufgelöst werden können, obwohl diese bei der Überfahrt mit Fahrzeug vom Fahrer deutlich wahrgenommen werden. Diese einzelnen Hindernisse werden daher gesondert betrachtet.

Bild 18: Zweimassenschwinger als Viertelfahrzeugmodell.
m_R Radmasse einschließlich mitschwingender Komponenten (Bremse, anteilige Achsmasse usw.),
m_A die auf ein Rad abgestützte Aufbaumasse,
c_R Steifigkeit der Reifenfeder,
$c_{A,R}$ radbezogene Steifigkeit der Aufbaufeder,
k_R Dämpferkonstante des Reifens (wird in der Regel vernachlässigt da $k_R << k_{A,R}$),
$k_{A,R}$ radbezogene Dämpferkonstante des Aufbaudämpfers,
h vertikale Anregung,
z_A Aufbaukoordinate in vertikaler Richtung,
z_R Radkoordinate in vertikaler Richtung.

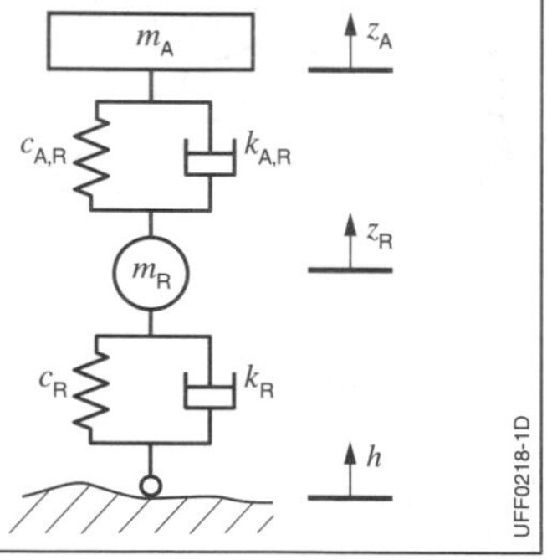

Viertelfahrzeugmodell
Die Fahrbahnanregungen wirken über den Reifen, die Radaufhängung und das Feder-Dämpfer-System auf den Fahrzeugaufbau. Für theoretische Untersuchungen werden unterschiedlich komplexe Schwingungsmodelle angewendet, die mit steigender Modellkomplexität eine Zunahme von Freiheitsgraden aufweisen. Aus Gründen der Überschaubarkeit sollen die grundlegenden Zusammenhänge an schwingungsfähigen Fahrzeugsystemen anhand des Viertelfahrzeugmodells erläutert werden (Bild 18). Der Name des Modelles weist darauf hin, dass nur ein Viertel des gesamten Fahrzeugs betrachtet wird. Es gibt also nur den wichtigen Freiheitsgrad in vertikaler Richtung. Weiterführende Informationen sind aus [1], [3] und [10] zu entnehmen.

Mit Angabe der Massen, der Steifigkeiten und Dämpfungskonstanten ist das Viertelfahrzeugmodell für schwingungstechnische Untersuchungen vollständig parametriert und es können zwei Differentialgleichungen, mit den in Bild 18 bezeichneten Größen, aufgestellt werden:

$$m_A \ddot{z}_A + k_{A,R}(\dot{z}_A - \dot{z}_R) + c_{A,R}(z_A - z_R) = 0\,, \qquad \text{(Gl. 11a)}$$

$$m_R \ddot{z}_R - k_{A,R}(\dot{z}_A - \dot{z}_R) - c_{A,R}(z_A - z_R) + c_R z_R + k_R \dot{z}_R = c_R h + k_R \dot{h}. \qquad \text{(Gl. 11b)}$$

Die Division von Gl. 11a und Gl. 11b durch die jeweilige Masse führt auf die Normalform einer Differentialgleichung 2. Ordnung und liefert die gedämpfte Eigenfrequenz ω_g und die ungedämpfte Eigenkreisfrequenz ω_u sowie die Dämpfungsmaße für das Rad D_R und den Aufbau D_A.

Für die ungekoppelte und die ungedämpfte Eigenkreisfrequenz gilt am Rad:

$$\omega_R = \sqrt{\frac{c_R + c_{A,R}}{m_R}} \approx \sqrt{\frac{c_R}{m_R}} \quad (\text{da } c_R \approx 10\, c_A). \qquad \text{(Gl. 12)}$$

Entsprechend gilt für den Aufbau:

$$\omega_A = \sqrt{\frac{c_{A,R}}{m_A}}\,. \qquad \text{(Gl. 13)}$$

Die gedämpfte Eigenkreisfrequenz ω_g berechnet sich allgemein nach:

$$\omega_g = \omega_u \sqrt{1 - D^2}\,, \qquad \text{(Gl. 14)}$$

wobei näherungsweise auch angenommen wird:

$$\omega_g \approx 0{,}9\,\omega_u\,.$$

Für das Dämpfungsmaß D_R am Rad gilt:

$$D_R = \frac{k_{A,R}}{2 m_R \omega_R} = \frac{k_{A,R}}{2\sqrt{(c_R + c_{A,R})\, m_R}} = \frac{m_A \omega_A}{m_R \omega_R} D_A\,, \qquad \text{(Gl. 15)}$$

wobei erfahrungsgemäß $D_R \approx 0{,}4$ anzustreben ist. Analog gilt für den Aufbau:

$$D_A = \frac{k_{A,R}}{2 m_A \omega_A} = \frac{k_{A,R}}{2\sqrt{(c_{A,R}\, m_R)}}\,. \qquad \text{(Gl. 16)}$$

In diesem Fall hat sich $D_A \approx 0{,}3$ als zielführend erwiesen. Die dynamischen Radlastschwankungen ΔG ergeben sich zu:

$$\Delta G = m_R \ddot{z}_R + m_A \ddot{z}_A = c_R (h - z_R) + k_R (\dot{h} - \dot{z}_R)\,. \qquad \text{(Gl. 17)}$$

Bild 19: Federübersetzung.
ΔF_F Tatsächliche Federkraft,
ΔF_R Radkraft,
Δz_R Einfederung,
d_2 Abstand Radmittelebene zum Drehpunkt,
$d_2 - d_1$ Federkrafthebelarm.

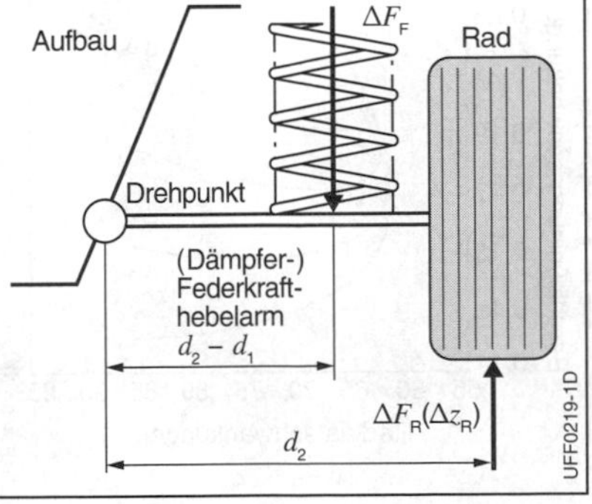

Erste Auslegung der Dämpfung und Federsteifigkeit

Eine überschlägige Auslegung des Feder-Dämpfer-Systems eines Kraftfahrzeugs kann mit den Ergebnissen des Viertelfahrzeugmodells durchgeführt werden.

Mit Vorgabe einer Aufbaueigenfrequenz (üblicherweise $f_A \approx 1...1{,}5$ Hz) kann bei Kenntnis der Aufbaumasse (oder der auf ein Rad anteilig entfallenden Aufbaumasse) die radbezogene Aufbaufedersteifigkeit bestimmt werden:

$$c_{A,R} = \omega_A^2\, m_A\,. \qquad \text{(Gl. 18)}$$

Die Umrechnung auf die tatsächliche Steifigkeit der Aufbaufeder erfolgt unter Berücksichtigung der Übersetzung i zwischen Rad- und Federbewegung gemäß Bild 19. Hierzu wird zunächst die tatsächliche Federkraft

$$\Delta F_F = c_A \Delta z_F \qquad \text{(Gl. 19)}$$

und die Radkraft ΔF_R bei einer Einfederung Δz_R formuliert. Für ΔF_R gilt:

$$\Delta F_R = c_{A,R}\, \Delta z_R\,. \qquad \text{(Gl. 20)}$$

Aus dem Momentengleichgewicht um den Drehpunkt in Bild 19 folgt:

$$c_{A,R}\, \Delta z_R\, d_2 = c_A\, \Delta z_F\, (d_2 - d_1)\,. \qquad \text{(Gl. 21)}$$

Hierüber kann die tatsächliche Federsteifigkeit c_A entsprechend der geometrischen Verhältnisse auf die radbezogene Steifigkeit $c_{A,R}$ umgerechnet werden:

$$c_{A,R} = c_A\, i^2 \qquad \text{(Gl. 22)}$$

mit der Federübersetzung i

$$i = \frac{(d_2 - d_1)}{d_2} = \frac{\Delta z_F}{\Delta z_R}\,. \qquad \text{(Gl. 23)}$$

Entsprechendes gilt für den Schwingungdämpfer. Zur Berechnung der Aufbaudämpferkonstanten (in ihrer Wirkung am Rad) gilt radbezogen gemäß Gl. 16:

$$k_{A,R} = 2\, D_A \sqrt{c_{A,R}\, m_R}\,. \qquad \text{(Gl. 24)}$$

Mit $D_A = 0{,}3$ (siehe oben) und m_A als einer bekannten Größe des betrachteten Fahrzeugs, kann dann die Aufbaudämpferkonstante, unter Berücksichtigung von Gl. 23, ermittelt werden.

Zielkonflikt bei der ersten Auslegung von Aufbaufedersteifigkeit und Aufbaudämpfung

Aus den Gleichungen Gl. 11a und Gl. 11b lassen sich die Übertragungsfunktionen (Vergrößerungsfunktionen) berechnen. Der Betrag der Übertragungsfunktion ist der Quotient aus dem stationären Anteil der Amplitude der Ausgangsgrößen (Aufbaubeschleunigung oder Radlastschwankung) und der Amplitude der Eingangsgröße (vertikale Anregung, siehe Bild 18). Der prinzipielle Verlauf ist in Bild 20c und Bild 20d gezeigt.

Diese Übertragungsfunktionen werden nun mit den Fahrbahnunebenheiten verknüpft. Als Ergebnisse erhält man die spektrale Leistungsdichte für die Aufbaubeschleunigung (Bild 20a) und für die Radlastschwankung (Bild 20b) [3].

Durch die höheren Anregungsamplituden der Fahrbahn bei niedrigen Frequenzen werden die Schwingungsamplituden im Aufbaueigenfrequenzbereich (1...2 Hz) angehoben. Im Radeigenfrequenzbereich (10...14 Hz) jedoch ergeben sich wegen der niedrigen Unebenheitsamplituden Absenkungen der Leistungsdichtespektren gegenüber den Übertragungsfunktionen, wodurch die Aufbaubewegungen dominanter als die Achsbewegungen werden.

Aus den spektralen Leistungsdichten der Aufbaubeschleunigungen und der Radlasten lässt sich jeweils die Schwankung der Aufbaubeschleunigung und der Radlast als Standardabweichung berechnen [3]. Trägt man diese beiden Größen für unterschiedliche Aufbausteifigkeitswerte und Aufbaudämpfungswerte auf (Bild 21), so sieht man, dass man z. B. mit einer geringen Dämpfung die Schwankungen der Aufbaubeschleunigung reduzieren kann und somit den Fahrkomfort verbessert. Gleichzeitig werden dabei aber die Radlastschwankungen größer und es kann dazu kommen, dass der Reifen keinen Bodenkontakt mehr hat, es somit zum Radspringen kommen kann. Beim Rad-

Bild 20: Übertragungsfunktion und spektrale Leistungsdichte für Aufbaubeschleunigung und Radlastschwankungen.
(Nach [3]).
a) Spektrale Leistungsdichte Aufbau beschleunigung,
b) Spektrale Leistungsdichte Radlast schwankung,
c) Betrag Übertragungsfunktion Aufbau beschleunigung,
d) Betrag Übertragungsfunktion Radlast schwankung.

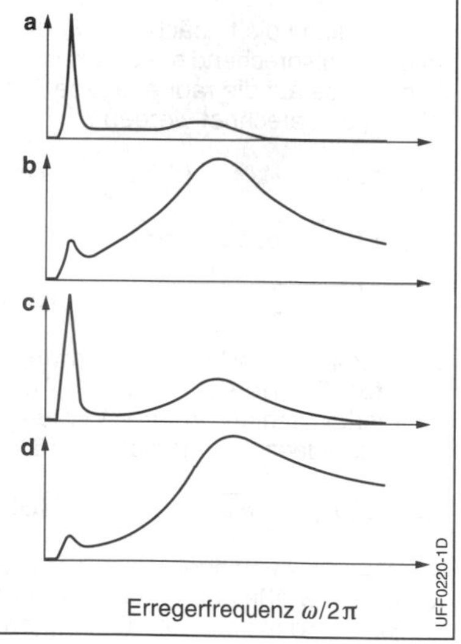

Bild 21: Zusammenhang zwischen Radlastschwankungen und Aufbaubeschleunigungsschwankungen in Abhängigkeit von Aufbausteifigkeit und Aufbaudämpfung.

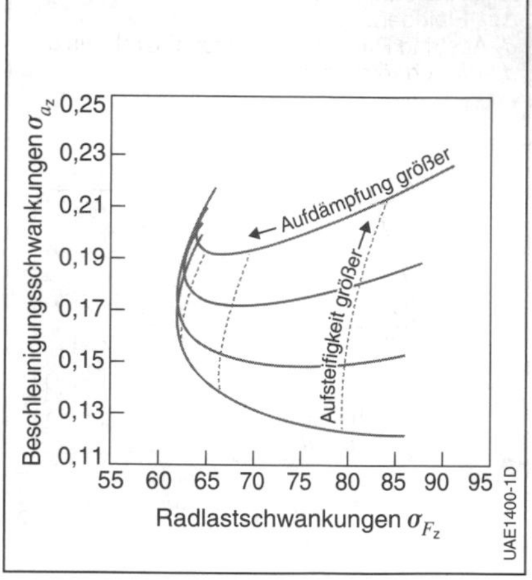

springen besteht keine Möglichkeit, dass der Reifen Seitenkräfte erzeugen kann und somit kann das Fahrzeug versetzen, d.h. die Fahrzeugsicherheit nimmt ab.

Realitätsnahe Fahrzeugmodelle für die Vertikaldynamik
Für die Prognose der Fahrzeugvertikaldynamik werden Gesamtfahrzeugmodelle auf Basis von allgemeinen Mehrkörpersimulationsprogrammen verwendet. So können die Bauteileigenschaften direkt bedatet werden und müssen nicht umgerechnet werden. Zusätzlich werden dann natürlich alle Freiheitsgrade des Aufbaus angeregt, also neben der vertiklaen Richtung wie im Viertelfahrzeugmodell auch die Quer- und Längsbewegung.

Mit einem Gesamtfahrzeugmodell können ebenfalls die Drehstäbe an der Vorder- und Hinterachse bewertet werden. Ebenfalls kann damit das Schwingungsverhalten des Rades und des Motor-Getriebe-Verbands analysiert werden, um eine günstige Auslegung der Motor- und Getriebelager mit der Aufbaudämpfung und der Aufbausteifigkeit zu erzielen.

Zur weiteren Verfeinerung der Fahrzeugvertikaldynamik werden die Aufbaudämpfung und Aufbausteifigkeit nicht nur durch konstante Werte wie im Viertelfahrzeug vorgegeben festgelegt, sondern haben nichtlineare Kennungen.

Bei realen Fahrzeugachsen ist neben der Reibung auch die sogenannte Nebenfederrate zu berücksichtigen. Die Nebenfederrate kann je nach Achstyp bis zu 20 % zur Federrate der Aufbaufeder beitragen. Grund dafür ist, dass die in der Achse verbauten Gummilager auch eine Steifigkeit besitzen, die sich beim Durchfedern der Achse bemerkbar macht. Somit sind die gefundenen Ausdrücke für die Steifigkeit der Aufbaufeder und für die Dämpfung des Aufbaudämpfers erste Anhaltswerte.

Objektivierung der subjektiven Wahrnehmung
Bereits kurze Zeit nach Einführung des Automobils wurden zu Beginn des 20. Jahrhunderts erste Ansätze zur Objektivierung des Fahrkomforts in Fahrzeugen entwickelt. Dabei erkannte man recht schnell den Einfluss des Komforts – insbesondere bei Berufskraftfahrern – auf die Konditionssicherheit (d.h. die Sicherstellung einer guten physischen und psychischen Verfassung) sowie auf die Gesundheit des Fahrers und damit auf die Gesamtsicherheit im Straßenverkehr. Entsprechend war man bemüht, aussagekräftige komfortbeschreibende Größen zu ermitteln und diese in Form objektiver Komfortkennwerte für unterschiedliche Varianten von Fahrzeugen und Straßen gegenüberzustellen. Seitdem sind eine Reihe unterschiedlicher Beurteilungsmethoden erarbeitet worden, die nahezu ausschließlich auf Beschleunigungssignalen am und rund um den Fahrerplatz basieren. Dabei wird die frequenzabhängige Empfindlichkeit des Menschen auf Schwingungen verschiedener Einleitungsstellen, sowie unterschiedlicher Art und Richtung (translatorisch oder rotatorisch; x-, y-, z-Richtung) mit Hilfe entsprechender Frequenzgewichtungsfilter berücksichtigt.

Zwei weit verbreitete Ansätze stellen dabei die VDI-Richtlinie 2057 [11] und die Norm ISO 2631 [12] dar, die trotz des überschaubaren Untersuchungsaufwands im Vergleich zu anderen Verfahren bereits eine gute Aussagekraft erreichen. Gleichzeitig stellen diese eine Grundlage für viele in den 1990er-Jahren und später entwickelten Komfortbewertungsansätze (siehe [11], [13], [14], [15], [16]) dar. Bei den bisherigen Verfahren wird in der Regel aus den durch die Anregung verursachten Beschleunigungen verschiedener Messstellen (Einleitungsorte) ein Gesamtkomfortkennwert (gegebenenfalls aus mehreren Partialkomfortkennwerten unterschiedlicher Messstellen) ermittelt, der ein Maß für die Insassenbelastung darstellen soll. Die Beschleunigungen werden zunächst frequenzgewichtet (d.h., Amplituden unterschiedlicher Frequenzen werden mit frequenzabhängigen Faktoren verknüpft) und anschließend beispielsweise mit der

RMS-Methode (Root Mean Square, siehe [11]) gemäß:

$$\overline{a}_{\text{RMS}} = \sqrt{\frac{1}{T}\int_0^T a_{\text{w}}^2(t)\,dt} \qquad \text{(Gl. 26)}$$

oder mit der RMQ- Methode („Root Mean Quad", siehe [14]) gemäß

$$\overline{a}_{\text{RMQ}} = \sqrt[4]{\frac{1}{T}\int_0^T a_{\text{w}}^4(t)\,dt} \qquad \text{(Gl. 27)}$$

auf einen Wert reduziert. Je nach Anzahl ausgewerteter Messstellen ist im Nachgang noch die Bildung eines Gesamtkennwerts erforderlich. Für die VDI-Richtlinie 2057 ist ausschließlich die Auswertung der Messstelle mit der höchsten Belastung relevant. Sämtliche translatorischen Beschleunigungen dieses Einleitungsorts (Hand, Sitz oder Fuß) werden dabei gleichermaßen bei der Kennwertbildung berücksichtigt. Einheitliche Vorgaben für die Gewichtung einzelner Einleitungsstellen gibt es allerdings bislang noch nicht.

Erst in der jüngeren Vergangenheit finden die Ergebnisse von Weber, Fechner und Stevens aus dem Bereich der Psychophysik [17] Berücksichtigung in der Objektivierung der subjektiven Wahrnehmung. So sind bei der Bewertung von objektiven Messdaten folgende Effekte zu berücksichtigen:

- Untere Wahrnehmbarkeitsschwelle,
- Differenzwahrnehmbarkeitsschwelle zwischen zwei Signalen,
- Reihenfolge, in der Signale bewertet werden (Reihenfolgeeffekt),
- Maskierungseffekt.

Bewertungsverfahren, die das Weber-Fechner-Gesetz berücksichtigen, sind deutlich genauer als einfache Absolutbewertungen [18]. Dennoch müssen diese Bewertungsverfahren durch den realen Fahrversuch oder durch Probandenversuche auf geeigneten Simulatoren unterstützt werden.

Spezielle Fahrdynamik für Nutzfahrzeuge

Grundsätzlich gelten für Nutzfahrzeuge in Bezug auf die Fahrdynamik die gleichen Gesetzmäßigkeiten wie für Pkw. Ergänzende Aspekte werden im Folgenden beschrieben. Typische Unterschiede zwischen Pkw und Nfz sind:
- Die typische Leermasse (Leergewicht) und die zulässige Gesamtmasse (Gesamtgewicht) für Nfz ist höher als für Pkw. In Europa hat ein typischer schwerer Lkw mit zwei Achsen eine zulässige Gesamtmasse von 18 t, ein typischer Sattelzug mit insgesamt fünf Achsen eine zulässige Gesamtmasse von 40 t.
- Schwere Lkw und Busse haben häufig mehr als zwei Achsen, um größere Fahrzeugmassen realisieren zu können. Bei Lkw und Transportern ist die Beladungsspanne – also der Unterschied zwischen der Fahrzeugmasse im beladenen und im leeren Zustand – viel größer als bei Pkw.
- Lkw werden sehr häufig mit Anhängern betrieben.

Längsdynamik der Nutzfahrzeuge

Wie bei Pkw setzt sich der Fahrwiderstand zusammen aus Rollwiderstand, Luftwiderstand und gegebenenfalls Steigungswiderstand. Aufgrund der hohen Masse wird beim schweren Lkw bei Steigungen größer ca. 1 % der Steigungswiderstand der dominierende Beitrag zum Fahrwiderstand [19].

Die erlaubte Höchstgeschwindigkeit von maximal 80 km/h oder 90 km/h für schwere Nfz in den meisten europäischen Ländern führt dazu, dass der Luftwiderstand – anders als beim Pkw – niemals dominierend wird.

Aufgrund der Längenbegrenzung für Nfz in der EU (und vielen anderen Staaten) ist die Fahrzeugfront im Wesentlichen eine senkrechte Fläche. Der erzielbare c_W-Wert liegt demzufolge deutlich über dem Wert für Pkw. Ein aerodynamisch guter, moderner Lkw im Fernverkehr hat einen c_W-Wert von circa 0,5. Für Spezialaufbauten sind deutlich höhere Werte zu erwarten (z.B. Betonmischer, Holztransporter).

Die Stirnfläche eines Fernverkehrs-Lkw ergibt sich aufgrund der gesetzlichen Vorgaben zu Breite und Höhe als ca. 10 m^2 (4 m hoch und 2,5 m breit).

Querdynamik der Nutzfahrzeuge

Fahrwerksauslegung

Ziel ist ein gutmütiges, untersteuerndes Fahrzeugverhalten. Das stationäre Fahrverhalten wird wie bei Pkw durch das Eigenlenkverhalten beschrieben. Es wird beeinflusst durch
- die Achskonfiguration,
- die Geomatrie des Gesamtfahrzeugs (Radstand, Spurbreite),
- die Achslastverteilung,
- die Reifen,
- die mechanischen und die hydraulischen Parameter des Lenkgetriebes,
- die Steifigkeit und die Geometrie des Lenkgestänges,
- die Elastokinematik der Vorder- und der Hinterachse,
- die Rahmensteifigkeit sowie
- die Wankstabilisierung an der Vorder- und der oder den Hinterachsen.

Das Eigenlenkverhalten blattfedergeführter Achsen („Stahlfederung") wird wesentlich durch die Neigung der Blattfedern in Fahrzeuglängsrichtung bestimmt. Da sich die Neigung der Blattfederäste mit der Beladung verändert, ist das Eigenlenkverhalten blattgefederter Achsen von der Fahrzeugbeladung abhängig. Dieses Verhalten wird auch als „Rollsteuern" der Achse bezeichnet, da es außer von der Einfederung auch vom Wankwinkel des Fahrzeugs bei Kurvenfahrt abhängt.

Eine weitere Komponente des Eigenlenkens sind Lenkbewegungen, die sich aus der Elastizität von Achslagerungen ergeben. Diese sind von der Seitenführungskraft am Rad abhängig und werden deshalb als „Seitenkraftsteuern" bezeichnet.

Bei luftgefederten, schweren Lastkraftwagen sind lenkergeführte Starrachsen üblich. Durch eine gezielte Auslegung der Nachgiebigkeit der Lenkerlager kann das Eigenlenken beeinflusst werden. Da diese Achsen normalerweise auch über eine Niveauregulierung verfügen, ist im Gegensatz zu blattgefederten Achsen die kinematische Lage der Lenker und damit das „Rollsteuern“ nicht von der Beladung abhängig.

Äußere Störeinflüsse, z.B. Fahrbahnunebenheiten oder Seitenwind, dürfen zu keinen nennenswerten Störungen der Fahrzeugbewegung führen. Die Minimierung dieser Störungen erfolgt durch die elastokinematische Auslegung des Fahrwerks. An den Vorderachsen ist das Ziel die Minimierung der Lenkbewegungen infolge von gleich- und wechselseitigem Ein- und Ausfedern und infolge von Bremsen. Stellhebel bei der Elastokinematikauslegung sind z.B. die Kinematikpunkte der Lenkung.

Bei blattfedergeführten Achsen sind die Anbindungspunkte der Blattfedern und die Blattdickenverläufe wichtige Stellhebel.

Zur Elastokinematikauslegung werden in der Berechnung geometrisch nichtlineare Finite-Element-Programme verwendet. Die Auslegung wird auf Elastokinematikprüfständen und im Gesamtfahrzeug-Fahrversuch kontrolliert.

Bild 22: Seitenführungskräfte F_S und Schräglaufwinkel α beim Dreiachsfahrzeug mit nicht gelenkter Doppelachse.
a Abstand Vorderachse zu erster Hinterachse,
b Abstand erste Hinterachse zu zweiter Hinterachse,
F_{Si} Seitenführungskräfte, i = 1, 2, 3, L,
α_i Schräglaufwinkel, i = 1, 2, 3,
δ Lenkwinkel,
r Radius,
M Momentanpol.

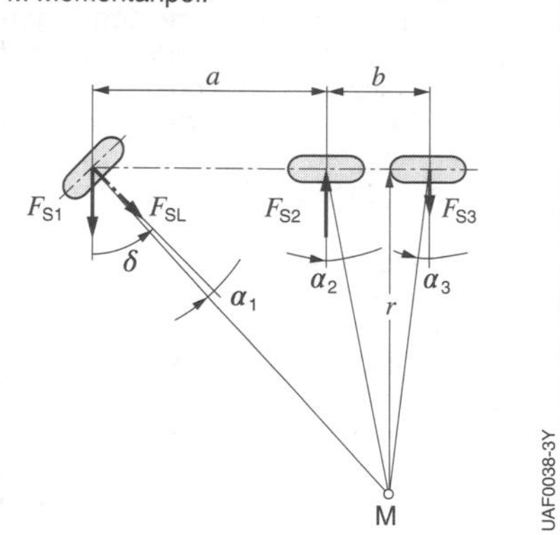

Einzelradgeführte Achsführungskonzepte sind bis jetzt im Wesentlichen nur in Transportern und Bussen realisiert.

Bei Fahrzeugen mit mehreren nicht gelenkten Hinterachsen, wie 6×4 oder 6x2 (sechs Räder, vier beziehungsweise zwei davon angetrieben), entsteht ein Verzwängungsmoment um die Fahrzeughochachse aufgrund des unterschiedlichen Schräglaufs an der ersten und der zweiten Hinterachse. Die daraus resultierende Seitenkraft an den Achsen ist für den Rangierbetrieb relevant und kann für kleine Winkel α ($\tan\alpha \approx \alpha$ im Bogenmaß; Fehler < 1 % für α < 10 ° beziehungsweise p < 17 %) folgendermaßen ermittelt werden (Bild 22, Größen siehe Legende zu Bild 22):

$F_{S1} = F_{S2} - F_{S3}$ und
$F_{S1}\,a = F_{S3}\,b$ (Momentengleichgewicht),
mit
$$F_{S2} = c_{p2} n_2 \alpha_2 ,$$
$$F_{S3} = c_{p3} n_3 \alpha_3 .$$

Schräglaufwinkel:

$$\alpha_2 = \frac{1}{r} \cdot \frac{c_{p3} n_3 b\,(a+b)}{c_{p3} n_3 (a+b) + c_{p2} n_2 a} ,$$
$$\alpha_3 = \frac{b}{r} - \alpha_2 .$$

- α_i ergibt sich im Bogenmaß (Radiant),
- c_{p2} und c_{p3} sind die Schräglaufsteifigkeiten aus den Reifenkennfeldern,
- n_2 und n_3 ist die Anzahl der Reifen pro Achse.

Kippstabilität

Mit zunehmender Fahrzeuggesamthöhe wächst die Gefahr des seitlichen Kippens bei Kurvenfahrt, bevor die Rutschgrenze erreicht ist. Die Kippgrenzen der Fahrzeuge, wie das gesamte fahrdynamische Verhalten, werden durch MKS-Simulationen (MKS: Mehr-Körper-System, Bild 23) ermittelt. Dabei werden verschiedene stationäre und instationäre Manöver untersucht, z.B. die stationäre Kreisfahrt [20] und der doppelte Spurwechsel [21]. Die bei stationärer Kreisfahrt erreichbare Querbeschleunigung b an der Kippgrenze beträgt für Transporter b = 6...8 m/s², für Lkw und Reisebusse b = 4...6 m/s2 .

Die heute weitgehend bei Nutzfahrzeugen gesetzlich vorgeschriebenen Fahrdynamikregelsysteme (Elektronisches Stabilitätsprogramm) verfügen über Funktionen, die die Kippgefahr reduzieren. Die Eingriffsschwelle dieser Systeme kann in Grenzen an die Beladung und die Ladungsverteilung des Fahrzeugs angepasst werden, indem diese Größen von einem Algorithmus aus dem momentanen Fahrverhalten des Fahrzeugs abgeschätzt werden.

Breitenbedarf

Bei Kurvenfahrt haben Kraftfahrzeuge und Zugkombinationen abhängig von der Art ihrer Lenkung und Zugwagen-Anhängerverbindung einen größeren Breitenbedarf als bei Geradeausfahrt. Als Maß für die Eignung der Fahrzeuge in bestimmten Einsätzen (z.B. in engen Ortsdurchfahrten oder Kreisverkehren) und zum Nachweis der Einhaltung von gesetzlichen Vorschriften [22] wird für ausgewählte Fahrmanöver die von den äußersten Kanten bestrichene Fläche dargestellt (Wendekreisvorschrift, Bild 24). Die Ermittlung erfolgt mittels MKS-Simulationen oder durch Realversuche.

Fahrverhalten

Zur objektiven Beurteilung des Fahrverhaltens werden verschiedene Fahrmanöver durchgeführt (siehe „Fahrdynamik-Testverfahren). Beispielsweise

Bild 24: Wendekreisvorschrift [22] am Beispiel eines Sattelzugs.
Darstellung der zulässigen stationären Radien.

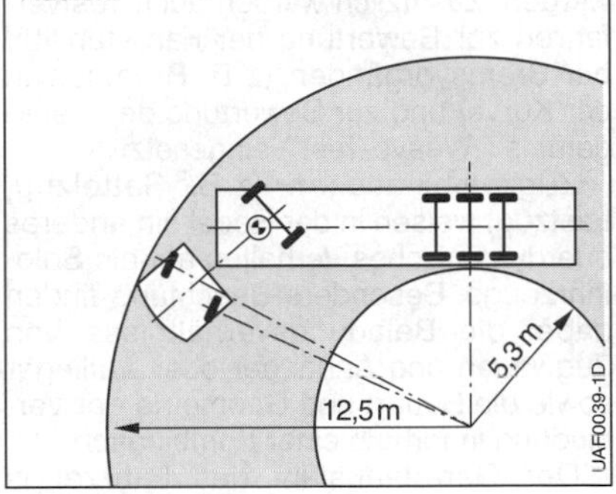

Bild 23: MKS-Modell eines Allradfahrzeugs
zur Ermittlung des Eigenlenkverhaltens und zur Simulation der Fahrdynamik.

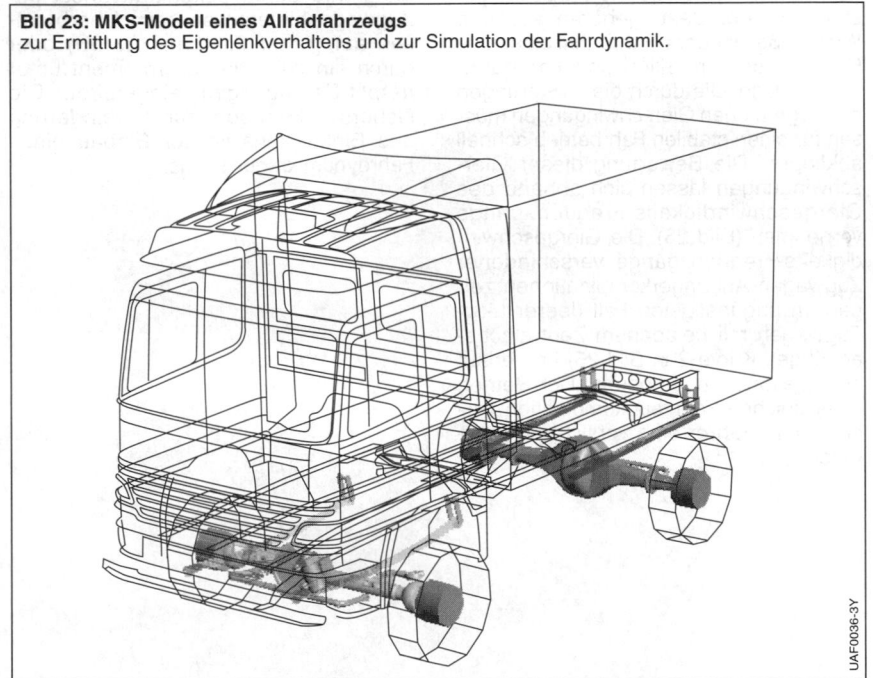

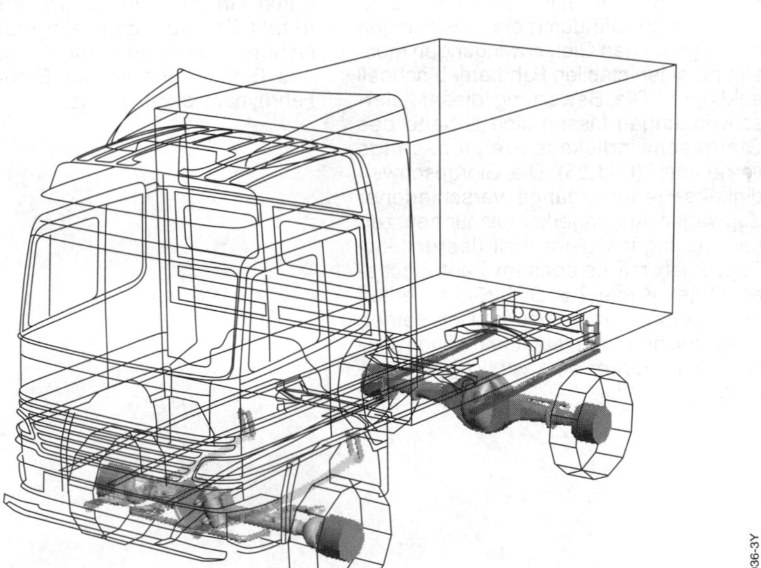

wird mit dem Testverfahren „stationäre Kreisfahrt" das stationäre Eigenlenkverhalten und Wankverhalten des Fahrzeugs beurteilt. Ein vom Fahrer gut beherschbares, moderat untersteuerndes Eigenlenkverhalten bei diesem Testverfahren ist auch eine wesentliche Grundlage für einen guten subjektiven Fahreindruck bei dynamischen Lenkmanövern und bei Bremsmanövern. Das dynamische Fahrverhalten kann z. B. mit dem Manöver „sinusförmige Lenkeingabe" bewertet werden. Zusätzlich werden auch Testverfahren zur Bewertung der Fahrstabilität bei Bremsvorgängen (z. B. Bremsen in der Kurve) und zur Bewertung des Lenkgefühls („Weave-Test") eingesetzt.

Zugkombinationen (z. B. Sattelzug, Lastzug) weisen in der Regel ein anderes querdynamisches Verhalten auf als Solofahrzeuge. Besondere Beachtung finden dabei die Beladungsverhältnisse von Zugwagen und Anhänger oder Auflieger sowie die Bauart und Geometrie der Verbindung innerhalb einer Kombination.

Der Geradeauslauf des Fahrzeugs kann durch verschiedene Faktoren gestört werden. Dazu gehören seitliche Windstöße, unebene Fahrbahn, einseitige Hindernisse, Spurrillen und Fahrbahnquerneigung. Die durch diese Störungen hervorgerufenen Gierschwingungen müssen für einen stabilen Fahrbetrieb schnell abklingen. Die Bewertung dieser Gierschwingungen lassen sich anhand des Giergeschwindigkeits-Frequenzgangs vornehmen (Bild 25). Die Giergeschwindigkeits-Frequenzgänge verschiedener Zugwagen-Anhängerkombinationen zeigen im ungünstigsten Fall (leerer Lkw-Zugwagen mit beladenem Zentralachsanhänger, Kurve 2 in Bild 25) im Verlauf eine Resonanzüberhöhung. Der Betrieb einer solchen Fahrzeugkombination verlangt vom Fahrer eine vorsichtige Fahrweise.

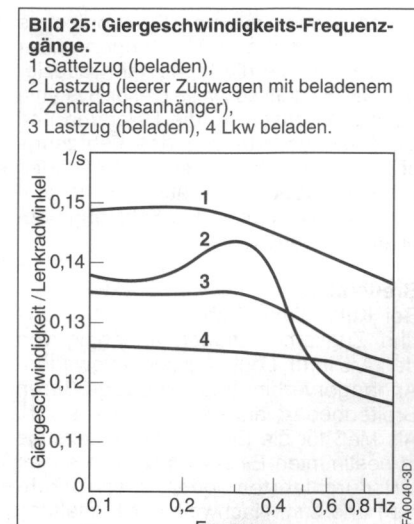

Bild 25: Giergeschwindigkeits-Frequenzgänge.
1 Sattelzug (beladen),
2 Lastzug (leerer Zugwagen mit beladenem Zentralachsanhänger),
3 Lastzug (beladen), 4 Lkw beladen.

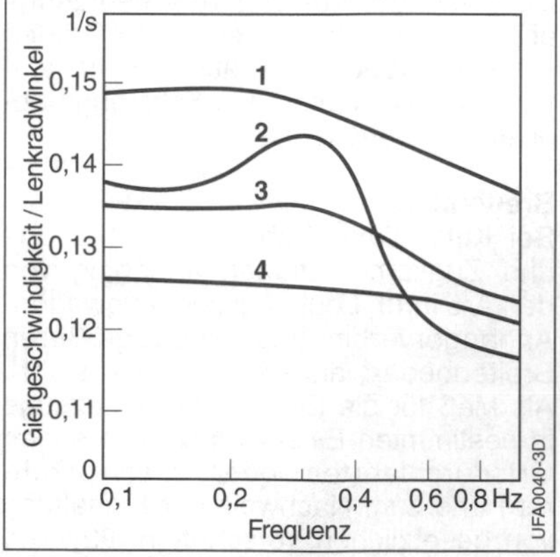

Beim Bremsen von Sattelzügen besteht in extremen Situationen die Gefahr des Einknickens (jackknifing). Dieser Vorgang wird durch Seitenkraftverlust der Zugwagenhinterachse beim Überbremsen auf glatter Fahrbahn (μ-low) oder durch ein zu hohes Giermoment unter μ-split-Bedingungen eingeleitet. Die sicherste Methode zur Verhinderung des Einknickens ist der Einbau eines Fahrdynamikregelystems.

Literatur

[1] M. Ersoy, S. Gies: Fahrwerkhandbuch, 5. Auflage, Verlag Springer Vieweg, 2017.

[2] H.-P. Willumeit: Modelle und Modellierungsverfahren in der Fahrzeugdynamik, Teubner-Verlag, 1998.

[3] M. Mitschke, H. Wallentowitz: Dynamik der Kraftfahrzeuge, 5. Auflage, Springer-Verlag 2014.

[4] ÖNORM V 5050: Straßenverkehrsunfall und Fahrzeugschaden; Terminologie.

[5] Fritz Sacher in Fucik, Hartl, Schlosser, Wielke (Hrsg.): Handbuch des Verkehrsunfalls, Teil 2, Manz-Verlag Wien, 2008.

[6] 71/320/EWG: Richtlinie des Rates vom 26. Juli 1971 zur Angleichung der Rechtsvorschriften der Mitgliedstaaten über die Bremsanlagen bestimmter Klassen von Kraftfahrzeugen und deren Anhängern.

[7] C. Kobetz: Modellbasierte Fahrdynamikanalyse durch ein an Fahrmanövern parameteridentifiziertes querdynamisches Simulationsmodell, Dissertation, TU Wien, 2003.

[8] T. Schütz: Hucho-Aerodynamik des Automobils, 6. Auflage, Verlag Springer Vieweg, 2013.

[9] ISO 8608:2016-11 Mechanical vibration – Road surface profiles – Reporting measured data; herausgegeben vom International Organization of Standardization

[10] J. Reimpell, J.W. Betzler: Fahrwerktechnik – Grundlagen. 5. Aufl., Vogel Verlag, 2005.

[11] VDI-Richtlinie 2057: Einwirkung mechanischer Schwingungen auf den Menschen – Ganzkörper-Schwingungen. VDI-Gesellschaft Entwicklung Konstruktion Vertrieb, Düsseldorf 2002.

[12] ISO 2631 AMD1 (2010): Mechanische Schwingungen und Stöße – Bewertung der Einwirkung von Ganzkörper-Schwingungen auf den Menschen.

[13] S. Cucuz: Auswirkung von stochastischen Unebenheiten und Einzelhindernissen der realen Fahrbahn. Dissertation, TU Braunschweig, 1992.

[14] D. Hennecke: Zur Bewertung des Schwingungskomforts von Pkw bei instationären Anregungen. VDI Fortschrittberichte, Düsseldorf, 1995.

[15] M. Mitschke, S. Cucuz, D. Hennecke: Bewertung und Summationsmechanismen von ungleichmäßig regellosen Schwingungen. ATZ 97/11 (1995).

[16] Kudritzki: ridemeter-calculated ride comfort, SAE 2007-01-2388

[17] Weber-Fechner Gesetz in https://de.wikipedia.org/wiki/Weber-Fechner-Gesetz

[18] B. Jörißen: Objektivierung der menschlichen Schwingungswahrnehmung unter Einfluß realer Fahrbahnanregungen, Dissertation, Universität Duisburg-Essen, 2011

[19] M. Hilgers: Getriebe und Antriebsstrangauslegung. Verlag Springer Vieweg, 2016.

[20] ISO 14792 (2011): Road vehicles – Heavy commercial vehicles and buses – Steady-state circular tests.

[21] ISO 3888-1 (1999), ISO 3888-2 (2011): Passenger cars – Test track for a severe lane-change manoeuvre –
Part 1: Double-lane change,
Part 2: Obstacle avoidance.

[22] Richtlinie 2003/19/EG der Kommission vom 21. März 2003 zur Änderung der Richtlinie 97/27/EG des Europäischen Parlaments und des Rates über die Massen und Abmessungen bestimmter Klassen von Kraftfahrzeugen und Kraftfahrzeuganhängern im Hinblick auf die Anpassung an den technischen Fortschritt.

Fahrdynamik-Testverfahren

Bewertung des Fahrverhaltens

Gesamtsystem

In der Fahrdynamik ist das Fahrverhalten allgemein als das Gesamtverhalten des Systems „Fahrer – Fahrzeug – Umwelt" definiert (Bild 2). Der Fahrer beurteilt aufgrund der Summe seiner subjektiven Eindrücke die Güte des Fahrverhaltens. Seit Ende der 1970er-Jahre werden international standardisierte Testverfahren entwickelt. Diese sollen einerseits das Verhalten des Fahrzeugs möglichst objektiv und reproduzierbar beschreiben. Andererseits dienen sie dazu, Kenngrößen zu ermitteln, die gut mit den subjektiven Fahreindrücken korrelieren.

Die meisten der international genormten Verfahren werden im offenen Regelkreis (Open Loop) durchgeführt, d.h. mit einer definierten Lenkvorgabe ohne regelnden Eingriff des Fahrers. Dadurch wird das Ergebnis nicht durch unterschiedliche Lenkstrategien individueller Fahrer beeinflusst. Nur wenige Verfahren werden im geschlossenen Regelkreis (Closed Loop) mit Vorgabe eines bestimmten Kurses durchgeführt, der vom Fahrer in individueller Weise befahren werden kann.

Insgesamt gibt es nach heutigem Stand ca. 20 ISO-Normen für fahrdynamische Prozeduren, von denen hier die folgenden, bei der Fahrzeugentwicklung am häufigsten angewandten Manöver beschrieben werden:
- Stationäre Kreisfahrt [1], [2],
- Testverfahren zum Übergangsverhalten [3], [4],
- Weave-Test und Transition-Test [5], [6],
- Bremsen in der Kurve [7], [8] und
- Zuziehende Kurve [9].

Weitere, hier nicht explizit beschriebene Testverfahren sind z.B.:
- Doppelter Fahrspurwechsel (Closed Loop, [10]),
- Pendelstabilität von Gespannen [11], [12],
- Seitenwindstabilität [13],
- Lastwechsel bei Kurvenfahrt [14].

Diese Testverfahren wurden ursprünglich für Pkw erstellt ([15], [16]). Später wurden, basierend auf diesen Normen, Testmethoden für schwere Nfz entwickelt, um den Besonderheiten des Fahrverhaltens

Bild 1: Bewertungsgrößen der Fahrdynamik.
S Schwerpunktlage,
x, y, z Raumrichtungen.

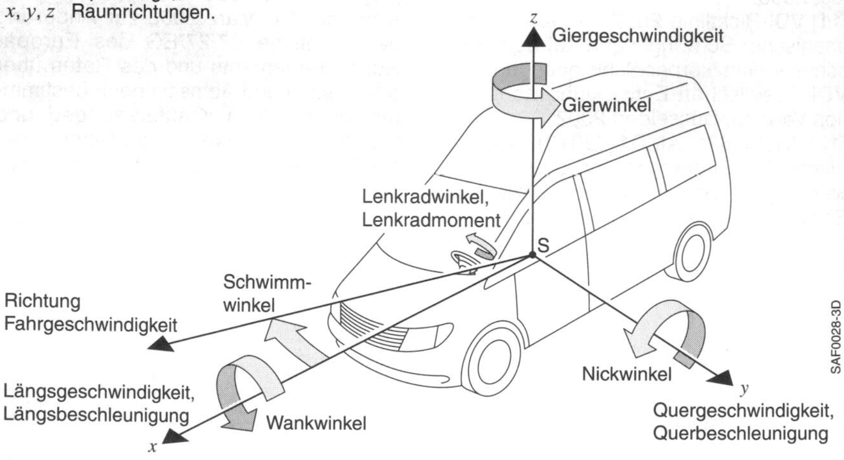

schwerer Nfz mit ihren großen Massen und Trägheiten gerecht zu werden.

Allgemeine Randbedingungen, die für alle fahrdynamischen Testverfahren gleichermaßen einzuhalten sind, z.B. der Zustand von Fahrbahn, Umweltbedingungen und Bereifung, sind in einer separaten ISO-Norm definiert (ISO 15037, [17]), die daneben auch die Anforderungen an die Messtechnik für fahrdynamische Messungen definiert.

Bewertungsgrößen

Folgende messbare Größen werden hauptsächlich zur Bewertung des Fahrverhaltens herangezogen (Bild 1):
- Lenkradwinkel und Lenkradmoment,
- Querbeschleunigung,
- Giergeschwindigkeit,
- Wankwinkel und
- Schwimmwinkel.

Aus diesen und weiteren Größen werden je nach Testverfahren definierte Kennwerte ermittelt, die zur Beschreibung und Bewertung des Fahrverhaltens dienen. Diese Messwerte und Kenngrößen sind in einer eigenen ISO-Norm definiert (ISO 8855, [18]).

Bild 2: Gesamtsystem „Fahrer – Fahrzeug – Umwelt" als Regelkreis.

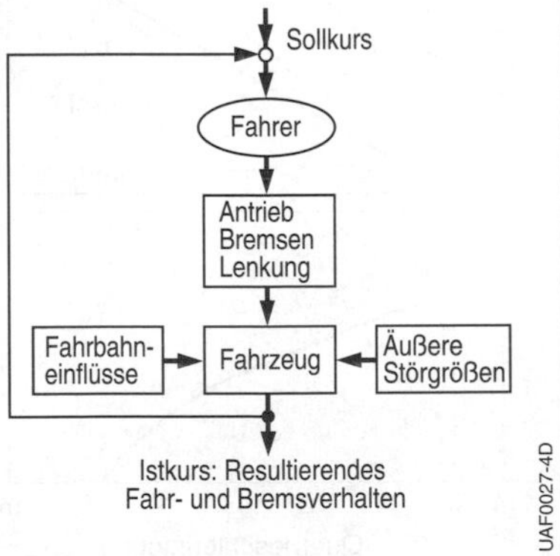

Fahrdynamik-Testverfahren nach ISO

Stationäre Kreisfahrt

Durchführung

Das Testverfahren „Stationäre Kreisfahrt" ([1], [2]) wird in der Regel so durchgeführt, dass das Fahrzeug auf einer Kreisbahn mit konstantem Radius (bei Pkw werden meist 40 m Radius gewählt, bei Lkw 80 m) ausgehend von sehr langsamer Anfangsgeschwindigkeit beschleunigt wird, bis die maximal erreichbare Querbeschleunigung des Fahrzeugs erreicht wird. Die Längsbeschleunigung sollte dabei 1 m/s^2 deutlich unterschreiten, damit der Fahrzustand als genügend stationär angesehen werden kann. Bei der Messung von Sattel- oder Lastzug-Kombinationen erfolgt die Messung mit mehreren konstanten Fahrgeschwindigkeiten auf einem vorgegebenen Kreisbahnradius.

Auswertung

Als Beurteilungskriterien dienen vor allem die Verläufe von Lenkradwinkel, Wankwinkel und Schwimmwinkel über der Querbeschleunigung, die in Bild 3 für einen Pkw und einen Lkw mit Auflieger gezeigt sind.

Aus dem Verlauf des Lenkradwinkels über der Querbeschleunigung lässt sich das Eigenlenkverhalten des Fahrzeugs anhand eines Einspurmodells ermitteln (siehe Fahrzeugquerdynamik). Heutige Fahrzeuge, sowohl Pkw als auch schwere Nfz, sind generell untersteuernd ausgelegt. Das heißt, sie benötigen mit zunehmender Geschwindigkeit auf konstantem Kreisbahnradius eine deutliche Zunahme des Lenkeinschlags. Der Grenzbereich eines untersteuernden Fahrzeugs wird durch die maximal übertragbare Seitenführungskraft der Vorderräder bestimmt, was an dem stark progressiv ansteigenden Lenkradwinkel bei hoher Querbeschleunigung erkennbar ist. Aus der Darstellung ist ersichtlich, dass bei Pkw in der Regel höhere Querbeschleunigungen möglich sind als bei Lkw.

Der Verlauf des Wankwinkels über der Querbeschleunigung beschreibt die vom Fahrer wahrnehmbare Seitenneigung des Fahrzeugs. Diese ist besonders bei Nutzfahrzeugen stark von der Beladung des

Fahrzeugs abhängig. Bei Nutzfahrzeugen mit hohem Beladungsschwerpunkt ist die maximal erreichbare Querbeschleunigung meist nicht durch die Seitenführungskraft der Reifen, sondern durch die Kippgrenze des Fahrzeugs gegeben.

Bei Lkw wird außerdem der Wankwinkel nicht nur im Fahrzeugschwerpunkt bestimmt, sondern wegen des torsionsweichen Rahmens und der separaten Fahrerhauslagerung an mehreren fahrzeugfesten Messpunkten.

Der Verlauf des Schwimmwinkels über der Querbeschleunigung ist ein Indikator für die vom Fahrer wahrnehmbare Querstabilität des Fahrzeugs. Er wird vor allem durch die Eigenschaften der Reifen bestimmt. Neben den Reifeneigenschaften haben folgende Fahrzeugparameter wesentlichen Einfluss auf das stationäre Fahrverhalten:

- Beladung und Achslastverteilung,
- Steifigkeiten von Federn und Stabilisatoren,
- kinematische und elastokinematische Bewegungen der Radaufhängung.

Übergangsverhalten

Die Testverfahren zum Übergangsverhalten ([3], [4]) dienen zur Ermittlung der Fahrzeugreaktion auf schnelle, dynamische Lenkanregungen, z. B. bei schnellen Ausweichmanövern. In Versuch und Simulation häufig angewandte Verfahren sind der „Lenkwinkelsprung" und die „sinusförmige Lenkeingabe und Frequenzgang".

Lenkwinkelsprung

Durchführung

Beim Testverfahren „Lenkwinkelsprung" wird das Fahrzeug ausgehend von einer Geradeausfahrt mit konstanter Fahrgeschwindigkeit mit einer sehr schnellen Lenkbewegung von der Lenkradstellung „geradeaus" (Winkel null) auf einen stationären Wert des Lenkradwinkels eingelenkt. Nach dem Einschwingen ergibt sich

Bild 3: Stationäre Kreisfahrt.
a) Pkw, 40 m Kreisradius,
b) 40-t-Sattelzug, beladen, 80 m Kreisradius.

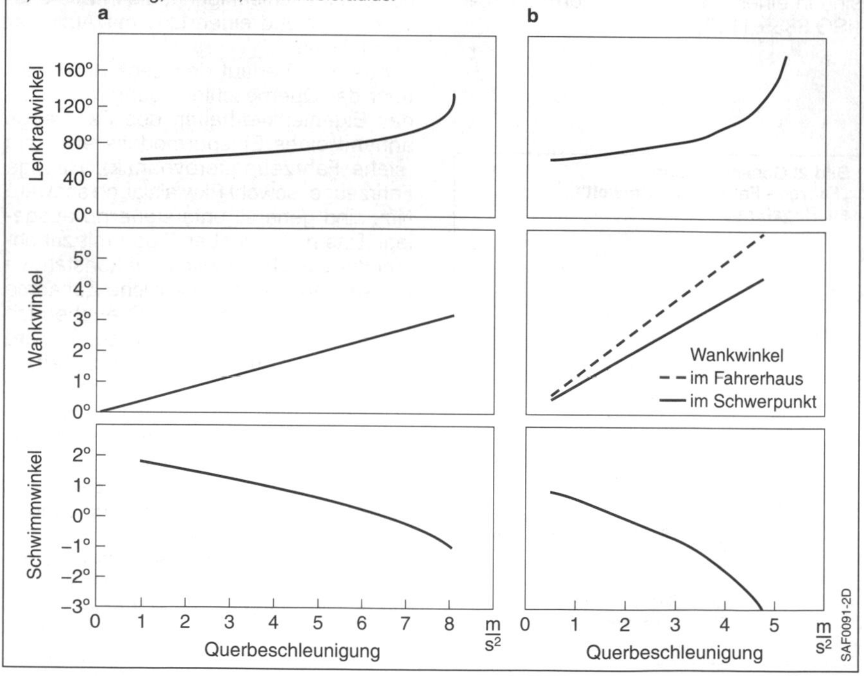

eine Kreisfahrt mit definierter, konstanter Querbeschleunigung. Eine für Pkw übliche Ausführung ist das Einlenken mit etwa 360 °/s Lenkradwinkelgeschwindigkeit auf eine Querbeschleunigung von 4 m/s² bei einer Fahrgeschwindigkeit von 80 km/h. Beim Lkw fährt man häufig mit einer Geschwindigkeit von 60 km/h (Bild 4).

Auswertung
Bewertet werden bei diesem Manöver der zeitliche Verzug und die Überschwingwerte, mit denen die Größen Giergeschwindigkeit, Querbeschleunigung, Wankwinkel und Schwimmwinkel auf die Lenkradwinkeleingabe reagieren (Bild 4). Das Fahrzeug sollte einerseits nicht zu träge auf die Lenkbewegung ansprechen und andererseits nicht mit zu starkem Überschwingen auf die Lenkeingabe reagieren. Bild 4 zeigt, dass der Lkw deutlich träger reagiert als ein Pkw.

Bild 4: Lenkwinkelsprung.
(Unbeladen, Fahrgeschwindigkeit 60 km/h).
δ_H Lenkradwinkel,
φ Wankwinkel,
a_{y0} Querbeschleunigung,
$\dot{\psi}$ Giergeschwindigkeit.

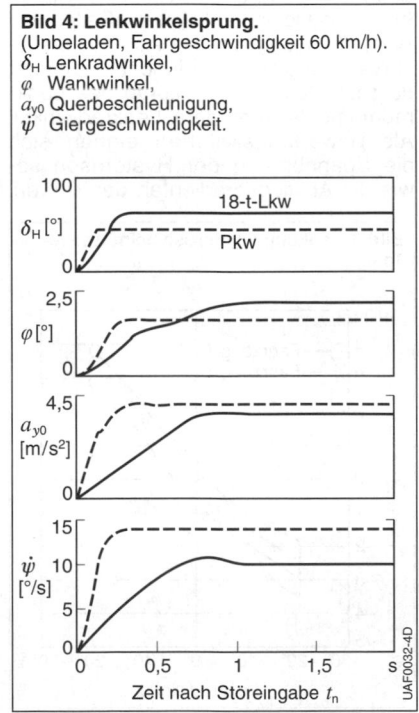

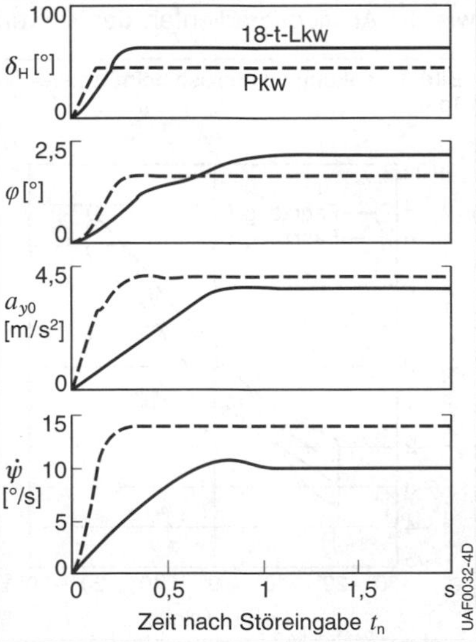

Sinusförmige Lenkeingabe und Frequenzgang
Durchführung
Beim Testverfahren „Sinusförmige Lenkeingabe und Frequenzgang" wird das Fahrzeug bei konstanter Fahrgeschwindigkeit – z.B. 80 km/h – mit einem sinusförmigen Lenkradwinkelsignal angeregt, dessen Amplitude konstant gehalten wird und dessen Frequenz beginnend bei langsamen Lenkbewegungen von 0,2 Hz auf schnelle Lenkbewegungen bis zu 2,0 Hz gesteigert wird. Dadurch wird eine Bewertung des dynamischen Fahrverhaltens im gesamten vom Fahrer anzuregenden Lenkfrequenzbereich ermöglicht.

Die Lenkamplitude wird während des Versuchs konstant gehalten und in der Regel so gewählt, dass das Fahrzeug im linearen Fahrbereich bleibt, also bei Pkw üblicherweise so, dass sich bei der langsamsten Lenkfrequenz eine Querbeschleunigung von maximal 4 m/s² ergibt. Bei schweren Nutzfahrzeugen werden meist geringere maximale Querbeschleunigungen gewählt.

Auswertung
Zur Bewertung werden die auf die Eingangsgröße Lenkradwinkel bezogenen Amplituden und Phasenwinkel der Größen Lenkradmoment, Giergeschwindigkeit, Querbeschleunigung, Wankwinkel und Schwimmwinkel ermittelt und über der Lenkfrequenz aufgetragen. Bild 5 zeigt eine solche Auswertung für einen 18-t-Lkw am Beispiel des Frequenz-

Bild 5: Sinusförmige Lenkwinkeleingabe.
(18-t-Lkw, Fahrgeschwindigkeit 60 km/h).
δ_H Lenkradwinkel,
$\dot{\psi}$ Giergeschwindigkeit,
φ_s Phasenwinkel,
δ Amplitude der Lenkwinkeleingabe.

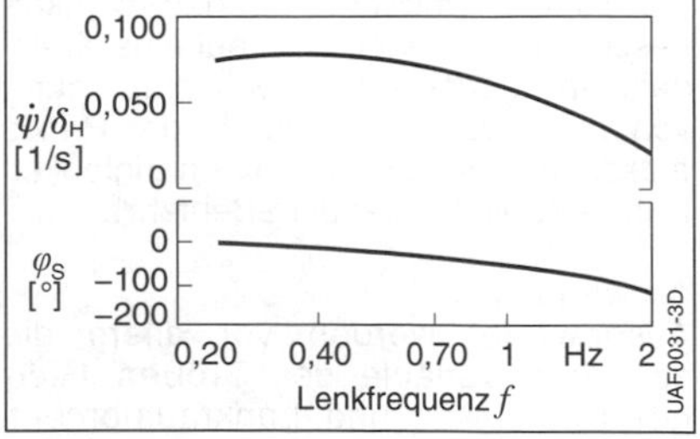

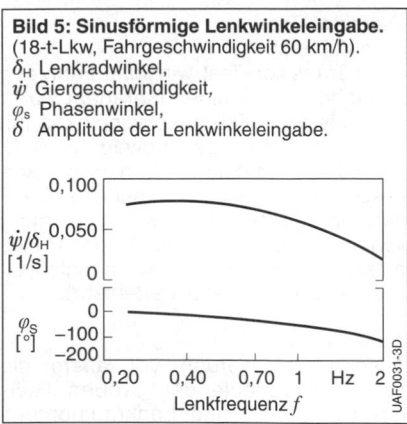

gangs der Giergeschwindigkeit. Die Lage der Eigenfrequenzen, die auftretenden Überhöhungen und die Phasenwinkel lassen sich als Bewertungskriterium für Agilität und Stabilität des Fahrzeugs bei dynamischen Lenkanregungen verwenden. Eine starke Überhöhung im Verlauf der Amplitude der Giergeschwindigkeit würde z.B. auf ein „nervöses" Fahrverhalten bei einer bestimmten Lenkfrequenz hinweisen. Große Phasenwinkel und ein stark nach unten abfallender Verlauf der Amplitude weisen dagegen auf ein sehr träges Ansprechverhalten des Fahrzeugs bei schnellen Lenkbewegungen hin.

Neben den Fahrzeugparametern, die das stationäre Fahrverhalten beeinflussen, sind für das Verhalten des Fahrzeugs bei dynamischen Fahrmanövern auch die Dämpfungseigenschaften und die Trägheitsmomente des Fahrzeugs entscheidend, sowie die dynamischen Eigenschaften von Bereifung, Lenksystem und Radaufhängungen.

Weave-Test und Transition-Test

Die Bewertungsverfahren „Weave Test" und „Transition Test" ([5], [6]) wurden entwickelt, um das Ansprechen des Fahrzeugs auf kleine, langsame Lenkbewegungen um die Nulllage der Lenkung zu ermitteln. Das Verhalten von Fahrzeug und Lenksystem bei diesen Manövern korreliert gut mit dem subjektiven Eindruck des Fahrers über die Kontrollierbarkeit des Fahrzeugs im alltäglichen Fahrbetrieb.

Transition-Test

Durchführung

Beim Transition-Test wird das Fahrzeug ausgehend von einer Geradeausfahrt mit konstanter Fahrgeschwindigkeit mit einer langsamen Lenkbewegung (z.B. bei 80 km/h mit einer Lenkradwinkelgeschwindigkeit von 5 °/s) auf eine Kreisbahn mit geringer Querbeschleunigung von 1...2 m/s² eingelenkt. In der Praxis entspricht das dem langsamen Einlenken in eine Kurve bei Landstraßenfahrt.

Auswertung

Ausgewertet werden vor allem die zeitlichen Verläufe der Größen Giergeschwindigkeit und Lenkradmoment. Als Bewertungsgröße eignet sich unter anderem die Zeit, nach der das Fahrzeug mit einer vom Fahrer wahrnehmbaren Größe der Giergeschwindigkeit auf die Lenkanregung reagiert.

Weave-Test

Durchführung

Beim Weave-Test wird das Fahrzeug bei konstanter Fahrgeschwindigkeit (z.B. 80 km/h) mit einer sinusförmigen Lenkanregung mit langsamer Lenkfrequenz von 0,1...0,2 Hz angeregt. Die maximale Querbeschleunigung liegt dabei zwischen 2 m/s² (üblich für Lkw) und 4 m/s² (üblich für Pkw), d.h., das Fahrzeug befindet sich stets im linearen Fahrbereich.

Auswertung

Zur Bewertung des Fahrzeug- und Lenkverhaltens werden die Verläufe der Größen Lenkradmoment, Giergeschwindigkeit, Querbeschleunigung und Schwimmwinkel als Funktion des vorgegebenen Lenkradwinkels verwendet. Bedingt durch die Nichtlinearitäten (u.a. Reibung) in Lenksystem, Reifen und Radaufhängung ergeben sich Hysteresekurven, wie die in Bild 6 beispielhaft dargestellte Hysteresekurve des Lenkradmoments über dem Lenkradwinkel. Als Bewertungskriterien eignen sich die Spannbreiten der Hysteresen sowie die Anstiegsgradienten der Kurven.

Bild 6: Lenkungshysterese beim Weave-Test.

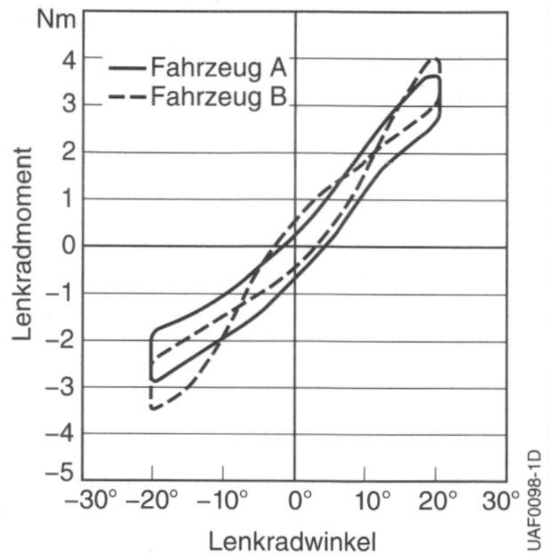

Beispielsweise wird das Lenkverhalten eines Fahrzeugs, das eine überlappende Hysteresekurve zeigt, wie Fahrzeug B in Bild 6, vom Fahrer als „indifferent um die Mittellage" und „schlecht im Geradeauslauf" empfunden.

Bremsen in der Kurve

Durchführung

Das Testverfahren „Bremsen in der Kurve" ([7], [8]) orientiert sich ebenfalls an einer im realen Fahrbetrieb häufig auftretenden Situation. Ausgehend von einer stationären Kurvenfahrt auf einem Kreis mit konstantem Radius mit einer Querbeschleunigung zwischen 3 m/s^2 (üblicher Wert bei Lkw) und 5 m/s^2 (üblicher Wert bei Pkw) wird das Fahrzeug mit konstant gehaltenem Lenkradwinkel und definierter Verzögerung, eingestellt durch den dazu erforderlichen Bremspedalweg, abgebremst. Es werden mehrere Versuche durchgeführt, bei denen die Bremspedalstellung und dadurch die Bremsverzögerung von leichtem Abbremsen bis zu einer Vollbremsung variiert werden.

Auswertung

Bild 7 zeigt die zeitlichen Verläufe von Giergeschwindigkeit, Querbeschleunigung und Schwimmwinkel eines 7,5-t-Lkw bei einer Bremsung mit einer Verzögerung von 3 m/s^2. Nach Beginn der Bremsung (Zeitpunkt 3,0 s) ist eine deutliche Überhöhung der fahrdynamischen Größen zu erkennen. Sie zeigt, dass das Fahrzeug während des Bremsvorgangs zum Inneren der Kurve hin eindreht.

Bild 7: Zeitverläufe beim Bremsen in der Kurve (7,5-t-Lkw, beladen).
Das Fahrzeug fährt eine stationäre Kreisfahrt. Zum Zeitpunkt 3 s beginnt die Bremsung.
$\dot{\psi}$ Giergeschwindigkeit, β Schwimmwinkel,
a_y Querbeschleunigung,
a_x Längsverzögerung, R_0 Kreisradius.

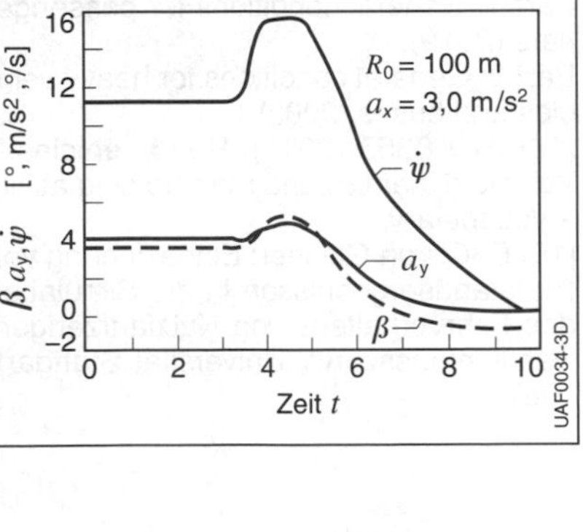

Als Bewertungskriterium für die Stabilität des Fahrzeugs dient das Ausmaß der Überhöhungen der fahrdynamischen Größen, die üblicherweise über der variierten Längsverzögerung aufgetragen werden [19].

Neben den Fahrzeugparametern, die das Fahrzeugverhalten bei den bislang beschriebenen Fahrmanövern beeinflussen, haben die Bremskraftverteilung zwischen Vorder- und Hinterachse sowie die Auslegung der Bremsregelsysteme ABS und Fahrdynamikregelung (Electronic Stability Control, ESC) wesentlichen Einfluss auf das Fahrzeugverhalten bei diesem Manöver. Deshalb wird es unter anderem auch für die Abstimmung von Bremsanlage und Bremsregelsystemen verwendet.

Zuziehende Kurve

Das Testverfahren „Closing Curve" [9] wurde vor dem Hintergrund der Änderung der ECE-Richtlinie ECE-R13 entwickelt, die bedingt, dass seit 2014 nahezu alle schweren Nutzfahrzeuge pflichtgemäß mit ESC-Systemen ausgerüstet sein müssen.

Durchführung

Auch dieses Testverfahren ist an eine reale Fahrsituation angelehnt, nämlich das Befahren einer Schnellstraßeneinfahrt oder -ausfahrt mit zu hoher Fahrgeschwindigkeit. Mit diesem Test kann der Sicherheitsgewinn durch das ESC-Regelsystem bewertet werden. Dazu wird eine Bahnkurve definiert, die von Geradeausfahrt schnell in eine Kurve mit engem Kurvenradius führt. Der Kursverlauf wird so angelegt, dass sich bei einer bestimmten Ausgangsgeschwindigkeit eine definierte Erhöhung der Querbeschleunigung ergibt, z.B. 2 m/s^3 (Bild 8a).

Auswertung

Die Testprozedur wird mit verschiedenen Geschwindigkeiten und Schwerpunkthöhen durchgeführt, jeweils mit eingeschaltetem und ausgeschaltetem ESC.

Bild 8: Sicherheitsgewinn durch ESC beim Testverfahren „Closing Curve“.
a) Testverlauf:
- Geradeausfahrt vor dem Kreis,
- Einfahrt in den Kreis,
- Kreisfahrt mit konstantem Radius.

b) Bereiche mit stabiler Fahrzeugreaktion, d.h. sicher durchfahrener Kursverlauf.
A ESC ausgeschaltet,
B ESC eingeschaltet.

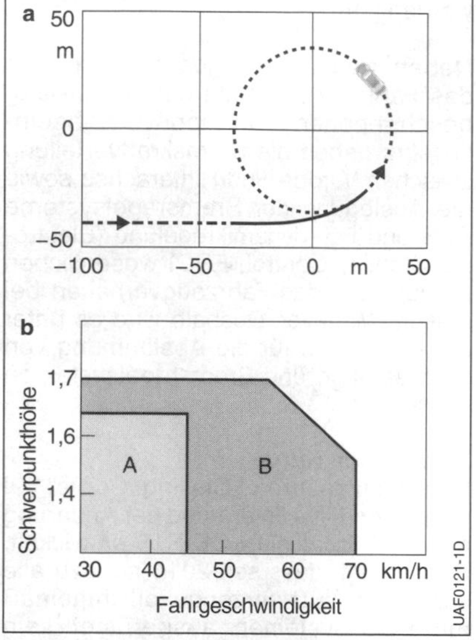

Anhand des Abhebens der kurveninneren Räder wird bewertet, ob das Fahrmanöver als „bestanden“ gilt. Bild 8b zeigt in Abhängigkeit von Schwerpunkthöhe und Fahrgeschwindigkeit die Bereiche auf, in denen das Fahrmanöver bestanden wurde. Der Sicherheitsgewinn durch ESC wird sichtbar.

Literatur

[1] ISO 4138 (2012): Passenger Cars – Steady-state circular driving behaviour – Open-Loop test methods.
[2] ISO 14792 (2011): Road vehicles – Heavy commercial vehicles and buses – Steady-state circular tests.
[3] ISO 7401 (2011): Road vehicles – Lateral transient response test methods – Open-loop test methods.
[4] ISO 14793 (2011): Road vehicles – Heavy commercial vehicles and buses – Lateral transient response test methods.
[5] ISO 13674: Road vehicles – Test method for the quantification of on-centre handling –
Part 1: Weave test (2010),
Part 2: Transition test (2016).
[6] ISO 11012 (2009): Heavy commercial vehicles and buses – Open-loop test methods for the quantification of on-centre handling – Weave test and transition test.
[7] ISO 7975 (2019): Passenger cars – Braking in a turn – Open-loop test method.
[8] ISO 14794 (2011): Heavy commercial vehicles and buses – Braking in a turn – Open-loop test methods.
[9] ISO 11026 (2010): Heavy commercial vehicles and buses – Test method for roll stability – Closing-curve test.
[10] ISO 3888: Passenger cars – Test track for a severe lane-change manoeuvre –
Part 1: Double lane-change (2018),
Part 2: Obstacle avoidance (2011).
[11] ISO 9815 (2010): Road vehicles – passenger-car and trailer combinations – Lateral stability test.
[12] ISO 14791 (2014): Road vehicles – Heavy commercial vehicle combinations and articulated buses – Lateral stability test methods.
[13] ISO 12021 (2010): Road vehicles – Sensitivity to lateral wind – Open-loop test method using wind generator input.
[14] ISO 9816 (2018): Passenger cars – Power-off reaction of a vehicle in a turn – Open-loop test method.
[15] A. Zomotor: Fahrwerktechnik – Fahrverhalten. 2. Aufl., Vogel-Verlag, 1991.
[16] M. Mitschke, H. Wallentowitz: Dynamik der Kraftfahrzeuge. 5. Aufl., Verlag Springer Vieweg, 2014.
[17] ISO 15037: Road vehicles – Vehicle dynamics test methods –
Part 1: General conditions for passenger cars (2019),
Part 2: General conditions for heavy vehicles and buses (2002).
[18] ISO 8855 (2011): Road vehicles – Vehicle dynamics and road-holding ability – Vocabulary.
[19] E.-C. von Glasner: Einbeziehung von Prüfstandsergebnissen in die Simulation des Fahrverhaltens von Nutzfahrzeugen. Habilitationsschrift, Universität Stuttgart, 1987.

Energiebedarf für Fahrantriebe

Für Fahrzeuge, die die Energie für die Fortbewegung aus fossilen Kraftstoffen beziehen und damit im Fahrbetrieb CO_2 emittieren, gelten Grenzwerte für diese Emissionen. Der CO_2-Ausstoß ist proportional zum Kraftstoffverbrauch. Dies gilt auch für Mild- und Vollhybridfahrzeuge, die den Verbrennungsmotor aber in verbrauchsgünstigeren Betriebspunkten betreiben können und somit einen geringeren Kraftstoffverbrauch aufweisen. Die Batterien von extern aufladbaren Hybridfahrzeugen können an einer Steckdose des Stromnetzes oder an einer Ladesäule aufgeladen werden, deshalb muss diese zugeführte und in der Antriebsbatterie gespeicherte elektrische Energie beim Energiebedarf berücksichtigt werden. Elektrofahrzeuge schließlich beziehen die gesamte für den Antrieb erforderliche Energie aus dem Stromnetz und emittieren somit lokal kein CO_2.

Kraftstoffverbrauch von Verbrennungsmotoren

Spezifischer Kraftstoffverbrauch

Die am meisten verbreitete Darstellung von Motor-Verbrauchskennfeldern ist das „Muscheldiagramm", in dem über der Motordrehzahl der effektive Mitteldruck p_{me} und als Scharenparameter Linien konstanten spezifischen Verbrauchs (auf die Leistung bezogener Kraftstoffdurchsatz in g/kWh) aufgetragen sind (Bild 1). Damit lässt sich die Effizienz von Motoren unterschiedlicher Größe und Bauart vergleichen.

Eine andere Darstellung enthält als Scharenparameter den Kraftstoffdurchsatz oder Massenstrom (z. B. in kg/h). Diese Art der Darstellung eignet sich besonders als Eingabegröße für CAE-Programme (Computer-Aided Engineering), mit deren Hilfe der Kraftstoffverbrauch

Bild 1: Motor-Verbrauchskennfeld (Muscheldiagramm).

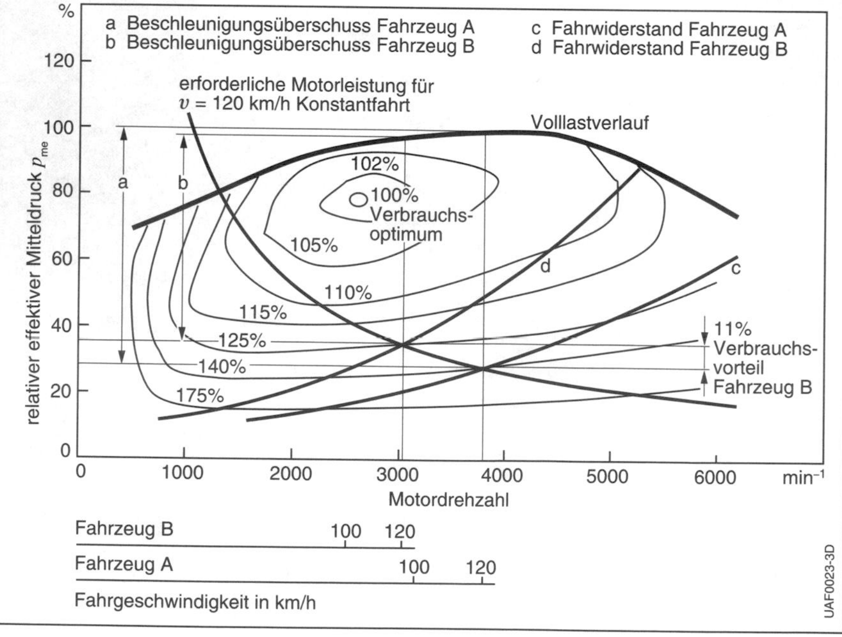

(entspricht dem CO_2-Ausstoß) simuliert werden kann.

In beiden Darstellungen sind als obere Begrenzungslinie der Volllast-Drehmomentenverlauf, als begrenzende Drehzahlen die Leerlauf- und die Abregeldrehzahl und häufig auch Linien konstanter Leistung P (Leistungshyperbeln wegen $P \sim p_{me}n$, mit der Drehzahl n) als zusätzliche Information eingetragen.

Verbrauch als Summe aller Verluste und Fahrwiderstände

Lässt man den Einfluss des Fahrers auf den Kraftstoffverbrauch, der bis zu 30 % betragen kann, außer Acht, so sind nach der Verbrauchsformel (Bild 2) drei Gruppen von Einflussgrößen zu unterscheiden:
- Der Motor (einschließlich Riemenantrieb und Nebenaggregate),
- die inneren Fahrwiderstände des Antriebsstrangs (z.B. Getriebe, Differentiale) und
- die äußeren Fahrwiderstände.

Tabelle 1: Größen und Einheiten.

Größe		Einheit
B_e	Streckenverbrauch	g/m
b_e	spezifischer Kraftstoffverbrauch	g/kWh
m	Fahrzeugmasse	kg
A	Stirnfläche des Fahrzeugs	m^2
f_R	Rollwiderstandsbeiwert	–
c_W	Luftwiderstandsbeiwert	–
g	Erdbeschleunigung	m/s^2
t	Zeit	s
v	Fahrgeschwindigkeit	m/s
a	Beschleunigung	m/s^2
B_r	Bremswiderstand	N
$\eta_Ü$	Übertragungswirkungsgrad des Antriebsstrangs	–
ρ	Dichte der Luft	kg/m^3
α	Steigungswinkel	°

Äußere Fahrwiderstände

Die äußeren Fahrwiderstände bestimmen den Mindestenergiebedarf eines Fahrzeugs in einem vorgegebenen Fahrprofil. Sie können durch Verringerung der Fahrzeugmasse, Reduzierung des Rollwiderstands der Reifen und durch Verbesserung der Aerodynamik vermindert werden. Bei einem durchschnittlichen Serienfahrzeug ohne rekuperativem Bremsen führen 10 % Verringerung der Masse, des Luftwiderstands und des Rollwiderstands zu etwa 6 %, 3 % und 2 % Reduzierung des Kraftstoffverbrauchs.

In der Formel in Bild 2 wird zwischen Beschleunigungs- und Bremswiderstand unterschieden. Hierdurch wird deutlich, dass sich der Streckenverbrauch vor allem dann erhöht, wenn bei einer späteren Verzögerung die Betriebsbremse benutzt wird und nicht die Schubabschaltung des Verbrennungsmotors oder gar ein Hybrid-

Bild 2: Beeinflussung des Kraftstoffverbrauchs durch Maßnahmen am Fahrzeug.
Größen siehe Tabelle 1.

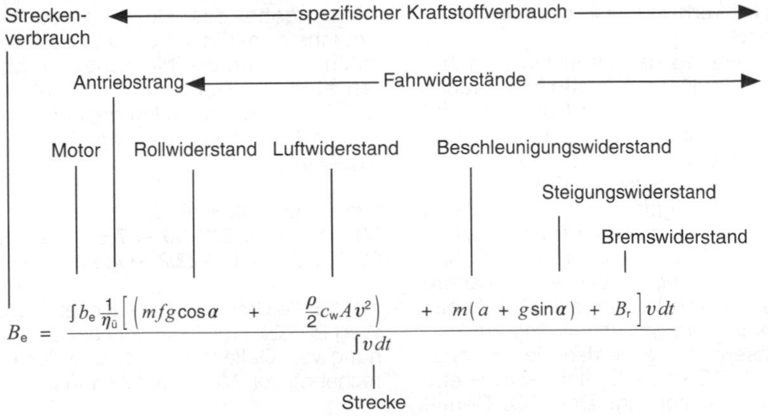

$$B_e = \frac{\int b_e \frac{1}{\eta_Ü}\left[\left(mfg\cos\alpha + \frac{\rho}{2}c_W A v^2\right) + m(a + g\sin\alpha) + B_r\right] v\,dt}{\int v\,dt}$$

system zur Rekuperation von Teilen der Bremsenergie verwendet wird.

Innere Fahrwiderstände
Die inneren Fahrwiderstände setzen sich aus den Verlusten im Antriebsstrang von der Kurbelwelle bis zu den Rädern zusammen. In Bild 1 sind mit den Kurven c und d die Summe der inneren und äußeren Fahrwiderstände dargestellt, wobei Fahrzeug A deutlich geringere Widerstände gegenüber Fahrzeug B aufweist.

Neben den Übertragungsverlusten im Antriebsstrang beeinflusst auch das Gesamtübersetzungsverhältnis den Kraftstoffverbrauch. Dieses berechnet sich aus dem Produkt der Getriebe- und der Differentialübersetzung. Je nach Wahl der Gesamtübersetzung resultieren für eine bestimmte Fahrgeschwindigkeit unterschiedliche Betriebspunkte im Motor-Verbrauchskennfeld. In der Regel verschieben sich durch eine „längere" Übersetzung, d.h. ein kleineres Gesamtübersetzungsverhältnis, die Betriebspunkte in verbrauchsgünstigere Kennfeldbereiche. Gleichzeitig muss beachtet werden, dass sich das Beschleunigungsvermögen verringert und das NVH-Verhalten verschlechtert („Noise Vibration Harshness", das bedeutet Geräusche, Vibrationen und Rauigkeit und wirkt sich somit auf den Fahrkomfort aus). Eine sinnvolle Übersetzungswahl ist daher nur in Grenzen möglich.

Ermittlung des streckenbezogenen Kraftstoffverbrauchs konventioneller Antriebe
Die Ermittlung der offiziellen Angabewerte des Norm-Kraftstoffverbrauchs erfolgt auf der Basis von Rollentests auf Abgasprüfständen, bei denen gesetzliche Testzyklen (z.B. NEFZ für Europa, FTP75 und Highway für USA oder JC08 für Japan) nachgefahren werden. Seit den Jahren 2017 und 2018 wird in Europa und Japan der WLTC (World Light-duty Test Cycles) angewendet, der realitätsnähere Verbrauchswerte liefern soll. Das Abgas wird in Beuteln gesammelt und zur Verbrauchsermittlung werden die Bestandteile HC, CO und CO_2 analysiert (siehe Abgas-Messtechnik). Der CO_2-Gehalt des Abgases ist proportional zum Kraftstoffverbrauch.

Für Europa gelten folgende Anhaltswerte:
Diesel: 1 *l*/100 km ≈ 26,3 g CO_2/km.
Otto:
(Euro 4): 1 *l*/100 km ≈ 24,0 g CO_2/km.
(Euro 5, E5): 1 *l*/100 km ≈ 23,4 g CO_2/km.
(Euro 6, E10): 1 *l*/100 km ≈ 22,8 g CO_2/km.

Die Änderung von Euro 4 nach Euro 5 und Euro 6 beruht auf einer fünfprozentigen Ethanolbeimischung beim Ottokraftstoff (E5) beziehungsweise zehnprozentigen Beimischung bei Euro 6 (E10).

Fahrzeugmassen werden am Prüfstand ersatzweise durch Prüfmassen simuliert. In heutigen Zertifizierungszyklen wird die Prüfmasse je nach Land und Leermasse des Fahrzeugs in Schritten von 55...120 kg gestaffelt. Bei der Zuordnung der Fahrzeugmasse zur entsprechenden Schwungmassenklasse (SMK) wird die fahrbereite Masse des Fahrzeugs (einschließlich aller Füllstoffe, Bordwerkzeug und dem zu 90 % gefüllten Kraftstoffbehälter) zuzüglich 100 kg als Ersatz für einen Fahrer und Gepäck herangezogen. Der Verbrauchsunterschied beim Sprung in eine benachbarte Schwungmassenklasse beträgt – je nach Fahrzeug – zwischen 0,15 und 0,25 *l*/100 km. Im WLTC wird die tatsächliche Fahrzeugmasse als Prüfmasse herangezogen.

Einheiten des Kraftstoffverbrauchs
Die Angabe des Norm-Kraftstoffverbrauchs findet je nach Land und Testzyklus in unterschiedlichen Einheiten statt. In Europa wird der Wert in g CO_2/km oder *l*/100 km angegeben, in den USA in mpg (miles per gallon) und in Japan in km/*l*.

Umrechnungsbeispiele:
30 mpg → 235,21/30 → 7,8 *l*/100 km,
22,2 km/*l* → 100/22,2 → 4,5 *l*/100 km.

Der für die Umrechnung eingesetzte feste Wert 235,21 ergibt sich aus der Umrechnung von Gallone zu Liter und der Umrechnung von Meilen auf Kilometer.

Kraftstoffverbrauch von Hybridfahrzeugen

Besonderheiten des Kraftstoffverbrauchs von autarken Hybriden

Beim Rollentest autarker Hybride (d.h. Hybride ohne externe elektrische Aufladung) werden zusätzlich zum CO_2-Wert die Batterieströme ermittelt und dabei in allen länderspezifischen Gesetzgebungen darauf geachtet, dass der Ladezustand der Batterie vor und nach dem Test gleich ist. Die hierbei zugelassene Toleranz und etwaige Korrekturverfahren unterscheiden sich zwischen Europa, USA und Japan.

Bei Hybridfahrzeugen wird ein Teil der kinetischen Energie des Fahrzeugs durch Rekuperation in elektrische Energie umgewandelt und wieder in die Batterie zurückgespeist und steht zum Vortrieb zur Unterstützung des Verbrennungsmotors (Boostbetrieb) oder für reine elektrische Fahrt zur Verfügung. Der Betriebspunkt des Verbrennungsmotors kann durch die E-Maschine in verbrauchsgünstigere Bereiche im Motorkennfeld (Bild 1) verschoben werden, ungünstige Teillastbereiche werden völlig vermieden. Hierdurch sind Kraftstoffeinsparungen von 10 % bis 20 % gegenüber konventionellen Fahrzeugen realisierbar.

Besonderheiten des Kraftstoffverbrauchs von extern aufladbaren Hybriden

Extern aufladbare Hybride (z.B. Plug-in-Hybrid) unterscheiden sich von autarken Hybriden durch die Möglichkeit, die Batterie extern an einer Steckdose oder einer Wandladestation (Wallbox) aufladen zu können. Wandladestationen erlauben mit höheren Leistungen zu laden und somit die Ladezeit zu verkürzen.

Im Gegensatz zu autarken Hybriden beziehungsweise konventionellen Fahrzeugen werden bei extern aufladbaren Hybriden zwei Rollentests zur Ermittlung des Verbrauchs durchgeführt und die Verbrauchsergebnisse von Kraftstoff und elektrischer Energie aus der Steckdose je nach Gesetzgebung unterschiedlich gewichtet verrechnet. Dabei findet ein Test mit voller Batterie statt und der Zyklus wird solange wiederholt, bis der elektrische Speicher seine Mindestladung erreicht hat. Man spricht hierbei vom Depleting-Test. Ein zweiter Test, der Sustaining-Test, findet auf dem Niveau der Mindestladung statt und ist analog zum Test autarker Hybride (Bild 3).

Der Zertifizierungsabschlag (Utility-Faktor, UF) gewichtet den Kraftstoffverbrauch mit geladenem Speicher (Charge-Depleting Test, CD) und leerem Speicher (Charge-Sustaining Test, CS) in Abhän-

Bild 3: Testverfahren am Beispiel des WLTC.

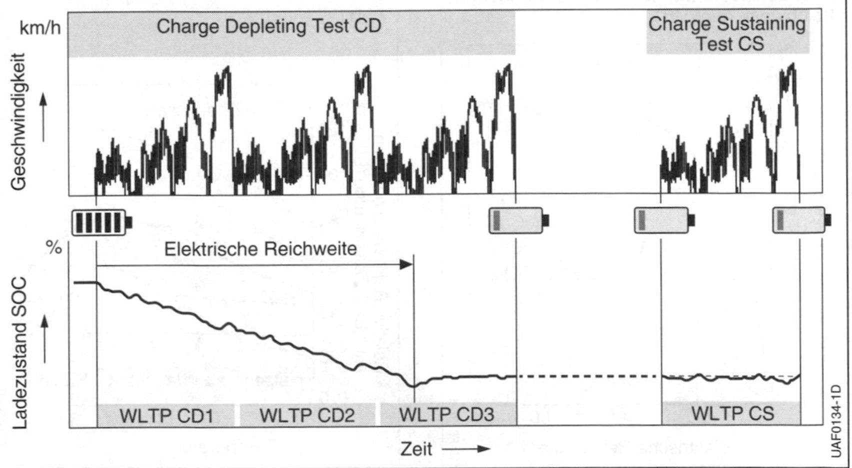

gigkeit der elektrischen Reichweite. Er lässt sich aus Felddaten gemäß SAE-Norm J2841 [1] ermitteln oder ist durch den Gesetzgeber festgelegt. In Bild 4 ist ein Vergleich der kumulierten Utility-Faktoren für verschiedene Länder (EU, USA, China, Japan) bezogen auf die WLTP-Reichweite (Worldwide harmonized Light vehicles Test Procedure) dargestellt. Je höher die Kurve verläuft, desto stärker wird der Kraftstoffverbrauch im CD-Test gegenüber dem CS-Testverbrauch bei gleicher Reichweite gewichtet, der Zertifizierungsabschlag steigt und der Zertifizierungsverbrauch sinkt. Dieser ergibt sich aus dem Produkt von Sustaining-Verbrauch und dem Wert (1– UF).

In Bild 4 lässt sich ablesen, dass bei einer elektrischen Reichweite im WLTC von 50 km der Plug-in-Abschlag in China 72 % beträgt, d.h., bei einem Sustaining-Verbrauch von 6 l/100 km läge der Zertifizierungsverbrauch bei 1,7 l/100km.

Der Kraftstoffverbrauch eines Plug-in-Hybriden auf der Straße kann von den Zertifizierungswerten deutlich abweichen, da der Anteil der elektrischen Fahrt neben der Fahrweise auch stark vom elektrischen Ladeverhalten des Kunden abhängig ist. Das Ladeverhalten wird durch die vorhandene Ladeinfrastruktur und den Bedienkomfort maßgeblich beeinflusst.

Bild 4: Utility-Faktor: Zertifizierungsabschlag in Abhängigkeit der elektrischen Reichweite im WLTC.

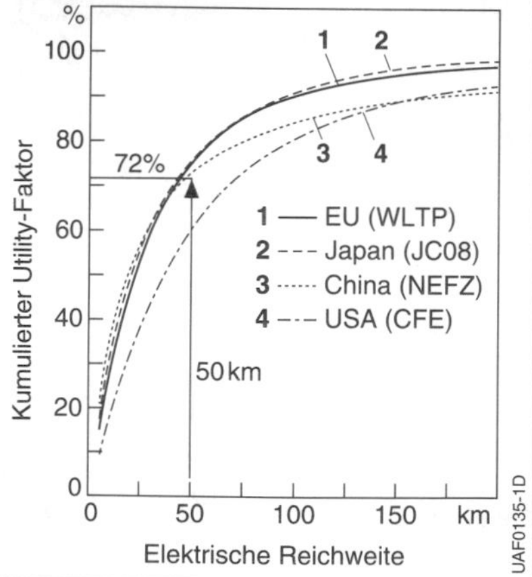

Reichweite und Verbrauch von Elektrofahrzeugen

Elektrische Reichweite

Die Ermittlung der offiziellen Angabewerte der Normreichweite erfolgt auf der Basis von Rollentests auf Prüfständen, bei denen gesetzliche Testzyklen wiederholt nachgefahren werden. Für eine elekrische Reichweite von 200 km ist beispielsweise der NEFZ-Zyklus ca. 19 mal zu durchfahren. Wie bei den Rollentests der konventionellen Fahrzeuge und Hybride bleiben auch hier Nebenverbraucher und Klimaeinflüsse unberücksichtigt. Letztere spielen bei Elektrofahrzeugen eine große Rolle bezüglich der erzielbaren Reichweite, weil sämtliche Energie für Heizen und Kühlen aus der Batterie stammt und somit für den Vortrieb nicht mehr zur Verfügung steht. In Bild 5 sind der Klimatisierungseinfluss zum Heizen, Kühlen oder Entfeuchten (Reheat), repräsentiert durch die Temperatur, sowie der Einfluss des Fahrverhaltens (Geschwindigkeit, Beschleunigung, Bremsverhalten), repräsentiert durch verschiedene

Bild 5: Relative Reichweitenänderung in Abhängigkeit der Temperatur bezogen auf die NEFZ-Zertifizierungsreichweite.
1 Konstant 50 km/h,
2 konstant 100 km/h,
3 konstant 150 km/h,
4 konstant 200 km/h,
5 WLTC,
6 Langstrecke,
7 NYCC (Stadt).

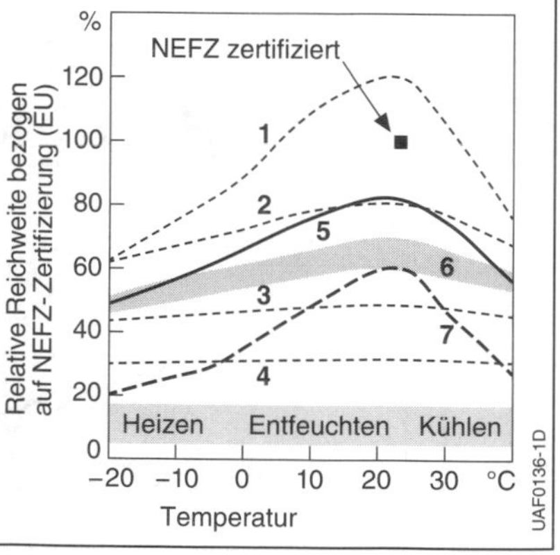

Zyklen, auf die erzielbare Reichweite dargestellt.

Je höher der Energiebedarf durch die Fahraufgabe ist, desto weniger wirken sich die Klima-Nebenverbraucher aus. Die kleinsten Reichweiten werden in urbanen Zyklen (am Beispiel des New York City Cycle, NYCC) bei tiefen Temperaturen erreicht. Konstantfahrten bei Temperaturen um 20 °C ermöglichen die größten Reichweiten.

Steckdosenverbrauch

Nach Ende des Reichweitentests wird die Antriebsbatterie der Elektrofahrzeuge über eine Steckdose oder eine Wandladestation wieder aufgeladen und die hierfür notwendige Energie ermittelt. Bezieht man diese Energie auf die zuvor ermittelte Reichweite, ergibt sich der Steckdosenverbrauch in Wh/km oder kWh/100 km. Während der Klemmenverbrauch, der an der Batterieklemme gemessen werden kann, nur vom Fahrzeug und Testzyklus abhängig ist, variiert der Steckdosenverbrauch zudem durch das eingesetzte Ladeverfahren. In Bild 6 ist die Abhängigkeit des Steckdosenverbrauchs von der Ladeleistung und des Lademodus (Ladeverfahrens) für ein konkretes Paar aus Fahrzeug und Fahrzyklus aufgetragen. Die Lademoden unterscheiden in Wechselstromladen (AC) mit Mode 2 (Laden an Haushaltssteckdose, mit maximal 32 A) und Mode 3 (Laden z.B. an Ladesäule oder Wandladestation), sowie Gleichstromladen (DC). Je höher die Ladeleistung ist, desto niedriger wird der Steckdosenverbrauch und desto höher wird der Ladesystemwirkungsgrad η. Dieser berechnet sich wie folgt:

$$\eta = \frac{\text{Steckdosenverbrauch in } \frac{\text{kWh}}{100\ \text{km}}}{\text{Klemmenverbrauch in } \frac{\text{kWh}}{100\ \text{km}}}$$

In den Ladesystemwirkungsgrad fließen die Verluste durch Nebenaggregate (z.B. Pumpen, Lüfter und Steuergeräte), die Verluste des On-Board-Laders beim AC-Laden und die der Wandladestation ein. Der On-Board-Lader hat hierbei die Aufgabe, den Wechselstrom aus dem Ladenetz in Gleichstrom mit der richtigen Spannung für die Batterie zu wandeln.

Fahrleistung von Elektrofahrzeugen

Die Fahrleistungen von Elektrofahrzeugen sind wesentlich stärker von Temperatur und Füllstand des Energiespeichers abhängig als bei konventionellen Fahrzeugen. Mit sinkender Temperatur und geringerem Ladezustand der Batterie (State of Charge, SOC) liefert der elektrische Antriebsstrang weniger Leistung und somit sinkt die Höchstgeschwindigkeit und erhöht sich die Beschleunigungszeit. Bei Temperaturen unter dem Gefrierpunkt und halb leerer Batterie reduziert sich die maximale Geschwindigkeit auf ca. 50 % der nominellen Höchstgeschwindigkeit und verdoppelt sich die Beschleunigungszeit für den Sprint von 0 auf 100 km/h.

Bild 6: Elektrischer Steckdosenverbrauch in Abhängigkeit der Ladeleistung und des Ladeverfahrens.
Relativer Steckdosenverbrauch ist auf den Verbrauch bei 1,4 kW Ladeleistung bezogen.

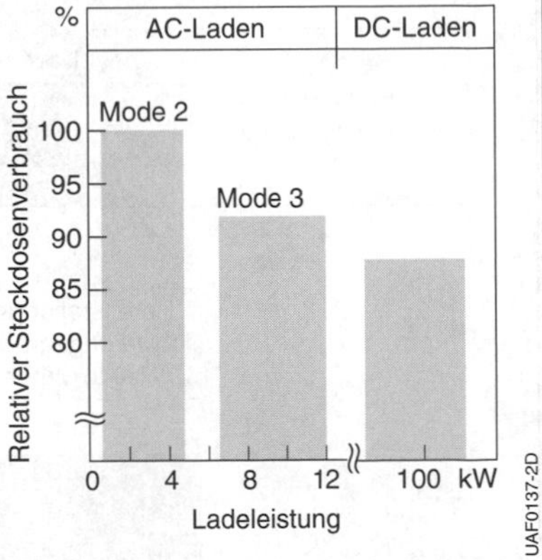

Well-to-Wheel-Analyse

In einer Well-to-Wheel-Analyse („von der Rohstoffquelle zum Rad“) werden der Energieverbrauch und die Treibhausgasemissionen betrachtet, die durch die Herstellung, Bereitstellung und die Nutzung eines Kraftstoffs verursacht werden. Die Betrachtung wird in zwei Schritte unterteilt (Bild 7):

- Der Well-to-Tank-Pfad („Quelle zum Tank“) beschreibt die Kraftstoffbereitstellung.
- Der Tank-to-Wheel-Pfad („Tank zum Rad“) beschreibt die Nutzung des Kraftstoffs im Fahrzeug.

Bereitstellung
Der Well-to-Tank-Pfad (WtT, Bereitstellungspfad) umfasst die Förderung der Primärenergieträger, den Transport der Rohstoffe, die Herstellung des Kraftstoffs und seine Verteilung bis hin zum Fahrzeugtank. In diesem Schritt fallen sowohl Energieverluste als auch Treibhausgas- und Schadstoffemissionen an.

Der Well-to-Tank-Wirkungsgrad (Bereitstellungswirkungsgrad) ist das Verhältnis von Energieinhalt des Kraftstoffs im Tank zum Energieinhalt des Energieträgers in der Lagerstätte. Als Umwandlungsverluste fallen die für die einzelnen Prozessschritte benötigten Energiemengen an (Beispiele siehe Tabelle 2).

Je nach Kraftstoff müssen dabei unterschiedliche Prozesse berücksichtigt werden. Wenn es verschiedene Herstellungspfade für einen Kraftstoff gibt (z.B. Wasserstoff), so ist die Bilanz entscheidend davon abhängig, welcher Herstellungspfad gewählt wird. Das bedeutet, dass ein Kraftstoff nicht unabhängig von der Art seiner Herstellung bewertet werden kann. Die folgenden Beispiele zeigen für einige Kraftstoffe spezifische Einflussfaktoren auf.

Fossile Otto- und Dieselkraftstoffe
Für die Bereitstellung von Benzin und Dieselkraftstoff gehen in die Betrachtung vor allem die Energien und Emissionen ein, die für die Erdölförderung, den Transport, die Verarbeitung und Raffination des Öls sowie für die Verteilung des Kraftstoffs erforderlich sind.

Biokraftstoffe
Bei biogenen Kraftstoffen fallen Energieverbrauch und Treibhausgasemissionen beim Anbau an, sofern die Biomasse

Bild 7: Energiefluss Well-to-Wheel für einen Verbrennungsmotor (Darstellung als Sankey-Diagramm).

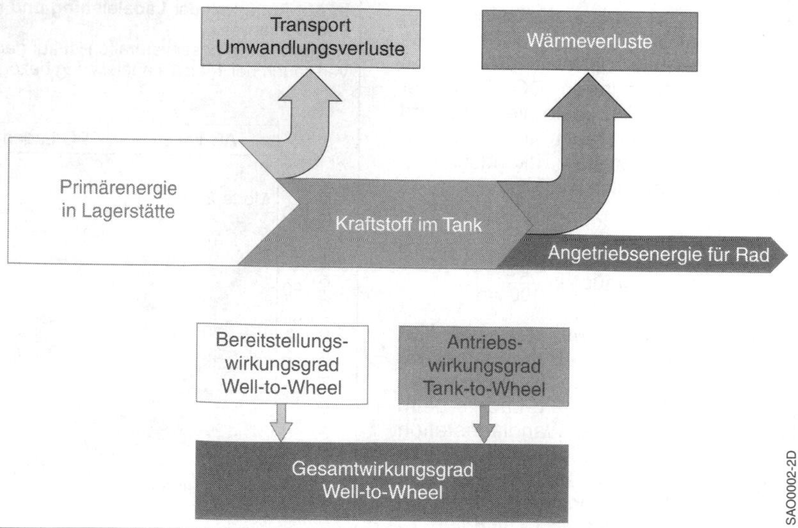

eigens zur energetischen Nutzung angebaut wird (Anbaubiomasse). Hier fallen insbesondere die Herstellung und der Einsatz stickstoffhaltiger Düngemittel ins Gewicht sowie der Dieselverbrauch zur Bearbeitung der Anbauflächen. Werden die Biokraftstoffe aus Reststoffen gewonnen, wird die landwirtschaftliche Produktion nicht berücksichtigt.

Bei Kraftstoffen aus Biomasse wird die Menge an CO_2, die die Pflanzen während ihres Wachstums der Atmosphäre entnommen haben, in der Bilanz als negativer Wert berücksichtigt. Dadurch verringert sich die gesamte CO_2-Menge, die der Bereitstellung zugerechnet wird.

Gutschriften

Bei der Produktion von Biokraftstoffen fallen mitunter Nebenprodukte an, die anderweitig genutzt werden können, z.B. Glycerin bei der Herstellung von Biodiesel oder Futtermittel bei der Herstellung von Bioethanol aus Getreide. Sofern die Nebenprodukte konventionell erzeugte Produkte ersetzen, können eingesparte Emissionen und Energieverbrauch für die konventionelle Herstellung des Produkts dem Biokraftstoff gutgeschrieben werden. Dadurch verringern sich Energieverbrauch und Emissionen, die den Biokraftstoffen zugerechnet werden. Insgesamt können sich daher auch negative Werte für die CO_2-Emissionen ergeben.

Im Fall von Restbiomasse ist zu berücksichtigen, dass diese Biomasse unter Umständen anderweitig hätte genutzt werden können (z.B. Altspeiseöl als Tierfutter, Abfallholz zur Energiegewinnung). Dieser entgangene alternative Nutzen reduziert in der Bilanz die Vorteile des Biokraftstoffs.

Erdgas

Der Bereitstellungspfad des Erdgases wird im Wesentlichen durch die Förderung, den Ferntransport und die Verdichtung des Gases auf 200 bar an der Tankstelle beschrieben.

Elektrizität

Wird Elektrizität direkt für den Fahrzeugantrieb genutzt oder indirekt zur Erzeugung von Wasserstoff oder synthetischen Kraftstoffen, werden die Emissionen der Stromerzeugung dem Kraftstoff zugeschlagen.

Wasserstoff

Wasserstoff kann durch Dampfreformierung aus Erdgas gewonnen werden. Zu berücksichtigen sind dabei insbesondere der Ferntransport des Erdgases, die Dampfreformierung sowie die Verdichtung des Wasserstoffs an der Tankstelle. Wird Wasserstoff hingegen durch Elektrolyse aus Wasser gewonnen, muss die eingesetzte elektrische Energie berück-

Tabelle 2: Umwandlungsverluste und Bereitstellungswirkungsgrad für Diesel, Benzin, CNG (komprimiertes Erdgas) und H_2 (komprimierter Wasserstoff) aus zwei verschiedenen Herstellungspfaden (grauer Wasserstoff aus CNG mittels Dampfreformierung, grüner Wasserstoff aus Windkraft mittels Elektrolyse). Quelle: [2].

Verluste und Gesamtwirkungsgrad auf Ursprungsenergie (Quelle) bezogen		Diesel fossil (EU-Mix)	Benzin fossil (EU-Mix)	CNG fossil (EU-Mix)	H_2 aus CNG (Russland)	H_2 Elektrolyse (Windkraft)
Verluste	Förderung, Energieerzeugung, Aufbereitung	10 %	10 %	2 %	2 %	0 %
	Ferntransport	1 %	1 %	4 %	8 %	0 %
	Wandlung (Raffinerie, Dampfreformierung, Elektrolyse)	8 %	7 %	0 %	26 %	32 %
	Inlandsverteilung	1 %	2 %	7 %	10 %	15 %
Gesamt-Bereitstellungswirkungsgrad		79 %	81 %	87 %	54 %	54 %

sichtigt werden. Die Bilanz ist dann sehr stark davon abhängig, wie die eingesetzte elektrische Energie erzeugt wird, da die Emissionen der Energieerzeugung dem Wasserstoff zugerechnet werden.

Synthetische Kraftstoffe
Die Synthese von Wasserstoff zu gasförmigen oder flüssigen Kraftstoffen hin kann im Wesentlichen auf zwei Prozesswegen erfolgen, einer Methanisierung oder mit Hilfe eines Fischer-Tropsch-Verfahrens. Wird für diese Prozesse CO_2 aus der Luft ausgefiltert und der Wasserstoff aus regenerativ erzeugter Elektrizität gewonnen, kann der erzeugte Kraftstoff im besten Falle treibhausgasfrei sein.

Die Erzeugung der Ausgangsstoffe Wasserstoff und CO_2 beziehungsweise CO, sowie die Anzahl der folgenden Syntheseschritte bestimmen die Energieverluste, die bei der Erzeugung der verschiedenen synthetischen Kraftstoffe (e-fuels) auftreten.

Antrieb
Für den Kraftstoffverbrauch und die lokalen CO_2-Emissionen eines Fahrzeugs sind der verwendete Kraftstoff und der Antriebswirkungsgrad maßgebend. Dieser wird auch als Tank-to-Wheel-Wirkungsgrad bezeichnet und beschreibt das Verhältnis der Antriebsenergie, die an die Räder abgegeben wird (Tank-to-Wheel-Pfad, Antriebspfad) zum Energieinhalt des verbrauchten Kraftstoffs.

Zum Vergleich des Kraftstoffverbrauchs und der Emissionen verschiedener Antriebskonzepte werden definierte Fahrzyklen herangezogen. Dabei handelt es sich um ein Fahrprofil mit festgelegten Geschwindigkeiten und Beschleunigungsphasen. Für einen einheitlichen Fahrzyklus können für die verschiedenen Antriebskonzepte der jeweilige Antriebswirkungsgrad sowie die Emissionen bestimmt werden.

Gesamtbetrachtung
In der Well-to-Wheel-Analyse (WtW) werden der Bereitstellungspfad und der Antriebspfad zusammengeführt (siehe Bild 7). Dabei werden jeweils der Energieaufwand und die Treibhausgasemissionen der beiden Teilpfade addiert. Die Gesamtbetrachtung umfasst damit sowohl die Kraftstoffbereitstellung als auch die Fahrzeugnutzung. In der Energiebilanz wird die Summe der erschöpflichen Primärenergien in MJ/km aufgeführt (d.h. fossile und nukleare Energie). In der Treibhausgasbilanz wird die Summe an Treibhausgasemissionen als CO_2-Äquivalent in g/km aufgeführt.

Das CO_2-Äquivalent berücksichtigt neben Kohlendioxid weitere Treibhausgase, die entsprechend ihrer spezifischen Treibhauswirkung gewichtet werden. Für die Bilanzen werden Referenzfahrzeuge und Fahrzyklen zugrunde gelegt.

Vergleicht man die verschiedenen Kraftstoffe miteinander, so wird deutlich, dass ein relativ hoher Aufwand für die Kraftstoffbereitstellung (eingesetzte Energie und verursachte Emissionen) kompensiert werden kann durch einen hohen Antriebswirkungsgrad und geringe direkte Emissionen bei der Verbrennung des Kraftstoffs. Ein Kraftstoff kann daher nicht bewertet werden, ohne auch die dazugehörige Antriebstechnik zu betrachten.

Bild 8 zeigt beispielhaft für verschiedene fossile und regenerative Kraftstoffe die CO_2-Emissionen, die aus der Kraftstoffbereitstellung (WtT) und aus der Kraftstoffnutzung (TtW) resultieren. Dabei ist jedoch zu beachten, dass die CO_2-Bilanz sehr stark von den Randbedingungen der Kraftstoffherstellung und der Nutzung abhängt, sodass die angegebenen Werte keinesfalls generell für den jeweiligen Kraftstoff gültig sind.

Lebenszyklusbetrachtung
Eine weitergehende Analyse von Treibhausgasemissionen und Energieverbrauch verschiebt den Fokus der Betrachtung vom Kraftstoff hin zum Fahrzeug. Eine Lebenszyklusbetrachtung für das Fahrzeug berücksichtigt neben dem Betrieb des Fahrzeugs zusätzlich Energieverbrauch und Treibhausgasemissionen, die bei der Herstellung des Fahrzeugs anfallen. Startend bei der Rohstoffgewinnung, Transport, Veredelung und Verarbeitung wird hier auch das Recycling am

Ende des Fahrzeuglebens berücksichtigt („Cradle to grave", „von der Wiege zur Bahre"). Die Ergebnisse dieser Betrachtung sind stark abhängig von den genutzten Prozesspfaden.

Eine noch umfassendere Betrachtung der Umweltwirkungen bietet eine Lebenszyklusanalyse (Life Cycle Analysis, LCA). Hier werden zusätzlich zu Energieverbrauch und Treibhausgasemissionen noch zahlreiche weitere Umweltwirkungen wie zum Beispiel Landverbrauch, Wasserverbrauch und Wasserbelastung berücksichtigt.

Literatur

[1] SAE J2841: Utility Factor Definitions for Plug-In Hybrid Electric Vehicles Using Travel Survey Data.

[2] JEC-Technical Report, 2020; Appendix 1 Version 5.

Bild 8: Treibhausgasemissionen aus der Bereitstellung und Nutzung verschiedener Kraftstoffe in einem Fahrzeug mit Verbrennungsmotor beziehungsweise alternativen Antrieben. Quelle: [2].
WtT Well to Tank,
TtW Tank to Wheel,
WtW Well to Wheel,
E100 Ethanol, E5 Benzin mit 5 % Ethanolzusatz, B7 Dieselkraftstoff mit 7 % Biodieselzusatz,
PtL Power to Liquid (flüssige synthetische Kraftstoffe),
CNG Compressed Natural Gas,
PHEV Plug-in-Hybrid,
REX-EV Batterieelektrisches Fahrzeug mit Range-Extender,
BEV Batterieelektrisches Fahrzeug (Battery Electric Vehicle),
FC Fuel Cell (Brennstoffzelle),
FCEV Brennstoffzellenfahrzeug (Fuel Cell Electric Vehicle), H_2 wird durch Elektrolyse hergestellt, die elektrische Energie wird nach heutigen EU-Mix oder regenerativ gewonnen,
FC Range Extender: FCEV, dessen Batterie extern elektrisch aufgeladen werden kann.

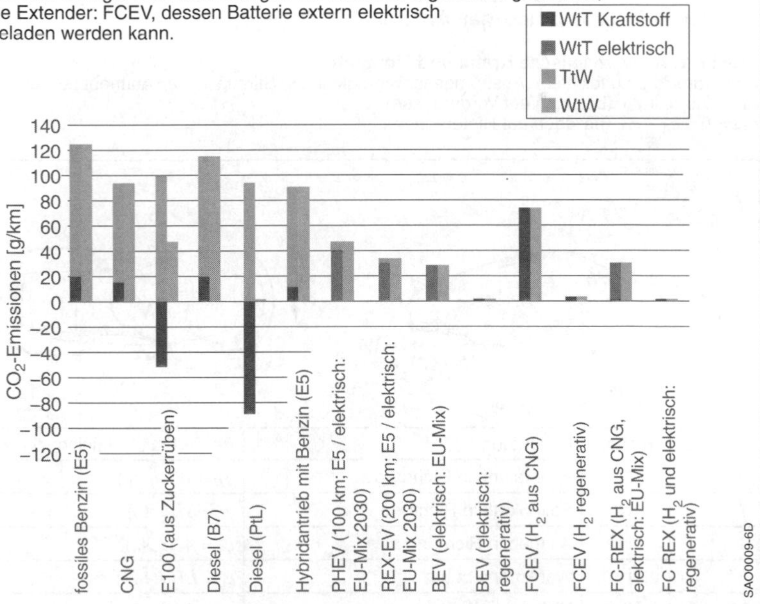

Fahrzeug-Aerodynamik

Aerodynamische Kräfte

Die Fahrzeug-Aerodynamik befasst sich mit allen Phänomenen, die beim Umströmen oder Durchströmen von sich bewegenden Fahrzeugen und deren Komponenten mit dem umgebenden Medium (Luft) entstehen. Die dadurch entstehenden Widerstände, Kräfte und Momente (siehe Tabelle 1) werden bewertet und meist mittels Formgestaltungsmaßnahmen optimiert.

Luftwiderstand

Dem Luftwiderstand W_L wird in der Kfz-Entwicklung eine große Aufmerksamkeit eingeräumt, weil er eine direkte Auswirkung auf die Fahrleistungen und den Kraftstoffverbrauch hat. Maßgebliche Größe ist dabei der Luftwiderstandsbeiwert c_W, der die aerodynamische Formgüte des umströmten Körpers beschreibt. Einfluss auf den Luftwiderstand haben ferner die angeströmte Stirnfläche A_{fx} sowie der Staudruck q der Strömung, der von der Luftdichte ρ und der Anströmgeschwindigkeit v abhängt. Für den Staudruck gilt:

$$q = 0{,}5\,\rho\,v^2.$$

Der Luftwiderstand berechnet sich damit zu (siehe auch Strömungsmechanik):

$$W_L = \frac{\rho}{2}\,v^2 c_W A_{fx}.$$

Der Luftwiderstand setzt sich aus dem Reibungs- und dem Druckwiderstand zusammen:

$$W_L = W_R + W_D.$$

Reibungswiderstand W_R

Der Reibungswiderstand entsteht aufgrund der Schubspannungen τ_w an den Wänden durch die anströmende Luft. Bild 1 zeigt dies am Beispiel eines Flügels. Der Reibungswiderstand ergibt sich als Integral der Schubspannungen über der Oberfläche zu

$$W_R = \int \tau_w \cos\varphi \, dF.$$

Tabelle 1: Aerodynamische Kräfte und Momente.
q Staudruck, ρ Luftdichte, v Anströmgeschwindigkeit, A_{fx} Stirnfläche, c_A Auftriebsbeiwert, l Radstand.
$c_{AV} = 0{,}5\,c_A + c_M$ (bezogen auf Vorderachse),
$c_{AH} = 0{,}5\,c_A - c_M$ (bezogen auf Hinterachse).

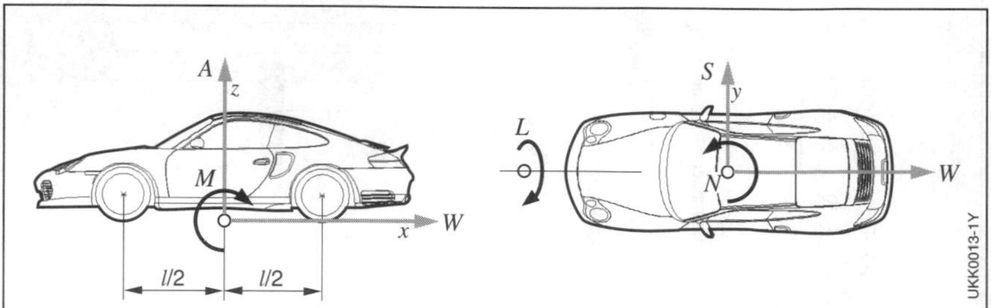

Größe	Einheit	Bedeutung	Beiwert mit Definition
W	N	Widerstand in Richtung x	$c_W = W/(q\,A_{fx})$
S	N	Seitenkraft in Richtung y	$c_S = S/(q\,A_{fx})$
A	N	Auftrieb in Richtung z	$c_A = A/(q\,A_{fx})$
L	Nm	Wankmoment um x	$c_L = L/(q\,A_{fx}\,l)$
M	Nm	Nickmoment um y	$c_M = M/(q\,A_{fx}\,l)$
N	Nm	Giermoment um z	$c_N = N/(q\,A_{fx}\,l)$

Druckwiderstand W_D
Der Druckwiderstand entsteht durch Druckänderungen an stumpfen Körpern, die durch Ablösungen verursacht werden. Er ergibt sich als Integral des Drucks über der Oberfläche zu

$$W_D = \int p \sin\varphi \, dF.$$

Bild 2 zeigt das Strömungsbild beim Anströmen eines Flügels und einer Halbkugel. Durch die Ablösungen entstehen Wirbel und damit Druckunterschiede. Bei stumpfen Körpern überwiegt der Druckwiderstand. Bei strömungsgünstigen Körpern dominiert der Reibungsanteil, es kommt an der Körperoberfläche nicht zu turbulenten Ablösungen.

c_W-Werte für unterschiedliche Körper und Karosserieformen sind verschiedenen Tabellen zu entnehmen (siehe Luftwiderstandsbeiwerte, Strömungsmechanik sowie Luftwiderstandsbeiwerte, Dynamik der Kraftfahrzeuge).

Bild 1: Entstehung des Reibungswiderstands durch Luftanströmung.
v_∞ Anströmgeschwindigkeit
φ Anströmwinkel auf das Flächenelement,
τ_W Schubspannung,
p Druck,
dF Flächenelement.

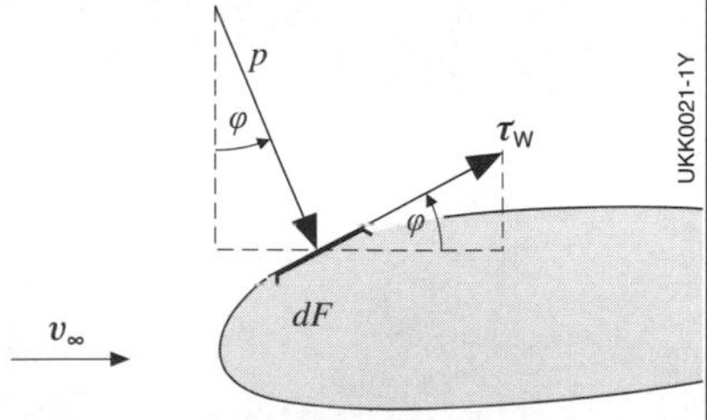

Bild 2: Strömungsverhältnisse bei verschiedenen Körpern.
a) Strömungsgünstiger Körper (Flügel),
b) stumpfer Körper (Halbkugel).
1 Staupunkt, 2 abgelöste Strömung, Wirbel.

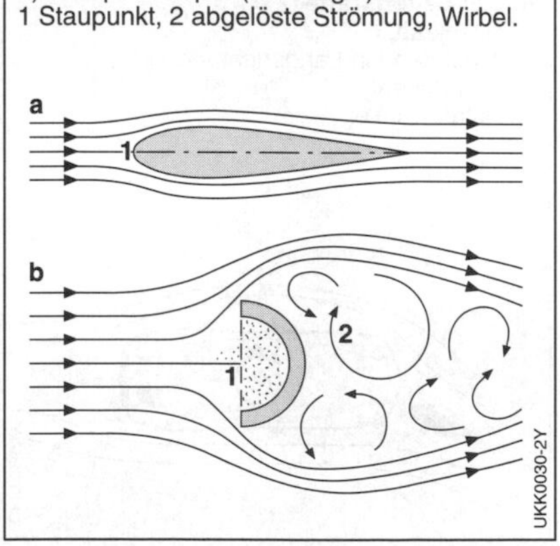

Induzierter Widerstand
Die Druckunterschiede zwischen Körperunter- und Körperoberseite bei einem angeströmten Fahrzeug führen zu einer Überlagerung der horizontalen Körperhauptströmung. Es entsteht eine senkrechte Strömungskomponente durch einen Druckausgleich über die Körperseiten und es bilden sich Randwirbel, die den induzierten Widerstand verursachen.

Durchströmungswiderstand
Der Durchströmungswiderstand entsteht durch Druckverluste beim Durchströmen des Motorraums.

Interferenzwiderstand
Der Interferenzwiderstand ergibt sich aus der Wechselwirkung von Anbauteilen (z. B. Radaufhängung, Räder, Außenspiegel, Antenne, Scheibenwischer, Spoiler, Flügel). Der Gesamtwiderstand ergibt sich nicht aus der Addition der Widerstände der einzelnen Teile, weil die gegenseitige Beeinflussung (Interferenz) mitberücksichtigt werden muss. So kann durch Anbauteile der c_W-Wert auch sinken.

Als Beispiel sei hier der Einfluss des Rückspiegels auf den Karosseriekörper aufgezeigt (Bild 3). Er führt zu einer Stau-

Bild 3: Einfluss eines Außenspiegels auf einen Karosseriekörper (Modell).
1 Staupunkt.

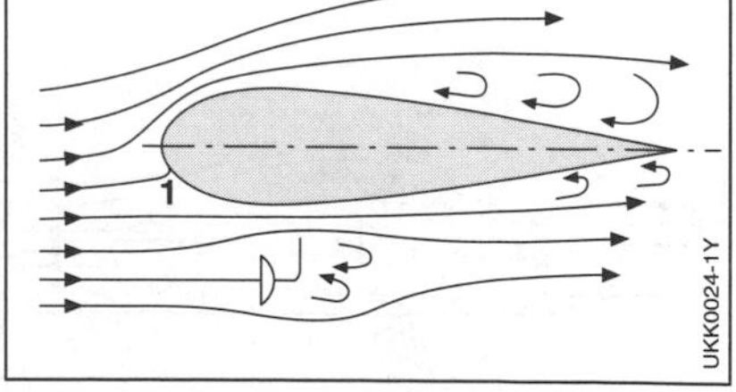

punktverschiebung in Richtung Anbauteil, es kommt dadurch zu einer asymmetrischen Umströmung des Karosseriekörpers. Daraus resultiert eine höhere Gefahr, dass sich Ablösungen bilden, und das führt zu einem steigenden c_W-Wert.

Auftriebskraft

Bedingt durch die gewölbte Fahrzeugoberseite eines Pkw strömt die Luft hier mit höherer Geschwindigkeit als auf der Fahrzeugunterseite und erzeugt eine unerwünschte Auftriebskraft (Bild 4). Diese reduziert die Radaufstandskräfte und wirkt sich damit negativ auf die Fahrstabilität aus.

Der Auftriebsbeiwert c_A ist die Summe der Auftriebsbeiwerte an der Vorderachse c_{AV} und an der Hinterachse c_{AH}. Die Differenz zwischen Vorder- und Hinterachsauftriebskraft wird als Auftriebsbalance bezeichnet und ist eine für die Fahrstabilität relevante Einflussgröße.

Oft wird stattdessen auch das um die y-Achse wirkende Nickmoment M als Auslegungsgröße herangezogen. Ein positives Nickmoment fördert ein untersteuerndes, ein negatives Nickmoment ein übersteuerndes Fahrverhalten. Das Wankmoment L um die x-Achse steht in Bezug auf die Aerodynamik nicht im Fokus.

Seitenkraft

Wegen der von vorn gesehen nahezu symmetrischen Pkw-Form bleiben die von der Umströmung erzeugten Seitenkräfte gering. Sobald die Anströmung von der x-Achse abweicht – also bei Seitenwind – erzeugt die Umströmung Seitenkräfte, die das Fahrverhalten merklich beeinflussen können (Bild 6).

Das um die z-Achse wirkende Giermoment N wird ebenfalls als Indiz für die Seitenwindanfälligkeit herangezogen. Daraus ableitbar sind Gierwinkelgeschwindigkeit und Gierwinkelbeschleunigung, die Aussagen über die negative Auswirkung des Seitenwindereignisses liefern.

Bild 4: Auftriebskraft als Folge der Luftströmung.
v_o Geschwindigkeit der Luftströmung über dem Fahrzeug,
v_u Geschwindigkeit der Luftströmung zwischen Fahrzeug und Fahrbahn,
p_o Druck über dem Fahrzeug,
p_u Druck unter dem Fahrzeug,
A Auftriebskraft.

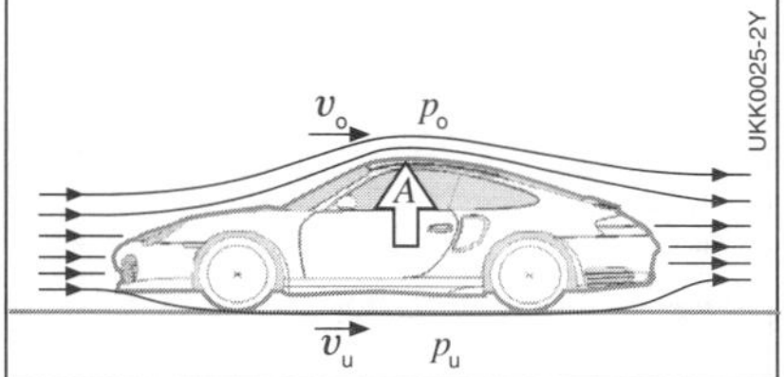

Bild 5: Seitenkräfte.
S Seitenkraft,
W Widerstand in Längsrichtung,
N Giermoment,
β Anströmwinkel.

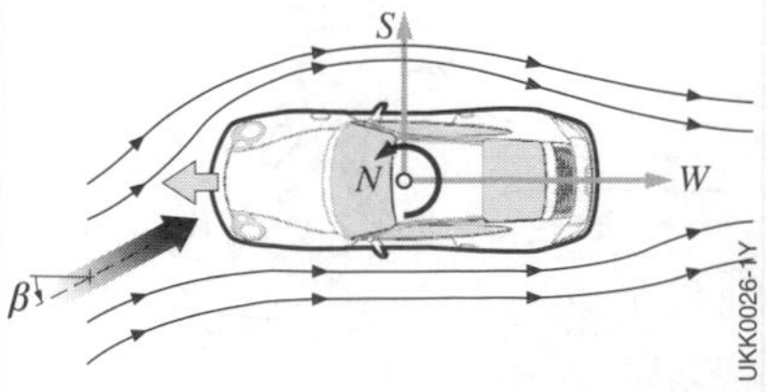

Aufgaben der Fahrzeug-Aerodynamik

Neben der Reduzierung des c_W-Werts hat die Aerodynamik noch weitere Aufgaben (Bild 6).

Fahrleistung

Einfluss der Geschwindigkeit auf den Fahrwiderstand

Um das Fahrzeug in Bewegung zu setzen und in Bewegung zu halten, muss der Motor eine Zugkraft Z aufbringen. Sie setzt sich aus dem Luftwiderstand W_L, dem Rollwiderstand W_R, dem Steigungswiderstand W_S, dem Widerstand W_B beim Beschleunigen sowie den Verlusten W_A im Antriebsstrang zusammen. Damit ergibt sich die Fahrwiderstandsgleichung zu

$$Z = W_L + W_R + W_S + W_B + W_A.$$

Steigungswiderstand und Beschleunigungswiderstand sind bei konstanter Fahrt auf ebener Strecke null. Die Fahrleistung wird wesentlich durch den Luftwiderstand bestimmt, weil dieser im Quadrat der Geschwindigkeit zunimmt und die restlichen Fahrwiderstände bereits ab 80 km/h übersteigt (Bild 7).

Je geringer das Produkt aus c_W-Wert und Stirnfläche A_{fx} ($A_{fx} \cdot c_W$ wird oft auch als Widerstandsfläche bezeichnet), desto schneller kann ein Fahrzeug bei geeigneter Getriebeübersetzung fahren. Bei konstanter Geschwindigkeit führt eine kleinere Widerstandsfläche zu geringerem Kraftstoffverbrauch. Infolgedessen verursacht ein Fahrzeug dadurch weniger Emissionen.

Bedingt durch die geringen Fahrgeschwindigkeiten im Neuen Europäischen Fahrzyklus (Durchschnittsgeschwindigkeit von 33,4 km/h, siehe europäischer Testzyklus) wird allerdings der Einfluss des Luftwiderstands in den Hersteller-Verbrauchsangaben stark unterbewertet, was im Alltagsbetrieb beim Durchschnittsfahrer zu einem höheren Kraftstoffverbrauch führen kann.

Bild 7: Fahrwiderstände.
W_L Luftwiderstand,
W_R Rollwiderstand,
W_A Verluste im Antriebsstrang.

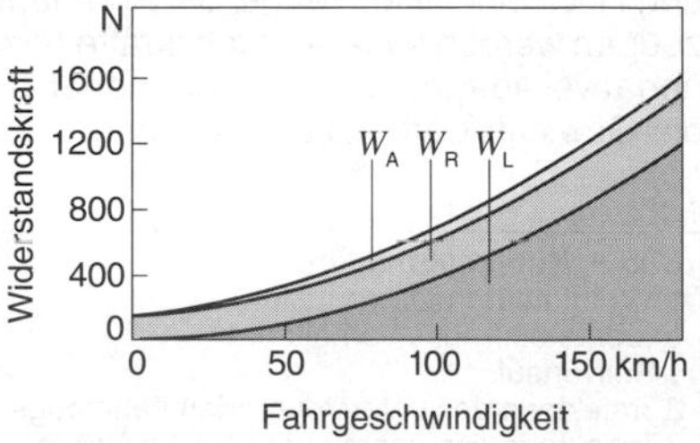

UKK0023-2D

Bild 6: Fahrzeug-Aerodynamik: Anforderungen und Einflüsse.

Fahrleistung
Verbrauch,
Emissionen,
Höchstgeschwindigkeit,
Beschleunigung,
Fahrdynamik

Design
Markentypisches Design,
sichtbare oder unsichtbare
Aerodynamikmaßnahmen
(ausfahrbarer Heckflügel)

Bauteilkräfte
Türen und Deckel,
Fenster und Schiebedach,
Spiegelzittern,
Heckscheibenflattern,
Verdeck-Aufblähverhalten

Komfort
Zugfreihaltung
(mobile Dächer),
Windgeräusche,
Schmutzfreihaltung

Kühlung und Belüftung
Bremsen-, Motorraum-
und Bauteilbelüftung,
Motorkühlung, Aggregate-
kühlung (z.B. Getriebe),
Ladeluftkühlung,
Klimatisierung,
Scheinwerferenttauung

Fahrstabilität
Auftriebskräfte,
Auftriebsbalance,
Geradeauslauf,
Spurwechselverhalten,
Seitenwindstabilität,
Handling

UKK0027-3Y

Fahrstabilität

Richtungsstabilität, Sensibilität des Lenkverhaltens, Spurwechselverhalten, Handling und Seitenwindempfindlichkeit werden maßgeblich durch die Auftriebs- und die Seitenkräfte beeinflusst. Die von den Rädern auf die Fahrbahn übertragbaren Kräfte in Längs- und in Querrichtung können maximal so groß sein wie die vertikale Aufstands-Normalkraft.

Die Auftriebskraft wirkt gegen die aus der Gewichtskraft resultierenden Vertikalkräfte. Dadurch können die von den Reifen übertragbaren Kräfte vor allem bei Kurvenfahrt je nach Fahrgeschwindigkeit und Auftrieb bis zum kompletten Verlust der Spurhaltung reduziert werden. Auch die übertragbaren Bremskräfte sind von der vertikalen Radlast und damit vom aerodynamischen Auftrieb abhängig.

Aufgabe der Aerodynamik ist daher die Minimierung der Auftriebskräfte durch Maßnahmen wie z.B. die Spoiler an Front und Heck eines Fahrzeugs. Bei Sportfahrzeugen werden sogar Abtriebskräfte (also negative Auftriebe) erzielt, die höher als die Gewichtskraft ausfallen können.

Bild 8: Kurvenverhalten.
a) Untersteuerndes Verhalten,
b) übersteuerndes Verhalten.
1 Sollverlauf,
2 Trajektorie des untersteuernden Fahrzeugs,
3 Trajektorie des übersteuernden Fahrzeugs.

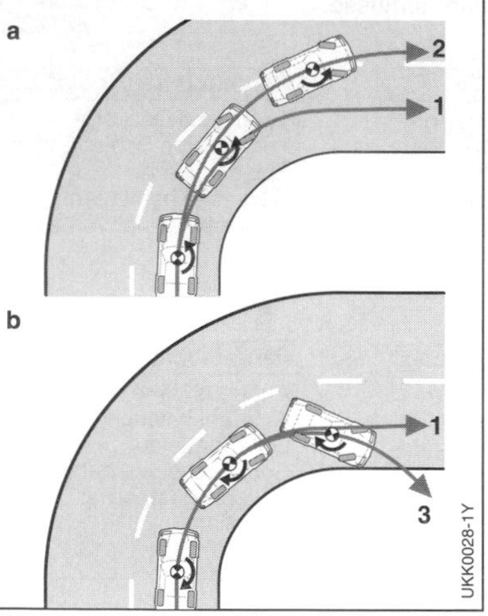

Auftriebsbalance

Ist in der Auftriebsbalance der Auftriebsbeiwert c_{AV} an der Vorderachse größer als c_{AH} an der Hinterachse, wirkt ein positives Nickmoment und es liegt eine Auslegung zu untersteuerndem Fahrverhalten vor. Eine zu hohe Kurvengeschwindigkeit wird dann am zu großen Lenkeinschlag sofort bemerkt und das Fahrzeug ist durch Gasrücknahme wieder zu stabilisieren (Bild 8a).

Ist c_{AV} kleiner als c_{AH} entsteht ein negatives Nickmoment und es liegt eine übersteuernde Auslegung vor (Bild 8b). Eine zu hohe Kurvengeschwindigkeit wird dann nicht am Lenkrad wahrgenommen, sondern über den Sitz. Bei Gasrücknahme wird das Fahrzeug instabil, es ist nur mit gezieltem Gegenlenken und Gasgeben in der Spur zu halten.

Aerodynamische Effizienz

Eine signifikante Reduzierung der Auftriebskräfte geht meist zu Lasten eines günstigen c_W-Werts. Je geringer dieser Einfluss, desto höher ist die aerodynamische Effizienz E. Sie beschreibt das Verhältnis zwischen Auftriebs- und Widerstandsbeiwert:

$$E = \frac{c_A}{c_W}.$$

Bild 9 zeigt einen Vergleich der Werte für die aerodynamische Effizienz von verschiedenen Fahrzeugen. Aktuelle Le-Mans-Prototypen haben wegen der Freiheiten in der Formgestaltung und wegen der sehr schnellen Rennstrecke die

Bild 9: Aerodynamische Effizienz für verschiedene Fahrzeugtypen.
1 Personenkraftwagen, 2 Sportwagen,
3 Formel 3-Rennwagen, 4 Indycar-Serie,
5 Formel 1-Rennwagen,
6 Le-Mans-Rennwagen.

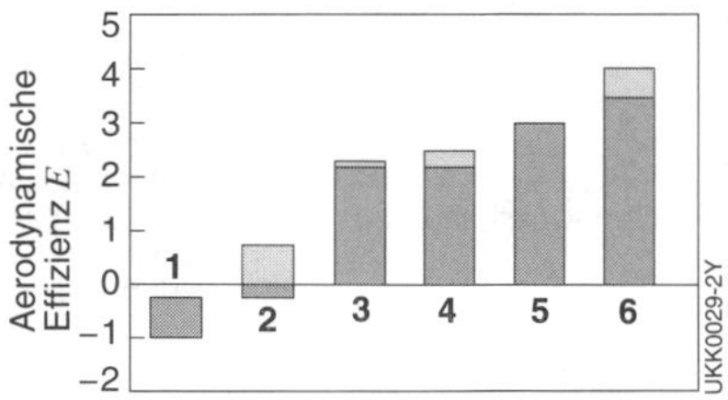

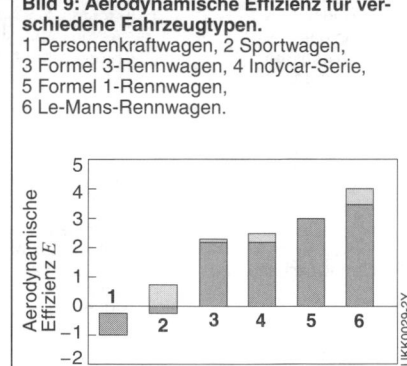

beste Effizienz (E = 3,5…4). Trotz eines hohen Abtriebs wird ein geringer c_W-Wert erreicht.

Wegen der Verbrauchsvorteile haben Pkw meist sehr niedrige c_W-Werte, aber meist positiven Auftrieb und damit eine negative Effizienz bis E = –1.

Kühlung und Belüftung

Die Verantwortung der Aerodynamik besteht in der bedarfsgerechten Zufuhr von Luft, um die durch den Fahrzeugbetrieb entstehenden Wärmemengen an die Umgebung abzuführen (siehe Kühlung des Motors).

Ein intensiver Kühlluftdurchsatz kann zu einem hohem Durchströmungswiderstand führen und damit den Luftwiderstand erhöhen. Deshalb wird großes Augenmerk auf eine bedarfsgerechte optimale Balance zwischen Kühlungsbedarf und Aerodynamik gelegt (Bild 10). Zur Optimierung der Luftzufuhr werden Lufteinlass- und Luftauslassöffnungen am Fahrzeug in Zonen mit einer möglichst großen treibenden Druckdifferenz platziert. Mit der Größe der jeweiligen Öffnungsfläche kann der Kühlluftdurchsatz geregelt und angepasst werden. Die Kühlluft wird mit Kanälen zu den Kühlern geführt, die möglichst druckverlustarm und leckagefrei ausgeführt sein sollten.

Gleiche Kriterien gelten auch für eine Abluftführung bis zum Luftauslass. Der Luftauslass sollte möglichst druckverlustfrei stromab positioniert werden. Kann er in eine Zone gelegt werden, in der bereits aerodynamische Verluste vorhanden sind, können diese durch die entstehende Interferenz vorteilhaft reduziert werden. Beispielsweise kann durch das Ausblasen der Kühlluft vor dem Vorderrad ein Luftpolster gebildet und damit die Strömung um das Rad verlustärmer geführt werden, was den Kühlluftwiderstand nahezu egalisiert (Bild 11).

Durch die Wahl geeigneter Kühlernetze und deren Dimensionen sowie Lüfter und deren Zargen können ebenfalls die aerodynamischen Druckverluste gesteuert werden. Um den Kühlluftwiderstand bei geringem Leistungsbedarf ganz zu vermeiden, wurden schon 1987 serienmäßig elektrisch verschließbare Kühlerklappen eingeführt (beim Porsche 928). Heute fin-

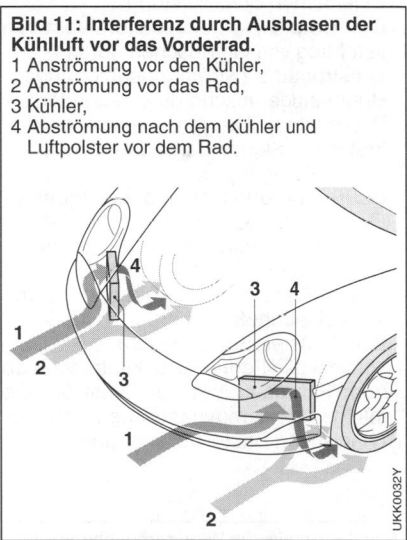

Bild 11: Interferenz durch Ausblasen der Kühlluft vor das Vorderrad.
1 Anströmung vor den Kühler,
2 Anströmung vor das Rad,
3 Kühler,
4 Abströmung nach dem Kühler und Luftpolster vor dem Rad.

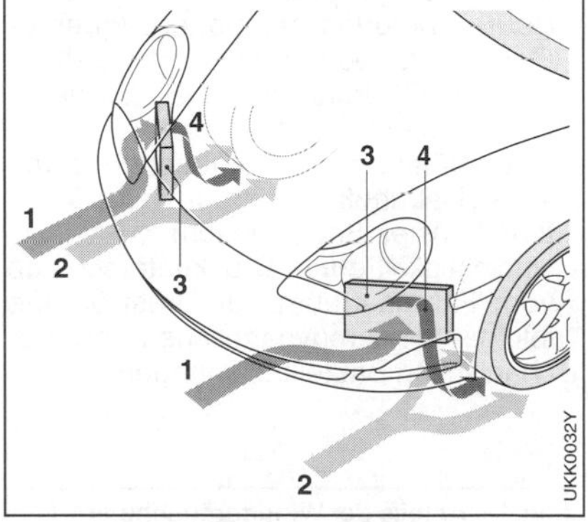

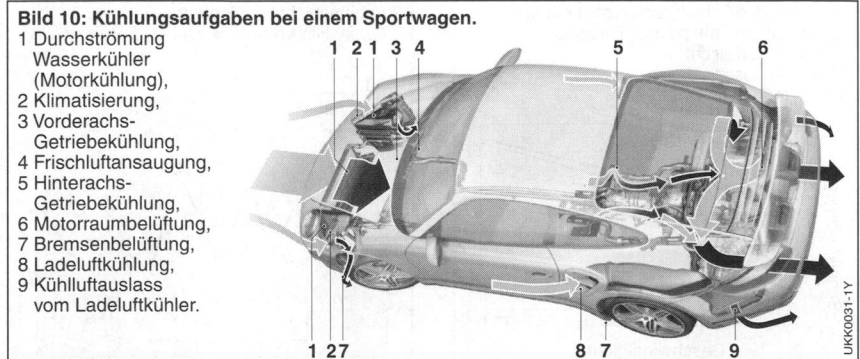

Bild 10: Kühlungsaufgaben bei einem Sportwagen.
1 Durchströmung Wasserkühler (Motorkühlung),
2 Klimatisierung,
3 Vorderachs-Getriebekühlung,
4 Frischluftansaugung,
5 Hinterachs-Getriebekühlung,
6 Motorraumbelüftung,
7 Bremsenbelüftung,
8 Ladeluftkühlung,
9 Kühlluftauslass vom Ladeluftkühler.

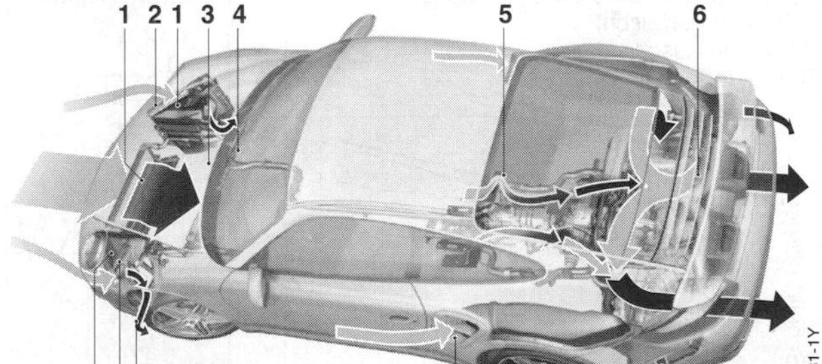

det diese Maßnahme in der Oberklasse verbreitet Einsatz.

Komfort

Die Aerodynamik unterstützt den Komfort der Passagiere primär durch Reduzierung von Windgeräuschen (Aeroakustik), Verschmutzung und Zugerscheinungen.

Aeroakustik

Die Windgeräusche im Fahrzeuginnenraum eines Pkw sind die dominante Geräuschquelle ab einer Geschwindigkeit über 120 km/h, und ab 200 km/h ist sie etwa 6 dB(A) lauter als alle übrigen Schallquellen (Bild 12). Dies entspricht der vierfachen Schallleistung.

Der Begriff Aeroakustik umfasst die Entstehung von Geräuschen durch

- Umströmung (Strömungsablösungen, Breitbandgeräusche durch instationäre Druckschwankungen, Geräusche diskreter Frequenzen z.B. durch Antenne und Außenspiegel),
- Bauteilanregung mit niederfrequenter Geräuschanregung durch große überströmte Oberflächen (z.B. Verdeck, Dach-, Tür- und Deckelbleche),
- Überströmung mit Geräuschen durch eine „Helmholtz-Resonanz“ (z.B. offene Fenster, Schiebedach),
- Undichtigkeit durch Druckunterschiede vom Fahrgastraum zur Umströmung infolge von aerodynamischen und mechanischen Bauteilbelastungen.

Verbesserung der Aeroakustik

Durch eine aerodynamische Formgebung des Grundkörpers lassen sich die lokalen Strömungsgeschwindigkeiten reduzieren und die Strömungsrichtung beeinflussen sowie turbulente Ablösungen vermeiden oder eingrenzen. Im Allgemeinen gilt, dass alles, was den c_W-Wert reduziert, auch zu geringeren Windgeräuschen führt.

Freistehende Anbauteile (z.B. Spiegel, Wischer, Antenne, Dachtransportsystem) stören die Grundkörperumströmung durch zusätzliche Strömungsablösungen. Deswegen sollten sie möglichst störungsarm platziert und formoptimiert werden. Bei der Bauteilanregung analysiert die Aerodynamik die Notwendigkeit und Lokalität von Versteifungen oder Dämpfungsmaßnahmen.

Beim Überströmen von Hohlräumen (z.B. offenes Schiebedach) kann ein tieffrequentes Pulsieren des Luftvolumens im Fahrgastinnenraum auftreten (Wummern). Das ist der Resonanzfall einer periodischen Schwingung der Scherschicht zwischen der Überströmung und der ruhenden Luft im Innenraum (Bild 13) mit der Eigenfrequenz des Innenraums (Helmholtz-Resonator-Prinzip). Als aerodynamische Maßnahme wird der Scherschichtaufbau durch Störströmungen verstimmt, z.B. mit einem „Zahnlücken-Windabweiser“ am Schiebedach.

Die aeroakustische Qualität wird neben der Spektralanalyse auch durch Berücksichtigung psychoakustischer Parameter

Bild 12: Anteile der Windgeräusche am Gesamtgeräusch.
Messung des Schalldruckpegels mit einem Kunstkopf am Fahrerplatz, linkes Ohr.
1 Gesamtgeräusch,
2 Windgeräusch,
3 Restgeräusch.

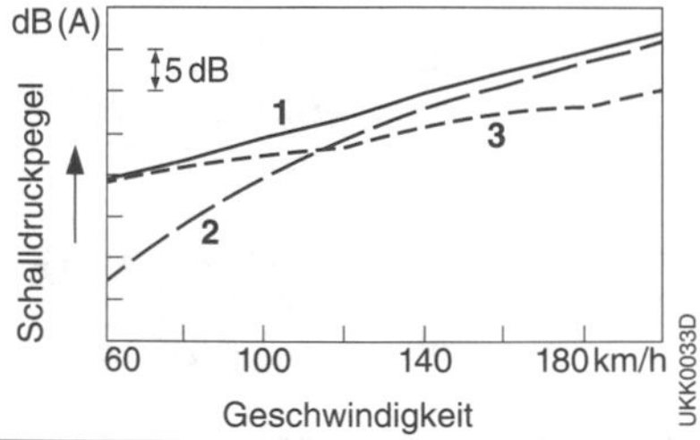

Bild 13: Feedback-Mechanismus.
1 Turbulente Anströmung,
2 Scherschichtschwingung,
3 Cavity-Hinterkante, 4 Wirbel, 5 Druckwelle.

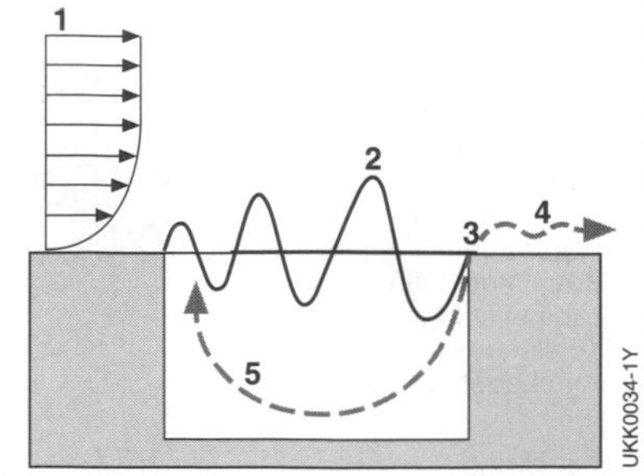

bewertet. In diesen werden höherfrequente Geräuschanteile erfasst und damit die subjektive Wahrnehmung (Lautheit, Schärfe) und die Sprachverständlichkeit besser berücksichtigt. Die Schärfe wird unabhängig von Lautheit und Rauigkeit bewertet. Der Artikulationsindex ist eine Bewertung der Sprachverständlichkeit.

Verschmutzung
Die Räder des eigenen Fahrzeugs wirbeln Schmutzteilchen auf, die sich auf der Fahrzeugoberfläche absetzen (Eigenverschmutzung) oder sie vermischen sich mit der turbulenten Nachlaufströmung und schlagen sich auf nachfolgenden Fahrzeugen nieder (Fremdverschmutzung). Größe und Intensität der verschmutzten Flächen werden durch lokale Nachlaufturbulenzen der Umströmung verursacht. Aufgabe der Fahrzeug-Aerodynamik ist es, solche Turbulenzen zu identifizieren, zu reduzieren oder in unproblematische Zonen zu verlagern. Größte Aufmerksamkeit gilt der Vermeidung von Sichtbeeinträchtigungen durch Schmutzfreihaltung der Fahrzeugverglasung und der Außenspiegel.

Bild 14: Minderung von Zugerscheinungen beim Cabriolet durch ein Windschott.
a) Fahrzeug ohne Windschott,
b) Fahrzeug mit Windschott.
1 Strömungsablösung an der Windschutzscheibenoberkante,
2 Fahrzeugumströmung,
3 Instationäre Wirbelfläche,
4 Drehrichtung des Wirbels im Innenraum,
5 Durchströmung zwischen den Sitzen sowie Sitzen und Seitenwand,
6 Windschott zur Minderung der Durchströmung zwischen den Sitzen.

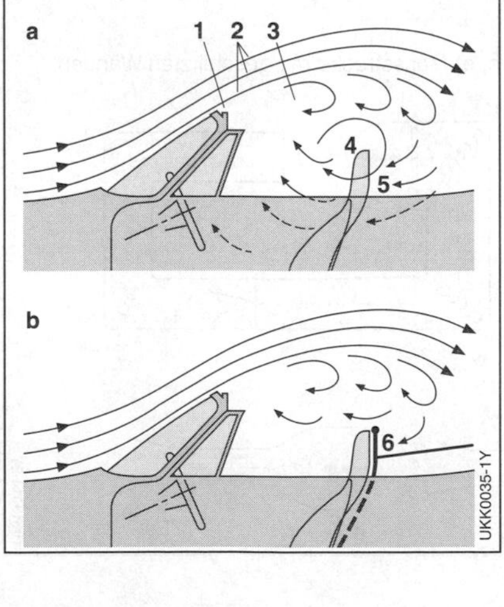

Zugfreihaltung
Beim Fahren im geöffneten Zustand von Fenstern und Dächern treten meist lästige Zugerscheinungen auf. Deutlich wahrnehmbar wird dies beim Cabriolet mit geöffnetem Verdeck, weil nach dem Windschutzscheibenrahmen die Strömung großflächig ablöst. Ein Unterdruckgebiet hinter der Scheibe wird von einer Rückströmung wieder aufgefüllt. Rückströmungen und Turbulenzen verursachen die lästigen Zugerscheinungen (Bild 14).

Mit einem Windschott können durch dessen Netzstoff die Wirbel gedämpft und stark reduziert werden. Aufgabe der Fahrzeug-Aerodynamik ist es, die Größe und Form sowie die Netzdichte des Bauteils zu bestimmen.

Bauteilkräfte
Bauteilekräfte entstehen durch die von der Umströmung erzeugten Druckkräfte (Messgröße ist der c_p-Wert), welche die Fahrzeug-Aerodynamik experimentell und zunehmend auch numerisch identifiziert. Die normal zur Außenhaut wirkenden positiven oder negativen Druckkräfte steigen mit zunehmender Anströmgeschwindigkeit und belasten die dort platzierten Bauteile.

In Ablösegebieten (z. B. A-Säule, Außenspiegel, Heckscheibe, Heckspoiler) kommt es durch die Wirbelbildung zu stochastisch auftretenden Wechselbelastungen, die für die Funktion und Dauerhaltbarkeit der Bauteile berücksichtigt werden müssen.

Fahrzeug-Windkanäle

Anwendung

Aerodynamikmessungen auf Straßen sind schwierig, denn die Straßenverhältnisse sind inhomogen und instationär, sie ändern sich u.a. durch natürliche Winde, durch Bebauung und Verkehr ständig in Richtung und Stetigkeit. Ein Fahrzeug-Windkanal dient dazu, das Strömungsumfeld während der Straßenfahrt eines Fahrzeugs möglichst wirklichkeitsgetreu und vor allem reproduzierbar abzubilden.

Der Vorteil des Fahrzeug-Windkanals als experimentelles Entwicklungswerkzeug gegenüber Straßenmessungen liegt also in den reproduzierbaren Prüfbedingungen, in der unkomplizierten, verlässlichen und schnellen Messtechnik und in der Entkopplungsmöglichkeit von Effekten (z.B. Fahrgeräusch), die bei Straßenfahrt nur gemeinsam auftreten. Außerdem lassen sich noch nicht fahrfähige Stylingprototypen im Windkanal bei garantierter Geheimhaltung aerodynamisch optimieren.

Windkanalausführungen

Windkanalbauarten

Die aerodynamischen Kenngrößen werden in Windkanälen ermittelt, die sich in der Form der Luftführung, in der Art der Messstrecke, in ihrer Größe und in der Simulation der Fahrbahn unterscheiden (Tabelle 2). Windkanäle mit geschlossener Rückführung der Luft werden als „Göttinger-Bauart", Anlagen ohne Rückführung als „Eiffel-Bauart" bezeichnet (Bild 15). In der Fahrzeug-Aerodynamik kommen überwiegend Göttinger-Windkanäle mit offener Messstrecke oder mit geschlitzten Wänden zum Einsatz.

Windkanal-Standardeinrichtungen

Die Messtrecke gibt es in offener Ausführung, mit geschlitzten Wänden und in geschlossener Ausführung. Sie wird durch den Austrittsquerschnitt der Düse, den Querschnitt des Kollektors und die Länge der Messstrecke charakterisiert (Bild 19, Tabelle 2).

Eine weitere maßgebliche Größe ist die Versperrung $\Phi_N = A_{fx}/A_N$ als Verhältnis zwischen Fahrzeugstirnfläche A_{fx} und Düsenquerschnitt A_N. Da auf der Straße dieses Verhältnis $\Phi_N = 0$ ist, sollte es auch im Windkanal so klein wie möglich sein. Mit Rücksicht auf die Bau- und Betriebskosten von Fahrzeug-Windkanälen hat sich in der Praxis mehrheitlich $\Phi_N = 0{,}1$ durchgesetzt, was einem Düsenquerschnitt von ca. 20 m^2 entspricht.

Die Düse bestimmt die Geschwindigkeit und die Gleichmäßigkeit der Windkanalströmung durch ihr Kontraktionsverhältnis und ihre Kontur. Ein großes Kontraktionsverhältnis κ der Querschnittsflächen von Vorkammer zu Düsenaustritt ($\kappa = A_V/A_D$) führt zu einer gleichförmigen Geschwindigkeitsverteilung und niedri-

Bild 15: Windkanalausführungen.
a) Eiffel-Bauart, b) Göttinger-Bauart,
c) offene Messstrecke, d) geschlossene Messstrecke, e) Messstrecke mit geschlitzten Wänden.
1 Gebläse.

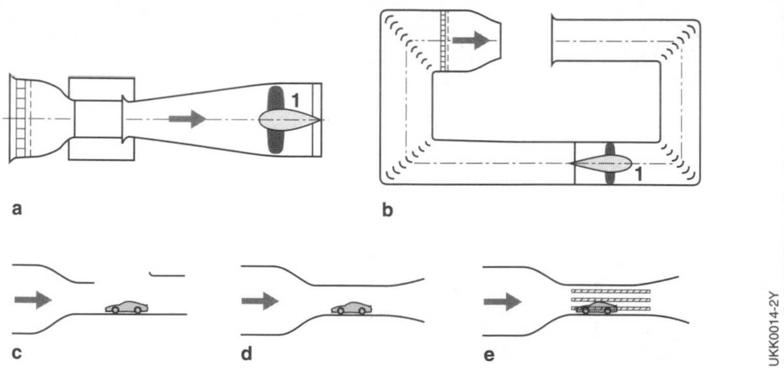

gem Turbulenzgrad sowie zu einer hohen Beschleunigung der Strömung.

Mit der Düsenkontur lässt sich die Gleichmäßigkeit des Geschwindigkeitsprofils am Düsenaustritt in die Messstrecke und die Parallelität zur geometrischen Kanalachse beeinflussen.

Die Beruhigungs- oder Vorkammer ist stromauf der Düse im größten Querschnitt eines Windkanals angeordnet. In dieser Vorkammer sind Strömungsgleichrichter, Siebe und Wärmetauscher untergebracht, mit denen die Strömungsqualität in Gleichmäßigkeit und Richtung verbessert und die Kanaltemperatur konstant gehalten wird.

Das Gebläse kann in den meisten Fahrzeug-Windkanälen Windgeschwindigkeiten von weit über 200 km/h erzeugen. Dies wird nur vereinzelt genutzt – z.B. zur Überprüfung von Funktionssicherheit und Stabilität von Karosseriebauteilen unter Windkrafteinfluss – weil dazu die volle Gebläseleistung von bis zu 5000 kW benötigt wird. Gewöhnlich laufen die Messungen bei 140 km/h ab. Bei dieser Geschwindigkeit lassen sich die aerodynamischen Beiwerte bereits zuverlässig und bei geringen Betriebskosten ermitteln. Die Windgeschwindigkeit wird entweder durch die Gebläsedrehzahl oder durch Verstellung des Gebläseblatts bei konstanter Drehzahl reguliert (Tabelle 3).

Eine Windkanalwaage erfasst die am Prüffahrzeug wirkenden aerodynamischen Kräfte und Momente an allen vier Radaufstandsflächen und teilt sie zum Berechnen der aerodynamischen Kennzahlen in x-, y- und z-Komponenten auf.

Die Windkanalwaage sitzt meist unterhalb einer im Messstreckenboden eingelassenen Drehscheibe, mit der sich das Fahrzeug relativ zur Windrichtung drehen

Tabelle 2: Fahrzeug-Windkanäle in Deutschland (Beispiele).

Windkanal-Betreiber	Düsenquerschnitt	Kollektorquerschnitt	Messstreckenlänge	Messstreckenausführung	Simulation der bewegten Straße
Audi	11,0 m^2	37,4 m^2	9,5...9,93 m	offen	mit 5 Flachbändern
BMW	18,0...25,0 m^2	41,4 m^2	17,9 m	offen	mit 5 Flachbändern
BMW Aerolab	14 m^2	25,9 m^2	15,7 m	offen	1 Laufband, Breite größer als Fahrzeugbreite
Daimler	28,0 m^2	61 m^2	19 m	offen	mit 5 Flachbändern
IVK Stuttgart	22,5 m^2	26,5 m^2	9,9 m	offen	mit 5 Flachbändern
Ford	20,0 m^2	28,2 m^2	9,7 m	offen	–
Porsche	22,3 m^2	37,7 m^2	13,5 m	geschlitzte Wände, offen	–
Volkswagen	37,5 m^2	44,8 m^2	10,0 m	offen	–

Tabelle 3: Windkanalgebläse.

Windkanal	Antriebsleistung	Gebläsedurchmesser	Windgeschwindigkeit	Steuerung
Audi	2600 kW	5,0 m	300 km/h	Drehzahl
BMW	4140 kW	8,0 m	300 km/h	Drehzahl
BMW-Aerolab	3440 kW	6,3 m	300 km/h	Drehzahl
Daimler	5200 kW	9,0 m	265 km/h	Drehzahl
IVK Stuttgart	3300 kW	7,1 m	260 km/h	Drehzahl
Ford	1950 kW	6,3 m	185 km/h	Drehzahl
Porsche	2600 kW	7,4 m	220 km/h	Drehzahl
Volkswagen	2600 kW	9,0 m	180 km/h	Blattverstellung

und damit die Seitenwindsituation simulieren lässt.

Im Gegensatz zur Realität steht das Fahrzeug im Windkanal und wird vom Fahrwind angeblasen. Der Einfluss der Relativbewegung zwischen Fahrzeug und Straße bleibt unberücksichtigt. Deswegen gibt es neben den Windkanälen mit stehendem Boden inzwischen vermehrt Anlagen, die mithilfe von im Boden eingelassenen, angetriebenen Flachbändern die Darstellung der bewegten Straße und sich drehender Räder ermöglichen (Bild 16). Damit lässt sich die Strömungsqualität zwischen Fahrzeug und Fahrbahn wirklichkeitsnah verbessern.

Windkanal-Zusatzeinrichtungen

Stirnflächen-Messanlage

Mit der Stirnflächen-Messanlage (Laser- oder CCD-Verfahren) lässt sich die Fahrzeugstirnfläche optisch ermitteln und dann für die Berechnung der aerodynamischen Beiwerte aus den im Windkanal gemessenen Kräften verwenden.

Das ideale Druckmesssystem eines Windkanals kann zeitgleich den Druckverlauf von bis zu 100 Druckmessstellen erfassen, z.B. mithilfe der für die Druckverteilung auf der Karosserieoberfläche angebrachten Flachsonden. Die hierbei für jede Messstelle eingesetzten Miniatur-Drucksensoren haben keine Verschleißteile und lassen sich deswegen mit hoher Frequenz elektronisch abfragen (Bild 17).

Bild 16: Drehscheibe auf dem Messstreckenboden mit eingelassenen Flachbändern.
1 Laufband zwischen den Rädern,
2 Waage,
3 Drehscheibe,
4 Radantriebseinheit mit kleinem Laufband.

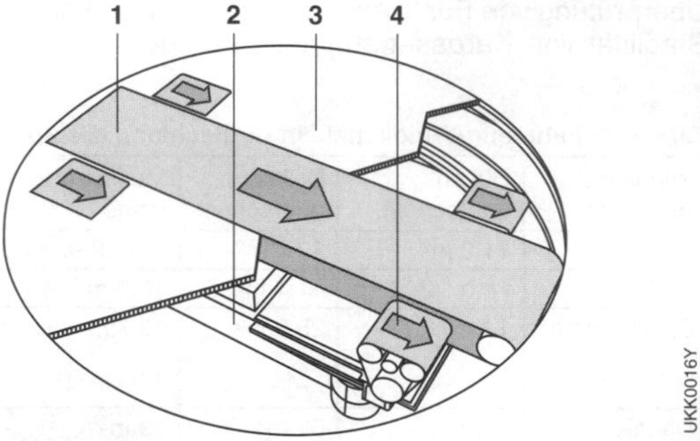

Bild 17: Messung der Druckverteilung (Anwendungsbeispiel).
a) Druckverteilung auf der Fahrzeugoberfläche im Mittelschnitt (y = 0), ermittelt mit 63 Flachmesssonden,
b) Flachmesssonde.
Die Linien zeigen den statischen Druck normal zum gemessenen Ort aufgetragen. Dabei ist die Pfeillänge das Maß für den Druck. Als Maßstab dient die Linie unter $c_p = 1$.
c_p ist ein dimensionsloser Druckbeiwert, er beschreibt den Druck p_∞ an einer beliebigen Stelle des Fahrzeugs bei der Geschwindigkeit v_∞ in Bezug zum bei dieser Geschwindigkeit herrschenden Staudruck p.

$$c_p = \frac{p - p_\infty}{0{,}5 \cdot \rho \cdot v_\infty^2}.$$

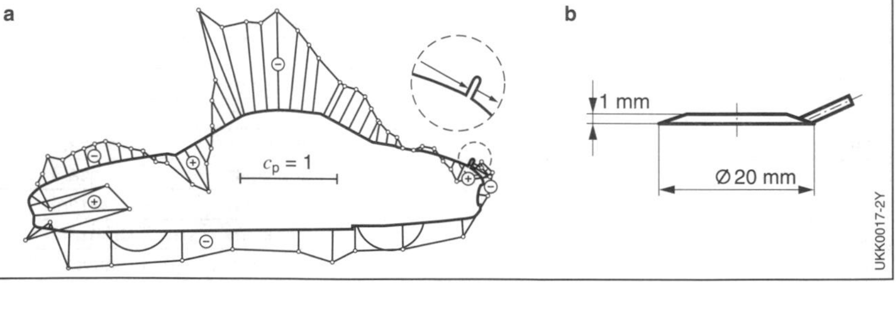

Traversiereinrichtung
Die Traversiereinrichtung gestattet die Messung des kompletten Strömungsumfelds eines Fahrzeugs. Jeder Ort in der Messstrecke lässt sich koordinatenorientiert und reproduzierbar anfahren. Je nach aufgespannter Sonde lassen sich dann dort Drücke, Geschwindigkeiten oder Schallquellen ermitteln.

Rauchlanzen
Die Rauchflanze wird zur Visualisierung der sonst nicht sichtbaren Luftströmung eingesetzt. Mit dem Rauchbild lassen sich Strömungsablösungen detektieren, durch deren Wirbel die Beiwerte verschlechtert werden (Bild 18). Der nicht toxische „Rauch" wird meist aus einem Glykolgemisch durch Erhitzung in einem Öldampfgenerator erzeugt. Weitere Techniken zum Sichtbarmachen der Strömung sind:
- Fädchen auf der Fahrzeugoberfläche,
- Fadensonde,
- Anstrichbilder mit schnell trocknender Petroleum- oder Kreideemulsion,
- Heliumblasengenerator,
- Laserlichtschnitt.

Verschmutzungsanlage
Mit der Verschmutzungsanlage kann das Fahrzeug im Windkanal mit Wasser vom Sprühnebel bis zum Regen gezielt beaufschlagt werden. Durch Zumischen von Kreide oder Floureszensmittel lässt sich die Verschmutzung darstellen und dokumentieren.

Heißwassergerät
Das Heißwassergerät stellt temperiertes Wasser mit konstantem Durchsatz für die Kühlleistungsmessungen an Kühlern von noch nicht fahrfähigen Prototypen zur Verfügung.

Windkanalvarianten
Ein Fahrzeug-Windkanal erfordert hohe Investitionen. Diese Investitionen und die Betriebskosten machen ihn zu einem teuren Prüfstand mit hohem Stundensatz. Die hohe Auslastung der Fahrzeug-Windkanäle mit aerodynamischen, aeroakustischen und thermischen Versuchen begründet den Bau mehrerer auf Teilaufgaben spezialisierter Windkanäle.

Modell-Windkanal
Mit dem Modell-Windkanal können die Betriebskosten deutlich reduziert werden, weil der bauliche sowie der versuchstechnische Aufwand geringer ist. Maßstabsbedingt (1:5 bis 1:2) lassen sich Formänderungen an den Fahrzeugmodellen bequemer handhaben sowie schneller und kostengünstiger umsetzen.

Modelluntersuchungen kommen primär in der frühen Entwicklungsphase zur Optimierung der aerodynamischen Grundform zur Anwendung. Teils von den Designern unterstützt, werden im Modell-Windkanal an „Plastilin-Modellen" (aus Knetmasse) Formoptimierungen bis zur kompletten, alternativen Formvariante entwickelt und deren aerodynamisches Potential ausgewiesen.

Bei Vorliegen eines Datensatzes lassen sich die Modelle mithilfe neuer Fertigungsverfahren (z.B. Rapid Prototyping) in jedem Maßstab schnell und detailgetreu aufbauen, wodurch auch nach der Formfindungsphase weiterhin aussagekräftige Modelluntersuchungen zur Detailoptimierung stattfinden.

Akustik-Windkanal
Im Akustik-Windkanal liegt der Schalldruckpegel durch umfangreiche Schalldämpfungsmaßnahmen um ca. 30 dB (A)

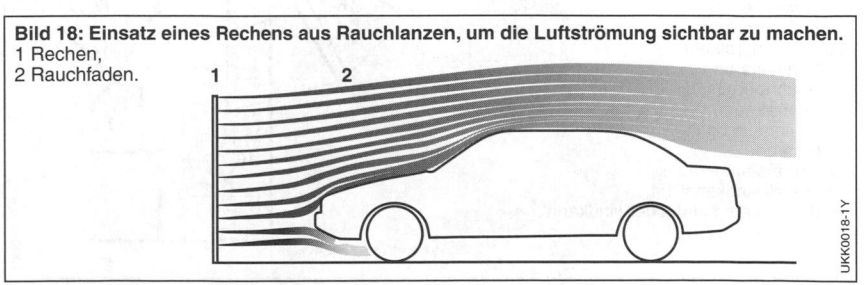

Bild 18: Einsatz eines Rechens aus Rauchlanzen, um die Luftströmung sichtbar zu machen.
1 Rechen,
2 Rauchfaden.

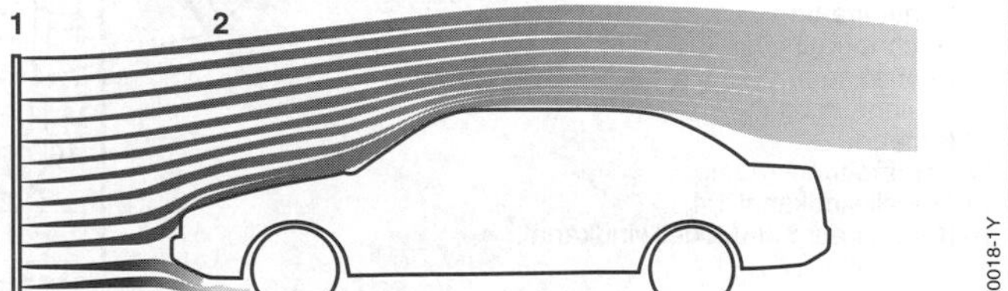

niedriger als in einem Standard-Windkanal. Damit ist ein genügend großer Störpegelabstand von mehr als 10 dB (A) vom Nutzsignal am Fahrzeug gegeben und somit die Identifizierung und Bewertung von durch die Um- und Durchströmung erzeugten Windgeräuschen möglich.

Klima-Windkanäle

Klima-Windkanäle dienen zur thermischen Auslegung und Absicherung von Fahrzeugen in definierten Temperaturbereichen und Lastzuständen.

Mit großdimensionierten Wärmetauschern kann ein Temperaturbereich von z.B. –40 °C bis +70 °C bei geringer Regeltoleranz von ca. ±1 K eingestellt werden.

Das Fahrzeug wird auf Leistungsrollen gespannt und im gewünschten Lastzustand oder -zyklus betrieben. Wind- und Rollengeschwindigkeit müssen auch bei Langsamfahrt exakt synchronisiert werden können. Bei Bedarf kann eine Steigung oder ein Gefälle simuliert und damit dem Fahrzeugbetriebszyklus ein Fahrstreckeneinfluss überlagert werden.

Optional lässt sich die Luftfeuchte regulieren und eine Sonnensimulation (mit einem Lampenfeld) zuschalten.

Die umfangreichen aerodynamischen Aufgabenstellungen sind auch mit den zuvor angeführten erweiterten Prüfstandskapazitäten nicht abgedeckt. Deshalb werden ergänzend zu den experimentellen Untersuchungen vermehrt numerische Strömungsanalysen aus CFD-Berechnungen (Computational Fluid Dynamics) herangezogen, um Vorentscheidungen zu treffen und damit den Testaufwand zu reduzieren.

Bild 19: Fahrzeug-Windkanal (Beispiel der Dr. Ing. h.c. F. Porsche AG in Göttinger-Bauart).

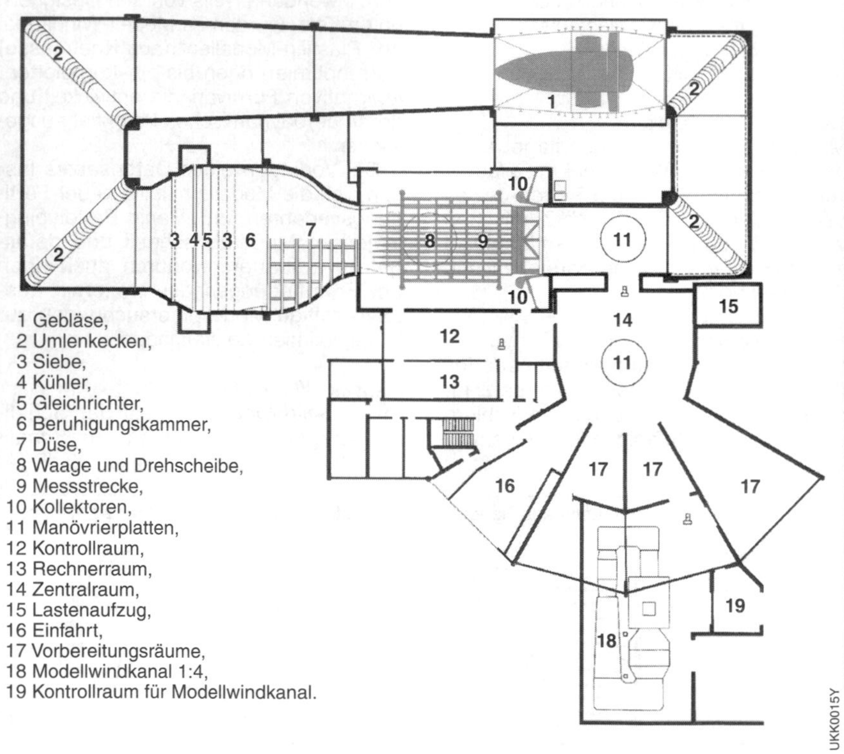

1 Gebläse,
2 Umlenkecken,
3 Siebe,
4 Kühler,
5 Gleichrichter,
6 Beruhigungskammer,
7 Düse,
8 Waage und Drehscheibe,
9 Messstrecke,
10 Kollektoren,
11 Manövrierplatten,
12 Kontrollraum,
13 Rechnerraum,
14 Zentralraum,
15 Lastenaufzug,
16 Einfahrt,
17 Vorbereitungsräume,
18 Modellwindkanal 1:4,
19 Kontrollraum für Modellwindkanal.

Fahrzeugakustik

Die Fahrzeugakustik befasst sich mit allen Schwingungsanregungen und deren Weiterleitung im Fahrzeug und in den Luftschall. Die Primärquellen sind dabei der Motor, die Anregung des Reifens und des Fahrwerks über die Fahrbahntextur und Fahrbahnunebenheit, sowie mit zunehmender Fahrgeschwindigkeit auch die Anregungen durch die Umströmung des Fahrzeugs mit Luft.

Tabelle 1: Grenzwerte in dB (A) zur Geräuschemission von Kfz gemäß [1].

Fahrzeugkategorie	seit 10.1995 dB (A)
Personenkraftwagen	
mit Otto- oder Dieselmotor	74
– mit Direkteinspritzer-Dieselmotor	75
Lastkraftwagen und Kraftomnibusse	
zulässiges Gesamtgewicht unter 2 t	76
– mit Direkteinspritzer-Dieselmotor	77
Kraftomnibusse	
zulässiges Gesamtgewicht 2 t…3,5 t	76
– mit Direkteinspritzer-Dieselmotor	77
zulässiges Gesamtgewicht über 3,5 t:	
– Motorleistung bis 150 kW	78
– Motorleistung ab 150 kW	80
Lastkraftwagen	
zulässiges Gesamtgewicht 2 t…3,5 t	76
– mit Direkteinspritzer-Dieselmotor	77
zulässiges Gesamtgewicht über 3,5 t (StVZO: über 2,8 t):	
– Motorleistung bis 75 kW	77
– Motorleistung bis 150 kW	78
– Motorleistung ab 150 kW	80
Geländegängige und allradangetriebene Fahrzeuge	
Für diese Fahrzeuge gelten höhere, für Motorbrems- und Druckluftgeräusche zusätzliche Grenzwerte.	

Gesetzliche Vorgaben

Geräuschemission von Fahrzeugen und deren Überprüfung

Gesetzliche Prüfverfahren zur Geräuschmessung von Kfz beziehen sich ausschließlich auf das Außengeräusch. Die im Jahre 1970 erschienene EG-Richtlinie 70/157/EEC mit ihrer letzten Revision 2007/34/EC [1] definiert Messverfahren zum Stand- und Fahrgeräusch sowie Grenzwerte für das Fahrgeräusch (Tabelle 1) für verschiedene Fahrzeugkategorien. Aufgrund der unzureichenden Wirksamkeit dieser gesetzlichen Regelungen im realen Verkehr wurde eine Revision des Messverfahrens vorgenommen mit dem Ziel, städtischen Verkehr im Prüfverfahren besser abzubilden.

Die neue Geräuschgesetzgebung der EU – die Verordnung VO 540/2014/EG [2] – ist seit April 2014 in Kraft und muss bei Neutypisierungen von Fahrzeugen seit Juli 2016 verpflichtend angewendet werden. Die in der EU parallel angewendete UN-Regelung UN R51.03 [3] ist seit 1/2016 in Kraft und folgt derselben Zeitschiene wie die EU-Verordnung. Für die alte Gesetzgebung gibt es Übergangsvorschriften bis 7/2022 (bis 7/2023 für Fahrzeuge der Klasse N2).

Zusätzlich wurden Anforderungen an das Reifenrollgeräusch in der Regelung 661/2009/EC [4] festgelegt. Der Prüfbereich liegt dabei je nach Reifen bei 70 km/h oder 80 km/h.

Fahrgeräuschmessung für Pkw und Lkw bis 3,5 t zulässigem Gesamtgewicht

Das Fahrzeug fährt mit einer konstanten Geschwindigkeit von 50 km/h bis zur 10 m von der Mikrofonebene entfernten Linie AA (Bild 1) und beschleunigt dann mit Vollgas bis zum Verlassen der Messstrecke an einer 10 m hinter der Mikrofonebene liegenden Linie BB. Pkw mit Schaltgetriebe und höchstens vier Vorwärtsgängen werden im zweiten Gang geprüft, bei mehr als vier Vorwärtsgängen nacheinander im zweiten und dritten Gang, Sportfahrzeuge gemäß der Definition der Richtlinie nur im dritten Gang.

Fahrzeuge mit Automatikgetriebe werden in der Fahrstufe D geprüft.

Als Fahrgeräuschwert wird der maximal auftretende Schallpegel definiert, der links und rechts des Fahrzeugs in einem Abstand von 7,5 m zur Fahrspurmitte gemessen wird. Bei einer Prüfung in zwei Gängen ist der Fahrgeräuschwert das arithmetische Mittel der Messung beider Gänge.

Fahrgeräuschmessung für Lkw ab 3,5 t zulässigem Gesamtgewicht
Das Fahrzeug fährt mit einer konstanten Geschwindigkeit bis zur 10 m von der Mikrofonebene entfernten Linie AA (Bild 1) und beschleunigt dann unter Volllast bis zum Verlassen der Messstrecke an einer ebenfalls 10 m von der Mikrofonebene entfernten Linie BB. Die Einfahrgeschwindigkeit hängt dabei vom geprüften Gang und von der Nenndrehzahl des Motors ab. Die Auswahl der zu prüfenden Gänge ergibt sich aus dem Umstand, dass die Nenndrehzahl innerhalb der Messstrecke mindestens erreicht werden muss, das Fahrzeug andererseits jedoch ohne Erreichen der Drehzahlbegrenzung die Prüfstrecke passieren muss. Als Fahrgeräuschwert wird der höchste auftretende Schallpegel aller Messungen definiert.

Standgeräuschmessung
Die Standgeräuschmessungen dienen dazu, nach der Geräuschgenehmigung eines Fahrzeugs einen Referenzgeräuschwert für die Geräuschemission des Fahrzeugs im „ordnungsgemäßen" Zustand des Fahrzeugs im Verkehr zu ermitteln. Dies erlaubt eine leichtere Überprüfung der Geräuschemission des Fahrzeugs, z.B. durch Polizei oder Ordnungsbeamte. Die Messung des Standgeräuschs erfolgt in 50 cm Abstand von der Abgasmündung unter einem horizontalen Winkel von 45 ° ± 10 ° zur Ausströmrichtung. Während der Messung ist der Motor auf eine von der Nenndrehzahl des Motors abhängige Drehzahl zu bringen. Nach Erreichen der Prüfdrehzahl ist diese für 3 s konstant zu halten und danach die Gasannahmebetätigung rasch in Leerlaufstellung zu bringen. Der bei dieser Messung ermittelte maximale A-bewertete Schalldruckpegel wird mit dem Zusatz P´ (zur Unterscheidung von Angaben nach älteren Messverfahren) in die Kfz-Papiere eingetragen.

Bild 1: Fahrgeräusch-Messanordnung.
1 Fahrbahnbelag, nach ISO 10844 [5] vorgeschrieben,
2 Mikrofon links, 3 Mikrofon rechts.

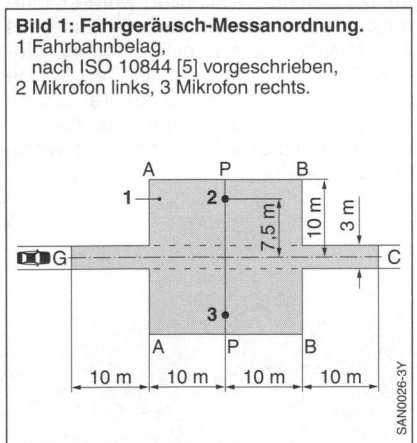

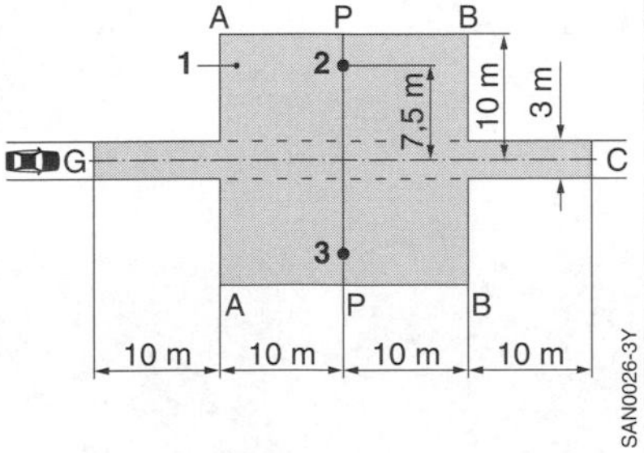

Bei Überprüfungen im Verkehr sind Abweichungen bis maximal 5 dB vom eingetragenen Referenzwert zulässig.

Mindestgeräusch von Fahrzeugen

Mit der breiten Einführung von leisen Elektromotoren als Antriebsquelle eines Fahrzeugs entstand das Problem, dass Fußgänger große Schwierigkeiten haben, diese Fahrzeuge im Verkehr rechtzeitig zu erkennen. Untersuchungen haben gezeigt, dass dies insbesondere im Niedrig-Geschwindigkeitsbereich bis ca. 20...30 km/h der Fall ist. Zur Reduzierung der Gefahr von Kollisionen zwischen Fahrzeugen und Fußgängern wird derzeit an einem internationalen Standard zur Spezifikation von Geräuschemissionen als Minimalstandard gearbeitet. Diese Vorgaben sind ab 7/2019 Pflicht bei der Neutypisierung von Fahrzeugen und ab 7/2021 Pflicht für alle neu zugelassenen Fahrzeuge.

Fahrzeugakustische Entwicklungsarbeiten

Messmittel der Akustik

Die nachfolgend aufgelistete Messtechnik wird nicht nur zur Messung und Bewertung des Außengeräuschs, sondern auch des Innengeräuschs und insbesondere der vielfältigen Schwingungen am Fahrzeug verwendet [6]:

- Die Schalldruckerfassung erfolgt mit Kondensatormikrofonen, z. B. mit Pegelmessgeräten, in dB(A).
- Die Kunstkopfmesstechnik ermöglicht Aufnahmen mit in den Ohren eines künstlichen Kopfes eingebauten Mikrofonen. Die Kunstkopftechnik bietet hier die Möglichkeit an, sehr originalgetreue Aufnahmen herzustellen, um sie an anderer Stelle und zu anderer Zeit mit anderen gleichartigen Aufnahmen zu vergleichen.
- Messräume für Normschallmessungen werden in der Regel mit hochabsorbierenden Wänden ausgestattet. Je nach Zweck können diese Räume mit Rollenprüfständen ausgestattet sein, sodass ein Fahrzeug auch im Fahrbetrieb bewertet werden kann.
- Für Schwingungen und Körperschall werden Beschleunigungsaufnehmer (Masse z.T. unter 1 g) eingesetzt, die z.B. nach dem piezoelektrischem Prinzip arbeiten. Laser-Vibrometer werden für berührungslose Schnellemessungen nach dem Doppler-Prinzip eingesetzt.
- Wegmesser werden z.B. zu Erfassung von Dämpfer- und Fahrwerksbewegungen relativ zur Karosserie eingesetzt.
- Schwingungsprüfstände bieten die Möglichkeit der vielfältigen Schwingungsanregung des Gesamtfahrzeugs, der Karosserie, oder auch von einzelnen Komponenten. Hydropulser erlauben dabei eine Anregung von tiefen Frequenzen kleiner 150 Hz bei großen Schwingwegen zur Nachbildung von Straßenanregungen. Shaker hingegen ermöglichen hohe Frequenzen bis 2 kHz zur Simulation von Motoranregungen.
- Fahrkomfortstrecken simulieren vielfältige Art von Straßenanregungen, von unterschiedlichen Asphaltarten, bis hin zu Kanaldeckeln oder Betonquerfugen.
- Hallräume erlauben die Bestimmung der Schallisolation einzelner Materialien oder auch Komponenten, z. B. von Türen oder ganzen Schottwänden des Motorraums.

Berechnungsverfahren der Akustik

Schwingungen

Mit der Finite-Elemente-Methode (FEM) werden Eigenschwingungsberechnungen durchgeführt. Durch Modellabgleich mit experimenteller Modalanalyse oder durch Modellierung von im Betrieb wirkenden Kräften wird die Berechnung realer Betriebsschwingformen ermöglicht. Damit lassen sich bereits in frühen Konstruktionsphasen Strukturen hinsichtlich ihres Schwingverhaltens und der Schallabstrahlung optimieren.

Luftschall und Fluidschall

Schallfeldberechnungen z. B. von Gehäuseabstrahlung oder in Hohlräumen werden mit der Finite-Elemente-Methode (FEM) oder der Boundary-Elemente-Methode (BEM) durchgeführt [7].

Fahrkomfortsimulation

Durch den Einsatz von Starrkörpermodellen in Kombination mit der Straßenanregung können Schwingungseinflüsse durch die Straße auf das Fahrwerk und auf die Karosserie simuliert werden. Interessant dabei ist, das die Anbindung des Antriebsaggregats über Motor- und Getriebelager ebenfalls möglich ist. Solche Modelle erlauben eine variablere Abstimmung von Fahrwerk- und Aggregatelager im Frequenzbereich bis typischerweise 50 Hz.

Geräuschquellen

Motor- und Getriebeakustik

Die Geräusche des Motors werden vornehmlich durch die mechanische Bewegung von Komponenten verursacht. Auch der Verbrennungsvorgang in den Zylindern verursacht Anregungen der Struktur des Motors. In allen Fällen werden die Schwingungen einerseits durch die Struktur geleitet und andererseits als Luftschall abgestrahlt. Dabei können Geräusche auch deutlich vom Anregungsort entfernt dominant auftreten. Dies wird durch die Sensibilität der Membranflächen und das Eigenschwingverhalten der lokalen Struktur bestimmt.

Wichtige Geräuschquellen am Motor sind der Kurbeltrieb, der Nockenwellenantrieb, das Kurbelgehäuse, die Ölwanne, die Zylinderkopfdeckel, die Nebenantriebe (z.B. Generator und Wasserpumpe) und die Riemenantriebe. Alle zusammen prägen den akustischen Grundcharakter des Aggregats (Motor-Getriebe-Verbund).

Ziel des Akustikers ist es, durch geeignete technische Veränderungen eine Harmonisierung des Schwingungs- und Geräuschverhaltens am Triebwerk zu erzielen. Folgende wichtige Einflussfaktoren gilt es dabei unter anderem zu berücksichtigen:

- Toleranzen, Spiele und Strukturen,
- thermische Spielaufweitungen,
- Vermeidung von Resonanzen,
- Materialwahl,
- Schwingformen des Aggregats und
- Schalldämpferauslegung.

Die meisten davon stehen auch hier im Interessenskonflikt mit anderen Disziplinen der Entwicklung, speziell mit der Bauraumauslegung (Package), dem Energiemanagement und der Fahrdynamik. So kann bei einem Vierzylindermotor die oft dominante zweite Motorordnung, die vielfach als brummig wahrgenommen wird, mit Ausgleichswellen und sehr steifen Aggregaten deutlich reduziert werden. Dafür müssen aber ein Mehrgewicht, aufwändigere Strukturen und eventuell auch eine nicht unerhebliche Leistungseinbuße in Kauf genommen werden.

Aufgabe der Motor- und der Getriebeakustik ist es zudem, die Übertragung der Körperschallschwingungen auf die Karosserie und in den Luftschall weitgehend zu reduzieren. Ansatzpunkte sind dabei die Auslegung der Aggregatelager hinsichtlich Isolation, schwingungsarme Konstruktionen, kurze kompakte Anbindungen von Nebenaggregaten und die Vermeidung von großen planen Schwingflächen durch Verrippungen oder zusätzlich dämpfende Materialien.

Ein besonderes Augenmerk verdient die Lagerung des Motors. Steife Aggregatlager verbessern die Fahrdynamik, vermitteln dem Fahrer aber ein sehr raues Motorgeräusch und erhöhen die Vibrationseinträge in die Karosserie. Zu weiche Lager bedeuten große Bewegungen des Motors, was zu unangenehmen, bockigen Bewegungen des ganzen Fahrzeugs führen können. Mit hoch isolierenden, hydraulisch bedämpften Elementen kann eine gewisse Sanftheit bei trotzdem gutem Vibrationskomfort des Gesamtfahrzeugs erzielt werden.

Gaswechselgeräusche (Abgas- und Ansauganlage)

Die durch die Verbrennungsvorgänge an die angesaugte Luft übertragene Energie wird im Rhythmus der Zündvorgänge und der Ventilbewegungen über die Abgasanlage wieder an die Umgebung abgegeben. Über die Auslegung der Krümmer, der Abgasrohre und der Schalldämpfer wird entscheidend darauf Einfluss genommen, welche Frequenzanteile mit welchen Pegeln abgestrahlt werden. Dabei ist nicht nur der Schallaustritt an der Mündung, sondern auch an der Oberfläche aller Bauteile von Bedeutung. Die Geräuschdynamik dieser Schallquelle ist enorm und erreicht leicht 15 dB und mehr, wenn der Pegelunterschied zwischen Leerlast und Volllast betrachtet wird. Aufgrund dieser Dynamik eignet sich diese Quelle am Besten für Soundauslegungen.

Fahrwerksakustik

Durch die Anregung der Straße werden Schwingungen in das Fahrwerk eingeleitet. Diese werden zwar zunächst stark durch die Dämpfung des Reifens abgemildert, dennoch können Schwingungen im Fahrwerk bis in die Karosserie weitergeleitet werden. Zudem können durch die

Straße Eingenresonenzen des Fahrwerks angeregt werden, die bei eventueller Sensibilität der Karossie als unangenehmes Dröhnen in den Innenraum gelangen können. Es ist die Aufgabe der Fahrwerksakustik, eine optimale akustische Abstimmung des Fahrwerks zu finden, ohne dabei die fahrdynamischen Eigenschaften des Fahrzeugs zu beeinträchtigen.

Karosserieakustik
Die Karosserie ist die Schnittstelle zum Fahrwerk, zum Aggregat und zu den Trägern vieler Nebenantriebe. Dazu gehören z.B Lüfter oder Stellmotoren und auch Lautsprecher. Die Karosserie ist aber auch Angriffspunkt für Luftströmungskräfte. Sie umhüllt den Fahrer und schützt ihn vor äußeren Einflüssen. Sie überträgt aber auch Schwingungen, die in den Fahrzeuginnenraum eingeleitet werden, wo diese von den Insassen sowohl gefühlt als auch gehört werden können.

Konsequenterweise befasst sich demnach die Karosserieakustik mit der Minimierung der Schallweiterleitung, der Vermeidung von Luftschallanregungen, die mit Innenraumresonanzen zu unangenehmen Dröhngeräusche führen können. Sie befasst sich auch mit der Optimierung des Eigenschwingungsverhalten der Karosserie, denn Karosserieeigenmoden – wie die Torsion der Grundkarosserie oder die erste Biegemode des Vorderwagens – können zu einem Stuckern des Fahrzeugs führen, was sich anfühlt, wie wenn das Fahrzeug sehr unruhig auf der Straße liegt.

Eine hohe Steifigkeit der Anbindungspunkte für Fahrwerk und Motor sorgen für eine geringe Anregung, ein Abdichten der Nebenwege reduziert die Schallleitung innerhalb der Karossierie und darüber hinaus sorgen Dämmstoffe für die ausreichende Isolation.

Ebenfalls zur Karosserieakustik zählt die Aeroakustik, bei der durch optimierte Übergänge an Fahrzeugkanten und Bauteilumströmungen das Entstehen turbulenter Strömungen vermieden werden soll. Diese können sich im Innen- wie im Außengeräusch bei höheren Geschwindigkeiten unangenehm bemerkbar machen.

Fahrkomfort
Der Fahrkomfort befasst sich mit allen zum Fahren relevanten Komponenten, die der Fahrer und die Fahrzeuginsassen berühren. Das sind insbesondere Lenkrad, Schalthebel, Pedale und natürlich die Sitze. Die Anregungen können von der Straße, der Karosserie, oder auch vom Motor stammen und liegen im Frequenzbereich unter 50 Hz. Ziel ist es, alle Schwingungen zu minimieren.

Dynamische Festigkeit
Alle Fahrzeugkomponenten unterliegen einer Schwingungsanregung und damit einer dynamischen Belastung. Um sicherzustellen, dass alle Bauteile eine ausreichende dynamische Belastbarkeit über einen langen Zeitraum haben, müssen sie hinsichtlich ihrer dynamischen Festigkeit untersucht werden. Dazu werden einzelne Bauteile, aber auch gesamte Baugruppen in Prüfständen durch elektrodynamische Pulser (Shaker) oder hydraulische Stempel einer Dauerbelastung unterzogen. Die Anregungsprofile werden dabei aus Belastungsmessungen aus realen Fahrprofilen gewonnen. Falls notwendig können die Bauteile auch klimatisch angepasst untersucht werden, also bei tiefen oder auch extrem hohen Temperaturen. Abgasanlagen werden z.B. mit heißen Gasen durchströmt, die die Motorabgase simulieren sollen. Diese Test geben wertvolle Hinweise auf Detailoptimierungen, sodass oft Material, Sickungen oder Rippen nochmals optimiert werden.

Sounddesign

Definition von Sounddesign

Sounddesign ist die aktive und gezielte Abstimmung eines Produkts hin zu einem gewünschten Geräuschverhalten. Ziel ist es, dem Produkt einen typischen, vom Kunden so erwarteten und der Markenidentität entsprechenden „Sound" zu geben und ganz spezifische emotionale Assoziationen zum Produkt zu wecken.

Am bekanntesten ist dies im Automobilsektor, wo sowohl Kunden als auch Presse großen Anteil am Ergebnis der Soundentwicklung der Produkte zeigen. Aber auch in vielen anderen Bereichen, wie z.B. bei Hausgeräten (Staubsauger und Waschmaschinen) oder sogar bei Lebensmitteln (Bissgeräusch von Kartoffelchips) wird intensiv am Sound der Produkte gearbeitet.

Häufig sind noch andere Begriffe als Sounddesign zu finden. Mit Sound-Engineering ist in aller Regel die konkrete technische Realisierung am Produkt gemeint, also die gezielte technische Umsetzung eines im Sounddesign erarbeiteten Zielsounds. Soundcleaning ist die Unterdrückung unerwünschter Störgeräusche zur Erreichung eines optimal neutralen Geräuschverhalten. Dies wird oft bei Komfortfahrzeugen als Ausgangspunkt zur Entwicklung eines dezenten Sounds durchgeführt.

Sound am Fahrzeug

Die Schritte zur Umsetzung von Sound an einem Produkt sind im Allgemeinen immer gleich. Zur besseren Veranschaulichung wird dies aus dem Bereich des Automobilsektors erläutert.

Der Sound ist die hörbare Rückmeldung des Fahrzeugs auf einen bestimmten Betriebszustand, den der Fahrer über das Gaspedal und die Wahl des Gangs vornimmt. Sound wird demnach durch den Arbeitspunkt des Motors hinsichtlich Drehzahl und Last sowie deren zeitliche Varianz beschrieben – also Beschleunigung, Konstantfahrt oder Verzögerung. Hinzu kommen das Start- und das Leerlaufgeräusch.

Je nach Auslegung ist die subjektive Wahrnehmung der Gasannahme „spontan" oder „zäh", unabhängig von der realen physikalisch messbaren Beschleunigung.

Zu unterscheiden sind Sound im Innen- und Außengeräusch des Fahrzeugs. Das Außengeräusch ist von der Luftschallabstrahlung aller Komponenten, primär vom Motor sowie von der Abgas- und der Ansauganlage und deren Mündungen geprägt. Störend kommen jedoch das Roll- und das Windgeräusch dazu. Die akustischen Gegebenheiten im Innenraum sind zusätzlich vom Körperschall und den akustischen Transferwegen durch die Karosserie beeinflusst.

Sound-Quality

Sound-Quality bezieht sich auf diskrete Bauteile, die man aktiv bewegen oder verändern kann, wie z.B. Schalter, Hebel, Stellmotoren oder Klappen. Dabei soll das Betätigungsgeräusch die Qualität und die Solidität des Produkts unterstreichen. Das Öffnen und Schließen von Türen und Hauben muss sich ebenfalls wertig anhören und darf nicht scheppern. Desweiteren gehört zur Sound-Quality auch das Unterbinden von Klapper-, Knarz- und Quietschgeräuschen, die durch die Berührung und Reibung von Bauteilen aneinender erzeugt werden.

Bewertungsmethoden

Psychoakustik

Sound lässt sich nicht mit der gängigen Bewertungsmethode nach Lautheit, Rauheit oder Tonalität bewerten. Wenn vom Sound eines Fahrzeugs die Rede ist, werden meist Begriffe wie „sportlich", „sonor", „aggressiv" oder „begeisternd" verwendet. Dies muss in eine technische Sprache übersetzt werden, damit die Entwicklungsingenieure später wissen, welche spektralen Anteile, welche Dynamik und welche zeitliche Varianzen dafür verantwortlich sind. Daher werden verstärkt diese subjektiven Faktoren herangezogen und strukturiert, um daraus Bewertungsvorgaben zu erstellen. Im praktischen Ablauf einer psychoakustischen Bewertungen (Bild 2) werden Hörproben nach antagonistischen Wertepaaren (z.B. gut – schlecht, laut – leise, schwach – stark) beurteilt, um so zu einer Charakterisierung des Klangs zu gelangen.

Virtual Prototyping
Anhand von durchgeführten Analysen und Messungen an Komponenten lassen sich Prognosen über das Klangverhalten und deren Spielraum zur Veränderung erarbeiten. Zusätzlich werden Fahrzeugmessungen mit Kunstkopftechik durchgeführt. In einem engen Bereich lassen sich anschließend mit moderner Computertechnik Variationen daraus simulieren, immer mit Blick darauf, ob ein „virtuell erzeugter Sound" auch technisch realisiert werden kann.

Die computertechnisch überarbeiteten virtuellen Sounds können nun durch Probanden hinsichtlich zuvor erarbeiteter Bewertungsvorgaben bewertet werden. Daraus lassen sich Präferenzen der Bewerter ableiten, die nun jedoch technisch hinterlegt sind und Rückschlüsse darauf geben, welche Frequenzanteile benötigt oder störend sind und welche Komponenten dazu in Betracht kommen.

Aktiver Sound
Natürlich lassen sich fehlende Soundanteile auch mit aktiven Lautsprechersystemen innerhalb und außerhalb des Fahrzeugs realisieren. Dieser Technik kommt derzeit eine immer größere Bedeutung zu, weil Elektro- und Hybridfahrzeuge im elektrischen Fahrbetrieb vielfach als zu leise bewertet werden. Durch Beifügen von E-Sound (elektronischem Sound) können hier deutliche Verbesserungen erzielt werden. Diese Vorgaben sind ab 7/2019 Pflicht bei der Neutypisierung von Fahrzeugen und ab 7/2021 Pflicht für alle neu zugelassenen Fahrzeuge (siehe Mindestgeräusch von Fahrzeugen).

Bild 2: Psychoakustische Bewertung.

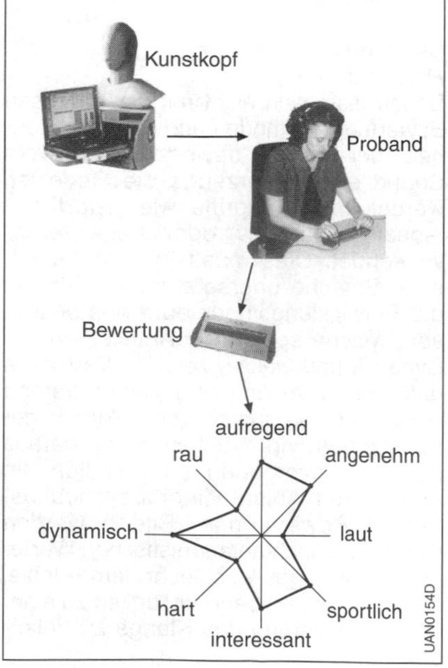

Literatur
[1] Commission Directive 2007/34/EC of 14 June 2007 amending, for the purposes of its adaptation to technical progress, Council Directive 70/157/EEC concerning the permissible sound level and the exhaust system of motor vehicles.
[2] Verordnung (EU) Nr. 540/2014 des Europäischen Parlaments und des Rates vom 16. April 2014 über den Geräuschpegel von Kraftfahrzeugen und von Austauschschalldämpferanlagen sowie zur Änderung der Richtlinie 2007/46/EG und zur Aufhebung der Richtlinie 70/157/EWG
[3] UN R51-03: Uniform Provisions Concerning the Approval of Motor Vehicles Having a Least Four Wheels with Regard to their Sound Emissions.
[4] Regulation (EC) No 661/2009 of the European Parliament and of the Council of July 13, 2009 concerning type-approval requirements for the general safety of motor vehicles, their trailers and systems, components and separate technical units intended therefor.
[5] ISO 10844:2014: Acoustics – Specification of test tracks for measuring noise emitted by road vehicles and their tyres.
[6] Klaus Genuit: Sound-Engineering im Automobilbereich. 1. Aufl., Springer-Verlag, 2010.
[7] L.C. Wrobel, M.H. Aliabadi:
The Boundary Element Method. 1. Aufl., Wiley-Verlag, 2002.

Schmierstoffe

Begriffe und Definitionen

Schmierstoffe
Schmierstoffe dienen als Trennmittel zwischen zwei relativ gegeneinander in Bewegung stehenden Reibpartnern. Ihre Aufgabe ist es, den direkten Kontakt zwischen diesen zu verhindern und dadurch zum einen den Verschleiß herabzusetzen und zum anderen die Reibung zu mindern. Zusätzlich kann der Schmierstoff kühlen, die Reibstelle abdichten, Korrosion verhindern oder auch Laufgeräusche verringern. Es gibt feste, konsistente, flüssige und gasförmige Schmierstoffe. Die Auswahl richtet sich nach der konstruktiven Begebenheit, der Materialpaarung, den Umgebungsbedingungen und den Beanspruchungen an der Reibstelle ([1], [2], [3]).

Additive
Additive sind Wirkstoffe, die zur Verbesserung bestimmter Eigenschaften dem Schmierstoff zugesetzt werden. Die Wirkstoffe verändern die physikalischen Eigenschaften des Schmierstoffs (z.B. Viskositätsindex-Verbesserer, Pourpoint-Erniedriger) oder die chemischen Eigenschaften (z.B. Oxidationsinhibitoren, Korrosionsinhibitoren). Sie können ferner eine Oberflächenveränderung der Reibpartner bewirken, verursacht z.B. durch Reibungsveränderer (Friction Modifier), durch Verschleißschutzwirkstoffe (Anti-Wear) oder durch Fressschutzadditive (Extreme Pressure). Zur Vermeidung einer gegenseitigen Beeinflussung müssen die Additive sehr genau aufeinander und auf den Schmierstoff abgestimmt sein.

ATF
ATF (Automatic Transmission Fluid) sind Spezialschmierstoffe, die den hohen Anforderungen in automatischen Getrieben angepasst sind.

Asche
Asche ist der mineralische Rückstand, der nach Oxid- oder Sulfatveraschung zurückbleibt (DIN 51575 [4]).

Ausblutung
Als Ausblutung wird die Trennung von Grundöl (Schmieröl) und Verdicker in Schmierfetten bezeichnet (Ölabscheidung, DIN 51817 [5]). Bei diesem Vorgang wird das Schmieröl an die zu schmierenden Umgebung abgegeben.

Bingham-Körper
Bingham-Körper sind Stoffe, deren Fließverhalten von dem Newton'scher Flüssigkeiten abweicht (siehe Rheologie, Newton'sche Flüssigkeiten).

Brennpunkt und Flammpunkt
Die niedrigste Temperatur (bezogen auf 1 013 hPa), bei der die Gasphase eines Mineralerzeugnisses erstmals aufflammt, wird als Flammpunkt bezeichnet. Der Brennpunkt ist die Temperatur, bei der die Gasphase mindestens 5 s weiterbrennt (DIN EN ISO 2592 [6]).

Cloudpoint
Der Cloudpoint ist die Temperatur, bei der Mineralöl bedingt durch Paraffinkristallbildung oder Ausscheidung anderer fester Stoffe trübe wird (DIN EN 23015 [7]).

Detergens
Diese Additive verhindern lack- und kohleartige Ablagerungen auf heißen Bauteilen (z.B. Kolben). Sie dienen als Reinigungsmittel, die wie ein Tensid sowohl hydrophile als auch hydrophobe Bereiche enthalten.

Dispersants
Dispersants verhindern Schlammbildung und -ablagerungen insbesondere bei niedrigen Temperaturen (feste Stoffe werden fein verteilt in Schwebe gehalten, dispergieren).

EP-Schmierstoffe
Siehe Hochdruckschmierstoffe (EP, Extreme Pressure).

Fließdruck
Der Fließdruck ist der Druck, der zum Herauspressen eines konsistenten Schmierstoffs aus einer genormten Prüfdüse er-

forderlich ist (Verfahren nach Kesternich, DIN 51805 [8]). Der Fließdruck liefert Informationen über das Start-Fließverhalten eines Schmierstoffs, insbesondere bei tiefen Temperaturen.

Fließgrenze
Die Fließgrenze ist die Schubspannung, bei der ein Stoff zu fließen beginnt. Oberhalb der Fließgrenze verhält sich ein plastischer Stoff rheologisch wie eine Flüssigkeit (DIN 1342-3 [9]).

Friction Modifier
Friction Modifier sind polare Schmierstoffadditive, die durch Adsorption auf der Metalloberfläche die Reibung im Mischreibungsgebiet (siehe Mischreibung) verringern sowie das Lasttragevermögen erhöhen. Sie verringern auch das Entstehen von Ruckgleiten (Stick-Slip).

Gelfette
Gelfette sind Schmierstoffe mit anorganischen Konsistenzgebern (z.B. Bentonite, Kieselgele).

Gleitlacke
Gleitlacke sind Festschmierstoffkombinationen, die mithilfe eines Bindemittels an der Reibstelle fixiert werden (AFC, Anti-Friction-Coating).

Graphit
Graphit ist ein Festschmierstoff mit Schichtgitterstruktur. Graphit schmiert sehr gut in Kombination mit Wasser (z.B. feuchte Luft) sowie in Kohlendioxidatmosphäre oder in Kombination mit Ölen. Im Vakuum wirkt er nicht reibungsmindernd.

Grenzpumptemperatur
Die Grenzpumptemperatur ist die Einsatzgrenze für das Durchölungsverhalten der Motoren nach einem Kaltstart. Unterhalb der Grenzpumptemperatur kann das Öl nicht mehr selbstständig der Ölpumpe zufließen, somit ist eine ausreichende Ölversorgung nicht mehr gewährleistet.

Hochdruckschmierstoffe
Hochdruckschmierstoffe (EP, Extreme Pressure) enthalten Additive zur Erhöhung des Lasttragevermögens, zur Verringerung der Verschleißbildung und zur Verringerung von Fresserscheinungen (in der Regel. bei Stahl-Stahl- oder Stahl-Keramik-Paarungen wirksam).

Hydrocracköle
Hydrocracköle sind veredelte Mineralöle mit erhöhtem Viskositätsindex (VI 130 bis 140). Sie werden durch Hydrierung von Mineralölen hergestellt und sind damit thermisch stabiler und erhalten ein verbessertes Viskosität-Temperatur-Verhalten.

Induktionszeit
Die Induktionszeit ist der Zeitraum, der bis zum Beginn einer stärkeren Veränderung eines Schmierstoffs (z.B. Alterung eines Öls, das einen Oxidationsinhibitor enthält) vergeht.

Inhibitoren
Inhibitoren sind systemschützende Wirkstoffe, die den chemischen Abbau des Schmierstoffs (z.B. durch Oxidation) verlangsamen oder vor Korrosion schützen (Korrosionsinhibitoren).

Kaltschlamm
Kaltschlamm sind Ölabbauprodukte, die sich im Kurbelgehäuse von Motoren durch Teilverbrennung und Kondenswasser bei geringer Belastung des Motors bilden. Kaltschlamm erhöht den Verschleiß und kann Motorschäden verursachen. Moderne Qualitäts-Motorenöle verringern die Neigung zur Kaltschlammbildung.

Kaltstartsicherheit
Die Kaltstartsicherheit ist eine Temperaturangabe und liegt erfahrungsgemäß ca. 5 °C über der Grenzpumptemperatur.

Konsistenz
Die Konsistenz ist ein Maß für die Verformbarkeit von Schmierfetten und Pasten (DIN ISO 2137 [10]). Ein Normkegel wird in eine glattgestrichene Fettprobe fallengelassen und dann die Eindringtiefe in 1/10 mm gemessen (Bild 2, siehe auch Penetration und Tabelle 5).

Legierte Schmierstoffe
Legierte Schmierstoffe enthalten Additive zur Verbesserung bestimmter Eigenschaften (z.B. Alterungsstabilität,

Verschleißschutz, Korrosionsschutz, Viskositäts-Temperatur-Verhalten).

Leichtlauföle
Leichtlauföle sind Schmieröle mit Mehrbereichscharakteristik, niedriger Kälteviskosität und speziellen reibungsmindernden Zusatzstoffen. Der besonders reibungsarme Motorlauf unter allen Betriebsbedingungen verringert den Kraftstoffverbrauch.

Longlife-Motorenöle
Longlife-Motorenöle sind Öle für deutlich verlängerte Ölwechselintervalle.

Mehrbereichsöle
Mehrbereichsöle sind Motoren- und Getriebeöle mit geringer Temperaturabhängigkeit der Viskosität (großer Viskositätsindex VI, Bild 1, siehe Viskosität). Sie enthalten oft Polymere, die ihre räumliche Struktur temperaturabhängig ändern. In kaltem Öl sind die Moleküle „zusammengeknäuelt". Mit steigender Temperatur strecken sich die Moleküle und erhöhen dadurch die Reibung zwischen den Teilchen. Die Viskosität des Öls steigt, dadurch ist auch bei hohen Temperaturen ein stabiler Schmierfilm gewährleistet. Mehrbereichsöle verringern Reibung und Verschleiß, bei Kaltstart sorgen sie für eine schnelle Durchölung aller Motorteile. Diese Öle sind für den ganzjährigen Einsatz in Kraftfahrzeugen gedacht und überdecken mehrere SAE-Klassen.

Bild 1: Viskosität-Temperatur-Verlauf von Mehr- und Einbereichs-Motorölen.

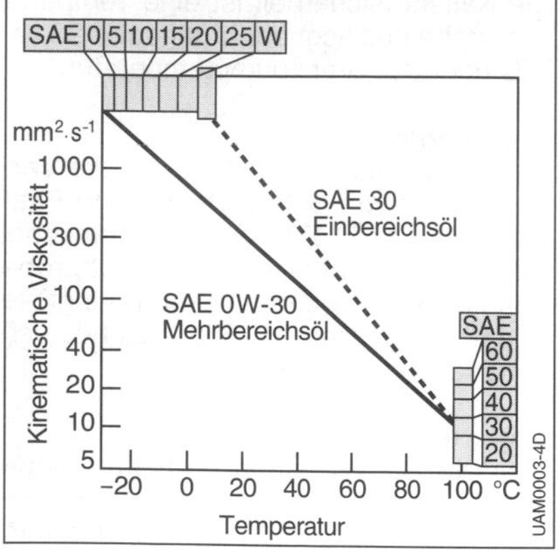

Metallseifen
Metallseifen sind Umsetzungsprodukte von Metallen oder deren Verbindungen mit Fettsäuren. Sie dienen als Dickungsmittel für Fette oder auch als Friction Modifier.

Mineralöle
Mineralöle sind die aus Erdöl oder Kohle gewonnenen Destillations- und Raffinationsprodukte. Sie bestehen aus zahlreichen Kohlenwasserstoffen verschiedener chemischer Zusammensetzung. Je nachdem, welche Anteile überwiegen, spricht man von paraffin-basischen (kettenförmige gesättigte Kohlenwasserstoffe), naphthen-basischen (ringförmige gesättigte Kohlenwasserstoffe, meist mit fünf oder sechs Kohlenstoffatomen im Ring) oder aromatenreichen Ölen (z.B. Alkylbenzole). Diese unterscheiden sich unter Umständen stark in ihren chemisch-physikalischen Eigenschaften.

Molybdändisulfid
Molybdändisulfid (MoS_2) ist ein Festschmierstoff mit Schichtgitterstruktur. Zwischen den einzelnen Schichten bestehen nur geringe Bindungskräfte, sodass ein Verschieben der Schichten gegeneinander mit relativ geringen Scherkräften möglich ist. Eine Reibungsverringerung wird nur erreicht, wenn MoS_2 in geeigneter Form auf eine Metalloberfläche aufgetragen wird (z.B. auch in Kombination mit einem Bindemittel, MoS_2-Gleitlack).

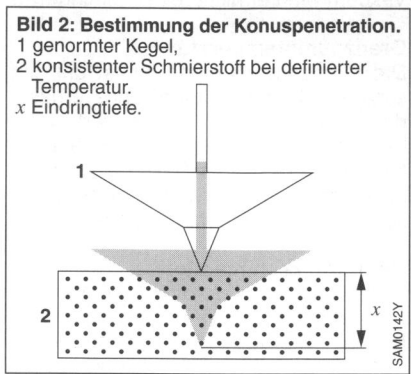

Bild 2: Bestimmung der Konuspenetration.
1 genormter Kegel,
2 konsistenter Schmierstoff bei definierter Temperatur.
x Eindringtiefe.

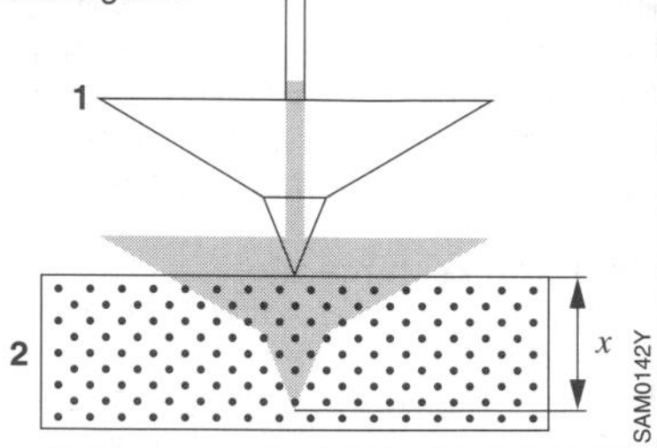

Penetration
Penetration bezeichnet die Eindringtiefe (in 10^{-1} mm) eines genormten Kegels in einen konsistenten Schmierstoff bei definierter Temperatur und Zeit (Bild 2). Je größer dieser Wert ist, umso weicher ist der Schmierstoff (DIN ISO 2137 [10]).

Polare Stoffe
Moleküle mit Dipolcharakter werden leicht auf Metalloberflächen adsorbiert. Sie erhöhen die Haftung und das Lasttragevermögen und wirken daher auch reibungs- und verschleißmindernd. Hierzu zählen z.B. Esteröle, Ether, Polyglykole und Fettsäuren.

Pourpoint
Pourpoint ist die Temperatur, bei der ein Öl eben noch fließt, wenn es unter definierten Bedingungen abgekühlt wird (DIN ISO 3016 [11]).

PTFE
PTFE (Polytetrafluorethylen, Teflon) ist ein Thermoplast mit ausgezeichneten Eigenschaften als Festschmierstoff, insbesondere bei sehr kleinen Gleitgeschwindigkeiten (< 0,1 m/s). PTFE wird erst unterhalb von ca. –270 °C spröde. Die obere Gebrauchstemperatur liegt bei ca. 260 °C. Darüber erfolgt eine Zersetzung mit toxischen Spaltprodukten.

Rheologie
Rheologie ist die Lehre vom Fließverhalten von Stoffen. Die Darstellung erfolgt üblicherweise in Form von Fließkurven (Bild 3). Im Diagramm ist die Schubspannung τ über der Scherrate $\dot{\gamma}$ aufgetragen.

Schubspannung und Scherrate
Die Schubspannung ist definiert als Scherkraft pro Scherfläche, die Scherrate als Quotient von Geschwindigkeit v und Spalthöhe h (Bild 4).

Schubspannung $\tau = F/A$ (in N/m² = Pa),
F Scherkraft, A Fläche gegen Scherrate.

Scherrate $\dot{\gamma} = v/y$ (in s^{-1}),
v Geschwindigkeit, y Schmierfilmdicke.

Die Messung der Fließkurven erfolgt üblicherweise in einem Platte-Kegel-Messsystem. Zwischen Platte und Kegel befindet sich die zu messende Probe, das Drehmoment ist proportional der Schubspannung, die Drehzahl proportional der Scherrate.

Mithilfe des Zweiplattenmodells (Bild 4) kann die Schubspannung τ veranschaulicht werden. Zwischen beiden Platten befindet sich die Flüssigkeit. Die untere Platte ist fixiert, die obere bewegt sich mit der Scherfläche A durch die Scherkraft F.

Scherviskosität
Die Scherviskosität η ist bei ideal-viskosen Flüssigkeiten und konstanter Temperatur das Verhältnis von Schubspannung τ zu Scherrate $\dot{\gamma}$:

$$\eta = \frac{\tau}{\dot{\gamma}} \cdot$$

Bild 3: Fließkurven.
1 Rheopex, 2 thixotrop, 3 newtonsch, 4 plastisch, 5 dilatant, 6 strukturviskos, 7 Fließgrenze.

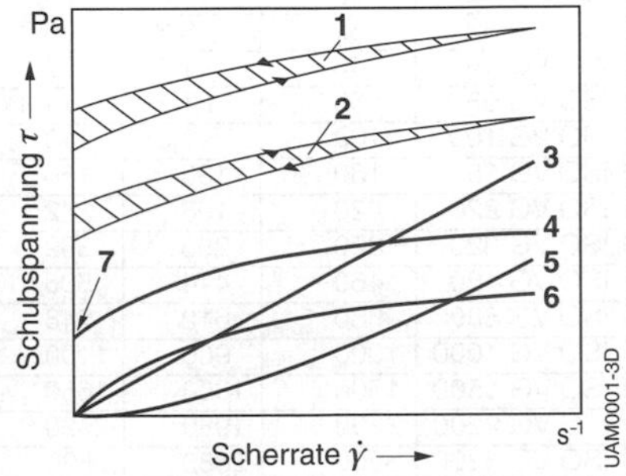

Bild 4: Geschwindigkeitsverteilung und Scherrate im Schmierspalt.
1 Bewegliche Platte, 2 Flüssigkeit, 3 fixierte Platte.
A Scherfläche, F Scherkraft, h Höhe, v Geschwindigkeit, $\dot{\gamma}$ Scherrate.

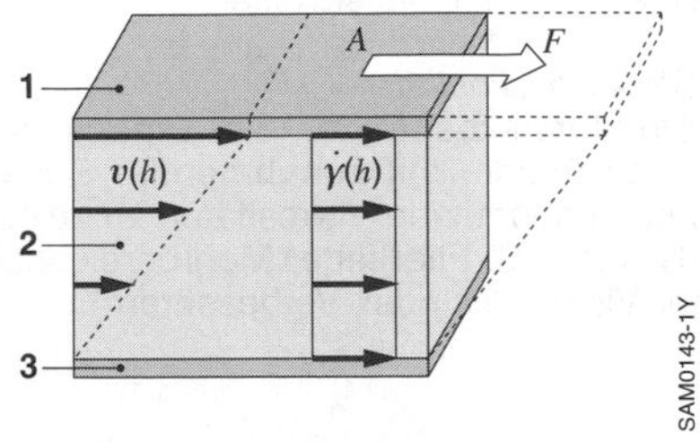

Für η wird auch der Begriff „dynamische Viskosität" verwendet. Die früher benutzte Einheit Centipoise (cP) entspricht der Einheit mPa · s.

Mittelpunktsviskosität
Jede Viskositätsklasse nach DIN ISO 3448 [12] wird durch einen Viskositätsbereich bei der Temperatur von 40 °C festgelegt (siehe Tabelle 1). Die zulässige Grenze liegt bei ±10 %. So hat z.B. die Viskositätsklasse ISO VG 10 die Grenzen 9 und 11 mm^2/s bei einer Mittelpunktsviskosität von 10 mm^2/s.

HTHS-Viskosität
Die HTHS-Viskosität (High-Temperature-High-Shear) gibt die Scherviskosität bei der Temperatur von 150 °C und der Scherrate von $10^6\ s^{-1}$ an.

Kinematische Viskosität
Die kinematische Viskosität ν wird meistens in senkrecht stehenden, engen Glasröhren ermittelt. Gemessen wird die Zeit, die die Flüssigkeit bei festgelegter Temperatur benötigt, um durch eine bestimmte Strecke der Röhre zu fließen. Bei Kenntnis der Dichte ρ kann daraus auch die Scherviskosität η berechnet werden.

$$\nu = \frac{\eta}{\rho}, \ (\nu \text{ in } mm^2/s;\ \rho \text{ in } kg/m^3).$$

Die früher benutzte Einheit Centistokes (cSt) entspricht der Einheit mm^2/s.

Newton'sche Flüssigkeiten
Newton'sche Flüssigkeiten zeigen eine lineare Abhängigkeit zwischen Schubspannung τ und Scherrate $\dot{\gamma}$ in Form einer Geraden durch den Nullpunkt mit viskositätsabhängiger Steigung (Bild 3).

Alle von diesem Fließverhalten abweichenden Stoffe zählen zu den Nicht-Newton'schen Flüssigkeiten.

Strukturviskosität
Strukturviskosität ist die Eigenschaft eines Fluids, mit zunehmender Scherrate abnehmende Viskositäten zu zeigen (Bild 3, z.B. Fließfette, Mehrbereichsöle mit Viskositätsindex-Verbesserern).

Dilatanz
Dilatanz ist die Viskositätserhöhung mit zunehmender Scherrate (Bild 3).

Plastizität
Ein plastischer Stoff ist ein Stoff, dessen rheologisches Verhalten durch eine Fließgrenze gekennzeichnet ist (laut DIN 1342-1 [13]). Als Plastizität wird die Formbarkeit einer strukturviskosen Flüssigkeit mit zusätzlicher Fließgrenze bezeichnet (Bild 3, z.B. Schmierfette).

Thixotropie
Als Thixotropie wird die Eigenschaft von Nicht-Newton'schen Flüssigkeiten bezeichnet, deren Viskosität scherzeitabhängig abnimmt und nach Ende der Scherung ihre ursprüngliche Viskosität zeitverzögert zurückgewinnt (Bild 3).

Rheopexie
Als Rheopexie wird die Eigenschaft von Nicht-Newton'schen Flüssigkeiten bezeichnet, deren Viskosität scherzeitabhängig zunimmt und nach Ende der Scherung ihre ursprüngliche Viskosität zeitverzögert zurückgewinnt (Bild 3).

Tabelle 1: Viskositätsklassen Industrieschmieröle nach DIN ISO 3448 [12].

Viskositätsklasse ISO	Mittelpunktsviskosität bei 40 °C in mm^2/s	Grenzen der kinematischen Viskosität bei 40 °C in mm^2/s	
		min.	max.
ISO VG 2	2,2	1,98	2,42
ISO VG 3	3,2	2,88	3,52
ISO VG 5	4,6	4,14	5,06
ISO VG 7	6,8	6,12	7,48
ISO VG 10	10	9,00	11,0
ISO VG 15	15	13,5	16,5
ISO VG 22	22	19,8	24,2
ISO VG 32	32	28,8	35,2
ISO VG 46	46	41,4	50,6
ISO VG 68	68	61,2	74,8
ISO VG 100	100	90,0	110
ISO VG 150	150	135	165
ISO VG 220	220	198	242
ISO VG 320	320	288	352
ISO VG 460	460	414	506
ISO VG 680	680	612	748
ISO VG 1000	1000	900	1100
ISO VG 1500	1500	1350	1650
ISO VG 2200	2200	1980	2420
ISO VG 3200	3200	2880	3520

Tropfpunkt
Der Tropfpunkt ist die Temperatur, bei der ein Schmierfett unter festgelegten Prüfbedingungen ein bestimmtes Fließvermögen erreicht (DIN ISO 2176 [14]).

Stribeck-Kurve
Mit der Stribeck-Kurve wird der Reibungsverlauf bei flüssig- oder fettgeschmierten tribologischen Systemen mit sich verengendem Spalt (z.B. geschmiertes Gleit- oder Kugellager) als Funktion der Gleitgeschwindigkeit dargestellt (Bild 5). Mit zunehmender Relativgeschwindigkeit erhöht sich der hydrodynamische Druck im Reibkontakt.

Festkörperreibung
Bei Festkörperreibung ist der Schmierfilm dünner als die Höhe der Oberflächenrauigkeitsspitzen. Dies verursacht Verschleiß.

Mischreibung
Bei Mischreibung ist der Schmierfilm ungefähr so dick wie die Höhe der Rauigkeitsspitzen. Das bedeutet immer noch erhöhten Verschleiß, weil sich die Rauigkeitsspitzen berühren.

Hydrodynamik
Bei Hydrodynamik sind Grund- und Gegenkörper vollständig getrennt, z.B. bei Aquaplaning (nahezu verschleißfreies Gebiet).

Synthetisches Öl
Synthetisches Öl wird in einer chemischen Synthese aus kleineren Molekülen hergestellt. Zum Beispiel synthetische Kohlenwasserstoffe in Form von Poly-α-olefinen, die durch Polymerisation von Ethen und anschließender Hydrierung hergestellt werden. Weitere synthetische Öle sind Polyglykole, Esteröle, Silikonöle, Perfluorpolyetheröle.

Viskosität
Die Viskosität (Zähflüssigkeit) ist ein Maß für die innere Reibung von Stoffen (DIN 1342 [13], DIN EN ISO 3104 [15]). Sie wird durch den Widerstand (innere Reibung), den die Stoffteilchen der Kraft beim Verschieben entgegensetzen, verursacht (siehe auch Rheologie). Mit abnehmender Temperatur nimmt die Viskosität zu und das Öl wird zähflüssiger. Bei tiefen Temperaturen darf die Viskosität nicht zu groß sein, damit das Öl in den Lagern der Drehbewegung von Motor oder Getriebe keinen zu großen Widerstand entgegensetzt. Bei hohen Temperaturen muss das Öl noch zähflüssig genug sein, um den Schmierfilm aufrecht zu erhalten.

Viskositätsindex
Der Viskositätsindex (VI) ist eine rechnerisch ermittelte Zahl, die die Viskositätsänderung eines Mineralölerzeugnisses bei Temperaturänderung charakterisiert. Je größer der Viskositätsindex, desto geringer ist der Einfluss der Temperatur auf die Viskosität (DIN ISO 2909 [16]).

Viskositätsklassen
Öle werden innerhalb bestimmter Viskositätsbereiche in Viskositätsklassen klassifiziert:
- ISO-Viskositätsklassen (DIN ISO 3448 [12]): siehe Tabelle 1.
- SAE-Viskositätsklassen (SAE J 300 [17], SAE J 306 [18]): siehe Tabelle 2 und Tabelle 3.

Walkpenetration
Als Walkpenetration wird die Penetration einer Fettprobe bezeichnet, die zuvor in einem Fettkneter behandelt wurde (DIN ISO 2137 [19]).

Bild 5: Stribeck-Kurve.
R Oberflächenrauigkeit, F_N Normalkraft,
d Abstand zwischen Grund- und Gegenkörper.
Bereich a: Festkörperreibung, viel Verschleiß.
Bereich b: Mischreibung, mäßiger Verschleiß.
Bereich c: Hydrodynamik, kein abrasiver Verschleiß.

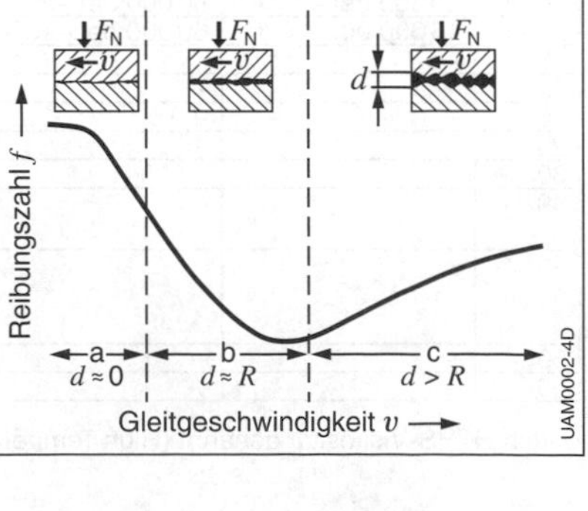

Motorenöle

Die Motorenöle dienen vorrangig zur Schmierung der relativ gegeneinander bewegten Teile in Verbrennungskraftmaschinen. Zusätzlich werden Reibungswärme abgeführt, Verschleißpartikel von der Reibstelle wegtransportiert, Verunreinigungen ausgewaschen und vom Öl in der Schwebe gehalten und Metallteile vor Korrosion geschützt. Die gebräuchlichsten Motorenöle sind additivierte Mineralöle (HD-Öle: Heavy Duty für hohe Beanspruchung, schwere Betriebsbedingungen). Aufgrund der steigenden Beanspruchung der Öle und längerer Ölwechselintervalle werden zunehmend auch synthetische oder teilsynthetische Öle (Mischung aus Synthetiköl und Mineralöl), z.B. Hydrocracköle, verwendet. Die Qualität der Öle hängt von der Herkunft, der Raffination des Grundöls (entfällt bei synthetischen Ölen) und der Additivierung ab.

Tabelle 2: Auszug aus SAE-Viskositätsklassen für Getriebeöle (SAE-J 306, Revision Juni 2005).

SAE-Viskositätsklasse	Maximale Temperatur [°C] für die dynamische Viskosität bei 150 000 mPa·s (ASTM D 2983 [20])	Kinematische Viskosität [mm²/s] bei 100 °C (ASTM D 445 [21])	
		min.	max.
70 W	−55	4,1	–
75 W	−40	4,1	–
80 W	−26	7,0	–
85 W	−12	11,0	–
80	–	7,0	<11,0
85	–	11,0	<13,5
90	–	13,5	<18,5
110	–	18,5	<24,0
140	–	24,0	<32,5
190	–	32,5	<41,0
250	–	41,0	–

Entsprechend ihrer Aufgabe unterscheidet man folgende Additivtypen:
- Viskositätsindex-Verbesserer,
- Pourpoint-Verbesserer,
- Oxidations- und Korrosionsinhibitoren,
- Detergens- und Dispersant-Zusätze,
- Hochdruckzusätze (EP-Additive),
- Friction Modifier,
- Schaumdämpfer.

Tabelle 3: SAE-Viskositätsklassen für Motoren- und Getriebeöle (SAE J300, Januar 2015).

SAE-Viskositätsklasse	Viskosität (ASTM D 5293 [22]) mPa·s	Grenzpumpviskosität (ASTM D 4684 [23]) ohne Fließgrenze mPa·s	Kinematische Viskosität (ASTM D 445 [21]) mm²/s bei 100 °C		Viskosität bei hoher Scherung[1] (ASTM D 4683 [24], CEC L-36-A-90 [25], ASTM D 4741 [26] oder ASTM D 5481 [27]) mPa·s bei 150 °C und $\dot{\gamma} = 10^6\ s^{-1}$
	max.	max.	min.	max.	min.
0 W	6 200 bei −35 °C	60 000 bei −40 °C	3,8	–	–
5 W	6 600 bei −30 °C	60 000 bei −35 °C	3,8	–	–
10 W	7 000 bei −25 °C	60 000 bei −30 °C	4,1	–	–
15 W	7 000 bei −20 °C	60 000 bei −25 °C	5,6	–	–
20 W	9 500 bei −15 °C	60 000 bei −20 °C	5,6	–	–
25 W	13 000 bei −10 °C	60 000 bei −15 °C	9,3	–	–
8	–	–	4	<6,1	1,7
12	–	–	5	<7,1	2,0
16	–	–	6,1	<8,2	2,3
20	–	–	6,9	<9,3	2,6
30	–	–	9,3	<12,5	2,9
40	–	–	12,5	<16,3	3,5 (0W–40, 5W–40, 10W–40)
40	–	–	12,5	<16,3	3,7 (15W–40, 20W–40, 25W–40, 40 monogrado)
50	–	–	16,3	<21,9	3,7
60	–	–	21,9	<26,1	3,7

[1] auch HTHS-Viskosität genannt (High Temperature High Shear).

Im Verbrennungsmotor wird das Öl thermisch und mechanisch hoch beansprucht. Die physikalischen Daten der Motorenöle geben Hinweise zu den Einsatzgrenzen (SAE-Viskositätsklassen), erlauben aber keine Aussage zur Leistungsfähigkeit. Es gibt daher eine ganze Anzahl von Prüfmethoden für Motorenöle:

- ACEA-Normen (Association des Constructeurs Européens de l'Automobile) ersetzen seit Anfang 1996 alle bestehenden CCMC-Normen (Comité des Constructeurs d'Automobiles du Marché Commun),
- API-Klassifikation (American-Petroleum-Institute),
- MIL-Spezifikationen (Military),
- Firmenspezifikationen (z.B. ILSAC, International Lubricants Standardization and Approval Committee).

Kriterien für eine Zulassung sind unter anderem:

- Sulfataschegehalt,
- Zinkgehalt,
- Motorart (Otto- oder Dieselmotor, Saug- oder Ladermotor),
- Belastung der Motortriebwerksteile und Motorlager,
- Verschleißschutzwirkung,
- Betriebstemperatur des Öls (Sumpftemperatur),
- Verbrennungsschmutzanfall, chemische Belastung des Öls durch saure Verbrennungsrückstände,
- Reinigungs- und Schmutztragevermögen des Motorenöls,
- Dichtungsverträglichkeit.

ACEA-Spezifikationen

Motorenöle für Ottomotoren

- A1: Spezielle Leichtlauföle mit abgesenkter Viskosität bei hohen Temperaturen und starker Scherung zur Verringerung von viskoser Reibung.
- A2: Konventionelle und Leichtlauf-Motorenöle ohne Beschränkung der Viskositätsklassen. Höhere Anforderungen als bisher bei CCMC G4 und API SH; zurückgezogen.
- A3: Öle dieser Kategorie übertreffen A2 und bisher CCMC G4 und G5.
- A5: Gegenüber A3 verbesserte „Fuel-Economy-Eigenschaften", bedingt durch geringere Viskosität inklusive verbesserter Additivierung. Anwendung nur in Motoren, die eigens dafür entwickelt wurden.

Motorenöle für Pkw-Dieselmotoren

- B1: Entsprechend A1 für geringe Reibungsverluste und damit Kraftstoffersparnis.
- B2: Konventionelle und Leichtlauf-Motorenöle erfüllen die heutigen Minimalanforderungen (höhere Anforderungen als bisher CCMC PD2); zurückgezogen.
- B3: Übertrifft B2.
- B4: entspricht B2, mit besonderer Eignung für VW-TDI-Motoren.
- B5: Öle übertreffen B3 und B4, verbesserte „Fuel-Economy-Eigenschaften", erfüllt auch VW 50600 und VW 50601. Anwendung nur in Motoren, die eigens dafür entwickelt wurden.

Motorenöle für Pkw-Dieselmotoren mit Partikelfilter

- C1: Seit 2004, Sulfataschegehalt maximal 0,5 %. Abgesenkte HTHS (Ford).
- C2: Seit 2004, Sulfataschegehalt maximal 0,8 %. Mit HTHS $\geq 2{,}9$ mPa·s (Peugeot).
- C3: Seit 2004, Sulfataschegehalt maximal 0,8 %. Mit HTHS $\geq 3{,}5$ mPa·s (MB und BMW).
- C4: Seit 2007, Sulfataschegehalt maximal 0,5%. Mit HTMS $\geq 3{,}5$ mPa·s.

Motorenöle für Nfz-Dieselmotoren

- E1: Öle für saugende oder aufgeladene Motoren mit normalen Wechselintervallen; zurückgezogen.
- E2: Abgeleitet aus MB-Spezifikation Blatt 228.1. Hauptsächlich für Motorentechnologie vor der Euro II-Norm.
- E3: Für Motoren, die die Euro II-Norm erfüllen, abgeleitet aus MB-Spezifikation Blatt 228.3. Im Vergleich zur Vorgängerkategorie CCMC D5 zeigen diese Öle ein deutlich verbessertes Rußdispergiervermögen mit deutlich geringerer Öleindickung; zurückgezogen.
- E4: Dieselmotoren mit Euro I- bis Euro III-Norm und hohen Anforderungen, insbesondere verlängerten Ölwechselintervallen (gemäß Hersteller-

lerangabe). Basiert weitestgehend auf MB-Spezifikation Blatt 228.5.
- E5: Für Euro III-Motoren, reduzierter Aschegehalt (zurückgezogen).
- E6: Für AGR-Motoren (Abgasrückführung) mit oder ohne Dieselpartikelfilter und SCR-NO_x-Motoren (Selective Catalytic Reduction, d.h. Reduktion von NO_x zu N_2). Empfehlung für Motoren mit Dieselpartikelfilter und Betrieb mit schwefelfreiem Kraftstoff, Sulfatasche unter 1 % Massenanteil.
- E7: Für Motoren ohne Dieselpartikelfilter der meisten AGR-Motoren und der meisten SCR-NO_x-Motoren, Sulfatasche max. 2 % Massenanteil.
- E9: Für Motoren mit/ohne Partikelfilter der meisten AGR und SCR-NO_x-Motoren, Sulfatasche max. 1% Massenanteil.

Beispiel für eine Kennzeichnung
Nach der Angabe der Klasse wird in der Regel ein Zahlencode ergänzt.

Beispiel: Ein A3/B3-04 ist ein Motorenöl für Ottomotoren (Klasse A) und Dieselmotoren (Klasse B) in Qualitätsstufe 3, geprüft nach der im Jahre 2004 ausgegebenen ACEA-Klassifikation.

API-Klassifikationen
- S-Klassen (Service) für Ottomotoren.
- C-Klassen (Commercial) für Dieselmotoren.
- SF: Für Motoren der 1980er-Jahre; zurückgezogen.
- SG: Gültig seit 1988 mit verschärftem Schlammtest, verbessertem Oxidations- und Verschleißschutz.
- SH: Seit Mitte 1993 wie Qualitätsniveau API SG, jedoch mit verschärften Anforderungen bei der Öl-Qualitätsprüfung.
- SJ: Seit Oktober 1996, zusätzliche Tests gegenüber API SH.
- SL: Seit 2001, gegenüber SJ geringerer Ölverbrauch, geringere Flüchtigkeit, verbesserte Motorsauberkeit, höhere Alterungsbeständigkeit.
- SM: Seit 2004, für Benzin- und leichte Dieselmotoren mit verbessertem Verschleißschutz, höherer Alterungsstabilität, verbesserter Pumpbarkeit, auch als Gebrauchtöl.
- SN: Seit Oktober 2010, gegenüber SM Verbesserungen bei der Kolbensauberkeit, der Schlammbildung und Abgasnachbehandlungsfähigkeit. Zusätzlich wird die Elastomerverträglichkeit definiert.
- CC: Motorenöle für freisaugende Dieselmotoren bei niedriger Beanspruchung; zurückgezogen.
- CD: Motorenöle für Saug- und Turbo-Dieselmotoren, 1994 von API CF abgelöst.
- CD-2: Anforderungen gemäß API CD mit zusätzlichen Anforderungen von Zweitakt-Dieselmotoren.
- CF-2: Öle mit besonderen Zweitakt-Eigenschaften (seit 1994).
- CE: Öle mit Leistungsvermögen wie CD mit zusätzlichen Testläufen in amerikanischen Mack- und Cummins-Motoren.
- CF: Ersetzt seit 1994 die Spezifikation API CD. Insbesondere für indirekte Einspritzung, auch wenn der Schwefelgehalt im Kraftstoff über 0,5 % ist.
- CF-4: Wie API CE, aber mit verschärftem Test im Einzylinder-Caterpillar-Turbo-Dieselmotor.
- CG-4: Für höchstbeanspruchte Dieselmotoren. Übertrifft API CD, CE. Kraftstoff-Schwefelgehalt unter 0,5 %. Erforderlich für Motoren mit Abgasvorschriften nach 1994.
- CH4: Seit 1998 modernes Nutzfahrzeugmotorenöl. Übertrifft CG-4 bei Anforderungen an Verschleiß, Ruß und Viskosität. Längere Ölwechselintervalle.
- CI-4: Seit 2002 für hochdrehende Viertaktmotoren, die zukünftige Abgasgesetze nur noch mit AGR erfüllen können. Geeignet für Schwefelgehalte über 0,5 %.
- CI-4 plus: Wie CI-4, jedoch mit verbessertem Rußtransport und höherer Anforderung bezüglich Viskositätserhöhung.
- CJ-4: Gültig seit 2006. Für Highway-Fahrzeuge, die die USA 2007 Emissionsstandards mit Dieselkraftstoff (unter 500 ppm Schwefelgehalt) erfüllen müssen. Geeignet für Partikelfilter- und NO_x-Reduktionskatalysatoren.
- CK-4: verbesserter Schutz für neue Dieselmotoren mit u.a. erhöhter Alterungsstabilität, Scherstabilität, Kolbensauberkeit. Start 12/2016

– FA-4: Für neue Dieselmotoren der Generation 2016/17 mit geringer HTHS (2,9 bis 3,2 mPa·s bei 150 °C) u.a. zur Erreichung geforderter Emissionsvorgaben in den USA.

ILSAC

ILSAC (International Lubricants Standardization and Approval Committee) ist ein gemeinsamer Standard von General Motors, Daimler, der japanischen Automobilherstellervereinigung und der amerikanischen Motorenherstellervereinigung.

ILSAC GF-3

Zusätzlich zu API-SL verlangt die Norm einen Fuel-Economy-Test.

ILSAC GF-4

Zuordnung zu API-SM.

ILSAC GF-5

Dieser Standard gilt seit Oktober 2010 mit dem Ziel der erhöhten Kraftstoffreduzierung, der Elastomerkompatibilität und dem verbesserten Schutz der Abgasnachbehandlungssysteme (vergleichbar mit API- SN).

ILSAC GF-6

Neue Spezifikation mit Ziel von Kraftstoffeinsparung bei der Benzin-Direkteinspritzung und aufgeladenen Motoren, wird ca. 2018 erwartet. GF-6 A mit herkömmlichen Viskositäten, GF-6B mit Viskositäten ≤ SAE 0W16.

SAE-Viskositätsklassen

(SAE J300 [17], SAE J306 [18])

Die international gültige SAE-Klassifizierung (Society of Automotive Engineers) dient der Viskositätskennzeichnung. Sie gibt Auskunft über den Temperaturbereich, in dem die Öle eingesetzt werden. Über die Qualität des Öls sagt sie nichts aus.

Man unterscheidet zwischen Ein- und Mehrbereichsölen. Einbereichsöle sind z.B. durch SAE 30 gekennzeichnet. Kleine Kennziffern bedeuten dünnflüssige Öle, größere Kennziffern zähflüssigere Öle.

Allgemein haben sich heute die Mehrbereichsöle durchgesetzt. Die Kennzeichnung erfolgt durch zwei Serien (siehe Tabelle 2 und Tabelle 3), wobei der Buchstabe W (Winter) ein definiertes Kältefließverhalten beschreibt. Diese Öle sind auch für niedrige Temperaturen geeignet. Die Viskositätsklasse mit dem Buchstaben W wird nach der maximalen Tieftemperaturviskosität, der Grenzpumpviskosität und der Mindestviskosität bei 100 °C klassifiziert.

Die Viskositätsklasse ohne den Buchstaben W wird nur nach der Viskosität bei 100 °C klassifiziert.

Praxisnäher sind Viskositätsangaben bei höherer Temperatur (150 °C) und hoher Scherbeanspruchung (HTHS-Viskosität, siehe Tabelle 3). Besondere Bedeutung erlangte dieser Wert mit der Einführung von Ölen mit abgesenkter Hochtemperaturviskosität (unter 3,5 mPa·s). Diese Öle dürfen nur eingesetzt werden, wenn Herstellerfreigaben existieren.

Ein Mehrbereichsöl ist z.B. durch SAE 0W-30 gekennzeichnet. Das bedeutet, es besitzt bei –35 °C eine Viskosität von maximal 6200 mPa·s und erfüllt die Spezifikation eines SAE 30-Öls mit einer kinematischen Viskosität im Bereich von 9,3...12,5 mm²/s bei 100 °C und einer HTHS Viskosität von mindestens 2,9 mPa·s bei 150 °C (Tabelle 3, siehe auch Bild 1).

Motorrad-Öl

Dieses unterscheidet sich nicht grundsätzlich von Öl für Automobile. Allerdings ist die Beanspruchung z.B. bezüglich Scherbelastung und spezifischer Flächenpressung gegebenenfalls höher und es dürfen nur die vom Hersteller empfohlenen Öle verwendet werden.

Öl-Verdünnung

Wenn Fahrzeuge im Kurzstreckenverkehr betrieben werden, dann kann unverbrannter Kraftstoff in das Motorenöl gelangen (Ölverdünnung, Ölvermehrung). Dadurch sinkt die Betriebsviskosität und es kann erhöhter Verschleiß unter Mischreibungsbedingungen auftreten. Im Winter kann es bei Dieseleintrag auch zu Paraffinkristallausscheidungen kommen, die die Förderung verschlechtern (z.B. Filterblockade) und gar Mangelschmierungsbedingungen verursachen kann.

Getriebeöle

Die Art des Getriebes und dessen Beanspruchung unter allen Betriebsbedingungen bestimmen die Qualität des Getriebeöls. Die Anforderungen (hohes Druckaufnahmevermögen, geringe Temperaturabhängigkeit der Viskosität, hohe Alterungsbeständigkeit, geringe Neigung zur Schaumbildung, Verträglichkeit mit Dichtungsmaterialien) können nur durch additivierte Öle erreicht werden. In Abweichung zu Motorölen enthalten Getriebeöle keine oder nur wenige Detergens-Additive, deutlich weniger basische Anteile und meist keine Viskositätsindex-Verbesserer. Diese würden hauptanteilig zerschert und damit inaktiv werden. Typische Getriebeschäden durch ungeeignetes oder qualitativ minderwertiges Öl sind Lager- und Zahnflankenschäden.

Auch die Viskosität muss dem Anwendungsfall angepasst sein. Für Kfz-Getriebe gibt die SAE J 306 [18] und SAE J300 [17] die Viskositätsklassen an (Tabelle 2 und Tabelle 3). Die Getriebeöle werden bei etwa gleicher Viskosität gegenüber den Motorölen mit einer höheren Kennziffer bezeichnet, um sie von Motorölen deutlich unterscheiden zu können.

Für Sonderanforderungen werden zunehmend Syntheseöle (z.B. Poly-α-olefine) verwendet. Diese weisen Vorteile im Viskositäts-Temperatur-Verhalten auf und sind im Vergleich zu Mineralölen alterungsbeständiger.

API-Klassifikationen von Getriebeölen

- GL-1...GL-3: Heutzutage keine besondere praktische Bedeutung.
- GL-4: Getriebeöle für mäßig beanspruchte Hypoidgetriebe sowie Getriebe, die unter Betriebsbedingungen mit hohen Geschwindigkeiten und Stoßbeanspruchungen, hoher Drehzahl und niedrigem Drehmoment oder niedriger Drehzahl und hohem Drehmoment arbeiten.
- GL-5: Getriebeöle für hoch beanspruchte Hypoidgetriebe in Pkw und anderen Fahrzeugen unter stoßartiger Belastung bei hoher Drehzahl sowie hoher Drehzahl und niedrigem Drehmoment oder niedriger Drehzahl und hohem Drehmoment.
- MT-1: Für unsynchronisierte Schaltgetriebe in amerikanischen Nfz.

Viele Lkw- und Komponentenhersteller haben eigene Spezifikationen erstellt und verlassen sich nicht mehr auf die API-Klassifikation.

Öle für automatische Getriebe

Da in automatischen Getrieben im Gegensatz zu Handschaltgetrieben neben der hydrodynamischen und formschlüssigen zusätzlich die kraftschlüssige Kraftübertragung vorherrscht, ist das Reibungsverhalten bei Verwendung der ATF-Öle von großer Bedeutung (ATF, Automatic Transmission Fluid). Die Anwendungsbereiche werden vorrangig durch unterschiedliches Reibungsverhalten unterteilt.

General Motors

- Nicht mehr gültig sind: Type A, Suffix A, DEXRON, DEXRON B, DEXRON II C, DEXRON II D.
- DEXRON II E: Gültig bis Ende 1994.
- DEXRON III F/G: Gültig seit 1994 und 1997 mit verschärften Anforderungen bezüglich Oxidationsstabilität und Reibwertkonstanz.
- DEXRON III H: Seit 2005 gültig, aber seit 2007 überholt.
- DEXRON VI: Seit 2006 gültig.

Andere Hersteller

(u.a. Ford, MB, MAN, Mack, Scania, ZF): Gemäß Betriebsstoffvorschriften.

Schmieröle

Schmieröle bestehen aus den Komponenten Grundöl und Additiv (Wirkstoff). Die Additive verbessern die Eigenschaften der Grundöle, z.B. hinsichtlich Oxidationsstabilität, Korrosionsschutz, Fressschutz oder Viskositäts-Temperatur-Verhalten. Zusätzlich werden die Systemeigenschaften wie Reibung und Verschleiß in die gewünschte Richtung optimiert.

Es gibt eine Vielzahl von Kennzeichnungen in Form von Buchstaben und Ziffern (siehe u.a. DIN 51502 [28]) für unterschiedlichste Anwendungen. Zum Beispiel Hydrauliköle:

- HL: Druckflüssigkeit auf Mineralölbasis mit Additiven zur Verbesserung des Korrosionsschutzes und der Alterungsbeständigkeit.
- HLP: wie HL, jedoch mit zusätzlichen Fressschutzadditiven.
- HVLP: wie HLP, mit zusätzlichem Viskositätsindex-Verbesserer.

Schmierfette

Schmierfette sind verdickte Schmieröle. Gegenüber den Ölen besitzen sie den großen Vorteil, dass sie von der Reibstelle nicht weglaufen. Aufwändige konstruktive Maßnahmen zur Abdichtung werden damit überflüssig (z.B. Einsatz in Radlagern, Pumpen, Generator, Scheibenwischermotoren, Kleingetriebemotoren).

Aufbau

Einen groben Überblick über den Aufbau eines konsistenten Schmierstoffs, der aus den drei Basiskomponenten Grundöl, Verdicker und Additiv besteht, zeigt Tabelle 4.

Als Grundöl werden vorrangig Mineralöle eingesetzt, die in letzter Zeit jedoch zunehmend durch vollsynthetische Öle ersetzt werden (z.B. aufgrund gestiegener Anforderungen hinsichtlich Alterungsstabilität, Tieftemperaturfließverhalten, Viskositäts-Temperatur-Verhalten).

Der Verdicker dient dazu, das Grundöl zu binden. Es werden meist Metallseifen verwendet (Bild 6). Sie binden das Öl in einem schwammartigen Seifengerüst (Mizellen) durch Einschlüsse und physikalische Wechselwirkungskräfte. Je höher der Verdickeranteil (verdickertypabhängig) im Fett ist, umso kleiner ist die Penetration und umso größer ist

Tabelle 4: Schmierfettaufbau.
Für jede Reibpaarung kann aus der Vielzahl der Schmierstoffkomponenten ein Hochleistungsschmierstoff entwickelt werden.

Grundöle	Verdicker	Additive
Mineralöle – paraffinisch – naphthenisch – aromatisch Poly-α-olefine Alkylaromaten Esteröle Polyole Silikone Phenyletheröle Perfluorpolyether	Metallseifen der Metalle Li, Na, Ca, Ba, Al Normalseifen (Seifen mit einer Carbonsäure, z.B. Stearinsäure) Hydroxiseifen (Seifen mit einer zusätzlichen Hydroxidgruppe, z.B. 12-Hydroxistearinsäure Komplexseifen (z.B. Ca-Seifen mit einer kurz- und einer langkettigen Carbonsäure) Polyharnstoffe PTFE PE Bentonite Kieselgele	Oxidationsinhibitoren Fe-, Cu-Ionen, Komplexbildner Korrosionsinhibitoren Hochdruckzusätze (EP-Additive) Verschleißschutzzusätze (Anit-Wear-Additive) Reibungsminderer (Friction Modifier) Haftungsverbesserer Detergens, Dispersants VI-Verbesserer Festschmierstoffe

die NLGI-Klasse (National Lubricating Grease Institute, amerikanische Norm, siehe Tabelle 5).

Die Additive (Wirkstoffe) dienen der gezielten physikalisch-chemischen Veränderung des Schmierfetts in eine gewünschte Richtung (z.B. zur Verbesserung der Oxidationsbeständigkeit, zur Erhöhung der Fressschutzwirkung oder der Reibungs- und Verschleißverringerung).

Auch Festschmierstoffe (z.B. MoS_2) werden den Schmierfetten zugesetzt (z.B. zur Schmierung der Antriebsgelenkwellen im Kfz).

Tabelle 5: Konsistenzeinteilung für Schmierfette (DIN 51818 [29]).

NLGI-Klasse	Walkpenetration nach DIN ISO 2137 [19] in Einheiten von 0,1 mm
000	445...475
00	400...430
0	355...385
1	310...340
2	265...295
3	220...250
4	175...205
5	130...160
6	85...150 (Ruhpenetration)

Bild 6: Rasterelektronenmikroskopische Aufnahme einer Lithiumseife.
Zwischen den in sich verdrehten Seifenbrillen wird das Öl festgehalten.

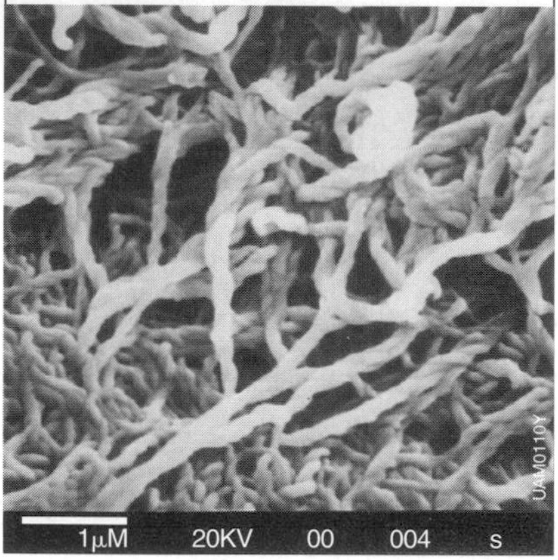

Auswahl

Die Auswahl eines speziellen Schmierfetts erfolgt unter Berücksichtigung seiner physikalischen Eigenschaften, der Auswirkungen auf die Reibstelle und der geringstmöglichen Wechselwirkung mit den Kontaktmaterialien. Zum Beispiel sind Wechselwirkungen mit Polymerwerkstoffen: Spannungsrissbildung (Bild 7), Festigkeitsveränderung, Polymerabbau, Quellung, Schrumpfung und Versprödung.

So dürfen z.B. Mineralölfette oder Fette auf Basis synthetischer Kohlenwasserstoffe nicht mit Elastomeren in Kontakt kommen, die in Verbindung mit Bremsflüssigkeiten (auf Polyglykolbasis) verwendet werden (z.B. starke Quellung von EPDM-Elastomeren).

Weiterhin sollen Mischungen unterschiedlich aufgebauter Schmierfette vermieden werden (Veränderung der physikalischen Eigenschaften, Fettverflüssigung durch Tropfpunktabsenkung).

Beanspruchung

Thermische und mechanische Beanspruchungen führen zu chemischen oder physikalischen Änderungen, die sich funktionell nachteilig auf das gesamte tribologische System auswirken können (Bild 8). Eine Oxidation z.B. führt zu einer Versäuerung, die Korrosion auf Metall-

Bild 7: Spannungsrisse an einem Zahnrad aus Polyoximethylen (POM), verursacht durch Poly-α-olefin (PAO).

oberflächen oder Spannungsrisse bei einigen Kunststoffen auslösen kann. Bei zu starker thermischer Beanspruchung kann eine Polymerisation zu einer Verfestigung des Schmierstoffs führen.

Jede chemische Veränderung bewirkt automatisch eine Veränderung der physikalischen Eigenschaften. Dazu gehören die rheologischen Eigenschaften ebenso wie Veränderungen im Viskositäts-Temperatur-Verhalten oder des Tropfpunkts. Eine starke Erniedrigung des Tropfpunkts würde dazu führen, dass der Schmierstoff bereits bei mäßiger Erwärmung von der Reibstelle wegfließt.

Besonders zu beachten ist, dass Metalle wie Eisen oder Kupfer (oder kupferhaltige Metalle wie Bronze oder Messing) die Oxidation eines Schmierstoffs katalysieren, d.h., die Oxidation erfolgt erheblich schneller als ohne Katalysatorkontakt. Durch Oxidation wird die Schmierfähigkeit eines Fetts schnell unzureichend. Oft zerfällt die Seifenstruktur, das Fett wird dann

Bild 8: Beanspruchung des Schmierstoffs und daraus resultierende Auswirkungen.

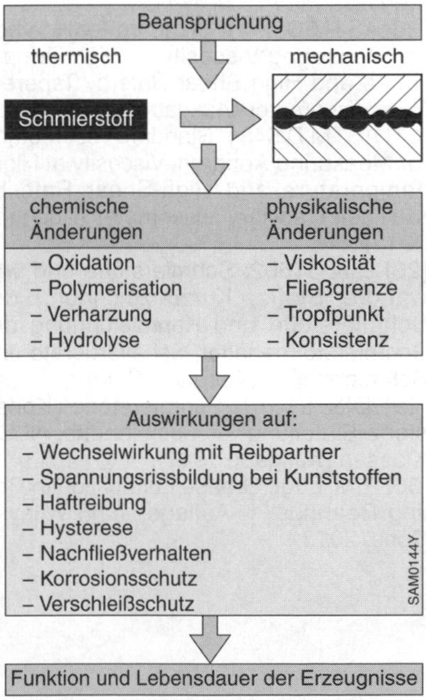

ölartig, läuft von der Reibstelle weg oder es verfestigt sich durch Polymerisation.

Durch richtige Abstimmung von Schmierfett und tribologischem System unter Berücksichtigung der Beanspruchung und der Wechselwirkung lässt sich die Leistungsfähigkeit von Erzeugnissen mit relativ gegeneinander bewegten Reibpartnern erheblich steigern (z.B. Getriebe, Gleit- oder Wälzlagerungen, Verstellsysteme) [30].

Schmierstoffe für hohe Spannungsanforderungen

In Generatoren und Elektromotoren entstehen mit zunehmender Betriebsspannung stärkere elektrische Wechselfelder als bisher. Daher kann es z.B. in den Kugellagern von Motoren oder Generatoren zwischen den Wälzkörpern und der Laufbahn zu elektrischen Entladungen kommen. Funken springen über und lassen winzige Bereiche des Metalls schmelzen. Dies wird als Elektro-Pitting bezeichnet und kann einen Lagerfrühausfall verursachen. Die Energie dieser Entladungen wird in Zukunft potenziell größer, wenn Leistungsdichte und Bordnetzspannung zunehmen, z.B. 400 bis 1000 V bei Elektro- und Hybridfahrzeugen. Ohne geeignete Gegenmaßnahmen besteht ein hohes Risiko einer frühzeitigen Lagerschädigung, zunächst erkennbar an einem erhöhten Lagergeräusch. Durch Verringerung des spezifischen Widerstandes der Wälzlagerfette um ca. 5 Größenordnungen z. B. mit ionischen Flüssigkeiten kann die Anzahl und die Energie der Entladungen erheblich gesenkt werden.

Literatur

[1] T. Mang, W. Dresel: Lubricants and Lubrication. 2. Aufl., Wiley-VCH Verlag GmbH, 2007.
[2] Thomas Mezger: Das Rheologie-Handbuch. 4. Auflage, Vincentz-Network, 2012.
[3] Wilfried J. Bartz: Schmierfette. 2. Aufl., Expert-Verlag, 2016.
[4] DIN 51575: Prüfung von Mineralölen – Bestimmung der Sulfatasche (Ausgabe 2016).

[5] DIN 51817: Prüfung von Schmierstoffen – Bestimmung der Ölabscheidung aus Schmierfetten unter statischen Bedingungen (Ausgabe 2014).
[6] DIN EN ISO 2592: Mineralölerzeugnisse – Bestimmung des Flamm- und Brennpunktes – Verfahren mit offenem Tiegel nach Cleveland (ISO 2592:2000); Deutsche Fassung EN ISO 2592:2002.
[7] DIN EN 23015: Mineralölerzeugnisse; Bestimmung des Cloudpoints (ISO 3015:1992); Deutsche Fassung EN 23015:1994.
[8] DIN 51805: Prüfung von Schmierstoffen; Bestimmung des Fließdruckes von Schmierfetten, Verfahren nach Kesternich (Ausgabe 1974).
[9] DIN 1342-3: Viskosität – Teil 3: Nicht newtonsche Flüssigkeiten (Ausgabe 2003).
[10] DIN ISO 2137: Mineralölerzeugnisse – Schmierfett und Petrolatum – Bestimmung der Konuspenetration (ISO 2137:1985) (Ausgabe 1997).
[11] DIN ISO 3016: Mineralölerzeugnisse; Bestimmung des Pourpoints (Ausgabe 1982).
[12] DIN ISO 3448: Flüssige Industrie-Schmierstoffe – ISO-Viskositätsklassifikation (ISO 3448:1992) (Ausgabe 2010).
[13] DIN 1342-1: Viskosität – Teil 1: Rheologische Begriffe (Ausgabe 2003).
[14] DIN ISO 2176: Mineralölerzeugnisse – Schmierfette – Bestimmung des Tropfpunktes (ISO 2176:1995) (Ausgabe 1997).
[15] DIN EN ISO 3104: Mineralölerzeugnisse – Durchsichtige und undurchsichtige Flüssigkeiten – Bestimmung der kinematischen Viskosität und Berechnung der dynamischen Viskosität (ISO 3104:1994 + Cor. 1:1997); Deutsche Fassung EN ISO 3104:1996 + AC:1999.
[16] DIN ISO 2909: Mineralölerzeugnisse – Berechnung des Viskositätsindex aus der kinematischen Viskosität (ISO 2909:2002) (Ausgabe 2004).
[17] SAE J300: Engine Oil Viscosity Classification (Ausgabe 2015).
[18] SAE J306: Automotive Gear Lubricant Viscosity Classification (Ausgabe 2005).
[19] DIN ISO 2137: Mineralölerzeugnisse – Schmierfett und Petrolatum – Bestimmung der Konuspenetration (ISO 2137:1985) (Ausgabe 1997).
[20] ASTM D 2983: Standard Test Method for Low-Temperature Viscosity of Lubricants Measured by Brookfield Viscometer (Ausgabe 2015).
[21] ASTM D 445a: Standard Test Method for Kinematic Viscosity of Transparent and Opaque Liquids (and Calculation of Dynamic Viscosity) (Ausgabe 2015).
[22] ASTM D 5293: Standard Test Method for Apparent Viscosity of Engine Oils and Base Stocks Between –10 and –35 °C Using Cold-Cranking Simulator (Ausgabe 2015).
[23] ASTM D 4684: Standard Test Method for Determination of Yield Stress and Apparent Viscosity of Engine Oils at Low Temperature (Ausgabe 2014).
[24] ASTM D 4683: Standard Test Method for Measuring Viscosity of New and Used Engine Oils at High Shear Rate and High Temperature by Tapered Bearing Simulator Viscometer at 150 °C (Ausgabe 2013).
[25] CEC L-36-A-90: Europäischer Standardtest für HTHS-Viskosität, technisch identisch mit ASTM 4741.
[26] ASTM D 4741: Standard Test Method for Measuring Viscosity at High Temperature and High Shear Rate by Tapered-Plug Viscometer (Ausgabe 2013).
[27] ASTM D 5481: Standard Test Method for Measuring Apparent Viscosity at High-Temperature and High-Shear Rate by Multicell Capillary Viscometer (Ausgabe 2013).
[28] DIN 51502: Schmierstoffe und verwandte Stoffe; Kurzbezeichnung der Schmierstoffe und Kennzeichnung der Schmierstoffbehälter, Schmiergeräte und Schmierstellen (Ausgabe 1990).
[29] DIN 51818: Schmierstoffe; Konsistenz-Einteilung für Schmierfette; NLGI-Klassen (Ausgabe 1981).
[30] P. M. Lugt: Grease Lubrication in Rolling Bearings. 1. Auflage, John Wiley & Sons, 2013.

Kühlmittel für Verbrennungsmotoren

Anforderungen

Bei der Verbrennung eines Kraftstoffs im Motor wird die zugeführte Energie zu ca. 1/3 in Bewegungsenergie und zu ca. 2/3 in Wärme umgewandelt. Etwa 50 % dieser Wärme entweicht über das Abgassystem, der Rest wird im Motorkühlkreislauf über das Kühlmittel genutzt oder abgeführt. Das Kühlmittel muss für diesen Zweck eine Vielzahl wichtiger Anforderungen erfüllen:

- Optimale Wärmeübertragungseigenschaften,
- hohe Wärmekapazität,
- geringe Verdampfungsverluste,
- gute Frostschutzeigenschaften,
- Korrosions-, Erosions- und Kavitationsschutz aller Werkstoffe des Kühlkreislaufs,
- Verträglichkeit mit Elastomeren, Kunststoffen und Beschichtungen,
- Vermeidung von Ablagerungen („Fouling"), die zu Verstopfungen führen,
- geringer Wartungsaufwand, hohe Lebensdauer und einfache Handhabung,
- Umweltverträglichkeit.

Tabelle 1: Anforderungen an das Leitungswasser nach Empfehlung des Kühlerherstellers.

Eigenschaft	Anforderung
Aussehen	farblos, klar
Bodensatz	0 mg/l
ph-Wert	6,5...8,0
Gesamthärte	≤ 4,5 mmol/l
Chlorid	≤ 100 mmol/l
Sulfat	≤ 100 mmol/l
Hydrogencarbonat	≤ 100 mmol/l

Zusammensetzung von Kühlmitteln

Übliche Kühlmittel für Motorkühlkreisläufe bestehen aus einer Mischung von Wasser mit einem von den Automobil- und Motorenhersteller freigegebenen Kühlerschutzmittel. Der Volumenanteil des Kühlerschutzmittels liegt zumeist zwischen 40 % und 50 %.

Wasser

Wasser eignet sich wegen seiner hohen spezifischen Wärmekapazität und der damit verbundenen großen Wärmeaufnahmefähigkeit sehr gut als Kühlmittel. Üblicherweise wird Leitungswasser eingesetzt. Da dessen Qualität stark schwanken kann, werden die Anforderungen an das verwendete Wasser von den meisten Automobil- und Motorenherstellen wie auch von Kühlerherstellern spezifiziert (Tabelle 1). Ein höherer Ionengehalt des Wassers führt zu einem rascheren Inhibitorenverbrauch sowie möglichen Folgeerscheinungen wie z.B. Ausflocken von schwerlöslichen Reaktionsprodukten, Korrosion der Kreislaufkomponenten bis hin zur Verstopfung von Kühlkanälen.

Bild 1: Gefrierpunkt des Kühlmittels in Abhängigkeit vom Gehalt an Ethylenglykol.

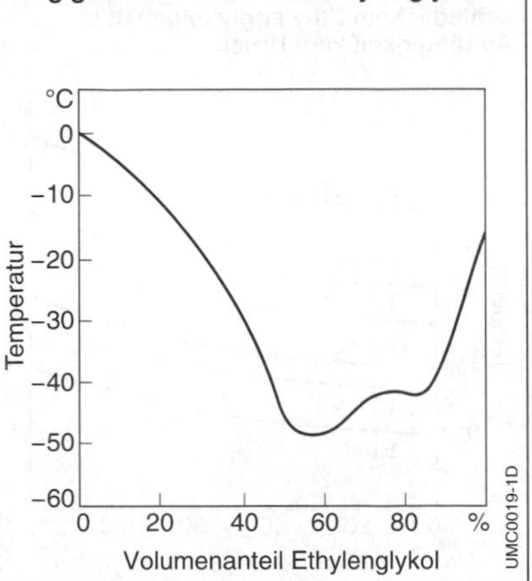

Kühlerschutzmittel
Grundstoff der Kühlerschutzmittel ist zumeist 1,2 Ethandiol (Ethylenglykol), seltener 1,2 Propandiol (Propylenglykol). Beide Glykole zeichnen sich dadurch aus, dass sie gut wasserlöslich sind. In der Mischung mit Leitungswasser erniedrigen sie den Gefrierpunkt und erhöhen den Siedepunkt. Ein Optimum dieser Effekte wird bei einem Volumenanteil von ca. 50 % erreicht (Bild 1). Der Siedepunkt ist zudem vom Betriebsdruck abhängig, der im Kühlsystem herrscht (Bild 2). Der Betriebsdruck eines Pkw-Kühlkreislaufs liegt im Normalbetrieb typischerweise bei ca. 1,5 bar Überdruck, unter Vollast sowie bei Hochleistungsmotoren bis zu 2,5 bar und höher.

Genaugenommen handelt es sich bei Glykol-Wasser-Mischungen nicht um einen definierten Gefrierpunkt, sondern um einen Eisflockenpunkt, bei dem die Ausscheidung von Eiskristallen in der Flüssigkeit beginnt. Bei dieser Temperatur kann das Kühlmedium aber noch durch das Kühlersystem gepumpt werden.

Die Wärmekapazität von Glykol-Wasser-Mischungen ist im Vergleich zu Leitungswasser reduziert.

Da Wasser-Glykol-Mischungen gegenüber Metallen ähnliche Korrosivität wie Leitungswasser zeigen, werden den Kühlerschutzmitteln zusätzlich Inhibitorensysteme beigemischt.

Bild 2: Siedepunktskurven von Wasser-Ethylenglykol-Mischungen mit unterschiedlichem Ethylenglykolgehalt in Abhängigkeit vom Druck.

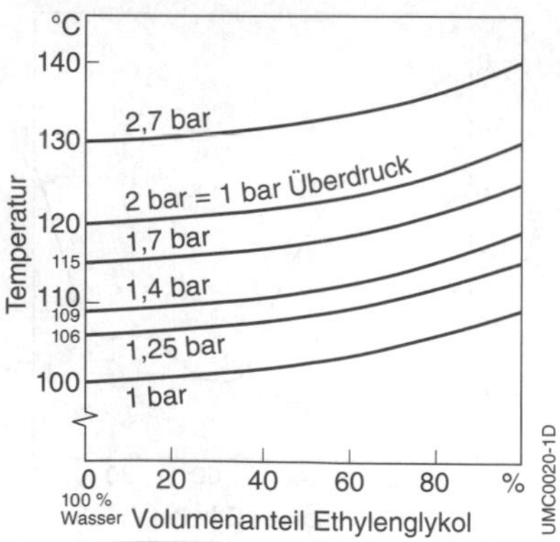

Typen von Kühlerschutzmitteln

Die Kühlerschutzmittel lassen sich im Wesentlichen in drei Gruppen einordnen, die sich hinsichtlich der verwendeten Inhibitorensysteme unterscheiden.

Konventionelle silikathaltige Kühlerschutzmittel

Inhibitoren und Zusätze
Diese Kühlerschutzmittel enthalten überwiegend anorganische Inhibitoren wie beispielsweise Silikat, Nitrit, Nitrat oder Molybdat. Daneben kommen auch organische Inhibitoren, wie Toluol- oder Benzotriazol zum Einsatz.

Um den pH-Wert während der gesamten Betriebsdauer auf dem gewünschten alkalischen Niveau zu halten, werden dem Kühlerschutzmittel Puffersubstanzen wie Borat, Phosphat, Benzoat oder Imidazol zugesetzt.

Vervollständigt werden die Kühlerschutzmittel durch Zusätze von Reinigungsmitteln (z.B. Sulfonate), Antischaummitteln und Farbstoffen.

Über Jahrzehnte haben sich die konventionellen, silikathaltigen Kühlerschutzmittel in der Praxis bewährt. Speziell der Anteil an Silikat wirkte durch Ausbildung dünner, schützender Beläge der gefährlichen Heißkorrosion von Aluminiummotoren entgegen.

Lebensdauer
Nachteilig bei diesem Typ von Kühlerschutzmitteln ist jedoch, dass durch die geringe Löslichkeit einiger Zusätze die Konzentrationen der Inhibitorsysteme nicht beliebig hoch gewählt werden können. Andererseits werden die anorganischen Inhibitoren im Fahrbetrieb abgebaut, wobei jedoch die notwendigen Mindestkonzentrationen der Inhibitoren nicht unterschritten werden dürfen. Dadurch ist die Lebensdauer eines solchen Kühlerschutzmittels auf etwa drei Jahre Fahrbetrieb oder 100 000 km Fahrleistung (bei Pkw) begrenzt. Diese Lebensdauer kann z.B. durch hohe thermische Belastung des Kühlkreislaufs in modernen Hochleistungsmotoren deutlich reduziert werden.

Die begrenzte Lebensdauer der konventionellen Kühlerschutzmittel entspricht nicht dem Wunsch der Automobil- und Motorenhersteller, die Serviceintervalle der Fahrzeuge zu verlängern. Die Hersteller von Kühlerschutzmitteln reagierten daher mit der Entwicklung von „OAT-Produkten".

OAT-Kühlerschutzmittel

Die OAT-Kühlerschutzmittel (Organic Acid Technology) enthalten an Stelle der konventionellen anorganischen Inhibitoren eine Kombination organischer Inhibitoren. Typische Kombinationen sind aliphatische Mono- und Dicarbonsäuren, Azelainsäure und aromatische Carbonsäuren, Sebacinsäure und Benzotriazol. Auch die Kombination von anorganischem Inhibitor und Carbonsäure findet Verwendung. Reine OAT-Produkte enthalten jedoch kein Silikat.

Im Unterschied zu den konventionellen silikathaltigen Kühlerschutzmitteln bauen sich die Inhibitoren in OAT-Kühlerschutzmitteln im Fahrbetrieb erheblich langsamer ab. Dadurch kann die Lebensdauer der Kühlerschutzmittel erhöht und der Wartungsaufwand verringert werden.

Hybrid-Kühlerschutzmittel

Um die gute Langzeitbeständigkeit der OAT-Kühlerschutzmittel mit dem guten Heißkorrosionsschutz der Silikatinhibitoren zu kombinieren, wurden Hybrid-Kühlerschutzmittel entwickelt, die eine abgestimmte Kombination beider Inhibitorentypen enthalten. Dadurch kann eine lokale Heißkorrosion durch die rasche Ausbildung von Silikat-Schutzbelägen verhindert werden, während auch noch nach einem Verbrauch der Silikatinhibitoren der gute Langzeitkorrosionsschutz durch die stabileren OAT-Inhibitoren gegeben ist.

Dies kommt einerseits der Forderung nach wartungsarmen Kühlmitteln entgegen, trägt aber andererseits auch den hohen Wärmebelastungen moderner Motorentechnologien Rechnung. Daher werden diese Hybrid-Kühlerschutzmittel, teilweise auch als Si-OAT-Kühlerschutzmittel bezeichnet, heute häufig als Erstbefüllung von großen Fahrzeugherstellern eingesetzt.

Bremsflüssigkeiten

Anforderungen

Pkw und leichte Nfz sind mit hydraulischen Bremssystemen ausgestattet. Ein hydraulisches Medium überträgt und wandelt die Bremskraft vom Bremspedal im Hauptbremszylinder in hydraulischen Druck, der über Bremsleitungen bis zur Radbremse geleitet und dort wieder in Bremskraft zurückgewandelt wird. Fahrdynamikregelsysteme wie das Antiblockiersystem oder das elektronische Stabilitätsprogramm können die hydraulischen Drücke zusätzlich radweise modulieren, um ein Blockieren der Räder durch Druckreduzierungen zu verhindern oder um das Fahrverhalten durch zusätzliche Druckaufbauten zu stabilisieren. Daraus ergeben sich folgende Anforderungen an dieses Medium.

Geringe Kompressibilität
Basisanforderung an das hydraulische Medium Bremsflüssigkeit zur effektiven Kraftübertragung ist eine sehr geringe Kompressibilität. Dazu muss der flüssige Aggregatszustand im gesamten Betriebsbereich erhalten bleiben.

Wasseraufnahmefähigkeit
Während des Fahrbetriebs kann insbesondere über die flexiblen, meist aus Gummimaterial gefertigten Bremsschläuche an den Rädern Wasser in das Bremssystem eindringen. Wird dieses Wasser nicht von der Bremsflüssigkeit gebunden, können sich oberhalb von 100 °C kompressible Wasserdampfblasen bilden. Beim Betätigen des Bremspedals kann damit kein Druck mehr erzeugt werden, weil zunächst der kompressible Wasserdampf komprimiert wird. Dieses Versagen der Bremse wird als „Vapor Lock“ bezeichnet. Folgerichtig haben sich im Markt Bremsflüssigkeiten durchgesetzt, die vollständig mit Wasser mischbar sind und das Vorhandensein von ungebundenem, freien Wasser ausschließen. Früher auch gebräuchliche Bremsflüssigkeiten auf Mineralölbasis wurden dabei praktisch vollständig durch chemisch auf Glykol basierenden Bremsflüssigkeiten abgelöst (Marktanteil liegt bei ca. 99 %).

Normen für Bremsflüssigkeiten
Bremsflüssigkeiten müssen für die sichere Funktion der Bremsen sehr hohe Anforderungen erfüllen. Sie sind in verschiedenen, im Inhalt sehr vergleichbaren Norm-Anforderungen (SAE J1703 [1], SAE J1704 [2], FMVSS 116 [3], ISO 4925 [4], JIS K2233 [5]) in ihren Eigenschaften festgelegt. Ausschließlich für das Fahrzeug-Betriebsmedium Bremsflüssigkeit haben in den USA die in FMVSS 116 beschriebenen Merkmale Gesetzeskraft erlangt und werden häufig als maßgebend verwendet. Darin werden vom Department of Transportation (DOT) – vergleichbar zu anderen Standards – bezüglich der wichtigsten Eigenschaften verschiedene Güteklassen definiert (Tabelle 1).

Tabelle 1: Einteilung von Bremsflüssigkeiten unterschiedlich chemischer Basis.

Chemische Basis / Einteilung	Glykolether				Silikon	Mineralöl
Farbvorschlag FMVSS	farblos bis bernsteinfarben				lila	grün
FMVSS 116	DOT 3	DOT 4		DOT 5.1	DOT 5	
ISO 4925 class	3	4	6	5-1		ISO 7308
SAE	J 1703	J 1704 Standard	J 1704 Low viscosity		J 1705	
JIS K2233 class	3	4	6	5		
Trockensiedepunkt [°C] Nasssiedepunkt [°C]	>205 >140	>230 >155	>250 >165	>260 >180	>260 >180	>235
Viskosität bei –40 °C [mm²/s]	<1 500	<1 800 (DOT) <1 500 (SAE, ISO, JIS)	<750	<900	<900	<2 000

Kenngrößen

Siedepunkt

Beim Bremsen erhöht sich die Temperatur an den Radbremszylindern, in Extremfällen (z.B. häufiges Bremsen bei langen Talabfahrten) auch in Bereiche um 200 °C. Bei Temperaturen über dem aktuellen Siedepunkt des Betriebsmediums kommt es zu einer Dampfblasenbildung. Die Bremsflüssigkeit geht dabei teilweise in einen dampfförmigen, für den sicheren Bremsbetrieb zu kompressiblen Zustand über. Ein Betätigen der Bremsen ist dann wie beim Vorhandensein von Wasserdampfblasen nicht mehr möglich, es tritt das Bremsversagen „Vapor Lock" auf.

Trockensiedepunkt

Im Neuzustand (z.B. im geschlossenen Gebinde) enthalten Bremsflüssigkeiten typischerweise kein oder sehr wenig Wasser, d.h. der Wassergehalt liegt typisch bei < 0,2 %. Zum Teil erreichen Fluide, insbesondere in Stahlgebinden, Werte < 0,03 %. Der Gleichgewichtssiedepunkt in diesem Neuzustand wird als Trockensiedepunkt (ERBP: Equilibrum Reflux Boiling Point) bezeichnet.

Durch die Wasseraufnahme der hygroskopischen Bremsflüssigkeit auf Glykolbasis sinkt deren Siedepunkt signifikant ab. Dadurch steigt entsprechend das Risiko eines „Vapor Locks" bei hohen Radbremstemperaturen.

Abhängig vom Betrieb und der klimatischen Region wird typischerweise eine Wassergehaltszunahme von ca. 1...1,5 % pro Jahr angenommen.

Nasssiedepunkt

Als Nasssiedepunkt (wERBP: wet Equilibrum Reflux Boiling Point) ist der Gleichgewichtssiedepunkt der Bremsflüssigkeit nach einer genau spezifizierten Wasseraufnahme definiert und soll den Siedepunkt einer zwei bis drei Jahre gebrauchten Bremsflüssigkeit abbilden.

Aus einer sehr feuchten Klimakammer wird die zu testende Bremsflüssigkeit nach ca. einem Tag zur Siedepunktsbestimmung entnommen, wenn eine Referenzbremsflüssigkeit 3,7 % Wassergehalt angenommen hat. Mit weiterer Wasseraufnahme sinkt der Siedepunkt des Betriebsmediums weiter. Damit erhöht sich bei hohen Radbremstemperaturen das Risiko eines Bremsversagens. Dieser Effekt macht im Wesentlichen den Wechsel der Bremsflüssigkeit im Fahrzeug nach typischerweise zwei Jahren erforderlich. Der Abfall des Siedepunkts bei Wasseraufnahme ist in Bild 1 beispielhaft für zwei Bremsflüssigkeiten dargestellt.

Eine wesentliche Entwicklungstendenz der Bremsflüssigkeitshersteller der vergangenen Jahre war die Erhöhung des Siedepunkts bei erhöhtem Wassergehalt.

Viskosität

Die Viskosität beschreibt die Zähigkeit des Betriebsmediums. Mit steigender Viskosität steigen auch die Druckabfälle beim Durchströmen von Leitungen und Drosselstellen, z.B. in Ventilen und Pumpen der Fahrdynamikregelsysteme. Damit sinkt z.B. die Dynamik des Druckaufbaus, was die Wirksamkeit der Fahrdynamikregelung reduzieren kann. Generell sind daher niedrige Kälteviskositäten und eine geringe Abhängigkeit der Viskosität von der Temperatur wünschenswert. Dies wird durch Obergrenzen für die Tieftemperaturviskosität bei –40 °C, (Kälteviskosität) spezifiziert. Sie sollte möglichst gering sein, um eine hohe Dynamik des Druckaufbaus zu ermöglichen. Die Reduktion der Tieftemperaturviskosität war eine weitere Entwicklungsrichtung der Bremsflüs-

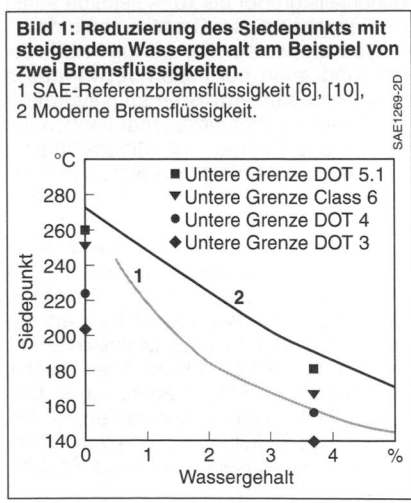

Bild 1: Reduzierung des Siedepunkts mit steigendem Wassergehalt am Beispiel von zwei Bremsflüssigkeiten.
1 SAE-Referenzbremsflüssigkeit [6], [10],
2 Moderne Bremsflüssigkeit.

SAE1269-2D

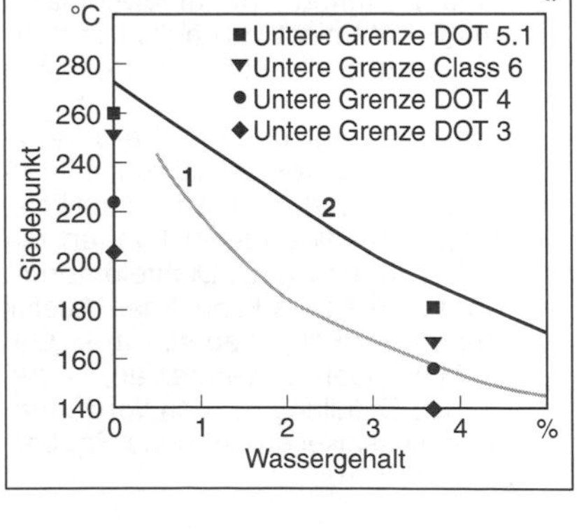

sigkeitshersteller der vergangenen Jahre. Bild 2 zeigt als Beispiel für zwei Bremsflüssigkeiten die Abhängigkeiten der Viskosität von der Temperatur. Diese ist insbesondere bei Tieftemperatur deutlich nichtlinear ausgeprägt. Als „Faustformel" gilt grob: 1 K Temperaturabsenkung bewirkt ca. 10 % Viskositätserhöhung. Ebenfalls ca. 10 % Viskositätserhöhung ergibt sich bei Tieftemperatur zusätzlich durch 1 % Wassergehaltserhöhung. Dieser Effekt ist ein weiterer Grund für den erforderlichen Bremsflüssigkeitswechsel.

Korrosionsschutz

Nach FMVSS 116 (und auch nach allen anderen Standards) dürfen Bremsflüssigkeiten gegenüber den in Bremsanlagen üblichen Metallen keine Korrosivität aufweisen. Entsprechende Additive gewährleisten den notwendigen Korrosionsschutz, der über geforderte Obergrenzen bei Hochtemperatur-Lagerungsversuchen von Metallplatten in trockener und in nasser Bremsflüssigkeit überprüft wird.

Elastomerquellung

In der Bremsanlage werden Elastomere als Dichtungen z.B. im Hauptbremszylinder, in Fahrdynamikregelsystemen und in Schläuchen eingesetzt. Eine geringe Quellung der Elastomere ist erwünscht und in der Auslegung der Dichtringe berücksichtigt. Sie sollte aber keinesfalls größer als 10 % sein, da sonst die Festigkeit dieser Bauteile abnimmt.

Typischerweise wird bei glykolbasierten (und auch bei selten verwendeten silikonölbasierten) Bremsflüssigkeiten EPDM als Elastomermaterial verwendet. Bremsflüssigkeiten auf Mineralölbasis sind mit EPDM nicht verträglich und erfordern andere Elastomermaterialien (z.B. FKM).

Bereits bei sehr geringer Verunreinigung einer Glykolbremsflüssigkeit mit Anteilen eines Mineralöls (z.B. Hydrauliköle, Mineralöl-Bremsflüssigkeit) können die EPDM-Elastomere (z.B. Dichtelemente) zerstört werden. Dies kann einen Ausfall der Bremse zur Folge haben. Um solche Kontaminierungen zu vermeiden, ist bei der Service-Befüllung bei den verwendeten Bremsflüssigkeiten auf hohe Sauberkeit zu achten [10].

Chemischer Aufbau

Glykoletherflüssigkeiten

Glykoletherflüssigkeiten sind die am häufigsten eingesetzten Bremsflüssigkeiten. Es handelt sich dabei hauptsächlich um Monoether niedriger Polyethylenglykole. In der ISO 4926 [6] ist die chemische Formulierung der ISO- und gleichzeitig der SAE-Referenzbremsflüssigkeit im Detail angegeben. Mit Glykolkomponenten lassen sich Bremsflüssigkeiten herstellen, die den Anforderungen von DOT 3 entsprechen (Tabelle 1). Von Nachteil ist, dass ihr Siedepunkt bei Wasseraufnahme relativ schnell sinkt. DOT 4- und DOT 5.1-Bremsflüssigkeiten zeichnen sich dadurch aus, dass zusätzlich auch Glykolether-Borate Verwendung finden. Diese ermöglichen eine chemische Bindung des Wassers. Dadurch fällt der Siedepunkt gegenüber DOT 3-Flüssigkeiten deutlich langsamer ab. Der Nasssiedepunkt erhöht sich signifikant (Bild 1). So reduziert sich bei erhöhtem Wassergehalt und hohen Temperaturen der Radbremse das Risiko eines „Vapor Locks" deutlich.

Bild 2: Abhängigkeit der Viskosität von der Temperatur und vom Wassergehalt am Beispiel von zwei Bremsflüssigkeiten.
1 SAE-Referenzbremsflüssigkeit mit 5 % Wasser,
2 SAE-Referenzbremsflüssigkeit ohne Wasser [6], [10],
3 Moderne Bremsflüssigkeit mit 5 % Wasser,
4 Moderne Bremsflüssigkeit ohne Wasser.

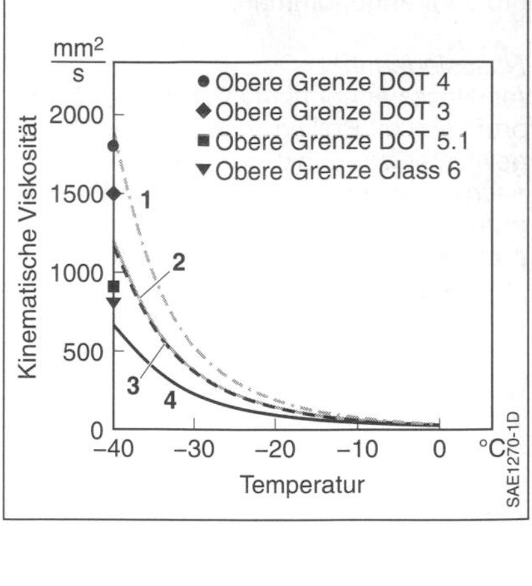

Zukünftige Entwicklungstrends

Die ISO 4925 definiert eine weitere Güteklasse, die „Class 6“. Diese Qualität liegt über der von DOT 4 und zeichnet sich durch die besonders niedrige Kälteviskosität aus (Tabelle 1). Sie stellt somit eine erste Kombination aus den beiden Entwicklungstrends erhöhter Nasssiedepunkt und reduzierte Kälteviskosität dar.

Dieser Trend hin zu höheren Nasssiedepunkten und niedrigen Kälteviskositäten wird sich weiter fortsetzen und kombinieren. Es werden zunehmend „moderne“ Bremsflüssigkeiten entwickelt und angeboten.

Zusätzlich nimmt die Funktionalität der Fahrdynamikregelsysteme – z.B. Tempomat inklusive Bremseingriff als ACC (Adaptive Cruise Control) und Notbremsassistent AEB (Automated Emergency Braking) – ständig weiter zu. Der Weg hin zum (teil-)automatisierten Fahren ist vorgezeichnet. Dadurch steigt die Einsatzhäufigkeit der Fahrdynamikregelsysteme an. Während ein Pumpenelement im ABS (Antiblockiersystem) nur selten aktiv war, steigt seine Einsatzdauer und damit auch seine Betriebslast über ASR (Antriebsschlupfregelung) und elektronischem Stabilitätsprogramm mit umfangreichen Zusatzfunktionen bis hin zum automatisierten Fahren signifikant an.

Dies macht zukünftig in den Bremsflüssigkeitsstandards auch Anforderungen z.B. an die Schmierfähigkeit der Bremsflüssigkeit erforderlich, um Verschleiß zu begrenzen. Gleiches gilt auch, um Geräusche beim Betätigen von Hauptbremszylinder und Kupplung, die bei Schaltgetrieben mittlerweile häufig mit Bremsflüssigkeit betrieben wird, zu vermeiden. Mit Weiterentwicklungen der Normen beschäftigen sich Arbeitskreise, insbesondere innerhalb der SAE und ISO, und das öffentlich geförderte Projekt TriNoWe (Tribolologie in Normen weltweit).

Andere Typen von Bremsflüssigkeiten

Silikonölflüssigkeiten (SAE J1705, [7])

Silikonölbasierte Bremsflüssigkeiten finden nur noch in wenigen, speziellen Anwendungen z.B. im Rennsport Verwendung, in denen sehr kurze Wartungsintervalle möglich sind.

Nachteilig bei diesen Produkten ist – neben einem hohen Preis – die höhere Kompressibilität. Weiter sind sie – wie die Mineralöle – nicht hygroskopisch und damit nicht in der Lage, das in das Bremssystem eindringende Wasser aufzunehmen. Daher werden sie auch als „Low Water Tolerant“-Bremsflüssigkeiten bezeichnet.

Mineralölflüssigkeiten (ISO 7308, [8])

Aus der Mineralöltechnik sind Additive zur Verbesserung der Fluideigenschaften (z.B. Schmierung) bekannt. Sie kamen früher z.B. bei Fahrzeugen mit Zentralhydraulik zum Einsatz, haben aber mittlerweile keine Bedeutung mehr, weil sie – wie silikonbasierte Flüssigkeiten – kein Wasser binden können.

Um die jeweiligen Elastomerdichtungen in der Bremsanlage nicht zu zerstören, dürfen keinesfalls Mineralölflüssigkeiten in Bremsanlagen gelangen, die für Glykolflüssigkeiten konzipiert sind (oder auch umgekehrt). Deshalb schlägt die FMVSS eine Farbcodierung der verschiedenen Bremsflüssigkeiten vor (siehe Tabelle 1).

Literatur

[1] SAE J1703: Motor Vehicle Brake Fluid.

[2] SAE J1704: Motor Vehicle Brake Fluid Based Upon Glycols, Glycol Ethers and the Corresponding Borates.

[3] FMVSS 116: Federal Motor Vehicle Standard No. 116: Motor Vehicle Brake Fluids.

[4] ISO 4925: Straßenfahrzeuge – Spezifikation von Bremsflüssigkeiten auf Nicht-Petroleum-Basis für Hydrauliksysteme.

[5] JIS K2233: Non-petroleum base motor vehicle brake fluids.

[6] ISO 4926: Straßenfahrzeuge – Hydraulische Bremsanlagen – Referenz-Bremsflüssigkeiten auf Glykolbasis.

[7] SAE J1705: Low Water Tolerant Brake Fluids.

[8] ISO 7308: Straßenfahrzeuge; Bremsflüssigkeit auf Erdölbasis für hydraulische Energiespeicherbremsen.

[9] SAE J1709: (Historical) European Brake Fluid Technology.

[10] SAE J1706: Production, Handling and Dispensing of SAE J1703 Motor Vehicle Brake Fluids and J1704 Borate Ester Based Brake Fluids.

Kraftstoffe

Übersicht

Zusammensetzung
Kraftstoffe bestehen aus einer Vielzahl an Kohlenwasserstoffen, im Wesentlichen aus verschiedenen Paraffinen und Aromaten.

Paraffine
Paraffine sind lineare, Isoparaffine verzweigte und Cycloparaffine ringförmige Kohlenwasserstoffe, in denen die Atome über Einfachbindungen miteinander verknüpft sind. Moleküle mit Einfachbindungen sind chemisch wenig reaktionsfreudig.

Aliphaten
Paraffine gehören zur Klasse der Aliphaten. Als Aliphaten werden alle linearen, verzweigten und ringförmigen Kohlenwasserstoffe bezeichnet, deren Moleküle über eine oder mehrere Einfachbindungen, eine oder mehrere isolierte Mehrfachbindungen oder über eine Kombination von beiden Bindungstypen verfügen. Nicht zu den Aliphaten gehören Moleküle, die ein aromatisches System aufweisen.

Aromaten
Aromaten werden dadurch charakterisiert, dass die Moleküle mindestens einen Ring besitzen, in dem Elektronen über den gesamten Ring verteilt sind. Ein typischer Vertreter ist Benzol. Auch Aromaten sind reaktionsträge, weil die Elektronen

Bild 1: Prozesse der Erdölverarbeitung in einer Raffinerie.

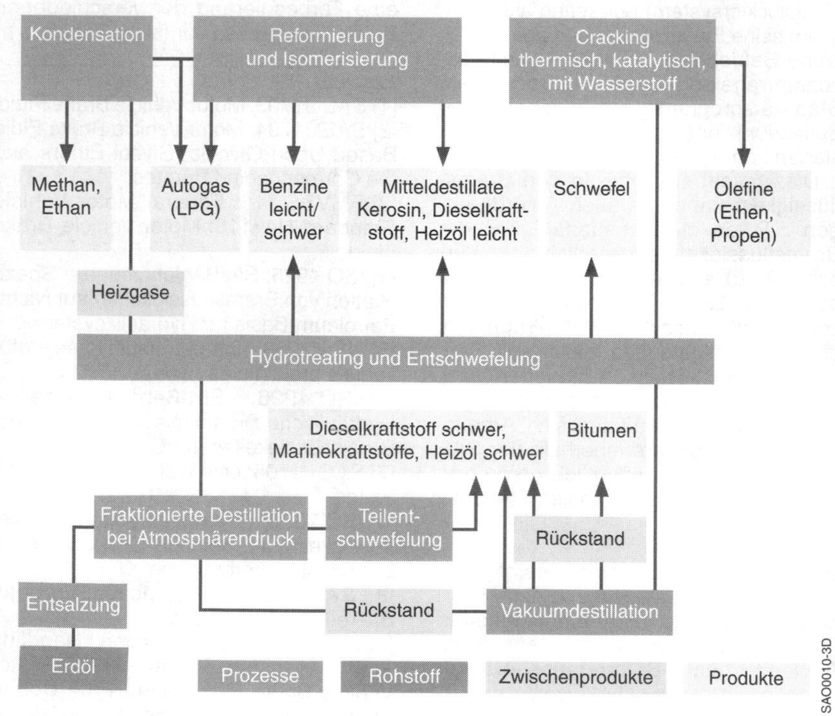

nicht als Doppelbindung zwischen zwei Kohlenstoffatomen lokalisiert sind.

Herstellung
Otto- und Dieselkraftstoff werden aus Rohöl gewonnen. Zunächst wird das Rohöl entsalzt und destilliert, wobei die Kohlenwasserstoffe abhängig von der Molekülgröße in unterschiedliche Fraktionen aufgetrennt werden (Bild 1).

Destillation unter Atmosphärendruck
Begonnen wird mit einer Destillation des Rohöls unter Atmosphärendruck, bei der verschiedene Stoffströme überwiegend leichtflüchtiger Komponenten gewonnen werden. Abhängig von ihrer Zusammensetzung bilden diese Stoffströme die Basis für Autogas (Propan und Butan), Benzin, Kerosin sowie für den leichterflüchtigen Teil von Dieselkraftstoff und Heizöl.

Destillation unter Vakuum
Der verbleibende Rückstand aus der atmosphärischen Destillation wird unter Vakuum weiter aufgetrennt. Diese Fraktionen bilden den Grundstock für die schwereren Komponenten im Dieselkraftstoff und Heizöl sowie für die leichten und schweren Marinekraftstoffe. Auch bei der Vakuumdestillation verbleibt ein Rückstand, der zu schwerem Heizöl und Bitumen verarbeitet wird.

Weiterverarbeitung
Das Verhältnis und die Qualität der durch Destillation erhaltenen Produktfraktionen entsprechen noch nicht den Markterfordernissen, sodass in der Raffinerie eine Weiterverarbeitung in aufwändigen chemischen Prozessen erforderlich wird.

Neben der weit bekannten Entschwefelung können größere Moleküle rein thermisch oder in Gegenwart von Katalysatoren gespalten werden (thermal cracking, catalytic cracking). Wird dieser Vorgang in Gegenwart von Wasserstoff ausgeführt, spricht man vom Hydrotreating oder Hydrocracking. Durch Hydrocracking können aus Schweröl zusätzliche kürzerkettige Komponenten für Dieselkraftstoff gewonnen werden.

Bei anderen Raffinerieverfahren werden Moleküle in ihrer Struktur umgebaut. Bei der Reformierung werden aus gesättigten aliphatischen Molekülen Aromaten hergestellt, wobei Wasserstoff entsteht, der für das Hydrotreating beziehungsweise Hydrocracking sowie für die Entschwefelung benötigt wird. Durch Isomerisierungprozesse lassen sich lineare Moleküle in verzweigte Moleküle umwandeln. Diese erhöhen beim Benzin die Oktanzahl und verbessern beim Dieselkraftstoff die Kältefestigkeit.

Das Zusammenspiel der komplexen Verarbeitungsprozesse in einer Raffinerie wird schematisch und stark vereinfacht in Bild 1 wiedergegeben.

Zusatz von Biokraftstoffen und Additiven
Weltweit werden heute vielen fossilen Kraftstoffen Anteile an Biokraftstoffen zugesetzt. Bestimmte Eigenschaften der Biokraftstoffe können gezielt genutzt werden, um die an die Kraftstoffqualität gestellten Anforderungen zu erfüllen. Zum Beispiel wird mit Bioethanol die Oktanzahl von Benzin erhöht und durch die Zugabe von Biodiesel zu Dieselkraftstoff eine ausreichende Schmierfähigkeit sichergestellt. Zur weiteren Verbesserung der Produktqualität werden auch häufig Additive verwendet. Additive sind Wirksubstanzen, durch deren Zugabe bestimmte Kraftstoffeigenschaften gezielt eingestellt werden können.

Kenngrößen

Siedebereich und Zündtemperatur

Der Siedebereich von Benzin liegt zwischen 30 °C und 210 °C, von Dieselkraftstoff zwischen 160 °C und 370 °C. Dieselkraftstoff zündet im Mittel bei ca. 350 °C (untere Grenze 220 °C) und damit im Vergleich zum Benzin (im Mittel 500 °C) sehr früh.

Heizwert

Für den Energieinhalt von Kraftstoffen wird üblicherweise der spezifische Heizwert H_i (frühere Bezeichnung: unterer Heizwert) angegeben; er entspricht der bei vollständiger Verbrennung freigesetzten nutzbaren Wärmemenge.

Der spezifische Brennwert H_s (früher: oberer Heizwert) hingegen gibt die gesamte freigesetzte Reaktionswärme an und umfasst damit neben der mechanisch nutzbaren Wärme auch die im entstehenden Wasserdampf gebundene Wärme (latente Wärme). Dieser Anteil wird jedoch im Fahrzeug nicht genutzt.

Der spezifische Heizwert H_i von Dieselkraftstoffen liegt im Bereich von 42,9...43,1 MJ/kg und ist geringfügig höher als der Heizwert von Benzin (40,1...41,9 MJ/kg).

Sauerstoffhaltige Kraftstoffe oder Kraftstoffkomponenten (Oxygenates) wie Alkohole (H_i von Ethanol: 26,8 MJ/kg) und Fettsäuremethylester (H_i von Biodiesel: 36,5 MJ/kg) haben einen geringeren Heizwert als Kraftstoffe, die nur Kohlenwasserstoffe enthalten. Der spezifische Heizwert ist reduziert, weil gebundener Sauerstoff nicht zur Freisetzung von Energie bei der Verbrennung beiträgt. Eine mit üblichen Kraftstoffen vergleichbare Motorleistung lässt sich daher mit sauerstoffhaltigen Kraftstoffen nur unter Kraftstoffmehrverbrauch erzielen. Die nachträgliche Erhöhung des Ethanolgehalts im Benzin über 10 % (V/V) hinaus würde in vielen Bestandsfahrzeugen zu einer spürbaren Einschränkung der Leistung und zu deutlich höherem Kraftstoffverbrauch führen.

Gemischheizwert

Der Gemischheizwert ist der Heizwert des brennbaren Luft-Kraftstoff-Gemischs. Er ist vom Luft-Kraftstoff-Verhältnis abhängig und bestimmt die Leistung des Motors. Der Gemischheizwert liegt bei stöchiometrischem Luft-Kraftstoff-Verhältnis für alle flüssigen Kraftstoffe und Flüssiggase bei ca. 3,5...3,7 MJ/m^3.

Schwefelgehalt

Zur Minderung der Emissionen von Schwefeldioxid (SO_2) und zum Schutz der Katalysatoren für die Abgasnachbehandlung wurde der Schwefelgehalt von Otto- und Dieselkraftstoffen für Fahrzeuganwendungen ab 2009 europaweit auf 10 mg/kg begrenzt. Kraftstoffe, die diesen Grenzwert einhalten, werden als schwefelfreie Kraftstoffe bezeichnet. Damit wurde die letzte Stufe der Entschwefelung von Kraftstoffen erreicht.

Seit 2017 liegt auch in den USA der durchschnittliche Schwefelgehalt von Benzin, das kommerziell an den Endverbraucher abgegeben wird, bei maximal 10 mg/kg, wobei einzelne Ausnahmen zulässig sind, z.B. bis zu 80 mg/kg bei Raffinerien und bis zu 95 mg/kg in nachgelagerten Bereichen. Alle schwefelfreien Dieselkraftstoffe (Ultra Low Sulfur Diesel, ULSD) für On- und Off-Road-Fahrzeuge dürfen in den USA nicht mehr als 15 mg/kg Schwefel enthalten.

In China darf der Schwefelgehalt von Otto- und Dieselkraftstoffen grundsätzlich 10 mg/kg nicht überschreiten.

Mit der nächsten Stufe der Emissionsgesetzgebung für On-Road-Fahrzeuge in Indien werden seit 2020 die im Markt verbreitet noch vorkommenden Kraftstoffe mit Gehalten von bis zu 50 mg/kg Schwefel sukzessive durch schwefelfreie Ware ersetzt.

Generell ist weltweit eine starke Zunahme bei der Entschwefelung von Kraftstoffen zu beobachten.

Benzin

Kraftstoffsorten

Super-Kraftstoffe in Deutschland

In Deutschland werden zwei Super-Kraftstoffe mit 95 Oktan angeboten, die sich im Ethanolgehalt unterscheiden und maximal 5 % (V/V, Volumenprozent) Ethanol (bei Super) beziehungsweise 10 % (V/V) Ethanol (bei Super E10) enthalten dürfen. Außerdem ist ein Super-Plus-Kraftstoff mit 98 Oktan erhältlich. Einzelne Anbieter vermarkten Kraftstoffe mit einer Oktanzahl von mindestens 100 (V-Power Racing 100, Super 100plus, Ultimate 102), die im Vergleich zu den Super-Kraftstoffen mit 95 Oktan in Grundqualität und Additivierung verändert sind.

Kraftstoffe in den USA

In den USA wird zwischen Regular (92 Oktan), Premium (94 Oktan) und Premium Plus (98 Oktan) unterschieden; die Kraftstoffe in den USA enthalten in der Regel 10 % (V/V) Ethanol. Durch den Zusatz sauerstoffhaltiger Komponenten wird die Oktanzahl erhöht und den Anforderungen moderner, immer höher verdichtender Motoren nach besserer Klopffestigkeit Rechnung getragen.

Reformulated Gasoline bezeichnet Ottokraftstoff, der durch eine veränderte Zusammensetzung niedrigere Verdampfungs- und Schadstoffemissionen aufweist als herkömmliches Benzin. Die Anforderungen an Reformulated Gasoline werden in den USA im Bundesrecht (Clean Air Act) festgeschrieben. Im Vergleich zur Standardqualität sind z.B. niedrigere Grenzwerte für den Dampfdruck, Benzol- und Gesamtaromatengehalt sowie für das Siedeende vorgegeben. Die Zugabe von Additiven zur Reinhaltung des Einlasssystems (Detergentien) ist ebenfalls vorgeschrieben.

Kraftstoffnormen

Die europäische Norm EN 228 [1] definiert die Anforderungen für bleifreies Benzin zur Verwendung in Ottomotoren (Tabelle 1). In den nationalen Anhängen sind weitere, länderspezifische Kenngrößen festgelegt. Verbleite Ottokraftstoffe sind weltweit in fast allen Märkten nicht mehr zugelassen und wurden 2020 nur noch in wenigen Ländern angeboten, z.B. in Algerien und im Irak.

In den USA sind Ottokraftstoffe in der ASTM D4814 (American Society for Testing and Materials) [2] spezifiziert.

Die meisten Ottokraftstoffe, die heute angeboten werden, enthalten sauerstoffhaltige Komponenten (Oxygenates). Ethanol hat auch in Europa an Bedeutung ge-

Tabelle 1: DIN EN 228 (August 2017): Ausgewählte Anforderungen an Ottokraftstoffe.

Anforderungen	Einheit	Kenngröße	
Qualität		Super E10	Super
Klopffestigkeit: ROZ/MOZ für Super, min.	–	95/85 [1]	
Dichte (bei 15 °C), min./max.	kg/m³	720/775	
Schwefel, max.	mg/kg	10	
Sauerstoffgehalt, max.	% (m/m)	3,7	2,7
Ethanolgehalt, max.	% (V/V)	10,0	5,0
Benzol, max.	% (V/V)	1	
Blei, max.	mg/l	5	
Flüchtigkeit			
Dampfdruck im Sommer, min./max.	kPa	45/60	
Dampfdruck im Winter, min./max. [2]	kPa	60/90	
verdampfte Menge bei 70 °C im Sommer, min./max.	% (V/V)	22/50	20/48
verdampfte Menge bei 70 °C im Winter, min./max.	% (V/V)	24/52	22/50
verdampfte Menge bei 100 °C, min./max.	% (V/V)	46/72	46/71
verdampfte Menge bei 150 °C, min./max.	% (V/V)	75/–	
Siedeende, max.	°C	210	
VLI [3] Übergangszeit [4], max. [2]		1164	1150

[1] Für Super Plus gilt: ROZ/MOZ, min. 98/88; Ethanolgehalt, max. 10,0 % (V/V).

[2] Nationale Werte für Deutschland. [3] VLI Vapour-Lock-Index. [4] Frühjahr und Herbst.

wonnen, da die EU-Biokraftstoffrichtlinie (EU-Biofuels-Directive) Mindestgehalte an erneuerbaren Kraftstoffen vorgibt. Aber auch die aus Methanol oder Ethanol herstellbaren Ether MTBE (Methyltertiärbutylether) beziehungsweise ETBE (Ethyltertiärbutylether) werden eingesetzt, von denen in Europa je nach Qualität des Grundkraftstoffs bis zu 22 % (V/V) zugegeben werden dürfen. Es ist auch eine Mischung aus Alkoholen und Ethern erlaubt. In Europa wird die Gesamtmenge an Oxygenaten durch die Festlegung eines maximal erlaubten Sauerstoffgehalts begrenzt. So darf E10 in Europa maximal einen Sauerstoffgehalt von 3,7 % (m/m, Massenprozent) aufweisen, der bereits mit der Zugabe von 10 % (V/V) Ethanol ausgeschöpft wird. Wenn Ether zugegeben werden, muss der maximal erlaubte Volumenanteil an Ethanol entsprechend reduziert werden. Weltweit haben viele Staaten Mindestquoten für biogene Anteile in Ottokraftstoffen definiert, die meist mit Bioethanol realisiert werden.

Der Zusatz von Alkoholen bewirkt eine Erhöhung der Flüchtigkeit insbesondere bei höheren Temperaturen. Außerdem können Alkohole Materialien im Kraftstoffsystem schädigen, z.B. zu Elastomerquellung führen und Alkoholatkorrosion an Aluminiumteilen auslösen. In Abhängigkeit vom Alkoholgehalt und der Temperatur kann es bei Zutritt von nur geringen Mengen an Wasser zur Entmischung kommen. Bei der Phasentrennung bildet sich mit einem Teil des Alkohols aus dem Kraftstoff eine neue wässrige Alkoholphase. Der Einsatz alkoholhaltiger Kraftstoffe erfordert daher zusätzliche Maßnahmen am Fahrzeug und im Tankstellennetz.

Das Problem der Entmischung besteht bei den Ethern nicht. Die Ether, die einen niedrigeren Dampfdruck, einen höheren Heizwert und eine höhere Oktanzahl als Ethanol haben, sind chemisch stabile Komponenten mit guter Materialverträglichkeit. Sie haben daher sowohl aus motortechnischer als auch aus logistischer Sicht Vorteile. Aus Gründen der Nachhaltigkeit, wegen der zu erzielenden CO_2-Einsparung und durch die Festsetzung von Quoten für biogene Kraftstoffe wird vorwiegend ETBE eingesetzt.

Der Ethanolgehalt in der europäischen Ottokraftstoffnorm EN 228 war lange Zeit auf 5 % (V/V) (E5) begrenzt. 2013 wurde die EN 228 an erster Stelle um eine Spezifikation für 10 % (V/V) Ethanol (E10) ergänzt. Im europäischen Markt sind derzeit noch nicht alle Fahrzeuge mit Materialien ausgerüstet, die einen Betrieb mit E10 erlauben. Als zweite Qualität wird deshalb eine Bestandschutzsorte mit einem maximalen Ethanolgehalt von 5 % (V/V) beibehalten. E10 ist als Hauptsorte im Ottokraftstoffmarkt gedacht. Nicht in allen europäischen Ländern, in denen E10 eingeführt wurde, konnte sich E10 bei den Verbrauchern durchsetzen. In Bulgarien, Rumänien, in der Slowakei, in den Niederlanden, in Belgien, Luxemburg und Finnland wird überwiegend E10 getankt, während E10 in Deutschland mit einem Marktanteil von 13 % weit hinter den Erwartungen zurückbleibt (Stand April 2020).

In den USA enthalten die meisten Ottokraftstoffe 10 % (V/V) Ethanol (E10), für die nach der amerikanischen Norm ASTM D4814 auch ein um ca. 7 kPa höherer Dampfdruck erlaubt ist. Wenn bestimmte Voraussetzungen erfüllt sind, ist auch nach der EN 228, abhängig vom Ethanolgehalt, ein bis zu 8 kPa höherer Dampfdruck zulässig.

In den USA ist der Anteil von Ethanol, der dem Ottokraftstoff zugesetzt werden darf, gesetzlich auf 10 % (V/V) limitiert. Da zunehmend ein Verzicht auf diese Beschränkung gefordert wird, wurde in der ASTM D4814 die Obergrenze für Ethanol vorsorglich auf 15 % (V/V) aufgeweitet. Die Dampfdruckerhöhung um 7 kPa, die bisher auf E10 beschränkt ist, soll zukünftig auch für E15 gelten.

Kenngrößen

Dichte

Die Dichte von Ottokraftstoffen ist in der EN 228 auf 720...775 kg/m^3 festgelegt.

Oktanzahl

Die Oktanzahl kennzeichnet die Klopffestigkeit eines Ottokraftstoffs. Je höher die Oktanzahl ist, desto klopffester ist der Kraftstoff. Dem sehr klopffesten iso-Oktan (Trimethylpentan) wird die Oktanzahl 100, dem sehr klopffreudigen n-Heptan die Oktanzahl 0 zugeordnet.

In einem genormten Prüfmotor wird das Gemisch aus iso-Oktan und n-Heptan ermittelt, das das gleiche Klopfverhalten zeigt wie der zu prüfende Kraftstoff. Der Anteil in Volumenprozent an iso-Oktan im Gemisch aus iso-Oktan und n-Heptan entspricht der Oktanzahl des Kraftstoffs.

Iso-Oktan hat eine hohe Oktanzahl, aber es gibt Komponenten, die noch klopffester sind, beispielsweise Toluol (ROZ = 124) oder Ethanol (ROZ = 130). Die Definition und Verifikation von Oktanzahlen über 100 basiert auf primären Referenzstandards aus iso-Oktan mit unterschiedlichen Anteilen an Tetraethyl-Blei. Für die Festlegung der für eine bestimmte Oktanzahl über 100 erforderlichen Menge an Tetraethyl-Blei waren umfangreiche Untersuchungen des Klopfverhaltens von Mischungen erforderlich, die aus Benzol (ROZ = 99), variierenden Anteilen an iso-Oktan und Heptan sowie Tetraethyl-Blei bestanden haben.

Research- und Motor-Oktanzahl

ROZ (Research-Oktanzahl) nennt man die nach der Research-Methode [3] bestimmte Oktanzahl. Sie kann als maßgeblich für das Beschleunigungsklopfen angesehen werden. MOZ (Motor-Oktanzahl) nennt man die nach der Motor-Methode [4] bestimmte Oktanzahl. Sie beschreibt vorwiegend die Eigenschaften hinsichtlich des Hochgeschwindigkeitsklopfens.

Die Motor-Methode unterscheidet sich von der Research-Methode durch Gemischvorwärmung, höhere Drehzahl und variable Zündzeitpunkteinstellung. Dadurch ergibt sich eine höhere thermische Beanspruchung des zu untersuchenden Kraftstoffs. Die MOZ-Werte sind niedriger als die ROZ-Werte.

Erhöhen der Klopffestigkeit

Normales Destillat-Benzin hat eine niedrige Klopffestigkeit. Erst durch Vermischen mit verschiedenen klopffesten Raffineriekomponenten (katalytische Reformate, Isomerisate) erhält man Kraftstoffe mit hoher Oktanzahl, die für moderne hochverdichtende Motoren geeignet sind. Auch sauerstoffhaltige Komponenten wie Alkohole und Ether steigern die Klopffestigkeit. Sie werden daher zu diesem Zweck gezielt zugesetzt.

Metallhaltige Additive zur Erhöhung der Oktanzahl, z.B. MMT (Methylcyclopentadienyl Mangan Tricarbonyl), bilden während der Verbrennung Asche. Deshalb wird ein Zusatz von MMT in der EN 228 durch die Festlegung eines Grenzwerts für Mangan im Spurenbereich ausgeschlossen.

Bei der Optimierung von Downsizing und Aufladung direkteinspritzender Ottomotoren gibt es vermehrt Hinweise, dass hohe ROZ- und MOZ-Kennwerte alleine nicht sicherstellen können, dass eine ausreichende Klopffestigkeit von Kraftstoffen insbesondere im unteren Drehmomentbereich tatsächlich gegeben ist. Das Vorentflammungsverhalten kann auch bei ähnlicher ROZ sehr unterschiedlich sein, sodass zur Charakterisierung der Vorentflammungsneigung von Kraftstoffen eine zusätzliche Kenngröße, die Compression pre-ignition number (CPI), vorgeschlagen wird [5].

Kraftstoffflüchtigkeit

Die Flüchtigkeit von Ottokraftstoff ist nach oben und nach unten begrenzt. Die Begrenzung nach unten ist so gewählt, dass ausreichend leichtflüchtige Komponenten enthalten sind, um einen sicheren Kaltstart zu gewährleisten. Die Flüchtigkeit des Kraftstoffs darf aber nicht so hoch sein, dass es bei höheren Temperaturen zur Unterbrechung der Kraftstoffzufuhr durch Gasblasenbildung (Vapour lock) und in der Folge zu Schwierigkeiten beim Heißstart oder zu Problemen beim Fahren kommt. Darüber hinaus sollen die Verdampfungsverluste zum Schutz der Umwelt gering gehalten werden.

Die Flüchtigkeit des Kraftstoffs wird durch verschiedene Kenngrößen beschrieben. In der Norm EN 228 sind für E5 und E10 jeweils zehn verschiedene Flüchtigkeitsklassen spezifiziert, die sich im Siedeverlauf, im Dampfdruck und im Vapour-Lock-Index (VLI) unterscheiden. Die einzelnen europäischen Nationen können, je nach den spezifischen klimatischen Gegebenheiten, einzelne dieser Klassen in ihren nationalen Anhang in der Norm übernehmen. Für Sommer und

Winter werden unterschiedliche Werte festgelegt.

Eine ähnliche Regelung ist in der amerikanischen Ottokraftstoffnorm ASTM D4814 enthalten. Umfangreiche Tabellen beschreiben den Geltungsbereich der Flüchtigkeitsklassen abhängig von Kalendermonat und Bundesstaat.

Siedeverlauf

Für die Beurteilung des Kraftstoffs im Fahrzeugbetrieb sind einzelne Bereiche der Siedekurve getrennt zu betrachten. In der EN 228 sind deshalb Grenzwerte für den verdampften Anteil bei 70 °C, bei 100 °C und bei 150 °C festgelegt. Bis 70 °C muss ein Mindestanteil des Kraftstoffs verdampft sein, um ein leichtes Starten des kalten Motors zu gewährleisten (Bild 2, A). Eine ausreichende Flüchtigkeit im unteren Temperaturbereich ist insbesondere für Fahrzeuge wichtig, bei denen die Kraftstoffaufbereitung noch über einen Vergaser erfolgt (Bild 2, B). Der verdampfte Anteil darf aber auch nicht zu groß sein, weil es sonst im heißen Zustand zu Dampfblasenbildung kommen kann und die Verdunstungsemissionen zu hoch sind (Bild 2, C). Der bei 100 °C verdampfte Kraftstoffanteil bestimmt neben dem Anwärmverhalten vor allem die Betriebsbereitschaft und das Beschleunigungsverhalten des warmen Motors und darf nicht zu gering sein, weil sonst der schwerflüchtige Anteil im Saugrohr kondensiert (Bild 2, D). Das bis 150 °C verdampfte Volumen soll nicht zu niedrig liegen, um eine Motorölverdünnung zu vermeiden. Besonders bei kaltem Motor verdampfen die schwerflüchtigen Komponenten des Ottokraftstoffs schlecht und können aus dem Brennraum über die Zylinderwände ins Motoröl gelangen (Bild 2, E). Zu viele schwerflüchtige Komponenten im obersten Bereich der Siedekurve können zu Rückstandsbildung, Verkokung und Rußbildung führen (Bild 2, F).

Bild 2: Siedeverlauf von Benzin nach ISO 3405 [6].
Erklärungen zu A...F siehe Text.

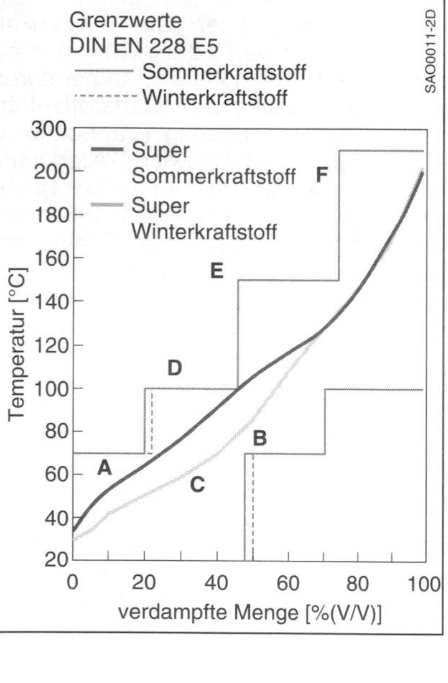

Dampfdruck

Der bei 37,8 °C (100 °F) nach EN 13016-1 [7] gemessene Dampfdruck von Kraftstoffen ist in erster Linie eine Kenngröße, mit der die sicherheitstechnischen Anforderungen im Fahrzeugtank festgelegt werden. Der Dampfdruck wird in allen Spezifikationen nach unten und nach oben limitiert. Er beträgt z.B. für Deutschland im Sommer maximal 60 kPa und im Winter maximal 90 kPa.

Für die Auslegung einer Einspritzanlage ist die Kenntnis des Dampfdrucks auch bei höheren Temperaturen (80...120 °C) wichtig, da sich ein Anstieg des Dampfdrucks durch Alkoholzumischung erst bei höheren Temperaturen deutlich zeigt. Beim Vergleich der Dampfdruckkurven von Ottokraftstoffen mit unterschiedlichen Alkoholgehalten wird deutlich, dass der Alkoholanteil sich bei gemäßigten Temperaturen (37,8 °C) kaum auf den Dampfdruck auswirkt, während Kraftstoffe mit 10 % (V/V) Ethanol bei 130 °C einen um mehr als 200 kPa höheren Dampfdruck aufweisen (Bild 3). Kraftstoffe, die 20...30 % (V/V) Ethanol enthalten, erreichen den höchsten Dampfdruck (bis 800 kPa bei 130 °C). Höhere Gehalte an Ethanol führen jedoch wieder zur Absenkung des Dampfdrucks, da die zwischenmolekularen Wechselwirkungen unter den polaren Ethanolmolekülen zunehmen und diese stärker binden. Methanolkraftstoffe entwickeln bei hohen Temperaturen noch deutlich höhere Dampfdrücke (Dampfdruck bei 130 °C von E15: 768 kPa; von M15: 1070 kPa).

Steigt der Dampfdruck des Kraftstoffs z.B. während des Fahrzeugbetriebs durch Einfluss der Motortemperatur über den Systemdruck der Einspritzanlage, kann es zu Funktionsstörungen durch Dampfblasenbildung kommen. Wegen der erhöhten Flüchtigkeit von Alkoholkraftstoffen, insbesondere für den Betrieb mit M15, muss der Validierungsbereich von Systemfunktionen und Fahrzeugapplikationen überprüft und gegebenenfalls angepasst werden.

Dampf-Flüssigkeits-Verhältnis

Das Dampf-Flüssigkeits-Verhältnis (DFV) ist ein Maß für die Neigung eines Kraftstoffs zur Dampfbildung. Als Dampf-Flüssigkeits-Verhältnis wird das aus einer Kraftstoffeinheit entstandene Dampfvolumen bei definiertem Gegendruck und definierter Temperatur bezeichnet. Sinkt der Gegendruck (z.B. bei Bergfahrten) oder erhöht sich die Temperatur, so steigt das Dampf-Flüssigkeits-Verhältnis, wodurch Fahrstörungen verursacht werden können. In der ASTM D4814 wird z.B. für jede Flüchtigkeitsklasse eine Temperatur definiert, bei der ein Dampf-Flüssigkeits-Verhältnis von 20 nicht überschritten werden darf.

Vapour-Lock-Index

Der Vapour-Lock-Index (VLI) ist die rechnerisch ermittelte Summe des zehnfachen Dampfdrucks (in kPa bei 37,8 °C) und der siebenfachen Menge des bis 70 °C verdampften Volumenanteils des Kraftstoffs. Mit diesem zusätzlichen Grenzwert kann die Flüchtigkeit des Kraftstoffs weiter eingeschränkt werden, mit der Folge, dass bei dessen Herstellung nicht beide Maximalwerte – die von Dampfdruck und Siedekennwert – realisiert werden können.

Additive

Additive können zur Verbesserung der Kraftstoffqualität zugesetzt werden, um Verschlechterungen im Fahrverhalten und in der Abgaszusammensetzung während des Fahrzeugbetriebs entgegenzuwirken. Eingesetzt werden meist Pakete aus Einzelkomponenten mit verschiedenen Wirkungen.

Additive müssen in ihrer Zusammensetzung und Konzentration sorgfältig abgestimmt und erprobt sein und dürfen keine negativen Nebenwirkungen haben. In der

Bild 3: Dampfdruck von Benzin als Funktion der Temperatur in Abhängigkeit vom Ethanol- und Methanolgehalt (DIN EN 13016).

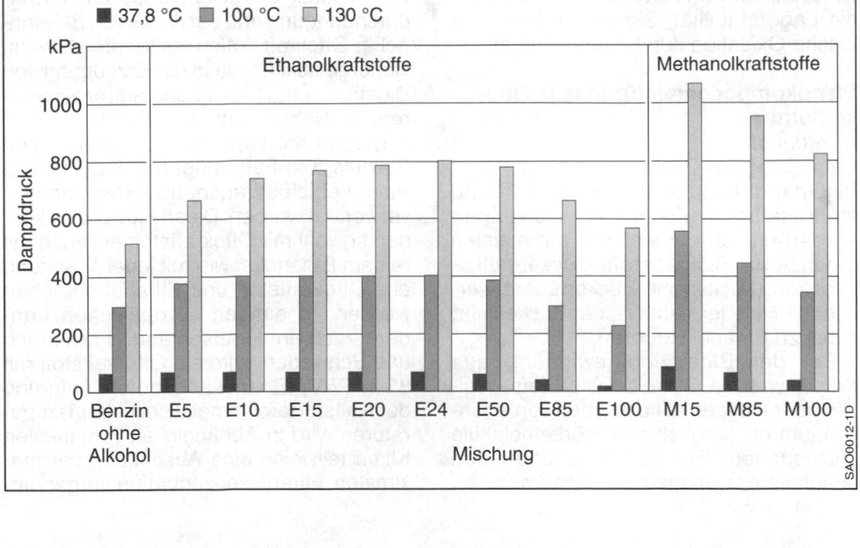

Raffinerie erfolgt eine Basisadditivierung zum Schutz der Anlagen und zur Sicherstellung einer Mindestqualität der Kraftstoffe. An den Abfüllstationen der Raffinerie können beim Befüllen der Tankwagen markenspezifische Multifunktionsadditive zur weiteren Qualitätsverbesserung zugegeben werden (Endpunktdosierung).

Detergentien
Die Einstellung und Aufbereitung der Gemischzusammensetzung aus Luft und Kraftstoff im Brennraum ist grundlegend für einen störungsfreien Fahrbetrieb und die Schadstoffminimierung im Abgas. Die Reinhaltung des gesamten Einlasssystems (Einspritzventile, Einlassventile) ist eine wichtige Voraussetzung für die Einhaltung der im Neuzustand optimierten Bedingungen. Wirksame Reinigungsadditive (Detergentien) helfen, Oberflächen sauber zu halten und vorhandene Beläge zu entfernen.

Korrosionsinhibitoren
Der Eintrag von Wasser kann zu Korrosion im Kraftstoffsystem führen. Durch den Zusatz von Korrosionsinhibitoren, die sich als dünner Film auf der Metalloberfläche anlagern, kann Korrosion wirksam unterbunden werden.

Alterungsstabilisatoren
Die den Kraftstoffen zugesetzten Oxidationsinhibitoren (Antioxidantien) erhöhen die Lagerstabilität. Sie verhindern eine rasche Oxidation durch Luftsauerstoff.

Blendkomponenten für fossile Ottokraftstoffe

Bioethanol

Herstellung aus Zucker und Stärke
Bioethanol kann aus allen zucker- und stärkehaltigen Produkten gewonnen werden und ist der weltweit am meisten produzierte Biokraftstoff. Zuckerhaltige Pflanzen (Zuckerrohr, Zuckerrüben) werden mit Hefe fermentiert, der Zucker wird dabei zu Ethanol vergoren.

Bei der Bioethanolgewinnung aus Stärke werden Getreide wie Mais, Weizen oder Roggen mit Enzymen vorbehandelt, um die langkettigen Stärkemoleküle teilzuspalten. Bei der anschließenden ebenfalls enzymatisch vorgenommenen Verzuckerung erfolgt eine Spaltung in Dextrosemoleküle. Durch Fermentation mit Hefe wird in einem weiteren Prozessschritt Bioethanol erzeugt.

Herstellung aus Lignocellulose
Enzyme können auch zur Herstellung von Bioethanol aus Lignocellulose eingesetzt werden. Lignocellulose bildet das Strukturgerüst der pflanzlichen Zellwand und enthält als Hauptbestandteile Lignin, Hemicellulosen und Cellulose. Das Verfahren hat den Vorteil, dass die ganze Pflanze verwendet werden kann und nicht nur der zucker- oder stärkehaltige Anteil. Wegen des neuartigen Ansatzes spricht man auch von Bioethanol der 2. Generation. Allerdings können die Enzyme nur Cellulosen, nicht aber Lignin spalten. Die bisher entwickelten Enzyme sind noch recht sensibel hinsichtlich der verwertbaren Biomasse, sodass dieses Verfahren erst langsam eine wirtschaftliche Bedeutung erlangt.

Verwendung von Bioethanol
Bioethanol ist aufgrund seiner Eigenschaften sehr gut zur Beimischung in Ottokraftstoffen geeignet, insbesondere um die Oktanzahl von reinem Ottokraftstoff anzuheben. Daher erlauben nahezu alle Ottokraftstoffnormen die Zugabe von Ethanol als Blendkomponente. Auch die Biokraftstoffpolitik der Europäischen Union lässt erwarten, dass die Marktdurchdringung und der Anteil von Bioethanol in Ottokraftstoffen weiter steigt, wenn sichergestellt ist, dass die Erzeugung von Bioethanol nachhaltig und außer Konkurrenz zu Nahrungsmitteln erfolgt.

Bioethanol kann in Ottomotoren von Flexible-fuel-Fahrzeugen (FFV, Flexible Fuel Vehicles) auch als Reinkraftstoff verwendet werden. Diese Fahrzeuge können sowohl mit Ottokraftstoff als auch mit reinem Ethanol sowie mit jeder Mischung aus Ottokraftstoff und Ethanol betrieben werden. In einigen europäischen Ländern, z.B in Deutschland, Frankreich und Schweden, wird ein Ottokraftstoff mit 85 % (V/V) Ethanol angeboten. Aufgrund der Kaltstartproblematik bei tiefen Temperaturen wird in Abhängigkeit vom lokalen Klima teilweise eine Absenkung der maximalen Ethanolkonzentration vorgenommen. Kraftstoffbeprobungen zeigen typische Ethanolgehalte von 75...85 % (E85) im Sommer und 65...85 % im Winter. Die Qualität von E85 ist für Europa in der Kraftstoffspezifikation EN 15293 [8] und in den USA in der ASTM D5798 [9] definiert. In Brasilien werden Ottokraftstoffe grundsätzlich nur als Ethanolkraftstoffe verkauft, die auch als Gasohol bezeichnet werden und 22...26 % (V/V) Ethanol enthalten. Zusätzlich ist an vielen brasilianischen Tankstellen auch unvermischtes Ethanol, E100, erhältlich, welches aber 7 % (m/m) Wasser enthält.

Methanol

Herstellung

Methanol wird überwiegend nicht-regenerativ aus fossilen Energieträgern wie Kohle und Erdgas erzeugt und leistet keinen Beitrag zur Reduzierung der CO_2-Emissionen. China setzt aus strategischen Gründen dennoch auf Methanolkraftstoffe, weil dadurch ein Teil des hohen Kraftstoffbedarfs lokal aus Kohle gedeckt werden kann. Dabei scheint M 15 eine Obergrenze für den Einsatz in konventionellen Ottomotoren darzustellen. Für Flexible-fuel-Fahrzeuge ist in China zusätzlich ein zu E85 analoges M85 in der Diskussion.

Verwendung von Methanol

Bei gleichem Alkoholgehalt wirken Methanolkraftstoffe auf Eisenlegierungen deutlich stärker korrosiv als Ethanolkraftstoffe. Auch tritt die Entmischung bei Verunreinigung mit Wasser deutlich schneller ein. Aufgrund negativer Erfahrungen mit Methanolkraftstoffen in Deutschland während der Ölkrise 1973 und auch wegen der Toxizität von Methanol ist man hier von dessen Verwendung als Blendkomponente wieder abgekommen. Weltweit betrachtet werden derzeit nur vereinzelt Methanolbeimengungen vorgenommen, dann meist – von China abgesehen – mit einem Anteil von deutlich unter 5 % (M5).

Dieselkraftstoff

Dieselkraftstoffsorten

Neben erdölbasiertem konventionellem Dieselkraftstoff haben auch rein paraffinische Kraftstoffe, insbesondere aus erneuerbaren Quellen, sowie Biodiesel Bedeutung erlangt.

Kraftstoffnormen

In Europa gilt als Anforderungsnorm für konventionelle Dieselkraftstoffe die Norm EN 590 [10]. Die wichtigsten Kenngrößen zeigt Tabelle 2. Auch die an manchen Tankstellen zusätzlich angebotenen Premiumqualitäten (z.B. Super-Diesel, Ultimate, V-Power-Diesel) erfüllen diese Norm. Standard- und Premium-Dieselkraftstoff unterscheiden sich in der Grundqualität, in der Zugabe von paraffinischen Kraftstoffkomponenten und bei der Additivierung.

Dieselkraftstoff nach EN 590 kann bis zu 7 % (V/V) Biodiesel (FAME) beigemischt werden, wobei die Qualität des Biodiesels von der Norm EN 14214 [11] vorgegeben wird. Durch den Anteil an Biodiesel wird die Schmierfähigkeit verbessert, allerdings wird auch die Oxidationsstabilität herabgesetzt. Zur Absicherung einer ausreichenden Oxidationsstabilität wurde die EN 590 im Jahr 2009 um den Parameter Induktionszeit ergänzt und eine Mindestanforderung festgelegt. Die Induktionszeit ist ein Maß für die Alterungsreserve des Kraftstoffs.

Die US-Norm für Dieselkraftstoffe ASTM D975 [12] schreibt eine geringere Anzahl an Qualitätskriterien vor und legt Grenzwerte weniger eng fest. Sie erlaubt eine Beimischung von maximal 5 % (V/V) Biodiesel, der die Anforderungen der Norm ASTM D6751 [13] erfüllen muss.

Kenngrößen

Cetanzahl

Die Cetanzahl (CZ) beschreibt die Zündwilligkeit des Dieselkraftstoffs [14]. Sie liegt umso höher, je leichter sich der Kraftstoff entzündet. Da der Dieselmotor ohne Fremdzündung arbeitet, muss sich der Kraftstoff nach dem Einspritzen in die heiße, komprimierte Luft im Brennraum nach möglichst kurzer Zeit (d.h. dem Zündverzug) selbst entzünden.

Dem sehr zündwilligen n-Hexadekan (Cetan) wird die Cetanzahl 100, dem zündträgen α-Methylnaphthalin die Cetanzahl 0 zugeordnet. Die Cetanzahl eines Dieselkraftstoffs wird im genormten CFR-Einzylinder-Prüfmotor mit variablem Kompressionskolben bestimmt (CFR, Cooperative Fuel Research). Bei konstantem Zündverzug wird das Verdichtungsverhältnis des zu prüfenden Kraftstoffs ermittelt. Vergleichskraftstoffe aus Cetan und Heptamethylnonan, einer Komponente mit der Cetanzahl 15, werden mit dem ermittelten Verdichtungsverhältnis betrieben. Das Mischungsverhältnis wird so lange verändert, bis sich der gleiche Zündverzug ergibt. Der Cetananteil in Prozent gibt die Cetanzahl an.

Der Aufwand eines Motorversuchs zur Bestimmung der Cetanzahl kann vermieden werden, wenn in einer Verbrennungskammer mit konstantem Volumen der Zündverzug bestimmt wird, d.h. also die Zeitspanne zwischen dem Beginn der Einspritzung und der Selbstzündung. Aus dem Zündverzug kann man mit Hilfe von empirisch ermittelten Faktoren nach der Norm EN 15195 [15] oder EN 16144 [16] die abgeleitete Cetanzahl (ACZ) errechnen. Alternativ kann die ACZ auch nach der Norm EN 16715 [17] aus dem Zündverzug und dem Verbrennungsverzug ermittelt werden. Auch in der Norm EN 17155 [18] wird der Zündverzug gemessen. Zur Zuordnung des gemessenen Zündverzugs zur Cetanzahl wird der Zündverzug von primärem Referenzmaterial herangezogen. Man spricht bei diesem Verfahren von der indizierten Cetanzahl (ICZ).

Für den optimalen Betrieb moderner Motoren insbesondere unter Kaltstartbedingungen sind Cetanzahlen über 50 wünschenswert. Hochwertige Dieselkraftstoffe enthalten einen hohen Anteil an Paraffinen mit hohen Cetanzahlen. Aromaten zeigen nur eine geringe Zündwilligkeit.

Cetanindex
Eine weitere Kenngröße für die Zündwilligkeit ist der Cetanindex, der sich aus der Dichte des Kraftstoffs und aus Punkten der Siedekennlinie errechnen lässt. Diese rein rechnerische Größe berücksichtigt nicht den Einfluss von Zündverbesserern auf die Zündwilligkeit. Um das Einstellen der Cetanzahl über Zündverbesserer zu begrenzen, wurden in der Norm EN 590 sowohl die Cetanzahl als auch der Cetanindex in die Anforderungsliste aufgenommen.

Siedebereich
Der Siedebereich des Kraftstoffs, d.h. der Temperaturbereich, in dem der Kraftstoff unter Normbedingungen verdampft und wieder kondensiert, hängt von seiner Zusammensetzung ab und liegt zwischen 160 °C und 370 °C. In Bild 4 sind Siedekennlinien für verschiedene Arten von Dieselkraftstoffen dargestellt, auf deren Zusammensetzung später noch genauer

Tabelle 2: DIN EN 590 (Oktober 2017): Ausgewählte Anforderungen an Dieselkraftstoffe.

Anforderungen		Einheit	Kenngröße
Cetanzahl, min.		–	51
Cetanindex, min.		–	46
Dichte (bei 15 °C), min./max.		kg/m³	820/845
Viskosität (bei 40 °C), min./max.		mm²/s	2,0/4,5
Schwefelgehalt, max.		mg/kg	10
Schmierfähigkeit, „wear scar diameter“, max.		µm	460
FAME-Gehalt, max.		% (V/V)	7
Oxidationsstabilität	Unlösliches [3], max.	g/m³	25
	Induktionszeit (bei 110 °C), min.	Stunden	20
Wassergehalt, max.		mg/kg	200
Gesamtverschmutzung, max.		mg/kg	24
CFPP [1] in sechs jahreszeitlichen Klassen, max. [2]		°C	+5…–20
Flammpunkt		°C	>55

[1] Grenzwert der Filtrierbarkeit. [2] Wird national festgelegt, für Deutschland 0…–20 °C.
[3] Summe der unlöslichen Stoffe nach Alterung.

eingegangen wird. Ein niedriger Siedebeginn ist eine Voraussetzung für einen kältegeeigneten Kraftstoff, erhöht aber auch das Risiko von Kavitationsschäden und führt durch schlechtere Schmiereigenschaften zu höherem Systemverschleiß.

Liegt hingegen das Siedeende bei zu hohen Temperaturen, kann dies zu erhöhter Rußbildung und zur Düsenverkokung führen. Darunter versteht man die Bildung von Ablagerungen durch chemische Zersetzung schwerflüchtiger Kraftstoffkomponenten im Spritzloch und an der Düsenkuppe sowie die Anlagerung von Verbrennungsrückständen. Die Vorgänge bei der Verkokung sind sehr komplex. Vor allem schwerflüchtige Kraftstoffkomponenten aus den Crack-Prozessen der Raffinerie tragen zur Verkokung bei.

Der Verkokungsgrad, der aus dem gemessenen hydraulischen Durchfluss der ungereinigten und der gereinigten Düse errechnet wird, ist bei vorgegebener Düsengeometrie ein Maß für die Tendenz eines Kraftstoffs, Ablagerungen in den Einspritzdüsen zu bilden. Umgekehrt kann mit einem Referenzkraftstoff bewertet werden, wie das Design verschiedener Düsenauslegungen die Bildung von Verkokungen beeinflusst.

Bei höherem Siedeende ist auch der Eintrag von Kraftstoff über die Zylinderwände in das Motoröl größer. Deshalb sollte der prozentuale Anteil an schwerflüchtigen Kraftstoffbestandteilen nicht zu hoch liegen.

Bild 4 zeigt die Siedekurven verschiedener Arten von Dieselkraftstoffen:
- Schwedendiesel, Kraftstoff mit reduziertem Aromatengehalt nach der Norm SS 155435 [19],
- B0, mineralölstämmiger Dieselkraftstoff,
- B5, mineralölstämmiger Dieselkraftstoff mit 5 % Biodiesel,
- B30, mineralölstämmiger Dieselkraftstoff mit 30 % Biodiesel,
- B100, reiner Biodiesel, RME (Rapsölmethylester),
- HVO, paraffinischer Dieselkraftstoff durch Hydrierung von Pflanzenölen (Hydro-treated Vegetable Oil),
- GtL, paraffinischer Dieselkraftstoff, synthetisch hergestellt aus Erdgas (Gas-to-Liquid),
- COD, Dieselkraftstoff aus olefinischen Raffineriekomponenten (Conversion-of-Olefins-to-Distillates).

Aufgetragen ist in Bild 4 das aufgefangene Volumen des Kondensats über der Temperatur. Man erkennt die hohe Siedelage (320...360 °C) von Biodiesel (B100) im Vergleich zu erdölbasiertem konventionellem Dieselkraftstoff (B0). Die Beimengung von 5 bzw. 30 % Biodiesel (B5 bzw. B30) wirkt sich bereits signifikant auf den höheren Anteil des Siedebereichs aus. Die Limitierung der Beimengung von Biodiesel auf maximal 7 % (V/V) in der EN 590 ist nicht zuletzt

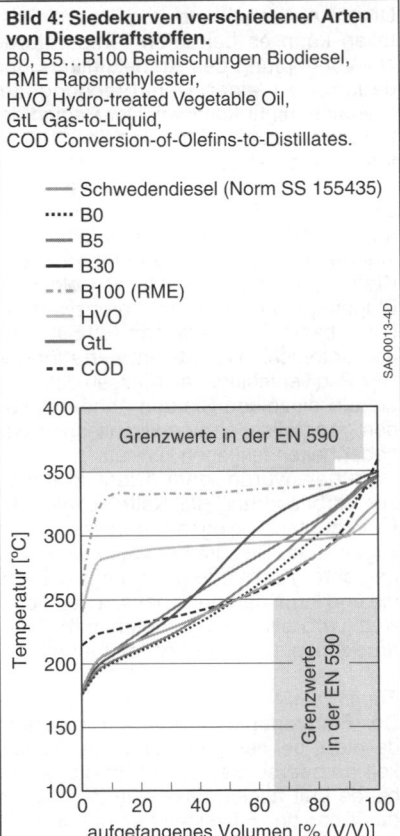

Bild 4: Siedekurven verschiedener Arten von Dieselkraftstoffen.
B0, B5...B100 Beimischungen Biodiesel,
RME Rapsmethylester,
HVO Hydro-treated Vegetable Oil,
GtL Gas-to-Liquid,
COD Conversion-of-Olefins-to-Distillates.

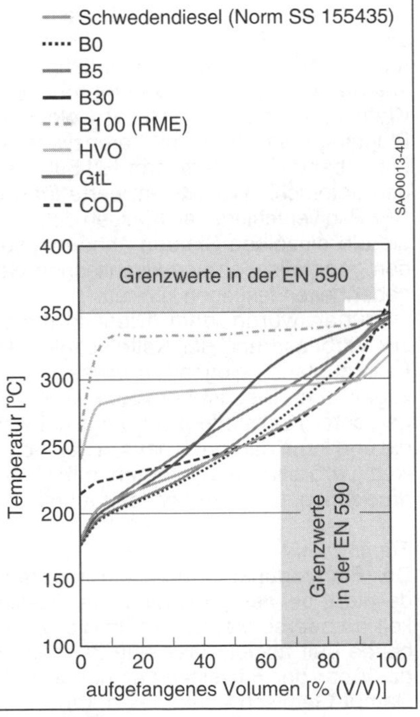

auch in dessen Schwerflüchtigkeit begründet. Rein paraffinische Kraftstoffe liegen vom Siedebereich günstiger als Biodiesel. Synthetisch aus Erdgas hergestellter Dieselkraftstoff (Gas-to-Liquid, GtL) zeigt ein ähnliches Siedeverhalten wie konventioneller Dieselkraftstoff oder auch der im Aromatengehalt reduzierte schwedische Dieselkraftstoff nach der Norm SS 155435. In der Siedekennlinie von paraffinischem Kraftstoff, der durch Hydrierung von Pflanzenölen entstanden ist (Hydro-treated Vegetable Oil, HVO), wird die relativ einheitliche Zusammensetzung in mittlerer Siedelage deutlich, da die im HVO enthaltenen Paraffine aus einem eng begrenzten Fettsäurespektrum hervorgegangen sind.

Grenzwert der Filtrierbarkeit

Durch Ausscheidung von Paraffinkristallen kann es bei tiefen Temperaturen zur Verstopfung des Kraftstofffilters und dadurch zu einer Unterbrechung der Kraftstoffzufuhr kommen. Der Beginn der Paraffinausscheidung kann in ungünstigen Fällen schon bei 0 °C oder sogar darüber einsetzen. Die Kältefestigkeit eines Kraftstoffs wird anhand der Temperatur beurteilt, bei der es unter definierten Testbedingungen zur Verstopfung des Kraftstofffilters kommt (CFPP, Cold Filter Plugging Point, Temperaturgrenzwert der Filtrierbarkeit). In der Norm EN 590 werden unterschiedliche Grenzwerte für den CFPP in verschiedenen Klassen definiert, die die einzelnen Staaten abhängig von den geografischen und klimatischen Gegebenheiten festlegen können.

Früher wurde dem Dieselkraftstoff zur Verbesserung der Kältefestigkeit im Fahrzeugtank gelegentlich etwas Benzin zugemischt. Dies ist bei Vorliegen normgerechter Kraftstoffe nicht mehr notwendig und kann darüber hinaus in den heute weit verbreiteten Systemen mit Hochdruckeinspritzung zu Schäden führen.

Flammpunkt

Der Flammpunkt ist als die Temperatur definiert, bei der eine brennbare Flüssigkeit gerade so viel Dampf an die umgebende Luft abgibt, dass eine Zündquelle das über der Flüssigkeit stehende Luft-Dampf-Gemisch entflammen kann. Aus Sicherheitsgründen (z.B. für Transport und Lagerung) muss Dieselkraftstoff die Gefahrklasse A III erfüllen, d.h., der Flammpunkt muss oberhalb von 55 °C liegen. Bereits ein Anteil von weniger als 3 % Ottokraftstoff im Dieselkraftstoff kann den Flammpunkt so stark herabsetzen, dass eine Entflammung bei Zimmertemperatur möglich ist.

Dichte

Der Energieinhalt pro Volumeneinheit nimmt bei rein fossilem, nur aus Rohöl produziertem Dieselkraftstoff mit steigender Dichte zu. Wenn bei gleichbleibender Ansteuerung der Injektoren (d.h. bei konstanter Volumenzumessung) Kraftstoffe mit stark unterschiedlicher Dichte eingesetzt werden, führt dies wegen der Heizwertschwankung zur Gemischverschiebung (Änderung des Luft-Kraftstoff-Verhältnisses λ). Beim Betrieb mit sortenabhängig höherer Kraftstoffdichte nehmen Motorleistung und Rußemission zu, bei niedriger Dichte nehmen sie ab. Daher wird die sortenabhängige Dichtestreuung für Dieselkraftstoff eng begrenzt.

Bei der Zumischung von Biodiesel zu Dieselkraftstoff nimmt die Dichte des Gemischs wegen der höheren Dichte von Biodiesel ebenfalls zu, allerdings der Energieinhalt wegen des Anteils enthaltenen Sauerstoffs ab.

Viskosität

Die Viskosität ist ein Maß für die Zähflüssigkeit des Kraftstoffs, d.h. für den Widerstand, der beim Fließen aufgrund von innerer Reibung auftritt. Eine zu niedrige Viskosität des Dieselkraftstoffs führt zu erhöhten Rücklaufmengen im Injektor, wodurch das Einspritzsystem zusätzlich aufgeheizt wird und unter Umständen auch die für Volllast erforderliche Einspritzmenge nicht mehr erreicht wird. Zudem steigt das Risiko für Verschleiß und Kavitationserosion.

Eine deutlich höhere Viskosität – etwa bei Einsatz von reinem Biodiesel (FAME) – führt in nicht druckgeregelten Systemen (z.B. in der Pumpe-Düse-Einheit) bei hohen Temperaturen zur Erhöhung des Spitzendrucks im Vergleich zur Verwendung von Mineralöldiesel. Das Einspritzsystem darf deshalb mit Mineralöldiesel nicht auf den zulässigen Spitzendruck appliziert werden. Eine hohe Viskosität führt außerdem wegen der Bildung größerer Tröpfchen zur Veränderung des Spraybilds. Als Spraybild wird die Tröpfchenverteilung im Brennraum bezeichnet. Da bei Kälte die Viskosität des Kraftstoffs stark zunimmt, kann es durch die Verringerung des Volumenstroms zu Einschränkungen bei der Förderung des Kraftstoffs kommen.

Schmierfähigkeit (Lubricity)
Die hydrodynamische Schmierfähigkeit der Dieselkraftstoffe ist gegenüber der Schmierfähigkeit im Mischreibungsbereich von untergeordneter Bedeutung. Bei der Einführung umweltfreundlicher, durch Hydrierung entschwefelter Kraftstoffe kam es im Feld zu massiven Verschleißproblemen bei Verteilereinspritzpumpen. Mit der Entschwefelung werden auch Kraftstoffkomponenten entfernt, die für die Schmierfähigkeit von Bedeutung sind. Um diese Schäden zu vermeiden, müssen viele Kraftstoffe mit Schmierfähigkeitsverbesserern versetzt werden. Die Norm EN 590 schreibt eine Mindestschmierfähigkeit vor, gemessen als Verschleiß von maximal 460 µm in einem Schwingverschleißtest (High-Frequency Reciprocating Rig, HFRR [20]).

Die Anforderung an die Mindestschmierfähigkeit wird auch erreicht, wenn dem Dieselkraftstoff ausreichend Biodiesel, in der Regel mindestens 4 % (V/V), beigemischt wird.

Oxidationsstabilität
In stärkerem Maß als bei Benzin unterliegen die Bestandteile von Dieselkraftstoffen der Oxidation durch Luftsauerstoff. Dies ist insbesondere der Fall, wenn Biodiesel beigemengt ist. Bei der Oxidation, die auch als Kraftstoffalterung bezeichnet wird, entstehen Polymere und Säuren. Alterungspolymere können direkt zur Bildung von Belägen und zu Verharzungen im Einspritzsystem führen. Alterungssäuren reagieren häufig mit Metallionen zu organischen Salzen und Seifen (Carboxylaten) weiter, die in Dieselkraftstoff unlöslich sind und daher ebenfalls Beläge bilden.

Es ist wichtig, dass der Kraftstoff, solange er sich im Fahrzeug befindet, eine ausreichende Alterungsreserve besitzt. Die Alterungsreserve wird als Induktionszeit unter den in der EN 15751 [21] definierten Prüfbedingungen bei 110 °C gemessen. Wenn Dieselkraftstoff an der Zapfsäule eine Alterungsreserve von mindestens 20 Stunden nach dieser Prüfnorm aufweist, ist sichergestellt, dass der Kraftstoff für eine normale Verwendung stabil genug ist. In der Vergangenheit ist es nur vereinzelt bei sehr langen Stillstandszeiten von Fahrzeugen, bei Sonderanwendungen in der Landwirtschaft oder auch im Bausektor zu Ausfällen durch Kraftstoffalterung gekommen.

Gesamtverschmutzung
Als Gesamtverschmutzung bezeichnet man die Summe der ungelösten Fremdstoffe im Kraftstoff, wie z.B. Sand, Rost und unlösliche organische Bestandteile, zu denen auch Alterungspolymere des Kraftstoffs gehören. Die Norm EN 590 lässt maximal 24 mg/kg Gesamtverschmutzung zu. Insbesondere die sehr harten Silikate, die im mineralischen Staub vorkommen, sind für die mit engen Spaltbreiten gefertigten Hochdruckeinspritzsysteme schädlich. Schon ein Bruchteil des zulässigen Gesamtwerts kann, wenn es sich um abrasive Partikel handelt, Erosiv- und Abrasivverschleiß auslösen.

Seit 2014 wird in manchen Regionen von Europa gehäuft über Schäden an Einspritzsystemen durch abrasive Partikel berichtet (z.B. am Sitz von Magnetventilen) [22]. Durch Verschleiß können Undichtheiten entstehen, die ein Absinken des Einspritzdrucks und der Motorleistung und eine Zunahme der Partikelemissionen zur Folge haben. Typische europäische Dieselkraftstoffe enthalten um die 2500 Partikel pro 1 m*l*. Partikelgrößen um 4 µm sind besonders kritisch. Um Schäden durch Partikel zu vermeiden, sind daher leistungsfähige Kraftstofffilter mit sehr gutem Abscheidegrad erforderlich.

Wasser im Dieselkraftstoff
In Dieselkraftstoff lösen sich bei Raumtemperatur bis ca. 100 mg/kg Wasser.

Die Löslichkeitsgrenze hängt von der Zusammensetzung des Dieselkraftstoffs ab, insbesondere vom Aromatengehalt, der Additivierung, dem Anteil an Biodiesel und von der Umgebungstemperatur. Die Norm EN 590 lässt einen maximalen Wassergehalt von 200 mg/kg zu. Obwohl Dieselkraftstoffe in Lagertanks deutlich höhere Mengen an Wasser enthalten können, zeigen Marktuntersuchungen von Kraftstoffen selten Wassergehalte über 200 mg/kg. Meist wird das vorhandene Wasser nicht oder nur unvollständig bei der Probenahme erfasst, weil es als nicht gelöstes, „freies" Wasser in einer separaten Phase an Wandungen abgeschieden wird oder sich am Boden absetzt. Während gelöstes Wasser dem Einspritzsystem nicht schadet, kann freies Wasser bereits in sehr geringer Menge nach kurzer Zeit Verschleiß- oder Korrosionsschäden an Einspritzkomponenten hervorrufen.

Additive

Die Zugabe von Additiven zur Qualitätsverbesserung hat sich auch bei Dieselkraftstoffen weitgehend durchgesetzt. Dabei kommen meist Additivpakete zur Anwendung, die in mehrfacher Hinsicht wirksam sind. Die Gesamtkonzentration der Additive liegt im Allgemeinen unter 0,1 %, sodass die physikalischen Kenngrößen der Kraftstoffe wie Dichte, Viskosität und Siedeverlauf nicht verändert werden.

Schmierfähigkeitsverbesserer

Eine Verbesserung der Schmierfähigkeit von Dieselkraftstoffen mit schlechten Schmiereigenschaften, z. B. verursacht durch Hydrierungsprozesse bei der Entschwefelung, kann durch Zugabe von Fettsäuren oder Glyceriden erreicht werden. Glyceride sind teilgespaltene Pflanzenöle. Auch Biodiesel enthält Anteile an Glyceriden. Deshalb wird Dieselkraftstoff, wenn er bereits Biodiesel enthält, nicht noch zusätzlich mit Schmierfähigkeitsverbesserern additiviert.

Zündverbesserer (Cetane Improver)

Bei Zündverbesserern werden häufig Salpetersäureester von Alkoholen verwendet, die die Dauer bis zur Zündung (Zündverzug) verkürzen. Gerade beim Kaltstart können so ein Anstieg des Verbrennungsgeräuschs (Motorlärms) und extremer Rauch vermieden werden.

Fließverbesserer

Fließverbesserer bestehen aus polymeren Stoffen, die den Temperaturgrenzwert der Filtrierbarkeit herabsetzen. Sie werden im Allgemeinen nur im Winter zugesetzt, um einen störungsfreien Betrieb bei Kälte zu gewährleisten. Der Zusatz von Fließverbesserern kann zwar die Ausscheidung von Paraffinkristallen aus dem Dieselkraftstoff nicht verhindern, aber deren Wachstum sehr stark einschränken. Die entstehenden Kristalle sind dann so klein, dass sie die Filterporen nicht komplett zusetzen und noch solange Kraftstoff durchlassen, bis mit der beginnenden Wärmeentwicklung des Motors die Kristalle wieder schmelzen.

Detergentien

Detergentien sind Reinigungsadditive, die dem Kraftstoff zugesetzt werden, um Düsenlöcher innen und am Auslass von Ablagerungen freizuhalten. Die reinigende Wirkung von Detergentien basiert auf ihrer Molekülstruktur aus Baugruppen unterschiedlicher Polarität: Lange unpolare Kohlenwasserstoffketten stellen eine gute Löslichkeit im Kraftstoff sicher, während über polare Gruppen eine Koordination an die meist ebenfalls polaren Beläge ermöglicht wird. Detergentien fungieren auf diese Weise als Träger, mit dem vorhandene Ablagerungen über den Kraftstoff abtransportiert werden können. Darüber hinaus können diese Additive durch Koordination der polaren Gruppen an metallische Oberflächen auch den Aufbau neuer Ablagerungen verhindern.

Korrosionsinhibitoren

Typische Korrosionsinhibitoren sind längerkettige organische monomere und dimere Säuren, Amine oder Ammoniumsalze. Diese Verbindungen lagern sich mit ihrem polaren Ende an die Oberflächen metallischer Teile an und schützen so beim Eintrag von Wasser vor Korrosion.

Antischaummittel (Defoamer)

Übermäßiges Schäumen beim schnellen Betanken lässt sich durch Zusatz von Entschäumern verhindern. Antischaummittel wie Silikone reduzieren die Oberflächenspannung, wodurch entstehende Blasen rasch zerfallen.

Blendkomponenten für fossile Dieselkraftstoffe

Biodiesel

Als alternativer Kraftstoff für Dieselmotoren ist derzeit vor allem Biodiesel von Bedeutung. Unter dem Begriff Biodiesel werden Fettsäureester zusammengefasst, die durch Umesterung von Ölen oder Fetten mit Methanol erzeugt werden. Es entstehen Fettsäuremethylester (FAME, Fatty Acid Methyl Ester). Fettsäuremethylester sind in der Molekülgröße und dadurch auch in ihren physikalisch-chemischen Eigenschaften dem Dieselkraftstoff sehr viel ähnlicher als Pflanzenöle. Biodiesel und Pflanzenöle sind also nicht das Gleiche. Dennoch unterscheidet sich Biodiesel erheblich von Mineralöldiesel, da die Fettsäureester polar und chemisch reaktiv sind. Konventioneller Dieselkraftstoff hingegen ist ein unpolares Gemisch aus Paraffinen und Aromaten und daher reaktionsträge.

Herstellung

Als Ausgangsmaterial für Biodiesel können Pflanzenöle oder tierische Fette eingesetzt werden. In Europa wird überwiegend Rapsöl verwendet, in Nord- und Südamerika Sojaöl, in Asien Palmöl und auf dem indischen Subkontinent in noch geringem Umfang das Öl der Purgiernuss (Jatropha). Altspeisefettmethylester (UFOME, Used Frying Oil Methyl Ester) werden weltweit produziert. Durch den globalen Handel von Biodiesel und seiner Rohstoffe sind in FAME-haltigen Kraftstoffen in der Regel Mischungen aus verschiedenen Quellen enthalten.

Da die Umesterung von Fetten und Ölen mit Methanol technisch einfacher ist als mit Ethanol, werden fast ausschließlich die Methylester hergestellt. Methanol wird in der Regel aus Kohle produziert. Fettsäuremethylester sind deshalb streng genommen nicht als völlig biogen anzusehen.

Eigenschaften

Die Eigenschaften von Biodiesel werden durch verschiedene Faktoren bestimmt. Öle unterschiedlicher pflanzlicher Herkunft unterscheiden sich in der Zusammensetzung der Fettsäurebausteine und weisen typische Fettsäuremuster auf. Die Art und Menge an ungesättigten Fettsäuren hat zum Beispiel einen entscheidenden Einfluss auf die Kältefestigkeit und Alterungsbeständigkeit von Biodiesel. Auch die Vorbehandlung der Pflanzenöle sowie der Herstellungsprozess des Biodiesels wirken sich auf dessen Eigenschaften aus.

Tabelle 3: DIN EN 14214 (Mai 2019): Ausgewählte Anforderungen an FAME.

Anforderungen	Einheit	Kenngröße
Dichte (bei 15 °C), min./max.	kg/m^3	860/900
Viskosität (bei 40 °C), min./max.	mm^2/s	3,5/5,0
Schwefelgehalt, max.	mg/kg	10
Gehalt an Alkali-Metallen (Na + K), max.	mg/kg	5,0
Gehalt an Erdalkali-Metallen (Ca und Mg), max.	mg/kg	5,0
Gehalt an Gesamt-Glycerin, max.	% (m/m)	0,25
Säurezahl, max.	mg KOH/g	0,50
Oxidationsstabilität (Induktionszeit bei 110 °C), min.	Stunden	8
Wasser, max.	mg/kg	500
Gesamtverschmutzung, max.	mg/kg	24
CFPP [1], in je sechs jahreszeitlichen Klassen, max.		
Reinkraftstoff	°C	+5…–26 [2]
Blendkomponente	°C	+13…–10 [3]
Flammpunkt	°C	>101

[1] Grenzwert der Filtrierbarkeit.
[2] Wird national festgelegt, für Deutschland 0…–20 °C.
[3] Wird national festgelegt, für Deutschland 0…–10 °C.

Normen

Die Qualität von Biodiesel wird in Kraftstoffnormen geregelt. Soweit technisch vertretbar, müssen Einschränkungen bezüglich der Rohstoffe vermieden werden. Die Qualitätsanforderungen an Biodiesel werden deshalb nicht über die Rohstoffzusammensetzung definiert, sondern überwiegend durch die Stoffeigenschaften beschrieben. Insbesondere ausreichende Kältefestigkeit, eine gute Alterungsbeständigkeit (Oxidationsstabilität) und der Ausschluss prozessbedingter Verunreinigungen müssen sichergestellt sein.

Die europäische Norm EN 14214 ist die umfassendste Spezifikation für Biodiesel weltweit und beschreibt die Anforderungen für den Einsatz von Biodiesel als Reinkraftstoff und als Blendkomponente für Dieselkraftstoff. Mit dieser Norm wird sichergestellt, dass die Qualität von Biodiesel den Anforderungen in beiden Einsatzbereichen genügt (Tabelle 3).

Die amerikanische Biodieselnorm ASTM D6751 ist weniger qualitätsorientiert. Zum Beispiel beträgt darin die Minimalanforderung an die Oxidationsstabilität weniger als die Hälfte der Alterungsreserve (Induktionszeit), die in der EN 14214 festgelegt wurde. Dadurch ist in den USA das Risiko höher, dass Probleme durch Kraftstoffalterung auftreten, insbesondere unter grenzwertigen Applikations- und Feldbedingungen.

Andere Länder wie Brasilien, Indien und Korea haben sich weitgehend an der europäischen B100-Norm EN 14214 orientiert.

Einsatz in Fahrzeugen

Seitdem die steuerliche Begünstigung weggefallen ist, wird Biodiesel in Deutschland kaum mehr als Reinkraftstoff (B100) verwendet. Die Einführung von Dieselpartikelfiltern und gestiegene Anforderungen an die Limitierung von Fahrzeugemissionen unter Feldbedingungen auch bei hohen Laufleistungen schränken die Verwendung von B100 auf wenige Sonderanwendungen ein. Ursprünglich wurde B100 überwiegend in Nutzfahrzeugen eingesetzt, weil die hohe jährliche Fahrleistung einen schnellen Verbrauch garantierte, wodurch Probleme mit unzureichender Oxidationsstabilität vermieden werden konnten.

Aus motortechnischer Sicht ist es günstiger, Biodiesel als niedrigprozentige Mischung mit Mineralöldiesel einzusetzen. Durch den hohen Anteil an Mineralöldiesel wird eine ausreichende Stabilität sichergestellt und gleichzeitig durch den Biodiesel eine Verbesserung der Schmierwirkung erreicht.

Für die Praxis ist es wichtig, dass nicht nur die Reinkomponente B100 spezifiziert wird, sondern auch die am Markt angebotenen Diesel-Biodiesel-Mischungen. Dabei geht die Tendenz zu Beimengungen bis maximal 7 % Biodiesel (B7 in Europa).

In geschlossenen Flotten kommen auch höhere Biodieselanteile zum Einsatz (B30 in Frankreich, B20 in den USA). Bei höheren Gehalten kann der hohe Siedepunkt von Biodiesel dazu führen, dass es nach der Einspritzung in den Brennraum über Kondensation an den Zylinderwänden zu einem starken Eintrag von Biodiesel ins Motoröl kommt. Dies betrifft vor allem Fahrzeuge, die mit Dieselpartikelfilter ausgerüstet sind und bei denen die Regeneration des Filters über eine späte Nacheinspritzung erfolgt. Abhängig von der Applikation kann insbesondere bei langem Teillastbetrieb ein unzulässig hoher Eintrag von Biodiesel auftreten, der verkürzte Ölwechselintervalle erforderlich macht. Bei Neuentwicklungen von Motoren und Fahrzeugen kann der höhere Siedepunkt von Biodiesel applikativ berücksichtigt werden.

In Europa ist eine zusätzliche Norm für B20/B30 entwickelt worden, die EN 16709 [23], in der zwei Qualitäten mit unterschiedlichem Biodieselgehalt spezifiziert werden: B20 mit 14...20 % und B30 mit 24...30 % Biodiesel. Um Probleme durch Kraftstoffalterung zu vermeiden, wurde für beide Qualitäten die Mindestanforderung an die Oxidationsstabilität aus der EN 590 (B7) übernommen, d.h. die Induktionszeit muss mindestens 20 Stunden betragen, unabhängig vom Biodieselgehalt. Damit unterscheidet sich die neue europäische Norm EN 16709 grundlegend von der amerikanischen Norm ASTM D 7467 [24], in der für Biodieselgehalte von 6...20 % lediglich eine Induktionszeit von mindestens 6 Stunden festgelegt wurde.

In Europa wurde zudem die Norm EN 16734 [25] verabschiedet, die Dieselkraftstoffe mit Biodieselgehalten von 0...10 % abdeckt und damit weitgehend mit der Norm EN 590 für Standarddieselkraftstoff (0...7 % Biodiesel) überlappt. Noch ist der Marktbedarf an dieser zusätzlichen Qualität gering. Außerdem darf dieser Kraftstoff nicht in allen europäischen Ländern in Verkehr gebracht werden.

Pflanzenöle

Pflanzenöle, die nicht zu Biodiesel umgeestert wurden, dürfen Dieselkraftstoffen wegen seiner hohen Dichte und hohen Viskosität sowie der geringen Flüchtigkeit nicht beigemengt werden. Früher wurden Pflanzenöle, insbesondere Rapsöl, in älteren Dieselmotoren mit geringen Emissionsanforderungen recht erfolgreich verwendet. Nur wenige moderne Dieselmotoren mit Hochdruckeinspritzung können mit Pflanzenölen betrieben werden, z.B. in Traktoren, die dafür freigegeben sind.

Paraffinische Dieselkraftstoffe

Eine weitere Blendkomponente für fossile Dieselkraftstoffe sind rein paraffinische Kraftstoffe, die ausschließlich aus gesättigten Kohlenwasserstoffen bestehen. Da keine aromatischen Komponenten enthalten sind, sind die Partikel-, HC- und CO-Emissionen von rein paraffinischen Kraftstoffen gegenüber konventionellen Kraftstoffen deutlich reduziert.

Herstellung

Paraffinische Kraftstoffe können auf drei unterschiedlichen Wegen erzeugt werden:
- Fischer-Tropsch-Verfahren [26],
- Hydrierung von Pflanzenölen,
- COD-Verfahren (Conversion-of-Olefins-to-Distillates).

Fischer-Tropsch-Verfahren

Als Ausgangsprodukt wird Synthesegas benötigt, das aus Wasserstoff (H_2) und Kohlenmonoxid (CO) besteht. Es kann aus Erdgas, Kohle oder Biomasse erzeugt werden. Durch Umsetzung von Synthesegas an Katalysatoren können unverzweigte, geradkettige Kohlenwasserstoffe (n-Paraffine) aufgebaut werden. Die Fischer-Tropsch-Katalysatoren arbeiten recht unspezifisch, sodass man eine Vielzahl unterschiedlicher Komponenten erhält, angefangen bei Gasen über kurzkettige Benzin-Komponenten, Kerosin und Dieselparaffine bis hin zu hochmolekularen Ölen und Wachsen. Aus Gründen der Wirtschaftlichkeit wird das Produktionsgemisch meist auf eine maximale Dieselausbeute optimiert. Die häufig verwendete Bezeichnung synthetischer Dieselkraftstoff macht deutlich, dass die Kohlenwasserstoffe im Fischer-Tropsch-Verfahren aus den Grundbausteinen H_2 und CO aufgebaut werden.

Ursprünglich hat man auch von Designerfuels gesprochen, weil die Vorstellung bestand, man könnte die Zusammensetzung von synthetischem Dieselkraftstoff exakt am Bedarf der Dieselmotorentechnik ausrichten. Angesichts des breiten Produktspektrums, das man aus der Fischer-Tropsch-Synthese erhält, erscheint die Vorstellung, Kraftstoffe mit maßgeschneiderter Zusammensetzung zu produzieren, nicht realistisch.

Gängig für die Bezeichnung dieser Art von synthetischen Kraftstoffen ist die Verwendung der vom Umwandlungsprozess abgeleiteten Begriffe Gas-to-Liquid (GtL), Coal-to-Liquid (CtL) oder Biomass-to-Liquid (BtL), je nach dem, ob die Paraffine aus Erdgas, Kohle oder Biomasse erzeugt worden sind.

Wirtschaftlich bedeutsam ist die Herstellung von CtL und GtL. Die Herstellung von GtL lohnt sich nur bei großen Erdgasvorkommen, bei denen das Erdgas keiner direkten Verwendung zugeführt werden kann. CtL und GtL basieren auf fossilen Energieträgern, sodass keine Verringerung der CO_2-Emissionen erreicht wird. Bei BtL ergibt sich ein CO_2-Vorteil. Allerdings sind großtechnische Anlagen, die BtL produzieren, bisher nicht in Betrieb.

Bei der Herstellung von BtL wird Biomasse komplett genutzt. Die Pflanzen werden zuerst in chemische Grundbausteine zerlegt, aus denen dann in einem Folgeschritt Kraftstoffe synthetisiert werden. Kraftstoffe, die auf diesem Weg hergestellt werden, werden auch als Kraftstoffe der 2. Generation bezeichnet. Diese Vorgehensweise unterscheidet sich grundlegend von den bisher gängigen Methoden, die zur Produktion von Kraftstoffen der 1. Generation angewandt werden und die auf der Nutzung von Feldfrüchten basieren. Aus den darin enthaltenen Komponenten wie Fetten, Stärke oder Zucker kann durch Umesterung Biodiesel beziehungsweise durch Vergärung Bioethanol erzeugt werden.

Hydrierung von Pflanzenölen
Paraffinische Dieselkraftstoffe können auch durch Hydrierung von Fetten und Ölen gewonnen werden. Für diese Produkte wird häufig der Begriff Hydrotreated Vegetable Oil (HVO) verwendet. Anders als die Umesterung zu Biodiesel, stellt die Umsetzung mit Wasserstoff geringere Anforderungen an die Herkunft und Qualität der Ausgangsstoffe. Die Hydrierung führt zu einer Spaltung der Fette und Öle, bei der auch alle Sauerstoffatome und ungesättigten Bindungen entfernt werden. Aus den Fettsäuren entstehen langkettige Paraffine, der Glycerinanteil wird in Propangas konvertiert und der Sauerstoff als Wasser gebunden. Da auf diesem Weg Paraffine aus Biomasse erzeugt werden, spricht man von Bioparaffinen. Die Herstellung von Bioparaffinen kann in separaten Anlagen erfolgen oder auch in bestehende Raffinerieprozesse integriert werden.

Die Hydrierung von Pflanzenölen zu HVO entwickelt sich zunehmend zu einer Alternative zur Veresterung zu Biodiesel.

COD-Verfahren
Der dritte Weg, Paraffine herzustellen, ist die Umwandlung von Olefinen nach dem COD-Verfahren (Conversion-of-Olefins-to-Distillates), häufig nur als Folgeschritt vorangegangener Raffinerieprozesse. Hierzu werden olefinische Produktfraktionen verwendet. Durch Oligomerisierung, eine gezielt gesteuerte Reaktion zwischen einzelnen Olefinen, und Hydrierung können Paraffine hergestellt werden.

Aufarbeitung
Auf alle drei hier beschriebenen Herstellungsprozesse folgt noch ein zusätzlicher Isomerisierungsschritt, in dem lineare Moleküle in verzweigte Moleküle umgewandelt werden. Nur dadurch kann die erforderliche Kältefestigkeit erreicht werden.

Eigenschaften
Unabhängig von der Art der Herstellung entstehen paraffinische Kohlenwasserstoffgemische mit sehr ähnlicher chemischer Zusammensetzung und exzellenten motortechnischen Eigenschaften. Die Kraftstoffe sind schwefel- und aromatenfrei und besitzen zum Teil hohe Cetanzahlen. Da aber ihre Dichte den in der EN 590 festgelegten unteren Grenzwert unterschreitet, wurde die neue Spezifikation EN 15940 [27] entwickelt (Tabelle 4). In dieser Norm wird die Qualität beschrieben, die für die Verwendung des Kraftstoffs als Reinkomponente erforderlich ist.

Tabelle 4: DIN EN 15940 (Oktober 2019): Ausgewählte Anforderungen an Paraffinische Dieselkraftstoffe.

Anforderungen		Einheit	Kenngröße
Cetanzahl, min.	Klasse A	–	70
	Klasse B	–	51
Dichte (bei 15 °C), min./max.	Klasse A	kg/m^3	765/800
	Klasse B	kg/m^3	780/810
Viskosität (bei 40 °C), min./max.		mm^2/s	2,0/4,5
Schwefelgehalt, max.		mg/kg	5
Gesamtaromatengehalt (inklusive Polyaromaten), max.		% (m/m)	1,1
Schmierfähigkeit, „wear scar diameter“, max.		µm	460
FAME-Gehalt, max.		% (V/V)	7
Wasser, max.		mg/kg	200
Gesamtverschmutzung, max.		mg/kg	24
CFPP [1] in sechs jahreszeitlichen Klassen, max. [2]		°C	+5…–20
Flammpunkt		°C	>55

[1] Grenzwert der Filtrierbarkeit.
[2] Wird national festgelegt, für Deutschland 0…–20 °C.

Einsatz in Fahrzeugen

Paraffinischer Kraftstoff nach EN 15940 kann in Fahrzeugen verwendet werden, die für diesen Kraftstoff freigegeben sind. Der Einsatz von reinen paraffinischen Kraftstoffen erfolgt meist in älteren Fahrzeugen ohne Dieselpartikelfilter und bietet sich vor allem in Ballungszentren an, um die Partikelbelastung lokal zu reduzieren. Um die CO_2-Emissionen von Fahrzeugflotten zu senken, wird in letzter Zeit HVO verstärkt im Transportgewerbe eingesetzt.

Als Blendkomponente lassen sich paraffinische Kohlenwasserstoffe in Premium-Dieselkraftstoffen gut vermarkten. Außerdem können Dieselkraftstoffe, die die in der EN 590 festgelegten Anforderungen nicht erfüllen, durch Zusatz von paraffinischen Komponenten soweit verbessert werden, dass sie der Norm entsprechen.

Methan

Methan (CH_4) ist der einfachste aliphatische Kohlenwasserstoff. Mit Methan können Otto- und Dieselmotoren betrieben werden.

Erdgas

Zusammensetzung

Die Bezeichnung macht deutlich, dass Erdgas fossiler Natur ist. Erdgas wird weltweit gefördert und erfordert nur einen relativ geringen Aufwand zur Aufbereitung. Der Hauptbestandteil von Erdgas ist Methan (CH_4) mit einem Mindestanteil von 80 % (V/V). Weitere Bestandteile sind Inertgase wie Kohlendioxid, Stickstoff sowie kurzkettige Kohlenwasserstoffe. Auch Sauerstoff und Wasserstoff sind enthalten. Je nach Herkunft variiert jedoch die Zusammensetzung des Erdgases, wodurch sich Schwankungen bei Dichte, Heizwert und Klopffestigkeit ergeben. Die Art, wie Erdgas transportiert wird, wirkt sich ebenfalls auf die Zusammensetzung aus.

Tabelle 5: Zusammensetzung und Eigenschaften verschiedener Erdgasqualitäten ([28], [29]).

Parameter	Symbol	Einheit	Russland Gruppe H	Nordsee Gruppe H	Dänemark Gruppe H	Libyen LNG	Nigeria LNG	Ägypten LNG	Biomethan	Biomethan + LPG	Mix Gruppe H	Holland Gruppe L	Erdgasnetz Gruppe L	Weser/Ems Gruppe L
Methan	CH_4	mol%	96,96	88,71	90,07	81,57	91,28	97,70	96,15	90,94	87,39	82,70	85,41	87,78
Stickstoff	N_2	mol%	0,86	0,82	0,28	0,69	0,08	0,08	0,75	0,69	1,60	10,32	9,24	9,26
Kohlendioxid	CO_2	mol%	0,18	1,94	0,60				2,90	2,68	1,94	1,57	1,63	2,33
Ethan	C_2H_6	mol%	1,37	6,93	5,68	13,38	4,62	1,80			8,00	4,33	2,99	0,57
Propan	C_3H_8	mol%	0,45	1,25	2,19	3,67	2,62	0,22		5,00	0,90	0,78	0,51	0,04
n-Butan	nC_4H_{10}	mol%	0,15	0,28	0,90	0,69	1,40	0,20		0,50	0,14	0,22	0,15	0,02
n-Pentan	nC_5H_{12}	mol%	0,02	0,05	0,22						0,02	0,06	0,03	
n-Hexan	nC_6H_{14}	mol%	0,01	0,02	0,06						0,01	0,05	0,04	
Wasserstoff	H_2	mol%												
Sauerstoff	O_2	mol%							0,20	0,19				
Summe		mol%	100	100	100	100	100	100	100	100	100	100	100	100
Brennwert	H_S	MJ/m³	40,3	41,9	43,7	46,4	44,0	40,7	38,3	41,9	41,5	37,2	37,2	35,4
Brennwert	H_S	kWh/m³	11,2	11,6	12,1	12,9	12,2	11,3	10,6	11,6	11,5	10,3	10,3	9,8
rel. Dichte (Luft ≙ 1)	d	–	0,574	0,629	0,630	0,669	0,624	0,569	0,587	0,641	0,631	0,647	0,632	0,619
Wobbe-Index	W_S	MJ/m³	53,1	52,9	55,0	56,7	55,7	53,9	50,0	52,3	52,3	46,3	46,3	44,8
Wobbe-Index	W_S	kWh/m³	14,8	14,7	15,3	15,8	15,5	15,0	13,9	14,5	14,5	12,9	12,9	12,5
Methanzahl	MZ	–	92	79	73	65	71	92	103	77	80	86	90	102

Anders als beim Transport als Gas durch Pipelines enthält Erdgas, das in flüssiger Form als LNG (Liquefied Natural Gas) durch Schiffe verteilt wird, kaum noch CO_2, Pentan, Hexan und Schwefelwasserstoff. Die Eigenschaften von Erdgas als Kraftstoff sind in dem europäischen Standard EN 16723-2 [30] festgelegt, in dem einheitliche Qualitätsanforderungen an Erdgas, an reines Biomethan sowie an Blends aus Erdgas und Biomethan definiert werden.

Tabelle 5 zeigt eine Übersicht über die Zusammensetzung und Eigenschaften von Erdgas weltweit.

Um das Brennverhalten von gasförmigen Kraftstoffen wie Erdgas besser beschreiben zu können, werden zwei zusätzliche Produkteigenschaften definiert.

Methanzahl

Die Methanzahl beschreibt die Klopfeigenschaften und gibt den prozentualen Volumenanteil von Methan in einem Methan-Wasserstoff-Gemisch an, der in einem Prüfmotor unter Standardbedingungen das gleiche Klopfverhalten aufweist wie der zu prüfende gasförmige Kraftstoff. Reinem Methan wurde die Methanzahl 100, Wasserstoff die Methanzahl 0 zugeordnet. Wie bei der Definition der Oktanzahl für Ottokraftstoffe gilt für Gase und Gasgemische: Je niedriger die Methanzahl, desto geringer die Klopffestigkeit.

Wobbe-Index

Der obere Wobbe-Index W_s gibt den spezifischen Brennwert H_s auf volumetrischer Basis an. Für viele Applikationen ist es wichtig, den Energieinhalt des Volumenstroms zu kennen. Nur mit Bezug auf den Wobbe-Index kann der Durchfluss des Gases auf die gewünschte Energiemenge eingestellt und bei Änderungen der Gasqualität einfach nachgeregelt werden. Eine Betrachtung des Brennwerts alleine reicht dazu nicht aus. Der obere Wobbe-Index W_s ergibt sich durch Division des Brennwerts H_s durch die Quadratwurzel aus der relativen Dichte des Brenngases. Als relative Dichte des Brenngases wird der Quotient aus der Dichte des Brenngases und der Dichte von trockener Luft verstanden, beide bestimmt unter gleichen Referenzbedingungen (Druck und Temperatur). Kommt es hingegen nur auf den mechanisch nutzbaren Energieinhalt im Volumenstrom an, bezieht man sich auf den unteren Wobbe-Index W_i, also auf den spezifischen Heizwert H_i auf volumetrischer Basis.

Biomethan

Als Biomethan bezeichnet man aufbereitetes Biogas, das aus biogenen Materialien wie Energiepflanzen, Jauche oder biomassehaltigen Abfallstoffen hergestellt wird. Die CO_2-Einsparungen durch die Verwendung von biogenem Ausgangsmaterial können auf die CO_2-Emissionen bei der Verbrennung angerechnet werden, sodass die CO_2-Gesamtemissionen bei Biomethan gegenüber fossilem Erdgas deutlich reduziert sind. Produktionsvolumina von Biomethan, die den lokalen Bedarf überschreiten, werden häufig in das Erdgasnetz eingespeist. Im Sommer, wenn der Bedarf an Erdgas zu Heizzwecken gering ist, kann Erdgas signifikante Anteile an Biomethan enthalten.

In Biogasanlagen entsteht neben Methan auch viel CO_2. Prozesse im Anlagenmaßstab, in denen CO_2 durch hochspezialisierte Mikroorganismen biologisch zu Methan umgesetzt werden kann, sind weit entwickelt und werden bereits vereinzelt eingeführt.

Synthetisches Methan

In ersten Anlagen wird Methan auch aus Strom gewonnen, indem zunächst Wasserstoff (H_2) durch Elektrolyse von Wasser erzeugt wird. Die Umsetzung von H_2 mit CO_2 zu CH_4 erfolgt dann chemisch an Katalysatoren nach dem Sabatier-Prozess.

Speicherung von Erdgas

Erdgas wird entweder gasförmig komprimiert (CNG, Compressed Natural Gas) bei einem Druck von 200 bar gespeichert, oder es befindet sich als verflüssigtes Gas (LNG, Liquefied Natural Gas) bei −162 °C in einem kältefesten Tank. LNG benötigt nur ein Drittel des Speichervolumens von CNG, die Speicherung von LNG erfordert jedoch einen hohen Energieaufwand zur Verflüssigung. Tankstellen geben Erdgas fast ausschließlich als CNG ab. LNG wird in der Regel nur dann angeboten, wenn die Tankstelle bereits mit LNG beliefert werden kann.

CO_2-Emissionen
Das Wasserstoff-Kohlenstoff-Verhältnis von Erdgas beträgt ca. 4:1, das von Benzin hingegen 2,3:1. Bedingt durch den geringeren Kohlenstoffanteil des Erdgases entsteht bei seiner Verbrennung weniger CO_2 und mehr H_2O als bei Benzin. Ein auf Erdgas umgestellter Ottomotor erzeugt bei vergleichbarer Leistung ohne weitere Optimierung ca. 25 % weniger CO_2-Emissionen als beim Betrieb mit Benzin. Wenn allerdings bei der Verbrennung ein kleiner Methanschlupf verbleibt, müssen die zusätzlichen Methanemissionen bei der Bilanz des klimaschädigenden Potentials berücksichtigt werden, da direkte Methanemissionen eine 20-fach stärkere Auswirkung als CO_2 haben. Auch das Entweichen von gasförmigem Methan ist für die Klimabilanz relevant, wenn sich z.B. in den LNG-Speichertanks ein Überdruck aufbaut und dieser in die Umwelt abgelassen wird.

Einsatz in Fahrzeugen
Erdgas wird derzeit hauptsächlich in Personenkraftwagen mit Ottomotoren verwendet, die bivalent ausgelegt sind, d.h. getrennt mit Erdgas und Benzin betrieben werden können. Bei Bussen und Lastwagen gibt es Otto-Gasmotoren, die monovalent für Erdgas ausgelegt sind [31]. Weiterhin kommt der Diesel-Gasmotor zur Anwendung, bei dem die Verbrennung von Erdgas im Mischbetrieb mit Dieselkraftstoff erfolgt. Das Erdgas wird dabei vom Dieselkraftstoff getrennt mit der Luft in den Motor eingeblasen [32].

Alternativ kann Erdgas auch im Zündstrahlverfahren zusammen mit dem Dieselkraftstoff direkt eingespritzt werden [33]. Ob der Markt für Erdgasfahrzeuge zukünftig an Bedeutung gewinnt, hängt in erster Linie von den Anschaffungs- und Betriebskosten für den Fahrzeughalter ab, aber auch vom Ausbau der Tankstelleninfrastruktur für CNG beziehungsweise LNG.

Autogas

Autogas, häufig auch als Flüssiggas (LPG, Liquefied Petroleum Gas) bezeichnet, fällt bei der Gewinnung von Rohöl an und entsteht bei verschiedenen Raffinerieprozessen. LPG ist ein Gemisch mit den Hauptkomponenten Propan und Butan. Es lässt sich bei Raumtemperatur unter vergleichsweise niedrigem Druck verflüssigen. Durch den geringeren Kohlenstoffanteil im Vergleich zu Benzin entstehen bei der Verbrennung ca. 10 % weniger CO_2. Die Oktanzahl beträgt ca. 100...110 ROZ. Die Anforderungen an LPG für den Einsatz in Kraftfahrzeugen sind in der europäischen Norm EN 589 festgelegt [34].

Auch Personenkraftwagen für Autogas sind meist bivalent ausgelegt, können also getrennt mit Ottokraftstoff und Autogas betrieben werden. Allerdings kann Autogas zu erheblichem Verschleiß an den Einlassventilen führen, wenn Ventil- oder Sitzringmaterialien nicht auf den Betrieb mit LPG angepasst worden sind.

Wasserstoff

Herstellung

Wasserstoff (H_2) kann aus fossilen oder erneuerbaren Quellen erzeugt werden. Die klassischen Produktionsmethoden aus fossilen Rohstoffen wie die Dampfreformierung von Erdgas, Kohlevergasung in Gegenwart von Wasser oder Teiloxidation von Erdöl führen zur Freisetzung erheblicher Mengen an CO_2. Obwohl lokal bei der motorischen Verbrennung von Wasserstoff keine CO_2-Emissionen entstehen, führt die Verwendung von Wasserstoff fossiler Natur nicht zwangsläufig zu einem CO_2-Vorteil im direkten Vergleich mit Erdgas, Benzin oder Dieselkraftstoff.

Regenerativ kann Wasserstoff sowohl durch Pyrolyse von Biomasse hergestellt werden, als auch durch Elektrolyse oder solarthermische Verfahren direkt aus Wasser. Die Einsparung von CO_2 ergibt sich durch den Produktionsprozess und den Gesamtaufwand an Energie und ist um so höher, je mehr regenerativ erzeugte Energie dabei eingesetzt wird.

Da heute Wasserstoff überwiegend großindustriell aus Erdgas gewonnen wird, werden auch Verfahren entwickelt, die zum Ziel haben, das entstehende CO_2 aufzufangen und in Tiefenlager einzupressen (CCS, Carbon Capture and Storage).

Speicherung

Wasserstoff hat zwar eine sehr hohe massebezogene Energiedichte (ca. 120 MJ/kg, sie ist damit fast dreimal so hoch wie Benzin), die volumenbezogene Energiedichte ist jedoch wegen der geringen spezifischen Dichte sehr gering. Für die Speicherung bedeutet dies, dass der Wasserstoff entweder unter Druck (bei 350…700 bar) oder durch Verflüssigung (Kryogenspeicherung bei –253 °C) komprimiert werden muss, um ein akzeptables Tankvolumen zu erzielen.

Eine weitere Möglichkeit ist die Speicherung als Hydrid. Bestimmte Metalle und Legierungen bilden mit Wasserstoff Metallhydride. Der Wasserstoff, der in das Atomgitter des Metalls eingelagert wird, kann durch Erwärmung wieder freigesetzt werden.

Einsatz in Fahrzeugen

Wasserstoff kann sowohl in Brennstoffzellenantrieben als auch direkt in Verbrennungsmotoren eingesetzt werden. Langfristig wird der Schwerpunkt bei der Nutzung in Brennstoffzellen gesehen, weil ein besserer Wirkungsgrad als beim Wasserstoff-Verbrennungsmotor erreicht wird.

Bild 5: Synthesewege für e-fuels.

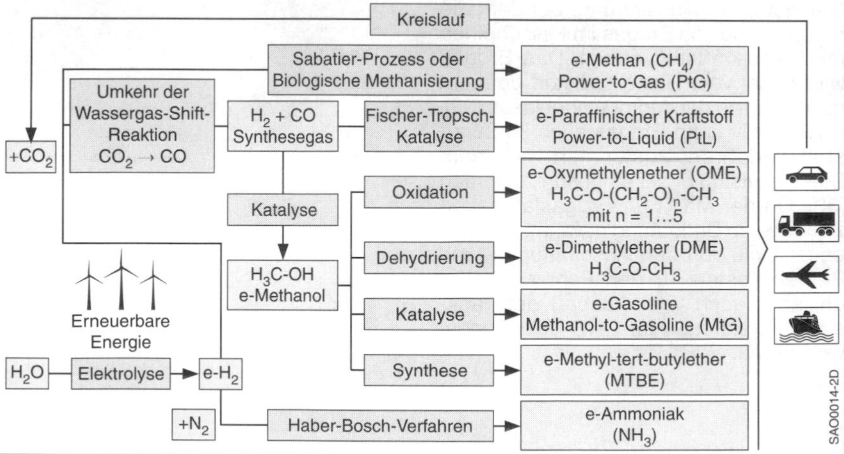

Stromgenerierte regenerative Kraftstoffe

Als e-fuels werden synthetische Kraftstoffe bezeichnet, die mithilfe von regenerativ erzeugtem Strom hergestellt werden.

Herstellung

Im ersten Schritt wird in einer Elektrolyse zunächst Wasser in Wasserstoff (H_2) und Sauerstoff (O_2) zerlegt. Der entstehende Wasserstoff, e-H_2, ist das einfachste e-fuel, welches direkt genutzt werden kann, z.B. in einer Brennstoffzelle.

In Bild 5 ist dargestellt, wie aus e-H_2 in Folgereaktionen kohlenstoffhaltige e-fuels aufgebaut werden können. Indem e-H_2 mit CO_2 umgesetzt wird, kann Methan, e-CH_4, erzeugt werden. Gasförmige e-fuels bezeichnet man als Power-to-Gas (PtG). Es versteht sich von selbst, dass auch das eingesetzte CO_2 regenerativer Natur sein muss. Regeneratives CO_2 kann beispielsweise aus Biomasse stammen oder aus der Umgebungsluft gewonnen werden. Wegen der höheren Konzentration an CO_2 bieten sich auch Industrieabgase z.B. aus Stahl- oder Zementwerken als Quelle an, allerdings ist dieses CO_2 nicht regenerativ erzeugt.

Um insbesondere zu flüssigen e-fuels zu gelangen, entsprechend Power-to-Liquid (PtL) genannt, wird Synthesegas, eine Mischung aus e-H_2 und Kohlenmonoxid, benötigt. Kohlenmonoxid ist aus CO_2 durch eine Umkehr der Wassergas-Shift-Reaktion zugänglich.

Ausgehend von Synthesegas sind zwei grundsätzliche Reaktionswege möglich. Zum einen können über die Fischer-Tropsch-Synthese lineare Ketten von Kohlenwasserstoffen aufgebaut werden. Sie sind, je nach Kettenlänge, typische Bestandteile von Benzin, Kerosin oder Dieselkraftstoff.

Alternativ kann aus Synthesegas auch e-Methanol hergestellt werden. Da der direkten Verwendung von Methanol im Ottomotor Grenzen gesetzt sind, bietet sich die weitere Umsetzung zu MTBE (Methyltertiärbutylether) oder MtG-Benzin (Methanol-to-Gasoline) an. Methanol ist wegen seiner hohen Flüchtigkeit und der niedrigen Cetanzahl von 5 keine Kraftstoffkomponente für den Dieselmotor. Mit der Umwandlung zu Dimethylether (DME) oder zu den höheren Oxymethylenethern (OME) erhält man Kraftstoffe mit einer Cetanzahl >70.

Als kohlenstrofffreies e-fuel wird neben e-H_2 auch Ammoniak (NH_3) diskutiert, das im Haber-Bosch-Verfahren aus e-H_2 und Stickstoff (N_2) einfach zugänglich ist und sowohl als H_2-Speicher als auch als Kraftstoff in Frage kommt.

Einsatz in Fahrzeugen

Alle e-fuels, die sich von den entsprechenden fossilen oder biogenen Komponenten nicht unterscheiden oder diesen qualitativ sehr ähnlich sind, werden als Drop-in-Kraftstoffe bezeichnet. e-H_2, e-CH_4, e-MTBE, MtG- und Fischer-Tropsch-Benzin sowie Fischer-Tropsch-Dieselkraftstoff können entweder direkt zu 100 % im Fahrzeugbestand eingesetzt werden oder aber zumindest die herkömmlichen Komponenten zu großen, wenn nicht sogar zu gleichen Anteilen ersetzen. Dieses Substitutionspotential, das die zusätzliche Einsparung von signifikanten Mengen an CO_2 im Verkehrssektor mit sich bringen würde, kann aus technischer Sicht unmittelbar genutzt werden und hängt von der Verfügbarkeit von e-fuels ab.

Andere e-fuels wie e-DME oder e-OME sind aufgrund ihrer Eigenschaften nicht kompatibel mit den Fahrzeugen im Feldbestand. Für diese Kraftstoffe ist eine Neuentwicklung von Motoren oder zumindest deren umfangreiche Anpassung erforderlich. Die Partikelemissionen dieser Kraftstoffe sind stark reduziert. Teilweise können sich dadurch technische Vorteile bei der Auslegung der Abgasnachbehandlung ergeben. Aufgrund der erforderlichen Änderungen wird für diese Art von e-fuels jedoch eher eine Verwendung bei Sonderanwendungen erwartet und weniger ein breitflächiger Einsatz im Bestand.

Perspektive für e-fuels

Obwohl die Herstellung von e-fuels einen zusätzlichen Energieaufwand erfordert, der über ihrem eigenen Energieinhalt liegt und die Kosten für ihre Herstellung je nach der Anzahl der Syntheseschritte die Kosten für die fossilen Komponenten erheblich übersteigen, werden e-fuels zukünftig Chancen eingeräumt. Ohne e-fuels, bei denen man eine deutliche Reduktion der Herstellungskosten prognostiziert, können die langfristigen CO_2-Ziele im Verkehrssektor nicht erreicht werden. Für eine Verwendung von e-fuels spricht weiterhin, dass rein batterieelektrische Antriebe den Verbrennungsmotor im Schwerlast- und Langstreckenverkehr auf absehbare Zeit nur graduell ersetzen können. Für Schiffe und ganz besonders für den Flugverkehr ist bisher kaum vorstellbar, dass es eine technische Alternative zum Ersatz von fossilen Kraftstoffen durch Biokraftstoffe und e-fuels geben könnte.

Forschungsvorhaben haben bisher nicht ausgereicht, um nenneswerte Mengen an e-fuels für den Transportsektor in den Markt zu bringen. Da der Aufbau von Großanlagen für die Produktion von e-fuels lange Vorlaufzeiten für Planung, Finanzierung, Konstruktion und Hochskalierung erfordert, ist bis 2030 kaum damit zu rechnen, dass signifikante Anteile fossiler Kraftstoffe durch e-fuels ersetzt werden können. Um so wichtiger sind kurzfristige politische Weichenstellungen, die einen verlässlichen Rahmen für Investoren schaffen, damit e-fuels einen Beitrag bei der Erfüllung der CO_2-Ziele im Verkehr leisten können.

Ergebnisse von Forschungsarbeiten über e-fuels und Szenarien zu ihrer Einführung sind Gegenstand zahlreicher Publikationen. Mittlerweile geben Handbücher einen guten Überblick über dieses Themengebiet [35].

Ether

Dimethylether

Dimethylether (DME) mit der Struktur $H_3C\text{-}O\text{-}CH_3$ hat einen Siedepunkt von –25 °C und muss daher bei Raumtemperatur unter Druck gehalten werden, damit DME in flüssiger Form eingespritzt werden kann. Im DME sind die beiden Methylgruppen durch ein Sauerstoffatom getrennt. Moleküle mit voneinander isolierten Kohlenstoffatomen erzeugen bei der Verbrennung wenig Ruß. Außerdem besitzt DME eine hohe Cetanzahl, wodurch das Verbrennungsgeräusch reduziert und die NO_x-Emissionen gesenkt werden. Der hohe Sauerstoffgehalt von DME ist allerdings mit einem niedrigen Heizwert H_i von 28,8 MJ/kg verbunden und damit mit einem hohen volumetrischen Mehrverbrauch gegenüber Dieselkraftstoff (H_i von 43,0 MJ/kg).

Obwohl DME aus verbrennungstechnischer Sicht ein idealer Kraftstoff für Dieselmotoren ist, nutzen tatsächlich nur wenige speziell adaptierte Fahrzeuge diesen Kraftstoff. Unter Druck verflüssigter DME ist wegen seines hohen Dampfdrucks und seiner niedrigen Viskosität mit den bestehenden für herkömmliche Dieselkraftstoffe entwickelten Einspritzkomponenten und Motorauslegungen nicht kompatibel.

Die Verwendung von DME wird wegen des erforderlichen zusätzlichen technischen Aufwands am Fahrzeug wohl nur auf wenige Flottenfahrzeuge in Nischenmärkten beschränkt bleiben. Dennoch wird die Möglichkeit des Einsatzes von DME in letzter Zeit in Zusammenhang mit e-fuels erneut diskutiert. Die Herstellung von DME erfolgt über Synthesegas (H_2 und CO) und basiert derzeit überwiegend auf Kohle oder Erdgas, ergänzt in geringem Umfang durch Biomasse oder Abfallstoffe. Wenn zukünftig Synthesegas in größerer Menge aus Elektrolysewasserstoff e-H_2 und regenerativem CO_2 erzeugt werden kann, könnte dies auch den motorischen Einsatz von DME vorantreiben.

Oxymethylenether

Auch die Oxymethylenether (OME) besitzen über Sauerstoffbrücken voneinander isolierte Kohlenstoffatome und sind daher wegen ihrer geringen Neigung zur Rußbildung von Interesse.

Aus ihrer chemischen Struktur H_3C-O-$[CH_2$-$O]_n$-CH_3 wird deutlich, dass es sich bei OME um Ethermoleküle unterschiedlicher Kettenlänge handelt. Als mögliche zukünftige Kraftstoffe werden die Basiskomponente mit n=1 (OME1) sowie eine Mischung aus den längeren Ethern mit n=3...5 (OME3-5) diskutiert. Auch OME stellt ein e-fuel dar, wenn das Synthesegas, aus dem OME unter anderen Reaktionsbedingungen wie DME hergestellt wird, aus Elektrolysewasserstoff und regenerativem CO_2 besteht.

OME1

OME1 ist aus Synthesegas technisch gut zugänglich. Dieser Oxymethylenether, der chemisch genauer als Dimethoxymethan bezeichnet wird, ist aber weder als Reinstoff noch als Blendkomponente für den Bestand an Dieselmotoren geeignet, obwohl OME1 anders als DME bei Raumtemperatur noch flüssig ist.

Mit dem niedrigen Siedepunkt von 42 °C, der niedrigen Viskosität von 0,33 mm^2/s (bei 20 °C) und dem Flammpunkt von −18 °C erfüllt OME1 weder die hydraulischen Anforderungen der Hochdruckeinspritzung, noch die bestehenden gesetzlichen Sicherheitsbestimmungen. Daher konzentrieren sich die meisten Forschungsprojekte auf die Synthesemöglichkeiten und motorischen Eigenschaften der längerkettigen Ether OME3-5.

OME3-5

Mischungen aus den Molekülen OME3-5 besitzen eine Siedelage, die weitgehend der konventioneller Dieselkraftstoffe entspricht. Damit bietet sich die Perspektive, den Emissionsvorteil von OME mit geringeren Änderungen am Motor nutzen zu können. Zwei Eigenschaften von OME verhindern dennoch die Kompatibilität mit dem Feldbestand an Fahrzeugen. Der Energieinhalt von OME3-5 (H_i von OME3: 19,4 MJ/kg ; H_i von OME4: 18,7 MJ/kg; H_i von OME5: 18,1 MJ/kg) beträgt weniger als die Hälfte verglichen mit Dieselkraftstoff (H_i von 43,0 MJ/kg), wodurch für die gleiche Motorleistung eine etwa 70 % höhere volumetrische Einspritzmenge erforderlich wird. Außerdem ist die Verträglichkeit von OME mit Fluorkautschukpolymeren nicht gegeben, die als Elastomermaterial in der Dieseleinspritzausrüstung weit verbreitet sind [36].

Motoren mit angepassten Materialien und OME-spezifischer Kalibrierung zeigen signifikante Vorteile bei den Rohemissionen, insbesondere eine niedrige Rußentwicklung. Bei der Verbrennung steht die Bildung von Ruß und NO_x in reziproker Abhängigkeit zueinander (Trade-off). Die Applikation von hohen Abgasrückführungsraten erlaubt eine Reduzierung der NO_x-Emissionen, wobei es gleichzeitig zu einem signifikanten Anstieg an Rußpartikeln kommen kann. Bei OME ist dies nicht der Fall, da die Bildung von Ruß wegen der durch Sauerstoffbrücken isolierten Kohlenstoffatome stark eingeschränkt ist. Deshalb können im Abgas von OME sowohl die Konzentration an NO_x als auch die Anzahl an Rußpartikeln stark reduziert werden [37]. Die Eignung von OME als neuer Kraftstoff wurde auch in Fahrzeugdemonstratoren nachgewiesen [38].

Um eine Basis für eine zukünftig einheitliche Qualität von OME3-5 zu legen, wird derzeit eine Vornorm (DIN/TS 51699, [39]) entwickelt, in der die noch offenen Fragen z.B. zur thermooxidativen Stabilität, zur Kältefestigkeit, zum Wassergehalt oder zur Begrenzung des Gehalts an OME2 und OME6 adressiert werden. Auch ein Grenzwert für den Gesamtformaldehydgehalt muss eingeführt werden.

Anders als bei OME1 ist die Synthese der höheren Oxymethylenether OME3-5 schwierig. Das bei der Reaktion entstehende Gleichgewicht aus Ausgangsstoffen, Zwischen- sowie Endprodukten hat Einfluss auf die Kettenlänge. Während der Umsetzung muss die Menge an Formaldehyd, der gebildet wird, genau gesteuert, das entstehende Wasser entfernt und freigesetzter Wasserstoff rückgewonnen werden. Aus Gründen der Nachhaltigkeit muss zudem der Destillationsaufwand so gering wie möglich gehalten werden. Die Synthese von OME3-5 ist Gegenstand zahlreicher Forschungsprojekte [40].

Tabelle 6: Eigenschaftswerte flüssiger Kraftstoffe und Kohlenwasserstoffe.

Stoff		Dichte	Haupt-bestandteile	Siede-temperatur	Spezifische Verdampfungswärme	Spezifischer Heizwert	Zünd-temperatur	Luftbedarf, theoretisch	Zündgrenze untere	Zündgrenze obere
		kg/l	Prozent (m/m)	°C	kJ/kg	MJ/kg	°C	kg/kg	Prozent (V/V) Gas in Luft	
Ottokraftstoff,										
Normal		0,720...0,775	86 C, 14 H	25...210	380...500	41,2...41,9	≈ 300	14,8	≈ 0,6	≈ 8
Super		0,720...0,775	86 C, 14 H	25...210	–	40,1...41,6	≈ 400	14,7	–	–
Flugbenzin		0,720	85 C, 15 H	40...180	–	43,5	≈ 500	–	≈ 0,7	≈ 8
Kerosin		0,77...0,83	87 C, 13 H	170...260	–	43	≈ 250	14,5	≈ 0,6	≈ 7,5
Dieselkraftstoff		0,820...0,845	86 C, 14 H	180...360	≈ 250	42,9...43,1	≈ 250	14,5	≈ 0,6	≈ 7,5
Erdöl (Rohöl)		0,70...1,0	80...83 C, 10...14 H	25...360	222...352	39,8...46,1	≈ 220	–	≈ 0,6	≈ 6,5
Braunkohlenteeröl		0,850...0,90	84 C, 11 H	200...360	–	40,2...41,9	–	13,5	–	–
Steinkohlenteeröl		1,0...1,10	89 C, 7 H	170...330	–	36,4...38,5	–	–	–	–
Pentan	C_5H_{12}	0,63	83 C, 17 H	36	352	45,4	285	15,4	1,4	7,8
Hexan	C_6H_{14}	0,66	84 C, 16 H	69	331	44,7	240	15,2	1,2	7,4
n-Heptan	C_7H_{16}	0,68	84 C, 16 H	98	310	44,4	220	15,2	1,1	6,7
iso-Oktan	C_8H_{18}	0,69	84 C, 16 H	99	297	44,6	410	15,2	1	6
Benzol	C_6H_6	0,88	92 C, 8 H	80	394	40,2	550	13,3	1,2	8
Toluol	C_7H_8	0,87	91 C, 9 H	110	364	40,6	530	13,4	1,2	7
Xylol	C_8H_{11}	0,88	91 C, 9 H	144	339	40,6	460	13,7	1	7,6
Ether	$(C_2H_5)_2O$	0,72	64 C, 14 H, 22 O	35	377	34,3	170	7,7	1,7	36
Aceton	$(CH_3)_2CO$	0,79	62 C, 10 H, 28 O	56	523	28,5	540	9,4	2,5	13
Ethanol	C_2H_5OH	0,79	52 C, 13 H, 35 O	78	904	26,8	420	9	3,5	15
Methanol	CH_3OH	0,79	38 C, 12 H, 50 O	65	1110	19,7	450	6,4	5,5	26
Dimethoxymethan (OME1)		0,86	47 C, 11 H, 42 O	42	376	22,7	235	7,2	2,2	19,9
Rapsöl		0,92	78 C, 12 H, 10 O	–	–	38	≈ 300	12,4	–	–
Rapsölmethylester (Biodiesel)		0,88	77 C, 12 H, 11 O	320...360	–	36,5	283	12,8	–	–

Viskosität bei 20 °C in mm^2/s (= cSt): Benzin ≈ 0,6; Ethanol ≈ 1,5; Methanol ≈ 0,75.

Tabelle 7: Eigenschaftswerte gasförmiger Kraftstoffe und Kohlenwasserstoffe.

Stoff	Dichte bei 0 °C und 1013 mbar	Hauptbestandteile	Siedetemperatur bei 1013 mbar	Spezifischer Heizwert	Zündtemperatur	Luftbedarf, theoretisch	Zündgrenze untere	Zündgrenze obere
	kg/m³	Prozent (m/m)	°C	MJ/kg	°C	kg/kg	Prozent (V/V) Gas in Luft	
Flüssiggas (Autogas)	2,25 (1)	90 C_3H_8, 10 C_4H_{10}	– 30	46,1	≈ 400	15,7	1,5	15
Stadtgas	0,56...0,61	8 H_2, 20 CH_4, 45 CO, 2 C_2H_6, 13 CO_2, 8 N_2	–210	26,3	≈ 560	7,6	4	40
Erdgas H (Nordsee)	0,83	78 CH_4, 11 C_2H_6, 3 C_3H_8, 1 C_4H_{10}, 5 CO_2, 1 N_2	–162 (CH_4)	46,7	584	16,0	4,0	15,8
Erdgas H (Russland)	0,73	94 CH_4, 3 C_2H_6, 1 C_3H_8, 1 C_4H_{10}, 1 N_2	–162 (CH_4)	49,1	619	16,8	4,3	16,2
Erdgas L	0,83	75 CH_4, 5 C_2H_6, 1 C_3H_8, 4 CO_2, 14 N_2	–162 (CH_4)	40,7	≈ 600	14,0	4,6	16,0
Wassergas	0,71	6 H_2, 71 CO, 14 CO_2, 8 N_2	–	14,8	≈ 600	3,8	6	72
Hochofengichtgas	1,28	30 CO, 14 CO_2, 56 N_2	–170	3,3	≈ 600	0,75	≈ 30	≈ 75
Klärgas (Faulgas)	–	40 CH_4, 60 CO_2	–	20,1	–	6,9	–	–
Wasserstoff H_2	0,090	100 H	–253	120,0	560	34,3	4	77
Kohlenmonoxid CO	1,25	100 CO	–191	10,05	605	2,5	12,5	75
Methan CH_4	0,72	75 C, 25 H	–162	50,0	650	17,2	5	15
Acetylen C_2H_2	1,17	93 C, 7 H	– 81	48,2	305	13,3	1,5	80
Ethan C_2H_6	1,36	80 C, 20 H	– 88	47,5	515	16,1	3	14
Ethen C_2H_4	1,26	86 C, 14 H	–102	47,1	425	14,8	2,75	34
Propan C_3H_8	2,0 (1)	82 C, 18 H	– 43	46,3	470	15,7	1,9	9,5
Propen C_3H_6	1,92	86 C, 14 H	– 47	45,8	450	14,8	2	11
Butan C_4H_{10}	2,7 (1)	83 C, 17 H	– 10; +1 (2)	45,6	365	15,5	1,5	8,5
Buten C_4H_8	2,5	86 C, 14 H	– 5; +1 (2)	45,2	–	14,8	1,7	9
Dimethylether C_2H_6O	2,05 (3)	52 C, 13 H, 35 O	– 25	28,8	235	9,0	3,4	18,6

1 Dichte für flüssiges Flüssiggas 0,54 kg/*l*, Dichte für flüssiges Propan 0,51 kg/*l*, Dichte für flüssiges Butan 0,58 kg/*l*.

2 Erster Wert für iso-, zweiter für n-Butan und n-Buten.

3 Dichte des verflüssigten Dimethylethers 0,667 kg/*l*.

Literatur

[1] DIN EN 228:2017+ Berichtigung 2020; Kraftstoffe – Unverbleite Ottokraftstoffe – Anforderungen und Prüfverfahren.

[2] ASTM D4814-20, Standard Specification for Automotive Spark-Ignition Engine Fuel.

[3] DIN EN ISO 5164:2014, Mineralölerzeugnisse – Bestimmung der Klopffestigkeit von Ottokraftstoffen – Research-Verfahren (ISO 5164:2014).

[4] DIN EN ISO 5163:2014, Mineralölerzeugnisse – Bestimmung der Klopffestigkeit von Otto- und Flugkraftstoffen – Motor-Verfahren (ISO 5163:2014).

[5] J. Dedl, B. Geringer, O. Budak et al.: Kraftstoffkennzahlen zur Beschreibung von Vorentflammung in Ottomotoren, MTZ 79, 76–81 (2018).

[6] DIN EN ISO 3405:2019, Mineralölerzeugnisse und verwandte Produkte mit natürlichem oder synthetischem Ursprung – Bestimmung des Destillationsverlaufes bei Atmosphärendruck (ISO 3405:2019).

[7] DIN EN 13016-1:2018, Flüssige Mineralölerzeugnisse – Dampfdruck – Teil 1: Bestimmung des luftgesättigten Dampfdruckes (ASVP) und des berechneten dem trockenen Dampfdruck entsprechenden Druckes (DVPE).

[8] DIN EN 15293:2018, Kraftstoffe – Ethanolkraftstoff (E85) – Anforderungen und Prüfverfahren.

[9] ASTM D5798-20, Standard Specification for Ethanol Fuel Blends for Flexible-Fuel Automotive Spark-Ignition Engines.

[10] DIN EN 590:2017, Kraftstoffe – Dieselkraftstoff – Anforderungen und Prüfverfahren.

[11] DIN EN 14214:2019, Flüssige Mineralölerzeugnisse – Fettsäure-Methylester (FAME) zur Verwendung in Dieselmotoren und als Heizöl – Anforderungen und Prüfverfahren.

[12] ASTM D975-20, Standard Specification for Diesel Fuel.

[13] ASTM D6751-20, Standard Specification for Biodiesel Fuel Blend Stock (B100) for Middle Distillate Fuels.

[14] DIN EN ISO 5165:2018, Mineralölerzeugnisse – Bestimmung der Zündwilligkeit von Dieselkraftstoffen – Cetan-Verfahren mit dem CFR-Motor (ISO 5165:2017).

[15] DIN EN 15195:2015, Flüssige Mineralölerzeugnisse – Bestimmung des Zündverzugs und der abgeleiteten Cetanzahl (ACZ) von Kraftstoffen aus Mitteldestillaten in einer Verbrennungskammer mit konstantem Volumen.

[16] DIN EN 16144:2012, Flüssige Mineralölerzeugnisse – Bestimmung des Zündverzugs und der abgeleiteten Cetanzahl (ACZ) von Mitteldestillatkraftstoffen – Verfahren mit festen Einspritzzeiten in einer Verbrennungskammer konstanten Volumens.

[17] DIN EN 16715:2015, Flüssige Mineralölerzeugnisse – Bestimmung des Zündverzugs und der abgeleiteten Cetanzahl (ACZ) von Kraftstoffen aus Mitteldestillaten – Bestimmung des Zündverzugs und des Verbrennungsverzugs in einer Verbrennungskammer mit konstantem Volumen und direkter Kraftstoffeinspritzung.

[18] DIN EN 17155:2018-09, Flüssige Mineralölerzeugnisse – Bestimmung der indizierten Cetanzahl (ICZ) von Kraftstoffen aus Mitteldestillaten – Verfahren mittels Kalibrierung mit primären Bezugskraftstoffen unter Verwendung einer Verbrennungskammer mit konstantem Volumen.

[19] SS 155435:2016, Automotive fuels – Diesel fuel oil of environmental class 1 and 2 for high-speed diesel engines – Requirements and test methods.

[20] DIN EN ISO 12156-1:2019, Dieselkraftstoff – Bestimmung der Schmierfähigkeit unter Verwendung eines Schwingungsverschleiß-Prüfgerätes (HFRR) – Teil 1: Prüfverfahren (ISO 12156-1:2018).
[21] DIN EN 15751:2014, Kraftstoffe für Kraftfahrzeuge – Kraftstoff Fettsäuremethylester (FAME) und Mischungen mit Dieselkraftstoff – Bestimmung der Oxidationsstabilität (beschleunigtes Oxidationsverfahren).
[22] FPRCEN/TR 17548:2020, Kraftstoffe – Aspekte des Marktes für Dieselkraftstoff – Untersuchungsbericht zu abrasiven Partikeln.
[23] DIN EN 16709:2019, Kraftstoffe – Dieselkraftstoffmischungen mit hohem FAME-Anteil (B20 und B30) – Anforderungen und Prüfverfahren.
[24] ASTM D7467-20, Standard Specification for Diesel Fuel Oil, Biodiesel Blend (B6 to B20).
[25] DIN EN 16734:2019, Kraftstoffe – Dieselkraftstoff (B10) – Anforderungen und Prüfverfahren.
[26] L. König, J. Gaube: Fischer-Tropsch-Synthese, Neuere Untersuchung und Entwicklungen. Beitrag in Chemie Ingenieur Technik, Heft 55/1, 1983.
[27] DIN EN 15940:2019, Kraftstoffe – Paraffinischer Dieselkraftstoff aus Synthese oder Hydrierungsverfahren – Anforderungen und Prüfverfahren.
[28] K. Altfeld, P. Schley: Entwicklung der Erdgasbeschaffenheit in Europa. Gaswärme International, 58-63 (Februar 2012).
[29] DVGW, Gasbeschaffenheit, Technische Regel – Arbeitsblatt DVGW G260 (A), März 2013.
[30] DIN EN 16723-2:2017, Erdgas und Biomethan zur Verwendung im Transportwesen und Biomethan zur Einspeisung ins Erdgasnetz – Teil 2: Festlegungen für Kraftstoffe für Kraftfahrzeuge.
[31] K. Reif (Hrsg.): Ottomotor–Management, 4. Aufl., Verlag Springer Vieweg 2014.
[32] J. Förster: Diesel-Gasmotoren. In: K. Mollenhauer, H. Tschöke, R. Maier (Hrsg.): Handbuch Dieselmotoren, 4. Aufl., S. 219–224, Verlag Springer Vieweg, 2018.
[33] J. Förster: Direkteinblasung bei Dieselmotoren. In: K. Mollenhauer, H. Tschöke, R. Maier (Hrsg.): Handbuch Dieselmotoren, 4. Aufl., S. 241–247, Verlag Springer Vieweg, 2018..
[34] DIN EN 589:2019, Kraftstoffe – Flüssiggas – Anforderungen und Prüfverfahren.
[35] W. Maus (Hrsg.): Zukünftige Kraftstoffe – Energiewende des Transports als ein weltweites Klimaziel, ATZ/MTZ-Fachbuch, Verlag Springer Vieweg 2019.
[36] M. Härtl, K. Gaukel, D. Pélerin et al.: Oxymethylenether als potenziell CO_2-neutraler Kraftstoff für saubere Dieselmotoren Teil 1: Motorenuntersuchungen, MTZ 78, 52–59 (2017).
[37] D. Pélerin, M. Härtl, E. Jacob, G. Wachtmeister: Potentials to simplify the engine system using the alternative diesel fuels oxymethylene ether OME1 and OME3–6 on a heavy-duty engine, Fuel 259, 116231 (2020).
[38] M. Münz, A. Mokros, D. Töpfer et al.: OME – Partikelbewertung unter Realfahrbedingungen, MTZ 79, 16–21 (2018).
[39] DIN/TS 51699, Kraft- und Brennstoffe – Polyoxymethylendimethylether (OME) – Anforderungen und Prüfverfahren.
[40] J. Burger, H. Hasse: Processes for the production of OME fuels, 7. Internationaler Motorenkongress, Baden-Baden, 2020.

Harnstoff-Wasser-Lösung

Anwendung

Eine Harnstoff-Wasser-Lösung wird zur Reduktion von Stickoxiden (NO_x) in der katalytischen Abgasreinigung von Dieselmotoren mit Hilfe von SCR-Systemen verwendet (siehe SCR-System). Dazu wird diese Lösung nicht als Kraftstoffzusatz (Additiv) verwendet, sondern direkt in den Abgasstrang eindosiert.

Bezeichnungen

Die unter dem geschützten Handelsnamen AdBlue® verwendete Lösung besteht zu 32,5 % aus technisch reinem Harnstoff und 67,5 % demineralisiertem Wasser. Die chemische Summenformel lautet: CH_4N_2O. Weitere Bezeichnungen sind:

- Carbamid in wässriger Lösung,
- Aqueous Urea Solution 32,5 % (AUS 32),
- NO_x-Reduktionsmittel nach DIN 70070 [1] oder ISO 22241 [2] Teil 1 bis Teil 4,
- Harnstoff-Wasser-Lösung (HWL),
- Diesel Exhaust Fluid (DEF),
- Agente Reductor Liquido de Óxido de Nitrogénio Automotivo (ARLA 32).

Eigenschaften

Hohe Temperaturen und direkte Sonneneinstrahlung sind aufgrund der thermischen Zersetzung zu vermeiden. Bei einer Erwärmung von AdBlue über 25 °C entsteht Ammoniaklösung als wässrige Lösung oder als Aerosol von Ammoniak als gefahrbestimmenden Stoff.

AdBlue greift unedle Metalle an. Kupfer, kupferhaltige Legierungen sowie unlegierte und verzinkte Stähle, Aluminium und Glas sind für den Kontakt mit einer Harnstoff-Wasser-Lösung nicht geeignet.

AdBlue neigt stark zur Kristallbildung. Beim Verdunsten des enthaltenen Wassers entstehen weiße Kristalle. Das Wachstum der Kristalle wird durch erhöhte Luftfeuchte begünstigt. AdBlue ist sehr kriechfähig und verfügt über ein starkes Ausbreitungsvermögen. Durch Kristallisation können Leitungen verstopft werden. Verstopfungen können durch warmes Wasser gelöst werden. Das Wachstum der Kristalle entlang von elektrischen Leitungen ist zu beachten. Durch die hohe Leitfähigkeit können elektrische Kontakte überbrückt werden. Kupferhaltige Leitungen werden angegriffen.

Das Produkt ist nicht als gefährlich eingestuft und nicht kennzeichnungspflichtig. Der Stoff ist nicht reizend, dennoch kann wiederholter oder langer Hautkontakt zur Entfettung der Haut und zu Dermatitis führen. Erfahrungen in der Praxis haben eine Hautrötung nach wenigen Minuten in Kontakt mit dem Medium gezeigt.

Mit der Wassergefährdungsklasse 1 ist AdBlue als schwach wassergefährdend eingestuft und darf nicht in die Umwelt gelangen.

Bei Umgebungstemperaturen unter −10 °C sind Behälter, Leitungen und Ausrüstungen mit Kälteisolierung und Heizung auszurüsten. Gefrorenes AdBlue nimmt keinen Schaden und kann daher wieder verwendet werden, sobald es aufgetaut ist.

Eine Lagerung von AdBlue unter 0 °C ist wegen der Gefahr des Einfrierens und der damit verbundenen Volumenausdehnung zu vermeiden. Es besteht die Gefahr des Reißens des Behälters. Eine Leckage wird gegebenenfalls erst nach dem Auftauen sichtbar.

Literatur

[1] DIN 70070: Dieselmotoren – NO_x-Reduktionsmittel AUS 32 – Qualitätsanforderungen.

[2] ISO 22241: Dieselmotoren – NO_x-Reduktionsmittel AUS 32 – Qualitätsanforderungen.

Tabelle 1: Eigenschaften von AdBlue.

Lieferform	Wässrige Lösung
Aussehen	Klar und farblos
Geruch	Geruchlos bis schwacher Geruch nach Ammoniak
Löslichkeit	Mit Wasser in jedem Verhältnis mischbar, schlecht löslich in aliphatischen Kohlenwasserstoffen
Erstarrungspunkt	−11,5 °C
Reaktion	Schwach alkalisch
Elektrische Leitfähigkeit	Flüssigkeit und Kristalle gut elektrisch leitfähig

Kältemittel für Klimaanlagen

Kernkomponente der Klimaanlage in Kraftfahrzeugen ist in der Regel eine Kaltdampfkompressionskälteanlage (siehe Klimatisierung des Fahrgastraums). Mit dieser Anlage wird der zugrunde liegende thermodynamische Kreisprozess – der Carnot Prozess – angenähert (siehe Thermodynamik). Die beiden isentropen Zustandsänderungen (nach Carnot) werden durch einen Verdichter und ein Drosselorgan angenähert und die Isothermen werden durch verdampfendes und kondensierendes Kältemittel angenähert. Gerade für die Verdampfung und Kondensation werden Betriebsstoffe benötigt, bei denen die Phasenwechsel bei vertretbaren Drücken auftreten.

Tabelle 1 zeigt die Eigenschaftswerte der Kältemittel R134a und R1234yf. Das Treibhauspotential (Global Warming Potential, GWP) ist eine Maßzahl für den relativen Beitrag eines Treibhausgases zum Treibhauseffekt. Die Referenz bildet das CO_2 mit dem Treibhauspotential von eins. Die Emission von 1 kg R134a hätte demnach den vergleichbaren Treibhauseffekt wie die Emission von 1 300 kg CO_2.

Tabelle 1: Eigenschaftswerte der Kältemittel R134a und R1234yf.

Eigenschaft	R134a	R1234yf
Siedepunkt	–26 °C	–29 °C
Dampfdruck bei 25 °C	6,56 bar	6,64 bar
Dampfdruck bei 80 °C	25,97 bar	24,38 bar
Dampfdichte	32,4 kg/m³	37,6 kg/m³
GWP	ca. 1300	ca. 4

Entwicklung bis heute

Kältemittel R12

Anfänglich wurden in Kälteanlagen brennbare Stoffe (z.B. Methylchlorid CH_3Cl, Schwefeldioxid SO_2 oder Diethylether $C_4H_{10}O$) eingesetzt. Etwa 1930 hat der amerikanische Ingenieur Thomas Midgley die Fluorchlorkohlenwasserstoffe (FCKW) entwickelt. Der für die Kraftfahrzeuge wichtigste Stoff aus dieser Familie war das R12 (CCl_2F_2). Dieser als ungiftig und nicht brennbar akzeptierte Stoff wurde in nahezu allen Pkw-Klimaanlagen eingesetzt und stand darüber hinaus für sehr viele andere Anwendungen zur Verfügung.

Die Chemiker Molina und Rowland stellten 1974 die Hypothese auf, dass chlorhaltige Substanzen die uns schützende Ozonschicht zerstören [1]. Die anschließenden Beobachtungen des Ozonlochs über der Antarktis erhärteten diese Hypothese. Die Auswertung genauer Messungen gab schließlich Sicherheit. Das führte am 16. September 1987 (in Montreal) zur Unterzeichnung des Montrealer Protokolls, in dem der Ausstieg aus der Chlorchemie beschlossen wurde.

Kältemittel R134a

Ab etwa dem Jahr 2000 wurde dann als Ersatzstoff das Kältemittel R134a ($C_2H_2F_4$) eingesetzt. Geschärfte Sinne für jegliche Umweltbeeinflussung haben aber dazu geführt, dass auch der Einsatz des R134a eingeschränkt beziehungsweise befristet wird. In Kraftfahrzeugen sollen nach einer EU-Richtlinie [2] Klimaanlagen, die dafür ausgelegt sind, fluorierte Treibhausgase mit einem Treibhauspotential von über 150 zu enthalten, verboten werden. R134a hat ein Treibhauspotential von etwa 1300 und fällt daher unter diese Richtlinie. Seit Januar 2011 dürfen neue Fahrzeugtypen nicht mehr mit R134a ausgerüstet werden und seit Januar 2017 müssen alle Neuwagen mit einem Kältemittel, das ein Treibhauspotential kleiner als 150 aufweist, ausgerüstet werden. Neben dieser Richtlinie greift auch die EG-Verordnung [3], die als Hauptziel die Vermeidung beziehungsweise Verminderung der Emission fluorierter Treibhausgase hat.

Kältemittel R1234yf
Im Moment steht als einziges neues Kältemittel, das in ausreichenden Mengen produziert wird, das R1234yf ($C_3H_2F_4$) mit einem Treibhauspotential von 4 zur Verfügung. Seit 2017 wird es bis auf ganz wenige Ausnahmen bei allen Herstellern in allen Pkw-Klimaanlagen eingesetzt. Das sehr geringe Treibhauspotential resultiert hauptsächlich daraus, dass dieser Stoff eine sehr geringe Lebensdauer in der Atmosphäre hat. R1234yf ist allerdings nicht unumstritten. Es ist leichter entflammbar als R134a und im Fall eines Brandes entstehen ätzende und giftige Reaktionsprodukte. Daher treffen Automobilhersteller zusätzliche Sicherheitsmaßnahmen zur Gewährleistung der gewohnt hohen Sicherheit der Insassen.

Kältemittel CO_2
In einigen Pkw der Oberklasse werden Klimaanlagen mit CO_2 als Kältemittel eingesetzt. CO_2 hat per Definition das Treibhauspotential von 1 und ist damit natürlich prädestiniert für den Einsatz. Leider kann eine CO_2-Klimaanlage nicht mit dem gleichen Prozess und den gleichen Komponenten betrieben werden. Der Prozess arbeitet auf der Hochdruckseite im überkritischen Bereich bei sehr hohen Drücken (100...150 bar). Daher müssen alle Komponenten für diese ungewohnt hohen Drücke neu entwickelt und dimensioniert werden. Da derartige Neuentwicklungen nicht nur die Entwicklung, Produktion und den Vertrieb, sondern auch in erheblichem Maße den Service betreffen, war eine flächendeckende Markteinführung zum 1.1.2017 nicht darstellbar.

Auch bei CO_2-Anlagen entsteht ein zusätzliches Risiko. Wegen der extrem hohe Drücke ist in der Anlage eine erhebliche Menge an Energie (Druck mal Volumen) gespeichert. Diese Energie könnte z.B. bei einem Unfall zusätzlich frei werden und zusätzliche Schäden anrichten. Daher müssen auch bei CO_2-Klimaanlagen erweiterte Sicherheitsmaßnahmen getroffen werden.

Alternative Möglichkeiten

Man wird wohl davon ausgehen können, dass das R1234yf nicht das letzte eingesetzte Kältemittel sein wird. Möglicherweise kann man auf den Erfahrungen mit den CO_2-Klimaanlagen aufbauen und diese Technologie als langfristige Lösung ausbauen. Sollte das nicht gelingen, können natürliche Stoffe, die wirklich neutral zur Umwelt sind, in Erwägung gezogen werden. Untersuchungen dazu hat es bereits während der Diskussion um den Ausstieg aus der Chlorchemie gegeben, als Ersatzstoffe für die chlorhaltigen Kältemittel gesucht wurde [4]. Die natürlichsten Stoffe wären Wasser und Luft.

Wasser als Kältemittel
Prinzipiell wäre Wasser in einer Kaltdampfkompressionskälteanlage einsetzbar, allerdings würde die Verdampfgung und Kondensation bei extrem niedrigen Drücken stattfinden. Das heißt, kleinste Leckagen würden den Druck ansteigen lassen und die Funktion der Anlage wäre nicht mehr gewährleistet. Im Labor wurde die Funktion nachgewiesen, in Serienanlagen wäre das zur Zeit nicht einfach realsisierbar.

Luft als Kältemittel
Luft könnte in Anlagen, die nach dem Joule-Prozess arbeiten, eingesetzt werden. Derartige Anlagen sind in fast allen Verkehrsflugzeugen eingebaut. Allerdings ist der Aufbau von Anlagen mit deutlich kleineren Leistungen – also für Pkw-Anwendungen – schwieriger und zumindest mit Einbußen bei der Effektivität verbunden. Zur Klimatisierung in Schienenfahrzeugen wurde der Prozess mit einem gewissen Erfog z.B. im ICE 1 eingesetzt. Zwar liegt hier die Anlagenleistung in vergleichbarer Größenordnung wie bei Luftfahrzeugen, aber die herkömmlichen R134a-Anlagen haben eine erheblich bessere Effektivität.

Im Moment wird vom Umweltbundesamt ein Forschungsvorhaben unterstützt, in dem Systeme mit natürlichen Kältemitteln neu bewertet werden sollen [5]. Da der Joule-Prozess ein reiner Gasprozess ist, ist er dem Carnot-Prozess hinsichtlich der Effektivität unterlegen. Der wirtschaftliche Einsatz in Luftfahrzeugen ergibt sich dadurch, dass einige positive Zusatzeffekte genutzt werden. Die Klimaalage hat hier die zusätzliche Aufgabe, die Kabine zu mit Druck zu beaufschlagen. Die Anlage wiegt weniger als halb so viel wie eine vergleichbare Kaltdampfkompressionsanlage und der der Antrieb kann günstig mit Druckluft aus den Triebwerken realisiert werden.

Brennbare Stoffe als alternative Kältemittel

Weitere Alternativen wären auch brennbare Stoffe. In Kühlschränken wurde das R12 beispielsweise durch Isobutan abgelöst. In Kraftfahrzeugen ist die Situation allerdings etwas schwieriger, weil beispielsweise durch ein Leck im Verdampfer unweigerlich brennbare Stoffe in die Fahrgastzelle gelangen würden.

Literatur

[1]: M.J. Molina; F.S. Rowland: Stratospheric sink for chlorofluoromethanes: chlorine atom catalysed destruction of ozone. Nature, No. 249 pp 810–812, June 28, 1974.

[2] Richtlinie 2006/40/EG des Europäischen Parlaments und des Rates vom 17. Mai 2006 über Emissionen aus Klimaanlagen in Kraftfahrzeugen und zur Änderung der Richtlinie 70/156/EWG des Rates.

[3] Verordnung (EG) Nr. 842/2006 des Europäischen Parlaments und des Rates vom 17. Mai 2006 über bestimmte fluorierte Treibhausgase.

[4] H. Kruse: Alternative Kälteprozesse unter Umweltschutzgesichtspunkten – DKV-Statusbericht des Deutschen Kälte- und Klimatechnischen Vereins Nr. 3 (1989).

[5] Umweltbundesamt: Erprobung, Messung und Bewertung von Systemen mit natürlichen Kältemitteln zum nachhaltigen Kühlen und Heizen von öffentlichen Verkehrsmitteln – Ersatz fluorierter Treibhausgase. Laufzeit 07.05.2015 – 31.03.2018.

Antriebsstrang mit Verbrennungsmotor

Elemente des Antriebsstrangs

Dem Antriebsstrang werden in der Kraftfahrzeugtechnik alle Komponenten zugeordnet, die Leistung für den Antrieb generieren und auf die Straße übertragen. Zum konventionellen Antriebsstrang eines Kraftfahrzeugs gehören der Verbrennungsmotor, das Getriebe, die Kardanwelle, das Achsgetriebe mit Differential und die Gelenkwellen. Das Getriebe beinhaltet eine Schwingungstilgung, ein Anfahrelement sowie ein Übersetzungsgetriebe mit Gangwechselelementen. Bild 1 zeigt die Anordnung dieser Komponenten für einen Standardantrieb (Heckantrieb). Zusätzlich eingezeichnet sind die Komponenten für einen Allradantrieb.

In Hybridantrieben arbeitet zusätzlich zum Verbrennungsmotor eine elektrische Maschine. Die Komponenten im Antriebsstrang, die den Verbrennungsmotor betreffen, sind vergleichbar mit dem konventionellen Antrieb.

Aufgaben des Antriebsstrangs

Die Aufgabe eines Antriebsstrangs besteht in der Anpassung der von der Antriebsmaschine zur Verfügung gestellten Leistungen und Drehmomente an die jeweilige Fahrsituation und an die Wünsche des Fahrers. Das Getriebe überträgt das Drehmoment in die zur Überwindung der Fahrwiderstände erforderliche Zugkraft der Räder. Für einen praxisgerechten Fahrbetrieb müssen im Übersetzungsgetriebe unterschiedliche Übersetzungsverhältnisse eingestellt werden können.

Der Verbrennungsmotor wandelt die Energie der ihm zugeführten Kraftstoffe in mechanische Energie um, arbeitet dabei zwischen einer Mindest- und Maximaldrehzahl und gibt in diesem Bereich ein begrenztes Drehmoment ab. Die Drehzahl von Verbrennungsmotoren ist so hoch, dass deren Kurbelwelle die Antriebsräder nicht direkt antreiben kann. Das Übersetzungsgetriebe und das Achsgetriebe übersetzen die Motordrehzahl in einen Bereich, sodass sich daraus fahrgerechte Raddrehzahlen

Bild 1: Antriebsstrangelemente für einen Standardantrieb (Heckantrieb).
Mit * gekennzeichnete Komponenten sind optional für einen Allradantrieb vorhanden.

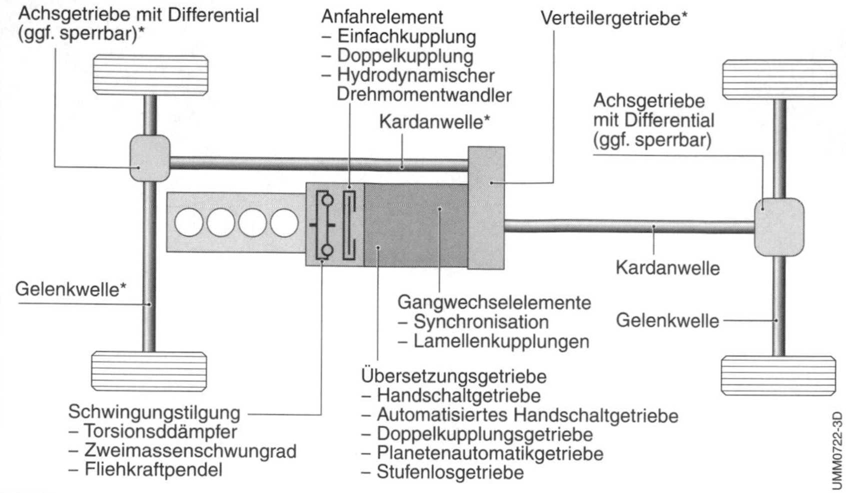

ergeben. Das Gesamtübersetzungsverhältnis i_A (Verhältnis von Motordrehzahl zu Raddrehzahl) ist kleiner 1, im gleichen Verhältnis wird das an den Rädern abgegebene Drehmoment gegenüber dem Motordrehmoment – kurz auch als Motormoment bezeichnet – vergrößert. Das Getriebe wirkt als Drehmomentwandler.

Im Gegensatz zu Dampfmaschinen oder elektrischen Maschinen kann der Verbrennungsmotor im Stillstand kein Drehmoment erzeugen. Zudem ist der Kraftstoffverbrauch stark abhängig von dem angeforderten Drehmoment bei der anliegenden Drehzahl. Somit ergeben sich weitere Aufgaben eines Antriebsstrangs:

- Gewährleistung eines Leerlaufs des Verbrennungsmotors bei Fahrzeugstillstand,
- Ermöglichen des Anfahrens aus dem Stillstand,
- Entkoppeln des Antriebsstrangs von den Drehungleichförmigkeiten des Verbrennungsmotors,
- Umkehrung der Drehrichtung der Antriebsräder bei Bedarf (Rückwärtsgang).

Zugkraftkurven

Anforderungen

Die Anforderungen, die ein Kraftfahrzeug hinsichtlich maximaler Steigfähigkeit und Beschleunigung einerseits sowie Höchstgeschwindigkeit andererseits erfüllen soll, definieren die notwendige Zugkraft an den Rädern und damit den Bedarf an das Getriebe hinsichtlich seiner Spreizung zwischen kleinstem und größtem Gang. Damit das Drehzahlverhältnis im Übersetzungsgetriebe für die verschiedenen Gänge nicht zu groß wird, übernimmt das Achsgetriebe einen Teil der Übersetzung. Die Gesamtübersetzung i_A des Antriebsstrangs ergibt sich aus dem Produkt der Übersetzung i_n des Übersetzungsgetriebes im eingelegten Gang und der konstanten Übersetzung i_B des Achsgetriebes.

Zugkrafthyperbel

Die Zugkrafthyperbel (Bild 2) zeigt abhängig von der Fahrgeschwindigkeit v und dem Antriebsstrangwirkungsgrad η_A die maximal zur Verfügung stehende Zugkraft F_Z für den Fall, dass der Verbrennungsmotor über seinem gesamten Drehzahlbereich seine Maximalleistung P_{max} abgeben könnte:

$$F_Z = \frac{P_{max}}{v}\,\eta_A.$$

Bild 2: Zugkraft als Funktion der Geschwindigkeit für einen Verbrennungsmotor ohne Übersetzungsgetriebe (d.h. Übersetzung des Übersetzungsgetriebes gleich 1).
1 Kraftschlussgrenze F_{Zmax},
2 Zugkrafthyperbel F_Z,
3 Zugkraft F_Z für den Motor ohne Übersetzungsgetriebe,
4 Fahrwiderstandskennlinie bei Steigungswinkel α = 10 °,
5 Fahrwiderstandskennlinie bei Steigungswinkel α = 0 °.

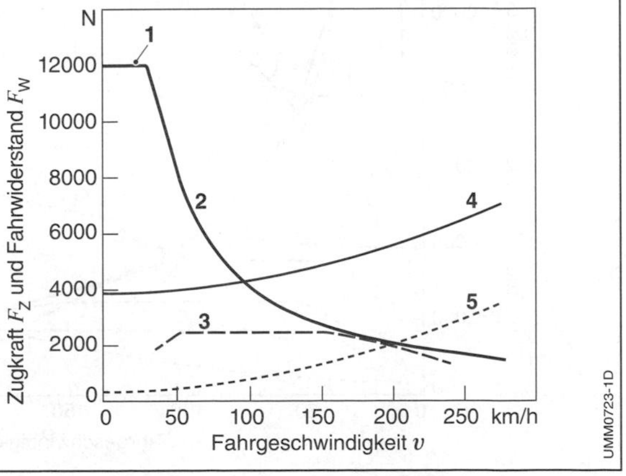

Im unteren Geschwindigkeitsbereich ist die Zugkraft nicht durch die Zugkrafthyperbel, sondern durch die Kraftschlussgrenze F_{Zmax} zwischen Reifen und Straße beschränkt, die sich aus dem Produkt der Normalkraft F_N der angetriebenen Fahrzeugräder und dem Reibwert μ der Fahrbahn ergibt:

$$F_{Zmax} = F_N\,\mu.$$

Einfluss der Fahrwiderstände

Der Fahrwiderstand F_W des Fahrzeugs ohne Beschleunigung setzt sich aus Rollwiderstand F_R, Luftwiderstand F_L und Steigungswiderstand F_S zusammen:

$$F_W = F_R + F_L + F_S.$$

In den Rollwiderstand gehen die Fahrzeugmasse m, die Erdbeschleunigung g, der Reibwert μ und der Steigungswinkel α der Fahrbahn ein. Der Luftwiderstand beinhaltet den Luftwiderstandsbeiwert c_W, die Fahrzeugstirnfläche A, die Dichte ρ der Luft und die Fahrgeschwindigkeit v. In den Steigungswiderstand gehen die Fahrzeugmasse m, die Erdbeschleunigung g und der Steigungswinkel α der Fahrbahn ein. Damit ergibt sich:

$$F_W = m g \mu \cos\alpha + 0{,}5\, c_W A \rho v^2 + m g \sin\alpha.$$

In Bild 2 wird deutlich, dass ein Verbrennungsmotor ohne Übersetzungsgetriebe nur in einem sehr eingeschränkten Fahrbereich arbeiten würde. Dabei ist in der Zugkraft F_Z des Motors nur die Übersetzung des Achsgetriebes mit Differential enthalten, um nachfolgend den Effekt der Drehmomentwandlung im Übersetzungsgetriebe anschaulich erläutern zu können.

Bild 3: Zugkraft als Funktion der Geschwindigkeit für einen Motor mit sechs Getriebestufen (v_{max} im fünften Gang, plus ein Overdrive-Gang).
1 Kraftschlussgrenze F_{Zmax},
2 nicht nutzbarer Fahrbereich,
3 Zugkrafthyperbel F_Z,
4 Fahrwiderstandskennlinie bei Steigungswinkel α = 10 °,
5 Fahrwiderstandskennlinie bei Steigungswinkel α = 0 °.
I...VI Zugkraftkurven für die Gänge 1 bis 6.

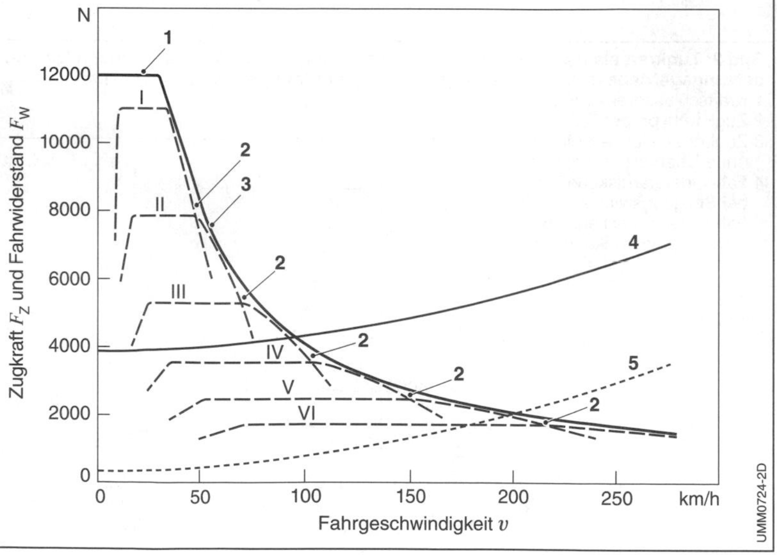

Anpassung durch Übersetzungsgetriebe

Schaltgetriebe

Durch ein Schaltgetriebe mit definierten Übersetzungsverhältnissen der einlegbaren Gänge (Handschaltgetriebe, Doppelkupplungsgetriebe, Planetenautomatikgetriebe) findet eine Annäherung des maximalen Motormoments – das der Verbrennungsmotor zwischen seiner Mindest- und Maximaldrehzahl abgibt – an die Zugkrafthyperbel statt (Bild 3). Die größte und die kleinste Gangübersetzung i definieren die Spreizung φ_G des Getriebes:

$$\varphi_G = \frac{i_{max}}{i_{min}}.$$

Die Zugkraftkurven für die einzelnen Gänge steigen im Bereich oberhalb der Leerlaufdrehzahl mit ansteigendem Motormoment an, im hohen Drehzahlbereich fallen sie aufgrund des abnehmenden Motormoments ab.

Mit der Anzahl der Gänge und den Einzelübersetzungen kann sowohl eine geometrische als auch eine progressive Gangstufung realisiert werden. Der Stufensprung φ zwischen den Gängen ist definiert als Verhältnis der Übersetzung i zweier benachbarter Gänge:

$$\varphi = \frac{i_{n-1}}{i_n}.$$

Bei der geometrischen Gangstufung bleibt der Stufensprung immer gleich. Dies wird bei Lkw-Getrieben mit hohen Gangzahlen eingesetzt. Der Lkw benötigt eine feine Abstufung im gesamten Fahrbereich, da er in Bezug auf seine hohe Masse relativ gering motorisiert ist.

Beim Pkw-Getriebe wird eine progressive Gangstufung eingesetzt. Das bedeutet, der Gangsprung wird zu den höheren Gängen immer kleiner. Damit werden die nicht nutzbaren Fahrbereiche (siehe Bild 3) im Hauptfahrbereich des Pkw klein gehalten, obwohl die Gangzahl deutlich geringer als bei einem Lkw ist. Für eine gute Fahrbarkeit sollten sich die Zugkraftkurven der einzelnen Gänge in jedem Geschwindigkeitsbereich überschneiden (siehe Bild 3).

Der Schnittpunkt der Fahrwiderstandskennlinie bei 0 ° Steigungswinkel mit der Zugkrafthyperbel definiert die Höchstgeschwindigkeit v_{max} des Fahrzeugs. Die Übersetzung des Gangs, in dem die Höchstgeschwindigkeit erreicht werden soll, sollte so gewählt werden, dass der Motor in diesem Punkt seine maximale Leistung abgibt (in Bild 3 der fünfte Gang).

Um den Verbrauch zu senken, gibt es einen oder mehrere Gänge mit Overdrive-Übersetzung (in Bild 3 der sechste Gang). In diesem Gang kann die Höchstgeschwindigkeit nicht erreicht werden (in Bild 3 ist maximal ca. 180 km/h bei 0 ° Steigung möglich), aber durch die Absenkung der Motordrehzahl sinkt der Kraftstoffverbrauch in einem weiten Geschwindigkeitsbereich.

Tabelle 1: Größen und Einheiten.

Größe		Einheit
c_W	Luftwiderstandsbeiwert	–
g	Erdbeschleunigung	m/s²
i_A	Gesamtübersetzung des Antriebsstrangs	–
i_n	Übersetzung eines Gangs	–
i_B	Übersetzung des Achsgetriebes	–
m	Fahrzeugmasse	kg
n	Motordrehzahl	min^{-1}
v	Fahrgeschwindigkeit	m/s
A	Stirnfläche des Fahrzeugs	m²
F_Z	Zugkraft an den Rädern	N
F_N	Normalkraft des Fahrzeugs	N
F_W	Fahrwiderstand	N
F_R	Rollwiderstand	N
F_L	Luftwiderstand	N
F_S	Steigungswiderstand	N
M	Drehmoment	N m
P	Motorleistung	kW
α	Steigungswinkel der Fahrbahn	Grad
φ	Stufensprung	–
φ_G	Getriebespreizung	–
η	Wirkungsgrad	–
μ	Reibwert der Fahrbahn	–
ρ	Dichte der Luft	kg/m³

Stufenlosgetriebe

Ein Stufenlosgetriebe kann beliebig viele Übersetzungen zur Verfügung stellen (CVT, Continuously Variable Transmissions). Damit wird die maximale Motorzugkraft an die Zugkrafthyperbel herangeführt (Bild 4). Stufenlosgetriebe haben bauartbedingt eine eingeschränkte Getriebespreizung und einen geringeren Getriebewirkungsgrad. In Bild 4 entspricht die höchste Übersetzung ungefähr der Übersetzung des 5. Gangs des gestuften Getriebes in Bild 3. Damit entfällt vor allem in den oberen Geschwindigkeitsbereichen die Möglichkeit einer Motordrehzahlabsenkung und damit einer Verbrauchsreduzierung. Dieser Wirkungsgradnachteil des Stufenlosgetriebes wird jedoch durch einen höheren Wirkungsgrad des Gesamtsystems überkompensiert (siehe Stufenlose Umschlingungsgetriebe).

Bild 4: Zugkraft als Funktion der Geschwindigkeit für einen Motor mit Stufenlosgetriebe.
1 Kraftschlussgrenze F_{Zmax},
2 Zugkraft F_Z für Stufenlosgetriebe,
3 Zugkrafthyperbel F_Z,
4 Fahrwiderstandskennlinie bei $\alpha = 10$ °,
5 Fahrwiderstandskennlinie bei $\alpha = 0$ °.

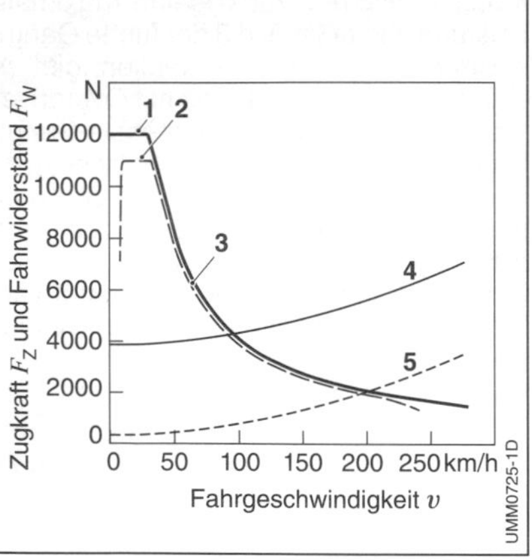

Antriebsarten

Die Anordnung des Motors und des Übersetzungsgetriebes mit Schwingungstilger und Anfahrelement ist stark abhängig von der Fahrzeugklasse.

Standardantrieb

Beim Standardantrieb ist der Motor mit dem Übersetzungsgetriebe vorne im Bereich der Vorderachse und das Achsgetriebe an der Hinterachse angeordnet. Die Räder der Hinterachse werden über die Kardanwelle, das Achsgetriebe mit Differential und die Gelenkwellen angetrieben (Heckantrieb, Bild 5a). Der Motor ist längs eingebaut, sodass sich wenig Einschränkungen für die Motorlänge (z. B. 6-Zylinder-Reihenmotor) und damit für die Motorleistung ergeben.

Bis ca. 1930 war diese Antriebsart bei fast allen Fahrzeugen üblich, aus dieser Zeit stammt die Bezeichnung Standardantrieb. Mittlerweile findet man diese Antriebsart fast ausschließlich in der oberen Mittel- und Luxusklasse.

Frontantrieb

Der Frontantrieb hat sich mittlerweile vom Kleinwagen bis in die untere Mittelklasse durchgesetzt und findet sich in mehr als 75 % der weltweiten Fahrzeugproduktion. Dabei sind Motor und Übersetzungsgetriebe in der Regel quer zur Fahrtrichtung im Motorraum angeordnet (Bild 5b), daraus ergeben sich aber Einschränkungen bei der Motorgröße. Längs eingebaute Motoren sind die Ausnahme. Die gelenkten Vorderräder werden über das Achsgetriebe und die Gelenkwellen angetrieben. Das Achsgetriebe ist im Übersetzungsgetriebe integriert.

Allradantrieb

Der Allradantrieb vieler Geländewagen ist eine Variante des Standardantriebs mit einem in Kraftflussrichtung hinter dem Übersetzungsgetriebe angeordneten Verteilergetriebe, welches das Getriebeabtriebsmoment auf Vorder- und Hinterachse verteilt (siehe Bild 1).

Allradantrieb ist auch in Verbindung mit einem Heckmotor möglich. Allradantrieb mit einem Mittelmotor ist wegen der begrenzten Platzverhältnisse schwierig, deshalb gibt es nur wenige Fahrzeuge mit

Bild 5: Anordnung von Motor und Getriebe.
a) Standardantrieb (Längsanordnung des Motors),
b) Frontantrieb (Queranordnung des Motors),
c) Mittelmotorantrieb,
d) Heckmotorantrieb,
e) Transaxleantrieb.
1 Motor,
2 Übersetzungsgetriebe mit Schwingungstilger und Anfahrelement,
3 Achsgetriebe mit Differential,
4 Gelenkwelle,
5 Kardanwelle,
6 Rohr.

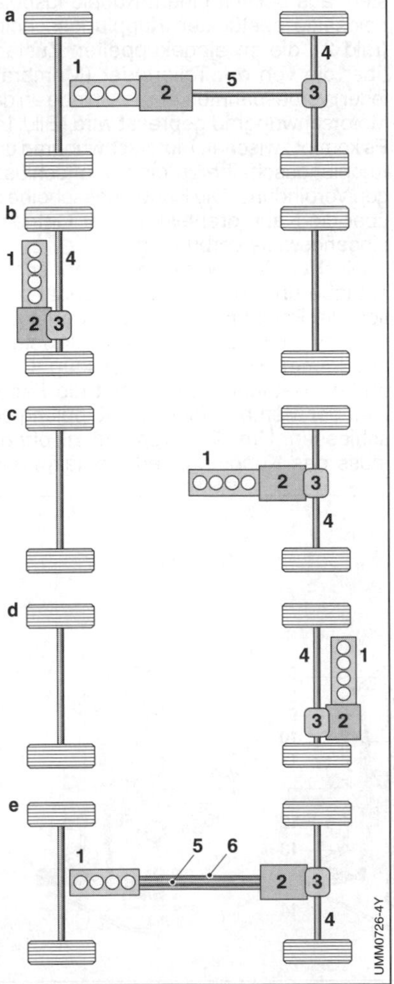

dieser Antriebsart. Allradantrieb mit Frontmotor kann mit einem am Getriebe angebauten Verteilergetriebe realisiert werden.

Mittelmotorantrieb

Der Motor ist vor der angetriebenen Hinterachse eingebaut. Es gibt Fahrzeuge mit quer eingebautem Motor, aber auch Fahrzeuge mit Längseinbau. Übersetzungsgetriebe und Achsgetriebe liegen im Bereich der Hinterachse (Bild 5c).

Mittelmotor mit Heckantrieb werden fast ausschließlich in sportlichen Fahrzeugen verbaut.

Heckmotorantrieb

Der Motor, das Übersetzungsgetriebe und das Achsgetriebe sitzen im Bereich der angetriebenen Hinterachse (Bild 5d). Heckmotor mit Heckantrieb werden mittlerweile fast ausschließlich in sportlichen Fahrzeugen verbaut.

Der Motor kann im Heck längs oder quer eingebaut sein.

Transaxleantrieb

Beim Transaxleantrieb sitzt der Motor vorne, Übersetzungsgetriebe und Achsgetriebe mit Differential an der Hinterachse (Bild 5e). Motor und Anfahrelement mit Übersetzungsgetriebe sind über ein Rohr verbunden und bilden eine starre Antriebseinheit. Im Rohr befindet sich die gelenklose Antriebswelle, über die das Getriebe angetrieben wird. Die Antriebswelle rotiert mit der Motordrehzahl.

Ein Vorteil dieser Anordnung von Getriebe und Motor ist die gleichmäßige Achslastverteilung. Anwendung findet dieser Antrieb bei Sportwagen.

Der umgekehrte Transaxleantrieb ist auch mit Mittelmotor möglich, Übersetzungsgetriebe und Achsgetriebe mit Differential sitzen hier an der Vorderachse.

Unterflurmotorantrieb

Die Unterflurbauweise ist bei Nutzfahrzeugen möglich. Der Motor sitzt zwischen den Achsen, beim Lkw ist er am Rahmen angeordnet. Die gleichmäßige Achslastverteilung führt zu einer guten Traktion auch bei leerem Fahrzeug. Da der Motor aber schlecht zugänglich ist, hat sich dieses Konzept nicht durchgesetzt.

Anfahrelemente und Schwingungsentkoppelung

Der Verbrennungsmotor weist eine Mindestdrehzahl auf. Zum Anfahren aus dem Fahrzeugstillstand muss die Drehzahllücke zwischen der niedrigsten Motorbetriebsdrehzahl und der stillstehenden Getriebeeingangswelle durch einen Drehzahlwandler geschlossen werden [1]. Zudem können im Fahrbetrieb die Schaltvorgänge bei Schaltgetrieben nicht unter Last erfolgen. Aufgaben dieses Anfahrelements sind somit:

- Unterbrechung des Kraftflusses zwischen Motor und Übersetzungsgetriebe,
- weiches und ruckfreies Anfahren,
- Übertragung des Motormoments bei unterschiedlichen Drehzahlen auf das Übersetzungsgetriebe.

Die Komponenten der Schwingungsentkoppelung reduzieren Drehschwingungen an der Kurbelwelle und verringern somit Geräusche und Verschleiß im Antriebsstrang.

Einfachkupplung

Die Kupplung ist das Bindeglied zwischen Motor und Übersetzungsgetriebe, sie überträgt das Motormoment kraftschlüssig durch Reibungskräfte auf die Eingangswelle des Übersetzungsgetriebes.

Einscheibenkupplung

Die in den meisten Handschaltgetrieben verbaute Einscheibenkupplung besteht aus der mit einem Kupplungsbelag beidseitig bestückten Kupplungsscheibe (Bild 2), die im eingekuppelten Zustand über die von der Tellerfeder (Membranfeder) vorgespannten Anpressplatte an das Motorschwungrad gepresst wird (Bild 1a). Es kommt zwischen Motorschwungrad und Kupplungsscheibe zu einer kraftschlüssigen Verbindung. Die Kupplungsscheibe ist über die Nabe drehfest mit der Getriebeeingangswelle verbunden.

Die Kupplung wird beim Handschaltgetriebe über das Kupplungspedal betätigt. Die Pedalkraftübertragung erfolgt im Pkw zunehmend durch Hydrauliksysteme und immer weniger über Seilzug. Ohne äußere Betätigungskraft hält die Federkraft der Membranfeder die Kupplung geschlossen. Um die Kupplung zu öffnen, muss das Kupplungspedal betätigt wer-

Bild 1: Betätigung einer Einscheibenkupplung.
a) geschlossene Kupplung,
b) Offene Kupplung.
1 Motorschwungrad,
2 Kupplungsscheibe mit Kupplungsbelägen,
3 Anpressplatte mit Auflage für Membranfeder,
4 Mitnehmerscheibe,
5 vom Motor,
6 Motorkurbelwelle,
7 Torsionsdämpfer,
8 Anpressplattengehäuse mit Auflage für Membranfeder,
9 Drehpunkt für Ausrückgabel,
10 Membranfeder mit Ausrückzungen,
11 Ausrückgabel,
12 Getriebeeingangswelle,
13 Ausrücklager,
14 Nehmerzylinder.

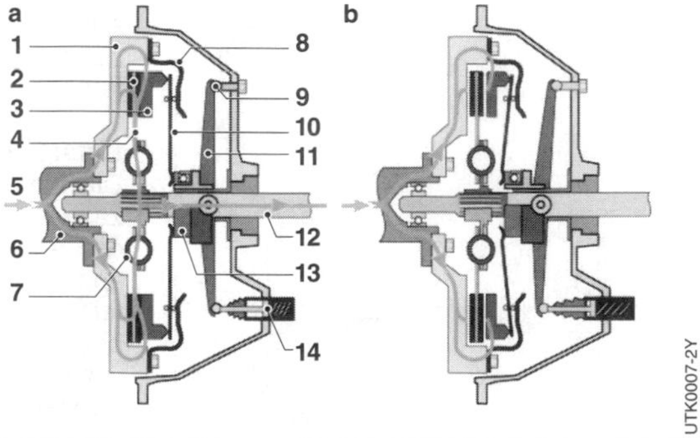

den. Der hydraulisch betätigte Nehmerzylinder drückt dabei die Ausrückgabel nach vorne (Bild 1b), die ihrerseits das Ausrücklager und damit den inneren Teil der Membranfeder nach vorne in Richtung Kupplungsscheibe schiebt. Der äußere Teil der Membranfeder bewegt sich dabei in die entgegengesetzte Richtung und zieht damit die Anpressplatte von der Kupplungsscheibe weg. Damit verringert sich bei zunehmendem Druck auf das Kupplungspedal das übertragene Moment bis zur vollständigen Öffnung der Kupplung.

Wenn beim Anfahren die Kraft über das Kupplungspedal langsam zurückgenommen wird, entspannt sich die Membranfeder wieder und presst über die Anpressplatte zunehmend die Kupplungsscheibe auf das Motorschwungrad. Das übertragene Moment erhöht sich, das Fahrzeug fährt an. Wenn der Drehzahlangleich zwischen Motor und Getriebe stattgefunden hat, ist der Anfahrvorgang abgeschlossen und die Kupplung ist vollständig eingerückt.

Torsionsgefederte Kupplungsscheiben mit Drehschwingungsfedern im Innern (Bild 2) dämpfen Motorschwingungen und schonen das Getriebe. Sie dienen auch einem sanften Ansprechen der Kupplung beim Anfahren.

Bild 2: Kupplungsscheibe mit Kupplungsbelag.
1 Kupplungsbelag,
2 Mitnehmerscheibe der Kupplungsscheibe,
3 Drehschwingungsfedern (Torsionsdämpfer),
4 Nabe, zum Getriebe.

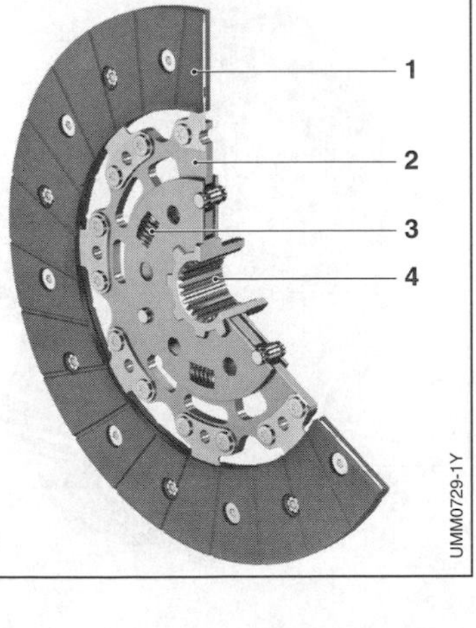

Einscheibenkupplungen werden sowohl in Pkw als auch in Nfz eingesetzt.

Zweischeibenkupplung
In seltenen Fällen gibt es Ausführungen für höhere Drehmomente mit zwei Kupplungsscheiben (Bild 3). Man wählt diese Ausführung, wenn für die Übertragung des geforderten Drehmoments die Einscheibenkupplung im Durchmesser oder der Anpresskraft zu groß werden würde.

Beide Kupplungsscheiben wirken auf nur eine Getriebeeingangswelle. Daher gehört auch die Zweischeibenkupplung zur Kategorie der Einfachkupplungen.

Ausführungsarten

Die Einfach- und auch die Doppelkupplung können sowohl als trockene Kupplung als auch in einer ölgekühlten „nassen“ Variante ausgeführt sein.

Trockene Kupplung
Kupplungsbeläge für trockene Kupplungen bestehen zum Beispiel aus organischen Materialien, die durch Harze gebunden werden. Die verwendeten Materialien sind denen von Bremsbelägen ähnlich. Es wird ein hoher Reibwert der Kupplungen angestrebt, um die Betätigungskraft und den Durchmesser der Kupplung klein zu halten.

Bild 3: Zweischeibenkupplung.
1 Vom Antriebsmotor,
2 Nabe, zum Getriebe,
3 Kupplungsscheibe 1 mit Belag,
4 Kupplungsscheibe 2 mit Belag.

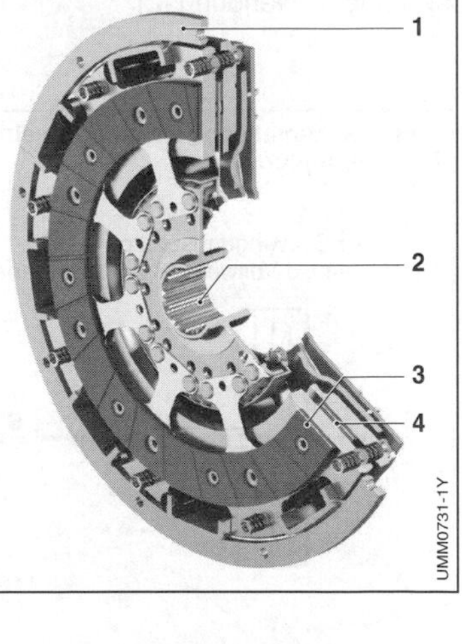

Nasse Kupplung
Bei nassen Kupplungen werden Mehrscheiben-Lamellenkupplungen mit papierähnlichen Belägen verwendet. Diese Kupplungen sind den Lastschaltelementen in Automatikgetrieben ähnlich (siehe Gangwechselelemente). Die Funktion des papierähnlichen Belags wird durch eine Ölbenetzung erhalten. Über einen Ölstrom durch Nuten der Kupplungslamellen kann mehr Wärme von der Kupplung abgeführt werden als bei trockenen Belägen, bei denen die Kühlung durch thermische Massen (Schwungrad, Anpressplatte) und von dort über Luftkonvektion erfolgt.

Betätigungseinrichtungen

Hydraulische Kupplungsbetätigung
Der Geberzylinder der hydraulischen Betätigungseinrichtung ist mechanisch mit dem Kupplungspedal verbunden. Die Hydraulikflüssigkeit wird dem Ausgleichsbehälter für die Bremsflüssigkeit entnommen. Beim Betätigen des Kupplungspedals wird auf den über eine Schlauchleitung verbundenen Nehmerzylinder in der Kupplung Druck aufgebaut und somit die Kupplung geöffnet.

Kupplungsbetätigung für Nfz
Für die Betätigung von Nfz-Kupplungen sind große Kräfte am Ausrücklager erforderlich. Für leichte Nfz werden druckluftverstärkte hydraulische Systeme eingesetzt, um die Fußkraft am Kupplungspedal zu reduzieren. Für schwere Nfz finden elektromechanische oder elektropneumatische Systeme Anwendung [2].

Bild 4: Schematische Darstellung einer Doppelkupplung.
1 Kupplung 1,
2 Kupplung 2,
3 von der Schwingungsentkopplung,
4 Hohlwelle, 5 Vollwelle, 6 zum Getriebe.

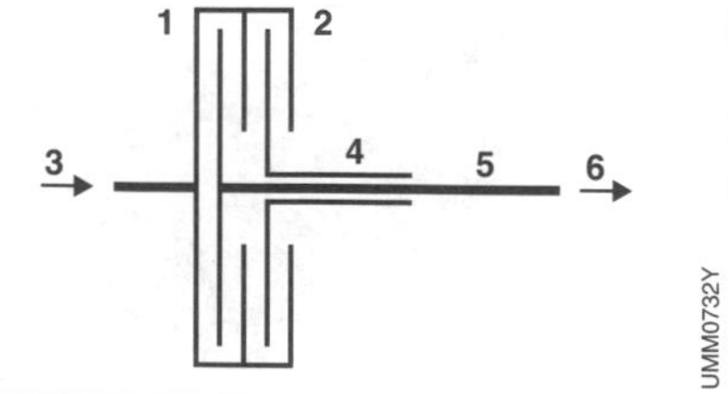

Doppelkupplung

Die Doppelkupplung (Bild 4 und Bild 5) zeichnet sich dadurch aus, dass zwei voneinander unabhängig bedienbare Kupplungen die Motorleistung auf zwei Getriebeeingangswellen (eine Voll- und eine Hohlwelle) übertragen. In den meisten Fällen wird die Doppelkupplung in Verbindung mit einem Doppelkupplungsgetriebe kombiniert (siehe Doppelkupplungsgetriebe).

Bild 5 zeigt eine Doppelkupplung mit ölgekühlten Mehrscheiben-Lamellenkupplungen. Dabei handelt es sich um sehr ähnliche Kupplungselemente, wie sie als Lastschaltelemente bei Planetenautomatikgetrieben eingesetzt werden. Die Betätigung erfolgt durch mitrotierende Kolben, die mittels Hydraulikdruck eine Axialkraft erzeugen. Werden die Lamellen mit zunehmender Axialkraft zusammengepresst, erhöht sich das über die Kupplung übertragbare Moment (siehe Lamellenkupplung).

Alternativ können die Lamellen auch über Ausrücklager zusammengepresst werden.

Bild 5: Konstruktive Ausführung einer Doppelkupplung.
1 Torsionsdämpfer, 2 vom Antriebsmotor,
3 von der Schwingungsentkopplung,
4 Vollwelle (verbunden mit Kupplung 1),
5 Hohlwelle (verbunden mit Kupplung 2),
6 Kupplung 1,
7 Kupplung 2,
8 Kolben für Kupplung 1,
9 Kolben für Kupplung 2.

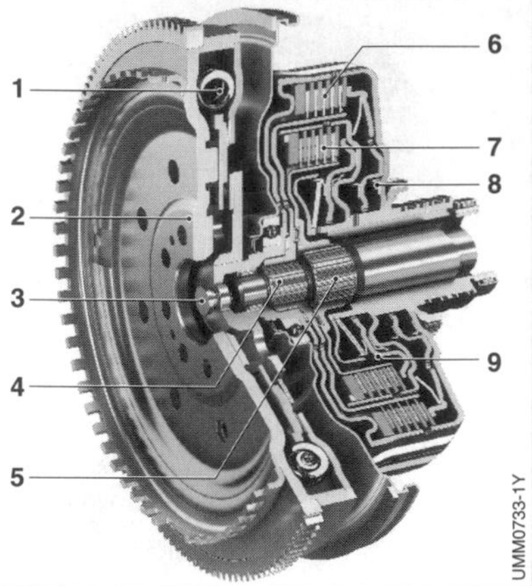

Hydrodynamischer Drehmomentwandler

Aufbau

Der hydrodynamische Drehmomentwandler (Bild 6 und Bild 7) besteht aus folgenden Bauteilen:

- Pumpenrad (mit dem Verbrennungsmotor verbunden),
- Turbinenrad (mit der Getriebeeingangswelle verbunden),
- Leitrad (über einen Freilauf mit dem Getriebegehäuse verbunden),
- Überbrückungskupplung und
- integrierter Torsionsdämpfer.

Arbeitsweise

Der Drehmomentwandler ist mit Hydrauliköl gefüllt. Um eine Verschäumung und Dampfblasenbildung des Öls zu verhindern, sorgt eine Zahnradpumpe für einen Öldruck von 2...5 bar. Die vom Motor eingeleitete kinetische Energie wird im Pumpenrad in hydraulische Energie umgewandelt. Je schneller sich das vom Motor angetriebene Pumpenrad mit der Drehzahl n_P dreht, umso mehr Öl wird aufgrund der Fliehkraft von innen nahe der

Bild 7: Konstruktive Darstellung des hydrodynamischen Drehmomentwandlers.
1 Überbrückungskupplung,
2 Torsionsdämpfer,
3 vom Antriebsmotor,
4 zur Getriebeeingangswelle,
5 Anbindung an Getriebegehäuse,
6 Pumpenrad,
7 Turbinenrad,
8 Leitrad,
9 Freilauf.

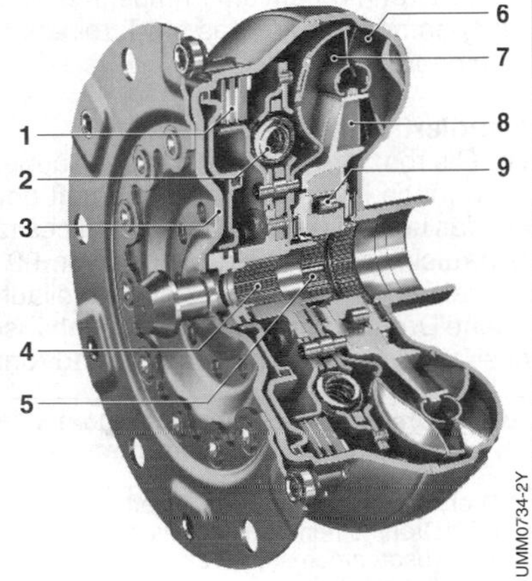

Bild 6: Hydrodynamischer Drehmomentwandler.
a) Schematische Darstellung im Querschnitt,
b) Ölströmungsverlauf.
Das Turbinen- und das Pumpenrad drehen sich derart, dass sich die sichtbare Vorderseite nach unten bewegt. Das Leitrad, das sich im Wandlungsbereich in entgegengesetzter Richtung bewegen möchte, stützt sich über einen Freilauf am Getriebegehäuse ab.
Die runden Pfeile in linken Teilbild symbolisieren die Strömungsrichtung des Öls.
1 Turbinenrad,
2 Leitrad,
3 Pumpenrad,
4 Hohlwelle für Leitradabstützung,
5 Gehäuse (feststehend),
6 Pumpenradhohlwelle für Antrieb der Getriebeölpumpe,
7 Wandlerdeckel mit dem Pumpenrad verbunden,
8 Leitradfreilauf,
9 Turbinenwelle (Getriebeeingang),
10 Drehrichtung des Turbinenrads,
11 Strömungsrichtung des Öls,
12 Drehrichtung des Pumpenrads.

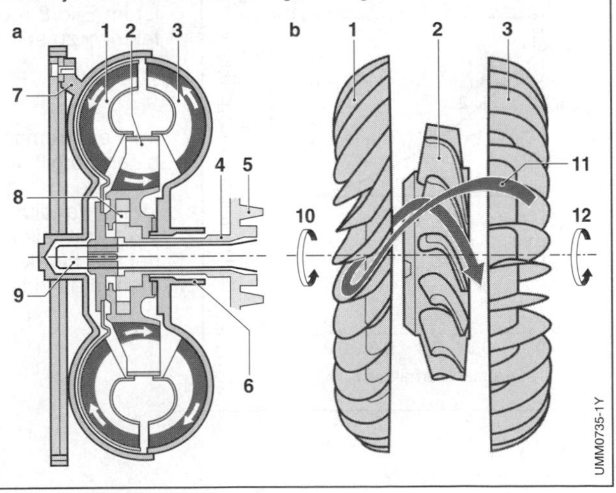

Drehachse radial nach außen gefördert. Dieser Ölstrom trifft im benachbarten Turbinenrad auf Schaufeln. Die Umlenkung des Ölstroms auf diesen Schaufeln bewirkt ein Moment, das auf die Getriebeeingangswelle wirkt. Da die Wandlung mittels der hydrodynamischen Trägheit des Öls erfolgt, arbeitet der hydrodynamische Drehmomentwandler verschleißfrei.

Das Drehmoment am Pumpenrad heißt Pumpenmoment M_P, das am Turbinenrad Turbinenmoment M_T.

Wandlerüberhöhung

Der Ölstrom wird im Turbinenrad von außen radial nach innen gefördert und trifft dort auf das Leitrad (Bild 6). Das Leitrad besitzt Schaufeln, die eine Krümmung von 90 ° aufweisen und sich mittels eines Freilaufs in eine Drehrichtung am Getriebegehäuse abstützen. Solange das Turbinenrad (und damit der Getriebeeingang) steht oder sich nur langsam mit der Drehzahl n_T dreht, bewirken die Leitradschaufeln einen Ölstau, welcher zu einer Reaktionsmomenterhöhung am Turbinenrad führt. Durch die Abstützung des Ölstroms mittels Leitrad mit dem Leitradmoment M_L am Getriebegehäuse ist es möglich, dass auf die Getriebeeingangswelle ein höheres Moment übertragen wird, als der Verbrennungsmotor in den Wandler einspeist. Man spricht hier von einer Wandlerüberhöhung. Für den Drehmomentwandler gilt das Momentgleichgewicht:

$$M_P + M_T + M_L = 0$$

In Bezug auf den Drehmomentwandler ist das Pumpenmoment ein Antriebsmoment, und damit ist das Vorzeichen positiv, während das Turbinenmoment ein Abtriebsmoment ist, und damit ist das Vorzeichen negativ.

Die Umlenkung des Ölstroms im Leitrad ist am größten, wenn der Drehzahlunterschied zwischen Pumpen- und Turbinenrad am größten ist – also beim Anfahren. Dann gibt es auch die größte Drehmomenterhöhung. Mit zunehmender Drehzahl des Turbinenrads (d.h. der Getriebeeingangswelle) verändert sich der Aufprallwinkel des Ölstroms auf die Leitradschaufeln. Der Ölstau und damit das am Getriebegehäuse abgestützte Moment werden geringer. Die Wandlerüberhöhung nimmt ab. Der Verlauf ist im Bild 8 am Drehmomentwandlungsfaktor γ zu erkennen:

$$\gamma = -\frac{M_T}{M_P}\,.$$

Im Festbremspunkt bei stehendem Turbinenrad gilt üblicherweise $1{,}7 < \gamma < 2{,}4$. Solange $\gamma > 1$ gilt, befindet sich der Wandler im Wandlungsbereich. Der Bereich mit $\gamma = 1$ wird als Kupplungsbereich bezeichnet, da hier keine Drehmomentwandlung mehr stattfindet.

Bild 8: Drehmomentwandlungsfaktor im hydrodynamischen Drehmomentwandler.
1 Festbremspunkt,
2 Drehmoment M_T am Turbinenrad bzw. Drehmomentwandlungsfaktor γ,
3 Antriebsdrehmoment M_P am Pumpenrad.
a Wandlungsbereich,
b Kupplungsbereich.
n_T Drehzahl des Turbinenrads,
n_P Drehzahl des Pumpenrads.

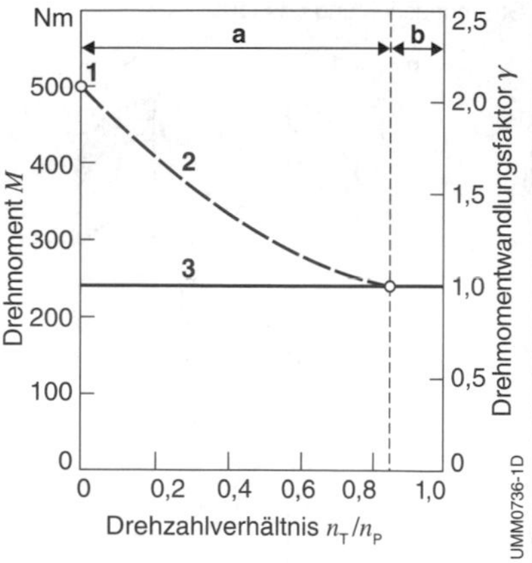

Wenn der Drehmomentwandlungsfaktor γ auf 1 gesunken ist, wirkt die Ölströmung auf die Leitradschaufeln entgegen der bisherigen Momentrichtung. Der Freilauf, der die Verbindung zwischen Leitrad und dem Getriebegehäuse darstellt, überträgt in diese Richtung kein Moment. Das Leitrad läuft nun momentfrei in der Ölströmung mit. Das Mitdrehen des Leitrads verhindert im Kupplungsbereich eine unerwünschte Umlenkung des Ölstroms und damit eine Verschlechterung des Wandlerwirkungsgrads.

Überbrückungskupplung

Auch im Kupplungsbereich erreicht das Turbinenrad nie ganz die Drehzahl des Pumpenrads, es bleibt ein Drehzahlunterschied von 2...3 %. Ohne diesen Schlupf könnte kein Drehmoment übertragen werden. Um die daraus entstehenden Verluste im Wandler bei $n_T \approx n_P$ so klein wie möglich zu halten, wird die hydrodynamische Übertragung durch eine Lamellenkupplung überbrückt. Dabei wird die Turbinenwelle – also die Getriebeeingangswelle – zum Beispiel mit dem Wandlergehäuse gekoppelt. Um den hohen Schwingungskomfort der hydrodynamischen Entkoppelung aufrecht zu erhalten, werden in den Leistungspfad der Überbrückungskupplung ein oder mehrere Torsionsdämpfer eingefügt.

Vorteile des hydrodynamischen Drehmomentwandlers

Aufgrund der Wandlerüberhöhung beim Anfahren ist der hydrodynamische Drehmomentwandler sehr gut für Fahrzeuge geeignet, die schwere Anhänger (z.B. Wohnwagen) ziehen müssen. Weitere Vorteile ergben sich aus der Verschleißfreiheit dieses Anfahrelements und dem guten Fahrkomfort, bedingt durch hydrodynamische Momentenübertragung.

Schwingungsentkoppelung

Eine wesentliche Anforderung an den Antriebsstrang ist der Komfort. Die Anforderungen an die Schwingungsentkoppelung wachsen stetig, da Optimierungen im Brennverfahren der Motoren, kleinere Hubräume mit Turboaufladung, niedrigere Motordrehzahlen in allen Fahrbereichen und eine Reduzierung der Zylinderzahlen zwar den Kraftstoffverbrauch senken, aber aufgrund von hohen Radialbeschleunigungen der Kurbelwelle eine höhere Drehunförmigkeit des Verbrennungsmotormoments verursachen.

Aufgabe der Schwingungsentkoppelung ist die Reduzierung der Drehschwingungen, die bauartbedingt durch den Verbrennungsmotor entstehen. Die Schwingungsentkoppelung kann durch Schlupf am Anfahrelement, durch eine Dämpfung der Unförmigkeit, eine Zwischenspeicherung von Energie in einer Feder, einer Tilgung oder eine Kombination mehrerer Verfahren erfolgen.

Bild 9: Zweimassenschwungrad mit Torsionsdämpfer (Konstruktive Ausführung).
1 Torsionsdämpfer (Schraubenfeder),
2 Primärschwungrad mit Starterzahnkranz (vom Antriebsmotor),
3 Sekundärschwungrad,
4 zum Anfahrelement.

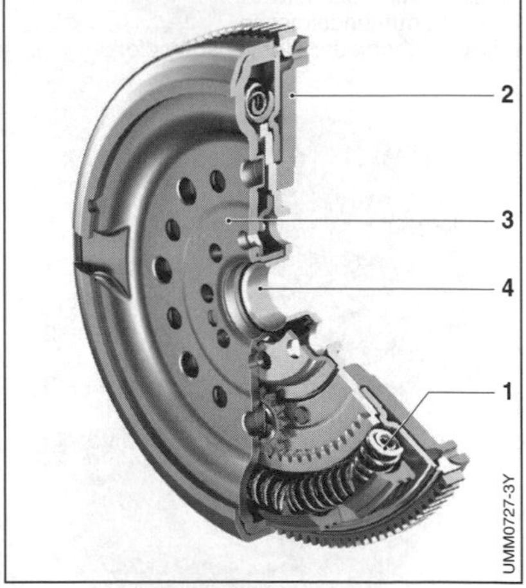

Bei der Schwingungsentkoppelung durch Schlupf am Anfahrelement wird die mechanische Energie der Schwingung durch Reibung in Wärme umgewandelt. Diese Energie geht damit dem eigentlichen Antrieb verloren. Daher wird diese Möglichkeit der Schwingungsentkoppelung mittlerweile nur noch sporadisch bei schwingungstechnisch kritischen Situationen (z. B. niedrigen Drehzahlen) eingesetzt.

Torsionsdämpfer und Zweimassenschwungrad

Der Torsionsdämpfer besteht aus kreisförmig zwischen Motor und Anfahrelement angeordneten Schraubenfedern (Bild 9), die während der Schwingung Energie in der Kompression der Federn (durch eine begrenzte Verdrehung zwischen Kurbelwelle und Getriebeeingang) zwischenspeichern und wieder an den Getriebeeingang abgeben. Durch Variation von Federsteifigkeit und Durchmesser kann der Torsionsdämpfer an die jeweilige Kombination aus Motor und Antriebsstrang angepasst werden.

Beim Zweimassenschwungrad wird die Masse des Motorschwungrads aufgeteilt und der Torsionsdämpfer zwischen die beiden Schwungmassen platziert (Bild 9), die über eine getrennte Axial- und Radiallagerung gegeneinander verdrehbar gelagert sind. Durch die Aufteilung in die Primärschwungmasse auf der Motorseite und die Sekundärschwungmasse auf der Getriebeseite wird das Massenträgheitsmoment auf der Getriebeseite erhöht. Durch niedrige Federsteifigkeit kann eine gezielt „weiche" Abstimmung der Federeinheiten, die beide Schwungmassen miteinander verbinden, erfolgen. Damit wird die Resonanzfrequenz des Zweimassenschwungrads deutlich unter die Leerlaufdrehzahl des Motors und der anregenden Motorordnungen verlagert. Dadurch wird eine Eigenschwingung des Zweimassenschwungrads vermieden.

Zweimassenschwungräder finden Anwendung in Fahrzeugen ab der Kompaktklasse.

Bild 10: Fliehkraftpendel und Torsionsdämpfer
1 Vom Antriebsmotor,
2 zum Anfahrelement,
3 Fliehkraftpendelmasse,
4 Schraubenfeder (Torsionsdämpfer).

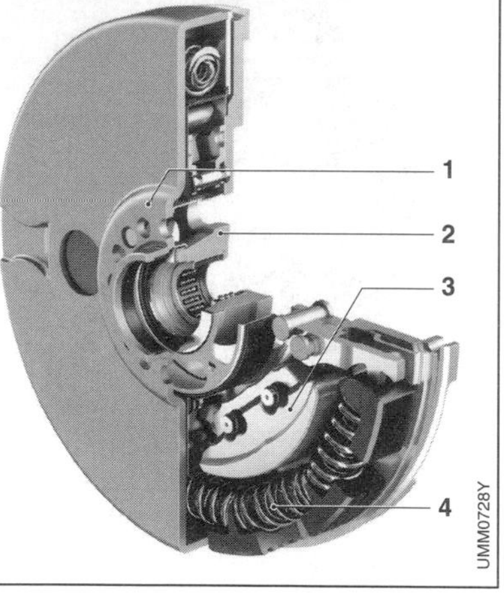

Fliehkraftpendel

Beim Fliehkraftpendel wird die Drehunförmigkeit mittels einer Gegenkraft durch zusätzlich im Torsionsdämpfer angebrachte schwingende Massen ausgeglichen (Bild 10). Durch geeignete Hebelverhältnisse können die schwingenden Massen verhältnismäßig klein gegenüber der zu entkoppelnden Masse des Verbrennungsmotors gewählt werden. Das Fliehkraftpendel ist drehzahladaptiv, da mit zunehmender Drehzahl die Zentrifugalbeschleunigung auf die schwingende Masse zunimmt.

Fliehkraftpendel sind teurer in der Herstellung, haben aber den Vorteil der geringeren Masse gegenüber den Zweimassenschwungrädern. Sie kommen in Fahrzeugen ab der Kompaktklasse zum Einsatz.

Literatur

[1] H. Naunheimer; B. Bertsche; J. Ryborz; W. Novak; P. Fietkan: Fahrzeuggetriebe – Grundlagen, Auswahl, Auslegung und Konstruktion. 3. Aufl., Springer-Verlag, 2019.
[2] P. Gerigk; D. Bruhn; J. Göbert: Kraftfahrzeugmechatronik – Nutzfahrzeugtechnik, 1. Aufl., Westermann Schulbuchverlag, 2016.

Übersetzungsgetriebe

Für die Anpassung des von der Antriebsmaschine zur Verfügung gestellten Drehmoments und der Leistung an die jeweilige Fahrsituation und die Wünsche des Fahrers werden im Schaltgetriebe unterschiedliche Übersetzungsverhältnisse umgesetzt. Jedes Übersetzungsverhältnis wird als Gang bezeichnet. Zusammen mit der Übersetzung des Achsgetriebes wird die hohe Motordrehzahl auf die für den Fahrbetrieb erforderlichen Raddrehzahlen umgesetzt.

Schaltgetriebe sind eine Kombination aus Übersetzungsgetriebe und Gangwechselelementen. Zwischen Antriebsmaschine und Schaltgetriebe sind die Schwingungsentkopplung und das Anfahrelement angeordnet (siehe Antriebsstrang).

Weiterführende Literatur zu Getrieben siehe [1] und [2].

Komponenten in Schaltgetrieben

Übersetzungsgetriebe

Zahnräder

Das Zahnrad ist ein Maschinenelement, das an seinem kreisförmigen Umfang gleichmäßig verteilte Zähne aufweist. Durch einen formschlüssig nacheinander erfolgenden Eingriff der Zähne eines Zahnrads mit den Zähnen anderer Zahnräder werden Drehmoment und Drehbewegung übertragen. Durch unterschiedliche Zähnezahlen der Zahnräder – und somit unterschiedlichen Zahnraddurchmessern (Bild 1) – wird das Übersetzungsverhältnis bei der Übertragung von einem Zahnrad auf das andere Zahnrad bestimmt. Mit diesem Übersetzungsverhältnis werden Drehzahlen und Drehmomente gegenläufig proportional gewandelt, die Leistung bleibt abgesehen vom Wirkungsgrad gleich. Die Vorteile eines Zahnradgetriebes liegen in seiner hohen Leistungsdichte durch schlupffreie Übertragung.

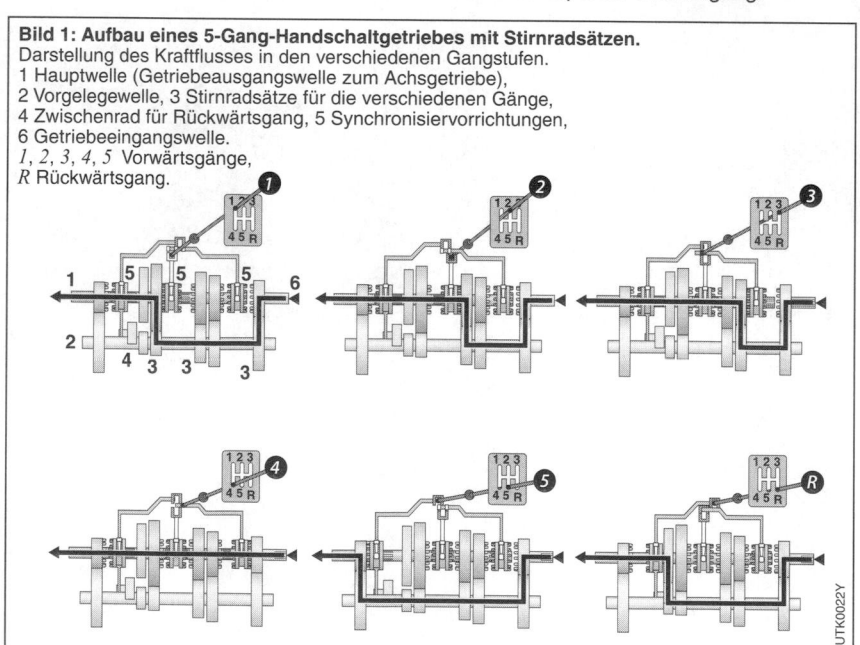

Bild 1: Aufbau eines 5-Gang-Handschaltgetriebes mit Stirnradsätzen.
Darstellung des Kraftflusses in den verschiedenen Gangstufen.
1 Hauptwelle (Getriebeausgangswelle zum Achsgetriebe),
2 Vorgelegewelle, 3 Stirnradsätze für die verschiedenen Gänge,
4 Zwischenrad für Rückwärtsgang, 5 Synchronisiervorrichtungen,
6 Getriebeeingangswelle.
1, 2, 3, 4, 5 Vorwärtsgänge,
R Rückwärtsgang.

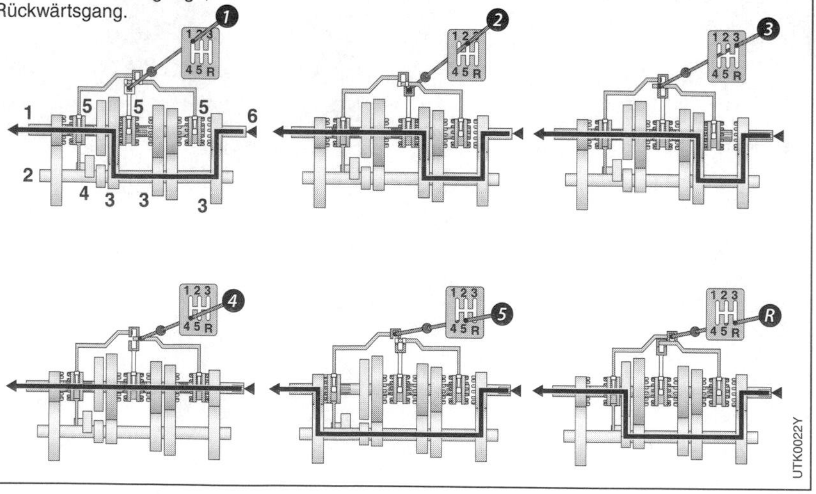

Die am häufigsten verwendete Verzahnungsform bei Übersetzungsgetrieben ist die Evolventenverzahnung. Dabei bildet der Querschnitt einer Zahnflanke einen Teil einer Kreisevolvente ab (Bild 2). Dadurch wird gewährleistet, dass sich die im Eingriff stehenden Zähne entlang einer geraden Eingriffslinie berühren. Ziel der Evolventenverzahnung ist ein hoher Wälz- und ein dementsprechend geringer Gleitanteil bei der Drehmomentübertragung, um Abnutzung und Wärmeentwicklung in der Verzahnung zu minimieren. Weitere Vorteile der Evolventenverzahnung ist die hohe Toleranz gegenüber Achsabstandstoleranzen und die relativ einfache Herstellbarkeit. Bild 3 zeigt die Bestimmungsgrößen eines Zahnrads auf.

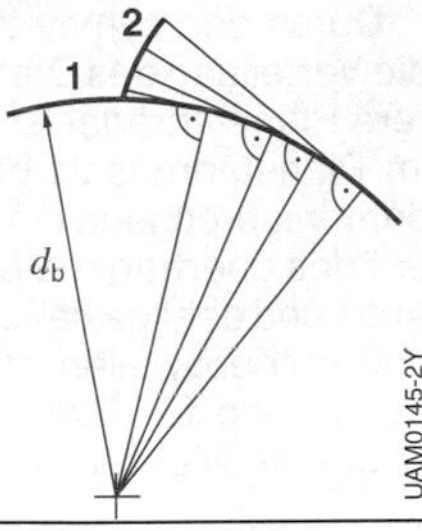

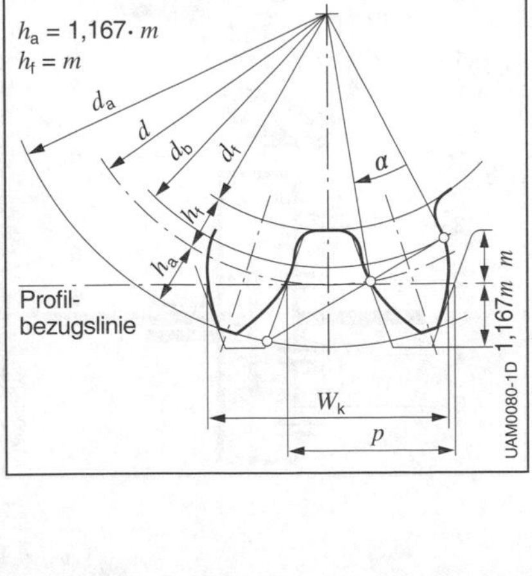

Gerad- und Schrägverzahnung
Meist werden in Stirnradgetrieben schräg verzahnte Zahnräder eingesetzt. Bei diesen Zahnrädern sind die Zähne nicht parallel zu den Getriebeachsen, sondern schräg dazu angeordnet (Bild 4c). Kommen die Zähne zweier Zahnräder in Eingriff, tragen die Zähne nicht von Anfang an auf ihrer vollen Zahnbreite, wie dies bei geradverzahnten Stirnrädern (Bild 4b) der Fall ist. Stattdessen steigt die tragende Zahnbreite beim Weiterdrehen der Zahnräder langsam an, bis die Zähne auf ihrer vollen Breite Kontakt haben. Beim Herausdrehen aus der Eingriffszone sinkt die belastete Zahnbreite ebenso langsam ab. Damit sind die kinetischen Impulse beim Zahneingriff deutlich kleiner als bei geradverzahnten Zahnrädern. Demzufolge werden weniger Schwingungen angeregt, was einen leiseren Lauf der Zahnräder ermöglicht.

Bild 2: Kreisevolvente.
1 Grundkreis,
2 Evolvente,
d_b Grundkreisdurchmesser.

Bild 3: Bestimmungsgrößen am Zahnrad.
d_a Kopfkreisdurchmesser,
d Teilkreisdurchmesser,
d_b Grundkreisdurchmesser,
d_f Fußkreisdurchmesser,
h_a Zahnkopfhöhe,
h_f Zahnfußtiefe,
W_k Zahnweite,
p Teilung $p = \pi m$;
m Modul,
α Eingriffswinkel.

$$h_a = 1{,}167 \cdot m$$
$$h_f = m$$

Profilbezugslinie

Bild 4: Stirnradsatz.
a) Schematische Darstellung,
b) Konstruktive Ausführung eines geradverzahnten Stirnradsatzes,
c) Konstruktive Ausführung eines schrägverzahnten Stirnradsatzes,
1 Stirnrad, 2 Achse.

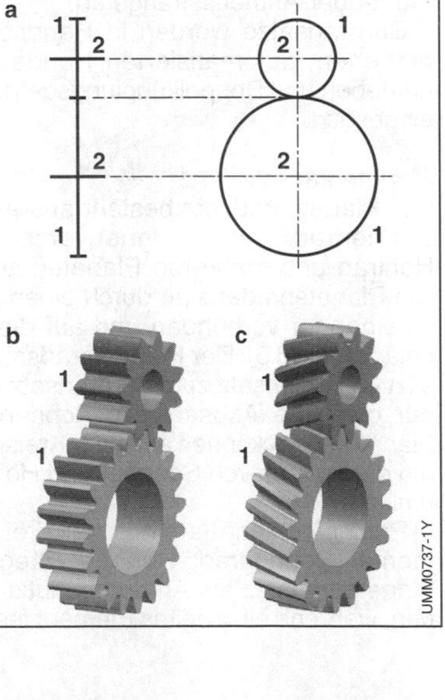

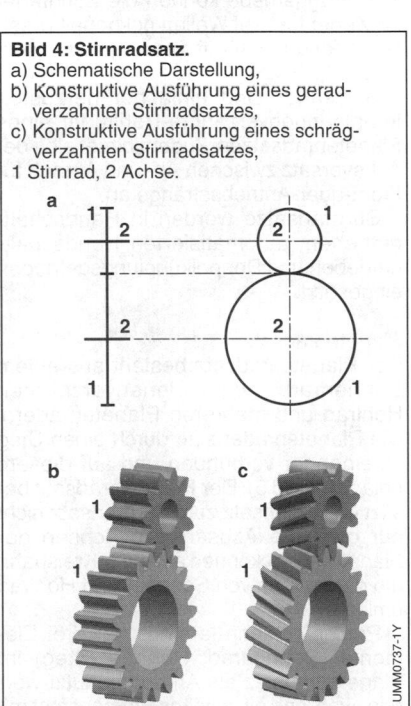

Akustisch kennt man den Unterschied zwischen Gerad- und Schrägverzahnung von älteren Handschaltgetrieben. Dort ist der Rückwärtsgang geradverzahnt und „heult“ bei Rückwärtsfahrt, während die Vorwärtsgänge bei Vorwärtsfahrt akustisch unauffällig sind. Ein weiterer Vorteil schrägverzahnter Zahnräder ist eine höhere Belastbarkeit, da sich mehr Zähne gleichzeitig im Eingriff befinden als bei gerdaverzahnten Zahnrädern

Durch die Schrägverzahnung entstehen Axialkräfte, die mittels einer geeigneten Lagerung aufgenommen werden müssen. Zudem ist die Fertigung etwas aufwändiger als bei geradverzahnten Stirnrädern.

Stirnradsatz

In Stirnradsätzen sind die Zahnräder auf parallelen Achsen angeordnet (Bild 4). Eines der Zahnräder wird angetrieben, das andere ist mit dem Abtrieb gekoppelt. Aus den unterschiedlichen Zähnezahlen ergibt sich die Drehzahlübersetzung vom Antriebs- auf das Abtriebszahnrad. Im Fahrzeuggetriebe können die Zahnräder entweder fest auf Wellen gekoppelt (Festrad) oder drehbar auf diesen gelagert sein (Losrad).

Stirnräder sind einfacher herzustellen als innenverzahnte Hohlräder eines Planetenradsatzes. Zudem bietet sich der Achsversatz zwischen An- und Abtrieb für Front-quer-Antriebsstränge an.

Stirnradsätze werden in Handschaltgetrieben, automatisierten Handschaltgetrieben und Doppelkupplungsgetrieben eingesetzt.

Planetenradsatz

Der Planetenradsatz besteht aus einem Sonnenrad, einem innenverzahnten Hohlrad und mehreren Planetenrädern. Die Planetenräder sind durch einen Steg miteinander verbunden und auf diesem gelagert (Bild 5). Der Planetenradsatz besitzt im Gegensatz zum Stirnradsatz nicht nur ortsfeste Achsen. Die Achsen der Planetenräder können auf einer Kreisbahn um die Achsen von Sonnen- und Hohlrad umlaufen.

Prinzipiell kann je eines der drei Elemente (Sonnenrad, Hohlrad, Steg) im Planetenradsatz als Antrieb benutzt werden, während ein zweites Element fest mit dem Getriebegehäuse gekoppelt wird, um über ein drittes Element abzutreiben. Mit drei Möglichkeiten des Antriebs und drei Möglichkeiten des Abtriebs (bei jeweils stillstehendem drittem Element) ergeben sich sechs verschiedene Übersetzungsverhältnisse, die ein Planentenradsatz bei entsprechender Verkoppelung bietet. Zudem kann durch Koppelung der drei Elemente untereinander ein Umlauf des Planetenradsatzes als Block mit dem Übersetzungsverhältnis eins als siebte Übersetzung realisiert werden. Allerdings sind die Übersetzungen eines Planetenradsatzes nicht so gestuft, dass ein Planetenradsatz allein für die gewünschten Übersetzungen eines Pkw-Getriebes nutzbar wäre.

Durch den symmetrischen Aufbau und die Verteilung des Drehmoments auf mehrere Planetenräder ist die Leistungsdichte im Planetenradsatz besonders hoch und dementsprechend die Baugröße in Bezug auf das übertragene Drehmoment gering. Aufgrund der koaxialen Lage der Antriebs- und Abtriebswellen ist diese Bauform insbesondere für Standardantriebsstränge geeignet. Mehrere über Schaltelemente

Bild 5: Planetenradsatz.
a) Konstruktiove Ausführung,
b) Schema.
1 Sonnenrad, 2 Welle für Sonnenrad,
3 Planetenräder, 4 Hohlrad,
5 Hohlwelle für Hohlrad,
6 Welle mit Planetenradträger.

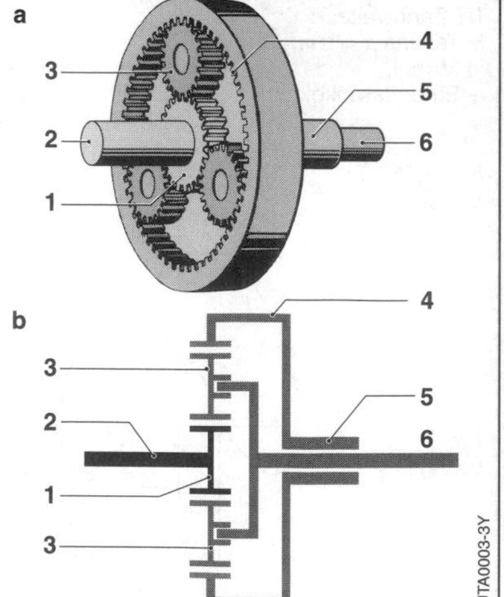

kombinierte Planetenradsätze werden vorwiegend in Planetenautomatikgetrieben eingesetzt.

Darüber hinaus besteht die Möglichkeit, einen Planetenradsatz als Summier- oder Verteilergetriebe einzusetzen. In diesem Fall wird keines der Planetenradsatzelemente mit dem Gehäuse gekoppelt. Im Einsatz als Summiergetriebe werden zwei Elemente des Planetenradsatzes angetrieben und über das dritte Element abgetrieben. Im Einsatz als Verteilergetriebe fungiert eines der Planetenradsatzelemente als Antrieb, die beiden anderen als Abtrieb.

Gangwechselelemente

Aufgabe der Synchronisierung

Handschaltgetriebe, automatisiert geschaltete Getriebe und Doppelkupplungsgetriebe haben in der Regel für jeden Gang einen Stirnradsatz, dessen Zähne ständig im Eingriff sind (Bild 1). Jeweils ein Zahnrad des Stirnradsatzes sitzt fest auf der Welle, das andere ist drehbar gelagert. In Bild 1 sind die Zahnräder mit Ausnahme des ersten Zahnrads auf der Hauptwelle drehbar gelagert (Losräder, Schalträder). Die jeweiligen gegenüberliegenden Zahnräder auf der Vorgelegewelle sind fest mit der Welle verbunden und somit nicht auf ihr drehbar (Festräder). Die Schalträder werden alle durch das jeweils gegenüberliegende Festrad permanent angetrieben. Bei nicht eingelegtem Gang drehen die Schalträder somit mit einer von der Welle unterschiedlichen Drehzahl.

Bei einem Gangwechsel wird das entsprechende Schaltrad auf die Wellendrehzahl beschleunigt oder verzögert. Bei vorhandenem Gleichlauf wird eine kraftschlüssige Verbindung mit der Welle hergestellt. Die Vorrichtung, die die Drehzahlgleichheit herstellt, wird als Synchronisierung bezeichnet.

Aufbau

Der Synchronkörper ist mit der Welle formschlüssig verbunden (Bild 6). Er trägt die axial verschiebbare Schiebemuffe. Der Synchronkörper hat Aussparungen für drei Gleitsteine, die über zwei Druckfedern nach außen gegen die Schiebemuffe gedrückt werden. Die Schiebemuffe weist innen eine Klauenverzahnung auf, die Aussparungen für die Gleitsteine besitzt. So ist es möglich, die Schiebemuffe mit den

Bild 6: Synchronisierung.
a) Zusammenbau,
b) Explosionsdarstellung.
1 Hauptwelle, 2 loses Schaltrad, 3 Schaltkranz mit Kupplungszähnen,
4 Synchronkörper (fest auf der Hauptwelle gelagert), 5 Druckfeder, 6 Rastenbolzen, 7 Gleitstein,
8 Schiebemuffe mit Klauenverzahnung, 9 Synchronring mit Innenkonus und Sperrzähnen,
10 loses Schaltrad mit Synchronkegel (Synchronkonus) und Schaltverzahnung.

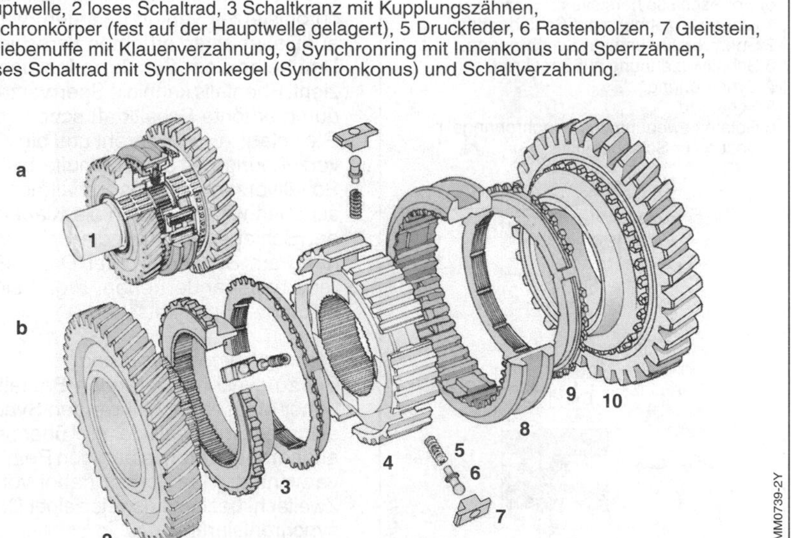

Gleitsteinen nach rechts und nach links zu verschieben.

Synchronisiervorgang
Beim Synchronisiervorgang wird durch Verschieben der Schiebemuffe mit den Gleitsteinen der Synchronring in Richtung der kegelförmigen Reibfläche am zu schaltenden Schaltrad geschoben (Bild 6). Im Synchronring sind Aussparungen für die Gleitsteine eingearbeitet, die Gleitsteine nehmen den Synchronring mit. Über das Anpressen des Synchronrings mit der Kraft F_S auf die kegelförmige Reibfläche des Schaltrads wird mittels Gleitreibung ein Moment M_S erzeugt, welches das Schaltrad an die Drehzahl der Welle angleichen möchte. Eine am Synchronring angebrachte Sperrverzahnung verhindert, dass vor dem Gleichlauf von Schaltrad und Welle die Klauenverzahnung der Schiebemuffe in die Schaltverzahnung des Schaltrads einspurt (Bild 7). Dabei liegt die Klauenverzahnung der Schiebemuffe an den Zahnschrägen der Sperrverzahnung auf dem Synchronring an und das Reibmoment des Synchronrings wirkt einem Ausweichen der Sperrverzahnung entgegen. Ein weiteres Verdrehen des Synchronrings relativ zur Schiebemuffe wird durch die axial verschiebbaren Gleitsteine verhindert.

Die Aussparungen für die Gleitsteine im Synchronkörper sind genauso breit wie die Gleitsteine, die Aussparungen im Synchronring sind etwas breiter. So kann sich der Synchronring wie in Bild 7 dargestellt relativ um einen kleinen Winkel bewegen. Die Gleitsteine übertragen das Drehmoment vom Synchronkörper auf den Synchronring. Die Außenverzahnung von Synchronkörper, Synchronring und Schaltverzahnung sind so dimensioniert, dass sie einen Formschluss mit der Klauenverzahnung der Schiebemuffe herstellen können.

Ist der Gleichlauf von Schaltrad und Welle erreicht, ist das Synchronmoment und damit auch das an der Sperrverzahnung wirkende Moment null. Die anliegende Schaltkraft F_S bewirkt nun über die Zahnschrägen der Sperrverzahnung des Synchronrings ein Drehen des Synchronrings relativ zur Schiebemuffe, sodass die Klauenverzahnung der Schiebemuffe über die Sperrverzahnung des Synchronrings in die Schaltverzahnung des Schaltrads geschoben werden kann. Damit wird der Formschluss zwischen Welle und Schaltrad hergestellt.

Durch erhöhte Schaltkraft kann die Synchronisierzeit verkürzt werden, was aber auf Dauer einen erhöhten Verschleiß des Reibbelags am Synchronring nach sich zieht. Ebenfalls kann die Sperrverzahnung durch erhöhte Schaltkraft schon vor dem Gleichlauf zurückgedreht und die Klauenverzahnung der Schiebemuffe bis an die Schaltverzahnung des Schaltrads vorgeschoben werden. Wenn die Klauenzähne der Schiebemuffe und die Schaltverzahnung am Schaltrad unter Drehzahldifferenz aufeinandertreffen, ergibt sich das bekannte „Schaltratschen".

Bild 7: Synchronisiervorgang.
Kraft F_S auf den Synchronring.
a) Synchronisieren und sperren,
b) Synchronring zurückdrehen,
c) Formschluss herstellen.
1 Klauenverzahnung auf Schiebemuffe,
2 Sperrverzahnung auf Synchronring,
3 Schaltverzahnung auf Schaltrad,
4 Synchronring,
5 Schaltrad,
6 Relativbewegung des Synchronrings in Bezug zur Schiebemuffe.

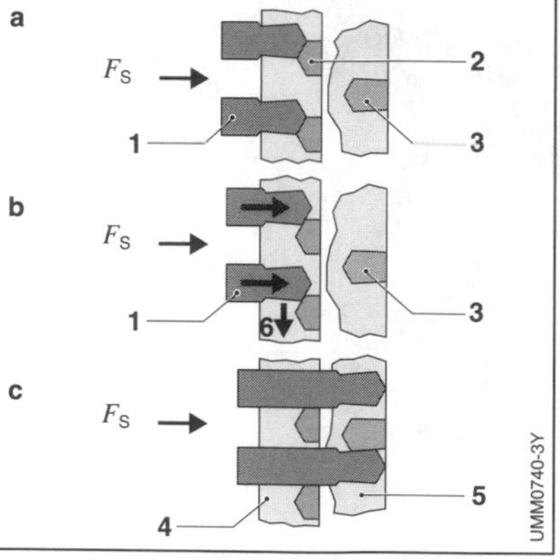

Mehrfachsynchronisierung
Bei zu synchronisierenden Bauteilen mit hoher Massenträgheit werden Synchronisierungen mit zwei oder drei übereinander angeordneten konusförmigen Reibflächen verwendet. Man spricht dabei von einer Zweifach- beziehungsweise einer Dreifachsynchronisierung.

In Getrieben werden oft zwei, teilweise sogar drei Ausprägungsformen der Synchronisierung verbaut. Meist sind die Schalträder des ersten Gangs und des Rückwärtsgangs mit einer Dreifachsynchronisierung ausgerüstet, weil hier die Drehzahldifferenzen zwischen Schiebemuffe und lose laufenden Schaltrad größer als in höheren Gängen ist. Die Schalträder des zweiten und des dritten Gangs sind mit einer Zweifachsynchronisierung und die übrigen Gänge mit einer Einfachsynchronisierung ausgestattet. Das hat bei Handschaltgetrieben den Vorteil, dass die Schaltkräfte für alle Gänge ähnlich hoch ausfallen.

Lamellenkupplung

Eine Lamellenkupplung besteht üblicherweise aus mehreren Innen- und Außenlamellen. Dabei besitzen die Innenlamellen an ihrem Innendurchmesser Mitnahmeverzahnungen zum Beispiel für die Ankoppelung der Kupplung an Bauteile im Getriebe, an den Außenlamellen sitzen die Mitnahmeverzahnungen am Außendurchmesser (Bild 8). In jedem Reibkontakt ist je eine Lamelle mit einem papierähnlichen Belag beklebt, in der Regel ist dies die Lamelle mit der Innenverzahnung. Die andere Lamelle besitzt eine glatte Stahloberfläche.

Durch die Ankoppelung über die Verzahnung sind die Lamellen axial verschiebbar. Über eine Hydraulik können sie zusammengepresst werden (Bild 8), sodass eine kraftschlüssige Verbindung entsteht.

Durch die Verwendung von mehreren abwechselnd gestapelten Innen- und Außenlamellen und die damit erzielte größere Belagfläche kann bei gleicher Betätigungskraft ein höheres Moment übertragen werden. Um eine effiziente Kühlung der Lamellenkupplung zu erreichen, wird der Papierbelag mit Nuten für einen beständigen Kühlöldurchfluss versehen.

Die ölgekühlte Anfahrkupplung und die Doppelkupplung sind Ausführungsformen der Lamellenkupplung. Lamellenkupplungen sind auch für die Funktion von Planetenautomatikgetrieben von zentraler Bedeutung, bei denen der zu schaltende Gang reibschlüssig und ohne Zugkraftunterbrechung in den Energiefluss gebracht wird.

Lamellenbremse

Die Lamellenbremse ist eine Sonderform der Lamellenkupplung. Die Lamellenbremse unterscheidet sich dadurch, dass z.B. die Außenlamellen mit einem nicht rotierenden Bauteil wie dem Getriebegehäuse verbunden sind und die Kupplungslamellen im geschlossenen Zustand still stehen, während die Elemente einer Lamellenkupplung im geschlossenen Zustand rotieren. Die Lamellenbremse kann z.B. für die Abstützung eines Planetenradsatzelements gegenüber dem Getriebegehäuse genutzt werden, um so eine Gangübersetzung zu realisieren.

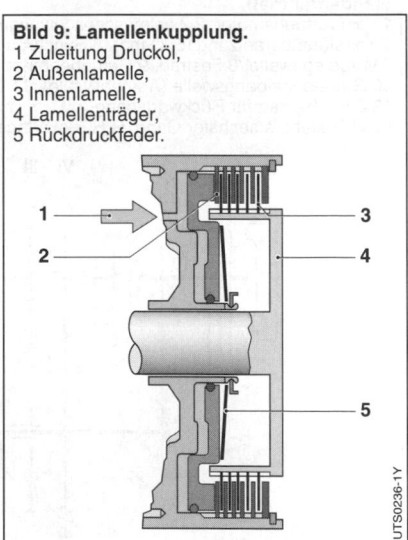

Bild 8: Lamellenkupplung.
1 Innenlamelle mit Innenverzahnung,
2 Außenlamelle mit Außenverzahnung.

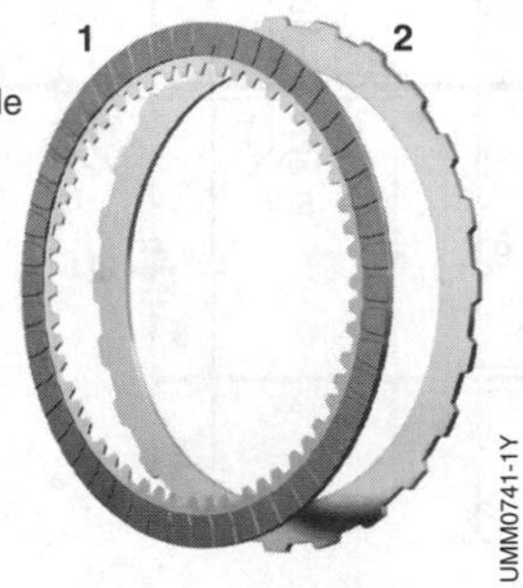

Bild 9: Lamellenkupplung.
1 Zuleitung Drucköl,
2 Außenlamelle,
3 Innenlamelle,
4 Lamellenträger,
5 Rückdruckfeder.

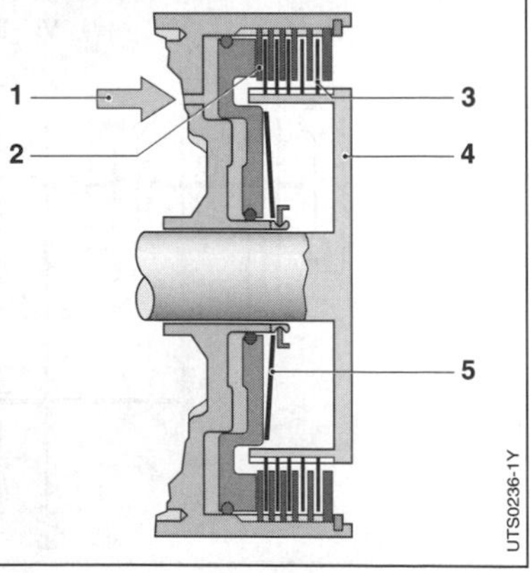

Handschaltgetriebe

Aufbau

Handschaltgetriebe (Manual Transmission, MT) werden üblicherweise als Stirnradgetriebe ausgeführt, bei dem der Gangwechsel und der Anfahrvorgang manuell durch den Fahrer erfolgen. Als Anfahrelement wird für Pkw-Anwendungen normalerweise eine trockene Einfachkupplung genutzt, für schwere Nutzfahrzeuge werden auch Zweischeibenkupplungen eingesetzt. Bei Handschaltgetrieben wird jeder Gang – außer bei Getrieben mit direktem Gang, bei dem die Antriebswelle direkt mit der Abtriebswelle verbunden ist – durch ein Stirnradpaar realisiert (Bild 10). Die verschiedenen Verhältnisse der Zähnezahlen pro Stirnradpaar ergeben die unterschiedlichen Übersetzungsverhältnisse.

Die Zahnräder sitzen bei einem Zweiwellengetriebe auf der Hauptwelle oder auf der Vorgelegewelle. Alle Zahnräder sind ortsfest auf diesen Wellen gelagert, somit sind alle Stirnradpaare im Eingriff. Jedes Stirnradpaar eines Gangs hat jeweils ein Festrad, das mit einer Welle fest verbunden ist und ein Losrad (Schaltrad), das auf der anderen Welle drehbar gelagert ist. Die Schalträder können auf der Hauptwelle, aber auch auf der Vorgelegewelle sitzen. Durch Gangwechselelemente wird für jeden Gang das zugehörige Schaltrad mit der Welle drehfest verbunden. Die Ankoppelung der einzelnen Schalträder erfolgt über Synchronisierungen (siehe Bild 6). Die Schiebemuffen werden über Schaltgabeln und Schaltstangen abhängig vom Schalthebel in die dem einzulegenden Gang entsprechende Stellung gebracht (Bild 11).

Bild 11: Schaltrad mit Schiebemuffe und Schaltvorrichtung.
1 Hauptwelle, 2 Schaltstange, 3 Schaltgabel, 4 Schaltrad, 5 Schaltkranz, 6 Schiebemuffenverzahnung, 7 Schiebemuffe.

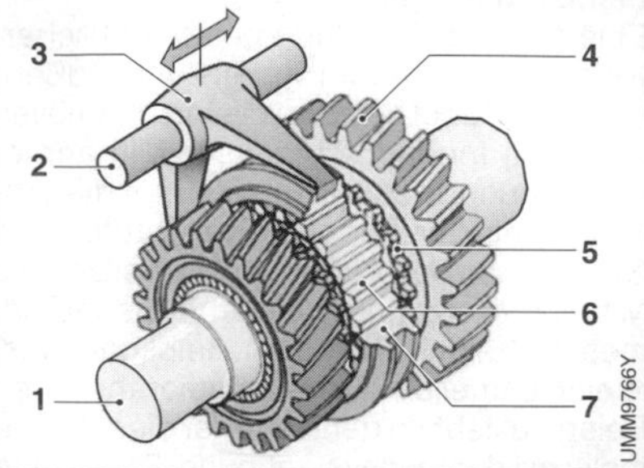

Bild 10: Schematische Darstellung eines 6-Gang-Handschaltgetriebes für den Standardantrieb.
1 Vom Antriebsmotor, 2 Zweimassenschwungrad, 3 Kupplung, 4 Konstantübersetzung (5. Gang), 5 Synchronisierungen, 6 Schaltrad, 7 Vorgelegewelle, 8 Festrad, 9 Getriebeabtrieb zum Achsantrieb, 10 Getriebeeingangswelle (Antriebswelle), 11 Getriebeabtriebswelle, 12 Zwischenrad für Rückwärtsgang.
I...VI Erster bis sechster Gang, R Rückwärtsgang.

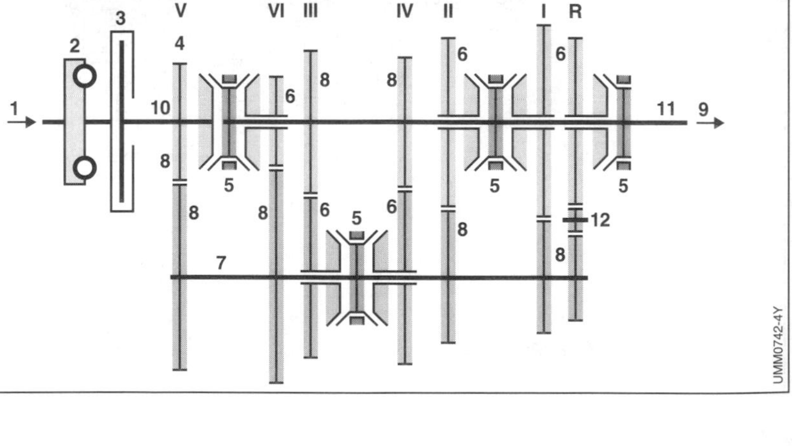

Handschaltgetriebe verfügen meist über fünf bis sechs Vorwärts- und einen Rückwärtsgang. Die Spreizung (Verhältnis der Übersetzungen des kleinsten zum größten Gang) der Getriebe liegt bei ca. vier bis acht.

Handschaltgetriebe gehören in die Kategorie der zugkraftunterbrochenen Getriebe. Für den Wechsel einer Übersetzungsstufe muss der Kraftfluss durch die Kupplung getrennt werden.

Getriebe für Standardantrieb
Die Ausführungen für Standardantrieb (Bild 10 und Bild 12) besitzen einen koaxialen An- und Abtrieb und eine vorgelegte Welle (Vorgelegewelle). Das bedeutet, Antriebswelle (Getriebeeingangswelle) und Abtriebswelle (Hauptwelle) liegen in der gleichen Achse (gleichachsiges Getriebe). Die Richtung des Kraftflusses wird nicht geändert. Die Drehrichtung der Abtriebswelle entspricht – abgesehen beim Rückwärtsgang – der Drehrichtung der Antriebswelle, da der Kraftfluss über zwei Stirnradpaare, oder im Direktgang ohne Übersetzung durch Zahnräder erfolgt.

Eine Konstantübersetzung überträgt die Motorleistung von der Getriebeeingangswelle auf die Vorgelegewelle. Die Schalträder der unterschiedlichen Gangübersetzungen werden mittels Synchronisierungen an die Haupt- beziehungsweise Vorgelegewelle gekoppelt, sodass der Kraftfluss über das betreffende Stirnradpaar auf den Getriebeabtrieb erfolgen kann.

Die Drehrichtungsumkehr für den Rückwärtsgang erfolgt mit einem Zwischenrad.

Getriebe für Frontantrieb
Beim Frontantrieb haben sich Bauformen mit einer Vorgelegewelle (Zweiwellengetriebe, siehe Bild 13) oder zwei zum Antrieb parallelen Vorgelegewellen (Dreiwellengetriebe) etabliert. Beim Frontantrieb ist der Achsantrieb mit Differential in das Getriebe integriert.

Zweiwellengetriebe
Beim Zweiwellengetriebe in Bild 13 sitzen die Festräder auf der Eingangswelle, die Schalträder werden entsprechend dem eingelegten Gang drehfest mit der Vorgelegewelle verbunden. Es handelt sich um ein ungleichachsiges Getriebe, da Antriebs- und Abtriebswelle nicht auf der gleichen Achse liegen. Dies ist dadurch bedingt, dass zur Herstellung einer Übersetzung nur ein Stirnradpaar eingesetzt wird.

Bild 12: Konstruktive Ausführung eines 6-Gang-Handschaltgetriebes für Standardantrieb.
1 Getriebeeingangswelle, 2 Synchronisierungen, 3 Schaltgestänge,
4 zum Achsantrieb, 5 Vorgelegewelle.
I…VI Erster bis sechster Gang,
R Rückwärtsgang.

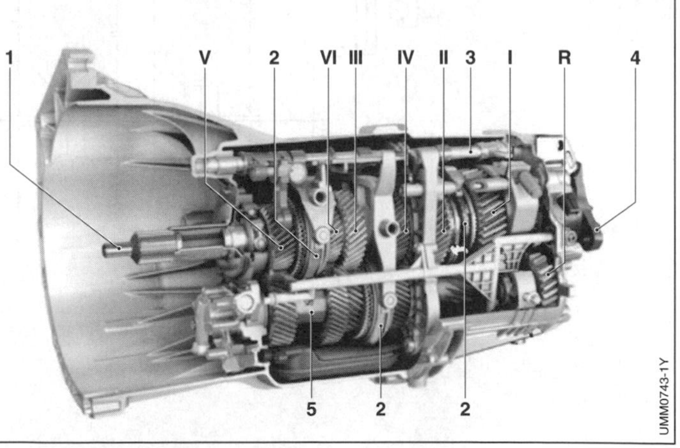

Der Achsantrieb wird beim Zweiwellengetriebe von einer Konstantübersetzung der Vorgelegewelle angetrieben.

Dreiwellengetriebe
Die Aufteilung der Übersetzungsstufen auf zwei parallele Vorgelegewellen ermöglicht eine kurze Bauform des Getriebes. Die Zahnräder der Getriebeeingangswelle treiben die Zahnräder auf den beiden Vorgelegewellen (Getriebeausgangswellen) an. Auf diesen Wellen sitzen die Synchronisierungen, die die Koppelung des für den gewählten Gang zuständigen Zahnrads auf die entsprechende Vorgelegewelle vornehmen. Jeweils ein Zahnrad auf den Vorgelegewellen kämmt mit dem Stirnrad des Differentials.

Je nach eingelegtem Gang wird das eine oder das andere Zahnrad mit der entsprechenden Vorgelegewelle drehfest gekoppelt und treibt das Stirnrad des Differentials an. Die Bauraumreduzierung ergibt sich aus der Verteilung der Schalträder und der Synchronisierungen auf zwei Vorgelegewellen.

Eine weitere Optimierung der Baulänge ist beim Dreiwellengetriebe durch eine Doppelverwendung der Festräder auf der Antriebswelle möglich. Dabei steht ein Festrad im Eingriff mit je zwei Schalträdern (z. B. für den dritten und fünften Gang) auf den unterschiedlichen Vorgelegewellen.

Anwendung
Fahrzeuge mit Handschaltgetriebe sind im europäischen Raum auch bei Neufahrzeugen immer noch weit verbreitet. In den USA und Asien ist das Handschaltgetriebe, außer bei besonderen Sportfahrzeugen, weniger gefragt und befindet sich auf dem Rückzug.

Bild 13: Schematische Darstellung eines 5-Gang-Getriebes für Front-quer-Antrieb.
1 Vom Antriebsmotor, 2 Torsionsdämpfer, 3 Kupplung,
4 Synchronisierungen, 5 Abtriebskonstante, 6 Stirnrad des Differentials,
7 Differential, 8 zu den Rädern.
I...V Erster bis fünfter Gang,
R Rückwärtsgang.

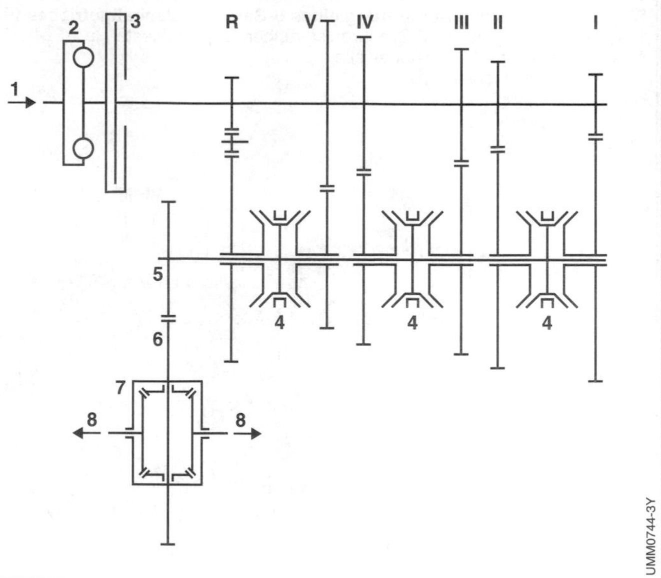

Automatisiert geschaltete Getriebe

Aufbau
Automatisiert geschaltete Getriebe (Automated Manual Transmission, AMT) haben einen dem Handschaltgetriebe vergleichbaren mechanischen Aufbau (Bild 13).

Funktion
Die Betätigung der Kupplung erfolgt durch elektromotorische oder elektrohydraulische Aktoren (Bild 14), die von einem Getriebesteuergerät angesteuert werden. Bild 15 zeigt den prinzipiellen Aufbau eines elektromechanischen Systems. Für das Schalten der Synchronisierungen und somit für die Gangwahl werden ebenso wie für die Betätigung der Kupplung Stellmotoren eingesetzt. Damit kann der Bedienkomfort eines vollautomatischen Getriebes dargestellt werden. Der Fahrer kann wählen zwischen vollautomatischer Steuerung und manueller Vorgabe des Gangs. Ein Kupplungspedal ist jedoch nicht vorhanden.

Bei der elektrohydraulischen Steuerung erfolgt die Aktuierung im Wesentlichen über eine elektrisch angetriebene Hydraulikpumpe, einen Druckspeicher und eine hydraulische Steuereinheit mit den Aktoren zum Schalten der Gänge.

Bild 14: Konstruktive Ausführung eines Aktors für ein automatisch geschaltetes Getriebe für Front-quer-Antrieb.
1 Kupplung,
2 Kupplungsaktor.

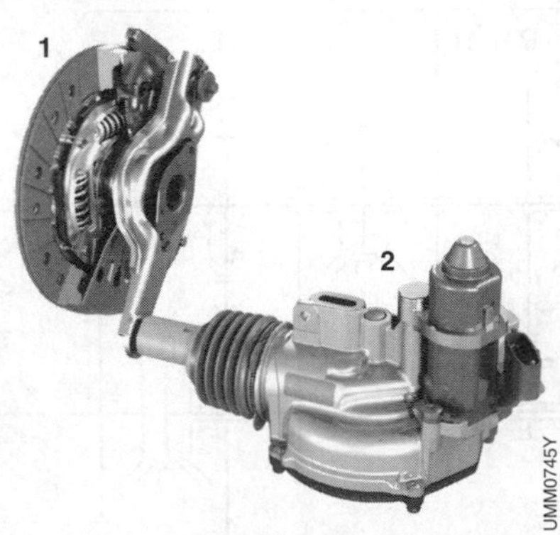

Vor- und Nachteile
Wie das Handschaltgetriebe ist das automatisiert geschaltete Getriebe ein zugkraftunterbrochenes Getriebe, was Nachteile beim Schaltkomfort im Vergleich zu anderen Automatikgetriebebauformen mit sich bringt. Die Zugkraftunterbrechung ist in der Regel jedoch kürzer als bei einem Handschaltgetriebe.

Im Vergleich zum Planetenautomatikgetriebe ist der Wirkungsgrad höher, woraus ein niedrigerer Kraftstoffverbrauch resultiert.

Anwendung
Automatisierte Schaltgetriebe sind Standard im Nutzfahrzeugbereich, im Pkw-Sektor haben sie sich nicht durchsetzen können. Grund ist der schlechte Komfort durch die Zugkraftunterbrechung während des Schaltvorgangs.

Bild 15: Prinzipieller Aufbau eines automatisierten Sechsganggetriebes für Front-quer-Antrieb.
1 Antriebswelle,
2 elektronisches Kupplungsmanagement,
3 Zentralausrücker,
4 Festräder,
5 drehbar gelagerte Schalträder,
6 Schaltmuffe,
7 Schaltgestänge,
8 Stellmotoren.

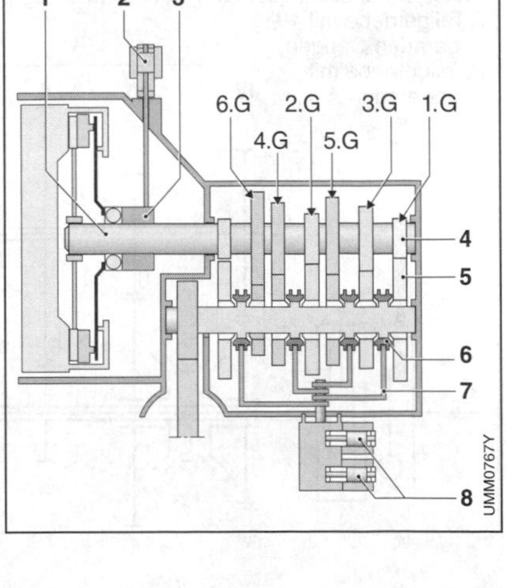

Doppelkupplungsgetriebe

Aufbau

Doppelkupplungsgetriebe (Dual Clutch Transmission, DCT), auch als Direktschaltgetriebe (DSG) bezeichnet, bestehen aus zwei eigenständigen Stirnradteilgetrieben, die jeweils über eine Kupplung (siehe Doppelkupplung) mit dem Verbrennungsmotor verbunden werden können.

Die beiden Kupplungen in der Doppelkupplung sind unabhängig voneinander bedienbar. Sie können als trockenlaufende Systeme oder als nasslaufende Systeme ausgeführt sein (siehe Doppelkupplung). Die nasslaufende Kupplung wird eingesetzt, wenn hohe Drehmomente zu übertragen sind. Von der inneren Kupplung führt eine Hohlwelle zum Getriebe, die von der äußeren Kupplung angetriebene Vollwelle läuft innerhalb der Hohlwelle. Die Zahnräder für die einzelnen Gänge sitzen als Festräder oder als Schalträder (Losräder) auf diesen beiden Wellen (Bild 16, Bild 17).

Die Zahnräder werden meist durch direktes Anspritzen mit Öl geschmiert. Mit einer mechanisch angetriebenen Ölpumpe oder einer elektrischen Ölpumpe erfolgt die Ölversorgung. Der optional am Getriebe angebaute Ölkühler ist in den Kühlkreislauf integriert.

Funktion

Durch die Aufteilung der geraden Gänge (zwei, vier, sechs) und der ungeraden Gänge (eins, drei, fünf, sieben) auf die beiden Teilgetriebe (Bild 16) ist ein Wechsel der Übersetzungen mittels Lastschaltung möglich. Ist über die innere Kupplung das Teilgetriebe A im Eingriff, wird im Teilgetriebe B der nächst höhere oder der nächst niedrigere Gang über die entsprechende Synchronisierung vorbelegt. Welcher Gang vorbelegt wird, entscheidet die elektronische Getriebesteuerung unter anderem anhand der Fahrpedalstellung, der Motorlast und der Motordrehzahl. Zum Beispiel lässt ein durchgetretenes Fahrpedal und eine niedrige Motordrehzahl erkennen, dass der nächst niedrigere Gang eingelegt werden muss (Kickdown). Mit Lösen der inneren Kupplung und gleichzeitig Schließen der äußeren Kupplung (oder umgekehrt) wird der Schaltvorgang in den vorbelegten Gang eingeleitet. Die Betätigung der Kupplungen geschieht über Kupplungsventile. Die Schiebemuffen werden von hydraulisch betätigten Schaltgabeln gesteuert.

Infolge der Überschneidung von Schließen und Öffnen der Kupplungen resultiert ein annähernd zugkraftunterbrechungsfreier Gangwechsel. Somit bietet ein Doppelkupplungsgetriebe den

Bild 16: Schematische Darstellung eines 7-Gang-Doppelkupplungsgetriebes für einen Standardantrieb.
1 Vom Antriebsmotor, 2 Zweimassenschwungrad, 3 Doppelkupplung, 4 Vorgelegewelle, 5 Synchronisierungen, 6 Stirnradsätze, 7 Zwischenzahnrad für Rückwärtsgang, 8 zum Achsantrieb.
I...VII Erster bis siebter Gang, R Rückwärtsgang.
A Teilgetriebe mit geraden Gängen,
B Teilgetriebe mit ungeraden Gängen.

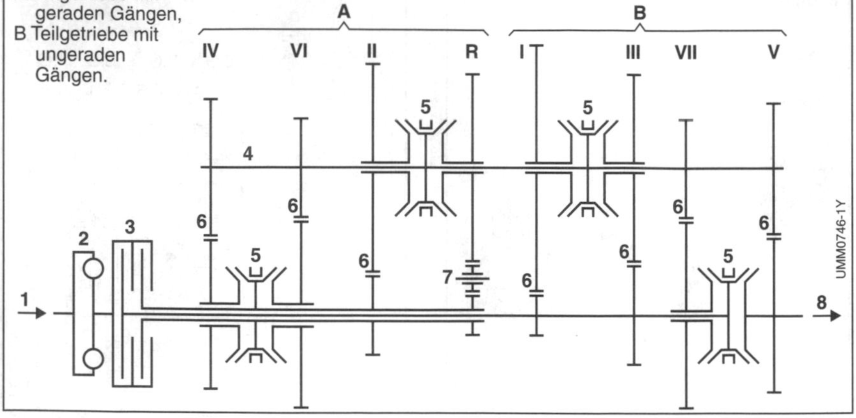

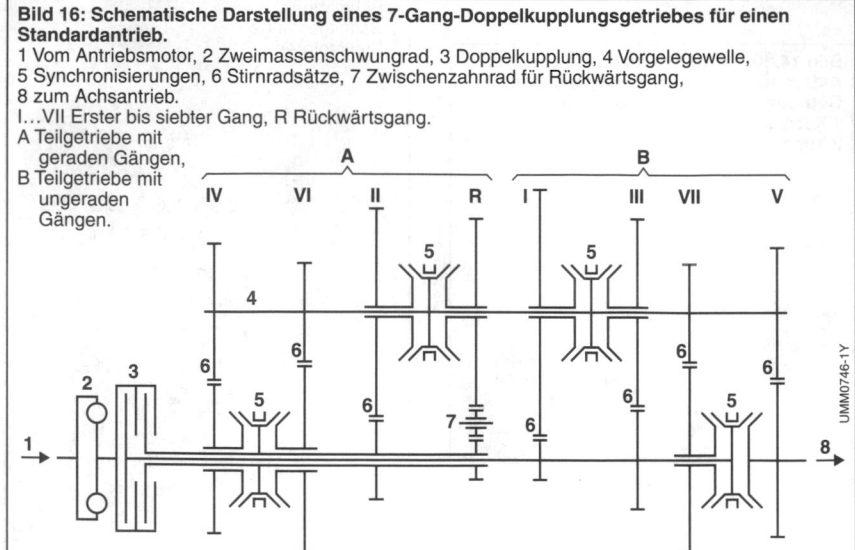

Komfort eines Automatikgetriebes. Es kann aber immer nur ein Gang auf dem anderen Teilgetriebe vorgewählt werden. Mehrfachhoch- oder Mehrfachrückschaltungen können aber sequenziell oder durch sogenannte Stützschaltungen über einen Zwischengang realisert werden (Kraftübertragung durch schleifende Kupplung während der Schaltung).

Der Rückwärtsgang kann entweder dem geraden oder dem ungeraden Teilgetriebe zugeordnet sein. In Bild 16 ist der Rückwärtsgang dem geraden Teilgetriebe zugeordnet. Die Umkehrung der Drehrichtung erfolgt mit einem Zwischenzahnrad.

Nach Einlegen der Neutralstellung mittels Schalthebel werden alle Synchronisierungen in Mittelstellung gebracht. Somit ist kein Gang eingelegt. Bei Motorstillstand sind die beiden Kupplungen offen. Das Getriebe benötigt deshalb eine Parksperre. Ein Parksperrenrad greift in das Stirnrad des Achsantriebs. Eine Sperrklinke blockiert das Parksperrenrad, wenn der Schalthebel in Position P gebracht wird. In der Parkstellung hindert die mechanische Parksperre das Fahrzeug am Wegrollen.

Die Kupplungen werden sowohl für die Lastübernahme bei der Schaltung als auch für den Anfahrvorgang verwendet.

Vor- und Nachteile

Doppelkupplungsgetriebe haben den Vorteil, dass sie im Gegensatz zu Planetenautomatikgetrieben für Motordrehzahlen über 7 000 min^{-1} geeignet sind. Daher werden Doppelkupplungsgetriebe unter anderem in Sportwagen eingesetzt.

Die Stirnradbauweise bei Doppelkupplungsgetrieben ermöglicht speziell bei Front-quer-Getrieben mit ihrem Achsversatz zwischen Getriebeeingangs- und Getriebeausgangswelle vorteilhafte Zahnradsatzausführungen. In diesen Zahnradsätzen wird das Achsgetriebe mit Differential im Gegensatz zu einem Planetenautomatikgetriebe direkt von den Vorgelegewellen angetrieben, wodurch weniger Zahneingriffe und damit höhere Getriebewirkungsgrade bei Front-quer-Getrieben möglich werden.

Im Gegensatz zum Getriebe mit hydrodynamischen Drehmomentwandler gibt es beim Doppelkupplungsgetriebe keine Drehmomentüberhöhung beim Anfahren. Deshalb ist im ersten Gang eine größere Übersetzung und somit eine größere Spreizung des Getriebes erforderlich.

Anwendung

Mit dem Doppelkupplungsgetriebe hat das Automatikgetriebe auch in den unteren Fahrzeugklassen mit kleineren Motoren und Frontantrieb Einzug gehalten.

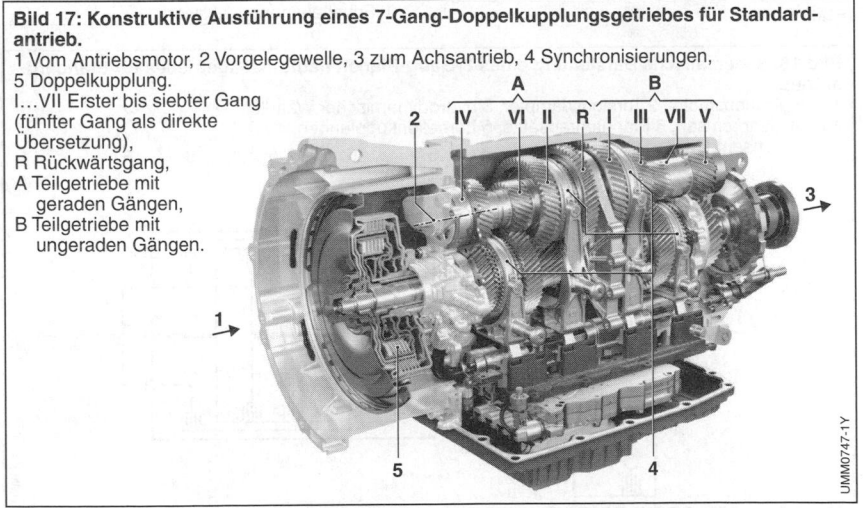

Bild 17: Konstruktive Ausführung eines 7-Gang-Doppelkupplungsgetriebes für Standardantrieb.
1 Vom Antriebsmotor, 2 Vorgelegewelle, 3 zum Achsantrieb, 4 Synchronisierungen, 5 Doppelkupplung.
I…VII Erster bis siebter Gang (fünfter Gang als direkte Übersetzung),
R Rückwärtsgang,
A Teilgetriebe mit geraden Gängen,
B Teilgetriebe mit ungeraden Gängen.

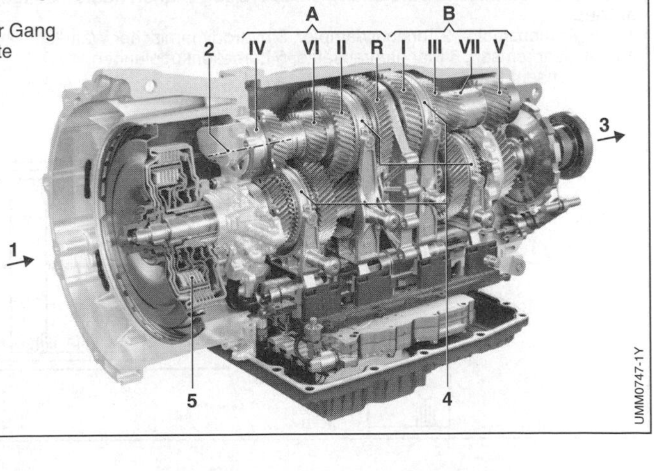

Planetenautomatikgetriebe

Aufbau

Planetenautomatikgetriebe (Automatic Transmission, AT) realisieren ihre Übersetzungsstufen durch mehrere hintereinander angeordnete Planetenradsätze, die mittels Schaltelementen (Lamellenkupplungen und Lamellenbremsen) auf unterschiedliche Weise miteinander verkoppelt werden können (Bild 18). Anzahl und Anordnung von Planetenradsätzen und Kupplungen sind abhängig von der im Getriebe umgesetzten Anzahl an Fahrgängen.

Als Anfahrelement für das Planetenautomatikgetriebe dient üblicherweise ein hydrodynamischer Drehmomentwandler.

Funktion

Je nach Beschaltung können mit einem einzelnen Planetenradsatz verschiedene Übersetzungsverhältnisse eingestellt werden, die allerdings nicht alle für den Fahrbetrieb brauchbar sind (siehe Planetenradsatz). Deshalb sind mehrere Planetenradsätze erforderlich. Ein 8-Gang-Getriebe kann beispielsweise mit vier Planetenradsätzen und fünf Schaltelementen dargestellt werden (Bild 18). Mittels verschiedener Kombinationen aus mehreren gleichzeitig geschlossenen oder geöffneten Schaltelementen kann das dargestellte Getriebeschema (Tabelle 1) acht Vorwärtsgänge und einen Rückwärtsgang realisieren.

Häufig werden Planetensätze eingesetzt, bei denen Teile der einzelnen einfachen Planetenradsätze konstruktiv zusammengefasst werden. Zwei Typen von Planetenkoppelgetrieben haben sich durchgesetzt. Beim Ravigneaux-Satz arbeiten zwei verschiedene Planetenradsätze und Sonnenräder in einem gemeinsamen Hohlrad (Bild 19), beim Simpson-Satz laufen zwei Planetensätze und Hohlräder um ein gemeinsames Sonnenrad. Mit diesen Konstruktionen reduziert sich der bauliche Aufwand.

Bei Planetenautomatikgetrieben haben sich acht bis neun Gänge als ein Optimum hinsichtlich Verbrauchsreduzierung und guter Fahrbarkeit herausgestellt. Bei einer geringeren Anzahl an Gängen wird das Verbrennungsmotorkennfeld noch

Tabelle 1: Darstellung der Gänge eines 8-Gang-Planetenautomatikgetriebes.

Gang	Bremse		Kupplung			Übersetzung
	A	B	C	D	E	
1	+	+	+	0	0	4,714
2	+	+	0	0	+	3,140
3	0	+	+	0	+	2,106
4	0	+	0	+	+	1,667
5	0	+	+	+	0	1,285
6	0	0	+	+	+	1,000
7	+	0	+	+	0	0,839
8	+	0	0	+	+	0,667
R	+	+	0	+	0	–3,317

\+ Schaltelement aktiviert
0 Schaltelement deaktiviert

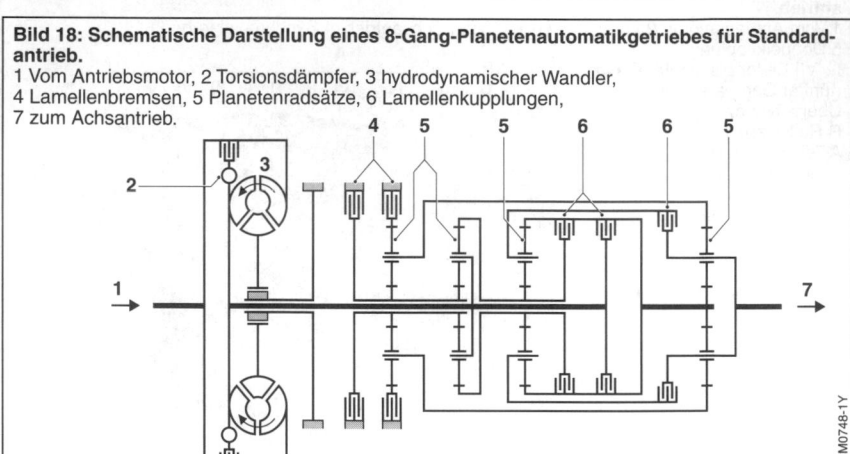

Bild 18: Schematische Darstellung eines 8-Gang-Planetenautomatikgetriebes für Standardantrieb.
1 Vom Antriebsmotor, 2 Torsionsdämpfer, 3 hydrodynamischer Wandler,
4 Lamellenbremsen, 5 Planetenradsätze, 6 Lamellenkupplungen,
7 zum Achsantrieb.

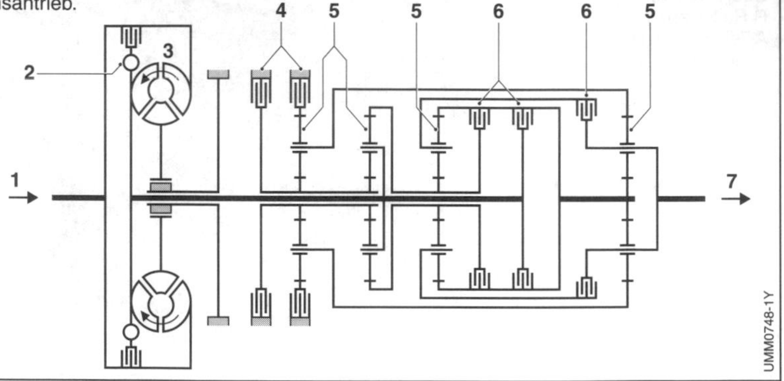

nicht optimal erschlossen, um stets im verbrauchs- und leistungsoptimalen Bereich des Verbrennungsmotors zu fahren. Bei einer größeren Anzahl an Gängen werden zusätzliche Schaltelemente oder Planetenradsätze benötigt, die den Wirkungsgrad des Getriebes und damit des Antriebsstrangs in den meisten Fahrsituationen verschlechtern. Die Energie, die für die höhere Anzahl von Schaltvorgängen benötigt wird, kann nicht mehr durch eine bessere Ausnutzung des Verbrennungsmotorkennfelds ausgeglichen werden.

Bild 19: Ravigneaux-Satz (Schema).
1 Hohlrad,
2 Planetenradsatz 1 3 Sonnenrad 1,
4 Planetenradsatz 2, 5 Sonnenrad 2.

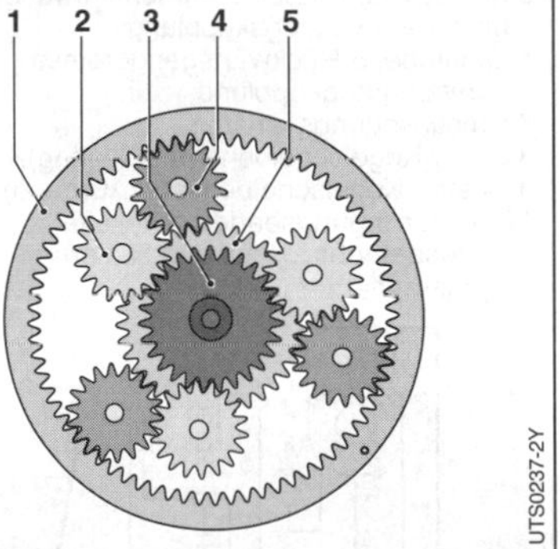

Vor- und Nachteile
Die Planetenradsätze haben einen koaxialen An- und Abtrieb. Dadurch ergeben sich insbesondere für den Standardantrieb, bei dem Motorkurbelwelle und Antrieb des Achsdifferentials auf einer Achse liegen, vorteilhafte Getriebebauformen (Bild 20).

Da in den Planetenradsätzen über mehrere am Umfang verteilte Planetenräder die übertragene Leistung aufgeteilt wird, zeichnen sich Planetenautomatikgetriebe durch eine hohe Leistungsdichte aus. Durch gezielte Überschneidungsschaltungen der Kupplungen wird der Komfort eines Lastschaltgetriebes realisiert.

Der hydrodynamische Drehmomentwandler sorgt für einen hohen Anfahr- und Rangierkomfort. Die Drehmomentüberhöhung im Wandler wirkt sich positiv auf das Anfahrverhalten des Fahrzeugs aus. Mit einer Wandlerüberbrückungskupplung wird der im Wandler vorhandene Schlupf eliminiert. Das reduziert die Verluste in diesem Getriebe und macht es effizient auch im Vergleich zu manuellen Schaltgetrieben.

Anwendung
Planetenautomatikgetriebe werden aufgrund der Bauform in Fahrzeugen mit längs eingebauten Motoren eingesetzt, also in Fahrzeugen ab der Mittelklasse, aber auch in Bussen.

Bild 20: Konstruktive Darstellung eines 8-Gang-Planetenautomatikgetriebes für einen Standardantrieb.
1 Vom Antriebsmotor,
2 Torsionsdämpfer,
3 hydrodynamischer Wandler,
4 Lamellenbremsen,
5 Planetenradsätze,
6 Lamellen-kupplungen,
7 zum Achsantrieb.

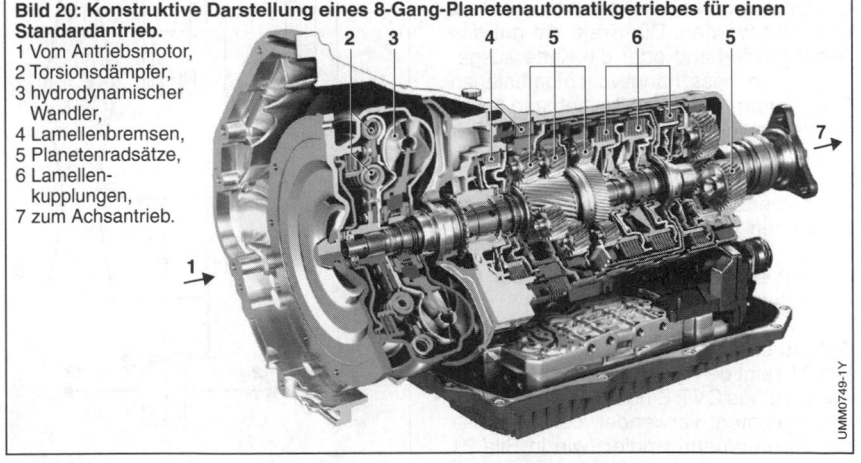

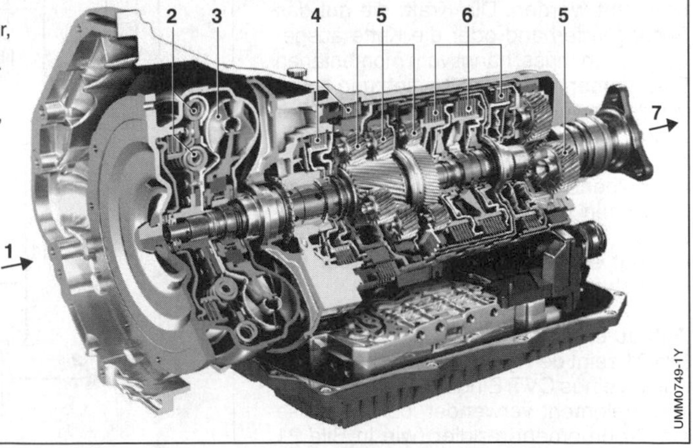

Stufenlose Umschlingungsgetriebe

Kraft- und Drehmomentübertragung über Variator

Bei stufenlosen Getrieben (Continuously Variable Transmissions, CVT) erfolgt die Kraftübertragung mit variablem Übersetzungsverhältnis über ein Umschlingungsband (Schubgliederband) oder eine Umschlingungskette, die in einer Nut von einem ersten zu einem zweiten Kegelscheibensatz (V-Scheiben) läuft (Bild 21). Die Kombination von zwei Kegelscheibensätzen und einem Umschlingungsband oder einer Umschlingungskette wird als Variator bezeichnet. Jeder Kegelscheibensatz besteht aus zwei konischen Scheiben, die einander zugewandt sind. Eine dieser Scheiben ist axial beweglich („lose"). Diese axiale Verschiebung ändert den Abstand zwischen den Scheiben und damit den Radius, auf dem das Schubgliederband oder die Kette läuft. Die Kombination verschiedener, stufenlos einstellbarer Laufradien auf den beiden Kegelscheibensätzen ergibt das Übersetzungsverhältnis des Variators.

Die Drehmomentübertragung von einem Kegelscheibensatz zum anderen basiert auf Reibung. Die erforderliche Reibungskraft wird durch hydraulisches Zusammendrücken der Scheiben jedes Kegelscheibensatzes erzielt. Jede lose Scheibe enthält einen oder zwei Hydraulikkolben, die vom Steuerungssystem mit Öldruck beaufschlagt werden. Die Höhe des Drucks muss pro Kegelscheibensatz bestimmt werden. Die Kraft, die auf das Schubgliederband oder die Kette ausgeübt werden muss, hängt vom momentanen Drehmoment und der Übersetzung sowie von der gewünschten Übersetzung ab. Der Druck wird dann unter Berücksichtigung der erforderlichen Kraft, der Oberfläche des Kolbens (oder der Kolben) und der tatsächlichen Drehzahl des Kegelscheibensatzes berechnet. Der Fliehkrafteffekt erzeugt ebenfalls einen Druck, der berücksichtigt werden muss.

Aufbau eines CVT

Bild 21 zeigt den typischen mechanischen Aufbau eines CVT. Eingangsseitig wird ein Anfahrelement verwendet, üblicherweise ein Drehmomentwandler (wie in Bild 21 dargestellt), seltener eine nasse Mehrscheiben-Lamellenkupplung. Ein Planetenradsatz wird typischerweise zum Schalten zwischen Vorwärtsgang, Neutralstellung und Rückwärtsgang verwendet. Nach dem Variator sind ein Achsantrieb (in der Regel in Form von zwei Übersetzungsstufen) und ein Differential angeordnet. In Bild 21 nicht gezeigt sind das Steuerungssystem und der Parkmechanismus.

Aufgrund des relativ großen Achsabstands zwischen Ein- und Ausgang des Variators eignen sich CVT am besten für einen Front-quer-Antrieb (Bild 22). Sie werden jedoch auch in Kombination mit längs eingebauten Motoren eingesetzt.

Bild 21: Schematische Darstellung eines stufenlosen Umschlingungsgetriebes.
1 Vom Antriebsmotor, 2 Torsionsdämpfer,
3 hydrodynamischer Drehmomentwandler mit Überbrückungskupplung,
4 Ölpumpe, 5 Rückwärtsgangbremse,
6 Vorwärtsgangkupplung,
7 Umschlingungsvariator,
8 erster Kegelscheibensatz (Eingang),
9 zweiter Kegelscheibensatz (Ausgang),
10 Umschlingungsband oder -kette,
11 Achsgetriebe, 12 zu den Rädern,
13 Differential.

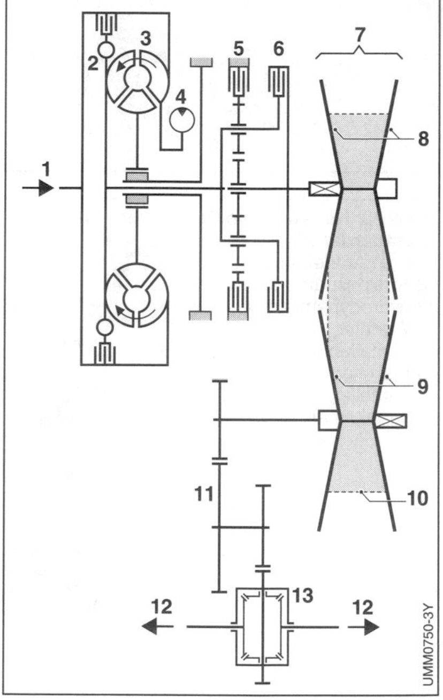

Steuerung

Die Betätigung, Kühlung und Schmierung des CVT übernimmt ein elektronisch geregeltes Hydrauliksystem. Die elektronische Steuerung verwendet mehrere Sensoren und Aktoren im Getriebe sowie Informationen von anderen Systemen im Fahrzeug, die normalerweise über einen CAN-Bus übertragen werden.

Die Hydraulikeinheit enthält Ventile, die den Öldruck oder den Durchfluss zu mehreren Komponenten im CVT steuern. Das Öl wird von einer motorgetriebenen Pumpe geliefert, üblicherweise einer Zahnradpumpe oder einer Flügelzellenpumpe. In den letzten Jahren werden immer mehr CVT mit einer zusätzlichen (kleinen) elektrischen Ölpumpe ausgestattet, die das Hydrauliksystem gefüllt hält, wenn der Motor durch ein Start-Stopp-System abgestellt wird. Die in CVT verwendeten Öle sind spezielle ATF-ähnliche Öle, die hinsichtlich ihrer Reibungseigenschaften optimiert sind.

Merkmale des CVT

Da die Gangwechsel stufenlos erfolgen, bietet das CVT einen hohen Fahrkomfort ohne Zugkraftunterbrechung. Ein ungewohntes Fahrverhalten, wie es manche Fahrer verspüren, kann vermieden werden, indem unter bestimmten Umständen programmierte „feste" Übersetzungsverhältnisse verwendet werden.

Eine Getriebespreizung von bis zu Faktor 7,3 ermöglicht es, den Motor in einem breiten Drehzahl- und Lastbereich zu betreiben, was sowohl für die Leistung als auch für den Kraftstoffverbrauch von Vorteil ist. Dieser Vorteil überwiegt die natürlich höheren Verluste eines reibungsbasierten Getriebes. Dabei schneidet die Umschlingungskette bei der mechanischen Effizienz geringfügig besser ab als das Schubgliederband. In Bezug auf NVH (Noise Vibration Harshness) ist das Schubgliederband jedoch besser.

Anwendungen

CVT werden sowohl in Pkw mit Verbrennungsmotor als auch mit Hybridantrieb eingesetzt. CVT für Elektrofahrzeuge werden entwickelt. CVT für Fahrzeuge mit geringerer Leistung wie Mopeds, Schneemobile und Side-by-side-Fahrzeuge (SSV) verwenden häufig einen Trockengummibandvariator und ein mechanisches Steuerungssystem.

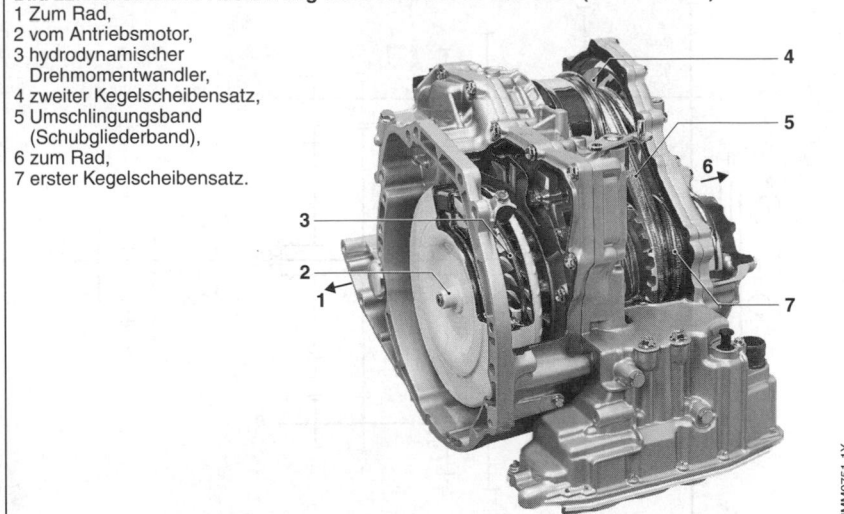

Bild 22: Konstruktive Ausführung eines stufenlosen Getriebes (Quelle: Jatco).
1 Zum Rad,
2 vom Antriebsmotor,
3 hydrodynamischer Drehmomentwandler,
4 zweiter Kegelscheibensatz,
5 Umschlingungsband (Schubgliederband),
6 zum Rad,
7 erster Kegelscheibensatz.

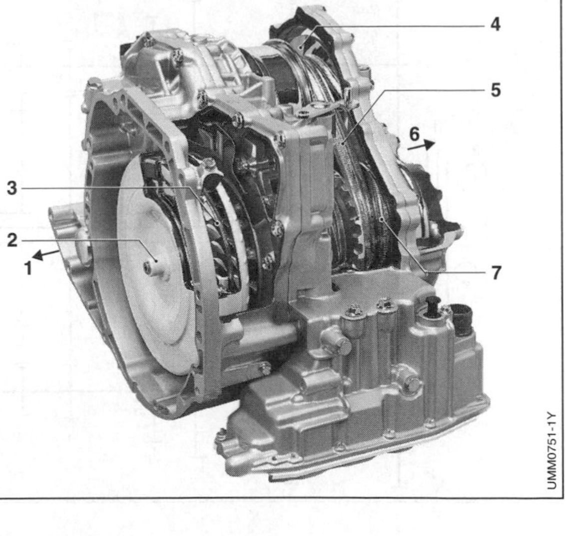

Nutzfahrzeuggetriebe

Nutzfahrzeuggetriebe unterscheiden sich in ihrer Dimensionierung erheblich von Pkw-Getrieben. Gründe hierfür sind nicht nur höhere Motordrehmomente und Motorleistungen, sondern vor allem die weitaus höhere geforderte Laufleistung von teilweise über einer Million Kilometer. Im Nutzfahrzeugsektor existieren vorwiegend Handschaltgetriebe, automatisierte Schaltgetriebe und Planetenautomatikgetriebe.

Handschaltgetriebe und automatisierte Schaltgetriebe

Als Antriebsstrangkonzept in Lastkraftwagen (Lkw) mit über 3,5 Tonnen zulässigem Gesamtgewicht hat sich die Standardbauweise durchgesetzt. Die hohen Lasten auf der beziehungsweise den hinteren Antriebsachsen und die damit mögliche hohe Vortriebskraft der Antriebsräder sind Grund für dieses Antriebsstrangkonzept.

Teilgetriebe

Im Lkw-Sektor haben sich hauptsächlich Handschaltgetriebe und automatisierte Schaltgetriebe durchgesetzt. Bis zu 16 Gänge werden bei den Handschaltgetrieben und automatisierten Schaltgetrieben realisiert. Um den Bauaufwand gering zu halten, werden zwei bis drei Teilgetriebe (Splitgetriebe, Hauptgetriebe, Nachschaltgruppe) hintereinander angeordnet (Bild 23). Bei einem Lkw-Getriebe mit 16 Gängen hat das Hauptgetriebe z.B. vier Vorwärtsgänge und einen Rückwärtsgang. Diesem Hauptgetriebe wird ein Splitgetriebe mit zwei Gängen vorgeschaltet. Das Splitgetriebe ermöglicht

Bild 23: Schematische Darstellung eines 16-Gang-Lkw-Gruppengetriebes mit Splitgetriebe und Nachschaltgruppe.
1 Vom Antriebsmotor, 2 Torsionsdämpfer, 3 Kupplung, 4 Konstantübersetzung 1,
5 Synchronisierung, 6 Schaltklauen, 7 Gehäuseanbindung, 8 Planetenradsatz,
9 Vorgelegewellen, 10 zum Achsantrieb, 11 Konstantübersetzung 2 (vierter Gang).
I...IV Erster bis vierter Gang im Hauptgetriebe.
R Rückwärtsgang.
A Hauptgetriebe, B Splitgetriebe, C Nachschaltgruppe.

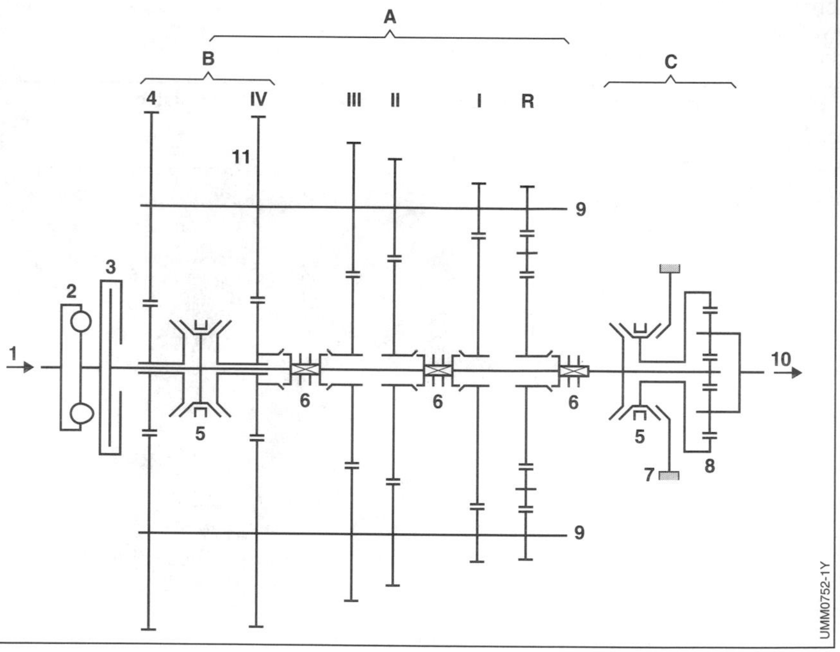

Zwischenübersetzungen der vier Gänge des Hauptgetriebes. Oft wird das Splitgetriebe bei voller Zuladung genutzt, da bei den in Relation zur Antriebsleistung sehr hohen Fahrzeuggewichten nur kleine Gangsprünge möglich sind. Ist der Lkw unbeladen, ist das Verhältnis von Motorleistung zu Fahrzeuggewicht deutlich günstiger, sodass die größeren Gangsprünge des Hauptgetriebes ohne Nutzung des Splitgetriebes geschaltet werden können.

Split- und Hauptgetriebe übertragen in der in Bild 23 gezeigten Getriebeausführung das Drehmoment auf zwei Vorgelegewellen. Damit können die Zahnradbreiten trotz der sehr hohen Drehmomente im Lkw schmäler und der Achsabstand zwischen den Wellen kleiner gewählt werden.

Hinter dem Hauptgetriebe ist eine Nachschaltgruppe (Range-Gruppe) angeordnet. Der Übersetzungssprung zwischen den beiden Gängen der Nachschaltgruppe entspricht der Übersetzungsspreizung des Hauptgetriebes vom ersten bis zum vierten Gang. Das bedeutet, dass beim Wechsel des Nachschaltgruppengangs vom langsamen in den schnellen Gang gleichzeitig vom vierten Gang im Hauptgetriebe in den ersten Gang gewechselt wird und umgekehrt. Somit wird die Spreizung des Hauptgetriebes doppelt genutzt.

Damit ergibt sich die maximale Gangzahl bei diesen Getrieben durch Multiplikation von zwei Splitgängen mit vier Gängen des Hauptgetriebes und zwei Gängen der Nachschaltgruppe zu 16 möglichen Vorwärtsfahrgängen.

Synchronisierung

Beim Gangwechsel im Hauptgetriebe werden die Losräder mit den Wellenrädern über Schaltklauen gekoppelt. Die Drehzahlen der Räder müssen dabei angeglichen werden. Bei Schaltgetrieben für Pkw übernimmt diese Aufgabe die Synchronisierung. Im Lkw-Getriebe sind die Komponenten der Synchronisiereinrichtung im Hauptgetriebe aus Gewichtsgründen nicht vorhanden. Beim Handschaltgetriebe muss deshalb beim Zurückschalten Zwischengas gegeben werden, beim Hochschalten muss doppelt gekuppelt werden. So wird die Drehzahl des Getriebes an den folgend einzulegenden Gang angepasst.

Die Schaltvorgänge für das Handschaltgetriebe sind demnach zum einen unkomfortabel, zum anderen benötigen sie Zeit, in der die Fahrgeschwindigkeit wieder abfällt. Deshalb haben sich im Lkw-Bereich automatisierte Schaltgetriebe durchgesetzt. Die Anpassung der Drehzahl für den Schaltvorgang geschieht über die elektronische Getriebesteuerung.

Planetenautomatikgetriebe

Bei Bussen hat sich der Heckmotor in Längs- oder Queranordnung durchgesetzt, um maximalen Transportraum für Passagiere und Gepäck zu gewährleisten. Die vorwiegend in Bussen eingesetzten Planetenautomatikgetriebe haben in der Regel sechs Fahrgänge. Der Aufbau dieser Getriebe entspricht im Wesentlichen denen im Pkw, ist aber in der Dimensionierung auf die höheren geforderten Drehmomente und Laufleistungen angepasst.

Literatur

[1] H. Naunheimer; B. Bertsche; J. Ryborz; W. Novak; P. Fietkan: Fahrzeuggetriebe – Grundlagen, Auswahl, Auslegung und Konstruktion. 3. Aufl., Springer-Verlag, 2019.

[2] P. Gerigk; D. Bruhn; J. Göbert: Kraftfahrzeugmechatronik – Nutzfahrzeugtechnik, 1. Aufl., Westermann Schulbuchverlag, 2016.

Differentialgetriebe

Ein Differentialgetriebe hat einen Antrieb und zwei Abtriebe. Differentiale werden am häufigsten als Achsgetriebe eingesetzt. Ihr Zweck ist die gleichmäßige Aufteilung des Drehmoments sowohl bei Geradeaus- als auch bei Kurvenfahrt auf die beiden Antriebsräder. Bei allradgetriebenen Fahrzeugen werden Differentiale als Verteilergetriebe zur Drehmomentverteilung zwischen den Fahrzeugachsen genutzt.

Bild 1: Schematische Darstellung eines Kegelraddifferentials.
A Antrieb Kardanwelle,
B Abtrieb Gelenkwelle links,
C Abtrieb Gelenkwelle rechts.
1 Kegelradritzel,
2 Kegeltellerrad,
3 Ausgleichskegelräder,
4 Gelenkwellenräder,
5 Differentialgehäuse.

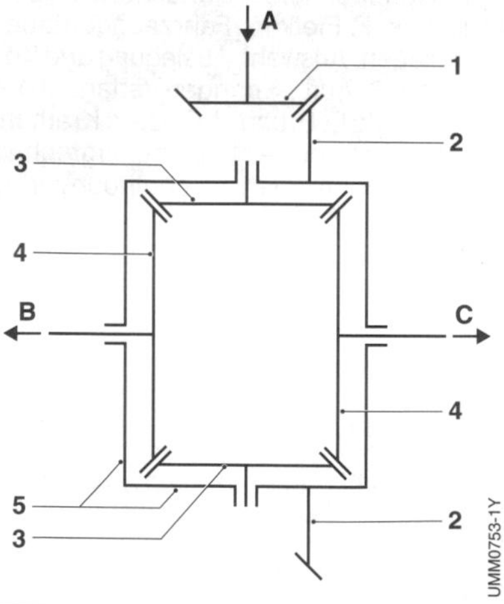

Achsgetriebe

Das Achsgetriebe verteilt das vom Schaltgetriebe kommende Drehmoment gleichmäßig auf beide Gelenkwellen einer Fahrzeugachse. Da bei Kurvenfahrt das kurveninnere Rad einen kleineren Kreis beschreibt und sich damit langsamer dreht als das kurvenäußere Rad, muss das Achsgetriebe Differenzdrehzahlen zwischen den Antriebsrädern einer Achse ausgleichen können.

Kegelraddifferential

Beim Standardantrieb sind An- und Abtrieb des Kegelraddifferentials um 90 ° versetzt. Der Antrieb des Kegelraddifferentials überträgt das Drehmoment vom Kegelradritzel auf das Kegeltellerrad (Bild 1 und Bild 2). Das Kegeltellerrad (Differentialantriebsrad) überträgt das Drehmoment mittels des Differentialgehäuses auf die Achsen der Ausgleichskegelräder. Die Ausgleichskegelräder teilen das Moment auf die beiden Gelenkwellenräder auf.

Bei Geradeausfahrt drehen sich beide Gelenkwellenräder gleich schnell. Die Ausgleichskegelräder laufen mit der Drehzahl des Kegeltellerrads um, ohne um ihre eigene Achse zu rotieren. Sie wirken als Mitnehmer und verteilen das Drehmoment gleichmäßig auf die beiden Gelenkwellen.

Bei Kurvenfahrt gleichen die Ausgleichskegelräder die Drehzahldifferenz der Gelenkwellen durch ein Abwälzen auf den verschieden schnell drehenden Gelenkwellenrädern aus. Dabei rotieren die Ausgleichskegelräder auf ihren Achsen, die im Differentialgehäuse gelagert sind.

Bei den meisten Achsdifferentialen greift das Kegelradritzel außerhalb der Achsmitte des Kegeltellerrads ein (Bild 3). Dies wird als Hypoidantrieb bezeichnet. Die Vorteile des Hypoidantriebs sind:

- Höhere Laufruhe, da eine höhere Anzahl von Zähnen miteinander im Eingriff stehen.
- Höhere Drehmomentübertragbarkeit, da durch den Achsversatz das Kegelradritzel einen größeren wirksamen Durchmesser besitzt.

Der Nachteil dieser Anordnung sind höhere Gleit- statt Abwälzanteile zwischen Kegelradritzel und Kegeltellerrad. Dem kann aber erfolgreich mit besonders druck- und scherfesten Hypoidölen begegnet werden.

Bei Front-Quer-Getrieben sind statt Kegelradritzel und Kegeltellerrad zwei Stirnräder als Ritzel und Differentialantriebsrad verbaut (siehe Automatisiert geschaltete Getriebe). Da die Ausgleichsräder als Kegelräder ausgeführt sind, gehört auch diese Ausführungsform zu den Kegelraddifferentialen.

Stirnraddifferential

Beim Stirnraddifferential sind die Ausgleichsräder als Stirnräder ausgeführt. Es gibt verschiedene Ausführungsformen, welche die unterschiedlichen Anbindungsformen von Planetengetrieben nutzen. Beim in Bild 4 abgebildeten Differential wird das Drehmoment über das Differentialantriebsrad direkt in den Planetenträger geleitet. Der Planetenträger verteilt das Drehmoment auf die beidseitig paarweise angeordneten Planetenräder. Die Planetenräder eines Paares stehen jeweils mit der halben Zahnbreite miteinander im Eingriff. Die äußeren Hälften der Planetenräder stehen mit den Sonnenrädern im Eingriff. Die Sonnenräder leiten das Drehmoment jeweils an die Gelenkwellen [1]. Im Gegensatz zum normalen Planetengetriebe gibt es hier kein Hohlrad. Das Differentialgehäuse ist der Planetenträger für beide Planetenradsätze. Das Sonnenrad 1 ist zugleich das Gelenkwellenrad 1, das Sonnenrad 2 das Gelenkwellenrad 2. Die Planetenräder 2 im Bild 4 sind gestrichelt gezeichnet, weil sie in der Blattebene nach hinten versetzt und mit den Planetenrädern 1 mit der halben Zahnbreite verzahnt sind.

Bild 3: Hypoidantrieb.
1 Kegelradritzel,
2 Kegeltellerrad,
3 Achsversatz.

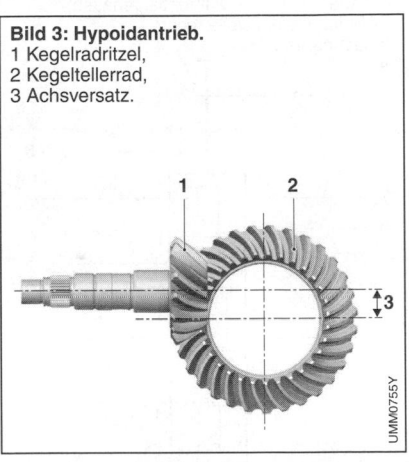

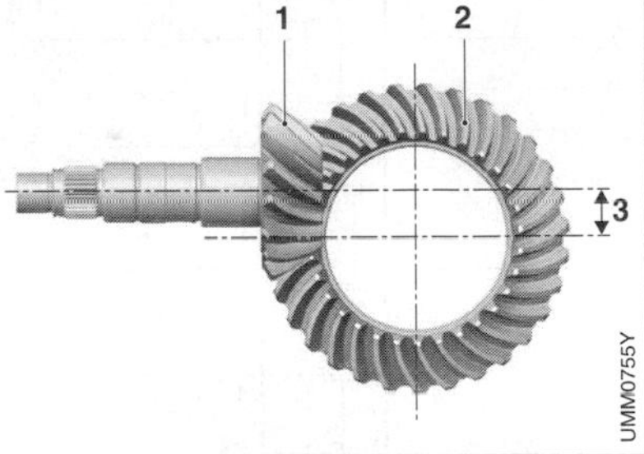

Bild 2: Konstruktive Ausführung eines Kegelraddifferentials.
1 Antriebswelle Kegelradritzel,
2 Kegelradritzel,
3 Ausgleichskegelrad,
4 Differentialgehäuse,
5 Kegeltellerrad,
6 Gelenkwellenrad.
A Antrieb Kardanwelle,
B Abtrieb Gelenkwelle links,
C Abtrieb Gelenkwelle rechts.

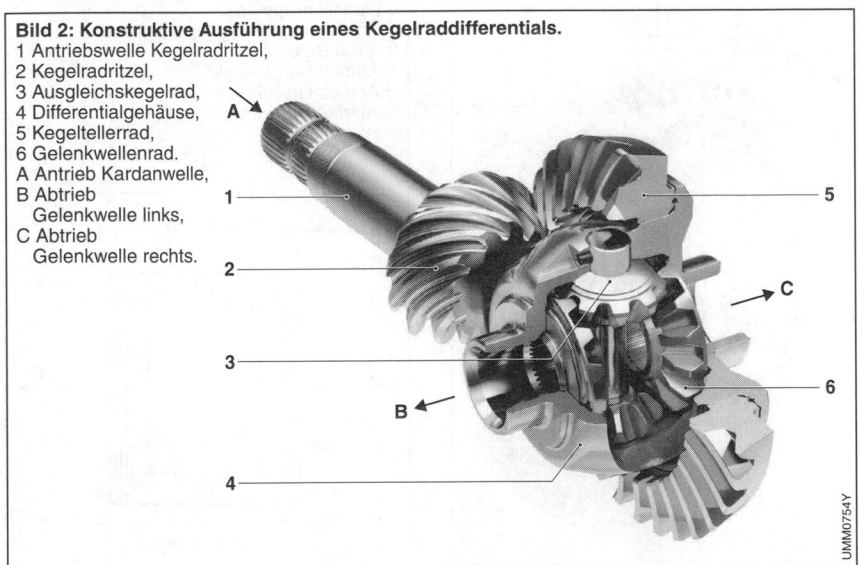

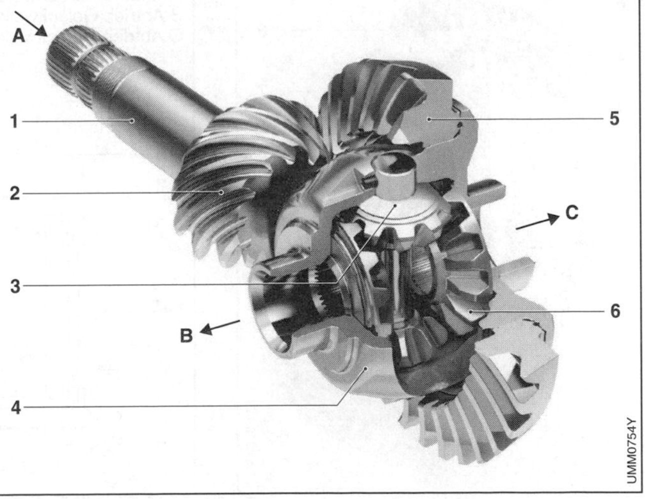

Bei Geradeausfahrt drehen sich beide Gelenkwellen gleich schnell. Die Planetenräder laufen mit der Drehzahl des Differentialantriebsrads um, ohne um ihre eigene Achse zu rotieren. Sie wirken als Mitnehmer und verteilen das Drehmoment gleichmäßig auf die beiden Gelenkwellenräder.

Bei Kurvenfahrt gleichen die Planetenräder die Drehzahldifferenz der Gelenkwellen durch ein Abwälzen auf den unterschiedlich schnell drehenden Sonnenrädern aus. Dabei rotieren die Planetenräder auf ihren Achsen im Planetenträger.

Bild 4: Stirnraddifferential.
a) Schematische Darstellung,
b) konstruktive Ausführung.
1 Antrieb, 2 Planetenrad 1,
3 Planetenträger,
4 Abtrieb Gelenkwelle links,
5 Sonnenrad 1, 6 Differentialantriebsrad,
7 Planetenrad 2, 8 Differentialgehäuse,
9 Abtrieb Gelenkwelle rechts,
10 Sonnenrad 2

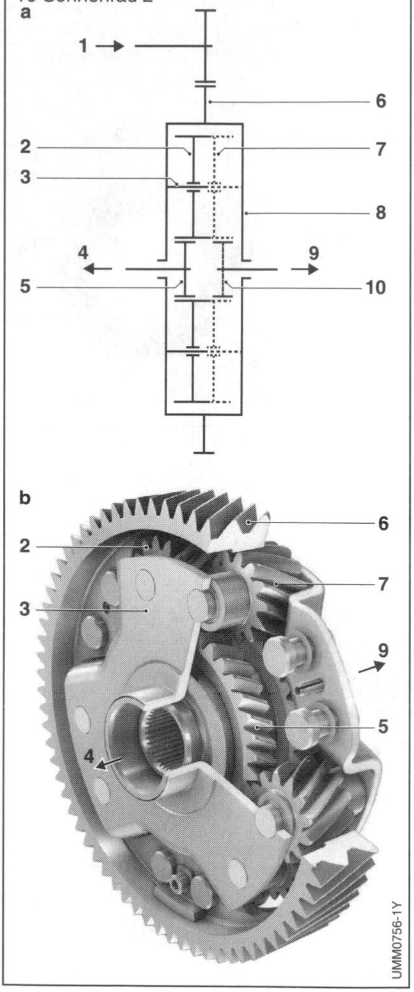

Sperrdifferential

Ein Differential kann nur Drehmoment übertragen, solange beide Fahrzeugräder dieses Drehmoment auf die Fahrbahn übertragen können. Sobald der Kraftschluss an einem Rad einbricht (z. B. durch Glätte), fängt dieses an, durchzudrehen. Da an der Gelenkwelle dieses Rades zwar Drehzahl, aber kein Moment übertragen wird, können sich die Ausgleichsräder des Differentials nicht an dem Gelenkwellenrad des durchdrehenden Rades abstützen und Drehmoment auf das andere Gelenkwellenrad übertragen. Dadurch bleibt das andere Rad stehen und überträgt kein Antriebsmoment, obwohl an diesem Rad

Bild 5: Schematische Darstellung eines Lamellensperrdifferentials.
1 Kegelradritzel, 2 Kegeltellerrad,
3 Achse Ausgleichskegelrad,
4 Gelenkwellenrad, 5 Differentialgehäuse,
6 Lamellenkupplung,
7 Druckringe, 8 Ausgleichskegelrad,
9 Rand Druckring.
A Antrieb Kardanwelle,
B Abtrieb Gelenkwelle links,
C Abtrieb Gelenkwelle rechts.

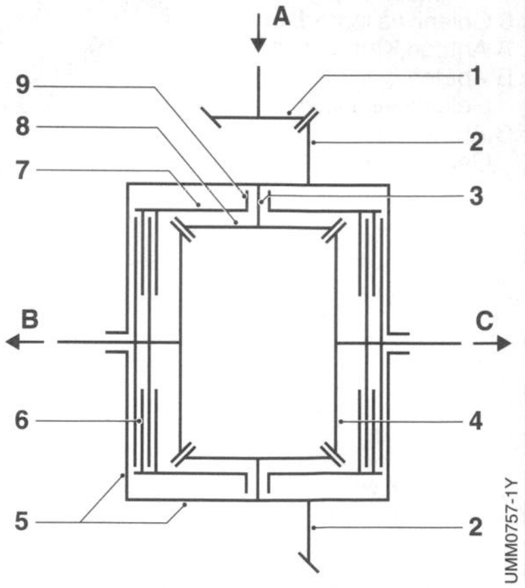

unter Umständen ein Kraftschluss zur Fahrbahn möglich wäre.

Die Aufgabe des Sperrdifferentials ist die Übertragung von Antriebsmoment an beide Gelenkwellen, auch wenn ein Rad einer Gelenkwelle einen verminderten Kraftschluss zur Fahrbahn hat.

Das Sperrdifferential hat zusätzlich zu den oben beschriebenen Komponenten zwischen dem Differentialgehäuse und den Gelenkwellen Lamellenkupplungen eingebaut (Bild 5). In das Differentialgehäuse ist je ein Druckring pro Lamellenkupplung eingebaut. Die Druckringe sind drehfest mit dem Differentialgehäuse verbunden, axial aber beweglich, um die Lamellenkupplungen anpressen zu können. Die Achsen der Ausgleichsräder sind in Aussparungen zwischen den Druckringen gelagert (Bild 6). Die bei der Kraftübertragung bei Kegelrädern entstehenden Axialkräfte pressen die Druckringe auf die Lamellenkupplungen, und zwar umso stärker, je mehr Drehmoment im Kegeltrieb übertragen wird. Je höher das übrtragene Drehmoment ist, umso höher kann das Sperrmoment der Lamellenkupplung sein.

Bei gleich gutem Kraftschluss beider Räder wird der Hauptteil des Drehmoments über die Druckringe auf die Ausgleichsräder übertragen und diese verteilen das Drehmoment – da sie als Mitnehmer fungieren – gleichmäßig auf die beiden Gelenkwellen (Bild 5).

Entsteht durch Kraftschlussverlust eines Rades eine Drehzahldifferenz zwischen den beiden Gelenkwellen und damit auch zwischen Differentialgehäuse und Gelenkwellen, wird durch die angepresste Lamellenkupplung Drehmoment an die langsamer drehende Gelenkwelle übertragen.

Die Höhe des Moments und damit des Sperrgrads des Differentials ist abhängig von der Anzahl der Lamellen und deren Reibwert, welcher über verschiedene Reibbeläge variiert werden kann.

Über diese Ausführungsvariante hinaus gibt es noch weitere Lösungsansätze für Sperrdifferentiale, z. B. eine aktiv ansteuerbare Lamellenkupplung zwischen den Gelenkwellen.

Bild 6: Schematische Darstellung der Druckringe und Achsen der Ausgleichskegelräder eines Lamellensperrdifferentials.
Die Schnittebene steht senkrecht zur Schnittebene in Bild 5.
1 Spreizkraft Druckringe, gleichzeitig Anpresskraft Lamellenkupplung,
2 Krafteinleitung aus Differentialgehäuse,
3 Rand Druckringe,
4 Achse Ausgleichskegelrad (Draufsicht).

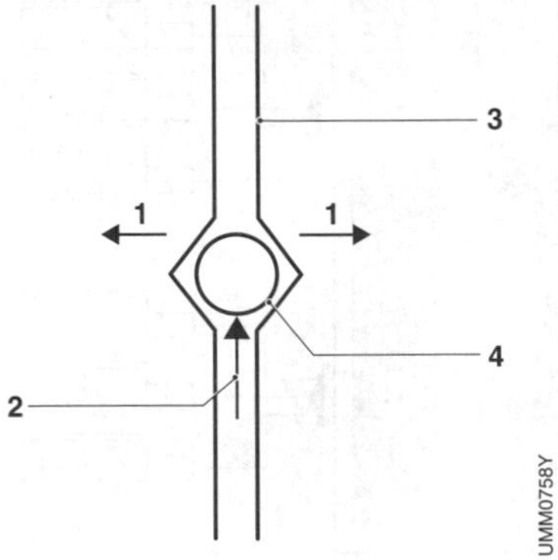

Bremseingriff mit Sperrdifferentialwirkung

Seit der Einführung von Antiblockiersystemen und Fahrdynamikregelung (elektronisches Stabilitätsprogramm) ist es möglich, Bremsen einzelner Räder anzusteuern. Diese Möglichkeit nutzt man, um ab einer bestimmten Drehzahldifferenz zweier Gelenkwellen das schnellere Rad abzubremsen. Dabei wird über die Bremse Drehmoment von der schneller drehenden Gelenkwelle gegenüber der Karosserie abgestützt. Dies ermöglicht den Ausgleichsrädern eines Differentials auch ohne Sperre im Differential eine Drehmomentübertragung auf die langsamer drehende Gelenkwelle.

Literatur

[1] B.-R. Höhn; K. Michaelis; M. Heizenröther: Kompaktes Achsgetriebe für Fahrzeuge mit Frontantrieb und quer eingebautem Motor. ATZ – Automobiltechnische Zeitschrift Ausgabe 1/2006.

Elektronische Getriebesteuerung

Aufgaben und Anforderungen

Hydraulik

Zur Steuerung von automatisierten Getrieben und Automatikgetrieben werden inzwischen überwiegend elektronisch angesteuerte Hydrauliksysteme eingesetzt, Kupplungssteller betätigen Trockenkupplungen, Gangsteller schalten die Gänge in automatisierten Handschaltgetrieben und in Doppelkupplungsgetrieben. In nassen Kupplungen und in Planetenautomatikgetrieben aktivieren Schaltelemente die Lamellenkupplungen und die Lamellenbremsen.

Das Verbindungselement zwischen Elektronik und Hydraulik sind die Stellglieder, in diesem Falle die elektrohydraulischen Aktoren. Aktoren setzen ein vom elektronischen Steuergerät ausgegebenes elektrisches Stellsignal in eine Stellkraft um. Zur genauen Einstellung des Drucks an den Schaltelementen (Kupplungen und Reibelemente) kommen Druckregelventile zum Einsatz. Neben dem Regeln, Verstärken und Verteilen der hydraulischen Drücke und Volumenströme für die Schaltelemente sind die Aufgaben dieses mechatronischen Systems auch die Versorgung des Drehmomentwandlers sowie die Bereitstellung des Schmierdrucks und der Kühlung des Automatikgetriebes.

Elektromechanik

Alternativ zu den Hydrauliksystemen gibt es automatisierte Handschaltgetriebe und einige Doppelkupplungsgetriebe mit elektromechanischer Steuerung, bei denen Elektromotoren die Rolle der Hydraulik (Kupplung aktuieren, Gang einlegen und wählen) übernehmen. Diese sind aus Dynamik- und Verschleißgründen als BLDC-Motoren (Brushless Direct Current, bürstenlose Gleichstrommotoren) ausgelegt.

Elektronik

Der Hydraulik verbleibt die Leistungsansteuerung der Kupplungen, während die Elektronik die Gangwahl, den Schaltablauf und die Anpassung der Kupplungsdrücke an das zu übertragende Moment vornimmt. Die Vorteile sind:
- Mehrere Schaltprogramme einschließlich adaptiver Fahrfunktionen,
- ein besserer und über die Lebensdauer konstanter Schaltkomfort,
- eine flexible Anpassung an unterschiedliche Fahrzeugtypen,
- eine vereinfachte Hydrauliksteuerung.

Bild 1: Elektronische Getriebesteuerung.

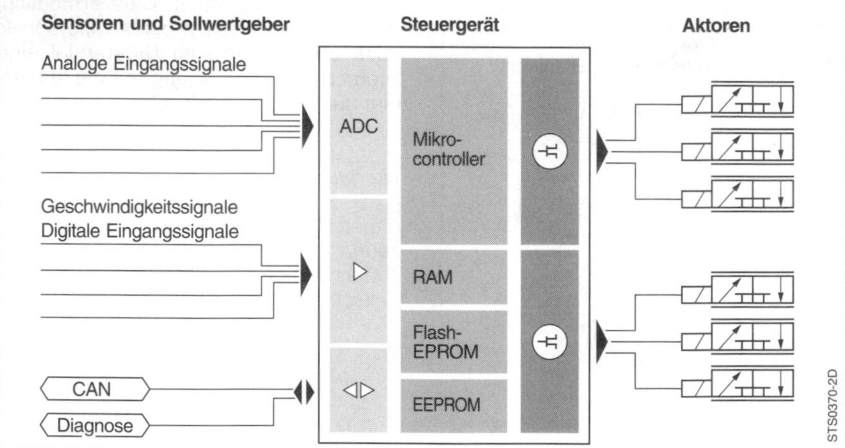

Um diese Vorgänge sicher, situationsgerecht und komfortabel zu gewährleisten, benötigt die Steuerung verschiedene Betriebsdaten, die von Sensoren erfasst werden [1] (Bild1):

– Getriebeabtriebsdrehzahl,
– Getriebeeingangsdrehzahl,
– Druck an den Kupplungen,
– Wählhebelposition,
– Stellungen des Programm- und des Kickdown-Schalters.

Weitere Informationen wie Motordrehzahl, Fahrerwunsch und Motormoment werden vom Motorsteuergerät erfasst und über den CAN-Bus an die Getriebesteuerung übertragen. Das Getriebesteuergerät verarbeitet diese Informationen nach einem vorgegebenen Programm und bestimmt daraus die an die elektrohydraulischen Aktoren auszugebenden Größen.

Die Getriebesteuerung muss je nach Getriebetypen unterschiedliche Anforderungen erfüllen und ist damit auch in ihrer Schaltungskomplexität sehr verschieden. Außerdem unterscheiden sich die Umgebungsbedingungen verschiedener Einbauorte stark hinsichtlich Temperaturbereich, Vibration und Dichtigkeitsanforderungen. Implementierungen reichen vom einfachen Wegbausteuergerät (vom Getriebe räumlich getrenntes Steuergerät) über ein Anbausteuergerät (z.B. für ein Doppelkupplungsgetriebe oder ein Stufenlosgetriebe) bis zum komplexen Elektronikmodul für ein Doppelkupplungsgetriebe oder Automatikgetriebe, das innerhalb des Getriebegehäuses verbaut wird (Tabelle 2).

Komponenten der Getriebesteuerung

Komponenten am Getriebe

Die Steuerung des Getriebes setzt sich aus den folgenden Komponenten zusammen:

– Druckregel- und Durchflussventile,
– Hydraulikkomponenten (z.B. Blenden, Dämpfer, Schieber, Filter),
– Steuerblock (dient in der Regel als Grundträger für die Steuereinheit),
– elektronisches Getriebesteuergerät.

Die elektrohydraulische Steuerung ist im Getriebegehäuse untergebracht. Hierdurch ergeben sich weitere Anforderungen für die Steuerung durch die Temperatur, Temperaturwechsel, Schmutz und Schwingungen, ebenso muss sie eine hohe Medienbeständigkeit gegenüber Getriebeöl aufweisen [2].

Die begriffliche Trennung von Stellglied und Schaltelement ist in Tabelle 1 dargestellt.

Tabelle 2: Anforderungen an die Getriebesteuerung für verschiedenen Getriebetypen.

	AT	CVT	DCT
Anzahl Aktoren	≤ 10	≤ 6	≤ 12
Druckbereich [bar]	≤ 20	≤ 70	≤ 30
Anzahl Sensoren	4...6	4...6	8...12
Rechenleistung	hoch	mittel	sehr hoch

AT Automatic Transmission (Automatikgetriebe)
CVT Continuously Variable Transmission (Stufenlosgetriebe)
DCT Dual Clutch Transmission (Doppelkupplungsgetriebe)

Tabelle 1: Begriffsdefinition von Stellglied (Aktor) und Schaltelement.

Bezeichnung	Stellglied	Schaltelement			
Einbauort	Getriebe-steuerung	Getriebe			
Beispiel	elektrohydraulischer Aktor (z.B. Magnetventil) 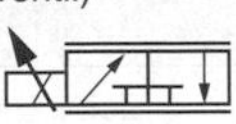	Kupplung 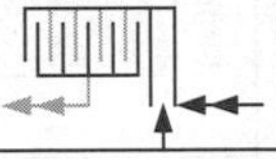	Bremse 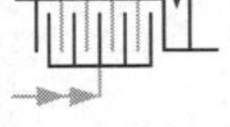	Kupplungs-steller 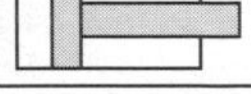	Gangsteller 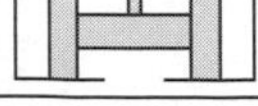

STS0371Y

Eingriffsmöglichkeit durch den Fahrer

Wählhebel

Der klassische Wählhebel in der Mittelkonsole mit den Stellungen P, R, N und D und einem Seilzug zum Getriebe wird bei heutigen Shift-by-Wire-Systemen durch einfache Dreh- oder Kippschalter ersetzt, die mehr Freiheit im Innenraumdesign des Fahrzeugs erlauben. Die grundsätzlichen Funktionen sind dabei aber erhalten geblieben und bei allen automatisierten Getrieben dieselben:

- P „Park"; im Getriebe wird die Parksperre aktiviert, die ein Wegrollen des Fahrzeugs verhindert.
- R „Reverse" legt den Rückwärtsgang ein.
- N „Neutral" oder Leerlauf; d.h., es besteht kein Kraftschluss zwischen Motor und Getriebe.
- D „Drive"; Vorwärtsfahrt wird aktiviert.

Bei manchen Systemen gibt es auch noch eine sogenannte M-Gasse, die ein manuelles Wählen des Gangs erlaubt.

Programmwahlschalter

Der Fahrer kann über Taster oder Schalter folgende Programme auswählen:

- E „Economy" führt zu kraftstoffsparendem Fahren im möglichst hohen Gang (Sparmodus).
- S „Sportprogramm", auf Leistung ausgelegte Gangwahl (Sportmodus).
- M „manuelle Auswahl" des Gangs.

Die Auswahl des Sparmodus oder des Sportmodus kann auch abhängig vom Fahrverhalten des Fahrers von einer intelligenten Steuerung in der Software vorgenommen werden.

Schaltpunktsteuerung

Fahrprogramme

In Abhängigkeit von Getriebeabtriebsdrehzahl und Fahrerwunsch erfolgt die Auswahl des einzulegenden Gangs durch die Ansteuerung von Magnetventilen oder Druckreglern. Der Fahrer kann über den Wählhebel zwischen verschiedenen Fahrprogrammen wählen (z.B. für verbrauchs- oder leistungsoptimales Fahren) oder es ist ein adaptives Fahrprogramm implementiert, das aus Fahrsituation und Fahrertyp den optimalen Gang wählt. Der Wählhebel gestattet außerdem ein manuelles Beeinflussen des Getriebes.

Schaltablauf am Beispiel einer Hochschaltung im Stufenautomaten

Zughochschaltungen erfolgen beim Automatikgetriebe im Gegensatz zum Handschaltgetriebe ohne Zugkraftunterbrechung als Überschneidungssteuerung. Während Kupplung 1 für Gang x öffnet, muss Kupplung 2 für Gang y schließen (Bild 2).

Bild 2: Überschneidungssteuerung.
p_1 Druck an zuschaltender Kupplung,
p_2 Druck an abschaltender Kupplung,
n_M Motordrehzahl,
M Moment (insgesamt übertragene Moment),
M_1 Moment an zuschaltender Kupplung,
M_2 Moment an abschaltender Kupplung.

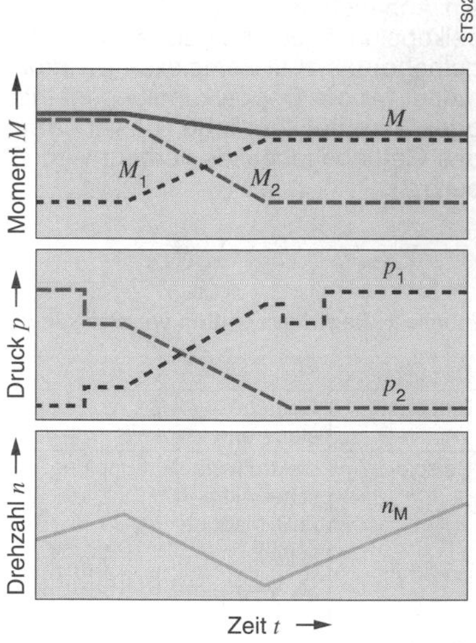

Bild 3 zeigt die Hochschaltkennlinie für die Schaltung vom ersten in den zweiten Gang im Spar- sowie im Sportmodus, d.h. bei welcher Fahrpedalstellung und welcher Geschwindigkeit der Gangwechsel erfolgt. Entsprechendes gilt für das Rückschalten. Zwischen Hochschalt- und Rückschaltkennlinie muss ein Abstand sein (Hysterese), um Pendelschaltungen zu vermeiden.

Fahrsituationserkennung

Zur Fahrsituationserkennung dienen Größen wie Längs- und Querbeschleunigung und daraus resultierend eine Berg- oder eine Kurvenerkennung. Fortschrittliche Systeme binden dazu zusätzlich die Informationen des Navigationssystems ein, um zukünftige Fahrsituationen vorzubereiten. Die Geschwindigkeit der Betätigung des Fahrpedals und die Anzahl der Kickdown-Betätigungen in einer bestimmten Zeit oder die Häufigkeit der Bremspedalbetätigung dienen der Fahrertyperkennung (von sehr sparsam bis sehr sportlich). Ein komplexes Steuerprogramm wählt einen der jeweiligen Fahrsituation und den Fahrergewohnheiten optimal angepassten Gang. Das heißt, es unterdrückt Hochschaltungen bei schnellem Gaswegnehmen vor Kurven, es verhindert das Schalten in der Kurve und es wählt bei sanft betätigtem Fahrpedal ohne manuellen Eingriff ein Fahrprogramm, das bei niedrigen Drehzahlen hochschaltet.

Weitgehende Verbreitung haben Konzepte gefunden, die den hohen Fahrkomfort dieser „intelligenten" Schaltprogramme mit den Möglichkeiten der individuellen aktiven Beeinflussung kombinieren. Die Wählhebel dieser Systeme verfügen über eine zweite Parallelgasse (M-Gasse), in der ein einfaches Antippen des Wählhebels den sofortigen Gangwechsel auslöst (sofern keine Drehzahlgrenzen überschritten werden). Alternativlösungen dazu sind Paddel oder ±-Taster am Lenkrad.

Bild 3: Hochschaltennlinie vom ersten in den zweiten Gang und Rückschaltkennlinie vom zweiten in den ersten Gang im Spar- und im Sportmodus.
1 Hochschaltkennlinien,
2 Rückschaltkennlinien.
E Sparmodus (Economy),
S Sportmodus,
Bereich über 100 % wird durch Kickdown-Schalter ausgelöst.

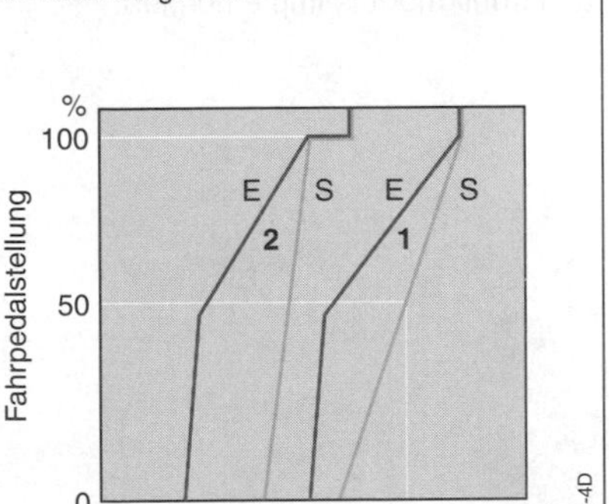

Wandlerüberbrückung

Sowohl bei Stufenautomaten als auch bei stufenlosen Getrieben kann eine Wandlerüberbrückung zum Einsatz kommen. Eine mechanische Überbrückung kann den Schlupf des Drehmomentwandlers beseitigen und somit den Wirkungsgrad des Getriebes verbessern. Die Ansteuerung der Wandlerkupplung erfolgt in Abhängigkeit von der Motorlast und der Getriebeabtriebsdrehzahl sowie dem Zustand des Getriebes.

Schaltqualitätssteuerung

Die genaue Anpassung des Drucks in den Reibelementen der Kupplungen an das zu übertragende Moment (berechnet aus Lastzustand und Motordrehzahl) beeinflusst maßgebend die Schaltqualität. Ein Druckregler stellt den Druck ein. Eine weitere Verbesserung der Schaltqualität bewirkt die kurzzeitige Verringerung des Motormoments (über einen Motoreingriff) während der Schaltvorgänge (z.B. beim Ottomotor durch eine Spätverstellung der Zündung, Reduzierung der Einspritzmenge oder Zylinderausblendung). Diese Maßnahme reduziert außerdem die Verlustarbeit in den Kupplungen und erhöht damit deren Lebensdauer.

Adaptive Drucksteuerung

Damit über die Lebensdauer des Getriebes eine konstante Schaltqualität vorhanden ist, werden die entscheidenden Parameter wie Füllzeit und Schleifzeit der Kupplungen permanent überwacht. Bei Abweichungen von vorgegebenen Grenzen erfolgen Druckkorrekturen im System, um dann bei der nächsten Schaltung wieder einen optimalen Zeitverlauf und damit eine optimale Schaltqualität zu erhalten.

Sicherheitsstrategie

Überwachungsschaltungen und -funktionen verhindern Beschädigungen des Getriebes durch Fehlbedienung. Bei Störungen des elektrischen Systems geht die Anlage in einen betriebssicheren Zustand mit Notfahreigenschaften über. Es muss zu jedem Zeitpunkt sichergestellt sein, dass es nicht zu einer Fahrzeuginstabilität kommen kann.

Anforderungen an die Software-entwickung

Die Softwareentwicklung für automatisierte Getriebe muss folgenden Anforderungen genügen:

- Erfüllung der funktionalen Sicherheit (ASIL D, Automotive Safety Integrity Level, [3]),
- ASPICE (Automotive Software Performance Improvement and Capability Determination) als Entwicklungsprozess im internationalen Entwicklungsverbund [4],
- AUTOSAR als Schnittstellenstandard (Automotive Open Systems Architecture, [5]) und
- Software-Sharing zwischen Steuergeräteherstellern, Getriebeherstellern und Fahrzeugherstellern.

Hydraulische Steuerung

Aufgaben

Hauptaufgabe der Hydrauliksteuerung ist es, hydraulische Drücke und Volumenströme zu regeln, zu verstärken und zu verteilen. Dazu zählen die Erzeugung der Kupplungsdrücke, Versorgung des Drehmomentwandlers und Bereitstellung des Schmierdrucks. Die Gehäuse der hydraulischen Steuerung (hydraulische Steuerplatte) bestehen aus Aluminium-Druckguss und enthalten mehrere feinbearbeitete Schieberventile und elektrohydraulische Aktoren.

Bild 4 zeigt das Elektronikmodul mit den Sensoren einer elektronischen Getriebesteuerung für ein hydraulisch betätigtes Doppelkupplungsgetriebe. Das Elekronikmodul ist mit der hydraulischen Steuerplatte verschraubt und sitzt innerhalb des Getriebes ganz oder teilweise in der Getriebeölwanne. Deshalb bestehen hohe Anforderungen an Dichtigkeit und Temperaturbeständigkeit zum Schutz der Elektronik.

Zur Verbesserung einer bedarfsgerechten Erzeugung des Hydraulikdrucks, der Steigerung der Effizienz und zur Aufrechterhaltung des Hydraulikdrucks, wenn der Verbrennungsmotor steht (z.B. bei Start-Stopp- oder Hybridsystemen), kommen zunehmend elektrisch angetriebene Zusatzölpumpen zum Einsatz. Die Ansteuer- und Leistungselektronik für den BLDC-Motor (Brushless Direct Current) ist entweder auf der Pumpe selbst oder als Teil des Elektronikmoduls implementiert.

Elektrohydraulische Aktoren

Elektrohydraulische Aktoren (elektrohydraulische Wandler wie Magnetventile und Druckregler) bilden die Schnittstelle zwischen Elektronik mit der elektrischen Signalverarbeitung und Hydraulik. Sie setzen die Stellsignale geringer elektrischen Leistung in eine Stellkraft mit der für den Prozess erforderlichen erhöhten Leistung um. Hierzu kontrollieren die Aktoren den Ölfluss und die Druckverläufe in der hydraulischen Steuerplatte. Somit sind Aktoren wesentliche Stellglieder und bilden die Basis für eine elektrohydraulische Getriebesteuerung. Ein Elektromagnet und ein Hydraulikventil bilden zusammen ein elektrohydraulischen Aktor.

Allgemeine Anforderungen an Aktoren

Aufgrund des Einbauorts der elektrohydraulischen Aktoren direkt im Getriebe unterliegen diese besonderen Anforderungen:
- Dauerfestigkeit bis zu 5000 Stunden oder 300000 km Laufleistung,
- Vibrationsfestigkeit bis zu 5000 Stunden oder 300000 km Laufleistung,
- Temperaturbeständigkeit und Unempfindlichkeit gegenüber Temperaturwechsel im Bereich von –40...160 °C,
- geringe Baugröße (Einsparung von Bauraum und Kosten),
- Medienbeständigkeit gegenüber ATF-Öl mit Additiven und Wassergehalt,
- Schwingungsunempfindlichkeit bis zu 30 g,
- Erzeugung geringer hydraulischer Schwingungen,
- Einschaltdauer (100 %).

Dazu kommen noch spezifische Anforderungen an den regelbaren Druck und Durchfluss sowie die Hysterese und die Leckage.

Ausführung von Aktoren

Aktoren werden je nach Funktion und Bauart unterschieden, üblicherweise in
- Schaltventile (On-Off-Magnetventile, On/Off),
- Pulsweitenmodulierte Magnetventile (PWM),
- Flachsitz-Druckregelventile (DR-F),
- Schieber-Druckregelventile (DR-S),
- Proportionalmagnete (PM).

Magnetventile

Aus den On-Off- oder PWM-Magnetventilen ergeben sich zwei unterschiedliche Methoden, um ein Eingangssignal (Strom oder Spannung) in ein Ausgangssignal (Druck) umzusetzen.

Schaltventil

Für ein einfaches Schaltventil reicht die Logik mit den Zuständen 0 und 1 aus,

Bild 4: Elektronikmodul einer Getriebesteuerung.
1 Getriebestecker (zum Kabelbaum),
2 Drucksensoren,
3 im Elektronikmodul integriertes Steuergerät,
4 Stecker zur Kontaktierung der Hydraulikventile,
5 Sensordome der Positionssensoren (Rückseite),
6 Sensordome der Drehzahlsensoren (Rückseite).

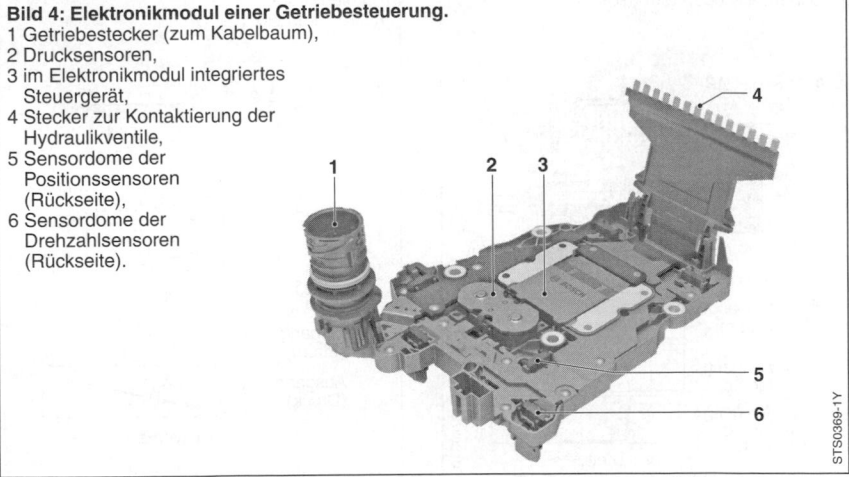

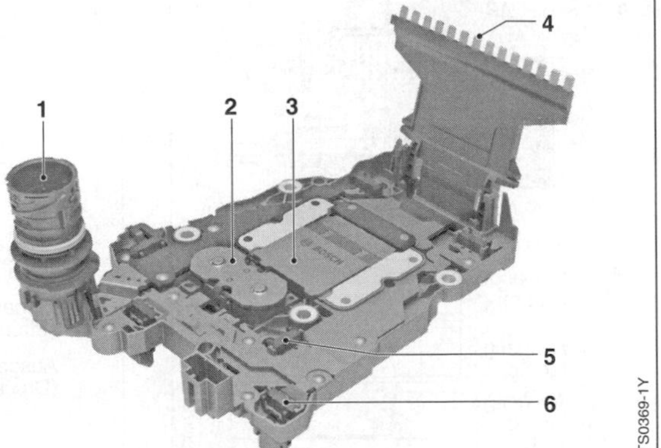

was in der Regel über den Strom gesteuert wird (Bild 5). Diese Ausführung wird On-Off-Magnetventil genannt, die dazugehörige Hydraulik ist entweder als Öffner (stromlos geschlossen, normally closed, n.c.) oder als Schließer (stromlos offen, normally open, n.o.) ausgeführt.

Der von der Getriebeölpumpe erzeugte Zulaufdruck p_Z steht vor dem Flansch an und schließt beim stromlos geschlossenen Ventil den Kugelsitz. Da stromlos im Arbeitsdruckkanal kein Druck anliegt, handelt es sich um ein „stromlos geschlossenes" Ventil. In diesem Zustand ist der Arbeitsdruck, der die Verbraucher (z.B. eine Kupplung) versorgt, direkt mit dem Rücklauf zum Getriebeöltank (Ölwanne) verbunden, sodass sich dort ein anstehender Druck abbauen oder ein enthaltenes Ölvolumen entleeren kann.

Bild 5: Schaltventil (On-Off-Magnetventil).
a) Schnittbild eines stromlos geschlossenen Ventils,
b) Ansteuerung und Kennlinien.
1 Zulauf von der Getriebeölpumpe,
2 Arbeitsdruckkanal (Anschluss A),
3 Rücklauf zum Getriebeöltank,
4 Magnetspule,
5 elektrischer Anschluss,
6 Anker mit Stößel,
7 Kugelsitz,
8 Flansch (Anschluss P).
p_Z Zulaufdruck,
p_A Arbeitsdruck.
n.c. normally closed (stromlos geschlossen),
n.o. normally open (stromlos offen),

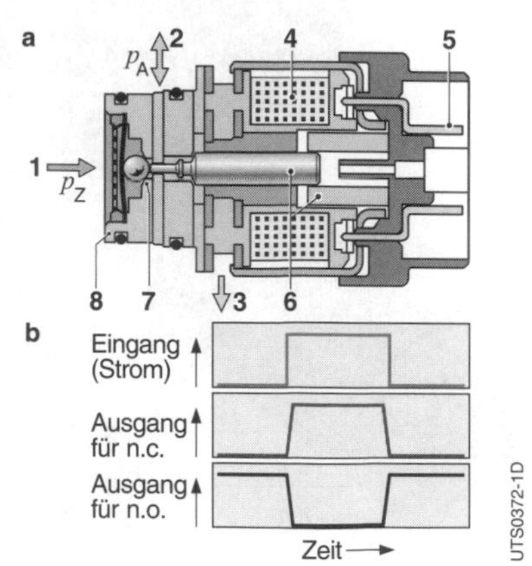

Beim Anlegen eines Stroms an die Wicklung des Schaltventils zieht die entstehende Magnetkraft den Anker mit dem mit ihm verbundenen Stößel in Richtung Kugel und öffnet den Kugelsitz. Das Öl fließt zum Verbraucher und baut dort den Pumpendruck auf. Gleichzeitig schließt der Rücklauf zum Getriebeöltank.

Diese Magnetventile zeichnen sich durch geringe Kosten, geringe Leckagen, eine einfache Ansteuerelektronik und eine geringe Schmutzempfindlichkeit aus. Allerdings werden sie aufgrund der steigenden Komplexität und Komfortanforderungen von Getrieben immer weniger eingesetzt [6].

PWM-Ventile

Prinzipiell sind PWM-Ventile genau gleich wie On-Off-Magnetventile aufgebaut. Allerdings sind sie für eine höhere Schaltgeschwindigkeit und höhere mechanische Belastungen ausgelegt. Um Drücke stufenlos einzustellen, werden sie als sogenannte Proportionalventile eingesetzt. Mit dem pulsweitenmodulierten

Bild 6: Pulsweitenmoduliertes Magnetventil.
a) Schnittbild des Ventils,
b) Ansteuerung und Kennlinie.
1 Zulauf von der Getriebeölpumpe,
2 Vorblende,
3 Rücklauf zum Getriebeöltank,
4 Magnetspule,
5 elektrischer Anschluss.
p_Z Zulaufdruck,
p_A Arbeitsdruck.

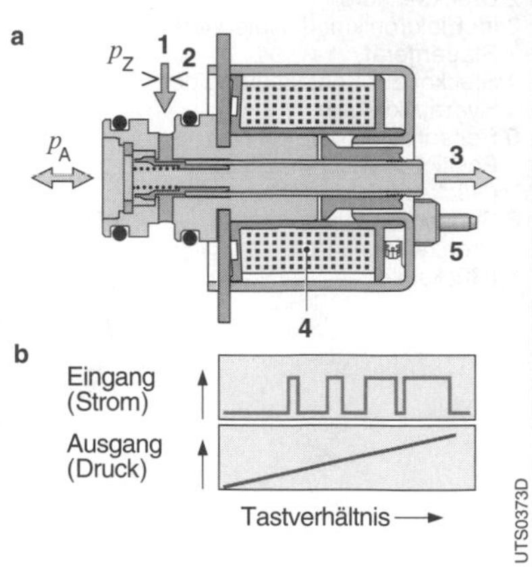

Eingangssignal wird ein proportional (steigend) beziehungsweise umgekehrt proportional (fallend) zum Tastverhältnis verlaufender Volumenstrom erzeugt, der über den Druckabfall an einer Vorblende den Ausgangsdruck erzeugt (Bild 6).

PWM-Ventile zeichnen sich durch Eigenschaften wie geringe Kosten, geringe Schmutzempfindlichkeit, eine einfache Ansteuerelektronik und eine kleine Hysterese aus. Allerdings werden PWM-Ventile aufgrund der Erzeugung von unerwünschten Geräuschen immer weniger eingesetzt.

Wichtige Kenndaten können der Tabelle 3 entnommen werden [6].

PWM-Ventil mit hohem Durchfluss

Das PWM-Ventil mit hohem Durchfluss (Bild 7) hat prinzipiell den ähnlichen Aufbau wie das zuvor beschriebene Standard-PWM-Ventil, stellt jedoch größere Öffnungsquerschnitte bei größerem Durchmesser und längerem Öffnungshub des Schließelements bereit. Dieser Aufbau erfordert eine größere Kupferwicklung mit einer höheren Magnetkraft.

Bild 7: Pulsweitenmoduliertes Magnetventil für hohen Durchfluss.
1 Zulauf von der Getriebeölpumpe,
2 Rücklauf zum Getriebeöltank,
3 Magnetspule,
4 elektrischer Anschluss.
p_Z Zulaufdruck,
p_A Arbeitsdruck.

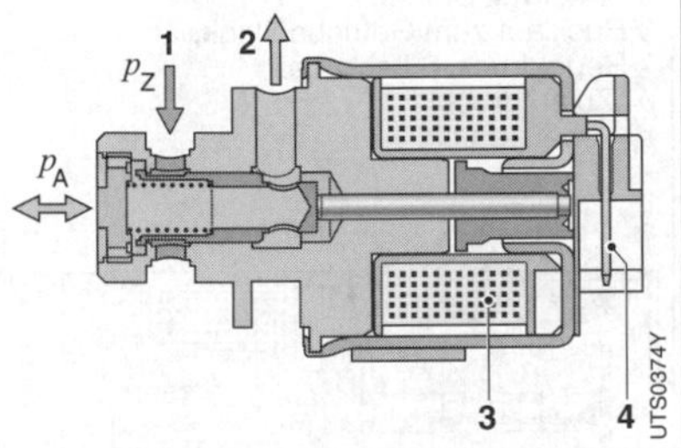

Druckregelventil in Flachsitz- und Schieberausführung

Es kommen zwei unterschiedliche Prinzipien zur Regelung des Drucks für Analogventile zum Einsatz: Flachsitz- und Schieberdruckregelventile [7]. Bei beiden Prinzipien handelt es sich um vollständige Regelkreise, da der geregelte Druck direkt in das Kräftegleichgewicht eingreift.

Bild 8: Flachsitz-Druckregelventil (DR-F).
a) Schematischer Aufbau,
b) fallende Kennlinie.
1 Getriebeölpumpe,
2 variable Steuerkante,
3 Blende (feste Steuerkante),
4 Rücklauf zum Getriebeöltank.
5 Stößel, 6 Magnetspule,
7 Feder, 8 elektrischer Anschluss,
9 Regeldruck, 10 Durchfluss.
p_Z Zulaufdruck,
p_A Arbeitsdruck.

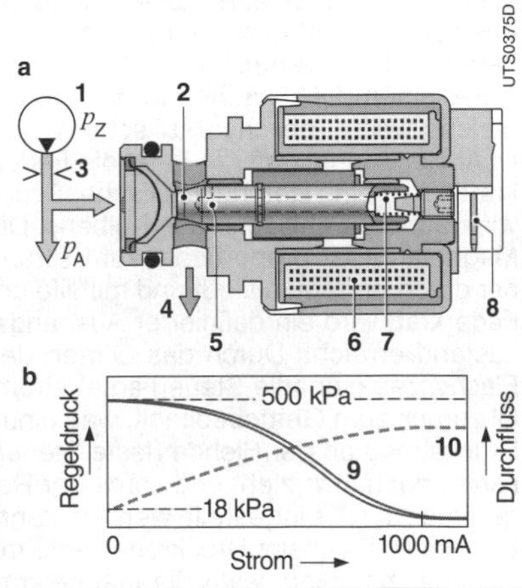

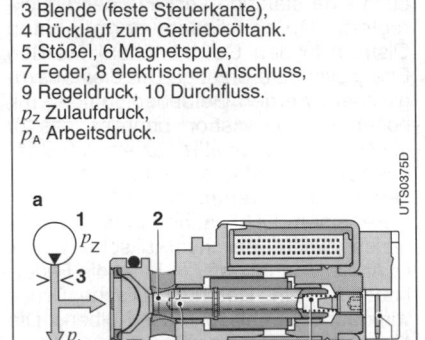

Tabelle 3: Wichtige Kenndaten vom On-Off- und PWM-Magnetventilen.

Kriterium	On-Off-Ventil	PWM-Ventil	
Bauart		Kennlinie steigend	mit hohem Durchfluss
Zulaufdruck [kPa]	400…600	300…600	400…1 200
Durchfluss bei 550 kPa [l/min]	>2,5	>1,5	>3,9
Taktfrequenz [Hz]	20	40…50	40…50
Spulenwiderstand [Ohm]	12,5	10	10

Flachsitz-Druckregelventil

Bei einem Flachsitz-Druckregelventil (DR-F) handelt es sich um ein Proportionalventil mit einer variablen und einer festen Steuerkante (Bild 8). Das DR-F arbeitet mit einer vorgeschalteten Blende (feste Steuerkante), diese ist entweder in der externen Hydrauliksteuerung oder im Druckregler integriert. Sie hat wesentlichen Einfluss auf die Charakteristik des Druckreglers, eine genaue Abstimmung dieser wird durch die Integration der Blende in den Druckregler ermöglicht. Das Verhältnis der hydraulischen Widerstände beider Blenden kann nicht beliebig klein werden, deshalb verfügt ein DR-F über einen Restdruck. Dies ist der Grund, warum der nutzbare Regelbereich nicht auf 0 kPa absinken kann. Daraus folgt auch eine ständige Leckage des Druckreglers. Durch diesen permanenten Ölstrom in den Getriebeöltank werden Energieverluste erzeugt. Um dies auszugleichen, werden Getriebeölpumpen mit höherem Volumenstrom benötigt, was für die Gesamtenergieeffizienz eines Getriebes nachteilig ist und auch zu einem höheren Kraftstoffverbrauch führt.

Bei einem DR-F gehen in das Kräftegleichgewicht der hydraulische Druck (p_{H}), die Magnetkraft (F_{M}) und die Federkraft (F_{F}) ein. Der hydraulische Druck wirkt auf die Fühlfläche des Kolbens. Die Magnetkraft ist proportional zum Strom, der durch die Spule fließt und mithilfe der Federkraft wird ein definierter Ausgangszustand erreicht. Durch das Öffnen des Flachsitzes (variable Steuerkante) strömt Öl zurück zum Getriebeöltank, was einen Druckabbau an der Blende (feste Steuerkante) nach sich zieht und somit der Regeldruck (p_{A}) eingestellt werden kann. Bei einem Flachsitz-Druckregelventil mit fallender Kennlinie wirkt die Magnetkraft in Richtung der hydraulischen Druckkraft (F_{H}) entgegen der Federkraft. Hierdurch sinkt mit zunehmendem Strom der Druck im Regelraum. Bei einem Flachsitz-Druckregelventil mit steigender Kennlinie sind die hydraulische Druckkraft und die Federkraft der Magnetkraft entgegengesetzt. Demnach steigt mit zunehmendem Strom der Druck im Regelkreis (Bild 8). Ein Flachsitz-Druckregelventil ist demnach ein einstellbares Druckbegrenzungsventil mit hydraulischer Regelfunktion, dessen Vor- und Nachteile in Tabelle 4 aufgelistet sind.

Schieber-Druckregelventil

Ein Schieber-Druckregelventil (DR-S) arbeitet mit zwei Steuerkanten und wird auch als Zweikantendruckregler oder Spool bezeichnet. Zwischen der Einlasssteuerkante und der Auslasssteuerkante wird der geregelte Druck (p_{A}) abgegriffen (Bild 9). Dieser resultiert aus dem Öffnungsverhältnis an der Einlass- und Auslasssteuerkante. Der Maximaldruck ergibt sich bei geschlossener Auslasssteuerkante und der Null-Druck bei geschlossener Einlasssteuerkante. Auf das Kräftegleichgewicht wirkt wie beim Flachsitz-Druckregelventil ebenfalls die Magnetkraft, welche proportional zum Strom ist, die Federkraft und die hydraulische Druckkraft. Die Rückführung des geregelten Drucks auf die Fühlfläche, z.B. die Stirnfläche des Schiebers, über einen innen liegenden Kanal schließt den Regelkreis. Der Regelkreis kann auch über

Bild 9: Schieber-Druckregelventil (DR-S).
a) Schematischer Aufbau,
b) steigende Kennlinie.
1 Zulauf von der Getriebeölpumpe,
2 Schieber, 3 Magnetspule,
4 elektrischer Anschluss,
5 Anker mit Stößel,
6 Rücklauf zum Getriebeöltank,
7 Regeldruck, 8 Leckage.
p_{Z} Zulaufdruck,
p_{A} Arbeitsdruck.

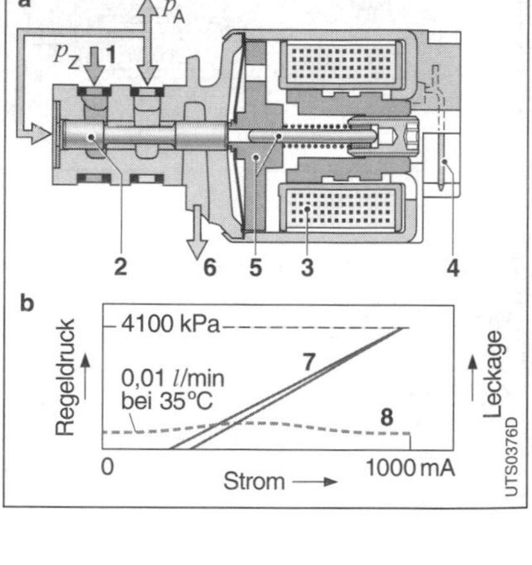

Ölkanäle in der Steuerplatte geschlossen werden. Ein Schieber-Druckregelventil kann wie auch ein Flachsitz-Druckregelventil mit einer steigenden oder fallenden Kennlinie ausgeführt werden.

Die Vor- und Nachteile eines Schieber-Druckregelventils sind in Tabelle 5 aufgelistet.

Proportionalmagnet
Fügt man eine Trennebene zwischen dem Hydraulikschieber und dem Magnetteil des Schieber-Druckregelventils ein, so erhält man einen Proportionalmagneten (PM) und einen Schieber. Vorteil von dieser Trennung ist die Verwendung von standardisierten Proportionalmagneten und funktionaler Adaption durch individuelle Schieber. Ansonsten sind sie funktional gleich wie Schieber-Druckregelventile.

Tabelle 4: Vor- und Nachteile eines Flachsitz-Druckregelventils (DR-F).

Vorteile	Nachteile
Hohe Genauigkeit	Hohe Leckage
Kostengünstig	Restdruck vorhanden
Schmutzunempfindlich	Aufwändige Elektronik
Unempfindlich gegenüber Störgrößen	Schwierige Bedämpfung
	Sitzprellen

Tabelle 5: Vor- und Nachteile eines Schieber-Druckregelventils (DR-S).

Vorteile	Nachteile
Hohe Genauigkeit	Große Schmutzempfindlichkeit
Unempfindlich gegenüber Störgrößen	Aufwändige Fertigung der Präzisionsteile
Geringer Temperaturgang	Aufwändige Elektronik
Geringe Leckage	
Keine Anschläge	
Bedämpfbar	
Null-Druck erreichbar	

Kennwerte
Typische Kennwerte von Flachsitz- und Schieber-Druckregelventilen sind in Tabelle 6 wiedergegeben.

Anwendung verschiedener Aktoren

Die Tabelle 7 zeigt die jeweiligen Verknüpfungen zwischen den einzelnen Getriebefunktionen und den einsetzbaren Aktortypen in einem Stufengetriebe und in einem stufenlosen Automatgetriebe (CVT). Die Entscheidung ob ein PWM-Ventil, On-Off-Ventil, DR-F, DR-S oder PM verwendet wird, hängt unter anderem auch von folgenden Systemfaktoren ab [7]:

- Einbauort,
- dynamische Eigenschaften des Systems,
- Leckage,
- Genauigkeit,
- Kosten,
- Schmutzkonzentration und Schmutzzusammensetzung.

Nicht zu unterschätzen sind auch die Erfahrungen des Kunden mit den jeweiligen Aktortypen (z.B. Risiko, Vertrauensniveau) oder auch der aufzubringende Aufwand für die Umstellung vorhandener Steuerungskonzepte auf andere Aktoren.

Tabelle 6: Typische Kennwerte für Flachsitz- (DR-F) und Schieber-Druckregelventile.

Kriterium	DR-SI	DR-F	
Bauart	DR-S	D26 Kennlinie fallend	D20 Kennlinie steigend
Zulaufdruck [kPa]	700…2500	500…600	500…800
geregelter typischer Druck [kPa]	0…2500	40…600	40…800
typischer Strombereich [mA]	0…1200	150…770	150…1000
Ditherfrequenz [Hz]	<200	<200	<200
Chopperfrequenz [kHz]	3	1	1
Durchmesser [mm]	28	26	23

Methoden zur Steuerung von Schaltelementen
Um den Stellvorgang eines Schaltelements (Kupplung, Bremse oder Gangsteller) einzuleiten, gibt es zwei unterschiedliche Drucksteuervariationen: die Direktsteuerung und die Vorsteuerung [8].

Vorsteuerung
Damit ein Schaltelement (z. B. eine Kupplung) schnell gefüllt wird, ist ein großer Volumenstrom notwendig. Um große Volumenströme zu steuern, müssen die Aktoren ebenfalls sehr groß dimensioniert werden, um die erforderlichen Kräfte bereitstellen zu können. Um dies zu vermeiden, wird bei der Vorsteuerung mit zwei Steuerkreisen gearbeitet, dem Vorsteuerkreis (0...6 bar) und dem Hauptsteuerkreis (ca. 20 bar). Der elektrohydraulische Aktor befindet sich im Vorsteuerkreis. An diesem Aktor (Vorsteuerventil) liegt ein niedrigerer Druck an als am Sperr- und Verstärkerventil, welche sich im Hauptsteuerkreis befinden. Das Vorsteuerventil steuert diese Schieberventile durch Bereitstellen von Hydrauliköl an den jeweiligen Steuerflächen (Bild 10).

Tabelle 7: Verknüpfung der Getriebefunktionen und Aktortypen.

Stufenautomatgetriebe					
Funktion	PWM (Alt)	On/Off	DR-F	DR-S	PM
Hauptdruck regeln und steuern	×		×	×	×
Gangwechsel auslösen			×	×	×
Schaltdruck modulieren			×	×	×
Wandlerkupplung regeln	×		×	×	×
Rückwärtsgangsperre		×			×
Sicherheitsfunktionen (fail-safe)		×	×		×

Stufenoses Automatikgetriebe (CVT)					
Funktion	PWM (Alt)	On/Off	DR-F	DR-S	PM
Übersetzung verstellen			×	×	×
Bandspannung regeln			×	×	×
Anfahrkupplung steuern			×	×	×
Rückwärtsgangsperre		×			×

Direktsteuerung
Bei der Direktsteuerung ist der elektrohydraulische Aktor direkt im Hauptsteuerkreis eingebunden. Hierdurch entfallen im Vergleich zur Vorsteuerung die Zufuhr-, Sperr- und Verstärkerventile. Das von der Pumpe bereitgestellte Volumen und der bereitgestellte Druck zur Betätigung des Schaltelementes wird somit direkt von dem elektrohydraulischen Aktor gesteuert (Bild 11).

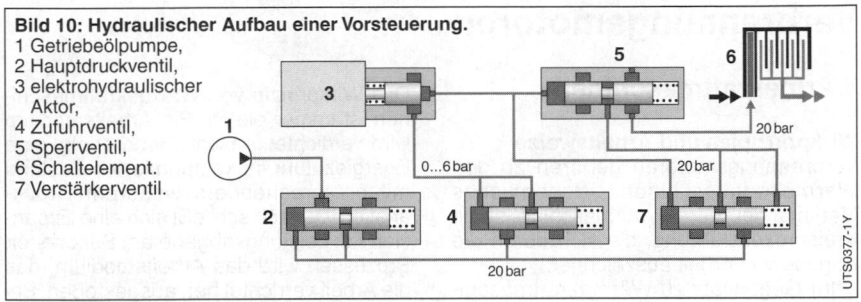

Bild 10: Hydraulischer Aufbau einer Vorsteuerung.
1 Getriebeölpumpe,
2 Hauptdruckventil,
3 elektrohydraulischer Aktor,
4 Zufuhrventil,
5 Sperrventil,
6 Schaltelement.
7 Verstärkerventil.

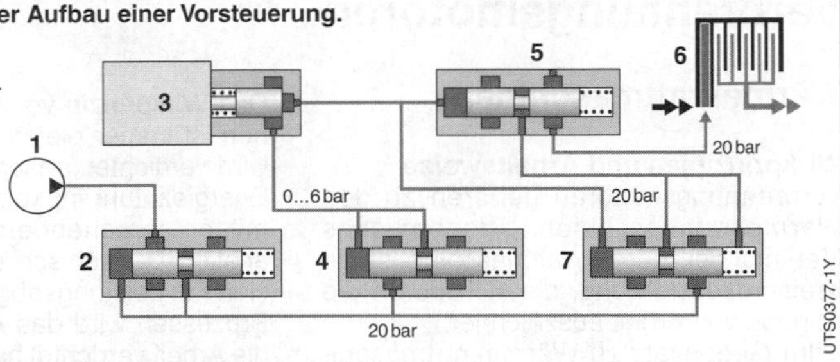

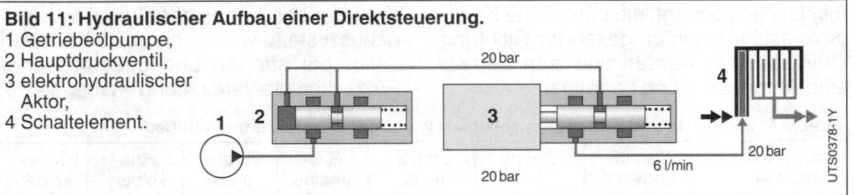

Bild 11: Hydraulischer Aufbau einer Direktsteuerung.
1 Getriebeölpumpe,
2 Hauptdruckventil,
3 elektrohydraulischer Aktor,
4 Schaltelement.

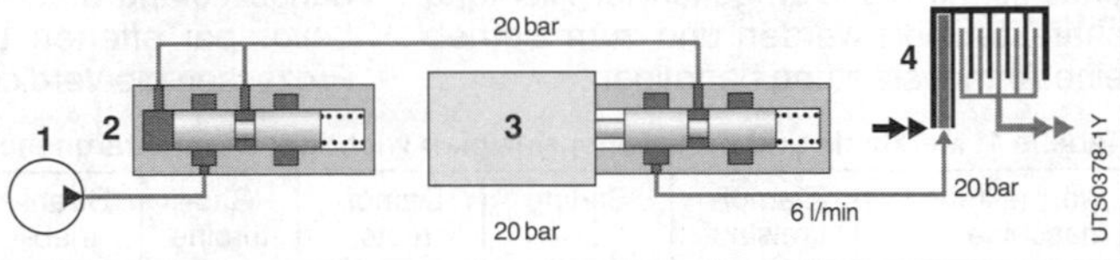

Literaturverzeichnis

[1] W. Schmid: GS-Seminar Getriebesysteme – Aktuatorik zur Steuerung von Kfz-Automatikgetrieben. Robert Bosch GmbH, Abteilung GS-TC/ENS, Vortragsunterlagen, Schwieberdingen, 2008.

[2] K. Reif: Aktoren und Module zur Getriebesteuerung. Vieweg+Teubner Verlag, Wiesbaden, 2010.

[3] https://www.all-electronics.de/abkuerzungsverzeichnis/asil/.

[4] https://www.lhpes.com/blog/what-is-aspice-in-automotive.

[5] http://autosar.org/.

[6] Robert Bosch GmbH – GS-TC/ENS-P1: Produkteinführung GS. Vortragsunterlagen, Schwieberdingen, 2010.

[7] Robert Bosch GmbH: Elektronische Getriebesteuerung. 2004.

[8] Robert Bosch GmbH: Produkteinführung GS. Abteilung GS-TC/ENS-P1, Vortragsunterlagen, Schwieberdingen, 2010.

Verbrennungsmotoren

Wärmekraftmaschinen

Wirkprinzipien und Arbeitsweise

Verbrennungsmotoren gehören zu den Wärmekraftmaschinen. Wesentliches Merkmal der Wärmekraftmaschine ist die Kreisprozessführung, die sich durch die Abgabe von Arbeit auszeichnet.

Im Gegensatz zu Wärmekraftmaschinen stehen Wärmepumpen, auch Kältemaschinen genannt, die durch eine Kreisprozessführung in umgekehrter Richtung charakterisiert werden und zum Betrieb eine Antriebsleistung benötigen.

Das Wirkprinzip von Wärmekraftmaschinen ist immer gleich. Ein Arbeitsmedium wird verdichtet, anschließend erfolgt eine Energiezufuhr im komprimierten Zustand mit entsprechendem weiterem Druckanstieg. Danach schließt sich eine Expansion mit Leistungsabgabe an. Bei offenen Prozessen wird das Arbeitsmedium, das die Arbeit verrichtet hat, ausgestoßen. Bei geschlossenen Prozessen muss durch Kühlung des Arbeitsmediums der Ausgangszustand wieder hergestellt werden, bevor bei offenen und geschlossenen Prozessen die Verdichtung wieder startet.

Tabelle 1: Merkmale und Funktionsprinzipien wichtiger Wärmekraftmaschinen.

Wärmekraftmaschine	Dampfkreislauf	Stirling	Dampfmotor	Gasturbine	Strahltriebwerk	Hubkolbenmotor	Kreiskolbenmotor
Thermodynamischer Vergleichsprozess	Rankine	Ericson	Dampfprozess	Joule	Joule	Seiliger (Otto/Diesel)	Seiliger
Typisches Arbeitsmedium	H_2O, Ethanol	Luft, Helium	H_2O	Luft	Luft	Luft, Luft-Kraftstoff-Gemisch	Luft, Luft-Kraftstoff-Gemisch
Prozessführung	geschlossen		offen				
Energiezufuhr	von außen durch Wärmeübertragung			von innen			
Thermodynamische Energiezufuhr	stationär	instationär	instationär	stationär	stationär	instationär	instationär
Typische Energieträger, Kraftstoffe	Kohle, Kraftstoffe, Uran	beliebige Wärmequelle	Kohle, Kraftstoffe	Methan, Ethan, Propan, Butan	Kerosin	Benzinkraftstoff/ Dieselkraftstoff	Benzinkraftstoff
Übertragung der verrichteten Arbeit	Turbine	Hubkolben, Kreiskolben	Kolben	Turbine	Impuls	Hubkolben	Kreiskolben
Typischer Maximaldruck	50 bar	3 bar (Luft)	50 bar	40 bar	40 bar	200 bar	60 bar
Typischer Minimaldruck	0,05 bar	1 bar	1 bar	1 bar	1 bar	1 bar	1 bar
Typischer max. Wirkungsgrad	40 %	30 %	~25 %	40 %	40 %	~42 % / ~45 %	~30 ... 35 %
Wirkungsweise	Verdichten, Erwärmen, Verdampfen, Überhitzen, Expandieren, Kondensieren	Verdichten, Erwärmen, Expandieren, Abkühlen	Verdichten, Erwärmen, Verdampfen, Überhitzen, Expandieren, Ausstoßen	Ansaugen, Verdichten, Verbrennen, Expandieren		Ansaugen, Verdichten, Verbrennen, Expandieren, Ausstoßen	

Viele Wärmekraftmaschinen zeichnen sich durch eine Energiezufuhr infolge eines Verbrennungsprozesses aus (Tabelle 1). Bei der Verbrennung wird die im Kraftstoff chemisch gebundene Energie als Reaktionswärme dem Prozess zugeführt. Hierbei oxidieren kohlenstoff- und wasserstoffhaltige Verbindungen mit Sauerstoff, weshalb typischerweise Umgebungsluft mit circa 21 % Volumenanteil Sauerstoff wesentlicher Bestandteil des Arbeitsmediums ist.

Prozessführung

Für die Prozessführung entscheidend ist die Energiezufuhr. Hier wird zunächst zwischen stationärer oder auch kontinuierlicher Energiezufuhr und instationärer oder auch zyklischer Energiezufuhr unterschieden. Hierbei ist allen Kolbenmaschinen einschließlich der Stirlingmaschine die instationäre Energiezufuhr gemeinsam, die immer nur in der Nähe des Kompressionstotpunkts bei minimalem Zylindervolumen erfolgt.

Eine Besonderheit aller offenen Prozesse ist die innere Energiezufuhr, die durch eine Zugabe von Kraftstoff und durch dessen Verbrennung erreicht wird. Im Gegensatz hierzu stehen die geschlossenen Kreisprozesse, die eine Energiezufuhr über Wärmetauscher benötigen. Es besteht hier kein direkter Kontakt zwischen Arbeitsmedium und Verbrennungsvorgängen mit Ausnahme der Wärmeleitung. Eine Besonderheit stellt hier der Dampfmotor dar, der das Arbeitsmedium über einen Wärmestrom von außen verdampft und anschließend dem Kolbentriebwerk zuführt.

Eine weitere Besonderheit der verschiedenen Wärmekraftmaschinen sind die unterschiedlichen Energieträger, die zum Einsatz kommen. Man unterscheidet hier zwischen Feststoffen, Flüssigkeiten und Gasen. Wärmekraftmaschinen, die mit einem offenen Prozess und innerer Energiezufuhr arbeiten, zeichnen sich vor allem durch den Vorteil aus, dass für die Prozessführung keine Wärmetauscher benötigt werden und sie somit kompakt gebaut sind. Dieser Vorteil ist durch die Verwendung von flüssigen Kraftstoffen mit hoher Energiedichte ausbaubar. Gasmotoren gewinnen ebenfalls, zum Beispiel für Personenkraftwagen und Nutzfahrzeuge, an Attraktivität (Betriebskosten, gutes Verbrauchsverhalten). Somit ist aus einer Auswahl an Wärmekraftmaschinen der Verbrennungsmotor ableitbar.

Wirkungsgrad

Der Verbrennungsmotor zeichnet sich durch eine offene Prozessführung mit innerer Verbrennung aus. Durch den instationären Betrieb ist das Ansaugen und das Verdichten des Arbeitsmediums bei massengemittelten Spitzentemperaturen oberhalb von 2 500 K und gemittelten Spitzendrücken oberhalb von 200 bar mit einem sehr guten maximalen Wirkungsgrad oberhalb von 40 % möglich.

Stationäre Prozesse erreichen, limitiert durch die Werkstoffeigenschaften, nicht derart hohe massengemittelte Spitzendrücke und -temperaturen, sondern höchstens lokale Spitzentemperaturen um 2 500 K. Gasturbinen arbeiten deshalb auf einem niedrigeren Wirkungsgradniveau. Der geschlossene Prozess des Dampfkreislaufs erreicht ein höheres Wirkungsgradniveau als Gasturbinen bei ebenfalls moderatem Druck um 50 bar. Dies wird durch eine signifikante Absenkung des Niederdruckniveaus erreicht. Die anderen Wärmekraftmaschinen liegen im maximalen Wirkungsgrad deutlich niedriger.

Hubkolbenmotor

Der Verbrennungsmotor ist in der Ausführung als Hubkolbenmotor die dominierende Wärmekraftmaschine für mobile Anwendungen. Eine Vielzahl an Kraftstoffen ist prinzipiell denkbar, wobei noch immer Dieselkraftstoff und Benzin als wesentliche Energieträger dominieren.

Reale Prozesse

Unter einem Kreisprozess versteht man einen thermodynamischen Vorgang, dessen Anfangs- und Endzustand gleich ist (siehe Thermodynamik). Üblicherweise werden mehrere Zustandsänderungen so durchlaufen, dass dem Kreisprozess bei einer Wärmekraftmaschine Arbeit entnommen werden kann. Hierbei erfährt das Arbeitsmedium des Kreisprozesses thermodynamische Zustandsänderungen.

Ideale Vergleichsprozesse sind geeignet, prinzipielle Zusammenhänge zu zeigen. Bei neuen, noch unbekannten Maschinen helfen sie, sich einen Überblick über deren Funktionsweise und Wirkungsgrade zu machen. Für Detailanalysen ist jedoch eine reale Prozessrechnung notwendig.

Reale Prozesse werden mit den idealen ins Verhältnis gesetzt. Dies bedeutet, dass die Wärmekapazitäten beispielsweise von der Temperatur oder vom Druck abhängig berücksichtigt werden. Die chemisch geänderte Zusammensetzung der Rauchgase wird weiterhin in den Stoffgrößen angenähert, um die geänderten physikalischen Eigenschaften aufgrund der Verbrennung zu berücksichtigen. Insbesondere wird auch nicht eine adiabate Zustandsänderung angenommen, sondern mindestens eine Polytrope mit an den Wärmeverlust angepasstem Exponenten oder es wird gleich der Wärmeverlust an die Wand verwendet, z.B. mit dem Woschni-Ansatz aus der Reynold-Ähnlichkeitstheorie [1].

Der Ladungswechsel wird mit seinen Dissipationsverlusten (Strömungsverluste, reale Strömungsquerschnitte, siehe Strömungsmechanik) berechnet und damit wird auch das Restgas berücksichtigt. Außerdem werden üblicherweise empirische Ansätze zur Reibung verwendet und der Kraftstoffheizwert vom Luftverhältnis abhängig berechnet. Letztendlich wird insbesondere die Wärmezufuhr (Brennverlauf, Heizverlauf) und die Wärmeabfuhr (Wärmeübergang, siehe Wärmeübertragung) detailliert modelliert.

Eine Möglichkeit der schnellen Beurteilung von realen Prozessen ist die Beschreibung durch eine Wirkungsgradkette. Dabei werden die realen Prozesse sukzessive durch Berücksichtigung einzelner Kenngrößen abgebildet.

Nutzwirkungsgrad

Der Nutzwirkungsgrad oder effektive Wirkungsgrad η_{eff} setzt die effektiv verfügbare Leistung P_{eff} ins Verhältnis zum Energiestrom $\dot{Q}_{\text{zu}} = \dot{m}_{\text{B}} H_{\text{u}}$, der durch den Kraftstoffmassenstrom $\dot{m}_{\text{B}}$ und dessen unterem Heizwert H_{u} zugeführt wurde:

$$\eta_{\text{eff}} = \frac{P_{\text{eff}}}{\dot{Q}_{\text{zu}}} .$$

Dieselmotoren haben bei höheren Lasten einen effektiven Wirkungsgrad von ca. 45 %, langsam laufende Großdieselmotoren auch deutlich darüber. Ottomotoren liegen je nach Brennverfahren im Bestpunkt bei ca. 42 %.

Mechanischer Wirkungsgrad

Der mechanische Wirkungsgrad setzt die effektiv gemessene Leistung P_{eff} ins Verhältnis zur druckindizierten Kreisprozessleistung P_{ind}. Die indizierte Leistung wird aus der Arbeit W – das ist der Flächeninhalt des realen Druckverlaufs über dem Volumen $\int p dV$ – und der Zeit t pro Arbeitsspiel entsprechend folgender Beziehung bestimmt:

$$P_{\text{ind}} = \frac{dW}{dt} \approx \frac{\Delta W}{\Delta t} .$$

Die effektive Leistung unterscheidet sich von der indizierten Leistung im Wesentlichen durch die Reibungsverluste (Kolben, Lagerung), die Antriebsverluste von Steuerungsorganen (Nockenwelle, Ventile) und die Leistung der Nebenaggregate (Öl- und Wasserpumpe, Einspritzpumpe, Generator). Für den mechanischen Wirkungsgrad gilt:

$$\eta_{\text{m}} = \frac{P_{\text{eff}}}{P_{\text{ind}}} .$$

Übliche mechanische Wirkungsgrade sind lastabhängig und liegen bei Volllast kaum unter 90 %, während bei niedriger Teillast (10 % Last) durchaus auch Werte um 70 % vorkommen.

Gütegrad

Der Gütegrad beschreibt die Güte, mit der der reale Prozess durch den gewählten Vergleichsprozess angenähert werden kann. Er beinhaltet also Verluste insbesondere aufgrund von Dissipitationsvorgängen. Für eine detaillierte Verlustanalyse empfiehlt es sich, den Gütegrad auf die Hochdruckschleife und die Ladungswechselschleife aufzuteilen (Tabelle 2).

Üblicherweise wird für die Berechnung ein ideales Gas mit temperaturabhängigen Wärmekapazitäten angenommen und der Prozess mit geometrisch identischen Abmessungen, gleichem Luftverhältnis, ohne Restgas, vollständiger Verbrennung und wärmedichten Wänden verwendet. Der so beschriebene Motor wird auch „vollkommener Motor“ genannt. Der Gütegrad liegt bei Volllast in der Größenordnung von ca. 80...90 %.

Soll auch noch ideales Gas mit konstanter Wärmekapazität verwendet werden, kann der „Wirkungsgrad des vollkommenen Motors“ eingeführt werden, der die Leistung des „vollkommenen Motors“ mit der Leistung des „idealen Kreisprozesses“ ins Verhältnis setzt.

Brennstoffumsetzungsgrad
Insbesondere bei Ottomotoren mit fetter Verbrennung (Luft-Kraftstoff-Verhältnis $\lambda < 1$) entstehen hohe HC- und CO-Emissionen, die üblicherweise beim Ansatz der zugeführten Wärme über den Heizwert des Kraftstoffes H_{uB} nicht berücksichtigt werden können. Die Exothermie dieser Gase H_u ist aber erheblich, was sich üblicherweise auch in erhöhten Abgastemperaturen nach dem Oxidationskatalysator zeigt. Sie wird im Brennstoffumsetzungsgrad berücksichtigt:

$$\eta_B = \frac{(H_{uB} - H_u)}{H_{uB}}.$$

Für Dieselmotoren wird üblicherweise $\eta_B = 1$ gesetzt. Bei Ottomotoren kann der Wert auf 0,95 absinken, bei sehr fetten Luftverhältnissen $\lambda < 1$ auch darunter.

Wirkungsgradkette
Die gesamte Wirkungsgradkette kann wie folgt beschrieben werden (Tabelle 2):

$$\eta_{eff} = \eta_i \, \eta_m = \eta_{th} \, \eta_g \, \eta_m .$$

Literatur
[1] G. Woschni: Die Berechnung der Wandverluste und der thermischen Belastung der Bauteile von Dieselmotoren, MTZ 31 (1970).

Tabelle 2: Darstellung und Definition der Einzel- und Gesamtwirkungsgrade des Hubkolbenmotors.
Die schraffierten Flächen zeigen den neu hinzugenommenen Arbeitsanteil der Wirkungsgradkenngröße. Die Wirkungsgrade sind im Text erklärt.

Arbeitsdiagramm	Bezeichnung	Randbedingungen	Definition	Wirkungsgrade		
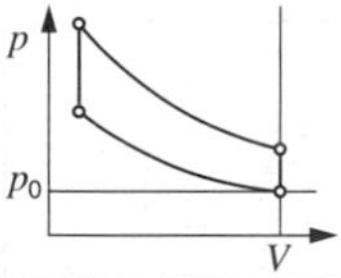	theoretischer Vergleichsprozess, z.B. Gleichraumprozess	ideales Gas, konstante spezifische Wärmen, unendlich schnelle Wärmezu- und -abfuhr usw.	$\eta_{th} = 1 - \varepsilon^{1-\kappa}$ theoretischer oder thermischer Wirkungsgrad	η_{th}	η_i	η_{eff}
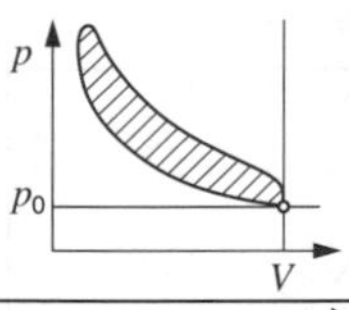	realer Hochdruck-Arbeitsprozess	Wandwärmeverluste, reales Gas, endliche Wärmezu- und -abfuhrgeschwindigkeiten, veränderliche spezifische Wärmen	η_{gHD} Gütegrad des Hochdruckprozesses	η_g		
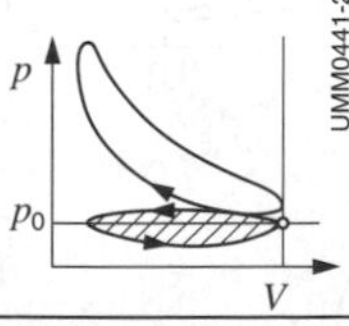	realer Ladungswechsel (4-Takt)	Strömungsverluste, Aufheizung des Gemischs oder der Luft usw.	η_{gLW} Ladungswechselwirkungsgrad			
mechanische Verluste, im Arbeitsdiagramm nicht passend darstellbar	Verluste wegen Reibung, Kühlung, Nebenaggregate	realer Motor	η_m	η_m	η_m	

Gemischbildung, Verbrennung, Emissionen

Allen Verbrennungsmotoren ist gemeinsam, dass nach der Ansaugung des Frischgemischs oder der Luft und nach nachfolgender Verdichtung die Verbrennung abläuft. Bei Hubkolbenmotoren mit innerer Verbrennung findet dies in der Nähe des oberen Totpunkts (OT) statt. Es resultiert ein Druckanstieg, der über den Kolben und die Pleuelstange an die Kurbelwelle in Form eines Kurbelwellendrehmoments übertragen wird (Bild 1).

Der Ablauf der Verdichtung und der nachfolgenden Verbrennung bestimmt zum einen signifikant den Druckverlauf und somit den Wirkungsgrad und das abgegebene Drehmoment. Zum anderen definiert dieser Ablauf die innermotorische Emissionsbildung. Hierbei unterscheiden sich Otto- und Dieselmotor durch ihre Prozessführung.

Ottomotor

Kennzeichen des Ottomotors ist die Verwendung einer externen Zündquelle, normalerweise einer Elektrodenzündkerze. Zur Darstellung der benötigten Entflammbarkeit wird idealerweise ein geeignetes homogenes Luft-Kraftstoff-Gemisch erzeugt. Dies geschieht durch äußere Gemischbildung (Saugrohreinspritzung) oder durch innere Gemischbildung (Benzin-Direkteinspritzung).

Gemischbildung

Meistens erfolgt im Ottomotor eine homogene Gemischaufbereitung – also eine vollständige Vermischung der Ansaugluft mit dem verdampften oder zerstäubten Kraftstoff – während des Ansaug- und Kompressionstakts. Die guten Verdampfungseigenschaften des Ottokraftstoffs erlauben auch eine Einspritzung in das

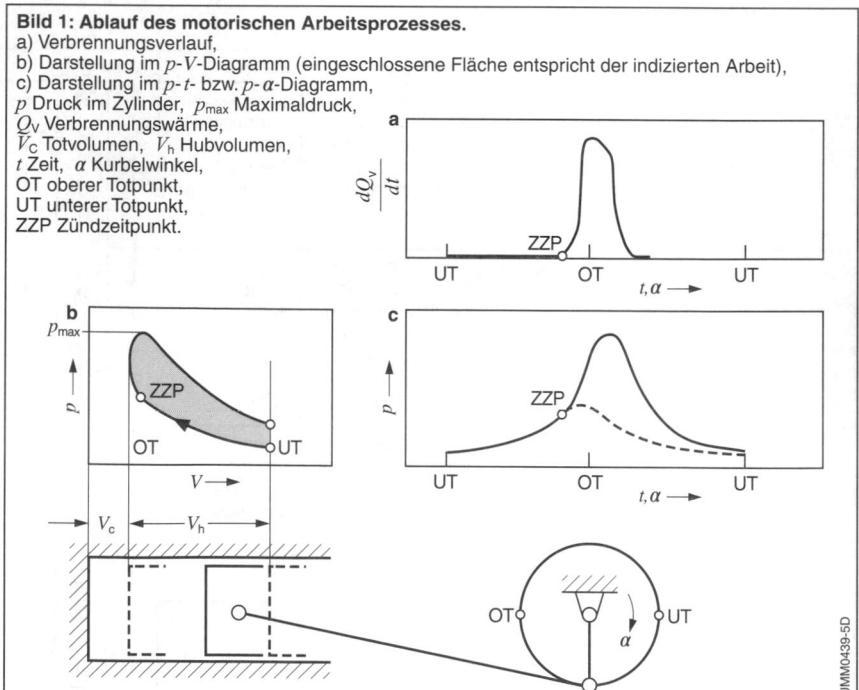

Bild 1: Ablauf des motorischen Arbeitsprozesses.
a) Verbrennungsverlauf,
b) Darstellung im p-V-Diagramm (eingeschlossene Fläche entspricht der indizierten Arbeit),
c) Darstellung im p-t- bzw. p-α-Diagramm,
p Druck im Zylinder, p_{max} Maximaldruck,
Q_V Verbrennungswärme,
V_C Totvolumen, V_h Hubvolumen,
t Zeit, α Kurbelwinkel,
OT oberer Totpunkt,
UT unterer Totpunkt,
ZZP Zündzeitpunkt.

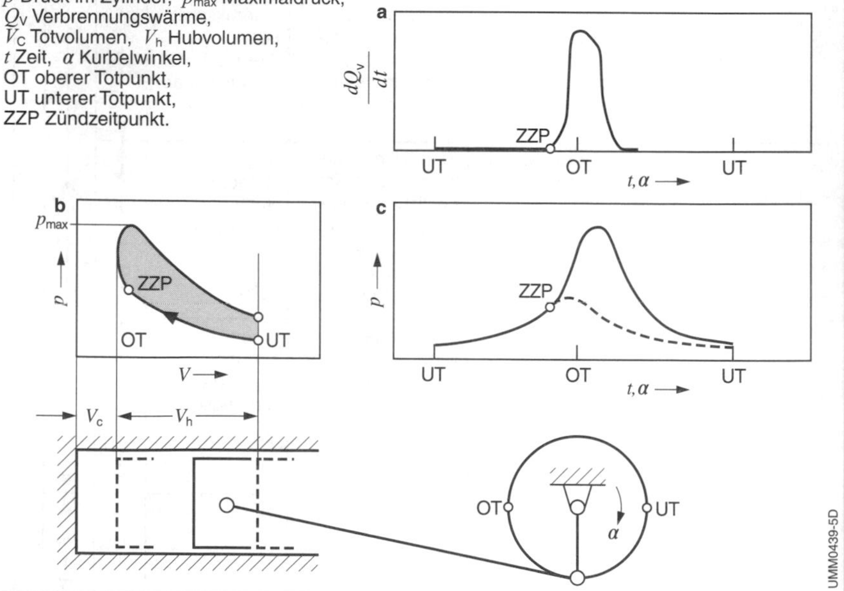

Saugrohr. Moderne Schichtladungsbrennverfahren zeichnen sich hingegen durch eine teilweise heterogene Gemischaufbereitung aus (siehe Schichtbetrieb).

Die Gemischbildung wird durch die Verdampfungsbedingungen, den Einspritzdruck, die Zylinderladungsbewegung und die zur Verfügung stehende Zeit mit dem Ziel der Homogenisierung maßgeblich beeinflusst. Im Wesentlichen interagieren zwei Vorgänge bei der Gemischaufbereitung: die Tropfenverdampfung durch die Temperaturdifferenz (Bild 2) und der Tropfenzerfall durch aerodynamische Kräfte (Bild 3). Die Saugrohreinspritzung und die Direkteinspritzung unterscheiden sich hierbei (Tabelle 1).

Saugrohreinspritzung

Bei der Saugrohreinspritzung entsteht vor dem Einlassventil an der Saugrohrwand ein Gemischfilm, dessen Kraftstoffmasse mit zunehmender Luftgeschwindigkeit intensiver abgebaut wird. Diese Luftgeschwindigkeit ändert sich annähernd linear mit der Motordrehzahl. Aufgrund

Bild 2: Kraftstoffverdampfung.
1 Diesel, 2 Petroleum, 3 Benzin.

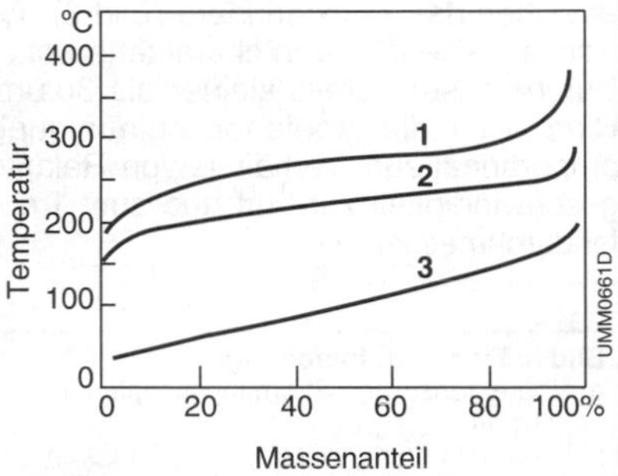

Tabelle 1: Betriebsstrategien von Ottomotoren.

Betriebsstrategie	stöchiometrisch	fett	mager	ultramager	Schichtbetrieb mager
Gemischbildung	homogen				heterogen und homogen
Brennraumzusammensetzung	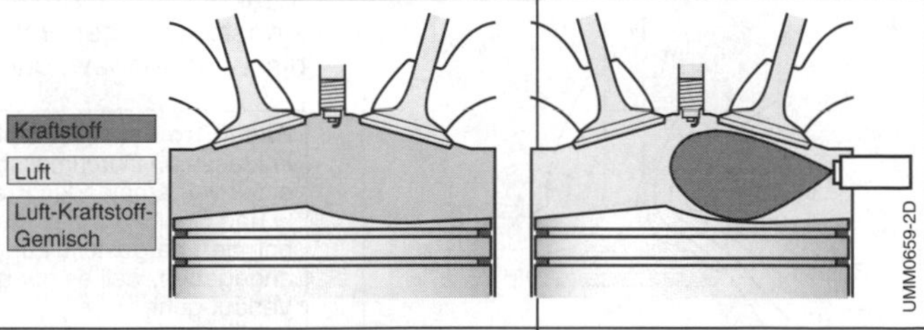				
Einspritzung	Saugrohreinspritzung und Direkteinspritzung				Direkteinspritzung
Zündung	externe Zündquelle	externe Zündquelle	externe Zündquelle	Selbstzündung	externe Zündquelle
typisches Verdichtungsverhältnis	8…12		11…13	12…16	11…14
Lastregelung	Quantität				Qualität
Betriebsbereich	gesamtes Kennfeld	Vollast, hoher Drehzahlbereich	gesamtes Kennfeld	Teillast	Teillast
Anwendung, Entwicklungsstadium	konventionell, Serie		Gasmotoren, Serie	Forschungsstadium	neue Brennverfahren

der niedrigen Temperatur und der unvollständigen Verdampfung im Saugrohr mit resultierender Filmbildung erfolgt die Saugrohreinspritzung auf einem sehr niedrigen Einspritzdruckniveau unterhalb von 10 bar.

Die Kraftstoffwandfilmdynamik und die Mechanismen beim Verdampfen sind eine Hauptursache für die ungenaue Kraftstoffzumessung, vor allem im transienten Motorbetrieb. Nur die kleineren mit der Einlassströmung mitgerissenen Tropfen erreichen das Zylinderinnere (Bild 3). Typischerweise ist deren charakteristischer Durchmesser bereits kleiner als 30 µm. Hierbei ist die Tropfenbeschleunigung proportional zum Verhältnis von Relativgeschwindigkeit zur Luft und zum Tropfendurchmesser.

Bild 3: Tropfenaufbereitung.
a) Charakteristische Strömungssituation im Ventilspalt,
b) Wechselwirkung zwischen Tropfendurchmesser und Relativgeschwindigkeit der Tropfen bezüglich der Luftströmung.
1 0 Prozent,
2 50 Prozent
3 über 90 Prozent.

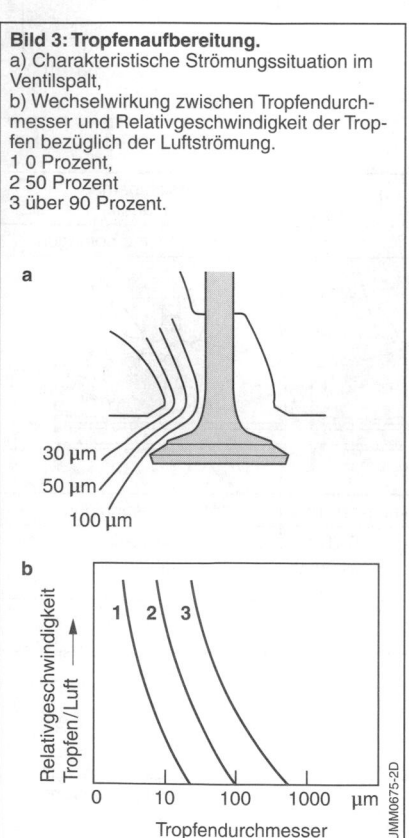

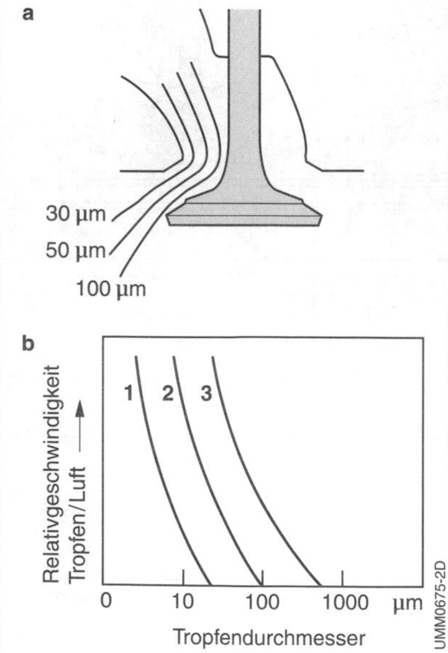

Durch die sehr hohe Turbulenzintensität und die hohen Strömungsgeschwindigkeiten im Ventilspalt erfolgt eine sehr gute Gemischaufbereitung. Mit fortschreitender Prozessführung nehmen die verbliebenen kleinen Kraftstofftropfen die Temperatur des Gemischs an und verdampfen (Bild 4). Dadurch kann sich der verdampfte Kraftstoff besser im Brennraum verteilen und es kommt zu einer Homogenisierung. Eine optimale Brennraumgestaltung vermeidet hierbei intensiven Wandkontakt des Kraftstoffs, da dies immer mit der Gefahr der Kraftstoffkondensation verbunden ist.

Benzin-Direkteinspritzung

Bei der Benzin-Direkteinspritzung entfallen die Mechanismen der Gemischaufbereitung im Ventilspalt. Deshalb ist ein erhöhter Einspritzdruck von 50...350 bar erforderlich. Die Einspritzung ist hierbei bei homogenen Brennverfahren spätestens bis zum unteren Gaswechseltotpunkt – also zum Ende des Ansaugtakts – abgeschlossen, damit während des Kompressionstakts noch genügend Zeit für die Homogenisierung verbleibt. Um eine bessere Homogenisierung zu erreichen werden auch Mehrfacheinspritzungen in Ansaug- und Kompressionstakt vorgenommen. Dadurch wird die Ladungsbewegung erhöht, was die

Bild 4: Tropfenverdampfung.
m Masse, D Durchmesser und T Temperatur eines verdampfenden Kraftstofftropfens.
m und D sind auf den maximalen Wert normiert dargestellt. Für T ist kein Maßstab angegeben, weil es nur um den prinzipiellen Verlauf geht.

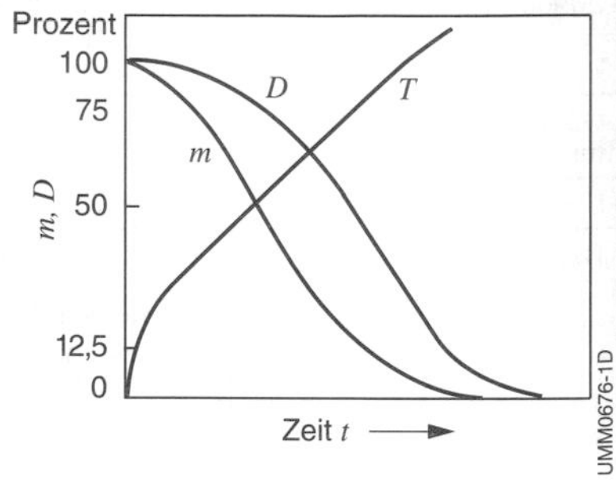

Durchmischung fördert. Bei heterogenen Brennverfahren erfolgt die Einspritzung erst gegen Ende des Kompressionstakts (siehe Schichtbetrieb).

Das im Brennraum eingeschlossene Gemisch wird nun, in erster Linie abhängig von der Drosselklappenstellung und vom Verdichtungsverhältnis, auf ein Druckniveau von 10...40 bar komprimiert. Dies entspricht einem Temperaturniveau von 300...500 °C, in erster Linie abhängig von der Umgebungstemperatur und dem Verdichtungsverhältnis.

Der Vorteil der Direkteinspritzung ist die exakte Zumessung des Kraftstoffs. Die Verdampfung des Kraftstoffs im Brennraum bedingt zudem eine vorteilhafte Kühlung der Zylinderladung. Dadurch kann das Verdichtungsverhältnis um circa eine Einheit angehoben werden, woraus ein günstigerer Wirkungsgrad resultiert.

Verbrennung im Ottomotor

Bei allen Brennverfahren erfolgt die Verbrennung – die Oxidation – erst gegen Ende der Kompressionsphase und in der frühen Expansionsphase. Je nach Gemischaufbereitung (homogen oder heterogen) unterscheidet sich der nachfolgende Verbrennungsablauf. Ein vollkommen homogenes Gemisch reagiert in einer vorgemischten Verbrennung, ein vollkommen heterogenes Gemisch in einer mischungskontrollierten Verbrennung. Beim Schichtbetrieb moderner Direkteinspritzmotoren wird ein großer Anteil (>50 %) des eingespritzten Kraftstoffs bis zum Verbrennungsbeginn ebenfalls homogenisiert.

Sowohl bei homogener als auch bei teilweise heterogener Gemischaufbereitung ist der eigentlichen Verbrennung die Zündung und die Entflammungsphase vorgelagert.

Zündung

Typischerweise erfolgt die Zündung mithilfe einer Elektrodenzündkerze. Durch das Anlegen einer Hochspannung entsteht zwischen den Elektroden abhängig vom Gemischzustand (d.h. Druck, Temperatur und Gemischzusammensetzung), dem Elektrodenabstand und der Luftfeuchtigkeit ein Funkenüberschlag. Die Hochspannung bewegt sich hier typischerweise im Bereich von 10...40 kV. In erster Linie beeinflusst die Anzahl der Moleküle zwischen den Elektroden den Zündspannungsbedarf (Paschen-Gesetz). Das vom Funken entflammte Gemisch muss bei seiner Verbrennung jene Energie freisetzen, die notwendig ist, um das unmittelbar angrenzende Gemisch zu entzünden. Mit zunehmender Abmagerung verringert sich bei konstantem Elektrodenabstand der Energiegehalt dieses Gemischs. Gleichzeitig steigt der Energiebedarf, um das angrenzende – ebenfalls magere – Gemisch zu entflammen. Durch eine Vergrößerung des Elektrodenabstands kann das vom Funken entflammte Volumen vergrößert und damit der Energiegehalt gesteigert werden. Diese Vergrößerung des Elektrodenabstands bedingt aber eine Erhöhung der Zündspannung. So steigt diese beispielsweise bei Magerbrennverfahren oder bei einer Lastzunahme an. Bei einer Lastzunahme sinkt mit steigendem Zündspannungsbedarf gleichzeitig die Funkenbrenndauer (Bild 5).

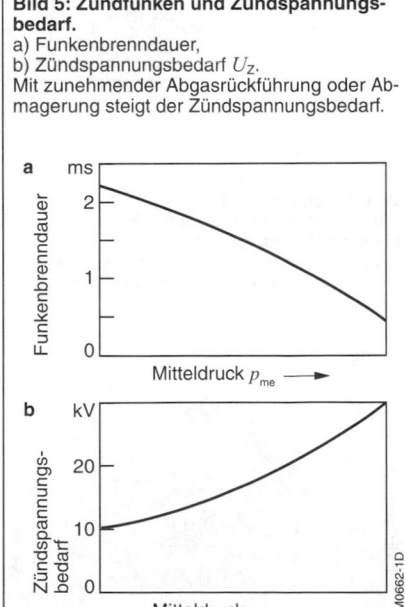

Bild 5: Zündfunken und Zündspannungsbedarf.
a) Funkenbrenndauer,
b) Zündspannungsbedarf U_Z.
Mit zunehmender Abgasrückführung oder Abmagerung steigt der Zündspannungsbedarf.

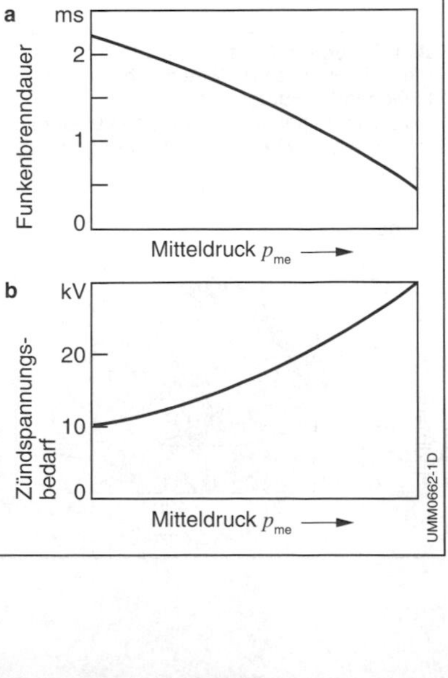

Aufgrund von Wärmeverlusten an den Zündkerzenelektroden, Wärmekonvektionsverlusten und zyklisch schwankender Gemischzustände liegt die elektrische Zündenergie bis zu einer Größenordnung oberhalb der theoretischen Mindestzündenergie (Bild 6). Die stochastisch schwankenden Zustände (Strömungsfeld und Gemischzustand) zwischen den Elektroden sind hauptursächlich für große Zyklenstreuungen beim Ottomotor. Verbessernd wirkt hierbei eine Vergrößerung des Elektrodenabstands. Moderne Motoren arbeiten hier bereits mit einem maximalen Wert oberhalb von 1 mm. Eine Vergrößerung des Elektrodenabstands erfordert eine Anhebung der Zündspannung.

Aufgabe der Zündung ist die Entflammung des Luft-Kraftstoff-Gemischs und somit die Einleitung des eigentlichen Verbrennungsvorgangs. Abhängig von der Geschwindigkeit der nachfolgenden Verbrennung und der Kolbengeschwindigkeit (und damit von der Motordrehzahl) ist der Zeitpunkt der Zündung variabel anzupassen (Bild 7).

Bild 6: Minimale Zündenergie für ein Methan-Propan-Gemisch.
1 Zündenergie für ein ruhendes Gemisch,
2 Zündenergie für ein Gemisch mit einer Strömungsgeschwindigkeit von 6 m/s,
3 Zündenergie für ein Gemisch mit einer Strömungsgeschwindigkeit von 15 m/s.
Mit einer Erhöhung des Inertgasanteils steigt der Zündspannungsbedarf für alle dargestellten Strömungszustände.

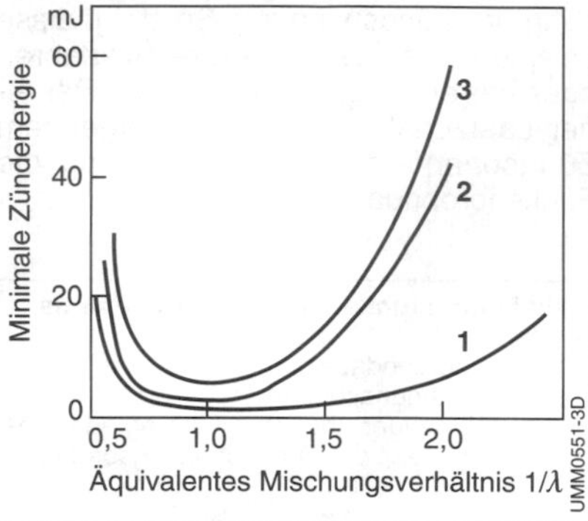

Bild 7: Kennfeld des Zündzeitpunkts.
Werte in °KW vor OT für einen homogen betriebenen Ottomotor.
Indizierter Mitteldruck ergibt sich aus der indizierten Arbeit/(Drehzahl mal Hubvolumen).

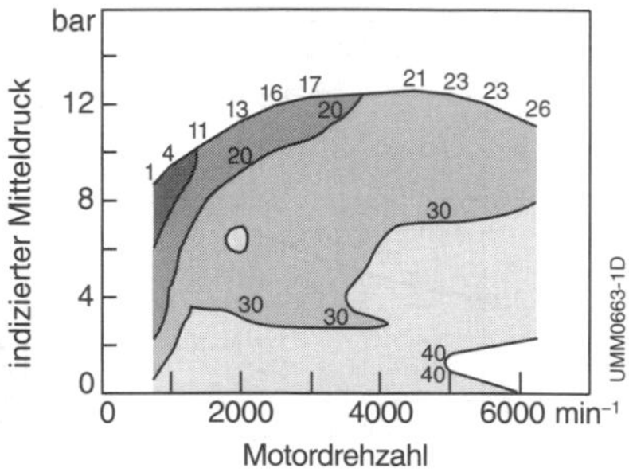

Bild 8: Flammenausbreitung und vorgemischte Verbrennung.
a) Flammfrontausbreitung im Ottomotor bei homogenem Betrieb (die Gradzahlen sind ab dem Zündzeitpunkt gerechnet),
b) Temperatur und Stoffkonzentrationen entlang der Flammenausbreitungsrichtung.

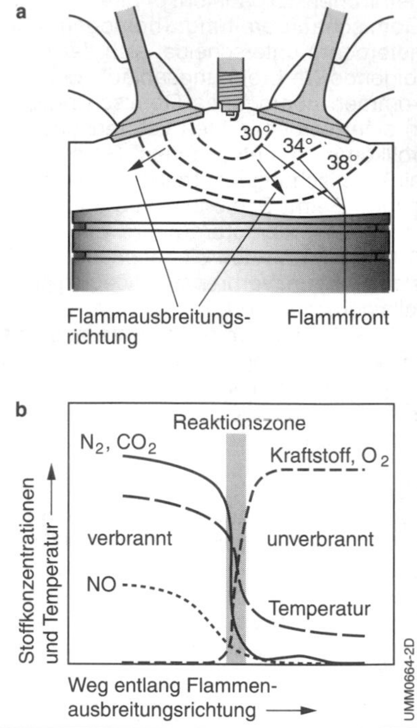

Verbrennung homogener Gemische

Ausbreitung der Flammfront

Die Zündung setzt beim homogen betriebenen Ottomotor die eigentliche Verbrennung in Gang. Hierbei breitet sich die Flamme von der Zündkerze her kommend aus. Es kann eine Flammfrontgeschwindigkeit definiert werden, die sich aus der Summe der Flammengeschwindigkeit und der Flammfrontbewegung (Ladungsbewegung, Ausdehnung durch Dichteunterschiede) zusammensetzt. Beim homogen betriebenen Ottomotor kann gut zwischen dem verbrannten und dem unverbrannten Gemisch unterschieden werden, da sich die Flamme kontinuierlich nach außen ausbreitet (Bild 8).

Es dauert hierbei einige Millisekunden, bis die Flamme einen Radius von circa einem Zentimeter erreicht hat, um sich unbehindert von Kolbenmulde und Zylinderkopf mit einer Geschwindigkeit bis weit über 10 m/s auszubreiten.

Einflüsse auf Flammengeschwindigkeit

Entscheidend ist nun die Ausbreitungsgeschwindigkeit der Flamme, die auch turbulente Flammengeschwindigkeit genannt wird. Je schneller sich diese ausbreitet, umso besser gestaltet sich die innermotorische Verbrennung. Folgende Faktoren begünstigen eine hohe Flammengeschwindigkeit: ein niedriger Inertgasanteil, eine Temperaturzunahme des unverbrannten Gemischs, eine Druckzunahme und ein hohes Turbulenzniveau.

Die meisten Kraftstoffe haben ihre maximale Flammengeschwindigkeit im leicht fetten Betrieb im Bereich von λ = 0,85...0,9. Ein weiterer Vorteil des leicht fetten Motorbetriebs ist die Kühlung durch den überschüssigen Kraftstoff. Rennmotoren und Pkw-Motoren im Nennleistungsbereich werden deshalb leicht fett betrieben.

Eine Erhöhung des Inertgasanteils reduziert die Flammengeschwindigkeit. Eine praktische Anwendung der Inertgasvariation stellt die Abgasrückführung (AGR) dar, bei der dem Luft-Kraftstoff-Gemisch verbranntes Abgas mit den Hauptbestandteilen CO_2, H_2O und N_2 zugemischt wird. Als Faustformel gilt hier, dass eine Abgasrückführrate von 10 % die Flammengeschwindigkeit bereits um 20 % reduziert.

Die Ursache, weshalb trotzdem bei modernen Ottomotoren mit hohen internen Abgasrückführraten operiert werden kann, liegt in dem Temperatureinfluss. Eine Verdoppelung der Temperatur bedingt circa eine vierfache Flammengeschwindigkeit.

Einen untergeordneten Einfluss übt der Zylinderdruck aus, wobei eine Druckzunahme eine geringfügige Beschleunigung der Flammengeschwindigkeit bedingt.

Turbulenzen im Brennraum

Den größten Einfluss auf die Verbrennungsgeschwindigkeit hat das Turbulenzniveau im Brennraum. Die Flammengeschwindigkeit ändert sich hierbei näherungsweise linear mit der Turbulenzintensität. Die Turbulenzintensität ist ein Maß für die hochfrequente Änderung der Strömungsgeschwindigkeit an einem Ort im Brennraum [1]. Die turbulente kinetische Energie ist proportional dem Quadrat der Turbulenzintensität.

Bei der Turbulenzintensität handelt es sich um eine dreidimensionale Größe, die vor allem durch das Strömungsprofil der Ladungsbewegung im Brennraum beeinflusst wird. Sehr wichtig ist die weitestgehend linear mit zunehmender Drehzahl ansteigende Geschwindigkeit der innermotorischen Strömungsvorgänge. Mit zunehmender Strömungsgeschwindigkeit steigt somit auch die Turbulenzintensität im Brennraum. Dies ist die Ursache für einen stabilen Motorbetrieb über einen sehr weiten Drehzahlbereich. Andernfalls könnte die Flamme bei zunehmender Motordrehzahl und gleichbleibender Flammengeschwindigkeit aufgrund der für die Verbrennung kürzeren zur Verfügung stehenden Zeit nicht mehr sauber durchbrennen. Komplett kann der positive Beitrag der Turbulenz allerdings nicht den Drehzahleinfluss egalisieren, weshalb sich die Verbrennung bei hohen Drehzahlen trotzdem über einen größeren Kurbelwellenbereich erstreckt. Dies ist eine weitere Ursache für den schlechteren Wirkungsgrad von Ottomotoren bei höheren Drehzahlen.

Bei Ottomotoren ist die Turbulenz im Brennraum von entscheidender Bedeutung für die Energieumsetzung. Entscheidende Ursache für die Turbulenz ist die Ladungsbewegung im Zylinder, die wesentlich durch die Einlassströmung (abhängig von der Gestaltung der Kanäle im Zylinderkopf) und die Brennraumform beeinflusst wird (Bild 9).

Durch die Verbrennung wird ein Druckanstieg verursacht, der gleichzeitig auch akustisch wahrnehmbar ist. Aus Komfortgründen ist dieser Druckanstieg durch eine geeignete Verbrennungsabstimmung möglichst gering zu halten. Dies stellt einen Zielkonflikt mit dem thermodynamischen Wirkungsgrad dar. Der maximale Druckanstiegsgradient von Ottomotoren liegt im Bereich zwischen 0,5 und 3 bar/°KW.

Verbrennung teilhomogener Gemische

Moderne Schichtladungsbrennverfahren ermöglichen im Teillastbereich einen Betrieb mit Luftüberschuss. Effektive Mitteldrücke von $p_{me} < 1$ bar ermöglichen sogar einen Betrieb bei einer mittleren Luftzahl $\lambda > 5$ im Schichtbetrieb. Hauptvorteil ist hierbei die Verbesserung des Ladungswechsels, da auf die Androsselung wei-

Bild 9: Turbulente und mittlere kinetische Energie in Abhängigkeit der Kurbelwellenposition, jeweils auf die Masse bezogen.
1 Turbulente kinetische Energie,
2 mittlere kinetische Energie.

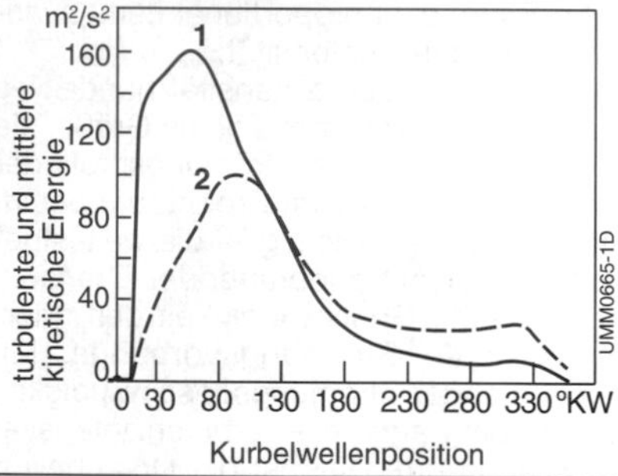

Bild 10: Luftzahl λ über der Zeit in einem kugelförmigen Volumen (mit Radius r) um den Elektrodenmittelpunkt.
1 Schichtladungsbrennverfahren, λ innerhalb von r = 2 mm (gasförmiger Kraftstoff),
2 Schichtladungsbrennverfahren, λ innerhalb von r = 3 mm (gasförmiger Kraftstoff),
3 Schichtladungsbrennverfahren, λ innerhalb von r = 5 mm (gasförmiger Kraftstoff),
4 Schichtladungsbrennverfahren, λ innerhalb von r = 5 mm (flüssiger und gasförmiger Kraftstoff),
5 optimiertes Schichtladungsbrennverfahren,
6 homogenes Brennverfahren.

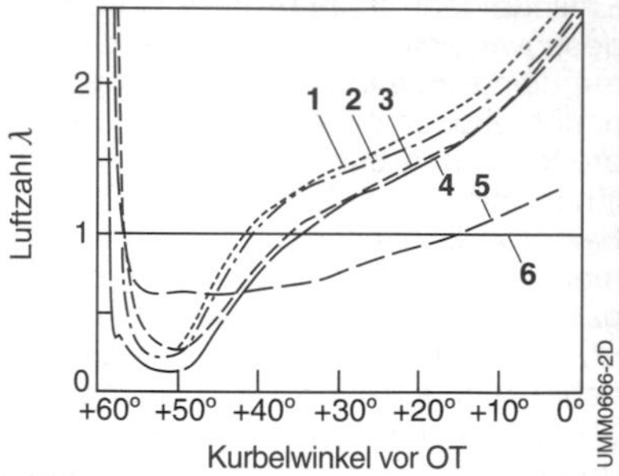

Tabelle 2: Ladungswechsel und Strömungsprofil.

Betriebsstrategie	Drall	Tumble	
Strömungslage	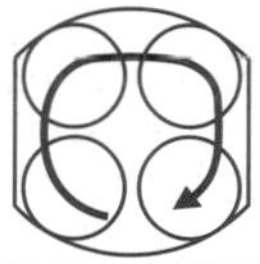	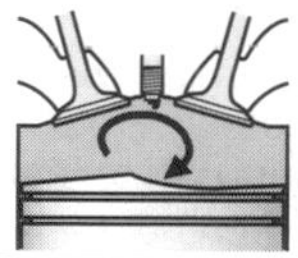	
Lage der Strömungsachse	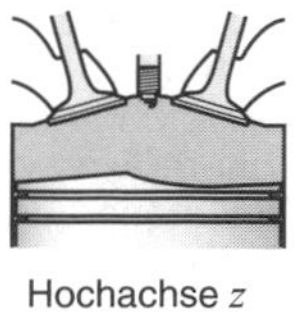 Hochachse z	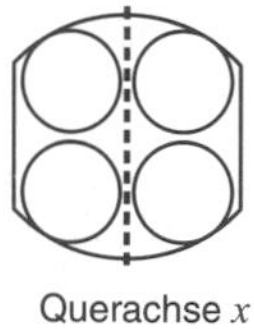 Querachse x	 Querachse y

UMM0660-1D

testgehend verzichtet werden kann, die sich auf den Gesamtwirkungsgrad ungünstig auswirkt.

Ein konventioneller Betrieb ist ohne Androsselung im unteren Teillastbereich nicht möglich, da derart abgemagerte homogene Gemische viel zu langsam und damit unvollständig verbrennen. Die Lösung stellt die lokale Kraftstoffschichtung im Bereich der Zündkerze durch eine optimierte Einspritzstrategie in der späten Kompressionsphase dar. Die Schwierigkeit stellt hierbei die optimale Abstimmung von Einspritzstrategie und Zündung dar, da sich die Bedingungen zwischen den Elektroden ändern (Bild 10).

Ladungsbewegung

Basis der Zylinderladungsbewegung bilden großskalige, wirbel- und kreisförmige Strömungen mit einem Durchmesser ähnlich den charakteristischen Größen des Brennraums. Im Wesentlichen unterscheidet man zwischen Strömungen um die Hochachse (Zylinderachse), die als Drall bezeichnet werden und Strömungen um die beiden Querachsen (Kurbelwellenachse und Senkrechte dazu), die als Tumble bezeichnet werden (Tabelle 2). In der Realität existiert eine Überlagerung der drei Grundströmungen, die zu komplexen dreidimensionalen Strömungsfeldern führt. Generell unterscheiden sich Tumble- und Drallströmung in ihrem innermotorischen Verhalten.

Die Tumbleströmung zerfällt bis zum Erreichen des Kompressionstotpunkts und trägt vor allem zur Flammenausbreitung in der ersten Verbrennungshälfte bei.

Die Drallströmung überlebt länger bis in die nachgelagerte Expansionsphase. Der Zerfall der großen Wirbel in immer kleinere, turbulente Strukturen fördert die Turbulenzbildung. Die Viskosität des Arbeitsmediums führt jedoch im weiteren Verlauf zu einem Zerfall mit nachteiliger Wirkung auf die Verbrennungsgeschwindigkeit.

Unterstützt wird die Turbulenzbildung durch die Brennraumgeometrie. Insbesondere Strömungen im Kolbenmulden- oder im Quetschspaltbereich (Bereich zwischen Kolben und Zylinderkopf) unterstützen die Flammenausbreitung (siehe z.B. [2]).

Eine der größten physikalischen Herausforderungen bei der Auslegung homogener Brennverfahren ist das Verbrennungsverhalten in der Expansionsphase, da typischerweise über 10 % des zugeführten Kraftstoffs 30 °KW nach OT noch nicht umgesetzt sind. Zu diesem Zeitpunkt befindet sich das unverbrannte Gemisch zudem nur noch in unmittelbarer Wandnähe und muss nach dem Wiederaustritt aus dem Feuerstegbereich Bereich zwischen Kolbenring und Zylinderwand umgesetzt werden (siehe z.B. [2]). Dieses Phänomen führt zu einer unvollständigen Verbrennung in der Schlussphase.

Unkontrollierte Verbrennung

Zahlreiche unerwünschte Vorgänge erschweren die Auslegung eines homogenen Brennverfahrens. Neben den Zyklenstreuungen haben Klopf- und Glühzündungsverhalten nachteilige Auswirkungen. Besonders bei modernen, hoch aufgeladenen Motoren können extreme Formen von Frühentflammungen auftreten.

Zyklenstreuungen

Zyklenstreuungen sind eine Konsequenz der vorgemischten Verbrennung homogener Brennverfahren, die sensibel auf zahlreiche Störgrößen reagiert (Bild 11). Solche Störgrößen sind z.B. die Gemischzusammensetzung, der Restgasgehalt, die thermodynamischen Zustandsgrößen und das Strömungsprofil. Sämtliche Größen variieren von Arbeitsspiel zu Arbeitsspiel und bedingen spürbare zyklische

Bild 11: Zyklenschwankungen des Zylinderdrucks der einzelnen Arbeitsspiele bei stöchiometrischem Betrieb ($\lambda = 1$).

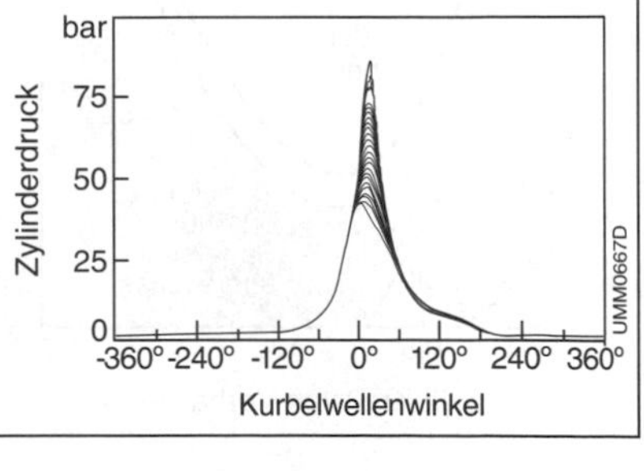

Schwankungen der Energieumsetzung. Insbesondere ein Abmagern mit einem Luftüberschuss von mehr als 40 % erhöht die Zyklenstreuungen signifikant. Den größten Einfluss auf die Zyklenstreuungen hat die Zündeinleitung.

Klopfen

Ebenfalls eine Herausforderung stellt das unerwünschte Klopfen dar. Klopfen tritt durch Druck- und Temperaturzunahme nach eingeleiteter regulärer Verbrennung auf, bis die lokalen Zustände die Selbstentflammung anregen. Dabei erreicht das Restgemisch durch die Temperatursteigerung infolge der fortschreitenden Verbrennung die Zündtemperatur und verbrennt nahezu gleichzeitig ohne weitere kontrollierte Flammenausbreitung. Die dabei entstehenden Druckpulsationen führen zu einem Materialverschleiß in den Motorlagern und bedingen bei dauerhaftem Betrieb schwerwiegende Motorschäden. Ebenfalls können die Temperaturspitzen zu Bauteilschädigungen führen. Typischerweise tritt Klopfen nur dann in einem Arbeitsspiel auf, wenn noch nicht 80 % des Kraftstoffs im Brennraum verbrannt sind. Insbesondere bei niedrigen Drehzahlen mit entsprechend ausreichender Zeit für die Selbstentflammung und bei hohen Lasten mit hohen Brennraumtemperaturen ist Klopfen zu beobachten. Kraftstoffe mit hohen Entflammungstemperaturen wie beispielsweise Methan oder Ethan reduzieren die Klopfempfindlichkeit. Klopfende Verbrennung kann durch Verlagerung der Energieumsetzung in Richtung Spät verringert werden (Verstellen des Zündzeitpunkts in Richtung OT). Hochverdichtete und aufgeladene Motoren sind aufgrund der höheren Kompressionsendtemperaturen klopfempfindlicher (Bild 12). Hilfreiche Maßnahmen gegen das Klopfen sind eine effektive Zylinderkühlung der heißen Bereiche, zum Beispiel auch durch die Verdampfungswirkung einer Benzin-Direkteinspritzung, eine Turbulenzerhöhung, eine Reduzierung des geometrischen Verdichtungsverhältnisses oder eine Optimierung des Kraftstoffs, beispielsweise durch Additive.

Bild 12: Verdichtungsverhältnis, Klopfen und klopfende Verbrennung.
a) Beispiel einer klopfenden Verbrennung.
b) Auswirkung von Verdichtungsverhältnis und Luft-Kraftstoff-Verhältnis auf die Betriebsgrenzen (Klopfen und Verbrennungsaussetzer). Direkteinspritzung statt Saugrohreinspritzung und Turbulenzerhöhung verschieben die Betriebsgrenzen.

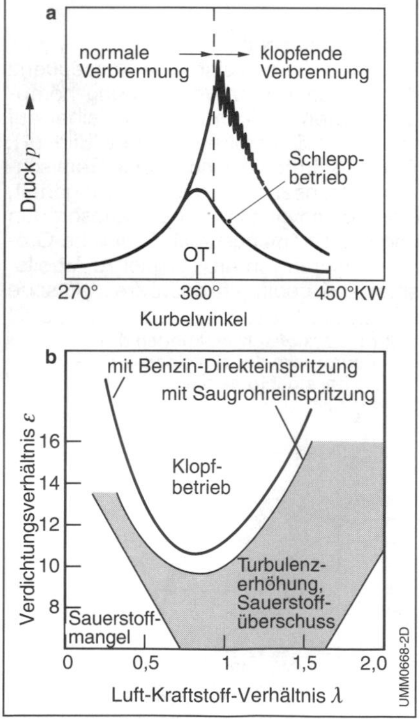

Glühzündungen

Im Gegensatz zum Klopfen können Glühzündungen durchaus auch bei sehr späten Verbrennungslagen auftreten. Mögliche Ursachen für Glühzündungen sind beispielsweise:

- Zu später Zündzeitpunkt mit unvollständiger Verbrennung, dadurch bedingtem Wandfilmaufbau, der Glühzündungen verursacht.
- Volllastbetrieb mit hohen Zylinderbauteiltemperaturen.
- Entflammung durch Abrieb und heiße Partikel.
- Ölemissionen durch defekte oder verschlissene Kolbenringe.

Extreme Formen von Glühzündungen kann es bei aufgeladenen und hoch verdichteten Ottomotoren geben, die Spitzendrücke über 150 bar und schwerwiegende Schäden zur Folge haben können. Diese extremen Glühzündungen kommen jedoch nur sehr selten mit Wahrscheinlichkeiten kleiner als 0,01 Promille vor.

Schadstoffbildung und Schadstoffverringerung im Ottomotor
Neben den unvermeidbaren Verbrennungsprodukten Kohlendioxid (CO_2) und Wasser (H_2O), deren Konzentration von der Zusammensetzung des Kraftstoffs abhängt, bilden Stickoxide (NO_x), unverbrannte Kohlenwasserstoffe (HC) und Kohlenmonoxid (CO) die Hauptemissionen von Ottomotoren (Bild 13).

Schadstoffe
Stickoxide
Stickoxide (NO_x) benötigen für ihre Entstehung vier Faktoren: Sauerstoff, Stickstoff, hohe Temperaturen und Zeit. Da Sauerstoff und Stickstoff durch die Gemischzusammensetzung beim Ottomotor vorgegeben sind und die verfügbare Zeit über die Motordrehzahl definiert wird, können Stickoxide beim Ottomotor nur durch niedrige maximale Brennraumtemperaturen (z.B. durch Spätverstellung der Zündung und durch Abgasrückführung) reduziert werden.

Kohlenwasserstoffe und Kohlenmonoxid
Kohlenwasserstoffe (HC) und Kohlenmonoxidemissionen (CO) sind die Folge unvollständiger Verbrennung. Beim Fettbetrieb erfolgt aufgrund des Sauerstoffmangels ein Anstieg sowohl der HC- als auch der CO-Emissionen. Beim Magerbetrieb mit entsprechend reduzierter Flammentemperatur kommt es vor allem im wandnahen Bereich des Feuerstegs zu einem intensiveren Flammenlöschen mit der Folge erhöhter HC-Emissionen. Aufgrund des Sauerstoffüberschusses reduzieren sich trotzdem die leicht oxidierbaren CO-Emissionen.

Bild 13: Emissionen beim Ottomotor.
1 Kohlenmonoxid (CO),
2 Kohlenwasserstoffe (HC),
3 Stickoxide (NO_x),
4 Ruß (Verlauf für Saugrohreinspritzung).

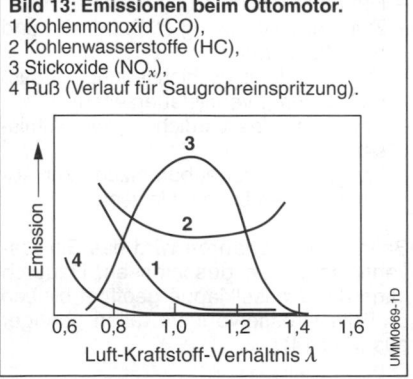

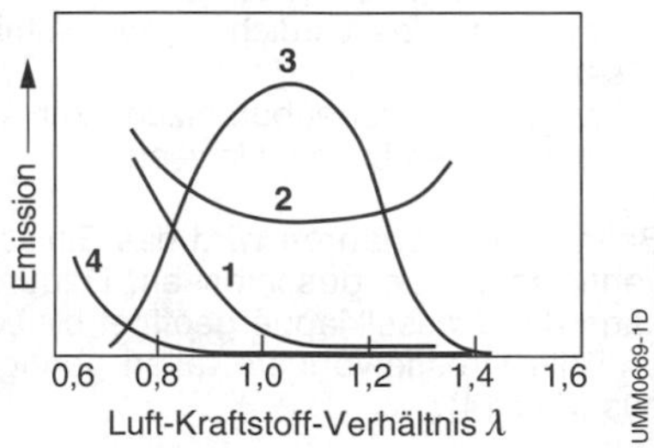

Ruß und Partikel
Motoren mit Saugrohreinspritzung verursachen – vorrangig im extremen Fettbetrieb – erhöhte Rußemissionen. Diese sind allerdings gering im Vergleich zu Ottomotoren mit Direkteinspritzung. Mit der Abgasnorm Euro 6c ist der Partikelgrenzwert für Ottomotoren mit Direkteinspritzung auf 1/10 des für Euro 6b geltenden Werts herabgesetzt worden, sodass bei vielen Fahrzeugmodellen ein Partikelfilter eingesetzt werden muss.

Schwefeloxid
Schwefeloxidemissionen sind vom Schwefelgehalt im Kraftstoff abhängig. Aktuell ist in Europa nur noch ein Schwefelgehalt von 10 mg/kg zulässig, sodass Schwefeloxidemissionen von untergeordneter Bedeutung sind.

Durch die Abgasnachbehandlung ist der moderne homogene Ottomotor nach Erreichen der Katalysatorbetriebstemperatur annähernd eine Nullemissionsmaschine. Dreiwegekatalysatoren reduzieren im Betrieb mit $\lambda = 1$ die Stickoxidemissionen bei gleichzeitiger Oxidation von HC- und CO-Molekülen (siehe Dreiwegekatalysator). Im Magerbetrieb bedarf es alternativer Ansätze. Typischerweise kommen deshalb bei Schichtladungskonzepten NO_x-Speicherkatalysatoren zum Einsatz. Diese lagern die Stickoxide ein. Ein zu applizierender Motorfettbetrieb in regelmäßigen Abständen reduziert bei hohen Temperaturen die eingelagerten Stickoxide. Da NO_x-Speicherkatalysatoren empfindlich auf Schwefelvergiftung reagieren, müssen zusätzlich Desulfatisierungszyklen im leichten Fettbetrieb bei Temperaturen oberhalb von 600 °C durchgeführt werden (siehe NO_x-Speicherkatalysator).

Lastregelung bei Ottomotoren

Bei homogen betriebenen Ottomotoren wird die Last über die eingespritzte Kraftstoffmasse eingestellt. Über die Drosselklappenposition wird die entsprechende Luftmasse für den benötigten Betrieb bei $\lambda = 1$ angepasst. Man nennt dies eine Quantitätsregelung. Im Teillastbereich bedingt dies eine Drosselung der Ansaugung, was bezüglich des Gesamtwirkungsgrads von Nachteil ist. Ursache dafür ist die beim Ansaugen und Ausstoßen des Gases verrichtete Arbeit, deren Anteil von der im Verbrennungsprozess erzeugten Energie abgezogen werden muss. Durch Variation der Steuerzeiten kann dieser Nachteil zum Teil kompensiert werden. Frühes oder spätes „Einlass-Schließen", reduzierter Ventilhub oder spätes „Auslass-Schließen", bei dem zusätzlich heißes Abgas angesaugt wird, sind typische Maßnahmen. Alternativ kann zudem externes Abgas rezirkuliert werden (Abgasrückführung), um die Androsselung zu reduzieren. Bei aufgeladenen Ottomotoren wird im oberen Lastbereich typischerweise durch die Position des Wastegates am Turbolader (siehe Abgasturbolader) der Luft- und somit der Kraftstoffmassendurchsatz eingestellt.

Bei Motoren mit Schichtladung wird im ungedrosselten Betrieb bei Teillast die eingespritzte Kraftstoffmasse durch die Last eingestellt. Dies nennt man eine Qualitätsregelung. Regelungstechnischen Aufwand bedingt hier der Übergang zwischen Schicht- und Homogenbetrieb im mittleren Lastbereich.

Leistungsausbeute und Wirkungsgrad

Das Teillastverhalten des Ottomotors verschlechtert sich durch Ladungswechselverluste (Androsselung), schlechte Prozessführung (Spitzendrücke unterhalb 30 bar) und zunehmenden Anteil der Motorreibung. Da selbst bei Pkw-Fahrgeschwindigkeiten oberhalb 100 km/h die meisten Fahrzeugmotoren noch im Teillastbereich arbeiten, sind in diesem Betriebsbereich Maßnahmen zur Steigerung des Wirkungsgrads sehr zielführend, wie beispielsweise:

Bild 14: Miller-Prozess: Leistungsausbeute und Wirkungsgradsteigerung durch Entdrosselung über Ventilsteuerzeiten.
1 Zusätzliche Nutzarbeit,
2 weniger Gaswechselverluste.
OT Oberer Totpunkt,
UT Unterer Totpunkt,
EV Einlassventil,
AV Auslassventil,
EÖ Einlass öffnet,
ES-N Einlass schließt (Normalbetrieb),
ES-M Einlass schließt (Miller-Prozess),
AS Auslass schließt,
V_c Kompressionsvolumen,
V_h Hubvolumen des Zylinders,
p_0 Atmosphärendruck (1013 mbar),
A Hochdruckschleife,
B Ladungswechselschleife.

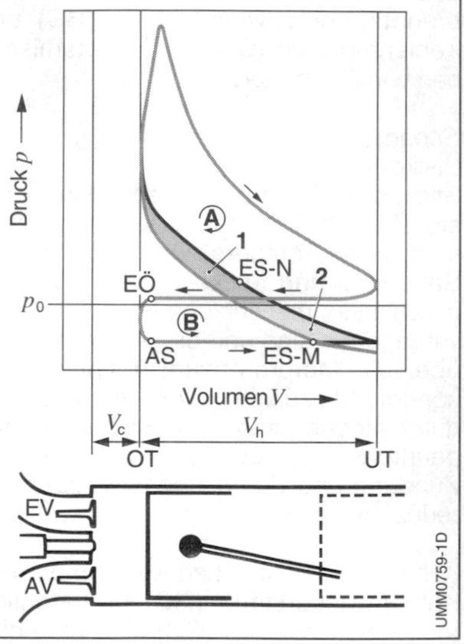

- Hubraumverkleinerung (Downsizing),
- Zylinderabschaltung (z.B. bei V8- und bei V12-Motoren),
- Entdrosselung (Schichtladung, Abgasrückführung, Ventilsteuerzeiten),
- Anhebung des Verdichtungsverhältnisses,
- Längere Getriebeübersetzung zur Absenkung des Drehzahlniveaus.

Beim Miller-Verfahren wird das Einlassventil sehr früh geschlossen. Dadurch kann die Drosselklappe geöffnet bleiben und die Drosselverluste fallen geringer aus (Bild 14).

Dieselmotor

Wesentliches Kennzeichen des Dieselmotors ist der Verzicht auf eine externe Zündungseinleitung. Dies erfolgt durch Einspritzen der zündwilligen Kraftstoffe in hoch verdichtete und damit heiße Luft. Hohe Kompressionsendtemperaturen und -drücke bis oberhalb 600 °C und 100 bar bei aufgeladenen Motoren ermöglichen einen sehr stabilen Motorbetrieb. Innerhalb sehr kurzer Zeit kann die Kraftstoffstrahlaufbereitung, die Kraftstoffverdampfung, Kraftstoffvermischung und die nachfolgende Verbrennung stattfinden.

Bild 15: Dieselmotorische Brennverfahren.
Brennraumform und Düsenanordnung für:
a) Direkteinspritzung,
b) Vorkammerverfahren,
c) Wirbelkammerverfahren.

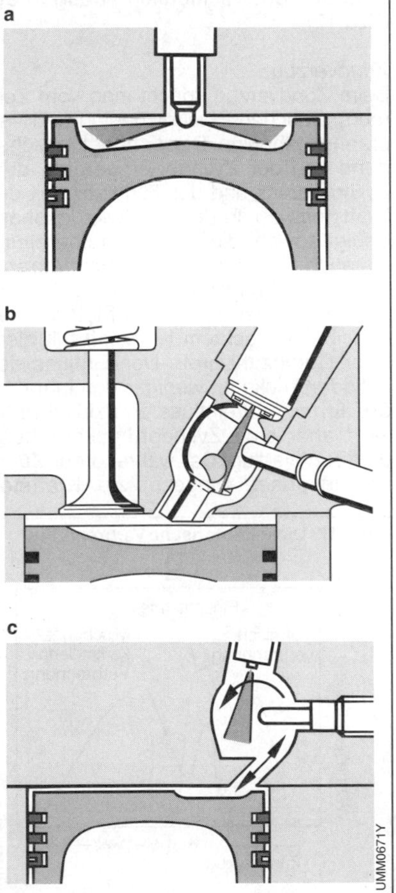

Brennverfahren mit Direkteinspritzung haben sich in den letzten Jahrzehnten gegenüber indirekten Brennverfahren wie Wirbelkammer- oder Vorkammerverfahren etabliert. Bei indirekten Brennverfahren ist die lokale Strömung im Nebenvolumen wesentlich für die Kraftstoffaufbereitung verantwortlich (Bild 15).

Gemischbildung

Die Gemischbildung wird durch die Interaktion des Einspritzstrahls mit dem Strömungsfeld im Brennraum dominiert. Hierbei besteht die Herausforderung darin, relativ große Massen Kraftstoff bis zu 200 mg pro Liter Hubraum schnell einzuspritzen und aufzubreiten. Eine typische Einspritzdauer liegt im Bereich von 1 ms. Beim Kraftstoffmassenstrom in den Brennraum spricht man von der Einspritzrate (Einheit kg/s). Typischerweise wird dieser Kraftstoffmassenstrom durch Mehrlocheinspritzdüsen eingespritzt.

Gängig ist die Verwendung von vier bis zu zehn Einspritzlöchern, die einen Durchmesser von 120...150 µm aufweisen. Neben dem geringen Lochdurchmesser begünstigt der hohe Einspritzdruck von über 2000 bar die schnelle Kraftstoffeinspritzung und Gemischaufbereitung.

Der Durchmesser eines charakteristischen Strahls bewegt sich zunächst in der Größenordnung des Düsenlochs. Nach einigen Millimetern Wegstrecke bricht der Strahl in Einzeltröpfchen auf, die mit dem Strömungsfeld interagieren. Die flüssige Phase des Kraftstoffstrahls kann, insbesondere abhängig von der Dichte des Arbeitsmediums (Luft, Luft-Kraftstoff-Gemisch oder Luft mit AGR), einige Zentimeter in den Brennraum eindringen, bevor der Strahl vollständig zerstäubt oder verdampft ist (Bild 16).

Turbulenzen begünstigen die Tropfenaufbereitung und die Verdampfung des Kraftstoffs. Bei modernen Dieselmotoren wird weit über 80 % der Turbulenzintensität im Bereich des Kraftstoffstrahls von der Einspritzung generiert. Zusätzlich unterstützt auch hier die Ladungsbewegung, wobei beim Dieselmotor mit flachem Zylinderkopf kaum Tumble-, sondern überwiegend Drallströmungen vorkommen. Zudem können kompressionsbedingte Luftströmungen vom Außen- in den Innenbereich des Brennraums („Quetschströmungen") oder die Brennraumgestaltung, z.B. durch einen verdampfungsfördernden Kontakt mit dem warmen Kolbenmuldenbereich, einen zusätzlichen Beitrag leisten.

Bild 16: Strahlausbreitung und Gemischaufbereitung beim Dieselmotor.
a) Charakteristisches Strahleindringverhalten,
b) typische Einspritzstrahlaufbereitung (außerhalb der durchgezogenen Linie liegen die mageren Randbereiche mit unendlichem λ),
c) Geschwindigkeitsprofil des Einspritzstrahls.

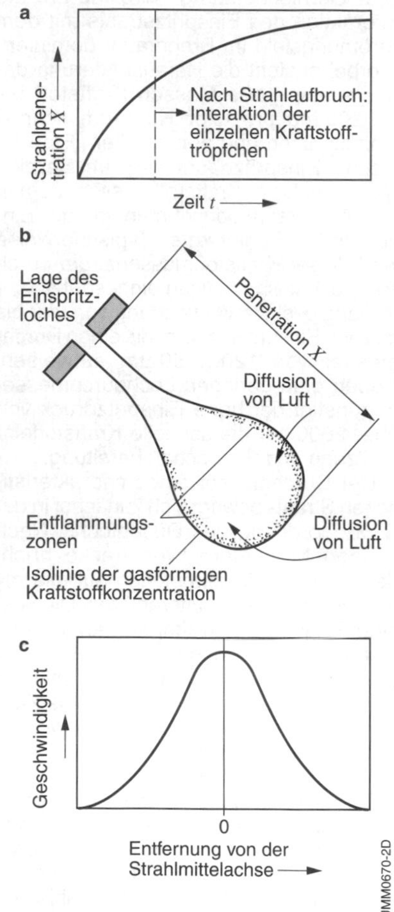

Verbrennung im Dieselmotor

Die Verbrennung im Dieselmotor unterscheidet sich vor allem durch das Selbstzündungsverhalten vom konventionellen ottomotorischen Betrieb. Insgesamt kann man die dieselmotorische Verbrennung immer in drei nacheinander ablaufenden Vorgängen beschreiben: den Zündverzug, die Vormischverbrennung und die mischungskontrollierte Verbrennung. Je nach Betriebszustand und Kennfeldbereich ist der zeitliche Anteil der drei Abläufe unterschiedlich ausgeprägt (Bild 17).

Zündverzug

Beim Zündverzug spricht man vom Zeitraum zwischen Einspritzbeginn und Verbrennungsbeginn. Dieser hängt entscheidend von der Zylindertemperatur, dem Zylinderdruck und der Zündfähigkeit des Kraftstoffs ab. In der Zündverzugsphase erfolgt sowohl die Gemischaufbereitung als auch die ersten chemischen Vorreaktionen des Luft-Kraftstoff-Gemischs. Der Zündverzug ist bei kaltem Motorbetrieb oder bei schlechtem Kraftstoff mit niedriger Cetanzahl groß. Der Einfluss des Zylinderdrucks ist weniger dominant als der Temperatureinfluss. Prinzipiell reduziert aber eine Zylinderdruckerhöhung den Zündverzug. Der während der Zündverzugsphase eingespritzte Kraftstoff

Bild 17: Dieselmotorische Verbrennung.

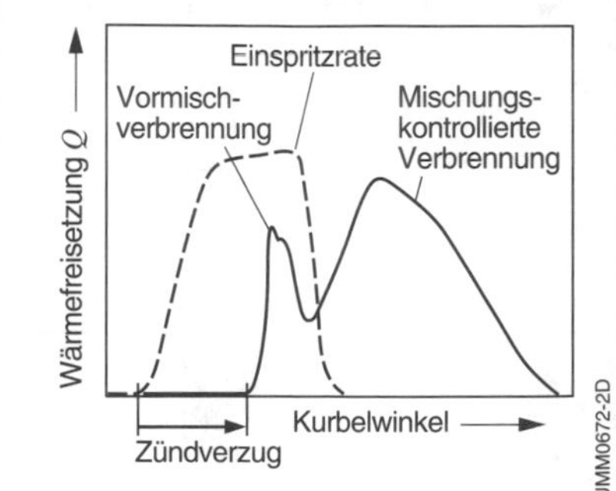

verbrennt noch nicht. Der Zündverzug kann zwischen 0,1 ms im Nennleistungsbereich bis über 10 ms im Kaltstartbereich betragen.

Vormischverbrennung
Die Zündverzugszeit definiert über den eingespritzten und noch nicht verbrannten Kraftstoff die Phase der Vormischverbrennung. Je größer der Zündverzug ist, desto mehr Kraftstoff verbrennt vorgemischt. Diese Kraftstoffmasse kann durchaus über 20 mg pro Liter Hubraum betragen. Die Verbrennung startet typischerweise im Randbereich des Kraftstoffstrahls, wo eine sehr gute Vermischung mit Luft stattgefunden hat und deshalb hinsichtlich Temperatur und Luftzahl λ optimale Zündbedingungen herrschen. Die exotherme Reaktion führt zu einem lokalen Temperaturanstieg mit Temperaturen oberhalb von 2300 K, der in einer Kettenreaktion schnell den noch nicht verbrannten vorgemischten Kraftstoff umsetzt. Hierbei bestimmen die ablaufenden chemischen Reaktionen die Brenngeschwindigkeit. Die sich selbst beschleunigende Kettenreaktion führt zu einer sehr schnellen Verbrennung mit großen Druckanstiegsgradienten. Aus diesem Grund ist die vorgemischt umgesetzte Kraftstoffmasse bei Dieselmotoren gering zu halten. Dies geschieht typischerweise durch eine Piloteinspritzung, deren lokale Verbrennung eine erste Temperaturerhöhung mit reduzierendem Einfluss auf den Zündverzug der nachfolgenden Haupteinspritzung ausübt.

Mischungskontrollierte Verbrennung
Der vorgemischt umgesetzte Kraftstoffanteil kann zwischen weniger als 1 % im oberen Volllastbereich und 100 % im untersten Teillastbereich betragen. Der verbliebene Anteil verbrennt in einer mischungskontrollierten Verbrennung. Im Gegensatz zur vorgemischten Verbrennung definiert bei der mischungskontrollierten Verbrennung – auch Diffusionsverbrennung genannt – der Transport von Sauerstoff in die Verbrennungszone die Umsatzgeschwindigkeit. Es ist schwierig, zwischen einer verbrannten und einer unverbrannten Zone zu unterscheiden, weil es keine genau definierte Flammfront gibt. Prinzipiell etabliert sich die Diffusionsflamme in der Strahlrandlage und verbrennt in einem begrenzten Bereich mit $0{,}8 < \lambda < 1{,}4$. Mit sich ändernden Randbedingungen (z.B. weitere Kraftstoffverdampfung, Sauerstofftransport, Wandkontakt) wandert auch die Reaktionszone dorthin, wo lokal stöchiometrische Bedingungen vorliegen (Bild 18).

Turbulenzen
Die mischungskontrollierte Verbrennung dominiert im hohen Lastbereich, bei dem große Mengen Kraftstoff eingespritzt werden. Hierbei laufen die Gemischbildungsvorgänge und Verbrennungsvorgänge parallel ab. Ähnlich wie bei der vorgemischten Verbrennung lässt sich die Umsatzgeschwindigkeit durch die Einspritzung beeinflussen. Einen untergeordneten Einfluss, jedoch auch mit beschleunigendem Charakter, haben

Bild 18: Mischungskontrollierte Verbrennung.
a) Stoffkonzentrationen und Temperaturverteilung,
b) Bildung von Schadstoffen innerhalb des eingespritzten Strahls.

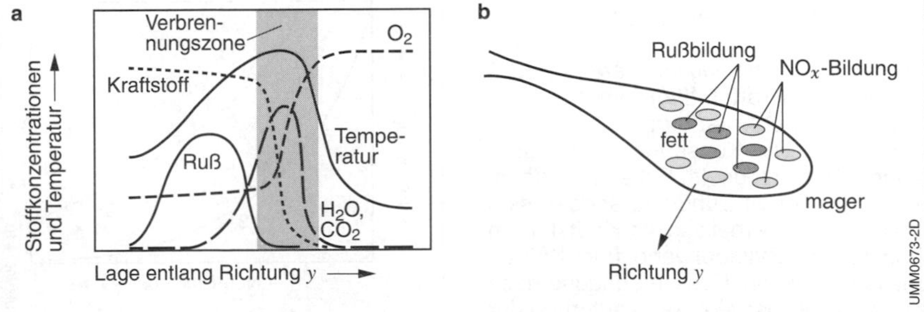

sowohl Temperatur- und Druckerhöhung als auch eine Reduzierung des Inertgasanteils. Dominierend ist die Gemischaufbereitung und der Sauerstofftransport in die Verbrennungszone durch eine hohe lokale Turbulenz.

Aus diesem Grund ist die Turbulenzintensität die entscheidende Größe bei der Auslegung dieselmotorischer Brennverfahren und spiegelt sich in immer höheren Einspritzdrücken mit einer hohen kinetischen Energie des Kraftstoffstrahls wieder, welche nachfolgend in turbulente kinetische Energie überführt wird. Lokale Turbulenz verursacht den wichtigen Sauerstofftransport in die lokalen Reaktionszonen. Die Zylinderladungsbewegung (Drall, Quetschströmungen) unterstützt dieses Phänomen, entscheidenden Anteil übt jedoch der Impuls des Einspritzstrahls aus. Neben der Erhöhung des Einspritzdrucks ist auch eine Erhöhung des Lochdurchmessers oder der Lochzahl denkbar. Die Zunahme der Einspritzrate führt jedoch meistens zu einer lokalen Überfettung mit negativem Einfluss auf den Kraftstoffumsatz.

Besonderheiten der dieselmotorischen Verbrennung

Kaltstartvorgänge

Kaltstartvorgänge bei Dieselmotoren stellen insbesondere bei Außentemperaturen unterhalb von –10 °C eine besondere Herausforderung dar. Bei Starterdrehzahlen bis unter 100 min^{-1} entweicht während der relativ langsamen Kompressionsphase ein großer Anteil der Zylinderladung über die Kolbenringe. Zudem führen die kalten Zylindertemperaturen zu erhöhten Wandwärmeverlusten. Eine Konsequenz sind geringe Spitzendrücke unter 30 bar und abhängig von der Außentemperatur geringe Spitzentemperaturen unter 400 °C.

Kraftstoffverdampfung im oberen Totpunk

Durch die Kraftstoffverdampfung im oberen Totpunkt erfolgt eine weitere Abkühlung. Die Konsequenz sind sehr lange Zündverzüge. Im Extremfall kommt es zu gar keiner Zündung, sodass sich über mehrere Arbeitsspiele Kraftstoff im Zylinder an Zylinderwand und Kolben ansammeln kann. Dessen Zündung nach einigen Arbeitsspielen kann aufgrund der inzwischen angesammelten Kraftstoffmasse sehr hohe Spitzendrücke oberhalb von 150 bar zur Folge haben.

Reibungsverluste

Da in der Kaltstartphase noch kein ausreichender hydrodynamischer Schmierfilm in den entscheidenden Lagerstellen des Kurbeltriebs aufgebaut ist, sind hier auch Nachteile für die Motormechanik die Konsequenz. Typische Hilfsmaßnahmen zur Verbesserung des Kaltstartvorgangs sind deshalb eine Ansaugluft-, Öl- oder Wasservorwärmung. Letztere bewirkt neben dem Einfluss auf die Brennraumtemperatur vor allem eine niedrigere Motorreibung und eine erhöhte Starterdrehzahl.

Höhenabhängigkeit

Im Betrieb bei sehr warmen Außentemperaturen oder in großen Höhen oberhalb von 1 000 m stellt sich ein weiteres Phänomen ein. Aufgrund der geringeren Dichte der Luft ist deren Masse im Zylinder reduziert. Der Einfluss auf die Verbrennung ist zunächst nicht entscheidend. Aufgrund

Bild 19: NO_x- und Rußemissionen.
1 Obere Grenzkurve,
2 untere Grenzkurve.
A Abnahme von Ruß und NO_x infolge von: Abgasrückführung und Einspritzdruckerhöhung, Teilhomogenisierung, H_2O-Einspritzung.
B Zunahme von Ruß und Abnahme von NO_x infolge von: Spätverstellung, Eispritzdruckreduzierung, Absenkung O_2-Konzentration, Millerverfahren.
C Abnahme von Ruß und Zunahme von NO_x infolge von: Frühverstellung, Einspritzdruckerhöhung, Erhöhung der O_2-Konzentration.

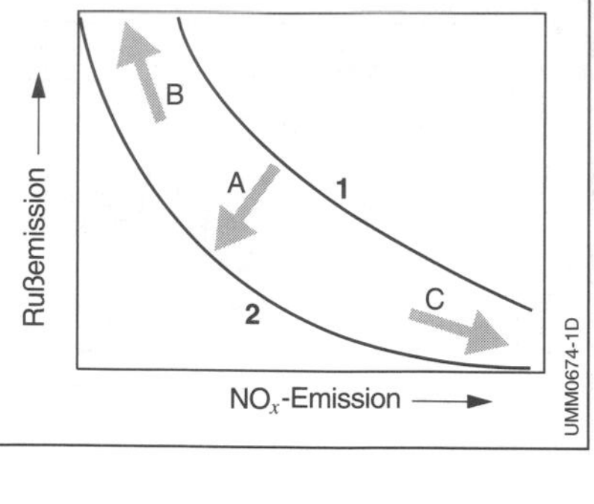

des geringeren Luftüberschusses steigt jedoch die Abgastemperatur.

Auch bei aufgeladenen Motoren ist dieses Phänomen vorhanden. Eine Leistungsreduzierung vor allem im Höhenbetrieb kann deshalb eine notwendige Applikationsmaßnahme sein.

Ablagerungen in den Einspritzdüsen
Bei Dieselmotoren wird nach einer Einlaufzeit oft ein Leistungsabfall in der Größenordnung von ein bis drei Prozent festgestellt. Die Ursache hierfür ist durch das Einspritzsystem bedingt. Ablagerungen in den Einspritzdüsen bedingen einen geringfügig reduzierten Düsenlochdurchmesser mit der Konsequenz eines geringeren Massenstroms und damit eines Leistungsverlustes. Ursache für die Ablagerungen können beispielsweise Kupfer, Zink oder Ölverunreinigungen im Dieselkraftstoff sein.

Schadstoffbildung und Schadstoffverringerung
Im Gegensatz zum Ottomotor, der sich durch die Einführung des Dreiwegekatalysators im Betrieb bei $\lambda = 1$ durch niedrigste Emissionen auszeichnet, hat die innermotorische Schadstoffreduzierung beim Dieselmotor einen deutlich höheren Stellenwert. Neben den vom Ottomotor bekannten Emissionen CO_2, H_2O, NO_x, HC und CO sind Ruß- und Partikelemissionen im Fokus der Betrachtung.

Schadstoffe
Stickoxide
Für die Senkung der Stickoxide sind Maßnahmen zielführend, die die Verbrennungstemperaturen absenken. Dies kann effektiv durch eine Verringerung der Sauerstoffkonzentration in der Verbrennungszone erfolgen. Die Verbrennungstemperaturen können besonders einfach auch durch eine Spätverstellung der Einspritzung oder eine Einspritzdruckreduzierung abgesenkt werden.

Temperaturreduzierende Maßnahmen wie Abgasrückführung, Millerverfahren (siehe z.B. [2]) oder Teilhomogenisierung bewirken eine Stickoxidreduzierung. Diese überkompensiert den oft auch beobachteten leichten Anstieg der Rußemissionen (Bild 19). Der Aufwand für die Reduzierung von beiden Komponenten ist groß. Derzeit werden immer höhere Abgasrückführraten zur Stickoxidreduzierung in Kombination mit sehr hohen Einspritzdrücken (> 2000 bar) zur Rußreduzierung eingesetzt.

Ruß und Partikel
Die Reduzierung des Einspritzdrucks oder der Sauerstoffkonzentration bedingt typischerweise einen Anstieg der Rußemissionen. Die Entstehung des Rußes ist komplex und hängt sowohl von fluiddynamischen als auch von thermodynamischen Randbedingungen ab. Zunächst entstehen durch die örtlich sehr fetten Zonen ($\lambda << 1$) erhebliche Rußmengen, die dann allerdings zu über 70 % im weiteren Verlauf der Verbrennung durch Oxidationsvorgänge wieder erheblich reduziert werden. Prinzipiell ist ein hohes Turbulenzniveau, das die Oxidation des Rußes in der Expansionsphase begünstigt, von entscheidender Bedeutung. Aber auch das Temperaturniveau ist wichtig. Aufgrund wichtiger lokaler Wechselwirkungen zwischen Einspritzstrahl, Verbrennungszone, unverbranntem Gemisch und der Muldengeometrie beeinflusst die Auslegung des Brennverfahrens die Emissionsbildung entscheidend.

Man unterscheidet zwischen Ruß- und Partikelemissionen. Ruß besteht aus reinen Kohlenstoffverbindungen, wohingegen zu Partikeln auch die Anlagerung von Kraftstoff- oder Schmieröltropfen, Asche, Metallabrieb, Korrosionsprodukte oder Sulfatverbindungen gerechnet wird.

HC- und CO-Verbindungen
HC- und CO-Verbindungen sind typischerweise bei den dieselmotorischen Emissionen unkritisch. Zu beachten ist der Einfluss der Kohlenwasserstoffe auf die Partikelemissionen. Besonders bei einer sehr späten Verbrennungslage mit unvollständigem Durchbrennverhalten nehmen HC und CO in der Konzentration zu.

Mischformen und alternative Betriebsstrategien

Die klassische dieselmotorische Betriebsstrategie zeichnet sich durch eine oder mehrere Einspritzungen im Bereich des oberen Totpunkts aus. Etablierte ottomotorische Brennverfahren lassen sich durch den homogenen oder teilhomogenen (bei Ladungsschichtung) Betrieb kennzeichnen. Alternative Prozessführungen, die sich zum Teil nicht mehr dem diesel- oder dem ottomotorischen Verfahren eindeutig zuordnen lassen, sind jedoch ebenfalls Gegenstand aktueller Entwicklungen.

Homogene Selbstzündung bei Dieselbetrieb

Beim HCCI-Brennverfahren (Homogeneous Charge Compression Ignition), das in verschiedensten Abwandlungen publiziert wird [3], ist die Motivation, durch eine sehr frühe Einspritzung (mindestens 40...50 °KW vor OT) eine Homogenisierung, starke Abmagerung und somit eine NO_x-Reduzierung zu erreichen. Aufgrund der hohen dieselmotorischen Kompressionstemperatur erfolgt trotzdem eine sichere Entflammung. Um den Verbrennungsablauf zu beherrschen, ist das Verdichtungsverhältnis auf 14 bis 16 abzusenken. Typischerweise kommt eine Abgasrückführung zum Einsatz, um das Temperaturniveau im Zylinder bei niedrigen Lasten anheben zu können. Gleichwohl ist eine Darstellung im gesamten Kennfeld, insbesondere im Volllastbereich sehr anspruchsvoll, da die Druckanstiegsgradienten extrem hoch werden und eine Regelung des transienten Motorbetriebs unter Berücksichtigung aller vorkommenden Motorzustände sehr komplex ist.

Selbstzündung im Benzinbetrieb

Ähnlich dem dieselmotorischen HCCI-Betrieb sind ottomotorische Brennverfahren weiterentwickelt worden, um im Teillastbereich einen entdrosselten Magerbetrieb mit entsprechenden Verbrauchsvorteilen gegenüber konventionellen stöchiometrisch betriebenen Motoren darzustellen. Die Nachteile des Magerbetriebs hinsichtlich der Konvertierung im Katalysator werden durch abmagerungsbedingt niedrigste NO_x-Rohemissionen kompensiert. Die sichere Zündung des an sich zündunwilligen Gemischs wird durch ein hohes Verdichtungsverhältnis über 13 dargestellt. Optimalerweise ist das Verdichtungsverhältnis variabel und lässt sich hin zur Vollast aufgrund der erhöhten Brennraumtemperaturen wieder absenken.

Ottomotorische Schichtladung

Direkteinspritzende, schichtgeladene ottomotorische Brennverfahren weisen verbrennungsseitig Gemeinsamkeiten mit dem klassischen dieselmotorischen Betrieb auf und stellen deshalb eine Mischform der konventionenellen ottomotorischen und der dieselmotorischen Verbrennung dar. Zunehmend etablieren sich derartige Brennverfahren aufgrund ihrer Wirkungsgradvorteile durch Entdrosselung im Teillastbetrieb.

Vielstoffmotoren

Vielstoffmotoren, die durch eine Kompatibilität hinsichtlich des verwendeten Kraftstoffs (wahlweise Betrieb z.B. mit Dieselkraftstoffen oder Kerosin, Ottokraftstoffen oder Dieselkraftstoffen beziehungsweise Pflanzenölen) gekennzeichnet sind, spielen heute keine Rolle mehr, da die emissionsseitigen Anforderungen für derartige Motorkonzepte nicht mehr darstellbar sind.

Literatur

[1] H. Oertel; M. Böhle; U. Dohrmann: Strömungsmechanik. 5. Aufl., Vieweg +Teubner, 2008.

[2] R. van Basshuysen; F. Schäfer (Hrsg.): Handbuch Verbrennungsmotor, 4. Aufl. Vieweg+Teubner, 2007.

[3] K. Boulouchos: Strategies for Future Combustion Systems – Homogeneous or Stratified Charge? SAE 2000-01-0650.

Ladungswechsel und Aufladung

Ladungswechsel

Bei Verbrennungskraftmaschinen mit offener Prozessführung und innerer Verbrennung kommen dem Gas- oder Ladungswechsel zwei entscheidende Aufgaben zu:

- Das Arbeitsgas wird durch Austausch auf den Ausgangszustand des Kreisprozesses gebracht und
- der zur Kraftstoffverbrennung erforderliche Sauerstoff wird in Form von Frischluft bereitgestellt.

Eine Beurteilung des Ladungswechsels – auch als Gaswechsel bezeichnet – ist mit Hilfe der in DIN 1940 [1] festgelegten Kenngrößen möglich. Während beim Luftdurchsatz (Luftaufwand $\lambda_a = m_g/m_t$) die gesamte während eines Arbeitsspiels durchgesetzte Ladung m_g auf die durch das Hubvolumen vorgegebene theoretische mögliche Ladung m_t bezogen wird, betrachtet man beim Liefergrad $\lambda_{a1} = m_z/m_t$ lediglich die im Zylinder tatsächlich vorhandene oder verbleibende Frischladung m_z. Diese unterscheidet sich von der insgesamt durchgesetzten Ladung m_g durch den Anteil, der während der Überschneidungsphase direkt in den Auslass strömt und somit der Verbrennung nicht zur Verfügung steht.

Der Fanggrad $\lambda_a = m_z/m_g$ ist ein Maß für die im Zylinder verbleibende Ladung.

Der Spülgrad $\lambda_S = m_z/(m_z + m_r)$ gibt an, wie hoch der Anteil der Frischladung m_z im Vergleich zu der aus Frischladung und Restgasanteil m_r bestehenden Gesamtladung ist. Dabei beschreibt m_r den nach Auslassende im Zylinder verbleibenden Gasrest aus früheren Arbeitsspielen.

Erfolgt der Gaswechsel bei jeder Kurbelwellenumdrehung am Ende der Expansion im Bereich des unteren Totpunkts, spricht man vom 2-Takt-Verfahren. Wird zwischen jedem Verbrennungstakt ein separater Gaswechseltakt – bestehend aus Ausschubhub und Ansaughub – eingeschoben, spricht man vom 4-Takt-Verfahren.

4-Takt-Verfahren

Zur Steuerung des Gaswechsels wird eine mit halber Motordrehzahl drehende Steuerwelle (Nockenwelle) von der Kurbelwelle angetrieben. Die Nockenwelle öffnet die für das Ausschieben der verbrauchten Gase und Ansaugen der Frischgase separat ausgelegten Gaswechselventile gegen die Ventilfedern (Bild 1). Kurz vor dem unteren Totpunkt (UT) öffnet das Auslassventil und bei überkritischem Druckverhältnis verlassen während dieses Vorauslassens ca. 50 % der Brenngase den Brennraum. Der sich nach oben bewegende Kolben sorgt während des Ausschubtakts für eine nahezu vollständige Entfernung der Brenngase aus dem Brennraum.

Kurz vor dem oberen Totpunkt des Kolbens (OT) öffnet das Einlassventil bei noch geöffnetem Auslassventil. Zur Unterscheidung zum Zünd-OT (ZOT), bei dem die Verbrennung abläuft, nennt man diese Stellung der Kurbelwelle den Gaswechsel-OT (GOT) oder auch Überschneidungs-OT (ÜOT), weil sich in diesem Bereich die sonst strikt getrennten Einlass- und Auslassvorgänge über-

Bild 1: Darstellung des 4-Takt-Gaswechselverfahrens im p-V-Diagramm.
E Einlass, A Auslass,
UT unterer Totpunkt, OT oberer Totpunkt,
ES Einlass schließt, EÖ Einlass öffnet,
AS Auslass schließt, AÖ Auslass öffnet.
V_c Kompressionsvolumen, V_h Hubvolumen.
Die Pfeile geben die Richtung an, in der die Kurven durchlaufen werden.

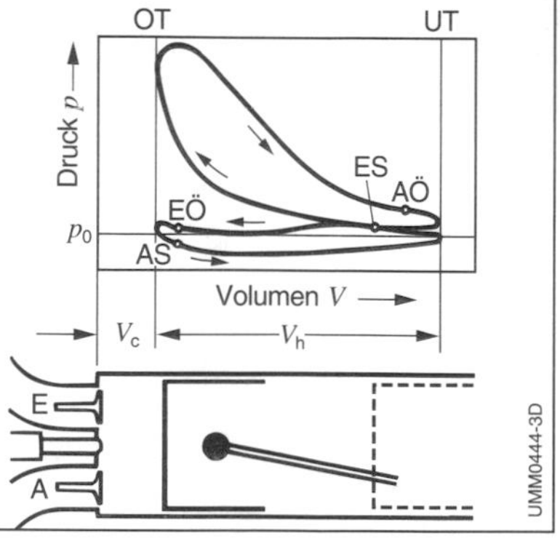

schneiden. Kurz nach dem Gaswechsel-OT schließt das Auslassventil und bei geöffnetem Einlassventil kann der sich nach unten bewegende Kolben Frischluft ansaugen. Dieser Takt des Gaswechsels (Ansaugakt) ist kurz nach Erreichen des unteren Totpunkts (UT) beendet. Mit Verdichtung und Verbrennung (Expansion) schließen sich die beiden restlichen Takte des 4-Takt-Verfahrens an (Bild 2).

Während der Überschneidungsphase strömen beim drosselgesteuerten Ottomotor Abgase direkt vom Brennraum in den Einlasskanal oder vom Auslasskanal zurück in den Brennraum und dann in den Einlasskanal. Diese innere Abgasrückführung erhöht die Brennraumladungstemperatur und den Inertgasanteil im Zylinder. Eine nicht optimale Leistungsausnutzung im oberen Lastbereich ist eine Folge. Bei festen Ventilsteuerzeiten ist ein Kompromiss einzuhalten, der vor allem bei ottomotorischen Anwendungen von der Abstimmung der Motorbetriebsstrategie mit der Aufladeeinheit abhängt.

Bild 2: 4-Takt-Gaswechselverfahren.
A Auslass, E Einlass,
AÖ Auslass öffnet, AS Auslass schließt,
EÖ Einlass öffnet, ES Einlass schließt,
OT oberer Totpunkt,
ÜOT Überschneidungs-OT, ZOT Zünd-OT,
UT unterer Totpunkt, ZZ Zündzeitpunkt.

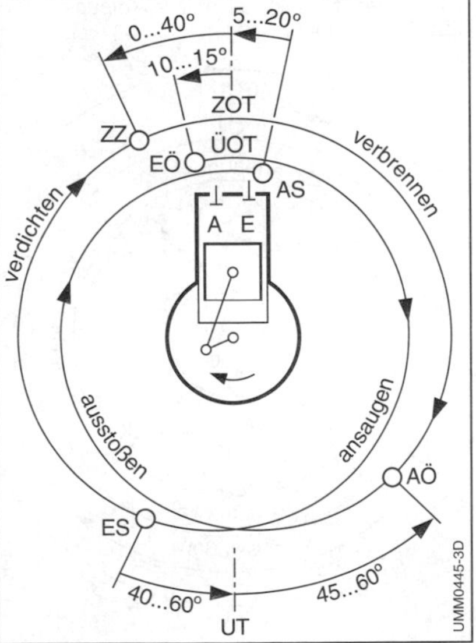

Ein frühes Öffnen des Auslassventils ermöglicht ausreichend Zeit, um die Zylinderladung ausströmen zu lassen und garantiert damit eine geringe Restgasverdichtung durch den nach oben gehenden Kolben, verringert aber die indizierte Arbeit der Brenngase.

Die Lage „Einlassventil schließt" (Steuerzeit ES) beeinflusst entscheidend den Liefergrad über der Drehzahl. Bei frühem Schließen des Einlassventils wird der größte Liefergrad bei niedrigen Drehzahlen erreicht, bei spätem Schließen bei hohen Drehzahlen.

Dies macht deutlich, dass starre Steuerzeiten für die Ventile immer einen Kompromiss für die Auslegung hinsichtlich des erreichbaren Mitteldruck- und Drehmomentmaximums und dessen Lage im nutzbaren Drehzahlband sowie der erreichbaren Leistung bei Nenndrehzahl darstellen. Je höher die Nenndrehzahl und je breiter das nutzbare Drehzahlband eines Motors, desto unbefriedigender fällt der Kompromiss aus. Diese Tendenz ist auch durch Mehrventilzylinderköpfe mit einer größeren Querschnittsfläche der Einlassströmung nicht zu entschärfen.

Andererseits bewirken die Forderungen nach geringsten Abgasemissionen und niedrigstem Kraftstoffverbrauch, dass ein hohes Drehmoment bereits bei niedrigen Drehzahlen (trotz hoher Leistungsausbeute aus Gründen des Gewichts der Antriebseinheit) an Bedeutung gewinnen und dass niedrige Leerlaufdrehzahlen wichtiger werden. Dies führt zu variablen Steuerzeiten.

Die Vorteile des 4-Takt-Verfahrens sind eine sehr gute Zylinderfüllung im gesamten Drehzahlbereich, eine große Unempfindlichkeit gegen Druckverluste im Auspuffsystem sowie relativ gute Beeinflussungsmöglichkeiten des drehzahlabhängigen Luftaufwands durch Wahl der Steuerzeiten und Anpassung des Saugsystems.

Die Nachteile des 4-Takt-Verfahrens sind ein hoher Bauaufwand für die Ventilsteuerung sowie die reduzierte Leistungsdichte nicht aufgeladener 4-Takt-Motoren aufgrund der Nutzung nur jeder zweiten Kurbelwellenumdrehung zur Leistungsabgabe durch die Verbrennung.

2-Takt-Verfahren

Um den Gaswechsel ohne eine zusätzliche Umdrehung der Kurbelwelle zu erreichen, werden beim 2-Takt-Verfahren die Gase am Ende der Expansion und zu Beginn des Kompressionshubs getauscht. Zur Steuerung der Ein- und Auslasszeitpunkte wird meist der Kolben verwendet, indem dieser im Bereich des unteren Totpunkts die im Zylindergehäuse angeordneten Ein- und Auslassschlitze überfährt (Bild 4). Dies bedingt allerdings symmetrische Steuerzeiten mit dem Problem des direkten Durchspülens von Frischgemisch in den Auslassbereich (Kurzschlussspülung). Außerdem können 15...25 % des Kolbenhubs nicht zur Arbeitsgewinnung genutzt werden, da nur das Füllungsvolumen V_f und nicht das Hubvolumen V_h Arbeit leisten kann (Bild 3).

Da ein separater Ansaug- und Ausschubhub fehlt, muss der Zylinder mit Überdruck befüllt und gespült werden. Hierzu sind Spülpumpen erforderlich. Bei einer besonders einfachen und sehr häufig verwendeten Ausführung wird die Kolbenunterseite in Verbindung mit einem hinsichtlich Schadvolumen minimierten Kurbelgehäuse als Spülpumpe verwendet. Bild 4 zeigt den 2-Takt-Motor mit Kurbelkastenspülung und Vorverdichtung im Kurbelgehäuse und dessen steuertechnische Vorgänge. Die Vorgänge auf der Spülpumpenseite sind im Innenkreis dargestellt, die Vorgänge auf der Zylinderseite im Außenkreis. Die Auslegung der Lage der Ein- und Auslassschlitze mit dem Ziel des maximalen Liefergrads hängt zudem entscheidend von der Kolbenstellung ab. Eine höckerförmige Kolbenerhöhung kann ein direktes Durchströmen vom Einlass- in den Auslassbereich reduzieren.

Vorteile des 2-Takt-Verfahrens sind eine hohe Leistung bezogen auf Motorgewicht und Motorvolumen sowie eine gleichmäßigere Drehmomenterzeugung (ein Arbeitstakt pro Umdrehung).

Nachteile des 2-Takt-Verfahrens sind der höhere Kraftstoffverbrauch, geringere Mitteldrücke (wegen schlechterer Zylinderfüllung), eine höhere Wärmebelastung (wegen fehlendem Gaswechseltakt), eine anspruchsvolle Gemischregelung und höhere HC-Emissionen aufgrund der problematischen Zylinderspülung. Zweitaktbrennverfahren haben mit der Einführung von strengen Emissionsgrenzwerten für die meisten mobilen Anwendungen ihre Bedeutung verloren.

Bild 3: Darstellung des 2-Takt-Gaswechselverfahrens im p-V-Diagramm.
p_0 Ladedruck, V_S Spülvolumen,
V_c Kompressionsvolumen, V_h Hubvolumen,
V_f Füllungsvolumen.

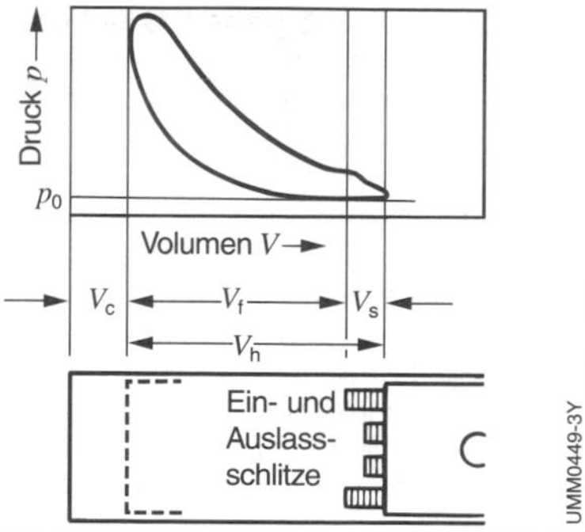

Bild 4: 2-Takt-Gaswechselverfahren mit einer Vorverdichtung in der Kurbelkammer.
A Auslass, E Einlass,
AÖ Auslass öffnet, AS Auslass schließt,
EÖ Einlass öffnet, ES Einlass schließt,
Ü Überströmkanal,
ÜÖ Überströmkanal öffnet,
ÜS Überströmkanal schließt,
OT oberer Totpunkt, UT unterer Totpunkt,
ZZ Zündzeitpunkt.

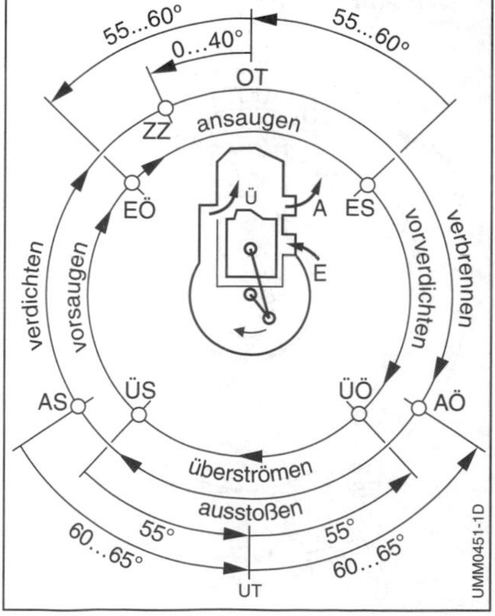

Variable Ventiltriebe

Variabilitäten im Ventiltrieb setzen sich mit unterschiedlichen Zielsetzungen in verschiedenen Ausführungen durch. Motivationen für den Einsatz von Variabilitäten sind Leistungs- und Drehmomentsteigerung, Entdrosselung, Steuerung des Restgasgehalts, Zylinderabschaltung, Ladungsbewegung, Kaltstart- und Kaltlaufverhalten, regelungstechnische Optimierung (z.B. Ladungsmasse, Restgasgehalt), Drehzahlbeeinflussung des Abgasturboladers sowie Maßnahmen zum Abgastemperaturmanagement.

Es kommen heute verschiedene Systeme zur Darstellung der Ventiltriebvariabilitäten zum Einsatz. Je nach Brennverfahren und Motorkonzept (Homogen- oder Schichtbetrieb, Diesel) bestehen unterschiedliche Motivationen zur Variation der Steuerzeiten.

Nockenwellenverstellung

Eine Verstellung von Einlass- und Auslassnockenwelle setzt sich zunehmend als Maßnahme durch, die im gesamten Kennfeld eine wertvolle Variabilität bietet. Hierbei besteht die Möglichkeit, die Nockenwellen gegenüber der Kurbelwelle zu verdrehen und somit eine Verschiebung der Steuerzeiten bei gleicher Öffnungsform darzustellen. Stand der Technik ist eine elektrische oder eine elektrohydraulische Ansteuerung des Nockenwellenstellers.

Für homogen betriebene Ottomotoren erfolgt zum Beispiel im niedrigen Drehzahl- und Lastbereich eine späte Einstellung der Einlassnockenwelle bei gleichzeitig sehr frühem Schließen des Auslassventils (Bild 5). Diese minimale Ventilüberschneidung bedingt ein minimales Durchströmen des Frischluftgemischs in den Auslassbereich. Gleichzeitig bedingt ein sehr spätes Öffnen des Einlassventils auch eine Entdrosselung durch das damit verbundene späte Schließen des Einlassventils, da nach dem unteren Totpunkt die Zylinderladung wieder durch das Einlassventil ausgeschoben wird. Ein schneller Drehmomentanstieg kann bei einem gewünschten Lastpunkt durch eine Frühverstellung der Einlassnockenwelle erreicht werden.

Eine Auslassnockenwellenverstellung ermöglicht zudem weitere Freiheitsgrade. Die optimale Einstellung von Einlass- und Auslassnockenwelle hängt von zahlreichen Faktoren ab. Neben der Lage im Motorkennfeld ist auch der Betriebsmodus entscheidend. Zum Beispiel ob eine Abgasturboaufladung vorliegt oder ob ein Magerbetrieb (Dieselmotor, ottomotorische Schichtverfahren usw.) appliziert ist. Ein Beispiel für die vorteilhafte Kombination einer Nockenwellenverstellung mit einem Abgasturbolader ist die kennfeldabhängige maximale Ventilüberschneidung (sehr spätes Schließen des Auslassventils und ein sehr frühes Öffnen des Einlassventils), bei der ein großer Gemischanteil direkt vom Einlass- in den Auslassbereich überströmt. Dies kann den Vorteil einer Erhöhung des Luftmassenstroms durch den Abgasturbolader mit vorteilhafter Erhöhung der Turboladerdrehzahl bewirken. Die Verdrehung der Einlass- und der Auslassnockenwelle bietet Optimierungsmöglichkeiten für eine Vielzahl an Fragestellungen und kommt deshalb zumindest bei modernen Ottomotoren zunehmend zum Einsatz.

Systeme mit Umschaltmechanismus

Neben der kontinuierlichen Phasenverstellung gibt es auch einfachere Systeme, die digital zwischen einzelnen Nockenformen schalten. Typischerweise wird hier für volllastnahe Bereiche ein sehr großer Nocken- und Ventilhub und für Teilllast-

Bild 5: Verdrehung der Einlassnockenwelle:
1 spät, 2 normal, 3 früh.

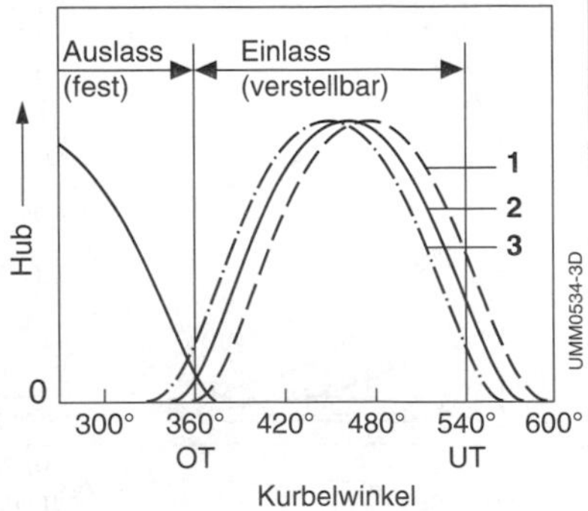

bereiche ein geringer Nocken- und Ventilhub zur Entdrosselung eingestellt. Die konstruktive Darstellung erfolgt meistens durch einen Schaltmechanismus an einem Schlepphebel oder Tassenstößel, der somit eine oder mehrere (typischerweise zwei) vorhandene Nocken auf der Nockenwelle aktiv schaltet.

Ebenfalls sind Systeme im Einsatz, die zwischen zwei Nockenwellenverdrehpositionen schalten können. Im Gegensatz zu einem vollvariablen System entfällt hierbei die exakte Stellanforderung an den Nockenwellenphasensteller.

Weitere variable Systeme

Zunehmend setzen sich für Ottomotoren vollvariable Systeme sowohl in der Entwicklung als auch bereits im Serienbetrieb durch. Im Fokus steht hierbei die Optimierung der Ladungswechselphase. Je nach Motorkonfiguration und Betriebspunkt sind unterschiedliche Ansätze zielführend, die zu einer Optimierung von Ladungswechselverlusten, dem Restgasgehalt oder der Motorleistung führen (Bild 6).

Zur Darstellung eines vollvariablen Ventiltriebs können mechanische, elekt-

Bild 6: Einfluss der Steuerzeiten auf den Ladungswechsel.
a) Konventionelle Steuerzeiten, b) frühes „Einlass schließt“,
c) Ventilhubreduzierung und spätes „Einlass schließt“, d) spätes „Auslass schließt“,
e) spätes „Auslass schließt“ und frühes „Einlass schließt“,
f) spätes „Auslass schließt“ und spätes „Einlass schließt“.
UT Unterer Totpunkt, OT oberer Totpunkt, EÖ Einlass öffnet, AÖ Auslass öffnet,
ES Einlass schließt, AS Auslass schließt, F früh, S spät.

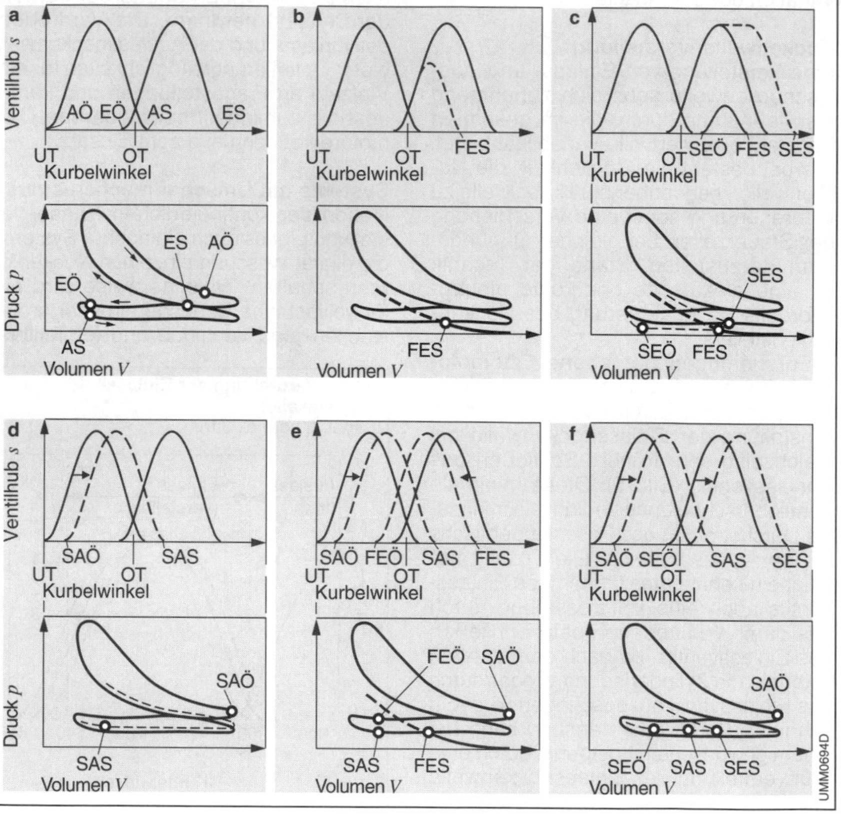

romechanische, elektrohydraulische oder elektropneumatische Verstellkonzepte zum Einsatz kommen.

Mechanische Systeme
Mechanische, vollvariable Ventiltriebe bestehen typischerweise aus einer Kombination eines Verstellmechanismus, der eine Variation des Ventilhubs erlaubt, und einem Nockenwellenphasensteller. Schlüsselfunktion ist die Darstellung des variablen Nockenhubs.

Bild 7: Ventilhubverläufe eines mechanischen vollvariablen Ventiltriebs.

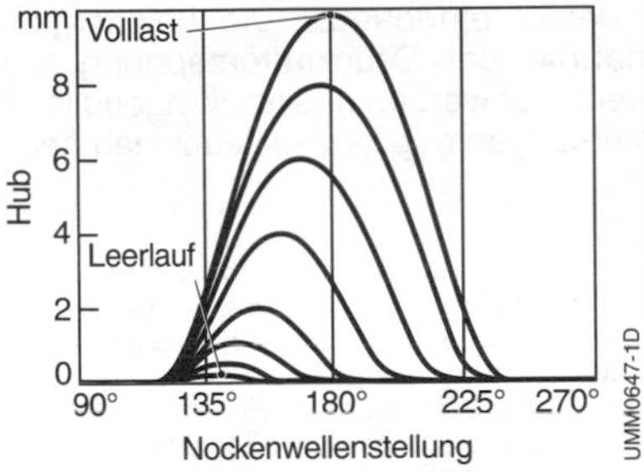

Bild 8: Grundprinzip eines mechanischen vollvariablen Ventiltriebs (BMW Valvetronic).
1 Kulisse, 2 Drehpol, 3 Nockenwelle,
4 Hydraulischer Ventilspielausgleich (HVA),
5 Verstellantrieb mit Schraubradgetriebe,
6 Exzenterwelle, 7 Zwischenhebel,
8 Einlassventil.

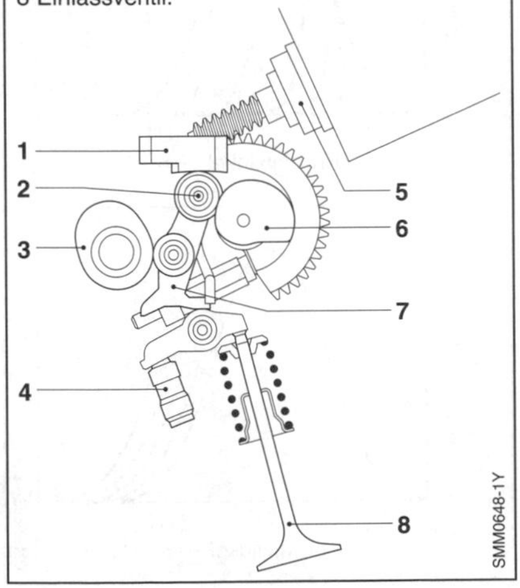

Eine geeignete konstruktive Lösung stellt hier eine konventionelle Nockenwelle dar, die jedoch nicht über Tassenstößel oder Kipphebel direkt auf das Ventil wirkt. Die Einstellung des Nockenhubs erfolgt über einen Zwischenhebel, dessen Drehpunkt über eine exzentrische Welle variiert werden kann (Bild 7 und Bild 8). Für den Antrieb kommen typischerweise elektrische Gleichstrommotoren zum Einsatz. Die BMW-Valvetronic ist ein Vertreter eines vollvariablen mechanischen Ventiltriebs [2]. Die Optimierung der Ladungsgleichverteilung und das Potential zur Steigerung der Ladungsbewegung durch zeitversetztes Öffnen der beiden Einlassventile im unteren Lastbereich durch geringfügig unterschiedlich geschliffene Exzentrizitäten sind weitere Vorteile eines vollvariablen Ventiltriebs.

Elektomechanische Systeme
Elektromechanische Systeme (Elektromechanischer Ventiltrieb) befinden sich noch immer im Entwicklungsstadium. Beim elektromechanischen Ventiltrieb werden elektrisch betätigte Magnete als Aktoren für die Ventilsteuerung verwendet (Bild 9, siehe hierzu auch [3]). Besonders zu beachten ist der hohe elektrische Energiebedarf der Aktoren. Um diesen zu minimieren, wird das System, bestehend aus dem Ventil, dem Magneten und der Spule in Resonanz gebracht. Aufgrund

Bild 9: Elektromechanische Systeme.
1 Druckfeder,
2 Schließmagnet,
3 Anker,
4 Öffnungsmagnet,
5 Druckfeder,
6 Einlassventil.

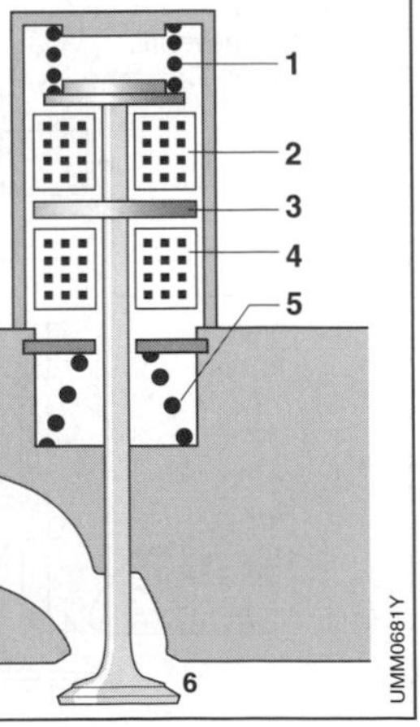

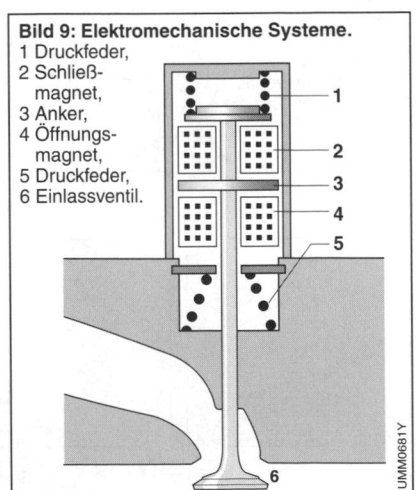

des großen Energiebedarfs und der Komplexität konnten sich elektromagnetische Ventiltriebe noch nicht in der Serie durchsetzen.

Elektrohydraulische Systeme
Elektrohydraulische Systeme (Elektrohydraulische Ventilsteuerung) sind eine Alternative zum vollvariablen mechanischen Ventiltrieb. Verschiedene Prinzipien sind hierbei einsetzbar.

Einen effektiven Ansatz stellt das Prinzip der „verlorenen Bewegung" („lost motion") dar. Über eine Nockenwelle wird durch ein hydraulisches Zwischenelement eine Bewegung vorgegeben (Bild 10). Durch ein elektrisch ansteuerbares geregeltes Hydraulikventil besteht die Möglichkeit, die durch den Nocken vorgegebene Bewegung nicht komplett zu übertragen. Die Nockenform gibt deshalb eine einhüllende Form vor (Bild 11).

Eine Alternative stellt ein System dar, das über einen hydraulischen Druckspeicher und elektronisch geregelte Hydraulikventile direkt die Gaswechselventile betätigt. Solche Systeme sind noch immer Gegenstand der Entwicklung, befinden sich jedoch nicht im Serieneinsatz.

Je nach Ansteuerzeitpunkt und Dauer entweicht ein Anteil der Hydraulikflüssigkeit durch das Hydraulikventil. Ein Nachteil dieses Systems ist daher die hydraulische Verlustleistung.

Elektrohydraulische Systeme kommen bereits seit 2004 bei Nutzfahrzeugmotoren von Caterpillar und seit 2010 bei Fiat als Multiair-System zum Einsatz.

Elektropneumatische Systeme
Elektropneumatische Systeme befinden sich noch immer im Entwicklungsprozess. Ein Großserieneinsatz ist aktuell nicht vorhersehbar. Neben der komplexen Regelung des Systems ist vor allem die pneumatische Antriebsleistung nachteilig. Aktuelle Systeme werden für Forschungszwecke eingesetzt. Die Leistungsaufnahme der Drucklufterzeugung muss beachtet werden und ist zwingend in eine Wirkungsgradbilanz mit aufzunehmen.

Bild 10: Wirkprinzip elektrohydraulischer Systeme.
1 Nockenwelle,
2 Hydraulikflüssigkeit,
3 Steuerungsventil,
4 Einlassventil.

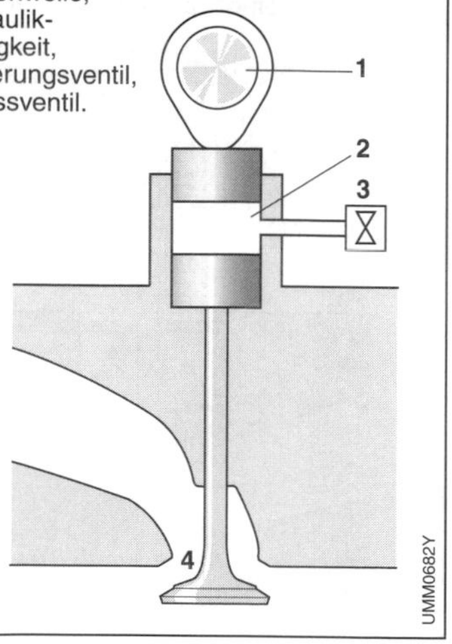

Bild 11: Nockenhübe von elektrohydraulischen Systemen für verschiedene Anwendungen.
a) Frühes Schließen des Einlassventils,
b) variables spätes Schließen des Einlassventils.

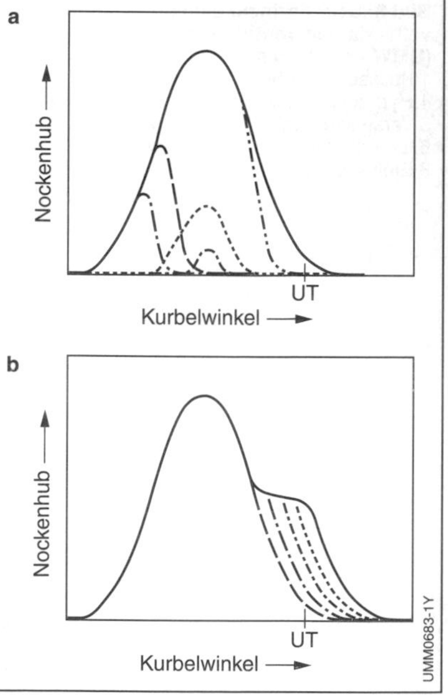

Aufladeverfahren

Die Leistung eines Motors ist proportional zu seinem Luftmassendurchsatz. Da dieser linear von der Luftdichte abhängt, kann die Leistung eines bezüglich Hubvolumen und Drehzahl vorgegebenen Motors durch Verdichten der Luft vor Eintritt in den Zylinder, d.h. durch Aufladen, erhöht werden. Der Aufladegrad gibt die Dichtesteigerung im Vergleich zum Saugmotor an.

Thermodynamisch am günstigsten wäre eine isotherme Verdichtung, technisch ist dies aber nicht zu realisieren. Als idealer Vergleichsprozess des tatsächlichen Ablaufs dient eine reversibel adiabate Verdichtung im Aufladeaggregat; praktisch ist die Dichtesteigerung verlustbehaftet.

Die Höhe des Aufladegrads wird beim Ottomotor durch das Auftreten klopfender Verbrennung, beim Dieselmotor durch den maximal zulässigen Spitzendruck im Zylinder begrenzt. Zur Entschärfung dieser Limitierung wird das Verdichtungsverhältnis aufgeladener Motoren üblicherweise niedriger als bei entsprechenden Saugmotoren gewählt.

Dynamische Aufladung

Die Ladungswechselvorgänge werden nicht nur durch die Steuerzeiten, sondern auch durch die Geometrie der Saug- und Abgasleitungen beeinflusst. Angeregt durch die Saugarbeit des Kolbens initiiert das sich öffnende Einlassventil eine Saugwelle im Saugrohr, welche an dessen offenem Ende reflektiert wird und als Druckwelle zum Einlassventil zurückläuft. Diese Druckwellen können zur Steigerung der angesaugten Luftmasse genutzt werden (Bild 12). Die Wirkung dieses auf der Gasdynamik beruhenden Aufladeeffekts hängt neben den geometrischen Verhältnissen im Saugrohr auch von der Motordrehzahl ab (siehe Schwingrohraufladung, Resonanzaufladung, Variable Saugrohrsysteme).

Mechanische Aufladung

Bei der mechanischen Aufladung wird das Aufladegerät direkt vom Verbrennungsmotor angetrieben (siehe Aufladegeräte). Lader und Verbrennungsmotor sind mechanisch miteinander gekoppelt. Bauformen für mechanische Aufladeaggregate sind Verdrängerlader (Kompressoren) in unterschiedlichen Bauformen (z.B. Roots-Lader, Spirallader) und Strömungslader (z.B. Radialverdichter).

Kurbel- und Laderwelle haben bei bislang ausgeführten Systemen ein festes Übersetzungsverhältnis. Zur Laderzuschaltung können mechanische oder elektromagnetische Kupplungen eingesetzt werden. Der Ladedruck wird im Allgemeinen über eine Bypasseinrichtung mit Regelklappe eingestellt (Wastegate).

Vorteile der mechanischen Aufladung

- Das Aufladegerät ist auf der kalten Seite des Motors installiert,
- die Abgasanlage des Motors wird nicht durch Bauteile des Aufladeaggregats beeinflusst,
- das Aufladegerät spricht nahezu verzögerungsfrei auf Laständerungen an.

Nachteile der mechanischen Aufladung

- Die Antriebsleistung muss von der Nutzleistung des Motors abgezweigt werden, was sich in einer Erhöhung des Kraftstoffverbrauchs niederschlägt,

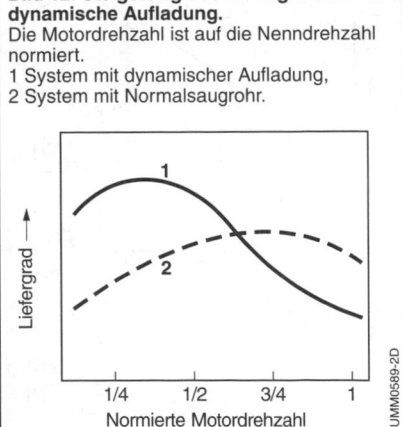

Bild 12: Steigerung des Liefergrads durch dynamische Aufladung.
Die Motordrehzahl ist auf die Nenndrehzahl normiert.
1 System mit dynamischer Aufladung,
2 System mit Normalsaugrohr.

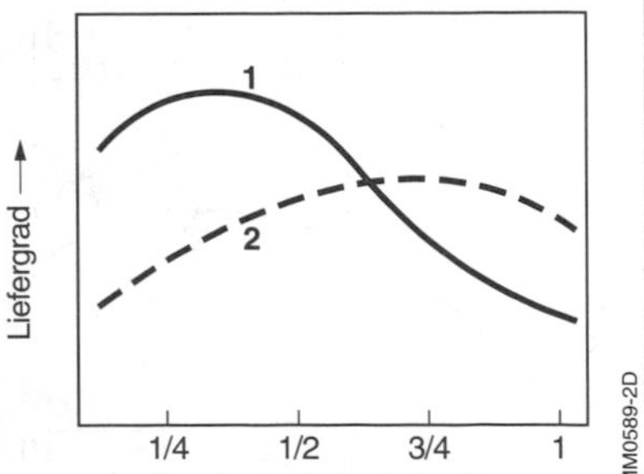

– akustische Unauffälligkeit ist nur durch zusätzliche Maßnahmen zu erreichen,
– vergleichsweise hohes Bauvolumen und -gewicht,
– Positionierung des Aggregats ist in der Riemenantriebsebene des Motors erforderlich.

Abgasturboaufladung

Bei der Abgasturboaufladung wird die Leistung zum Antrieb des Laders dem Abgas entnommen, d.h., ein Teil der im Abgas enthaltenen Energie wird durch eine Abgasturbine in mechanische Energie umgewandelt. Somit wird ein Teil der Enthalpie genutzt, die bei Saugmotoren infolge des durch den Kurbeltrieb vorgegebenen Expansionsverhältnisses nicht genutzt werden kann. Allerdings wird das Abgas dabei auch höher aufgestaut. Zur Verdichtung der angesaugten Luft werden ausschließlich Strömungsverdichter eingesetzt (siehe Aufladegeräte).

Üblicherweise erfolgt die Auslegung des Abgasturboladers so, dass bereits bei niedriger Motordrehzahl ein hoher Ladedruck erzielt werden kann. Das heißt, die Turbine des Abgasturboladers wird im Allgemeinen für einen mittleren Drehzahlbereich des Motors ausgelegt. Dadurch würde ohne weitere Maßnahmen der Ladedruck im oberen Drehzahlbereich so stark ansteigen, dass der Motor überlastet würde. Deshalb wird die Turbine mit einem Bypassventil (Wastegate) ausgerüstet und ab einem bestimmten Betriebspunkt ein Teil des Abgasmassenstroms an der Turbine vorbei geleitet. Dadurch bleibt allerdings die Energie dieses Teils des Abgases ungenutzt. Wesentlich besser wird der Kompromiss zwischen hohem Ladedruck im unteren Drehzahlbereich und Vermeidung von Motorüberlastung im oberen Drehzahlbereich durch einen Turbolader mit variabler Turbinengeometrie (VTG) erreicht. Die beispielsweise dazu eingesetzten Drehschaufeln passen den Strömungsquerschnitt und den Anströmwinkel zum Turbinenrad (und damit den an der Turbine anstehenden Abgasdruck) durch Variation der Leitschaufelstellung an (siehe Aufladegeräte).

Bild 13: Vergleich des Leistungs- und Drehmomentverlaufs zwischen Saugmotor und aufgeladenen Motor.
Die Motordrehzahl ist auf die Nenndrehzahl normiert.
1 Saugmotor im stationären Betrieb,
2 aufgeladener Motor im stationären Betrieb,
3 Drehmomentaufbau eines aufgeladenen Motors im transienten Betrieb.
A→B Höheres Drehmoment und höhere Leistung bei gleicher Drehzahl für aufgeladenen Motor.
C→B gleiche Leistung für den aufgeladenen Motor bei niedrigerer Drehzahl.

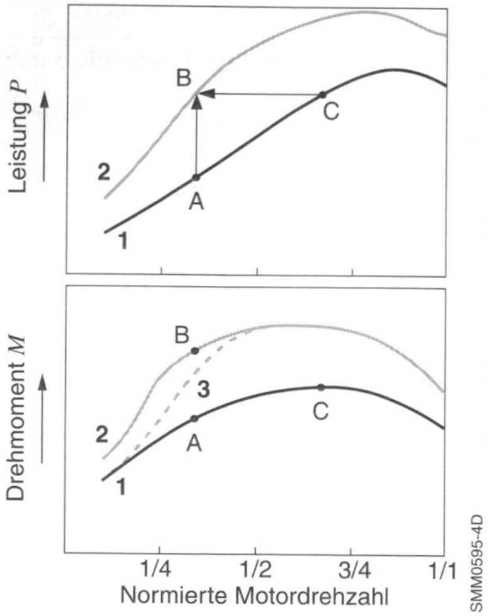

Vorteile der Abgasturboaufladung
– Erhebliche Steigerung der Leistung pro Hubraum,
– Verbesserung des Kraftstoffverbrauchs im Vergleich zu leistungsgleichen Saugmotoren,
– Verbesserung der Abgasemissionswerte,
– vergleichsweise geringes Bauvolumen,
– einsetzbar bei niederdruckseitiger Abgasrückführung.

Nachteile der Abgasturboaufladung
– Anbau der Turbinenseite des Laders im heißen Abgastrakt mit der Notwendigkeit, hochtemperaturfeste Werkstoffe zu verwenden,
– Erhöhung der thermischen Trägheit im Abgastrakt,
– ohne weitere Maßnahmen vergleichsweise niedriges Anfahrdrehdrehmoment bei Motoren mit geringem Hubraum.

Besondere Formen der Aufladung

Bei der elektrisch unterstützten Abgasturboaufladung dient ein zusätzlicher Elektromotor dazu, bei fehlendem Abgasmassenstrom die Drehzahl des Abgasturboladers auf einem erhöhten Niveau zu halten. Hieraus ergeben sich vor allem im transienten Fahrbetrieb und bei niedrigen Motordrehzahlen Vorteile, die Komplexität und die elektrische Leistungsaufnahme sind jedoch sehr hoch. Mit elektrisch unterstützter Abgasturboaufladung können die trägheitsbedingten Nachteile des Abgasturboladers verringert werden.

Eine besondere, allerdings nur noch theoretische Form der Aufladung stellt die Druckwellenaufladung (Comprex) dar, die allerdings an der Serienreife scheiterte. Das Wirkprinzip beruht auf den Reflexionseigenschaften von Druckwellen, die sich in einem drehenden Zellenrotor ausbreiten (siehe Aufladegeräte). Ein Vorteil ist vor allem das Transientverhalten, welches einen sehr schnellen Drehmomentaufbau ermöglicht. Allerdings sind die Kosten des Druckwellenladers hoch und der benötigte Antrieb bedingt packagingseitige Zusatzmaßnahmen.

Volumenstrom-Kennfeld

Das Zusammenwirken von Lader und Motor wird am einfachsten im Druck-Volumenstrom-Kennfeld (Bild 14) dargestellt, in dem über dem Volumenstrom $\dot{V}$ das auftretende Druckverhältnis π_c der Aufladegeräte aufgetragen ist.

Bei ungedrosselten 4-Takt-Motoren (Diesel) wird das Diagramm besonders anschaulich, weil sich für konstante Motordrehzahlen mit steigendem Druckverhältnis $\pi_c = p_2/p_1$ (dabei bezeichnet p_1 den Umgebungsdruck und p_2 den Ladeduck) zu wachsenden Luftdurchsätzen hin geneigte Geraden für den Massenstrom durch den Motor („Schlucklinien") ergeben.

Bild 14: Druck-Volumenstrom-Kennfeld von mechanisch angetriebenen Verdränger- und Strömungsladern.
n Drehzahl, p_L Ladedruck.
Indizes:
VL Verdrängerlader, SL Strömungslader.
M Motor.

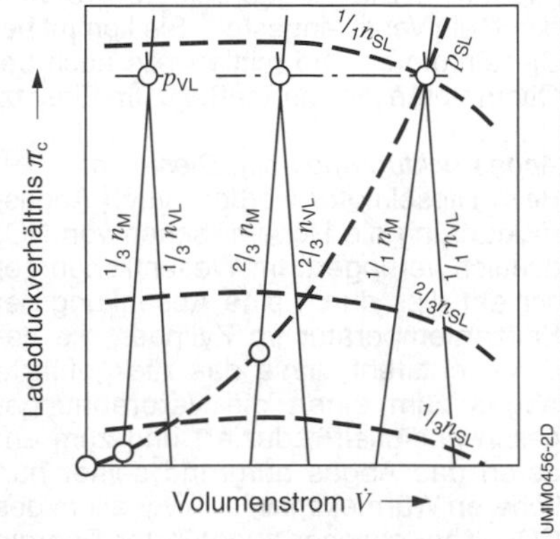

In dieses Kennfeld sind die Druckverhältnisse eingezeichnet, die sich bei zugeordnet konstanten Laderdrehzahlen für einen Verdränger- und einen Strömungsverdichter ergeben.

Für Fahrzeugmotoren sind nur Lader geeignet, deren Fördermenge sich linear mit ihrer Drehzahl ändert, also Verdrängerlader in Kolben-, Vielzellen- oder Roots-Bauart. Mechanisch angetriebene Strömungslader sind nicht geeignet.

Abgasrückführung

Arbeitsweise

Mit der Abgasrückführung (AGR) wird heißes Abgas entnommen, in einem Abgaskühler gekühlt und nach der Vermischung mit Frischluft wieder dem Brennraum zugeführt. Die Abgasrückführrate wird durch ein Ventil eingestellt. Sie kommt bei Dieselmotoren und mittlerweile auch bei Ottomotoren gleichermaßen zum Einsatz.

Abgasrückführung beim Dieselmotor
Beim Dieselmotor werden durch Abgasrückführung die Rohemissonen von NO_x deutlich verringert. Im Wesentlichen geschieht dies durch eine Absenkung der Spitzentemperatur im Zylinder, die dadurch entsteht, dass das rückgeführte Abgas zum einen die Verbrennungsgeschwindigkeit reduziert und zum anderen das Abgas aufgrund seiner nun höheren Wärmekapazität – vor allem des CO_2 – bei gleicher zugeführter Energie nicht so heiß wird wie das Abgas ohne Abgasrückführung.

Bild 15: Hochdruck-Abgasrückführung.
Die Pfeile markieren die Strömungsrichtung.
1 AGR-Kühler für Hochdruck-AGR,
2 Motor,
3 Abgasturbolader-Turbine,
4 Abgasturbolader-Verdichter,
5 Ladeluftkühler,
6 AGR-Ventil.

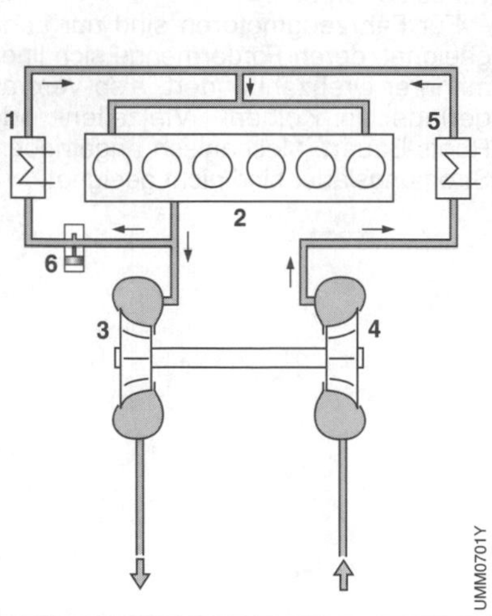

Abgasrückführung beim Ottomotor
Beim Ottomotor steht nicht die Reduktion der Stickoxide im Vordergrund. Man strebt vor allem eine Senkung der Abgastemperatur zum Bauteilschutz (Katalysator und Turbolader) an. Dies ist insbesondere im Hochlastbetrieb des Motors sehr wirkungsvoll, weil auf das sonst übliche Anfetten des Gemischs zur Senkung der Abgastemperatur teilweise oder ganz verzichtet werden kann. Daraus ergibt sich eine signifikante Verbesserung des Kraftstoffverbrauchs.

Ein weiterer Aspekt beim Ottomotor ist die durch eine Abgasrückführung mögliche Ladungsverdünnung, ohne die Funktion des Dreiwegekatalysators zu beeinträchtigen. Speziell im Teillastbetrieb des Motors kann dadurch über eine Erhöhung der AGR-Rate eine Entdrosselung des Motors erzielt werden, die sich ebenfalls in einer Verbesserung der Kraftstoffeffizienz niederschlägt.

Varianten der Abgasrückführung

Generell wird zwischen Hochdruck- und Niederdruckrückführung unterschieden, je nachdem ob der Abgaskühler sich strömungsmäßig vor oder nach dem Turbolader befindet. Während bei Nutzfahrzeugen vor allem die Hochdruckrückführung anzutreffen ist, kommem beim Pkw beide Verfahren zur Anwendung.

Hochdruck-AGR
Bei der Hochdruckrückführung (Bild 15) erfolgt die Abgasrückführung auf der Hochdruckseite, also vor der Turbolader-Turbine. Sie hat den Vorteil, dass die zum Transport des Abgases notwendige Druckdifferenz von der Abgasseite zur Saugseite hin höher ist und über Variabilitäten am Turbolader (Waste-Gate oder variable Turbinengeometrie) sogar verändert werden kann. Generell lassen sich hohe AGR-Raten realisieren, weil die AGR-Strecke kurz ist und somit schnell befüllt und entleert werden kann. Durch diesen Dynamikvorteil kann das AGR-System relativ schnell auf sich ändernde Betriebsbedingungen reagieren.

Da das rückgeführte Abgas erst nach dem Ladeluftkühler der Frischluft zugeführt wird, werden dieser und der Turbolader-Verdichter vom Abgas nicht durchströmt und damit auch nicht verschmutzt. Die Leistung dieser Komponenten bleibt daher über die Lebensdauer konstant. Dem entgegen werden an den AGR-Kühler auf der Hochdruckseite deutlich erhöhte Anforderungen gestellt. Dies ist auf die höheren Drücke und höhere Temperaturen im Betrieb als auch auf die bereits erwähnte Verrußung der Komponente zurückzuführen.

Niederdruck-AGR

Diese Form der Abgasrückführung leitet das Abgas erst nach der Turbine durch den AGR-Kühler und vermischt es mit der angesaugten Frischluft vor dem Turbolader-Verdichter (Bild 16). Das Abgas trifft dabei erst auf den AGR-Kühler, nachdem es durch den Dieselpartikelfilter (DPF, im Bild nicht dargestellt) geströmt ist und von Ruß gereinigt wurde. Der AGR-Kühler verschmutzt daher nicht und hat eine über die Lebensdauer gleichbleibende Leistung. Wegen der niedrigeren Temperatur in diesem Bereich des Abgassystems fallen auch die Temperaturspannungen im

Bild 16: Niederdruck-Abgasrückführung.
Die Pfeile markieren die Strömungsrichtung.
1 AGR-Kühler für Niederdruck-AGR,
2 Motor,
3 Abgasturbolader-Turbine,
4 Abgasturbolader-Verdichter,
5 Ladeluftkühler,
6 AGR-Ventil.

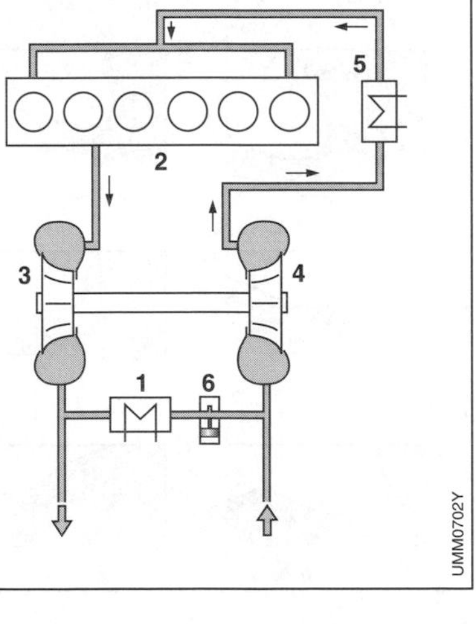

AGR-Kühler deutlich geringer aus als bei einer Hochdruckrückführung. Fehlende Verschmutzung und niedrigere Eingangstemperatur ermöglichen eine niedrigere Kühlerausgangstemperatur als bei der Hochdruckrückführung. Die dadurch erzielbare Reduktion der NO_x-Emissionen kann in machen Fällen ausreichen, sodass auf eine weitere Abgasnachbehandlung wie beispielsweise das SCR-System verzichtet werden kann.

Als Nachteil der Niederdruckrückführung ist die reduzierte Dynamik zu sehen. Das System ist relativ weit vom Motor weg und kann infolge der langen Wege keine schnelle Anpassung der Abgasrückführrate erreichen. Um ein „Fluten" des Motors mit Abgas zu verhindern, müssen die AGR-Raten daher etwas kleiner als bei der Hochdruckrückführung gewählt werden.

Literatur

[1] DIN 1940: Verbrennungsmotoren; Hubkolbenmotoren, Begriffe, Formelzeichen, Einheiten.
[2] R. Flierl; R. Hofmann; C. Landerl; T. Melcher; H. Steyer: Der neue BMW-Vierzylindermotor mit Valvetronic. MTZ 62 (2001), Heft 6.
[3] P. Langen; R. Cosfeld; A. Grudno; K. Reif: Der Elektromechanische Ventiltrieb als Basis zukünftiger Ottomotorkonzepte. 21. Internationales Wiener Motorensymposium, Fortschrittberichte VDI, Reihe 12, No. 420, Band 2, 2000.
[4] R. van Basshuysen; F. Schäfer (Hrsg.): Handbuch Verbrennungsmotor, 5. Aufl., Vieweg-Verlag, 2009.

Hubkolbenmotor

Komponenten

Neben dem Kurbeltrieb, der durch die Drehmomentgenerierung einen wichtigen Beitrag liefert, ist die Bedeutung des Zylinderkopfs für die Effizienz des Verbrennungsmotoros entscheidend (Tabelle 1).

Kurbeltrieb und Kurbelgehäuse

Der Kurbeltrieb setzt sich aus den Komponenten Kolben, Kolbenringe, Pleuelstange und Kurbelwelle zusammen. Gemeinsam ist sämtlichen Bauteilen des Kurbeltriebs eine translatorische und rotatorische Bewegung. Die tribologische Auslegung des Kurbeltriebs ist schon wegen der Reduzierung der Motorreibung und Robustheit von großer Bedeutung.

Kolben

Der Kolben stellt aufgrund seiner mechanischen und thermischen Belastung ein sehr komplexes Bauteil des Verbrennungsmotors dar. Die Mulden- und die Kolbenoberflächengeometrie haben wesentlichen Einfluss auf die Gemischbildung und die Verbrennung. Daneben ist die Kraftübertragung an die Pleuelstange die wesentliche Aufgabe des Kolbens. Hierbei treten komplexe mechanische Spannungsverläufe bei gleichzeitig lokal sehr hohen Temperaturen bis oberhalb von 300 °C auf.

Beim Dieselmotor kommt der Kolbenmulde eine noch wichtigere Bedeutung zu. Bei dem hohen Verdichtungsverhältnis und einem typischerweise flachen Zylinderkopf muss der gesamte Brennraum in der Kolbenmulde untergebracht werden. Es haben sich verschiedene Ausführungen der Kolbenmulde durchgesetzt. Bild 1 zeigt Ausführungsbeispiele für Dieselmotoren.

Die Kolbenmulde definiert maßgeblich die Brennraumform und beeinflusst zugleich die Kolbenbodenfestigkeit, die wichtig für die Funktion der Krafteinleitung in den Kolbenbolzen ist. Insbesondere für Aluminiumkolben, die derzeit überwiegend aus Gewichtsgründen bevorzugt zum Einsatz kommen, bedingen die gestellten Forderungen nach hoher Temperaturfestigkeit, geringem Gewicht und hohem Zylinderspitzendruck technisch anspruchsvolle Lösungen.

Bei hoch belasteten Dieselmotoren kommen Messingbuchsen für die Aufnahme des Kolbenbolzens zur Anwendung.

Neben Aluminiumausführungen sind bei Dieselmotoren auch Kolbenausführungen aus Stahl und sogar aus Grauguss im Einsatz. Stahlkolben kommen bei Anwendungen mit Spitzendrücken bis weit oberhalb von 200 bar zum Einsatz. Wichtiges Unterscheidungsmerkmal ist die geringere Wärmeleitung von Stahl.

Aufgeladene moderne Motoren mit hohen Zylinderspitzendrücken und hohen Leistungen benötigen zur Kühlung zudem eine Kolbenspritze mit zusätzlichem Kolbenkühlkanal (Bild 2). Hierbei wird durch eine vertikal angeordnete Kolbenspritze Motoröl in den Kolbenkühlkanal gespritzt. Zulauf und Ablauf des Kolbenkühlkanals sind auf der Kolbenunterseite angeordnet.

Als Dichtelement des Verbrennungsraums gegen den Kurbelraum des Trieb-

Bild 1: Kolbenformen für Dieselmotoren.
a) Tiefe Omega-Mulde,
b) flache Omega-Mulden,
c) Stufenmulde,
d) Topfmulde,
e) exzentrische Muldenausführung,
f) W-Mulde.

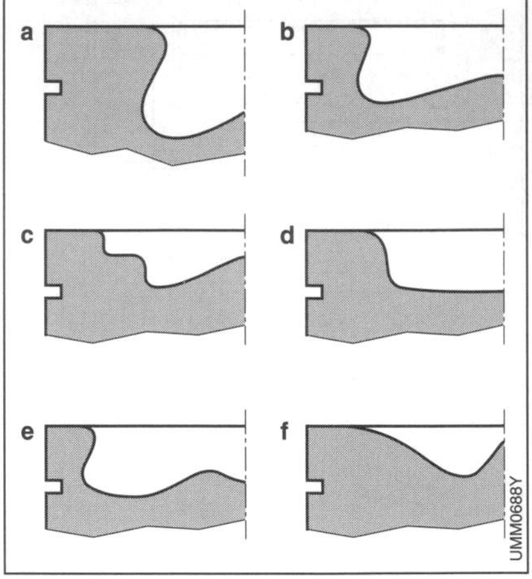

werks werden Kolbenringe eingesetzt (Bild 3). Neben der Abdichtung sind die Wärmeleitung in die Zylinderwand und die Kontrolle des Öleintrages in den Brennraum wichtige Aufgaben der Kolbenringe.

Typischerweise werden drei Ringe verwendet, wobei der oberste als Kompressionsring und der unterste als Ölabstreifring zum Einsatz kommt. Der mittlere Ring übt oft beide Funktionen aus. Da sich Partikelfilter mit Asche, die auch ein Produkt aus verbranntem Öl im Brennraum ist, zusetzen, ist der Ölverbrauch und somit die Abstimmung von Kolbenringpaket und Honung von wichtiger Bedeutung.

Tabelle 1: Komponenten des 4-Takt-Hubkolbenmotors.

Baugruppe	Komponente	Aufgabe und Funktion	Beanspruchung
Kurbelgehäuse	Kurbelgehäuse	– Gehäuse für Kurbeltrieb, – Aufnahme des Zylinderkopfs und Gegenstück zur Aufnahme der Zylinderkopfschrauben, – Aufnahme der Kurbelwellenlager, – Aufnahme von Nebenaggregaten.	Verformung – Kraftfluss von Zylinderkopfverschraubung bis zur Kurbelwelle, Biegemomente, Schwingungen und Eigenfrequenzen.
	Laufbahn	Verschiedene Ansätze zur konstruktiven Lösung der Laufbahn: – Aufnahme der Laufbuchsen mit Abdichtung (nasse Laufbuchsen), – Aufnahme der eingegossenen Laufbuchsen (trockene Laufbuchsen), – Kolbenlaufbahn direkt integriert in Gehäuse.	Verformung (Unrundheit), tribologisches Gegenstück zu Kolben
Kurbeltrieb	Kolben	– Umwandlung der Energie im Brennraum (Gasdruck) in eine translatorische Bewegung, – Wärmeabfuhr aus dem Brennraum an Kühlmedium, – Abstützen der durch die Schiefstellung der Pleuelstange auftretenden Normalkräfte.	Komplexe mechanische und lokale thermische Beanspruchung oberhalb von 350 °C im Muldenbereich.
	Kolbenringe	– Abdichtung des Brennraums zum Kurbelgehäuseraum, – Vermeidung von Öleintrag in den Zylinder, – Wärmeabfuhr an die Zylinderwand.	Hohe mechanische Biegebeanspruchung und hohe thermische Beanspruchung, komplexe Tribologie.
	Pleuel mit Bolzen	– Aufnahme der am Kolben wirkenden Kräfte und Weiterleiten an die Kurbelwelle zum Drehmomentaufbau.	Hohe mechanische Beanspruchung auf Druck, Zug und Biegung, komplexe tribologische Vorgänge.
	Kurbelwelle	– Aufnahme der am Pleuel wirkenden Kräfte und Umwandlung der oszillatorischen in eine rotatorische Bewegung. Dadurch Aufbau eines Drehmoments zur Weiterleitung an den Triebstrang.	Hohe mechanische Beanspruchung auf Druck, Zug und Biegung (Knicken), komplexe tribologische Vorgänge.
Zylinderkopf	Zylinderkopf	– Kontrolle des Ladungswechsels, – Kühlung der brennraumnahen Bereiche, – Aufnahme der Injektoren (bei Dieselmotor und Ottomotor mit Direkteinspritzung) und der Zündkerze (bei Ottomotor).	Hohe Beanspruchung durch thermomechanisches Ermüdungsverhalten und Kalt-Warm-Ausdehnungen.

Tabelle 1: Komponenten des 4-Takt-Hubkolbenmotors (Fortsetzung).

Baugruppe	Komponente	Aufgabe und Funktion	Beanspruchung
Zylinderkopf	Nockenwelle (typischerweise im Zylinderkopf)	– Umsetzung einer Rotationsbewegung in eine translatorische Bewegung zum Öffnen und Schließen der Ventile.	Hertz'sche Pressung.
	Ventilsteuerung	– Umsetzung einer Rotationsbewegung in eine translatorische Bewegung zum Öffnen und Schließen der Ventile.	Hohe Ventilschließgeschwindigkeiten benötigen große Ventilfederkräfte
	Ventile	– Öffnen der Kanäle zum Einlass- und Auslasskanal, – Abdichten des Brennraums während der Kompressionsphase.	Ventilsitzverschleiß durch hohe Ventilschließgeschwindigkeiten, thermische Belastung am Auslassventil.
	Kanäle	– Zufuhr und Abfuhr der Zylinderladung, – Darstellung der gewünschten Zylinderladungsbewegung.	Lokale thermische Belastung.
	Bodenplatte	– Aufnahme des Brennraumdrucks und Abdichtung.	Lokale thermische Belastung und Biegung.
	Rädertrieb	– Antrieb der Nockenwelle durch Riemen, Kette oder Zahnräder.	Drehungleichförmigkeiten mit wechselnden Anlageflanken
Weitere Bauteile	Ölpumpe	– Darstellung der benötigten Ölfördermenge und Darstellung des benötigten Öldrucks.	Drehmoment insbesondere bei zähem Öl.
	Ölfilter	– Filtern von Verunreinigungen aus dem Motoröl.	–
	Wasserpumpe	– Darstellung der benötigten Kühlmediumfördermenge, – Darstellung des benötigten Kühlmediummassenstroms.	Kavitation.

Bild 2: Kolbenformen verschiedener Motorbauarten.
a) Nfz-Aluminium-Dieselkolben mit Ringträger und Kühlkanal,
b) Nfz-Schmiedestahlkolben,
c) Pkw-Aluminium-Dieselkolben mit Ringträger und Kühlkanal,
d) Pkw-Aluminium-Dieselkolben mit gekühltem Ringträger,
e) Pkw-Aluminiumkolben für MPI-Ottomotor (Multi-Point Injection),
f) Pkw-Aluminiumkolben für BDE-Ottomotor (Benzin-Direkteinspritzung).

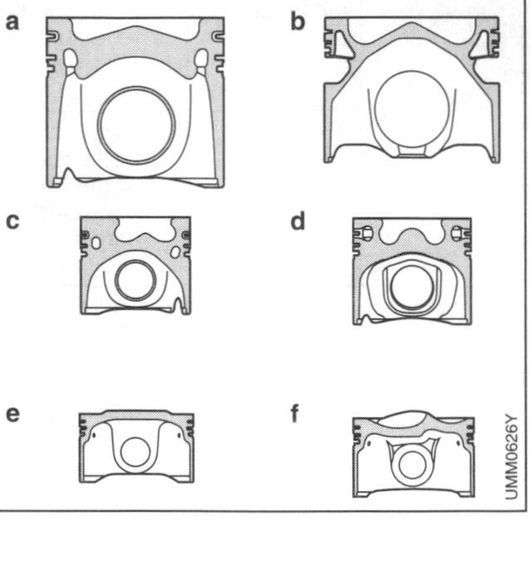

Pleuelstange

Die Pleuelstange (Bild 4) dient der Verbindung des Kolbens mit der Kurbelwelle. Sie überträgt die in den Kolbenbolzen eingeleiteten Gas- und Massenkräfte des Kolbens auf den Hubzapfen der Kurbelwelle. Sie wird deshalb auf Zug, Druck und Biegung beansprucht. Außerdem trägt sie die Lager für die Kurbelwelle und üblicherweise für den Kolbenbolzen. Deshalb ist sie besonders steif auszuführen, insbesondere in den Pleuelaugen, die die Lager aufnehmen. Aus diesem Grund wird sie üblicherweise mit einem Doppel-T-förmigen Schaftprofil ausgeführt und im Gesenk mit Vergütungsstählen geschmiedet. Auch Sinterwerkstoffe werden mit Erfolg eingesetzt. Bei niedrigerer Belastung (bei Ottomotoren) wird mitunter auch Temperguss eingesetzt. Selten ist die Kombination aus einem Standardpleuel und einem Gabelpleuel bei V-Motoren, die dann eine exakt gegenüberliegende Zylinderanordnung erlaubt.

Die Länge der Pleuelstange ist durch den Kolbenhub und den Gegengewichtsradius gegeben (die geometrische Bahn der Außenkontur wird als „Pleuelgeige" bezeichnet). In Nutzfahrzeugmotoren mit relativ großem Hub-Bohrungs-Verhältnis von größer 1,1 und großen Lagerdurchmessern ist eine Schrägteilung des großen Pleuelauges üblich. Damit wird ein Kolbenausbau ohne Ausbau der Kurbelwelle ermöglicht. Allerdings entstehen durch die Schrägteilung selbst bei senkrecht stehendem Pleuel am oberen Totpunkt erhebliche Scherkräfte. Diese werden üblicherweise über eine Verzahnung, Nut und Feder oder über gecrackte Oberflächen aufgenommen. Das Cracken des großen Pleuelauges erfolgt durch eine „Bruchtrennung" durch extrem hohe (hydraulische) Spreizkräfte und einer gezielten Schwächung des Querschnitts am großen Pleuelauge. Der Pleueldeckel und die Pleuelstange können nur gemeinsam verbaut werden.

Die Schrauben werden als Durchsteckschrauben mit oder ohne Muttern ausgebildet. Passhülsen oder Schraubenpassbünde garantieren einen ausgerichteten Sitz der Lagerschalen.

Die seitliche Führung der Pleuelstange kann in der Kurbelwelle am großen Pleuelauge erfolgen oder im Kolben am kleinen Pleuelauge ausgeführt sein.

Das kleine Pleuelauge muss erhebliche Kräfte aufnehmen und wird deshalb häufig formgebohrt, um Kantenträger zu vermeiden. Insbesondere bei Dieselmotoren mit hohen Spitzendruck und entsprechend hoher Gaskraft wird eine besondere Form des kleinen Pleuelauges

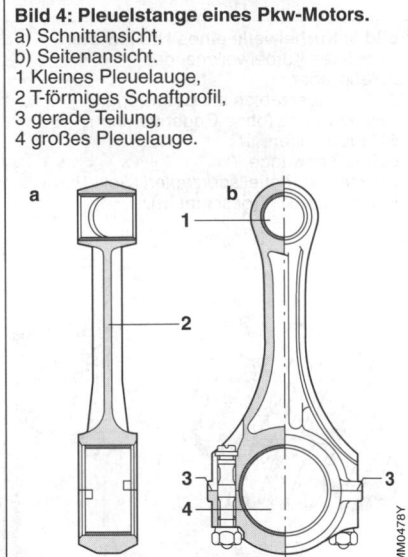

Bild 3: Kolbenringformen und Anordnung.
Dieselmotor:
1 Trapezring, ballig,
2 Minutenring mit Innenfase,
3 Nasenminutenring,
4 Dachfasen-Schlauchfederring.

Ottomotor:
5 Rechteckring, ballig,
6 Minutenring,
7 Nasenring,
8 Dachfasenring,
9 mehrteiliger Stahlölring.

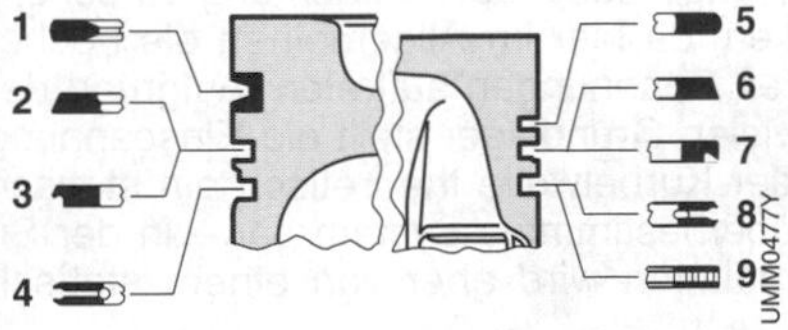

Bild 4: Pleuelstange eines Pkw-Motors.
a) Schnittansicht,
b) Seitenansicht.
1 Kleines Pleuelauge,
2 T-förmiges Schaftprofil,
3 gerade Teilung,
4 großes Pleuelauge.

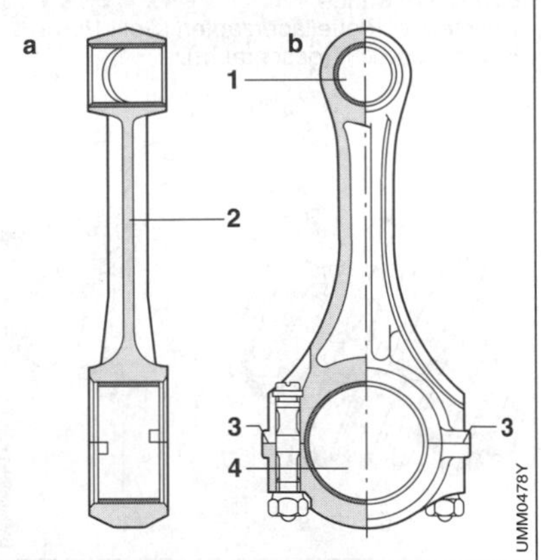

gewählt, die eine hohe Auflagefläche am Bolzen ohne Schwächung des Kolbens sicherstellen. Dazu zählt eine Trapezform (schmal oben, breit unten) oder eine Stufenform (Absatz mit schmaler Breite oben, breit unten).

Die Auslegung der Pleuelstange erfolgt durch Berechnung der Gas- und Massenkräfte (siehe Triebwerksauslegung). Daneben wird auch der Fall der Knickung berechnet. Sowohl Knicken in der Ebene senkrecht zur Kurbelwelle als gelenkig gelagerter Stab, als auch Knicken in Kurbelwellenachsenebene (Motorlängsebene) als beidseitig eingespannter Stab ist zu überprüfen. Die kritischen Querschnitte im Übergang vom formsteifen Pleuelauge zum Doppel-T-Schaft werden üblicherweise mit Hilfe von FEM-Simulationen (Finite-Elemente-Methode) nachgerechnet. Die Belastungen durch das Einspannen der Lagerdeckel dürfen dabei nicht unterschätzt und vernachlässigt werden.

Kurbelwelle

Über die Kröpfung der Kurbelwelle (Bild 5) wird die oszillierende Bewegung des Kolbens von der Pleuelstange in eine rotierende Bewegung umgewandelt. Aus der translatorischen Energie wird ein rotierendes Drehmoment, das mithilfe einer Kupplung abgegriffen werden kann.

Bild 5: Kurbelwelle eines Nfz-Motors.
1 Vorderes Kurbelwellenende,
2 Hauptlager,
3 Pleuellagerzapfen mit Ölbohrung,
4 Hauptwange (ohne Gegengewicht),
5 Hauptwangen,
6 Zwischenwange,
7 versetzter Pleuellagerzapfen (Split-Pin),
8 Gegengewicht (geschraubt).

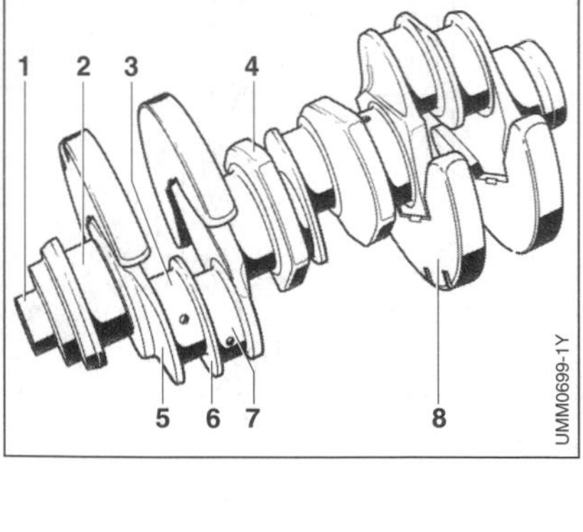

Die Grundlager der Kurbelwelle sind im Kurbelgehäuse feststehend, während die Kurbelzapfen in den Kröpfungen in den pleuelfesten Lagern laufen. Das Gegenstück der Kröpfung mit Kurbelzapfen stellen die Gegengewichte dar, die entweder angegossen, angeschmiedet oder angeschraubt werden. Je nach Motorbauart sind die Kurbelwellen-Grundlager nach jedem Zylinder angeordnet – insbesondere bei Reihenmotoren und hochbelasteten Diesel- und Ottomotoren – oder nur nach jeder zweiten Kröpfung (niedrig belastete Ottomotoren). V-Motoren haben üblicherweise auf einer Kröpfung einen Kurbelzapfen für zwei benachbarte Pleuel. Analog gilt dies bei Gabelpleueln, die zwei exakt gegenüberliegende Zylinderreihen erlauben. Um bei V6-Motoren mit 90°-Bankwinkel einen gleichen Zündabstand zu erlauben, haben sich Split-Pin-Konstruktionen durchgesetzt, die einen 30°-Versatz zweier Kurbelzapfen auf engstem Raum ohne Grundlager dazwischen erlauben. Diese Konstruktion wird selbst bei hoch belasteten Nutzfahrzeug-Dieselmotoren eingesetzt.

Kurbelwellen werden üblicherweise geschmiedet (Gesenkschmiede oder Freiformschmiede, je nach Größe), bei geringerer Belastung auch zunehmend gegossen (Sphäroguss). Für Großmotoren sind auch gebaute Kurbelwellen im Einsatz. Bohrungen zur Schmierölversorgung der Pleuellager werden so angebracht, dass keine weiteren Spannungserhöhungen entstehen.

Die Gas- und Massenkräfte (siehe Triebwerksauslegung) belasten die Kurbelwelle insbesondere auf Biegung (Bild 6). Ist ein Grundlager nach jeder Kröpfung vorhanden, sind die Biegebelastungen der Kurbelwelle aufgrund von Tangentialkräften gering. Allerdings ist dem Übergang von Kurbelzapfen zu Wange besondere Beachtung zu schenken, da hier im Allgemeinen die höchsten Spannungen auftreten. Aufgrund der vielen Grundlager stellt die Einspannung der Kurbelwelle theoretisch ein statisch überbestimmtes System dar – in der Simulation wird aber von einem statisch bestimmten Zustand ausgegangen, der den kritischen Zustand richtig beschreibt.

Wesentlich sind noch die Torsionsschwingungen, die aufgrund der wechselnden Kräfte jedes Einzelzylinders (Torsionskraft, siehe Triebwerksauslegung) das Gesamtsystem Triebwerk anregen und aufgrund der nicht unerheblichen Länge der Kurbelwelle in die Nähe der Eigenresonanz der Kurbelwelle geraten können.

Das Schwingungssystem – bestehend aus Kolben, Pleuel und Kurbelwelle – stellt ein komplexes System sich ständig ändernder Torsionskräfte dar. Je weiter außen die Gegengewichte angeordnet sind, desto höher ist auch die Anregung. Deshalb werden mitunter auch Schwermetall-Gegengewichte angeschraubt. Eine einfache Simulation kann durch Annahme einer glatten, trägheitslosen und elastischen Welle mit darauf angebrachten Ersatzmassen erfolgen. Mit Hilfe der Drehfederkonstante der tordierten Welle kann dann das Schwingungsgleichungssystem aufgestellt werden. Gegossenen Wellen wird eine gewisse Eigendämpfung zugeschrieben Es gibt somit sowohl eine örtlich unterschiedliche als auch eine zeitlich variierende Torsionsbelastung der Kurbelwelle.

Die Torsionsschwingungen der Kurbelwelle, die auch Torsionsschwingung 2. Grades genannt wird (siehe Kurbelwellenschwingungsdämpfer), sind durch entsprechende Schwingungsdämpfer zu reduzieren. Dies ist insbesondere notwendig, um die Kurbelwelle vor zu hohen Belastungen zu schützen.

Bild 6: Kurbelkröpfung.
Hauptbeanspruchungen und -verformungen durch Gasdruck und Massenkräfte.

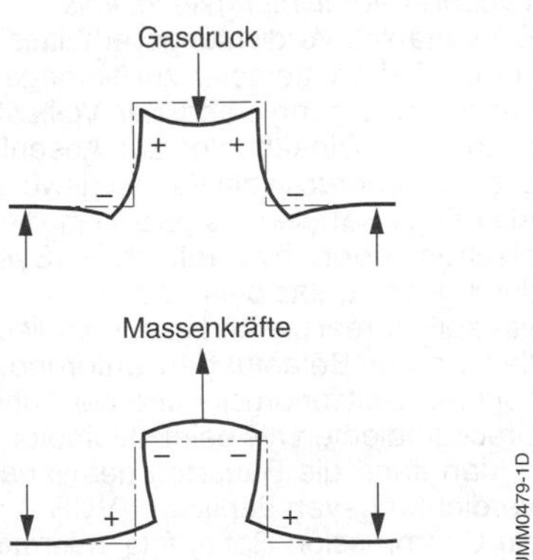

Kurbelgehäuse

Das Kurbelgehäuse hat die Aufgabe, die kraftübertragende Verbindung zwischen Zylinderkopf und Triebwerk herzustellen, die Lagerung der Kurbelwelle und die Zylinderlaufbahn aufzunehmen sowie einen öl- und wasserdichten Triebwerks- und Kühlmittelraum zu schaffen. Weiterhin hat es die Drehmoment-Reaktionskräfte aufzunehmen und Befestigungsstellen für viele Anbaukomponenten bereitzustellen.

Zur Aufnahme der Kräfte wird üblicherweise ein fachwerkartiger steifer Aufbau (Tragholmkonzept) verwendet, der einen direkten, geradlinigen und biegemomentfreien Kraftfluss sicherstellen soll. Dies wird üblicherweise durch Wandungen mit verstärkenden Rippen, bei dem Durchschraubkonzept („bolt through design") durch durchgängige Schrauben erreicht.

Üblicherweise wird der Zylinderkopf als separates Bauteil – bei größeren Motoren auch als Einzelzylinderkopf – an das Kurbelgehäuse angeschraubt. Häufig werden vier Schrauben pro Kopf eingesetzt, wobei sich benachbarte Zylinder üblicherweise zwei Schrauben teilen. Bei Motoren mit hohen Spitzendrücken, typischerweise oberhalb von 200 bar, werden auch sechs oder acht Schrauben verwendet. Dies dient dann insbesondere dazu, die Anpresskraft der Zylinderkopfdichtung möglichst gleichmäßig zu verteilen.

Die Kurbelwellenlagerdeckel werden üblicherweise von unten an das Kurbelgehäuse geschraubt. Beim Durchschraubkonzept übernimmt eine lange Schraube vom Kopf bis zum Lagerdeckel diese Funktion. Dies hat den Vorteil, dass hochfeste Stähle zum Einsatz kommen können, die eine Zugbelastung besser übertragen können als Gusswerkstoffe.

Das Kurbelgehäuse wird üblicherweise seitlich tief unter die Kurbelwellenlager heruntergezogen, um genügend Steifigkeit zu erhalten. Mitunter wird aber auch ein separater Rahmen („bed plate") verwendet, der das Gewicht reduzieren und die Steifigkeit erhöhen soll. Teilweise werden die Seitenwände im Kurbelwellenlagerbereich seitlich zusätzlich horizontal verschraubt, um durch die Verspannung eine noch höhere Steifigkeit zu erreichen. Darunter ist dann die Ölwanne angeschraubt, die zum Teil ebenfalls aussteifende Wirkung haben kann. Dies gilt jedoch nur für gegossene Ölwannen.

Die Kolbenlaufbahn kann als separates Bauteil (Laufbuchse) ausgeführt sein, insbesondere wenn ein Tausch während der Lebensdauer des Kurbelgehäuses nicht unüblich ist, beispielsweise bei Nutzfahrzeugen mit hohen Laufleistungen („nasse Buchse", weil von Kühlwasser umströmt). Die Kolbenlaufbahn kann aber auch in das Kurbelgehäuse mit eingegossen werden – insbesondere bei Aluminium-Gussausführungen – oder direkt als Laufbahn in Grauguss mit Streifenhärtungen ausgeführt sein.

Heutige Kurbelgehäuse haben einen sehr hohen Grad der Integration von Aufgaben erreicht und stellen dadurch ein sehr komplexes Bauteil dar. Häufig wird das Ölpumpengehäuse mit in den Guss integriert, ebenso Ölkühlerfunktionen, das Kühlthermostatgehäuse und Ausgleichswellenaufnahmen, sowie sämtliche Halterungen für die Nebenaggregate.

Das Kurbelgehäuse stellt neben der Kurbelwelle das Bauteil dar, das mit am meisten zum Motorgewicht beiträgt. Deshalb gibt es viele Bestrebungen, das Gewicht über andere Materialien als den üblichen Grauguss zu verringern. Dazu zählen zunächst Aluminiumwerkstoffe, die allerdings aufgrund ihrer thermisch begrenzten Lebensdauer vorwiegend bei kleineren Motoren, insbesondere bei Pkw-Motoren zur Anwendung kommen. Bei Aluminium hat sich der Druckguss als kostensparendes Herstellverfahren durchgesetzt, während sonst üblicherweise Sandguss verwendet wird. Um Druckgussgehäuse produktionsgünstig herzustellen, wird die „open deck"-Bauweise eingesetzt, d.h., die Verbindung zum Zylinderkopf ist geprägt durch große Durchgangsquerschnitte für den Wassermantel und den Ölrücklauf. Bei Eisengusswerkstoffen wird dagegen zur möglichst steifen Ausgestaltung das Oberteil geschlossen.

Es gibt auch Bestrebungen, das Kurbelgehäuse aus Magnesium herzustellen, um weiter Gewicht zu sparen – allerdings auf Kosten eines hohen Herstellungspreises. Normalerweise wird dann ein „Hybrid-Werkstoffkonzept" eingesetzt, wobei die tragenden Funktionen von Aluminium und die abschirmenden Funktionen über Magnesiumeinsätze realisiert werden.

Zur Festigkeitssteigerung kommen auch andere Eisengussvarianten zum Einsatz, wobei insbesondere Vermikulargraphitguss (GJV; engl. CGI, Compacted Graphite Iron) in letzter Zeit Verbreitung fand. Durch spezielle Wärmebehandlung und gezieltes Abkühlen kann dem Guss eine hochfeste (und schwer bearbeitbare) Ausbildung von kugeligem anstelle der sonst üblichen lamellenartigen Graphitausprägung angezüchtet werden. Dadurch sind geringere Wandstärken und höhere Festigkeiten mit geringerem Gewicht möglich.

Das Kurbelgehäuse stellt auch das Bauteil dar, dem die wichtigste Funktion der Geräuschemission zukommt. Aufgrund der oft direkten Verbindung zum Brennraum, der Aufnahme der hohen periodisch wiederkehrenden Gas- und Massenkräfte sowie der relativ großen Oberfläche kommt einer Ausgestaltung der Steifigkeit und der Oberfläche eine hohe Bedeutung zu. Üblich sind Verrippungen und Bombierungen, die eine hohe Steifigkeit geben sollen und einen Membraneffekt vermeiden helfen.

Variables Verdichtungsverhältnis

Ein variables Verdichtungsverhältnis wird sowohl beim Ottomotor zur Verringerung der Klopfneigung nahe der Volllast als auch beim Dieselmotor zur Absenkung des Spitzendrucks bei Volllast gewünscht. Allerdings hat sich bis jetzt kein mechanisches oder hydraulisches System durchgesetzt, das beim Dieselmotor eine Variabilität realisieren lässt. Dies liegt an den hohen Belastungen aufgrund des höheren Spitzendrucks und der höheren Druckgradienten als beim Ottomotor.

Man kann die Bauarten des variablen Verdichtungsverhältnisses (VCR, Variable Compression Ratio) folgendermaßen aufteilen:

- Lösungen, die in den Kolben integriert sind (hydraulische Betätigung eines axial verschieblichen Kolbenoberteils zum festen Unterteil).
- Lösungen, die eine veränderte Länge des Pleuels bewirken (Schiebelösung, Knickpleuel, exzentrisches Pleuellager am kleinen oder am großen Pleuelauge).
- Ansätze zur veränderten Lage der Kurbelwelle zum Zylinderkopf (Schwenken oder axiales Verschieben des Kurbelgehäuses, exzentrische Kurbelwellenlager).
- Koppelhebel zur Variation des wirksamen Kolbenhubs (Multilink, Kurbeltrieb-Hebelsystem, Hubraumveränderung mit ε-Variation).
- Zusatzvolumina, die zu- oder weggenommen werden (variables Zusatzvolumen im Zylinderkopf).

Ansätze zu variablen Verdichtungsverhältnissen bei Ottomotoren decken einen Bereich von ca. $\varepsilon = 7 \ldots 14$ ab.

Zylinderkopf
Die Hauptaufgabe des Zylinderkopfs ist die geeignete Zufuhr des Zylinder-Frischgemischs und die Abfuhr des Abgases sowie auch die Aufnahme der Zylinderdruckkräfte.

Zylinderkopf
Der Zylinderkopf schließt das Kurbelgehäuse und das Zylinderrohr nach oben ab. Er nimmt die Gaswechselorgane sowie die Zündkerzen beim Ottomotor und die Einspritzventile beim direkteinspritzenden Ottomotor bzw. die Einspritzventile und eventuell die Glühstiftkerzen beim Dieselmotor auf. Außerdem bildet er zusammen mit dem Kolben die gewünschte Brennraumform. Bei Pkw-Motoren wird auch überwiegend die gesamte Ventilsteuerung im Zylinderkopf untergebracht.

Der Zylinderkopf zeichnet sich durch eine Vielzahl an Funktionen und komplexen Belastungsprofilen aus. Neben der präzisen Steuerung des Gaswechsels und der Ladungsbewegung, die unmittelbar emissions-, wirkungsgrad- und leistungsbestimmend sind, ist die Kühlung vor allem der heißen Zylinderkopfseite und die Beherrschung der komplexen mechanischen und thermischen Belastungen eine große Herausforderung.

Nach der Gaswechseltechnik unterscheidet man zwei Grundbauformen. Beim Gegenstromzylinderkopf münden Ansaug- und Auspuffkanal auf derselben Zylinderkopfseite (Bild 7b). Diese Anordnung beengt die Leitungsführung für Frischluft und Abgas, hat aber für den Aufladebetrieb ohne Ladeluftkühlung durch sehr kurze Gaswege Vorteile. Auch bei Quereinbau des Motors ins Fahrzeug ergibt sich ein leitungstechnischer Vorteil.

Beim Querstromzylinderkopf liegen Ansaug- und Abgasleitungen auf den entgegen gesetzten Motorseiten (Bild 7a), sodass sich eine diagonale Strömungsrichtung für Frisch- und Abgas ergibt. Diese Anordnung erlaubt eine freiere Rohrführung und erleichtert die Abdichtung. Typischerweise sind fahrzeugseitige Randbedingungen entscheidend für die Wahl eines Gegenstrom- oder eines Querstrom-Zylinderkopfs.

Diese Entscheidung bestimmt auch das zum Einsatz kommende Ventilbild. Gegenstromanwendungen benötigen bei heute typischen Mehrventilausführungen ein gedrehtes Ventilbild. Ein gedrehtes Ventilbild hat vor allem den Vorteil einer einfachen Darstellung von hohen Zylinderdrallwerten. Ein paralleles Ventilbild bedingt größere kanalseitige Anstrengungen, um einen hohen Zylinderdrall darzustellen (Bild 8).

Bild 7: Zylinderkopf-Kennzeichnung nach Ein- und Auslasskanalführung.
a) Querstrom-Kanalführung,
b) Gegenstrom-Kanalführung.

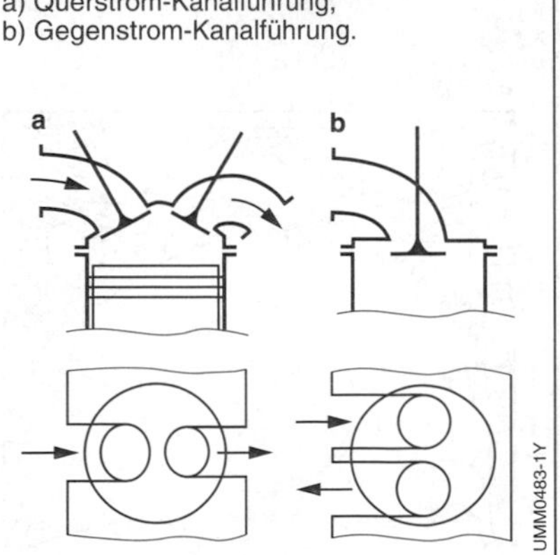

Bei Pkw-Anwendungen gibt es heute fast ausschließlich einen durchgehenden Zylinderkopf. Bei V-Motoren kommt ein Zylinderkopf pro Zylinderbank zum Einsatz. Bei Nutzfahrzeugmotoren, die sich teilweise noch durch eine untenliegende Nockenwelle mit Stößelstangensteuerung auszeichnen, werden noch häufig Einzelzylinderköpfe verwendet.

Bild 8: Ventilbilder.
a) Gedrehte Ventilbilder,
b) parallele Ventilbilder.
E Einlass, A Auslass.

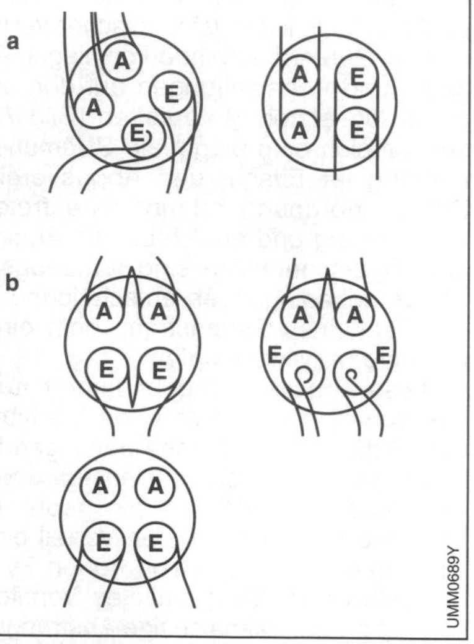

Im Gegensatz zu Pkw-Anwendungen, bei denen der Zylinderkopf häufig aus Aluminium gefertigt wird, was neben Gewichtsvorteilen den Wärmetransport aus dem Brennraum verbessert, kommen bei Nutzfahrzeuganwendungen Graugussausführungen zum Einsatz, da die Zeitfestigkeit bei hohen Spitzendrücken und Zylinderdurchmessern mit Leichtmetall nicht erreicht wird.

Der Zylinderkopf ist sehr großen Belastungen ausgesetzt. Zum einen ergeben sich durch häufige wechselnde Temperaturbeaufschlagungen und damit einhergehenden Ausdehnungen Spannungen, die nur durch geeignete konstruktive Maßnahmen (Einzelzylinderkopf, geeignete Hohlräume bei Mehrzylinderkopf) aufgenommen werden können. Die thermomechanische Festigkeit wird durch die Anzahl an Kalt-warm-Belastungsprofilen bestimmt.

Bei Mehrventilausführungen ist der Steg zwischen den Auslassventilen besonders hoch temperaturbeansprucht. Unter Volllast werden hier leicht kritische Temperaturen oberhalb von 350 °C erreicht. Ähnlich hohe Temperaturen zeigen sich auch im Muldenrandbereich (Bild 9). Vor allem bei Graugussausführungen be-

Bild 9: Betriebstemperaturen an Kolben von Fahrzeugmotoren bei Volllast (schematisch), Werte in °C.
a) Pkw-Dieselkolben, 16 MPa Zünddruck, 58 kW/l,
b) Pkw-Ottokolben, 7,3 MPa Zünddruck, 53 kW/l.

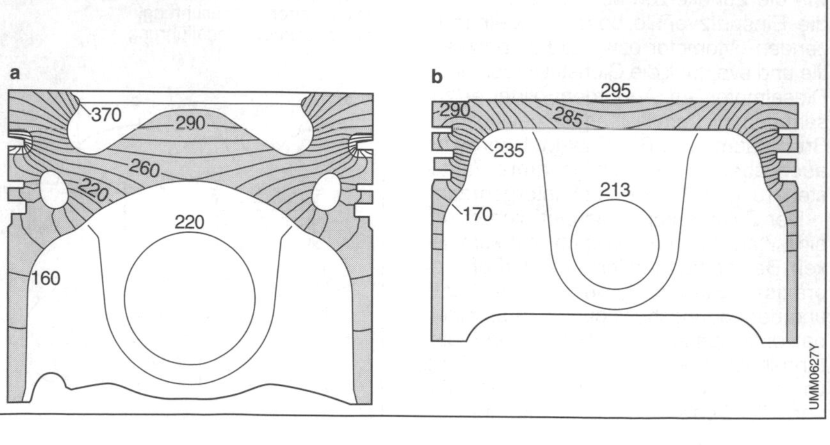

steht die Gefahr der Heißgaskorrosion, einer Oxidation der Oberfläche, die in einer Bauteil gefährdenden Rissbildung enden kann.

Eine wichtige Funktion nimmt die Zylinderkopfdichtung ein, die zwischen Kurbelgehäuse und Zylinderkopf platziert ist. Zum einen muss diese den Brennraum auch bei hohen Zylinderdrücken abdichten und zum zweiten ist ein Transport von Motoröl und Kühlwasser zwischen Kurbelgehäuse und Zylinderkopf abzusichern. Zur Abdichtung des Brennraums kommen typischerweise Metallwerkstoffe zum Einsatz, die sich durch plastische Verformungen der Oberfläche anpassen und durch ihre Elastizität die Dichtheit herstellen. Für die Flüssigkanäle kommen typischerweise Elastomerdichtungen oder geometrisch optimierte Metalllagen-Stahldichtungen zum Einsatz.

Zur Darstellung einer gleichmäßigen Pressung der Zylinderkopfdichtung kann die Anzahl an Zylinderkopfschrauben erhöht werden, sodass bereits Nfz-Motoren mit acht Schrauben pro Zylinderkopf im Einsatz sind.

Motoren ohne Zylinderkopfdichtung sind die Ausnahme und bedingen ein sehr hohes Maß an Fertigungsgenauigkeit des Gehäusedecks und der Zylinderkopfunterseite.

Ventiltrieb

Der Ventiltrieb beim Viertaktmotor hat die Aufgabe, den Gaswechsel des Verbrennungsmotors zu ermöglichen und zu steuern. Er besteht aus den Ein- und Auslassventilen, den sie schließenden Ventilfedern, dem Nockenantrieb und den Übertragungsgliedern (Bild 10). Bei im Zylinderkopf angeordneter Nockenwelle gibt es verschiedene häufig angewendete Bauarten.

Bei im Kurbelgehäuse gelagerter Nockenwelle wird der Kipphebel nicht direkt vom Nocken, sondern durch Zwischenschaltung einer Stoßstange und eines Stößels betätigt (Stoßstangensteuerung, Bild 10a).

Bei der Schlepphebel- oder Schwinghebelsteuerung werden die Nocken- und die Nockenseitenkraft durch einen zwischen Ventil und Nocken schwingenden, im Zylinderkopf gelagerten Hebel aufgenommen und übertragen. Der zwischengeschaltete Schwinghebel kann zusätzlich zur Kraftübertragung und Seitenkraftaufnahme eine Übersetzung des Nockenhubs bewirken (Bild 10b).

Bei der Kipphebelsteuerung wirkt der Kipphebel als Übertragungsglied und schwingt um eine zwischen Nockenwelle und Ventil angeordnete Kipphebelachse. Dabei findet meist ebenfalls eine Überset-

Bild 10: Ventilsteuerungsbauarten
(Quelle: [1]).
a) Stoßstangensteuerung, b) Schlepp- oder Schwinghebelsteuerung,
c) Kipphebelsteuerung, d) Tassenstößelsteuerung.
OHV Overhead valves (hängende Ventile),
OHC Overhead camshaft (oben liegende Nockenwelle),
DOHC Double overhead camshaft (zwei oben liegende Nockenwellen).

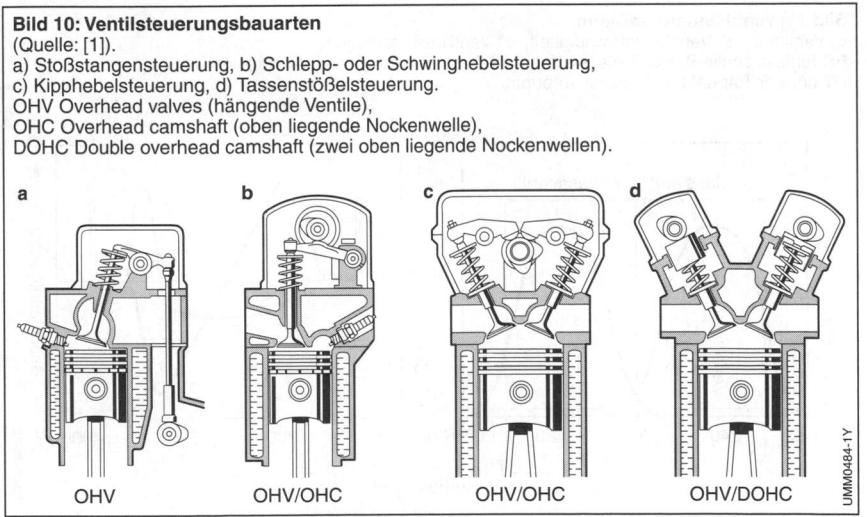

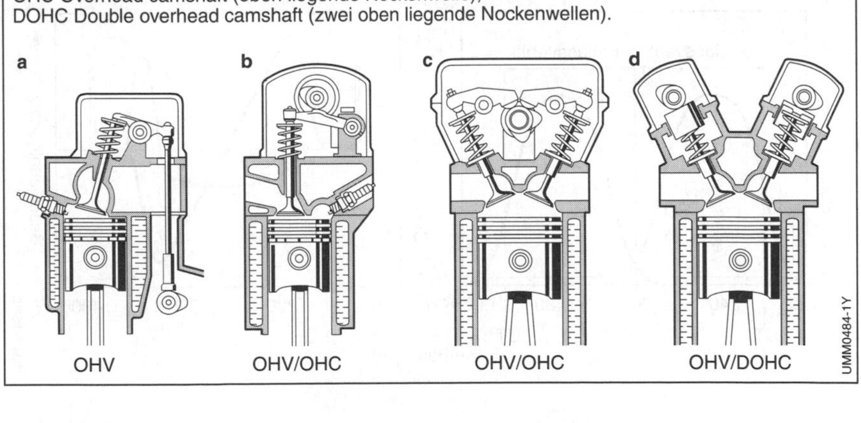

zung des Nockenhubs auf den gewünschten Ventilhub statt (Bild 10c).

Bei der Tassenstößelsteuerung nimmt eine im Zylinderkopf geführte „Tasse" die Nockenseitenkraft auf und überträgt die Nockenkraft mit ihrem Boden auf das Ventil (Bild 10d).

Ventilanordnung
Die Art der Ventilsteuerung und die Brennraumform hängen eng zusammen. Heute werden praktisch nur noch im Zylinderkopf angeordnete „hängende" Ventilanordnungen verwendet. Bei Dieselmotoren und weniger hoch ausgelasteten Ottomotoren sind die Ventile dabei achsparallel zum Zylinder angeordnet und werden vorwiegend durch Kipphebel-, Tassenstößel- oder Schwinghebelsteuerungen betätigt. Bei leistungsbetonten Ottomotorauslegungen werden heute zunehmend die Ventile gegeneinander geneigt, was bei gegebenem Zylinderdurchmesser größere Ventildurchmesser und eine günstigere Führung der Ein- und Auslasskanäle ermöglicht. Hier findet vor allem die Kipphebelbauart Anwendung. Bei Hochleistungs- und Sportmotoren werden in zunehmendem Maße vier Ventile pro Zylinder mit einer Rollenstößelsteuerung verwendet.

Das Ventilsteuerdiagramm (Bild 11) eines Motors zeigt die Öffnungs- und Schließzeiten der Ventile, den Ventilhubverlauf, den maximalen Ventilhub sowie die Ventilgeschwindigkeit und -beschleunigung.

Übliche Ventilbeschleunigungswerte für Pkw-Ventiltriebe mit oben liegender Nockenwelle:
s'' = 60...65 mm (b/ω^2) → 6400 m/s^2 bei 6000 min^{-1} für Kipp- und Schwinghebelsteuerungen.
s'' = 70...80 mm (b/ω^2) → 7900 m/s^2 bei 6000 min^{-1} für Tassenstößelsteuerungen.
Für Nfz-Motoren mit unten liegender Nockenwelle:
s'' = 100...120 mm (b/ω^2) → 2000 m/s^2 bei 2400 min^{-1}.

Ventil, Ventilführung und Ventilsitz
Ventile bestehen aus warmfesten und zunderbeständigen Werkstoffen. Der Ventilsitz ist häufig gepanzert. Zur Verbesserung der Wärmeleitfähigkeit hat sich beim Auslassventil auch eine Füllung des Hohlschaftes mit Natrium bewährt. Zur Verbesserung von Standfestigkeit und Dichtheit werden die Ventile heute auch durch eine Ventildrehvorrichtung (Rotocap) gezielt gedreht.

Bei Hochleistungsmotoren muss die Ventilführung gute Gleiteigenschaften und eine hohe Wärmeleitfähigkeit aufweisen. Sie wird meist in den Zylinderkopf

Bild 11: Ventilsteuerdiagramm
s Ventilhub, s' Ventilgeschwindigkeit, s'' Ventilbeschleunigung.
ES Einlass schließt, EÖ Einlass öffnet, AS Auslass schließt, AÖ Auslass öffnet,
UT unterer Totpunkt, OT oberer Totpunkt.

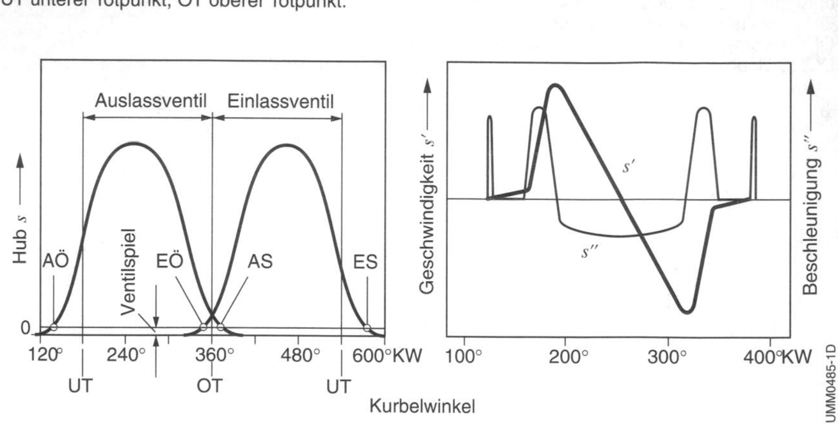

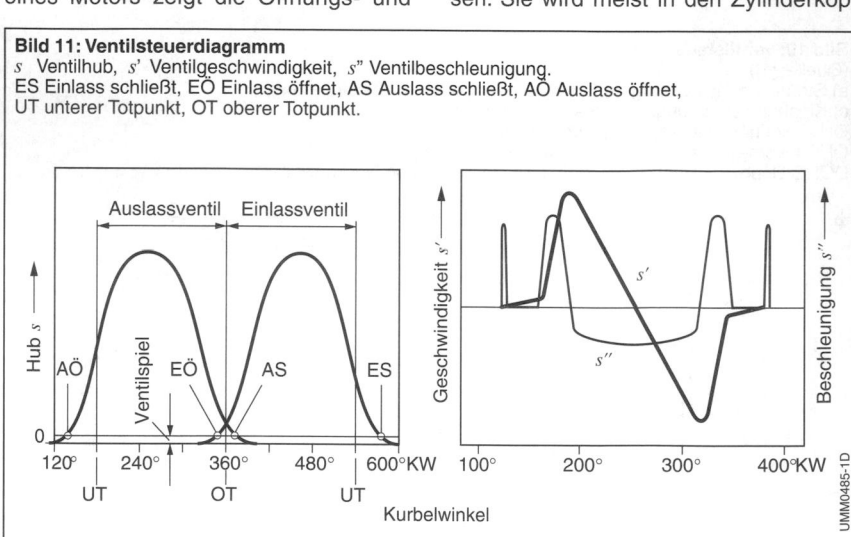

eingepresst und trägt an ihrem kalten Ende häufig eine Ventilschaftabdichtung zur Senkung des Ölverbrauchs.

Zur Senkung des Sitzverschleißes werden allgemein Ventilsitzringe aus Guss- oder Sinterwerkstoffen in den Zylinderkopf eingeschrumpft.

Nockenauslegung und Steuerungsdynamik

Der Nocken hat in der Ventilsteuerung die Aufgabe, die Ventile möglichst rasch, möglichst weit und möglichst stoßfrei zu öffnen und zu schließen. Die Schließkraft für die Ventile wird dabei durch die Ventilfedern aufgebracht, die auch für den Kraftschluss zwischen Nocken und Ventil sorgen. Der Nocken- und der Ventilerhebung sind wegen der dynamischen Kräfte Grenzen gesetzt.

Seltene Ausführungen verwenden eine eigene Mechanik (Desmotronik) zur Rückholung der Ventile mit dem Vorteil erhöhter Ventilgeschwindigkeiten und damit Erhebungskurven, die dem Idealfall des Rechtecks ähnlicher werden. Konventionelle Federn müssen unter Einhaltung der zulässigen Oberflächenbelastung immer einen Kraftschluss zwischen Nockenwelle, Zwischenelementen und Ventil sicherstellen. Lediglich bei nicht aktivem Nockenhub kann sich ein leichtes Spiel einstellen. Moderne Motoren arbeiten hier mit einem hydraulischen Ventilspielausgleich. Ansonsten muss das Ventilspiel regelmäßig überprüft werden; 0,1...0,2 mm sind ein gängiges Maß am Einlass- und am Auslassventil.

Nockenwellenantrieb

Für den Antrieb des Ventiltriebs muss die Nockenwelle mit der Kurbelwelle derart verbunden sein, dass beim Viertaktmotor eine Kurbelwellenumdrehung in einer halben Nockenwellenumdrehung resultiert.

Für Pkw-Anwendungen mit oben liegender Position der Nockenwelle(n) kommen bei modernen Motoren entweder Steuerketten- oder Zahnriementriebe zum Einsatz. Beide Antriebe bedingen eine Spannvorrichtung, die an der freien Lauflänge, dem Leertrum wirkt, um ein unkontrolliertes Schwingen zu vermeiden.

Aufgrund des bei modernen Motoren ausgereizten Minimalabstands zwischen Kolben und Ventil ist ein sicheres Arbeiten des Nockenwellenantriebs sehr wichtig, da im Schadensfall eine Berührung schwerwiegende Folgen für den Ventiltrieb haben kann.

Aus diesem Grund sind die Druckkolben der Spannschienen bei einem Kettenantrieb oder der Zahnriemen Verschleißteile, die regelmäßig ausgetauscht werden müssen. Moderne Duplexketten sind sehr langlebig und verschleißen nur geringfügig. Ein Nachteil der Steuerkette ist jedoch der Bedarf einer Schmierung und die Längung im laufenden Betrieb. Ein großer Vorteil ist jedoch die Sicherheit gegenüber einem Überspringen des Riemens auf dem Zahnrad oder die Eliminierung der Gefahr eines Riemenrisses.

Bei Nutzfahrzeugmotoren oder Motoren mit untenliegender Nockenwelle kommt typischerweise eine Übertragung durch Zahnräder in einem Rädertrieb zur Anwendung. Vor allem bei obenliegenden Nockenwellen stellt dies eine sehr teure Lösung dar, die jedoch aufgrund der sicheren Übertragung hohe Motorlaufzeiten ermöglicht.

Unüblich sind teure Königswellen, deren Achse rechtwinklig zu Kurbel- und Nockenwelle verläuft.

Ölversorgung

Neben der Schmierung der tribologisch kritischen Paarungen des Kurbeltriebs, des Zylinderkopfs und weiterer Komponenten dient die Ölversorgung auch dem Abtransport von lokalen Verunreinigungen, Verbrennungsrückständen und Verschleißpartikeln, die in der Ölfiltereinheit herausgefiltert werden. Eine zusätzliche Aufgabe ist die Wärmeabfuhr an thermisch belasteten Stellen, wie den Gleitlagern des Kurbeltriebs oder bei ölgekühlten Kolben und die schwingungsdämpfende Funktion in Lagern.

Bei der konventionell zum Einsatz kommenden Druckumlaufschmierung (siehe auch „Schmierung des Motors") fördert die Ölpumpe, eine typischerweise als Verdrängerpumpe arbeitende Zahnradpumpe, aus dem Ölsumpf einen definierten Volumenstrom durch eine Ölfiltereinheit (Bild 12a). Aus Sicherheitsgründen ist diese häufig bei einer Vollstromauslegung mit einem Bypass- und einem Druckventil ausgestattet. Der bei höher belasteten Motoren vorgesehene Ölkühler wird entweder mit Luft oder Kühlwasser gekühlt. Das Motoröl läuft durch Ölkanäle und

Bild 12: Ölversorgung.
a) Druckumlaufschmierung (Nasssumpfschmierung),
b) Trockensumpfschmierung.
1 Ölbehälter, 2 Ölpumpe, 3 Ölkühler,
4 Filtereinheit, 5 Bypassventil,
6 Motor mit Schmierstellen,
7 zweite Ölpumpe.

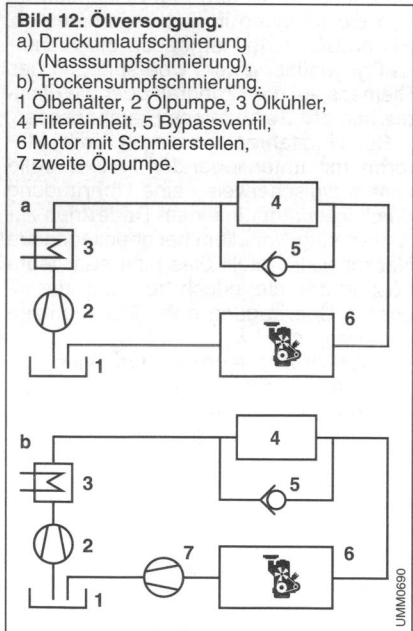

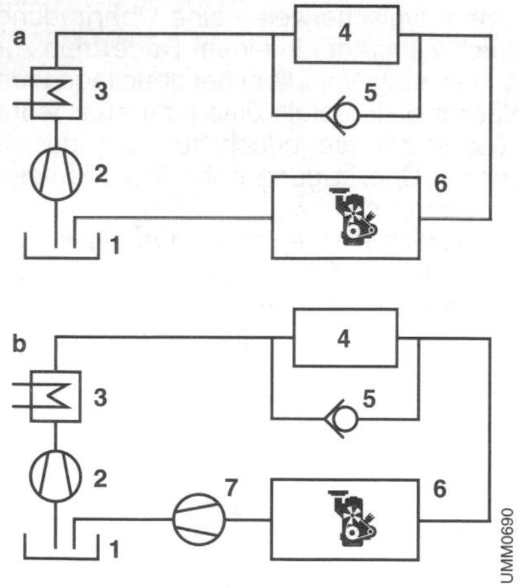

durch die Schwerkraft wieder in den Ölsumpf in die typischerweise unterhalb des Kurbelgehäuses platzierte Ölwanne. Man bezeichnet die Druckumlaufschmierung daher auch als Nasssumpfschmierung. Neben der direkten Ölversorgung durch die Ölpumpe bewirkt die Drehbewegung der Kurbelwelle eine feine Aufbereitung des Ölnebels im Kurbelgehäuse.

Den Gegensatz zur konventionellen Nasssumpfschmierung stellt die aufwändigere Trockensumpfschmierung dar, da diese eine zweite Ölpumpe zum Abtransport des Öls aus dem Motorraum benötigt (Bild 12b). Die Vorteile sind eine bei hohen Querbeschleunigungen oder Schräglagen immer noch gewährleistete Schmierölversorgung und konstruktive Freiheiten bei der Unterbringung des Ölvorrats. Dies führt zu geringeren Motorbauhöhen und eine für die Motorkühlung günstige mögliche Anhebung der Motorölmenge.

Die bei Zweitaktmotoren und Wankelmotoren häufig verwendete Gemisch- und Frischölschmierung hat bei heutigen Automobilanwendungen keine Bedeutung mehr.

Kühlung

Um eine thermische Überbeanspruchung, eine Verbrennung des Schmieröls auf der Kolbengleitbahn und unkontrollierte Verbrennungen durch zu hohe Bauteiltemperaturen zu vermeiden, müssen die den heißen Brennraum umgebenden Bauteile wie Zylinderrohr, Zylinderkopf, Ventile und gegebenenfalls Kolben intensiv gekühlt werden (siehe auch „Kühlung des Motors").

Da Wasser eine hohe spezifische Wärmekapazität und einen guten Wärmeübergang zwischen Werkstoff und Kühlmedium aufweist, werden die meisten Fahrzeugmotoren heute mit Wasser gekühlt. Zudem kann unter sehr heißen lokalen Randbedingungen im Falle einer dann eintretenden örtlichen Verdampfung des Kühlmediums durch die Verdampfungswärme ein zusätzlicher Kühleffekt dargestellt werden, der zusammen mit dem Kondensationsverhalten an kälteren benachbarten Stellen ungewünschte hohe lokale Temperaturgradienten reduziert.

Die Luft-Wasser-Umlaufkühlung ist das meist angewandte System (Bild 13). Sie hat einen geschlossenen Kreislauf, der den Zusatz von Schutzmitteln gegen Korrosion und Gefrieren erlaubt. Das Kühlwasser wird mit einer Pumpe durch den Motor und einen Luft-Wasser-Kühler gepumpt. Die Kühlluft wird durch den Fahrtwind oder durch einen Zusatzlüfter durch den Kühler befördert. Die Kühlwassertemperatur wird mit einem Thermostatventil durch Umgehung des Kühlers geregelt.

Eine untergeordnete Rolle spielen heute noch luftgekühlte Konzepte. Moderne Emissionsvorschriften bedingen eine effektive Motorkühlung bei gleichzeitig hohen spezifischen Leistungen. Dies ist mit einer zwar robusten und wartungsarmen, jedoch nicht so effektiven Luftkühlung fast nicht mehr darstellbar. Entscheidender Nachteil der luftgekühlten Konzepte ist allerdings das Geräuschverhalten. Die Kühlrippen wirken wie ein Resonator und bedingen deshalb deutlich erhöhte Schallemissionen.

Bild 13: Wasserkühlsystem mit Kühlwasserkreislauf.
1 Kühler, 2 Thermostat, 3 Wasserpumpe,
4 Wasserkanäle im Zylinderblock,
5 Kühlwasserdurchgänge im Zylinderkopf.

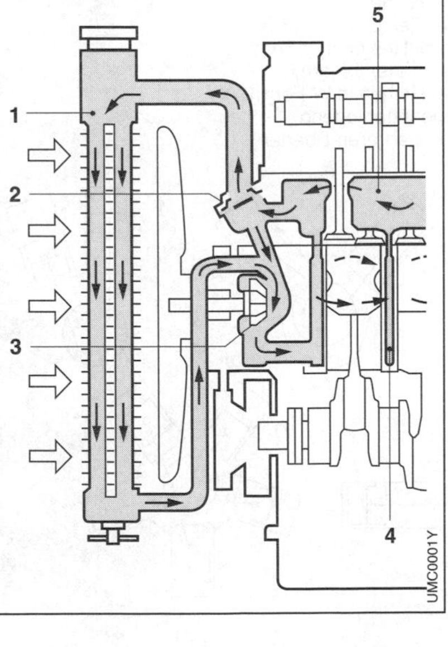

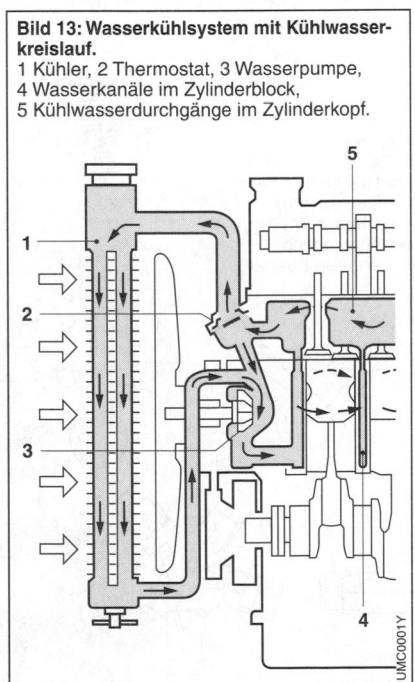

Kurbelwellenschwingungsdämpfer

Die hochfrequenten Schwingungen der Kurbelwelle (Torsionsschwingungen 2. Grades) belasten die Kurbelwelle insbesondere in der Nähe von Resonanzfrequenzen. Schwingungsdämpfer werden deshalb eingesetzt, um gefährliche Resonanzerscheinungen der Kurbelwelle zu mildern.

Die Auswahl an Ausführung der Schwingungsdämpfer reicht von einfachen Schwungmassen, die durch elastischdämpfende Schichten – zum Beispiel Gummi – ein Gegenschwingsystem darstellen, über aufwändigere ölgedämpfte Schwungmassen, bei denen die Viskosität des Öls und Reibpartnerflächen die Dämpfung darstellen, bis zu komplexen Pendeladsorbern. Der Schwingungsdämpfer wird im Allgemeinen an dem freien Kurbelwellenende (vorne) angeordnet.

Die Torsionsschwingungen 1. Grades, also Schwingungen aufgrund der Zünd- und Massenkräfte, die zu Anregung von Getriebe- und Antriebswellen-Schwingungen führen können, werden durch Zweimassenschwungräder oder andere Tilgungstechniken reduziert. Erscheinungen wie Kupplungsrupfen, Getrieberasseln und Anfahrruckeln können durch solche Schwingungstilger optimiert werden, da alle nachfolgenden Komponenten – Kupplung, Getriebe und Antriebswellen – ebenfalls ein schwingfähiges System darstellen. Beim Zweimassenschwungrad sind beide Schwungmassen über Federn miteinander gekoppelt. Üblich sind auch Torsionstilger in Kupplungen – eine Abstimmung muss natürlich gemeinsam erfolgen.

Die Auslegung und Abstimmung ist simulativ schwierig und muss letztendlich im Versuch durchgeführt werden und zwar im Fahrzeug mit dem gesamten Antriebsstrang (1. Grad: niederfrequente Antriebsstrang-Resonanzerscheinungen) als auch auf dem Prüfstand (2. Grad: hochfrequente Kurbelwellenresonanzen).

Bauformen des Hubkolbenmotors

Der Verbrennungsmotor zeichnet sich durch eine große Variabiliät und anwendungsspezifische Adaptionsfähigkeiten aus. Insbesondere die Anordnung der einzelnen Zylinder ermöglicht zahlreiche Varianten.

Anordnungen

Prinzipiell ist eine Vielzahl von möglichen Zylinderanordnungen denkbar. Hierbei haben sich für den Automobilbereich wenige als besonders zielführend herauskristallisiert (Bild 14).

Sternmotoren sind für Anwendungen im Automobil aufgrund ihrer Bauhöhe ungeeignet und kommen deshalb nicht zum Einsatz.

Zu beachten ist noch der Unterschied zwischen Boxermotor und V-Motor mit 180°-Gabelwinkel. Beim Boxermotor bewegen sich die Kolben immer gegenläufig, weshalb sich die Massenkräfte aufheben. Beim V-Motor bewegen sich die Kolben zweier gegenüberliegender Zylinder hingegen immer in die gleiche Richtung.

Ebenfalls zu beachten ist die Ausführung bei V- und W-Motoren, bei denen die Pleuel-Kurbelwellen-Verbindung (großes Pleuelauge) zugehöriger Zylinder an leicht versetzten Hubzapfen ausgeführt ist.

Bei Mehrkolbeneinheiten wird typischerweise die Kompression durch mehrere Arbeitskolben erzeugt. Beim U-Motor erfolgt eine annähernd parallele Bewegung der Kolben. Beim Gegenkolbenmotor erfolgt eine typischerweise gegenläufige Bewegung der Kolben. Motorvarianten mit mehr als einem Kolben pro Brennraum haben sich nicht durchgesetzt. Gewicht und Motorgröße sind für Anwendungen im Automobil nicht geeignet.

Definitionen

Die folgenden Definitionen nach DIN 73021 [2] mit Blick auf die der Kraftabgabe gegenüber liegenden Seite gelten nur für Kfz-Motoren. Bei Verbrennungsmotoren für allgemeine Verwendung und bei Schiffsmotoren ist die umgekehrte Richtung – also Blick auf die Kraftabgabeseite – genormt (ISO 1204 [3]).

Bild 14: Bauformen des Hubkolbenmotors.
1 Einzylinder (Einzelner Zylinder),
2 Reihenmotor (Anordnung der einzelnen Zylinder in Reihe),
3 V-Motor (Anordnung der einzelnen Zylinder in zwei Reihen in V-Form),
4 VR-Motor (Anordnung der einzelnen Zylinder in zwei Reihen in V-Form, wobei die beiden Reihen besonders nahe nebeneinander liegen),
5 W-Motor (Anordnung der einzelnen Zylinder in drei Reihen in W-Form),
6 Boxermotor (Anordnung der einzelnen Reihen gegenüberliegend),
7 Sternmotor (Sternförmige Anordnung in einer oder mehreren Ebenen).

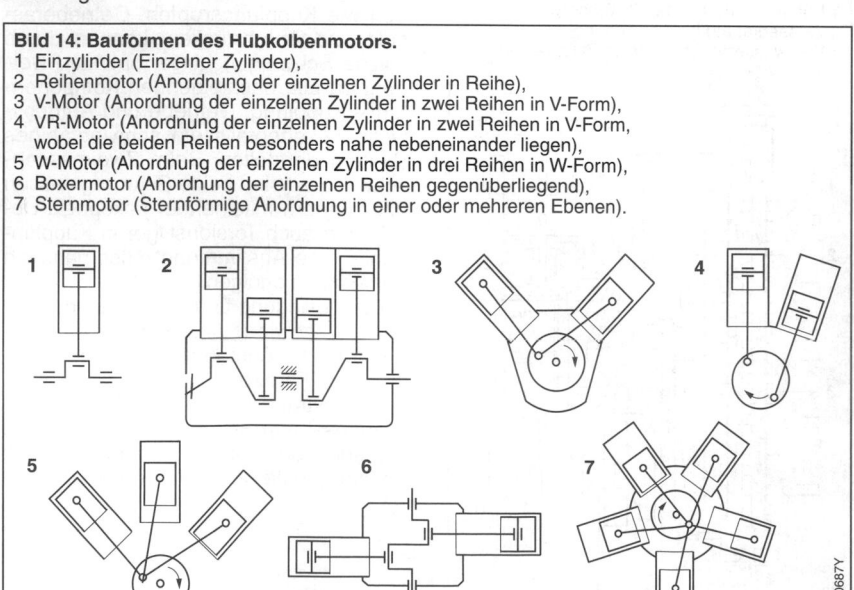

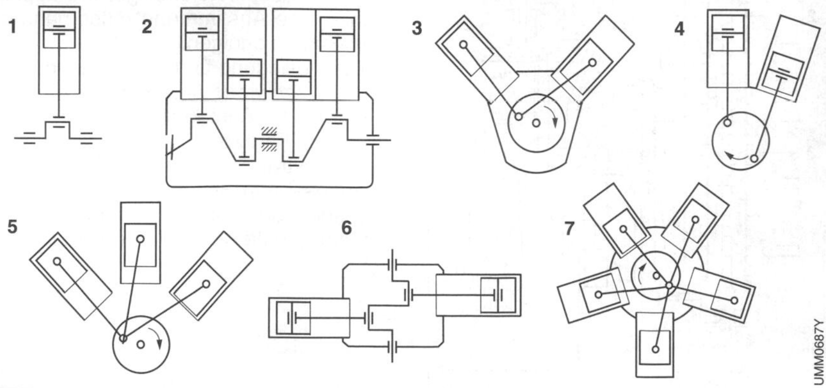

Rechtslauf
Die Drehrichtung erfolgt im Uhrzeigersinn, auf die der Kraftabgabe gegenüberliegende Seite gesehen.

Linkslauf
Die Drehrichtung erfolgt im Gegenuhrzeigersinn, auf die der Kraftabgabe gegenüberliegende Seite gesehen.

Zählrichtung der Zylinder
Die Zylinder werden mit 1, 2, 3 usw. fortlaufend in der Reihenfolge bezeichnet, wie sie von einer gedachten Bezugsebene getroffen werden, die bei Blickrichtung auf die der Kraftabgabe gegenüberliegende Seite zu Beginn der Zählung waagerecht nach links liegt und in Drehrichtung des Uhrzeigers um die Motorachse bewegt wird. Liegen mehrere Zylinder in einer Bezugsebene, so erhält der dem Beobachter am nächsten liegende Zylinder die Nummer 1 und die weiter entfernten Zylinder die folgenden Nummern. Zylinder 1 ist mit der Zahl 1 zu kennzeichnen.

Zündfolge
Die Zündfolge ist die Reihenfolge, in der die Zylinder nacheinander zünden. Sie ist durch die Bauart des Motors, gleiche Zündabstände, einfach herstellbare Kurbelwellenform, günstige Beanspruchung der Kurbelwelle usw. bestimmt.

Bild 15: Triebwerk des Hubkolbenmotors (Prinzip).
1 Ventiltrieb,
2 Kolben,
3 Pleuelstange,
4 Kurbelwelle.

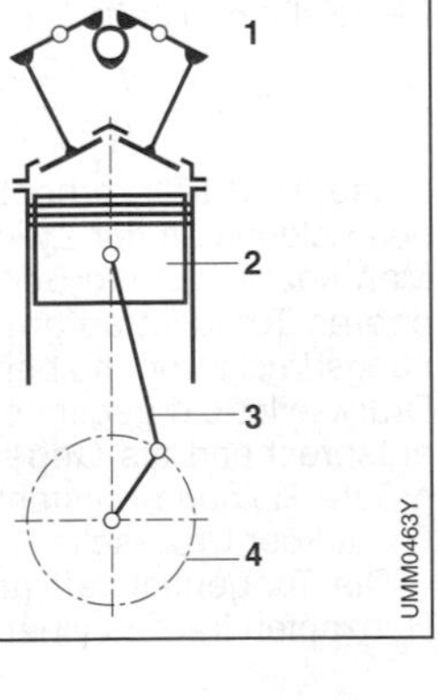

Triebwerksauslegung

Kurbeltriebskinematik

Die Kinematik des Einzylindertriebwerks kann aus den geometrischen Zuordnungen von Kolben und Kolbenbolzenachse, Pleuelstange und Kurbelwelle (Kurbelwellenradius gleich dem halben Hub) bestimmt werden (Bild 15). Nimmt man den Kolbenweg x bei oberem Totpunkt zu null an, ergibt sich mit dem Kurbelradius r und der Pleuellänge l (Bild 16):

$$x = r\,(1 - \cos\alpha) + l\,(1 - \cos\beta)\ .$$

Mit
$r \sin\alpha = l \sin\beta$
und
$\lambda = r/l$
ergibt sich:

$$x = r\left(1 - \cos\alpha + \frac{1}{\lambda}\left(1 - \sqrt{1 - \lambda^2 \sin^2\alpha}\right)\right)$$

Von manchen Herstellern wird eine Desachsierung des Kolbenbolzens vorgenommen. Aufgrund der wechselnden Anlage des Kolbens je nach Stellung des Pleuels verspricht man sich dadurch einen Geräusch- und Reibungsvorteil. Die Desachsierung kann entweder im Kolben durch Verschieben des Kolbenbolzens aus der Mitte oder durch einen Versatz der Kurbelwelle realisiert werden.

Bild 16: Gaskraftzerlegung am einfachen Kurbeltrieb.
F_G Kolbenbolzenkraft (Gaskraft),
F_S Pleuelstangenkraft, F_R Radialkraft,
F_N Kolbennormalkraft,
F_T Tangentialkraft.
α Kurbelwellenposition,
β Pleuelschwenkwinkel,
r Kurbelradius,
l Pleuellänge,
h Kolbenhub,
x Kolbenweg (ausgehend von OT).

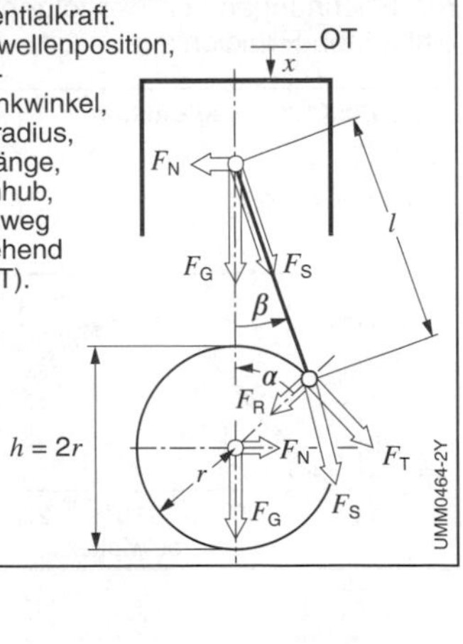

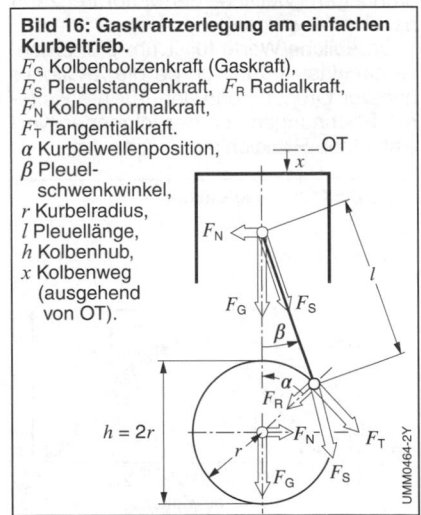

Nimmt man die Desachsierung zu positiven Kurbelgradwinkeln als positiv an und führt die Größe

$$\delta = \frac{\text{Desachsierung}}{\text{Pleuellänge}}$$

ein, führt dies auf folgende Funktion des Kolbenwegs:

$$x = r\left(1 - \cos\alpha + \frac{1}{\lambda}\left(1 - \sqrt{1 - (\lambda \sin\alpha - \delta)^2}\right)\right)$$

In Bild 17 ist beispielhaft der Einfluss des Pleuelstangenverhältnisses und der Desachsierung gezeigt. Allerdings sind die Unterschiede bei üblichen Desachsierungswerten im Millimeterbereich ($\delta < 0{,}04$) deutlich kleiner.

Entwickelt man die Wurzelfunktion in eine Taylorreihe (um $x = 0$: Mac Laurin-Reihe) und ersetzt die Potenzen der Winkelfunktionen durch die mehrfach harmonischen Funktionen, kann man folgenden Ausdruck erhalten [4].

$$x = r\,[1 + \tfrac{1}{4}\lambda + \tfrac{3}{64}\lambda^3 + \ldots - \cos\alpha$$
$$- (\tfrac{1}{4}\lambda + \tfrac{3}{64}\lambda^3 + \ldots)\cos 2\alpha$$
$$+ (\tfrac{3}{64}\lambda^3 + \ldots)\cos 4\alpha + \ldots]\,.$$

Dieser Ausdruck zeigt, dass es höhere Harmonische aufgrund der Kurbeltriebskinematik gibt, die auch als Motorordnungen (Vielfache der Motordrehzahl) bezeichnet werden.

Da übliche Werte für λ um 0,3 liegen, vernachlässigt man gerne die λ-Glieder höherer Ordnung und geht für die weiteren Rechnungen von der folgenden vereinfachten Funktion aus:

Bild 17: Kolbenwegfunktion.
1 $\lambda = \infty$,
2 $\lambda = 0{,}3$,
3 $\lambda = 0{,}3$, $\delta = 0{,}1$.

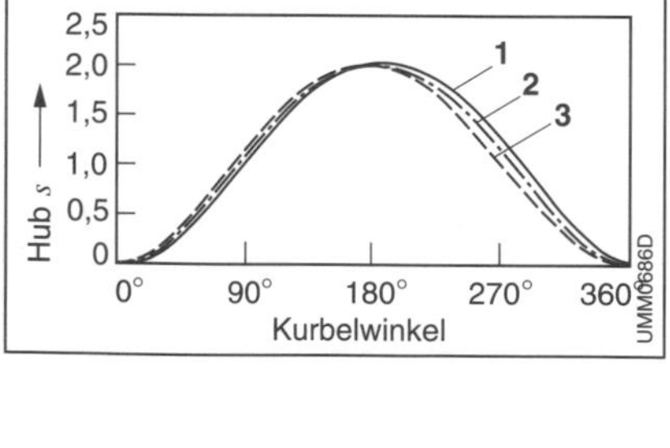

$$x = r\,[1 + \tfrac{1}{4}\lambda - \cos\alpha - \tfrac{1}{4}\lambda\cos 2\alpha\,]\,.$$

Diese Vereinfachung darf nicht angewendet werden, wenn detaillierte Schwingungsanalysen und Resonanzerscheinungen untersucht werden sollen.

Aus der vereinfachten Gleichung ergeben sich folgende Kolbengeschwindigkeiten v und -beschleunigungen a, wobei die Winkelgeschwindigkeit $d\alpha/dt = \omega = 2\pi n$ (n Drehzahl) eingeführt wurde:

$$v = r\omega\,(\sin\alpha + \tfrac{\lambda}{2}\sin 2\alpha)\,,$$
$$a = r\omega^2\,(\cos\alpha + \lambda\cos 2\alpha)\,.$$

Auch hier gibt es höhere Harmonische (Ordnungen), die bei Untersuchung von Resonanzen nicht außer Acht gelassen werden dürfen.

Triebwerkskinetik

Die auf das Triebwerk einwirkenden Kräfte und resultierenden Momente können zunächst ohne Massenkräfte wie folgt abgeleitet werden (Bild 16).

Die Kolbenbolzenkraft F_G resultiert als Gaskraft p_{KGH} aus dem Brennraumdruck und der Kolbenfläche A_K. Es gilt:

$$F_G = (p - p_{KGH})\,A_K\,.$$

Die Pleuelstangenkraft ergibt sich aus der vektoriellen Zerlegung der Kolbenbolzenkraft in Richtung Pleuelstange. Es gilt:

$$F_S = \frac{F_G}{\cos\beta} = \frac{F_G}{\sqrt{1 - \lambda^2\sin^2\alpha}}$$

Die Kolbennormalkraft F_N ist der vektorielle Anteil der Kolbenbolzenkraft normal zur Zylinderwand und zum Ausgleich der Pleuelstangenkraft:

$$F_N = F_G\tan\beta = \frac{F_G\,\lambda\sin\alpha}{\sqrt{1 - \lambda^2\sin^2\alpha}}\,.$$

Diese Kraft trägt erheblich zur Reibung des Kolbens an der Zylinderlaufbahn bei. Man bezeichnet die Seite, die nach dem oberen Totpunkt aufgrund des Verbrennungsdrucks vom Kolben berührt wird als Druckseite, die gegenüberliegende Seite entsprechend als Gegendruckseite. Die größte Reibung entsteht also kurz nach OT auf der Druckseite.

Die Tangentialkraft am Kurbelwellen-Hubzapfen trägt zu einer Beschleunigung der Kurbelwelle und damit zum Momentenaufbau an der Kurbelwelle bei. Sie entsteht aus der vektoriellen Zerlegung der Pleuelstangenkraft.

$$F_\mathrm{T} = \frac{F_\mathrm{G} \sin(\alpha+\beta)}{\cos\beta}$$
$$= F_\mathrm{G}\left(\sin\alpha + \frac{\lambda}{2} \sin 2\alpha/\sqrt{1-\lambda^2 \sin^2\alpha}\right).$$

Auch hier kann der Wurzelausdruck in einer Reihenentwicklung vereinfacht werden zu

$$F_\mathrm{T} \approx F_\mathrm{G}\,(\sin\alpha + \frac{\lambda}{2} \sin 2\alpha)\,.$$

Die Radialkraft F_R am Kurbelwellen-Hubzapfen beträgt:

$$F_\mathrm{R} = F_\mathrm{G} \frac{\cos(\alpha+\beta)}{\cos\beta}$$
$$= F_\mathrm{G}\left(\cos\alpha + \lambda \frac{\sin^2\alpha}{\sqrt{1-\lambda^2 \sin^2\alpha}}\right)$$

oder angenähert

$$F_\mathrm{R} \approx F_\mathrm{G}\,(\cos\alpha - \frac{\lambda}{2} + \frac{\lambda}{2} \cos 2\alpha)\,.$$

Die Massenkräfte können in oszillierende und rotierende Anteile aufgeteilt werden. Das Kolben-, Kolbenring- und Kolbenbolzengewicht m_K gehört zu dem oszillierenden Anteil und kann punktuell dem Kolbenbolzen zugeordnet werden.

Die Kurbelwellenwange mit Hubzapfen gehört zu dem rotierenden Anteil. Hier wird üblicherweise die Masse auf den Kurbelradius reduziert und punktförmig dem Hubzapfenmittelpunkt zugeordnet. Es gilt:

$$m_\mathrm{W} = \Sigma \frac{m_\mathrm{i}\, r_\mathrm{si}}{r},$$

wobei m_i der jeweilige Massenanteil von Wange, Zapfen usw. und r_si der entsprechende Schwerpunktradius ist.

Aufgrund der Schwenkbewegung des Pleuels ist es sinnvoll, die Pleuelmasse in einen oszillierenden und einen rotierenden Anteil aufzuteilen. Dies geschieht exakt bei bekanntem Pleuelmassenschwerpunkt und Massenträgheitsmoment durch Annahme zweier dynamisch gleicher Einzelmassen am kleinen und am großen Pleuelauge und durch Berechnung des Gleichgewichtsansatzes von Kraft, Moment und Massenträgheit. Üblicherweise kann ein Drittel der Pleuelmasse m_Pl als oszillierend und zwei Drittel als rotierend angenommen werden. Dann ergibt sich mit $m_\mathrm{o} = m_\mathrm{K} + 1/3\, m_\mathrm{Pl}$ als oszillierende Masse und der Kolbenbeschleunigung (s. u.) eine oszillierende Massenkraft zu:

$$F_\mathrm{o} \approx m_\mathrm{o}\, r\, \omega^2\, (\cos\alpha + \lambda \cos 2\alpha).$$

Die oszillierende Massenkraft wächst also quadratisch mit der Motordrehzahl ($\omega = 2\pi n$) und hat einen Anteil erster Ordnung und einen geringeren Anteil zweiter Ordnung.

Die rotierende Massenkraft ergibt sich als Fliehkraft aus der reduzierten Masse $m_\mathrm{r} = m_\mathrm{W} + 2/3\, m_\mathrm{Pl}$ und der Drehgeschwindigkeit zu:

$$F_\mathrm{r} = m_\mathrm{r}\, r\, \omega^2.$$

Die rotierende Massenkraft wächst ebenfalls mit dem Quadrat der Drehzahl, hat aber keine höheren Ordnungen. Deshalb kann die rotierende Massenkraft einfach durch Gegengewichte, die mit Motordrehzahl umlaufen, ausgeglichen werden. Die Drehungleichförmigkeiten der Kurbelwelle sind gegenüber diesen Kräften so gering, dass sie beim Massenausgleich vernachlässigt werden können.

Wie bei der Triebwerkskinematik gezeigt, treten aufgrund der Kurbeltriebsgeometrie höhere Harmonische – höhere Motorordnungen – auf. Neben der 1. und 2. Motorordnung nimmt allerdings der Betrag mit der 4. Ordnung und der höheren Anteile rasch ab und wird im Allgemeinen für einen Massenausgleich vernachlässigt.

Massenausgleich am Einzylindermotor

Der Anteil der rotierenden Massen am Einzylinder kann durch entsprechende Gegengewichte am Hubzapfen vollkommen ausgeglichen werden. Man sieht normalerweise beidseits gegenüber dem Hubzapfen Gewichte vor und muss lediglich mit dem Schwerpunktradius die Gewichte abgleichen. Die oszillierenden Kräfte können mit Kraftvektoren dargestellt werden (Bild 18), wenn sie gegensinnig rotierend mit jeweils halben Betrag modelliert werden.

Zum Ausgleich der oszillierenden Massenkräfte können also zwei gegenläufig drehende Wellen mit Gewichten eingesetzt werden. Die Horizontalkomponente hebt sich dann auf und zumindest die erste Ordnung der oszillierenden Massenkraftkomponente kann kompensiert werden.

Ein nahezu vollständiger Massenausgleich bedarf weiterer Ausgleichswellen, die mit doppelter Motordrehzahl drehen müssen, um den Anteil der zweiten Ordnung der oszillierenden Massenkomponente komplett auszugleichen.

Da der Aufwand von gegenläufig drehenden Wellen groß ist und zumindest bei der ersten Ordnung bereits nicht unerhebliche Gewichte in den Wellen realisiert werden müssten, wird oft ein Kompromiss eingegangen. Beispielsweise kann die Hälfte der oszillierenden Masse in die Gegenwichte integriert werden. Dann reduzieren sich die nach außen wirkenden freien Massenkräfte in Zylinderlängsrichtung um die Hälfte, es entstehen aber aufgrund der zu hohen rotierenden Anteile nun zusätzliche Querkräfte (siehe Tabelle 2). Man nennt eine solche hälftige Kompensation einen 50-%-Ausgleichsgrad. Üblich sind 100 % rotatorischer und 50 % oszillatorischer Massenausgleich.

Massenausgleich am Mehrzylindermotor

Die Massenkräfte eines Mehrzylindermotors setzen sich aus den Massenkräften jedes Einzelzylinders zusammen, die entsprechend der Kurbelwellenkröpfung überlagert sind. Zusätzlich entstehen aufgrund des Zylinderabstands freie Massenmomente. Tabelle 3 zeigt eine zusammenfassende Darstellung der

Bild 18: Vollkommener Massenausgleich 1. und 2. Ordnung am Einzylinder.

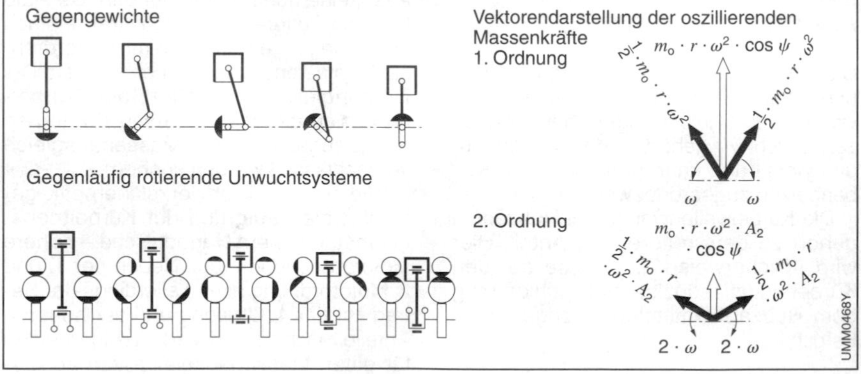

Tabelle 2: Massenausgleich am Einzylindermotor, abhängig vom Ausgleichsgrad.

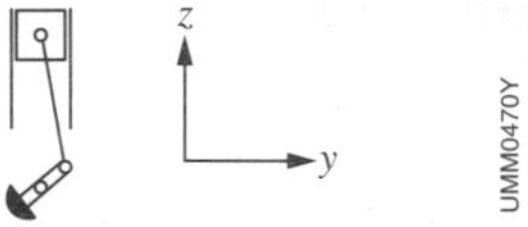		Ausgleichsgrad		
		0 %	50 %	100 %
Gegengewichtsgröße	$m_G \triangleq$	m_r	$m_r + 0{,}5 m_0$	$m_r + m_0$
Verbleibende Massenkraft (z) 1. Ordnung	$F_{1z} =$	$m_0 \cdot r \cdot \omega^2$	$0{,}5 \cdot m_0 \cdot r \cdot \omega^2$	0
Verbleibende Massenkraft (y) 1. Ordnung	$F_{1y} =$	0	$0{,}5 \cdot m_0 \cdot r \cdot \omega^2$	$m_0 \cdot r \cdot \omega^2$

möglichen, auftretenden Querkipp- und Längskippmomente sowie der freien Massenkräfte.

Der gegenseitige Ausgleich der Massenkräfte ist ein wesentlicher Gesichtspunkt für die Wahl der Kurbelanordnung (Kröpfungsfolge) und ist somit für die Bauform von Motoren entscheidend. Massenkraftgleichgewicht ist vorhanden, wenn der gemeinsame Schwerpunkt der bewegten Triebwerksteile in der Kurbelwellenmitte liegt, die Kurbelwelle also – von vorne betrachtet – symmetrisch aufgebaut ist. Man stellt dies mit dem Kurbelstern 1. und 2. Ordnung dar (Tabelle 4).

Für den Vierzylinder-Reihenmotor ergibt sich keine Symmetrie beim Kurbelstern 2. Ordnung. Damit sind freie Massenkräfte für diese Ordnung gegeben. Ihr Ausgleich kann durch zwei mit doppelter Kurbelwellendrehzahl gegenläufig drehende Ausgleichswellen erfolgen (Lanchester-Ausgleich).

Tabelle 5 zeigt eine Zusammenfassung der freien Kräfte und Momente aufgrund des Massenausgleichs für verschiedene Zylinderzahlen und Kröpfungsvarianten.

Drehkraft

Die bewegten Massen sind einer sich ständig ändernden Beschleunigung ausgesetzt. Dadurch entstehen Massenkräfte. Die zyklisch auftretenden Druckkräfte in den Zylindern werden Gaskräfte genannt. Beide bilden in Summe innere und äußere Kräfte und Momente. Die inneren Kräfte und Momente müssen durch die Bauteile, insbesondere Kurbel-

Tabelle 3: Querkipp- und Längskippmomente, freie Massenkräfte bei Mehrzylindermotoren.

Kräfte und Momente am Motor	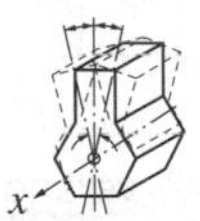	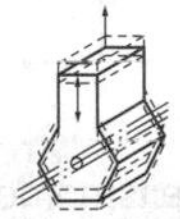	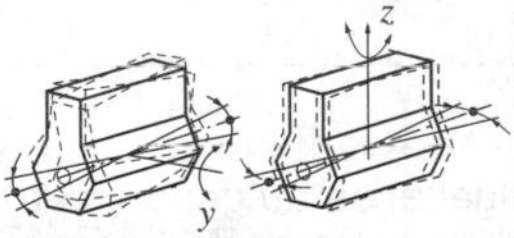	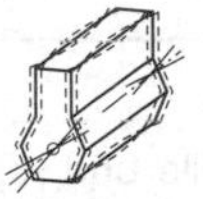 UMM0469Y
Bezeichnung	Wechseldrehmoment Querkippmoment Rückdrehmoment	Freie Massenkraft	Freies Massenmoment Längskippmoment um y-(Quer)Achse („Galoppierendes“ Moment) um z-(Hoch)Achse („Schlingerndes“ Moment)	Inneres Biegemoment
Ursache	Gas-Tangentialkräfte sowie Massen-Tangentialkräfte bei den Ordnungszahlen 1, 2, 3 und 4	Nicht ausgeglichene oszill. Massenkräfte 1. Ordnung bei 1- u. 2-Zylinder; 2. Ordnung bei 1-, 2- , 4-Zylinder	Nicht ausgeglichene oszill. Massenkräfte als Kräftepaar 1. und 2. Ordnung	Rotierende und oszillierende Massenkräfte
Einflussgrößen	Zylinderzahl, Zündabstände, Hubvolumen, p_i, ε, p_z, m_0, r, ω, λ	Zylinderzahl, Kurbelstern m_0, r, ω, λ	Zylinderzahl, Kurbelstern, Zylinderabstand, Gegengewichtsgröße beeinflusst Massenmoment-Anteile um y- und z-Achse m_0, r, ω, λ, a	Kröpfungsanzahl, Kurbelstern, Motorlänge, Gehäusesteifigkeit
Abhilfe	Beeinflussung nur in Ausnahmefällen möglich	Beseitigung der freien Massenwirkungen durch rotierende Ausgleichssysteme möglich, jedoch aufwendig und daher selten, Bevorzugung von Kurbelfolgen ohne oder mit nur geringen freien Massenwirkungen		Gegengewichte, steifes Motorgehäuse
	Abschirmung der Umgebung durch elastische Lagerung des Motors (insbesondere Ordnung ≥ 2)			

Tabelle 4: Kurbelstern bei Reihenmotoren.

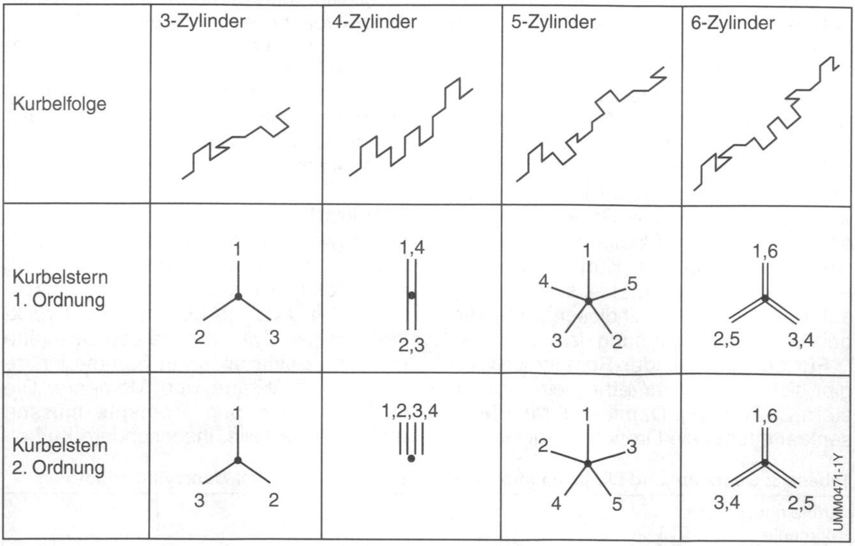
3-Zylinder
4-Zylinder
5-Zylinder
6-Zylinder
Kurbelfolge
Kurbelstern
1. Ordnung
1
2
3
1,4
2,3
1
4
5
3
2
1,6
2,5
3,4
Kurbelstern
2. Ordnung
1
3
2
1,2,3,4
1
2
3
4
5
1,6
3,4
2,5
UMM0471-1Y

welle und Kurbelgehäuse aufgenommen werden, während die äußeren Wirkungen über die Motorlager auf die Tragkonstruktion einwirken und Schwingungen in das Fahrgestell oder Motorfundament einleiten.

Fasst man die auf den Kolben wirkende, periodisch veränderliche Gaskraft und die periodischen Massenwirkungen der Triebwerksteile zusammen, so erzeugen sie am Kurbelzapfen eine Summe tangential wirkender Kraftkomponenten, die multipliziert mit dem Kurbelradius ein sich periodisch änderndes Drehmoment ergeben.

Bei Mehrzylindermotoren sind die Tangentialkraftverläufe der Einzelzylinder mit einer sich aus Zylinderzahl, Zylinderanordnung, Kurbelzapfenandordnung und Zündfolge ergebenden Phasenverschiebung einander zu überlagern. Der Summenverlauf ist charakteristisch für die Motorbauart und erstreckt sich über ein volles Arbeitsspiel (beim Viertaktmotor also über zwei Kurbelwellenumdrehungen, Bild 18). Er kann im Drehkraftdiagramm anschaulich dargestellt werden. Diese veränderliche Drehkraft und das daraus resultierende Drehmoment erzeugt je nach vorliegendem Trägheitsmoment J eine veränderliche Drehgeschwindigkeit ω:

$$\frac{d\omega}{dt} = \frac{M(t)}{J}$$

mit allen dann überlagerten und neu entstehenden Motorordnungen (es gibt auch halbe Ordnungen). Man nennt diese Abweichung von der Drehzahlkonstanz den Ungleichförmigkeitsgrad und definiert ihn zu:

$$\delta_S = \frac{\omega_{max} - \omega_{min}}{\omega_{min}}.$$

Durch Energiespeicher, wie zum Beispiel eine Schwungradmasse, wird dieser Ungleichförmigkeitsgrad auf ein der Anwendung gerechtes Maß reduziert. Die Torsionsschwingungen, die auf die gezeigte Drehkraft zurückgeführt werden können, nennt man auch Torsionsschwingungen 1. Grades. Davon zu unterscheiden sind die (hochfrequenten) Torsionsschwingungen aufgrund von elastischen Verformungen und Eigenresonanzen der Kurbelwelle (siehe Tabelle 5), die dann 2. Grades genannt werden.

Tabelle 5: Freie Kräfte und Momente 1. und 2. Ordnung sowie Zündabstände bei den gebräuchlichsten Motorbauarten.

$F_r = m_r\, r\, \omega^2$ $\quad F_1 = m_0\, r\, \omega^2 \cos\alpha$ $\quad F_2 = m_0\, r\, \omega^2\, \lambda \cos 2\alpha$

Zylinder-anordnung	Freie Kräfte 1. Ordnung [1]	Freie Kräfte 2. Ordnung	Freie Momente 1. Ordnung [1]	Freie Momente 2. Ordnung	Zündabstände
3-Zylinder					
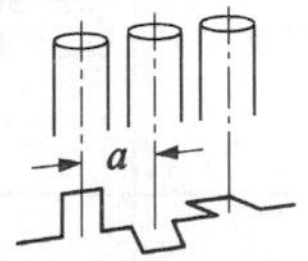 Reihe, 3 Kröpfungen VM384-01	0	0	$\sqrt{3} \cdot F_1 \cdot a$	$\sqrt{3} \cdot F_2 \cdot a$	240°/240°
4-Zylinder					
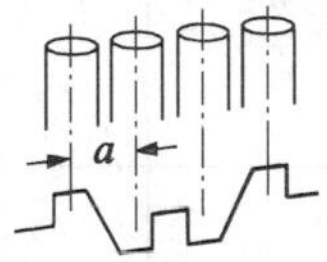 Reihe, 4 Kröpfungen VM384-02	0	$4 \cdot F_2$	0	0	180°/180°
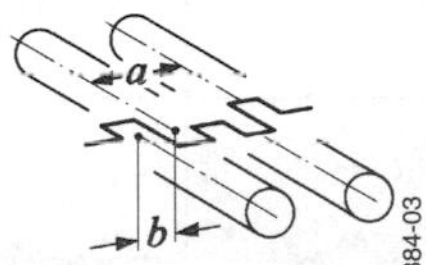 Boxer, 4 Kröpfungen VM384-03	0	0	0	$2 \cdot F_2 \cdot b$	180°/180°
5-Zylinder					
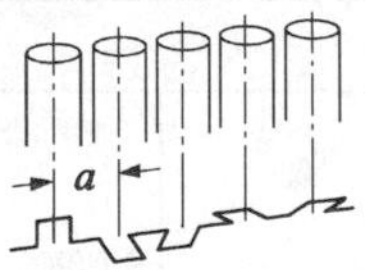 Reihe, 5 Kröpfungen VM384-05	0	0	$0{,}449 \cdot F_1 \cdot a$	$4{,}98 \cdot F_2 \cdot a$	144°/144°
6-Zylinder					
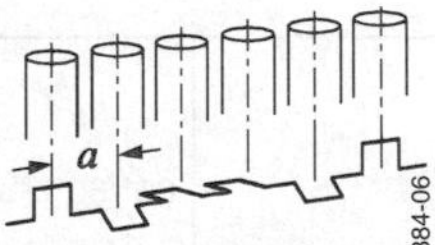 Reihe, 6 Kröpfungen VM384-06	0	0	0	0	120°/120°

[1] Ohne Gegengewichte.

Tabelle 5 (Fortsetzung): Freie Kräfte und Momente 1. und 2. Ordnung sowie Zündabstände bei den gebräuchlichsten Motorbauarten.

Zylinderanordnung	Freie Kräfte 1. Ordnung [1]	Freie Kräfte 2. Ordnung	Freie Momente 1. Ordnung [1]	Freie Momente 2. Ordnung	Zündabstände
6-Zylinder (Fortsetzung)					
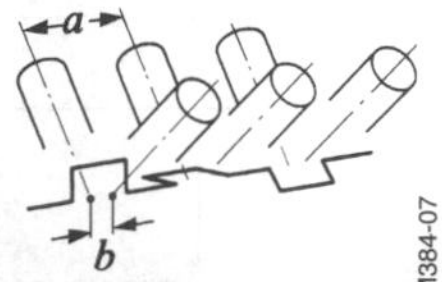 V 90°, 3 Kröpfungen VM384-07	0	0	$\sqrt{3} \cdot F_1 \cdot a$ [2]	$\sqrt{6} \cdot F_2 \cdot a$	150°/90° 150°/90°
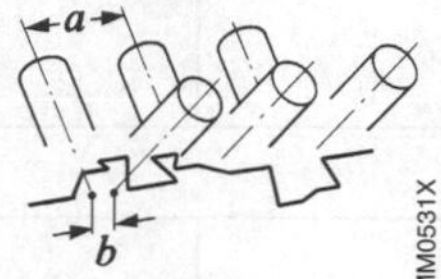 Normalausgleich V 90°, 3 Kröpfungen, 30° versetzte Hubzapfen UMM0531X	0	0	$0{,}4483 \cdot F_1 \cdot a$	$(0{,}966 \pm 0{,}256) \cdot \sqrt{3} \cdot F_2 \cdot a$	120°/120°
 Boxer, 6 Kröpfungen VM384-08	0	0	0	0	120°/120°
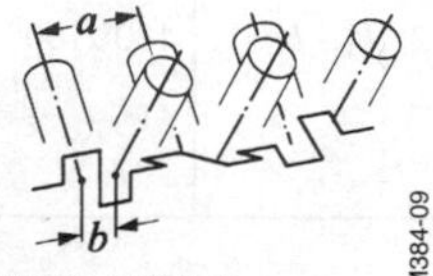 V 60°, 6 Kröpfungen VM384-09	0	0	$3 \cdot F_1 \cdot a/2$	$3 \cdot F_2 \cdot a/2$	120°/120°
8-Zylinder					
 V 90°, 4 Kröpfungen in zwei Ebenen VM384-10	0	0	$\sqrt{10} \cdot F_1 \cdot a$ [2]	0	90°/90°
12-Zylinder					
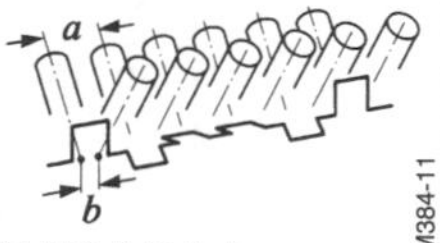 V 60°, 6 Kröpfungen VM384-11	0	0	0	0	60°/60°

[1] Ohne Gegengewichte, [2] Durch Gegengewichte voll ausgleichbar.

Tribologie und Reibung

Der Kolben mit Kolbenringen und Laufbahn stellt ein in sich geschlossenes und hoch komplexes tribologisches System dar. Analog gilt dies auch für den Kolbenbolzen und die Gleitlager der Kurbelwelle. Aufgrund der sich periodisch ändernden Krafteinwirkung sowohl in seinem Betrag als auch in seiner Richtung, sind detaillierte Simulationsansätze notwendig.

Um Verschleißfreiheit sicherstellen zu können, ist ein hydrodynamischer Schmierfilm aufzubauen, der höher ist als die Oberflächenrauigkeiten beider Gleitpartner (siehe auch Stribeck-Kurve). Der Ölfilm liegt entweder im Schmierspalt bereits vor (Gleitlager mit Druckölversorgung) oder muss als Ölkeil dynamisch aufgebaut werden (balliger Kolbenring an Laufbuchse). Allerdings bricht der Ölkeil immer dann zusammen, wenn die Relativgeschwindigkeit der Gleitpartner zu Null wird. Dies ist bei Kolbenringen jeweils bei den Kolbenumkehrpunkten (oberer und unterer Totpunkt) der Fall, beim Kolbenbolzen zwischen diesen Stellungen. Es ist deshalb auch darauf zu achten, dass ausreichend Ölhaltevolumen in den Oberflächen der Gleitpartner gehalten werden kann, um in der kurzen Zeit des Stillstands über Adhäsionskräfte soviel Öl zu halten, dass ein Fressen vermieden bzw. erhöhter Verschleiß minimiert werden kann. Beim tribologischen System Kolben ist dies die Laufbahnhonung, beim Kolbenbolzen die Ausformung des Kolbenbolzenlagers.

Auf Newton geht der Ansatz zurück, dass die Reibung zwischen zwei aneinander grenzenden Ölelementen nahezu unabhängig vom herrschenden Druck und nur proportional der Geschwindigkeitsänderung von einem Element zum nächsten ist.

$$\tau = \frac{\eta \, dv}{dz} .$$

$\tau = F/A$ Schubspannung,
F Schubkraft,
A Berührungsfläche,
v Geschwindigkeit,
z Koordinatenrichtung normal zur Geschwindigkeitsrichtung v.

Bild 19: Druckkräfte bei eindimensionalem Spannungszustand.

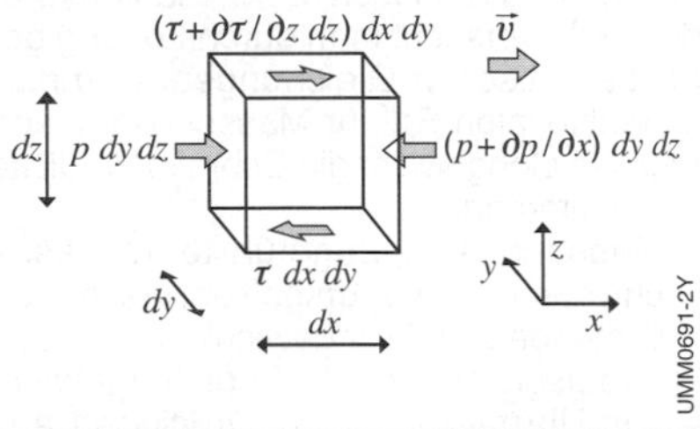

Mitunter wird auch die kinematische Viskosität ν verwendet, die der auf die Dichte bezogenen dynamischen Viskosität entspricht und definiert ist durch

$$\nu = \frac{\eta}{\rho} \ [\mathrm{m^2/s}].$$

Die dynamische Viskosität η [N s/m^2 oder Pa·s] nimmt stark mit der Temperatur ab. Es ist darauf zu achten, dass die Öltemperatur eine Viskosität η sicherstellt, die genügend Scherspannung ermöglicht, um einen tragenden Ölfilm aufzubauen. Außerdem ist für eine genügend hohe Relativgeschwindigkeit v der Gleitpartner zu sorgen. Man erkennt aus der Formel, dass die hydrodynamische Scherspannung zusammenbricht, wenn die Geschwindigkeit zu Null wird (Umkehrpunkt des Kolbens, Schwenkwinkelende des kleinen Pleuelauges). Weiterhin erkennt man, dass der Schmierfilm Δy nicht zu groß werden darf, da sonst die Scherspannung zu klein wird und der Schmierfilm reißt.

Das Kräftegleichgewicht für den vereinfachten Fall eines eindimensionalen Spannungszustands in x-Richtung (Bild 19) zeigt, dass $\partial p/\partial x = \partial \tau/\partial z$ gelten muss und damit $\partial p/\partial x = \eta \, \partial^2 v/\partial z^2$. Damit ist zum einen gezeigt, dass der Druckverlust einer Strömung von der Viskosität und der Geschwindigkeit abhängig ist. Außerdem kann das Geschwindigkeitsprofil damit abgeleitet werden.

Aufgrund der Haftungsbedingung, die besagt, dass die Geschwindigkeit des Öls an der Wand identisch ist mit der Wandgeschwindigkeit, baut sich eine Geschwindigkeitsverteilung (bei laminarer Strömung linear) und eine Druckverteilung im Schmierspalt auf (siehe Gleitlager).

Mit Hilfe der (thermo-)elasto-hydrodynamischen Simulation (EHD, Elastohydrodynamik) versucht man durch Lösung der mathematischen Gleichungen im mehrdimensionalen Fall für Massenbilanz und Impulsgleichgewicht die Schmierfilmdicke zu bestimmen.

- Massenbilanz: Zugeführte Ölmasse und durch den Lagerspalt entweichende Ölmenge im Gleichgewicht.
- Impulsgleichung: Kräftegleichgewicht aus Normalspannung (Druckkraft aus Öldruck), Scherspannung (Zähigkeitskraft aus Ölviskosität) inklusive scheinbarer Zähigkeitsspannungen aufgrund turbulenter Strömung und der Trägheitskraft (Beschleunigungskomponente).

Das Gleichungssystem ist als Reynoldssche Differentialgleichung oder Navier-Stokes-Gleichung zur Lösung des Strömungsproblems bekannt. Durch Einsatz einer Finiten-Element-Simulation werden die Lagerverformungen mit hinzugenommen und die hoch komplexen, weil gekoppelten Gleichungen numerisch gelöst.

Da der Öldruck in den Lagern (> 100 bar) im Allgemeinen den statischen Öldruck durch die Ölpumpe (< 10 bar) bei weitem übersteigt, ist ausreichend Öl in den Lagern sicherzustellen. Dies geschieht durch Druckölbohrungen und spezielle Nuten bei Gleitlagern oder durch Vorspannkräfte bei den Kolbenringen.

Man versucht zwischenzeitlich auch den Fall der Mischreibung simulativ zu behandeln. In einer erweiterten Reynolds'schen Differentialgleichung wird der Einfluss der Oberflächenfeingeometrie (Berücksichtigung der Rauigkeit auf die Mikrohydrodynamik durch „Flusstensoren") berücksichtigt. Über Kontaktdruckmodelle rauer Oberflächen kann neben den hydrodynamischen Traganteilen dann auch der Festkörpertraganteil ermittelt und entsprechend berücksichtigt werden. An Modellen zur Ermittlung des Einlaufverhaltens von Reibpartnern wird intensiv gearbeitet. Damit kann dann letztendlich auch das Verschleißverhalten abgeschätzt werden.

Da die Scherspannungen und damit auch die Reibkräfte proportional der Geschwindigkeit sind, ist der Reibanteil der Kolbengruppe an den Totpunkten und der Anteil der Kolbenbolzenlagerung gering. Vielmehr sind hier die Verschleißkennwerte entscheidend.

Gleitlager

Die im Verbrennungsmotor am häufigsten anzutreffenden Lager sind Gleitlager. Sowohl Kurbelwellen-Grundlager, Kurbelzapfen- oder großes Pleuellager, Kolbenbolzenlager und Nockenwellenlager sind im Allgemeinen ölgeschmierte Gleitlager (siehe Gleitlager).

Es ist sowohl bei geteilten Lagern (Kurbelwelle, Pleuel) als auch bei ungeteilten Lagern (Kolbenbolzen, Nockenwelle) auf genaue Auslegung der Sitzpressung zu achten, damit ein Klemmen und ein Mitdrehen auch bei höheren Temperaturen oder unter Notschmierungsbedingungen vermieden wird. Aber auch eine Materialüberlastung ist sicher zu unterbinden.

Der Schmierspalt der Kurbelwellen-Hauptlager ändert sich aufgrund der sich ständig ändernden Lagerkräfte (siehe auch Triebwerksauslegung). Dadurch wird eine Art Pumpwirkung erzeugt und das Öl im Lager ständig erneuert.

Die Schwenkbewegung des Pleuels bewirkt in der Kolbenaufwärtsbewegung eine vergrößerte, in der Kolbenabwärtsbewegung eine verringerte relative Geschwindigkeit im Schmierspalt des großen Pleuellagers oder Kurbelzapfens. Allein dadurch wird ein Pumpen von Öl in den Ölspalt bewirkt. Weiterhin bewirken natürlich periodisch wechselnde Kräfte auf das Lager eine ständige Positionsänderung des Pleuels und unterstützen damit den Schmierfilmdruckaufbau.

Am oberen, kleinen Pleuellager liegt lediglich eine Schwenkbewegung vor. Die Ölversorgung ist deshalb besonders wichtig, aber schwierig darzustellen. Eine Mischreibung kann praktisch nicht vermieden werden. Bei einer schwimmenden Bolzenlagerung (Lager im Kolben und Pleuel), macht der Bolzen eine leichte Drehbewegung im Kolbenlager von nur wenigen Grad – auch hier ist eine gute Ölfüllung der Lager sicherzustellen.

Bild 20: Raugkeitswerte und Ölfimtheorie (Rauigkeitsdefinitionen siehe DIN 4760 [5]).
1 Kolben, 2 Ölfilm, 3 Laufbuchse.

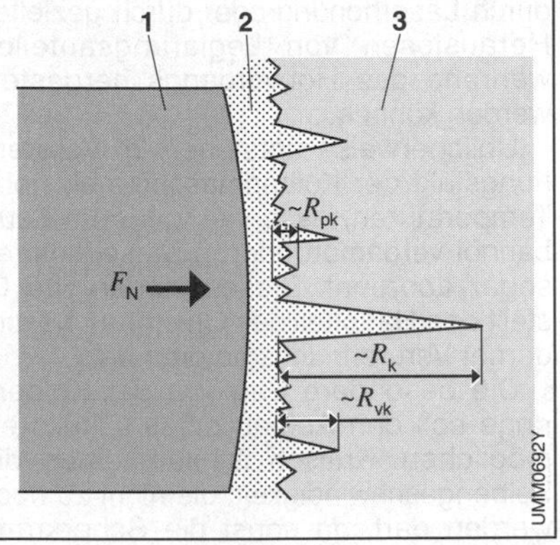

Im Allgemeinen wird Öl als Spritzöl zugeführt, zum Teil auch über eine besondere Fangbohrung oder über eine Druckölversorgung aus der Kurbelwelle über Nuten des Kurbelzapfenlagers und einer Steigbohrung im Pleuel.

Wälzpaarungen

Kugel-, Rollen- oder Nadellager werden bei Zweitaktmotoren oder mitunter bei Nockenwellen eingesetzt (siehe Wälzlager).

Eine Besonderheit stellt ein Rollenschlepphebel oder die Rolle eines Einspritzpumpenelements dar. Das System aus drehender Rolle und bewegtem Nocken stellt eine Wälzpaarung mit Linienberührung dar. Charakteristische Belastungsgrößen sind die Stribeck'sche Wälzpressung:

$$K = \frac{F}{D_l\, l_{eff}},$$

F Kraftbelastung,
$\varphi = D_l / D$ Schmiegungsbeiwert,
D_l Ersatzdurchmesser,
D Rollendurchmesser,
l_{eff} wirksame Rollenbreite.

Der wirksame Ersatzdurchmesser D_l ergibt sich aus dem momentanen Krümmungsradius des Nockens R_{Nocke} und dem Rollenradius R_{Rolle}:

$$D_l = 2\,\frac{R_{Nocke}\, R_{Rolle}}{R_{Nocke} + R_{Rolle}}.$$

Er berücksichtigt die Schmiegung der beiden abrollenden Partner.

Weiterhin ist die Hertz'sche Pressung p_{Hertz} relevant:

$$p_{Hertz} = \sqrt{\frac{KE}{2{,}86}}.$$

mit Elastizitätsmodul E:

$$E = 2\,\frac{E_{Nocke}\, E_{Rolle}}{E_{Nocke} + E_{Rolle}}.$$

Durch leichte Schrägstellung der Rolle zur Nocke oder durch Desachsierung der Hubfunktion kann sichergestellt werden, dass sich ein Ölkeil aufbauen kann und die Rolle sich kontinuierlich dreht. Bei hoch belasteten Wälzpaarungen ist die „Grübchenbildung" ein typisches Überlastungszeichen. Sie ist die Folge von molekularen Verformungen des Metalls und eventuell Einlagerung von Öl, was zu extrem hohen örtlichen Drücken und plastischen Verformungen oder Materialabtragungen führt. Härtere Werkstoffe und eine Reduzierung der Belastung verringern die Neigung zur Grübchenbildung.

Kolbenring und Laufbahn

Die Kolbenringe stellen mit der Laufbahn ein komplexes tribologisches System dar. Zum einen ist die Anpresskraft der Kolbenringe stark abhängig vom Zylinderdruck und damit vom Kurbelwinkel und Arbeitstakt. Zum anderen führen die Kolbenringe in ihren Nuten axiale Sekundärbewegungen aus, die ebenfalls eine deutliche Rückwirkung auf die Schmierfilmdicke haben.

Das Öl wird im Allgemeinen als Spritzöl auf die Laufbahn aufgebracht (Panschen der Kurbelwelle oder Spritzöl zur Kolbenkühlung und Bolzenschmierung) und über den Ölabstreifring als dünner Film zurückgelassen. Das Ölhaltevolumen der Laufbuchse ist von der Ausgestaltung der Honung abhängig. Dazu gehört neben der Rauigkeit (Riefentiefe) auch das Honungsmuster (Kreuzriefenwinkel).

Die Honung der Laufbahn hat zwei Funktionen; zum einen soll sie mithilfe ausreichend tiefer Honriefen sicherstellen, dass Öl aufgrund der Adhäsionskräfte genügend lange gehalten werden kann (Bild 20). Auf der anderen Seite sollen die Oberflächenrauigkeiten so gering sein, dass eine Berührung mit dem Kolbenring vermieden wird. Kennzeichnend für die Honung werden verschiedene Rauigkeitswerte verwendet, die übergeordnet in DIN 4760 [5] und detailliert in DIN EN ISO 13565 [6] genormt sind. Für den Anfangsverschleiß und die anfängliche Reibung ist der R_{pk}-Wert („reduzierte Spitzenhöhe", zur Erklärung siehe Norm DIN 4760 und DIN EN ISO 11562 [7] bzw. DIN EN ISO 13565) ausschlaggebend – allerdings wird durch den Einlauf der Wert schnell drastisch minimiert (beispielsweise von wenigen Mikrometer auf 0,2 ... 0,8 µm). Der R_{vk}-Wert (1,0...3,5 µm) stellt den entscheidenden Parameter für das mögliche Ölhaltevolumen nach Einlauf dar. Es ist zu beachten, dass die Honung üblicherweise ein kreuzförmiges Riefensystem darstellt. Dadurch stellen die Riefen ein kommunizierendes Öl-Kanalsystem dar und der Öldruck wird teilweise aus dem Spalt weggedrückt, gestattet dadurch aber auch eine gleichmäßige Verteilung des Ölfilms über der Oberfläche. Flache Honwinkel (das ist der Winkel, den die kreuzartigen Riefen bilden) verringern den Anteil weggedrückten Öls, neigen aber zu Fressern aufgrund unbefriedigender axialer Ölverteilung. Steile Honwinkel führen zu erhöhtem Ölverbrauch. Üblich sind Honwinkel zwischen 30° und 90°.

In den Kolbenumkehrpunkten kommt es auf jeden Fall zu Mischreibung. Zumindest in diesem Bereich sind Mikro-Öltaschen gewünscht, die beispielsweise durch Laserhonung oder durch gezieltes Herauslösen von Legierungsanteilen während des Honvorgangs hergestellt werden können.

Üblicherweise entstehen im Verbrennungstakt der Kolbenmaschine so hohe Temperaturen, dass viel von dem Laufbahnöl verdampft oder in Dieselmotoren sogar abbrennt. Dieses verdampfte Öl stellt den Hauptteil des Ölverbrauchs moderner Verbrennungsmotoren dar.

Die besondere Bauform der Kolbenringe soll den Aufbau eines Ölkeils ermöglichen. Kritisch ist zum einen die Kolbengeschwindigkeit, die nicht zu hoch werden darf, da sonst die Scherkräfte nicht mehr vom Öl aufgenommen werden können und der Ölfilm reißt. Zum anderen sind die Umkehrpunkte, insbesondere beim oberen Totpunkt, hinsichtlich Verschleißes als kritisch einzustufen.

Erfahrungswerte und Berechnungsunterlagen

Kenngrößen

Kraftstoffverbrauch

Bild 1 zeigt in einem Diagramm neun verschiedene spezifische Verbräuche über dem effektiven Mitteldruck p_{me}. Da p_{me} proportional in die Gleichung der Energie ($E_E = i p_{me} V_H$; $i = 1$ für Zweitakter, $i = 0{,}5$ für Viertakter) eingeht, wächst der absolute Verbrauch mit steigendem p_{me}. Dieser Sachverhalt wird beispielsweise von der Geraden 1 gezeigt.

Die spezifischen Verbräuche steigen von den Geraden 1 bis 9. Das heißt, beim ersten Prozess wird zum Gewinnen von 1 kWh Energie 200 g Kraftstoff benötigt. Bei 9 wird für 1 kWh bereits 500 g Kraftstoff aufgewendet.

Die y-Achse ist auf das Arbeitsspiel und das Hubvolumen (Hubraum) normiert. Das bedeutet, dass die Energie E_E direkt von p_{me} abhängt. Steigt p_{me}, so steigt die Energie. Wenn die Energie zunimmt, wird mehr Kraftstoff benötigt. Nimmt man einen bestimmten p_{me} – z.B. 15 bar, was einer definierten Energie entspricht – so braucht man bei der Geraden 5 deutlich mehr Kraftstoff als bei der Geraden 1 (etwa 120 mg gegenüber 80 mg), um die gleiche Menge mechanische Energie zu erzeugen. Dies ist auch durch die Steigung der Geraden erkennbar.

Charakteristische Kennwerte von Otto- und Dieselmotoren.

Tabelle 1 zeigt charakteristische Kennwerte im Vergleich von Otto- und Dieselmotor. Aufällig sind zunächst die großen Drehzahlunterschiede zwischen Otto- und Dieselmotor. Auch die Verdichtungsverhältnisse sind – prozessbedingt – beim Dieselmotor deutlich höher als beim Ottomotor. Aufgrund des höheren Kompressionsdrucks sind größere Mitteldrücke p_{me} möglich. Da Dieselmotoren geringere Drehzahlen erreichen, haben diese eine geringere Hubraumleistung (Leistung pro Hubraum). Durch die geringere Hubraumleistung und das aus Haltbarkeitsgründen resultierende höhere Gewicht haben Dieselmotoren das höhere Leistungsgewicht (Fahrzeugmasse pro Leistung). Aufgrund des geringeren Verdichtungsverhältnisses hat der Ottomotor einen nachteiligen spezifischen Verbrauch.

Drehmomentlage

Als Drehmomentlage wird die Lage des maximalen Drehmoments ($n_{Md,max}$) im Drehzahlniveau (Bild 1), bezogen auf die Nennleistungsdrehzahl (n_{nenn}) in Prozent

Bild 1: Kraftstoffverbrauch.
1 200 g/kWh, 2 220 g/kWh, 3 240 g/kWh,
4 260 g/kWh 5 280 g/kWh, 6 300 g/kWh,
7 350 g/kWh, 8 400 g/kWh, 9 500 g/kWh.

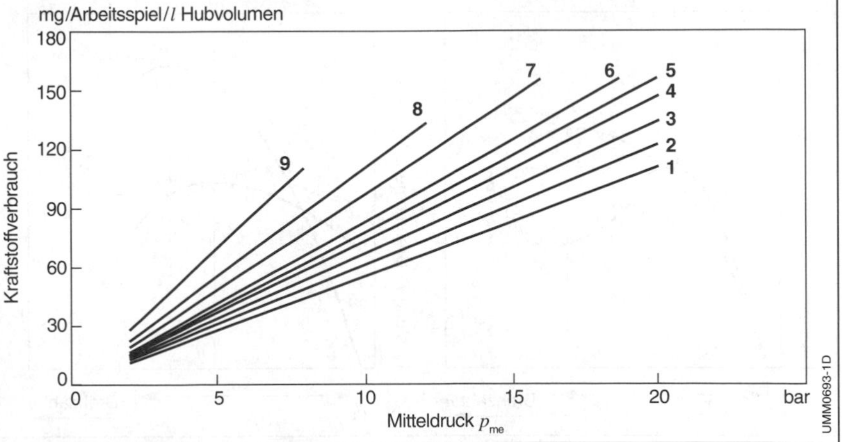

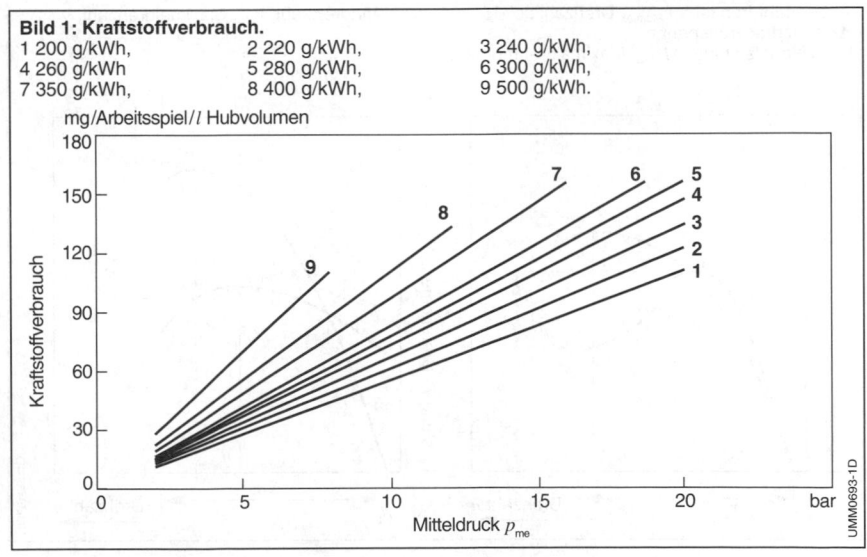

bezeichnet ($n_{Md,max}/n_{nenn}$). Typische Werte siehe Tabelle 2.

Nutzdrehzahlspanne
Die Nutzdrehzahlspanne Δn zeigt den Bereich, in dem ein Motor betrieben wird. Zum Beispiel hat ein Ottomotor mit einer Maximaldrehzahl n_{max} von 7000 min^{-1} und einer Leerlaufdrehzahl von 800 min^{-1} eine Nutzdrehzahlspanne von 6200 min^{-1}. Die Angaben der Nutzdrehzahlspanne in Tabelle 2 sind in Tausend min^{-1} angegeben.

Drehmomentanstieg
Der Drehmomentanstieg ΔM_d bezeichnet die Differenz zwischen dem maximalen

Tabelle 1: Vergleichsdaten.

Motortyp und Anwendung			Drehzahl n_{nenn} min^{-1}	Verdichtungsverhältnis ε	Max. Mitteldruck p_{me} bar	Hubraumleistung kW/l	Leistungsgewicht kg/kW	Spezifischer Kraftstoffverbrauch g/kWh	Drehmomentüberhöhung %
Ottomotoren	Motorräder	4-Takt	5000…13000	9…12	9…13	50…150	2,5…0,5	230…280	10…15
Ottomotoren	Pkw	SM	5000…8000	9…13	11…14	40…80	2,0…0,8	220…270	15…20
Ottomotoren		AM/LLK	5000…7500	9…12	15…22	60…110	1,5…0,5	220…250	20…40
Dieselmotoren	Pkw, Transporter	AM/LLK	3500…4500	18…22	12…20	35…55	3,0…1,3	200…220	20…40
Dieselmotoren	Nfz	AM/LLK	1800…2600	15…18	18…24	25…40	4,0…2,5	180…210	20…40

SM Saugmotor; AM Aufgeladener Motor; LLK Ladeluftkühlung

Bild 2: Typischer Leistungs- und Drehmomentverlauf.
a) Dieselmotor mit Abgasturboaufladung,
b) Ottomotor (Saugmotor).
n_L Leerlaufdrehzahl, $n_{Md,max}$ Drehzahl bei $M_{d,max}$, n_{nenn} Nenndrehzahl, n_{max} Maximaldrehzahl,
Δn Nutzdrehzahlspanne,
P_{nenn} Nennleistung, $M_{d,max}$ Maximaldrehmoment.

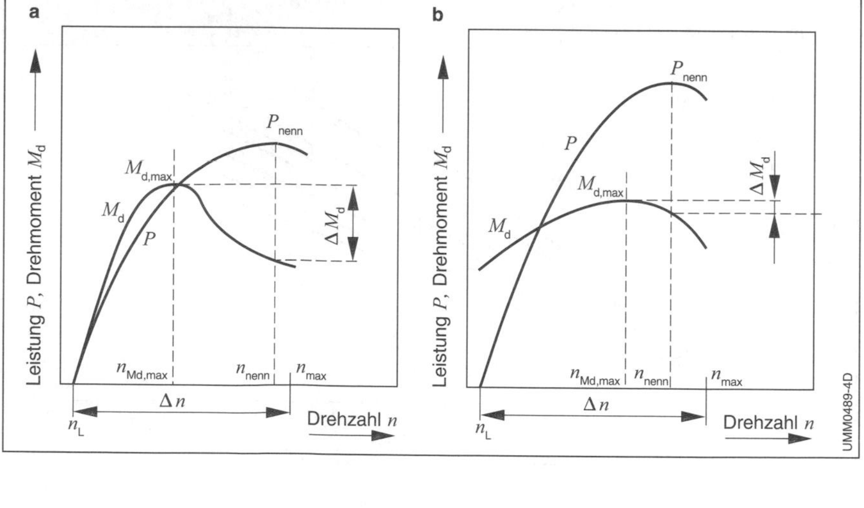

Drehmoment $M_{d,max}$ und dem Drehmoment im Nennleistungspunkt. Die Werte in Tabelle 3 sind in Prozent angegeben.

Drehmomentüberhöhung
Die Drehmomentüberhöhung ist die Steigung der Drehmomentkurve zwischen maximalem Drehmoment und dem Drehmoment bei Nennleistung.

Motorleistung und Luftzustand
Der Wärmeinhalt einer Zylinderfüllung bestimmt im Wesentlichen das Drehmoment eines Verbrennungsmotors und damit auch seine Leistung. Ein unmittelbares Maß für den Wärmeinhalt ist die Luftmenge einer Zylinderfüllung (genauer die Sauerstoffmenge). Die Vollleistungsänderung eines Motors lässt sich aus der Zustandsänderung der Umgebungsluft (Temperatur, Druck, Feuchtigkeit) berechnen, wenn außer der Motordrehzahl auch das Luft-Kraftstoff-Verhältnis, der Zylinderfüllungsgrad, der Verbrennungswirkungsgrad und die Motorverlustleistung gleich bleiben. Das Luft-Kraftstoff-Gemisch wird bei abnehmender Luftdichte fetter. Der Zylinderfüllungsgrad (Verhältnis Druck im Zylinder bei Ansaugende zu Druck der Umgebungsluft) bleibt nur bei voll geöffneten Regelorganen (Vollleistung) für jeden Luftzustand gleich. Der Verbrennungswirkungsgrad sinkt in kalter, dünner Luft wegen geringerer Verdampfung und Durchwirbelung und wegen langsamerer Verbrennung. Die Motorverlustleistung (Reibungsverluste + Gaswechselarbeit + Laderleistung) verringert die indizierte Leistung.

Tabelle 2: Typische Werte für Nutzdrehzahlspanne und Drehmomentlage.

Motorart		Nutzdrehzahlspanne Δn_N ($\times 1\,000$ min^{-1})	Drehmomentlage [Prozent]
Dieselmotor	Pkw	3,5...5	15...40
	Nfz	1,8...3,2	10...60
Ottomotor		4...7	25...35

Tabelle 3: Typische Werte für den Drehmomentanstieg.

Motorart		Drehmomentanstieg ΔM_d [Prozent]
Dieselmotor Pkw	AM und LLK	25...35
Dieselmotor Nfz	AM und LLK	25...40
Ottomotor	Saugmotor	25...30
	AM und LLK	30...35
AM Aufgeladener Motor; LLK Ladeluftkühlung		

Einfluss des Luftzustands
Je schwerer (dichter und kälter) die den Motor umgebende Luft ist, desto mehr Luft wird angesaugt oder aufgeladen und desto größer ist die Motorleistung. Als Faustformel gilt: Je 100 m Höhenzunahme sinkt die Motorleistung um etwa 1 %. Kalte Luft wird in den Ansaugleitungen je nach Motorbauart mehr oder weniger vorgewärmt und damit verdünnt. Luftvorwärmung verringert die Motorleistung. Feuchte Luft enthält weniger Sauerstoff als trockene Luft und ergibt deshalb eine geringere Motorleistung. Die Abnahme ist im Allgemeinen vernachlässigbar gering. Bei feuchtwarmer Luft in den Tropen kann die Luftfeuchte die Motorleistung aber fühlbar herabsetzen.

Leistungsdefinition
Nutzleistung ist die Leistung eines Motors, die bei entsprechender Drehzahl an der Kurbelwelle oder einer Hilfseinrichtung (z.B. dem Getriebe) abgenommen wird. Bei Abnahme über ein Getriebe ist dessen Verlustleistung der Motorleistung hinzuzufügen.

Die Nennleistung ist die größte Nutzleistung des Motors unter Volllastbedingungen. Die Nettoleistung entspricht der Nutzleistung.

Um unabhängig von den atmosphärischen Bedingungen über dem Tages- beziehungsweise Jahresgang sowie verschiedenen Herstellern vergleichbare Leistungsangaben zu erhalten, werden die gemessenen Leistungswerte auf bestimmte Bezugswerte umgerechnet, indem man die gemessene Luftdichte und damit die arbeitende Luftmasse im Motor auf eine bei den zugrunde gelegten „Normalbedingungen“ herrschende Luftmasse umrechnet.

Tabelle 4: Leistungskorrekturfaktoren.

Ottomotoren, Saug- und Aufladebetrieb			
		EWG 80/1269 [9], JIS D 1001 [10], SAE J 1349 [11]	DIN 70020 [12]
Korrektur-faktor	α_a	$\alpha_a = A^{1,2} \cdot B^{0,5}$ $A = 99/p_{PT}$ $B = T_p/298$	$\alpha_a = A \cdot B^{0,5}$ $A = 101,3/p_{PF}$ $B = T/293$
Korrigierte Leistung: $P_0 = \alpha_a P$ (kW) (P gemessene Leistung)			
Dieselmotoren			
Atmosph. Korrektur-motorenfaktor	f_a	$f_a = A^{0,7} \cdot B^{1,5}$ ($A = 99/p_{PT}$; $B = T_p/298$) (Turboladermotoren mit/ohne Ladeluftkühlung).	wie α_a bei Ottomotoren
Motor-korrektur-faktor	f_m	$40 \le q/r \le 65$: $f_m = 0,036\,(q/r) - 1,14$ $q/r < 40$: $f_m = 0,3$ $q/r > 65$: $f_m = 1,2$	$f_m = 1$
$r = p_L/p_E$ Druckverhalten der Aufladung, mit p_L absoluter Ladedruck, p_E absoluter Druck vor Verdichter, q spez. Kraftstoffverbrauch (SAE J 1349, [8]), p_{PT} Barometerdruck trocken, p_{PF} Barometerdruck absolut, T_P Prüfstandstemperatur. 4-Takt-Motoren: $q = 120\,000\,F/DN$; 2-Takt-Motoren: $q = 60\,000\,F/DN$, mit F Kraftstoffdurchsatz [mg/s], D Hubvolumen [l]; N Motordrehzahl [min^{-1}].			
Korrigierte Leistung: $P_0 = P\,f_a^{f_m}$ (kW) (P gemessene Leistung).			

Die Gegenüberstellung in Tabelle 4 enthält die wichtigsten Faktoren für diese Leistungskorrekturen.

Hubvolumen
Das Hubvolumen – auch als Hubraum bezeichnet – wird durch die gesamte vertikale Bewegung des Kolbens multipliziert mit dem Zylinderdurchmesser gekennzeichnet. Als V_h wird das Hubvolumen eines einzelnen Zylinders gekennzeichnet. Das Hubvolumen V_H eines Motors entspricht der Summe aller Hubvolumen V_h seiner Zylinder.

Kompressionsvolumen
Das Kompressionsvolumen V_c entspricht dem Verdichtungsraum im Zylinder, wenn sich der Kolben im oberen Totpunkt befindet.

Brennraum
Der Brennraum ergibt sich aus der Summe aus Hubvolumen und Kompressionvolumen.

Verdichtungsverhältnis
Das Verdichtungsverhältnis beschreibt das Verhältnis des Brennraumvolumens wenn der Kolben im unteren Totpunkt steht zu dem Volumen wenn der Kolben im oberen Totpunkt steht.

Kolbenbewegung
Die Kolbenbewegung ist eine Funktion des Kurbelwinkels. Sie ist über eine Umdrehung nicht gleichmäßig und variiert. So bewegt sich der Kolben von OT Richtung UT bis 90 °KW nach OT schneller abwärts als von 90 ° bis UT. Die mittlere Kolbengeschwindigkeit ist die durchschnittliche Geschwindigkeit der Kolbenbewegung über eine vollständige Umdrehung.

Wirkungsgrad
Der Wirkungsgrad beschreibt das Verhältnis der mechanisch abgegebenen Leistung zur chemisch durch den Kraftstoff zugeführten Energie.

Berechnungen
Die Tabelle 6 zeigt Berechnungsformeln für einige Größen im Motor. Die Größengleichungen sind allgemeingültig, in die Zahlenwertgleichungen werden die Zahlenwerte in der angegebenen Einheit eingesetzt. Diese Gleichungen werden in der Praxis gerne angewandt.

In Tabelle 5 sind die häufig verwendeten Größen mit ihren Einheiten dargestellt.

Tabelle 5: Größen und Einheiten

Größe		Einheit
a_K	Kolbenbeschleunigung	m/s²
B	Kraftstoffverbrauch	kg/h; dm³/h
b_e	spez. Kraftstoffverbrauch	g/kWh
d	Zylinderdurchmesser	mm
d_v	Ventildurchmesser	mm
F	Kraft	N
F_G	Gaskraft im Zylinder	N
F_N	Kolbenseitenkraft	N
F_o	oszillierende Massenkraft	N
F_r	rotierende Massenkraft	N
F_s	Stangenkraft	N
F_T	Tangentialkraft	N
M	Moment	Nm
M_o	oszillierende Momente	Nm
M_r	rotierende Momente	Nm
M_d	Drehmoment des Motors	Nm
m_p	Leistungsgewicht	kg/kW
n	Motordrehzahl	min⁻¹
n_p	Drehzahl der Einspritzpumpe	min⁻¹
P	Leistung	kW
P_{eff}	Nutzleistung	kW
P_H	Hubraumleistung	kW/dm³
p	Druck	bar
p_c	Verdichtungsenddruck	bar
p_e	mittlerer Kolbendruck (Mitteldruck, mittlerer Arbeitsdruck)	bar
p_L	Ladedruck	bar
p_{max}	Spitzendruck im Zylinder	bar
r	Kurbelhalbmesser	mm
s_d	Einspritzquerschnitt der Düse	mm²
S, s	Hub allgemein	mm
s	Kolbenhub	mm
s_f	Füllungshub eines Zylinders (2-Takt)	mm
s_F	Füllungshub 2-Takt-Motor	mm
S_k	Kolbenabstand vom OT	mm
S_s	Schlitzhöhe bei 2-Takt-Motor	mm
T	Temperatur	° C, K
T_c	Verdichtungsendtemperatur	K
T_L	Ladelufttemperatur	K
T_{max}	Spitzentemperatur im Brennraum	K
t	Zeit	s
V	Volumen	m³

Größe		Einheit
V_c	Verdichtungsraum eines Zylinders	dm³
V_E	Einspritzmenge je Pumpenhub	mm³
V_f	Füllungsvolumen eines Zylinders (2-Takt)	dm³
V_F	Füllungsvolumen des 2-Takt-Motors	dm³
V_h	Hubvolumen eines Zylinders	dm³
V_H	Hubvolumen des Motors	dm³
v	Geschwindigkeit	m/s
v_d	mittlere Geschwindigkeit des Einspritzstrahls	m/s
v_g	Gasgeschwindigkeit	m/s
v_m	mittl. Kolbengeschwindigkeit	m/s
v_{max}	max. Kolbengeschwindigkeit	m/s
z	Zylinderzahl	–
β	Schwenkwinkel der Pleuelstange	°
ε	Verdichtungsverhältnis	–
η	Wirkungsgrad	–
η_e	effektiver Wirkungsgrad	–
η_{th}	thermischer Wirkungsgrad	
ν, n	Polytropenexponent von realen Gasen	–
ρ	Dichte	kg/m³
φ, α	Kurbelwinkel (φ_o = oberer Totpunkt)	°
ω	Winkelgeschwindigkeit	rad/s
λ	$= r/l$ Pleuelstangenverhältnis	–
λ	Luftverhältnis, Luftzahl	–
κ	$= c_p/c_v$ Adiabatenexponent idealer Gase	–

Indizes

0, 1, 2, 3, 4, 5	Prozess-/Eckwerte
o	oszillierend
r	rotierend
1., 2.	1., 2. Ordnung
A	Konstante

Umrechnung von Einheiten

1 g/PS·h	= 1,36 g/kWh
1 g/kWh	= 0,735 g/PS·h
1 kpm	= 9,81 Nm ≈ 10 Nm
1 Nm	= 0,102 kpm ≈ 0,1 kpm
1 PS	= 0,735 kW
1 kW	= 1,36 PS
1 at	= 0,981 bar ≈ 1 bar
1 bar	= 1,02 at ≈ 1 at

Tabelle 6: Berechnungsgleichungen.

Größengleichungen	*Zahlenwertgleichungen*
Hubvolumen Hubvolumen eines Zylinders $V_h = \frac{\pi d^2 s}{4}$ (4-Takt); $V_f = \frac{\pi d^2 s_f}{4}$ (2-Takt) Hubvolumen des Motors $V_H = V_h z$ (4-Takt); $V_F = V_f z$ (2-Takt)	$V_h = 0{,}785 \cdot 10^{-6} d^2 s$ V_h in dm^3, d in mm, s in mm $V_H = 0{,}785 \cdot 10^{-6} d^2 s z$ V_H in dm^3, d in mm, s in mm
Verdichtung Verdichtungsverhältnis $\varepsilon = \frac{V_h + V_c}{V_c}$ Verdichtungsenddruck $p_c = p_o \varepsilon^{\nu}$ Verdichtungsendtemperatur $T_c = T_o \varepsilon^{\nu - 1}$	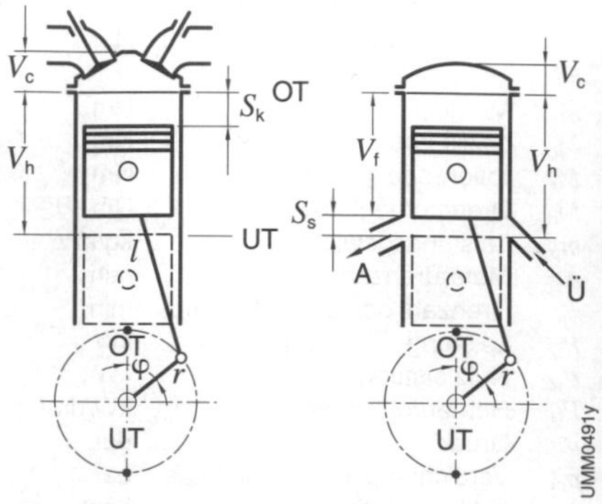 4-Takt-Motor 2-Takt-Motor
Kolbenbewegung Kolbenabstand vom oberen Totpunkt $S_k = r\left[1 + \frac{l}{r} - \cos\varphi - \sqrt{\left(\frac{l}{r}\right)^2 - \sin^2\varphi}\right]$ Kurbelwinkel $\varphi = 2\pi n t$ (φ in rad) Kolbengeschwindigkeit (Näherung) $v \approx 2\pi n r\left(\sin\varphi + \frac{r}{2l}\sin 2\varphi\right)$ Mittlere Kolbengeschwindigkeit $v_m = 2 n s$ Größte Kolbengeschwindigkeit (ungefähr, wenn Pleuelstange den Kurbelkreis tangiert; $a_k = 0$)	$\varphi = 6 n t$ φ in °, n in min^{-1}, t in s $v \approx \frac{n s}{19100}\left(\sin\varphi + \frac{r}{2l}\sin 2\varphi\right)$ v in m/s, n in min^{-1}, l, r und s in mm $v_m = \frac{n s}{30000}$ v_m in m/s, n in min^{-1}, s in mm

l/r	3,5	4	4,5
v_{max}	1,63 v_m	1,62 v_m	1,61 v_m

Kolbenbeschleunigung (Näherung) $a_k \approx 2\pi^2 n^2 s\left(\cos\varphi + \frac{r}{l}\cos 2\varphi\right)$	$a_k \approx \frac{n^2 s}{182400}\left(\cos\varphi + \frac{r}{l}\cos 2\varphi\right)$ a_k in m/s^2, n in min^{-1}, l, r und s in mm

Tabelle 6: Berechnungsgleichungen (Fortsetzung).

Größengleichungen	*Zahlenwertgleichungen*
Gasgeschwindigkeit Mittlere Gasgeschwindigkeit im Ventilquerschnitt $v_g = \frac{d^2}{d_v^2}\, v_m$	$v_g = \frac{d^2}{d_v^2} \cdot \frac{n s}{30\,000}$ v_g in m/s, d, d_v, und s in mm, n in min⁻¹
Motorleistung $P = M\omega = 2\pi M n$ $P_{eff} = V_H\, p_e\, \frac{n}{K}$ $K = 1$ für 2-Takt-Motor $K = 2$ für 4-Takt-Motor Hubraumleistung (Literleistung) $P_H = \frac{P_{eff}}{V_H}$ Leistungsgewicht $m_p = \frac{m}{P_{eff}}$	$P = \frac{M n}{9549}$ P in kW, M in N m (= W s), $P_{eff} = \frac{V_H p_e n}{K \cdot 600} = \frac{M_d n}{9549}$ P_{eff} in kW, p_e in bar, n in min^{-1} M_d in N m $P = \frac{M n}{716{,}2}$ P in PS, M in kp · m, n in min^{-1}

Tabelle 6: Berechnungsgleichungen (Fortsetzung).

Größengleichungen		*Zahlenwertgleichungen*	
Mittlerer Kolbendruck (Mitteldruck, mittlerer Arbeitsdruck)			
4-Takt-Motor	2-Takt-Motor	4-Takt-Motor	2-Takt-Motor
$p = \frac{2P}{V_H n}$	$p = \frac{2P}{V_H n}$	$p = 1200 \frac{P}{V_H n}$	$p = 600 \frac{P}{V_H n}$
		p in bar, P in kW, V_H in dm³, n in min⁻¹	
		$p = 882 \frac{P}{V_H n}$	$p = 441 \frac{P}{V_H n}$
		p in bar, P in PS, V_H in dm³, n in min⁻¹	
$p = \frac{4\pi M}{V_H}$	$p = \frac{2\pi M}{V_H}$	$p = 0{,}1257 \frac{M}{V_H}$	$p = 0{,}0628 \frac{M}{V_H}$
		p in bar, M in Nm, V_H in dm³	
Drehmoment des Motors			
$M_d = \frac{V_H P_e}{4\pi}$	$M_d = \frac{V_H P_e}{4\pi}$	$M_d = \frac{V_H P_e}{0{,}12566}$	$M_d = \frac{V_H P_e}{0{,}06284}$
		M_d in Nm, V_H in dm³, p_e in bar	
		$M_d = 9549 \frac{P_{eff}}{n}$	
		M_d in Nm, P_{eff} in kW, n in min⁻¹	
Kraftstoffverbrauch			
B = Messwert in kg/h $b_e = \frac{B}{P_{eff}}$ $b_e = \frac{1}{H_u \eta_e}$		B in dm³/h oder kg/h V_B = Messvolumen auf dem Prüfstand t_B = Stoppzeit für den Messvolumenverbrauch $b_e = 3600 \frac{V_b \rho_B}{t_b P_{eff}}$ ρ_B = Dichte des Brennstoffs in g/cm³, t_B in s, V_B in cm³, P_{eff} in kW.	
Wirkungsgrad			
$\eta_{th} = 1 - \varepsilon^{1-k}$ $\eta_e = \frac{P_{eff}}{B H_u}$		$\eta_e = \frac{x}{b_e}$ $x = 82$ für $H_u = 44$ $x = 86$ für $H_u = 42$ $x = 90$ für $H_u = 40$ $x = 120$ für $H_u = 30$ H_u spezifischer Heizwert in MJ/kg b_e spezifischer Kraftstoffverbrauch in g/kWh	

Bild 3: Hubvolumen und Verdichtungsraum.
Das Diagramm gilt für das Hubvolumen V_h und den Verdichtungsraum V_c des einzelnen Zylinders und für das Gesamthubvolumen V_H und den Gesamtverdichtungsraum V_C.

UMM0492-1D

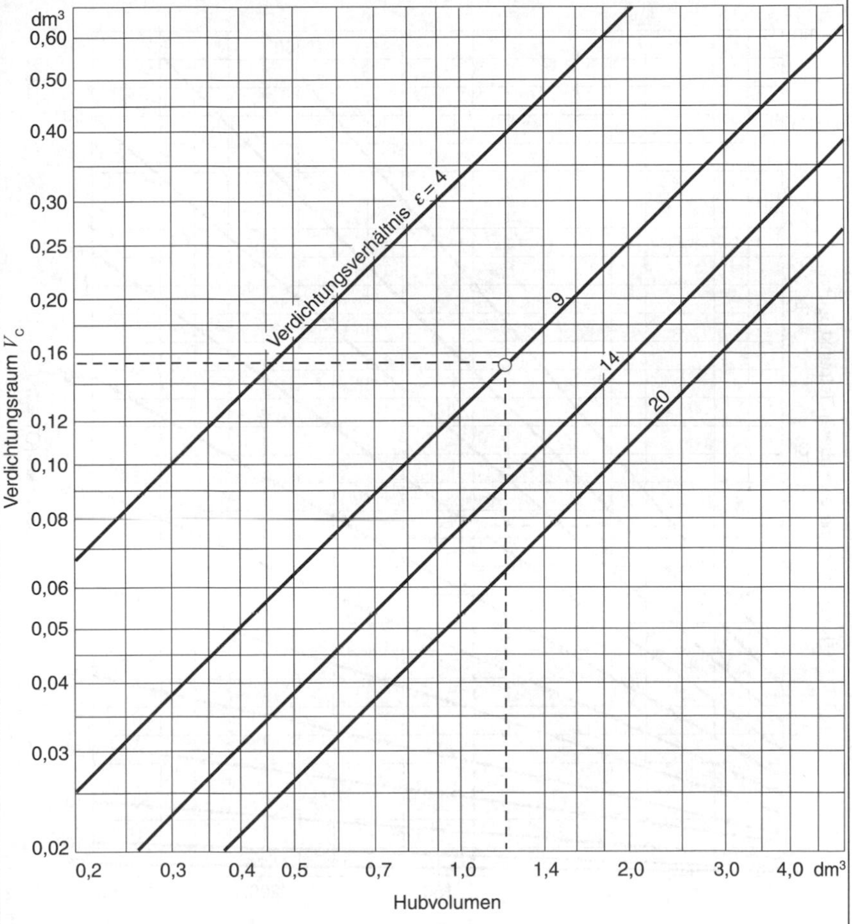

Hubvolumen und Verdichtungsraum
In Bild 3 ist auf der x-Achse das Hubvolumen abgebildet, auf der y-Achse der Verdichtungsraum. Die Geraden zeigen Linien mit konstantem Verdichtungsverhältnis. Mit steigendem Hubvolumen steigt auch der Verdichtungsraum. Wird das Verdichtungsverhältnis angehoben, muss bei gleichem Hubvolumen der Verdichtungsraum kleiner werden.

Ein Motor mit einem Hubvolumen von 1,2 dm³ und einem Verdichtungsverhältnis $\varepsilon = 9$ hat einen Verdichtungsraum von ca. 0,15 dm³.

Bild 4: Kolbenabstand vom oberen Totpunkt.
Umrechnung von Kurbelwinkelgrad in mm Kolbenweg.

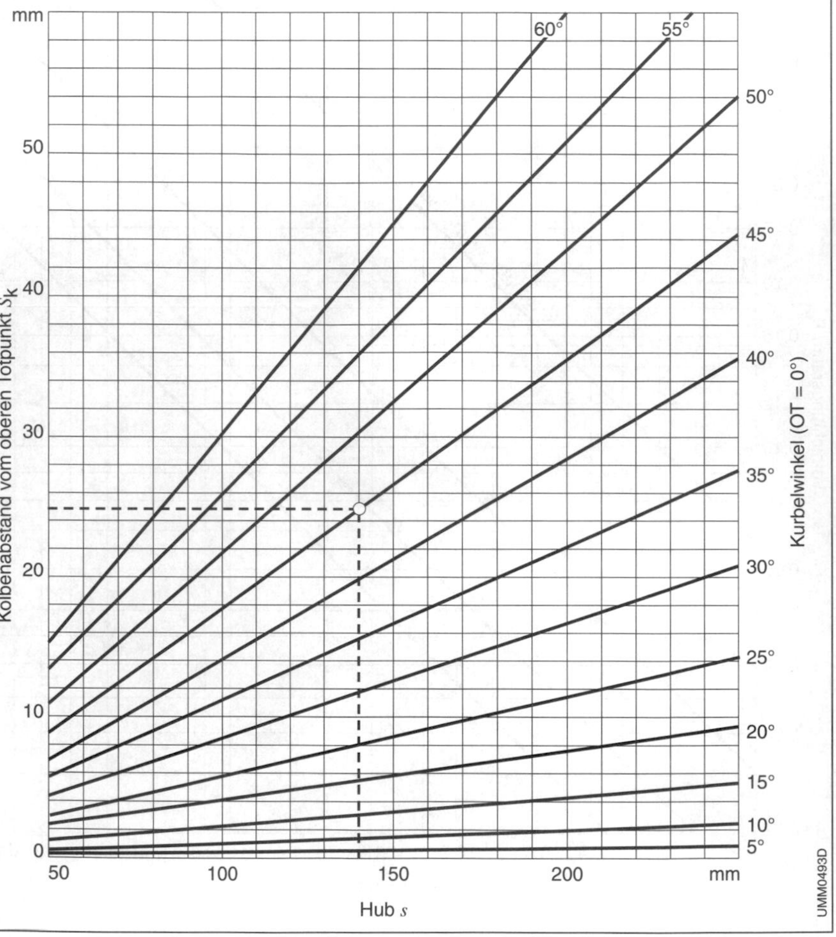

Ermittlung des Kolbenabstands

Beispiel

Für einen Hub von 140 mm ist bei 45 °KW der Kolbenabstand vom oberen Totpunkt 25 mm (Bild 4).

Dem Diagramm liegt ein Kurbelverhältnis l/r = 4 zugrunde (l Pleuelstangenlänge, r halber Hub). Es gilt aber mit guter Annäherung (Fehler kleiner als 2 %) für alle Kurbelverhältnisse l/r zwischen 3,5 und 4,5.

Bild 5: Kolbengeschwindigkeit.

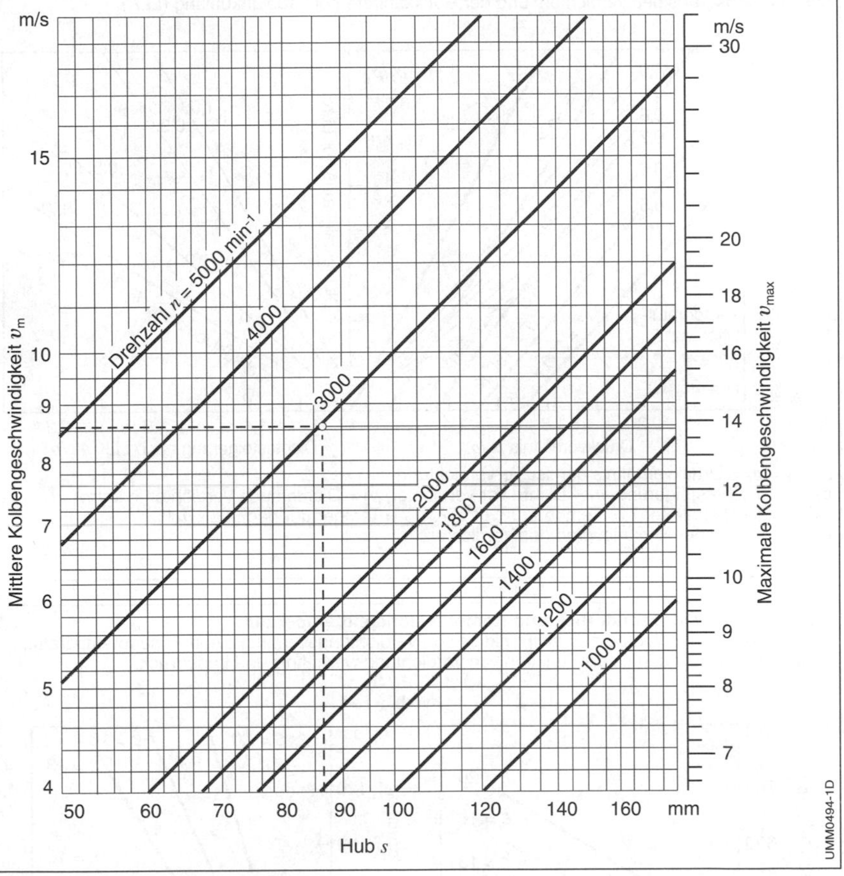

Ermittlung der Kolbengeschwindigkeit

Die x-Achse in Bild 5 zeigt den Hub in Millimeter. Die linke y-Achse zeigt die mittlere und die rechte y-Achse die maximale Kolbengeschwindigkeit. Des Weiteren sind Linien von konstanter Drehzahl eingezeichnet. Deutlich zu erkennen ist, dass mit steigendem Hub beide Kolbengeschwindigkeiten ansteigen. Das gleiche gilt für steigende Drehzahlen.

Beispiel

Für den Hub s = 86 mm und bei einer Drehzahl von n = 3000 min^{-1} ist die mittlere Kolbengeschwindigkeit v_m = 8,7 m/s und die maximale Kolbengeschwindigkeit v_{max} = 13,8 m/s.

Dem Diagramm ist $v_{max} = 1{,}62\, v_m$ zugrunde gelegt.

Bild 6: Dichtesteigerung der Verbrennungsluft im Zylinder bei Aufladung.

Dichtesteigerung bei Aufladung als Funktion des Druckverhältnisses im Verdichter, des Wirkungsgrads des Verdichters und der Rückkühlrate bei Ladeluftkühlung (LLK).

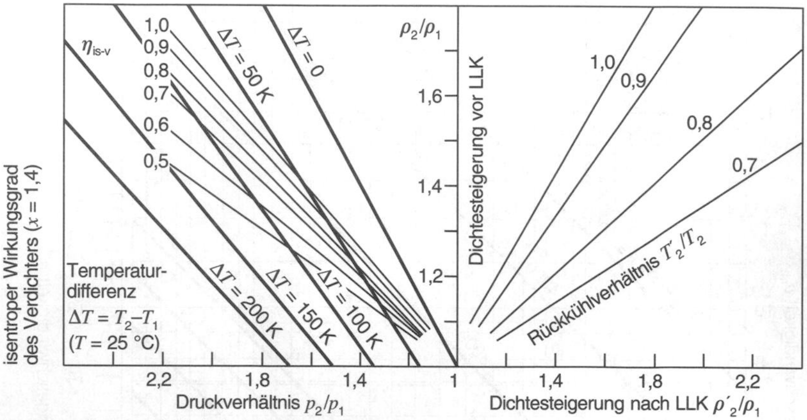

$p_2/p_1 = \pi_c$ = Druckverhältnis bei der Vorverdichtung
ρ_2/ρ_1 = Dichtesteigerung, ρ_1 = Dichte vor Verdichter, ρ_2 = Dichte nach Verdichter in kg/m³
T_2'/T_2 = Rückkühlrate, T_2 = Temperatur vor LLK, T_2' = Temperatur nach LLK in K
η_{is-v} = isentroper Wirkungsgrad des Verdichters

UMM0495-3D

Bild 7: Kompressionsenddruck und Kompressionsendtemperatur.
a) Kompressionsendtemperatur als Funktion von Verdichtungsverhältnis und Ansaugtemperatur,
b) Kompressionsenddruck als Funktion von Verdichtungsverhältnis und Ladedruck.

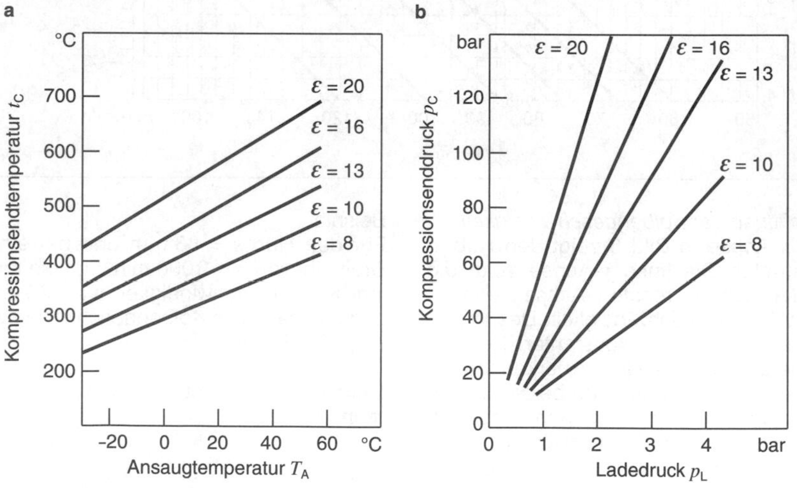

$t_c = T_c - 273{,}15$ K, $T_c = T_A\,\varepsilon^{n-1}$, $n = 1{,}35$

$p_c = p_L\,\varepsilon^n$, $n = 1{,}35$

UMM0496-2D

Ermittlung der Dichtesteigerung der Verbrennungsluft
Bild 6 zeigt, dass mit steigendem Druckverhältnis, je nachdem wie stark die Luft erhitzt wird und im Ladeluftkühler abgekühlt wird, die Dichte des Gases zunimmt. Je heißer das Gas nach dem Ladeluftkühler, desto geringer fällt die Dichtesteigerung aus.

Ermittlung des Kompressionsenddrucks
Bild 7a zeigt auf der x-Achse die Ansaugtemperatur und auf der y- Achse die Kompressionsendtemperatur. Zusätzlich sind Linien eines konstanten Verdichtungsverhältnisses eingezeichnet. Zu sehen ist, dass mit steigender Ansaugtemperatur die Kompressionsendtemperatur steigt. Das gleiche gilt für steigende Verdichtungsverhältnisse, wobei hier die Geradensteigung mit höherem Verdichtungsverhältnis steigt. Diese Grafik zeigt auf, warum ein Senken des Verdichtungsverhältnisses die Klopfneigung reduzieren kann.

Bild 7b zeigt den Kompressionsenddruck als Funktion von Verdichtungsverhältnis und Ladedruck. Steigen beide, steigt auch der Kompressionsenddruck. Allerdings ist durch Erhöhen des Verdichtungsverhältnisses ein signifikanter Einfluss auf den Kompressionsenddruck zu sehen.

Literatur

[1] H. Hütten: Motoren – Technik, Praxis, Geschichte. Motorbuch-Verlag, Stuttgart, 1997.
[2] DIN 73021: Bezeichnung der Drehrichtung, der Zylinder und der Zündleitungen von Kraftahrzeugmotoren.
[3] ISO 1204: Hubkolben-Verbrennungsmotoren – Bezeichnung der Drehrichtung, der Zylinder und der Ventile in Zylinderköpfen und Definition der Rechts- und Links-Reihenmotoren und der Motorseiten.
[4] I. Bronstein; K. Semendjajew: Taschenbuch der Mathematik. 7. Aufl., Verlag Harri Deutsch, 2008.
[5] DIN 4760: Gestaltabweichungen; Begriffe, Ordnungssystem.
[6] DIN EN ISO 13565: Geometrische Produktspezifikationen (GPS) – Oberflächenbeschaffenheit: Tastschnittverfahren – Oberflächen mit plateauartigen funktionsrelevanten Eigenschaften
[7] DIN EN ISO 11562: Geometrische Produktspezifikationen (GPS) – Oberflächenbeschaffenheit: Tastschnittverfahren – Messtechnische Eigenschaften von phasenkorrekten Filtern.
[8] SAE J 1349: Engine Power Test Code Spark Ignition and Compression ignition As Installed Net Power Rating.
[9] Richtlinie 80/1269/EWG des Rates vom 16. Dezember 1980 zur Angleichung der Rechtsvorschriften der Mitgliedstaaten über die Motorleistung von Kraftfahrzeugen.
[10] JIS D 1001: Road vehicles - Engine power test code.
[11] SAE J 1349: Engine Power Test Code Spark Ignition and Compression ignition As Installed Net Power Rating.
[12] DIN 70020: Straßenfahrzeuge – Kraftfahrzeugbau.

Abgasemissionen

Historische Maßnahmen

Die Bemühungen zur Luftreinhaltung sind ein ganz wesentlicher Bestandteil des Umweltschutzes. Ihre Erfolge seit Mitte des 20. Jahrhunderts sind insbesondere der wissenschaftlichen Analyse der Schadstoffentstehung und der daraus abgeleiteten Weiterentwicklung des Verbrennungsprozesses, der konsequenten Verbesserung der Kraftstoffqualität, sowie der technischen Entwicklung der Abgasnachbehandlung zu verdanken.

Smog und Saurer Regen sind noch heute gebräuchliche Schlagworte aus der zweiten Hälfte des 20. Jahrhunderts. Eine in jener Zeit massiv von Smog betroffene Region war der US-Bundesstaat Kalifornien. Um die Luftverunreinigung in den Ballungszentren wie Los Angeles zu mindern, erließ Kalifornien bereits in den frühen 1960er-Jahren erste Gesetze (siehe [1]). Andere Staaten folgten dem kalifornischen Beispiel. 1970 verabschiedete die Europäische Gemeinschaft ihrerseits erste Emissionsvorschriften. Diese gesetzgeberischen Maßnahmen veranlassten Automobilhersteller dazu, Kraftfahrzeuge in den betroffenen Märkten mit Systemen zur Abgasnachbehandlung auszustatten. Bis heute entstand daraus ein nahezu weltumspannender Markt für Abgasnachbehandlungssysteme.

Bestandteile des motorischen Abgases

Hauptbestandteile

In Verbrennungsmotoren entstehen bei der Verbrennung des Kraftstoffs verschiedene Verbrennungsprodukte. Das Abgas besteht überwiegend aus den ungiftigen Hauptbestandteilen

- Stickstoff N_2 (Bestandteil der angesaugten Luft),
- Wasserdampf H_2O,
- Kohlendioxid CO_2,
- Sauerstoff O_2 (bei Dieselmotoren und mager betriebenen Ottomotoren).

Kohlendioxid ist als natürlicher Bestandteil der Luft in der Atmosphäre vorhanden und wird in Bezug auf die Abgasemissionen bei Kraftfahrzeugen nicht als Schadstoff eigestuft. Es gilt jedoch als Mitverursacher für den Treibhauseffekt und die damit verbundene globale Klimaveränderung. Der CO_2-Gehalt in der Atmosphäre ist seit der Industrialisierung um rund 40 % auf ca. 400 ppm gestiegen.

Die Menge des freigesetzten Kohlendioxids ist direkt proportional zum Kraftstoffverbrauch. Die Maßnahmen zur Reduzierung des Kraftstoffverbrauchs werden deshalb immer bedeutender.

Schadstoffe

Die oben genannten Bestandteile sind die Komponenten des Abgases, die bei einer vollständigen, idealen Verbrennung reinen Kraftstoffs – das heißt bei der vollständigen Verbrennung des Kraftstoffs mit Sauerstoff ohne unerwünschte Nebenreaktionen – entstehen würden. Im realen Fahrbetrieb entstehen jedoch auch Nebenbestandteile.

Der Anteil der bei der Verbrennung entstehenden Nebenbestandteile hängt stark vom Motorbetriebszustand ab. Beim Ottomotor beträgt der Anteil im Rohabgas (Abgas nach der Verbrennung, vor der Abgasnachbehandlung) bei betriebswarmem Motor und stöchiometrischer Gemischzusammensetzung (mit $\lambda = 1$) rund 1 % der gesamten Abgasmenge.

Die Zusammensetzung des Dieselabgases hängt stark vom Luftüberschuss ab.

Nachfolgend werden die wesentlichen, unmittelbar bei der motorischen Verbrennung von Kraftstoffen entstehenden Schadstoffe beschrieben.

Kohlenwasserstoffe

Kohlenwasserstoffhaltige Kraftstoffe (HC, Hydrocarbon) verbrennen in Motoren nie absolut vollständig. Die Art der aus einem Motor ausgestoßenen unvollständig verbrannten Kohlenwasserstoffe und deren Konzentrationen werden insbesondere von der Verbrennungs- und Motorapplikation mit Einspritzstrategie, Einspritzmenge, Einspritzdruck, Einspritzzeitpunkt usw., sowie vom Luft-Kraftstoff-Verhältnis λ, von der Verbrennungstemperatur und von weiteren motorischen Einflussfaktoren bestimmt.

Die aliphatischen Kohlenwasserstoffe (Alkane, Alkene, Alkine sowie ihre zyklischen Abkömmlinge) sind nahezu geruchlos. Ringförmige aromatische Kohlenwasserstoffe (z.B. Benzol, Toluol, polyzyklische Kohlenwasserstoffe) sind geruchlich wahrnehmbar. Teiloxidierte Kohlenwasserstoffe (z.B. Aldehyde, Ketone) riechen unangenehm und bilden unter Sonneneinwirkung Folgeprodukte.

Kohlenmonoxid

Kohlenmonoxid entsteht bei unvollständiger Verbrennung des Kraftstoffs infolge unzureichender Sauerstoffzufuhr. Ursache können lokal fette Bereiche aufgrund unzureichender Gemischaufbereitung sein (z.B. nicht verdampfte Kraftstofftröpfchen oder flüssiger Kraftstofffilm auf der Wand des Brennraums).

Kohlenmonoxid ist ein farb-, geruch- und geschmackloses Gas. Es ist giftig, da es sich an das Hämoglobin im Blut bindet und so den Sauerstofftransport unterbindet.

Partikel

Anders als bei den gasförmigen Abgasbestandteilen, handelt es sich bei Partikeln nicht um eine eindeutige definierte chemische Spezies. Als Partikel werden alle festen oder flüssigen Verbrennungsrückstände bezeichnet, die sich bei einem definierten Probenahmeverfahren auf einem Probenfilter sammeln lassen. Das sind neben den Rußpartikeln – bestehend aus einem festen Rußkern und anhaftenden unvollständig verbrannten Kohlenwasserstoffen aus Kraftstoff und Schmieröl resultierend – Tröpfchen aus Kohlenwasserstoffen, Wasser und schwefeligen Säuren (Sulfaten) sowie Aschepartikel und Metallabrieb.

Schwefeloxide

Der Begriff Schwefeloxide (SO_x) bezeichnet ein Gemisch aus Schwefeldioxid (SO_2) und Schwefeltrioxid (SO_3). Schwefeloxide entstehen fast unvermeidlich bei der Verbrennung von schwefelhaltigem Kraftstoff. Der Schwefelgehalt im Kraftstoff ist bei der Auswahl und Auslegung von Abgasnachbehandlungssystemen stets zu berücksichtigen, um deren langfristige Wirksamkeit zu gewährleisten.

Stickstoffoxide (Stickoxide)

Der Stickstoffanteil in Kraftstoffen ist in der Regel gering und spielt bei der Bildung von Stickstoffoxiden eine untergeordnete Rolle. Bei der Verbrennung fossiler Kraftstoffe entstehen Stickstoffoxide aus Reaktionen intermediär gebildeter Kohlenwasserstoffradikale und Sauerstoff (O_2) mit Luftstickstoff (N_2). Phänomenologisch sind diese Reaktionen bisher nicht in jedem Detail geklärt, trotz breitem empirischen Wissen. Die Gestaltung des Brennraums und die Verbrennungsapplikation haben einen großen Einfluss, z.B. die Führung der Flammfront und deren lokale Temperaturen.

Das entstehende Gemisch stark oxidierender Stickstoffoxide wird „Nitrose Gase" genannt und umfasst Stickstoffmonoxid (NO), Stickstoffdioxid (NO_2) und diverse Dimere (z.B. N_2O_3, N_2O_4), die miteinander im thermodynamischen Gleichgewicht stehen. Lachgas (N_2O) hat keine stark oxidierende Eigenschaft und gehört nicht zu den Nitrosen Gasen. Es ist ein starkes Treibhausgas. Beim häufig verwendeten Sammelbegriff NO_x ist stets zu definieren, ob Lachgas einbezogen wird oder nicht. Beide Definitionen sind geläufig.

Grundlagen der katalytischen Abgasnachbehandlung

Vorteilhaft erscheint es, die im Motor gebildeten Schadstoffe miteinander oder mit einem anderen im Abgas enthaltenen Stoff zu weniger schädlichen Stoffen umzusetzen. Dazu sind folgende Herausforderungen zu überwinden:

- In den wenigsten Betriebszuständen des Motors enthält das Abgas äquivalente Anteile der Stoffe, um diese miteinander umzusetzen zu können.
- Die Abgastemperatur ist in vielen Motorbetriebspunkten zu gering, um die Aktivierungsbarriere der gewünschten Reaktionen zu überwinden.

An dieser Stelle setzt die Strategie der katalytischen Abgasnachbehandlung an.

Katalytische Abgasnachbehandlung
Ein Katalysator ist wissenschaftlich als ein Stoff definiert, in dessen Anwesenheit eine bestimmte Reaktion oder eine Reaktionsfolge unter kinetisch limitierten Reaktionsbedingungen schneller abläuft und er selbst unverändert hervorgeht. Das bedeutet, der Katalysator reduziert die Aktivierungsbarriere der von ihm katalysierten Reaktion. Die im technischen Sinn als Katalysator bezeichneten Bauteile von Abgasnachbehandlungssystemen erfüllen darüber hinaus jedoch weitere Funktionen (siehe Abgasnachbehandlung, Katalysator).

Komponenten des Katalysators
Katalysatoren zur Abgasnachbehandlung bestehen aus komplex aufgebauten hochporösen Keramiken, die zumeist als Beschichtungen (Catalyst Coating) auf wabenförmigen Trägerstrukturen aufgebracht werden. Man unterscheidet folgende Katalysatorkomponenten.

Katalytisch aktive Komponenten
Katalytisch aktive Komponenten (z.B. Edelmetalle) erhöhen unter geeigneten Bedingungen die Geschwindigkeit der gewünschten Reaktionen.

Speichernde Komponenten
Speichernde Komponenten (z.B. Zeolithe) nehmen bestimmte Stoffe aus dem Abgas auf und speichern diese, bis geeignete Bedingungen zu ihrer Umsetzung vorherrschen.

Trägerkomponenten
Trägerkomponenten (z.B. Al_2O_3) bilden eine keramische Matrix, in deren großen inneren Oberflächen katalytisch aktive Komponenten fein dispergiert vorliegen.

Stabilisierende Komponenten
Stabilisierende Komponenten schützen die Träger- und Speicherkomponenten sowie die katalytisch aktiven Komponenten gegen übermäßige thermische und chemische Beeinträchtigungen.

Wabenkörper
Die zu beschichtenden Wabenkörper weisen zumeist 10 bis 250 parallele Kanäle pro Quadratzentimeter auf. Sie sind üblicherweise aus einer Keramik, z.B. Cordierit extrudiert oder als Sonderform aus Metallfolien gefertigt.

Anordnung im Abgasstrang
Die Katalysatoren werden vorzugsweise derart in die Abgasanlage integriert, dass sie möglichst gleichmäßig durchströmt werden. Jede Abweichung gegenüber der idealen Verteilung der Gase verringert den theoretisch möglichen Umsatz eines Katalysators, sodass die ungleichmäßige Anströmung einen entsprechend leistungsstärkeren, also z.B. größeren Katalysator bedingt.

Das Volumen der Wabenkörper, das im technischen Sinn als Katalysatorvolumen bezeichnet wird, hängt insbesondere von der benötigten Menge der katalytischen Komponenten ab, die für die gewünschte Verringerung der Schadstoffe benötigt wird. Limitierender Faktor ist dabei oft die Menge, die pro Volumeneinheit auf dem Wabenkörper aufgebracht werden kann. Motorseitig stellt der Abgasgegendruck des beschichteten Wabenkörpers eine Limitierung dar. Fahrzeugseitig limitiert der zur Verfügung stehende Bauraum häufig das Katalysatorvolumen. Bei Dieselfahrzeugen der Abgasnorm Euro 6 beträgt das gesamte Katalysatorvolumen oft das Drei- bis Sechsfache des Motorhubraums.

Katalytische Verfahren zur Abgasnachbehandlung

Rahmenbedingungen
Grundlage moderner Verfahren zur Abgasnachbehandlung von Kraftfahrzeugen sind Katalysatoren. Um deren Wirksamkeit dauerhaft zu gewährleisten, müssen Rahmenbedingungen erfüllt sein. Beispielsweise ist eine auf die jeweiligen Katalysatoren abgestimmte Qualität der Betriebsstoffe erforderlich. Bleihaltiger Kraftstoff kann zu einer schnellen Deaktivierung der Katalysatoren führen. Auch schwefelhaltiger Kraftstoff, Schwermetalle aus dem Motorenöl, anorganische Additive und andere nicht vollständig im Motor verbrennende Stoffe können schnell oder langsam über die Betriebsdauer des Fahrzeugs fortschreitende Vergiftungen der Katalysatoren verursachen. Die Effizienz des Abgasnachbehandlungssystems wird dadurch teils drastisch reduziert.

Bei den Anforderungen der Katalysatoren an die Motor- und Fahrzeugapplikation sind auch die Einhaltung bestimmter Grenzen der Abgaszusammensetzung und die Abgastemperatur zu beachten, selbst wenn kritische Bedingungen unter Umständen lediglich zeitlich und örtlich begrenzt auf der Oberfläche des Katalysators auftreten. Beispielsweise sind Temperaturen während des Rußabbrands zu vermeiden, die zu einem lokalen Schmelzen und damit Zerstören eines Partikelfilters führen. Das erfordert z.B. ein Begrenzen der einzuspeichernden Rußmenge.

Allgemein kann in einem katalytischen Verfahren mit einer größeren Menge aktiver Komponenten ein schnellerer Verlauf der katalysierten Reaktion erzielt werden – falls die Aktivierungsbarriere überschritten ist und wenn nicht Stofftransportprozesse die Reaktionsgeschwindigkeit limitieren. Doch selbst beim Einsatz großer Mengen ist direkt nach dem Motorstart die Abgastemperatur stets zu gering, um einen nennenswerten Schadstoffumsatz zu erzielen. Mit einem anhaltenden Abgasstrom erwärmt sich der Katalysator. Die Temperatur, bei der 50 % des vom Motor emittierten Schadstoffs umgesetzt werden, wird als Anspringtemperatur (Light-off Temperature) bezeichnet. Beim Kaltstart eines Dieselmotors vergehen regelmäßig mehre Minuten, bis die Katalysatoren optimale Betriebsbedingungen erreichen. Dem wirken Applikationen mit motorischen Heizmaßnahmen entgegen. Auch elektrische Heizmaßnahmen wurden in speziellen Anwendungen realisiert. Speicherkomponenten der Katalysatoren speichern zudem Schadstoffe in der Kaltstartphase und desorbieren sie, nachdem die Anspringtemperatur überschritten ist. Ein Beispiel: Spezielle Zeolithe sind geeignet, einige Kohlenwasserstoffe derart zu speichern.

Literatur
[1] https://www.arb.ca.gov/html/brochure/history.htm

Riemenantriebe

Kraftschlüssige Riemenantriebe

Anwendung

Kraftschlüssige Riemenantriebe werden im Automobil in den überwiegenden Fällen zum Antrieb von Nebenaggregaten eingesetzt (Bild 1). In der Vergangenheit wurden diese vornehmlich durch Keilriemen angetrieben. Die in heutigen Anwendungen geforderte deutlich höhere Leistungsdichte, z.B. durch Bauraumrestriktionen und höhere Leistungsaufnahme der Nebenaggregate, führte jedoch dazu, dass diese mittlerweile fast ausschließlich durch Serpentinenantriebe mit Keilrippenriemen (Micro-V-Riemen) ersetzt wurden. Typische Anwendungsfälle sind der Antrieb des Generators, des Klimakompressors, der Lenkhilfepumpe, aber auch von Lüftern, mechanischen Ladern oder Pumpen zur Sekundärlufteinblasung.

In Hybrid- oder in Start-Stopp-Systemen wird der Keilrippenriemen auch zum Motorstart eingesetzt. Hier wird der konventionelle Starter durch einen Starter-Generator ersetzt und der Riemen überträgt zum Motorstart das Starterdrehmoment auf die Kurbelwelle. Neben dem Start können ergänzende Funktionen wie zusätzliche Motorbeschleunigung (Boost Mode) und Energierückgewinnung durch Motorbremsung (Rekuperation) realisiert werden.

Bild 1: Anwendungsbeispiel Nebenaggregateantrieb.
1 Generator, 2 Spannrolle,
3 Umlenkrolle, 4 Kurbelwelle,
5 Wasserpumpe,
6 Lenkhilfepumpe,
7 Klimakompressor.

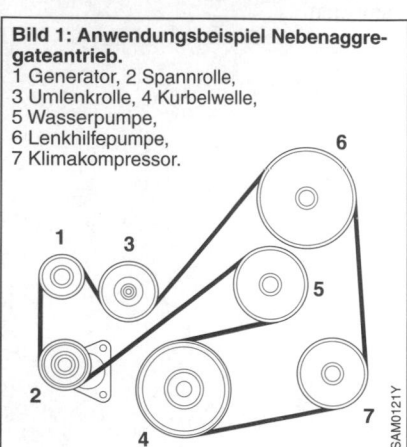

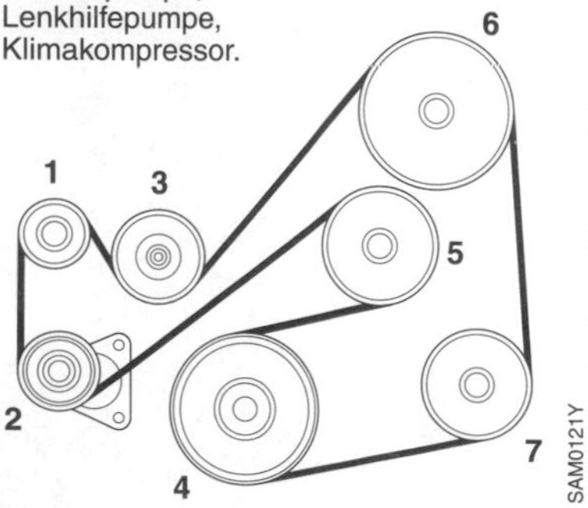

Kräfte und Belastungen im Riemenantrieb

Die übertragbare Leistung wird bestimmt aus (Größen siehe Tabelle 1)

$$P=(F_1-F_2)\cdot\frac{v}{1000}\,,\ P \text{ in kW.}$$

Tabelle 1: Formelzeichen und Einheiten.

Größe	Einheit
F_1 Trumkraft im Lasttrum	N
F_2 Trumkraft im Leertrum	N
F_U Umfangskraft	N
F_{HL} Vorspannkraft oder „Hubload"	N
F_B Belastung des Riemens durch Umschlingung	N
F_C Belastung des Riemens durch Zentrifugalkräfte im Umschlingungsbogen	N
M Übertragenes Drehmoment	Nm
v Riemengeschwindigkeit	m/s
P geforderte Leistungsübertragung	kW
α_R Keilwinkel Riemen	°
α_S Keilwinkel Scheibe	°
β Umschlingungswinkel	rad
μ Reibbeiwert zwischen Riemenrippe und Scheibenrille	–
μ' Reibbeiwert bezogen auf glatte Scheibe	–
ω Kreisfrequenz	s^{-1}
L_B Bezugsriemenlänge	mm
U_B Bezugsumfang	mm

Bild 2: Kräfte an einer unbelasteten Riemenscheibe.
β Umschlingungswinkel,
F_A Trumkraft, F_{HL} Hubload, F_B Trumkraft.

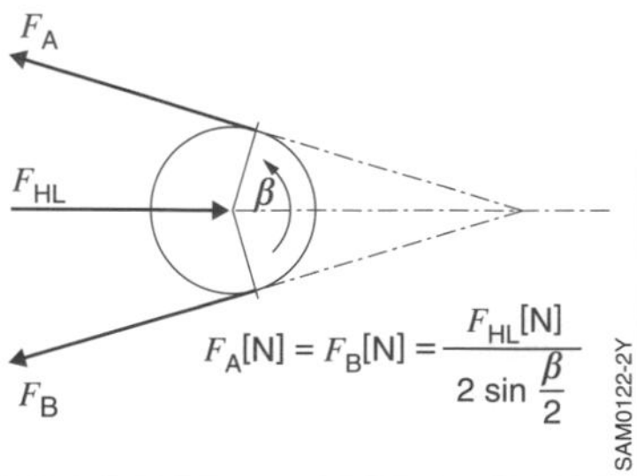

Die Grenzbeziehung für den Übergang von Haftreibung in Gleitreibung ergibt sich aus der Eytelwein'schen Gleichung:

$$R=\frac{F_1}{F_2}=e^{\mu'\beta},$$

$$\text{mit } \mu'=\frac{\mu}{\sin\frac{\alpha_s}{2}}.$$

Solange die Trumkräfte in diesem Verhältnis stehen, tritt bei der Leistungsübertragung kein Schlupf auf. Als Trum wird das jeweilige Riemenstück zwischen Riemeneinlaufbereich und Riemenauslaufbereich zweier benachbarter Riemenscheiben bezeichnet. Ein für Keilrippenriemen typisches Verhältnis ist $R = 4$ bei einem Umschlingungswinkel von $\beta = 180\,°$.

Zur Übertragung der Umfangskraft

$$F_U = F_1 - F_2$$

wird die Vorspannkraft F_{HL} („Hubload") benötigt (Bild 2). Bei hohen Drehzahlen muss außerdem der Fliehkraftanteil F_C (Zentrifugalkraft) des Riemens berücksichtigt werden.

Schlupf entsteht aufgrund des Spannungswechsels innerhalb des Riemens beim Wechsel zwischen Last- und Leertrum.

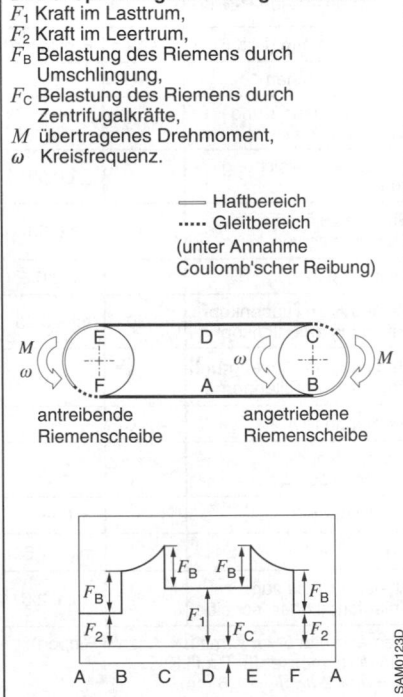

An der antreibenden Riemenscheibe fällt, beziehungsweise an der angetriebenen Riemenscheibe steigt die Riemenspannung trotz konstanten übertragenen Drehmoments (Bild 3). Aus dieser Spannungsvariation resultiert eine Dehnung des Riemens über der jeweiligen Riemenscheibe. In diesem Dehnungsbereich verliert der Riemen seine Haftung auf der Riemenscheibe und geht in einen gleitenden Zustand über. Ist dieser Gleitbereich über die gesamte Umschlingung der Scheibe ausgeweitet, schlupft der Riemen. Bei richtig ausgelegten Antrieben liegt der Schlupf bei unter 2 % und die Keilrippenriemen arbeiten mit einem Wirkungsgrad größer 96 %. Diese Auslegung muss speziell bei riemenangetriebenen Funktionen, wie Motorstart und Motorbeschleunigung, berücksichtigt werden, da sich für diese Situation Zug- und Lostrumkräfte umkehren.

Bild 3: Spannungsverteilung im Riemen.
F_1 Kraft im Lasttrum,
F_2 Kraft im Leertrum,
F_B Belastung des Riemens durch Umschlingung,
F_C Belastung des Riemens durch Zentrifugalkräfte,
M übertragenes Drehmoment,
ω Kreisfrequenz.

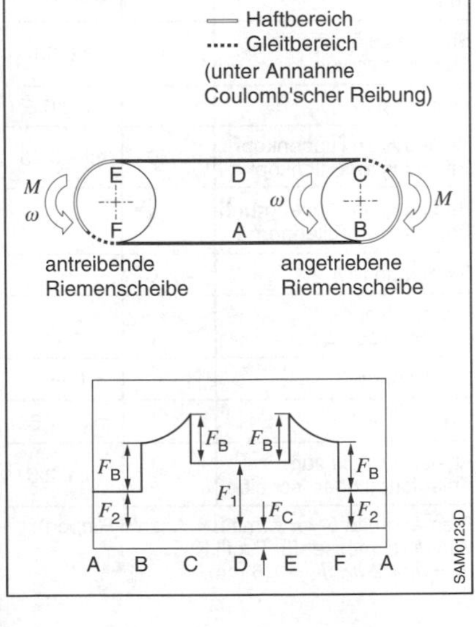

Aufbau des Keilrippenriemens

Der Keilrippenriemen ist ein Verbund aus drei Komponenten (Bild 4):

- Faserverstärkte Gummimischung,
- Zugstränge,
- Rückengewebe oder Gummierung.

Die Gummimischung bildet die Keilrippen und überträgt die Antriebskräfte von den Riemenscheiben in die Zugstränge. Als Material kommt hauptsächlich Ethylen-Propylen-Dien-Kautschuk (EPDM) zum

Bild 4: Aufbau des Keilrippenriemens (Querschnitt).
1 Rückengewebe oder Gummierung,
2 Zugstränge,
3 faserverstärkte Gummimischung.

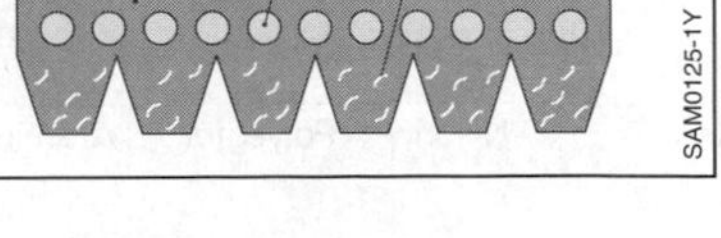

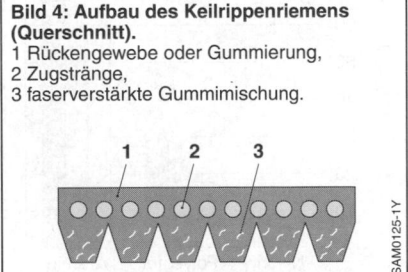

Einsatz, zur Versteifung wird die Gummimischung fasergefüllt.

Die Zugstränge nehmen die dynamischen Kräfte auf und übertragen die Antriebsleistung von der treibenden Welle (meistens die Kurbelwelle) auf die Nebenaggregate. Sie bestehen üblicherweise aus Nylon, Polyester oder Aramid. Diese Zugstrangmaterialien unterscheiden sich hauptsächlich durch den sehr unterschiedlichen Elastizitätsmodul (Bild 5).

Durch die Auswahl des Zugstrangmaterials kann die dynamische Abstimmung des Systems optimiert werden. Zugstrangmaterialien mit hohem E-Modul (z.B. Aramid) werden bei hochdynamischen Anwendungen zur Beeinflussung der Resonanzfrequenzen des Riemenantriebs eingesetzt. Je nach Auswahl des Zugstrangmaterials können maximale dynamische Riemenkräfte von 390 N (für Polyester) oder bis zu 600 N (für Aramid) pro Rippe aufgenommen werden.

Der Riemenrücken kann sowohl als Rückengewebe als auch als Gummierung ausgeführt werden. Der Riemenrücken bildet eine Deckschicht für die Zugstränge. Bei den meisten Anwendungen dient er nur dazu, den Riemen geräuscharm über die Umlenk- und Spannrollen zu führen. In manchen Anwendungen werden aber auch niedrig belastete Nebenaggregate (z.B. Wasserpumpe) darüber angetrieben.

Bild 5: Elastizitätsmoduln verschiedener Zugstrangmaterialien.
Die drei Säulen für jedes Material stellen den Streubereich dar.

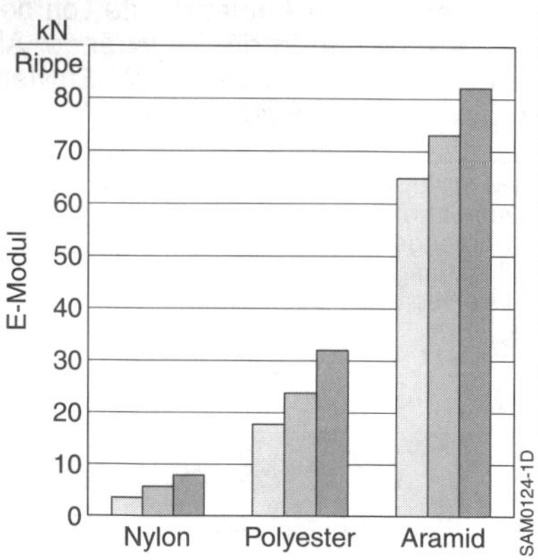

Das Rippenprofil kann durch Schleifen, Schneiden oder Formen in einem Werkzeug hergestellt werden. Letzteres bewirkt höchste Genauigkeit in der Rippengeometrie, was zu einer Verbesserung der Laufzeit und Geräuschentwicklung beiträgt. Gewebeauflagen auf der Rippenseite tragen zusätzlich zu einer höheren Robustheit bei.

Keilrippenriemenprofil und Riemenscheiben

Für die Anwendung im Automobilbereich wird üblicherweise das PK-Profil nach ISO 9981 [1] verwendet (Tabelle 2 und Bild 6).

Die Bezugsriemenlänge L_B wird auf einem Zweischeibenprüfstand unter einer definierten Vorspannung ermittelt (ISO

Tabelle 2: PK-Riemenprofil und Riemenscheibenprofil nach ISO 9981.
Bezeichnung eines Keilrippenriemens mit sechs Rippen des Profilkurzzeichens PK und der Bezugslänge 800 mm:
Keilrippenriemen 6PK 800.
Bezeichnung der entsprechenden Keilrippenscheibe mit Bezugsdurchmesser 90 mm:
Keilrippenscheibe P 6PK 90.

Abmaße in mm (Bild 6)	Riemen	Profilrillen
Profilkurzzeichen	PK	K
Rippenabstand s und Rillenabstand e	3,56	3,56
zulässige Abweichung von e		±0,05
Summe zulässige Abweichung von e		±0,30
Keilwinkel α_S		40° ±0,5°
Radius r_k an Rippenkopf Radius r_a an Rillenkopf	0,50	min. 0,25
Radius r_g an Rippengrund Radius r_i an Rillengrund	0,30	max. 0,50
Riemenhöhe h	4...6	
Prüfstift-Nenndurchmesser d_s		2,50
2 h_s Nennmaß		0,99
2 δ		max. 1,68
Abstand f Rille zum Anlaufbund oder -scheibe		min. 2,5

Riemenbreite $b = n\ s$ (mit n = Anzahl Rippen).
Wirkdurchmesser für Profil K:
$d_w = d_b + 2\ h_b,\ \ h_b = 1{,}6$ mm.

9981). Dabei beträgt der Bezugsumfang U_B der Messriemenscheiben 300 mm (Bild 7). Die Bezugsriemenlänge wird dann berechnet nach

$$L_B = U_B + 2E\,.$$

Da die Riemen- und Scheibengeometrien in der ISO 9981 mit einer Toleranzbandbreite behaftet sind, sollte für eine detaillierte Auslegung unbedingt auf die Kennwerte der jeweiligen Riemen- beziehungsweise Scheibenhersteller zurückgegriffen werden.

Die Riemenscheiben werden entweder in Stahl, Aluminium oder in Kunststoff ausgeführt.

Bild 6: Riemenprofil.
a) Riemenquerschnitt,
b) Rillenquerschnitt,
c) Bestimmung des Wirkdurchmessers.
1 Lage des Zugstrangs.
b Riemenbreite,
h Riemenhöhe,
r_k Radius an Rippenkopf,
r_a Radius an Rillenkopf,
r_g Radius an Rippengrund,
r_i Radius an Rillengrund,
s Rippenabstand,
e Rillenabstand,
f Abstand Rille zum Anlaufbund oder -scheibe,
α_R Keilwinkel Riemen,
α_S Keilwinkel Scheibe,
h_s Aufmaß Prüfstift-Nenndurchmesser zu Bezugsdurchmesser,
d_s Prüfstift-Nenndurchmesser,
d_a Außendurchmesser (Durchmesser Rillenkopfprofil),
d_b Bezugsdurchmesser.
δ Aufmaß Prüfstift Nenndurchmesser zu Außendurchmesser
d_W Wirkdurchmesser.

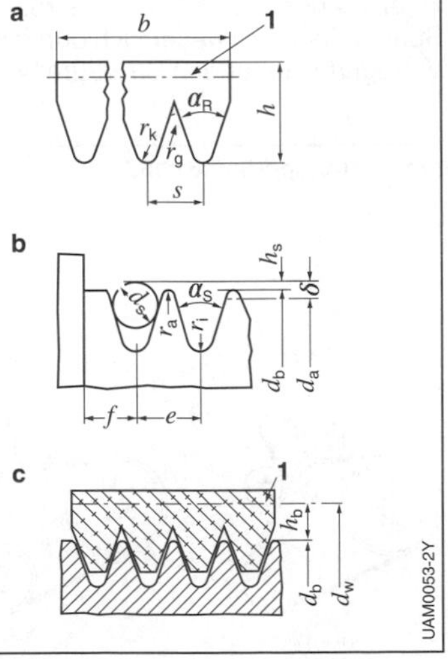

Antriebssystem Nebenaggregateantrieb

Die wichtigste Anforderung an das System Nebenaggregateantrieb ist der schlupffreie Antrieb aller Nebenaggregate. Dies für alle Belastungszustände und unter allen Umgebungsbedingungen über der gesamten Motorlebensdauer. Bei modernen Motoren mit Vollantrieben – d. h. der Antrieb sämtlicher Nebenaggregate erfolgt über einen einzelnen Riemenantrieb – werden damit über den Keilrippenriemen in fünf- oder sechsrippiger Ausführung maximale Drehmomente von bis zu 30 Nm (70 Nm bei Start-Stopp-Systemen) und maximale Leistungen von 15...20 kW bei Volllast aller Aggregate übertragen. Die Temperaturen im Motorraum liegen bei ca. –40...+140°C.

Insbesondere Schlupfgeräusche, wie beispielsweise das bekannte Keilriemenquietschen bei feuchtkaltem Wetter, müssen durch eine optimale Systemauslegung vermieden werden. Weiterhin gilt es, Riemengeräusche durch Scheibenfluchtungsfehler bereits in der Auslegung zu vermeiden. Für riemenangetriebene Startanwendungen müssen zudem die durch die Keilrippen zu übertragenden Scherbelastungen berücksichtigt werden. Speziell entwickelte Riemenkonstruktionen

Bild 7: Riemenlängenmessung nach ISO 9981.
F Messkraft (Vorspannung): 100 N pro Rippe.
E Abstand der Messriemenscheiben,
Bezugsumfang U_B der Messriemenscheiben: 300 mm.

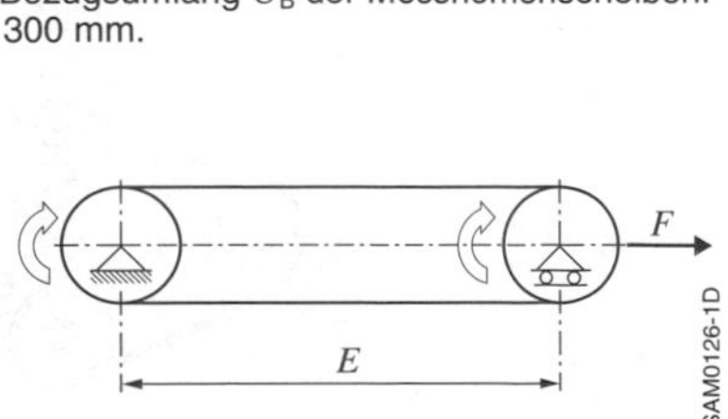

erfüllen diese Anforderungen ohne Beschädigung durch Rippenabscherung. Für die Beurteilung der Lebensdauer müssen entsprechende Dauerfestigkeitsversuche nach Wöhler durchgeführt werden (siehe Wöhlerversuche).

Auslegungskriterien
Zur Auslegung von Nebenaggregateantrieben werden sowohl herstellereigene als auch herstellerübergreifende Berechnungsprogramme eingesetzt. Wichtige Eingabeparameter sind die Anordnung der Komponenten, also die Antriebskonfiguration, die Drehmomentverläufe, die Trägheitsmomente der Komponenten, die Drehschwingungen der Kurbelwelle sowie die Riemendaten. Mit diesen Daten lassen sich die Systemgeometrie (z. B. Trumlängen und Umschlingungswinkel), die Systemeigenfrequenzen, die Schlupfgrenzwerte, die Trumkräfte, die Trumschwingungen, aber auch die Lebensdauer des Riemens berechnen und optimieren.

Empfohlene Mindestumschlingungswinkel

Kurbelwelle	150 °
Generator (I < 120 A)	120 °
Generator (I > 120 A)	160 °
Lenkhilfepumpe, Klimakompressor	90 °
Spannrolle	60 °

Fluchtungsfehler und Einlaufwinkel
Um unzulässigen Verschleiß des Riemens und Geräusche zu vermeiden, sollte der Einlaufwinkel des Riemens in die gerillten Scheiben abhängig von der Riemenkonstruktion und der geforderten Lebensdauer 1,2...1,5 ° nicht überschreiten.

Systemeigenfrequenz
Die Systemeigenfrequenz des Riemenantriebs sollte im Leerlaufbereich nicht mit der Zündfrequenz des Motors übereinstimmen, da sonst starke Riemenschwingungen aufgrund Eigenresonanz auftreten könnten.

Mindestdurchmesser von Scheiben und Umlenkrollen
In der Praxis befindet sich die kleinste Riemenscheibe häufig am Generator, um dort die erforderlichen hohen Drehzahlen zu ermöglichen. Typische Generatorscheiben liegen bei einem Durchmesser von 49...56 mm. Die Riemenermüdung nimmt bei Verwendung sehr kleiner Scheiben exponentiell zu, dies ist bei der Riemenauslegung zu berücksichtigen. Für Umlenkrollen, die eine starke Riemenrückenbiegung erzeugen, werden Durchmesser nicht kleiner als 60 mm empfohlen.

Riemenspannsysteme
Die Riemenspannung bei Nebenaggregateantrieben wird heute üblicherweise über automatische Spannrollen aufgebracht. Diese stellen durch Kompensation der Riemendehnung beziehungsweise des Riemenverschleißes eine nahezu konstante Vorspannung über der Riemenlebensdauer sicher. Die Konstruktion der Spannrollen wird wesentlich durch den zur Verfügung stehenden Bauraum bestimmt.

Bild 8: Anwendungsbeispiele für Riemenspanner in Start-Stopp-Systemen.
a) Zwei-Riemenspanner-Konzept,
b) Pendel-Riemenspanner Variante 1,
c) Pendel-Riemenspanner Variante 2.
1 Kurbelwelle,
2 Spannrolle,
3 Starter-Generator-Einheit,
4 Spannrolle,
5 Kältemittelverdichter.

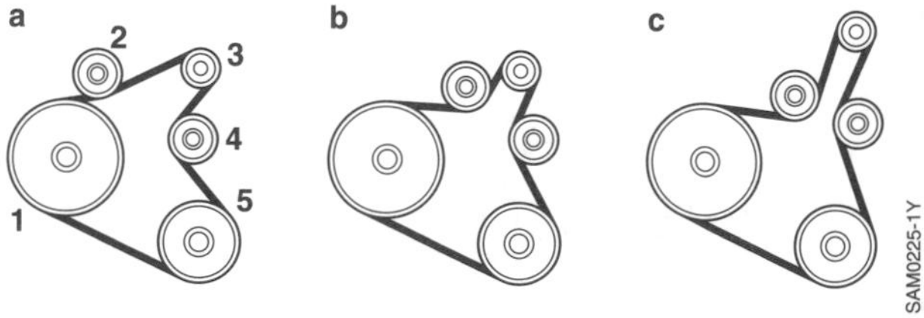

Die Systemspannungen liegen üblicherweise bei 40...70 N pro Rippe.

Gängige Spannsysteme verfügen zur Kontrolle der Dynamik des Riemenantriebs über eine mechanische Feder, die kombiniert mit einer Dämpfungseinheit arbeitet.

Bei riemenangetriebenen Start-Stopp-Systemen kommen zwei Spannrollen zum Einsatz. Die Spannrollen verfügen entweder jeweils über ein unabhängiges Federelement (Zwei-Riemenspanner-Konzept) oder sind durch nur eine Drehfeder miteinander verbunden (Pendel-Riemenspanner). Start-Stopp-Riemenantriebe mit Pendel-Riemenspanner lassen sich mit niedrigen Riemenvorspannungen umsetzen (Bild 8).

Stretch Fit-Antriebe

Bei weniger komplexen Riemenantrieben werden mittlerweile vereinzelt auch elastische Keilrippenriemen eingesetzt. Diese verwenden Nylon als Zugstrangmaterial und benötigen keine Riemenspannsysteme. Dieser Riementyp wird bei der Montage durch Überdehnung auf die Riemenscheiben aufgezogen. Die Auslegung der Riemenlänge hat so zu erfolgen, dass die Riemenvorspannkraft nach der Montage so hoch ist, dass unter Berücksichtigung von Verschleiß und Längung über der geforderten Lebensdauer, sowie unter Berücksichtigung der jeweiligen Umgebungsbedingungen noch eine ausreichende Vorspannung ohne Nachspannen beibehalten wird. Es sind heute Riemenantriebe bis zu vier Scheiben, also bis zu drei angetriebenen Komponenten möglich.

Formschlüssige Riemenantriebe

Anwendung

Zahnriemen nach ISO 9010 [2] finden Anwendung im Steuerantrieb zum kurbelwellensynchronen Antrieb von Nockenwellen oder Hochdruck-Einspritzpumpe. Die Hauptvorteile im Vergleich zu konkurrierenden Antriebsmitteln wie dem Räderantrieb oder der Kette liegen in der Einfachheit des Antriebs, der Flexibilität der Riemenführung, der geringen Reibung, den geringen Geräuschemissionen sowie der Fähigkeit der Kompensation hoher dynamischer Spitzenlasten. Nebenaggregate wie Öl- oder Wasserpumpen können in den Antrieb integriert oder einzeln angetrieben werden (Bild 9).

Bei modernen Anwendungen kann vielfach, im Gegensatz zu früheren Applikationen, aufgrund des Einsatzes innovativer Riementechnologien und optimierter Auslegung des Gesamtsystems auf ein Wechselintervall verzichtet werden. Das geringe Gewicht und die niedrigen Kosten sprechen zudem für den Einsatz eines Zahnriemens.

Bild 9: Anwendungsbeispiele für Zahnriemenantriebe.
a) Reihen-Ottomotor,
b) Reihen-Dieselmotor.
1 Kurbelwelle,
2 Wasserpumpe,
3 Spannrolle,
4 Nockenwelle 1,
5 Nockenwelle 2,
6 Umlenkrolle,
7 Hochdruck-Einspritzpumpe.

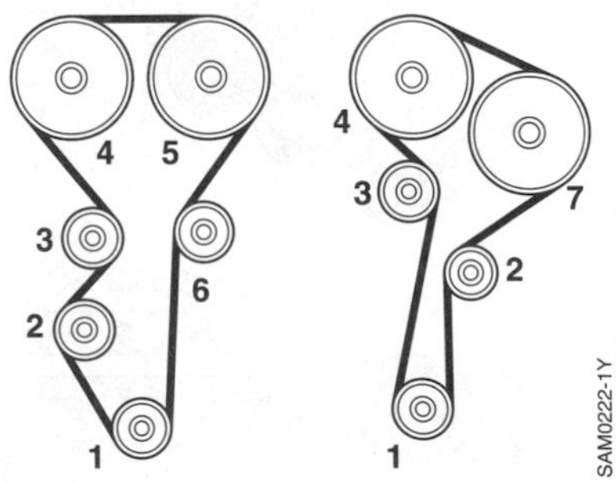

Kräfte und Belastungen im Riemenantrieb

Bei formschlüssigen Riemenantrieben wird das Drehmoment durch Ineinandergreifen der Zähne des Zahnriemens und einer speziellen Zahnriemenscheibe von der Kurbelwelle auf den Zahnriemen beziehungsweise vom Zahnriemen auf die Abtriebskomponenten (z. B. Nockenwelle, Hochdruck-Einspritzpumpe oder Wasserpumpe) übertragen. Die eigentliche Kraftübertragung erfolgt durch die im Zahnriemen eingebetteten Zugstränge. Die Verzahnung macht Schlupf unmöglich, wodurch Zahnriemenantriebe zur Synchronisierung eingesetzt werden können.

Bild 10: Aufbau und Kenngrößen des Zahnriemens.
a) Längsschnitt,
b) Draufsicht, zahnseitig,
c) Draufsicht, rückenseitig,
d) Draufsicht mit Darstellung der S- und Z-gezwirnten Zugkörper.
1 Nylongewebe,
2 Gummimischung,
3 Zugkörper.

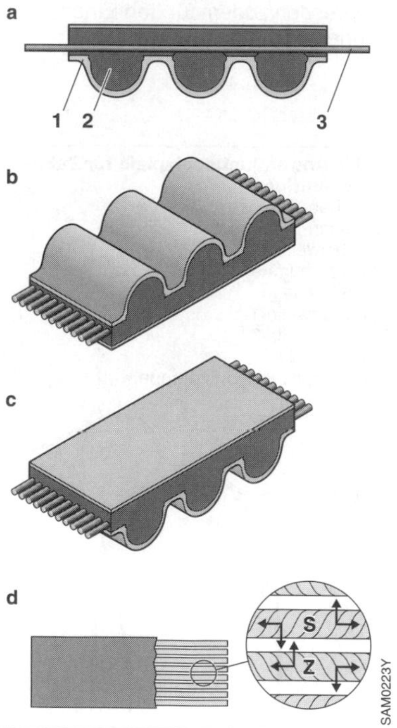

Aufbau des Zahnriemens

Der Zahnriemen ist ein Verbund aus drei Komponenten (Bild 10):
- Nylongewebe,
- Gummimischung und
- Zugkörper.

Das Gewebe besteht aus hochfestem Nylon und ist abrieb- und verschleißfest beschichtet. Es schützt die Gummizähne vor Verschleiß beziehungsweise Zahnabscherung und verbessert die Laufleistung.

Die Gummimischung besteht aus einem hochfesten Polymer. Sie umschließt den Zugkörper beidseitig. In den ersten Anwendungen wurde Polychloropren (CR) verwendet. Bedingt durch die hohen

Bild 11: Entwicklung der Zahnriemenprofile.
a) Power-Grip Trapezprofil,
b) Power-Grip Power Function Profil,
c) Power-Grip HTD-Profil,
d) Power-Grip HTD2-Profil.

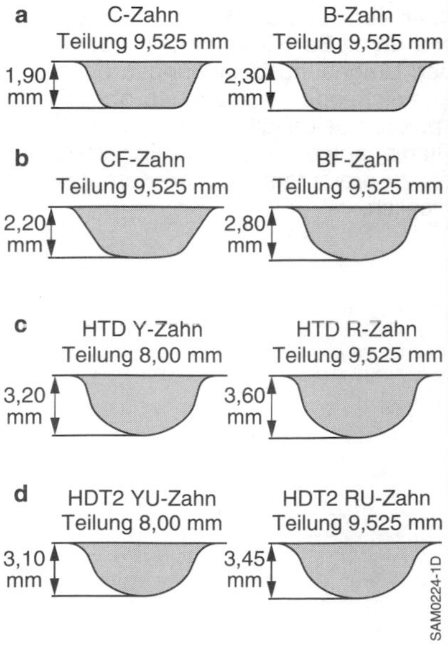

Anforderungen an die Temperatur- und Alterungsbeständigkeit sowie die dynamische Festigkeit werden heute im Kfz nur noch hydrierte Nitrilkautschuk-Materialien (HNBR) verwendet.

Bei einigen hochbelasteten Anwendungen kommen zudem Riemen mit Rückengewebe zur weiteren Verstärkung zum Einsatz. Dieses Gewebe verringert die Gefahr eines Riemenablaufens in axialer Richtung. Zudem verbessert es die Riemenlebensdauer bei sehr kalten Umgebungsbedingungen (bis –40 °C) z.B. bei Motorstart.

Der Zugkörper besteht aus gezwirnter Glasfaser – ein Material, das sich durch hohe Zugfestigkeit bei hoher Biegewilligkeit auszeichnet. Bedingt durch den Fertigungsprozess liegen die Zugkörper spiralförmig im Riemenverbund in der Wirklinie, und zwar paarweise jeweils S- und Z-gezwirnt (Bild 10d). Dadurch wird ein weitgehend neutrales Ablaufverhalten des Riemens erzielt.

Zahnriemenprofile

Die ersten Nockenwellenriemen basierten auf der klassischen Power-Grip-Trapezzahnform (Bild 11a), wie sie bereits im Industriebereich bekannt war. Aufgrund der gestiegenen Anforderungen bezüglich Lastübertragung, Überspringsicherheit und Geräusch kommen heute fast ausschließlich kreisbogenähnliche Profile (z.B. Power-Grip-HTD2, High Torque Drive, Bild 11c und 11d) zum Einsatz. Im Vergleich zum Trapezprofil werden die Kräfte bei kreisförmigen Profilen gleichmäßiger in den Zahn eingeleitet und damit Spannungsspitzen vermieden. Die Teilung (Bild 12) beträgt in den meisten Fällen 9,525 mm bei Dieselmotoren sowie 8,00 mm bei Ottomotoren. Mit der größeren Teilung lassen sich höhere Kräfte übertragen, die kleinere Teilung hat Vorteile bezüglich Geräusch und Bauraum.

Für Anwendungen mit Drehrichtungsumkehr (z.B. Ausgleichswellenantriebe) können doppelseitige Zahnriemen eingesetzt werden.

Bild 12: Kenngrößen Zahnriemen.
a) Längsschnitt, b) Draufsicht.
P Teilung, *D* Zahnhöhe, *W* Stegstärke, *B* Breite, *PLD*/2 Wirklinienabstand (halber Abstand des Außendurchmessers zur Wirklinie)

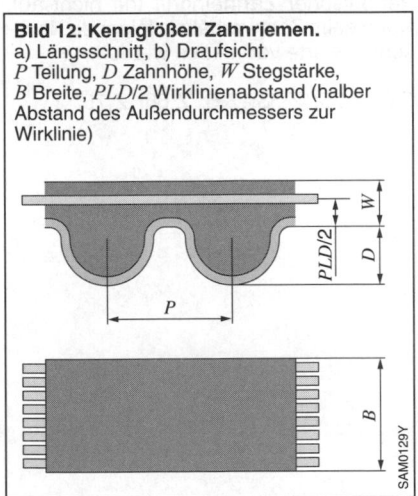

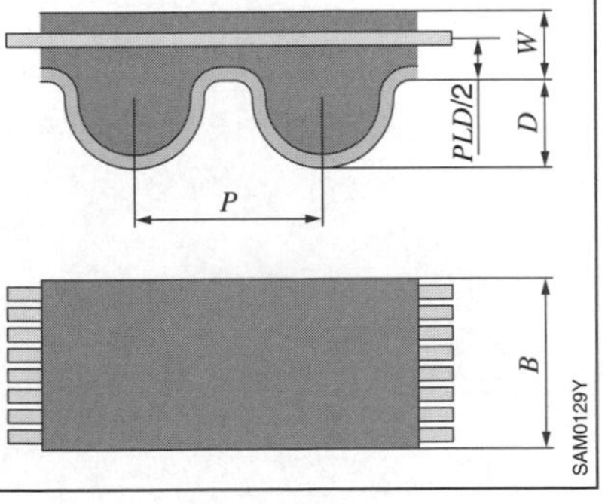

Zahnscheiben

Die zugehörigen Zahnscheiben sind in der ISO 9011 [3] spezifiziert. Für die Zahnscheibe muss das Profil in Abhängigkeit vom Durchmesser bestimmt werden. Der Wirkdurchmesser *PD* ergibt sich aus der Anzahl der Zähne und der Teilung, der Außendurchmesser der Zahnscheibe ist entsprechend um den *PLD* reduziert (siehe Kenngrößen in Bild 12 und Bild 13).

Antriebssystem Zahnriemen

Die wichtigste Anforderung an das System Zahnriemenantrieb ist die Synchronisation der Nockenwelle bezüglich der Kurbelwelle über der Motorlebensdauer. Dies ist ein wichtiges Kriterium für die Einhaltung der Verbrauchs- und Emissionswerte. Durch die Wahl der Materialien des Zahnriemens, den Einsatz eines

Bild 13: Kenngrößen Zahnscheibe.
PD Wirkdurchmesser, *OD* Außendurchmesser, *PLD*/2 Wirklinienabstand.

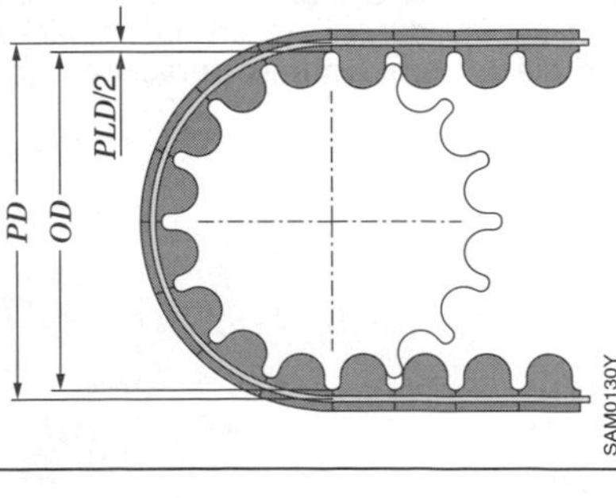

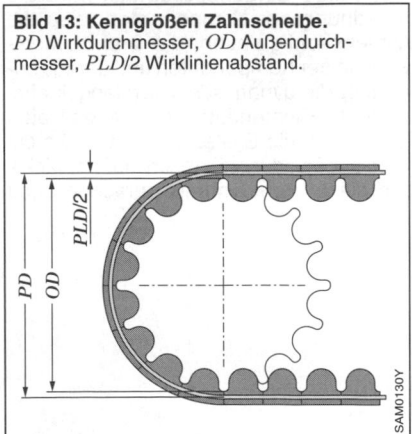

automatischen Spannsystems sowie einer optimierten Systemdynamik kann die Längung des Zahnriemens unter 0,1 % der Riemenlänge gehalten werden. Dies ergibt bei 4-Zylinder-Motoren eine Steuerzeitenabweichung von 1...1,5 ° bezogen auf die Kurbelwelle.

Die Lebensdaueranforderungen liegen aktuell bei 240 000...300 000 km, die Temperaturanforderungen liegen zwischen −40 °C im Kaltzustand und bis zu 150 °C Motorraumtemperatur. Auffällige Geräusche z.B. durch den Zahneingriff werden als störend empfunden und sind daher nicht akzeptabel. Der Wirkungsgrad eines Zahnriemenantriebs liegt bei ca. 99 %. Neue Materialien und Herstellungsprozesse erlauben heute den Einsatz von Zahnriemen in Ölumgebung zum Antrieb von Ölpumpen oder zur Steuerung von Nockenwellen. Für Letzteres kann die Herausführung der Nockenwelle aus dem Motorblock und die damit übliche Wellenabdichtung am ersten Hauptlager eingespart werden. Vorteile dieser Technologie sind die potentiellen Reib- und Geräuschreduzierungen. Die Ölumgebung wirkt nicht nur reibmindernd, sondern auch dämpfend. Das wirkt sich positiv aus, speziell für hochdynamische Downsizing-Motoren.

Auslegungskriterien

Zur Auslegung von Steuerantrieben werden sowohl herstellereigene als auch herstellerübergreifende Berechnungsprogramme eingesetzt.

Wichtige Eingabeparameter sind die Anordnung der Komponenten, also die Antriebskonfiguration, die Drehmomentverläufe der Komponenten und daraus berechnet die dynamischen Umfangskräfte, sowie die Riemendaten. Mit diesen Daten lassen sich die Systemgeometrie wie die Trumlängen oder die Umschlingungswinkel und die Systemdynamik berechnen und optimieren.

Empfohlene Mindestumschlingungswinkel

Kurbelwelle	150 °
Nockenwelle, Hochdruckpumpe	100 °
Nebenaggregatescheibe	90 °
Automatische Spannrolle	50 °
Umlenkrolle	30 °
Beruhigungsrolle	10 °

Periodischer Zahneingriff

Zur Vermeidung ungleichmäßigen Riemenverschleißes ist auszuschließen, dass die gleichen Riemenzähne regelmäßig in die gleichen Scheibenlücken eingreifen. Zur Beurteilung dieses periodischen Zahneingriffs wird das Zahnverhältnis von Zähnezahl des Riemens und der Riemenscheiben sowie die Anzahl der Motorzylinder oder die Anzahl der Kolben der Hochdruckpumpe betrachtet.

Z	Zahnverhältnis,
AM	Anzahl der Motorzylinder
AHD	Anzahl der Kolben der Hochdruckpumpe
ZR	Zähnezahl des Riemens
ZSNW	Zähnezahl der Nockenwellenscheibe
ZSHD	Zähnezahl der Hochdruckpumpenscheibe

$Z = ZR \cdot AM/ZSNW$
$Z = ZR \cdot AHD/ZSHD$

Periodischer Zahneingriff tritt nicht auf, wenn beim Zahnverhältnis folgende Nachkommawerte vermieden werden:

Z,0; Z,25; Z,33; Z,5; Z,66; Z,75.

Trumlängen
Um Resonanzgeräusche bei Leerlaufdrehzahl zu vermeiden, sollten freie Trumlängen nicht im Bereich von 75 mm und 130 mm liegen.

Mindestzähnezahl beziehungsweise Mindestdurchmesser von Zahnscheiben und Umlenkrollen

Teilung 9,525 mm	17 Zähne
Teilung 8,00 mm	17 Zähne
Unverzahnte Umlenkrollen	Ø 50 mm
Beruhigungsrollen	Ø 28,5 mm

Toleranzen der Zahnscheiben und Umlenkrollen
Rundlauf, Planlauf:

Ø ≤ 100 mm	0,1 mm
Ø > 100 mm	0,001 mm pro mm Ø

Konizität des Außendurchmessers
≤ 0,001 mm pro mm Scheibenbreite.

Parallelität von Bohrung zur Verzahnung
≤ 0,001 mm pro mm Scheibenbreite.

Oberflächenrauigkeit
R_a ≤ 1,6 µm.

Teilungsfehler
- Ø ≤100 mm:
  ±0,03 mm von Lücke zu Lücke, max. 0,10 mm über 90 °.
- Ø > 100 mm:
  ± 0,03 mm von Lücke zu Lücke, max. 0,13 mm über 90 °.

Axiale Führung
Ein Zahnriemen muss zumindest an einer Scheibe beidseitig durch Bordscheiben geführt werden, um ein Ablaufen vom Antrieb zu vermeiden. Generell ist bei Zahnscheiben mit Bordscheiben auf eine genaue Fluchtung zu den anderen Scheiben zu achten, um den Riemen nicht von seiner Laufspur abzulenken. Grenzwerte für Riemenkantenverschleiß durch zu hohe Ablaufkräfte sind zu berücksichtigen.

Riemenspannsysteme
Die notwendige konstant hohe Riemenspannung, die Kompensation des Spannungsanstiegs über der Temperatur und der Riemenlängung wird heute bei Steuerantrieben üblicherweise über automatische Spannrollen aufgebracht. Die Konstruktion der Spannrollen wird wesentlich durch den zur Verfügung stehenden Bauraum bestimmt. Am weitesten verbreitet ist der mechanische, reibgedämpfte Kompaktspanner.

Wesentliche Auslegungsparameter zur Kontrolle der Systemdynamik sind das Federmoment und die Dämpfungscharakteristik. Bei sehr hohen dynamischen Kräften im Zahnriemenantrieb werden in einigen Anwendungen auch hydraulische Spannrollen eingesetzt. Diese sind durch ihr asymmetrisches Dämpfungsverhalten gekennzeichnet.

Spannsysteme können auch in Ölumgebung eingesetzt werden, wenn eine entsprechende Anpassung ihres Dämpfungsniveaus berücksichtigt wird.

Literatur
[1] ISO 9981: Riementriebe – Scheiben und Keilrippenriemen für die Kraftfahrzeugindustrie – Profil PK: Abmessungen.
[2] ISO 9010: Synchronriementriebe – Riemen für den Kraftfahrzeugbau.
[3] ISO 9011: Synchronriementriebe – Scheiben für den Kraftfahrzeugbau.

Kettenantriebe

Übersicht

Zur Steuerung der Gaswechselventile werden Nockenwellen verwendet, die durch Direktbetätigung über Tassenstößel oder Hebelkonstruktionen das Öffnen und Schließen der Ventile sicherstellen. Der Antrieb der Nockenwellen erfolgt an modernen kopfgesteuerten Motoren, d.h. bei obenliegenden Nockenwellen, mit Hilfe eines Zugmittelantriebs, während untenliegende Nockenwellen über einen Rädersatz mit dem Kurbelwellenritzel verbunden sind. Zum Antrieb obenliegender Nockenwellen kommen Zahnriemen, Rollenketten, Hülsenketten sowie Zahnketten zum Einsatz. Für hochtourige Agreggate – wie z.B. Motoren für den Rennsport – erfolgt der Antrieb auch mit Stirnrädern.

Die wichtigsten Kriterien bei der Entscheidung über die Antriebsart sind Kosten, Bauraum, Wartungsfreundlichkeit, Lebensdauer und Geräuschentwicklung. Der große Vorteil von Kettenantrieben im Vergleich zu Zahnriemenantrieben besteht in der völligen Wartungsfreiheit über die gesamte Motorlebensdauer, während Zahnriemen je nach Einsatzfall nachgespannt oder gemäß Wartungsintervall ausgewechselt werden müssen.

Steuerantriebe in modernen Motoren treiben neben der Nockenwelle häufig noch zusätzliche Aggregate wie Ölpumpe und Hochdruckpumpe für die Benzin-Direkteinspritzung oder für Common-Rail an (Bild 1).

Da sowohl Nockenwelle als auch Kurbelwelle ungleichförmig umlaufen und mit Drehschwingungen beaufschlagt sind, entstehen sehr komplexe dynamische Beanspruchungen des Antriebs. Zudem unterliegt auch der Momentenbedarf der Hochdruckpumpe sehr starken periodischen Schwankungen und erzeugt dadurch weitere Anregungen des Steuerkettenantriebs.

Steuerketten

Bauformen von Stahlgelenkketten
Bei den Standardketten unterscheidet man zwischen Rollen- und Hülsenketten. Darüber hinaus gibt es Einfach- und Duplexketten. Eine Sonderbauform der Kette stellt die Zahnkette dar.

Rollenkette
Eine Stahlgelenkkette setzt sich aus Innen- und Außengliedern zusammen. Das Innenglied einer Rollenkette besteht beispielweise aus zwei Innenlaschen und zwei in die Laschenaugen eingepresste Hülsen (Bild 2a). Das Außenglied besteht aus zwei Außenlaschen und zwei Kettenbolzen, die Innen- und Außenglieder verbinden. Bei der Rollenkette wird über die Hülse noch eine Rolle verbaut.

Diese über den Hülsen drehbar angeordneten Rollen einer Rollenkette rollen

Bild 1: Steuerkettenantrieb.
1 Nockenwellen, 2 Spannschiene,
3 Einspritzpumpe, 4 Kettenspannersystem,
5 Spannschiene, 6 Kurbelwelle,
7 Führungsschiene,
8 Zwischenwellen-Kettenradgruppe,
9 Führungsschiene,
10 Kettenrad der Kurbelwelle.

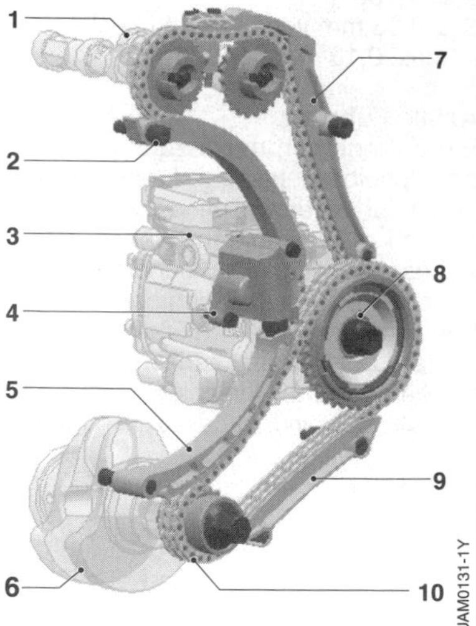

mit wenig Reibung an den Zahnflanken des Kettenrads ab, sodass immer wieder eine andere Stelle des Umfangs zum Tragen kommt. Der Schmierstoff zwischen Rollen und Hülsen trägt zur Geräusch- und Stoßdämpfung bei.

Hülsenkette
Bei einer Hülsenkette (Bild 2b) hingegen berühren die Zahnflanken des Kettenrads die feststehenden Hülsen stets an der gleichen Stelle, sodass eine zusätzliche Belastung der Hülsen entsteht. Deshalb ist eine einwandfreie Schmierung bei solchen Antrieben besonders wichtig.

Hülsenketten verfügen bei gleicher Teilung – die Kettenteilung definiert den Abstand von Bolzenmitte zu Bolzenmitte – und Bruchkraft über eine größere Gelenkfläche als die entsprechenden Rollenketten, da der Bolzendurchmesser durch den Wegfall der Rolle vergrößert werden kann. Eine größere Gelenkfläche ergibt eine geringere Gelenkflächenpressung und damit einen geringeren Verschleiß in den Gelenken und dadurch höhere Lebensdauer des Kettensteuerantriebs.

Besonders bewährt haben sich Hülsenketten bei hochbeanspruchten Nockenwellenantrieben in Dieselmotoren, da hier durch erhöhten Rußeintrag in das Motoröl eine erhöhte Verschleißsicherheit notwendig ist.

Zahnkette
Eine Sonderbauform der Stahlgelenkkette ist die Zahnkette. Bei der Zahnkette (Bild 2c) sind die Laschen so ausgebildet, dass sie die Kraftübertragung zwischen Kette und Kettenrad übernehmen können, während bei Rollen- oder Hülsenketten die Verbindung mit dem Kettenrad über Bolzen, Hülse oder Rolle erfolgt.

Zahnketten können ohne grundsätzliche Aufbauänderung in nahezu jeder beliebigen Breite gebaut werden. Gegen das Ablaufen vom Kettenrad werden Führungslaschen eingebaut, die entweder in der Mitte oder außen (beidseitig) angebracht werden.

Eine weitere Variante der Zahnkette stellt die beidseitig verzahnte Ausführung dar, die sich dann wie eine Rollen- und Hülsenkette einsetzen lässt.

Hülsen-Zahnkette
Durch die Kombination der Vorteile einer Hülsenkette und einer Zahnkette entsteht ein neuer Kettentyp für Steuerantriebe, eine Hülsen-Zahnkette (Bild 3). Einerseits ermöglicht ihre spezielle Anordnung der Zahnlaschen ein ruhiges Einlaufen in das Kettenrad, andererseits wird durch Verwendung von Hülsen der Verschleiß von

Bild 2: Kettenbauformen.
a) Rollenkette,
b) Hülsenkette,
c) Zahnkette.
1 Kettenbolzen, 2 Hülse, 3 Innenlasche,
4 Außenlasche, 5 Rolle, 6 Zahnmittellasche,
7 Zahninnenlasche, 8 Führungslasche.

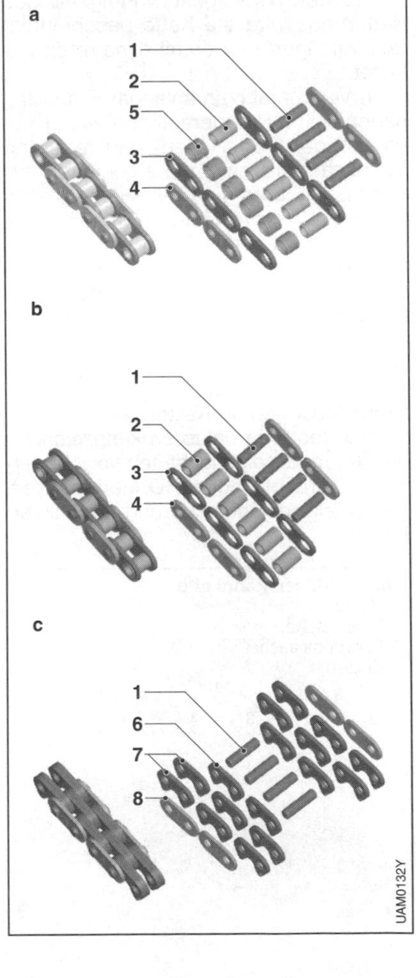

Bolzen und Laschen verringert. Diese Kettenvariante empfieht sich überall dort, wo es auf beste Verschleißbeständigkeit sowie auf gutes Akustik- und Dynamikverhalten ankommt.

Auswahl der Kettentype

Bei der Auswahl der Kettentype (Bauform und Teilung) sollten unter Einhaltung der maximalen Kettenraddurchmesser Zähnezahlen von größer als 18 Zähnen angestrebt werden, um dynamische Einflüsse durch den Polygoneffekt zu reduzieren. Der Polygoneffekt tritt auf, wenn ein Zugmittel (Kette) durch ein Antriebsrad formschlüssig angetrieben wird. Bei konstanter Winkelgeschwindigkeit des Kettenrads wird die Kette beschleunigt und verzögert und damit dynamisch belastet.

Im Verlauf jahrzehntelanger Erfahrung haben sich für Steuerantriebe einige Abmessungen von Rollen-, Hülsen- und Zahnketten als besonders geeignet herausgestellt. Dies sind 3/8"-Hülsenketten für Dieselmotoren und 8-mm-Hülsenketten- und 8-mm-Rollenketten für Ottomotoren. Sind bei der Entwicklung eines Ottomotors besondere Anforderungen bezüglich Motorakustik gestellt, sollten 8-mm- oder 6,35-mm-Zahnketten eingesetzt werden.

Anforderungen an Ketten

Vier wesentliche Faktoren kennzeichnen die Gebrauchseigenschaften von Steuerketten: Bruchfestigkeit, Dauerfestigkeit, Verschleißbeständigkeit und Akustikverhalten.

Bild 3: Hülsen-Zahnkette.
1 Hülse,
2 Zahnlasche,
3 Führungslasche,
4 Bolzen.

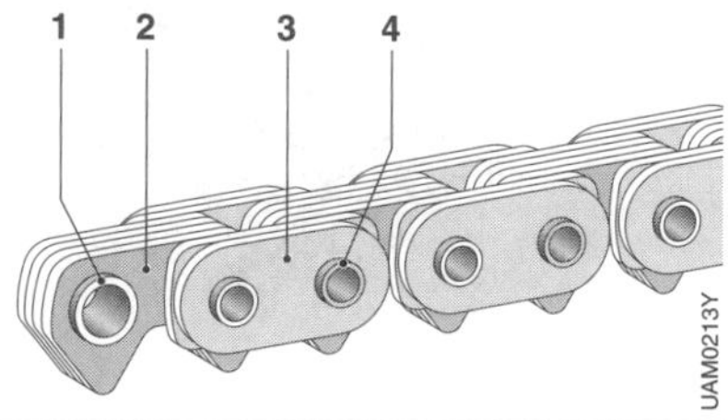

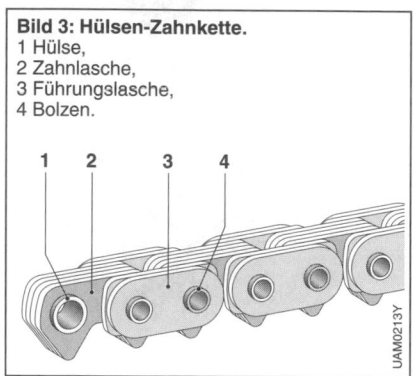

Als Ursache für einen Bruch kommt ein Überschreiten der statischen oder der dynamischen Bruchlast in Frage. Speziell bei Steuerantrieben wird man keine gleichförmige Belastung antreffen, sodass die Dauerfestigkeit der Kette die festigkeitsbegrenzende Größe ist. Infolge der schwellenden Drehmomente der Nockenwellen, der Hochdruckpumpe sowie der Drehungleichförmigkeit der Kurbelwelle und der durch den Polygoneffekt verursachten schwellenden Kettenlängskraft entsteht eine dynamische Kraftbelastung der Kette. Dabei darf die Sicherheitsgrenze zur Dauerfestigkeit der Kette nicht überschritten werden, da die Zahl solcher Lastwechsel während der Lebensdauer eines Motors in jedem Fall größer als 10^8 Lastwechsel ist (Bild 4).

Bei den heutigen Motoren mit präzisen Steuerzeiten und geringem Freigang zwischen Kolben und Ventil sind geringste Längungen durch Kettenverschleiß erreichbar. Verschleißbedingte Längenzuwächse von lediglich 0,2...0,5 % der Kettenlänge bei bis zu 350 000 km Motorlaufleistung werden heutzutage durch die Optimierung des Gelenks mit Bolzen und Hülse sichergestellt.

Insbesondere direkteinspritzende Turbodieselmotoren, aber auch die neuesten Modelle der direkteinspritzenden

Bild 4: Dauerfestigkeitsergebnisse für Hülsen- und Rollenketten.
1 Hülsenkette für DI-Anwendungen,
2 Hülsenkette für Vorkammer-Dieselmotoren,
3 Rollenkette für Hochleistungssteuerantriebe in Ottomotoren.
4 Rollenkette für Ölpumpenantriebe.

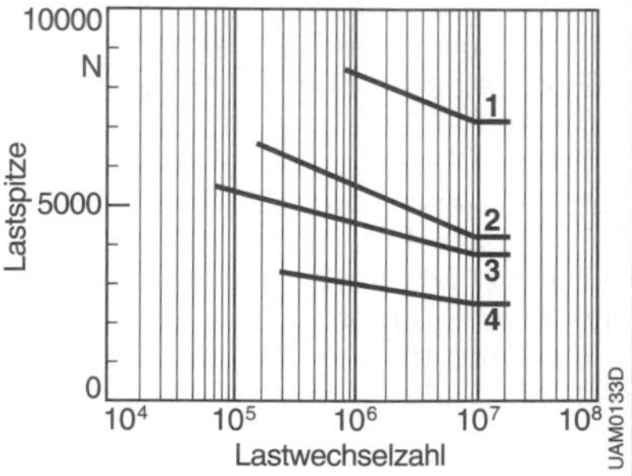

Ottomotoren benötigen Steuerketten mit höchster Verschleißbeständigkeit.

Zur Verbesserung des Verschleißwiderstands werden die Kettenbolzen in einem letzten Arbeitsgang mit einer Hartstoffschicht, entweder mit Chromkarbid oder Chromnitrid, beschichtet.

Auslegungskiterien für Kettensteuerantriebe

Ein Kettensteuerantrieb stellt mit Masse, Steifigkeit und Dämpfung ein schwingungsfähiges System mit mehreren Freiheitsgraden dar. Dies kann bei entsprechender Anregung z.B. durch Nockenwelle, Kurbelwelle oder Hochdruckpumpe aufgrund von Wechselwirkungen Resonanzeffekte verursachen, die zu einer Extrembelastung des Steuerantriebs führen.

Bei der Entwicklung von Kettensteuerantrieben sind auch eine Reihe von Auslegungskriterien zu berücksichtigen. Dies sind:

- Kettenlänge mit geradzahliger Gliederzahl.
- Freie Trumlänge (ungeführtes Kettenstück) möglichst drei bis fünf Kettenglieder.
- Große Radien an Spann- und Führungsschienen zur Reibungsreduzierung.
- Spannrichtung des Kettenspanners nach innen.
- Schwimmende Lagerung der Spann- und Führungsschienen.

Rechnerische Überprüfung von Kettensteuerantrieben

Auf Basis von Layoutzeichnungen wird ein Kettenantriebsmodell erstellt, das für die dynamische Berechnung von Steuerantrieben herangezogen wird. Hierfür wird die Steuerkette durch Masseparameter, Kettensteifigkeit und Dämpfungswerte beschrieben.

Spann- und Führungsschienen werden als elastische Körper modelliert, das Spannelement wird mit allen Funktionselementen abgebildet. Die Simulationsrechnung liefert die notwendigen Drehschwingwinkelabweichungen sowie alle Kräfte- und Momentenverläufe.

Reibungsreduzierung von Kettensteuerantrieben

Zur Reduktion der CO_2-Emission eines Verbrennungsmotors muss jedes Einsparpotenzial zur Verringerung des Kraftstoffverbrauchs genutzt werden. So kann auch eine reibungsoptimierte Konstruktion des Steuerantriebs einen Betrag zur Verringerung der CO_2-Emission liefern.

Die entscheidende Größe ist die optimale Gestaltung der Kettenlinie. Durch den Verzicht von starken Krümmungen der Spann- und Gleitschienen erfolgt eine Reduzierung der Normalkräfte und somit eine Reduzierung der Reibung.

Von entscheidender Bedeutung für das Reibungsverhalten von Steuerketten ist die Kettenlaschenqualität. Bei der Herstellung von Kettenlaschen kommen unterschiedliche Stanzverfahren zur Anwendung, die dem Fertigungsverfahren entsprechend Rauheiten an der Oberfläche erzeugen. Beste Werte liefern Ketten mit feingestanzten Laschen.

Aufgrund ihrer inneren Reibung und des Kontakts von Bolzen und Laschen zeigen auch Steuerketten der wichtigsten Ausführungen unterschiedliches Reibungsverhalten. Auf Bild 5 erkennt man deutlich die Nachteile der Zahnkette bei identischer Baubreite.

Bild 5: Reibmoment verschiedener Kettenbauarten.
Kettenteilung ist bei allen Bauarten gleich und beträgt 8 mm.
1 Hülsenkette,
2 Rollenkette,
3 Zahnkette.

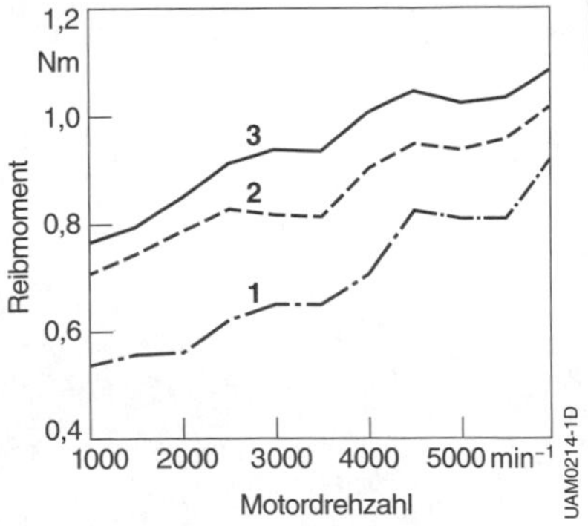

Kettenräder

Die Zahnform der Kettenräder ist für Rollen, Hülsen- und Zahnketten genormt (DIN ISO 606, [1]). Die DIN gestattet erhebliche Freiheitsgrade bei der Feinauslegung der Kettenradverzahnung, sodass eine Zahnlückenform zwischen einer minimalen und einer maximalen Lücke entstehen kann. Zur Anwendung kommen in aller Regel Kettenräder mit maximaler Zahnlückenform. Diese Ausführung gestattet infolge der niedrigen Zahnkopfhöhe und der größeren Zahnlückenöffnung den ungestörten Ein- und Auslauf der Kette auch bei höheren Kettengeschwindigkeiten.

Bei der Gestaltung der Zahnform von Zahnketten wendet jeder Hersteller seine eigene Auslegungsphilosophie (z.B geräusch- oder verschleißoptimiert) an, sodass diese Ketten nicht der Norm entsprechen. Die Gestaltung der Kettenräder hängt von den Bauraumverhältnissen, den Betriebsbedingungen und der Leistungsübertragung des Kettenantriebs ab (Bild 6).

Eingesetzt werden Kettenräder aus Kohlenstoffstahl (z.B. Ck45) und legierte Stähle (z.B. 16MnCr5) sowie Räder aus gesinterten Werkstoffen (z.B. Sint D11). Verwendet werden feingestanze sowie spanend hergestellte Räder mit der für den Werkstoff entsprechenden Wärmebehandlung.

Kettenspann- und Kettenführungselemente

Durch den Einsatz von permanent wirkenden Spann- und Führungselementen (Bild 1), die auf den jeweiligen Motor genau abgestimmt sind, lässt sich der Kettenantrieb so optimieren, dass seine Lebensdauer der des Motors entspricht.

Kettenspanner

Der Kettenspanner (Bild 7), mechanisch oder hydraulisch wirkend, übernimmt eine Reihe von Aufgaben im Steuerantrieb. Zum einen wird die Steuerkette in allen Betriebsbedingungen im Leertrum unter einer definierten Last vorgespannt, auch bei im Betrieb auftretender Verschleißlängung. Unter Leertrum versteht man das nicht gezogene, gewissermaßen lastfreie Kettenstück. Durch ein Dämpfungselement – entweder Reibungs- oder Viskosedämpfung – werden Schwingungen auf ein zulässiges Maß reduziert.

In wenig belasteten Ölpumpenantrieben werden in aller Regel mechanische

Bild 6: Kettenräder.
a) Gesintertes Kurbelwellenrad,
b) Feingestanztes Nockenwellenrad,
c) Kettenrad mit Dichtfläche,
d) Zweispuriges Kettenrad für Duplexkette.

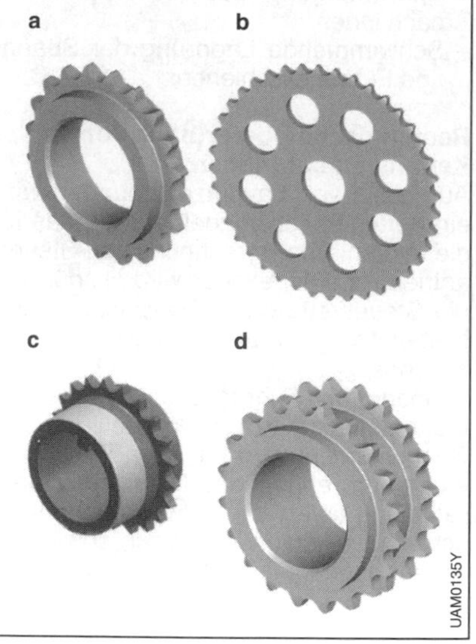

Bild 7: Ausführung von Kettenspannern.
a) Mechanischer Kettenspanner,
b) hydraulischer Kettenspanner.

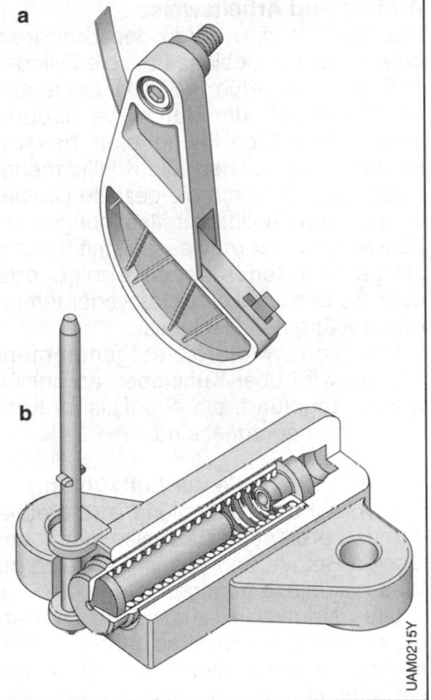

Bild 8: Ausführung von Gleit- und Spannschienen.
a) Spannschiene in Zweikomponentenausführung,
b) Spannschiene in Zweikomponentenausführung mit Beölungskanal,
c) Gleitschiene in Einkomponentenausführung.

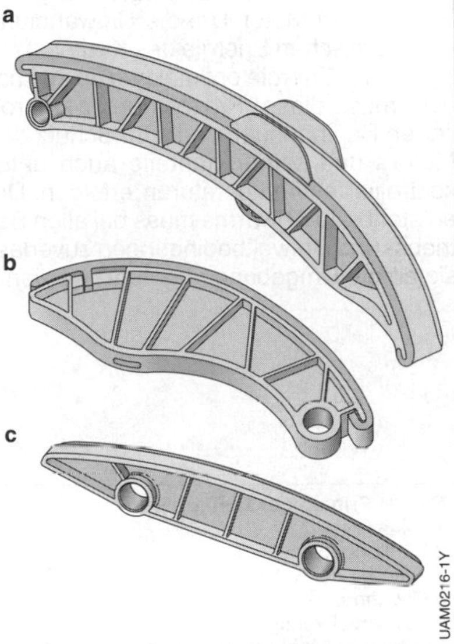

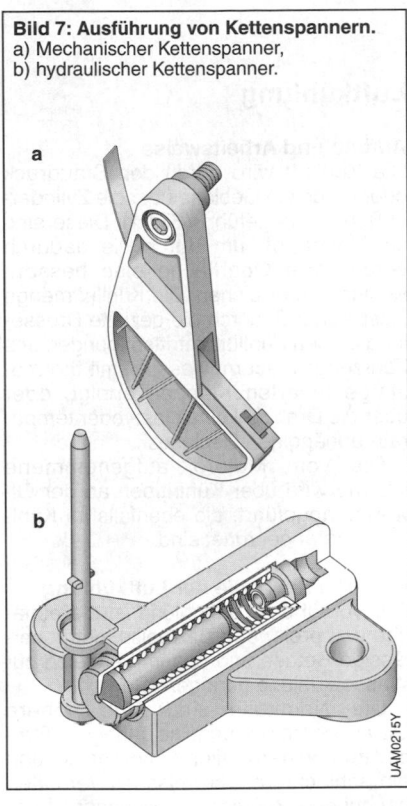

Kettenspanner ohne zusätzliche hydraulische Dämpfung eingesetzt. In besonderen Fällen kann sogar komplett auf diesen mechanischen Kettenspanner verzichtet werden.

Spann- und Führungsschienen

Als Spann- und Führungselemente dienen zum Teil einfache Schienen aus Kunststoff oder aus Metall (Aluminium oder Stahlblech) mit Kunststoffauflage, die je nach Kettenbahn eben oder gekrümmt sind. Bei neueren Bauformen werden die Schienen zumeist kostengünstig aus Kunststoff gespritzt und in Zweikomponentenausführung (Grundträger und Gleitbelag) hergestellt.

Dabei wird bei der Spannschiene auf einen Träger aus hitzebeständigem Polyamid mit 30...50 % Glasfaseranteil ein Reibbelag aus glasfaserfreiem Polyamid aufgespritzt oder aufgeclipst. Die Gleitschienen sind meist als Einkomponentenschiene in Kunststoff ausgeführt und dienen zur Kettenführung. Bild 8 zeigt einige Ausführungen von Spann- und Gleitschienen.

Literatur

[1] DIN ISO 606: Kurzgliedrige Präzisions-Rollen- und Buchsenketten, Befestigungslaschen und zugehörige Kettenräder (ISO 606:2004).

Kühlung des Motors

Bei der Umwandlung jeglicher Energieart in mechanische Energie zum Antrieb des Fahrzeugs entsteht als Abfallprodukt Wärme, sei es nun durch Reibung von verschiedenen Bauteilen des Motors zueinander oder durch die Verbrennung von Kraftstoff im Motor. Um die Umwandlung der chemischen Energie des Kraftstoffs in kinetische Energie optimal nutzen zu können, muss dieser Prozess unter kontrollierten Bedingungen und zum Schutz des Motors und seiner Bauteile auch unter kontrollierten Temperaturen erfolgen. Die entstehende Abwärme muss bei allen Betriebs- und Umweltbedingungen zuverlässig an die Umgebung abgeführt werden.

Bild 1: Prinzip der Luftkühlung.
1 Ölkühler,
2 Kühlluftgebläse,
3 Zylinder mit Kühlrippen,
4 Ölwanne,
5 Überdruckventil,
6 Ölpumpe (Zahnradpumpe).
7 Ölfilter,
8 Thermostat.

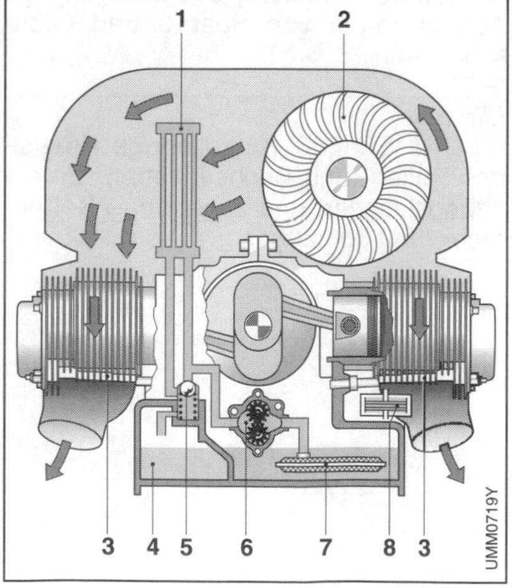

Luftkühlung

Aufbau und Arbeitsweise

Die Kühlluft wird durch den Staudruck oder durch ein Gebläse über die Zylinderaußenwände geführt (Bild 1). Diese sind stark verrippt, um durch die dadurch vergrößerte Oberfläche eine bessere Kühlung zu erreichen. Die Kühlluftmenge lässt sich z.B. durch die gezielte Drosselung an den Kühllufteintrittsöffnungen des Fahrzeugs steuern, was z.B. mit thermostatgesteuerten Klappen erfolgt, oder über die Drehzahl eines last- oder temperaturabhängigen Gebläses.

Die vom Motoröl aufgenommene Wärme wird über Kühlrippen an der Ölwanne abgeführt, die ebenfalls im Kühlluftstrom angeordnet sind.

Vor- und Nachteile der Luftkühlung

Der Vorteil der Luftkühlung ist die einfache und preiswerte Bauweise, der zuverlässige Betrieb und das im Vergleich zur Wasserkühlung geringere Gewicht.

Die Nachteile sind eine höhere Geräuschentwicklung, die geringere Temperaturkonstanz aller Motorenteile und ein schlechteres thermisches Verhalten bei hohen spezifischen Leistungen.

Mit luftgekühlten Motoren lassen sich die aktuell geforderten Abgasgrenzwerte nur schwer einhalten.

Anwendungen

Die Luftkühlung wird heute hauptsächlich bei der Kühlung von Kraftradmotoren, Flugzeugmotoren und bei Sonderanwendungen eingesetzt. Auch Kleinstmotoren im Modellbaubereich arbeiten mit Luftkühlung.

Ebenso können die voraussichtlichen Einsatzbedingungen für ein Fahrzeug die Wahl des Kühlungsprinzips vorgeben; in arktischen Regionen mit Temperaturen von bis zu –50 °C können aufgrund der Gefahr des Einfrierens keine wassergekühlten Motoren eingesetzt werden, hier muss zwingend das Prinzip der Luftkühlung angewandt werden.

Wasserkühlung

Aufbau und Arbeitsweise

Kühlkreislauf

Im Gegensatz zur Luftkühlung wird bei der Wasserkühlung die Abwärme des Motors nicht direkt an die Umgebungsluft abgegeben. Vielmehr wird die Abwärme durch das Kühlmittel aufgenommen und über dieses Medium zum Hauptkühlmittelkühler transportiert (Bild 2). Dort findet dann der Wärmeaustausch zwischen Kühlmittel und Umgebungsluft statt. Eine Steuerung des Kühlluftdurchsatzes erfolgt über den Lüfter, die Zirkulation des Kühlmittels im Kreislauf wird durch die Kühlmittelpumpe sichergestellt.

Die als Wasserkühlung bezeichnete Kühlmittelkühlung hat sich sowohl bei Pkw als auch bei Nutzfahrzeugen durchgesetzt.

Kühlmittel

Als Kühlmittel dient eine Mischung aus Wasser, Frostschutzmittel (meist Ethylenglykol) und Inhibitoren. Die Inhibitoren verhindern, dass es in den vom Kühlmittel durchströmten Bauteilen zu Korrosion kommt (siehe Kühlerflüssigkeiten). Durch die Zugabe von Frostschutzmittel von anteilig 30...50 % wird einerseits sichergestellt, dass das Kühlmittel auch bei Temperaturen bis zu –25 °C nicht gefriert, andererseits erhöht das Frostschutzmittel die Siedetemperatur des Kühlmittels und ermöglicht so Kühlmitteltemperaturen bei Pkw bis zu 120 °C bei einem Überdruck von 1,4 bar.

Kühlerbauarten

Bei modernen Pkw-Kühlmittelkühlern kommen fast ausschließlich Kühlerblöcke aus Aluminium zum Einsatz. Auch bei Nutzfahrzeugen setzen sich Aluminiumkühler immer stärker durch und finden weltweiten Einsatz. Es gibt zwei verschiedene Ausführungen: Hartgelötete Kühler und mechanisch gefügte Kühler.

Flachrohr-Wellrippen-Systeme

Zur Kühlung leistungsstarker Motoren oder bei geringem Raumangebot sind hartgelötete Flachrohr-Wellrippen-Systeme mit möglichst günstigem luftseitigem Strömungswiderstand einzusetzen.

Aufbau

Der Kühlerblock besteht aus einer Aneinanderreihung von Flachrohren mit dazwischen liegenden Wellrippen (Bild 3). Die Flachrohre münden in den Öffnungen im Kühlerboden. Beim Herstellungsprozess werden die Spitzen der Wellrippen mit den Flachrohren sowie die Flachrohre mit dem Kühlerboden in einem Ofen verlötet. Das Lötmaterial ist als Schicht auf den Werkstoffen aufgebracht.

Bild 2: Pkw-Kühlanlage.
1 Motor, 2 Lüfter, 3 Kühlmittelleitung (Pfeilrichtung gibt Flussrichtung an), 4 Kühlmittelpumpe, 5 Hauptkühlmittelkühler (Flachrohr-Wellrippen-System), 6 Bypassleitung (kleiner Kühlkreislauf), 7 Ausgleichsbehälter mit Überdruckventil (integriert im Verschlussdeckel), 8 Thermostat.

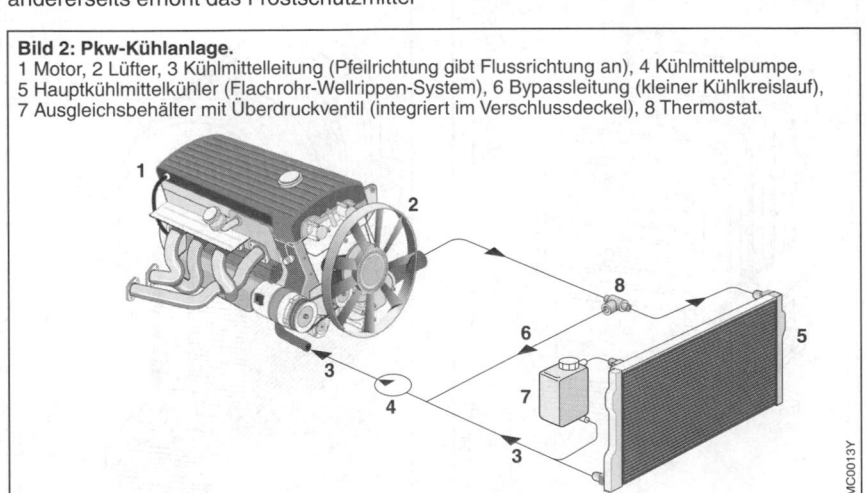

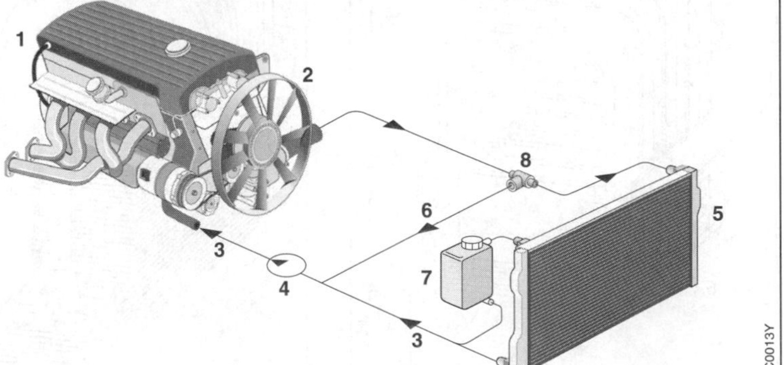

Die Kühlerkästen, welche die Verteilung des Kühlmittels auf den gesamten Kühlerblock gewährleisten, bestehen aus glasfaserverstärktem Polyamid; sie werden einteilig mit allen Anschlüssen und Befestigungselementen spritzgegossen. Die Verbindung mit dem Kühlerblock erfolgt durch eine mechanische Bördelverbindung mit eingelegter Elastomerdichtung.

Arbeitsweise
Über den Kühlerkasten wird das Kühlmittel dem Kühlerblock zugeführt. Es durchströmt die Flachrohre und tritt am gegenüberliegenden Kühlerkasten wieder aus. Das heiße Kühlmittel in den Flachrohren gibt die Wärme an die Wellrippen ab, die den Kühlerblock durchströmende Kühlluft kühlt die Wellrippen. Die Lötverbindungen garantieren eine gute Wärmeübertragung von den Flachrohren auf die Wellrippen. Kiemen in den Wellrippen, die in Kiemenfeldern zusammengefasst sind, bewirken eine zusätzliche Verwirbelung der Kühlluft. Die Folge ist eine verbesserte Wärmeabfuhr.

Die Kühlerkästen sind so gestaltet, dass sich das Kühlmittel möglichst gleichmäßig auf alle Flachrohre verteilt. Die Tiefe der Flachrohre ist gering (ca. 2 mm bei Wandstärken von 0,2...0,3 mm), damit das gesamte Kühlmittel möglichst dicht an den Rohrwänden vorbeiströmt und so für eine gute Wärmeübertragung an die Wellrippen sorgt.

Rohr-Rippen-Systeme
Bei leistungsschwächeren Motoren oder bei niedrigeren Ansprüchen an die Kompaktheit finden vorzugsweise die kostengünstigeren mechanisch gefügten Rohr-Rippen-Systeme Verwendung.

Aufbau
Das Netz mechanisch gefügter Kühlmittelkühler besteht aus runden, ovalen oder flachovalen Rohren und darüber gesteckten gestanzten Kühlrippen (Bild 4). Der Abstand zwischen den Kühlrippen wird durch aufgeklappte trapezförmige Ausstanzungen (Distanzhalter) eingehalten. Im Herstellungsprozess werden die zunächst lose in die Kühlrippen eingesetzten Rohre mit einem Werkzeug aufgeweitet. Dadurch entsteht eine innige Verbindung zwischen Rohren und Kühlrippen. Die Verbindung erfolgt somit

Bild 3: Flachrohr-Wellrippen-System.
1 Kühlerkasten, 2 Kühlerboden,
3 Dichtung, 4 Flachrohr, 5 Wellrippen,
6 Kiemenfelder.

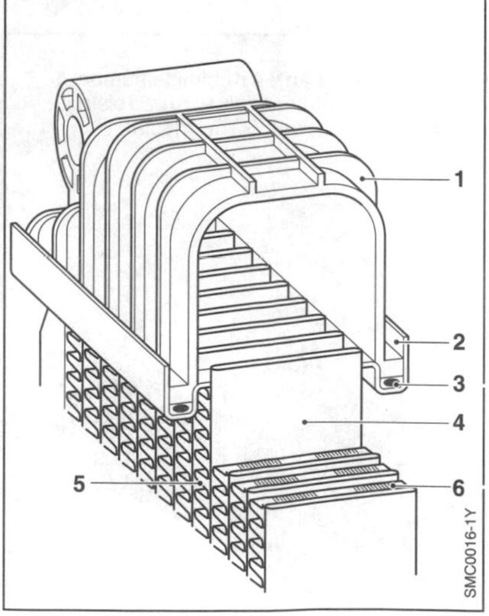

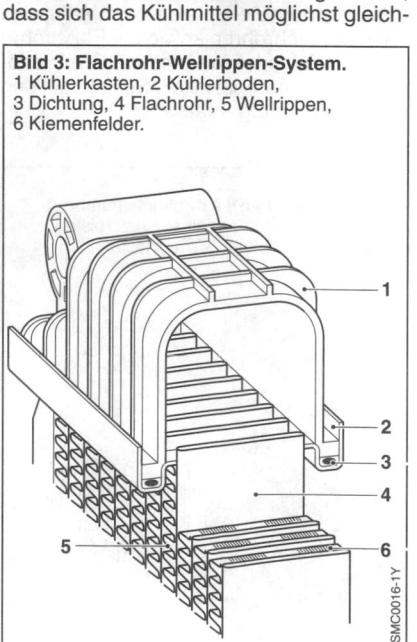

Bild 4: Rohr-Rippen-System.
1 Kühlerkasten, 2 Kühlerboden,
3 Dichtung, 4 Rundrohr, 5 Kühlrippe,
6 Kiemenfelder, 7 Distanzhalter.

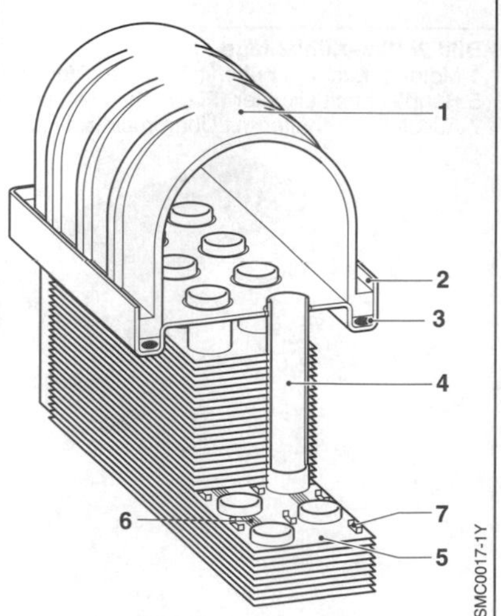

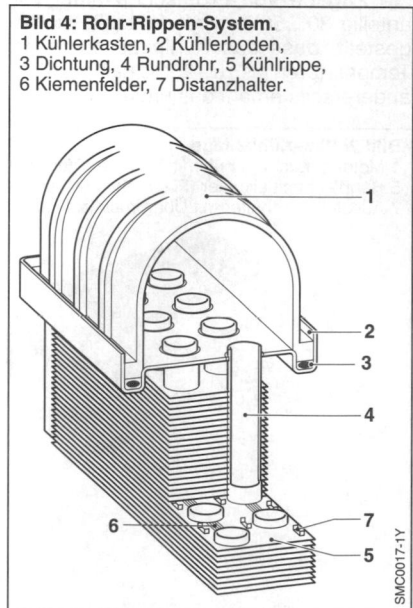

ausschließlich durch die mechanische Aufweitung des Rohrs. Allerdings ist der Wärmeübergang zwischen den Rohren und den Kühlrippen deutlich schlechter als bei den gelöteten Systemen.

Arbeitsweise
Die Kühlluft durchströmt den Kühlerblock zwischen den Kühlrippen. Diese sind quer zur Luftrichtung gewellt oder geschlitzt. Sie sind – wie die Wellrippen bei den gelöteten Kühlern – ebenfalls mit Kiemenfeldern versehen Dies bewirkt eine Verwirbelung der Luft und sorgt für eine bessere Kühlwirkung.

Möglichkeiten zur Leistungssteigerung von Kühlern
Eine Verbesserung des Wärmeübergangs wird auf der Kühlluftseite durch Kiemen und durch eine höhere Anzahl Wellungen in den Kühlrippen erzielt. Die Kiemen bewirken eine Verwirbelung der durchströmenden Kühlluft, die größere Anzahl von Wellungen ergibt eine größere Oberfläche. Diese Maßnahmen führen zu einer Steigerung der abführbaren Wärmemenge.

Weitere Maßnahmen zur Leistungssteigerung sind Rohre mit möglichst geringer Breite und Wandstärke und – sofern es der zulässige Druckverlust auf der Kühlmittelseite erlaubt – mit turbulenzverstärkenden Einprägungen. Der negative Effekt dieser leistungssteigernden Maßnahmen ist der sowohl kühlluft- als auch kühlmittelseitig höhere Druckabfall, der durch einen stärkeren Lüfter und kühlmittelseitig durch eine leistungsfähigere Kühlmittelpumpe ausgeglichen werden muss.

Kühlmittel-Ausgleichsbehälter
An der höchsten Stelle des Kühlkreislaufs sitzt der luftdicht geschlossene Ausgleichsbehälter, über dessen Einfüllstutzen die Kühlanlage befüllt wird. Bei Betrieb des Motors nimmt der Ausgleichsbehälter überschüssiges Kühlmittel, das sich aufgrund der Erwärmung ausdehnt, auf. Bei Bedarf gibt er es wieder an den Kühlkreislauf ab. Mit der Erwärmung des Kühlmittels erhöht sich auch der Systemdruck im Kühlsystem. Dadurch steigt der Siedepunkt des Kühlmittels.

Das Luftvolumen im Ausgleichsbehälter muss so groß sein, dass bei Erwärmung und Ausdehnung des Kühlmittels ein schneller Druckaufbau möglich ist und Kühlmittelauswurf unter den zulässigen Betriebsbedingen verhindert wird. Bei zu hohen Betriebstemperaturen und damit auch zu hohen Betriebsdrücken sichert der Ausgleichsbehälter den Kühlkreislauf durch ein Überdruckventil ab.

Darüber hinaus ermöglicht der Ausgleichsbehälter eine zuverlässige Gasabscheidung, wodurch Kavitation im Kühlsystem, die vor allem auf der Saugseite der Kühlmittelpumpe auftritt, vermieden wird.

Die Ausgleichsbehälter werden aus Kunststoff (meist Polypropylen) spritzgegossen oder bei einfachen Formen geblasen. In der Regel wird der Ausgleichsbehälter über Schlauchverbindungen mit dem Kühlsystem verbunden und so im Motorraum angeordnet, dass er die höchste Lage im Kühlsystem besitzt, um eine gute Entlüftung zu gewährleisten. In Einzelfällen können Ausgleichsbehälter und Kühlmitteleintrittskasten des Kühlers eine integrierte Einheit bilden oder durch Anflanschen oder Aufstecken miteinander verbunden sein.

Die Lage und die Form des Einfüllstutzens ermöglicht eine Füllbegrenzung und schließt so eine Überfüllung aus. Zur Kontrolle des Kühlmittelstands ist der Ausgleichsbehälter mit einem elektronischen Füllstandsmelder ausgerüstet. Der Füllstand kann außerdem dadurch kontrolliert werden, dass der Behälter ganz oder teilweise aus naturfarbenem, transparentem Kunststoff hergestellt und mit Füllstandsmarkierungen versehen ist. Ungefärbtes Polypropylen ist allerdings nicht UV-beständig, der transparente Teil des Ausgleichsbehälters darf deshalb nicht dem direkten Sonnenlicht ausgesetzt sein.

Kühlluftgebläse
Ausführung
Da in Kraftfahrzeugen auch bei niedrigen Geschwindigkeiten hohe Kühlleistungen zu erbringen sind, ist der Kühler unbedingt zusätzlich zu belüften. Bei Nutzfahrzeugen haben sich spritzgegossene Kunststofflüfter durchgesetzt, deren An-

triebsleistung bis zu 30 kW beträgt. Der Antrieb erfolgt durch eine mechanische Kopplung mit dem Verbrennungsmotor, z.B. über einen Riemenantrieb. Der Lüfter kann auch direkt auf der Kurbelwelle montiert sein.

Im Pkw-Bereich sind einteilig spritzgegossene Kunststofflüfter üblich, die in der Regel von Gleichstrom-Bürstenmotoren oder bürstenlosen Gleichstrommotoren angetrieben werden. Diese Motoren sind in der Nabe des Lüfters eingesetzt. Im Kleinwagensegment bewegt sich die elektrische Antriebsleistung um 400 W, in der Oberklasse und bei Geländewagen bis zu 1 kW. Obwohl sich solche Lüfter durch geeignete Wahl der Schaufelform und Anordnung relativ geräuscharm auslegen lassen, ist die Schallemission dennoch bei hoher Drehzahl beträchtlich.

Bild 5: Bimetall-gesteuerte Viscokupplung.
1 Deckel mit Kühlrippen, 2 Primärscheibe, 3 Ventilbohrung, 4 Ventilhebel, 5 Thermo-Bimetallstreifen, 6 Schaltstift, 7 Dichtung, 8 Vorratsraum, 9 Arbeitsraum, 10 Rücklaufbohrung, 11 Lüfter, 12 Befestigungsschraube, 13 Grundkörper, 14 Kugellager, 15 Flanschwelle

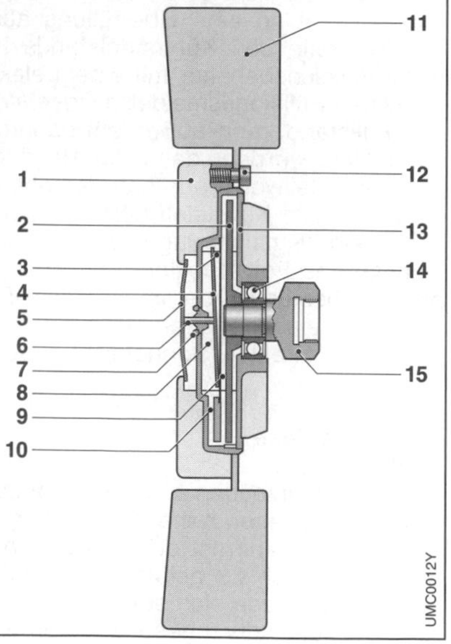

In Einzelfällen von Anwendungen, insbesondere bei Geländewagen mit sehr hoher Motorleistung in Kombination mit Heißlandanforderungen sowie bei Ausstattungsvarianten mit Dieselmotor und Klimaanlage reicht der Elektroantrieb nicht aus, um die erforderliche Kühlluftmenge zu fördern. Lüfterleistungen über 1 kW lassen sich nur realisieren, wenn der Lüfter vom Motor mechanisch angetrieben wird. Dies ist allerdings nur bei längs eingebautem Motor möglich.

Regelung elektrisch angetriebener Lüfter
Die Betriebsarten, bei denen der Staudruck zur Belüftung ganz oder weitgehend ausreicht, machen je nach Fahrzeug- und Einsatzart bis zu 95 % der Betriebszeit aus. In dieser Zeit kann die für den Lüfterantrieb benötigte Energie eingespart werden. Bei Elektrolüftern dient hierzu eine mehrstufige oder kontinuierliche Regelung, die die Zuschaltung und die Drehzahl des Lüfters an den Kühlleistungsbedarf anpasst. Eine mehrstufige Regelung kann aus Relais und Vorwiderständen bestehen, die stufenlose Regelung erfordert eine Leistungselektronik. Das Eingangssignal für die Regelung liefern elektrische Temperaturschalter oder das Motorsteuergerät.

Antrieb mechanischer Lüfter
Für mechanische Antriebe hat sich bei Nutzfahrzeugen die Flüssigkeitsreibungskupplung (Viscokupplung) bewährt. Sie besteht im Wesentlichen aus folgenden Baugruppen (Bild 5):
- Antriebs- oder Primärteil (Flanschwelle und Primärscheibe),
- Abtriebs- oder Sekundärteil (Deckel, Grundkörper),
- Regelungsteil zur Steuerung und Regelung der Ölfüllung (Arbeitsflüssigkeit).

Der Sekundärteil der Viscokupplung ist in einen Arbeits- und einen Vorratsraum geteilt. Bei nicht zugeschalteter Viscokupplung befindet sich nur wenig Arbeitsflüssigkeit im Arbeitsraum, sodass aufgrund des großen Schlupfs zwischen Primärscheibe und Sekundärteil nur sehr wenig Drehmoment übertragen werden kann. Als Arbeitsflüssigkeit wird ein Silikonöl verwendet.

Mit steigender Temperatur kommt es durch die Wölbung des Bimetallstreifens zum Öffnen des Ventils durch den Schaltstift. Silikonöl strömt vom Vorrats- in den Arbeitsraum. Dadurch reduziert sich der Schlupf zwischen Primärscheibe und Sekundärteil – die Drehzahl des Lüfters erhöht sich. Es kommt zu einem stufenlosen Ansteigen der Lüfterdrehzahl und damit der Kühlleistung.

Bei Abfallen der Temperatur erkaltet der Bimetallstreifen und schließt durch den Schaltstift langsam das Ventil. Das Silikon fließt über den Pumpenkörper zurück in den Vorratsraum. Die Lüfterdrehzahl verringert sich. Die Menge des im Arbeitsraum befindlichen Silikonöls bestimmt die durch die Kupplung übertragene Leistung und damit die Drehzahl des Lüfters.

Je nach Art der Betätigung des Ventils lassen sich zwei Bauarten der Viscokupplung unterscheiden: Zum einen wie soeben beschrieben die temperaturabhängig selbstregelnde Kupplung, bei der die Betätigung über ein Bimetall, einen Schaltstift und einen Ventilhebel erfolgt. Regelgröße ist die Kühlerablufttemperatur und damit indirekt die Temperatur des Kühlmittels. Inzwischen kommt bei 95 % der schweren Nutzfahrzeuge die elektrisch angesteuerte Kupplung zum Einsatz. Bei diesem Kupplungstyp wird der Ventilhebel elekromagnetisch betätigt und damit die Ölmenge im Arbeitsraum geregelt. Anstatt nur einer Regelgröße werden mehrere Eingangsgrößen zur Regelung eingesetzt. Gewöhnlich sind das die Temperaturgrenzwerte der verschiedenen Kühlmedien.

Bild 6: Kennfeldthermostat.
1 Stecker, 2 Anschluss zum Kühler,
3 Gehäuse des Arbeitselements,
4 Elastomereinsatz, 5 Kolben,
6 Bypassfeder, 7 Bypassventil,
8 Gehäuse, 9 Heizwiderstand,
10 Doppeltellerventil (Hauptventil),
11 Hauptfeder, 12 Anschluss vom Motor,
13 Traverse,
14 Anschluss zum Motor (Bypass).

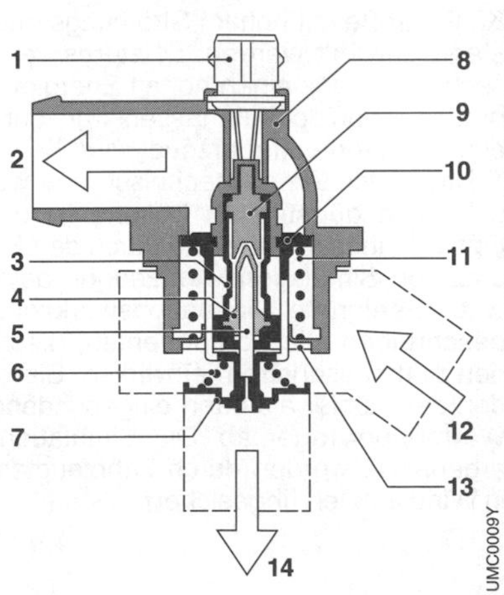

Regelung der Kühlmitteltemperatur

Ein Kraftfahrzeugmotor arbeitet bei sehr unterschiedlichen klimatischen Bedingungen und stark schwankenden Motorbelastungen. Die Folge wären große Schwankungen der Kühlmittel- und Motortemperatur, die in einem erhöhten Motorverschleiß, ungünstiger Abgaszusammensetzung, höherem Kraftstoffverbrauch und einer nicht zuverlässig arbeitenden Fahrzeugheizung resultieren. Um diesen unerwünschten Begleiterscheinungen entgegenzuwirken und um die Kühlmittel- und Motortemperatur möglichst konstant zu halten, findet eine Regelung der Kühlmitteltemperatur statt.

Dehnstoffgeregelter Thermostat

Als ein robuster und von den wechselnden Druckverhältnissen im Kühlsystem unabhängiger Regler hat sich der Einsatz eines temperaturabhängigen Dehnstoffreglers bewährt. Der Aufbau entspricht im Wesentlichen dem des Kennfeldthermostaten (Bild 6), beim dehnstoffgeregelten Thermostat fehlt jedoch der Heizwiderstand. Das Dehnstoffelement dieses Thermostaten betätigt ein Doppeltellerventil (Hauptventil), das bis zum Erreichen der Betriebstemperatur die Verbindung zum Kühler verschließt und gleichzeitig einen Strömungsweg vom Motoraustritt zur Bypassleitung (siehe Bild 2) freigibt. Das Kühlmittel strömt ungekühlt in den Motor zurück und es liegt der „kleine Kühlkreislauf" vor.

Im Regelbereich des Thermostaten sind beide Seiten des Doppeltellerventils teilweise geöffnet. Dem Motor strömt dann eine Mischung aus gekühltem und ungekühltem Kühlmittel zu, die so bemessen ist, dass die Betriebstemperatur konstant bleibt. Bei Volllast ist die Öffnung zum Kühler ganz geöffnet und die Bypassleitung verschlossen – damit liegt der „große Kühlkreislauf" vor.

Elektronische Regelung mit Kennfeldthermostat
Weitergehende Möglichkeiten zur Regelung der Kühlmitteltemperatur erlaubt der Einsatz eines Kennfeldthermostaten. Dieser elektronisch gesteuerte Temperaturregler unterscheidet sich von den rein dehnstoffgeregelten Thermostaten dadurch, dass die Öffnungstemperatur beeinflussbar ist. Er enthält einen Heizwiderstand, mit dem das Dehnstoffelement zusätzlich erwärmt werden kann (Bild 6). Das bewirkt, dass sich die Öffnung des Doppeltellerventils zum Kühler vergrößert und damit die Kühlmitteltemperatur sinkt. Der Heizwiderstand wird von der Motorsteuerung so angesteuert, dass sich eine optimale Anpassung der Betriebstemperatur des Motors an die jeweiligen Betriebsbedingungen ergibt. Die dazu notwendige Information ist in Form von Kennfeldern in der Motorsteuerung hinterlegt (Bild 7).

Durch Anhebung der Betriebstemperatur im Teillastbereich und durch Absenkung der Betriebstemperatur bei Volllast ergeben sich folgende Vorteile:
- Niedrigerer Kraftstoffverbrauch,
- schadstoffärmere Abgaszusammensetzung,
- geringerer Motorverschleiß,
- verbesserte Beheizung der Fahrzeugkabine.

Bild 7: Elektronische Regelung der Kühlmitteltemperatur.

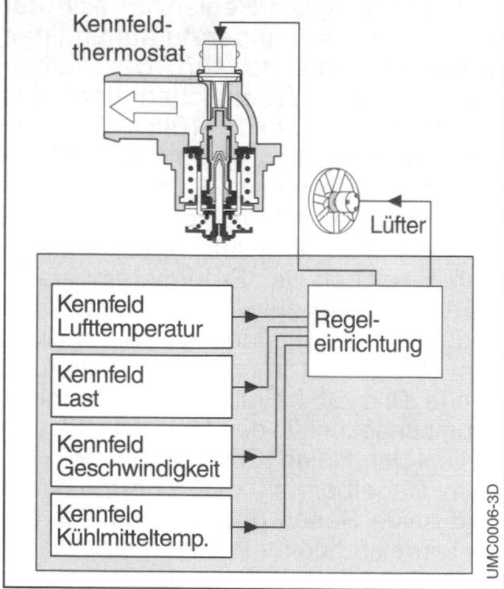

Kühlerauslegung
Die Bestimmung der Kühlergröße erfolgt durch Berechnung mit Hilfe von aus Versuchen gewonnenen Korrelationsgleichungen für den Wärmeübergang und den Strömungsdruckabfall. Eine große Bedeutung kommt der Luftmenge zu, die den Kühler im Fahrzeug durchströmt. Sie hängt von der Fahrgeschwindigkeit, dem Strömungswiderstand bei der Durchströmung des Motorraums, dem Strömungswiderstand des Kühlers und der Leistungsfähigkeit des Lüfters ab.

Ziel der Kühlerauslegung ist es, die Kühlmitteltemperatur am Motoraustritt bei gegebenen Randbedingungen unter einem maximal zulässigen Wert zu halten. Da bei niedrigen Fahrgeschwindigkeiten der Staudruck der Kühlluft und damit der Kühlluftdurchsatz am Kühler sehr gering ist, muss der für eine ausreichende Kühlung notwendige Kühlluftstrom entweder durch eine ausreichende Dimensionierung der Lüfterleistung oder durch Wahl eines Kühlers mit geringem Strömungswiderstand sichergestellt werden. Bei großem Luftmassenstrom kann eine kleine Kühlergröße mit hohem Strömungswiderstand gewählt werden. Letzteres verursacht allerdings einen hohen Energieverbrauch, wenn der Luftmassenstrom durch einen starken Lüfter erzeugt wird.

Das Auffinden der technisch und wirtschaftlich günstigsten Lösung ist eine Optimierungsaufgabe, die durch den Einsatz von Simulationswerkzeugen gelöst wird. Geeignete Simulationswerkzeuge beschreiben alle Komponenten, die auf den Luftmassenstrom einwirken. Sie bilden den Kühler als darin eingebundenen Wärmeübertrager ab. Die Simulationsergebnisse werden durch Fahrzeugtests in Windkanälen abgesichert.

Ladeluftkühlung

Der Trend der Motorenentwicklung zeigt eine stetige Erhöhung der spezifischen Motorleistung. Damit verbunden ist der Übergang von Saugmotoren zu aufgeladenen Motoren und schließlich zu aufgeladenen Motoren mit Ladeluftkühlung. Der Grund für die Ladeluftkühlung besteht in der Erhöhung der Luftdichte und damit des Sauerstoffangebots der Verbrennungsluft. Bei aufgeladenen Dieselmotoren verbessert die Ladeluftkühlung außerdem die Abgasemissionen. Bei aufgeladenen Ottomotoren verringert die Ladeluftkühlung die Neigung zum Klopfen und dadurch indirekt auch den Kraftstoffverbrauch und die Abgasemissionen, da ohne Ladeluftkühlung das Klopfen durch Gemischanfettung oder durch späte Zündwinkel verhindert werden muss.

Ausführungen
Grundsätzlich kann die Ladeluft durch die Außenluft oder durch das Motorkühlmittel gekühlt werden. Bis auf wenige Ausnahmen kommt heute bei Pkw und Nutzfahrzeugen die luftgekühlte Variante zum Einsatz.

Luftgekühlte Ladeluftkühler
Luftgekühlte Ladeluftkühler können vor oder neben dem Kühlmittelkühler angeordnet sein, aber auch völlig getrennt vom Kühlmittelkühler an einer anderen Stelle im Motorraum platziert werden. Ein getrennt angeordneter Ladeluftkühler kann mit Staudruckluft beaufschlagt sein oder mit einem eigenen Gebläse betrieben werden. Bei vor dem Kühlmittelkühler angeordneten Ladeluftkühlern sorgt das Kühlluftgebläse für eine ausreichende Belüftung auch bei geringer Fahrgeschwindigkeit. Nachteilig wirkt sich jedoch die Vorwärmung der Kühlluft aus. Um dies auszugleichen, muss bei der Auslegung des Kühlmittelkühlers die höhere Temperatur der anströmenden Kühlluft berücksichtigt werden.

Die für die Kühlerblöcke der Ladeluftkühler verwendeten Wellrippen-Rohr-Systeme aus Aluminium ähneln denen, die für die Kühlmittelkühler verwendet werden. In der Praxis haben sich breite Rohre, die aus Leistungs- und Festigkeitsgründen innenberippt sind, als vorteilhaft erwiesen. Die Rippendichte auf der Kühlluftseite ist relativ niedrig und entspricht in etwa der Innenberippung, um eine günstige Verteilung der Wärmeübergangswiderstände zu erzielen.

Die Luftkästen werden, so weit möglich, einteilig mit allen Anschlüssen und Befestigungselementen aus glasfaserverstärktem Polyamid spritzgegossen. Die höher beanspruchten Luftkästen auf der Ladelufteintrittsseite werden aus hochtemperaturfestem PPA (Polyphthalamid)

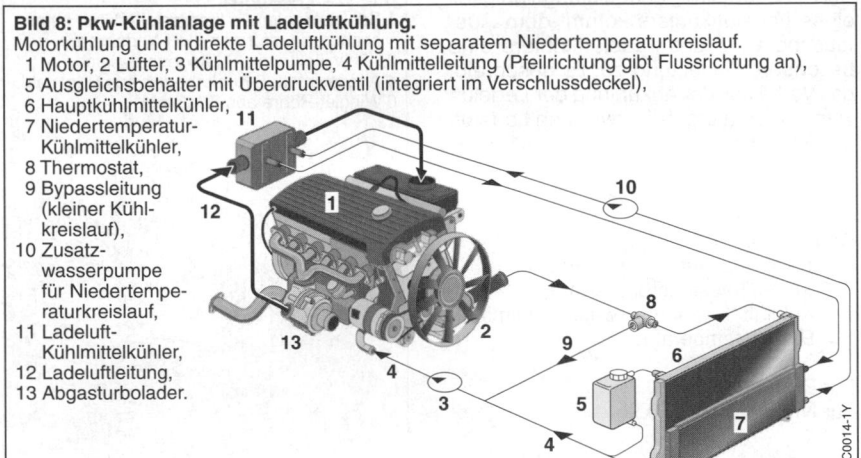

Bild 8: Pkw-Kühlanlage mit Ladeluftkühlung.
Motorkühlung und indirekte Ladeluftkühlung mit separatem Niedertemperaturkreislauf.
1 Motor, 2 Lüfter, 3 Kühlmittelpumpe, 4 Kühlmittelleitung (Pfeilrichtung gibt Flussrichtung an),
5 Ausgleichsbehälter mit Überdruckventil (integriert im Verschlussdeckel),
6 Hauptkühlmittelkühler,
7 Niedertemperatur-Kühlmittelkühler,
8 Thermostat,
9 Bypassleitung (kleiner Kühlkreislauf),
10 Zusatzwasserpumpe für Niedertemperaturkreislauf,
11 Ladeluft-Kühlmittelkühler,
12 Ladeluftleitung,
13 Abgasturbolader.

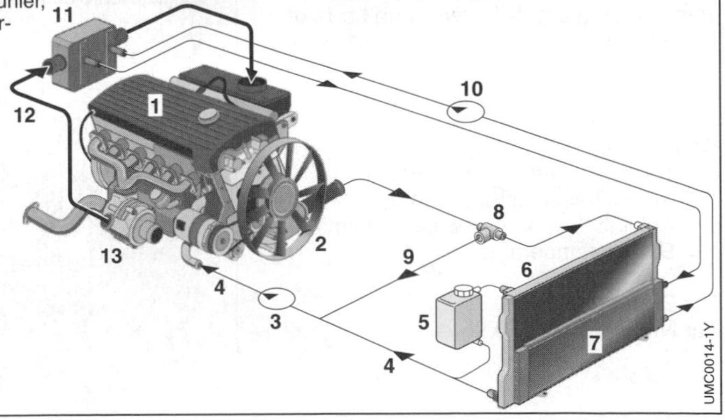

oder PPS (Polyphenylensulfid) spritzgegossen. Die Verbindung mit dem Kühlerblock erfolgt durch eine Bördelverbindung mit eingelegter Elastomerdichtung. Luftkästen mit hinterschnittenen Formen und solche für hohe Temperaturen werden aus Aluminiumguss gefertigt und auf den Kühlerblock aufgeschweißt.

Kühlmittelgekühlte Ladeluftkühler
Bei kühlmittelgekühlten Ladeluftkühlern kann der Einbauort überall im Motorraum gewählt werden, weil eine Versorgung mit Kühlmittel leicht darstellbar ist. Zudem ist das Bauvolumen wesentlich geringer als bei der luftgekühlten Variante. Kühlmittelgekühlte Ladeluftkühler weisen eine hohe Leistungsdichte auf, allerdings muss Kühlmittel sehr niedriger Temperatur bereitstehen, um die Ladeluft stark abzukühlen. Dies ist insbesondere bei Nutzfahrzeugen zu beachten, bei denen die Ladeluft auf ein Niveau von 15 K über der Umgebungstemperatur gebracht werden muss. Da sich diese Vorgabe mit dem Temperaturniveau des normalen Kühlkreislaufs mit ca. 100 °C nicht umsetzen lässt, wird zur Kühlung der Ladeluft ein Niedertemperatur-Kühlmittelkühler benötigt, der Kühlmittel in einem separaten Kreislauf auf dem geforderten Temperaturniveau bereitstellt.

Austauschgrad Ladeluftkühler
Bei der Beurteilung der Leistungsfähigkeit eines Ladeluftkühlers kommt dem Austauschgrad Φ des Ladeluftkühlers eine besondere Bedeutung zu. Er beschreibt das Verhältnis der Abkühlung der Ladeluft zum Temperaturgefälle zwischen Ladeluft und Kühlluft:

$$\Phi = \frac{T_{1E} - T_{1A}}{T_{1E} - T_{2E}} .$$

Dabei sind:
T_{1E} Ladelufteintrittstemperatur,
T_{1A} Ladeluftaustrittstemperatur,
T_{2E} Kühlluft- beziehungsweise Kühlmittel-Eintrittstemperatur.

Für Pkw: $\Phi = 0{,}4...0{,}7$.
Für Nfz: $\Phi = 0{,}9...0{,}95$.

Abgaskühlung

Die Abgasrückführung wird im Dieselmotor eingesetzt, um die Stickoxid-Rohemissonen (NO_x) zu senken. Beim Ottomotor dient sie sowohl dem Bauteilschutz als auch der Entdrosselung im Teillastbereich durch Ladungsverdünnung (siehe Abgasrückführung). Die höchste Wirkung erzielt die Abgasrückführung, wenn das rückgeführte Abgas in einem Abgaskühler gekühlt wird.

Aufbau eines Abgaskühlers
Ein zentraler Punkt beim Design eines Abgaskühlers ist neben seiner Leistung die Dauerhaltbarket. Erstere wird entweder durch speziell geprägte Rohre (Winglets) erreicht, die ein hohes Turbulenzniveau im Rohr erzeugen, oder durch innere Rippen in den Rohren, die die Oberfläche zum Wärmeaustausch vergrößern. Wesentliches Merkmal dabei ist die Verschmutzungsneigung eines Abgaskühlers. Diese kann durch ein geeignetes Design der Winglets oder der Rohrrippen deutlich beeinflusst werden. Bild 9 zeigt einen solchen Abgaskühler im Längsschnitt. Die Winglet-Rohre führen das heiße Abgas und werden selbst vom Kühlmittel umströmt.

Bei der Haltbarkeit muss bedacht werden, dass es im Kühler zur Kondensation

Bild 9: Abgaskühler.
1 Edelstahlgehäuse (hergestellt durch Innenhochdruckumformen, IHU-Verfahren),
2 Kühlmitteleintritt, 3 Längenausgleich,
4 Abgaseintritt, 5 Kühlerboden aus Edelstahl.
6 Winglet-Rohre aus Edelstahl.

des heißen Abgases kommen kann. Das dabei entstehende Kondensat hat einen niedrigen pH-Wert und wirkt auf das Material wie eine starke Säure. Aus diesem Grund werden die gasführenden Teile von Abgaskühlern häufig in Edelstahl ausgeführt.

Im Betrieb werden die Rohre des Abgaskühlers heißer als das Gehäuse. Die entstehende Längendifferenz muss vom Kühler durch geeignete konstruktive Maßnahmen ausgeglichen werden.

Da der Kühler in der Regel direkt am Motor festgeschraubt wird, spielt auch das Thema Vibration eine große Rolle. Der Abgaskühler muss dabei so steif wie möglich gestaltet sein. Die erste Eigenfrequenz eines Abgaskühlers sollte zumindest über der ersten Eigenfrequenz des Motorblocks liegen. Aus diesem Grund werden speziell die Halter solcher Abgaskühler sehr steif und teils vielfach verrippt ausgeführt.

Das Kühlergehäuse besteht häufig aus Edelstahl, dessen Festigkeit durch Kaltumformung noch deutlich erhöht werden kann. Die an den Kühler angeschlossenen Abgasleitungen sollten motorseitung entkoppelt werden. Realisiert wird diese Entkopplung durch einen Faltenbalg oder durch eine vergleichbare Konstruktion.

Kühlkreislauf

Das Kühlmittel stammt meist vom Motorkühlkreislauf, wobei der Abgaskühler mit dem vom Motor ausströmenden Kühlmittel gekühlt wird. Eine Variante davon ist die „zweistufige Abgaskühlung". Hier wird das Abgas in einer ersten Stufe wie eben beschrieben gekühlt. Zusätzlich erfolgt eine weitere Kühlstufe, die von einem motorunabhängigen Kühlkreislauf gespeist wird (Niedertemperaturkreis). Da die Temperaturen in diesem zweiten Kühlkreis wesentlich niedriger liegen (ca. 10...20 K über Umgebungstemperatur), kann auch das Abgas deutlich unter die sonst üblichen Werte gekühlt werden, was die Wirkung auf die Reduktion der Stickoxide erhöht. Die beiden Kühlstufen werden entweder gemeinsam in einem Gehäuse integriert oder separat als zwei unabhängige Komponenten ausgeführt.

Öl- und Kraftstoffkühlung

Bei Kraftfahrzeugen werden sowohl zur Motorenöl- als auch zur Getriebeölkühlung oft Ölkühler benötigt. Sie kommen zum Einsatz, wenn die entstehende Verlustwärme des Motors oder des Getriebes nicht mehr über die Oberfläche der Ölwanne oder des Getriebes abgeführt werden kann, sodass die erlaubten Öltemperaturen überschritten werden.

Als Ölkühler kommen je nach Einsatzprofil luftgekühlte oder kühlmittelgekühlte Bauarten zur Anwendung.

Luft-Ölkühler

Luft-Ölkühler werden vorwiegend aus Aluminium gefertigt. Meist kommen gelötete Flachrohr-Wellrippen-Systeme (Bild 10, analog zu Kühlmittelkühlern) mit hoher Leistungsdichte zum Einsatz, seltener mechanisch gefügte Rundrohr-Rippen-Systeme. Beim Flachrohrsystem werden zur Leistungssteigerung und aus Festigkeitsgründen (für hohen Innendruck) Turbulenzeinlagen in die Rohre eingelötet.

Das Prinzip der Luft-Ölkühlung bietet sich bei Nutzfahrzeugen und leistungsstarken Pkw zur Kühlung des Getriebeöls

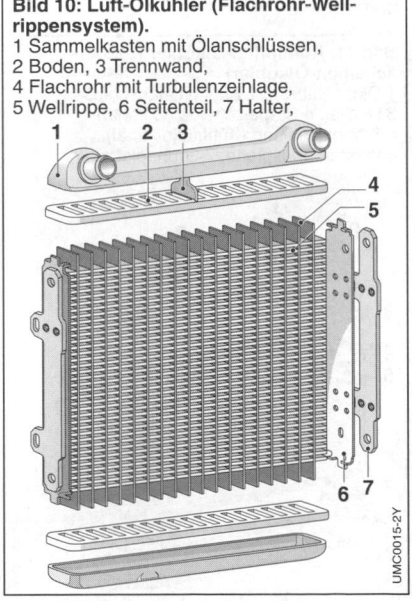

Bild 10: Luft-Ölkühler (Flachrohr-Wellrippensystem).
1 Sammelkasten mit Ölanschlüssen,
2 Boden, 3 Trennwand,
4 Flachrohr mit Turbulenzeinlage,
5 Wellrippe, 6 Seitenteil, 7 Halter,

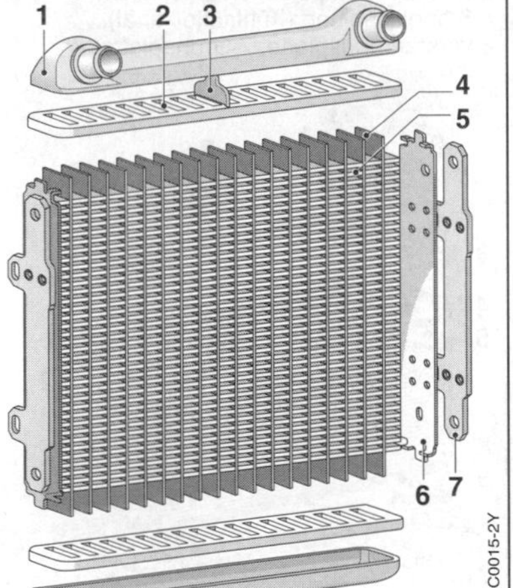

an. Um eine gute Belüftung zu gewährleisten, werden sie idealerweise vor dem Kühlmittelkühler montiert, können aber auch an anderer Stelle im Motorraum angeordnet werden. Luft-Ölkühler, die sich nicht vor dem Hauptkühlmittelkühler und damit außerhalb des Wirkungsbereichs des Hauptlüfters befinden, müssen in geeigneter Weise mit Kühlluft versorgt werden, beispielsweise durch Beaufschlagung mit Staudruckluft oder einem eigenen Elektrolüfter.

Kühlmittel-Ölkühler
Bei den Kühlmittel-Ölkühlern hat die Stapelscheibenbauweise aus Aluminium die Edelstahl-Rundscheibenkühler, die Doppelrohr-Ölkühler und die Aluminium-Rohrgabelkühler weitgehend abgelöst.

Stapelscheiben-Ölkühler
Stapelscheiben-Ölkühler sind aus einzelnen Scheiben mit dazwischenliegenden Turbulenzeinlagen aufgebaut (Bild 11). Die hochgestellten Ränder der Scheiben fügen sich zu einem Gehäuse zusammen. Die durch die Scheiben gebildeten Kanäle werden über Durchtritte so miteinander verbunden, dass sich kühlmitteldurchströmte und öldurchströmte Kanäle abwechseln.

Bild 11: Kühlmittel-Olkühler (Stapelscheiben-Ölkühler)
1 Ölanschlüsse, 2 Kühlmittelanschlüsse, 3 Deckel, 4 Stapelscheibe (Ölkanal), 5 Stapelscheiben (Kühlmittelkanal), 6 Verstärkungsplatte, 7 Grundplatte.

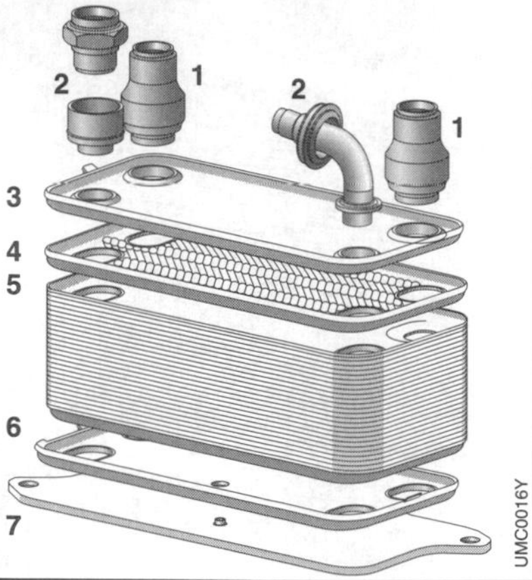

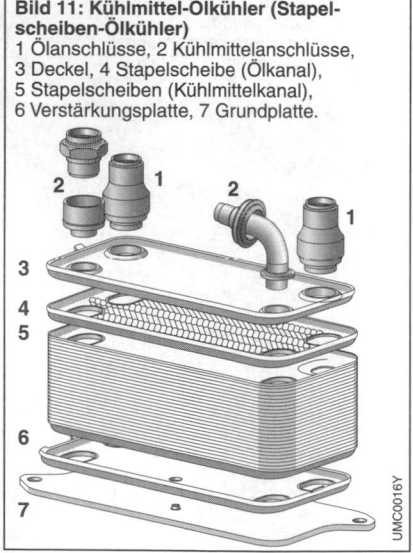

Doppelrohr-Ölkühler und Flachrohr-Ölkühler
Diese Kühlertypen werden direkt in den Wasserkasten auf der Kühleraustrittsseite des Hauptkühlers (Kühlmittelkühler) montiert. Der Wasserkasten übernimmt damit die Funktion des kühlmittelseitigen Gehäuses für die Ölkühler. Das Doppelrohr des Ölkühlers wird durch ein Außenrohr und ein darin befindliches Innenrohr mit dazwischenliegender Turbulenzeinlage gebildet. An den Enden sind die beiden Rohre miteinander verlötet. Das Getriebeöl fließt durch den Zwischenraum zwischen Innen- und Außenrohr, die ihrerseits vom bereits abgekühlten Kühlmittel um- oder durchströmt werden.

Doppelrohr-Ölkühler werden als Getriebeölkühler bei Pkw und Nutzfahrzeugen im unteren Leistungssegment bis ca. 2,5 kW eingesetzt. Bei steigenden Leistungsanforderungen bis zu 4 kW wird das Doppelrohr durch mehrere über kühlmittelseitige Turbulenzbleche miteinander verbundene Flachrohre ersetzt. Die Flachrohre sind an ihren Enden über Durchtritte miteinander verbunden. Ölseitig sind die Flachrohre ebenfalls mit Turbulenzblechen versehen, die zur Steigerung der Kühlleistung und aus Festigkeitsgründen eingelötet sind.

Rundscheiben-Ölkühler
Rundscheiben-Ölkühler werden zwischen Motorblock und Ölfilter montiert. Sie haben ein Gehäuse mit einem zentralen Durchtritt für das Öl. Das vom Ölfilter zurückströmende Öl wird durch ein Labyrinth aus Lochscheiben mit dazwischenliegenden Turbulenzeinlagen geleitet. Dieses Labyrinth wird von Kühlmittel aus dem Hauptkreislauf gekühlt, welches das Gehäuse durchströmt.

Rohrgabelkühler
Rohrgabelkühler bestehen aus berippten Rohrgabeln, durch die das Kühlmittel strömt. Sie sind ölseitig gehäuselos und müssen deshalb in das Ölfiltergehäuse oder in die Ölwanne integriert werden.

Motorölkühler für Nfz-Anwendungen
Zur Motorölkühlung bei Nutzfahrzeugen dient meist ein Edelstahl-Stapelscheiben-Ölkühler oder ein Aluminium-Flach-

rohr-Ölkühler ohne kühlmittelseitiges Gehäuse, der in einem erweiterten Kühlmittelkanal im Motorblock untergebracht ist.

Kraftstoffkühler

Kraftstoffkühler werden in modernen Dieselmotoren eingebaut, um den beim Einspritzvorgang überschüssigen Dieselkraftstoff, der durch die Kompression in der Hochdruckpumpe erwärmt ist, auf ein zulässiges Maß abzukühlen, bevor er über die Rücklaufleitung zurück in den Kraftstofftank gelangt. Der überschüssige Dieselkraftstoff, der ohne Kühlung in den Tank zurückgeführt wird, hat eine Temperatur von deutlich über 70 °C und erwärmt den im Tank befindlichen Dieselkraftstoff. Wenn der Tank nun fast leer ist, würde daher die Temperatur des Dieselkraftstoffs im Tank über die zulässige maximale Temperatur ansteigen. Deshalb muss vor der Einleitung des Dieselüberschusses in den Tank gekühlt werden.

Die Kraftstoffkühlung kann mit Kühlluft oder mit Kühlmittel erfolgen. Für die Kraftstoffkühlung werden Kühlerbauarten verwendet, die den Luft-Ölkühlern oder Stapelscheiben-Ölkühlern entsprechen.

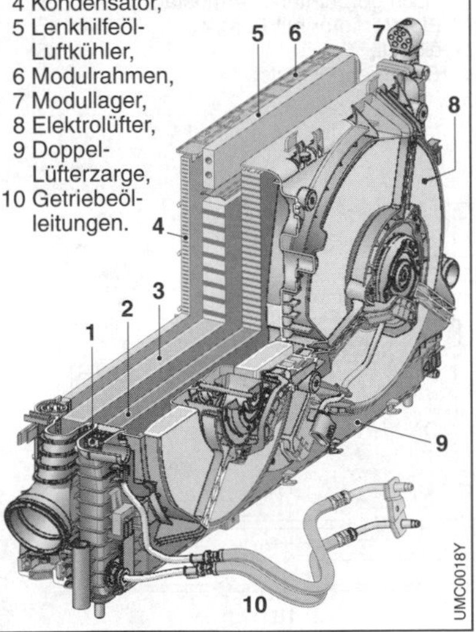

Bild 12: Kühlmodul.
1 Kühlmittel-Getriebeölkühler,
2 Kühlmittelkühler, 3 Ladeluftkühler,
4 Kondensator,
5 Lenkhilfeöl-Luftkühler,
6 Modulrahmen,
7 Modullager,
8 Elektrolüfter,
9 Doppel-Lüfterzarge,
10 Getriebeölleitungen.

Modularisierung

Kühlmodul

Ein Kühlmodul ist eine Baueinheit, die aus verschiedenen Komponenten zur Kühlung (z.B. Hauptkühler, Ladeluftkühler, Luft-Ölkühler) und einem Kondensator zur Klimatisierung eines Automobils bestehen und eine Lüftereinheit mit Antrieb (z.B. Elektromotor) einschließen kann (Bild 12).

Bei der Auslegung eines Kühlmoduls muss die Wechselwirkung der einzelnen Komponenten zueinander, die Dimensionierung der Komponenten hinsichtlich des gegebenen Bauraums im Fahrzeug (Package) und die Behandlung der Schnittstellen berücksichtigt werden. Wichtig sind dabei die Befestigungstechnik, die Kühlluftführungen und die kühlluftseitigen Abdichtungen, die fluidseitigen Anschlüsse der Komponenten und die elektrischen Steckverbindungen.

Die heute sowohl im Pkw- als auch im Nfz-Bereich übliche Modulbauweise bietet prinzipiell mehrere technische und wirtschaftliche Vorteile:

- Vereinfachte Logistik durch Zusammenfassung der Komponenten zu einer Baueinheit,
- Reduzierung der Anzahl der Schnittstellen,
- vereinfachte Montage,
- optimale Auslegung der Komponenten durch Abstimmung der Komponenten untereinander,
- Baukastensysteme zur Abdeckung verschiedener Motor- und Ausstattungsvarianten,
- verbesserte Qualität bezogen auf den Zusammenbau.

Zur optimalen Auslegung der Komponenten und ihrer Anordnung im Kühlmodul werden Simulations- und Versuchsmethoden herangezogen. Ausgehend von der genauen Kenntnis der Kennlinien von Lüfter, Lüfterantrieb und Wärmeübertragern werden sowohl die Kühlluftseite als auch die Fluidseite durch Simulationsprogramme nachgebildet. Durch die Kopplung der einzelnen Komponenten in den Simulationsmodellen lassen sich die Wechselwirkungen der Komponenten für verschiedene Betriebszustände untersuchen. Diese virtuelle Untersuchungsphase gewinnt zunehmend an Bedeutung. Sie ist durch den Einsatz computergestützter Entwicklungswerkzeuge gekennzeichnet. So werden sämtliche geometrische Daten in einem CAD-System (Computer-Aided Design, computerunterstütztes Entwerfen) gehalten, es werden CFD-Analysen (Computational Fluid Dynamics, numerische Strömungsberechnungen) zur Kühlluftströmung im Motorraum angestellt und FEM-Analysen (Finite-Element-Methode) erlauben Aussagen zur Festigkeit. Den Abschluss der Auslegung bildet die Überprüfung im Versuch, z.B. im Windkanal und auf Rüttelprüfständen.

Kühlsystemtechnik
Während das Kühlmodul eine Baueinheit von Komponenten mit bestimmten Funktionen zusammenfasst, beinhaltet das Kühlsystem alle Komponenten, die zu den Funktionen der Kühlung gehören, auch wenn sie baulich keine abgeschlossene Einheit bilden (Bild 13). Hierzu gehören zum Beispiel über das Kühlmodul hinaus Leitungen, Pumpen, Komponenten zur Regelung und der Ausgleichsbehälter, wenn er nicht schon Bestandteil des Kühlmoduls ist.

Die Kühlsystemtechnik, bei der alle Komponenten aufeinander abgestimmt sind, bietet eine Reihe technischer und wirtschaftlicher Vorteile:
- Reduzierung parasitärer Verluste durch geeignete hydraulische Abstimmung,
- Berücksichtigung der Regelung und der Dynamik,
- Berücksichtigung der Heizung des Fahrgastraums,
- größere Anzahl an Eingriffsmöglichkeiten zur Optimierung der Auslegung,
- durchgängiges Montagekonzept für alle Komponenten des Kühlsystems,
- Reduzierung des Entwicklungsaufwands durch Verringerung der Entwicklungsschnittstellen.

Bild 13: Regelbares Kühlsystem.
Beispielarchitektur mit Wärmeübertragern und Aktoren.
1 Kondensator, 2 Kühlmittelkühler, 3 Jalousie, 4 Lüfter, 5 Thermostat, 6 Steuergerät, 7 Elektromotor (Lüfterantrieb), 8 elektronisch geregelter Thermostat, 9 Elektromotor mit Pumpe, 10 Verbrennungsmotor, 11 Elektromotor mit Pumpe, 12 Heizkörper, 13 Schrittmotor, 14 Niedertemperaturkreislauf, 15 Niedertemperaturregler, 16 Ölkühler, 17 Getriebe, 18 Getriebeölkühler.

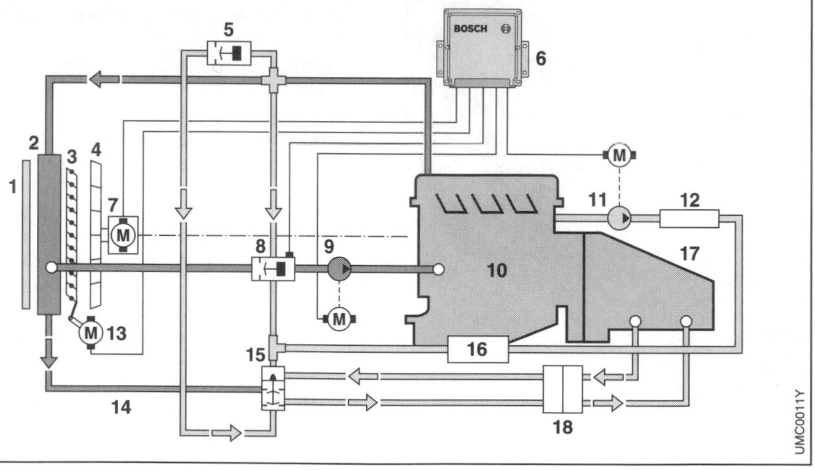

Intelligentes Thermomanagement

Aufgabe
Zukünftige Entwicklungen gehen in Richtung betriebsoptimierter Regelung der verschiedenen Wärme- und Stoffströme. Das Thermomanagement geht über die Kühlsystemtechnik hinaus, indem sämtliche Wärme- und Stoffströme im Fahrzeug – also neben denen des Kühlsystems auch diejenigen des Klimasystems – betrachtet werden. Die Ziele der Optimierung bestehen in der Senkung des Kraftstoffverbrauchs und der Schadstoffemissionen, der Erhöhung des Klimakomforts, der Erhöhung der Lebensdauer der Komponenten und der Verbesserung der Kühlleistung in Teillastzuständen.

Optimierungsziele
Einer der Ansätze des Thermomanagements entspringt der Tatsache, dass Hilfsenergien zum Betrieb des Kühlsystems für den Energiehaushalt des Fahrzeugs immer einen Verlust darstellen und die Leistungsfähigkeit der Komponenten bei konstanter Hilfsenergieversorgung nicht beliebig gesteigert werden kann. Zur Erreichung der Optimierungsziele wird daher das Kühlsystem mit „Intelligenz" ausgestattet, die in bekannten und neuartigen Aktoren besteht sowie in mikroprozessorgesteuerten Regelungssystemen, die diese Aktoren bedienen. Ein Beispiel ist die bedarfsgerechte Regelung des Kühlluftstroms durch Kühlluftjalousien und regelbare Lüfterantriebe, sodass in allen Betriebszuständen nur der minimal notwendige Kühlluftstrom gefördert wird. Dies verbessert den c_W-Wert des Fahrzeugs und während des Warmlaufs nach einem Kaltstart die Erreichung der Betriebstemperatur aller Medien sowie die Erwärmung des Fahrzeuginnenraums. Die so erzielte Einsparung an Hilfsenergie erlaubt es, in kühlleistungskritischen Betriebszuständen zusätzliche Hilfsenergie zu verwenden, ohne die Optimierungsziele zu verfehlen.

Ein weiterer wichtiger Ansatz besteht darin, die Temperatur der zu kühlenden Bauteile unabhängig vom Betriebszustand und den Umgebungsbedingungen möglichst konstant zu halten. Ein Beispiel hierfür ist die thermostatgeregelte Getriebeöltemperierung mit Kühlmittel. Durch die Beheizung des Getriebeöls in der Warmlaufphase und die Verhinderung einer Getriebeölüberhitzung durch eine leistungsstarke Kühlung werden die Reibungsverluste im Getriebe verringert, die Lebensdauer des Getriebes erhöht und die Serviceintervalle für das Getriebeöl verlängert.

Schließlich bietet die gesamtheitliche Betrachtung von Kühlung und Klimatisierung die Möglichkeit der „Wärmeintegration". Wärmeströme aus einem der Systeme können durch das jeweils andere System genutzt oder abgeführt werden, ohne dass hierzu ein nennenswerter Mehraufwand an Hilfsenergie erforderlich ist. Als Beispiel kann die Nutzung der Abwärme aus der Abgaskühlung zur Aufheizung des Fahrzeuginnenraums angeführt werden.

Anwendungen
Im Bereich der Motorkühlung wird Thermomanagement bei nachstehenden Themen angewandt:
- Getriebeöltemperierung,
- Kennfeldthermostat,
- elektrisch geregelte Viscokupplung,
- regelbare elektrische Kühlmittelpumpe,
- Kühlluftsteuerung, beispielsweise über Kühlluftjalousie,
- Abgaskühlung,
- kühlmittelgekühlte Ladeluftkühlung.

Vorteile
Das Potential zur Kraftstoffeinsparung beträgt für die Summe aller Maßnahmen ca. 5 % (bei Pkw). Hinzu kommen eine Reihe weiterer Vorteile entsprechend den oben angegebenen Optimierungszielen. Für die Ausschöpfung der Potentiale ist die Nutzung der Regelungsmöglichkeiten des Kühlsystems durch das Motormanagement von entscheidender Bedeutung.

Mittlerweile sind einzelne Maßnahmen im Sinne einer betriebsoptimierten Temperierung in Fahrzeugen umgesetzt. Das Thermomanagement als gesamtheitliche Optimierung ist allerdings bis heute noch nicht ganzheitlich umgesetzt und bleibt zukünftigen Fahrzeuggenerationen vorbehalten.

Schmierung des Motors

Druckumlaufschmierung

Durch Reibung bewegter Teile wird in Motoren Wärme und Verschleiß erzeugt. Zusätzlich ist im Motorsystem mit geringen Anteilen Fertigungsrestschmutz und mit Partikeleintrag von außen zu rechnen. Um die Reibung zu minimieren und den Verschleiß zu vermeiden beziehungsweise zu verringern und um Partikel und Wärme aus dem Motorsystem zu transportieren, wird das Motorsystem mit Schmieröl geschmiert.

Die Druckumlaufschmierung in Kombination mit einer Spritz- und Ölnebelschmierung ist das bei Fahrzeugmotoren am weitesten verbreitete Schmiersystem. Eine Ölpumpe (in der Regel eine Zahnradpumpe) fördert Öl unter Druck zu den Schmier- und Lagerstellen des Motors (Bild 1). Die Gleitstellen werden durch Spritz- oder Schleuderöl und Öldunst mit Schmieröl versorgt und geschmiert.

Das Öl sammelt sich nach Durchströmen der Lager- und Gleitstellen unter dem Motor in der Ölwanne, die als Vorratsbehälter, zur Kühlung des Öls und zur Entschäumung durch Beruhigung dient. Mittlerweile wird bei fast allen Motoren ein zusätzlicher Ölkühler verwendet, um die Öltemperatur zu regulieren. Dem Thermomanagement kommt neben der Filtration des Öls eine besondere Bedeutung zu.

Die Reinigung des Öls – die Filtration – hat einen ausschlaggebenden Einfluss auf die Lebensdauer der Motoren. Die Kühlung des Öls durch ein gutes Thermomanagement macht aktuelle Technologien wie ein- oder mehrfache Aufladung der Ladeluft und das damit verbundene Downsizing der Motoren oft erst möglich.

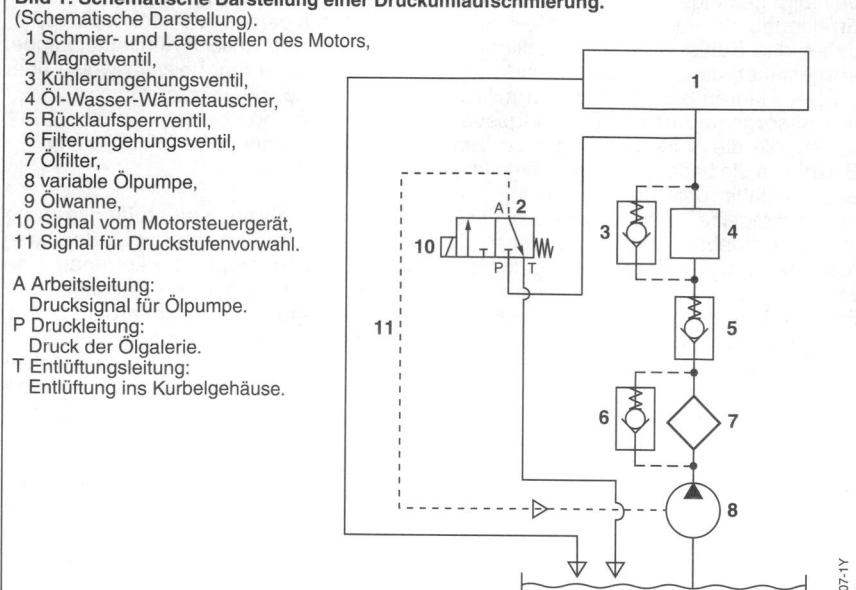

Bild 1: Schematische Darstellung einer Druckumlaufschmierung.
(Schematische Darstellung).
1 Schmier- und Lagerstellen des Motors,
2 Magnetventil,
3 Kühlerumgehungsventil,
4 Öl-Wasser-Wärmetauscher,
5 Rücklaufsperrventil,
6 Filterumgehungsventil,
7 Ölfilter,
8 variable Ölpumpe,
9 Ölwanne,
10 Signal vom Motorsteuergerät,
11 Signal für Druckstufenvorwahl.

A Arbeitsleitung: Drucksignal für Ölpumpe.
P Druckleitung: Druck der Ölgalerie.
T Entlüftungsleitung: Entlüftung ins Kurbelgehäuse.

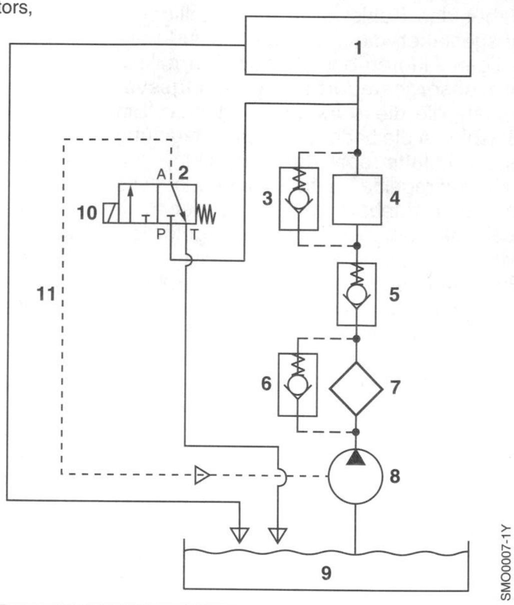

Komponenten

Ölfilter

Aufgabe

Ölfilter entfernen und reduzieren Partikel (Ruß und andere Rückstände unvollständiger Verbrennung, Metallabrieb, Staub usw.) aus dem Motoröl, die sonst im Schmierkreislauf zu Schäden oder Verschleiß führen können. Verschleiß bedeutet hier, dass die Partikel zwischen die sich bewegenden Motorkomponenten gelangen können, z. B. zwischen Kolben und Zylinderwand. Dabei können die Oberflächen durch die Partikel geschädigt werden, was zu Riefen oder weiterer Partikelproduktion führen kann. Da das Motoröl im Ölkreislauf ständig zirkuliert, können sich bei ungenügender Filtration die Partikel anreichern und dadurch den Verschleiß gegeneinander bewegter Komponenten zusätzlich beschleunigen. Flüssige oder lösliche Bestandteile wie Wasser und Additive oder alterungsbedingte Abbauprodukte des Öls werden durch den Ölfilter nicht abgetrennt.

Das typische Partikelspektrum im Motoröl liegt im Bereich von 0,5...500 µm. Die Filterfeinheit des Ölfilters ist daher auf die Anforderungen der jeweiligen Motoren speziell abgestimmt.

Bauformen und Aufbau

Ölfilter werden prinzipiell in zwei bedeutenden Bauformen ausgeführt – als Wechselfilter und als Gehäusefilter. Beim Wechselölfilter (Bild 2) befindet sich das Filterelement in einem nicht zu öffnenden Gehäuse, das über einen Gewindestutzen an den Motorblock angeschraubt wird. Beim Service wird der komplette Wechselfilter ausgetauscht.

Der Gehäuseölfilter (Bild 3) besteht aus einem dauerhaft mit dem Motorblock verbundenen, zu öffnenden Gehäuse und einem wechselbaren Filterelement. Beim Service wird nur das Filterelement getauscht, das Gehäuse ist ein Lebensdauerbauteil. Das Filterelement wird in der Regel in metallfreier Bauweise ausgeführt, sodass das Element voll veraschbar ist.

Bild 2: Wechselölfilter.
1 Gewindedeckel,
2 Filterelement,
3 Filterumgehungsventil,
4 Feder,
5 Dichtung,
6 Rücklaufsperrmembrane,
7 Gehäuse,
8 Mittelrohr.

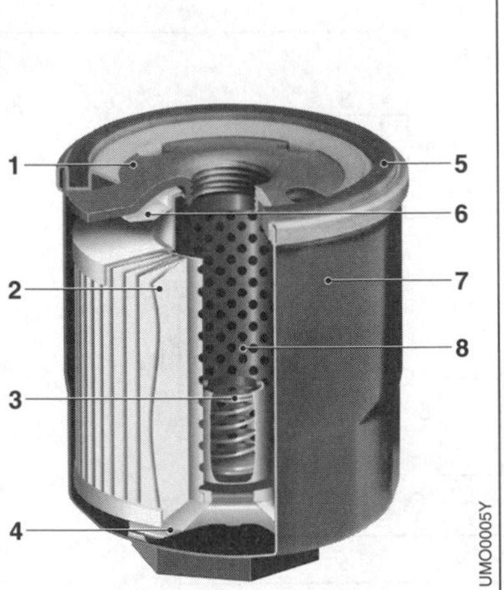

Bild 3: Gehäuseölfilter.
1 Öl-Wasser-Wärmetauscher,
2 Schraubdeckel,
3 Filterumgehungsventil,
4 Mittelrohr,
5 Filterelement,
6 Rücklaufsperrmembrane,
7 Rücklaufsperrventil,
8 Filtergehäuse.

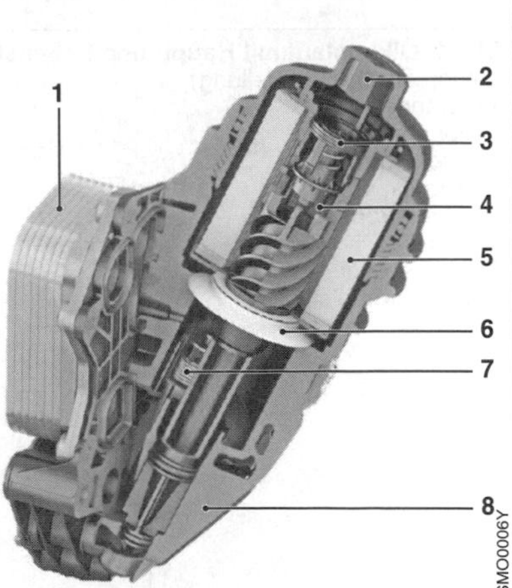

Beide Filterbauformen enthalten außer dem Filterelement in den meisten Fällen ein Filterumgehungsventil, das bei hohen Differenzdrücken öffnet und die Schmierung der notwendigen Stellen im Motor sicherstellt. Typische Öffnungsdrücke liegen im Bereich 0,8...2,5 bar. Hohe Differenzdrücke können bei hohen Ölviskositäten oder bei bereits stark beladenen Filterelementen auftreten.

Ebenfalls können beide Filterbauformen je nach Anforderung des Motors ein rein- und rohölseitiges (schmutzölseitiges) Rücklaufsperrventil beinhalten. Diese Ventile verhindern das Leerlaufen des Ölfiltergehäuses nach dem Abstellen des Motors.

Die Öl- und Ölfilterwechselintervalle für Pkw-Motoren liegen derzeit zwischen 15000 und 50000 km, bei Nutzfahrzeugen bei 60000...120000 km – stark abhängig von Motorsystem, Einsatzort und der Servicestrategie des Automobilherstellers.

Filtermedien

Für die Ölfiltration werden verschiedene Tiefenfiltermedien eingesetzt. Es handelt sich um Faserwirrstrukturen (Nonwovens), die in verschiedenen Anordnungen vorliegen. Am verbreitesten sind dabei flache Medien, die meist plissiert, teilweise insbesondere für Nebenstromölfilter auch gewickelt oder in Form von Faserpackungen verwendet werden. Als Fasermaterial ist eine Mischung aus Cellulose mit Kunstfasern am weitesten verbreitet. Der Kunstfaseranteil kann dabei in Abhängigkeit der Anforderungen stark varrieren. Der Cellulose können alternativ auch Anteile von Glasfasern beigemischt sein. Diese Filtermedien sind mit einer Kunstharzimprägnierung ausgerüstet, um die Beständigkeit gegenüber dem Öl zu gewährleisten.

Es werden jedoch zunehmend Filtermedien aus rein synthetischen Fasern eingesetzt, da diese eine deutlich verbesserte chemische Beständigkeit und deutliche Vorteile im Differenzdruckverhalten aufweisen. Dies lässt längere Serviceintervalle zu. Zusätzlich ergeben sich bessere Möglichkeiten beim Aufbau der dreidimensionalen Fasermatrix zur gezielten Optimierung der Abscheide- und Schmutzaufnahmeleistung.

Hauptstromölfilter

Alle Fahrzeuge besitzen in der Regel einen Hauptstromölfilter. Bei diesem Filterprinzip wird der gesamte Ölvolumenstrom, der zu den Schmierstellen gefördert wird, über den Filter geführt (Bild 4). Dadurch werden alle Partikel, die durch ihre Größe sofort zu großen Schäden und Verschleiß führen können, bereits beim ersten Durchgang ausgefiltert.

Die Filterfläche wird dabei maßgeblich durch den Ölvolumenstrom und die Schmutzaufnahmekapazität bestimmt.

Bild 4: Ölkreislauf mit Haupt- und Nebenstromölfilter.
(Schematische Darstellung).
1 Ölwanne,
2 Ölpumpe,
3 Druckregelventil,
4 Ölkühler,
5 Nebenstromölfilter,
6 Drossel,
7 Bypassventil,
8 Hauptstromölfilter,
9 Motor.

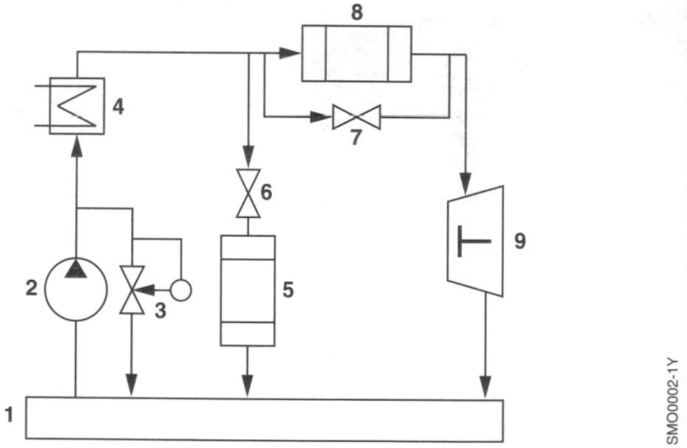

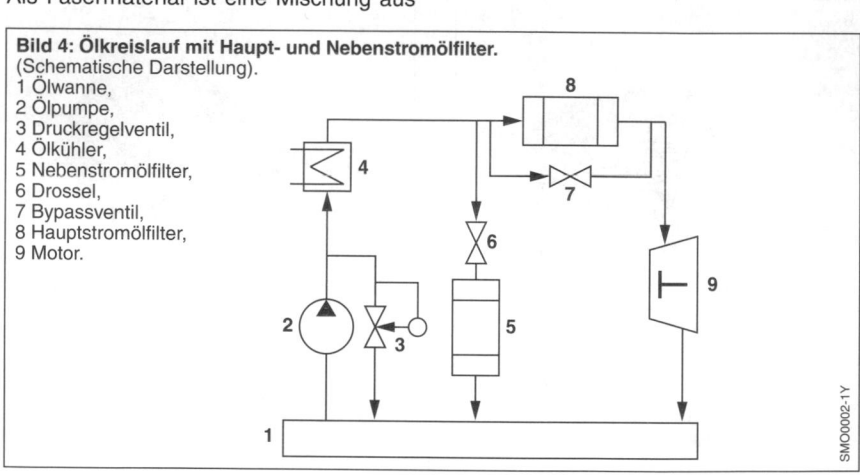

Nebenstromölfilter
Nebenstromölfilter in der Ausführung als Tiefenfilter oder als Zentrifuge werden zur Feinstfiltration von Motoröl verwendet. Dabei werden deutlich feinere Partikel aus dem Öl entfernt als mit Hauptstromölfiltern (Bild 5). Es werden kleinste abrasive Partikel entfernt, um den Verschleißschutz zu verbessern sowie Rußpartikel abgetrennt, um den Viskositätsanstieg zu verringern. Die maximal zulässige Rußkonzentration liegt bei 3...5 %. Bei höheren Konzentrationen kommt es zu starken Viskositätsanstiegen des Öls, was zu verringerter Funktionalität des Öls führt. Nebenstromfilter werden daher fast ausschließlich bei Dieselmotoren eingesetzt. Über den Nebenstromölfilter wird nur ein Teil des Ölvolumenstroms (8...10 %) geführt.

Bild 5: Filterfeinheit von Hauptstrom- und Nebenstromölfiltern (nach ISO 4548-12 [1]).
------- Maximaler Abscheidegrad für Neben- beziehungsweise Hauptstromölfilter.
—— Minimaler Abscheidegrad für Neben- beziehungsweise Hauptstromölfilter.

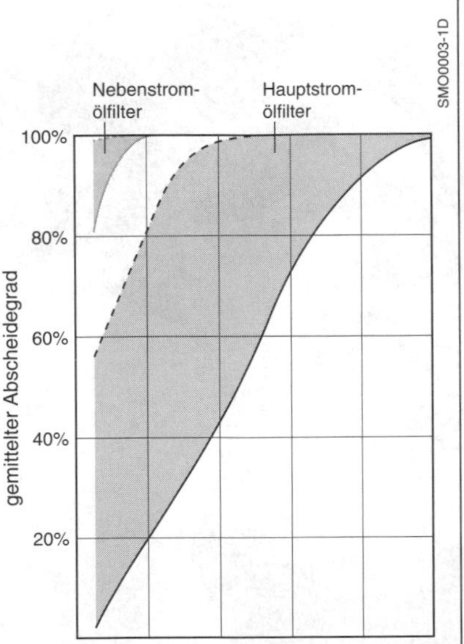

Thermomanagement

Aufgabe
Neben der Schmierfunktion hat das Motoröl auch die Aufgabe des Wärmetransports beziehungsweise der Wärmeabfuhr. Gleichzeitig darf die Motoröltemperatur einen kritischen Wert nicht überschreiten, da sonst die thermische Zerstörung, die sogenannte Vercrackung des Öls droht.

Zur Temperaturregelung des Ölkreislaufs werden Öl-Wasser-Wärmetauscher verwendet, die häufig mit dem Ölfiltermodul kombiniert werden. Durch die Kombination kann kompakter gebaut und Schnittstellen können reduziert werden. Die Hauptaufgabe besteht in der Übertragung von Wärme aus dem Ölkreislauf an den Wasserkreislauf. Über diesen wird die Wärmeenergie dann z.B. mit einem Luft-Wasser-Wärmetauscher an die Umgebung abgeführt.

Für ein optimales Thermomanagement muss die Wärmeübertragung geregelt werden. Zur schnellen Erwärmung des Motoröls nach Kaltstart sollte der Öl-Wasser-Wärmetauscher erst nach Temperaturanstieg im Öl zugeschaltet werden. Dies kann durch Thermostatventile erfolgen, die mit Wachselementen oder Thermofedern gesteuert werden. Noch bessere Regelungsmöglichkeiten erlauben elektrische Magnetventile.

Öl-Wasser-Wärmetauscher
Der Öl-Wasser-Wärmetauscher wird bevorzugt in einer Bauweise aufeinander gestapelter Platten ausgeführt. Die Kammern werden wechselweise mit Öl und Wasser durchströmt. Über die Platten wird die Wärme an das benachbarte Fluid übertragen. Zur Erreichung hoher Wärmeübertragungsraten sollte die Strömung in den Spalten möglichst turbulent sein. Dazu werden Strukturen in die Wärmeübertragerplatten eingebracht oder Turbulenzbleche in die Spalte eingebaut.

Literatur
[1] ISO 4548-12: Methods of test for full-flow lubricating oil filters for internal combustion engines – Part 12: Filtration efficiency using particle counting and contaminant retention capacity.

Ansaugluftsysteme und Saugrohre

Übersicht

Aufgaben

Das Ansaugluftsystem und das Saugrohr sollen dem Motor möglichst kalte und partikelarme Luft zuführen und diese gleichmäßig auf die einzelnen Zylinder verteilen. Die Hauptaufgaben des Ansaugluftsystems sind die Leitung der Luft von der Front des Fahrzeugs zum Motor, die Abscheidung von in der Ansaugluft enthaltenen Partikeln aus der Umgebung sowie die Dämpfung der vom Motor emittierten Geräusche.

Komponenten

Grundfunktionen

Das Ansaugluftsystem (Bild 1) besteht aus einer rohluftseitigen Luftführung, dem Luftfilter als zentrale Komponente sowie den reinluftseitgen Leitungsführungen, an die sich die Drosselklappe und das Saugrohr anschließen. Das Saugrohr verteilt die Ansaugluft auf die einzelnen Zylinder und gewährleistet eine gleichmäßige und wirkungsvolle Verbrennung. Der Luftfilter verhindert das Ansaugen von mineralischen Stäuben und Partikeln in den Motor (und in das Motoröl). Dadurch reduziert er den Verschleiß z.B. in den Lagern, an den Kolbenringen und an den Zylinderwänden. So können die einzelnen Komponenten des Systems die Leistung sowie die Lebensdauer des Motors entscheidend positiv beeinflussen.

Zusatzfunktionen

In das Ansaugsystem sind oft weitere Funktionskomponenten integriert, wie z.B. Sensoren (Luftmassenmesser, Drucksensor und Temperatursensor), HC-Adsorber, Wasserabscheider oder auch Anti-Schnee-Systeme.

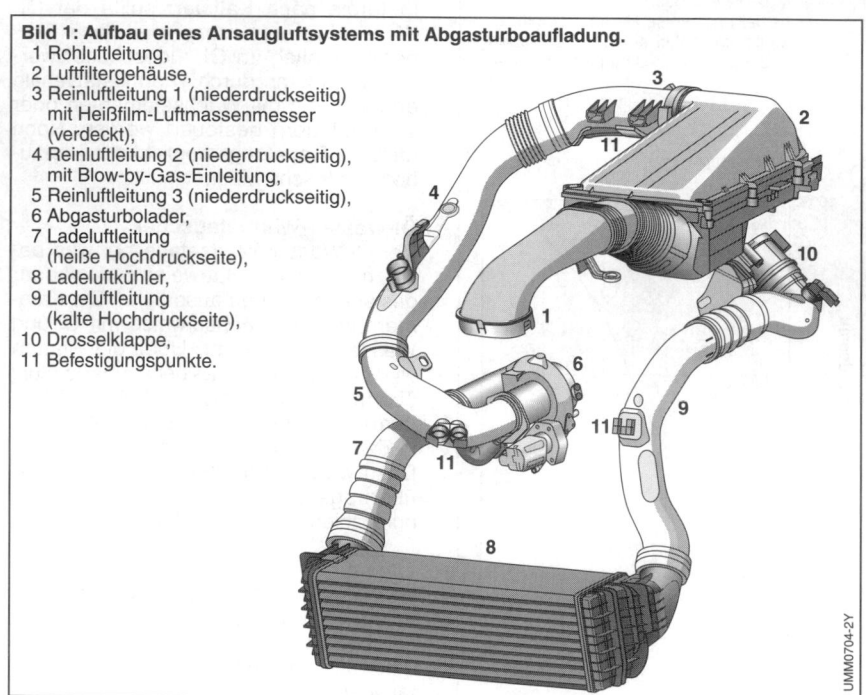

Bild 1: Aufbau eines Ansaugluftsystems mit Abgasturboaufladung.

1 Rohluftleitung,
2 Luftfiltergehäuse,
3 Reinluftleitung 1 (niederdruckseitig) mit Heißfilm-Luftmassenmesser (verdeckt),
4 Reinluftleitung 2 (niederdruckseitig), mit Blow-by-Gas-Einleitung,
5 Reinluftleitung 3 (niederdruckseitig),
6 Abgasturbolader,
7 Ladeluftleitung (heiße Hochdruckseite),
8 Ladeluftkühler,
9 Ladeluftleitung (kalte Hochdruckseite),
10 Drosselklappe,
11 Befestigungspunkte.

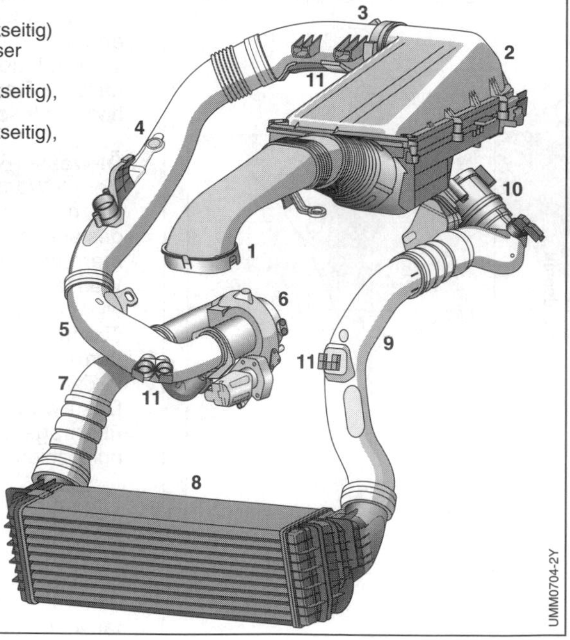

Anforderungen

Funktionale Anforderungen

Die Entwicklung des Ansaugluftsystems und seiner Komponenten basiert auf vielfältigen Vorgaben, die einerseits durch Bauraumgegebenheiten und andererseits durch Funktionsanforderungen geprägt sind. Spezifikationen definieren z.B. Temperaturen im Motorraum, welche die Auswahl der Kunststoffmaterialien und Elastomere für die einzelnen Komponenten beeinflussen, zulässige Leckageraten und Druckverluste für das System oder die Einzelkomponenten, die Akustikleistung des Ansaugtrakts und die Abscheideleistung bezüglich Filtration als Standzeit und als Abscheidegradforderung.

Beim Saugrohr liegt ein weiterer Fokus auf der Druckpulsationsfestigkeit sowie dem Grad der Gleichverteilung der Ansaugluft. Die Luftströmung in den Brennraum kann gegebenenfalls durch unterschiedlich geartete Klappen positiv beeinflusst werden.

Optik

Die Optik und das Design von Flächen im Motorraum gewinnt an Wichtigkeit, sobald diese im sichtbaren Bereich des Motorraums platziert sind (z.B. Designluftfilter oder motorfeste Luftfilter).

Bild 2: Aufbau eines Luftfilters.
1 Rohluftgehäuse, 2 Luftfilterelement,
3 Reinlufthaube, 4 Strömungsleitrippen,
5 Rohluftanschluss, 6 Reinluftanschluss.

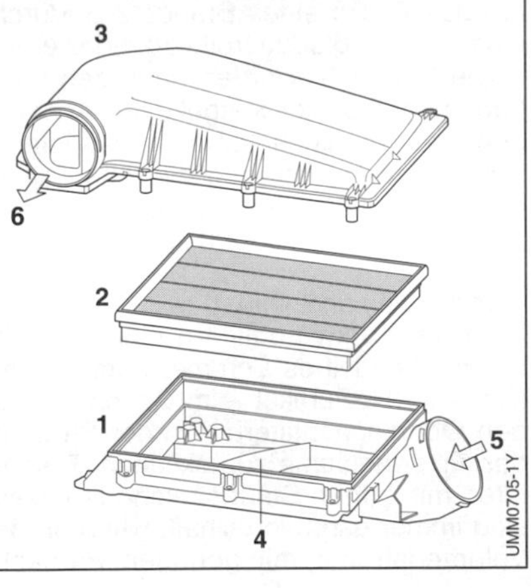

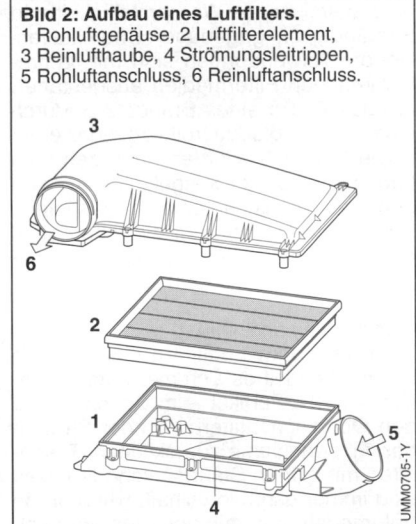

Pkw-Ansaugluftsystem

Luftführung

Die Ansaugstelle der Rohluftleitung ist zumeist in der Front des Fahrzeugs positioniert. Ihr kommt eine besondere Bedeutung zu, da sie maßgeblich den Partikeleintrag, den ungewünschten Eintrag von Wassertropfen bei Regen sowie von Schneekristallen bei Schneefall beeinflusst. In der Regel ist diese Position allerdings von den Automobilherstellern vorgegeben.

Die klassischen Verbrennungsmotoren unterteilen sich in nicht aufgeladene Saugmotoren und aufgeladene Motoren, in denen z.B. ein Abgasturbolader zum Einsatz kommt. Das Ansaugluftsystem (Bild 1) besteht bei beiden Varianten aus einer Rohluftleitung, die in ein Luftfiltergehäuse mit integriertem Filterelement mündet, sowie einer niederdruckseitigen Reinluftleitung, die beim Saugmotor die Schnittstelle zur Drosselklappe bildet. Beim Turbomotor mündet die niederdruckseitige Reinluftleitung in den Turbolader, die Ladeluftleitungen auf der heißen Seite führen zum Ladeluftkühler und die kalte Seite dann zur Drosselklappe. Niedrige Druckverluste können durch große Leitungsquerschnitte (dies hat einen Einfluss auf Bauraum und Akustik) sowie durch eine optimierte Strömungsführung sichergestellt werden.

Bei den Leitungen kommen Kunststoff- und Elastomermaterialien zum Einsatz, die Luftfiltergehäuse sind in der Regel im Spritzgussverfahren hergestellte Kunststoffteile. Je nach Anwendungsfall kann der Luftfilter sowohl karosseriefest als auch motorfest platziert sein, sodass die Leitungen nicht nur die Toleranzen zwischen den Komponenten und ihren Befestigungspunkten, sondern vor allem auch die Motorbewegung relativ zur Karosserie kompensieren. Die Komponenten sind mit Gummipuffern entkoppelt mit dem Fahrzeug verbunden.

Luftfiltration

Motoransaugluftfilter (Bild 2) reduzieren die in der Ansaugluft enthaltenen Partikel, die z.B. durch Abrieb, unvollständige Verbrennungs- oder Kondensationsprozesse entstehen können oder auch in Form von organischen und mineralischen Stäuben natürlichen Ursprungs sind.

Zusammensetzung der Luftverunreinigungen
Typische Luftverunreinigungen sind z.B. Ölnebel, Aerosole, Dieselruß, Industrieabgase, Pollen und Staub. Diese Partikel haben sehr unterschiedliche Größen. Die vom Motor mit der Luft angesaugten Staubteilchen besitzen einen Durchmesser zwischen 0,01 µm (hauptsächlich Rußpartikel) und 2 mm (Sandkörner). Ungefähr 75 % der Partikel (bezogen auf die Masse) liegen im Größenbereich zwischen 5 µm und 100 µm.

Die in der Ansaugluft enthaltene Staubmenge hängt sehr stark von der Umgebung ab, in der das Fahrzeug bewegt wird (z.B. Autobahn oder Sandpiste). Sie kann bei einem Pkw in zehn Jahren im Extremfall zwischen wenigen Gramm bis zu einigen Kilogramm Staub betragen.

Bild 3: Filtermedien.
a) Durchströmung eines gefalteten Filtermediums,
b) gefaltetes Filtermedium.

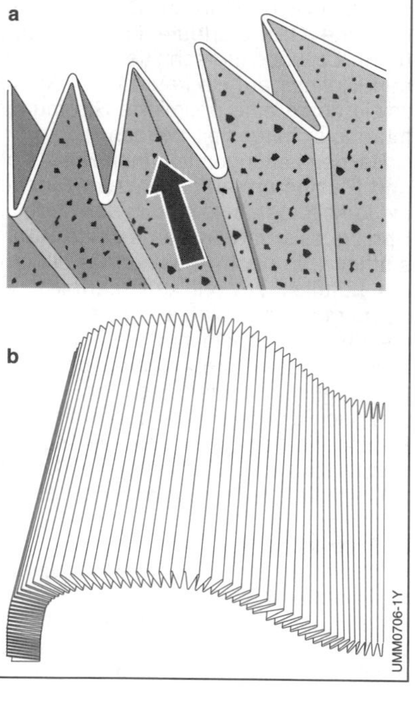

Filterelemente
Filterelemente, die dem gegenwärtigen Stand der Technik entsprechen, erreichen massebezogene Gesamtabscheidegrade von bis zu 99,8 %. Diese Werte sollten unter allen herrschenden Bedingungen eingehalten werden können – auch unter den dynamischen Bedingungen, wie sie im Ansaugtrakt des Motors herrschen. Filter mit unzureichender Qualität zeigen dann einen erhöhten Staubdurchbruch.

Auslegung
Die Auslegung der Filterelemente erfolgt individuell für jeden Motor. Damit bleiben die Druckverluste minimal und auch die hohen Abscheidegrade sind unabhängig vom Luftdurchsatz. Bei den Filterelementen, die es als Flachfilter oder in zylindrischen Ausführungen gibt, ist das Filtermedium in gefalteter Form eingebaut, um auf kleinstem Raum ein Maximum an Filterfläche unterbringen zu können (Bild 3). Konische, ovale und stufige sowie trapezförmige Geometrien ergänzen die Standardbauformen, um den immer knapper werdenden Bauraum im Motorraum optimal ausnützen zu können. Durch entsprechende Prägung und Imprägnierungen erhalten diese bisher zumeist auf Zellulosefasern basierenden Medien die erforderliche mechanische und thermische Festigkeit sowie eine ausreichende Wassersteifigkeit und Beständigkeit gegenüber Chemikalien. Neuere Anwendungen sind mit flammhemmenden Filtermedien ausgestattet, um das Risiko eines Brands z.B. durch eine angesaugte Zigarette zu reduzieren.

Die Elemente werden nach den vom Fahrzeughersteller festgelegten Abständen und Wechselilntervallen ausgelegt. Die Intervalle betragen zwischen zwei und vier, teilweise auch sechs Jahre, oder 30000 km bis zu 100000 km.

Filtermedien und Aufbau
Bei den in Pkw-Luftfiltern eingesetzten Medien handelt es sich meist um Tiefenfilter, die die Partikel – im Gegensatz zu den Oberflächenfiltern – in der Struktur des Filtermediums zurückhalten. Tiefenfilter mit hoher Staubspeicherfähigkeit sind immer dann vorteilhaft, wenn große Volumenströme mit geringen Partikel-

konzentrationen wirtschaftlich gefiltert werden müssen.

Die Forderungen nach kleinen, leistungsstarken Filterelementen (mit weniger Bauraum) bei gleichzeitig verlängerten Serviceintervallen treibt die Entwicklung neuer, innovativer Luftfiltermedien voran. Um die Staubspeicherfähigkeit von Tiefenfiltern weiter zu erhöhen, kommen zunehmend Medien zum Einsatz, die eine Gradientenstruktur mit zunehmender Faserdichte zur Reinluftseite hin aufweisen.

Vollsynthetische Filtermedien
Neue Luftfiltermedien aus synthetischen Fasern mit teilweise stark verbesserten Leistungsdaten sind bereits in Serie eingeführt. Bild 4 zeigt die Aufnahme eines synthetischen Hochleistungs-Filtermediums (Vlies) mit kontinuierlich zunehmender Dichte und abnehmendem Faserdurchmesser über den Querschnitt von der Ansaugseite zur Reinluftseite.

Teilsynthetische Filtermedien
Bessere Werte als mit reinen Zellulosemedien werden auch mit „Composite-Qualitäten" erzielt. Dabei werden z.B. eine Papierlage auf Zellulosebasis mit einer synthetischen Lage aus Meltblownfasern kombiniert. Bei den Meltblownfasern handelt es sich um eine aus einer Polymerschmelze im Luftstrom gebildete Faserlage, die entweder direkt auf die Papierlage abgelegt wird oder in einem separaten Prozessschritt als eigene Lage auflaminiert wird.

Bild 4: Aufnahme eines Luftfiltermediums aus synthetischen Fasern mit einem Rasterelektronenmikroskop.

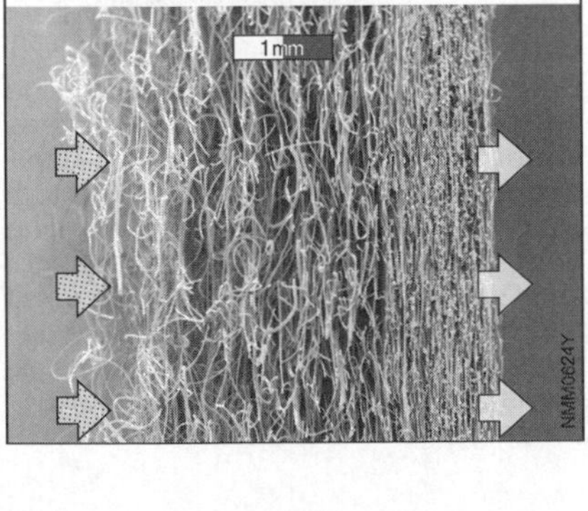

Akustik

Das Ansaugsystem trägt in ähnlicher Weise wie die Abgasanlage zum Gesamtgeäusch des Fahrzeugs bei. Deshalb ist es erforderlich, dass schon früh in der Entwicklung Maßnahmen zur Geräuschreduzierung vorgehalten werden. In der

Bild 5: Akustische Maßnahmen zur Geräuschdämpfung mit verschiedenen Resonatorformen.
a) Reflexionsdämpfer (relativ breitbandig, geeignet für tiefe und mittlere Frequenzen),
b) Absorptionsdämpfer (breitbandig, geeignet für mittlere und höhere Frequenzen),
c) Resonanzdämpfer (schmalbandig, geeignet für tiefe und mittlere Frequenzen),
d) Pfeifendämpfer (schmalbandig, große Dämpfung, geeignet für mittlere Frequenzen oberhalb der Helmholtz-Resonanz),
e) Abzweigpfeifendämpfer (λ/4-Rohr, schmalbandig, geeignet für mittlere Frequenzen),
f) Breitbanddämpfer für Turbomotoren (breitbandig, geeignet für höhere Frequenzen).
1 Luftführung anstömseitig,
2 Luftführung abströmseitig,
3 akustisch absorptionsfähiges Material,
4 einstehendes Rohr.

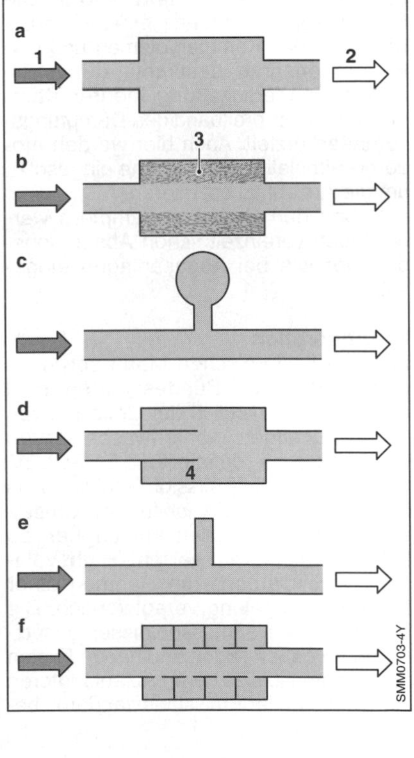

Vergangenheit wurde hierzu alleine ein ausreichend großes Luftiltergehäuse als Dämpferfilter ausgeführt. Mittlerweile hat sich das Anregungsspektrum von tiefen Frequenzen (f < 200 Hz) hin zu mittleren bis hohen Frequenzen verschoben, sodass separate Maßnahmen in Form von Helmholtz-Resonatoren und λ/4-Rohren verwendet werden. Für die Auslegung dieser Maßnahmen werden Computersimulationsprogramme eingesetzt, die die optimale Anzahl von Resonatoren und deren Frequenz bestimmen.

Breitbanddämpfer für Turboladermotoren
Die zunehmende Verbreitung von Turboladermotoren hat neue Geräuschquellen in den Fokus der Entwickler gerückt. Die Pfeif- und Heulgeräusche werden subjektiv als störend empfunden und oft sind nun Maßnahmen in Form von Breitbanddämpfern in der Reinluftleitung des Luftfiltersystems integriert. Die Breitbanddämpfer werden aus mehreren Einzelkammern aufgebaut, durch die ein perforiertes Mittelrohr führt (Bild 5). Die Einzelresonanzfrequenz einer Kammer wird über das Kammervolumen und den Perforationsgrad bestimmt, durch die Hintereinanderschaltung mehrer Kammern wird ein breitbandiges Dämpfungsverhalten erzielt. Auch hier werden moderne Simulationsprogramme eingesetzt, um die Anzahl zu optimieren.

Neben den Reflexionsdämpfern werden auch vereinzelt schon Absorptionsdämpfer wie bei Abgasanlagen eingesetzt.

HC-Adsorption

Für den kalifornischen Markt sowie einige andere US-Bundesstaaten sind Grenzwerte bezüglich der Emission von leicht flüchtigen Kohlenwasserstoffen für Fahrzeuge definiert (z.B. SULEV, Super Ultra Low Emission Vehicle). Das US-Umweltamt EPA ist für die Umsetzung der gesetzlichen Vorschriften zu HC-Emissionsgrenzwerten (High Volatile Hydro Carbons) im Rahmen einer Mehrstufenregelung verantwortlich. Die Motorenhersteller müssen diesen gesetzlichen Vorgaben folgen und haben Fristen zu beachten, bis zu deren Ablauf Motoren zur Erfüllung der Emissionsstandards bestimmte schadstoffausstoßverringernde Techniken aufweisen müssen.

Ein Teil der unverbrannten Kohlenwasserstoffe (hauptsächlich Kraftstoffanteile) entweichen nach Abstellen des Motors aus dem Motor über das Saugrohr und aus der Kurbelgehäuseentlüftung in das Ansaugsystem, bewegen sich entgegen der normalen Strömungsrichtung der Luft und verlassen das System in die Umgebung. Dies kann bedeuten, dass die Integration eines HC-Adsorbers auf der Reinluftseite des Systems erforderlich ist, sodass die Kohlenwasserstoffe durch Adsorption an Aktivkohlemedien abgeschieden werden. Spezifikationsseitig wird ein Äquivalent, die „Butan Working Capacity" (BWC) definiert, um die Aufnahmekapazität vergleichbar zu definieren. Die Adsorberelemente können sowohl im „Full-Flow" (Hauptpfad, voll durchströmt) oder auch in einer Bypass-Konfiguration eingesetzt werden.

Im Gegensatz zu den Luftfilterelementen stellen die Adsorberelemente anforderungsgemäß Lebensdauerbauteile dar, die sich nicht aus dem System entfernen lassen dürfen. Die Elemente beladen sich bei Motorstillstand mit den luftgetragenen Kohlenwasserstoffen kleinster Tropfengröße, beim nächsten Motorbetrieb findet die Desorption statt. Das heißt, die Kohlenwasserstoffe werden dem Verbrennungsprozess in diesem Zyklus wieder zugeführt und der HC-Adsorber für den nächsten Beladungszyklus regeneriert. Als adsorptiv wirkendes Medium wird Aktivkohle eingesetzt, die sich als ein- oder zweilagige Schicht zwischen den Trägermedien befindet. Zumeist sind dies Elemente, die in einem Prozess als Kunststoffumspritzung hergestellt werden.

Wasserabscheidung

Bei Regenfahrten können je nach Lage und Anordnung des Ansaugstutzens in der Front des Fahrzeugs nicht unerhebliche Mengen an Wasser angesaugt werden. Da das Filtermedium nur eine begrenzte Wasseraufnahmekapazität besitzt, kann die angesaugte Flüssigkeit nach einiger Zeit auf die Reinluftseite des Systems gelangen. Dadurch kann es zu Signalabweichungen oder auch zu Beschädigungen am Heißfilm-Luftmassenmesser (HFM) kommen, wenn Tropfen auf die heiße Sensorfläche treffen und dort zu einer lokalen, ungewollten Abkühlung dieser Fläche führen. Die Signalabweichung suggeriert einen falschen Luftmassenstrom und in Folge dessen kommt es zu einer fehlerhaften Einstellung der Gemischzusammensetzung, zu einer Leistungseinbuße und letztendlich zu einem erhöhten Verbrauch (und zu erhöhten CO_2-Emissionen). Die Zeit bis zum Wasserdurchtritt am Filterelement kann durch vorgeschaltete Maßnahmen deutlich verlängert oder auch ganz vermieden werden.

Zur Abscheidung von Wassertropfen kommen in der Ansaugluft integrierte Lamellenabscheider, Prallbleche oder auf dem Zyklonprinzip beruhende Maßnahmen wie dem „Schälkragen" zum Einsatz (Bild 6). Je kürzer die Rohluftleitung ist – also der Weg vom Lufteinlass zum Filterelement – umso schwieriger stellt sich die Aufgabe dar. Grundsätzlich sind möglichst geringe zusätzliche Strömungsdruckverluste anzustreben. Die Maßnahmen sind mit geeigneten Wasseraustragseinrichtungen zu kombinieren, die das abgeschiedene Wasser aus dem System in die Umgebung ableiten. Zum Einsatz kommen aber auch Abscheideprinzipien, die das Fluid in Kombination mit gehäuseseitigen Maßnahmen sowie mit auf das Filterelement aufgebrachte zusätzliche Wasserabscheide-Vliese aus dem System tragen.

Bild 6: Prinzip der Wasserabscheidung.
1 Rohluftansaugung, 2 Rohluftleitung,
3 Wassertropfen, 4 Drallerzeuger (optional),
5 Wasserwandfilm, 6 Schälkragen,
7 Wasseraustrag.

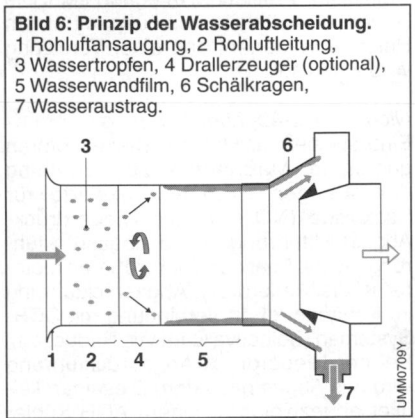

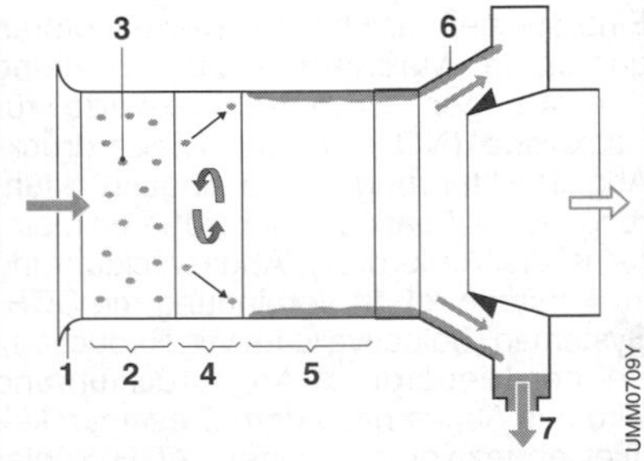

Ein optimiertes Design der Rohluftleitung sowie der Luftfiltergehäuse unterstützen die genannten Maßnahmen deutlich, sodass auch bei vergleichsweise kurzen Rohlufleitungen hervorragende Abscheideergebnisse erzielt werden.

Anti-Schnee-System

Im Winter können bei Schneefall Schneekristalle angesogen werden, die das Filterelement rohluftseitig beladen. Dauert dieser Zustand an, führt dies zunächst zu einem Druckverlustanstieg. Im weiteren Verlauf kann es rohluftseitig zum Verblocken des Filterelements kommen, sodass der Motor nicht mehr genügend Ansaugluft für den Verbrennungsprozess erhält. In Folge dessen kommt es schließlich zum „Abwürgen" des Motors.

Um dies zu verhindern, können Anti-Schnee-Systeme (ASS) eingesetzt werden, die prinzipiell eine Zweitansaugung darstellen (Bild 7). Im Falle eines verblockten Filterelements wird warme, trockene und schneefreie Luft aus dem Motorraum angesaugt, wobei dieser reduzierte Luftvolumenstrom dann die Motorfunktion aufrecht erhält. Das Öffnen der Zusatzansaugung kann durch temperatur- oder

Bild 7: Anti-Schnee-System.
a) Bypassventil geschlossen,
b) Bypassventil offen.
1 Rohluft, 2 Reinluft, 3 Luftfilterelement,
4 Vlies auf der Rohluftseite,
5 trockene Kammer, 6 Bypassventil,
7 Schneeblock.

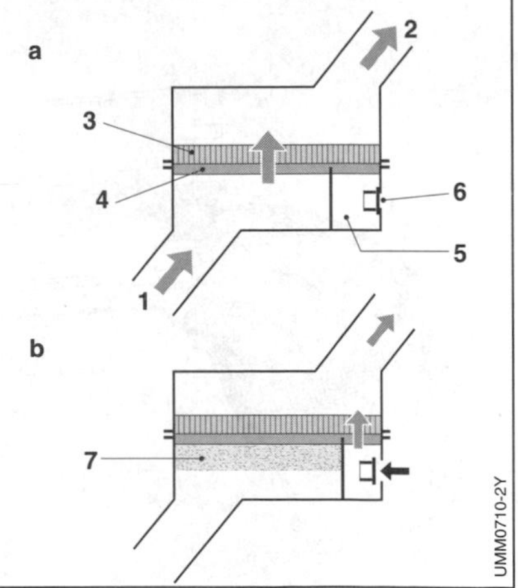

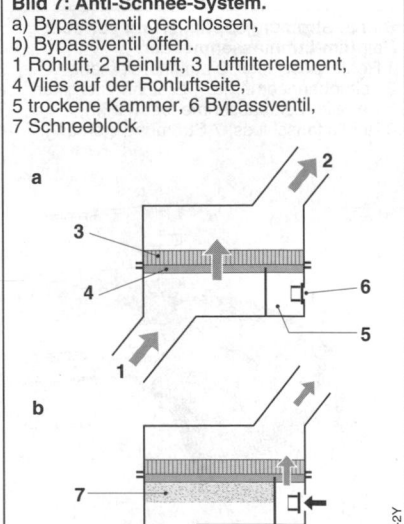

druckgesteuerte Regelmechanismen erfolgen. Bei der Thermosteuerung wird eine Klappe über ein Dehnwachselement bewegt. Die Drucksteuerung basiert auf einem rohluftseitig in den Luftfilter integriertes, federbelastetes Ventil. Das Filterelement wird grundsätzlich mit einem Vorvlies ausgestattet, das die Dichtfunktion übernimmt und die „trockene" Kammer der Zweitansaugung vor Schneeeintrag schützt.

Sensorik

Auf der Reinluftseite des Luftfilters oder in der Reinluftleitung sind häufig Sensoren integriert, die den Druck, die Temperatur oder auch den Luftmassenstrom messen. Der abgasrelevante Luftmassenstrom wird mit einem Heißfilm-Luftmassenmessern (HFM) gemessen. Im Rahmen der Verschärfung der Abgasgesetzgebung werden die Anforderungen bezüglich der erforderlichen Signalgüte immer höher. Signalabweichungen für ein Luftfiltersystem in der Größenordnung von ±2,5 % sind schwer zu erreichen, aber nicht unüblich. Dies erfordert einen erhöhten Simulationsaufwand, um störende turbulente Bereiche und Instabilitäten in der Strömung nahe des Sensors

Bild 8: Strömungsoptimierung vor dem Heißfilm-Luftmassenmesser.
1 Rohluftanschluss, 2 Luftfilterelement, 3 Leitrippengeometrie, 4 Gleichrichtergitter, 5 Heißfilm-Luftmassenmesser (HFM), 6 Reinluftanschluss, 7 Strömungsrichtung.

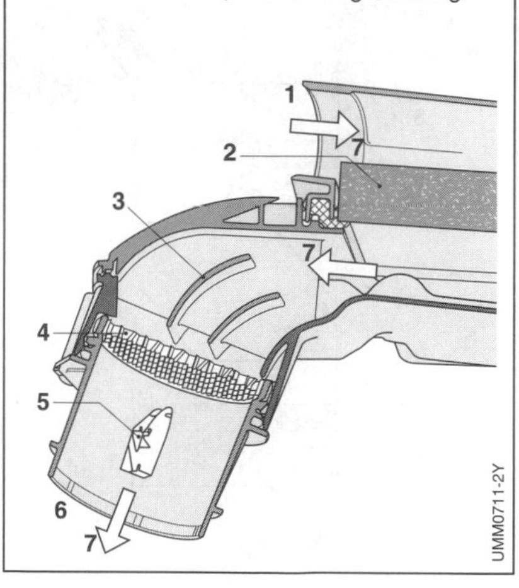

zu identifizieren und durch ein geeignetes Produktdesign sowie zusätzliche Maßnahmen oder Komponenten (z.B. Luftführungsgitter, Lamellen oder Luftleitrippen) zu minimieren (Bild 8).

Optisches Design von Oberflächen

Die von den Kunden aus optischen Gründen gewünschte Strukturierung von Kunststoffoberflächen im Sichtbereich kann auf verschiedenste Arten erzielt werden, wie z.B. durch Erodieren, Strahlen oder Fotoätzen des Spritzgusswerkzeugs. Motorfeste Designluftfilter nehmen hier eine besondere Stellung ein.

Schnittstellen

Die Ausführung der Verbindungsstelle zwischen Luftfiltergehäuse und Reinluftleitung richtet sich häufig nach Kundenanforderungen. Das Fertigungwerk des Automobilherstellers gibt die Form der Schnittstelle oft vor. Ist an den Schnittstellen eine Elastomerkomponente gefordert, so können Leitungen auf Basis des Werkstoffs PP-EPDM mit integrierten Faltenbälgen zur Entkopplung im Spritzgussverfahren hergestellt werden. Diese können mit einem Leitungsabschnitt aus Blasteiltechnik verbunden werden.

Kurbelgehäuseentlüftung

In der niederdruckseitigen Reinluftleitung können weitere Schnittstellen wie z.B. die Einleitstelle des Blow-by aus der Kurbelgehäuseentlüftung, oder auch die Entnahmestelle für die PCV (Positiv Crankcase Ventilation) integriert sein. Die Blow-by-Einleitstelle ist häufig mit einem Heizrohr versehen, das einer Vereisung vorbeugen soll.

Niederdruck-Abgasrückführung

Eine speziell für kleinere Dieselmotoren geeignete Maßnahme zur Erfüllung der strengen Euro 6-Grenzwerte für Stickoxide (NO_x), ist die Niederdruck-Abgasrückführung (siehe Abgasrückführung, AGR). Aber auch bei größeren Motoren ist die Niederdruck-Abgasrückführung im Kommen, oft in Verbindung mit SCR-Systemen (Selective Catalytic Reduction). Bei der Niederdruck-Abgasrückführung wird das Abgas nach dem Dieselpartikelfilter abgezweigt, in einem AGR-Kühler abgekühlt und in die Reinluftleitung vor dem Turbolader-Verdichter eingeleitet. Um hohe AGR-Raten in weiten Bereichen des Motorkennfelds zu erzielen, muss großer Wert auf eine druckverlustarme Auslegung der AGR-Strecke einschließlich Vermischung von Luft mit Abgas gelegt werden. Für spezielle Betriebspunkte im Teillastbereich wird ein zusätzliches Druckgefälle in der AGR-Strecke durch eine Abgasdrossel (stromab der AGR-Entnahmestelle) oder durch eine Ansaugluftdrossel in der Reinluftleitung (vor der AGR-Einleitung) erzeugt. Eine geeignete Auslegung der Mischergeometrie vermeidet den Verdichter schädigende lokale Temperaturgradienten und eine Verringerung des Verdichterwirkungsgrads. Nach dem AGR-Kühler erreicht das Abgas maximal Temperaturen von 150...200 °C, was eine kostengünstige und bauraumoptimierte Darstellung der Misch- und Regelungsfunktionen mit Hilfe von Kunststoffbauteilen erlaubt. Jedoch muss bei der Materialauswahl auf eine Beständigkeit gegen säurehaltiges Kondensat (pH-Wert von 2...3), das bei Abgastemperaturen unter 85 °C entstehen kann, geachtet werden.

Auch bei Ottomotoren wird der Einsatz der Niederdruck-Abgasrückführung untersucht, Ziele sind hier aber eher die CO_2-Reduktion und die Verringerung der Klopfneigung als die Verringerung der NO_x-Emissionen. Erste Serienanwendungen sind in den nächsten Jahren zu erwarten.

Validierung Luftfilter

Die ganzheitliche Produktvalidierung, bestehend aus Simulation, Akustik und Bauteilversuch ist ein wesentlicher Bestandteil im Entwicklungsprozess für Luftfiltersysteme, um möglichst früh einen hohen Produktreifegrad zu erreichen. Bereits in der frühen Konzeptphase werden – im Rahmen der virtuellen Produktvalidierung – Simulationen durchgeführt, um die Funktionen und Eigenschaften der Luftfiltersysteme zu optimieren. Dabei werden die akustischen Eigenschaften wie Ansaugmündungsgeräusch und Oberflächenschallabstahlung berechnet und optimiert.

Neben dem akustischen Verhalten werden auch die strömungstechnischen Eigenschaften wie Druckverlust und Anströmung der Messsensorik analysiert und gezielt verbessert. Des Weiteren wird das Schwingungsverhalten unter Fahrbahn- oder Motoranregung mit Hilfe von Finite-Elemente-Simulationen geprüft, um die spätere Lebensdauerprüfung ohne Probleme zu erfüllen. Sobald erste Musterbauteile vorliegen, werden u.a. die Filtrationseigenschaften überprüft. Zum Prüfumfang im Rahmen der Bauteilprüfung gehören Versuche an Einzelkomponenten sowie am Gesamtsystem. Abgerundet wird dies durch Funktionsversuche mit Überlagerung der im Fahrzeug vorliegenden Umgebungsbedingungen wie Temperatur, Feuchtigkeit und Medienbeaufschlagung.

Die Bauteillebensdauer wird mit umfangreichen Schwingungs- und Pulsationsversuchen geprüft, die die reale Beanspruchung im Fahrzeug simulieren. Aufgrund der strengen Abgasgesetzgebung wird das Strömungsverhalten im Luftfilter auch unter Berücksichtigung einer Staubbeladung sehr genau untersucht. Dabei werden Einflussfaktoren wie Faltengeometrie des Luftfiterelements und Streuung des Filtermediums berücksichtigt. Abgerundet wird die Bauteilvalidierung durch Simulationen des Spritzgussprozesses, um die Bauteilqualität und den Herstellprozess zu optimieren.

Trends – Weiterentwicklung von Ansaugsystemen

Am Markt sind derzeit drei Haupttrends zu beobachten: Downsizing der Motoren, Plattformstrategien, um Synergieeffekte zu nutzen, sowie steigende Anforderungen bezüglich der Abgasgesetzgebung.

Downsizing bedingt einen höheren Anteil aufgeladener Motoren mit folgenden Auswirkungen: spezifisch höhere Luftmassenströme, kleinere und komplexere Luftfiltergehäuse, Verstärkung des Konflikts zwischen Akustik und Druckverlust, höhere Temperaturen im Motorraum sowie höhere Ladedrücke. Dies bedingt einen höheren Simulationsaufwand z.B. zur Strömungs- und Akustikoptimierung, neue Luftfiltermedien und innovative

Filterelementdesigns sowie höherwertigere Kunststoffmaterialien.

Plattformstrategien der Automobilhersteller bedingen komplexere Bauräume und eine hochgradige Gleichteilstrategie. Verschärfte Anforderungen bezüglich der Abgasgesetzgebung haben gesteigerte Spezifikationen hinsichtlich der Sensorik, insbesondere die Güte der HFM-Signalstabilität zur Folge. Dies bedingt ebenso aufwändigere Simulationstools, neue Prüfverfahren und aufwändigere Produkdesigns und Konstruktionen.

Mit neuen Produktionstechnologien können die Bauteilgewichte der Komponenten reduziert werden. Im Spritzgussverfahren hergestellte Luftfilter auf Basis geschäumter Kunststoffe tragen dazu bei. Eine weitere Möglichkeit ist die Reduzierung von Wandstärken, wobei das akustische Verhalten insbesondere des Luftfiltergehäuses zu beachten ist. Die Körperschallabstrahlung kann durch Bombierung (gewölbte Geometrie) von Flächen sowie die Integration von Verrippungen oder Sicken (rinnenförmige Vertiefungen) auch bei Einsatz geringerer Wandstärken gegenkompensiert werden. Neue Dichtkonzepte für die Schnittstelle zwischen Filterelement und Gehäuse, z.B. als radiales Konzept ausgeführt (Bild 9), lassen Metallverbindungen überflüssig werden und führen so einerseits zu einer Kostenreduzierung, steigern andererseits aber auch die Servicefreundlichkeit beim Filterelementwechsel. Die beiden Gehäuseteile können durch angespritzte Schnapphaken miteinander verbunden werden.

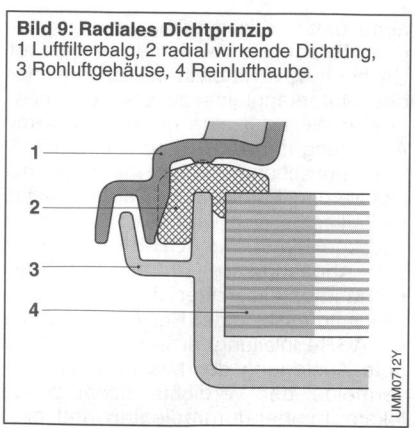

Bild 9: Radiales Dichtprinzip
1 Luftfilterbalg, 2 radial wirkende Dichtung, 3 Rohluftgehäuse, 4 Reinlufthaube.

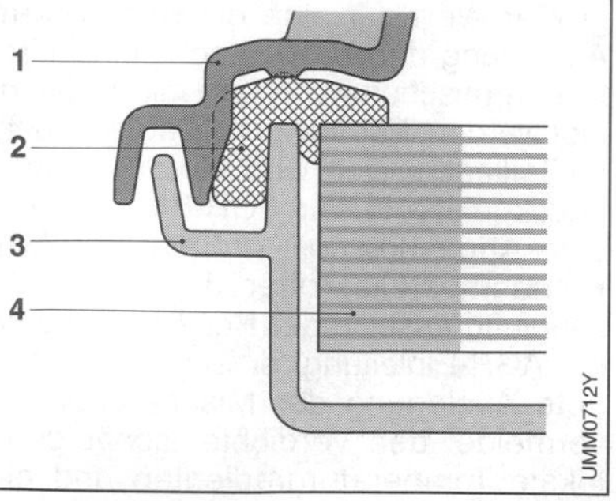

Hybridfahrzeuge und aktive Geräuschmaßnahmen

In Zukunft wird die Hybridisierung in der Automobilindustrie neue Herausforderungen bringen. Betriebsübergänge zwischen der Verbrennungskraftmaschine und dem Elektromotor, aber auch der rein elektrische Betrieb erzeugen ungewöhnliche akustische Zustände. Aktive Systeme (mit ANC, Active Noise Control) stellen hierzu eine interessante Abhilfemaßnahme dar, denn sie können nicht nur Geräusch reduzieren und damit passive Komponenten ersetzen, sie schaffen auch neue Freiheitsgrade hinsichtlich Geräuscherzeugung, z.B. für Fußgängerwarnung im reinen Elektrobetrieb. Einige Länder haben hierzu schon Gesetzesinitiativen gestartet, die eine Warnfunktion für den reinen elektrischen Betrieb vorschreiben. Weiterhin bieten sich Möglichkeiten zur Unterstützung eines spezifischen Markensounds oder zur Geräuschgestaltung, um akustisch unerwünschte Phänomene zu überdecken. Dieser Ansatz macht aktive Systeme für zukünftige Motorenkonzepte interessant.

Pkw-Saugrohre

Die Hauptaufgabe des Saugrohrs ist, die Luft homogen auf die einzelnen Zylinder zu verteilen, um damit eine möglichst gleichmäßige und wirkungsvolle Verbrennung in den einzelnen Zylindern zu gewährleisten. Die Güte der Gleichverteilung hat entscheidenden Einfluss auf die Leistung und das Abgasverhalten des Motors.

Bei Ottomotoren muss man zwischen Saugmotoren und aufgeladenen Motoren unterscheiden, bei Dieselmotoren hingegen sind nur noch die aufgeladenen Motoren relevant. In allen drei Kategorien gibt es sowohl passive als auch aktive Saugrohre. Aktive Saugrohre werden zumeist als Schaltsaugrohre bezeichnet.

Bild 10: Schwingrohraufladung.
1 Zylinder, 2 Einzelschwingrohr,
3 Sammelbehälter, 4 Drosselklappe.

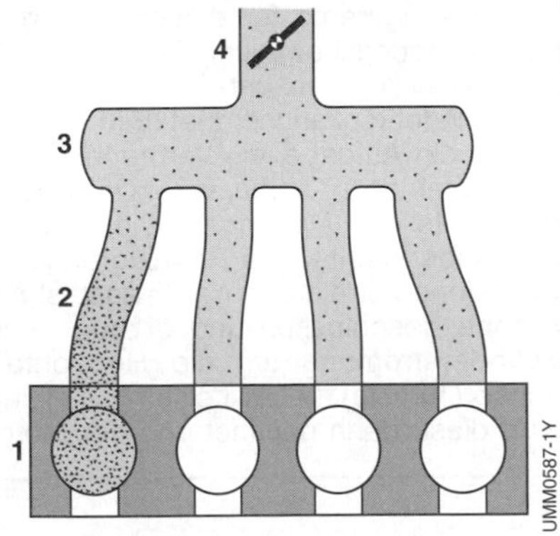

Saugrohre für Saugmotoren

Bei diesen Saugrohrtypen macht man sich gasdynamischer Aufladeeffekte zunutze, um die Luftmasse im Zylinder und damit die Leistung oder das Drehmoment des Motors zu erhöhen. Hierbei gibt es zwei unterschiedliche Aufladeeffekte.

Schwingrohraufladung

Die Schwingrohraufladung basiert auf dem Prinzip, dass jeder Zylinder ein eigenes Schwingrohr hat, das in einen gemeinsamen Sammelbehälter, auch Sammler genannt, mündet (Bild 10).

Durch den Ansaugimpuls im Ansaugtakt wird eine Unterdruckwelle ausgelöst. Diese breitet sich im Schwingrohr aus, wird an der Mündung zum Sammler reflektiert und läuft als Überdruckwelle zurück in den Brennraum. Da die Druckwellen sich immer mit Schallgeschwindigkeit ausbreiten, kann man mit der Länge der Schwingrohre den Drehzahlbereich, in dem der Aufladeeffekt gewünscht wird, bestimmen.

Um diesen Aufladeeffekt in mehreren Drehzahlbereichen nutzen zu können, gibt es die Möglichkeit, aktive Saugrohre diesen Typs, sogenannte Längenschalter zu realisieren (Schaltsaugrohr, Bild 11). Optimal wäre ein stufenlos variables Schaltsaugrohr, bei dem jedem Drehzahlbereich eine optimale Schwingrohrlänge zugeordnet ist. Dies lässt sich jedoch technisch und auch wirtschaftlich kaum

Bild 11: Schaltsaugrohr.
a) Saugrohrgeometrie bei geschlossener Umschaltklappe (Drehmomentstellung),
b) Saugrohrgeometrie bei geöffneter Umschaltklappe (Leistungsstellung).
1 Umschaltklappe,
2 Sammelbehälter,
3 langes, dünnes Schwingsaugrohr bei geschlossener Umschaltklappe,
4 kurzes, weites Schwingsaugrohr bei geöffneter Umschaltklappe.

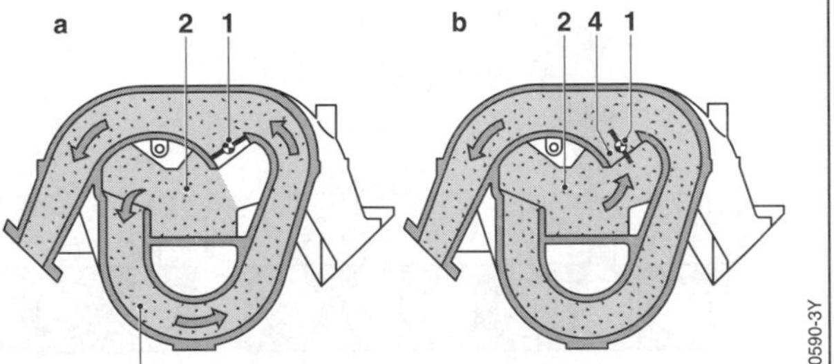

realisieren. Daher sind meist zwei- oder in seltenen Fällen auch dreistufige Sauganlagen auf dem Markt.

Resonanzaufladung
Das Prinzip der Resonanzaufladung basiert auf den Grundlagen eines Helmholtz-Resonators. Dabei werden zwei Gruppen von Zylindern gebildet, die den gleichen Zündabstand aufweisen. Grund dafür ist, dass sich die Ansaugimpulse innerhalb der Gruppen nicht überschneiden dürfen. Diese Gruppen werden über kurze Saugrohre mit den beiden Resonanzbehältern (Resonanzsammlern) verbunden (Bild 12). Die beiden Resonanzsammler sind über Resonanzrohre mit dem gemeinsamen Hauptsammler verbunden. Durch die periodischen Ansaugimpulse werden die Gasschwingungen bei einer bestimmten Drehzahl in Resonanz versetzt und erzeugen dabei den Aufladeeffekt. Der Drehzahlbereich, in dem der Aufladeeffekt wirkt, wird durch die Länge und den Durchmesser der Resonanzsaugrohre bestimmt. Dieses Prinzip wird vorzugsweise bei 3-, 6- und 12-Zylindermotoren eingesetzt, da es hier aufgrund der Zündreihenfolge relativ einfach ist, unabhängig voneinander arbeitende Zylindergruppen (bestehend aus jeweils drei Zylindern mit 240°-Zündabstand) zu bilden.

Durch die Anordnung einer Resonanzklappe zwischen den beiden Resonanzbehältern entsteht ein aktives System, das weitere Vorteile bringt. Das Saugrohr mit geschlossener Resonanzklappe erzeugt einen Drehmomentzuwachs im unteren Drehzahlbereich. Im oberen Drehzahlbereich wird diese Klappe geöffnet und es ergibt sich ein Saugrohr mit kurzen Schwingrohren, das zu einer Leistungssteigerung in diesem Drehzahlbereich führt.

Saugrohre für aufgeladene Ottomotoren
Saugrohre für aufgeladene Ottomotoren sind in den meisten Fällen passive Saugrohre. Leistung und Drehmoment werden hauptsächlich über den durch den Lader erzeugten Ladedruck und damit durch die in die Zylinder gebrachte Luftmasse bestimmt. Typisch für die passiven Saugrohre sind die immer noch vorhandenen, aber meist sehr kurzen Schwingrohre.

Aktive Systeme für diesen Motortyp haben Ladungsbewegungsklappen (auch Tumbleklappen genannt). Diese sind nahe am Zylinderkopf angeordnet (Bild 13) und haben die Aufgabe, die Verbrennung im Teillastbetrieb zu verbessern. Damit wird einerseits das Drehmoment gesteigert und andererseits eine Reduzierung der Emissionen erreicht. In der Teillast ist die Klappe geschlossen und erzeugt eine Zylinderströmung um die Horizontalachse (Tumble). In der Leistungsstellung wird diese dann geöffnet und der Motor

Bild 12: Resonanzschaltung.
a) Resonanzsaugrohr, b) Resonanzschaltsaugrohr.
1 Zylinder, 2 kurzes Saugrohr, 3 Resonanzbehälter, 4 Resonanzsaugrohr, 5 Sammelbehälter (Hauptsammler), 6 Drosselklappe, 7 Resonanzklappe.
A, B Zylindergruppen.

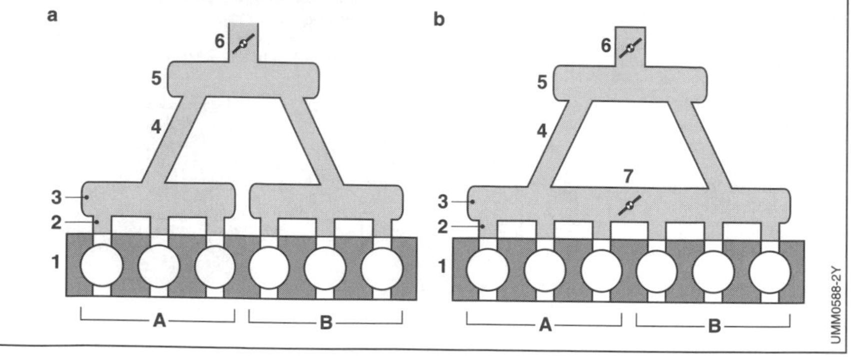

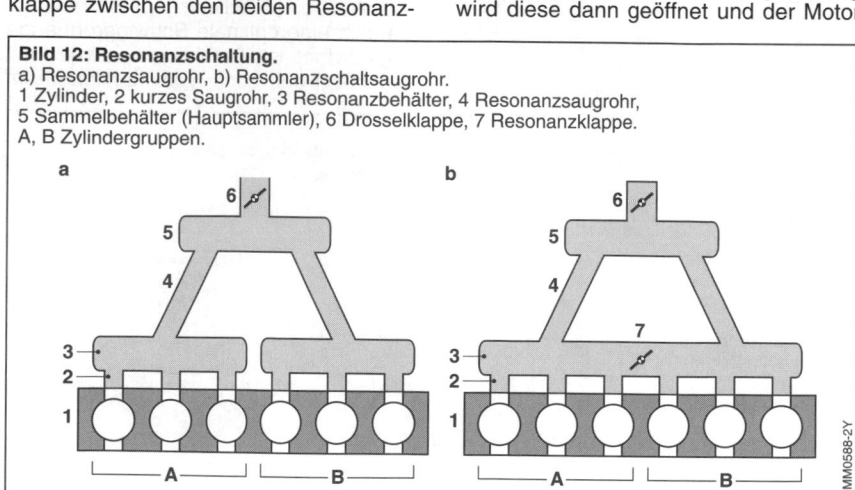

bekommt durch den freiwerdenden Querschnitt möglichst viel Luftmasse in den Zylinder.

Eine Sonderform hierbei ist die Wannenklappe, die in der geöffneten Stellung komplett in der Kanalwand verschwindet und somit eine ungehinderte Strömung in den Zylinder gewährleistet.

Saugrohre für aufgeladene Dieselmotoren

Bei Saugrohren für aufgeladene Dieselmotoren gibt es keine so eindeutige Verteilung zwischen passiven und aktiven Varianten. Bei diesen Saugrohren gibt es praktisch keine Rohre mehr. Es sind lediglich kurze Einlauftulpen, die den Sammler mit dem Zylinderkopf verbinden.

Bei aktiven Saugrohren hat der Zylinderkopf immer zwei Einlasskanäle pro Zylinder, wobei einer als Drallkanal und der zweite als Füllkanal ausgebildet ist (Bild 14). Im Saugrohr wird der Füllkanal mit einer Kanalabschaltklappe versehen. Diese führt dazu, dass im Teillastbetrieb

Bild 13: Tumbleschaltung.
a) Saugrohr in Tumblestellung,
b) Saugrohr in Leistungsstellung.
1 Saugrohr,
2 Ladungsbewegungsklappe (Tumbleklappe).

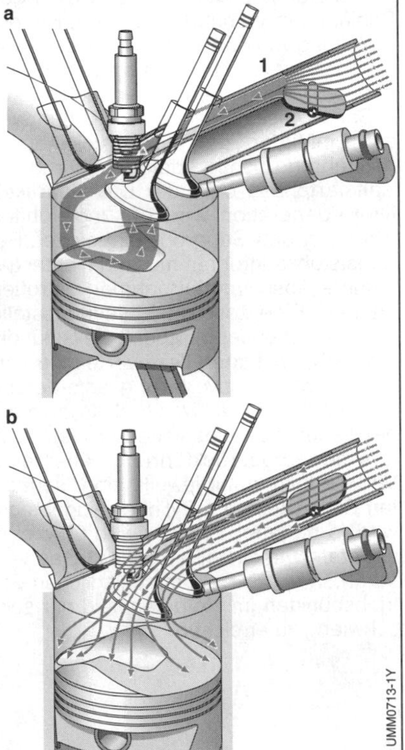

Bild 14: Drallschaltung.
a) Saugrohr in Drallstellung,
b) Saugrohr in Leistungsstellung.
1 Drallkanal,
2 Füllkanal,
3 Kanalabschaltklappe.

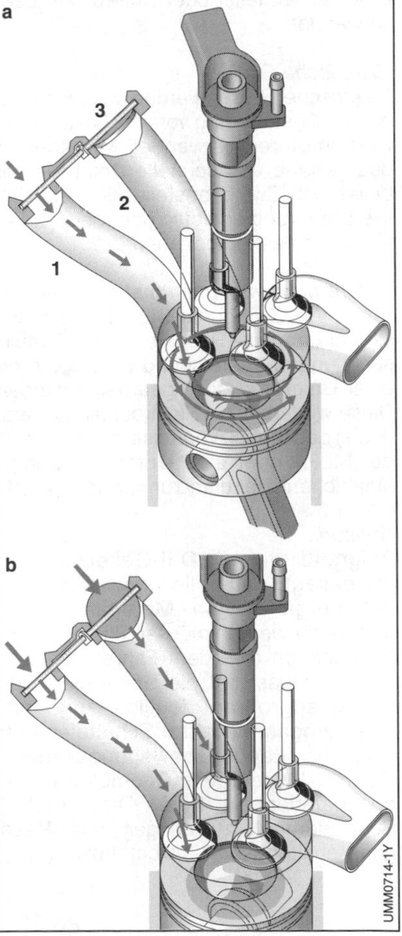

der Zylinder über den Drallkanal befüllt wird und sich dabei eine ausgeprägte Drallströmung um die Vertikalachse ausbildet. Diese Drallströmung bewirkt eine gute Vermischung von Luft und Kraftstoff und führt damit zu einer Reduzierung der Emissionen. Im Übergang in den Vollastbetrieb wird die Klappe dann schrittweise geöffnet und die Drallstömung vom Füllkanal zerstört, man bekommt möglichst viel Luftmasse in den Zylinder und damit ein hohes Drehmoment und viel Leistung.

Aktorik und Sensorik

Für den Antrieb der verschiedenen Schaltelemente werden hauptsächlich elektrische Steller oder Unterdruckdosen verwendet.

Elektrische Steller

Elektrische Steller werden vorzugsweise bei der Ansteuerung von Drallklappen bei Dieselmotoren verwendet. Mit ihnen ist das genaue und schnelle Anfahren von beliebigen Zwischenstellungen möglich. Die Steuerung erfolgt in den meisten Fällen durch das Motorsteuergerät.

Unterdruckdosen (pneumatische Steller)

Für reine Zweipunkt-Schaltungen, wie sie bei Längen-, Resonanz- und Tumbleschaltungen ausreichend sind, kann mit einer Unterdruckdose gearbeitet werden. Diese wird über ein Elektroumschaltventil (EUV) geschaltet. Voraussetzung ist, dass der Motor oder eine Unterdruckpumpe ausreichend Vakuum zur Verfügung stellt.

Sensorik

Aufgrund der OBD II-Gesetzgebung, die besagt, dass alle abgasrelevanten Schaltorgane vom Motorsteuergerät überwacht werden müssen und bei deren Fehlfunktion dies dem Fahrer mitgeteilt werden muss, hat die Sensorik in den Schaltsaugrohren deutlich zugenommen. Abgasrelevante Schaltelemente sind die Ladungsbewegungsklappen (Tumbleklappen beim Ottomotor, Kanalabschaltklappen beim Dieselmotor). Schaltelemente zur Längen- oder Resonanzschaltung zählen nicht dazu.

Bei elektrischen Stellern können in den meisten Fällen die internen Drehwinkelsensoren der Steller verwendet werden. Bei Unterdruckdosen ist ein separater Sensor notwendig, der aber auch in die Unterdruckdose integriert werden kann.

Neben der Sensorik zur Drehwinkelüberwachung bei aktiven Saugrohren werden an Saugrohren Druck-, Temperatur- oder kombinierte Druck-Temperatur-Sensoren eingebaut. Diese sind notwendig, um das Motorsteuergerät mit den für die Verbrennung notwendigen Informationen aus dem Saugrohr zu versorgen.

Einleitung von Gasen

Eine weitere Aufgabe des Saugrohrs ist die Gleichverteilung von eingeleiteten Gasen in die jeweiligen Zylinder. Beim Ottomotor sind es hauptsächlich Kurbelgehäuseentlüftungs- und Tankentlüftungsgase. Für diese Gase werden am Saugrohr Stutzen angebracht, die dann vom Motorenhersteller mit den jeweiligen Schläuchen verbunden werden. Bei der Einleitung von Kurbelgehäusegasen kann ein zusätzliches Heizrohr notwendig werden, um Vereisungen zu vermeiden.

Beim Dieselmotor ist es wichtig, dass die Einleitung der Hochdruck-Abgasrückführung richtig erfolgt. Während der Kaltstartphase oder der Dieselpartikelfilterregeneration wird oft ungekühltes Abgas in das Saugrohr eingeleitet. Bei Kunststoffsaugrohren müssen hierbei geeignete Abschirmmaßnahmen getroffen werden. Eine zentrale Einleitungsstelle mit ausreichender Mischstrecke ist für die hier sehr wichtige Gleichverteilung vorteilhaft. Die Gleichverteilungsanforderung ist bei zylinderselektiven Einleitsystemen, bei denen das einzuleitende Gas (z.B. aus der Abgasrückführung) über eine Verteilerleitung mit jeweils einer separaten Einleitstelle pro Zylinder eingebracht wird (d.h., jeder Zylinder wird über eine separate Einleitstelle mit dem Gas versorgt), in den sehr unterschiedlichen Betriebspunkten im Motorkennfeld nur sehr schwierig zu erreichen.

Dichtungen
Bei den Dichtungen ist ein Trend zu höherwertigen Materialien erkennbar. Vor allem, weil bei Dieselmotoren öfter die Niederdruck-Abgasrückführung eingesetzt wird und dies zu aggressivem Kondensat in der Sauganlage führt. Bei solchen Anwendungsfällen muss z. B. peroxidisch vernetzter FKM (Fluorkarbon-Kautschuk) eingesetzt werden. Da auch die Betriebstemperaturen sich sowohl nach oben als auch nach unten ausdehnen, werden zum Teil spezielle Tieftemperaturwerkstoffe notwendig.

Validierung Saugrohre
Die virtuelle und experimentelle Produktvalidierung spielt für das Saugohr eine immer wichtiger werdende Rolle. Durch das enge Zusammenspiel zwischen Konstruktion, Versuch und Simulation wird bereits in der frühen Entwicklungsphase die Grundlage für ein strömungs- und gewichtsoptimiertes Bauteil gelegt. Die optimale Gleichverteilung der Luft auf die einzelnen Zylinder wird durch CFD-Simulationen in mehreren Iterationsschleifen optimiert. Mit Hilfe von FEM-Simulationen wird die Saugrohrgeometrie so optimiert, dass bei minimalem Gewicht ein Maximum an Steifigkeit und Festigkeit erreicht wird. Dadurch kann der Materialeinsatz für das Bauteil so gering wie möglich gehalten werden. Die Herstellbarkeit des Bauteils wird mit Hilfe von Spritzgießsimulationen untersucht und optimiert.

Anschließend werden diese theoretischen Untersuchuchen an Muster- und Serienteilen verifiziert. Die Gleichverteilung der Ansaugluft auf die einzelnen Zylinder wird am Durchflussprüfstand gemessen. Die Strukturfestigkeit der Bauteile wird durch überhöhte Druckpulsations- und Schwingungsversuche unter Temperatureinfluss sichergestellt. Bei Schaltsaugrohren wird zusätzlich die Dauerhaltbarkeit der Schaltelemente und Aktoren mit Dauerschalt- und Anschlagdauerfestigkeitsversuchen nachgewiesen.

Entwicklungstrends für Saugrohre
Durch die Umstellung der direkten auf die indirekte Ladeluftkühlung und die sich dadurch ergebenden Vorteile hinsichtlich des CO_2-Ausstoßes gibt es auf dem Saugrohrmarkt einen Haupttrend in Richtung Integration von Ladeluftkühlern.

Dieser Trend hat vor allem eine Auswirkung auf die Saugrohre bei aufgeladenen Ottomotoren. Praktisch alle Hersteller verfolgen Lösungen mit einer Vollintegration des Ladeluftkühlers in die Sauganlage. Der quaderförmige Ladeluftkühler muss dabei in das Kunststoffsaugrohr integriert werden und trotz großer ebener Flächen und zum Teil für Kunststoff extrem hohen Temperaturen (vor dem Ladeluftkühler) die Anforderungen an die Druckpulsationsfestigkeits erfüllen. Aktuell werden Werkstoffe entwickelt, die diesen Anforderungen gerecht werden.

Bei Dieselmotoren ist der Markt noch zweigeteilt: Einerseits der direkt im Saugrohr integrierte Ladeluftkühler, andererseits die Anordnung des Ladeluftkühlers als „Single-Box“ vor der Drosselklappe.

Motorradsaugrohre

Prinzipiell haben Saugrohre für Motorradmotoren dieselben Aufgaben wie die für Pkw-Motoren. Allerdings gibt es in der Ausführung folgende Besonderheiten: Während bei Pkw-Anwendungen zumeist eine gemeinsame Drosselklappe für mehrere Zylinder Anwendung findet (siehe Bild 10), werden bei Motorrädern häufig Einzeldrosselklappen verwendet (Bild 15). Dies erlaubt eine signifikante Reduktion des Saugrohrvolumens zwischen Drosselklappe und Einlassventilen. Das geringere Volumen erhöht die Dynamik und damit das Ansprechverhalten sowohl bei plötzlicher Drosselklappenöffnung als auch bei Drosselklappenschließung. Das dynamische Ansprechen ist bei Motorrädern eine elementare Anforderung. Die Geometrie ermöglicht ein kleineres Verhältnis von gedrosseltem Saugrohrvolumen zu Einzelzylinderhubvolumen. Dies führt neben einem verbesserten Ansprechverhalten zu einer Saugrohrdruckdynamik (siehe Zylinderfüllung).

Die einzelnen Drosselklappen können bei dieser Bauweise auf einer einzigen Welle oder auf mehreren Wellen (z.B. bei V-Motoren) montiert sein. Bei Pkw-Motoren kommen vergleichbare Saugrohrkonfigurationen z.B. bei Rennmotoren zur Anwendung.

Bild 15: Motorradsaugrohr.
1 Zylinder, 2 Einzelsaugrohr,
3 Sammelbehälter, 4 Drosselklappen.

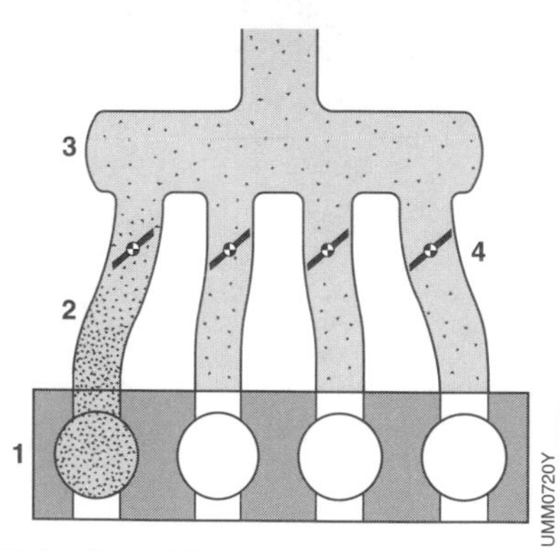

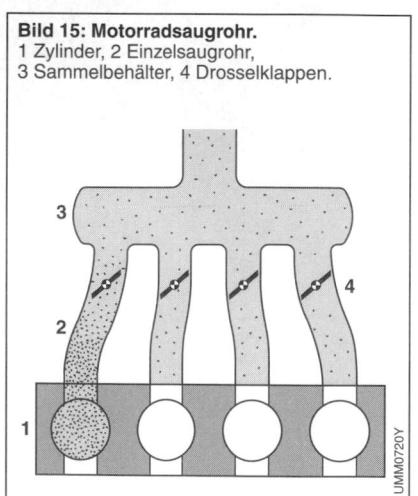

Nfz-Ansaugluftsystem

Luftführung
Der prinzipielle Aufbau des Ansaugluftsystems für Nutzfahrzeuge ist vergleichbar mit den Pkw-Ansaugluftsystemen (siehe Bild 1). Zu berücksichtigen ist die vielfach höhere Lebensdauer von Nutzfahrzeugen, der höhere Nennvolumenstrom sowie das breite Anwendungsspektrum von Nah-, Fernverkehr und Baustellenanwendung. Die unterschiedlichen Staubmengen und -arten sind bei der Filterauslegung zu berücksichtigen.

Rohluftführung, Luftfilter und Reinluftrohre bis zum Turbolader sind aus thermoplastischen Kunststoffen hergestellt. Hinter dem Turbolader folgen meist noch Kombinationen aus Aluminium und Gummiteilen. Jedoch werden auch bei Ladeluftrohren und Saugrohren (Ladeluftverteiler) in Zukunft mehr Kunststoffteile zum Einsatz kommen.

Rohluftansaugung
Große Bedeutung hat die Positionierung der Ansaugstelle. Bei schweren Nutzfahrzeugen wird meist eine Überdach- oder eine Seitenansaugung gewählt. Beide sind in der Regel mit Gummilagern zur akustischen Entkopplung an der Kabinenrückwand befestigt. Die Staub- und Wasserkonzentration der Luft sind bei der Überdachansaugung am geringsten. Aufgrund von verschiedenen Fahrerkabinenhöhen und Breiten ergeben sich damit allerdings meist viele Rohluftschachtvarianten. Ein bezüglich Kosten guter Kompromiss ist die Seitenansaugung (Bild 16): Hier wird auch noch in großer Höhe seitlich hinten am Fahrerhaus angesaugt, unabhängig von den verschiedenen Dachhöhen.

Eine Frontluftansaugung oder Seitenansaugung in geringer Höhe, ähnlich wie beim Pkw, wird meist für leichte Nfz gewählt. Um die angesaugten Staub- und Wassermengen in Grenzen zu halten, wird über fahrzeugseitige Umlenkungen angesaugt. In allen Fällen ist auf möglichst strömungsgünstige Luftführung zu achten. Warme Motorabluft darf nicht angesaugt werden, da beides Leistungsverlust und höheren Kraftstoffverbrauch bedeuten würde.

Da zur Motorwartung die Lkw-Kabine meist nach vorne gekippt wird, wird der Rohluftschacht über einen Faltenbalg mit dem übrigen Sytem verbunden. Dieser hat die Aufgabe, die Schnittstelle beim Zurückkippen der Kabine abzudichten und die Schwingbewegungen der gefederten Kabine auszugleichen.

Wasserabscheidung
In der Rohluftstrecke werden Maßnahmen zur Wasserabscheidung integriert. Die Wasserabscheidung verhindert, dass Staub durch das Filtermedium durchgewaschen wird, was zu einem höheren Motorverschleiß, aber auch zu einer Fehlfunktion von Sensoren führen kann. Da in der Regel zellulosehaltige Filtermedien Verwendung finden, kann es schlimmstenfalls zu einer Zerstörung des Filterelements kommen. Maßnahmen zur Wasserabscheidung sind z.B. die Verwendung eines großen Ansaugquerschnitts zur Reduzierung der Ansauggeschwindigkeit, um damit generell möglichst wenig Wasser anzusaugen. Umlenkungen im System bewirken, dass die in der Ansaugluft befindlichen Wassertropfen an die Rohrinnenwände gelangen um dort einen Wandfilm zu bilden. Über einen Schälkragen oder einen Volumensprung werden die Wassertropfen dann abgeschieden und über ein Wasseraustragventil ausgetragen.

Staubvorabscheidung
Bei Fahrzeuganwendungen mit höherer Staubkonzentration in der Luft (z.B. Baustellenanwendungen oder Betrieb in staubreichen Ländern) werden zur Erreichung eines akzeptablen Filterwechselintervalls ein Staubvorabscheider in der Rohluftzufuhr, entweder als einzelner Zyklon (Bild 17) oder als Zellenzyklon verbaut. Zellenzyklone sind kleine Zyklone, die in einem Gehäuse integriert platzsparend untergebracht sind. Diese scheiden einen hohen Anteil des in der Ansaugluft enthaltenen groben Staubs ab. Die Luft wird am Eintritt durch Leitschaufeln in Rotation versetzt, dadurch gelangen die schweren Staubpartikel an die Gehäuseinnenwand und werden durch den Staubaustrag ausgetragen.

Bild 16: Nutzfahrzeug-Ansaugsystem vor dem Turbolader.
1 Eintrittsgitter,
2 Rohluftschacht mit Seitenansaugung hinter der Fahrerkabine,
3 Wasseraustragsventil,
4 Faltenbalg,
5 Gummikrümmer,
6 Wartungsschalter,
7 Schraubschelle,
8 Reinluftrohr,
9 Verbindung zum Turbolader,
10 Luftfilter,
11 Fahrtrichtung.

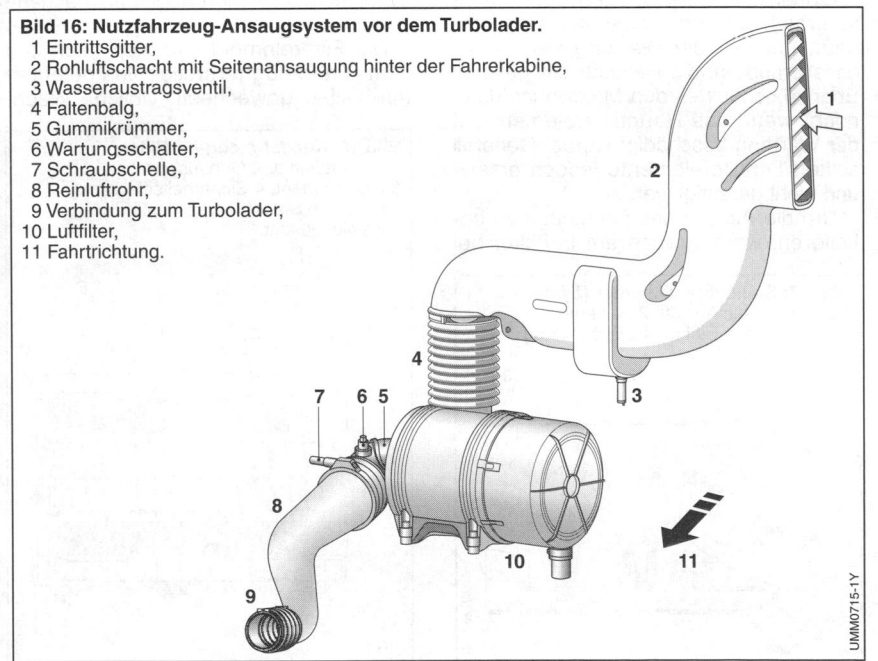

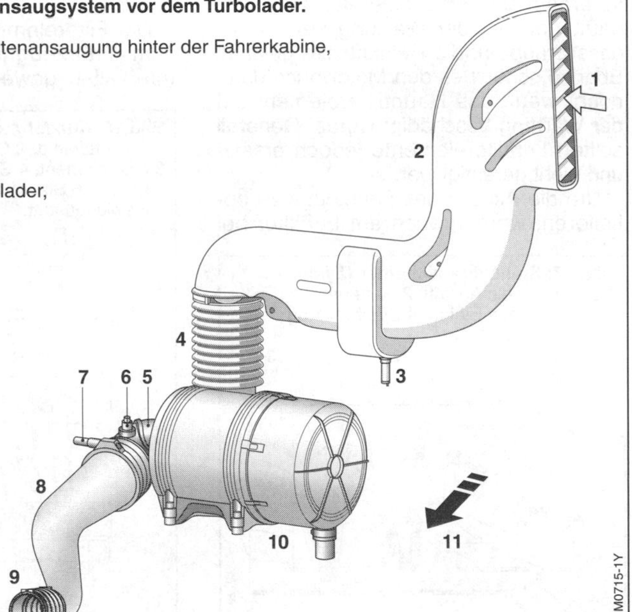

Die vorgereinigte Luft wird durch einen weiteren Leitapparat (optional), der die Luftströmung wieder gerade richtet, zum Luftfilter weitergeleitet.

Luftfilter

Bei Nutzfahrzeugen am weitesten verbreitet sind derzeit einstufige Rundluftfilter mit sterngefalteten Filterelementen. Sie zeichnen sich durch einen geringen Druckverlust, eine hohe Staubkapazität und damit lange Serviceintervalle aus. Je nach Anwendung können diese die doppelte Laufleistung eines typischen Ölwechselintervalls erreichen. Ein weiterer Vorteil von Rundfiltern ist, dass sie auch als Zweistufenfilter gestaltet werden können. Bei diesen findet die Staubvorabscheidung innerhalb des Luftfilters statt (Bild 18). Durch den tangentialen Lufteintritt wird im Gehäuse eine Drallströmung erzeugt, wodurch die groben Partikel abgeschieden werden.

Je nach Einsatzzweck stehen heute verschiedene Filtermedien zur Verfügung die z.B. für höchste Abscheidegrade von feinem Staub und Ruß optimiert sind.

Optional wird ein Sicherheitselement innerhalb des Hauptfilterelements verbaut, das bei der Wartung verhindert, dass Staub auf die Reinluftseite gelangt. Ebenso schützt es den Motor auch dann noch, wenn das Hauptfilterelement bei der Wartung beschädigt wurde. Generell sollten Luftfilterelemente jedoch ersetzt und nicht gereinigt werden.

Um die Akustik des Fahrzeugs zu optimieren, werden auch am Luftfilter bei Bedarf Resonatoren angebracht, um das Mündungs- oder Motorbremsgeräusch zu minimieren.

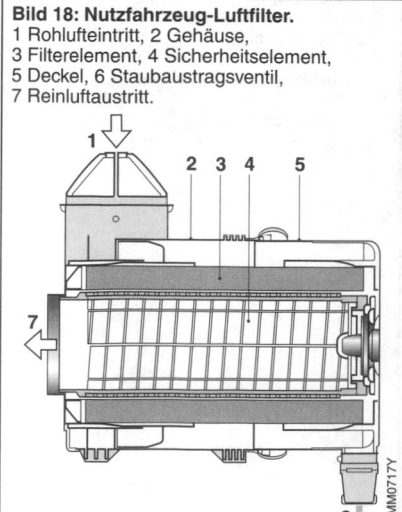

Bild 17: Staubvorabscheider (Zyklon).
1 Leitschaufeln Austritt, 2 Gehäuse,
3 Leitschaufeln Eintritt, 4 Staubaustrag.

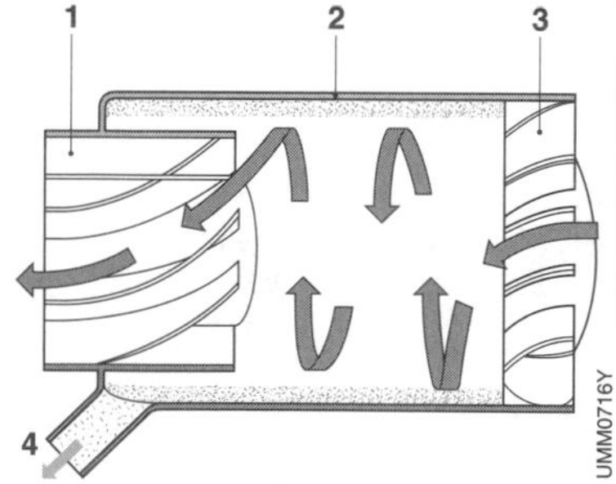

Reinluftleitung als Verbindung zum Turbolader

Die Reinluftleitung besteht in der Regel aus einer Kombination von Metall-, Kunststoff- und Gummiteilen. Optional können Sensoren für Luftmasse, Unterdruck und Luftfeuchte integriert werden. Wichtig ist, dass alle reinluftseitigen Schnittstellen dauerhaft dicht sind. Der Unterdruckschalter signalisiert dem Fahrer, dass die Wartungsgrenze für das Filterlement erreicht ist. Flexible Gummiverbindungen gleichen die Relativbewegung zwischen Motor und dem rahmenfesten Luftfilter aus.

Luftfiltration

Filterelemente, die dem gegenwärtigen Stand der Technik entsprechen, erreichen massebezogene Gesamtabscheidegrade von bis zu 99,95 %. Da die Lebensdauer eines Nfz-Motors die eines Pkw-Motors bei weitem übertrifft, sind auch die Abscheidegradanforderungen entsprechend höher.

Die Filterelemente werden nach den vom Fahrzeughersteller festgelegten Intervallen gewechselt. Übliche Wech-

Bild 18: Nutzfahrzeug-Luftfilter.
1 Rohlufteintritt, 2 Gehäuse,
3 Filterelement, 4 Sicherheitselement,
5 Deckel, 6 Staubaustragsventil,
7 Reinluftaustritt.

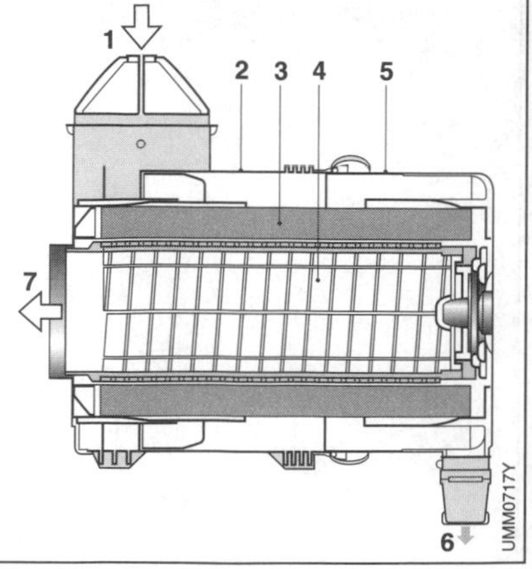

selintervalle sind je nach Anwendung 40 000...320 000 km oder zwei Jahre. Das Erreichen des Wartungsintervalls wird in den meisten Fällen durch einen Wartungsanzeiger überwacht.

Die in Nfz-Luftfiltern eingesetzten Medien sind vergleichbar zu Filtermedien in Pkw, zeichnen sich aber durch höhere Abscheidegrade aus und sind meist als Oberflächenfilter ausgebildet. Die abgeschiedenen Partikel lagern sich also hauptsächlich an der Oberfläche des Zellulosemediums ab.

Bessere Werte als mit reinen Zellulosemedien werden mit speziellen Nanofaser-Filtermedien erreicht, bei denen auf einer relativ groben Stützschicht aus Zellulose ultradünne, synthetische Fasern mit Durchmessern von nur 30...40 nm aufgebracht sind. Die dadurch verbesserten Abscheidegrade ermöglichen es, die stetig steigenden Anforderungen der Nutzfahrzeughersteller zum Schutz von Sensoren, Turboladern und anderen Komponenten zu erfüllen und tragen durch den Schutz dieser Komponenten auch zur Einhaltung der sich immer weiter verschärfenden Abgasnormen bei.

Weiterentwicklung

Insbesondere durch das umfangreiche Abgasnachbehandlungssystem wird der Platz für die Luftansaugung immer begrenzter. Aus diesem Grund gibt es künftig auch Luftfilter, die in einer Ausdehnung flacher sind als Rundfilter. Damit sind neue Einbaupositionen im Fahrzeug möglich, z.B. vor dem Vorderrad oder unter dem Fahrerhaus.

Bild 19: Ladeluftverteiler für Nfz.
1 Flansch zum AGR-Ventil oder Zuheizer,
2 Flansch zum Zylinderkopf.

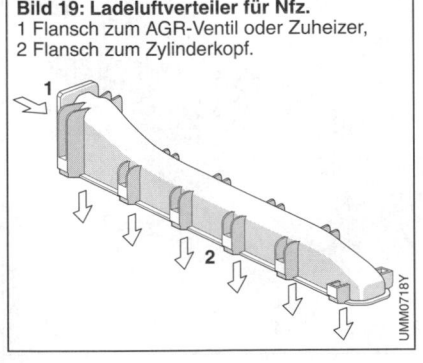

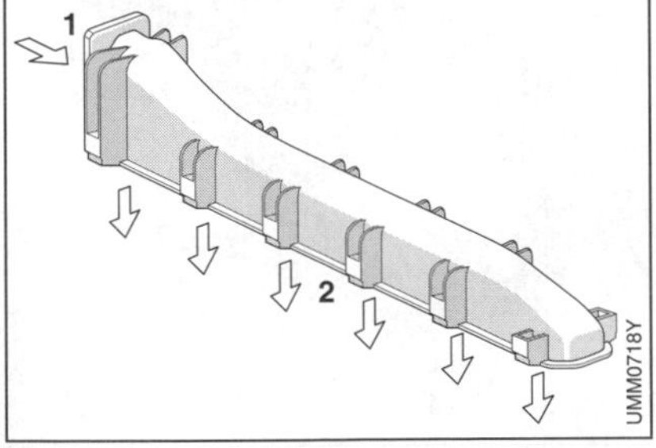

Nfz-Saugrohre

Die aufgeladenen Dieselmotoren erfordern ein Saugrohr, meist nur als Ladeluftverteiler bezeichnet. Die Luft gelangt über den Luftfilter zum Turbolader, von dort über den Ladeluftkühler zum Ladeluftverteiler. Dieser verteilt die Luft auf die Zylinder. Am Eintritt ist meist das Ventil für die AGR–Einleitung (Abgasrückführung) und eventuell ein elektrischer Zuheizer angeflanscht. Der Zuheizer hilft. beim Motorstart möglichst schnell die geforderten Abgaswerte zu erreichen.

Das eingeleitete Abgas wird im Ladeluftverteiler mit der Frischluft vermischt und möglichst gleichmäßig über alle Zylinder verteilt. Das über den AGR-Kühler gekühlte Abgas enthält je nach Betriebszustand und AGR-Rate schwefelige Säure und Ruß. Das für den Ladeluftverteiler verwendete Aluminium muss gegen die Säure z.B. durch Lackieren geschützt werden. Wird der Ladeluftverteiler aus Kunststoff hergestellt, muss dieser so gewählt werden, dass Temperatur, Ladedruck und Säure die Komponenten über die Lebensdauer nicht schädigen. Gleiche Anforderungen gelten auch für die Flanschdichtungen.

Es gibt sowohl einfache Ladeluftverteiler (Bild 19), die einteilig als Kunststoffspritzgießteil hergestellt werden können, als auch Teile, die wegen komplexerer Geometrie zweiteilig hergestellt und verschweißt werden. Ladedruck, Größe des Teils und Toleranzen sind bei der Auslegung der Verschweißung zu berücksichtigen. Durch Einsatz von Kunststoff wird auch zum Leichtbau des Motors beigetragen.

Aufladegeräte für Verbrennungsmotoren

Aufladegeräte für Verbrennungsmotoren erhöhen bei gleich bleibendem Hubraum und gleich bleibender Motordrehzahl den Luftmassendurchsatz mit der Folge einer höheren Leistungsdichte. Diese Aufladegeräte werden allgemein „Lader" genannt und üblicherweise systematisch in mechanische Lader, Abgasturbolader und Druckwellenlader eingeteilt.

Beim Abgasturbolader (Bild 1) wird die Antriebsleistung nach Aufstau des Abgases durch Expansion des Abgases erzeugt, wodurch ein Teil der Abgasenergie genutzt wird. Für Dieselmotoren hat sich sowohl im Pkw- als auch im Nfz-Sektor der Abgasturbolader durchgesetzt. Auch in Ottomotoren findet der Abgasturbolader insbesondere in Verbindung mit der Benzin-Direkteinspritzung zunehmend Anwendung.

Aber auch direkt mit der Kurbelwelle gekoppelte mechanische Lader werden in einigen Fahrzeugmodellen mit Ottomotor eingesetzt.

Druckwellenlader hingegen fanden trotz einiger Vorteile keine Verbreitung im Automobilbereich, lediglich einige wenige Fahrzeugmodelle wurden in den 1980er- und 1990er-Jahren mit diesen Aufladegeräten ausgerüstet.

Mechanische Lader

Die jeweils erforderliche Antriebsleistung wird im Falle des mechanischen Laders direkt von der Kurbelwelle über einen Riemen oder einen Zahnradantrieb vom Abtrieb des Motors abgezweigt, d.h., Lader und Motor sind mechanisch miteinander gekoppelt. Bei mechanischen Ladern [1] unterscheidet man zwischen Bauformen, die nach dem Verdrängerprinzip arbeiten und solchen, die nach dem Strömungsprinzip gemäß dem Impulssatz eine Verdichtung der Luft bewirken. Der Verbrennungsmotor treibt den Lader in der Regel durch einen Riemenantrieb an. Der Antrieb erfolgt entweder direkt (Dauerbetrieb) oder über eine Kupplung.

Mechanischer Kreisellader

Der Verdichter des mechanischen Kreiselladers arbeitet nach dem Strömungsprinzip. Er weist hohe Wirkungsgrade auf und hat für einen gegebenen Volumenstrom im Vergleich zu anderen mechanischen Ladern das kleinste Bauvolumen. Das erreichbare Druckverhältnis hängt von der Umfangsgeschwindigkeit des Verdichterrades ab. Die für Pkw-Motoren typischen Luftdurchsätze führen zu klei-

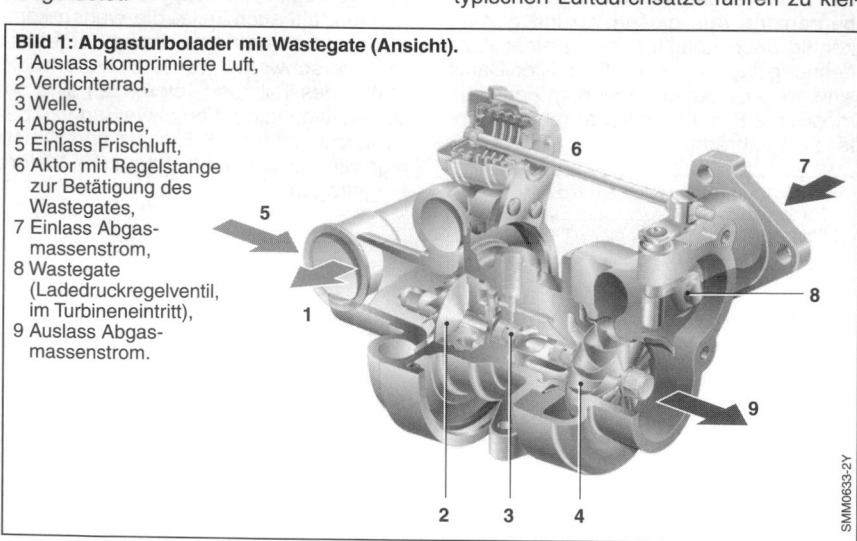

Bild 1: Abgasturbolader mit Wastegate (Ansicht).
1 Auslass komprimierte Luft,
2 Verdichterrad,
3 Welle,
4 Abgasturbine,
5 Einlass Frischluft,
6 Aktor mit Regelstange zur Betätigung des Wastegates,
7 Einlass Abgasmassenstrom,
8 Wastegate (Ladedruckregelventil, im Turbineneintritt),
9 Auslass Abgasmassenstrom.

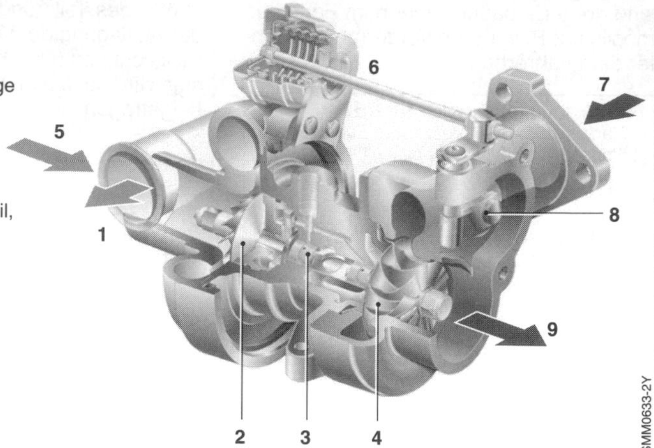

nen Verdichterradabmessungen. Die zur effektiven Aufladung des Motors nötigen Druckverhältnisse erfordern somit hohe Verdichterdrehzahlen.

Der Anwendungsbereich des mechanischen Kreiselladers ist, technisch bedingt durch die hohen erforderlichen Drehzahlen und die übertragbare Antriebsleistung sowie wirtschaftlich durch die vergleichsweise hohen Kosten, beschränkt. Eingesetzt wird er in kleinen Stückzahlen bei leistungsorientierten Motorkonzepten.

Verdrängerlader

Für nach dem Verdrängerprinzip arbeitende Aggregate sind vergleichsweise viele Bauformen vorgeschlagen worden, wobei sich für aktuelle Serienanwendungen nur wenige durchsetzen konnten. Verdrängerlader können mit oder ohne innere Verdichtung arbeiten. Zu den Ladern mit innerer Verdichtung zählen Hubkolben-, Schrauben- oder Rotationskolbenverdichter. Ohne innere Verdichtung arbeitet z.B. der Roots-Lader. Alle genannten Lader nach der Verdrängerbauart haben gemeinsame charakteristische Eigenschaften, die hier beispielhaft am Kennfeld eines Roots-Laders gezeigt werden (Bild 2):

- Die Drehzahllinien $n_L = \text{const}$ im p_2/p_1-$\dot{V}$-Kennfeld sind sehr steil, d.h., der Volumenstrom $\dot{V}$ nimmt mit steigendem Druckverhältnis p_2/p_1 nur wenig ab. Die Volumenstromabnahme hängt hauptsächlich von der Qualität der Spaltdichtung (Rückstromverluste) ab und ist eine Funktion des anliegenden Druckverhältnisses p_2/p_1 und der Zeit, aber nicht der Drehzahl.
- Das Druckverhältnis p_2/p_1 ist unabhängig von der Drehzahl, d.h., auch bei kleinen Volumenströmen kann ein hohes Druckverhältnis erzeugt werden.
- Der Volumenstrom $\dot{V}$ ist unabhängig vom Druckverhältnis und etwa direkt proportional der Drehzahl.
- Es gibt keinen instabilen Betriebsbereich. Der Lader nach der Verdrängungsbauart ist im gesamten, durch die Abmessungen des Laders gegebenen p_2/p_1-$\dot{V}$-Kennfeld nutzbar.

Mechanische Verdrängerlader erfordern im Allgemeinen für einen gegebenen Volumenstrom ein deutlich größeres Bauvolumen als mechanische Kreisellader.

Roots-Lader

Roots-Lader sind Rotationskolbenmaschinen mit gegenläufigen, über ein Zahnradpaar synchronisierten, wälzgelagerten zwei- oder mehrflügeligen Drehkolben, die mit gleicher Drehzahl untereinander und im Gehäuse berührungslos kämmen (Bild 3). Die Spalte zwischen diesen Bauteilen bestimmen wesentlich die Effizienz der Maschine.

Roots-Lader arbeiten ohne innere Verdichtung. Um eine akustische Unauffälligkeit zu erreichen, werden im Allgemeinen

Bild 2: Kennfeld eines Roots-Laders.
p_1 Totaldruck vor Verdichter,
p_2 Totaldruck nach Verdichter,
n_L Drehzahl des Laders.

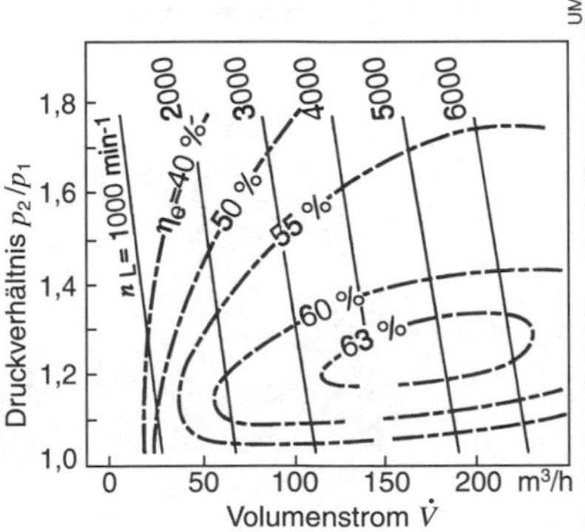

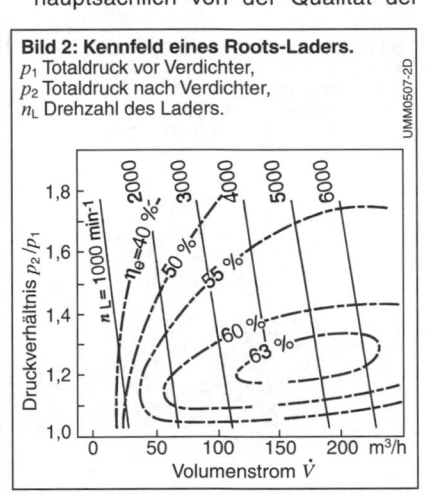

Bild 3: Querschnitt eines Roots-Laders.
1 Gehäuse,
2 Drehkolben.

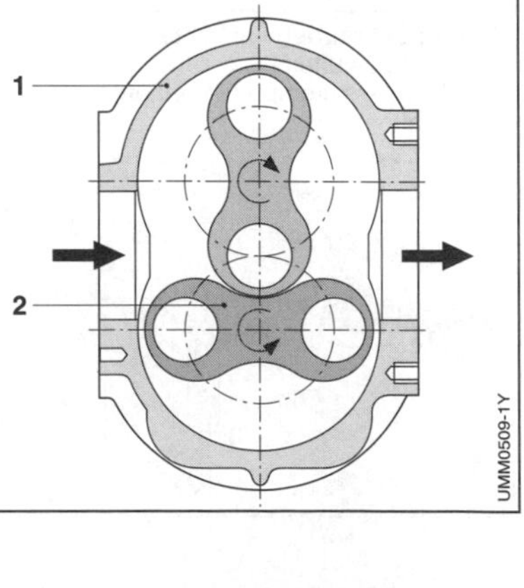

saug- und druckseitige Schalldämpfer eingesetzt. System- und konstruktionsbedingt sind die erreichbaren Druckverhältnisse auf Werte unter 2 begrenzt. Durch das Beschichten der Funktionsbauteile konnten Wirkungsgradverbesserungen erzielt werden. Aktuelle Entwicklungsarbeiten beschäftigen sich unter anderem mit drehzahlvariablen Getrieben auf der Antriebseite.

Schraubenverdichter

Schraubenverdichter (Bild 4) sind sehr ähnlich den Roots-Ladern aufgebaut, es handelt sich also um zweiwellige, gegenläufige Rotationskolbenmaschinen. Im Unterschied zum Roots-Lader arbeiten diese im Allgemeinen aber mit innerer Verdichtung. Es sind höhere Druckverhältnisse als beim Roots-Lader erreichbar. Auf der Saugseite (Einlass) öffnet sich durch die Drehung der Kolben (Schrauben) ein Profillückenraum, der sich mit angesaugter Luft füllt. Im Zuge der weiteren gegenläufigen Drehbewegung der Schrauben verkleinert sich der Profillückenraum stetig, bis er die Auslasssteuerkanten erreicht. An diesem Punkt ist die innere Verdichtung abgeschlossen und das komprimierte Volumen wird in den Druckstutzen (Auslass) geschoben. Um die inneren Leckverluste niedrig zu halten, müssen die Toleranzen zwischen den Schrauben und den Wänden sehr genau eingehalten werden. Zur Verbesserung der Funktion und des Wirkungsgrads wurden Maßnahmen analog zum Roots-Lader umgesetzt.

Der Schwerpunkt aktueller Entwicklungen konzentriert sich auf die Integration elektrischer Antriebe hauptsächlich für Brennstoffzellenanwendungen. Neben rein elektrisch angetriebenen Aggregaten existieren ebenso Varianten mit Leistungsverzweigung zwischen mechanischem und elektrischem Antrieb.

Bild 4: Schraubenverdichter.
1 Antrieb, 2 Lufteinlass,
3 Luftauslass (komprimierte Luft),
4 Schrauben.

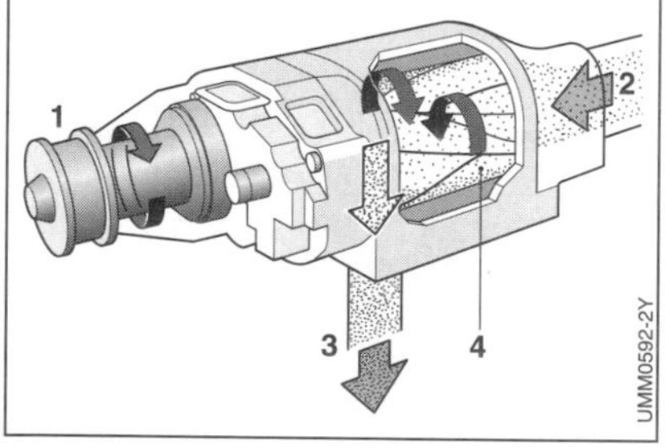

Spirallader

Als Spirallader (Bild 5) werden Kompressoren bezeichnet, bei denen ein Läufer mit spiralförmigen Stegen exzentrisch eine kreisrunde Bahn in einem Gehäuse mit ebenfalls spiralförmigen Stegen beschreibt. Der Spirallader arbeitet nach dem Prinzip eines umlaufenden Verdrängers. Es werden Arbeitsräume (Kammern) phasenweise zum Füllen geöffnet, zum Transport geschlossen und zum Ausschieben an der Nabe wieder geöffnet.

Der G-Lader ist ein Vertreter dieser Bauart. Der Einhaltung sehr enger Toleranzen und der Abdichtung kommen eine funktionsbestimmende Wirkung zu. Die Abdichtung erfolgt radial durch möglichst enge Spalte, axial durch stirnseitig eingelegte, berührende Dichtleisten, die einem Verschleiß unterliegen und bei standardmäßigen Fahrzeugwartungen gegebenenfalls ausgetauscht werden. Eine innere Verdichtung ist durch entsprechende konstruktive Gestaltung der Spiralen erreichbar.

Neuere Entwicklungen sind auf eine Vereinfachung der Konstruktion und die Integration einer schaltbaren Kupplung gerichtet.

Bild 5: Querschnitt eines Spiralladers.
1 Lufteintritt in den zweiten Arbeitsraum,
2 Antriebswelle,
3 Führung des Verdrängers,
4 Lufteintritt in den ersten Arbeitsraum,
5 Gehäuse,
6 Verdränger.

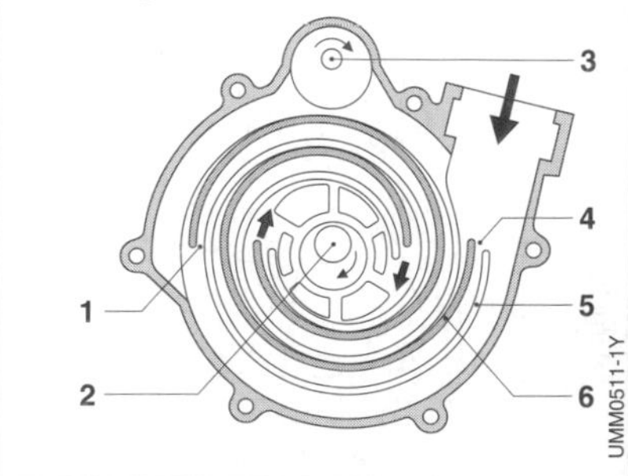

Abgasturbolader

Von allen Aufladeaggregaten hat der Abgasturbolader (ATL) bei weitem die größte Verbreitung erlangt. Während Pkw- und Nfz-Dieselmotoren heute praktisch zu 100 % turboaufgeladen sind, wird der Anteil aufgeladener Ottomotoren in den kommenden Jahren weiter deutlich zunehmen. Auch hier wird der Abgasturbolader das dominierende Aufladegerät sein.

Aufbau und Arbeitsweise

Der Abgasturbolader besteht aus zwei Strömungsmaschinen – einer Turbine und einem Verdichter, wobei die Laufräder von Verdichter und Turbine auf einer gemeinsamen Welle montiert sind (Bild 6 und Bild 1). Die Wirkungsweise einer Strömungsmaschine beruht physikalisch auf dem Impulssatz. Die Turbine setzt einen Teil der im Abgas enthaltenen Enthalpie in mechanische Energie zum Antrieb des Verdichters um. Der Verdichter saugt über den Luftfilter Frischluft an und verdichtet diese.

Der Abgasturbolader ist nur thermodynamisch, nicht mechanisch mit dem Motor gekoppelt. Seine Drehzahl hängt nicht von der Motordrehzahl, sondern vom Leistungsgleichgewicht zwischen Turbine und Verdichter ab. Die Turbine erzeugt die Verdichterleistung und die Leistung, die im Wesentlichen in der Lagerung aufgebraucht und letztendlich als Wärme dissipiert wird (mechanische Verluste).

Anwendungsbereiche

Der Abgasturbolader in seiner heutigen Bauform geht auf die Arbeiten von Alfred Büchi zurück (1905) [2], der bereits das Potential der Kombination von Aufladung und Ventilüberschneidung zur Restgasausspülung erkannte (1915). Abgasturbolader wurden traditionell zur Aufladung von Großdieselmotoren eingesetzt, wobei die Haupteinsatzbereiche ursprünglich bei Nfz-, Schiffs- und Lokomotivantrieben sowie im Land- und Baumaschinenbereich lagen.

Einsatz in Dieselfahrzeugen

Mitte der 1970er-Jahre wurden die ersten serienmäßigen Diesel-Pkw-Motoren mit Abgasturboladern aufgeladen. Mit dem Einsatz eines „Wastegates“ zur Ladedruckregelung konnte schließlich eine drehmomentorientierte Auslegung durchgeführt und damit die Fahrbarkeit verbessert werden. Eine weitere Steigerung der Leistungsfähigkeit von Pkw-Dieselmotoren konnte durch die Einführung der Direkteinspritzung (1987) und durch

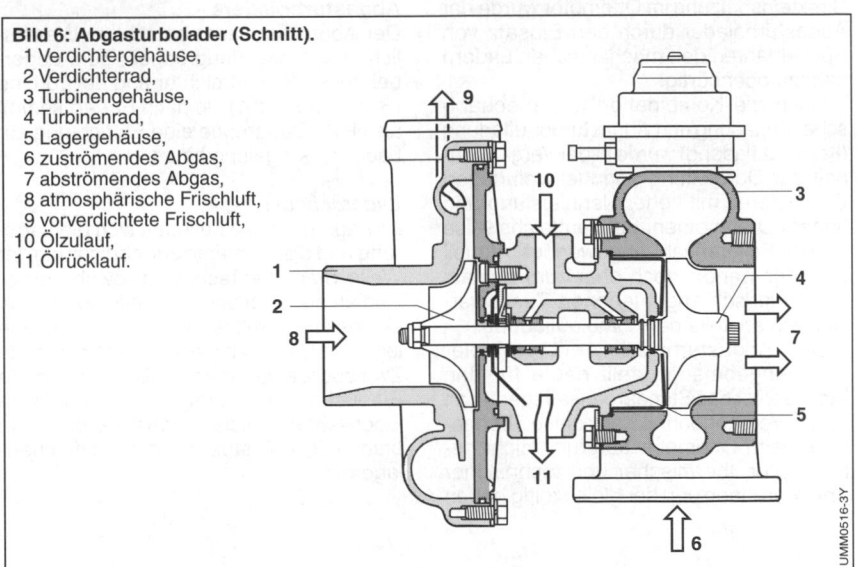

Bild 6: Abgasturbolader (Schnitt).
1 Verdichtergehäuse,
2 Verdichterrad,
3 Turbinengehäuse,
4 Turbinenrad,
5 Lagergehäuse,
6 zuströmendes Abgas,
7 abströmendes Abgas,
8 atmosphärische Frischluft,
9 vorverdichtete Frischluft,
10 Ölzulauf,
11 Ölrücklauf.

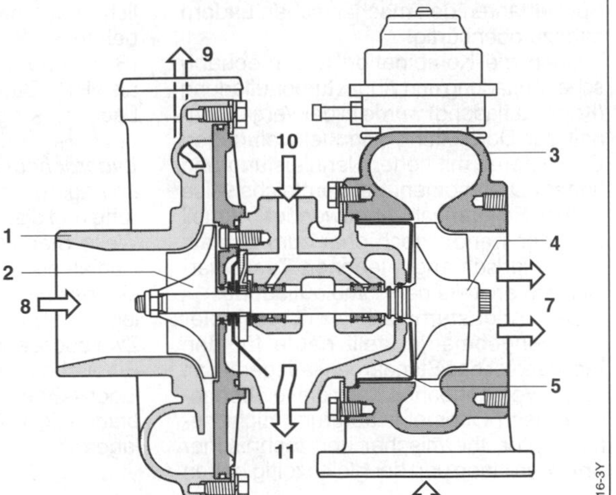

die Abgasturboaufladung mit variabler Turbinengeometrie (1996) oder zweistufiger Abgasturboaufladung (2004) erreicht werden. Dies führte zu einem starken Anstieg des Dieselmotoren-Marktanteils in Europa. Heute wird in Europa jeder Pkw- und jeder Nfz-Dieselmotor mit Abgasturboaufladung und Ladeluftkühlung ausgerüstet.

Einsatz in Pkw mit Ottomotoren

Die Abgasturboaufladung des Ottomotors wurde ursprünglich nur für größervolumige Sportmotoren zur Leistungssteigerung vorgesehen und fand aufgrund der ungenügenden Fahrbarkeit („Turboloch") keine größere Verbreitung im Markt. Mittlerweile ist die Aufladung von Benzinmotoren ein fester Bestandteil der Motorenentwicklung, hauptsächlich bei kleinen bis mittelgroßen Motoren. Zielsetzung dabei ist oft neben der Wirkungsgradverbesserung auch Zylinderzahlsprünge (z.B. von vier auf sechs Zylinder) zu vermeiden und damit Bauraum und Verbrauch positiv zu beeinflussen.

Im Gegensatz zum Dieselmotor fand und findet beim Ottomotor wegen des sehr guten transienten Ladedruckaufbaus vereinzelt auch die mechanische Aufladung Anwendung. Mit der Einführung der Direkteinspritzung im Ottomotor wurde der Abgasturbolader durch den Einsatz von Spülverfahren den mechanischen Ladern nahezu ebenbürtig.

Auch die Kombination aus mechanischer Aufladung und Abgasturboaufladung (Kombiaufladung) wurde in der Vergangenheit zur Darstellung von kleinvolumigen Ottomotoren mit hoher Nennleistung und hohem Drehmoment bei vergleichsweise kleiner Eckdrehzahl angewendet. Aktuell geht der Trend jedoch eher zum Einsatz von elektrisch angetriebenen Zusatzverdichtern anstelle der Kombiaufladung.

Der Abgasturbolader mit variabler Turbinengeometrie stellt heute für den Dieselmotor das Standardaufladegerät dar. In der Vergangenheit kam diese Technologie beim Ottomotor aufgrund nicht beherrschter, thermischer und technischer Anforderungen und der gleichzeitig hohen Bauteilkosten nur in Nischenanwendungen zum Einsatz. Aktuelle Großserienanwendungen zeigen jedoch eine Trendwende bezüglich dieser Fragestellung, welche durch den Seriengang des 96-kW-Motorvariante des EA211 evo der Volkswagen AG eingeleitet wurde. Die technische Eignung des Turboladers mit variabler Turbinengeometrie ist auf ein emissionsarmes Miller-Brennverfahren ohne Ventilüberschneidung (Spülen) mit gleichzeitig erhöhten Verdichtungsverhältnis abgestimmt. In der ersten Generation ist die Abgastemperatur auf 880 °C begrenzt. Aktuelle Entwicklungen decken jedoch Abgastemperaturen bis zu 1050 °C ab.

Im Hinblick auf die gesetzlichen Schadstoffemissions- und Verbrauchsrichtlinien sowie auf die kundenseitig bestehenden Leistungsanforderungen ist die Bedeutung der Abgasturboaufladung für die sich aktuell in Entwicklung befindlichen hubraum- und zylinderzahlreduzierten Motoren („Downsizing") nicht mehr wegzudenken. Aktuell steigt der Anteil turboaufgeladener Ottomotoren weiterhin. Das Wachstum dieses Marktsegments wird sich vorraussichtlich noch die nächsten Jahre fortsetzen.

Konstruktiver Aufbau des Abgasturboladers

Der Abgasturbolader besteht im Wesentlichen aus drei Baugruppen: dem Lagergehäuse, dem Verdichter und der Turbine (Bild 6 und Bild 1). Je nach Bauart kommt als vierte Baugruppe eine Einrichtung zur Ladedruckregelung hinzu.

Lagergehäuse

Im Lagergehäuse befinden sich die Lagerung und die Elemente zur Abdichtung der Welle. Stand der Technik ist sowohl bei der Radial- als auch bei der Axiallagerung ein eigens entwickeltes Gleitlager. Die Radiallager sind dabei entweder als mitrotierende Zweibuchsenlager oder als feststehende Einbuchsenlager ausgeführt. Das Axiallager ist bei üblichen Konstruktionen ein beidseitig belastbares Mehrkeilflächenlager.

Schmierölversorgung
Die Schmierölversorgung erfolgt durch Anschluss des Laders an den Ölkreislauf des Motors. Der Ölaustritt ist direkt mit dem Ölsumpf des Kurbelgehäuses verbunden. Mit dieser Art der Lagerung werden heute in der Serie Drehzahlen von mehr als 300 000 min^{-1} sicher beherrscht.

Lagerung
Für ein wälzgelagertes Laufzeug (Welle mit Turbinen- und Verdichterrad) können verbrauchsrelevante Wirkungsgradvorteile realisiert werden, die einen besseren transienten Ladedruckaufbau und höhere Ladedrücke im Teillastbereich gestatten. Dieser Trend ist aktuell jedoch rückläufig, da mit der evolutionären Entwicklung der konventionellen, hydrodynamisch gelagerten Ausführung signifikante Verbesserungen erreicht werden konnten. Moderne Entwicklungen verfügen über eine reduzierte Reibleistung bei gleichzeitig sehr guten, akustischen Eigenschaften, wie sie z. B. als „3D-Bearing" der Firma BMTS-Technology GmbH. bzw. als „Z-Bearing" der Firma Garrett Motion AG angeboten werden. Serienanwendungen von wälzgelagerten Laufzeugen sind jedoch auch im Pkw-Bereich vorhanden. Für eine stärkere Marktdurchdringung sind jedoch weitere Entwicklungen hinsichtlich Kosten, Akustik und Lebensdauer notwendig. Im Nfz-Bereich wird nach hinreichender Verringerung der Verschleißneigung der Wälzkörper ein breiterer Einsatz im Langstreckenschwerlastverkehr erwartet.

Abdichtung
Um den Ölraum einerseits nach außen hin abzudichten, andererseits das Eindringen von Ladeluft („Blowby") und Abgas in das Laderinnere auf ein Minimum zu reduzieren, ist die Welle an ihren Durchtrittsöffnungen mit Kolbenringen versehen, die sich im Lagerhäuse verspannen und mit der Wellennut ein einfaches Labyrinth bilden. Die dem Stand der Technik entsprechende heute eingesetzte Dichtungstechnik beschränkt die zulässige Einbaulage des Abgasturboladers auf einen vergleichsweise geringen Neigungsbereich. Berührende Dichtungen wären in diesem Zusammenhang von Vorteil, können aber bislang mit vertretbarem Aufwand aufgrund der hohen Relativgeschwindigkeiten zwischen Welle und Gehäuse nicht realisiert werden.

Kühlung
Bei Abgastemperaturen bei der konventionellen Pkw-Anwendung von bis zu 830 °C müssen bei geeigneten Umgebungsbedingungen im Motorraum keine zusätzlichen Kühlmaßnahmen zur Aufrechterhaltung der Lagerfunktionen ergriffen werden. Mit einem Hitzeschild sowie einer thermischen Entkoppelung des heißen Turbinengehäuses und geeigneter konstruktiver Maßnahmen am Lagergehäuse selbst lassen sich die relevanten Temperaturen im Allgemeinen auf unkritische Werte senken. Für den Einsatz bei höheren Temperaturen, z.B. bei Ottomotoren mit bis zu 1080 °C Abgastemperatur oder bestimmten dieselmotorischen Anwendungen, werden wassergekühlte Lagergehäuse eingesetzt.

Verdichter
Die Verdichterbaugruppe besteht bei Pkw- und Nfz-Anwendungen aus einem axial angeströmten und radial abgeströmten Laufrad (Verdichterrad, zentrifugale Bauart) und einem aus Aluminium gegossenem, im Allgemeinen leitringlosen Verdichtergehäuse. Der Einsatz von Leitringen ist hingegen nur dann zielführend umsetzbar, wenn eine begrenzte Massenstromspreizung der Motorbetriebslinie ohne Fahrbarkeitseinschränkungen appliziert werden kann. Sie eignen sich vorwiegend für Anwendungen mit hohen Verdichterdruckverhältnissen. Im Gehäuse wird die Strömung weiter verzögert, wobei ein Teil des Druckaufbaus stattfindet. Für den Wirkungsgrad von großer Bedeutung ist ein möglichst kleiner Konturspalt zwischen Laufrad und Gehäuse.

Verdichterrad
Das Verdichterrad kann großserientechnisch in einem speziellen Gussverfahren aus einer Aluminiumlegierung hergestellt werden. Heute kommen jedoch hauptsächlich aus einer Aluminiumknetlegierung gefräste Räder zum Einsatz. Bei höheren Lebensdaueranforderungen, besonders im Nutzfahrzeugbereich mit kritischen Anwendungsprofilen, werden auch aus anderen Legierungen gefräste Räder eingesetzt. Neben kostenintensiven Titanlegierungen befinden sich auch Aluminium-Lithium-Legierungen unter den bevorzugten Materialien. Für Motoren mit niederdruckseitiger Abgasrückführung, bei denen der Verdichter abgashaltiges Medium fördern muss, ist das Verdichterrad mit einer Beschichtung versehen. Diese schützt das Verdichterrad vor Erosion durch Partikel- und Tropfenschlag.

Obwohl das Verdichterrad deutlich weniger als das Turbinenrad zum Massenträgheitsmoment des Laufzeugs beiträgt, ist ein möglichst geringer Wert auch auf der kalten Seite von Bedeutung. Aufgrund der hohen Anforderungen an die Leistungsfähigkeit und Lebensdauer ist es bislang aber nicht gelungen, Verdichterräder für den Turboladereinsatz aus Kunststoff großserientechnisch darzustellen.

Bild 7: Größenunabhängiges Verdichterkennfeld mit typischen Motorbetriebslinien.
1 Umfangsgeschwindigkeit $u = 150$ m/s,
2 Umfangsgeschwindigkeit $u = 300$ m/s,
3 Umfangsgeschwindigkeit $u = 450$ m/s.
u Umfangsgeschwindigkeit,
p_1 Totaldruck am Eintritt des Verdichters,
p_2 Totaldruck am Austritt des Verdichters.
Der Volumenstromkennwert ist ein dimensionsloser Volumenstrom.

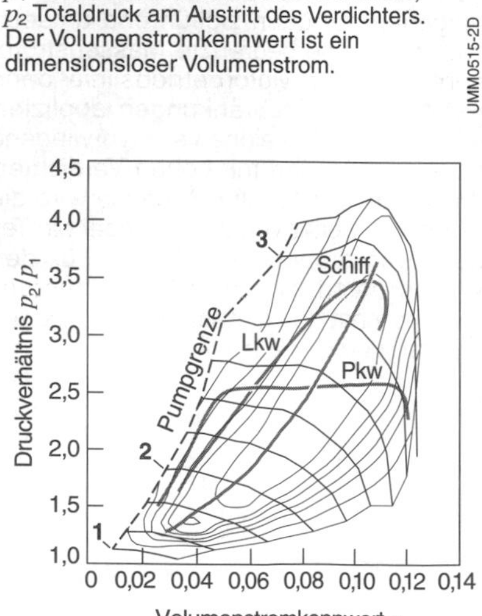

Verdichterkennfeld
Die Charakteristik eines Verdichters wird durch ein Kennfeld beschrieben (Bild 7). Im Gegensatz zu einem Verdrängerlader ist das Kennfeld eines Strömungsverdichters durch gasdynamische, kinematische und Zentrifugaleffekte begrenzt. Der nutzbare Bereich sowie die Drehzahl und der Wirkungsgrad des Verdichters können durch geeignete Maßnahmen dem erforderlichen Ladedruckverlauf angepasst werden. Der Nutzbereich des Verdichters wird auf der „linken" Seite des Kennfelds (d. h. bei einem bestimmten Durchsatz maximal darstellbares Druckverhältnis) durch die Pumpgrenze beschränkt. Auf der „rechten" Seite (maximal möglicher Durchsatz, begrenzt durch das Erreichen der Schallgeschwindigkeit im engsten Querschnitt) begrenzt die Stopfgrenze den Betriebsbereich. Als Pumpgrenze wird der Übergang vom stabilen zum instabilen Betriebsbereich bezeichnet. Die Stabilitätsgrenze ist von der Schwingungsdynamik des gesamten Leitungssystems abhängig, in welchem die Verdichterstufe betrieben wird. Kommt es zur Unterschreitung der Stabilitätsgrenze, wird die Förderung des Luftmassenstroms in der Regel periodisch unterbrochen und wieder aufgebaut. Die Ausprägung der Pumpgrenze kann daher u. a. durch eine geeignete Gestaltung der Ansaugleitung verbessert werden. Die Lage der Pumpgrenze ist also keine Verdichter-, sondern eine Systemeigenschaft. Die Stopfgrenze beschreibt die Durchsatzgrenze eines Strömungsverdichters, die bei Erreichen schallnaher Strömungsgeschwindigkeiten am engsten Querschnitt des Verdichters auftritt. Die Stopfgrenze ist durch steil abfallende Drehzahllinien gekennzeichnet.

Aufgrund des proportionalen Verhaltens von Motordrehzahl und Luftvolumenstrom lässt sich leicht ableiten, dass Verdichter zur Aufladung von Ottomotoren eine deutlich größere, nutzbare Kennfeldbreite aufweisen müssen als beispielsweise Verdichter, die Großdieselmotoren mit Luft versorgen. In Bild 7 sind in einem dimensionslosen Verdichterkennfeld die typischen Luftbedarfe entlang der Volllast für Pkw-, Nfz- und Großmotoren dargestellt.

Die aerodynamischen Eigenschaften der Verdichterstufe werden durch die geometrischen Eigenschaften des Verdichterrads, des Diffusors und des Spiralgehäuses festgelegt. Ferner benötigt das Verdichterrad eine geeignete, mechanische Auslegung. Die meist kompromissbehaftete, geometrische Gestaltung ist erforderlich, damit eine Sicherheit gegen die auftretenden Versagensarten realisiert werden kann. Schadensursächlich sind hochfrequente Schwingungsanregungen als auch Zug- und Schubbelastungen durch die zugrundeliegenden, anwendungsspezifische Drehzahlhorizonte, welche auf die Radgeometrien wirken.

Zur Erweiterung und Stabilisierung des Verdichterkennfelds werden bei entsprechender, technischer Anforderung integrierte Rezirkulationskanäle im Verdichtergehäuse integriert oder eine spezielle Form des Verdichterzulaufkanals (Vorvolumina) gewählt.

Rezirkulationskanal

Der Rezirkulationskanal führt bei geeigneten Betriebspunkten einen Teil des geförderten Massenstroms zum Verdichtereinlass zurück und verändert damit die Anströmbedingung am Verdichterrad. Bei geeigneten Verdichterrädern kann die Pumpgrenze hauptsächlich Druckverhältnisse größer 2 zu kleineren Massenströmen verschoben werden. Zudem führt der Bypass im Bereich hoher Massenströme zu einer leichten Durchsatzerhöhung im einstelligen Prozentbereich. Die erreichbaren Wirkungsgrade sinken unter Verwendung eines Rezikulationskanals in der Regel ab.

Vor- und Nachleitgitter

Zur Kennfelderweiterung kommen auch variable Vor- oder Nachleitgitter zum Einsatz. Auch hierdurch kann das Kennfeld im Bereich der Pumpgrenze erweitert werden. Das bedeutet, dass der Verdichter dadurch in einem Betriebspunkt betrieben werden kann, in dem sonst die Pumpgrenze bereits überschritten wäre. Abgesehen von einem einfachen Vorleitapparat, dessen Schaufeln sich mit zunehmendem Massenstrom mittels der Strömungskräfte in eine bestimmte Winkellage verdrillen und sich bei abnehmendem Massenstrom wieder entwinden, werden bislang keine variablen Verdichter in der Serie eingesetzt.

Variable Verdichter

In Entwicklung befinden sich weiterhin variable Verdichter, bei welchen unmittelbar stromaufwärts nach dem engsten Querschnitt des Verdichters eine verstellbare Querschnittsverengung angeordnet ist. Sie ermöglicht die Verschiebung der Pumpgrenze in die Richtung geringerer Massenströme. Es handelt sich damit um eine weitere, kennfelderweiternde beziehungsweise um eine wirkungsgradsteigernde Maßnahme für Betriebspunkte nahe der Pumpgrenze.

Schubumluftventil

Bis heute sind Verdichtervarianten zur Aufladung von konventionellen Ottomotoren mit einem Schubumluftventil ausgestattet, das die Aufgabe hat, bei schneller Lastwegnahme (d.h. Drosselklappe schließt) ein Pumpen des Verdichters zu verhindern. Das Schubumluftventil, das ursprünglich pneumatisch, heute jedoch überwiegend elektrisch betätigt wird, stellt dazu einen Kurzschluss zwischen Verdichteraustritt und -eintritt her. Dadurch fördert der Verdichter kurzzeitig als Gebläse im Kreis. Heute kann, vor allem durch die Einführung der elektrischen Betätigung des Wastegates, das Pumpen auch ohne Schubumluftventil verhindert und ein zuverlässiger Betrieb gewährleistet werden.

In aktuellen Motorapplikationen mit modernen Miller-Brennverfahren setzen sich zunehmend Turbolader mit variabler Turbinengeometrie durch, womit auch neue Abregelstrategien möglich sind.

Turbine

Die Turbine besteht aus einem Leitapparat und einem Laufrad (Turbinenrad). Der Leitapparat der Turboladerturbine ist in das Strömungsgehäuse (Spiralgehäuse) integriert und im Falle von Pkw-Anwendungen, sofern es sich um einen Lader ohne variable Turbinengeometrie handelt, unbeschaufelt ausgeführt. Beschaufelte Festgeometrie-Leitapparate werden häufig bei Abgasturboladern für Großmotoren zur besseren Feinabstufung des Turbinendurchsatzes angewendet. Im Leitapparat wird die Strömung beschleunigt und möglichst gleichverteilt dem Turbinenrad zugeführt.

Turbinenrad
Das Turbinenrad ist im Normalfall als Zentripetalturbine, d.h. radial angeströmt und axial abgeströmt, ausgeführt.

Aufgrund ihres günstigen Massenträgheitsmoments werden auch Turbinenräder in halbaxialer Bauart verwendet. Diese werden diagonal angeströmt und strömen axial ab. Es handelt sich jedoch nicht um sogenannte Diagonalturbinen, welche für diese zu geringen, spezifischen Durchsätze ungeeignet sind.

Lediglich bei Turboladern für mittelschnell laufende und langsam laufende Großmotoren werden Axialräder verbaut, die axial angeströmt werden und axial abströmen. Aufgrund der hier vorherrschenden kurzen Kanalführung bei einem vergleichsweise hohen, spezifischen Durchsatz sind die erreichbaren Druckverhältnisse stark begrenzt. Die Axialräder besitzen eine vergleichsweise hohe Schnelllaufzahl, eine dimensionslose Kennzahl, die sich aus dem Quotienten aus der Umfangsgeschwindigkeit und der Anströmgeschwindigkeit der Strömungsmaschine ergibt.. Ohne eine geeignete Abstimmung können jeweils nur Axialverdichter mit Axialturbinen gepaart werden, das gilt ebenso für Radialturbinen.

In Sonderfällen werden mehrflutige Zentripetalmaschinen gepaart, um ein sinnvolles Niveau der entsprechenden Schelllaufzahl zu erreichen. In vielfältig verfügbaren Darstellungen des sogenannten Cordier-Diagramms (Bild 8, [3], [4]) kann der Zusammenhang aus spezifischem Massenstrom und geeigneter Bauart entnommen werden. Im Cordier-Diagramm ist die Schnellaufzahl über der Durchmesserzahl aufgetragen. Die Durchmesserzahl ist eine dimensionslose Kennzahl zur Charakterisierung von Strömungsmaschinen [5]. Sie bezieht den Außendurchmesser des Laufrads der Maschine auf den rechnerischen Durchmesser einer gleichwertigen Düse.

Bild 8: Cordier-Diagramm.
a) Turbinenrad in Axialbauart,
b) Turbinenrad in halbaxialer Bauart,
c) Zentripetalturbine.

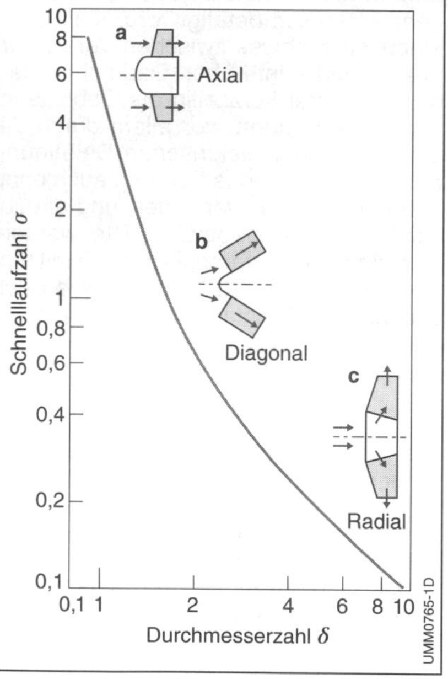

Abgasleitung
Eine wichtige Rolle für die Aufladung spielt die Gestaltung der Abgasleitung. Klassisch wird zwischen der Stoßaufladung und der Stauaufladung unterschieden. Bei der Stoßaufladung werden die Abgasleitungen getrennt zum Turbinengehäuse geführt. Es werden solche Zylinder abgasseitig zusammengefasst, deren Auslassstöße sich gegenseitig wenig beeinflussen. Dadurch werden auch die Spülvorgänge der zusammengefassten Zylinder wenig behindert. Das Turbinengehäuse ist so ausgebildet, dass die Kanaltrennung möglichst bis zum Turbinenradeintritt erhalten bleibt. Der Kanalquerschnitt liegt in der Größenordnung des Auslassquerschnitts. Die Auslassstöße erreichen den Turbineneintritt in Form von Druckwellen, wodurch eine pulsierende Turbinenbeaufschlagung entsteht. Dieser Effekt muss bei kleinen Motordrehzahlen genutzt werden, bei denen die Druckstöße aufgrund der längeren Pause von einem Auslassstoß zum ande-

ren den wesentlichen Leistungsbeitrag der verfügbaren Abgasenthalpie darstellen.

Bei der Stauaufladung werden die Auslässe in einer gemeinsamen, vergleichsweise großvolumigen Sammelleitung zum Turbinengehäuse geführt. Dadurch werden die einzelnen Auslassstöße weitgehend geglättet, weshalb diese Art der Aufladung auch als Gleichdruckaufladung bezeichnet wird.

Bei der Stauaufladung kann das zeitlich gleichmäßigere Enthalpieangebot mit einem höheren Wirkungsgrad verarbeitet werden, wohingegen die Stoßaufladung Vorteile für das Teillast- und das Beschleunigungsverhalten des Motors hat.

Turbinengehäuse

Je nach Stau- oder Stoßaufladung unterscheidet sich die Bauart des Turbinengehäuses wesentlich. Bei Nfz-Anwendungen kommt meist die Stoßaufladung zum Einsatz. Das Turbinengehäuse ist als Zwillingstromgehäuse ausgeführt, bei dem die beiden Fluten erst unmittelbar vor dem Radeintritt vereint werden.

Bei Schnellläufern wie z.B. Pkw-Dieselmotoren kommt in der Regel die Stauaufladung zur Anwendung. Die Turbinengehäuse sind einflutig ausgeführt und teilweise in den Abgaskrümmer als ein Bauteil integriert. Dadurch kann eine besonders kompakte Bauteilgeometrie realisiert werden.

Für Ottomotoren kommen sowohl Stau- wie auch Stoßaufladung zur Anwendung, demensprechend sind die Abgasanlagen gestaltet und die Gehäuse einflutig oder zweiflutig („Twinscroll" oder „Dual Volute") ausgeführt. Auch bei Abgasturboladern für Ottomotoren werden teilweise krümmerintegrierte Turbinengehäuse eingesetzt.

Werkstoffe

Wegen hoher Anforderungen durch Temperatur- und mechanischen Belastungen werden die Turbinenräder aus hoch legierten Nickelstählen hergestellt. Aufgrund der erforderlichen Formtreue kommen Verfahren wie Vakuum- oder Schleuderguss zum Einsatz. Die mechanische Verbindung mit der Welle erfolgt mittels Reib-, Laser- oder Elektronenstrahlschweißen.

Alternativ wurden auch nichtmetallische und keramische Werkstoffe für Turbinenräder untersucht. Vielversprechend erschien die Werkstoffklasse Titanaluminium (TiAl). Aufgrund der geringen Dichte reduziert sich das Massenträgheitsmoment auf ca. 50 % im Vergleich zu gängigen Werkstoffen wie IN713C (Gusslegierung auf Nickelbasis). Leider zeigten die verfügbaren Legierungen weitgehend ungeeignete Materialeigenschaften, wodurch die kostspieligen Entwicklungsaktivitäten hierzu weitgehend eingestellt wurden.

Die zugehörigen Turbinengehäuse werden je nach thermomechanischen Anforderungen aus unterschiedlichen Gusswerkstoffen hergestellt. Abgastemperaturen reichen im realen Anwendungsbereich im Pkw von ca. 750 °C bis ca. 1100 °C. Hierbei reicht das Spektrum der eingesetzten Gusswerkstoffe von Eisenguss bis zu hochlegierten Stahlgussvarianten. Neben dem starken Kostenfokus sind die Ausführungen durch kleinstmögliche thermische Trägheiten gekennzeichnet. Eine Sonderlösung stellen wassergekühlte Turbinengehäuse aus Aluminiumknetlegierungen dar, die bis zu einer Abgastemperatur von 1030 °C betrieben werden können. Turbinengehäuse für Zwillingsstromturbinen bestehen überwiegend aus Stahlgusswerkstoffen, da nur diese über die erforderlichen, thermomechanischen Eigenschaften verfügen. Es wurden auch aus verschweißten Blechteilen gebaute Turbinengehäuse einwandig oder zweiwandig in LSI-Ausführung dargestellt (LSI: luftspaltisoliert). LSI-Bauteile verringern die Wandwärmeverluste und weisen eine geringe thermische Trägheit auf.

Bislang sind gebaute Turbinengehäuse nur spärlich in Serie eingeführt worden. Diese könnten aber einen Beitrag zur Einhaltung künftiger Emissionsvorschriften leisten, da sie ein schnelleres Aufheizen des Katalysators nach dem Kaltstart ermöglichen.

Ladedruckregelung

Wegen der großen Drehzahlspreizung der Pkw-Motoren ist für eine sinnvolle Drehmomentauslegung eine Ladedruckregelung unumgänglich, um den maximal zulässigen Ladedruck einzuhalten. Stand der Technik ist die abgasseitige Leistungsregelung der Turbine.

Bypassregelung
Eine einfache und bei Otto- sowie Nfz-Motoren sehr verbreitete Methode ist die Bypassregelung, bei der im Allgemeinen über ein Klappenventil („Wastegate") eine Teilabgasmenge um die Turbine geleitet wird (Bild 1 und Bild 9). Das Klappenventil wird durch eine pneumatische Dose oder einen elektrischen Steller betätigt. Die pneumatische Dose kann als Überdruckdose (Versorgung durch den Ladedruck selbst) oder als Unterdruckdose (Unterdruckversorgung aus dem System des Fahrzeugs) ausgeführt sein. Im Falle der Verwendung des Ladedrucks kann das Wastegate jedoch nicht unabhängig vom Betriebszustand des Motors betätigt werden. Die Steuerdrücke werden üblicherweise über Taktventile eingestellt. Aus Gründen der thermischen Belastung sind die Aktoren im Allgemeinen auf der Verdichterseite montiert und über eine Regelstange mit dem Wastegatehebel verbunden.

Aktuelle Entwicklungen beinhalten fast ausschließlich elektrische Steller mit Lagerückmeldung, die ein schnelles und präzises Regelverhalten ermöglichen. Das Wastgate kann somit unabhängig vom Betriebszustand des Motors betätigt werden. Dies ist zur Einhaltung der aktuellen, gesetzlichen Emissions- und Verbrauchsvorgaben notwendig. Aktuell verfügbare elektrische Aktoren überzeugen durch eine kompakte Bauweise und hohen Stellkräften, womit ein besserer Dichtsitz des Wastegate-Ventils (Abblaseventil) und ein beschleunigter Ladedruckaufbau gewährleistet werden kann.

Bild 9: Ladedruckregelung mit abgasseitig angeordnetem Ladedruckregelventil (Wastegate).
1 Motor,
2 Abgasturbolader,
3 Ladedruckregelventil (Wastegate).

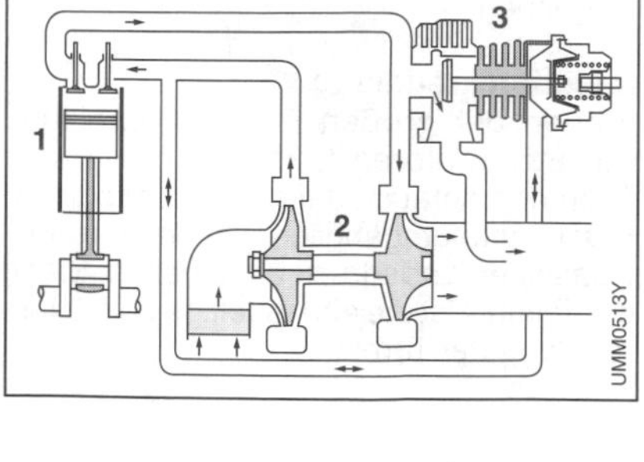

Variable Turbinengeometrie
Im Vergleich zur Bypassregelung bietet die variable Turbinengeometrie (VTG) eine effizientere Methode der Ladedruckregelung für den gesamten Betriebsbereich. Sie ist bei Pkw-Dieselmotoren heute Stand der Technik und wird in Zukunft auch weiterhin Einzug in den Nfz- und Ottomotorenbereich halten. Der gesamte Abgasmassenstrom wird hier über die Turbine geleitet, was energetisch von Vorteil ist.

Von den vielen denkbaren Ausführungsformen haben sich verstellbare Drehschaufeln wegen ihres großen Regelbereichs bei gleichzeitig guten Wirkungsgraden durchgesetzt (Bild 10). Durch eine Schwenkbewegung lässt sich eine einfache Verstellung des Schaufelwinkels vornehmen. Dabei werden die Schaufeln entweder über Verdrehnocken oder direkt über einzelne an den Schaufeln befestigte Verstellhebel in die gewünschte Position gebracht. Alle Schaufeln greifen in einen Verstellring, der über einen Hebel verdreht werden kann. Die Betätigung des Hebels erfolgt durch pneumatische oder elektrische Aktoren, wobei im Falle der pneumatischen Dose heute ausschließlich ein Positionssensor

Bild 10: Variable Turbinengeometrie (Schema).
1 Turbinengehäuse,
2 Verstellring,
3 Verstellnocken,
4 Drehschaufeln (Drehpunkt an Leitschaufelvorderkante),
5 Drehschaufeln (Drehpunkt auf ca. 50 % der Schaufellänge),
6 Lufteintritt.

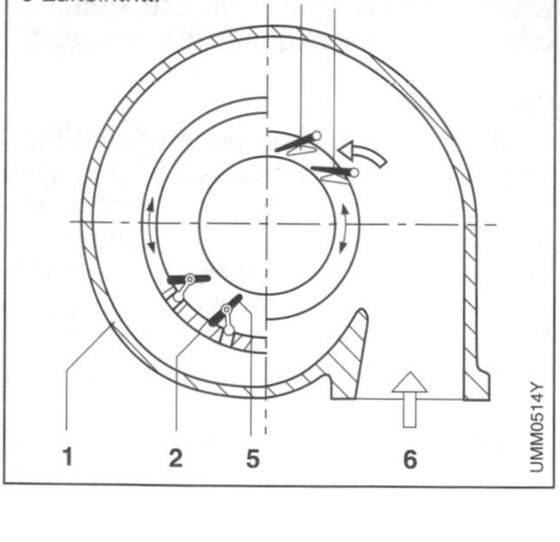

integriert ist, durch dessen Signal eine eindeutige Kenntnis der VTG-Ist-Schaufelstellung verfügbar ist.

Erste Ausführungen verfügten über symmetrische Schaufeln mit gerader Skelettlinie. Heute kommen profilierte Schaufeln mit ausgeprägter Druck- und Saugseite und gekrümmter Skelettlinie zum Einsatz. Dadurch kann der Wirkungsgrad vor allem in geschlosser Stellung, also bei der Beschleunigung aus der unteren Vollast und im Teillastbereich, verbessert werden. Von besonderer Bedeutung für die Leistungsfähigkeit des Motors im unteren Drehzahlbereich ist die Einhaltung kleinstmöglicher Axialspalte zwischen den Drehschaufeln und den angrenzenden Bauteilen.

Aufgrund der hohen Abgastemperaturen des Ottomotors ist die funktionssichere und dauerhaltbare Umsetzung eines Drehschaufel-Abgasturboladers mit einer intensiven Abstimmung von Thermomechanik, Werkstoffauswahl und Kinematik verbunden. Daher war eine Drehschaufel-VTG lange Zeit nur in einer einzigen Ottomotor-Anwendung bei einem Sportwagenhersteller verfügbar. 2016 ging diese Technologie jedoch auch in Mittelklasse-Pkw mit Ottomotor in Serie. Heute exisitieren sie auch in preissensitiven Fahrzeugsegmenten in Europa und China.

Ein japanischer Hersteller entwickelte neben der Drehschaufel-VTG eine vergleichsweise einfache Variabilität im Bereich der Turbinenspirale. Sie erreicht jedoch bis heute nicht die Leistungsfähigkeit der Drehschaufel-VTG.

Daneben existiert ein weiteres Funktionsprinzip, das sogenannte Schiebehülsenprinzip. Hierbei handelt es sich um eine Kompromisslösung, die einen vergleichsweise hohen Turbinenwirkungsgrad bei geringerer Heißteileanzahl als beim Drehschaufler erzeugt. Mittels eines einzigen Aktors wird sowohl eine Variabilität des Turbinenmassenstroms als auch die Funktion eines internen Bypasses zur Umgehung der Turbine realisiert.

Abgasturbolader mit Einspeisung von Zusatzenergie

Moderne Abgasturbolader zeichnen sich durch hohe Wirkungsgrade und ein geringes Massenträgheitsmoment des Laufzeugs aus, sodass besonders im Zusammenspiel mit Maßnahmen am Motor, wie etwa „Scavenging“ [6], ein sehr guter transienter Ladedruckaufbau erreicht werden kann. Aufgrund der aktuellen Gesetzgebung wird diese Maßnahme jedoch nur noch vereinzelt eingesetzt, da sie zu einem signifikanten Sauerstoffanteil im Abgas führen kann. In Kombination mit ottomotorischen Brennverfahren und der zugehörigen Abgastemperaturen kann ein Sauerstoffüberschuss zu einer beschleunigten Alterung des Katalysatorssubstrats und damit zu einer Reduzierung der erwartenden, garantierten Konvertierungsrate führen.

In der Vergangenheit sind verschiedene Lösungen vorgeschlagen worden, um in Zuständen mit wenig verfügbarer Abgasenergie mechanische, hydraulische oder elektrische Zusatzleistung in die Welle einzuspeisen und somit das Laufzeug schneller zu beschleunigen. Beispielsweise gestattet die Anordnung eines Zahnrads auf der Welle des Abgasturboladers über ein Getriebe und eine schaltbare mechanische Verbindung mit der Kurbelwelle die Einspeisung von mechanischer Energie.

Ein weiterer Ansatz sieht vor, auf dem Laufzeug zwischen den Lagern ein Peltonturbinenrad zu installieren, das mit Hochdrucköl (ca. 100 bar) aus dem Motorkreislauf oder separat mit Hydrauliköl beaufschlagt wird.

euATL

Bei einem weiteren Ansatz wird vorgeschlagen, einen geeigneten Elektromotor auf der Welle des Turboladers, beispielsweise zwischen den Lagern, zu installieren, der über eine Leistungselektronik aus dem Fahrzeugbordnetz gespeist wird („elektrisch unterstützter Abgasturbolader“, euATL). Beim euATL ist in bestimmten Betriebsphasen ein generatorischer Betrieb und damit eine Rückspeisung von elektrischer Energie in das Bordnetz möglich.

Eine wichtige Zusatzaufgbe ergibt sich aufgrund der aktuellen Verbrauchs- und Emissionsthematik. Aufgrund der unzulässigen Alterung der Abgasreinigung entsteht die Zusatzanforderung einer hohen Entspannungsleistung der Turbinenstufe bei hohen Volllastdrehzahlen. Ziel ist es hier, die Abgastemperatur nach Turbine auf ein möglichst geringes Niveau zu senken, damit das Abgas die Konvertierung des Katalysators dauerhaft gewährleistet. Eine Senkung der Abgastemperatur auf Werte kleiner 900 °C wäre hierfür wünschenswert. Das erfordert eine besonders exakte Verlaufsabstimmung des Durchsatz- und Wirkungsgradangebots. Ein Turbinenbypass ist hierbei nicht zielführend, beziehungsweise muss wirksam abschaltbar sein.

Aktuell sind mehrere Varianten des euATL in Entwicklung. Es existieren Varianten ohne Variablilität und ohne Bypassventil. Das Rekuperationspotential übersteigt dabei das überschüssige Abgasenthalpieangebot, womit der euATL jederzeit auf eine gewünschte Betriebsdrehzahl gebremst werden kann. Dies gilt jedoch nur für die Volllast, eine stets hinreichende elektrische Abnahme ist dabei Voraussetzung. Diese Lösung stellt einen Kompromiss dar, der einen einfachen, kostengünstigen und ausfallsicheren Festgeometrie-Abgasturbolader nutzbar machen soll.

Alternativ besitzt die Turbine ein Wastegate, damit auch Light-Off-Betriebsarten (Aufwärmphase des Katalysators bis zur Erreichung der zielwertigen Konvertierung von Schadstoffen aus dem Abgas) durch den Abgasturbolader selbst unterstützt werden können. Ferner existieren euATLs mit variabler Turbinengeometrie. Diese weisen die Besonderheit auf, dass sie deutlich freier auf das Gleichgewicht zwischen verfügbarer Abgasenthalpie, Rekuperations- und Ladedruckbedarf reagieren können. Mit einem passend ausgelegten Abgasturbolader sind damit gleichzeitig mehrere Betriebsarten fahrbar und können auch bedarfsgerecht eingesetzt werden.

Im Vergleich zu einem konventionellen Abgasturbolader führt eine auf der Welle montierte Magnetanordnung zu einem erhöhten Trägheitsmoment des Laufzeugs. Das Potential dieser Ansätze ermöglicht zwar eine motorunabhängige Verschiebung der Leistungsbilanz des Abgasturboladers, die jedoch durch die Kennfeldgrenzen des eingesetzten Verdichters begrenzt ist. Geeignete Maßnahmen zur Verschiebung und Erweiterung der Verdichterkennfeldgrenzen sind im Abschnitt Verdichter aufgeführt.

Ab 2021 werden erste Seriengänge mit Anwendung eines euATL in Pkw erwartet.

Komplexe Aufladesysteme

Mit einer parallelen oder seriellen beziehungsweise mehrstufigen Verschaltung von Aufladeaggregaten können die Leistungsgrenzen gegenüber der Aufladung mit einem einzigen einstufigen Aufladeaggregat deutlich erweitert werden. Hierfür sind überwiegend komplexe Ventile zur Regelung, zur betriebspunktabhängigen Zuschaltung oder zur definierten Aufteilung des Abgasmassenstroms erforderlich. Ziel dabei ist es, sowohl die stationäre Luftzufuhr zu verbessern als auch die transiente Reaktion der Ladedruckaufbaus zu beschleunigen. Damit verbessern sich sowohl der spezifische Verbrauch als auch die Regelbarkeit des transienten Betriebsverhaltens und damit des motorischen Emissionsverhaltens.

Biturbo-Aufladung

Bei der Biturbo-Aufladung wird die Luftversorgung anstatt von einem großen Abgasturbolader auf zwei oder mehrere kleinere, parallel geschaltete Abgasturbolader verteilt. Diese sind im Allgemeinen abgasseitig bestimmten Zylindern fest zugeordnet, beispielsweise der Bank eines V-Motors. Jeder Abgasturbolader beaufschlagt den Motor über den gesamten Drehzahlbereich mit Luft. Der Vorteil dieser Anordnung liegt vor allem im schnellen transienten Ladedruckaufbau und in der vergleichsweise kompakten Leitungsführung. Die parallel arbeitenden Lader können dabei nicht unabhängig voneinander geregelt werden und sollten dabei stets einen identischen Ladedruck erzeugen.

Bild 11: Registeraufladung.
a) Hochlaufen im Einladerbetrieb,
b) geregelter Einladerbetrieb,
c) Doppelladerbetrieb.
1 Abgasturbolader 1,
2 Abgasturbolader 2,
3 Verdichter-Zuschaltventil,
4 Turbinen-Zuschaltventil,
5 Querrohr, 6 Bypassventil.

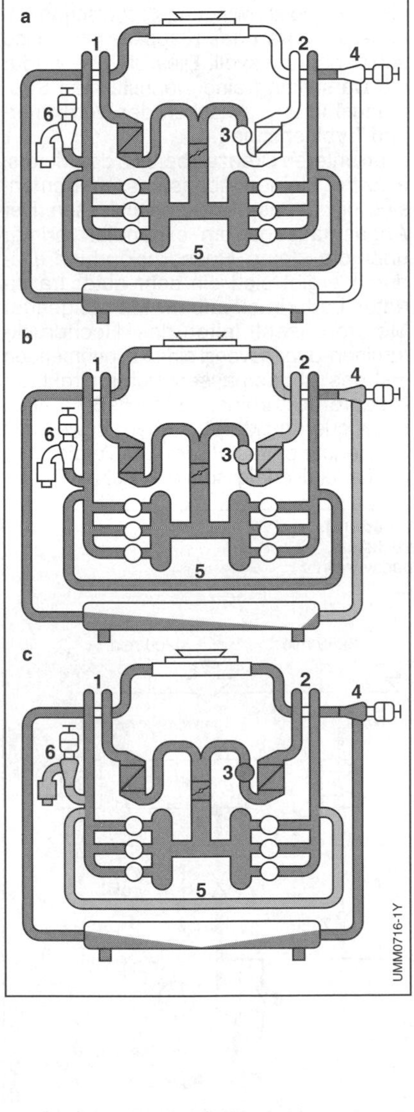

Registeraufladung

Die Registeraufladung wird vor allem bei Schiffs- oder Generatorantrieben eingesetzt. Aufgrund der hohen Leistungsfähigkeit wird diese Anordnungsvariante aber auch im Pkw-Bereich angewandt. Bei der Pkw-Registeraufladung wird zu der Basisaufladung mit zunehmender Motorlast und Motordrehzahl ein weiterer Abgasturbolader zugeschaltet (Bild 11). Damit können im Vergleich zu einer Monoaufladung (d. h. einem einzigen Lader, der auf die Nennleistung ausgelegt ist) zwei Aufladeoptima erreicht werden.

Das Registeraufladesystem beinhaltet neben den Ladern Ventile und Sensoren, die ein sanftes Umschalten vom Ein- auf den Zweiladerbetrieb und zurück vom Zwei- auf den Einladerbetrieb ermöglichen. Im unteren Drehzahlbereich des Motors ist nur der Basislader aktiv und versorgt alle Zylinder mit Luft. Ab einer bestimmten Drehzahl wird der zweite Lader hochgefahren und zugeschaltet. Beide Lader sind dann parallel im Eingriff und beaufschlagen alle Zylinder. Durch die Aufteilung der Luftversorgung auf zwei Lader können sowohl ein sehr breites Drehmomentplateau als auch eine hohe Nennleistung dargestellt werden. Das deutlich geringere Massenträgheitsmoment der kleineren Laderlaufzeuge führt zudem zu einem dynamischen Ansprechverhalten.

Eine integrierte Anordnung beider Lader einschließlich der Umschaltventile ist im Markt vorhanden, jedoch komplex und stets nur spezifisch geeignet. Die regelungstechnische Beherrschung des Umschaltvorgangs ist mit einer vergleichsweise aufwändigen Applikation der Regelparameter verbunden.

Die Registeraufladung wird sowohl bei Otto- wie auch bei Dieselmotoren angewendet [7].

Zweistufig geregelte Aufladung

Im Gegensatz zur Registeraufladung werden im Fall der zweistufig geregelten Aufladung die Lader so verschaltet, dass in bestimmten Betriebsphasen ein serieller Betrieb realisiert wird (Bild 12). Der Vorteil dieses Aufladesystems gegenüber den einstufigen Verfahren ist die Steigerung der Nennleistung bei einer gleichzeitigen Verbesserung des stationären Drehmoments bei niedrigen Drehzahlen und des Beschleunigungsverhaltens des Motors durch schnellen Ladedruckaufbau. Bei diesem äußerst leistungsfähigen System werden zwei Abgasturbolader deutlich unterschiedlicher Baugröße verbaut. Ein Einbruch des Drehmoments im Umschaltbereich ist bei entsprechender Abstimmung und Regelung weitgehend vermeidbar.

Der gesamte angesaugte Frischluftmassenstrom durchströmt für die untere Volllast beide seriellen Verdichterstufen. Aufgrund der Vorverdichtung arbeitet der relativ kleine Hochdruckverdichter auf einem höheren Druckniveau so, dass er den erforderlichen Ladedruck bereits für kleine Motordrehzahlen bereitstellen kann. Durch eine Kühlung der Ladeluft nach der ersten Verdichtungsstufe kann eine weitere Verbesserung der Leistungsfähigkeit erreicht werden.

Der Dichtheit und der Regelgüte des Turbinen-Bypassventils auf der Hochdruckstufe kommt eine besondere Bedeutung zu. Durch dieses Ventil wird betriebspunktabhängig entweder der gesamte Abgasmassenstrom zweistufig in der Hochdruckturbine und nachfolgend in der Niederdruckturbine expandiert, oder ein Teil des Abgasmassenstroms wird um die Hochdruckturbine herum direkt der Niederdruckturbine zugeführt. Die thermomechanischen und schwingungstechnischen Anforderungen an das Klappensystem sind sehr anspruchsvoll. Dies gilt ebenso für die Darstellung einer verlustarmen Strömungsführung zwischen den Verdichter- und Turbinenstufen.

Im unteren Drehzahlbereich des Motors, also bei kleinen Abgasmassenströmen, sind die Bypassventile geschlossen. Der Abgasmassenstrom expandiert primär über die kleine Hochdruckturbine. Dadurch ergibt sich ein sehr guter transienter Ladedruckaufbau. Mit steigender Motordrehzahl leitet das Hochdruckturbinen-Bypassventil einen zunehmenden Teil des Abgasmassenstroms direkt zur Niederdruckturbine, bis schließlich auch die Niederdruckturbine über ein weiteres Wastegate entlastet wird. Die Verdichtung der Ladeluft erfolgt somit bei kleinen Durch-

Bild 12: Schema einer zweistufigen geregelten Aufladung.
1 Motor, 2 Ladeluftkühler, 3 Abgasturbolader Hochdruckstufe,
4 Abgasturbolader Niederdruckstufe, 5 Turbinen-Bypassventil,
6 Wastegate, 7 Verdichter-Bypassventil.
A Ansaugluft, B Abgas.

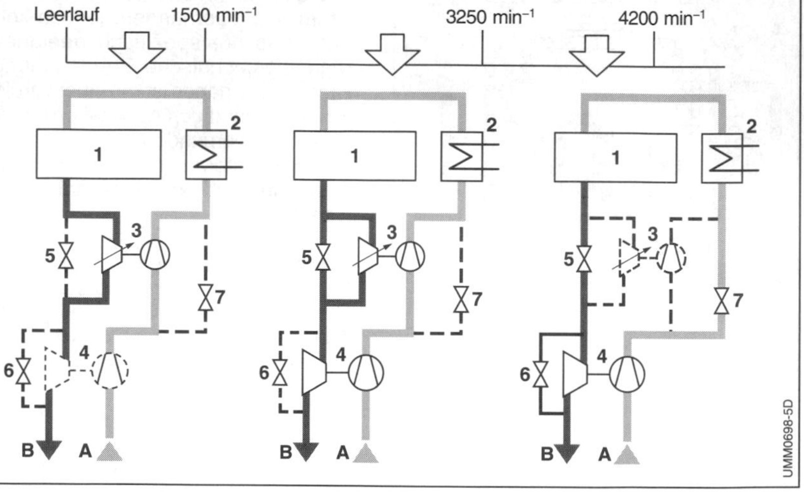

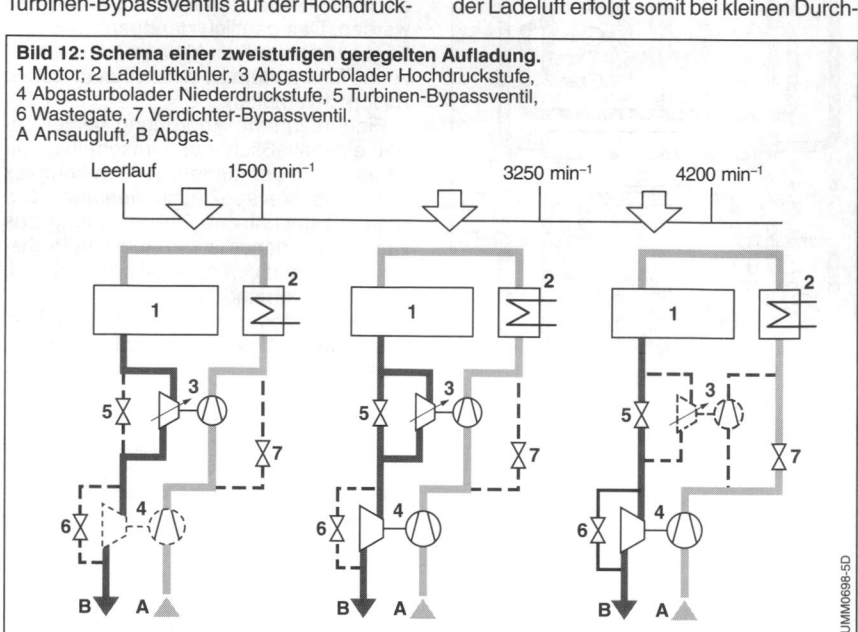

sätzen vorwiegend auf der Hochdruckstufe, mit steigenden Durchsätzen jedoch zunehmend auf der Niederdruckstufe. Ab einer bestimmten Motordrehzahl wird zusätzlich das Hochdruckverdichter-Bypassventil geöffnet und stellt eine direkte Verbindung vom Niederdruckverdichter zum Ladeluftkühler her.

Mit dieser Betriebsweise ermöglicht die zweistufige geregelte Aufladung eine stufenlose Anpassung der Aufladung an die motorischen Anforderungen.

Das Verdichter-Bypassventil kann als (passives) Rückschlagventil oder als aktiv betätigte Klappe mit Steller ausgeführt werden. Mit letzterer Variante kann der Druckverlust im Verdichterbypass verringert werden. Damit ergibt sich jedoch ein erhöhter regelungstechnischer Aufwand.

Auf der Hochdruckstufe kommen sowohl Festgeometrieturbinen als auch VTG-Turbinen, jeweils mit zusätzlichem Bypassventil, zum Einsatz. Als Niederdruckturbine kann entweder eine Wastegate-Turbine oder eine Turbine mit variabler Geometrie (meist ohne zusätzlichen Bypass) verwendet werden.

Bei Pkw-Dieselmotoren ist die geregelte zweistufige Aufladung 2004 in Serie eingeführt worden. Aktuell ist die Verbreitung zweistufiger Aufladesysteme für Pkw-Dieselmotoren rückläufig, da diese wegen ihrer hohen thermischen Trägheit das motorische Emissionsverhalten während der Warmlaufphase nachteilig beeinflussen.

Zweistufige Aufladesysteme sind auch auf Ottomotoren anwendbar und können wegen der hohen Ladedruckanforderungen insbesondere für Miller-Brennverfahren interessant werden.

Kombiaufladung

Die Kombiaufladung kombiniert ein mechanisch angetriebenes Aufladeaggregat mit einem Abgasturbolader (Bild 13). 1985 wurde dieses leistungsstarke Aufladesystem erstmals im Pkw-Bereich eingesetzt (Lancia Delta). Es kann bei vergleichsweise kleinvolumigen Ottomotoren mit hoher Nennleistung und hohem Drehmoment bereits bei vergleichsweise geringen Drehzahlen und hoher Dynamik eingesetzt weden.

Im unteren Motordrehzahlbereich, in dem wenig Abgasenergie zum Antrieb der Turbine des Abgasturboladers zur Verfügung steht, wird die Luftversorgung praktisch allein durch den mechanisch an-

Bild 13: Kombiaufladung.
1 Verbrennungsmotor, 2 Abgasturbolader, 3 Wastegate, 4 Kompressor (mechanischer Lader), 5 Regelklappe, 6 Drosselklappe, 7 Ladeluftkühler, 8 Luftfilter, 9 Katalysator, 10 Riementrieb für Nebenaggregate mit Kupplung, 11 Riementrieb für Kompressor, 12 Kurbelwelle, 13 Schubumluftventil, 14 Frischluft, 15 Abgas.

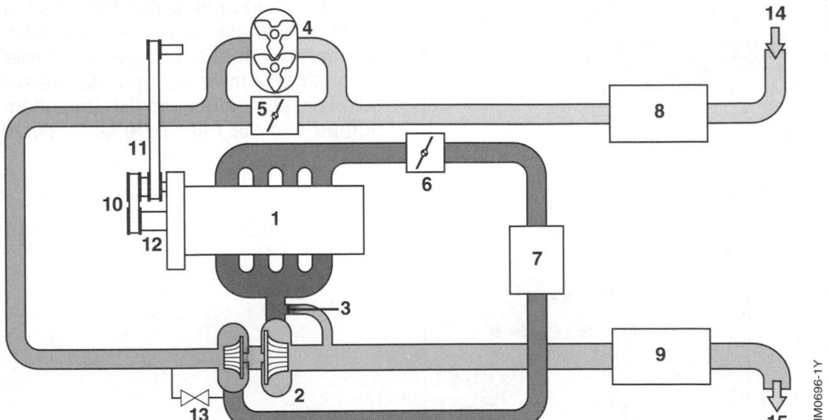

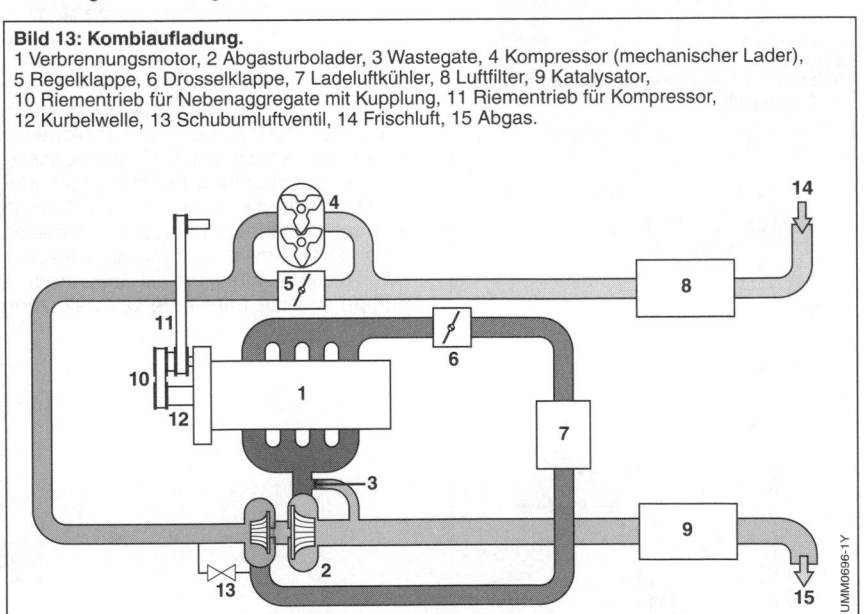

getriebenen Lader bewerkstelligt. Da der Abgasturbolader für den mittleren Drehzahl- und den Nennleistungsbereich ausgelegt wird, resultiert dies in einem Lader mit hohem Durchsatz, optimiert für den Nennleistungsbetrieb. In einem bestimmten Betriebsbereich arbeitet das System als Reihenschaltung zweier Aufladeaggregate, d.h., das Gesamtdruckverhältnis ergibt sich als Produkt der Einzeldruckverhältnisse.

Der mechanische Lader kann in Strömungsrichtung stromaufwärts oder stromabwärts des Verdichters des Abgasturboladers positioniert sein. Im oberen Drehzahlbereich des Motors, wenn ein ausreichendes Abgasenthalpiengebot vorhanden ist, erfolgt die Aufladung rein durch den Abgasturbolader. Der mechanische Lader wird umgangen und mechanisch entkoppelt, da sonst auch beim Leerlauf des mechanischen Laders dessen Reibungsverluste als Antriebsleistung von der Kurbelwelle entnommen werden.

Bild 14: Elektrisch angetriebener Verdichter in Reihe mit einem Abgasturbolader
1 Verbrennungsmotor, 2 Ladeluftkühler,
3 Bypassventil für ATL, 4 Turbine des ATL,
5 Verdichter des ATL, 6 Elektromotor,
7 Ansteuerelektronik für den Elektromotor,
8 Bypassventil für eBooster,
9 Verdichter des eBoosters, 10 Abgas,
11 Ansaugluft.

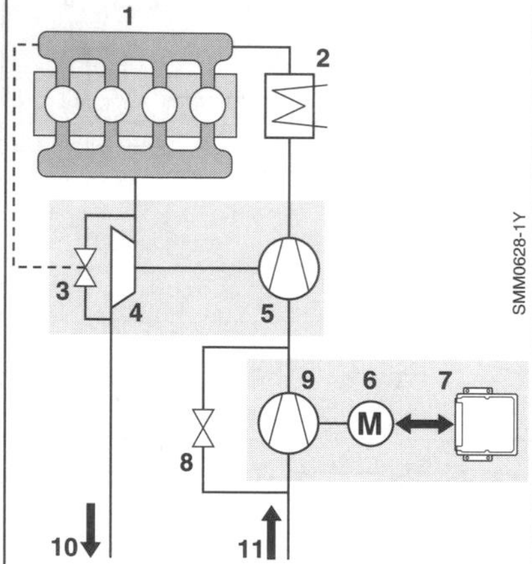

Elektrisch angetriebener Verdichter in Reihe mit einem Abgasturbolader

Eine mögliche Lösung, die Vorteile der Abgasturboaufladung im quasistationären Betrieb zu erhalten und dabei das Ansprechverhalten eines für hohe Nennleistung ausgelegten Abgasturboladers zu verbessern, ist die Reihenschaltung eines Abgasturboladers mit einem elektrisch angetriebenen Strömumgsverdichter („Booster“, Bild 14). Vorteilhaft gegenüber dem elektrisch unterstützten Abgasturbolader (euATL) ist dabei, dass durch die Reihenschaltung zweier Strömungsverdichter der nutzbare Kennfeldbereich erweitert wird und der Booster an thermisch geeigneten Stellen im Motorraum plaziert werden kann. Der Booster kann in Strömungsrichtung vor oder hinter dem Abgasturbolader positioniert werden. Ein Bypass gestattet die Umgehung des Boosters, wenn dieser nicht fördert.

Diese elektrisch unterstützte Erweiterung des Motorkennfelds ist sowohl für den stationären als auch dynamischen Motorbetrieb sinnvoll. Je nach Energieverfügbarkeit des verwendeten Bordnetzes sind jedoch unterschiedliche Betriebsstrategien für eine geeignete Ladebilanz des elektrischen Energiespeichers zu wählen. Je nach Lage der Brenngrenzen für einen fehlerfreien, reproduzierbaren Verbrennungsablauf ist auch eine Teillastanwendung sinnvoll und energetisch unkritisch. Unter den Gesichtspunkten der aktuellen CO_2-Bilanz sowie der Emissionsgesetzgebung ist eine motorunabhängige Ladedruckbereitstellung im Realfahrbetrieb von entscheidendem Vorteil im Vergleich zu anderen Anwendungen. Als Beispiele seien die Zusatzfunktion als Sekundärluftpumpe und die transiente Unterstützung von kostensensitiven Hybridanwendungen erwähnt.

Um einen effektiven Betrieb des Systems zu erreichen, muss der Booster innerhalb kürzester Zeit sein Solldruckverhältnis erreichen. Unter Berücksichtigung der Beschleunigung der Welle ergibt sich damit kurzzeitig eine hohe Leistungsspitze des Boosters. Diese erfordert besonders bei der Bordnetzspannung von 12…24 V eine Bordnetzstabilisierung.

Dieses Aufladesystem wird sowohl in einigen Oberklassefahrzeugen mit 48-Volt-Bordnetz als auch in Otto-Anwendungen mit 12-VoltBordnetz eingesetzt.

Aktuelle Entwicklungen befassen sich neben der motorischen Anwendung auch mit der Luftversorgung und der Rezirkulation von Brennstoffzellen. Die Aggregate sind daher für Bordnetzspannungen von bis zu 400 V und einer Maximalleistung von 20 kW ausgelegt.

Literatur

[1] H. Hiereth, P. Prenninger: Aufladung der Verbrennungskraftmaschine. Springer-Verlag, 2003.
[2] H. Pucher, K. Zinner: Aufladung von Verbrennungsmotoren: Grundlagen, Berechnungen, Ausführungen. 4. Auflage, Verlag Springer Vieweg, 2012.
[3] Otto Cordier, Zeitschrift Brennstoff-Wärme-Kraft, 1953, S. 337ff.
[4] D.Wolf: Das CORDIER-Diagramm unter besonderer Berücksichtigung der axialen Turboarbeitsmaschine. Diplomarbeit, 2009.
[5] H. Sigloch: Strömungsmaschinen, Grundlagen und Anwendungen. 6. Auflage, Hanser-Verlag, 2018.
[6] R. v. Basshuysen (Hrsg.): Ottomotor mit Direkteinspritzung. 3. Auflage, Verlag Springer Vieweg, 2013.
[7] J. Portalier, J.C. Blanc, F. Garnier, N. Schorn, H. Kindl: Twin Turbo Boosting System Design for the New Generation of PSA 2,2 liter HDI Diesel Engine. 11. Aufladetechnische Konferenz, Dresden, 2006.
[8] M. Mayer: Abgasturbolader – sinnvolle Nutzung der Abgasenergie. 6. Auflage, Verlag Moderne Industrie, 20011.
[9] G. Hack, G.-I. Langkabel: Turbo- und Kompressormotoren – Entwicklung und Technik. 3. Auflage, Motorbuch-Verlag, 2003.

Abgasanlage

Aufgaben und Aufbau

Die Abgasanlage baut die Schadstoffe der beim Betrieb eines Verbrennungsmotors entstehenden Abgase entsprechend den gesetzlichen Vorschriften ab. Gleichzeitig dient sie zur Schalldämpfung des Abgasgeräuschs und zur Ableitung des Abgases an einer für den Gebrauch des Fahrzeugs günstigen Stelle. Dabei soll die Leistung des Motors möglichst unvermindert erhalten bleiben.

Komponenten
Eine Abgasanlage besteht aus dem Krümmer, den Komponenten für die Abgasreinigung und für die Schalldämpfung sowie den Verbindungen zwischen diesen Komponenten.

Der Aufbau und die Anordnung dieser Komponenten ist für Pkw und Nfz sehr unterschiedlich. Bei Pkw-Abgasanlagen werden die Komponenten meistens einzeln mit Rohren verbunden und unter dem Chassis des Fahrzeugs verlegt (Bild 1). Je nach Hubvolumen des Motors und Schalldämpferart wiegt eine Pkw-Abgasanlage 8...40 kg. Die Komponenten bestehen im Wesentlichen aus hochlegierten Stählen, da sie Korrosionsangriffen von innen durch Heißgas und Kondensat sowie von außen durch Feuchtigkeit, Spritz- und Salzwasser ausgesetzt sind.

Bei Nfz sind seit Euro IV auch Komponenten zur Abgasreinigung erforderlich. Diese werden aber meistens in ein großes System integriert und rahmenseitig befestigt (siehe Nfz-Abgassysteme). Im Folgenden werden die einzelnen Komponenten am Beispiel eines Pkw-Abgassystems erläutert

Abgasreinigung
Zu den Komponenten der Abgasreinigung gehören
- der Katalysator zum Abbau der gasförmigen Schadstoffe des Abgases sowie
- der Partikelfilter (oder Rußfilter) zur Filterung der feinen, festen Partikel im Abgas (speziell bei Dieselmotoren).

Katalysatoren werden in der Abgasanlage möglichst nah am Motor eingebaut, damit sie rasch ihre Betriebstemperatur erreichen und auch bei niedrigen Betriebstemperaturen (wie z.B. im Stadtverkehr) ihre Wirkung zeigen. Maßgeblich ist hier die Light-off-Temperatur des Katalysators, d.h. die Temperatur, bei der der Katalysator anfängt, Schadstoffe abzubauen (ca. 250 °C beim Dreiwegekatalysator). Manche Katalysatorbeschichtungen wie z.B. für NO_x-Speicherkatalysatoren sind sehr temperaturempfindlich, diese Katalysatoren werden daher eher im kühleren Unterbodenbereich eingebaut.

Bild 1: Abgasanlage eines Pkw (Beispiel mit drei Schalldämpfern).
1 Krümmer, 2 motornaher Katalysator, 3 Vorrohr, 4 Vorschalldämpfer, 5 Zwischenrohr, 6 Mittelschalldämpfer, 7 Nachschalldämpfer, 8 Abgasklappe, 9 Endrohr.

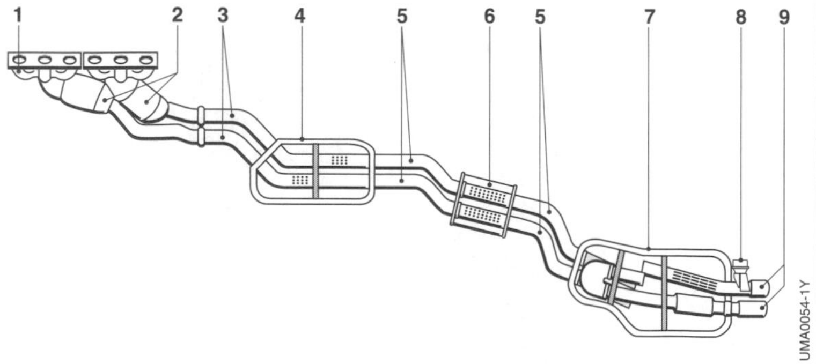

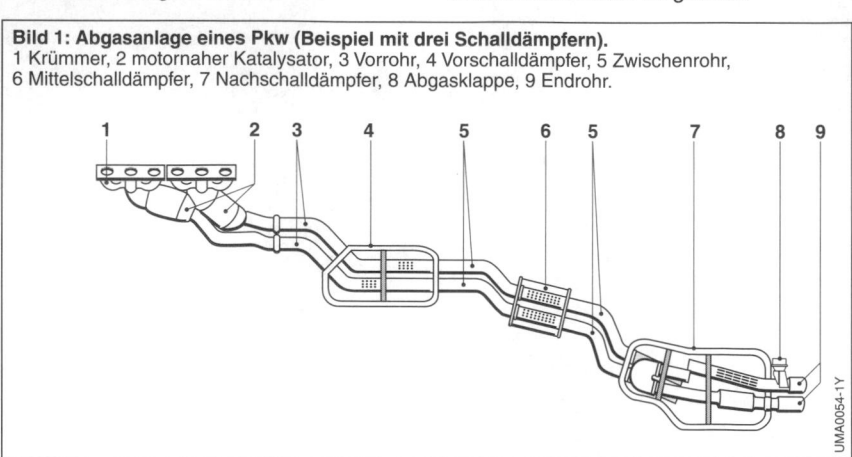

Diesel-Partikelfilter werden ebenfalls im vorderen Bereich der Abgasanlage eingebaut, da dann der in ihnen zurückgehaltene Ruß durch die höhere Abgastemperatur besser abgebrannt werden kann.

Grundsätzlich kommen bei Ottomotoren Dreiwegekatalysatoren zum Einsatz. Sie konvertieren bei Motorbetrieb mit stöchiometrischen Luft-Kraftstoff-Gemisch ($\lambda = 1$) die im Rohabgas vorhandenen Kohlenwasserstoffe (HC), Stickoxide (NO_x) und Kohlenmonoxid (CO) um mehr als 99 %. Nur bei mager betriebenen Benzin-Direkteinspritzern wird zusätzlich ein NO_x-Speicherkatalysator eingebaut. Dieser reduziert die in diesem Betriebszustand vermehrt entstehenden Stickoxide (NO_x).

Dieselmotoren benötigen einen Oxidationskatalysator zur Oxidation der Kohlenwasserstoffe (HC) und Kohlenmonoxid (CO) sowie einen Partikelfilter, der die festen Abgasbestandteile zurückhält. Für niedrige NO_x-Emissionen wird ein weiterer Katalysator zur NO_x-Minderung benötigt – ein NO_x-Speicherkatalysator oder ein SCR-Katalysator (Selective Catalytic Reduction).

Um eine möglichst hohe Konvertierung der Emissionen im Katalysator oder eine gute Filterung im Partikelfilter zu gewährleisten, muss die Anströmung dieser Komponenten in der Abgasanlage optimiert werden. Im Allgemeinen geschieht dies durch die Formgebung des Einlasstrichters. Für eine weitere Optimierung der Gleichverteilung sind Zusatzkomponenten wie Drall- oder Mischelemente notwendig. Speziell bei SCR-Systemen, bei denen ein Reduktionsmittel (Harnstoff-Wasser-Lösung) in flüssiger Form in die Abgasanlage eingespritzt wird, ist ein Mischer notwendig, um eine Verdampfung beziehungsweise eine Zerstäubung des Reduktionsmittels zu NH_3 zu ermöglichen. Ziel ist, eine gleichmäßige und gasförmige NH_3-Verteilung vor dem Katalysator zu gewährleisten (Bild 2).

Bild 2: Zerstäubung und Verdampfung des Reduktionsmittels im SCR-System.
1 Behälter für Reduktionsmittel,
2 Anschluss Injektor für Reduktionsmittel,
3 Injektor für Reduktionsmittel,
4 Gasströmung, 5 Abgasrohr, 6 Mischer,
7 Einlasstrichter, 8 SCR-Katalysator.

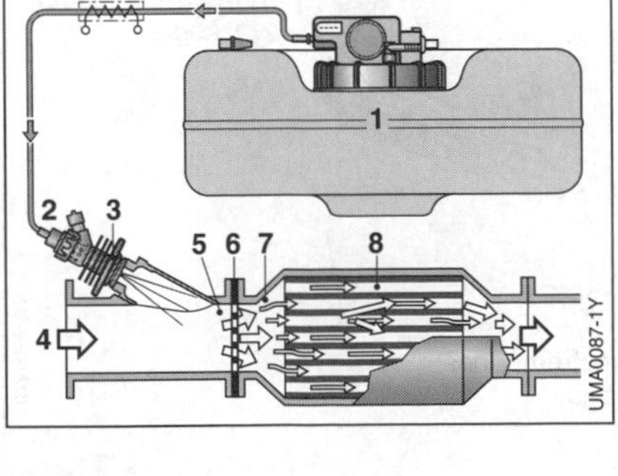

Schalldämpfung

Die Hauptursache für das Abgasgeräusch sind die Gaspulsationen des Verbrennungsmotors, d. h. die Gasschwingungen, die durch den Verbrennungsprozess und das Ausschieben des Abgases durch die Auslassventile bei jedem Arbeitstakt des Motors entstehen. Dieses Pulsationsgeräusch wird zwar durch die Katalysatoren und Partikelfilter etwas gedämpft. Dies reicht aber nicht aus, um den gesetzlich festgelegten Vorbeifahrgrenzwert (siehe Fahrzeugakustik) zu unterschreiten. Daher werden im mittleren oder hinteren Teil der Abgasanlage Schalldämpfer eingebaut.

Je nach Zylinderzahl und Motorleistung kommen im Allgemeinen ein, zwei oder drei Schalldämpfer in einer Abgasanlage zum Einsatz. Bei V-Motoren werden häufig linke und rechte Zylinderbank separat geführt und jeweils mit Katalysatoren und Schalldämpfern versehen.

Vom Gesetzgeber gibt es einen Grenzwert für das Geräusch des Gesamtfahrzeugs. Das Geräusch der Abgasanlage ist eine wesentliche Teilschallquelle eines Fahrzeugs, sodass der Entwicklung der Schalldämpfer besonderes Augenmerk gewidmet werden muss. Ziel ist dabei, das Geräusch entsprechend der Vorgaben zu senken und dabei auch einen fahrzeugtypischen Klang zu erzeugen (Sounddesign).

Krümmer

Eine wichtige Komponente der Abgasanlage ist der Krümmer (Bild 3). Er führt das Abgas aus den Zylinderauslasskanälen in die Abgasanlage. Die geometrische Gestaltung des Krümmers (d.h. Länge und Querschnitt der einzelnen Rohre) hat Einfluss auf die Leistungscharakteristik, das akustische Verhalten der Abgasanlage und die Abgastemperatur. Teilweise wird der Krümmer luftspaltisoliert (d.h. doppelwandig) ausgeführt, um schnell hohe Abgastemperaturen zu erreichen, sodass der Katalysator frühzeitig beim Kaltstart arbeiten kann. Der Krümmer muss sehr hohe Temperaturen (bis 1050 °C bei Ottomotoren) dauerhaltbar ertragen. Er wird daher aus sehr hochwertigem Material (hochlegierter Guss oder hochlegierter Edelstahl) hergestellt.

Bild 3: Krümmer mit motornahem Katalysator.
1 Krümmer, 2 λ-Sonde,
3 Metallmonolith, 4 Isolierschale,
5 OBD-Sonde.

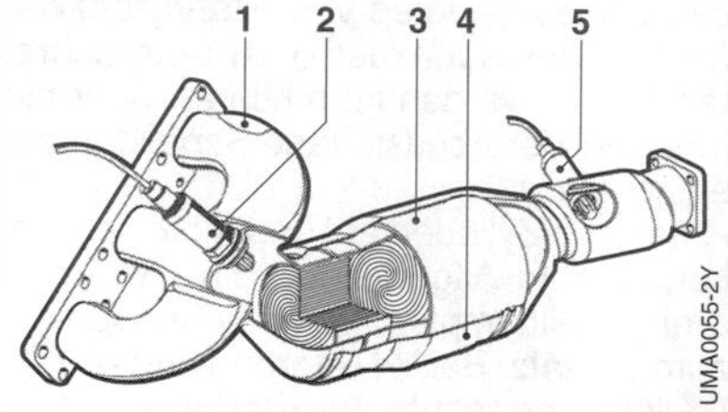

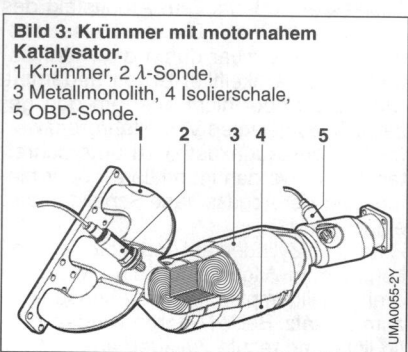

Katalysator

Ein Katalysator besteht aus einem Ein- und einem Auslasstrichter sowie dem Monolithen (Bild 4). Der Monolith enthält eine Vielzahl von sehr feinen parallelen Kanälen, die mit der aktiven katalytischen Schicht überzogen werden. Die Zahl der Kanäle beträgt 400...1200 cpsi (Zellen pro Quadratzoll). Die Wirkungsweise der aktiven Katalysatorschicht ist an anderer Stelle beschrieben (siehe Katalytische Abgasnachbehandlung). Aus Funktionsgründen werden häufig mehrere unterschiedlich beschichtete Monolithe in einem Katalysator verwendet. Die Form des Eingangstrichters muss sorgfältig ausgebildet sein, um eine gleichmäßige Strömung des Abgases durch den Monolithen zu gewährleisten. Die äußere Form des Monolithen hängt vom vorhandenen Einbauraum im Fahrzeug ab und kann dreieckig, oval oder rund sein.

Der Monolith kann aus Metall oder aus Keramik bestehen.

Metallmonolith

Der Metallmonolith wird aus fein gewellter 0,05 mm dünner Metallfolie gewickelt und in einem Hochtemperaturprozess verlötet. Aufgrund der sehr dünnen Wände zwischen den Kanälen besitzt der Metallmonolith einen sehr geringen Widerstand für das Abgas. Er wird daher häufig bei leistungsstarken Fahrzeugen eingesetzt. Der Metallmonolith kann direkt mit den Trichtern verschweißt werden.

Bild 4: Katalysator mit Keramikmonolithen.
1 λ-Sonde,
2 Einlasstrichter,
3 Keramikmonolith,
4 Lagermatte,
5 Metallgehäuse,
6 Auslasstrichter.

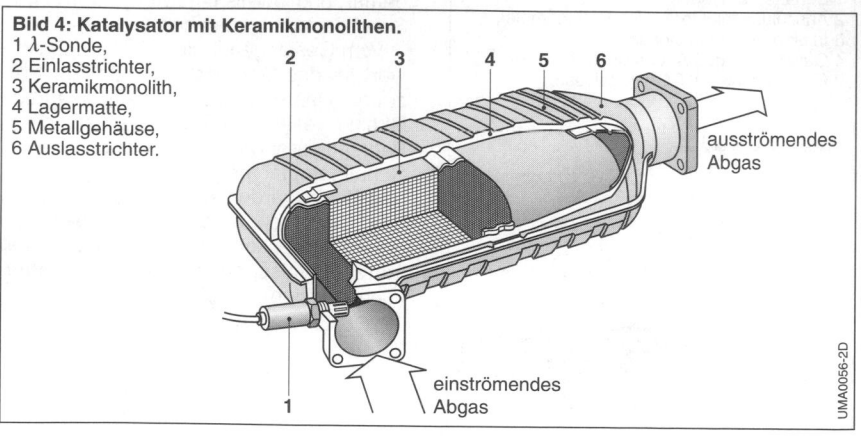

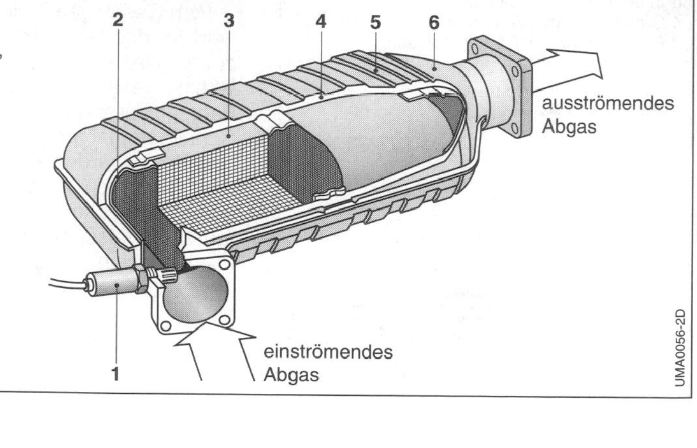

Keramikmonolith

Der Keramikmonolith besteht aus Cordierit. Die Wandstärke zwischen den Kanälen beträgt – abhängig von der Zelldichte – 0,05 mm (bei 1 200 cpsi) bis 0,16 mm (bei 400 cpsi).

Keramikmonolithe weisen eine sehr hohe Temperatur- und Thermoschockfestigkeit auf. Sie können aber nicht direkt in das Metallgehäuse eingebaut werden, sondern müssen gelagert werden. Diese Lagerung ist notwendig, um den unterschiedlichen Ausdehnungskoeffizienten von Stahl und Keramik auszugleichen und den empfindlichen Monolithen gegen Stöße zu schützen. Speziell bei Monolithen mit geringer Wandstärke (< 0,08 mm) – den Dünnwandmonolithen – muss ein hoher Aufwand bei der Lagerung und bei der Fertigungsmethode getrieben werden. Die Lagerung wird über eine Lagermatte ausgeführt, die zwischen Metallgehäuse und Keramikmonolith sitzt. Die Lagermatte besteht aus Keramikfasern. Sie hat eine hohe Elastizität, sodass die Druckbelastung auf den Monolithen gering ist. Gleichzeitig dient sie als Wärmeisolator.

Bild 5: Keramischer Partikelfilter.
1 Abgaseintritt,
2 Keramikstopfen,
3 Zellzwischenwand,
4 Abgasaustritt.

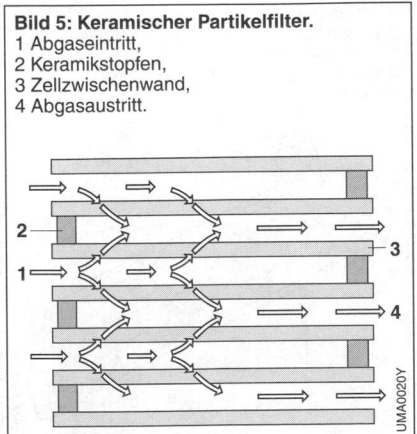

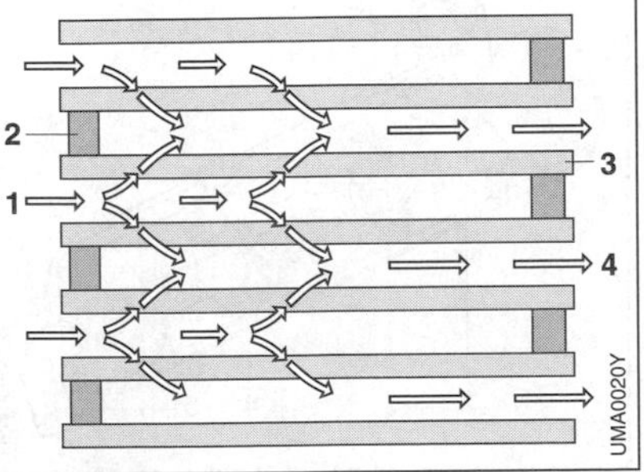

Partikelfilter

Wie beim Katalysator-Monolithen gibt es metallische und keramische Partikelfiltersysteme. Der Einbau und die Lagerung dieses Filters in das Metallgehäuse entspricht der Vorgehensweise beim Katalysator.

Aufbau

Der keramische Partikelfilter besteht wie der Keramikmonolith für den Katalysator aus einer Vielzahl von parallelen Kanälen. Diese Kanäle sind jedoch wechselseitig verschlossen (Bild 5). Daher muss das Abgas durch die porösen Wände des Wabenkörpers strömen. Die festen Partikel lagern sich dabei in den Poren ab. Je nach Porosität des Keramikkörpers kann die Filtrationseffizienz (Filtrationswirkungsgrad) bis zu 97 % betragen.

Regenerierung

Der abgelagerte Ruß führt dazu, dass der Partikelfilter einen immer höheren Strömungswiderstand aufbaut. Daher muss der Partikelfilter in gewissen Zeitabständen regeneriert werden. Dazu bieten sich zwei Verfahren an. Details zu den Verfahren werden an anderer Stelle beschrieben (siehe Abgasnachbehandlung beim Dieselmotor).

Passives Verfahren

Beim passiven Verfahren wird der Ruß über eine katalytische Reaktion abgebrannt. Dazu wird dem Dieselkraftstoff ein Additiv zugesetzt, das die Zündfähigkeit des Rußes auf die üblichen Abgastemperaturen herabsetzt.

Weitere passive Regenerationsmöglichkeiten sind katalytisch beschichtete Partikelfilter oder das CRT-Verfahren (siehe Continuous Regeneration Trap).

Aktives Verfahren

Beim aktiven Verfahren wird der Filter durch äußere Maßnahmen auf die notwendige Temperatur für die Rußverbrennung gebracht. Dies kann über einen vor dem Filter montierten Brenner oder durch eine vom Motormanagement veranlasste Kraftstoff-Nacheinspritzung und dem Einsatz eines Vorkatalysators geschehen.

Schalldämpfer

Schalldämpfer sollen die Abgasdruckpulsation glätten und dadurch möglichst nicht hörbar machen. Hierfür gibt es im Wesentlichen die zwei physikalischen Prinzipien Reflexion und Absorption. Nach diesen Prinzipien unterscheiden sich auch die Schalldämpfer. Meist bestehen sie jedoch aus einer Kombination von Reflexion und Absorption.

Beim reinen Reflexionsschalldämpfer (Bild 6a) laufen die Schallwellen durch die Rohre und werden am Rohrauslass in den Kammern reflektiert. Beim reinen Absorptionsschalldämpfer (Bild 6b) breiten sich die Schallwellen über die Perforation im Absortionsmaterial aus und werden dort gedämpft. In Bild 6c ist eine Kombination aus Reflexions- und Absorptionsschalldämpfer dargestellt.

Da Schalldämpfer mit den Rohren der Abgasanlage ein schwingungsfähiges System mit Eigenresonanzen bilden, ist die Lage der Schalldämpfer für die Güte der Dämpfung von großer Bedeutung. Das Ziel ist, die Anlagen möglichst tief abzustimmen, damit deren Eigenfrequenzen nicht etwaige Resonanzen der Karosserie anregen. Zur Vermeidung von Körperschall und zur Wärmeisolierung gegenüber der Bodengruppe des Fahrzeugs werden Schalldämpfer oft doppelwandig und mit einer Isolationsschicht ausgeführt.

Bild 6: Schalldämpferprinzipien.
a) Reflexionsschalldämpfer,
b) Absorptionsschalldämpfer,
c) Kombination aus Reflexions- und Absorptionsschalldämpfer.
1 Einlassrohr,
2 perforiertes Rohr,
3 Kammer,
4 Venturidüse,
5 Absorptionsmaterial,
6 Auslassrohr.

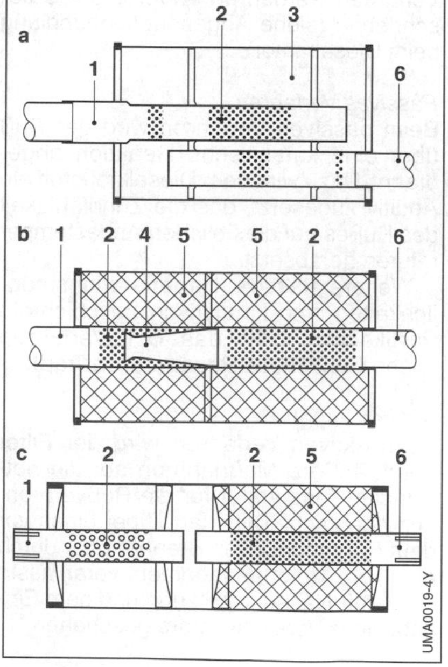

Reflexionsschalldämpfer

Reflexionsschalldämpfer bestehen aus verschieden langen Kammern, die durch Rohre miteinander verbunden sind (Bild 6a und Bild 7). Rohre und Zwischenwände sind perforiert und somit für das Abgas durchlässig. Die Querschnittssprünge zwischen Rohren und Kammern sowie die Umlenkungen des Abgases und die sich aus den Verbindungsrohren mit den Kammern bildenden Resonatoren erzeugen Überlagerungen der hin- und herlaufenden Schallwellen, die sich dann teilweise auslöschen. Damit wird beson-

Bild 7: Schalldämpfer mit integriertem Katalysator.
1 Einlassrohr,
2 Lagermatte,
3 Keramikmonolith,
4 Reflexionsschalldämpfer,
5 Endrohr.

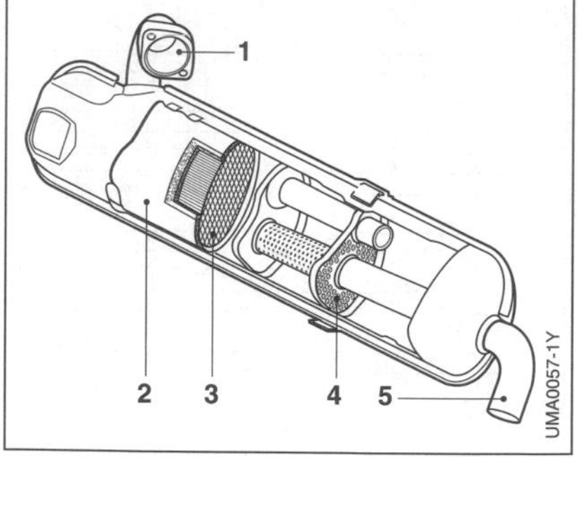

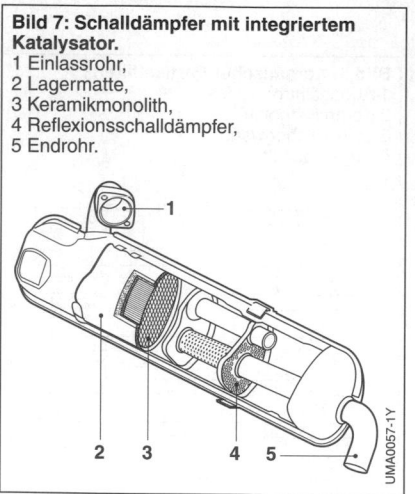

ders im mittleren und im tiefen Frequenzbereich eine wirksame Dämpfung erzielt. Je mehr solcher Kammern vorhanden sind, desto effizienter wird die Dämpfung des Schalldämpfers.

Absorptionsschalldämpfer

Absorptionsschalldämpfer sind aus einer Kammer aufgebaut, durch die ein perforiertes Rohr führt (Bild 6b). Die Kammer ist mit Absorptionsmaterial (Mineralwolle oder Glasfaser) gefüllt. Der Schall dringt durch das perforierte Rohr in das Absorptionsmaterial ein und wird durch Reibung in Wärme umgewandelt.

Das Absorptionsmaterial besteht meist aus langfaseriger Mineralwolle oder Glasfasern mit einer Stopfdichte von 100...150 g/*l*. Die Dämpfung hängt von der Stopfdichte, dem Schallabsorptionsgrad des Materials, der Länge und der Schichtdicke der Kammer ab. Die Dämpfung ist sehr breitbandig, beginnt jedoch erst bei höheren Frequenzen.

Die Formgebung der Perforation und die Führung des Rohres durch die Wolle stellt sicher, dass das Material durch die Pulsation des Abgases nicht hinausgeblasen wird. Gelegentlich wird die Mineralwolle durch eine Lage Edelstahlwolle um das perforierte Rohr geschützt.

Da das Abgas in Absorptionsschalldämpfern im Wesentlichen durch ein gerades Rohr geht, ist hier der Druckverlust im Vergleich zu dem Druckverlust an den Querschnittssprüngen von Reflexionsschalldämpfern sehr gering.

Aufbau des Schalldämpfers

Entsprechend der Platzverhältnisse unter dem Fahrzeug werden Schalldämpfer als Wickeltöpfe oder aus Halbschalen gefertigt.

Beim Wickelschalldämpfer werden zur Herstellung des Mantels eine oder mehrere Platinen über einen runden Dorn geformt und entweder durch Längsfalzen oder durch Laserschweißen miteinander verbunden. Im Anschluss daran wird der komplett montierte und verschweißte Einsatz eingeschoben. Er besteht aus Innenrohren, Umlenkbögen und Zwischenböden. Danach werden die Außenböden durch Einfalzen oder Laserschweißen mit dem Mantel verbunden.

Bei komplizierten Platzverhältnissen in der Bodengruppe ist die Unterbringung eines Wickelschalldämpfers oft nicht möglich. In diesen Fällen wird ein Schalenschalldämpfer aus tiefgezogenen Halbschalen eingesetzt, die nahezu jede beliebige Form annehmen können.

Das Gesamtvolumen der Schalldämpfer einer Pkw-Abgasanlage entspricht ca. dem acht- bis zwölffachen Hubvolumen des Motors.

Verbindungselemente

Rohre verbinden die Katalysatoren und Schalldämpfer. Im Falle von sehr kleinen Motoren und Fahrzeugen gibt es auch Lösungen, bei denen Katalysator und Schalldämpfer in einem Gehäuse integriert sind (Bild 7).

Rohre, Katalysator und Schalldämpfer werden mit Steckverbindungen und Flanschen zur Gesamtanlage verbunden. Manche Erstanlagen sind zur schnellen Montage komplett verschweißt.

Die gesamte Abgasanlage ist über elastische Aufhängungselemente (Bild 8) mit der Unterbodengruppe des Fahrzeugs verbunden. Die Befestigungspunkte müssen sorgfältig ausgewählt sein, da sich sonst Schwingungen auf die Karosserie übertragen und das Innengeräusch der Fahrgastzelle beeinflussen oder Festigkeits- und damit Haltbarkeitsprobleme entstehen können. Manchmal werden sogar Schwingungstilger eingesetzt. Sie schwingen bei der kritischen Frequenz genau entgegengesetzt zur Abgasanlage und tilgen dadurch die Schwingung der Anlage.

Das Mündungsgeräusch der Abgasanlage sowie die Schallabstrahlung der Schalldämpfer kann ebenfalls Karosserieresonanzen anregen. Je nach Stärke der Motorvibrationen wird die Abgasanlage auch über ein Entkoppelelement (Bild 9) vom Motorblock entkoppelt, um die Abgasanlage nicht zu stark zu belasten. Ein Entkoppelelement besteht aus dem Liner, d.h. aus einem Innenrohr mit ineinander beweglichen Rohrsegmenten. Darüber ist das Wellrohr, auch Balg genannt, angebracht. Der Liner dient zum Schutz des Balgs und als Anschlagbegrenzung der Längendehnung. Das Wellrohr bewirkt durch seine weiche Struktur die Entkoppelung. Zum Schutz vor äußeren Einwirkungen ist das Wellrohr durch einen Drahtgestrickmantel geschützt.

Letztlich wird die Aufhängung einer Abgasanlage so abgestimmt, dass sie einerseits steif genug ist, um eine schwingende Anlage sicher zu halten, andererseits so elastisch und dämpfend, dass sie die Einleitung von Kräften in die Karosserie wirksam verringert

Bild 8: Aufhängungselement.
1 Aufhängungsgummi,
2 Metallhalter,
3 Schalldämpferschale.

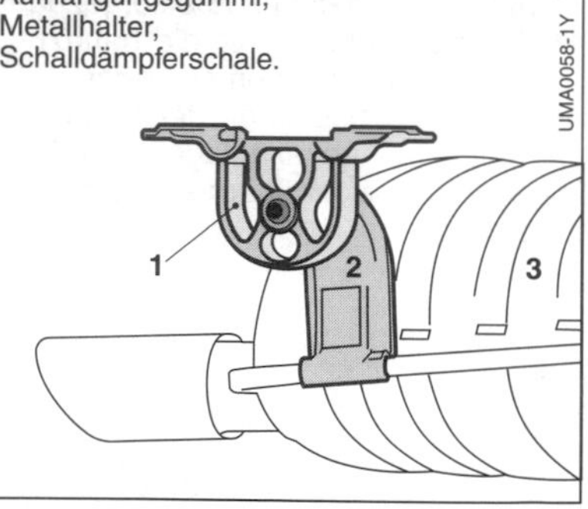

Bild 9: Entkoppelelement.
1 Liner,
2 Wellrohr (Balg),
3 Drahtgestrickmantel.

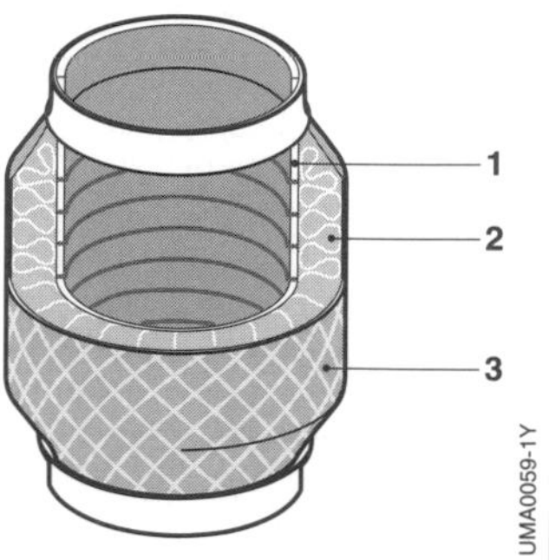

Akustische Abstimmelemente

Zur Beseitigung besonders störender Frequenzanteile im Mündungsgeräusch einer Schalldämpferanlage gibt es verschiedene Bauelemente. Mit diesen Komponenten kann man gezielt einzelne Frequenzbereiche sehr effektiv dämpfen.

Helmholtz-Resonator

Der Helmholtz-Resonator besteht aus einem seitlich am Abgastrakt angebrachten Rohr und einem daran angeschlossenen Volumen (Bild 10). Das Gas im Volumen wirkt dabei wie eine Feder, das Gas im Rohrstück wie eine Masse. Dieses Feder-Masse-System führt bei seiner Resonanzfrequenz zu einer sehr hohen, aber schmalbandigen Schalldämpfung. Die Resonanzfrequenz f ist von der Größe des Volumens V sowie der Länge L und der Querschnittsfläche A des Rohrs abhängig:

$$f = \frac{c}{2\pi} \sqrt{\frac{A}{L \cdot V}}$$

Die Größe c ist die Schallgeschwindigkeit.

λ/4-Resonatoren

λ/4-Resonatoren bestehen aus einem von der Abgasanlage abzweigenden, am Ende verschlossenen Rohr. Die Resonanzfrequenz f eines solchen Resonators ergibt sich aus der Länge L des abgezweigten Rohres. Sie beträgt:

$$f = \frac{c}{4L}.$$

Diese Resonatoren dämpfen ebenfalls sehr schmalbandig im Bereich ihrer Resonanzfrequenz.

Abgasklappen

Abgasklappen werden meistens im Nachschalldämpfer eingesetzt. Sie verschließen dann je nach Motordrehzahl oder Abgasdurchsatz ein Bypassrohr im Schalldämpfer oder ein zweites Endrohr (Bild 11). Dadurch kann das Abgasgeräusch z.B. im unteren Drehzahlbereich stark gedämpft werden, ohne im hohen Drehzahlbereich Leistungseinbußen hinnehmen zu müssen.

Es gibt über Druck und Strömung selbstgesteuerte Klappen und extern geregelte Klappen. Für extern geregelte Klappen muss eine Schnittstelle zur Motorelektronik vorgesehen werden. Dadurch werden sie aufwändiger als selbstgesteuerte Klappen, aber ihr Einsatzbereich ist auch flexibler.

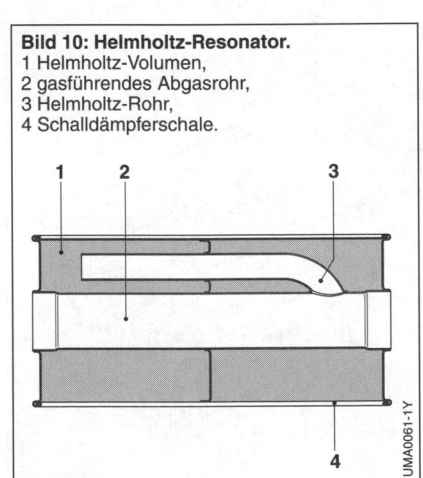

Bild 10: Helmholtz-Resonator.
1 Helmholtz-Volumen,
2 gasführendes Abgasrohr,
3 Helmholtz-Rohr,
4 Schalldämpferschale.

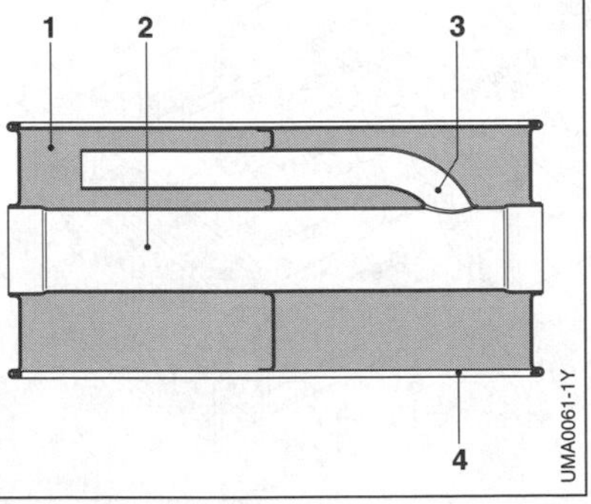

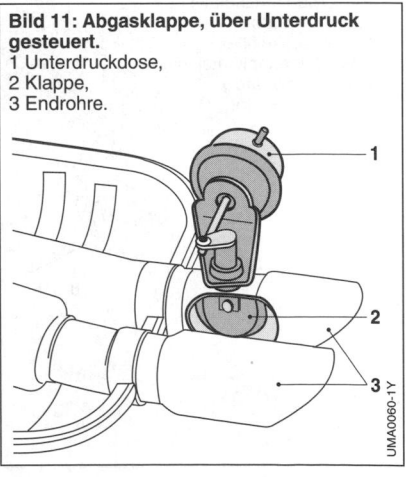

Bild 11: Abgasklappe, über Unterdruck gesteuert.
1 Unterdruckdose,
2 Klappe,
3 Endrohre.

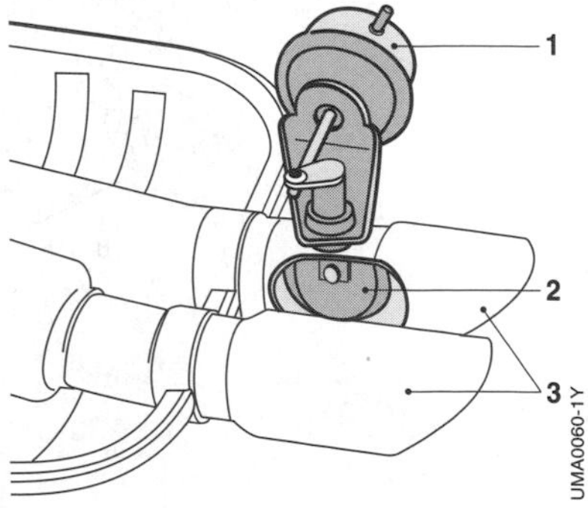

Nfz-Abgassysteme

In Nfz-Abgassystemen werden die meisten der zuvor beschriebenen Komponenten in einem Gehäuse integriert, das am Rahmen des Fahrzeugs befestigt wird. Die Anzahl der Katalysatoren und Partikelfilter hängt davon ab, für welche Emissionsgesetzgebung das Abgassystem ausgelegt ist.

Bild 12: Nfz-Abgassystem für Euro IV.
1 SCR-Katalysatoren, 2 Einlassrohr,
3 Auslassrohr, 4 Endrohr, 5 Einlass Abgas.

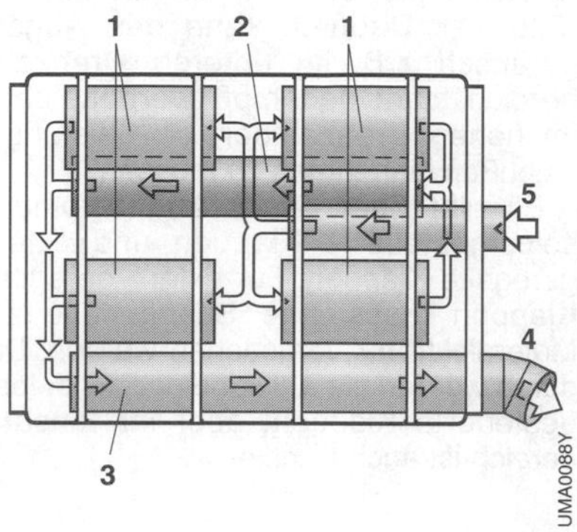

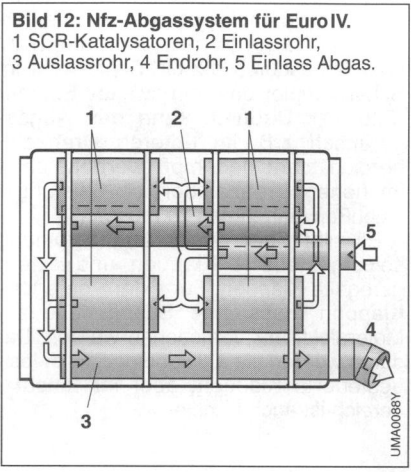

Abgassysteme für Euro IV und Euro V

Für Euro IV und Euro V ist im Allgemeinen kein Partikelfilter erforderlich. Es werden nur Oxidations- und SCR-Katalysatoren eingesetzt (siehe Abgasnachbehandlung beim Dieselmotor). Alternativ kann der Dieselmotor auch so eingestellt werden, dass die NO_x-Rohemissionen die Grenzwerte für Euro IV und Euro V einhalten. Dann wird aber ein Partikelfilter im Abgassystem benötigt.

In Bild 12 ist ein Euro IV-Abgassystem mit SCR-Katalysatoren dargestellt. Im Gegensatz zu Pkw-Abgassystemen sind häufig mehrere Katalysatoren parallel angebracht, um die notwendige katalytische Oberfläche platzsparend unterzubringen. Bypassrohre und Löcher in den Böden dienen der Gasführung und der Schalldämpfung. Je nach Motorgröße erreichen diese Systeme ein Volumen von 150...200 *l* und ein Gewicht von 150 kg.

Abgassysteme für Euro VI und EPA 10

Abgassysteme für die neueste Gesetzgebung (Euro VI in Europa und EPA 10 in den USA) benötigen alle Komponenten, d. h. Oxidationskatalysatoren, Partikelfilter und SCR-Katalysatoren (Bild 13). Sie

Bild 13: Nfz-Abgassystem für Euro VI und EPA 10.
1 Harnstoffinjektor,
2 Entkoppelelement,
3 HC-Injektor,
4 Einlassrohr,
5 Pre-Oxidationskatalysator (Vorkatalysator),
6 Dieselpartikelfilter,
7 Post-Oxidationskatalysator (Nachkatalysator)
8 SCR-Katalysator,
9 Auslassrohr.

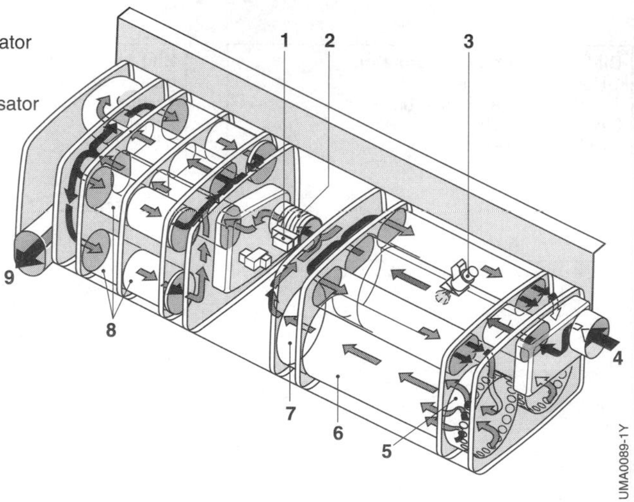

sind damit volumen- und gewichtsmäßig nochmals größer.

Hier werden zurzeit zwei Konzepte verfolgt. Entweder werden alle Komponenten in einem Gehäuse untergebracht oder man teilt die SCR-Katalysatoren und die Partikelfilter auf zwei Gehäuse auf. Damit die Abgasreinigung richtig funktioniert, sind noch folgende Komponenten notwendig: Für die SCR-Funktion ist ein Harnstoff-Dosiersystem erforderlich (siehe SCR-System), dessen Düse (Injektor) an geeigneter Stelle im Abgassystem angebracht ist. Weiterhin ist für eine gesicherte Regeneration des Partikelfilters häufig eine HC-Dosiereinheit notwendig, um Kraftstoff einzuspritzen (siehe HCI-System). In beiden Fällen ist eine Position zu wählen, die eine gute Verdampfung und Verteilung der flüssigen Harnstofflösung und des Kraftstoffs gewährleistet. Gegebenenfalls werden hier Mischer zur besseren Aufbereitung der Flüssigkeiten eingesetzt (siehe Abschnitt Abgasreinigung).

Daneben sind eine Vielzahl von Sensoren in den Gehäusen unterzubringen. Neben Drucksensoren zur Überwachung der Filterbeladung sind Temperatursensoren und NO_x-Sensoren zur Überwachung der NO_x-Umsetzung erforderlich. Die Position der Sensoren im Abgassystem muss je nach Aufbau optimiert werden, um in allen Betriebszuständen eine ausreichende Signalqualität zu gewährleisten.

Literatur

[1] C. Hagelüken: Autoabgaskatalysatoren – Grundlagen, Herstellung, Entwicklung, Recycling, Ökologie. 3. Aufl., Expert-Verlag, 2016.

Steuerung und Regelung des Ottomotors

Aufgabe der Motorsteuerung

Die Motorsteuerung sorgt für die Umsetzung des Fahrerwunschs. Der Fahrer kann eine Beschleunigung, eine Verzögerung oder eine Fahrt mit gleichbleibender Geschwindigkeit fordern – die Motorsteuerung sorgt dafür, dass die dafür notwendige Antriebsleistung des Ottomotors eingestellt wird. Dabei werden alle Motorfunktionen derart gesteuert, dass das gewünschte Drehmoment bei geringem Kraftstoffverbrauch und niedrigen Abgasemissionen zur Verfügung steht.

Die von einem Ottomotor abgegebene Leistung wird durch das verfügbare Kupplungsmoment und die Motordrehzahl bestimmt. Das Kupplungsmoment ergibt sich aus dem durch den Verbrennungsprozess erzeugten Moment, vermindert um das Reibmoment (Reibungsverluste im Motor) und die Ladungswechselverluste sowie das zum Betrieb der Nebenaggregate benötigte Moment (Bild 1). An den Rädern steht das Antriebsmoment zur Verfügung. Das ergibt sich aus dem Kupplungsmoment vermindert um die Verluste in der Kupplung und im Getriebe. Dieses resultierende Moment steht den Fahrwiderständen wie Roll- und Luftwiderstand gegenüber. Je nach Fahrerwunsch herrscht Gleichgewicht oder Ungleichgewicht zwischen diesen Widerständen und dem Antriebsmoment. Sind die Widerstände und das Antriebsmoment gleich groß, stellt sich eine konstante Fahrgeschwindigkeit ein, ansonsten resultiert eine Beschleunigung oder eine Verzögerung des Fahrzeugs.

Das Verbrennungsmoment wird im Arbeitstakt des Motors erzeugt und ist hauptsächlich durch die folgenden Größen bestimmt:
- Die Luftmasse, die nach dem Schließen der Einlassventile für die Verbrennung zur Verfügung steht,
- die im Zylinder verfügbare Kraftstoffmasse und
- der Zeitpunkt, zu dem die Verbrennung stattfindet.

Ferner gibt es noch geringere Einflüsse z.B. durch die Gemischzusammensetzung (Restgasanteil) oder auch durch die Brennverfahren.

Die Hauptaufgabe der Motorsteuerung ist, die verschiedenen Teilsysteme (Luft-, Kraftstoff- und Zündsystem) zu koordinieren, um das vom Motor geforderte Drehmoment einzustellen und gleichzeitig die hohen Anforderungen an die Abgasemissionen, den Kraftstoffverbrauch, die Leistung, den Komfort und die Sicherheit zu erfüllen. Ferner führt die Motorsteuerung auch die Diagnose der Teilsysteme durch.

Bild 1: Drehmomente am Antriebsstrang.
1 Nebenaggregate (Generator, Klimakompressor usw.),
2 Motor,
3 Kupplung,
4 Getriebe,
5 Antriebsräder.

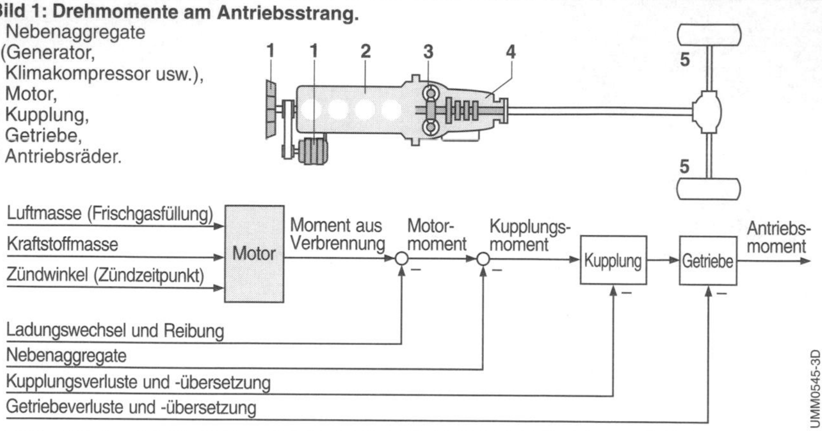

Systemübersicht

Elektrische Systemübersicht

Als Motronic werden bei Bosch Systeme zur Steuerung und Regelung des Ottomotors bezeichnet. Das System Motronic (Bild 2) umfasst alle Sensoren zum Erfassen der aktuellen Betriebsdaten von Motor und Fahrzeug sowie alle Aktoren für die am Ottomotor vorzunehmenden Stelleingriffe. Das Steuergerät erfasst über die Sensoren in sehr kurzen Zeitabständen (Millisekundenbereich, um den Echtzeitanforderungen des Systems gerecht zu werden) den jeweiligen Zustand von Motor und Fahrzeug. Eingangsschaltungen entstören die Signale der Sensoren und legen sie in einen einheitlichen Spannungsbereich. Ein Analog-digital-Wandler transformiert die aufbereiteten analogen Signale dann in digitale Werte. Weitere Signale werden über digitale Schnittstellen (z.B. CAN-Bus, FlexRay) oder über pulsweitenmodulierte (PWM) Schnittstellen empfangen.

Die Zentrale des Motorsteuergeräts ist ein Mikrocontroller mit dem Programmspeicher (z.B. Flash-EPROM), in dem alle Algorithmen – das sind nach einem bestimmten Schema ablaufende Rechenvorgänge – für die Ablaufsteuerung sowie Daten (Kennwerte, Kennlinien, Kennfelder) gespeichert sind. Die aus den Sensorsignalen abgeleiteten Eingangsgrößen beeinflussen die Berechnungen in den Algorithmen und damit die Ansteuersignale für die Aktoren. Der Mikrocontroller erkennt aus diesen Eingangssignalen die vom Fahrer gewünschte Fahrzeugreaktion und berechnet daraus z.B. das erforderliche Drehmoment, die daraus resultierende Luftfüllung der Zylinder mit der dazugehörenden Einspritzmenge, die zeitgerechte Zündung und die Ansteuersignale für die Aktoren (z. B. des Kraftstoffverdunstungs-Rückhaltesystems, des Abgasturboladers und des Sekundärluftsystems).

Die Leistungsendstufen passen die an den Ausgängen des Mikrocontrollers auf niedrigem Leistungsniveau vorliegenden Größen dem an den jeweiligen Stellern erforderlichen Leistungspegel an.

Eine weitere wichtige Aufgabe der Motronic ist die Überwachung der Funktionsfähigkeit des Gesamtsystems mit Hilfe der On-Board-Diagnose (OBD). Durch gesetzliche Vorgaben (Diagnosegesetzgebung) werden Anforderungen an die Motronic gestellt, die dazu führen, dass die Diagnose mittlerweile rund die Hälfte des Umfangs (benötigte Rechnerleistung und Speicherbedarf) des Motronic-Systems in Anspruch nimmt.

Bild 2: Komponenten für die elektronische Steuerung und Regelung eines Ottomotors.

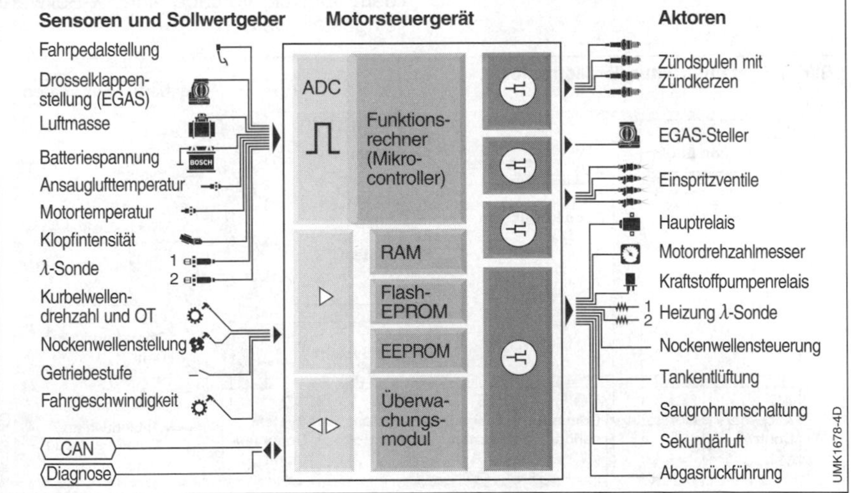

Funktionale Systemübersicht

Neben den primären Aufgaben Füllungssteuerung, Kraftstoffversorgung, Gemischbildung und Zündung gehören zu einem Motorsteuerungssystems viele weitere Teilaufgaben. Um diese übersichtlich zu beschreiben, wird das Gesamtsystem in Teilsysteme – auch Subsysteme genannt – zerlegt. Die gesamte Beschreibung wird in der Systemstruktur dargestellt (Bild 3).

Subsystem Torque-Demand (TD)

Der Fahrer gibt durch die Fahrpedalstellung einen konkreten Fahrerwunsch vor. Die Fahrpedalstellung wird in einen Sollwert für das Antriebsmoment umgesetzt.

Neben der direkten Momentenvorgabe kann der Fahrer über die Fahrgeschwindigkeitsregelung (Tempomat) einen indirekten Fahrerwunsch vorgeben. Abhängig vom aktuellen Fahrzustand wird ein Soll-Antriebsmoment ermittelt.

Bei nicht betätigtem Gaspedal wird das Motormoment bestimmt, das notwendig ist, um die Leerlaufdrehzahl sicher zu halten.

Fahrbarkeitsfilter, Antiruckelfunktion, das elektrische System (Starter, Generator, Batterie) und andere Verbraucher wie z.B. die Klimanlage stellen weitere Momentenanforderungen.

Subsystem Torque-Structure (TS)

Im Subsystem Torque-Structure werden die vielfältigen Momentenanforderungen aus dem Subsystem Torque-Demand, Anforderungen aus dem Getriebesystem, Fahrdynamikanforderungen sowie weitere motorspezifische Momentenanforderungen (z.B. Katalysatorheizen) koordiniert. Als Ergebnis wird eine Drehmentanforderung an den Verbrennungsmotor erzeugt.

Aus der resultierenden Drehmomentanforderung an den Verbrennungsmotor ergeben sich Sollwerte für die Füllung, für die Einspritzung und für die Zündung.

Die Füllung wird als relative Luftmasse vorgegeben. Die relative Luftmasse (Normierung für alle Motorleistungsklassen) ist das Verhältnis zwischen realer Luftmasse im Zylinder und der bei der aktuellen Drehzahl maximal möglichen Luftmasse im Zylinder.

Der Sollwert für die Zündung wird durch einen Zündwinkel beschrieben.

Mit Einspritzausblendungen können Momentenreduktionen dargestellt werden (z.B. Anforderung der Antriebsschlupfregelung). Hierfür wird die Anzahl der Ausblendungen bestimmt.

Bei Systemen mit Benzin-Direkteinspritzung können Magerbetriebsarten (z.B. geschichtete Frischladung im Brennraum) eingestellt werden. In diesen Betriebsarten kann das Motormoment zudem über die Vorgabe eines λ-Sollwerts eingestellt werden.

Bild 3: Systemstruktur der Motronic.

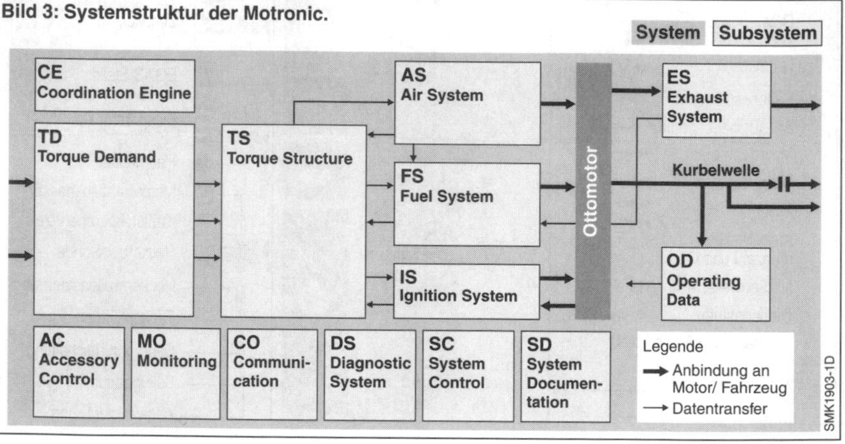

Physikalische Modelle berechnen aus mehreren Sensorsignalen das Motor-Ist-Moment an der Kupplung. Das Ist-Moment dient der Überwachung der Motronic und wird von weiteren Systemen wie z.B. der Getriebesteuerung benötigt.

Subsystem Air-System (AS)
Die Vorgabe der relativen Soll-Luftmasse aus dem Subsystem Torque-Structure wird in konkrete Größen für die Stellglieder umgerechnet, die zur Füllungssteuerung genutzt werden.

Hauptstellglied für die Füllung ist die Drosselklappe. Über Modelle errechnet sich aus der Soll-Luftmasse der Öffnungswinkel der Drosselklappe und daraus eine pulsweitenmodulierte Ansteuerung des Aktors.

Es gibt Systeme, bei denen der Hauptstellpfad durch die Ansteuerung von Einlass- und Auslassventilen dargestellt ist. Die Drosselklappe bleibt bei solchen Systemen in der Regel immer geöffnet. Nur in Sondersituationen (z.B. im Notlauf) wird bei diesen Systemen die Drosselklappe als Stellpfad für die Füllung genutzt.

Bei aufgeladenen Motoren kommen die Wastegate-Ansteuerung für den Abgasturbolader oder die Steuerung mechanischer Lader hinzu.

Weitere Stellorgane sind die Nockenwellenverstellsysteme und Ventile zur Abgasrückführung.

Des Weiteren wird die aktuelle Ist-Füllung des Verbrennungsmotors bestimmt. Sensorsignale wie z.B. Druck und Temperatur im Saugrohr werden dafür als Basisgrößen genutzt.

Subsystem Fuel-System (FS)
Das Kraftstoffsystem hat die Aufgabe, den Kraftstoff aus dem Kraftstoffbehälter in geforderter Menge und unter vorgegebenem Druck in das Kraftstoffverteilerrohr (Rail) zu fördern.

Unter Verwendung der aktuellen Ist-Füllung, des Kraftstoffdrucks im Rail und dem Druck im Saugrohr wird aus dem λ-Sollwert die Öffnungsdauer der Einspritzventile berechnet.

Zur Optimierung des Luft-Kraftstoff-Gemischs findet eine kurbelwinkelsynchrone Ansteuerung der Einspritzventile statt.

Längerfristige Adaptionen des Ist-Werts für λ sorgen für eine höhere Vorsteuergenauigkeit der Kraftstoffzumessung.

Subsystem Ignition-System (IS)
Aus der Sollvorgabe zur Zündung, den Betriebsbedingungen des Motors und unter Berücksichtigung von Eingriffen (z.B. Klopfregelung) wird der resultierende Zündwinkel berechnet und zum gewünschten Zündzeitpunkt ein Zündfunken an der Zündkerze erzeugt.

Der Zündwinkel wird so eingestellt, dass der Motor im Verbrauchsoptimum läuft. Nur in wenigen Sondersituationen (z.B. Katalysatorheizen oder schnelle Momentenreduktion bei Gangwechsel) wird von diesem abgewichen.

Die Klopfregelung überwacht permanent die Verbrennung in allen Zylindern. Sie gewährleistet, den Motor verbauchsoptimal nahe an der Klopfgrenze zu betreiben. Gleichzeitig können Schädigungen durch klopfende Verbrennungen sicher vermieden werden. Ausfälle im Klopferkennungspfad unterliegen dabei der ständigen Überwachung, um im Fehlerfall mit ausreichend Abstand von der Klopfgrenze zu zünden.

Subsystem Exhaust-System (ES)
In diesem Subsystem werden die Steuerungs- und Regelungseingriffe für den optimalen Betrieb des Dreiwegekatalysators bestimmt. Das Verbrennungsgemisch muss in engen Grenzen um das stöchiometrische Mischungsverhältnis geregelt werden.

Außerdem wird die Funktionsfähigkeit des Katalysators überwacht. Als Basis dienen die Signale von Abgassensoren (z.B. λ-Sonde).

Die Vermeidung thermischer Überbelastungen des Abgassystems gewährleisten Bauteilschutzfunktionen. Die dazu notwendigen Ist-Temperaturen im Abgassystem werden in der Regel modelliert.

Bei Magerbetriebsarten mit geschichteter Frischladung (bei der Benzin-Direkteinspritzung) kommt die Regelung und Steuerung des Verbrennungsgemischs zum optimalen Betrieb des NO_x-Speicherkatalysators hinzu.

Subsystem Coordination Engine (CE)
Bei der Benzin-Direkteinspritzung werden die Betriebsarten (z. B. Betrieb mit homogener oder geschichteter Gemischverteilung im Brennraum) koordiniert und umgeschaltet. Zur Bestimmung der Soll-Betriebsart sind die Anforderungen unterschiedlicher Funktionalitäten unter Berücksichtigung von festgelegten Prioritäten zu koordinieren.

Subsystem Operating-Data (OD)
Das Subsystem Operating-Data wertet Betriebszustandsgrößen des Motors (z. B. Drehzahl, Temperaturen) aus, sorgt für eine digitale Aufbereitung, eine Plausibilisierung und stellt das Ergebnis den anderen Subsystemen zur Verfügung.

Die Adaption von Toleranzen in der Drehzahlerfassung trägt zur genaueren Steuerung und Regelung von Einspritzung und Zündung bei.

Verbrennungsaussetzer – als Voraussetzung für Katalysatorschutzfunktionen – werden erkannt.

Subsystem Accessory-Control (AC)
Zusätzliche Funktionalitäten wie Klimakompressorsteuerung, Lüftersteuerung oder Regelung der Motortemperatur sind häufig in die Motorsteuerung integriert. Sie werden im Subsystem Accessory-Control koordiniert.

Subsystem Communication (CO)
Neben dem Motronic-System befinden sich noch viele andere Systeme im Fahrzeugverbund (z. B. Getriebesteuerung, Fahrdynamikregelung). Die Systeme tauschen über standardisierte Schnittstellen (z. B. CAN-Kommunikation) Informationen aus.

Außerdem können Werkstatttester Signale der Motorsteuerung auslesen und definierte Stelleingriffe vornehmen (Stellglieddiagnose).

Subsystem Diagnostic-System (DS)
Die Funktionsfähigkeit des Motronic-Systems unterliegt einer kontinuierlichen Überprüfung durch Diagnosefunktionen. Sowohl elektrische Prüfungen als auch Plausibilitätsprüfungen über Vergleiche von Sensorsignalen mit Modellen sind enthalten. Fehlerfälle werden abgespeichert und verwaltet (z. B. Fehler mit „Zeitstempel“ versehen). Die Fehler stehen für einen späteren Abruf über Werkstatttester bereit.

Einige Diagnosefunktionen können nur unter bestimmten Randbedingungen in Betrieb sein (z. B. in bestimmten Temperatur- oder Lastbereichen). Außerdem gibt es Diagnosefunktionen, die in vorgegebener Reihenfolge ablaufen müssen. Die Koordination dieser Ablaufsteuerung übernimmt das Diagnostic-System.

Subsystem Monitoring (MO)
„Drive by wire“-Systeme sind überwachungsrelevant. Zentraler Bestandteil ist der Momentenvergleich, der das aus dem Fahrerwunsch errechnete zulässige Moment mit dem aus den Motorgrößen berechneten Ist-Moment vergleicht.

In weiteren Ebenen findet eine Überwachung des Rechnerkerns mit seiner Peripherie statt.

Subsystem System-Control (SC)
Der Hochlauf des Motronic-System wird geregelt. Vor der Berechnung einzelner Funktionalitäten müssen Rechenraster bereitgestellt werden. Unterschiedliche Rechenraster (z. B. winkel- oder zeitsynchrone Raster) sind zur Ressourcenoptimierung der Rechenzeit notwendig.

Noch bevor der Motor startet, laufen definierte Funktionalitäten (z. B. Funktionsdiagnose von Endstufen) ab. Außerdem behandelt die Ablaufsteuerung den Umgang mit Resets und den Steuergerätenachlauf.

Subsystem System-Document (SD)
Neben den umfassenden Steuerungs- und Regelungsfunktionen des Motronic-Systems sind zahlreiche Dokumente erforderlich, um ein konkretes Projekt detailliert zu beschreiben. Dazu gehören Systembeschreibungen der Steuergeräte-Hard- und -Software, des Kabelbaums, der Motordaten, von Komponenten und Steckerbelegungen.

Motronic-Ausführungen für Pkw

Historie

Ursprünglich hatte die Motronic im Wesentlichen die Aufgabe, die elektronische Einspritzung mit einer elektronischen Zündung in einem Steuergerät zu kombinieren. Nach und nach kamen weitere Aufgaben hinzu, die aufgrund von Vorgaben der Gesetzgebung zur Senkung der Abgasemissionen, Forderungen nach Verringerung des Kraftstoffverbrauchs, aber auch erhöhte Anforderungen an Fahrleistung, Fahrkomfort und Fahrsicherheit notwendig wurden. Beispiele für solche Zusatzfunktionen sind:

- Leerlaufdrehzahlregelung,
- λ-Regelung,
- Steuerung des Kraftstoffverdunstungs-Rückhaltesystems,
- Abgasrückführung zur Senkung von NO_x-Emissionen und des Kraftstoffverbrauchs,
- Steuerung des Sekundärluftsystems zur Senkung von HC-Emissionen in der Start-und Warmlaufphase,
- Steuerung des Abgasturboladers sowie der Saugrohrumschaltung zur Leistungssteigerung des Motors,
- Nockenwellensteuerung zur Senkung der Abgasemissionen und des Kraftstoffverbrauchs sowie zur Leistungssteigerung,
- Bauteileschutz (z.B. Klopfregelung, Drehzahlbegrenzung, Abgastemperaturregelung).

Basis für die erste Motronic, die ab 1979 in Serienfahrzeugen eingesetzt wurde, war das Einspritzsystem L-Jetronic mit Luftmengenmessung und die elektronische Zündung mit rotierender Spannungsverteilung für einen Saugrohreinspritzer mit Einzelzylindereinspritzung und konventioneller, mechanischer Drosselklappe. Diese M-Motronic wurde wie die parallel dazu weiter eingesetzten Einspritz- und Zündsysteme weiterentwickelt. Für die Lasterfassung wurde der Luftmengenmesser durch den Luftmassenmesser ersetzt, mit dem die Motorlast genauer erfasst werden kann. Die elektronische Zündung mit rotierender Zündspannungsverteilung wurde durch die vollelektronische Zündung mit ruhender Spannungsverteilung ersetzt, bei der für jeden Zylinder eine eigene Zündspule die Hochspannung erzeugt.

Neben den Systemen mit elektronischer Einzelzylindereinspritzung entstanden auch einfachere, zur damaligen Zeit kostengünstige Systeme, die den Einzug der Motronic im Mittelklasse- und Kleinwagensektor ermöglichten:

- Die KE-Motronic auf Basis der kontinuierlichen Benzineinspritzung KE-Jetronic,
- die Mono-Motronic auf Basis der intermittierenden Zentraleinspritzung Mono-Jetronic.

Stand der Technik

Mittlerweile werden für Neufahrzeuge nur noch Einzelzylindereinspritzsysteme und Zündsysteme mit ruhender Hochspannungsverteilung und Einzelfunkenspulen eingesetzt. Hierzu werden folgende Motronic-Ausführungen verwendet:

- ME-Motronic mit elektronischem Gaspedal (EGAS) zur Steuerung von Einspritzung, Zündung und Frischluftfüllung bei Saugrohreinspritzung (Bild 4).
- DI-Motronic (Direct Injection) mit zusätzlichen Steuer-und Regelfunktionen für den Hochdruck-Kraftstoffkreislauf bei Benzin-Direkteinspritzung und Realisierung der unterschiedlichen Betriebsarten dieses Motortyps (Bild 5 für Homogenbetrieb, Bild 6 für Magerkonzept).
- Bifuel-Motronic zur Steuerung der Komponenten für den wahlweisen Betrieb des Ottomotors mit Erdgas oder Benzin (siehe Erdgasbetrieb).

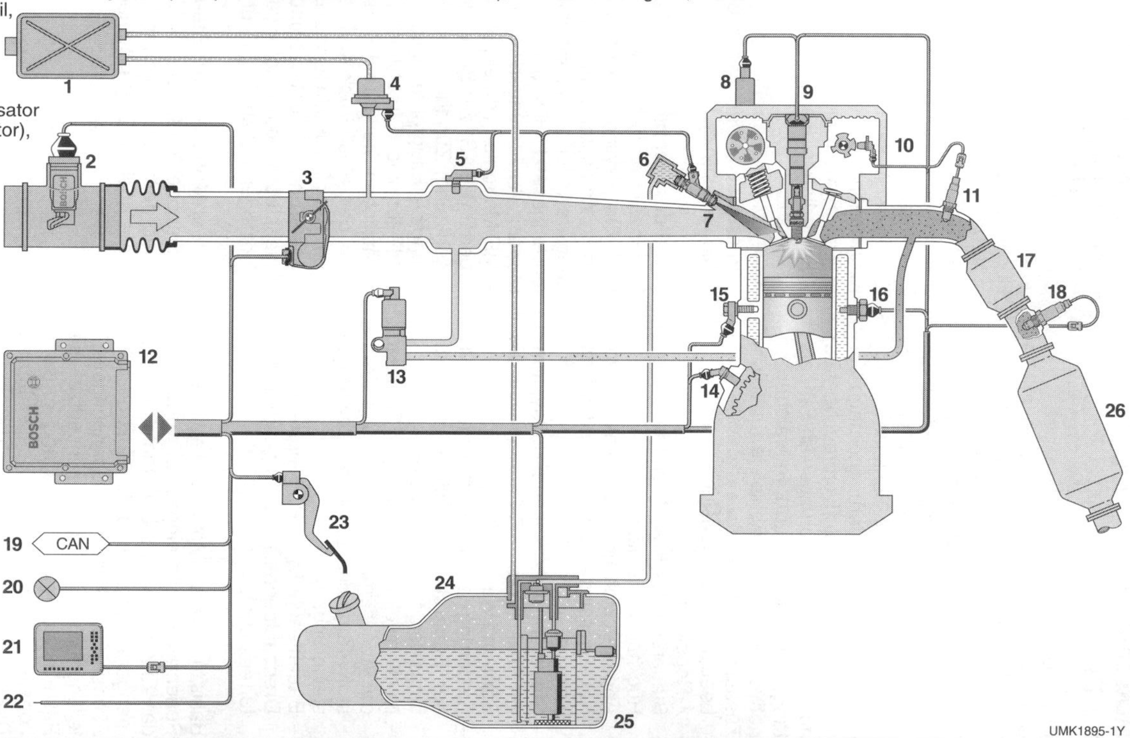

Bild 4: Systembild einer ME-Motronic für Saugrohreinspritzung.
1 Aktivkohlebehälter, 2 Heißfilm-Luftmassenmesser (HFM) mit integriertem Temperatursensor, 3 Drosselvorrichtung (EGAS), 4 Regenerierventil (Tankentlüftungsventil), 5 Saugrohrdrucksensor, 6 Kraftstoffverteilerrohr (Rail), 7 Einspritzventil, 8 Aktoren für variable Nockenwellensteuerung, 9 Zündspule mit aufgesteckter Zündkerze, 10 Nockenwellen-Phasensensor, 11 λ-Sonde vor motornahem Katalysator (Zweipunktsonde oder Breitbandsonde), 12 Motorsteuergerät, 13 Abgasrückführventil, 14 Drehzahlsensor, 15 Klopfsensor, 16 Motortemperatursensor, 17 motornaher Katalysator (Dreiwegekatalysator), 18 λ-Sonde nach motornahem Katalysator (Zweipunktsonde), 19 CAN-Schnittstelle, 20 Fehlerlampe, 21 Diagnoseschnittstelle, 22 Schnittstelle zum Immobilizer-Steuergerät (Wegfahrsperre), 23 Fahrpedalmodul mit Pedalwegsensor, 24 Kraftstoffbehälter, 25 Tankeinbaueinheit mit Elektrokraftstoffpumpe, Kraftstofffilter und Kraftstoffdruckregler, 26 Unterflurkatalysator (Dreiwegekatalysator).

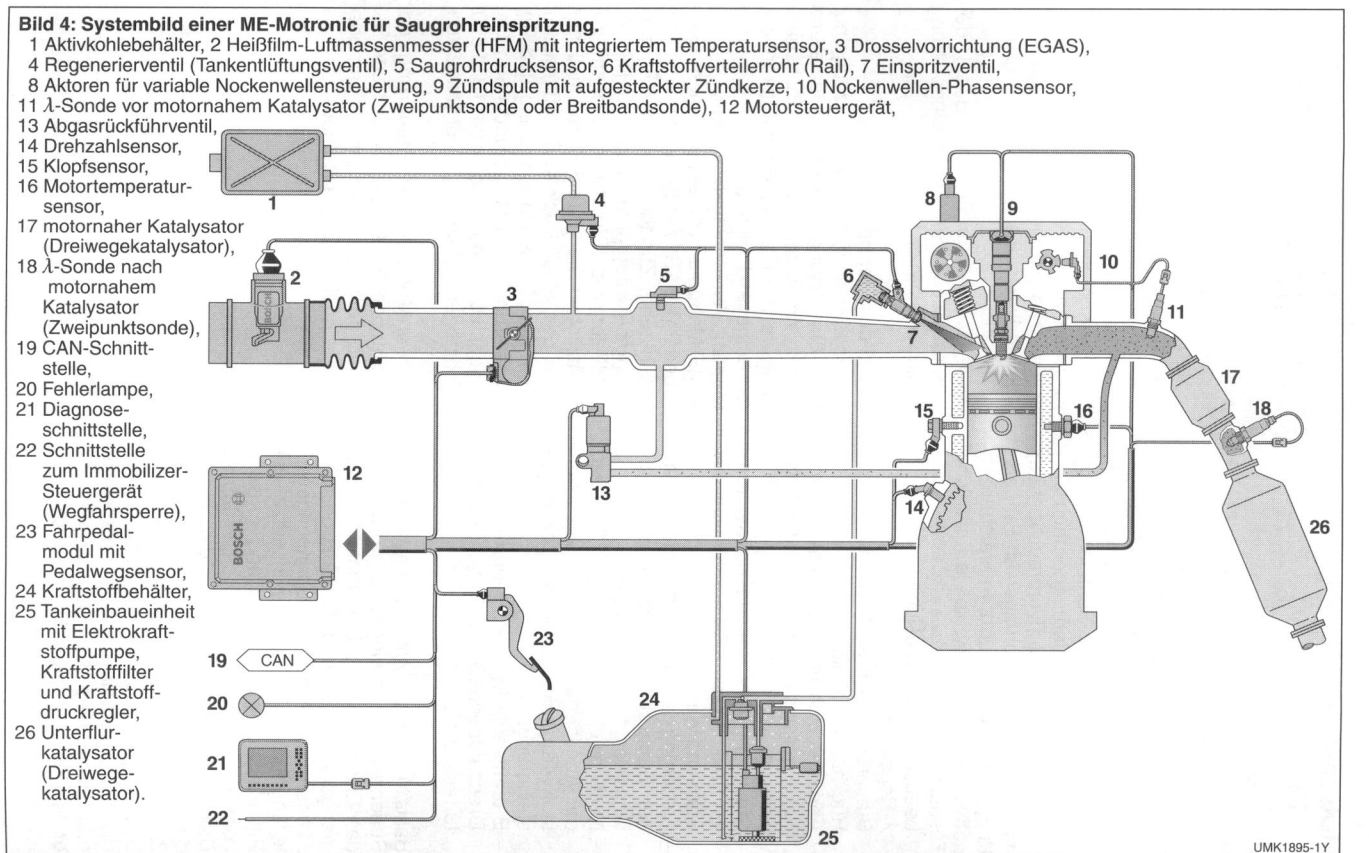

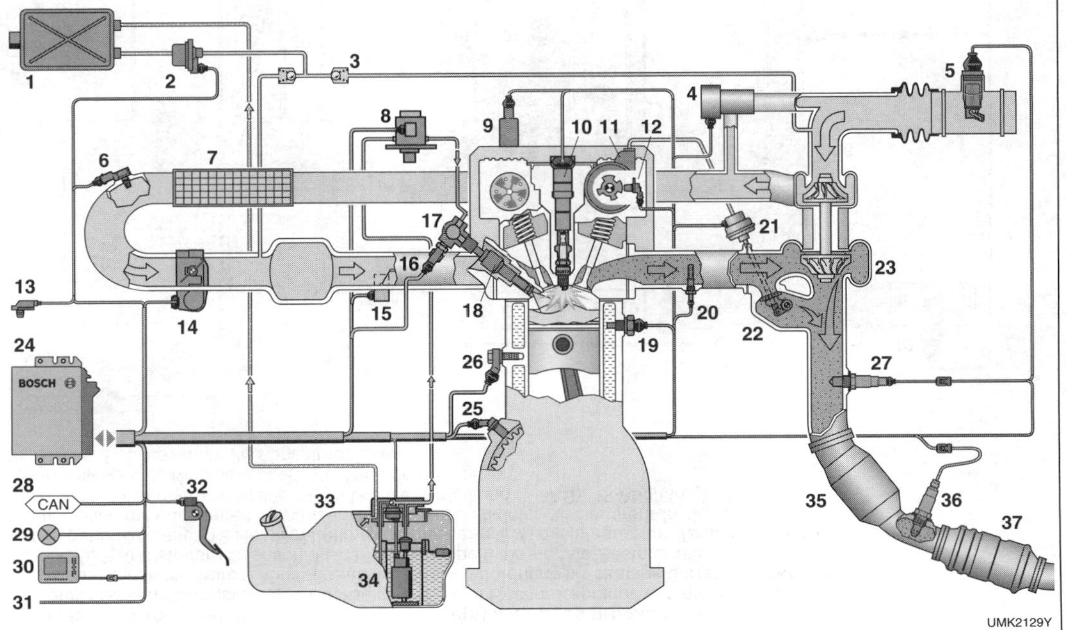

Bild 5: Systembild einer DI-Motronic für Benzin-Direkteinspritzung (Homogenbetrieb) mit Abgasturboaufladung.
1 Aktivkohlebehälter, 2 Regenerierventil (Tankentlüftungsventil), 3 Rückschlagventile, 4 Schubumluftventil,
5 Heißfilm-Luftmassenmesser (HFM) mit integriertem Temperatursensor, 6 Ladedrucksensor (optional in Kombination mit Ladelufttemperatursensor),
7 Ladeluftkühler, 8 Hochdruckpumpe mit integriertem Mengensteuerventil, 9 Aktoren für variable Nockenwellensteuerung,
10 Zündspule mit aufgesteckter Zündkerze, 11 Unterdruckpumpe für Wastegate-Ansteuerung, 12 Nockenwellen-Phasensensor,
13 Umgebungsdrucksensor, 14 Drosselvorrichtung (EGAS),
15 Ladungsbewegungsklappe, 16 Kraftstoffdrucksensor, 17 Kraftstoffverteilerrohr (Hochdruck-Rail),
18 Hochdruck-Einspritzventil, 19 Motortemperatursensor, 20 Abgastemperatursensor, 21 Ladedruckregelventil,
22 Wastegate (Bypassventil),
23 Abgasturbolader,
24 Motorsteuergerät,
25 Drehzahlsensor,
26 Klopfsensor,
27 λ-Sonde vor motornahen Katalysator (Zweipunktsonde oder Breitbandsonde),
28 CAN-Schnittstelle,
29 Fehlerlampe,
30 Diagnoseschnittstelle,
31 Schnittstelle zum Immobilizer-Steuergerät (Wegfahrsperre),
32 Fahrpedalmodul mit Pedalwegsensor,
33 Kraftstoffbehälter,
34 Tankeinbaueinheit mit Elektrokraftstoffpumpe, Kraftstofffilter und Kraftstoffdruckregler,
35 motornaher Katalysator (Dreiwegekatalysator),
36 λ-Sonde nach motornahen Katalysator (Zweipunktsonde),
37 Unterflurkatalysator (Dreiwegekatalysator).

Bild 6: Systembild einer DI-Motronic für Benzin-Direkteinspritzung (Magerkonzept) mit Abgasturboaufladung.
1 Aktivkohlebehälter, 2 Regenerierventil (Tankentlüftungsventil), 3 Rückschlagventile, 4 Hochdruckpumpe mit integriertem Mengensteuerventil, 5 Aktoren für variable Nockenwellensteuerung, 6 Hochdruck-Einspritzventil (zentrale Anordnung für strahlgeführtes Brennverfahren), 7 Kraftstoffverteilerrohr (Hochdruck-Rail), 8 Kraftstoffdrucksensor, 9 Unterdruckpumpe für Wategate-Ansteuerung, 10 Nockenwellen-Phasensensor, 11 Schubumluftventil, 12 Heißfilm-Luftmassenmesser (HFM) mit integriertem Temperatursensor, 13 Ladedrucksensor (optional in Kombination mit Ladelufttemperatursensor), 14 Ladeluftkühler, 15 Saugrohrdrucksensor, 16 Zündspule mit aufgesteckter Zündkerze, 17 Ladedruckregelventil, 18 Drosselvorrichtung (EGAS), 19 Abgasrückführventil, 20 Drucksensor, 21 Ladungsbewegungsklappe, 22 Klopfsensor, 23 Motortemperatursensor, 24 Abgastemperatursensor, 25 Wastegate (Bypassventil), 26 Abgasturbolader,
27 Motorsteuergerät,
28 CAN-Schnittstelle,
29 Fehlerlampe,
30 Diagnoseschnittstelle,
31 Schnittstelle zum Immobilizer-Steuergerät (Wegfahrsperre),
32 Fahrpedalmodul mit Pedalwegsensor,
33 Kraftstoffbehälter,
34 Tankeinbaueinheit mit Elektrokraftstoffpumpe, Kraftstofffilter und Kraftstoffdruckregler,
35 Drehzahlsensor,
36 λ-Sonde vor motornahen Katalysator (Breitbandsonde),
37 motornaher Katalysator (Dreiwegekatalysator oder Kombination von Dreiwege- und NO_x-Speicherkatalysator),
38 λ-Sonde nach motornahen Katalysator (Zweipunktsonde),
39 Abgastemperatursensor,
40 Unterflurkkatalysator (NO_x-Speicherkatalysator),
41 λ-Sonde (Zweipunktsonde) oder NO_x-Sensor.

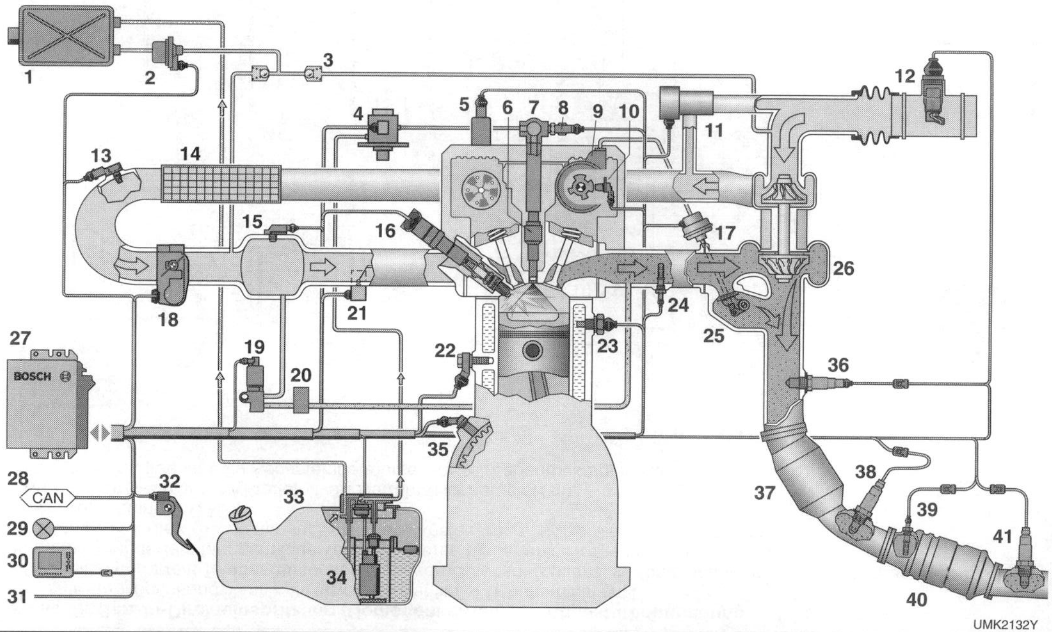

Motronic-Ausführungen für Motorräder

So vielfältig das Feld der weltweit am Markt verfügbaren Motorräder ist, so vielfältig sind auch die Anforderungen an die Motorsteuerung. Dabei hat diese im Motorradbereich noch längst nicht in allen Segmenten und Märkten Einzug gehalten. Insbesondere im asiatischen Raum – in Indien und in China – dominieren Einzylinderfahrzeuge mit geringem Hubraum unterhalb von 150 cm^3, die noch vollständig auf Vergasertechnologie setzen. Auch der heute noch weit verbreitete Einsatz luftgekühlter Motoren (siehe Kühlung des Motors) ist eine Besonderheit des Motorradmarkts.

Aufgrund strengerer, geltender Gesetzgebung beispielsweise in Europa (siehe Abgas- und Diagnosegesetzgebung) verfügen Motorräder unter 150 cm^3 bereits über ein elektronisches Motormanagement-System mit Motorsteuerung.

Motronic für Mehrzylindermotoren

Für großvolumige Mehrzylindermotoren im Motorrad finden angepasste Motorsteuerungen aus dem Pkw-Bereich Anwendung.

Motronic für Einzylindermotoren

Für Einzylindermotoren gibt es eigenständige Lösungen für Motorsteuerungen. Es werden folgende Systeme unterschieden:

- MSE-M-Motronic (SE, Small Engines) zur Steuerung der Zündung und Einspritzung bei Saugrohreinspritzung mit mechanischer Drosselklappe.
- MSE-E-Motronic zur Steuerung der Zündung, Einspritzung und Frischluftfüllung bei Saugrohreinspritzung mit elektronischer Drosselklappe (EGAS).

Zwei Besonderheiten dieser Einzylindermotoren für Motorräder sind die hohen Drehzahlungleichförmigkeiten der Kurbelwelle (Bild 7) und die hohe Saugrohrdruckdynamik über einem Arbeitsspiel (siehe Zylinderfüllung). Dieses für Einzylindermotoren charakteristische Verhalten kann genutzt werden, um die Zuordnung der Motorposition zum Verdichtungstakt beziehungsweise zum Ausstoßtakt ohne Nockenwellendrehzahlsensor zu realisieren.

Systemvereinfachungen im Segment der kleinen Motoren spielen eine Schlüsselrolle, um die große Anzahl an Motorrädern in Asien mit effizienter Motorsteuerung auszustatten.

Anforderungen

Eine weitere Anforderung, die die Motorsteuerung für Motorräder – sowohl Einzylinder- als auch Mehrzylindermotorräder – von denen für Pkw unterscheidet, ist der höhere abzudeckende Drehzahlbereich zwischen Leerlauf- und Maximaldrehzahl. Dies stellt hohe Anforderungen an die Rechenleistung der Motronic.

Mit den steigenden Anforderungen an die Abgasqualität und durch Anforderungen aus der On-Board Diagnose (siehe Abgas- und Diagnosegesetzgebung) ergeben sich in Zukunft systemtechnische Änderungen. So wird z.B. zur Diagnose der Katalysatoralterung eine zweite, beheizte λ-Sonde hinter dem Katalysator zum Einsatz gebracht. Der Katalysator selbst muss ebenfalls in seiner Dimensionierung an die strengeren Grenzwerte angepasst werden. Einen wichtigen Beitrag zur schnellen Aufheizung des Katalysators leistet dabei die von der Motorsteuerung durchgeführte Kat-Heizstrategie.

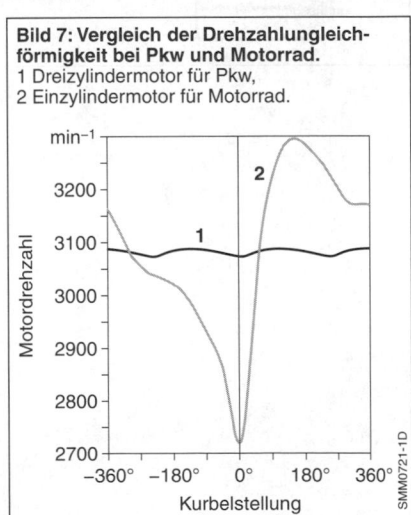

Bild 7: Vergleich der Drehzahlungleichförmigkeit bei Pkw und Motorrad.
1 Dreizylindermotor für Pkw,
2 Einzylindermotor für Motorrad.

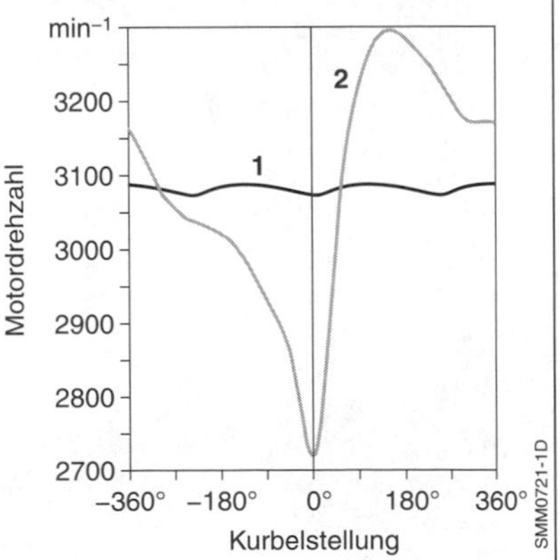

Bild 8: MSE-M Motronic mit mechanischer Drosselklappe für Motorräder.
(Systembild mit luftgekühltem Motor).
1 Aktivkohlebehälter, 2 Tankentlüftungsventil,
3 Tankeinbaueinheit mit Elektrokraftstoffpumpe, Kraftstofffilter und Kraftstoffdruckregler,
4 Einspritzventil, 5 Zündspule, 6 Zündkerze, 7 Drehzahlsensor,
8 Motortemperatursensor, 9 λ-Sonde vor Katalysator,
10 Saugrohrdruck- und Temperatursensor, 11 Motorsteuergerät, 12 CAN-Schnittstelle,
13 Fehlerlampe, 14 Diagnoseschnittstelle, 15 mechanische Drosselvorrichtung,
16 Gasgriff mit Bowdenzug, 17 Drosselklappensensor, 18 geregelter Luft-Bypass.

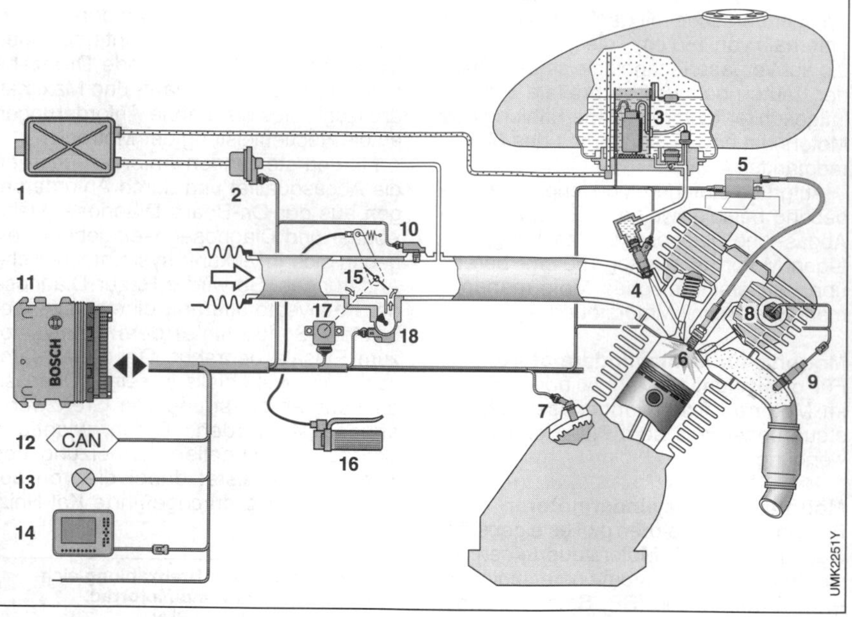

Bild 9: MSE-E Motronic mit elektronischer Drosselklappe (EGAS) für Motorräder.
(Systembild mit wassergekühltem Motor).
1 Aktivkohlebehälter, 2 Tankentlüftungsventil,
3 Tankeinbaueinheit mit Elektrokraftstoffpumpe, Kraftstofffilter und Kraftstoffdruckregler,
4 Einspritzventil, 5 Zündspule, 6 Zündkerze, 7 Drehzahlsensor,
8 Motortemperatursensor, 9 λ-Sonde vor Katalysator,
10 Saugrohrdruck- und Temperatursensor, 11 Motorsteuergerät, 12 CAN-Schnittstelle,
13 Fehlerlampe, 14 Diagnoseschnittstelle, 15 elektronische Drosselvorrichtung (EGAS),
16 Gasgriff mit Griffwegsensor, 17 Klopfsensor.

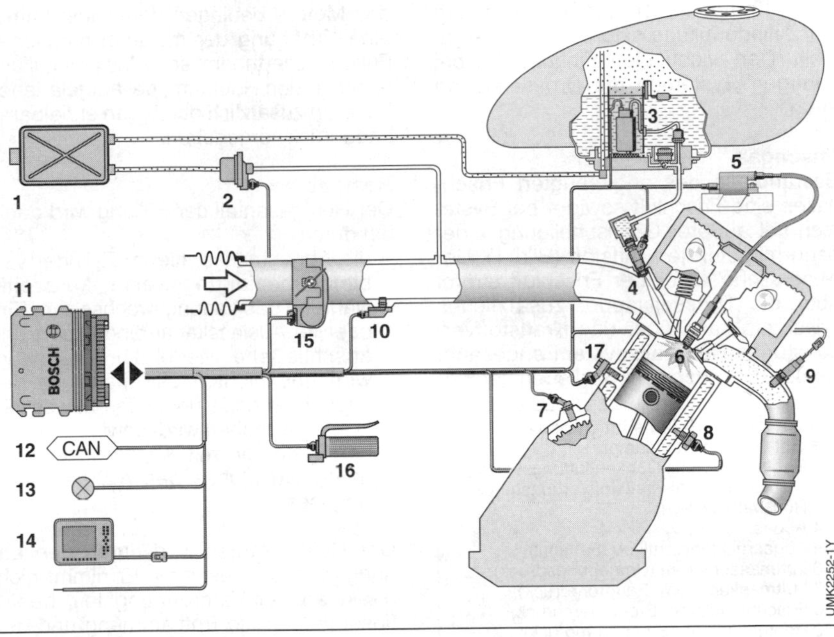

Zylinderfüllung

Bestandteile

Das Gasgemisch, das sich nach dem Schließen der Einlassventile im Zylinder befindet, wird als Zylinderfüllung bezeichnet. Sie besteht aus dem zugeführten Frischgas und dem Restgas. Die wesentlichen Komponenten zur Beeinflussung der Zylinderfüllung sind in Bild 1 dargestellt. Den wichtigsten Einfluss übt bei heutigen Systemen die Drosselklappe aus.

Frischgas

Bestandteile des angesaugten Frischgases sind Frischluft sowie – bei Systemen mit äußerer Gemischbildung – der darin mitgeführte Kraftstoff (Bild 1). Der wesentliche Anteil der Frischluft strömt über die Drosselklappe; zusätzliches Frischgas kann über das Kraftstoffverdunstungs-Rückhaltesystem angesaugt werden. Die nach dem Schließen der Einlassventile im Zylinder vorhandene Luftmasse ist die entscheidende Größe für die während der Verbrennung am Kolben verrichtete Arbeit und damit für das vom Motor abgegebene Drehmoment. Maßnahmen zur Steigerung von maximalem Drehmoment und maximaler Leistung des Motors bedingen daher fast immer eine Erhöhung der maximal möglichen Füllung. Die theoretische Maximalfüllung ist durch den Hubraum, bei aufgeladenen Motoren zusätzlich durch den erzielbaren Ladedruck vorgegeben.

Bild 1: Zylinderfüllung im Ottomotor.
1 Luft und Kraftstoffdampf,
2 Regenerierventil (Tankentlüftungsventil),
3 Verbindung zum Kraftstoffverdunstungs-Rückhaltesystem,
4 Abgas,
5 Abgasrückführventil (AGR-Ventil),
6 Luftmassenstrom (Umgebungsdruck),
7 Luftmassenstrom (Saugrohrdruck),
8 Frischgasfüllung (Brennraumdruck),
9 Restgasfüllung (Brennraumdruck),
10 Abgas (Abgasgegendruck),
11 Einlassventil,
12 Auslassventil,
13 Drosselklappe.
α Drosselklappenwinkel.

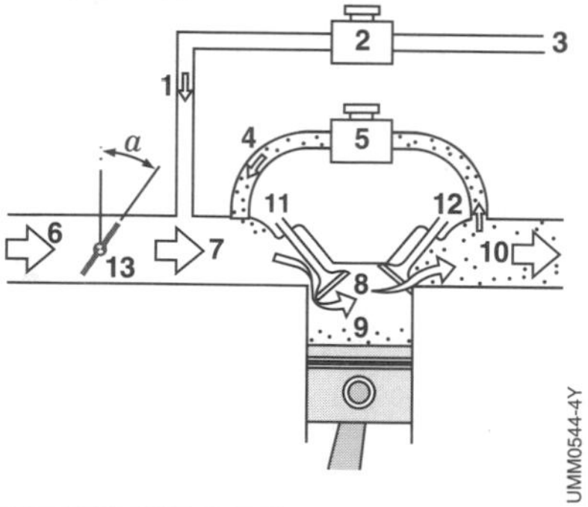

Restgas

Der Restgasanteil der Füllung wird gebildet durch

- die Abgasmasse, die im Zylinder verbleibt beziehungsweise kurzzeitig während des Ladungswechsels im Ein- oder im Auslasskanal eingelagert und anschließend wieder zurückgesaugt wird und nicht nach Abschluss des Ladungswechsel über das Auslassventil ausgeschoben wird, sowie
- bei Systemen mit Abgasrückführung durch die Masse des rückgeführten Abgases.

Der Restgasanteil wird durch den Ladungswechsel bestimmt. Er nimmt nicht direkt an der Verbrennung teil, beeinflusst jedoch die Entflammung und den Verlauf der Verbrennung. In der Volllast ist im Allgemeinen ein möglichst geringer Restgasanteil erwünscht, um die Frischluftmasse und somit auch die Ausgangsleistung des Motors zu maximieren.

Im Teillastbetrieb des Motors kann dieser Restgasanteil durchaus erwünscht sein, um den Kraftstoffverbrauch zu reduzieren. Bedingt wird dies durch eine günstigere Kreisprozessführung aufgrund der veränderten Gemischzusammensetzung sowie durch geringere Pumpverluste beim Ladungswechsel, da für die gleiche Luftfüllung ein höherer Saugrohrdruck notwendig ist. Ein gezielt eingesetzter Restgasanteil kann ebenfalls die Emission von Stickoxiden (NO_x) und unverbrannten Kohlenwasserstoffen (HC) reduzieren.

Steuerung der Zylinderfüllung

Beim Ottomotor mit äußerer Gemischbildung (Saugrohreinspritzung), aber auch bei Systemen mit innerer Gemischbildung (Benzin-Direkteinspritzung) und homogener Zylinderfüllung, wird das abgegebene Motormoment durch die Luftfüllung bestimmt. Im Gegensatz dazu kann bei innerer Gemischbildung mit Luftüberschuss das Motormoment auch direkt über Variation der eingespritzten Kraftstoffmasse gesteuert werden (Schichtbetrieb).

Drosselklappe

Das zentrale Stellelement zur Beeinflussung des den Zylindern zugeführten Luftmassenstroms ist die Drosselklappe. Ist die Drosselklappe nicht vollständig geöffnet, wird der vom Motor angesaugte Luftstrom gedrosselt und damit das maximale Motordrehmoment reduziert. Diese Drosselwirkung hängt von der Stellung und damit vom Öffnungsquerschnitt der Drosselklappe sowie von der Drehzahl des Motors ab (Bild 2). Bei voll geöffneter Drosselklappe wird das maximale Moment des Motors erreicht.

Bis Ende der 1990er-Jahre war die mechanische Drosselklappe Stand der Technik. Der Fahrer steuert durch Betätigen des Fahrpedals über einen Bowdenzug direkt die Öffnung der Drosselklappe.

Bei Systemen mit elektronischem Gaspedal (EGAS) wird aus dem gewünschten Motormoment, das sich aus der Fahrpedalstellung ergibt, die dazu erforderliche Luftfüllung ermittelt und die Drosselklappe entsprechend angesteuert.

EGAS-Komponenten
Das EGAS-System (Bild 3) besteht aus dem Fahrpedalmodul, dem Motorsteuergerät und der Drosselvorrichtung. Diese besteht im Wesentlichen aus der Drosselklappe, dem elektrischen Drosselklappenantrieb und dem Drosselklappenwinkelsensor. Als Antrieb wirkt ein Gleichstrommotor über ein Getriebe auf die Drosselklappenwelle. Der redundant ausgelegte Drosselklappenwinkelsensor dient zur Erfassung der Drosselklappenposition.

Der Fahrerwunsch wird über die redundante Sensorik im Fahrpedalmodul erfasst und an das Motorsteuergerät gemeldet. Dieses berechnet ausgehend von dem aktuellen Motorbetriebspunkt die benötigte Zylinderfüllung und regelt den Öffnungswinkel der Drosselklappe über den Drosselklappenantrieb und den Drosselklappenwinkelsensor.

Die Redundanz im Fahrpedalmodul und in der Drosselvorrichtung ist Teil des EGAS-Überwachungskonzepts, um Fehlfunktionen zu vermeiden.

Bild 2: Drosselkennfeld eines Ottomotors.
- - - Zwischenstellung der Drosselklappe.

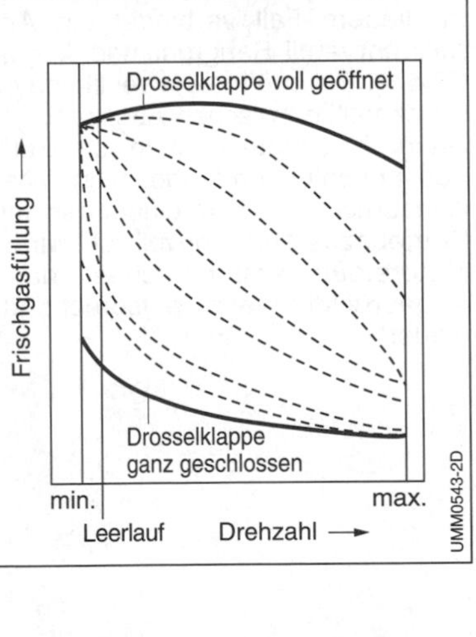

Bild 3: EGAS-System.

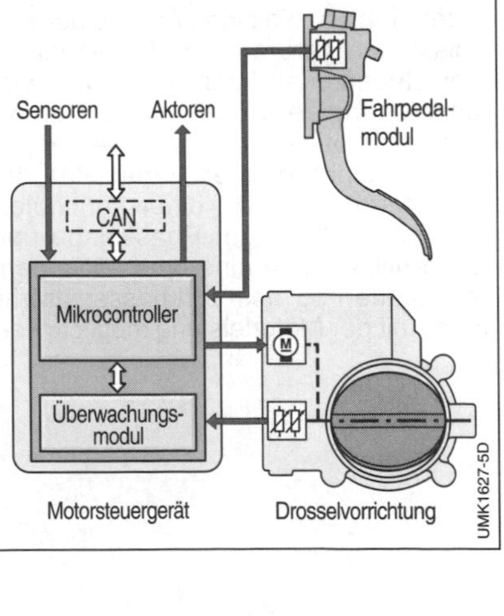

Ladungswechsel
Der Ladungswechsel von Frischgas und Restgas geschieht durch Öffnen und Schließen der Einlass- und Auslassventile. Wichtig sind die Zeitpunkte des Öffnens und Schließens der Ventile (Steuerzeiten) sowie der Verlauf der Ventilerhebung.

Ventilsteuerzeiten
Die Ventilüberschneidung, d.h. die Überlappung der Öffnungszeiten von Einlass- und Auslassventil, hat entscheidenden Einfluss auf die im Zylinder verbleibende Restgasmasse. Durch Änderung der zeitlichen Ventilhubverläufe ist es möglich, die Frischgas- und Restgasmengen im Zylinder zu beeinflussen.

In der Überschneidungsphase strömt aufgrund des Druckgefälles zwischen Abgassystem und Saugrohr Abgas durch das Einlassventil in das Einlasssystem. Im Saugtakt gelangt es dann wieder in den Verbrennungsraum (innere Abgasrückführung). Je länger die Ventilüberschneidung dauert (frühes Öffnen des Einlassventils), desto mehr Abgasmasse verbleibt im Zylinder. Dies führt zu reduzierten Verbrennungstemperaturen und damit zu einer Senkung der NO_x-Emissionen.

Da das rückgeführte Abgas Frischgas verdrängt, führt ein frühes Öffnen des Einlassventils aber auch zu einer Absenkung des maximalen Drehmoments. Außerdem kann eine zu hohe Abgasrückführung speziell im Leerlauf zu Verbrennungsaussetzern führen, die einen Anstieg der HC-Emissionen verursachen. Mit variablen Ventilsteuerzeiten kann durch betriebspunktabhängige Variation der Steuerzeiten ein Optimum gefunden werden.

Bei entsprechender Variabilität der Ventilsteuerung (z.B. einer kontinuierlichen Verstellung der Phasenlage und des Ventilhubs) ist eine drosselklappenfreie Steuerung des Luftmassenstroms und somit der Motorleistung möglich. Ferner kann auch der Restgasanteil über die Ventilsteuerung eingestellt werden.

Bei heutigen Systemen werden die Ventile über die Nockenwelle mechanisch angesteuert. Durch Zusatzmaßnahmen kann diese Ansteuerung in einem gewissen Umfang variiert werden (z.B. Nockenwellenverstellung oder Nockenwellenumschaltung). Auf die Drosselklappe können diese mechanischen Systeme jedoch nicht verzichten.

Scavenging
Bei modernen Turbomotoren werden Variabilitäten des Ventiltriebs zusätzlich dazu verwendet, das Drehmoment im Bereich niedriger Drehzahlen signifikant zu erhöhen. Diese Steuerzeitenstrategie wird als Scavenging-Betrieb bezeichnet. Hierzu wird im Bereich der Volllast die Phasenlage der Einlass- und gegebenenfalls der Auslassventile so eingestellt, dass sich eine Ventilüberschneidung ergibt. Ein Teilluftstrom strömt dabei während der Ventilüberschneidung direkt wieder durch das Auslassventil auf die Abgasseite, was eine verbesserte Restgasausspülung und damit ein verbessertes Klopfverhalten ermöglicht. Gleichzeitig führt die zusätzliche Spülluft zu einer verbesserten Prozessführung am Turbolader, sodass höhere Ladedrücke erreicht werden können.

Abgasrückführung
Die Restgasmasse im Zylinder kann zusätzlich durch eine „äußere Abgasrückführung" (AGR) vergrößert werden. In diesem Fall verbindet ein Abgasrückführventil Saugrohr und Abgasrohr (Bild 1). Bei geöffnetem Ventil und einem Druckgefälle zwischen Abgasanlage und Saugrohr saugt der Motor ein Gemisch aus Frischluft und Abgas an. Wie viel Abgasrückführung in einem bestimmten Betriebszustand sinnvoll ist, wird vom Motorsteuergerät berechnet, das das Abgasrückführventil entsprechend ansteuert.

Kraftstoffreduzierung
Die Abgasrückführung erhöht den Saugrohrdruck. Der höhere Saugrohrdruck führt zu einer Verringerung der Ladungswechselarbeit und senkt so den Kraftstoffverbrauch.

NO_x-Reduzierung
Bei Motoren mit Benzin-Direkteinspritzung, die in Magerbetriebsarten (Schichtbetrieb) arbeiten, wird die Abgasrückführung zur NO_x-Reduzierung genutzt. Hier stellt die Abgasrückführung die wichtigste Maßnahme dar, die NO_x-Rohemissionen zu minimieren und damit die durch den NO_x-Speicherkatalysator limitierte Magerbetriebsdauer zu verlängern.

Das dem Brennraum nochmals zugeführte Abgas dient zur Absenkung der Verbrennungs-Spitzentemperatur. Die Temperaturabsenkung beruht darauf, dass das rückgeführte Abgas nicht an der Verbrennung teilnimmt und somit keine Verbrennungsenergie liefert. Zudem stellt es eine zusätzliche thermische Masse dar, sodass sich die Verbrennungsenergie auf eine höhere Gesamtmasse verteilt.

Da die NO_x-Bildung überproportional mit der Verbrennungstemperatur steigt, stellt die Abgasrückführung als temperatursenkende Maßnahme eine sehr wirkungsvolle Methode zur NO_x-Reduzierung dar.

Aufladung
Das erreichbare Drehmoment ist proportional zur Frischgasfüllung. Daher kann das maximale Drehmoment gesteigert werden, indem die Luft im Zylinder durch dynamische Aufladung, mechanische Aufladung oder durch Abgasturboaufladung verdichtet wird (siehe Aufladung).

Erfassung der Luftfüllung

Die sich einstellende Zylinderfüllung beeinflusst maßgeblich die abgegebene Leistung, den Kraftstoffverbrauch und die Emissionen. Dabei spielt die Zusammensetzung des Luft-Kraftstoff-Gemischs eine entscheidende Rolle (siehe Gemischbildung, siehe Katalytische Abgasnachbehandlung). Um diese korrekt einstellen zu können, ist es u.a. notwendig, die Zylinderfüllung in der Motorsteuerung mit hoher Genauigkeit zu erfassen. Die Drosselklappe als zentrales Stellelement bestimmt den sich im Saugrohr einstellenden Druck und beeinflusst darüber den Luftmassenstrom. Daher ist der Saugrohrdruck eine der zentralen Eingangsgrößen, die die Motorsteuerung zur Berechnung der Zylinderfüllung heranzieht. Die Frischluftmasse hängt allerdings noch von vielen weiteren Faktoren, wie dem Umgebungsdruck, der Drosselklappenleckage, der Stellung der Gaswechselventile, dem Betriebszustand des Abgasturboladers, der Stellung von Ladungsbewegungsklappen und der Abgasrückführung, ab. Um diesen Einflüssen Rechnung zu tragen, verfügt die Motorsteuerung teilweise über weitere Sensorik, wie einen Heißfilm-Luftmassenmesser zur Bestimmung der Zylinderfüllung.

Besonderheiten bei Motorrädern
In der Regel verfügen Motorräder über weniger Variabilität im Luftsystem. Turboaufladung, Abgasrückführung und variable Ventilsteuerzeiten haben bisher kaum Einzug gehalten. Auch variable Saugrohrgeometrien sind bisher den Fahrzeugen höherer Leistungsklassen vorbehalten. Insbesondere bei den kleinen Einzylindermotoren wird daher die Erfassung der Luftfüllung rein durch Drosselklappenposition und Saugrohrdruck realisiert.

Verglichen mit typischen Pkw-Anwendungen gibt es systematische Unterschiede im Saugrohrdruckverhalten. Diese sind hauptsächlich auf unterschiedliche, geometrische Verhältnisse zurückzuführen. Während bei Pkw-Anwendungen zumeist eine gemeinsame Drosselklappe für mehrere Zylinder eingesetzt wird, setzen Motorräder häufig auf Einzeldrosselklappen (siehe Motorrad-Saugrohre). Diese sind, um ein gutes Ansprechverhalten zu gewährleisten, nah am Zylinderkopf eingebaut. Das Fehlen eines klassischen Sammlers führt dazu, dass die Volumina zwischen Drosselklappe und Einlassventilen vergleichsweise klein ausfallen. Dies führt zu geringen Verhältnissen von Saugrohrvolumen zu Hubvolumen des einzelnen Zylinders. Dieser Umstand hat Einfluss auf das Saugrohrdruckverhalten (siehe Bild 4). Während sich für den Pkw bei vergleichbarem Lastpunkt und vergleichbarer Motordrehzahl ein nahezu konstanter Unterdruck im Saugrohr einstellt, wird der Unterdruck beim Motorrad nur kurzzeitig während der Ansaugphase erreicht. Sobald die Einlassventile geschlossen sind, strömt Frischluft über die Drosselklappe nach und der Saugrohrdruck steigt auf Umgebungsdruck an. Diesem Verhalten muss in der Füllungserfassung der Motorsteuerung Rechnung getragen werden, da der mittlere Saugrohrunterdruck nur begrenzt zur Bestimmung der Frischluftmasse herangezogen werden kann.

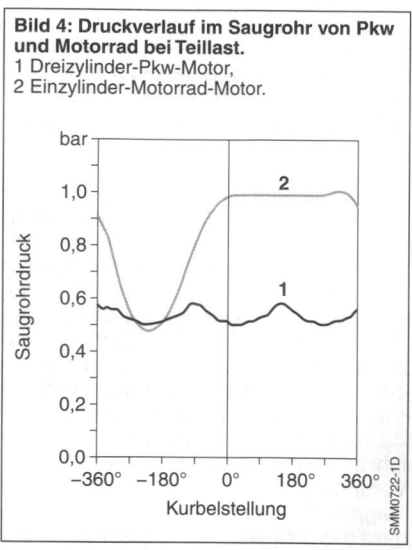

Bild 4: Druckverlauf im Saugrohr von Pkw und Motorrad bei Teillast.
1 Dreizylinder-Pkw-Motor,
2 Einzylinder-Motorrad-Motor.

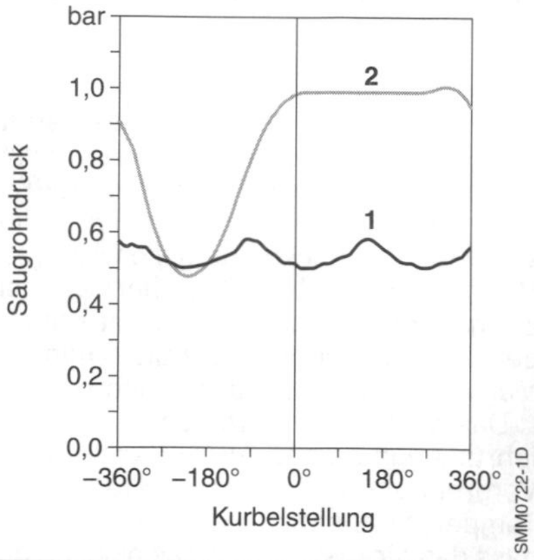

Zylinderabschaltung

Bei Motoren mit Zylinderabschaltung lassen sich einzelne Zylinder in der Teillast abschalten. Die weiterhin befeuerten Zylinder generieren dann das gesamte geforderte Drehmoment. Die dafür benötige Luftfüllung ist daher bei Abschalten jedes zweiten Zylinders bezogen auf den entsprechenden vollmotorischen Betriebspunkt etwa verdoppelt. Die geringeren Ladungswechselverluste infolge der Entdrosselung der befeuerten Zylinder bewirken einen geringeren Kraftstoffverbrauch. Durch die Abschaltung der Ladungswechselventile der nicht befeuerten Zylinder können die Ladungswechselverluste weiter reduziert werden. Diese Abschaltung erfordert einen entsprechend ausgelegten Ventiltrieb (siehe Ventiltrieb).

In der Reduktion des Kraftstoffverbrauchs liegt die wichtigste Motivation für eine Motorauslegung mit Zylinderabschaltung. Da Dieselmotoren in der Regel weitgehend entdrosselt betrieben werden, beschränkt sich der Vorteil auf die Abschaltung des Ladungswechsels. Die erzielbare Verbrauchsreduktion durch Zylinderabschaltung hängt neben dem Betriebspunktprofil von der individuellen Motor- und Antriebsstrangauslegung ab.

Bild 5: Konfiguration der Zylinderabschaltung.
a) Halbmotorbetrieb,
b) Motorbankabschaltung.

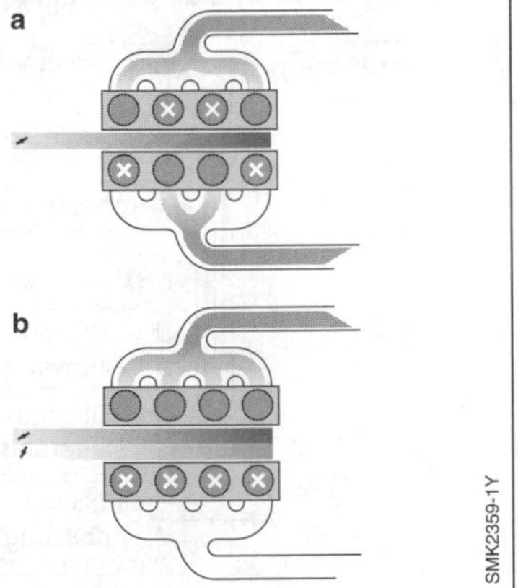

Bei Ottomotoren mit Ladungswechselabschaltung sind in den üblichen Fahrzyklen Verbesserungen im höheren einstelligen und in einzelnen Betriebspunkten geringer Last im zweistelligen Prozentbereich realistisch.

Auslegung der Zylinderabschaltung
Eine Zylinderabschaltung lässt sich sowohl bei einem Motor mit vielen als auch mit nur zwei Zylindern umsetzen. Dabei sind verschiedene Konfigurationen der Zylinderabschaltung möglich. Die jeweils möglichen Konfigurationen ergeben sich aus den konstruktiven Eigenschaften des Motors. Wichtigste Kriterien sind die Zündfolge und die jeweilige Gestaltung des Ansaug- und Abgastrakts. In den meisten Serienanwendungen wird jeder zweite Zylinder in Zündreihenfolge und damit die Hälfte der Zylinder abgeschaltet. Im Halbmotorbetrieb (Bild 5a) werden in derselben Zylinderbank abschaltbare und dauerhaft befeuerte Zylinder betrieben. Dabei ist die Abschaltung des Ladungswechsels erforderlich, da mit dem sonst in den Abgastrakt gelangenden Sauerstoff die λ-Regelung und die Konvertierungsfähigkeit des Katalysators nicht gewährleistet wären.

Werden alle Zylinder einer Abgasbank abgeschaltet (Motorbankabschaltung, Bild 5b), kann auch auf die Ladungswechselabschaltung verzichtet werden. Dies senkt den konstruktiven Aufwand und die Kosten, schöpft jedoch nicht das volle CO_2-Einsparpotential der Zylinderabschaltung aus.

Anpassung von Fahrzeugkomponenten

Im Hinblick auf NVH-Aspekte (Noise Vibration Harshness) können neben dem Ventiltrieb eine angepasste Auslegung des Zweimassenschwungrads, der Motorlager sowie der Abgasanlage erforderlich sein. Zur Diagnose der Ventilaktoren kann außerdem ein Saugrohrdrucksensor benötigt werden.

Motorsteuerung

Beim Betrieb eines Motors mit Zylinderabschaltung kommt der Motorsteuerung eine besondere Bedeutung zu. Der Teilmotorbetrieb erfordert die Anpassung zahlreicher Software-Funktionen (Bild 6). Außerdem werden zusätzliche Funktionen für die Anforderungs- und Umschaltkoordination sowie die Diagnose der Ventilaktoren für den Nullhub erforderlich.

Die Steuerung der Umschaltung zwischen Voll- und Teilmotorbetrieb ist besonders aufwändig, weil alle Umschaltungen für den Fahrer unmerklich erfolgen müssen und das Ansprechverhalten gegenüber dem Vollmotorbetrieb nicht verzögert sein darf. Dazu sind neben der Füllungsanpassung die zeitliche exakte Aus- und Einblendung der Einspritzung für die abschaltbaren Zylinder sowie Eingriffe über den Zündzeitpunkt erforderlich. Daher werden neben der Motorkoordination auch Momentenstruktur, Luft-, Kraftstoff-, Zünd- und Abgassystem sowie die EGAS-Überwachung angepasst.

Anforderung der Zylinderabschaltung

Die Betriebsartensteuerung der Motorsteuerung prüft ständig zahlreiche Bedingungen für die Zylinderabschaltung. Zu den wichtigsten Eingangsgrößen gehört das vom Motor zu leistende Solldrehmoment, da das bei Zylinderabschaltung maximal einstellbare Drehmoment begrenzt ist. Eine weitere wichtige Eingangsgröße ist die Motordrehzahl, da oberhalb einer Grenzdrehzahl keine sichere Schaltung der Ladungswechselventile möglich ist. Weitere Eingangsgrößen sind die Motortemperatur und die Fahrgeschwindigkeit. Jeder Eingangsgröße werden Bedingungen zugeordnet. Auf dieser Grundlage wird entweder der Teil- oder der Vollmotorbetrieb angefordert.

Umschaltung zwischen Teil- und Vollmotorbetrieb

Die Umschaltung in den Teilmotorbetrieb beginnt mit der Erhöhung der Luftfüllung, damit die weiterbefeuerten Zylinder das gesamte geforderte Drehmoment des Motors erzeugen können. Bei einem Motor mit einem Saugrohr erfolgt die Erhöhung für alle Zylinder gemeinsam. Bei einem Motor mit getrennten Saugrohren kann die Luftfüllung für die weiterbefeuerte Motorbank unabhängig von der abzuschaltenden Motorbank verändert werden. Um das erforderliche Solldrehmoment bereitzustellen, muss der Zündzeitpunkt entsprechend in Richtung spät verstellt werden. Sobald über den Luftfüllungsaufbau eine ausreichende Drehmomentreserve geschaffen wurde, können für die abzuschaltenden Zylinder die Ladungswechselventile deaktiviert und die Einspritzung ausgeblendet werden. Der Zündzeitpunkt wird dann wieder nach früh verstellt.

Die Umschaltung in den Vollmotorbetrieb beginnt mit der Aktivierung von Ladungswechsel und Einspritzung und der Verstellung des Zündzeitpunkts. Zeitlich parallel zur Füllungsanpassung wird der Zündzeitpunkt nach früh verstellt.

Bild 6: Übersicht über die Koordination der Motorsteuerung für die Zylinderabschaltung.

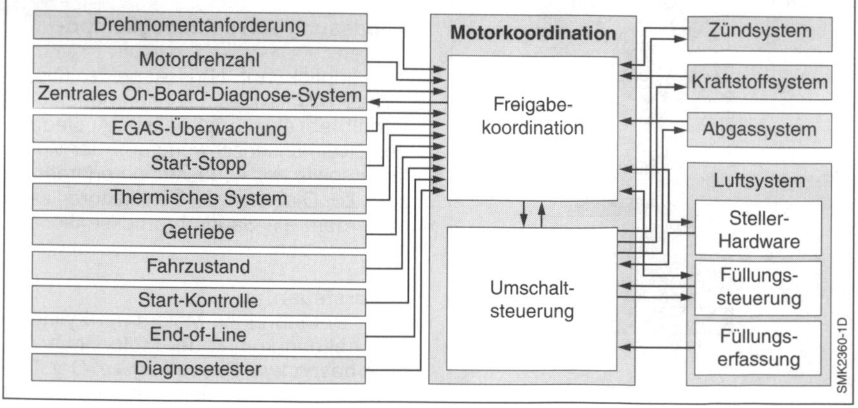

Kraftstoffversorgung

Kraftstoffförderung bei Saugrohreinspritzung

Bei der Kraftstoffversorgung kommen verschiedene Systemkonfigurationen zur Anwendung, die bei Saugrohreinspritzung typischerweise mit Kraftstoffdrücken von ca. 300...400 kPa (3...4 bar) betrieben werden.

System mit Rücklauf

Die Elektrokraftstoffpumpe (EKP) fördert den Kraftstoff und erzeugt den Einspritzdruck (Bild 1). Der Kraftstoff wird aus dem Kraftstoffbehälter (Tank) angesaugt und durch den Kraftstofffilter in die Druckleitung gefördert, von wo aus er zu dem am Motor montierten Rail (Kraftstoffverteilerrohr) fließt. Über das Rail werden die Einspritzventile mit Kraftstoff versorgt.

Der am Rail angebrachte mechanische Kraftstoffdruckregler ist ein Differenzdruckregler mit pneumatischer Verbindung zum Saugrohr. Er hält die Differenz zwischen Kraftstoffdruck im Rail und dem Saugrohrdruck konstant. Die von den Einspritzventilen zugemessene Kraftstoffmenge hängt von dieser Druckdifferenz ab, da gegen den Druck im Saugrohr eingespritzt wird. Da der Druckregler unabhängig vom absoluten Saugrohrdruck – d.h. unabhängig von der Motorlast – auf eine konstante Druckdifferenz regelt, ist die eingespritzte Kraftstoffmenge nur abhängig von der Dauer der Ansteuerzeit des Einspritzventils (Einspritzzeit).

Der vom Motor nicht benötigte Kraftstoff strömt durch das Rail über die am Kraftstoffdruckregler angeschlossene Rücklaufleitung zurück in den Kraftstoffbehälter. Dieser überschüssige, im Motorraum erwärmte Kraftstoff führt zu einem Anstieg der Kraftstofftemperatur im Kraftstoffbehälter. Abhängig von dieser Temperatur entstehen Kraftstoffdämpfe. Diese werden umweltschonend über ein Tankentlüftungssystem in einem Aktivkohlefilter zwischengespeichert und über das Saugrohr der angesaugten Luft und damit dem Motor zugeführt (siehe Kraftstoffverdunstungs-Rückhaltesystem).

Rücklauffreies System

Beim rücklauffreien Kraftstoffversorgungssystem befindet sich der Kraftstoffdruckregler in dem im Kraftstoffbehälter eingebauten Kraftstofffördermodul. Dadurch entfällt die Rücklaufleitung vom Motor zum Kraftstoffbehälter (Bild 2). Da der Kraftstoffdruckregler aufgrund seines Anbauorts keine Referenz zum Saugrohrdruck hat, hängt der relative Einspritzdruck gegenüber dem Saugrohrdruck von der Motorlast ab. Dies wird bei der Berechnung der Einspritzzeit im Motorsteuergerät berücksichtigt.

Bild 1: Kraftstoffförderung bei Saugrohreinspritzung (System mit Rücklauf).
1 Kraftstoffbehälter,
2 Elektrokraftstoffpumpe,
3 Kraftstofffilter,
4 Druckleitung,
5 Kraftstoffdruckregler,
6 Einspritzventile,
7 Rail (durchströmt),
8 Rücklaufleitung,
9, 10 Fließrichtung des Kraftstoffs.

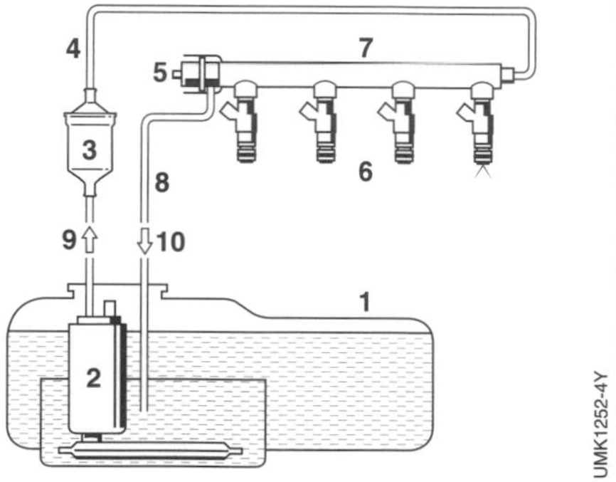

Dem Rail wird nur die Kraftstoffmenge zugeführt, die auch eingespritzt wird. Die von der Elektrokraftstoffpumpe geförderte Mehrmenge wird direkt in den Kraftstoffbehälter geleitet, ohne den Umweg über den Motorraum zu nehmen. Daher ist die Erwärmung des Kraftstoffs im Kraftstoffbehälter und damit auch die Kraftstoffverdunstung deutlich geringer als beim System mit Rücklauf. Aufgrund dieser Vorteile werden überwiegend nur noch rücklauffreie Systeme eingesetzt.

Bedarfsgeregeltes rücklauffreies System

Beim bedarfsgeregelten System wird von der Kraftstoffpumpe nur die gerade vom Motor verbrauchte und zur Einstellung des gewünschten Drucks notwendige Kraftstoffmenge gefördert. Die Druckregelung erfolgt über einen geschlossenen Regelkreis im Motorsteuergerät, wobei der aktuelle Kraftstoffdruck über einen Drucksensor erfasst wird (Bild 2). Der mechanische Kraftstoffdruckregler entfällt. Zur Variation der Fördermenge wird die Ansteuerleistung der Elektrokraftstoffpumpe über ein vom Motorsteuergerät angesteuertes Taktmodul eingestellt, die Ansteuerung geschieht dabei pulsweitenmoduliert (PWM).

Damit sich bei Schubabschaltung oder nach Abstellen des Motors kein zu hoher Druck aufbauen kann, verfügt das System über ein Druckbegrenzungssventil.

Aufgrund der Bedarfsregelung wird kein überschüssiger Kraftstoff komprimiert und somit die Leistung der Elektrokraftstoffpumpe minimiert. Dies führt gegenüber Systemen mit ungeregelt fördernder Elektrokraftstoffpumpe zu einer Senkung des Kraftstoffverbrauchs. Zudem kann auch die Kraftstofftemperatur im Kraftstoffbehälter noch weiter reduziert werden.

Weitere Vorteile des bedarfsgeregelten Systems ergeben sich aus dem variabel einstellbaren Kraftstoffdruck. Zum einen kann der Druck beim Heißstart erhöht werden, um die Bildung von Dampfblasen zu vermeiden. Zum anderen können die vor allem bei Turboanwendungen erforderlichen sehr großen Einspritzmengen bei hohen Lasten und die sehr kleinen Mengen im Leerlaufbetrieb besser dosiert werden (Einspritzmengenspreizung), indem bei Volllast eine Druckanhebung und bei sehr kleinen Lasten eine Druckabsenkung realisiert wird. Hierdurch kann die Problematik der Kleinmengenzumessung in der Einspritzventilauslegung entschärft werden.

Mithilfe des gemessenen Kraftstoffdrucks ergeben sich verbesserte Diagnosemöglichkeiten des Kraftstoffsystems gegenüber bisherigen Systemen. Über die Berücksichtigung des aktuellen Kraftstoffdrucks bei der Berechnung der Einspritzzeit wird eine präzisere Kraftstoffdosierung erreicht.

Bild 2: Kraftstoffförderung bei Saugrohreinspritzung (bedarfsgeregeltes rücklauffreies System).
1 Elektrokraftstoffpumpe mit Kraftstofffilter (Kraftstofffilter alternativ auch außerhalb des Kraftstoffbehälters),
2 Druckbegrenzungsventil und Drucksensor (Drucksensor alternativ im Rail),
3 Taktmodul zur Regelung der Elektrokraftstoffpumpe,
4 Druckleitung, 5 Rail (rücklauffrei),
6 Einspritzventile, 7 Kraftstoffbehälter,
8 Saugstrahlpumpe,
9, 10 Fließrichtung des Kraftstoffs.

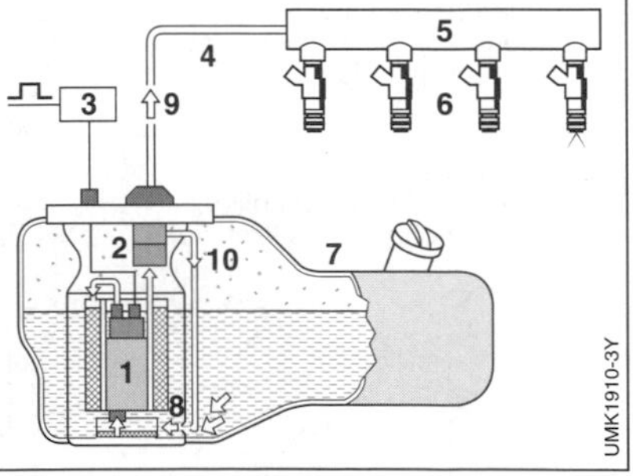

Kraftstoffförderung bei Benzin-Direkteinspritzung

Bei der direkten Einspritzung von Kraftstoff in den Brennraum steht im Vergleich zur Einspritzung in das Saugrohr nur ein verkürztes Zeitfenster zur Verfügung. Daher kommt der Gemischaufbereitung eine erhöhte Bedeutung zu und der Kraftstoff muss bei der Direkteinspritzung im Vergleich zur Saugrohreinspritzung mit ca. 50-mal so hohem Druck eingespritzt werden.

Das Kraftstoffsystem unterteilt sich in Niederdruckversorgung und Hochdruckversorgung.

Niederdrucksystem

Das Niederdrucksystem dient bei der Benzin-Direkteinspritzung zur Versorgung des Hochdrucksystems, wobei die aus der Saugrohreinspritzung bekannten Kraftstoffsysteme und Komponenten zum Einsatz kommen. Im Heißstart und im Heißbetrieb wird aufgrund der hohen Temperaturen an der Hochdruckpumpe ein erhöhter Vorförderdruck (Vordruck) benötigt, um Dampfblasenbildung zu vermeiden. Daher ist es vorteilhaft, Systeme mit variablem Niederdruck einzusetzen. Bedarfsgeregelte Niederdrucksysteme eignen sich hier besonders gut, da sich für jeden Betriebszustand des Motors der jeweils optimale Vordruck einstellen lässt, der üblicherweise in einem Bereich von 300...600 kPa (3...6 bar) relativ zum Umgebungsdruck variiert.

Als weitere Variante kommen zunehmend bedarfsgesteuerte Systeme zum Einsatz. Im Unterschied zu bedarfsgeregelten Systemen, in denen über einen geschlossenen Regelkreis mithilfe des Drucksensors der Druck eingestellt wird, entfällt hier der Drucksensor und die Systemkosten reduzieren sich somit. Die Ansteuerung der Elektrokraftstoffpumpe erfolgt abhängig vom Motorbetriebspunkt rein vorgesteuert.

Hochdrucksystem

Für die Hochdruck-Kraftstoffversorgung werden neben dauerfördernden Hochdruckpumpen vorwiegend bedarfsgeregelte Hochdruckpumpen eingesetzt. In Benzin-Direkteinspritzsystemen der ersten Generation sind jedoch noch dauerfördernde Hochdruckpumpen zu finden.

Das Hochdrucksystem umfasst weiterhin das Kraftstoffverteilerrohr (Hochdruck-Rail) mit den Hochdruck-Einspritzventilen sowie dem Hochdrucksensor (Bild 3 und Bild 4). Beim dauerfördernden System ist außerdem ein separates Drucksteuerventil erforderlich.

Abhängig vom Betriebspunkt des Motors variiert die Motorsteuerung den Druck beim dauerfördernden System typischerweise in einem Bereich von 5 bis maximal 11 MPa (50...110 bar), beim bedarfsgeregelten System bis maximal 35 MPa (350 bar). Die Information über den aktuell herrschenden Druck liefert der Hochdrucksensor.

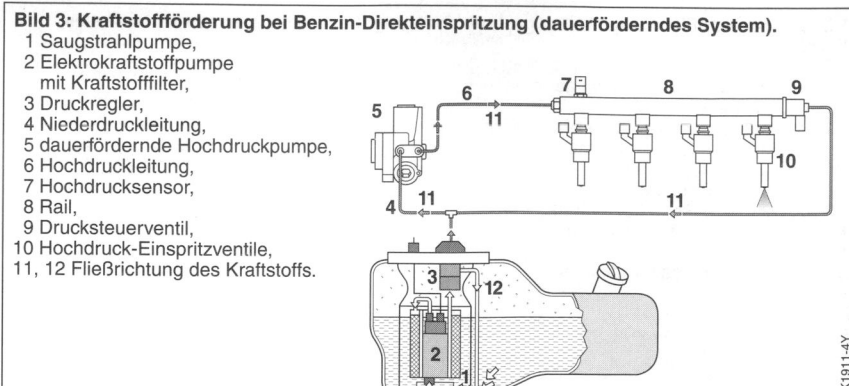

Bild 3: Kraftstoffförderung bei Benzin-Direkteinspritzung (dauerförderndes System).
1 Saugstrahlpumpe,
2 Elektrokraftstoffpumpe mit Kraftstofffilter,
3 Druckregler,
4 Niederdruckleitung,
5 dauerfördernde Hochdruckpumpe,
6 Hochdruckleitung,
7 Hochdrucksensor,
8 Rail,
9 Drucksteuerventil,
10 Hochdruck-Einspritzventile,
11, 12 Fließrichtung des Kraftstoffs.

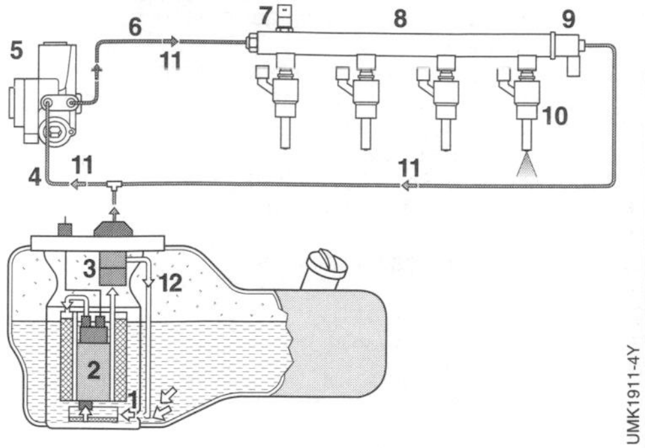

Das Signal des Hochdrucksensors wird außerdem für die Einspritzberechnung und zur Diagnose des Kraftstoffsystems genutzt.

Dauerförderndes System
Die von der Motornockenwelle angetriebene Hochdruckpumpe – meist eine Dreizylinder-Radialkolbenpumpe (siehe Hochdruckpumpen für Benzin-Direkteinspritzung) – fördert den Kraftstoff gegen den Systemdruck in das Rail (Bild 3). Die Fördermenge der Pumpe ist nicht einstellbar. Der überschüssige, nicht für die Einspritzung und zur Aufrechterhaltung des Drucks benötigte Kraftstoff wird durch das Drucksteuerventil entspannt und in den Niederdruckkreis zurückgeleitet. Dazu wird das Drucksteuerventil vom Motorsteuergerät so angesteuert, dass sich der im jeweiligen Betriebspunkt erforderliche Einspritzdruck einstellt. Das Drucksteuerventil dient gleichzeitig als mechanisches Druckbegrenzungsventil.

Bei dauerfördernden Systemen wird in den meisten Betriebspunkten deutlich mehr Kraftstoff auf den hohen Systemdruck verdichtet, als der Motor benötigt. Dies bedeutet einen unnötigen Energieaufwand und somit einen Kraftstoffmehrverbrauch gegenüber bedarfsgeregelten Systemen. Außerdem trägt der über das Drucksteuerventil entspannte überschüssige Kraftstoff zur Erhöhung der Temperatur im Kraftstoffsystem bei. Aus diesen Gründen kommen bei modernen, direkteinspritzenden Motoren heute nur noch bedarfsgeregelte Hochdrucksysteme zum Einsatz.

Bedarfsgeregeltes System
Beim bedarfsgeregelten System (Bild 4) fördert die Hochdruckpumpe – meist eine Einzylinder-Radialkolbenpumpe (siehe Hochdruckpumpen für Benzin-Direkteinspritzung) – nur genau die Kraftstoffmenge ins Rail, die für die Einspritzung und für die Einstellung des gewünschten Drucks benötigt wird. Der Antrieb der Pumpe erfolgt in der Regel durch die Motornockenwelle, bei Einzylinderpumpen üblicherweise über spezielle Nocken, die den Pumpenkolben antreiben. Die Fördermenge wird mit einem Mengensteuerventil variiert, das in die Hochdruckpumpe integriert ist. Das Motorsteuergerät steuert dieses Ventil bei jedem Pumpenhub so an, dass sich die benötigte Fördermenge ergibt, um im Rail den je nach Betriebspunkt erforderlichen Systemdruck einzustellen (siehe Mengensteuerventil).

Aus Sicherheitsgründen ist in den Hochdruckkreis ein mechanisches Druckbegrenzungsventil eingebaut, das meist ebenfalls direkt in die Hochdruckpumpe integriert ist. Sollte der Druck über das zulässige Niveau ansteigen, wird Kraftstoff über das Druckbegrenzungsventil in den Niederdruckkreis zurückgeführt.

Bild 4: Kraftstoffförderung bei Benzin-Direkteinspritzung (bedarfsgeregeltes System).
1 Saugstrahlpumpe,
2 Elektrokraftstoffpumpe mit Kraftstofffilter,
3 Druckbegrenzungsventil und Drucksensor (Drucksensor alternativ in der Niederdruckleitung),
4 Niederdruckleitung,
5 bedarfsgeregelte Hochdruckpumpe mit intergriertem Mengensteuerventil und Druckbegrenzungsventil,
6 Hochdruckleitung,
7 Hochdrucksensor,
8 Rail,
9 Hochdruck-Einspritzventile,
10 Taktmodul zur Regelung der Elektrokraftstoffpumpe,
11, 12 Fließrichtung des Kraftstoffs.

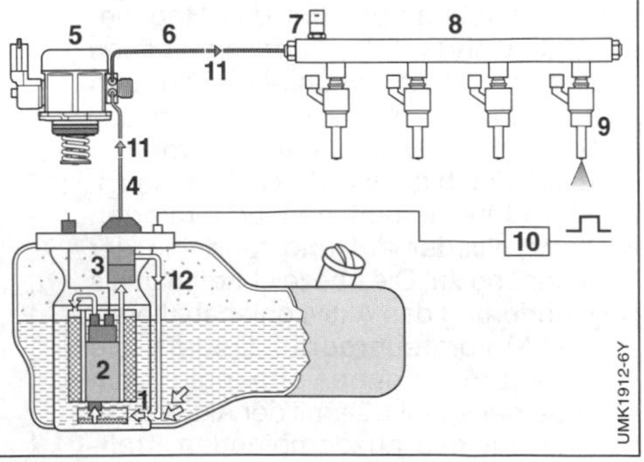

Kraftstoffverdunstungs-Rückhaltesystem

Aufgabe

Für Fahrzeuge mit Ottomotor ist ein Kraftstoffverdunstungs-Rückhaltesystem (Tankentlüftung) erforderlich, um die Kraftstoffausgasung aus dem Kraftstoffbehälter aufzufangen und die gesetzlich festgelegten Emissionsgrenzwerte für Verdunstungsverluste einzuhalten. Zudem erfolgt über die Leitung vom Kraftstoffbehälter über den Aktivkohlebehälter zur Umgebung der Druckausgleich für den Kraftstoffbehälter, der aufgrund temperaturbedingter Ausdehnung des Kraftstoffs, des Tanksystems selbst oder während einer Betankung des Fahrzeugs notwendig ist. Mit vermehrter Ausgasung ist bei Erwärmung des Kraftstoffs im Kraftstoffbehälter zu rechnen. Ursache dafür kann eine erhöhte Umgebungstemperatur, die Verlustleistung der im Kraftstoffbehälter integrierten Kraftstoffpumpe oder – je nach Kraftstoffversorgungssystem – der Rücklauf von im Motor erwärmten und nicht zur Verbrennung benötigtem Kraftstoff sein. Ausgasungen entstehen auch bei Abnahme des Umgebungsdrucks, beispielsweise durch Wettereinflüsse oder aufgrund einer Fahrt bergauf.

Aufbau und Arbeitsweise

Das Kraftstoffverdunstungs-Rückhaltesystem besteht aus einem Aktivkohlebehälter, in den die Entlüftungsleitung des Kraftstoffbehälters mündet, sowie einem Regenerierventil (Tankentlüftungsventil), das sowohl mit dem Aktivkohlebehälter als auch mit dem Saugrohr verbunden ist (Bild 5). Die Aktivkohle adsorbiert den Kraftstoffdampf. Gibt das Regenerierventil während der Fahrt die Leitung zwischen dem Aktivkohlebehälter und dem Saugrohr frei, wird aufgrund des im Saugrohr herrschenden Unterdrucks Frischluft durch die Aktivkohle angesaugt. Die Frischluft nimmt den adsorbierten Kraftstoff wieder auf und führt ihn der Verbrennung zu. Dies bezeichnet man als Regenerierung des Aktivkohlebehälters.

Das Motorsteuergerät steuert die Regeneriergasmenge abhängig vom Motorbetriebspunkt. Damit der Aktivkohlebehälter für neu ausdampfenden Kraftstoff wieder aufnahmefähig ist, muss die Regenerierung regelmäßig erfolgen. Da aktuelle Ottomotoren zur Erhöhung des Wirkungsgrads so betrieben werden, dass ein hoher Saugrohrunterdruck vermieden wird (z.B. mit Downsizing, Abgasturboaufladung, Magerkonzepte) ist eine ausreichende Regeneration oftmals nicht darstellbar. In diesem Fall wird eine zusätzliche Regenerierleitung eingesetzt, die den Druckabfall hinter dem Luftfilter zur zusätzlichen Unterdruckerzeugung ausnutzt (Bild 6). Bei aufgeladenen Motoren kann zu diesem Zweck auch noch eine Venturi-Düse eingesetzt werden. Diese nutzt einen kleinen Teil des Ladedrucks aus, um mittels des Druckverlustes an ihrer Verengung eine Saugströmung zum Aktivkohlebehälter zu generieren. Damit sich keine Kreisströmungen ergeben, ist in jedem Entlüftungspfad ein Rückschlagventil integriert.

Bild 5: Kraftstoffverdunstungs-Rückhaltesystem.
1 Luftfilter,
2 Motorsteuergerät,
3 Entlüftungsleitung des Kraftstoffbehälters,
4 Kraftstoffbehälter,
5 Drosselvorrichtung,
6 Regenerierventil,
7 Aktivkohlebehälter,
8 Leitung zum Saugrohr,
9 Saugrohr.
A Ansaugluft,
B Frischluft.

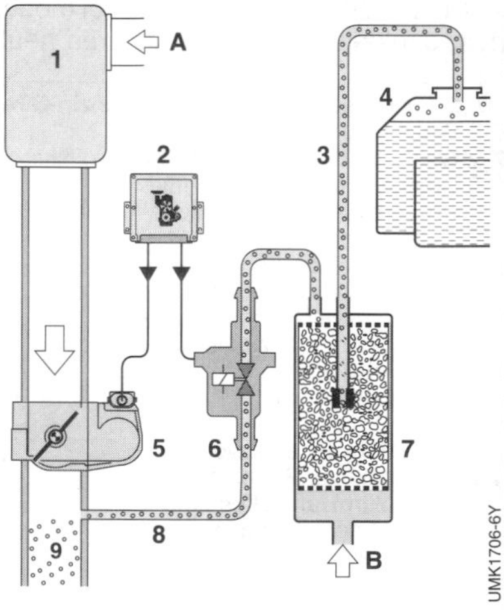

Drucktank

Bei Hybridfahrzeugen, die längere Strecken rein elektrisch betrieben werden können, ergibt sich unter Umständen keine Regeneriermöglichkeit mehr. Zum Einsatz kommt dann statt des üblichen aus Kunststoff gefertigten Kraftstoffbehälters ein druckfester Stahltank, der über ein weiteres, am Tank angeordnetes Absperrventil an den Aktivkohlebehälter angebunden ist (Bild 6). Bei erhöhter Ausgasung steigt der Druck in einem solchen Tank, was einer weiteren Ausgasung des Kraftstoffs entgegenwirkt. Wenn der Druck im Tank kritische Werte annimmt, erfolgt eine Regelung des Tankdrucks durch das Motorsteuergerät, indem das zusätzliche Absperrventil öffnet und die Kraftstoffdämpfe in den Aktivkohlebehälter geleitet werden. Für eine Betankung des Fahrzeugs muss der Tankdruck ebenfalls reduziert werden. Zur Regenerierung wird der Betrieb des Verbrennungsmotors dann explizit von dem Motorsteuergerät angefordert.

Benzinfilter

Aufgabe

Der Kraftstofffilter hat die Aufgabe, den Kraftstoff, der in das Kraftstoffsystem fließt, zu filtern. Verunreinigungen im Kraftstoff müssen herausgefiltert werden, um das System und insbesondere die Einspritzventile zu schützen.

Aufbau

Kraftstofffilter für Ottomotoren (Benzinfilter) werden druckseitig hinter der Kraftstoffpumpe angeordnet. Bei neueren Fahrzeugen werden bevorzugt Intank-Filter eingesetzt, d.h., der Filter ist im Kraftstofffördermodul im Kraftstoffbehälter integriert. Er ist in diesem Fall immer als „Lifetime-Filter" (Lebensdauerbauteil) ausgelegt, der während der Lebensdauer des Fahrzeugs nicht gewechselt werden muss. Daneben werden weiterhin Inline-Filter (Leitungseinbaufilter) eingesetzt, die in die Kraftstoffleitung eingebaut werden. Diese können als Wechselteil oder als Lebensdauerbauteil ausgelegt sein.

Das Filtergehäuse ist aus Stahl, Aluminium oder Kunststoff gefertigt. Es wird

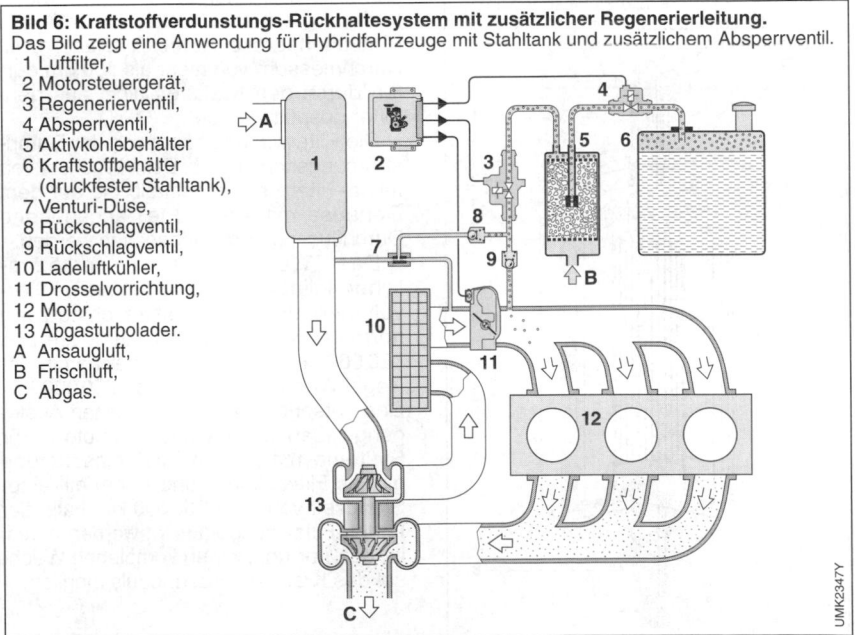

Bild 6: Kraftstoffverdunstungs-Rückhaltesystem mit zusätzlicher Regenerierleitung.
Das Bild zeigt eine Anwendung für Hybridfahrzeuge mit Stahltank und zusätzlichem Absperrventil.

1 Luftfilter,
2 Motorsteuergerät,
3 Regenerierventil,
4 Absperrventil,
5 Aktivkohlebehälter
6 Kraftstoffbehälter (druckfester Stahltank),
7 Venturi-Düse,
8 Rückschlagventil,
9 Rückschlagventil,
10 Ladeluftkühler,
11 Drosselvorrichtung,
12 Motor,
13 Abgasturbolader.
A Ansaugluft,
B Frischluft,
C Abgas.

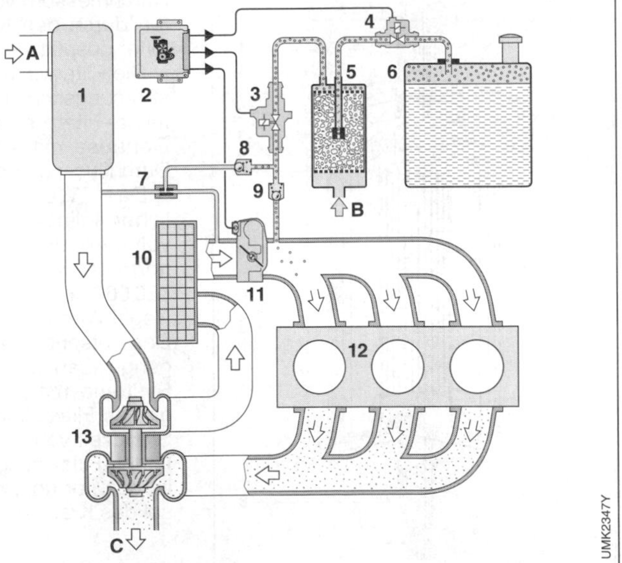

durch einen Gewinde-, Schlauch- oder Schnellanschluss mit der Kraftstoffzuleitung verbunden. Im Gehäuse befindet sich der Filtereinsatz, der die Schmutzpartikel aus dem Kraftstoff herausfiltert (Bild 7). Der Filtereinsatz ist so in den Kraftstoffkreislauf integriert, dass die gesamte Oberfläche des Filtermediums möglichst mit gleicher Fließgeschwindigkeit von Kraftstoff durchströmt wird.

Filtermedium
Als Filtermedium werden spezielle Zellulosefaserpapiere mit Harzimprägnierung eingesetzt, die bei höheren Anforderungen zusätzlich mit einer Schicht aus Kunstfasern (Meltblown) verbunden sind. Dieser Verbund muss eine hohe mechanische, thermische und chemische Stabilität gewährleisten. Die Papierporosität und die Porenverteilung des Filterpapiers bestimmen den Schmutzabscheidegrad und den Durchflusswiderstand des Filters.

Bild 7: Benzin-Kraftstofffilter für Leitungseinbau.
1 Kraftstoffaustritt, 2 Filterdeckel,
3 laserverschweißte Kante, 4 Stützscheibe,
5 Dichtung, 6 sterngefaltetes Filtermedium,
7 druckstabiles Filtergehäuse,
8 Kraftstoffeintritt.

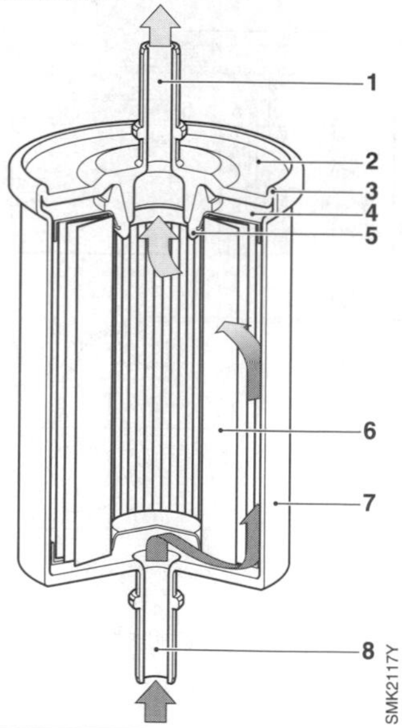

Kraftstofffilter für Benzinmotoren werden in Wickel- oder in Sternausführung gefertigt. Beim Wickelfilter wird ein geprägtes Filterpapier um ein Stützrohr gewickelt. Der Kraftstoff durchfließt den Filter in Längsrichtung.

Beim Sternfilter wird das Filterpapier gefaltet und sternförmig in das Gehäuse eingebracht (Bild 7). Endscheiben aus Kunststoff, Harz oder Metall sowie gegebenenfalls ein innerer Stützmantel sorgen für Stabilität. Der Kraftstoff durchfließt den Filter von außen nach innen, die Schmutzpartikel werden dabei vom Filtermedium abgeschieden.

Anforderungen
Die erforderliche Filterfeinheit hängt vom Einspritzsystem ab. Für Systeme mit Saugrohreinspritzung hat der Filtereinsatz eine mittlere Porenweite von ca. 10 µm. Für die Benzin-Direkteinspritzung ist eine feinere Filtrierung erforderlich. Die mittlere Porenweite liegt hier im Bereich von 5 µm. Partikel mit einer Größe von mehr als 5 µm müssen zu 85 % abgeschieden werden. Darüber hinaus muss ein Filter für Benzin-Direkteinspritzung im Neuzustand folgende Restschmutzforderung erfüllen: Metall-, Mineral- und Kunststoffpartikel sowie Glasfasern mit Durchmessern von mehr als 400 µm dürfen durch den Kraftstoff nicht aus dem Filter gespült werden.

Die Filterwirkung hängt von der Durchströmungsrichtung ab. Beim Wechsel von Inline-Filtern muss deshalb die auf dem Gehäuse mit einem Pfeil angegebene Durchflussrichtung eingehalten werden.

Das Wechselintervall herkömmlicher Inline-Filter liegt je nach Filtervolumen und Kraftstoffverschmutzung normalerweise zwischen 30 000 km und 120 000 km. Intank-Filter erreichen in der Regel Wechselintervalle von 250 000 km. Das entspricht der heute üblichen Auslegungslebensdauer eines Ottomotors. Für Systeme mit Benzin-Direkteinspritzung gibt es Filter (Intank und Inline) mit einer Standzeit von über 250 000 km. Falls der Intank-Filter ausgetauscht werden muss, ist das nur über einen kompletten Wechsel des Kraftstofffördermoduls möglich.

Elektrokraftstoffpumpe

Die Elektrokraftstoffpumpe (EKP) muss dem Motor bei allen Betriebszuständen ausreichend Kraftstoff mit dem zum Einspritzen nötigen Druck zuführen. Die wesentlichen Anforderungen sind:

- Fördermenge zwischen 40 und 300 *l*/h bei Nennspannung,
- Druck im Kraftstoffsystem zwischen 300 und 650 kPa (3,0...6,5 bar),
- Aufbau des Systemdrucks ab 50...60 % der Nennspannung; bestimmend hierfür ist der Betrieb bei Kaltstart.

Außerdem dient die Elektrokraftstoffpumpe zunehmend als Vorförderpumpe für moderne Direkteinspritzsysteme sowohl für Benzin- als auch für Dieselmotoren. Für die Benzin-Direkteinspritzung sind bei Heißförderbetrieb zumindest zeitweise Drücke bis 650 kPa bereitzustellen.

Bild 8: Aufbau der Elektrokraftstoffpumpe am Beispiel einer Strömungspumpe.
A Anschlussdeckel,
B Elektromotor,
C Pumpenelement.
1 Elektrischer Anschluss,
2 hydraulischer Anschluss (Kraftstoffauslass),
3 Rückschlagventil,
4 Druckbegrenzungsventil,
5 Kommutator mit Kohlebürsten,
6 Motoranker mit Wicklungen, die über den Kommutator bestromt werden,
7 Magnet,
8 Laufrad der Strömungspumpe,
9 hydraulischer Anschluss (Kraftstoffzufluss).

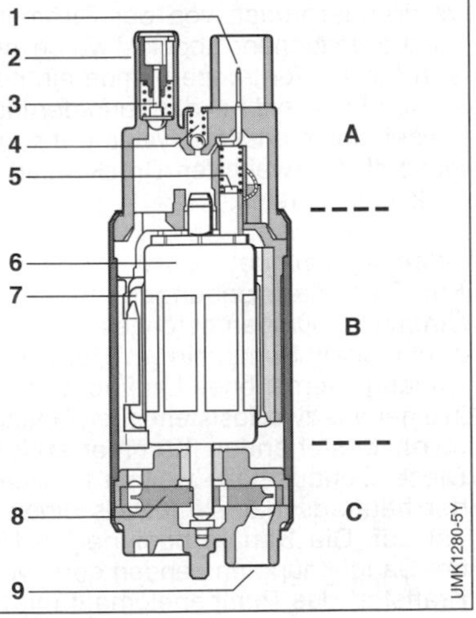

Elektromotor

Das Pumpenelement der Elektrokraftstoffpumpe (Bild 8) wird von einem Elektromotor angetrieben. Standard bei diesem Motor ist ein Anker mit Kupfer- oder mit Kohlekommutator. Bei neuen Fahrzeugen am Markt werden auch zunehmend elektronische Kommutierungssysteme ohne Kommutator und Kohlebürsten verwendet. Die Auslegung des Elektromotors hängt von der gewünschten Fördermenge bei gegebenem Systemdruck ab. Er wird ständig vom Kraftstoff umströmt und damit gekühlt.

Anschlussdeckel

Der Anschlussdeckel enthält den elektrischen Anschluss und den druckseitigen hydraulischen Anschluss. Das Rückschlagventil verhindert, dass sich die Kraftstoffleitungen nach Abschalten der Elektrokraftstoffpumpe entleeren; damit bleibt der Systemdruck nach Abschalten für eine gewisse Zeit erhalten.

Bei Bedarf ist ein Druckbegrenzungsventil integriert. Der Anschlussdeckel enthält üblicherweise auch die Kohlebürsten des Kommutierungssystems und Elemente für die Funkentstörung (Drosselspulen und gegebenenfalls Kondensatoren).

Pumpenelement

Das Pumpenelement ist als Verdränger- oder als Strömungspumpe ausgeführt.

Verdrängerpumpe

In einer Verdrängerpumpe werden grundsätzlich Flüssigkeitsvolumina angesaugt und in einem (abgesehen von Undichtheiten) abgeschlossenen Raum durch die Rotation des Pumpenelements zur Hochdruckseite transportiert. Für die Elektrokraftstoffpumpe kommen die Rollenzellenpumpe (Bild 9a), die Innenzahnradpumpe (Bild 9b) sowie die Schraubspindelpumpe zur Anwendung.

Rollenzellenpumpe

Die im Pumpengehäuse exzentrisch angeordnete Nutscheibe enthält an ihrem

Umfang Metallrollen, die in den nutförmigen Aussparungen lose geführt werden. Durch die Fliehkraft bei der Rotation der Nutscheibe und den Kraftstoffdruck werden die Rollen gegen das Pumpengehäuse und die treibenden Flanken der Nuten gedrückt. Die Rollen wirken dabei als umlaufende Dichtungen. In der zwischen je zwei Rollen der Nutscheibe und dem Pumpengehäuse gebildeten Kammer wird der Kraftstoff gefördert. Die Pumpwirkung ergibt sich dadurch, dass sich nach Abschließen der Zulauföffnung das Kammervolumen kontinuierlich verkleinert, bis der Kraftstoff die Pumpe durch die Auslassöffnung verlässt.

Bild 9: Pumpenprinzipien für Elektrokraftstoffpumpen.
a) Rollenzellenpumpe,
b) Innenzahnradpumpe,
c) Strömungspumpe.

A Kraftstoffzulauf (Saugöffnung),
B Auslass (Druckseite).
1 Nutscheibe (exzentrisch), 2 Rolle,
3 inneres Antriebsrad, 4 Läufer (exzentrisch),
5 Laufrad, 6 Laufradschaufeln,
7 Kanal (peripher), 8 Entgasungsbohrung.

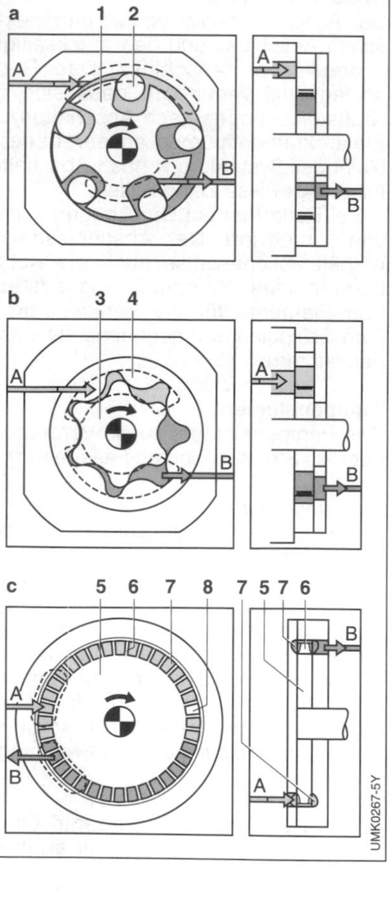

Innenzahnradpumpe
Die Innenzahnradpumpe besteht aus einem inneren Antriebsrad, das einen exzentrisch angeordneten Außenläufer kämmt. Dieser zählt einen Zahn mehr als das Antriebsrad. Die gegeneinander abdichtenden Zahnflanken bilden bei der Drehung in ihren Zwischenräumen variable Kammern, die für die Pumpwirkung sorgen.

Verdrängerpumpen sind vorteilhaft bei hoch viskosen Medien, z. B. kaltem Diesel-Kraftstoff. Sie haben ein gutes Niederspannungsverhalten, d.h. eine relativ flache Förderleistungskennlinie über der Betriebsspannung. Der Wirkungsgrad kann bis zu 40 % betragen. Je nach Detailausführung und Einbausituation können die unvermeidlichen Druckpulsationen Geräusche verursachen.

Während für die klassische Funktion der Elektrokraftstoffpumpe in elektronischen Benzineinspritzsystemen die Verdrängerpumpe von der Strömungspumpe weitgehend abgelöst wurde, ergibt sich für die Verdrängerpumpe ein neues Anwendungsfeld bei der Vorförderung für Diesel Common-Rail-Systeme mit ihrem wesentlich erweiterten Druckbedarf und Viskositätsbereich.

Strömungspumpe
Für Benzinanwendungen haben sich Strömungspumpen durchgesetzt. Ein mit zahlreichen Schaufeln im Bereich des Umfangs versehenes Laufrad dreht sich in einer aus zwei feststehenden Gehäuseteilen bestehenden Kammer (Bild 9c). Diese Gehäuseteile weisen im Bereich der Laufradschaufeln jeweils einen Kanal auf. Die Kanäle beginnen in Höhe der Saugöffnung und enden dort, wo der Kraftstoff das Pumpenelement mit Sys-

temdruck verlässt. Zur Verbesserung der Heißfördereigenschaften befindet sich in einem gewissen Winkelabstand von der Ansaugöffnung eine kleine Entgasungsbohrung, die (unter Inkaufnahme einer minimalen Leckage) den Austritt eventueller Gasblasen ermöglicht.

Der Druck baut sich längs des Kanals durch den Impulsaustausch zwischen den Laufradschaufeln und den Flüssigkeitsteilchen auf. Die Folge davon ist eine spiralige Rotation des im Laufrad und in den Kanälen befindlichen Flüssigkeitsvolumens.

Strömungspumpen sind geräuscharm, da der Druckaufbau kontinuierlich und nahezu pulsationsfrei erfolgt. Die Konstruktion ist gegenüber Verdrängerpumpen deutlich vereinfacht. Systemdrücke bis 650 kPa sind erreichbar. Der Wirkungsgrad dieser Pumpen kann, je nach Betriebspunkt, über 30 % erreichen.

Kraftstofffördermodul

Während in den Anfängen der elektronischen Benzineinspritzung die Elektrokraftstoffpumpe ausschließlich außerhalb des Tanks (Inline) angeordnet war, überwiegt heute der Tankeinbau. Die Elektrokraftstoffpumpe ist Bestandteil eines Kraftstofffördermoduls (Tankeinbaueinheit, Bild 10), das weitere Elemente umfassen kann:
- Einen Schwalltopf,
- einen Tankfüllstandssensor (siehe Sensoren),
- einen Kraftstoffdruckregler bei rücklauffreien Kraftstofffördersystemen,
- einen Vorfilter zum Schutz der Pumpe,
- einen druckseitigen Kraftstoff-Feinfilter, der über die gesamte Fahrzeuglebensdauer nicht gewechselt werden muss
- sowie elektrische und hydraulische Anschlüsse.
- Darüber hinaus können Tankdrucksensoren zur Tankleckdiagnose, Kraftstoffdrucksensoren für bedarfsgeregelte Systeme sowie Ventile für die Tankentlüftung integriert werden.

Bild 10: Kraftstofffördermodul.
1 Schwalltopf, 2 Kraftstofffilter,
3 Elektrokraftstoffpumpe,
4 Saugstrahlpumpe, 5 Kraftstoffdruckregler,
6 Tankfüllstandssensor, 7 Vorfilter.

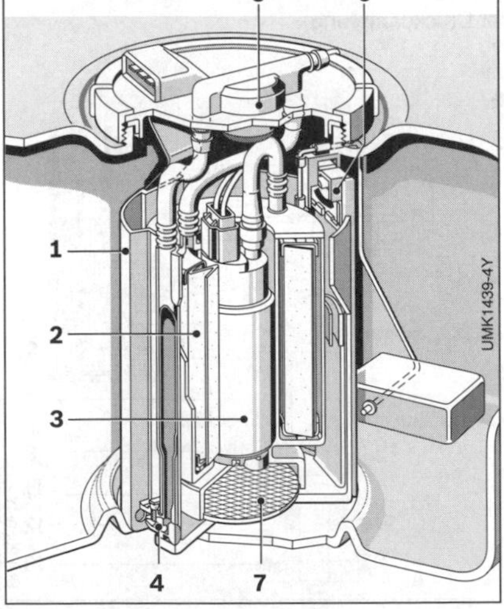

Der Schwalltopf befindet sich zentral im Kraftstoffbehälter. In diesen becherförmigen Behälter ist die Saugseite der Elektrokraftstoffpumpe eingesetzt. Bei hohem Tankfüllstand fließt Kraftstoff über den Becherrand, bei niedrigem Füllstand gelangt Kraftstoff durch eine kleine Öffnung am Becherboden oder durch den Rücklauf der Elektrokraftstoffpumpe in den Schwalltopf. Bei Kurvenfahrt, beim Beschleunigen und beim Bremsen fließt der Kraftstoff im Kraftstoffbehälter zu einer Seite, was bei niedrigem Füllstand zu einer Unterbrechung der Kraftstoffversorgung führen würde. Aus dem Schwalltopf kann der Kraftstoff durch die kleine Öffnung nur langsam entweichen, sodass die Kraftstoffversorgung für eine gewisse Zeit gesichert ist.

Der Schwalltopf kann passiv z.B. durch ein Klappensystem oder ein Umschaltventil, oder aktiv durch eine Saugstrahlpumpe gefüllt werden. Diese Pumpe ist als Venturidüse ausgebildet und enthält keine beweglichen Teile. Der Kraftstoffrücklauf fließt als Treibmedium in diese Pumpe und wird nach Austritt einer Düse beschleunigt. Nach dem Gesetz von Bernoulli entsteht ein Druckabfall. Dadurch wird über einen zweiten Eingang Kraftstoff aus dem Kraftstoffbehälter angesaugt und unter Druck mit dem Kraftstoffrücklauf zum Pumpenausgang gefördert.

Hochdruckpumpen für die Benzin-Direkteinspritzung

Die Hochdruckpumpe (HDP) hat die Aufgabe, den von der Elektrokraftstoffpumpe (EKP) mit einem drehzahl- und temperaturabhängigen Vordruck (Kennfeldwert) gelieferten Kraftstoff in ausreichender Menge auf das für die Hochdruckeinspritzung erforderliche Niveau zu verdichten.

Bedarfsgeregelte Hochdruckpumpe

Aufbau und Arbeitsweise

Die bedarfsgeregelte Hochdruckpumpe von Bosch wird in Systemen zur Benzin-Direkteinspritzung für Einspritzdrücke bis zu 20 MPa eingesetzt (Benzin-Direkteinspritzung der zweiten Generation). Die anschließende Weiterentwicklung der zweiten Generation erhöht den Druckbereich auf 25 MPa und verbessert die Akustik des Mengensteuerventils. Die dritte Generation erhöht den Druckbereich auf 35 MPa, ermöglicht eine größere Fördermenge und verbessert abermals die Akustik.

Bei der Hochdruckpumpe handelt es sich um eine in Öl laufende nockengetriebene Einzylinderpumpe (Bild 11) mit integriertem Mengensteuerventil (auch als Zumesseinheit bezeichnet), integriertem hochdruckseitigen Druckbegrenzungsventil und integriertem niederdruckseitigen Druckdämpfer. Zur Erfüllung künftiger erhöhter Anforderungen durch Kraftstoffe und aufgrund von Abgasgesetzgebungen besteht die Pumpe aus Edelstahl und ist an allen emissionsrelevanten Verbindungsstellen geschweißt.

Die Hochdruckpumpe ist als Steckpumpe am Zylinderkopf befestigt. Die Schnittstelle zwischen Motornockenwelle und Förderelement bildet beim Zweifachnocken ein Tassenstößel (Bild 12a), beim Drei- und Vierfachnocken ein Rollenstößel (Bild 12b). Damit ist die Übertragung der Hubkurve des Nockens auf den Förderkolben (Pumpenkolben) der Hochdruckpumpe mit den Anforderungen hinsichtlich Schmierung, hertzsche Pressung und Massenträgheit sichergestellt. Bei der Hubbewegung des Nockens fährt der Stößel die Kontur des Nockens ab.

Bild 11: Bedarfsgeregelte Einzylinder-Hochdruckpumpe für Benzin-Direkteinspritzsysteme der zweiten Generation.
a) Ansicht mit Niederdruckanschluss,
b) Ansicht mit Hochdruckanschluss (auf gleicher Ebene winkelversetzt zum Niederdruckanschluss).
1 Variabler Druckdämpfer, 2 Druckbegrenzungsventil, 3 Hochdruckanschluss,
4 Niederdruckanschluss, 5 Auslassventil, 6 Mengensteuerventil, 7 Einlassventil,
8 Befestigungsflansch, 9 O-Ring,
10 Verbindung zum Kolben-Stufenraum (Funktion der Druckdämpfung),
11 Förderkolben, 12 Kolbendichtung, 13 Kolbenfeder.

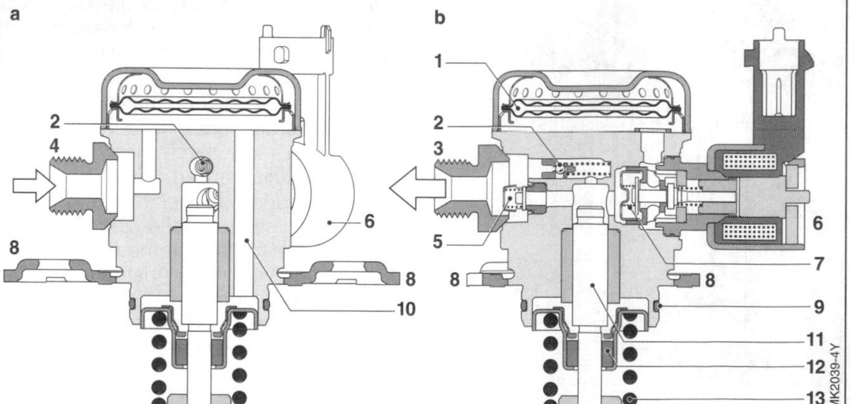

Daraus ergibt sich eine Hubbewegung des Förderkolbens. Im Förderhub nimmt der Stößel die anstehenden Druck-, Massen-, Feder- und Kontaktkräfte auf. Er ist dabei drehfixiert.

Mit dem Vierfachnocken ist eine zeitliche Synchronisierung von Förderung und Einspritzung beim Vierzylindermotor möglich, d.h., bei jeder Einspritzung gibt es auch eine Förderung. Damit wird durch den geringeren Druckeinbruch im Rail zum einen eine Reduzierung der Anregung des Hochdruckkreises erreicht, zum anderen kann das Volumen des Rails reduziert werden.

Bild 12: Antrieb der Hochdruckpumpen.
a) Antrieb über Tassenstößel,
b) Antrieb über Rollenstößel.
1 Pumpenkolben, 2 Tassenstößel,
3 Rollenstößel, 4 Zweifachnocken,
5 Dreifachnocken,
6 Antriebswelle (Motornockenwelle).

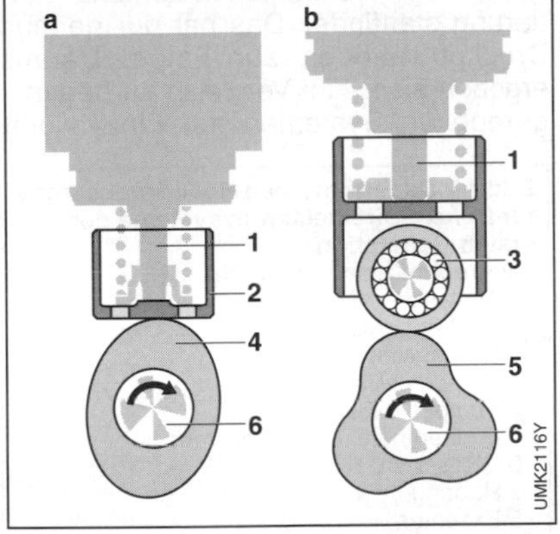

Um sicherzustellen, dass bei maximalem Kraftstoffbedarf des Motors der Systemdruck noch ausreichend schnell erreicht oder variiert werden kann, wird die maximale Fördermenge der Hochdruckpumpe auf den Maximalbedarf zuzüglich erforderlicher Faktoren, die das Förderverhalten beeinflussen (z.B. Hochdruckstart, Heißbenzin, Alterung der Pumpe, Dynamik), ausgelegt.

Der Liefergrad ergibt sich aus dem Verhältnis von tatsächlich gelieferter Kraftstoffmenge zur theoretisch möglichen Menge. Diese ist vom Förderkolbendurchmesser und vom Hub abhängig. Der Liefergrad ist über der Drehzahl nicht konstant. Er hängt von folgenden Faktoren ab:

- Im unteren Drehzahlbereich: Kolben- und andere Leckagen.
- Im oberen Drehzahlbereich: Dynamik (Trägheit und Öffnungsdruck) des Einlass- und des Auslassventils.
- Im gesamten Drehzahlbereich: Totvolumen des Förderraums und Temperaturabhängigkeit der Kraftstoffkompressibilität.

Bild 13: Ansteuerkonzept des Mengensteuerventils.

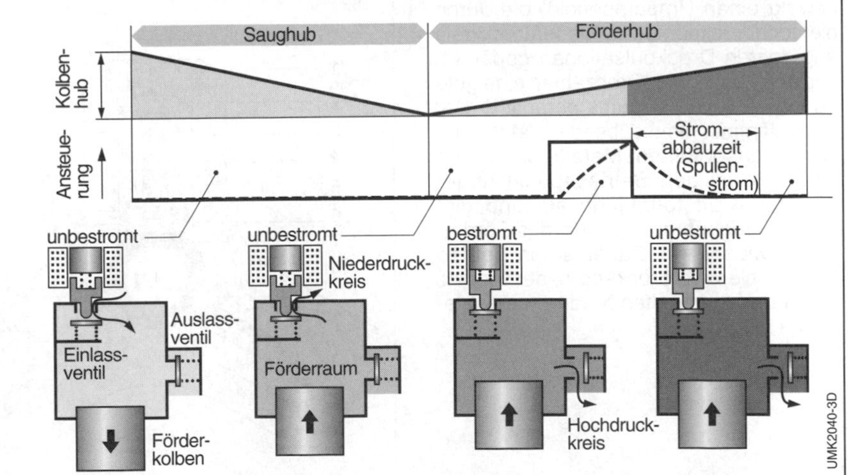

Mengensteuerventil
Mit dem Mengensteuerventil (Bild 13) wird die Bedarfsregelung der Hochdruckpumpe realisiert. Der von der Elektrokraftstoffpumpe gelieferte Kraftstoff wird über das Einlassventil des offenen Mengensteuerventils in den Förderraum gesaugt. Im anschließenden Förderhub bleibt das Mengensteuerventil nach dem unteren Totpunkt weiterhin offen, sodass der im jeweiligen Lastpunkt nicht benötigte Kraftstoff unter Vordruck in den Niederdruckkreis zurückgefördert wird. Nach Ansteuern des Mengensteuerventils schließt das Einlassventil, der Kraftstoff wird vom Förderkolben verdichtet und in den Hochdruckkreis gefördert. Das Einlassventil bleibt anschließend während des Förderhubs aufgrund des Drucks im Förderraum auch bei unbestromten Mengensteuerventil geschlossen. Die Motorsteuerung berechnet den Zeitpunkt, ab dem das Mengensteuerventil angesteuert wird in Abhängigkeit von der Fördermenge und dem Raildruck. Hier wird zur Bedarfsregelung der Förderbeginn variiert.

Druckdämpfer
Mit dem in der Hochdruckpumpe integrierten variablen Druckdämpfer (Bild 11) werden zusammen mit dem als Stufenkolben ausgebildeten Förderkolben (Zurückpumpen im Saughub durch geringeren Durchmesser im unteren Bereich bewirkt einen Umpumpeffekt) die durch die Hochdruckpumpe im Niederdruckkreis angeregten Druckpulsationen gedämpft und auch bei hohen Drehzahlen eine gute Füllung des Förderraums garantiert. Der Druckdämpfer nimmt über die Verformung seiner gasgefüllten Metallmembranen die im jeweiligen Betriebspunkt abgesteuerte Kraftstoffmenge auf und gibt sie im Saughub zur Füllung des Förderraums wieder frei. Dabei ist ein Betrieb mit variablem Vordruck – d.h. der Einsatz von bedarfsgeregelten Niederdrucksystemen – möglich.

Dauerfördernde Hochdruckpumpe
Aufbau und Arbeitsweise
Die dauerfördernde Hochdruckpumpe von Bosch wird in Systemen zur Benzin-Direkteinspritzung mit Einspritzdrücken bis zu 12 MPa eingesetzt (Benzin-Direkteinspritzung der ersten Generation). Sie ist als Radialkolbenpumpe mit drei um jeweils 120 ° in Umfangsrichtung zueinander versetzten Förderelementen ausgeführt (Dreizylinder-Radialkolbenpumpe, Bild 14).

Die Fördermenge der dauerfördernden Hochdruckpumpe ist proportional zur Drehzahl. Die drei Elemente fördern um 120 ° versetzt, sodass eine überschneidende und damit kontinuierliche Förderung stattfindet. Das hat nur geringe Druckpulsationen zur Folge. Daraus ergeben sich – im Vergleich zu bedarfsgeregelten Systemen mit Einzylinder-

Bild 14: Dauerfördernde Hochdruckpumpe für Benzin-Direkteinspritzsysteme der ersten Generation (Querschnitt, schematisch).
1 Auslassventil,
2 Verdrängerraum,
3 Einlassventil,
4 Pumpenzylinder,
5 Pumpenkolben (Kolben hohl, Kraftstoffzulauf),
6 Gleitschuh,
7 Hubring,
8 Exzenter,
9 Hochdruckanschluss zum Rail,
10 Kraftstoffzulauf (Niederdruck).

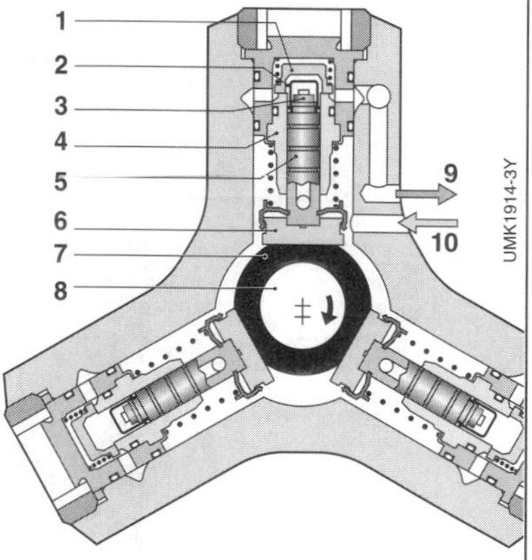

pumpen – reduzierte Anforderungen an die Verbindungs- und Leitungstechnik. Zudem kann auf einen Niederdruckdämpfer verzichtet werden. Nachteilig ist die im Vergleich zu bedarfsgeregelten Pumpen erhöhte Verlustleistung durch die Dauerförderung mit Hochdruck.

Bei Betrieb mit konstantem Raildruck oder bei Teillast wird der zu viel geförderte Kraftstoff über das am Rail montierte Drucksteuerventil auf Vordruckniveau entspannt und auf die Saugseite der Hochdruckpumpe zurückgeführt. Die Regelung und Einstellung des Druckniveaus im Hochdruckkreis erfolgt über eine vom Motorsteuergerät vorgegebene Ansteuerung des Drucksteuerventils.

Drucksteuerventil
Das Drucksteuerventil (Bild 15) ist ein stromlos geschlossenes Proportionalventil, das über ein pulsweitenmoduliertes Signal angesteuert wird. Im Betrieb wird über eine Bestromung der Magnetspule eine Magnetkraft eingestellt, die die Ventilfeder entlastet und die Ventilkugel vom Ventilsitz abheben lässt und damit den Durchflussquerschnitt verändert. Abhängig vom Tastverhältnis stellt das Drucksteuerventil den gewünschten Raildruck ein. Der von der Hochdruckpumpe überschüssig geförderte Kraftstoff wird über die Ablaufbohrung in den Niederdruckkreis abgeleitet.

Zum Schutz der Komponenten vor unzulässig hohem Raildruck, z.B. bei Ausfall der Ansteuerung, ist über die Ventilfeder eine Druckbegrenzungsfunktion integriert. Bei Ausfall eines oder mehrerer Pumpenelemente ist so ein Notlauf mit den intakten Pumpenelementen oder über die Elektrokraftstoffpumpe mit dem Vordruck möglich.

Kraftstoffverteilerrohr

Saugrohreinspritzung
Die Aufgabe des Kraftstoffverteilerrohrs (fuel rail oder Rail) ist, den für die Einspritzung benötigten Kraftstoff zu speichern, Pulsationen zu dämpfen und die Gleichverteilung auf alle Einspritzventile sicherzustellen. Die Einspritzventile sind direkt am Rail montiert. Neben den Einspritzventilen kann bei Systemen mit Rücklauf auch ein Kraftstoffdruckregler und eventuell im Rail ein Druckdämpfer integriert sein.

Die gezielte Auslegung der Abmessungen des Rails verhindert örtliche Druckänderungen durch Resonanzen beim Öffnen und Schließen der Einspritzventile. Last- und drehzahlabhängige Unregelmäßigkeiten der Einspritzmengen werden dadurch vermieden.

Benzin-Direkteinspritzung
Das Kraftstoffverteilerrohr (Rail, Bild 16) hat die Aufgabe, die für den jeweiligen Betriebspunkt erforderliche Kraftstoffmenge zu speichern und zu verteilen. Die Speicherung erfolgt über das Volumen und die Kompressibilität des Kraftstoffs. Damit ist das Volumen beziehungsweise der Innendurchmesser motorleistungsabhängig und muss für den jeweiligen

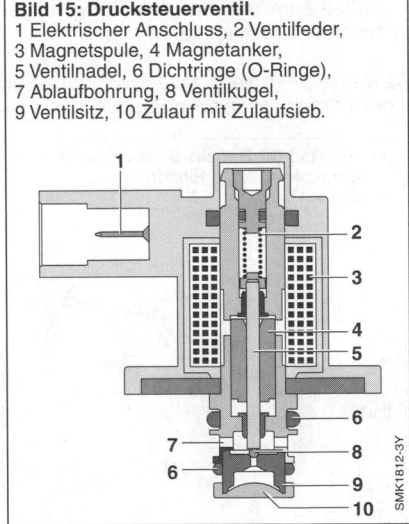

Bild 15: Drucksteuerventil.
1 Elektrischer Anschluss, 2 Ventilfeder, 3 Magnetspule, 4 Magnetanker, 5 Ventilnadel, 6 Dichtringe (O-Ringe), 7 Ablaufbohrung, 8 Ventilkugel, 9 Ventilsitz, 10 Zulauf mit Zulaufsieb.

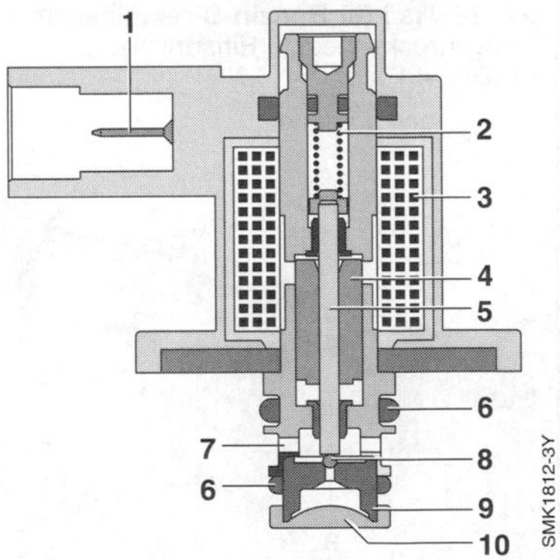

Motorbedarf (Einspritzmenge) und Druckbereich angepasst werden. Die vollständige Auslegung des Rohrs erfolgt über die Dimensionierung des Außendurchmessers beziehungsweise der Wandstärke des Rohrs zur Sicherstellung der Festigkeit. Das Rail wird betriebsfest ausgelegt, was über spezielle Drucklastprofile abgeprüft wird, die aus realen Betriebslasten abgeleitet worden sind. Das Volumen sorgt außerdem für eine hydraulische Dämpfung im Hochdruckbereich, d.h., Druckschwankungen im Rail werden ausgeglichen.

Das Rail besteht aus unterschiedlichen Anbaukomponenten, die entweder als Schnittstellen oder als Funktionsgruppen agieren. Im einzelnen sind das:

- ein Edelstahlrohr zur Darstellung des Volumens und Aufnahme der weiteren Anbauteile (Kupfer-gelötet oder geschraubt),
- Halter zur Befestigung des Rails am Motorblock,
- Tasse zur Aufnahme der Einspritzventile,
- Hochdruckleitungsanschluss mit integrierter Blende,
- Drucksensoranschluss,
- Endkappe,
- Niederhalter zur Sicherung der Injektorposition im Betrieb mit Brennraumdruck und Schwingbeschleunigungen,
- Kabelbaum mit (um das Rohr) aufgeclipsten Kunststoffkanal.

Teilweise sind diese massiven, gebauten oder tiefgezogenen Anbauteile auch als Funktionsblöcke ausgeführt (z.B. Halter und Tasse). Die Abdichtung der Einspritzventile erfolgt über O-Ringe, die Abdichtung des Drucksensors und des Hochdruckanschlusses über eine geschraubte Kugel-Kegel-Geometrie.

Eine Besonderheit ist das „suspended design“ der Injektoraufhängung, welches durch seinen druckausgeglichenen Aufbau für eine niedrige Belastung sorgt. Nachteil dieser Variante ist der erhöhte Bedarf an Bauraum.

Die größte Herausforderung bei der Entwicklung der Rails ist die Vielfalt der erforderlichen Lösungen, da es immer in einen bereits vorgegebenen Einbauraum in den Motor integriert werden muss.

Das Rail für Einspritzsysteme der ersten Generation ist für den Druckbereich bis 12 MPa (plus 0,5 MPa Öffnungsdruck des Druckbegrenzungsventils) ausgelegt. Für die zweite Generation reicht der Druckbereich bis 25 MPa (plus 5,0 MPa Öffnungsdruck des Druckbegrenzungsventils) für die dritte Generation entsprechend der Hochdruckpumpe bis 35 MPa. Zusätzlich wird im Rahmen der Weiterentwicklung auch die Akustik des Rails im Gesamtverbund verbessert.

Bild 16: Rail für Benzin-Direkteinspritzung.
1 Hochdrucksensor, 2 Einspritzventile, 3 Halter, 4 Rail.

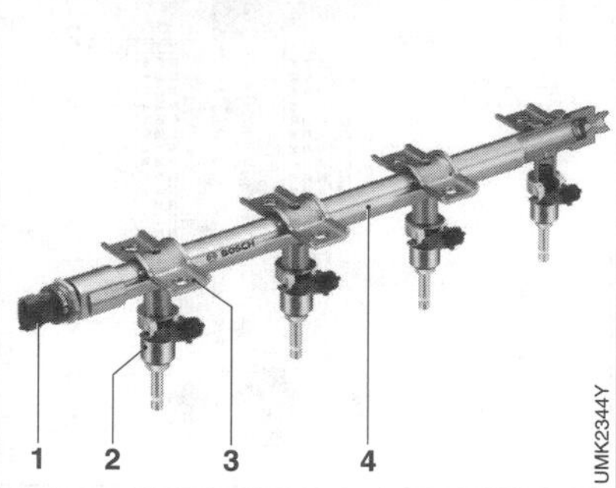

Kraftstoffdruckregler

Aufgabe

Bei der Saugrohreinspritzung ist die vom Einspritzventil eingespritzte Kraftstoffmenge abhängig von der Einspritzzeit und von der Druckdifferenz zwischen Kraftstoffdruck im Rail und Gegendruck im Saugrohr. Bei Systemen mit Rücklauf wird der Druckeinfluss kompensiert, indem ein Kraftstoffdruckregler die Differenz zwischen Kraftstoffdruck und Saugrohrdruck konstant hält. Dieser Druckregler lässt gerade so viel Kraftstoff zum Kraftstoffbehälter zurückfließen, dass das Druckgefälle an den Einspritzventilen konstant bleibt. Zur vollständigen Durchspülung des Rails ist der Kraftstoffdruckregler normalerweise an dessen Ende montiert.

Bei rücklauffreien Systemen sitzt der Kraftstoffdruckregler im Kraftstofffördermodul im Kraftstoffbehälter. Der Kraftstoffdruck im Rail wird auf einen konstanten Wert gegenüber dem Umgebungsdruck geregelt. Die Differenz zum Saugrohrdruck ist daher nicht konstant und wird bei der Berechnung der Einspritzdauer berücksichtigt.

Anbau am Rail

Der Kraftstoffdruckregler (Bild 17) ist als membrangesteuerter Überströmdruckregler ausgebildet. Eine Gummigewebemembran teilt den Kraftstoffdruckregler in eine Kraftstoffkammer und in eine Federkammer. Die Druckfeder presst über den in die Membran integrierten Ventilträger eine beweglich gelagerte Ventilplatte auf den Ventilsitz. Wenn die durch den Kraftstoffdruck auf die Membran ausgeübte Kraft die Federkraft überschreitet, öffnet das Ventil und lässt gerade so viel Kraftstoff zum Kraftstoffbehälter fließen, dass sich an der Membran ein Kräftegleichgewicht einstellt.

Die Federkammer ist pneumatisch mit dem Sammelsaugrohr hinter der Drosselklappe verbunden. Der Saugrohrunterdruck wirkt dadurch auch in der Federkammer. An der Membran steht damit das gleiche Druckverhältnis an wie an den Einspritzventilen. Das Druckgefälle an den Einspritzventilen hängt deshalb allein von der Federkraft und der Membranfläche ab und bleibt folglich konstant.

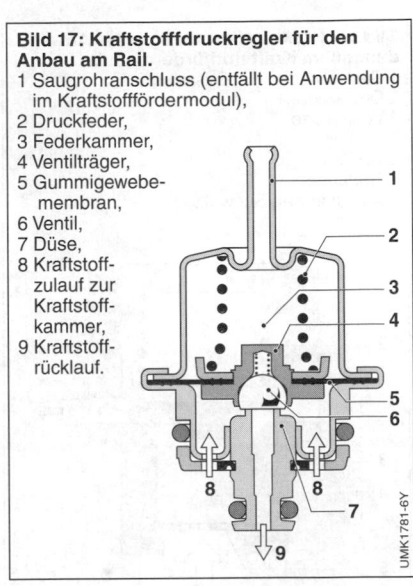

Bild 17: Kraftstofffdruckregler für den Anbau am Rail.
1 Saugrohranschluss (entfällt bei Anwendung im Kraftstofffördermodul),
2 Druckfeder,
3 Federkammer,
4 Ventilträger,
5 Gummigewebemembran,
6 Ventil,
7 Düse,
8 Kraftstoffzulauf zur Kraftstoffkammer,
9 Kraftstoffrücklauf.

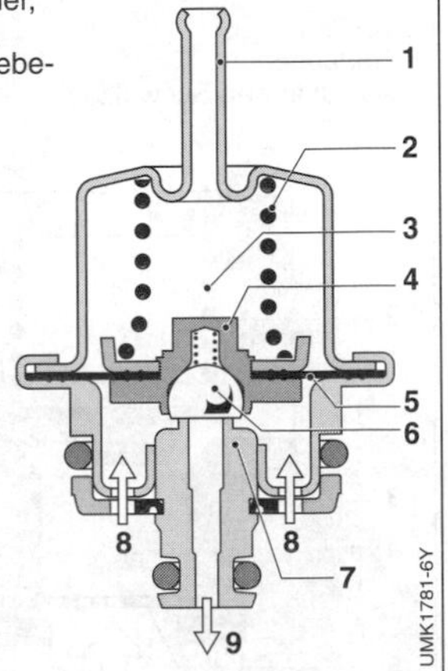

Bild 18: Kraftstoffdruckregler für Anwendungen im Kraftstofffördermodul.
1 Stellschraube (für Systemdruck),
2 Druckfeder,
3 Ventilplatte,
4 O-Ring,
5 Vorfilter,
6 Gehäuse,
7 Ablauf in den Schwalltopf.

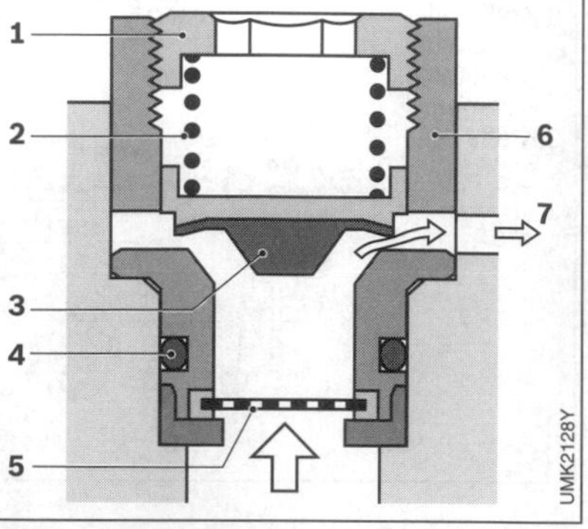

Einbau im Kraftstofffördermodul

Bei Anwendungen im Kraftstofffördermodul kann der Kraftstoffdruckregler einfacher ausgeführt werden im Vergleich zu dem am Rail angebauten Druckregler. Daher setzten sich diese einfachen Druckregler (Bild 18) durch. Durch eine grobes Vorfilter (Schutz des Druckreglers vor Verschmutzung) strömt der Kraftstoff gegen die Ventilplatte. Wenn der Kraftstoffdruck größer wird als die Federkraft, welche die Ventilplatte gegen den Dichtsitz presst, öffnet sich ein Ringspalt. Durch diesen Ringspalt strömt der Kraftstoff durch das Gehäuse des Druckreglers direkt in den Schwalltopf zurück.

Kraftstoffdruckdämpfer

Aufgabe, Aufbau und Arbeitsweise

Das Takten der Einspritzventile, Pulsationen der Hochdruckpumpe (heute die vorwiegende Ursache) und das periodische Ausschieben von Kraftstoff bei Elektrokraftstoffpumpen nach dem Verdrängerprinzip führt zu Schwingungen des Kraftstoffdrucks. Diese Schwingungen können Druckresonanzen verursachen und damit die Zumessgenauigkeit des Kraftstoffs stören. Die Schwingungen können sich auch über die Befestigungselemente von Elektrokraftstoffpumpe, Kraftstoffleitungen und Rail auf den Kraftstoffbehälter und die Karosserie des Fahrzeugs übertragen und Geräusche verursachen. Diese Probleme werden durch eine gezielte Gestaltung der Befestigungselemente und durch den Einsatz spezieller Kraftstoffdruckdämpfer vermieden.

Der Kraftstoffdruckdämpfer ist ähnlich aufgebaut wie der Kraftstoffdruckregler. Eine federbelastete Membran trennt den Kraftstoff- und den Luftraum. Die Federkraft ist so dimensioniert, dass die Membran von ihrem Sitz abhebt, sobald der Kraftstoffdruck seinen Arbeitsbereich erreicht. Der dadurch variable Kraftstoffraum kann beim Auftreten von Druckspitzen Kraftstoff aufnehmen und beim Absinken des Drucks wieder abgeben. Um bei saugrohrbedingter Schwankung des Kraftstoffabsolutdrucks stets im günstigsten Betriebsbereich zu arbeiten, kann die Federkammer mit einem Saugrohranschluss versehen sein.

Wie der Kraftstoffdruckregler kann auch der Kraftstoffdruckdämpfer am Rail oder in der Kraftstoffleitung sitzen. Bei der Benzin-Direkteinspritzung ergibt sich als zusätzlicher Anbauort die Hochdruckpumpe.

Gemischbildung

Grundlagen

Luft-Kraftstoff-Gemisch

Der Ottomotor benötigt zum Betrieb ein Luft-Kraftstoff-Gemisch. Das Gemisch für eine ideale, theoretisch vollständige Verbrennung erfordert ein Massenverhältnis von 14,7:1 (stöchiometrisches Verhältnis), d.h., zur Verbrennung von 1 kg Kraftstoff werden 14,7 kg Luft benötigt. Oder: 1 *l* Kraftstoff verbrennt vollständig mit ungefähr 9500 *l* Luft.

Der spezifische Kraftstoffverbrauch hängt wesentlich vom Luft-Kraftstoff-Verhältnis ab. Für die reale vollständige Verbrennung und damit für möglichst geringen Kraftstoffverbrauch ist ein Luftüberschuss notwendig, dem jedoch wegen der Entflammbarkeit des Gemischs und der verfügbaren Brenndauer Grenzen gesetzt sind.

Das Luft-Kraftstoff-Gemisch hat außerdem entscheidenden Einfluss auf die Wirksamkeit der Abgasnachbehandlungssysteme. Stand der Technik ist der Dreiwegekatalysator, der bei einem stöchiometrischen Luft-Kraftstoff-Verhältnis seine optimale Wirkung zeigt. Mit ihm können schädliche Abgaskomponenten um mehr als 99 % reduziert werden. Heute verfügbare Homogenmotoren werden daher mit stöchiometrischem Gemisch betrieben, sobald der Betriebszustand des Motors dies zulässt. Einzelne direkteinspritzende Motoren werden zur Kraftstoffeinsparung davon abweichend auch mager betrieben (Schichtbetrieb).

Bestimmte Betriebszustände des Motors erfordern eine Gemischkorrektur. Gezielte Änderungen der Gemischzusammensetzung sind z.B. beim kalten Motor erforderlich.

Luftzahl λ

Zur Kennzeichnung dafür, wie weit das tatsächlich vorhandene Luft-Kraftstoff-Gemisch vom theoretisch notwendigen Massenverhältnis (stöchiometrisches Verhältnis 14,7:1) abweicht, hat man die Luftzahl oder das Luftverhältnis λ (Lambda) gewählt. λ gibt das Verhältnis von im Zylinder befindlicher Luftmasse zum Luftbedarf bei stöchiometrischer Verbrennung an.

Stöchiometrisches Verhältnis

$\lambda = 1$: Die zugeführte Luftmasse entspricht der theoretisch erforderlichen Luftmasse.

Luftmangel

$\lambda < 1$: Es besteht Luftmangel und damit fettes Gemisch. Die maximale Motorleistung ergibt sich bei $\lambda = 0{,}85...0{,}95$.

Eine Anfettung des Luft-Kraftstoff-Gemischs kann erforderlich sein, um Bauteile vor thermischer Überlastung zu schützen (Bauteileschutz). Sie reduziert die Abgastemperatur, da der Kraftstoff nicht vollständig zu CO_2 sondern zu CO

Bild 1: Einflüsse der Luftzahl λ auf den spezifischen Kraftstoffverbrauch b_e und die Laufunruhe bei konstanter Leistung.

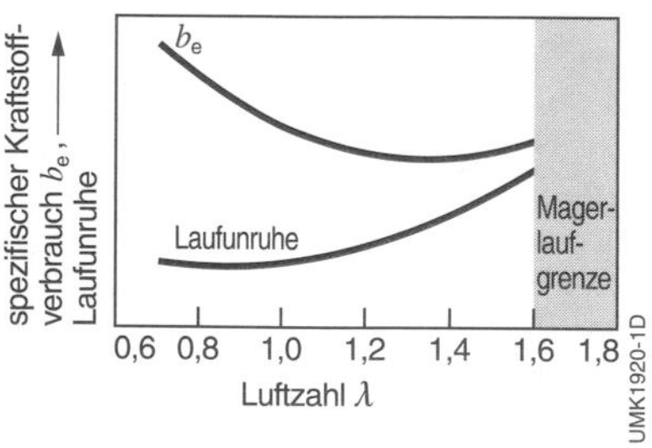

Bild 2: Einfluss der Luftzahl λ auf die Schadstoffzusammensetzung.

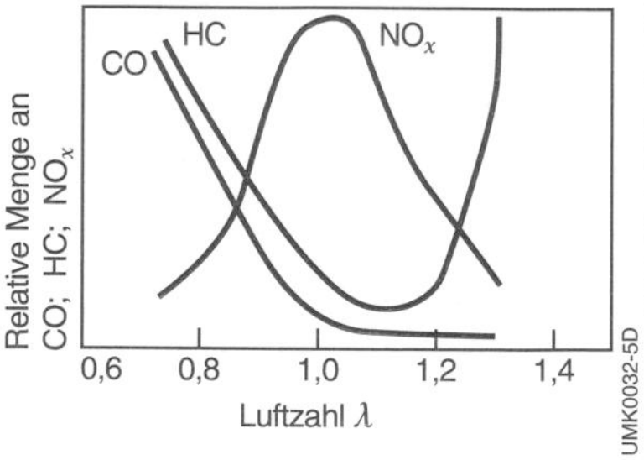

umgesetzt wird. Die Reaktionsenthalpie für die Reaktion zu CO ist geringer als für die komplette Umsetzung zu CO_2. Aus der niedrigeren Abgastemperatur resultiert eine geringere thermische Belastung z.B. für Abgasturbolader, λ-Sonde und Katalysator. Allerdings bedeutet das auch einen Mehrverbrauch. Die Anfettung wird deshalb nur für Hochlastpunkte vorgenommen, für die eine Abgastemperatur von über 900 °C erreicht würde.

Luftüberschuss

$\lambda > 1$: In diesem Bereich herrscht Luftüberschuss und damit ein mageres Gemisch.

Bei dieser Luftzahl sind verringerter Kraftstoffverbrauch (Bild 1), aber auch verringerte Leistung zu verzeichnen. Der erreichbare Maximalwert für λ – die „Magerlaufgrenze" – ist sehr stark von der Konstruktion des Motors und vom verwendeten Gemischaufbereitungssystem abhängig. An der Magerlaufgrenze ist das Gemisch wegen geringerer Anzahl an HC-Molekülen nicht mehr so zündwillig. Es treten Verbrennungsaussetzer auf. Die Laufunruhe des Motors nimmt stark zu.

Einfluss von λ auf Kraftstoffverbrauch und Abgaszusammensetzung

Ottomotoren erreichen bei konstanter Motorleistung den geringsten Kraftstoffverbrauch motorabhängig bei 20...50 % Luftüberschuss (λ = 1,2...1,5). Dieses Potential ist allerdings nur bei Magerkonzepten erreichbar (Homogen-Mager- oder Schichtbetrieb)

Für einen typischen Motor mit Saugrohreinspritzung zeigen Bild 1 und Bild 2 die Abhängigkeit des spezifischen Kraftstoffverbrauchs und der Laufunruhe sowie der Schadstoffentwicklung von der Luftzahl bei konstanter Motorleistung. Daraus lässt sich ableiten, dass es kein ideales Luftverhältnis gibt, bei dem alle Faktoren den günstigsten Wert annehmen. Zur Realisierung eines „optimalen" Verbrauchs bei „optimaler" Leistung haben sich für den Motor mit Saugrohreinspritzung und für homogene Direkteinspritzer Luftzahlen von λ = 0,95...1,05 als zweckmäßig erwiesen – vor allem in Anbetracht der Abgasnachbehandlung mit dem Dreiwegekatalysator, der nur in einem engen Bereich um $\lambda = 1$ alle drei Schadstoffkomponenten optimal umwandeln kann.

Um dies zu erreichen, wird die angesaugte Luftmasse genau erfasst und über die λ-Regelung in der Motorsteuerung eine exakt dosierte Kraftstoffmasse zugemessen.

Saugrohreinspritzung

Bei Motoren mit Saugrohreinspritzung ist neben der genauen Einspritzmenge auch ein homogenes Gemisch für den optimalen Verbrennungsablauf erforderlich. Dazu ist eine gute Zerstäubung des Kraftstoffs notwendig. Wird diese Voraussetzung nicht erfüllt, schlagen sich große Kraftstofftropfen am Saugrohr oder an der Brennraumwand nieder. Diese großen Tropfen können nicht vollständig verbrennen und führen zu erhöhten Kohlenwasserstoff-Emissionen (HC).

Benzin-Direkteinspritzung

Bei direkteinspritzenden Motoren mit Ladungsschichtung herrschen andere Verbrennungsverhältnisse, sodass die Magerlaufgrenze bei deutlich höheren globalen λ-Werten liegt. Im Teillastbereich können diese Motoren daher mit wesentlich höheren Luftzahlen (bis zu $\lambda = 4$) betrieben werden. Der Bereich um die Zündkerze benötigt auch hier lokal ein stöchiometrisches Gemisch zur guten Entflammbarkeit.

Leider funktionieren in diesem Fall des global mageren Gemischs nur zwei der drei Wege des Dreiwegekatalysators. CO-Emissionen und unverbrannte Kohlenwasserstoffe können nach wie vor aufoxidiert werden, da genügend Sauerstoff zur Verfügung steht. Die dritte Hauptreaktion, das Reduzieren der NO_x-Emissionen, kann im Magerbetrieb aber nicht ausreichend durchgeführt werden, da zu wenig Reduktionspartner zur Verfügung stehen. Daher muss hier zusätzlich zur katalytischen Abgasnachbehandlung mit einem Dreiwegekatalysator eine weitere Abgasnachbehandlungsmaßnahme zur NO_x-Reduzierung installiert sein (z.B. ein NO_x-Speicherkatalysator).

Gemischbildungssysteme

Einspritzsysteme oder Vergaser haben die Aufgabe, ein dem jeweiligen Betriebszustand des Motors bestmöglich angepasstes Luft-Kraftstoff-Gemisch bereitzustellen. Ohne Einspritzsysteme, insbesondere elektronische Systeme, wäre die Einhaltung der immer enger gewordenen vorgegebenen Grenzen für die Gemischzusammensetzung und damit die Einhaltung der Vorgaben der Abgasgesetzgebung nicht mehr möglich gewesen. Diese Anforderungen sowie die deutlich verbesserte Kraftstoffzumessung und Gemischaufbereitung, die Vorteile in Bezug auf Kraftstoffverbrauch, Fahrverhalten und Leistung haben im automobilen Einsatzbereich dazu geführt, dass in modernen Motoren die Benzineinspritzung den Vergasermotor vollkommen verdrängt hat.

Bis Anfang dieses Jahrhunderts wurden fast ausschließlich Systeme eingesetzt, bei denen die Gemischbildung außerhalb des Brennraums stattfindet (Saugrohreinspritzung, Bild 3a). Systeme mit innerer Gemischbildung, also mit Einspritzung des Kraftstoffs direkt in den Brennraum (Benzin-Direkteinspritzung, Bild 3b), eignen sich zur weiteren Senkung des Kraftstoffverbrauchs und zur Leistungssteigerung und haben daher immer mehr an Bedeutung gewonnen.

Bild 3: Schematische Darstellung der Einspritzsysteme.
a) Saugrohreinspritzung,
b) Benzin-Direkteinspritzung.
1 Kraftstoff,
2 Luft,
3 Drosselvorrichtung,
4 Saugrohr,
5 Einspritzventile,
6 Motor,
7 Hochdruck-Einspritzventile.

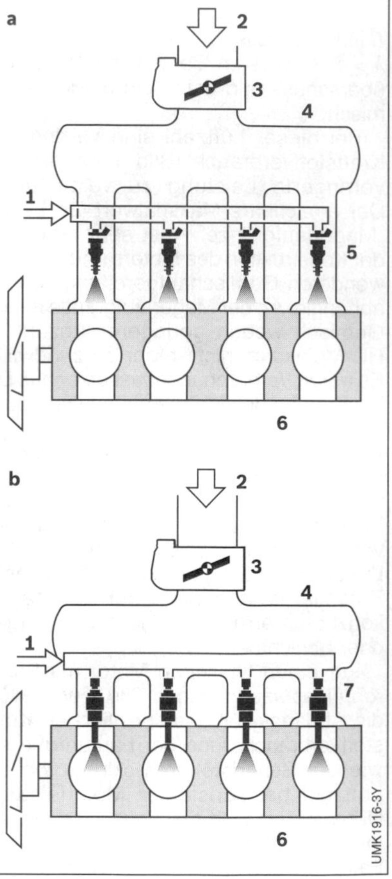

Saugrohreinspritzung

Benzineinspritzsysteme zur äußeren Gemischbildung sind dadurch gekennzeichnet, dass das Luft-Kraftstoff-Gemisch außerhalb des Brennraums (im Saugrohr) entsteht. Stand der Technik sind elektronische Saugrohr-Einspritzsysteme, bei denen der Kraftstoff für jeden einzelnen Zylinder getaktet direkt vor die Einlassventile eingespritzt wird (Bild 4).

Systeme, die auf einer mechanisch-kontinuierlichen Einspritzung (K-Jetronic) oder einer stromauf der Drosselklappe angeordneten zentralen Einspritzung (Mono-Jetronic) basieren, haben für Neuentwicklungen keine Bedeutung mehr.

Anforderungen

Hohe Ansprüche an Laufkultur und Abgasverhalten eines Fahrzeugs bedingen hohe Anforderungen an die Gemischzusammensetzung jedes Arbeitstakts. Neben der genauen Dosierung der eingespritzten Kraftstoffmasse entsprechend der vom Motor angesaugten Luft ist auch die zeitgenaue Einspritzung von Bedeutung. Bei der elektronischen Einzelzylindereinspritzung ist deshalb nicht nur jedem Motorzylinder ein elektromagnetisches Einspritzventil zugeordnet; dieses Einspritzventil wird darüber hinaus individuell für jeden Zylinder angesteuert. Dem Motorsteuergerät kommt somit die Aufgabe zu, für die angesaugte Luftmasse und den aktuellen Betriebszustand des Motors sowohl die für jeden Zylinder benötigte Kraftstoffmasse als auch den richtigen Einspritzzeitpunkt zu berechnen. Die Einspritzzeit, die notwendig ist, um die berechnete Kraftstoffmasse einzuspritzen, ergibt sich in Abhängigkeit vom Öffnungsquerschnitt des Einspritzventils sowie dem Differenzdruck zwischen Saugrohr und Kraftstoffversorgungssystem.

Kraftstoffsystem

Über die Elektrokraftstoffpumpe (siehe Kraftstoffversorgung), die Tankzuleitungen und den Kraftstofffilter gelangt der Kraftstoff bei der Saugrohreinspritzung mit typischen Systemdrücken von 3...7 bar zum Kraftstoffzuteiler (Rail), der die gleichmäßige Versorgung der Einspritzventile gewährleistet. Von entscheidender Bedeutung für die Güte des Luft-Kraftstoff-Gemischs ist die Aufbereitung des Kraftstoffs durch die Einspritzventile, deren Zerstäubung möglichst kleine Tröpfchen bereitstellen soll. Strahlform

Bild 4: Prinzip der Saugrohreinspritzung.
1 Zylinder mit Kolben, 2 Auslassventile, 3 Zündspule mit Zündkerze, 4 Einlassventile, 5 Einspritzventil, 6 Saugrohr.

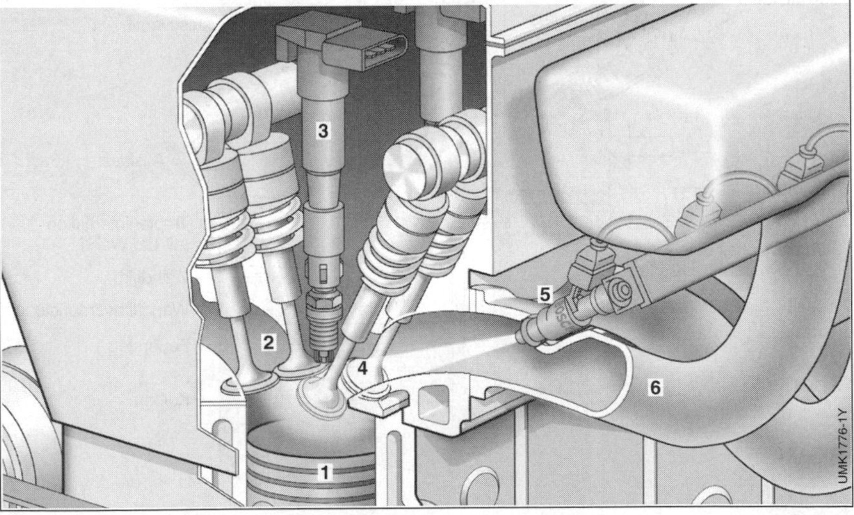

und Strahlwinkel der Einspritzventile sind den geometrischen Gegebenheiten im Saugrohr und Zylinderkopf angepasst (siehe Saugrohr-Einspritzventil).

Einspritzung

Die genau dosierte Kraftstoffmasse wird direkt vor das Einlassventil beziehungsweise vor die Einlassventile des Zylinders eingespritzt. Mit der über die Drosselklappe einströmenden Luft kommt es zum Impulsaustausch mit dem fein zerstäubten Kraftstoff, durch den die Tröpfchen an der Oberfläche sich immer mehr mit der Luft vermischen und somit größtenteils verdunsten (Bild 5). Durch die Variabilität des Einspritzzeitpunkts kann somit zum richtigen Zeitpunkt das geforderte Luft-Kraftstoff-Gemisch gebildet werden.

Die für die Gemischbildung zur Verfügung stehende Zeit kann durch eine Einspritzung auf die noch geschlossenen Einlassventile erhöht werden. Wie viel Luft-Kraftstoff-Gemisch direkt nach dem Einspritzen entsteht, hängt von der Güte des Einspritzventils ab (Primärtropfengröße). Der Hauptanteil der Verdunstung entsteht in diesem Fall erst beim Öffnen der Einlassventile durch die hohen Strömungsgeschwindigkeiten beim anfangs sehr kleinem Ventilspalt.

Am Einlasskanal (Teil des Saugrohrs, der direkt zum Brennraum führt) und am unteren Rand der Einlassventile schlägt sich ein Teil des Kraftstoffs als Wandfilm nieder, dessen Dicke wesentlich vom Druck im Saugrohr und damit vom Lastzustand des Motors abhängt. Bei instationärem (dynamischem) Motorbetrieb kann diese Benetzung zu temporären Abweichungen des gewünschten λ-Werts ($\lambda = 1$) führen, sodass die im Wandfilm gespeicherte Kraftstoffmasse möglichst gering zu halten ist.

Wandbenetzungseffekte im Einlasskanal sind insbesondere unter Kaltstartbedingungen nicht zu vernachlässigen. Aufgrund einer unzureichenden Kraftstoffverdunstung ist in der Startphase zunächst ein Mehreintrag an Kraftstoff erforderlich, um ein zündfähiges Gemisch zu erzeugen. Mit anschließend fallendem Saugrohrdruck dampfen Teile des zuvor gebildeten Wandfilms ab, bei nicht betriebswarmem Katalysator kann dies zu erhöhten HC-Emissionen führen.

Infolge eines ungleichmäßigen Kraftstoffeintrags können sich auch im Brennraum Wandfilmbereiche und kri-

Bild 5: Mechanismen und Einflussfaktoren der Gemischbildung bei der Saugrohreinspritzung.

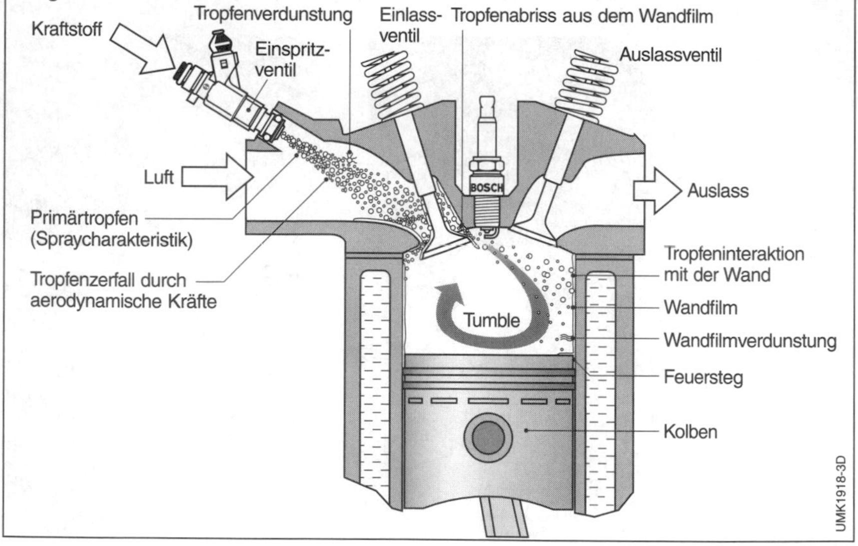

tische Emissionsquellen ausbilden. Überlegungen zur definierten, geometrischen Ausrichtung von Kraftstoffstrahlen („Spray-Targeting") ermöglichen die Auswahl geeigneter Einspritzventile, mit denen die Wandbenetzung im Bereich des Einlasskanals und der Einlassventile kontrolliert und minimiert wird.

Die verwendeten Saugrohre können optimal an die Strömung der Verbrennungsluft sowie an die gasdynamischen Erfordernisse des Motors angepasst werden.

Benzin-Direkteinspritzung

Im Gegensatz zur Saugrohreinspritzung strömt bei der Benzin-Direkteinspritzung (BDE) reine Luft an den Einlassventilen vorbei in den Brennraum. Erst dort wird der Kraftstoff durch einen direkt im Zylinderkopf angebrachten Injektor (siehe Hochdruck-Einspritzventil) in die Luft eingespritzt (innere Gemischbildung, Bild 6). Dabei unterscheidet man im Wesentlichen zwei Hauptbetriebsarten. Bei Kraftstoffeinspritzung im Ansaugtakt spricht man vom Homogenbetrieb, die Kraftstoffeinspritzung während der Kompression wird als Schichtbetrieb bezeichnet. Zusätzlich existieren noch diverse Sonderbetriebsarten, die entweder eine Mischung der beiden Hauptbetriebsarten oder eine kleine Abwandlung darstellen.

Im Schichtbetrieb wird die Luft nicht angedrosselt, das Luft-Kraftstoff-Gemisch ist also mager. Der Luftüberschuss im Abgas verhindert die Konvertierung der Stickoxide durch einen Dreiwegekatalysator. Diese Direkteinspritzsysteme erfordern deshalb eine Abgasreinigung mit einem zusätzlichen NO_x-Speicherkatalysator. Aus diesem Grund werden aktuell vorwiegend Direkteinspritzsysteme auf

Bild 6: Prinzip der Benzin-Direkteinspritzung.
1 Zylinder mit Kolben, 2 Einlassventile, 3 Zündspule mit Zündkerze, 4 Auslassventile, 5 Injektor (Hochdruck-Einspritzventil), 6 Rail.

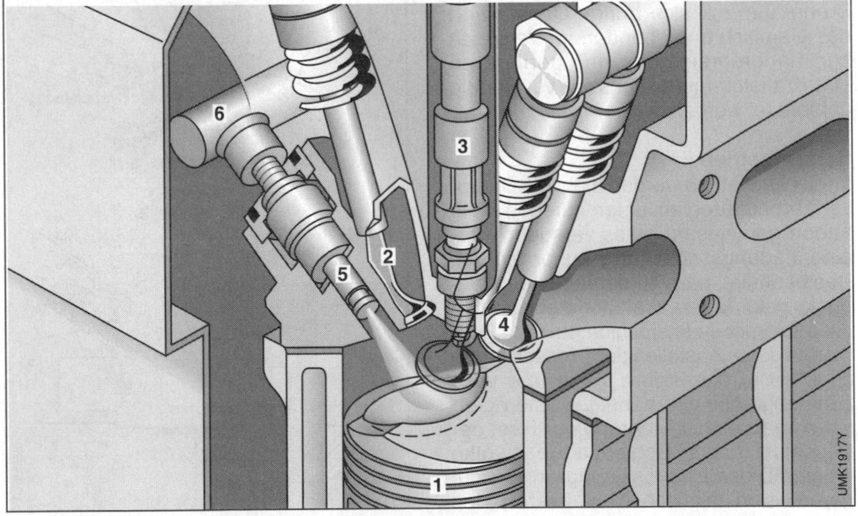

den Markt gebracht, die ausschließlich im Homogenbetrieb arbeiten.

Homogenbetrieb

Im Homogenbetrieb ist die Gemischbildung ähnlich wie bei der Saugrohreinspritzung. Das Gemisch wird in stöchiometrischem Verhältnis ($\lambda = 1$) gebildet. Dabei ergeben sich aus Gemischbildungssicht dennoch einige Unterschiede. Zum einen fehlt der gemischbildungsfördernde Prozess der Einlassventilumströmung, zum anderen bleibt deutlich weniger Zeit für den Gemischbildungsprozess. Während bei der Saugrohreinspritzung über die gesamten 720 °KW (vorgelagert und saugsynchron) der vier Arbeitstakte eingespritzt werden kann, bleibt bei der Benzin-Direkteinspritzung lediglich ein Einspritzfenster von 180 °KW.

Die Einspritzung darf nur im Ansaugtakt geschehen, da zuvor die Auslassventile geöffnet sind und so der Kraftstoff unverbrannt in den Abgasstrang gelangen würde. Hohe HC-Emissionen und Katalysatorprobleme wären die Folge. Um auch in der verkürzten Zeit die ausreichende Kraftstoffmenge unterbringen zu können, muss bei der Benzin-Direkteinspritzung der Durchfluss durch den Injektor erhöht werden. Dies geschieht im Wesentlichen durch eine Kraftstoffdruckerhöhung, die den weiteren Vorteil einer gemischbildungsfördernden Turbulenzerhöhung im Brennraum mit sich bringt. Damit kann das Gemisch auch bei der, im Vergleich zur Saugrohreinspritzung, geringeren Luft-Kraftstoff-Interaktionszeit vollständig aufbereitet werden.

Schichtbetrieb

Im Schichtbetrieb werden mehrere Brennverfahrenstrategien unterschieden. Alle haben gemeinsam, dass versucht wird, eine Ladungsschichtung zu erreichen. Das bedeutet, dass zu der für einen Lastpunkt geforderten Kraftstoffmenge nicht die entsprechende stöchiometrische Luftmenge durch Anstellen der Drosselklappe zugeteilt wird, sondern immer die volle Luftmenge. Nur ein Teil der Luft interagiert mit dem Kraftstoff, während der Rest der Frischluft diese Schichtladungswolke umgibt. Diese Entdrosselung ermöglicht gemeinsam mit den Kühleffekten des direkteingespritzten Kraftstoffs (Kraftstoffverdunstung) eine Verdichtungserhöhung und damit ein großes Potential zur Kraftstoffersparnis.

Bild 7: Brennverfahren bei der Benzin-Direkteinspritzung.
a) Wandgeführtes Brennverfahren,
b) Luftgeführtes Brennverfahren,
c) Strahlgeführtes Brennverfahren.
1 Injektor (Hochdruck-Einspritzventil),
2 Zündkerze.

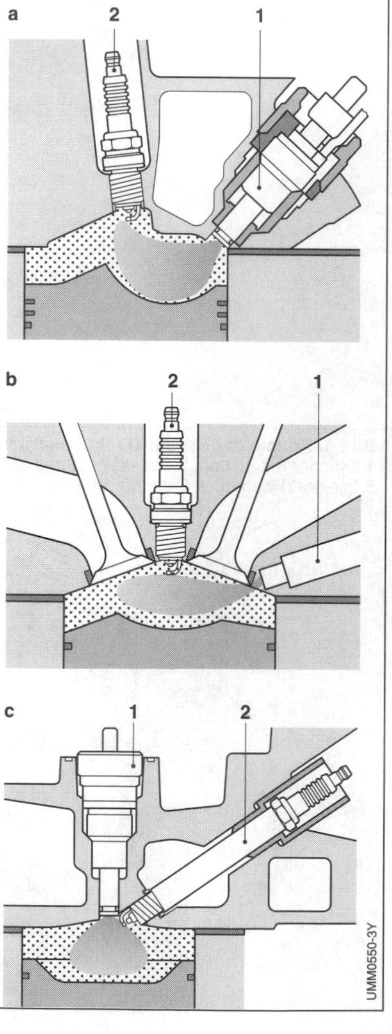

Wandgeführtes Brennverfahren
Beim wandgeführten Brennverfahren wird der Kraftstoff von der Seite in den Brennraum eingespritzt (Bild 7a). Durch eine im Kolben eingebrachte Mulde wird der Kraftstoffstrahl zur Zündkerze hin umgelenkt. Die Gemischbildung geschieht auf dem Weg von der Injektorspitze zur Zündkerze. Da die Zeit zur Gemischaufbereitung bei Einspritzung in den Kompressionshub (Schichtbetrieb) sehr kurz ist, muss hier der Kraftstoffdruck in der Regel noch höher sein als beim Homogenbetrieb. Der erhöhte Kraftstoffdruck verkürzt die Einspritzzeit und verstärkt die Interaktion mit der Luft durch erhöhten Impulsaustausch.

Nachteil des wandgeführten Brennverfahrens ist die Wandbenetzung am Kolben mit Kraftstoff, die zu erhöhten HC-Emissionen führt. Durch die kurze Aufbereitungszeit ist die Schichtladungswolke bei höherer Last meist noch mit fetten Zonen durchsetzt, die eine erhöhte Gefahr zur Rußbildung darstellen. Bei kleiner Last ist der Impuls der Kraftstofftröpfchen, der als Transportmechanismus der Schichtladungswolke zur Zündkerze hin benutzt wird, aufgrund der kleinen Kraftstoffmasse gering. Daher muss hier in der Regel doch angedrosselt werden, um dem Kraftstoff eine geringere Luftdichte und damit einen geringeren Luftwiderstand entgegenzustellen.

Luftgeführtes Brennverfahren
Das luftgeführte Brennverfahren funktioniert prinzipiell genauso wie das wandgeführte. Der große Unterschied besteht darin, dass die Schichtladungswolke nicht direkt mit der Kolbenmulde interagiert, sondern durch ein Luftpolster umgelenkt wird, auf dem sie sich fortbewegt (Bild 7b). Das Luftpolster wird durch die im Zylinder vorhandene Luft gebildet. Im Unterschied zum wandgeführten Brennverfahren ist bei der Luftführung der Einspritzwinkel des Kraftstoffstrahls deutlich flacher ausgeführt, somit kann der Kraftstoffstrahl nicht die gesamte Luft bis hin zum Kolben durchstoßen. Damit wird der Nachteil der Kraftstoffbenetzung auf der Kolbenmulde behoben.

Im Vergleich zu wandgeführten Brennverfahren sind bei luftgeführten Brennverfahren die Luftströmungen nicht vollkommen reproduzierbar. Daraus ergeben sich große Streuungen von Einspritzung zu Einspritzung und damit häufig eine schlechte Verbrennungsstabilität, bis hin zu einzelnen Aussetzern.

Oft sind die realen Brennverfahren eine Mischung aus wand- und luftgeführten Brennverfahren, jeweils abhängig vom Betriebspunkt.

Strahlgeführtes Brennverfahren
Das strahlgeführte Brennverfahren unterscheidet sich schon optisch von den beiden anderen durch die Einbaulage des Injektors. Er sitzt zentral oben und spritzt senkrecht nach unten in den Brennraum (Bild 7c). Der Kraftstoffstrahl wird nicht umgelenkt. Durch den hohen Einspritzdruck (200 bar) bildet sich schon während des Einspritzvorgangs ein Luft-Kraftstoff-Gemisch um den Kraftstoffstrahl. Direkt neben dem Injektor befindet sich die Zündkerze, die das Luft-Kraftstoff-Gemisch entflammt.

Mit dem strahlgeführten Brennverfahren ergibt sich allerdings eine sehr kurze Aufbereitungszeit. Dies bedingt eine zusätzliche Kraftstoffdruckerhöhung für das strahlgeführte Brennverfahren. Die Nachteile von Wandbenetzung, Luftströmungsabhängigkeiten und der Androsselung bei kleinen Lasten können mit diesem Brennverfahren eliminiert werden. Daher beinhaltet dieses Brennverfahren das höchste Potential zur Kraftstoffeinsparung. Allerdings stellt die geringe Aufbereitungszeit eine große Herausforderung an das Einspritz- und das Zündsystem dar.

Weitere Betriebsarten
Neben Homogen- und Schichtbetrieb existieren noch Sonderbetriebsarten, die die Bereiche „Umschaltung zwischen den Betriebsarten" (Homogen-Schicht-Modus), „Katalysatorheizen" und „Klopfschutz" (Homogen-Split-Modus) sowie „Homogen-Magerbetrieb" abdecken. Diese Betriebsarten sind teilweise sehr komplex und stellen immer nur kurze, temporäre Zustände dar. Hierbei handelt es sich also oft nicht um Betriebsarten für längeren Betrieb.

Einspritzventile

Die Komponenten der Gemischbildung haben die wesentliche Aufgabe, eine für die Verbrennung möglichst optimale Aufbereitung des Luft-Kraftstoff-Gemischs zu erzeugen. Bei der Saugrohreinspritzung fällt diese Aufgabe im Wesentlichen dem Einspritzventil zu, während bei der Benzin-Direkteinspritzung das Hochdruckeinspritzventil durch eine Ladungsbewegungsklappe unterstützt werden kann.

Prinzipiell werden zwei Betätigungsarten für die Einspritzventile unterschieden. Wird das eine Ventil mittels eines konventionellen Elektromagneten betrieben, dient beim anderen ein Piezostack als Aktor.

Saugrohr-Einspritzventil

Aufbau und Funktion

Elektromagnetische Einspritzventile (EV) bestehen im Wesentlichen aus dem Ventilgehäuse mit elektrischem und hydraulischem Anschluss, der Spule des Elektromagneten, der beweglichen Ventilnadel mit Magnetanker und Ventilkugel, dem Ventilsitz mit Spritzlochscheibe sowie der Ventilfeder.

Bild 8a und Bild 8b zeigen das EV14-Einspritzventil, wie es bei der Saugrohreinspritzung zum Einsatz kommt. Für kleine Bauräume und kleine Motoren (small engines, z.B. für Zweiräder) wurde die neue Einspritzventilvariante EV-SE mit reduzierter Baugröße (Bild 8c) entwickelt. Beide Ventilvarianten sind auch mit vorgesetztem Abspritzpunkt erhältlich.

Um die Einbauposition optimal an die Saugrohr- beziehungsweise an die Einlasskanalgeometrie anzupassen, stehen verschiedene EV14-Designvarianten zur Auswahl: Drei Baulängen sind mit verschiedenen elektrischen Steckervarianten sowie optional mit vorgesetztem Abspritzpunkt erhältlich (Bild 9.)

Ein Filtersieb im Kraftstoffzulauf schützt das Einspritzventil vor Verschmutzung. Der Dichtring (O-Ring) am hydraulischen

Bild 8: Einspritzventile (Bosch) für die Saugrohreinspritzung.
a) Einspritzventil, Standardausführung EV-14fT (flat tip),
b) Einspritzventil EV14-xT (extended tip) mit vorgesetzten Abspritzpunkt,
c) Einspritzventil EV-SE mit reduzierter Baugröße für den Einsatz z.B. in Motorrädern.
1 Hydraulischer Anschluss, 2 Dichtring (O-Ring), 3 Ventilgehäuse, 4 elektrischer Anschluss, 5 Steckerclip, 6 Filtersieb, 7 Innenpol (Anschlag für Magnetanker), 8 Ventilfeder, 9 Magnetspule, 10 Ventilnadel mit Magnetanker, 11 Ventilkugel, 12 Ventilsitz, 13 Spritzlochscheibe.

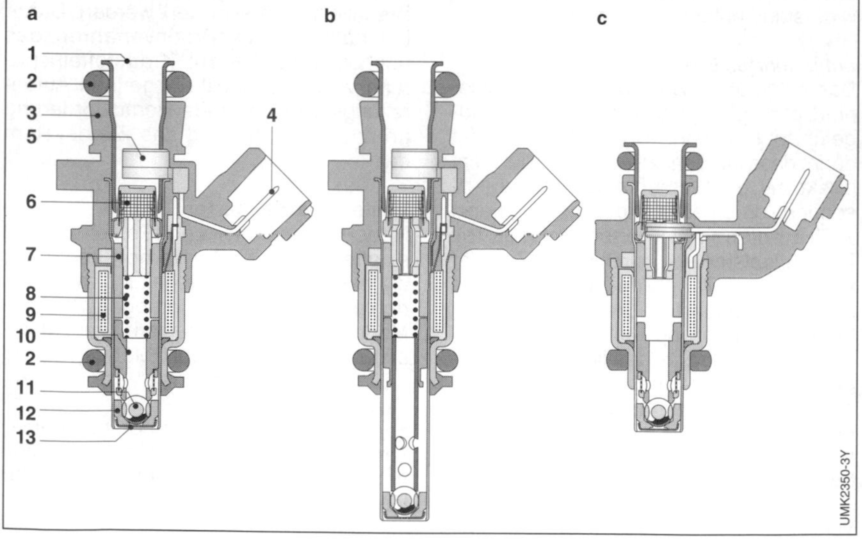

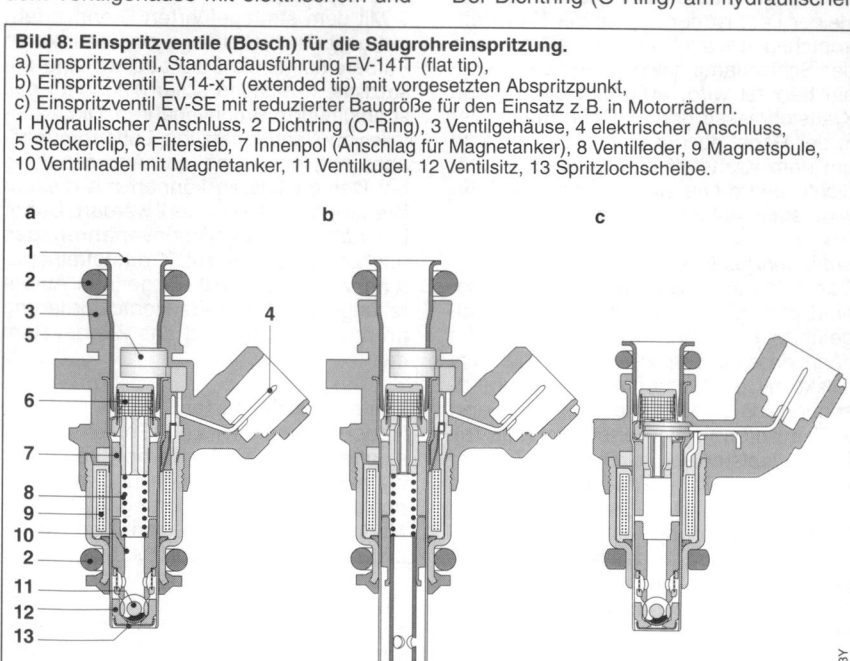

Anschluss dichtet das Einspritzventil gegen das Kraftstoffverteilerrohr (Rail) ab. Der untere Dichtring dichtet das Einspritzventil gegen das Saugrohr ab.

Bei stromloser Spule drücken die Ventilfeder und die aus dem Kraftstoffdruck resultierende Kraft die Ventilnadel mit der Ventilkugel in den kegelförmigen Ventilsitz. Hierdurch wird das Kraftstoffversorgungssystem gegen das Saugrohr abgedichtet.

Wird die Magnetspule bestromt, entsteht ein Magnetfeld, das den Magnetanker der Ventilnadel anzieht. Die Ventilkugel hebt vom Ventilsitz ab, der Kraftstoff wird eingespritzt. Wird der Erregerstrom abgeschaltet, schließt die Ventilnadel wieder durch Federkraft.

Die Zerstäubung des Kraftstoffs geschieht mit einer Spritzlochscheibe. Mit den gestanzten Spritzlöchern wird eine hohe Konstanz der abgespritzten Kraftstoffmenge erzielt. Das Strahlbild sowie die Qualität der Zerstäubung des austretenden Kraftstoffs ergeben sich durch die Anordnung und die Anzahl der Spritzlöcher (maximal zwölf).

Die abgespritzte Kraftstoffmenge pro Zeiteinheit ist im Wesentlichen durch den Systemdruck im Kraftstoffversorgungssystem (typisch 3...4 bar, entspricht 300...400 kPa), den Gegendruck im Saugrohr und die Geometrie des Kraftstoffaustrittsbereichs bestimmt.

Strahlaufbereitung und Strahlausrichtung

Die Strahlaufbereitung der Einspritzventile, d.h. Strahlform, Strahlwinkel und Tröpfchengröße, beeinflusst die Bildung des Luft-Kraftstoff-Gemischs. Individuelle Geometrien von Saugrohr und Zylinderkopf machen unterschiedliche Ausführungen der Strahlaufbereitung erforderlich. Um diesen Anforderungen gerecht zu werden, stehen verschiedene Varianten der Strahlaufbereitung zur Verfügung.

Kegelstrahl

Durch die Öffnungen der Spritzlochscheibe treten einzelne Kraftstoffstrahlen aus (Bild 10a). Die Summe der Kraftstoffstrahlen bildet einen Strahlkegel.

Typisches Einsatzgebiet der Kegelstrahlventile sind Motoren mit nur einem Einlassventil pro Zylinder.

Zweistrahl

Die Zweistrahlaufbereitung (Bild 10b) wird in der Regel bei Motoren mit zwei Einlassventilen pro Zylinder eingesetzt. Die Öffnungen der Spritzlochscheibe sind derart

Bild 9: Drei Baulängen für das Einspritzventil EV14, optional mit vorgesetztem Abspritzpunkt.
a) EV14, Einspritzventil, kompakt, vorgesetzter Einspritzpunkt,
b) EV14, Einspritzventil, kompakt,
c) EV14, Einspritzventil, Standard,
d) EV14, Einspritzventil, lang.

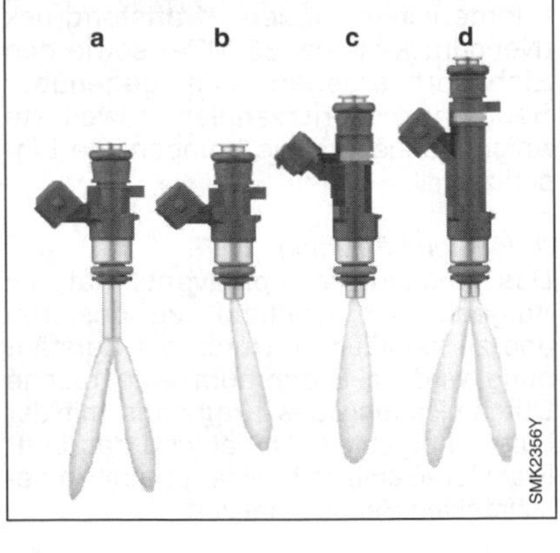

Bild 10: Strahlgeometrien.
a) Kegelstrahl,
b) Zweistrahl,
c) Gamma-Winkel.
α_{80} 80% des Kraftstoffs befinden sich innerhalb des Winkels α,
α Winkel zwischen zwei Einzelstrahlen,
β_{80} 80% des Kraftstoffs befinden sich innerhalb des Winkels β,
γ Strahlrichtungswinkel.

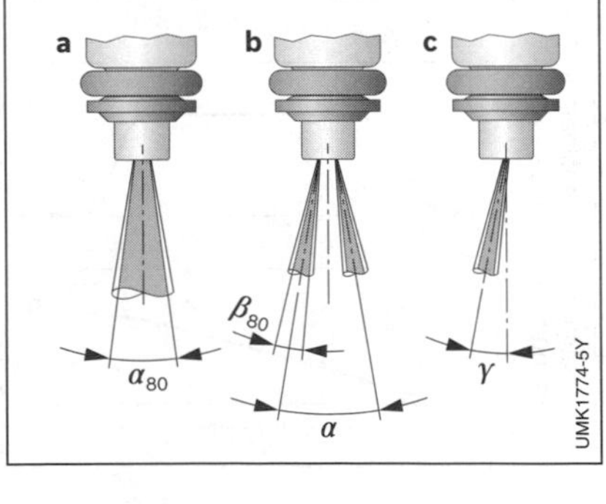

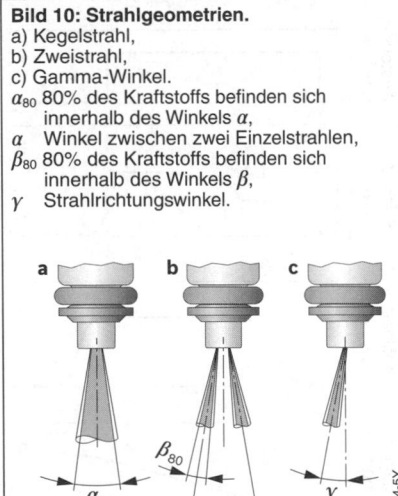

angeordnet, dass zwei Kraftstoffstrahlen – die jeweils aus mehreren Einzelstrahlen gebildet werden, die kurz nach Austritt aus den Spritzlöchern ein homogenes Spray erzeugen – vor die Einlassventile oder auf den Trennsteg zwischen den Einlassventilen spritzen.

Gamma-Winkel

Dieser Kraftstoffstrahl (Einstrahl und Zweistrahl) ist gegenüber der Hauptachse des Einspritzventils um einen bestimmten Winkel, den Strahlrichtungswinkel, gekippt (Bild 10c).

Einspritzventile mit dieser Strahlform finden Anwendung bei schwierigen Einbauverhältnissen, wenn z.B. die Einspritzventile so steil im Saugrohr eingebaut sind, dass die geforderte Sprayausrichtung (Spray-Targeting) nur durch den Einsatz eines Sprays mit Gamma-Winkel dargestellt werden kann.

Bild 11: Ansteuerung des Einspritzventils.
a) Ansteuerungssignal,
b) Stromverlauf,
c) Ventilnadelhub,
d) eingespritzte Kraftstoffmenge.
t_{an} Anzugszeit,
t_{ab} Abfallzeit.

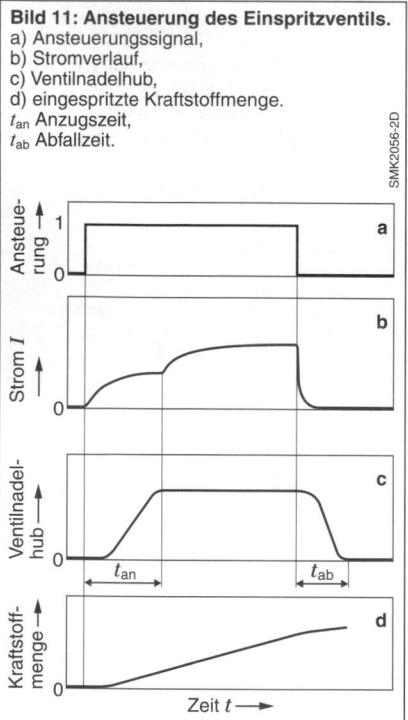

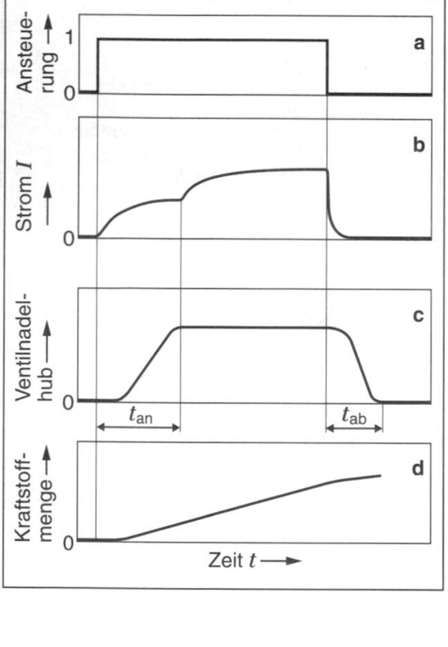

Elektrische Ansteuerung

Der Endstufenbaustein im Motorsteuergerät steuert das Einspritzventil mit einem Schaltsignal an (Bild 11a). Der Strom in der Magnetspule steigt (Bild 11b) und bewirkt ein Anheben der Ventilnadel (Bild 11c). Nach Ablauf der Anzugszeit ist mit dem Anschlag des Magnetankers am Innenpol der maximale Ventilnadelhub erreicht. Je nach Auslegung des Magnetventils steigt der Strom nach dem Ankeranschlag noch weiter an, weil sich der Magnetkreis zu diesem Zeitpunkt noch nicht zu 100 % in Sättigung befindet. Der Knick im Stromverlauf wird durch den Ankeranschlag ausgelöst.

Sobald die Ventilkugel aus ihrem Sitz abhebt, wird Kraftstoff abgespritzt. In Bild 11d ist die während eines Einspritzimpulses abgespritzte Menge dargestellt.

Da sich das Magnetfeld nach Abschalten der Ansteuerung nicht schlagartig abbaut, schließt das Ventil verzögert. Nach Ablauf der Abfallzeit ist das Ventil wieder vollständig geschlossen.

Die Nichtlinearitäten während der Ventilanzugs- und Ventilabfallphase müssen über die Zeitdauer der Ansteuerung (Einspritzzeit) kompensiert werden. Die Geschwindigkeit, mit der die Ventilnadel von ihrem Sitz abhebt, ist zudem von der Batteriespannung abhängig. Eine batteriespannungsabhängige Einspritzzeitverlängerung korrigiert diese Einflüsse.

Elektromagnetisches Hochdruckeinspritzventil

Durch den zur Benzin-Direkteinspritzung erforderlichen hohen Kraftstoffdruck (Nenndruck bis ca. 35 MPa) sowie den Einbauort ergeben sich gegenüber Saugrohr-Einspritzventilen erweiterte Anforderungen für die Komponente Einspritzventil.

Aufbau und Funktion

Das Hochdruckeinspritzventil hat die Aufgabe, den Kraftstoff zu dosieren und zu zerstäuben. Durch die Zerstäubung wird im Brennraum eine rasche Durchmischung des Kraftstoffs mit der Luft sichergestellt. Dabei wird das Luft-Kraftstoff-Gemisch in einem räumlich beschränkten Bereich platziert.

Das Hochdruckeinspritzventil (Bild 12) besteht aus den Einzelkomponenten:

- Gehäuse mit hydraulischem und elektrischem Anschluss, einem Toleranzausgleich beziehungsweise akustischen Entkoppelelement sowie einer Verdrehfixierung,
- Ventilsitz mit Spritzlöchern und Vorstufen,
- Ventilnadel mit mechanisch entkoppeltem Magnetanker und Feder,
- Rückstellfeder mit Einstellhülse,
- Spule mit Stromschiene.

Abhängig von der Einbauposition im Zylinderkopf – seitlich oder zentral – werden entweder Kurz- oder Langventile eingesetzt. Das Langventil basiert typischerweise auf einem Kurzventil, das mit einem Verlängerungsrohr für den hydraulischen Anschluss und einer verlängerten Stromschiene für den elektrischen Stecker auf die erforderliche Länge gebracht wird. Die aktuelle Generation besitzt einen auf 6 mm reduzierten Ventilspitzendurchmesser, um den Anforderungen hinsichtlich Bauraum in Downsizing-Motoren gerecht zu werden.

Wird die Spule von Strom durchflossen, so erzeugt sie in Verbindung mit den weiteren Bauteilen des Magnetkreises ein Magnetfeld. Dieses beschleunigt den Magnetanker bei noch in Ruhe befindlicher Ventilnadel. Trifft der Magnetanker auf den oberen Anschlag, so hebt dieser die Ventilnadel gegen die Federkraft und die hydraulische Last vom Ventilsitz ab und gibt die Ventilauslassöffnung frei. Durch den gegenüber dem Brennraumdruck deutlich höheren Kraftstoffdruck wird der Kraftstoff in den Brennraum eingespritzt.

Beim Abschalten des Stroms wird die Ventilnadel durch die Rückstellfeder und die hydraulische Last an der Ventilnadel wieder in den Sitz gepresst und beendet somit den Einspritzvorgang. Der Magnetanker wird durch die Feder wieder auf den unteren Anschlag in seine Ruheposition zurückgestellt.

Durch definiertes Öffnen und einen konstanten Öffnungsquerschnitt bei vollständig angehobener Nadel werden reproduzierbare Kraftstoffmengen zugemessen. Die Kraftstoffmenge ist hierbei abhängig vom Kraftstoffdruck im Rail, vom Gegendruck im Brennraum und der Öffnungsdauer des Ventils.

Bild 12: Elektromagnetisches Hochdruckeinspritzventil (Bosch) für Benzin-Direkteinspritzung.
1 Elektrischer Anschluss,
2 Umspritzung,
3 O-Ring, 4 Stützscheibe,
5 Anschlusshülse,
6 Filter mit Einstellhülse, 7 Innenpol,
8 Deckel, 9 Druckfeder,
10 Anschlagring,
11 Magnethülse,
12 Magnetspule,
13 Magnetanker,
14 Abstützelement,
15 Sicherungsring,
16 Ventilgehäuse,
17 Ventilnadel,
18 Dichtring,
19 Ventilkugel,
20 Ventilsitz mit Spritzlöchern.

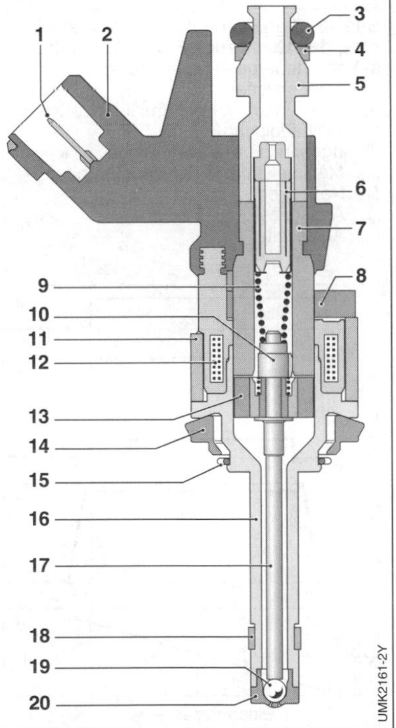

Strahlaufbereitung
Für die Aufbereitung des Kraftstoffs werden überwiegend Mehrlochventile eingesetzt. Durch geeignete Strahlauslegung wird die Spritzlochausrichtung passend zur Einbaulage an den jeweiligen Brennraum angepasst. Hierbei sind die Strahlen so auszulegen, dass sich Kraftstoff und Frischluft im Brennraum gut durchmischen und dabei Ventile, Kolben und Brennraumwände möglichst wenig mit Kraftstoff benetzt werden. Je nach gewünschtem Durchfluss, der passend zur Zylinderleistung ausgelegt wird und so den mittleren Lochdurchmesser bestimmt, werden die Einspritzventile typischerweise mit fünf bis sieben Strahlen ausgelegt. Die Eindringtiefe der Strahlen kann spritzlochindividuell durch einen, gegenüber dem mittleren Durchmesser aller Spritzlöcher kleineren Durchmesser der jeweiligen Spritzlöcher reduziert werden. Dadurch kann die Benetzung des Kolbens und der Brennraumwände mit flüssigem Kraftstoff verringert werden. Um den erforderlichen Durchfluss zu erreichen, werden andere Strahlen mit einem größeren Lochdurchmesser versehen. Das Spritzloch wird meist durch eine Vorstufe ergänzt. Diese hat die Aufgabe, das Spritzloch von Ablagerungsprodukten freizuhalten, die abhängig von den Betriebs- und Umgebungsrandbedingungen und vom verwendeten Kraftstoff entstehen.

Bild 13: Signalverläufe für die Ansteuerung des Hochdruck-Einspritzventils.
a) Vom Steuergerät berechnetes Ansteuersignal,
b) Stromverlauf im Hochdruck-Einspritzventil,
c) Ventilnadelhub,
d) eingespritzte Kraftstoffmenge.
I_{max} Maximalstrom in der Boosterphase,
I_h Haltestrom,
t_{an} Anzugszeit,
t_{ab} Abfallzeit.

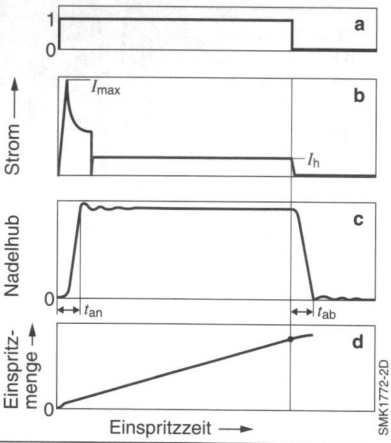

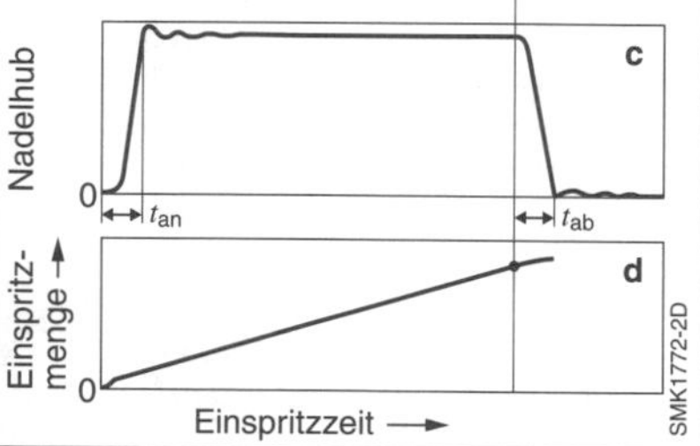

Elektrische Ansteuerung
Um einen definierten und reproduzierbaren Einspritzvorgang zu gewährleisten, wird das Hochdruckeinspritzventil mit einem komplexen Stromverlauf angesteuert. Das Motorsteuergerät liefert hierzu ein digitales Signal. Aus diesem Signal (Bild 13a) erzeugt ein Endstufenbaustein das Ansteuersignal (Bild 13b) für das Hochdruckeinspritzventil.

Ein DC-DC-Wandler im Motorsteuergerät erzeugt die Boosterspannung von 65 V. Diese Spannung führt in Verbindung mit dem Boostkondensator zu einem hohen Strom zu Beginn des Einschaltvorgangs und sorgt damit für ein schnelles Anheben des Magnetankers und der Ventilnadel. In der Anzugsphase erreicht die Ventilnadel anschließend den maximalen Öffnungshub (Bild 13c). Bei geöffnetem Einspritzventil (maximaler Ventilnadelhub) reicht ein geringerer Ansteuerstrom (Haltestrom) aus, um das Ventil offen zu halten. Bei konstantem Ventilnadelhub ergibt sich eine zur Einspritzdauer proportionale Einspritzmenge (Bild 13d).

Zur Verringerung der Mengenstreuungen von Ventil zu Ventil wurde speziell das CVO-Verfahren entwickelt (Controlled Valve Operation). Mit diesem mechatronischen Ansatz kann aus den elektrischen Größen der Öffnungs- und Schließzeitpunkt des Einspritzventils bestimmt werden. Aus diesen Messgrößen wird die aktuelle Ist-Offendauer gebildet, die einem Regler zugeführt wird, wo sie mit einer Soll-Offendauer verglichen wird. Dadurch lassen sich besonders bei Kleinstmengen hohe Zumessgenauigkeiten erzielen und mit einer nachgelagerten Adaption über die Lebensdauer halten.

Bei der Mehrfacheinspritzung wird das Hochdruckeinspritzventil während eines

Motorzyklus mehr als einmal angesteuert, wodurch sich die Benetzung der Motor-Innenwände mit flüssigem Kraftstoff reduzieren lässt. Für das Einspritzventil bedeutet dies, kleine Pausenzeiten zu realisieren und gegenüber einer Einfacheinspritzung über die Laufzeit mehr zu ertragende Lastspielzahlen.

Piezo-Hochdruckeinspritzventil

Einsatzgebiet

Das Piezo-Hochdruckeinspritzventil wird seit 2005 in komplexen Brennverfahren eingesetzt, die spezifische Anforderungen an die Qualität des Kraftstoffsprays sowie dessen Stabilität über der Lebensdauer des Motors stellen. Zudem vereint es eine hervorragende Kleinstmengen-Zumessgenauigkeit mit hohen maximalen Einspritzmengen und ermöglicht somit hohe spezifische Leistungen, ohne Kompromisse in Niedriglast-Betriebspunkten eingehen zu müssen. Ein Beispiel für hochentwickelte Brennverfahren ist das strahlgeführte Schicht-Magerbrennverfahren, das ausschließlich mit dem Piezo-Hochdruckeinspritzventil in Serienfahrzeugen dargestellt ist.

Aufbau und Funktion

Das Piezo-Hochdruckeinspritzventil wird mit 20 MPa (200 bar) Kraftstoffdruck betrieben und besteht aus den Funktionselementen Ventilgruppe, Aktormodul und Kompensationselement („Koppler“) sowie Gehäuse- und Anschlussteilen (Bild 14).

Die Ventilgruppe gibt die Einspritzung in den Brennraum frei und definiert die Form des Sprays. Sie besteht im Wesentlichen aus der nach außen öffnenden Ventilnadel, die über eine Schließfeder gegen einen Gehäusekörper vorgespannt ist. Der nominale Ventilnadelhub (Vollhub) beträgt 33 µm und wird nach 180 µs erreicht. Der Schließvorgang dauert aus dem Vollhub ebenfalls 180 µs.

Weitere wichtige Bauteile der Ventilgruppe sind ein Feinfilter im Zulauf zum Schutz der Düse vor Partikeln sowie ein Wellbalg zur Trennung des Kraftstoffs vom trockenen Aktorraum.

Im Aktorraum ist der Piezoaktor verbaut, der durch seine Längenänderung unter Spannung die Ventilnadel öffnet und schließt und somit wesentlich die

Bild 14: Funktionselemente des Piezo-Einspritzventils (Bosch).
1 Hydraulischer Anschluss,
2 Kunststoffumspritzung,
3 elektrischer Anschluss,
4 Abdichtung Injektorschacht,
5 Längenausgleichselement, 6 Aktorfuß,
7 Gehäuse, 8 Vorspannfeder Piezo-Aktor,
9 Piezo-Aktor, 10 Aktorkopf,
11 Nadelschließfeder, 12 Maschenfilter,
13 Metallbalg, 14 Auflageelement,
15 Ventilnadel, 16 Brennraumabdichtung,
17 Ventilkörper, 18 Einspritzdüse.

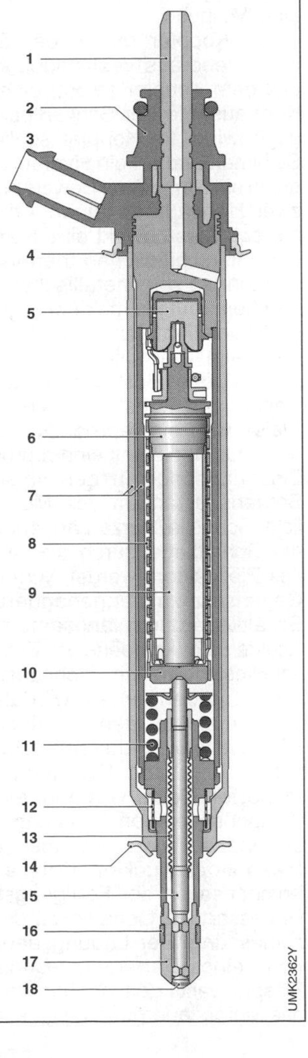

Mengenzumessung bestimmt. Er besteht aus über 400 aktiven Schichten und ist durch eine Rohrfeder auf Druck vorgespannt. Neben Aktor und Rohrfeder sind die elektrische Kontaktierung sowie eine Isolierung des Aktors gegen die elektrischen Bauteile die wesentlichen Elemente des Aktormoduls. Durch die direkte kraftschlüssige Anbindung zwischen Aktormodul und Ventilnadel sind sehr kurze Ansteuerzeiten ab 75 µs möglich. Im Falle solcher sehr kurzen Ansteuerungen erreicht die Ventilnadel nicht ihren Vollhub.

Der Koppler übt in der Schaltkette (bestehend aus Vebtilnadel, Aktormodul und dem Koppler selbst) eine definierte Kraft aus, die der Schließfederkraft entgegenwirkt. Im Koppler schließen zwei Stahlmembranen ein Hydrauliköl ein, das durch eine langsame Bewegung zwischen zwei Hohlräumen einen Arbeitskolben bewegt. Dies bewirkt eine Kompensation der unterschiedlichen thermischen Ausdehnungen der metallischen und keramischen Bauteile mit dem Ergebnis, dass die Kopplerkraft innerhalb der Schaltkette über alle thermischen Betriebsbedingungen des Hochdruckeinspritzventils weitgehend konstant bleibt. Auf diese Weise wird ein reproduzierbarer Ventilnadelhub und somit eine reproduzierbare Einspritzmenge in den verschiedenen Betriebszuständen des Motors ermöglicht. Schnelle, kurze Längenänderungen der Schaltkette durch die Ansteuerung des Piezoaktors werden vom Koppler im Gegensatz zu Längenänderungen der Schaltkette durch langsame thermische Effekte nicht kompensiert. Er wirkt in dieser Hinsicht wie ein Hochpassfilter.

Die vorgenannten Module werden zusammen mit den Gehäusebauteilen inklusive der Kraftstoffzuführung montiert. Ein in den Fertigungsablauf integrierter Codiervorgang ermittelt zur Kompensation von Fertigungstoleranzen den individuellen Ladungsbedarf jedes Piezo-Hochdruckeinspritzventils. Die Kompensation der Fertigungstoleranzen verbessert die Genauigkeit der Mengenzumessung. Der Ladungsbedarf wird in Form eines Data-Matrix-Codes auf das Einspritzventil geschrieben und später in das Motorsteuergerät eingelesen.

Strahlaufbereitung und Strahlausrichtung

Das Spray einer nach außen öffnenden Düse unterscheidet sich prinzipbedingt grundsätzlich von dem einer Mehrlochdüse: Der beim Öffnen der Ventilnadel entstehende Ringspalt bewirkt einen kegelförmigen Austritt des Sprays mit Tröpfchengrößen im Bereich von 8...13 µm. Es entsteht ein rotationssymmetrischer Hohlkegel mit einem nominalen Spraywinkel von 86 °. Entlang der Kegelflächen bilden sich außen wie innen räumlich fest zugeordnete Randwirbel aus, die im Rahmen eines Brennverfahrens genutzt werden können (Bild 15). Die Sprayform ist über einen großen Brennraumdruck- und Ladungsbewegungsbereich stabil, sodass auch kurz aufeinander folgende Einspritzungen im Kompressionshub bis kurz vor der Zündung (somit bei hohen Brennraumdrücken) möglich sind. Das Spray ist bedingt durch die Konstruktion der Düse sehr robust gegen Stör-, Ablagerungs- und Alterungseinflüsse. Dies ist insbesondere für das eingangs erwähnte Schicht-Brennverfahren, aber auch zum

Bild 15: Kegelförmiges Spraybild des Piezo-Einspritzventils.
Kraftstoffdruck 200 bar,
Kammerdruck 6 bar (Labormessung).
a) Realistische Darstellung,
b) schematische Darstellung.
1 Innerer Randwirbel,
2 äußerer Randwirbel.

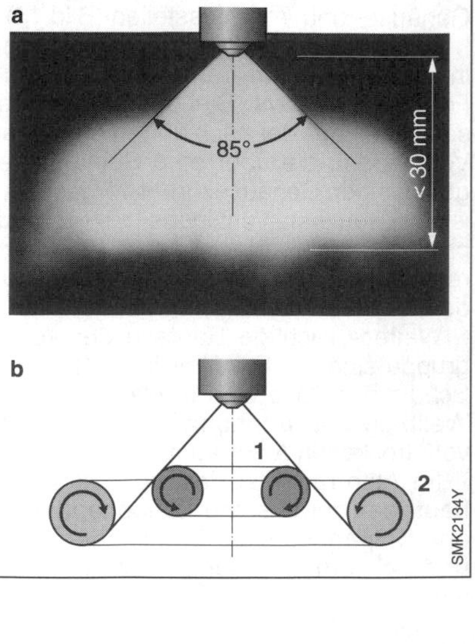

Beispiel im Katalysator-Heizbetrieb vorteilhaft.

Elektrische Ansteuerung
Das Piezo-Hochdruckeinspritzventil wird mit bis zu 200 V berieben. Die Ansteuerung erfolgt durch eine in das Steuergerät integrierte Endstufe, die Spannung wird von einem DC-DC-Wandler erzeugt (Bild 16). Die Ansteuerung erfolgt ladungsgeregelt: Das Öffnen des Ventils erfolgt durch einen gezielten Ladevorgang (Nominalwert für Vollhub 0,69 mC), das Schließen durch einen analogen Entladevorgang. Die Ansteuerdauer (75...5 000 µs) dient als primäre Ansteuergröße, der zu erreichende Ladungswert sowie die Auf- und Entladegeschwindigkeit sind parametrierbar. Eine Variation des Drucks zur Darstellung einer Einspritzmengenspreizung zwischen Minimal- und Maximalmenge ist wegen der möglichen extrem kurzen Ansteuerdauer und aufgrund des hohen hydraulischen Querschnitts bei Vollhub nicht notwendig: Einspritzmengen zwischen 0,5 mg und 150 mg können von einem Einspritzventil pro Arbeitsspiel abgesetzt werden. Die Einspritzkennlinie ist bis hin zu kleinsten Einspritzmengen linear (Bild 17). Pausenzeiten zwischen zwei Öffnungsvorgängen bis hinab zu 50 µs sind darstellbar, dies ist erheblich kürzer als bei einem Einspritzvebtil mit Magnetantrieb.

Im Motorbetrieb kommen schließlich zur Sicherstellung der Kleinstmengen-Zumessgenauigkeit über der Lebensdauer des Einspritzventils mehrere Adaptionsfunktionen zum Einsatz, die das Einspritzventil im verbauten Zustand vermessen. Neben modellbasierten Kompensationen der temperaturabhängigen Reaktionen des Aktors auf eine elektrische Ladung können auch zylinderindividuell kleinste Mengenabweichungen über der Lebensdauer des Einspritzventils ausgeglichen werden, die unkompensiert Momentenunterschiede erzeugen würden. Die Kompensationen wirken verursachergerecht entweder auf den Ventilnadelhub oder auf die Ansteuerzeit.

Bild 16: Ansteuerung des Piezo-Einspritzventils.
a) für Vollhub,
b) für Teilhub.

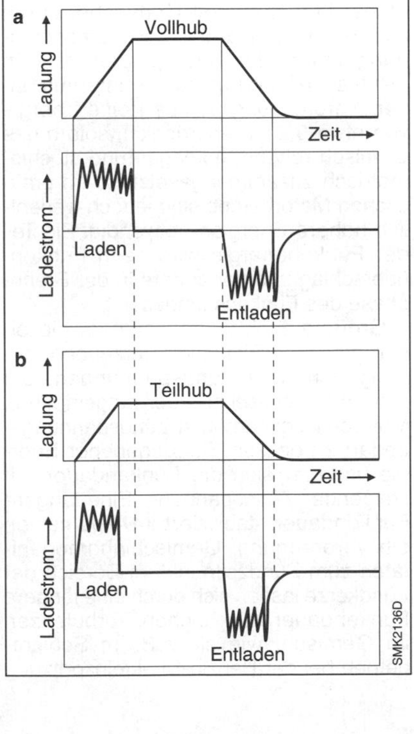

Bild 17: Einspritzmenge als Funktion von der Einspritzzeit.
1 Vollhub,
2 Teilhub.

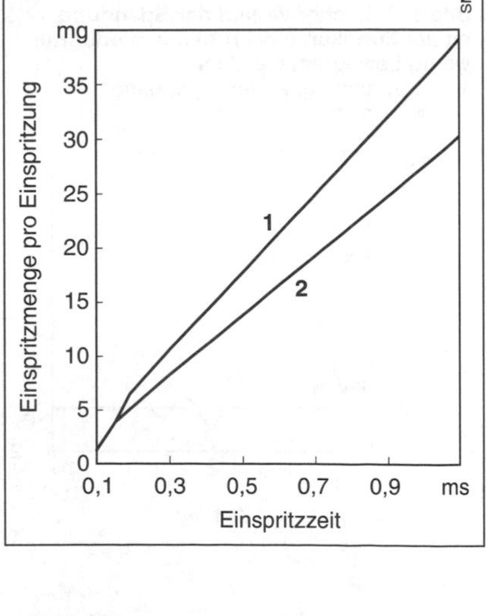

Zündung

Grundlagen

Aufgabe

Beim Ottomotor leitet eine Fremdzündung den Verbrennungsvorgang ein. Aufgabe der Zündung ist es, das verdichtete Luft-Kraftstoff-Gemisch im richtigen Zeitpunkt zu entflammen. Dies geschieht durch einen elektrischen Funken zwischen den Elektroden einer Zündkerze im Brennraum.

Eine unter allen Umständen sicher arbeitende Zündung ist Voraussetzung für den einwandfreien Betrieb des Motors. Zündaussetzer führen zu Verbrennungsaussetzern und zur Schädigung oder Zerstörung des Katalysators, zu schlechteren Abgaswerten, zu höherem Verbrauch und zu niedrigerer Motorleistung.

Zündfunke

Ein elektrischer Funke an der Zündkerze kann nur dann entstehen, wenn die dazu notwendige Zündspannung überschritten wird (Bild 1). Die Zündspannung ist vom Elektrodenabstand der Zündkerze und der Dichte des Luft-Kraftstoff-Gemischs im Zündzeitpunkt abhängig. Sie kann bis zu mehreren 10 kV betragen. Nach dem Funkenüberschlag fällt die Spannung an der Zündkerze auf die Brennspannung ab. Die Brennspannung hängt von der Länge des Funkenplasmas ab (Elektrodenabstand und Auslenkung durch Strömung) und kann von einigen 100 V bis auf wenige kV ansteigen.

Bild 1: Zeitlicher Verlauf der Spannung an der Zündkerze bei ruhendem oder nur wenig bewegtem Gemisch.
1 Zündspannung, 2 Brennspannung, *t* Funkendauer.

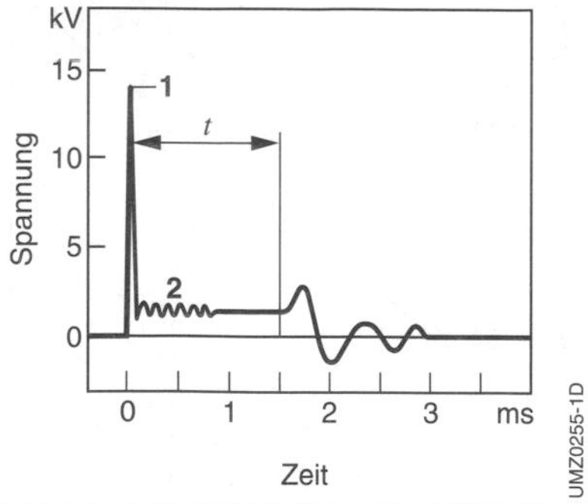

Während der Brenndauer des Zündfunkens (Funkendauer) wird Energie der Zündanlage im Zündfunken umgesetzt. Nach dem Funkenabriss schwingt die Spannung gedämpft aus.

Gemischentflammung und Zündenergie

Der elektrische Funke zwischen den Elektroden der Zündkerze erzeugt ein Hochtemperaturplasma. Der entstehende Flammkern entwickelt sich bei entsprechenden Gemischbedingungen an der Zündkerze und ausreichender Energiezufuhr durch die Zündanlage zu einer sich selbstständig ausbreitenden Flammenfront.

Die Zündung muss diesen Prozess unter allen Betriebsbedingungen des Motors sicherstellen. Zum Entflammen eines Luft-Kraftstoff-Gemischs durch elektrische Funken ist pro Einzelzündung unter Idealbedingungen (z.B. in der Nachbildung eines Brennraums, einer „Verbrennungsbombe“) eine Energie von etwa 0,2 mJ erforderlich, sofern das Gemisch ruhend, homogen und stöchiometrisch zusammengesetzt ist. Im praktischen Motorbetrieb sind jedoch wesentlich höhere Energien notwendig. Ein Teil der Funkenenergie wird beim Funkenüberschlag und der andere in der Brennphase des Funkens umgesetzt.

Größere Elektrodenabstände, die einen größeren Flammkern erzeugen, benötigen höhere Zündspannungen. Bei mageren Gemischen oder aufgeladenen Motoren ist ein erhöhter Zündspannungsbedarf zu decken. Bei gegebener Energie verkürzt sich die Funkendauer mit steigender Zündspannung. Eine längere Funkendauer stabilisiert im Allgemeinen die Verbrennung, Gemischinhomogenitäten zum Zündzeitpunkt im Bereich der Zündkerze lassen sich durch eine längere Funkendauer ausgleichen. Turbulenzen im Gemisch, wie sie z.B. im Schichtbetrieb bei der Benzin-Direkteinspritzung auftreten, können den Zündfunken bis zum Abriss auslenken. Dann sind zur erneuten Zündung des Gemischs Folgefunken erforderlich.

Sowohl höhere Zündspannungen und längere Funkendauer als auch die Bereitstellung von Folgefunken führt zu Auslegungen von Zündanlagen mit höherer Zündenergie. Steht zu wenig Zündenergie zur Verfügung, kommt die Entflammung nicht zustande und es kommt zu Verbrennungsaussetzern. Aus diesem Grund muss so viel Zündenergie bereitgestellt werden, dass das Luft-Kraftstoff-Gemisch unter allen Betriebsbedingungen mit Sicherheit entflammt.

Eine gute Aufbereitung und ein leichter Zutritt des Gemischs zum Zündfunken verbessern die Zündeigenschaften ebenso wie eine lange Funkendauer und eine große Funkenlänge (großer Elektrodenabstand). Die Funkenlage (siehe Funkenlage, Zündkerze) und die Funkenlänge sind durch die Abmessungen der Zündkerze gegeben, die Funkendauer durch die Art und die Auslegung der Zündanlage sowie durch die augenblicklichen Zündverhältnisse im Brennraum des Motors. Die Funkenenergie von Zündanlagen liegt abhängig von den motorischen Anforderungen (Saugrohreinspritzung, Benzin-Direkteinspritzung oder Abgasturboaufladung) in einem Bereich von ca. 30...100 mJ.

Bild 2: Druckverlauf im Brennraum bei verschiedenen Zündzeitpunkten.
1 Zündung (Z_a) im richtigen Zeitpunkt,
2 Zündung (Z_b) zu früh,
3 Zündung (Z_c) zu spät.

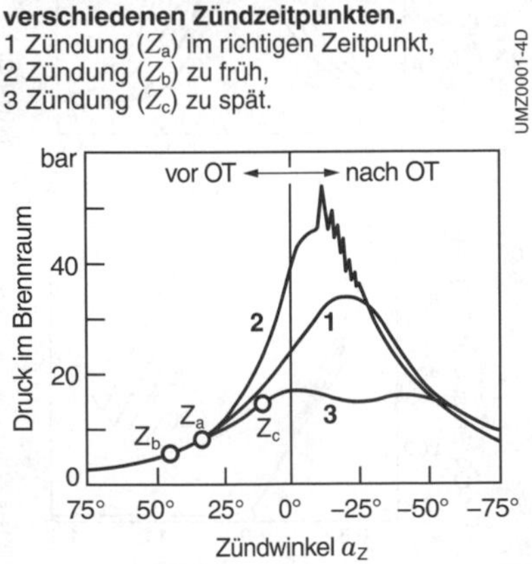

Zündzeitpunkt

Durch die Wahl des Zündzeitpunkts kann der Beginn der Verbrennung beim Ottomotor gesteuert werden. Der Zündzeitpunkt wird immer auf den oberen Totpunkt des Arbeitstakts des Ottomotors bezogen. Dabei ist der frühest mögliche Zündzeitpunkt durch die Klopfgrenze und der spätest mögliche Zündzeitpunkt durch die Brenngrenze oder die maximal zulässige Abgastemperatur bestimmt. Der Zündzeitpunkt beeinflusst das abgegebene Drehmoment, die Abgasemissionen und den Kraftstoffverbrauch.

Grundzündzeitpunkt

Für die Abgabe des maximalen Motordrehmoments soll der Verbrennungsschwerpunkt und damit auch der maximale Verbrennungsdruck kurz nach dem oberen Totpunkt liegen (Bild 2). Da vom Zündzeitpunkt bis zum Durchbrennen des Gemischs eine bestimmte Zeit vergeht, muss bereits vor dem oberen Totpunkt gezündet werden. Der Zündzeitpunkt muss mit steigender Drehzahl und bei geringerer Füllung nach früh verstellt werden.

Ebenso muss der Zündzeitpunkt bei magerem Gemisch ($\lambda > 1$) wegen der sich dabei langsamer ausbreitenden Flammenfront nach früh verstellt werden. Eine vergleichbare Wirkung hat rückgeführtes oder zurückgehaltenes Abgas (externe oder interne Abgas-

Bild 3: Zündwinkelkennfeld als Funktion von Motordrehzahl und relativer Luftfüllung.

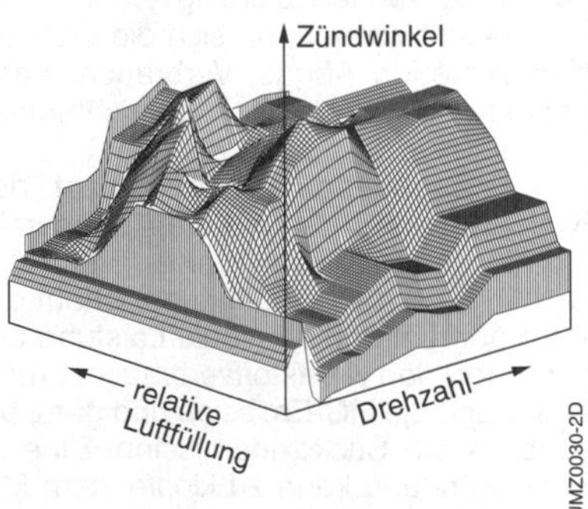

rückführung). Die Grundabhängigkeiten der Zündzeitpunktverstellung sind damit Drehzahl, Füllung und Luft-Kraftstoff-Verhältnis (Luftzahl λ) beziehungsweise bei heute üblichen stochiometrischen Homogen-Motoren der Restgasanteil im Zylinder. Die Zündzeitpunkte werden auf dem Motorprüfstand ermittelt und sind bei elektronischen Motorsteuerungen in Kennfeldern abgelegt (Bild 3).

Zündzeitpunktkorrekturen und betriebspunktabhängige Zündzeitpunkte

Bei elektronischen Motorsteuerungen können neben Drehzahl und Füllung weitere Einflüsse auf den Zündzeitpunkt berücksichtigt werden. Der Grundzündzeitpunkt kann entweder durch additive Korrekturen modifiziert werden oder für bestimmte Betriebspunkte oder -bereiche durch besondere Zündwinkel oder Zündwinkelkennfelder ersetzt werden. Beispiele für Zündzeitpunktkorrekturen sind die Klopfregelung, die Korrekturwinkel für die Betriebsart „Homogen-Mager“ bei der Benzin-Direkteinspritzung oder der Warmlauf. Beispiele für besondere Zündwinkel oder Zündwinkelkennfelder sind die Betriebsart „Schicht“ bei der Benzin-Direkteinspritzung oder der Startbetrieb. Die endgültige Realisierung hängt von dem jeweiligen Einsatzfall ab.

Abgas und Verbrauch

Der Zündzeitpunkt hat einen wesentlichen Einfluss auf das Abgas, denn dadurch können die verschiedenen Rohabgaskomponenten direkt beeinflusst werden. Die daraus ableitbaren optimierten Zündzeitpunkte können allerdings nur zum Teil verwirklicht werden, da sich die Optimierungskriterien Abgas, Verbrauch, Fahrbarkeit und weitere Kriterien nicht immer decken.

Der Zündzeitpunkt beeinflusst den Kraftstoffverbrauch und die Abgasemission in gegenläufiger Weise (Bild 4 und Bild 5). Eine frühere Zündung erhöht das Drehmoment und damit die Leistung und verringert den Kraftstoffverbrauch, erhöht aber auch die HC-Emission und ganz besonders die Stickoxidemission. Eine zu frühe Zündung kann zu klopfendem Motorbetrieb mit der Gefahr von Motorschäden führen. Bei später Zündung steigen die Abgastemperaturen an, was ebenfalls zu Motorschäden führen kann.

Durch ein elektronisches Motormanagement, das den Zündzeitpunkt in Abhängigkeit von der Drehzahl, der Last, der

Bild 4: Einfluss von Luftzahl λ und Zündzeitpunkt α_z auf die Schadstoffemission.
a) Kohlenwasserstoff-Emission (HC),
b) Stickoxid-Emission (NO_x),
c) Kohlenmonoxid-Emission (CO).

FID Flammenionisations-Detektor
CLD Chemilumineszenz-Detektor
NDIR Nicht-dispersiver Infrarot-Detektor

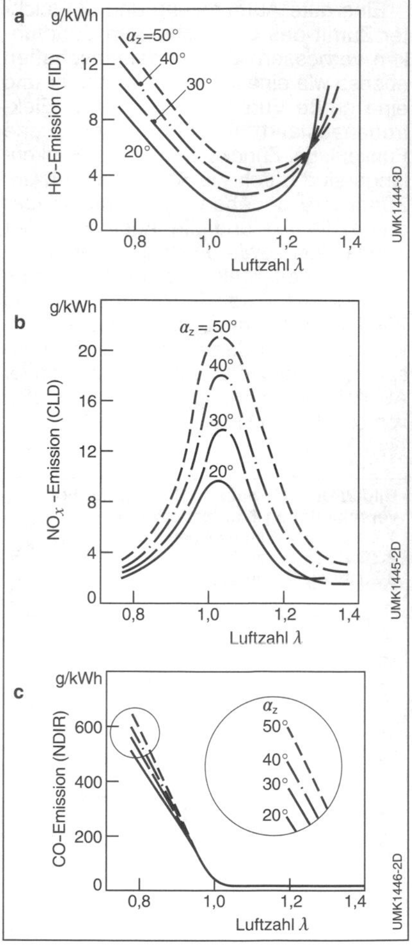

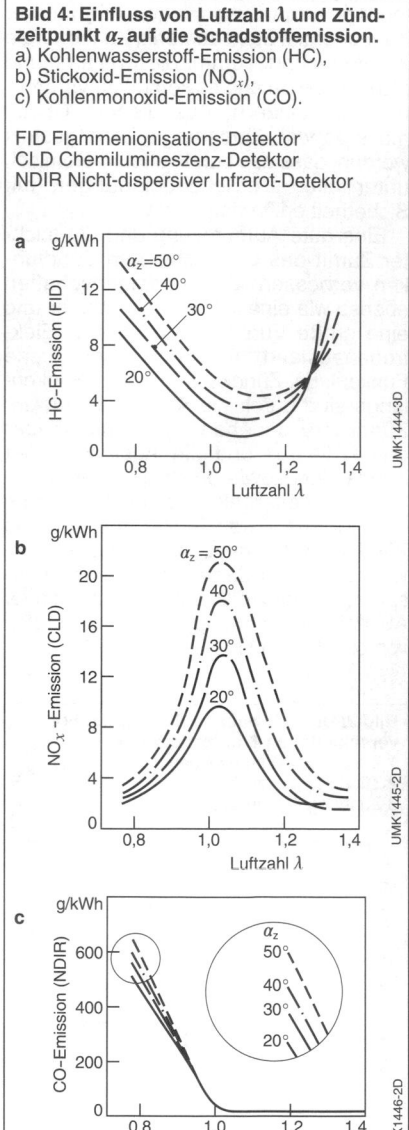

Temperatur und weiteren Einflussgrößen optimal steuert, lassen sich diese einander widerstrebenden Forderungen berücksichtigen.

Klopfregelung

Grundlagen

Die elektronische Steuerung des Zündzeitpunkts bietet die Möglichkeit, den Zündwinkel in Abhängigkeit von Drehzahl, Last, Temperatur usw. sehr genau zu steuern. Dennoch ist ohne Klopfregelung ein deutlicher Sicherheitsabstand zur Klopfgrenze erforderlich.

Dieser Abstand ist notwendig, damit auch im klopfempfindlichsten Fall bezüglich Motortoleranzen, Motoralterung, Umgebungsbedingungen und Kraftstoffqualität kein Zylinder die Klopfgrenze erreicht oder überschreitet. Die daraus resultierende konstruktive Motorauslegung führt zu einer niedrigeren Verdichtung mit spätem Zündzeitpunkt und somit zu Einbußen beim Kraftstoffverbrauch und beim Drehmoment.

Bild 5: Einfluss von Luftzahl λ und Zündzeitpunkt α_z auf den Kraftstoffverbrauch und das Drehmoment.
a) Drehmoment,
b) spezifischer Kraftstoffverbrauch.

a

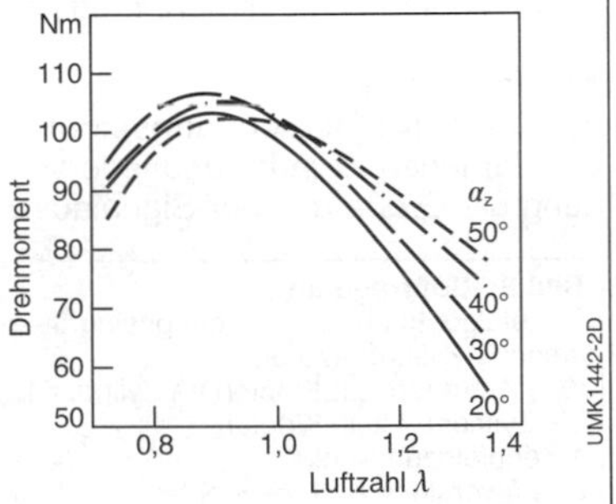

b

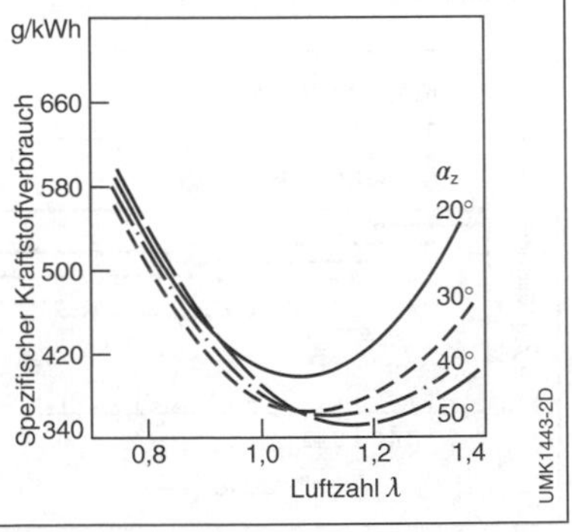

Diese Nachteile lassen sich durch Verwendung einer Klopfregelung vermeiden. Erfahrungsgemäß kann dadurch die Verdichtung des Motors angehoben werden. Daraus ergibt sich ein niedrigerer Kraftstoffverbrauch und ein höheres Drehmoment. Der Vorsteuerzündwinkel muss jetzt allerdings nicht mehr für die klopfempfindlichsten, sondern für die unempfindlichsten Bedingungen (z.B. Verdichtung des Motors an der Toleranzuntergrenze, bestmögliche Kraftstoffqualität, klopfunempfindlichster Zylinder) bestimmt werden. Nun kann jeder einzelne Zylinder des Motors während seiner gesamten Nutzungsdauer in nahezu allen Betriebsbereichen mit optimalem Wirkungsgrad an seiner Klopfgrenze betrieben werden. Voraussetzung für diese Zündwinkelauslegung ist eine sichere Klopferkennung ab einer bestimmten Klopfintensität für jeden Zylinder im gesamten Betriebsbereich des Motors.

Klopfregelsystem

Ein Klopfregelsystem besteht aus Klopfsensor, Signalauswertung, Klopferkennung und Zündwinkelregelung mit Adaption (Bild 6).

Bild 6: Schema einer Klopfregelung.

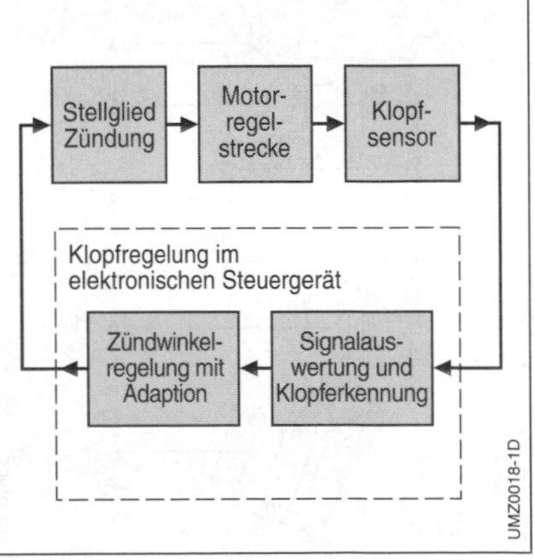

Klopfsensor
Ein typisches Merkmal für klopfende Verbrennungen sind hochfrequente Schwingungen im Brennraum, die der Hochdruckkurve überlagert sind (Bild 2). Am besten werden diese Schwingungen mit Drucksensoren direkt im Brennraum erfasst. Da diese Drucksensoren mit Unterbringung im Zylinderkopf für jeden Zylinder noch immer relativ aufwändig sind, werden diese Schwingungen üblicherweise mit außen am Motor angebrachten Klopfsensoren erfasst. Diese piezo-elektrischen Beschleunigungssensoren (Bild 7) erfassen die charakteristischen Schwingungen von klopfenden Verbrennungen und wandeln diese in elektrische Signale um.

Es gibt zwei Typen von Klopfsensoren. Den Breitbandsensor mit einem typischen Frequenzbereich von 5...20 kHz und den Resonanzsensor, der bevorzugt nur eine Resonanzfrequenz vom Klopfsignal überträgt. In Verbindung mit einer flexiblen Signalauswertung im Steuergerät können von einem Breitband-Klopfsensor unterschiedliche oder mehrere Resonanzfrequenzen ausgewertet werden. Dies führt zu einer besseren Klopferkennung, weshalb der Breitband-Klopfsensor den Resonanzsensor immer mehr ersetzt.

Um eine ausreichende Klopferkennung in allen Zylindern und Betriebsbereichen sicherzustellen, muss die Anzahl und die Anbauposition der erforderlichen Klopfsensoren für jeden Motortyp sorgfältig ermittelt werden. In der Regel werden 4-Zylinder-Reihenmotoren mit ein oder zwei, 5- und 6-Zylinder-Motoren mit zwei, 8- und 12-Zylinder-Motoren mit vier Klopfsensoren ausgerüstet.

Signalauswertung
Eine spezielle Signalauswerteschaltung im Steuergerät wertet von dem Breitbandsignal während einem Zeitbereich, in dem Klopfen auftreten kann, den oder die Frequenzbereiche mit den besten Klopfinformationen aus und generiert eine repräsentative Größe für jede Verbrennung. Diese sehr flexible Signalauswertung des Breitbandsensor ermöglicht eine hohe Erkennungsqualität. Mit einem Resonanz-Klopfsensor mit nur einer auswertbaren Resonanzfrequenz für alle zugeordneten Zylinder im gesamten Motorkennfeld ist in der Regel bei höheren Motordrehzahlen keine Klopferkennung mehr möglich.

Klopferkennung
In einem Klopferkennungsalgorithmus wird für jeden Zylinder und jede Verbrennung die Größe aus der Signalauswerte-

Bild 7: Klopfsensor.
1 Seismische Masse, 2 Vergussmasse,
3 Piezokeramik, 4 Kontaktierung,
5 elektrischer Anschluss.

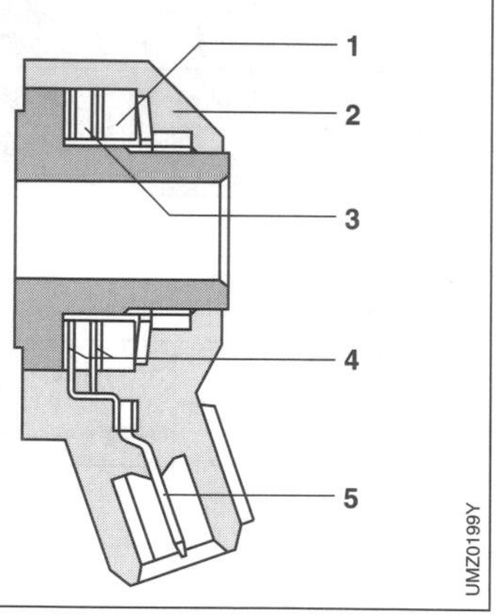

Bild 8: Klopfregelung.
Regelalgorithmus bei Zündungseingriff an einem 4-Zylinder-Motor.
$K_{1...3}$ Auftreten von Klopfen an Zylinder 1...3, bei Zylinder 4 kein Klopfen,
a Kennfeldzündwinkel,
b Spätverstellschritt bei Klopfen,
c Frühverstellwartezeit,
d Frühverstellschritt.

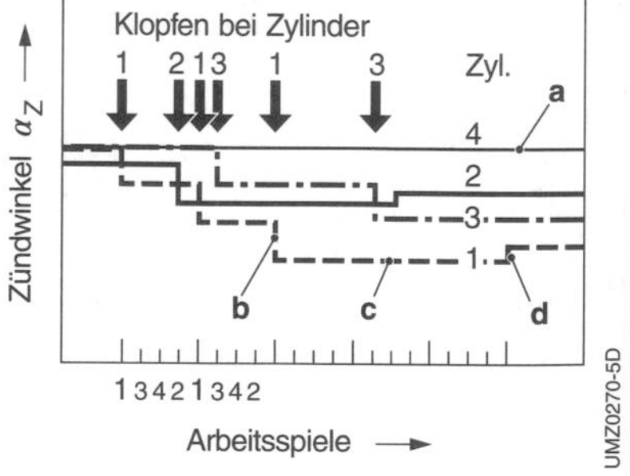

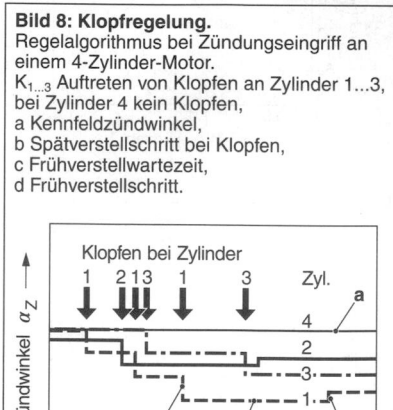

schaltung in Klopfen oder Nichtklopfen klassifiziert. Dies geschieht, indem die Größe der aktuellen Verbrennung mit einer Größe, welche die nichtklopfenden Verbrennungen repräsentiert, verglichen wird.

Zündwinkelregelung mit Adaption
Erkannte klopfende Verbrennungen führen am betreffenden Zylinder zu einer Spätverstellung des Zündzeitpunkts (Bild 8). Tritt kein Klopfen mehr auf, erfolgt wieder eine stufenweise Frühverstellung des Zündzeitpunkts bis zum Vorsteuerwert. Klopferkennungs- und Klopfregelalgorithmus werden so abgestimmt, dass kein hörbares und motorschädigendes Klopfen auftritt, obwohl jeder Zylinder im wirkungsgradoptimalen Bereich an der Klopfgrenze betrieben wird.

Im realen Motorbetrieb ergeben sich für die einzelnen Zylinder unterschiedliche Klopfgrenzen und damit auch unterschiedliche Zündzeitpunkte. Zur Adaption der Vorsteuerwerte des Zündzeitpunkts an die jeweilige Klopfgrenze werden die für jeden Zylinder individuellen und vom Betriebspunkt abhängigen Spätverstellungen des Zündzeitpunkts gespeichert. Diese Speicherung erfolgt in nichtflüchtigen Kennfeldern des dauerversorgten RAMs über die Last und die Drehzahl. Dadurch kann der Motor auch bei schnellen Last- und Drehzahländerungen in jedem Betriebspunkt mit optimalem Wirkungsgrad sowie unter Vermeidung von hörbar klopfenden Verbrennungen betrieben werden.

Diese Adaption ermöglicht sogar den Einsatz von Kraftstoffen mit niedrigerer Klopffestigkeit (z.B. Super- anstelle von Super-Plus-Benzin).

Phänomen Vorentflammung

Grundlagen
Aktuell zeichnet sich bei der Entwicklung moderner Ottomotoren ein klarer Trend in Richtung Downsizing (Hubraumverkleinerung bei gleicher Motorleistung) und Downspeeding (Drehzahlreduzierung durch längere Getriebeübersetzung) in Kombination mit Direkteinspritzung und Aufladung ab. Die Aufladung ermöglicht eine Reduktion des Hubraums ohne Absenkung des Leistungsniveaus. Somit kann der Motor in der Teillast bei höheren Lasten mit höherem Teillastwirkungsgrad betrieben und der Kraftstoffverbrauch gesenkt werden. Die Ladedruckerhöhung zur Verbesserung des Wirkungsgrades wird allerdings durch das Phänomen der Vorentflammung begrenzt.

Vor einigen Jahren wurden noch die Begriffe Extremklopfer oder Superklopfer verwendet, die das Symptom und nicht die Ursache des Phänomens der Vorentflammung beschreiben. Seit einiger Zeit hat sich jedoch der Begriff Vorentflammung durchgesetzt. Somit gibt es auch beim Namen eine klare Abgrenzung zur normalen klopfenden Verbrennung.

Vorentflammung
Vorentflammungen sind unkontrollierte Selbstzündungen des Luft-Kraftstoff-Gemischs, die bereits vor der durch die Zündkerze ausgelösten Zündung auftreten. Diese zu frühe Verbrennungseinleitung führt gegenüber der normalen Verbrennung zu einem deutlichen Druck- und Temperaturanstieg, die dann im weiteren Verlauf zu einer stark klopfenden Verbrennung führt. Hierbei können bereits Einzelereignisse den Motor vorschädigen.

Erkennung von Vorentflammungen
Zur Vermeidung von Motorschäden ist eine sichere Erkennung von Vorentflammungen zwingend notwendig. Klopfende Ereignisse als Folge von Vorentflammungen lassen sich klopfsensorbasiert eindeutig über Lage und über Frequenzbereiche auswerten und erkennen. Dieses Verfahren ermöglicht eine hohe Erkennungsqualität mit klarer Abgrenzung zu den normal klopfenden Verbrennungen.

Maßnahmen gegen Vorentflammungen
Werden Vorentflammungen erkannt, sind Gegenmaßnahmen notwendig, um weitere Vorentflammungen zu verhindern. Da jedoch die Vorentflammung eine unkontrollierte Selbstzündung ist, gibt es keine direkte Stellgröße – wie z.B. den Zündwinkel bei der klopfenden Verbrennung – mit der man weitere Vorentflammungen sicher vermeiden kann. Deshalb beinhaltet die Vorentflammungsfunktionalität die Einleitung von mehreren Gegenmaßnahmen nach erkannten Vorentflammungen, um das Temperaturniveau im Brennraum rasch zu senken und damit weitere Vorentflammungen zu vermeiden. Die verschiedenen Maßnahmen wie z.B. Gemischanreicherung oder Füllungsabsenkung können in der für den jeweiligen Motortyp optimalen Kombination aktiviert werden.

Vorentflammungen hängen stark vom Kraftstoff und von den Ölemissionen ab. Deshalb ist speziell bei aufgeladenen Ottomotoren diese Funktionalität zum Schutz des Motors zwingend erforderlich. Somit können Fahrzeughersteller wirkungsgradoptimierte hochaufgeladene Ottomotoren entwickeln und diese trotz unterschiedlicher Kraftstoff- und Ölqualitäten weltweit vermarkten.

Unfallgefahr!
Alle elektronischen Zündanlagen sind Hochspannungsanlagen. Um eine Gefährdung auszuschließen, ist bei Arbeiten an der Zündanlage grundsätzlich die Zündung auszuschalten oder die Spannungsquelle abzuklemmen. Solche Arbeiten sind z.B.:
- Auswechseln von Teilen wie Zündkerze, Zündspule oder Zündtransformator, Zündleitung usw.
- Anschließen von Motortestgeräten wie Zündlichtpistole, Schließwinkel-Drehzahl-Tester, Zündoszilloskop usw.

Bei der Prüfung der Zündanlage mit eingeschalteter Zündung treten an der gesamten Anlage gefährliche Spannungen auf. Prüfarbeiten sollen deshalb nur durch ausgebildetes Fachpersonal erfolgen.

Zündsysteme

Zündsysteme für den Einsatz im Kfz sind heute fast immer als Subsystem in eine Motorsteuerung integriert. Eigenständige Zündanlagen gibt es nur noch für Sonderanwendungen (z.B. Kleinmotoren). Bei den Zündanlagen hat sich die Spulenzündung (Induktive Zündung) mit jeweils einem eigenen Zündkreis pro Zylinder (ruhende Hochspannungsverteilung mit Einzelfunkenspulen, Bild 9) durchgesetzt.

Daneben werden in geringem Umfang auch Hochspannungskondensatorzündungen (kapazitive Zündung) oder andere Sonderbauarten wie z.B. Magnetzünder für Kleinmotoren eingesetzt. Nachfolgend wird nur auf die Spulenzündung näher eingegangen.

Spulenzündung (Induktive Zündung)

Prinzip der Spulenzündung
Der Zündkreis einer Spulenzündung besteht aus (Bild 10)
- einer Zündspule mit einer Primär- und einer Sekundärwicklung,
- einer Zündungsendstufe zur Steuerung des Stroms durch die Primärwicklung, überwiegend als IGBT (Insulated Gate Bipolar Transistor) im Motorsteuergerät oder in der Zündspule integriert, und
- einer Zündkerze, die mit dem Hochspannungsanschluss der Sekundärwicklung verbunden ist.

Bild 9: Zündsystem mit Einzelfunkenspulen.
1 Zündschloss, 2 Zündspule, 3 Zündkerze, 4 Steuergerät, 5 Batterie.

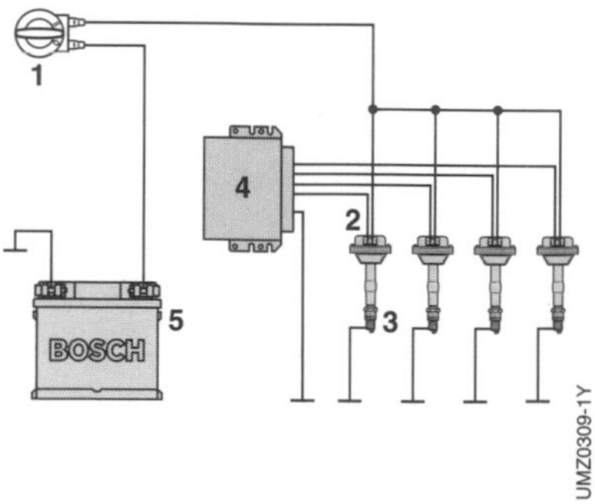

Die Zündungsendstufe schaltet vor dem gewünschten Zündzeitpunkt einen Strom aus dem Bordnetz durch die Primärwicklung der Zündspule ein. Während der Primärstromkreis geschlossen ist (Schließzeit) wird in der Primärwicklung ein Magnetfeld aufgebaut.

Im Zündzeitpunkt wird der Strom durch die Primärwicklung wieder unterbrochen, die Energie des Magnetfelds entlädt sich hauptsächlich über die magnetisch gekoppelte Sekundärwicklung (Induktion). Dabei entsteht in der Sekundärwicklung eine hohe Spannung. Wenn das Zündspannungsangebot der Zündanlage über dem Zündspannungsbedarf der Zündkerze liegt, erfolgt ein Funkenüberschlag. Nach dem Funkenüberschlag wird die noch verbleibende Energie während der Funkendauer an der Zündkerze umgesetzt.

Funktionen eines Zündsystems mit Spulenzündung

Zündzeitpunktbestimmung

Der jeweils aktuelle Zündzeitpunkt wird betriebspunktabhängig aus Kennfeldern ermittelt und zur Ausgabe gebracht.

Bild 10: Aufbau eines Zündkreises mit Einzelfunkenspulen.
1 Zündungsendstufe,
2 Zündspule mit Primär- und Sekundärwicklung,
3 EFU-Diode (Einschaltfunkenunterdrückung),
4 Zündkerze.
15, 1, 4, 4a Klemmenbezeichnungen,
⎍ Ansteuersignal.

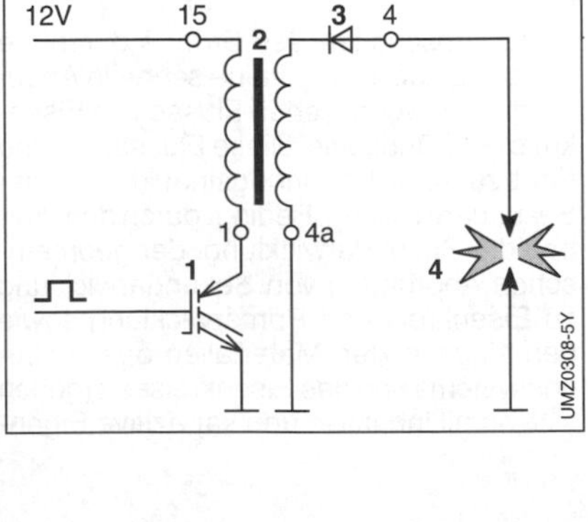

Schließzeitbestimmung

Im Zündzeitpunkt soll die gewünschte Zündenergie bereitgestellt werden. Die Höhe der Zündenergie hängt von der Höhe des Primärstroms im Zündzeitpunkt (Abschaltstrom) und der Induktivität der Primärwicklung ab. Die Höhe des Abschaltstroms hängt wesentlich von der Einschaltdauer (Schließzeit) und der Batteriespannung an der Zündspule ab. Die Schließzeiten zum Erreichen des gewünschten Abschaltstroms sind in batteriespannungsabhängigen Kennlinien oder Kennfeldern abgelegt. Die Veränderung der Schließzeit über der Temperatur kann zusätzlich kompensiert werden.

Zündausgabe

Die Zündausgabe stellt sicher, dass der Zündfunke im richtigen Zylinder zum richtigen Zeitpunkt und mit der gewünschten Zündenergie erfolgt. Bei elektronisch verstellenden Systemen wird meistens ein Geberrad mit einer winkelfesten Bezugsmarke (typisch 60 – 2 Zähne, zwei fehlende Zähne an der Bezugsmarke) auf der Kurbelwelle abgetastet (Gebersystem mit z. B. Hall- oder Induktivsensor). Daraus können im Steuergerät der Kurbelwinkel und die momentane Drehzahl berechnet werden. Das Ein- und Ausschalten der Zündspule kann zu jedem gewünschten Kurbelwinkel erfolgen. Zur eindeutigen Zuordnung des Zylinders ist ein zusätzliches Phasensignal von der Nockenwelle erforderlich.

Das Steuergerät berechnet für jede Verbrennung aus dem gewünschten Zündzeitpunkt, der erforderlichen Schließzeit und der aktuellen Drehzahl den Einschaltzeitpunkt und schaltet die Endstufe ein. Der Zündzeitpunkt oder das Abschalten der Endstufe kann entweder durch Ablauf der Schließzeit oder durch Erreichen des gewünschten Winkels ausgelöst werden.

Zündspule

Aufgabe
Die Zündspule stellt prinzipiell eine energiegeladene Hochspannungsquelle dar, die ähnlich einem Transformator aufgebaut ist. Die Energie bezieht sie aus dem Kfz-Bordnetz während der Schließ- oder Ladezeit. Zum Zündzeitpunkt, der zugleich das Ende der Ladezeit darstellt, wird die Energie dann mit der erforderlichen Hochspannung und Funkenenergie an die Zündkerze abgegeben (induktive Zündanlage).

Bild 1: Aufbau der Kompaktzündspule.
1 Leiterplatte (optional),
2 Zündendstufe (optional),
3 EFU-Diode (optional),
4 Sekundärspulenkörper,
5 Sekundärwicklung, 6 Kontaktblech,
7 Hochspannungsbolzen (Verbindungselement zur Kontaktfeder),
8 Anschlussstecker, 9 Primärwicklung,
10 I-Kern, 11 Permanentmagnet, 12 O-Kern,
13 Kontaktfeder (Zündkerzenkontaktierung),
14 Silikonmantel (Hochspannungsisolation).

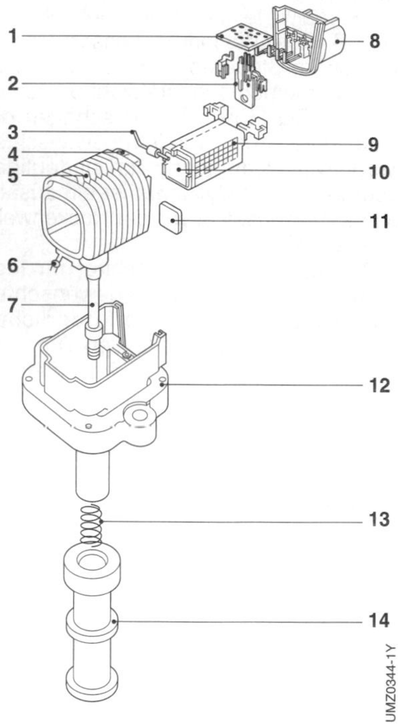

Aufbau
Die Zündspule (Bild 1) besteht aus zwei Wicklungen, die durch einen Eisenkern (I-Kern und O-Kern) magnetisch gekoppelt sind. Dieser Eisenkreis beinhaltet gegebenenfalls noch einen Permanentmagneten zur Energieoptimierung. Die Primärwicklung hat im Vergleich zur Sekundärwicklung eine deutlich geringere Windungszahl. Das Übersetzungsverhältnis $ü$ liegt im Bereich $ü = 80 \dots 150$.

Die Wicklungen müssen elektrisch sehr gut isoliert sein, um elektrische Entladungen und Überschläge im Innern oder auch nach außen hin zu vermeiden. Zu diesem Zweck werden die Wicklungen im Zündspulengehäuse meist mit Epoxidharz vergossen.

Der Eisenkern besteht in der Regel aus aufeinander gestapelten, ferromagnetischen Blechlamellen, um vor allem die Wirbelstromverluste zu minimieren.

Die Zündendstufe kann alternativ zum Einbau im Motorsteuergerät auch in die Zündspule integriert werden. Neben der EFU-Diode (Einschaltfunkenunterdrückung) sind des Weiteren noch Entstörbauelemente in der Zündspule denkbar. Verbreitet ist hier ein Entstörwiderstand am Hochspannungsausgang zur Zündkerze hin.

Funktion
Die Zündendstufe schaltet den Primärstrom in der Zündspule. Entsprechend der Induktivität steigt der Strom verzögert an. In dem sich dabei aufbauendem magnetischen Feld wird Energie gespeichert. Die Einschaltdauer (Ladezeit) ist dabei so berechnet, dass zu ihrem Ende ein bestimmter Abschaltstrom und damit eine bestimmte gespeicherte Energie erreicht wird.

Das Abschalten des Stroms durch die Zündendstufe bewirkt eine schnelle Änderung des magnetischen Flusses im Eisenkreis der Zündspule. Diese Flussänderung führt zu einer Spannungsinduktion in der Sekundärwicklung. Bedingt durch den Aufbau der Sekundärwicklung, der geometrischen Anordnung von Sekundärwicklung zu Eisenkreis und Primärwicklung sowie den eingesetzten Materialien des Isolationssystems und des Eisenkreises ergeben sich somit induktive und kapazitive Eigenschaften, die zu einem Spannungsangebot auf der Sekundärseite von über 30 000 Volt führen.

Erreicht das Spannungsangebot der Zündspule den Zündspannungsbedarf an den Elektroden der Zündkerze, so bricht die Spannung auf eine Funkenbrennspannung von ca. 1 000 Volt zusammen. Es fließt nun ein Funkenstrom, der mit zunehmender Funkendauer abnimmt, bis der Funke schließlich erlischt.

Entsprechend der zeitlichen Stromänderung beim Abschalten des Primärstroms entsteht analog auch zu Beginn der Ladezeit eine Induktionsspannung am Ausgang der Zündspule. Allerdings ist diese deutlich kleiner als die Spannung zum Zündzeitpunkt und sie hat dieser gegenüber eine umgekehrte Polarität. Um eine ungewollte Zündung durch diese „Einschaltspannung" auszuschließen, wird sie meist mit einer Hochspannungsdiode im Sekundärkreis unterdrückt (EFU-Diode, Einschaltfunkenunterdrückung).

Die elektrischen Daten einer Zündspule können durch ihre Auslegung bestimmt werden. Maßgebend sind hier in erster Linie die Anforderungen an den Bauraum (z.B. Geometrie von Zylinderkopf und Zylinderkopfdeckel, Position von Einspritzventil und Saugrohr) sowie an die beiden gegebenen Schnittstellen, dem Steuergerät mit der Endstufe (z.B. Abschaltstrom) und der Zündkerze (z.B. Zündspannung, Funkenwerte).

Ausführungen

Zündspulen gibt es in zahlreichen Varianten, sodass eine Unterscheidung nach verschiedenen Gesichtspunkten möglich ist.

Einzelspulen und Module

Neben den Einzelspulen, die im Regelfall direkt auf der Zündkerze sitzen, können auch mehrere Zündspulen in einem Gehäuse als Modul zusammengefasst sein. Solche Anordnungen sind dann direkt auf den Zündkerzen befestigt; oder sie sind etwas entfernt, wobei dann die Hochspannungszuführung über entsprechende Leitungen erfolgen muss.

Einzelfunken- und Zweifunkenspulen

Neben den Zündspulen mit nur einem Hochspannungsausgang (Einzelfunkenspule) gibt es auch solche, bei denen beide Enden der Sekundärwicklung als Ausgang genutzt werden (Zweifunkenspule). Der Stromkreis muss im Falle der sekundärseitigen Entladung immer über beide Funkenstrecken geschlossen werden. Als denkbare Anwendungen gibt es hier die Doppelzündung, d.h., es werden zwei Zündkerzen pro Zylinder aus einer Zündspule versorgt. Eine weitere Anwendung ist die Aufteilung der beiden Hochspannungsausgänge auf zwei Zündkerzen verschiedener Zylinder. Hier befindet sich immer nur eine der beiden Zündkerzen im Zündungstakt, wodurch sich der Spannungs- und Energiebedarf des „passiven Funkens" (Stützfunke) deutlich reduziert. Diese Variante bietet vor allem Kostenvorteile, jedoch muss sie mit dem Gesamtsystem abgestimmt sein, um Schäden durch unerwünschte Entflammungen durch den Stützfunken zu vermeiden.

Kompaktspule und Stabspule

Zündspulen werden auch nach ihrem prinzipiellen Aufbau unterschieden. Hier gibt es zum einen die konventionelle Kompaktspule, bei der die Seitenverhältnisse des Spulenkörpers eher ausgeglichen sind und die sich durch einen Magnetkreis in O-I-Kern- oder auch C-I-Kern-Ausführung auszeichnet. Der Spulenkörper sitzt im Motor oberhalb des Zündkerzenschachtes.

Daneben gibt es die Stabspule (engl.: Pencil Coil), die sich dadurch auszeichnet, dass sie mit ihrem Spulenkörper in den Zündkerzenschacht eintaucht. Auch hier befinden sich die Wicklungen auf einem I- oder Stabkern, für einen magnetischen Rückschluss sorgt aber ein konzentrisch um die Wicklungen angeordnetes Blech (Rückschlussblech).

Zündspulen mit Zündendstufe

Zündspulen sind mit oder ohne Zündendstufe erhältlich. Grund für die Integration der Endstufe ist die Entlastung des Motorsteuergerätes. Darüber hinaus wird weitere Elektronik in der Zündspule eingesetzt, um den bestehenden Anforderungen gerecht zu werden (Bild 2).

Anforderungen

Die Hauptanforderungen an moderne Zündsysteme ergeben sich indirekt aus notwendigen Emissions- und Kraftstoffreduzierungen. Aus entsprechenden motorischen Lösungsansätzen, wie Hochaufladung sowie Mager- und Schichtbetrieb (strahlgeführte Direkteinspritzung) in Kombination mit erhöhten Abgasrückführraten (AGR), leiten sich Anforderungen an die Zündspulen ab.

Die Darstellung eines erhöhten Zündspannungs- und Energiebedarfs bei erhöhten Temperaturanforderungen ist notwendig. Die Realisierung erfolgt unter anderem über

- Hochenergiespulen mit hohem Spannungsangebot (größer 40 000 V),
- Mehrfunkenzündung (Multi-Spark Ignition, MSI), d.h. Funkenbandsteuerung mit integrierter Elektronik (ASIC), gesteuert über Primär- und Sekundärstromauswertung,
- Diagnosefunktionen (z.B. Ladezeitkontrolle, Ionenstrommessung zur Verbrennungsdiagnose),
- Schutzfunktionen (z.B. Übertemperaturabschaltung, Abschaltstromregelung).

Darüber hinaus steigen die Anforderungen bezüglich der elektromagnetischen Verträglichkeit (EMV) im Kfz. Gerade durch den höheren Zündspannungsbedarf und die erhöhten Zündfrequenzen durch Mehrfunkenzündung sowie den erhöhten Abschaltströmen besteht die Notwendigkeit, die Störaussendung des Zündsystems zu reduzieren, um andere Komponenten im Fahrzeug (Steuergeräte, Mikrocontroller, Sensoren, Aktoren) in ihrer Funktion nicht zu stören.

Bild 2: Einbau der Zündendstufe in einem Stabzündspulengehäuse.
1 Anschlusssstecker,
2 SMD-Bauteile (Surface Mounted Device),
3 Elektronik für Zündungsfunktionen,
4 Kontaktierung für die Primärwicklung,
5 Rückschlussblech des Stabzündspulentransformators,
6 Befestigungsauge,
7 Zündendstufe.

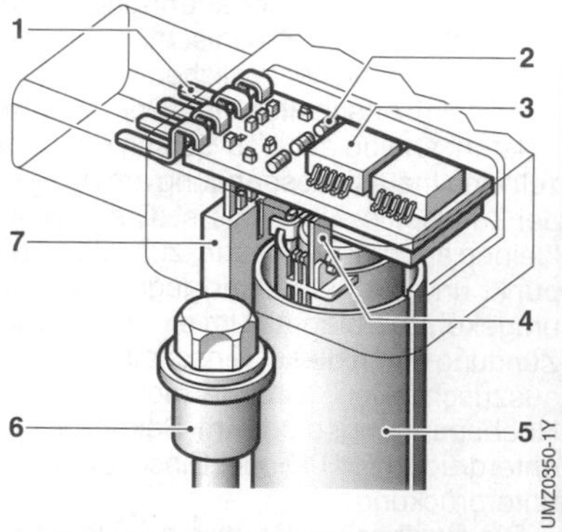

Durch die Integration von immer mehr Elektronik in die Zündspule ergeben sich auch schärfere Anforderungen bezüglich der Störfestigkeit dieser Bauelemente. Die Elektronik muss störfest gegenüber der Emission des Zündsystems selbst und der Störaussendung anderer Fahrzeugkomponenten sein, um Funktionsbeeinträchtigungen oder Funktionsausfälle zu vermeiden.

Zündkerze

Aufgabe

Die Zündkerze überträgt im Ottomotor die Energie der Zündspule in den Brennraum. Durch die angelegte Hochspannung entsteht zwischen den Zündkerzenelektroden ein elektrischer Funke, der das verdichtete Luft-Kraftstoff-Gemisch entzündet und damit die Verbrennung einleitet.

Im Zusammenwirken mit den anderen Komponenten des Motors, z.B. den Zünd- und den Gemischaufbereitungssystemen, bestimmt die Zündkerze in entscheidendem Maße die Funktion des Ottomotors. Sie muss einen sicheren Kaltstart ermöglichen, über die gesamte Lebensdauer (mindestens 30000 km) einen aussetzerfreien Betrieb gewährleisten und auch bei längerem Betrieb in kritischen Betriebspunkten die zulässige Höchsttemperatur einhalten. Außerdem muss die Zündkerze die Hochspannung immer sicher gegen den Zylinderkopf isolieren und den Brennraum nach außen abdichten.

Anforderungen

Die Anforderungen an die Zündkerze sind herausfordernd. Sie ist sowohl den periodisch wechselnden Vorgängen im Verbrennungsraum als auch den klimatischen Bedingungen außerhalb des Motors ausgesetzt.

Beim Betrieb der Zündkerzen mit elektronischen Zündanlagen können Zündspannungen über 40 kV auftreten, die weder zu Keramikdurchschlägen noch zu Isolatorkopfüberschlägen führen dürfen. Die sich aus dem Verbrennungsprozess abscheidenden Rückstände wie Ruß, Ölkohle und Asche aus Kraftstoff und Ölzusätzen sind unter bestimmten thermischen Bedingungen elektrisch leitend. Dennoch dürfen dadurch keine Überschläge über den Isolator auftreten. Der elektrische Widerstand des Isolators muss bis zu 1000 °C hinreichend groß sein und darf sich über der Lebensdauer der Zündkerze nur wenig verringern.

Mechanisch wird die Zündkerze durch die im Brennraum periodisch auftretenden Drücke (bis zu 150 bar) beansprucht, wobei die Gasdichtheit jedoch nicht absinken darf. Darüber hinaus müssen die Elektroden der Zündkerze aus Werkstoffen mit hoher Warm- und Dauerschwingfestigkeit hergestellt sein. Das Zündkerzengehäuse muss die bei der Montage auftretenden Kräfte ohne bleibende Verformung aufnehmen.

Der in den Verbrennungsraum ragende Teil der Zündkerze ist den bei hohen Temperaturen stattfindenden chemischen Vorgängen ausgesetzt, sodass eine Beständigkeit gegen aggressive Brennraumablagerungen gefordert ist.

Vor allem der Zündkerzenisolator und die Elektroden müssen thermisch hoch belastbar sein, da sie im raschen Wechsel hohen Temperaturen aus den heißen Verbrennungsgasen und niedrigen Temperaturen des kalten Luft-Kraftstoff-Gemischs aus-

Bild 1: Aufbau der Zündkerze.
1 Anschlussbolzen (hier mit SAE-Anschluss),
2 Isolatorkopf,
3 vernickeltes Stahlgehäuse,
4 Warmschrumpfzone,
5 elektrisch leitende Glasschmelze,
6 Dichtring (Dichtsitz),
7 Gewinde,
8 Ni-Cu-Verbundmittelelektrode,
9 Isolatorfuß,
10 Masseelektrode (hier als Ni-Cu-Verbundelektrode).

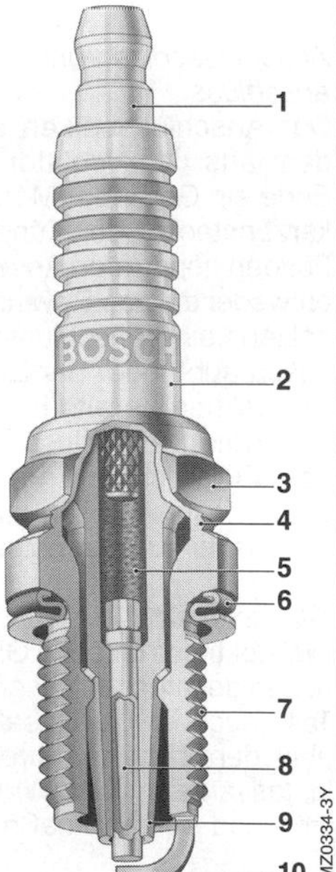

gesetzt sind (Thermoschock). Ein sicherer Betrieb der Zündkerze erfordert eine gute Wärmeableitung von Elektroden und Isolator an den Zylinderkopf. Die Anschlussseite der Zündkerze sollte sich möglichst wenig erwärmen.

Neben diesen Anforderungen muss die Zündkerze auch an die geometrischen Vorgaben der Motorkonstruktion (z.B. Zündkerzenlage im Zylinderkopf) angepasst sein.

Aufgrund dieser Anforderungen ist – hervorgerufen durch die unterschiedlichsten Motoren – eine Vielfalt von Zündkerzen erforderlich.

Aufbau

Die Zündkerze besitzt mindestens zwei Elektroden (Mittel- und Masseelektrode), zwischen denen der Zündfunke entsteht. Die Hochspannung wird über den Anschlussbolzen durch eine elektrisch leitende Glasschmelze, die innerhalb des Isolators liegt, an die Mittelelektrode übertragen. Der Isolator verhindert einen Kurzschluss zum Zündkerzengehäuse, in welchem der Stöpsel (Isolator mit funktionssicher montierter Mittelelelektrode und Anschlussbolzen) montiert wird (Bild 1).

Anschlussbolzen und Hochspannungsanschluss

Der Anschlussbolzen aus Stahl hat an dem aus dem Isolator herausragenden Ende ein Gewinde (M4), in das der Zündkerzenstecker der Zündleitung einrastet. Für den genormten Anschlussstecker wird entweder auf das Gewinde des Anschlussbolzens eine Anschlussmutter (SAE) aufgeschraubt, oder der Bolzen wird bei der Herstellung bereits mit einem massiven genormten Anschluss (z.B. Napf) versehen. Für höchste Entstöransprüche und wasserfeste Anlagen gibt es Zündkerzen mit abschirmendem Metallmantel.

Glasschmelze

Die elektrisch leitende Glasschmelze sorgt neben der mechanischen Verankerung der Teile auch für die Gasabdichtung gegenüber dem hohen Verbrennungsdruck. Mit ihr lassen sich auch Widerstände als Entstör- und Abbrandmaßnahme realisieren.

Isolator

Der Isolator besteht aus einer Spezialkeramik. Er hat die Aufgabe, die Mittelelektrode und den Anschlussbolzen gegen das Zündkerzengehäuse elektrisch zu isolieren. Die Forderungen nach guter Wärmeleitfähigkeit bei hohem elektrischem Isoliervermögen stehen in starkem Gegensatz zu den Eigenschaften der meisten Isolierstoffe. Der von Bosch verwendete Werkstoff besteht aus Aluminiumoxid (Al_2O_3), dem in geringem Anteil andere Stoffe zugemischt sind.

Anschlussseitig trägt der Isolator eine bleifreie Glasur, auf der Feuchtigkeit und Schmutz weniger gut haften. Dadurch werden Kriechströme weitgehend vermieden.

Zündkerzengehäuse

Das Gehäuse wird aus Stahl hergestellt. Der untere Teil des Gehäuses ist mit einem Gewinde versehen, damit die Zündkerze im Zylinderkopf befestigt und nach einem vorgegebenem Wechselintervall ausgetauscht werden kann. Auf die Stirnseite des Gehäuses werden je nach Zündkerzenkonzept bis zu vier Masseelektroden aufgeschweißt.

Zum Schutz des Gehäuses gegen Korrosion ist auf der Oberfläche eine Nickelschicht aufgebracht, die in den Aluminiumzylinderköpfen ein Festfressen des Gewindes verhindert. Am oberen Teil des Gehäuses befindet sich ein Sechs- oder Doppelsechskant zum Ansetzen des Schraubenschlüssels. Der Doppelsechskant benötigt bei unveränderter Isolatorkopfgeometrie weniger Platz im Zylinderkopf und der Motorenkonstrukteur ist freier in der Gestaltung der Kühlkanäle.

Der obere Teil des Gehäuses wird nach dem Einsetzen des Stöpsels umgebördelt und fixiert diesen in seiner Position. Der anschließende Schrumpfprozess durch induktive Erwärmung unter hohem Druck stellt die gasdichte Verbindung zwischen Isolator und Gehäuse her und garantiert eine gute Wärmeleitung.

Dichtsitz
Je nach Motorbauart besitzt die Zündkerze einen Flach- oder einen Kegeldichtsitz, der jeweils zum Zylinderkopf hin abdichtet. Beim Flachdichtsitz wird ein „unverlierbarer" Dichtring als Dichtelement verwendet. Er hat eine spezielle Formgebung und dichtet bei der Montage der Zündkerze dauerelastisch ab. Beim Kegeldichtsitz dichtet eine kegelige Fläche des Gehäuses ohne Verwendung eines Dichtrings direkt auf einer entsprechenden Fläche des Zylinderkopfs ab.

Elektroden
Die thermisch hoch beanspruchten Elektroden sind überwiegend aus einer Mehrstofflegierung auf Nickelbasis hergestellt. Durch Zulegierung von Mangan und Silizium wird die chemische Beständigkeit von Nickel vor allem gegen das sehr aggressive Schwefeldioxid (SO_2, Schwefel ist Bestandteil des Schmieröls und des Kraftstoffs) verbessert. Zusätze aus Aluminium und Yttrium steigern darüber hinaus die Zunder- und Oxidationsbeständigkeit.

Zur besseren Wärmeableitung und damit zur Verbesserung des Verschleißverhaltens werden Verbundelektroden mit einem Mantelwerkstoff aus einer Nickellegierung und einem Kupferkern verwendet.

Mittelelektrode
Die Mittelelektrode ist mit ihrem Kopf in der leitenden Glasschmelze verankert. Für Longlife-Zündkerzen ist der Einsatz von korrosions- und oxidationsbeständigen Werkstoffen wie Platin (Pt) und Platinlegierungen sinnvoll, die auch eine hohe Abbrandfestigkeit aufweisen. Die Mittelelektrode nimmt dann einen Edelmetallstift auf, der über eine Laserschweißung dauerhaft mit der Basiselektrode verbunden wird.

Masseelektroden
Die Masseelektroden sind mit dem Gehäuse verschweißt und haben vorwiegend einen rechteckigen Querschnitt. Je nach Art der Anordnung unterscheidet man zwischen Dach- und Seitenelektroden (Bild 3) sowie Spezialanwendungen (z.B. Zündkerze ohne ausgeprägte Masseelektrode für Rennmotoren). Neben der Wärmeleitfähigkeit bestimmen die Länge, der Profilquerschnitt und die Anzahl der Masseelektroden deren Temperatur und damit ihr Verschleißverhalten.

Wärmewert
Betriebstemperatur der Zündkerze
Die Zündkerze wird im Motorbetrieb durch die bei der Verbrennung entstehenden Temperaturen erhitzt. Ein Teil der von der Zündkerze aufgenommenen Wärme wird an das Frischgas abgegeben. Der größte Teil wird über die Mittelelektrode und den Isolator an das Zündkerzengehäuse übertragen und an den Zylinderkopf abgeleitet. Die Betriebstemperatur der Zündkerze stellt sich als Gleichgewichtstemperatur zwischen Wärmeaufnahme aus dem Motor und Wärmeabfuhr an den Zylinderkopf ein. Ziel ist, dass der Isolatorfuß die Freibrenntemperatur von ca. 500 °C schon bei geringer abgegebener Motorleistung erreicht. Bei Unterschreitung dieser Temperatur besteht die Gefahr, dass sich Ruß und Ölreste aus unvollständig ablaufenden Verbrennungen (insbesondere bei nicht betriebswarmem Motor, niedrigen Außentemperaturen und bei Startwiederholungen) an den kalten Teilen der Zündkerzen anlagern (Bild 2, Kurve 3). Dadurch kann sich eine leitfähige Verbindung – ein Nebenschluss – zwischen Mittelelektrode und Zündkerzengehäuse aufbauen, über die die Zündenergie als Kurzschlussstrom abgeleitet wird (Gefahr von Zündaussetzern).

Bei höherer Temperatur verbrennen die kohlenstoffhaltigen Rückstände auf dem Isolatorfuß; die Zündkerze „reinigt" sich selbst (Bild 2, Kurve 2).

Als obere Temperaturgrenze sind etwa 900 °C einzuhalten, da in diesem Bereich der Verschleiß der Zündkerzenelektroden infolge Oxidation und Heißgaskorrosion stark zunimmt und bei deutlicher Überschreitung die Gefahr von Glühzündungen (Entflammung des Luft-Kraftstoff-Gemischs an heißen Oberflächen) steigt (Bild 2, Kurve 1). Diese belasten den Motor sehr stark und können ihn in kurzer Zeit zerstören. Die Zündkerze muss daher in ihrem Wärmeaufnahmevermögen dem Motortyp entsprechend angepasst sein.

Wärmewertkennzahl
Kennzeichen für die thermische Belastbarkeit der Zündkerze ist der Wärmewert, der mit einer Wärmewertkennzahl beschrieben und in Vergleichsmessungen mit einem Referenznormal (Kalibrierzündkerze) bestimmt wird.

Eine niedrige Kennzahl (z.B. 2...5) beschreibt eine „kalte Zündkerze“ mit geringer Wärmeaufnahme durch einen kurzen Isolatorfuß. Hohe Wärmewertkennzahlen (z.B. 7...10) kennzeichnen „heiße Zündkerzen“ mit hoher Wärmeaufnahme durch lange Isolatorfüße.

Im Rahmen von Applikationsmessungen während der Entwicklung wird der für den jeweiligen Motor passende Wärmewert bestimmt.

Bild 2: Temperaturverhalten von Zündkerzen.
1 Zündkerze mit zu hoher Wärmewertkennzahl (heiße Zündkerze),
2 Zündkerze mit passender Wärmewertkennzahl,
3 Zündkerze mit zu niedriger Wärmewertkennzahl (kalte Zündkerze).

Die Temperatur im Arbeitsbereich sollte bei verschiedenen Motorleistungen zwischen 500 °C und 900 °C liegen.

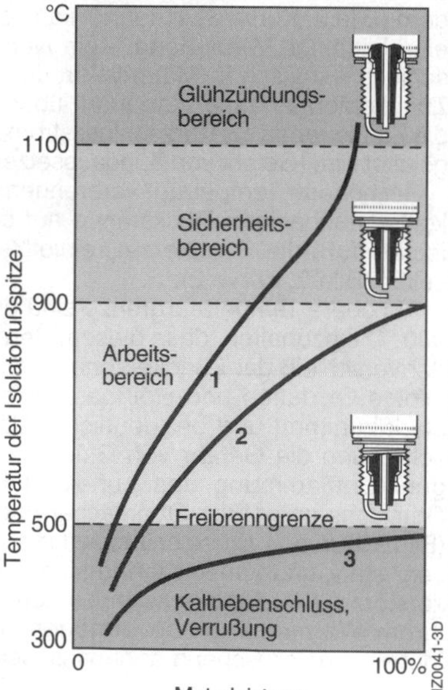

Ionenstrom-Messverfahren
Mit dem Ionenstrom-Messverfahren von Bosch wird der Verbrennungsablauf zur Bestimmung des Wärmewertbedarfs des Motors herangezogen. Die ionisierende Wirkung von Flammen erlaubt über eine Leitfähigkeitsmessung in der Funkenstrecke, den zeitlichen Ablauf der Verbrennungseinleitung zu beurteilen.

Charakteristische Veränderungen im Verbrennungsablauf durch eine höherere thermische Belastung der Zündkerzen können mit dem Ionenstrom detektiert und zur Beurteilung des Selbstentflammungsverhaltens herangezogen werden.

Thermische Entflammung
Zündungen des Luft-Kraftstoff-Gemischs, die unabhängig vom Zündfunken und meistens an einer heißen Oberfläche entstehen (z.B. an der zu heißen Isolatorfußoberfläche einer Zündkerze mit zu hohem Wärmewert), bezeichnet man als Selbstzündungen (Auto Ignition). Aufgrund ihrer zeitlichen Lage relativ zum Zündzeitpunkt können diese in zwei Kategorien unterteilt werden.

Nachentflammungen
Nachentflammungen treten nach dem elektrischen Zündzeitpunkt auf, sind jedoch für den praktischen Motorbetrieb unkritisch, da die elektrische Zündung immer früher erfolgt. Um herauszufinden, ob durch die Zündkerze thermische Entflammungen eingeleitet werden, werden bei der Ionenstrom-Messung einzelne Zündungen zyklisch unterdrückt. Beim Auftreten einer Nachentflammung steigt der Ionenstrom erst deutlich nach dem Zündzeitpunkt an. Da aber eine Verbrennung eingeleitet wird, ist auch ein Druckanstieg und damit eine Drehmomentabgabe zu beobachten.

Vorentflammungen
Vorentflammungen treten vor dem elektrischen Zündzeitpunkt auf und können durch ihren unkontrollierten Verlauf (siehe irreguläre Betriebszustände) zu schweren Motorschäden führen. Durch die zu frühe Verbrennungseinleitung verschiebt sich nicht nur die Lage des Druckmaximums zum oberen Totpunkt (OT), sondern auch der maximale Brennraumdruck zu höheren Werten. Damit steigen thermische und

mechanische Belastung der Bauteile im Brennraum an.

Zündkerzenauswahl
Ziel einer Anpassung ist es, eine Zündkerze auszuwählen, die ohne thermische Entflammungen vor dem Zündzeitpunkt (Vorentflammung) betrieben werden kann und eine ausreichende Wärmewertreserve besitzt. Dadurch werden die Streuungen in der Motoren- und Zündkerzenfertigung abgedeckt und auch berücksichtigt, dass sich die Motoren in ihren thermischen Eigenschaften über die Laufzeit verändern können. So können z.B. Ölascheablagerungen im Brennraum das Verdichtungsverhältnis erhöhen, was wiederum eine höhere Temperaturbelastung der Zündkerze zur Folge hat.

Wenn in den abschließenden Kaltstartuntersuchungen mit dieser Wärmewertempfehlung keine Ausfälle mit verrußten Zündkerzen auftreten, ist der richtige Wärmewert für den Motor bestimmt.

Der Einsatz von Werkstoffen mit höherer Wärmeleitfähigkeit für die Mittelelektroden (Silber- oder Nickellegierungen mit Kupferkern) ermöglicht bei gleicher Wärmewertkennzahl eine deutliche Vergrößerung der Isolatorfußlänge, wodurch die Zündkerze weniger stark zum Verrußen neigt. Damit verringert sich die Gefahr von Verbrennungs- und Zündaussetzern, die die Kohlenwasserstoffemission sprunghaft ansteigen lassen, und es ergeben sich Vorteile für die Abgaswerte und den Kraftstoffverbrauch in niedrigen Lastbereichen.

Zur Auswahl geeigneter Zündkerzen ist eine enge Zusammenarbeit zwischen Motor- und Zündkerzenhersteller üblich.

Elektrodenabstand und Zündspannung

Der Elektrodenabstand ist die kürzeste Entfernung zwischen Mittel- und Masseelektroden (Bild 3). Er bestimmt unter anderem die Länge des Zündfunkens und soll einerseits möglichst groß sein, damit der Zündfunke einen großen Bereich des Luft-Kraftstoff-Gemischs aktiviert. Dadurch kommt es über eine stabile Flammenkernbildung zu einer sicheren Entflammung des Luft-Kraftstoff-Gemischs. Andererseits wird mit kleinerem Elektrodenabstand eine geringere Zündspannung benötigt, um einen Funken zu erzeugen. Bei zu kleinem Elektrodenabstand jedoch entsteht im Elektrodenbereich nur ein kleiner Flammenkern. Da diesem über die Kontaktflächen mit den Elektroden wiederum Energie entzogen wird (Quenching), kann sich der Flammenkern nur sehr langsam ausbreiten. Im Extremfall kann die Energieabfuhr so groß sein, dass sogar Entflammungs- und damit Zündaussetzer auftreten.

Beim Funkenüberschlag und Betrieb mit höherer Temperatur wird das Elektrodenmaterial so stark beansprucht, dass die Elektroden verschleißen – der Elektrodenabstand wird dabei größer. Mit zunehmendem Elektrodenabstand werden die Entflammungsbedingungen zwar verbessert, der erforderliche Zündspannungsbedarf steigt aber an. Bei gegebenem Zündspannungsangebot der Zündspule wird die Zündspannungsreserve reduziert und die Gefahr von Zündaussetzern erhöht.

Die Höhe des Zündspannungsbedarfs wird nicht nur vom Elektrodenabstand, von der Elektrodenform, der Temperatur und dem Elektrodenwerkstoff beeinflusst, sondern auch von brennraumspezifischen Parametern wie der Gemischzusammensetzung (λ-Wert), Strömungsgeschwindigkeit, Turbulenz und Dichte des zu entflammenden Gases.

Bei derzeit üblichen Motorkonzepten mit hoher Gemischdichte und hoher Ladungsbewegung ist eine sorgfältige Applikation des Elektrodenabstands notwendig, um über die geforderte Lebensdauer eine sichere Entflammung und damit einen aussetzerfreien Betrieb zu gewährleisten.

Funkenlage

Die Lage der Funkenstrecke relativ zur Brennraumwand definiert die Funkenlage. Bei modernen Motoren (insbesondere auch bei den direkteinspritzenden Benzinmotoren) ist ein deutlicher Einfluss der Funkenlage auf die Verbrennung zu beobachten. Mit einer tiefer in den Brennraum ragenden Funkenlage kann das Entflammungsverhalten spürbar verbessert werden. Zur Charakterisierung der Verbrennung dient die Laufunruhe des Motors, die direkt aus den Drehzahlschwankungen abgeleitet werden kann.

Durch die damit verbundenen längeren Masseelektroden werden allerdings höhere Temperaturen erreicht, was wiederum Auswirkungen auf den Elektrodenverschleiß und die Haltbarkeit der Elektroden hat. Durch konstruktive Maßnahmen (z.B. Verlängerung des Zündkerzengehäuses über die Brennraumwand hinaus), den Einsatz von Verbundelektroden oder von hochtemperaturfesten Werkstoffen können die geforderten Standzeiten erreicht werden.

Zündkerzenkonzepte

Abhängig von den Anforderungen an die Zündkerze (Verschleiß, Entflammungsverhalten usw.) können eine oder mehrere Masseelektroden vorteilhaft sein. Die gegenseitige Anordnung der Elektroden und die Position der Masseelektroden zum Isolator bestimmt den Typ des Zündkerzenkonzepts.

Luftfunkenkonzept

Beim Luftfunkenkonzept (Bild 3a) springt der Zündfunkte auf direktem Weg zwischen Mittelelektrode und Masseelektrode und entzündet das Luft-Kraftstoff-Gemisch.

Gleitfunkenkonzept

Durch die Anstellung der Masseelektrode zur Keramik entsteht das Gleitfunkenkonzept, bei dem der Funke von der Mittelelektrode über die Oberfläche der Isolatorfußspitze gleitet und dann über einen Gasspalt zur Masseelektrode springt (Bild 3b). Vorteile sind hierbei der geringere Spannungsbedarf bei gleichem Elektrodenabstand, verbesserte Entflammungseigenschaften und die isolatorreinigende Wirkung des Gleitfunkens für besseres Kaltwiederholstartverhalten.

Bild 3: Zündkerzenkonzepte.
a) Luftfunkenkonzept mit Dachelektrode,
b) Gleitfunkenkonzept mit Seitenelektroden,
c) Luftgleitfunkenkonzept mit Seitenelektroden.
EA Elektrodenabstand.

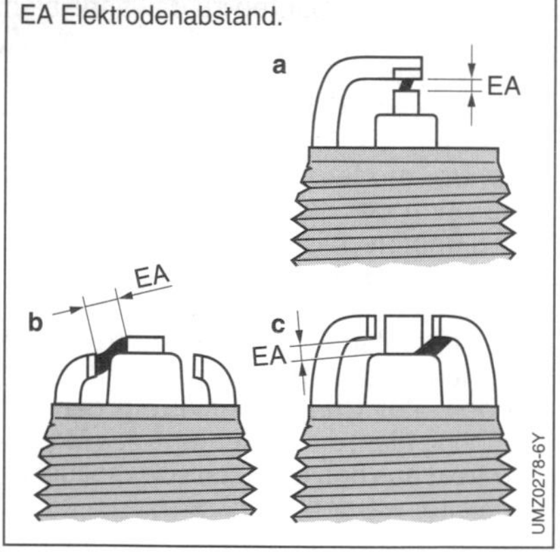

Luftgleitfunkenkonzept

Sind durch die bestimmte geometrische Anordnung der Masseelektroden beide Entladungsformen möglich, spricht man vom Luftgleitfunkenkonzept (Bild 3c). Je nach Betriebsbedingungen springt der Funke als Luft- oder als Gleitfunke mit unterschiedlichen Zündspannungsbedarfswerten.

Aufgrund des Trends steigender Verbrennungsraumdrücke sind Luftfunkenkonzepte vorzuziehen, da diese keine Funkeneingrabungen im Isolator verursachen.

Simulationsbasierte Entwicklung von Zündkerzen

Bei der Zündkerze wird zur Berechnung von Temperatur- und elektrischen Feldern sowie zur Lösung von strukturmechanischen Problemstellungen die Finite-Elemente-Methode (siehe FEM-Beispiele) genutzt. Geometrie- und Werkstoffänderungen an der Zündkerze oder auch unterschiedliche physikalische Randbedingungen und deren Auswirkungen können so ohne aufwändige Versuche vorab bestimmt werden. Dies ist die Basis für eine gezielte Herstellung von Versuchsmustern, mit denen die Verifizierung der Berechnungsergebnisse exemplarisch erfolgt.

Betriebsverhalten der Zündkerze

Elektrodenverschleiß

Durch den Betrieb der Zündkerze in einer aggressiven Atmosphäre unter zum Teil hohen Temperaturen entsteht an den Elektroden Verschleiß. Dieser Materialabtrag lässt bei zunehmender Betriebsdauer den Elektrodenabstand merklich wachsen und damit den Zündspannungsbedarf ansteigen. Wenn dieser vom Angebot der Zündspule nicht mehr gedeckt werden kann, kommt es zu Zündaussetzern.

Verantwortlich für den Elektrodenverschleiß sind im Wesentlichen zwei Mechanismen – die Funkenerosion und die Korrosion im Brennraum. Der Überschlag elektrischer Funken führt zu einer Anhebung der Temperatur der Elektroden bis zu deren Schmelztemperatur. Die aufgeschmolzenen mikroskopisch kleinen Oberflächenbereiche reagieren mit dem Sauerstoff oder den anderen Bestandteilen der Verbrennungsgase. Die Folge ist ein Materialabtrag.

Zur Minimierung des Elektrodenverschleißes werden Werkstoffe mit hoher Temperaturbeständigkeit (Edelmetalllegierungen aus Platin oder Iridium) eingesetzt. Aber auch durch die geeignete Wahl der Elektrodengeometrie (z.B. kleinere Durchmesser, dünne Stifte) und des Zündkerzenkonzepts (Gleitfunkenzündkerzen) kann der Materialabtrag bei gleicher Laufleistung reduziert werden. Bei einer Luftgleitfunkenzündkerze mit vier Masseelektroden ergeben sich acht mögliche Funkenstrecken. Dadurch ist der Verschleiß der Masseelektroden gleichmäßig auf alle vier Elektroden verteilt.

Der in der Glasschmelze realisierte ohmsche Widerstand verringert den Abbrand und trägt somit auch zu einer Verschleißminderung bei.

Veränderungen im Betrieb

Die Funktion der Zündkerze kann auch wegen alterungsbedingter Veränderungen im Motor (z.B. höherer Ölverbrauch) oder durch Verschmutzung beeinträchtigt werden. Ablagerungen auf der Zündkerze können zu Nebenschlüssen und damit zu Zündaussetzern führen, die mit einem deutlichen Anstieg der Schadstoffemission verbunden sind und sogar zur Schädigung des Katalysators führen können.

Aus diesen Gründen wird eine Zündkerzenlebensdauer festgelegt, nach der die Zündkerzen ausgetauscht werden müssen.

Irreguläre Betriebszustände

Durch falsch eingestellte Zündanlagen, Verwendung von Zündkerzen mit nicht zum Motor passendem Wärmewert oder Verwendung ungeeigneter Kraftstoffe können irreguläre Betriebszustände entstehen und Motor und Zündkerzen schädigen.

Glühzündung

Die Glühzündung (Vorentflammung) ist ein unerwünschter Zündungsvorgang. Er entsteht durch überhitzte Bauteile (z.B. an der Spitze des Zündkerzen-Isolatorfußes, an einem Auslassventil, an vorstehenden Zylinderkopfdichtungen) sodass sich das Luft-Kraftstoff-Gemisch dort unkontrolliert entzündet. Durch die Glühzündung können schwere Schäden am Motor und an der Zündkerze entstehen.

Klopfende Verbrennung

Unter Klopfen versteht man eine unkontrollierte Verbrennung mit sehr steilem Druckanstieg (siehe Klopfen). Die Verbrennung läuft wesentlich schneller ab als die normale Verbrennung. Die Bauteile (Zylinderkopf, Ventile, Kolben und Zündkerzen) erfahren eine hohe Temperaturbelastung, die zu einer Schädigung führen kann. Klopfen kann durch späte Zündwinkel vermieden werden (siehe Klopfregelung).

Ausführungen und Anwendungen

Die verschiedenen Zündkerzentypen sind durch eine Typformel gekennzeichnet. Darin sind alle wesentlichen Zündkerzenmerkmale enthalten (Bild 4, [1]). Der Elektrodenabstand wird zusätzlich auf der Verpackung angegeben. Die für den jeweiligen Motor passende Zündkerze ist vom Motorhersteller und von Bosch vorgeschrieben oder empfohlen.

Bild 4: Typformelschlüssel.
Die Typformel beschreibt folgende Merkmale.

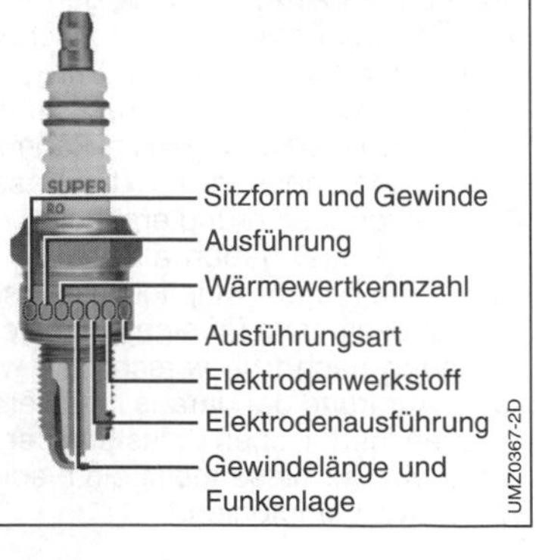

Standardzündkerze für Automobile
Die in Bild 1 gezeigte Zündkerze kann als Standardkerze für ältere, einfach aufgebaute Saugmotoren bezeichnet werden.

Mit der Weiterentwicklung der Motoren hin zu höherer spezifischer Leistung aufgrund z. B. der Verbesserung der Kraftstoffeffizienz und der Abgasgesetzgebung, steigen die Anforderungen an die Zündkerze stetig an. Als anspruchvollste Motoren sind die Direkteinspritzer mit mehrstufiger Aufladung und Verstellung der Steuerzeiten anzusehen.

Zündkerzen für direkteinspritzende Motoren
Direkteinspritzende Motoren stellen besonders hohe Anforderungen an die Zündkerzen. Deshalb sind sie speziell an die Bedürfnisse des jeweiligen Motors (z. B. Leistung, Mitteldruck) anzupassen. Dabei ergeben sich für Brennverfahren mit Schicht- oder Homogenbetrieb unterschiedliche Anforderungen an das Zündkerzenkonzept.

Durch die Kombination von Direkteinspritzung mit Aufladung liegt der Schwerpunkt bei der Zündkerzenentwicklung auf der Ausweitung von Zündspannungsbedarf, thermischer Belastbarkeit der Elektroden, mechanischer Belastbarkeit und Dauerhaltbarkeit (Verschleißreduzierung). Daher werden in der Regel Zündkerzen mit Edelmetall-Elektroden und M12-Gewinde eingesetzt, die bei strahlgeführten Brennverfahren mit Schichtbetrieb zudem im Brennraum speziell ausgerichtet werden.

Zündkerzen für Gas- und Flexfuel-Anwendungen
Der Zündkerzenaufbau für den Erdgas- und Flexfuel-Einsatz ist vergleichbar mit dem zuvor beschriebenen. Für jede Anwendung wird unter Berücksichtigung der Betriebsbedingungen im Rahmen der Applikationsmessungen die passende Zündkerzenausführung ermittelt.

In der Regel haben alternative Kraftstoffe eine höhere Klopffestigkeit, sodass der Zündzeitpunkt für eine optimalen Verbrennung nach früh verschoben werden kann. Aufgrund der daraus resultierenden höheren thermischen Belastung der Zündkerze wird für diese meist ein niedrigerer Wärmewert empfohlen.

Spezialzündkerzen
Für besondere Anforderungen werden Spezialzündkerzen eingesetzt. Diese unterscheiden sich im konstruktiven Aufbau, der von den Einsatzbedingungen und den Einbauverhältnissen im Motor bestimmt wird.

Zündkerzen für den Motorsport
Motoren für Sportfahrzeuge sind wegen des hohen Anteils an Volllast extremen thermischen Belastungen ausgesetzt. Zündkerzen für diese Betriebsverhältnisse haben meist Edelmetallelektroden (Silber, Platin) und einen kurzen Isolatorfuß mit geringer Wärmeaufnahme.

Vollgeschirmte Zündkerzen
Bei sehr hohen Ansprüchen an die Entstörung kann eine Abschirmung der Zündkerzen notwendig sein. Bei vollgeschirmten Zündkerzen ist der Isolator mit einer Abschirmhülse aus Metall umgeben. Der Anschluss befindet sich im Innern des Isolators (Bild 5). Vollgeschirmte Zündkerzen sind wasserdicht.

Bild 5: Vollgeschirmte Zündkerze.
1 Spezialglasschmelze (Entstörwiderstand),
2 Zündkabelanschluss,
3 Abschirmhülse.

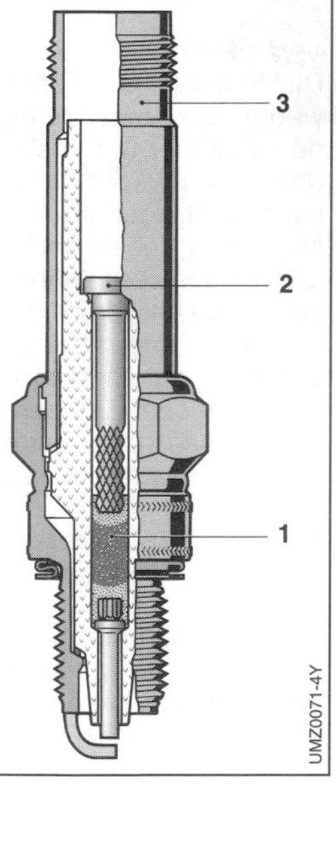

Zündkerzen-Praxis

Zündkerzenmontage

Bei richtiger Montage und Typauswahl ist die Zündkerze ein zuverlässiger Bestandteil der Zündanlage. Ein Nachjustieren des Elektrodenabstands ist nur bei Zündkerzen mit Dachelektroden möglich. Bei Gleitfunken- und Luftgleitfunkenzündkerzen dürfen die Masseelektroden nicht nachjustiert werden, da sonst das Zündkerzenkonzept verändert wird.

Fehler und ihre Folgen

Für einen bestimmten Motortyp dürfen nur die vom Motorhersteller freigegebenen oder die von Bosch empfohlenen Zündkerzen verwendet werden. Bei Verwendung ungeeigneter Zündkerzentypen können schwere Motorschäden entstehen.

Falsche Wärmewertkennzahl

Die Wärmewertkennzahl muss unbedingt mit der Zündkerzenvorschrift des Motorherstellers oder der Empfehlung von Bosch übereinstimmen. Glühzündungen können die Folge sein, wenn Zündkerzen mit einer anderen als für den Motor vorgeschriebenen Wärmewertkennzahl verwendet werden.

Falsche Gewindelänge

Die Gewindelänge der Zündkerze muss der Gewindelänge im Zylinderkopf entsprechen. Ist das Gewinde zu lang, dann ragt die Zündkerze zu weit in den Verbrennungsraum. Eine mögliche Folge ist die Beschädigung des Kolbens. Außerdem kann das Verkoken der Gewindegänge der Zündkerze ein Herausschrauben unmöglich machen oder die Zündkerze kann überhitzen.

Ist das Gewinde zu kurz, so ragt die Zündkerze nicht weit genug in den Verbrennungsraum. Daraus kann eine schlechtere Gemischentflammung resultieren. Ferner erreicht die Zündkerze ihre Freibrenntemperatur nicht und die unteren Gewindegänge im Zylinderkopf verkoken.

Manipulation am Dichtsitz

Bei Zündkerzen mit Kegeldichtsitz darf weder eine Unterlegscheibe noch ein Dichtring verwendet werden. Bei Zündkerzen mit Flachdichtsitz darf nur der an der Zündkerze befindliche „unverlierbare“ Dichtring verwendet werden. Er darf nicht entfernt oder durch eine Unterlegscheibe ersetzt werden. Ohne Dichtring ragt die Zündkerze zu weit in den Verbrennungsraum, der Wärmeübergang vom Zündkerzengehäuse zum Zylinderkopf wird beeinträchtigt und der Zündkerzensitz dichtet schlecht. Wird ein zusätzlicher Dichtring verwendet, so ragt die Zündkerze nicht tief genug in die Gewindebohrung, und der Wärmeübergang vom Zündkerzengehäuse zum Zylinderkopf ist ebenfalls beeinträchtigt.

Beurteilung von Zündkerzengesichtern

Unter dem Zündkerzengesicht versteht man das brennseitige Ende der Zündkerze mit den Elektroden und dem Isolatorfuß. Deren Aussehen bezüglich Farbe und Ablagerungen geben Hinweise auf das Betriebsverhalten der Zündkerze sowie auf die Gemischzusammensetzung und den Verbrennungsvorgang des Motors.

Literatur

[1] www.bosch-zuendkerze.de

Katalytische Abgasnachbehandlung

Katalysator

Die Abgasgesetzgebung legt Grenzwerte für die Schadstoffemissionen von Kraftfahrzeugen fest. Zur Einhaltung dieser Grenzwerte sind motorische Maßnahmen allein nicht ausreichend. Neben der Reduzierung der Motor-Rohemissionen steht beim Ottomotor die katalytische Nachbehandlung des Abgases zur Konvertierung der Schadstoffe im Vordergrund. Katalysatoren konvertieren die bei der Verbrennung entstehenden Schadstoffe in nicht schädliche Komponenten.

Dreiwegekatalysator

Aufgabe

Stand der Technik bei Motoren, die mit stöchiometrisch zusammengesetztem Luft-Kraftstoff-Gemisch betrieben werden, ist der Dreiwegekatalysator (TWC, Three Way Catalyst). Er hat die Aufgabe, die bei der Verbrennung entstehenden Schadstoffe HC (Kohlenwasserstoffe), CO (Kohlenmonoxid) und NO_x (Stickoxide) in ungiftige Bestandteile umzuwandeln. Als Endprodukt entstehen H_2O (Wasserdampf), CO_2 (Kohlendioxid) und N_2 (Stickstoff).

Aufbau und Arbeitsweise

Der Katalysator besteht aus einem Blechbehälter als Gehäuse, dem Träger und der Trägerbeschichtung (washcoat) aus Aluminiumoxid (Al_2O_3), auf der das Edelmetall fein verteilt ist. Als Träger finden vorwiegend keramische, für Sonderanwendungen auch metallische Monolithen Anwendung (siehe Keramikmonolith und Metallmonolith). Auf dem Monolithen ist eine Trägerbeschichtung aufgebracht, die die innere Oberfläche des Katalysators um einen Faktor von bis zu etwa 10 000 vergrößert. Die darauf aufgebrachte katalytisch wirksame Schicht enthält die Edelmetalle Palladium oder in der Vergangenheit Platin sowie Rhodium. Platin und Palladium beschleunigen die Oxidation von HC und CO, Rhodium die Reduktion von NO_x. Die in einem Katalysator enthaltene Edelmetallmenge beträgt abhängig vom Hubraum des Motors und von der zu erfüllenden Abgasnorm ca. 1...10 g.

Die Oxidation von CO und HC verläuft beispielsweise nach folgenden Gleichungen:

$$2\,CO + O_2 \rightarrow 2\,CO_2\,,$$
$$2\,C_2H_6 + 7\,O_2 \rightarrow 4\,CO_2 + 6\,H_2O\,.$$

Die Reduktion von Stickoxiden läuft beispielsweise nach folgenden Gleichungen ab:

$$2\,NO + 2\,CO \rightarrow N_2 + 2\,CO_2\,,$$
$$2\,NO_2 + 2\,CO \rightarrow N_2 + 2\,CO_2 + O_2\,.$$

Der für die Oxidation benötigte Sauerstoff ist entweder als Restsauerstoff aufgrund von unvollständiger Verbrennung im Abgas vorhanden, oder er wird dem NO_x entzogen, das dadurch gleichzeitig reduziert wird.

Die Konzentrationen der Schadstoffe im Rohabgas (vor dem Katalysator) hängen von der eingestellten Luftzahl λ ab (Bild 1a). Damit die Konvertierung

Bild 1: Katalysatorwirkung in Abhängigkeit von der Luftzahl λ.
a) Abgasemission vor Dreiwegekatalysator,
b) Abgasemission nach Dreiwegekatalysator,
c) elektrisches Signal der Zweipunkt-λ-Sonde.
U_λ Sondenspannung.

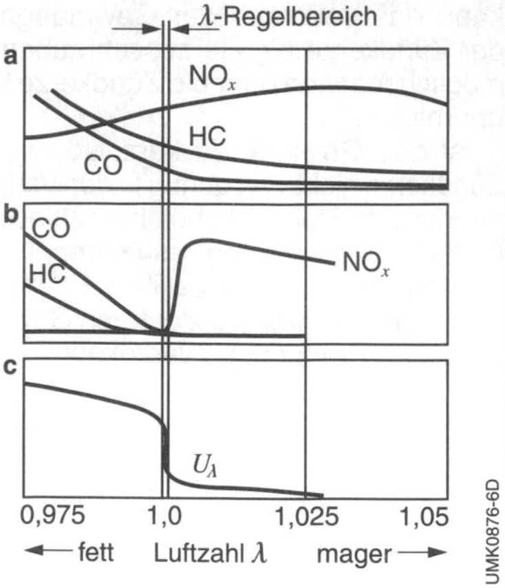

des Dreiwegekatalysators für alle drei Schadstoffkomponenten möglichst hoch ist, ist eine Gemischzusammensetzung im stöchiometrischen Verhältnis $\lambda = 1$ erforderlich (Bild 1b). Bei $\lambda = 1$ stellt sich ein Gleichgewicht zwischen Oxidations- und Reduktionsreaktionen ein, das eine vollständige Oxidation von HC und CO ermöglicht und gleichzeitig die NO_x reduziert. Somit dienen HC und CO als Reduktionsmittel für NO_x. Das Fenster (λ-Regelbereich), in dem der zeitliche λ-Mittelwert liegen muss, ist sehr klein. Deshalb muss die Gemischbildung in einem λ-Regelkreis mithilfe des Signals einer λ-Sonde (Bild 1c) nachgeführt werden (siehe λ-Regelung).

Sauerstoffspeicher

Die λ-Genauigkeit im dynamischen Betrieb beträgt typischerweise 5 %, d.h., Schwankungen um $\lambda = 1$ in dieser Größenordnung sind unvermeidlich. Geringfügige Gemischschwankungen kann der Katalysator selbst ausgleichen. Er besitzt die Fähigkeit, in der mageren Phase überschüssigen Sauerstoff im Katalysator zu speichern, um ihn in der folgenden fetten Phase wieder abzugegeben. Seine Trägerbeschichtung beinhaltet Ceroxid, das über die folgende Gleichgewichtsreaktion Sauerstoff zur Verfügung stellen kann:

$$2\,Ce_2O_3 + O_2 \leftrightarrow 4\,CeO_2\,.$$

Die Forderung an die Motorsteuerung kann deshalb wie folgt formuliert werden: Der zeitliche Mittelwert des resultierenden λ vor dem Katalysator muss sehr präzis bei eins liegen (nur wenige Promille Abweichung sind erlaubt). Die Mittelwertabweichungen dürfen umgerechnet auf den Sauerstoffeintrag und -austrag den verfügbaren Sauerstoffspeicher des Katalysators nicht überfordern. Typische Werte von Sauerstoffspeichern liegen im Bereich 100 mg bis 1 g, die bei Alterung des Katalysators abnehmen. Alle derzeit gängigen Methoden zur Katalysatordiagnose basieren auf der direkten oder auf der indirekten Bestimmung dieser Sauerstoffspeicherfähigkeit (osc, oxygen storage capacity).

NO_x-Speicherkatalysator

Aufgabe, Aufbau und Arbeitsweise

In den Magerbetriebsarten kann der Dreiwegekatalysator die bei der Verbrennung entstehenden Stickoxide (NO_x) nicht umwandeln. CO und HC werden durch den hohen Restsauerstoffgehalt im Abgas oxidiert und stehen damit als Reduktionsmittel für die Stickoxide nicht mehr zur Verfügung.

Der NO_x-Speicherkatalysator enthält in der katalytischen Schicht zusätzlich Stoffe, die NO_x speichern können (z.B. Bariumoxid). Alle gängigen NO_x-Speicherbeschichtungen beinhalten gleichzeitig die Eigenschaften eines Dreiwegekatalysators, sodass der NO_x-Speicherkatalysator bei $\lambda = 1$ wie ein Dreiwegekatalysator arbeitet.

Die Konvertierung von NO_x im mageren Schichtbetrieb (siehe Benzin-Direkteinspritzung) erfolgt nicht kontinuierlich, sondern vollzieht sich in drei Stufen.

NO_x-Speicherung

Bei der Speicherung wird NO_x zunächst zu NO_2 oxidiert, das dann mit den speziellen Oxiden der Katalysatoroberfläche und Sauerstoff (O_2) zu Nitraten reagiert (z.B. Bariumnitrat):

$$2\,NO + O_2 \rightarrow 2\,NO_2\,,$$
$$2\,BaO + 4\,NO_2 + O_2 \rightarrow 2\,Ba(NO_3)_2\,.$$

Regenerierung

Mit zunehmender Menge an gespeicherten NO_x (Beladung) nimmt die Fähigkeit, weiterhin NO_x zu binden, ab. Bei einem vordefinierten Beladungszustand muss der NO_x-Speicher regeneriert werden, d.h., die eingelagerten Stickoxide müssen wieder abgegeben und konvertiert werden. Hierzu wird kurzzeitig auf fetten Homogenbetrieb ($\lambda < 0{,}8$) umgeschaltet, um NO zu N_2 zu reduzieren, ohne hierbei CO und HC zu emittieren. In einem zweiten Schritt reduziert die Rhodium-Beschichtung mit CO die Stickoxide:

$$Ba(NO_3)_2 + 3\,CO \rightarrow 3\,CO_2 + BaO + 2NO\,.$$
$$2\,NO + 2\,CO \rightarrow N_2 + 2\,CO_2\,.$$

Das Ende der Speicher- und Abgabephase wird entweder mit einem modellgestützten Verfahren berechnet oder mit einer λ-Sonde hinter dem Katalysator gemessen.

Desulfatisierung
Der im Kraftstoff enthaltene Schwefel reagiert ebenfalls mit dem Speichermaterial in der katalytischen Schicht. Die für die NO_x-Speicherung verfügbare Menge an Speichermaterial nimmt daher mit der Zeit ab. Es entstehen Sulfate (z.B. Bariumsulfat), die sehr temperaturbeständig sind und bei der NO_x-Regeneration nicht abgebaut werden. Zur Entschwefelung muss der Katalysator durch gezielte Heizmaßnahmen auf 600...650 °C aufgeheizt und dann einige Minuten mit abwechselnd fettem ($\lambda = 0{,}95$) und magerem Abgas ($\lambda = 1{,}05$) beaufschlagt werden. Die Sulfate werden dabei reduziert.

Für die Methoden der Aufheizung des NO_x-Speicherkatalysators in Unterfluflage ist eine wichtige Randbedingung, dass dabei der motornahe Katalysator nicht überhitzt wird.

Betriebstemperatur der Katalysatoren
Eine nennenswerte Konvertierung erreichen Katalysatoren erst ab einer bestimmten Betriebstemperatur (Anspringtemperatur, Light-off-Temperatur). Beim Dreiwegekatalysator beträgt sie ca. 300 °C. Ideale Bedingungen für eine hohe Konvertierungsrate herrschen bei 400...800 °C.

Beim NO_x-Speicherkatalysator liegt der günstige Temperaturbereich niedriger; er erreicht das Maximum der Speicherfähigkeit bei 300...400 °C. Der Grund für den niedrigeren Temperaturbereich liegt darin, dass bei höheren Temperaturen die maximale Speicherfähigkeit reduziert wird. Bei Temperaturen höher 500...550 °C ist die Bariumverbindung nicht mehr stabil, dadurch können keine Stickoxide mehr eingespeichert werden.

Betriebstemperaturen von 800 °C bis 1 000 °C führen zu einer verstärkten thermischen Alterung des Katalysators. Ursache hierfür ist die Sinterung der Edelmetalle und der Trägerbeschichtung, die zu einer Reduzierung der aktiven Oberfläche führt. Oberhalb 1 000 °C nimmt die thermische Alterung sehr stark zu, bis hin zur völligen Wirkungslosigkeit des Katalysators.

Katalysatorkonfigurationen
Die erforderliche Betriebstemperatur des Dreiwegekatalysators begrenzt die Einbaumöglichkeit. Motornahe Katalysatoren kommen schnell auf Betriebstemperatur,

Bild 2: Katalysatoranordnungen.
a) Einsatz eines motornahen Katalysators und eines Unterflurkatalysators.
b) 4-in-2-Abgaskrümmer für leistungsoptimierte Motorauslegung: Die Positionierung des Unterflurkatalysators erst nach der zweiten Zusammenführung ist ungünstig für das Aufheizverhalten, daher werden bevorzugt zwei motornahe Katalysatoren eingesetzt.
c) Motor mit mehr als einer Zylinderbank (V-Motor): Die Abgasanlage verläuft komplett zweiflutig mit je einem motornahen Katalysator und einem Unterflurkatalysator.
d) Motor mit mehr als einer Zylinderbank (V-Motor): Y-förmige Zusammenführung im Unterflurbereich zu einem Gesamtabgasstrang mit einem gemeinsamen Unterflurkatalysator für beide Bänke.

1 Motornaher Katalysator,
2 Unterflurkatalysator oder beschichteter Partikelfilter.

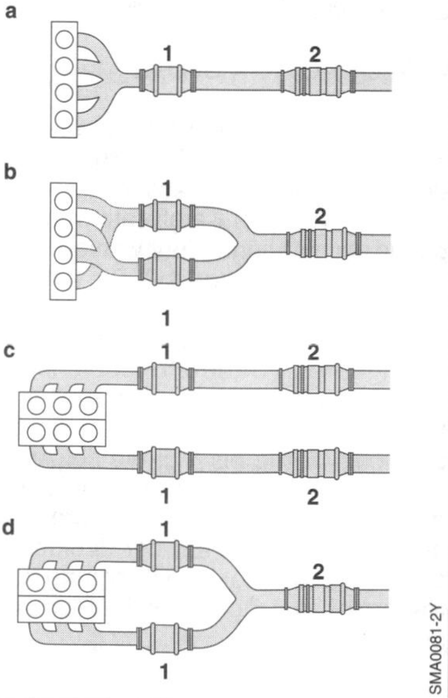

können aber sehr hoher thermischer Belastung ausgesetzt sein.

Eine verbreitete Konfiguration beim Dreiwegekatalysator ist die geteilte Anordnung mit einem motornahen Katalysator und einem Unterflurkatalysator. Der motornahe Katalysator wird hinsichtlich Hochtemperaturstabilität optimiert, der Unterflurkatalysator hinsichtlich „low light off" (niedrige Anspringtemperatur). Bild 2 zeigt verschiedene mögliche Anordnungen des Vor- und Unterflurkatalysators. NO_x-Speicherkatalysatoren sind aufgrund ihrer geringeren maximal zulässigen Betriebstemperatur immer im Unterflurbereich angeordnet.

Aufheizen des Katalysators

Während ein betriebswarmer Katalysator sehr hohe Konvertierungsraten von nahezu 100 % erreicht, werden in der Kaltstart- und in der Aufwärmphase erheblich größere Mengen an Schadstoffen ausgestoßen. Insbesondere bei kaltem Motor sind die HC- und CO-Emissionen hoch, da sich an den kalten Zylinderwänden Kraftstoff niederschlägt, der unverbrannt den Brennraum verlässt und vom kalten Katalysator nicht konvertiert werden kann.

Deshalb ist es zunächst wichtig, die Rohemissionen während des Warmlaufs, vor dem Anspringen (Erreichen der Betriebstemperatur) des Katalysators, zu minimieren. Zum Anderen sind Maßnahmen erforderlich, die den Katalysator schnell auf Betriebstemperatur bringen. Die erforderliche Wärmezufuhr erfolgt durch ein Anheben der Abgastemperatur und eine Erhöhung des Abgasmassenstroms. Das ist durch folgende Maßnahmen möglich.

Zündwinkelverstellung

Die wichtigste Maßnahme zur Erhöhung des Abgaswärmestroms ist die Zündwinkelverstellung in Richtung „Spät". Die Verbrennung wird möglichst spät eingeleitet und findet in der Expansionsphase statt. Am Ende der Expansionsphase hat das Abgas dann noch eine relativ hohe Temperatur. Auf den Motorwirkungsgrad wirkt sich die späte Verbrennung ungünstig aus.

Leerlaufdrehzahlanhebung

Als unterstützende Maßnahme wird im Allgemeinen zusätzlich die Leerlaufdrehzahl angehoben und damit der Abgasmassenstrom erhöht. Die höhere Drehzahl gestattet eine stärkere Spätverstellung des Zündwinkels. Um eine sichere Entflammung zu gewährleisten, sind die Zündwinkel jedoch auf etwa 10...15 °KW nach OT begrenzt. Die dadurch begrenzte Heizleistung genügt nicht immer, um die aktuellen Emissionsgrenzwerte zu erreichen.

Auslassnockenwellenverstellung

Einen weiteren Beitrag zur Erhöhung des Wärmestroms kann gegebenenfalls durch eine Auslassnockenwellenverstellung erreicht werden. Durch ein möglichst frühes Öffnen der Auslassventile wird die ohnehin spät stattfindende Verbrennung frühzeitig abgebrochen und damit die erzeugte mechanische Arbeit weiter reduziert. Die nicht in mechanische Arbeit umgesetzte Energiemenge steht als Wärmemenge im Abgas zur Verfügung.

Homogen-Split

Bei der Benzin-Direkteinspritzung gibt es grundsätzlich die Möglichkeit der Mehrfacheinspritzung. Dies erlaubt es ohne zusätzliche Komponenten, den Katalysator schnell auf Betriebstemperatur aufheizen zu können. Bei der Maßnahme „Homogen-Split" wird zunächst durch Einspritzen während des Ansaugtakts ein homogenes mageres Grundgemisch erzeugt. Eine anschließende Einspritzung während des Verdichtungstakts erzeugt eine Schichtladungswolke. Diese ermöglicht späte Zündzeitpunkte und führt zu hohen Abgaswärmeströmen. Die erreichbaren Abgaswärmeströme sind vergleichbar mit denen einer Sekundärlufteinblasung.

Sekundärlufteinblasung

Durch thermische Nachverbrennung von unverbrannten Kraftstoffbestandteilen lässt sich die Temperatur im Abgassystem erhöhen. Hierzu wird ein fettes ($\lambda = 0{,}9$) bis sehr fettes ($\lambda = 0{,}6$) Luft-Kraftstoff-Grundgemisch eingestellt. Über eine Sekundärluftpumpe wird dem Abgassystem Sauerstoff zugeführt (Bild 3), sodass sich eine magere Zusammensetzung im Abgas ergibt. Bei sehr fettem Grundgemisch (λ = 0,6) oxidieren die unverbrannten Kraftstoffbestandteile oberhalb einer bestimmten Temperaturschwelle exotherm noch vor Eintritt in den Katalysator. Um diese Temperatur zu erreichen, muss einerseits mit späten Zündwinkeln das Temperaturniveau erhöht und andererseits die Sekundärluft möglichst nahe an den Auslassventilen eingeleitet werden. Die exotherme Reaktion im Abgassystem erhöht den Wärmestrom in den Katalysator und verkürzt somit dessen Aufheizdauer. Die HC- und CO-Emissionen werden zum großen Teil noch vor Eintritt in den Katalysator reduziert.

Bei weniger fettem Grundgemisch (λ = 0,9) findet vor dem Katalysator keine nennenswerte Reaktion statt. Die unverbrannten Kraftstoffbestandteile oxidieren erst im Katalysator und heizen diesen somit von innen auf. Dazu muss jedoch zunächst die Stirnfläche des Katalysators durch konventionelle Maßnahmen (z.B. Zündwinkelverstellung in Richtung „Spät") auf die Anspringtemperatur aufgeheizt werden.

Bild 3: Sekundärluftsystem.
1 Sekundärluftpumpe,
2 angesaugte Luft,
3 Relais,
4 Motorsteuergerät,
5 Sekundärluftventil,
6 Steuerventil,
7 Batterie,
8 Einleitstelle ins Abgasrohr,
9 Auslassventil,
10 zum Saugrohranschluss.

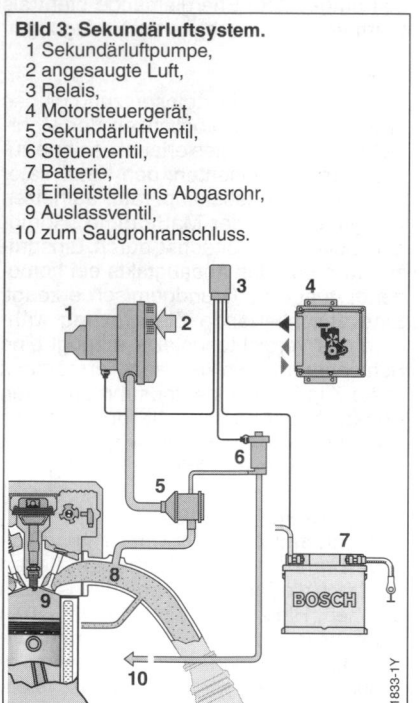

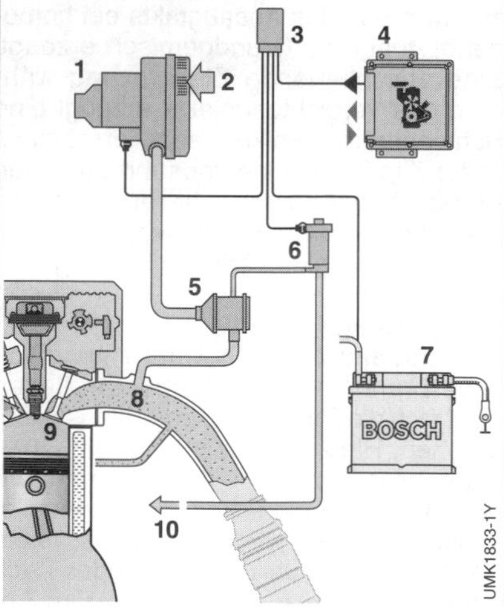

In der Regel wird ein weniger fettes Grundgemisch eingestellt, da bei einem sehr fetten Grundgemisch die exotherme Reaktion vor dem Katalysator nur unter stabilen Randbedingungen zuverlässig abläuft.

Die Sekundärlufteinblasung erfolgt mit einer elektrischen Sekundärluftpumpe, die aufgrund des hohen Strombedarfs über ein Relais geschaltet wird. Das Sekundärluftventil verhindert das Rückströmen von Abgas in die Pumpe und muss bei ausgeschalteter Pumpe geschlossen sein. Es ist entweder ein passives Rückschlagventil oder es wird rein elektrisch oder (wie in Bild 3 dargestellt) pneumatisch mit einem elektrisch betätigten Steuerventil angesteuert. Bei betätigtem Steuerventil öffnet das Sekundärluftventil durch den Saugrohrunterdruck. Die Koordination des Sekundärluftsystems wird von dem Motorsteuergerät übernommen.

Alternative Konzepte zur aktiven Aufheizung

Ergänzend wird in Sonderfällen zur schnellen Aufheizung des Katalysators ein elektrisch beheizter Katalysator eingesetzt. Dieser fand bisher in einzelnen Kleinserienprojekten Anwendung.

λ-Regelung

Damit die Konvertierungsraten des Dreiwegekatalysators für die Schadstoffkomponenten HC, CO und NO_x möglichst hoch sind, müssen die Reaktionskomponenten im stöchiometrischen Verhältnis vorliegen. Das erfordert eine Gemischzusammensetzung mit $\lambda = 1{,}0$, d.h., das stöchiometrische Luft-Kraftstoff-Verhältnis muss sehr genau eingehalten werden.

Die Gemischbildung muss in einem Regelkreis nachgeführt werden, da allein mit einer Steuerung der Kraftstoffzumessung keine ausreichende Genauigkeit erzielt wird. Mit dem λ-Regelkreis können Abweichungen von einem bestimmten Luft-Kraftstoff-Verhältnis erkannt und über die Menge des eingespritzten Kraftstoffs korrigiert werden. Als Maß für die Zusammensetzung des Luft-Kraftstoff-Gemischs dient der Restsauerstoffgehalt im Abgas, der mit λ-Sonden (siehe Zweipunkt-λ-Sonde und Breitband-λ-Sonde) gemessen wird.

Zweipunkt-λ-Regelung

Die Zweipunkt-λ-Regelung regelt das Gemisch auf $\lambda = 1$ ein. Eine Stellgröße, zusammengesetzt aus Sprung und Rampe, verändert ihre Stellrichtung bei jedem Spannungssprung der Zweipunkt-λ-Sonde, der einen Wechsel von fett nach mager oder von mager nach fett anzeigt (Bild 4). Die Amplitude dieser Stellgröße wird hierbei typisch im Bereich von 2...3 % festgelegt. Hierdurch ergibt sich eine beschränkte Reglerdynamik, die vorwiegend durch die Summe der Totzeiten (Kraftstoffvorlagerung im Saugrohr, Viertaktprinzip des Ottomotors und Gaslaufzeit) bestimmt ist.

Die typische Verschiebung des Sauerstoff-Nulldurchgangs (theoretisch bei $\lambda = 1{,}0$) und damit des Sprungs der λ-Sonde, bedingt durch die Variation der Abgaszusammensetzung, kann gesteuert kompensiert werden, indem der Stellgrößenverlauf asymmetrisch gestaltet wird (Fett- oder Magerverschiebung). Bevorzugt wird hierbei das Festhalten des Rampenwerts beim Sondensprung für eine gesteuerte Verweilzeit t_V nach dem Sondensprung. Abhängig vom Betriebspunkt wird eine Fett- oder eine Magerverschiebung vorgenommen. Bei der Verschiebung nach „Fett" verharrt die Stellgröße für eine Verweilzeit t_V noch auf Fettstellung, obwohl das Sondensignal bereits in Richtung „Fett" gesprungen ist (Bild 4a). Erst nach Ablauf der Verweilzeit schließen sich Sprung und Rampe der Stellgröße in Richtung „Mager" an. Springt das Sondensignal anschließend in Richtung „Mager", regelt die Stellgröße direkt dagegen (mit Sprung und Rampe), ohne auf der Magerstellung zu verharren. Die Verweilzeit t_V ergibt sich aus einem Vorsteuerkennwert, der durch einen Anteil aus der Zweisonden-λ-Regelung (Hinterkatregelung) korrigiert wird.

Bei der Verschiebung nach „Mager" verhält es sich umgekehrt. Zeigt das Sondensignal mageres Gemisch an, so verharrt

Bild 4: Stellgrößenverlauf einer Zweipunkt-Regelung mit einer λ-Sonde vor dem Katalysator und λ-Verschiebung (Verzugszeit t_v) durch Vorsteueranteil und Hinterkatregelung.
a) Verschiebung nach „Fett", b) Verschiebung nach „Mager".
t_v Verweilzeit nach Sondensprung.

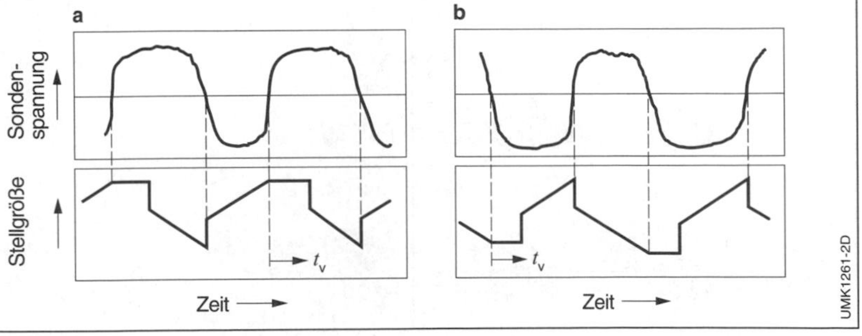

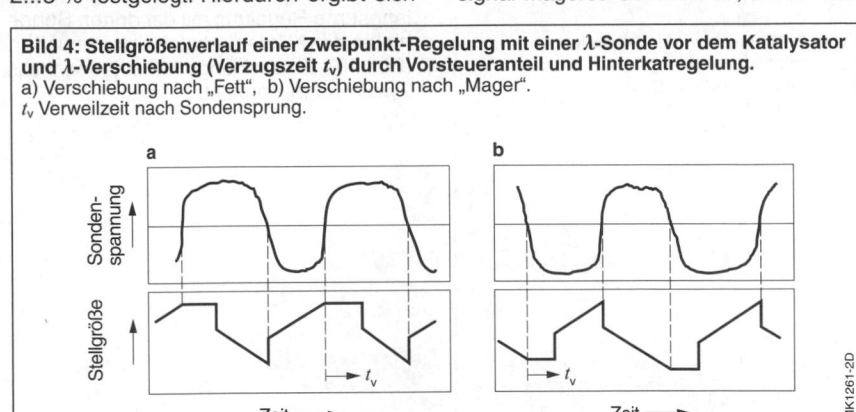

die Stellgröße für die Verweilzeit t_V auf Magerstellung (Bild 4b) und regelt dann erst in Richtung „Fett". Beim Sprung des Sondensignals von „Mager" nach „Fett" wird hingegen sofort entgegengesteuert.

Stetige λ-Regelung

Die festgelegte Dynamik einer Zweipunktregelung kann nur verbessert werden, wenn die Abweichung von $\lambda = 1$ tatsächlich gemessen wird. Mit der Breitband-λ-Sonde lässt sich eine kontinuierliche Regelung für $\lambda = 1$ mit stationär sehr kleiner Amplitude in Verbindung mit hoher Dynamik erreichen. Die Parameter dieser Regelung werden in Abhängigkeit von den Betriebspunkten des Motors berechnet und angepasst. Vor allem die unvermeidlichen Restfehler der stationären und instationären Vorsteuerung können mit dieser Art der λ-Regelung deutlich schneller kompensiert werden.

Die Breitband-λ-Sonde ermöglicht es darüber hinaus, auch auf Gemischzusammensetzungen zu regeln, die von $\lambda = 1$ abweichen. Damit lässt sich eine geregelte Anfettung ($\lambda < 1$) z.B. für den Bauteileschutz realisieren. Mit der Breitband-λ-Sonde ist auch eine geregelte Abmagerung ($\lambda > 1$) z.B. für einen mageren Warmlauf beim Katalysatorheizen möglich.

Zweisonden-λ-Regelung

Die λ-Regelung mit der λ-Sonde vor dem Katalysator hat eine eingeschränkte Genauigkeit, da die Sonde starken Belastungen (Vergiftungen, ungereinigtes Abgas) ausgesetzt ist. Der Sprungpunkt einer Zweipunktsonde oder die Kennlinie einer Breitbandsonde kann sich z.B. durch geänderte Abgaszusammensetzungen verschieben. Eine λ-Sonde hinter dem Katalysator ist diesen Einflüssen in wesentlich geringerem Maße ausgesetzt. Eine λ-Regelung alleine mit der Sonde hinter dem Katalysator hat jedoch wegen der langen Gaslaufzeiten Nachteile in der Dynamik und reagiert auf Gemischänderungen träger.

Eine größere Genauigkeit wird mit der Zweisondenregelung erreicht. Dabei wird der beschriebenen Zweipunkt- oder stetigen λ-Regelung über eine zusätzliche Zweipunkt-λ-Sonde hinter dem Katalysator (Bild 5a) eine langsamere Korrekturregelschleife überlagert. Hierzu wird die Sondenspannung der Zweipunktsonde hinter dem Katalysator mit einem Sollwert (z.B. 600 mV) verglichen. Darauf basierend wertet die Regelung die Abweichungen vom Sollwert aus und verändert über die Verweilzeit t_V zusätzlich additiv die gesteuerte Fett- oder Magerverschiebung der ersten Regelschleife einer Zweipunktregelung oder den Sollwert einer stetigen Regelung.

Dreisonden-λ-Regelung

Es gibt SULEV-Konzepte (Super Ultra-Low-Emission Vehicle) mit einer dritten Sonde hinter dem Unterflurkatalysator. Das Zweisonden-Regelsystem (Einfachkaskade) wird hier durch eine extrem langsame Regelung mit der dritten Sonde hinter dem Unterflurkatalysator erweitert (Bild 5b). Entwicklungsziel ist jedoch das Zweisonden-Konzept.

Bild 5: Einbauorte der λ-Sonden.
a) Zweisondenregelung,
b) Dreisondenregelung.
1 Zweipunkt- oder Breitband-λ-Sonde,
2 Zweipunkt-λ-Sonde,
3 motornaher Katalysator,
4 Unterflurkatalysator.

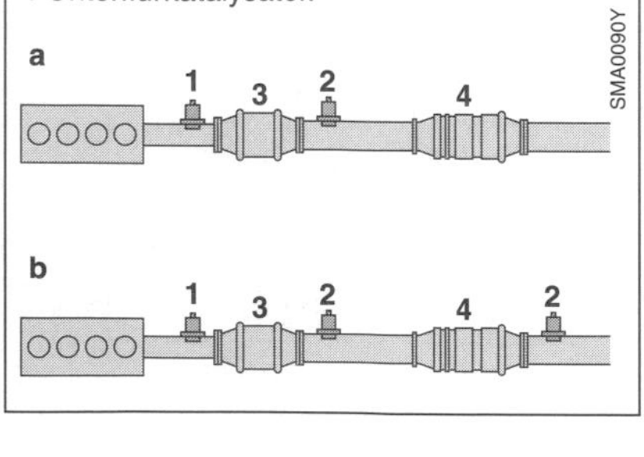

Partikelfilter für Ottomotoren

Aufgabe

Der Partikelfilter im Ottomotor mit Benzin-Direkteinspritzung hat die Aufgabe, die in der Abgasnorm Euro 6c beziehungsweise Euro 6d(-temp) festgelegten Grenzwerte für Partikelmasse und Partikelanzahl einzuhalten (siehe auch Partikelfilter für Dieselmotoren). Eine zusätzliche katalytische Beschichtung des Partikelfilters dient der Erhöhung des für die Oxidation von CO und HC sowie die Reduktion von NO_x zur Verfügung stehenden Katalysatorvolumens. Ein katalytisch beschichteter Partikelfilter kann dadurch einen Dreiwegekatalysator ersetzen.

Aufbau

Der Partikelfilter für Ottomotoren ist gleich aufgebaut wie der Partikelfilter in Dieselmotoren (siehe Partikelfilter für Dieselmotoren). Für Benzinanwendungen besteht die Keramik aktuell aus Cordierit.

Regeneration des Partikelfilters

Ruß wird von Sauerstoff erst oberhalb von ca. 550…600 °C oxidiert. Bei Benzinanwendungen des Partikelfilters werden die im Normalbetrieb erreichten Temperaturen sowie die Erfordernis zusätzlicher motorischer Maßnahmen zur Erhöhung der Abgastemperatur durch die Einbauposition des Filters bestimmt. Üblicherweise wird der Filter hinter dem Dreiwegekatalysator positioniert. Bei Einbau direkt hinter dem Dreiwegekatalysator können Temperaturen von 550…600 °C bei Teillastbetrieb ohne Zusatzmaßnahmen erreicht werden, während dies bei einer Einbauposition im Unterbodenbereich erst bei Hochlastbetrieb der Fall ist. Hinsichtlich Regenerationsverhalten weist eine Einbauposition unmittelbar hinter dem Dreiwegekatalysator daher klare Vorteile auf, jedoch muss der dafür erforderliche Bauraum motornah zur Verfügung stehen. Eine Integration der Filterfunktion in den Dreiwegekatalysator zum Vierwegekatalysator (FWC, Four Way Catalyst) weist zwar deutliche Vorteile im Hinblick auf das Regenerationsverhalten und motornahen Einbauraum auf, wird bisher aufgrund der dort höchsten thermischen Belastung bei Volllast nur in einzelnen Applikationen umgesetzt.

Wichtigste motorische Maßnahme zur Erhöhung der Abgastemperatur ist wie beim Aufheizen des Katalysators die Zündwinkel-Spätverstellung, die gleichzeitig eine Entdrosselung und Erhöhung des Abgasmassenstroms bewirkt und bei der Benzin-Direkteinspritzung mit einer Mehrfacheinspritzung („Homogen-Split") kombiniert werden kann. Eine weitere Maßnahme stellt die wechselseitige Fett-Mager-Verstellung einzelner Zylinder bei Einhaltung eines Abgas-λ von 1 dar. Unverbrannte Abgaskomponenten aus den fett betriebenen Zylindern werden dabei mit O_2 aus den mager betriebenen Zylindern im Dreiwegekatalysator exotherm umgesetzt.

Im Gegensatz zum Dieselmotor steht beim mit Abgas-λ von 1 betriebenen Ottomotor im Normalbetrieb kein O_2 für die Rußoxidation zur Verfügung. Nach Erreichen der erforderlichen Temperatur kann der Ruß daher erst in einer Schubphase abgebrannt werden. Alternativ ist ein Rußabbrand durch Einstellung eines mageren Abgas-λ von bis ca. 1,1 möglich, was jedoch aufgrund von dabei erhöhten NO_x-Emissionen zu vermeiden ist.

Beladungserkennung

Die Strategien, mit denen die im Partikelfilter eingelagerte Menge Ruß bestimmt wird, sind vergleichbar mit dem Vorgehen bei Dieselmotoren (siehe Partikelfilter für Dieselmotoren).

Motorsport

Anforderungen

Die Grundanforderungen an Komponenten in Motorsportfahrzeugen sind andere als in Serienfahrzeugen. Der Rennwagen erfordert Höchstleistung für wenige Stunden bei möglichst geringem Gewicht, wohingegen im Serienfahrzeug Dauerhaltbarkeit und niedrige Kosten gefragt sind. Darüber hinaus sind die Komponenten im Rennwagen größeren Belastungen durch Hitze, Staub, Feuchtigkeit und Vibrationen ausgesetzt als im Serienfahrzeug.

Für dieses spezielle Einsatzgebiet entwickelt, produziert und vertreibt der Motorsportbereich von Bosch Elektroniksysteme und -komponenten. Angeboten werden sowohl modifizierte Großserienteile als auch reine Motorsportentwicklungen, die in der Serie oft keine Entsprechung finden.

Komponenten

Modifizierte Großserienteile

Gewicht reduzieren

Für den Rennsporteinsatz suchen die Techniker stets nach Möglichkeiten, das Gewicht der Serienkomponenten zu reduzieren. Die in der Regel damit einhergehende Verkürzung der Lebensdauer wird toleriert.

Durch den Einsatz ultraleichter Spezialwerkstoffe und gezielter Sonderkonstruktionen lässt sich das Gewicht mancher Komponente halbieren – und das bei höherer Leistung. So viel Material wie möglich entfernen, so wenig Material wie nötig beibehalten, lautet das Motto. Ein in Konstrukteurskreisen kursierendes Zitat bringt die Sache wie folgt auf den Punkt: „Das perfekte Rennauto kreuzt als erstes die Ziellinie und zerfällt anschließend in seine Einzelteile".

Leistung erhöhen

Die Maßnahmen zur Leistungssteigerung der Serienkomponenten fallen sehr vielfältig aus. Generatoren etwa erhalten zusätzliche Wicklungen und produzieren dadurch mehr Energie. Ihre Rotoren werden feingewuchtet und sind damit

Bild 1: Startaufstellung für ein Rennen der Deutschen Tourenwagen Masters DTM (Foto Bosch).

unempfindlicher gegen hohe Drehzahlen. Temperatursensoren reagieren deutlich schneller, nachdem das Metall, das normalerweise die Messkapsel umgibt, entfernt wurde. Änderungen an Kraftstoffpumpen und Einspritzventilen zielen häufig in Richtung Durchflusssteigerung und Druckerhöhung.

Die zum Teil deutlich höhere spezifische Motorleistung der Rennfahrzeuge macht diese Maßnahmen unumgänglich. Die Verwendung besserer ferromagnetischer Werkstoffe erzeugt in den Spulen der Einspritzventile höhere Magnetkräfte. So werden größere Nadelhübe möglich, die einen höheren Kraftstofffluss erlauben.

Noch weiter gehen die Modifizierungen bei Zündspulen. Hier bleibt lediglich das Gehäuse original, die Technik im Inneren ist neu. Die Spulen werden mit weniger Windungen aus dickerem Draht hergestellt, die Spulenkerne sind aus höherwertigem Material gefertigt. Auf diesem Wege lässt sich die für direkteinspritzende hochaufgeladene Rennmotoren erforderliche höhere Funkenenergie sicherstellen. Durch die kürzeren Schließzeiten steigt die obere Drehzahlgrenze auf 15000 min^{-1}.

Bild 2: Hochdruckeinspritzventile im Motorsport,
a) Komponente mit Serienstecker am Gehäuse.
b) Komponente mit Kabel und Motorsportstecker.

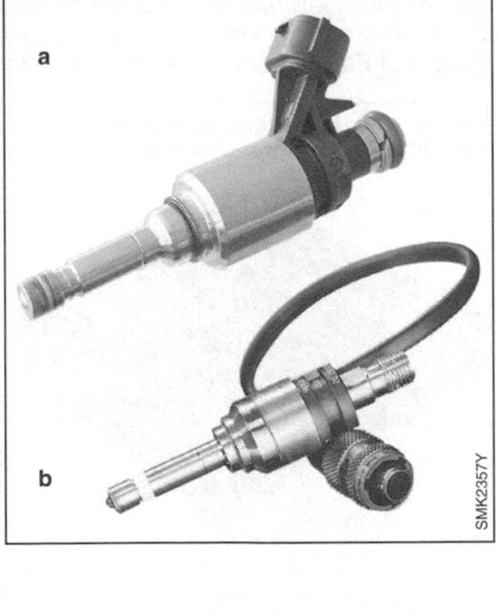

Stecker ersetzen
Serienstecker aus Kunststoff sind nicht für häufiges Öffnen und Schließen ausgelegt und nur begrenzt resistent gegen Vibrationen und Feuchtigkeit. Deshalb werden sie bei Motorsportkomponenten oft entfernt und durch Kabel mit Motorsportsteckern ersetzt (Bild 2). Ihre Metallgehäuse verfügen über einen Bajonettverschluss für sicheres und schnelles Öffnen und Schließen. Sie sind staub- und wasserdicht und lassen sich, da jetzt nicht mehr starr mit der Komponente verbunden, an weniger vibrationsgefährdeter Stelle montieren. Besonders bei Sensoren, Zündspulen und Einspritzventilen erleichtert diese Modifikation das Ein- und Ausbauen und steigert die Betriebssicherheit durch Minimierung vornehmlich vibrationsbedingter Schäden. Die Stecker gehören im Rennsport zum Standard und sind mit nahezu allen Kabelbäumen und Diagnosewerkzeugen kompatibel.

Wärme ableiten
Leistungsstarke Elektroniksysteme erzeugen viel Wärme, die temperatursensible Bauteile gefährden kann. Diese Wärme wird durch Kühlrippen auf den Gehäusewandungen und den Einsatz von Wärmeleitpaste in den Gehäusen abgeführt. Zur besseren Wärmeabfuhr sind diese Gehäuse häufig schwarz.

Regelmäßige Wartungen
Anders als im Serienfahrzeugbau, wo Starter und Generatoren in der Regel ohne Wartungen und ohne Reparaturen das komplette Fahrzeugleben überstehen, werden diese Komponenten im Rennsport nach einer bestimmten Laufzeit überholt. Bosch bietet seinen Kunden diesen Service für alle Motorsportkomponenten. Im Werk werden die Komponenten zerlegt, gereinigt und mit neuen Verschleißteilen versehen. Danach sind sie wieder so funktionssicher wie Neuteile.

Steuergeräte

Der grundlegende Unterschied zu einem Seriensteuergerät, bei dem der Hersteller Tuningschutzmaßnahmen garantieren muss, ist der bei allen Motorsportsystemen freie Zugang zur Software. So können die Teams jedes Fahrzeug individuell auf Strecke, Witterung und Fahrer abstimmen. Die zur Abstimmung auf dem Laptop erforderlichen Computerprogramme werden von Bosch selbst entwickelt. Darüber hinaus werden Programme zur Analyse aufgezeichneter Fahrzeugdaten sowie zur Simulation unterschiedlicher Fahrzeugabstimmungen angeboten.

Serienbasierte Steuergeräte

Den Einstieg in die Motorsport-Steuergeräte bilden serienbasierte Entwicklungen mit Blechgehäusen und Kunststoffsteckern. Der Funktionsumfang ist weniger komplex als bei den High-End-Steuergeräten und kann deshalb auch von kleineren Teams gut gehandhabt werden. Diese Systeme finden ihren Einsatz häufig in der Formel 3, in Markencups und in seriennahen Rennsportklassen, wo viele Kundensportfahrzeuge der GT3-Klasse eingesetzt werden.

High-End-Steuergeräte

Spitzenmodelle unter den Steuergeräten verfügen über Fräsgehäuse aus Voll-Aluminium und Motorsportstecker (Bild 3). Zum Schutz der Oberfläche erhalten die Gehäuse eine Pulverbeschichtung. Die Anzahl der Steckerpins und damit der Ein- und Ausgänge ist hoch, häufig auch die Anzahl der steuerbaren Zylinder. Einige Systeme verfügen über Customer Code Areas, in denen der Kunde eigene Software hinterlegen und mit der Basissoftware verknüpfen kann. Kommunikationskanäle zu CAN- und LIN-Bussystemen sowie Telemetrieanbindung und interne Datenspeicher gehören zum Standard.

Die Arbeit mit diesen Systemen erfordert ein hohes Maß an Fachkenntnis, wie sie in der Regel nur von Werksteams aufgebracht werden kann. Typische Anwendungsgebiete für diese Steuergeräte sind die Rallye-Weltmeisterschaft WRC, die Langstreckenweltmeisterschaft WEC und die Deutsche Tourenwagen Masters DTM.

Reine Motorsportenwicklungen

Neben den High-End-Steuergeräten finden sich im Bosch Motorsport-Portfolio weitere reine Motorsportentwicklungen. Dazu zählen z. B. Laptriggersysteme, mit denen die Zeiten kompletter Runden oder Rundensegmente gemessen werden sowie Telemetriesysteme zur Datenübertragung vom Rennfahrzeug in die Box. Fahrerdisplays ersetzen alle Instumente im Armaturenbrett, sind frei programmierbar und verfügen über umschaltbare Anzeigeseiten. Häufig sind sie mit Datenspeichern ausgestattet.

Hochdruckeinspritzsysteme und ihre Ventile benötigen oft eine deutlich höhere Betriebsspannung als das herkömmliche Bordnetz zur Verfügung stellt. Diese Lücke schließt die Power Supply Unit, die in vielen Formel 1-Fahrzeugen eingesetzt wird und Spannungen bis 90 Volt liefert.

Sicherheit und Komfort

Elektroniksysteme von Bosch sorgen im Rennwagen jedoch nicht nur für bessere Beschleunigung, sondern auch für bessere Verzögerung, mehr Sicherheit und Komfort.

Die Bosch Motorsport-ABS-Systeme werden mit unterschiedlichen Regelcharakteristiken ausgeliefert, die der Fahrer per Drehschalter am Armaturenbrett anwählen kann. Auch hier ist die Steuergerätesoftware offen und kann bei Bedarf geändert werden. Für bestimmte Cup-Fahrzeuge werden vorbedatete Plug-and-Play-Versionen angeboten. Bei

Bild 3: High-End-Steuergerät mit Fräsgehäuse und Motorsportsteckern.

der individuellen Abstimmung der ABS-Systeme am Prüfstand oder an der Rennstrecke stehen die Fachleute von Bosch den Kunden zur Seite.

Ein radarbasiertes Unfallvermeidungssystem warnt durch optische Signale vor überholenden Fahrzeugen; hilfreich sind diese Systeme besonders bei Regen oder in der Nacht.

Die Bosch Power-Box ersetzt alle Relais und Sicherungen im Rennwagen und ermöglicht eine Änderung der Relaisschaltpunkte per Laptop, ohne dass eine Schraube gelöst oder ein Bauteil getauscht werden muss. Das Laptop ersetzt auch hier die Werkzeugkiste.

Bei systematischer Fehlersuche ist es sehr hilfreich, den Signalfluss einzelner Leitungen im Kabelbaum gezielt messen zu können. Hier leistet ein eigens entwickelter Trennadapter, der zwischen Kabelbaum und Steuergerät geschaltet wird, wertvolle Dienste.

Bild 4: Zündkerzenvarianten für den Renneinsatz.
a) Rennzündkerze mit 8-mm-Gewinde, Verzahnung für Spezialwerkzeug und Platinelektrode.
b) Zündkerzenstöpsel zur Weiterverarbeitung beim Rennsportkunden.

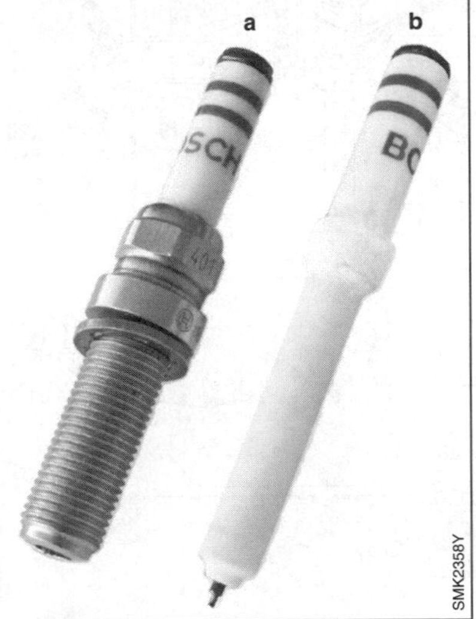

Kundenspezifische Kleinstserien

In reiner Handarbeit und kleinen Stückzahlen fertigt Bosch Motorsport-Kabelbäume, die die Systeme im Rennwagen miteinander vernetzen. Sie verfügen über die üblichen Motorsportstecker und werden nach ausgiebigen Funktionstests an den Kunden ausgeliefert.

Mit den Komponenten aus der Großserie haben Motorsport-Zündkerzen nur noch die Idee gemeinsam. Elektroden aus reinem Platin erlauben einen Betrieb bei deutlich höheren Temperaturen. Bis auf 8 mm reduzierte Gewindedurchmesser geben den Motorenentwicklern viel Freiheit bei der Gestaltung der Brennräume und der Kühlkanäle (Bild 4). Gewindelänge, Schlüsselweite und andere Größen werden in Absprache mit dem Kunden ausgelegt. So entstehen handgearbeitete Musterzündkerzen, die speziell auf das vorliegende Motorkonzept zugeschnitten sind.

Neben den einbaufertigen Zündkerzen bietet Bosch seinen Rennsportkunden den separaten Keramikkern der Zündkerzen zur Weiterverarbeitung an. Der Kunde versieht diesen „Zündkerzenstöpsel“ mit einem eigenen Gehäuse, dessen Gestaltung zu den großen Geheimnissen der Konstrukteure zählt.

Neue Wege

Analog zur Entwicklung im Serienfahrzeugbau werden in Rennfahrzeugen zunehmend Hybridsysteme eingesetzt. Elektromotoren kooperieren mit Benzinmotoren oder Dieselmotoren; rückgewonnene Energie wird in elektrischen oder mechanischen Speichern zwischengelagert.

Einige Rennsportklassen setzen bereits voll auf den rein elektrischen Antriebsstrang, so z.B. die weltweit auf Stadtkursen ausgetragene Formel E.

Auch auf diesen neuen Wegen wird die lange Tradition des Austauschs zwischen Serie und Motorsport im Hause Bosch fortgesetzt werden.

Flüssiggasbetrieb

Anwendung

Flüssiggas (Liquefied Petroleum Gas, LPG) fällt bei der Gewinnung von Rohöl und Erdgas sowie bei Raffinerieprozessen an. Es besteht hauptsächlich aus Propan und Butan (siehe Autogas). Flüssiggas wird auch als Autogas bezeichnet.

Durch die Verteuerung der herkömmlichen Kraftstoffe Benzin und Diesel in den letzten Jahren findet der preisgünstigere Kraftstoff Flüssiggas – nicht zuletzt durch regionale Steuerermäßigungen (z. B. für Deutschland, Italien, Polen) zunehmend Verbreitung. Flüssiggas ist im europäischen Raum sowie in Südkorea, Australien und China sehr verbreitet. Weltweit geht man derzeit (Stand November 2016)

Bild 1: Bivalenter Ottomotorbetrieb mit gasförmiger LPG-Einblasung.
1 Aktivkohlebehälter, 2 Tankentlüftungsventil, 3 Benzinrail mit Benzineinspritzventilen, 4 Nockenwellenversteller, 5 Zündspule mit Zündkerze, 6 Nockenwellensensor, 7 λ-Sonde vor dem Vorkatalysator, 8 Heißfilm-Luftmassenmesser, 9 elektronisch angesteuerte Drosselklappe (EGAS), 10 Saugrohrdrucksensor, 11 LPG-Steuergerät, 12 Motorsteuergerät, 13 Fahrpedalmodul, 14 LPG-Absperrventil, 15 Verdampfer mit Druckregler, 16 kombinierter Druck- und Temperatursensor, 17 LPG-Kraftstoffrail mit Gaseinblasventilen, 18 LPG-Filter, 19 Motortemperatursensor, 20 Vorkatalysator, 21 Kurbelwellendrehzahlsensor, 22 Klopfsensor, 23 Benzintank mit integrierter Elektrokraftstoffpumpe, 24 Benzineinfüllstutzen, 25 LPG-Tank (Stahltank), 26 elektromagnetisches Absperrventil, 27 LPG-Einfüllstutzen, 28 80 %-Füllstoppventil, 29 LPG-Füllstandsanzeiger, 30 Überdruckventil, 31 λ-Sonde hinter dem Vorkatalysator, 32 Hauptkatalysator.

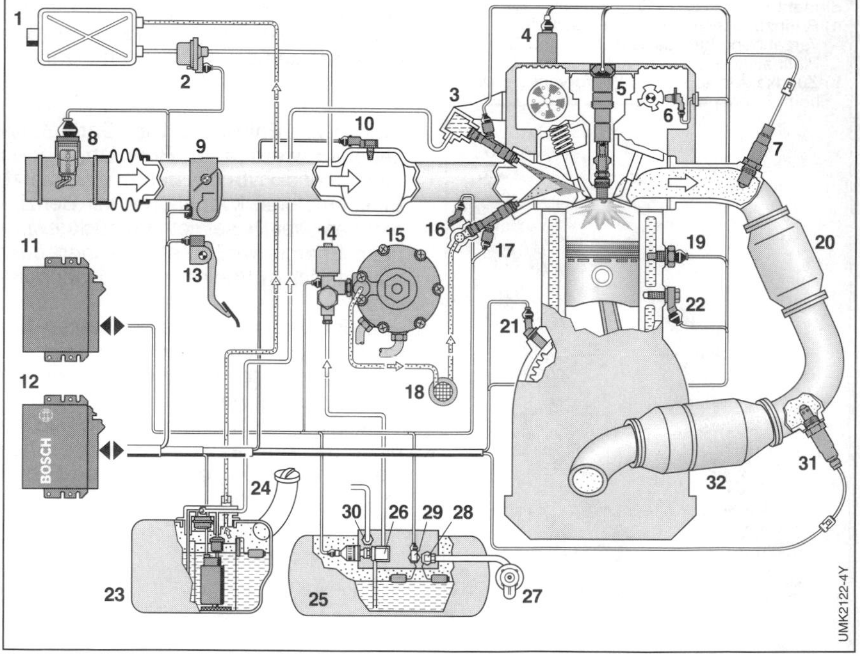

von mehr als 26 Millionen mit Flüssiggas betriebenen Fahrzeugen aus [1]. Aktuelle Informationen zur Anzahl von Fahrzeugen mit LPG-Betrieb und zum LPG-Tankstellennetz in Deutschland (derzeit weltweit ca. 75 350 Tankstellen, in Deutschland ca. 7 050 Tankstellen) können dem Internet entnommen werden (siehe [2] und [3]).

Der volumetrische Mehrverbrauch im LPG-Betrieb beträgt je nach Motorkonzept, Motorsteuerung und Gassystem 20...30 % im Vergleich zum Benzinbetrieb. Trotz dieses Mehrverbrauchs sind die Betriebskosten für LPG-Fahrzeuge günstiger als für Benzin- oder Dieselfahrzeuge.

LPG-Systeme werden nach der Art der Gemischbildung mit gasförmiger Einblasung oder flüssiger LPG-Einspritzung sowie nach den Steuergerätekonzepten mit einem gemeinsamen oder zwei getrennten Motorsteuergeräten (Master-Slave-Konzept) unterschieden. Systeme mit Venturimischer (funktioniert nach dem Vergaserprinzip) können nur noch bei älteren Fahrzeugen oder in Märkten mit weniger strengen Abgasvorschriften zum Einsatz kommen.

Es werden nahezu ausschließlich Fahrzeuge mit Ottomotoren auf bivalenten LPG-Benzin-Betrieb umgebaut. Die meisten LPG-Systeme werden im Rahmen einer Nachrüstung eingebaut. Mittlerweile bieten aber auch Fahrzeughersteller Modelle mit bivalentem LPG-Benzin-Betrieb ab Werk an. Bei diesen Fahrzeugen wird der LPG-Tank – wie bei den Nachrüstkonzepten – meistens in der Reserveradmulde eingebaut. Das Kofferraum-Ladevolumen bleibt bei dieser Einbauweise unverändert. Lediglich das Reserverad entfällt und wird durch ein Reifenpannen-Reparaturset (Tire-Fit) ersetzt.

Aufbau

Speicherung von Flüssiggas

Flüssiggas lässt sich bei Umgebungstemperaturen von –20 ° bis +40 °C unter Druck bei 3...15 bar – je nach Mischungsverhältnis von Propan zu Butan – verflüssigen. Die Speicherung erfolgt in flüssiger Form in Stahltanks. In das Befüllsystem des LPG-Tanks ist ein Füllmengenbegrenzer integriert, der die Befüllung auf maximal 80 % der flüssigen Phase des Gesamttankvolumens begrenzt. Dadurch wird sichergestellt, dass der Tankinnendruck bei Erwärmung nicht unzulässig ansteigt. Die Behälter unterliegen (auch in mehreren außereuropäischen Ländern) hinsichtlich ihrer Eigenschaften, der Ausrüstung und des Einbaus europäischen Sicherheitsregularien - aktuell gemäß ECE-R67-01 [4].

Die Sicherheitseinrichtungen eines LPG-Tanks umfassen ein Überdruckventil, ein elektromagnetisches Absperrventil mit integriertem Durchflussmengenbegrenzer (zur Rohrbruchsicherung) sowie optional ein Thermo-Sicherheitsventil, das im Brandfall das Gas kontrolliert entweichen lässt.

Kraftstoffförderung

Die Förderung des LPG-Kraftstoffs vom Tank zum Motor erfolgt bei Systemen mit gasförmiger Einblasung durch den Tankinnendruck (Dampfdruck des LPG). Da dieser mit sinkender Umgebungstemperatur fällt, ist der Betrieb derartiger Systeme hinsichtlich Ihrer Wintertauglichkeit teilweise eingeschränkt.

Die Kraftstoffförderung bei Systemen mit flüssiger Einspritzung erfolgt durch eine im LPG-Tank eingebaute LPG-Kraftstoffförderpumpe, die einen Förderdruck zusätzlich zum Tankinnendruck erzeugt. Diese Systeme sind hinsichtlich ihrer Wintertauglichkeit mit Benzineinspritzsystemen vergleichbar.

Komponenten
Folgende Komponenten werden in die LPG-Fahrzeuge integriert (Bild 1 und Bild 2):
- LPG-Einfüllstutzen mit integriertem Rückschlagventil,
- Stahltank (zylindrisch oder toroidal),
- Überdruckventil (27 bar),
- LPG-Füllstandssensor,
- Ventil mit integriertem 80 %-Tankfüllstopp,
- elektromagnetisches Absperrventil (im Tank),
- LPG-Absperrventil (im Motorraum),
- Verdampfer mit Druckregler (nur für Systeme mit gasförmiger LPG-Einblasung),
- Druckregler (optional bei Systemen mit flüssiger LPG-Einspritzung),
- LPG-Kraftstoffrail mit Gaseinblas- oder Gaseinspritzventilen,
- Druck- und Temperatursensor (am Rail),
- LPG-Filter,
- gegebenenfalls ein Slave-Steuergerät,
- bedarfsgeregelte LPG-Förderpumpe (nur bei Systemen mit flüssiger LPG-Einspritzung).

Bild 2: Bivalenter Ottomotorbetrieb mit flüssiger LPG-Einspritzung in das Saugrohr.
1 Aktivkohlebehälter, 2 Tankentlüftungsventil, 3 Benzinrail mit Benzineinspritzventilen,
4 Nockenwellenversteller, 5 Zündspule mit Zündkerze, 6 Nockenwellensensor,
7 λ-Sonde vor dem Vorkatalysator, 8 Heißfilm-Luftmassenmesser,
9 elektronisch angesteuerte Drosselklappe (EGAS), 10 Saugrohrdrucksensor,
11 LPG-Steuergerät, 12 Motorsteuergerät, 13 Fahrpedalmodul,
14 LPG-Absperrventile für Zu- und Rücklauf, 15 kombinierter Druck- und Temperatursensor,
16 LPG-Kraftstoffrail mit Gaseinspritzventilen, 17 Motortemperatursensor, 18 Vorkatalysator,
19 Kurbelwellendrehzahlsensor, 20 Klopfsensor,
21 Benzintank mit integrierter Elektrokraftstoffpumpe, 22 Benzineinfüllstutzen,
23 LPG-Tank mit integrierter elektrischer LPG-Pumpe, 24 elektromagnetisches Absperrventil,
25 LPG-Einfüllstutzen, 26 80 %-Füllstoppventil mit integriertem LPG-Füllstandssensor,
27 Überdruckventil, 28 Rückschlagventil, 29 λ-Sonde hinter dem Vorkatalysator,
30 Hauptkatalysator.

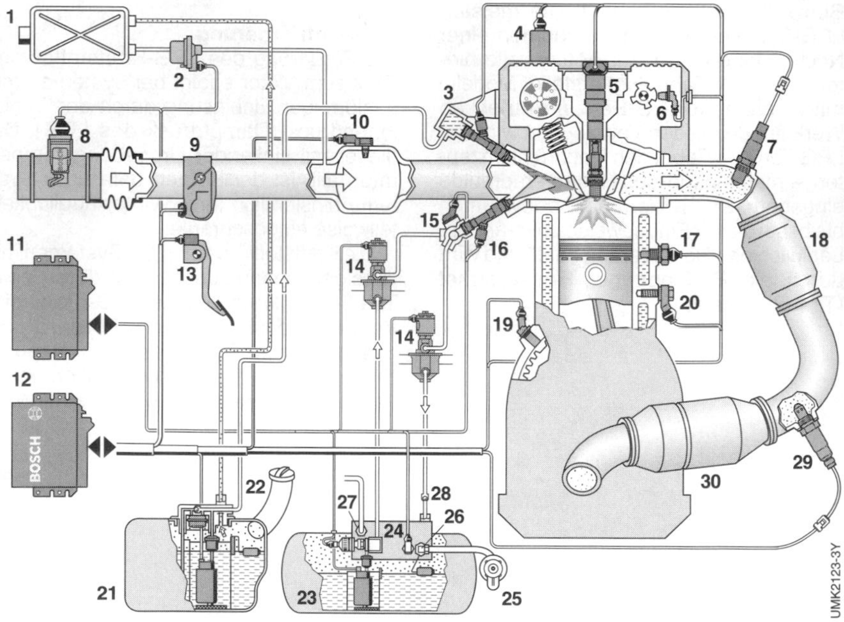

LPG-Systeme

Systeme mit gasförmiger LPG-Einblasung

Arbeitsweise

Der LPG-Kraftstoff wird in flüssiger Form vom Tank über das elektromagnetische Absperrventil zum Motorraum gefördert (Bild 1), wo ein weiteres Absperrventil eingebaut ist. Danach erfolgt im Verdampfer und Druckregler die Überführung in den gasförmigen Zustand mit Drücken von 0,5...3,5 bar. Der Verdampfer wird über das Motorkühlmittel beheizt, um die beim Phasenübergang entstehende Abkühlung zu kompensieren. Vom Verdampfer wird das gasförmige Flüssiggas durch einen druckfesten flexiblen Schlauch zum LPG-Kraftstoffrail geleitet und von hier über die Gaseinblasventile in das Saugrohr eingeblasen.

Die Luftansaugstrecke des Basismotors bleibt bis auf die Anbindung der LPG-Gaseinblasventile an das Saugrohr unverändert.

Gemischbildung

Die Gemischbildung erfolgt wie bei einer konventionellen Einzelzylinder-Benzineinspritzung. Über das LPG-Kraftstoffrail werden die einzelnen Gaseinblasventile mit gasförmigem Flüssiggas versorgt. Die Motorsteuerung ermittelt die nötige Einblasmenge, die über die λ-Regelung korrigiert wird. Weiterhin erfolgt eine Korrektur der Einblasmenge über den Druck und die Temperatur des Kraftstoffs im LPG-Kraftstoffrail.

Die LPG-Einblasung verdrängt einen Teil des angesaugten Luftvolumens im Saugrohr, was bei nicht aufgeladenen Motoren zu Füllungsverlusten führt. Dadurch ist im LPG-Betrieb eine gegenüber dem Benzinbetrieb verminderte Motorleistung von 2...4 % zu erwarten.

Systeme mit flüssiger LPG-Einspritzung in das Saugrohr

Arbeitsweise

Bei Systemen mit flüssiger LPG-Einspritzung in das Saugrohr (Bild 2) regelt das LPG-Steuergerät den Systemdruck über eine im LPG-Tank eingebaute Kraftstoffpumpe.

Zur Regelung des Einspritzdrucks kann bei einigen Systemen zusätzlich ein Druckregler benötigt werden. Systeme mit flüssiger LPG-Einspritzung müssen wegen der Neigung zur Dampfblasenbildung im Kraftstoffsystem mit einer Tankrücklaufleitung ausgestattet sein, um gegebenenfalls auftretende Dampfblasen auszuspülen.

Gemischbildung

Die LPG-Einspritzung erfolgt wie bei einer herkömmlichen Einzelzylinder-Benzineinspritzung in das Saugrohr vor die Einlassventile des Motors. Durch die bei der Einspritzung des Flüssiggases auftretenden Verdampfung gemäß dem Joule-Thomson-Effekt wird die Temperatur des angesaugten Luft-Gas-Gemischs abgesenkt, was sich positiv auf den Füllungsgrad und die Leistungswerte des Motors auswirkt.

Vorteile der Flüssiggaseinspritzung

Die Flüssiggaseinspritzung bietet folgende Vorteile:
- Der Gasbetrieb ist auch bei extrem niedrigen Temperaturen möglich.
- Ein monovalenter Gasbetrieb ist darstellbar.
- Start mit Flüssiggas ist auch bei bivalenten Systemen möglich.
- Es erfolgt eine bessere Zylinderfüllung durch den Kühlungseffekt im Saugrohr und Brennraum, dadurch sind gleiche Motorleistungswerte wie mit Benzinkraftstoff ohne weitere Maßnahmen erreichbar. Motoren mit flüssiger LPG-Einspritzung können sogar minimal höhere Leistungswerte im Vergleich zum Benzinbetrieb erbringen.

Systeme mit direkt flüssiger LPG-Einspritzung in den Brennraum

Flüssiggas verhält sich bei höheren Systemdrücken sehr ähnlich wie Benzin. Deshalb ist auch eine LPG-Direkteinspritzung (LPG-DI) in den Brennraum möglich. Die LPG-Direkteinspritzung bietet einige entscheidende Vorteile:
- Bei vergleichbaren Motorleistungswerten ergibt sich eine bessere Abgaszusammensetzung (nahezu keine Partikelemissionsbildung).
- Insgesamt ergibt sich ein sehr gutes thermodynamisches Verhalten.

Die LPG-Direkteinspritzung in den Brennraum ist bei allen modernen Benzinmotoren mit Direkteinspritzung möglich. Solche Systeme befinden sich derzeit noch in der Entwicklungsphase (siehe z.B. [5]).

Abgas

In Bezug auf die limitierten Schadstoffkomponenten HC, CO und NO_x bietet die Verwendung von Flüssiggas als Kraftstoff in modernen Ottomotoren einige Vorteile gegenüber dem Benzinbetrieb. Noch besser stellt sich die Situation beim CO_2-Ausstoß dar. Hier können LPG-Fahrzeuge eine Minderung von ca. 10 % erreichen. Diese Minderung beruht auf dem niedrigeren Kohlenstoffanteil im LPG-Kraftstoff. Des Weiteren entstehen im Vergleich zu Dieselmotoren nahezu keine Partikel. Auch bei anderen nicht gesetzlich limitierten, aber gesundheitsschädlichen Abgasbestandteilen verfügt der LPG-Antrieb über Vorteile. So werden z.B. deutlich geringere Mengen an aromatischen Kohlenwasserstoffen (z.B. Benzol) ausgestoßen.

Im Gegensatz zum Erdgasbetrieb (Compressed Natural Gas, CNG) werden beim LPG-Betrieb keine besonderen Anforderungen an das Abgasnachbehandlungssystem des bestehenden Benzinkonzepts gestellt. Die wesentlichen Abgasbestandteile sind im LPG-Betrieb mit denen des Benzinbetriebs vergleichbar.

Motorsteuerung für LPG-Systeme

Es kommen sowohl Zwei-Steuergeräte-Konzepte (ein Steuergerät für Benzin- und eines für LPG-Betrieb) als auch Ein-Steuergeräte-Konzepte (Benzin- und Gasfunktionen in einem Steuergerät integriert) zum Einsatz. Da die Fahrzeuge bivalent sind, kann der Fahrer über einen Schalter zwischen Benzin- und LPG-Betrieb wählen.

Der im LPG-Tank eingebaute Füllstandssensor liefert der Motorsteuerung den aktuellen LPG-Tankfüllstand. Ein am Gasrail angebauter kombinierter Niederdruck- und Temperatursensor erlaubt der Motorsteuerung eine Korrektur der Ventileinblaszeiten vorzunehmen, sodass auch bei schwankender Gasdichte ein stöchiometrisches Gemisch vorgesteuert werden kann. Über die Werte der λ-Sonde und verschiedene Adaptionsalgorithmen passt die Motorsteuerung die Gemischbildung für verschiedene Gasqualitäten an. Auch Funktionen für die Umschaltung zwischen Gas- und Benzinbetrieb sind integriert.

Die übrigen Sensoren und Aktoren des Motormanagementsystems sind weitgehend identisch zum Benzinmotor.

Bei Systemen mit flüssiger LPG-Einspritzung in den Brennraum werden zusätzlich zu den Funktionen für die Gemischaufbereitung und die Gasqualitätenadaption auch Funktionen für die Steuerung der LPG-Kraftstoffpumpe benötigt.

Bild 3: Elektromagnetisches Ventil für flüssige LPG-Einspritzung.
1 Elektrischer Anschluss,
2 Magnetwicklung,
3 O-Ringe,
4 Ventilgehäuse,
5 Filtersieb,
6 Flüssiggaszulauf,
7 Anker,
8 O-Ringe,
9 Ventilkörper,
10 Ventilnadel,
11 Einspritzdüse.

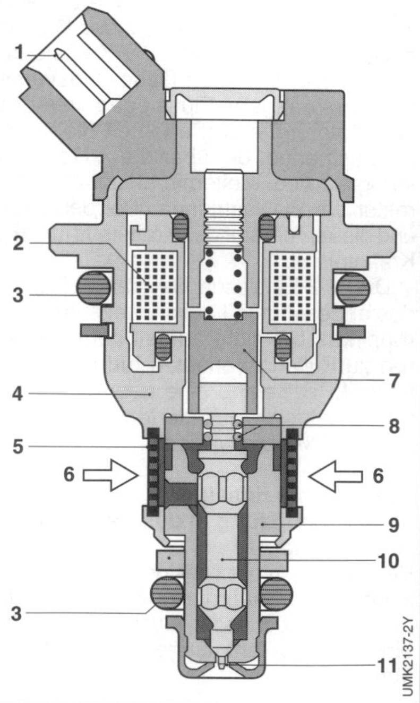

Komponenten

LPG-Einblasventil

Aufgabe und Anforderungen

Bei Einblasung des Flüssiggases im gasförmigen Aggregatzustand sind durch die gegebene Energiedichte und der aus dem Aggregatzustand resultierenden niedrigen Gasdrücke von ca. 0,5...3,5 bar folgende Parameter bei der Auslegung der LPG-Einblasventile zu berücksichtigen:

- Konstruktion der Einblasventile für große Gasvolumen,
- Anpassung der Abdichtungsmechanismen und Materialien an das gasförmige Medium,
- Berücksichtigung von eventuell aggressiven Verunreinigungen des Kraftstoffs bei der Materialauswahl.

Aufbau und Arbeitsweise

Grundsätzlich sind Konstruktion und Funktion eines auf den Betrieb mit gasförmigen Flüssiggas ausgelegten Gasinjektors denen eines Erdgasinjektors sehr ähnlich (siehe Erdgasbetrieb).

LPG-Einspritzventil

Aufgabe und Anforderungen

Bei Systemen mit Einspritzung des Flüssiggases in flüssigem Aggregatzustand muss das Flüssiggas im gesamten Leitungs- und Railsystem durch Druckaufbau mit einer im LPG-Tank eingebauten Pumpe im flüssigen Zustand gehalten werden. Nur so kann es flüssig eingespritzt werden.

Die LPG-Einspritzventile müssen folgende Anforderungen erfüllen:

- Betrieb bei variablen Drücken von 2...25 bar.
- Absolute Dichtheit bei der systembedingten Druckvariabilität (z.B. beim Abstellen des Gasbetriebs und spontan auftretenden Druckspitzen durch Verdampfen des Flüssiggases im Railsystem).
- Möglichkeit eines Durchspülvorgangs zur Beseitigung von auftretenden Dampfblasen (z.B. bei Heißstart oder Umschaltung von Benzin- auf LPG-Betrieb bei betriebswarmem Motor).

Aufbau und Arbeitsweise

Die LPG-Einspritzventile (Bild 3) sind aufgrund der oben genannten Anforderungen nach dem Bottom-Feed-Prinzip konstruiert. Das Einspritzventil ist so konstruiert, dass der Anschlussstutzen für den Kraftstoffeintritt in das Gehäuse des Einspritzventils möglichst nahe am Auslass des Einspritzventils liegt. Diese Anordnung ermöglicht ein einfaches Durchspülen des Ventils mit frischem Kraftstoff, um mögliche Dampfblasen schnell zu entfernen.

Die üblicherweise bei Benzinmotoren eingesetzten Einspritzventile hingegen arbeiten größtenteils nach dem Top-Feed-Prinzip. Da hier die Versorgung mit frischem Kraftstoff am oberen Ende des Einspritzventilgehäuses erfolgt, lassen sich diese Ventile nur sehr schlecht bis gar nicht spülen, um Dampfblasen zu entfernen. Unter solchen Bedingungen wäre eine korrekte Dosierung der Kraftstoffmenge und somit eine optimale Verbrennung nicht möglich, weshalb sich das Top-Feed-Prinzip für den Einsatz bei flüssiger Einspritzung von LPG nicht eignet.

Einbauposition

Die Position der LPG-Einspritzventile im Saugrohr unterliegt besonderen konstruktiven Anforderungen aufgrund der Entstehung von Kälte durch die Verdampfung des Flüssiggases beim Einspritzvorgang (durch den Joule-Thompson-Effekt). Das flüssige LPG verdampft beim Eintritt in das Saugrohr schlagartig und entzieht der im Saugrohr befindlichen Frischluft die dafür nötige Energie in Form von Wärme. Durch diese punktuelle Kälte im Saugrohr kann es zu unerwünschten Betriebsphänomenen kommen (z.B. Verbrennungsaussetzer), die unter anderem auf die Bildung von Eiskristallen zurückzuführen sind.

LPG-Befüllanschluss

Anschlussvarianten

Der Einfüllstutzen ist nicht weltweit standardisiert. Aus diesem Grund werden je nach Land unterschiedliche Betankungsadapter benötigt. Tankstellenseitig sind vier unterschiedliche Arten von LPG-Betankungspistolen verbreitet. Deshalb werden fahrzeugseitig je nach Einsatzgebiet unterschiedliche Befüllanschlüsse benötigt. Folgende Anschlüsse sind verbreitet:

- ACME-Anschluss (benannt nach der amerikanischen Trapezgewinde-Normung), wird in Deutschland, Belgien, Irland, England, Luxemburg, Schottland, Österreich, China, Kanada, USA, Australien und in der Schweiz eingesetzt.
- DISH-Anschluss (benannt nach seiner Tellerform), wird in Dänemark, Frankreich, Polen, Griechenland, Ungarn, Italien, Österreich, Portugal, Tschechien, Türkei, China, Korea und in der Schweiz eingesetzt.
- Bajonett-Anschluss, wird in den Niederlanden, in Belgien und Großbritannien eingesetzt.
- Euronozzle, wird derzeit nur in Spanien verwendet.

Der Euronozzle soll zukünftig alle anderen Anschlüsse europaweit ersetzen. Die EU-Regelung für diesen einheitlichen Anschluss ist bisher noch nicht von der Mehrheit der EU-Mitgliedsstaaten übernommen.

Aufbau

Jeder im Fahrzeug eingesetzte Befüllanschluss ist so konstruiert, dass das LPG-Fahrzeug an allen Flüssiggastankstellen durch den Einsatz eines entsprechenden Adapters betankbar ist.

Bild 4: Verdampfer mit Druckregler.
1 Magnetspule des elektromagnetischen Absperrventils,
2 Dichtung,
3 Eingang für flüssiges LPG und Filter,
4 Zulauf für Motorkühlwasser,
5 Ablauf des Motorkühlwassers,
6 Temperatursensor,
7 Ausgang für gasförmiges LPG mit konstantem Druck,
8 Sicherheits-Überdruckventil,
9 Verdampfungskammer,
10 Bereich für gasförmiges LPG,
11 Anschluss für Saugrohrunterdruck,
12 Druckmembran mit Aufhängung,
13 Steuerstange,
14 Justageschraube,
15 Feder,
16 Steuerkolben mit Drosselöffnung.

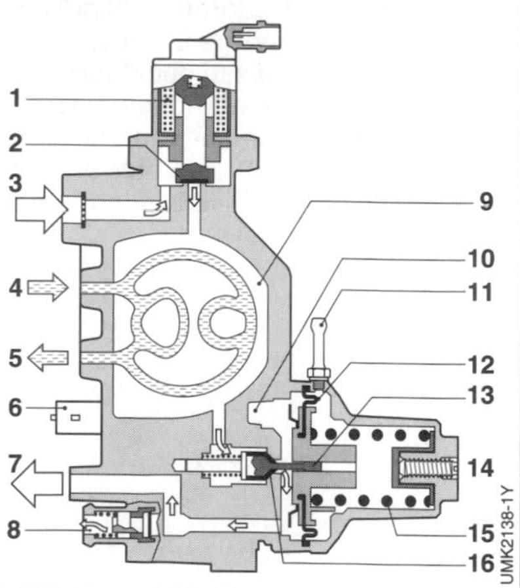

Verdampfer für Systeme mit gasförmiger LPG-Einblasung

Aufgabe

Bei Systemen mit gasförmiger Einblasung von Flüssiggas werden Verdampfer eingesetzt. Das Flüssiggas wird durch den im Gastank herrschenden Verdampfungsdruck über ein elektromagnetisches Absperrventil zum Verdampfer befördert.

Der Verdampfer ist eine der Hauptkomponenten jedes LPG-Einblassystems und erfüllt zwei Funktionen: Zum einen wird das flüssige Gas im ersten Teil des Verdampfers vom flüssigen in den gasförmigen Zustand gebracht. Zum anderen wird anschließend der Druck des gasförmigen Flüssiggases auf ca. 1 bar Differenzdruck zum Saugrohr geregelt. Dieser Druck, mit dem die Einblasventile gespeist werden, muss über alle Betriebszustände und den variierenden Dampfdrücken der verschiedenen Flüssiggasqualitäten innerhalb minimaler Toleranzen konstant bleiben. Am meisten verbreitet sind Verdampfer mit einstufiger Druckreglung. In Bild 4 ist ein Verdampfer mit einstufiger Druckregelung dargestellt.

Arbeitsweise
Das Flüssiggas gelangt über den Eingangsanschluss in den Verdampfungsbereich. Dieser besteht aus einem Labyrinth, das über den Heizkreislauf des Fahrzeugs erwärmt wird, um das eintretende flüssige Gas in den gasförmigen Zustand zu versetzen. Hier werden Drücke von 4...15 bar erreicht. Der Druck variiert abhängig von der Temperatur des Motorkühlmittels und der Zusammensetzung des Flüssiggases (Mischungsverhältnis von Propan und Butan).

Durch einen Überströmkanal gelangt das nun gasförmige Medium in den Druckregelungsbereich, der durch eine Membrane geschlossen wird. Auf der Rückseite der Membrane sitzt eine vorgespannte Feder. Die Vorspannung kann mit einer Einstellschraube nachjustiert werden, um Abweichungen der werksseitigen Voreinstellung des Ausgangsdrucks vornehmen zu können.

Die Membrane ist über einen Hebelmechanismus mit einem Ventil am Überströmkanalanschluss verbunden. Steigt der Druck an, so wird durch die Bewegung der Membran eine Steuerstange betätigt, die wiederum den Öffnungsquerschnitt am Ausgang des Druckregelungsbereichs verändert. Dadurch wird der Zulauf reduziert oder verschlossen und es kann kein Gas mehr nachströmen. Sinkt der Gasdruck infolge verstärkter Kraftstoffabnahme durch den Motor, wird die Membrane in die entgegengesetzte Richtung bewegt. Dadurch wird über den Hebelmechanismus das Ventil geöffnet und das Gas kann vermehrt nachströmen, bis wieder ein Gleichgewicht der Kräfte auf die Membrane wirkt und der Hebelmechanismus den Überströmkanal wieder schließen kann.

Ein wichtiges Merkmal für die Qualität des Verdampfers ist die möglichst geringe Schwankung des Arbeitsdrucks bei unterschiedlichen Betriebszuständen des Motors zusammen mit einer möglichst hohen Regelgenauigkeit über die Betriebslaufzeit.

In bestimmten Ländern wird aufgrund von Verunreinigungen des Flüssiggases der Austausch der Membrane nach einer bestimmten Betriebszeit herstellerseitig vorgeschrieben.

Saugrohr-Unterdruck-Unterstützung
Zusätzlich wird durch eine Anbindung des Saugrohrdrucks an den Bereich oberhalb der Membrane das Ansprechverhalten der Druckregelung des Verdampfers optimiert.

Betriebswerte
Der Eingangsdruck beträgt je nach Umgebungstemperatur und Gasqualität 4...15 bar. Der Ausgangsdruck liegt je nach Einstellung bei 0,5...3,5 bar.

Elektromagnetisches Absperrventil und Temperatursensor

Das elektromagnetische Absperrventil ermöglicht die Unterbrechung der Gaszufuhr, wenn der Motor sich nicht im Gasbetrieb befindet. Der Umschaltvorgang vom Benzin- zum LPG-Betrieb wird in Abhängigkeit von der Kühlmitteltemperatur des Motors vom Motorsteuergerät eingeleitet. Der Mindestwert der Kühlmitteltemperatur für die Umschaltung wird so gewählt, dass eine sichere Verdampfung des Flüssiggases im Verdampfer gewährleistet ist. Dafür wird ein Temperatursensor im Kühlmittelkreis des Verdampfers eingebaut. Ein Kaltstart im Gasbetrieb ist bei diesen Systemen nicht möglich.

Literatur
[1] World LPG Association, www.wlpga.org.
[2] www.gas-tankstellen.de.
[3] www.autogastanken.de.
[4] ECE-R67: Einheitliche Bedingungen über die:
I. Genehmigung zur speziellen Ausrüstung von Kraftfahrzeugen, in deren Antriebssystem verflüssigte Gase verwendet werden.
II. Genehmigung eines Fahrzeugs, das mit der speziellen Ausrüstung für die Verwendung von verflüssigten Gasen in einem Antriebssystem ausgestattet ist, in Bezug auf den Einbau dieser Ausrüstung.
[5] K. Reif: Ottomotor-Management. 4. Aufl., Verlag Springer Vieweg, 2015.

Erdgasbetrieb

Anwendung

Im Hinblick weltweiter Anstrengung zur Reduzierung der CO_2-Emissionen (Kohlendioxid) gewinnt Erdgas als alternativer Kraftstoff zunehmend an Bedeutung. Erdgas (CNG, Compressed Natural Gas), nicht zu verwechseln mit Autogas (LPG, Liquefied Petroleum Gas), besteht überwiegend aus Methan, Autogas hingegen aus Propan und Butan (siehe Kraftstoffe).

Emissionen

Bei der Verbrennung von Erdgas entsteht im Vergleich zu Benzin ca. 25 % weniger CO_2. Erdgas erzeugt damit die geringsten lokalen CO_2-Emissionen der fossilen Kraftstoffe. Aufgrund der geringeren CO_2-Emissionen ist für Erdgas die Mineralölsteuer in vielen Ländern reduziert.

Einsatz von Biogas

Durch den Einsatz von Biogas (Biomethan) kann eine regenerative Kraftstoffversorgung erzielt werden, die die globalen Treibhausgasemissionen noch weiter verringert. Biomethan kann aus Pflanzenresten, Biomüll und Jauche erzeugt werden oder alternativ auch aus regenerativ erzeugtem Strom. Dabei wird durch Elektrolyse Wasserstoff aus Wasser gewonnen, der dann in einer chemischen Reaktion zusammen mit CO_2 zu Methan reagiert. Dieses regenerativ gewonnene Methangas wird dann auch Solargas, Windgas oder einfach EE-Gas (Erneuerbare-Energien-Gas) genannt.

Erdgasfahrzeuge

Mittlerweile bieten verschiedene Fahrzeughersteller Pkw-Modelle ab Werk als Erdgasvariante an. Dies erlaubt eine günstige Unterbringung der größeren CNG-Tanks. Damit wird vermieden, dass – wie bei einem nachträglichen Einbau praktisch unvermeidbar – Kofferraumvolumen verloren geht.

Aktuelle Informationen über Erdgasfahrzeuge sowie das Tankstellennetz in Deutschland und Europa sind unter den Internetadressen [1] und [2] abrufbar. Bei den Erdgasfahrzeugen handelt es sich meist um Bifuel-Fahrzeuge, die eine Umschaltung zwischen Erdgas- und Benzinbetrieb erlauben. Als Varianten gibt es monovalente Fahrzeuge sowie die als „Monovalent plus“ bezeichneten Konzepte, bei denen der Motor auf Erdgasbetrieb optimiert ist, um alle günstigen Eigenschaften von Erdgas (höhere Klopffestigkeit, geringere CO_2- und Schadstoffemissionen) optimal ausnutzen zu können. Die „Monovalent plus“-Fahrzeuge besitzen nur noch einen kleinen Benzintank (kleiner als 15 *l*), um für den Fall, dass keine Erdgastankstelle in der Nähe verfügbar ist, auch im Benzinbetrieb weiterfahren zu können.

Speicherung von Erdgas

Erdgas kann komprimiert bei einem Druck von 200 bar als CNG (Compressed Natural Gas) oder flüssig bei −162 °C als LNG (Liquefied Natural Gas) gespeichert werden. Wegen des hohen Aufwands bei der Flüssigspeicherung hat sich heute die Druckspeicherung bei 200 bar als Standard durchgesetzt. Trotz Hochdruckspeicherung ergibt sich gegenüber Benzin eine geringere Energiespeicherdichte, sodass sich bei gleichem Energieinhalt ein viermal so großes Tankvolumen ergibt.

Bild 1: Ottomotor mit wahlweise Erdgas- oder Benzinbetrieb.
1 Aktivkohlebehälter, 2 Tankentlüftungsventil, 3 Abgasrückführventil,
4 Nockenwellenversteller, 5 Heißfilm-Luftmassenmesser,
6 elektronisch angesteuerte Drosselklappe (EGAS),
7 Saugrohrdrucksensor, 8 Benzinrail mit Benzineinspritzventilen,
9 Zündspule mit Zündkerze, 10 Nockenwellensensor, 11 λ-Sonde vor dem Katalysator,
12 Bifuel-Motronic-Steuergerät, 13 Fahrpedalmodul,
14 Erdgasdruckregelmodul mit integriertem Gasabsperrventil und Hochdrucksensor,
15 Gasrail mit Erdgasdruck- und Temperatursensor, 16 Erdgaseinblasventile,
17 Kurbelwellendrehzahlsensor, 18 Motortemperatursensor, 19 Klopfsensor,
20 Vorkatalysator, 21 CAN-Schnittstelle, 22 Motorkontrollleuchte, 23 Diagnoseschnittstelle,
24 Schnittstelle zum Immobilizer-Steuergerät (Wegfahrsperre),
25 Benzintank mit integrierter Elektrokraftstoffpumpe, 26 Benzineinfüllstutzen,
27 Erdgaseinfüllstutzen, 28 Hochdruckabsperrventil am Erdgastank, 29 Erdgastank,
30 Hauptkatalysator, 31 λ-Sonde hinter dem Vorkatalysator.

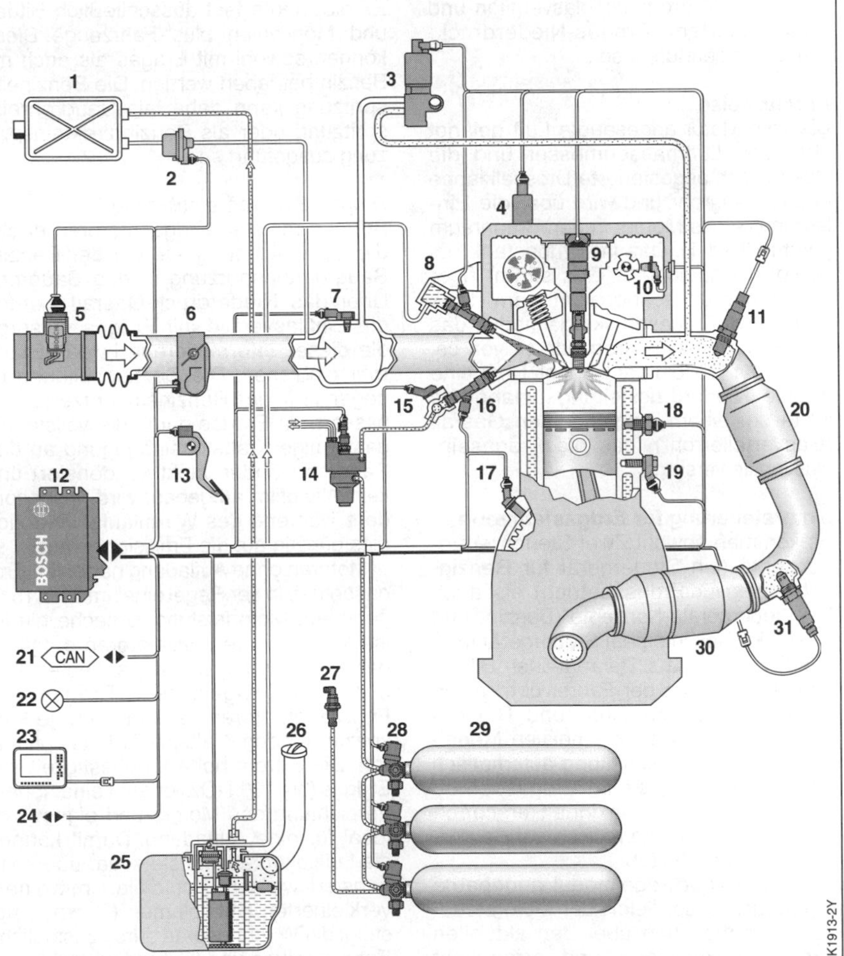

Aufbau

Komponenten

Erdgas-Pkw sind fast ausschließlich mit Ottomotoren ausgerüstet. Sie sind um die folgenden Erdgaskomponenten erweitert (Bild 1, [3]):

- Erdgaseinfüllstutzen,
- Erdgastanks,
- Hochdruckabsperrventile an den Erdgastanks,
- Erdgasdruckregelmodul mit integriertem Absperrventil und Hochdrucksensor,
- Gasrail mit Erdgaseinblasventilen und kombiniertem Erdgas-Niederdruck- und Temperatursensor.

Arbeitsweise

Die vom Motor angesaugte Luft gelangt über den Luftmassenmesser und die elektronisch angesteuerte Drosselklappe in das Saugrohr und wird über die Einlassventile des Motors in den Brennraum geführt (Bild 1). Das im Erdgastank bei 200 bar gespeicherte Gas strömt über ein Hochdruckabsperrventil am Tank weiter zum Erdgasdruckregelmodul, das das Gas auf einen Arbeitsdruck von ca. 5...10 bar (absolut) entspannt. Über eine flexible Niederdruckleitung gelangt es weiter zu einem gemeinsamen Gasrail (Gasverteilerrohr), das die Erdgaseinblasventile versorgt.

Motorsteuerung für Erdgasfahrzeuge

Es kommen sowohl Zwei-Steuergeräte-Konzepte (ein Steuergerät für Benzin- und eines für Erdgasbetrieb) als auch Ein-Steuergeräte-Konzepte (Benzin- und Gasfunktionen in einem Steuergerät integriert) zum Einsatz. Bei manchen Bifuel-Fahrzeugen kann der Fahrer über einen Schalter zwischen Gas- und Benzinbetrieb wählen. Bei den meisten Modellen erfolgt die Umschaltung automatisch und es wird solange im Erdgasbetrieb gefahren, bis der Tankinhalt erschöpft ist. Danach wird automatisch auf Benzinbetrieb umgeschaltet.

Der am Druckregelmodul angebaute Hochdrucksensor liefert der Motorsteuerung Informationen über den aktuellen Erdgas-Tankfüllstand und ermöglicht zudem eine Leckagediagnose. Der am Gasrail eingebaute kombinierte Erdgas-Niederdruck- und Temperatursensor erlaubt der Motorsteuerung eine Korrektur der Ventileinblaszeit, sodass auch bei schwankender Gasdichte ein stöchiometrisches Gemisch im Saugrohr vorgesteuert werden kann. Durch einen Adaptionsalgorithmus passt sich die Motorsteuerung an wechselnde Gasqualitäten an.

Die übrigen Sensoren und Aktoren des Motormanagementsystems sind weitestgehend identisch zum Benzinmotor.

Gemischbildung

Es gibt heute fast ausschließlich Bifuel- und „Monovalent plus"-Fahrzeuge. Diese können sowohl mit Erdgas als auch mit Benzin betrieben werden. Die Benzineinspritzung kann dabei als Saugrohreinspritzung oder als Benzindirekteinspritzung ausgeführt sein.

Erdgas-Saugrohreinblasung

Bei den meisten Erdgasmotoren erfolgt die Gaseinblasung wie bei der Benzin-Saugrohreinspritzung in das Saugrohr. Über das Niederdruck-Gasrail werden die Einblasventile mit Erdgas versorgt, die dieses intermittierend in das Saugrohr einblasen. Die Gemischbildung ist gegenüber der Benzineinspritzung verbessert, da Erdgas durch die vollständig gasförmige Kraftstoffeinbringung an den Saugrohrwänden nicht kondensiert und kein Wandfilm aufgebaut wird. Insbesondere während des Warmlaufs wirkt sich dies günstig auf die Emissionen aus.

Motoren ohne Aufladung haben im Erdgasbetrieb in der Regel eine um 10...15 % geringere Motorleistung. Ursache hierfür ist der geringere Luftliefergrad aufgrund der Verdrängung der angesaugten Luft durch das eingeblasene Erdgas. Die Fahrzeugmotoren lassen sich jedoch speziell für den Kraftstoff Erdgas optimieren. Die extrem hohe Klopffestigkeit von Erdgas (bis 130 ROZ) erlaubt eine höhere Verdichtung des Motors und eignet sich ideal für eine Aufladung. Damit können die Luftliefergradverluste sogar überkompensiert werden. Kombiniert mit einem verkleinerten Hubvolumen (Downsizing) steigt der Wirkungsgrad durch zusätzliche Entdrosselung und Reibreduzierung.

Erdgas-Direkteinblasung
Erdgas kann auch direkt in den Brennraum eingeblasen werden. Dadurch können die Luftliefergradverluste vollständig vermieden werden und bei Turbomotoren die Effizienz der Aufladung, insbesondere bei niedrigen Drehzahlen, durch Scavenging verbessert werden. Unter Scavenging versteht man einen Motorbetrieb mit verlängerter Überschneidung der Öffnungszeiten der Ein- und Auslassventile. Nachteilig sind bei der Erdgas-Direkteinblasung die höhere Komplexität der Einblasventile (Dichtheit, Temperaturbeständigkeit) und die Gegebenheit, dass durch den konzeptbedingten notwendigen höheren Erdgaseinblasdruck der Tank nicht mehr genauso weit entleert werden kann wie bei Motoren mit Erdgas-Saugrohreinblasung.

Abgas
Erdgasfahrzeuge zeichnen sich durch ca. 25 % niedrigere CO_2-Emissionen gegenüber Benzinmotoren aus. Der Grund hierfür liegt im günstigeren Wasserstoff-Kohlenstoff-Verhältnis (HC-Verhältnis) von nahezu 4:1 (für Benzin ca. 2:1). Dadurch entsteht bei der Verbrennung mehr Wasser und weniger CO_2.

Abgesehen von der nahezu partikelfreien Verbrennung entstehen in Verbindung mit einem geregelten Dreiwegekatalysator nur geringe Emissionen der Schadstoffe NO_x, CO und HC. Der Katalysator trägt in der Regel eine höhere Edelmetallbeladung als bei Benzinmotoren, um die im Abgas überwiegend aus dem chemisch stabilen Methan bestehenden HC-Emissionen besser konvertieren zu können und der bei Erdgas höheren „Light-off-Temperatur" (Mindesttemperatur des Katalysators für die Konvertierung) entgegen zu wirken. Methan gilt allerdings als nicht toxisch.

Erdgasfahrzeuge können die aktuellen Abgasgrenzwerte erfüllen, Lkw und Erdgasbusse auch die EEV-Grenzwerte (Enhanced Environmentally friendly Vehicle, [4]). Insbesondere aber auch bei den nicht limitierten Schadstoffemissionen hat der Erdgasmotor gegenüber Benzin- und Dieselmotoren deutliche Vorteile.

Komponenten

Erdgaseinblasventil für Saugrohreinblasung
Aufgabe
Um dem Verbrennungsmotor einen gasförmigen Kraftstoff zuzuführen, muss im Vergleich zu Benzin ein Vielfaches des Volumens über die Erdgaseinblasventile dosiert werden. Daraus ergeben sich besondere Anforderungen an die Auslegung des Erdgaseinblasventils, das in seinen durchströmten Querschnitten dem größeren Gasvolumen angepasst sein muss. Auch die auftretenden hohen Strömungsgeschwindigkeiten erfordern eine spezielle Strömungsführung, um Druckverluste im Ventil zu reduzieren.

Bei hochaufgeladenen Motoren kann der Saugrohrdruck auf bis zu 2,5 bar (absolut) ansteigen. Um den Einfluss des Saugrohrdrucks auf den Massenstrom zu

Bild 2: Erdgaseinblasventil (Bosch).
1 Pneumatischer Anschluss, 2 Dichtungsring,
3 Ventilgehäuse, 4 Filtersieb,
5 elektrischer Anschluss, 6 Hülse,
7 Magnetspule, 8 Ventilfeder,
9 Magnetanker mit Elastomerdichtung,
10 Ventilsitz.

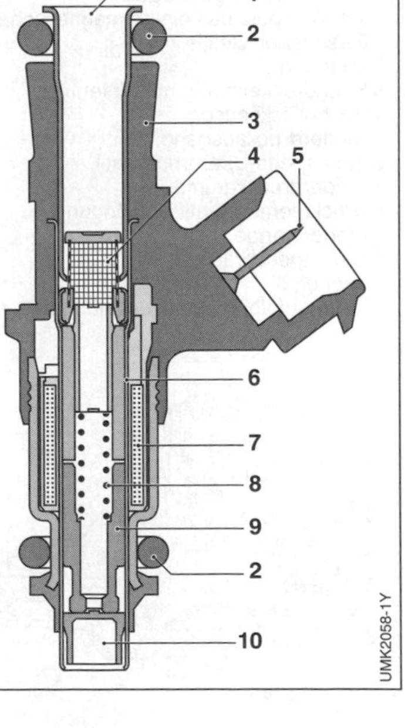

unterdrücken, muss an einem als überkritische Düse angenommenen engsten Querschnitt (Drosselstelle) der Druck vor der Düse mindestens doppelt so hoch sein wie der maximale Saugrohrdruck (Druck nach der Düse). Dann strömt das Gas mit Schallgeschwindigkeit, unabhängig vom absoluten Druck nach der Düse. Der Massenstrom wird also nicht durch den variablen Saugrohrdruck beeinflusst. Unter Einbeziehung möglicher Druckverluste vor der Drosselstelle hat sich ein minimaler Arbeitsdruck von 7 bar (absolut) als vorteilhaft erwiesen.

Aufbau und Arbeitsweise
Der Magnetanker (Bild 2) wird in einer Hülse geführt. Er wird innen vom Kraftstoff durchströmt und besitzt abströmseitig eine Elastomerdichtung. Diese schließt auf dem Ventilsitz (Flachsitz) und dichtet so die Kraftstoffversorgung gegen das Saugrohr ab. Die Magnetspule bewirkt bei Bestromung die notwendige Kraft, um den Magnetanker zu heben und den Zumessquerschnitt (Drosselstelle im Ventilsitz) freizugeben. Bei stromloser Spule hält die Ventilfeder das Einblasventil geschlossen.

Bild 3: Druckregelmodul.
1 Magnetspule des elektromagnetischen Gasabsperrventils,
2 Dichtung,
3 Hochdruckeingang mit Sinterfilter,
4 Hochdrucksensor,
5 Niederdruckausgang,
6 Sicherheits-Überdruckventil,
7 Niederdruckkammer,
8 Druckmembran mit Aufhängung,
9 Steuerstange,
10 Justageschraube,
11 Feder,
12 Steuerkolben und Drosselöffnung.

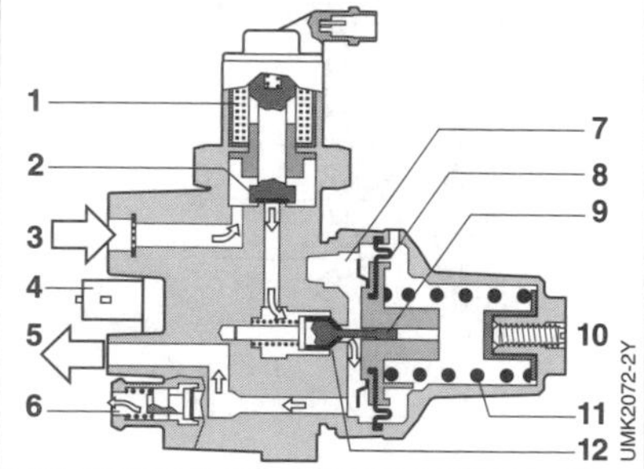

Strömungsoptimierte Geometrie
Durch konstruktive Maßnahmen in der Strömungsführung wird der Druckverlust vor der Drosselstelle minimiert, um einen möglicht großen Massenstrom zu gewährleisten. Weiterhin liegt der engste Querschnitt und damit die Drosselstelle abströmseitig hinter der Abdichtung. Hier herrscht Schallgeschwindigkeit, sodass das Ventil näherungsweise physikalisch eine ideale Düse darstellt.

Dichtgeometrie
Das Erdgaseinblasventil ist mit einer Elastomerdichtung ausgestattet und ähnelt in seiner Dichtsitzgeometrie Absperrventilen für Pneumatikanwendungen. Durch das Elastomer wird die Dichtheit gegenüber metallischen Nadelventilen erhöht.

Die Dämpfung im Elastomer verhindert darüber hinaus ein Prellen, d.h. ein nochmaliges ungewolltes Öffnen des Magnetankers beim Schließvorgang, und erhöht damit die Zumessgenauigkeit.

Druckregelmodul
Aufgabe
Das Druckregelmodul hat die Aufgabe, den Druck des Erdgases vom Tankdruck (bis zu 200 bar) auf den nominalen Arbeitsdruck (typisch 5...10 bar) zu reduzieren. Gleichzeitig soll der Arbeitsdruck über alle Betriebszustände innerhalb gewisser Toleranzen konstant gehalten werden oder abhängig vom Betriebspunkt des Motors auf einen vorgegebenen Druck geregelt werden. Der typische Arbeitsdruck heutiger Systeme liegt üblicherweise bei 5...10 bar (absolut). Daneben existieren Systeme, die mit Drücken ab 2 bar und bis zu 11 bar arbeiten.

Aufbau
Mechanische Ausführung
Heute sind überwiegend mechanische Membran- oder Kolbendruckregler im Einsatz. Die Druckreduzierung geschieht über Drosselung und kann entweder in einer oder in mehreren Stufen erfolgen.

In Bild 3 ist ein einstufiger Membrandruckregler im Schnittbild dargestellt. Hochdruckseitig ist ein Sinterfilter (Porengröße ca. 40 µm), ein Gasabsperrventil und ein Hochdrucksensor im Druckregelmodul integriert. Der Sinterfilter soll feste Partikel im Gasstrom zurückhalten. Das Gasabsperrventil ermöglicht es, z. B. beim Abstellen des Fahrzeugs, den Gasstrom unterbrechen zu können. Der Hochdrucksensor dient der Bestimmung des Erdgasvorrats im Tank sowie der Diagnose.

Niederdruckseitig ist ein Überdruckventil an den Druckregler angebaut. Für den Fall eines Defekts am Druckregler verhindert dieses Ventil Beschädigungen an Komponenten im Niederdrucksystem.

Im normalen Regelbetrieb kühlt sich das Gas bei der Entspannung aufgrund des Joule-Thompson-Effekts sehr stark ab. Um ein Einfrieren zu verhindern, hat das Druckregelmodul eine integrierte Heizung, die an den Heizkreislauf des Fahrzeugs angeschlossen wird (im Bild nicht dargestellt).

Der geregelte Arbeitsdruck hängt von der Membrangröße und der Federvorspannung ab. Zum Abgleich des Druckniveaus wird die Federvorspannung über eine Justageschraube im Werk eingestellt und versiegelt.

Elektromechanische Ausführung

Neben den rein mechanischen Druckregelmodulen gibt es auch elektromechanische Ausführungen. Diese bestehen typischerweise aus einer ersten mechanischen Druckregelstufe, die den Tankdruck auf einen Mitteldruck von ca. 20 bar reduziert. In einer zweiten Stufe wird der Druck über ein elektromagnetisch betätigtes Regelventil auf den von der Motorsteuerung vorgegebenen Arbeitsdruck weiter abgesenkt und elektronisch geregelt. Die Vorteile der elektromechanischen Druckregler sind sowohl die erhöhte Druckregelgenauigkeit als auch die Variabilität des Regeldrucks. Dadurch kann bei Niedriglastphasen des Motors, z.B. im Leerlauf, der Einblasdruck abgesenkt und damit die Zumessgenauigkeit der Erdgaseinblasventile erhöht werden.

Arbeitsweise des mechanischen Druckregelmoduls

Von der Hochdruckseite kommend strömt das Gas über eine variable Drosselöffnung in die Niederdruckkammer, wo die Membran angeordnet ist. Diese steuert über eine Steuerstange den Öffnungsquerschnitt der Drossel. Bei geringem Druck in der Niederdruckkammer wird die Membran von der Feder in Richtung Drossel gedrückt, die sich dadurch öffnet und den Druck auf der Niederdruckseite ansteigen lässt. Bei zu hohem Druck in der Niederdruckkammer wird die Feder stärker zusammengedrückt und die Drosselstelle schließt. Durch den abnehmenden Querschnitt in der Drosselstelle sinkt der Druck auf der Niederdruckseite. Im stationären Betrieb stellt sich der für den Arbeitsdruck erforderliche Drosselquerschnitt ein, der Druck in der Niederdruckkammer bleibt weitgehend konstant.

Ein Merkmal für die Qualität des Druckreglers sind möglichst geringe Schwankungen des Arbeitsdrucks bei Lastwechsel.

Literatur

[1] www.erdgas.info/erdgas-mobil/.
[2] www.gibgas.de.
[3] T. Allgeier, J. Förster: 2nd International CTI Forum, Stuttgart, März 2007; Einspritzsysteme – Motormanagementsystem und Komponenten für Erdgasfahrzeuge.
[4] www.bmub.bund.de/themen/luft-laerm-verkehr/luftreinhaltung/eev-standard/.

Alkoholbetrieb

Anwendung

Motivation

Die knapper werdenden Ressourcen fossiler Energieträger und die geforderte Reduzierung der Kohlendioxidemissionen erfordern ein Überdenken bewährter Antriebskonzepte. Dabei macht der steigende Rohölpreis die alternativen Energien zunehmend wirtschaftlich und es dringt in das Bewusstsein, dass eine nachhaltige Mobilität auch eine nachhaltige Energiebasis benötigt.

In Brasilien, wo bereits seit den 1980er-Jahren Ethanol als Kraftstoff eingeführt ist und dort als E24 (Ethanol-Benzin-Gemisch mit 24 % Ethanolanteil) und E100 (reines Ethanol) an der Tankstelle getankt werden kann (Tabelle 1), werden zirka 50 % des Bedarfs an Kraftstoff abdeckt. Daneben verstärkten in den letzten Jahren auch die USA und Europa ihre Aktivitäten, um E85 als alternative Kraftstoffsorte zu fördern. So steht neben den Potentialen zur CO_2-Reduzierung auch der Aspekt der Versorgungssicherheit und der Unabhängigkeit der Kraftstoffversorgung von fossilen Quellen und Importen im Fokus.

Bild 1: Ottomotor mit Benzin-Direkteinspritzung für Flexfuel-Betrieb.
1 Aktivkohlebehälter, 2 Tankentlüftungsventil, 3 Ethanolsensor (optional),
4 Hochdruckpumpe, 5 Nockenwellenversteller, 6 Zündspule mit aufgesteckter Zündkerze,
7 Nockenwellen-Phasensensor, 8 Luftmassenmesser, 9 Drosselvorrichtung (EGAS),
10 Saugrohrdrucksensor, 11 Ladungsbewegungsklappe,
12 Kraftstoffverteilerrohr (Rail), 13 Hochdrucksensor, 14 Hochdruckeinspritzventil,
15 λ-Sonde, 16 Klopfsensor, 17 Motortemperatursensor, 18 Vorkatalysator,
19 λ-Sonde, 20 Motorsteuergerät, 21 Abgasrückführventil,
22 Motordrehzahlsensor, 23 Hauptkatalysator, 24 CAN-Schnittstelle,
25 Motorkontrollleuchte, 26 Diagnoseschnittstelle, 27 Schnittstelle zur Wegfahrsperre,
28 Fahrpedalmodul, 29 Kraftstofffördermodul mit Niederdruckpumpe.

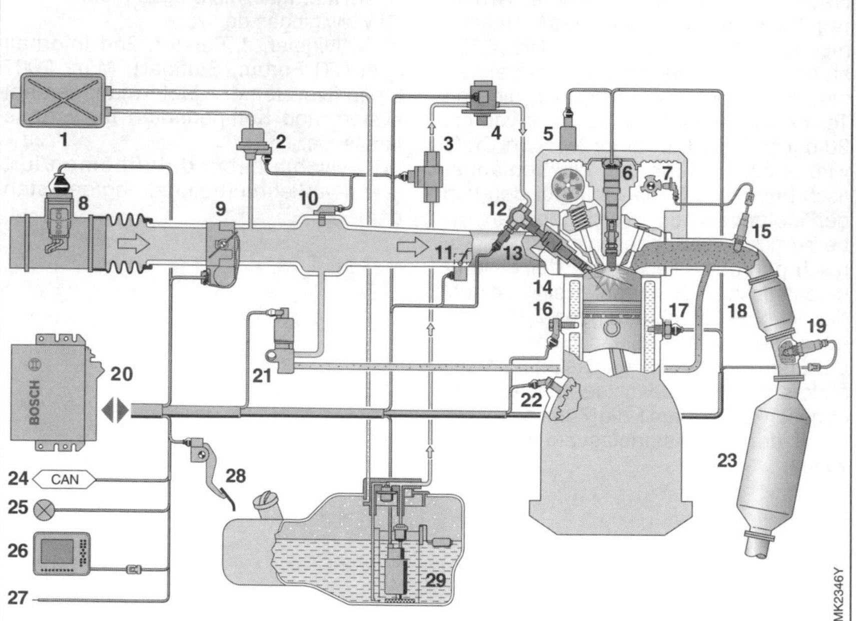

Systembeschreibung

Flexfuel-Systeme sind Motorsteuerungs- und Komponentensysteme, die mit beliebigen Mischungsverhältnissen von Benzin und Ethanol zwischen zwei Grenzwerten betrieben werden können. Diese beliebigen Mischungsverhältnisse entstehen im Kraftstoffbehälter durch das Zutanken von Kraftstoffen verschiedener Ethanolgehalte. Dabei spielt einerseits die Fähigkeit eine Rolle, wie ein System unterschiedliche Ethanolgehalte im Kraftstoff erkennen und sein Verhalten (z.B. Einspritzung und Zündung) entsprechend anpassen kann. Andererseits ist die Frage der Komponententauglichkeit sehr wichtig, um den sicheren und robusten Betrieb über die geforderte und vom Fahrzeugnutzer erwartete Lebensdauer zu ermöglichen.

Bild 1 zeigt den Systemplan eines Ottomotors für den Flexfuel-Betrieb. Er entspricht weitgehend dem konventionellen Ottomotor mit Benzin-Direkteinspritzung.

Ethanol als alternativer Kraftstoff

Nachhaltigkeit

Das Potential zur Reduzierung des CO_2-Ausstoßes entsteht teilweise durch das günstigere Verhältnis von Kohlenstoff- zu Wasserstoffanteil der Alkohole, aber vor allem durch die positive CO_2-Bilanz bei Gewinnung aus nachwachsenden Rohstoffen. Jedoch ist es hier wichtig, die Quelle des gewonnenen Alkoholkraftstoffs zu betrachten. So hat z.B. die Gewinnung von Methanol aus Kohle (mit dem CtL-Verfahren, Coal to Liquid) eine extrem schlechte CO_2-Bilanz, während die Gewinnung von Ethanol aus Pflanzenteilen eine positive Bilanz aufweist.

Märkte für Flexfuel-Fahrzeuge

Die Beimischung von Methanol in nennenswerten Anteilen spielt aufgrund lokaler Besonderheiten heute nur in China eine Rolle. Zudem ist Methanol wegen seiner toxischen und stark gesundheitsgefährdenden Wirkung sehr kritisch zu sehen. Im Folgenden wird unter Flexfuel-

Tabelle 1: Zusammensetzung von Ethanolkraftstoffen.

Kraftstoff	E0…E5	E10	E24	E85	E100
Maximaler Ethanolgehalt	5 %	10 %	24 %	85 %	93 %
Maximaler Wassergehalt	<1%	<1%	1 %	1 %	7 %
Minimaler Benzinanteil	95 %	90 %	76 %	15 %	0 %
Relativer Energieinhalt bezogen auf Benzin	100 %	97 %	91 %	70 %	61 %
Regionale Verbreitung	Europa	USA, EU	Brasilien	USA, Schweden, teilweise EU	Brasilien

Tabelle 2: Eigenschaften von Ethanol.

Merkmal	Einheit	Benzin	Ethanol	Auswirkungen
Energiedichte (pro Volumen)	kJ/*l*	32500	21200	– größere Einspritzmenge erforderlich
Energiedichte (pro Masse)	kJ/kg	43900	26800	– kritisch für Kaltstart
Luft-Kraftstoff-Verhältnis	–	14,8	9,0	– mehr Wandfilm + mehr Leistung, besserer Wirkungsgrad (stärkere Luftkühlung)
Siedepunkt	°C	25…215	78	
Verdampfunsenthalpie	kJ/kg	380…500	904	
Oktanzahl	ROZ	>91	108	+ höhere Klopfgrenze + mehr Leistung, höherer Wirkungsgrad
HC-Verhältnis	–	2,3	3	

Betrieb der Betrieb mit Ethanolkraftstoffen verstanden.

Unter Flexfuel versteht man Mischungen von Ottokraftstoff und Ethanol in beliebigem variablen Verhältnis. Hauptsächlich wird heute zwischen zwei Mischungsbereichen von Ethanolmischungen im Flexfuel-Umfeld unterschieden: Mischungen mit Mischungsverhältnissen zwischen reinem Benzin und E 85 (in Europa besonders in Schweden sowie in Nordamerika) und zwischen E 24 und E 100 in Brasilien. Aktuell wird in Brasilien die untere Grenze Richtung E 18 erweitert.

Eine weitere Besonderheit ist, dass der E 100-Kraftstoff laut brasilianischer Norm (Resolution ANP #19 – Technical Regulation, [1]) bis zu 7,5 % Wasser haben darf (EHC, Hydrated Ethanol Fuel), aber real im Feld 10...15 % Wasser enthält. Mit diesem erhöhten Wasseranteil ist auch eine erhöhte Leitfähigkeit und die stärkere Präsenz von Salzen verbunden. Dies ist der Grund dafür, dass es für die Anwendungsfälle E 85 und E 100 zwei separate Varianten einer Komponente gibt und auch spezifische Anpassungen in der elektronischen Motorsteuerung vorgenommen werden. Wichtig ist dabei, dass ein E 85-System nicht für E 100 tauglich ist.

Grundsätzlich werden Flexfuel-Systeme mit Saugrohr- und Direkteinspritzung realisiert. Bei der Direkteinspritzung kann insbesondere die hohe Klopffestigkeit des Ethanols vorteilhaft durch Ladungskühlung genutzt werden, was bezüglich des Volllastmengenbedarfs durch weniger Anfettung vorteilhaft ist.

Eigenschaften von Ethanol und daraus folgende Anforderungen

Die spezifischen und vom normalen Ottokraftstoff abweichenden Eigenschaften von Ethanol sind in Tabelle 2 dargestellt. Diese haben Auswirkungen auf das Systemverhalten und auf die Komponenten im System, die direkt oder indirekt mit Kraftstoff in Kontakt kommen.

Eine wesentliche Rolle spielt die geringere Energiedichte (größerer Mengenbedarf je Einheit Luft) und auch die durch die chemische Zusammensetzung bedingte abweichende Stöchiometrie des Ethanols (Sauerstoff ist bereits teilweise enthalten), was zu stark erhöhten Förder- und Einspritzmengen des Kraftstoffsystems führt. Kritisch für das Startverhalten bei sehr niedrigen Temperaturen ist die hohe Siedetemperatur von 78 °C und die hohe Verdampfungswärme im Vergleich zu den leichtsiedenden Fraktionen des Benzins. Für den Betrieb bei hohen Motortemperaturen und an der Klopfgrenze sind aber auch vorteilhafte Effekte durch die hohe Verdampfungswärme und die bessere Klopffestigkeit zu erwarten.

Diese genannten Eigenschaften des Ethanols und deren Auswirkungen machen es erforderlich, den Verbrennungsmotor selbst, aber auch das Motorsteuerungssystem und seine Komponenten entsprechend anzupassen. Wichtig ist zudem, dass die Ethanolkraftstoffe nicht als reine Kraftstoffe mit festem (und somit bekanntem) Ethanolgehalt im Kraftstoffbehälter vorliegen, sondern die Vermischung unterschiedlicher Ethanolkraftstoffe zu beliebigen Mischungsverhältnissen führt. Die beliebiegen Mischungen können zudem auch durch regional und saisonal abweichende Ethanolbeimischungen der Tankstellen, sowie in den USA durch „Blender Pumps“ in dem System zugeführt werden. Dadurch wird eine zuverlässige und genaue „On-Board-Erkennung“ des aktuellen Ethanolgehalts erforderlich.

Für die in einem System verbauten Komponenten ist die höhere Korrosivität des Ethanols zu berücksichtigen. Für die Erreichung von Verdunstungsgrenzwerten spielt die höhere Permeationsneigung der Ethanolmoleküle durch Leitungs- und Komponentenwerkstoffe eine wichtige Rolle.

Flexfuel-Konzepte für die Märkte

Die Fahrzeughersteller verfolgen für die Regionen verschiedene Motorkonzepte und Marketingstrategien. Bezüglich des Anpassungsgrads der Systeme gibt es daher unterschiedliche Ausprägungen, die sich nach der angestrebten Strategie richtet.

Märkte

USA-Markt
Auf dem US-Markt werden vorrangig nur die Anpassungen vorgenommen, die notwendig sind, um die Fahrzeuge als Flexfuel-Fahrzeuge anbieten zu können. Dabei geht es um die grundsätzliche Verträglichkeit für Flexfuel, ohne die vorteilhaften Ethanoleigenschaften gezielt auszunutzen. Im realen Fahrzeugbetrieb kommt es auch nur gelegentlich zum Einsatz mit höheren und variablen Ethanolgehalten.

Europa-Markt
Ein anderes Konzept wird dagegen in Europa verfolgt, bei dem sowohl die Wirkungsgradsteigerung des Motors als auch die gesteigerte Leistung im E85-Betrieb als Vorteil ausgenutzt und bei der Vermarktung des Fahrzeugs herausgestellt wird.

Brasilien-Markt
Nur in Brasilien ist bisher der letzte konsequente Schritt zu beobachten, dass die Motorenhersteller auch die Verdichtungsverhältnisse der Motoren anheben, da auf diesem Markt die angebotenen Kraftstoffe bereits generell mindestens 24 % Ethanol enthalten und damit eine höhere Oktanzahl (und damit eine höhere Klopffestigkeit) erreichen.

Systemanpassungen

Im Steuerungssystem des Motorsteuergeräts und dessen Funktionen sind umfangreiche Anpassungen erforderlich. Im Einzelnen sind folgende Funktionen der Motorsteuerung betroffen (Bild 2):
- Luftsystem: z.B. Füllungserfassung und Füllungssteuerung.
- Kraftstoffsystem: z.B. Mengenvorsteuerung und Einspritztiming, Gemischadaption.
- Abgassystem: z.B. Freigabe der Gemischregelung.
- Zündsystem: z.B. Zündzeitpunkte, Zündenergie.
- Momentenstruktur: z.B. abweichende Wirkungsgrade bezüglich λ und Zündung.
- Diagnosesystem und Überwachung; z.B. Kraftstoffqualitätserkennung, Diagnoseschwellen.

Bild 2: Softwarestruktur einer Motorsteuerung für Flexfuel-Betrieb.

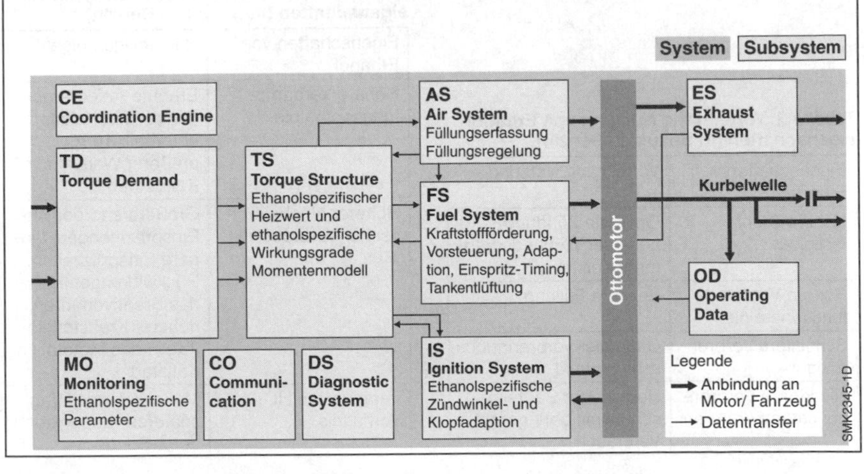

Bei der Systemanpassung müssen die in Bezug zu Benzin abweichenden Eigenschaften des Ethanols berücksichtigt werden, um ein verschlechtertes Systemverhalten zu vermeiden oder um in Teilbereichen ein verbessertes Verhalten zu erreichen. Die in Tabelle 3 aufgelisteten Eigenschaften können vorteilhaft genutzt werden, die in Tabelle 4 aufgelisteten Eigenschaften erfordern zwingend eine Anpassung.

Teilweise sind aber auch Neuentwicklungen von Funktionalitäten erforderlich. Beispielhaft seien hier genannt:

- Spezielle Kaltstartstrategien zur Erreichung von Abgasgrenzwerten bei tieferen Temperaturen (z.B. −7 °C) und zur generellen Sicherstellung des Motorstarts bei sehr tiefen Temperaturen (−30 °C).
- Erkennen eines stärkeren Kraftstoffeintrags in das Motoröl und Abfangen der erhöhten Ausgasung während des Warmlaufs.
- Erkennung wechselnder Ethanolgehalte im Kraftstoffbehälter und Diagnose der Ethanolerkennung (sensorbasiert oder sensorlos).

Tabelle 3: Vorteilhafte Nutzung von Ethanoleigenschaften (in Bezug zu Benzin).

Eigenschaften von Ethanol	Vorteilhafte Nutzung
Höhere Klopffestigkeit	Optimale Zündung, besserer Wirkungsgrad, mehr Leistung
Höhere Verdampfungsenthalpie	Bessere Füllung
Schnellere Verbrennung	Optimaler Verbrennungsschwerpunkt
Niedrigere Verbrennungstemperaturen	Reduzierter Bauteileschutz mit geringerem Verbrauch

Flexfuel-Komponenten

Flexfuel-Systeme sind nahezu gleich aufgebaut wie die Benzineinspritzsysteme, die Anforderungen an die Komponenten unterscheiden sich jedoch. Bezüglich der Komponententauglichkeit müssen sowohl die kraftstoffführenden Komponenten betrachtet werden als auch die, die potentiell mit Kraftstoffdämpfen oder Verbrennungsgasen des Ethanols in Kontakt kommen. Eine Übersicht über die in einem Flexfuel-System anzupassenden Komponenten gibt Tabelle 5.

Änderungen in den Komponenten sind bezüglich folgender Einflüsse vorzunehmen:

- Korrosion von metallischen Werkstoffen,
- Aufquellen oder Verspröden von Kunststoff- und Gummiteilen,
- Funktionsfähigkeit von Dichtungen,
- erhöhte Permeation von Kraftstoffmolekülen durch kraftstoffführende Bauteile.

Dies erfolgt im Einzelnen durch folgende Maßnahmen:

- Verwendung spezieller Legierungen (z.B. Edelstähle),
- Oberflächenbeschichtung metallischer Werkstoffe, speziell in mechanisch beanspruchten Kontaktpaarungen (vor allem auf Aluminium-Werkstoffen, z.B. Nikasil-Beschichtungen aus Nickel und

Tabelle 4: Nachteilige Folgen von Ethanoleigenschaften (in Bezug zu Benzin).

Eigenschaften von Ethanol	Nachteilige Folgen
Höhere Verdampfungsenthalpie	Erhöhte Anforderungen an den Kaltstart unterhalb 10 °C, größerer Wandfilm im Kaltbetrieb
Höherer stöchiometrischer Verbrauch	Größere erforderliche Einspritzmengen, längere Einspritzzeiten, Rückwirkungen auf das Brennverfahren, höherer Kraftstoffeintrag in das Motoröl im Kaltstart
Verändertes HC-Verhältnis	Mehr Wassereintrag, späteres Taupunktende der λ-Sonde

Tabelle 5: Übersicht ethanolspezifischer Komponenten.

Komponente	Anpassung
Kraftstofffördermodul	Kraftstoffpumpe für E 85 oder E 100, isolierte elektrische Verbindungen, Tankfüllstandsensor ethanolfest
Druckregler	Ethanolfeste Ausführung
Kraftstoffrail	Ethanolfeste Ausführung
Saugrohr-Einspritzventil	Erweiterter Zumessbereich
Hochdruck-Einspritzventil	Edelstahlausführung, angepasster Zumessbereich
Hochdruckpumpe	Edelstahlausführung, angepasster Zumessbereich

Siliciumcarbid für Aluminium-Motorblöcke),
- Verwendung angepasster Kunststoff- und Gummimischungen,
- Auswahl spezifischer Dichtungs- und Filtermaterialien,
- konstruktive Anpassungen,
- elektrische Isolation von elektrischen Kontakten im Kraftstoffbehälter (Elektrische Kraftstoffpumpe, Tankfüllstandsensor) bei E 100 wegen des Wassergehalts von bis zu 15 %.

Komponentenspezifisch sind auch erhöhte Anforderungen bezüglich größerer Durchflussmengen zu berücksichtigen. Dies ist besonders wichtig bei den Einspritzventilen, da die maximale Durchflussmenge für den erhöhten Bedarf im Ethanolbetrieb notwendig ist, aber nach wie vor die minimale Zumessmenge im Benzinbetrieb auftritt. Realisiert wird diese Anpassung durch die Auswahl einer größeren Durchflussmenge aus dem Variantenrahmen. Die unveränderte Minimalmenge wird durch verkürzte Ansteuerdauer umgesetzt.

Literatur

[1] http://www.itecref.com/pdf/Brazilian_ANP_Fuel_Ethanol.pdf.
[2] A. Böge, W. Böge: Handbuch Maschinenbau, 23. Aufl., Verlag Springer Vieweg, 2016.
[3] K.-H. Grote, B. Bender, D. Göhlich (Hrsg.): Dubbel: Taschenbuch für den Maschinenbau, 25. Aufl., Verlag Springer Vieweg, 2018.
[4] GVR Gas Vehicle Report, June 2012.

Elektronische Dieselregelung

Aufgabe der Motorsteuerung

Das Diesel-Verbrennungsverfahren erfordert prinzipbedingt eine Kraftstoffeinspritzung in den Brennraum. Moderne Dieselmotoren arbeiten mit direkter Einspritzung; die Zylinder haben eine gemeinsame Hochdruckpumpe und einen ständig unter hohem Druck (bis 3000 bar) stehenden, für alle Zylinder gemeinsamen Hochdruckspeicher (Common-Rail). Die Einspritzung wird durch das Öffnen der Einspritzventile eingeleitet, die elektronisch angesteuert werden. Eine elektronische Motorsteuerung ist für das Common-Rail-Einspritzverfahren eine zwingende Voraussetzung.

Darüber hinaus sind die gesetzlichen Anforderungen bezüglich Emissionen sowie die Kundenerwartungen an ein modernes Fahrzeug nur mit einer elektronischen Motorregelung zu erfüllen. Das Steuerungs- und Regelungssystem – sowohl für die früheren Einspritzsysteme als auch für das aktuelle Common-Rail-System – wird bei Bosch als elektronische Dieselregelung (Electronic Diesel Control, EDC) bezeichnet.

Bild 1: Komponenten für die elektronische Dieselregelung (Electronic Diesel Control, EDC) eines Common-Rail-Systems.

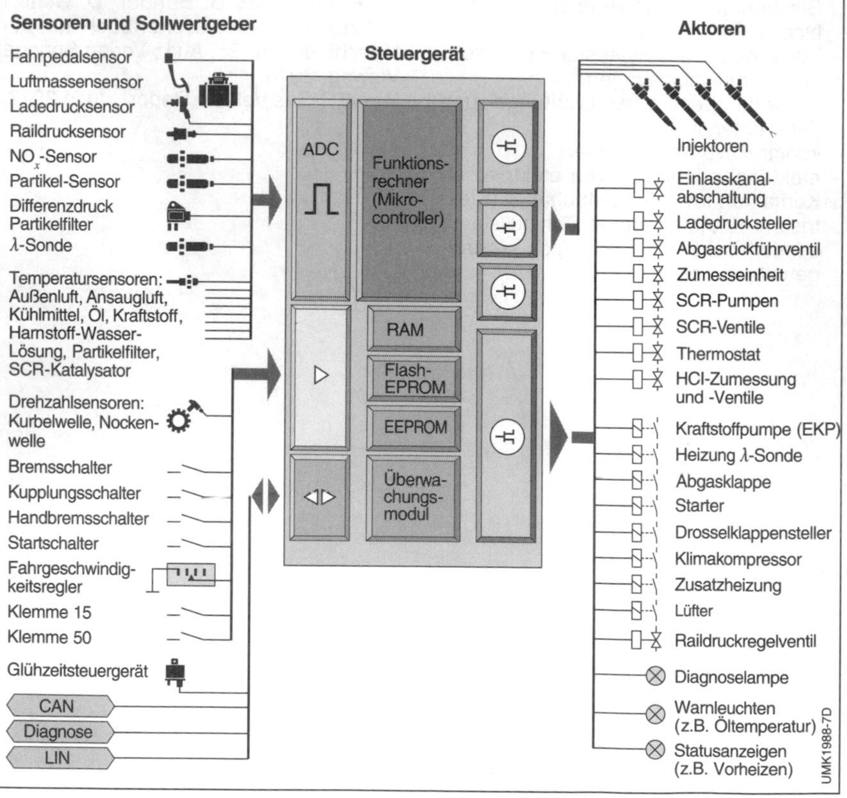

Anforderungen

Primäre und naheliegende Aufgabe der Motorsteuerung ist es, die gewünschte Leistung (d.h. Drehmoment mal Drehzahl) an der Abtriebswelle des Dieselmotors bereitzustellen. Weitere Anforderungen bestehen darin, einen bestmöglichen Motorbetrieb bezüglich Kraftstoffverbrauch (damit einhergehend CO_2-Emissionen), Abgasemissionen, Leistungsentfaltung und Fahrkomfort zu ermöglichen, sowie den Zustand des Steuergeräts, der Sensoren und Aktoren zu diagnostizieren. Ferner muss die Motorsteuerung den Motor und den Antriebsstrang vor unzulässigen Betriebszuständen und Überlast schützen.

Um dies zu erreichen, müssen viele Betriebsparameter mit Sensoren erfasst und mit Algorithmen – das sind nach einem festgelegten Schema ablaufende Rechenvorgänge – verarbeitet werden. Das Ergebnis sind Signalverläufe zur Ansteuerung der Aktoren. Unter der elektronischen Dieselregelung (EDC) versteht man dabei das Ensemble aus Sensoren, Motorsteuerung mittels Motorsteuergerät und Aktoren (Bild 1). Gelegentlich wird auch das Motorsteuergerät an sich als EDC bezeichnet.

Anforderungen an Funktionsgruppen
Aus den Anforderungen an den Motor lassen sich die Anforderungen für die einzelnen Motor-Funktionsgruppen ableiten.

Erfassung des Fahrerwunsches
- Fahrpedalsensoren (die Fahrpedalstellung wird aus Sicherheitsgründen mit redundanten Sensoren erfasst).

Anforderungen an das Einspritzsystem
- Hohe Einspritzdrücke zur Zerstäubung des Kraftstoffs und Reduktion der Partikelrohemissionen,
- Einspritzverlaufsformung (Mehrfacheinspritzung, Voreinspritzung und Nacheinspritzung) zur Verbesserung der Verbrennung, der Emissionen und des Geräuschs,
- an jeden Betriebszustand angepasste Einspritzmenge und Spritzbeginn,
- geringe Toleranzen der Einspritzzeit und -menge und hohe Genauigkeit während der gesamten Lebensdauer.

Anforderungen an das Luftsystem
- Ein- oder mehrstufige Aufladung mit Ladeluftkühlung,
- geregelte Abgasrückführung mit Kühlung zur Reduktion der NO_x-Emissionen,
- gegebenenfalls zusätzliche Niederdruck-Abgasrückführung (AGR) zur Verbesserung der Zylinderfüllung im Vergleich zu einer reinen Hochdruck-AGR.

Anforderungen an das Abgassystem
- Abgasnachbehandlung mit Oxidationskatalysator, Partikelfilter, NO_x-Speicherkatalysator und selektiver katalytischer Reduktion (SCR) oder beidem,
- Regeneration der Katalysatoren,
- schnelle Aufheizung der Katalysatoren nach dem Motorstart.

Anforderungen bezüglich CO_2-Emissionen
- Betrieb des Motors in Kennfeldoptimum,
- Start-Stopp-Funktionen,
- Thermomanagement,
- verbrauchsoptimierte Nebenaggregate, z.B. drehzahlgeregelte Wasserpumpe oder elektrische Lüfter,
- geregelter Generatorbetrieb (zur Rekuperation im Schub).

Sonstige Anforderungen
- Schneller Motorstart, unabhängig von den Umgebungsbedingungen,
- Leerlaufdrehzahlregelung auf lastunabhängigen Sollwert,
- Komfortfunktionen wie Fahrgeschwindigkeitsregelung, Geschwindigkeitsbegrenzung,
- umfassende Diagnose in Echtzeit.

Arbeitsweise und Architektur

Moderne Fahrzeuge besitzen eine Vielzahl (bis zu 100) Steuergeräte, die über Kommunikationsbusse (im Regelfall CAN-Busse) miteinander verbunden sind. Die Motorsteuerung ist in die Architektur des Fahrzeug-Gesamtsystems integriert, sodass auch Daten aus anderen elektronischen Systemen wie z.B. Antiblockiersystem (ABS), Getriebesteuerung oder Fahrdynamikregelung in der Steuerung und Regelung des Dieselmotors berücksichtigt werden. Dies können Eingriffe auf Drehmomentebene (z.B. Motormomentreduzierung beim Schalten des Automatikgetriebes, Anpassen des Motormoments an den Schlupf der Räder) oder auch Statusinformationen sein (z.B. Freigabe der Einspritzung durch die Wegfahrsperre).

Abhängig von der Strategie und Philosophie des Fahrzeugherstellers können auch mehrere Aufgaben in einem Steuergerät zusammengefasst werden. Die am Motorsteuergerät angeschlossene Anzahl an Sensoren und Aktoren ist von der Architektur elektronischer Systeme (siehe Architektur elektronischer Systeme) abhängig. Die Anzahl der Funktionen können in weiten Grenzen, d.h. zwischen den Extremen „Einspritzsteuergerät" auf der einen Seite und „Motorsteuerung mit integrierter Fahrzeugführung und Abgasnachbehandlung" auf der anderen Seite, liegen. Bild 2 zeigt Beispiele für ausgeführte Systeme.

Alle Einflussgrößen haben Auswirkung auf die einzuspritzende Kraftstoffmenge und den Einspritzzeitpunkt. Sie fließen daher in vorgegebene Algorithmen ein, mit deren Hilfe im Steuergerät die entsprechenden Stellgrößen berechnet und daraus die Ansteuersignale für die Aktoren erzeugt werden. Dabei dürfen im Fahrzeugbetrieb keine Zustände eintreten, die zu einem vom Fahrer ungewollten Betriebszustand des Fahrzeugs führen. Dies wird durch ein umfangreiches Überwachungskonzept sichergestellt, das auftretende Abweichungen in Echtzeit erkennen und im Hinblick auf mögliche Auswirkungen entsprechende Maßnahmen einleiten muss (z.B. Drehmomentbegrenzung oder Notlauf im Leerlaufdrehzahlbereich). Hierzu enthält das Steuergerät neben dem Hauptrechner zusätzlich ein Überwachungsmodul (siehe Steuergerät).

Systemblöcke

Das Gesamtsystem der elektronischen Dieselregelung (EDC) – bestehend aus Sensoren und Sollwertgeber, dem Steuergerät sowie den zugehörigen Stellgliedern (Bild 1) – wird in verschiedene Blöcke unterteilt, die jeweils eine funktionale oder bauliche Einheit bilden. Diese Blöcke werden Systemblöcke genannt.

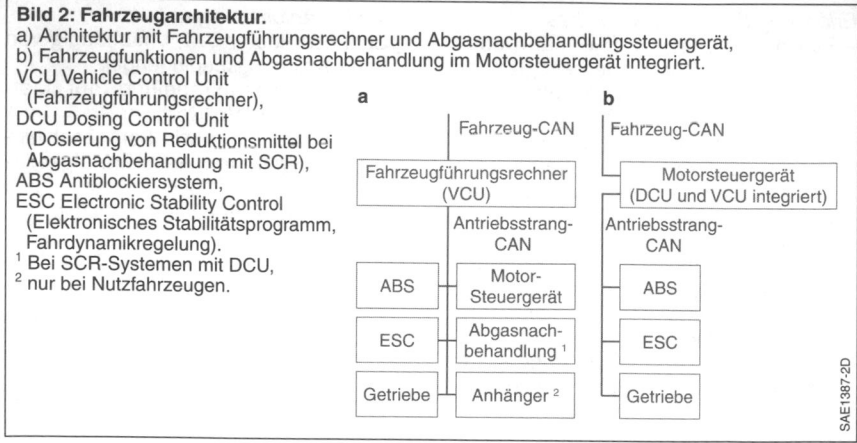

Bild 2: Fahrzeugarchitektur.
a) Architektur mit Fahrzeugführungsrechner und Abgasnachbehandlungssteuergerät,
b) Fahrzeugfunktionen und Abgasnachbehandlung im Motorsteuergerät integriert.
VCU Vehicle Control Unit (Fahrzeugführungsrechner),
DCU Dosing Control Unit (Dosierung von Reduktionsmittel bei Abgasnachbehandlung mit SCR),
ABS Antiblockiersystem,
ESC Electronic Stability Control (Elektronisches Stabilitätsprogramm, Fahrdynamikregelung).
[1] Bei SCR-Systemen mit DCU,
[2] nur bei Nutzfahrzeugen.

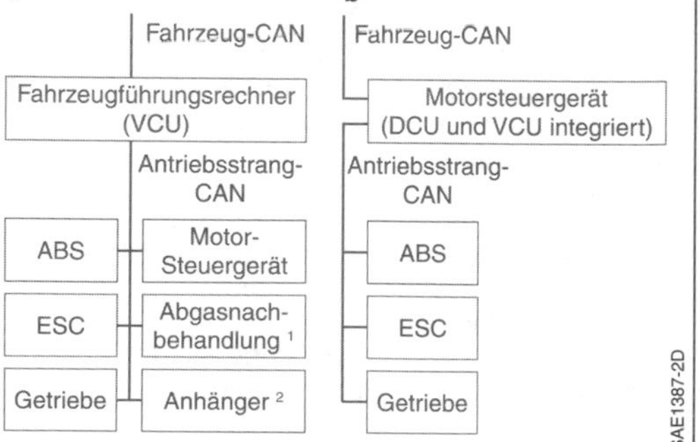

Sensoren
Das elektronische Motorsteuergerät erfasst über Sensoren die für die Steuerung und Regelung des Motors erforderlichen Betriebsdaten, die in elektrische Signale umgewandelt werden, sodass sie im Systemblock „Steuergerät" verarbeitet werden können. Sensoren erfassen physikalische und chemische Größen und geben damit Aufschluss über den aktuellen Betriebszustand des Motors. Beispiele für solche Sensoren sind:

Fahrerwunscherfassung:
- Fahrpedalstellung,
- Bremsschalter.

Fahrzeugzustandserfassung:
- Fahrgeschwindigkeit,
- Kupplungsschalter,
- Bremsdruck.

Umgebungsbedingungen:
- Lufttemperatur,
- Luftfeuchtigkeit,
- Atmosphärendruck.

Motorzustandserkennung:
- Drehzahlsensor zum Erkennen der Kurbelwellenstellung und die Berechnung der Motordrehzahl,
- Phasensensor zum Erkennen der Nockenwellenposition,
- Ansauglufttemperatur,
- Luftmasse,
- Ladedruck,
- Ladelufttemperatur,
- Kühlwassertemperatur,
- Luftzahl (über λ-Sonde).

Zustand Abgasnachbehandlung (bei integrierten Systemen):
- Temperatur, Druck und Tankfüllstand der Harnstoff-Wasser-Lösung,
- Katalysator-Temperaturen,
- Partikelfilter-Differenzdruck.

Steuergerät
Im Steuergerät werden die Signale der Sensoren und Sollwertgeber nach vorgegebenen mathematischen Rechenvorschriften (Steuer- und Regelalgorithmen) verarbeitet. Über die im Steuergerät hinterlegten Algorithmen und Parameter werden Vorgabegrößen (z.B. Kraftstoffmenge) berechnet und dazu die elektrischen Ausgangssignale für die jeweiligen Stellglieder (z.B. Magnetventil im Injektor) erzeugt. Weiterhin dient das Steuergerät als Schnittstelle zu anderen elektronischen Systemen (z.B. Antiblockiersystem ABS und Diagnose).

Stellglieder (Aktoren)
Der dritte Systemblock umfasst die Stellglieder, die die elektrischen Ausgangssignale des Steuergeräts in mechanische Größen umsetzen. Beispiele für Aktoren sind:

Fahrerinformation:
- Warnlampen (z.B. Motorkontrollleuchte),
- Statusanzeigen.

Die diskreten Leuchten und Anzeigen werden mehr und mehr durch elektronische Anzeigen ersetzt, die ihre Informationen über einen Datenbus erhalten.

Diesel-Einspritzung:
- Einspritzventile (Injektoren),
- Zumesseinheit,
- Druckregelventil.

Luftsystem:
- AGR-Ventil (Abgasrückführung),
- AGR-Kühlerbypass,
- Ladedrucksteller für VTG (variable Turbinengeometrie),
- Heizung λ-Sonde,
- Abgasklappe.

Abgasnachbehandlung:
- SCR-Heizer für Tank und Leitungen,
- SCR-Pumpen,
- SCR-Ventile,
- HCI-Zumessung und -Ventile (Hydro Carbon Injection, Dieseleinspritzung in den Abgastrakt).

Motorkühlung und Motorschutz:
- Lüfter,
- Wasserpumpe,
- Ölpumpe,
- Thermostat.

Sonstiges:
- Starter,
- Motorbremse.

Datenverarbeitung

Arbeitsweise

Die wesentliche Aufgabe der elektronischen Dieselregelung (EDC) ist die Steuerung der Einspritzmenge, des Einspritzzeitpunkts und des Einspritzdrucks. Außerdem steuert das Motorsteuergerät bei allen Systemen verschiedene Stellglieder an. Die Funktionen der elektronischen Dieselregelung müssen auf jedes Fahrzeug und jeden Motor genau angepasst sein (durch Applikation und Kalibrierung). Nur so können alle Komponenten optimal zusammenwirken.

Das Steuergerät wertet die Signale der Sensoren aus und begrenzt sie auf zulässige Spannungspegel. Einige Eingangssignale werden außerdem plausibilisiert. Der Mikrocontroller im Steuergerät berechnet aus diesen Eingangssignalen und aus gespeicherten Kennfeldern die Lage und die Dauer der Einspritzung und setzt diese in zeitliche Signalverläufe um, die an aktuelle Kurbelwellen- und Nockenwellenstellung angepasst sind. Das Berechnungsprogramm ist Teil der Steuergeräte-Software, die außerdem noch weitere Funktionen umfasst. Wegen der geforderten Genauigkeit und der hohen Dynamik des Dieselmotors ist eine hohe Rechenleistung notwendig.

Mit den Ausgangssignalen werden Endstufen angesteuert, die genügend Leistung für die Stellglieder liefern (z.B. Hochdruck-Magnetventile für die Einspritzung, Abgasrückführsteller und Ladedrucksteller). Außerdem werden noch weitere Komponenten mit Hilfsfunktionen angesteuert (z.B. Glührelais und Klimakompressor). Diagnosefunktionen der Endstufen für die Magnetventile erkennen fehlerhafte Signalverläufe.

Zusätzlich findet über die Schnittstellen ein Signalaustausch mit anderen Fahrzeugsystemen statt. Im Rahmen eines Sicherheitskonzepts überwacht das Motorsteuergerät das gesamte Einspritzsystem.

Drehmomentstruktur in der EDC

Historisch wurde im Motorsteuergerät mit Mengen gerechnet, diese Betrachtungsweise ist mittlerweile überholt. Alle modernen Dieselregelungen arbeiten momentengeführt, da das Drehmoment die dominierende physikalische Größe innerhalb des Antriebsstrangs ist. Alle Leistungsanforderungen an den Motor werden koordiniert und in einen Drehmomentwunsch umgerechnet. Im Drehmomentkoordinator werden diese Anforderungen von internen und externen Verbrauchern sowie weitere Vorgaben bezüglich des Motorwirkungsgrads priorisiert. Der Fahrer fordert beim Beschleunigen über das Fahrpedal (mit einem Fahrpedalsensor) direkt ein einzustellendes Drehmoment an (Bild 3). Unabhängig davon fordern andere externe Fahrzeugsysteme über die Schnittstellen ein Drehmoment an, das sich aus dem Leistungsbedarf der Komponenten ergibt (z.B. Klimaanlage, Generator). Die Motorsteuerung errechnet daraus das resultierende Motormoment und steuert die Stellglieder des Einspritz- und Luftsystems entsprechend an. Daraus ergeben sich folgende Vorteile:

- Kein System hat direkten Einfluss auf die Einzelfunktionen der Motorsteuerung (Ladedruck, Einspritzung, Vorglühen). Die Motorsteuerung kann so zu den äußeren Anforderungen auch noch übergeordnete Optimierungskriterien berücksichtigen (z.B. Abgasemissionen, Kraftstoffverbrauch) und den Motor dann bestmöglich ansteuern.
- Viele Funktionen, die nicht unmittelbar die Steuerung des Motors betreffen, können für Diesel- und Ottomotorsteuerungen einheitlich ablaufen. Das ermöglicht den Austausch von Software.
- Erweiterungen des Systems können schnell umgesetzt werden.

Maßgeblicher Sensor zum Ermitteln des Fahrerwunsches ist das Fahrpedal (Fahrpedalstellung in %). Über das Fahrverhaltenskennfeld wird die Fahrpedalstellung in das Fahrerwunschmoment (in Nm) abgebildet. Im anschließenden „Momentenpfad“ werden zusätzlich zum Fahrerwunschmoment die Einflüsse von Leerlaufregler, Drehzahlregler, externen Eingriffen (z.B. Momentenreduzierungen oder Momentenerhöhungen der Schlupfregelung), Limitierungen usw. berechnet. Die Berechnungen erfolgen je nach Typ auf Kupplungs-, Getriebe-, oder Motormomentenebene. Endgültiges Ergebnis ist das Wunschmoment an der Motorwelle. Durch Addition des temperatur- und drehzahlabhängigen Motorreibmoments ergibt sich schlussendlich das geforderte innere Motormoment.

Bild 3: Physikalisch orientierte Drehmomentstruktur: Hauptpfad mit Momenten- und Mengenbildung.
1 Druckregelventil, 2 Raildrucksensor, 3 Zumesseinheit, 4 Hochdruckpumpe,
5 Kurbelwellen-Drehzahlsensor, 6 Ladedrucksensor, 7 Abgasrückführventil, 8 VTG-Turbolader,
9 Regelklappe, 10 Luftmassenmesser.
n Drehzahl, Q_S Startmenge, t_i Ansteuerdauer, T Kraftstofftemperatur,
M Moment, Q Einspritzmenge, φ_i Kurbelwellenwinkel,
AD Ansteuerdauer, AGR Abgasrückführung, KST Kraftstofftemperatur, LDR Ladedruck,
SB Spritzbeginn, RD Raildruck.

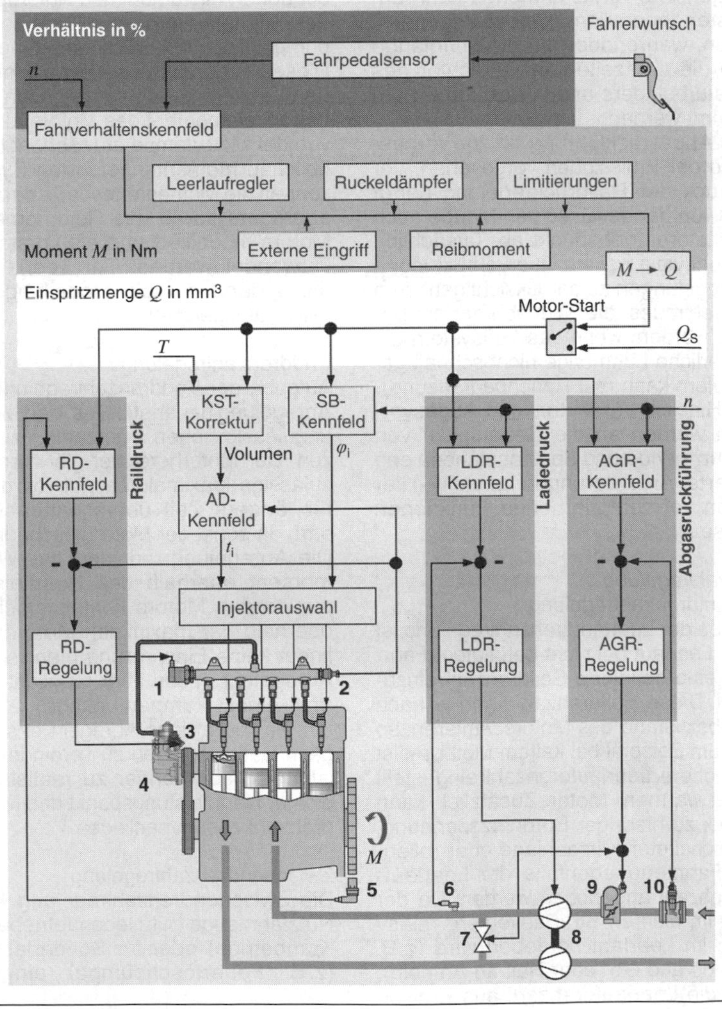

Beispiele für wichtige Funktionen in der EDC

Regelung der Einspritzung (Zumessung) und der Luftmasse

Aus dem notwendigen inneren Moment wird die erforderliche Einspritzmenge berechnet. Aus dieser Einspritzmenge berechnet sich die erforderliche Luftmenge, die durch das Luftsystem, insbesondere durch die Aufladung, bereitgestellt werden muss. Dabei sind unter anderem unterschiedliche physikalische Laufzeiten im Luft- und Kraftstoffsystem zu berücksichtigen. Die Kraftstoffmenge kann am nächsten feuernden Zylinder angepasst werden, währenddessen die Luftmenge durch die Laufzeiten im Verdichter des Abgasturboladers und in der Verrohrung bestimmt werden.

Die Abgasrückführung ist zur Verbesserung der Emissionen vorgesehen, der Solldruck der Raildruckregelung hängt außer von der gewünschten Menge auch vom Motorbetriebspunkt ab. Tatsächlich sind sehr viele weitere Querverbindungen und Regelungen zu berücksichtigen, zum Beispiel muss die Wunschmenge begrenzt werden, wenn das Luftsystem die erforderliche Luftmenge nicht schnell genug liefern kann (zur Rauchbegrenzung).

Im Hinblick auf Motor- und Abgasverhalten werden an die Genauigkeit von Einspritzmenge und Spritzabständen eng tolerierte Anforderungen gestellt. Hier werden vermehrt lernende Funktionen eingesetzt.

Drehzahlregelung

Leerlaufdrehzahlregelung

Aufgabe der Leerlaufdrehzahlregelung ist es, im Leerlauf bei nicht betätigtem Fahrpedal eine definierte Solldrehzahl einzuregeln. Diese Solldrehzahl kann je nach Betriebszustand des Motors variieren; so wird zum Beispiel bei kaltem Motor meist eine höhere Leerlaufdrehzahl eingestellt als bei warmem Motor. Zusätzlich kann z.B. bei zu niedriger Bordnetzspannung, eingeschalteter Klimaanlage oder rollendem Fahrzeug ebenfalls die Leerlauf-Solldrehzahl angehoben werden. Da der Motor im dichten Straßenverkehr relativ häufig im Leerlauf betrieben wird (z.B. bei „Stop and Go“ oder Halt an Ampeln), sollte die Leerlaufdrehzahl aus Emissions- und Verbrauchsgründen möglichst niedrig sein. Dies bringt jedoch Nachteile für die Laufruhe des Motors und für das Anfahrverhalten mit sich. Die Leerlaufdrehzahlregelung muss bei der Einregelung der vorgegebenen Solldrehzahl mit sehr stark schwankenden Anforderungen zurechtkommen.

Der Leistungsbedarf der vom Motor angetriebenen Nebenaggregate ist in weiten Grenzen variabel. Der Generator beispielsweise nimmt bei niedriger Bordnetzspannung viel mehr Leistung auf als bei hoher; hinzu kommen Anforderungen des Klimakompressors, der Lenkhilfepumpe, der Hochdruckerzeugung für die Dieseleinspritzung usw. Zu diesen externen Lastmomenten kommt noch das interne Reibmoment des Motors, das stark von der Motortemperatur abhängt. In den üblichen momentengeführten Systemen können die Momentenbedarfe der Nebenaggregate sowie das Reibmoment des Motors modelliert und als Vorsteuerung verwendet werden. Der Leerlaufregler muss dann nur die Modellungenauigkeiten ausgleichen.

Enddrehzahlregelung

Aufgabe der Enddrehzahlregelung (auch Abregelung genannt) ist es, den Motor vor unzulässig hohen Drehzahlen zu schützen. Der Motorhersteller gibt hierzu eine zulässige Maximaldrehzahl vor, die nicht für längere Zeit überschritten werden darf, da sonst der Motor geschädigt wird. Die Abregelung reduziert das Wunschmoment oberhalb des Nennleistungspunkts des Motors kontinuierlich. Kurz oberhalb der maximalen Motordrehzahl findet keine Einspritzung mehr statt. Die Abregelung muss aber möglichst weich (mit einer Rampenfunktion) erfolgen, um ein ruckartiges Abregeln des Motors beim Beschleunigen zu verhindern. Dies ist umso schwieriger zu realisieren, je dichter Nennleistungspunkt und Maximaldrehzahl zusammenliegen.

Zwischendrehzahlregelung

Die Zwischendrehzahlregelung wird für Nutzfahrzeuge mit Nebenabtrieben (z.B. Kranbetrieb) oder für Sonderfahrzeuge (z.B. Feuerlöschpumpe) eingesetzt.

Ist sie aktiviert, wird der Motor auf eine Zwischendrehzahl geregelt.

Die Vorgabe der Drehzahl kann dabei über das Bedienteil der Fahrgeschwindigkeitsregelung oder über eine Kommunikationsschnittstelle erfolgen.

Fahrgeschwindigkeitsregelung und -begrenzung

Der Fahrgeschwindigkeitsregler ermöglicht das Fahren mit konstanter Geschwindigkeit. Er regelt die Geschwindigkeit des Fahrzeugs auf einen gewünschten Wert ein, ohne dass der Fahrer das Fahrpedal betätigen muss. Dieser Wert kann über einen Bedienhebel oder über Lenkradtasten eingestellt werden. Das Wunschmoment wird so lange erhöht oder verringert, bis die gemessene Ist-Geschwindigkeit gleich der eingestellten Soll-Geschwindigkeit ist.

Die Fahrgeschwindigkeitsbegrenzung begrenzt die maximale Geschwindigkeit auf einen einstellbaren oder gesetzlich vorgegebenen Wert, auch wenn das Fahrpedal weiter betätigt wird. Dies ist eine Hilfe für den Fahrer, der damit Geschwindigkeitsbegrenzungen nicht unabsichtlich überschreiten kann. Die Fahrgeschwindigkeitsbegrenzung begrenzt zu diesem Zweck das Fahrerwunschmoment entsprechend der maximalen Soll-Geschwindigkeit.

Aktive Ruckeldämpfung

Bei plötzlichen Lastwechseln regt die Drehmomentänderung des Motors den Fahrzeugantriebsstrang zu Ruckelschwingungen an. Fahrzeuginsassen nehmen diese Ruckelschwingungen als unangenehme periodische Beschleunigungsänderungen wahr. Der aktive Ruckeldämpfer verringert diese Beschleunigungsänderungen. Dies geschieht durch zwei getrennte Maßnahmen:

- Filterung des vom Fahrer gewünschten Drehmoments,
- Dämpfung über eine aktive Regelung.

Laufruheregelung, Mengenausgleichsregelung

Nicht alle Zylinder eines Motors erzeugen bei einer gleichen Einspritzdauer das gleiche Drehmoment. Dies kann an Unterschieden in der Zylinderverdichtung, Unterschieden in der Zylinderreibung oder Unterschieden in den hydraulischen Einspritzkomponenten liegen. Folge dieser Drehmomentunterschiede ist ein unrunder Motorlauf und eine Erhöhung der Motoremissionen. Die Laufruheregelung beziehungsweise die Mengenausgleichsregelung haben die Aufgabe, solche Unterschiede anhand der daraus resultierenden Drehzahlschwankungen zu erkennen und über eine gezielte Anpassung der Einspritzmenge des betreffenden Zylinders auszugleichen.

Höhenkorrektur

Mit steigender Höhe nimmt der Atmosphärendruck ab. Somit wird auch die Zylinderfüllung mit Verbrennungsluft geringer. Deshalb muss die Einspritzmenge reduziert werden. Würde die gleiche Menge wie bei hohem Atmosphärendruck eingespritzt, käme es wegen Luftmangel zu starkem Rauchausstoß. Der Atmosphärendruck wird vom Umgebungsdrucksensor im Steuergerät erfasst. Damit kann die Einspritzmenge in großen Höhen reduziert werden. Der Atmosphärendruck hat auch Einfluss auf die Ladedruckregelung und die Drehmomentbegrenzung.

Abstellen

Das Arbeitsprinzip Selbstzündung hat zur Folge, dass der Dieselmotor nur durch Unterbrechen der Kraftstoffzufuhr zum Stillstand gebracht werden kann. Bei der elektronischen Dieselregelung wird der Motor über die Vorgabe des Steuergeräts „Einspritzmenge null" abgestellt (z.B. keine Ansteuerung der Magnetventile, Schließen der Zumesseinheit). Durch Schließen eventuell vorhandener Drosselklappen oder Abgasklappen kann ein sanftes Abstellen erreicht werden (Vermeidung des „Schlagens" beim Abstellen).

λ-Regelung

Die Breitband-λ-Sonde im Abgasrohr misst den Restsauerstoffgehalt im Abgas. Daraus kann auf das Luft-Kraftstoff-Verhältnis (Luftzahl λ) geschlossen werden. Beim Dieselmotor (der stets mit Luftüberschuss, d.h. $\lambda > 1$) betrieben wird, dient das Signal der λ-Sonde

- zur Verbesserung der Genauigkeit der Abgasrückführung,
- zur Volllast-Rauchbegrenzung,
- zum Erkennen unerwünschter Verbrennung.

Ladedruckregelung
Die Ladedruckregelung des Abgasturboladers verbessert die Drehmomentcharakteristik im Volllastbetrieb und den Ladungswechsel im Teillastbetrieb. Der Sollwert für den Ladedruck hängt von der Drehzahl, der Einspritzmenge, der Kühlmittel- und der Lufttemperatur sowie dem Umgebungsluftdruck ab. Er wird mit dem Istwert des Ladedrucksensors verglichen. Bei einer Regelabweichung werden über das Steuergerät das Bypassventil oder die Leitschaufeln des Turboladers mit variabler Turbinengeometrie betätigt.

Lüfteransteuerung
Oberhalb einer bestimmten Motortemperatur steuert das Motorsteuergerät das Lüfterrad des Motors an. Auch nach Motorstillstand wird es noch für eine bestimmte Zeit weiter betrieben. Diese Nachlaufzeit hängt von der aktuellen Kühlmitteltemperatur und dem Lastzustand des letzten Fahrzyklus ab.

Abgasrückführung
Zur Reduzierung der NO_x-Emission wird Abgas in den Ansaugtrakt des Motors geleitet. Dies geschieht über einen Kanal, dessen Querschnitt durch ein Abgasrückführventil verändert werden kann. Die Ansteuerung des Abgasrückführventils erfolgt z.B. über einen elektrischen Steller. Aufgrund der hohen Temperatur und des Schmutzanteils im Abgas kann der rückgeführte Abgasstrom schlecht gemessen werden. Deshalb erfolgt die Regelung indirekt über einen Luftmassenmesser im Frischluftmassenstrom. Sein Messwert wird im Steuergerät mit dem theoretischen Luftbedarf des Motors verglichen. Dieser wird aus verschiedenen Kenndaten ermittelt (z.B. Motordrehzahl). Je niedriger die tatsächliche gemessene Frischluftmasse im Vergleich zum theoretischen Luftbedarf ist, umso höher ist der rückgeführte Abgasanteil.

Ersatzfunktionen
Sofern einzelne Eingangssignale ausfallen, fehlen dem Steuergerät wichtige Informationen für die Berechnungen. In diesem Fall erfolgt die Ansteuerung mithilfe von Ersatzfunktionen.

Beispiel 1
Die Kraftstofftemperatur wird zur Berechnung der Einspritzmenge benötigt. Fällt der Kraftstofftemperatursensor aus, rechnet das Steuergerät mit einem Ersatzwert, der beispielsweise mittels eines Modells aus der Motortemperatur, der Umgebungstemperatur und dem Tankinhalt errechnet werden kann. Dieser muss so gewählt sein, dass es nicht zu starker Rußbildung kommt. Dadurch kann bei defektem Kraftstofftemperatursensor die Leistung in einigen Betriebsbereichen abfallen.

Beispiel 2
Bei Ausfall des Nockenwellen-Positionssensors zieht das Steuergerät das Signal des Kurbelwellen-Drehzahlsensors als Ersatzsignal heran. Je nach Fahrzeughersteller gibt es unterschiedliche Konzepte, mit denen über den Verlauf des Kurbelwellensignals ermittelt wird, wann Zylinder 1 im Verdichtungstakt ist. Als Folge dieser Ersatzfunktionen dauert der Neustart jedoch etwas länger.

Die verschiedenen Ersatzfunktionen können je nach Fahrzeughersteller unterschiedlich sein. Alle Störungen werden über die Diagnosefunktion abgespeichert und können in der Werkstatt ausgelesen werden.

Datenaustausch mit anderen Systemen
Über Bussysteme, wie z.B. den CAN-Bus (Controller Area Network), kann die Motorsteuerung mit den Steuergeräten anderer Fahrzeugsysteme kommunizieren und die Informationen als Eingangssignale für Steuer- und Regelalgorithmen nutzen. Die Fahrgeschwindigkeit zum Beispiel wird nur im ESC-Steuergerät (Electronic Stability Control) berechnet und über den Bus anderen Systemen mitgeteilt.

Applikation

Aufgabe und Bedeutung der Applikation

Unter Applikation wird oft auch die Integration einer Komponente oder eines Subsystems in ein übergeordnetes System verstanden. Dabei wird üblicherweise der Oberbegriff Applikation auch für die Anpassung von Hardwarekomponenten verwendet, während der Begriff Kalibrierung nur für die Bedatung der im Steuergerät abgelegten Funktionalitäten verwendet wird.

Der Applikations- bzw. Kalibrierprozess der elektronischen Dieselregelung umfasst die Abstimmung von verschiedenen Subsystemen (z. B. Einspritzsystem und Abgasnachbehandlungssystem) auf das Gesamtsystem (hier: Antriebsstrang oder Powertrain), mit dem Ziel, gleichzeitig die verschiedenen für das Fahrzeug geltenden Anforderungen an Fahrsicherheit, Emissionsminimierung (im Testzyklus und unter realen Fahrbedingungen), Dauerhaltbarkeit, Motor- und Bauteilschutz sowie das OBD-System (On-Board-Diagnose) und die vom Hersteller festgelegten Motor- und Fahrzeugcharakteristika (z. B. Drehmoment, maximale Leistung, Geräusch, Laufruhe, Ansprechverhalten und Fahrverhalten) darzustellen. Um diese zum Teil gegenläufigen Ziele zu optimieren, werden eine Vielzahl von Kennwerten, Kennfeldern und Kennlinien kalibriert beziehungsweise appliziert.

Das Endresultat ist ein Datensatz, der nach umfangreicher Prüfung für den Serieneinsatz in einem Festwertspeicher (z. B. Flash-EPROM) schreibgeschützt abgelegt wird. In modernen Motorsteuerungen werden hierbei mehrere 10 000 Kalibrierdaten bearbeitet. Die Bearbeitung findet mit dedizierten Tools im Labor, auf Motor- und Fahrzeugprüfstanden, auf Teststrecken unter realen Fahrbedingungen und während der Winter-, Sommer- und Höhenerprobung auch unter Extrembedingungen statt.

Literatur

[1] K. Reif (Hrsg.): Dieselmotor-Management. 6. Auflage, Verlag Springer Vieweg, 2019.

Niederdruck-Kraftstoffversorgung

Die Kraftstoffversorgung hat die Aufgabe, den benötigten Kraftstoff zu speichern und zu filtern sowie der Einspritzanlage bei allen Betriebsbedingungen Kraftstoff mit einem bestimmten Versorgungsdruck zur Verfügung zu stellen. Bei einigen Anwendungen wird der Kraftstoffrücklauf gekühlt. Die Kraftstoffversorgung umfasst folgende wesentlichen Komponenten (Bilder 1 bis 3): den Kraftstoffbehälter, den Vorfilter (nicht bei Unit-Injector-System für Pkw), die Vorförderpumpe (optional, bei Pkw auch Intank-Pumpe), den Kraftstofffilter, die Kraftstoffpumpe (Niederdruck), das Druckregelventil (Überströmventil), den Kraftstoffkühler (optional) und Niederdruck-Kraftstoffleitungen.

Einzelne Komponenten können zu Baugruppen zusammengefasst sein (z.B. Kraftstoffpumpe mit Druckbegrenzungsventil). Bei den Axial- und Radialkolben-Verteilereinspritzpumpen sowie teilweise beim Common-Rail-System ist die Kraftstoffpumpe in die Hochdruckpumpe integriert.

Grundsätzlich ist die Kraftstoffversorgung stark unterschiedlich je nach verwendetem Einspritzsystem, wie die folgenden Bilder für Common-Rail (Bild 1), Unit-Injector (Bild 2) und Radialkolben-Verteilereinspritzpumpe (Bild 3) zeigen.

Kraftstoffförderung

Die Aufgabe der Kraftstoffpumpe im Niederdruckteil ist es, die Hochdruckkomponenten mit genügend Kraftstoff in jedem Betriebszustand, mit geringem Geräuschniveau, mit dem erforderlichen Druck und über die gesamte Lebensdauer des Fahrzeugs zu versorgen. Je nach Einsatzgebiet werden unterschiedliche Bauarten verwendet.

Elektrokraftstoffpumpe

Die Elektrokraftstoffpumpe (Bild 4) ist bezüglich Aufbau vergleichbar mit den Ausführungen der bei Ottomotoren verwendeten Pumpen (siehe Elektrokraftstoffpumpe). Unterschiedliche Merkmale sind jedoch:

- Dieselanwendungen verwenden meist Rollenzellenpumpen (siehe Rollenzellenpumpe),
- Der Elektromotor der Pumpe ist mit Kohlekommutierung statt Kupferkommutierung ausgeführt.

Bild 1: Kraftstoffsystem einer Einspritzanlage mit Common-Rail für Pkw.
1 Kraftstoffbehälter,
2 Vorfilter,
3 Kraftstoffpumpe,
4 Kraftstofffilter,
5 Niederdruck-Kraftstoffleitungen,
6 Hochdruckpumpe,
7 Hochdruck-Kraftstoffleitungen,
8 Rail,
9 Injektor,
10 Kraftstoff-Rückleitung,
11 Steuergerät,
12 Druckregelventil.

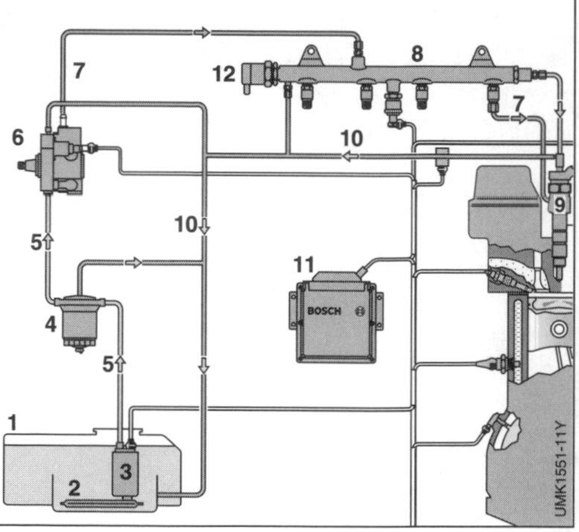

Anwendung von Elektrokraftstoffpumpen:
- Für Verteilereinspritzpumpen optional (nur bei langen Kraftstoffleitungen oder großem Höhenunterschied zwischen Kraftstoffbehälter und Einspritzpumpe),
- für Unit-Injector-System (Pkw),
- für Common-Rail-System (Pkw).

Zahnradkraftstoffpumpe

Die Zahnradkraftstoffpumpe ist direkt am Motor befestigt oder bei Common-Rail in der Hochdruckpumpe integriert. Der Antrieb erfolgt mechanisch über Kupplung, Zahnrad oder Zahnriemen.

Die wesentlichen Bauelemente sind zwei miteinander kämmende, gegenläufig drehende Zahnräder (Bild 5), die den Kraftstoff in den Zahnlücken von der Saug- zur Druckseite fördern. Die Berüh-

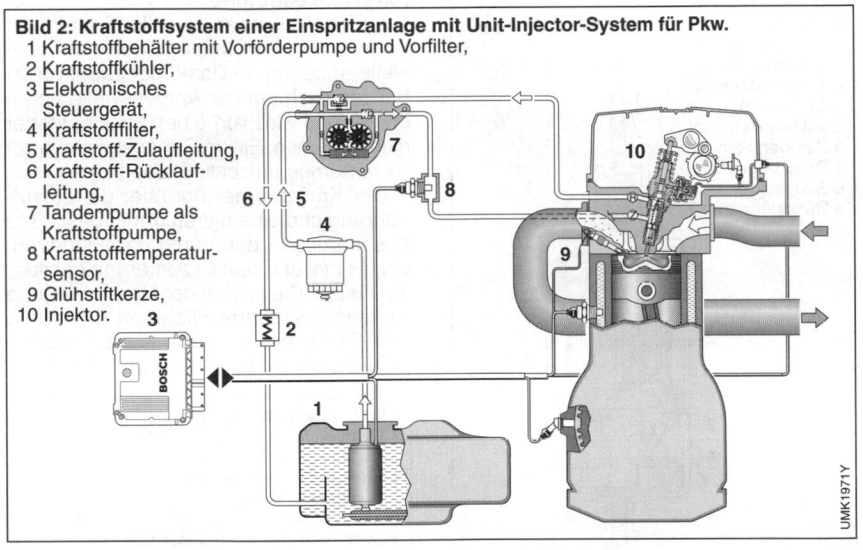

Bild 2: Kraftstoffsystem einer Einspritzanlage mit Unit-Injector-System für Pkw.
1 Kraftstoffbehälter mit Vorförderpumpe und Vorfilter,
2 Kraftstoffkühler,
3 Elektronisches Steuergerät,
4 Kraftstofffilter,
5 Kraftstoff-Zulaufleitung,
6 Kraftstoff-Rücklaufleitung,
7 Tandempumpe als Kraftstoffpumpe,
8 Kraftstofftemperatursensor,
9 Glühstiftkerze,
10 Injektor.

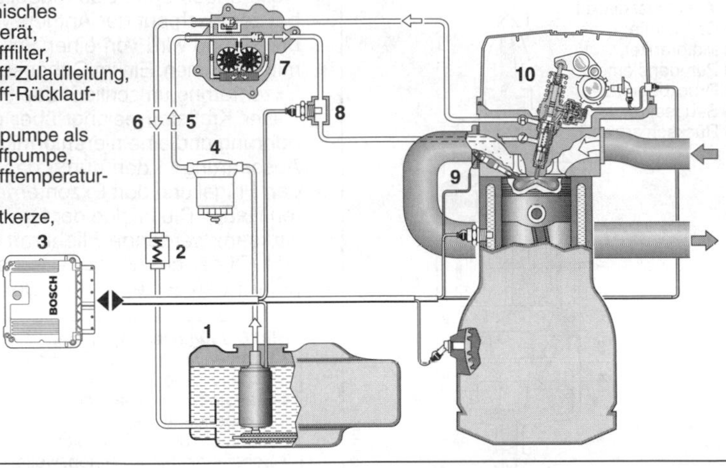

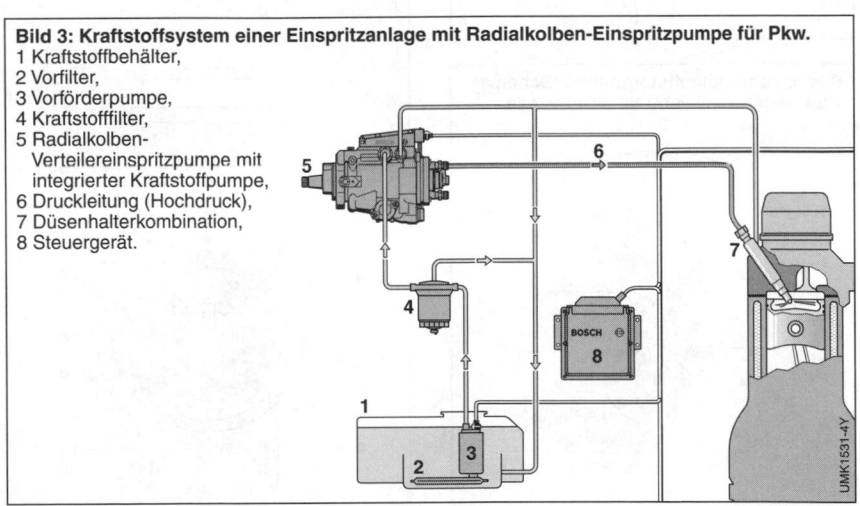

Bild 3: Kraftstoffsystem einer Einspritzanlage mit Radialkolben-Einspritzpumpe für Pkw.
1 Kraftstoffbehälter,
2 Vorfilter,
3 Vorförderpumpe,
4 Kraftstofffilter,
5 Radialkolben-Verteilereinspritzpumpe mit integrierter Kraftstoffpumpe,
6 Druckleitung (Hochdruck),
7 Düsenhalterkombination,
8 Steuergerät.

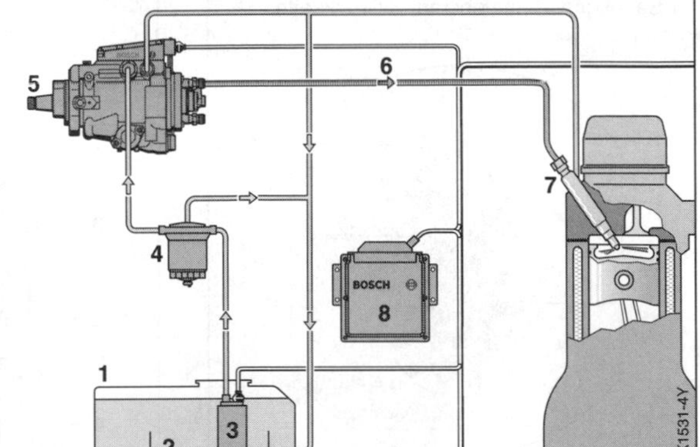

rungslinie der Zahnräder dichtet zwischen Saugseite und Druckseite ab und verhindert, dass der Kraftstoff zurückfließen kann.

Die Fördermenge ist annähernd proportional zur Motordrehzahl. Deshalb erfolgt bei hohen Drehzahlen eine Mengenbegrenzung durch Drosselung auf der Saugseite oder durch ein Überströmventil auf der Druckseite, das die Fördermenge pumpenintern auf den Zulauf abführt.

Bild 4: Einstufige Elektrokraftstoffpumpe.
A Pumpenelement,
B Elektromotor,
C Anschlussdeckel.
1 Druckseite,
2 Motoranker,
3 Pumpenelement,
4 Druckbegrenzer,
5 Saugseite,
6 Rückschlagventil.

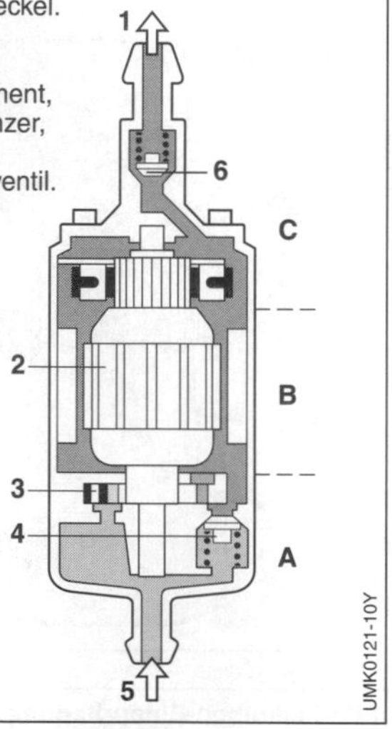

Bild 5: Zahnradkraftstoffpumpe (Schema).
1 Saugseite, 2 Antriebsrad, 3 Druckseite.

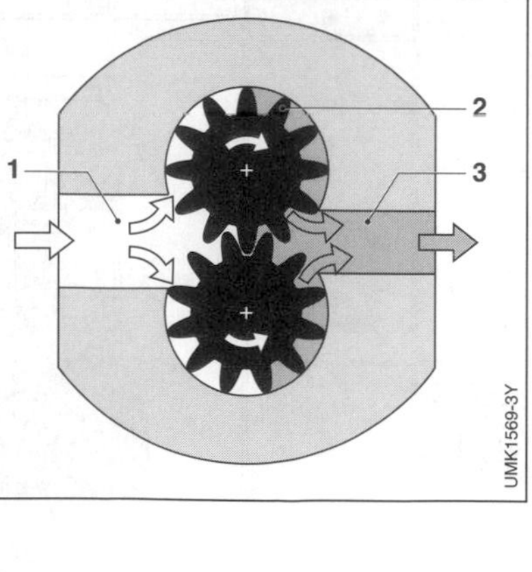

Hierdurch werden unnötig hohe Durchflüsse im Fahrzeug-Leitungssystem vermieden.

Anwendung:
- Für Einzelpumpensysteme bei Nfz (Unit-Injector- und Unit-Pump-System, Einzeleinspritzpumpe PF),
- für Common-Rail-Systeme (Nfz, teilweise für Pkw).

Flügelzellenpumpe

Die Flügelzellenpumpe (Bild 6) ist in der Verteilereinspritzpumpe auf der Antriebswelle angeordnet. Das Flügelrad ist hierbei zentrisch auf der Antriebswelle angebracht und wird von einer Scheibenfeder mitgenommen. Ein im Gehäuse gelagerter Exzenterring umschließt das Flügelrad.

Der Kraftstoff gelangt über die Zulaufbohrung und eine nierenförmig gestaltete Aussparung in den durch das Flügelrad, den Flügel und den Exzenterring gebildeten Raum. Die infolge der Drehbewegung wirksam werdende Fliehkraft drückt die vier Flügel des Flügelrads nach außen gegen den Exzenterring. Der Kraftstoff,

Bild 6: Flügelzellenpumpe.
1 Pumpeninnenraum, 2 Exzenterring,
3 sichelförmige Zelle,
4 Kraftstoffzulauf (Saugniere),
5 Pumpengehäuse,
6 Kraftstoffablauf (Druckniere),
7 Scheibenfeder, 8 Antriebswelle,
9 Flügel, 10 Flügelrad.

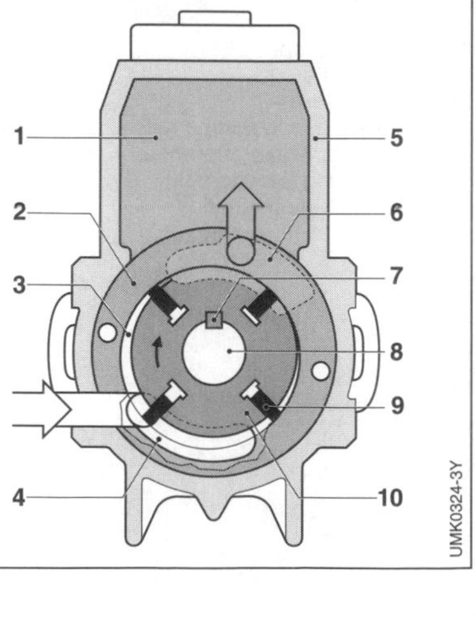

der sich zwischen Flügelunterseite und Flügelrad befindet, unterstützt diese nach außen gehende Bewegung der Flügel. Aufgrund der Drehbewegung wird der Kraftstoff, der sich zwischen den Flügeln befindet, zur oberen nierenförmigen Aussparung gefördert und über eine Bohrung zum Auslass gedrückt.

Anwendung: Integrierte Vorförderpumpe in der Verteilereinspritzpumpe.

Sperrflügelpumpe
Bei der Sperrflügelpumpe (Bild 7) pressen Federn zwei Sperrflügel gegen einen Rotor. Dreht sich der Rotor, vergrößert sich das Volumen auf der Saugseite und Kraftstoff wird in zwei Kammern angesaugt. Auf der Druckseite verkleinert sich das Volumen und der Kraftstoff wird aus zwei Kammern gefördert. Die Sperrflügelpumpe fördert schon bei sehr geringen Drehzahlen.

Anwendung: Unit-Injector-System für Pkw.

Tandemkraftstoffpumpe
Die Tandemkraftstoffpumpe (Bild 8) ist eine Baueinheit aus Kraftstoffpumpe und Vakuumpumpe, z.B. für den Bremskraftverstärker. Aus funktionaler Sicht handelt es sich um zwei getrennte Pumpen, die jedoch über eine gemeinsame Antriebswelle angetrieben werden. Sie ist im Zylinderkopf des Motors integriert und wird von der Motornockenwelle angetrieben.

Bild 7: Sperrflügelpumpe (Schema).
1 Rotor, 2 Saugseite (Zulauf), 3 Feder, 4 Sperrflügel, 5 Druckseite.

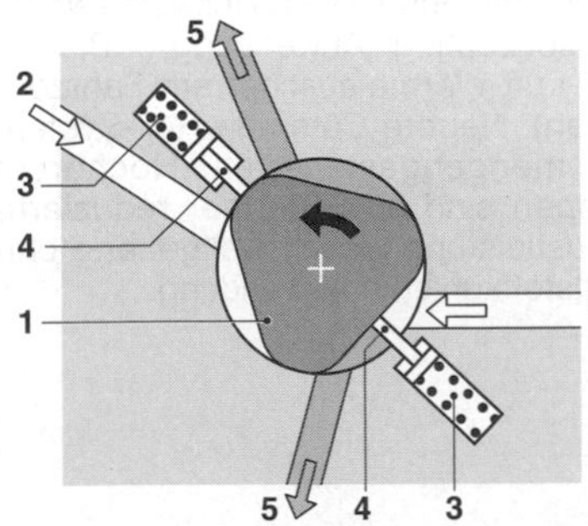

Die Kraftstoffpumpe selbst ist eine Sperrflügel- oder eine Zahnradpumpe. Dadurch liefert sie auch schon bei geringer Motordrehzahl (Startdrehzahl) eine ausreichend große Fördermenge für einen sicheren Motorstart. Die Fördermenge der Pumpe ist weitgehend proportional zur Drehzahl.

In der Kraftstoffpumpe sind verschiedene Ventile und Drosseln integriert. Die Saugdrossel begrenzt die maximale Fördermenge, sodass nicht zu viel Kraftstoff gefördert wird. Das Überdruckventil begrenzt den maximalen Druck im Hochdruckteil. Dampfblasen im Kraftstoffvorlauf werden über die Drosselbohrung in den Kraftstoffrücklauf abgeschieden. Ist Luft im Kraftstoffsystem (z.B. nach leer gefahrenem Kraftstoffbehälter), bleibt das Niederdruck-Druckregelventil geschlossen. Die Luft wird vom nachfließendem Kraftstoff über den Bypass aus dem System gedrückt.

Anwendung: Unit-Injector-System für Pkw.

Bild 8: Kraftstoffpumpe in einer Tandempumpe.
1 Rücklauf zum Tank, 2 Zulauf vom Tank,
3 Pumpenelement (Zahnrad),
4 Drosselbohrung, 5 Filter, 6 Saugdrossel,
7 Überdruckventil,
8 Anschluss für Druckmessung,
9 Zulauf, Injektor, 10 Rücklauf, Injektor,
11 Rückschlagventil, 12 Bypass.

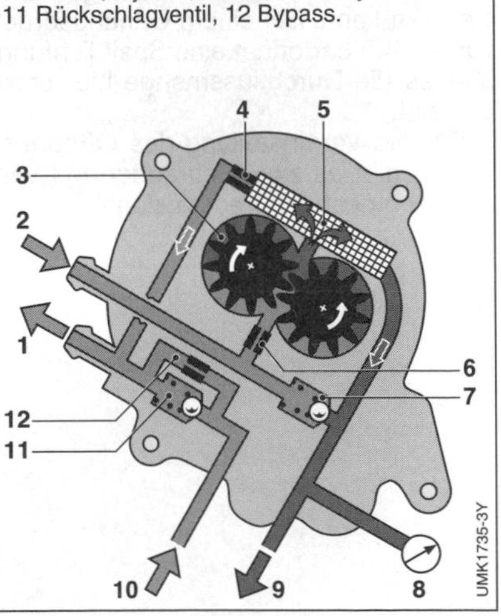

Bild 9: Druckregelventil.
1 Ventilkörper, 2 Schraube,
3 Druckfeder, 4 Spaltdichtung,
5 Speicherkolben, 6 Speichervolumen,
7 Kegelsitz.

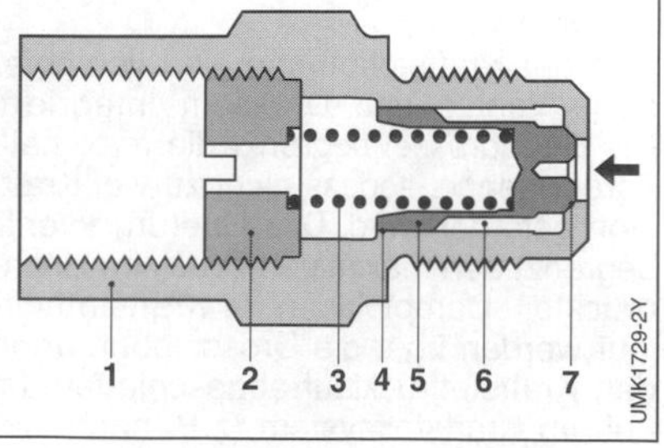

Niederdruck-Druckregelventil

Das Druckregelventil (Bild 9, auch Überströmdrossel genannt) ist im Kraftstoffrücklauf eingebaut, bei Common-Rail üblicherweise in der Hochdruckpumpe. Es sorgt unter allen Betriebszuständen für einen ausreichenden Betriebsdruck im Niederdruckteil der Einspritzsysteme und damit für eine gleichmäßig gute Befüllung der Pumpen.

Als Beispiel öffnet der Speicherkolben des Ventils beim Unit Injector und Unit-Pump bei dem „Aufreißdruck" von 300...350 kPa (3...3,5 bar). Eine Druckfeder sorgt dafür, dass ein Speichervolumen kleine Druckschwankungen ausgleichen kann. Bei einem Öffnungsdruck von 4...4,5 bar öffnet eine Spaltdichtung, sodass die Durchflussmenge hier stark ansteigt.

Für die Voreinstellung des Öffnungsdrucks gibt es zwei Schrauben mit verschieden gestufter Federauflage.

Bild 10: Kraftstoffkühlkreislauf.
1 Kraftstoffpumpe,
2 Kraftstofftemperatursensor,
3 Kraftstoffkühler, 4 Kraftstoffbehälter,
5 Ausgleichsbehälter, 6 Motorkühlkreislauf,
7 Kühlmittelpumpe, 8 Zusatzkühler.

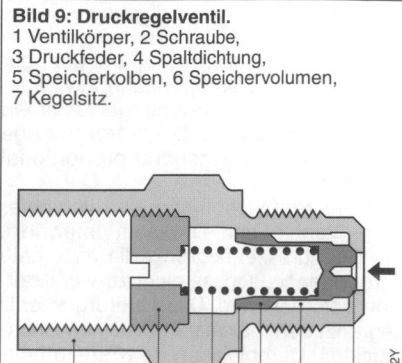

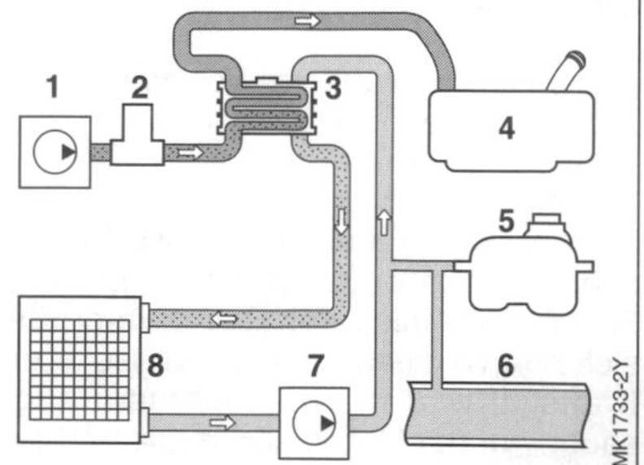

Kraftstoffkühler

Durch den hohen Druck im Injektor des Unit-Injector-Systems für Pkw und einiger Common-Rail-Systeme erwärmt sich der Kraftstoff so stark, dass er vor dem Zurückfließen abgekühlt werden muss. Der vom Injektor zurückfließende Kraftstoff fließt durch den Kraftstoffkühler (Wärmetauscher) und gibt Wärmeenergie an das Kühlmittel im Kraftstoffkühlkreislauf ab. Dieser ist vom Motorkühlkreislauf getrennt, weil die Temperatur des Kühlmittels bei betriebswarmem Motor zu hoch ist, um den Kraftstoff abzukühlen. In der Nähe des Ausgleichsbehälters ist der Kraftstoffkühlkreislauf mit dem Motorkühlkreislauf verbunden, damit er befüllt und Volumenänderungen durch Temperaturschwankungen ausgeglichen werden können (Bild 10).

Bei Common-Rail sind teilweise weitere Kühlkonzepte in Anwendung (z.B. Kraftstoff-Luft-Wärmetauscher am Fahrzeugboden). Neuere Common-Rail-Systeme mit mengengesteuerten Hochdruckpumpen sind aufgrund der reduzierten Verlustleistung jedoch weitgehend ohne Kraftstoffkühler in Anwendung.

Dieselkraftstofffilter

Aufgabe

Wie beim Ottomotor muss auch beim Dieselmotor sichergestellt werden, dass das Kraftstoffsystem vor Verunreinigungen geschützt wird. Die Verunreinigungen werden bei der Betankung eingebracht oder können über die Tankentlüftung in den Tank und damit in den Kraftstoff gelangen. Die Reduzierung von Partikelverunreinigungen ist Aufgabe des Kraftstofffilters, um das Einspritzsystem zu schützen.

Entsprechend der viel höheren Einspritzdrücke benötigen Diesel-Einspritzsysteme einen gegenüber Otto-Einspritzsystemen erhöhten Verschleißschutz und damit feinere Filter. Zusätzlich ist Dieselkraftstoff gegenüber Ottokraftstoff stärker verschmutzt.

Aufbau

Dieselkraftstofffilter sind als Wechselfilter ausgelegt (Bild 1). Weit verbreitet sind Anschraubfilter (Spin-on-Filter), Inline-Filter sowie metallfreie Filterelemente als Wechselteil in Filtergehäusen aus Aluminium, Vollkunststoff oder Stahlblech (für erhöhte Crash-Anforderungen). Es werden bevorzugt sterngefaltete Filterelemente verwendet. Der Dieselkraftstofffilter ist im Niederdruckkreislauf eingebaut; bei Saugsystemen vor der Kraftstoffpumpe und bei Drucksystemen nach der Elektrokraftstoffpumpe. Der Trend geht zu Drucksystemen.

Anforderungen

Die Anforderungen an die Filterfeinheit sind in den letzten Jahren mit Einführung von Common-Rail-Systemen mit höheren Einspritzdrücken und weiterentwickelten Pumpe-Düse-Systemen (UIS, Unit-Injector-System) für Pkw und Nfz nochmals gestiegen. Für die neuen Systeme sind je nach Einsatzfall (Kraftstoffkontamination, Motorstandzeit) Abscheidegrade zwischen 85 % und 98,6 % (Partikelintervall 3...5 µm, ISO/TS 13353 [1] und ISO 19438 [2]) erforderlich. Neben der hohen Feinstpartikelabscheidung wird im Zuge verlängerter Wartungsintervalle in neueren Automobilen eine erhöhte Partikelspeicherfähigkeit gefordert. Dies gelingt nur durch die Verwendung spezieller Filtermedien z. B. in mehrlagiger Anordnung mit synthetischen Feinstfaserlagen. Diese Filtermedien nutzen einen Vorfeinfiltereffekt aus und garantieren eine maximale Partikelspeicherfähigkeit durch Abscheidung der Partikel innerhalb der jeweiligen Filterlage.

Typische Wechselintervalle liegen heute zwischen 60 000 und 90 000 km. In Märkten mit schlechter Dieselqualität, wie Osteuropa, China, Indien und USA, werden diese deutlich reduziert. Ebenfalls ist bei Verwendung von Biodiesel eine Halbierung des Wechselintervalls empfehlenswert.

Bild 1: Diesel-Leitungsfilter.
1 Wasserablassschraube,
2 Kraftstoffeinlass,
3 Kraftstoffauslass,
4 Filterdeckel mit galvanischer Zinkbeschichtung,
5 Sternfilterelement mit zweilagigem Filtermedium,
6 druckfestes Gehäuse aus Galfan (schmelztauchveredeltes Feinblech mit einem beidseitigen Zink-Aluminium-Legierungsüberzug),
7 Schlauch zur Entwässerung,
8 Wasserspeicherraum,
9 Wasserstands- und Temperatursensor.

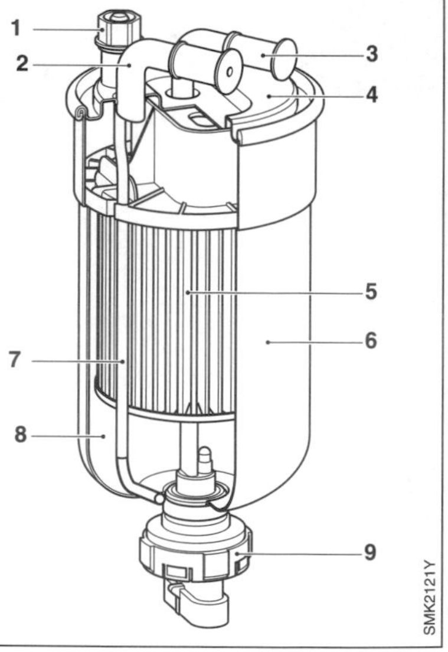

Wasserabscheidung

Eine zweite wesentliche Funktion des Dieselkraftstofffilters ist die Abscheidung von emulgiertem und freiem Wasser zur Verhinderung von Korrosionsschäden. Eine effektive Wasserabscheidung von mehr als 93 % bei Nenndurchfluss (Prüfung nach ISO 4020 [3]) ist besonders für Verteilereinspritzpumpen und Common-Rail-Systeme wichtig. Die Wasserabscheidung erfolgt durch Koaleszenz am Filtermedium (Tröpfchenbildung durch unterschiedliche Oberflächenspannung von Wasser und Kraftstoff). Das abgeschiedene Wasser sammelt sich im Wasserraum im unteren Teil des Filtergehäuses (Bild 1). Zur Überwachung des Wasserstands werden zum Teil Leitfähigkeitssensoren eingesetzt. Entwässert wird manuell über eine Wasserablassschraube oder über einen Druckknopfschalter.

Für besonders hohe Anforderungen ist der Einsatz eines zusätzlichen saug- oder druckseitig angebrachten Vorfilters mit Wasserabscheider vorteilhaft. Diese Vorfilter werden vor allem für Nfz in Ländern mit schlechter Dieselkraftstoffqualität eingesetzt.

Modulare Zusatzfunktionen

Dieselkraftstofffilter der neuen Generation integrieren modulare Zusatzfunktionen wie z.B. die Kraftstoffvorwärmung zur Verhinderung der Verstopfung mit Paraffin im Winterbetrieb. Die Kraftstoffvorwärmung kann elektrisch oder unter Ausnutzung des warmen Kraftstoffrücklaufs vom Motor erfolgen. Im ersten Fall werden PTC-Heizer (Positive Temperature Coefficient) in den Filter eingebaut. Der zweite Fall erfordert den Einbau eines Bimetallventils oder eines Wachsdehnelements, das bei niedrigen Temperaturen öffnet und den Kraftstofftücklauf in den Filter strömen lässt.

Weitere Zusatzfunktionen sind die Wartungsanzeige über eine Differenzdruckmessung sowie Befüll- und Entlüftungsvorrichtungen.

Literatur

[1] ISO/TS 13353:2002: Diesel fuel and petrol filters for internal combustion engines – Initial efficiency by particule counting.

[2] ISO 19438:2003: Diesel fuel and petrol filters for internal combustion engines – Filtration efficiency using particle counting and contaminant retention capacity.

[3] ISO 4020:2001: Road vehicles – Fuel filters for diesel engines – Test methods.

Speichereinspritzsystem Common-Rail

Systemübersicht

Anforderungen
Die Anforderungen an die Einspritzsysteme des Dieselmotors steigen ständig. Höhere Einspritzdrücke, schnellere Schaltzeiten der Injektoren und eine flexible Anpassung des Einspritzverlaufs an den Betriebszustand des Motors machen den Dieselmotor sparsam, sauber und leistungsstark.

Der Hauptvorteil des Common-Rail-Systems (CR) gegenüber konventionellen Einspritzsystemen liegt in den großen Variationsmöglichkeiten bei der Gestaltung des Einspritzdrucks und der Einspritzzeitpunkte. Dies wird durch die Entkopplung von Druckerzeugung (Hochdruckpumpe) und Einspritzung (Injektoren) erreicht. Als Druckspeicher dient dabei das Rail (Bild 1).

Das Common-Rail-System bietet eine hohe Flexibilität zur Anpassung der Einspritzung an den Motor. Erreicht wird das durch einen an den Betriebszustand angepassten Einspritzdruck von 200...2500 bar, einen variablen Einspritzbeginn sowie die Möglichkeit, mehrere Vor- und Nacheinspritzungen (selbst sehr späte Nacheinspritzungen sind möglich) abzusetzen. Damit leistet das Common-Rail-System einen Beitrag zur Erhöhung der spezifischen Leistung, zur Senkung des Kraftstoffverbrauchs sowie zur Verringerung der Geräuschemission und des Schadstoffausstoßes von Dieselmotoren.

Common-Rail ist heute für moderne Pkw- und Nfz-Dieselmotoren das am häufigsten eingesetzte Einspritzsystem.

Aufbau
Das Common-Rail-System besteht aus folgenden Hauptgruppen (Bild 1): Dem Niederdruckteil mit den Komponenten der Kraftstoffversorgung, dem Hochdruckteil mit der Hochdruckpumpe, dem Rail, den Injektoren und den Hochdruck-Kraftstoffleitungen, sowie der Elektronischen Dieselregelung (EDC).

Kernbestandteile des Common-Rail-Systems sind die am Rail („gemeinsame Schiene") angeschlossenen Injektoren. Sie enthalten ein schnell schaltendes Ventil (Magnetventil oder Piezoaktor), über das die Einspritzdüse geöffnet und wieder geschlossen wird. So kann der Einspritzvorgang für jeden Zylinder einzeln gesteuert werden.

Bild 1: Systembereiche einer Motorsteuerung mit dem Einspritzsystem Common-Rail.
1 Hochdruckpumpe, 2 Rail, 3 Injektoren.

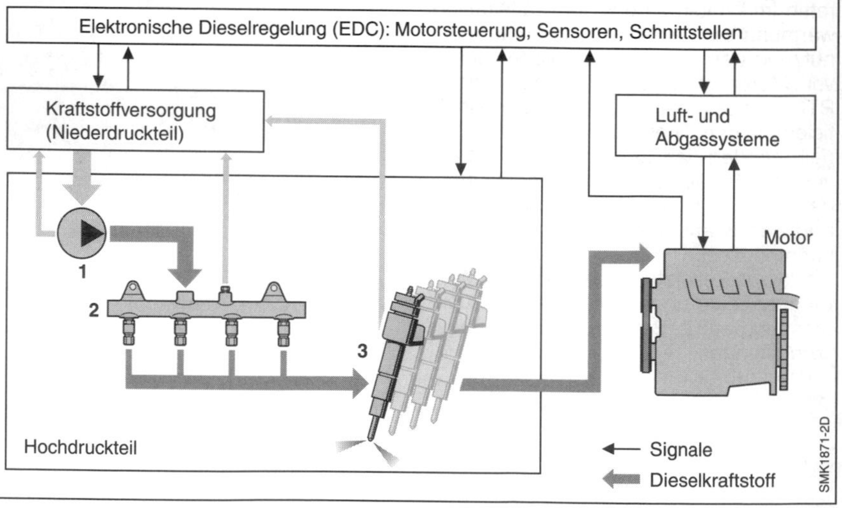

Kraftstoffversorgung

Bei Common-Rail-Systemen für Pkw und leichte Nfz kommen für die Förderung des Kraftstoffs zur Hochdruckpumpe Elektrokraftstoffpumpen oder Zahnradpumpen zur Anwendung. Für schwere Nfz werden ausschließlich Zahnradpumpen eingesetzt (siehe Niederdruck-Kraftstoffversorgung).

Systeme mit Elektrokraftstoffpumpe

Im Pkw-Markt setzen sich zunehmend Systeme mit Elektrokraftstoffpumpe durch. Dies hat verschiedene Gründe:

- Bei geregelter Ausführung der Elektrokraftstoffpumpe ergibt sich ein geringerer Leistungsbedarf (CO_2-Vorteil).
- Neben der Versorgung des Einspritzsystems ermöglichst die Elektrokraftstoffpumpe parallel den Betrieb von Saugstrahlpumpen im Tank, die zur Befüllung des Schwalltopfs und damit Sicherstellung von Kraftstoff im Ansaugbereich dienen (siehe Kraftstofffördermodul).
- Aufgrund des von der Motordrehzahl unabhängigen Druckaufbaus im Niederdrucksystem ergibt sich ein verbessertes Startverhalten.

Die Elektrokraftstoffpumpe – üblicherweise als Bestandteil der Tankeinbaueinheit im Kraftstoffbehälter eingesetzt (Intank) oder vereinzelt in der Kraftstoffzuleitung verbaut (Inline) – saugt den Kraftstoff über ein Vorfilter an und fördert ihn mit einem Druck von ca. 4...6 bar zur Hochdruckpumpe (Bilder 2a und 2c). Die maximale Fördermenge liegt je nach Motorleistung bei 150...240 *l*/h.

Systeme mit Zahnradpumpe

Die Zahnradpumpe ist an die Hochdruckpumpe angeflanscht und wird von deren Antriebswelle mit angetrieben (Bild 2b). Somit fördert die Zahnradpumpe erst bei Starten des Motors. Die Förderleistung ist abhängig von der Motordrehzahl und beträgt bis zu 400 *l*/h bei einem Druck bis zu 7 bar.

Kombinationssysteme

Es gibt auch Anwendungen, die beide Pumpenarten einsetzen. Die Elektrokraftstoffpumpe sorgt insbesondere bei einem Heißstart für ein verbessertes Startverhalten, da die Förderleistung der

Bild 2: Common-Rail-Systeme für Pkw (Beispiele).
a) Dauerfördernde Radialkolbenpumpe: Hochdruckseitige Druckregelung mit Druckregelventil.
b) Bedarfsgeregelte Radialkolbenpumpe: Saugseitige Druckregelung mit an der Hochdruckpumpe angeflanschter Zumesseinheit.
c) Bedarfsgeregelte Radialkolbenpumpe: Zweistellersystem mit saugseitiger Druckregelung über die Zumesseinheit und hochdruckseitiger Druckregelung über das Druckregelventil.
1 Kraftstoffbehälter, 2 Kraftstofffilter, 3 Vorfilter, 4 Elektrokraftstoffpumpe, 5 Rail, 6 Raildrucksensor, 7 Magnetventil-Injektor, 8 Druckregelventil, 9 dauerfördernde Hochdruckpumpe, 10 bedarfsgeregelte Hochdruckpumpe mit angebauter Zahnrad-Vorförderpumpe und Zumesseinheit, 11 bedarfsgeregelte Hochdruckpumpe mit Zumesseinheit, 12 Piezo-Injektor, 13 Druckbegrenzungsventil.

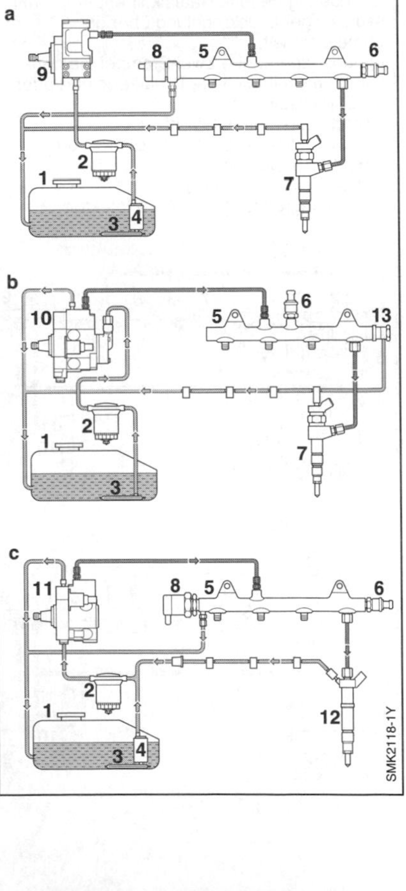

Zahnradpumpe bei heißem und damit dünnflüssigerem Kraftstoff und niedriger Pumpendrehzahl verringert ist. Zudem wird durch die Elektrokraftstoffpumpe der Betrieb von Saugstrahlpumpen im Tank sichergestellt.

Aufgrund der erhöhten Kosten und des erhöhten Leistungsbedarfs für zwei Pumpen ist die Anwendung von Kombinationssystemen jedoch selten.

Kraftstofffilterung

Bei Pkw-Systemen mit Elektrokraftstoffpumpe sitzt der Kraftstofffilter druckseitig zwischen Elektrokraftstoffpumpe und Hochdruckpumpe. Bei Systemen mit Zahnradpumpe ist der Kraftstofffilter zwischen Kraftstoffbehälter und Zahnradpumpe eingebaut. Im Gegensatz dazu ist bei Nfz-Systemen der Kraftstofffilter (Feinfilter) druckseitig eingebaut. Die Hochdruckpumpe benötigt daher auch bei angeflanschter Zahnradpumpe einen außen liegenden Kraftstoffzulauf (Bild 3).

Bild 3: Common-Rail-Systeme für Nfz (Beispiele).
a) Bedarfsgeregelte Radialkolbenpumpe mit saugseitiger Druckregelung über die Zumesseinheit,
b) bedarfsgeregelte Zwei-Stempel-Reihenpumpe mit saugseitiger Druckregelung über die Zumesseinheit.
1 Kraftstoffbehälter, 2 Vorfilter,
3 Kraftstofffilter, 4 Zahnrad-Vorförderpumpe,
5 Hochdruckpumpe, 6 Zumesseinheit,
7 Raildrucksensor, 8 Rail,
9 Druckbegrenzungsventil, 10 Injektor.

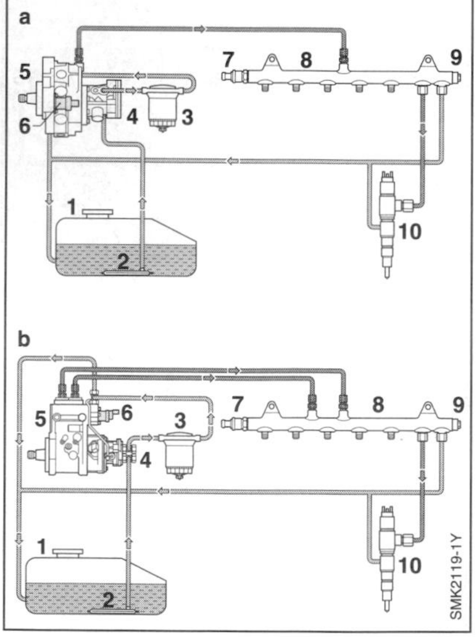

Druckerzeugung

Beim Speichereinspritzsystem Common-Rail sind die Druckerzeugung und die Einspritzung entkoppelt. Der Einspritzdruck wird unabhängig von der Motordrehzahl und der Einspritzmenge erzeugt. Die Elektronische Dieselregelung steuert die einzelnen Komponenten an.

Die Entkopplung von Druckerzeugung und Einspritzung geschieht über das Speichervolumen des Rails. Der unter Druck stehende Kraftstoff steht im Speichervolumen für die Einspritzung bereit.

Eine vom Motor angetriebene, kontinuierlich arbeitende Hochdruckpumpe baut den gewünschten Einspritzdruck auf. Sie erhält den Druck im Rail weitgehend unabhängig von der Motordrehzahl und der Einspritzmenge aufrecht.

Die Hochdruckpumpe ist als Radialkolbenpumpe ausgeführt, bei Nutzfahrzeugen gegenüber Pkw teilweise auch in Reihenpumpenausführung.

Druckregelung

Für die Druckregelung kommen unterschiedliche Verfahren zur Anwendung.

Hochdruckseitige Regelung

Der gewünschte Raildruck wird über ein Druckregelventil hochdruckseitig geregelt (Bild 2a). Nicht für die Einspritzung benötigter Kraftstoff fließt über das Druckregelventil in den Niederdruckkreis zurück. Diese Regelung ermöglicht eine schnelle Anpassung des Raildrucks bei Änderung des Betriebspunkts (z.B. bei Lastwechsel).

Saugseitige Mengenregelung

Eine weitere Möglichkeit, den Raildruck zu regeln, besteht in der saugseitigen Mengenregelung (Bild 2b und Bild 3). Die an der Hochdruckpumpe angeflanschte Zumesseinheit sorgt dafür, dass die Pumpe exakt die Kraftstoffmenge in das Rail fördert, mit welcher der vom System geforderte Einspritzdruck aufrechterhalten wird. Ein Druckbegrenzungsventil verhindert im

Fehlerfall einen unzulässig hohen Anstieg des Raildrucks.

Mit der saugseitigen Mengenregelung ist die auf Hochdruck verdichtete Kraftstoffmenge und somit auch die Leistungsaufnahme der Pumpe geringer. Das wirkt sich positiv auf den Kraftstoffverbrauch aus. Außerdem wird die Temperatur des in den Kraftstoffbehälter rücklaufenden Kraftstoffs gegenüber der hochdruckseitigen Regelung reduziert.

Zweistellersystem

Das Zweistellersystem (Bild 2c) mit der saugseitigen Druckregelung über die Zumesseinheit und der hochdruckseitigen Regelung über das Druckregelventil kombiniert die Vorteile der saugseitigen Mengenregelung mit dem günstigen dynamischen Verhalten der hochdruckseitigen Regelung. Ein weiterer Vorteil gegenüber der ausschließlich niederdruckseitigen Regelmöglichkeit ergibt sich dadurch, dass bei kaltem Motor eine hochdruckseitige Regelung vorgenommen werden kann. Die Hochdruckpumpe fördert somit mehr Kraftstoff als eingespritzt wird, die Druckregelung erfolgt über das Druckregelventil. Der Kraftstoff wird durch die Komprimierung erwärmt, wodurch auf eine zusätzliche Kraftstoffheizung verzichtet werden kann.

Einspritzung

Die Injektoren spritzen den Kraftstoff direkt in den Brennraum des Motors ein. Sie werden über kurze Hochdruck-Kraftstoffleitungen aus dem Rail versorgt. Das Motorsteuergerät steuert das im Injektor integrierte Schaltventil an, wodurch die Einspritzdüse öffnet und wieder schließt.

Die Öffnungsdauer des Injektors und der Systemdruck bestimmen die eingebrachte Kraftstoffmenge. Sie ist bei konstantem Druck proportional zur Einschaltzeit des Schaltventils und damit unabhängig von der Motor- und Pumpendrehzahl (zeitgesteuerte Einspritzung).

Hydraulisches Leistungspotential

Die Trennung der Funktionen Druckerzeugung und Einspritzung eröffnet gegenüber konventionellen Einspritzsystemen einen weiteren Freiheitsgrad bei der Verbrennungsentwicklung: der Einspritzdruck kann im Kennfeld weitgehend frei gewählt werden.

Das Common-Rail-System ermöglicht mit Voreinspritzungen und Mehrfacheinspritzungen eine weitere Absenkung von Abgasemissionen und reduziert deutlich das Verbrennungsgeräusch. Mit mehrmaligem Ansteuern des schnellen Schaltventils lassen sich Mehrfacheinspritzungen mit bis zu sieben Einspritzungen pro Einspritzzyklus erzeugen. Die Düsennadel schließt mit hydraulischer Unterstützung und sichert so ein rasches Spritzende.

Steuerung und Regelung

Arbeitsweise

Das Motorsteuergerät erfasst mithilfe von Sensoren die Fahrpedalstellung und den aktuellen Betriebszustand von Motor und Fahrzeug (siehe „Elektronische Dieselregelung"). Dazu gehören unter anderem: die Kurbelwellendrehzahl und der Kurbelwellenwinkel, der Raildruck, der Ladedruck, die Ansaugluft-, Kühlmittel- und Kraftstofftemperatur, die angesaugte Luftmasse und die Raddrehzahl (für die Berechnung der Fahrgeschwindigkeit). Das Steuergerät wertet die Eingangssignale aus und berechnet verbrennungssynchron die Ansteuersignale für das Druckregelventil oder die Zumesseinheit, die Injektoren und die übrigen Stellglieder (z.B. Abgasrückführventil, Steller des Turboladers).

Grundfunktionen

Die Grundfunktionen steuern die Einspritzung von Dieselkraftstoff zum richtigen Zeitpunkt, in der richtigen Menge und mit dem vorgegebenen Druck. Sie sichern damit einen verbrauchsgünstigen und ruhigen Lauf des Dieselmotors.

Korrekturfunktionen für die Einspritzzeitberechnung
Um Toleranzen von Einspritzsystem und Motor auszugleichen, stehen eine Reihe von Korrekturfunktionen zur Verfügung.

Mengenausgleichsregelung
Diese Toleranzen führen zu unterschiedlichem Drehmomentaufbau einzelner Zylinder. Folge dieser Drehmomentunterschiede ist ein unrunder Motorlauf und eine Erhöhung der Abgasemissionen. Aus den resultierenden Drehzahlschwankungen werden Mengenkorrekturen berechnet. Über die gezielte Anpassung der Einspritzzeit für jeden Zylinder wird die Laufruhe erhöht (Laufruheregelung, LRR)

Injektormengenabgleich
Der Injektormengenabgleich (IMA) ermöglicht eine Korrektur der Mengenabweichungen fabrikneuer Injektoren. Hierzu wird innerhalb der Injektorfertigung für jeden Injektor eine Vielzahl von Messdaten erfasst, die in Form eines Datenmatrix-Codes auf den Injektor aufgebracht werden. Beim Piezo-Inline-Injektor werden zusätzlich auch Informationen über das Hubverhalten hinzugefügt. Diese Prüfdaten werden während der Fahrzeugfertigung in das Motorsteuergerät übertragen. Während des Motorbetriebs werden diese Werte zur Kompensation von Abweichungen im Zumess- und Schaltverhalten verwendet.

Nullmengenkalibration
Von besonderer Bedeutung für die gleichzeitige Erreichung von Geräuschminderung und Emissionszielen ist die sichere Beherrschung kleiner Voreinspritzungen über die Fahrzeuglebensdauer. Mengendriften der Injektoren müssen deshalb kompensiert werden. Hierzu wird im Schubbetrieb gezielt in einen Zylinder eine kleine Kraftstoffmenge eingespritzt. Der Drehzahlsensor detektiert die daraus entstehende Drehmomentanhebung als kleine dynamische Drehzahländerung. Diese vom Fahrer nicht spürbare Drehmomentsteigerung ist in eindeutiger Weise mit der eingespritzten Kraftstoffmenge verknüpft. Der Vorgang wird nacheinander für alle Zylinder und für verschiedene Betriebspunkte wiederholt. Ein Lernalgorithmus stellt kleinste Veränderungen der Voreinspritzmenge fest und korrigiert die Ansteuerdauer für die Injektoren entsprechend für alle Voreinspritzungen.

Mengenmittelwertadaption
Für die korrekte Anpassung von Abgasrückführung und Ladedruck wird die Abweichung der tatsächlich eingespritzten Kraftstoffmenge vom Sollwert benötigt. Die Mengenmittelwertadaption (MMA) ermittelt aus den Signalen von λ-Sonde und Luftmassenmesser den über alle Zylinder gemittelten Wert der Kraftstoffmenge. Aus dem Vergleich von Sollwert und Istwert werden Korrekturwerte für die Einspritzmenge berechnet.

Zusatzfunktionen
Zusätzliche Steuer- und Regelfunktionen sorgen für die Reduzierung der Abgasemissionen und des Kraftstoffverbrauchs oder erhöhen die Sicherheit und den Komfort. Beispiele hierfür sind die Regelung der Abgasrückführung, die Ladedruckregelung, die Fahrgeschwindigkeitsregelung und die elektronische Wegfahrsperre.

Die Integration der Elektronischen Dieselregelung in ein Fahrzeug-Gesamtsystem ermöglicht den Datenaustausch z. B. mit der Getriebesteuerung oder der Klimaregelung. Eine Diagnoseschnittstelle erlaubt die Auswertung der gespeicherten Systemdaten bei der Fahrzeuginspektion.

Injektoren

Magnetventilinjektoren

Aufbau und Arbeitsweise

Der Magnetventilinjektor kann in verschiedene Funktionsblöcke aufgeteilt werden: die Einspritzdüse, das hydraulische Servoventil zur Betätigung des Ventilkolbens und der Düsennadel sowie das Magnetventil.

Der Kraftstoff wird vom Hochdruckanschluss (Bild 4a) über einen Zulaufkanal zur Einspritzdüse sowie über die Zulaufdrossel in den Ventilsteuerraum geführt. Der Ventilsteuerraum ist über die Ablaufdrossel, die durch das Magnetventil geöffnet werden kann, mit dem Kraftstoffrücklauf verbunden.

Die Funktion des Injektors lässt sich in vier Betriebszustände bei laufendem Motor und fördernder Hochdruckpumpe unterteilen. Diese Betriebszustände stellen sich durch die Kräfteverteilung an den Komponenten des Injektors ein. Bei nicht laufendem Motor und fehlendem Druck im Rail schließt die Düsenfeder die Düse.

Alle Magnetventilinjektoren haben an der Magnetgruppe einen hydraulischen Anschluss für den Rücklauf in das Niederdrucksystem. Der Rücklauf setzt sich zusammen aus der Steuermenge (nur während das Ventil geöffnet ist) und der Leckage der Führungen an der Düse, am Ventilkolben und am Magnetventil bei Verwendung eines druckausgeglichenen Ventils (siehe Injektorvarianten). Um die hydraulische Effizienz zu erhöhen, haben die Injektoren mit maximalem Einspritzdruck größer 2 000 bar keine Leckage an Düsenführung und Ventilkolben.

Düse geschlossen (Ruhezustand)

Das Magnetventil ist im Ruhezustand nicht angesteuert (Bild 4a). Durch die Kraft der Magnetventilfeder schließt das Magnetventil den Ventilsitz und stoppt damit den Durchfluss durch die Ablaufdrossel. Im Ventilsteuerraum baut sich der Hochdruck des Rails auf. Derselbe Druck steht auch im Kammervolumen der Düse an. Die durch den Raildruck auf die Stirnflächen des Steuerkolbens aufgebrachten Kräfte und die Kraft der Düsenfeder halten die Düsennadel gegen die öffnende Kraft, die an deren Druckschulter angreift, geschlossen.

Düse öffnet (Einspritzbeginn)

Während der Öffnungsphase der Ansteuerung (Bild 7) übersteigt die magnetische Kraft des Elektromagneten die Federkraft der Magnetventilfeder. In der darauf folgenden Anzugsstromphase öffnet der Magnetanker das Ventil vollständig. Damit wird

Bild 4: Funktionsprinzip des Magnetventilinjektors (schematische Darstellung).
a) Düse geschlossen (Ruhezustand),
b) Düse öffnet (Einspritzbeginn),
c) Düse schließt (Einspritzende).
1 Kraftstoffrücklauf, 2 Magnetspule (Magnetventil), 3 Überhubfeder, 4 Magnetanker,
5 Ventilsitz, hier mit druckbelastetem Kugelventil,
6 Ventilsteuerraum,
7 Düsenfeder,
8 Druckschulter der Düsennadel,
9 Kammervolumen der Einspritzdüse,
10 Düsenkörpersitz mit Spritzlöchern,
11 Magnetventilfeder,
12 Ablaufdrossel,
13 Hochdruckanschluss,
14 Zulaufdrossel,
15 Ventilkolben (Steuerkolben),
16 Düsennadel der Einspritzdüse.

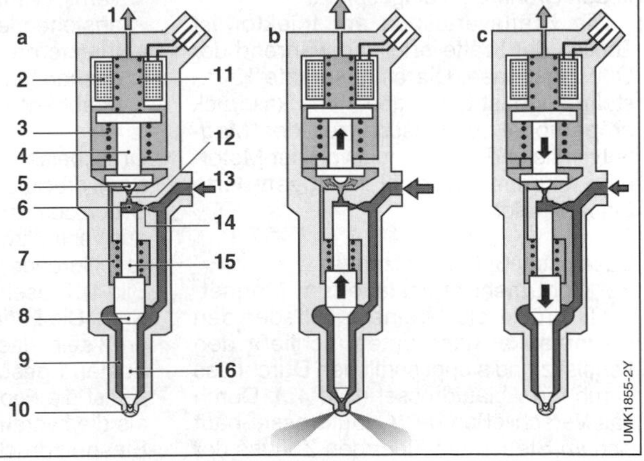

der Durchfluss durch die Ablaufdrossel freigegeben (Bild 4b).

Das schnelle Öffnen des Magnetventils und die erforderlichen kurzen Schaltzeiten lassen sich durch eine entsprechende Auslegung der Ansteuerung der Magnetventile im Steuergerät mit hohen Spannungen und Strömen erreichen (Bild 7). Nach kurzer Zeit wird der erhöhte Anzugsstrom auf einen geringeren Haltestrom reduziert.

Mit dem Öffnen der Ablaufdrossel kann nun Kraftstoff aus dem Ventilsteuerraum in den Magnetankerraum und über den Kraftstoffrücklauf zum Kraftstoffbehälter abfließen. Der Druck im Ventilsteuerraum sinkt ab. Über die Zulaufdrossel strömt kontinuierlich Kraftstoff in den Steuerraum nach. Somit wird verhindert, dass der Druck im Steuerraum vollständig absinkt. Die Auslegung der Durchflüsse von Ablauf- und Zulaufdrossel ist an die Dynamik (Schaltzeiten) des Magnetventils angepasst. Der Druck an der Düsennadel bleibt auf Raildruckniveau, der verringerte Druck im Ventilsteuerraum bewirkt eine verringerte Kraft auf den Steuerkolben und führt zum Öffnen der Düsennadel. Die Einspritzung beginnt.

Düse geöffnet

Die Öffnungsgeschwindigkeit der Düsennadel wird vom Durchflussunterschied zwischen der Zulauf- und der Ablaufdrossel sowie von den Flächenverhältnissen an Düsennadel und Ventilkolben bestimmt. Der Kraftstoff wird mit einem Druck, der annähernd dem Druck im Rail entspricht, in den Brennraum eingespritzt.

Die Kräfteverteilung am Injektor ist ähnlich der Kräfteverteilung während der Öffnungsphase. Die eingespritzte Kraftstoffmenge ist bei gegebenem Raildruck proportional zur Einschaltzeit des Magnetventils und unabhängig von der Motor- oder Pumpendrehzahl (zeitgesteuerte Einspritzung).

Düse schließt (Einspritzende)

Bei nicht mehr angesteuertem Magnetventil drückt die Magnetventilfeder den Magnetanker nach unten, schließt den Ventilsitz und stoppt somit den Durchfluss durch die Ablaufdrossel (Bild 4c). Durch das Verschließen der Ablaufdrossel baut sich im Steuerraum über den Zufluss der Zulaufdrossel wieder ein Druck wie im Rail auf. Dieser erhöhte Druck übt eine erhöhte Kraft auf den Steuerkolben aus. Diese Kraft aus dem Ventilsteuerraum und die Kraft der Düsenfeder überschreiten nun die Kraft auf die Düsennadel und die Düsennadel bewegt sich in Richtung Düsenkörpersitz. Der Durchfluss der Zulaufdrossel und die Flächenverhältnisse an Düsennadel und Ventilkolben bestimmen die Schließgeschwindigkeit der Düsennadel. Die Einspritzung endet, wenn die Düsennadel den Düsenkörpersitz wieder erreicht und somit die Spritzlöcher verschließt.

Diese indirekte Ansteuerung der Düsennadel über ein hydraulisches Kraftverstärkersystem wird eingesetzt, weil die für ein schnelles Öffnen der Düsennadel benötigten Kräfte mit dem Magnetventil nicht direkt erzeugt werden können. Die dabei zusätzlich zur eingespritzten Kraftstoffmenge benötigte Steuermenge gelangt über die Drosseln des Ventilsteuerraums in den Kraftstoffrücklauf.

Innerhalb eines Einspritzzyklus sind bei den neuesten Injektortypen Mehrfacheinspritzungen bis zu zehn Einspritzimpulsen möglich (Voreinspritzung, Haupteinspritzung, Nacheinspritzung). Der minimal mögliche zeitliche Abstand beträgt ca. 150 µs.

Injektorvarianten

Bei den Magnetventilinjektoren wird zwischen zwei verschiedenen Ventilkonzepten unterschieden:

- Injektoren mit druckbelastetem Kugelventil (Ventilkräfte wirken gegen den anstehenden Raildruck) und
- Injektoren mit einem druckausgeglichenen Ventil (Ventilkräfte sind nahezu unabhängig vom Raildruck).

Druckbelastetes Kugelventil

Beim druckbelasteten Kugelventil wirkt der Druck des verdichteten Kraftstoffs auf die aus Ventilsitzwinkel und Kugeldurchmesser resultierende Fläche (Bild 5a, siehe auch Bild 4). Dieser Druck erzeugt eine öffnende Kraft. Die Federkraft muss mindestens so groß sein, dass das Ventil im nicht aktiven Zustand geschlossen bleibt. In der Praxis ist die Federkraft um ca. 15 % größer als die hydraulische Kraft bei maximalem Einspritzdruck, um einerseits eine ausreichende Dynamik beim Schließen des Ventils zu erreichen und andererseits im geschlossenen Zustand eine ausreichende Dichtheit sicherzustellen.

Druckausgeglichenes Ventil

Beim druckausgeglichenen Ventil gibt es keine Fläche, auf die der Druck wirkt und eine Kraft in öffnende Richtung erzeugen kann (Bild 5b).

Bild 5: Ventile der Injektorvarianten.
a) Druckbelastetes Kugelventil,
b) druckausgeglichenes Ventil.
1 Ventilkugel mit Durchmesser d,
2 Ventilsitzdurchmesser D,
$D = d \sin(90° - \alpha/2)$,
3 Ventilstück mit Ventildichtsitz,
4 Gegenlager,
5 Magnetventilfeder,
6 Ankerbolzen in Magnetbaugruppe (Durchmesser D_S),
7 Magnetanker,
8 Ventilsitz (Durchmesser D_S),
9 Ventilstück mit A-Drossel und Ventilraum,
10 A-Drossel,
11 Ventilraum.
α Ventilsitzwinkel,
p Raildruck,
F_p hydraulische Kraft ($F_p = \pi/4 \cdot D^2 p$),
F_V Ventilfederkraft.

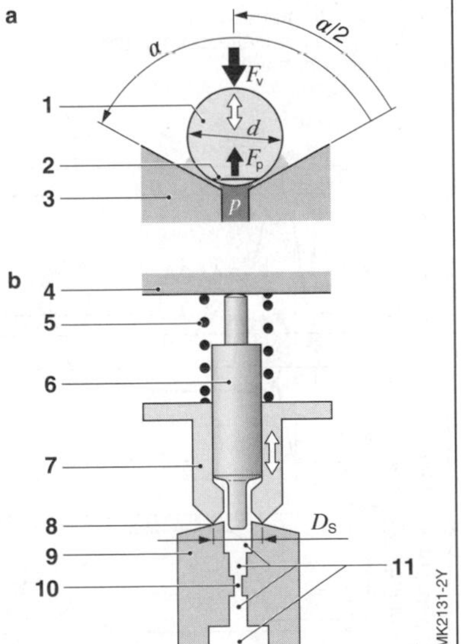

Bei Bosch werden Magnetventilinjektoren für Pkw und leichte Nutzfahrzeuge bis 1800 bar mit einem druckbelasteten Kugelventil angeboten. Für höchste Anforderungen in modernen Dieselmotoren werden ab 1800 bar druckausgeglichene Ventile eingesetzt, da ein maximal großer Öffnungsquerschnitt des Ventils auch bei diesen hohen Drücken erreicht wird. Damit wird die hydraulische Stabilität des Servoventils, mit dem der Düsennadelhub gesteuert wird, verbessert. Außerdem wird der Ventilhub auch bei hohen Raildrücken deutlich reduziert, um die erforderliche Dynamik auch für Einspritzdrücke über 1 600 bar zu erreichen und die Sensitivität der Ventildynamik gegen äußere Einflüsse zu reduzieren. Aufgrund der hohen Dynamik werden die geforderten minimalen zeitlichen Abstände zwischen zwei Einspritzungen erreicht. Zudem kann der Strombedarf zur Ansteuerung der Magnetventile reduziert werden.

Diese Injektorvarianten mit druckausgeglichenem Ventil haben ein Potential für Raildrücke größer 2 000 bar. Zusätzlich besteht die Möglichkeit, mit einem internen Minivolumen Druckschwingungen im Injektor zu dämpfen und somit die Zumessgenauigkeit bei Mehrfacheinspritzungen zu erhöhen.

Weiterentwicklung von Magnetventilinjektoren

Die Weiterentwicklung der Magnetventilinjektoren wird aktuell in zwei Richtungen getrieben:

- Höhere maximal zulässige Einspritzdrücke,
- Verbesserung der Zumessgenauigkeit beziehungsweise Reduzierung der Einspritzmengentoleranzen.

Höhere Einspritzdrücke

Durch Erhöhung des Einspritzdrucks kann bei gleicher Motorleistung die Verbrennung durch Reduzierung der Spritzlochdurchmesser an der Düse verbessert und die im Brennraum entstehenden Rohemissionen gesenkt werden. Aktuell sind Magnetventilinjektoren für einen maximalen Druck von 2 500 bar verfügbar.

Zumessgenauigkeit

Für die Verbesserung der Zumessgenauigkeit der Einspritzmenge sind Sensoren verfügbar, mit denen die Öffnungszeit des Ventils und der Düsennadel gemessen werden können und mit einer im Motorsteuergerät programmierten Software ein Regelkreis aufgebaut werden kann. Über die Ansteuerdauer kann dann die Öffnungszeit des Magnetventils und damit die Öffnungszeit der Düsennadel geregelt werden. Somit ist es möglich, die Abweichung der Einspritzmenge durch äußere Einflüsse (z.B. Kraftstofftemperaturen und Viskosität) sowie durch Einflüsse im Injektor (z.B. Verschleiß an den Bauteilen) weitgehend zu eliminieren.

Bei Magnetventilinjektoren von Bosch ist dieser Sensor in den Magnet des druckausgeglichenen Ventils integriert (Bild 6). Der Druck im Ventilsteuerraum wird über den Ankerbolzen und den Druckverteiler auf einen Piezosensor übertragen, durch die Druckkraft erzeugt der Piezosensor ein elektrisches Signal. Dieses wird über einen zusätzlichen Pin im Stecker des Injektors an das Motorsteuergerät übertragen und dort ausgewertet.

Der Druckverlauf im Steuerraum korreliert mit dem Ventilöffnen und dem Düsennadelschließen. Somit kann ein Regelkreis zur Regelung der Einspritzmengen aufgebaut werden.

Ansteuerung des Magnetventilinjektors

Die Ansteuerung des Magnetventils wird in fünf Phasen unterteilt (Bild 7; die fol-

Bild 6: Magnetventilinjektor mit Piezosensor in der Magnetbaugruppe.
1 Ventilsteuerraum,
2 Piezosensorelement,
3 Ablaufstutzen, 4 Druckverteiler,
5 elektrischer Anschluss (drei Pins),
6 Magnethülse, 7 Magnetspannmutter,
8 Magnetkern mit Spule,
9 Mini-Rail-Volumen (Hochdruck)
10 Umspritzung, 11 Düsennadel
12 Ventilfeder, 13 Ankerbolzen
14 Diffusorgeometrie.

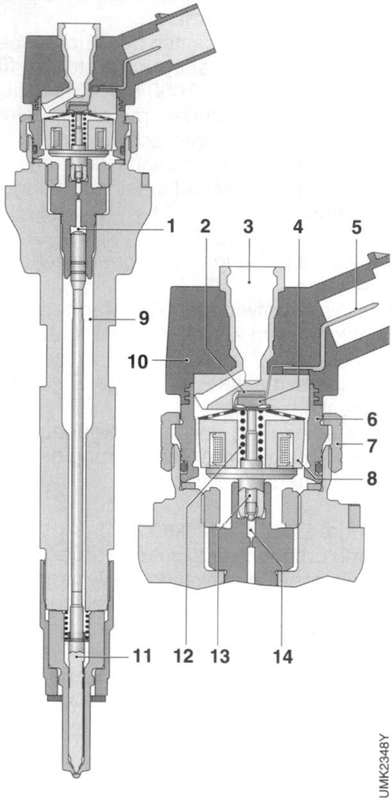

Bild 7: Ansteuersequenzen der Hochdruckmagnetventile für eine Einspritzung.
a Öffnungsphase,
b Anzugsstromphase,
c Übergang zur Haltestromphase,
d Haltestromphase,
e Abschalten.

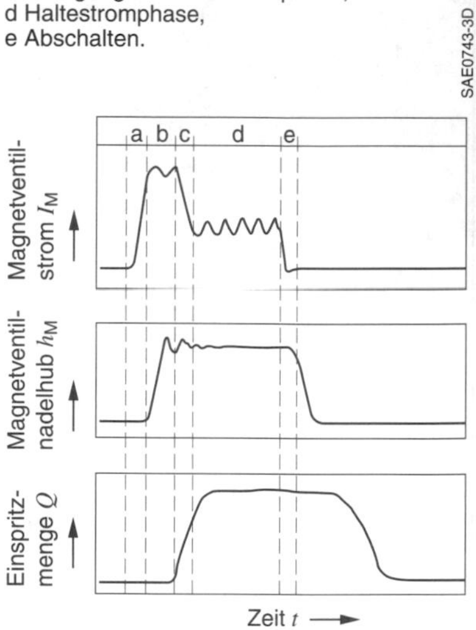

genden Angaben gelten für Injektoren mit druckbelastetem Kugelventil, bei druckausgeglichenen Ventilen sind kleinere Werte ausreichend).

Zum Öffnen des Magnetventils muss zunächst der Strom mit einer steilen, genau definierten Flanke auf ca. 20 A ansteigen (Öffnungsphase), um eine geringe Toleranz und eine hohe Reproduzierbarkeit (Wiederholgenauigkeit) der Einspritzmenge zu erzielen. Dies erreicht man mit einer Boosterspannung von bis zu 50 V. Sie wird im Steuergerät erzeugt und in einem Kondensator gespeichert (Boosterspannungsspeicher). Durch das Anlegen dieser hohen Spannung an das Magnetventil steigt der Strom um ein Mehrfaches steiler an als beim Anlegen der Batteriespannung. In der Anzugsstromphase wird das Magnetventil von der Batteriespannung versorgt. Der Anzugsstrom wird mit einer Stromregelung auf ca. 20 A begrenzt.

Bild 8: Konstruktive Ausführung des Piezo-Inline-Injektors.
1 Kraftstoffrücklauf,
2 Hochdruckanschluss,
3 elektrischer Anschluss,
4 Piezoaktor,
5 hydraulischer Koppler,
6 Servoventil (Steuerventil),
7 Düsenmodul mit Düsennadel,
8 Spritzloch.

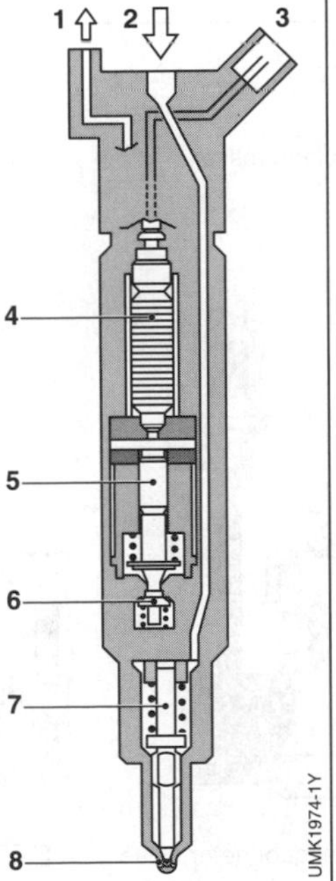

In der Haltestromphase wird der Strom auf ca. 13 A abgesenkt, um die Verlustleistung im Steuergerät und im Injektor zu verringern. Beim Absenken vom Anzugsstrom auf den Haltestrom wird Energie frei. Sie wird dem Boosterspannungsspeicher zugeführt.

Mit Abschalten des Stroms wird das Magnetventil geschlossen, dabei wird ebenfalls Energie frei. Auch diese wird dem Boosterspannungsspeicher zugeführt. Die Differenz zwischen der dem Boosterspannungsspeicher entnommenen und der an diesen zurückgeführten Energie wird dem Boosterspannungsspeicher über einen im Steuergerät integrierten Hochsetzsteller aus dem Bordnetz zugeführt. Das Nachladen aus dem Bordnetz geschieht so lange, bis das ursprüngliche Spannungsniveau erreicht ist, das zum Öffnen des Magnetventils notwendig ist.

Piezo-Inline-Injektor

Aufbau und Anforderungen

Der Aufbau des Piezo-Inline-Injektors gliedert sich schematisch in die wesentlichen Baugruppen (Bild 8):

- Aktormodul (Piezoaktor sowie Kapselung, Kontaktierung, Bauteile zur Abstützung und Kraftweitergabe des Aktors),
- hydraulischer Koppler,
- Servoventil (Steuerventil) und
- Düsenmodul.

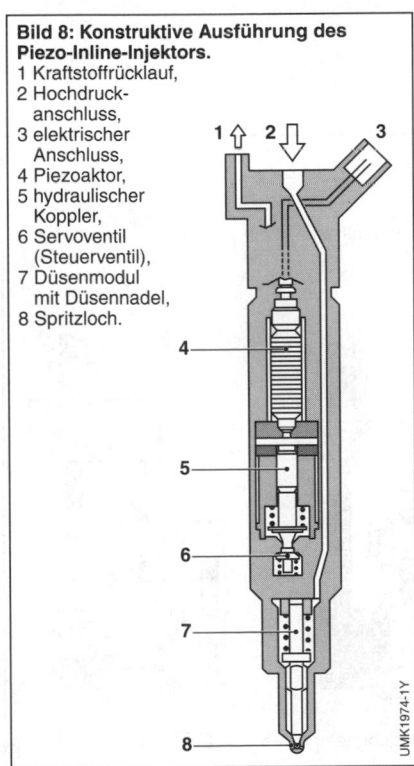

Durch die räumlich enge Koppelung des Servoventils an die Düsennadel wird eine unmittelbare Reaktion der Düsennadel auf die Betätigung des Piezoaktors erzielt. Die Verzugszeit zwischen dem elektrischen Ansteuerbeginn und der hydraulischen Reaktion der Düsennadel beträgt etwa 150 µs. Gleichzeitig wird aufgrund der hohen Schaltkraft des Piezoaktors eine Flugzeit des Servoventils (Zeit zwischen Endanschlägen) von nur 50 µs sowie ein praktisch prellfreier Schaltvorgang erzielt. Dadurch können die gegensätzlichen Anforderungen an hohe Düsennadelgeschwindigkeiten mit gleichzeitiger Realisierung kleinster reproduzierbarer Einspritzmengen erfüllt werden.

Analog zum Magnetventilinjektor wird zur Aktivierung einer Einspritzung eine Steuermenge über das Servoventil abgesteuert. Bedingt durch den Aufbau beinhaltet der Piezo-Inline-Injektor aber ansonsten keine Leckagestellen zwischen Hochdruckbereich und Niederdruckkreis. Eine Steigerung des hydraulischen Wirkungsgrads des Gesamtsystems ist die Folge.

Pro Einspritzzyklus können bis zu acht Einspritzimpulse abgesetzt werden. Damit kann die Einspritzung den Erfordernissen des jeweiligen Motorbetriebspunkts angepasst werden. Die maximal mögliche Anzahl von Einspritzimpulsen sinkt im oberen Drehzahlbereich.

Arbeitsweise des Servoventils

Die Düsennadel in der Düse wird bei dem Piezo-Inline-Injektor über das Servoventil indirekt gesteuert. Die gewünschte Einspritzmenge wird dabei unter Berücksichtigung des vorherrschenden Raildrucks über die Ansteuerdauer des Ventils eingestellt. Im nicht angesteuerten Zustand befindet sich der Injektor im Ausgangszustand mit geschlossenem Servoventil (Bild 9a). Das heißt, der Hochdruckbereich ist vom Niederdruckbereich getrennt. Die Düse wird durch den im Steuerraum anliegenden Raildruck geschlossen gehalten.

Das Ansteuern des Piezoaktors bewirkt eine Längenzunahme desselben, die sich über den hydraulischen Koppler auf das Servoventil überträgt. Dadurch öffnet das Servoventil und verschließt die Bypassbohrung (Bild 9b). Über das Durchflussverhältnis von Ablauf- zu Zulaufdrossel wird der Druck im Steuerraum abgesenkt und die Düse geöffnet. Die anfallende Steuermenge fließt über das Servoventil in den Niederdruckkreis des Gesamtsystems und von dort zurück zum Kraftstoffbehälter.

Um den Schließvorgang einzuleiten wird der Aktor entladen, das Servoventil schließt und gibt gleichzeitig den Bypass wieder frei (Bild 9c). Über die Zulauf- und die Ablaufdrossel in Rückwärtsrichtung wird nun der Steuerraum wieder befüllt und die Düsennadel wieder geschlossen. Sobald die Düsennadel den Düsensitz wieder erreicht, ist der Einspritzvorgang beendet.

Bild 9: Arbeitsweise des Servoventils.
a) Startposition,
b) Düsennadel öffnet (Bypass geschlossen),
c) Düsennadel schließt (Bypass offen)
1 Ventilbolzen, 2 Ablaufdrossel, 3 Steuerraum, 4 Zulaufdrossel,
5 Düsennadel, 6 Bypass.

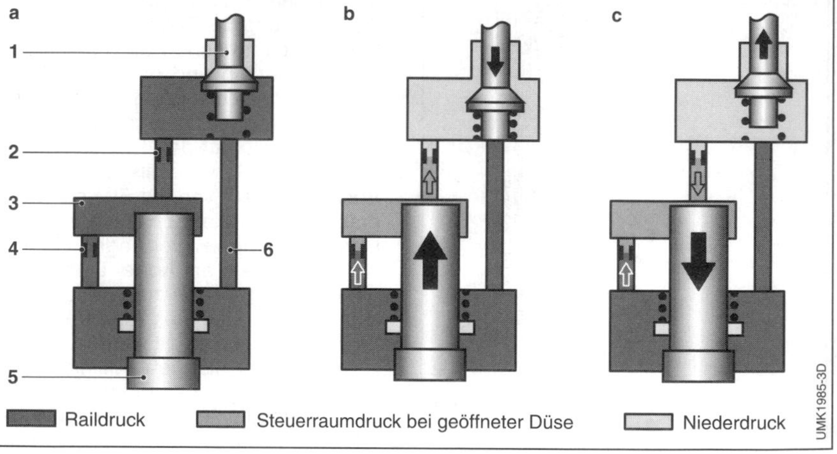

Arbeitsweise des hydraulischen Kopplers
Ein weiteres wesentliches Bauelement im Piezo-Inline-Injektor ist der hydraulische Koppler (Bild 10). Er sorgt für den Ausgleich von Längentoleranzen der Stahl- und Keramikbauteile (z.B. durch die unterschiedliche Wärmeausdehnung von Keramik und Stahl oder durch Pratzkräfte auf den Haltekörper). Zum anderen stellt er die Übersetzung von Aktorhub und Aktorkraft auf das servoventilseitig erforderliche Niveau ein. Das Übersetzungsverhältnis ergibt sich aus den Durchmessern von Kopplerkolben und Ventilkolben.

Das Aktormodul und der hydraulische Koppler sind von Dieselkraftstoff umgeben, der über den System-Niederdruckkreis am Rücklauf des Injektors unter einem Druck von ca. 10 bar steht. Im nicht angesteuerten Zustand des Aktors steht der Druck im hydraulischen Koppler im Gleichgewicht mit seiner Umgebung und der Koppler übt keine Kraft auf den Ventilbolzen aus. Längenänderungen aufgrund von Temperatureinflüssen oder von auf den Haltekörper wirkenden Pratzkräften werden durch geringe Leckageströme ausgeglichen, die über die Führungsspiele von Kopplerkolben und Ventilkolben zwischen Kopplerspalt und der Umgebung des Kopplers fließen. Somit bleibt zu jedem Zeitpunkt eine Kraftkopplung zwischen Piezoaktor und Servoventil erhalten.

Um nun eine Einspritzung zu erzeugen, wird der Aktor mit einer vom Raildruck abhängigen Spannung (110...160 V) beaufschlagt. Dadurch steigt der Druck im Koppler an und eine Schaltkraft wird auf den Ventilbolzen ausgeübt. Übersteigt diese Schaltkraft die durch den Raildruck verursachte Schließkraft auf den Ventilbolzen, so öffnet das Servoventil. Aufgrund des gegenüber der Umgebung höheren Drucks im Koppler fließt dabei eine ge-

Bild 10: Arbeitsweise des hydraulischen Kopplers.
1 Niederdruckrail mit Druckhalteventil (Kraftstoffrücklauf), 2 Piezoaktor, 3 Kopplerkolben, 4 hydraulischer Koppler, 5 Ventilkolben (unterer Kopplerkolben), 6 Ventilkolbenfeder, 7 Ventilbolzen.

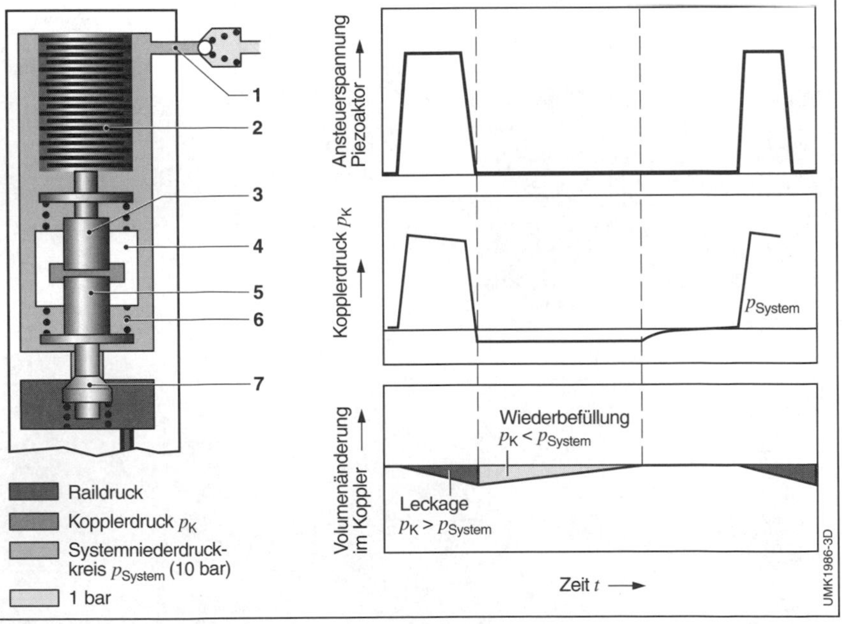

ringe Leckagemenge über die Kolbenführungsspiele aus dem Koppler in den Niederdruckkreis (10 bar) des Injektors. Auch bei mehrfacher, kurz aufeinander folgender Betätigung des Kopplers während eines Motorarbeitsspiels ergeben sich keine nennenswerten Auswirkungen auf die Funktion des Injektors durch Entleeren des Kopplers.

In den Pausen zwischen den Ansteuerimpulsen des Piezoaktors wird die Fehlmenge im hydraulischen Koppler wieder aufgefüllt. Dies geschieht nun in umgekehrter Richtung über die Führungsspiele der Kolben, indem die Ventilkolbenfeder gegenüber der Umgebung einen Unterdruck von maximal 10 bar im Inneren des Kopplers erzeugt. Die Abstimmung der Führungsspiele und des Niederdruckniveaus ist so gewählt, dass vor Beginn des nächsten Motorarbeitsspiels der hydraulische Koppler wieder vollständig befüllt ist.

Weiterentwicklung Piezoinjektoren

Die Weiterentwicklung der Piezoinjektoren wird in zwei Richtungen vorangetrieben:

- Höhere maximal zulässige Einspritzdrücke,
- Verkürzung der notwendigen Pausenzeiten zwischen den Einspritzungen.

Hochdruckpumpen

Anforderungen und Aufgabe

Die Hochdruckpumpe ist die Schnittstelle zwischen dem Niederdruck- und dem Hochdruckteil des Common-Rail-Systems. Sie hat die Aufgabe, immer genügend verdichteten Kraftstoff in allen Betriebsbereichen und über die gesamte Lebensdauer des Fahrzeugs bereitzustellen. Das schließt das Bereitstellen einer Kraftstoffreserve mit ein, die für einen schnellen Startvorgang und einen raschen Druckanstieg im Rail notwendig ist.

Die Hochdruckpumpe erzeugt permanent und unabhängig von der Einspritzung den Systemdruck für den Hochdruckspeicher (Rail). Deshalb muss der Kraftstoff – im Vergleich zu herkömmlichen Einspritzsystemen – nicht im Verlauf der Einspritzung komprimiert werden.

Als Hochdruckpumpe für die Druckerzeugung dienen 3-, 2- und 1-Stempel-Radialkolbenpumpen. Bei der 3-Stempelpumpe sorgt eine Exzenterwelle für die Hubbewegung der Pumpenkolben, bei den 2- und 1-Stempelpumpen geschieht dies über eine Nockenwelle. Bei Nfz werden auch 2-Stempel-Reihenpumpen eingesetzt.

Die Hochdruckpumpe ist vorzugsweise an derselben Stelle wie konventionelle Verteilereinspritzpumpen am Dieselmotor angebaut. Sie wird vom Motor über Kupplung, Zahnräder, Kette oder Zahnriemen angetrieben. Die Pumpendrehzahl ist somit mit einem festen Übersetzungsverhältnis an die Motordrehzahl gekoppelt.

Hochdruckpumpen werden in verschiedenen Ausführungen in Pkw und Nfz eingesetzt. Innerhalb der Pumpengenerationen gibt es Ausführungen mit unterschiedlicher Förderleistung (50...550 *l*/h) und unterschiedlichem Förderdruck (900...2500 bar).

3-Stempel-Radialkolbenpumpe

Aufbau

Im Gehäuse der Hochdruckpumpe (Bild 11 und Bild 12) ist zentral die Antriebswelle gelagert. Radial dazu sind jeweils um 120° versetzt die Pumpenelemente angeordnet. Der auf den Exzenter der Antriebswelle aufgesetzte Polygonring zwingt die Pumpenkolben zur Auf- und Abbewegung. Die Kraftübertragung zwischen der Exzenterwelle und dem Pumpenkolben erfolgt über die am Kolbenfuß befestigte Kolbenfußplatte.

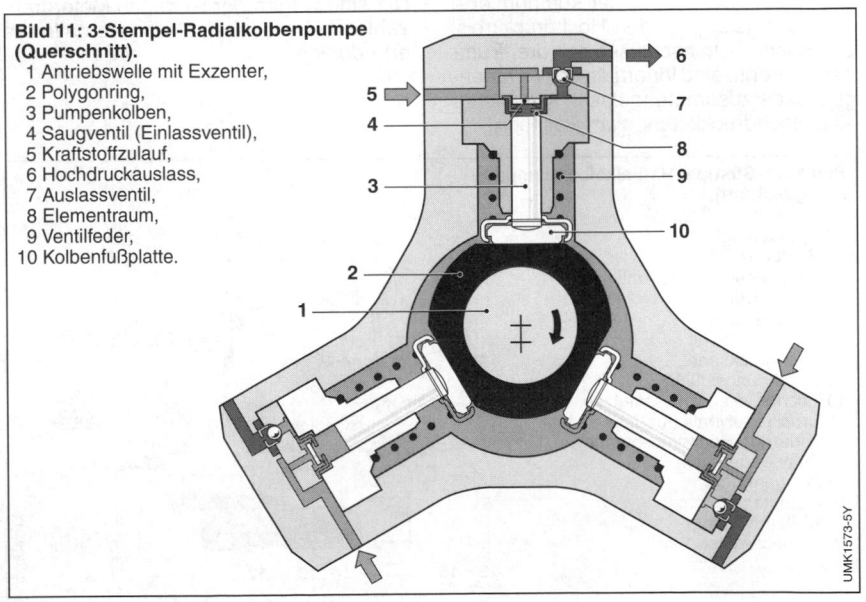

Bild 11: 3-Stempel-Radialkolbenpumpe (Querschnitt).
1 Antriebswelle mit Exzenter,
2 Polygonring,
3 Pumpenkolben,
4 Saugventil (Einlassventil),
5 Kraftstoffzulauf,
6 Hochdruckauslass,
7 Auslassventil,
8 Elementraum,
9 Ventilfeder,
10 Kolbenfußplatte.

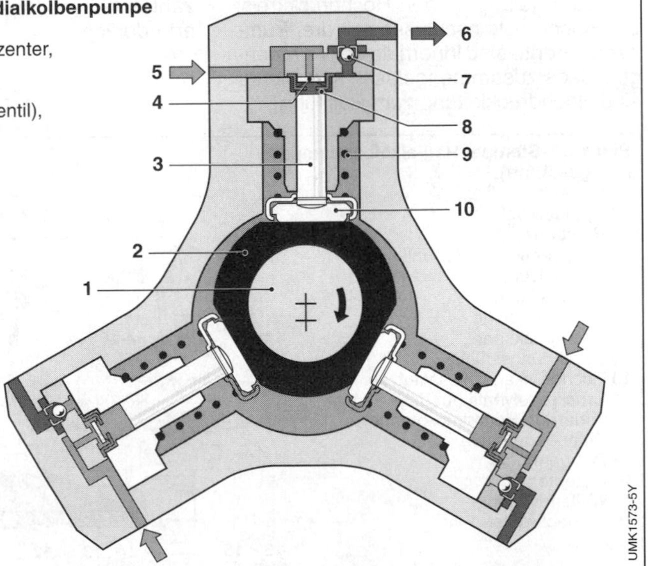

Kraftstoffförderung und Komprimierung
Die Vorförderpumpe – eine Elektrokraftstoffpumpe oder eine mechanisch angetriebene Zahnradpumpe – fördert Kraftstoff über ein Filter mit Wasserabscheider zum Zulauf der Hochdruckpumpe. Bei Pkw-Systemen mit einer an der Hochdruckpumpe angeflanschten Zahnradpumpe befindet sich der Zulauf innerhalb der Pumpe. Hinter dem Zulauf ist ein Überströmventil angeordnet. Überschreitet der Förderdruck der Vorförderpumpe den Öffnungsdruck (0,5...1,5 bar) des Überströmventils, so wird der Kraftstoff durch dessen Drosselbohrung in den Schmier- und Kühlkreislauf der Hochdruckpumpe gedrückt. Die Antriebswelle mit ihrem Exzenter bewegt die drei Pumpenkolben entsprechend dem Exzenterhub auf und ab. Kraftstoff gelangt durch das Saugventil in denjenigen Elementraum, bei dem sich der Pumpenkolben nach unten bewegt (Saughub).

Wird der untere Totpunkt des Pumpenkolbens überschritten, so schließt das Saugventil und der Kraftstoff im Elementraum kann nicht mehr entweichen. Er kann nun über den Förderdruck der Vorförderpumpe hinaus komprimiert werden. Wenn der sich aufbauende Druck den Gegendruck aus dem Rail überschreitet, öffnet das Auslassventil und der komprimierte Kraftstoff gelangt in den Hochdruckkreis. Die Hochdruckanschlüsse der drei Pumpenelemente sind innerhalb des Pumpengehäuses zusammengefasst, sodass nur eine Hochdruckleitung zum Rail führt.

Der Pumpenkolben fördert so lange Kraftstoff, bis der obere Totpunkt erreicht wird (Förderhub). Danach fällt der Druck ab, sodass das Auslassventil schließt. Der Pumpenkolben bewegt sich infolge der Kraftwirkung der Ventilfeder nach unten und der im Totvolumen verbleibende Kraftstoff entspannt sich.

Unterschreitet der Druck im Elementraum die Differenz zwischen Vorförderdruck und Öffnungsdruck des Saugventils, öffnet dieses wieder und der Vorgang beginnt von neuem.

Übersetzungsverhältnis
Die Fördermenge einer Hochdruckpumpe ist proportional zu ihrer Drehzahl. Die Pumpendrehzahl ist wiederum abhängig von der Motordrehzahl. Sie wird bei der Applikation des Einspritzsystems an den Motor über das Übersetzungsverhältnis so festgelegt, dass einerseits die überschüssig geförderte Kraftstoffmenge nicht zu hoch und andererseits der Kraftstoffbedarf bei Volllastbetrieb des Motors gedeckt ist. Mögliche Übersetzungen bezogen auf die Kurbelwelle liegen zwischen 1:2 und 5:6. Das heißt, die Hochdruckpumpe wird ins Schnelle übersetzt. Die Pumpendrehzahl ist somit höher als die Motordrehzahl. Für Nfz sind wegen der niedrigen Motordrehzahlen höhere Übersetzungsverhältnisse erforderlich.

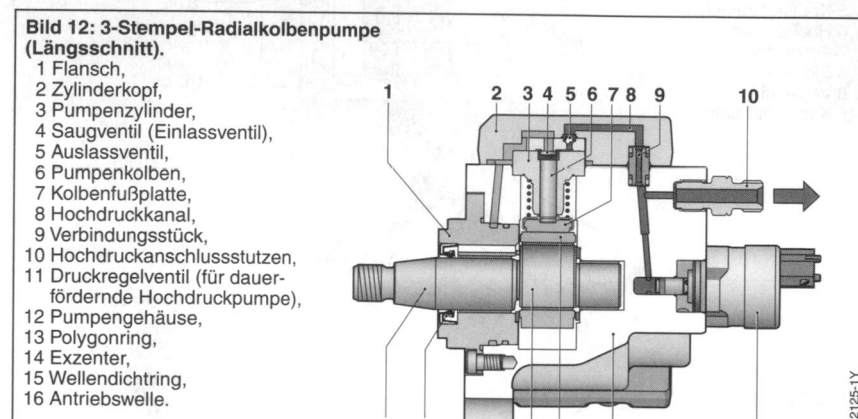

Bild 12: 3-Stempel-Radialkolbenpumpe (Längsschnitt).
1 Flansch,
2 Zylinderkopf,
3 Pumpenzylinder,
4 Saugventil (Einlassventil),
5 Auslassventil,
6 Pumpenkolben,
7 Kolbenfußplatte,
8 Hochdruckkanal,
9 Verbindungsstück,
10 Hochdruckanschlussstutzen,
11 Druckregelventil (für dauerfördernde Hochdruckpumpe),
12 Pumpengehäuse,
13 Polygonring,
14 Exzenter,
15 Wellendichtring,
16 Antriebswelle.

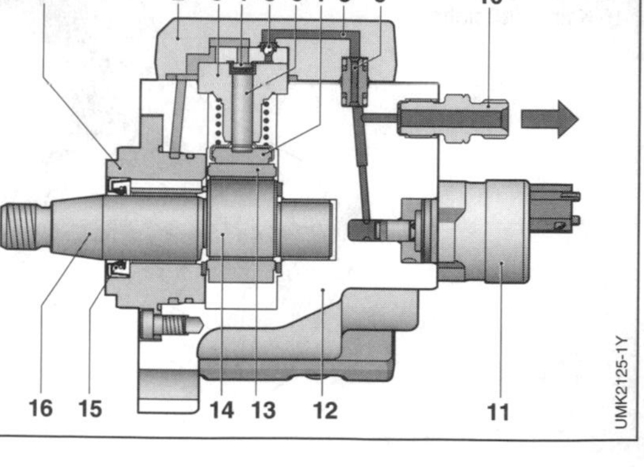

Förderleistung
Da die Hochdruckpumpe für große Fördermengen ausgelegt ist, gibt es im Leerlauf und im Teillastbetrieb einen Überschuss an verdichtetem Kraftstoff. Dieser zu viel geförderte Kraftstoff wird bei Systemen der ersten Generation über das am Rail sitzende oder an der Pumpe angeflanschte Druckregelventil zum Kraftstoffbehälter zurückgeleitet. Da der verdichtete Kraftstoff entspannt wird, geht die durch die Verdichtung eingebrachte Energie verloren; der Gesamtwirkungsgrad sinkt. Das Komprimieren und anschließende Entspannen des Kraftstoffs führt auch zum Aufheizen des Kraftstoffs.

Bild 13: Aufbau der Zumesseinheit.
1 Stecker mit elektrischer Schnittstelle,
2 Magnetgehäuse, 3 Lager,
4 Anker mit Stößel,
5 Magnetventilwicklung mit Spulenkörper,
6 Topf, 7 Restluftspaltscheibe,
8 Magnetkern, 9 O-Ring,
10 Kolben mit Steuerschlitzen,
11 Feder,
12 Kraftstoffzulauf,
13 Kraftstoffauslass.

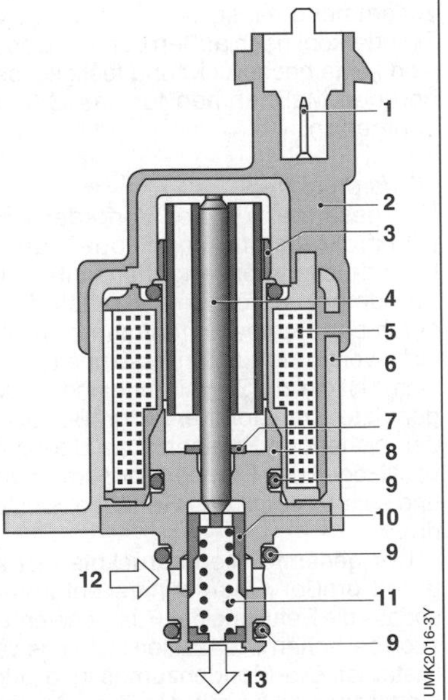

Bedarfsregelung
Eine Verbesserung des energetischen Wirkungsgrads ist durch eine kraftstoffzulaufseitige (saugseitige) Mengenregelung der Hochdruckpumpe möglich. Hierbei wird der in die Pumpenelemente fließende Kraftstoff durch ein stufenlos regelbares, an die Hochdruckpumpe angebautes Magnetventil (Zumesseinheit, ZME) dosiert (Bild 13). Dieses Ventil passt die ins Rail geförderte Kraftstoffmenge über die im Kolben eingelassenen Steuerschlitze dem Systembedarf an. Der vom Magnetventil betätigte Kolben gibt entsprechend seiner Stellung über die Steuerschlitze einen Durchflussquerschnitt frei. Die Ansteuerung des Magnetventils geschieht über ein PWM-Signal (Pulsweitenmodulation).

Mit dieser Mengenregelung wird nicht nur der Leistungsbedarf der Hochdruckpumpe gesenkt, sondern auch die maximale Kraftstofftemperatur reduziert.

1- und 2-Stempel-Radialkolbenpumpe

Anforderungen
Durch den Förderhub der Pumpenelemente werden Druckpulsationen im Rail hervorgerufen, die bei den 3-Stempelpumpen zu Einspritzmengenschwankungen führen. Zur Einhaltung der immer weiter verschärften Emissionsgrenzwerte gewinnt die Präzision der Einspritzung mit minimalen Einspritzmengenschwankungen zunehmend an Bedeutung. Die 1- und die 2-Stempel-Radialkolbenpumpe ermöglichen die einspritzsynchrone Förderung, d.h., der Förderhub der Pumpenelemente erfolgt synchron mit dem Saughub der Motorzylinder. Somit fördert die Pumpe für jeden Motorzylinder immer zum gleichen Kurbelwellenwinkel.

Mit einem oder zwei Pumpenelementen können durch Anpassung des Übersetzungsverhältnisses von 1:2 bis 1:1 zwischen Motor- und Pumpendrehzahl alle Motoren mit drei bis zu acht Zylindern einspritzsynchron bedient werden.

Aufbau
Diese Hochdruckpumpe ist eine Radialkolbenpumpe in 1- oder 2-Stempel-Ausführung. Sie besteht aus (Bild 14)
- einem Aluminiumgehäuse, das nur mit Niederdruck beaufschlagt ist,
- ein oder zwei Pumpenelementen mit hochdruckfesten Zylinderköpfen aus Stahl mit integriertem Hochdruckventil und Hochdruckanschluss sowie
- einem Nockentriebwerk mit Rollenstößel, der die Drehbewegung der Nockenwelle über die Nocken (Doppelnocken mit 180°-Versatz) in eine Hubbewegung des Pumpenkolbens im Zylinderkopf überträgt. Die Nockenwelle wird im Anbauflansch und Gehäuse in zwei Gleitlagern geführt.

Bild 14: 1-Stempel-Radialkolbenpumpe.
1 Zumesseinheit, 2 Pumpenelement,
3 Pumpengehäuse, 4 Anbauflansch,
5 Gleitlager, 6 Antriebswelle (Nockenwelle),
7 Wellendichtring, 8 Zylinderkopf,
9 Saugventil (Einlassventil),
10 Hochdruckventil (Rückschlagventil) im Hochdruckanschluss (Kraftstoffzulauf in dieser Darstellung nicht sichtbar),
11 Pumpenkolben, 12 Rollenstößel,
13 Rollenschuh, 14 Laufrolle,
15 Doppelnocken.

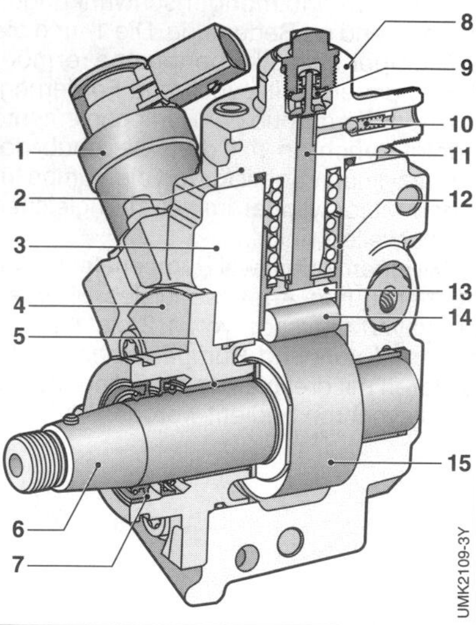

Der Hochdruck wird im Pumpenelement erzeugt. Abhängig vom Hubraum und der Zylinderanzahl des Motors sowie dem Übersetzungsverhältnis werden 1- oder 2-Stempelpumpen eingesetzt. Um den Kraftstoffbedarf von größeren Motoren zu decken, sind zwei Pumpenelemente erforderlich. Bei der 2-Stempel-Ausführung sind die Pumpenelemente in V-Form im 90°-Winkel zueinander angeordnet.

Die große Überdeckungslänge zwischen Zylinderwand und Pumpenkolben führt zu geringen Leckageverlusten beim Komprimieren des Kraftstoffs. Zum anderen führen kurze Leckagezeiten durch die hohe Förderfrequenz (zwei Hübe pro Umdrehung pro Kolben) und das kleine Totvolumen im Zylinderkopf zu einer weiteren Wirkungsgradoptimierung und damit zu einer Reduzierung des Kraftstoffverbrauchs.

Durch die 90°-V-Anordnung der Zylinderköpfe bei der 2-Stempelpumpe gibt es keine Überlappung der Saughübe. Somit ist die Füllung der beiden Pumpenelemente identisch (Gleichförderung).

Die Verbindung vom Hockdruckanschluss zum Rail erfolgt über eine (bei der 1-Stempelpumpe) oder zwei (bei der 2-Stempelpumpe) Hochdruckleitungen. Der Hochdruck wird nicht im Gehäuse zusammengefasst, sondern direkt vom Zylinderkopf nach außen geführt. Deshalb sind keine hochdruck- und festigkeitssteigernden Maßnahmen für das Gehäuse erforderlich.

Niederdruckkreis
Der gesamte von der Vorförderpumpe (Elektrokraftstoffpumpe oder an die Hochdruckpumpe angeflanschte Zahnradpumpe) geförderte Kraftstoff wird durch den Pumpeninnenraum zum Überströmventil und zur Zumesseinheit geführt. Damit ist die zur Schmierung und Kühlung genutzte Kraftstoffmenge größer als bei den bisherigen Pumpen. Das Überströmventil regelt den Pumpen-Innenraumdruck und schützt somit das Gehäuse vor Überdruck.

Der gesamte Niederdruckpfad ist aufgrund großer Querschnitte entdrosselt, sodass die Befüllung der Pumpenelemente auch bei hohen Drehzahlen sicher gewährleistet ist. Die Mengenzumessung erfolgt niederdruckseitig mit der Zumesseinheit oder dem elektrischen Saugventil (siehe Bedarfsregelung).

Hochdruckkreis
Der von der Zumesseinheit vorgesteuerte Kraftstoff gelangt in der Saugphase durch das Saugventil in den Elementraum und wird während der anschließenden Förderphase auf Hochdruck verdichtet und durch das Hochdruckventil und die Hochdruckleitung ins Rail gefördert.

Bedarfsregelung mit Zumesseinheit
Das Konzept der bei diesen Pumpen eingesetzten Zumesseinheit entspricht dem der für die 3-Stempel-Radialkolbenpumpe verwendeten Zumesseinheit (Bild 13), sie unterscheiden sich jedoch in der Konstruktion.

Bedarfsregelung mit elektrischem Saugventil
Das elektrische Saugventil (eSV) ist ebenso wie die Zumesseinheit ein Magnetventil, das elektrisch angesteuert wird. Im Gegensatz zur Zumesseinheit, das ein Proportionalventil darstellt, ist das elektrische Saugventil ein Schaltventil.

Das elektrische Saugventil ist ein aktiv gesteuertes Ventil (Bild 15), das anstelle des konventionellen Saugventils auf dem Zylinderkopf der Einspritzpumpe sitzt. In der Saugphase der Hochdruckpumpe wird der Kolbenraum mit Kraftstoff befüllt. Während der Förderphase wird das Saugventil zunächst offen gehalten. Der geförderte Kraftstoff wird in den Niederdruckkreis zurückgeleitet, bis die gewünschte Kraftstoffmenge im Kolbenraum erreicht ist. Das Saugventil wird dann geschlossen und die im Kolbenraum verbliebene Kraftstoffmenge in das Rail gefördert. Die Ansteuerung des elektrischen Saugventils erfolgt nockenwinkelabhängig.

Aufbau und Funktion
Das elektrische Saugventil besteht aus der Magnetgruppe und dem Hydraulikmodul. Das Saugventil ist stromlos offen. Im nicht angesteuerten Zustand wird das Saugventil über die Ankerfeder gegen die hydraulischen Strömungskräfte offen gehalten. Bei aktiviertem Saugventil wird ein Magnetfeld durch Bestromung der Magnetspule aufgebaut. Das Magnetfeld erzeugt eine Kraft im Anker, die gegen die Ankerfeder wirkt. Ist die Magnetkraft größer als die Federkraft, bewegt sich der Anker in Richtung Polkern und damit schließt das Saugventil.

Merkmale des elektrische Saugventils
Das elektrische Saugventil bietet für hocheffiziente Motoren mehr Flexibilität in der Ansteuerung. Mit dem nockenwinkelabhängigen Steuervorgang kann festgelegt werden, wann die Pumpe mit der Kraftstoffförderung beginnt. Das ermöglicht eine präzise dynamische Raildruckregelung.

Durch das aktive Öffen des Saugventils entstehen sehr geringe Drosseleffekte während der Saugphase, was zu einer hohen hydraulischen Pumpeneffizienz führt.

Eine weitere hervorzuhebende Eigenschaft des elektrischen Saugventils ist die Fähigkeit, trotz angetriebener Pumpe kein Kraftstoff in das Rail zu fördern. Daraus resultiert die Möglichkeit der Motorabschaltung.

Bild 15: Elektrisches Saugventil.
1 Magnetspule,
2 Ankerfeder,
3 Polkern,
4 Anker,
5 Flachstecker,
6 Zylinderkopf der Hochdruckpumpe,
7 Ventilkolben,
8 Kolbenraum der Hochdruckpumpe,
9 Druckfeder,
10 O-Ring,
11 Überwurfmutter,
12 Magnethülse.

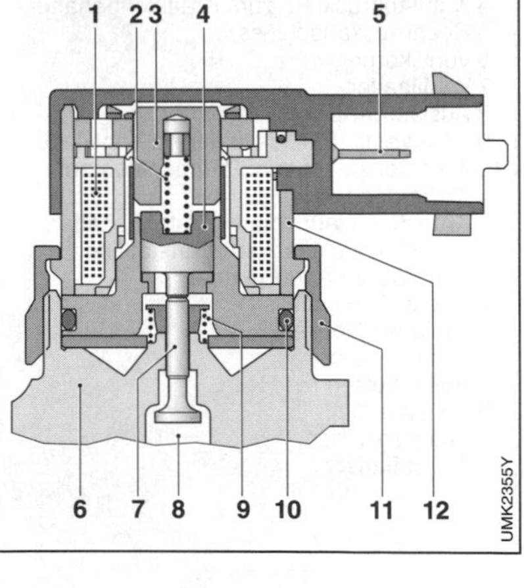

2-Stempel-Reihenkolbenpumpe

Aufbau

Diese bedarfsgeregelte Hochdruckpumpe für Raildrücke bis zu 2500 bar kommt nur im Nfz-Bereich zur Anwendung. Es handelt sich um eine 2-Stempelpumpe in Reihenbauart, d.h., auf die Achsrichtung der Nockenwelle bezogen sind die beiden Pumpenelemente hintereinander angeordnet (Bild 16). Diese Hochdruckpumpe gibt es sowohl als ölgeschmierte als auch als kraftstoffgeschmierte Variante.

Ein Federteller verbindet den Pumpenkolben formschlüssig mit dem Rollenstößel. Über die Nocken wird die Rotationsbewegung der Nockenwelle in eine Hubbewegung der Pumpenkolben umgesetzt. Die Kolbenfeder sorgt für die Rückführung des Pumpenkolbens. Oben am Pumpenelement ist das kombinierte Ein- und Auslassventil aufgesetzt.

In der Verlängerung der Nockenwelle befindet sich die ins Schnelle übersetzte Zahnrad-Vorförderpumpe, die den Kraftstoff über den Kraftstoffeinlass aus dem Tank ansaugt und über den Kraftstoffauslass zum Kraftstoff-Feinfilter leitet. Von dort gelangt er über eine weitere Leitung in die im oberen Bereich der Hochdruckpumpe angeordnete Zumesseinheit.

Die Versorgung mit Schmieröl erfolgt entweder direkt über den Anbauflansch der Pumpe oder über einen seitlichen Zufluss. Der Schmierölrücklauf geht in die Ölwanne des Motors.

Arbeitsweise

Bewegt sich der Pumpenkolben vom oberen Totpunkt in Richtung unteren Totpunkt, öffnet aufgrund des Kraftstoffdrucks (Vorförderdruck) das Saugventil. Infolge der Abwärtsbewegung des Pumpenkolbens wird der Kraftstoff in den Elementraum gesaugt. Das Auslassventil wird durch die Ventilfeder geschlossen.

Bei der Aufwärtsbewegung des Pumpenkolbens schließt das Saugventil und der eingeschlossene Kraftstoff wird verdichtet. Bei Überschreiten des Raildrucks öffnet das Auslassventil und der Kraftstoff wird über den Hochdruckanschluss ins Rail gefördert. Dadurch erhöht sich der Druck im Rail. Der Raildrucksensor misst den Druck, das Motorsteuergerät berechnet daraus die Ansteuersignale (PWM) für die Zumesseinheit. Diese regelt die zur Verdichtung bereitgestellte Kraftstoffmenge entsprechend dem aktuellen Bedarf.

Bild 16: 2-Stempel-Reihenkolbenpumpe.
1 Drehzahlsensor (Pumpendrehzahl),
2 Zumesseinheit,
3 Kraftstoffzulauf für Zumesseinheit (vom Kraftstofffilter),
4 Kraftstoffrücklauf zum Kraftstoffbehälter,
5 Hochdruckanschluss,
6 Ventilkörper,
7 Ventilhalter,
8 Auslassventil mit Ventilfeder,
9 Saugventil (Einlassventil) mit Ventilfeder,
10 Kraftstoffzulauf zum Pumpenelement,
11 Kolbenfeder,
12 Kraftstoffzulauf vom Kraftstoffbehälter,
13 Kraftstoffauslass zum Kraftstofffilter,
14 Zahnrad-Vorförderpumpe,
15 Überströmventil,
16 konkaver Nocken,
17 Nockenwelle,
18 Rollenbolzen mit Rolle,
19 Rollenstößel,
20 Pumpenkolben,
21 Anbauflansch.

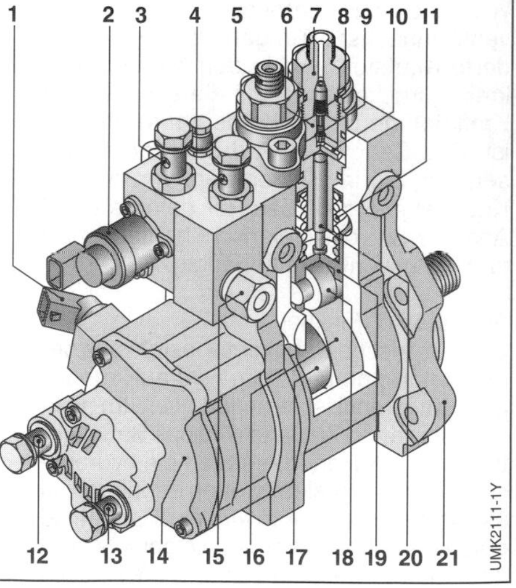

Rail

Aufgabe
Das Rail hat die Aufgabe, den Kraftstoff bei hohem Druck zu speichern. Dabei werden Druckschwingungen, die durch die pulsierende Pumpenförderung und die Einspritzungen der Injektoren entstehen, durch das Speichervolumen gedämpft. Damit ist sichergestellt, dass beim Öffnen eines Injektors der Einspritzdruck konstant bleibt. Einerseits muss das Speichervolumen groß genug sein, um dieser Anforderung gerecht zu werden. Andererseits muss es klein genug sein, um einen schnellen Druckaufbau beim Start zu gewährleisten.

Neben der Funktion der Kraftstoffspeicherung hat das Rail auch die Aufgabe, den Kraftstoff auf die Injektoren zu verteilen.

Anwendung
Das rohrförmige Rail kann wegen der unterschiedlichen Motoreinbaubedingungen verschiedenartig gestaltet sein. Es hat eine Anbaumöglichkeit für den Raildrucksensor sowie für das Druckbegrenzungsventil oder das Druckregelventil (Bild 17).

Der von der Hochdruckpumpe verdichtete Kraftstoff wird über eine oder zwei Kraftstoff-Hochdruckleitungen in den Zulauf des Rails geleitet. Von dort wird er über Hochdruckleitungen auf die einzelnen Injektoren verteilt. Das im Rail vorhandene Volumen ist während des Motorbetriebs ständig mit unter Druck stehendem Kraftstoff gefüllt.

Die Regelung des Kraftstoffdrucks erfolgt über die Elektronische Dieselregelung (EDC), wobei der Kraftstoffdruck vom Raildrucksensor gemessen und – je nach System – von der Bedarfsregelung oder über das Druckregelventil auf den gewünschten Wert geregelt wird. Das Druckbegrenzungsventil wird – abhängig von den Systemanforderungen – als Alternative zum Druckregelventil eingesetzt und hat die Aufgabe, im Fehlerfall den Kraftstoffdruck im Rail auf den maximal zulässigen Druck zu begrenzen.

Bei einigen Railtypen kommen Drosseln im Railzulauf und im Railablauf zum Einsatz, welche die Druckschwingungen der Pumpenförderung und Einspritzungen zusätzlich dämpfen. Wird nun Kraftstoff für eine Einspritzung aus dem Rail entnommen, bleibt der Druck im Rail nahezu konstant.

Bild 17: Konstruktive Ausführung eines Rails mit Druckbegrenzungsventil.
1 Kraftstoffrücklauf (Niederdruck),
2 Hochdruckanschlüsse Injektoren,
3 Hochdruckanschluss zur Hochdruckpumpe (ein oder zwei Anschlüsse),
4 Raildrucksensor.
5 Druckbegrenzungsventil,
6 Railkörper,
7 Drossel (eingepresst, optional),
8 Montagelasche (Motorbefestigung).

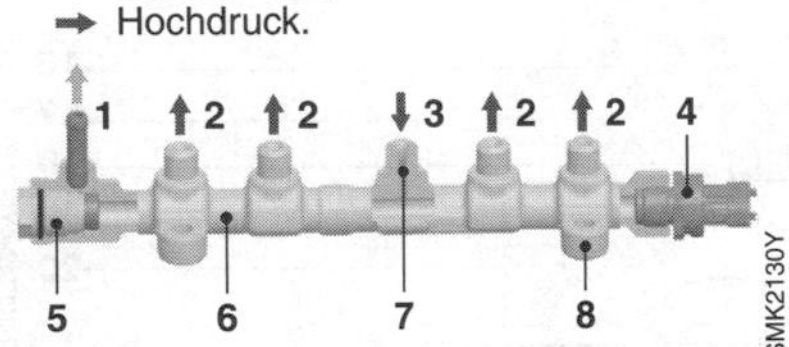

Railtypen
Es werden zwei Railtypen unterschieden – das Schmiederail (Hot Forged Rail) und das Schweißrail (Laser Welded Rail). Bei Bosch sind beide Typen in Serie, die Vorzugsvariante ist das Schmiederail. Das Schweißrail ist in Serie bis 2000 bar eingesetzt und wird nicht weiterentwickelt.

Beim Schmiederail wird das Ausgangsteil für die mechanische Bearbeitung aus einem Stangenmaterial durch einen Schmiedevorgang hergestellt. Die Innengeomtrie und die Railschnittstellen des Railkörpers werden durch Tieflochbohr-, Bohr- und Fräsprozesse hergestellt. Anschließend wird eine korrosionsbeständige Oberfläche aufgebracht. Als letzte Arbeitsschritte werden die Anbaukomponenten montiert und deren Funktion geprüft.

Mit dem Schmiedeprozess sind bei der Formgestaltung der Außengeometrie mehr Möglichkeiten gegeben als bei einem Schweißrail. Ein Vorteil ist die Möglichkeit, die Außengeometrie hinsichtlich Gewichtsoptimierung zu gestalten.

Das Schmiederail wird für Pkw- und Nfz-Anwendungen in Serie bis 2500 bar eingesetzt, eine weitere Drucksteigerung für die nächsten Generationen ist geplant.

Zeitgesteuerte Einzelpumpeneinspritzsysteme

Unit-Injector-System für Pkw

Systemanforderungen

Der elektronisch geregelte Unit-Injector ist ein Einzelpumpeneinspritzzsystem mit integrierter Hochdruckpumpe und Einspritzdüse (Bild 1). Die bei anderen Einspritzsystemen erforderliche Hochdruckleitung zwischen Einspritzpumpe und Einspritzdüse entfällt. Dadurch zeichnet sich das System durch ein besonders gutes hydraulisches Verhalten aus.

Der Unit-Injector ist zwischen den Ventilen im Zylinderkopf montiert, die Einspritzdüse ragt in den Brennraum. Er wird von der oben liegenden Motornockenwelle über Kipphebel angetrieben. Jedem Motorzylinder ist ein eigener Unit-Injector zugeordnet. Einspritzbeginn und Einspritzdauer werden von einem Steuergerät berechnet und über das außen am Pumpenkörper angebrachte Hochdruckmagnetventil gesteuert.

Das Unit-Injector-System (UIS), auch Pumpe-Düse-Einheit (PDE) genannt, wurde für die Erfordernisse moderner direkteinspritzender Dieselmotoren mit hoher Leistungsdichte ausgelegt. Kennzeichnend sind eine kompakte Bauweise, hohe Einspritzdrücke bis 2 200 bar bei Volllast sowie eine mechanisch-hydraulische Voreinspritzung im gesamten Kennfeldbereich, die eine erhebliche Reduzierung des Verbrennungsgeräuschs bewirkt. Die kompakte Bauweise ermöglicht ein minimales Hochdruckvolumen mit entsprechend hohem hydraulischen Wirkungsgrad.

Unit-Injector-Systeme werden für Neuentwicklungen nicht mehr eingesetzt.

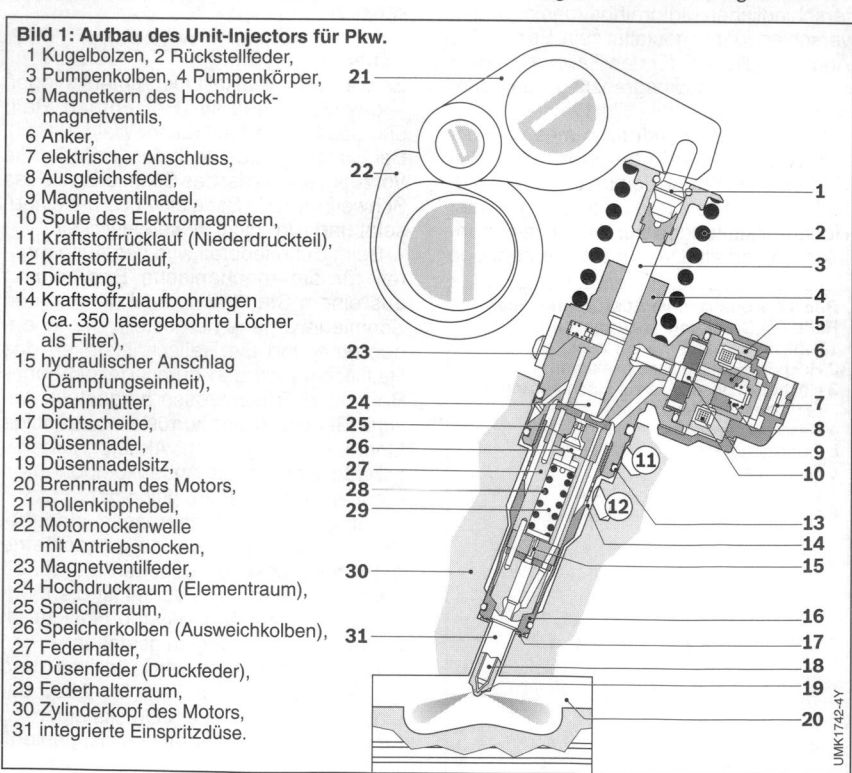

Bild 1: Aufbau des Unit-Injectors für Pkw.
1 Kugelbolzen, 2 Rückstellfeder,
3 Pumpenkolben, 4 Pumpenkörper,
5 Magnetkern des Hochdruckmagnetventils,
6 Anker,
7 elektrischer Anschluss,
8 Ausgleichsfeder,
9 Magnetventilnadel,
10 Spule des Elektromagneten,
11 Kraftstoffrücklauf (Niederdruckteil),
12 Kraftstoffzulauf,
13 Dichtung,
14 Kraftstoffzulaufbohrungen (ca. 350 lasergebohrte Löcher als Filter),
15 hydraulischer Anschlag (Dämpfungseinheit),
16 Spannmutter,
17 Dichtscheibe,
18 Düsennadel,
19 Düsennadelsitz,
20 Brennraum des Motors,
21 Rollenkipphebel,
22 Motornockenwelle mit Antriebsnocken,
23 Magnetventilfeder,
24 Hochdruckraum (Elementraum),
25 Speicherraum,
26 Speicherkolben (Ausweichkolben),
27 Federhalter,
28 Düsenfeder (Druckfeder),
29 Federhalterraum,
30 Zylinderkopf des Motors,
31 integrierte Einspritzdüse.

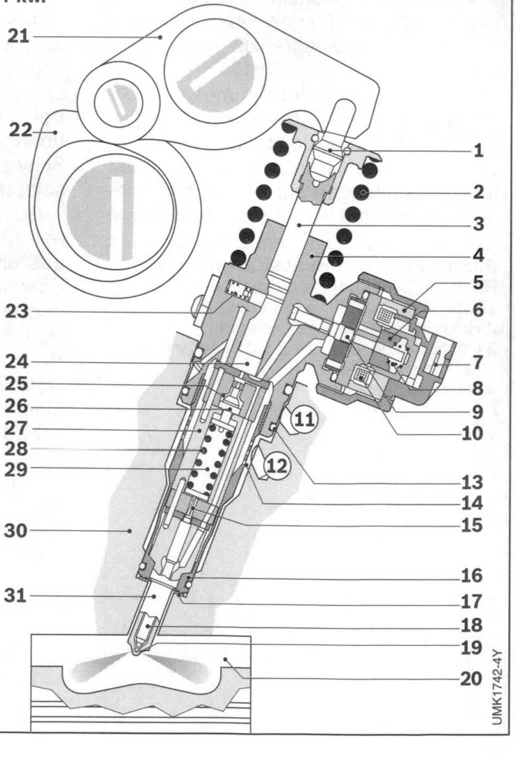

Arbeitsweise

Saughub

Die Befüllung des Unit-Injectors erfolgt während des Saughubs des sich nach oben bewegenden Pumpenkolbens. Der Kraftstoff fließt aus dem Niederdruckteil der Kraftstoffversorgung über die Zulaufbohrungen in den Unit-Injector. Bei geöffnetem Magnetventilsitz gelangt der Kraftstoff in den Hochdruckraum.

Vorhub

Der Pumpenkolben bewegt sich durch die Drehung des Antriebsnockens nach unten. Bei noch geöffnetem Magnetventil wird der Kraftstoff durch den Pumpenkolben aus dem Hochdruckraum in den Niederdruckteil der Kraftstoffversorgung zurückgedrückt. Mit dem zurückfließenden Kraftstoff wird auch Wärme aus dem Unit-Injector abgeführt (Kühlung).

Förderhub und Voreinspritzung

Das Steuergerät bestromt die Spule des Magnetventils zu einem bestimmtem Zeitpunkt, sodass die Magnetventilnadel in den Magnetventilsitz gedrückt und die Verbindung zwischen Hochdruckraum und Niederdruckteil verschlossen wird (Beginning of Injection Period, BIP). Der Kraftstoffdruck im Hochdruckraum steigt durch die Abwärtsbewegung des Pumpenkolbens an. Der Düsenöffnungsdruck liegt für die Voreinspritzung bei ca. 180 bar. Bei Erreichen dieses Drucks wird die Düsennadel angehoben und die Voreinspritzung beginnt. In dieser Phase wird der Hub der Düsennadel durch eine zwischen Düsennadel und Düsenfeder angeordneten Dämpfungseinheit hydraulisch begrenzt, um die geringe erforderliche Einspritzmenge genau dosieren zu können. Der Speicherkolben bleibt zunächst in seinem Sitz, denn die Düsennadel öffnet wegen ihrer größeren hydraulisch wirksamen Fläche, auf die der Druck einwirkt, zuerst.

Durch den weiter ansteigenden Druck wird der Speicherkolben (Ausweichkolben) nach unten gedrückt und hebt nun auch aus seinem Sitz ab. Zwischen Hochdruckraum und Speicherraum wird eine Verbindung hergestellt. Der dadurch verursachte Druckabfall im Hochdruckraum, der erhöhte Druck im Speicherraum und die gleichzeitige Erhöhung der Vorspannung der Düsenfeder bewirken, dass die Düsennadel schließt. Die Voreinspritzung ist beendet. Der Speicherkolben kehrt jedoch nicht in seine Ausgangsposition zurück, da er dem Kraftstoffdruck im geöffneten Zustand eine größere Angriffsfläche bietet als die Düsennadel.

Haupteinspritzung

Aufgrund der fortgesetzten Bewegung des Pumpenkolbens steigt der Druck im Hochdruckraum weiter an. Der Düsenöffnungsdruck für die Haupteinspritzung liegt mit ca. 300 bar höher als bei der Voreinspritzung. Das hat zwei Gründe. Zum einen ist durch die Auslenkung des Speicherkolbens die Vorspannung der Düsenfeder erhöht. Zum anderen muss durch das Ausweichen des Speicherkolbens Kraftstoff aus dem Federhalterraum über eine Drossel in den Niederdruckteil der Kraftstoffversorgung gedrängt werden, sodass der Kraftstoff im Federhalterraum stärker komprimiert wird (Pressure-backing). Das Pressure-backing-Niveau ergibt sich aus der Größe der Drossel im Federhalter und lässt sich variieren. Dadurch ist es möglich, einen sinnvollen Kompromiss zwischen einem niedrigen Öffnungsdruck der Voreinspritzung (aus Geräuschgründen) und einem möglichst hohen Öffnungsdruck der Haupteinspritzung speziell bei Teillast (emissionsreduzierend) zu erreichen. Hub und Schaftdurchmesser des Speicherkolbens bestimmen den Abstand zwischen Ende Voreinspritzung und Beginn Haupteinspritzung, d.h. die Spritzpause.

Mit Erreichen des Düsenöffnungsdrucks wird die Düsennadel angehoben und Kraftstoff in den Brennraum eingespritzt (tatsächlicher Spritzbeginn). Durch die hohe Förderrate des Pumpenkolbens steigt der Druck während des gesamten Einspritzvorgangs weiter an.

Zum Beenden der Haupteinspritzung wird der Stromfluss durch die Spule des Magnetventils abgeschaltet. Das Magnetventil öffnet und gibt die Verbindung zwischen Hochdruckraum und Niederdruckbereich frei. Der Druck bricht zusammen. Mit Unterschreiten des Düsenschließdrucks schließt die Einspritzdüse und beendet den Einspritzvorgang.

Danach kehrt auch der Speicherkolben in seine Ausgangslage zurück. Der restliche Kraftstoff wird während der weiteren Abwärtsbewegung des Pumpenkolbens in den Niederdruckteil zurückgefördert (Resthub). Dabei wird auch Wärme aus dem Unit-Injector abgeführt.

Durch die elektronische Regelung sind Einspritzbeginn und Einspritzmenge im Kennfeld frei wählbar. Dadurch und in Verbindung mit den hohen Einspritzdrücken sind hohe Leistungsdichten bei niedrigen Emissionen und niedrigem Verbrauch möglich.

Bild 2: Aufbau des Unit-Injectors für Nfz.
1 Gleitscheibe, 2 Rückstellfeder,
3 Pumpenkolben, 4 Pumpenkörper,
5 elektrischer Anschluss,
6 Hochdruckraum (Elementraum),
7 Zylinderkopf des Motors,
8 Kraftstoffrücklauf (Niederdruckteil),
9 Kraftstoffzulauf, 10 Federhalter,
11 Druckbolzen, 12 Zwischenscheibe,
13 integrierte Einspritzdüse, 14 Spannmutter,
15 Anker, 16 Spule des Elektromagneten,
17 Magnetventilnadel, 18 Magnetventilfeder,
19 Düsennadel.

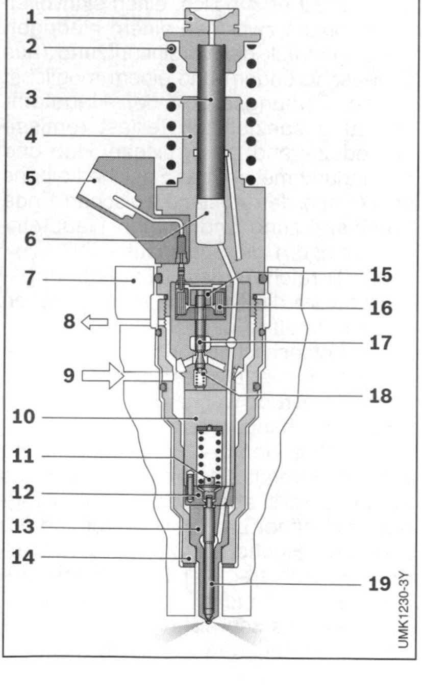

Unit-Injector-System für Nfz

Das Unit-Injector-System für Nfz entspricht weitgehend dem System für Pkw. Wegen den beim Nfz-System größeren Abmessungen kann hier das Magnetventil in den Unit-Injector integriert werden (Bild 2).

Hinsichtlich der Haupteinspritzung hat das Nfz-System die gleiche Funktionsweise wie das Pkw-System. Ein Unterschied ergibt sich für die Voreinspritzung. Beim Unit-Injector-System für Nfz lässt sich diese im unteren Drehzahl- und Lastbereich elektronisch steuern. Dadurch wird das Verbrennungsgeräusch deutlich verringert und das Kaltstartverhalten verbessert.

Bild 3: Aufbau der Unit-Pump.
1 Hydraulischer Hochdruckanschluss,
2 Magnetventilnadel-Hubanschlag,
3 Motorblock, 4 Pumpenkörper,
5 Hochdruckraum (Elementraum),
6 Pumpenkolben, 7 Stößelfeder,
8 Stößelkörper, 9 Rollenstößel,
10 Rollenstößelbolzen, 11 Magnetventilfeder,
12 Ankerplatte, 13 Magnetventilgehäuse,
14 Magnetventilnadel, 15 Filter,
16 Kraftstoffzulauf, 17 Kraftstoffrücklauf,
18 Pumpenkolben-Rückhalteeinrichtung,
19 Federteller, 20 Fixiernut, 21 Stößelrolle.

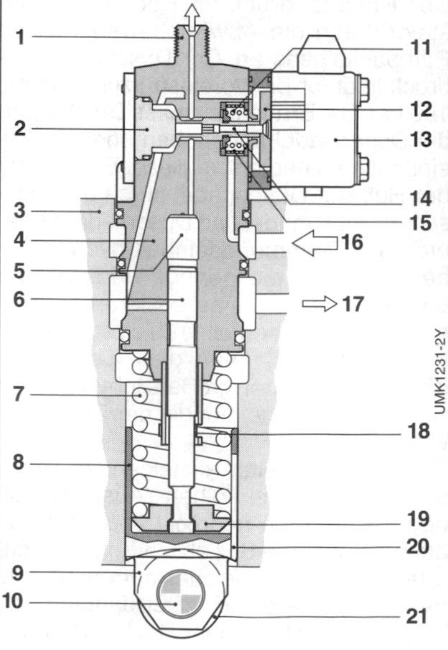

Unit-Pump-System für Nfz

Das Unit-Pump-System (UPS) ist ebenfalls ein modular aufgebautes, zeitgesteuertes Einzelpumpeneinspritzsystem, das mit dem Unit-Injector-System eng verwandt ist. Es wird in Nfz-Motoren und in Großmotoren eingesetzt. Jeder Motorzylinder wird von einem eigenen Modul versorgt, das aus einer Hochdrucksteckpumpe mit integriertem, schnell schaltendem Magnetventil, einer kurzen Hochdruckleitung und einer Einspritzdüse besteht (Bild 3 und Bild 4). Deshalb wird dieses System auch als Pumpe-Leitung-Düse (PLD) bezeichnet. Es lässt Einspritzdrücke bis zu 2100 bar zu.

Die Trennung von Hochdruckerzeugung und Einspritzung erlaubt einen einfacheren Anbau am Motor. Durch die möglichst kurze Leitung ist das hydraulische Verhalten dennoch sehr gut. Die Unit-Pump ist seitlich am Motorblock befestigt. Sie wird von einem Einspritznocken auf der Motornockenwelle über einen Rollenstößel direkt angetrieben. Die Einspritzdüse ist mit einem Düsenhalter in den Zylinderkopf eingebaut. Die Leitungen bestehen aus hochfesten nahtlosen Stahlrohren. Sie müssen für die einzelnen Pumpen eines Motors gleich lang sein.

Das Ansteuerkonzept des Magnetventils entspricht dem des Unit-Injector-Systems. Bei geöffnetem Magnetventil ist das Befüllen des Pumpenzylinders während des Saughubs des Pumpenkolbens und ein Rückströmen während des Förderhubs möglich. Erst wenn das Magnetventil bestromt und damit geschlossen wird, baut sich während des Förderhubs des Pumpenkolbens ein Druck im Hochdruckbereich zwischen Pumpenkolben und Einspritzdüse auf. Nach Überschreiten des Düsenöffnungsdrucks wird Kraftstoff in den Brennraum des Motors eingespritzt.

Elektronische Steuerung

Die Ansteuerung der Magnetventile erfolgt durch ein elektronisches Steuergerät. Dieses wertet alle im System erfassten relevanten Zustandsparameter im Motor und in der Umgebung aus und berechnet den für den jeweiligen Motorbetriebszustand erforderlichen Spritzbeginn sowie die Einspritzmenge. Der Einspritzbeginn wird zudem über ein BIP-Signal (Beginning of Injection Period) geregelt, um die Toleranzen im Gesamtsystem auszugleichen. Die Zuordnung des Spritzbeginns zur Motorkolbenstellung erfolgt durch Auswertung eines inkrementalen Geberrades.

Neben den Einspritzgrundfunktionen gibt es weiterere Funktionen zur Erfüllung der Anforderungen an den Fahrkomfort (z.B. Ruckeldämpfer, Leerlaufdrehzahlregler, adaptive Zylindergleichstellung). Die Diagnose des Einspritzsystems sowie des Motors gehört ebenso zum Funktionsumfang. Der Datenaustausch mit anderen elektronischen Fahrzeugkomponenten (z.B. Antiblockiersystem, Antriebsschlupfregelung oder Getriebesteuerung) erfolgt über einen CAN-Datenbus.

Bild 4: Unit-Pump-System.
1 Motor, 2 Düsenhalter, 3 Einspritzdüse,
4 Hochdruckleitung, 5 Magnetventil,
6 Kraftstoffzulauf,
7 Hochdruckpumpe (Unit-Pump),
8 Nockenwelle.

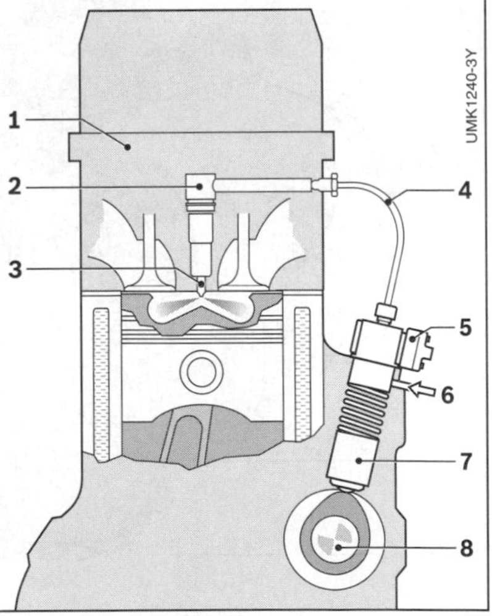

Diesel-Verteilereinspritzpumpen

Die Diesel-Verteilereinspritzpumpen wurden ab 1962 bis nach 2000 in großen Stückzahlen eingesetzt. Anwendungsgebiete dieser Pumpen sind 3-, 4-, 5- und 6-Zylinder-Dieselmotoren in Pkw, Schleppern sowie leichten und mittleren Nfz mit einer Leistung bis zu 50 kW pro Zylinder, abhängig von Drehzahl und Verbrennungsverfahren. Verteilereinspritzpumpen für Direkteinspritzmotoren erreichen bei Drehzahlen bis 4500 min^{-1} bis zu 1950 bar Spitzendruck in der Einspritzdüse.

Man unterscheidet Verteilereinspritzpumpen mit mechanischer und mit elektronischer Regelung, bei denen es kantengesteuerte Ausführungen mit Drehmagnetstellwerk und Ausführungen mit Magnetventilsteuerung gibt.

In Pkw und Nfz sind die Verteilereinspritzpumpen von den Common-Rail-Systemen verdrängt worden.

Axialkolben-Verteilereinspritzpumpen

Aufbau

Förderpumpe

Sofern in der Einspritzanlage keine Vorförderpumpe vorhanden ist, saugt die integrierte Flügelzellen-Förderpumpe den Kraftstoff an und erzeugt in Verbindung mit einem Druckregelventil einen Pumpeninnenraumdruck, der mit zunehmender Drehzahl ansteigt.

Hochdruckpumpe

Die Axialkolben-Verteilereinspritzpumpe (VE-Pumpe) hat nur ein Pumpenelement für alle Zylinder. Der Verteilerkolben fördert den Kraftstoff durch eine axiale Hubbewegung und verteilt ihn durch gleichzeitige Drehbewegung über Bohrungen auf die einzelnen Hochdruckanschlüsse (Bild 1).

Bild 1: Magnetventilgesteuerte Axialkolben-Verteilereinspritzpumpe.
1 Drehwinkelsensor, 2 Antriebswelle, 3 Stützring der Flügelzellen-Förderpumpe, 4 Rollenring, 5 Spritzversteller, 6 Pumpensteuergerät, 7 Hubscheibe, 8 Verteilerkolben, 9 Hochdruck-Magnetventil, 10 Hochdruckanschluss, 11 Verteilerbohrung.

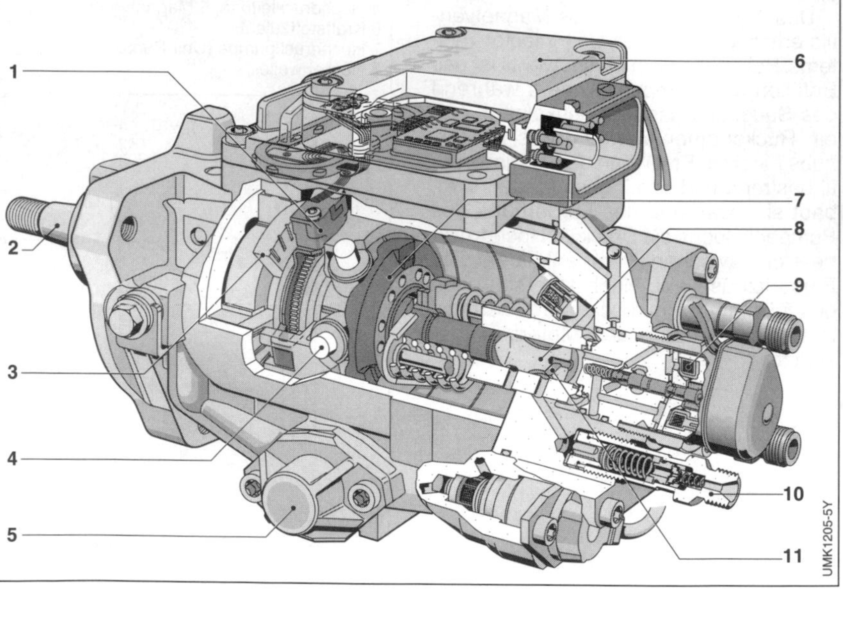

Eine Kupplungseinheit überträgt die Drehbewegung der Antriebswelle auf die Hubscheibe und den fest mit ihr verbundenen Verteilerkolben. Hierbei greifen die Klauen der Antriebswelle und der Hubscheibe in die dazwischen angeordnete Kreuzscheibe ein. Die Nockenerhebungen auf der Unterseite der Hubscheibe wälzen sich auf den Rollen des Rollenrings ab. Dadurch führen Hubscheibe und Verteilerkolben zusätzlich zur Drehbewegung eine Hubbewegung aus. Während einer Umdrehung der Antriebswelle macht der Verteilerkolben so viele Hübe wie Motorzylinder zu versorgen sind.

Solange während des Arbeitshubs die Absteuerbohrung im Verteilerkolben verschlossen ist, fördert die Pumpe. Die Förderung ist zu Ende, wenn die Absteuerbohrung aus dem Regelschieber austritt (Bild 2).

Elektronische Regelung für Verteilereinspritzpumpen mit Drehmagnetstellwerk

Im Gegensatz zu der mechanisch geregelten VE-Pumpe verfügt die Pumpe mit Drehmagnetstellwerk über einen elektronischen Regler und einen elektronisch geregelten Spritzversteller (Bild 2).

Elektronischer Regler

Der Regelschieber der VE-Pumpe ist über einen exzentrisch angeordneten Kugelbolzen mit einem elektromagnetischen Drehmagnetstellwerk verbunden. Abhängig von der Drehstellung des Stellwerks verändert der Regelschieber seine Lage und damit den Nutzhub der Pumpe. Mit dem Drehmagnetstellwerk ist ein berührungsloser Stellungsrückmelder verbunden.

Das Steuergerät empfängt verschiedene Sensorsignale: Fahrpedalstellung, Motordrehzahl, Luft-, Kühlmittel- und Kraftstofftemperatur, Ladedruck, Atmosphärendruck usw. Es bestimmt aus diesen Eingangsgrößen die richtige Einspritzmenge und rechnet diese über gespeicherte Kennfelder in eine Regelschieberstellung um. Nun verändert das Steuergerät so lange den Erregerstrom für das Drehmagnetstellwerk, bis der Stellungsrückmelder anzeigt, dass die Iststellung des Regelschiebers der Sollstellung entspricht.

Elektronisch geregelter Spritzversteller

Der hydraulische Spritzversteller mit dem Spritzversteller-Magnetventil verdreht den Rollenring je nach Lastzustand und Drehzahl so, dass der Förderbeginn – bezogen auf die Kolbenstellung des Motors – früher oder später erfolgt.

Bild 2: Elektronische Regelung für Axialkolben-Verteilereinspritzpumpen mit Drehmagnetstellwerk.
1 Flügelzellen-Förderpumpe, 2 Spritzversteller-Magnetventil, 3 Spritzverstellerkolben, 4 Regelschieber, 5 Verteilerkolben, 6 Rollenring (Ansicht um 90° gedreht), 7 Drehmagnetstellwerk mit Stellungsrückmelder, 8 Steuergerät, 9 exzentrisch angeordneter Kugelbolzen, 10 Absteuerbohrung.

Ein- und Ausgangsgrößen:
a Drehzahl, b Spritzbeginn,
c Temperatur, d Ladedruck,
e Fahrpedalstellung, f Kraftstoffrücklauf,
g Hochdruckleitung zur Einspritzdüse,
h Kraftstoffzulauf.

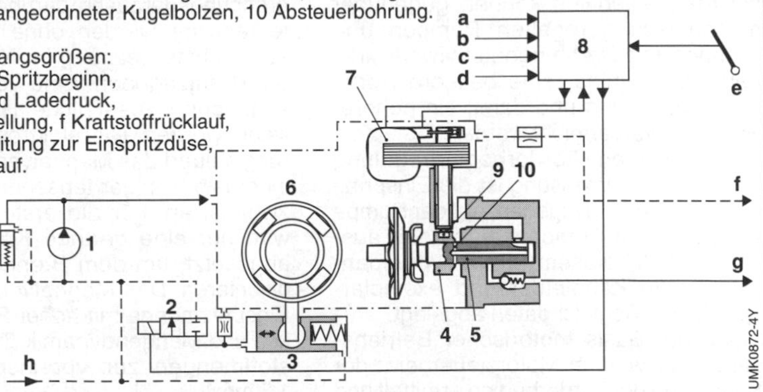

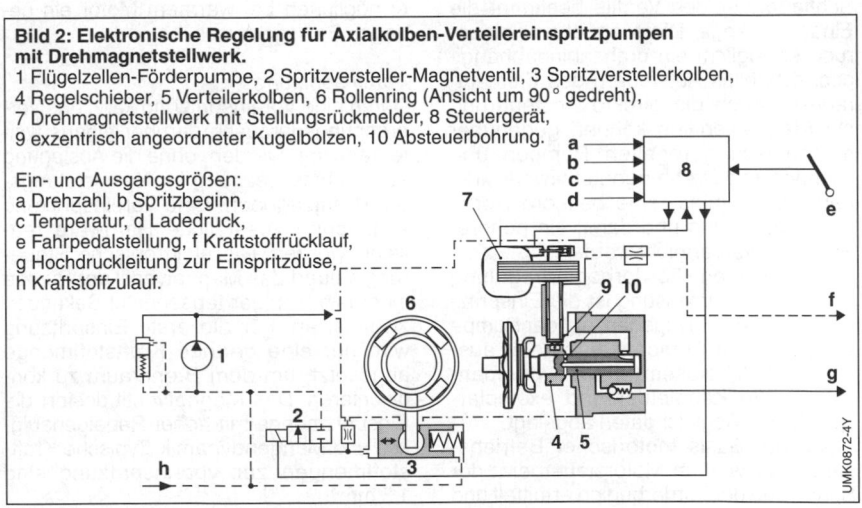

Das Signal eines Sensors im Düsenhalter, der den Beginn der Öffnung der Einspritzdüse anzeigt, wird mit einem programmierten Sollwert verglichen. Das Spritzversteller-Magnetventil, das an den Arbeitsraum des Spritzverstellerkolbens angeschlossen ist, beeinflusst den Druck über dem Spritzverstellerkolben und damit die Stellung des Spritzverstellers. Das Ansteuer-Taktverhältnis des Spritzversteller-Magnetventils wird so lange verändert, bis Soll- und Istwert übereinstimmen.

Elektronische Regelung für magnetventilgesteuerte Verteilereinspritzpumpen

Bei den magnetventilgesteuerten VE-Pumpen (Bild 1) übernimmt ein Hochdruck-Magnetventil, das direkt den Elementraum der Pumpe verschließt, die Kraftstoffzumessung. Dies erlaubt eine noch größere Flexibilität in der Kraftstoffzumessung und in der Spritzbeginnvariation. Die wesentlichen Baugruppen sind das Hochdruck-Magnetventil, das elektronische Steuergerät und das inkrementale Winkel-Zeit-System zur Winkel-Zeit-Steuerung des Magnetventils durch einen in die Pumpe eingebauten Drehwinkelsensor.

Der Schließzeitpunkt des Magnetventils bestimmt den Förderbeginn, mit dem Öffnen ist das Förderende festgelegt. Die Schließdauer des Ventils bestimmt die Einspritzmenge. Die Magnetventilsteuerung ermöglicht ein drehzahlunabhängiges, schnelles Aufsteuern des Elementraums. Durch die direkte Ansteuerung mit Magnetventilen können gegenüber mechanisch geregelten Pumpen und Pumpen mit Drehmagnetstellwerk kleinere Totvolumina, eine bessere Hochdruckabdichtung und damit ein höherer Wirkungsgrad erreicht werden.

Zur exakten Förderbeginnregelung und Mengenzumessung ist die Einspritzpumpe mit einem eigenen, auf der Pumpe angebrachten Pumpensteuergerät ausgestattet. In diesem werden pumpenindividuelle Kennfelder und exemplarspezifische Abgleichdaten abgelegt.

Auf der Basis motorischer Betriebsparameter wird im Motorsteuergerät der Spritz- und der Förderbeginn ermittelt und über den Datenbus an das Pumpensteuergerät übertragen. Das System bietet sowohl die Möglichkeit der Spritzbeginn- als auch der Förderbeginnregelung.

Über den Datenbus erhält das Pumpensteuergerät ebenfalls das Einspritzmengensignal, das im Motorsteuergerät aufgrund des Fahrpedalsignals und anderer Momentanforderungen erzeugt wird. Im Pumpensteuergerät bildet das Einspritzmengensignal und die Pumpendrehzahl bei vorgegebenem Förderbeginn die Eingangsgrößen für das Pumpenkennfeld, in dem die zugehörige Ansteuerdauer in Grad Nockenwinkel abgelegt ist.

Die Umsetzung der Ansteuerung des Hochdruck-Magnetventils und der gewünschten Ansteuerdauer erfolgt schließlich auf Basis des in die VE-Pumpe integrierten Drehwinkelsensors. Dieser Sensor zur Winkel-Zeit-Steuerung besteht aus einem Feldplattensensor und einem Inkrementrad mit 3°-Winkelteilung, die von je einer Referenzmarke pro Zylinder unterbrochen wird. Seine Aufgabe ist die exakte Bestimmung des Nockenwinkels, zu dem das Magnetventil schließt und öffnet. Dies erfordert im Pumpensteuergerät Zeit-Winkel- und Winkel-Zeit-Umrechnungen.

Die prinzipbedingten kleinen Förderraten der VE-Pumpe zum Einspritzbeginn, nochmals verringert durch den Einsatz eines Zweifeder-Düsenhalters, ermöglichen bei warmem Motor ein geringes Basisgeräusch.

Voreinspritzung

Durch eine Voreinspritzung kann das Verbrennungsgeräusch darüber hinaus weiter reduziert werden, ohne die Auslegung auf höchste Leistung im Nennleistungspunkt aufzugeben. Eine Voreinspritzung kann ohne zusätzliche Hardware realisiert werden. Die elektronische Steuerung steuert das Magnetventil der Pumpe innerhalb weniger tausendstel Sekunden zweimal an. Für die erste Einspritzung wird nur eine geringe Kraftstoffmenge abgesetzt, um dem Brennraum zu konditionieren. Das Magnetventil dosiert die Einspritzmenge mit hoher Regelgenauigkeit und Mengendynamik. Typische Kraftstoffmengen zur Voreinspritzung sind 1,5 mm^3.

Radialkolben-Verteilereinspritzpumpen

Aufbau

Hochdruckpumpe

Die Radialkolben-Hochdruckpumpe (VR-Pumpe, Bild 3) wird direkt von der Antriebswelle angetrieben. Sie besteht aus dem Nockenring, den Rollenschuhen mit Rollen, den Förderkolben, der Mitnehmerscheibe und dem vorderen Teil (Kopf) der Verteilerwelle.

Die Antriebswelle treibt die Mitnehmerscheibe über radial angeordnete Führungsschlitze an. Die Führungsschlitze dienen gleichzeitig zur Aufnahme der Rollenschuhe. Diese laufen gemeinsam mit den darin gelagerten Rollen die Innennockenbahn des um die Antriebswelle angeordneten Nockenrings ab. Die Anzahl der Nockenerhebungen entspricht der Zylinderzahl des Motors.

Die Mitnehmerscheibe treibt die Verteilerwelle an. Im Kopf der Verteilerwelle werden die Förderkolben radial zur Antriebsachse geführt (daher die Bezeichnung Radialkolben-Verteilerpumpe).

Die Förderkolben stützen sich auf den Rollenschuhen ab. Da diese von den Fliehkräften nach außen gedrückt werden, bewegen sich die Förderkolben entsprechend des Hubverlaufs der Nockenbahn und führen so eine zyklische Hubbewegung durch.

Bild 3: Magnetventilgesteuerte Radialkolben-Verteilereinspritzpumpe.
1 Sensor (Winkel-Zeit-System), 2 Pumpensteuergerät, 3 Verteilerwelle, 4 Magnetventilnadel, 5 Verteilerkörper, 6 Spritzversteller, 7 Radialkolbenpumpe, 7.1 Nockenring, 7.2 Rolle, 7.3 Verteilerwelle, 7.4 Förderkolben, 7.5 Rollenschuh, 8 Spritzversteller-Magnetventil, 9 Druckventil, 10 Hochdruckmagnetventil, 11 Antriebswelle.

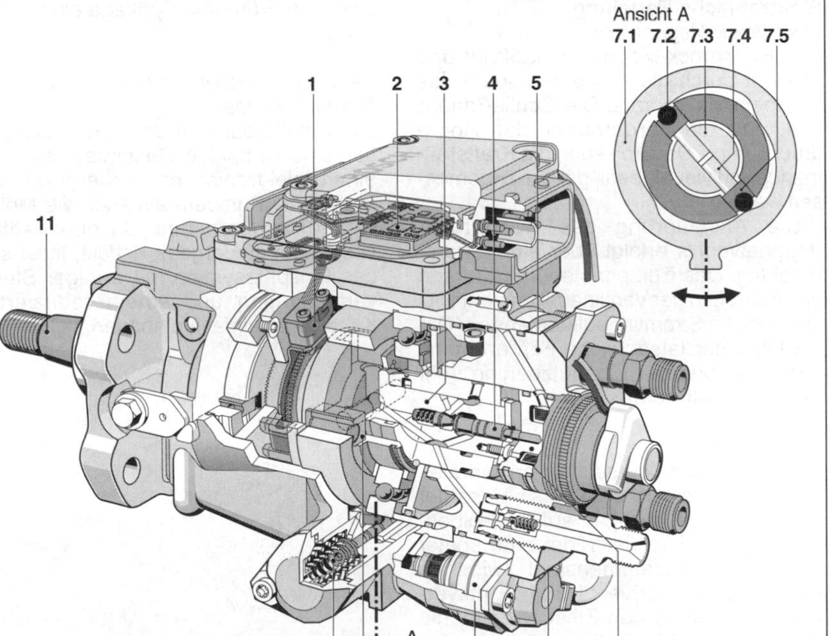

Werden die Förderkolben durch die Nockenerhebung nach innen verschoben, verringert sich das Volumen im zentralen Hochdruckraum (Elementraum) zwischen den Förderkolben. Der Kraftstoff wird bei geschlossenem Magnetventil komprimiert und gefördert. Über Bohrungen in der Verteilerwelle gelangt der Kraftstoff zu definierten Zeiten zum entsprechenden Auslass mit dem Druckventil.

Der direkte Kraftfluss innerhalb des Nockentriebs hat geringe elastische Nachgiebigkeiten und damit ein höheres Leistungsvermögen zur Folge. Die Förderleistung wird auf mindestens zwei radiale Förderkolben verteilt. Durch die kleinen Massenkräfte sind schnelle Nockenprofile möglich. Zur weiteren Förderratensteigerung kann die Anzahl der Förderkolben erhöht werden.

Radialkolben-Verteilereinspritzpumpen für Motoren mit Direkteinspritzung erreichen Elementraumdrücke bis zu 1 100 bar und Drücke in der Düse bis zu 1 950 bar.

Elektronische Regelung

Hochdruck-Magnetventil

Das Hochdruck-Magnetventil öffnet und schließt durch die Ansteuersignale des Pumpensteuergeräts. Die Schließdauer bestimmt die Förderdauer der Hochdruckpumpe. Dadurch kann die Kraftstoffmenge individuell sehr genau zugemessen werden.

Die Ansteuerung des Hochdruck--Magnetventils erfolgt über eine Stromregelung. Das Pumpensteuergerät kann das Auftreffen der Ventilnadel im Ventilsitz anhand des Stromverlaufs erkennen. Damit kann der tatsächliche Förderbeginn berechnet und der Einspritzbeginn sehr exakt geregelt werden.

Spritzversteller

Der hydraulisch übersetzte Spritzversteller verdreht den Nockenring so, dass der Förderbeginn – bezogen auf die Kolbenstellung des Motors – früher oder später erfolgt. Das Zusammenspiel zwischen Hochdruck-Magnetventil und Spritzverstellung passt so den Einspritzzeitpunkt und das Einspritzverhalten optimal an den Betriebszustand des Motors an.

Der Nockenring greift mit einem Kugelzapfen in die Querbohrung des Spritzverstellerkolbens ein, sodass die axiale Bewegung des Spritzverstellerkolbens in eine Drehbewegung des Nockenrings umgesetzt wird. Mittig im Spritzverstellerkolben ist ein Regelschieber angeordnet, der die Steuerbohrungen im Spritzverstellerkolben öffnet und schließt. In gleicher Achsrichtung liegt ein federbelasteter hydraulischer Steuerkolben, der die Sollposition für den Regelschieber vorgibt. Das Spritzversteller-Magnetventil beeinflusst den Druck am Steuerkolben, wenn er vom Pumpensteuergerät angesteuert wird.

Gegenüber dem hydraulischen Spritzversteller der Axialkolben-Verteilereinspritzpumpe kann der hydraulisch übersetzte Spritzversteller höhere Verschiebekräfte aufbringen.

Das Spritzversteller-Magnetventil wirkt wie eine variable Drossel. Es kann den Steuerdruck stetig beeinflussen, sodass der Steuerkolben beliebige Positionen zwischen Früh- und Spätlage einnehmen kann.

Variante mit Vollelektronik auf der Einspritzpumpe

Die Verteilerpumpen der letzten Generation sind kompakte Gesamtsysteme mit einem elektronischen Steuergerät, das sowohl die Pumpen- als auch die Motorsteuerung übernimmt. Da ein zusätzliches Motorsteuergerät entfällt, lässt sich das Einspritzsystem mit weniger Steckverbindungen und einem reduzierten Kabelbaum einfach einbauen.

Einspritzsystem

Die Einspritzpumpe ist Bestandteil eines Einspritzsystems (Bild 4). Ein Diesel-Einspritzsystem besteht aus der Kraftstoffversorgung (Niederdruckteil), der Hockdruckkomponente, den Einspritzkomponenten und der Regelung. Die Kraftstoffversorgung speichert und filtert den Kraftstoff. Falls erforderlich, ist noch eine zusätzliche Kraftstoffpumpe vorhanden. Die Einspritzpumpe mit den Leitungen stellt die Hochdruckkomponente dar. Sie erzeugt den Hochdruck und verteilt ihn zum richtigen Zeitpunkt auf die entsprechenden Motorzylinder.

Bei Verteilerpumpen-Einspritzsystemen besteht die Einspritzkomponente aus den Einspritzdüsen und den Düsenhaltern. Diese Düsenhalterkombinationen weisen eine große Variantenvielfalt auf. Pro Zylinder ist eine Düsenhalterkombination eingesetzt. Ihre Befestigung erfolgt mit Pratzen oder mit Hohlschrauben im Zylinderkopf. Die Aufgaben der Einspritzdüsen sind das dosierte Einspritzen und das Aufbereiten des Kraftstoffs, das Formen des Einspritzverlaufs sowie das Abdichten gegen den Brennraum. Einspritzdüsen bestehen aus dem Düsenkörper mit mehreren, bis zu 0,12 mm feinen Spritzlöchern und der Düsennadel. Diese ist in der Führungsbohrung des Düsenkörpers geführt. Die unter verschiedenen Winkeln angebrachten Spritzlöcher im Düsenkörper müssen passend zum Brennraum ausgerichtet sein.

Die mechanische oder die elektronische Regelung der Verteilereinspritzpumpe ist an der Pumpe selbst angebracht. Einige Systeme verfügen noch über ein separates Motorsteuergerät. Für die elektronischen Regelung sind noch zahlreiche Sensoren und Sollwertgeber vorhanden.

Bild 4: Diesel-Einspritzanlage mit einer Radialkolben-Verteilereinspritzpumpe.

1 Motorsteuergerät,
2 Glühzeitsteuergerät,
3 Luftmassensensor,
4 Fahrpedalsensor,
5 Einspritzdüsen,
6 Glühstiftkerzen,
7 Verteilereinspritzpumpe mit Pumpensteuergerät,
8 Kraftstofffilter,
9 Temperatursensor,
10 Drehzahlsensor.

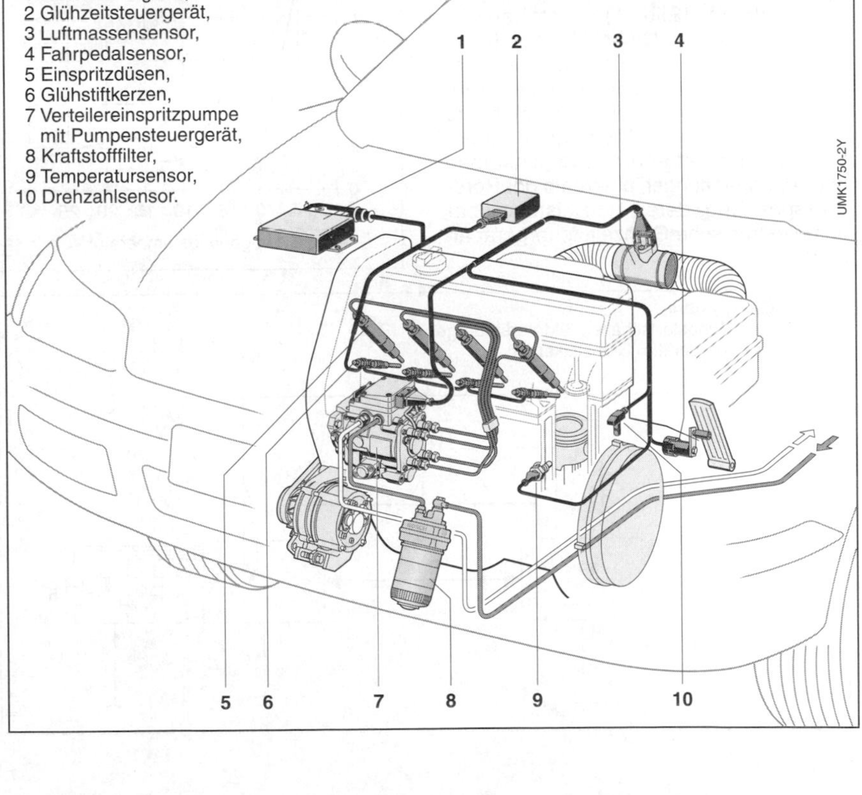

Starthilfesysteme für Dieselmotoren

Glühsysteme für Pkw und leichte Nfz

Warme Dieselmotoren starten bei niedrigen Außentemperaturen spontan. Hier wird die Selbstentzündungstemperatur für Dieselkraftstoff von 250 °C beim Start mit der Startdrehzahl durch Kompression erreicht. Kalte Dieselmotoren benötigen in Abhängigkeit ihres Verdichtungsverhältnisses bei niedrigen Umgebungstemperaturen eine Starthilfe mit Glühstiftkerzen (Bild 2).

Der Einsatz von Glühsystemen geht weit über eine reine Starthilfe hinaus. So können im Fahrbetrieb bei warmem Motor immer wieder die Glühstiftkerzen aktiviert werden, um die Verbrennung in allen Betriebszuständen zu optimieren.

Aufbau und Funktion eines Glühsystems

Glühsysteme (Bild 1) bestehen im Wesentlichen aus Glühstiftkerzen (GLP, Glow Plug), dem Glühzeitsteuergerät (GCU, Glow Control Unit) und einer Glühsoftware in der Motorsteuerung. Die heute meist verwendeten Niederspannungs-Glühsysteme erfordern Glühstiftkerzen mit Nennspannungen unterhalb der Bordnetzspannung, deren Heizleistung über das elektronische Glühzeitsteuergerät an die Anforderung des Motors angepasst wird.

Die Glühstiftkerzen ragen bei DI-Motoren in den Brennraum des Motorzylinders. Das Luft-Kraftstoff-Gemisch wird an der heißen Spitze der Glühstiftkerze vorbeigeführt. Verbunden mit der Ansauglufterwärmung während des Verdichtungstakts wird die Entflammungstemperatur erreicht und das Kraftstoff-Luft-Gemisch entzündet sich.

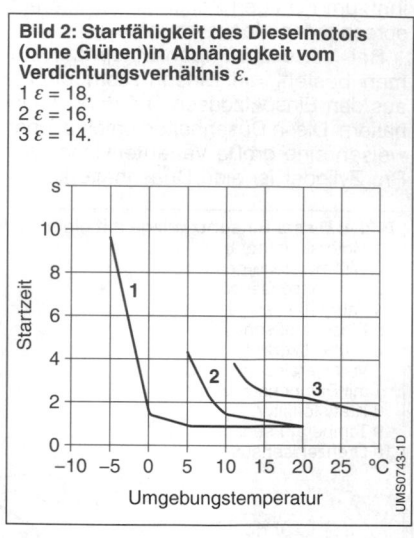

Bild 2: Startfähigkeit des Dieselmotors (ohne Glühen)in Abhängigkeit vom Verdichtungsverhältnis ε.
1 $\varepsilon = 18$,
2 $\varepsilon = 16$,
3 $\varepsilon = 14$.

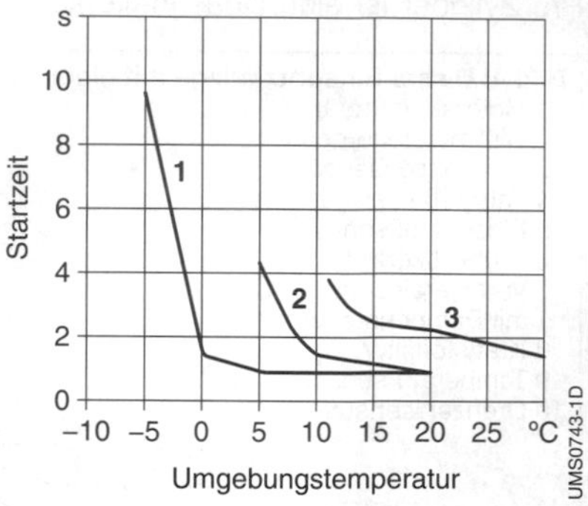

Bild 1: Glühsystem.
1 Batterie, 2 Zündstartschalter, 3 Motorsteuergerät, 4 Glühzeitsteuergerät, 5 Glühstiftkerzen.

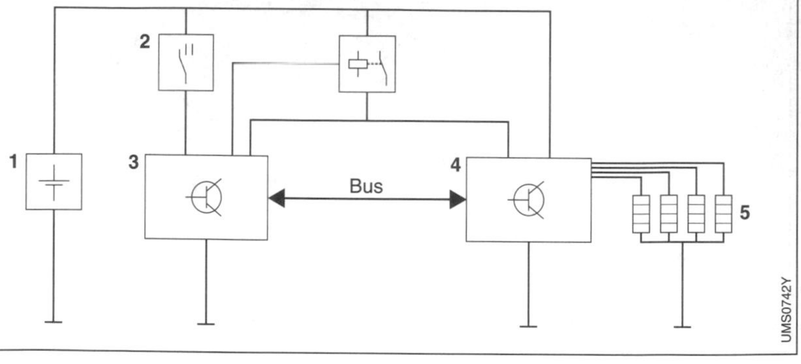

Die Glühsoftware im Motorsteuergerät startet und beendet den Glühvorgang in Abhängigkeit von in der Software abgelegten Parametern (z.B. Zündstartschalter ein/aus, Kühlmitteltemperatur). Das Glühzeitsteuergerät steuert nach den Vorgaben des Motorsteuergeräts die Glühstiftkerzen während der Glühphasen (Vor-, Bereitschafts-, Start- und Nachglühen) mit Bordnetzspannung über einen elektronischen Schalter (Transistor) an. Mit einer pulsweitenmodulierten Ansteuerung wird die Versorgungsspannung der Glühstiftkerzen auf Werte unterhalb der Bordnetzspannung eingestellt. Ein direkter Betrieb an Bordnetzspannung würde den Glühstift aufgrund der niedrigeren Nennspannung zerstören.

Glühphasen

- Beim Vorglühen wird die Glühstiftkerze auf Betriebstemperatur erhitzt.
- Beim Bereitschaftsglühen hält das Glühsystem eine zum Start erforderliche Temperatur für eine definierte Zeit vor.
- Startglühen wird während des Motorhochlaufs angewendet.
- Die Nachglühphase beginnt nach dem Starterabwurf.
- Zwischenglühen wird nach Motorabkühlung durch Schubbetrieb oder zur Unterstützung der Partikelfilterregeneration aktiviert.

Um beim Vorglühen die für den Motorstart erforderliche Glühtemperatur möglichst schnell zu erreichen, werden die Glühstiftkerzen in dieser Phase kurzzeitig mit der Push-Spannung, die oberhalb der Nennspannung liegt, betrieben. Während des Bereitschaftsglühens wird die Ansteuerspannung auf die Nennspannung abgesenkt.

Beim Startglühen wird die Ansteuerspannung wieder angehoben, um die Abkühlung der Glühstiftkerze durch die kalte Ansaugluft auszugleichen. Dies ist auch im Nach- und im Zwischenglühbereich möglich. Die erforderliche Spannung wird mehreren Kennfeldern entnommen, die an den jeweiligen Motor angepasst sind. Die Kennfelder enthalten u.a. die Parameter Drehzahl, Einspritzmenge, Zeit nach Starterabwurf und Kühlmitteltemperatur.

Die kennfeldgestützte Ansteuerung verhindert sicher eine thermische Überlastung der Glühstiftkerzen in allen Motorbetriebszuständen. Die im Motorsteuergerät implementierte Glühfunktion beinhaltet einen Überhitzungsschutz bei Wiederholglühen.

Diese Niederspannungs-Glühsysteme ermöglichen einen Schnellstart ähnlich wie beim Ottomotor bis zu etwa –30 °C.

Niederspannungs-Metall-Glühstiftkerze

Aufbau und Eigenschaften

Der Glühstift besteht aus einem Rohrheizkörper, der in das Gehäuse gasdicht eingepresst ist (Bild 3). Der Rohrheizkörper besteht aus einem heißgas- und korrosionsbeständigen Glührohr, das im Inneren eine in verdichtetem Magnesiumoxidpulver eingebettete Glühwendel trägt. Diese Glühwendel setzt sich aus zwei in Reihe geschalteten Widerständen zu-

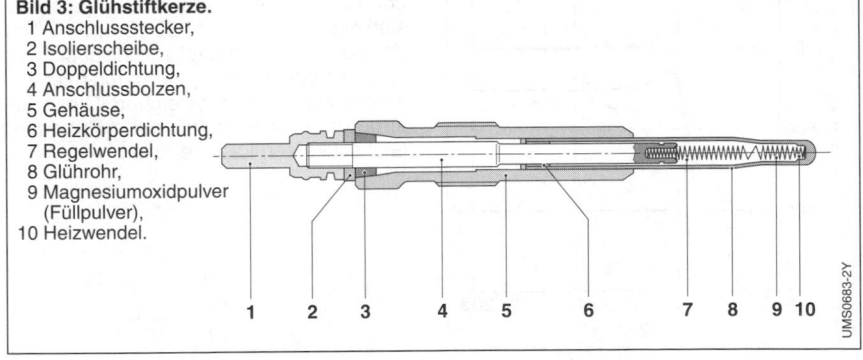

Bild 3: Glühstiftkerze.
1 Anschlussstecker,
2 Isolierscheibe,
3 Doppeldichtung,
4 Anschlussbolzen,
5 Gehäuse,
6 Heizkörperdichtung,
7 Regelwendel,
8 Glührohr,
9 Magnesiumoxidpulver (Füllpulver),
10 Heizwendel.

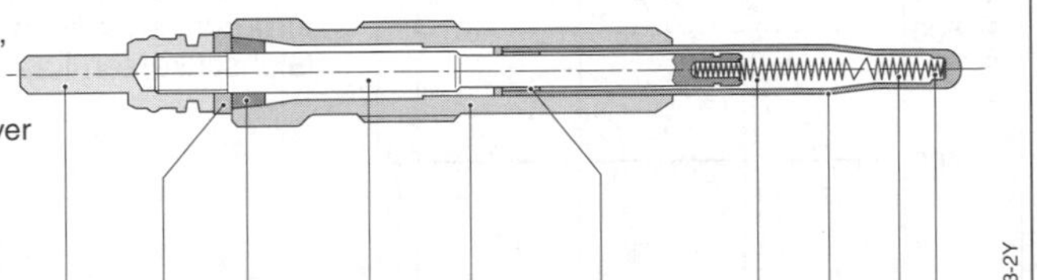

sammen – aus der in der Glührohrspitze untergebrachten Heizwendel und der Regelwendel.

Während die Heizwendel einen von der Temperatur unabhängigen elektrischen Widerstand hat, weist die Regelwendel einen positiven Temperaturkoeffizienten (PTC) auf. Ihr Widerstand erhöht sich mit zunehmender Temperatur.

Die Heizwendel ist zur Kontaktierung masseseitig in die Kuppe des Glührohrs eingeschweißt. Die Regelwendel ist am Anschlussbolzen kontaktiert, über den der Anschluss an das Bordnetz erfolgt.

Der Glühstift hat im vorderen Bereich eine Verjüngung, um die Heizwendel näher an das Glührohr heranzubringen. Dies ermöglicht mit dem Push-Betrieb Aufheizgeschwindigkeiten von bis zu 1 000 °C innerhalb von 3 s (Bild 4). Die maximale Glühtemperatur liegt bei über 1 000 °C. Die Temperatur während des Startbereitschaftsglühens und im Nachglühbetrieb beträgt ca. 980 °C.

Glühstiftkerzen mit 11 V Nennspannung werden heute wegen ihrer längerer Aufheizzeit im Pkw-Bereich kaum mehr verwendet.

Bild 4: Vergleich der Glühverläufe, ab $t = 0$ s wird mit einer Strömungsgeschwindigkeit von 11 m/s angeblasen.
1 Niederspannungs-Keramik-Glühstiftkerze (z.B. 7 V Nennspannung),
2 Niederspannungs-Metall-Glühstiftkerze (z.B. 5 V Nennspannung),
3 Metall-Glühstiftkerze (11 V Nennspannung).

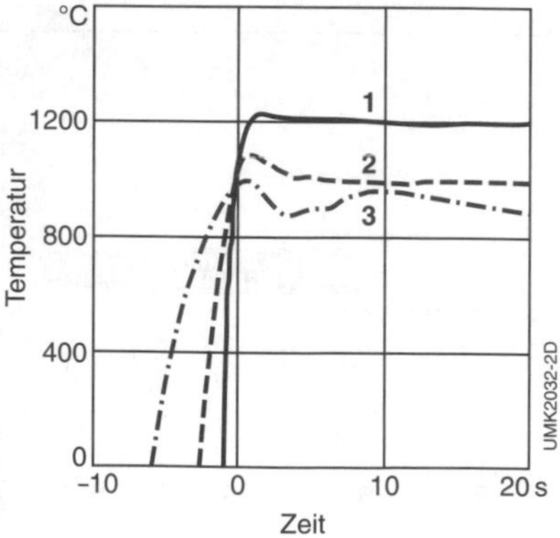

Funktion

Beim Anlegen der Spannung an die Glühstiftkerze wird zunächst der größte Teil der elektrischen Energie in der Heizwendel in Wärme umgesetzt. Die Temperatur an der Spitze der Glühstiftkerze steigt damit steil an. Die Temperatur der Regelwendel – und damit auch der Widerstand – erhöhen sich zeitlich verzögert. Die Stromaufnahme und somit die Gesamtheizleistung der Glühstiftkerze verringert sich und die Temperatur nähert sich dem Beharrungszustand. Durch die Steuerung der Betriebsspannung wird die Temperatur auf für die Glühstiftkerze unkritische Werte begrenzt. Deshalb kann sie nach dem Start mehrere Minuten weiter betrieben werden. Dieses Nachglühen bewirkt einen verbesserten Kaltleerlauf mit deutlich verringerten Geräusch- und Abgasemissionen.

Emissionsreduzierung bei Dieselmotoren mit niedrigem Verdichtungsverhältnis

Durch das Absenken des Verdichtungsverhältnisses bei modernen Dieselmotoren von $\varepsilon = 18$ auf $\varepsilon = 16$ ist eine Reduktion der NO_x- und Rußemissionen bei gleichzeitiger Steigerung der spezifischen Leistung möglich. Aufgrund der niedrigeren Verdichtung ist das Kaltstart- und das Kaltleerlaufverhalten bei diesen Motoren jedoch schwieriger zu beherrschen. Um beim Kaltstart und beim Kaltleerlauf dieser Motoren minimale Abgastrübungswerte und eine hohe Laufruhe zu erreichen, sind Temperaturen an der Glühstiftkerze von bis zu 1 250 °C erforderlich. Während der Kaltlaufphase lässt sich die optimale Verbrennung nur durch minutenlanges Nachglühen erreichen. Diese Anforderungen lassen sich mit metallischen Glühstiftkerzen kaum erfüllen.

Niederspannungs-Keramik-Glühstiftkerze
Niederspannungs-Keramik-Glühstiftkerzen haben Glühstifte aus einem hoch temperaturbeständigen Keramikmaterial. In das Keramikmaterial sind keramische Heizleiterbahnen eingelassen. Ihre Funktion ist vergleichbar mit den Glühwendeln der metallischen Glühstiftkerze.

Keramische Glühstiftkerzen erlauben aufgrund ihrer sehr hohen Oxidations- und Thermoschockbeständigkeit einen Sofortstart sowie minutenlanges Nach- und Zwischenglühen bei bis zu 1 250 °C. Sie sind auf eine Nennspannung von 7 V ausgelegt.

Glühzeitsteuergerät
Das Glühzeitsteuergerät stellt die von der Motorsteuerung für den jeweiligen Betriebszustand vorgegebene Temperatur an der Glühstiftkerze ein. Dazu wird die Versorgungsspannung über einen Transistor pulsweitenmoduliert.

Darüberhinaus übernimmt das Glühzeitsteuergerät Funktionen wie Masseversatzkompensation und Verpolsicherung.

Applikation
Die Niederspannungs-Glühsysteme erfordern eine auf den jeweiligen Motor abgestimmte Applikation des Systems, um die in jedem Betriebszustand beste Temperatur einzustellen und gleichzeitig die Glühstiftkerze vor Zerstörung durch Überspannung zu schützen. In Kennfeldern wird die jeweilige Ansteuerspannung abgelegt.

Geregeltes Glühsystem
Um den Applikationsaufwand gering zu halten, wurde das geregelte Glühsystem entwickelt. Keramische Glühstiftkerzen zeigen in gewissen Grenzen ein lineares Verhalten zwischen Ihrer Temperatur und ihrem Widerstand. Dieses Verhalten wird über einen Algorithmus genutzt, um im Steuergerät die aktuelle tatsächlich anliegende Temperatur am Glühstift zu berechnen und die Wunschtemperatur entsprechend automatisch einzuregeln.

Flammanlagen für Nfz-Dieselmotoren

Anforderungen

Nfz-Dieselmotoren starten bis zu einer Temperatur von ca. –20 °C ohne Starthilfe. Die Startzeiten sind abhängig vom Verdichtungsverhältnis ε und der verwendeten Kraftstoffqualität (Cetanzahl CZ, Bild 5). Zur Vermeidung von Zündaussetzern und Emissionen von unverbrannten Kohlenwasserstoffen (HC) kann abhängig vom Verdichtungsverhältnis und der verwendeten Kraftstoffqualität aber schon ab einer Kühlmitteltemperatur von 10 °C eine Luftvorwärmung als Starthilfe (Flammanlage oder Gridheater) eingesetzt werden.

Die Luftvorwärmung ermöglicht einen sicheren und schnellen Start bis zu tiefen Außentemperaturen. Die Batterie und der Starter werden geschont und der Kraftstoffverbrauch in der Start- und Warmlaufphase wird reduziert. Bei höheren Temperaturen wäre die Luftvorwärmung für einen sicheren Start nicht erforderlich, sie vermindert aber die Weißrauchbildung (HC-Emission, Bild 6).

Bild 5: Startzeiten ohne Starthilfe in Abhängigkeit des Verdichtungsverhältnisses ε und der Cetanzahl CZ.
1 Startzeitverlauf für ε = 16,5 und CZ = 41,
2 Startzeitverlauf für ε = 16,5 und CZ = 45,
3 Startzeitverlauf für ε = 16,5 und CZ = 51,
4 Startzeitverlauf für ε = 17,0 und CZ = 51,
5 Startzeitverlauf für ε = 17,75 und CZ = 51.

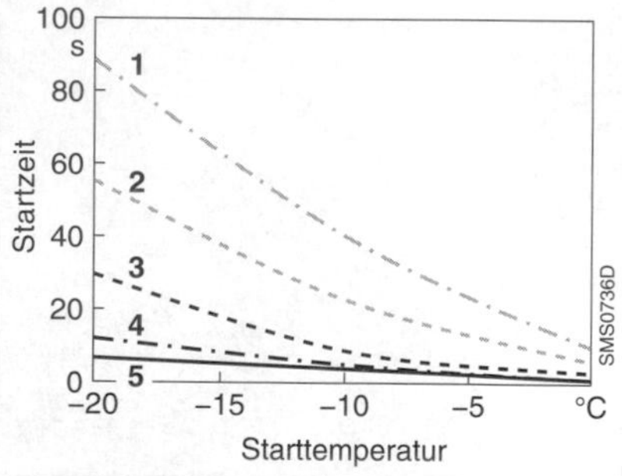

Bild 6: Einsatz der Starthilfe für den Start und zur Reduktion der HC-Emission.

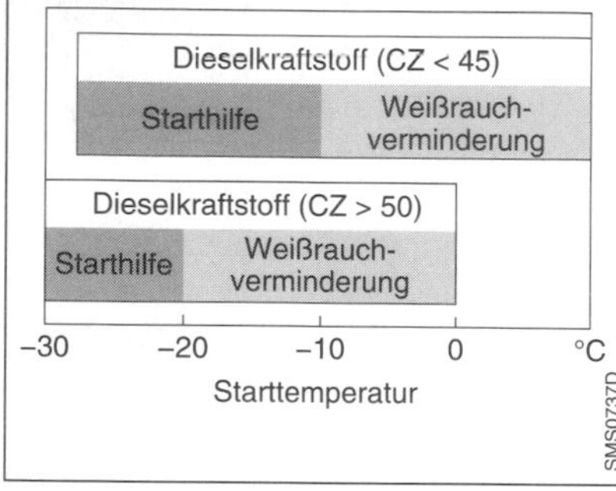

Aufbau

Es gibt zwei verschiedene Ausführungen der Flammanlagen, die Flammanlage mit Brennkammer und die Flammglühkerze.

Flammanlage mit Brennkammer

Die Flammanlage mit Brennkammer (Bild 7) besteht aus einem Düsenhalter, an dem ein Magnetventil, eine Düse und eine Stabglühkerze angebaut sind. Der Düsenhalter wird zusammen mit Dichtungen und der Brennkammer mit drei Schrauben am Ladeluftgehäuse befestigt.

Der Kraftstoff wird hinter dem Kraftstofffilter des Kraftstoffsystems entnommen und über eine Kraftstoffleitung dem Magnetventil zugeführt. Das Magnetventil steuert den Kraftstoffzufluss im Betrieb der Flammanlage. Die Glühkerze wird

Bild 7: Flammanlage mit Brennkammer.
1 Düse, 2 Kraftstoffleitung,
3 Düsenhalter, 4 Magnetventil,
5 Stabglühkerze, 6 Brennkammer,
7 Ladeluftgehäuse.

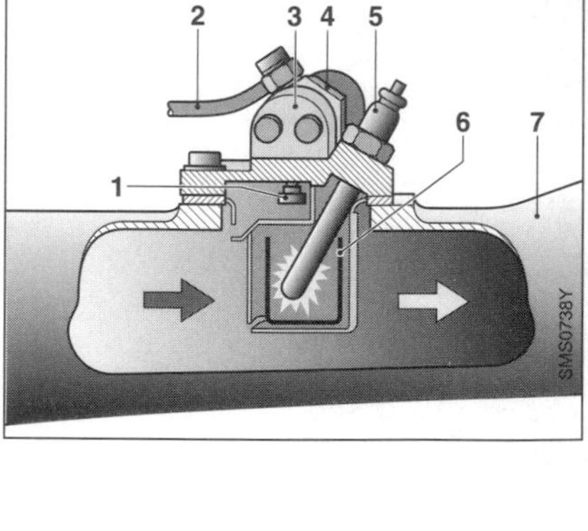

über das Flammstartsteuergerät mit elektrischer Energie versorgt.

Flammglühkerze
Im Gegensatz zur Flammanlage mit Brennkammer ist bei der Flammglühkerze das Magnetventil nicht direkt an der Flammanlage angebaut, sondern über eine Kraftstoffleitung mit der Flammglühkerze verbunden. Die Flammglühkerze ist auch wesentlich kompakter aufgebaut (Bild 8).

Die in der Flammglühkerze integrierte Glühkerze ist von einem Verdampferrohr im oberen Teil umgeben und reicht bis zum Schutzrohr am Ende der Flammglühkerze (Bild 9). Der Kraftstoff wird hinter dem Kraftstofffilter entnommen, über das separat verbaute Magnetventil geleitet und der Flammglühkerze über die Kraftstoffleitung zugeführt. Über die Dosiereinrichung – zur Steuerung der Kraftstoffmenge – gelangt der Kraftstoff in die Flammglühkerze. Die Steuerung der Flammanlage (Stromzufuhr der Glühkerze und Einschalten des Magnetventils) übernimmt das Flammstartsteuergerät.

Einsatz der Flammanlagen
Für Nfz-Motoren mit einem Hubvolumen $V_H > 10\ l$ wird vornehmlich die Flammanlage mit Brennkammer eingesetzt, bei einem Hubvolumen V_H von 4...10 l die Flammglühkerze. Die Flammanlagen werden so in das Ladeluftrohr des Motors eingebaut, dass sich die erwärmte Ansaugluft auf alle Zylinder gleichmäßig verteilt.

Bild 8: Flammglühkerze im Einbau.
1 Kraftstoffleitung,
2 Drosselleitung,
3 Flammglühkerze,
4 Masseanschluss,
5 Ladeluftrohr.

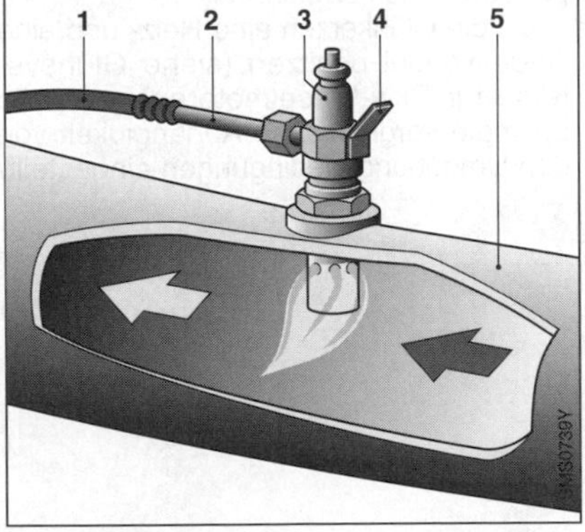

Arbeitsweise
Unterhalb der im Steuergerät festgelegten Einschalttemperatur wird die Flammanlage aktiviert. Beim Drehen des Zündschlüssels in Fahrtstellung leuchtet die Kontrollleuchte „Flammanlage" auf, die Glühkerze wird bestromt und vorgeglüht. Nach einer von der Bordnetzspannung abhängigen Vorglühzeit (ca. 25 s) erlischt die Kontrollleuchte wieder. Die Flammanlage ist betriebsbereit und der Motor kann gestartet werden. Mit Startbeginn öffnet das Magnetventil, der Kraftstoff fließt zur heißen Glühkerze und entzündet sich dort. Die nun entstandene Flamme erwärmt die vorbeiströmende Ansaugluft. Die Flammanlage wird nach dem Motorstart in der Nachflammzeit solange betrieben, bis eine stabile Verbrennung gewährleistet ist und schaltet nach den im Steuergerät festgelegten Parametern ab. Die Parameter für das Nachflammen sind von der Kühlwassertemperatur abhängig.

Die Flammanlage wird außerdem abgeschaltet, wenn der Motor vor dem Erlöschen der Kontrollleuchte oder nicht innerhalb von 30 Sekunden nach Erlöschen der Kontrollleuchte gestartet wird. Die Flammanlage kann in diesem Fall durch Zurückdrehen des Zündschlüssels und erneutem Drehen in Fahrtstellung wieder in Betrieb gesetzt werden.

Bild 9: Flammglühkerze (System Beru).
1 Kraftstoffanschluss,
2 Dosiereinrichtung,
3 Glühkerze,
4 Verdampferrohr,
5 Schutzrohr.

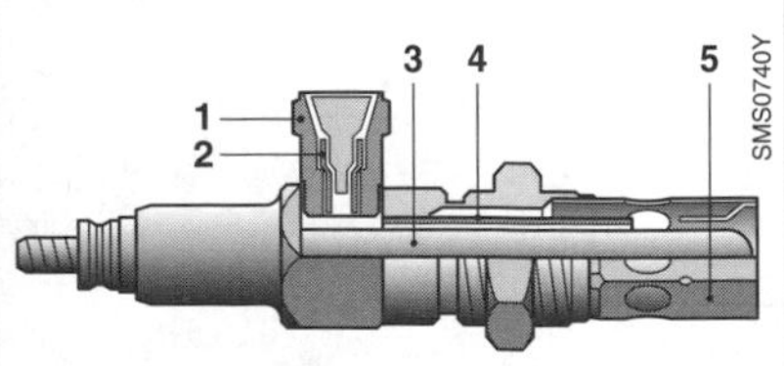

Steuerung der Glühkerze

Glühkerze für die Flammanlage mit Brennkammer

Die Glühkerze wird abhängig von der Bordnetzspannung solange vorgeglüht, bis sie eine Temperatur von ca. 1 050 °C erreicht. Im Anschluss daran beginnt die Startbereitschaft (Dauer 30 s), bei der die Glühkerze getaktet bestromt wird. Das Taktverhältnis wird abhängig von der aktuellen Bordnetzspannung so eingestellt, dass die Temperatur der Glühkerze zwischen 1 020 °C und 1 080 °C verharrt. In diesem Temperaturbereich der Glühkerze wird der Kraftstoff sicher entzündet und die Glühkerze ist keiner thermischen Überlastung ausgesetzt.

Sobald der Motor gestartet wird, öffnet das Magnetventil, der Kraftstoff wird durch die Düse geleitet, spritzt auf die Rillen der Glühkerze und entzündet sich dort. In dieser Phase wird das Taktverhältnis der Glühkerze vom Steuergerät hochgesetzt, damit die Glühkerze durch die Wärmeabgabe an den verdampfenden Kraftstoff nicht abkühlt. Dieses höhere Taktverhältnis wird nach dem Start noch ca. 30 s beibehalten, bis alle Bauteile erwärmt sind und die Flamme sicher brennt. Die Glühkerze wird nun zusätzlich von der Flamme erwärmt. Zum Schutz vor thermischer Überhitzung senkt das Steuergerät das Taktverhältnis wieder ab. Nach dem Nachflammen wird die Glühkerze abgeschaltet und solange überwacht, bis sie ganz abgekühlt ist. Die Start- und die Kaltlaufunterstützung durch die Flammanlage ist abgeschlossen.

Flammglühkerze

Diese Glühkerze wird genauso vor dem Start je nach anliegender Bordspannung vorgeglüht. Die Vorglühzeiten sind etwas länger als bei der Glühkerze mit Brennkammer, da beim Vorglühen zusätzlich das Verdampferrohr erwärmt wird (siehe Bild 9). Beim Startbeginn des Motors wird das Magnetventil geöffnet, Kraftstoff fließt über den Kraftstoffanschluss und die Dosiereinrichtung in die Flammglühkerze, trifft auf die heiße Glühkerze, verdampft zwischen Glühkerze und Verdampferrohr und vermischt sich am Austritt des Verdampferrohrs mit der Luft. Das Luft-Kraftstoff-Gemisch entzündet sich an der heißen Glühkerze. Die entstandene Flamme tritt aus dem Schutzrohr aus und erwärmt die vorbeiströmende Ansaugluft.

Nach dem Vorglühen wird die Flammglühkerze ebenfalls getaktet bestromt. Das Taktverhältnis wird in der Startbereitschaft (30 s) abgesenkt und bei Startbeginn des Motors wieder angehoben. In dieser Phase liegt das Taktverhältnis bei der Flammglühkerze höher als bei der Flammanlage mit Brennkammer, da die Verdampfung des Kraftstoffs über die zugeführte elektrische Energie erfolgt und nicht über die brennende Flamme.

Abkühlphase

In der Abkühlphase wird die Glühkerze der Flammanlagen überwacht. Wird in dieser Phase erneut vorgeglüht, ermittelt das Steuergerät die Vorglühzeit aus einem Kennfeld abhängig von der Abkühlzeit und der Spannung so, dass die Glühkerze den oben beschriebenen Temperaturbereich erreicht.

Da die Glühkerzen eine Heiz- und eine Regelwendel besitzen (siehe Glühsysteme für Pkw-Dieselmotoren), wird die optimale Vorglühzeit in Abhängigkeit von den Umgebungsbedingungen eingestellt.

Gridheater für Nfz-Dieselmotoren

Als weitere Kaltstarthilfe besonders für Motoren, die unter erschwerten Startbedingungen, wie Grundlast beim Start (z.B. bei Hydraulikabtrieb) oder in Höhen ab 2000 m (z.B. Pistenraupen) gestartet werden, kommt der Gridheater als Starthilfe zum Einsatz.

Aufbau

Der Gridheater (Bild 10) besteht aus einem elektrischen Heizelement, das im Ladeluftrohr eingebaut und über ein Relais mit Strom versorgt wird. Ein separates Steuergerät oder das Motorsteuergerät schaltet den Gridheater je nach hinterlegter Parametrierung ein.

Es gibt verschiedene Ausführungen, die abhängig vom Hubvolumen V_H des Motors und von der Bordnetzspannung (12 V oder 24 V) zum Einsatz kommen. Für Motoren mit einem Hubraum V_H von 4...10 l werden Gridheater mit einer Leistungsaufnahme von 1,8 kW, für Motoren mit $V_H > 10\ l$ Gridheater mit einer Leistungsaufnahme von 2,7 kW eingesetzt.

Bild 10: Gridheater.
1 Gehäuse, 2 Befestigungsflansch,
3 Abdeckplatte, 4 Deckel,
5 Befestigungsbohrung, 6 Kontermutter,
7 Anschlussgewindebolzen, 8 Halterrahmen,
9 Heizwendel, 10 Isolierplatte.

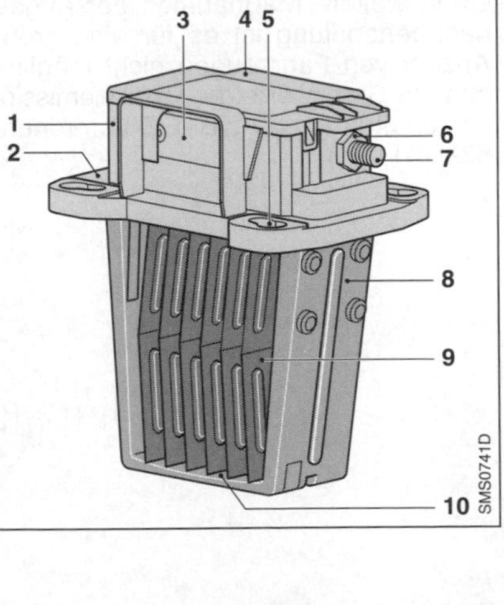

Arbeitsweise

Abhängig von der Kühlwasser- und der Ladelufttemperatur wird der Gridheater unterschiedlich lange vorgelüht (Vorglühzeit t_v = 2...28 s) und bleibt so lange in der Nachglühphase aktiv, bis ein stabiler Motorlauf gewährleistet ist. Die Einschalttemperatur liegt bei Motoren mit V_H = 4...10 l bei 5 °C und bei Motoren mit $V_H > 10\ l$ bei –4 °C.

Nach Erreichen der Vorglühzeit erlischt die Kontrollleuchte, der Motor kann gestartet werden. Bei Startbeginn wird der Gridheater für ca. 2 s abgeschaltet, damit die volle Batteriekapazität für den Starter zur Verfügung steht. Zur Start- und Leerlaufunterstützung wird der Gridheater danach wieder eingeschaltet und bleibt so lange im Betrieb, bis er nach der applizierten Nachglühzeit abgeschaltet wird.

Zur Schonung der Batteriekapazität bleibt der Gridheater nur ca. 5 s in der Startbereitschaft (im Gegensatz zu 30 s bei der Flammanlage).

Vor- und Nachteile des Gridheaters

Der Gridheater besitzt im Gegensatz zur Flammanlage folgende Vorteile:
- Die Ansaugluft wird vor dem Start erwärmt,
- es ergeben sich kürzere Startzeiten durch gute Zündbedingungen ab der ersten Umdrehung,
- es ist kein Verbrennen von Sauerstoff zur Erwärmung der Ansaugluft notwendig.

Nachteilig wirkt sich die notwendige höhere Batteriekapazität aus.

Abgasnachbehandlung

Katalytische Oxidation

Das älteste katalytische Verfahren zur Abgasnachbehandlung von Kraftfahrzeugen zielte auf die Oxidation unvollständig verbrannter Kraftstoffe ab. Kohlenmonoxid (CO) und unvollständig verbrannte Kohlenwasserstoffe ($C_xH_yO_z$) – zu denen auch Ruß und Wasserstoff (H_2) zu zählen sind – werden dabei mit den im Abgas befindlichen Oxidationsmitteln, also insbesondere Sauerstoff (O_2) umgesetzt. Diese Reaktionen entsprechen den Stöchiometrien der Gleichungen (A) bis (D):

(A) $C_x + x\,O_2 \rightarrow x\,CO_2$,
(B) $2\,CO + O_2 \rightarrow 2\,CO_2$,
(C) $2\,H_2 + O_2 \rightarrow 2\,H_2O$,
(D) $4\,C_xH_yO_z + (4x+y-2z)\,O_2 \rightarrow 4x\,CO_2 + 2y\,H_2O$.

Als katalytisch aktive Komponente dienen dazu in der Regel Edelmetalle, deren Mischungen, oder ihre Legierungen in Form von Nanopartikeln. Platin und Palladium werden häufig verwendet.

Eine Voraussetzung für den möglichst vollständigen Ablauf der Oxidationsreaktionen ist eine zumindest stöchiometrische Sauerstoffmenge im Abgasstrom. Bei hohem Sauerstoffüberschuss und niedrigen Abgastemperaturen kann ein Katalysator jedoch passivieren. Die Eliminierung unvollständig verbrannter Kraftstoffe aus dem Abgas gelingt insbesondere dann, wenn die Katalysatoren und die Motorapplikation aufeinander abgestimmt sind. Dazu sollten folgende Bedingungen vorliegen:

- Der Motor weist eine niedrige Rohemission an unvollständig verbranntem Kraftstoff auf, insbesondere in der Kaltstartphase.
- Die Motorapplikation stellt dem Katalysator ein ausgewogenes Luft-Kraftstoffverhältnis (Lambda, λ) bereit.
- Über Heizmaßnahmen wird der Oxidationskatalysator möglichst schnell erwärmt.
- Der Katalysator verfügt über eine auf die Emissionen und Abgastemperaturen abgestimmte Menge an katalytisch aktiven und speichernden Komponenten.
- Art und Menge aller Komponenten sind derart abgestimmt, dass der Katalysator den Belastungen der Fahrzeugapplikation (thermische Belastung, Schwefel- und andere Vergiftungen) über die angestrebte Lebensdauer in ausreichendem Maß widersteht.

Zudem gelingt es bei entsprechender Wahl der Katalysatorkomponenten an solchen Oxidationskatalysatoren auch Stickstoffmonoxid gemäß Reaktionsgleichung (E) zu oxidieren. Neben der Bedeutung von NO_2 für die SCR-Reaktion (siehe Selektive katalytische Reaktion) kann mit dem gebildeten NO_2 die emittierte Partikelmasse entsprechend der Stöchiometrie (F) verringert werden. Im Wesentlichen werden dabei mittels NO_2 die an den Partikeln angelagerten Kohlenwasserstoffe entsprechend Stöchiometrie (D) oxidiert:

(E) $2\,NO + O_2 \rightarrow 2\,NO_2$,
(F) $C_x + 2x\,NO_2 \rightarrow x\,CO_2 + 2x\,NO$.

Ohne weitere Maßnahmen der Abgasnachbehandlung ist es für eine große Anzahl von Fahrzeugen nicht möglich, strenge Grenzwerte der Partikelemission einzuhalten (siehe z.B. EG-Verordnung 582/2011 [1]).

Filtration von Partikeln

Zur Einhaltung der Abgasnorm Euro 6c darf ein Pkw, unabhängig davon, ob er mit einem Direkteinspritzer-Ottomotor oder mit einem Dieselmotor betrieben wird, den Grenzwert für die Partikelmasse (PM, Particle Mass) von 4,5 mg/km sowie den Grenzwert für die Partikelanzahl (PN, Particle Number) von $6 \cdot 10^{11}$ Partikel/km nicht überschreiten.

Partikelfilter

Viele Fahrzeuge benötigen zum Erreichen dieser Grenzwerte einen Partikelfilter (Bild 1). Diese Filter sind zumeist keramische Wabenkörper, bei denen als Besonderheit alle Kanäle wechselseitig an einer Stirnfläche verschlossen sind. Anders als durch andere Katalysatorwaben kann man demnach durch Partikelfilter nicht hindurchsehen. Das Abgas muss beim Passieren der Wabenkanäle durch das poröse Wandmaterial strömen (Bild 2). Die Porenstruktur der Keramik ist auf die Größe der Partikel auslegt. Die zumeist gebräuchlichen Partikelfilter bestehen aus Siliziumcarbid (SiC), Aluminiumtitanat (Al_2TiO_5), oder Cordierit ($Mg_2Al_3[AlSiO_5O_{18}]$). Es gibt auch Sonderformen aus Sintermetall.

Einige der im Partikelfilter gesammelten Rückstände aus Motoröl, Kraftstoff, Verbrennungsluft und motorischem Abrieb können nicht durch Verbrennen entfernt werden und verbleiben bei entsprechender Größe als Aschen im Filter. Hingegen sind Ruß und die an ihm haftenden organischen Verbindungen brennbar. Als Oxidationsmittel fungieren NO_2 und O_2. Die Oxidation mit NO_2 gelingt bei Abgastemperaturen ab etwa 200...250 °C. Ab etwa 450 °C überwiegt NO im thermodynamischen Gleichgewicht der Nitrosen Gase. Dann liegt wenig NO_2 im Abgas vor.

Katalytisch oxidierende Beschichtungen von Partikelfiltern unterscheiden sich in Ihrer Art und Funktion nicht grundsätzlich von anderen Oxidationskatalysatoren. Sie dienen dazu, ein günstiges NO-NO_2-Verhältnis einzustellen, sowie die Oxidation von unvollständig verbranntem Kraftstoff und des beim Rußabbrand entstehenden CO zu katalysieren.

Regeneration des Partikelfilters

Ruß wird von Sauerstoff erst oberhalb von ca. 550...600 °C oxidiert. Solche Temperaturen liegen bei vielen Dieselmotoren nur bei sehr hohen Leistungen vor und stellen sich im Normalbetrieb einiger Fahrzeuge kaum ein. Daher müssen Maßnahmen ergriffen werden, um die Abgastemperatur anzuheben. Dazu wird z.B. die Verbrennungsführung des Motors verändert.

Thermische Maßnahmen

Wichtige motorische Maßnahmen zur Erhöhung der Abgastemperatur sind die frühe, verbrennende oder angelagerte Nacheinspritzung, die Spätverschiebung der Haupteinspritzung und die späte Nacheinspritzung, sowie die Drosselung der Ansaugluft. Je nach Betriebspunkt des

Bild 1: Diesel-Partikelfilter.
1 Gehäuse,
2 stranggepresste Wabenkeramik,
3 Keramikpropfen.

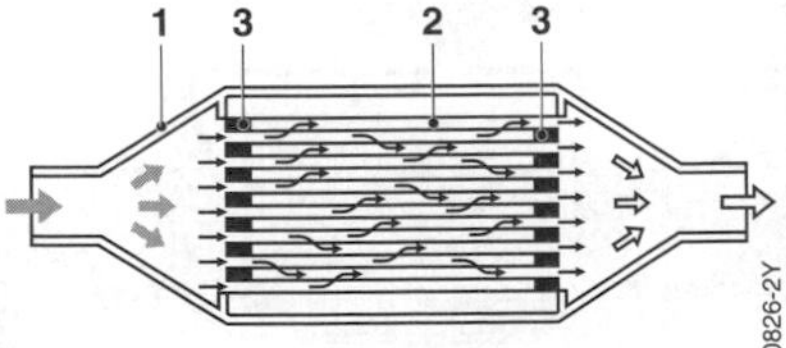

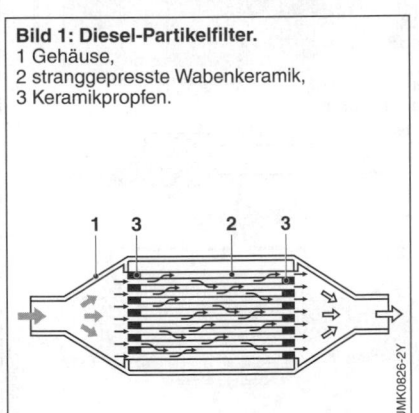

Bild 2: Ausführungen des keramischen Partikelfilters.
a) Quadratischer Kanalquerschnitt,
b) Octosquare-Design.

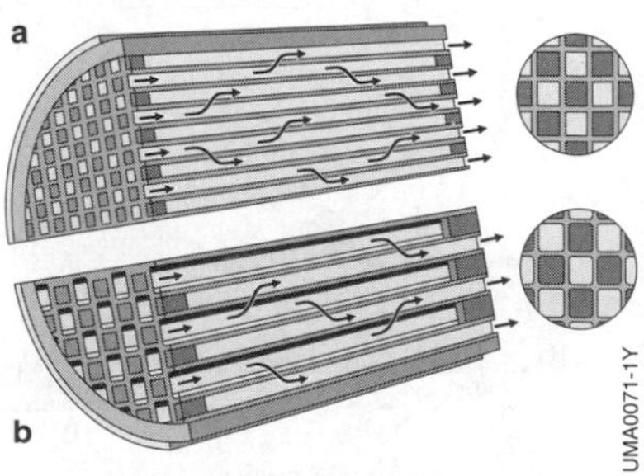

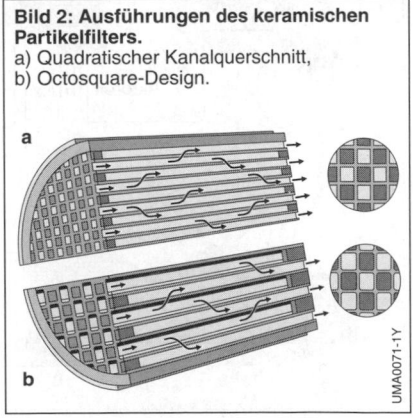

Motors werden eine oder mehrere dieser Maßnahmen eingesetzt.

HCI-System
Alternativ zur Einspritzung von zusätzlichem Kraftstoff in die Zylinder des Motors kann Kraftstoff auch direkt in den Abgastrakt dosiert werden. Dazu dient das HCI-System (Hydrocarbon Injection). Der Dieselkraftstoff wird dabei zumeist vor einem oxidierenden Katalysator eingespritzt und verdampft (Bild 3). Die Kraftstoffdämpfe oxidieren im Katalysator und bewirken dadurch eine Temperaturerhöhung des Abgasstroms. Die Regelalgorithmen des HCI-Systems sind mit der Rußmassenermittlung verbunden.

Additivsystem
Zusätzlich zu den thermischen Maßnahmen zur Anhebung der Abgastemperatur kann auch die Zündtemperatur von Ruß reduziert werden. Dies gelingt durch katalytisch aktive Komponenten, die feinverteilt in den Ruß eingelagert werden. Diese Komponenten werden als Kraftstoffadditiv zugeführt (Bild 4). Es werden Metallorganische Verbindungen verwendet, beispielsweise Ferrocen. Die daraus gebildeten feinverteilten Metalloxide senken die Zündtemperatur von Ruß um bis zu 150 K. Nachteilig sind die aus diesem Kraftstoffzusatz entstehenden Aschen.

Beladungserkennung
Wichtige Faktoren zur Auslegung von Partikelfiltern und dessen Regenerationsstrategie sind die zu erwartende Aschemenge, die maximale Rußbeladung bis zum Einleiten der Regeneration und der zulässige Abgasgegendruck.

Bild 3: HCI-System (Hydrocarbon Injection).
1 Kraftstoffpumpe, 2 Kraftstoffbehälter, 3 Temperatursensor, 4 HC-Dosiermodul, 5 HC-Zumesseinheit, 6 Kraftstofffilter, 7 Motorsteuergerät, 8 Diesel-Oxidationskatalysator, 9 Diesel-Partikelfilter, 10 Differenzdrucksensor.

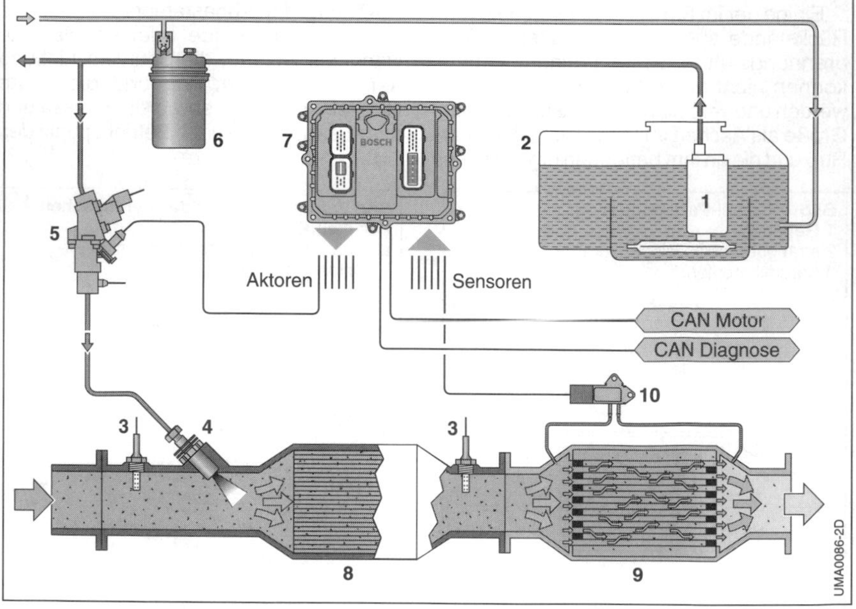

Zur Beladungserkennung werden oft zwei Verfahren parallel eingesetzt. Aus dem mit einem Differenzdrucksensor erfassten Druckabfall des Abgasstroms über dem Partikelfilter wird dessen Strömungswiderstand berechnet. Er kann mit der im Partikelfilter eingelagerten Rußmenge in Bezug gesetzt werden. Zusätzlich wird die im Partikelfilter eingelagerte Rußmasse modellbasiert berechnet. Hierzu wird der Rußmassenstrom des Motors integriert, wobei verschiedene Korrekturen berücksichtigt werden können, z.B. für die Rußoxidation der Partikel durch NO_2.

Katalytische Reduktion von Nitrosen Gasen

Anforderungen

Katalytische Verfahren zur Verringerung der NO_x-Emission zur Einhaltung der gesetzlichen Forderungen gelingen insbesondere dann, wenn Fahrzeugdesign, Motorapplikation und die Komponenten des Abgasnachbehandlungssystems aufeinander abgestimmt sind. Dabei sind folgende Punkte zu berücksichtigen:

- Das Fahrzeug bietet ausreichend Platz zur Aufnahme des benötigten Abgasnachbehandlungssystems. Dabei sind spezielle Anforderungen einzelner Komponenten an die Positionierung im Fahrzeug zu beachten (z.B. motornahe Platzierung).
- Abgastemperatur, Abgasmassenstrom und Abgaszusammensetzung (NO_x, λ usw.) sind gezielt und schnell zu regeln.
- Der Motor oder eine Komponente des Abgassystems ermöglicht es, die zur Reduktion der NO_x-Rohemission notwendige Menge an Reduktionsmittel bereitzustellen.

Bild 4: Partikelfilter mit Additivsystem.
1 Additivsteuergerät, 2 Motorsteuergerät, 3 Additivpumpe, 4 Füllstandssensor, 5 Additivtank, 6 Additiveinspritzdüse, 7 Kraftstoffbehälter, 8 Dieselmotor, 9 Oxidationskatalysator, 10 Partikelfilter, 11 Temperatursensor, 2 Differenzdrucksensor.

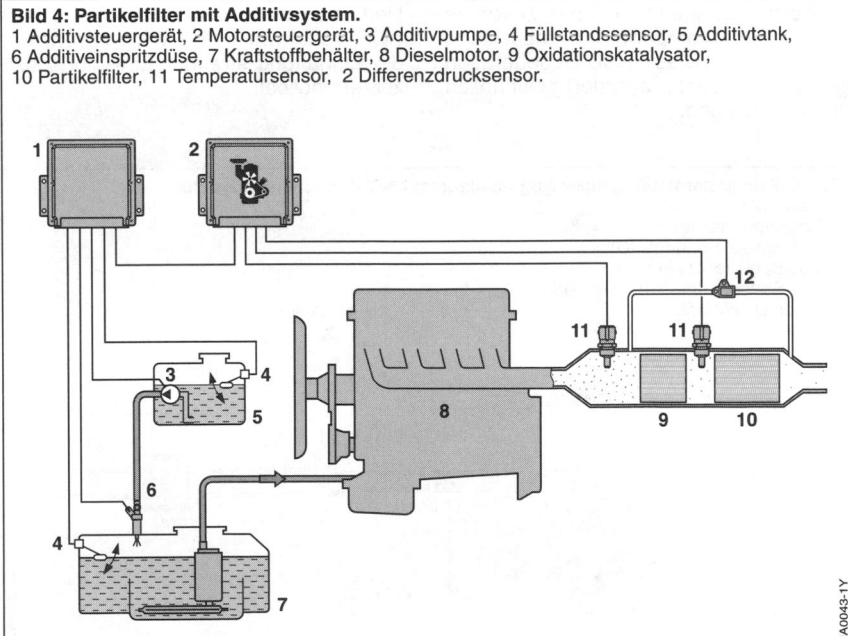

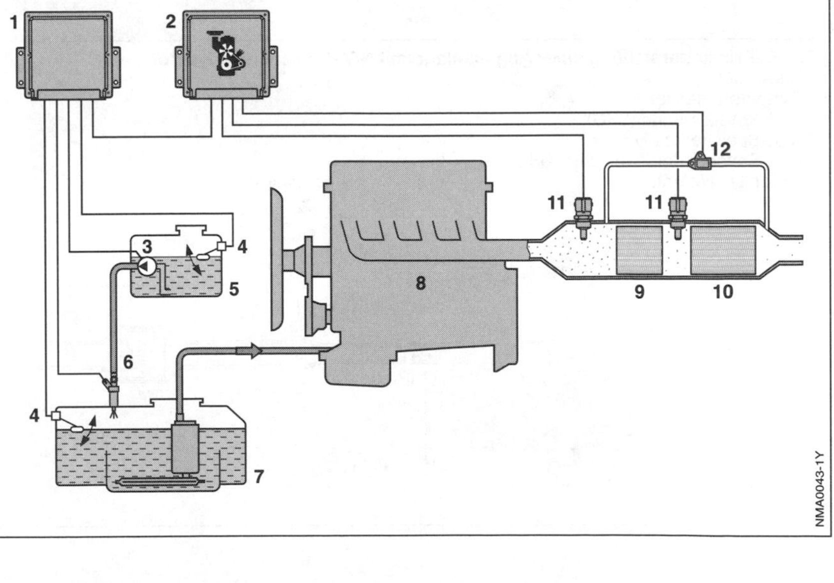

Die Auswahl eines für eine konkrete Fahrzeugapplikation geeigneten Verfahrens zur Reduktion von NO_x ist also stets eine Betrachtung des Gesamtsystems. Die beiden nachfolgend beschrieben NO_x-Speicherkatalysatoren und NO_x-Reduktionskatalysatoren können auch gemeinsam eingesetzt werden, beispielsweise um hohe Umsatzraten zu erzielen.

NO_x-Speicherkatalysator

Mit einem dem Dreiwegekatalysator (TWC, Three-Way-Catalyst) sehr ähnlichen NO_x-Speicherkatalysator (NSC, NO_x Storage Catalyst; alternativ auch LNT genannt, Lean NO_x Trap) gelingt unter geeigneten Bedingungen die Reduktion von NO_x aus dem Abgas von Dieselmotoren (Bild 5).

Eine motorische λ-Regelung stellt dazu einen alternierenden Wechsel von sauerstoffreicheren und sauerstoffarmen Abgassequenzen dar. Die Dauer der sauerstoffangereicherten Phase beträgt oft mehrere Minuten. Eine entsprechend große Menge an Speicherkomponenten ist notwendig, um das während dieser Zeitspanne gebildete NO_x zu binden. In der darauffolgenden mit Kraftstoff angereicherten Sequenz wird das zuvor an den Speicherkomponenten gebundene NO_x reduziert. Diese NSC-Regeneration genannte Sequenz erfordert gewöhnlich einige Sekunden.

Die Speicherkomponenten desorbieren NO_x bei hohen Temperaturen auch ohne das Anfetten des Abgases.

Das NSC-Verfahren gelingt insbesondere bei Abgastemperaturen zwischen etwa 180 °C und 400 °C. Bei wesentlich höheren Temperaturen verschlechtert sich der NO_x-Umsatz des NSC-Verfahrens.

Der Eintrag von Schwefel verringert die Effizienz der Edelmetalle und der NO_x-Speicherkomponenten. Ein Speicherkatalysator muss daher regelmäßig desulfatisiert (d.h. entschwefelt) werden. Dazu sind hohe Temperaturen notwendig. Bei der Auslegung der NO_x-Speicherkatalysatoren ist insbesondere auf deren Langzeitverhalten in Abhängigkeit der jeweiligen Motorapplikation mit den Details der Desulfatisierung zu achten.

Selektive katalytische Reduktion

SCR-Verfahren

Das SCR-Verfahren (Selective Catalytic Reduction) beruht darauf, dass dem Abgas ein Reduktionsmittel zugeführt wird (Bild 6). Prinzipiell eignet sich hierzu auch Dieselkraftstoff. Jedoch konnte auf der Grundlage von Dieselkraftstoff als Reduktionsmittel bisher kein geeignetes SCR-Verfahren entwickelt werden, das die Einhaltung strenger Emissionsgrenzen ermöglicht.

Bild 5: Prinzipdarstellung einer Abgasanlage mit NO_x-Speicherkatalysator.
1 Dieselmotor,
2 Temperatursensor,
3 Breitband-λ-Sonde (LSU),
4 NO_x-Speicherkatalysator,
5 NO_x-Sensor oder Zweipunkt-λ-Sonde,
6 Motorsteuergerät.

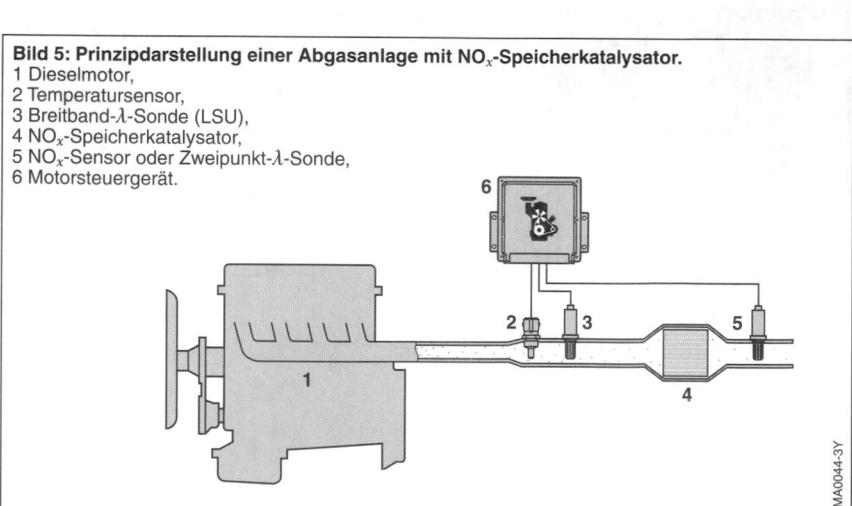

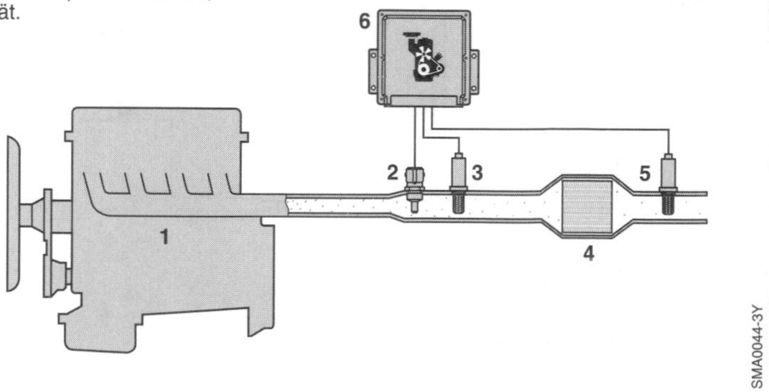

Gasförmiges Ammoniak (NH_3) wird in stationären Verbrennungsanlagen, z. B. in Kraftwerken, im SCR-Verfahren verwendet. NH_3-Gas wird in Kraftfahrzeugen aus Sicherheitsgründen gemieden. In Kraftfahrzeugen wird stattdessen zumeist eine wässrige Lösung von Harnstoff ($(NH_2)_2CO$) in den Abgasstrang in Strömungsrichtung vor dem SCR-Katalysator dosiert (Bild 6). Solche wässrige Lösungen werden beispielsweise als AdBlue, DEF (Diesel Exhaust Fluid) oder AUS 32 (Aqueous Urea Solution) bezeichnet (siehe Harnstoff-Wasser-Lösung).

Neben Sonderformen sind SCR-Katalysatoren häufig aus katalytisch aktiven Beschichtungen auf keramischen Wabenkörpern aufgebaut. Auch spezielle keramische Partikelfilter sind für solche Beschichtungen geeignet. Als katalytisch aktives Material eignen sich Vanadiumoxide sowie Eisen- und Kupfer-Zeolith.

Reaktionsgleichungen
Ammoniak reagiert am SCR-Katalysator mit NO_x nach folgenden Gleichungen:

(G) $4\,NO + 4\,NH_3 + O_2 \rightarrow 4\,N_2 + 6\,H_2O$,
(H) $NO + NO_2 + 2\,NH_3 + H_2O + O_2 \rightarrow 2\,NH_4NO_3$,
(I) $NH_4NO_3 \rightarrow N_2O + 2\,H_2O$,
(J) $2\,NH_4NO_3 \rightarrow 2\,N_2 + 4\,H_2O + O_2$,
(K) $NO + NO_2 + 2\,NH_3 \rightarrow 2\,N_2 + 3\,H_2O$,
(L) $6\,NO_2 + 8\,NH_3 \rightarrow 7\,N_2 + 12\,H_2O$.

Vergleichsweise langsam ist die Reaktion gemäß Gleichung (G). Sie überwiegt falls kein oder nur wenig NO_2 zur Reaktion mit NH_3 zur Verfügung steht. Falls die Aktivierungsenergie zur Reduktion der Nitrosen Gase nicht erreicht ist, entsteht in einer Nebenreaktion Ammoniumnitrat (NH_4NO_3) gemäß Gleichung (H). NH_4NO_3 zerfällt bei Temperaturen ab etwa 170 °C gemäß Gleichung (I). Wird es sehr schnell erhitzt, so zerfällt es explosionsartig gemäß Gleichung (J). Enthält der Abgasstrom etwa gleiche Anteile von NO und NO_2, so überwiegt die schnellere Reaktion gemäß

Bild 6: Abgasanlage mit katalytischer Reduktion von Stickoxiden (SCR).
1 Diesel-Oxidationskatalysator, 2 Temperatursensor, 3 Heizung, 4 Filter, 5 Fördermodul, 6 Dosiermodul, 7 Dosiersteuergerät, 8 SCR-Katalysator, 9 NO_x-Sensor, 10 Schlupf-Katalysator, 11 Harnstofflösungtank, 12 Harnstofflösung-Füllstandssensor.

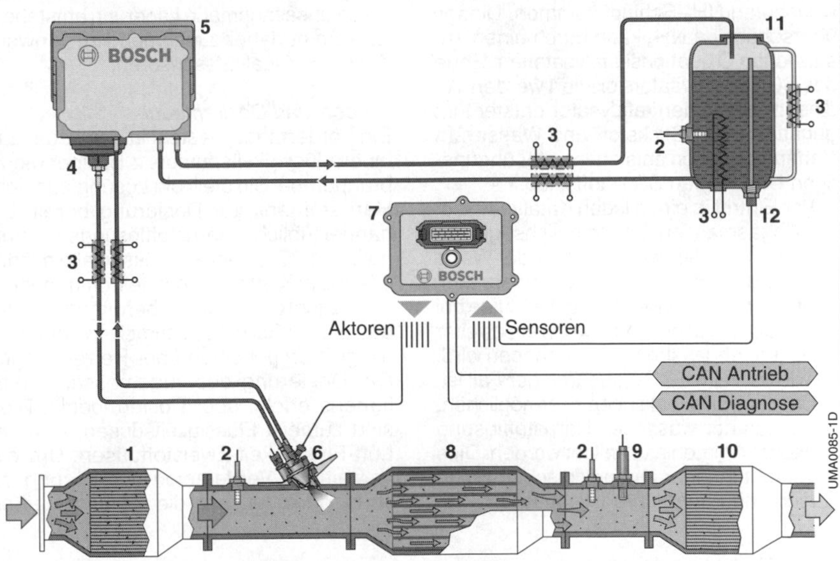

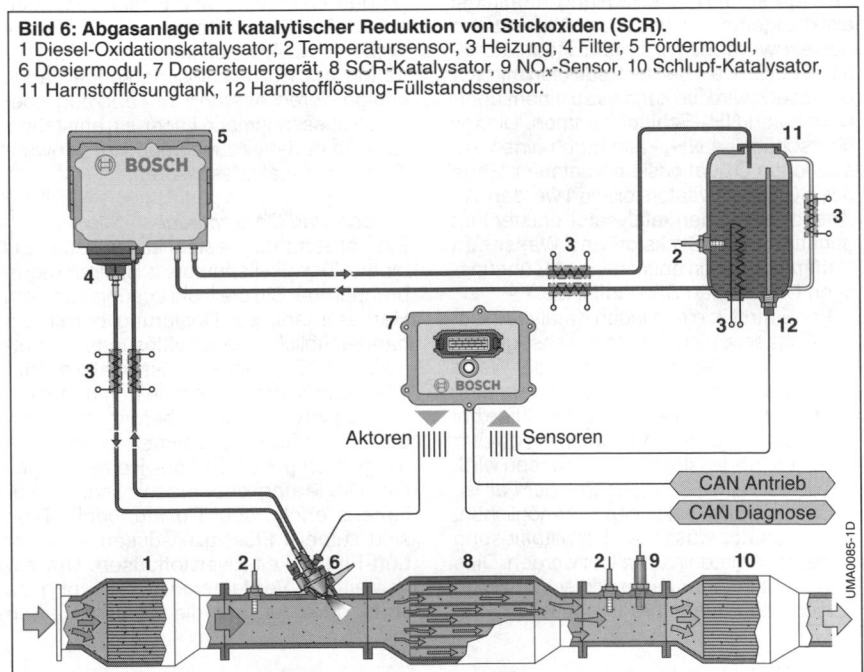

Gleichung (K), falls dessen Aktivierungsenergie erreicht ist. Bei einem höheren Anteil von NO_2 im Abgas kann die Reaktion gemäß Gleichung (L) in signifikantem Anteil zum Gesamtumsatz beitragen.

Auswahl des SCR-Katalysators
Die Motoremissionen und der zum Erreichen der Emissionsgrenze notwendige NO_x-Umsatz sowie die Abgastemperatur in den relevanten Betriebszuständen sind bedeutende Faktoren zur Auswahl des geeigneten SCR-Katalysators. Wesentlich ist jedoch auch der Schwefelgehalt des verwendeten Kraftstoffs. Bei der Auslegung des SCR-Katalysators ist zudem insbesondere dessen Langzeitstabilität in Abhängigkeit der konkreten Fahrzeugapplikation, z.B. auch mit den Details der Desulfatisierung zu beachten.

Dosierung des Reduktionsmittels
Zwar verfügen SCR-Katalysatoren über eine gewisse NH_3-Speicherkapazität, doch im Wesentlichen muss eine dem momentanen NO_x-Massenstrom äquivalente Menge an Harnstoff-Wasser-Lösung möglichst exakt zugemessen und in den Abgasstrang dosiert werden. Wird mehr Reduktionsmittel dosiert, als bei der Reduktion mit NO_x umgesetzt wird, so kann es zu einem unerwünschten NH_3-Schlupf kommen. Dieses überschüssige NH_3 kann durch einen zusätzlichen Oxidationskatalysator am Ende des SCR-Katalysators oxidiert werden. An diesem NH_3-Sperrkatalysator entsteht im günstigen Fall Stickstoff und Wasser. In Nebenreaktionen entstehen unter ungünstigen Umständen Stickstoffoxide.

Vor Eintritt in einen jeden Katalysator ist der Abgasmassenstrom möglichst gleichmäßig auf die einzelnen Kanäle der Wabe zu verteilen. Besondere Aufmerksamkeit erfordert die Gleichverteilung der Fluide bei Zweistoffgemischen, d.h., wenn ein zweiter Stoff zum Abgasstrom hinzu gegeben wird, so wie es beim SCR-Verfahren der Fall ist.

Um die SCR-Reaktionen zu ermöglichen, muss aus der wässrigen Harnstofflösung zunächst Ammoniak gebildet werden. Dies geschieht in einer chronologischen Folge verschiedener Verfahrensschritte:

- Ermittlung der Dosiermenge,
- Fördern der Lösung,
- Dosierung des zugemessenen Volumens,
- Zerstäuben und Verdampfen der Lösung,
- Zersetzung von Harnstoff und
- Verteilen von Ammoniak über den Katalysatorquerschnitt.

Die Ermittlung der Dosiermenge erfolgt in einem separaten Steuergerät des Abgasnachbehandlungssystems (optional im Motorsteuergerät integriert) auf Grundlage von hinterlegten und aktuell über Abgassensoren (Temperatursensor, NO_x-Sensor, NH_3-Sensor usw.) ermittelten Daten. Dabei erfolgt in der Regel auch eine Berechnung und Berücksichtigung der aktuellen NH_3-Speicherbeladung des Katalysators. Die zu dieser Berechnung notwendigen Daten werden für den jeweils verwendeten Katalysator im Vorfeld ermittelt und als Kennfeld im Steuergerät hinterlegt. Zur möglichst exakten Dosierung der benötigten Menge ist zu berücksichtigen, dass ISO 22241-1 [2] den Harnstoffgehalt dieser Lösungen auf 31,8...33,2 % Massenanteil definiert. Wesentliche Abweichungen in der Konzentration der Harnstofflösung können auch infolge deren Alterung im Fahrzeug oder durch unsachgemäße Lagerung entstehen. Es kommt daher zunehmend zur Anwendung von Qualitätssensoren.

Förder- und Dosiermodul
Ein Fördermodul besteht in der Regel aus einer Flüssigkeitspumpe, z.B. einer Membranpumpe. Sie stellt die Lösung aus dem Harnstofftank zur Dosierung bereit. Da handelsübliche Harnstofflösungen unterhalb −11 °C gefrieren, müssen alle mit der Lösung in Kontakt stehende Komponenten dem Eisdruck widerstehen können. Um das Eis bei Bedarf zu schmelzen, verfügen einige Komponenten über Heizelemente. Die Dosierung des zugemessenen Volumens erfolgt über Dosiermodule. Dies sind zumeist Flüssigkeitsdüsen, seltener Luft-Flüssigkeit-Zweistoffdüsen. Um ein vorzeitiges Verdampfen der Lösung zu verhindern, müssen die mit dem heißen

Abgas in Kontakt stehenden Dosiermodule gekühlt werden.

Dem Verdampfen der Lösung geht die Verteilung der in den Abgasstrom gesprühten Tropfen voraus. Die Sprühcharakteristik, d.h. die Tropfengröße und deren Impuls, sind eng mit Temperatur- und Strömungsbedingungen im betreffenden Teil des Abgasstrangs abzustimmen. In der Regel verdampft ein Teil der Tropfen an heißen Oberflächen des Abgassystems, z.B. an Rohrwandungen oder an Gasmischern.

Freisetzung von Ammoniak
Dem Verdampfen der Tropfen folgt die Freisetzung von Ammoniak durch Zersetzung von Harnstoff. Im ersten thermolytischen Zerfallsschritt von Harnstoff entsteht bei den im Abgasstrang vorherrschenden Bedingungen gemäß Reaktionsgleichung (M) zunächst neben NH_3 auch Isocyansäure (HNCO):

(M) $(NH_2)_2CO \rightarrow NH_3 + HNCO$.

Diese Zersetzung von Harnstoff findet oberhalb seiner Schmelztemperatur ab etwa 133 °C statt. Unter geeigneten Bedingungen unterliegt die im ersten Schritt gebildete Isocyansäure in einem zweiten Schritt der Hydrolyse unter Bildung von Ammoniak und Kohlendioxid gemäß Gleichung (N):

(N) $HNCO + H_2O \rightarrow NH_3 + CO_2$.

Diese vergleichsweise langsame Hydrolysereaktion ist in der Gasphase lediglich bei einer langen Verweilzeit von sehr kleinen Tropfen, die bei entsprechend hohen Temperaturen bereits in der Gasphase verdampfen, von Bedeutung. Die Hydrolyse von Isocyansäure erfolgt daher zumeist an Oberflächen. Neben der möglichst gleichmäßigen Verteilung des gebildeten Ammoniaks in den Abgasstrom und dessen möglichst perfekten Verteilung über den Katalysatorquerschnitt ist bei der Auslegung des Teils des Abgasstrangs, in den die Dosierung erfolgt, auch zu beachten, dass beim Zerfall von Harnstoff feste Nebenprodukte entstehen können. Oberflächentemperaturen von deutlich über 300°C sind notwendig, um deren Ablagerungen zu beseitigen.

On-Board-Diagnose (OBD)

Die OBD beschreibt Selbstdiagnosesysteme zur Prüfung wesentlicher Fahrzeugfunktionen, auch der Abgasnachbehandlung. Den wesentlichen Anteil der Informationen für diese Diagnosen liefern eine Vielzahl von Sensoren und umfangreiche Software. Die OBD wurde in den vergangenen mehr als 20 Jahren fortwährend weiterentwickelt. Heute nehmen OBD-Systeme Einfluss auf das Inspektionsprogramm des Fahrzeugs und falls erforderlich wird der Fahrer und die Werkstatt über Fehlfunktionen und Handlungsempfehlungen informiert. Die jeweils geltenden OBD-Anforderungen sind bei der Gestaltung des Abgasnachbehandlungssystems zu berücksichtigen.

Literatur
[1] Verordnung (EU) Nr. 582/2011 der Kommission vom 25. Mai 2011 zur Durchführung und Änderung der Verordnung (EG) Nr. 595/2009 des Europäischen Parlaments und des Rates hinsichtlich der Emissionen von schweren Nutzfahrzeugen (Euro VI) und zur Änderung der Anhänge I und III der Richtlinie 2007/46/EG des Europäischen Parlaments und des Rates (Text von Bedeutung für den EWR).
[2] ISO 22241-1: Diesel engines – NO_x reduction agent AUS 32 – Part 1: Quality requirements.

Elektrifizierung des Antriebs

Merkmale

Definition Elektromobilität

Unter Elektromobilität versteht man allgemein den Teil der Mobilität, für den elektrische Energie genutzt wird. Dazu gehören zum Beispiel der Betrieb elektrifizierter Züge und das Fahren mit elektrisch unterstützten Fahrrädern. In Bezug auf Kraftfahrzeuge sind in diesem Buch folgende Fahrzeuge der Elektromobilität zugeordnet:
- Batterieelektrische Fahrzeuge,
- Fahrzeuge mit Brennstoffzelle,
- extern aufladbare Hybridfahrzeuge sowie
- Hybridfahrzeuge, die wesentliche Strecken rein elektrisch fahren können.

Dies entspricht weitgehend der Definition aus dem Gabler Wirtschaftslexikon [1]). Andere Definitionen zählen zur Elektromobilität nur Fahrzeuge mit Elektromotor (elektrische Maschine, E-Maschine), die ihre Energie überwiegend aus dem Stromnetz beziehen. Damit würden Brennstoffzellenfahrzeuge, die mit Wasserstoff als Energieträger betrieben werden, der Elektromobilität nicht zugeordnet werden.

Hybridfahrzeuge, die nur kurze Streckenabschnitte elektrisch fahren können, deren E-Maschine also nur die Aufgabe hat, den Verbrennungsmotor zu unterstützen, werden in keinem Falle der Elektromobilität zugerechnet.

Elektrofahrzeuge und Hybridfahrzeuge in ihren unterschiedlichen Ausführungen haben eine E-Maschine, die in irgendeiner Form auf den Antriebsstrang einwirkt. Man spricht deshalb von elektrifizierten Antrieben.

Entwicklung elektrischer Antriebe im Kfz

Historie elektrischer Fahrantriebe

Elektrische Antriebe im Kraftfahrzeug sind keine Erfindung der letzten Jahre. Das erste als Elektrofahrzeug anerkannte Gefährt war 1881 ein dreirädriges Fahrrad von Gustave Trouvé. Das erste deutsche Fahrzeug mit elektrischem Antrieb war der Flocken Elektrowagen von 1888. In dieser Zeit entwickelten weltweit mehrere Hersteller funktionstüchtige elektrisch angetriebene Fahrzeuge. Sie konkurrierten mit den Fahrzeugen mit Verbrennungsmotor, die ebenfalls noch am Anfang der Entwicklung standen.

Die große Zeit der Elektroautos war von 1896 bis 1912. Die Reichweite der Elektrofahrzeuge betrug mit einer Batterieladung etwa 100 km. Zur Erhöhung der Reichweite wurden Fahrzeuge entwickelt, bei dem ein Benzinmotor über einen Generator die Batterie auflud, die den Elektromotor speiste – also Hybridelektrofahrzeuge.

Bild 1: Varianten der elektrifizierten Antriebe für Kraftfahrzeuge.
HV High Voltage (hohe Spannung).

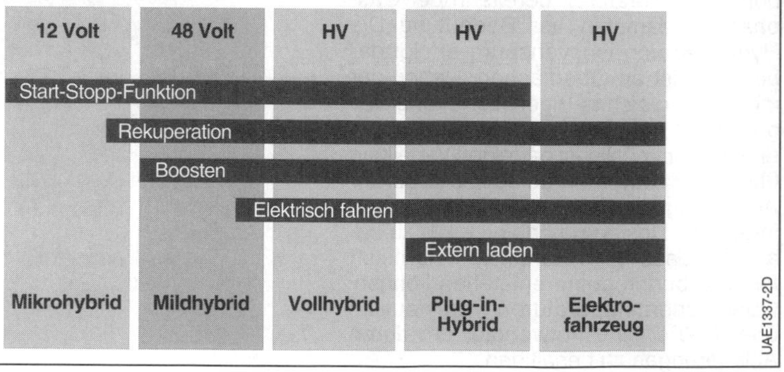

Nach 1912 ging der Marktanteil der Elektrofahrzeuge massiv zurück. Ursachen waren die viel größere Reichweite der Fahrzeuge mit Verbrennungsmotor, der preisgünstige Kraftstoff Benzin, der mit dem Starter nun bequeme Startvorgang des Verbrennungsmotors, aber auch die Problematik mit den Antriebsbatterien.

Wiederentdeckung des elektrifizierten Antriebs
Die Elektrifizierung des Antriebs kam erst wieder Ende des 20. Jahrhunderts in Schwung mit der Forderung nach Fahrzeugen mit geringeren Abgasemissionen und der Forderung nach reduziertem Kraftstoffverbrauch. Der hohe Kraftstoffverbrauch von Verbrennungsmotoren resultiert aus dem schlechten Wirkungsgrad von ca. 40 %. E-Maschinen sind hier mit einem Wirkungsgrad von über 90 % im Vorteil. Der Großserieneinsatz nur von einer Batterie gespeisten Elektroantrieben mit entsprechend großer Batteriekapazität scheiterten jedoch zunächst an der noch nicht ausgereiften Batterietechnik und an den hohen Kosten. Wegen der aufgrund der eingeschränkten Reichweite mit einer Batterieladung geringen Akzeptanz von Elektrofahrzeugen wurden als Brückentechnologie Fahrzeuge mit Hybridantrieben – also eine Kombination von Elektroantrieb und Verbrennungsmotor – angeboten.

Fortschritte in der Batterientwicklung führten zu einer wesentlichen Zunahme der Reichweite. Inzwischen sind eine Reihe von Elektrofahrzeugen am Markt erhältlich und in Zukunft ist ein stark wachsender Marktanteil von Elektrofahrzeugen zu erwarten.

Varianten der elektrifizierten Antriebe für Kraftfahrzeuge

In Kraftfahrzeugen sind folgende Varianten von elektrifizierten Antrieben zu finden (Bild 1):

- Der Mildhybrid mit 48-Volt-Batterie unterstützt den Verbrennungsmotor (Boosten) und bietet die Möglichkeit, das Fahrzeug elektrisch betrieben kurzzeitig zu rangieren.
- Der Vollhybrid mit Antriebsbatterie mit einer Batteriespannung von typisch 400 V (HV, High Voltage) bietet die Möglichkeit, begrenzte Strecken rein elektrisch und lokal emissionsfrei zu fahren,
- Der extern aufladbare Hybrid kann z. B. an der Steckdose in der Garage aufgeladen werden (z. B. Plug-in-Hybrid). Die Fahrt kann somit mit voll geladener Batterie gestartet werden, mit einer im Vergleich zum Vollhybrid größeren Batterie können längere Fahrstrecken rein elektrisch zurückgelegt werden.
- Der Elektroantrieb mit einer Antriebsbatterie (Batteriespannung typisch 400 V oder 800 V für leistungsstarke Fahrzeuge und Nutzfahrzeuge) bewegt das Fahrzeug rein elektrisch.
- Ein als „Range-Extender" bezeichnetes Fahrzeug hat einen Elektroantrieb und zusätzlich z. B. einen kleinen Verbrennungsmotor. Es ist als Elektroantrieb für einen rein elektrischen Fahrbetrieb konzipiert, mit entsprechender Leistungsfähigkeit von E-Maschine und Antriebsbatterie. Reicht der Ladezustand der Antriebsbatterie nicht mehr für den Vortrieb aus, wird sie von dem Verbrennungsmotor über eine zweite E-Maschine nachgeladen, sodass ein Fahrbetrieb mit reduzierter Geschwindigkeit weiter möglich ist. In dieser Betriebsart wird dieser Antrieb zu einem seriellen, extern aufladbaren Hybrid. Andere Konzepte sehen vor, dass der Verbrennungsmotor mechanisch direkt an den Antrieb gekoppelt werden kann (Parallelhybrid). Der Verbrennungsmotor wirkt als Reichweitenverlängerer (Range-Extender).
- Der Elektroantrieb mit Brennstoffzelle produziert die Energie für den Vortrieb fortlaufend aus Wasserstoff und Sauerstoff. Zur Zwischenspeicherung der erzeugten Energie kommt eine kleine Pufferbatterie zum Einsatz. Mit einer großen Batterie kann diese für den Antrieb eingesetzt werden, eine kleine Brennstoffzelle lädt die Batterie bei Bedarf auf und wirkt somit als Range-Extender.

Die E-Maschine des in Bild 1 aufgeführten Mikrohybrids ist leistungsmäßig nicht darauf ausgelegt, einen Beitrag für den Antrieb zu leisten, es handelt sich deshalb nicht um einen echten Hybrid.

Komponenten des elektrifizierten Antriebs

Elektroantrieb
Ein Elektroantrieb besteht aus folgenden Komponenten (Bild 2):
- Elektrische Maschine (E-Maschine),
- Antriebsbatterie mit Batterie-Management-System,
- Leistungselektronik für die Ansteuerung der E-Maschine (Wechselrichter),
- elektronische Steuerung (VCU, Vehicle Control Unit),
- Gleichspannungswandler (DC-DC-Wandler),
- Ladeeinheit mit Ladeanschluss und
- Getriebe (einstufiges Untersetzungsgetriebe oder Mehrganggetriebe bei höherer Leistungsanforderung).

Somit besteht der Antriebsstrang eines Elektrofahrzeugs aus sehr viel weniger Komponenten im Vergleich zu einem konventionellen Fahrzeug mit Verbrennungsmotor.

Zusammenwirken der Komponenten
Die Antriebsbatterie (siehe Batterien für Elektro- und Hybridfahrzeuge) dient beim batterieelektrisch angetriebenen Elektrofahrzeug als Energiequelle, die Energie wird durch Aufladen der Batterie gespeichert. Bei Brennstoffzellenfahrzeugen wird der elektrische Strom fortlaufend erzeugt (siehe Brennstoffzelle). Beide Energiequellen liefern Gleichstrom. Für den Betrieb der E-Maschine muss der Gleichstrom in einen Dreiphasenwechselstrom gewandelt werden (siehe elektrische Maschinen für Fahrantriebe). Diese Aufgabe übernimmt ein Wechselrichter, der durch gezieltes Schalten des Gleichstroms die E-Maschine bedarfsgerecht ansteuert (siehe Wechselrichter). Für die Angleichung der hohen Drehzahl der E-Maschine an die Raddrehzahl sorgt ein Untersetzungsgetriebe. Je nach Anforderung genügt eine einstufige Untersetzung, bei Bedarf werden auch Getriebe mit zwei oder mehr schaltbaren Untersetzungen eingesetzt. Das vom Fahrer für den Vortrieb über das Fahrpedal angeforderte Drehmoment wird von einem Steuergerät, der Vehicle-Control-Unit (VCU) erfasst und weiterverarbeitet (siehe Steuerung eines elektrischen Antriebs). Entsprechend der Anforderung des Fahrers steuert die VCU den Wechselrichter an. Über einen Gleichspannungswandler wird das auch bei Elektrofahrzeugen benötigte 12-Volt-Bordnetz (beziehungsweise 24-Volt-Bordnetz bei Nfz) durch das HV-Bordnetz (High Voltage, hohe Spannung) versorgt (siehe Gleichspannungswandler).

Regeneratives Bremssystem
Ferner umfasst der Elektroantrieb ein regeneratives Bremssystem, um bei Verzögerungsvorgängen möglichst wenig Bewegungsenergie über die Betriebsbremse (Reibbremse, Bremsbelag auf Bremsscheibe) in Wärme umzusetzen.

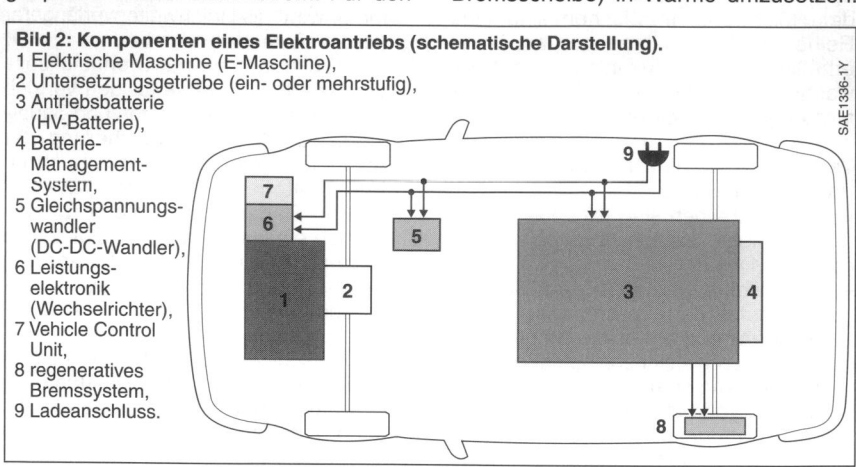

Bild 2: Komponenten eines Elektroantriebs (schematische Darstellung).
1 Elektrische Maschine (E-Maschine),
2 Untersetzungsgetriebe (ein- oder mehrstufig),
3 Antriebsbatterie (HV-Batterie),
4 Batterie-Management-System,
5 Gleichspannungswandler (DC-DC-Wandler),
6 Leistungselektronik (Wechselrichter),
7 Vehicle Control Unit,
8 regeneratives Bremssystem,
9 Ladeanschluss.

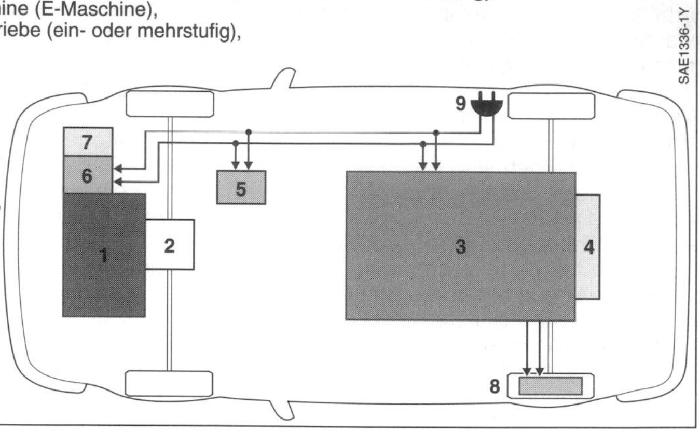

Ziel mit einem Elektroantrieb ist, für Verzögerungsvorgänge die E-Maschine im Generatorbetrieb zu halten und die dabei erzeugte Leistung in der Batterie zu speichern (Rekuperation). Das Fahrzeug wird dabei abgebremst. Die Betriebsbremse wird nur dann aktiviert, wenn die Bremsleistung der E-Maschine für die gewünschte Verzögerung nicht ausreicht (siehe regeneratives Bremssystem). Gleichzeitig wird damit die Betriebsbremse geschont. Die gespeicherte Energie kann für den Vortrieb genutzt werden.

Hybridantrieb

Hybridfahrzeuge vereinen Antriebe mit Verbrennungsmotor und E-Maschine mit entsprechend höherem Komponentenaufwand gegenüber einem Antrieb mit Verbrennungsmotor. Je nach Grad der Elektrifizierung ergeben sich unterschiedliche Lösungen (siehe Bild 1).

Da zusätzlich Leistung von der E-Maschine bereitgestellt wird, kann der Verbrennungsmotor entsprechend kleiner dimensioniert sein (Downsizing), um die gleiche Gesamtleistung zu erhalten.

Aufwand kann auch beim Getriebe reduziert werden. Wenn die E-Maschine zum Anfahren herangezogen wird, kann auf das Anfahrelement verzichtet werden. Rückwärtsfahren kann elektrisch bewerkstelligt werden, sodass im Getriebe auf den Rückwärtsgang verzichtet werden kann (siehe Getriebe mit integrierter E-Maschine).

Bild 3: Prinzipieller Drehmoment- und Leistungsverlauf einer E-Maschine.
1 Drehmoment,
2 mechanische Leistung.
A Grunddrehzahlbereich,
B Feldschwächbereich.

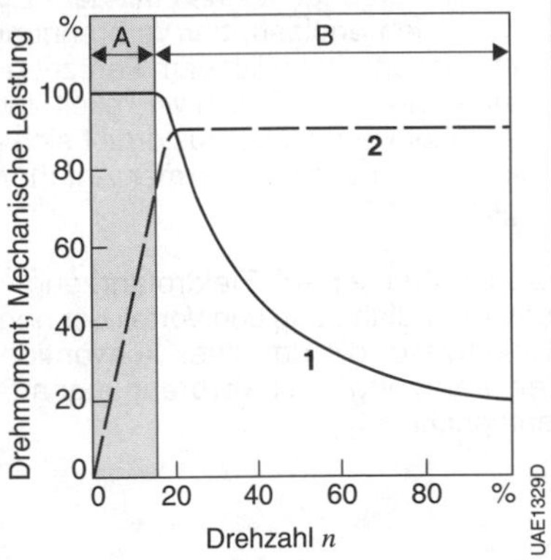

Die Dimensionierung der Komponenten für den Elektroantrieb im Verbund eines Hybridantriebs – E-Maschine, Batterie und Wechselrichter – hängen vom Grad der Elektrifizierung ab. Insbesondere die Kosten für die Batterie mit einer Spannung von bis zu 400 V bei einem Vollhybrid sind wesentlich höher gegenüber den Kosten einer 48-Volt-Batterie beim Mildhybrid.

Vorteile des Elektroantriebs im Elektrofahrzeug

Drehmomentkennlinie der E-Maschine

Im Gegensatz zum Verbrennungsmotor gibt eine E-Maschine schon ab Drehzahl null ihr maximales Drehmoment ab (Bild 3, siehe auch elektrische Maschinen für Fahrantriebe). Die Drehzahl im Fahrbetrieb ist so hoch, dass sie über ein Untersetzungsgetriebe der erforderlichen Raddrehzahl angepasst werden muss. Im gleichen Verhältnis erhöht sich das an die Räder übertragene Drehmoment.

Getriebe

Das über einen weiten Drehzahlbereich anstehende hohe Drehmoment ermöglicht, das Fahrzeug über einen großen Geschwindigkeitsbereich mit nur einer Getriebeuntersetzung zu fahren. Für Pkw werden vorwiegend einstufige Getriebe eingesetzt. Für Sportwagen, die höhere Geschwindigkeiten erreichen und für Nutzfahrzeuge kommen auch Zweigang- oder Mehrganggetriebe zur Anwendung. Ein Rückwärtsgang im Getriebe des Elektroantriebs ist nicht erforderlich, da die E-Maschine mit entsprechender Ansteuerung die Drehrichtung ändert. Somit ist das Getriebe für einen Elektroantrieb sehr viel einfacher und kompakter aufgebaut als das Getriebe eines Antriebs mit Verbrennungsmotor.

Wirkungsgrad

Beim Verbrennungsmotor liegt der höchste Wirkungsgrad mit einem Wert um ca. 40 % im niedrigen Drehzahlbereich bei hoher Last. Ein übliches

Streckenprofil erfordert jedoch Teillast bei schlechterem Wirkungsgrad.

Elektrische Antriebe arbeiten unabhängig vom Betriebspunkt, also auch bei niedriger Lastanforderung, mit einem Wirkungsgrad über 90 %.

Energieverbrauch
Aufgrund des signifikant besseren Wirkungsgrads einer E-Maschine gegenüber einem Verbrennungsmotor ergibt sich für elektrische Antriebe in einem Elektrofahrzeug ein geringerer Energieverbrauch.

Lokale Emissionsfreiheit
Der Elektroantrieb ist lokal emissionsfrei. Der beim Laden der Batterie erforderliche Ladestrom verursacht jedoch je nach Erzeugung des Stroms am Entstehungsort Emissionen. CO_2-Emissionen entstehen, wenn der Strom in Gas- oder Kohlekraftwerken produziert wird. Nur wenn Strom aus regenerativer Erzeugung eingesetzt wird (z.B. über Solarzellen oder in Windkraftanlagen), ist der Elektroantrieb frei von CO_2-Emissionen.

Betriebsgeräusche
Die Betriebsgeräusche der E-Maschine sind gering, sodass das Elektrofahrzeug bei geringen Geschwindigkeiten, bei denen die weiteren Fahrgeräusche (Abrollgeräusch der Reifen, aerodynamische Geräusche durch Fahrtwind) noch nicht ausgeprägt sind, sehr leise ist.

Vibrationen
Aufgrund der Rotationsbewegung der E-Maschine entstehen beim Elektrofahrzeug kaum Vibrationen im Antrieb.

Bauteileaufwand
Der Verbrennungsmotor mit seiner umfangreichen Peripherie (z.B. Ansaugsystem, Abgassystem) benötigt viel Bauraum. Die Komponenten des Elektroantriebs beanspruchen – mit Ausnahme der Antriebsbatterie – weit weniger Platz.

Vorteile des Hybridantriebs
Die E-Maschine in einem Hybridfahrzeug verbessert die Nutzung des Verbrennungsmotors gegenüber einem Antrieb ausschließlich mit Verbrennungsmotor durch folgende Betriebsmodi.

- Rekuperatives Bremsen: die Bremswirkung und damit die rekuperierte Bremsenergie hängt jedoch von der Leistung der E-Maschine ab.
- Boosten: im Hybridfahrzeug kann die E-Maschine den Verbrennungsmotor unterstützen.
- Der Verbrennungsmotor kann in einem höheren Lastpunkt bei höherem Wirkungsgrad betrieben werden (Lastpunktverschiebung), die nicht für den Vortrieb benötigte Energie wird über die E-Maschine in der Batterie gespeichert und kann später für den Vortrieb genutzt werden. Daraus ergibt sich ein Vorteil im Kraftstoffverbrauch. Die Höhe der Kraftstoffeinsparung hängt vom Grad der Hybridisierung ab.
- Bei Fahrzeugstillstand kann der Verbrennungsmotor abgestellt werden (Start-Stopp-System).
- Bei niedrigen Geschwindigkeiten und nur wenig Leistungsanforderung (z.B. im Stadtverkehr) kann ein Vollhybridfahrzeug mit Elektroantrieb und abgestelltem Verbrennungsmotor streckenweise lokal emissionsfrei fahren. Der durchschnittliche Kraftstoffverbrauch des Verbrennungsmotors ist im Zusammenspiel mit dem Elektroantrieb geringer, somit sind auch die CO_2-Emissionen reduziert.
- Anfahrvorgänge können mit dem Elektroantrieb erfolgen, der Verbrennungsmotor kann bei rollendem Fahrzeug ab einer gewissen Geschwindigkeit zugeschaltet werden. Daraus ergibt sich ein leiser und emissionsarmer Anfahrvorgang.

Gegenüber einem Elektrofahrzeug hat das Hybridfahrzeug den Vorteil der hohen Reichweite, die der eines konventionellen Fahrzeugs mit Verbrennungsmotor entspricht.

Elektrifizierte Nebenaggregate

Zur mechanischen Verlustleistung eines Antriebs mit Verbrennungsmotor zählen neben den Reibungsverlusten des Motors auch der Aufwand zum Antrieb der Nebenaggregate. Hierzu gehören zum Beispiel die Kühlmittelpumpe, die Motorölpumpe, der Generator, die Hochdruckpumpe für die Einspritzung, die Bremsvakuumpumpe, der Klimakompressor und die Lenkhilfepumpe für die hydraulische Hilfskraftlenkanlage. Diese Nebenaggregate werden größtenteils vom Verbrennungsmotor typischerweise über Keilriemen oder Zahnriemen angetrieben (Bild 4a). Der Verbrennungsmotor muss für den Leistungsbedarf dieser Nebenaggregate aufkommen und zusätzlich auch die Verluste im Antriebsriemen überwinden. Das bedeutet zusätzlicher Kraftstoffverbrauch.

Bedarfsregelung der Nebenaggregate

Die Leistungsaufnahme der angetriebenen Nebenaggregate kann durch eine bedarfsorientierte Regelung reduziert werden. Ein Beispiel hierfür ist die intelligente Generatorregelung. Durch Vorgabe der Regelspannung kann die Leistungsaufnahme gezielt gesteuert werden. Der Generator wird aber weiterhin über den verlustbehafteten Riemenantrieb angetrieben.

Elektrisch angetriebene Nebenaggregate

Die Nebenaggregate werden angetrieben, auch wenn sie nicht benötigt werden. Ein Beispiel hierfür ist die Lenkhilfepumpe. Bei langer Geradeausfahrt auf Autobahnen wird die Lenkunterstützung nur sehr selten benötigt, die Lenkhilfepumpe wird aber permanent mitgeschleppt und verursacht Verluste. Für Lenksysteme bei Pkw hat sich inzwischen die elektrische Hilfskraftlenkung durchgesetzt, die nur bei Lenkunterstützung zugeschaltet wird. Triebfeder für diese Systeme war allerdings auch die Möglichkeit, automatisierte Parkvorgänge zu realisieren.

Elektrisch angetriebene Nebenaggregate werden nicht mehr vom Verbrennungsmotor angetrieben (Bild 4b) und können somit in ihrer Drehzahl unabhängig von der Motordrehzahl betrieben werden. Die Drehzahl und damit auch die Leistungsaufnahme der Nebenaggregate wird an den Bedarf angepasst. Mit der reduzierten Drehzahl vermindern sich zudem die Reibungsverluste in den Nebenaggregaten. Kühlmittel- und Schmiermittelströme können somit an die Last und Drehzahl des Verbrennungsmotors angepasst werden, was sich zusätzlich positiv auf die Schadstoffemissionen auswirkt.

Ein weiterer Vorteil elektrifizierter Nebenaggregate liegt darin, dass sie auch bei Motorstillstand betrieben werden können, sofern deren Funktion während der Stillstandsphase erforderlich ist.

Bild 4: Nebenaggregate am Verbrennungsmotor (schematische Darstellung).
a) Riemengetriebene Nebenaggregate,
b) elektrifizierte Nebenaggregate.
1 Kurbelwelle, 2 Klimakompressor,
3 mechanisch angetriebener Lader,
4 Spannsystem, 5 Generator,
6 Kühlmittelpumpe, 7 Lenkhilfepumpe,
8 Zahnriemen,
9 E-Maschine auf der Kurbelwelle.

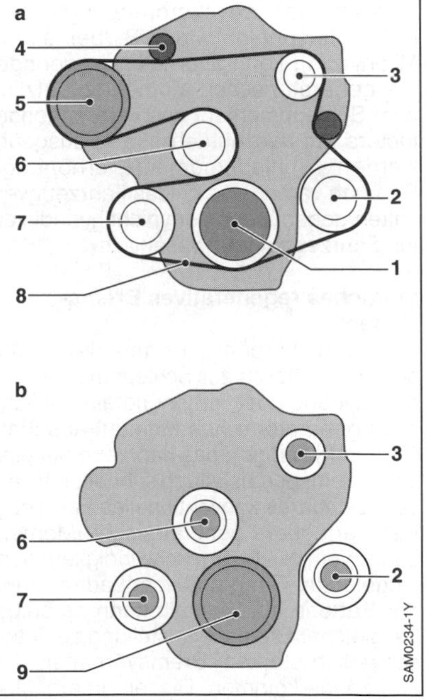

Regeneratives Bremssystem

Beim regenerativen Bremsen (auch als Rekuperation bezeichnet) wird bei Verzögerungsvorgängen die kinetische Energie des Fahrzeugs durch die elektrische Maschine (E-Maschine), die dafür generatorisch betrieben wird, in elektrische Energie umgewandelt. So kann ein Teil der Energie, die beim Bremsen normalerweise als Reibungswärme verloren geht, in Form von elektrischer Energie in die Batterie eingespeist und anschließend genutzt werden.

Schleppmomentennachbildung

Eine einfache Möglichkeit, regeneratives Bremsen zu realisieren, ist die Schleppmomentennachbildung. Dabei wird die E-Maschine generatorisch betrieben, sobald der Fahrer vom Gas geht. Die Betätigung des Bremspedals ist dafür nicht erforderlich. Bei einem Vollhybrid wird der Verbrennungsmotor in diesem Fall abgekoppelt und die E-Maschine übt ein generatorisches Moment in der Größenordnung des Schleppmoments des Verbrennungsmotors aus.

Lässt sich der Verbrennungsmotor nicht abkoppeln (wie z.B. bei einem Mildhybrid), kann alternativ ein geringeres generatorisches Moment zusätzlich zum Schleppmoment des Verbrennungsmotors auf den Antriebsstrang ausgeübt werden (Schleppmomentenerhöhung). Dadurch verändert sich das Fahrzeugverhalten gegenüber einem nicht hybridisierten Fahrzeug nur unwesentlich.

Einfaches regeneratives Bremssystem

Bei Bremsvorgängen kann die E-Maschine zusätzlich zur Schleppmomentennachbildung oder -erhöhung ein zusätzliches generatorisches Moment ausüben. Dadurch verzögert das Fahrzeug bei gleicher Bremspedalstellung schneller als ein vergleichbares konventionelles Fahrzeug. Das verfügbare generatorische Moment hängt von der Fahrgeschwindigkeit, vom eingelegten Gang und vom Ladezustand der Batterie ab. Deshalb kann es selbst bei gleicher Bremspedalstellung zu unterschiedlich starkem Bremsverhalten des Fahrzeugs kommen. Dieser Unterschied im Bremsverhalten wird vom Fahrer als umso störender empfunden, je größer der Anteil des generatorischen Moments an der Fahrzeugverzögerung ist. Aus diesem Grund lassen sich mit diesem einfachen regenerativen Bremssystem nur geringe Leistungen rekuperieren.

Kooperativ regeneratives Bremssystem

Zur weiteren Ausnutzung der kinetischen Energie muss bei höheren Verzögerungen das Betriebsbremssystem modifiziert werden. Dazu muss das gesamte Reibmoment der Betriebsbremse oder ein Teil davon gegen ein generatorisches Bremsmoment ausgetauscht werden, ohne dass sich die Fahrzeugverzögerung bei konstant gehaltener Bremspedalstellung und Bremspedalkraft ändert. Dies wird beim kooperativ regenerativen Bremssystem realisiert, bei dem Fahrzeugsteuerung und Bremssystem derart interagieren, dass stets genau so viel Reibbremsmoment zurückgenommen wird, wie generatorisches Bremsmoment von der E-Maschine ersetzt werden kann.

Während einer Bremsung ändert sich das maximal von der E-Maschine erreichbare generatorische Moment über einen weiten Drehzahlbereich kontinuierlich (Bild 5). Dies ergibt sich daraus, dass die Leistung der E-Maschine (also Drehmoment mal Drehzahl) in diesem Bereich mit hoher Drehzahl konstant ist. Erst bei niedrigen Drehzahlen gibt es einen Bereich konstanten maximalen Drehmoments der E-Maschine. Fällt die Drehzahl weiter ab, sinkt das erreichbare

Bild 5: Maximaler Momentenverlauf bei generatorischem Betrieb der E-Maschine.

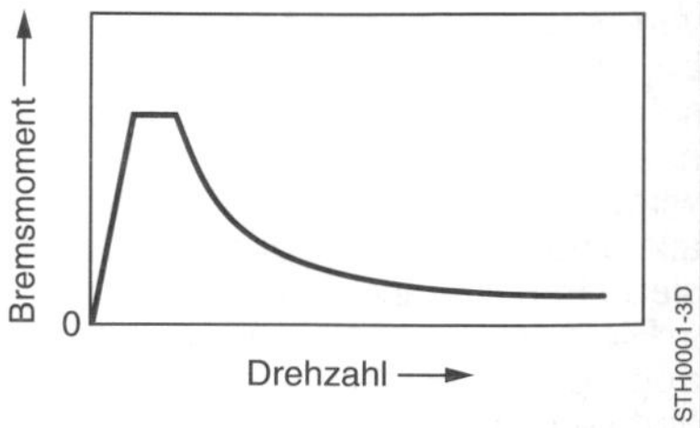

regenerative Bremsmoment wieder auf null ab.

Für eine konstante Verzögerung des Fahrzeugs ist ein konstantes Moment an den Rädern notwendig. Wird die als Generator betriebene E-Maschine bis an ihr Grenzmoment ausgenutzt, muss mit sinkender Geschwindigkeit (und somit abnehmender Drehzahl der E-Maschine) das Reibbremsmoment kontinuierlich verringert werden, weil das generatorische Moment zunimmt. In Bild 6 ist exemplarisch ein Bremsvorgang eines leistungsverzweigten Hybrids dargestellt. Zu Beginn des Bremsvorgangs wird das generatorische Moment erhöht, bis es sein Maximum erreicht. Wenn dieses dem geforderten Gesamtbremsmoment entspricht, kann das Reibbremsmoment auf null reduziert werden. Gegen Ende des Bremsvorgangs wird das generatorische Moment zurückgenommen und vollständig durch ein Reibbremsmoment ersetzt, weil die E-Maschine bei sehr geringen Drehzahlen kein generatorisches Moment mehr bereitstellen kann (siehe Bild 5). Beim Bremsvorgang aus hoher Geschwindigkeit bis zum Stillstand wird also bei konstanter Pedalbetätigung die Verteilung zwischen Reibbremsmoment und regenerativem Bremsmoment ständig angepasst.

ESC-basiertes regeneratives Bremssystem

Für die technisch unaufwändigste Umsetzung eines kooperativen regenerativen Bremssystems wird im Wesentlichen die

Bild 6: Kooperativer Bremsvorgang bei einem leistungsverzweigten Hybrid.
1 Fahrgeschwindigkeit,
2 gesamtes Bremsmoment,
3 Reibbremsmoment.

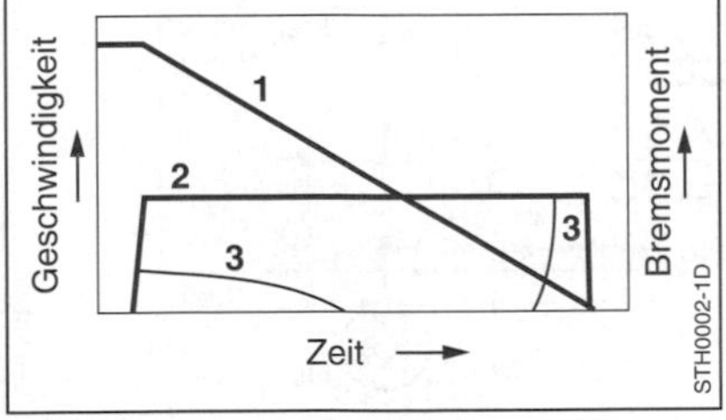

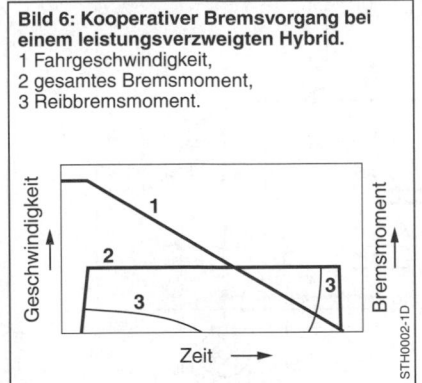

Hardware eines konventionellen ESC-Systems (Electronic Stability Control, elektronisches Stabilitätsprogramm) verwendet (Bild 7) und die Betriebsstrategie um die Funktionalität der Rekuperation erweitert.

Prinzipiell kann solch ein System sowohl mit einem elektromechanischen als auch mit einem Unterdruck-Bremskraftverstärker betrieben werden, wobei die Kombination mit einem elektromechanischen Bremskraftverstärker zusätzliche Vorteile bezüglich Rekuperationseffizienz und Redundanz für das hochautomatisierte Fahren bietet. Zur weiteren Steigerung der Rekuperationseffizienz kann der Gegendruck des Niederdruckspeichers veringert werden. Der genaue Zusammenhang wird im Folgenden genauer beschrieben.

Funktionsweise

Zur Fahrerbremswunscherkennung wird zusätzlich ein Pedalwegsensor benötigt. Dieser wird entweder in der Kombination mit einem elektromechanischen Bremskraftverstärker automatisch zur Verfügung gestellt, oder muss in der Kombination mit einem Unterdruck-Bremskraftverstärker durch einen zusätzlichen externen Pedalwegsensor ins System integriert werden.

Der Fahrerbremswunsch muss über den Pedalwegsensor erkannt werden, da der im Bremssystem aufgebaute hydraulische Druck während der Rekuperation in der Regel nicht eindeutig einer bestimmten Pedalposition zugeordnet werden kann.

Das geforderte Bremsmoment wird zunächst durch die als Generator betriebene E-Maschine gestellt. Reicht das Generatormoment nicht aus, wird zusätzlich hydraulischer Druck und somit ein Reibbremsmoment an der Basisbremse aufgebaut. Dieser Vorgang wird Momentenverblendung genannt. Durch die Pedalbetätigung wird die gleiche Menge an Bremsflüssigkeit wie bei einer rein hydraulischen Bremsung im Bremssystem verschoben. Um einen verminderten beziehungsweise keinen Druck in den Bremszangen zu erzielen, wird die überschüssige Bremsflüssigkeit im Niederdruckspeicher zwischengespeichert, man spricht hier von Volumenverblendung. Die Bremsflüssigkeit wird über die Einlass- beziehungsweise Auslassventile der Hinter- oder der Vorderachse in den Niederdruckspeicher verschoben (Bild 7). Hierdurch liegt während der gesamten Bremsung der Gegendruck der Speichkammer auch an der jeweiligen Radbremse an und führt so bei rein rekuperativen Bremsungen zu einem unerwünschten Restdruck und somit gegebenenfalls auch zu einem Restschleifmoment an den Bremsscheiben. Durch eine Reduzierung des Gegendrucks und einem hoch gewählten Ansprechdruck der Radbremsen können diese Systeme trotz Restdruck Rekuperationseffizienzen bis zu 100 % erreichen (rekuperierte Energie im Vergleich zum vom Generator zur Verfügung gestellten Energie). Wird während der Bremsung zusätzlicher Druck angefordert, wird mittels der Rückförderpumpe Bremsflüssigkeit aus dem Niederdruckspeicher entnommen und in die Radbremsen verschoben (Bild 7).

Während der Rekuperation ist der hydraulische Druck im Bremssystem in der Regel unterhalb des erwarteten Drucks einer rein hydraulischen Bremsung. Hat der Bremskraftverstärker noch nicht den Punkt überschritten, an dem das Bremspedal hydraulisch mit dem Bremsssystem gekoppelt ist, wird die Druckminderung am Bremspedal noch nicht wahrgenommen. Sobald jedoch dieser Punkt überwunden wird, muss im Falle eines Unterdruck-Bremskraftverstärkers zumindestens an einer Achse der urspüngliche Druck aufgebaut werden, um eine ungeänderte Pedalkraft und ein gleichbleibendes Pedalgefühl zu gewährleisten. Hingegen kann bei der Verwendung eines elektromechanischen Bremskraftverstärkers der fehlende Druck durch eine Verringerung der elektro-

Bild 7: Hydraulikeinheit des ESC-basierten regenerativen Bremssystems.
(Darstellung einer der beiden Bremskreise).
1 Drucksensor, 2 Rückförderpumpe mit Pumpenmotor (M), 3 Niederdruckspeicher,
4 Rückschlagventil.
HZ Hauptbremszylinder, RZ Radbremszylinder,
HSV Hochdruckschaltventil, USV Umschaltventil,
EV Einlassventil, AV Auslassventil,
V vorne, H hinten, R rechts, L links.

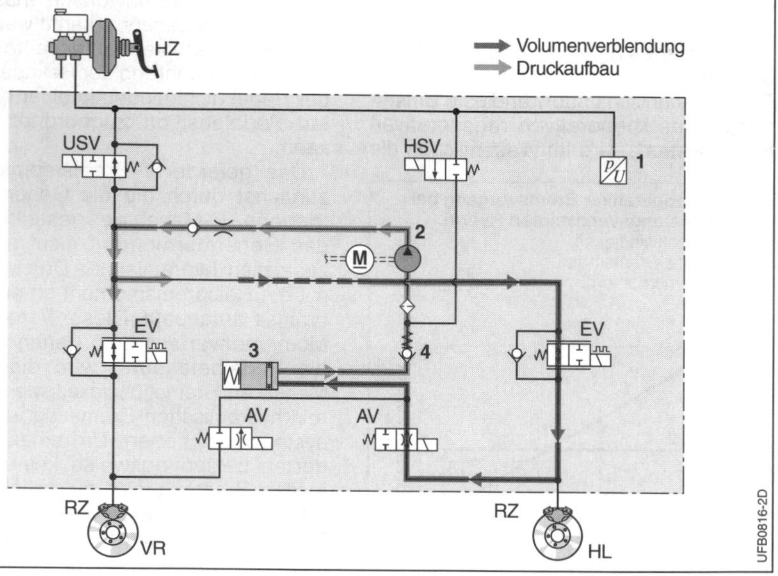

mechanischen Unterstützungskraft kompensiert werden, um somit keine Einschränkung bei der Rekuperation beziehungsweise keine Reduzierung der Rekuperationseffizienz zu bekommen. Die Kompensation des fehlenden Systemdrucks zum Ausgleich eines unveränderten Pedalgefühls wird auch Kraftverblendung genannt.

Hochautomatisieres Fahren
Die Integration von regenerativen Bremssystemen bieten sich insbesondere für Fahrzeuge mit hochautomatisierten Fahrfunktionen an, da es sich bei diesen Fahrzeugen in der Regel um elektrisch aufladbare Hybride oder sogar rein elektrisch betriebene Fahrzeuge handelt. Bei hochautomatisierten Fahrfunktionen (Level > 2) liefert zudem die Kombination mit einem elektromechanischen Bremskraftverstärker die geforderte Redundanz, um im Falle eines Totalausfalls einer Komponente das Fahrzeug noch sicher vollautomatisch in den Stillstand abzubremsen.

Bremskraftverteilung
Wie bei der Auslegung konventioneller Bremssysteme ist auch bei der Auslegung eines regenerativen Bremssystems die Bremskraftverteilung zwischen Vorder- und Hinterachse von entscheidender Bedeutung für die Fahrstabilität des Fahrzeugs. Mit zunehmender Verzögerung steigt die Normalkraft auf die Räder der Vorderachse, während die Normalkraft auf die Räder der Hinterachse sinkt. Ist die E-Maschine mit den Rädern der Vorderachse verbunden, kann mit zunehmender Verzögerung und damit zunehmender Normalkraft an der Vorderachse auch ein größeres Radbremsmoment übertragen werden. Bei einem heckgetriebenen Fahrzeug oder Fahrzeug mit elektrifizierter Hinterachse (d.h. Verbrennungsmotor an der Vorderachse und E-Maschine an der Hinterachse) nimmt das absetzbare regenerative Moment mit zunehmender Verzögerung ab.

Auch die elektrische Leistung der Batterie hat einen großen Einfluss auf die Nutzung der Rekuperation, da sie das begrenzende Element zur Aufnahme elektrischer Energie aus der Fahrzeugbewegung ist. Mit zunehmender Leistung des Energiespeichers steigt die maximal mögliche rein rekuperative Verzögerung. Aus Gründen der Fahrstabilität kann ein großes generatorisches Bremsmoment jedoch nur an der Vorderache übertragen werden.

Einfluss auf Fahrdynamikregelung
Da das regenerative Bremssystem Einfluss auf die Bremsstabilität hat, muss die Fahrdynamikregelung der veränderten Fahrphysik angepasst werden. Es ist sinnvoll, den regenerativen Anteil der Bremsung bei Erkennen von instabilen Fahrzuständen oder zu hohem Bremsschlupf auszublenden und Verzögerung und Stabilisierungseingriffe allein durch das Reibbremssystem darzustellen. Sonst könnten Instabilitäten und Antriebsstrangschwingungen eine optimale Radschlupfregelung stören.

Im Verhältnis zu den Teilbremsvorgängen sind Eingriffe des Fahrstabilisierungssystems so selten, dass die Unterdrückung rekuperativen Bremsens in diesen Situationen bei einem elektrifizierten Fahrzeug keinen merklichen Einfluss auf den durchschnittlichen Energieverbrauch hat.

Thermomanagement für Elektroantriebe

Unter Thermomanagement versteht man die Steuerung von Wärmeströmen im Fahrzeug. Das Thermomanagement hat die Aufgabe, Komponenten vor dem Überhitzen zu schützen sowie im jeweils optimalen Temperaturbereich zu betreiben und angenehme Temperaturen für die Insassen im Fahrgastraum zu erzeugen. Je nach Heiz- oder Kühlbedarf der Komponenten oder des Fahrgastraums schaltet das Thermomanagementsystem in den passenden Betriebsmodus. Dabei wird auch die Außentemperatur berücksichtigt. Die richtige Auslegung des Thermomanagements gewinnt immer mehr an Bedeutung und sorgt im Elektrofahrzeug für mehr Reichweite und Komfort.

Ein intelligentes Thermomanagement führt zu

- einer höheren Reichweite für Elektrofahrzeuge,
- vollem Klimakomfort durch gezielten Einsatz von Wärme und Kälte,
- schnellem Laden durch effiziente Kühlung der Batterie – auch bei hohen Temperaturen,
- längerer Lebensdauer der Batterie aufgrund einer geringeren thermischen Belastung.

Arbeitsweise

Ein Thermomanagementsystem im Elektrofahrzeug ist in der Regel komplexer als in herkömmlichen Fahrzeugen mit Verbrennungsmotoren. So muss die E-Achse (Integration von E-Maschine, Leistungselektronik und Getriebe, siehe elektrischer Achsantrieb) stets gekühlt werden, während die Batterie situationsbedingt entweder gekühlt oder beheizt werden muss (Bild 8). Darüber hinaus steht zum Heizen des Fahrgastraums keine Abwärme eines Verbrennungsmotors mehr zur Verfügung, sodass hierfür energieeffiziente Maßnahmen, z.B. eine Wärmepumpe, eingesetzt werden.

Für den Transport der Wärme im Fahrzeug und für das Bereitstellen der benötigten Temperaturen müssen Kältekreislauf und Kühlkreislauf optimal zusammenspielen. Die Verschaltung der beiden Kreisläufe ändert sich je nach Heiz- beziehungsweise Kühlbedarf. Es ergeben sich daraus verschiedene Betriebsmodi.

Kühlkreislauf

Im Kühlkreislauf wird Kühlmittel von einer elektrischen Kühlmittelpumpe für den bedarfsgerechten Kühlmitteldurchfluss umgewälzt. Das Kühlmittel transportiert Wärme von dort, wo sie erzeugt wird, zu der Stelle im Fahrzeug, wo sie benötigt wird. Kühlmittel-Schaltventile steuern hierzu den Kühlmitteldurchfluss in den Nebenkühlkreisläufen des Antriebsstrangs und in den Heizkreisläufen des Fahrgastraums. Durch die hohe spezifische Wärmekapazität kann das Kühlmittel auf sehr kleinem Raum viel Wärme aufnehmen, was beispielsweise für die

Bild 8: Kühlmittelkreislauf im Elektroantrieb.
Kältemittelkreislauf ist hier nicht dargestellt.
1 Zweiter elektrischer Antrieb (optional),
2 Lüfter und Kondensator,
3 Kühlerbypass (optional),
4 Kühlmittelpumpe,
5 Kühlmittelpumpe,
6 Schaltventil,
7 Schaltventil,
8 Batterieheizung,
9 Anbindung an den Kältemittelkreislauf.

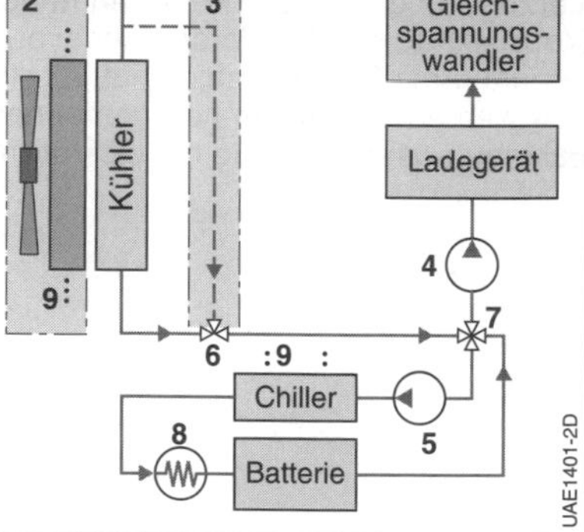

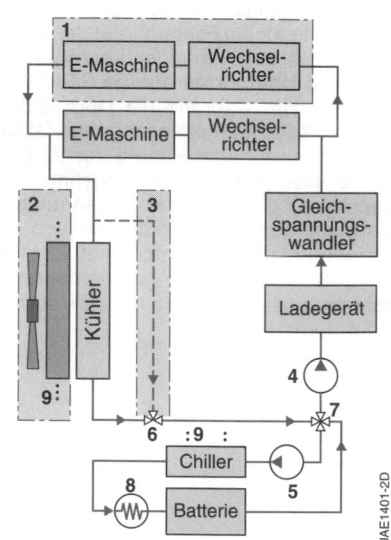

effektive Kühlung der E-Achse oder der Batterie notwendig ist.

Ebenso kann Wärme mit dem Kühlmittel sehr flexibel im Fahrzeug verteilt werden. Nimmt Kühlmittel Wärme auf, steigt dessen Temperatur und muss in einem Wärmetauscher gekühlt werden.

Kältekreislauf
Im Kältekreislauf zirkuliert ein Kältemittel, das sowohl flüssig als auch gasförmig sein kann. Durch die Verdampfung (Übergang von flüssig in gasförmig) des Kältemittels wird eine Kälteleistung erzeugt, die eine Kühlung auch unterhalb der Umgebungstemperatur ermöglicht. Dieses bekannte Prinzip zur Klimatisierung des Fahrgastraums im Sommer wird auch verwendet, um die Batterie bei sehr hohen Außentemperaturen zu kühlen. Die bei der Kondensation (Übergang von gasförmig in flüssig) freiwerdende Wärme kann darüber hinaus im Winter zum Heizen des Fahrgastraums verwendet werden. Angetrieben wird der Kältekreislauf von einem elektrischen Klimakompressor, der das Kältemittel auf den gewünschten Druck verdichtet, sodass Verdampfung und Kondensation bei der jeweils gewünschten Temperatur stattfinden.

Fahren im Winter
Bei tiefen Außentemperaturen müssen sowohl der Fahrgastraum als auch die Batterie geheizt werden, um jederzeit die volle Antriebsleistung zu gewährleisten. Der Fahrgastraum wird per Wärmepumpe mit dem Kältekreislauf geheizt. Das Heizen der Batterie erfolgt mit einem elektrischen Durchlauferhitzer und wird zusätzlich mit Abwärme von der E-Achse unterstützt.

Durch den Einsatz einer Wärmepumpe wird die Effizienz der Fahrgastraumheizung verbessert, was sich positiv auf die Reichweite auswirkt. Durch die Nutzung von Abwärme von der E-Achse zum Heizen der Batterie wird sowohl die Effizienz verbessert, sowie die volle Leistungsbereitschaft der Batterie jederzeit sichergestellt.

Fahren im Frühling und Herbst
Bei moderater Außentemperatur können Batterie und E-Achse gemeinsam über einen Kühlkreislauf gekühlt werden, wobei die Abwärme über den Kühler an die Umgebung abgeführt wird. Dadurch wird der Energieverbrauch für das Thermomanagement auf ein Minimum reduziert, was sich auf Effizienz und Reichweite positiv auswirkt. Gleichzeitig können Batterie und E-Achse auf optimale Temperaturniveaus eingestellt werden, die einen optimalen Betrieb des Antriebs ermöglichen.

Fahren im Sommer
Bei hohen Außentemperaturen muss die Batterie über den „Chiller“ (Wärmeübertrager zwischen Kühl- und Kältekreislauf) mithilfe des Kältekreislaufs gekühlt werden, um die zulässige Höchsttemperatur in der Batterie zu gewährleisten und somit eine hohe Lebensdauer der Batterie sicherzustellen.

Der Kältekreislauf ist ebenso für die Klimatisierung des Fahrgastraums zuständig. Die E-Achse wird getrennt von der Batterie über den Kühler gekühlt, womit eine uneingeschränkte Kühlung der E-Achse auf energieeffiziente Weise möglich ist.

Laden
Zu Hause oder am Arbeitsplatz steht für das Aufladen der Batterie in der Regel eine begrenzte Ladeleistung mit Wechselspannung zur Verfügung. Das Ladegerät, welches für die Wandlung der Wechselspannung in Gleichspannung zuständig ist, und die Batterie werden gemeinsam über einen Kühlkreislauf und den Kühler gekühlt. Dadurch können die Ladeverluste möglichst gering gehalten werden, was sich positiv auf die Ladedauer der Batterie auswirkt.

Beim Schnellladen bei hohen Außentemperaturen steigt die Temperatur in der Batterie sehr schnell an. Um die zulässige Höchsttemperatur nicht zu überschreiten und die Wärme in kurzer Zeit abführen zu können, wird die Batterie über den „Chiller“ mit dem Kältekreislauf gekühlt. Ein schneller Ladevorgang kann somit jederzeit sichergestellt werden.

Ladeinfrastruktur für elektrifizierte Fahrzeuge

Gegebenheiten

Elektrische Energie ist heute sehr weit verbreitet, sehr zuverlässig verfügbar, und das auch in jedem Haushalt oder Betrieb. Da liegt es nahe, aus dem bereits vorhandenen Stromnetz auch Elektrofahrzeuge zu laden.

Da die Energiemengen und teilweise auch die gewünschten Ladeleistungen nicht ganz unerheblich sind, kann ein Elektrofahrzeug nicht wie ein elektrisches Haushalts- oder Industriegerät betrachtet werden. Deshalb sind Ladeanschlüsse für Fahrzeuge sehr häufig speziell ausgeführt.

Die Anschlüsse für die Verbraucher stellen bei allen großen Stromnetzen weltweit Wechselstrom (AC) zur Verfügung. In einigen Fällen kann das dreiphasiger Wechselstrom (Drehstrom) sein. Alle Batterien benötigen zum Laden Gleichstrom (DC). Somit wird für das Laden der Fahrzeugbatterien ein Ladegerät benötigt, das zwei Aufgaben hat:
- Die Wandlung von Wechsel- zu Gleichstrom und
- gleichzeitig muss das Ladegerät abhängig vom aktuellen Zustand der Batterie Strom und Spannung individuell einstellen können.

Ladearten

Das Ladegerät kann im Fahrzeug unter gebracht sein („On-board Charger"). In diesem Fall wird von Wechselstrom-Laden (AC-Laden) gesprochen, da dem Fahrzeug Wechselstrom zugeführt wird (siehe On-Board-Ladevorrichtung).

Alternativ kann das Ladegerät auch in der Infrastruktur – z. B. in der Ladesäule – untergebracht sein. Dann wird von Gleichstrom-Laden (DC-Laden) gesprochen, da dem Fahrzeug Gleichstrom zugeführt wird. Zu berücksichtigen bleibt, dass Fahrzeuge nicht an beliebige Gleichstromquellen angeschlossen werden können, da das Ladegerät nicht nur ein Gleichrichter ist.

Beide Ladearten haben ihre Berechtigung. Das im Fahrzeug mitgeführte Ladegerät kann nahezu überall an bestehende Wechselstromnetze angeschlossen werden, ist aber in der Regel durch Bauraum, Gewicht und Kosten in der Ladeleistung begrenzt. Zudem sind große Leistungen hier nur bedingt sinnvoll, da größere Leistungen nicht überall dem Stromnetz entnommen werden können.

Wird das Ladegerät in die Infrastruktur integriert, sind sehr hohe Ladeleistungen möglich, da in der Regel Gewicht und Bauraum weniger kritisch als im Fahrzeug sind. Teilweise können die erhöhten Kosten auf mehrere Fahrzeuge, die diese Ladegerät nacheinander nutzen, umgelegt werden. Die Kosten wachsen aber nicht linear mit der Leistung des Ladegeräts, da vorgelagerte Komponenten des Stromnetzes „mitwachsen" müssen. Die Umlage der Mehrkosten für hohe Ladeleistungen wird dementsprechend immer auch einen erhöhten Preis pro Energie (kWh), die letztendlich abgerechnet wird, bedeuten.

Ein weiterer Zusatzaufwand beim Gleichstrom-Laden ist eine geeignete Signalübertragung, da nur das Fahrzeug den Batteriezustand genau kennt und folglich das Ladegerät in der Infrastruktur steuern muss. Trotz des Aufwands ist heute Gleichstromladen die Methode der Wahl, um sehr hohe Ladeleistungen zu realisieren.

Größenordnungen

Um die Größenordnungen der Elektrotechnik der Fahrzeuge zu vermitteln, folgen ein paar Zahlen, die mit Haushalten (in Deutschland) verglichen werden.

Fahrzeug

Stand 2020 werden bei Pkw für den Energiebedarf pro Strecke Zahlen von 13 kWh bis 27 kWh pro 100 km (mit Ausreißern bis über 40 kWh) angegeben. Das ist natürlich zusätzlich nutzungsabhängig (abhängig vom Fahrstil) und zusätzlich – im Gegensatz zu Verbrennungsmotoren – auch deutlich witterungsabhängig. Heizen (im Winter) und Kühlen (im Sommer) bedeuten einen merklichen Mehrbedarf bei Elektrofahrzeugen. Als Durchschnitt kann mit 20 kWh pro 100 km gerechnet werden. Umgekehrt bedeutet das: mit 1 kWh elektrischer Energie kann der Nutzer 5 km fahren. Diese Zahl kann sich über die Jahre etwas ändern, da aktuell die Fahrzeuge tendenziell sparsam ausgelegt sind, da Sparsamkeit bei begrenzter Batteriekapazität mehr Reichweite bedeutet.

Künftig kann man vermutlich mit größeren und kostengünstigeren Batterien sowie auch mit luxuriöseren Fahrzeugen rechnen. Unter der Annahme, ein durchschnittlicher Pkw fährt 10 000 km pro Jahr (natürlich unterliegt dieser Wert erheblicher Streuung), braucht ein Fahrzeug mit dem oben genannten Durchschnittswert abgeschätzt im Jahr etwa 2 000 kWh.

Haushalt

Zum Vergleich liegt bei Haushalten der durchschnittliche Jahresverbrauch in der Größenordnung von 3 500 kWh pro Jahr – auch hier gibt es eine sehr breite Streuung von grob 500 kWh bis 25 000 kWh im Jahr – das dürfte ähnlich der Streuung der Jahreskilometerleistung von Pkw sein. Das bedeutet, ein Pkw ist energetisch wie ein kleiner Haushalt zu betrachten.

Ladeleistung

Die Größen der in Fahrzeugen eingesetzten Batterien überdecken eine erhebliche Spannweite. Die Ursache ist ein gewisses Dilemma in der Fahrzeugauslegung, da Gewicht und Kosten der Batterien sehr hoch sind und auch einen erheblichen Teil von Gewicht und Kosten des gesamten Fahrzeugs ausmachen. Bei batteriebetriebenen Elektrofahrzeugen können beispielhaft Batteriekapazitäten von 16 kWh (für einen Kleinwagen) bis über 100 kWh (für ein Oberklassenfahrzeug) genannt werden. Die Energiemenge, die bei einem einzelnen Ladevorgang in das Fahrzeug geladen wird, ist kleiner. Um wie viel kleiner hängt sehr vom Nutzer ab, da bei beliebigen Teilladezuständen nachgeladen werden kann und auch nicht zwingend vollgeladen wird. Welche Ladeleistung nötig ist, um die genannte Energie nachzuladen, hängt zudem von der gewünschten Ladezeit ab.

Steckverbinder

In den öffentlichen Stromnetzen gibt es sehr viele unterschiedliche Steckdosen. Das ist nicht nur durch Ländervarianten bedingt, sondern auch zweckbedingt beziehungsweise leistungsbedingt. Als Beispiel sei der Unterschied zwischen Haushaltssteckdose („Schuko") und Industriesteckdose nach IEC 60309 [2] („Cekon") genannt. Einer Haushaltssteckdose kann eine Dauerleistung von circa 2,3 kW und eine kurzzeitige Leistung von 3,7 kW entnommen werden. Die Zahlen können durch andere Stromverbraucher, die gleichzeitig betrieben werden, geringer sein. Einer Industriesteckdose kann je nach Baugröße eine Dauerleistung von 3,7 kW bis über 100 kW entnommen werden. Sehr verbreitet sind die Typen für 11 kW beziehungsweise 22 kW.

Um Fahrzeuge zu laden, wäre ein reines mechanisches Adaptieren (so wie von „Reisesteckern" bekannt) denkbar, aber nicht sinnvoll, denn die Ladeleistung müsste auf die schwächste adaptierbare Steckdose ausgelegt werden. Häufig besteht aber der Wunsch, die verfügbare Stromquelle auszulasten beziehungsweise die maximale Leistung des Ladegeräts im Fahrzeug zu nutzen.

Aus diesem Grund wurden für Elektrofahrzeuge eigene Steckverbinder eingeführt, die zusätzlich zu den Kontakten für den Ladestrom Signalkontakte enthalten, die dem Fahrzeug mitteilen, wie hoch belastbar die aktuelle Ladequelle ist.

Literatur

[1] https://wirtschaftslexikon.gabler.de/

[2] IEC 60309: Stecker, Steckdosen und Kupplungen für industrielle Anwendungen.

Steuerung elektrischer Antriebe

Antriebsstrang eines Elektrofahrzeugs

Im Elektrofahrzeug sorgt eine elektrische Maschine (E-Maschine) für den Vortrieb. Die hierfür erforderliche elektrische Energie ist bei batterieelektrisch angetriebenen Fahrzeugen in der Antriebsbatterie gespeichert, bei Brennstoffzellenfahrzeugen wird die Energie fortlaufend in der Brennstoffzelle erzeugt. In beiden Fällen steht Gleichstrom zur Verfügung. Für den Betrieb der E-Maschine ist jedoch ein Dreiphasenwechselstrom erforderlich. Die Umwandlung von Gleichstrom in Wechselstrom erfolgt im Wechselrichter.

Diese Komponenten müssen koordiniert angesteuert werden, um die vom Fahrer über das Fahrpedal eingegebene Drehmomentenanforderung in ein Drehmoment der E-Maschine umzusetzen. Das Drehmoment sorgt dann für den Antrieb, oder es verzögert das Fahrzeug. Die Steuerung all dieser Vorgänge läuft in einem Steuergerät ab, das als VCU (Vehicle Control Unit) bezeichnet wird.

Bild 1 gibt einen Überblick über die Komponenten im Antriebsstrang eines batterieelektrisch angetriebenen Fahrzeugs.

Vehicle Control Unit für Elektrofahrzeuge

Aufgabe
Die elektronische Steuerung von Elektrofahrzeugen (Vehicle Control Unit, VCU) ist für die Umsetzung des Fahrerwunsches in den Vortrieb verantwortlich. Das dafür notwendige Antriebsmoment wird an das Wechselrichtersteuergerät zur Umsetzung einer Antriebsleistung der E-Maschine weitergegeben. Ferner erfolgt eine Koordination der Teilsysteme des HV-Bordnetzes (HV, High Voltage, hohe Spannung) sowie der Komponenten zum Heizen und zum Kühlen der Kühlkreisläufe im Fahrzeug.

Elektrische Systemübersicht
Bild 2 beschreibt die Steuergeräte und Teilkomponenten im Antriebstrang eines Elektrofahrzeugs. Neben der VCU als zentrale Recheneinheit gibt es u.a. das Batteriesteuergerät, das für das Öffnen und Schließen der Schütze in der Antriebsbatterie zuständig ist. Das Ladesteuergerät ist für die Koordination des Ladevorgangs verantwortlich, einerseits für das Laden mit Wechselstrom, andererseits für das Schnellladen mit Gleichstrom an Ladesäulen. Das Wechselrichtersteuergerät regelt den Strom durch die E-Maschine. Die HV-Ver-

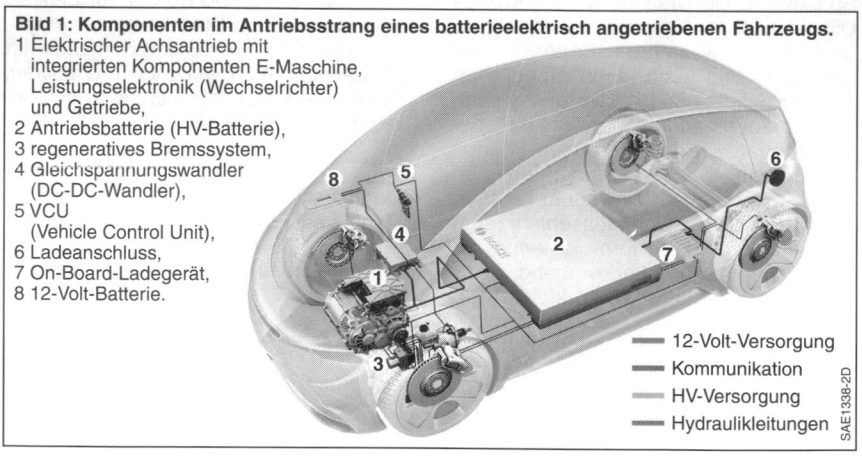

Bild 1: Komponenten im Antriebsstrang eines batterieelektrisch angetriebenen Fahrzeugs.
1 Elektrischer Achsantrieb mit integrierten Komponenten E-Maschine, Leistungselektronik (Wechselrichter) und Getriebe,
2 Antriebsbatterie (HV-Batterie),
3 regeneratives Bremssystem,
4 Gleichspannungswandler (DC-DC-Wandler),
5 VCU (Vehicle Control Unit),
6 Ladeanschluss,
7 On-Board-Ladegerät,
8 12-Volt-Batterie.

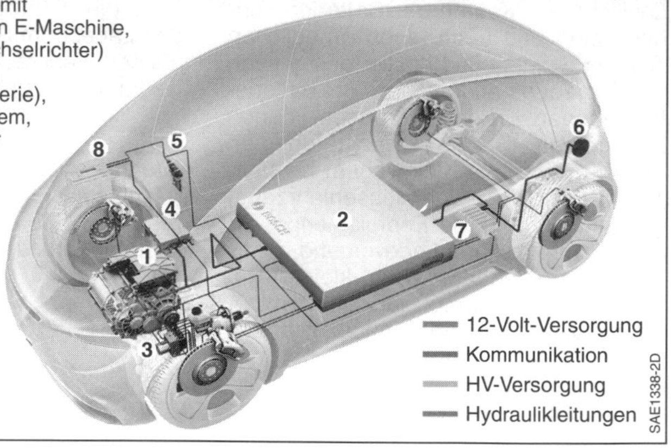

braucher zur Heizung und Kühlung (elektrischer Zuheizer und Klimakompressor) sind ebenfalls enthalten und werden von der VCU aktiviert beziehungsweise deaktiviert. Der Gleichspannungswandler (DC-DC-Wandler) versorgt das LV-Bordnetz (Low Voltage, niedrige Spannung, 12 V bei Pkw beziehungsweise 24 V bei Nfz) mit elektrischer Energie. In diesem Bordnetz befinden sich die Verbraucher wie zum Beispiel das Infotainment sowie weitere Steuergeräte im Fahrzeug.

Funktionale Systemübersicht

Neben den primären Aufgaben der Umsetzung des Fahrerwunsches, der Koordination der Teilsysteme des HV-Bordnetzes und der Regelung der Kühlkreisläufe im Fahrzeug gehören zu einer VCU viele weitere Teilaufgaben.

Subsystem Torque-Demand

Der Fahrer gibt durch die Fahrpedalstellung einen konkreten Fahrerwunsch vor. Die Fahrpedalstellung wird in einen Sollwert für das Antriebs- beziehungsweise das Verzögerungsmoment umgesetzt.

Befindet sich die Fahrpedalstellung in einem niedrigen Bereich (z.B. 0...15 %), dann erfolgt eine negative Momentenanforderung (Bild 3). Die E-Maschine wird in diesem Fall zum Abbremsen des Fahrzeugs verwendet und die durch die

Bild 3: Drehmomentenanforderung mit Einpedalsteuerung.

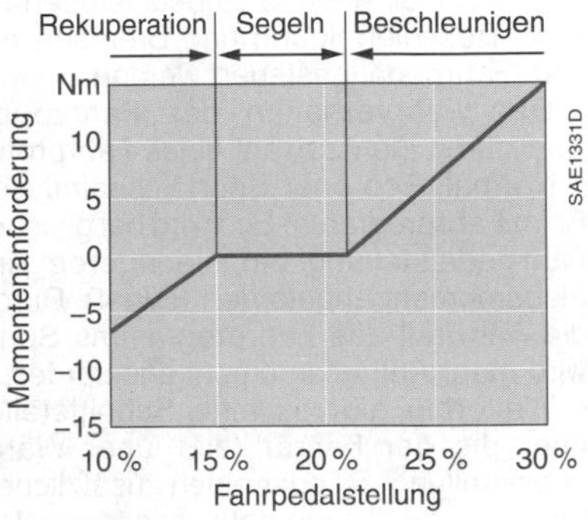

Bild 2: Elektrische Systemübersicht für ein Elektrofahrzeug.
HV High Voltage (hohe Spannung), LV Low Voltage (12 V für Pkw, 24 V für Nfz), AC Alternating Current (Wechselstrom), DC Direct Current (Gleichstrom), SG Steuergerät.

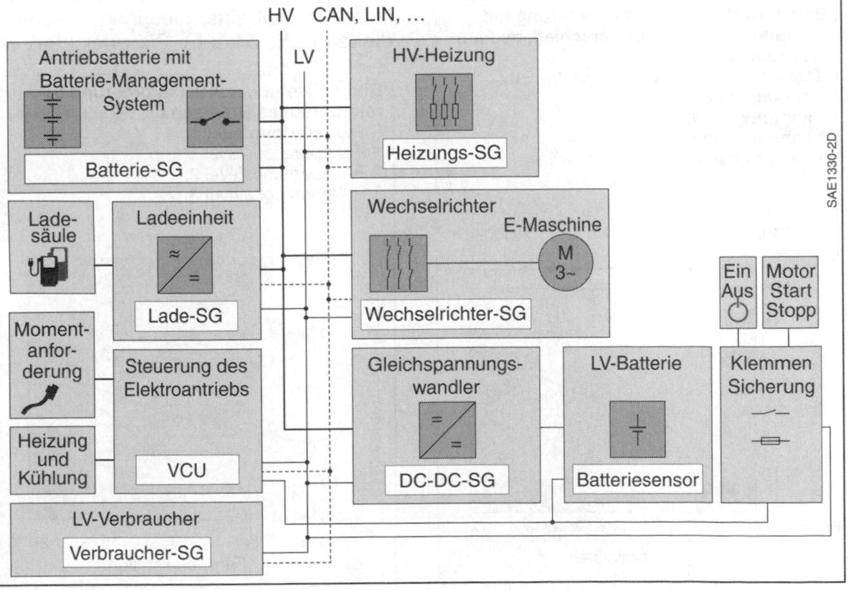

Rekuperation erzeugte elektrische Energie wird in die Antriebsbatterie zurückgespeist. Eine mittlere Fahrpedalstellung (z.B. von 15...21 %) wird so interpretiert, dass eine Fahrt mit gleichbleibender Geschwindigkeit gewünscht ist. Das Fahrzeugverhalten ist hier ähnlich dem Segelmodus eines Fahrzeugs mit Verbrennungsmotor. Eine hohe Fahrpedalstellung (z.B. größer als 21 %) fordert eine pedalstellungsabhängige Beschleunigung an. Über diese Einpedalsteuerung kann Beschleunigung und Bremsen mit dem Fahrpedal gesteuert werden.

Das Fahrverhalten des Fahrzeugs wird durch die Auswahl eines Fahrprofils – Normal, Eco oder Sport – beeinflusst. Beim Fahrprogramm Eco wird bei gleicher Fahrpedalstellung ein niedrigeres Antriebsmoment angefordert (Bild 4). Durch die Auswahl des Fahrprogramms Sport wird mehr Antriebsmoment angefordert.

Weiterhin gibt es eine Schnittstelle, über die der Fahrer (z.B. über Wählhebelstellung „B“ oder einen zusätzlichen Schalter) die Rekuperationsstufe einstellen kann. Je höher die Rekuperationsstufe, desto höher ist das angeforderte Rekuperationsmoment. Bild 5 beschreibt die Drehmomentenanforderungen für rekuperatives Bremsen bei verschiedenen Rekuperationsstufen.

Neben der Wählhebelstellung „B“, über die der Rekuperationsmodus aktiviert wird, gibt es üblicherweise noch weitere von Fahrzeugen mit Automatikgetriebe bekannte Wählhebelstellungen:

- P (Parken): das Fahrzeug ist abgestellt und gegen ein Wegrollen gesichert.
- N (Neutral): der Antriebstrang hat keinen Kraftschluss. Das Fahrzeug ist nicht gegen ein Wegrollen gesichert.
- D (Drive): das Fahrzeug befindet sich im Fahrmodus in Vorwärtsrichtung.
- R (Reverse): das Fahrzeug befindet sich im Fahrmodus in Rückwärtsrichtung.

Neben der direkten Momentenvorgabe kann der Fahrer über die Fahrgeschwindigkeitsregelung (Tempomat) eine indirekte Momentenvorgabe vornehmen (Bild 6). Abhängig vom aktuellen Fahrzustand wird ein Soll-Antriebsmoment ermittelt. Ein Geschwindigkeitsbegrenzer beschränkt die Maximalgeschwindigkeit auf den vom Fahrer eingestellten Wert. Die Kriechfunktion wird bei niedrigen Geschwindigkeiten aktiviert, wenn das Fahrzeug im Fahrmodus ist und das Fahrpedal nicht betätigt wird. Das Fahrzeug bewegt sich dann mit einer niedrigen Geschwindigkeit (z.B. 5 km/h). Sie erleichtert die

Bild 4: Drehmomentenanforderung mit Einpedalsteuerung für verschiedene Fahrprogramme.
(Dargestellter Segelbereich gilt für Fahrprogramm Eco).
1 Fahrprogramm Eco,
2 Fahrprogramm Normal,
3 Fahrprogramm Sport

SAE1332-2D

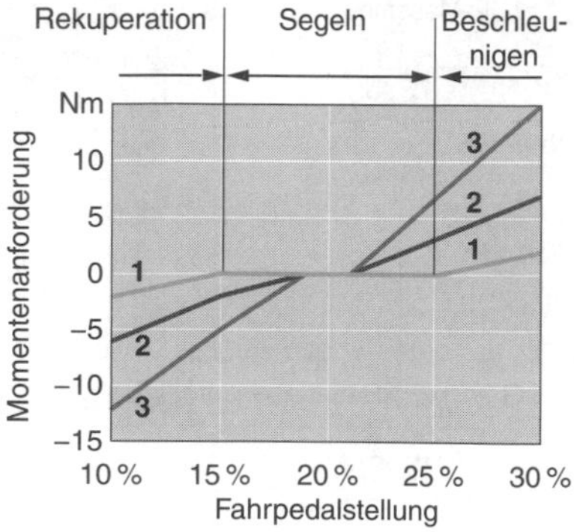

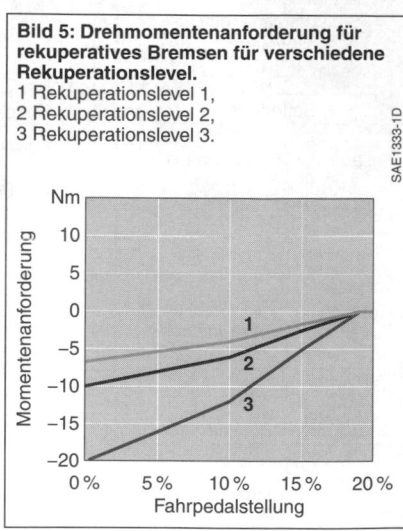

Bild 5: Drehmomentenanforderung für rekuperatives Bremsen für verschiedene Rekuperationslevel.
1 Rekuperationslevel 1,
2 Rekuperationslevel 2,
3 Rekuperationslevel 3.

SAE1333-1D

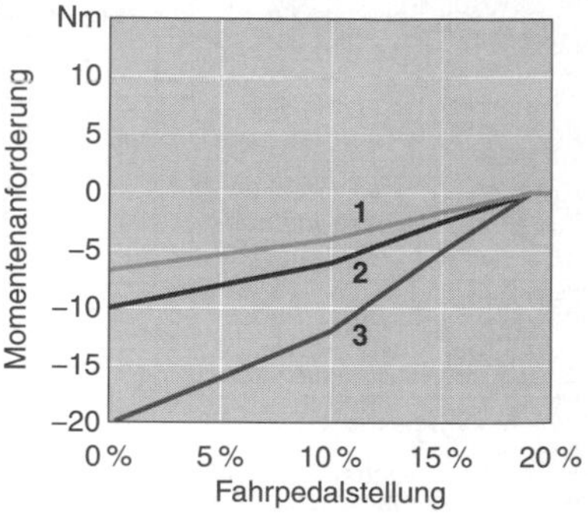

Handhabung des Fahrzeugs in bestimmten Situationen, zum Beispiel beim Einparken.

Im Unterschied zu Fahrzeugen mit einem Verbrennungsmotor gibt es bei Elektrofahrzeugen bei nicht betätigtem Fahrpedal und stehendem Fahrzeug keine Leerlaufdrehzahl.

Bei Fahrzeugen einiger Hersteller erfolgt mittels der Einpedalsteuerung nicht nur ein Abbremsen über die E-Maschine, sondern auch die Aktivierung der mechanischen Reibbremse. In einigen Ländern gibt es Normen, die eine Aktivierung der Bremsleuchten ab einer bestimmten Verzögerung vorsehen. Trotz der Möglichkeit der Aktivierung der mechanischen Reib-

Bild 6: Koordination der Momentenanforderung (Torque-Structure).
A Pfad für erste E-Achse,
B Pfad für zweite E-Achse (entspricht Pfad A),
C Radmomentenverteilung für linkes Rad,
D Radmomentenverteilung für rechtes Rad (wie Pfad C).
ESC Electronic Stability Control (Elektronisches Stabilitätsprogramm),
CRBS Cooperative Regenerative Brake System (Kooperatives regeneratives Bremssystem),
Torque Vectoring: Radindividuelle Antriebsmomentenverteilung.

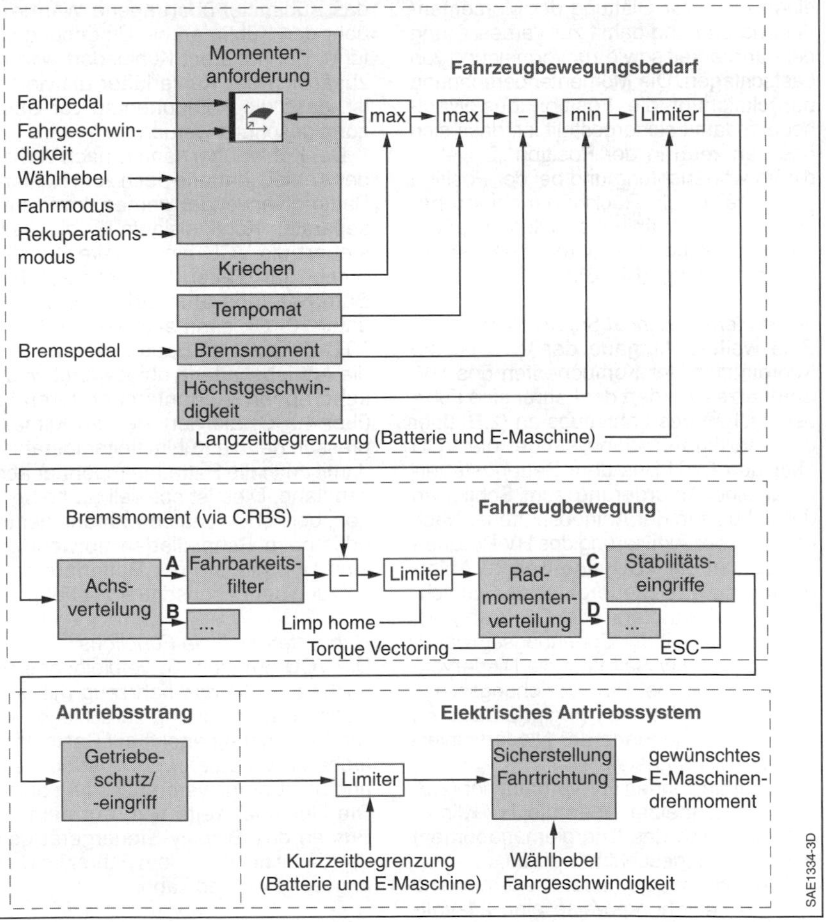

bremse über die Einpedalsteuerung gibt es jedoch weiterhin ein Bremspedal, das eine sichere und direkte Aktivierung der Reibbremse ermöglicht.

Subsystem Torque-Structure
Das Steuergerät für die Fahrdynamikregelung (ESC, Electronic Stability Control) veranlasst gezielt Bremseingriffe, um die Fahrzeugstabilität zu gewährleisten. Im Subsystem Torque-Structure werden die einzelnen Momentenanforderungen aus dem Subsystem Torque-Demand, die Bremseingriffe vom ESC sowie die Anforderung zu einer rein generatorischen Verzögerung vom regenerativen Bremssystem koordiniert. Die Funktionalität enthält einen Filter zur Glättung der Momentenanforderung und damit zur Verbesserung der Fahrbarkeit sowie zur Vermeidung von Lastschlägen. Die Momentenberechnung berücksichtigt die Position des Wählhebels, damit sichergestellt ist, dass sich das Fahrzeug in der Position „Drive“ in die Vorwärtsrichtung und bei der Position „Reverse“ in die Rückwärtsrichtung bewegt. Bei den Wählhebelstellungen „Neutral“ und „Parken“ wird kein elektrisches Moment erzeugt (Bild 6).

Subsystem Electrical Supply System
Eine weitere Aufgabe der VCU ist die Koordination der Komponenten des HV-Bordnetzes. Fordert der Fahrer eine Fahrbereitschaft des Fahrzeugs an (z.B. über den Startknopf), dann sendet die VCU über den CAN-Bus dem Batteriesteuergerät eine Anforderung zum Schließen der Schütze in der Antriebsbatterie. Nach erfolgreicher Aktivierung des HV-Bordnetzes sendet die VCU eine weitere Anforderung an das Steuergerät des Gleichspannungswandlers (DC-DC-Wandler), damit dieser mit der Spannungsumwandlung von der HV-Seite auf die Niedervoltseite (12-Volt- bei Pkw beziehungsweise 24-Volt-Seite bei Nfz) beginnt. Dadurch wird eine Redundanz der Niedervoltversorgung sichergestellt.

Weiterhin können HV-Verbraucher (z.B. der PTC-Zuheizer oder die HV-Klimaanlage) durch das Energiemanagement bei Bedarf abgeschaltet werden.

Elektrofahrzeuge haben weiterhin eine 12-Volt- beziehungsweise eine 24-Volt-Batterie, da diese beim erstmaligen Startvorgang zur Überprüfung des HV-Systems benötigt wird.

Subsystem Thermomanagement
Im Subsystem Thermomanagement steuert die VCU die Komponenten zum Heizen und zum Kühlen der Kühlkreisläufe im Fahrzeug. Typischerweise gibt es einen Kühlkreislauf für den Antrieb, in dem sich die E-Maschine, der Wechselrichter, der Gleichspannungswandler und das Ladegerät befinden. Abhängig von den Temperaturen dieser Komponenten steuert die VCU die Kühlmittelpumpe im Kühlkreislauf an, welche die genannten Komponenten entsprechend kühlt. Die an das Kühlmittel übertragene Wärme wird über den Kühler an die Umgebung abgeführt. Bei höherem Kühlbedarf wird noch zusätzlich der Kühlerlüfter aktiviert. Ziel ist, dass die Komponenten vor Überhitzung geschützt werden.

Der Kühlerlüfter kann je nach Verbauort der Antriebsbatterie auch zum Kühlen der Batterie verwendet werden. Im Fall eines separaten Kühlkreislaufs für die Batterie steuert die VCU eine zweite Kühlmittelpumpe für diesen Kühlkreislauf. Ist die Batterietemperatur sehr niedrig (z.B. unter 10 °C), dann aktiviert die VCU den PTC-Zuheizer im Batteriekreislauf, damit die Antriebsbatterie aufgewärmt wird. Bei sehr hohen Außentemperaturen (z.B. über 40 °C) aktiviert sie den Klimakompressor, der die Kühlmitteltemperatur und damit auch die Batterietemperatur absenken kann. Dies ist speziell an heißen Tagen, bei hohen Lasten während der Fahrt oder beim Schnellladen notwendig, da eine Überhitzung der Batterie eine Verkürzung der Lebensdauer zur Folge hätte.

Subsystem Vehicle Functions
Die VCU ermittelt die verbleibende Restreichweite, die das Fahrzeug mit der aktuellen Batterieladung zurücklegen kann. Die Berechnung erfolgt auf Basis der verfügbaren Energie in der Antriebsbatterie und des Energieverbrauchs im Fahrzeug. Die Restreichweite wird auf dem CAN-Bus an das Display-Steuergerät gesendet, damit der Wert dem Fahrer im Display angezeigt werden kann.

Weitere Anwendungen der VCU für Elektrofahrzeuge

Batterieelektrische Busse und Nutzfahrzeuge

Batterieelektrische Busse und Nutzfahrzeuge können für den innerstädtischen Personen- und Lieferverkehr eingesetzt werden. Die Funktionsweise der VCU ist bei diesen Anwendungen sehr ähnlich zu jener bei Personenkraftwagen.

Range-Extender-Betrieb

Es gibt Elektrofahrzeuge, die mit einem Verbrennungsmotor als Range-Extender (Reichweitenverlängerer) ausgestattet sind. Eine zusätzliche E-Maschine wird vom Verbrennungsmotor betrieben und erzeugt im generatorischen Betrieb elektrische Energie. Die Leistungen des Verbrennungsmotors und der zusätzlichen E-Maschine sind wesentlich kleiner als die Leistung der elektrischen Antriebsmaschine. Dadurch, dass der Verbrennungsmotor mechanisch unabhängig vom Antriebstrang ist, kann er in einem optimalen Betriebspunkt arbeiten. Die so erzeugte elektrische Leistung wird in der Antriebsbatterie gespeichert beziehungsweise dem elektrischen Antrieb zur Verfügung gestellt. Dadurch erhöht sich die Reichweite des Elektrofahrzeugs im Vergleich zum reinen Batteriebetrieb.

Anstelle eines Verbrennungsmotors kann auch eine Brennstoffzelle als Range-Extender eingesetzt werden. Die Funktionsweise der VCU ist in diesem Fall sehr ähnlich.

Koordination des Range-Extenders mit der VCU

Die VCU stellt bei niedrigem Ladezustand der Antriebsbatterie eine Leistungsanforderung an das Motorsteuergerät des Range-Extenders (REX-ECU). Der in der VCU implementierte Fahrzeugkoordinator für den Range-Extender-Betrieb bestimmt die gewünschte elektrische Leistung (Bild 7) in Abhängigkeit von der
- Ladestrategie,
- dem Betriebsmodus,
- Leistungsbegrenzungen der Batterie,
- Start-Stopp-Anforderungen.

Das Motorsteuergerät steuert den Range-Extender-Verbrennungsmotor unter Vorgabe von Größen zur Einspritzung und Drosselklappenstellung an und fordert über den zusätzlichen Wechselrichter, der die im Generatorbetrieb arbeitende E-Maschine ansteuert, ein Drehmoment an. Der Leistungsregler im Motorsteuergerät berechnet die gewünschte Drehzahl der E-Maschine und das gewünschte Moment. Der Wechselrichter koordiniert den Betriebsmodus und stellt die gewünschten Werte (Moment, Drehzahl, Begrenzungen) ein. So kann die angeforderte elektrische Leistung bereitgestellt werden.

Bild 7: Koordination des Range-Extenders mit der Vehicle-Control-Unit.
REX Range-Extender,
ECU Electronic Control Unit (Steuergerät),
SOC State of Charge,
v Fahrgeschwindigkeit,
f Funktion.

SAE1335-3D

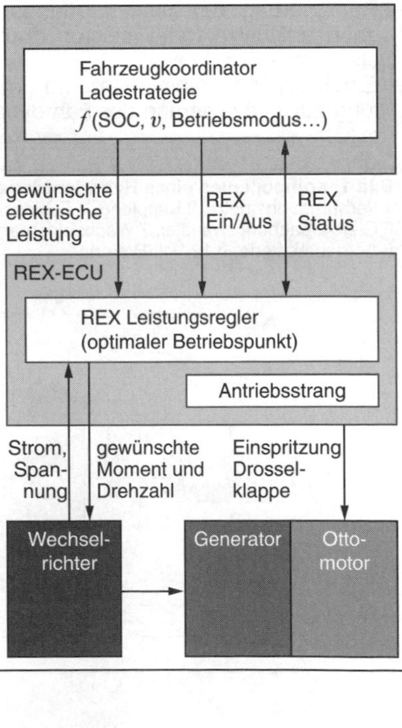

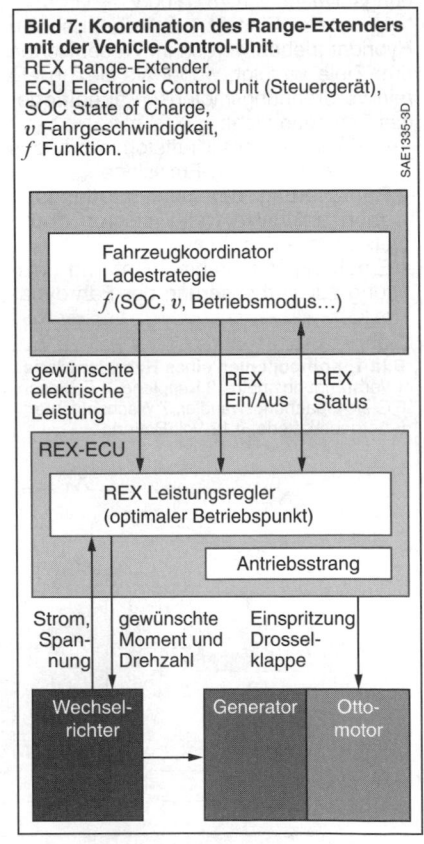

Hybridantriebe

Motivation

Ein Hybridelektrofahrzeug (Hybrid Electric Vehicle, HEV, auch als Hybridfahrzeug bezeichnet) besitzt zwei oder mehrere Energiespeicher mit ihren dazugehörigen Energiewandlern, die gemeinsam oder getrennt das Fahrzeug antreiben (EU-Richtlinie 2007/46/EG, [1]). In den meisten Hybridfahrzeugen agiert neben dem Verbrennungsmotor eine oder mehrere elektrische Maschinen (E-Maschinen). Die Energie zum Fahren wird aus einem Kraftstoffbehälter und einer Antriebsbatterie (Traktionsbatterie) bezogen (Bild 1). Die Antriebsbatterie basiert meist auf einer Lithium-Ionen-Technologie mit Spannungsniveaus von 48...800 V.

Mit dem Einsatz von elektrischen Hybridantrieben werden im Wesentlichen drei Ziele verfolgt, wobei als Bezug ein rein verbrennungsmotorisch angetriebenes Fahrzeug dient:
- Reduzierung des Kraftstoffverbrauchs und damit der CO_2-Emissionen,
- Reduzierung der Schadstoffemissionen (inklusive Null-Emission durch elektrische Fahrt) sowie
- Erhöhung von Drehmoment und Leistung zur Verbesserung der Fahrdynamik.

Merkmale

Hybridfahrzeuge kombinieren im Antriebsstrang viele Vorteile beider Antriebsarten. Die großen Reichweiten eines Verbrennungsmotors und das schnelle Betanken mit Kraftstoff werden mit der hohen Effizienz einer E-Maschine auch in der Stadt bei niedrigen Geschwindigkeiten und vielen Ampelstopps kombiniert.

Verbrennungsmotor und E-Maschine können im Antriebsstrang in unterschiedlichen Antriebsstrukturen vorkommen. Dabei spielen Fahrzeuggetriebe (gegebenenfalls mit ein oder mehreren integrierten E-Maschinen) ebenfalls eine Rolle, meist um dem Verbrennungsmotor variable Übersetzungen zur Leistungswandlung bereitzustellen oder das Fahrzeug elektrisch anzutreiben oder zu verzögern.

Die E-Maschine bietet hohe Drehmomente bei niedrigen Drehzahlen. Dadurch ergänzt sie den Verbrennungsmotor, dessen Drehmoment erst bei mittleren Drehzahlen ansteigt. Je nach angeforderter Antriebsleistung tragen die E-Maschinen und der Verbrennungsmotor unterschiedlich stark zur Fahrzeugbewegung bei.

Bild 1: Komponenten eines Hybridantriebs.
1 Verbrennungsmotor, 2 Kupplung, 3 E-Maschine, 4 Anfahrelement, 5 Getriebe, 6 Gleichspannungswandler, 7 Wechselrichter, 8 Antriebsbatterie, 9 12-Volt-Batterie.

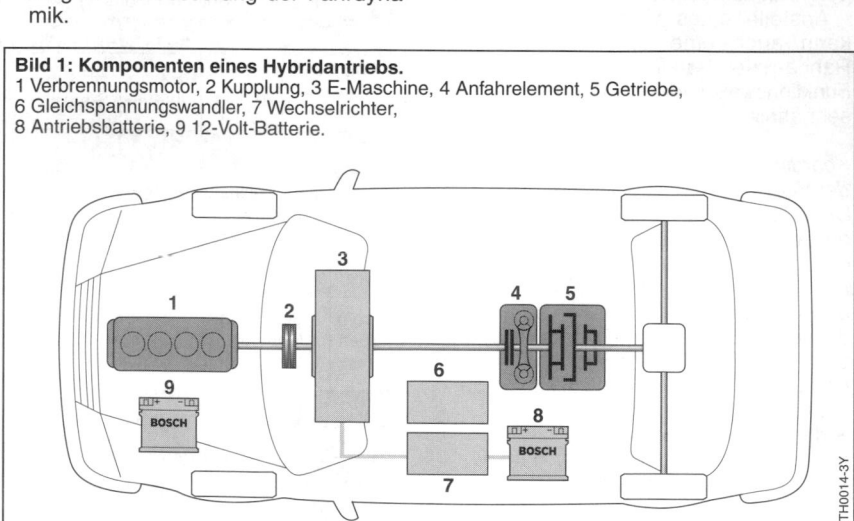

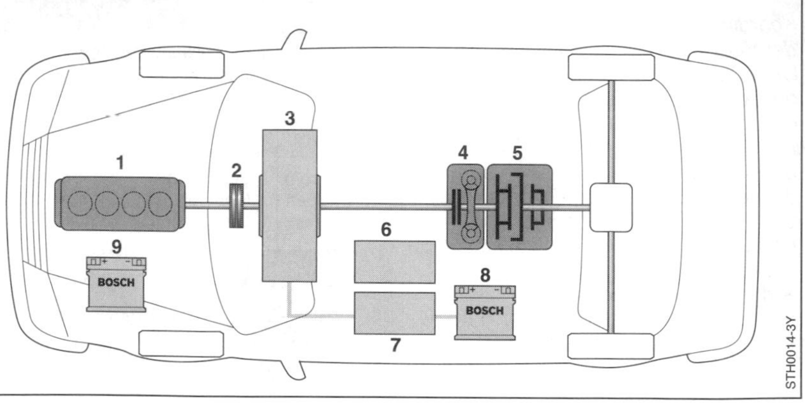

Reduzierung der elektrischen Verluste im 12-Volt-Bordnetz

Der elektrische Leistungsbedarf in Personenkraftwagen steigt kontinuierlich und wird durch den Einsatz einer steigenden Anzahl von leistungsstarken elektrischen Komfortkomponenten in den nächsten Jahren weiter deutlich zunehmen (Bild 2a). Die erforderliche elektrische Energie zur Versorgung der elektrischen Verbraucher im 12-Volt-Bordnetz wird derzeit in konventionellen Fahrzeugen mit einem Generator, der über einen Riemen mit der Kurbelwelle des Verbrennungsmotors verbunden ist, erzeugt. Durch die Belastung des Verbrennungsmotors zur Stromerzeugung steigt der Kraftstoffverbrauch. Für ein Mittelklassefahrzeug erhöht sich der Kraftstoffverbrauch und damit der CO_2-Ausstoß bei einer Bordnetzlast von 500 W um ca. typisch 0,5 *l* pro 100 km, entsprechend steigen die CO_2-Emissionen (Bild 2c).

Eine Reduzierung der CO_2-Emissionen kann dadurch erreicht werden, indem die elektrischen Verluste trotz steigender Bordnetzlast gesenkt werden. Dies ist über eine Anhebung der Spannungslage im Bordnetz auf z.B. 48 V realisierbar. Die Anhebung der Spannung ermöglicht bei gleicher Leistung eine Reduzierung der Stromstärke und dadurch eine Reduzierung der ohmschen Verluste (Bild 2b). Das macht sich insbesondere bei leistungsstarken Verbrauchern wie einem elektrischen Klimakompressor bemerkbar, die meisten Verbraucher (z.B. Steuergeräte) werden im 12-Volt-Bordnetz betrieben.

Bild 2: Entwicklung des elektrischen Bordnetzbedarfs und dessen Einfluss auf die CO_2-Emissionen [2].
a) Anstieg der Bordnetzleistung (tendentieller Verlauf),
b) Reduktion der Verluste (tendentieller Verlauf),
c) Einfluss auf die CO_2-Emissionen im zugrunde gelegten Fahrzyklus,
d) Anteil der rekuperierten Energie.
1 Neuer europäischer Fahrzyklus (NEFZ, bisheriger Fahrzyklus),
2 Worldwide Light-duty Test Cycles (WLTC, seit 09/2018 anzuwendender Fahrzyklus für neu zugelassene Pkw, seit 09/2019 für neu zugelassene leichte Nutzfahrzeuge),
3 ohne Schleppverluste des Verbrennungsmotors (Motor ist über eine Kupplung von der E-Maschine getrennt),
4 inklusive Schleppverluste des Verbrennungsmotors (Motor ist mit der E-Maschine gekoppelt).

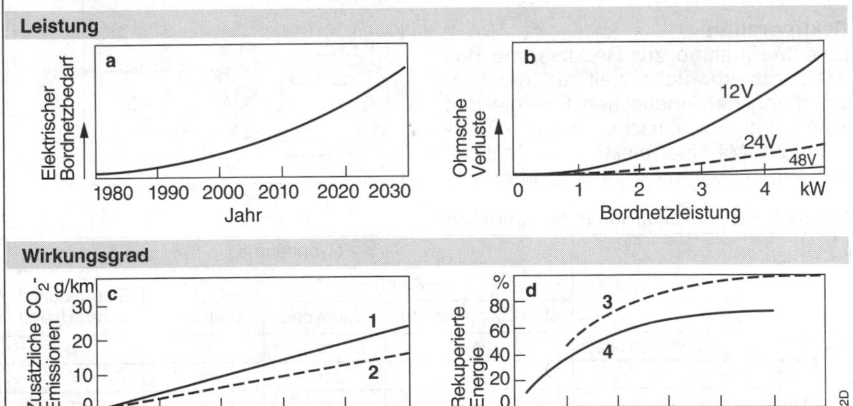

Funktionalitäten der Hybridantriebe

Die Art des Zusammenwirkens von Verbrennungsmotor, E-Maschine und Energiespeicher (Batterie) bestimmt die möglichen Hybridfunktionalitäten. Auf der Basis der umgesetzten Funktionen und dem Anteil der elektrischen Leistung am Gesamtantrieb können Hybridantriebssysteme eingeordnet werden (Tabelle 1).

Start-Stopp-Funktionalität

Der durchschnittliche Kraftstoffverbrauch und damit der CO_2-Ausstoß kann gesenkt werden, indem der Verbrennungsmotor ausgeschaltet wird, sofern dieser nicht zum Vortrieb des Fahrzeugs benötigt wird. Die erforderliche elektrische Energie zur Versorgung des Bordnetzes liefert in dieser Zeit die Batterie.

Bei der Start-Stopp-Funktionalität wird der Verbrennungsmotor zeitweise abgeschaltet, ohne dass der Fahrer den Fahrtschalter („die Zündung") ausschaltet. Das Abschalten erfolgt typischerweise beim Fahrzeugstillstand oder bei Konstantfahrten, wenn keine Energie benötigt wird. Der Wiederstart erfolgt automatisch, sobald der Fahrer anfahren, beschleunigen oder bremsen möchte.

Diese Funktionalität ist bei vielen Fahrzeugen schon mit dem bestehenden 12-Volt-Bordnetz mit überschaubarem technischen Aufwand realisiert.

Rekuperation

Eine Maßnahme zur Reduzierung des Kraftstoffverbrauchs zielt auf die Umwandlung der kinetischen Energie des Fahrzeugs in elektrische Energie (Rekuperation). Mit einer elektrischen Maschinenleistung von ca. 12 kW kann bereits ein Großteil (ca. 80 %, siehe Bild 2d) der verfügbaren kinetischen Energie rekuperiert und in der Batterie gespeichert werden. Je nach Bordnetzlast und Fahrzeug kann sogar mehr Energie rekuperiert werden, als für die elektrische Bordnetzversorgung erforderlich ist. In diesem Fall ist es zweckmäßig, diese Energie in Form von kinetischer Energie wieder an die Kurbelwelle abzugeben.

Bei der Rekuperation wird die E-Maschine zur Umwandlung von kinetischer Energie in elektrische Energie genutzt. Bremsvorgänge werden soweit möglich nicht – oder zumindest nicht nur – durch das Reibmoment der Betriebsbremse realisiert, sondern durch ein generatorisches Bremsmoment der E-Maschine (regeneratives Bremsen). Die elektrische Energie wird zur Batterie übertragen und dort gespeichert (Bild 3).

Hybridisches Fahren

Hybridisches Fahren bezeichnet die Zustände, in denen der Verbrennungsmotor und die E-Maschine gemeinsam in Betrieb sind. Die Unterstützung durch

Bild 3: Rekuperation.
Die Pfeile geben geben den Energiefluss an.
1 Verbrennungsmotor,
2 E-Maschine,
3 Batterie.

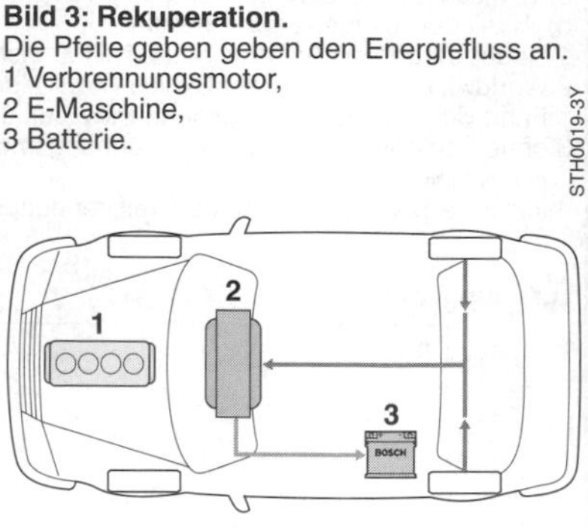

Tabelle 1: Klassifikation von Hybridantrieben.

		Hybridantrieb			
		Autarker Hybrid			Extern aufladbarer Hybrid
		Start-Stopp-System	Mildhybrid	Vollhybrid	
Funktionalität	Start-Stopp-Funktionalität	●	●	●	●
	Rekuperation	●	●	●	●
	Hybridisches Fahren		●	●	●
	Rein elektrisches Fahren			●	●
	Laden am Stromnetz				●

die E-Maschine ermöglicht es, den Verbrennungsmotor durch eine Betriebspunktoptimierung vorwiegend im Bereich seines besten Wirkungsgrads oder in Betriebsbereichen, in denen nur geringe Schadstoffemissionen entstehen, zu betreiben. Das hybridische Fahren kann man in generatorischen und motorischen Betrieb der E-Maschine unterteilen.

Generatorischer Betrieb
Im generatorischen Betrieb wird der Verbrennungsmotor so betrieben, dass er eine höhere Leistung abgibt, als für den gewünschten Vortrieb des Fahrzeugs notwendig ist (Bild 4). Die überschüssige mechanische Leistung wird der E-Maschine zugeführt und in elektrische Energie umgewandelt, die für das Aufladen der Batterie verwendet wird.

Motorischer Betrieb
Im motorischen Betrieb, der auch als Boosten bezeichnet wird, unterstützt die E-Maschine den Verbrennungsmotor bei der Bereitstellung der gewünschten Antriebsleistung. In diesem Betriebszustand wird die Batterie entladen (Bild 5).

Mit dem Boosten können zwei unterschiedliche Ziele verfolgt werden: Die Fahrleistung kann verglichen mit einem rein verbrennungsmotorischen Antriebsstrang gesteigert werden. Die zweite Möglichkeit ist, die bestehende Gesamtantriebsleistung beizubehalten und einen kleineren effizienteren Verbrennungsmotor einzusetzen (leistungsneutrales Downsizing).

Bild 4: Hybridisches Fahren, generatorischer Betrieb.
Die Pfeile geben geben den Energiefluss an.
1 Verbrennungsmotor,
2 E-Maschine,
3 Batterie.

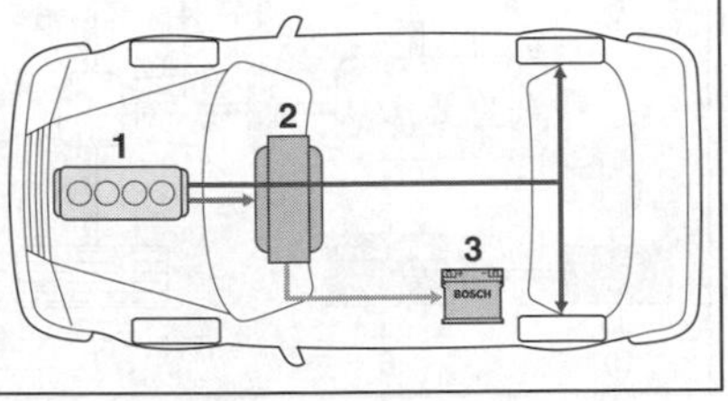

Rein elektrisches Fahren
Beim rein elektrischen Fahren wird das Fahrzeug allein über die E-Maschine angetrieben. Der Verbrennungsmotor wird für diesen Betriebsmodus vom Fahrzeugantrieb abgekoppelt und abgestellt. Das Fahrzeug fährt mit dem elektrischen Antrieb leise, lokal emissionsfrei und verbrauchseffizient mit der Energie aus der Batterie (Bild 6).

Bild 5: Hybridisches Fahren, motorischer Betrieb.
Die Pfeile geben geben den Energiefluss an.
1 Verbrennungsmotor,
2 E-Maschine,
3 Batterie.

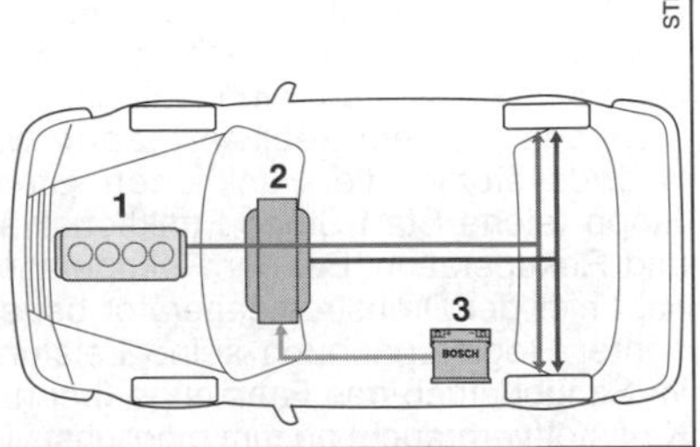

Bild 6: Rein elektrisches Fahren.
Die Pfeile geben geben den Energiefluss an.
1 Verbrennungsmotor,
2 E-Maschine,
3 Batterie.

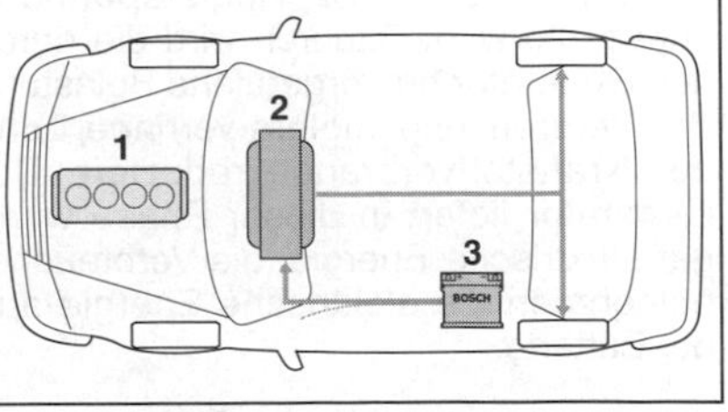

Klassifikation Hybridantriebe

Der Verbrennungsmotor und der elektrische Antrieb tragen je nach Betriebszustand und geforderter Antriebsleistung in unterschiedlichem Maße zur Fahrzeugbewegung bei. Hybridantriebe können nach dem Leistungsanteil des elektrischen Antriebs an der Gesamtleistung des Fahrzeugs und den möglichen Funktionalitäten klassifiziert werden (siehe Tabelle 1). Fahrzeuge lassen sich gemäß folgenden Merkmalen klassifizieren:
- Start-Stopp-System (Mikrohybrid),
- Mildhybrid,
- Vollhybrid,
- extern aufladbarer Hybrid.

Start-Stopp-System

Merkmale

Ein Start-Stopp-System, auch als Mikrohybrid bezeichnet, entspricht im Wesentlichen einem konventionellem Antrieb mit Verbrennungsmotor, Drehstromgenerator als E-Maschine, Starter und Starterbatterie. Die Leistung der E-Maschine ist mit ca. 3 kW nicht hoch genug, um einen Beitrag zum Fahrantrieb zu leisten. Deshalb handelt es sich hier nicht im eigentlichen Sinne um einen Hybridantrieb.

Dieses System realisiert aber wie Hybridsysteme die Funktionen Start-Stopp (siehe Start-Stopp-Funktionalität) und Rekuperation. Bei der Rekuperation hebt hier der Drehstromgenerator bei erhöhter Reglerspannung seine Leistung im Schubbetrieb des Fahrzeugs (bei null Kraftstoffverbrauch) an, um möglichst viel kinetische Energie (Bewegungsenergie) in elektrische Energie umzuwandeln und in der Starterbatterie (12 V) zu speichern. Bei Fahrzeugbeschleunigungen und bei hoher Last fährt der Drehstromgenerator seine Leistung in Abhängigkeit des Batterieladezustands möglichst weit herunter, indem die Reglerspannung abgesenkt wird. Dadurch wird die durch den Generator hervorgerufene Belastung des Verbrennungsmotors verringert und der Kraftstoffverbrauch reduziert. Der Generator liefert in dieser Phase weniger elektrische Energie, die Verbraucher entnehmen die elektrische Energie aus der Batterie.

Für dieses Start-Stopp-System ist ein Batteriemanagement mit Ladezustandssensorik (Batteriesensor) erforderlich. Die Energiemenge, die rekuperiert werden kann, ist im 12-Volt-Bordnetz allerdings begrenzt.

Klassischer Starter

Die Start-Stopp-Funktionalität kann mit einem klassischem Starter realisiert werden (Bild 7a). Die Motorsteuerung stellt den Motor ab, wenn das Fahrzeug zum Stehen kommt. Der Motor startet wieder automatisch, wenn die Bremse gelöst (bei Automatikgetrieben) oder die Kupplung betätigt wird (bei Handschaltgetrieben). Für diese Anwendung werden Starter ein-

Bild 7: Start-Stopp-System.
a) Herkömmliches System mit Starter,
b) System mit riemengetriebenen Startergenerator
1 Verbrennungsmotor,
2 Kraftstoffbehälter, 3 Kupplung, 4 Getriebe,
5 Achsantrieb, 6 Batterie,
7 Start-Stopp-fähiger Starter,
8 Startersteuerung,
9 12-Volt-Startergenerator,
10 Leistungselektronik.

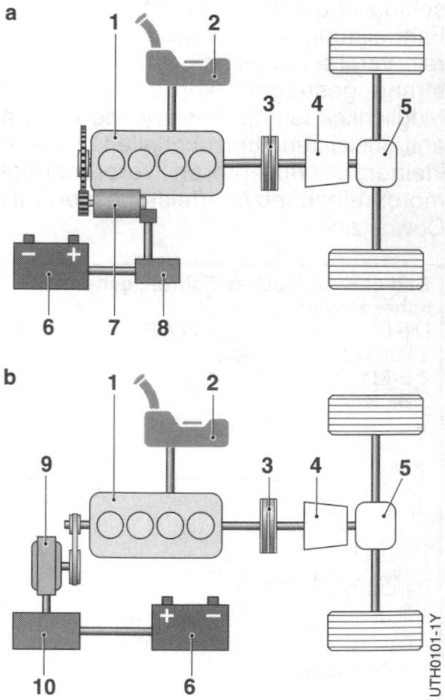

gesetzt, die für eine höhere Anzahl von Startvorgängen ausgelegt sind. Ebenso muss die Batterie für diesen Betrieb ausgelegt sein, sie muss eine erhöhte Zyklenfestigkeit aufweisen.

Dieses System bietet eine einfache Möglichkeit, mit begrenztem Aufwand den Kraftstoffverbrauch zu reduzieren. Deshalb sind diese Systeme mit Start-Stopp-Funktionalität und Rekuperation inzwischen in vielen Fahrzeugmodellen zu finden.

Startergenerator
Startergeneratoren vereinen den Starter und den Generator in einer Komponente. Sie ist für die Generatorfunktion permanent mit dem Verbrennungsmotor gekoppelt. Beim Motorstart treibt diese E-Maschine den Verbrennungsmotor an. Abhängig von der installierten Leistung kann der Startergenerator den Verbrennungsmotor auch unterstützen (Boosten).

Riemengetriebener Startergenerator
Der riemengetriebene Startergenerator ist über einen Riemenantrieb mit dem Verbrennungsmotors gekoppelt (Bild 7b). Die Anordnung entspricht der eines konventionellen Generators, diese Topologie ist auch beim Mildhybrid mit 48-Volt-Bordnetz zu finden. Daraus ergibt sich eine einfache Integration, es sind keine Änderungen des Antriebsstrangs erforderlich. Da je nach Betriebszustand im Riemenantrieb Leertrum (lose, nicht gezogene Trum) oder Lasttrum (gezogene Trum) auftritt, sind im Spannsystem des Riemenantriebs jedoch mechanische Anpassungen notwendig. Beim riemengetriebenen Startergenerator gibt die vom Riemen übertragbare Leistung die Obergrenze für die Systemleistung vor.

Startergeneratoren, die über Riemen an den Verbrennungsmotor gekoppelt sind, wurden 2004 erstmals in Serie eingesetzt.

Integrierter Startergenerator
Der integrierte Startergenerator, auch als Kurbelwellen-Startergenerator bezeichnet, sitzt zwischen Verbrennungsmotor und Getriebe auf der Kurbelwelle. Beim integrierten Startergenerator ist die übertragbare Leistung durch die Leistungsfähigkeit des Startergenerators und seiner Leistungselektronik begrenzt.

Die koaxiale Montage des Startergenerators auf der Kurbelwelle bedingt eine Verlängerung des Antriebsstrangs. Somit ist die Integration solch eines Systems in ein bestehendes Fahrzeugkonzept mit einem Aufwand für mechanische Änderungen verbunden.

Der Kurbelwellen-Startergenerator kann seine Vorteile besonders mit Spannungen ab 42 V ausspielen. Ein 42-Volt-Bordnetz war lange Zeit in Diskussion, wurde dann aber doch nicht eingeführt. Somit konnte sich der Kurbelwellen-Startergenerator im 12-Volt-Bordnetz nicht parallel zum riemengetriebenen Startergenerator durchsetzen. Erst mit den Mildhybriden und dem 48-Volt-Bordnetz wird dieses Konzept umgesetzt.

Vorteile des Startergenerators gegenüber klassischen Starter
Startvorgang
Ein klassischer Starter beschleunigt den Verbrennungsmotor auf ca. 250 min^{-1}. Ab dieser Drehzahl wird Kraftstoff eingespritzt, sodass der Motor selbstständig auf Leerlaufdrehzahl kommt. Dieser Vorgang ist aufgrund des Einspurvorgangs des Starterritzels und Drehen des Starterritzels im Schwungrad des Verbrennungsmotors mit Geräuschen und Vibrationen verbunden. Aufgrund der permanenten Koppelung des Startergenerators mit der Kurbelwelle sind diese Nebenwirkungen sehr viel geringer. Zudem kann der Startergenerator auf höhere Drehzahlen beschleunigen, die erste Einspritzung kann somit bei höheren Drehzahlen erfolgen (Hochdrehzahlstart). Dies führt zu einem ruhigeren und schnelleren Startvorgang.

Start-Stopp-System
Ein klassischer Starter kann den Startvorgang wegen des Einspurvorgangs nur bei stehendem Motor einleiten. Das schränkt die Effektivität eines Start-Stopp-Systems ein, da der Motor erst wieder bei Drehzahl null gestartet werden kann. Deshalb wird der Motor bei diesen Start-Stopp-Systemen erst abgestellt, wenn das Fahrzeug steht. Mit einem Startergenerator kann der Motor hingegen schon beim Ausrollen

abgestellt werden, was sich aufgrund der längeren Motorstillstandsphasen positiv auf den Kraftstoffverbrauch auswirkt. Ein erneuter Startvorgang kann gegebenenfalls auch schon beim ausdrehenden Motor wieder eingeleitet werden.

Mildhybrid

Merkmale

Mit einem Mildhybrid-System kann zusätzlich zu den Funktionen eines Start-Stopp-Systems die Funktion hybridisches Fahren realisiert werden. Dabei unterstützt eine E-Maschine den Verbrennungsmotor. Zusätzlich zur 12-Volt-Batterie ist im Mildhybrid eine Antriebsbatterie mit höherem Spannungsniveau (z.B. 48 V) vorhanden, aus der die E-Maschine ihre Energie bezieht. Rein elektrisches Fahren ist wegen der festen Koppelung von E-Maschine und Verbrennungsmotor nicht möglich. Diese Systeme werden deshalb als Mildhybrid (leichte Hybridisierung) bezeichnet.

Einbindung im Antriebsstrang

Für die Koppelung der E-Maschine im Antriebsstrang beziehungsweise an den Motor gibt es verschiedene Möglichkeiten. Bild 8 zeigt die Koppelung der E-Maschine an den Verbrennungsmotor über einen Riemenantrieb. Die E-Maschine kann bei diesem Hybridfahrzeug anstelle des Generators aus dem 12-Volt-Bordnetz eingesetzt werden.

Die andere verbreitete Integrationsmöglichkeit besteht in der Anordnung der E-Maschine auf der Kurbelwelle zwischen Verbrennungsmotor und Kupplung beziehungsweise Getriebe. Diese Anordnung ermöglicht die übersetzungsfreie Koppelung der E-Maschine an den Verbrennungsmotor. Der Antriebsstrang wird durch die zusätzliche Komponente aber länger.

Je nach Anforderung an die Leistung des Hybridfahrzeugs kommen weitere Integrationsmöglichkeiten der einen oder gegebenenfalls mehreren E-Maschinen in Frage (siehe Antriebsstrukturen).

Vollhybrid

Merkmale

Ein Vollhybrid-System kann zusätzlich zu den Funktionen eines Mildhybrid-Systems über kürzere Strecken alleine mit der E-Maschine fahren. Der Verbrennungsmotor wird während des rein elektrischen Fahrens durch das Anfahrelement oder eine Trennkupplung vom Antriebsstrang abgekoppelt und abgestellt.

Die Antriebsbatterie kann Energie bei der Rekuperation und bei überschüssiger Verbrennungsmotorleistung im Falle von Betriebspunktverschiebungen speichern. Das Spannungsniveau der Antriebsbatterien im Vollhybrid liegt typisch bei bis zu 400 V, bei hohen Leistungsanforderungen bei bis zu 800 V. Die Kapazitäten der verwendeten Antriebsbatterien reichen jedoch nicht aus, um rein elektrisches Fahren über größere Strecken zu ermöglichen. Der elektrische Antrieb im Vollhybrid kann aber die Effizienz des Verbrennungsmotors erhöhen.

Da die Batterie in dem hier betrachteten Fall nicht von außen nachladbar ist, sind aus Sicht des elektrischen Speichers Vollhybridfahrzeuge „autark“. Deshalb wird der Vollhybrid der Gruppe der autarken Hybridsysteme zugeordnet (siehe Tabelle 1).

Der Toyota Prius war im Jahre 1997 das erste Vollhybridfahrzeug als Großserienmodell. Seitdem wurden weitere Fahrzeugmodelle als Vollhybrid auf den Markt gebracht.

Bild 8: Einbauposition der riemengetriebenen E-Maschine.
1 Verbrennungsmotor, 2 Kraftstoffbehälter,
3 E-Maschine, 4 Kupplung,
5 Getriebe, 6 Achsantrieb,
7 Pulswechselrichter, 8 Batterie.

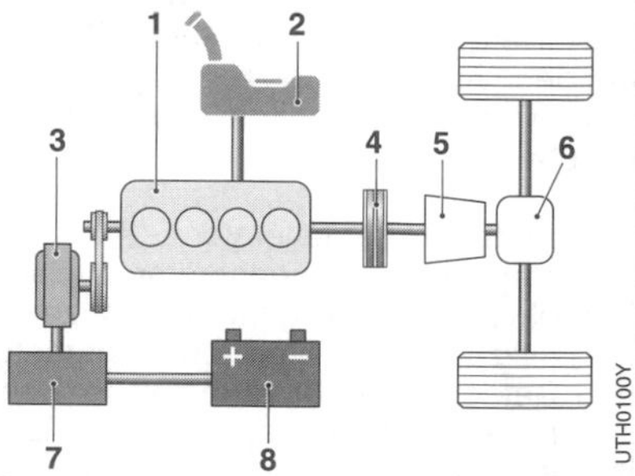

Einbindung im Antriebsstrang
Ein Vollhybridfahrzeug verwendet zum Antrieb sowohl einen Verbrennungsmotor als auch mindestens eine E-Maschine. Dabei gibt es eine Vielzahl von Antriebsstrukturen, die zum Teil verschiedene Optimierungsziele verfolgen und die in unterschiedlichem Maße elektrische Energie zum Antrieb des Fahrzeugs nutzen (siehe Antriebsstrukturen).

E-Maschine
Für Vollhybride werden permanentmagneterregte Synchronmaschinen (PSM), Asynchronmaschinen (ASM) und elektrisch erregte Synchronmaschinen (ESM) eingesetzt (siehe elektrische Maschinen als Kfz-Fahrantrieb, Typen elektrischer Maschinen).

Antriebsbatterie
Für den Einsatz in Vollhybriden mit den gegebenen Leistungsanforderungen an die E-Maschine sind Batteriespannungen von typisch 200...400 V erforderlich. Die Systemspannung kann durch einen Hochsetzsteller auf bis zu 800 V erhöht werden. Die Batteriespannung für Hybridanwendungen in Nutzfahrzeugen, in Plug-in-Hybriden und in reinen Elektrofahrzeugen kann bis zu 800 V betragen. Die Speicherkapazität der Antriebsbatterie richtet sich nach der geforderten rein elektrisch zurücklegbaren Reichweite. Typische Speicherkapazitäten der in Vollhybriden eingesetzten Antriebsbatterien liegen bei bis zu 2 kWh. Damit ist mit Vollhybridfahrzeugen ein rein elektrischer Fahrbetrieb über kürzere Strecken (typisch ca. 2...3 km) möglich.

Bordnetze
Vollhybride verfügen über ein HV-Bordnetz (High Voltage, hohe Spannung) entsprechend der Batteriespannung. Das auch in Vollhybriden erforderliche Kleinspannungsbordnetz (12 V im Pkw- beziehungsweise 24 V im Nfz-Bereich) mit einer Batterie ist über einen Gleichspannungswandler mit dem HV-Bordnetz gekoppelt. Die Batterie im Kleinspannungsbordnetz wird über den Gleichspannungswandler geladen, der im konventionellen Bordnetz vorhandene Generator ist hier nicht erforderlich.

Wechselrichter
Der Wechselrichter erzeugt aus der HV-Batteriespannung den Dreiphasenwechselstrom (siehe Wechselrichter) für den Betrieb der E-Maschine.

Vorteile
Die Kombination des elektrischen und des verbrennungsmotorischen Antriebs im Vollhybrid hat folgende Vorteile gegenüber einem konventionellen Antriebsstrang:
- Der elektrische Antrieb bietet konstant hohe Drehmomente bei niedrigen Drehzahlen. Dadurch ergänzt er in idealer Weise den Verbrennungsmotor, dessen Drehmoment erst bei mittleren Drehzahlen ansteigt.
- Elektrischer Antrieb und Verbrennungsmotor zusammen können aus jeder Fahrsituation heraus eine hohe Dynamik zur Verfügung stellen.
- Die Unterstützung durch den elektrischen Antrieb ermöglicht es, den Verbrennungsmotor mit einem länger übersetzten Getriebe bei gleichen Fahrleistungen vorwiegend im Bereich seines besten Wirkungsgrads zu betreiben oder in Bereichen, in denen nur geringe Schadstoffemissionen entstehen. Es erfolgt eine Betriebspunktoptimierung.
- Die Kombination mit einem elektrischen Antrieb ermöglicht oft den Einsatz eines kleineren Verbrennungsmotors bei gleicher Gesamtleistung (leistungsneutrales Downsizing).
- Durch den generatorischen Betrieb der E-Maschine kann beim Bremsen im Vergleich zum Mildhybrid ein wesentlich größerer Teil der Bewegungsenergie des Fahrzeugs in elektrische Energie umgewandelt werden. Die elektrische Energie wird im Energiespeicher gespeichert und kann später für den Antrieb genutzt werden.
- Der elektrische Antrieb kann zum rein elektrischen Fahren genutzt werden. Dabei ist der Verbrennungsmotor abgeschaltet und das Fahrzeug wird lokal emissionsfrei betrieben.

Extern aufladbare Hybride

Plug-in-Hybrid

Merkmale

Eine Erweiterung des Vollhybrid-Systems stellt der Plug-in-Hybrid dar, dessen Antriebsbatterie nicht nur intern, sondern zusätzlich auch am Stromnetz – also extern – aufgeladen werden kann. Somit kann die Fahrt mit einer voll geladenen Antriebsbatterie gestartet werden.

E-Maschine

Die E-Maschine in einem Plug-in-Hybrid entspricht der im Vollhybrid.

Antriebsbatterie

Die Antriebsbatterie für Plug-in-Hybride weist gegenüber Vollhybriden in der Regel eine größere Kapazität auf (z. B. 16 kWh). Dadurch sind im Vergleich zum Vollhybrid längere Fahrstrecken von typisch bis zu 70 km (Tendenz steigend) ohne zugeschaltetem Verbrennungsmotor möglich. Entscheidend ist, dass mit dem Plug-in-Hybrid mit voller Antriebsbatterie gestartet und bei vorwiegend zurückgelegten kurzen Fahrstrecken rein elektrisch gefahren werden kann.

Range-Extender

Merkmale

Die Reichweite von Elektrofahrzeugen ist mit einer Batterieladung derzeit noch wesentlich geringer als bei einem Fahrzeug mit Verbrennungsmotor. Hinzu kommt, dass der Ladevorgang sehr viel Zeit in Anspruch nimmt, was den Einsatz eines Elektrofahrzeugs für längere Strecken erschwert. Als Reichweitenverlängerer (Range Extender) werden zusätzliche Aggregate in einem Elektrofahrzeug bezeichnet, welche die durch die begrenzte Batteriekapazität eingeschränkte Reichweite verlängern. Eingesetzt werden hierfür z. B. Verbrennungsmotoren mit begrenzter Leistung. Diese Fahrzeuge sind als Elektrofahrzeuge ausgelegt, die Leistung der E-Maschine und die Kapazität der Antriebsbatterie entsprechen denen eines Elektrofahrzeugs. Die Antriebsbatterie wird am öffentlichen Stromnetz, z. B. an einer Ladesäule, aufgeladen. Der Range-Extender ermöglicht die Weiterfahrt bei entladener Batterie bis zur nächsten Auflademöglichkeit.

Einteilung nach Antriebsstruktur

Je nach Art der Einbindung der elektrischen Maschine (E-Maschine) in den Antriebsstrang kann man die verschiedenen Hybridantriebe einteilen. Die Anforderungen, die an eine E-Maschine gestellt werden, hängen nicht zuletzt vom Einbauort und somit von der Antriebsstrangtopologie ab. Bei Hybridfahrzeugen gibt es unterschiedliche Möglichkeiten, Verbrennungsmotor, Getriebe und E-Maschinen anzuordnen. Die verschiedenen Antriebsstrukturen können anhand von möglichen Energieflüssen in drei Kategorien eingeteilt werden:
- paralleler Hybridantrieb,
- serieller Hybridantrieb,
- leistungsverzweigter Hybridantrieb.

Parallelhybrid

Topologien

Im parallelen Hybridantrieb können beide Antriebsmaschinen gleichzeitig (parallel) auf den Fahrzeugantrieb einwirken. Die E-Maschine des parallelen Hybridantriebs kann grundsätzlich an verschiedenen Stellen im Antriebsstrang positioniert werden, wodurch sich jeweils spezifische Vor- und Nachteile ergeben. Zur Bezeichnung hat sich hierbei eine ursprünglich von der Daimler AG definierte Nomenklatur durchgesetzt, die den Parallelhybrid-Antriebsstrang nach der Position der E-Maschine im Antriebsstrang mit P0 bis P4 bezeichnet. Das P steht dabei für die parallele Architektur, während die Ziffer den Einbauort der E-Maschine im Antriebsstrang angibt.

Bild 9 zeigt die Anordnung der E-Maschine für die verschiedenen Topologien am Beispiel des Standardantriebs. Ein externer Ladeanschluss kann mit eingebaut sein, ist aber hier nicht eingezeichnet. Entsprechendes gilt für den Front-quer-Antrieb.

Es lassen sich grundsätzlich mehrere Einbaupositionen der E-Maschine im Antriebsstrang unterscheiden:

– am Verbrennungsmotor mit Riemenanbindung zur Kurbelwelle (P0-Topologie),
– zwischen Verbrennungsmotor und Kupplung beziehungsweise Anfahrelement, direkt mit dem Verbrennungsmotor gekoppelt (P1-Topologie),
– zwischen Verbrennungsmotor und Getriebeeingang, über eine Kupplung vom Verbrennungsmotor abkoppelbar (P2-Topologie),
– am Getriebeausgang (P3-Topologie),
– mit dem Achsantrieb verbunden oder im Rad integriert (P4-Topologie).

Merkmale des Parallelhybrids

Bei parallelen Hybridantrieben tragen der Verbrennungsmotor und eine oder mehrere E-Maschinen unabhängig voneinander oder gemeinsam zum Fahrzeugantrieb (beim Vollhybrid) beziehungsweise zur Unterstützung des Verbrennungsmotors (beim Mildhybrid) bei. Die beiden Energieflüsse aus Verbrennungsmotor und Batterie laufen somit parallel zueinander, die beiden Leistungen addieren sich zu einer Gesamt-Antriebsleistung. Parallele Hybridantriebe gibt es als Mildhybridvariante (mit Start-Stopp-Funktionalität, regenerativem Bremsen und hybridischem Fahren) oder als Vollhybridvariante (zusätzlich noch mit elektrischem Fahren).

Vorteile des Parallelhybrids

Ein grundlegender Vorteil des Parallelhybrids ist die Möglichkeit, den konventionellen Antriebsstrang in weiten Bereichen beizubehalten. Für die Hybridversionen des jeweiligen Fahrzeugs muss kein neues Getriebe entwickelt werden. Mittels eines modularen Baukastens können sowohl konventionelle Getriebe (Doppelkupplungs- oder Planetenautomatikgetriebe, aber auch stufenloses Umschlingungsggetriebe) in Verbindung mit Verbrennungsmotor als auch speziell für Hybridantriebe entwickelte Getriebe mit integrierten E-Maschinen unterschiedlicher Leistungsstufen realisiert werden können.

Der Entwicklungs- und Einbauaufwand für parallele Antriebsstrukturen ist im Vergleich zu seriellen und leistungsverzweigten Antriebsstrukturen niedriger,

Bild 9: Schematische Darstellung einer Parallelhybridarchitektur mit verschiedenen Anordnungen der E-Maschine im Standardantrieb.
a) P0, Batterie und E-Maschine meist 48 V,
b) P1, c) P2, d) P3, e) P4 (Achshybrid).
1 Verbrennungsmotor, 2 Schaltgetriebe,
3 E-Maschine, 4 Antriebsbatterie,
5 Achsgetriebe,
6 Anfahrelement (Kupplung oder Wandler),
7 Trennkupplung.

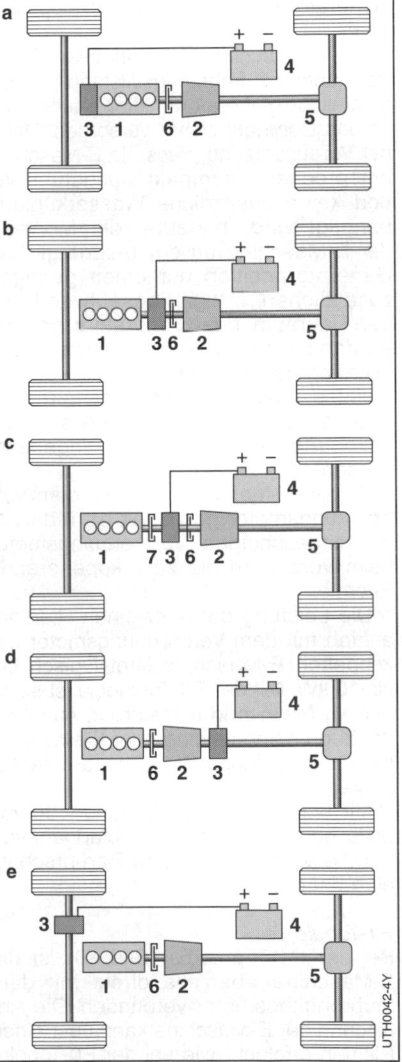

da meistens nur eine E-Maschine mit geringerer elektrischer Leistung benötigt wird und die notwendigen Anpassungen bei der Umstellung eines konventionellen Antriebsstrangs kleiner ausfallen.

P0-Topologie
Die E-Maschine ist über eine Riemenanbindung fest an den Verbrennungsmotor gekoppelt (siehe Bild 8). Sie ersetzt in dieser Topologie den konventionellen Generator (siehe auch Start-Stopp-System).

Die E-Maschine kann bei dieser Topologie auch bei Fahrzeugstillstand die herkömmliche Generatorfunktion erfüllen und so das Bordnetz sicher versorgen. Unter der Voraussetzung, dass die E-Maschine entsprechend kompakt ausgeführt ist und keine zusätzliche Wasserkühlung benötigt wird, bedeutet die Montage der E-Maschine an der ursprünglichen Generatorposition nur einen geringen zusätzlichen Integrationsaufwand, da der Bauraum des Generators genutzt werden kann. Der Riemenspanner muss allerdings an die unterschiedlichen Betriebszustände, in denen Lasttrum (gezogene Trum) oder Leertrum (lose, nicht gezogene Trum) entsteht, angepasst werden.

Da die E-Maschine fest mit dem Verbrennungsmotor gekoppelt ist, reduziert der mitgeschleppte Verbrennungsmotor beim Verzögern die zu rekuperierende Energie.

Die Leistung der über einen Riemenantrieb mit dem Verbrennungsmotor gekoppelten E-Maschine liegt typisch bei ca. 10 kW, Mit der P0-Topologie ist somit nur ein Mildhybrid realisierbar. Aufgrund der begrenzten Leistung der E-Maschine ist somit auch das CO_2-Einsparpotential begrenzt.

Mit einer Betriebsspannung <60 Volt entfallen alle aufwändigen Maßnahmen, um die Vorgaben für den Berührschutz einzuhalten.

P1-Topologie
Bei der P1-Topologie (Bild 10) ist die E-Maschine ebenfalls direkt mit dem Verbrennungsmotor verbunden. Die Anbindung der E-Maschine kann über einen Riemen erfolgen, wie bei der P0-Topologie, damit sind die Funktionalitäten eines Mildhybrids realisierbar.

Sitzt die E-Maschine wie in Bild 10 gezeigt direkt auf der Kurbelwelle (typischerweise eine permanentmagneterregte Synchronmaschine), so entfällt der verlustbehaftete Riemenantrieb und der mechanische Wirkungsgrad ist somit höher. Zudem kann im Vergleich zur riemengetriebenen E-Maschine eine leistungsfähigere E-Maschine eingesetzt werden, weil die über den Riemen übertragbare Leistung geringer ist.

Im Gegensatz zu seriellen und leistungsverzweigten Antriebsstrukturen ist die Drehzahl des Verbrennungsmotors

Bild 10: Parallelhybrid in P1-Topologie mit einer Kupplung.
a) Antriebsstruktur,
b) Energiefluss.
1 Verbrennungsmotor, 2 Kraftstoffbehälter, 3 elektrische Maschine, 4 Kupplung, 5 Getriebe, 6 Achsantrieb, 7 Pulswechselrichter, 8 Batterie.

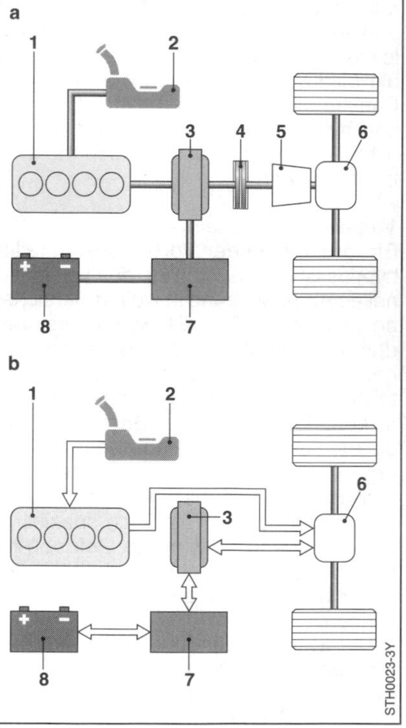

an die Drehzahl der E-Maschine fest gekoppelt. In Verzögerungsphasen des Fahrzeugs kann der Verbrennungsmotor nicht von der E-Maschine abgekoppelt werden und wird somit immer mitgeschleppt. Das Schleppmoment des Verbrennungsmotors verringert dabei beim Verzögern die zu rekuperierende Energie. Das CO_2-Einsparpotential ist dadurch begrenzt.

Rein elektrisches Fahren ist mit dieser Antriebsstruktur nicht möglich. Der elektrische Antrieb kann zur Unterstützung des Verbrennungsmotors eingesetzt werden und dadurch das dynamische Fahrverhalten deutlich verbessern. Die P1-Topologie eignet sich also nur für einen Mildhybrid.

Die Leistung der über einen Riemenantrieb mit dem Verbrennungsmotor gekoppelten E-Maschine liegt typisch bei ca. 10 kW. Für eine auf der Kurbelwelle integrierte E-Maschine sind Werte um 20 kW typisch.

Der Aufwand für die Integration der E-Maschine im Antriebsstrag ist hier höher als bei der P0-Topologie mit Riemenantrieb. Die P1-Topologie ist mit jeder Getriebevariante möglich.

P2-Topologie

Ist zwischen Verbrennungsmotor und E-Maschine eine Kupplung eingebaut, die das beliebige Zu- und Abschalten und damit das Abkoppeln des Verbrennungsmotors von der E-Maschine zulässt (Bild 11), wird mit einem Vollhybrid rein elektrisches Fahren ermöglicht. Zudem kann der Verbrennungsmotor in Verzögerungsphasen abgekoppelt werden. Das erhöht zum einen beim Verzögern die zu rekuperierende Energie. Zum anderen erlaubt es den Segelbetrieb, bei dem das Fahrzeug frei rollt und nur durch Luftwiderstand und Rollreibung verzögert wird. Der Motorstart kann aber nur bei geschlossener Kupplung erfolgen, was den Übergang vom elektrischen Fahren in den Fahrbetrieb mit Verbrennungsmotor erschwert, vor allem ohne Kupplung zwischen E-Maschine und Getriebe.

Für die Akzeptanz dieser Antriebsstruktur ist es sehr wichtig, den Start des Verbrennungsmotors aus dem elektrischen Fahren heraus ohne Komforteinbußen zu ermöglichen. Es gibt zwei unterschiedliche Möglichkeiten, dies zu erreichen. Bei der ersten Möglichkeit wird der Verbrennungsmotor bei geöffneter Kupplung durch einen separaten Starter gestartet und es gibt keine unerwünschte Rückwirkung auf die Fahrzeugbewegung. Dazu ist allerdings ein separater Starter erforderlich, den man im Hybridfahrzeug eigentlich einsparen kann. Eine andere Möglichkeit besteht darin, den Verbrennungsmotor, den elektrischen Antrieb und die Kupplung so anzusteuern, dass während des Motorstarts die Rückwirkung auf

Bild 11: Parallelhybrid in P2-Topologie mit zwei Kupplungen.
a) Antriebsstruktur,
b) Energiefluss.
1 Verbrennungsmotor, 2 Kraftstoffbehälter,
3 elektrische Maschine,
4 Kupplung oder Wandler (optional),
5 Getriebe, 6 Achsantrieb,
7 Pulswechselrichter, 8 Batterie.

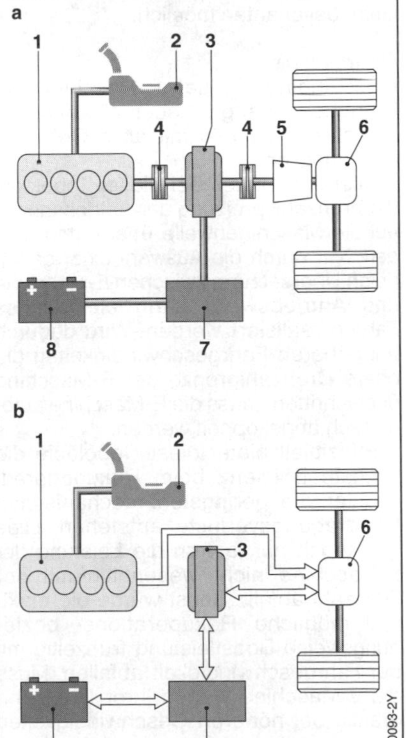

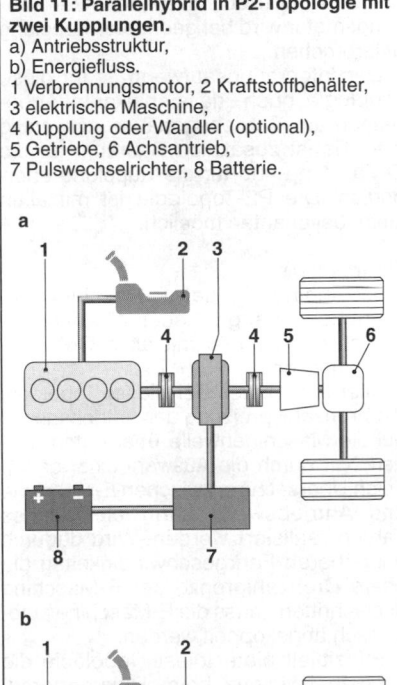

die Fahrzeugbewegung kompensiert wird. Dazu benötigt eine intelligente Steuerung Zugriffe auf Messwerte aus dem Verbrennungsmotor, dem elektrischen Antrieb und der dazwischen angeordneten Kupplung. Die Kupplung muss in der Lage sein, sich an die wechselnden Verhältnisse im laufenden Betrieb automatisch anzupassen und den Vorgaben der Steuerung zu folgen.

Das zusätzlich über die Getriebeeingangswelle wirkende Trägheitsmoment muss bei der Auslegung der Synchronringe berücksichtigt werden. Der sichere Generatorbetrieb über den Verbrennungsmotor wird bei geöffneter Kupplung unterbrochen.

Der Integrationsaufwand ist für diese Topologie hoch, da signifikante Änderungen am Getriebegehäuse notwendig sind. Es ist zusätzlich Bauraum für die E-Maschine und für die Kupplung erforderlich. Die P2-Topologie ist mit allen Getriebevarianten möglich.

P3-Topologie

Eine Anbindung der E-Maschine am Getriebeausgang ist ebenfalls denkbar. Diese Topologie ist mit allen Getriebearten möglich.

Allerdings muss bei dieser Topologie die Drehzahlspreizung der Antriebsachse auf die Maschinenwelle übertragen werden. Nur durch die Auswahl einer geeigneten Übersetzung zwischen E-Maschine und Antriebswelle kann elektrisches Fahren realisiert werden. Wird dadurch bei höheren Fahrgeschwindigkeiten die obere Drehzahlgrenze der E-Maschine überschritten, muss die E-Maschine automatisch abgekoppelt werden.

Prinzipiell bietet diese Topologie die höchste Effizienz beim Rekuperieren, da hier die geringsten mechanischen Übertragungsverluste entstehen. Dies gilt jedoch nur, sofern die Leistung der E-Maschine nicht wesentlich mit der Drehzahl abfällt. Sonst würde die maximal mögliche Rekuperations- beziehungsweise Boostleistung frühzeitig mit der Fahrgeschwindigkeit abfallen. Muss die E-Maschine wegen ihrer Drehzahlgrenze bei höheren Geschwindigkeiten abgekoppelt werden, so kann in diesen hohen Drehzahlbereichen nicht rekuperiert werden.

Ein Start des Verbrennungsmotors ist aus dem Stillstand des Fahrzeugs nicht möglich. Neben dem zusätzlich erforderlichen konventionellen Generator für die sichere Bordnetzversorgung muss in dieser Topologie ein konventioneller Start-Stopp-fähiger Starter oder ein Startergenerator auf 12-Volt- oder auf 48-Volt-Basis vorhanden sein.

Der Integrationsaufwand für die E-Maschine ist hier ebenfalls als sehr hoch einzuschätzen. Zudem führt der Einbau der zusätzlichen Kupplung zwischen Verbrennungsmotor und E-Maschine bei dieser P3-Topologie zu einer Verlängerung des Antriebsstrangs und somit zu einem größeren Einbauraum.

P4-Topologie

Eine weitere parallele Antriebsstruktur ergibt sich durch die Elektrifizierung einer separaten Achse (Axle-Split-Parallelhybrid, Bild 9e für Standardantrieb, Bild 12 für Front-quer-Antrieb). Hier wird ein konventioneller Antriebsstrang mit Verbrennungsmotor und Getriebe auf einer angetriebenen Achse mit einer elektrisch angetriebenen Achse kombiniert. Dazu werden ein automatisiertes Getriebe und ein Start-Stopp-System für den Verbrennungsmotor benötigt. Es kön-

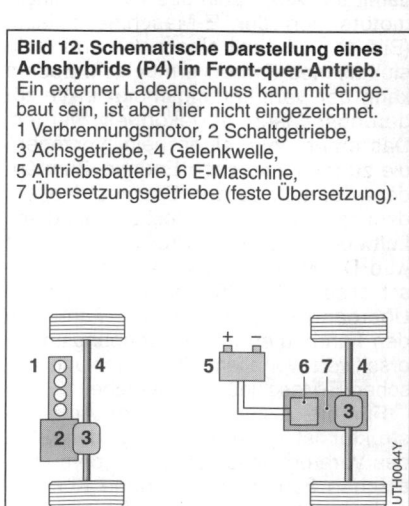

Bild 12: Schematische Darstellung eines Achshybrids (P4) im Front-quer-Antrieb.
Ein externer Ladeanschluss kann mit eingebaut sein, ist aber hier nicht eingezeichnet.
1 Verbrennungsmotor, 2 Schaltgetriebe,
3 Achsgetriebe, 4 Gelenkwelle,
5 Antriebsbatterie, 6 E-Maschine,
7 Übersetzungsgetriebe (feste Übersetzung).

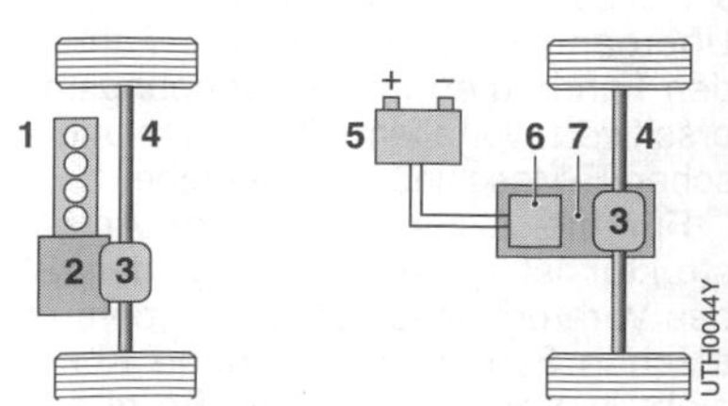

nen eine oder mehrere Trennkupplungen eingebaut sein.

Diese Antriebsstruktur gehört zu den parallelen Hybridantrieben, weil sich die Leistungen von Verbrennungsmotor und elektrischem Antrieb addieren. Bei diesem Konzept ist eine durch die Leistung der E-Maschine und Batterieladung beschränkte Allradfunktionalität gegeben. Die Verteilung der Antriebsmomente kann durch eine gezielte Ansteuerung des elektrischen Antriebs in weiten Grenzen verstellt werden.

Das Nachladen der Antriebsbatterie erfolgt durch regeneratives Bremsen oder extern über einen Ladeanschluss. Im Fahrzeugstillstand ist das Nachladen der Antriebsbatterie nur extern möglich.

Das Getriebe für den Verbrennungsmotor entspricht dem eines Fahrzeugs ohne Achshybrid, muss aber auch über längere Strecken bei hoher Geschwindigkeit in Neutralstellung – also offen – betrieben werden können. Dabei muss die Schmierung des Getriebes sowohl bei stehender Eingangswelle als auch bei stehender Ausgangswelle gegeben sein.

Achsantrieb über eine Achse

Insbesondere bei Front-quer-Antrieben mit sehr begrenztem Bauraum kann es von Vorteil sein, die E-Maschine nicht zwischen Motor und Getriebe unterbringen zu müssen. Eine P0- oder P1-Position mittels Riemenantrieb ist ebenso denkbar wie eine P4-Position an der vom Verbrennungsmotor angetriebenen Achse. Nachteilig kann bei diesem Konzept sein, dass die E-Maschine nicht die verschiedenen Gänge des Verbrennungsmotorgetriebes nutzen kann und bei hohen Fahrgeschwindigkeiten Verluste aufweist, solange sie nicht vom Achsgetriebe und den Rädern abgekoppelt werden kann.

Serieller Hybrid

Im seriellen Hybridantrieb gibt es keine mechanische Koppelung des Verbrennungsmotors mit dem Fahrzeugantrieb. Der Verbrennungsmotor treibt eine E-Maschine an, die als Generator arbeitet (Bild 13). Die dadurch erzeugte elektrische Leistung steht zusammen mit der Batterieleistung einer zweiten E-Maschine zur Verfügung, die den Fahrzeugantrieb übernimmt. Aus Sicht der Energieflüsse liegt in diesem Fall eine Reihenschaltung vor.

Vorteile des seriellen Hybrids

Da es im seriellen Hybrid keine mechanische Verbindung zwischen Verbrennungsmotor und angetriebenen Rä-

Bild 13: Serieller Hybridantrieb.
a) Antriebsstruktur,
b) Energiefluss.
1 Verbrennungsmotor, 2 Kraftstoffbehälter,
3 E-Maschinen, 4 Achsantrieb,
5 Pulswechselrichter, 6 Batterie.

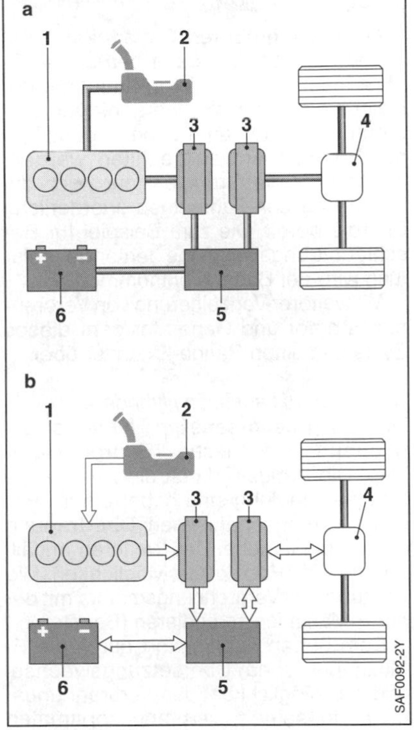

dern gibt, bietet diese Antriebsstruktur einige Vorteile. So wird im Antriebsstrang kein herkömmliches Stufengetriebe benötigt. Dadurch ergeben sich neue Freiräume für die Anordnung des gesamten Antriebs („Packaging").

Zudem verursacht der Start des Verbrennungsmotors aus dem elektrischen Fahren heraus keine unerwünschte Rückwirkung auf die Fahrzeugbewegung.

Im Fahrbetrieb ist der Hauptvorteil die freie Wahl des Betriebspunkts des Verbrennungsmotors. Überschüssig vom Verbrennungsmotor bei Volllast mit hohem Wirkungsgrad produzierte mechanische Energie, die für den Fahrantrieb nicht benötigt wird, kann in der Batterie gespeichert und dann später bei abgestelltem Verbrennungsmotor für den elektrischen Antrieb genutzt werden. Dadurch wird eine kraftstoffsparende und emissionsarme Betriebsführung des Fahrzeugs unterstützt. Zudem kann der Verbrennungsmotor auf einen eingeschränkten Betriebsbereich optimiert werden.

Mit einer größeren Batteriekapazität können die als Generator betriebene E-Maschine und der Verbrennungsmotor kleiner dimensioniert werden. Der Verbrennungsmotor kann dann in günstigeren Betriebspunkten gehalten werden, er stellt für die Grundlast nur noch die mittlere für den Fahrantrieb erforderliche Energie bereit. Die zum Beispiel für Beschleunigungsvorgänge fehlende Leistung wird der Batterie entnommen.

Mit weiterer Verkleinerung von Verbrennungsmotor und Generator geht dieses System in einen Range-Extender über.

Nachteile des seriellen Hybrids
Nachteilig beim seriellen Hybrid ist die doppelte elektrische Energiewandlung. Die Verluste durch die zweimalige Energiewandlung sind höher als im Fall einer rein mechanischen Übertragung durch ein Getriebe. Des Weiteren entfällt bei diesem Prinzip die Möglichkeit, die Leistung des Verbrennungsmotors mit der der E-Maschine zu addieren (Boosten).

Dem hohen Fahrkomfort durch die E-Maschine ohne Übersetzungswechsel und der Möglichkeit, den Verbrennungsmotor in seinem verbrauchsoptimalen Punkt zu betreiben, steht ein hoher Aufwand in Form von zwei E-Maschinen entgegen. Diese müssen konzeptbedingt sehr leistungsfähig sein, da die gesamte Energie des Verbrennungsmotors umgewandelt werden muss. Das bedeutet höheres Gewicht und höhere Kosten.

Durch die zweifache Energiewandlung ist der serielle Hybrid nur unter bestimmten Betriebsbedingungen verbrauchseffizient. Bei kleinen und mittleren Geschwindigkeiten bietet ein serieller Hybrid trotz der höheren Verluste einen Verbrauchsvorteil, da hier die Vorteile durch die freie Betriebspunktwahl des Verbrennungsmotors überwiegen. Bei

Bild 14: Seriell-paralleler Hybridantrieb.
a) Antriebsstruktur,
b) Energiefluss.
1 Verbrennungsmotor, 2 Kraftstoffbehälter,
3 E-Maschine, 4 Kupplung,
5 Achsantrieb, 6 Pulswechselrichter,
7 Batterie.

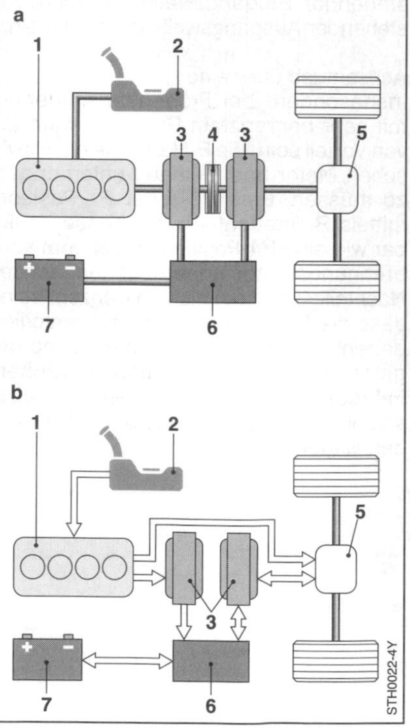

höheren Geschwindigkeiten überwiegen die höheren Verluste.

Seriell-paralleler Hybrid

Ein serieller Hybrid wird zum seriell-parallelen Hybrid (Bild 14) erweitert, indem eine mechanische Verbindung zwischen den beiden E-Maschinen hergestellt wird, die durch eine Kupplung wahlweise verbunden oder getrennt wird. Der seriell-parallele Hybrid kann bei kleinen Geschwindigkeiten die Vorteile des seriellen Hybrids nutzen und die Nachteile bei größeren Geschwindigkeiten durch Schließen der Kupplung umgehen. Im Fall der geschlossenen Kupplung verhält sich der seriell-parallele Hybrid wie ein Parallelhybrid. Da die doppelte Energiewandlung auf den Bereich kleinerer Geschwindigkeiten und Leistungen begrenzt wird, reichen für den seriell-parallelen Hybrid kleinere E-Maschinen als beim seriellen Hybrid aus.

Im Vergleich zum seriellen Hybrid ist wegen der mechanischen Verbindung zwischen dem Verbrennungsmotor und den angetriebenen Rädern der Vorteil im „Packaging" geringer. Im Vergleich zum parallelen Hybrid werden für die gleiche Aufgabe zwei E-Maschinen benötigt.

Leistungsverzweigter Hybrid

Merkmale

In einem leistungsverzweigten Hybridantrieb findet man generell zwei E-Maschinen vor, die einerseits als elektrischer Variator wirken, andererseits „hybridische" Funktionen wie das Boosten und das Rekuperieren ausführen. Leistungsverzweigte Hybridfahrzeuge kombinieren Merkmale von parallelen und seriellen Hybridfahrzeugen mit denen einer Leistungsverzweigung (Bild 15). Für die Variatorfunktion der beiden E-Maschinen wird ein Teil der mechanischen Leistung (Drehzahl mal Drehmoment) über das Planetengetriebe der ersten E-Maschine zugeführt, die nun als Generator wirkt und die mechanische Leistung in elektrische Leistung umwandelt (elektrischer Pfad). Der verbleibende Teil treibt zusammen mit der zweiten E-Maschine das Fahrzeug an (mechanischer Pfad). Die elektrische Leistung wird über einen Wechselrichter der zweiten E-Maschine zugeführt, die als Motor mit der sowohl vom Generator als auch vom Verbrennungsmotor unabhängigen Drehzahl wirkt und ihre Leistung dem Antriebsstrang wieder in mechanischer Form zuführt.

Leistungsverzweigung

Zentrales Element der Leistungsverzweigung (oder Leistungssummierung) ist das Planetengetriebe, mit dessen drei Wellen der Verbrennungsmotor und zwei E-Maschinen verbunden sind. Bei der Eingangsleistungsverzweigung ist der Verbrennungsmotor mit einem Element des Planetenradsatzes (z.B. dem Planetenradträger), der Generator mit einem

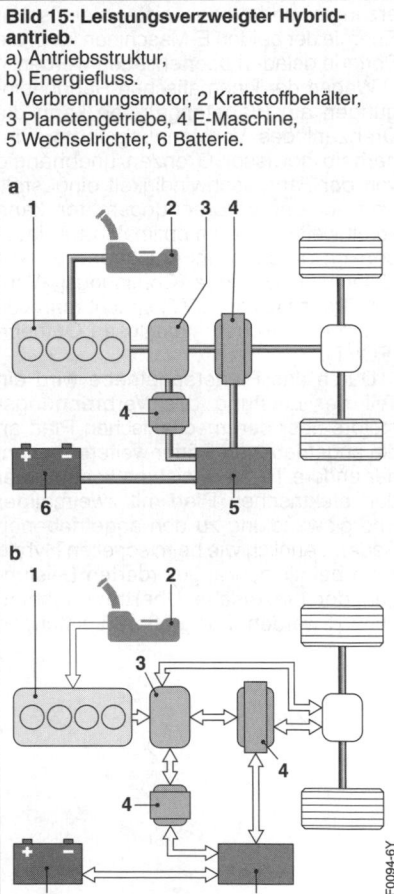

Bild 15: Leistungsverzweigter Hybridantrieb.
a) Antriebsstruktur,
b) Energiefluss.
1 Verbrennungsmotor, 2 Kraftstoffbehälter, 3 Planetengetriebe, 4 E-Maschine, 5 Wechselrichter, 6 Batterie.

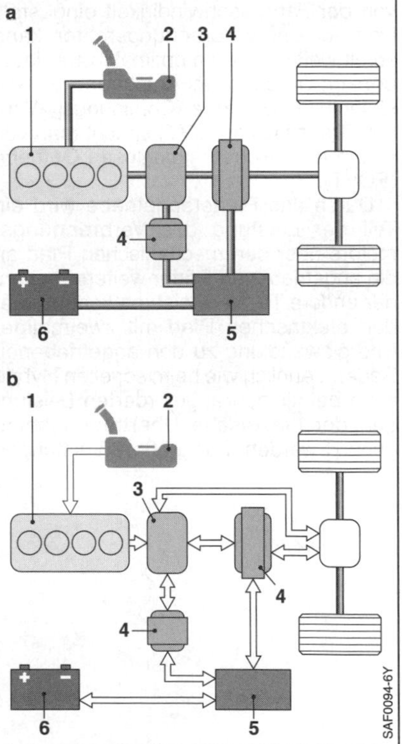

zweiten Element (z.B. dem Sonnenrad) und die zweite E-Maschine mit dem dritten Element (z.B. dem Hohlrad) und dem Abtrieb verbunden. Bei der Ausgangsleistungsverzweigung greifen Verbrennungsmotor und Generator auf ein Element des Planetenradsatzes, die zweite E-Maschine auf ein zweites Element des Planetenradsatzes ein, während der Abtrieb mit dem dritten Element des Planetenradsatzes verbunden ist. In beiden Fällen kann durch die Ansteuerung der E-Maschine der elektrische Anteil im leistungsverzweigten Hybrid variiert werden. Auf diese Weise sind stufenloses Anfahren und eine stufenlose Übersetzungsverstellung möglich. Durch eine Variation von erzeugter und eingespeister elektrischer Energie der beiden E-Maschinen kann die Batterie geladen oder entladen werden.

Wegen der kinematischen Randbedingungen am Planetengetriebe kann die Drehzahl des Verbrennungsmotors innerhalb gewisser Grenzen unabhängig von der Fahrgeschwindigkeit eingestellt werden, der Verbrennungsmotor kann somit weitgehend im optimalen Betriebsbereich arbeiten. In Anlehnung an ein stufenloses Getriebe (Continuously Variable Transmission, CVT) spricht man von einem elektrischen stufenlosen Getriebe (ECVT).

Durch das Planetengetriebe wird ein Teil der Leistung des Verbrennungsmotors über den mechanischen Pfad an die angetriebenen Räder weitergegeben, der andere Teil der Leistung kommt über den elektrischen Pfad mit zweimaliger Energiewandlung zu den angetriebenen Rädern. Ähnlich wie beim seriellen Hybrid kann bei kleinen angeforderten Leistungen der elektrische Übertragungspfad genutzt werden. Für größere Leistungen steht zusätzlich der mechanische Übertragungspfad zur Verfügung. Es kann allerdings nicht beliebig zwischen dem mechanischen und dem elektrischen Übertragungspfad gewechselt werden. Je nach Auslegung des Planetengetriebes, der E-Maschine und des Verbrennungsmotors sind ohne zusätzliches Getriebe immer nur bestimmte Kombinationen zwischen mechanischem und elektrischem Übertragungspfad möglich. Dadurch ermöglicht der leistungsverzweigte Hybrid eine große Kraftstoffeinsparung bei kleinen und mittleren Geschwindigkeiten. Bei hohen Geschwindigkeiten kann keine zusätzliche Kraftstoffeinsparung erreicht werden.

Durch den Einsatz eines zweiten Planetengetriebes kann der leistungsverzweigte Hybrid um mechanische, feste Gangstufen erweitert werden. Der mechanische Aufwand steigt dabei, der elektrische Aufwand wird reduziert. Es genügen dann kleinere E-Maschinen für ein vergleichbares Konzept. Zudem kann der Kraftstoffverbrauch bei mittleren und höheren Geschwindigkeiten verbessert werden.

Nachteile

Dem hohen Fahrkomfort dieses Konzepts steht ein hoher Aufwand in Form von zwei E-Maschinen entgegen, die konzeptbedingt sehr leistungsfähig sein müssen, da sie einen großen Teil der Leistung übertragen müssen. Ihre Gesamtleistung liegt somit im Bereich der installierten Verbrennungsmotorleistung. Eine Modularität zu einem existierenden Basisgetriebe ohne E-Maschinen ist nicht gegeben.

Einbindung des Getriebes im Hybridantrieb

Getriebe für P0- und P1-Topologien

Hybridantriebe gibt es in den unterschiedlichsten Ausprägungen. Für P0- und P1-Topologien, bei denen die E-Maschine zwischen Verbrennungsmotor und Kupplung beziehungsweise Wandler angeordnet ist, können die klassischen Antriebsstrangkomponenten eingesetzt werden. Die für den Hybridantrieb erforderlichen Änderungen im Antriebsstrang sind gering, am Getriebe selbst sind keine Änderungen erforderlich. Es sind alle Getriebearten einsetzbar.

Angepasste konventionelle Getriebe

Für Fahrzeuge mit Hybridantrieb in P2-Topologie sind an die Hybridfunktionalität angepasste konventionelle Getriebe verbreitet Diese Fahrzeuge basieren auf der Variante von klassischem Antrieb mit Verbrennungsmotor, die klassischen Antriebskomponenten können zu einem Großteil verwendet werden. Die Funktion des Automatikgetriebes bleibt gleich wie beim konventionellen Antrieb.

Bild 16 zeigt ein Planetenautomatikgetriebe für den Standardantrieb, in dessen Gehäuse antriebsseitig eine E-Maschine integriert ist (IMG, integrierter Motor-Generator, siehe elektrische Maschinen als Kfz-Fahrantrieb). Mit diesen Getrieben ist eine modulare stufenweise Elektrifizierung des Antriebsstrangs vom Mildhybrid, Vollhybrid bis zum Plug-in-Hybrid möglich. Die Länge dieser Getriebe mit integrierter E-Maschine ist nur unwesentlich größer als die Länge des konventionellen Getriebes. Oft passt die Erweiterung sogar in die gleiche Getriebeaußenhülle. Das vereinfacht die Fahrzeugplattform.

Getriebe mit integrierter E-Maschine

Bei manchen Fahrzeugen ist der benötigte Einbauraum für die P3-Antriebskonfiguration nicht vorhanden. Hier kann z.B. die Integration der E-Maschine in ein Doppelkupplungsgetriebe Abhilfe schaffen. Die E-Maschine ist nicht mehr

Bild 16: Konstruktive Ausführung eines P2-Getriebes mit integrierter E-Maschine auf Basis eines konventionellen Planetenautomatikgetriebes für einen Standardantrieb.
1 Vom Antriebsmotor, 2 Torsionsdämpfer, 3 E-Maschine,
4 Lamellenbremsen, 5 Planetenradsätze, 6 Lamellenkupplungen,
7 zum Achsantrieb.

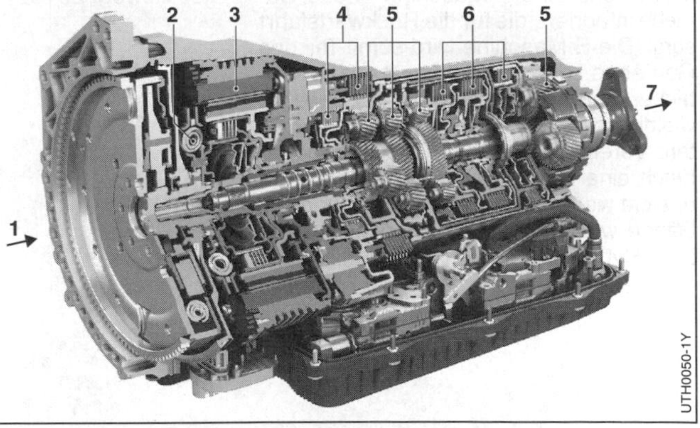

mit der Kurbelwelle des Verbrennungsmotors, sondern mit einem Teilgetriebe des Doppelkupplungsgetriebes verbunden. Bei dieser Anordnung ist keine zusätzliche Kupplung zwischen Verbrennungsmotor und E-Maschine erforderlich. Rein elektrisches Fahren mit stehendem Verbrennungsmotor ist durch Öffnen der Doppelkupplung des Getriebes möglich. Je nach eingelegtem Gang im Teilgetriebe mit der E-Maschine ist eine unterschiedliche Übersetzung zwischen Verbrennungsmotor und E-Maschine möglich. Dadurch ergibt sich ein zusätzlicher Freiheitsgrad für die Hybridsteuerung, der zur weiteren Verringerung des Energieverbrauchs genutzt werden kann.

Spezielle Getriebe für Hybridantriebe
Speziell entwickelte Hybridfahrzeuge, die nur als Hybridvariante angeboten werden, kommen in hoher Stückzahl auf den Markt. Hier ist es sinnvoll, den gesamten Antriebsstrang an die Möglichkeiten des Hybridantriebs anzupassen und damit das Gesamtsystem zu optimieren. Eine Maßnahme ist, den mechanischen Aufbau des Getriebes zu vereinfachen, indem die Komponenten für den Rückwärtsgang weggelassen werden. Stattdessen wird mindestens eine E-Maschine in das Getriebe integriert, die für die Rückwärtsfahrt sorgt. Die E-Maschine wird somit Teil des Getriebes, die Anbindung an das Getriebe kann über verschiedene Getriebewellen bewerkstelligt werden. Eine weitere Vereinfachung des Getriebes kann durch eine Reduzierung der Gangstufen erreicht werden. Eine enge Abstufung der Gänge wie beim klassischen Antrieb ist beim Hybridantrieb nicht erforderlich.

Eigens für einen Hybridantrieb entwickelte Getriebe mit einer oder mehreren integrierten E-Maschinen werden als dedizierte Hybridgetriebe (Dedicated Hybrid Transmissions, DHT) bezeichnet [3]. Sie können aus allen möglichen Getriebekonzepten abgeleitet werden – dem Doppelkupplungsgetriebe, dem Planetenautomatikgetriebe, dem Stufenlosgetriebe (CVT) oder dem automatisierten Schaltgetriebe. Mit zusätzlich in solchen Getrieben integrierten Planetenradsätzen können leistungsverzweigte Betriebszustände erzeugt werden.

Literatur
[1] Richtlinie 2007/46/EG des Europäischen Parlaments und des Rates vom 5. September 2007 zur Schaffung eines Rahmens für die Genehmigung von Kraftfahrzeugen und Kraftfahrzeuganhängern sowie von Systemen, Bauteilen und selbstständigen technischen Einheiten für diese Fahrzeuge (Rahmenrichtlinie)
[2] M. Uhl: 3rd International Conference Automotive 48 V Power Supply Systems. 24 – 26.11.2015, Düsseldorf.
[3] H. Tschöke, P. Gutzmer, T. Pfund (Hrsg.): Die Elektrifizierung des Antriebsstrangs. 1. Auflage eBook, Verlag Springer Vieweg, 2019.

Steuerung eines Hybridantriebs

Hybridfahrzeug

Im Hybridfahrzeug (HEV, Hybrid Electric Vehicle) sorgen ein Verbrennungsmotor und eine oder mehrere elektrische Maschinen (E-Maschinen) für den Vortrieb. Je nach Leistungsfähigkeit der E-Maschine ergibt sich eine leichte Hybridisierung mit einem Mildhybriden (Batteriespannung typisch 48 V), oder eine starke Hybridisierung mit einem Vollhybriden (auch Full Hybrid oder Strong Hybrid genannt, Batteriespannung typisch 200...400 V; HV High Voltage). Folgende Komponenten sind für den Antrieb eines Hybridfahrzeugs erforderlich:

- Verbrennungsmotor,
- Kupplung zum Trennen der E-Maschine vom Verbrennungsmotor,
- Getriebe (z.B. Planetenautomatikgetriebe, Doppelkupplungsgetriebe),
- E-Maschine,
- Leistungselektronik (Wechselrichter),
- Batterie (z.B. 48-Volt-Batterie bei Mildhybrid, HV-Batterie für Vollhybrid),
- Gleichspannungswandler zur Koppelung des HV-Bordnetzes mit dem Kleinspannungsbordnetz,
- regeneratives Bremssystem für rekuperatives Bremsen.

Bild 1 zeigt als Beispiel ein Fahrzeug mit elektrischem Achsantrieb (E-Achse).

Vehicle Control Unit für Hybridfahrzeuge

Aufgabe
Im Hybridfahrzeug müssen diese Komponenten gesteuert und geregelt betrieben werden. Die Effizienz, die mit dem jeweiligen Hybridantrieb erzielt werden kann, hängt entscheidend von der übergeordneten Hybridsteuerung ab. Bild 2 zeigt die elektrische Systemübersicht eines Hybridantriebs mit der Vernetzung der einzelnen Komponenten und Steuergeräte im Antriebsstrang. Die übergreifende Hybridsteuerung (Vehicle Control Unit, VCU) koordiniert das gesamte System, wobei die Teilsysteme über eigene Steuerungsfunktionalitäten verfügen. Es handelt sich dabei um Batteriemanagement, Motormanagement für den Verbrennungsmotor, Management des elektrischen Antriebs (einschließlich der E-Maschine, der Kupplungen und der Leistungselektronik), Getriebemanagement und Management des Bremssystems.

Neben der reinen Steuerung der Teilsysteme beinhaltet die Hybridsteuerung auch eine Betriebsstrategie, die die Betriebsweise des Antriebsstrangs optimiert. Die Betriebsstrategie nimmt Einfluss auf die verbrauchs- und emissionsreduzierenden Funktionen des Hybridfahrzeugs,

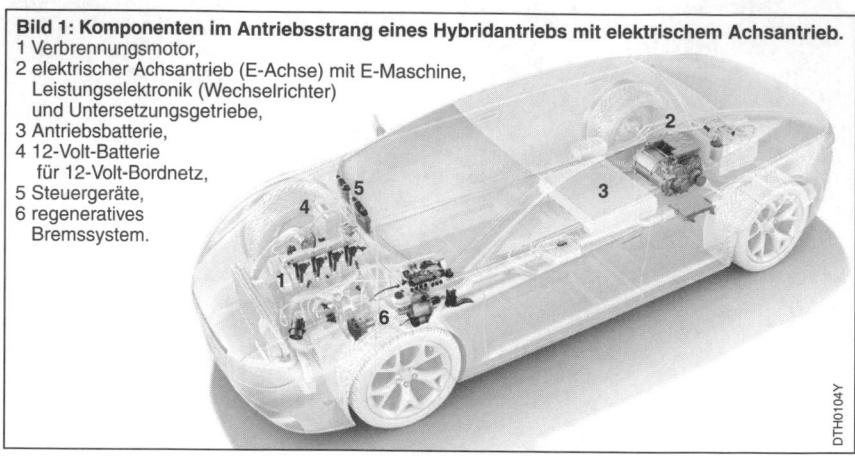

Bild 1: Komponenten im Antriebsstrang eines Hybridantriebs mit elektrischem Achsantrieb.
1 Verbrennungsmotor,
2 elektrischer Achsantrieb (E-Achse) mit E-Maschine, Leistungselektronik (Wechselrichter) und Untersetzungsgetriebe,
3 Antriebsbatterie,
4 12-Volt-Batterie für 12-Volt-Bordnetz,
5 Steuergeräte,
6 regeneratives Bremssystem.

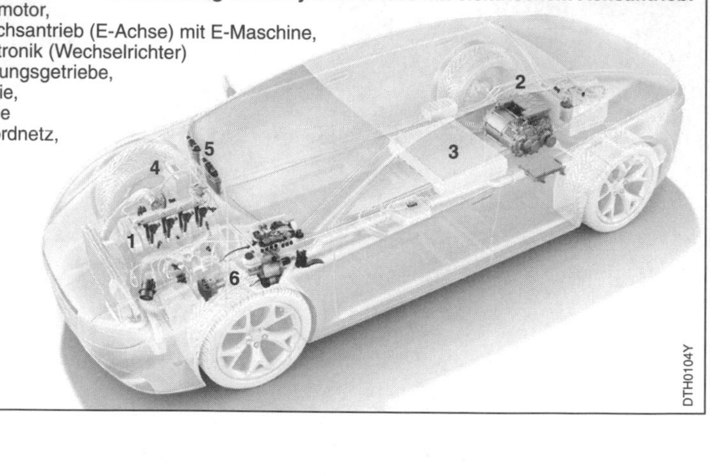

sie muss die unterschiedlichen Hybridfunktionalitäten wie regeneratives Bremsen, hybridisches und elektrisches Fahren, und auch den Start-Stopp-Betrieb des Verbrennungsmotors umsetzen. Die Betriebsstrategie bestimmt die Aufteilung der Antriebsleistung auf Verbrennungsmotor und elektrischen Antrieb. Damit entscheidet sie, inwieweit die Potentiale zur Kraftstoffeinsparung und Emissionsminderung eines Fahrzeugs ausgenutzt werden.

Die Auswahl und Umschaltung zwischen den einzelnen Zuständen erfolgt unter Berücksichtigung zahlreicher Bedingungen, die beispielsweise die Fahrpedalstellung, den Ladezustand der Batterie (State of Charge) und die Geschwindigkeit des Fahrzeugs betreffen. Je nach Optimierungsziel (z.B. Kraftstoffeinsparung oder Emissionsminderung) ergibt sich ein unterschiedliches Verhalten der Komponenten im Hybridfahrzeug.

Bild 2: Elektrische Systemübersicht für ein Hybridfahrzeug.
HV High Voltage (hohe Spannung),
LV Low Voltage, Kleinspannung (12 V für Pkw, 24 V für Nfz),
AC Alternating Current (Wechselstrom),
DC Direct Current (Gleichstrom),
CAN Controller Area Network, LIN Local Interconnect Network,
SG Steuergerät,
VCU Vehicle Control Unit (Steuergerät des E-Antriebs),
TCU Transmission Control Unit (Getriebesteuerung),
ECU Engine Control Unit (Motorsteuergerät).

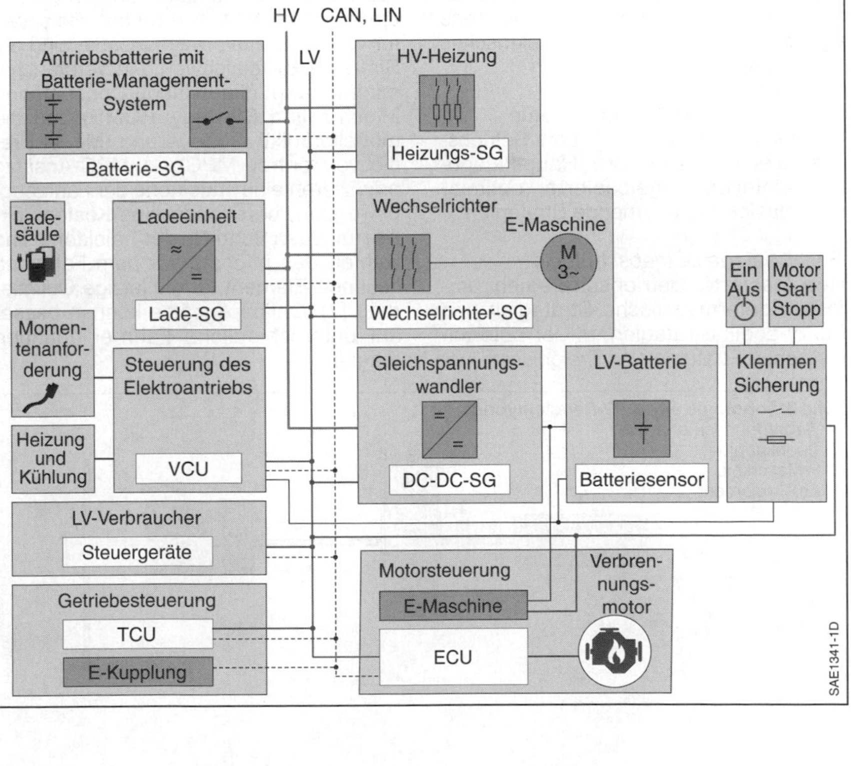

Antriebsstrang-Betriebsstrategie für Hybridfahrzeuge

Aufgabe

In einem Hybridfahrzeug mit Verbrennungsmotor und E-Maschine muss das Zusammenwirken dieser beiden Antriebe koordiniert werden. Diese Antriebsstrang-Betriebsstrategie ist Teil der Software in der VCU (Vehicle Control Unit), die die Freiheitsgrade des Zusammenwirkens der Antriebe so steuert, dass die Gesamtverluste des Antriebssystems über die Fahrstrecke minimiert werden.

Das insgesamt angeforderte Raddrehmoment (oder die Radkraft oder die mechanische Leistung) wird durch eine Fahreranforderung (Fahrpedalstellung, Fahrgeschwindigkeitsregler) bestimmt. Die Optimierungsstrategie hat die Aufgabe, dieses Gesamtdrehmoment mit der bestmöglichen Verteilung zwischen dem Verbrennungsmotor und einer oder mehreren E-Maschinen zu liefern. Darüber hinaus muss die Strategie entscheiden, ob es günstiger ist, hybridisch oder rein elektrisch zu fahren, wenn für die gegebene Hybridfahrzeugtopologie rein elektrisches Fahren möglich ist.

Einteilung der Betriebsstrategie

Im Allgemeinen lassen sich die Betriebsstrategielösungen in drei Hauptkategorien einteilen: regelbasierte, optimierungsbasierte und lernende Strategien.

Regelbasierte Betriebsstrategie

Regelbasierte Betriebsstrategien umfassen deterministische Strategien und Fuzzy-Logik-Strategien. In der deterministischen Strategie sind Ereignisse – insbesondere zukünftige – durch Vorbedingungen eindeutig festgelegt. In typischen Fuzzy-Logik-Strategien sind die kontinuierlichen Daten in diskrete Wertebereiche klassifiziert. Beide Strategien verfügen über eine Reihe vordefinierter Regeln, ohne dass die restliche Fahrstrecke von vornherein bekannt ist.

Optimierungsbasierte Betriebsstrategie

Optimierungsbasierte Strategien können entweder Offline- oder Online-Ansätze sein. Bei Offline-Ansätzen erfolgt die Optimierung offline, die Ergebnisse sind dann in der VCU z.B. in Kennfeldern gespeichert. Dynamische Programmierung (DP) ist ein bekannter Offline-Ansatz. Dabei wird das Optimierungsproblem in Teilprobleme aufgeteilt, die Zwischenresultate werden gespeichert. Die optimale Lösung des Gesamtproblems setzt sich aus den optimalen Lösungen der Teilprobleme zusammen.

Bei Online-Optimierungsstrategien hingegen wird ein Algorithmus zur Berechnung des optimalen Betriebspunkts direkt in der VCU berechnet. Beispiele für Online-Optimierungsansätze sind die Strategie zur gleichwertigen Verbrauchsminimierung (Equivalent Consumption Minimization Strategy, ECMS) und die modellprädiktive Steuerung (Model Predictive Control, MPC) [1]. MPC-Ansätze prädizieren eine Trajektorie der Fahrzeugbewegung, berechnen eine Kostenfunktion für jeden Schritt in der Trajektorie, und wählen das nächste vor dem Fahrzeug liegende Element für die jetzige Optimierung [2]. Online-Ansätze können besser auf unterschiedliche Fahrbedingungen reagieren.

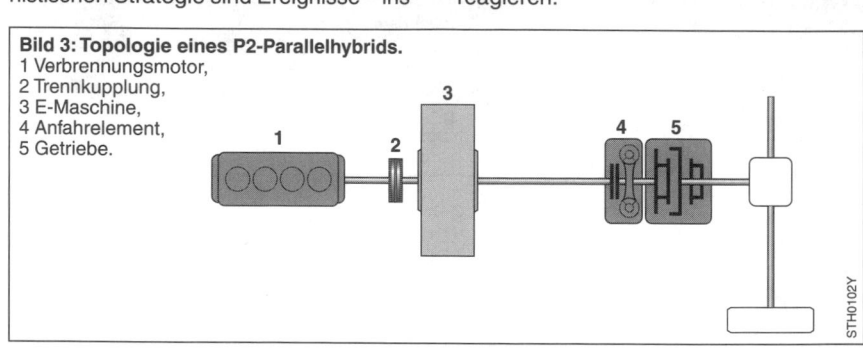

Bild 3: Topologie eines P2-Parallelhybrids.
1 Verbrennungsmotor,
2 Trennkupplung,
3 E-Maschine,
4 Anfahrelement,
5 Getriebe.

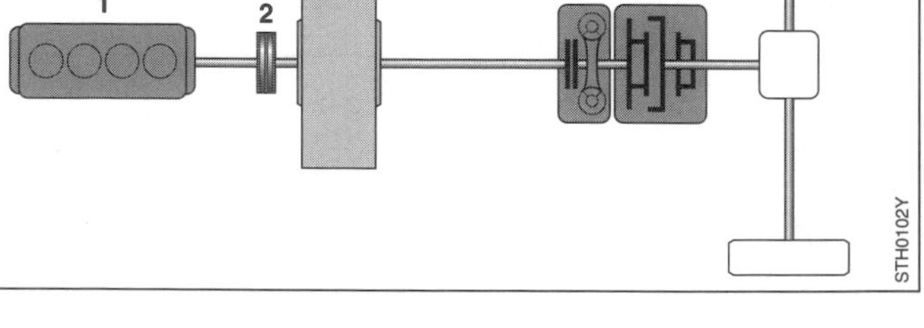

Lernstrategien
Lernstrategien zeigen, dass vielversprechende Fortschritte in der Regel mit auf neuronalen Netzen basierten Ansätzen möglich sind [3].

Einflüsse auf Betriebsstrategie
Die Beschreibung einer Antriebsstrang-Betriebsstrategie gilt hier allgemein für alle Hybridtopologien. Das Konzept einer Betriebsstrategie wird anhand eines P2-Parallelhybrids erläutert (Bild 3). In der P2-Topologie befindet sich eine Trennkupplung zwischen dem Verbrennungsmotor (Internal Combustion Engine, ICE) und der E-Maschine, die wiederum über ein Getriebe mit den Rädern verbunden ist. Die Anordnung der Antriebe ermöglicht sowohl rein elektrisches als auch hybridisches Fahren. Im hybridischen Fahrmodus bestimmt die Betriebsstrategie die optimale Drehmoment- oder die optimale Leistungsverteilung. Die Betriebsstrategie entscheidet auch zwischen dem Betrieb im hybridischen und dem elektrischen Fahrmodus, indem die Gesamtverluste bei der optimalen Leistungsverteilung im hybridischen Fahrmodus mit den Gesamtverlusten im elektrischen Fahrmodus verglichen werden. Es ist wichtig zu beachten, dass die Betriebsstrategie für jeden Zeitpunkt unter Berücksichtigung der gesamten Fahrstrecke und nicht nur für eine momentane Optimierung ein Optimum finden muss. Dies ist erforderlich, da der Ladezustand der Batterie (SOC, State of Charge) ein langfristiger Aspekt des Systems ist. Entladen der Batterie durch z.B. elektrisches Fahren kann nur bewertet werden, wenn berücksichtigt wird, wie elektrische Energie in die Batterie zurückgeführt wird (z.B. durch Lastpunktanhebung, Betrieb des Verbrennungsmotors mit Leistungsüberschuss für Generatorbetrieb der E-Maschine).

Bild 4 und Bild 5 zeigen repräsentative Drehzahl-Drehmoment-Kennfelder eines Verbrennungsmotors und einer E-Maschine. Es wird deutlich, dass E-Maschinen in einem weiten Drehzahl- und Drehmomentbereich effizient, d.h. mit hohem Wirkungsgrad, arbeiten. Der Verbrennungsmotor hingegen ist viel weniger effizient und hat nur bestimmte Drehzahl-Drehmoment-Bereiche mit höheren Wirkungsgraden, die in Bild 4 als optimale Betriebslinie eingezeichnet sind. Werte mit gleichem spezifischen Kraftstoffverbrauch (Werte in g/kWh) bilden

Bild 4: Beispiel für den Wirkungsgrad eines Benzin-Verbrennungsmotors in Abhängigkeit von Drehzahl und Drehmoment.
Das optimale Drehmoment versus Drehzahl wird als optimale Betriebslinie markiert [4].
1 Optimale Betriebslinie,
2 Werte für spezifischen Kraftstoffverbrauch in g/kWh.

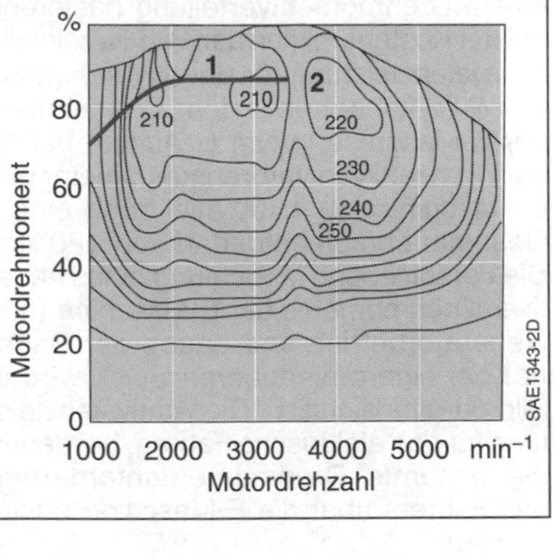

Bild 5: Beispiel für den Wirkungsgrad einer elektrischen Maschine in Abhängigkeit von Drehzahl und Drehmoment innerhalb deren physikalischer Grenzen [5].
Drehmoment > 0: motorischer Betrieb.
Drehmoment < 0: generatorischer Betrieb.

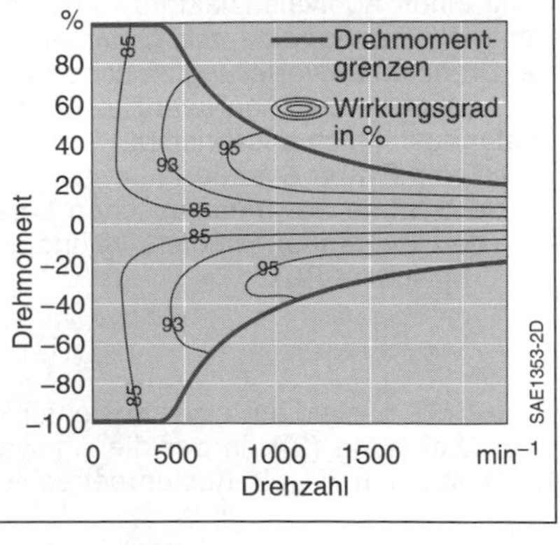

die im Diagramm gezeigten muschelförmigen Linien. Das Kennfeld wird auch als Muscheldiagramm bezeichnet. Die Optimierung des Betriebspunkts von Verbrennungsmotor (Bild 4), E-Maschine (Bild 5) und Batterie sowie die Berücksichtigung der Relevanz des momentanen Fahrerwunschmoments gegenüber dem Energiebedarf für die gesamte Fahrt führen zu einem komplexen Optimierungsproblem.

Strategie zur Minimierung des gleichwertigen Verbrauchs

Eine Methode zur Lösung des zuvor erläuterten Problems ist eine Strategie zur gleichwertigen (äquivalenten) Verbrauchsminimierung (ECMS). Der Begriff „gleichwertiger Verbrauch" kommt dadurch zustande, da die ECMS versucht, Verbrauch von elektrischer Energie aus der Batterie vergleichbar mit Kraftstoffverbrauch zu machen. Diese Strategie optimiert die Drehmoment- oder die Leistungsverteilung zwischen einer E-Maschine und einem Verbrennungsmotor indem versucht wird, elektrische Energie in der Batterie mit dem höchstmöglichen globalen Wirkungsgrad (Gesamtwirkungsgrad aller beteiligten Systemelemente) zu speichern und zu nutzen. Die ECMS erreicht dies, indem sie Verluste des Verbrennungsmotors, der E-Maschine (einschließlich Wechselrichter) und der Batterie berücksichtigt.

Die Idee hinter der ECMS ist es, einen Weg zu finden, um die vom Verbrennungsmotor bereitgestellte Leistung mit der Leistung des elektrischen Systems zu vergleichen. Dies wird durch die Verwendung eines Äquivalenzfaktors s erreicht, der mehrere Aspekte zur Optimierung der Drehmomentverteilung zwischen Motoren umfasst. Der Äquivalenzfaktor wird später ausführlich beschrieben.

Die vom Fahrer geforderte Leistung P_D ist die Summe der mechanischen Leistung des Verbrennungsmotors P_V und die der E-Maschine P_EM.

$$P_\text{D} = P_\text{V} + P_\text{EM}\,. \qquad (1)$$

Die ECMS basiert auf einer Kostenfunktion (Gleichung (2)), in der die Äquivalenzleistungen P_Eq als Kosten betrachtet werden. Diese Kostenfunktion muss dann minimiert werden:

$$P_\text{Eq} = P_\text{F} + s\,P_\text{B}\,. \qquad (2)$$

P_F und P_B sind die Leistungen, die das System bereitstellen muss, um die gewünschte Leistung zu erzielen [6], s ist der Äquivalenzfaktor. P_F ist die aus dem Kraftstoff gewonnene Leistung für den Verbrennungsmotor, sie ergibt sich aus der Summe aus der Motorleistung P_V und den Motorverlusten P_VV. P_B ist die der Batterie entnommene Leistung, sie ergibt sich aus der Summe der mechanischen Leistung der E-Maschine P_EM und den Verlusten in der Maschine P_EV. Damit ergibt sich:

$$P_\text{Eq} = P_\text{V} + P_\text{VV} + s\,(P_\text{EM} + P_\text{EV})\,. \qquad (3)$$

Das gewünschte Optimum von Gl. (3) ist der Punkt, an dem die Gesamtsystemverluste minimiert werden.

Die Verluste P_VV und P_EV werden im Allgemeinen empirisch über Kennfelder in Abhängigkeit von der Drehzahl und dem Drehmoment des Verbrennungsmotors und der E-Maschine bestimmt, wie in Bild 4 und Bild 5 dargestellt. Die Werte von P_V und P_EM für die Betriebspunkte, an der die Verluste minimiert werden, werden durch einen Optimierungsalgorithmus bestimmt, der eine Vielzahl von P_V- und P_EM-Kombinationen bewertet und die Kombination speichert, bei der P_Eq den geringsten Wert annimmt.

Bild 6 zeigt einige beispielhafte Ergebnisse einer ECMS-Optimierung. Die minimale Äquivalenzleistung stellt hier die optimale Drehmomentverteilung basierend auf der Kostenfunktion dar. Bild 6a zeigt die Äquivalenzleistung für den Hybridantrieb in kW (y-Achse) über dem Drehmoment der E-Maschine in Nm (x-Achse) bei einer Drehzahl von Verbrennungsmotor und E-Maschine von 1 500 min^{-1} und einem Gesamtdrehmomentbedarf von 120 Nm. Die Verschiebung in Richtung eines negativen Drehmoments der E-Maschine (d.h. Generatorbetrieb und Laden der Batterie) bei einem niedrigeren SOC, wird in Bild 6a offensichtlich. Die Äquivalenzleistung für das elektrische Fahren, bei denen die gesamte Drehmomentanforderung des Fahrers über die E-Maschine erfolgt und der Verbrennungsmotor entkoppelt und ausgeschaltet wird, sind ebenfalls in Bild 6a für zwei SOC-Werte dargestellt. Bei dem höheren SOC-Wert für diese Kombination aus vom Fahrer gefordertem Drehmoment und Antriebsstrangdrehzahl ist die Äquivalenzleistung für elektrisches Fahren niedriger als die bestmögliche Drehmomentverteilung für hybridisches Fahren.

Bild 6b zeigt für zwei SOC-Werte die Äquivalenzleistungen für Hybridantrieb und Drehmoment der E-Maschine bei einer Drehzahl von Verbrennungsmotor und E-Maschine von 3000 min^{-1} und einem Gesamtdrehmomentbedarf von 400 Nm.

Äquivalenzfaktor

Der Äquivalenzfaktor s spielt eine Schlüsselrolle in der ECMS, indem er einen Vergleich zwischen der Leistung aus der Batterie und dem Kraftstoff liefert. Der Äquivalenzfaktor wird typischerweise in zwei Teile unterteilt: eine Konstante s_0 und eine SOC-basierte Korrektur. Der s_0-Anteil hängt von der zukünftigen Geschwindigkeit und dem Lastprofil des Fahrzeugs ab. Da diese Informationen nur geschätzt werden können, erfolgt eine Korrektur von s_0 basierend auf der Abweichung zwischen dem gewünschten und dem tatsächlichen SOC der Batterie. Dies dient auch dazu, den SOC in einem Bereich zu halten, sodass immer das Laden oder Entladen bei Bedarf möglich ist. Bild 7 zeigt eine mögliche Realisierung des Verhaltens [3].

Ein Nachteil der ECMS besteht darin, dass zur Berechnung der optimalen Leistungsverteilung im hybridischen Fahrmodus die Gleichung (3) im Allgemeinen nicht für das Minimum mathematisch

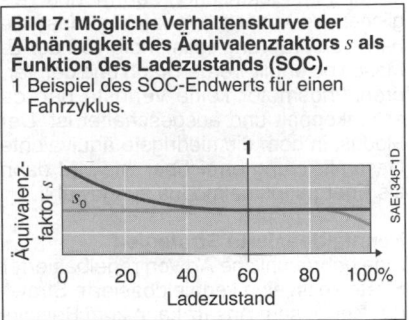

Bild 7: Mögliche Verhaltenskurve der Abhängigkeit des Äquivalenzfaktors s als Funktion des Ladezustands (SOC).
1 Beispiel des SOC-Endwerts für einen Fahrzyklus.

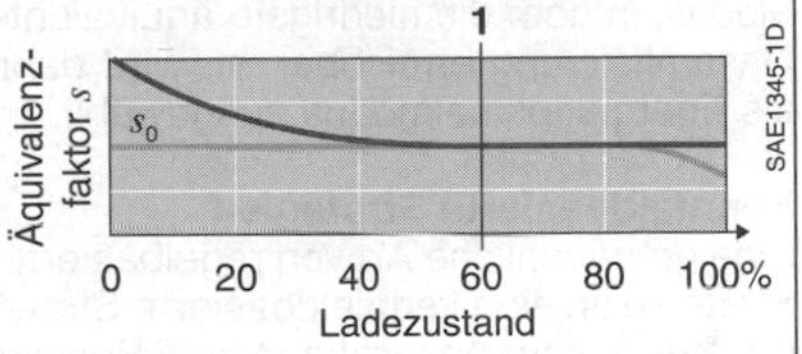

Bild 6: Kostenfunktion (Äquivalenzleistung in kW vs. Moment der E-Maschine in Nm) für einige beispielhafte Betriebsbedingungen für ein P2-Hybridfahrzeug (Quelle: Bosch).
a) Übergang von hybridischem auf elektrisches Fahren, Drehzahl 1500 min^{-1}, Gesamtfahrerwunsch 120 Nm,
b) Übergang von elektrischem auf hybridisches Fahren, Drehzahl 3000 min^{-1}, Gesamtfahrerwunsch 400 Nm.
1 Hybridisches Fahren, Ladezustand SOC = 30 %,
2 hybridisches Fahren, Ladezustand SOC = 80 %.
A Kostenminimum für hybridisches Fahren mit SOC = 30 %,
B Kosten für elektrisches Fahren mit SOC = 30 %,
C Kosten für elektrisches Fahren mit SOC = 80 %,
D Kostenminimum für hybridisches Fahren mit SOC = 30 %,
E Kostenminimum für hybridisches Fahren mit SOC = 80 %.

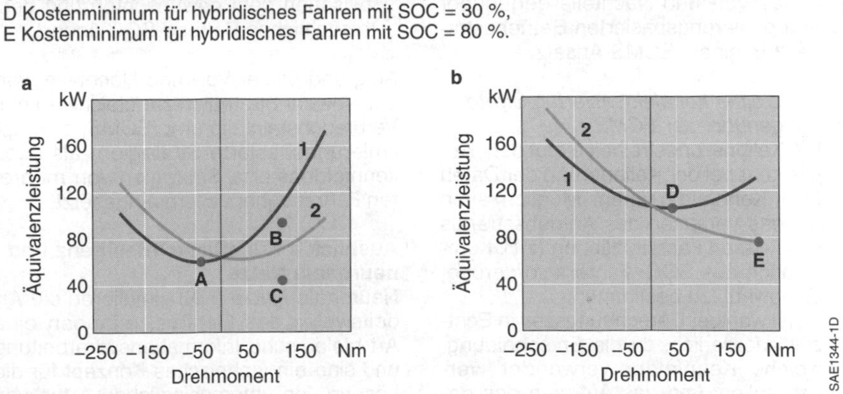

gelöst werden kann. Daher muss die Äquivalenzleistung mehrmals berechnet werden, um die optimale Lösung zu finden. Das führt zu einem hohen Rechenleistungsbedarf [7].

Auswahl der optimalen Betriebsart
Wie bereits zuvor erwähnt, muss die Strategie auch auswählen, welche Betriebsart – hybridisches oder rein elektrisches Fahren – optimal ist. Um die beste Lösung zu finden, wird die Äquivalenzleistung bei der besten Leistungsverteilung im hybridischen Fahrmodus mit der Äquivalenzleistung im elektrischen Fahrmodus verglichen. Voraussetzung dafür ist, dass die Fahreranforderung vollständig von der E-Maschine erfüllt werden kann und der Verbrennungsmotor keine Verluste hat, da er entkoppelt und ausgeschaltet ist. Der Modus, in dem die niedrigste äquivalente Gesamtleistung erreichbar ist, wird dann als Energieoptimalmodus ausgewählt.

Kennfeldbasierte Strategien
Eine gebräuchliche Art von regelbasierter Strategie ist eine kennfeldbasierte Strategie. Bei diesem Ansatz kann zum Beispiel die optimale Drehmomentverteilung aus Kennfeldern basierend auf Fahrbedingungen bestimmt werden. Die Kennfelder, die zum Bestimmen der Drehmomentverteilung ausgewählt werden sollen, werden basierend auf einem Satz von Regeln bestimmt, die von Systemeigenschaften wie z.B. SOC-Einstufung (hoch, mittel, niedrig) abhängig sind.

Kennfeldbasierte Strategien bieten folgende Vor- und Nachteile gegenüber einer optmierungsbasierten Betriebsstrategie, z.B. einem ECMS-Ansatz.

Vorteile einer kennfeldbasierten Strategie gegenüber der ECMS
- Die Kalibrierungsfreiheit bietet dem Applikateur bei der Kalibrierung der Daten (z.B. Kennfelder) mehr Möglichkeiten an, das Verhalten des Antriebsstrangs in gewissen Fahrsituationen (z.B. Kombination aus SOC, Fahreranforderung, Gangwahl) zu bestimmen.
- Es ist weniger Berechnungszeit in Echtzeit erforderlich, da die Entscheidung, welche Kennfelder verwendet werden sollen, und das Aufrufen des gewünschten Werts aus den Kennfeldern nur einmal pro Optimierungszeitschritt erfolgen.
- Bei der Lösung ist es weniger wahrscheinlich, dass die optimale Drehmomentenverteilung bei minimalen Änderungen der Fahrbedingungen große Sprünge aufweist.

Nachteile einer kennfeldbasierten Strategie gegenüber der ECMS
- Es werden große Anforderungen an die Datenspeicherung gestellt, einige Serienlösungen verfügen über mehr als 100 Kalibrierungskennlinien und -kennfelder, um alle Kombinationen relevanter Eingabeparameter angemessen abzudecken.
- Es ist keine Übertragung der Kalibrierung von einem Fahrzeugmodell auf ein anderes möglich, da die Kalibrierung der einzelnen Kennlinien und Kennfelder nicht auf den physikalischen Eigenschaften der einzelnen Komponenten basiert, sondern auf den kombinierten Auswirkungen aller Komponenten im System. Im Vergleich dazu besteht eine ECMS-Kalibrierung typischerweise hauptsächlich aus Kennfeldern, die die Verlustcharakteristika des Verbrennungsmotors, der E-Maschine und der Batterie einzeln zeigen.
- Es fehlt die Fähigkeit, auf Änderungen der Umgebungsbedingungen zu reagieren. Abhängig von der Realisierung kann sich eine ECMS online anpassen, wenn sich der Äquivalenzfaktor aufgrund einer langfristigen Abweichung zwischen dem gewünschten und dem tatsächlichen Batterie-SOC ändert.

Aufgrund dieser Vor- und Nachteile werden sowohl Strategien zur gleichwertigen Verbrauchsminimierung (ECMS, also optimierungsbasierte Strategien) als auch kennfeldbasierte Strategien von mehreren Fahrzeugherstellern eingesetzt.

Ausblick – Künstliche Intelligenz und neuronale Netze
Neuronale Netze (NN) simulieren die Arbeitsweise des Gehirns, erlauben eine Art biologische Informationsverarbeitung und sind ein technisches Konzept für die Lösung von unterschiedlichen Arten von

Problemen, einschließlich Mustererkennung, Vorhersage, Planen usw. [8]. Neuronale Netze sind die üblichen Bausteine von künstlicher Intelligenz. Ein neuronales Netz besteht aus einer Kombination von

- Neuronen, die miteinander verbunden sind (Bild 8),
- Gewichtungen, die die Wechselwirkungen zwischen Eingängen ins neuronale Netz und den Neuronen sowie Wechselwirkungen zwischen Neuronen definieren.

Ein neuronales Netz wird durch ein Trainingsverfahren angepasst, wobei viele Daten mit Kombinationen von Eingängen ins neuronale Netz und resultierende „korrekte" Ausgänge verwendet werden. Das Trainingsverfahren passt die Gewichtungen im neuronalen Netz entsprechend an, um bestmöglich alle Trainingsdaten abbilden zu können (siehe z.B. [8]).

Im Bereich der neuronalen Netze und ihrer Anwendung, Situationen und Tendenzen zu erkennen sowie Optimierungsprobleme mit angemessener Genauigkeit zu lösen, werden weiterhin Fortschritte erzielt. Im Allgemeinen haben datenbasierte Verfahren wie neuronale Netze den Ruf, hohe Anforderungen an Rechenleistung und Datenspeicherung zu stellen. Interessanterweise haben Studien gezeigt, dass ein effizient entworfenes neuronales Netz nahezu optimale Ergebnisse für eine Betriebsstrategie für Hybridantriebe mit weniger Online-Rechenressourcen und Datenspeicheranforderungen liefern kann als eine ECMS-Methode [3].

Allgemeiner Aufbau eines neuronalen Netzes für eine Hybridbetriebsstrategie
Wie bereits zuvor erwähnt, ermöglicht die P2-Topologie zwei Fahrmodi, nämlich hybridisches Fahren und rein elektrisches Fahren. Daher muss die Lösung des neuronalen Netzes nicht nur die optimale mechanische Leistung der E-Maschine im hybridischen Fahrmodus bestimmen, sondern auch Informationen bereitstellen, um die Entscheidung zu ermöglichen, ob der elektrische oder der hybridische Fahrmodus unter dem Gesichtspunkt der Energieoptimierung besser ist. Um dieses

Bild 8: Konzept eines neuronalen Netzes für eine Antriebsstrang-Betriebsstrategie eines Hybridantriebs.
1 Neuronen,
2 Verbindungen (Synapsen),
3 Neuronen für Erweiterung zu einem plastischen neuronalen Netz.
P_D Vom Fahrer angeforderte mechanische Leistung,
n Drehzahl von Verbrennungsmotor und E-Maschine,
s Äquivalenzfaktor,
P_{H_O} optimale mechanische Leistung der E-Maschine im hybridischen Fahrmodus,
P_{H_E} äquivalente Gesamtleistung im hybridischen Fahrmmodus mit optimaler Leistungsverteilung,
P_{E_E} äquivalente Gesamtleistung mit Optimierung der Kosten für rein elektrisches Fahren.

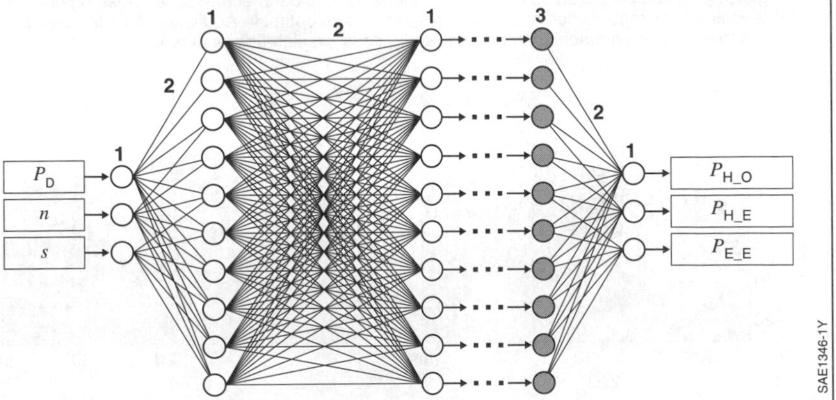

Optimierungsproblem zu lösen, könnte beispielsweise ein neuronales Netz mit drei Ausgängen ausgewählt werden (Bild 8):

- Die mechanische Leistung der E-Maschine, die der besten Lösung im hybridischen Fahrmodus entspricht (P_{H_O}),
- die äquivalente Gesamtleistung bei bester Leistungs- oder Drehmomentverteilung im hybridischen Fahrmodus (P_{H_E}) und
- die äquivalente Gesamtleistung im elektrischen Fahrmodus unter der Annahme, dass die Momentenanforderung des Fahrers vollständig von der E-Maschine erfüllt wird (P_{E_E}).

Die Entscheidung, welcher Fahrmodus (hybridisch oder elektrisch fahren) ausgewählt werden soll, kann dann in der Software außerhalb des neuronalen Netzes erfolgen, wobei zum Beispiel die für den Übergang des Fahrmodus benötigte Energie und die aus Gründen der Fahrerakzeptanz zulässige Zeit zwischen den Übergängen berücksichtigt werden (der Fahrer bekommt den Moduswechsel typischerweise über ein Display angezeigt).

Wie in Bild 8 gezeigt, sind die Eingänge des Netzwerks die vom Fahrer angeforderte Leistung (P_D), die Drehzahl n des Verbrennungsmotors und der E-Maschine sowie der Äquivalenzfaktor s.

Anwendung

Um Daten für das Training zu erhalten, wurden Datensätze, also Kombinationen von Werten für P_D, n und s, basierend auf einem allgemeinen Versuchsplan (Design of Experiments, DOE) generiert, womit der ganze Lösungsraum von Kombinationen von P_D, n und s abgebildet ist. Die resultierenden Datensätze wurden dann in ein ECMS-Modell eingespeist, das bereits für das Zielfahrzeug kalibriert wurde, um die „richtigen" Antworten für das Training des neuronalen Netzes zu liefern. Zusätzlich wurden Testfälle für das neuronale Netz unter Verwendung internationaler Fahrzyklen erstellt, um reale Fahrsituationen darzustellen.

Verwendung von Plastizität in einer NN-basierten HEV-Betriebsstrategie

In den letzten Jahren haben Netzwerke mit der Fähigkeit, sich zu erinnern und aus Erfahrungen zu lernen, viel Aufmerksamkeit erhalten. Eine vielversprechende Form eines Netzwerks wurde von [9] veröffentlicht. Sie führten ein neuronales Netz mit plastischen Gewichten ein, also Gewichten, die der Hebb'schen Regel aus der Biologie folgen und besagen, dass sich die Verbindungen zwischen Neuronen (Synapsen) je nach Intensität ihres Zusammenwirkens ändern [10]. Durch die Anwendung von Plastizität auf künstliche Netzwerke ist es möglich, auch nach

Bild 9: Vergleich der optimalen mechanischen Leistung der E-Maschine im hybridischen Fahrmodus aus ECMS (Zieldaten) und aus dem NN-Ansatz.
a) Optimale mechanische Leistung der E-Maschine,
b) Vergleich der resultierenden optimalen Äquivalenzleistung bei mechanischer Leistung der E-Maschine als Ergebnis des neuronalen Netzes versus optimale Äquivalenzleistung aus der ECMS (die Kurven unterscheiden sich so wenig, dass sie sich überdecken)..

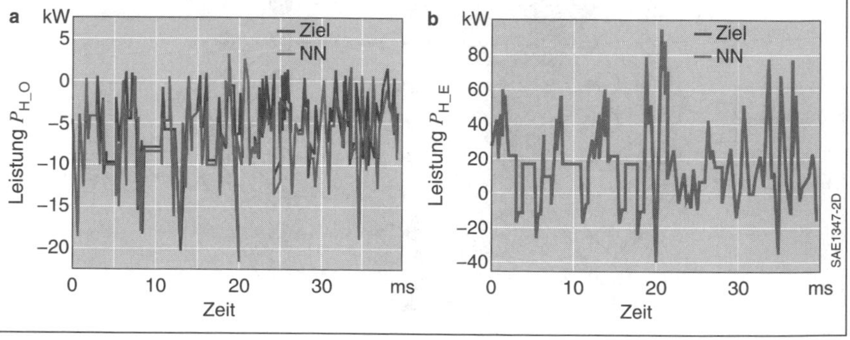

dem ersten Training zu lernen und so die Anpassung an tatsächliche Situationen zu ermöglichen. Im Vergleich zu LSTM-Netzen (Long Short-Time Memory) ist die Architektur von plastischen neuronalen Netzen viel weniger komplex und benötigt weniger Speicherkapazität, was sie ideal für den Einsatz in einer elektronischen Steuereinheit für ein Fahrzeug macht.

Die in Bild 8 dunkel markierten Neuronen sind von der Erweiterung zu einem plastischen neuronalen Netz betroffen [3].

Die Ergebnisse sind in Bild 9 dargestellt. Bild 9a zeigt den direkten Vergleich der resultierenden optimalen mechanischen Leistung der E-Maschine mit der Zeit. Bild 9b zeigt die Ergebnisse, wenn die mechanische NN-Leistung in eine äquivalente Leistung umgewandelt und mit der Äquivalenzleistung aus dem Basis-ECMS-Ergebnis verglichen wird. Hier ist zwischen dem NN-Ergebnis und der ECMS kein Unterschied erkennbar. Bild 9b zeigt, dass – obwohl die NN-Ergebnisse für die optimale mechanische Leistung der E-Maschine von denen des ECMS-Ergebnisses abweichen – die Abweichung hinsichtlich des Energieverbrauchs keinen Unterschied macht. Dies ist sinnvoll, da unter bestimmten Bedingungen ein großer Unterschied in der Leistungs- oder Drehmomentverteilung nur einen sehr geringen Einfluss auf den gesamten Energieverbrauch haben kann.

Das neuronale Netz konnte mit einem ECMS-Ansatz vergleichbare Ergebnisse hinsichtlich der globalen Effizienz liefern, während es wesentlich weniger Berechnungsschritte als die ECMS und viel weniger Datenspeicheranforderungen als eine kennfeldbasierte Strategie aufwies. Das Hinzufügen der Plastizitätsterme reduzierte auch den Gesamtfehler des Systems weiter, während die Vorteile hinsichtlich Speicherkapazität und Berechnungszeit beibehalten wurden [3].

Literatur

[1] D.D. Tran, M. Vafaeipour, M. El Baghdadi, R. Barrero, J. Van Mierlo, O. Hegazy: Thorough state-of-the-art analysis of electric and hybrid vehicle powertrains – Topologies and integrated energy management strategies, Renewable and Sustainable Energy Reviews, 119, 2020, 109596 (2020).

[2] Y. Huang, H. Wang, A. Khajepoura, H. Heb, J. Ji: Model predictive control power management strategies for HEVs – A review. Journal of Power Sources, Vol. 341, pp.91-106 (2017).

[3] K. Hauer, J. Girard: Energy Management of Hybrid Electric Vehicles Based on Plastic Neural Networks. Submitted for publication, International Journal of Powertrains (2020).

[4] K. Chau, Y. Wong: Overview of power management in hybrid electric vehicles. Energy conversion and management, Vol. 43, number 15, pp.1953–1968, Elsevier

[5] X. Hu, N. Murgovski, L. Johannesson, B. Egardt: Energy efficiency analysis of a series plug-in hybrid electric bus with different energy management strategies and battery sizes., Applied Energy, Vol. 111, pp.1001–1009, Elsevier (2013).

[6]A. Sciarretta, M. Back, L. Guzzella: Optimal control of parallel hybrid electric vehicles. IEEE Transactions on control systems technology, Vol. 12, No. 3, pp.352–363, 2004, IEEE.

[7] A. Panday, H.O. Bansal: A review of optimal energy management strategies for hybrid electric vehicle. International Journal of Vehicular Technology, Vol. 2014, Hindawi.

[8] O. Frölich: Einführung in Neuronale Netze. Wintersemester 2005/2006 VO 181.138 Einführung in die Artificial Intelligence, Technische Universität Wien, (2005). https://www.dbai.tuwien.ac.at/education/AIKonzepte/Folien/NeuronaleNetze.pdf

[9] T. Miconi, J. Clune, K. Stanley: Differentiable plasticity: training plastic neural networks with backpropagation. Proceedings of the 35th International Conference on Machine Learning (ICML2018), Stockholm, Sweden, PMLR 80, 2018, arXiv:1804.02464 [cs.NE].

[10] D. O. Hebb: The organization of behavior – a neuropsychologigal theory. A Wiley Book in Clinical Psychology., pp.62–78, John Wiley & Sons Inc., 1949.

Elektrischer Achsantrieb

Der elektrische Achsantrieb (E-Achse, bei Bosch als eAchse bezeichnet) bildet eine kompakte elektrische Antriebslösung für batterieelektrische Fahrzeuge sowie für Brennstoffzellen- und Hybridfahrzeuge. Dabei werden die drei relevanten Komponenten eines elektrischen Antriebs – die Leistungselektronik (Wechselrichter), die elektrische Maschine (E-Maschine) und das Getriebe – zu einer funktionalen Einheit zusammengefügt (Bild 1).

Durch die funktionale Integration von Leistungselektronik, E-Maschine und Getriebe lässt sich die Komplexität im Gegensatz zu drei separaten Komponenten deutlich reduzieren.

Funktionale Komponentenintegration

Aufgaben der Komponenten

Die Leistungselektronik, auch als Wechselrichter, Umrichter oder auf Englisch Inverter bezeichnet, wird benötigt, um aus der Gleichspannung der Antriebsbatterie (Traktionsbatterie) des Fahrzeugs über den daraus resultierenden Gleichstrom (Direct Current, DC) eine frequenzvariable Wechselspannung beziehungsweise einen 3-Phasen-Wechselstrom (Alternating Current, AC) für die E-Maschine zu generieren. Mithilfe dieses 3-Phasen-Wechselstroms wird in der E-Maschine ein Drehfeld und damit ein Drehmoment erzeugt.

Das angebaute Getriebe dient der Drehmomentübersetzung für den Fahrzeugantrieb. Hierbei kommt in der Regel ein zweistufiges Stirnradgetriebe zum Einsatz. Das Getriebe verfügt dabei über eine feste Untersetzung zwischen 8...13 sowie über ein Differential zum Ausgleich unterschiedlicher Raddrehzahlen, z.B.

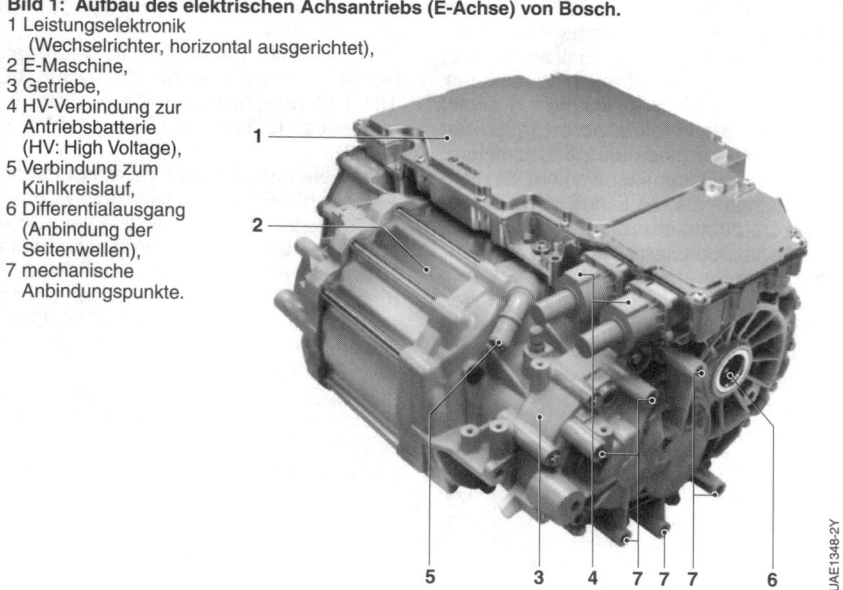

Bild 1: Aufbau des elektrischen Achsantriebs (E-Achse) von Bosch.
1 Leistungselektronik (Wechselrichter, horizontal ausgerichtet),
2 E-Maschine,
3 Getriebe,
4 HV-Verbindung zur Antriebsbatterie (HV: High Voltage),
5 Verbindung zum Kühlkreislauf,
6 Differentialausgang (Anbindung der Seitenwellen),
7 mechanische Anbindungspunkte.

bei Kurvenfahrt. Alternativ zur Lösung mit einer festen Untersetzung können auch Mehrganglösungen Anwendung finden. Ebenso möglich sind stufenslose Umschlingungsgetriebe (CVT, Continuously Variable Transmission).

Schaltgetriebe mit bis zu vier Gängen werden auch im Nutzfahrzeugbereich eingesetzt, mit dem Ziel, ein hohes Anfahrmoment für den Beschleunigungsvorgang sowie einen Betriebspunkt mit optimalen Wirkungsgrad bei konstanter Geschwindigkeit bereitzustellen.

Durch die Umwandlung der elektrischen Energie erfolgt in der Leistungselektronik die Regelung des gesamten elektrischen Antriebs auf das geforderte Solldrehmoment sowie die Überwachung der Komponenten für einen sicheren Betrieb, z.B. durch Messung der kritischen Bauteiltemperaturen und weiterer Systemgrenzwerte.

Der Aufbau und die Funktion der Leistungselektronik und der E-Maschine sind detailliert an anderer Stelle beschrieben (siehe Wechselrichter, Elektrische Maschinen als Fahrantrieb).

Konstruktiver Aufbau

Die E-Maschine und das Getriebe sind gehäuseseitig über ein gemeinsames Lagerschild (stirnseitiges Gehäuseteil) fest miteinander verbunden. Zur Übertragung des Drehmoments ist die Rotorwelle der E-Maschine mit der Getriebeeingangswelle verbunden, üblicherweise über eine Steckverzahnung.

Alternativ hierzu können Rotor und Getriebe auch über eine gemeinsame durchgehende Welle miteinander verbunden sein, was oft bei kleineren Leistungsklassen (< 100 kW) oder ölgekühlten E-Maschinen Anwendung findet.

Die dem Getriebe zugewandte Stirnseite der E-Maschine wird auch als A-Lagerseite bezeichnet, die dem Getriebe abgewandte Seite als B-Lagerseite.

Die Leistungselektronik wird in die Einheit aus E-Maschine und Getriebe integriert. Die elektrische Verbindung zwischen Leistungselektronik und E-Maschine erfolgt auf der getriebeabgewandten Seite (B-Lagerseite) über drei Stromschienen (im Fall einer dreiphasigen E-Maschine). Die Stromschienen verfügen dabei über flexible Elemente, die den Ausgleich von Toleranzen während der Montage und im Betrieb gewährleisten. Die Verbindung der Stromschienen wird in der Regel über Schraub-Crimp- oder Schweißverbindungen realisiert, wobei aus Gründen der einfachen Tauschbarkeit und Wartung der Komponenten lösbare Verbindungen bevorzugt werden. Die dadurch erreichte Modularität im Aufbau der E-Achse ermöglicht zudem eine freie Kombination und Konfigurierbarkeit der drei Komponenten und somit die individuelle Anpassung des Antriebssystems an die Fahrzeuganforderungen.

Thermische Auslegung

Durch die Integration der drei Komponenten in einem Antriebssystem kann das Kühlsystem der E-Achse gezielt auf die Systemanforderungen abgestimmt und optimiert werden. Die E-Achse ist dabei an den Kühlkreislauf des Fahrzeugs angeschlossen.

Die Durchführung des Kühlmittels durch die E-Achse erfolgt in der Regel seriell (Bild 2). Dabei wird zunächst die Leistungselektronik, anschließend die E-Maschine (im Fall einer kühlmittelgekühlten E-Maschine) und dann das Getriebe durchströmt (sofern ein Wärmetauscher vorhanden ist). Alternativ können auch mehrere Kühlkreisläufe parallel eingesetzt werden, z.B. wenn die Leistungselektronik und das Getriebe jeweils separat an das Kühlsystem des Fahrzeugs angeschlossen sind.

Neben den beschriebenen Kühlkonzepten existieren auch Sonderlösungen, wie z.B. die reine Passivkühlung über die Umgebung oder die gezielte Um- oder Durchströmung der Komponenten mit Luft.

Kühlung der Leistungselektronik

Die Kühlung der Leistungselektronik erfolgt üblicherweise über das im Fahrzeug eingesetzte Kühlmittel (z.B. Glykol-Wasser-Gemisch). Das Kühlmittel wird dazu durch einen Kühler (z.B. Pinfin-Kühler mit Pin-förmigem Kühlkörper) innerhalb der Leistungselektronik geleitet, der mit den verlustbehafteten Komponenten verbunden ist (in der Regel Leistungsmodule und Zwischenkreiskondensator).

Somit kann die Verlustwärme dieser Komponenten bestmöglich abgeführt werden.

Kühlung der E-Maschine
Die Kühlung der E-Maschine kann über das Kühlmittel in einem Wassermantel oder direkt über das Getriebeöl mittels Wärmetauscher erfolgen. Bei der Verwendung von Kühlmittel wird dieses durch Kanäle im Gehäusemantel geleitet (z.B. helix- oder meanderförmig). Daher wird diese Lösung auch als Wassermantelkühlung bezeichnet.

Alternativ zur Wassermantelkühlung kann auch das Öl aus dem Getriebe verwendet werden, das dort zur Schmierung und Kühlung der Komponenten eingesetzt wird. E-Maschine und Getriebe besitzen dann einen gemeinsamen Ölkreislauf, wobei das Öl direkt ins Innere der Maschine geleitet wird und somit an die Wicklung gelangt. Da das verwendete Öl elektrisch nichtleitend ist, kann es gezielt an die Wärmequellen der E-Maschine geführt werden. Somit kann trotz generell schlechterer Kühlwirkung und höherer Viskosität die notwendige Wärmeabfuhr erzielt werden. Die Ölzufuhr in den Rotor erfolgt über die Rotorwelle, die Zufuhr in den Stator über Nuten und Kanäle. In diesem Fall spricht man von einer nasslaufenden E-Maschine. Entscheidender Vorteil einer nasslaufenden E-Maschine ist die Kühlung des Wicklungskopfs für eine höhere Leistungsfähigkeit.

Aufgrund der direkten Wärmeabfuhr lassen sich mit dieser Lösung bei geringem konstruktiven Aufwand generell höhere Dauerleistungen erzielen. Zudem kann durch den Entfall des Wassermantels das Gehäuse der E-Maschine einfacher und kompakter ausgeführt werden. Es muss jedoch die chemische Beständigkeit der mit Öl benetzten Materialien sichergestellt werden, insbesondere der Kupferleiter und der Isolationsmaterialien. Zudem können die zur Kühlung verwendeten Öle in der Regel nur bis zu einer maximalen Temperatur von ca. 150...180 °C eingesetzt werden. Dies muss bei der zulässigen Temperatur des Stators berücksichtigt werden. Da dieser in einer wassergekühlten Maschine bei maximaler Kurzzeit-Leistungsfähigkeit auch Temperaturen bis über 200 °C erreichen kann, muss im Gegensatz dazu bei einer ölgekühlten Maschine gegebenenfalls die Kurzzeit-Leistungsfähigkeit reduziert werden.

Weiterhin können auch beide Kühlmedien in Kombination eingesetzt werden, z.B. Kühlung des Mantels durch Kühlmittel und Kühlung des Rotors durch Öl. Aufgrund des erhöhten Dichtungsauf-

Bild 2: Thermische Auslegung der E-Achse.
T_1 Eintrittstemperatur des Kühlmittels in die E-Achse,
T_2 Austrittstemperatur des Kühlmittels nach Durchlaufen der E-Achse,
U_T+, U_T– Traktionsspannung (HV-Gleichspannung, z.B. aus der Batterie),
HV High Voltage, DC Direct Current (Gleichstrom).

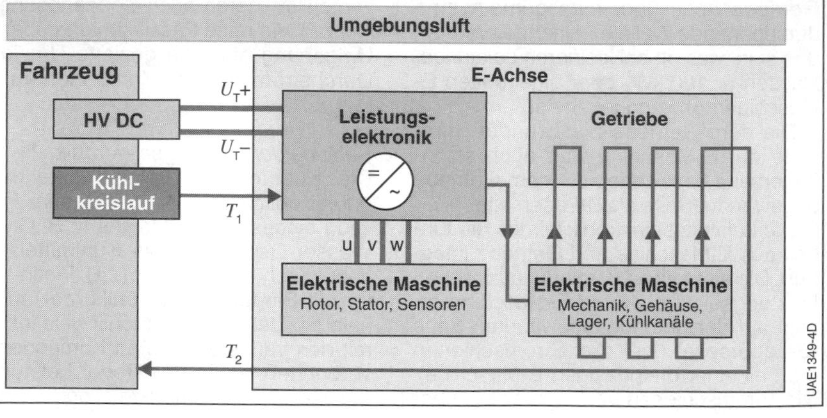

wands ist diese Kombination jedoch nicht sehr verbreitet.

Kühlung des Getriebes
Im Getriebe nimmt das zur Schmierung eingesetzte Öl die Verlustwärme aus Zahnflankenkontakten und Lagern auf. Infolgedessen muss das Öl gekühlt werden. Hierzu wird üblicherweise ein Wärmetauscher verwendet, in dem die Wärme des Öls an das Kühlmittel abgeführt wird.

Je nach Leistungsklasse kommen hier auch andere Kühlkonzepte zum Einsatz. Bei kleinen Leistungsklassen (< 100...150 kW) erfolgt die Kühlung des Getriebeöls oft rein durch Passivkühlung über das Getriebegehäuse mithilfe von Verrippungen. Bei mittleren und hohen Leistungsklassen können zur Wärmeabfuhr des Getriebeöls an das Kühlwasser auch ins Gehäuse integrierte Lösungen, z.B. Kanäle und Pin-Strukturen zum Einsatz kommen. Auch in den Ölsumpf integrierte Öl-Wasser-Wärmetauscher finden hier Anwendung.

Alternative Topologien
Neben dem beschriebenen Aufbau, der auch als achsparallel bezeichnet wird, da die Abtriebswelle beziehungsweise der Differentialausgang parallel zur Rotorwelle der E-Maschine angeordnet ist, existieren weitere E-Achs-Topologien.

Koaxiale E-Achs-Topoplogie
Bei der koaxialen E-Achs-Topologie ist der Differentialausgang koaxial zur Rotorwelle der E-Maschine positioniert. Die Bereitstellung des Drehmoments auf der getriebeabgewandten Seite (B-Lagerseite) wird durch eine zusätzliche Zwischenwelle realisiert, die durch die hohl ausgeführte Rotorwelle geführt wird. Das Getriebe kann bei dieser Topologie als zweistufiges Stirnradgetriebe mit Vorgelegewelle oder als ein- beziehungsweise mehrstufiges Planetengetriebe ausgeführt werden. Vorteilhaft bei der koaxialen Topologie ist die kompakte Bauform und der somit geringe Bauraumbedarf. Nachteilig sind die erhöhten Kosten aufgrund der mechanischen Komplexität.

Anordnung der Leistungselektronik
Neben der Achsanordnung wird die Topologie der E-Achse durch die Position der Leistungselektronik bestimmt. Dabei wird zwischen dem mantelseitigen und dem stirnseitigen Verbau unterschieden.

Beim mantelseitigen Verbau ist die Leistungselektronik an der Mantelfläche der E-Maschine positioniert. Hierbei kann die Leistungselektronik vertikal oder horizontal ausgerichtet sein (siehe Bild 1). Entscheidend für die optimale Ausrichtung ist neben der Fahrzeugarchitektur auch die gewünschte Zugänglichkeit im verbauten Zustand sowie die Verbindung der HV-Stromschienen (High Voltage) und der Signalkabel.

Beim stirnseitigen Verbau befindet sich die Leistungselektronik auf der getriebeabgewandten Stirnseite der E-Maschine (B-Lagerseite). Diese primär aus kleinen Drehstromantrieben im Fahrzeug bekannte Position (z.B. Kühlerlüfter, Getriebeölpumpen, elektrische Klimakompressoren) findet auch bei E-Achsen kleinerer Leistungsklassen (< 100 kW) Anwendung.

T-förmige Topologie
Eine weitere immer stärker verbreitete Topologie ist die T-förmige Topologie. Hierbei befindet sich das Getriebe als zentrale Einheit in der Mitte der E-Achse und nimmt die beiden anderen Komponenten auf. Auf der einen Getriebeseite wird die E-Maschine montiert und auf der gegenüberliegenden Seite die Leistungselektronik. Die HV-Stromschienen und die Signalkabel werden dabei sehr eng am Getriebe vorbei oder sogar durch das Getriebe geführt. Vorteilhaft bei dieser Topologie ist die Verwendung gleich langer Seitenwellen, ohne dass eine Zwischenwelle notwendig ist. Nachteilig ist der in Maximalausprägungen große Bauraumbedarf sowie die thermischen Auswirkungen des Getriebes auf die Leistungselektronik.

Sonderlösungen
Neben den hier beschriebenen weit verbreiteten E-Achs-Topologien existieren zahlreiche Sonderlösungen, auf die an dieser Stelle jedoch nicht weiter eingegangen wird.

Fahrzeugintegration und Schnittstellen

Der Verbau der E-Achse im Fahrzeug kann sowohl an der Vorderachse als auch an der Hinterachse erfolgen. Demnach sind auch Allradanwendungen möglich. Bei der Positionierung der E-Achse wird zwischen zwei Anordnungen unterschieden, wobei die Position der E-Maschine ausschlaggebend ist. Diese kann dabei entweder dem Fahrzeugmittelpunkt (beziehungsweise der Antriebsbatterie) zugewandt oder von ihm abgewandt positioniert sein (Bild 3).

Anordnung der E-Achse im Fahrzeug

Fahrzeugmittelpunkt zugewandte Anordnung

Charakteristisch für die zum Fahrzeugmittelpunkt zugewandte Anordnung ist die Position der E-Maschine zwischen den beiden Achsen des Fahrzeugs, also innerhalb des Radstands analog zu einer Mittelmotoranordnung (Bild 3a).

Der Differentialausgang der E-Achse liegt üblicherweise in der Querschnittsebene der Fahrzeugachse. Diese Position kann jedoch auch je nach durch die Wellengelenke realisierbaren Anstellwinkel der Seitenwellen leicht variiert werden, z.B. um mehr Bauraum für die Antriebsbatterie zu generieren.

Der wesentliche Vorteil der dem Fahrzeugmittelpunkt zugewandten Anordnung ist der geringe Bauraumbedarf der E-Achse im Bereich vor der Vorderachse und somit im Crash-Bereich. Zudem können an der Vorderachse weitere Komponenten vor der E-Achse angeordnet werden, z.B. das Lenkgetriebe oder der Kompressor der Klimaanlage. Nachteilig ist der große Bauraumbedarf zwischen den Achsen, der üblicherweise für die Batterie verwendet wird.

Fahrzeugmittelpunkt abgewandte Anordnung

Bei der dem Fahrzeugmittelpunkt abgewandten Anordnung befindet sich die E-Maschine im Bereich vor der Vorderachse des Fahrzeugs, wodurch zwischen den Achsen mehr Bauraum für die Batterie bereitgestellt werden kann.

Auswahl der Anordnung in der Praxis

Bei der Auswahl der E-Achs-Anordnung gibt es generell keine Vorzugslösung. Dies hängt stark von der Fahrzeugarchitektur ab. Beide Anordnungen werden daher nahezu gleichverteilt eingesetzt.

In jedem Fall muss die Crash-Sicherheit der HV-Komponenten berücksichtigt werden. Wird die Leistungselektronik mantelseitig hochkant verbaut, ist darauf zu achten, dass sie dem Fahrzeugmittelpunkt zugewandt positioniert wird und somit nicht in der Crash-Zone im Bereich vor der Vorderachse des Fahrzeugs liegt. Dies gilt für alle beschriebenen Anordnungen, da bei einem Unfall beschädigte Kabel komplett getauscht werden müssen.

Bild 3: Anordnung der E-Achse im Fahrzeug.
a) E-Maschine der Antriebsbatterie zugewandt,
b) E-Maschine der Antriebsbatterie abgewandt (Seitenansicht),
c) E-Maschine der Antriebsbatterie abgewandt (Draufsicht).
1 E-Achse,
2 HV-Kabel (Kabelverlegung mit S-Schlag),
3 Antriebsbatterie,
4 Ebene der Fahrzeugachse,
5 Mittellinie der Querschnittsebene.

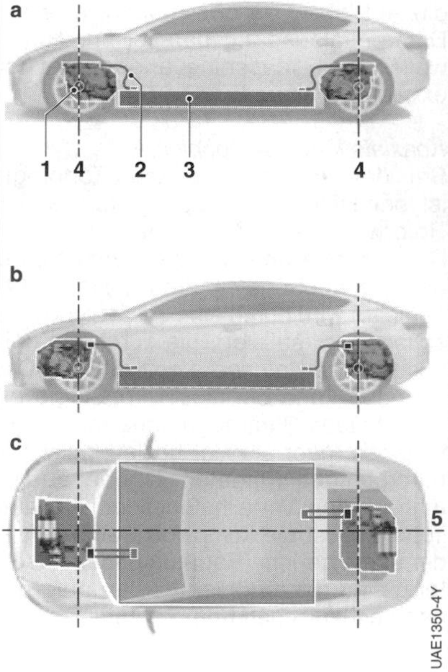

Schnittstellen

Zwischen E-Achse und Fahrzeug bestehen folgende Schnittstellen: Elektrische Schnittstellen für hohe Spannungen (High Voltage, HV, >60 V) und niedrige Spannungen (Low Voltage, LV, 12 V bei Pkw, 24 V bei Nfz), Signal- beziehungsweise Kommunikationsschnittstellen sowie hydraulische und mechanische Schnittstellen.

Elektrische Schnittstellen

Die elektrische HV-Verbindung zur Antriebsbatterie wird in der Regel über Kabel realisiert. Die Verbindung zur E-Achse kann dabei über Stecker oder Schraubkontakte erfolgen. Aus Sicherheitsgründen ist bei der Verlegung der Kabel darauf zu achten, dass diese genügend Spielraum aufweisen, um insbesondere im Falle eines Crash die Bewegung der E-Achse zu ermöglichen und ein Abreißen und somit offen liegende Kontakte zu vermeiden. Bei der Kabelführung wird dabei auch von einem S-Schlag (S-förmige Kabelverlegung) gesprochen (vgl. Bild 3).

Die elektrische Verbindung zur Spannungsversorgung der E-Achse aus dem LV-Bordnetz des Fahrzeugs (z.B. für die Elektronik) sowie die Kommunikationsschnittstelle zum Fahrzeug (z.B. über CAN) werden üblicherweise in einem Stecker mit mehreren Pins gebündelt. Hinzu kommen oft weitere fahrzeugindividuelle Signal- oder Spannungsversorgungen (z.B. Crash-Signal, HV-Interlock zur Überwachung der korrekten Verbindung der Steckverbindungen im HV-Stromkreis). Die Anbindung der elektrischen Masse des Bezugspotentials erfolgt durch eine leitende Verbindung vom Gehäuse der E-Achse zur Karosseriestruktur des Fahrzeugs.

Hydraulische Schnittstellen

Die hydraulische Verbindung zum Kühlsystem des Fahrzeugs wird durch Schläuche und Schlauchschellen oder durch spezielle Schnellverschlüsse realisiert.

Mechanische Schnittstellen

Zu den mechanischen Schnittstellen zählen die Anbindung der Seitenwellen zur Übertragung des Drehmoments an die Räder sowie die Fixierung der E-Achse im Fahrzeugaufbau. Die fahrzeugseitigen Gelenke der Seitenwellen werden mit Steckverzahnungen in die beiden Differentialausgänge gesteckt. Alternativ hierzu können auch andere Verbindungen verwendet werden, z.B. geschraubte Flansche.

Die Fixierung der E-Achse im Fahrzeugaufbau erfolgt in der Regel über verschraubte Gummilager. Durch die Gummilager werden die durch die dynamische Drehmomentabstützung der E-Achse erzeugten Kräfte auf die Fahrzeugstruktur reduziert, sowie die E-Achse akustisch von der Fahrzeugstruktur entkoppelt. Der durch die E-Achse emittierte Körperschall kann sich somit nur in geringem Maße auf die Fahrzeugstruktur übertragen.

Je nach Fahrzeugarchitektur kann zudem ein Hilfsrahmen zum Einsatz kommen, der die Anbindung der E-Achse und des Fahrwerks beinhaltet. Dieser Hilfsrahmen ist in den meisten Fällen ebenfalls über verschraubte Gummilager mit dem Fahrzeugaufbau verbunden, wodurch eine doppelte akustische Entkoppelung des Antriebs vom Fahrzeugaufbau realisiert wird.

Die Kompatibilität der E-Achse zu unterschiedlichen fahrzeugindividuellen Anbindungspunkten wird über mehrere Anschraubpunkte an der E-Achse realisiert (siehe Bild 1), die über zusätzliche verschraubte Konsolen (Halterungselemente) die Verbindung zum Fahrzeugaufbau bilden. Weiterhin können aufgrund der Modularität der E-Achse die anzubindenden Gehäuseteile auch fahrzeugindividuell ausgeführt werden und die E-Achse somit direkt mit dem Fahrzeugaufbau verbunden werden, ohne dass Konsolen zum Einsatz kommen.

Leistungsklassen und Leistungscharakteristik

Leistungsklassen

Die E-Achse lässt sich durch Skalierung und die effiziente Kombination der Komponenten an das Fahrzeugsegment und Anwendungsszenario individuell anpassen. Basierend auf derzeitigen Marktanforderungen ergibt sich dadurch ein Leistungsspektrum von 50...300 kW, wobei sich innerhalb dieses Spektrums folgende Leistungsklassen etabliert haben:
- ≤ 110 kW
- 120...150 kW
- 180...200 kW
- ≥ 250 kW

Die größten Anteile liegen derzeit in den Leistungsklassen bis 150 kW, die primär in den Fahrzeugsegmenten A (Kleinstwagen) bis C (Mittelklasse) Anwendung finden.

Leistungscharakteristik

Die Leistungsbereitstellung der E-Achse wird durch die Leistungscharakteristik der drei Komponenten bestimmt, wobei sich die jeweiligen Limitierungen der Komponenten überlagern (durch Superposition) und in der Gesamtheit die Leistungscharakteristik der E-Achse definieren. Hinzu kommen etwaige Limitierungen der Verbindungsteile, z.B. der AC-Stromschienen oder der DC-Anbindung zur Antriebsbatterie sowie der EMV-Filterkomponenten (Elektromagnetische Verträglichkeit).

Die Leistungscharakteristik der E-Achse ergibt sich aus dem Aufbau (Bauraum und Auslegung) und der thermischen Wechselwirkungen der verwendeten Komponenten heraus. Die Integration der Komponenten in der E-Achse bietet Vorteile, es müssen aber die thermischen Wechselwirkungen in Kauf genommen werden.

Bei der Leistungsbereitstellung wird prinzipiell zwischen der Kurzzeit-Leistungsfähigkeit (Bereitstellung der Leistung bzw. maximales Drehmoment, in der Regel zwischen 10 s und 30 s Betriebsdauer) und der Dauer-Leistungsfähigkeit (üblicherweise 30 min Betriebsdauer) unterschieden (Bild 4). Die exakte Definition von Kurzzeit- und Dauer-Leistungsfähigkeit inklusive der Randbedingungen kann je nach Hersteller variieren.

Entscheidend für die kurzzeitige Bereitstellung des maximalen Drehmoments insbesondere im Grunddrehzahlbereich (ca. zwischen Stillstand und Eckdrehzahl n_1, n_2 in Bild 4) ist die Bereitstellung des maximalen Stroms durch die Leistungs-

Bild 4: Leistungscharakteristik einer E-Achse von Bosch (exemplarisch mit Getriebeübersetzung $i = 11{,}8$).
a) Drehmoment über der Drehzahl,
b) Leistung über der Drehzahl.
1 Kurzzeit-Leistungsfähigkeit (10 Sekunden),
2 reale Dauer-Leistungsfähigkeit (30 Minuten),
3 theoretische Dauer-Leistungsfähigkeit, 30 Minuten).
n_1, n_2, Eckdrehzahlen.

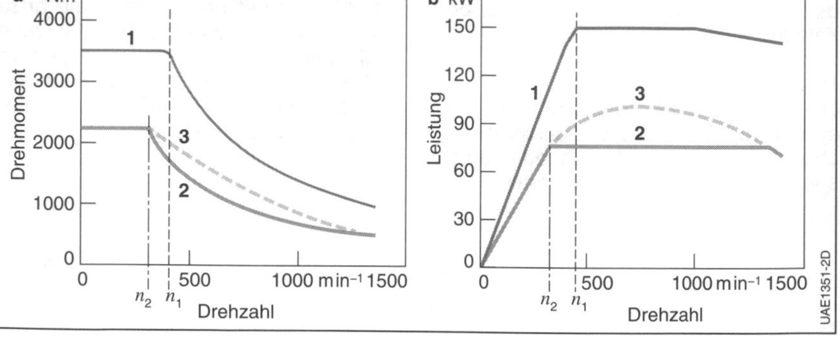

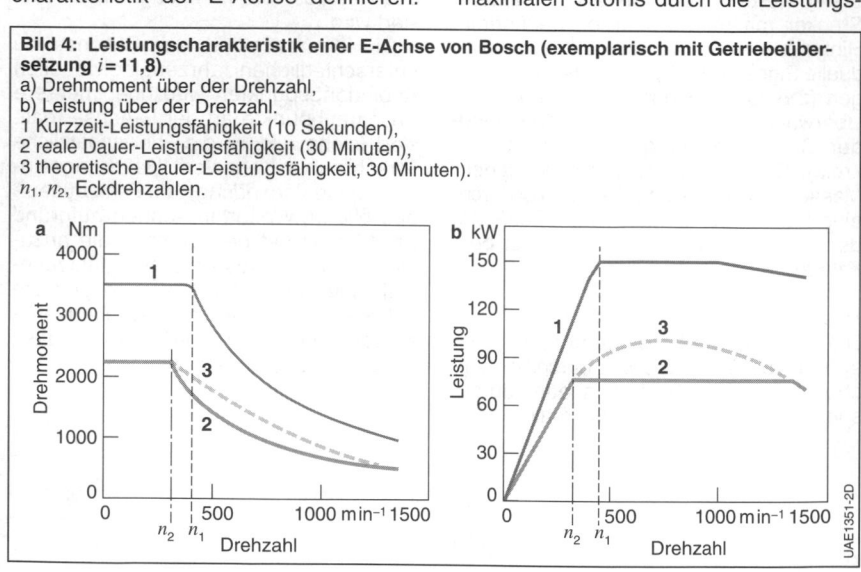

elektronik. Dabei muss auch bei der kurzen Zeitspanne von 10 s sichergestellt werden, dass die aufgrund der Schaltverluste sowie der ohmschen Verluste erzeugte Verlustwärme – insbesondere in den Leistungsmodulen und im Zwischenkreiskondensator, aber auch in den weiteren stromführenden Bauteilen – abgeführt werden kann und ein Überhitzen der Komponenten verhindert wird. Der durch die Leistungselektronik bereitgestellte Maximalstrom führt in der E-Maschine zum geforderten Drehmoment, wobei weitere komponentenspezifische Randbedingungen eingehalten werden müssen, z.B. maximal zulässiger Strom in den elektrischen Leitern und Abführung der hier entstehenden Verlustwärme an das Gehäuse oder das Kühlmedium. Das bereitgestellte maximale Drehmoment ist dabei entscheidend für die Auslegung des Getriebes und anderer mechanischer Komponenten (z.B. Rotorwelle und Steckverzahnung).

Aufgrund der erfolgten kompakten Funktionsintegration in der E-Achse bildet eine ausreichende Verlustwärmeabfuhr innerhalb der zulässigen Fahrfunktionsbereiche eine besondere Herausforderung. Hierbei ist eine jeweils lokale Überhitzung, welche zu Alterungs- und Schädigungsmechanismen innerhalb der Teilbaugruppen Leistungselektronik, E-Maschine und Getriebe führt, bei unterschiedlichen Fahr- und Betriebsbedingungen effektiv zu verhindern. Um dies zu gewährleisten sind verschiedene Temperatursensoren innerhalb der E-Achse platziert, deren Signale die notwendigen Eingangsgrößen für installierte Software-Komponentenschutzmodelle bilden. Mithilfe dieser installierten Modelle ist ein umfassender Komponentenschutz innerhalb der E-Achse gegeben, welcher in Abhängigkeit von den unterschiedlichen Fahr- und Betriebsbedingungen eine thermische Überlastung unabhängig vom Fahrereingriff automatisch sicherstellt.

Die in der E-Maschine entstehende Verlustwärme muss durch das Kühlmedium bestmöglich abgeführt werden. Daraus ergibt sich die theoretische Dauer-Leistungsfähigkeit der E-Maschine. Weiterhin wird das Kühlkonzept des Getriebes auf eine definierte Dauerleistung ausgelegt, um eine Überschreitung der zulässigen Öltemperatur zu vermeiden. Mit diesen Rahmenbedingungen ergibt sich die reale Dauer-Leistungsfähigkeit der E-Achse (Bild 4). Gegenüber der theoretischen Dauer-Leistungsfähigkeit ist sie oberhalb der Eckdrehzahl reduziert, zum einen aus Gründen des Komponentenschutzes, zum anderen um über einen größeren Drehzahlbereich eine gleichmäßige Leistung darstellen zu können. Durch effektive Kühlkonzepte und -maßnahmen kann die Dauer-Leistungsfähigkeit weiter gesteigert werden, wobei jedoch immer der relevante Anwendungsfall berücksichtigt werden sollte und abgewogen werden muss, welche Dauerleistung in dem jeweiligen Anwendungsfall notwendig ist.

Die dominierende Leistungscharakteristik hängt vom Einsatz ab. Arbeitet die E-Achse als Hauptantrieb, ist die Dauer-Leistungsfähigkeit relevanter. Für den Fall, dass sie als Zusatzantrieb auf die nicht vom Hauptantrieb angetriebene Achse wirkt (z.B. Allradantrieb, Boost-Betrieb), ist die Kurzzeit-Leistungsfähigkeit abhängig von der Wiederholrate relevanter.

Effizienz

Neben der gezielten Anpassung der Leistungscharakteristik auf den jeweiligen Anwendungsfall ist ein weiteres Entwicklungsziel die Reduzierung der Verluste der drei Komponenten und somit die Steigerung der Systemeffizienz. Zur Ermittlung der Systemeffizienz müssen die Effizienzkennfelder der Komponenten miteinander multipliziert werden. Durch die gezielte Optimierung der einzelnen Komponenten im Systemkontext kann in der E-Achse somit in ausgewählten Betriebspunkten eine Effizienz von bis zu 96 % erreicht werden.

Weiterhin wirkt sich die Reduzierung der Verluste positiv auf die Leistungscharakteristik aus, insbesondere auf die Dauer-Leistungsfähigkeit. Durch eine Reduzierung der Verlustleistung einer Komponente wird diese weniger erwärmt, wodurch bei gleichbleibender Kühlleistung die Grenze für die Dauer-Leistungsfähigkeit erhöht oder die Kühlleistung reduziert werden kann.

Skalierbarkeit
Durch Skalierung und die effiziente Kombination der Komponenten können Drehmoment und Leistung der E-Achse auf die spezifischen Anforderungen hin abgestimmt werden, wobei sich analog zu den eingangs aufgeführten diskreten Leistungsklassen auch diskrete Stufen in der Kombination der Komponenten etabliert haben. Innerhalb dieser Stufen ist dabei auch eine gewisse kontinuierliche Skalierung möglich.

Die Leistung beziehungsweise der maximale bereitgestellte Strom in der Leistungselektronik wird dabei primär über die Chipfläche der Leistungsmodule definiert. Die Peripheriekomponenten der Leistungselektronik (z.B. Zwischenkreiskondensator und Stromschienen) werden ebenfalls entsprechend angepasst.

Das realisierbare Drehmoment der E-Maschine kann über deren Durchmesser oder über die Länge skaliert werden. Je größer der Durchmesser oder die Länge, desto größer ist das Drehmoment bei gleichem Strom und gleicher Windungszahl der E-Maschine. Weiterhin können durch die Variation der Windungszahl das Drehmoment und die Leistung der E-Maschine verändert werden (siehe Elektrische Maschinen als Kfz-Fahrantrieb).

Durch die Variation der Getriebeuntersetzung kann zwischen dem maximalen Drehmoment und der maximalen Drehzahl variiert werden. Je höher die Getriebeuntersetzung, desto höher ist (bei gleicher E-Maschine) das Drehmoment und desto geringer ist die maximale Drehzahl. Die Variation der Getriebeuntersetzung wirkt sich dabei nicht auf die maximale Leistung aus.

Adaption für Einsatzzweck

Weiterhin sind zusätzliche optionale Elemente in die E-Achse integrierbar. Diese werden im Folgenden kurz beschrieben.

Zwischenwelle
Da die Abtriebswellen der E-Achse nicht mittig in Bezug auf die Verbauposition im Fahrzeug liegen, kann eine Zwischenwelle (Bild 5a) verwendet werden, um gleich lange Seitenwellen und somit eine höhere Anzahl an Gleichteilen beim Fahrzeughersteller zu erreichen. Über den reinen Kostenvorteil hinaus ist dies auch eine Voraussetzung für eine symmetrische Fahrdynamik.

Parksperre
Bei der Parksperre (Bild 5b) handelt es sich um eine formschlüssige mechani-

Bild 5: Zusatzkomponenten der E-Achse.
a) Ansicht mit Zwischenwelle,
b) Ansicht mit Parksperre.
1 Leistungselektronik, 2 E-Maschine, 3 Getriebe, 4 Differentialausgang (Anbindung der Seitenwellen), 5 Zwischenwelle, 6 Parksperre (als Option).

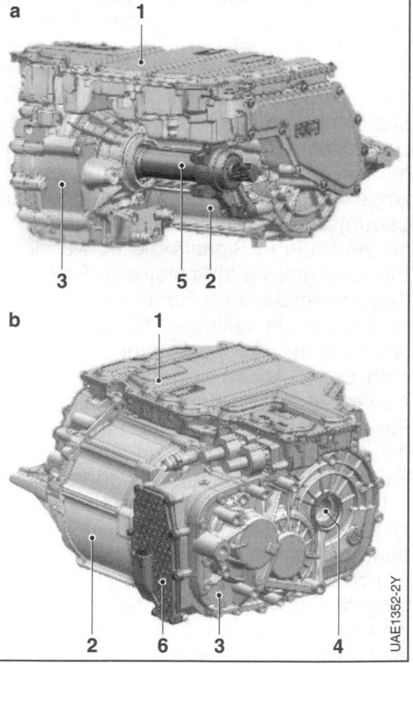

sche Sperre, die ein unbeabsichtigtes Bewegen des Fahrzeugs verhindert (vgl. Stellung P bei Automatik- oder Doppelkupplungsgetrieben).

In der E-Achse wird die Parksperre vorzugsweise elektrisch betätigt. Daneben sind auch hydraulische und pneumatische Betätigungen möglich, was jedoch nur bei entsprechend vorhandener Peripherie sinnvoll ist, z.B. im Fall einer Zweiganglösung. Desweiteren ist die Betätigung der Parksperre auch über einen mechanischen Seilzug möglich.

Die translatorische und die rotatorische Fahrzeugmasse werden mittels eines Parksperrenrades (fest mit einer Getriebewelle verbunden) und einer Parksperrenklinke (gehäusefest) mechanisch verriegelt. Somit wird gewährleistet, dass der Fahrer das Fahrzeug in einem sicheren Zustand verlässt.

Um ein unkontrolliertes oder ungewollt abruptes Stehenbleiben des Fahrzeugs zu verhindern, kann die Parksperre oberhalb einer sogenannten Ratschgeschwindigkeit (ca. Schrittgeschwindigkeit) nicht mehr eingelegt werden. Dies wird üblicherweise durch ein mechanisches Abweisen der Klinke am Parksperrenrad realisiert.

Die bis heute in Fahrzeugen mit Handschaltgetriebe übliche Feststellbremse erzeugt im Gegensatz zur Parksperre eine reibschlüssige Verhinderung, was bei ungünstigen Bedingungen ein Weiterrollen nicht verhindern kann (z.B. beladenes Fahrzeug mit Anhänger am Berg). Aber auch reibschlüssige Feststellbremsen kommen in Elektrofahrzeugen zum Einsatz.

Trenn- oder Auskuppeleinheit

Mithilfe einer Trenneinheit (Disconnect) kann die E-Maschine von den Seitenwellen des Fahrzeugs getrennt werden, um bei einem rollenden Fahrzeug die Schleppverluste der E-Maschine und auch die des Getriebes zu eliminieren. Dies bietet insbesondere bei einer permanentmagneterregten Synchronmaschine (PSM) den Vorteil, dass diese nicht gedreht wird und somit keine Spannung induziert beziehungsweise keine Rotationsenergie in elektrische Energie umgesetzt wird. Somit kann das Segeln ermöglicht werden, wobei das Fahrzeug ohne eigene Antriebsleistung rollt.

Weiterhin kann es auch bei Allrad- oder bei Hybridanwendungen von Vorteil sein, den Zusatzantrieb auszukuppeln und somit die Verluste zu minimieren. Beim Auskuppeln wird die E-Maschine in der Auskuppeleinheit drehmomentfrei synchronisiert, rotatorisch abgekuppelt und kontrolliert zum Stillstand gebracht. Beim Wiederankoppeln wird die E-Maschine entsprechend lastfrei auf die aktuelle Rotationsgeschwindigkeit der sich drehenden Getriebe- beziehungsweise Seitenwellen synchronisiert und anschließend angekuppelt. Dabei haben sich formschlüssige Kupplungen etabliert.

Die Auskuppeleinheit kann grundsätzlich an jeder der rotierenden Wellen innerhalb der E-Achse oder auch an den Seitenwellen realisiert werden. Hierdurch ist es möglich, die rotatorischen Massen einschließlich ihrer Reibstellen auszukuppeln und somit auch die Schleppverluste des Getriebes zu eliminieren.

Bei Verwendung einer PSM ist es zudem möglich, das Fahrzeug auf den Rädern rollend abzuschleppen, ohne dass eine elektrische Spannung induziert wird, die sonst üblicherweise z. B. durch einen aktiven Kurzschluss abgebaut wird. Dadurch werden die mechanische und die thermische Belastung des Systems reduziert und das Abschleppen vereinfacht oder erst ermöglicht.

Bei mehrgängigen Getrieben ist es auch möglich, über die ohnehin vorhandene Kupplung abzukuppeln.

Anbindung des Klimakompressors

Wie bereits beschrieben, ist die E-Achse von der Fahrzeugstruktur entkoppelt, wodurch der emittierte Körperschall reduziert wird. Diese Eigenschaft zusammen mit kurzen mechanischen Kraftübertragungswegen bietet die Möglichkeit, den Klimakompressor direkt an der E-Achse zu montieren. Für die elektrische Energieversorgung wird der HV-Verteiler der E-Achse benutzt. Im Gegensatz zum Verbrennungsmotor ergibt sich noch der zusätzlich Vorteil der niedrigeren thermischen Belastung durch den elektrischen Antrieb, da dieser keine Verbrennungsabwärme produziert.

Elektroantriebe mit Brennstoffzelle

Merkmale

Brennstoffzellenelektrische Fahrzeuge (FCEV, Fuel Cell Electric Vehicle) sind Elektrofahrzeuge. Sie ermöglichen beim Einsatz von regenerativ erzeugtem Wasserstoff einen klimaneutralen Transport von Personen und Gütern. Der brennstoffzellenelektrische Antrieb (Bild 1) besteht aus dem Elektroantrieb, wie er vom batterieelektrischen Antrieb bekannt ist, und dem Brennstoffzellensystem. Das Herzstück des Brennstoffzellensystems ist der Brennstoffzellenstack, der aus einzelnen Brenstoffzellen besteht.

Brennstoffzellen sind elektrochemische Wandler, die chemische Energie des Brennstoffs direkt in elektrische Energie umwandeln. Es gibt eine Vielzahl unterschiedlicher Brennstoffzellentypen, die verschiedene Brennstoffe und Komponenten verwenden. Für Kfz-Anwendungen ist momentan die Niedrigtemperatur-Protonentauschermembran-Brennstoffzelle (Low Temperature Proton Exchange Membrane Fuel Cell, LT-PEMFC; Temperatur $< 100\ °C$), die mit Wasserstoff (H_2) und Sauerstoff (O_2) betrieben wird, von größtem Interesse. In einer solchen Brennstoffzelle reagiert Wasserstoff mit Sauerstoff zu Wasser und setzt dabei elektrische Energie frei.

Vorteile der Brennstoffzellen
Im Bereich der Elektromobilität haben Brennstoffzellenantriebe den Vorteil, dass sie bei vorhandener H_2-Infrastruktur den gewohnten Komfort konventioneller Fahrzeuge wie kurze Tankzeit und große Reichweite ermöglichen. Wie beim Verbrennungsmotor sind Energiespeicherung und -umwandlung entkoppelt, was eine Reichweitenerhöhung durch Tankerweiterung ermöglicht. Insbesondere haben Brennstoffzellenantriebe daher einen Vorteil im Bereich von Fahrzeugen, die eine hohe Verfügbarkeit, Nutzlast und Reichweite erfordern. Als Beispiele seien Lkw, Stadt- und Fernbusse, Züge und Schiffe, sowie gewerblich genutzte Fahrzeuge wie Taxis und Geschäftswagen genannt.

Brennstoffzellen produzieren lokal im Betrieb weder Treibhausgase noch Luftschadstoffe.

Erweiterung des Brennstoffzellensystems mit einer Batterie
Brennstoffzellenfahrzeuge sind Elektrofahrzeuge, bei denen die Energie für den elektrischen Antrieb durch das Brennstoffzellensystem zur Verfügung

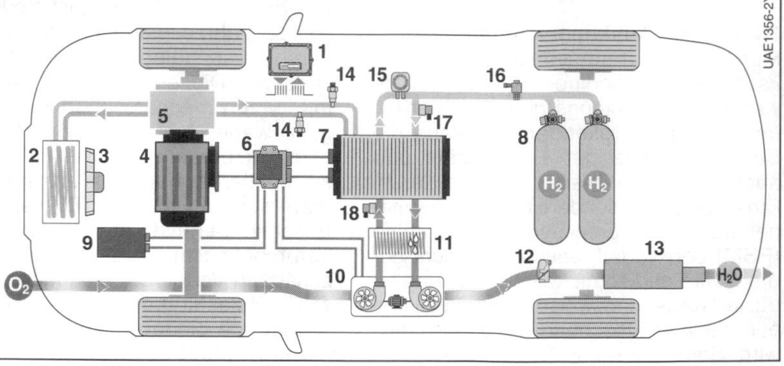

Bild 1: Antriebsstrang eines brennstoffzellenelektrischen Pkw.
1 Brennstoffzellen-Steuergerät, 2 Kühler, 3 Kühlerlüfter, 4 E-Maschine, 5 Getriebe, 6 Leistungselektronik, 7 Brenstoffzellenstack, 8 Wasserstofftank, 9 HV-Batterie, 10 Luftkompressor, 11 Befeuchter, 12 Druckregelventil, 13 Schalldämpfer, 14 Temperatur-Druck-Sensor, 15 Anodenrezirkulationsgebläse, 16 Tankabsperrventil, 17 Wasserstoffdosierventil, 18 Sicherheitsventil.

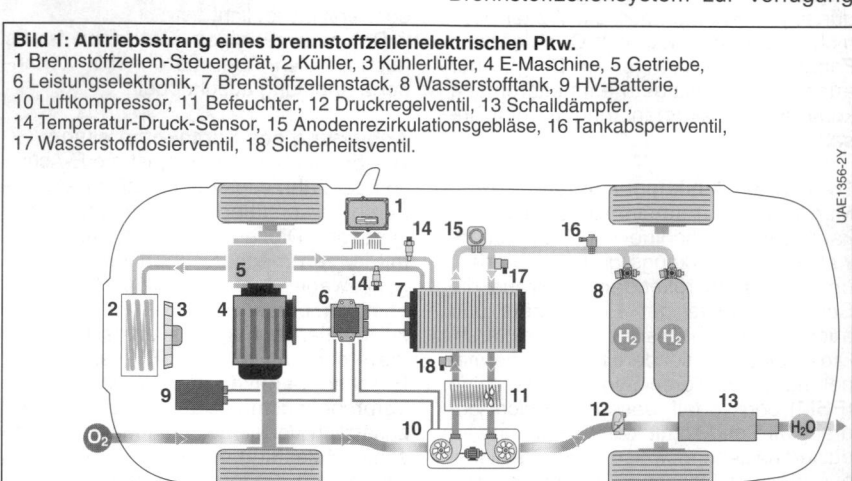

gestellt wird. Aus mehreren Gründen ist es sinnvoll, den Antriebsstrang um eine Traktionsbatterie (Antriebsbatterie) zu erweitern:
- Die durch rekuperatives Bremsen gewonnene Energie kann zwischengespeichert werden,
- die Dynamik des Antriebsstrangs kann erhöht werden,
- durch Lastpunktverschiebung des Brennstoffzellensystems kann der Wirkungsgrad des Antriebsstrangs erhöht werden.

Das Verhältnis von Batterieleistung und Gesamtleistung variiert für verschiedene Anwendungen. Typischerweise werden Brennstoffzellensysteme als Hauptenergiequelle im Antriebsstrang eingesetzt. Solche Fahrzeuge werden als Strong Fuel Cell Electric Vehicle charakterisiert.

Alternativ kann die Batterie in Leistung und Energieinhalt wesentlich größer sein und von einem kleineren Brennstoffzellensystem bei Bedarf nachgeladen werden. Dieses Antriebskonzept wird Fuel Cell Range Extender genannt, weil sich damit die Reichweite (Range) von batteriebetriebenen Elektrofahrzeugen (BEV) vergrößern lässt.

Bei heutigen FCEV im Pkw-Segment sind Leistungen des Brennstoffzellensystems bis 100 kW üblich. Die Batterien haben eine Leistung bis zu 40 kW bei einem Energieinhalt von 1...2 kWh. Im Nutzfahrzeugbereich wird der höhere Brennstoffzellen-Leistungsbedarf (200...400 kW) entweder durch modulare Ansätze (Kombination mehrerer Module kleinerer Leistung) realisiert oder das Brennstoffzellensystem direkt auf die höhere Leistung ausgelegt.

Die Systemleistung wird häufig auch als Nettoleistung bezeichnet, um sie von der Stackleistung (Bruttoleistung) zu unterscheiden. Für eine konkrete Anwendung tatsächlich nutzbar ist die Nettoleistung, also die Systemleistung. Die dafür erforderliche Stackleistung ist ca. 15 % höher, weil die internen Aggregate des Systems (insbesondere der Luftkompressor) versorgt werden müssen.

Aufbau und Funktionsprinzip der Brennstoffzelle

Funktionsprinzip

Die LT-PEMFC besteht aus zwei Elektroden (Anode und Kathode), die durch eine Polymerelektrolytmembran elektrisch isoliert sind (Bild 2). Wird der Anode Wasserstoff (H_2) sowie der Kathode Sauerstoff (O_2, normalerweise aus der Luft) zugeführt, reagieren H_2 und O_2 miteinander, obwohl sie nicht in direktem Kontakt miteinander sind. Die Reaktion wird durch die Membran und den Stomkreis (Elektronentransport, e^-) mediiert. Es finden folgende Reaktionen statt:

Anode: $H_2 \rightarrow 2\,H^+ + 2\,e^-$.
Kathode: $O_2 + 4\,H^+ + 4\,e^- \rightarrow 2\,H_2O$.
Gesamtreaktion: $2\,H_2 + O_2 \rightarrow 2\,H_2O$.

Bild 2: Funktionsprinzip der PEM-Brennstoffzelle.
a) Wasserstoffoxidation an der Anode,
b) Sauerstoffreduktion an der Kathode,
c) Wasserproduktion.
1 Anode, 2 Membran, 3 Kathode.

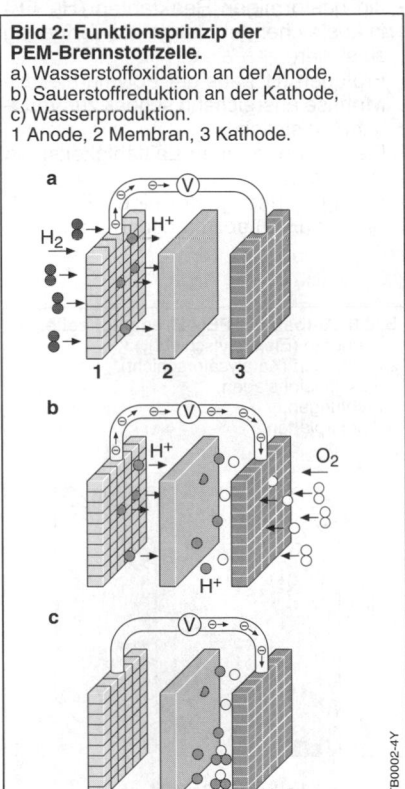

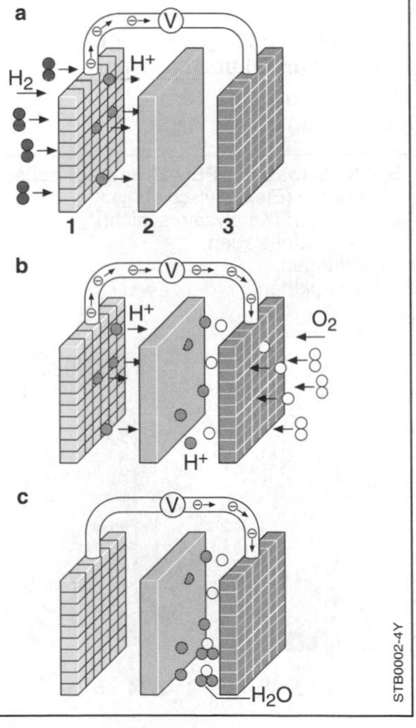

In der Gesamtreaktion reagiert Wasserstoff mit Sauerstoff zu Wasser, wobei elektrische Energie und Wärme erzeugt wird. Die elektrische Energie kann im Stromkreis in mechanische Energie umgewandelt werden. Die Abwärme wird mithilfe von Kühlmittelkanälen abgeführt.

In Bild 3 ist der schematische Aufbau einer sogenannten „Zelle" dargestellt. Zellen haben eine Höhe von < 1 mm und eine Fläche von 200...400 cm^2.

Katalysatorschichten

Die wichtigsten Komponenten der Brennstoffzelle sind die Katalysatorschichten. Dort finden die chemischen Reaktionen statt, durch die der Strom erzeugt wird. Alle Komponenten (einschließlich der Katalysatorschicht selbst) dienen dazu, den Katalysatorpartikeln innerhalb der Katalysatorschicht

- die gasförmigen Reaktanten (H_2, O_2) in ausreichender Menge zur Verfügung zu stellen,
- Protonen (H^+) aus der Polymerelektrolytphase ausreichend schnell zur Verfügung zu stellen,
- Elektronenen einen Leitfähigkeitspfad zu bieten,
- flüssiges und gasförmiges Produktwasser (H_2O) abzutransportieren.

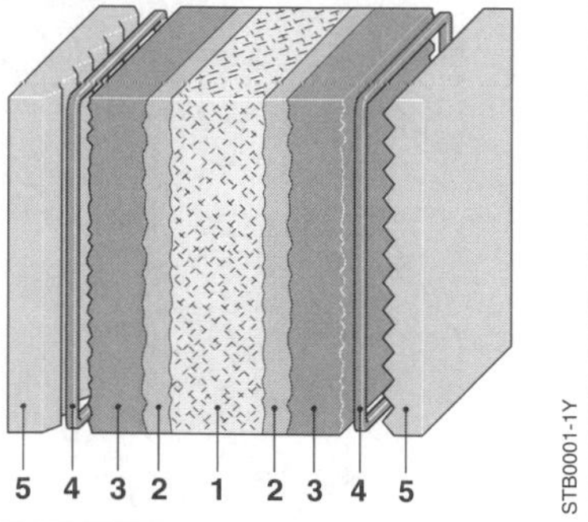

Bild 3: Aufbau der PEM-Brennstoffzelle.
1 Membran (Elektrolytschicht),
2 Elektroden (Katalysatorschicht),
3 Gasdiffusionslagen,
4 Dichtungen,
5 Bipolarplatten.

Der Gasfluss beginnt in den Bipolarplatten (BPP, metallisch oder graphitisch), in denen Kanalstrukturen vorhanden sind. Über die Kanäle diffundiert das Gas in die Gasdiffusionslagen (GDL) und von dort weiter in die Katalysatorschicht, wo es reagieren kann (Bild 3).

Die Elektronen fließen von der Katalysatorschicht in die Gasdiffusionslagen, weiter in die Bipolarplatten und von dort in den äußeren Stromkreis (oder in die benachbarte Zelle). Die Protonen (H^+) bewegen sich von der Anode über die Membran zur Kathode. Das Produktwasser muss von der Katalysatorschicht über die Gasdiffusionslagen zu den Kanälen in der Bipolarplatte und von dort nach außen transportiert werden.

Transportmechanismen

Es finden drei Transportmechanismen im selben Volumen in unterschiedlichen Phasen statt:

- H^+ durch den wässrigen Anteil in der Polymerelektrolytmembran,
- Gase und H_2O durch Poren und
- e^- durch einen Festkörperpfad.

Alle drei Pfade mit geringen Widerständen zu ermöglichen, stellen große Herausforderungen an das Material- und Systemdesign, da auch die Skala, auf der der Transport gewährleistet sein muss, um mehrere Größenordnungen variiert:

- Katalysatorpartikel < 15 nm,
- Katalysatorschicht < 30 µm,
- Membrandicke < 30 µm,
- Gasdiffusionslagendicke < 300 µm,
- Bipolarplattendicke < 1 mm,
- Zellfläche 200...400 cm^2,
- Stapelhöhe < 1 m.

Elektrische Eigenschaften der Brennstoffzelle

Verlauf der Polarisationskurve

Die elektrische Eigenschaft einer Brennstoffzelle wird durch die sogenannte Polarisationskurve (auch Strom-Spannungs-Kennlinie oder I-U-Kennlinie genannt) dargestellt. Sie hat generell den in Bild 4 dargestellten Verlauf.

Die Spannung der Zelle ist ein direkter Indikator für ihre elektrische Effizienz, wobei 1,23 V 100 % entspricht. Mit steigendem Strom und steigender Leistung sinkt die elektrische Effizienz der Brennstoffzelle, da veschiedene Verluste zum Tragen kommen.

Bereich A
Im stromlosen Zustand (die entsprechende Spannung heißt OCV, Open Circuit Voltage) beträgt die theoretische Spannung einer H_2-O_2-LT-PEM-Brennstoffzelle 1,23 V, die allerdings in der Realität aufgrund von Verlusten (vor allem H_2-Gasdurchtrittsverlusten) nicht erreicht wird. Diese Verluste verursachen einen geringen Stromfluss im Inneren der Katalysatorschicht (vor allem der Anode), der nach außen hin nicht gemessen werden kann, weswegen die OCV sich meist im Bereich von 0,9…1 V befindet.

Bereich B
Bei geringen Strömen fällt die Spannung zuerst schnell ab. Hier dominieren Verluste, die durch die chemische Reaktion der Reaktanten an den Katalysatoroberfläche entstehen. Diese Verluste steigen bei kleinen elektrischen Strömen rasch an, ändern sich zu großen Strömen jedoch kaum noch (Details zur Beschreibung der Reaktionskinetik nach Butler-Volmer siehe [1]). Zu beachten ist, dass auch der Bereich A eigentlich durch diese Reaktionskinetik des Verluststroms gesenkt wird.

Bild 4: Bereiche der Polarisationskurve (Strom-Spannungs-Kennlinie einer Zelle).
1 Zellspannung,
2 Leistungsdichte,
3 theoretische Maximalspannung.
A…D Bereiche.

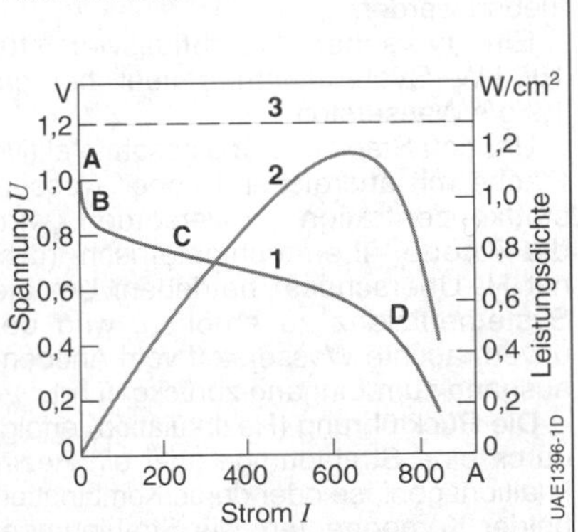

Bereich C
Der vergleichsweise lineare Abschnitt wird als ohmscher Bereich bezeichnet, da der ohmsche Widerstand der Brennstoffzelle hier für die Steigung der Kurve dominant ist. Der ohmsche Widerstand setzt sich aus der H^+-Leitfähigkeit der Polymerelektrolytmembran sowie den elektrischen Bulk- und Übergangswiderständen der Schichten der Brennstoffzelle zusammen.

Bereich D
Das Abknicken der Kurve in Richtung 0 Volt kann als Massentransportbereich bezeichnet werden. Der Antransport von Reaktanden an die Katalysatorpartikel ist dabei der limitierende Faktor.

Zu beachten ist, dass die Verluste in den vier Bereichen immer eine Kombination der oben beschriebenen Verluste sind und niemals nur eine Verlustart (außer bei OCV) vorliegt.

EInflüsse auf die Polarisationskurve
Die Form der Polarisationkurve ist von den Materialeigenschaften der Brennstoffzelle abhängig, z.B. von der
- Katalysatoraktivität,
- Katalysatorbeladung,
- Membrandicke,
- Ionomer-Austauschkapazität,
- Porosität der Gasdiffusionslagen,
- Hydrophobizität der Gasdiffusionslagen,
- Leitfähigkeit der Bipolarplatten.

Auch die Betriebsweise hat einen entscheidenden Einfluss auf die Form der Polarisationskurve, z.B.
- Gasdrücke,
- Temperatur,
- Feuchte,
- Volumenfluss und Stöchiometrie.

Der Parametersatz, unter dem die Polarisationskurve aufgenommen wurde, ist entscheidend (vor allem der Druck) und sollte bei einem Vergleich verschiedener Brennstofzellentypen unbedingt beachtet werden.

Brennstoffzellenstack
Um die für eine technische Anwendung notwendigen hohen Spannungen zu erreichen, werden Einzelzellen elektrisch in Reihe zu einem Stapel (Stack) geschaltet (Bild 5). Jede Zelle muss separat mit H_2, Luft und Kühlmittel versorgt werden.

Diese Brennstoffzellenstacks bestehen je nach Anforderung aus bis zu 450 oder mehr Zellen, sodass die maximalen Betriebsspannungen bis zu 450 V betragen können.

Für Pkw-Antriebe werden typischerweise Stacks im Leistungsbereich bis 120 kW eingesetzt. Hohe elektrische Ströme werden entweder durch große Membranflächen oder verbesserte Brennstoffzellenmaterialien (z.B. höhere Katalysatoraktivitäten, besserer Massentransport) erreicht. In Kfz-Anwendungen fließen bei Volllast Ströme von bis zu 450 A.

Bild 5: Aufbau eines Brennstoffzellenstacks.
H_2 und O_2 werden jeder Zelle über Gaskanäle zugeführt.
1 Endplatte,
2 Membran-Elektroden-Einheit mit Membran, Katalysatormaterial und Dichtungen,
3 Bipolarplatte,
4 Gaskanäle,
5 sich wiederholende Einheiten,
6 Endplatte.

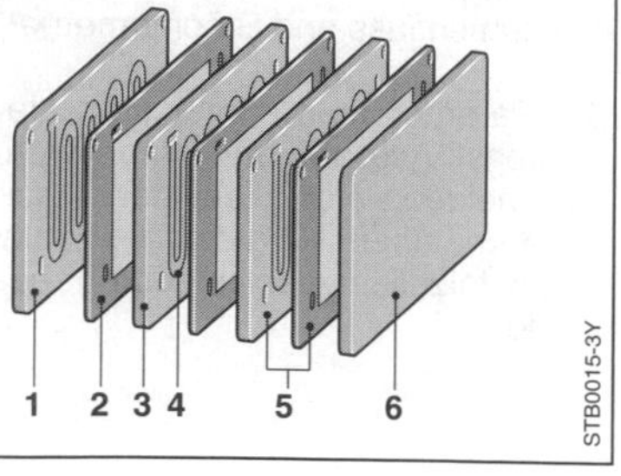

Funktionsweise des Brennstoffzellensystems

Das Herzstück des Brennstoffzellensystems ist der Brennstoffzellenstack. Für seinen Betrieb sind Teilsysteme zur Sauerstoff- und Wasserstoffversorgung sowie zur Temperaturregelung notwendig (Bild 6). Prinzipiell gibt es verschiedene Realisierungsmöglichkeiten dieser Teilsysteme. Die hier beschriebene Darstellung zeigt nur eine mögliche Variante mit einer beispielhaften Brennstoffzellensystemleistung von 100 kW netto.

Wasserstoffversorgung
Der Wasserstoff wird in einem oder mehreren Hochdrucktanks bei einem Druck von ca. 700 bar gespeichert. Nach dem Stand der Technik werden Verbundtanks vom Typ-IV mit Kohlefaserummantelung und HDPE-Liner (High-Density Polyethylene) als H_2-Diffusionsbarriere eingesetzt. Über einen Druckminderer wird der Wasserstoff zunächst auf einen Mitteldruck (ca. 15 bar) entspannt und über ein Wasserstoffdosierventil der Anode auf Niederdruck (bis zu 3 bar) zugeführt.

Das Wasserstoffdosierventil ist ein elektrisch ansteuerbares Ventil, über das anodenseitig der Druck des Wasserstoffs eingestellt wird. Im Gegensatz zu Einspritzventilen bei Verbrennungsmotoren sollte das Dosierventil kontinuierliche Massenströme einstellen. Für kleine Druck- und Massenstrompulse, zum Beispiel beim Einsatz einer Strahlpumpe, kann das Dosierventil auch getaktet betrieben werden.

Ein typischer Durchflusswert für 100 kW Systemleistung liegt bei ca. 1,9 g/s Wasserstoff.

Um den Stack über die gesamte aktive Fläche mit ausreichend hoher Wasserstoffkonzentration zu versorgen, wird die Anode überstöchiometrisch (d.h. mit H_2-Überschuss) betrieben. Um die Systemeffizienz zu erhöhen, wird der unverbrauchte Wasserstoff vom Anodenausgang zum Eingang zurückgeführt.

Die Rückführung (Rezirkulation) erfolgt durch eine Strahlpumpe oder ein Rezirkualtionsgebläse oder durch Kombination beider Komponenten. Die Strahlpumpe,

Bild 6: Brennstoffzellensystem mit Fahrantrieb.

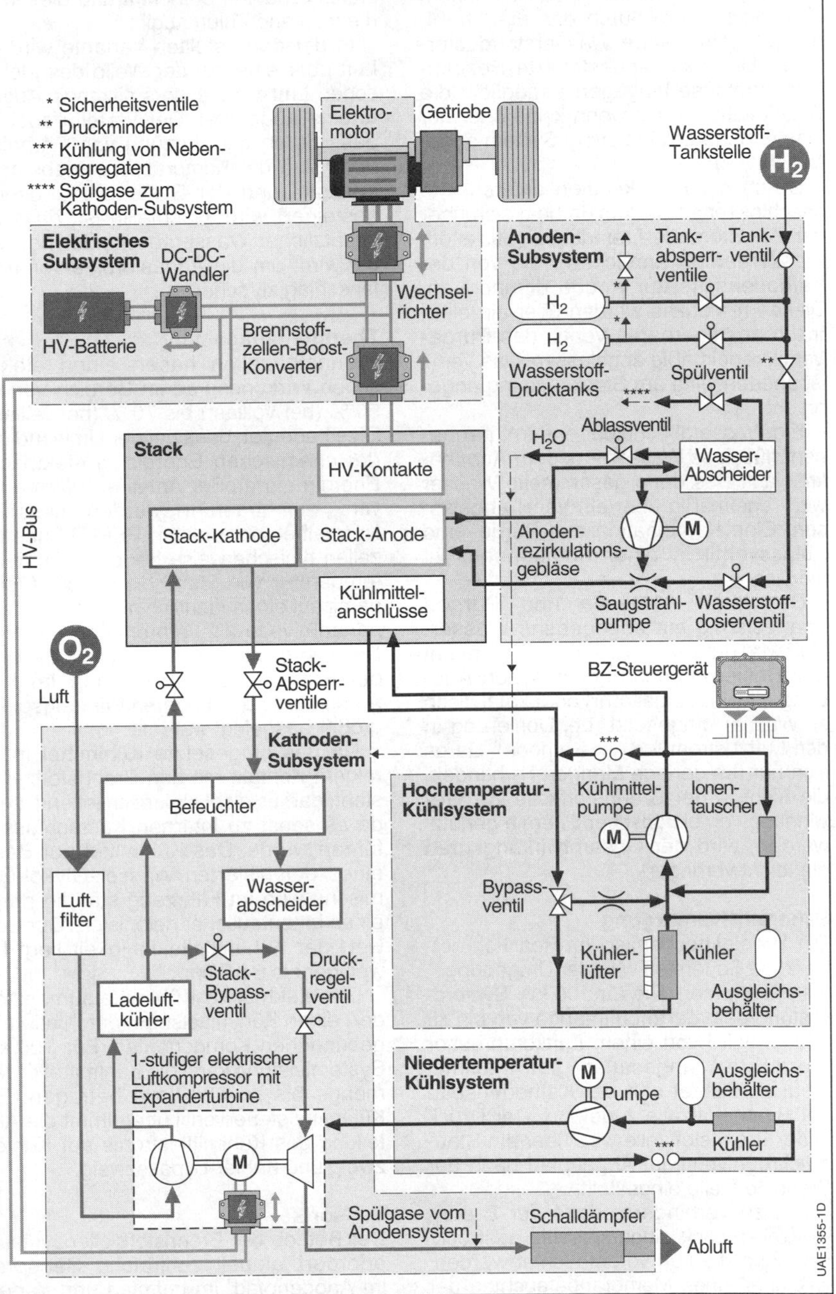

die passiv arbeitet, ist effektiv bei hoher Leistung und damit verbunden mit hohem H_2-Massenstrom durch das die Strahlpumpe antreibende Wasserstoffdosierventil. Das aktiv angesteuerte Rezirkulationsgebläse hingegen ermöglicht die Rezirkulation, auch wenn keine oder nur eine geringe Leistung vom System angefordert wird.

Durch die Rezirkulation entsteht ein geschlossenes System, in dem sich über der Zeit störende Fremdgase (Stickstoff, Wasserdampf) anreichern, die von der Kathodenseite zur Anode diffundieren. Diese Fremdgase werden über ein elektrisch ansteuerbares Ventil, das Purge-Ventil, regelmäßig abgelassen. Das Ventil ist anodenseitig am Stackausgang angebracht.

Ein Wasserabscheider entfernt permanent flüssiges Wasser aus dem Anodenkreislauf. Das darin gesammelte Wasser wird regelmäßig über ein Ventil abgelassen. Eine Kombination aus Purge- und Ablassventil in einer Komponente ist möglich.

Der beim Ablassen und Purgen zwangsläufig mit abgegebene Wasserstoff wird entweder stark mit Luft verdünnt (bei Dosierung des abgelassenen Anodengases ins Abgasrohr) oder katalytisch zu Wasser umgesetzt (bei Dosierung in den Luftzustrom vor der Kathode). Da es sich nur um geringe Mengen H_2 handelt, die nicht in der Brennstoffzelle zur Gewinnung von elektrischer Energie genutzt werden, wird der Gesamtwirkungsgrad nur leicht verringert.

Sauerstoffversorgung

Der zur elektrochemischen Reaktion notwendige Sauerstoff wird der Umgebungsluft entnommen. Die für 100 kW Systemleistung geforderte Luftmenge von bis zu 120 g/s wird von einem Luftkompressor (Verdichter) angesaugt, auf maximal 3 bar verdichtet und der Kathodenseite der Brennstoffzelle zugeführt. Der Druck in der Brennstoffzelle wird über ein Staudruckregelventil im Abgaspfad nach der Brennstoffzelle eingestellt.

Um zu verhindern, dass der Brennstoffzellenstack eingangsseitig austrocknet, kann die Luft vorbefeuchtet werden, z.B. über einen Membranbefeuchter, der einen Teil des Wasserdampfs der Brennstoffzellenabluft entnimmt und diesen an die trockene Zuluft abgibt.

In der dargestellten Variante wird die Luft über eine auf der Welle des elektrischen Luftkompressors sitzende Abgasturbine abgeleitet. Der Vorteil dabei ist, dass durch die Nutzung von Enthalpie der Abluft der Kompressorantriebsmotor entlastet und der Systemwirkungsgrad gesteigert wird. Nachteilig ist, dass ein zusätzlicher Wasserabscheider notwendig wird, um die Abgasturbine vor Tropfenschlag zu schützen.

Thermomanagement

Brennstoffzellen haben einen elektrischen Wirkungsgrad im Bereich von ca. 50 % (bei Volllast) bis 70 % (bei Teillast). Dies bedeutet, dass bei der Umwandlung der chemischen Energie in elektrische Energie ein großer Anteil an Wärme frei wird, die abgeführt werden muss. Im Normalbetrieb arbeiten PEM-Brennstoffzellen typischerweise bei einer Betriebstemperatur von 60 °C bis ca. 80 °C und damit auf einem deutlich niedrigeren Temperaturniveau als Verbrennungsmotoren. Deshalb müssen Kühler und Kühlerlüfter bei Brennstoffzellensystemen im Kfz-Antrieb trotz des höheren Wirkungsgrads größer ausgelegt werden.

Da das eingesetzte Kühlmittel in direktem Kontakt mit den Brennstoffzellen steht, darf es nicht elektrisch leitend sein, da es sonst zu internen Kurzschlüssen führen würde. Das Kühlmittel auf Basis eines deionisierten Wasser-Glykol-Gemischs wird im Fahrzeug ständig durch einen Ionentauscher deionisiert. Der Sollwert der Kühlmittelleitfähigkeit liegt bei weniger als 5 µS/cm.

Die elektrische Kühlmittelpumpe fördert einen Kühlmittelstrom durch alle eingebundenen Komponenten. Für 100 kW Systemleistung kann die Kühlmittelfördermenge bis zu 220 *l*/min betragen. Ein Kühlmittelsteuerventil übernimmt die Aufteilung des Kühlmittelstroms auf Kühlerzweig und Kühler-Bypasszweig.

Sensorik

Der Betrieb der Brennstoffzellensysteme erfordert aktuell zahlreiche Sensoren im Anodenpfad, im Luftpfad und in dem

Kühlkreislauf des Systems. Die aus dem Verbrennungsmotor bekannten Drucksensoren müssen für die erhöhten Anforderungen im Brennstoffzellensystem angepasst werden. Das betrifft vor allem die Robustheit gegenüber Wasserstoff und hoher Feuchte.

Darüber hinaus werden an mehreren Stellen Sensoren zur Bestimmung der Wasserstoffkonzentration benötigt. Für Brennstoffzellensysteme spezifisch sind Wasserstoff-Konzentrationssensoren (siehe Wasserstoffsensoren) und Kühlmittel-Leitfähigkeitssensoren erforderlich. Außerdem gilt für Sensoren im Wasserstoff- und im Luftpfad eine erhöhte Anforderung bezüglich Wasserstoffbeständigkeit und Beständigkeit gegen deionisiertes Wasser.

Sicherheit

H_2-spezifische Gefahren

H_2-spezifische Gefahren ergeben sich aus dem weiten Zündfähigkeitsbereich von Wasserstoff-Luft-Gemischen und dem hohen Energieinhalt, der in Wasserstoff chemisch gespeichert ist. Je nach Art der Wasserstoffspeicherung kann auch der hohe Druck oder die tiefe Temperatur eine Gefahr darstellen. Der 700-bar-Druckgastank hat sich als Standard für „On-Road-Kraftstofftanks" und die zugehörige, im Aufbau befindliche Infrastruktur etabliert.

Die Behandlung von Wasserstoff in Kraftfahrzeugen wird in gesetzlichen Anforderungen wie z.B. UNECE R134 [2], EU406/2010 [3], UNECE GTR13 [4] und anwendbaren Normen wie ISO 12619 [5] oder ANSI HGV 3.1 [6] behandelt. Hier liegt der Hauptfokus der gesetzlichen Anforderungen auf der Abdichtung der Wasserstoff führenden Teile, speziell dem Tankbehälter.

Bei der Nutzung im Fahrzeug soll die unkontrollierte Freisetzung und die Ansammlung von Wasserstoff in geschlossenen oder teilgeschlossenen Räumen unterbunden werden. Zusätzlich ist es ein Designziel, dass Zündquellen in der unmittelbaren Umgebung von Wasserstoff führenden Teilen vermieden werden. Maßnahmen zur Entdeckung von ungewollter Leckage sind entweder systeminterne Diagnosen oder über an geeigneten Positionen verbaute Gassensoren.

Wirkungsgrad des Brennstoffzellensystems

Neben der schnellen Bereitstellung der angeforderten Leistung unter möglichst optimalen Betriebsbedingungen für den Stack ist es wichtig, das System für einen überwiegenden Betrieb bei hohem Wirkungsgrad auszulegen.

In Bild 7 ist der Wirkungsgrad eines Brennstoffzellenstacks dem eines Brennstoffzellensystems beispielhaft gegenübergestellt. Die Nebenverbraucher (z.B. Luftverdichter, Kühlmittelpumpe) beanspruchen einen Teil der elektrischen Leistung und mindern dadurch den Gesamtwirkungsgrad des Systems. Im Vergleich zum Verbrennungsmotor haben Brennstoffzellensysteme einen wesentlich höheren Wirkungsgrad, insbesondere im häufig genutzten Teillastbereich.

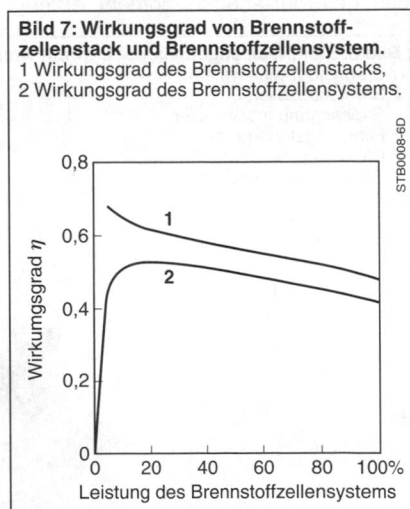

Bild 7: Wirkungsgrad von Brennstoffzellenstack und Brennstoffzellensystem.
1 Wirkungsgrad des Brennstoffzellenstacks,
2 Wirkungsgrad des Brennstoffzellensystems.

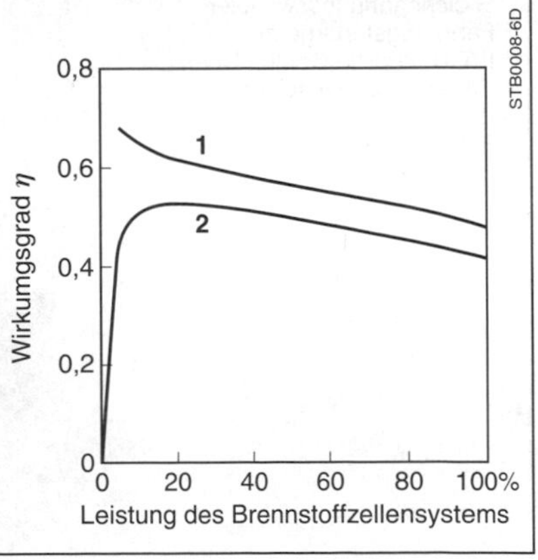

Brennstoffzelle im Antriebsstrang

Bild 8 zeigt den Antriebsstrang eines Lkw mit Brennstoffzelle.

Bordnetztopologien

Die Leistungsverteilung zwischen Brennstoffzellensystem, Antriebsbatterie und elektrischem Antrieb übernehmen ein oder mehrere Gleichspannungswandler (DC-DC-Wandler), mindestens ein Gleichspannungswandler ist erforderlich. Bei einer Topologie mit zwei Gleichspannungswandlern – einer für den Brennstoffzellenstack und einer für die Antriebsbatterie – kann eine optimierte Spannungslage unabhängig von beiden eingestellt werden. Letzteres bietet Vorteile für die Auslegung der HV-Systemkomponenten (HV, High Voltage) wie den Verdichter.

Aus Sicherheitsgründen ist das Traktionsbordnetz von der Fahrzeugmasse isoliert.

Komponenten des Antriebsstrangs

Elektrischer Antrieb

Der elektrische Antrieb besteht aus einer Leistungselektronik (einem Wechselrichter) und einer Synchron- oder einer Asynchronmaschine, die von dem Wechselrichter so bestromt wird, dass das geforderte Motormoment erzeugt wird (siehe elektrische Maschinen als Kfz-Fahrantrieb). Aufgrund der hohen Leistung für den elektrischen Antrieb (ca. 150 kW) wird dieser mit Spannungen bis zu 450 V betrieben. Für leistungsstarke Fahrzeugklassen und Lkw kann die Spannungslage bis zu 800 V gewählt werden.

Die Gleichspannung des Traktionsbordnetzes wird im Wechselrichter in eine mehrphasige Wechselspannung gewandelt (siehe Wechselrichter), wobei die Amplitude in Abhängigkeit vom gewünschten Antriebsmoment geregelt wird.

Beim Bremsen wird die elektrische Maschine in den generatorischen Betrieb umgeschaltet. Dabei wird die Bewegungsenergie des Fahrzeugs in elektrische Energie umgewandelt und in die Antriebsbatterie zurückgespeist.

Antriebsbatterie

Je nach Anwendungsfall werden Hochleistungs- oder Hochenergiebatterien mit Spannungen zwischen 150 V und 400 V eingesetzt (siehe Batterien für Elektro- und Hybridantriebe). Für Hochleistungsanwendungen kommen Nickel-Metallhydrid- oder Lithium-Ionen-Batterien, für Hochenergieanwendungen ausschließlich Lithium-Ionen-Batterien zum Einsatz. Ein Batteriemanagementsystem über-

Bild 8: Elektrisch angetriebener Lkw mit Brennstoffzelle.
1 Brennstoffzellensystem,
2 Brennstoffzellen-Gleichspannungswandler,
3 Fahrzeugsteuergerät (VCU, Vehicle Control Unit),
4 Batterie-Ladeanschluss,
5 Wechselrichter,
6 E-Maschinen,
7 HV-Batterie.

wacht den Ladezustand sowie die Leistungsfähigkeit der Batterie.

Gleichspannungswandler für die Antriebsbatterie
Ein Gleichspannungswandler regelt die Lade- und Entladeströme der Antriebsbatterie, wobei batterieseitig Maximalströme bis zu 300 A fließen. In bestimmten Systemkonfigurationen kann dieser Wandler entfallen.

Gleichspannungswandler für die Brennstoffzelle
Ein weiterer Gleichspannungswandler regelt den Strom aus dem Brennstoffzellenstack, wobei stackseitig Maximalströme bis zu 500 A fließen. Auch dieser Wandler kann in bestimmten Systemkonfigurationen entfallen.

Gleichspannungswandler für 12-Volt-Bordnetz
Zusätzlich gibt es – wie in konventionellen Fahrzeugen – ein 12-Volt-Bordnetz für die elektrischen Verbraucher mit kleiner Leistung. Das 12-Volt-Bordnetz wird aus dem Traktionsbordnetz versorgt. Dazu wird ein Gleichspannungswandler zwischen beiden Netzen eingesetzt. Aus Sicherheitsgründen ist dieser Wandler potentialgetrennt. Er arbeitet unidirektional oder bidirektional mit einer Leistung bis zu 3 kW, um die Ströme im 12-Volt-Bordnetz im Grenzen zu halten.

Ausblick
Die Alltagstauglichkeit von Antrieben mit Brennstoffzellen ist bereits nachgewiesen. Schätzungen aus 2015 des Department of Energy ([7], [8]) gehen von Brennstoffzellensystemkosten in Höhe von 54 US$ pro kW bei 80 kW und 500 000 Fahrzeugen pro Jahr sowie zusätzlich 488 US$ pro Kilogramm Wasserstoff für den Tank aus.

Systemvereinfachungen können sowohl Kosten- als auch Zuverlässigkeitsvorteile bringen. Ein Ansatz ist die Entwicklung neuer Polymermembranen für Brennstoffzellen, bei denen auf eine Befeuchtung der Reaktionsgase verzichtet werden kann und die gleichzeitig eine Erhöhung der Betriebstemperatur erlauben. Im Markt verfügbare Pkw-Modelle sind Hyundai Nexo, Toyota Mirai, Honda Clarity Fuel Cell und Mercedes-Benz GLC F-Cell (Stand 2020). Deutsche Automobilhersteller planen Markteinführungen in den kommenden Jahren.

Literatur
[1] F. Barbir: PEM Fuel Cells Theory and Practice. Elsevier Inc., 2013.
[2] UNECE R134: Regulation No 134 of the Economic Commission for Europe of the United Nations (UN/ECE) – Uniform provisions concerning the approval of motor vehicles and their components with regard to the safety-related performance of hydrogen-fuelled vehicles (HFCV) [2019/795]
[3], EU 406/2010: Commission Regulation (EU) No 406/2010 of 26 April 2010 implementing Regulation (EC) No 79/2009 of the European Parliament and of the Council on type-approval of hydrogen-powered motor vehicles.
[4], UNECE GTR13: Global Technical Regulation concerning the hydrogen and fuel cell vehicles.
[5] ISO 12619: Straßenfahrzeuge – Komprimierter gasförmiger Wasserstoff (CGH2) und Wasserstoff-/Naturgasgemische.
[6] ANSI HGV 3.1: Fuel system components for compressed hydrogen gas powered vehicles.
[7] J. Marcinkoski, J. Spendelow, A. Wilson, D. Papageorgopoulos: DOE Hydrogen and Fuel Cells Program Record #15015 Fuel Cell System Cost. https://www.hydrogen.energy.gov/pdfs/15015_fuel_cell_system_cost_2015.pdf
[8] B. James: Onboard Type IV Compressed Hydrogen Storage System Cost Analysis. https://energy.gov/sites/prod/files/2016/03/f30/fcto_webinarslides_compressed_h2_storage_system_cost_022516.pdf.

Elektromobilität für Zweiräder

Merkmale

Definition und Abgrenzung

Wie die Elektromobilität im Vierradbereich unterliegt ebenfalls die Mobilität im Zweiradbereich dem Trend der Elektrifizierung. Wird der Fokus auf rein elektrische Fahrzeuge gerichtet, können diese grundsätzlich als PHEV (Plug-in Hybrid Electrical Vehicle), HEV (Hybrid Electrical Vehicle) oder BEV (Battery Electrical Vehicle) ausgeführt sein. Im Folgenden werden lediglich Fahrzeuge mit einem batterieelektrischen Antriebsstrang näher betrachtet.

EG168/2013

Anhand der Klassifizierung von Leichtfahrzeugen nach EG168/2013 [1] können im Speziellen zwei- und dreirädrige Fahrzeuge in Fahrzeugsegmente eingeteilt werden. Die Fahrzeugklassen für vierrädrige Leichtfahrzeuge werden hierbei nicht betrachtet. Die Segmentierung gilt für Fahrzeuge mit Verbrennungsmotor und elektrisch betriebene Fahrzeuge.

Anforderungen

Zweirädrige Elektrofahrzeuge zeichnen sich insbesondere dadurch aus, dass sie im Vergleich zum Pkw Energiespeicher mit relativ geringem Energieinhalt (in kWh) mit sich führen. Hier zeigt sich typischerweise ein P/E-Verhältnis (Leistung zu Energie, siehe Batterien für Elektro- und Hybridantriebe) von 0,5...5,0 kW/kWh für das Segment der elektrisch betriebenen zweirädrigen Fahrzeuge. Desweiteren finden innerhalb solcher Fahrzeuge im niedrigeren Leistungsbereich unterhalb 11 kW passive Kühlverfahren (vornehmlich Luftkühlung) ihren Einsatz. Teilweise unterliegen zweirädrige Fahrzeuge gesetzlichen Vorgaben für Antiblockiersysteme (z.B. in der EU ab 11 kW).

Bild 1: Systemarchitektur.
1 Drehgriff, 2 Bremshebel, 3 Fahrtschalter.
BMS Batterie-Management-System, VCU Vehicle Control Unit (Steuergerät),
AC Alternating Current (Wechselstrom), DC Direct Current (Gleichstrom),
HMI Human Machine Interface (Bedienung und Anzeige), CAN Controller Area Network,
M Antriebsdrehmoment,
ω Motordrehzahl,
U_{DC} Batteriespannung,
I_{DC} Strom.

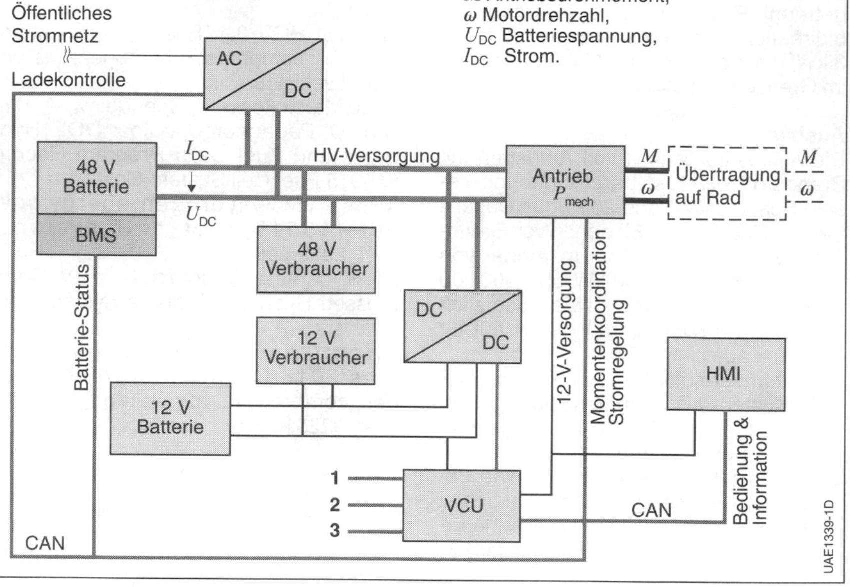

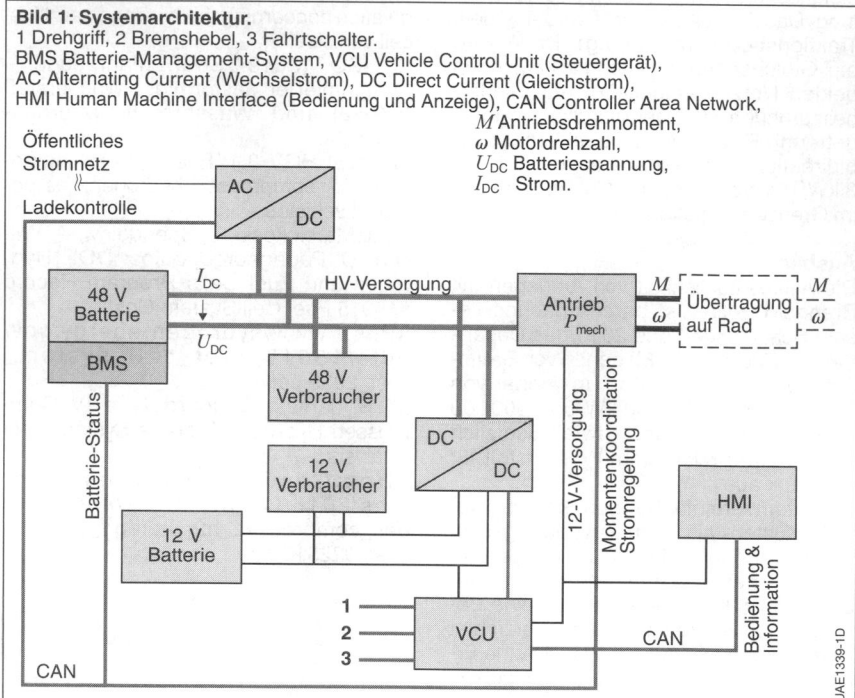

Systemarchitektur

Neben Fahrwerk, Lenkung, Federung und Dämpfung finden folgende Hauptkomponenten ihren Einsatzbereich in einem elektrischen Zweirad (Bild 1): Antriebsmaschine mit Leistungselektronik, Gleichspannungswandler, Ladegerät, Batterie, Fahrzeugsteuergerät (VCU, Vehicle Control Unit) und Anzeigeinstrument. Bild 1 zeigt ebenfalls die Vernetzung der einzelnen Hauptkomponenten des elektrischen Antriebsstrangs (Traktionsenergie über 48-V-Bordnetz, Kommunikationspfade via CAN-Bus).

Die Übertragung elektrisch-mechanischer Energie von der elektrischen Maschine an das Rad kann über verschiedene technische Lösungen realisiert werden. Die Anbindung an das antreibende Rad kann über ein Getriebe, einen Zahnriemen oder eine Kette erfolgen.

Bild 1 behält Gültigkeit auch für Betriebsspannungen größer 60 V, wobei aber einige Vorteile der 48-V-Technologie verloren gingen. Dies sind zum einen der Wegfall technischer Absicherungsmaßnahmen (Berührschutz), zum anderen dürfen ungeschulte Mitarbeiter (Nicht-HV-technische Fachkräfte) am Fahrzeug arbeiten. Damit sind deutliche Kosteneinsparungen möglich.

Motoranordnung

Innerhalb einer Systemarchitektur werden zwei grundsätzlich verschiedene Motoranordnungen unterschieden. Der Zentralmotor (Bild 2a) zeichnet sich in Verbindung mit seiner Übertragung durch höhere Drehmomente aus. Der Radnabenmotor besitzt den Vorteil geringerer Schallemissionen (z.B. aufgrund fehlender Kette).

Batterieanordnung

Weiterhin unterscheiden sich elektrische Zweiräder anhand der Einbauposition der Batterie. Diese kann nahe der Lenksäule im vorderen Bereich des Fahrzeugs, im Trittbereich (Bild 2c) oder im ehemaligen Helmfach unter dem Sitz im Fahrzeug (Bild 2b) verbaut sein.

Um die Einbauposition der Batterie festzulegen, muss vorab definiert sein, welche Anwendung das Fahrzeug erfahren soll. Danach richtet sich die zu verwendete Bauart der Batterie. Dies stellt eine wichtige weitere Dimension bei der Definition von elektrischen Zweirädern dar. Dabei kann zwischen festverbauten Batterien, tragbaren Batterien mit zusätzlichem Steckvorgang und tragbaren Batterien ohne zusätzlichen Steckvorgang unterschieden werden.

Ladeverfahren

Innerhalb eines elektrifizierten Zweirads sind ebenfalls verschiedene Ladeverfahren zu unterscheiden. Im Allgemeinen wird zwischen folgenden Verfahren unterschieden:
- Laden mit fest installiertem Ladegerät,
- Laden mit tragbarem (mobilen) Ladegerät oder
- Laden über Wechselsysteme (Swapping).

Ebenso ist hier der geplante Nutzungszweck des Fahrzeugs entscheidend um festzulegen, welches Ladeverfahren am sinnvollsten zum Einsatz kommt.

Literatur

[1] EG168/2013: Verordnung (EU) Nr. 168/2013 des europäischen Parlaments und des Rates vom 15. Januar 2013 über die Genehmigung und Marktüberwachung von zwei- oder dreirädrigen und vierrädrigen Fahrzeugen.

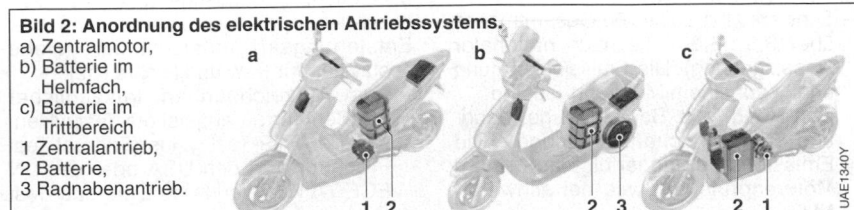

Bild 2: Anordnung des elektrischen Antriebssystems.
a) Zentralmotor,
b) Batterie im Helmfach,
c) Batterie im Trittbereich
1 Zentralantrieb,
2 Batterie,
3 Radnabenantrieb.

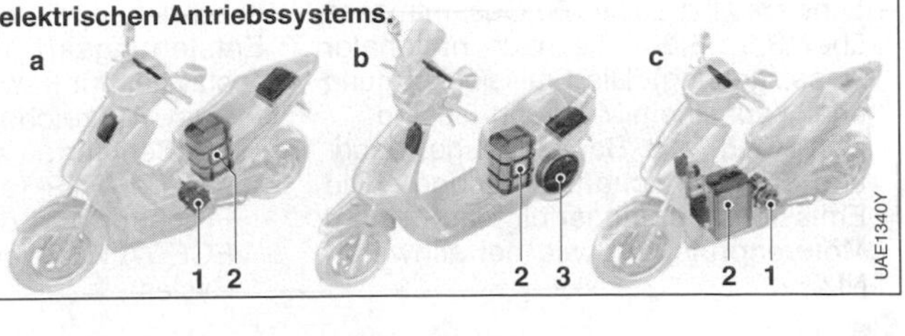

Abgasgesetzgebung

Übersicht

Seit Inkrafttreten der ersten Abgasgesetzgebung für Ottomotoren Mitte der 1960er-Jahre in Kalifornien wurden dort die zulässigen Grenzwerte für die verschiedenen Schadstoffe im Abgas immer weiter reduziert. Mittlerweile haben alle Industriestaaten Abgasgesetze eingeführt, die die Grenzwerte für Otto- und Dieselmotoren sowie die Prüfmethoden festlegen.

Zusätzlich zu den Abgasemissionen werden in vielen Ländern auch die Verdunstungsemissionen aus dem Kraftstoffsystem von Fahrzeugen mit Ottomotor begrenzt. Die gesetzliche OBD wird im Kapitel Diagnose dargestellt.

Es gibt im Wesentlichen folgende Abgasgesetzgebungen:
- CARB-Gesetzgebung (California Air Resources Board), Kalifornien,
- EPA-Gesetzgebung (Environmental Protection Agency), USA,
- EU-Gesetzgebung (Europäische Union) und die korrespondierenden UN/ECE-Regelungen (United Nations/ Economic Commission for Europe),
- Japan-Gesetzgebung,
- China-Gesetzgebung.

Klasseneinteilung
In Staaten mit Kfz-Abgasvorschriften besteht eine Unterteilung der Fahrzeuge in verschiedene Klassen.
- Pkw: Die Emissionsprüfung erfolgt auf einem Fahrzeug-Rollenprüfstand.
- Leichte Nfz: Je nach nationaler Gesetzgebung liegt die Obergrenze der zulässigen Gesamtmasse (zGm) bei 3,5...6,35 t. Die Emissionsprüfung erfolgt auf einem Fahrzeug-Rollenprüfstand (wie bei Pkw).
- Schwere Nfz: Zulässige Gesamtmasse über 3,5...6,35 t (je nach nationaler Gesetzgebung). Die Emissionsprüfung erfolgt auf einem Motorenprüfstand.
- Non-Road (z.B. Baufahrzeuge, Land- und Forstwirtschaftsfahrzeuge): Die Emissionsprüfung erfolgt auf einem Motorenprüfstand, wie bei schweren Nfz.

Bereitstellung nur zu Informationszwecken, ohne Gewähr auf Vollständigkeit!

Weiterhin gibt es Emissionsvorschriften für andere zwei-, drei- und vierrädrige Fahrzeuge (siehe Abschnitt Emissionsgesetzgebung für Motorräder), für Lokomotiven, für Boote und Schiffe und für mobile Maschinen und Geräte („non-road mobile machinery“).

Prüfverfahren
Nach den USA haben die EU und Japan eigene Prüfverfahren zur Abgaszertifizierung von Kraftfahrzeugen entwickelt. Andere Staaten haben diese Verfahren in gleicher oder modifizierter Form übernommen.

Je nach Fahrzeugklasse und Zweck der Prüfung werden drei vom Gesetzgeber festgelegte Prüfungen angewendet:
- Typprüfung (TA, Type Approval) zur Erlangung der allgemeinen Betriebserlaubnis,
- Serienprüfung als stichprobenartige Kontrolle der laufenden Fertigung durch die Zulassungsbehörde (COP, Conformity of Production) und
- Feldüberwachung zur Überprüfung des Emissionsminderungssystems von Serienfahrzeugen privater Fahrzeughalter im realen Fahrbetrieb (im „Feld“).

Typprüfung
Typprüfungen sind eine Voraussetzung für die Erteilung der allgemeinen Betriebserlaubnis für einen Fahrzeug- oder Motortyp. Dazu müssen Prüfzyklen unter definierten Randbedingungen gefahren und Emissionsgrenzwerte eingehalten werden. Die Prüfzyklen (Testzyklen) und die Emissionsgrenzwerte sind länderspezifisch festgelegt.

Für Pkw und leichte Nfz sind unterschiedliche dynamische Testzyklen vorgeschrieben, die sich entsprechend ihrer Entstehungsart unterscheiden (siehe Testzyklen für Pkw und leichte Nfz):
- Aus Aufzeichnungen tatsächlicher Straßenfahrten abgeleitete Testzyklen, z.B. der FTP-Testzyklus (Federal Test Procedure) in den USA oder der UN ECE WLTC (Worldwide Light-duty Test Cycles),

– Aus Abschnitten mit konstanter Beschleunigung und Geschwindigkeit konstruierte (synthetisch erzeugte) Testzyklen, z.B. der MNEFZ (Modifizierter Neuer Europäischer Fahrzyklus) der EU.

Zur Bestimmung der Schadstoffemissionen wird der durch den Testzyklus festgelegte Geschwindigkeitsverlauf nachgefahren. Während der Fahrt wird das Abgas gesammelt und nach Ende des Fahrprogramms hinsichtlich der Schadstoffmassen analysiert (siehe Abgas-Messtechnik).

Für schwere Nfz und Non-Road-Anwendungen werden auf dem Motorenprüfstand stationäre (z.B. 13-Stufentest) und dynamische Testzyklen (z.B. US-HDDTC oder ETC) gefahren (siehe Testzyklen für schwere Nfz).

Serienprüfung (Conformity of Production)
In der Regel führt der Fahrzeughersteller selbst die Serienprüfung als Teil der Qualitätskontrolle während der Fertigung durch. Dabei werden im Wesentlichen die gleichen Prüfverfahren und die gleichen Grenzwerte angewandt wie bei der Typprüfung. Die Zulassungsbehörde auditiert die Serienprüfung und kann Nachprüfungen anordnen. Die schärfsten Anforderungen werden in den USA angewandt, wo eine annähernd lückenlose Qualitätsüberwachung verlangt wird (EPA: „Compliance Assurance Program" CAP; CARB: „Production Vehicle Evaluation" PVE).

Feldüberwachung
Bei der Feldüberwachung geht es um die Erkennung von typspezifischen Mängeln (z.B. Konstruktions- oder Fertigungsfehler, mangelhafte Wartungsvorschriften), die beim Betrieb von Fahrzeugen unter normalen Nutzungsbedingungen zu deutlich erhöhten Schadstoffemissionen führen. Hierzu wird eine Überprüfung der dauerhaften Einhaltung der Emissionsvorschriften an Serienfahrzeugen im Feld durchgeführt. Für die Prüfung werden stichprobenartig Serienfahrzeuge privater Fahrzeughalter ausgewählt. Laufleistung und Alter des Fahrzeugs müssen innerhalb festgelegter Grenzen liegen.

Abgasgesetzgebung für Pkw und leichte Nfz

USA CARB-Gesetzgebung

Die Abgasgrenzwerte der kalifornischen Luftreinhaltebehörde CARB (California Air Resources Board) für Pkw (PC, Passenger Car) und leichte Nutzfahrzeuge (LDT, Light-Duty Trucks) sind in den Abgasnormen LEV I, LEV II und LEV III (LEV, Low Emission Vehicle, d.h. Fahrzeuge mit niedrigen Abgas- und Verdunstungsemissionen) festgelegt. Seit Modelljahr 2004 gilt die Norm LEV II für alle Neufahrzeuge bis zu einer zulässigen Gesamtmasse von 14000 lbs (lb: pound; 1 lb = 0,454 kg, 14000 lb = 6,35 t). Seit Modelljahr 2015 wird in Stufen bis 2025 (bzw. 2022 für Verdunstungsemissionen) die Emissionsstufe LEV III eingeführt.

Ursprünglich galt die CARB-Gesetzgebung nur im US-Bundesstaat Kalifornien, sie wurde aber von weiteren Bundesstaaten übernommen.

Fahrzeugklassen
Bild 1 gibt eine Übersicht der Einteilung der Fahrzeuge in Fahrzeugklassen.

Abgasgrenzwerte
Die CARB-Gesetzgebung legt Grenzwerte für Kohlenmonoxid (CO), Stickoxide (NO_x), nicht-methanhaltige organische Gase (NMOG), Formaldehyd (HCHO) und Partikelmasse (Diesel: LEV I bis LEV III; Otto: nur LEV III) fest (Bild 2). Bei der LEV III-Gesetzgebung wird aufgrund der sehr niedrigen Emissionsgrenzwerte ein Summenwert aus NMOG und NO_x vorgesehen.

Die Schadstoffemissionen werden im FTP 75-Fahrzyklus (Federal Test Procedure) ermittelt. Die Grenzwerte sind auf die Fahrstrecke bezogen und in Gramm pro Meile festgelegt.

Ab 2001 wurde der SFTP-Standard (Supplemental Federal Test Procedure) mit zwei weiteren Testzyklen eingeführt (SC03- und US06-Zyklus). Dafür gelten weitere Grenzwerte, die zusätzlich zu den FTP-Grenzwerten einzuhalten sind.

Abgaskategorien
Der Automobilhersteller kann innerhalb der zulässigen Grenzwerte und unter

Einhaltung des Flottendurchschnitts (siehe Abschnitt „Flottendurchschnitt“) unterschiedliche Fahrzeugkonzepte einsetzen, die nach ihren Emissionswerten für NMOG-, CO-, NO_x- und Partikelemissionen in folgende Abgaskategorien eingeteilt werden:
- LEV (Low-Emission Vehicle),
- ULEV (Ultra-Low-Emission Vehicle),
- SULEV (Super Ultra-Low-Emission Vehicle).

Seit 2004 galt für neu zugelassene Fahrzeuge die Abgasnorm LEV II. Die CO- und NMOG-Grenzwerte sind gegenüber LEV I unverändert, der NO_x-Grenzwert hingegen liegt für LEV II deutlich niedriger.

Mit LEV III stehen insgesamt sechs Fahrzeugkategorien zur Auswahl (Bild 2), davon eine Kategorie unterhalb von SULEV. Zusätzlich zu den Kategorien der LEV-Abgasnormen sind in der ZEV-Gesetzgebung drei Kategorien von emissionsfreien oder fast emissionsfreien Fahrzeugen definiert (siehe ZEV-Programm).

Phase-in

Die LEV-Abgasnormen werden nicht von einem Jahr auf das andere eingeführt,

Bild 1: Fahrzeugklassen CARB-Gesetzgebung.
LDT Light Duty Truck, MDV Medium Duty Vehicle, HDV Heavy Duty Vehicle, PC Passenger Car, LDV Light Duty Vehicle, LVW Loaded Vehicle Weight (Fahrzeug-Leermasse plus 300 lbs), GVW Gross Vehicle Weight (zulässige Gesamtmasse).

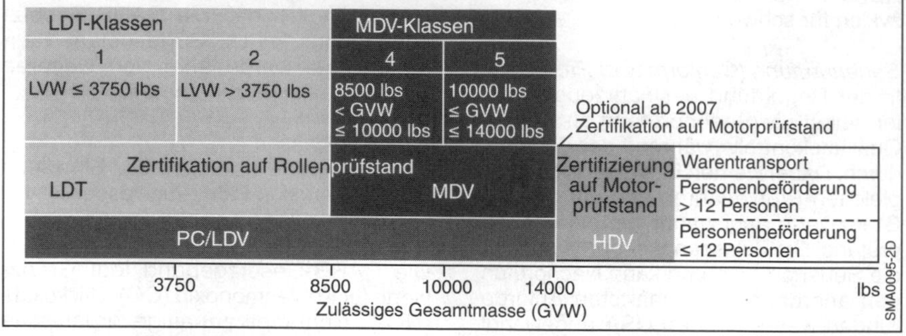

Bild 2: Abgaskategorien und Grenzwerte für NO_x und NMOG der CARB-Gesetzgebung für Pkw und leichte Nfz.

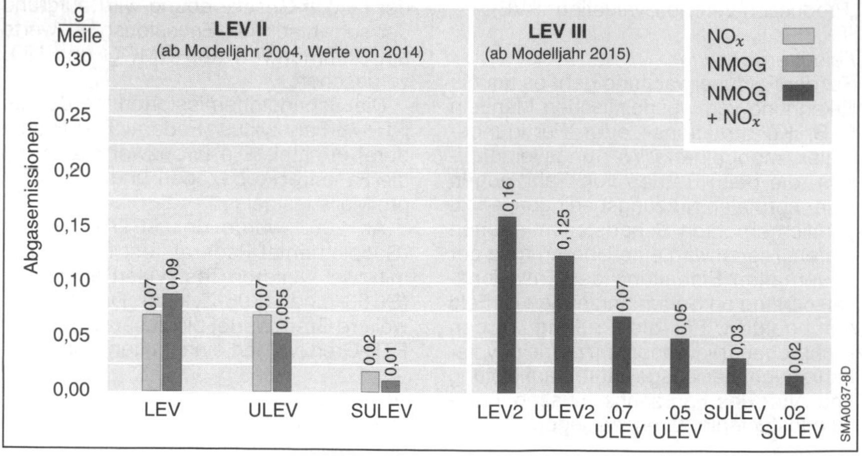

sondern über ein „Phase-in", Das heißt eine schrittweise Einführung der Anforderungen über mehrere Jahre für immer größere Anteile der Neuwagenflotte, z.B. für LEV II 25 % / 50 % / 75 % / 100 % der neu zugelassenen Fahrzeuge in den Modelljahren 2004/5/6/7. Parallel findet damit ein „Phase-out" der bisherigen Vorschriften statt.

Die LEV III-Norm wird von 2015 bis 2025 eingeführt, Phase-out LEV II bis 2019. Für Partikelemissionen gelten separate Phase-in und Phase-out ab 2017.

Verdunstungsemissionen
Das Thema Verdunstungsemissionen wird im Kapitel Abgasmesstechnik behandelt.

Dauerhaltbarkeit
Für die Zulassung eines Fahrzeugtyps (Typprüfung) muss der Fahrzeughersteller nachweisen, dass die Emissionen der limitierten Schadstoffe die jeweiligen Grenzwerte über 50 000 Meilen oder 5 Jahre („half useful life") und über 100 000 Meilen (für LEV I) beziehungsweise 120 000 Meilen (für LEV II) oder 10 Jahre („full useful life") nicht überschreiten. Mit LEV III ist die Dauerhaltbarkeit („durability") auf 150 000 Meilen Laufleistung ausgedehnt worden.

Dauerhaltbarkeitsprüfung
Der Fahrzeughersteller muss für die Dauerhaltbarkeitsprüfung zwei Fahrzeugflotten aus der Fertigung bereitstellen. Eine Flotte, bei der jedes Fahrzeug vor der Prüfung 4 000 Meilen gefahren ist und eine Flotte für den Dauerversuch, mit der die Verschlechterungsfaktoren der einzelnen Schadstoffkomponenten ermittelt werden.

Für den Dauerversuch werden die Fahrzeuge über 100 000, 120 000 oder 150 000 Meilen nach einem bestimmten Fahrprogramm gefahren. Im Abstand von 5 000 Meilen werden die Abgasemissionen gemessen, sie dürfen die Grenzwerte nicht überschreiten. Inspektionen und Wartungen dürfen nur in den vorgeschriebenen Intervallen erfolgen.

Flottendurchschnitt
Jeder Fahrzeughersteller muss dafür sorgen, dass seine Fahrzeuge im Durchschnitt einen bestimmten Grenzwert für die Abgasemissionen nicht überschreiten (Bild 3). Als Kriterium werden hierfür mit LEV III die NMOG- und NO_x-Emissionen herangezogen (für LEV I/II nur NMOG). Der Flottendurchschnitt ergibt sich für LEV I und LEV II aus dem Mittelwert des NMOG-Grenzwerts für „half useful life" aller von einem Fahrzeughersteller in einem Jahr verkauften Fahrzeuge. Für LEV III

Bild 3: Pkw-Flottendurchschnitt im Vergleich zum NMOG-Standard.

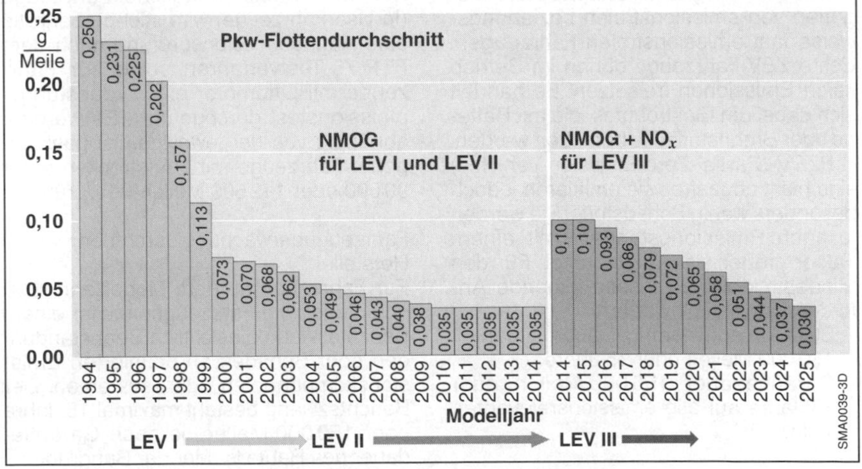

gelten die Grenzwerte für „full useful life". Die Grenzwerte für den Flottendurchschnitt sind für Personenkraftwagen und leichte Nutzfahrzeuge unterschiedlich.

Der Grenzwert für den Flottendurchschnitt wird jedes Jahr herabgesetzt. Das bedeutet, dass der Fahrzeughersteller immer mehr Fahrzeuge der saubereren Abgaskategorien herstellen muss, um den niedrigeren Flottengrenzwert einhalten zu können.

Flottenverbrauch (Kraftstoffverbrauch)
Der US-Bundesgesetzgeber schreibt dem Fahrzeughersteller einen Zielwert vor, wie viel Kraftstoff seine Fahrzeugflotte im Mittel pro Meile verbrauchen darf (Bundesrecht, gilt in allen Staaten, zuständige Behörde ist die „National Highway Traffic Safety Administration", NHTSA). Für die in im Zuständigkeitsbereich der CARB zugelassenen Neufahrzeuge gelten somit die gleichen CAFE-Vorschriften zur Bestimmung des Flottenverbrauchs wie für EPA (siehe EPA-Gesetzgebung, Abschnitt „Flottenverbrauch").

Emissionsfreie Fahrzeuge
Mit dem ZEV-Programm („Zero-Emission Vehicle") soll die Entwicklung und Markteinführung von „Null-Emissionsfahrzeugen" erzwungen werden („technology forcing"), die weiterhin auch einen Beitrag zur Reduzierung der Treibhausgasemissionen leisten sollen.

Das ZEV-Programm definiert drei Kategorien von emissionsfreien beziehungsweise fast emissionsfreien Fahrzeugen. Echte ZEV-Fahrzeuge dürfen im Betrieb keine Emissionen freisetzen. Es handelt sich dabei um Elektroautos, die mit Batterie oder Brennstoffzelle betrieben werden.

PZEV (Partial Zero-Emission Vehicles) sind nicht abgasfrei, sie emittieren jedoch besonders wenig Schadstoffe. Sie werden je nach Emissionsstandard mit einem Faktor größer als 0,2 gewichtet. Für den Mindestfaktor 0,2 müssen folgende Anforderungen erfüllt werden:

- SULEV-Zertifizierung, Dauerhaltbarkeit 150 000 Meilen oder 15 Jahre.
- Garantiedauer 150 000 Meilen oder 15 Jahre auf alle emissionsrelevanten Teile.
- Keine Verdunstungsemissionen aus dem Kraftstoffsystem (0-EVAP, zero evaporation). Das wird durch eine aufwändige Kapselung des Tanksystems erreicht. Es ergibt sich eine stark reduzierte Verdunstungsemission des Gesamtfahrzeugs.

AT-PZEV (Advanced Technology PZEV) sind Hybridfahrzeuge mit Otto- oder Dieselmotor und Elektromotor sowie Gasfahrzeuge (Betrieb mit komprimiertem Erdgas, mit Wasserstoff).

Das ZEV-Programm sieht für die großen Automobilhersteller Mindeststückzahlen für ZEV, AT-PZEV und PZEV Fahrzeuge vor, die ab 2005 bis 2017 stufenweise ansteigen und immer größere Anteile an AT-PZEV und ZEV vorsehen. Die Berechnung der Stückzahlen erfolgt nicht direkt, sondern über sogenannte „ZEV credits", die u.a. abhängig sind von der verwendeten Technologie und deren Leistungsfähigkeit sowie dem Modelljahr. Ab 2018 entfällt die Kategorie PZEV und die notwendigen Stückzahlen für AT-PZEV (jetzt transitional TZEV) und ZEV steigen bis 2025 stark an.

Für Fahrzeuge der Abgaskategorien ZEV, AT-PZEV und PZEV gelten 150 000 Meilen oder 15 Jahre („full useful life").

Feldüberwachung
Nicht routinemäßige Überprüfung
Für im Verkehr befindliche Fahrzeuge (In-Use-Fahrzeuge) wird stichprobenartig eine Abgasemissionsprüfung nach dem FTP 75-Testverfahren sowie für Fahrzeuge mit Ottomoror ein Verdunstungsemissionstest durchgeführt. Es werden, abhängig von der jeweiligen Abgaskategorie, Fahrzeuge mit Laufstrecken unter 90 000 oder 112 500 Meilen überprüft.

Fahrzeugüberwachung durch den Hersteller
Für Fahrzeuge ab dem Modelljahr 1990 unterliegen die Fahrzeughersteller einem Berichtszwang hinsichtlich Beanstandungen oder Schäden an definierten Emissionskomponenten oder -systemen. Der Berichtszwang besteht maximal 15 Jahre oder 150 000 Meilen, je nach Garantiedauer des Bauteils oder der Baugruppe.

Das Berichtsverfahren ist in drei Berichtsstufen mit ansteigender Detaillierung angelegt: Emissions Warranty Information Report (EWIR), Field Information Report (FIR) und Emission Information Report (EIR). Dabei werden Informationen bezüglich Beanstandungen, Fehlerquoten, Fehleranalyse und Emissionsauswirkungen an die kalifornische Luftreinhaltebehörde weitergegeben. Der Field Information Report dient der Behörde als Entscheidungsgrundlage für Recall-Zwänge (Rückruf) gegenüber dem Fahrzeughersteller.

USA EPA-Gesetzgebung

Die EPA-Gesetzgebung (Environmental Protection Agency) gilt für alle Bundesstaaten der USA, in denen nicht die strengere CARB-Gesetzgebung aus Kalifornien angewandt wird.

Für die EPA-Gesetzgebung galt seit 2004 die Abgasnorm Tier 2. Im Zeitraum von 2017 bis 2025 wird die neue Abgasnorm Tier 3 stufenweise eingeführt. Mit Tier 3 wird eine weitgehende Harmonisierung der Anforderungen mit dem kalifornischen LEV III-Programm erreicht, z.B. die gleichen Zertifizierungskategorien, wenn auch mit einer eigenen Bezeichnung („bin").

Fahrzeugklassen

Mit der Umstellung auf Tier 2 wurde mit den MDPV (Medium Duty Passenger Vehicle) eine weitere Fahrzeugklasse eingeführt (Bild 4). Somit werden alle Fahrzeuge bis zu einer zulässigen Gesamtmasse von 10 000 lbs (4,54 t), die für den Transport von bis zu 12 Personen bestimmt sind, auf dem Fahrzeug-Rollenprüfstand zertifiziert.

Die leichten Nutzfahrzeuge werden in zwei Gruppen unterteilt: LLDT (Light Light-Duty Truck) mit einer zulässigen Gesamtmasse bis 6 000 lbs (2,72 t) und schwerere HLDT (Heavy Light-Duty Truck) mit einer zulässigen Gesamtmasse bis 8 500 lbs (3,86 t).

Seit 2007 ist optional eine Rollenzertifizierung auch für Fahrzeuge bis 14 000 lbs (6,35 t) möglich.

Die Einteilung der Kraftfahrzeuge in die in Tier 2 festgelegten Fahrzeugklassen wurde für Tier 3 beibehalten.

Abgasgrenzwerte

Die EPA-Gesetzgebung legt Grenzwerte für die Schadstoffe Kohlenmonoxid (CO), Stickoxide (NO_x), nicht-methanhaltige organische Gase (NMOG), Formaldehyd (HCHO) und Partikelmasse (PM) fest. Die Schadstoffemissionen werden im FTP 75-Fahrzyklus ermittelt. Die Grenzwerte sind auf die Fahrstrecke bezogen und in Gramm pro Meile angegeben.

Seit 2000 gilt für Pkw der SFTP-Standard (Supplemental Federal Test Procedure) mit zwei weiteren Testzyklen (SC03- und US06-Zyklus). Die dafür geltenden Grenzwerte sind zusätzlich zu den FTP-Grenzwerten zu erfüllen.

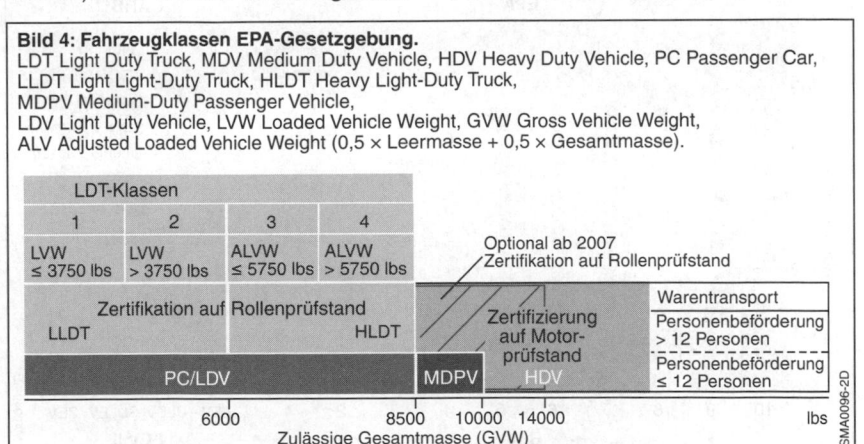

Bild 4: Fahrzeugklassen EPA-Gesetzgebung.
LDT Light Duty Truck, MDV Medium Duty Vehicle, HDV Heavy Duty Vehicle, PC Passenger Car, LLDT Light Light-Duty Truck, HLDT Heavy Light-Duty Truck, MDPV Medium-Duty Passenger Vehicle, LDV Light Duty Vehicle, LVW Loaded Vehicle Weight, GVW Gross Vehicle Weight, ALV Adjusted Loaded Vehicle Weight (0,5 × Leermasse + 0,5 × Gesamtmasse).

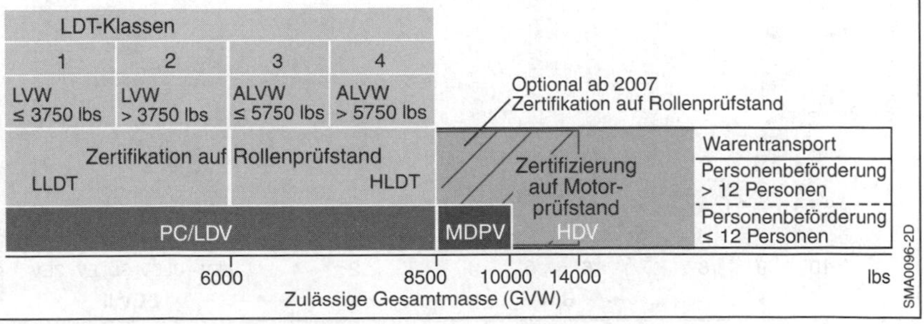

Seit Einführung der Abgasnorm Tier 2 im Jahre 2004 gelten für Fahrzeuge mit Diesel- und Ottomotoren die gleichen Abgasgrenzwerte.

Abgaskategorien

Tier 2

Für Tier 2 wurden die Grenzwerte für LDV und LLDT in zehn und für HLDT und MDPV in elf Emissionsstandards (Bins) aufgeteilt (Bild 5). Für LDV und LLDT entfielen Bin 9 und Bin 10 im Jahr 2007, für HLDT und MDPV entfielen Bin 9 bis Bin 11 im Jahr 2009.

Mit der Umstellung auf Tier 2 haben sich folgende Änderungen ergeben:

- Einführung eines Flottendurchschnitts für NO_x,
- Formaldehyd (HCHO) wird als eigenständige Schadstoffkategorie limitiert,
- LDV und LLDT werden bezüglich der FTP-Grenzwerte weitestgehend gleich behandelt,
- „full useful life" wird, abhängig vom Emissionsstandard (Bin), auf 120 000 oder 150 000 Meilen erhöht.

Tier 3

Für Tier 3 werden weiterhin sieben auswählbare Zertifizierungs-Bins zur Verfügung gestellt. Allerdings sind die Standards sowohl für die Flottenwerte als auch für die Bins jetzt als Summenwert aus NMOG und NO_x formuliert.

Die Tier 3-Gesetzgebung lehnt sich eng an die kalifornische LEV III-Gesetzgebung an, um den Fahrzeugherstellern die Zertifizierung im EPA- und im CARB-Raum zu vereinfachen.

Die Dauerhaltbarkeit wurde für Tier 3 auf 150 000 Meilen (optional, alternativ 120 000 Meilen mit schärferen Grenzwerten) oder 15 Jahre erweitert gegenüber 100 000 Meilen oder 10 Jahre bei Tier 2.

Mit Tier 3 werden auch schwere Pickups und Kleintransporter mit einer zulässigen Gesamtmasse größer 6 500 lbs erfasst, die auf dem Rollenprüfstand jetzt einschließlich der anspruchsvollen SFTP-Testzyklen gefahren werden. Innerhalb der Tier 2-Gesetzgebung waren diese Fahrzeuge von den SFTP-Tests ausgenommen.

Partikelemissionsgrenzwerte sind innerhalb der Tier 3-Gesetzgebung für jedes Fahrzeug vorgeschrieben. Ein Limit für die Partikelanzahl (PN) ist derzeit nicht vorgesehen.

Für die Tier 3-Gesetzgebung gelten dieselben Flottenwerte für NMOG + NO_x wie für LEV III.

Bild 5: Abgasgrenzwerte Tier 2 für die EPA-Gesetzgebung im Vergleich zu den CARB-Grenzwerten für LEV II.

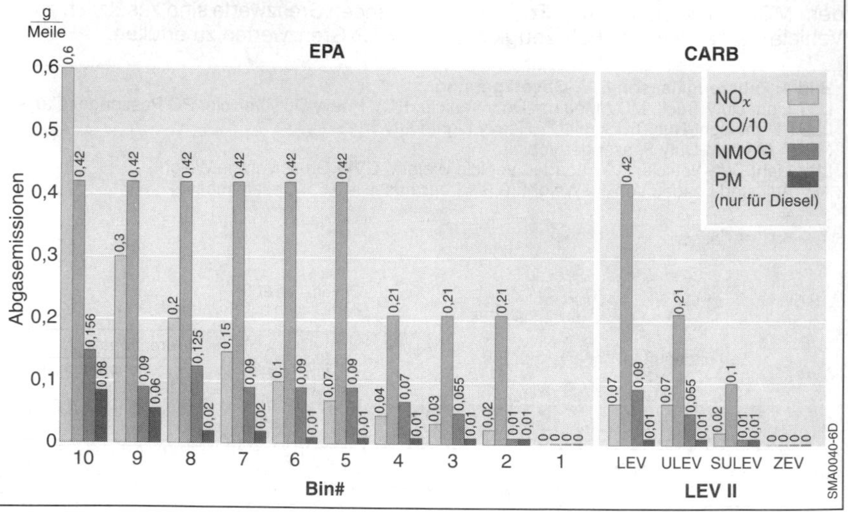

Phase-in
Mit Einführung von Tier 2 im Jahr 2004 mussten mindestens 25 % der neu zugelassenen Pkw und LLDT nach dieser Norm zertifiziert sein. Die Phase-in-Regelung sah vor, dass jedes Jahr zusätzlich 25 % der Fahrzeuge dem Tier 2-Standard entsprechen mussten. Seit 2007 dürfen nur noch Fahrzeuge nach Tier 2-Norm zugelassen werden. Für HLDT und MDPV ist das Phase-in seit dem Jahr 2009 beendet.

Tier 3 wird von 2017 bis 2025 eingeführt, Phase-out von Tier 2 bis 2019. Für Partikelemissionen gelten separate Phase-in und Phase-out ab 2017.

Verdunstungsemissionen
Das Thema Verdunstungsemissionen wird im Kapitel Abgasmesstechnik behandelt.

Dauerhaltbarkeit
Für die Dauerhaltbarkeit gelten die gleichen Kriterien wie bei CARB.

Flottendurchschnitt
Für den Flottendurchschnitt eines Fahrzeugherstellers werden in der EPA-Tier 2-Gesetzgebung die NO_x-Emissionen herangezogen. Bis 2008 lag der Wert bei 0,2 g/Meile, seit 2008 bei 0,07 g/Meile. Mit Tier 3 wird wie für CARB der NMOG+NO_x-Flottendurchschnitt eingeführt.

Flottenverbrauch (Kraftstoffverbrauch)
Der US-Bundesgesetzgeber schreibt dem Fahrzeughersteller einen Zielwert vor, wie viel Kraftstoff seine Fahrzeugflotte im Mittel pro Meile verbrauchen darf (Bundesrecht, gilt in allen Staaten, zuständige Behörde ist die „National Highway Traffic Safety Administration“, NHTSA). Dabei wird die Metrik „Meilen pro Gallone Kraftstoff (mpg)“, und nicht wie z.B. in Europa üblich „Volumen Kraftstoff pro Strecke“ verwendet. Diese Darstellung der „fuel economy“ entspricht dem Kehrwert des Streckenverbrauchs.

Der vorgeschriebene CAFE-Wert (Corporate Average Fuel Economy) lag bis 2010 für Pkw bei 27,5 mpg. Das entspricht einem Verbrauch von rund 8,55 *l* Benzin pro 100 km. Für leichte Nutzfahrzeuge galt bis 2004 20,7 mpg oder 11,36 *l* Benzin pro 100 km und wurde bis 2010 auf 23,5 mpg angehoben.

Für Modelljahr 2011 wurde das CAFE-System für Pkw und leichte Nfz restrukturiert (u.a. die Definitionen von passenger cars und light trucks) und ambitionierte Zielwerte gesetzt: 33,3 mpg beziehungsweise 22,8 mpg für 2011, 40,1 mpg beziehungsweise 25,4 mpg für 2014, 43,4 mpg beziehungsweise 26,8 mpg für 2016, 46,8 mpg beziehungsweise 33,3 mpg für 2021 und 56,2 mpg beziehungsweise 40,3 mpg für 2025.

Für die Stufen 2012 bis 2016 und 2017 bis 2025 gilt parallel zur CAFE-Gesetzgebung eine mit der CAFE-Vorschrift abgestimmte Vorschrift der EPA für die Begrenzung der Treibhausgasemissionen. Der Zielwert für ein Fahrzeug ist abhängig von der Aufstandsfläche zwischen den Rädern („footprint“). Zielwerte sind 34,1 mpg (für CAFE) beziehungsweise 250 g CO_2-Äquivalente pro Meile (für EPA) für 2016. Im Zeitraum von 2017 bis 2025 werden die Zielwerte weiter stufenweise fortgeschrieben, für EPA bis 54,5 mpg (163 g CO_2-Äquivalente pro Meile) und für CAFE bis auf 49,7 mpg (179 g CO_2-Äquivalente pro Meile). Die Werte für 2021 bis 2025 wurden 2018 von der Trump-Administration ausgesetzt. Dagegen haben CARB und viele andere US-Staaten geklagt. Von der Biden-Administration wird eine Neubewertung erwartet.

Am Ende eines Jahres wird für jeden Fahrzeughersteller aus den verkauften Fahrzeugen die mittlere „fuel economy“ berechnet. Für jede 0,1 mpg, die sie den Grenzwert unterschreitet, müssen vom Hersteller pro Fahrzeug 5,50 US-$ Strafe an den Staat abgeführt werden. Über ein „credit/debit-System“ besteht die Möglichkeit, Über- beziehungsweise Untererfüllung in einem Jahr durch „credits“ beziehungsweise „debits“ aus anderen Jahren auszugleichen.

Für Fahrzeuge, die besonders viel Kraftstoff verbrauchen („Gas guzzler“, Spritsäufer), bezahlt der Käufer zusätzlich eine verbrauchsabhängige Strafsteuer. Der Grenzwert liegt bei 22,5 mpg (10,45 *l* pro 100 km). Diese Maßnahmen sollen den Verkauf von Fahrzeugen mit geringerem Kraftstoffverbrauch vorantreiben.

Zur Messung des CAFE-Kraftstoffverbrauchs werden der FTP 75-Testzyklus und der Highway-Zyklus gefahren (siehe Abschnitt „USA-Testzyklen").

Zur Information der Fahrzeugkäufer über den Kraftstoffverbrauch dient ein Fuel Economy Label. Ab Modelljahr 2008 wird hierfür die „5 cycle fuel economy" (auch als „5 cycle method" bezeichnet) eingeführt, die reale Fahrzustände besser wiedergeben soll. Dazu werden Messungen in den SFTP-Zyklen sowie im FTP bei –7 °C berücksichtigt, die u.a aggressive Beschleunigung, hohe Endgeschwindigkeit und auch den Betrieb mit Klimaanlage enthalten.

Feldüberwachung

Nicht routinemäßige Überprüfung

Die EPA-Gesetzgebung sieht wie die CARB-Gesetzgebung für im Verkehr befindliche Fahrzeuge (In-Use-Fahrzeuge) eine stichprobenartige Abgasemissionsprüfung nach dem FTP 75-Testverfahren vor. Es werden Fahrzeuge mit niedriger Laufleistung (10 000 Meilen, ca. ein Jahr alt) und Fahrzeuge mit hoher Laufleistung getestet (50 000 Meilen, mindestens aber ein Fahrzeug pro Testgruppe mit 90 000 oder 105 000 Meilen, je nach Emissionsstandard; Fahrzeugalter ca. vier Jahre). Die Anzahl der Fahrzeuge ist abhängig von der Verkaufsstückzahl. Für Fahrzeuge mit Ottomotor muss mindestens ein Fahrzeug pro Testgruppe auch auf Verdunstungsemissionen getestet werden.

Fahrzeugüberwachung durch den Hersteller

Für Fahrzeuge ab Modelljahr 1972 unterliegen die Hersteller einem Berichtszwang hinsichtlich Schäden an definierten Emissionskomponenten oder -systemen, wenn mindestens 25 gleichartige emissionsrelevante Teile eines Modelljahrs einen Defekt aufweisen. Der Berichtszwang endet fünf Jahre nach Ende des Modelljahrs. Der Bericht umfasst eine Schadensbeschreibung der fehlerhaften Komponenten, eine Darstellung der Auswirkungen auf die Abgasemissionen sowie geeignete Abhilfemaßnahmen durch den Hersteller. Der Bericht dient der Umweltbehörde als Entscheidungsgrundlage für Rückrufe (Recall) gegenüber dem Hersteller.

EU-Gesetzgebung

Die Richtlinien der europäischen Abgasgesetzgebung werden von der EU-Kommission vorgeschlagen und von Umweltministerrat und EU-Parlament ratifiziert. Grundlage der Abgasgesetzgebung für Pkw und leichte Nfz ist die Richtlinie 70/220/EWG [1] aus dem Jahr 1970. Sie legte zum ersten Mal Grenzwerte für die Abgasemissionen fest und wird seither immer wieder aktualisiert.

Die Abgasgrenzwerte für Pkw und leichte Nutzfahrzeuge (lNfz; light commercial vehicles, LCV; light duty trucks, LDT) sind in den Abgasnormen Euro 1 (ab 07/1992), Euro 2 (01/1996), Euro 3 (01/2000), Euro 4 (01/2005), Euro 5 (09/2009) und Euro 6 (09/2014) enthalten.

Anstelle eines „Phase-in" über mehrere Jahre wie in den USA wird eine neue Abgasnorm in zwei Stufen eingeführt. In der ersten Stufe müssen neu zertifizierte Fahrzeugtypen die neu definierten Abgasgrenzwerte einhalten. In der zweiten Stufe – im Allgemeinen ein Jahr später – muss jedes neu zugelassene Fahrzeug (d.h. alle Typen) die neuen Grenzwerte einhalten. Der Gesetzgeber kann Serienfahrzeuge auf die Einhaltung der Abgasgrenzwerte überprüfen (COP, Conformity of Production, d.h. Übereinstimmung der Produktion sowie Feldüberwachung; ISC In-service Conformity Check).

Die EU-Richtlinien erlauben Steueranreize (Tax incentives), wenn Abgasgrenzwerte erfüllt werden, bevor sie zur Pflicht werden. In Deutschland gibt es außerdem abhängig vom Emissionsstandard des Fahrzeugs unterschiedliche Kfz-Steuersätze.

Fahrzeugklassen

Bis zum Ablauf der Euro 4-Gesetzgebung wurden Fahrzeuge mit einer zulässigen Gesamtmasse unter 3,5 t auf dem Rollenprüfstand zertifiziert, wobei zwischen Pkw (Personentransport bis neun Personen) und leichten Nutzfahrzeugen (LDT) für den Gütertransport unterschieden wurde. Für LDT gibt es drei Klassen (Bild 6), abhängig von der Fahrzeug-Bezugsmasse (Leermasse + 100 kg). Für Busse (Transport von mehr als neun Personen) und für Fahrzeuge mit einer zulässigen Gesamtmasse über 3,5 t werden Motorenzertifizierungen durchgeführt. Optional können auch die LDT-Motoren auf dem Motorenprüfstand zertifiziert werden.

Mit Inkrafttreten der Euro 5- und Euro 6-Gesetzgebung ist die Fahrzeug-Bezugsmasse (Leermasse + 100 kg) das Unterscheidungskriterium hinsichtlich der Zertifizierungsprozedur. Fahrzeuge mit einer Bezugsmasse bis zu 2,61 t werden auf dem Rollenprüfstand zertifiziert. Bei Fahrzeugen, deren Bezugsmasse 2,61 t überschreitet, sind Zertifizierungen auf dem Motorenprüfstand vorgeschrieben. Es sind aber Flexibilitäten möglich.

Abgasgrenzwerte

Die EU-Normen legen Grenzwerte für Kohlenmonoxid (CO), Kohlenwasserstoffe (THC, Total Hydro Carbons), Stickoxide (NO_x) und die Partikelmasse (PM, für direkteinspritzende Ottomotoren erst ab Euro 5) fest (Bild 7 und Bild 8).

Für die Stufen Euro 1 und Euro 2 wurden die Grenzwerte für die Kohlenwasserstoffe und die Stickoxide als Summenwert zusammengefasst (HC + NO_x). Seit Euro 3 gilt neben dem Summenwert auch ein gesonderter NO_x-Grenzwert für Fahrzeuge mit Dieselmotor; für Benziner wurde die Summe durch separate HC- und NO_x-Grenzwerte ersetzt.

Die Stufe Euro 5 wurde in zwei Schritten als Euro 5a und Euro 5b eingeführt. Mit Euro 5a (ab September 2009) kam für Ottomotoren zusätzlich ein NMHC-Grenzwert (Nicht-methanhaltige Kohlenwasserstoffe) hinzu, mit Euro 5b (ab September 2011) für Dieselmotoren ein Partikelanzahlgrenzwert von $6 \cdot 10^{11}$ Partikel pro Kilometer. Dieser PN-Grenzwert gilt ab Euro 6b (September 2014) beziehungsweise Euro 6c (September 2017) auch für Fahrzeuge mit direkteinspritzendem Ottomotor (auf Antrag ist ein höherer Interimswert von $6 \cdot 10^{12}$ Partikel/km für Euro 6b möglich).

Die Grenzwerte sind für Fahrzeuge mit Diesel- und Ottomotoren unterschiedlich, sie werden jedoch mit Euro 6 weiter angeglichen.

Die Grenzwerte der LDT-Klasse 1 entsprechen denen für Pkw. Pkw mit einer zulässigen Gesamtmasse über 2,5 t wurden für Euro 3 und Euro 4 wie LDT behandelt und somit ebenfalls in eine der drei LDT-Klassen eingestuft. Seit Euro 5 entfällt diese Möglichkeit.

Die Grenzwerte werden auf die Fahrstrecke bezogen und in Gramm pro Kilometer (g/km) angegeben. Gemessen werden die Abgaswerte auf dem Fahr-

Bild 6: Fahrzeugklassen EU-Gesetzgebung.
LDT Light Duty Truck, MDV Medium Duty Vehicle, HDV Heavy Duty Vehicle, PC Passenger Car, LDV Light Duty Vehicle, LVW Loaded Vehicle Weight, GVW Gross Vehicle Weight.

Zu beachten: Die Achsen für GVW und RW müssen separat betrachtet werden!

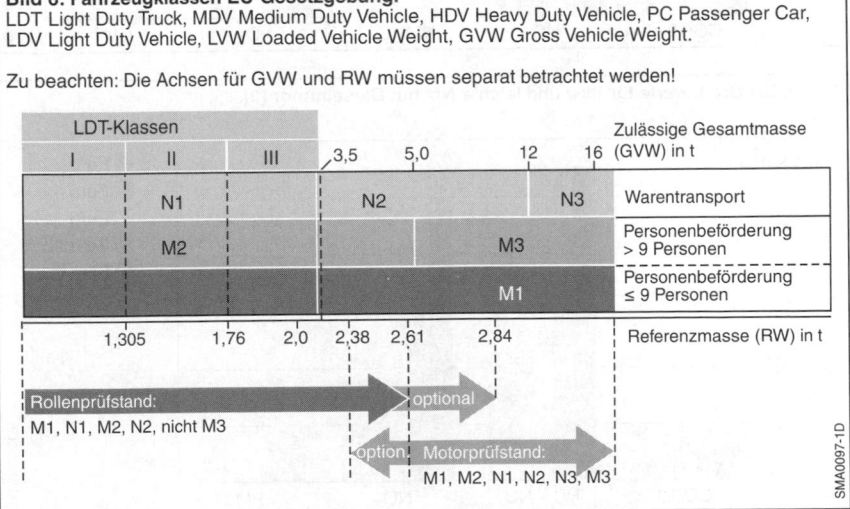

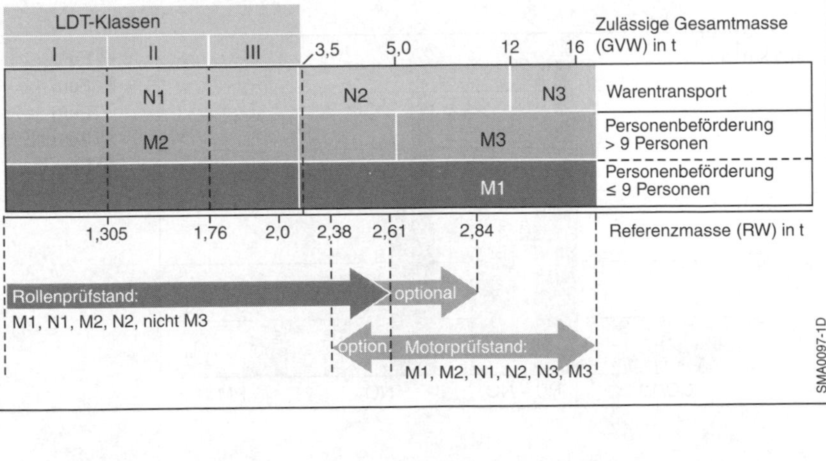

zeug-Rollenprüfstand, wobei seit Euro 3 der MNEFZ (Modifizierter Neuer Europäischer Fahrzyklus) gefahren wird.

Seit September 2017 wird der MNEFZ durch den WLTC (Worldwide Light-duty Test Cycles, siehe auch Testzyklen) ersetzt. Der aus Straßenfahrten abgeleitete dynamische Testzyklus wird ergänzt durch eine stark überarbeitete Testprozedur (WLTP, Worldwide harmonized Light vehicles Test Procedure), die deutlich realistischere Verbrauchs- und Emissionsmessungen ermöglichen soll. Dabei wurden die für den MNEFZ festgelegten Euro 6c-Grenzwerte nicht an den WLTC angepasst. Diese Stufe wird mit Euro 6d-temp bezeichnet, da neben dem Wechsel auf den WLTC auch der neue „Real Driving Emissions"-Test (RDE) mit einer ersten Stufe eingeführt wird. Euro 6d mit der zweiten RDE-Stufe gilt ab Januar 2020.

Verdunstungsemissionen
Das Thema Verdunstungsemissionen wird im Kapitel Abgasmesstechnik behandelt.

Typprüfung
Die Typprüfung erfolgt ähnlich wie in den USA, mit folgenden Abweichungen: Die Einlaufstrecke des Prüffahrzeugs vor Testbeginn beträgt 3000 km. Die Grenzwerte im Typ I-Test sind „full useful life"-Grenz-

Bild 7: EU-Grenzwerte für Pkw und leichte Nfz mit Ottomotor [2].

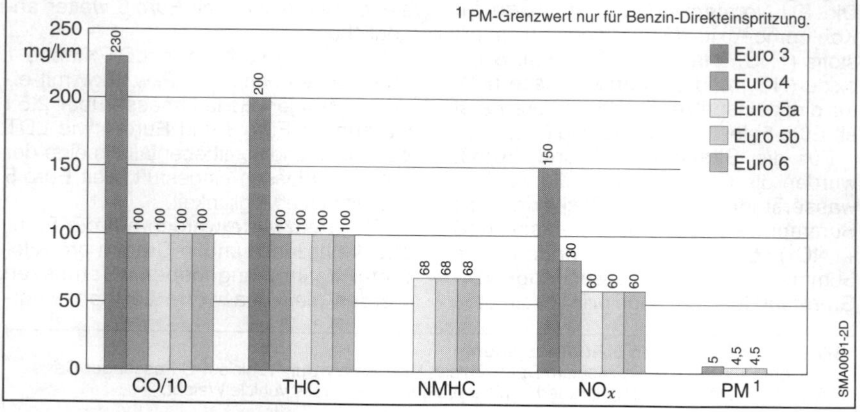

Bild 8: EU-Grenzwerte für Pkw und leichte Nfz mit Dieselmotor [2].

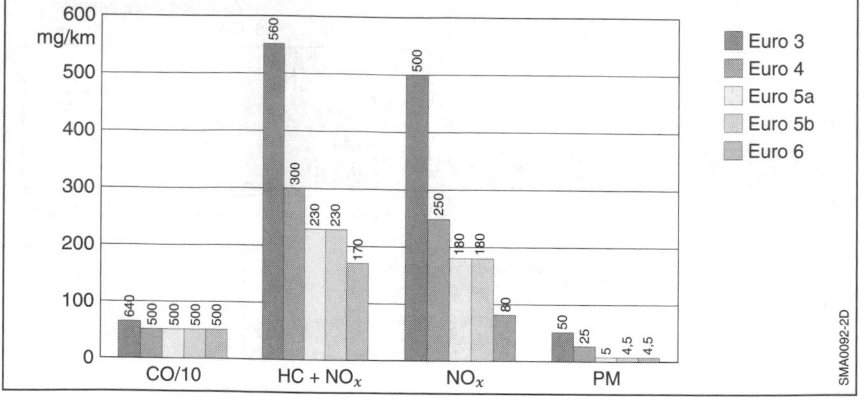

werte, d.h., sie müssen auch noch bei Erreichen der Dauerhaltbarkeitsdistanz eingehalten werden. Um die Alterung von Bauteilen bis zur Dauerhaltbarkeitsdistanz zu berücksichtigen, werden auf die in der Typzulassung gemessenen Werte Verschlechterungsfaktoren angewendet. Diese sind für jede Schadstoffkomponente gesetzlich vorgegeben; alternativ können kleinere Faktoren im Zuge eines spezifizierten Dauerlaufs (Typ V-Test) über 80 000 km vom Fahrzeughersteller nachgewiesen werden. Ab Euro 5 ist die Dauerlaufdistanz von 80 000 km auf 160 000 km erhöht worden, wobei weitere alternative Testverfahren möglich sind.

Typ-Tests

Für die Typprüfung sind vier wesentliche Typ-Tests festgelegt. Bei Fahrzeugen mit Ottomotor kommen der Typ I-, Typ IV-, Typ V- und Typ VI-Test zur Anwendung, bei Fahrzeugen mit Dieselmotor nur der Typ I- und der Typ V-Test. Mit Euro 6d-temp kommt für Otto und Diesel der RDE-Test Typ Ia und der „Ambient Temperature Correction Test“ hinzu (ATCT, Type I-Test bei 14 °C zur Umrechnung der CO_2-Emission von 23 °C auf 14 °C, Emissionsgrenzwerte müssen eingehalten werden).

Mit dem Typ I-Test, dem primären Abgastest, werden die Auspuffemissionen nach dem Kaltstart im MNEFZ (Modifizierter Neuer Europäischer Fahrzyklus) beziehungsweise seit Euro 6d-temp im WLTC (Worldwide Light-duty Test Cycles) ermittelt. Bei Fahrzeugen mit Dieselmotor wird zusätzlich die Trübung des Abgases erfasst.

Mit dem Typ Ia-Test „Real Driving Emissions“ (RDE) soll sichergestellt werden, dass die Emissionsgrenzwerte nicht nur im genormten Zyklus, sondern auch unter realen Straßenbedingungen eingehalten werden. In der EU wird der RDE-Test sowohl während der Typzulassung als auch in der Feldüberwachung eingesetzt. Dafür wird ein Fahrzeug mit einem mobilen Messgerät (PEMS, Portable Emissions Measurement System, siehe Abgas-Messtechnik) ausgestattet und damit eine Fahrt von 90 bis 120 Minuten im normalen Straßenverkehr durchgeführt. Dabei gelten diverse Randbedingungen (siehe Tabelle 3, Testzyklen). Gemessen werden CO (Monitoring, kein Grenzwert), NO_x (für Otto und Diesel) und PN (Partikelanzahl, nur für Benzin-Direkteinspritzer und Diesel) sowie CO_2 (als Normierungsgröße). Gültige RDE-Fahrten werden mit Softwaretools ausgewertet und gewichtet. Die durchschnittlichen NO_x- und PN-Emissionen im städtischen Teil und für die gesamte Fahrt werden mit Maximalwerten verglichen, die sich aus dem Produkt von Emissionsgrenzwert mal „Konformitäts-Faktor“ CF ergeben. Für NO_x wird CF in zwei Stufen (2,1 in 2017 und 1,43 in 2020) eingeführt, für PN gilt 1,5 ab 2017. Die CF Werte sollen dem Stand der Technik angepasst werden (als 1 + 0,x).

Mit dem Typ IV-Test werden die Verdunstungsemissionen des abgestellten Fahrzeugs gemessen. Das sind im Wesentlichen die Kraftstoffdämpfe, die aus dem kraftstoffführenden System (Kraftstoffbehälter, Leitungen usw.) ausdampfen (siehe auch Abgas-Messtechnik, auch bzgl. Emissionsgrenzwert und Testprozedur).

Der Typ VI-Test erfasst die Kohlenwasserstoff- und die Kohlenmonoxidemissionen nach dem Kaltstart bei –7 °C. Für diesen Test wird nur der erste Teil (Stadtanteil) des MNEFZ gefahren. Dieser Test ist seit 2002 verbindlich. Ein neuer Test auf WLTC-Basis wird auf UN-ECE-Ebene erarbeitet.

Mit dem Typ V-Test wird die Dauerhaltbarkeit der emissionsmindernden Einrichtungen überprüft. Neben dem spezifizierten Dauerlauftest sind ab Euro 5 alternative Testverfahren möglich (z.B. Prüfstandsalterung).

CO_2-Emission

Für die CO_2-Emissionen gab es bis 2011 keine gesetzlich festgelegten Zielwerte, es bestand jedoch eine freiwillige Selbstverpflichtung der Fahrzeughersteller in Europa. Da die Hersteller ihr Ziel nicht erreichten, wurde ein Flottenzielwert für Pkw gesetzlich festgelegt. Innerhalb einer Einführungsphase von 2012 bis 2015 ist ein Flottenwert von 130 g/km zu erzielen (das entspricht 5,3 *l*/100 km Benzin oder 4,9 *l*/100 km Diesel). Für leichte Nfz legt eine ähnliche Regelung einen Zielwert von 175 g/km für 2017 fest. Für

2020/2021 ist eine weitere Absenkung für Pkw auf 95 g/km und für leichte Nfz auf 147 g/km beschlossen worden. Diese Werte sind als Mittelwerte für alle von einem Fahzeughersteller ausgelieferten Pkw bzw. lNfz (Fahrzeugflotte) zu verstehen. Der Zielwert für ein Fahrzeug ist abhängig vom Fahrzeug-Leergewicht.

Seit September 2017 müssen neue Fahrzeugtypen im WLTC (mit vier Phasen) zertifiziert werden. Die ermittelten CO_2-Werte bei 23 °C werden auf 14 °C korrigiert (mittels eines Faktors ermittelt im „Ambient Temperature Correction Test") und dann mit Hilfe des CO2MPAS-Tools auf MNEFZ-Werte umgerechnet, die für die Überprüfung der Zielerreichung bis einschließlich 2020 verwendet wurden. Auf Basis der relativen Zielwerterreichung im Jahr 2020 und den zugrundeliegenden MNEFZ- und WLTP-Werten wird für 2021 und Folgejahre ein herstellerspezifischer Zielwert festgelegt. Weitere Absenkungen sind für 2025 und 2030 beschlossen worden, könnten aber im Rahmen des „Green Deal" weiter gesenkt werden.

Ähnlich wie in der US CAFE-Vorschrift müssen bei Nichteinhaltung des Zielwerts Strafen gezahlt werden, es gibt jedoch keine credit/debit-Ausgleichsmöglichkeit über mehrere Jahre.

Feldüberwachung
Die EU-Gesetzgebung sieht eine Überprüfung von in Betrieb befindlichen Fahrzeugen im Typ I-Test vor. Die Mindestanzahl der zu überprüfenden Fahrzeuge eines Fahrzeugtyps beträgt drei, die Höchstzahl hängt vom Prüfverfahren ab. Die zu überprüfenden Fahrzeuge müssen folgende Kriterien erfüllen:

- Die Laufleistung liegt zwischen 15 000 km und 100 000 km, das Fahrzeugalter zwischen 6 Monaten und 5 Jahren (ab Euro 4).
- Die regelmäßigen Inspektionen nach den Herstellerempfehlungen wurden durchgeführt.
- Das Fahrzeug weist keine Anzeichen von außergewöhnlicher Benutzung (wie z. B. Manipulationen, größere Reparaturen o. ä.) auf.

Fällt ein Fahrzeug durch stark abweichende Emissionen auf, so ist die Ursache für die überhöhte Emission festzustellen. Weisen mehrere Fahrzeuge aus der Stichprobe aus dem gleichen Grund erhöhte Emissionen auf, gilt für die Stichprobe ein negatives Ergebnis. Bei unterschiedlichen Gründen wird die Probe um ein Fahrzeug erweitert, sofern die maximale Probengröße noch nicht erreicht ist.

Stellt die Typgenehmigungsbehörde fest, dass ein Fahrzeugtyp die Anforderungen nicht erfüllt, muss der Fahrzeughersteller Maßnahmen zur Beseitigung der Mängel ausarbeiten. Die Maßnahmen müssen sich auf alle Fahrzeuge beziehen, die vermutlich denselben Defekt haben. Gegebenenfalls muss auch eine Rückrufaktion erfolgen.

Periodische Abgasuntersuchung
In Deutschland müssen Pkw und leichte Nfz drei Jahre nach der Erstzulassung und dann alle zwei Jahre zur „Hauptuntersuchung und Teiluntersuchung Abgas". Bei Fahrzeugen mit Ottomotor steht dabei die CO-Messung sowie die λ-Regelung im Vordergrund, bei Fahrzeugen mit Dieselmotor die Trübungsmessung. Für Fahrzeuge mit On-Board-Diagnose-System (OBD) werden Daten des Diagnosesystems berücksichtigt.

Vergleichbare Untersuchungen gibt es auch in anderen Ländern, in Europa z. B. in Österreich, Frankreich, Spanien, der Schweiz sowie in vielen Teilen der USA als „Inspection and Maintenance" (I/M).

Japan-Gesetzgebung
Auch in Japan werden die zulässigen Emissionswerte schrittweise herabgesetzt. Im September 2007 ist eine weitere Verschärfung der Grenzwerte im Rahmen der „New Long Term Standards" in Kraft getreten.

Für Fahrzeuge mit Dieselmotor gilt seit September 2010 mit der „Post New Long Term Regulation" eine nochmalige Verschärfung der Grenzwerte. Bei Fahrzeugen mit Ottomotor wurden die bisherigen synthetischen Testzyklen in zwei Stufen (2008 und 2011) durch den realistischeren JC08-Zyklus ersetzt.

2018 führte auch Japan den WLTC auf Basis UN GTR No. 15 [3] ein. Im Unterschied zur EU gelten nur die ersten drei Phasen. Die NMHC-Grenzwerte für Fahrzeuge mit Ottomotor und die NO_x-Grenzwerte für Fahrzeuge mit Dieselmotor werden angepasst.

Fahrzeugklassen
Die Fahrzeuge mit einer zulässigen Gesamtmasse bis 3,5 t sind im Wesentlichen in drei Klassen unterteilt (Bild 9): Pkw (bis zehn Sitzplätze), LDV (Light-Duty Vehicle) bis 1,7 t und MDV (Medium-Duty Vehicle) bis 3,5 t. Für MDV gelten gegenüber den anderen beiden Fahrzeugklassen höhere Grenzwerte für CO- und NO_x-Emissionen (für Fahrzeuge mit Ottomotor). Für Dieselmotoren unterscheiden sich die Fahrzeugklassen in den NO_x- und Partikel-Grenzwerten.

Tabelle 1: Emissionsgrenzwerte der Japan-Gesetzgebung für Pkw mit Ottomotoren.

Fahrzeugklasse	Pkw, Mini-Lieferwagen, kleine Nutzfahrzeuge GVW ≤ 1,7 t		Mittlere Nutzfahrzeuge 1,7 t < GVW 3,5 t	
Zyklus Jahr (neue Typen)	JC08 10/2009	WLTC 10/2018	JC08 10/2009	WLTC 10/2018
Grenzwerte für Ottomotoren				
NMHC [mg/km]	50	100	50	150
NO_x [mg/km]	50	50	70	70
CO [mg/km]	1150	1150	2550	2550
PM [mg/km] (nur Direkteinspritzer)	5	5	7	7

Tabelle 2: Emissionsgrenzwerte der Japan-Gesetzgebung für Pkw mit Dieselmotoren.

Fahrzeugklasse	Pkw, Mini-Lieferwagen, kleine Nutzfahrzeuge GVW ≤ 1,7 t		Mittlere Nutzfahrzeuge 1,7 t < GVW 3,5 t	
Zyklus Jahr (neue Typen)	JC08 10/2009	WLTC 10/2018	JC08 10/2009	WLTC 10/2018
Grenzwerte für Dieselmotoren				
NMHC [mg/km]	24	24	24	24
NO_x [mg/km]	80	150	150	240
CO [mg/km]	630	630	630	630
PM [mg/km]	5	5	7	7

Bild 9: Fahrzeugklassen der Japan-Gesetzgebung.
MDV Medium Duty Vehicle, HDV Heavy Duty Vehicle, PC Passenger Car,
LDV Light Duty Vehicle, GVW Gross Vehicle Weight,
EIW Equivalent Inertia Weight (äquivalente Schwungmasse).

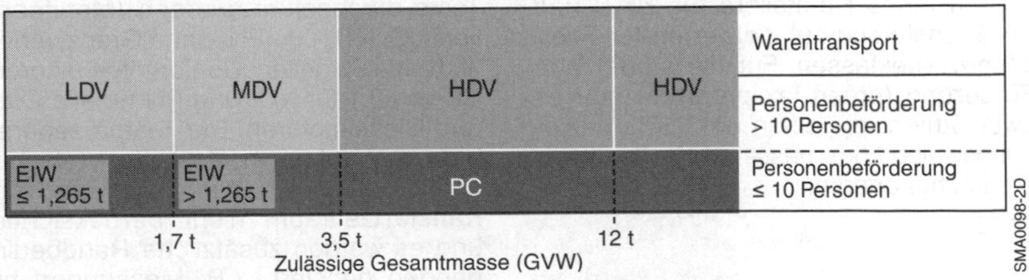

Abgasgrenzwerte

Die japanische Gesetzgebung legt Grenzwerte für Kohlenmonoxid (CO), Stickoxide (NO_x), Nicht-Methan-Kohlenwasserstoffe (NMHC), Partikelmasse (für Fahrzeuge mit Dieselmotor, ab 2009 auch für Benzin-Direkteinspritzung mit magerer NO_x-Minderungstechnik) fest (Tabelle 1 für Ottomotoren und Tabelle 2 für Dieselmotoren)

Die Schadstoffemissionen wurden mit einer Kombination von 11-Mode- und 10 • 15-Mode-Testzyklen ermittelt (siehe Japan-Testzyklus). Damit wurden auch Kaltstartemissionen berücksichtigt. 2008 wurde ein neuer Testzyklus eingeführt (JC08). Dieser ersetzte zunächst den 11-Mode und ab 2011 auch den 10 • 15-Mode, sodass dann ausschließlich der JC08 als Kalt- und als Warmstarttest eingesetzt wurde. Seit 2018 wird der JC08 durch den WLTC ersetzt.

Verdunstungsverluste

In Japan schließen die Abgasvorschriften eine Begrenzung der Verdunstungsverluste bei Fahrzeugen mit Ottomotoren ein, die nach der SHED-Methode bestimmt werden (siehe Abgas-Messtechnik). Japan übernimmt die WLTC-basierte Testprozedur der UN GTR 19 [4], in der die Entwicklungen der EU-Testprozedur eingeflossen sind. Es werden verschiedene Tanksysteme berücksichtigt.

Dauerhaltbarkeit

Der Hersteller muss für Fahrzeuge mit Dieselmotor eine Dauerhaltbarkeit von 45 000 km (New Long Term Standards) beziehungsweise 80 000 km (Post New Long Term Standards) nachweisen. Für Fahrzeuge mit Ottomotor gelten 80 000 km für alle Stufen.

Flottenverbrauch

In Japan gelten Ziele für den Flottenverbrauch eines Herstellers für 2010 und 2015, basierend auf Zielwerten für Fahrzeugmasseklassen. Für die steuerliche Förderung (green tax program) gibt es zwei Stufen, die einen um 15 % beziehungsweise 25 % besseren Kraftstoffverbrauch honorieren.

China-Gesetzgebung

China hat bis einschließlich der Stufe 5 (gilt national ab 2018) die EU-Gesetzgebung zur Begrenzung der Abgasemissionen übernommen. Dabei war Beijing Vorreiter und hat die Stufen vorzeitig eingeführt, gefolgt von weiteren Metropolregionen wie Shanghai und Guangzhou. Mit China 6a (7/2020) und 6b (7/2023) führt China eine eigene Gesetzgebung ein, die für die Abgasemissionen den WLTC mit Euro 6-basierten und US-Grenzwerten verknüpft und eigene Anforderungen hinzufügt.

Für den Typ I-Test wird der 4-Phasen-WLTC einschließlich WLTP der UN GTR 15 [3] übernommen. Die Grenzwerte sind kraftstoffneutral. Für Pkw und leichte Nfz der Klasse 1 gelten für China 6a für HC, NMHC und NO_x die Euro 6-Grenzwerte für Ottomotoren. Für den CO-Grenzwert ist 0,7 g/km festgelegt worden. Für PM gilt der Grenzwert 4,5 mg/km, für PN $6 \cdot 10^{11}$ Partikel/km (keine Ausnahme für Ottomotoren mit Saugrohreinspritzung). Aus den USA wurde ein Grenzwert für N_2O (Lachgas, ein Treibhausgas) von 20 mg/km übernommen. Für China 6b werden die Grenzwerte für HC, NMHC, CO und NO_x auf ca. 50 % der Euro 6-Grenzwerte für Ottomotoren gesenkt. PM wird auf 3 mg/km reduziert, PN und N_2O bleiben gleich.

Die Dauerhaltbarkeitsanforderung beträgt 160 000 km für China 6a und 200 000 km für China 6b.

Der Typ VI-Test (bei –7°C) gilt für Fahrzeuge mit Otto- und mit Dieselmotor ab China 6a. In den ersten beiden Phasen des WLTC müssen Grenzwerte für HC 1,2 g/km, CO 10 g/km und NO_x 0,25 g/km eingehalten werden.

China führt auch einen RDE-Test für die Typzulassung und die Feldüberwachung ein. Ab China 6a müssen RDE-Tests durchgeführt werden (Monitoring von CO, NO_x und PN, ohne Grenzwerte), ab China 6b gelten „Conformity-Faktoren“ CF von 2,1 für NO_x und PN für alle Otto- und Dieselmotoren. Die Testprozeduren basieren auf einer Zwischenstufe der EU-RDE-Gesetzgebung, z.B. wird der Kaltstartzeitraum nicht berücksichtigt und es werden zusätzliche Randbedingungen definiert, z.B. Messungen bis

2400 m Höhe und niedrigere maximale Geschwindigkeiten für die Autobahnfahrt. Ein Review der CF ist bis Mitte 2022 vorgesehen.

Die Metropolregionen konnten China 6a und können China 6b vorzeitig einführen, es gelten aber Restriktionen, z. B. vor 7/2023 für RDE nur Monitoring und als Dauerhaltbarkeitsstrecke 160000 km.

China hat auch eigenständige Anforderungen für die Begrenzung des Kraftstoffverbrauchs und damit der CO_2-Emissionen entwickelt. In vier Stufen (2005 bis 2007, 2008 bis 2015, 2016 bis 2020 und 2021 bis 2025) gelten vom Fahrzeuggewicht abhängige Grenzwerte in Liter Kraftstoff pro 100 km für einzelne Fahrzeugtypen. Parallel gibt es eine Corporate-Average-Fuel-Consumption-Vorschrift (CAFC), die vergleichbar mit den EU-CO_2-Flottenzielen vom Fahrzeuggewicht abhängige Zielwerte für den Verbrauch für die Flotte eines Herstellers in den Zeiträumen 2012 bis 2015 und 2016 bis 2020 setzt. Zielwerte für die Gesamtflotte sind 6,9 *l* Benzin pro 100 km für 2015 und 5,0 *l* Benzin pro 100 km für 2020. Für 2025 beträgt der Zielwert von 4,0 *l* Benzin pro 100 km.

Das Thema Verdunstungsemissionen (Type IV-Test) wird im Kapitel Abgasmesstechnik behandelt.

China fördert über verschiedene Maßnahmen wie z. B. reduzierte Steuern die Einführung von elektrifizierten Fahrzeugen (Hybride und Plug-in-Hybride, reine Elektro- und Brennstoffzellenfahrzeuge). Mit der „New Energy Vehcile"-Gesetzgebung (NEV) müssen Hersteller ab 2019 Quoten für den Verkauf dieser Fahrzeugen erfüllen (vgl. CARB ZEV-Gesetzgebung).

Testzyklen für Pkw und leichte Nfz

USA-Testzyklen

FTP 75-Testzyklus

Die Fahrkurve des FTP 75-Testzyklus (Federal Test Procedure, Bild 10a) setzt sich aus Geschwindigkeitsverläufen zusammen, die in Los Angeles während des Berufsverkehrs gemessen wurden. Dieser Testzyklus wird außer in den USA (einschließlich Kalifornien) z. B. auch in einigen Staaten Südamerikas und in Korea angewandt.

Konditionierung

Zur Konditionierung wird das Fahrzeug für 6 bis 36 Stunden bei einer Raumtemperatur von 20 bis 30 °C abgestellt.

Sammeln der Schadstoffe

Nach dem Starten des Fahrzeugs wird auf dem Rollenprüfstand der vorgegebene Geschwindigkeitsverlauf nachgefahren. Die emittierten Schadstoffe werden während definierter Phasen in getrennten Beuteln gesammelt (siehe Abgas-Messtechnik).

Phase ct (cold transient)

Das Abgas wird während der kalten Testphase (0...505 s) gesammelt.

Phase cs (cold stabilized)

Die stabilisierte Phase beginnt 506 Sekunden nach dem Start. Das Abgas wird ohne Unterbrechen des Fahrprogramms gesammelt. Am Ende der cs-Phase, nach insgesamt 1372 Sekunden, wird der Motor für 600 Sekunden abgestellt (hot soak).

Phase ht (hot transient)

Der Motor wird zum Heißtest erneut gestartet. Der Geschwindigkeitsverlauf stimmt mit dem der kalten Übergangsphase (Phase ct) überein.

Phase hs (hot stabilized)

Für Hybridfahrzeuge wird eine weitere Phase hs gefahren. Sie entspricht dem Verlauf von Phase cs. Für andere Fahrzeuge wird angenommen, dass die Emissionswerte identisch mit der cs-Phase sind.

Auswertung
Die Beutelproben der ersten beiden Phasen werden in der Pause vor dem Heißtest analysiert, da die Proben nicht länger als 20 Minuten in den Beuteln verbleiben sollten.

Nach Abschluss des Fahrzyklus wird die Abgasprobe des dritten Beutels ebenfalls analysiert. Für das Gesamtergebnis werden die Emissionen der drei Phasen mit unterschiedlicher Gewichtung berücksichtigt.

Die Schadstoffmassen der Phasen ct und cs werden aufsummiert und auf die gesamte Fahrstrecke dieser beiden Phasen bezogen. Das Ergebnis wird mit dem Faktor 0,43 gewichtet.

Desgleichen werden die aufsummierten Schadstoffmassen der Phasen ht und cs auf die gesamte Fahrstrecke dieser beiden Phasen bezogen und mit dem Faktor 0,57 gewichtet. Das Testergebnis für die einzelnen Schadstoffe (unter anderem HC, CO und NO_x) ergibt sich aus der Summe dieser beiden Teilergebnisse.

Die Emissionen werden als Schadstoffausstoß pro Meile angegeben.

SFTP-Zyklen
Die Prüfungen nach dem SFTP-Standard (Supplemental Federal Test Procedure) wurden ab 2001 eingeführt. Sie setzen sich aus zwei Fahrzyklen zusammen, dem SC03-Zyklus (Bild 10b) und dem US06-Zyklus (Bild 10c). Mit den erwei-

Bild 10: USA-Testzyklen für Pkw und leichte Nfz.

	a	b	c	d
Testzyklus	FTP 75	SC03	US06	Highway
Zykluslänge:	17,87 km	5,76 km	12,87 km	16,44 km
Zyklusdauer:	1877 s + 600 s Pause	594 s	600 s	765 s
Mittlere Zyklusgeschwindigkeit:	34,1 km/h	34,9 km/h	77,3 km/h	77,4 km/h
Maximale Zyklusgeschwindigkeit:	91,2 km/h	88,2 km/h	129,2 km/h	96,4 km/h

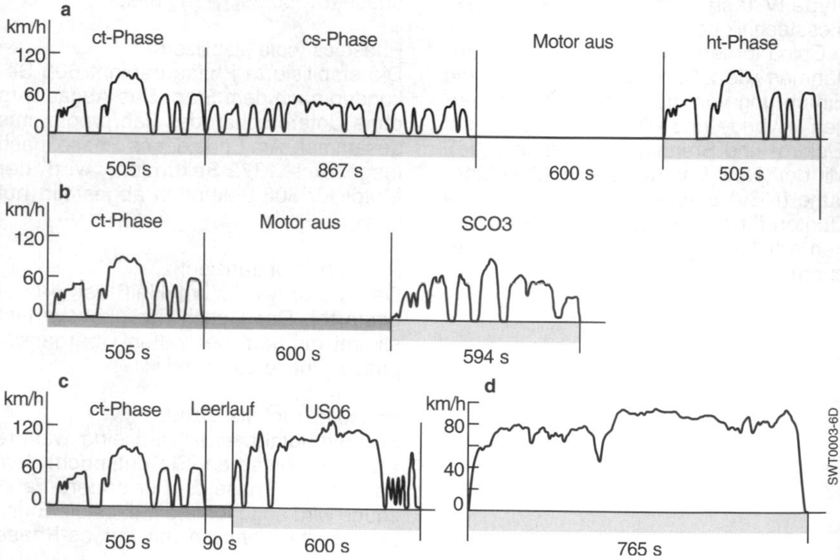

terten Tests sollen folgende zusätzliche Fahrzustände überprüft werden:
- aggressives Fahren,
- starke Geschwindigkeitsänderungen,
- Motorstart und Anfahrt,
- Fahrten mit häufigen, geringen Geschwindigkeitsänderungen,
- Abstellzeiten und
- Betrieb mit Klimaanlage.

Beim SC03- und US06-Zyklus wird zur Vorkonditionierung jeweils die ct-Phase des FTP 75-Zyklus gefahren, ohne die Abgase zu sammeln. Es sind aber auch andere Konditionierungen möglich.

Der SC03-Zyklus (nur für Fahrzeuge mit Klimaanlage) wird bei 35 °C und 40 % relativer Luftfeuchte gefahren. Die einzelnen Fahrzyklen werden folgendermaßen gewichtet:
- Fahrzeuge mit Klimaanlage: 35 % FTP 75 + 37 % SC03 + 28 % US06.
- Fahrzeuge ohne Klimaanlage: 72 % FTP 75 + 28 % US06.

Der SFTP- und der FTP 75-Testzyklus müssen unabhängig voneinander bestanden werden.

Beim Start eines Fahrzeugs bei tiefen Temperaturen entstehen durch die notwendige Kaltstartanreicherung bei Ottomotoren höhere Schadstoffemissionen, die sich beim derzeit gültigen Abgastest (bei Umgebungstemperatur 20 bis 30 °C) nicht erfassen lassen. Um diese Schadstoffe ebenfalls zu begrenzen, wird bei Fahrzeugen mit Ottomotor ein zusätzlicher Abgastest bei −7 °C durchgeführt. Ein Grenzwert für diesen Test ist jedoch nur für Kohlenmonoxid vorgegeben, für die NMHC-Emissionen wurde 2013 ein Flottengrenzwert eingeführt, der bundesweit gilt.

Testzyklen zur Ermittlung des Flottenverbrauchs

Jeder Fahrzeughersteller muss seinen Flottenverbrauch ermitteln. Überschreitet ein Hersteller die Zielwerte, muss er Strafabgaben entrichten.

Der Kraftstoffverbrauch wird aus den Abgasen zweier Testzyklen ermittelt – dem FTP 75-Testzyklus (Gewichtung 55 %) und dem Highway-Testzyklus (Gewichtung 45 %). Der Highway-Testzyklus (Bild 10d) wird nach der Vorkonditionierung (Abstellen des Fahrzeugs für zwölf Stunden bei 20 bis 30 °C) einmal ohne Messung gefahren. Anschließend werden die Abgase eines weiteren Durchgangs gesammelt. Aus den CO_2-Emissionen wird der Kraftstoffverbrauch berechnet.

Weitere Testzyklen

FTP 72-Testzyklus

Der FTP 72-Test – auch als UDDS (Urban Dynamometer Driving Schedule) bezeichnet – entspricht dem FTP 75-Test ohne den ht-Testabschnitt (Heißtest). Dieser Zyklus wird beim Running-Loss-Test für Fahrzeuge mit Ottomotor gefahren.

New York City Cycle (NYCC)

Dieser Zyklus ist ebenfalls Bestandteil des Running-Loss-Test (für Fahrzeuge mit Ottomotor). Er simuliert niedrige Geschwindigkeiten im Stadtverkehr mit häufigen Stopps.

Hybrid-Zyklus

Für Hybridfahrzeuge wird an den FTP 75-Zyklus die Phase hs (Verlauf entspricht der Phase cs) angehängt. Dieser Fahrzyklus entspricht somit zwei Mal dem UDDS-Zyklus, deshalb wird er als 2UDDS bezeichnet.

Europäischer Testzyklus

MNEFZ

Der „Modifizierte Neue Europäische Fahrzyklus“ (MNEFZ, Bild 11) wird seit Euro 3 angewandt. Im Gegensatz zum „Neuen Europäischen Fahrzyklus“ (Euro 2), bei dem die Messung der Emissionen erst 40 Sekunden nach Start des Fahrzeugs einsetzte, bezieht der MNEFZ auch die Kaltstartphase ein (einschließlich Motorstart).

Konditionierung

Zur Konditionierung wird das Fahrzeug bei 20 bis 30 °C mindestens sechs Stunden abgestellt. Für den Typ VI-Test (nur für Fahrzeuge mit Ottomotor) ist die Starttemperatur seit 2002 auf −7 °C herabgesetzt.

Sammeln der Schadstoffe
Das Abgas wird während zwei Phasen in Beuteln gesammelt, dem innerstädtischen Zyklus (UDC, Urban Driving Cycle) mit maximal 50 km/h und dem außerstädtischen Zyklus (EUDC, Extra Urban Driving Cycle, Überlandfahrt) mit einer maximalen Geschwindigkeit von 120 km/h.

Auswertung
Die durch die Analyse des Beutelinhalts ermittelten Schadstoffmassen werden auf die Wegstrecke bezogen (siehe Abgas-Messtechnik).

WLTC
Im Rahmen der UN ECE wurde von der EU, Japan, Indien und Südkorea (u.a.) ein neuer Testzyklus WLTC (Worldwide Light-duty Test Cycles) für Pkw und leichte Nfz erarbeitet und in der UN GTR No. 15 [3] festgelegt. Der WLTC besteht aus vier Phasen („low", „mid", „high" und „extra high speed"). Optional können aber auch nur die ersten drei Phasen verwendet werden. Für spezielle Fahrzeugsegmente wurden weitere Zyklen entwickelt: für die japanischen „kei-cars" eine abgeschwächte Variante des WLTC und für den indischen Markt zwei Zyklen für Fahrzeuge mit sehr niedrigem Motorleistungs-Masse-Verhältnis („low powered vehicle test cycles", LPTC).

Der aus Straßenfahrten abgeleitete dynamische Testzyklus wird ergänzt durch eine im Vergleich zur bisherigen Vorschrift stark überarbeiteten Testprozedur (WLTP), die deutlich realistischere Verbrauchs- und Emissionsmessungen ermöglichen sollen.

Für das WLTP-Prüfverfahren sind u.a. eine Methode zur Schaltpunktberechnung für Handschalter, höhere Fahrzeugmassen durch Berücksichtigung von Zuladung und Ausstattungsoptionen, verbesserte Methoden zur Bestimmung der Ausrollparameter, die stufenlose Einstellung des Rollenprüfstands sowie als Testtemperatur 23 °C festgelegt worden. Neben der grundlegenden Testprozedur wurden auch spezielle Anforderungen für elektrifizierte Fahrzeuge wie Hybrid- und Elektrofahrzeuge erarbeitet.

Bild 12 zeigt den WLTC beispielhaft für die Klasse 3b, die Klasse mit den gängigsten Pkw und leichten Nfz. Im Vergleich zum bisherigen Testzyklus MNEFZ (Bild 11) ist die veränderte Dynamik des WLTC gut zu erkennen.

Bild 11: MNEFZ für Pkw und leichte Nfz.
Zykluslänge: 11 km.
Mittlere Geschwindigkeit: 33,6 km/h.
Maximale Geschwindigkeit: 120 km/h.
UDC Urban Driving Cycle (Stadtzyklus),
EUDC Extra Urban Driving Cycle (Überlandfahrt).

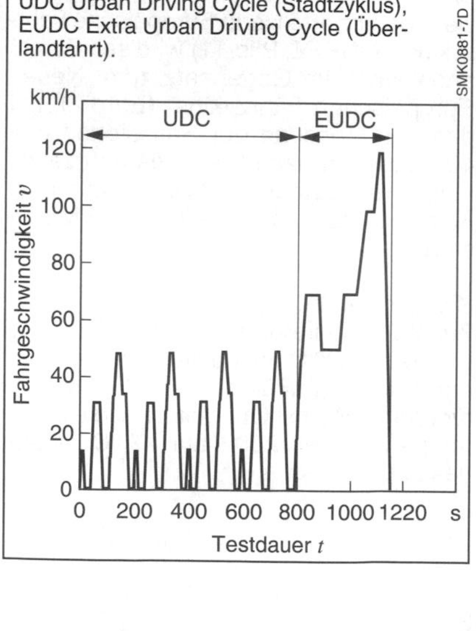

Bild 12: WLTC für Pkw und leichte Nfz.

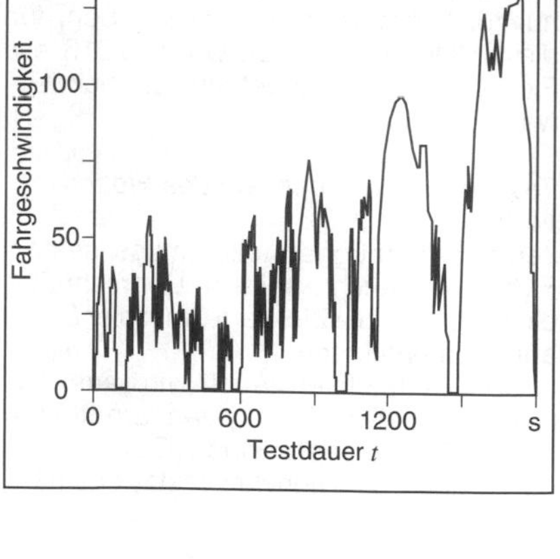

RDE-Test
Ein neues Element der Gesetzgebung für Pkw und lNfz ist der RDE-Test („real driving emissions“), der in der EU entwickelt wurde und von anderen Staaten wie China und Indien (für Otto und Diesel) sowie Korea und Japan (nur für Diesel) übernommen wird. Der RDE-Test hat das Ziel, sicherzustellen, dass die Abgasgrenzwerte nicht nur im genormten Zyklus, sondern auch unter realen Straßenbedingungen eingehalten werden. Für den RDE-Test wird ein Fahrzeug mit einem mobilen Messgerät (PEMS, Portable Emissions Measurement System, auf der Anhängerkupplung montiert, siehe Abgas-Messtechnik) ausgestattet und damit eine Fahrt im normalen Straßenverkehr durchgeführt. Dabei gelten diverse Randbedingungen, z. B. bezüglich der Anteile von Stadt- und Überlandstraßen und Autobahn, der Anteile von Leerlauf, von Durchschnittsgeschwindigkeit, Minimal- und Maximalgeschwindigkeit, Beschleunigung, Kaltstart, und Umgebungsbedingungen wie Temperatur und Höhe. Tabelle 3 zeigt ausgewählte Randbedingungen für die EU. Durch die erweiterten Temperaturen von –7 °C bis +35 °C können RDE-Fahrten bei ganz anderen Bedingungen als im Typ I-Test (bei 23 °C) durchgeführt werden.

PEMS-Geräte gibt es für CO, NO_x, PN (Partikelanzahl) und CO_2. Gültige RDE-Fahrten (siehe Tabelle 3) werden mit Softwaretools ausgewertet und gegebenenfalls gewichtet. Die durchschnittlichen Emissionen einer PEMS-Fahrt werden mit Maximalwerten verglichen, die sich aus dem Produkt von Emissionsgrenzwert mal „Konformitäts-Faktor“ CF ergeben. Der CF berücksichtigt die

Tabelle 3: Randbedingungen für eine gültige RDE-Messfahrt (Auswahl, nicht alle aufgeführt).

Parameter	Kriterium		
Fahrstreckenaufteilung	Stadt 34 % (29…44 %)	Überland 33 % (±10 %)	Autobahn 33 % (±10 %)
	Jeweils mindestens 16 km		
Geschwindigkeiten	$v \leq 60$ km/h $v_D = 15…40$ km/h (Durchschnitts-geschwindigkeit)	60 km/h < $v \leq$ 90 km/h	90 km/h < $v \leq$ 145 km/h (bis 160 km/h für maximal 3% der Autobahnzeit)
Fahrzeit gesamt	90…120 min		
Nebenverbraucher	Der Betrieb der Klimaanlage und der sonstigen Nebenverbrauchern muss ihrer möglichen Verwendung durch den Verbraucher unter normalen Fahrbedingungen auf der Straße entsprechen.		
Höhenmeter	Gemäßigt: $h \leq 700$ m Erweitert: 700 m < $h \leq$ 1300 m (Messwerte werden durch 1,6 geteilt) Ausgangs- und Endpunkt dürfen sich in ihrer Höhe über dem Meeresspiegel um nicht mehr als 100 m unterscheiden.		
Temperatur	Gemäßigt: Stufe 1: 3 °C ≤ T ≤ 30 °C Stufe 2: 0 °C ≤ T ≤ 30 °C Erweitert (Messwerte werden durch 1,6 geteilt): Stufe 1: –2 °C ≤ T < 3 °C, oder 30 °C < T ≤ 35 °C Stufe 2: –7 °C ≤ T < 0 °C, oder 30 °C < T ≤ 35 °C		
Fahrzeugnutzlast und Prüfmasse	Grundnutzlast: Fahrer, Beifahrer, Prüfausrüstung. Höchstmasse aus Grundnutzlast und künstlicher Nutzlast: maximal 90 % der Summe der „Masse der Fahrgäste“ und der „Nutzlast“.		
Kaltstart	Kaltstartzeitraum: bis das Kühlmittel 70 °C erreicht hat, maximal 5 Minuten kumulativer Verbrennungsmotorbetrieb. Geschwindigkeit: Durchschnitt = 15…40 km/h, maximal 60 km/h. Emissionen im Kaltstartzeitraum werden für den städtischen Teil und die gesamte RDE-Fahrt mit den normalen Methoden ausgewertet.		

Messungenauigkeiten, die sich durch Messungen mit PEMS auf der Straße im Vergleich zu einer Messung auf dem Rollenprüfstand ergeben.

Japan-Testzyklus

JC08-Testzyklus

Im Jahre 2008 wurde mit dem JC08 ein neuer Abgastest eingeführt (Bild 13), der zunächst als Kaltstarttest den 11-Mode-Test ablöste. Seit 2011 wird ausschließlich der JC08 verwendet, sowohl als Kaltstart- als auch als Warmstarttest. Der Kaltstarttest wird mit 25 % gewichtet, der Warmstarttest mit 75 %. Die Schadstoffe werden auf die Fahrstrecke bezogen, d.h. in Gramm pro Kilometer (g/km) umgerechnet.

WLTC

Seit 2018 ersetzt der WLTC mit drei Phasen (WLTC ohne den „extra high speed"-Teil) den JC08.

Abgasgesetzgebung für schwere Nfz

USA-Gesetzgebung

Fahrzeugklassen

Schwere Nutzfahrzeuge sind in der EPA-Gesetzgebung als Fahrzeuge mit einer zulässigen Gesamtmasse über 8 500 lbs beziehungsweise über 10 000 lbs (je nach Fahrzeugart, siehe Bild 4) definiert (entspricht 3,9 t beziehungsweise 4,6 t).

In Kalifornien gelten alle Fahrzeuge über 14 000 lbs (6,35 t) als schwere Nutzfahrzeuge (siehe Bild 1). Die kalifornische Gesetzgebung entspricht in wesentlichen Teilen der EPA-Gesetzgebung, es gibt jedoch ein Zusatzprogramm für Stadtbusse.

Abgasgrenzwerte

In den US-Normen sind für Dieselmotoren Grenzwerte für Kohlenwasserstoffe (HC), Kohlenmonoxid (CO), Stickoxide (NO_x), Partikelmasse (PM), Abgastrübung und teilweise für Nicht-Methan-Kohlenwasserstoffe (NMHC) festgelegt.

Die zulässigen Grenzwerte werden auf die Motorleistung bezogen und in g/bhp-h (gram per brake hoursepower hour) angegeben (Bild 14 mit auf g/kWh umgerechneten Werten). Die Emissionen werden am Motorprüfstand im dynamischen Testzyklus mit Kaltstart (HDDTC, Heavy-Duty Diesel Transient Cycle) ermittelt, die

Bild 13: Japan-Testzyklus JC08 für Pkw und leichte Nkw.
Zykluslänge: 8,179 km.
Zykluszeit: 1204 s.
Mittlere Geschwindigkeit: 24,5 km/h.
Maximale Geschwindigkeit: 81,6 km/h.

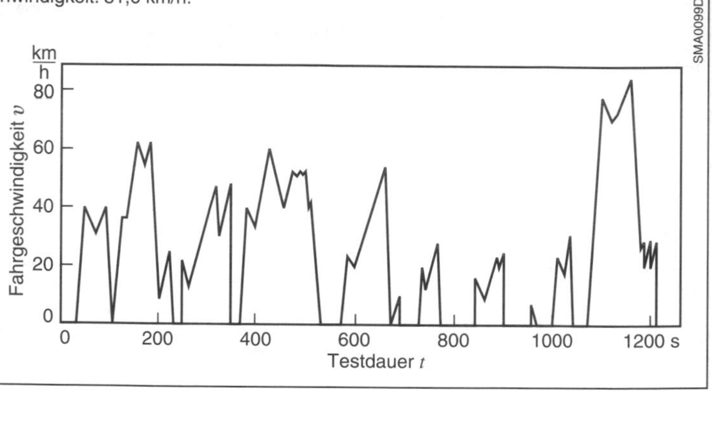

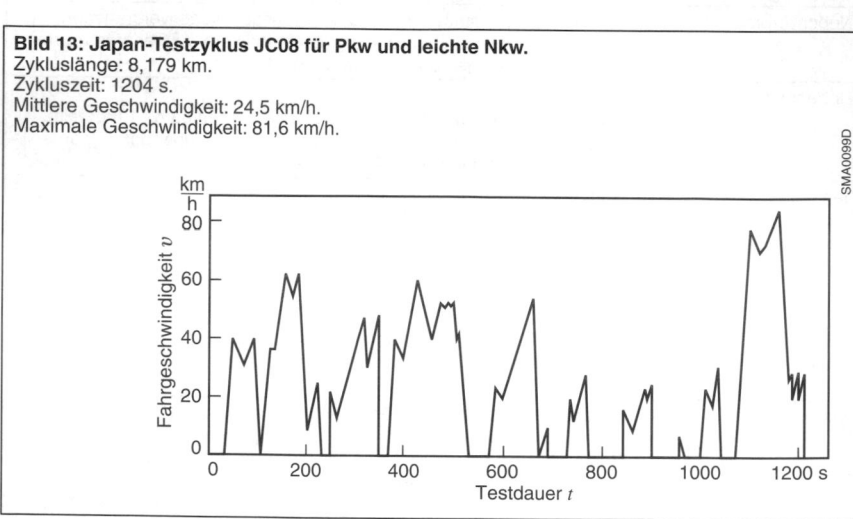

Abgastrübung im Federal-Smoke-Test (FST).

Für Fahrzeuge seit Modelljahr 2004 gelten strengere Vorschriften mit deutlich reduzierten NO_x-Grenzwerten. Die Nicht-Methan-Kohlenwasserstoffe und Stickoxide sind als Summenwert (NMHC + NO_x) zusammengefasst.

Eine weitere, sehr drastische Verschärfung greift seit Modelljahr 2007. Die NO_x- und Partikelemissionen werden separat limitiert und ihre Grenzwerte betragen ein Zehntel der Vorgängerwerte. Sie sind ohne Abgasnachbehandlungsmaßnahmen (z. B. NO_x-Minderungsmaßnahmen mit NO_x-Speicherkatalysator oder aktivem SCR-System, Partikelfilter) nicht erreichbar.

Für die NO_x- und NMHC-Grenzwerte galt eine schrittweise Einführung (Phase-in) zwischen Modelljahr 2007 und 2010.

Ab dem Modeljahr 2024 werden in Kalifornien mit Einführung der CARB Low-NO_x-Regulation (für Omnibusse) die Stickoxidgrenzwerte um 90 % abgesenkt und der bisherige Partikelemissionsgrenzwert halbiert.

Mit Modeljahr 2027 sind zusätzlich massiv erhöhte Dauerhaltbarkeitsanforderungen gültig.

Ein verplichtender Verkaufsanteil von Null-Emissionsfahrzeugen wird in Kalifornien für die Modeljahre 2024 bis 2035 vorgeschrieben (Advanced Clean Truck Regulation, ACT).

Um die Einhaltung der strengen Partikelgrenzwerte zu ermöglichen, wurde der maximal zulässige Schwefelgehalt im Dieselkraftstoff ab Mitte 2006 auf 15 ppm reduziert.

Für schwere Nutzfahrzeuge sind – im Gegensatz zu Pkw und LDT – keine Grenzwerte für die durchschnittlichen Flottenemissionen und den Flottenverbrauch vorgeschrieben.

Consent Decree

Im Jahr 1998 wurde zwischen EPA, CARB und mehreren Motorherstellern eine gerichtliche Einigung erzielt, die eine Bestrafung der Hersteller wegen unerlaubter verbrauchsoptimaler Motoranpassung im Highway-Fahrbetrieb und damit erhöhter NO_x-Emission beinhaltet. Das „Consent Decree" legt unter anderem fest, dass die geltenden Emissionsgrenzwerte zusätzlich zum dynamischen Testzyklus auch im stationären europäischen 13-Stufentest unterschritten werden müssen. Zudem dürfen die Emissionen innerhalb eines vorgegebenen Drehzahl-Drehmoment-Bereichs (Not-to-Exceed-Zone) bei beliebiger Fahrweise nur 25 % über den Grenzwerten für das Modelljahr 2004 liegen.

Diese zusätzlichen Tests sind seit Modelljahr 2007 für alle Diesel-Nfz vorge-

Bild 14: Vergleich der NO_x- und PM-Emissionsgrenzwerte für Diesel-Nfz: EU, USA, Japan [5].

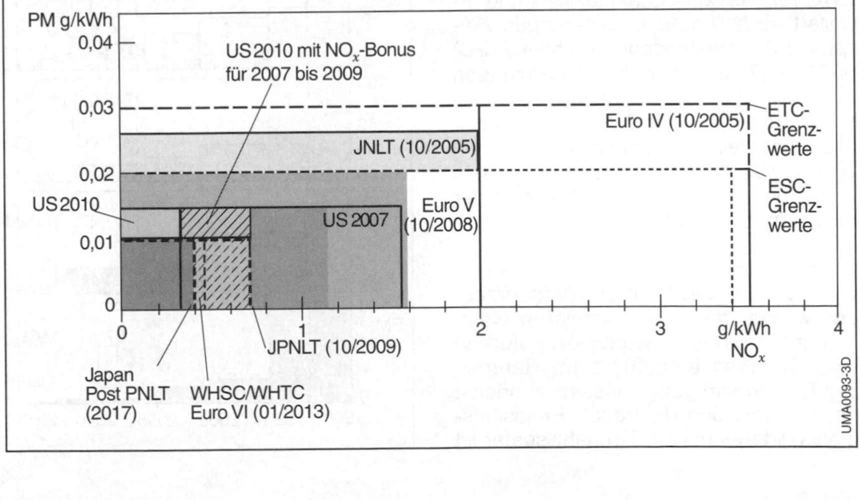

schrieben. Die Emissionen in der Not-to-Exceed-Zone dürfen dabei jedoch bis zu 50 % über den Grenzwerten liegen.

Dauerhaltbarkeit
Die Einhaltung der Emissionsgrenzwerte muss über eine vorgegebene Fahrstrecke oder eine bestimmte Zeitdauer nachgewiesen werden. Dabei werden drei Klassen mit zunehmenden Anforderungen an die Dauerhaltbarkeit unterschieden:
- Leichte Nfz von 8 500 lbs (EPA) beziehungsweise 14 000 lbs (CARB) bis 19 500 lbs: 10 Jahre oder 110 000 Meilen.
- Mittelschwere Nfz von 19 500 lbs bis 33 000 lbs: 10 Jahre oder 185 000 Meilen.
- Schwere Nfz über 33 000 lbs: 10 Jahre oder 435 000 Meilen beziehungsweise 22 000 h (Betriebsdauer).

Kraftstoffverbrauchsanforderung
in den USA gibt es separate Anforderungen an Treibhausgasausstoß (seit 2014) und Kraftstoffverbrauch (seit 2017).

EU-Gesetzgebung
Fahrzeugklassen
In Europa zählen zu den schweren Nutzfahrzeugen alle Fahrzeuge mit einer zulässigen Gesamtmasse über 3,5 t und einer Transportkapazität von mehr als neun Personen (siehe Bild 6). Die Emissionsvorschriften (Euro-Normen) beruhen auf der Basis-Richtlinie 88/77/EWG [6], die laufend aktualisiert und erweitert wird. Euro VI-Anforderungen werden mit der entstandenen Richtlinie (EU) 64/2012 [7] beschrieben. Ergänzungen zu PEMS (Portable Emission Measurement System) und IUC (In Use Compliance) sind beispielsweise in der Vorschrift 2016/1718 EU [8] zu finden. Die aktuellste Ergänzung zu Euro VI findet sich in der Vorschrift (EU) 2020/1181 [9].

Abgasgrenzwerte
Wie bei Pkw und leichten Nutzfahrzeugen werden auch bei schweren Nutzfahrzeugen neue Grenzwertstufen in zwei Schritten eingeführt. Im Rahmen der Typgenehmigung müssen zunächst neue Motortypen die neuen Emissionsgrenzwerte einhalten. Ein Jahr später ist die Einhaltung der neuen Grenzwerte Voraussetzung für die Erteilung der Fahrzeugzulassung. Die Übereinstimmung der Produktion (COP, Conformity of Production) kann vom Gesetzgeber überprüft werden, indem Motoren aus der laufenden Serie entnommen und auf die Einhaltung der neuen Abgasgrenzwerte hin getestet werden.

In den Euro-Normen sind für Nfz-Dieselmotoren Grenzwerte für Kohlenwasserstoffe (HC und NMHC), Kohlenmonoxid (CO), Stickoxide (NO_x), Partikel und die Abgastrübung festgelegt. Die zulässigen Grenzwerte werden auf die Motorleistung bezogen und in g/kWh angegeben (Bild 15).

Im Oktober 2000 wurde die Grenzwertstufe Euro III zunächst für neue Motortypen bindend, ein Jahr später für sämtliche neu gefertigten Motoren. Die Emissionen wurden im stationären 13-Stufentest (ESC, European Steady-State Cycle, siehe Testzyklen für schwere Nfz) ermittelt, die Abgastrübung in einem zusätzlichen Trübungstest (ELR, Euro-

Bild 15: EU-Emissiongrenzwerte für Diesel-Nfz [5].
Werte in g/kWh.
Prozentuale Verringerungen beziehen sich auf Euro 0.

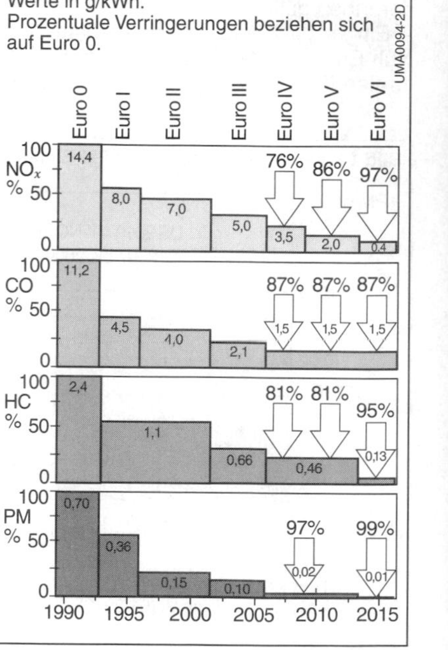

pean Load Response). Dieselmotoren, die mit Systemen zur Abgasnachbehandlung (NO_x-Minderungsmaßnahmen mit NO_x-Speicherkatalysator oder aktivem SCR-System, Partikelfilter) ausgerüstet sind, mussten darüber hinaus bereits im dynamischen Abgastest ETC (European Transient Cycle) getestet werden. Diese europäischen Testzyklen wurden noch mit warmem Motor gestartet. Seit Euro V ist auch ein Kaltstarttest erforderlich.

Innerhalb der Euro III-Gesetzgebung wurde noch zwischen großen Motoren (Hubraum > 0,75 l pro Zylinder) und kleinen Motoren (Hubraum < 0,75 l pro Zylinder und Nenndrehzahl > 3000 min^{-1}) unterschieden, mit höheren zulässigen Partikelemissionensgrenzwerten für die kleineren Aggregate. Mit der Einführung von Euro IV entfällt diese Unterscheidung für Neuzertifizierungen.

Im Oktober 2005 trat die Grenzwertstufe Euro IV zunächst für Neuzertifizierungen in Kraft, ein Jahr später auch für die Serienproduktion. Gegenüber Euro III wurden alle Grenzwerte deutlich reduziert, am größten ist die Verschärfung bei den Partikelgrenzwerten mit ungefähr 80 %. Mit der Einführung von Euro IV ergaben sich zudem folgende Änderungen:
- Der dynamische Abgastest (ETC) galt – neben ESC und ELR – verbindlich für alle Dieselmotoren.
- Die Funktion emissionsrelevanter Bauteile muss über die Lebensdauer des Fahrzeugs nachgewiesen werden (siehe Dauerhaltbarkeit).

Die Grenzwertstufe Euro V wurde ab Oktober 2008 für alle neu zertifizierten Motortypen eingeführt, ein Jahr später auch für die Serienproduktion. Gegenüber Euro IV wurden nur die NO_x-Grenzwerte verschärft.

Im Januar 2013 trat die Euro VI-Grenzwertstufe für neue Motortypen in Kraft, ein Jahr später für alle neu produzierten Motoren. Gegenüber Euro V sind die Stickoxidemissionen nochmals um 80 % und die Partikelemissionen um mehr als 60 % vermindert (bezogen auf ETC-Grenzwerte für Euro V). Mit Euro VI sind neue harmonsierte Motorentests eingeführt worden. Auch hier gibt es einen Stationärtest (WHSC, World Harmonized Stationary Cycle), einen Dynamiktest (WHTC, World Harmonized Transient Cycle), sowie zufällige Tests innerhalb vorgegebener Drehzahl-Drehmoment-Bereiche (WNTE, World Harmonised Not-to-Exceed-Zone). Im Gegensatz zu den bisherigen Euro V-Vorschriften gelten ab Euro VI keine eigenen Partikelmassengrenzwerte mehr für den Transienttest, sondern sind identisch mit den Vorgaben für den Stationärtest. Mit Euro VI werden zusätzlich Partikelanzahlgrenzwerte gefordert (separat für Stationär -und Transienttest).

Dauerhaltbarkeit
Die Einhaltung der Emissionsgrenzwerte muss über eine vorgegebene Fahrstrecke oder eine bestimmte Zeitdauer nachgewiesen werden. Dabei werden drei Klassen mit zunehmenden Anforderungen an die Dauerhaltbarkeit unterschieden:
- Leichte Nfz bis 3,5 t zulässiger Gesamtmasse (zGM): 6 Jahre oder 100 000 km (Euro IV und Euro V) beziehungsweise 160 000 km (Euro VI).
- Mittelschwere Nfz kleiner 16 t zGM: 6 Jahre oder 200 000 km (Euro IV und Euro V) beziehungsweise 300 000 km (Euro VI).
- Schwere Nfz über 16 t zGM: 7 Jahre oder 500 000 km (Euro IV und Euro V) beziehungsweise 700 000 km (Euro VI).

Kraftstoffverbrauch
Der CO_2-Austoß von schweren Nutzfahrzeugen mit einer zulässigen Gesamtmasse größer 16 t soll um 15 % bis 2025 und um 30 % bis 2030 reduziert werden. Diese Ziele bedeuten eine relative Absenkung bezogen auf durchschnittlich ermittelte Emissionen von Fahrzeugen eines Herstellers, innerhalb eines Referenzzeitraumes 07/2019 bis 06/2020.

Je nach Fahrzeugtyp (Kastenaufbau oder Satellschleppzugmaschine) und Achskonfiguration werden Unterkategorien hinsichtlich der CO_2-Ausgangswerte gebildet.

Die CO_2-Ermittlung erfolgt über ein Simulationstool (VECTO, Vehicle Energy and Consumption Calculation tool), welches eine Vielzahl an Parametern (Fahrzeugeinsatzzweck, Antriebstrangkonfiguration usw.) berücksichtigt

Besonders umweltfreundliche Fahrzeuge
Vor der Einführung der Euro V-Norm war es möglich, vorzeitig anspruchsvollere, sogenannte EEV-Grenzwerte (Enhanced Environmentally-Friendly Vehicle) freiwillig zu erfüllen. Die freiwillige vorzeitige Erfüllung erlaubte steuerliche Anreize. EEV-Grenzwerte für HC, NMHC, CO sowie Abgastrübung waren geringer als die Euro V-Grenzwerte. NO_x-und Partikel-Grenzwerte entsprachen den Euro V ESC-Grenzwerten. Erdgasasbetriebene Stadt- und Reisebusse sind typische Vertreter von EEV-Fahrzeugen.

Japan-Gesetzgebung
Fahrzeugklassen
In Japan gelten Fahrzeuge mit einem zulässigen Gesamtmasse über 3,5 t und einer Transportkapazität von mehr als zehn Personen als schwere Nutzfahrzeuge (siehe Bild 9).

Abgasgrenzwerte
Im Oktober 2005 wurde die „New Long Term Regulation" eingeführt, die bis Ende 2009 gültig war. Sie schrieb Grenzwerte für Kohlenwasserstoffe (HC), Stickoxide (NO_x), Kohlenmonoxid (CO), Partikel und die Abgastrübung vor. Die Emissionen wurden im neu eingeführten transienten JE05-Testzyklus (Warmtest) ermittelt, die Abgastrübung im japanischen Rauchtest. Der Rauchtest erfolgte mit drei Volllastbetriebspunkten bei 40,6 % und 100 % der Nenndrehzahl. Mit Einführung der Emissionsstufe „Post New Long Term" (09/09) gibt es keine Rauchtestvorgaben mehr.

Im September 2009 ist die „Post New Long-Term Regulation" in Kraft getreten. Die Partikel- und NO_x-Grenzwerte wurden gegenüber 2005 um fast zwei Drittel gesenkt.

Seit Oktober 2016 ist die „Post Post New Long Term" (Post PNLT, PPNLT) für Fahrzeuge > 7,5 t mit einer erneuten NO_x-Reduktion auf ca 60 % der bisherigen PNLT-Anforderungen gültig. Die Einführung von PPNLT ist ab Oktober 2018 mit Grenzwerten auch für Nutzfahrzeuge ≤ 7,5 t abgeschlossen. Die Termine in der Übersicht:

- 10/2016 für schwere Nfz > 7,5 t zulässiger Gesamtmasse (zGm, ohne Sattelschlepper),
- 10/2017 für schwere Sattelschlepper > 7,5 t zGm,
- 10/2018 für Fahrzeuge mit 3,5...7,5 t zGm.

Als Prüfzyklus werden die harmonisierten Testzyklen WHSC und WHTC angewendet.

Dauerhaltbarkeit
Die Einhaltung der Emissionsgrenzwerte muss über eine vorgegebene Fahrstrecke nachgewiesen werden. Dabei werden drei Klassen mit zunehmenden Anforderungen an die Dauerhaltbarkeit unterschieden:
- Nfz kleiner 8 t zulässige Gesamtmasse (zGm): 250 000 km.
- Mittelschwere Nfz kleiner 12 t zGm: 450 000 km.
- Schwere Nfz über 12 t zGm: 650 000 km.

Kraftstoffverbrauchsanforderung
Für Lastkraftwagen und Busse mit einer zulässigen Gesamtmasse größer 3,5 t sind Krafstoffverbrauchsgrenzwerte vorgeschrieben. Dazu werden zwei Fahrzyklen (innerstädtisch und Überlandfahrt) herangezogen.

Die Verbrauchsbestimmung erfolgt aber auf dem Motorenprüfstand. Da der Verbrauch erheblich von der individuellen Fahrzeugmotorisierung und -ausstattung (z. B. Antriebsstrang, Rollwiderstand, Fahrzeugmasse) abhängig ist, wird die Berechnung mithilfe eines Konvertierungsprogramms durchgeführt. Die Anforderungen betragen für ein Nfz mit einer zulässigen Gesamtmasse kleiner 10 t 13,4 *l*/100 km, für Sattelzüge mit einer zulässigen Gesamtmasse kleiner 20 t 32,1 *l*/100 km und für Busse mit einer zulässigen Gesamtmasse kleiner 14 t 18,9 *l* /100 km. Die Werte gelten für 2025.

Regionale Programme
Neben den landesweit gültigen Vorschriften für Neufahrzeuge gibt es regionale Vorschriften für den Fahrzeugbestand, mit dem Ziel, die Emissionen im Feld durch

Ersetzen oder Nachrüsten alter Dieselfahrzeuge zu senken.

Das „Vehicle NO_x-Law“ gilt seit 2003 unter anderem im Großraum Tokio für Fahrzeuge mit einer zulässigen Gesamtmasse über 3500 kg. Die Vorschrift besagt, dass 8 bis 12 Jahre nach der Erstregistrierung des Fahrzeugs die NO_x- und Partikelgrenzwerte der jeweils vorhergehenden Grenzwertstufe eingehalten werden müssen. Das gleiche Prinzip gilt auch für die Partikelemissionen; hier greift die Vorschrift allerdings schon sieben Jahre nach Erstregistrierung des Fahrzeugs.

Testzyklen für schwere Nfz

Für schwere Nfz werden alle Testzyklen auf dem Motorprüfstand durchgeführt. Bei den instationären Testzyklen werden die Emissionen nach dem CVS-Prinzip gesammelt und ausgewertet, bei den stationären Testzyklen werden die Rohemissionen gemessen. Die Emissionen werden in g/kWh angegeben.

USA

EPA Engine Dynamometer Schedule for Heavy-Duty Diesel Engines (HD FTP Transient)

Motoren für schwere Nfz werden seit 1987 nach einem instationären Fahrzyklus (US HDDTC, Heavy-Duty Diesel Transient Cycle) mit Kaltstart auf dem Motorprüfstand gemessen. Der Prüfzyklus entspricht im Wesentlichen dem Betrieb eines Motors im Straßenverkehr (Bild 16). Er hat deutlich mehr Leerlaufanteile als der WHTC (siehe Abschnitt Europa).

Federal Smoke Cycle

Daneben wird in einem weiteren Test, dem Federal Smoke Cycle, die Abgastrübung bei dynamischem und quasistati-

Bild 16: US FTP (Heavy-Duty Diesel Transient Cycle, HDDTC) für schwere Nutzfahrzeugmotoren.
Sowohl die nominierte Drehzahl n^* als auch das nominierte Drehmoment M^* sind vom Gesetzgeber vorgegebene Tabellenwerte.

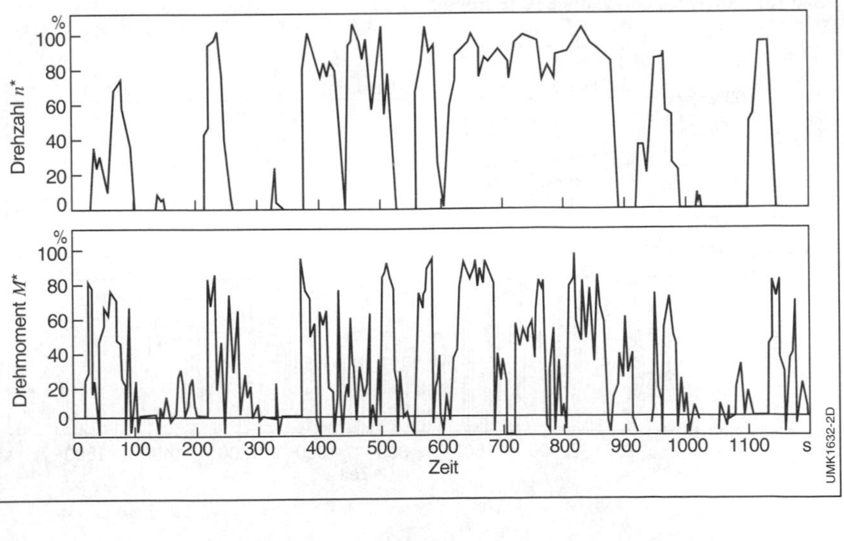

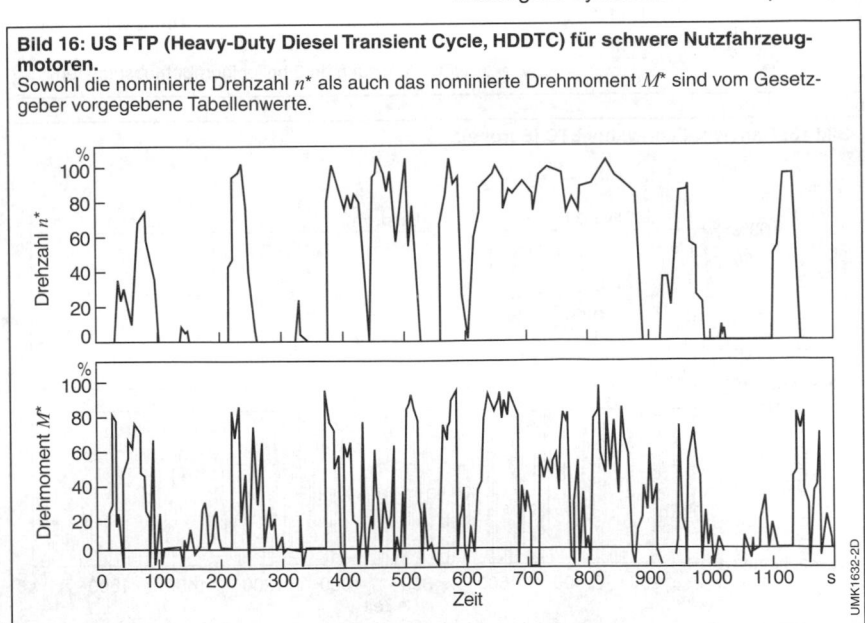

onärem Betrieb geprüft. Dabei werden für verschiedene aufgeprägte Lastzustände (Drehmomentvorgaben) mehrere schlagartige Volllastbeschleunigungen auf dem Motorenprüfstand abgefahren, um die Abgastrübung zu bestimmen.

Zusätzlicher Testzyklus
Seit dem Modelljahr 2007 müssen die US-Grenzwerte zusätzlich im europäischen 13-Stufentest (ESC) erfüllt werden. Darüber hinaus dürfen die Emissionen in der Not-to-Exceed-Zone (d.h. bei beliebiger Fahrweise innerhalb eines vorgegebenen Drehzahl-Drehmoment-Bereichs) maximal 50 % über den Grenzwerten liegen.

Europa
Bis Euro V wurden alle europäischen Testzyklen mit warmem Motor gestartet. Seit EU VI kommen ein Kalt- und ein Heißstarttest zur Anwendung

Bild 17: Stationärer 13-Stufentest ESC (Europa).

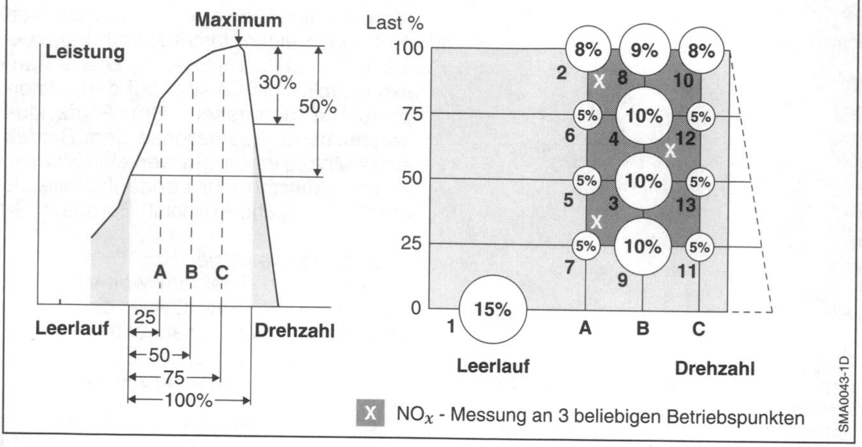

Bild 18: Transient-Fahrzyklus ETC (Europa).

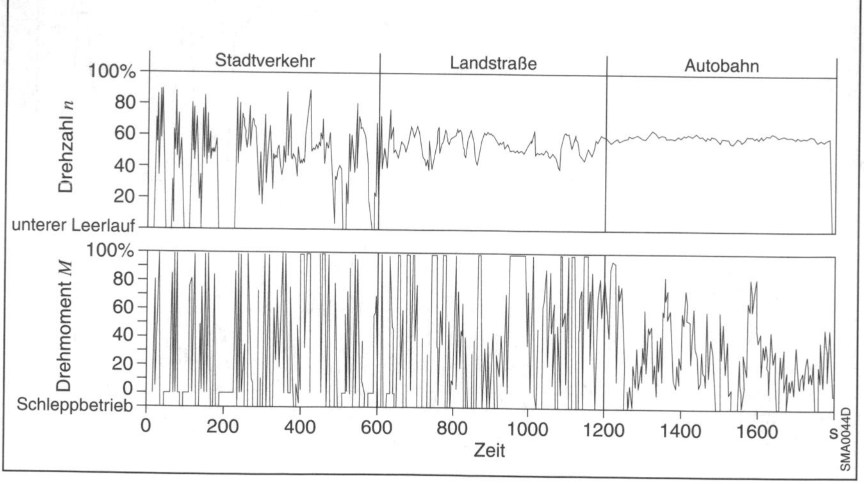

European Steady-State Cycle
Für Fahrzeuge mit mehr als 3,5 t zulässiger Gesamtmasse und mehr als neun Sitzplätzen wird in Europa seit Einführung der Stufe Euro III (Oktober 2000) der 13-Stufentest ESC (European Steady-State Cycle, Bild 17) angewendet. Das Testverfahren schreibt Messungen in 13 stationären Betriebszuständen vor, die aus der Volllastkurve des Motors ermittelt werden. Die in den einzelnen Betriebspunkten gemessenen Emissionen werden mit Faktoren gewichtet, ebenso die Leistung. Das Testergebnis ergibt sich für jeden Schadstoff aus der Summe der gewichteten Emissionen dividiert durch die Summe der gewichteten Leistung.

Bei der Zertifizierung können im Testbereich zusätzlich drei NO_x-Messungen durchgeführt werden. Die NO_x-Emissionen dürfen von denen der benachbarten Betriebspunkte nur geringfügig abweichen. Ziel der zusätzlichen Messung ist es, testspezifische Motoranpassungen zu verhindern.

Bild 19: European Load Response Test (ELR).

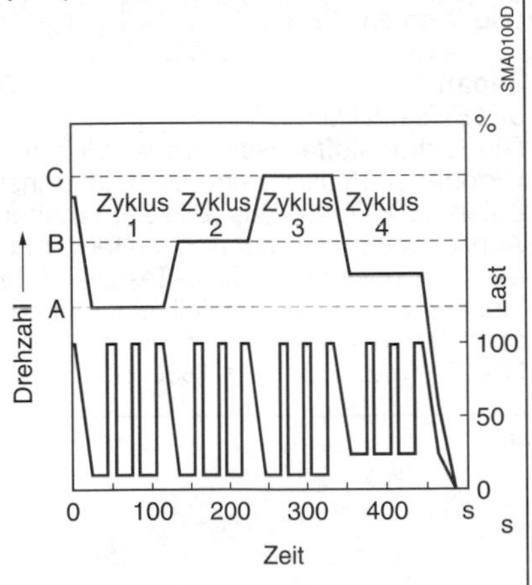

European Transient Cycle
Mit Euro III wurden auch der ETC (European Transient Cycle, Bild 18) zur Ermittlung der gasförmigen Emissionen und Partikel sowie der ELR (European Load Response, Bild 19) zur Bestimmung der Abgastrübung eingeführt. Der ETC gilt in der Stufe Euro III nur für Nfz mit Abgasnachbehandlung (Partikelfilter, NO_x-Minderungsmaßnahmen mit NO_x-Speicherkatalysator oder aktivem SCR-System), ab Euro IV (Oktober 2005) ist er verbindlich für alle Fahrzeuge vorgeschrieben.

Der Prüfzyklus ist aus realen Straßenfahrten abgeleitet und gliedert sich in drei Abschnitte – einen innerstädtischen Teil, einen Überlandteil und einen Autobahnteil. Die Prüfdauer beträgt 30 Minuten, in Sekundenschritten werden Drehzahl- und Drehmomentsollwerte vorgegeben.

Bild 20: World Harmonized Transient Cycle (WHTC).

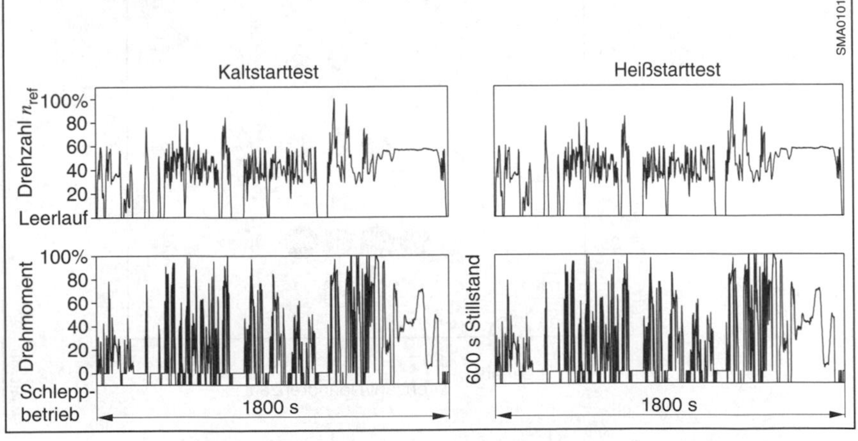

Weltweit harmonisierte Zyklen

Seit 2013 sind weltweit harmonisierte Motorentestzyklen mit Einführung der Euro VI-Grenzwertstufe anzuwenden. Die vorgeschriebenen Grenzwerte sind sowohl im WHSC (World Harmonized Stationary Cycle) als auch im WHTC (World Harmonized Transient Cycle, Bild 20) gleichermaßen zu erfüllen. Neu hinzu kommt eine WNTE-Zone (World Harmonized Not To Exceed Zone), wie sie bisher nur in den USA üblich war. Die WNTE-Prüfung erfolgt mit beliebiger Fahrweise innerhalb eines vorgegebenen Drehzahl-Drehmomentbereichs.

In Relation zu den WHTC-Grenzwerten dürfen WNTE-Emissionen einen erhöhten Ausstoß für NO_x (um 30 %) und Partikel (um 60 %) aufweisen.

Die harmonisierten Motorentests sind im Vergleich zu den derzeitigen europäischen Tests tendenziell niedriglastiger konzipiert mit weniger Vollastbetriebspunkten (Bild 21) und beim Transienttest deutlich mehr Schubphasen. Die damit verbundenen geringeren Abgastemperaturen stellen an aktive Abgasnachbehandlungssyteme, die regelmäßig regeneriert werden müssen, eine Herausforderung dar.

Real Road PEMS Tests

Mit der Euro VI-Gesetzgebung werden zusätzlich zu den Zertifizierungstests auf dem Motorenprüfstand auch Emissionen aus realen Straßenfahrten ermittelt, sowohl für Typgenehmigung als auch die Überprüfung von bereits in Betrieb befindlichen Fahrzeugen (ISC, In-Service Conformity). Dazu werden die Nutzfahrzeuge mit einem mobilen Messgerät (PEMS, Portable Emissions Measurement System) ausgerüstet. Die Prozedur ist vergleichbar mit der RDE-Prüfung von Pkw und leichten Nfz.

Japan

JE05-Testzyklus

Die Schadstoffemissionen wurden von Oktober 2005 bis Oktober 2016 im transienten JE05-Testzyklus (Bild 22) ermittelt. Ähnlich wie beim europäischen Pkw-Transienttest besteht der JE05-Testzyklus für Nfz aus einem Überlandteil, einem innerstädtischen Teil und einem Autobahnteil. Die Prüfdauer beträgt 1830 Sekunden.

Bild 21: Vergleich von ETC- und WHTC-Testzyklus.

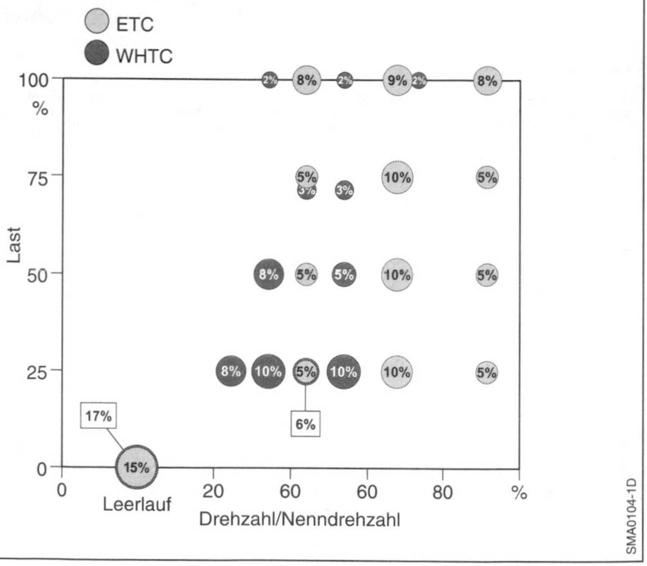

Der Test wird mit warmem Motor gestartet.

Anders als bei den europäischen und US-amerikanischen Nfz-Tests werden beim JE05-Test nicht die Motordrehzahl und das Motordrehmoment vorgegeben, sondern die Fahrgeschwindigkeit. Da der Test auf einem Motorenprüfstand durchgeführt wird, werden die hierfür benötigten Größen Drehzahl und Drehmoment aus den vorgegebenen Geschwindigkeiten sowie aus den individuellen Fahrzeugdaten mithilfe eines Konvertierungsprogramms ermittelt. Benötigte Größen sind unter anderem Fahrzeugmasse, Reifenrollwiderstand, Getriebeübersetzungen, Drehmomentverlauf und Maximaldrehzahl. Mit Einführung der Grenzwertstufen Post PNLT werden die harmonisierten europäischen Testzyklen WHSC, WHTC und WNTE zur Zertifizierung verwendet.

Bild 22: Japanischer JE05-Testzyklus.
Durchschnittsgescheindigkeit: 27,3 km/h.

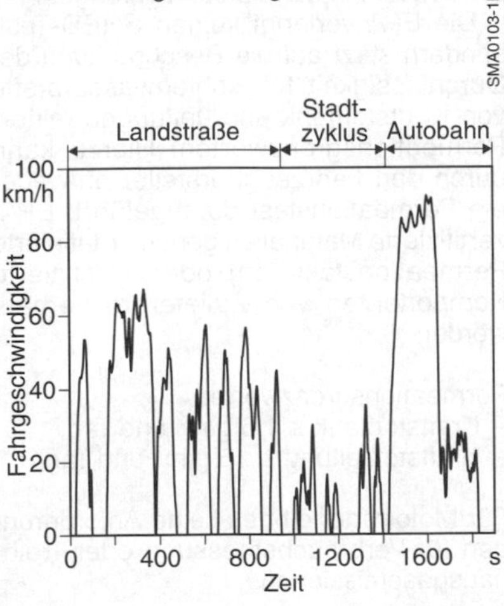

Emissionsgesetzgebung für Motorräder

Auch bei Motorrädern waren die USA Vorreiter bei der Einführung von Emissionsvorschriften. Da Motorräder jedoch nur einen sehr geringen Anteil am gesamten Verkehrsaufkommen und damit an den Gesamtemissionen und -immissionen haben, wurden diese Anforderungen im Vergleich zu denen für Pkw und Nutzfahrzeuge lange nicht weiter entwickelt. Daher wurden Anforderungen für Motorräder und andere L-Kategorie-Fahrzeuge (d.h. zwei-, drei- und vierrädrige Fahrzeuge wie Mopeds, dreirädrige Lieferwagen, Miniautos und Quads) von der EU und asiatischen Ländern wie Japan vorangetrieben. Die EU-Vorschriften wurden in ECE-Regelungen übernommen, die von Zwei- und Dreirad-affinen Ländern wie Indien, China und anderen südostasiatischen Staaten als Basis für ihre nationale Gesetzgebung verwendet werden. Motorräder spielen dort eine wichtige Rolle als Transportmittel für Personen und Güter, mit hohen Fahrleistungen sowohl im innerstädtischen als auch im ländlichen Raum. Japan, Taiwan und Thailand haben eigene Vorschriften für Motorräder eingeführt.

Die Zielsetzungen und Instrumente wie Emissionsgrenzwerte, Testzyklen, Prüfverfahren und Überprüfungsmöglichkeiten sind prinzipiell die gleichen wie für Pkw und leichte Nutzfahrzeuge (siehe Abgasgesetzgebung, Übersicht).

Hier werden nur die Anforderungen für Motorräder (Kategorie L3/L4) mit Ottomotor betrachtet.

USA-Gesetzgebung

Abgasemissionen

Die EPA führte erste Anforderungen für Motorräder 1978 ein. In Kalifornien galten zwischen 1988 und 2003 eigene Anforderungen, die ab 2004/2008 erweitert und verschärft wurden. Die EPA führte erst 2006/2010 neue Anforderungen ein, die auf den kalifornischen Anforderungen ab 2004/2008 basieren und diese auf die gesamten USA übertragen.

Motorräder werden in On-Highway und Off-Highway unterteilt, mit jeweils eigener Gesetzgebung, und schließen zwei- und

dreiräderige Fahrzeuge ein. Hier werden nur On-Highway Motorräder betrachtet. Diese werden ab 2004 (CARB) beziehungsweise ab 2006 (EPA) nach ihrem Hubraum in vier Klassen eingeteilt, für die unterschiedliche Dauerhaltbarkeitsanforderungen bezüglich Laufleistung gelten:
- Klasse I-A: < 50 ccm,
  5 Jahre/6 000 km;
- Klasse I-B: 50...169 ccm,
  5 Jahre/12 000 km;
- Klasse II: 170...279 ccm,
  5 Jahre/18 000 km;
- Klasse III: ≥ 280 ccm,
  5 Jahre/30 000 km.

Die Abgasemissionen werden im FTP-Zyklus auf dem Rollenprüfstand gemessen, bei einer Temperatur zwischen 20 °C und 30 °C. Die Grenzwerte sind auf die Fahrstrecke bezogen und in Gramm pro km festgelegt. Die Grenzwerte hängen von der Klasse ab und sind kraftstoffunabhängig.

Klasse I-A/I-B und Klasse II ab 2004 (CARB) beziehungsweise ab 2006 (EPA):
- Kohlenmonoxid (CO) 12,0 g/km,
- Kohlenwasserstoffe (HC) 1,0 g/km.

Klasse III 2004 – 2007 (CARB) beziehungsweise 2006 – 2009 (EPA Tier 1):
- Kohlenmonoxid (CO) 12,0 g/km,
- Kohlenwasserstoffe (HC) + Stickoxide (NO_x) 1,4 g/km.

Klasse III ab 2008 (CARB) beziehungsweise ab 2010 (EPA Tier 2):
- Kohlenmnoxid (CO) 12,0 g/km,
- Kohlenwasserstoffe (HC) + Stickoxide (NO_x) 0,8 g/km.

Für Klasse III kann der Hersteller den Summengrenzwert HC + NO_x über seine verkaufte Flotte mitteln.

Ein Hersteller kann optional Klasse I- und Klasse II-Fahrzeuge auch nach den Anforderungen für Klasse III zertifizieren.

Es gibt keine Anforderungen bezüglich Partikelemissionen. Im Unterschied zu Pkw gibt es auch keine weiteren Abgasanforderungen.

Verdunstungsemissionen

CARB führte Anforderungen für Verdunstungsemissionen ab 1983 ein. Ab 2001 gilt für alle Klassen ein Grenzwert von 2.0 g pro Test im SHED-Test (vergleiche Abgas-Messtechnik), der sich bezüglich Ablauf und Dauer vom Test für Pkw unterscheidet. Dabei erfolgen nach einer Vorkonditionierung des Fahrzeugs einschließlich Vorbereitung der Aktivkohlefalle und definierter Befüllung des Kraftstoffbehälters (40 %) die eigentlichen Prüfungen.

1. Prüfung: Tankatmungsverluste
Im SHED wird eine lineare Temperatursteigerung über 60 min vorgenommen. Dabei wird zwischen exponiertem und nicht-exponiertem Tank sowie Kraftstoffflüssigkeits- beziehungsweise Kraftstoffdampftemperatur unterschieden. Die vom Fahrzeug abgegebenen Kohlenwasserstoffemissionen werden gemessen.

2. Prüfung: Heißabstellverluste
Im Anschluss an die erste Prüfung wird das Fahrzeug in einem definierten Fahrzyklus heißgefahren und dann im SHED die Erhöhung der HC-Konzentration über eine Stunde beim Abkühlen des Fahrzeugs gemessen.

Der Grenzwert gilt für die Summe der HC-Emissionen in den beiden Prüfungen.

Die EPA verlangt keinen SHED-Test, sondern setzt auf die Beschränkung der Durchlässigkeit für Kohlenwasserstoffe von Kraftstofftank und -leitungen mittels Permeationsgrenzwerten. Hierzu kann durch den Fahrzeughersteller entweder ein Permeationstest durchgeführt, EPA-zertifizierte Materialien genutzt (definierte Permeationsfaktoren) oder zertifizierte Komponenten von Zulieferern verbaut werden.

Permeationsgrenzwerte:
- Kraftstofftank ≤ 1,5 g/m^2 und Tag,
- Kraftstoffleitung ≤ 15 g/m^2 und Tag.

Für Motorräder gibt es keine Anforderungen für Verbrauchsmessung oder Treibhausgasemissionen.

Die CARB arbeitet an einer Aktualisierung der Gesetzgebung inklusive OBD für Motorräder und prüft eine Harmonisierung mit den EU-Anforderungen. Die EPA verfolgt die Entwicklung bei der CARB und im Rahmen von UN ECE und plant ab Frühjahr 2021 eine Neubewertung der Motorradvorschriften.

EU/ECE-Gesetzgebung

Grundlage der EU-Emissionsgesetzgebung für Motorräder und andere L-Kategorie-Fahrzeuge mit zwei, drei und vier Rädern ist die allgemeine Typzulassungsrichtlinie 92/61/EEC [10]. Mit der Richtlinie 97/24/EC [11] wurden zum ersten Mal auf europäischer Ebene Grenzwerte und Prüfvorschriften für die Abgasemissionen festgelegt und seither immer wieder fortgeschrieben.

Wie für Pkw und leichte Nutzfahrzeuge dient auch für L-Kategorie-Fahrzeuge die EU-Gesetzgebung als Vorlage für die UN-Vorschriften. Diese enthalten alle Inhalte der EU-Gesetzgebung, d.h. sie bilden die unten beschriebenen EU-Stufen ab. Neue Anforderungen, für die eine weltweite Harmonisierung und Akzeptanz angestrebt wird, werden auf UN-Ebene erarbeitet. Dies trifft insbesondere auf den Worldwide harmonised Motorcycle Testing Cycle (WMTC) in der Global Technical Regulation GTR No. 2 [12] zu.

Die Gesetzgebungsstufen für Motorräder werden mit Euro oder EU bezeichnet und kennzeichnen immer eine weitere Verschärfung bei den Abgasgrenzwerten im Typ I-Test.

- Euro 1 (ab 1999)
- Euro 2 (ab 2003)
- Euro 3 (ab 2006)
- Euro 4 (ab 2016)
- Euro 5 (ab 2020)

Wie für Pkw gilt eine Typzulassung für eine EU-Stufe bis zu dem Zeitpunkt, an dem die nächste Stufe verbindlich vorgeschrieben ist.

Die Abgasemissionen werden in einem definierten Test-Zyklus auf dem Rollenprüfstand im Typ I-Test bei einer Temperatur zwischen 20 °C und 30 °C gemessen. Die Grenzwerte sind auf die Fahrstrecke bezogen und in Gramm beziehungsweise Milligramm pro km festgelegt. Sie sind z.T. kraftstoffabhängig, also unterschiedlich für Otto- und Dieselmotoren.

Für Motorräder werden abhängig von Parametern wie Hubraum und maximaler Geschwindigkeit der Testzyklus beziehungsweise dessen anwendbaren Teile und deren Wichtung bestimmt. Dabei wird ab Euro 3 der synthetische Zyklus ECE-

Tabelle 4: Emissionsgrenzwerte Euro 3 bis Euro 5 für Fahrzeuge der Klasse L3 mit Ottomotor (PM nur für direkteinspritzenden Ottomotor).

Stufe	Klassifizierung	Zyklus/ Wichtung	CO mg/km	HC mg/km	NMHC mg/km	NO_x mg/km	PM mg/km
Euro 2	Hubraum < 150 cm^3	R40 UDC	5500	1200	–	300	–
	Hubraum ≥ 150 cm^3	R40 UDC	5500	1000	–	300	–
Euro 3	Hubraum < 150 cm^3	R40 UDC	2000	800	–	150	–
	Hubraum ≥ 150 cm^3	R40 UDC + EUDC	2000	300	–	150	–
	v_{max} < 130 km/h	WMTC	2620	750	–	170	–
	v_{max} ≥ 130 km/h	WMTC	2620	330	–	220	–
Euro 4	v_{max} < 130 km/h	WMTC 30:70	1140	380	–	70	–
	v_{max} ≥ 130 km/h	WMTC 25:50:25	1140	170	–	90	–
Euro 5	v_{max} < 130 km/h	WMTC 30:70	1000	100	68	60	4,5
	v_{max} ≥ 130 km/h	WMTC 25:50:25	1000	100	68	60	4,5

R40 durch den realistischeren dynamischen Zyklus WMTC abgelöst.

Die EU-Emissionsgesetzgebung legt für Fahrzeuge mit Ottomotor Grenzwerte für folgende Schadstoffe fest:

- Kohlenmonoxid (CO),
- Kohlenwasserstoffe (HC), ab Euro 5 auch für Nicht-Methan-Kohlenwasserstoffe (NMHC),
- Stickoxide (NO_x),
- Partikelmasse (PM) (ab Euro 5 für Benzindirekteinspritzer).

Die Emissionsgrenzwerte für Motorräder (L3) und die Testzyklen sind in Tabelle 4 dargestellt. Nominell stimmen die Euro 5-Grenzwerte mit den Grenzwerten für Pkw Euro 5b überein.

Für die Zulassung eines Fahrzeugtyps muss der Hersteller nachweisen, dass die Emissionen der limitierten Schadstoffe die jeweiligen Grenzwerte über die gesetzlich vorgegebene Lebensdauer (als Fahrleistung in Kilometern) nicht überschreiten. Ab Euro 4 gilt für Motorräder mit einer maximalen Geschwindigkeit von 130 km/h oder mehr eine Lebensdauer von 35 000 km, für eine maximale Geschwindigkeit von weniger als 130 km/h beträgt sie 20 000 km.

Die Typzulassungsprüfung im Typ I-Test erfolgt mit einem Prüffahrzeug, das mindestens für 1 000 km (ab Euro 5 2 500 km beziehungsweise 3 500 km für maximale Geschwindigkeit ≤ beziehungsweise > 130 km/h) eingefahren wurde. Da die Emissionsgrenzwerte für das Fahrzeug am Ende seiner Lebensdauer gelten, werden die gemessenen Werte mit Verschlechterungsfaktoren multipliziert (ab Euro 5 auch additive Faktoren) und dann mit den Grenzwerten verglichen. Hierfür können entweder gesetzlich vorgegebene Verschlechterungsfaktoren verwendet werden oder der Hersteller ermittelt diese speziell für diesen Fahrzeugtyp im Typ V-Test (Fahrzeugdauerlauf oder ab Euro 5 Komponentenalterung).

Neben der primären Anforderung im Typ I-Test gibt es als weitere Abgasanforderung den Typ II-Test, in dem die CO-Emissionen im Leerlauf ermittelt werden.

Den Typ VI-Test bei –7 °C wie für Pkw gibt es für Motorräder nicht.

Mit Euro 4 wurde OBD I eingeführt, ab Euro 5 in zwei Schritten OBD II.

Verdunstungsemissionen

Wie für Pkw gelten auch für Motorräder mit Ottomotor Anforderungen zur Begrenzung der Verdunstungsemissionen (siehe Abgas-Messtechnik) im Typ IV-Test. Die Bestimmung der Verdunstungsemissionen wird ab Euro 4 im SHED durchgeführt (für L3 Motorräder). Der Ablauf und die Dauer unterscheiden sich vom Test für Pkw und enstsprechen dem kalifornischen SHED-Test für Motorräder (siehe Verdunstungsemissionen CARB).

Der Grenzwert gilt für die Summe der HC-Emissionen in den beiden Prüfungen (Tankatmungs- und Heißabstellverluste):

- 2 g/Test für Euro 4 (ab 1/2016).
- 1,5 g/Test für Euro 5 (ab 1/2020).

CO_2-Emissionen

Für Motorräder müssen im gleichen Test wie für den Typ I-Test auch die CO_2-Emissionen gemessen und daraus der Kraftstoffverbrauch berechnet werden. Es gibt aber keine Flottenziele wie für Pkw und lNfz.

Japan-Gesetzgebung

In Japan werden (ähnlich wie in der EU) die zulässigen Emissionen stufenweise herabgesetzt.

Die japan-spezifische Gesetzgebung mit einem synthetischen Zyklus wurde ab 2012 auf Basis der GTR No. 2 durch den WMTC ersetzt, mit Grenzwerten äquivalent zur vorherigen Stufe.

Ab 10/2016 gilt für neue inländische Typen und ab 9/2017 für alle Typen und für Importe die nächste WMTC-Stufe.

Als neue Anforderung kommt ab 10/2017 die Begrenzung der Verdunstungsemissionen hinzu. Das Prüfverfahren entspricht dem kalifornischen SHED-Test mit einem Grenzwert von 2,0 g HC pro Test.

Ab 10/2017 führt Japan auch eine eigenständige J-OBD I-Regelung ein. Diese orientiert sich an der Euro 4-OBD I und an den allgemeinen OBD-Anforderungen der CARB-OBD II. J-OBD II auf Basis der Euro 5 ist geplant.

Für Motorräder gibt es keine Anforderungen zur Verbrauchsmessung oder für die CO_2-Emissionen.

China-Gesetzgebung

China hat die EU-Gesetzgebung in Stufen eingeführt. Die Stufe China 3 ab 7/2008 wird ab 7/2018 durch China 4 ersetzt, das bezüglich Abgas- und Verdunstungsemissionen Euro 4 entspricht. Die Euro 4-OBD I wurde hingegen nicht übernommen, sondern eine China-spezifische Basis-OBD I-Vorschrift entwickelt. Die nächste Stufe China 5 basierend auf Euro 5 ist in Entwicklung und soll in 2022 veröffentlicht werden.

Indien-Gesetzgebung

Indien hat die EU-Gesetzgebung in Stufen eingeführt. Die Stufe Bharat IV ab 4/2016 entspricht Euro 3. Die Stufe Euro 4 soll übersprungen werden und ab 4/2020 durch Bharat VI ersetzt werden, das bezüglich Abgas- und Verdunstungsemissionen Euro 5 entspricht. OBD I soll 4/2020 und OBD II ab 4/2023 eingeführt werden, gegebenenfalls in zwei Stufen wie in der EU.

Literatur

[1] 70/220/EWG: Richtlinie des Rates (der europäischen Gemeinschaften) vom 20. März 1970 zur Angleichung der Rechtsvorschriften der Mitgliedstaaten über Maßnahmen gegen die Verunreinigung der Luft durch Abgase von Kraftfahrzeugmotoren mit Fremdzündung.

[2] Verordnung (EG) Nr. 715/2007 des Europäischen Parlaments und des Rates vom 20. Juni 2007 über die Typgenehmigung von Kraftfahrzeugen hinsichtlich der Emissionen von leichten Personenkraftwagen und Nutzfahrzeugen (Euro 5 und Euro 6) und über den Zugang zu Reparatur- und Wartungsinformationen für Fahrzeuge.

[3] UN GTR No. 15: Global Technical Regulation No. 15 on Worldwide harmonized Light vehicles Test Procedure (ECE/TRANS/180/Add.15).

[4] UN GTR No. 19: Global Technical Regulation No. 19 – EVAPorative emission test procedure for the Worldwide harmonized Light vehicle Test Procedure (WLTP EVAP) (ECE/TRANS/180/Add.19).

[5] Verordnung (EG) Nr. 595/2009 des Europäischen Parlaments und des Rates vom 18. Juni 2009 über die Typgenehmigung von Kraftfahrzeugen und Motoren hinsichtlich der Emissionen von schweren Nutzfahrzeugen (Euro VI) und über den Zugang zu Fahrzeugreparatur- und -wartungsinformationen, zur Änderung der Verordnung (EG) Nr. 715/2007 und der Richtlinie 2007/46/EG sowie zur Aufhebung der Richtlinien 80/1269/EWG, 2005/55/EG und 2005/78/EG.

[6] 88/77/EWG: Richtlinie des Rates vom 3. Dezember 1987 zur Angleichung der Rechtsvorschriften der Mitgliedstaaten über Maßnahmen gegen die Emission gasförmiger Schadstoffe und luftverunreinigender Partikel aus Dieselmotoren zum Antrieb von Fahrzeugen.

[7] Verordnung (EU) Nr. 64/2012 der Kommission vom 23. Januar 2012 zur Änderung der Verordnung (EU) Nr. 582/2011 zur Durchführung und Änderung der Verordnung (EG) Nr. 595/2009 des Europäischen Parlaments und des Rates hinsichtlich der Emissionen von schweren Nutzfahrzeugen (Euro VI) (Text von Bedeutung für den EWR).

[8] Verordnung (EU) 2016/1718 der Kommission vom 20. September 2016 zur Änderung der Verordnung (EU) Nr. 582/2011 hinsichtlich der Emissionen von schweren Nutzfahrzeugen in Bezug auf die Bestimmungen über Prüfungen mit portablen Emissionsmesssystemen (PEMS) und das Verfahren zur Prüfung der Dauerhaltbarkeit von emissionsmindernden Einrichtungen für den Austausch (Text von Bedeutung für den EWR).

[9] Commission Regulation (EU) 2020/1181 of 7 August 2020 correcting certain language versions of Directive 2007/46/EC of the European Parliament and of the Council establishing a framework for the approval of motor vehicles and their trailers, and of systems, components and separate technical units intended for such vehicles (Framework Directive), correcting certain language versions of Commission Regulation (EU) No 582/2011 implementing and amending Regulation (EC) No 595/2009 of the European Parliament and of the Council with respect to emissions from heavy-duty vehicles (Euro VI) and amending Annexes I and III to Directive 2007/46/EC of the European Parliament and of the Council, and correcting the Danish language version of Commission Regulation (EU) 2017/2400 implementing Regulation (EC) No 595/2009 of the European Parliament and of the Council as regards the determination of the CO2 emissions and fuel consumption of heavy-duty vehicles and amending Directive 2007/46/EC of the European Parliament and of the Council and Commission Regulation (EU) No 582/2011 (Text with EEA relevance).

[10] Council Directive 92/61/EEC of 30 June 1992 relating to the type-approval of two or three-wheel motor vehicles.

[11] Directive 97/24/EC of the European Parliament and of the Council of 17 June 1997 on certain components and characteristics of two or three-wheel motor vehicles.

[12] UN GTR No. 2: Measurement procedure for two-wheeled motorcycles equipped with a positive or compression ignition engine with regard to the emission of gaseous pollutants, CO2 emissions and fuel consumption (ECE/TRANS/180/Add.2)

[13] K. Reif (Hrsg.): Ottomotor-Management – Bosch Fachinformation Automobil. 4. Auflage, Springer Vieweg, 2014.

Abgas-Messtechnik

Abgasprüfung

Anforderungen

Die Abgasprüfung auf Rollenprüfständen dient zum einen der Typprüfung zur Erlangung der allgemeinen Betriebserlaubnis, zum anderen der Entwicklung z.B. von Motorkomponenten. Sie unterscheidet sich damit von Prüfungen, die z.B. in Deutschland im Rahmen der „Hauptuntersuchung und Teiluntersuchung Abgas" (§29 StVZO, [1]) mit Werkstatt-Messgeräten durchgeführt werden. Weiterhin werden Abgasprüfungen auf Motorprüfständen durchgeführt, z.B. für die Typprüfung von schweren Nfz.

Bereitstellung nur zu Informationszwecken, ohne Gewähr auf Vollständigkeit!

Die Abgasprüfung auf Rollenprüfständen wird an Fahrzeugen durchgeführt. Die angewandten Verfahren sind derart definiert, dass der praktische Fahrbetrieb auf der Straße in großem Maße nachgebildet wird. Die Messung auf einem Rollenprüfstand bietet dabei folgende Vorteile:

– Hohe Reproduzierbarkeit von Ergebnissen, da die Umgebungsbedingungen konstant gehalten werden können.

Bild 1: Abgasprüfung auf dem Rollenprüfstand.
1 Rolle mit Dynamometer, 2 motornaher Katalysator, 3 Unterflurkatalysator, 4 Filter, 5 Partikelfilter, 6 Verdünnungstunnel, 7 Mix-T, 8 Ventil, 9 Verdünnungsluftkonditionierung, 10 Verdünnungsluft, 11 Abgas-Luft-Gemisch, 12 Gebläse, 13 CVS-Anlage (Constant Volume Sampling), 14 Verdünnungsluftprobenbeutel, 15 Abgasprobenbeutel (aus Mix-T), 16 Abgasprobenbeutel (aus Verdünnungstunnel), 17 Partikelzähler.
① Pfad für Abgasmessung über Mix-T (ohne Bestimmung der Partikelemission),
② Pfad für Abgasmessung über Verdünnungstunnel (mit Bestimmung der Partikelemission).

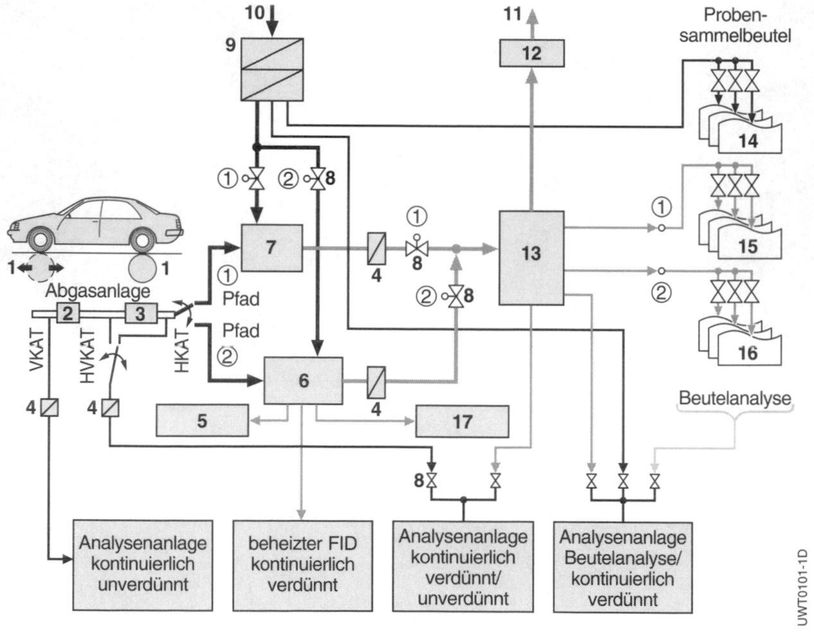

- Gute Vergleichbarkeit von Tests, da ein definiertes Geschwindigkeits-Zeit-Profil unabhängig vom Verkehrsfluss abgefahren werden kann.
- Stationärer Aufbau der erforderlichen Messtechnik.

Prüfaufbau

Allgemeiner Aufbau

Das zu testende Fahrzeug wird mit den Antriebsrädern auf drehbare Rollen gestellt (Bild 1). Damit bei der auf dem Prüfstand simulierten Fahrt mit der Straßenfahrt vergleichbare Emissionen entstehen, müssen die auf das Fahrzeug wirkenden Kräfte – die Trägheitskräfte des Fahrzeugs sowie der Roll- und der Luftwiderstand – nachgebildet werden. Hierzu erzeugen Asynchronmaschinen, Gleichstrommaschinen oder auf älteren Prüfständen auch Wirbelstrombremsen eine geeignete geschwindigkeitsabhängige Last, die auf die Rollen wirkt und vom Fahrzeug überwunden werden muss. Zur Trägheitssimulation kommt bei neueren Anlagen eine elektrische Schwungmassensimulation zum Einsatz. Ältere Prüfstände verwenden reale Schwungmassen unterschiedlicher Größe, die sich über Schnellkupplungen mit den Rollen verbinden lassen und so die Fahrzeugmasse nachbilden. Ein vor dem Fahrzeug aufgestelltes Gebläse sorgt für die nötige Kühlung des Motors.

Das Auspuffrohr des zu testenden Fahrzeugs ist im Allgemeinen gasdicht an das Abgassammelsystem – das im Weiteren beschriebene Verdünnungssystem – angeschlossen. Dort wird eine Teilmenge des Abgases gesammelt und nach Abschluss des Fahrtests bezüglich der limitierten gasförmigen Schadstoffkomponenten (Kohlenwasserstoffe, Stickoxide und Kohlenmonoxid) sowie Kohlendioxid (zur Bestimmung des Kraftstoffverbrauchs) analysiert.

Nach Einführung der Abgasgesetzgebung waren Partikelemissionen zunächst nur für Dieselfahrzeuge limitiert. In den letzten Jahren sind die Gesetzgeber dazu übergegangen, diese auch für Fahrzeuge mit Ottomotoren zu begrenzen. Für die Bestimmung der Partikelemissionen kommen ein Verdünnungstunnel mit hoher innerer Strömungsturbulenz (Reynolds-Zahl über 40 000) und Partikelfilter, aus deren Beladung die Partikelemission ermittelt wird, zum Einsatz.

Zusätzlich kann zu Entwicklungszwecken an Probennahmestellen im Abgastrakt des Fahrzeugs oder im Verdünnungssystem ein Teilstrom des Abgases kontinuierlich entnommen und bezüglich der auftretenden Schadstoffkonzentrationen untersucht werden.

Der Testzyklus wird im Fahrzeug von einem Fahrer nachgefahren; hierfür werden die geforderte und die aktuelle Fahrgeschwindigkeit kontinuierlich auf einem Fahrerleitgerät dargestellt. In einigen Fällen ersetzt ein Fahrautomat den Fahrer, z.B. um die Reproduzierbarkeit von Testergebnissen zu erhöhen.

Prüfaufbau für Dieselfahrzeuge

Für die Bestimmung der Schadstoffemissionen von Dieselfahrzeugen sind einige Änderungen am Prüfstandsaufbau und an der eingesetzten Messtechnik erforderlich. Um die Kondensation von hochsiedenden Kohlenwasserstoffen zu vermeiden und die bereits im Dieselabgas kondensierten Kohlenwasserstoffe zu verdampfen, ist das komplette Probenahmesystem einschließlich des Abgas-Messgeräts für Kohlenwasserstoffe auf 190 °C zu beheizen.

Verdünnungssystem

Zielsetzung des CVS-Verfahrens

Die am weitesten verbreitete Methode, die von einem Motor emittierten Abgase zu sammeln, ist das CVS-Verdünnungsverfahren (Constant Volume Sampling). Es wurde erstmals 1972 in den USA für Pkw und leichte Nfz eingeführt und in mehreren Stufen verbessert. Das CVS-Verfahren wird u.a. in Japan eingesetzt, seit 1982 auch in Europa. Es ist damit ein weltweit anerkanntes Verfahren der Abgassammlung.

Die Analyse des Abgases erfolgt beim CVS-Verfahren erst nach Testende. Deshalb müssen die Kondensation von Wasserdampf und die hieraus resultierenden Stickoxidverluste sowie Nachreaktionen im gesammelten Abgas vermieden werden.

Prinzip des CVS-Verfahrens

Das vom Prüffahrzeug emittierte Abgas wird im Mix-T oder im Verdünnungstunnel mit Umgebungsluft in einem mittleren Verhältnis 1:5...1:10 verdünnt und über eine spezielle Pumpenanordnung derart abgesaugt, dass der Gesamtvolumenstrom aus Abgas und Verdünnungsluft konstant ist. Die Zumischung von Verdünnungsluft ist also abhängig vom momentanen Abgasvolumenstrom. Aus dem verdünnten Abgasstrom wird kontinuierlich eine repräsentative Probe entnommen und in einem oder mehreren Abgasbeuteln gesammelt. Der Volumenstrom der Probenahme ist dabei innerhalb einer Beutelfüllphase konstant. Daher entspricht die Schadstoffkonzentration in einem Beutel nach Abschluss der Befüllung dem Mittelwert der Konzentration im verdünnten Abgas über den Zeitraum der Beutelbefüllung.

Zur Berücksichtigung der in der Verdünnungsluft enthaltenen Schadstoffkonzentrationen wird parallel zur Befüllung der Abgasbeutel eine Probe der Verdünnungsluft entnommen und in einem oder mehreren Luftbeuteln gesammelt.

Die Befüllung der Beutel korrespondiert im Allgemeinen mit den Phasen, in die die Testzyklen aufgeteilt sind (z.B. ht-Phase im FTP 75-Testzyklus).

Aus dem Gesamtvolumen des verdünnten Abgases und den Schadstoffkonzentrationen in Abgas- und Luftbeuteln wird die während des Tests emittierte Schadstoffmasse berechnet.

Verdünnungsanlagen

Es gibt zwei alternative Verfahren zur Realisierung des konstanten Volumenstroms im verdünnten Abgas:

- PDP-Verfahren (Positive Displacement Pump): Verwendung eines Drehkolbengebläses (Roots-Gebläse).
- CFV-Verfahren (Critical Flow Venturi): Verwendung einer Venturi-Düse im kritischen Zustand in Verbindung mit einem Standardgebläse.

Weiterentwicklung des CVS-Verfahrens

Die Verdünnung des Abgases führt zu einer Reduzierung der Schadstoffkonzentrationen im Verhältnis der Verdünnung. Da die Schadstoffemissionen in den letzten Jahren aufgrund der Verschärfung der Emissionsgrenzwerte deutlich reduziert wurden, sind die Konzentrationen einiger Schadstoffe (insbesondere Kohlenwasserstoffverbindungen) in bestimmten Testphasen im verdünnten Abgas vergleichbar mit den Konzentrationen in der Verdünnungsluft (oder niedriger). Dies ist messtechnisch gesehen problematisch, da für die Schadstoffemission die Differenz der beiden Werte ausschlaggebend ist. Eine weitere Herausforderung stellt die Messgenauigkeit der zur Schadstoffanalyse eingesetzten Messgeräte dar.

Um den genannten Problemen zu begegnen, werden im Allgemeinen folgende Maßnahmen getroffen:

- Absenkung der Verdünnung; das erfordert Vorkehrungen gegen Kondensation von Wasser, z.B. Beheizung von Teilen der Verdünnungsanlagen, bei Fahrzeugen mit Ottomotor auch Trocknung beziehungsweise Aufheizung der Verdünnungsluft.
- Verringerung und Stabilisierung der Schadstoffkonzentrationen in der Verdünnungsluft, z.B. durch Aktivkohlefilter.
- Optimierung der eingesetzten Messgeräte (einschließlich Verdünnungsanlagen), z.B. durch geeignete Auswahl oder Vorbehandlung der verwendeten Materialien und Anlagenaufbauten oder Verwendung angepasster elektronischer Bauteile.
- Optimierung der Prozesse, z.B. durch spezielle Spülprozeduren.

Bag Mini Diluter

In den USA wurde als Alternative zu den beschriebenen Verbesserungen der CVS-Technik ein neuer Typ einer Verdünnungsanlage entwickelt: der Bag Mini Diluter (BMD). Hier wird ein Teilstrom des

Abgases in einem konstanten Verhältnis mit einem getrockneten, aufgeheizten schadstofffreien Nullgas (z.B. gereinigter Luft) verdünnt. Von diesem verdünnten Abgasstrom wird während des Fahrtests wiederum ein zum Abgasvolumenstrom proportionaler Teilstrom in Abgasbeutel gefüllt und nach Beendigung des Fahrtests analysiert.

Durch die Vorgehensweise, dass die Verdünnung nicht mehr mit schadstoffhaltiger Luft, sondern mit einem schadstofffreien Nullgas erfolgt, soll die Luftbeutelanalyse und die anschließende Differenzbildung von Abgas- und Luftbeutelkonzentrationen vermieden werden. Es ist allerdings ein größerer apparativer Aufwand als beim CVS-Verfahren erforderlich, z.B. durch die notwendige Bestimmung des (unverdünnten) Abgasvolumenstroms und die proportionale Beutelbefüllung.

Tabelle 1: Diskontinuierliche Messverfahren.

Komponente	Verfahren
CO (Kohlenmonoxid), CO_2 (Kohlendioxid)	Nicht-dispersiver Infrarot-Analysator (NDIR)
Stickoxide (NO_x)	Chemilumineszenz-Detektor (CLD).
Gesamt-Kohlenwasserstoff (THC)	Flammenionisations-Detektor (FID)
CH_4 (Methan)	Kombination von gaschromatographischem Verfahren und Flammenionisations-Detektor (GC-FID)
CH_3OH (Methanol), CH_2O (Formaldehyd)	Kombination aus Impinger- oder Kartuschenverfahren und chromatographischen Analysetechniken; in den USA bei Verwendung bestimmter Kraftstoffe notwendig
Partikel	1.) Gravimetrisches Verfahren: Wägung von Partikelfiltern vor und nach der Testfahrt 2.) Partikelzählung

Abgas-Messgeräte

Bei Fahrzeugen mit Ottomotor werden die Emissionen der limitierten gasförmigen Schadstoffe aus den Konzentrationen in den Abgas- und Luftbeuteln ermittelt (CVS-Verfahren). Die Abgasgesetzgebungen definieren hierfür weltweit einheitliche Messverfahren (Tabelle 1).

Die Konzentrationen der gasförmigen Schadstoffe im Abgas von Dieselfahrzeugen werden im Wesentlichen mit den gleichen Geräten gemessen wie bei Ottofahrzeugen. Ein Unterschied besteht allerdings in der Bestimmung der Kohlenwasserstoffemission (HC). Sie erfolgt nicht im Abgasbeutel, sondern durch kontinuierliche Analyse eines Teilstroms des verdünnten Abgases und Integration der gemessenen Konzentration über den Fahrtest. Hintergrund hierfür ist die Kondensation von hochsiedenden Kohlenwasserstoffen im (nicht beheizten) Abgasbeutel.

Zu Entwicklungszwecken erfolgt auf vielen Prüfständen zusätzlich die kontinuierliche Bestimmung von Schadstoffkonzentrationen in der Abgasanlage des Fahrzeugs oder im Verdünnungssystem, und zwar sowohl für die limitierten als auch für weitere nicht limitierte Komponenten. Hierfür kommen außer den in Tabelle 1 genannten Messverfahren weitere zum Einsatz, wie:
- Paramagnetisches Verfahren (Bestimmung der O_2-Konzentration),
- Cutter-FID: Kombination eines Flammenionisations-Detektors mit einem Absorber für Nicht-Methan-Kohlenwasserstoffe (Bestimmung der CH_4-Konzentration),
- Massenspektroskopie (Multi-Komponenten-Analysator),
- FTIR-Spektroskopie (Fourier-Transform-Infrarot, Multi-Komponenten-Analysator),
- IR-Laserspektrometer (Multi-Komponenten-Analysator).

Im Folgenden wird auf die Funktionsweise der wichtigsten Messgeräte eingegangen.

Prüfstandsmesstechnik

NDIR-Analysator

Der NDIR-Analysator (nicht-dispersiver Infrarot-Analysator) nutzt die Eigenschaft bestimmter Gase aus, Infrarot-Strahlung in einem schmalen Wellenlängenbereich zu absorbieren. Die absorbierte Strahlung wird in Vibrations- oder in Rotationsenergie der absorbierenden Moleküle umgewandelt, die sich wiederum als Wärme messen lässt. Das beschriebene Phänomen tritt bei Molekülen auf, die aus Atomen mindestens zweier unterschiedlicher Elemente gebildet sind, z.B. CO, CO_2, C_6H_{14} oder SO_2.

Es gibt verschiedene Varianten von NDIR-Analysatoren; die wesentlichen Bestandteile sind eine Infrarot-Lichtquelle (Bild 2), eine Absorptionszelle (Küvette), durch die das Messgas geleitet wird, eine im Allgemeinen parallel angeordnete Referenzzelle (mit Inertgas gefüllt, z.B. N_2), eine Chopperscheibe und ein Detektor. Der Detektor besteht aus zwei durch ein Diaphragma verbundenen Kammern, die Proben der zu untersuchenden Gaskomponente enthalten. In einer Kammer wird die Strahlung aus der Referenzzelle absorbiert, in der anderen die Strahlung aus der Küvette, die gegebenenfalls bereits durch Absorption im Messgas verringert worden ist. Die unterschiedliche Strahlungsenergie führt zu einer Strömungsbewegung, die von einem Strömungs- oder einem Drucksensor gemessen wird. Die rotierende Chopperscheibe unterbricht zyklisch die Infrarot-Strahlung; dies führt zu einer wechselnden Ausrichtung der Strömungsbewegung und damit zu einer Modulation des Sensorsignals.

Zu beachten ist, dass NDIR-Analysatoren eine starke Querempfindlichkeit gegen Wasserdampf im Messgas besitzen, da H_2O-Moleküle über einen größeren Wellenlängenbereich Infrarot-Strahlung absorbieren. Aus diesem Grund werden NDIR-Analysatoren bei Messungen am unverdünnten Abgas hinter einer Messgasaufbereitung (z.B. Gaskühler) angeordnet, die für eine Trocknung des Abgases sorgt.

Chemilumineszenz-Detektor (CLD)

Das Messgas wird in einer Reaktionskammer mit Ozon, das in einer Hochspannungsentladung aus Sauerstoff erzeugt wird, gemischt (Bild 3). Das im Messgas enthaltene Stickstoffmonoxid oxidiert in dieser Umgebung zu Stickstoffdioxid; die entstehenden Moleküle befinden sich teilweise in einem angeregten Zustand. Die bei der Rückkehr dieser Moleküle in den Grundzustand frei werdende Energie wird in Form von Licht freigesetzt (Chemilumineszenz). Ein Detektor (z.B. Photomultiplier) misst die emittierte Lichtmenge; sie ist unter definierten Bedingungen propor-

Bild 2: Messkammer nach dem NDIR-Verfahren.
1 Gasausgang, 2 Absorptionszelle,
3 Eingang Messgas, 4 optischer Filter,
5 Infrarot-Lichtquelle, 6 Infrarot-Strahlung,
7 Referenzzelle, 8 Chopperscheibe,
9 Detektor.

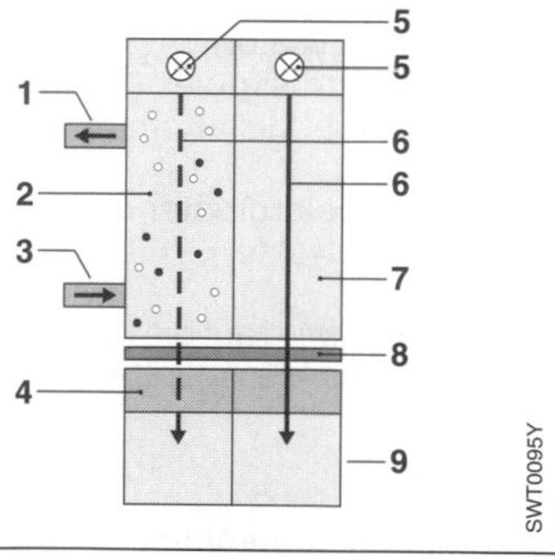

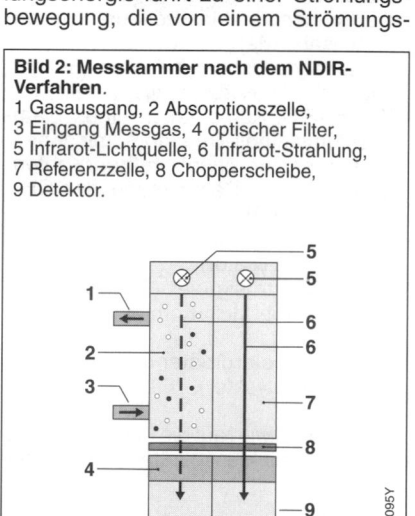

Bild 3: Aufbau des Chemilumineszenz-Detektors.
1 Reaktionskammer, 2 Eingang Ozon,
3 Eingang Messgas, 4 Gasausgang,
5 Filter, 6 Detektor.

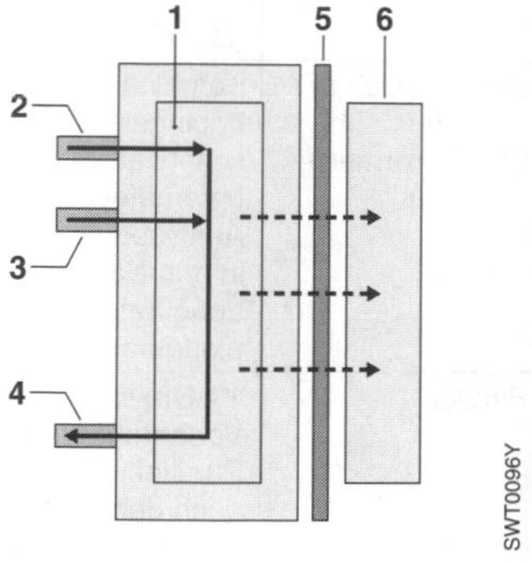

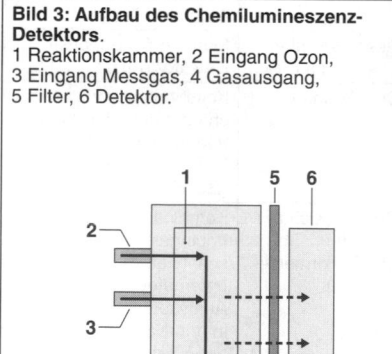

tional zur Stickstoffmonoxid-Konzentration (NO) im Messgas.

Da die Gesetzgebung die Emission der Summe der Stickoxide reglementiert, ist die Erfassung von NO- und NO_2-Molekülen erforderlich. Da der Chemilumineszenz-Detektor jedoch durch sein Messprinzip auf die Bestimmung der NO-Konzentration beschränkt ist, wird das Messgas durch einen Konverter geleitet, der Stickstoffdioxid zu Stickstoffmonoxid reduziert.

Flammenionisations-Detektor (FID)
Das Messgas wird in einer Wasserstoffflamme verbrannt (Bild 4). Dort kommt es zur Bildung von Kohlenstoffradikalen und der temporären Ionisierung eines Teils dieser Radikale. Die Radikale werden an einer Sammelelektrode entladen. Der entstehende Strom wird gemessen; er ist proportional zur Anzahl der Kohlenstoffatome im Messgas.

GC-FID und Cutter-FID
Für die Bestimmung der Methan-Konzentration (CH_4) im Messgas gibt es zwei gleichermaßen verbreitete Verfahren, die jeweils aus der Kombination eines CH_4-separierenden Elements und eines Flammenionisations-Detektors bestehen. Zur Separation des Methans werden dabei entweder eine Gaschromatographensäule (GC-FID) oder ein beheizter Katalysator, der die Nicht-CH_4-Kohlenwasserstoffe oxidiert (Cutter-FID), eingesetzt.

Bild 4: Aufbau des Flammenionisations-Detektors.
1 Gasausgang, 2 Sammelelektrode,
3 Verstärkerausgang, 4 Brennluft,
5 Eingang Messgas, 6 Brenngas (H_2/He),
7 Brenner.

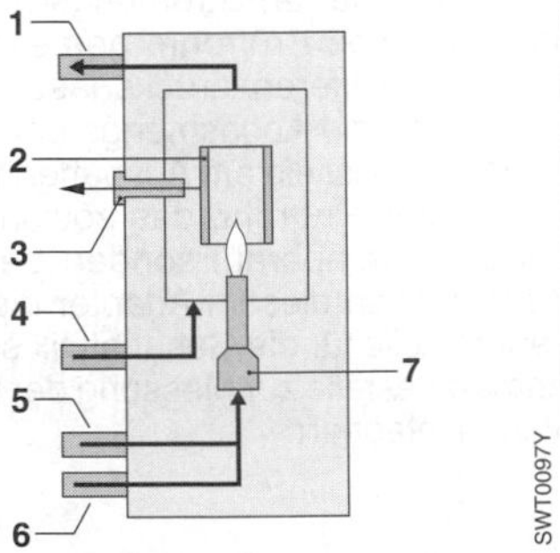

Der GC-FID kann im Gegensatz zum Cutter-FID die CH_4-Konzentrationen lediglich diskontinuierlich bestimmen (typisches Intervall zwischen zwei Messungen: 30…45 s).

Paramagnetischer Detektor (PMD)
Paramagnetische Detektoren existieren (herstellerabhängig) in verschiedenen Bauformen. Sie beruhen auf dem Phänomen, dass auf Moleküle mit paramagnetischen Eigenschaften (z.B. Sauerstoff) in inhomogenen Magnetfeldern Kräfte wirken, die zu einer Molekülbewegung führen. Diese Bewegung wird von einem geeigneten Detektor aufgenommen und ist proportional zur Konzentration der Moleküle im Messgas.

Messung der Partikelemission
Zusätzlich zu den gasförmigen Schadstoffen sind die Festkörperpartikel von Interesse, da sie ebenfalls zu den limitierten Schadstoffen gehören. Für die Bestimmung der Partikelemissionen ist derzeit das gravimetrische Verfahren vorgeschrieben.

Gravimetrisches Verfahren (Partikelfilter-Verfahren)
Aus dem Verdünnungstunnel (CVS-Verfahren) wird während des Fahrtests ein Teilstrom des verdünnten Abgases entnommen und durch Partikelfilter geleitet. Aus dem Gewicht der Partikelfilter vor und nach dem Fahrtest wird die Beladung mit Partikeln ermittelt. Aus der Beladung sowie dem Gesamtvolumen des verdünnten Abgases und dem über die Partikelfilter geleiteten Teilvolumen wird die Partikelemission über den Fahrtest berechnet.

Das gravimetrische Verfahren besitzt folgende Nachteile:
- Relativ hohe Nachweisgrenze; sie kann durch einen hohen apparativen Aufwand (z.B. Optimierung der Tunnelgeometrie) nur eingeschränkt verringert werden.
- Es ist keine kontinuierliche Bestimmung der Partikelemissionen möglich.
- Das Verfahren ist aufwändig, da eine Konditionierung der Partikelfilter not-

wendig ist, um Umwelteinflüsse zu minimieren.
- Es ist keine Selektion bezüglich der chemischen Zusammensetzung der Partikel oder der Partikelgröße möglich.

Partikelzählung
Aufgrund der genannten Nachteile und der fortschreitenden Reduzierung der Grenzwerte werden zunehmend neben der Partikelemission (Partikelmasse pro Wegstrecke) auch die Anzahl der emittierten Partikel limitiert.

Für die gesetzeskonforme Bestimmung der Partikelanzahl (Partikelzählung) wurde der „Condensation Particulate Counter" (CPC) als Messgerät festgelegt. In diesem wird ein kleiner Teilstrom des verdünnten Abgases (Aerosol) mit gesättigtem Butanoldampf vermischt. Durch die Kondensation des Butanols an den Festkörperpartikeln wächst deren Größe deutlich an, sodass die Bestimmung der Partikelanzahl im Aerosol mit Hilfe einer Streulichtmessung möglich ist.

Die Partikelanzahl im verdünnten Abgas wird kontinuierlich ermittelt; aus der Integration der Messwerte ergibt sich die Partikelanzahl über den Fahrtest.

Bestimmung der Partikel-Größenverteilung
Es ist von zunehmendem Interesse, Kenntnisse über die Größenverteilung der Partikel im Abgas eines Fahrzeugs zu erlangen. Beispiele für Geräte, die diese Informationen liefern, sind der Scanning Mobility Particle Sizer (SMPS), Electrical Low Pressure Impactor (ELPI) und Differential Mobility Spectrometer (DMS).

Portable Emissionsmessgeräte
Ein PEMS-Messgerät (Portable Emission Measurement Systems) besteht im Wesentlichen aus drei Komponenten, um eine vollständige Analyse der Fahrzeugemissionen zu gewährleisten.

Gas-PEMS
Zur Messung der Schadstoffemissionen im Abgasstrom wird eine Gasanalytik eingesetzt. Diese besteht aus einem NDUV-Analysator (Nicht-Dispersiver Ultraviolett-Analysator) zur Bestimmung von NO und NO_2, einem NDIR-Analysator (vergleiche Prüfstandsmesstechnik) zur Messung von CO und CO_2 und einem O_2-Sensor.

Der NDUV-Analysator ist ein Mehrkomponenten-UV-Photometer. Das Messprinzip beruht hier grundlegend auf der charakteristischen Eigenschaft von NO und NO_2, Lichtstrahlung in einem Wellenlängenbereich von 200...500 nm zu absorbieren.

PN-PEMS (Particle Number)
Zur Messung der Partikel werden zwei verschiedene Messprinzipien angewandt. Zum einen werden portable „Condensation Particle Counter" (CPC) eingesetzt, die durch Aufkondensieren der Partikel z.B. mit n-Butanoldampf eine optische Detektierung nanoskaliger Partikel (Größenbereich: 23...700 nm) möglich machen (vergleiche Prüfstandsmesstechnik, Partikelzählung).

Zum anderen werden portable „Diffusion Charger" (DC) zur Partikelzählung eingesetzt. Das Messprinzip beruht auf der elektrostatischen Abscheidung geladener Partikel. Geladen werden die Partikel durch Kollisionen mit Ionen, die durch eine Gasentladung in einer Ladekammer des Messgeräts entstehen. Bei der Abscheidung der geladenen Partikel entsteht eine Potentialdifferenz zwischen der metallischen Abscheideoberfläche und der Umgebung. Mittels numerischer Methoden ist es anschließend möglich, anhand dieser Potentialdifferenz die Partikelanzahl theoretisch zu bestimmen.

EFM (Exhaust Flow Meter)
Die Messung des Abgasvolumenstroms erfolgt mit einem Exhaust Flow Meter (EFM). Hierbei wird der Druckverlust an einem definierten Strömungswiderstand innerhalb des Prüfrohrs gemessen. Anhand des Differenzdrucks lässt sich anschließend die Abgasmenge berechnen.

Das EFM ist ein am Auspuffendrohr angebrachtes Prüfrohr, das sowohl Druck- als auch Temperatursonden beinhaltet. Zudem ist an diesem Adapter die Probenahmestelle für die Gasanalytik sowie die Entnahmestelle zur Messung der Partikelanzahl integriert.

Prüfung von Nfz

In den USA ist seit Modelljahr 1987 für die Emissionsprüfung von Dieselmotoren in schweren Nutzfahrzeugen über 8500 lbs (EPA) bzw. 14000 lbs (CARB) zulässiger Gesamtmasse die Transient-Testmethode vorgeschrieben. Sie wird auf dynamischen Motorprüfständen durchgeführt. In Europa wurde diese Testmethode mit Euro III für Motoren mit aktiver Abgasnachbehandlung (Partikelfilter oder Selektive Katalytische Reduktion, SCR) und mit Euro IV für alle Motoren in schweren Nutzfahrzeugen über 3,5 t zulässiger Gesamtmasse eingeführt. Seit Euro V ist die Prüfung auf dem Motorenprüfstand nicht mehr von der zulässigen Gesamtmasse, sondern von der Referenzmasse (Leermasse plus 100 kg) abhängig.

Bei der Transienten-Testmethode kommt ebenfalls das CVS-Verfahren zum Einsatz. Die Größe der Motoren erfordert jedoch zur Einhaltung gleicher Verdünnungsverhältnisse wie bei Pkw und leichten Nfz eine Testanlage mit erheblich größerer Durchsatzkapazität. Die vom Gesetzgeber zugelassene doppelte Verdünnung (über Sekundärtunnel) trägt dazu bei, den apparativen Aufwand zu begrenzen. Der verdünnte Abgasvolumenstrom kann wahlweise unter Verwendung eines Roots-Gebläses oder kritisch durchströmten Venturidüsen eingestellt werden.

Eine andere Möglichkeit wäre, die Partikelemissionen mit einem Teilstrom-Verdünnungssystem zu ermitteln, sofern dann die restlichen Schadstoffe im unverdünnten Abgas gemessen werden.

Mit Euro VI (2013) sind für alle neuen Modelltypen Grenzwerte für die Partikelanzahl verbindlich. Der Wert beträgt $8 \cdot 10^{11}$ Teilchen im stationären und $6 \cdot 10^{11}$ Teilchen pro kWh im transienten Betrieb.

Dieselrauchkontrolle

Verfahren

Lange vor Einführung der Gesetzgebung zur Kontrolle gasförmiger Schadstoffe sind bereits separate Gesetzgebungen zur Rauchkontrolle von Dieselfahrzeugen in Kraft getreten. Alle existierenden Rauchtests sind eng an die verwendeten Messgeräte gekoppelt. Ein Maß für den Rauch (Rußausstoß, Partikel) ist die Schwärzungszahl.

Zur Messung dieses Werts sind im Wesentlichen zwei Verfahren üblich. Bei der Absorptionsmethode (Trübungsmessung) dient als Maß für die Abgastrübung die Schwächung eines Lichtstrahls, der durch das Abgas geschickt wird (Bild 5). Bei der Filtermethode (Reflexlichtmessung) wird eine definierte Menge Abgas durch ein Filtermaterial geleitet. Die Schwärzung des Filters dient dann als Maßstab für den Rußanteil im Abgas (Rauchwertmessgerät, Bild 7).

Eine Diesel-Rauchgasmessung ist nur unter Belastung des Motors sinnvoll, da nur in diesem Betriebsbereich nennenswert Partikel emittiert werden. Auch hier sind zwei Methoden üblich. Zum einen die Messungen unter Volllast, z.B. auf einem Rollenprüfstand oder auf einer ausgewiesenen Prüfstrecke. Zum anderen die Messungen bei freier Beschleunigung durch einen definierten Gaspedalstoß mit Belastung durch die Schwungmasse des hochdrehenden Motors (Bild 6).

Die Messergebnisse der Diesel-Rauchgasmessung sind sowohl vom Messverfahren als auch von der Art der Belastung abhängig und lassen sich im Allgemeinen nicht direkt vergleichen.

Trübungsmessgerät (Absorptionsmethode)

Als Abgastrübung wird die Lichtschwächung durch Absorption, Beugung, Streuung und Reflexion an den im Abgas enthaltenen Teilchen bezeichnet.

Bei der Messung mit dem Trübungsmessgerät im Vollstrom sitzen Sender und Fotodetektor auf der Abgasleitung. Bei Teilstromgeräten wird das Abgas über eine Abgasentnahmesonde und beheizte Leitungen mit Hilfe einer Pumpe in die Messkammer gefördert (Bild 5). Wird eine längere Messkammer verwendet, verbessert sich die Nachweisgrenze des Geräts.

Während der freien Beschleunigung wird ein Teil des Abgases der Messkammer zugeführt. Ein Lichtstrahl durchläuft die nun mit Abgas gefüllte Messkammer. Die Lichtschwächung wird fotoelektrisch ermittelt und als Trübung T in Prozent oder als Absorptionskoeffizient k in m^{-1} angezeigt (Bild 6). Eine exakt definierte Messkammerlänge und das Freihalten der optischen Fenster von Ruß (durch Luftvorhänge, d.h. tangential vorbeiströmende Spülluft) sind die Voraussetzung für eine hohe Genauigkeit und eine gute Reproduzierbarkeit der Messergebnisse.

Bei Prüfungen unter Last wird kontinuierlich gemessen und angezeigt. Das Trübungsmessgerät wertet automatisch den Spitzenwert aus und bildet den Mittelwert aus mehreren Gasstößen.

Rauchwertmessgerät (Filtermethode)

Bei der Rußmessung nach Bosch wird über eine Handpumpe ein definiertes Abgasvolumen (330 cm^3) über ein weißes Filterpapier gezogen. Die Schwärzung des Papiers wird über ein Reflexfotometer ermittelt. Der Grad der Papierschwärzung ist in Zahlen zwischen 0 und 10 unterteilt (Schwärzungszahl nach Bosch, Bosch-Zahl), wobei 0 weißem, unbenutztem Papier entspricht und 10 für völlig geschwärzte Messpunkte steht.

Bild 6: Gaspedalstoßmessung mit dem Trübungsmessgerät.

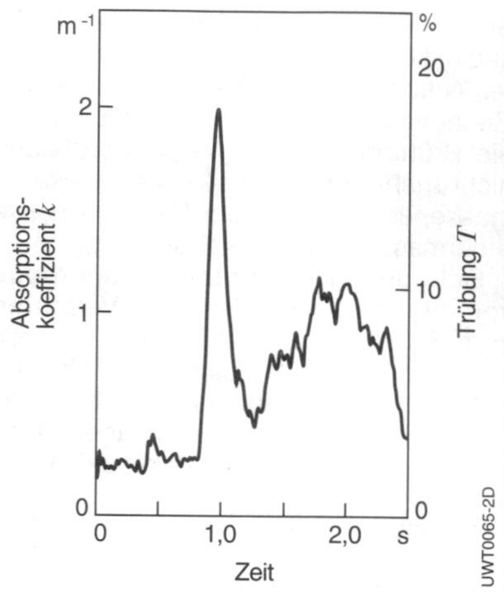

Bild 5: Trübungsmessgerät (Absorptionsmethode).
1 Entnahmesonde, 2 Lichtquelle, 3 Spülluft für den Abgleich,
4 Kalibrierventil, 5 Heizung, 6 Empfänger,
7 Messkammer, 8 Auswerteelektronik und Anzeige,
9 optische Fenster,
10 Messkammerausgang, zur Pumpe.
➧ Weg des Abgases,
⇨ vorbeiströmende Spülluft zum Freihalten der optischen Fenster.

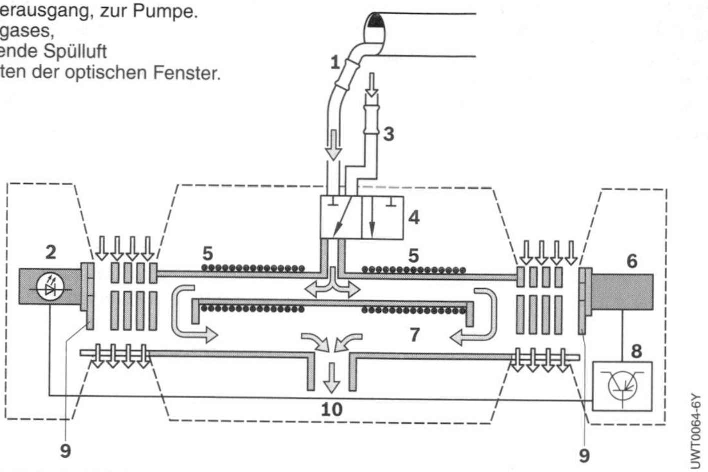

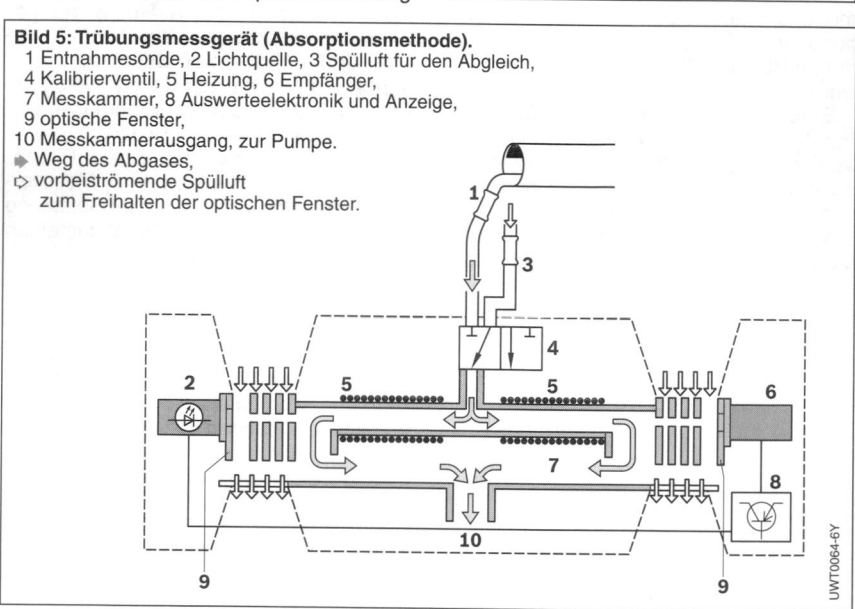

Über eine empirische Korrelation kann auf die Rußmassenkonzentration in mg/m³ umgerechnet werden.

Das Verfahren wurde über Jahrzehnte weiterentwickelt. So wurde z. B. die Handpumpe durch eine kontinuierlich arbeitende Pumpe ersetzt, das Totvolumen zwischen Entnahmesonde und Filterpapier wird berücksichtigt und die Geräte werden zur Vermeidung von Kondensation beheizt (Bild 7).

In ISO 10054 [2] ist die Filter Smoke Number (FSN) definiert. Sie entspricht der Bosch-Zahl bei einer effektiven Sauglänge von 405 mm bei einer Temperatur von 298 K und einem Druck von 1 bar.

Bild 7: Rauchwertmessgerät (Filtermethode).
1 Filterpapier, 2 Gasdurchgang,
3 Heizung, 4 Reflexfotometer,
5 Papiertransport, 6 Volumenmessung,
7 Spülluft-Umschaltventile,
8 Pumpe.

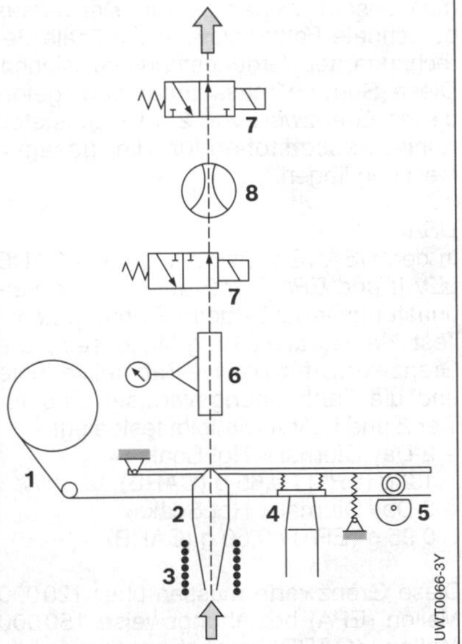

Verdunstungsprüfung

Unabhängig von den bei der Verbrennung im Motor entstehenden Schadstoffen emittiert ein Kraftfahrzeug mit Ottomotor weitere Mengen an Kohlenwasserstoffen (HC) durch Verdunsten des Kraftstoffs aus Kraftstoffbehälter und Kraftstoffkreislauf. Die Verdunstungsmenge ist abhängig von konstruktiven Auslegungen des Fahrzeugs und der Kraftstofftemperatur. Als Begrenzungsmaßnahme wird im Allgemeinen ein Behälter mit Aktivkohle (Aktivkohlefalle, AKF) verwendet, in dem die Kraftstoffdämpfe gespeichert werden. Da die Aktivkohlefalle nur ein begrenztes Aufnahmevermögen hat, muss diese in gewissen Abständen regeneriert werden. Dies geschieht durch die Spülung mit Frischluft während der Fahrt. Das Luft-Kraftstoff-Gemisch wird dabei dem Ansaugtrakt zugeführt und im Motor verbrannt (siehe Kraftstoffverdunstungs-Rückhaltesystem). In vielen Staaten (z.B. in den USA und in Europa) bestehen Vorschriften zur Begrenzung der Verdunstungsverluste.

Messverfahren

Die Bestimmung dieser Verdunstungsemission wird üblicherweise in einer gasdichten Klimakammer, dem SHED (Sealed Housing for Evaporative emissions Determination), vorgenommen. Hierzu wird die HC-Konzentration zu Beginn und am Ende einer Prüfung mit einem Flammenionisations-Detektor (FID) erfasst und aus der Differenz die Verdunstungsverluste bestimmt.

Die Verdunstungsverluste müssen – je nach Staat – in einigen oder in allen der folgenden Betriebszustände erfasst werden und Grenzwerten genügen:

- Verdunstungen aus dem Kraftstoffsystem nach Abstellen des Fahrzeugs mit betriebswarmem Motor: Heißabstellprüfung oder Hot-Soak-Test (EU, USA und andere).
- Verdunstungen aus dem Kraftstoffsystem infolge von Temperaturänderungen im Tagesverlauf: Tankatmungsprüfung oder Diurnal-Test (EU, USA und andere).

– Verdunstungsemissionen während der Fahrt z. B. durch Permeation: Running-Loss-Test (nur USA).

Prüfabläufe (Beispiele für Pkw und leichte Nutzfahrzeuge)
Die Messung der Verdunstungen erfolgt während eines detailliert vorgeschriebenen Prüfablaufs in mehreren Phasen. Nach einer Vorkonditionierung des Fahrzeugs einschließlich Vorbereitung der Aktivkohlefalle und definierter Befüllung des Kraftstoffbehälters (40 %) erfolgt die Prüfung.

Erste Prüfung: Heißabstellverluste (Hot Soak)
Zur Ermittlung der Verdunstungsemission in dieser Testphase wird das Fahrzeug vor dem Test durch den im jeweiligen Staat gültigen Testzyklus „heißgefahren" und dann in der Klimakammer abgestellt. Die Messung erfasst die Erhöhung der HC-Konzentration über den Zeitraum einer Stunde beim Abkühlen des Fahrzeugs.

Während der gesamten Messung müssen Fenster und Heckklappe des Fahrzeugs geöffnet sein. Somit werden auch Verdunstungsverluste aus dem Fahrzeuginnenraum erfasst.

Zweite Prüfung: Tankatmungsverluste
Bei diesem Test wird in der hermetisch abgeschlossenen Klimakammer das Temperaturprofil eines warmen Sommertags (Maximaltemperatur für EU: 35 °C; für EPA: 35,5 °C; für CARB: 40,6 °C) nachgebildet und die dabei vom Fahrzeug abgegebenen Kohlenwasserstoffe gesammelt.

In den USA müssen sowohl ein 2-Day Diurnal-Test (48 Stunden; In-Use-Test) als auch ein 3-Day Diurnal-Test (72 Stunden; Zertifizierung) durchgeführt werden (verwendet wird der jeweils höchste Tagesgang-Wert), wobei die Vorkonditionierung jeweils etwas unterschiedlich abläuft. Ziel des 3-Day Diurnal-Tests ist, die ausreichende Kapazität der Aktivkohlefalle zu prüfen. Mit dem 2-Day Diurnal-Test wird geprüft, ob während der diesem Test vorangegangenen Vorkonditionierung die Aktivkohlefalle hinreichend gespült wurde.

Die EU-Gesetzgebung sah ab Euro 3 einen 24-Stunden-Test vor. Für Euro 6d wurde die Testprozedur überarbeitet und ein neuer Testzyklus WLTC und ein 48-Stunden Diurnal-Test sowie weitere Tests, die der Dauerhaltbarkeitsprüfung dienen, hinzugefügt. Vor der Testprozedur soll die Aktivkohlefalle entsprechend einem definiertem Verfahren gealtert werden. Weitere Informationen siehe Abgasgesetzgebung.

Dritte Prüfung: Running-Losses
Beim Running-Loss-Test, der der Heißabstellprüfung vorausgeht, werden die Kohlenwasserstoffemissionen während des Fahrbetriebs in vorgeschriebenen Testzyklen (1 mal FTP 72, 2 mal NYCC, 1 mal FTP 72; siehe USA-Testzyklen) erfasst.

Grenzwerte
EU-Gesetzgebung
Die Summe der Messergebnisse aus dem ersten und zweiten Tag des 48-Stunden Diurnal-Tests, des Hot-Soak-Tests und eines verdoppelten, in einer vorgeschalteten Prozedur gemessenen sogenannten Permeationsfaktors, ergeben die Verdunstungsverluste. In einer separaten Testprozedur wird der Tank bezüglich Permeationsemissionen geprüft. Der daraus berechnete Faktor fließt in die finale Berechnung der Verdungstungsemissionen. Diese Summe muss unter dem geforderten Grenzwert von 2 g verdunsteten Kohlenwasserstoffen für die gesamte Messung liegen.

USA
In den USA (Gesetzgebung nach CARB LEV II und EPA Tier 2) müssen die Verdunstungsverluste beim Running-Loss-Test kleiner als 0,05 g/Meile sein. Die Grenzwerte für die Heißabstellverluste und die Tankatmungsverluste sind für Tier 2 and LEV II wie folgt festgelegt:
– 2-Day Diurnal + Hot Soak:
  1,2 g (EPA) / 0,65 g (CARB),
– 3-Day Diurnal + Hot Soak:
  0,95 g (EPA) / 0,50 g (CARB).

Diese Grenzwerte müssen über 120 000 Meilen (EPA) beziehungsweise 150 000 Meilen (CARB) eingehalten werden.

Sie wurden stufenweise seit Modelljahr 2004 eingeführt und gelten zu 100 % seit Modelljahr 2007 (EPA) beziehungsweise 2006 (CARB). Seit Modelljahr 2009 erlaubt die EPA alternativ die Zertifizierung nach CARB-Grenzwerten und CARB-Vorschriften (Harmonisierung).

Für PC (Passenger CAR) und LDT1 (Light-Duty Truck), die nach der CARB ZEV-Gesetzgebung zertifiziert werden, gelten ein niedrigerer Grenzwert im SHED-Test von 0,350 g HC pro Test sowie zusätzlich die „zero evaporative emissions“-Anforderung. Gemeint sind praktisch keine Emissionen vom Kraftstoff (Grenzwert: 0,054 g HC/Test). Hierzu wird der oben beschriebene „3-Day Diurnal + hot soak“ im „Rig-Test“, d.h. einem Aufbau aus Tank, Kraftstoffleitungen, Aktivkohlefalle und Motor in Abstimmung zwischen CARB und Fahrzeughersteller durchgeführt.

Mit LEV III (phase-in 2015 bis 2022) und Tier 3 (phase-in 2017 bis 2022) werden die Anforderungen zur Begrenzung der Verdunstungsemissionen der ZEV-Gesetzgebung auf alle Fahrzeuge ausgedehnt. Die Hersteller können entweder die oben beschriebenen ZEV-Grenzwerte einhalten oder alternativ die Kombination aus etwas strengeren Grenzwerten im SHED-Test (für PC/LDT1 0,300 g HC/Test) und dem neuen BETP-Test („Bleed Emissions Test Procedure“), mit dem die Dichtheit und das Spülverhalten nur von Tank, Kraftstoffleitungen und Aktivkohlefalle, jedoch ohne Motor geprüft wird (Grenzwert für PC/LDT1 0,020 g HC pro Test). Die Dauerhaltbarkeitsanforderung ist 150 000 Meilen.

China

China hat bis einschließlich der Stufe 5 die EU-Anforderungen zur Begrenzung der Verdunstungsemissionen übernommen. Mit China 6a (7/2020) führte China eine eigene Gesetzgebung ein, die den US-Ablauf mit WLTC-Elementen verbindet. Der Grenzwert für die Summe aus Hot-Soak-Test und 2-Day Diurnal-Test (maximale Temperatur 38 °C, es zählt der höhere 24-Stunden-HC-Wert) beträgt 0,7 g HC.

Betankungsemissionen

Refueling-Test

Beim Refueling-Test werden die HC-Emissionen beim Betanken gemessen, um die Verdunstung der beim Betanken verdrängten Kraftstoffdämpfe zu überwachen (Grenzwert Tier 2/3 / LEV II/III: 0,053 g HC pro Liter getankter Kraftstoffmenge, entspricht 0,20 g pro Gallone). Dieser Test gilt in den USA sowohl für CARB als auch für EPA.

Mit China 6a (7/2020) führte China eine eigene Gesetzgebung ein, die den US-Ablauf mit WLTC-Elementen verbindet. Der Grenzwert beträgt 0,05 g HC pro Liter.

In Europa und in Japan gibt es bis jetzt keinen Refueling Test.

Spitback-Test

Beim Spitback-Test wird die verspritzte Kraftstoffmenge pro Betankungsvorgang gemessen. Der Kraftstoffbehälter muss dabei zu mindestens 85 % gefüllt sein (Grenzwert nur für EPA: 1 g HC pro Test).

Bei erfolgtem Refueling-Test muss der Spitback-Test nicht ausgeführt werden, sondern eine Erklärung, dass das Fahrzeug die Anforderungen des Spitback-Tests erfüllt, ist ausreichend.

Literatur

[1] § 29 StVZO: Untersuchung der Kraftfahrzeuge und Anhänger.
[2] ISO 10054: Kompressionszündungsmotoren – Messgeräte für Rauchgas von im stationären Betrieb laufenden Motoren – Filter-Rauchmessgeräte (1998).

Diagnose

Die Zunahme der Elektronik im Fahrzeug, die Nutzung von Software zur Steuerung des Fahrzeugs und die erhöhte Komplexität moderner elektronischer Systeme stellen hohe Anforderungen an das Diagnosekonzept, an die Überwachung im Fahrbetrieb (On-Board-Diagnose) und an die Werkstattdiagnose.

Im Zuge der Verschärfung der Abgasgesetzgebung und der Forderung nach laufender Überwachung im Fahrbetrieb hat der Gesetzgeber die On-Board-Diagnose als Hilfsmittel zur Abgasüberwachung erkannt und eine herstellerunabhängige Standardisierung geschaffen. Dieses zusätzlich installierte System wird OBD-System (On-Board Diagnostic System) genannt. Der Diagnose von Motorsteuerungssystemen kommt somit eine besondere Bedeutung zu.

Überwachung im Fahrbetrieb

Die im Steuergerät integrierte Diagnose gehört zum Grundumfang elektronischer Motorsteuerungssysteme. Neben der Selbstprüfung des Steuergeräts werden Ein- und Ausgangssignale sowie die Kommunikation der Steuergeräte untereinander überwacht.

Überwachungsalgorithmen überprüfen während des Betriebs die Eingangs- und die Ausgangssignale sowie das Gesamtsystem mit allen relevanten Funktionen auf Fehlverhalten und Störung. Die dabei erkannten Fehler werden im Fehlerspeicher des Steuergeräts abgespeichert. Bei der Fahrzeuginspektion in der Kundendienstwerkstatt werden die gespeicherten Informationen über eine serielle Schnittstelle ausgelesen und ermöglichen so eine schnelle und sichere Fehlersuche und Reparatur (Bild 1).

Bild 1: Diagnosesystem bestehend aus Diagnose-Tester zum Auslesen der OBD-Daten und externem Off-Board-Prüfgerät zur weiteren gezielten Fehlersuche und -lokalisierung.

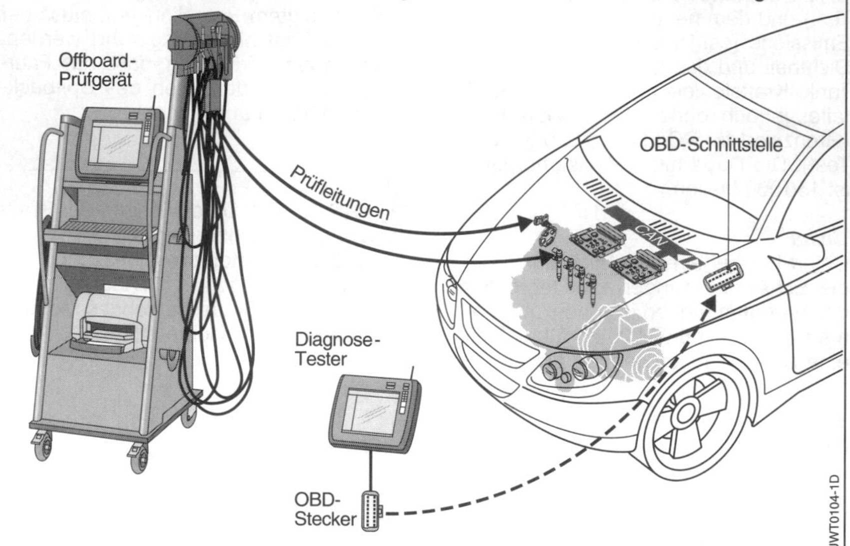

Überwachung der Eingangssignale
Die Sensoren, Steckverbinder und Verbindungsleitungen (im Signalpfad) zum Steuergerät werden anhand der ausgewerteten Eingangssignale überwacht. Mit diesen Überprüfungen können neben Sensorfehlern auch Kurzschlüsse zur Batteriespannung U_B und zur Masse sowie Leitungsunterbrechungen festgestellt werden. Hierzu werden folgende Verfahren angewandt:

- Überwachung der Versorgungsspannung des Sensors (falls vorhanden),
- Überprüfung des erfassten Werts auf den zulässigen Wertebereich (z.B. 0,5...4,5 V),
- Plausibilitätsprüfung verschiedener physikalischer Signale (z.B. Vergleich von Kurbelwellen- und Nockenwellendrehzahl),
- Plausibilitätsprüfung einer physikalischen Größe, die redundant mit verschiedenen Sensoren erfasst wird (z.B. Fahrpedalsensor).

Überwachung der Ausgangssignale
Die vom Steuergerät über Endstufen angesteuerten Aktoren werden überwacht. Mit den Überwachungsfunktionen werden neben Aktorfehlern auch Leitungsunterbrechungen und Kurzschlüsse erkannt. Hierzu werden folgende Verfahren angewandt: Einerseits erfolgt die Überwachung des Stromkreises eines Ausgangssignals durch die Endstufe, der Stromkreis wird auf Kurzschlüsse zur Batteriespannung U_B, zur Masse und auf Unterbrechung überwacht. Andererseits werden die Systemauswirkungen des Aktors direkt oder indirekt durch eine Funktions- oder eine Plausibiltätsüberwachung erfasst. Die Aktoren des Systems, z.B. das Abgasrückführventil oder die Drosselklappe, werden indirekt über die Regelkreise (z.B. auf permanente Regelabweichung) und teilweise zusätzlich über Lagesensoren (z.B. die Stellung der Drosselklappe) überwacht.

Überwachung der internen Steuergerätefunktionen
Damit die korrekte Funktionsweise des Steuergeräts jederzeit sichergestellt ist, sind im Steuergerät Überwachungsfunktionen in Hardware (z.B. „intelligente" Endstufenbausteine) und in Software realisiert. Die Überwachungsfunktionen überprüfen die einzelnen Bauteile des Steuergeräts (z.B. Mikrocontroller, Flash-EPROM, RAM). Viele Tests werden sofort nach dem Einschalten durchgeführt. Weitere Überwachungsfunktionen werden während des normalen Betriebs in regelmäßigen Abständen wiederholt, damit der Ausfall eines Bauteils auch während des Betriebs erkannt wird. Testabläufe, die sehr viel Rechnerkapazität erfordern oder aus anderen Gründen nicht im Fahrbetrieb erfolgen können, werden im Nachlauf nach „Motor aus" durchgeführt. Auf diese Weise werden die anderen Funktionen nicht beeinträchtigt. Ein Beispiel für eine derartige Funktion ist die Checksummenprüfung des Flash-EPROM.

Überwachung der Steuergerätekommunikation
Die Kommunikation mit den anderen Steuergeräten findet in der Regel über den CAN-Bus statt. Im CAN-Protokoll sind Kontrollmechanismen zur Störungserkennung integriert, sodass Übertragungsfehler schon im CAN-Baustein erkannt werden können. Darüber hinaus werden im Steuergerät weitere Überprüfungen durchgeführt. Da die meisten CAN-Botschaften in regelmäßigen Abständen von den jeweiligen Steuergeräten versendet werden, kann z.B. der Ausfall eines CAN-Controllers in einem Steuergerät mit der Überprüfung dieser zeitlichen Abstände detektiert werden. Zusätzlich werden die empfangenen Signale bei Vorliegen von redundanten Informationen im Steuergerät anhand dieser Informationen wie alle Eingangssignale überprüft.

Fehlerbehandlung

Fehlererkennung

Ein Signalpfad (z.B. Sensor mit Steckverbinder und Verbindungsleitung) wird als endgültig defekt eingestuft, wenn ein Fehler über eine definierte Zeit vorliegt. Bis zur Defekteinstufung wird der zuletzt als gültig erkannte Wert im System verwendet. Mit der Defekteinstufung wird in der Regel eine Ersatzfunktion eingeleitet (z.B. Motortemperatur-Ersatzwert $T = 90$ °C).

Für die meisten Fehler ist eine Heilung oder Wieder-Intakt-Erkennung während des Fahrbetriebs möglich. Hierzu muss der Signalpfad für eine definierte Zeit als intakt erkannt werden.

Fehlerspeicherung

Jeder Fehler wird im nichtflüchtigen Bereich des Datenspeichers in Form eines Fehlercodes abgespeichert. Der Fehlercode beschreibt auch die Fehlerart (z.B. Kurzschluss, Leitungsunterbrechung, Plausibilität, Wertebereichsüberschreitung). Zu jedem Fehlereintrag werden zusätzliche Informationen gespeichert, z.B. die Betriebsbedingungen („Freeze-Frame"), die bei Auftreten des Fehlers herrschen (z.B. Motordrehzahl, Motortemperatur).

Notlauffunktionen

Bei Erkennen eines Fehlers können neben Ersatzwerten auch Notlaufmaßnahmen („Limp home", z.B. die Begrenzung der Motorleistung oder der Motordrehzahl) eingeleitet werden. Diese Maßnahmen dienen der Erhaltung der Fahrsicherheit, der Vermeidung von Folgeschäden (z.B. Überhitzen des Katalysators) oder der Minimierung von Abgasemissionen.

On-Board-Diagnose

Damit die vom Gesetzgeber geforderten Emissionsgrenzwerte auch im Alltag eingehalten werden, müssen das Motorsystem und die Komponenten im Fahrbetrieb ständig überwacht werden. Deshalb wurden – beginnend in Kalifornien – Regelungen zur Überwachung der abgasrelevanten Systeme und Komponenten erlassen. Damit wurde die herstellerspezifische On-Board-Diagnose (OBD) hinsichtlich der Überwachung emissionsrelevanter Komponenten und Systeme standardisiert und weiter ausgebaut [6].

OBD I (CARB)

1988 trat in Kalifornien mit der OBD I die erste Stufe der CARB-Gesetzgebung (California Air Resources Board) in Kraft. Diese erste OBD-Stufe verlangt die Überwachung abgasrelevanter elektrischer Komponenten (Kurzschlüsse, Leitungsunterbrechungen) und Abspeicherung der Fehler im Fehlerspeicher des Steuergeräts sowie eine Motorkontrollleuchte (Malfunction Indicator Lamp, MIL), die dem Fahrer erkannte Fehler anzeigt. Außerdem muss mit On-Board-Mitteln (z.B. Blinkcode über eine Diagnoselampe) ausgelesen werden können, welche Komponente ausgefallen ist.

OBD II (CARB)

1994 wurde mit der OBD II die zweite Stufe der Diagnosegesetzgebung in Kalifornien eingeführt. Für Fahrzeuge mit Dieselmotor wurde OBD II ab 1996 Pflicht. Zusätzlich zu dem Umfang von OBD I wird nun auch die Funktionalität des Systems überwacht (z.B. Prüfung von Sensorsignalen auf Plausibilität).

OBD II verlangt, dass alle abgasrelevanten Systeme und Komponenten, die bei Fehlfunktion zu einer Erhöhung der schädlichen Abgasemissionen führen können (und damit zur Überschreitung der OBD-Schwellenwerte), überwacht werden. Zusätzlich sind auch alle Komponenten, die zur Überwachung emissionsrelevanter Komponenten eingesetzt werden oder die das Diagnoseergebnis beeinflussen können, zu überwachen.

Für alle zu überprüfenden Komponenten und Systeme müssen die Diagnosefunktionen in der Regel mindestens einmal im Abgas-Testzyklus (z.B. FTP 75, Federal Test Procedure) durchlaufen werden.

Die OBD II-Gesetzgebung schreibt ferner eine Normung der Fehlerspeicherinformation und des Zugriffs darauf (Stecker, Kommunikation) nach ISO 15031 [1] und den entsprechenden SAE-Normen (Society of Automotive Engineers), z.B. SAE J1979 [2] und SAE J1939 [3] vor. Dies ermöglicht das Auslesen des Fehlerspeichers über genormte, frei käufliche Tester (Scan-Tools).

OBD II-Erweiterungen

Ab Modelljahr 2004

Seit Einführung der OBD II wurde das Gesetz mehrfach überarbeitet. Eine Überarbeitung der Gesetzesanforderungen durch die Behörde erfolgt in der Regel alle zwei Jahre („biennial review"). Ab Modelljahr 2004 muss neben verschärften und zusätzlichen funktionalen Anforderungen auch die Überprüfung der Diagnosehäufigkeit (ab Modelljahr 2005) im Alltag (In-use Monitor Performance Ratio, IUMPR) erfüllt werden.

Ab Modelljahr 2007 bis 2013 für Benzin-Pkw

Neue Anforderungen für Ottomotoren sind im Wesentlichen die Diagnose zylinderindividueller Gemischvertrimmung (Air-Fuel Imbalance), erweiterte Anforderungen an die Diagnose der Kaltstartstrategie sowie die permanente Fehlerspeicherung, die auch für Diesel-Systeme gilt.

Ab Modelljahr 2007 bis 2013 für Diesel-Fahrzeuge

Für Diesel-Pkw und leichte Nfz wurden die OBD-Emissionsgrenzen in drei Stufen (bis Modelljahr 2009, Modelljahr 2010 bis 2012, ab Modelljahr 2013) verschärft. Darüberhinaus werden für das Einspritzsystem, das Luftsystem und das Abgasnachbehandlungssystem erhebliche Funktionserweiterungen gefordert. So wird z.B. beim Einspritzsystem die Überwachung der Einspritzmenge und des Einspritz-Timings verlangt. Beim Luftsystem wird z.B. die Überwachung der Ladedruckregelung sowie die zusätzliche Dynamiküberwachung der Abgasrückführregelung und der Ladedruckregelung verlangt. Beim Abgasnachbehandlungssystem werden für den Oxidationskatalysator, den Partikelfilter, den NO_x-Speicherkatalysator und für das SCR-Dosiersystem (Selective Catalytic Reduction) mit SCR-Katalysator neue Überwachungsfunktionen gefordert. So muss z.B. beim Partikelfilter die Regenerationshäufigkeit überwacht werden und beim SCR-Dosiersystem die Dosiermenge des NO_x-Reduktionsmittels.

Neu gilt für Dieselsysteme auch seit 2009 unter anderem, dass jetzt neben den Reglern auch gesteuerte Funktionen – soweit abgasrelevant – zu überwachen sind. Ebenso gibt es erweiterte Anforderungen an die Überwachung von Kaltstartfunktionen.

Ab Modelljahr 2014/2015

Für Diesel-Pkw, leichte Nfz und auch Nfz wurden für einzelne Komponenten schon erweiterte Anforderungen für das Modelljahr 2015 formuliert. Diese beziehen sich auf die Überwachung des Oxidationskatalysators hinsichtlich „feedgas" (Verhältnis zwischen NO und NO_2 zum Betreiben des SCR-Katalysators), auf die Überwachung des beschichteten Partikelfilters hinsichtlich NMHC-Konvertierung (Nicht-Methanhaltige Kohlenwasserstoffe) und auf die Überwachung des Einspritzsystems hinsichtlich mengenkodierter Injektoren. Ebenfalls im Rahmen der Überarbeitung der LEV III-Emissionsgesetzgebung wurden einige Anforderungen für Hybridfahrzeuge vor allem mit Auswirkung auf die IUMPR-Berechnung präzisiert.

Ab Modelljahr 2017/2023

In der letzten Überarbeitung der OBD-Gesetzgebung erfolgte u.a. eine Anpassung der OBD-Schwellenwerte an die LEV III-Emissionsgesetzgebung. Der OBD II-Schwellenwert für NO_x und NMHC wird ab LEV III als eine Größe (NO_x + NMHC) definiert. Die OBD-Schwellenwerte als Vielfache des Emissionsgrenzwerts (Multiplikatoren) wurden an die neuen Emissionskategorien (ULEV 50, ULEV 70, SULEV 20) gestuft angepasst. Erstmals wurde auch ein OBD-Schwellenwert für die Partikel-

Tabelle 1: OBD-Schwellenwerte.

	Otto-Pkw	Diesel-Pkw	Diesel-Nfz
CARB	– Abhängig von der Emissionskategorie und Diagnoseanforderung zwischen 1,5- und 2,5-fachem Emissionsgrenzwert. – PM-OBD-Limit: absolut 17,5 mg/mile.	– Abhängig von der Emissionskategorie und Diagnoseanforderung zwischen 1,5- und 2,5-fachem Emissionsgrenzwert. – PM-OBD-Limit: absolut 17,5 mg/mile, – Jedoch von 2007 bis 2013 Einführung strengerer Grenzwerte in drei Stufen: z.B. für Partikelfilter 2007 – 2009 5 x Grenzwert 2010 – 2012 4 x Grenzwert ab 2013 1,75 x Grenzwert	2010–2012: CO: 2,5 × Grenzwert NMHC: 2,5 × Grenzwert NO_x: +0,4/0,6 g/bhp-hr [2] PM: +0,06/0,07 g/bhp-hr Ab 2013: CO: 2,0 × Grenzwert NMHC: 2,0 × Grenzwert NO_x: +0,2/0,4 g/bhp-hr [2] PM: +0,02/0,03 g/bhp-hr Übergangsphase für einige Monitore bis 2016.
EPA (US-Federal)	siehe CARB CARB Zertifikate mit entsprechenden Grenzwerten werden von EPA anerkannt	siehe CARB CARB Zertifikate mit entsprechenden Grenzwerten werden von EPA anerkannt	2010–2012: CO: 2,5 × Grenzwert NMHC: 2,5 × Grenzwert NO_x: +0,6/0,8 g/bhp-hr [2] PM: +0,04/0,05 g/bhp-hr Ab 2013: CO: 2,0 × Grenzwert NMHC: 2,0 × Grenzwert NO_x: +0,3/0,5 g/bhp-hr [2] PM: +0,04/0,05 g/bhp-hr
EOBD	Euro 5 (09/2009): CO: 1 900 mg/km NMHC: 250 mg/km NO_x: 300 mg/km PM: 50 mg/km [1] Euro 6-1 (09/2014): CO: 1900 mg/km NMHC: 170 mg/km NO_x: 150 mg/km PM: 25 mg/km [1] Euro 6-2 (09/2017): CO: 1900 mg/km NMHC: 170 mg/km NO_x: 90 mg/km PM: 12 mg/km [1]	Euro 5 (09/2009): CO: 1 900 mg/km NMHC: 320 mg/km NO_x: 540 mg/km PM: 50 mg/km Euro 6 interim (09/2009): CO: 1 900 mg/km NMHC: 320 mg/km NO_x: 240 mg/km PM: 50 mg/km Euro 6-1 (09/2014): CO: 1 750 mg/km NMHC: 290 mg/km NO_x: 180 mg/km PM: 25 mg/km Euro 6-2 (09/2017): CO: 1 750 mg/km NMHC: 290 mg/km NO_x: 140 mg/km PM: 12 mg/km	Euro IV (10/2005)/ Euro V (10/2008): NO_x: 7,0 g/kWh PM: 0,1 g/kWh NO_x-Kontrollsystemüberwachung (seit 11/2006): NO_x-Emissionsgrenzwert + 1,5 g/kWh Euro IV: (3,5 + 1,5) g/kWh Euro V: (2,0 + 1,5) g/kWh Euro VI-A (2013): NO_x: 1,5 g/kWh PM: 0,025 g/kWh (Selbstzünder) Funktionale Alternative für DPF-Monitor NO_x-Kontrollsystem: SCR-Reagenzmittel NO_x: 0,9 g/kWh Euro VI-B (09/2014): Nur Fremdzünder Wie Euro VI-A, aber Einführung Schwellenwert für CO: 7,5 g/kWh Euro VI-C (2016): NO_x: 1,2 g/kWh PM: 0,025 g/kWh (Selbstzünder) CO: 7,5 g/kWh (Fremdzünder) NO_x-Kontrollsystem: SCR-Reagenzmittel NO_x: 0,46 g/kWh

[1] für Benzin-Direkteinspritzung.

[2] g/bhp-hr: Gramm pro „brake horse power“ × „hour“ (brake horse power entspricht der Einheit PS).

masse für Ottomotoren ab Modelljahr 2019 auf einen festen Wert von 17,5 mg pro Meile definiert. Weitere neue Anforderung sind beispielsweise die Ausgabe von Kenngrößen zur Beurteilung der Nutzung und Aktivierung von „Active off-cycle Technologien" und kraftstoffverbrauchsspezifischer Größen ab Modelljahr 2019, die verbesserte Überwachung der Kurbelgehäuseentlüftungsleitungen ab Modelljahr 2023 sowie eine Präzisierung einer Vielzahl von Diagnoseanforderungen für Komponenten von Hybridfahrzeugen.

Für zukünftige Gesetzgebungen gibt es Überlegungen, die OBD-Anforderungen auf die CO_2-Überwachung zu erweitern.

Geltungsbereich
Die zuvor dargestellten OBD-Vorschriften für CARB gelten für alle Pkw bis zu zwölf Sitzen sowie kleine Nfz bis 14 000 lbs (6,35 t).

Die aktuelle CARB-OBD II-Gesetzgebung für Kalifornien gilt derzeit auch in einigen weiteren US-Bundesstaaten. Darüber hinaus wollen sich zukünftig weitere US-Bundesstaaten dieser Gesetzgebung anschließen.

EPA-OBD
In den US-Bundesstaaten, die nicht die CARB-Gesetzgebung übernommen haben, gelten seit 1994 die Gesetze der Bundesbehörde EPA (Environmental Protection Agency). Der Umfang dieser Diagnose entspricht im Wesentlichen der CARB-Gesetzgebung (OBD II). Im Rahmen der Überarbeitung der Tier 3-Emissionsgesetzgebung wurden ab Modelljahr 2017 die EPA-OBD-Anforderungen an die CARB-OBD-Anforderungen angepasst. Ein CARB-Zertifikat wird jetzt schon von der EPA anerkannt.

EOBD (Europäische OBD)
Die auf europäische Verhältnisse angepasste On-Board-Diagnose wird als EOBD bezeichnet. Die EOBD gilt seit Januar 2000 für Pkw und leichte Nfz mit Ottomotor. Für Pkw und leichte Nfz mit Dieselmotor gilt die Regelung seit 2003, für schwere Nfz seit 2005 (siehe OBD-Anforderungen für schwere Nfz).

In den Jahren 2007 und 2008 wurden neue Anforderungen an die EOBD für Otto- und Diesel-Pkw im Rahmen der Euro 5- und Euro 6-Emissions- und OBD-Gesetzgebung verabschiedet (Emissionsstufe Euro 5 ab September 2009; Euro 6 ab September 2014).

Eine generelle neue Anforderung für Otto- und Diesel-Pkw ist die Überprüfung der Diagnosehäufigkeit im Alltag (In-use Performance Ratio, IUPR) ab Euro 5+ (September 2011), in Anlehnung an die CARB-OBD-Gesetzgebung (In-use Monitor Performance Ratio, IUMPR) .

EOBD Euro 5- und Euro 5+-Anforderungen für Diesel- und Ottomotoren
Für Ottomotoren erfolgte mit der Einführung von Euro 5 ab September 2009 primär die Absenkung der OBD-Schwellenwerte. Zudem wurde neben einem Partikelmassen-OBD-Schwellenwert (nur für direkteinspritzende Motoren) auch ein NMHC-OBD-Schwellenwert (Nicht-Methan-haltige Kohlenwasserstoffe, anstelle des bisherigen HC) eingeführt. Direkte funktionale OBD-Anforderungen resultieren in der Überwachung des Dreiwegekatalysators auf NMHC. Ab September 2011 gilt die Stufe Euro 5+ mit unveränderten OBD-Schwellenwerten gegenüber Euro 5. Wesentliche funktionale Anforderungen an die EOBD sind die zusätzliche Überwachung des Dreiwegekatalysators auf NO_x.

Für Diesel-Pkw-Motoren erfolgte mit Euro 5 eine Absenkung der OBD-Schwellenwerte für Partikelmasse, CO und NO_x. Daneben gibt es erweiterte Anforderungen an die Überwachung des Abgasrückführsystems (Kühler) sowie vor allem an die Abgasnachbehandlungskomponenten. Hier werden an die Überwachung des SCR-DeNOx-Systems (Dosiersystem und Katalysator) sehr strenge Anforderungen gestellt. Die funktionale Überwachung des Partikelfilters wird unabhängig von den Rohemissionen obligatorisch.

EOBD Euro 6-Anforderungen für Diesel- und Ottofahrzeuge
Mit Euro 6-1 ab September 2014 und Euro 6-2 ab September 2017 ist eine weitere zweistufige Reduzierung einiger OBD-Schwellenwerte beschlossen worden (siehe Tabelle 1). Darüber hinaus gelten für Diesel-Systeme strengere

Vorschriften für die Überwachung des Oxidationskatalysators und des NO_x-Abgasnachbehandlungssystems (NO_x-Speicherkatalysator oder SCR-Katalysator mit Dosiersystem).

Ab September 2017 wird mit Euro 6d-temp für den Typ 1-Emissionstest der NEFZ durch den WLTC ersetzt [8]. Dabei wurden die Emissionsgrenzwerte wie auch die OBD-Schwellenwerte nicht angepasst, sondern unverändert übernommen. Bezüglich der OBD-Prüfung kann der Fahrzeughersteller wählen, ob die OBD-Schwellenwertüberprüfung auf Grundlage des NEFZ oder des WLTC durchgeführt wird. Dieses Wahlrecht besteht nur bis Ende 2021. Ab diesem Zeitpunkt werden die OBD-Schwellenwerte ausschließlich auf Grundlage des WLTC geprüft.

China OBD

Im Dezember 2016 hat das MEP (Ministry of Environmental Protection of the People's Republic of China) ein neues Gesetz mit deutlich verschärften Emissions- und OBD-Anforderungen veröffentlich, das in Bezug auf die Emissionen in zwei Stufen (CN6a ab 07/2020 und CN6b ab 07/2023) in Kraft tritt. Die OBD-Anforderungen ab 07/2020 gelten unverändert auch für die Stufe CN6b. Während die bisherige chinesische Gesetzgebung sich sehr nahe am europäischem Standard orientiert hat, kombiniert das neue CN6-Gesetz Elemente der EU- und US-Gesetzgebung und einige landesspezifische neue Anforderungen. In Bezug auf die OBD basieren die Anforderungen weitestgehend auf US-Anforderungen der Gesetzgebung aus 2013, wobei einige Anforderungen entfernt oder vereinfacht und andere ergänzt wurden. Während sich die eigentlichen OBD-Anforderungen am US-Standard orientieren, wurden hingegen die europäischen OBD-Schwellenwerte für Euro 6-2 sowie der europäische Testzyklus WLTC übernommen.

Andere Länder

Einige andere Länder haben unterschiedliche Stufen der EU- oder der US-OBD-Gesetzgebung übernommen (Russland, Südkorea, Indien, Brasilien, Australien).

Anforderungen an das OBD-System

Alle Systeme und Komponenten im Kraftfahrzeug, deren Ausfall zu einer Verschlechterung der im Gesetz festgelegten Abgasprüfwerte führt, müssen vom Motorsteuergerät durch geeignete Maßnahmen überwacht werden. Führt ein vorliegender Fehler zum Überschreiten der OBD-Schwellenwerte, so muss dem Fahrer das Fehlverhalten über die Motorkontrollleuchte (Malfunction Indicator Lamp, MIL) angezeigt werden.

OBD-Schwellenwerte

Die US-OBD II (CARB und EPA) sieht OBD-Schwellen vor, die relativ zu den Emissionsgrenzwerten definiert sind. Damit ergeben sich für die verschiedenen Abgaskategorien, nach denen die Fahrzeuge zertifiziert sind (z.B. LEV, ULEV, SULEV), unterschiedliche zulässige OBD-Schwellenwerte. Bei der für die europäische Gesetzgebung geltenden EOBD sind absolute Schwellenwerte verbindlich (Tabelle 1).

Anforderungen an die Funktionalität

Im Rahmen der gesetzlich geforderten On-Board-Diagnose (OBD) sind alle abgasrelevanten Systeme und Komponenten auf Fehlfunktion und Überschreitung von Abgasschwellenwerten zu überwachen.

Die Gesetzgebung fordert die elektrische Überwachung (Kurzschluss, Leitungsunterbrechung) sowie eine Plausibilitätsprüfung für Sensoren und eine Funktionsüberwachung für Aktoren.

Die Schadstoffkonzentration, die durch den Ausfall einer Komponente zu erwarten ist (kann im Abgaszyklus gemessen werden) sowie die teilweise im Gesetz geforderte Art der Überwachung bestimmt auch die Art der Diagnose. Ein einfacher Funktionstest (Schwarz-Weiß-Prüfung) prüft nur die Funktionsfähigkeit des Systems oder der Komponenten (z.B. Ladungsbewegungsklappe öffnet oder schließt). Die umfangreiche Funktionsprüfung macht eine genauere Aussage über die Funktionsfähigkeit des Systems und bestimmt gegebenenfalls auch den quantitativen Einfluss der defekten Komponente auf die Emissionen. So muss bei der Überwachung der adaptiven Einspritzfunktionen (z.B. Nullmengenkalibrierung beim Dieselmotor, λ-Adaption beim Ottomotor) die Grenze der Adaption überwacht werden.

Die Komplexität der Diagnosen hat mit der Entwicklung der Abgasgesetzgebung ständig zugenommen.

Motorkontrollleuchte
Die Motorkontrollleuchte (Malfunction Indicator Lamp, MIL; auch als Fehlerlampe bezeichnet) weist den Fahrer auf das fehlerhafte Verhalten einer Komponente hin. Bei einem erkannten Fehler wird sie im Geltungsbereich von CARB und EPA im zweiten Fahrzyklus mit diesem Fehler eingeschaltet. Im Geltungsbereich der EOBD muss sie spätestens im dritten Fahrzyklus mit erkanntem Fehler eingeschaltet werden.

Verschwindet ein Fehler wieder (z.B. ein Wackelkontakt), so bleibt der Fehler im Fehlerspeicher noch 40 Fahrten („warm-up cycles") eingetragen. Die Motorkontrollleuchte wird nach drei fehlerfreien Fahrzyklen wieder ausgeschaltet. Bei Fehlern, die beim Ottomotor zu einer Schädigung des Katalysators führen können (z.B. Verbrennungsaussetzer), blinkt die Motorkontrollleuchte.

Kommunikation mit dem Scan-Tool
Die OBD-Gesetzgebung schreibt eine Standardisierung der Fehlerspeicherinformation und des Zugriffs darauf (Stecker, Kommunikationsschnittstelle) nach der Norm ISO 15031 und den entsprechenden SAE-Normen (z.B. SAE J1979, [2]) vor. Dies ermöglicht das Auslesen des Fehlerspeichers über genormte, frei käufliche Tester (Scan-Tools).

Für CARB ist seit 2008 und für die EU seit 2014 nur noch die Diagnose über CAN (ISO 15765 [4]) erlaubt.

Fahrzeugreparatur
Mit Hilfe eines Scan-Tools können die emissionsrelevanten Fehlerinformationen von jeder Werkstatt aus dem Steuergerät ausgelesen werden. So werden auch herstellerunabhängige Werkstätten in die Lage versetzt, eine Reparatur durchzuführen.

Zur Sicherstellung einer fachgerechten Reparatur werden die Fahrzeughersteller verpflichtet, notwendige Werkzeuge und Informationen gegen angemessene Bezahlung zur Verfügung zu stellen (z.B. Reparaturanleitungen im Internet).

Einschaltbedingungen
Die Diagnosefunktionen werden nur dann durchgeführt, wenn die physikalischen Einschaltbedingungen erfüllt sind. Hierzu gehören z.B. Drehmomentschwellen, Motortemperaturschwellen sowie Drehzahlschwellen oder Drehzahlgrenzen.

Sperrbedingungen
Diagnosefunktionen und Motorfunktionen können nicht immer gleichzeitig arbeiten. Es gibt Sperrbedingungen, die die Durchführung bestimmter Funktionen unterbinden. Beispielsweise kann die Tankentlüftung (mit Kraftstoffverdunstungs-Rückhaltesystem) des Ottomotors nicht arbeiten, wenn die Katalysatordiagnose in Betrieb ist. Beim Dieselmotor kann der Luftmassenmesser nur dann hinreichend überwacht werden, wenn das Abgasrückführventil geschlossen ist.

Temporäres Abschalten von Diagnosefunktionen
Um Fehldiagnosen zu vermeiden, dürfen die Diagnosefunktionen unter bestimmten Voraussetzungen abgeschaltet werden. Beispiele hierfür sind eine große Höhe (niedriger Luftdruck), bei Motorstart eine niedrige Umgebungstemperatur oder eine niedrige Batteriespannung.

Readiness-Code
Für die Überprüfung des Fehlerspeichers ist es von Bedeutung zu wissen, dass die Diagnosefunktionen wenigstens ein Mal abgearbeitet wurden. Das kann durch Auslesen der Readiness-Codes (Bereitschaftscodes) über die Diagnoseschnittstelle überprüft werden. Diese Readiness-Codes werden für die wichtigsten überwachten Komponenten gesetzt, wenn die entsprechenden gesetzesrelevanten Diagnosen abgeschlossen sind.

Diagnose-System-Management
Die Diagnosefunktionen für alle zu überprüfenden Komponenten und Systeme müssen regelmäßig im Fahrbetrieb, jedoch auch mindestens einmal im Abgas-Testzyklus (z.B. FTP 75, NEFZ) durchlaufen werden. Das Diagnose-System-Management (DSM) kann die Reihenfolge für die Abarbeitung der Diagnosefunktionen je nach Fahrzustand dynamisch verändern. Ziel dabei ist, dass alle Diagnosefunktionen auch im täglichen Fahrbetrieb häufig ablaufen. Das Diagnose-System-Management besteht aus folgenden Komponenten:
- Diagnose-Fehlerpfad-Management zur Speicherung von Fehlerzuständen und zugehörigen Umweltbedingungen (Freeze-Frames),
- Diagnose-Funktions-Scheduler zur Koordination der Motor- und Diagnosefunktionen,
- Diagnose-Validator zur zentralen Entscheidung bei erkannten Fehlern über ursächlichen Fehler oder Folgefehler. Neben der zentralen Validierung gibt es auch Systeme mit dezentraler Validierung, d.h., die Validierung erfolgt in der Diagnosefunktion.

Rückruf
Erfüllen Fahrzeuge die gesetzlichen OBD-Forderungen nicht, kann der Gesetzgeber auf Kosten der Fahrzeughersteller Rückrufaktionen anordnen.

OBD-Funktionen

Übersicht

Während die EOBD nur bei einzelnen Komponenten die Überwachung im Detail vorschreibt, sind die spezifischen Anforderungen bei der CARB-OBD II wesentlich detaillierter. Die folgende Liste stellt den derzeitigen Stand der bedeutendsten CARB-Anforderungen (Stand 2017) für Otto-Pkw- und Dieselfahrzeuge dar. Mit (E) sind die Anforderungen markiert, die auch in der EOBD-Gesetzgebung im Detail beschrieben sind.

Otto- und Diesel-System:
- Abgasrückführsystem (E),
- Kaltstartemissionsminderungssystem,
- Kurbelgehäuseentlüftung,
- Verbrennungs- und Zündaussetzer (E, nur für Otto-System),
- Kraftstoffsystem,
- variabler Ventiltrieb,
- Abgassensoren (λ-Sonden (E), NO_x-Sensoren (E), Partikelsensor),
- Motorkühlsystem,
- Klimaanlage (bei Einfluss auf Emissionen oder auf OBD),
- sonstige emissionsrelevante Komponenten und Systeme (E),
- In-use Monitor Performance Ratio (IUMPR) zur Prüfung der Durchlaufhäufigkeit von Diagnosefunktionen im Alltag (E).
- Anforderungen, die für Diesel-/(Otto-)motoren gelten, müssen bei Einsatz gleicher Technolgien beim Otto-/(Diesel-)motor entsprechend den Diesel-/(Otto-)anforderungen bewertet werden und das Diagnosekonzept der Behörde vorgestellt werden.

Nur Otto-System:
- Sekundärlufteinblasung,
- Dreiwegekatalysator (E), beheizter Katalysator,
- Tankleckdiagnose, bei (E) zumindest die elektrische Prüfung des Tankentlüftungsventils,
- Direktes Ozonminderungssystem.
- Zylinderindividuelle λ-Ungleichförmigkeit.

Nur Diesel-System:
- Oxidationskatalysator (E),
- SCR-DeNOx-System (E),
- NO_x-Speicherkatalysator (E),
- Partikelfilter (E),
- Einspritzsystem (Raildruckregelung, Einspritzmenge und Einspritz-Timing),
- Kühler für Abgasrückführung (E),
- Ladedruckregelung,
- Ladeluftkühler.

Sonstige emissionsrelevante Komponenten und Systeme sind die in dieser Aufzählung nicht genannten Komponenten und Systeme, deren Ausfall zur Erhöhung der Abgasemissionen (CARB-OBD II), zur Überschreitung der OBD-Schwellenwerte (CARB-OBD II und EOBD) oder zur negativen Beeinflussung des Diagnosesystems (z. B. durch Sperrung anderer Diagnosefunktionen) führen kann. Bei der Durchlaufhäufigkeit von Diagnosefunktionen müssen Mindestwerte eingehalten werden.

Beispiele für OBD-Funktionen

Katalysatordiagnose

Otto-System

Diese Diagnosefunktion überwacht die Konvertierungsleistung des Dreiwegekatalysators. Das Maß hierfür ist die Sauerstoffspeicherfähigkeit des Katalysators. Die Überwachung geschieht durch Beobachtung der Signale der λ-Sonden bei gezielter Beeinflussung des Sollwerts der λ-Regelung.

Für den NO_x-Speicherkatalysator muss zusätzlich die NO_x-Speicherfähigkeit (Katalysator-Gütefaktor) beurteilt werden. Hierzu wird der tatsächliche NO_x-Speicherinhalt, der sich aus dem Reduktionsmittelverbrauch während der Regenerierung des Katalysators ergibt, mit einem Erwartungswert verglichen.

Diesel-System

Beim Diesel-System werden im Oxidationskatalysator Kohlenmonoxid (CO) und unverbrannte Kohlenwasserstoffe (HC) oxidiert (Schadstoffminderung). Es werden Diagnosefunktionen zur Funktionsüberwachung des Oxidationskatalysators auf der Basis der Temperaturdifferenz vor und nach dem Katalysator (Exothermie) eingesetzt.

Der NO_x-Speicherkatalysator wird hinsichtlich der Speicher- und Regenerationsfähigkeit überwacht. Die Überwachungsfunktionen arbeiten auf der Basis von Beladungs- und Entladungsmodellen sowie der gemessenen Regenerationsdauer. Dazu ist der Einsatz von λ- oder NO_x-Sensoren erforderlich.

Der SCR-DeNOx-Katalysator wird mit Hilfe einer Effizienzdiagnose überwacht. Dazu wird jeweils ein NO_x-Sensor vor und nach dem Katalysator benötigt. Die Komponenten des Dosiersystems sowie die Menge und Dosierung des Reduktionsmittels werden separat überwacht.

Tankleckdiagnose

Otto-System

Die Tankleckdiagnose detektiert Ausdampfungen aus dem Kraftstoffsystem, die zu einer Erhöhung insbesonders der HC-Werte führen. Die EOBD beschränkt sich auf eine einfache Überprüfung des elektrischen Schaltkreises des Tankdrucksensors und des Tankentlüftungsventils (Kraftstoffverdunstung-Rückhaltesystem). In den USA hingegen müssen Lecks im Kraftstoffsystem detektiert werden können. Hierfür gibt es zwei unterschiedliche Verfahren.

Das Unterdruckverfahren prüft zunächst durch Beobachtung des Tankdrucks bei gezieltem Ansteuern des Tankentlüftungs- und des Aktivkohleabsperrventils dessen Funktionsfähigkeit. Anschließend kann aus dem zeitlichen Verlauf des Tankdrucks – wieder bei gezielter Ansteuerung der Ventile – auf ein Grob- oder ein Feinleck geschlossen werden.

Das Überdruckverfahren verwendet ein Diagnosemodul mit integrierter elektrisch angetriebener Flügelzellenpumpe, mit der das Tanksystem aufgepumpt werden kann. Bei dichtem Tank ist ein hoher Pumpenstrom erforderlich. Durch die Auswertung des Pumpenstroms kann auf ein Grob- oder ein Feinleck geschlossen werden.

Diagnose Partikelfilter
Diesel-System
Beim Diesel-Partikelfilter wird derzeit meist auf einen gebrochenen, entfernten oder verstopften Filter überwacht. Dazu wird ein Differenzdrucksensor eingesetzt, der bei einem bestimmten Volumenstrom die Druckdifferenz (Abgasgegendruck vor und nach dem Filter) misst. Aus dem Messwert kann auf einen defekten Filter geschlossen werden. Eine erweiterte Funktion überwacht mit Hilfe von Beladungsmodellen die Effizienz des Partikelfilters.

Seit Modelljahr 2010 muss auch die Regenerationshäufigkeit überwacht werden.Seit Modelljahr 2013 wird aufgrund verschärfter OBD-Anforderungen in den USA ein Partikelsensor zur Überwachung des Partikelfilters eingesetzt. Der Partikelsensor (von Bosch) arbeitet nach dem „Sammelprinzip", d.h., der über eine bestimmte Fahrstrecke gesammelte Ruß wird mithilfe eines Modells für einen Schwellenwertfilter ausgewertet. Übersteigt die gesammelte Rußmasse – in Abhängigkeit verschiedener Parameter – eine bestimmte Schwelle, so wird der Partikelfilter als defekt erkannt. Mithilfe des Partikelsensors können auch kombinierte Fehler des Partikelfilters (z.B. gebrochener und geschmolzener Filter) erkannt werden.

Diagnose Abgasrückführsystem
Diesel-System
Beim Abgasrückführsystem (AGR) werden der Regler sowie das Abgasrückführventil, der Abgaskühler und weitere Einzelkomponenten überwacht.

Die funktionale Systemüberwachung erfolgt über Luftmassenregler und Lageregler, die auf bleibende Regelabweichung geprüft werden. Es muss ein zu hoher oder ein zu niedriger AGR-Durchfluss erkannt werden. Darüberhinaus wird das Ansprechverhalten („slow response") des Systems überwacht.

Bild 2: Sensorüberwachung.
1 Sensorkennlinie,
2 obere Schwelle für „Signal Range Check",
3 obere Schwelle für „Out of Range Check",
4 untere Schwelle für „Out of Range Check",
5 untere Schwelle für „Signal Range Check",
6 Plausibilitätsbereich „Rationality Check".

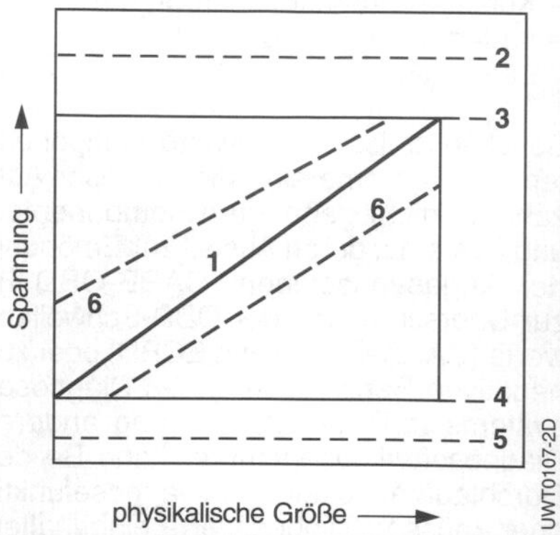

Das Abgasrückführventil selbst wird sowohl elektrisch als auch funktional überwacht.

Die Überwachung des AGR-Kühlers erfolgt mit Hilfe einer zusätzlichen Temperaturmessung hinter dem Kühler sowie mit Modellwerten. Damit wird der Wirkungsgrad des Kühlers berechnet.

Comprehensive Components
Die On-Board-Diagnose fordert, dass sämtliche Sensoren (z.B. Luftmassenmesser, Drehzahlsensor, Temperatursensoren) und Aktoren (z.B. Drosselklappe, Hochdruckpumpe, Glühkerzen) überwacht werden müssen, die entweder Einfluss auf die Emissionen haben oder zur Überwachung anderer Bauteile oder Systeme benutzt werden (und dadurch gegebenenfalls andere Diagnosen sperren).

Sensoren werden auf folgende Fehler überwacht (Bild 2):

- Elektrische Fehler, d.h. Kurzschlüsse und Leitungsunterbrechungen („Signal Range Check").
- Bereichsfehler („Out of Range Check"), d.h. Über- oder Unterschreitung der vom physikalischem Messbereich des Sensors festgelegten Spannungsgrenzen.
- Plausibilitätsfehler („Rationality Check"); dies sind Fehler, die in der Komponente selbst liegen (z.B. Drift) oder z.B. durch Nebenschlüsse hervorgerufen werden können. Zur Überwachung werden die Sensorsignale entweder mit einem Modell oder direkt mit anderen Sensoren plausibilisiert.

Aktoren müssen auf elektrische Fehler und – falls technisch machbar – auch funktional überwacht werden. Funktionale Überwachung bedeutet, dass die Umsetzung eines gegebenen Stellbefehls („Sollwert") überwacht wird, indem die Systemreaktion („Istwert") in geeigneter Weise durch Informationen aus dem System beobachtet oder gemessen wird (z.B. durch einen Lagesensor).

Zu den zu überwachenden Aktoren gehören sämtliche Endstufen, die Drosselklappe, das Abgasrückführventil, die variable Turbinengeometrie des Abgasturboladers, die Drallklappe, die Injektoren, die Glühkerzen (für Diesel-System), das Tankentlüftungssystem (für Otto-Systeme) und das Aktivkohleabsperrventil (für Otto-Systeme).

OBD-Anforderungen für schwere Nfz

Europa

Für Nutzfahrzeuge wurde in der EU (EOBD) die erste Stufe der On-Board-Diagnose zusammen mit Euro IV (10/2005), die zweite Stufe zusammen mit Euro V (10/2008) eingeführt. Zusammen mit Euro VI ist 2013 eine neue OBD-Regulierung in Kraft getreten.

Überwachungsanforderungen in Stufe 1
- Einspritzsystem: Überwachung auf elektrische Fehler und auf Totalausfall.
- Motorkomponenten: Überwachung emissionsrelevanter Komponenten auf Einhaltung des OBD-Schwellenwerts.
- Abgasnachbehandlungssysteme: Überwachung auf schwere Fehler.

Zusätzliche Anforderungen in Stufe 2
- Abgasnachbehandlungssysteme: Überwachung auf Einhaltung des OBD-Schwellenwerts.

Zusätzliche Anforderungen

Seit 11/2006 wird die Überwachung der NO_x-Kontrollsysteme hinsichtlich korrektem Betrieb gefordert. Die Überwachung erfolgt gegen eigene Emissionsgrenzwerte, die schärfer als die OBD-Schwellenwerte sind.

SCR-System

Ziel ist die Sicherstellung der Versorgung mit dem korrekten Reagenzmittel (Harnstoff-Wasser-Lösung, gebräuchlicher Markenname ist AdBlue). Die Verfügbarkeit des Reagenzmittels muss über den Tankfüllstand überwacht werden. Um die korrekte Qualität zu überprüfen, muss die NO_x-Emission entweder mit einem Abgassensor oder alternativ über einen Qualitätssensor überwacht werden. In letzterem Fall ist zusätzlich eine Überwachung auf korrekten Verbrauch des Reagenzmittels erforderlich.

Abgasrückführsystem
Beim Abgasruckführsystem wird auf korrekten rückgeführten Abgasmassenstrom und auf die Deaktivierung der Abgasrückführung überwacht.

NO_x-Speicherkatalysatoren
Mithilfe von Abgassensoren wird die NO_x-Emission überwacht.

Überwachung NO_x-Kontrollsysteme
Fehler in NO_x-Kontrollsystemen müssen nichtlöschbar für 400 Tage (9600 Stunden) gespeichert werden. Bei Überschreiten des NO_x-OBD-Schwellenwerts oder bei leerem Harnstofftank muss die Motorleistung gedrosselt werden.

Euro VI
Der OBD-Part der Euro VI-Regulierung setzt auf der globalen technischen Regulierung (Global Technical Regulation, GTR) „World Wide Harmonized OBD“ (WWH-OBD) auf. In der Struktur entspricht diese WWH-OBD-GTR dem kalifornischen OBD-Gesetz (Pkw sowie Nfz).

WWH-OBD lässt dabei offen, welche Überwachungen in einer nationalen Regulierung (hier Euro VI), welche WWH-OBD implementiert, tatsächlich ausgewählt werden.

Weiterhin werden Emissionsgrenzwerte und OBD-Schwellenwerte sowie die Auswahl der Testzyklen über die nationalen Regulierungen festgelegt.

Besonderheiten von WWH-OBD sind die Einführung einer neuen Fehlerspeicherung sowie einer neuen Scan-Tool-Kommunikation (ISO 27145 [5]).

Fehler müssen nach ihrer Fehlerschwere hinsichtlich der Emissionsverschlechterung klassifiziert werden. Emissionsrelevante Fehler können über das Verhalten der Motorkontrollleuchte und über die Scan-Tool-Kommunikation differenziert werden. Unterschieden werden die Klassen

- A: Emission oberhalb des OBD-Schwellenwerts.
- B1: Emission ober- oder unterhalb des OBD-Schwellenwerts.
- B2: Emission unterhalb des OBD-Schwellenwerts, aber oberhalb des Emissionsgrenzwerts.
- C: Emissionseinfluss unterhalb des Emissionsgrenzwerts.

Nach diesem Prinzip werden alle emissionrelevanten Fehler ausgegeben, auch solche mit einem sehr geringen Einfluss.

Daten zu Euro VI
- Starke Absenkung der Emissions- sowie der OBD-Schwellenwerte für NO_x und Partikelmasse gegenüber Euro V.
- Für NH_3 und die Partikelanzahl werden Emissionsgrenzwerte eingeführt.
- Verwendung der harmonisierten Testzyklen WHSC und WHTC.
- Die OBD-Demonstration erfolgt mit zweimaligem WHTC-Warmstartteil.
- Einführung einer Überprüfung der Konformität der Systeme hinsichtlich der Emission im Feld über Stichprobenmessungen mit portablen Emissionsmesssystemen (Portable Emission Measurement System, PEMS).
- Überprüfung der Diagnosehäufigkeit von OBD-Überwachungen im Alltag (In-Use Monitoring, IUMPR).

Euro VI A
- Für neue Typzulassungen verpflichtend seit 31.12.2012.
- Gültig bis 31.8.2015.
- Strenge OBD-Schwellenwerte für NO_x und Partikelmasse (nur für Motoren mit Selbstzündung). Für die Partikelfilterüberwachung ist alternativ zur OBD-Schwellenwertdiagnose eine funktionale, nicht emmissions-korrelierte Diagnose möglich.

Euro VI B
- Für neue Typzulassung verpflichtend ab 1.9.2014.
- Gültig bis 31.12.2016.
- Betrifft nur Motoren mit Fremdzündung.
- Einführung eines OBD-Schwellenwerts für CO.

Euro VI C
- Für neue Typzulassung verpflichtend ab 31.12.2015.
- Änderungen gegenüber Euro VI A und Euro VI B: Verschärfter NO_x-OBD-Schwellenwert und Verschärfung der NO_x-Kontrollsystemanforderungen für SCR-Reagenz-Qualitäts- und Verbrauchsüberwachung. Die Überwachung erfolgt mit Bezug auf das Langzeitdriftverhalten der Kraftstoff-Injektoren. Die Überwachung der OBD-Diagnosehäufigkeitsrate ist verbindlich.

Euro VI D und Euro VI E
- Für neue Typzulassung verpflichtend ab 1.9.2018 bzw. 1.1.2021.
- Keine Änderung in Bezug auf OBD.

Geforderte Diagnosen aus WWH-OBD
Diese Diagnosen sind verbindlich für Partikelfilter, SCR-Katalysator, NO_x-Speicherkatalysator, Oxidationskatalysator, Abgasrückführung, Einspritzsystem, Ladedrucksystem, variable Ventilsteuerung, Kühlsystem, Abgassensoren, Leerlauf-Kontrollsystem und Komponenten.

Geforderte Diagnosen außerhalb des WWH-OBD-Umfangs
Für den Partikelfilter, das Abgasrückführsystem und das Ladedruckkontrollsystem werden für spezifische Diagnosen keine Ausnahmen in der Überwachung zugelassen. Die relevanten Fehler dürfen nicht als Klasse C definiert werden.

Weiterhin ist ab Euro VI C die Überwachung möglicher komponentenschädigender Effekte eines Langzeitdrifts von Kraftstoff-Injektoren gefordert.

Grundlegend wurde die Definition des in WWH-OBD nicht emissions-korrelierten „performance monitors" geändert. In Euro VI sind diese Diagnosen für die erste Zertifizierung eines Motors aus einer Motorenfamilie emissions-korreliert zu demonstrieren.

Gasmotoren
Für Gasmotoren gelten spezifische Überwachungsanforderungen an die Einhaltung des λ-Sollwerts, die NO_x- und CO-Konvertierung des Dreiwegekatalysators und an die λ-Sonde. Weiterhin wird eine Katalystor-schädigende Verbrennungsaussetzererkennung gefordert.

Anforderungen an NO_x-Kontrollsysteme
Für SCR-Systeme wird eine Überwachung des Tankfüllstands des Reagenzmittels, der Qualität des Reagenzmittels, des Reagenzmittelverbrauchs und der Unterbrechung der Dosierung gefordert.

Für Abgasrückführsysteme wird eine Überwachung des Abgasrückführventils gefordert.

Weiterhin müssen alle NO_x-Kontrollsysteme auf eine Deaktivierung des Überwachungssystems durch Manipulation überwacht werden.

Erkannte Fehler im NO_x-Kontrollsystem führen zu einer gestuften Reduktion der Fahrbarkeit des Fahrzeugs. Nach einer Drehmomentbegrenzung als erste Stufe folgt als zweite Stufe eine Fahrgeschwindigkeitsbegrenzung auf Kriechgeschwindigkeit.

USA

CARB, Modelljahr 2007

Seit Modelljahr 2007 wird in Kalifornien für schwere Nutzfahrzeuge die „Engine Manufacturer Diagnostics" (EMD) gefordert. Diese kann als Vorläufer einer OBD-Regulierung betrachtet werden. Die EMD schreibt eine Überwachung aller Komponenten und eine Überwachung der Abgasrückführung vor.

Die Anforderungen werden dabei nicht an einem eigenen Emissionsgrenzwert gespiegelt. Weiterhin ist keine standardisierte Scan-Tool-Kommunikation gefordert.

Modelljahr 2010 und Folgende

Mit Modelljahr 2010 wurde ein OBD-System wie für die Pkw-OBD II eingeführt. Die technischen Anforderungen sind jeweils auf dem gleichem Stand wie die jeweiligen Anforderungen für Pkw.
Unterschiede ergeben sich daraus, dass für Nutzfahrzeuge eine Motorzertifizierung gilt. Alle Emissionsgrenzwerte

und OBD-Schwellenwerte gelten hier für Motorzyklen. Die absolut anwendbaren Werte skalieren dabei mit der im Zyklus geleisteten Arbeit.

Für Nfz ist anders als für Pkw-LEV III keine neue Emissionsregulierung geplant, über die dort ein NO_x- und NMHC-Summengrenzwert eingeführt wird. Die OBD-Schwellenwerte für NO_x und NMHC bleiben für Nutzfahrzeuge damit unverändert getrennt.

Einführungsablauf der OBD Anforderungen

Modelljahr 2010
Eine Leistungsvariante der meistverkauftesten Motorenfamilie eines Herstellers muss mit einem OBD-System ausgestattet sein. Für die anderen Leistungsvarianten dieser Motorenfamilie gilt ein vereinfachtes Zertifizierungsverfahren.

Modelljahr 2013
Eine Motorenfamilie eines Herstellers muss in allen Leistungsvarianten mit einem OBD-System ausgestattet sein. Weiterhin ist für alle Motorenfamilien jeweils für eine Leistungsvariante ein OBD-System notwendig. Für die anderen Leistungsvarianten dieser Motorenfamilien gilt ein vereinfachtes Zertifizierungsverfahren.

Modelljahr 2016
Alle Motorenfamlilien eines Herstellers müssen in allen Leistungsvarianten über ein OBD-System verfügen.

Modelljahr 2018
Motoren, die mit alternativen Kraftstoffen (z.B. Gas) angetrieben werden, unterliegen den OBD-Anforderungen.

Japan
Japan hat seit 2004 eine eigene OBD-Regulierung für Nutzfahrzeuge in Kraft. Inhaltlich sind die Anforderungen vergleichbar mit der EMD in Kalifornien für Modelljahr 2007.

China
In China gilt seit 2020 China VI, das auf Euro VI basiert und zusätzlich dazu einige weitere Anforderungen stellt, die auch die OBD betreffen.

- Zusätzliche Demonstration der OBD-Diagnosen am Fahrzeug auf einem speziellen Nutzfahrzeug-Rollenprüfstandszyklus C-WTVC.
- Überwachung der Kraftstoffeinspritzmenge hinsichtlich der OBD-Schwellenwerte.
- Fernübertragung von Live-Betriebsdaten, die über das OBD-System ermittelt werden, über Datenfernübertragung an einen Server.
- Eine sogenannte „Permanent DTC"-Fehlerspeicherung analog zu CARB-OBD, angepasst auf WWH-OBD-Fehlerspeicherung.
- Spezielle Temperaturüberwachung für Vanadium-Katalysatoren.
- Anwendung eines Warn- und Aufforderungssystems, wie es für Euro VI für NO_x-Kontrollsystemanforderungen besteht, auch für OBD-Fehler. Dies betrifft die OBD-Fehler für einen Wirkungsgradverlust der wichtigsten Abgasnachbehandlungssysteme DPF (Diesel-Partikelfilter), SCR-Katalysator (Selective Catalytic Reduction), NO_x-Speicherkatalysator und Dreiwegekatalysator.
- Spezifisch für Gasmotoren: Überwachung der Kurbelgehäuseentlüftung.

Andere Länder
Weitere Länder haben inzwischen die OBD für Nutzfahrzeuge eingeführt. Darunter sind Indien, Korea, Australien, Brasilien und Russland. Diese Länder haben hierfür EU-Regulierungen übernommen (Euro IV, Euro V oder Euro VI (Korea).

On-Board-Diagnose für Motorräder

Während in den USA bisher keine OBD-Anforderungen für Motorräder bestehen, wird in der EU die OBD in drei Schritten eingeführt. Mit der Emissionstufe Euro 4 ab 2016 wurde die OBD I eingeführt, die für emissionsrelevante Sensoren und Aktoren die Überwachung auf elektrische Fehler erfordert. Welche Diagnosen elektrischer Fehler gefordert sind, ist abhängig von der Komponente. Die weiteren Anforderungen wie Fehlererkennung und Fehlerspeicherung, MIL-Ansteuerung, Scan-Tool-Kommunikation usw. entsprechen den EOBD-Pkw-Anforderungen.

Mit der Emissionsstufe Euro 5 ab 2020 wird die OBD I erweitert um Plausibilitätsprüfungen für Sensoren beziehungsweise Funktionsprüfungen für Aktoren. Der Diagnoseumfang ist abhängig von der Komponente. Weiterhin muss auf Fehler überwacht werden, die zu einer Reduktion des maximalen Drehmoments um mehr als 10 % führen. Zeitgleich gelten auch OBD II-Anforderungen wie für die EOBD. Ausgenommen ist die Katalysatordiagnose. Für die Erkennung von Verbrennungsaussetzern gelten an Motorräder angepasste Drehzahl-Lastbereiche. Die funktionalen IUPR-Anforderungen müssen erfüllt werden, jedoch ohne vorgeschriebene Mindest-Ratios. Ab 2024 gelten reduzierte OBD-Schwellenwerte, weiterhin ist auch die Katalysatordiagnose vorgeschrieben, und es gilt ein Mindest-Ratio von 0,1 für alle Diagnosen.

Die erste OBD I-Stufe wurde in die UN-GTR 18 übertragen, die alternativ auch reduzierte Umfänge vorsieht. Die Übertragung der OBD I-Stufe 2 und der OBD II in Amendment 1 zu UN-GTR 18 erfolgte 2020. Indien führte EU OBD I ab 4/2020 ein und wird voraussichtlich EU OBD II ab 4/2023 einführen. Es wird diskutiert, ob die OBD II-Stufe wie in der EU in zwei Stufen geteilt wird.

Japan führte eine eigene OBD I mit ähnlichem Umfang wie die EU OBD I 2016 ein. Eine weitere Stufe OBD II soll auf der zuvor genannten UN-GTR OBD II basieren.

China hat eine eigene vereinfachte Variante der EU OBD I-Gesetzgebung, gültig ab 7/2018.

Steuergerätediagnose und Service-Informationssystem

Aufgabe

Aufgabe der Diagnose in der Werkstatt ist die schnelle und sichere Lokalisierung der defekten, kleinsten austauschbaren Einheit. Bei modernen Fahrzeugen ist der Einsatz eines im Allgemeinen PC-basierten Diagnosetesters unumgänglich. Die Diagnose in der Werkstatt nutzt hierbei die Ergebnisse der Diagnose im Fahrbetrieb (Fehlerspeichereinträge), setzt spezielle Werkstatt-Diagnosemodule im Fahrzeugsteuergerät oder im Diagnosetester und zusätzliche Prüf- und Messgeräte ein. Im Diagnosetester werden diese Diagnosemöglichkeiten in der geführten Fehlersuche integriert.

Geführte Fehlersuche

Wesentliches Element der Werkstattdiagnose ist die geführte Fehlersuche. Der Werkstattmitarbeiter wird ausgehend vom Symptom oder vom Fehlerspeichereintrag durch die jeweiligen Diagnoseschritte geführt. Die Auswahl und Reihenfolge der Diagnoseschritte ist dynamisch und hängt vom Ergebnis des vorangegangen Diagnoseschritts ab. Die Diagnoseschritte beinhalten die Nutzung von Prüfgeräten, Zusatzsensorik oder Werkstatt-Diagnosemodulen.

Symptome

Ein fehlerhaftes Fahrzeugverhalten kann entweder direkt vom Fahrer wahrgenommen werden oder durch einen Fehlerspeichereintrag dokumentiert sein. Der Werkstattmitarbeiter muss zu Beginn der Fehlerdiagnose das vorliegende Symptom als Startpunkt der geführten Fehlersuche identifizieren.

Fehlerspeichereinträge

Alle während des Fahrbetriebs auftretenden Fehler werden gemeinsam mit definierten, zum Zeitpunkt des Auftretens herrschenden Umgebungsbedingungen im Fehlerspeicher gespeichert und können über ein Schnittstellenprotokoll ausgelesen werden. Dieses setzt auf einer der bekannten Normen auf und wird in der Regel um herstellerspezifische Anteile erweitert. Der Fehlerspeicher kann mit dem Diagnosetester auch gelöscht werden.

Zusätzliche Prüfgeräte und Sensorik

Die Diagnosemöglichkeiten in der Werkstatt werden durch Nutzung von Zusatzsensorik (z.B. Strommesszange, Klemmdruckgeber) oder Prüfgeräte (z.B. Bosch Fahrzeugsystemanalyse) erweitert. Die Geräte werden im Fehlerfall in der Werkstatt an das Fahrzeug adaptiert. Die Bewertung der Messergebnisse erfolgt im Allgemeinen über den Diagnosetester.

Werkstatt-Diagnosemodule

Alle Werkstatt-Diagnosemodule können nur bei verbundenem Diagnosetester und im Allgemeinen nur bei stehendem Fahrzeug genutzt werden. Die Überwachung der Betriebsbedingungen erfolgt im Steuergerät. Diese im Steuergerät integrierten Diagnosemodule laufen, nach dem Start durch den Diagnosetester, vollständig autark im Steuergerät ab und melden nach Beendigung das Ergebnis an den Diagnosetester zurück. Steuergerätebasierte Werkstatt-Diagnosemodule unterscheiden sich von einfachen Aktorentests mit akustischer Rückmeldung dadurch, dass sie das zu diagnostizierende Fahrzeug in der Werkstatt in vorbestimmte, in der Regel lastlose Betriebspunkte versetzen, Aktoren in Abhängigkeit der gesetzen Randbedingungen anregen und das Ergebnis über Sensorwerte mit einer Auswertelogik eigenständig auswerten können. Beispiele hierfür sind der Hochdrucktest als Systemtest für das Dieseleinspritzsystem (Bild 1) und der Hochlauftest als Komponententest für die Diesel-Injektoren (Bild 2).

Testerbasierte Diagnosemodule

Der funktionale Ablauf, die Auswertung und die Bewertung erfolgen bei testerbasierten Diagnosemodulen im Diagnosetester, wobei die zur Auswertung herangezogenen Messdaten mithilfe des Steuergeräts von im Fahrzeug vorhandenen Sensoren oder durch zusätzliche Prüfsensorik ermittelt werden.

Die Leistungsfähigkeit der testerbasierten Diagnosemodule hängt von den freigegeben Schnittstellen im Motorsteuergerät und der Datenübertragung zwischen

Bild 1: Hochdrucktest für das Diesel-Einspritzsystem.
Detektion von Leckagen im Hochdrucksystem und Effizienz der Hochdruckerzeugung.
Schritte:
Test starten – Solldruck erhöhen – Druckaufbauzeit messen – Solldruck reduzieren – Druckabbauzeit messen – Variation von Drehzahl und Druck – Druckabbauzeit bei stehendem Motor am Ende des Tests messen – Diagnoseergebnisse.

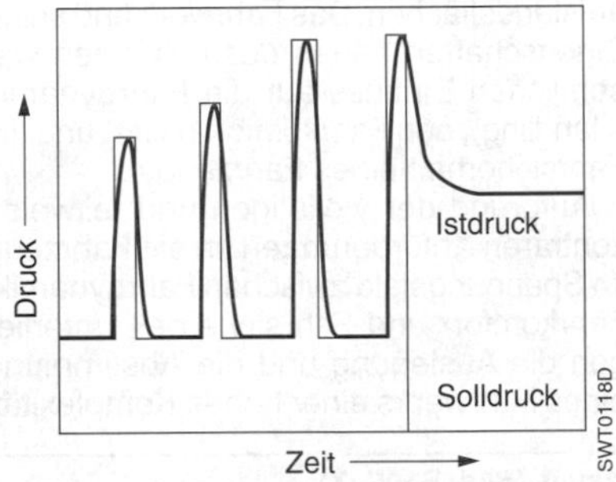

Bild 2: Hochlauftest für die Diesel-Injektoren.
Detektion von Abweichungen der Einspritzmenge der einzelnen Injektoren.
Schritte:
Test starten – Abschaltung Einzelzylinder – Mengensprung – maximale Drehzahl messen – Wiederholung mit weiteren Zylindern – Diagnoseergebnis.

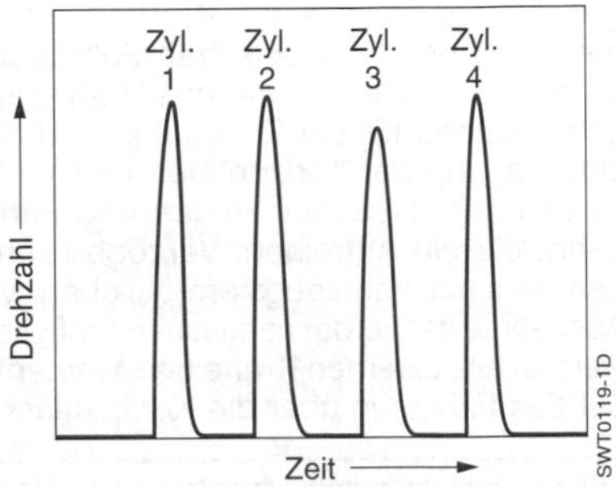

Motorsteuergerät und Tester ab. Andererseits ist eine hohe Flexibilität auch nach Serieneinführung möglich, da neue Diagnosemodule durch ein einfaches Update der Testersoftware genutzt werden können. Somit ist eine gezielte Diagnose bei auftretenden Feldproblemen möglich.

Weitere Inhalte der Fehlersuchanleitung
Weiterere Inhalte der Fehlersuchanleitung sind Funktionsbeschreibungen, elektrische Anschlusspläne, Einbaulagen der Komponenten, Auslesen von Istwerten und die Stellglieddiagnose.

Literatur

[1] ISO 15031: Straßenfahrzeuge – Kommunikation zwischen Fahrzeug und externen Ausrüstungen für die abgasrelavante Fahrzeugdiagnose (2011).
[2] SAE J 1979: E/E Diagnostic Test Modes (2012).
[3] SAE J 1939: Serial Control and Communications Heavy Duty Vehicle Network – Top Level Document (2012).
[4] ISO 15765: Straßenfahrzeuge – Diagnose über Controler Area Network (2011).
[5] ISO 27145: Road vehicles – Implementation of World-Wide Harmonized On-Board Diagnostics (WWH-OBD) communication requirements (2012).
[6] OBD II-regulation, section 1968.2 of title 13, California Code of Regulations, different approved OAL versions.
[7] UN/ECE Regulation No. 83, Revision 5: Uniform provisions concerning the approval of vehicles with regard to the emission of pollutants according to engine fuel requirements.
[8] (WLTP) Regulations (EU) 2017/1151 und 2017/1347.

Fahrwerk

Übersicht

Definition

Neben dem Antrieb (Motor, Getriebe) und dem Fahrzeugaufbau (Karosserie, Interieur) stellt das Fahrwerk eine der klassischen, eigenschaftsbestimmenden Hauptbaugruppen eines Kraftfahrzeugs dar. Als Bindeglied zwischen Fahrzeugaufbau und Straße ist das Fahrwerk entscheidend für die Erzeugung und die Übertragung der horizontalen und vertikalen Kräfte zwischen Reifen und Fahrbahn, die ein Antreiben, Verzögern und Lenken eines Fahrzeugs ermöglichen. Mit Ausnahme der aerodynamischen Einflüsse werden alle externen Kräfte und Momente auf das Fahrzeug über die Kontaktfläche des Reifens (Reifenaufstandsfläche, Latsch) eingeleitet. Im Fahrbetrieb kommt es darauf an, dass der Kontakt zwischen Reifen und Fahrbahn nicht verloren geht. Je höher die Fahrgeschwindigkeit, desto anspruchsvoller sind die Anforderungen an die Kraftübertragung in den Reifenaufstandsflächen. Das Fahrwerk und seine Eigenschaften haben deshalb einen wesentlichen Einfluss auf die Fahrdynamik (Handling), den Fahrkomfort (Ride) und die Fahrsicherheit eines Fahrzeugs.

Aufgrund der vielfäligen und teilweise konträren Anforderungen an ein Fahrzeug im Spannungsfeld zwischen Fahrdynamik, Fahrkomfort und Fahrsicherheit unterliegen die Auslegung und die Abstimmung eines Fahrwerks einer hohen Komplexität.

Bild 1: Fahrwerkskomponenten eines Elektrofahrzeugs (Bild: BMW iX).
1 Doppelquerlenker-Vorderachse, 2 Zweiachs-Luftfederung mit elektronisch geregelten Schwingungsdämpfer, 3 aktornahe Radschlupfbegrenzung für zwei Antriebsmotoren, 4 Vorderachsträger Schubfeld, 5 integriertes Bremssystem, 6 polygones Lenkrad, 7 rollwiderstands- und akustikoptimierte 22"-Reifen mit Schaumeinleger, 8 Zweiachs-Luftfederung mit elektronisch geregelten Schwingungsdämpfer, 9 Lager Hinterachsträger, 10 raumfunktionale Fünflenker-Hinterachse mit doppelt akustischer Entkoppelung der Antriebseinheit, 11 aktornahe Radschlupfbegrenzung für zwei Antriebsmotoren, 12 Integral-Aktivlenkung, 13 Stabilisator mit hochvorgespannten Stabilisatorlagern, 14 Lenkung mit variabler Zahnstangengeometrie und akustischer Entkoppelung, 15 17"-Sportbremse, 16 Air-Performance-Räder, 17 elektrische Lenksäulenverstellung, 18 Schubstrebe als Verbindung Hinterwagen mit Hinterachsträger, 19 Stabilisator mit hochvorgespannten Stabilisatorlagern, 20 17" Sportbremse.

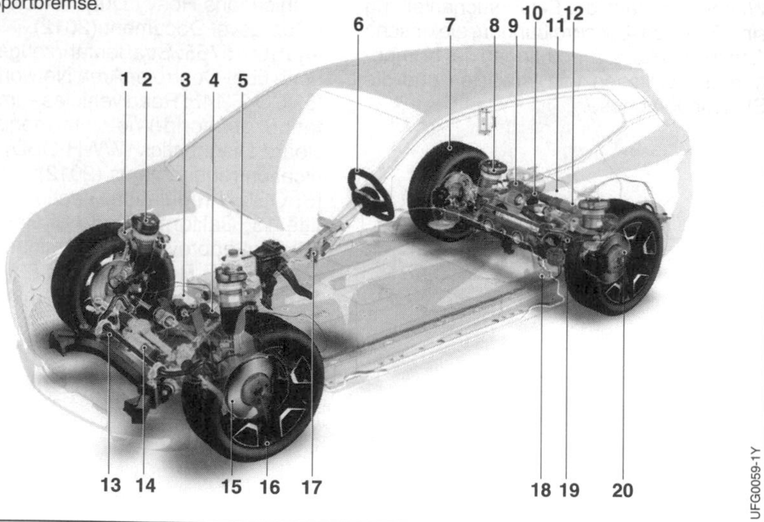

Aufbau des Fahrwerks
Im klassischen Sinne untergliedert sich ein Fahrwerk in die Subsysteme
- Federung (Aufbaufederung und Stabilisatoren),
- Schwingungsdämpfer,
- Radaufhängung und Radführung,
- Räder mit Reifen,
- Lenkung und
- Bremsanlage.

Eine exemplarische Darstellung eines Fahrwerks und seiner Komponenten zeigt Bild 1. Auf die Grundlagen und Besonderheiten der einzelnen Subsysteme eines Fahrwerks wird im Folgenden näher eingegangen.

Aufgaben des Fahrwerks
Wesentliche Aufgabe des Fahrwerks ist, das Auto zu bewegen, indem das Antriebsmoment auf die Fahrbahn übertragen wird. Der Fahrer beeinflusst durch Lenken die horizontale Bewegung, das Fahrzeug soll dabei stets die Spur halten und dem Fahrer eine sichere und komfortable Fahrzeugführung ermöglichen.

Die vertikale Bewegung des Fahrzeugs wird durch den Straßenverlauf und Fahrbahnunebenheiten, die Schwingungen anregen, vorgegeben. Das Fahrwerk bestimmt maßgeblich diese im Fahrbetrieb auftretenden Schwingungseffekte in longitudinaler, lateraler und vertikaler Fahrzeugrichtung. Das Fahrwerk hat die Aufgabe, diese Schwingungen möglichst kontrolliert abzubauen. Die Weitergabe dieser Schwingungen an den Fahrzeugaufbau muss weitestgehend vermieden werden, um Wanken, Gieren und Nicken zu reduzieren und Aufschaukeln zu verhindern.

Weitere Aufgaben des Fahrwerks sind, die Fahrzeugmasse abzustützen, die Räder zu lagern, zu führen, zu lenken und zu bremsen.

Ein fahrdynamisch gut abgestimmtes Fahrwerk ermöglicht dem Fahrer ein komfortables und sicheres Fahren, weil es die Vorgaben des Fahrers präzise umsetzt. Kritische Situationen kann der Fahrer sicher und gut beherrschen oder ganz vermeiden.

Leichtbau
Das Fahrwerk hat einen wesentlichen Einfluss auf das Gewicht. Der Leichtbau bei den Fahrwerkskomponenten spielt aber auch dahingehend eine große Rolle, als dass die gesamte ungefederte Masse des Fahrzeugs (Räder, Reifen, Radträger und Radlagerung, Radaufhängung, Federn und Schwingungsdämpfer) sich im Fahrwerk befindet. Die geringere ungefederte Masse des Fahrwerks beeinflusst das Fahrverhalten positiv; je geringer sie ist, desto weniger beeinflussen die Radschwingungen den Aufbau. Dadurch werden Störgrößen reduziert und infolgedessen die Fahrsicherheit und der Fahrkomfort erhöht.

Einwirkung von Fahrerassistenzsystemen
Die der aktiven Sicherheit zuzuordnenden Fahrerassistenzsysteme (z.B. Fahrdynamikregelung, Spurhalteassistent) wirken über Komponenten des Fahrwerks auf die Stabilisierung und Kurshaltung des Fahrzeugs. Auch daraus wird die Bedeutung des Fahrwerks ersichtlich.

Weiterentwicklungen des Fahrwerks
War das Fahrwerk in der Vergangenheit vor allem durch mechanische Komponenten geprägt, so sind aktive Komponenten (z.B. Verstelldämpfer, Hinterachslenkung) und vernetzte Fahrwerksysteme heute – vor allem im Pkw-Bereich – Stand der Technik. Durch das Zusammenspiel von aktiven Komponenten, Sensoren zur Überwachung und Vorabberechnung des Fahrzustands und intelligenen Regelansätzen ergeben sich vielfältige neue Möglichkeiten einer situationsabhängigen Beeinflussung relevanter Fahrwerkseigenschaften. Auch auf diese Möglichkeiten der einzelnen Susbsystem wird im Folgenden näher eingegangen.

Grundlagen

Dynamisches Verhalten eines Fahrzeugs

Vertikalbewegung

Die üblicherweise von Kraftfahrzeugen befahrenen Straßen sind von Unebenheiten gekennzeichnet, die in einem Frequenzbereich bis etwa 30 Hz die intensivste Erregerquelle im Fahrzeug darstellen. Die daraus resultierende Anregung führt zu Vertikalbewegungen (Vertikalbeschleunigungen) von Fahrzeug und Insassen. Die Schnittstelle zwischen der Fahrbahn und dem Fahrzeug stellt dabei das Fahrwerk dar, dessen Hauptaufgabe in der Kraftübertragung zwischen Umwelt und dem Fahrzeugaufbau besteht. Hierdurch werden sowohl das dynamische Verhalten des Fahrzeugs und die Fahrsicherheit (aufgrund von Radlastschwankungen) als auch der Fahrkomfort (aufgrund von Aufbaubeschleunigung) stark von der Wahl des Fahrwerksystems beeinflusst (Bild 2). Die Fahrsicherheit steigt mit abnehmenden effektiven Radlastschwankungen, der Komfort steigt mit abnehmenden effektiven Aufbaubeschleunigungen.

Beeinflussung der Fahrzeugdynamik

Die Dynamik des Fahrzeugverhaltens wird jedoch nicht ausschließlich durch die Fahrwerkskomponenten bestimmt, sondern ist vielmehr eine Konsequenz der Kombination unterschiedlicher Gesamtfahrzeugparameter. Die Beeinflussung der Fahrzeugdynamik mit fahrwerkseitigen Maßnahmen unterliegt in der Regel einer hohen Komplexität, insbesondere da sich die Auswirkungen von Parametervariationen im Spannungsfeld der Fahrsicherheit und des Fahrkomforts behaupten müssen.

Fahrsicherheit

Die Fahrsicherheit hängt dabei maßgeblich von den Kontaktverhältnissen zwischen dem Reifen und der Fahrbahn und somit von den übertragbaren Längs- und Seitenkräften ab. Grundsätzliches Ziel bei der Fahrwerksauslegung in Bezug auf die Fahrsicherheit ist daher stets die Minimierung der dynamischen Radlastschwankungen, die eine Abnahme des übertragbaren Kraftniveaus hervorrufen.

Fahrkomfort

Der Fahrkomfort wiederum ist von den auf den Insassen wirkenden Bewegungen und Beschleunigungen (vor allem in vertikaler Richtung) abhängig. Je nach Anwendungsgebiet ist dabei der Komfort von hoher Relevanz und keineswegs als Begleiterscheinung der Systementwicklung zu werten. Insbesondere bei Berufskraftfahrern ist ein ausreichend hoher Fahrkomfort sicherzustellen, um langfristig Gesundheitsschäden zu vermeiden. Als Bewertungsgröße hat sich in diesem Zusammenhang der Effektivwert der Aufbaubeschleunigung durchgesetzt.

Anforderungen an ein Fahrwerk

Diese Kernparameter beschreiben allerdings zunächst nur die Potentiale eines Fahrwerksystems, entsprechende Anforderungen zu erfüllen. Die tatsächlich

Bild 2: Konfliktdiagramm – Spannungsfeld der Fahrsicherheit und des Fahrkomforts.
a) Feder-Dämpfer-System,
b) Konfliktdiagramm.
1 Grenze des konventionellen Fahrwerks.
k_A Federkonstante,
c_A Dämpferkonstante,
S Sportwagen, konventionell ausgelegt, passiv,
L Limousine, konventionell ausgelegt, passiv,
AF aktives Fahrwerk, geregelt.

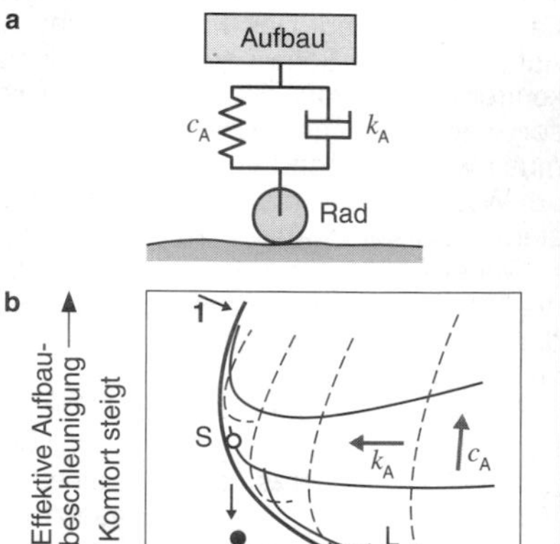

vorliegende Dynamik des Fahrzeugs, die Fahrsicherheit und der Komfort hängen maßgeblich auch von der Wahl der Fahrbahnparameter (Umgebung) und fahrzeuginterner Stellgrößen (z.B. Lenkwinkel und Fahrpedalstellung) durch den Fahrer ab. Die grundsätzlichen Anforderungen an ein Fahrwerk zeigt Bild 3 [1]. Das System Fahrwerk (ohne Elektronik) wird dabei klassischerweise in folgende Subsysteme unterteilt:

- Federung,
- Schwingungsdämpfer,
- Radaufhängung und Radführung,
- Kombination Rad und Reifen,
- Lenkung und
- Bremsanlage.

Neben der Abstimmung des Schwingungssystems auf die externen Fahrbahnanregungen ist bei Fahrzeugen zusätzlich die Minimierung des Einflusses interner Anregungsquellen auf das Schwingungsverhalten (Antriebsstrang, Rad und Reifen) erforderlich [2].

Für die Untersuchung des Schwingungsverhaltens und die Auslegung eines Feder-Dämpfer-Systems eines Fahrwerks ist die Kenntnis und die Beschreibung der schwingungsverursachenden Straßenanregung in Form objektiver Größen erforderlich. (siehe Fahrzeugvertikaldynamik). Während kleine Unebenheiten bereits durch die Federungseigenschaften des Reifens kompensiert werden können, ist zur Reduzierung größerer Aufbaubewegungen ein längenveränderliches Element zwischen Rädern und Aufbau erforderlich. Am häufigsten werden hierfür Stahlfedern eingesetzt, die in Abhängigkeit von der Längenänderung eine Rückstellkraft liefern. Als Folge entsteht – unter Berücksichtigung der Rad- und Aufbaumassen – ein schwingungsfähiges System, das weitere Elemente zur Dämpfung erfordert.

Maßnahmen zur Schwingungsminimierung

Fahrbahnanregungen führen bei Fahrzeugen zu Achs- und Aufbauschwingungen, die im Zuge der Minimierung dynamischer Radlastschwankungen (Fahrsicherheit steigt) und Aufbaubeschleunigungen (Komfort steigt) zu vermeiden sind. Diese werden mit entsprechenden Komponenten für Federung und Dämpfung innerhalb der Radaufhängung reduziert, wobei sich je nach Einsatzgebiet unterschiedliche

Bild 3: Anforderungen an ein Fahrwerk im Pkw.

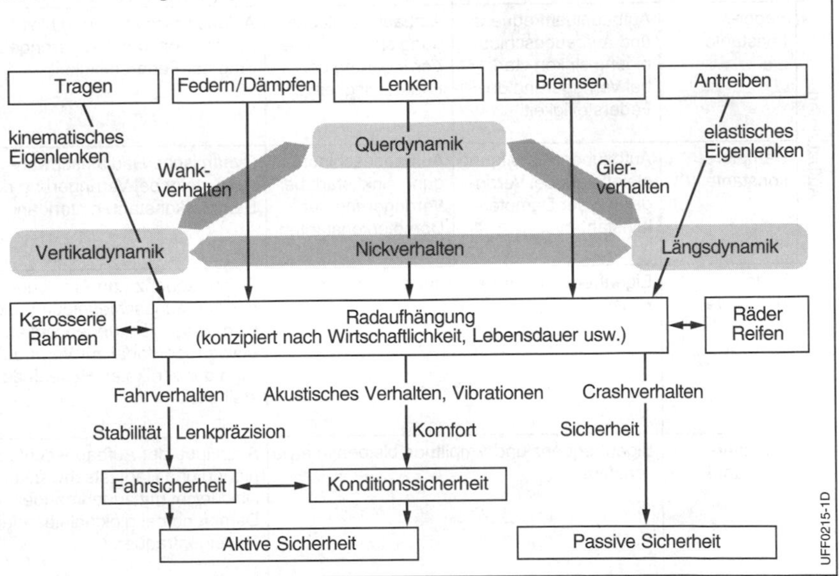

Systeme zur Federung, Dämpfung und Radführung bewährt haben. Den Einfluss unterschiedlicher Feder-Dämpfer-Parameter und deren Auswirkungen auf unterschiedliche Frequenzbereiche zeigt Tabelle1.

Klassischerweise werden für diese Aufgaben Aufbaufedern und Aufbaudämpfer eingesetzt, die gepaart mit einer bedarfsgerecht ausgelegten Kinematik und Elastokinematik der Radaufhängung für eine optimale Kraftübertragung zwischen Reifen und Fahrbahn, bei gleichzeitig hohem Komfort, sorgen sollen. Mit passiven Elementen lässt sich eine eher sportliche oder eine komfortable Abstimmung des Fahrwerks erzielen, wie das Konfliktdiagramm in Bild 2 zeigt. Dieser Zielkonflikt kann durch die Verwendung von aktiven beziehungsweise in ihrer Charakteristik einstellbaren Federn und Dämpfern weitgehend aufgelöst werden.

Durch den zunehmenden Einzug von Aktoren im Fahrwerksbereich (z.B. Überlagerungslenkung, Torque-Vectoring) gewinnt aber auch der Applikationsaufwand bei der Optimierung der Subsysteme an Bedeutung, dem unter anderem durch Funktionsintegration in einem zentralen Fahrwerksteuergerät (Central Chassis Control) begegnet wird [3] . Die Erhöhung des Produktmehrwerts durch eine kostengünstige, softwareseitige Funktionsintegration (d.h. die vollständige Umsetzung diverser Funktionen unterschiedlicher Subsysteme in der Softwareumgebung – ohne zwangsläufige Steigerung des apparativen Aufwands) ist einer der wichtigsten Gründe hierfür. Zusätzlich lassen sich so die technischen und wirtschaftlichen Synergiepotentiale bei der Gesamtfahrzeugvernetzung signifikant erhöhen und die Differenzierbarkeit unterschiedlicher Derivate bei gleichen Elektronik- und Softwaremodulen steigern. Dadurch gewinnt Elektronik und Software im Fahrwerksbereich bei steigender Komplexität zunehmend an Bedeutung.

Tabelle 1: Auswirkungen von Änderungen des Feder-Dämpfer-Systems auf das vertikale Fahrzeugschwingverhalten.

	Konstruktionsgröße	Auswirkungen im niederfrequenten Bereich (Aufbaueigenfrequenz)	Auswirkungen im mittleren Frequenzbereich	Auswirkungen im höherfrequenten Bereich (Achseigenfrequenz)
Aufbaudaten	Federkonstante	Aufbaueigenfrequenz und Aufbaubeschleunigung sinken stark bei Verringerung der Federsteifigkeit	Aufbaubeschleunigung sinkt leicht bei Verringerung der Federsteifigkeit	Aufbaubeschleunigung bleibt nahezu konstant bei Verringerung der Federsteifigkeit
	Dämpferkonstante	Aufbaubeschleunigung steigt stark bei Verringerung der Dämpferkonstanten	Aufbaubeschleunigung sinkt stark bei Verringerung der Dämpferkonstanten	Dynamische Radlastschwankung steigt bei Verringerung der Dämpferkonstanten stark an
Reifendaten	Federkonstante	Eigenfrequenz und Amplitude bleiben in etwa konstant		Eigenfrequenz und Amplitude der Aufbaubeschleunigung und Radlastschwankungen sinken etwa proportional zur Verringerung der vertikalen Reifenfedersteifigkeit
	Dämpferkonstante	Eigenfrequenz und Amplitude bleiben in etwa konstant		Amplitude der Aufbaubeschleunigung und Radlastschwankung sinkt leicht mit zunehmender Dämpfung bei gleichbleibender Radeigenfrequenz

Kenngrößen

Kenngrößen des Gesamtfahrzeugs

Das Fahrverhalten des Gesamtfahrzeugs setzt sich im Wesentlichen aus dem Verhalten des Aufbaus – also Karosserie, Fahrgastzelle, Motor und Getriebe – und der Radführung – also Achse, Lenkung, Räder und Reifen – zusammen. Die Bewegung des Aufbaus kann im Allgemeinen als Starrkörper beschrieben werden. Abweichungen von der Starrkörperbewegung treten selbst beim Aufbau von Cabriolets erst oberhalb des Frequenzbereichs von 10...15 Hz auf.

Zur Beschreibung des Fahrverhaltens werden Kenngrößen des Gesamtfahrzeugs, der Radaufhängung, der Lenkkinematik und des Reifens definiert. Die im Folgenden erklärten Grundbegriffe (Größen und Einheiten siehe Tabelle 2) beschreiben das Fahrverhalten im wichtigen Frequenzbereich bis ca. 8 Hz. Viele dieser Kenngrößen sind in den Normen ISO 8855 [4] und DIN 70000 [5] (zurückgezogene Norm) beschrieben.

Bild 4 zeigt das Koordinatensystem, auf das sich die Anordnung der Komponenten und Größen beziehen.

Radaufstandspunkt

Die Radmittelebene und die Fahrbahnebene haben eine Schnittgerade, auf der sich der Radaufstandspunkt an der Stelle befindet, wo die Verbindung des Radmittelpunkts zur dieser Schnittgeraden senkrecht die Schnittgerade schneidet.

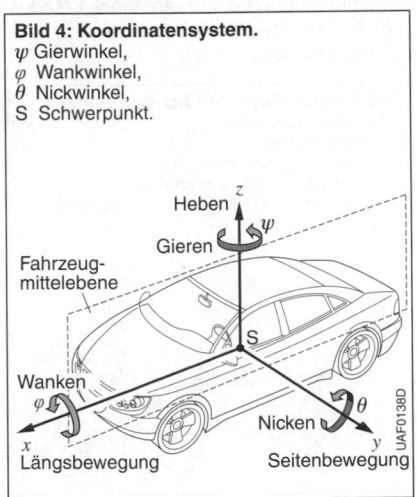

Bild 4: Koordinatensystem.
ψ Gierwinkel,
φ Wankwinkel,
θ Nickwinkel,
S Schwerpunkt.

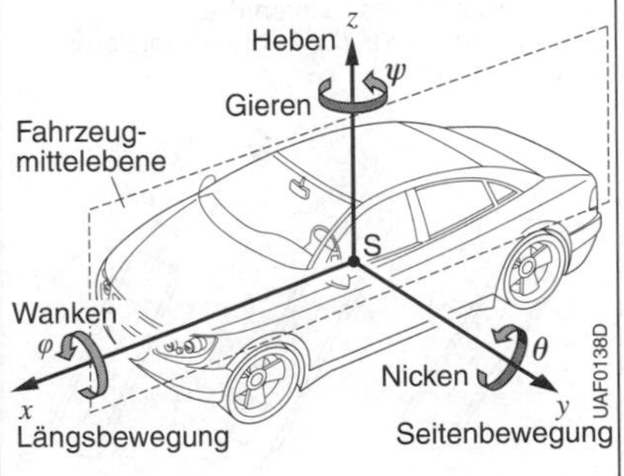

Tabelle 2: Größen und Einheiten.

Größe		Einheit
α	Schräglaufwinkel	Grad
β	Schwimmwinkel	Grad
δ_H	Lenkradwinkel	Grad
δ_R	Spurwinkel des rechten Rades	Grad
δ_L	Spurwinkel des linken Rades	Grad
δ_A	Achslenkwinkel (Lenkwinkel)	Grad
ε_V	Schrägfederungswinkel	Grad
ε_B	Bremsstützwinkel	Grad
ε_A	Antriebsstützwinkel	Grad
ψ	Gierwinkel	Grad
φ	Wankwinkel	Grad
θ	Nickwinkel	Grad
γ	Sturzwinkel	Grad
σ	Spreizungswinkel	Grad
τ	Nachlaufwinkel	Grad
λ	Schlupf	–
λ_B	Bremskraftverteilung	–
ω_R	Winkelgeschwindigkeit Rad	s^{-1}
a_x	Längsbeschleunigung	m/s^2
a_y	Querbeschleunigung	m/s^2
a_z	Vertikalbeschleunigung	m/s^2
a_t	Tangentialbeschleunigung	m/s^2
a_c	Zentripetalbeschleunigung	m/s^2
F_S	Seitenkraft	N
F_U	Längskraft	N
F_Z	Achslast	N
h	Schwerpunktshöhe	m
h_v, h_h	Längspolhöhe vorne/hinten	m
h_W	Höhe des Wankpols	m
i_s	Lenkübersetzung	–
l	Radstand	m
M_H	Lenkradmoment	Nm
M_R	Reifenrückstellmoment	Nm
m	Fahrzeugmasse	kg
n_τ	Nachlaufstrecke	m
n_v	Nachlaufversatz	m
n_R	Reifennachlaufstrecke	m
r_σ	Stoßradius	m
r_{st}	Stoßkrafthebelarm	m
r_l	Lenkrollradius	m
r_{dyn}	dynamischer Rollradius	m
s	Spurweite	m
v_x	Längsgeschwindigkeit	m/s
v_y	Quergeschwindigkeit	m/s
v_z	Vertikalgeschwindigkeit	m/s
v_{RAP}	Geschwindigkeit im Radaufstandspunkt	m/s
v_{RMP}	Geschwindigkeit im Radmittelpunkt	m/s
X_A	Anfahrnickausgleich	–
X_B	Bremsnickabstützung	–

Radstand

Der Radstand l nach ISO 612 [6] ist der Abstand der Radaufstandspunkte der Vorder- und Hinterräder.

Ein langer Radstand ergibt ein geringeres Nickverhalten und ermöglicht somit einen besseren Fahrkomfort. Gleichzeitig reduziert ein langer Radstand die Giergeschwindigkeit, die durch einen vorgegebenen Radlenkwinkel erzeugt wird. Ein kurzer Radstand hingegen ergibt eine bessere Handlichkeit (z.B. beim Einparken). Das Verhältnis von Radstand zur Fahrzeuglänge liegt im Bereich von 0,6 bis 0,7. Für Kleinfahrzeuge wird das Verhältnis von ca. 0,7 festgelegt.

Spurweite

Die Spurweite s ist der Abstand der Radaufstandspunkte der Räder einer Achse.

Eine breite Spurweite führt im Allgemeinen zu einem besseren Fahrverhalten und einem höherem Fahrkomfort. Nachteile eines breiteren Fahrzeugs sind das höhere Gewicht und der höhere Luftwiderstand. Typische Werte für das Verhältnis von Spurbreite zu Fahrzeugbreite liegen im Bereich von 0,80 bis 0,86.

Schwerpunkt

Im Schwerpunkt wird die konzentrierte Gesamtmasse des Fahrzeugs angenommen.

Eine niedrige Schwerpunktslage führt zu einem guten Fahrverhalten (typisch für Sportwagen), geringem Wanken und Nicken.

Radlast

Als Radlast bezeichnet man die zwischen Fahrbahn und Rad senkrecht zur Fahrbahn auf den Radaufstandspunkt wirkende Kraft.

Beim stehenden Fahrzeug in der Ebene ist die Summe der Radlasten gleich der Gewichtskraft des Gesamtfahrzeugs.

Achslastverteilung

Die Achslastverteilung gibt das Verhältnis der Achslasten an Vorder- und Hinterachse in Bezug auf die Fahrzeuggesamtmasse an. Aus Traktionsgründen beträgt bei Fahrzeugen mit Frontantrieb die Achslast an der Vorderachse 55 % und entsprechend 45 % an der Hinterachse. Bei Heckantrieb kann das Verhältnis zu 50:50 festgelegt werden.

Kenngrößen der Radaufhängung

Die Räder besitzen an der Vorderachse zwei Freiheitsgrade, nämlich den Freiheitsgrad zum Ein- und Ausfedern und den Freiheitsgrad zum Lenken. An der Hinterachse gibt es im Allgemeinen nur den Freiheitsgrad zum Ein- und Ausfedern. Bei Fahrzeugen mit Allradlenkung besitzt die Hinterachse auch den Freiheitsgrad zum Lenken. Diese Freiheitsgrade werden durch die Kinematik und Elastokinematik der Achse vorgegeben. Die Kinematik der Achse ist die reine Starrkörperbewegung der einzelnen Lenker, die Elastokinematik beschreibt das Verhalten der Achse durch das Einwirken von Kräften und Momenten. Die Kenngrößen der Radaufhängung werden im Folgenden beschrieben.

Spurwinkel

Die Betätigung des Lenkrads bewirkt, dass die beiden Räder der Vorderachse sich in die gleiche Richtung drehen. Dabei ändert sich der Spurwinkel des rechten und des linken Rades (δ_R und δ_L). Der Spurwinkel ist der Winkel zwischen der Fahrzeugmittelebene und der Radmittelebene bei Projektion auf die x-y-Ebene (Fahrbahn, Bild 5). Bei positiver Drehung, d.h. im Gegenuhrzeigersinn um die z-Achse des Rades, ist der Spurwinkel ebenfalls positiv.

Die Differenz der Spurwinkel kann bei maximalen Lenkradwinkel einige Grad betragen. Aus geometrischer Betrachtung ist der Spurwinkel des kurveninneren Rades größer als der Spurwinkel des kurvenäußeren Rades.

Bild 5: Spurwinkel und Achslenkwinkel.
1 Fahrzeugmittelebene,
2 Radmittelebene.
δ_L Spurwinkel des linken Rades,
δ_R Spurwinkel des rechten Rades,
δ_A Achslenkwinkel (Lenkwinkel), mittlerer Spurwinkel.

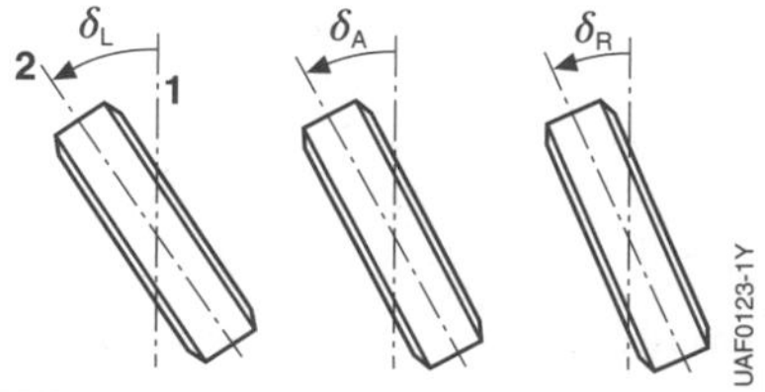

Bei Fahrzeugen mit Allradlenkung bewegen sich ebenfalls die Räder der Hinterachse.

Achslenkwinkel (Lenkwinkel)
Der mittlere Spurwinkel wird als Achslenkwinkel δ_A oder einfach als Lenkwinkel bezeichnet (Bild 5).

Vorspur und Nachspur
Bei Geradesausstellung des Lenkrads liegen die Spurwinkel der Vorderachse im fahrdynamisch vorteilhaften Bereich von 0,1...0,3 Grad. Wenn der Abstand der Felgenhörner vor den Radmittelpunkten kleiner ist als hinter den Radmittelpunkten, sind die Räder auf Vorspur (Bild 6). Im umgekehrten Fall spricht man von Nachspur. Vor- und Nachspur werden in Grad angegeben.

Die Begriffe Vorspur und Nachspur werden auch für ein Rad verwendet. Vorspur bedeutet, dass das Rad einen Spurwinkel in Richtung Fahrzeugmittelebene hat und Nachspur einen Spurwinkel entgegen der Fahrzeugmittelebene.

Sturzwinkel
Der Sturzwinkel γ ist der Winkel zwischen der Fahzeugmittelebene und der Radmittelebene bei Projektion auf die z-y-Ebene. Der Sturzwinkel ist positiv, wenn die Räder oben von der Fahrzeugmittelebene weiter entfernt sind als unten (Bild 7a). Aufgrund der Kinematik der Achse hängt der Sturzwinkel relativ zum Aufbau vom Federweg ab. Der Federweg ist der Weg, der sich beim Aus- und Einfedern des Rades relativ zum Aufbau bezogen auf die z-Richtung ergibt.

Neben dieser Definition ist ebenfalls der Sturzwinkel relativ zur Straße für das Fahrverhalten von Bedeutung. Der Sturzwinkel relativ zur Straße ist der Winkel zwischen der Radmittelebene und der Normalen zur Fahrbahnoberfläche (Bild 7b). Das Vorzeichen ist entsprechend dem rechtwinkligen Rechtssystem festgelegt. Ist die Fahrzeugmittelebene senkrecht zur Fahrbahnoberfläche, so sind beide Definitionen des Sturzwinkels betragsmäßig gleich. Andernfalls ist auf die genaue Definition zu achten.

Querpol
Beim Ein- und Ausfedern der Achse wird die Lage der Räder vor allem durch die Kinematik und Elastokinematik bestimmt. Das Rad bewegt sich quer zur Fahrtrichtung um den Querpol (Bild 8). Die Geschwindigkeiten z.B. im Radaufstandspunkt (v_{RAP}) und im Radmittelpunkt (v_{RMP}) stehen beim Federn senkrecht auf der Verbindungslinie zum Querpol. Die Lage des Querpols ändert sich beim Federn.

Bild 6: Vorspur.
1 Radmittelpunkt.
d_v Abstand der Felgenhörner vorne,
d_h Abstand der Felgenhörner hinten,
δ_L Spurwinkel des linken Rades,
δ_R Spurwinkel des rechten Rades,
⇨ Fahrtrichtung.

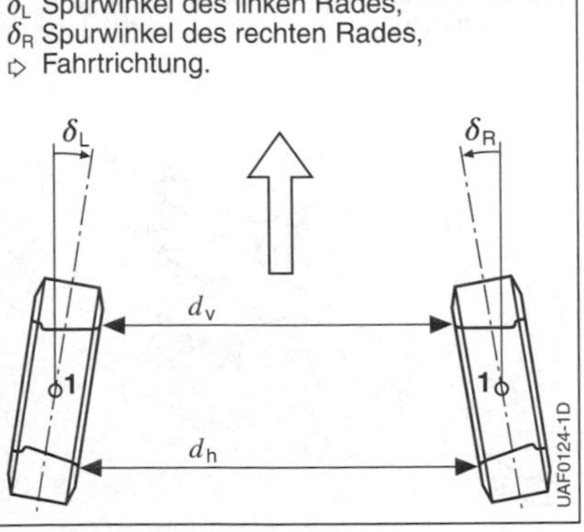

Bild 7: Sturz.
a) Relativ zum Aufbau,
b) relativ zur Straße.
1 Fahrzeugmittelebene,
2 Radmittelebene,
3 Normale zur Fahrbahnoberfläche.
γ Sturzwinkel.

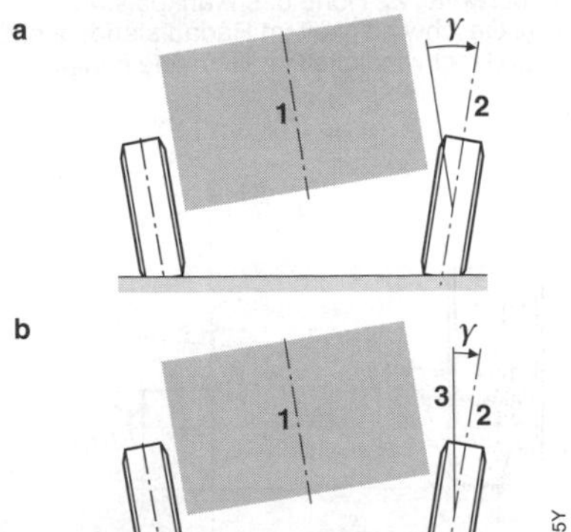

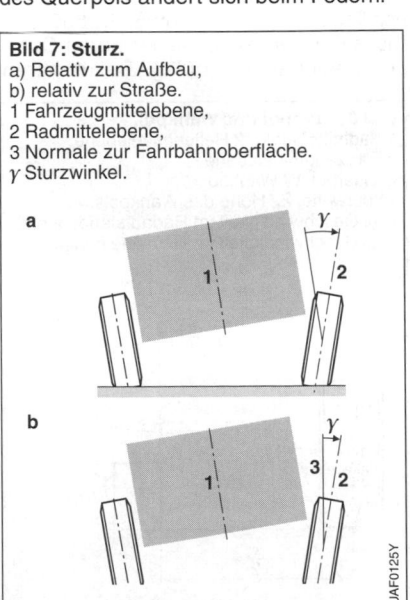

Wankpol

Der Aufbau des Fahrzeugs bewegt sich bei kleinen Querbeschleunigungen um den Wankpol der jeweiligen Achse (Bild 8). Der Wankpol liegt auf der Verbindungslinie von Radaufstandspunkt und Querpol in der Fahrzeugmittelebene, also bei der halben Spurweite ($s/2$). Die Höhe h_W des Wankpols kann damit einfach berechnet werden.

$$h_w = \frac{v_{RAP,y}}{v_{RAP,z}} \frac{s}{2} \,.$$

Die Höhe des Wankpols liegt typischerweise unterhalb von 120 mm. Um bei hohen Querbeschleunigungen den Aufstützeffekt – nämlich das Ausheben des Aufbauschwerpunkts – zu vermeiden, nimmt die Höhe des Wankpols mit der Einfederung ab.

Der Wankpol wird auch als Wankzentrum, Rollzentrum oder Momentanzentrum bezeichnet.

Wankachse

Die Verbindung zwischen dem Wankpol der Vorderachse mit dem Wankpol der Hinterachse wird als Wankachse bezeichnet (Bild 9). Der Schwerpunkt des Aufbaus liegt in der Regel oberhalb der Wankachse. Schwerpunktshöhen für Limousinen liegen im Bereich von 550…650 mm. Diese Wankachse ist bei kleineren Querbeschleunigungen gültig. Bei höheren Querbeschleunigungen ist sowohl die Federabstimmung als auch das Achsverhalten zu berücksichtigen. Die Wankachse befindet sich dann nicht zwangsläufig in der Fahrzeugmittelebene.

Schrägfederungswinkel

Der Winkel zwischen der Bewegungsrichtung des Radmittelpunkts beim Federn und der z-Achse wird als Schrägfederungswinkel ε_V bezeichnet (Bild 10).

Längspol

Bei der Projektion der Federbewegung der Achse auf die Fahrzeugmittelebene bewegt sich das Rad um den Längspol L (Bild 10), d.h., der Radmittelpunkt bewegt sich beim Einfedern im Allgemeinen nicht entlang der z-Achse sondern entlang der Richtung, die um den Schrägfederungswinkel relativ zur z-Achse gedreht wurde. Die Geschwindigkeiten im Radaufstandspunkt (v_{RAP}) und im Radmittelpunkt (v_{RMP}) stehen beim Federn senkrecht auf der jeweiligen Verbindungslinie zum Längspol. Die Lage des Längspols kann sich beim Federn ändern. Der Winkel zwischen der Verbindung vom Radaufstandspunkt zum Längspol und der Straße wird als Bremsstützwinkel ε_B bezeichnet. Der Winkel zwischen der Verbindung vom Radmittelpunkt zum Längspol und der Parallelen zur Straße wird Antriebsstützwinkel ε_A genannt.

Bild 8: Querpol und Wankpol.
1 Radmittelpunkt, 2 Reifenmittelebene,
3 Fahrzeugmittelebene.
Q Querpol, W Wankpol.
s Spurweite, h_w Höhe des Wankpols.
v_{RAP} Geschwindigkeit im Radaufstandspunkt,
v_{RMP} Geschwindigkeit im Radmittelpunkt.

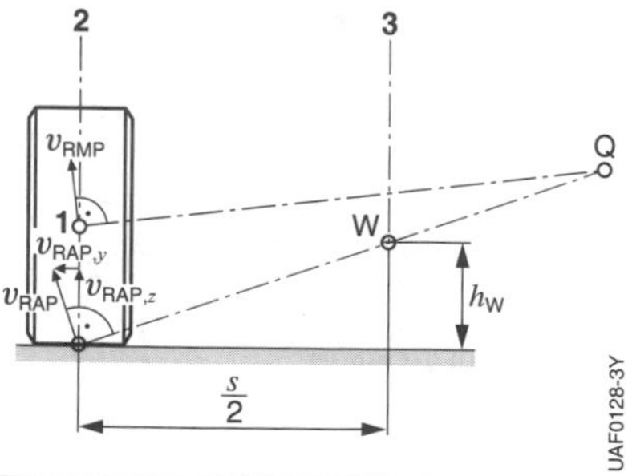

Bild 9: Wankachse.
1 Wankachse.
S Schwerpunkt, W_V Wankpol Vorderachse,
W_H Wankpol Hinterachse,
s Spurweite, l Radstand,
h_{WV} Wankpolhöhe Vorderachse,
h_{WH} Wankpolhöhe Hinterachse.
◁ Fahrtrichtung.

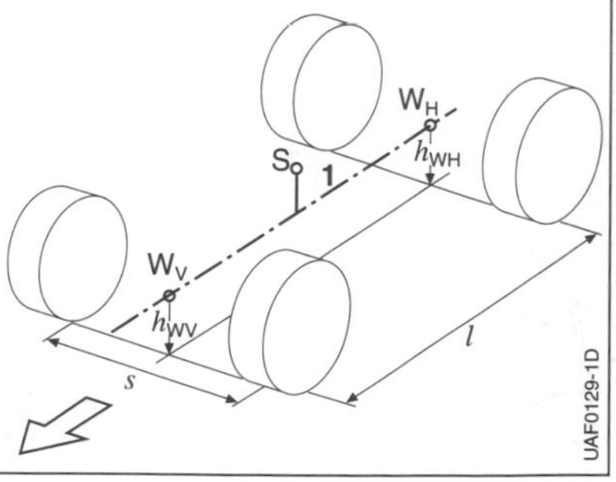

Der Längspol der Vorderachse liegt hinter den Vorderrädern und der Längspol der Hinterachse vor den Hinterrädern (Bild 11).

Bei einer Abbremsung des Fahrzeugs wird die vordere Achslast um ΔF_z erhöht und die hintere Achslast um ΔF_z erniedrigt. Im Fahrzeugschwerpunkt greift die Kraft $F = m\,a$ an. Mit der Bremskraftverteilung λ_B greift an der Vorderachse die Bremskraft $F_{x\mathrm{V}} = \lambda_\mathrm{B} F_x$ an und an der Hinterachse die Bremskraft $F_{x\mathrm{H}} = (1 - \lambda_\mathrm{B}) F_x$. Für den optimalen Fall, dass die resultierende Kraft aus $F_{x\mathrm{V}}$ und ΔF_z an der Vorderachse genau durch den Längspol geht und analog an der Hinterachse, tritt keine Federbewegung in den Aufbaufedern des Fahrzeugs auf. Für den optimalen Bremsstützwinkel an der Vorder- und Hinterachse gilt:

$$\tan(\varepsilon_{\mathrm{BV,opt}}) = \frac{1}{\lambda_\mathrm{B}}\,\frac{h}{l}\,,$$

$$\tan(\varepsilon_{\mathrm{BH,opt}}) = \frac{1}{(1-\lambda_\mathrm{B})}\,\frac{h}{l}\,,$$

mit dem Radstand l und der Schwerpunktshöhe h.

Analog kann für den Fall des Antreibens jeweils ein optimaler Antriebsstützwinkel an der Vorder- und Hinterachse berechnet werden. Dabei gibt λ_A den Anteil der Antriebskraft an der Vorderachse an. Für den optimalen Antriebsstützwinkel an der Vorder- und Hinterachse gilt dann:

$$\tan(\varepsilon_{\mathrm{AV,opt}}) = \frac{1}{\lambda_\mathrm{A}}\,\frac{h}{l}\,,$$

$$\tan(\varepsilon_{\mathrm{AH,opt}}) = \frac{1}{(1-\lambda_\mathrm{A})}\,\frac{h}{l}\,.$$

Nickpol

Die beiden Verbindungslinien zwischen dem jeweiligen Radaufstandspunkt und

Bild 10: Längspol, Antriebsstützwinkel und Bremsstützwinkel.
L Längspol,
h_V Längspolhöhe vorne,
ε_V Schrägfederungswinkel,
ε_BV Bremsstützwinkel vorne,
ε_AV Antriebsstützwinkel vorne,
v_RAP Geschwindigkeit im Radaufstandspunkt,
v_RMP Geschwindigkeit im Radmittelpunkt.
◁ Fahrtrichtung.

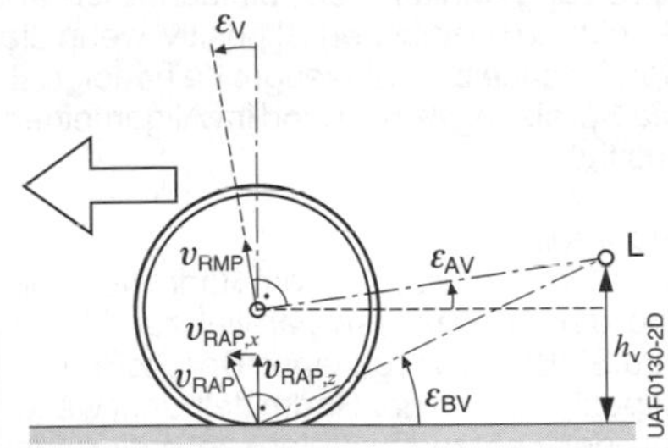

Bild 11: Längspol und Nickpol.
S Schwerpunkt, N Nickpol,
$\mathrm{L_V}$ Längspol Vorderachse, $\mathrm{L_H}$ Längspol Hinterachse,
m Fahrzeugmasse, a Beschleunigung,
$F_{x\mathrm{V}}$ Bremskraft an Vorderachse, $F_{x\mathrm{H}}$ Bremskraft an Hinterachse, ΔF_z Achslaständerung,
l Radstand, h Schwerpunktshöhe, h_V Längspolhöhe vorne, h_H Längspolhöhe hinten,
ε_BV Bremsstützwinkel vorne, ε_BH Bremsstützwinkel hinten.
◁ Fahrtrichtung.

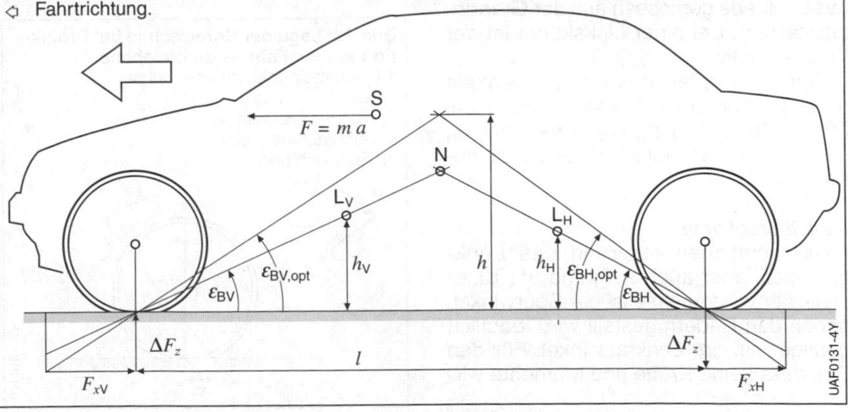

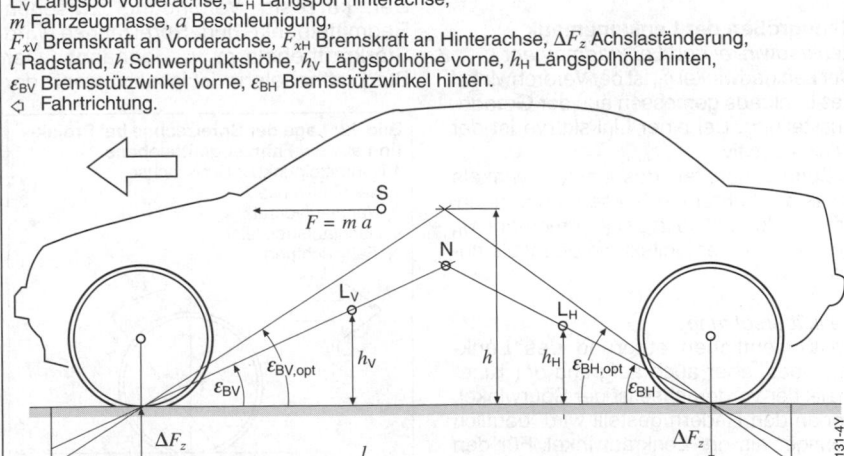

dem Längspol schneiden sich im Nickpol N (Bild 11). Der Nickpol N liegt immer unterhalb der Schwerpunktshöhe, um immer eine erwartete Fahrzeugnickbewegung nach vorne beim Bremsen zu realisieren.

Nickachse
Die Nickachse geht durch den Nickpol und steht senkrecht zur Fahrzeugmittelebene.

Bremsnickabstützung und Anfahrnickausgleich
Die Bremsnickabstützung X_{BV} (vorne) und X_{BH} (hinten) ist ein Maß dafür, wie stark die optimale Bremsabstützung realisiert wurde. Es gilt:

$$X_{BV} = \frac{\tan(\varepsilon_{BV})}{\tan(\varepsilon_{BV,opt})} \, 100\ \%\,,$$

$$X_{BH} = \frac{\tan(\varepsilon_{BH})}{\tan(\varepsilon_{BH,opt})} \, 100\ \%\,.$$

Analoges gilt auch bei der Beschleunigung. Zu Berücksichtigen ist zum einen die Antriebsart, also Allrad-, Front- oder Heckantrieb und zum anderen, dass die Antriebskraft im Radmittelpunkt angreift. Für den Anfahrnickausgleich X_{AV} (vorne) und X_{AH} (hinten)gilt im allgemeinen Fall des Allradantriebs:

$$X_{AV} = \frac{\tan(\varepsilon_{AV})}{\tan(\varepsilon_{AV,opt})} \, 100\ \%\,,$$

$$X_{AH} = \frac{\tan(\varepsilon_{AH})}{\tan(\varepsilon_{AH,opt})} \, 100\ \%\,.$$

Kenngrößen der Lenkkinematik
Lenkradwinkel und Lenkradmoment
Der Lenkradwinkel δ_H ist der Verdrehwinkel des Lenkrads gemessen aus der Geradeausstellung. Bei einer Linkskurve ist der Winkel positiv.

Beim Einstellen des Lenkradwinkels muss der Fahrer ein Moment aufbringen. Dieses Moment heißt Lenkradmoment M_H und ist bei einer Linkskurve ebenfalls positiv.

Lenkübersetzung
Im Wesentlichen aufgrund des Lenkgetriebes, aber auch aufgrund der Kinematik der Vorderachse ist der Spurwinkel, der an den Rädern gestellt wird, deutlich geringer als der Lenkradwinkel. Für den Fall, dass keine Kräfte und Momente wirken und dass das Fahrzeug kaum beladen ist, gilt für die Lenkübersetzung i_s

$$i_s = \frac{2\,\delta_H}{(\delta_L + \delta_R)}\,.$$

Lenkachse (Spreizachse)
Beim Lenken bewegen sich die Räder nicht um ihre z-Achse, sondern auch um die Lenkachse, auch Spreizachse genannt. Die Lage der Spreizachse wird im Wesentlichen durch die Kinematik der Achse festgelegt (Bild 12 und Bild 13).

Lenkachsenspreizung (Spreizungswinkel)
Wird das Rad und die Spreizachse auf die Fahrzeugquerebene (y-z-Ebene) projiziert, so ist die Spreizachse um den Spreizungswinkel σ geneigt (Bild 13). Der Spreizungswinkel (oder einfach auch als Spreizung bezeichnet) ist positiv, wenn die Spreizachse zur Fahrzeugmitte geneigt ist. Die Spreizungswinkel sind im Allgemeinen positiv.

Stoßradius
Der Abstand zwischen dem Radmittelpunkt und der Spreizachse parallel zur Straße wird Stoßradius r_σ genannt. Der Stoßradius ist positiv, wenn der Radmittelpunkt weiter von der Fahrzeugmittelebene entfernt ist als die Spreizachse (Bild 13).

Störkrafthebelarm
Der kürzeste Verbindung zwischen Radmittelpunkt und Spreizachse wird Störkrafthebelarm r_{st} genannt. Der Störkrafthebelarm ist positiv, wenn der

Bild 12: Lage der Spreizachse bei Projektion auf die Fahrzeugmittelebene.
1 Radmittelpunkt, 2 Spreizachse.
τ Nachlaufwinkel,
n_v Nachlaufversatz,
n_τ Nachlaufstrecke.
◁ Fahrtrichtung.

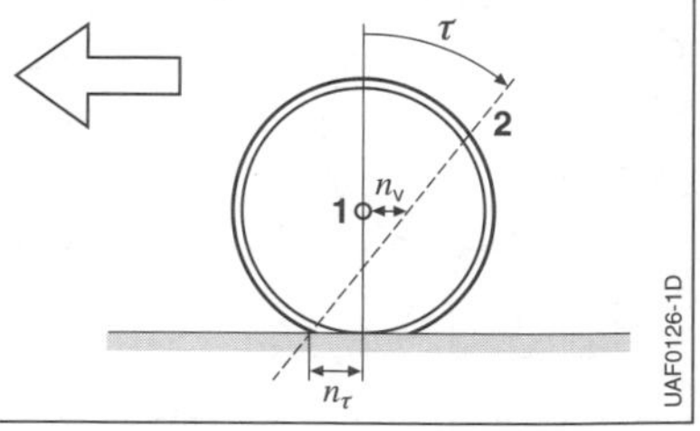

Radmittelpunkt weiter von der Fahrzeugmittelebene entfernt ist als die Spreizachse.

Die Achsen werden so ausgelegt, dass der Stoßradius und der Störkrafthebelarm möglichst gering sind. Durch diese Auslegung wird verhindert, dass störende Kräfte in der Lenkung erzeugt werden.

Lenkrollradius
Der Abstand zwischen dem Radaufstandspunkt und dem Schnittpunkt der Spreizachse mit der Fahrbahn heißt Lenkrollradius r_l (Bild 13). Der Lenkrollradius ist positiv, wenn der Radaufstandspunkt weiter von der Mittelebene entfernt ist als die Spreizachse. Bei einem positiven Lenkrollradius geht das Rad unter Bremskräften in Richtung Nachspur. Dieses Verhalten ist insbesondere bei dem Manöver „Bremsen in der Kurve" vorteilhaft. Ist der Lenkrollradius negativ, geht das Rad bei Bremskräften in Richtung Vorspur. Beim Manöver „Bremsen auf μ-split" mit unterschiedlichen Reibwerten auf der linken und rechten Fahrzeugseite schafft dieses Achsverhalten die Voraussetzung für ein stabileres Fahrverhalten. Aufgrund dieser unterschiedlichen Auswirkungen wird der Lenkrollradius möglichst klein ausgelegt.

Nachlaufwinkel, Nachlaufversatz und Nachlaufstrecke
Wird das Rad und die Spreizachse auf die Fahrzeugmittelebene projiziert, so ist die Spreizachse um den Nachlaufwinkel τ geneigt. Er ist positiv, wenn das obere Ende der Spreizachse nach hinten geneigt ist (Bild 12). In dieser Projektion geht die Spreizachse im Allgemeinen nicht durch den Radmittelpunkt, sondern ist um den Nachlaufversatz n_v nach hinten versetzt.

Der Abstand zwischen dem Radaufstandspunkt und dem Schnittpunkt der Spreizachse mit der Fahrbahn wird Nachlaufstrecke n_τ genannt. Liegt dieser Schnittpunkt vor dem Radmittelpunkt (Bild 12), so ist die Nachlaufstrecke positiv. Typischerweise liegen die Nachlaufstrecken im Bereich von 15…30 mm.

Zahnstangenweg
Die heute weit verbreiteste Lenkungsart, ist die Zahnstangenlenkung. Dabei wird der Lenkradwinkel über ein Ritzel in eine translatorische Bewegung der Zahnstange (in Richtung der y-Achse) überführt. Die Zahnstange ist an beiden Enden mit jeweils der Spurstange der Vorderachse verbunden und ermöglicht so die Einstellung der Spurwinkel an den beiden Rädern. Der beim Lenken zurückgelegte Weg der Zahnstange heißt Zahnstangenweg.

Schwimmwinkel
In der Querdynamik bewegt sich der Schwerpunkt des Aufbaus nicht immer entlang der x-Achse. Der Winkel, der sich zwischen der Fahrzeugmittelebene und der Trajektorie bildet, wird Schwimmwinkel β genannt (Bild 14). Er wird von der

Bild 13: Lage der Spreizachse bei Projektion auf die Fahrzeugquerebene.
1 Radmittelpunkt, 2 Spreizachse,
3 Fahrzeugmittelebene,
4 Radaufstandspunkt.
σ Spreizungswinkel, r_σ Stoßradius,
r_l Lenkrollradius, r_{st} Störkrafthebelarm.

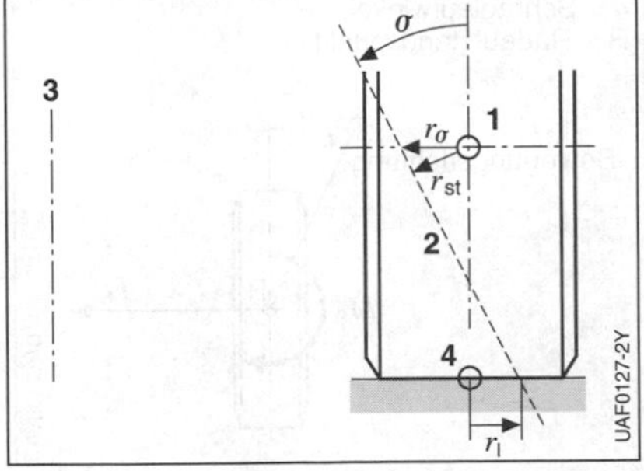

Bild 14: Schwimmwinkel, Zentripetal- und Tangentialbeschleunigung.
1 Trajektorie.
β Schwimmwinkel,
a_t Tangentialbeschleunigung,
a_c Zentripetalbeschleunigung,
v_x Längsgeschwindigkeit,
v_y Quergeschwindigkeit.

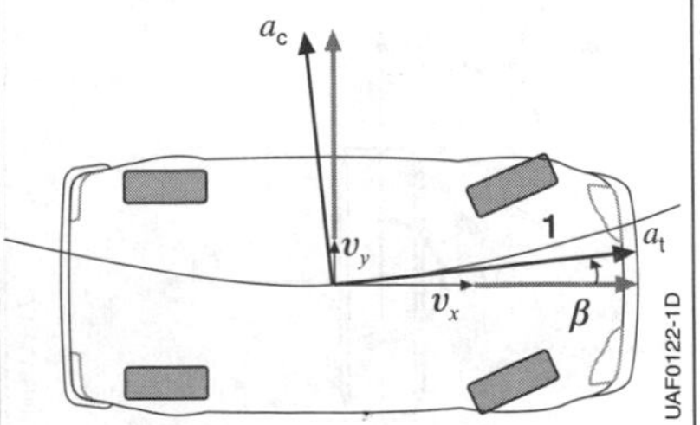

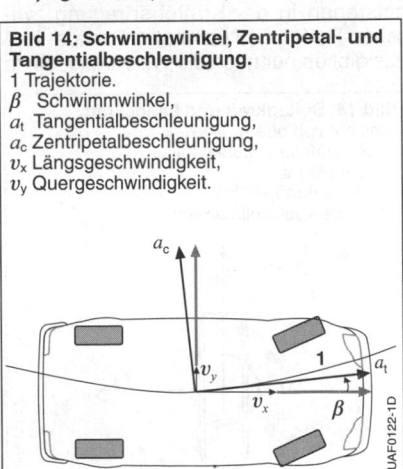

Fahrzeugmittelebene zur Trajektorie gezählt. Der Schwimmwinkel berechnet sich aus der Längsgeschwindigkeit v_x und der Quergeschwindigkeit v_y:

$$\beta = \arctan \frac{v_y}{v_x}.$$

Da die Längsgeschwindigkeit bei Vorwärtsfahrt definitionsgemäß positiv ist, bestimmt das Vorzeichen der Quergeschwindigkeit in diesem Fall auch das Vorzeichen des Schwimmwinkels.

Ackermannwinkel
Der Ackermannwinkel entspricht dem Achslenkwinkel (Bild 5). Bei sehr geringer Querbeschleunigung a_y, d.h. wenn fast keine Seitenkraft aufgebaut wird, bewegt sich das Fahrzeug entlang des Ackermannwinkels.

Wendekreis
Der Wendekreis wird bei einer Kurvenfahrt mit vollem Lenkradanschlag durch die von den am weitesten hervorstehenden Fahrzeugteilen beschrieben. Der Radius des gebildeten Kreises ist der Wendekreis.

Der Wendekreis ist abhängig vom Radstand und vom maximalen Lenkanschlag, d.h. vom maximalen Spurwinkel an der Vorderachse.

Grundbegriffe des Reifens

Die wichtigsten äußeren Kräfte und Momente, die auf ein Fahrzeug einwirken, entstehen in der Kraftübertragung zwischen Reifen und Fahrbahn. Darüber hinaus gibt es nur noch die Windkräfte, die in speziellen Situationen auf das Fahrzeug einwirken.

Latsch
Die Kraftübertragung zwischen Reifen und Fahrbahn entsteht durch Reibung in deren Kontaktfläche, die auch Latsch genannt wird. Die beiden wichtigsten Reibungsarten sind Adhäsionsreibung (intermolekulare Haftkraft) und Hysteresereibung (Verzahnungskraft).

Seitenkraft und Längskraft
Duch die Reibung können in der Fahrbahnebene Kräfte erzeugt werden. Die Seitenkraft F_S ist die Kraft senkrecht zur Radmittelebene, die Längskraft F_U liegt in Richtung der Radmittelebene (Bild 15). Die Kräfte greifen im Allgemeinen nicht genau im Radaufstandspunkt an, sodass bezogen auf den Radaufstandspunkt ebenfalls Momente erzeugt werden (Reifenrückstellmoment M_R).

Schräglaufwinkel
Bei gleichzeitigem Auftreten von Seiten- und Längskraft kann es zur gegenseitigen Beeinflussung der Kräfte kommen. Im Folgenden wird der Fall betrachtet, dass Seiten- und Längskraft nicht kombiniert auftreten. Die erzeugte Seitenkraft F_S hängt von der Radlast und dem Schräglaufwinkel α ab. Eine Abhängigkeit der Seitenkraft F_S von der Geschwindigkeit kann im Allgemeinen vernachlässigt werden. Die Radlast ist die Kraft, mit der der Radmittelpunkt in Richtung Fahrbahnebene gedrückt wird. Der Schräglaufwinkel α ist der Winkel zwi-

Bild 15: Seitenkraft und Längskraft.
(Ansicht von oben).
1 Radaufstandspunkt.
F_U Längskraft,
F_S Seitenkraft,
M_R Reifenrückstellmoment.

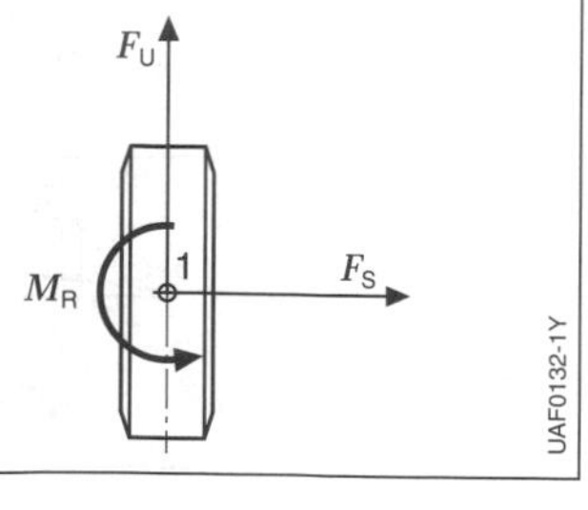

Bild 16: Schräglaufwinkel.
(Ansicht von oben).
F_S Seitenkraft,
M_R Reifenrückstellmoment,
α Schräglaufwinkel.
R Radaufstandspunkt.

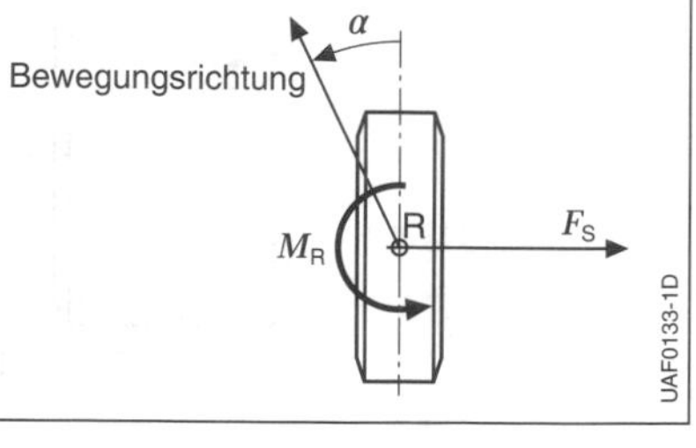

schen der Bewegungsrichtung des Radaufstandpunkts und der Radmittelebene (Bild 16).

Hält man die Radlast konstant und erhöht den Schräglaufwinkel α, so steigt zunächst die Seitenkraft linear an. Ab einem Schräglaufwinkel von ca. 5 ° erreicht die Seitenkraft ihr Maximum und fällt danach etwas ab (Bild 17).

Reifenrückstellmoment und Reifennachlaufstrecke

Bei kleinen Schräglaufwinkeln greift die Seitenkraft hinter dem Radaufstandspunkt an. Bei Erhöhung des Schräglaufwinkels wandert die Seitenkraft immer mehr in Richtung Radaufstandspunkt und kann auch vor dem Radaufstandspunkt liegen. Der Abstand zwischen Seitenangriffspunkt und Radaufstandspunkt heißt Reifennachlaufstrecke n_R. Die Seitenkraft erzeugt also ein Moment um die Hochachse des Reifens, das Reifenrückstellmoment M_R:

$$M_R = F_S\, n_R\,.$$

Damit ergibt sich bei konstanter Radlast für das Reifenrückstellmoment ein wie in Bild 18 gezeigter Verlauf.

Ist das Reifenrückstellmoment positiv, so trägt es dazu bei, dass der Schräglaufwinkel betragsmäßig geringer wird. Dieses Verhalten unterstützt, dass die eingeschlagenen Räder bei Loslassen des Lenkrads wieder in Geradeausstellung drehen.

Schlupf und Rollradius

Analog zum Schräglaufwinkel α bei der Seitenkraft F_S ist der Schlupf λ die Größe, die bei konstanter Radlast die Längskraft F_U bestimmt. Schlupf entsteht, wenn sich die Geschwindigkeit v_{xR}, mit der sich der Radmittelpunkt in Längsrichtung bewegt, von der Geschwindigkeit v_U, mit der der Umfang abrollt, unterscheidet. Die Umfanggeschwindigkeit errechnet sich aus der Winkelgeschwindigkeit ω_R des Rades und dem dynamischen Rollradius r_{dyn}:

$$v_U = \omega_R\, r_{dyn}\,.$$

Man unterscheidet zwischen dem statischen und dem dynamischen Rollradius. Der statische Rollradius ist der kürzeste Abstand zwischen Radmittelpunkt und Latsch. Der dynamische Rollradius r_{dyn} wird durch den Umfang U berechnet:

$$r_{dyn} = \frac{U}{2\pi}\,.$$

Der Schlupf λ_A bei Antriebskräften ist definiert als:

$$\lambda_A = \frac{\omega_R\, r_{dyn} - v_{xR}}{\omega_R\, r_{dyn}}\,.$$

Analog gilt für den Schlupf λ_B bei Bremskräften:

$$\lambda_B = \frac{\omega_R\, r_{dyn} - v_{xR}}{v_{xR}}\,.$$

Der Antriebsschlupf ist nach dieser Definition immer positiv und der Bremsschlupf immer negativ. Diese beiden Schlupf-Definitionen stellen sicher, dass beim blockie-

Bild 17: Seitenkraft bei konstanter Radlast in Abhängigkeit vom Schräglaufwinkel.

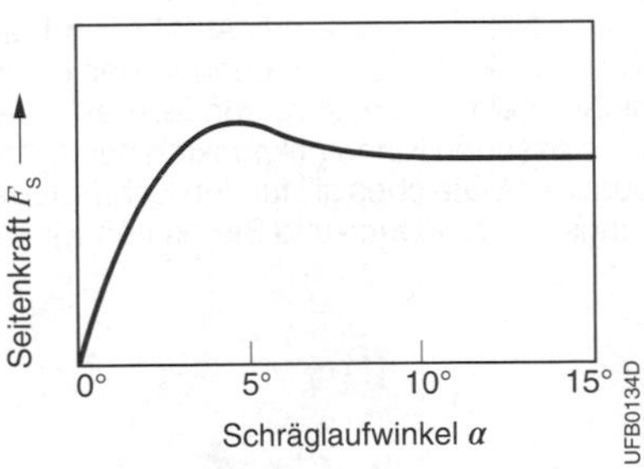

Bild 18: Reifenrückstellmoment bei konstanter Radlast in Abhängigkeit vom Schräglaufwinkel.

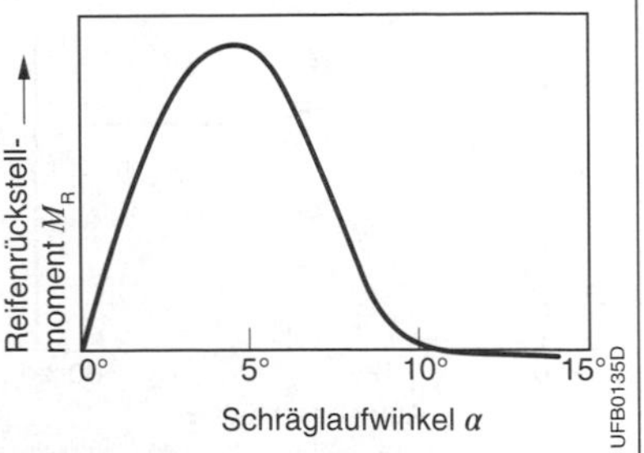

renden Rad ($\omega_R = 0$, $\lambda_B = -1$) ein Schlupf von −100 % entsteht und dass beim durchdrehenden Rad ($v_{xR} = 0$, $\lambda_A = 1$) ein Schlupf vom 100 % vorhanden ist.

Erhöht man bei konstanter Radlast den Antriebsschlupf, so steigt die Antriebskraft (Längskraft) linear an. Bei ca. 10 % Antriebsschlupf erreicht die Längskraft ihr Maximum und fällt dann wieder ab (Bild 19). Analoges gilt für den Bremsschlupf. Hier wird bei ca. −10 % die größte Bremskraft erzeugt.

Messgrößen

Für die Entwicklung von Fahrzeugen ist es sinnvoll, eine spezielle Messtechnik einzusetzen, um das Fahrzeugverhalten genauer vermessen zu können. In der Querdynamik werden die translatorischen Beschleunigungen und die Lagewinkel oft durch kreiselstabilisierte Plattformen gemessen. Die absoluten Positionen werden mit GPS-Messsystemen erfasst. In der Vertikaldynamik werden an unterschiedlichen Punkten des Aufbaus die translatorischen Beschleunigungen in jeweils den drei Raumrichtungen gemessen. Daraus können die wichtigsten Aufbaubeschleunigungen bestimmt werden, nämlich für das Heben, das Nicken und das Wanken.

Für den Schwimmwinkel werden jeweils die Längs- und Quergeschwindigkeit mit berührungslosen Geschwindigkeitssensoren gemessen.

Der Schräglaufwinkel α wird analog zum Schwimmwinkel mit zwei berührungslosen Geschwindigkeitssensoren gemessen. Für den Schlupf λ wird die Raddrehzahl und die Längsgeschwindigkeit gemessen. Der dynamische Rollradius r_{dyn} wird auf Prüfständen ermittelt.

Bild 19: Längskraft bei konstanter Radlast in Abhängigkeit vom Antriebsschlupf.

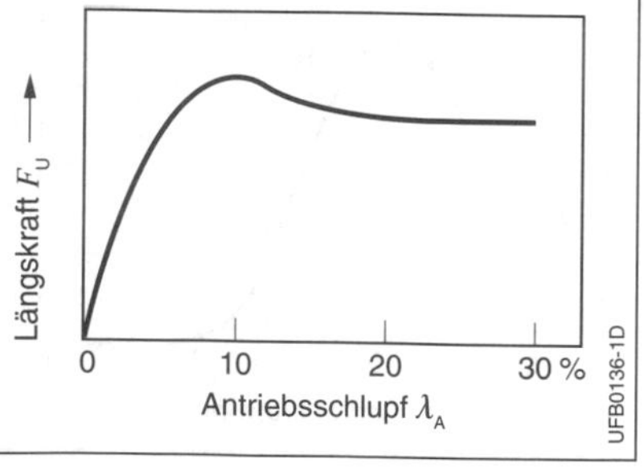

Das Reifenrückstellmoment M_R, die Seitenkraft F_S und die Längskraft F_U lassen sich im mobilen Betrieb durch Mehrkomponentenmessräder erfassen. Da dies sehr aufwändig ist, werden die Reifenkräfte und Reifenmomente auf stationären Prüfständen vermessen oder mit speziellen Fahrzeugen direkt auf der Straße ermittelt. Die genaue Vermessung der Reifenkräfte und Reifenmomente ist bis heute mit vielen systematischen Fehlern behaftet.

Lenkradwinkel und Lenkradmoment werden mit speziellen Messlenkrädern gemessen. Wenn die Messgenauigkeit ausreicht, kann auch der bereits in vielen Fahrzeugen serienmäßig verbaute Lenkradwinkelsensor verwendet werden.

Für die Messung von Spur- und Sturzwinkeln gibt es spezielle Messeinrichtungen, die sowohl mobil als auch stationär eingesetzt werden können. Typischerweise werden diese Winkel auf speziellen Prüfständen gemessen.

Für die Messung des Achslenkwinkels und der Lenkübersetzung werden ebenfalls spezielle Prüfstände eingesetzt.

Die Größen zur Lage der Spreizachse werden im Allgemeinen nicht direkt gemessen. Oft werden die Anlenkpunkte der Achse mit geometrischen Messungen erfasst und daraus die Größen Nachlaufwinkel, Nachlaufversatz, Nachlaufstrecke, Spreizungswinkel, Stoßradius, Störkrafthebelarm und Lenkrollradius errechnet.

Der Wankpol kann durch das Messen der Spurweitenänderung beim wechselseitigen Federn einer Achse bestimmt werden. Aus den Wankpolen der Vorder- und Hinterachse erhält man dann die Wankachse.

Der Nickpol sowie der Anfahr- und der Bremsnickausgleich werden in der Regel nicht direkt gemessen, sondern aus den vermessenen Kinematikpunkten der Achse bestimmt. Gleiches gilt für den Schrägfederungs-, Anfahrstütz- und Bremsstützwinkel.

Literatur
[1] M. Ersoy, S. Gies (Hrsg.): Fahrwerkhandbuch. 5. Aufl., Verlag Springer Vieweg, 2017.
[2] M. Mitschke, H. Wallentowitz: Dynamik der Kraftfahrzeuge. 5. Auflage, Verlag Springer Vieweg, 2015.
[3] J. Jablonowski, et al.: The Chassis of the all-new Audi A8. Chassis.tech 2017, München (2017).
[4] ISO 8855: Straßenfahrzeuge – Fahrzeugdynamik und Fahrverhalten – Begriffe.
[5] DIN 70000 (frühere Norm): Straßenfahrzeuge; Fahrzeugdynamik und Fahrverhalten; Begriffe.
[6] ISO 612: Abmessungen von Straßen(motor)fahrzeugen und deren Anhängern; Benennungen und Definitionen.

Federung

Grundlagen

Das Federungssystem eines Fahrzeugs beeinflusst maßgeblich das Schwingungsverhalten und damit sowohl den Komfort als auch die Fahrsicherheit. In Abhängigkeit von der Fahrzeugklasse und dem Anwendungsfall haben sich inzwischen unterschiedliche Lösungen durchgesetzt. Einen exemplarischen Überblick über die unterschiedlichen Federungselemente zeigt Bild 1 am Beispiel eines Viertelfahrzeugs.

Unter die Federungselemente fallen dabei grundsätzlich alle Teile der Radaufhängung eines Kraftfahrzeugs, die bei einer elastischen Verformung Rückstellkräfte liefern. Bei den die Federungsarbeit leistenden Medien der unterschiedlichen Federungssysteme handelt es sich entweder um Stahl (Federstahl), Polymerwerkstoffe (Gummi) oder um ein Gas (Luft).

Reifen

Der Reifen als verbindendes Bauteil zwischen Fahrbahn und Fahrzeug hat als erstes Federungselement in der Übertragungskette, von der Anregung bis zum Insassen, entscheidenden Einfluss sowohl auf den Komfort (Akustik, Abrollverhalten) als auch auf die Fahrsicherheit (Längs- und Seitenkraftpotential). Er hat sowohl Federungs- als auch Dämpfungseigenschaften, wobei diese für einen Verzicht auf weitere schwingungsabsorbierende Elemente in modernen Fahrzeugen nicht ausreichen. Eine Ausnahme stellen hier mobile Arbeitsmaschinen dar, die aufgrund geänderter Vertikaldynamikanforderungen teilweise ausschließlich über den Reifen gefedert und gedämpft werden.

Bild 1: Federungselemente innerhalb der Radaufhängung (exemplarisch an einer McPherson-Halbachse).
1 Domlager (Gummilager), 2 Aufbaufeder, 3 Reifen, 4 Gummilager, 5 Stabilisator.

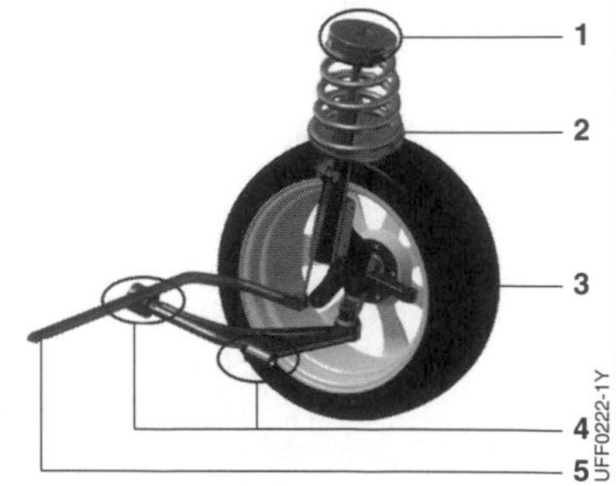

Elastomerlager

Bei den Elastomerlagern handelt es sich um Gummielemente unterschiedlicher Funktionen und Eigenschaften, die einzelne Komponenten eines Fahrwerks miteinander verbinden oder am Aufbau befestigen.

Die Gummilagerungen werden dabei zur Schwingungsisolation und dadurch zur Steigerung des Komforts, insbesondere bei höherfrequenter Anregung (Akustik), verwendet. Gleichzeitig kann über die Elastokinematik die Fahrdynamik entscheidend beeinflusst werden.

Im Gegensatz zu Serienfahrzeugen werden im Motorsport Uniballgelenke (steifere Verbindungen zwischen Radaufhängung und Aufbau) eingesetzt, wodurch die Fahrdynamik zu Lasten des Komforts verbessert werden kann.

Um dem Zielkonflikt einer weichen Lagerung für hohen Komfort und steifer Lager für eine sportliche Fahrdynamik zu begegnen, werden inzwischen zunehmend auch adaptive oder aktive Fahrwerkslager eingesetzt, die ihre Eigenschaften an die jeweilige Fahrsituation anpassen können.

Aufbaufedern

Als Aufbaufedern werden Teile des Fahrwerks bezeichnet, die den Hauptanteil der vertikalen Rückstellkräfte zwischen Rad und Aufbau bereitstellen. Dabei kommen je nach Anwendungsfall verschiedene Federarten, die in ihren Eigenschaften zum Teil stark variieren, zum Einsatz. Eine zusammenfassende Darstellung der Merkmale im Fahrzeugbau eingesetzter Federungselemente ist Tabelle 1 zu entnehmen.

Tabelle 1: Federungselemente im Fahrzeugbau.

Federungs-element	Beladungseinfluss auf Aufbaueigenfrequenz	Eigenschaften (●), Vorteile (+) und Nachteile (–)
Stahlfedern		
Blattfeder	● Eigenfrequenz sinkt mit zunehmender Beladung ● Kennlinien sind im Allgemeinen linear oder progressiv	● Übernahme der Radführungsfunktion möglich ● ein- oder mehrlagige Ausführung ● je nach Bauart reibungsbehaftet (im Pkw vermindert eine Kunststoffzwischenlage die Reibung → positiver Einfluss auf Akustik) + günstige Krafteinleitung in den Rahmen (bei Lkw) + kostengünstig – Wartungsbedarf – Reibungsdämfung i.d.R. nicht ausreichend – Akustikeinflüsse
Schrauben-feder		● Anordnung des Schwingungsdämpfers innerhalb der Feder möglich ● progressive Kennlinie durch entsprechende Geometrie der Feder realisierbar (variable Steigung oder konischer Draht) + großer Auslegungsspielraum + kostengünstig + keine Eigendämpfung + geringer Raumbedarf + geringes Gewicht + wartungsfrei – zur Radführung gesonderte Elemente erforderlich – Federkennlinie nicht variabel
Drehstab-feder		● aus Rundstahl (für geringeres Gewicht) oder Flachstahl (bei erhöhter Beanspruchung) + verschleiß- und wartungsfrei + bauartabhängig auch Fahrzeughöhenverstellung möglich – große Federlängen – radbezogene Federsteifigkeit von der Lenkeranordnung abhängig
Stabilisator	● kein Einfluss bei gleichseitiger Federung ● halbe Stabilisatorsteifigkeit bei einseitiger Federung wirksam ● gesamte Stabilisatorsteifigkeit bei wechselseitiger Federung wirksam	● Beeinflussung des Eigenlenkverhaltens (Über- oder Untersteuern) ● U-förmig gebogenes Vollrund- oder Rohrmaterial üblich ● Schenkel oft wegen Biegebeanspruchung flachgewalzt ● weit außen an der Achse liegende Stabilisatorbefestigungspunkte zur Realisierung kleiner Durchmesser ● Lenkerdrehachsen dahingehend abgestimmt, dass Stabilisatorbeanspruchung nur auf Torsion (nicht auf Biegung) + einfache Möglichkeit zur Beeinflussung der Fahrdynamik eines Fahrzeugs + Reduzierung des Wankwinkels + bei Einsatz aktiver Systeme verbesserter Komfort und gesteigerte Fahrdynamik – zusätzliches Gewicht – Kosten

Tabelle 1: Federungselemente im Fahrzeugbau (Fortsetzung).

Federungs-element	Beladungseinfluss auf Aufbaueigenfrequenz	Eigenschaften (•), Vorteile (+) und Nachteile (–)
Luftfedern und hydropneumatische Federn		
Roll- und Faltenbalgfede (Luftfeder)	• Eigenfrequenz bleibt mit zunehmender Beladung konstant • Kennlinien sind abhängig von Gaseigenschaften, Abrollstempelform und Fadenwinkel im Balg	• Realisierung einer weichen vertikalen Federsteifigkeit • als Federbein oder Einzelfeder, vor allem bei Nutzfahrzeugen und Omnibussen wiederzufinden • vermehrter Einsatz in Pkw zur Niveauregulierung der Hinterachse + Niveauregulierung leicht integrierbar (analog zur hydropneumatischen Feder) + Komfortverhalten unabhängig von der Zuladung – zur Radführung gesonderte Elemente erforderlich – Niederdruck (< 10 bar) erfordert große Volumina
Hydropneumatische Feder	• Eigenfrequenz steigt mit zunehmender Beladung wegen nichtlinearer Federsteifigkeit	• Gasvolumen im Federspeicher bestimmt die Federungseigenschaften • Kraftfluss durch Gas und Öl • Integration der Dämpferventile im Schwingungsdämpfer und in der Verbindung zwischen Federbein und Speicher + hydraulische Dämpfung und Niveauregulierung leicht integrierbar – Wartungsbedarf der Gummimembran aufgrund von Diffusionsneigung
Gummifedern		
Gummifeder	• Eigenfrequenz wird mit zunehmender Beladung wegen der nichtlinearen Federsteifigkeit beeinflusst	• zwischen Metallteilen vulkanisierte Gummischubfelder • Einsatz als Aggregatlagerungen (Motor und Getriebe), Lenkerlager, Zusatzfeder usw. • zunehmend mit integrierter hydraulischer Dämpfung + Formgebung sehr frei wählbar + kostengünstig – begrenzter Temperaturbereich – Alterung

Bild 2: Beispiel einer Blattfeder mit Radführungsfunktion.
1 Stabilisator, 2 Dämpfer, 3 Blattfedern, 4 Panhardstab, 5 Starrachse.

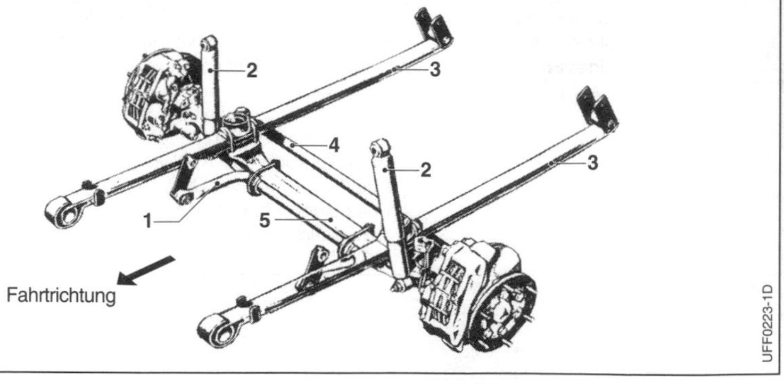

Federformen

Blattfedern

Die älteste Federform im Fahrzeugbau stellen Blattfedern dar, die bereits bei Kutschen eingesetzt wurden (Bild 2). Ein wesentlicher Vorteil dieser Federart ist neben der Federungsfunktionalität auch die mögliche Verwendung als radführendes Konstruktionselement zur Verbindung von Aufbau und Achse, da diese bei entsprechender Konstruktion Quer- oder Längskräfte aufnehmen können. Mehrlagige Blattfedern verfügen zusätzlich über Dämpfungseigenschaften, die allerdings zu einem schlechten Ansprechverhalten und Akustikeinflüssen führen können. Dabei reichen die realisierbaren Dämpfungskräfte nicht aus, um vollständig auf einen konventionellen Schwingungsdämpfer zu verzichten.

Aufgrund der Komforteinflüsse und ihres Gewichts entsprechen Blattfedern inzwischen nicht mehr den Marktanforderungen bei der Personenbeförderung und sind daher nur noch in wenigen Pkw (Transporter, Geländewagen) zu finden. Im Nutzfahrzeugbereich ist der Einsatz dieser Federungsart aufgrund geringer Kosten und hoher Zuverlässigkeit durchaus noch üblich.

Schraubenfedern

Schraubenfedern gehören aufgrund ihres großen Auslegungsspielraums bei gleichzeitig niedrigen Kosten zu den am häufigsten eingesetzten Aufbaufederarten im Pkw-Bereich. Die Rückstellkräfte werden bei dieser Federart durch die elastische Torsion einzelner Windungen während der Längenänderung erzeugt.

Da Schraubenfedern hauptsächlich Kräfte in Richtung der Federlängsachse aufnehmen können, müssen bei ihrem Einsatz als Aufbaufedern die übrigen Kraftkomponenten von der Radführung abgestützt werden.

Durch eine bedarfsgerechte geometrische Auslegung der Feder (Drahtdicke, Windungsdurchmesser und -abstand, Bild 3) lassen sich nicht nur unterschiedliche Bauräume, sondern auch unterschiedliche Federkennlinien realisieren. Hierüber kann wiederum die beladungsabhängige Aufbaueigenfrequenz und damit der Fahrkomfort beeinflusst werden.

Drehstabfedern

Diese Federungsart ist hauptsächlich in Pkw und Transportern anzutreffen. Es handelt sich um Stäbe aus Federstahl, die auf Torsion beansprucht werden. Durch die feste Einspannung eines Stabendes und die drehbare Lagerung des anderen wird der Schaft bei Beanspruchung durch ein in Richtung seiner Achse wirkendes Moment elastisch tordiert. Im Kraftfahrzeug wird die elastische Verdrehung des Torsionsstabes mithilfe einer Kurbel realisiert, die auf dem drehbar gelagerten Stabende befestigt ist (Bild 4). Als Kurbelarme dienen in der Regel Lenker der Achs- oder der Radaufhängung. Die Anordnung der Drehstabfeder erfolgt üblicherweise in der aufbauseitigen Lagerachse der Lenker, an deren gegenüberliegenden Ende die vertikale Radkraft F_R als äußere Belastung wirksam wird.

Bild 3: Ausführungsbeispiele unterschiedlicher Schraubenfederarten.
a) Veränderlicher Windungsdurchmesser,
b) veränderlicher Drahtdurchmesser,
c) veränderlicher Windungsabstand,
d) Miniblockfeder (Kombination aus a, b und c).

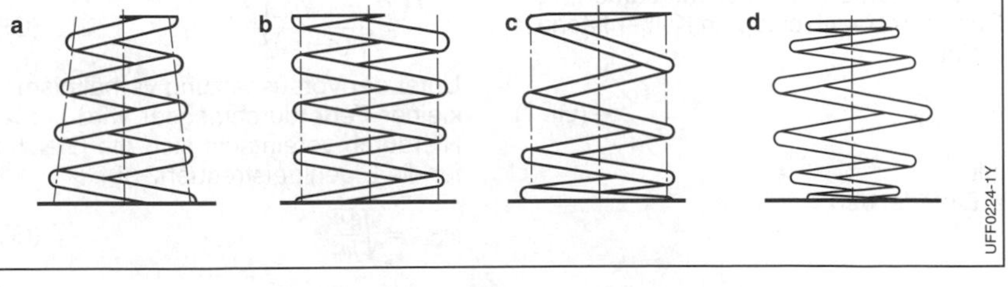

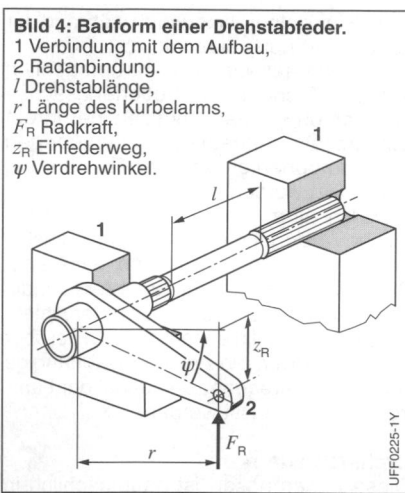

Bild 4: Bauform einer Drehstabfeder.
1 Verbindung mit dem Aufbau,
2 Radanbindung.
l Drehstablänge,
r Länge des Kurbelarms,
F_R Radkraft,
z_R Einfederweg,
ψ Verdrehwinkel.

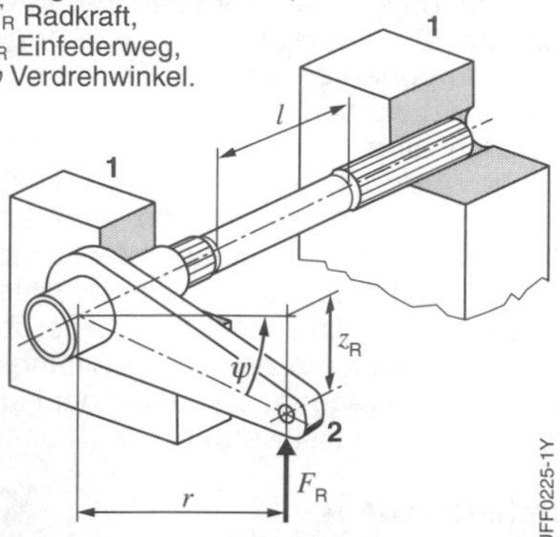

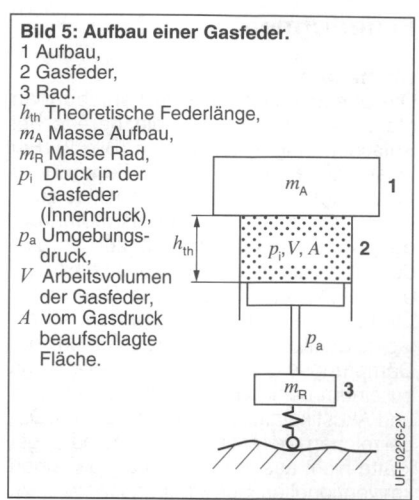

Bild 5: Aufbau einer Gasfeder.
1 Aufbau,
2 Gasfeder,
3 Rad.
h_{th} Theoretische Federlänge,
m_A Masse Aufbau,
m_R Masse Rad,
p_i Druck in der Gasfeder (Innendruck),
p_a Umgebungsdruck,
V Arbeitsvolumen der Gasfeder,
A vom Gasdruck beaufschlagte Fläche.

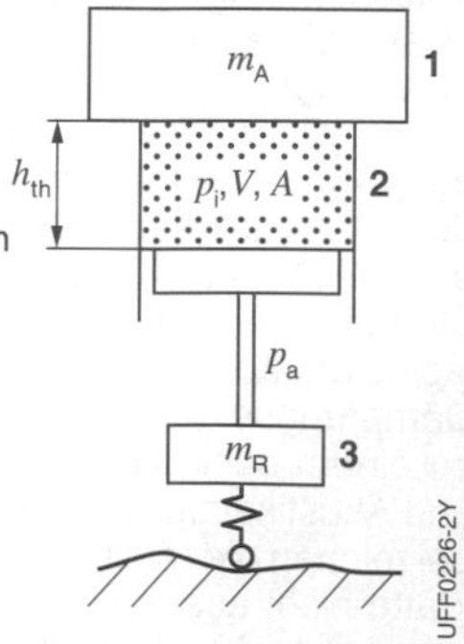

Gasfedern

Bei den bisher vorgestellten Aufbaufedern handelte es sich um ein festes, federndes Medium, wobei die Arbeit durch die Formänderung der Stahlfeder geleistet wirf. Im Gegensatz hierzu wird die Federarbeit bei Gasfedern durch eine Volumenänderung des Gases erzeugt. Der Aufbau des Fahrzeugs ist dabei über ein wirksames Gasvolumen (gegebenenfalls auch über ein zusätzliches Fluid, siehe hydropneumatische Federn) von der Anregung entkoppelt und schwingt auf dem Gaspolster innerhalb der Gasfeder (Bild 5). Hieraus ergibt sich eine günstige Möglichkeit zur Integration einer Niveauregulierungsfunktion, die durch Zu- oder Abpumpen des Zwischenmediums (Gas oder Flüssigkeit) realisiert werden kann.

Eine charakteristische Kenngröße der Gasfeder stellt die „theoretische Federlänge“ h_{th} dar, die sich als Quotient aus dem einfederungsabhängigen Arbeitsvolumen $V(z)$ (einschließlich eventuellem Zusatzvolumen) und der wirksamen, vom Gasdruck beaufschlagten Kolbenfläche A ergibt:

$$h_{th} = \frac{V(z)}{A} \qquad \text{(Gl. 1)}$$

mit
z Einfederweg.

Mit der Gleichung für die Federkraft F:

$$F = (p_i - p_a)\,A \qquad \text{(Gl. 2)}$$

mit
p_a Umgebungsdruck und
p_i Innendruck

folgt allgemein für die Federsteifigkeit einer Gasfeder bei konstant wirksamer Kolbenfläche A [1]:

$$c(z) = A\,n\,p(z)\,\frac{1}{h_{th}} \qquad \text{(Gl. 3).}$$

Der Polytropenexponent liegt hierbei für langsame und damit isotherme Federbewegungen bei $n = 1$ – bei schnellen und damit näherungsweise adiabaten Federbewegungen beträgt dieser $n = 1{,}4$. Die Eigenkreisfrequenzen für Einmassenschwinger ergeben sich aus

$$\omega_{Gas} = \sqrt{\frac{c}{m}} = \sqrt{\frac{c(z)\,g}{(p - p_a)\,A}}$$

$$= \sqrt{\frac{g\,n\,p(z)}{(p - p_a)\,h_{th}}} \qquad \text{(Gl. 4).}$$

Unter der Voraussetzung verhältnismäßig kleiner Federdurchmesser wird $p_i >> p_a$. Hierdurch vereinfacht sich die Gleichung für die Eigenkreisfrequenz auf:

$$\omega_{Gas} = \sqrt{\frac{g\,n}{h_{th}}} \qquad \text{(Gl. 5).}$$

Die vorgestellte theoretische Kolbenzylinder-Gasfeder wird allerdings nur in abgewandelter Form in Fahrzeugen eingesetzt, wobei prinzipiell zwischen zwei Arten von Gasfedern, der Balg-Luftfeder und der hydropneumatischen Feder, unterschieden wird. Der fundamentale Unterschied im Bezug auf die Vertikaldynamik liegt dabei im Einfluss der Beladung auf den Fahrkomfort und in den unterschiedlichen Auswirkungen auf die Federsteifigkeit beim Niveauausgleich beider Systeme. Während bei der hydropneumatischen Ausführung der Niveauausgleich über Zupumpen von Flüssigkeit oder Öl (bei konstanter Masse des Gases in der Feder) erreicht wird, erfolgt die Niveauregulierung bei Balgfedern durch Zupumpen eines Gases (Luft) in die Feder, wodurch das ursprüngliche Federungsvolumen wiederhergestellt wird. Die hervorgerufene Änderung der Federsteifigkeit der hydropneumatischen Ausführung hat dabei eine Erhöhung der Aufbaueigenfrequenz bei zunehmender Beladung zur Folge. Im Gegensatz hierzu liegt bei der Balgfeder infolge der Steifigkeitsänderung eine nahezu konstante Aufbaueigenfrequenz im gesamten Beladungsbereich vor.

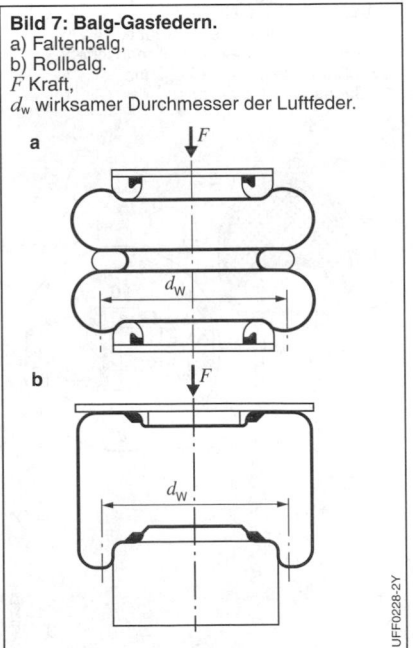

Bild 6: Gegenüberstellung unterschiedlicher Federungssysteme in Abhängigkeit von der Zuladung.
1 Stahlfeder,
2 Luftfeder,
3 hydropneumatische Feder.

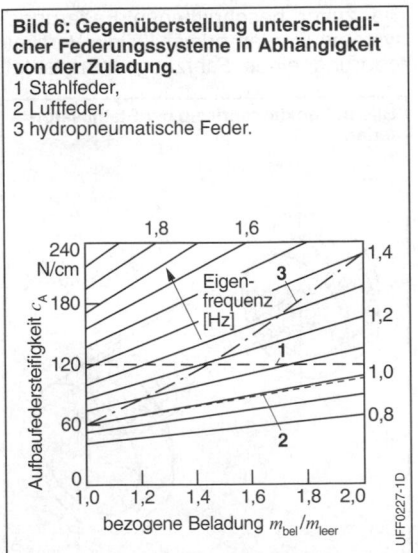

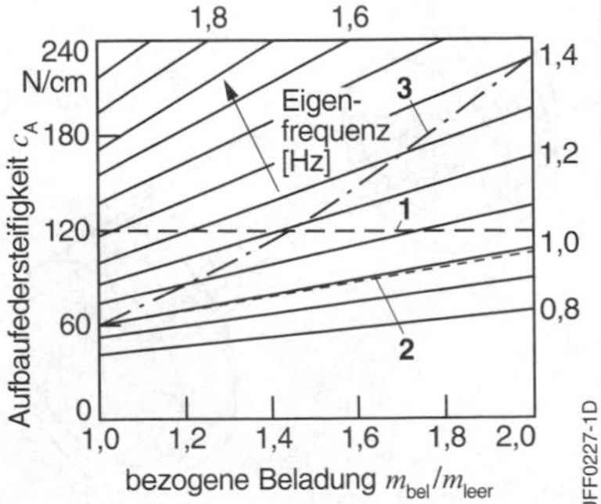

Abschließend zeigt Bild 6 den Einfluss unterschiedlicher Federungssysteme auf die Eigenfrequenz und somit auch indirekt auf den Komfort bei steigender Beladung. Der Grund für den Einfluss der Aufbaueigenfrequenz auf den Komfort liegt in den unterschiedlichen Resonanzbereichen verschiedener Körperorgane eines Menschen und der Konsequenz, dass eine Anregung von Körperteilen mit ihrer Eigenfrequenz zur Beeinträchtigung des Wohlbefindens führt. Deswegen ist eine möglichst beladungsunabhängige Aufbaueigenfrequenz, unterhalb der Resonanzfrequenzen des menschlichen Körpers, sicherzustellen.

Aus Bild 6 wird allerdings auch deutlich, dass lediglich bei der Luftfeder eine annähernd konstante Eigenfrequenz mit steigender Belastung vorliegt. Bei der Stahlfeder nimmt die Eigenfrequenz aufgrund der konstanten Federsteifigkeit ab.

Balgfedern

Bei den Balg-Gasfedern mit pneumatischer Niveauregulierung handelt es sich um Federungssysteme mit konstantem Gasvolumen (siehe oben), wobei diese wiederum

Bild 7: Balg-Gasfedern.
a) Faltenbalg,
b) Rollbalg.
F Kraft,
d_W wirksamer Durchmesser der Luftfeder.

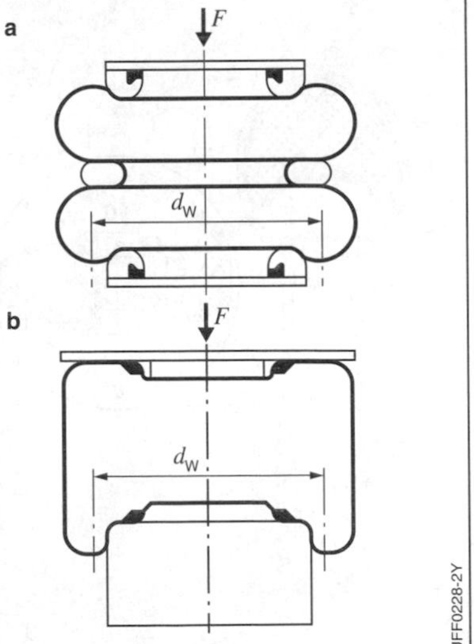

in zwei Kategorien unterteilt werden. Dies sind zum einen Gasfedern mit einem Faltenbalg, zum anderen Rollbalg-Gasfedern (Bild 7), die ähnlich den Luftreifen aus mit Textilgewebe verstärktem Gummimaterial bestehen. Die Niveauregulierung wird bei diesen Systemen durch Zupumpen oder Ablassen von Gas in die Feder bei grundsätzlich konstantem Federungsvolumen realisiert. Üblicherweise ist die wirksame Fläche der Luftfeder (und damit der Gradient der Rückstellkraft), auf die der Überdruck wirkt, nicht konstant sondern ändert sich über dem Hub. Hierdurch ist eine gezielte Beeinflussung der Tragkraft durch eine entsprechende Konturierung des Abrollstempels der Rollbalgfeder (und damit einer Veränderung der wirksamen Fläche A in Gl. 3 über dem Federweg) möglich. Die wirksame Fläche A der Luftfeder lässt sich dabei über den wirksamen Durchmesser bestimmen. Mit Integration eines Zusatzvolumens (Erhöhung von h_{th}, siehe Bild 5) ist außerdem eine weniger progressive und tendenziell flachere Kennlinie realisierbar.

Bild 8: Hydropneumatische Feder.
1 Federungskugel, 2 Membran,
3 Anbindung zum Niveauregler,
4 Kolben, 5 Verschlussschraube,
6 Federungszylinder, 7 Dichtmanschette,
8 Stoßdämpferventil, 9 Zugstufe,
10 Bypass, 11 Druckstufe.

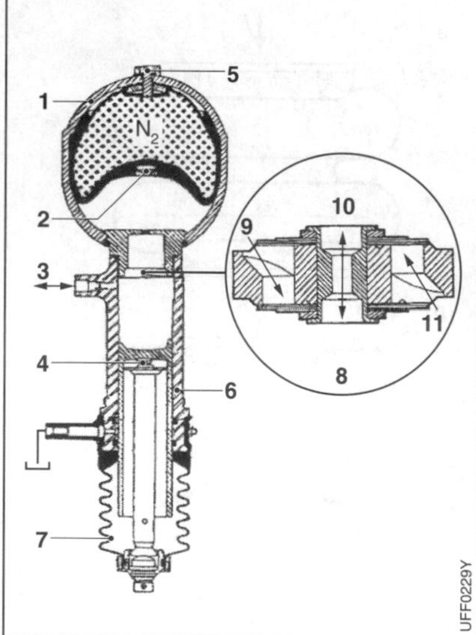

Hydropneumatische Federn

Bei hydropneumatischen Federn (Bild 8) mit integrierter Niveauregulierung liegen gemäß der Vorüberlegungen Gasfedern mit konstanter Gasmasse (siehe oben) vor, wobei der Kraftfluss nicht nur über ein Gas, sondern zusätzlich durch eine Flüssigkeit oder Öl geleitet wird. Flüssigkeit beziehungsweise Öl und Gas sind dabei durch eine undurchlässige Gummimembran voneinander separiert. Erst durch die Zwischenschaltung der Flüssigkeit oder des Öls wird eine verschleißfreie und reibungsarme Abdichtung zwischen Kolben und Zylinder erreicht.

Ein weiterer Vorteil dieses Systems liegt in der Möglichkeit zur Integration einer hydraulischen Dämpfung im Federungselement. Nachteilig hingegen ist die Abhängigkeit der Eigenfrequenz von der Beladung (Komforteinfluss) einzustufen. Grund hierfür ist das für die Niveauregulierung erforderliche Zu- und Abpumpen der Flüssgkeit oder des Öls bei konstanter Gasmasse. Die lastabhängige Volumenänderung des Gases führt zu einer Verschiebung der Federsteifigkeit dahingehend, dass es mit steigender Beladung grundsätzlich zu einer Eigenfrequenzzunahme kommt (siehe Bild 6).

Stabilisatoren

Die zuvor beschriebenen Federungssysteme werden primär für die Vertikalfederung eines Fahrzeugs eingesetzt.

Bild 9: Funktionsprinzip der Stabilisatorfeder.

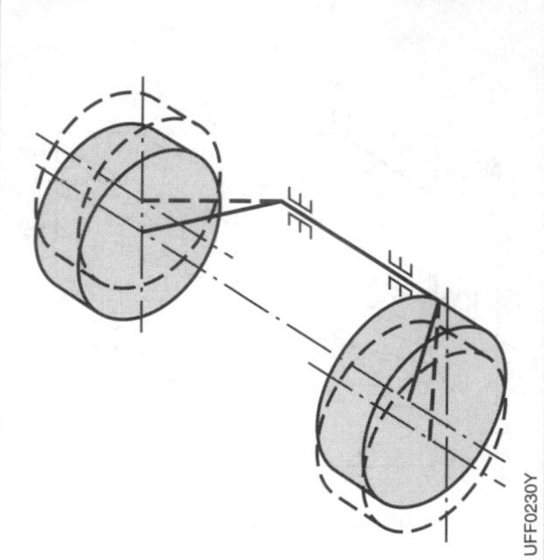

Für die Wankfederung hingegen werden neben klassischen Aufbaufedern zum Teil zusätzlich passive oder aktive Stabilisatorfedern (unter Umständen mit zusätzlicher Wankdämpfung) verwendet. Eine Prinzipskizze stellt Bild 9 vor. Bei einer Wankbewegung des Aufbaus, d.h. bei gegensinniger Einfederung der Räder einer Achse, wird der Stabilisator tordiert und liefert ein Rückstellmoment um die Wankachse. Bei gleichphasigen Hubbewegungen einer Achse hingegen bleibt dieser ohne Wirkung. Stehen die durch die Stabilisatoren an Vorder- und Hinterachse abgestützten Anteile des Wankmoments in einem anderen Verhältnis als die durch die Aufbaufedern abgestützten Anteile, so wird nicht nur der Wankwinkel reduziert, sondern auch die Aufteilung der Radlastunterschiede einer Achse bei Kurvenfahrt und damit das Eigenlenkverhalten beeinflusst.

Dadurch kann bei einem Fahrzeug mit einer entsprechenden Stabilisatorkonfiguration das Fahrverhalten in Richtung Untersteuern (Erhöhung der Wanksteifigkeit an der Vorderachse oder Reduzierung der Wanksteifigkeit an der Hinterachse) oder Übersteuern bei sonst unveränderten Parametern verschoben werden. Bei aktiven Stabilisatoren kann zusätzlich die Stabilisatorkraft aktiv beeinflusst und entsprechend dem Fahrzustand angepasst werden. Hierdurch können z.B. Kopiereffekte an einer Achse (durch eine Entkopplung zwischen rechter und linker Seite) bei Geradeausfahrt vermindert, oder aber die Fahrdynamik durch Minimierung der Karosserieneigung bei Kurvenfahrt erhöht werden. Die Stabilisatoren beeinflussen dabei nicht das vertikale Schwingungsverhalten des Fahrzeugs.

Bild 10: Funktionsprinzip der Ausgleichsfeder.

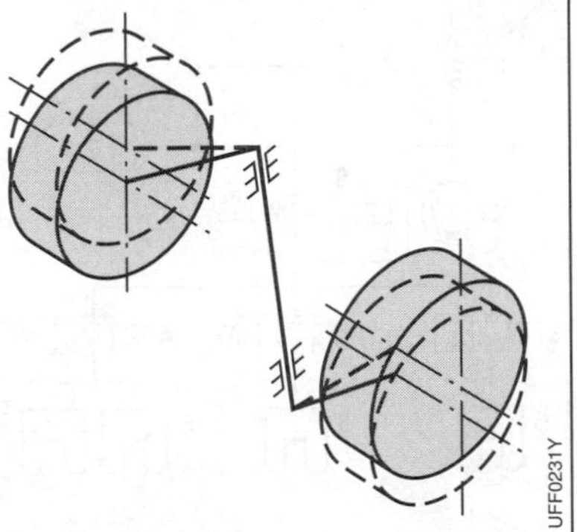

Ausgleichsfedern

Ausgleichsfedern haben eine dem Stabilisator entgegengesetzte Wirkung (Bild 10). Als reines Hubelement bleiben sie bei Wankbewegungen des Aufbaus wirkungslos.

Die Ausgleichsfeder wurde in der Vergangenheit bei Achskonstruktionen eingesetzt, deren Radaufhängungskinematik möglichst geringe Radlastunterschiede erforderte, um den „Aufstützeffekt" (eine stärkere Ausfederung des kurveninneren Rades gegenüber der Einfederung des kurvenäußeren Rades bei Kurvenfahrt) zu unterdrücken. Die Steifigkeit der Aufbaufedern und damit der an der betrachteten Achse abgestützte Anteil des Wankmomentes konnte dann entsprechend reduziert werden. Bei modernen Pkw-Radaufhängungen wird die Ausgleichsfeder nicht mehr eingesetzt.

Federungssysteme

Die zunehmenden Kundenanforderungen (Komfort und Fahrdynamik) an Pkw und die stark schwankenden Beladungszustände von Nfz führen dazu, dass der ausschließliche Einsatz konventioneller Stahlfedern oft nicht ausreicht. In solchen Fällen kommen entweder teiltragende oder volltragende Federungssysteme zum Einsatz.

Durch die Integration zusätzlicher Funktionen von teil- oder volltragenden Systemen lässt sich dabei sowohl der Komfort als auch die Fahrdynamik (z. B. Quersperren der Federn einer Achse zur Stabilitätserhöhung bei Kurvenfahrt) steigern.

Teiltragende Systeme

Diese Systeme sind dadurch charakterisiert, dass die durch das Federungssystem abzustützenden Kräfte auf Stahl- und Luftfeder entsprechend einem festgelegten Verhältnis aufgeteilt werden.

Bei weichen Aufbaufedern (zur Steigerung des Fahrkomforts) treten z. B. bei Beladung große Federwege auf. Um in diesem Fall ein zu starkes Absinken des Fahrzeugaufbaus zu verhindern, werden Niveauregulierungssysteme mit Luftfedern oder hydropneumatischen Federn eingesetzt. Dabei wird die Niveaulage über Sensoren ermittelt und als Information für die Regelung bereitgestellt. Durch das Nachpumpen oder Ablassen von Luft (Balgfedern) oder Öl (hydropneumatische Federn) kann die Niveaulage dann bedarfsgerecht angepasst werden. In Abhängigkeit vom Fahrzeugsegment (Pkw oder Nfz) bieten die Niveauregulierungssysteme dabei unterschiedliche Zusatzfunktionen.

Im Pkw beispielsweise ist eine geschwindigkeitsabhängige Niveauregulierung des Aufbaus zur Kraftstoffeinsparung möglich. Darüber hinaus kann über die einstellbare Niveaulage bei schlechten Wegstrecken die Geländegängigkeit des Fahrzeugs erhöht werden.

Bei Nutzfahrzeugen wiederum ermöglicht eine Niveauregulierung die stufenlose Anpassung der Ladefläche an unterschiedliche Laderampen. Außerdem können weitere Funktionen durch die Vernetzung mit anderen Systemen realisiert werden. Hierzu zählen z. B. eine automatische Niveauerhöhung bei Heben der Liftachse, das Absenken bei Überschreitung der maximalen Achslast oder aber ein kurzzeitiges Anheben der Liftachse zur Radlasterhöhung der Treibachse.

Volltragende Systeme

Bei volltragenden Systemen wird, gegenüber teiltragenden Lösungen, die Federungsaufgabe allein durch die Gasfedern übernommen und die Schraubenfedern entfallen vollständig. Entsprechend der zur

Bild 11: Systemarchitekturen von Niveauregelungen volltragender Systeme.
a) Offenes System, b) geschlossenes System.
1 Filter, 2 Kompressor, 3 Trockner, 4 2/2-Wegeventil, 5 Federbalg, 6 Rückschlagventil, 7 Druckbehälter, 8 Druckschalter, 9 3/2-Wegeventil.

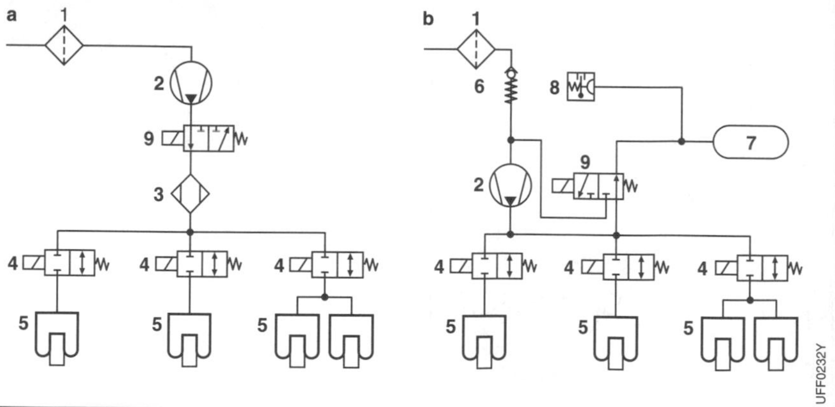

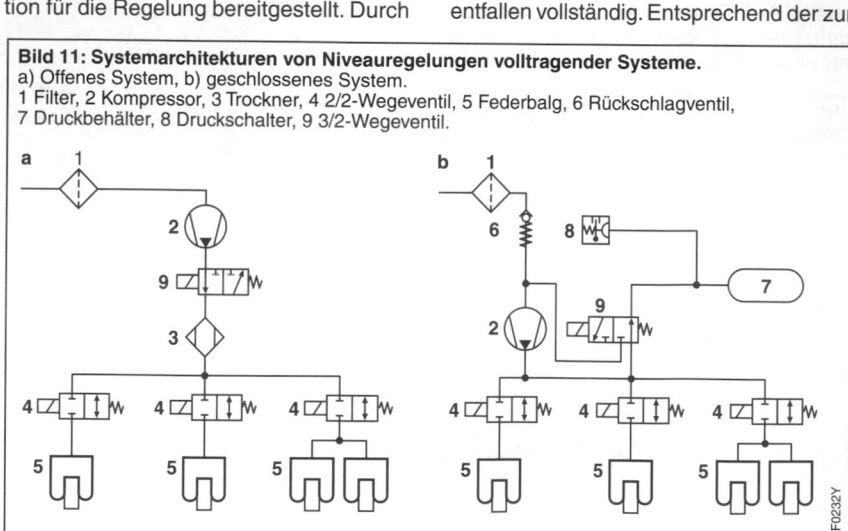

Verfügung stehenden Hardware und Regelungsstrategie kann die Niveauregelung achsselektiv oder über alle Achsen hinweg erfolgen. Die Einbettung der Regelungsarchitektur in die globale Fahrzeugregelstruktur stellt dabei sicher, dass eine negative wechselseitige Beeinflussung der Achsen und somit beispielsweise eine Schiefstellung des Fahrzeugaufbaus ausgeschlossen wird.

Die Niveauregelung kann bei volltragenden Systemen grundsätzlich sowohl in Form eines offenen als auch eines geschlossenen Systems ausgeführt werden. Bei dem offenen System entnimmt ein Kompressor Luft aus der Atmosphäre und stellt diese bei Bedarf der Luftfeder komprimiert zur Verfügung. Durch die Druckerhöhung wird der Aufbau angehoben. Zur Niveauabsenkung wird Luft an die Umgebung abgegeben und hierdurch der Druck in der Feder wieder gesenkt. Zwar zeichnet sich dieses System durch einen relativ geringen Bauaufwand und die einfache Steuerung aus, es hat jedoch den entscheidenden Nachteil, dass eine hohe Kompressorleistung für die kurzen Regelzeiten bereitstehen muss, was mit entsprechendem Mehrverbrauch einhergeht. Außerdem ist ein Lufttrockner erforderlich und es ist mit einer akustischen Belastung beim Ansaugen und Ablassen zu rechnen.

Das geschlossene System entnimmt Luft aus einem Druckspeicher des Federungssystems und führt diese direkt der Luftfeder zu. Bei einer Niveauabsenkung wird die Druckluft wieder zurück in den Drucktank geführt. Zwar sind die Anforderungen dieses Systems an die Kompressorleistung geringer und auch der Lufttrockner kann aufgrund des trockenen Arbeitsmediums entfallen, allerdings werden weitere Bauteile (Speicher, Druckschalter, Rückschlagventil, Rückleitungen usw.) benötigt, wodurch der Bauaufwand gegenüber einem offenen System grundsätzlich steigt.

Die Systemarchitektur der Niveauregelung eines offenen und eines geschlossenen Systems stellt Bild 11 gegenüber. Daraus wird bereits die höhere Komplexität des geschlossenen Systems ersichtlich.

Aktive Federsysteme

Im Vergleich zu passiven Systemen ermöglichen aktive Fahrzeugfahrwerke eine optimale Anpassung von Feder- und Dämpferkräften an alle Fahrzustände und Fahrbahnunebenheiten. Mithilfe externer Energiequellen werden dabei Kräfte erzeugt, die sowohl Achsen als auch den Aufbau stabilisieren. Dabei sind inzwischen eine Reihe unterschiedlicher Systemarchitekturen entwickelt worden, die sich vor allem im Aufwand (Bauraum und Kosten), im Energiebedarf und in der Regelgüte unterscheiden. Nachfolgend werden einige dieser Systeme kurz vorgestellt.

Systeme mit Hydraulikzylinder

Bei dieser Ausführung wird die Aufbaubewegung und Aufbaulage mit schnell verstellbaren Hydraulikzylindern (Bild 12) geregelt, wobei unterschiedliche Sensorinformationen (Radlast, Federweg, Beschleunigung usw.) als Eingangsgrößen für die Regelung verwendet werden.

Die Regelung ermöglicht nahezu konstante Radlasten und eine mittlere konstante Fahrzeughöhe. Die statische Radlast wird in diesem Fall von Stahlfedern oder hydropneumatischen Federn getragen.

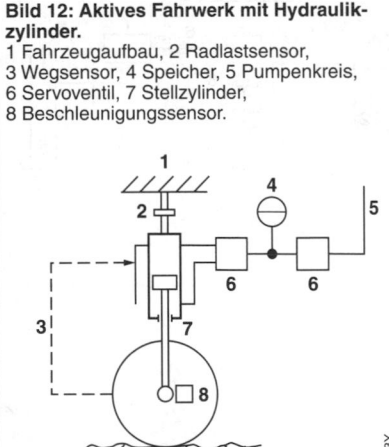

Bild 12: Aktives Fahrwerk mit Hydraulikzylinder.
1 Fahrzeugaufbau, 2 Radlastsensor,
3 Wegsensor, 4 Speicher, 5 Pumpenkreis,
6 Servoventil, 7 Stellzylinder,
8 Beschleunigungssensor.

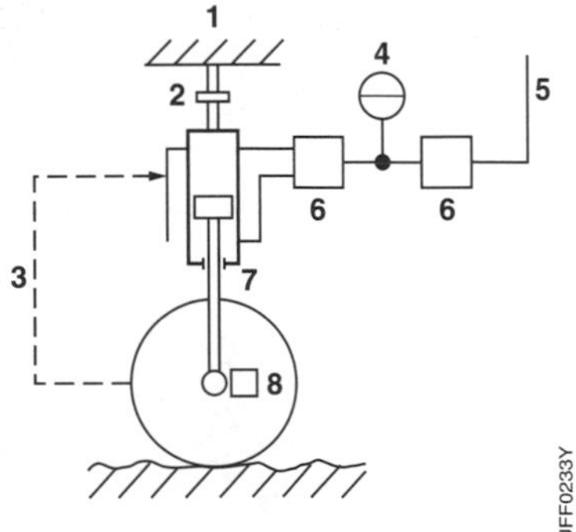

Systeme mit hydropneumatischem Federungssystem
Zur Fahrzeugstabilisierung wird in einem hydropneumatischen Federungssystem eine gezielte Ölregelung realisiert. Dies geschieht durch das Zupumpen und das Ablassen von Hydrauliköl in oder aus den Federbeinen (Bild 13). Zur Begrenzung der Energieaufnahme besteht die Regelstrategie bei diesem System in der Ausregelung langwelliger Unebenheiten (niederfrequente Anregungen). Bei höherfrequenten Anteilen wird ein Gasvolumen in der Nähe des Federbeins wirksam. Der Schwingungsdämpfer wird dabei im Wesentlichen auf die Radbewegungen abgestimmt.

Ausführung mit Federfußpunktverstellung
Bei diesem System wird der Fahrzeugaufbau im niederfrequenten Bereich dadurch waagerecht gehalten, dass eine konventionelle Schraubenfeder an ihrem Fußpunkt (entweder gegen den Fahrzeugaufbau oder gegenüber der Achse, Bild 14) verstellbar gestaltet wird. Bei Einfederbewegungen der Feder wird der Fußpunkt angehoben, bei Ausfederbewegungen hingegen wird er abgesenkt. Diese Regelung erfolgt kontinuierlich über eine Ölpumpe und über Proportionalventile. Die Schraubenfeder muss im Vergleich zu ihrer ursprünglichen Auslegung jedoch länger sein. Der Schwingungsdämpfer kann in einem solchen System mit konstanten Einstellparametern versehen und ebenfalls vor allem auf die Raddämpfung abgestimmt werden.

Elektromagnetisches System
Bei einem elektromagnetischen aktiven Fahrwerk sind an jedem Rad lineare oder rotatorische elektromagnetische Motoren verbaut, die in der Lage sind, die Fahrbahnunebenheiten aktiv zu kompensieren. Die Linearmotoren werden dabei über Leistungsverstärker mit elektrischer Energie

Bild 13: Hydropneumatisches System.
1 Fahrzeugaufbau, 2 Wegsensor,
3 Speicher, 4 Pumpenkreis,
5 Beschleunigungssensor, 6 Drossel,
7 Proportionalventil,
8 ventilbestückter Schwingungsdämpferkolben (Stoßdämpferkolben).

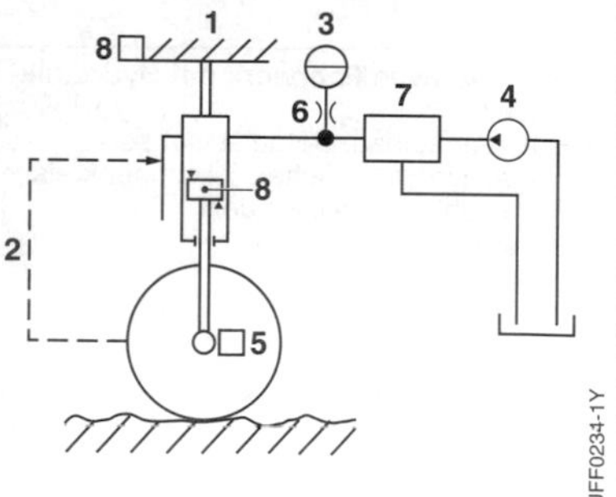

Bild 14: Federfußpunktverstellung.
1 Fahrzeugaufbau, 2 Wegsensor,
3 Speicher, 4 Pumpenkreis (Öl),
5 Beschleunigungssensor, 6 Drossel,
7 Proportionalventil,
8 Aufbaufeder (Schraubenfeder),
9 Federfußpunkt-Verstelleinheit.

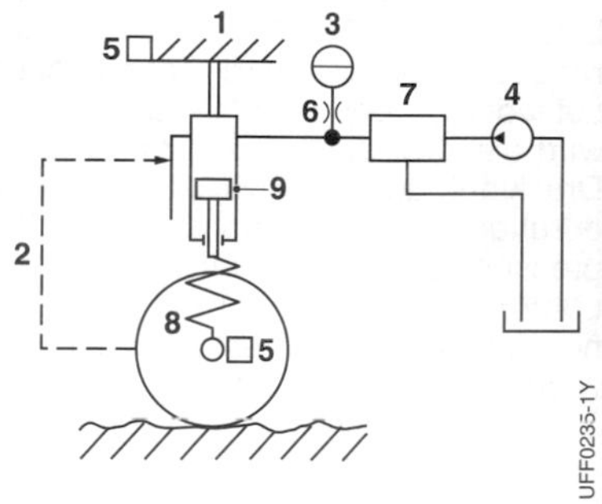

versorgt, wobei grundsätzlich eine Kraft- oder eine Wegregelung realisierbar ist. Durch eine achsübergreifende Systemvernetzung ist außerdem die Kompensation von Wank- und Nickschwingungen möglich. Bei der zurzeit umgesetzten Lösung erfolgt die Aufnahme der statischen Radlasten über Torsionsfedern an den Rädern, um den elektrischen Energiebedarf zu begrenzen. Darüber hinaus wird weiterhin ein passiver Schwingungsdämpfer verwendet.

Die Vorteile der elektromagnetischen Lösung liegen vor allem in der hohen Verstellgeschwindigkeit. Trotz geringer Außenabmessungen verfügen die Elektromotoren über genügend Leistung, um die Fahrsicherheit in allen Fahrsituationen zu gewährleisten. Im Vergleich zu konventionellen Systemen liegen die Nachteile im höheren Gewicht und in den gesteigerten Kosten, da aus Gründen der Sicherheit eine zusätzliche, nicht elektronische Dämpfung benötigt wird. Der elektromagnetische Motor kann jedoch grundsätzlich auch als Generator betrieben werden, sodass auch die Dämpfung elektrisch erfolgen und so Energie rekuperiert werden kann. Hierdurch kann der Leistungsbedarf des Gesamtsystems gesenkt werden, er wird für normale Fahrbahnen mit weniger als 1 kW angegeben.

Literatur

[1] B. Heißing, M. Ersoy (Hrsg.): Fahrwerkhandbuch. 1. Aufl., Vieweg Verlag, 2007.

Schwingungsdämpfer und Schwingungstilger

Schwingungsdämpfer

Die durch die Aufbaufedern verbundenen Massen des Fahrzeugaufbaus und der Räder bilden ein schwingungsfähiges System, das durch die Unebenheiten der Fahrbahn und die dynamischen Bewegungen des Fahrzeugs angeregt wird. Zur Bedämpfung des Schwingungssystems ist der Einsatz von Schwingungsdämpfern erforderlich. Als Aufbauschwingungsdämpfer in Kraftfahrzeugen werden heutzutage fast ausschließlich hydraulische Teleskopschwingungsdämpfer eingesetzt, welche die Bewegungsenergie der Aufbau- und Radschwingungen in Wärme umwandeln. Die Auslegung der Schwingungsdämpfer erfolgt unter Berücksichtigung der teils konträren Anforderungen an Komfort (Minimierung der Aufbaubeschleunigungen) und Fahrsicherheit (Minimierung der Radlastschwankungen).

Grundlagen hydraulischer Teleskopdämpfer

Die Dämpferwirkung von hydraulischen Teleskopdämpfern (Bild 1) beruht auf der strömungswiderstandsbehafteten Bewegung eines mit Drosselelementen (Kolbenventilen) versehenen Dämpferkolbens innerhalb eines ölgefüllten Arbeitszylinders. Hierbei wird mechanische Arbeit in Wärme umgewandelt, die über die Dämpferoberfläche an die Umgebung abgegeben wird. Aus der durch die Drosselelemente hervorgerufenen Druckdifferenz Δp zwischen den beiden Arbeitsräumen und den wirksamen Flächen auf den beiden Seiten des Dämpferkolbens ergibt sich bei einer Ein- oder Ausfahrbewegung des Dämpfers die resultierende Dämpfkraft F_D. Die Fläche, auf die der im jeweiligen Arbeitsraum vorherrschende Druck wirkt, entspricht für den Arbeitsraum, durch den die Kolbenstange des Dämpfers verläuft (siehe Arbeitsraum 1 in Bild 1), einer Ringfläche A_KR. Der Außendurchmesser der Ringfläche entspricht dem Durchmesser D des Dämpferkolbens, der Innendurchmesser dem Durchmesser d der Kolbenstange. Es gilt:

$$A_\mathrm{KR} = \frac{\pi}{4}(D^2 - d^2).$$

Im anderen Arbeitsraum (siehe Arbeitsraum 2 in Bild 1) entspricht die wirksame Fläche der Kolbenfläche A_K, die sich über den Durchmesser D des Dämpferkolbens ergibt.

$$A_\mathrm{K} = \frac{\pi}{4} D^2.$$

Bild 1: Aufbau von Einrohr- und Zweirohrschwingungsdämpfern.
a) Einrohrschwingungsdämpfer, b) Zweirohrschwingungsdämpfer.
1 Kolbenstange, 2 Arbeitszylinder, 3 Dämpferkolben, 4 Kolbendichtung, 5 Arbeitsraum 1, 6 Arbeitsraum 2, 7 Kolbenventil (Zugstufenventil), 8 Kolbenventil (Druckstufenventil), 9 Trennkolben, 10 Gasvolumen, 11 Teil des Mantelraums (Ausgleichsraum), mit Gas gefüllt, 12 Teil des Mantelraums, mit Dämpferöl gefüllt, 13 Außenrohr, 14 Bodenventil (Druckstufenventil), 15 Bodenventil (Zugstufenventil).
D Innendurchmesser Arbeitszylinder und Durchmesser Dämpferkolben,
d Durchmesser Kolbenstange.

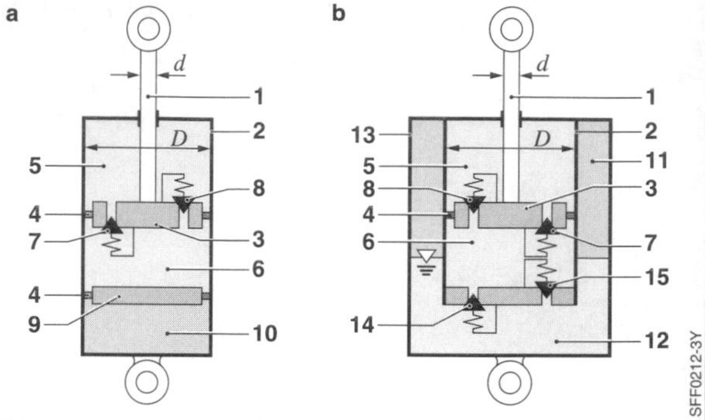

Die Veränderungen der Volumina der beiden Arbeitsräume führen bei einer Bewegung des Dämpferkolbens (d.h. einer Ein- oder Ausfahrbewegung des Dämpfers) zu einer Fließbewegungen des inkompressiblen Dämpfungsfluids zwischen den Arbeitsräumen des Dämpfers (beim Zweirohrdämpfer zusätzlich zwischen einem Arbeitsraum und dem Mantelraum). Die jeweiligen Ölvolumenströme müssen dabei die entsprechenden Ventile passieren.

Die Ölvolumenströme durch die relevanten Ventile ergeben sich aus der Geometrie des Dämpfers und der Ein- bzw. Ausfahrgeschwindigkeit $\dot{z}$. Für den Volumestrom $\dot{Q}_1$ zwischen den beiden Arbeitsräumen gilt:

$$\dot{Q}_1 = \frac{\pi}{4}(D^2 - d^2)\,\dot{z}.$$

Die ein- bzw. ausfahrende Kolbenstange führt bei hydraulischen Teleskopdämpfern zu einem variablen, vom Ein- bzw. Ausfahrzustand abhängigen Gesamtvolumen der Arbeitssräume. Aufgrund der Inkompressibilität des Dämpferöls ist daher eine Ausgleichsmöglichkeit für das von der Kolbenstange verdrängte bzw. freigegebene Ölvolumen erforderlich. Für den Volumenstrom $\dot{Q}_2$ dieses Ausgleichsvolumens gilt:

$$\dot{Q}_2 = \frac{\pi}{4}\, d^2\, \dot{z}.$$

Der Volumenstrom $\dot{Q}$ durch ein Ventil ist über die Durchflusscharakteristik des jeweiligen Ventils mit der vorherrschenden Druckdifferenz Δp verknüpft. Die Durchflusscharakteristik eines Ventils ergibt sich durch die gemeinsame Wirkung der Drosselgeometrie (z.B. Bohrungsdurchmesser des Durchströmkanals) und einer eventuellen Federbelastung (d.h. druckabhängige Variation der Abströmöffnung, Bild 1). Über die Auslegung und Abstimmung dieser Parameter kann die Durchflusscharakteristik den jeweiligen Bedürfnissen angepasst werden. Die Charakteristik der Ventile ist dabei so zu gestalten, dass keinerlei Kavitationserscheinungen (Bildung und Implosion von Gasblasen im Arbeitsmedium infolge statischer Druckschwankungen im Bereich des Verdampfungsdrucks des Arbeitsmediums) im Innern des Dämpfers auftreten. Kavitationserscheinungen führen neben akustischen Problemen auch zu Schädigungen und schließlich zum Ausfall eines Dämpfers. Der Kavitationsneigung kann auch durch eine Druckbeaufschlagung des Dämpferöls effektiv entgegengewirkt werden.

Bauformen hydraulischer Teleskopdämpfer

Einrohrdämpfer

Einrohrdämpfer besitzen zum Ausgleich des ein- bzw. ausfahrenden Kolbenstangenvolumens ein eingeschlossenes Gasvolumen, welches mit Hilfe eines beweglichen Trennkolbens von den mit Dämpferöl gefüllten Arbeitsräumen separiert wird (Bild 1a). In der Druckphase (Einfahren) des Dämpfers wird das Gasvolumen entsprechend dem Volumenstrom $\dot{Q}_2$ komprimiert, in der Zugphase (Ausfahren) entsprechend dem Volumenstrom $\dot{Q}_2$ entspannt. Der Druck des Gasvolumens liegt in der Regel zwischen 25 und 35 bar, sodass die maximal auftretenden Einfahrkräfte (Druckstufenkraft) abgestützt werden können, ohne dass ein Unterdruck an der Kolbenstangendichtung entsteht. Der Arbeitsvolumenstrom $\dot{Q}_1$ strömt jeweils durch das entsprechende Kolbenventil, beim Einfahren durch das Druckstufen- und beim Ausfahren durch das Zugstufenventil.

Aufgrund des hohen Gasdrucks ist die Neigung zum Auftreten von Kavitationserscheinungen beim Einrohrdämpfer gering. Die entstehende Wärme kann direkt über die Außenfläche des Arbeitszylinders an die Umwelt abgegeben werden. Der schlanken Bauform, dem geringen Gewicht und der beliebigen Einbaulage des Einrohrdämpfers stehen eine große Baulänge, aufgrund des hohen Innendrucks eine erhöhte Reibung und hohe Anforderungen hinsichtlich der Abdichtung von Kolbenstange und Gasvolumen gegenüber. Ferner ist der Einrohrdämpfer aufgrund seines filigraneren Aufbaus nicht zur Aufnahme nennenswerter Querkräfte und Biegemomente geeignet.

Zweirohrdämpfer

Zweirohrdämpfer verfügen über einen Mantelraum, der sich durch die Anordnung eines Außenrohrs um den Arbeitszylinder ergibt (Bild 1b). Der Mantelraum (Ausgleichsraum) dient zum Ausgleich des ein- beziehungsweise des ausfahrenden Kolbenstangenvolumens und ist zu diesem Zweck über Bodenventile mit dem unteren Arbeitsraum des Dämpfers verbunden. Der Mantelraum ist zu einem Teil mit Dämpferöl und zum anderen Teil mit einem Gas (in der Regel getrocknete Luft oder auch Stickstoff) gefüllt. Das Gasvolumen steht dabei unter atmosphärischem Druck oder leichtem Überdruck (6...8 bar). Ein Überdruck dient hier nur einer verringerten Kavitationsneigung, eine Druckstufenkraftabstützung ist nicht notwendig. Die Abstimmung von Kolben- und Bodenventilen muss so erfolgen, dass keine Kavitation auftritt. In der Druckstufe, also beim Einfahren des Dämpfers, wird die Dämpferarbeit daher am entsprechenden Bodenventil (Druckstufenventil) geleistet, durch das der Volumenstrom $\dot{Q}_2$ strömt. Der Ölvolumenstrom $\dot{Q}_1$ vom unteren in den oberen Arbeitsraum kann hingegen das Druckstufenventil im Dämpferkolben mit nur geringem Strömungswiderstand durchströmen. Hierdurch wird einem starken Druckabfall im oberen Arbeitsraum vorgebeugt. Im Gegensatz dazu wird in der Zugstufe, also beim Ausfahren des Dämpfers, die Dämpferarbeit wesentlich durch den Volumenstrom $\dot{Q}_1$ vom oberen in den unteren Arbeitsraum am entsprechenden Kolbenventil (Zugstufenventil) geleistet. Über das Bodenventil erfolgt lediglich der Ausgleich des ausfahrenden Kolbenstangenvolumens, indem Dämpferöl nahezu widerstandslos aus dem Mantelraum in den unteren Arbeitsraum strömt (Volumenstrom $\dot{Q}_2$).

Aufgrund des Mantelraums weisen Zweirohrdämpfer im Vergleich zu Einrohrdämpfern eine schlechtere Wärmeabfuhr auf. Darüber hinaus ist die Einbaulage von Zweirohdämpfern beschränkt, da stets sichergestellt werden muss, dass Ausgleichsfluid an den Bodenventilen vorhanden ist. Vorteile gegenüber dem Einrohrdämpfer sind die geringere Dämpferlänge sowie das weichere Ansprechverhalten aufgrund der geringer belasteten Dichtungen mit entsprechend niedrigeren Anforderungen. Weiterhin kann der Zweirohrdämpfer infolge des doppelwandigen Aufbaus bei entsprechend massiverer Auslegung von Kolbenstange und Außenrohr Querkräfte und Biegemomente aufnehmen, wodurch eine Verwendung als radführendes Bauelement möglich ist (Federbein- bzw. Dämpferbein-Einzelradaufhängung). Im Pkw-Bereich hat sich der Zweirohrdämpfer, auch wegen seiner geringeren Kosten, als Standarddämpfer durchgesetzt.

Bild 2: Verstellbare Schwingungsdämpferkennlinien.
1 Obere Grenze des Verstellbereichs (maximale Dämpferhärte, z.B. Sportmodus),
2 untere Grenze des Verstellbereichs (minimale Dämpferhärte, z.B. Komfortmodus),
3 Verstellbereich des Dämpfers,
4 Kennlinie eines passiven Dämpfers.

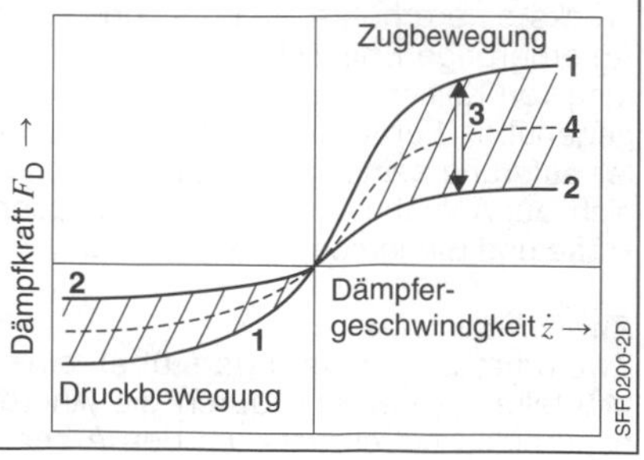

Verstellbare Schwingungsdämpfer

Der bei der Abstimmung von Aufbauschwingungsdämpfern bestehende Zielkonflikt zwischen Fahrkomfort und Fahrsicherheit lässt sich durch den Einsatz von adaptiven oder semi-aktiven Schwingungsdämpfern entschärfen. Im Vergleich zu passiven Dämpfern mit einer festen Dämpferkennung (d.h. einer definierten Kraft-Geschwindigkeits-Charakteristik, vgl. Abschnitt „Dämpfercharakteristik") bieten adaptive Dämpfer die Möglichkeit einer diskreten bis stufenlosen Verstellbarkeit der Dämpfercharakteristik (Bild 2).

Neben einer manuellen Verstellung der Dämpfer (z.B. weiche Dämpfung im Komfort- oder harte Dämpfung im Sportmodus) können verstellbare Dämpfer auch automatisch in Abhängigkeit des jeweiligen Fahrzustands angesteuert werden (siehe Abschnitt „Dämpferregelung"). Die Einstellung der Dämpfer erfolgt in aller Regel durch den Fahrer über Bedienelemente in der Armaturentafel.

Eine Einstellbarkeit direkt am Dämpfer ist hauptsächlich im Motorsport und bei sportlichen Nachrüstdämpfern zu finden.

Adaptive hydraulische Dämpfer
Bei adaptiven oder semi-aktiven Dämpfern herkömmlicher Bauart wird die Verstellbarkeit der Dämpfercharakteristik durch verstellbare Ventile, ansteuerbare Bypassbohrungen (außen- oder innenliegend) oder mit Hilfe von Doppelkolben realisiert [1]. Die Ansteuerung erfolgt in der Regel elektronisch. Wesentliche Systemmerkmale sind die realisierbaren Verstellzeiten, die Spreizung des Verstellbereichs sowie die Anzahl der einstellbaren Dämpferkennungen. Hierbei ist zu erwähnen, dass die Verstellzeiten nicht im Sinne der Funktionalität beliebig verkürzt werden sollten, da es bei zu rascher Veränderung der Strömungsverhältnisse im Dämpfer zu Geräuschemissionen und gegebenenfalls zu Verschleiß kommen kann. Während Systeme der ersten Generation nur eine Verstellung zwischen wenigen Kennlinien zuließen, können bei heutigen adaptiven Dämpfern meist eine Vielzahl von Kennungen eingestellt werden [2]. Neuere Systeme weisen meist sogar eine stufenlose Verstellbarkeit zwischen einer minimalen und einer maximalen Dämpfkraftcharakteristik auf (Bild 2).

Rheologische Dämpfersysteme
Die Verstellbarkeit der Dämpfercharakteristik bei rheologischen Dämpfersystemen beruht auf der Veränderung der Strömungseigenschaften des verwendeten Arbeitsmediums. Hierbei kommen magnetorheologische Flüssigkeiten, die unter dem Einfluss eines magnetischen Felds ihre Viskosität verändern, anstelle der sonst üblichen Mineralöle zum Einsatz. Elektrorheologische Flüssigkeiten haben unter der Wirkung eines elektrischen Felds ähnliche Eigenschaften, jedoch ist hier der Effekt in deutlich geringerem Maße nutzbar, weshalb sich hauptsächlich magnetorheologische Verfahren durchsetzten. Die Viskosität des Arbeitsmediums hat direkten Einfluss auf den Strömungswiderstand durch die Ventile. Wird beispielsweise durch die Erzeugung eines magnetischen Felds die Viskosität eines magnetorheologischen Arbeitsmediums erhöht, so erhöht sich der Strömungswiderstand durch die Ventile.

Rheologische Dämpfersysteme bieten neben der Möglichkeit einer stufenlosen Verstellung der Dämpfercharakteristik auch die Realisierung von sehr kurzen Verstellzeiten [2].

Passiv adaptive Systeme
Neben den genannten Dämpferbauarten mit verschiedenen Möglichkeiten zur

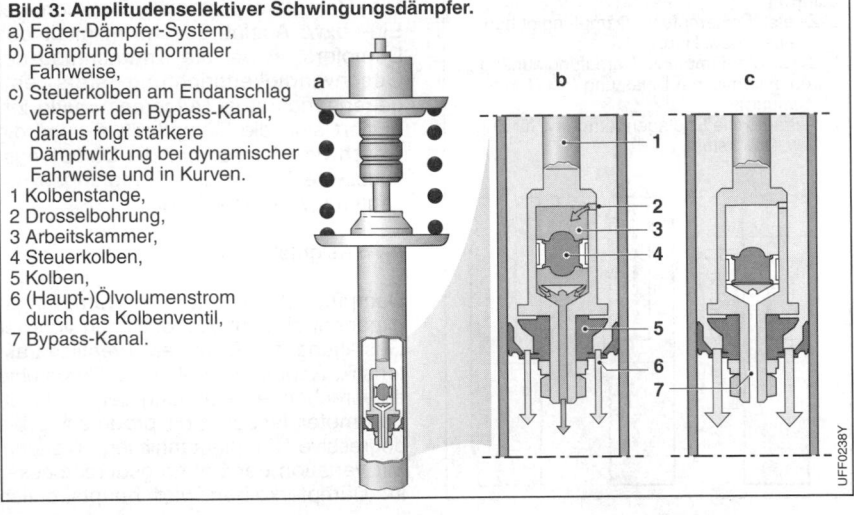

Bild 3: Amplitudenselektiver Schwingungsdämpfer.
a) Feder-Dämpfer-System,
b) Dämpfung bei normaler Fahrweise,
c) Steuerkolben am Endanschlag versperrt den Bypass-Kanal, daraus folgt stärkere Dämpfwirkung bei dynamischer Fahrweise und in Kurven.
1 Kolbenstange,
2 Drosselbohrung,
3 Arbeitskammer,
4 Steuerkolben,
5 Kolben,
6 (Haupt-)Ölvolumenstrom durch das Kolbenventil,
7 Bypass-Kanal.

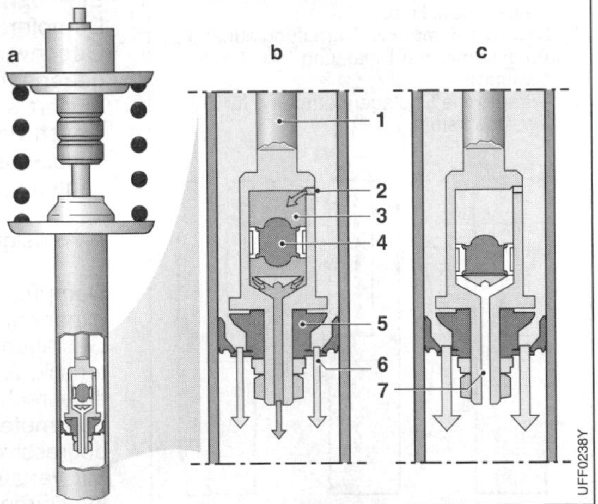

Kennlinienanpassung durch den Fahrer (elektronisch per Knopfdruck beziehungsweise mechanisch manuell) oder durch eine Regelelektronik existieren auch Bauformen, die konstruktiv so gestaltet sind, dass die Dämpferkennung in Grenzen auf verschiedene fahrdynamische Einflüsse automatisch angepasst wird. Hier sind exemplarisch die amplitudenselektive, die hubabhängige und die frequenzselektive Dämpfung zu nennen. Im Falle der amplitudenselektiven Dämpfung ist meist im Dämpferkolben ein Bypasskanal mit einem implementierten Steuerkolben vorgesehen (Bild 3). In einem begrenzten Amplitudenbereich strömt das Öl teilweise durch diesen Bypass und verschiebt so den Steuerkolben, wodurch der Strömungsquerschnitt größer und die Dämpfkräfte damit geringer sind. Erreicht der Steuerkolben seinen konstruktiv vorgesehenen Endanschlag, so strömt das Öl nur noch durch das Kolbenventil und die Dämpfkräfte steigen. Die frei bewegliche Strecke des Steuerkolbens bestimmt die Amplitude, bis zu der die Dämpfkräfte reduziert sind, meist wenige Millimeter. Dies hat zur Folge, dass (beladungsunabhägig) kleinere Fahrbahnunebenheiten deutlich geringer bedämpft werden als beispielsweise das Nicken oder Wanken des Fahrzeugs, wodurch guter Komfort bei gleichzeitig guter Fahrdynamik ermöglicht wird.

Bild 4: Hubabhängiger Schwingungsdämpfer.
a) Zweistufendämpfung: Dämpfung abhängig von Last bzw. Hub,
b) Zweistufenfämpfung: Dämpfung abhängig von dynamischer Belastung (mit Niveauregelung),
c) hydraulische Endlagendämpfung für Zug- bzw. Druckstufe.

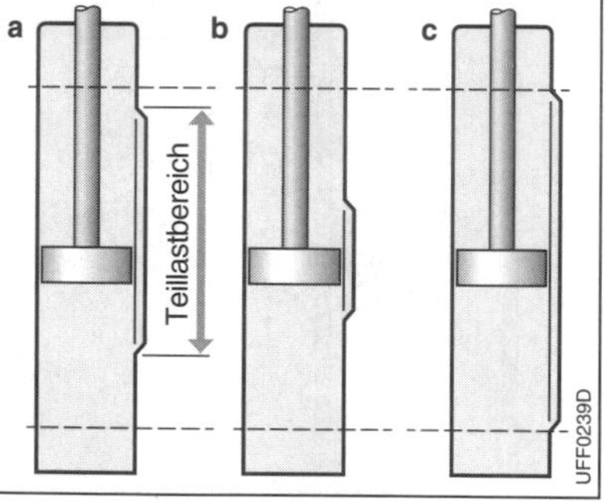

Hubabhängige Dämpfer
Bei hubabhängigen Dämpfern wird das Wirkprinzip des partiell vergrößerten Strömungsquerschnitts durch Bypassnuten über eine vorbestimmte Länge im Dämpferrohr realisiert (Bild 4). In den Hubbereichen, in denen der Kolben über diese Bypassnuten fährt, ist der Gesamtströmungquerschnitt vergrößert, wodurch die Dämpfkräfte in diesem Bereich geringer ausfallen. Bei größeren Hüben außerhalb des Bypass-Nutbereichs (z. B. gegen Endanschlag) steigt die Dämpfkraft an. Aufgrund der festen Position der Nuten ist dieses System vom Hubbereich bzw. der Kolbenposition im Dämpfer abhängig und weniger von der Schwingungsamplitude.

Frequenzselektive Dämpfer
Bei frequenzselektiven Dämpfern erfolgt die Querschnittsänderung durch federbelastete, schwingfähige Ventile, die entsprechend der Abstimmung bei vorbestimmten Frequenzen (z. B. Aufbaueigenfrequenz) den Strömungsquerschnitt verringern und damit die Dämpfkräfte erhöhen. Außerhalb des definierten Frequenzbereichs erfolgt eine geringere Dämpfung.

Dämpfercharakteristik

Die Dämpfkraft ist eine Funktion der Ein- bzw. Ausfahrgeschwindigkeit des Dämpfers, wobei die Kraftrichtung der Geschwindigkeitsrichtung stets entgegengerichtet ist. Allgemein gültig formuliert sind die Dämpfkraft F_{D} und die Geschwindigkeit $\dot{z}$ über die Dämpfungskonstante k_{D} und den Dämpfungsexponenten n verknüpft. Es gilt:

$$F_{\mathrm{D}} = -\mathrm{sign}(\dot{z}) \cdot k_{\mathrm{D}} \cdot |\dot{z}|^n \,.$$

Dämpfungskonstante und Dämpfungsexponent sind im Wesentlichen von der Gestaltung des Dämpfers (Ventilcharakteristik, Geometrie) abhängig. Durch eine entsprechende Auslegung der einzelnen Parameter lassen sich progressive bis degressive Dämpferkennlinien erzeugen. Mit Variation der Bohrungsdurchmesser im Dämpferkolben wird hauptsächlich die Progression (Rohrströmung), mit Änderung der Federbelastung vornehmlich die Degressivität der Kennlinie beeinflusst (Querschnittsvergrößerung bei zunehmender Druckdifferenz). Heutige Aufbauschwingungsdämpfer weisen vorwiegend degressive Charakteristiken auf. Hierdurch wird bereits eine hohe Dämpfung bei geringen Anregungsgeschwindigkeiten sowie eine Begrenzung der maximalen Dämpfkräfte erreicht.

Die Ermittlung von Dämpferkennlinien erfolgt in der Regel mit Hilfe von mechanischen oder servohydraulischen Prüfmaschinen. Durch eine sinusförmige Weganregung konstanter Amplitude und variabler Frequenz oder konstanter Frequenz und variabler Amplitude ergeben sich verschiedene maximale Ein- und Ausfahrgeschwindigkeiten. Die aufgezeichneten Weg- und Kraftsignale können in einem Kraft-Weg-Diagramm (Arbeitsdiagramm) aufgetragen werden (Bild 5a). Durch Übertragung der maximalen Kraft- und Geschwindigkeitswerte kann aus dem Arbeitsdiagramm die Kraft-Geschwindigkeits-Kennlinie (Dämpferkennlinie) des Dämpfers abgeleitet werden (Bild 5b).

Vornehmlich aus Komfortgründen unterscheiden sich die Auslegungen von Zug- und Druckstufe. Die in der Zugstufe erzeugten Dämpfkräfte sind meist mehr als doppelt so hoch wie die entsprechend erzeugten Kräfte beim Zusammendrücken (d.h. in der Druckstufe; Verhältnis bei Pkw liegt bei 1:2 bis ca. 1:3, bei Lkw bis zu 1:9) des Dämpfers (Bild 5). Hierdurch werden die Stoßkräfte auf den Fahrzeugaufbau während der Druckphase begrenzt (Komfort) und gleichzeitig eine hohe Bedämpfung des Systems (Systemberuhigung) in der Zugphase sichergestellt. Bei zu asymetrischer Verteilung der erforderlichen Gesamtdämpferarbeit zugunsten einer hohen Zugstufe besteht bei weichen Federn die Gefahr eines Zusammenziehens des Dämpfers.

Dämpferregelung

In Verbindung mit elektronisch verstellbaren Schwingungsdämpfern kommen heutzutage zunehmend Dämpferregelsyststeme zum Einsatz. Wesentliche Bestandteile solcher Dämpfungsregelungssysteme sind neben den adaptiven Dämpfern auch Sensoren (z.B. Beschleunigungssensoren an Rad- und Aufbaumasse) sowie intelligente Algorithmen und Regelstrategien. Mit Hilfe der Sensoren und Algorithmen findet eine permanente Bestimmung und Bewertung des aktuellen Fahrzustands statt. Entsprechend der hinterlegten Regelstrategien ist das Regelsystem hierdurch in der Lage, über eine Ansteuerung der Dämpfer die Dämpfercharakteristk dem jeweiligen Fahrzustand anzupassen und somit

Bild 5: Dämpfercharakteristik.
a) Arbeitsdiagramm (Kraft-Weg-Diagramm),
b) Dämpferkennlinie (Kraft-Geschwindigkeits-Diagramm).
f variable Anregungsfrequenz, f_1 Anregungsfrequenz 1, f_2 Anregungsfrequenz 2,
$\dot{z}(f_1)$ maximale Dämpfergeschwindigkeit bei f_1, $\dot{z}(f_2)$ maximale Dämpfergeschwindigkeit bei f_2,
A konstante Anregungsamplitude.

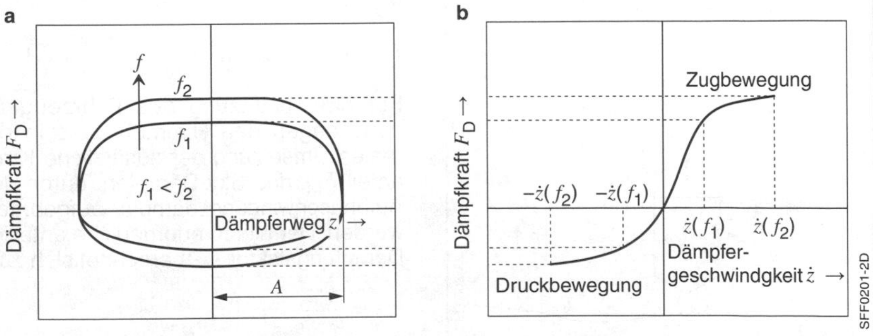

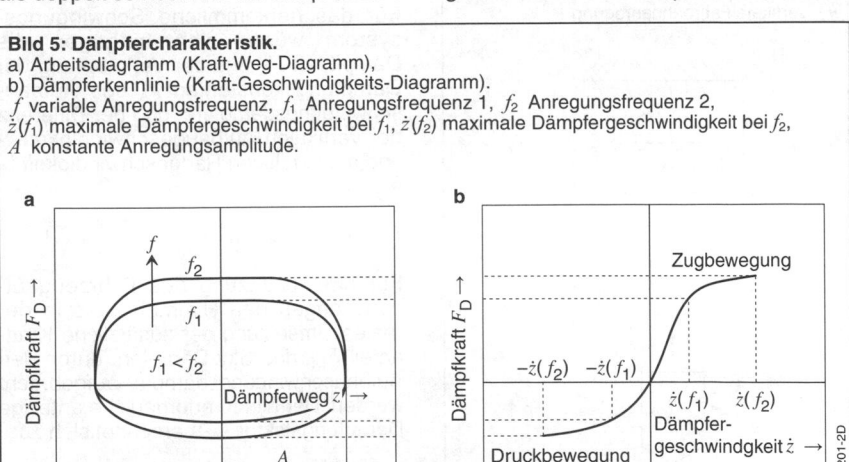

z. B. den Fahrkomfort oder die Fahrsicherheit zu beeinflussen und zu optimieren. Derartige Systeme werden häufig auch semiaktiv genannt, da zwar keine aktive Federverstellung erfolgt, die Radbewegung jedoch über den Verstelldämpfer in Grenzen gut definiert werden kann.

Regelstrategien

Schwellwertstrategie

Schwellwertregler vergleichen eine oder mehrere relevante Fahrzustandsgrößen (z. B. Aufbaubeschleunigung, Lenkwinkel) mit entsprechenden Grenzwerten und ergreifen bei Über- oder Unterschreitungen dieser Werte definierte Maßnahmen. Eine Beeinflussung der Dämpfkräfte erfolgt dabei meist achsweise gleichzeitig in Zug- und Druckrichtung. Das Hauptaugenmerk von Schwellwertreglern liegt auf der Erhöhung des Komforts bei gleichzeitigem Erhalt der Fahrsicherheit.

Bild 6: Theoretische Grundlagen des Skyhook-Ansatzes.
k_S Dämpfungskonstante des Skyhook-Dämpfers,
m_A Aufbaumasse,
z_A vertikale Aufbaubewegung,
c_A Federsteifigkeit der Aufbaufeder,
k_A Dämpfungskonstante des Aufbauschwingungsdämpfers,
m_R Radmasse (ungefederte Masse),
z_R vertikale Radbewegung,
c_R vertikale Reifenfedersteifigkeit,
k_R Dämpfungskonstante des Reifens,
h vertikale Fahrbahnanregung.

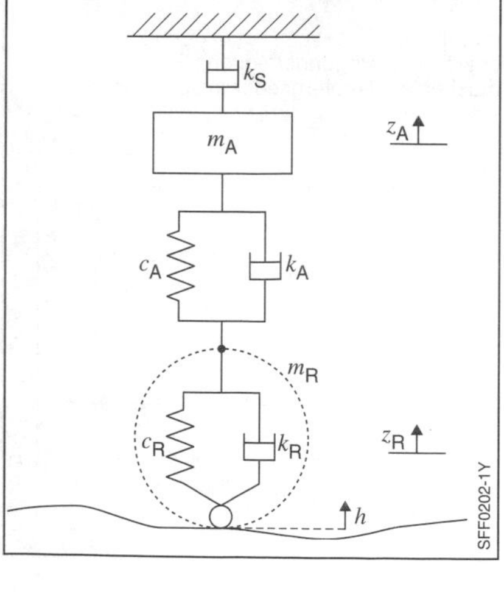

Neben einer reinen Beeinflussung des vertikalen Schwingungsverhaltens können darüber hinaus auch induzierte Aufbaubewegungen optimiert werden. So kann beispielsweise eine Lenkwinkelüberwachung zu einer Verringerung des dynamischen Wankens beitragen oder eine Dämpferverhärtung in Abhängigkeit des Bremsdrucks die bremsbedingte Nickbewegung reduzieren.

Skyhook

Die Skyhook-Regelstrategie verfolgt das Ziel, den Fahrzeugaufbau unabhängig vom aktuellen Fahr- und Straßenzustand in Ruhe zu halten. Hierdurch soll vor allem der Fahrkomfort erhöht werden. Im Gegensatz zur Schwellwertstrategie erfolgt beim Skyhook-Regelansatz eine radindividuelle Regelung der jeweiligen Dämpfercharakteristik. Grundgedanke ist die Entkopplung der Bewegung des Fahrzeugaufbaus von der Fahrbahnanregung. Gedanklich wird der Fahrzeugaufbau hierzu über einen Dämpfer mit dem Himmel verbunden (Bild 6). Die Dämpfkraft F_{DS} des Skyhook-Dämpfers ergibt sich aus der Verknüpfung der Aufbaugeschwindigkeit $\dot{z}_A$ und der Dämpfungskonstanten k_S des gedachten Sky-Dämpfers:

$$F_{DS} = k_S \, \dot{z}_A \, .$$

Für das herkömmliche Schwingungssystem würde sich hingegen die Dämpfkraft F_D aus der Verknüpfung der Dämpfungskonstanten k_A des Aufbauschwingungsdämpfers und der Differenz der vertikalen Aufbaugeschwindigkeit $\dot{z}_A$ und der vertikalen Radgeschwindigkeit $\dot{z}_R$ ergeben:

$$F_D = k_A \, (\dot{z}_A - \dot{z}_R) \, ,$$

Für die Abstützung des Fahrzeugaufbaus gegen den Himmel muss in der realen Umsetzung der zusätzliche Kraftanteil F_{DS} des Sky-Dämpfers durch den Aufbauschwingungsdämpfer aufgebracht werden. Der hierzu erforderliche anteilige Dämpfungsfaktor k_{AS} berechnet sich zu:

$$k_{AS} = \frac{k_S \, \dot{z}_A}{\dot{z}_A - \dot{z}_R} \, .$$

Da ein adaptiver (semi-aktiver) Schwingungsdämpfer dem System nur Energie in Form von Wärme entziehen, nicht aber dem System Energie zuführen kann, ist eine Fallunterscheidung erforderlich [1], [2]. Es gilt:

$$F_{\text{Dges}} = \left(k_{\text{S}} \frac{\dot{z}_{\text{A}}}{\dot{z}_{\text{A}} - \dot{z}_{\text{R}}} + k_{\text{A}}\right) \cdot (\dot{z}_{\text{A}} - \dot{z}_{\text{R}})$$

wenn $\dot{z}_{\text{A}}(\dot{z}_{\text{A}} - \dot{z}_{\text{R}}) \geq 0$, und

$$F_{\text{Dges}} = k_{\text{A}}\,(\dot{z}_{\text{A}} - \dot{z}_{\text{R}})$$

wenn $\dot{z}_{\text{A}}(\dot{z}_{\text{A}} - \dot{z}_{\text{R}}) < 0$.

In Abhängigkeit von Betrag und Richtung der Aufbaugeschwindigkeit und der Dämpferbewegung (Zug- oder Druckbewegung) wird beim Skyhook-Ansatz die in Bild 7 dargestellte Regelstrategie zur komfortablen Bedämpfung des Aufbaus verfolgt. Eine gezielte Bedämpfung von Wank-, Nick- und Radschwingungen wird durch diesen Ansatz allerdings nicht berücksichtigt. Da aber auch diese Bewegungen hinsichtlich Fahrkomfort und Fahrsicherheit von hoher Relevanz sind, wird der Skyhook-Regler im Allgemeinen von weiteren Reglern überlagert.

Groundhook

Ein Groundhook-Regler verfolgt im Sinne der Fahrsicherheit das Ziel einer Reduzierung der Radlastschwankungen. Gedank-

Bild 8: Theoretische Grundlagen des Groundhook-Ansatzes.

m_{A} Aufbaumasse,
z_{A} vertikale Aufbaubewegung,
c_{A} Federsteifigkeit der Aufbaufeder,
k_{A} Dämpfungskonstante des Aufbauschwingungsdämpfers,
m_{R} Radmasse (ungefederte Masse),
z_{R} vertikale Radbewegung,
c_{R} vertikale Reifenfedersteifigkeit,
k_{R} Dämpfungskonstante Reifen,
h vertikale Fahrbahnanregung,
k_{G} Dämpfungskonstante des Groundhook-Dämpfers.

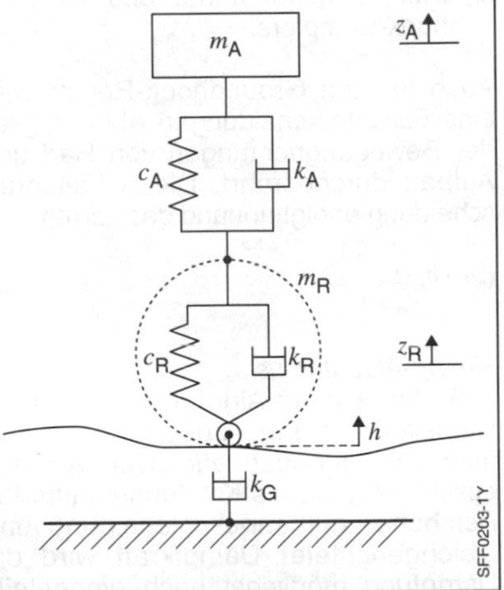

Bild 7: Regelstrategie der Skyhook-Regelung (Fallunterscheidung).

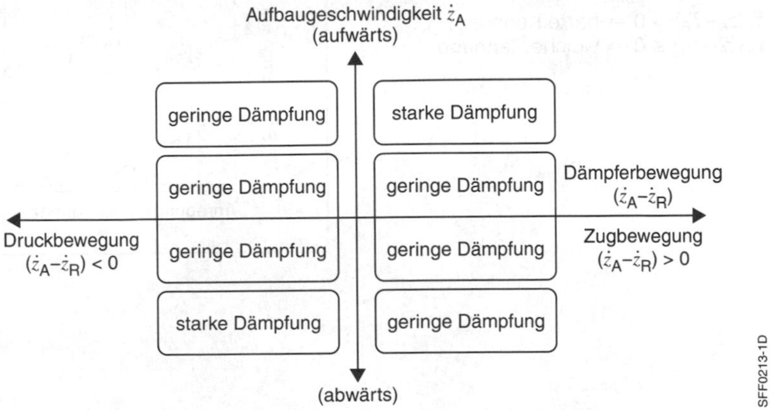

lich wird in Analogie zu den Überlegungen bei der Skyhook-Strategie das Rad über einen Dämpfer mit der Fahrbahn verbunden (Bild 8) und ein anteiliger Dämpfungsfaktor k_{AG} abgeleitet. Es gilt dann analog zu den Herleitungen beim Skyhook-Regler:

$$k_{AG} = k_G \frac{\dot{z}_R - \dot{h}}{\dot{z}_R - \dot{z}_A}$$

mit:
$\dot{z}_A$ vertikale Aufbaugeschwindigkeit,
$\dot{z}_R$ vertikale Radgeschwindigkeit,
$\dot{h}$ vertikale Anregungsgeschwindigkeit
k_G Dämpfungskonstante des Groundhook-Dämpfers.

Auch für den Groundhook-Regler wird eine Fallunterscheidung in Abhängigkeit der Bewegungrichtungen von Rad und Aufbau durchgeführt. Diese Fallunterscheidung erfolgt anhand des Terms:

$$(\dot{z}_R - \dot{h})\,(\dot{z}_R - \dot{z}_A)\ .$$

Huang-Algorithmus
Ziel des Huang-Algorithmus ist eine Dämpferregelung zugunsten einer möglichst geringen effektiven Aufbaubeschleunigung als Komfortkriterium [3]. Bei hoher Aufbaubeschleunigung und gleichgerichteter Dämpfkraft wird die Dämpfung möglichst hoch eingestellt. Sind Dämpfkraft und Aufbaubeschleunigung entgegengesetzt, wird die Dämpfung möglichst gering eingestellt.

$\ddot{z}_A(\ddot{z}_A - \ddot{z}_R) > 0 \rightarrow$ harte Kennung,
$\ddot{z}_A(\ddot{z}_A - \ddot{z}_R) \leq 0 \rightarrow$ weiche Kennung.

Schwingungstilger

Zur gezielten Beeinflussung von Schwingungseigenschaften des aus Rad- und Aufbaumasse bestehenden Schwingungssystems werden im Bereich des Fahrwerks zum Teil Schwingungstilger (siehe Schwingungstilgung) eingesetzt.

Je nach Auslegung und Anordnung des Schwingungstilgers lassen sich dabei der Komfort, die Akustik oder die Fahrsicherheit beeinflussen. Man unterscheidet zwischen passiven und aktiven Schwingungstilgern. Ein passiver Schwingungstilger ist eine am Fahrwerk federnd und dämpfend aufgehängte Masse (Bild 10). Die Tilgerwirkung wird durch die entsprechend wirkenden Massenkräfte erzeugt und beschränkt sich bei passiven Tilgern auf einen bestimmten Frequenzbereich. Ein Vergrößerung des Wirkungsbereichs kann durch den Einsatz eines aktiven Tilgers mit einem ansteuerbaren Aktor erreicht werden.

Bild 9: Schwingungsamplitude einer Radbewegung als Funktion der Anregungskreisfrequenz mit und ohne Schwingungstilger.
1 Verlauf ohne Schwingungstilger,
2 Verlauf mit Schwingungstilger.

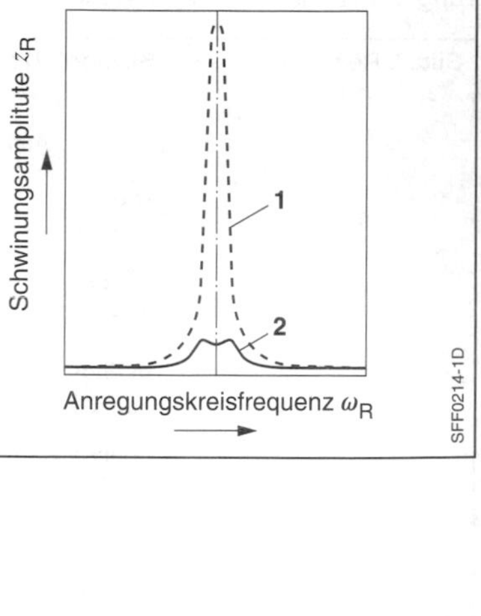

Bei einer Anregung des Schwingungssystems werden die Schwingungen des Hauptsystems vom entsprechend abgestimmten Schwingungstilger übernommen, d.h., das Hauptsystem schwingt nur sehr geringfügig, während der Tilger ein Großteil der Energie aufnimmt. Bild 9 zeigt beispielhaft den Verlauf der Schwingungsamplitude einer Radbewegung mit und ohne Schwingungstilger. Beim Einsatz eines auf den Frequenzbereich der Radeigenfrequenz abgestimmten Schwingungstilgers kann hierbei eine deutliche Abnahme der Schwingungsamplitude im entsprechenden Frequenzbereich beobachtet werden. Jedoch haben Schwingungstilger den Nachteil einer, je nach zu tilgendem Frequenzbereich, hohen zusätzlichen Masse.

Literatur

[1] B. Heißing, M. Ersoy (Hrsg.): Fahrwerkhandbuch. 4. Aufl., Verlag Springer Vieweg, 2013.

[2] L. Eckstein: Aktive Fahrzeugsicherheit. ika/fka 2010.

[3] P. Zeller (Hrsg.): Handbuch Fahrzeugakustik – Grundlagen, Auslegung, Berechnung, Versuch. 3. Auflage, Verlag Springer Vieweg, 2018.

Bild 10: Schwingungstilger.
a) Schwingungstilger im Fahrwerk (schematische Darstellung),
b) Ersatzsystem.
k_A Dämpfungskonstante des Aufbauschwingungsdämpfers, c_A Federsteifigkeit der Aufbaufeder,
k_T Dämpfungskonstante des Tilgerdämpfers, c_T Federsteifigkeit der Tilgerfeder,
m_T Tilgermasse, m_A Aufbaumasse, z_A vertikale Aufbaubewegung, m_R Radmasse,
z_R vertikale Radbewegung, c_R vertikale Reifenfedersteifigkeit,
k_R Dämpfungskonstante des Reifens, h vertikale Fahrbahnanregung.

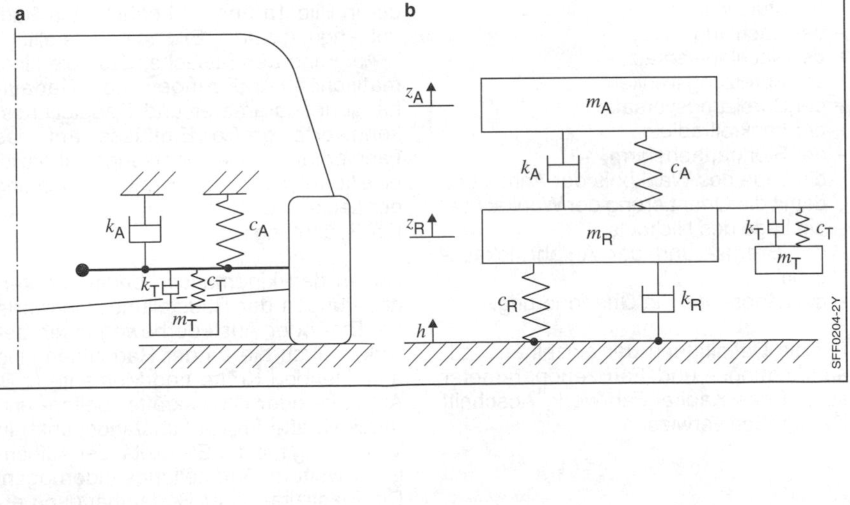

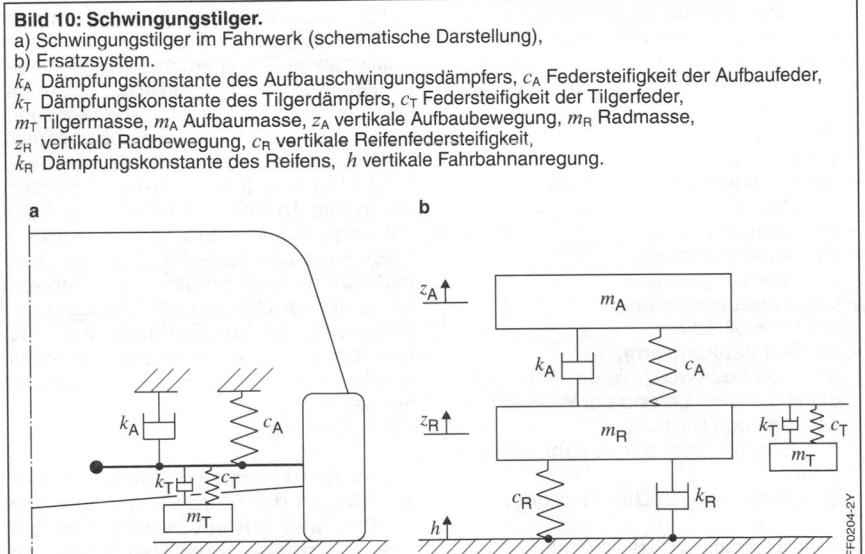

Radaufhängungen

Grundlagen

Fahrzeugräder und Fahrzeugaufbau sind über Radaufhängungen miteinander verbunden. Eine Radaufhängung hat die Aufgabe, das betreffende Rad gegenüber dem Aufbau so zu führen, dass einerseits eine im Wesentlichen vertikal gerichtete Bewegung relativ zum Fahrzeugaufbau möglich bleibt, und andererseits die im Radaufstandspunkt in der horizontalen Ebene wirkenden Reifenkräfte und die durch diese Kräfte hervorgerufenen Momente auf den Aufbau übertragen werden können. An der Vorderachse, bei Fahrzeugen mit Hinterachslenkung auch an der Hinterachse, ist zusätzlich eine Lenkbarkeit der Räder vorzusehen.

Neben den Reifen, dem Federungs- und Dämpfungssystem, der Aufbaumasse und den einzelnen Radmassen haben die Radaufhängungen wesentlichen Einfluss auf das Fahrverhalten eines Fahrzeugs, da durch sie fahrdynamisch relevante Parameter der betreffenden Fahrzeugachse beeinflusst werden. Dies sind beispielsweise:
- die Spurweite,
- die Vor- oder Nachspurwinkel,
- die Sturzwinkel,
- der Nachlaufwinkel,
- der Nachlaufversatz,
- der Spreizungswinkel,
- der Spreizungsversatz,
- der Lenkrollradius,
- der Störkrafthebelarm,
- die Lage des Wankpols der Achse und damit die Orientierung der Wankachse,
- die Lage des Nickpols,
- der Brems- und der Anfahrnickausgleich,
- die Längs- und die Querfederung.

Für die Definitionen der einzelnen Radaufhängungs- und Fahrzeugparameter sei auf das Kapitel Fahrwerk, Abschnitt Kenngrößen verwiesen.

Kinematik und Elastokinematik

Die Geometrie und die Kinematik einer Radaufhängung führt im Betrieb des Fahrzeugs zu Veränderungen der charakteristischen Parameter der Radaufhängung (z. B. Nachlaufwinkel, Lage des Wankpols) und der Radstellungskennwerte (z. B. Sturz- und Spurwinkel) des ensprechenden Rades. Dies ist beispielsweise infolge einer Bewegung des Rades im Rahmen des durch die Radaufhängung zugelassenen vertikalen Freiheitsgrads (d. h. Ein- oder Ausfederbewegung des Rades) oder bei lenkbaren Radaufhängungen infolge einer Lenkbewegung der Fall. Bild 1 zeigt exemplarisch die kinematisch bedingten Sturz- und Spurwinkeländerungen einer Radaufhängung bei einer Einfederung um den Einfederweg Δz im Vergleich zur Konstruktionslage. Die kinematischen Radstellungsänderungen werden in der Regel mit Hilfe von Diagrammen über dem Ein- und dem Ausfederweg des Rades dargestellt. Die sogenannten „Raderhebungskurven" für die Sturz- und Spurwinkeländerungen der in Bild 1a und 1b betrachteten Radaufhängung sind in Bild 1c dargestellt.

Aufgrund der Tatsache, dass die kinematischen Änderungen der Radaufhängungsparameter und Radstellungskennwerte große Einflüsse auf das Fahrverhalten eines Fahrzeugs haben, ist eine korrekte Auslegung und Abstimmung der Lenk- und Radhubkinematik von großer Bedeutung.

Neben den kinematisch bedingten Veränderungen der Radstellungskennwerte bei Ein- oder Ausfederbewegungen bewirken auch die an der Radaufhängung angreifenden Kräfte und Momente (z. B. Antriebs- oder Bremskräfte, Seiten- und Vertikalkräfte im Radaufstandspunkt) in Verbindung mit der Elastizität der Aufhängung weitere Radstellungsänderungen. Die Elastizität einer Radaufhängung ergibt sich dabei durch die Nachgiebigkeit der einzelnen Radaufhängungsbauteile (z.B. Lenker) und der verwendeten Lager beim Einwirken von Kräften und Momenten. Als Lager kommen in modernen Radaufhängungen aus Gründen des Fahrkomforts und der Akustik in der Regel elastische Lager (z.B. Gummilager) zum Einsatz. Bild 2 zeigt beispielhaft eine Radaufhängung mit zwei aufbauseitig verbauten Gummilagern, deren Elastizität beim Auftreten einer im Radaufstandspunkt wirkenden Längskraft zu einer elastokinematisch bedingten Änderung des Spurwinkels des Rades führt.

Neben den kinematischen Radstellungsänderungen haben auch die elastokinematischen Effekte Auswirkungen auf das Fahrverhalten eines Fahrzeugs. Bei der Abstimmung von Kinematik und Elastokinematik einer Radaufhängung strebt man deshalb in der Regel an, dass sich die kinematischen und elastokinematischen Effekte unter Kraft- und Federungseinflüssen gegenseitig ergänzen.

So wird beispielsweise bei einigen modernen Hinterachsaufhängungen ein elastokinematisches Lenken zur Verminderung von Lastwechselraktionen eingesetzt (z.B. durch Vorspurzunahme unter Bremskrafteinwirkung am kurvenäußeren Hinterrad) [1]. Eine Beeinflussung der elastokinematischen Eigenschaften einer Radaufhängung ist beispielsweise über die Abstimmung der einzelnen Lagerelastizitäten oder ein Anstellen einzelner Lagerstellen möglich.

Bild 1: Kinematische Radstellungsänderungen bei Einfederbewegung.
a) Kinematische Sturzänderung (Ansicht von hinten),
b) Kinematische Spurwinkeländerung (Ansicht von oben)
c) Raderhebungskurve.
Δz Einfederweg aus der Konstruktionslage,
$\Delta\gamma_{kin}$ kinematische Sturzwinkeländerung,
$\Delta\delta_{kin}$ kinematische Spurwinkeländerung.

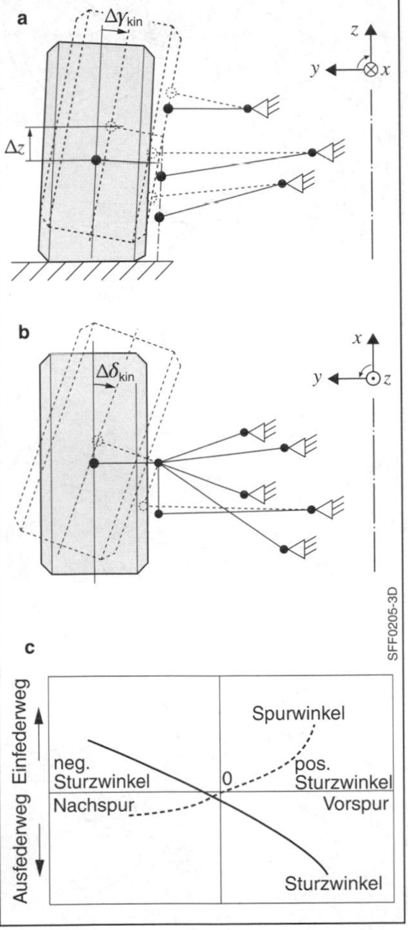

Bild 2: Elastokinematische Spurwinkeländerung durch Längskrafteinwirkung.
F_x Längskraft (Bremskraft),
$\Delta\delta_{ekin}$ elastokinematische Spurwinkeländerung,
1 elastische Verschiebung Anlenkpunkt 1 (Gummilager),
2 elastische Verschiebung Anlenkpunkt 2 (Gummilager).

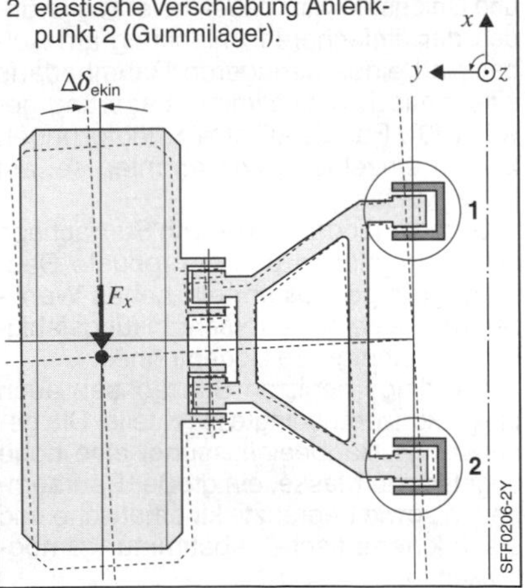

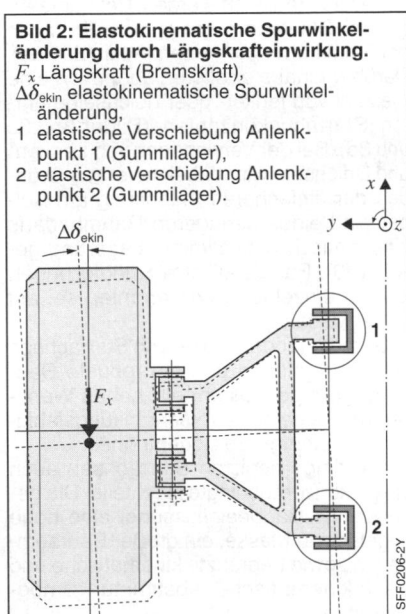

Grundtypen von Radaufhängungen

Es gibt eine Vielzahl von unterschiedlichen Radaufhängungen. Eingeteilt werden sie in erster Linie nach Art des Aufhängungskonzepts. So unterscheidet man zunächst zwischen Starrachsen (abhängige Radführung), Halbstarrachsen und Einzelradaufhängungen (unabhängige Radführung).

Starrachsen

Bei einer Starrachse sind die Räder einer Achse durch einen starren Achskörper fest miteinander verbunden, was zu einer gegenseitigen Beeinflussung der Räder führt. Starrachsen kommen sowohl als angetriebene als auch als nicht angetriebene Hinterachsen von schweren Fahrzeugen (z.B. Geländewagen, Transporter, Lkw) zum Einsatz. Gelegentlich werden aufgrund der robusten Bauweise und der großen Bodenfreiheit allerdings auch lenkbare Varianten als Vorderachsen (z.B. bei Geländewagen oder geländegängigen Lkw) eingesetzt.

Die Führung einer Starrachse gegenüber dem Aufbau kann auf unterschiedliche Weise realisiert werden. Bei Fahrzeugen mit Blattfedern erfolgt die Führung in der Regel über die Federblätter (Bild 3a). Darüber hinaus existieren aber auch eine Vielzahl von lenker- oder deichselgeführten Starrachskonzepten (Bilder 3b, 3c und 3d). Bei der Verwendung von Lenkern und Deichseln wird dabei meist aus Gründen der einfacheren Anlenkung am Aufbau und eines geringeren Raumbedarfs eine statisch unbestimmte Lagerung gewählt [3]. Für detaillierte Erläuterungen zu den einzelnen Achsvarianten sei auf [2] verwiesen.

Grundlegende Vorteile von Starrachsen sind die einfache und die robuste Bauform, geringe Kosten, ein hohes Wankzentrum, eine hohe Verschränkungsfähigkeit und eine große Bodenfreiheit.

Allerdings besitzen Starrachsen auch einige konzeptbedingte Nachteile: Die gegenseitige Radbeeinflussung, eine hohe ungefederte Masse, ein großer Bauraumbedarf sowie begrenzte kinematische und elastokinematische Abstimmungsmöglichkeiten.

Bild 3: Ausführungsbeispiele für Starrachsen.
a) Längsblattfederung,
b) Längs- und Deichsellenker,
c) Deichsel mit Wattgestänge,
d) Längslenker mit Panhardstab.
1 Starrachse, 2 Blattfeder,
3 Längslenker, 4 Deichsellenker,
5 Deichsel, 6 Wattgestänge,
7 Panhardstab.

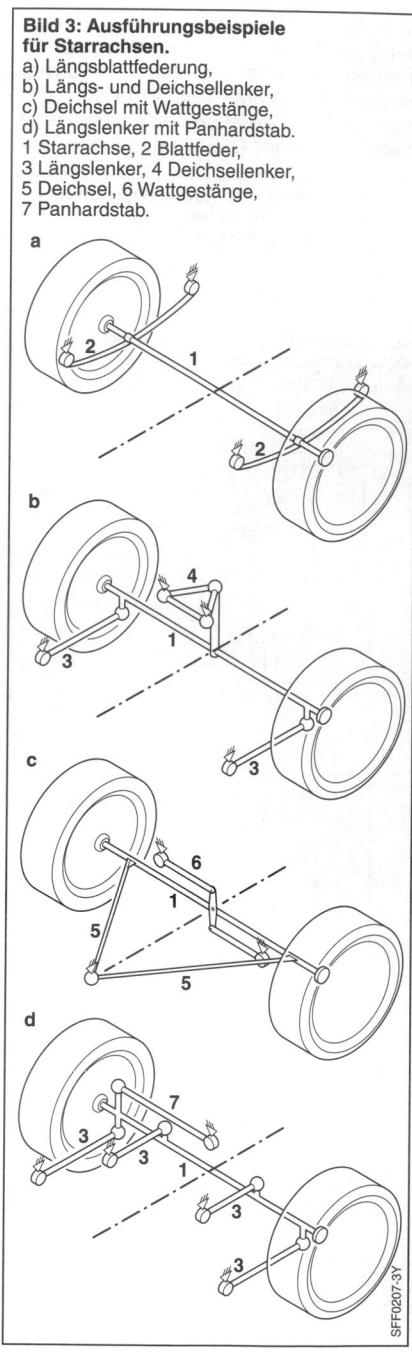

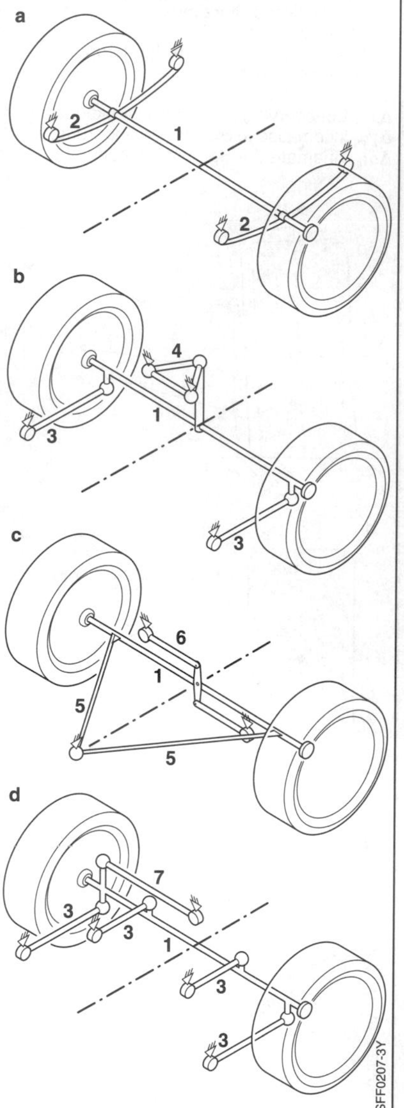

Halbstarrachsen

Auch bei Halbstarrachsen liegt eine mechanische Koppelung der Räder vor. Anders als bei den Starrachsen ist diese Koppelung jedoch nicht starr, sondern es werden aufgrund der Elastizität des verwendeten Koppelprofils Relativbewegungen zwischen den Rädern ermöglicht. Das Koppelprofil bildet eine Querverbindung zwischen zwei Längslenkern, mit denen es fest verbunden ist. Die Aufnahme von Längskräften erfolgt über die Längslenker. Die Abstützung von Querkräften wird durch die versteifende Wirkung des Koppelprofils unterstützt. Für die Gewährleistung einer Relativbewegung zwischen den beiden Rädern der Achse ist das Koppelprofil torsionsweich auszuführen. In Abhängigkeit von der Anordnung des Koppelprofils unterscheidet man Torsionslenker-, Verbundlenker- und Koppellenkerachsen (Bild 4).

Halbstarrachsen sind aufgrund ihrer einfachen und kostengünstigen Bauart als Hinterachsen von frontgetriebenen Fahrzeugen weit verbreitet.

Zu den Vorteilen dieses Achskonzepts zählen der geringe Bauraumbedarf, die geringen ungefederten Massen, die leichte Montage und Demontage, die Stabilisatorwirkung des Koppelprofils, die geringen Spurweiten- und Spurwinkeländerungen sowie der gute Bremsnickausgleich.

Diesen Vorteilen stehen aber auch einige prinzipbedingte Nachteile gegenüber: die gegenseitige Radbeeinflussung, die geringe Eignung für angetriebene Achsen, die hohen Spannungsspitzen an den Übergangsstellen zwischen Längslenker und Koppelprofil, die Erhöhung der Übersteuertendenz bei Seitenkrafteinfluss (Seitenkraftübersteuern) aufgrund von Lenkerverformungen sowie ein begrenztes kinematisches und elastokinematisches Optimierungspotential.

Torsionlenkerachsen

Bei Torsionslenkerachsen (Bild 4a) sind die beiden Radträger über ein nah zur Radmitte angeordnetes Koppelprofil verbunden. Die Querführung der Achse wird in der Regel durch ein zusätzliches Führungselement (z.B. Panhardstab) unterstützt [2]. Sowohl im Aufbau als auch hinsichtlich der Eigenschaften ergeben sich große Ähnlichkeiten zu einer Starrachse.

Verbundlenkerachsen

Im Gegensatz dazu weisen Verbundlenkerachsen (Bild 4b) ähnliche kinematische Eigenschaften wie Längslenker-

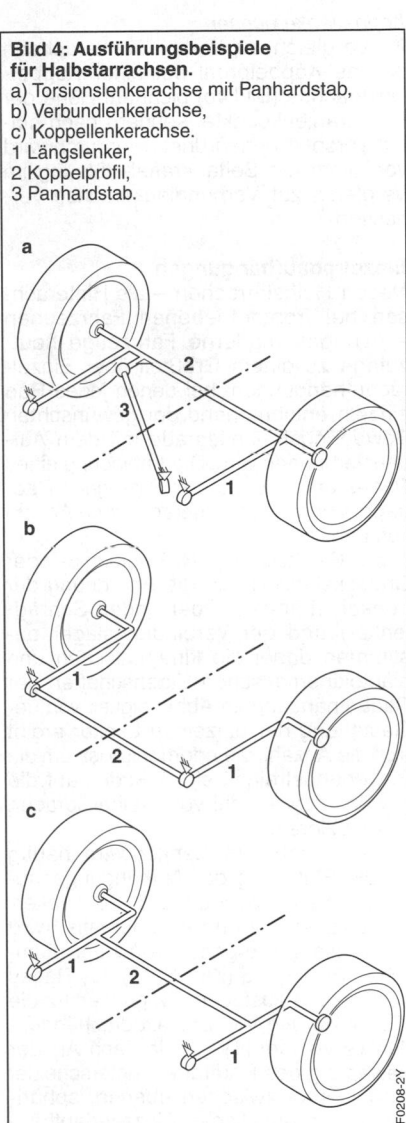

Bild 4: Ausführungsbeispiele für Halbstarrachsen.
a) Torsionslenkerachse mit Panhardstab,
b) Verbundlenkerachse,
c) Koppellenkerachse.
1 Längslenker,
2 Koppelprofil,
3 Panhardstab.

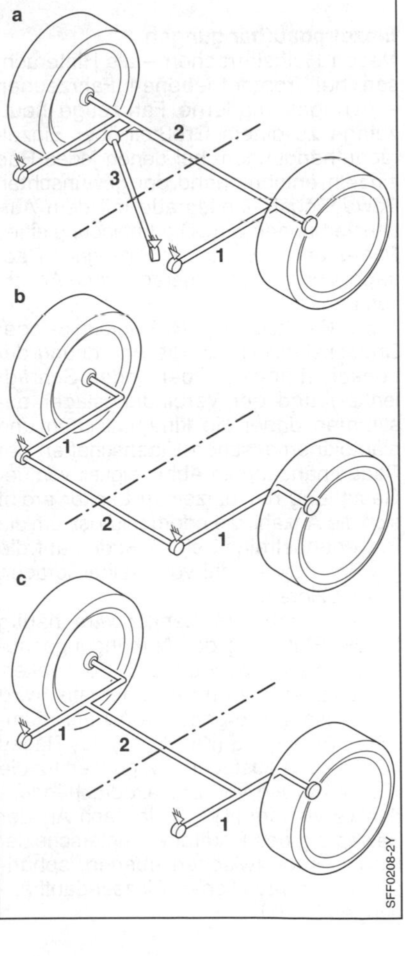

Radaufhängungen auf. Das Koppelprofil ist dafür auf Höhe der Anlenkpunkte der Längslenker angeordnet. Durch den Einsatz und die Anordnung des Koppelprofils vereinfacht sich die Lagerung der Längslenker gegenüber einer Längslenker-Einzelradaufhängung erheblich.

Koppellenkerachsen
Im Vergleich zu Verbundlenkerachsen ist das Koppelprofil bei einer Koppellenkerachse (Bild 4c) nicht auf Höhe der Lenkeranlenkpunkte, sondern nach hinten versetzt angeordnet. Hierdurch wird vor allem die Seitenkraftabstützung im Vergleich zur Verbundlenkerachse verbessert.

Einzelradaufhängungen
Neben Halbstarrachen – als Hinterachsen bei frontgetriebenen Fahrzeugen – verfügen moderne Fahrzeuge heutzutage zu einem Großteil über Einzelradaufhängungen, bei denen jedes Rad einzeln entsprechend der gewünschten Bewegungsfreiheitsgrade mit dem Aufbau verbunden wird. Die Anbindung eines Rades erfolgt dabei mit Hilfe eines Radträgers und einer entsprechenden Anzahl von Lenkern.

Die Gestaltung (z.B. Zweipunkt- oder Dreieckslenker) und die Anordnung der Lenker (Längs-, Quer- oder Schräglenker) und der Verbindungslager bestimmen dabei die kinematischen und elastokinematischen Eigenschaften der Radaufhängung. In Abhängigkeit von der Gestaltung der einzelnen Lenker ergibt sich die Anzahl, die erforderlich ist, um die Bewegungsfreiheit eines Rades auf die gewünschte Anzahl von Freiheitsgraden zu reduzieren.

Die Anzahl der Lenker wird häufig für die Einteilung der Aufhängungsbauformen herangezogen (z.B. Fünflenker-Einzelradaufhängung). Ebenfalls wird häufig die sich ergebende Art der räumlichen Bewegung (Kinematik) des Rades bei Ein- und Ausfederbewegungen für die Klassifizierung von Einzelradaufhängungen verwendet [1], [3]. Je nach Art der Bewegung des Radträgers unterscheidet man hierbei zwischen ebenen, sphärischen und räumlichen Einzelradaufhängungen [1], [3].

Der Anteil von Einzelradaufhängungen in moderen Fahrzeugen steigt stetig. Gegenüber Starr- und Halbstarrachsen bieten Einzelradaufhängungen eine Reihe von Vorteilen. Es gibt beispielsweise keine gegenseitige Radbeeinflussung, das kinematische und elastokinematische Optimierungspotential ist hoch und der Raumbedarf sowie die ungefederte Masse zum Teil gering.

Allerdings besitzen auch Einzelradaufhängungen einige Nachteile. Sie führen zu einer zum Teil komplexen Bauform, die Kosten sind hoch, die Verschränkungsfähigkeit ist gering und der Auslegungs- und Abstimmungsprozess zum Teil aufwändiger.

Es existiert eine Vielzahl von unterschiedlichen Bauformen von Einzelradaufhängungen. Die Grundlagen ausgesuchter Bauformen sollen im Folgenden kurz erläutert und ihr Aufbau schematisch dargestellt werden. Für detaillierte Erläuterungen zu den einzelnen Bauformen sowie zu anderen Einzelradaufhängungen und konkreten Ausführungsbeispielen sei auf [2] verwiesen.

Längslenker-Einzelradaufhängung
Bei einer Längslenker-Radaufhängung wird ein Rad durch einen einzigen, in Längsrichtung angeordneten Lenker mit dem Aufbau verbunden (Bild 5a). Der Längslenker überträgt dabei sowohl die Längs- als auch die Querkräfte, weshalb hohe Lagerkräfte auftreten und die Lager entsprechend ausgelegt werden müssen.

Die Drehachse der Lenker verläuft parallel zur Fahrzeugquerachse. Vorteile dieser Aufhängungsform sind der in der Regel geringe Bauraumbedarf sowie die geringen Kosten. Nachteilig sind die begrenzten kinematischen Optimierungsmöglichkeiten, der auf Fahrbahnhöhe liegende Momentanpol, der ein großes Wankmoment bei Kurvenfahrten hervorruft sowie die hohen Beanspruchungen der Lenker und deren Lagerung.

Schräglenker-Einzelradaufhängung
Wie bei der Längslenker-Radaufhängung wird auch bei der Schräglenker-Radaufhängung das Rad durch einen einzigen Lenker mit dem Aufbau verbunden. Zur besseren Abstützung der Längs- und vor

allem der Querkräfte ist der Lenker jedoch schräg angeordnet (Bild 5b) und die Lagerstellen weisen in der Regel einen großen Abstand auf. Zur Erzielung günstiger kinematischer Eigenschaften wird bei modernen Aufhängungen zudem die Lenkerdrehachse sowohl in der Projektion auf die Fahrzeugquerebene (Dachwinkel) als auch in der Projektion auf die Fahrbahn (Pfeilungswinkel) schräggestellt angeordnet [1].

Doppelquerlenker-Einzelradaufhängung

Von einer Doppelquerlenkeraufhängung spricht man, wenn ein Rad über zwei Dreieckslenker mit dem Aufbau verbunden ist. Davon ist der eine Lenker unterhalb, der andere Lenker oberhalb der Radmitte angeordnet (Bild 6a), sodass die Aufhängung alle am Rad auftretenden Kräfte und Momente abstützen kann. Die Querlenker werden aufgrund der großen Gelenkkräfte in der Regel nicht unmittelbar an der Aufbaustruktur angebunden, sondern an einem „Fahrschemel" befestigt, der beide Radaufhängungen miteinander verbindet und so den Aufbau von inneren Kräften entlastet.

Bild 5: Längslenker- und Schräglenker-Einzelradaufhängung.
a) Längslenker-Einzelradaufhängung,
b) Schräglenker-Einzelradaufhängung.
1 Längslenker,
2 Schräglenker.

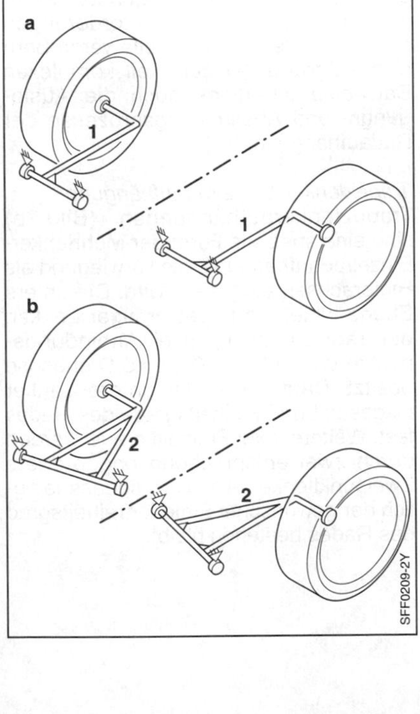

Bild 6: Doppelquerlenker- und Federbein-Einzelradaufhängung.
a) Doppelquerlenker-Einzelradaufhängung,
b) Federbein-Einzelradaufhängung,
c) Dämpferbein-Einzelradaufhängung.
1 Radträger,
2 oberer Dreieckslenker,
3 unterer Dreieckslenker,
4 Feder-Dämpferbein,
5 Spurstange (Lenkung).

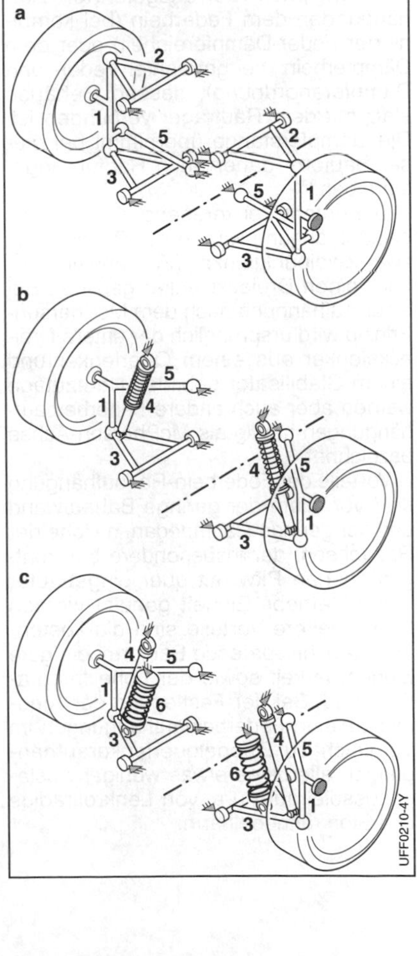

Doppelquerlenkeraufhängungen bieten durch die Anpassung der Lagerstellen und die Gestaltung der Lenker ein sehr hohes kinematisches Optimierungspotential [2]. Je nach Lage der Drehachsen der Lenker erhält man beispielsweise eine ebene, sphärische oder räumliche Radäufhängungskinematik [3]. Als Nachteile von Doppelquerlenkeraufhängungen sind die höheren Kosten sowie der größere Bauraumbedarf zu nennen.

Federbein-Einzelradaufhängung
Die Kinematik der Federbein-Radaufhängung eintspricht einer Doppelquerlenkeraufhängung, bei der der obere Querlenker durch eine Schiebeführung ersetzt ist (Bild 6b). Diese Schiebeführung entspricht bei ausgeführten Aufhängungen dem Federbein (bei kombinierter Feder-Dämpfereinheit) oder dem Dämpferbein (bei getrennter Feder- und Dämpferanordnung), dessen Gehäuse starr mit dem Radträger verbunden ist. Die Dämpferstange übernimmt bei dieser Bauform daher auch Radführungsaufgaben.

Die untere Lenkerebene einer Federbeinaufhängung wird in der Regel durch zwei Zweipunktlenker (Führungslenker) oder einen Dreieckslenker gebildet. Bei einer Aufhängung nach dem McPherson-Prinzip wird ursprünglich der untere Dreieckslenker aus einem Querlenker und einem Stabilisator gebildet. Heutzutage werden aber auch andere Federbeinaufhängungen häufig als McPherson-Achse bezeichnet.

Vorteile der Federbein-Radaufhängung sind vor allem der geringe Bauaufwand und der geringe Raumbedarf in Höhe der Radachsen, der insbesondere bei frontgetriebenen Pkw mit quer eingebauter Motor-Getriebe-Einheit genutzt werden kann. Weitere Vorteile sind die kosten- und gewichtssparende Bauform, die gute Montierbarkeit sowie der hohe Integrationsgrad. Bei der Festlegung der Kinematik bieten Federbeinaufhängungen im Vergleich zu Doppelquerlenkeraufhängungen allerdings etwas weniger Auslegungsspielraum u.a. von Lenkrollradius und Störkrafthebelharm.

Dämpferbein-Einzelradaufhängung
Kinematisch ähnlich zur McPherson-Achse wird auch hier die Funktion der Radführung übernommen (Bild 6c) und bedingt zum Abstützen der Querkräfte einen Zweirohrdämpfer. Dem größeren Packagebedarf stehen Vorteile durch Entfall der federinduzierten Querkräfte auf den Dämpfer (für besseres Ansprechverhalten), geringere Verschleißneigung sowie Reparaturerleichterung beim Federwechsel gegenüber.

Mehrlenker-Einzelradaufhängung
Radaufhängungen mit vier oder fünf einfachen Lenkern werden allgemein als Mehrlenkerachsen bezeichnet. Mehrlenkerachsen ergeben sich beispielsweise durch das Auflösen eines Dreieckslenkers in zwei einzelne Zweipunktlenker bei einer Doppelquerlenkerachse (Bild 7a). Durch das Auflösen von Dreipunktlenkern und die Verwendung von unabhängigen Zweipunktlenkern ergibt sich in der Regel ein größerer Auslegungsspielraum für die kinematischen und elastokinematischen Eigenschaften der Achse. Hierdurch wird auf der einen Seite das Optimierungspotential der Achse hinsichtich Komfort- und Fahrsicherheitsanforderungen erhöht, auf der anderen Seite vergrößern sich aufgrund der zum Teil komplexen Bauweise allerdings auch die Auslegungs- und Abstimmungsprozesse der Radaufhängung.

Trapezlenker-Einzelradaufhängung
Trapezlenkeraufhängungen (Bild 7b) sind eine spezielle Form der Mehrlenker-Einzelradaufhängung, die vorwiegend als Hinterachsen eingesetzt wird. Die untere Ebene bildet ein trapezförmiger Lenker, der radträgerseitig zwei Anbindungspunkte und aufbauseitig eine Drehachse besitzt. Damit setzt der untere Lenker insgesamt drei Freiheitsgrade des Rades fest. Weitere zwei Freiheitsgrade werden durch zwei entsprechend angeordnete Zweipunktlenker eliminiert, sodass lediglich der gewünschte Einfederfreiheitsgrad des Rades bestehen bleibt.

Bild 7: Ausführungsbeispiele für Mehrlenker-Einzelradaufhängungen.
a) Mehrlenker-Einzelradaufhängung,
b) Trapezlenker-Einzelradaufhängung,
c) Schwertlenker-Einzelradaufhängung,
d) Fünflenker-Einzelradaufhängung.
1 Radträger, 2 Zweipunktlenker,
3 Dreieckslenker, 4 Spurstange (Lenkung),
5 Trapezlenker, 6 Schwertlenker.

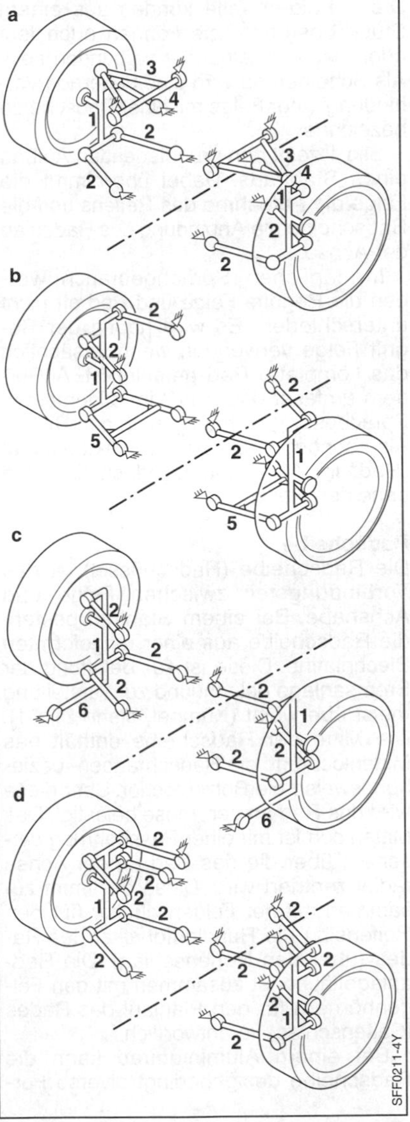

Schwertlenker-Einzelradaufhängung
Eine weitere Bauform von Mehrlenker-Einzelradaufhängungen sind Schwertlenkerachsen, bei denen das Rad durch einen Längs- und drei Querlenker geführt wird (Bild 7c). Der Längslenker (Schwertlenker) ist dabei drehbar mit dem Aufbau und fest mit dem Radträger verbunden und in der Regel elastisch ausgeführt, um kinematische Spur- und Sturzänderungen zu ermöglichen. Die Abstützung der Querkräfte erfolgt über die drei Zweipunkt-Querlenker, die in der Regel in zwei Ebenen (eine oberhalb und eine unterhalb des Radmittelpunkts) angeordnet sind. Die Anordnung und Orientierung der Querlenker ist dabei bestimmend für die kinematischen Eigenschaften der Radaufhängung.

Fünflenker-Einzelradaufhängung
Eine Radaufhängung mit komplett aufgelösten Lenkern erfordert fünf einzelne Zweipunktlenker, um die Bewegung eines Rades auf den gewünschten vertikalen Freiheitsgrad zu reduzieren (Bild 7d). Fünflenker-Hinterachsen werden im Allgemeinen als Raumlenkerachsen bezeichnet, wohingegen man an der Vorderachse von Vierlenkerachsen plus Spurstange spricht [2].

Literatur
[1] L. Eckstein: Vertikal- und Querdynamik von Kraftfahrzeugen. ika/fka 2010.
[2] B. Heißing, M. Ersoy (Hrsg.): Fahrwerkhandbuch. Vieweg+Teubner Verlag, 2008.
[3] M. Matschinsky: Radführungen der Straßenfahrzeuge. Springer-Verlag, 2007.

Räder

Aufgaben und Anforderungen

Über das Rad werden viele fahrzeug- und achsspezifischen Aufgaben bewältigt, wie z.B. die Übertragung von fahrdynamischen Kräften zwischen Fahrzeug und Fahrbahn. Hierzu gehört das Aufnehmen der Fahrzeuglast und der Stoßkräfte des Fahrbahnuntergrunds, das Übertragen der Drehbewegung der Achsen an die Reifen, das Aufnehmen und Übertragen von Brems- und Beschleunigungskräften sowie von Seitenführungskräften bei Kurvenfahrt. Die Radgröße wird hauptsächlich durch den Platzbedarf der Bremsanlage, der Achsbauteile und der Größe des verwendeten Reifens bestimmt.

Räder haben primär eine technische Funktion. Der aber immer noch boomende Leichtmetallräder-Markt erfordert darüber hinaus optisch ansprechende Designs.

Bild 1: Aufbau eines Scheibenrads.
1 Felge Innenhorn,
2 Felgenbett,
3 Felge Außenhorn,
4 Lüftungsloch,
5 Radscheibe,
6 Lochkreisdurchmesser,
7 Mittenloch,
8 Kümpel.

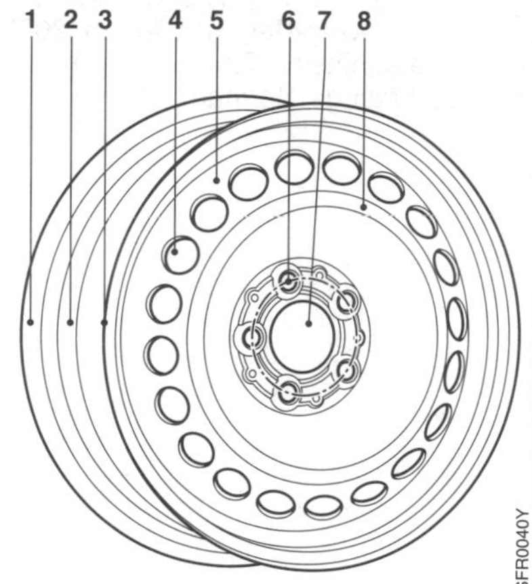

Aufbau

Das Rad ist ein lasttragendes rotierendes Teil zwischen dem Reifen und der Achse. Es besteht gewöhnlich aus zwei Hauptteilen – der Felge und der Radscheibe. Diese beiden Teile können aus einem Stück bestehen, sie können auch fest oder lösbar miteinander verbunden sein. Als Scheibenrad wird eine dauernde Verbindung einer Felge mit einer Radscheibe bezeichnet.

Bild 1 zeigt den grundlegenden Aufbau eines Stahlrads. Dabei übernimmt die Felge die Aufnahme des Reifens und die Radscheibe die Anbindung des Rades an der Achse.

Im täglichen Sprachgebrauch werden die Begriffe Felge und Rad oft nicht unterschieden. Es wird häufig der Begriff Felge verwendet, wenn tatsächlich das komplette Rad gemeint ist. Außerdem umfasst das „Rad" im allgemeinen Sprachgebrauch häufig auch den Reifen. Als Fachbegriff der Kfz-Technik bedeutet „Rad" im Allgemeinen jedoch das Rad ohne den Reifen.

Radscheibe

Die Radscheibe (Radschüssel) ist das Verbindungsteil zwischen Felge und Achsnabe. Bei einem Stahlrad besteht die Radscheibe aus einer umgeformten Blechplatine. Diese ist zur Belüftung der Bremsanlage gelocht und zur Versteifung meist überwölbt (Kümpel, siehe Bild 1). Die Mitte der Radscheibe enthält das Mittenloch und die Radschrauben- beziehungsweise die Bolzenlöcher. Über diese wird das Rad an der Achse befestigt. Das Mittenloch ist mit einer Passbohrung versehen, über die das Rad an der Achse radial zentriert wird. Diese bestimmt zusammen mit der Felgenschulter (für den Reifensitz) die Rundlaufqualität des Rades (über den Höhenschlag). Die Radanlagefläche ist zusammen mit den Felgenhörnern für den Planlauf des Rades (Seitenschlag) verantwortlich.

Bei einem Aluminiumrad kann die Radscheibe designbedingt diverse Formen annehmen, sodass der Begriff Radscheibe nicht immer zutreffend ist.

Felge

Der Begriff Felge beschreibt strenggenommen nur den radial äußersten Teil des Rades, der den Reifen aufnimmt. Damit stellt die Felge das elementare Bindeglied zwischen Radscheibe und Reifen dar. Sie übernimmt bei schlauchlosen Reifen die Funktion der Luftabdichtung und ist geometrisch auf den Reifen abgestimmt. Die Felge wird bei der am häufigsten verwendeten Bauform in vier Bereiche unterteilt (Bild 2):

- Felgenhorn (innen und außen),
- Hump (innen und außen),
- Felgenschulter (innen und außen).
- Felgenbett und Felgentiefbett.

Darüber hinaus gibt es auch abweichende Bauformen für Pkw (Bild 3).

Felgenhorn

Die Felge wird innen und außen von einem Felgenhorn (Felgeninnenhorn und Felgenaußenhorn) begrenzt. Es stellt den seitlichen Anschlag für den Reifenwulst (siehe Reifen) dar und nimmt die aus dem Reifendruck und der axialen Reifenbelastung resultierenden Kräfte auf. Das Felgenhorn wird in den Richtlinien der ETRTO (European Tyre and Rim Technical Organisation) durch z. B. J, K, JK oder B spezifiziert. Damit wird die Geometrie des Felgenhorns und das Verhältnis zum Tiefbett maßlich beschrieben. Es richtet sich nach dem Einsatz und der Verwendung des Rades.

Die für Pkw gebräuchlichste Felgenhornform ist die J-Hornform. Das niedrigere B-Horn findet man bei kleineren Fahrzeugen und bei Notrad-Systemen. Das K- und das JK-Horn wird kaum noch angewendet und war früher die Domäne schwerer, auch komfortabler Fahrzeuge des oberen Preissegments.

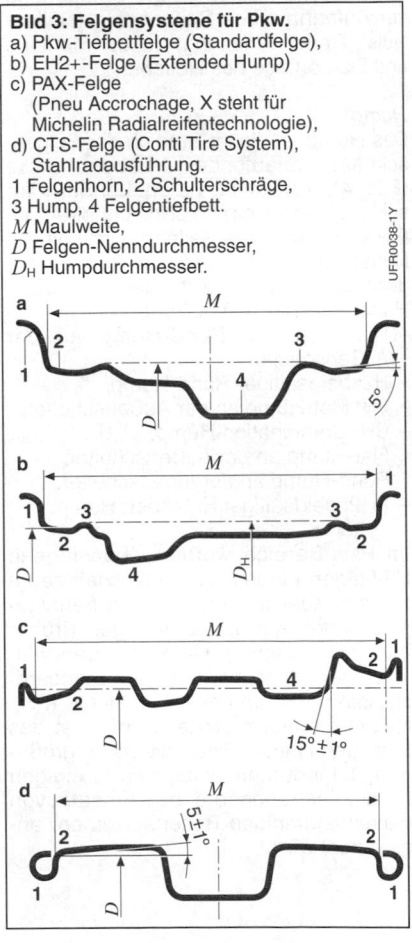

Bild 2: Bereiche einer Felge.
1 Felgenhorn, 2 Felgenschulter,
3 Hump, 4 Felgenbett, 5 Felgentiefbett.

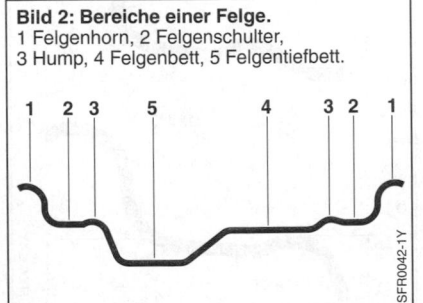

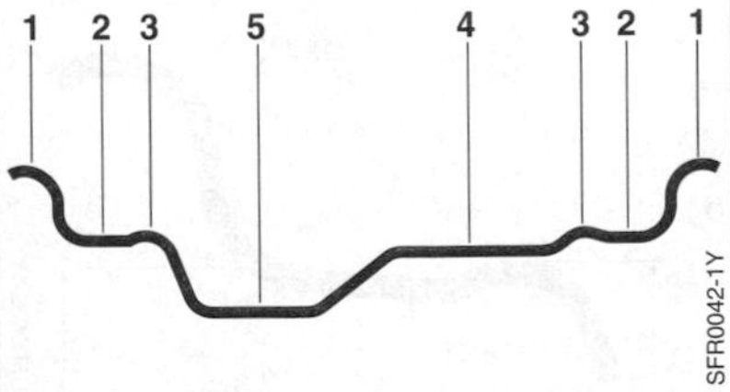

Felgenschulter

Die Felgenschulter beschreibt die Kontaktzone des Reifens mit der Felge. Sie zentriert den Reifen in radialer Richtung. In diesem Bereich erhält der Reifen seine korrekte Position für Rund- und Planlauf. Hier werden alle fahrdynamischen Kräfte übertragen. Bei den heute im Pkw überwiegend verwendeteten schlauchlosen

Bild 3: Felgensysteme für Pkw.
a) Pkw-Tiefbettfelge (Standardfelge),
b) EH2+-Felge (Extended Hump)
c) PAX-Felge
(Pneu Accrochage, X steht für Michelin Radialreifentechnologie),
d) CTS-Felge (Conti Tire System), Stahlradausführung.
1 Felgenhorn, 2 Schulterschräge,
3 Hump, 4 Felgentiefbett.
M Maulweite,
D Felgen-Nenndurchmesser,
D_H Humpdurchmesser.

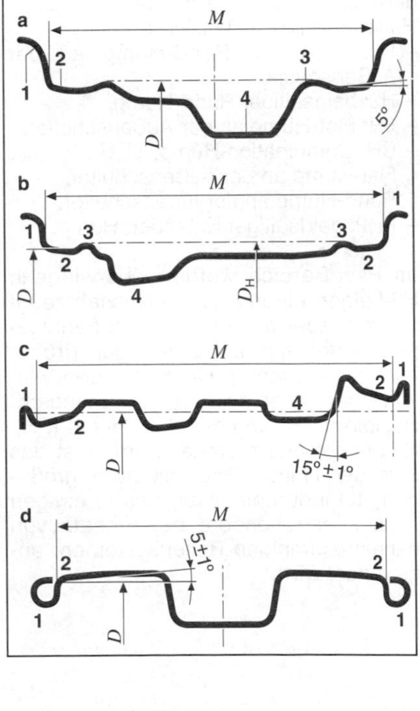

Reifen wird das Rad-Reifensystem an der Felgenschulter abgedichtet.

Felgenbett

Das Felgenbett verbindet die innere Felgenschulter mit der äußeren. Im Pkw-Bereich kommt überwiegend die Tiefbettfelge zum Einsatz. Tiefbettfelgen haben eine eindeutig definierte Form mit einem tief liegenden Felgenbett (Felgentiefbett). Bei der Montage des Reifens auf das Rad wird der Reifen zunächst mit einer Seite des Reifenwulstes im Tiefbett positioniert, um auf der gegenüberligenden Seite über das Felgenhorn gezogen werden zu können. Das Felgentiefbett ist die erforderliche Ausformung im Felgenbett zur Aufnahme des Reifenfußes (Reifenwulst, Reifen-Innenring) bei der Montage und Demontage des Reifens.

Hump

Das Hump ist die im Bereich der Felgenschulter umlaufende, erhabene Sicke (Bild 4). Es ist in vielen Ländern für schlauchlose Reifen vorgeschrieben. Im Fall eines geringen Reifendrucks soll das Hump das Abspringen des Reifens von der Felgenschulter verhindern. Folgende Hump-Formen sind üblich:

- H: einseitiger Rund-Hump an der Außenschulter,
- H2: beidseitiger Rund-Hump,
- FH: Flat-Hump an der Außenschulter,
- CH: Combination-Hump,
  Flat-Hump an der Außenschulter,
  Rund-Hump an der Innenschulter,
- EH2: beidseitiger Extended Hump.

Im Pkw-Bereich werden überwiegend H2-Felgen eingesetzt. Im Nutzfahrzeugbereich, aber auch bei älteren Fahrzeugen, findet man auch H-Felgen (früher auch H1 genannt). Unterschieden wird im Wesentlichen zwischen der Standard-Humpform (H) und dem Flat-Hump (FH). Neu in die Norm aufgenommen ist das Extended-Hump (EH2) mit etwas größerem Humpdurchmesser, das in einigen Fällen, insbesondere bei Einsatz von pannenlauffähigen Reifensystemen, angewendet wird.

Felgen- und Radmaße

Begriffe

Die wichtigsten Begriffe für die Funktion und die Konstruktion eines Rades sind (Bild 5):

- Felgendurchmesser (Nenndurchmesser, Maß von Felgenschulter zu Felgenschulter),
- Felgenumfang (Messwert, wird mit Kugelband um die Felgenschulter ermittelt),
- Felgenmaulweite (Felgenbreite, Innenmaß zwischen den Felgenhörnern),
- Mittenlochdurchmesser (Zentrierdurchmesser, ist als Passmaß ausgeführt),
- Einpresstiefe ET (Maß in mm von der Felgenmitte bis zur Radanlagefläche des Scheibenrads),
- Lochkreisdurchmesser (Durchmesser des Kreises, auf dem die Mittelpunkte der Schraubenlöcher liegen),
- Hornhöhe (gemessen vom Felgennenndurchmesser bis zum Sattelpunkt des Hornradius).

Die Einpresstiefe bestimmt die Lage des Rades im Fahrzeug. In der Regel wird das Rad am Bremsscheibentopf oder an der Bremstrommel befestigt. Bei einer Einpresstiefe $ET = 0$ liegt die Radanlage genau auf Mitte der Felgenbreite. Verändert man die Einpresstiefe, ändert sich die Lage des Rades und somit die Spurweite des Fahrzeugs. Die kleinere Einpresstiefe

Bild 4: Humpformen.
a) Hump,
b) Flat-Hump.
D Felgen-Nenndurchmesser,
D_H Humpdurchmesser.

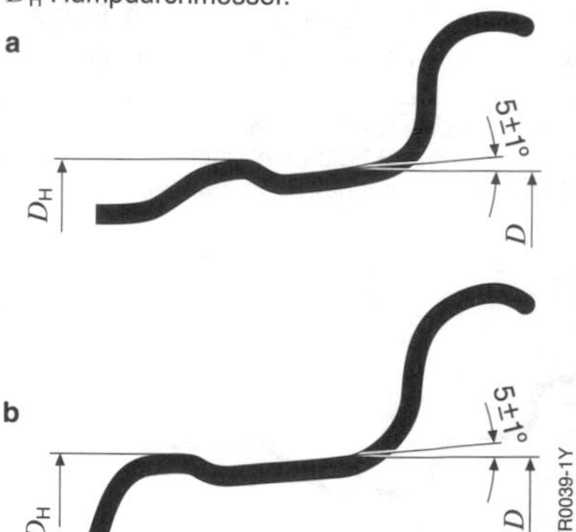

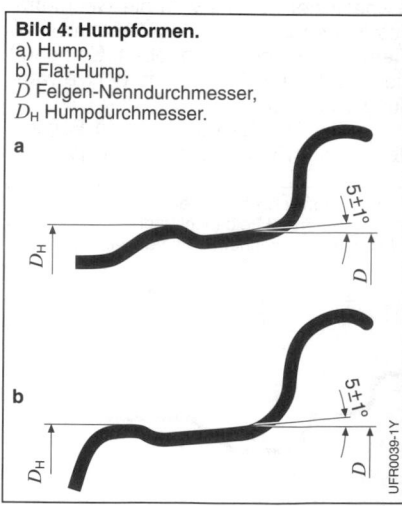

entspricht der breiteren Spurweite, die größere Einpresstiefe entspricht der schmaleren Spurweite.

Felgengröße
Die Grundmaße einer Felgengröße am Beispiel eines Nfz-Scheibenrads mit Steilschulterfelge ist beispielsweise 22,5 × 8,25 Zoll. Der erste Wert gibt den Felgendurchmesser in Zoll an, der zweite Wert die Felgenmaulweite in Zoll.

Felgenausführungen
Je nach Verwendungszweck und Reifenbauart kommen unterschiedliche Felgenquerschnittsformen zum Einsatz (Bild 6). Felgen können ein- oder mehrteilig ausgeführt sein. Entsprechend der Normung der EU sind einteilige Felgen mit einem „x" (z.B. 6J × 15H2) und mehrteilige Felgen mit einem „-" zu kennzeichnen.

Tiefbettfelgen für Pkw und leichte Nfz
Das Felgenbett ist wegen der Reifenmontage vertieft. Die Tiefbettfelge kann einteilig (Bild 6a) als auch zweiteilig (Bild 6e) ausgeführt sein. Die zweiteilige Felge unterteilt man in eine vordere und eine hintere Hälfte, die im Tiefbett durch einen umlaufenden Lochkreis miteinander und

Bild 5: Felgen- und Radmaße.
(Bildquelle: MAN Nutzfahrzeuge Gruppe),
1 Bolzenlöcher, 2 Felgenmitte,
D Felgendurchmesser,
ET Einpresstiefe,
L Lochkreisdurchmesser,
M Felgenmaulweite,
N Mittenlochdurchmesser,
S Reifenbreite.

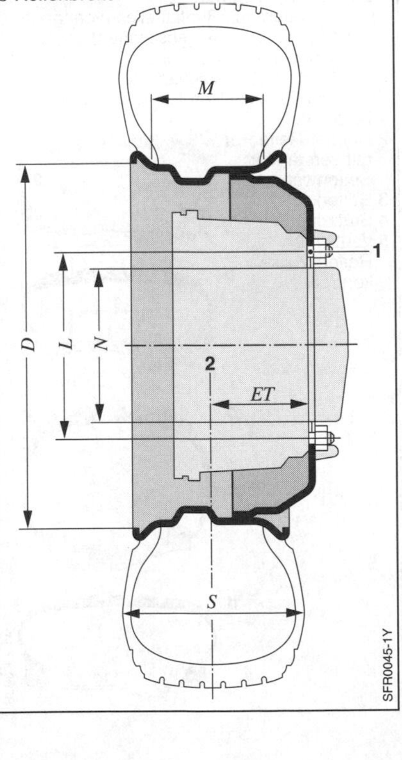

Bild 6: Felgenbauformen.
a) Tiefbettfelge,
b) Steilschulterfelge,
c) Steilschulter-Breitfelge,
d) Schrägschulterfelge,
e) zweiteilige Pkw-Felge.
1 Hump, 2 Felgenbett, 3 Maulweite,
4 Felgenhorn, 5 Steilschulter,
6 Schrägschulter, 7 Dichtmittel,
8 Radscheibe, 9 Schraube.

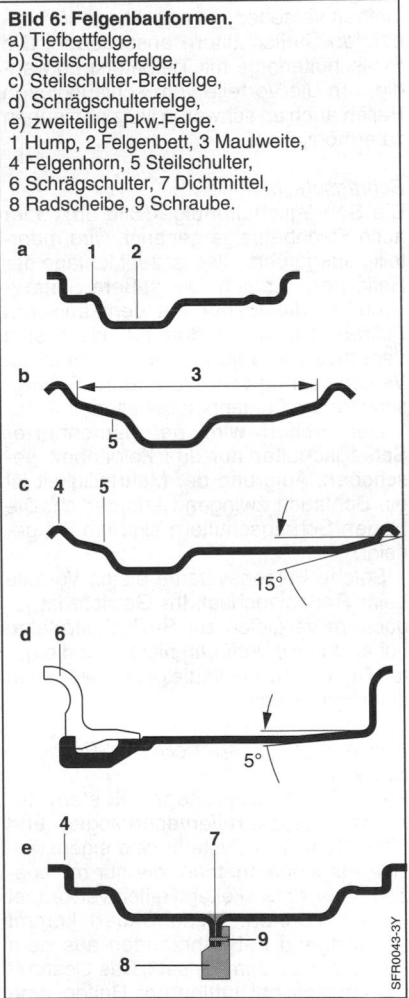

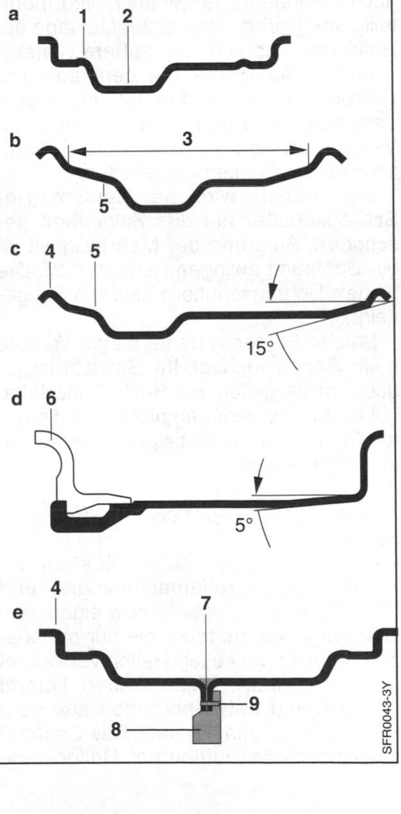

mit der Radscheibe verschraubt werden. Zum Abdichten wird ein Dichtring oder eine abdichtende Masse verwendet. Die zweiteilige Variante kommt ursprünglich aus dem Motorsport und hatte den Vorteil, dass man bei einer Beschädigung eine Felgenhälfte austauschen konnte. Die Reifenmontage erfolgt genauso wie bei der einteiligen Felge.

Steilschulterfelge für Nfz

Die Steilschulterfelge (Bild 6b und Bild 6c) wird einteilig ausgeführt. Das Felgenbett ist wegen der Reifenmontage mit einem Tiefbett versehen, an das die um 15 ° geneigten Steilschultern anschließen. Die Steilschulterfelge mit Tiefbett ist notwendig, um die Vorteile vom schlauchlosen Reifen auch an schweren Nutzfahrzeugen zu ermöglichen.

Schrägschulterfelge

Die Schrägschulterfelge (Bild 6d), oder auch Flachbettfelge genannt, wird mehrteilig ausgeführt. Dies ist zur Montage der Reifen erforderlich. Die äußere Schrägschulter, die lösbar mit dem äußeren Felgenhorn verbunden ist, lässt sich demontieren. Durch einen umlaufenden Verschlussring wird die äußere Schrägschulter am Felgenbett gehalten.

Der Reifen wird bei demontierter Schrägschulter auf das Felgenbett geschoben. Aufgrund der Mehrteiligkeit ist ein Schlauch zwingend erforderlich. Die beiden Schrägschultern sind um 5 ° geneigt.

Solche Felgensysteme bieten Vorteile beim Reifenwechsel. Ihr Gewicht ist jedoch im Vergleich zur Steilschulterfelge höher und sie verfügen nicht über die guten Rund- und Planlaufeigenschaften von einteiligen Felgen.

Sonderfelgen für spezielle Rad-Reifen-Systeme

PAX (Pneu Accrochage, X steht für Michelin Radialreifentechnologie) und CTS (Conti Tire System) sind eigenständige Felgengeometrien, die nur mit speziell dafür entwickelten Reifen verwendet werden können. Diese Bauart kommt überwiegend bei Fahrzeugen aus dem Sonderschutz zum Einsatz. Das Gesamtsystem soll bei luftleerem Reifen eine Weiterfahrt ermöglichen, ohne dass der Reifen von der Felge springt. Die beiden Systeme verhindern auch eine Selbstzerstörung des Reifens bei Fahrbetrieb im luftleeren Zustand durch thermische Belastung. Bei einem konventionellen Felgenbett faltet sich im luftleeren Betrieb die Seitenwand zusammen, es kommt zur Reibung.

Beim PAX-System (Bild 3c und Bild 7b) von Michelin wird auf dem Felgenbett ein zusätzlicher Stützring montiert, auf dem sich der Reifen im luftleeren Zustand abstützt.

Das CTS-System von Continental verzichtet auf einen zusätzlichen Stützring. Der Reifen greift um das Felgenbett herum und kann sich im luftleeren Zustand auf dem Felgenbett abstützen (Bild 3d und Bild 7c). Bei beiden Notlaufsystemen ist eine Reifendrucküberwachung gesetzlich vorgeschrieben.

Bild 7: Sonderbauformen für spezielle Rad-Reifen-Systeme.
a) PAX-System mit Runflatreifen (verstärkter Reifen mit Notlaufeigenschaften)
b) PAX-System mit Stützring,
c) CT-System (Gussradvariante),
d) Konventionelles Rad-Reifen-System.
1 Felge,
2 Runflat-Reifen mit verstärkter Seitenwand,
3 Reifen,
4 Stützring,
5 Ventil mit Reifendruckkontrolle.

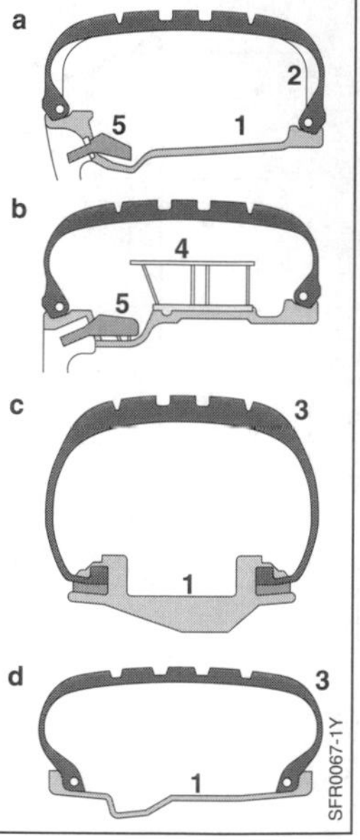

Auslegungskriterien

Pkw-Räder
Auslegungskriterien für Pkw-Räder sind unter anderem:
- Hohe Dauerfestigkeit,
- gute Unterstützung der Bremskühlung,
- zuverlässige Radbefestigung,
- geringe Rund- und Planlauffehler,
- wenig Platzbedarf,
- guter Korrosionsschutz,
- niedriges Gewicht,
- geringe Kosten,
- problemfreie Reifenmontage,
- guter Reifensitz,
- guter Wuchtgewichtsitz (siehe Komplettrad),
- ansprechendes Design (für Aluräder),
- teilweise Anforderungen zur Verbesserung der Aerodynamik des Fahrzeugs (c_w-Wert).

Spezielle Anforderungen an Nfz-Räder
Räder für Nutzfahrzeuge sind technologisch sehr anspruchsvoll. Während bei einem Rad für einen Rennwagen die maximale Geschwindigkeit ausgelotet wird, tragen die Nfz-Räder hohe Tonnagen bei gleichzeitig – im Vergleich z. B. zu Baggern – hoher Geschwindigkeit. In Europa fahren beispielsweise Nutzfahrzeuge im Fernverkehr mit einem Gesamtgewicht von 40 Tonnen eine Geschwindigkeit von 80 km/h. Bei der Ermittlung der für eine Nfz-Achse erforderlichen Mindestgröße der Bereifung ist grundsätzlich von der zulässigen Achslast und der durch die Bauart des Nutzfahrzeugs bestimmten Höchstgeschwindigkeit auszugehen.

Je größer die zu transportierende Last und je unwegsamer das zu befahrende Gelände sich darstellt, desto wichtiger ist es, die – teils konkurrierenden – Anforderungen bei der Felgenkonstruktion zu berücksichtigen. Eine hohe Tragfähigkeit soll durch eine zweckmäßige Radformgestaltung und unter Einsatz optimaler Werkstoffe erzielt werden. Eine hohe Dauerfestigkeit ist zur Erhöhung der Verkehrssicherheit zwingend notwendig. Ein geringes Radgewicht dient zur Nutzlastoptimierung und ist gefordert, weil das Rad als ungefederte rotierende Masse das Schwingungssystem Nutzfahrzeug beeinflusst.

Bezeichnungen für Pkw-Räder

Eine typische Radbezeichnung für Pkw-Räder lautet z. B.:
6 ½ J x 16 H2 ET30.

6 ½	Maß der Felgenbreite in Zoll,
J	Felgenhorngeometrie,
×	einteiliges Felgenbett
16	Maß des Felgendurchmessers in Zoll,
H2	Felgenhump an innerer und äußerer Felgenschulter,
ET	Einpresstiefe,
30	Maß der Einpresstiefe in mm.

Die Bezeichnung und die dazugehörigen Abmessungen mit zulässigen Toleranzen sind über weltweit anerkannte Normenorganisationen wie z. B. ETRTO (European Tyre and Rim Technical Organization) oder ISO (Internationale Organisation für Normung) zur Harmonisierung von Felgen- und Reifenabmessungen verbindlich vorgeschrieben und genormt.

Werkstoffe für Räder

Grundsätzlich spricht man von Stahl- oder Leichtmetallrädern. Damit die Räder jedoch eindeutig beschrieben werden, muss der Werkstoff immer in Verbindung mit der Fertigungstechnologie genannt werden. Folgende Übersicht soll die Systematisierung erleichtern.

Einteilung der Räder

Stahlrad

Das Stahlrad besteht aus zwei Teilen, der Felge und der Radscheibe. Sie werden aus warmgewalztem Stahlblech im Roll- und Biegeumformverfahren hergestellt und durch Schweißen zusammengefügt.

Leichtmetallrad

Leichtmetallräder bestehen üblicherweise aus Aluminium- oder Magnesiumlegierungen. Sie werden mit verschiedenen Technologien hergestellt. Das Aluminiumrad gibt es als Gussrad, Schmiederad, Blechrad oder als Hybridrad. Das Magnesiumrad wird nur als Gussrad gefertigt.

Die Vorteile leichter Räder sind ein verbessertes Schwingungsverhalten, eine sensibel ansprechende Federung, ein reduzierter Kraftstoffverbrauch sowie eine höhere Nutzlast. Leichtmetallräder werden im Nfz-Bereich insbesondere in gewichtssensiblen Transportaufgaben eingesetzt. Dies sind z.B. Tank- oder Silotransporte, bei denen es auf das maximale Transportgewicht ankommt. In diesen Fällen amortisiert sich der Mehrpreis für Leichtmetallräder meist schon innerhalb des ersten Nutzungsjahrs.

Kunststoffrad

Das Kunststoffrad wird im Spritzguss aus mineralfaserverstärktem Polyamid und mit Metalleinsätzen hergestellt.

Werkstoffe

Stahlblech

Die insgesamt kostengünstigste Variante von Pkw-Rädern wird aus warmgewalzten und gebeiztem Stahlbandblech, vom Coil abgewickelt, gefertigt. Die sehr guten mechanischen Eigenschaften dieses Werkstoffs ermöglichen dünnwandige Radkonstruktionen, die durch hochautomatisierte sehr präzise Biegeumformverfahren auf Endmaße mit engen Toleranzen gefertigt werden.

Der insbesondere seit der CO_2-Diskussion anhaltende Trend zum Leichtbau hat den Einsatz von hochfestem feinkörnigem Baustahl beschleunigt. Dessen hohe Zugfestigkeit (600...750 N/mm^2) und sehr gute Umformbar- und Schweißbarkeit ermöglicht eine effiziente Herstellung von leichten und kostengünstigen Rädern.

Weiteres Gewichtspotential kann durch den Einsatz von „Tailored Blanks" für die Felgenfertigung erschlossen werden. Hierbei wird die Blechstärke des Ausgangsmaterials den Spannungen im Rad angepasst, indem Materialstreifen aus unterschiedlich dicken Blechen durch Laserschweißen zu einer Platine gefügt werden.

Aluminiumblech

Aluminiumblech als Alternative zum Stahlblech lässt sich leichter umformen und ist ebenfalls – wenn auch durch teurere Verfahren (MIG-Schweißen) – gut schweißbar. Der relativ zum Stahlrad größere Fertigungsaufwand und die vergleichsweise hohen Materialkosten verhindern ein breiteres Anwendungsspektrum. Der Einsatz von hochfesten Stahlblechen hat den ursprünglichen Gewichtsvorteil von Aluminiumblech stark reduziert, sodass die Kosten-Nutzen-Analyse für das Stahlrad spricht.

Leichtmetalllegierungen

Leichtmetalllegierungen basieren in den meisten Fällen auf Aluminiumlegierungen, in seltenen Fällen (z.B. im Rennsport) auf Magnesiumlegierungen. Bei Aluminiumrädern wird je nach Herstellungsverfahren zwischen Guss- und Schmiedelegierungen unterschieden.

Gusslegierungen
Aluminiumgussräder werden im Niederdruckgussverfahren aus Aluminiumlegierungen hergestellt. Der Gussrohling wird in einer stählernen Kokille geformt, die mit flüssiger Schmelze befüllt und kontrolliert zum Erstarren abgekühlt wird. Eingesetzt werden Aluminiumlegierungen, deren Siliziumanteil zwischen 7 und 11 Prozent liegt, je nachdem, ob gute Gießbarkeit oder hohe Festigkeit erreicht werden soll.

Zwei Legierungen haben sich durchgesetzt. GK-AlSi11 wird für kleine Räder (bis 16 Zoll) mit geringen Radlasten verwendet. Die hervorragende Gießbarkeit dank des hohen Siliziumanteils ermöglicht eine sehr effiziente Fertigung mit geringen Ausschussquoten durch Gussfehler. Diese Legierung ist durch Wärmebehandlung nicht aushärtbar, deswegen werden die Räder mit höheren Wandstärken ausgelegt, was sich in einem etwas höheren Radgewicht äußert.

GK-AlSi7Mg wird bei großen Rädern mit höherer Radlast sowie bei gewichtsoptimierten Rädern eingesetzt. Die Zugabe von 0,2...0,5 Prozent Magnesium in die Aluminiumlegierung führt durch die anschließende Wärmebehandlung (Lösungsglühen und warm Auslagern) des gegossenen Rades zu höherer Festigkeit. Dieser Vorteil wird genutzt, um hohe Lastanforderungen im Fahrbetrieb mit einem Minimum an Materialeinsatz zu begegnen.

Damit die hohen Anforderungen bezüglich Festigkeit, Dichtigkeit und Zähigkeit an diese sicherheitsrelevanten Fahrzeugteile erfüllt werden können, wird als Ausgangsmaterial nur reines Primäraluminium verwendet. Durch eine Verunreinigung der Legierung mit Eisen würden sich im Gefüge nadelförmige Strukturen bilden, welche die mechanischen Eigenschaften (Bruchdehnung und Zugfestigkeit) schwächen. Die Verunreinigung mit Kupfer würde die chemische Beständigkeit herabsetzen.

Schmiedelegierung
Aluminium-Schmiederäder werden im Pkw-Bereich eingesetzt, wenn leichte, gewichtsoptimierte Räder benötigt werden und das Gewichtsziel mit Gussrädern nicht erreicht werden kann. Die durch den Schmiedeprozess verursachte Materialverfestigung der Aluminium-Knetlegierung (Zunahme der mechanischen Festigkeit durch plastische Verformung) ermöglicht die Auslegung des Rades mit dünneren Wandstärken, was einen kleineren Materialverbrauch und damit weniger Gewicht zur Folge hat.

Ausgangsmaterial sind runde Stranggussstangen aus AlSi1Mg, die in genau „portionierte" Scheiben gesägt werden. Diese werden einem drei- bis vierstufigem Schmiedeprozess zur Erzeugung der Sichtseite (Designseite, Scheibe, Stern) und einem Fließ-Rolldrückprozess zur Herstellung der Felge zugeführt. Zusätzlich zu der durch die plastische Verformung erreichten Verfestigung wird der Werkstoff durch einen Wärmebehandlungsprozess veredelt.

Magnesiumlegierungen
Magnesiumlegierungen konnten sich in der Großserie – wegen höheren Fertigungskosten unter besonderen Sicherheitsvorkehrungen (Brandgefahr bei der spanenden Bearbeitung) – nicht etablieren, werden aber im Einzelfall bei Sonderfahrzeugen und im Motorsport eingesetzt.

Kunststoffe
Kunststoff befindet sich besonders wegen ungenügender Warmfestigkeit, problematischer Radbefestigung und Radfertigung noch im Entwicklungsstadium. Insbesondere die unzureichende Schlagzähigkeit und thermische Belastungsfähigkeit sowie die unberechenbaren Langzeiteigenschaften lassen Kunststoff zum gegenwärtigen Zeitpunkt als Werkstoff für ein Sicherheitsbauteil wie das Scheibenrad im Automobilbau als wenig sinnvoll erscheinen.

Herstellverfahren

Stahlräder
Wenn man von Pkw- und Nfz-Stahlrädern spricht, sind ausschließlich Stahlblechräder gemeint. Andere Fertigungsverfahren wie Gießen und Schmieden werden bei diesem Werkstoff für die Radherstellung nicht eingesetzt.

Pkw-Stahlräder bestehen aus zwei Teilen: der Radscheibe und der Felge. Sie werden am Ende des Fertigungsprozesses miteinander verschweißt. Sowohl die Radscheibe als auch die Felge werden bei Großserien auf voll verketteten, hoch automatisierten Fertigungslinien durch Biegeumformverfahren hergestellt. Kleinere Stückzahlen lassen sich wirtschaftlicher auf Einzelpressen fertigen.

Herstellung der Radscheibe
Für die Herstellung der Radscheibe wird das dafür benötigte Material direkt vom Coil abgewickelt, eben gerichtet und einer großen Transferpresse mit ca. 40 000 kN Presskraft zugeführt. Die Presse ist mit einem neun- bis elfstufigen Folgeverbundwerkzeug eingerichtet, in dem der Blechrohling mit jedem Pressenhub von Station zu Station automatisch weitergeleitet wird.

Im ersten Bearbeitungsschritt wird eine quadratische Platine mit abgerundeten Ecken gestanzt. Danach erfolgt in drei bis vier Stufen das Formen der Radscheibe und des Mittellochbereichs durch Tiefzieh- und Prägeoperationen. In den nächsten zwei oder drei Stationen werden mit Keiltriebwerkzeugen die Lüftungslöcher gestanzt und danach auf der Werkzeugaustrittsseite geprägt. Die Prägung ersetzt ein Entgraten der spitzen Schnittkanten und senkt die Rissanfälligkeit des Rades unter Last.

Zuletzt werden noch die Radkennzeichnungen auf der Rückseite gestempelt, die Kugelkalotten- oder kegelförmigen Radschraubenauflageflächen geformt. In der letzten Stufe wird die Radscheibe auf das Endmaß zum Fügen mit der Felge kalibriert.

Herstellung der Felge
Das Felgenmaterial wird ebenfalls vom Blechcoil abgewickelt, gerichtet und abgelängt. Die Streifen werden gestapelt und der automatisierten Felgenfertigungsstraße zugeführt. Hier wird der Blechstreifen in einer Rundbiegeanlage zwischen drei Zylinderrollen zu einem Ring geformt und an der Stoßstelle in einer Pressstumpfschweißmaschine gefügt. Der dabei entstandene Stauchgrat wird unmittelbar danach auf der Innen- und auf der Außenseite weggehobelt und die Schweißnaht wird mit Rollen glattgewalzt. Darauf folgend wird der auch an den Bandseitenkanten unvermeidbare Stauchgrat entgratet und verrundet.

Die endgültige Felgenkontur wird auf Rolliermaschinen durch drei aufeinanderfolgende Umformungsschritte, jeweils mit drei Profilrollen erzeugt. Dabei wird die Kontur der Werkzeugrollen auf die Felge übertragen.

Bei Bedarf wird durch Flow-Forming (Fließdrücken) die Wanddicke und die Materialverteilung im Felgenprofil der Beanspruchung angepasst und somit eine weitere Gewichtsersparnis erreicht.

Im nächsten Arbeitsschritt wird die Ventilbohrung auf einem Rundtakttisch hergestellt. In der ersten Station wird eine ebene Aufsatzfläche geschlagen, aus der die Bohrung im zweiten Takt ausgestanzt wird. Die Schnittkanten werden danach durch Prägen beidseitig abgerundet.

Abschließend wird die Felge in einer Presse auf eine Lehre mit den genauen Endmaßen gestülpt, um die engen Rund- und Planlauftoleranzen zu erzeugen (Kalibrieren).

Fügen von Radscheibe und Felge
Durch das Fügen der Radscheibe mit der Felge entsteht das Stahlrad. Die beiden Radteile – Radscheibe und Felge – werden einer voll automatisierten Schweißanlage zugeführt. Auf einer kleinen Presse werden sie zueinander ausgerichtet und dann in einer genau vorgegebenen Lage zueinander gefügt.

In der nächsten Station wird der Zusammenbau durch Schutzgasschweißen mit vier bis acht Schweißnähten verbunden. Diese werden durch rotierende, auf das Rad angepasste Bürsten entschlackt und versäubert. Danach wird das Rad auf die Endmaße kalibriert und für die Oberflächenbehandlung bereitgestellt.

Der Fertigungsprozess bei Stahlrädern ist so präzise, dass das rohe Rad ohne jede mechanische Nachbearbeitung direkt in die Lackieranlage gehen kann, in der es grundsätzlich eine schwarze kathodische Tauchlackierung durchläuft und wenn vorgegeben, eine zusätzliche, optisch ansprechende Decklackierung erhält.

Stahlblechräder zeichnen sich besonders durch ihre Robustheit aus und werden wegen ihren geringen Herstellkosten in den Einstiegsausstattungen der Fahrzeugtypen angeboten.

Aluminiumräder

Aluminiumblechräder

Der grundsätzliche Fertigungsprozess ist weitgehend identisch mit dem des Stahlblechrads. Wegen der geringeren Festigkeit muss die Wandstärke im Vergleich zum Stahlblechrad höher ausgelegt werden. Aluminiumblechräder haben sich trotz gut beherrschbarer Technologie nicht durchgesetzt, da Stahlräder insgesamt die wirtschaftlichere Radvariante darstellen und die Gestaltungsmöglichkeiten bezüglich Design sehr eingeschränkt sind.

Aluminiumschmiederäder

Wie der Name andeutet, entsteht ein Schmiederad durch das Warmumformen einer Aluminiumronde zwischen zwei formgebenden Werkzeugen. Der Umformprozess findet in zwei Etappen statt – das Schmieden der Radvorder- und Radrückseite zwischen zwei definierten Werkzeugen und das Fließdrückrollen der Felgenkontur.

Das Ausgangsmaterial für Aluminiumschmiederäder sind 6 m lange Stranggussstangen aus AlSi1Mg mit einem Durchmesser von 200...300 mm, je nach geplanter Radgröße. Nach einer Ultraschallprüfung werden die lunkerfreien Stangenabschnitte auf eine vordefinierte Länge abgesägt. Der Sägestutzen – ein Zylinder mit ca. 250 mm Durchmesser und 150 mm Höhe, wird der automatisierten Schmiedelinie zugeführt. Diese besteht aus einem Aufwärmofen und bis zu vier aufeinanderfolgenden Schmiedepressen mit Presskräften von 8000...40000 kN. Die Teilehandhabung zwischen den Pressen erfolgt durch Roboter. Das Ergebnis dieses ersten Umformprozesses ist ein Rohling mit fertigem Design der Radscheibe, ausgestanztem Mittenloch und einem am Umfang platzierten ringförmigen Materialreservoir mit dem für die Felge vorgesehenem Material.

Durch eine Fließdrückumformung mit drei Rollen wird die ringförmige Scheibe aufgespalten (daher auch der Name Spaltrad) und auf einem glockenförmigem Werkzeug zur Felge ausgewalzt.

Bevor der Schmiederohling dann der spanenden Bearbeitung zugeführt wird, erfolgt die Wärmebehandlung, um die mechanischen Eigenschaften zu verbessern. Die komplette Radkontur wird auf zwei aufeinanderfolgenden Drehmaschinen überdreht (d.h. zerspanend auf Endmaß bearbeitet), danach werden auf einem Bearbeitungszentrum die Schraubenbohrungen und das Ventilloch gebohrt und gefräst. Der abschließende Polierprozess verleiht dem Rad den reflektierenden Glanz.

Die hoch präzise maschinelle Bearbeitung stellt sicher, dass jedes Rad absolut rund läuft. Weder Höhen- noch Seitenschlag sind vorhanden.

Wenn kleine Losgrößen die Herstellung eines Schmiedewerkzeugs nicht rechtfertigen, wird eine Sonderform der Schmiederadherstellung angewendet. Dabei wird ein Schmiederohling mit der Form eines dickwandigen Zylinders hergestellt, dessen Boden eine Scheibe ist, die die Rotationskontur des Designs und der Radinnenseite darstellt. Mit hohem Zerspanungsaufwand wird das Raddesign meist zu 100 % gefräst und das Felgenbett zuerst durch Fließdrücken geformt und nachher überdreht.

Aluminiumgussräder

Das gebräuchlichste Verfahren stellt das Niederdruck-Kokillen-Gussverfahren dar. In der Gießmaschine befindet sich die kontrolliert temperierte Aluminiumschmelze in einem Tiegel unterhalb der Gießform (Kokille). Kokille und Schmelztiegel sind über ein Steigrohr verbunden. Nach Schließen der Gießform wird im

Schmelztiegel der Druck auf ca. 1 bar erhöht, wodurch die Schmelze im Steigrohr aufsteigt und die Kokille befüllt.

Durch genau definierte Kühlkanäle in der Kokille wird Schmelzwärme beim Erstarrungsvorgang abgeführt. Die gezielte Kühlung und die Wärmeabfuhr während des Erstarrungsvorgangs, die Gesamtheit der Gießparameter (Druck, Temperatur und Zeit) sind entscheidend für die Gussqualität.

Der Fertigungsprozess ist ab dem Gießen komplett automatisiert. Die durch Roboterarme entnommenen Gussrohlinge durchlaufen über verkettete Förderanlagen folgende Bearbeitungsschritte, bis sie als Rad im Versandbereich ebenfalls automatisch gestapelt und verpackt werden:

- Gießen,
- Steigerbohrung entfernen,
- Röntgenprüfung,
- Wärmebehandlung,
- Mechanische Bearbeitung,
- Bürsten und Entgraten,
- Dichtheitsprüfung,
- Lackierung,
- Versand.

Bei der Röntgenprüfung werden alle Rohlinge nach vom Kunden vorgegebener Spezifikation auf Gussfehler geprüft. Die Fehlteile mit von außen nicht sichtbaren Gießfehlern, wie z.B. Porositäten oder Schrumpflunker (Hohlräume, Materialtrennungen) und Fremdeinschlüssen oder Verunreinigungen, werden ausgeschleust und zurück zum Schmelzofen geleitet.

Lediglich vor dem Lackieren wird der automatisierte Durchlauf unterbrochen, um Fertigungslose zu bilden, die mit dem gleichen Farbton lackiert werden.

Flowforming-Prozess

Bei Bedarf kann man mit einem abgeänderten, etwas aufwändigerem Prozess gewichtsoptmierte Gussräder herstellen, sogenannte „Flowforming-Räder". Dabei lässt sich bei einem 19″-Rad ca. 0,9 kg einsparen. Für den Flowforming-Prozess wird der Gussrohling ähnlich gestaltet wie beim Schmieden. Um die Designfläche herum wird anstatt der ausgeformten Felgenkontur ein Ring als Materialdepot für die Felge vorgesehen. Dieser wird in einer speziell dafür ausgelegten Bearbeitungszelle wie folgt bearbeitet:

- Vordrehen zum Walzen,
- Erwärmen,
- Auswalzen der Felge (Flowforming).

Der so ausgeformte Rohling wird dem „normalen" Fertigungsprozess vor der Wärmebehandlung wieder zugeführt.

Eine weitere Möglichkeit, gewichtsoptimierte Räder herzustellen, ist das Einsetzen von verlorenen Kernen in weniger beanspruchte Zonen des Rades. So wird Aluminium durch Hohlräume ersetzt, z.B. in der Speiche, viel seltener aber auch im Hump. Demnach gibt es Hohlspeichenräder und Hohlhumpräder.

Squeeze-cast-Prozess

Mit dem Sqeeze-cast-Prozess wird versucht, die Vorteile des Druckgusses für Aluminiumräder zu nutzen. Eine genau portionierte Aluminiumschmelze wird unter hohem Druck in eine Druckgussform unter exakt definierten Gießparametern gepresst. Der große Vorteil liegt in der hohen Erstarrungsgeschwindigkeit mit positiven Auswirkungen auf das Materialgefüge. Mit deutlich weniger Zerspanungsaufwand – und damit weniger Einsatzmaterial – und der vergleichsweise hohen Ausbringung und längerer Kokillenstandzeit sind weitere Vorteile genannt. Dieses Gießverfahren wird vereinzelt eingesetzt, setzt allerdings spezielle, relativ aufwändige Gießmaschinen und Kokillen voraus. Das Verfahren hat sich bisher nicht durchgesetzt.

Radausführungen

Ein- oder mehrteilige Ausführung

Stahl- und Alublechräder bestehen aus zwei Teilen. Bei dieser Bauart werden Radscheibe und Felge miteinander verschweißt. Bei Leichtmetall-Schmiederädern und -Gussrädern dominiert die einteilige Ausführung.

Mehrteilige Ausführungen, auch mit unterschiedlichen Werkstoffen (z.B. Magnesiumradscheibe und Aluminiumfelge), gibt es hauptsächlich im Tuningbereich und bei Sportfahrzeugen. Der Ursprung der mehrteiligen Räder kommt aus dem Motorsport. Man nutzte den Vorteil, die beschädigten Teile austauschen zu können. Im Tuningbereich wird z.B. die Möglichkeit genutzt, mit standardisierten Felgenringen und Radscheibe eine Vielzahl an unterschiedlichen Radabmessungen darzustellen. Meistens hat die Mehrteiligkeit aber keinen technischen Hintergrund mehr und wird nur noch aus optischen Gründen angewendet. Man unterscheidet mehrteilige Räder in zwei- und dreiteilige Räder.

Radstern

Als Radstern bezeichnet man bei Gussrädern den Bereich der Speichen, der beim Stahlrad als Radscheibe dargestellt wird und meistens mit Öffnungen versehen ist. Belüftungslöcher, Schlitze und Aussparungen in der Radscheibe oder dem Radstern dienen einerseits der Gewichtsreduzierung, andererseits der Belüftung der Bremsanlage sowie zur optischen Gestaltung des Rades. Dem entgegen steht heute der Anspruch, auch die Auswirkungen des Rades auf die gesamte Aerodynamik des Fahrzeugs zu optimieren. Je nach Strömungsverhalten der Karosserie kann hier ein positiver Effekt erzielt werden, wenn man die Fläche der Öffnungen gering hält und die Geometrie der Speichen möglichst eben gestaltet. Diese Maßnahme wirkt sich eher negativ auf das Gewicht des Rades aus, sodass man häufiger auch Kunstoffteile am Alurad findet, die das Rad aerodynamisch optimieren sollen.

Felgenvarianten

Felgen im Bereich Pkw, Transporter und leichte Nfz werden fast ausschließlich als Tiefbettfelgen mit Doppelhump H2 (seltener mit Flathump FH oder FH2), Schrägschulter und Felgenhornform J gebaut. An kleineren Fahrzeugen ist seltener auch die niedrigere Hornform B zu finden, die heute überwiegend bei Noträdern zum Einsatz kommt. Die höhere Hornform JK und K wird nur noch selten und nur bei höheren Fahrzeuggewichten verwendet.

Leichtbautechniken

Die Hohlspeichentechnik mit Sandgusskernen oder im Rad verbleibende (verlorene) Keramikkerne bieten gute Ansätze zur Gewichtseinsparung, erfordert aber ein hierfür geeignetes Design und besondere Fertigungseinrichtungen. Zudem sind diese Verfahren mit erhöhten Kosten verbunden.

Weiter verbreitet ist heute das Flowforming-Verfahren bei Gussrädern, bei dem das Felgenbett nur teilweise vorgegossen und anschließend maschinell auf die entsprechende Felgenbreite ausgewalzt wird. So können durch das verdichtete Material dünnere Wandstärken mit weniger Gewicht im Felgenbett realisiert werden.

„Struktur-Räder" werden unter anderem als Reserveräder oder aber als mit Kunststoffblenden verkleidete Laufräder eingesetzt. Ziel ist, ohne Restriktionen durch das Design, nur das für eine ausreichende Betriebssicherheit und Funktion notwendige Material einzusetzen und den Produktionsaufwand dieser Räder zu straffen.

Radbefestigung

Die Konstruktion und die Ausführung des Rades wie auch der Befestigungselemente müssen unter allen Betriebsbedingungen des Fahrzeugs sicherheitsrelevante Aufgaben erfüllen. Die im Betrieb auftretenden Radkräfte aus Antrieb, Bremsen, Radlast und Radführung sind vom gesamten Befestigungsverbund (Radschraube, Radnabe, Bremsscheibentopf, Radschraubenbohrungen, eventuell Beschichtungen der Teile) aufzunehmen, ohne die Dauerhaltbarkeit und die Funktion von Rad und

Achsbauteilen zu beeinträchtigen. Eine sorgfältige Abstimmung der Reibparameter und der Geometrie an den Radschrauben oder den Radmuttern sowie an der Kontaktzone des Rades (Schraubenkopf zur Radschraubenbohrung) ist bei der konstruktiven und praktischen Festlegung der Anzugsmomente unabdingbar.

Die geometrische Auslegung der Radbefestigung in Teilkreisdurchmesser, Anzahl und Dimensionierung der Befestigungselemente obliegt den jeweiligen Bedürfnissen und Anforderungen der Fahrzeughersteller. Das Rad wird im Pkw mit drei bis fünf Radschrauben oder Radmuttern durch die Befestigungslöcher an der Achsnabe befestigt. Bei Geländewagen und bei leichten Nutzfahrzeugen findet man oft sechs Radschrauben oder Radmuttern. Bei Nutzfahrzeugen werden in der Regel zehn Radmuttern verwendet, wobei die Anzahl auch höher liegen kann (z.B. bei Traktoren und Baggern). Die Kopfauflage der Muttern ist je nach Fahrzeughersteller konstruktiv unterschiedlich ausgeführt (z.B. Kugelkalotte, Kegel, Flachkopf). Die für die Haltbarkeit des Schraubverbunds entscheidenden Schraubenlängskräfte müssen sowohl im Neuzustand wie auch im gebrauchten Zustand bei allen dynamischen Betriebszuständen erreicht und eingehalten werden.

Ein guter Rundlauf des Rades auf der Radnabe wird über die Ausführung des Mittenlochs als Zentrierbohrung mit exakt definierter Spielpassung zur Radnabe erreicht.

Die Ausführung der Radbefestigung mit einer Zentralmutter und formschlüssigen Mitnehmern (z.B. Stifte) wird fast ausschließlich bei Rennfahrzeugen verwendet.

Radzierblenden

Radzierblenden (Radblenden) kommen hauptsächlich aus optischen Gründen bei Stahlrädern zum Einsatz und werden über elastische Haltefederelemente an den Rädern lösbar befestigt. Aber auch bei Alugussrädern findet man heute Radzierblenden, die oft zur Verbesserung der Aerodynamik beitragen sollen. Das Aluminiumrad ist dabei meistens im Design schlicht gehalten und auf ein geringes Gewicht ausgelegt. In seltenen Fällen gibt es dabei auch geschraubte Lösungen. Als Werkstoff für Radblenden hat sich warmfester Kunststoff, z.B. Polyamid 6, durchgesetzt. In einigen Fällen kommt aber auch Aluminium- oder Nirostastahlblech zum Einsatz.

Spezielle Rad-Reifen-Systeme

TRX-Felge

Andere Felgenentwicklungen, die begrenzt Serienanwendung gefunden haben, sind von Michelin die TR-Felge (in metrischer Bezeichnung) mit angepassten TRX-Reifen, die mehr Bremsenfreiraum zulassen.

Felgen von Dunlop mit Denloc-Rille benötigen ebenfalls spezielle Reifen; das System soll bei zu niedrigem Reifendruck und auch bei Druckverlust ein Abspringen des Reifens von der Felge verhindern und einen Zugewinn an Sicherheit und Mobilität bereitstellen.

Beide Rad-Reifen-Systeme sind im TD-System (TRX-Denloc) vereinigt. Von der bisherigen Praxis abweichend ist bei beiden gemeinsam, dass Felge und Reifen aufeinander abgestimmt sind und mit jeweils anderen Ausführungen nicht oder nur sehr eingeschränkt kombiniert werden können.

CTS- und PAX-System
Bei den Systemen CTS/CWS und PAX könnte auf ein Reserverad verzichtet werden. Der ursprüngliche Gedanke, diese beiden Systeme zur Einsparung des Reserverads einzusetzen, konnte sich am Markt nicht durchsetzen und sie finden heute überwiegend bei Sonderschutzfahrzeugen Verwendung (siehe Felgenausführungen).

Noträder
Aus Gründen der Platzersparnis wird als Reserverad häufig ein Notrad (Mini Spare) eingesetzt. Dieses kann auch in Verbindung mit einem Faltreifen auf noch kleinerem Bauraum (z.B. in Roadstern, Cabriolets) untergebracht werden. Alle Notradsysteme sind mit einem speziell hierfür ausgelegten Reifen ausgerüstet, dessen Fahreigenschaften ausschließlich für den Notbetrieb und eingeschränkter Höchstgeschwindigkeit (ca. 80 km/h) geeignet ist. Seine Nutzanwendung wird unterschiedlich beurteilt, setzt sich aber immer mehr gegen ein vollwertiges Reserverad durch.

In vielen Ländern kann heute gesetzlich auf das Mitführen eines Reserverads verzichtet werden. Stattdessen rüstet man die Fahrzeuge mit einem Pannenset (Tire-Fit) zur Reparatur eines Reifenschadens aus. Das Pannenset besteht aus einem elektrisch angetriebenem Kompressor und dem Dichtmittel, das über das Ventil in den Reifen gepumpt wird.

Beanspruchung und Prüfung von Rädern

Die äußerst vielschichtigen und komplexen Beanspruchungsverhältnisse im Bauteil Rad in Verbindung mit den unterschiedlichsten Betriebsbedingungen am Fahrzeug erfordern gezielte Dauerfestigkeitsprüfungen, um mit vertretbarem Aufwand die Haltbarkeit eines Rades bestätigen zu können. Im Allgemeinen werden die dynamischen Prüfungen in Testlabors auf standardisierten Prüfmaschinen durchgeführt, wobei eine realitätsnahe Simulation des Straßenbetriebs nachgebildet und eine gute Korrelation der Testergebnisse zum reinen Straßenbetrieb erreicht wird. Länderspezifische gesetzliche Vorschriften machen Sonderprüfungen notwendig, wie z.B. bei Leichtmetallrädern die Simulation eines seitlichen Bordsteinaufpralls (Impact Test).

Prüfung von Stahlblechrädern

Die kritischen Zonen beim Stahlblechrad sind insbesondere die Zonen um die Schweißnähte, Befestigungsbohrungen, Kümpel (Wölbung der Radscheibe, siehe Bild 1) und Lüftungsöffnungen. Die jeweiligen Betriebsbedingungen wie Geradeausfahrt und Kurvenfahrt erzeugen unterschiedliche Schadensbilder im Bereich der Schweißnaht am Felgentiefbett und in der Radscheibe. Untersuchungen der Materialqualität und der Schweißverbindungen wie Oberflächenprüfungen sichern die Dauerfestigkeitsprüfungen ab und geben Hinweise auf Optimierungsbedarf bei der Herstellung der Räder.

Prüfung von Leichtmetallrädern

Leichtmetallräder durchlaufen einen ähnlichen Prüfprozess, wobei bei den Prüfanforderungen wegen der im Gegensatz zu Stahlblechrädern vielschichtigeren Einflussparameter aus Material, Fertigung und Gestaltung ein deutlich höheres Niveau angesetzt wird. Damit wird sichergestellt, dass Schwankungen in Material und Fertigung nicht zu einem vorzeitigen Ausfall führen können. Die maximalen Beanspruchungen finden sich hauptsächlich auf der Radrückseite in der tragenden Struktur der Rippen und Speichen, in seltenen Fällen auf der Sichtseite.

Großen Einfluss auf die Haltbarkeit von Alugussrädern hat die Materialqualität und die Verarbeitung. Unzureichende physikalische Werte wie Elastizität (bei Dehnung) und Zugfestigkeit können durch schlechte Wärmeführung beim Gießen oder bei der Wärmebehandlung verursacht werden. Das führt zu Porositäten und Schrumpflunker und zu mangelhafter Gefügeausbildung. Die bei der spanenden Bearbeitung erzeugten Bearbeitungsgrate in hoch beanspruchten Zonen sind einer Vorschädigung ähnlich einer Kerbe gleichzusetzen und oft Startpunkt von Dauerbruchanrissen. Eine sorgfältige maschinelle Entgratung dieser Zonen oder aber gezielte konstruktive Gegenmaßnahmen, wie z.B. großzügig vorgegossene Radien, sind unabdingbar.

Prüfung Komplettrad

Rundlauf und Planlauf

Für die Rundlaufqualität eines Rades am Fahrzeug muss man dieses mit montiertem Reifen, also als Komplettrad, betrachten. Bei der Fertigung eine Rades stehen für den Rundlauf die Mittenzentrierung mit den beiden Flächen für den inneren und äußeren Reifensitz im Verhältnis. Ebenso sind die Anlagefläche an der Radnabe und die inneren Flächen der Felgenhörner für den Planlauf des Rades verantwortlich. Fertigungsbedingt sind diese Flächen mit Toleranzen behaftet (für Rund- und Planlauf werden für Pkw-Räder üblicherweise 0,3 mm angegeben), mit denen sich nun die Toleranzen des Reifens überlagern. Das kann den Rundlauf des Komplettrads positiv oder negativ beeinflussen. Um einen optimalen Rundlauf eines Komplettrads zu ermöglichen, nutzt man das „Matchen". Dabei werden Rad und Reifen bei der Montage so zueinander positioniert, dass der „Rundlauf-Hochpunkt" des Rades mit dem „Tiefpunkt" des Reifens übereinander liegt.

Beim Rad wird der Hochpunkt aus der Rundlaufmessungen der beiden Reifensitzflächen ermittelt. Für jede Fläche erhält man so einen eigenen Hochpunkt mit unterschiedlichen Winkellagen am Umfang des Rades. Diese beiden Werte ergeben durch Vektoraddition einen gemeinsamen Wert mit resultierender Winkellage. Diese Stelle wird am Rad mit einem Farb- oder einem Klebepunkt gekennzeichnet.

Beim Reifen entspricht der Tiefpunkt der Position, wo er beim Abrollen die geringste Kraftschwankung erreicht. Er wird ebenfalls mit einem Farbpunkt gekennzeichnet. Technisch gesehen kann der Reifen auch mit einer Feder verglichen werden, die eine radiale Steifigkeit aufweist. Fertigungsbedingt kann der Reifen nie so genau hergestellt werden, dass er über seinen gesamten Umfang eine gleichmäßige Steifigkeit aufweist. Kompletträder mit einem schlechten Rundlauf machen sich am Fahrzeug nicht nur durch eine radiale Bewegung der Karosserie (d.h. in z-Richtung) bemerkbar. In Fahrtrichtung spürt man auch eine minimale Wechselkraft aus Beschleunigung und Abbremsung bei jeder Radumdrehung.

Bei schneller laufenden Nutzfahrzeugen, aber auch bei großen, schweren Rädern, ist eine gute Zentrierung der Räder am Nutzfahrzeug besonders wichtig. Insbesondere bei schneller laufenden Nutzfahrzeugen ist eine möglichst geringe Rund- und Planlaufabweichung (Höhen- und Seitenschlag) auf beiden Schultern und Hornseiten der Felge erforderlich, um eine gute Laufruhe zu erzielen. Dies sorgt für Sicherheit und hilft Kraftstoff einzusparen.

Unwucht

Eine ebenso große Bedeutung wie der Rund- und Planlauf ist für ein ruhig abrollendes Komplettrad die Kompensation der unterschiedlich verteilten Massen an Rad und Reifen. Dazu ist es erforderlich, die Einflüsse der Massen am drehenden Rad mit Ausgleichgewichten durch Auswuchten zu minimieren. Üblicherweise werden Räder für Pkw wegen der Felgenbreite dynamisch gewuchtet, d.h., es wird auf zwei Ebenen (innerer und äußerer Reifensitz) gemessen und die jeweils erforderliche Ausgleichmasse ermittelt. Diese wird dann mit Auswuchtgewichten an der durch die Wuchtmaschine angezeigten Stelle angebracht. Dazu werden entweder geklebte, geklammerte oder geschlagene Auswuchtgewichte verwendet (Bild 8). Die ideale Position der Auswuchtgewichte am Rad bei dynamischer Wuchtung ist der maximale Abstand zur Felgenmitte an möglichst großem Durchmesser.

In den meisten Fahrzeugen ist ein Wuchtfehler, den man als „Restunwucht“ bezeichnet, von 5 g je Wuchtebene je nach Fahrzeugtyp und Fahrwerk nicht spürbar. Es sollte je Wuchtebene nur an einer Stelle ein Auswuchtgewicht angebracht werden. Sollte eine relativ hohe Wuchtmasse (über 80g) in einer Wuchtebene erforderlich sein, empfiehlt es sich, den Reifen auf dem Rad zu verdrehen und den Wuchtvorgang zu wiederholen. Je geringer die Wuchtgewichtmasse am Rad, um so geringer ist auch das Potential der Restunwucht.

Schmale Räder für Zweiräder werden nur auf einer Ebene gewuchtet (mit einem Wuchtgewicht in der Felgenmitte). Man nennt diese Methode statische Wuchtung.

Räder für Nutzfahrzeuge sowie Noträder mit eingeschränkter maximaler Geschwindigkeit werden nicht gewuchtet.

Bild 8: Wuchtgewichtpositionen.
a) Klammer- oder Schlaggewicht an der Innen- und Außenseite (sichtbar),
b) Klammer- oder Schlaggewicht innen in Kombination mit einem Klebegewicht unter dem Tiefbett (versteckt),
c) Klammer- oder Schlaggewicht innen in Kombination mit einem Klebegewicht unter dem Reifensitz (sichtbar),
d) zwei Klammer- oder Schlaggewichte (versteckt).
1 Auswuchtgewicht mit Haltefeder am Felgenhorn geklammert,
2 Auswuchtgewicht auf Innenseite des Felgentiefbetts geklebt,
3 Auswuchtgewicht auf Innenseite der Felgenschulter geklebt.
a Abstand des Wuchtgewichts zur Radmitte,
D Abstand des Wuchtgewichts zur Drehachse.

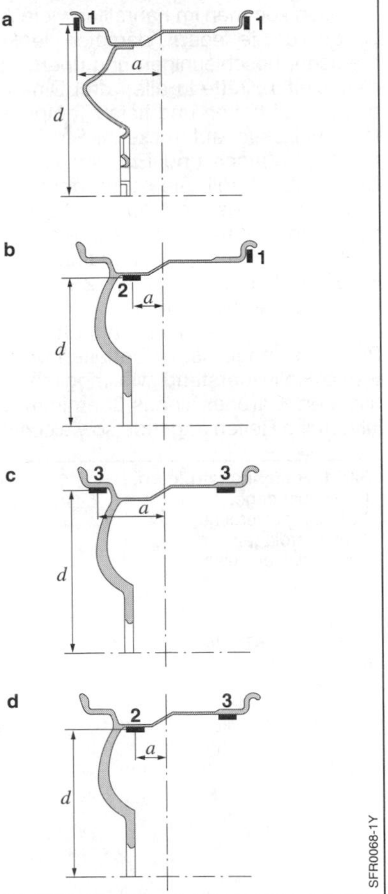

Reifen

Aufgaben und Anforderungen

Der Reifen ist das einzige Bauteil des Fahrzeugs, das mit der Fahrbahn in Kontakt kommt. Er übernimmt damit eine fahrdynamische Schlüsselposition. Nachgeschaltete Fahrdynamik-Regelsysteme wie das Antiblockiersystem, die Antriebsschlupfregelung und das elektronische Stabilitätsprogramm sind immer nur so effektiv, wie der Reifen das im Rahmen seines momentanen Kraftübertragungspotentials zulässt. Am Reifen entscheidet sich letztlich die aktive Sicherheit eines Fahrzeugs.

Reifen kommen im Fahralltag viele Aufgaben zu: Sie federn, dämpfen, lenken, bremsen, beschleunigen und übertragen gleichzeitig Kräfte in allen drei Dimensionen – bei hohen und tiefen Temperaturen, bei Nässe, auf trockener Straße, auf Schnee, Matsch und Eis, auf Asphalt, Beton und Geröll. Sie sollen geradeaus rollen, präzises Lenken ermöglichen, Fahrbahnunebenheiten absorbieren, das Fahrzeug sicher zum Stehen bringen und leise und komfortabel sein. Zudem sollen sie lange halten, ihren Charakter mit zunehmendem Alter und abnehmender Profiltiefe möglichst beibehalten und so wenig Rollwiderstand wie möglich produzieren. Darüber hinaus übernimmt der luftgefüllte Reifen tragende sowie schwingungsdämpfende und komfortspendende Aufgaben und stellt so ein aktives und voll integriertes Fahrwerkselement dar. Die aus den Aufgaben resultierenden Anforderungen an einen Pkw-Reifen lassen sich folgendermaßen zusammenfassen:

- Hochgeschwindigkeitsfestigkeit,
- Dauerhaltbarkeit,
- Abriebsfestigkeit (Laufleistung),
- geringer Rollwiderstand,
- gute Nässeeigenschaften (Aquaplaning, Nassbremsen, Nasshandling),
- guter Abrollkomfort, leises Abrollgeräusch,
- gutmütige Fahreigenschaften im Grenzbereich,
- Alterungsbeständigkeit,
- präzise Lenkeigenschaften (Handling),
- kurze Bremswege,
- gute Montierbarkeit,
- Rundlauf und Gleichförmigkeit,
- Wirtschaftlichkeit,
- Verletzungsresistenz,
- Chemikalien-Unempfindlichkeit.

Der wesentliche und sichtbare Werkstoff des Reifens ist Gummi, ein elastisches bis viskoses Material, dem der Reifen einen Großteil seiner typischen und für das Fahrzeug so bedeutenden Eigenschaften verdankt.

Bild 1: Reifenkonstruktion.
1 Nylonbandage,
2 Stahlgürtelverbund,
3 Textilcordlagen in Radialbauweise (Karkasse),
4 Lauffläche mit Reifenprofil (Profilrippe)
5 Lauffläche (Profilrille)
6 Reifenschulter,
7 Seitenwand,
8 Kernreiter,
9 Wulst mit Wulstkern (Stahlseele, mehrere miteinander verdrillte dünne Stahlseile).

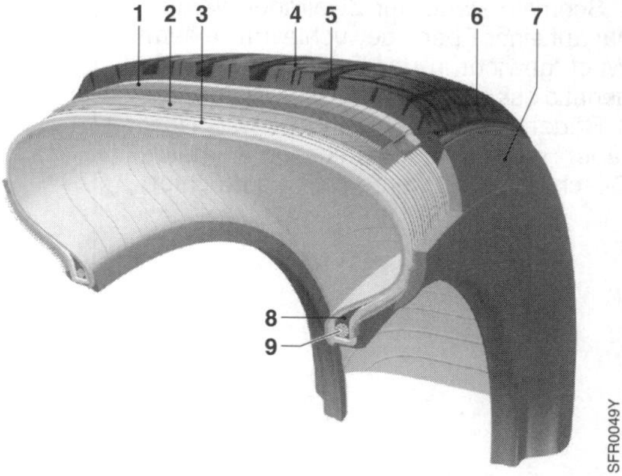

Reifenkonstruktion

Aufbau und Komponenten

Reifen stellen eine komplexe Konstruktion aus verschiedenen, sich gegenseitig beeinflussenden Rohstoffen, Bauteilen und Chemikalien dar. Ein Standard-Pkw-Reifen besteht aus bis zu 25 verschiedenen Aufbauteilen und bis zu zwölf unterschiedlichen Kautschukmischungen.

Den hohen Anforderungen der Fahrzeugindustrie und der Verbraucher genügt heute nur noch der schlauchlose, in Radialbauweise und in zwei Stufen gebaute Stahlgürtelreifen.

Ingredienzien

Zu den Ingredienzien eines Radialreifens gehören:
- Natur- und Synthesekautschuk (ca. 40 %),
- Füllstoffe, z.B. Ruß, Silica, Silane, Kohlenstoff und Kreide (ca. 30 %),
- Festigkeitsträger, z.B. Stahl, Aramid, Polyester, Rayon und Nylon (ca. 15 %),
- Weichmacher, z.B. Öle und Harze (ca. 6 %),
- Vulkanisationsbeschleuniger, z.B. Schwefel, Zinkoxid, Stearine (ca. 6 %),
- Alterungsschutzmittel, z.B. UV- und Ozonblocker (ca. 2 %).

Für die toxologisch bedenklichen Weichmacher und paraffinierten Öle gelten in der EU seit 2010 besonders strenge Grenzwerte. Zunehmend werden von den Herstellern deshalb unkritischere Naturöle (z.B. Sonnenblumenöl) eingesetzt.

Karkasse

Über eine dünne Innenschicht aus luftdichtem Butylkautschuk spannt sich die Karkasse (Bild 1). Rund 1 400 gummierte Cordfasern aus Rayon (Baumwollableger), Nylon oder Polyester vereinen sich in einer oder mehreren Karkassenlagen zum entscheidenden Festigkeitsträger, zum elastischen „Gerüst" des Reifens. Die Cordfäden verlaufen radial, also im rechten Winkel zur Reifenebene von Wulst zu Wulst – deshalb die Bezeichnung Radialreifen. Diagonalreifen, bei denen die Karkassenfäden schräg (diagonal) zur Reifenebene angeordnet sind, spielen heute praktisch keine Rolle mehr.

Wulst

Der Wulst hat die wichtige Aufgabe, den sicheren und abdichtenden Sitz des Reifens auf der Felge zu gewährleisten. Antriebs- und Bremsmomente werden über diese entscheidende Koppelstelle von der Felge auf die Lauffläche des Reifens und so auf die Straßenoberfläche übertragen. Im Wulstkern sitzt ein Kabel aus mehreren Stahldrähten, von denen jeder einzelne bis zu 1 800 kg Last [1] tragen kann.

Seitenwand

Eine dünne und hochflexible Gummiflanke bildet die Seitenwand und damit die flexible Zone des Reifens aus. Die Seitenwand (Reifenflanke) ist aber auch der verletzungsempfindlichste Bereich des Reifens.

Pannensichere Run-Flat-Reifen hingegen verfügen über deutlich dickere Seitenwände als herkömmliche Bauformen (Bild 2). Bei einem Luftverlust sackt die Felge nicht auf den Reifenunterbau ab und kann ihn so nicht zerstören. Zudem gewährleisten selbst völlig luftleere Run-Flat-Reifen vorübergehend ein gewisses Restmaß an Lenkfähigkeit und Fahrstabilität bis zu 80 km Fahrstrecke bei einer Geschwindigkeit bis zu 80 km/h.

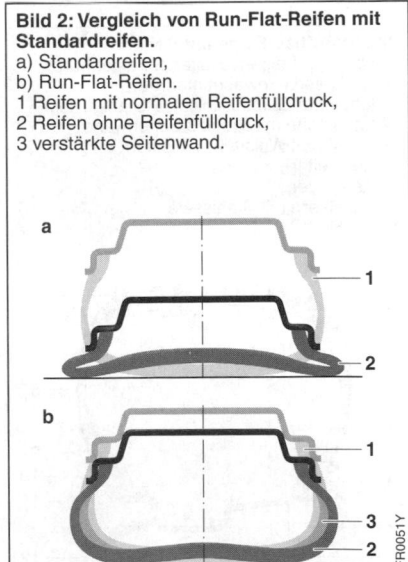

Bild 2: Vergleich von Run-Flat-Reifen mit Standardreifen.
a) Standardreifen,
b) Run-Flat-Reifen.
1 Reifen mit normalen Reifenfülldruck,
2 Reifen ohne Reifenfülldruck,
3 verstärkte Seitenwand.

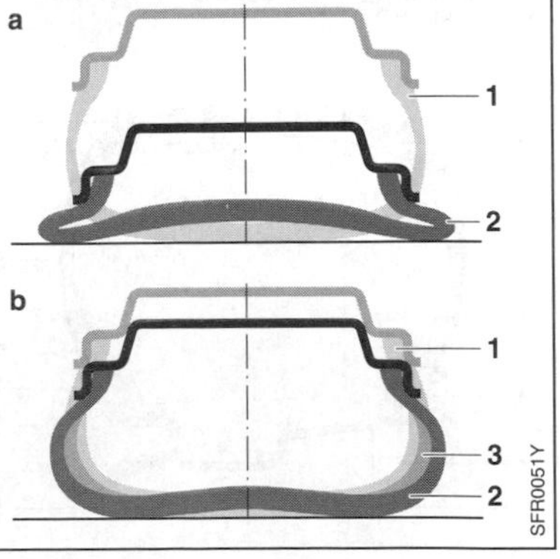

Bombierung zum Rohling
Der fertige, zylinderförmige Verbund aus Karkasse, Innenschicht, Wulst und Seitenwänden wird über eine Bautrommel geschoben, deren Außendurchmesser dem Innendurchmesser dieser Reifenvorstufe und dem des späteren Reifens entspricht. Auf dieser Bautrommel wird der zylinderförmige Verbund zur „echten" Reifenform bombiert (aufgebläht und fixiert) und anschließend weiter aufgebaut.

Weil die Karkassenfäden radial, also quer zur Laufrichtung verlaufen, könnte die Karkasse Querkräfte bei Kurvenfahrt sowie Umfangskräfte beim Beschleunigen und Bremsen alleine nur ungenügend übertragen. Sie braucht also Unterstützung. Diese Aufgabe übernimmt der darüber aufgelegte Stahlgürtelverbund. Zwei oder mehr Lagen aus verdrillten, messing- und gummibeschichteten Stahldrähten (Stahlcord) laufen nicht in Umfangsrichtung, sondern in spitzen Winkeln zwischen 16 ° und 30 ° abwechselnd zueinander. Hochgeschwindigkeitstaugliche Reifen werden zudem durch eine Nylon- oder Aramidbandage stabilisiert, die ein zentrifugalkraftbedingtes Umfangswachstum unterdrückt. Die Lauffläche umschließt die Karkasse.

Bild 3: Aufbau Felge mit Reifen.
1 Hump, 2 Felgenschulter, 3 Felgenhorn,
4 Karkasse (Gewebeunterbau),
5 luftdichte Gummischicht, 6 Stahlgürtel,
7 Lauffläche mit Profil, 8 Seitenwand,
9 Wulst (mit Wulstfuß, Wulstkern und Kernreiter),
10 Kernreiter,
11 Wulstkern mit Stahlseele,
12 Ventil.

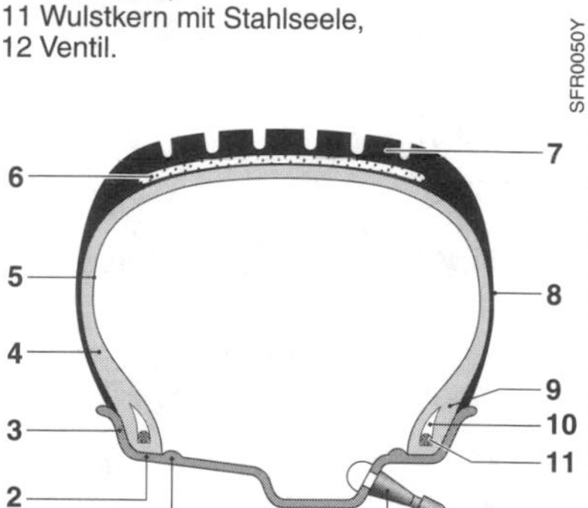

Vom Rohling zum fertigen Reifen
Der Reifen heißt in diesem vorletzten Stadium Rohling und wird nun in eine Heizpresse gelegt. In deren Inneren befindet sich eine auswechselbare Mulde – eine exakt ausgeformte Negativform des später fertigen Reifens. In dieser Heizform wird der Reifenrohling unter Dampfdruck (ca. 15 bar) und Hitze (bis 180 °C) bis zu dreißig Minuten „gebacken" und erhält erst hier sein endgültiges, typisches Erscheinungsbild. Der Gummi der Lauffläche kriecht beim Heizen exakt und hohlraumfrei in die Reifen-Negativform der Heizpresse, so entstehen das Laufflächenprofil sowie die Seitenwandbeschriftung. Durch den in einem vorhergegangenen Prozess beigefügten Schwefel vulkanisiert der zuvor plastische Kautschuk zu elastischem Gummi und erhält so seine gewünschten Betriebseigenschaften.

Die Lauffläche mit Profil sorgt für geringen Rollwiderstand, Wasserverdrängung, gute Straßenhaftung sowie hohe Laufleistung.

Ein fertiger Reifen der in der Pkw-Mittelklasse üblichen Reifendimension 205/55 R 16 91 H wiegt rund 8,5 kg. Ein Nfz-Reifen der gängigen Größe 385/65 R22.5 wiegt rund 75 kg.

Reifen mit Rad
Zusammen mit der Felge, dem Reifenventil und den Auswuchtgewichten bildet der Reifen das betriebsbereite Rad des Autos (Bild 3). Der gummielastische Reifen wird mit Druckluft befüllt und ist erst dann in der Lage, Kräfte aufzunehmen und zu übertragen. Der Reifenfülldruck beträgt bei einem Pkw üblicherweise 2…3,5 bar, bei einem Lkw 5…9 bar. Nicht der Reifen selbst, sondern die Füllluft trägt das Gewicht des Fahrzeugs.

Unterschiede zwischen Nfz- und Pkw-Reifen
Im Vergleich zu Pkw-Reifen sind Nfz-Reifen konstruktiv zwar weitgehend ähnlich, aber größer, breiter und schwerer. Der Reifenfülldruck ist mit 5...9 bar erheblich höher als ca. 2...3,5 bar bei Pkw-Reifen.

Vorrangiges Entwicklungsziel ist wie bei Pkw-Reifen die Ausgewogenheit aller Parameter und vor allem die Laufleistung. Deshalb haben Nfz-Reifen eine vergleichsweise harte, verschleißarme Lauffläche, die zudem nachschneidbar (regroovable) und erneuerbar (retreadable) ist. Die Runderneuerung eines so gekennzeichneten abgefahrenen Reifens ist möglich, wenn der Reifenunterbau (Karkasse) unversehrt ist.

Obwohl der Rollwiderstand eines Lkw-Reifens geringer ist als der eines Pkw-Reifens, ist beim Lkw der Einfluss auf den Kraftstoffverbrauch des Fahrzeugs größer aufgrund des höheren Fahrzeuggewichts und der Anzahl der Achsen. Zu den weiteren wichtigen Reifeneigenschaften zählen neben hoher Tragfähigkeit (pro Reifen bis zu 3...4 t) guter Geradeauslauf, gute Seitenführung und Traktion. Der Trend geht bei Lkw-Reifen zu immer kleineren Reifendimensionen. So lässt sich die nutzbare Ladehöhe und damit das Transportvolumen vergrößern.

Reifenfülldruck

Die Kraftfahrzeughersteller geben für jedes Fahrzeug zwei Werte für den Reifenfülldruck an – den Teillastfülldruck für das teilbeladene Fahrzeug und den Volllastfülldruck für das vollbeladene Fahrzeug oder hohe Fahrgeschwindigkeiten. Die Werte richten sich in erster Linie nach dem Fahrzeuggewicht, nach dessen Höchstgeschwindigkeit, nach der Reifenbauart und nach der Reifengröße. In der Regel gelten für Vorder- und Hinterachse unterschiedliche Solldrücke. Gemessen und eingestellt werden darf der Reifenfülldruck nur am kalten, d.h. nicht durch Fahrbetrieb erhitzten Reifen.

Ein korrekter Reifenfülldruck ist wichtig für
- optimale Aufstandsfläche und optimalen Bodenkontakt,
- kürzestmöglichen Bremsweg,
- optimale Nasshaftung,
- ausgewogene Kurvenstabilität,
- niedrige Abrollgeräusche,
- niedrigen Rollwiderstand,
- geringe Walkarbeit und Wärmeproduktion.

Ein zu geringer Reifenfülldruck führt jeweils zu den Gegenspielern obiger Parameter sowie zu
- reduzierter Lebensdauer,
- erhöhtem und teils ungleichmäßigem Abrieb,
- schleichender struktureller Zerstörung,
- Gefahr plötzlichen Reifenplatzers,
- erhöhter Unfallgefahr,
- erhöhtem Kraftstoffverbrauch.

Zu hoher Reifenfülldruck (im Vergleich zu zu niedrigem weit weniger kritisch)
- führt zu Einbußen beim Abrollkomfort,
- verkleinert die Bodenaufstandsfläche (Reifen „stellt sich auf") und verschenkt damit Seitenführungs- und Bremskraftpotential,
- verursacht verstärkten Mittenabrieb,
- reduziert aber nur geringfügig den Rollwiderstand.

Reifenprofil

Der Reifen ist über den gesamten Umfang mit geometrisch ausgeformten Profilrillen, -rippen und -kanälen sowie zusätzlichen, Griffkanten bildenden Einschnitten (Lamellen) versehen (Bild 4).

Die wichtigste Aufgabe des in die Lauffläche integrierten Profils (nicht geschnitten, sondern geheizt) ist die ausreichende Aufnahme und Ableitung von Wasser auf der Fahrbahn (bei Winterreifen auch Schnee und Matsch), da Nässe und selbst nur Oberflächenfeuchtigkeit die Haftungseigenschaften negativ beeinflussen. Der Bremsweg ist deswegen nicht nur von der durch die beiden Reibpartner Laufflächengummi und Straßenoberfläche produzierten Effekte Verzahnung und Adhäsion abhängig (siehe Reifenhaftung). Mit zunehmendem Reifenverschleiß verlängert sich der Bremsweg auf nasser Fahrbehn.

Mindestprofiltiefe

Sommerreifen
Die gesetzlich vorgeschriebene Mindest-Profiltiefe (EU-Richtlinie 89/459 von 1989 [2]) ist in den meisten europäischen Ländern auf 1,6 mm (für Pkw) festgeschrieben.

Bild 4: Reifenprofil.
a) Typisches Profil eines Sommerreifens,
b) typisches Profil eines Winterreifens.
1 Verschleißmarker.

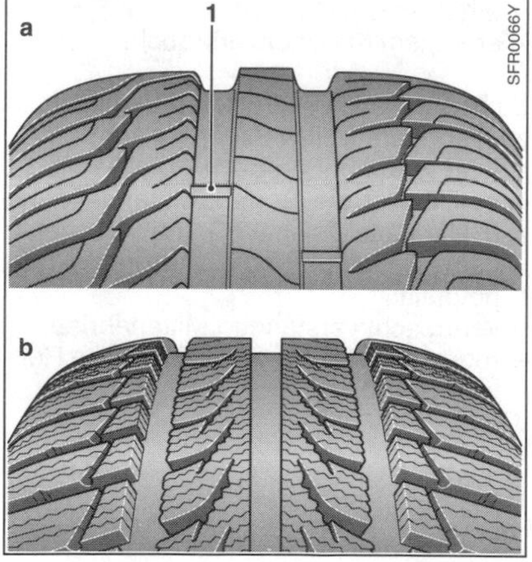

Winterreifen
Bei Winterreifen variiert die Mindestprofiltiefe je nach Land sehr stark. In Österreich z. B. gilt für Pkw-Winterreifen eine Mindestprofiltiefe von 4,0 mm.

Abrieberkennungshilfe
Zur Überprüfung der gesetzlich vorgeschriebenen Mindestprofiltiefe von 1,6 mm befinden sich im Hauptprofilgrund mehrere über die gesamte Lauffläche verteilte kleine Gummihöcker von exakt 1,6 mm Höhe. Wird ein solcher Verschleißmarker (TWI, Tread Wear Indicator) des Reifens durch Kontakt mit der Straßenoberfläche gerade eben berührt, darf der Reifen nicht mehr im Straßenverkehr benutzt werden.

Lkw-Reifen mit der Kennzeichnung „Regroovable" (nachschneidbar) auf der Flanke dürfen um die vom Reifenhersteller freigegebene Nachschneidetiefe (je nach Reifenausführung 2...4 mm) nachgeschnitten werden, idealerweise wenn die Restprofiltiefe noch 2 bis 4 mm beträgt. Bei Pkw-Reifen ist das Nachschneiden grundsätzlich verboten.

Aquaplaning

Bei höheren Geschwindigkeiten oder wenn ein geschlossener Wasserfilm auf der Fahrbahn steht, kann das Profil nicht mehr genügend Wasser in sich aufnehmen und zur Seite und nach hinten ableiten. Es schiebt sich ein Wasserkeil zwischen Reifen und Fahrbahn, die Reifen schwimmen auf, das Fahrzeug verliert

Bild 5: Aquaplaning.
1 Fahrtrichtung,
2 Schwallgebiet.

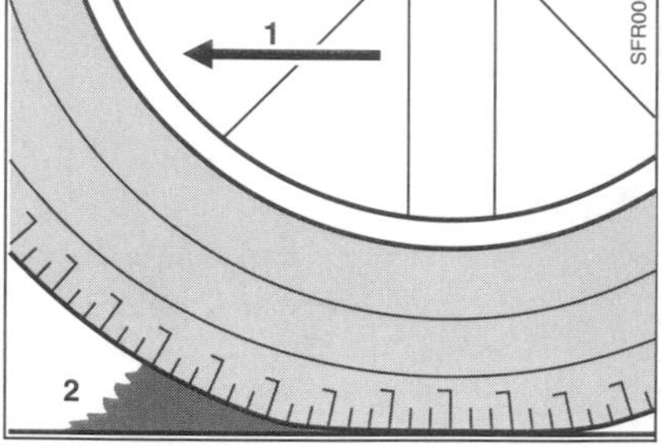

seine Kontrollierbarkeit – es tritt Aquaplaning ein (Bild 5).

Der Reifen schwimmt genau dann auf, wenn der Druck des keilförmigen Schwallwassers vor dem Reifen höher ist als der Druck des Reifens auf die Straße. Dieser Druck wächst mit dem Quadrat der Fahrgeschwindigkeit. Weil der kritische Druck, bei dem der Reifen aufschwimmt, ungefähr gleich dem Reifeninnendruck ist, schwimmen Pkw-Reifen mit einem Reifenfülldruck von ca. 2,3 bar bei einer wesentlich geringeren Geschwindigkeit auf als Lkw-Reifen mit 8 bar. Das Fahren mit geringerem Reifenfülldruck als vorgeschrieben senkt die ohnehin niedrige Geschwindigkeit, ab der Aquaplaning auftritt, bei Pkw-Reifen abermals deutlich.

Reifenkontur, Profilgestaltung und Profiltiefe können die Geschwindigkeit, ab der Aquaplaninggefahr besteht, verschieben. Schmale Reifen schwimmen wegen des höheren Drucks auf die Fahrbahn (Flächenpressung, Gewichtskraft pro Aufstandsfläche) grundsätzlich erst bei höheren Geschwindigkeiten auf als Breitreifen, zudem müssen sie deutlich weniger Wasservolumen kanalisieren. Drainagekanäle und abgerundete Kontaktflächen von Breitreifen senken deren Aquaplaningrisiko auf ein vertretbares Maß. Zum Vergleich: Ein Reifen mit 220 mm Nennbreite muss bei 80 km/h und einer Regenwasserhöhe von 3 mm etwa 15 Liter pro Sekunde verdrängen, um gerade nicht aufzuschwimmen. Bei einem 140 mm „schmalen" Reifen sind es etwa 10 Liter.

Bild 6: Bremsweg von 80 km/h zum Stillstand auf nasser Strecke mit neuen Reifen und mit abgefahrenen Reifen [3].
A Bremsweg mit 8 mm Profiltiefe: 42,3 m.
B Bremsweg mit 3 mm Profiltiefe: 51,8 m.
C Bremsweg mit 1,6 mm Profiltiefe: 60,9 m.
v_R Restgeschwindigkeit.

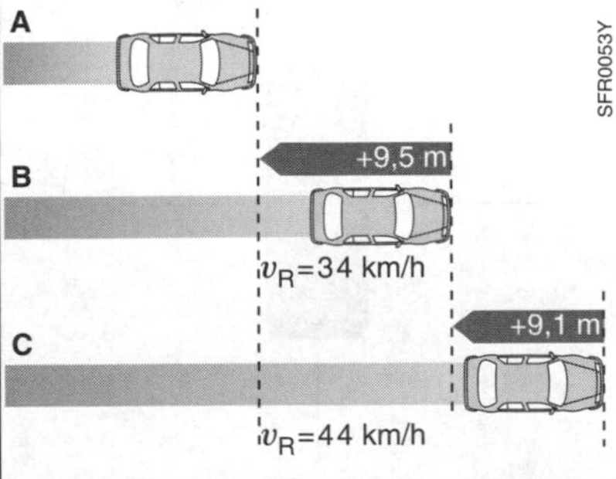

Nassbremsen

In welchem weiteren Punkt die Profiltiefe für die Verkehrssicherheit von entscheidender Bedeutung ist, zeigt Bild 6: Der Bremsweg auf regennasser Fahrbahn ist bei einem fast abgefahrenen Reifen (Profiltiefe 1,6 mm) rund 50 % länger im Vergleich zu einem Neureifen gleicher Größe (Profiltiefe 8 mm).

Die Restgeschwindigkeit v_R bezeichnet die Geschwindigkeit des schlechteren Bremsers im Moment des Stillstands des Fahrzeugs mit besseren Reifen. Sie berechnet sich zu

$$v_R = \sqrt{v_0^2 \cdot \left(1-\frac{s_1}{s_2}\right)} \quad \text{in m/s,}$$

mit

v_0 Fahrgeschwindigkeit zu Beginn des Bremsvorgangs in m/s,

s_1 Bremsweg mit Fahrzeug 1 (mit besseren Reifen) in m,

s_2 Bremsweg mit Fahrzeug 2 (mit abgefahrenen Reifen) in m.

Die Restgeschwindigkeit ist ein Maß für die zu erwartende theoretische Unfallschwere im Fall einer Kollision.

Diese rechnerisch ermittelten Unterschiede lassen sich allerdings in der Praxis nur von extrem reaktionsschnellen und routinierten Fahrern realisieren. Viele Autofahrer sind beherztes ABS-Vollbremsen nicht gewohnt, der Anhalteweg verlängert sich deutlich. Potentiell kürzer bremsende Reifen kommen nur dann zum Zug, wenn das Fahrzeug mit einem Bremsassistenten ausgestattet ist.

Kraftübertragung

Die vier Aufstandsflächen (Latsch) stellen die unmittelbare und einzige Verbindung zwischen Fahrbahnoberfläche und Kraftfahrzeug dar.

Schräglaufwinkel und Schlupf
Erst die unter einem Winkel zur Radrollebene (Schräglaufwinkel α, Bild 7) abrollenden und sich dabei verformenden sowie dabei stets mehr oder weniger durchrutschenden Reifen (siehe Schlupf) übertragen gleichzeitig und innerhalb physikalischer Grenzen die vom Fahrer durch Lenken, Bremsen und Gasgeben angeforderten Kräfte. Umgekehrt gilt: Ein nicht schräg abrollender oder durchrutschender Reifen überträgt keine Kräfte.

Mit zunehmendem Schräglaufwinkel sowie zunehmendem Schlupf überträgt der Reifen immer höhere Kräfte. Allerdings verläuft dieses Verhältnis nicht linear. Nach Erreichen eines jeweiligen Höchstwerts kehrt sich der Effekt wieder um (Bild 8). Bei Pkw-Reifen liegt dieser Umkehrpunkt für den Schräglaufwinkel bei etwa 4...7 °, das entspricht einem zu starken Lenkradeinschlag. Für den Schlupf liegt der Umkehrpunkt bei 10...15 % (auf Schnee bis zu 30 %). Zu großer Schlupf ist eine Folge von übermäßigem Gasgeben oder zu starkem Bremsen. Werden Lenkeinschlag oder Bremsdruck noch weiter erhöht, blockieren bei nicht vorhandenem Antiblockiersystem die Räder. Der Schlupf beträgt dann –100 %.

Bild 7: Schräglaufwinkel.
1 Radrollebene,
2 Tangente an die Fahrtrichtung,
3 Fahrtrichtung.
α Schräglaufwinkel.

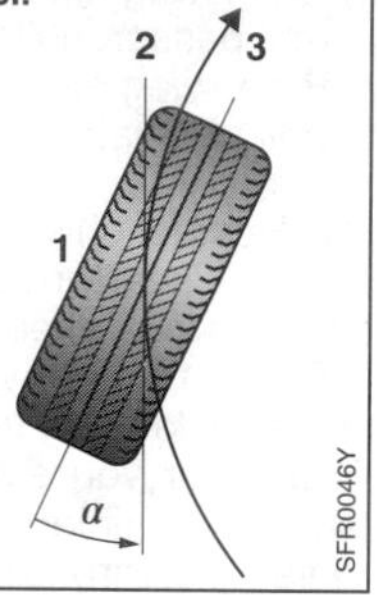

Bild 8: Abhängigkeit des Reibbeiwerts vom Schlupf.

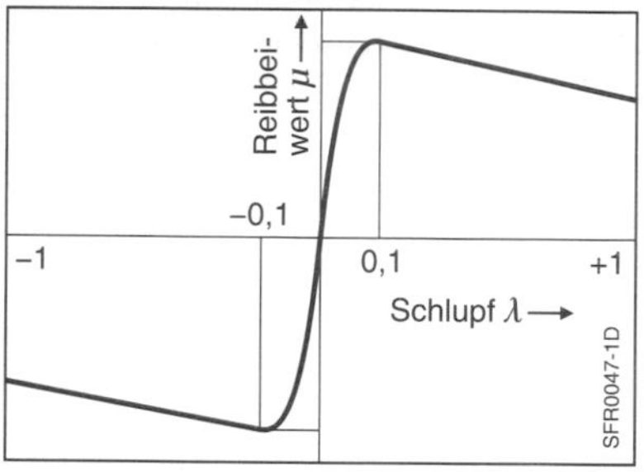

Längs- und Querkräfte
Tritt an einem Reifen gleichzeitig eine Kraft F_x in Umfangsrichtung und eine Seitenkraft F_y auf (z.B. bei Bremsung während einer Kurvenfahrt), so kann die resultierende übertragene Horizontalkraft

$$F_\mathrm{h} = \sqrt{F_x^2 + F_y^2}$$

den Wert $\mu_\mathrm{h} F_z$ nicht überschreiten. Dieser Sachverhalt lässt sich anhand des Kamm'schen Kreises veranschaulichen (Bild 9). Der Radius des Kamm'schen Kreises ist gleich der maximalen über den Reifen übertragbaren horizontalen Kraft $\mu_\mathrm{h} F_z$. Die maximale Seitenkraft F_y ist also kleiner, wenn gleichzeitig eine Kraft F_x in Umfangsrichtung auftritt. Mit den in Bild 9 eingezeichneten Kräften F_x und F_y liegt das Rad genau an der Grenze der maximal übertragbaren Horizontalkraft.

Bild 9: Kamm'scher Kreis.
F_x Umfangskraft, F_y Seitenkraft,
F_z Normalkraft, $_\mathrm{h}$ Haftreibungsbeiwert.

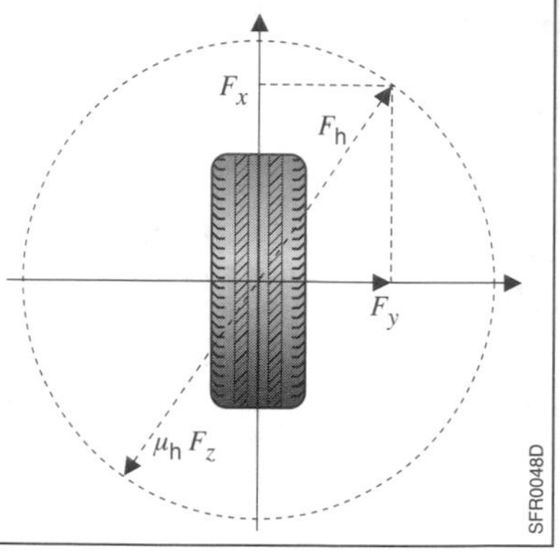

Reifenhaftung

Haftungsentstehung

Reifen müssen auf nur vier etwa postkartengroßen Flächen sämtliche dynamischen Kräfte übertragen. Die hierfür erforderliche Haftung zwischen Kontaktfläche der Reifen und der Fahrbahnoberfläche entsteht durch mehrere gleichzeitig auftretende Phänomene. Im Wesentlichen sind es Formschluss (wird im hier vorliegenden Zusammenhang auch Verzahnungseffekt genannt) und Kraftschluss durch molekulare Anziehungskräfte (Adhäsion).

Betrachtet man von außen ein mit konstanter Geschwindigkeit vorbeifahrendes Fahrzeug, bleibt beim Abrollen des Reifens die sich kontinuierlich ändernde Bodenaufstandsfläche bezüglich des Fahrzeugs scheinbar ortsfest (Bild 10) – während jeder einzelne Gummiblock des Reifenprofils in diese zwangsweise sich abplattende Kontaktfläche einläuft, sich verformt und am anderen Ende wieder „ausgestoßen" wird. In dieser Kontaktfläche entstehen dadurch Relativbewegungen und somit Schlupf: Jeder einzelne Gummiblock rutscht während der Verweildauer in der Aufstandsfläche mehr oder weniger durch.

Bild 10: Abflachung in der Kontaktfläche zwischen Reifen und Fahrbahn.

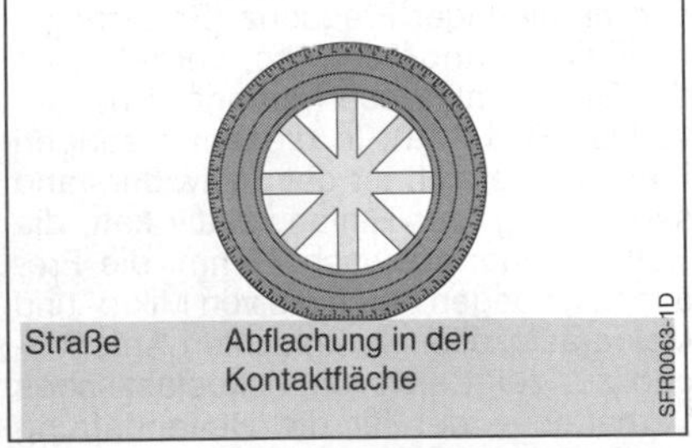

Bild 11: Mikro- und Makrorauigkeit einer trockenen Fahrbahnoberfläche.

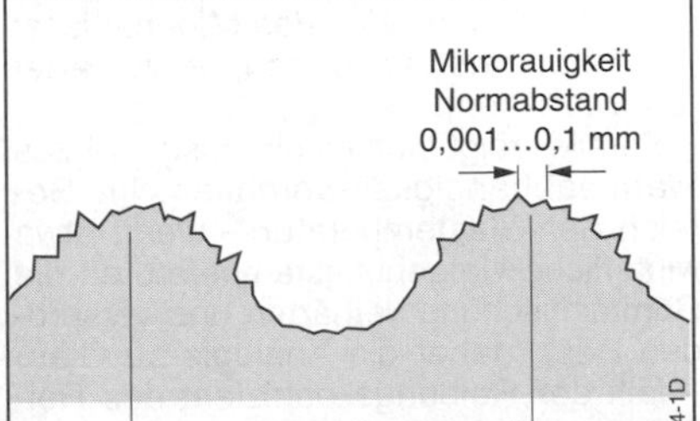

Viskoelastizität

Viskoelastizität beschreibt die zeit-, temperatur- und frequenzabhängige Elastizität sowie die Zähflüssigkeit von polymeren und elastomeren Stoffen (z.B. von Kunststoffen, Gummi). Innere Dämpfung, Molekülverhakungen und Kriechprozesse verhindern die beiden Extremzustände „vollkommen elastisch" (z.B. wie eine Sprungfeder) und „hoch viskos" (wie ein Festkörper). Verformung und die sie verursachende Kraft sowie die mechanische Spannung laufen zeitlich versetzt ab.

Verzahnungseffekt

Der Verzahnungseffekt entsteht durch den direkten und intensiven Kontakt des Reifens mit der Straße, abhängig von der Mikro- und der Makrorauigkeit des Fahrbahnbelags (Bild 11). Beim Kontaktflächendurchlauf trifft der betrachtete Profilblock gegen eine Erhebung im Asphalt, wird gestaucht und rutscht auf der anderen Seite der Erhebung beschleunigt wieder ab. Nur wenn er dabei Schlupf produziert, kann er in tangentialer Richtung eine Gegenkraft umgekehrt zur

Bild 12: Be- und Entlastung eines viskoelastischen Stoffs.
1 Spannung, Kraft pro Flächeneinheit,
2 Verformung, Streckung oder Stauchung relativ zur Ausgangsgröße.
δ Phasenverzug,

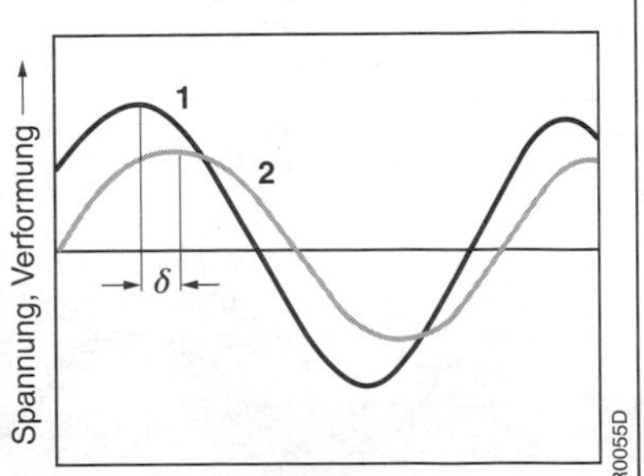

Abrollrichtung aufbauen, die dem Gleiten entgegenwirkt und so das Übertragen von Lenk-, Antriebs- oder Bremskräften ermöglicht.

Aufgrund seiner viskoelastischen Eigenschaften kehrt ein Gummiblock nach seiner Verformung nicht sogleich in seine Ursprungsform zurück, die Spannung läuft der sie verursachenden Verformung zeitlich hinterher (Bild 12). Dieser gummitypische Effekt einer Hysterese führt aufgrund der zyklischen Verformung des viskoelastischen Gummis zu einem Energieverlust in Form nicht nutzbarer Wärme und damit zu einem Beitrag zur Reibung (Hysteresereibung) Die Komponente der Reibungskraft parallel zur Fahrbahnoberfläche ermöglicht so das Übertragen von Antriebs- beziehungsweise Bremskräften.

Das Prinzip der formschlüssigen Haftung funktioniert auch auf feuchten und nassen mikro- und makrorauen Fahrbahnoberflächen, allerdings mit eingeschränkter Wirksamkeit. Bild 13 veranschaulicht, dass mikrofeine Asphaltspitzen den Feuchtigkeitsfilm durchdringen können und so der Verzahnungseffekt erhalten bleibt. Jedoch bildet sich über den abgerundeteren lokalen Erhebungen ein geschlossener Wasserfilm.

Voraussetzung für den Verzahnungseffekt ist das Vorhandensein von mikro- und makroskopisch kleinen Straßenunebenheiten. Auf einer völlig glatten Oberfläche (der Kraftschlussbeiwert μ geht gegen null) würde der Verzahnungseffekt vollständig ausbleiben.

Durch den Verzahnungseffekt und durch innermolekulare Reibung erwärmt sich ein abrollender Reifen. Der daraus resultierende Energieverlust ist mit verantwortlich für den Rollwiderstand des Reifens, der rund 20...25 % des Kraftstoffverbrauchs eines Fahrzeugs ausmacht.

Bild 13: Mikro- und Makrorauigkeit auf feuchter oder nasser Fahrbahnoberfläche.
1 Makrorauigkeit kanalisiert und lagert das Wasser ein, kann aber den Restfilm nicht durchbrechen.
2 Mikrorauigkeit erzeugt lokale Druckspitzen und kann so den Restfilm durchbrechen.

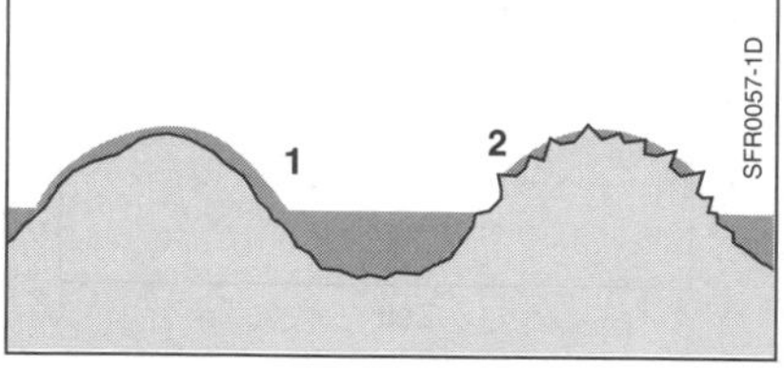

Adhäsion

Die molekulare Haftung entsteht durch die Wechselwirkung und den intensiven Kontakt zwischen Reifen und trockener Straße. Infolge der Bildung und des Wiederaufbrechens von adhäsiven Verbindungen an den Kontaktstellen ergibt sich ein Beitrag zum Reibwert (Adhäsionsreibung). Bei nasser Straße versagt die molekulare Haftung, während der Verzahnungseffekt wirksam bleibt.

Der Frequenzbereich der molekularen Haftung, angeregt durch die mikroraue Straßenoberfläche bei scharfem Bremsen und bei extremer Kurvenfahrt, umfasst das Spektrum von $10^6...10^9$ Hz.

Lastfrequenz und Temperatur

Zwei weitere wichtige Einflussfaktoren auf die Güte der Haftung sind noch zu nennen: Wird der Reifen beim Abrollen nur mit niedriger Frequenz (Belastungshäufigkeit) angeregt, so verhält sich der Gummi elastisch (geringer Energieverlust, Bild 14a). In diesem niedrigen Frequenzbereich ist der Rollwiderstand sehr gering, der Reifen relativ kalt, die Haftung eher schwach. Nimmt die Frequenz hingegen durch die von Mikro- und Makrorauigkeiten verursachten Anregungen zu, zeigt sich ein viskoelastisches Verhalten – der für die Reifenhaftung ideale Bereich (Energieverlust hat sein Maximum). Nimmt die Frequenz weiter zu, sinken Viskosität (Fließfähigkeit) und Energieverlust wieder, das Material lässt sich kaum noch verformen, es verhärtet (Glasverhalten).

Parallel zeigt Gummi ein ausgeprägtes Wärmeabhängigkeitsverhalten: Im Bereich der Glastemperatur – wenn etwa winterliche Umgebungstemperaturen die Gummimischung verhärten und verspröden lässt (daher die Analogie zu Glas) – fällt der Reibungskoeffizient des Reifengummis durch dessen zunehmende molekulare Unbeweglichkeit und damit der Energieverlust markant ab (Bild 14b).

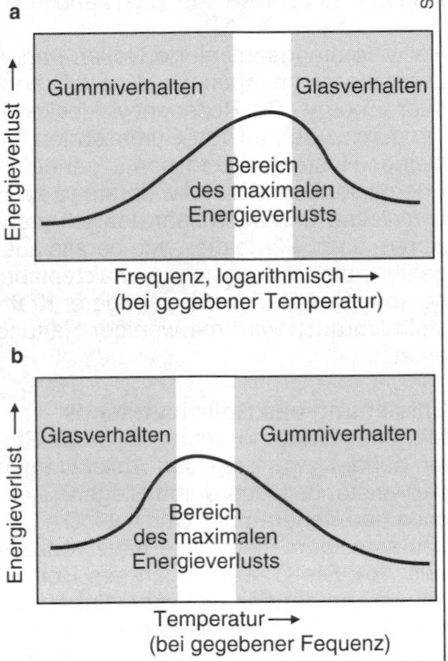

Bild 14: Energieverlust im Reifen als Funktion von Frequenz und Temperatur.
a) Verhalten als Funktion der Frequenz,
b) Verhalten als Funktion der Temperatur.

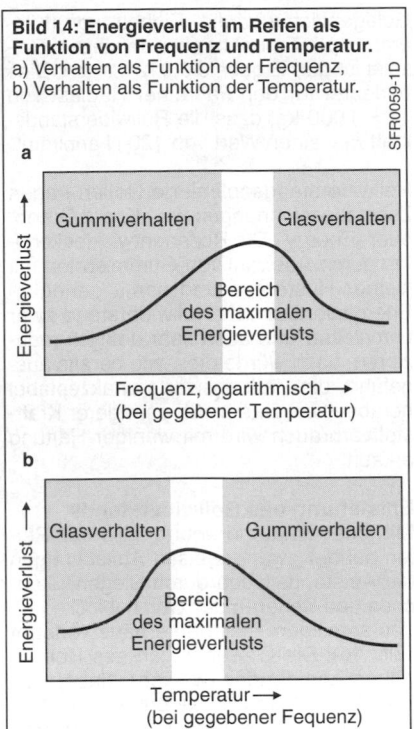

SFR0059-1D

Umgekehrt lassen sich höhere Kräfte übertragen, wenn der Reifen in seinem optimalen Betriebstemperaturbereich bewegt wird.

Für Gummi lässt sich also eine umgekehrt proportionale Abhängigkeit zwischen Temperaturanstieg und Belastungshäufigkeit (Frequenz) feststellen. So steigt die Glastemperatur eines Elastomers von –20 °C bei nur 10 Hz auf +10 °C bei 10^5 Hz an (Bild 15). Mischungsentwickler sind in der Lage, Gummimischungen mit einer Glastemperatur zwischen –60 °C und 0 °C bei einer Frequenz von 10 Hz zu entwerfen.

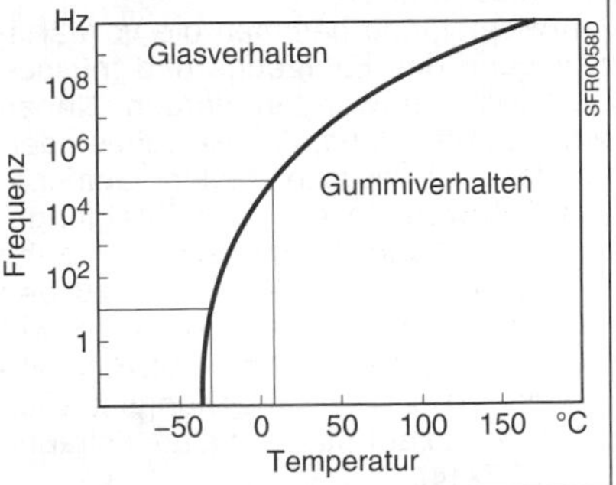

Bild 15: Gummiverhalten als Funktion von Frequenz und Temperatur.

Sonderfall Gummireibung
Das klassische Coulomb'sche Reibungsgesetz ($F_R = \mu mg$) gilt für vulkanisierten Reifengummi nicht. Dessen Reibungskoeffizient μ (auch als Reibbeiwert oder Reibungszahl bezeichnet) ist nicht konstant, sondern
- steigt mit abnehmender Flächenpressung (Kraft pro Kontaktfläche, Angabe in N/mm^2),
- sinkt mit steigender Flächenpressung,
- hängt von der Gleitgeschwindigkeit ab,
- hängt von der Temperatur und der Belastungshäufigkeit (Frequenz) ab.

Das Phänomen der Haftungszunahme mit abnehmender Flächenpressung erklärt die Bedeutung sehr breiter (und damit flächenpressungsarmer) Reifen im Motorsport.

Rollwiderstand

Begriffsdefinition

Fahrwiderstände hemmen die Vorwärtsbewegung des Fahrzeugs und müssen motorisch überwunden werden. Neben dem Luftwiderstand, den Reibungswiderständen in beweglichen Motor-, Getriebe- und Fahrwerksteilen, dem Steigungswiderstand und Trägheitskräften zählt der Rollwiderstand der Reifen zu den Haupt-Fahrwiderständen. Sein Anteil am Kraftstoffverbrauch beträgt auf Autobahnen ca. 20 %, auf Umgehungsstraßen ca. 25 % und auf Stadt- und Landstraßen rund 30 % [4].

Rollwiderstandssenkungen führen somit unmittelbar zu Verbrauchs- und Emissionsreduzierungen. Der Rollwiderstand (Rolling Resistance, RR) entspricht der Verlustenergie pro Streckeneinheit und wird wie jede Kraft in N (Newton) angegeben. Der dimensionslose Rollwiderstandskoeffizient c_{RR} bezeichnet das Verhältnis von Rollwiderstandskraft zur Gewichtskraft des Fahrzeugs.

Beispiel: Bei Annahme einer Rollwiderstandskraft F_{RR} = 120 N und einer Fahrzeuggewichtskraft G = 10 000 N ($G = mg$; Fahrzeugmasse m in kg, Erdbeschleunigung $g \approx 9{,}81\ \mathrm{m/s^2}$) beläuft sich c_{RR} auf 0,012 = 1,2 %. Übliche Werte von c_{RR} für Pkw-Reifen auf Asphalt belaufen sich auf 0,006 bis 0,012, der (niedrigere) Wert von Lkw-Reifen auf 0,004 bis 0,008.

Bild 16: Scherung, Stauchung und Biegung im Kontakteinlauf.

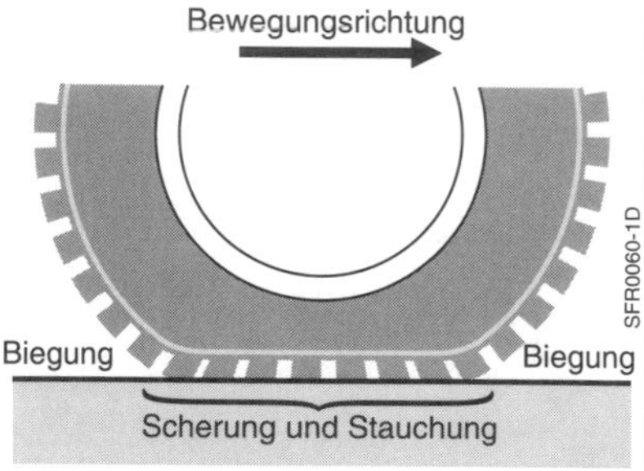

Gelegentlich wird die „Einheit" kg/t (Kilogramm pro Tonne) benutzt. In obigem Beispiel ist das Ergebnis 0,012 12 kg/t. Dies bedeutet für den Fall einer Radlast von 1 t = 1 000 kg, dass die Rollwiderstandskraft F_{RR} einen Wert von 120 N annimmt.

Rollwiderstandsoptimierte Reifen tragen Zusatzbezeichnungen wie „Eco", „Green" oder „Energy". Die Reifenentwickler könnten durch Auswahl von Gummisorten mit kleiner Hysterese und somit geringem Energieverlust den Rollwiderstand zwar unmittelbar und auch sehr deutlich reduzieren, doch würde dies, wie bereits ausgeführt, die Haftungswerte unakzeptabel herabsetzen. Das heißt, geringerer Kraftstoffverbrauch wird mit weniger Haftung erkauft.

Entstehung des Rollwiderstands

Mit jeder Radumdrehung wird der Reifen bei der zwangsweisen Abflachung in der Aufstandsfläche durch Biegen, Stauchen und Scheren der Gummiblöcke und des anteiligen Reifenunterbaus verformt (Bild 16). Die Gewebelagen des Reifens reiben aneinander (walken), dabei verrichtet der Reifen Walkarbeit. Es entsteht ein viskoelastisch bedingter Energieverlust in Form nicht nutzbarer Wärme. Diese Verlustwärme macht 90 % des Rollwiderstands aus.

Schmale Reifen und erhöhter Reifenfülldruck senken zwar den Rollwiderstand, weil Kontaktfläche und Walkarbeit vermindert werden. Dem Handlungsspielraum der Entwickler sind aber enge Grenzen gesetzt, weil der Anforderungskatalog an Fahreigenschaften, Haftungsniveau und Komfort dem unmittelbar widersprechen. Dennoch tauchen in den Lastenheften der Reifenindustrie für zukünftige Reifengenerationen bereits Reifendimensionen wie 115/65 R 15 für Kleinwagen oder 205/50 R 21 für Mittelklasse-Pkw auf. Bei den heute noch üblichen Anforderungen bezüglich Fahrzeuggröße und Fahrzeuggewicht sowie Hochgeschwindigkeits-, Sportlichkeits- und Komfortanspruch sind weitere drastische Rollwiderstandssenkungen nicht darstellbar.

Selbst eine Erhöhung des Reifenfülldrucks um 1 bar über den empfohlenen Wert hinaus bringt lediglich eine Rollwiderstandssenkung von 15 %. Bei einem Kraftfahrzeug mit einem angenommenen Verbrauch von 10 l/100 km würde dies nur zu einer Ersparnis von 1,6 % führen. Da die Reifenfülldruckkontrolle durch die Kraftfahrer aber nach wie vor sehr vernachlässigt wird, werden die in den letzten Entwicklungszyklen erreichten Rollwiderstandssenkungen im realen Fahrbetrieb nicht immer umgesetzt. Zudem stehen Rollwiderstandsoptimierung und die für die Verkehrssicherheit unabdingbare Nasshaftung in unmittelbarem Zielkonflikt.

Zielkonflikt Rollwiderstand und Haftung

Frequenzbereiche

Die durch die Mikro- und Makrorauigkeiten hervorgerufenen Verformungen der Lauffläche und Gummiblöcke im Kontaktbereich zwischen Fahrbahnoberfläche und Reifenoberfläche, die aufgrund der Viskoelastizität das Haftungspotential generieren, treten in dem sehr hohen Frequenzbereich von $10^3 \ldots 10^{10}$ Hz auf. Der durch die Hysterese verursachte Energieverlust ist hier hoch, als Folge davon entstehen hohe Haftungswerte.

Das Frequenzspektrum aber, das für den Rollwiderstand von Bedeutung ist, liegt deutlich niedriger bei 1...100 Hz – genau der Bereich, in dem die innere Reifenstruktur mit jeder Radumdrehung angeregt wird. Bei einer Fahrgeschwindigkeit von 100 km/h wird ein Pkw-Reifen rund 15 mal pro Sekunde verformt, was einer Lastfrequenz von 15 Hz entspricht. Der Reifenentwickler spricht hier dennoch von niederfrequenter Anregung der Reifenstruktur, insbesondere der Karkasse.

Optimierungs-Unvereinbarkeit

Diese stark unterschiedlichen Frequenzbereiche erklären die prinzipielle Optimierungs-Unvereinbarkeit von gleichzeitig hohen Werten für Haftung und geringem Rollwiderstand. Bei herkömmlichen Reifen mit Industrieruß als vorherrschendem Füllstoff (bis in die Mitte der 1990er-Jahre) galt: Eine Gummimischung mit großer Hysterese im hochfrequenten Haftungsbereich führt automatisch zu hohem Energieverlust in den niederfrequent belasteten Reifenbauteilen und damit zu hohem Rollwiderstand.

Silica als Zielkonfliktlöser

Die Lösung brachte in den späten 1990er-Jahren die Einführung von Silica (Handelsbegriff für veredeltes Kieselsäuresalz) als graupulvriger Füllstoff, der den bis dahin üblichen Industrieruß immer mehr ersetzte. Zusammen mit Bindungs-Hilfsstoffen, den Silanen, ließ sich der Interessenkonflikt zwischen Rollwiderstand, Haftung und Abriebsfestigkeit auf ein hohes Kompromissniveau heben.

Silica-basierte Gummimischungen weisen im für den Rollwiderstand relevanten niederfrequenten Bereich geringe, im hochfrequenten Bereich der Gummihaftung jedoch hohe Energieverluste auf (Bild 17). Dies lässt die Kurve für die Energieabsorption steil nach oben zeigen und damit in Frequenzen von $10^2 \ldots 10^4$ Hz vordringen. Damit ergeben sich rollwiderstandsarme und dennoch sehr gut haftende Reifen.

Bild 17: Frequenzabhängigkeit des Energieverlusts.
1 Gummimischung mit ausgeprägter Hysterese (hohe Reifenhaftungswerte),
2 Gummimischung der neuesten Generation (vereint niedrigen Rollwiderstand, gute Haftung und hohe Abriebsfestigkeit),
3 Gummimischung mit schwacher Hysterese (niedriger Rollwiderstand, geringe Haftung).

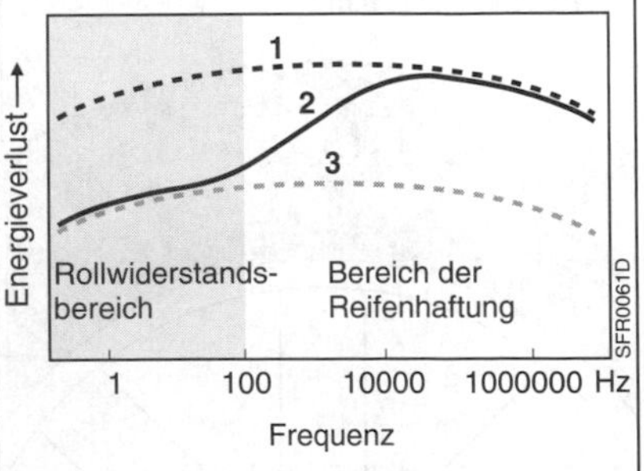

Rollwiderstand und Reifenfülldruck
Reifenminderdruck bedeutet erhöhte Walkarbeit und damit höheren Rollwiderstand sowie Einbußen bei Lenkpräzision und Bremsstabilität.

Sicherheitskontrollen, die 2009 von der Reifenindustrie (Goodyear, Dunlop, Fulda) an 52400 Fahrzeugen in 15 Ländern der EU durchgeführt wurden, ergaben, dass 81 % aller Autofahrer mit zu niedrigem Reifenfülldruck fahren. Davon waren 26,5 % mit deutlichem (bis 0,3 bar) und 7,5 % mit erheblichem Minderdruck (0,75 bar und höher) unterwegs. Die Folge des zu geringen Reifenfülldrucks ist, dass Kraftstoff verschwendet wird.

Bild 18: Reifenkennzeichnung (Beispiel).

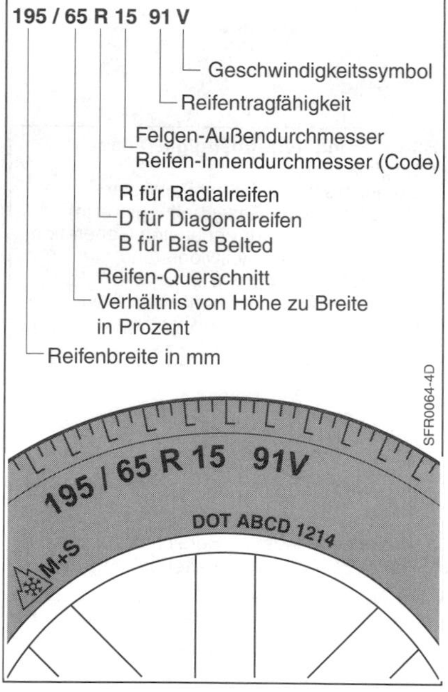

Reifenkennzeichnung

Begriffsdefinition
Nach EU-Richtlinien ECE 30 (für Pkw, [5]) und ECE 54 (für Lkw, [6]) sowie ECE 75 (für Motorräder, [7]) müssen Reifen mit international vereinbarten, einheitlichen Reifenkennzeichnungen versehen sein. Dies gilt im Besonderen für die Reifenseitenwand (Bild 18). Nach ECE geprüfte Reifen (seit Oktober 1998 Pflicht) tragen einen eingebrannten Kreis mit großem „E“ oder kleinem „e“ und Kennzahl der genehmigenden Behörde, z.B. E4, sowie nachfolgend eine Freigabenummer (Homologationsnummer, siehe Bild 20).

Den Beschriftungen, Kürzeln und Symbolen auf der Flanke lassen sich neben dem Reifenhersteller und der Typbezeichnung die Herkunft, das Produktionsdatum, die Dimension, die Tragfähigkeit, die maximal zulässige Geschwindigkeit, die Reifenbauweise und das Verhältnis von Reifenbreite zu Reifenhöhe (Reifenquerschnitt) entnehmen.

Das Lesen der Informationen ist dadurch erschwert, dass Maßeinheiten des in Mitteleuropa üblichen metrischen Systems (mm, bar) und des englischen Zoll-Systems (1 Zoll = 1 inch = 25,4 mm) gemeinsam verwendet werden.

Die Betriebskennung muss sich in der Nähe der Größenangabe befinden. Diese besteht aus der Tragfähigkeitskennzahl (LI, Load Index, Lastindex, Tabelle 1) und dem Geschwindigkeitssymbol (SSY, Speed Symbol; auch üblich ist SI, Speed Index, Tabelle 2) und gibt Auskunft über die maximale Tragfähigkeit des betreffenden Reifens bei der dem Geschwindigkeitssymbol entsprechenden Höchstgeschwindigkeit. Diese Vorschrift ist in allen EU-Mitgliedsstaaten sowie in der Schweiz bindend.

Bei Reifen mit laufrichtungsgebundenem Profil (oft bei V-förmig profilierten Winter- und Sommerreifen) weist ein Pfeil auf der Seitenwand auf die vorgeschriebene Drehrichtung hin. Sind die Reifen bereits auf der Felge montiert, können sie nur noch auf einer Fahrzeugseite montiert werden und beispielsweise nicht mehr samt Felge über Kreuz getauscht werden.

Beispiel: Ein Reifen der Dimension 205/55 R 16 91 H hat eine Nennbreite von 205 mm, die Höhe der Reifenflanke beträgt 55 % der Nennbreite, was in diesem Fall rund 112 mm ist. Der Durchmesser der zu montierenden passenden Felge beträgt 16 Zoll, also 406 mm. Die Tragfähigkeit entspricht mit einem Lastindex LI = 91 dem Tabellenwert 615 kg – die Achslast des Fahrzeugs darf laut Zulassungsbescheinigung somit maximal 2·615 kg, also 1230 kg betragen. Mit dem Speed-Index SI = H darf das Fahrzeug mit diesem Reifen maximal 210 km/h schnell fahren, auch wenn es bauartbedingt zu einer höheren Endgeschwindigkeit in der Lage wäre. Ab dem Geschwindigkeitsindex V müssen Tragfähigkeitsabschläge berücksichtigt werden.

Herstellungsdatum

In einem ovalen Feld auf wenigstens einer der beiden Seitenwände befindet sich in der Regel neben dem Kürzel DOT (Department of Transportation, US-amerikanisches Verkehrsministerium) und einer Folge von Buchstaben (Code für Herstellwerk) eine eingepresste vierstellige Ziffer. Diese Ziffer bedeutet das Produktions-

Tabelle 2: Speed Index SI (Geschwindigkeitssymbol.

A1	bis 5 km/h	L	bis 120 km/h
A2	bis 10 km/h	M	bis 130 km/h
A3	bis 15 km/h	N	bis 140 km/h
A4	bis 20 km/h	P	bis 150 km/h
A5	bis 25 km/h	Q	bis 160 km/h
A6	bis 30 km/h	R	bis 170 km/h
A7	bis 35 km/h	S	bis 180 km/h
A8	bis 40 km/h	T	bis 190 km/h
B	bis 50 km/h	U	bis 200 km/h
C	bis 60 km/h	H	bis 210 km/h
D	bis 65 km/h	V	bis 240 km/h
F	bis 80 km/h	W	bis 270 km/h
G	bis 90 km/h	ZR	über 240 km/h
J	bis 100 km/h	Y	bis 300 km/h
K	bis 110 km/h	(Y)	über 300 km/h

Tabelle 1: Load Index LI (Tragfähigkeitskennzahl, Werte bis 3350 kg, Tabelle nach oben offen).

LI	kg	LI	kg	LI	kg	LI	kg	LI	kg	LI	kg
1	46,2	26	95	51	195	76	400	101	825	126	1700
2	47,5	27	97,5	52	200	77	412	102	850	127	1750
3	48,7	28	100	53	206	78	425	103	875	128	1800
4	50	29	103	54	212	79	437	104	900	129	1850
5	51,5	30	106	55	218	80	450	105	925	130	1900
6	53	31	109	56	224	81	462	106	950	131	1950
7	54,5	32	112	57	230	82	475	107	1000	132	2000
8	56	33	115	58	236	83	487	108	1030	133	2060
9	58	34	118	59	243	84	500	109	1060	134	2120
10	60	35	121	60	250	85	515	110	1090	135	2180
11	61,5	36	125	61	257	86	530	111	1120	136	2240
12	63	37	128	62	265	87	545	112	1150	137	2300
13	65	38	132	63	272	88	560	113	1180	138	2360
14	67	39	136	64	280	89	580	114	1215	139	2430
15	69	40	140	65	290	90	600	115	1250	140	2500
16	71	41	145	66	300	91	615	116	1285	141	2575
17	73	42	150	67	307	92	630	117	1320	142	2650
18	75	43	155	68	315	93	650	118	1360	143	2725
19	77,5	44	160	69	325	94	670	119	1400	144	2800
20	80	45	165	70	335	95	690	120	1450	145	2900
21	82,5	46	170	71	345	96	710	121	1500	146	3000
22	85	47	175	72	355	97	730	122	1550	147	3075
23	87,5	48	180	73	365	98	750	123	1600	148	3150
24	90	49	185	74	375	99	775	124	1650	149	3250
25	92.5	50	190	75	387	100	800	125	1700	150	3350

datum. Die ersten beiden Zahlen benennen die Kalenderwoche, die beiden letzten die Endzahl des Produktionsjahrs (Bild 18).

Beispiel: 1214 bedeutet 12. Woche des Jahres 2014. Vor dem Jahr 2000 war die Kennzeichnung des Produktionsdatums nur dreistellig.

Sonderfall: Winterreifenkennzeichnung

M+S-Reifen

Winterreifen müssen mit dem Symbol M+S (Matsch und Schnee; Mud and Snow) gekennzeichnet sein (siehe Bild 18). Die EU-Verordnung Nr. 661/2009 [8] bezeichnet als M+S-Reifen einen Reifen, dessen Laufflächenprofil, Laufflächenmischung oder Aufbau in erster Linie darauf ausgelegt ist, „gegenüber einem Sommerreifen bessere Werte für winterliche Fahreigenschaften und Traktion auf Schnee zu erzielen" – eine äußerst schwammige Defintion.

Zum Vergleich: Die vormals geltende EU-Verordnung aus dem Jahr 1992 [9] besagte, dass „M+S-Reifen" solche Reifen sind, „bei denen das Profil der Lauffläche und die Struktur so konzipiert sind, dass sie vor allem in Matsch und frischem oder schmelzendem Schnee bessere Fahreigenschaften gewährleisten als normale Reifen. Das Profil der Lauffläche der M+S-Reifen ist im Allgemeinen durch größere Profilrillen und Stollen gekennzeichnet, die voneinander durch größere Zwischenräume getrennt sind als dies bei normalen Reifen der Fall ist".

„M+S" ist bis heute keine geschützte und exakt definierte Kennzeichnung und darf daher auch auf nicht wintertauglichen Reifen (d. h. auch auf Sommerreifen) angebracht werden. Das Symbol M+S hat in Bezug auf Wintertauglichkeit keine Bedeutung mehr.

Schneeflockensymbol

Aufgrund eines großflächigen Verkehrschaos in den USA im Jahre 1995 wurde dort eine Überarbeitung der M+S-Kennzeichnung gefordert. Ein Winterreifen sollte bestimmte Kriterien hinsichtlich seiner Wintertauglichkeit erfüllen und diese durch entsprechende Tests belegen. Daraus entstand die Kennzeichnung 3PMSF (Three Peak Mountain Snow Flake), die heute in der nordamerikanischen Gesetzgebung fest verankert ist.

Seit einigen Jahren wird diese Kennzeichnung freiwillig auch in Europa verwendet. Dies soll dem Verbraucher eine durch Tests bescheinigte Wintertauglichkeit belegen. Die Testkriterien werden durch die Europäische Union in der UN-ECE R 117 [11] definiert.

Änderung der StVZO §36 Absatz 4 [12]
Mit der zweiundfünzigsten Verordnung zur Änderung straßenverkehrsrechtlicher Vorschriften vom 18. Mai 2017 wurde die Definition von Reifen für winterliche Wetterverhältnisse angepasst und damit eine neue Winterreifenregelung in Kraft gesetzt. Mit dieser Regelung wird das Schneeflockensymbol für Winterreifen bereits für die Wintersaison 2017/2018 in Deutschland obligatorisch und ersetzt damit die M+S-Kennzeichnung. In einer Übergangsphase bis 30. September 2024 gelten weiterhin auch Reifen als Winterreifen, die nur eine M+S-Kennzeichnung besitzen, sofern ihr Herstelldatum vor dem 31. Dezember 2017 liegt. M+S-Reifen, die ab 2018 hergestellt werden und nur eine M+S Kennung haben, gelten dann nicht mehr als Winterreifen.

Für Lkw- und Bus-Reifen auf der Lenkachse wird die Einführung dieser Regelung spätestens bis zum 1. Juli 2020 verschoben. Diese Zeit wird genutzt, um im Rahmen einer Studie die Notwendigkeit der neuen Winterreifenregelung für die Lenkachse dieser Fahrzeugklassen zu prüfen. Für die permanent angetriebenen

Bild 19: Schneeflockensymbol (3PMSF) gemäß UN-ECE R117.

Achsen dieser Fahrzeuge gilt die Verschiebung der Winterreifenregelung nicht.

Sound-Kennung
Reifen mit dieser Kennung halten die Richtlinie ECE 2001/43 [10] ein, welche die Höchstwerte fur das Abrollgeräusch vorgibt. Sie ist seit dem 1. Oktober 2009 verpflichtend, befindet sich neben dem UN/ECE-Prüfzeichen und ist am Kürzel „s“ hinter der Homologationsnummer zu erkennen.

Mit Einführung des Reifenlabels zum 01.11.2012 wurde diese Kennzeichnung für neue Reifentypen durch ein großes „S“ ersetzt und durch die Buchstaben „W“ für Nasshaftung und „R“ für Rollwiderstand erweitert (Bild 20). Zusätzliche Kennziffern (1 beziehungsweise 2) hinter den Buchstaben S und R kennzeichnen die Grenzwerte, die zu den vorgeschriebenen Zeitphasen (Perioden) eingehalten werden müssen (Vorschriften siehe UN/ECE-Regelung Nr. 117 [11]).

Bild 20: E-Kennzeichnung.
Beispiel einer Homologationsnummer nach ECE R 117 für die Einhaltung des Abrollgeräusches.

SFR0069Y

EU-Reifenlabel

Begriffsdefinition
Seit November 2012 müssen in der EU verkaufte Neureifen, die ab Juli 2012 produziert wurden, mit einem standardisierten Reifenaufkleber (7,5 cm × 11 cm) versehen sein (Bild 21). Der Käufer soll sich so schnell und unmissverständlich über die drei Reifeneigenschaften Rollwiderstand, Nasshaftung (auf Nassbremsweg beschränkt) und Vorbeifahrgeräusch (nicht Innenraum) informieren und so eine aufgeklärtere Kaufentscheidung treffen können. Die Wintereigenschaften von Winterreifen werden vom EU-Reifenlabel derzeit nicht erfasst.

Vom Reifenlabel erfasst werden gemäß Tabelle 3 Reifen der Kategorien C1 (Pkw), C2 (leichte Nfz) und C3 (schwere Nfz). Ausgeschlossen von der Regelung sind runderneuerte Reifen, professionelle Off-Road-Reifen, Rennreifen, Spikes,

Bild 21: EU-Label.

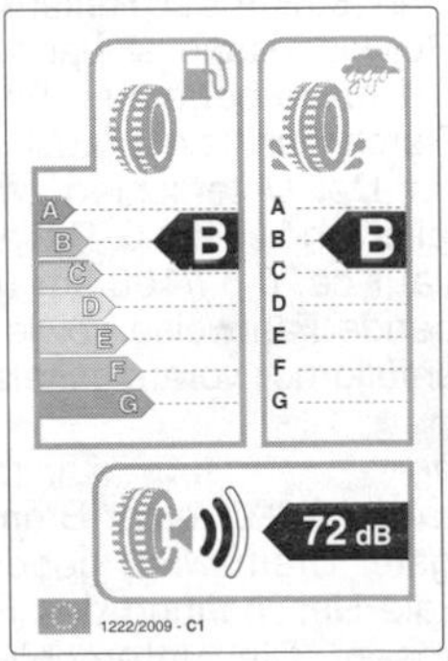

SFR0062Y

Tabelle 3: Energieeffizienzklassen der verschiedenen Reifenkategorien.

Reifen der Klasse C1 (Personenkraftwagen)		Reifen der Klasse C2 (leichte Nutzfahrzeuge)		Reifen der Klasse C3 (schwere Nutzfahrzeuge)	
c_{RR} in kg/t	Energie-effizienz-klasse	c_{RR} in kg/t	Energie-effizienz-klasse	c_{RR} in kg/t	Energie-effizienz-klasse
$c_{RR} \leq 6{,}5$	A	$c_{RR} \leq 5{,}5$	A	$c_{RR} \leq 4{,}0$	A
$6{,}6 \leq c_{RR} \leq 7{,}7$	B	$5{,}6 \leq c_{RR} \leq 6{,}7$	B	$4{,}1 \leq c_{RR} \leq 5{,}0$	B
$7{,}8 \leq c_{RR} \leq 9{,}0$	C	$6{,}8 \leq c_{RR} \leq 8{,}0$	C	$5{,}1 \leq c_{RR} \leq 6{,}0$	C
nicht vergeben	D	nicht vergeben	D	$6{,}1 \leq c_{RR} \leq 7{,}0$	D
$9{,}1 \leq c_{RR} \leq 10{,}5$	E	$8{,}1 \leq c_{RR} \leq 9{,}2$	E	$7{,}1 \leq c_{RR} \leq 8{,}0$	E
$10{,}6 \leq c_{RR} \leq 12{,}0$	F	$9{,}3 \leq c_{RR} \leq 10{,}5$	F	$c_{RR} \geq 8{,}1$	F
$c_{RR} \geq 12{,}1$	G	$c_{RR} \geq 10{,}6$	G		
Beispiel: c_{RR} = 10,5 kg/t (Labelklasse E) entspricht c_{RR} = 0,0105 beziehungsweise F_{RR} = 105 N.					

Notradreifen, Old- und Youngtimer-Reifen (für Fahrzeuge mit Erstzulassung vor dem 01.10.1990), Reifen für Höchstgeschwindigkeiten unter 80 km/h, Reifen mit einem Innendurchmesser kleiner als 254 mm oder größer als 635 mm und Motorradreifen.

Natürlich kann das Reifenlabel nicht alle Reifenkriterien (es gibt bis zu fünfzig) abbilden, doch repräsentieren die gewählten Kriterien eine gewisse Bündelung vieler anderer gekoppelter Eigenschaften.

Kraftstoffverbrauch
Buchstaben von A (höchste Effizienz) bis G (geringste Effizienz) sowie die Ampelfarben grün, gelb und rot im EU-Label kennzeichnen die Effizienz des Reifens bezüglich des Rollwiderstands und somit des Kraftstoffverbrauchs. Die Spannweite beim Rollwiderstand von Klasse A bis G steht für einen Unterschied im Kraftstoffverbrauch bis zu 7,5 % [13]. Je nach Fahrsituation liegt das Einsparpotential noch höher. Der Unterschied zwischen den einzelnen Stufen der Reifenklassen bezüglich Rollwiderstand ist klar definiert: etwa 0,11 *l*/100 km bei einem Fahrzeug mit einem Durchschnittsverbrauch von ca. 6,6 *l*/100 km. Der Unterschied zwischen einem A-Reifen und einem G-Reifen summiert sich auf ca. 0,5 *l*/100 km (jeweils gleich bleibende Fahrweise sowie identischer Reifenfülldruck vorausgesetzt).

Nasshaftung
Die Buchstaben A (kürzester Bremsweg) bis G (längster Bremsweg) geben Auskunft über die Nasshaftung des Reifens beim Bremsen. Die unterschiedliche Nasshaftung im Vergleich eines besonders guten zu einem schlechten Reifen sorgt bei einer Vollbremsung von 80 km/h auf null für einen 18 m kürzeren Bremsweg.

Reifengeräusch
Im EU-Label erfolgt die Kennzeichnung des Vorbeifahrgeräuschs mit einem Piktogramm und der Angabe des dB-Werts. Das Symbol orientiert sich an den verbindlichen Geräuschemissions-Grenzwerten. Je mehr Schallwellen im EU-Label geschwärzt erscheinen, desto lauter ist der Reifen.

Winterreifen

Technische Merkmale

Pkw-Winterreifen unterscheiden sich in ihrem strukturellen Aufbau nicht oder nur unwesentlich von Sommerreifen. Sie zeichnen sich durch gute Kraftübertragung (Traktion) auf Schnee und Matsch, zufriedenstellende Eishaftung, guten Kraftschluss auf nasser sowie auf trockener Fahrbahn, sicheres Handling, komfortables Abrollen sowie durch Geräuscharmut aus.

Die Besonderheit liegt vor allem in der weicheren und kälteelastischen Gummimischung mit hohem Naturkautschukanteil. Anders als die Sommer-Gummimischung versprödet und verhärtet („verglast“) sie nicht bei Minustemperaturen (was zu vermindertem Kraftschluss führt, weil der Verzahnungseffekt nicht mehr eintreten kann).

Hinzu kommen mehr Profilfläche (somit höherer Positivanteil) und als auffälliges äußeres Erkennungsmerkmal eine mehrdimensionale Feinstprofilierung (Ausführungsformen: Zickzack, Kugeln, Bienenwaben sowie Mischformen, siehe Bild 4) in den Gummiblöcken selbst. Diese je nach Reifengröße bis zu 2000 Lamellen bieten zusätzliche Griffkanten im Schnee und erhöhen sowohl Traktion als auch Bremsvermögen merklich.

Mit abnehmender Profiltiefe, aber auch mit zunehmendem Alter (hierdurch Verhärtung unter anderem durch UV- und Ozon-Einfluss) lassen die Wintereigenschaften nach: Traktion und Seitenführungspotential werden schlechter, der Bremsweg verlängert sich, das Aquaplaningrisiko steigt. Unter 4 mm Restprofiltiefe werden z.B. in Österreich ausgewiesene Winterreifen grundsätzlich als Sommerreifen betrachtet.

In Europa übliche Standard-Winterreifen werden in Geschwindigkeitsklassen bis Speed Index W (Maximalgeschwindigkeit 270 km/h) angeboten.

Entwicklung eines Reifens

Entwicklungsziele

Der Reifen ist stets ein Kompromissprodukt: Wird eine bestimmte Eigenschaft (z.B. Rollwiderstand) schwerpunktmäßig entwickelt, geht dies unausweichlich zu Lasten anderer Eigenschaften (z.B. mit der Folge reduzierter Nasshaftung) und damit der Ausgewogenheit. Dies ist nur in Sonderfällen (Motorsport, Spezialreifen, Industrieanforderungen) erwünscht oder zulässig. Es besteht ein Zielkonflikt, wenn prinzipbedingt gegensätzliche Eigenschaften gleichzeitig optimiert werden sollen. Moderne Gummimischungen mit hohem Füllstoffanteil an Silica und optimierten Bodenaufstandsflächen heben diesen Spagat auf ein höheres Niveau, doch der Konflikt wird dadurch nicht ausgeschaltet.

Zu den gegenläufigen Entwicklungszielen, die sich negativ beeinflussen können, zählen Haftungspotential und Rollwiderstand, Trockenbremsen und Nassbremsen, Aquaplaning und Trockenhandling, Haftung und Abrieb.

Reifentest

Reifenhersteller führen rund fünfzig objektive Labortests und subjektive Fahrversuche auf hauseigenen Prüf- und Rennstrecken durch. Die wichtigsten Tests sind:

- Handling auf trockener Straße: Kriterien sind Fahrstabilität, Lenkpräzision, Geradeauslauf, Geräusch und Abrollkomfort.
- Nässeeigenschaften: Kriterien sind Handling auf nassem Kurvenparcours, Bremsen, Aquaplaning, Kreisfahrt.
- Maschinenprüfungen: Kriterien sind Höchstgeschwindigkeit, Dauerlauf, Abrieb.
- Wintereigenschaften: Kriterien sind Schneehandling, Passfahrt, Zugkraftmessung, Beschleunigungsvermögen, Bremsen.

Literatur zu Reifen

[1] Quelle: Goodyear Dunlop, 2012.

[2] Richtlinie 89/459/EWG des Rates vom 18. Juli 1989 zur Angleichung der Rechtsvorschriften der Mitgliedstaaten über die Profiltiefe der Reifen an bestimmten Klassen von Kraftfahrzeugen und deren Anhängern.

[3] Quelle: Continental AG, 2011. Die angegebenen Bremsdifferenzen wurden mit einem Fahrzeug der Mercedes C-Klasse auf Reifen der Größe 205/55 R 16 V in über 1000 Bremsversuchen ermittelt.

[4] Quelle: Michelin Reifenwerke, 2010.

[5] ECE 30: Regelung Nr. 30 der Wirtschaftskommission der Vereinten Nationen für Europa (UN/ECE) – Einheitliche Bedingungen für die Genehmigung der Luftreifen für Kraftfahrzeuge und ihre Anhänger.

[6] ECE 54: Regelung Nr. 54 – Einheitliche Vorschriften für die Genehmigung der Luftreifen für Nutzfahrzeuge und ihre Anhänger.

[7] ECE 75: Regelung Nr. 75 – Einheitliche Bedingungen für die Genehmigung der Luftreifen für Krafträder und Mopeds.

[8] Verordnung (EG) Nr. 661/2009 des Europäischen Parlaments und des Rates vom 13. Juli 2009 über die Typgenehmigung von Kraftfahrzeugen, Kraftfahrzeuganhängern und von Systemen, Bauteilen und selbstständigen technischen Einheiten für diese Fahrzeuge hinsichtlich ihrer allgemeinen Sicherheit.

[9] Richtlinie 92/23/EWG des Rates vom 31. März 1992 über Reifen von Kraftfahrzeugen und Kraftfahrzeuganhängern und über ihre Montage.

[10] Richtlinie 2001/43/EG des Europäischen Parlaments und des Rates vom 27. Juni 2001 zur Änderung der Richtlinie 92/23/EWG des Rates über Reifen von Kraftfahrzeugen und Kraftfahrzeuganhängern und über ihre Montage.

[11] Regelung Nr. 117 der Wirtschaftskommission der Vereinten Nationen für Europa (UN/ECE) – Einheitliche Bedingungen für die Genehmigung der Reifen hinsichtlich der Rollgeräuschemissionen und der Haftung auf nassen Oberflächen und/oder des Rollwiderstandes.

[12] §36 StVZO: Bereifung, Laufflächen.

[13] Quelle: Reifenhersteller.

Reifendruckkontrollsysteme

Anwendung

Reifendruckkontrollsysteme (engl.: Tire Pressure Monitoring System, TPMS) werden zur Überwachung des Reifendrucks bei Fahrzeugen eingesetzt, um Reifendefekte aufgrund von zu geringem Reifendruck zu verhindern und damit die Anzahl der Unfälle, die auf defekte Reifen zurückzuführen sind, zu reduzieren.

Wird ein Fahrzeug mit zu geringem Reifendruck betrieben, so führt dies zu erhöhter Walkarbeit an den Reifenflanken und damit zu erhöhtem Verschleiß des Reifens. Bei voller Beladung oder bei hoher Geschwindigkeit führt die größere Walkarbeit zu einer erhöhten thermischen Belastung, die sogar zum Reifenplatzer führen kann. Nach einer Häufung von schweren Unfällen mit Todesfolgen in den USA aufgrund von durch Minderdruck verursachten Reifenplatzern ist ein Gesetz erlassen worden (NHTSA Tread act), das die flächendeckende Einführung von Reifendruckkontrollsystemen in den USA regelt, um zukünftig den Fahrer bei Reifenminderdruck frühzeitig zu warnen. Seit September 2007 müssen alle Neuwagen mit Reifendruckkontrollsystemen ausgestattet sein, die sowohl Reifenbeschädigungen als auch schleichenden Druckverlust aufgrund der Gasdiffusion durch das Reifengummi erkennen.

Der Reifenfülldruck ist aber nicht nur eine wichtige Größe für die Verkehrssicherheit. Auch Fahrkomfort, Reifenlebensdauer und Kraftstoffverbrauch werden deutlich vom Fülldruck beeinflusst. Ein um 0,6 bar reduzierter Fülldruck kann den Kraftstoffverbrauch um bis zu 4 % im Stadtverkehr erhöhen und die Lebensdauer des Reifens um bis zu 50 % verkürzen. In der Europäischen Union (EU) wurde beschlossen, ab Oktober 2012 Reifendruckkontrollsysteme für Neuwagen vorzuschreiben, um damit auch einen Beitrag zur CO_2-Reduzierung zu leisten.

Auch der steigende Anteil von Reifen mit Notlaufeigenschaften erfordert bereits heute schon den Einsatz von Reifendruckkontrollsystemen, da der Autofahrer einen Reifen mit erheblichem Minderdruck („Plattfuß“) nicht mehr anhand des Fahrverhaltens erkennen kann. Um zu verhindern, dass der Fahrer die für diesen Fall gültigen Geschwindigkeits- und Entfernungslimits unwissentlich überschreitet, dürfen Notlaufreifen nur in Verbindung mit Reifendruckkontrollsystemen eingesetzt werden.

Grundsätzlich unterscheidet man zwei Typen von Reifendruckkontrollsystemen: Direkt messende und indirekt messende Systeme.

Direkt messende Systeme

Bei direkt messenden Systemen wird in jeden Reifen des Fahrzeugs ein Sensormodul mit einem Drucksensor installiert. Dieses übermittelt über eine codierte Hochfrequenz-Übertragungsstrecke Daten aus dem Reifeninneren, wie Reifendruck und Reifentemperatur, an ein Steuergerät. Im Steuergerät werden diese Daten ausgewertet, um so neben Druckverlusten in einzelnen Reifen („puncture detection“) auch langsame Druckverluste in allen Reifen („diffusion detection“) zu erkennen. Sinkt der Reifendruck unter eine festgelegte Schwelle oder übersteigt der Druckgradient einen bestimmten Wert, so wird der Fahrer durch ein optisches oder akustisches Signal gewarnt.

Die Sensormodule sind üblicherweise im Reifenventil integriert. Sie werden in der Regel mit Hilfe einer Batterie versorgt. Daraus ergeben sich im Vergleich zu anderen Anwendungen Zusatzanforderungen bezüglich Stromverbrauch, Medienresistenz und Beschleunigungsempfindlichkeit. Als Sensorelement kommen mikromechanische Absolutdrucksensoren zum Einsatz.

Die mit Druck- und Temperatursensor im Reifen gemessenen Daten werden im Sensormodul aufbereitet, auf ein HF-Trägersignal aufmoduliert (433 MHz in Europa, 315 MHz in den USA) und über eine Antenne abgestrahlt. Dieses Signal wird entweder über einzelne Antennen an den Radkästen oder in einem zentralen Empfänger (z.B. im Steuergerät von bestehenden Remote Keyless Entry Systemen) detektiert.

Direkt messende Systeme benötigen keine Resetfunktion, wenn das System eine fest eingestellte, unveränderliche Druckverlustwarnschwelle besitzt. Voraussetzung dafür ist, dass im Fahrzeug nur ein Fülldruck unabhängig von Beladung und Reifengröße vorgeschrieben wird. Sobald im Fahrzeug verschiedene Fülldrücke eingestellt werden müssen, benötigt auch ein direkt messendes System eine Resetfunktion, um die Warnschwelle entsprechend zu adaptieren.

Vorteil des direkt messenden Systems ist eine präzise, reale Messung des Reifeninnendrucks und der Temperatur sowie die weitgehend funktionale Unabhängigkeit von Reifentypen, Fahrzeug- und Fahrbahnbeschaffenheit. Ein Nachteil von direkten Systemen gegenüber indirekten Systemen liegt in den deutlich höheren Systemkosten, einem zusätzlichen logistischen Aufwand im Feld, um alle Konstruktionsvarianten verfügbar zu halten, den Folgekosten für jede neue Felge und der batterieabhängigen, begrenzten Lebensdauer.

Indirekt messende Systeme

Bei indirekt messenden Systemen wird ein Druckverlust im Reifen nicht unmittelbar, sondern über eine abgeleitete Größe ermittelt. Hierzu erfolgt eine mathematisch-statistische Auswertung der Drehzahlunterschiede aller Räder untereinander zur „puncture detection“ und eventuell zusätzlich die Bewertung einer Radeigenfrequenzverschiebung zur „diffusion detection“. Die hierfür benötigte Raddrehzahl wird in Fahrzeugen mit Antiblockier- oder Fahrdynamikregelsystemen durch bereits vorhandene Sensoren ermittelt und an das Steuergerät übertragen. Drehzahlunterschiede treten auf, wenn sich durch Druckverlust der Abrollumfang des entsprechenden Reifens reduziert und somit seine Drehzahl relativ zu den anderen drei Rädern steigt. Durch Differenzenbildung, die mithilfe einer kostengünstigen Erweiterung der Softwarealgorithmen im Antiblockier- oder Fahrdynamikregelsystem realisierbar ist, können größere Druckverluste an bis zu drei Reifen erkannt werden. Um auch einen gleichzeitigen Druckverlust an allen vier Rädern erkennen zu können, wird das Radeigenfrequenzspektrum der einzelnen Räder bewertet. Typischerweise verschiebt sich das Maximum der Radeigenfrequenz bei einem Druckverlust von 20 % von 40 Hz auf ca. 38 Hz.

Indirekt messende Systeme müssen zwingend auf den Nominaldruck kalibriert werden. Durch Betätigung der Resettasters wird eine Kalibrierung eingeleitet. Durch Aktivierung der Resetfunktion speichert das System auf den nächsten Kilometern die aktuellen Lernwerte, basierend auf den aktuellen Abrollumfängen und Radeigenfrequenzverläufen, als neue Sollwerte ab. Die Warnfähigkeit ist bereits nach ca. zehn Minuten Fahrzeit gegeben.

Eine Aktivierung der Resetfunktion zur Neukalibrierung des Systems durch den Fahrer ist erforderlich, wenn ein oder mehrere Reifen gewechselt werden, die Reifenpositionen gewechselt werden (z.B. Tauschen der Hinter- und Vorderräder), der Reifendruck verändert wird (z.B. bei Vollbeladung des Fahrzeugs) oder an der Radaufhängung gearbeitet wurde (z.B. Einstellarbeiten, Stoßdämpferwechsel).

Vorteile des indirekt messenden Systems sind die geringeren Systemkosten und die Robustheit über die Fahrzeuglebensdauer, da keine zusätzlichen Komponenten benötigt werden. Da das System fahrzeuggebunden und nicht an die Räder gekoppelt ist, entstehen auch im Feld keine weiteren Kosten für Logistik und Ersatzteile. Ein Nachteil ist die Reifenabhängigkeit, die zu einer größeren Schwankungsbreite der Erkennungszeiten und zu einem höheren Anpassungsaufwand der Funktion an die für ein Fahrzeug zulässigen Reifendimensionen führt. Auch die Abhängigkeit von Fahrstrecke und Fahrbahnoberfläche beeinflusst die Erkennungszeiten.

Erfüllung gesetzlicher Vorgaben

Beide Systeme erfüllen nach heutigem Stand die gesetzlichen Anforderungen in Nordamerika und Europa bezüglich „puncture detection“ und „diffusion detection“. Auch in China und Korea sind gesetzliche Regelungen für Reifendruckkontrollsysteme in Vorbereitung.

Rotationsdichtung für Reifendruckregelung

Aufgabe

Die Turcon-PTFE-Rotationsdichtung (Turcon Roto L, Bild 1) für eine Reifendruckregelung wurde als Dichtung entwickelt, um nur bei Bedarf rund um die Achse des zentralen Reifendrucksystems abzudichten, und zwar immer dann, wenn der Reifendruck erhöht oder verringert wird. Bei herkömmlichen Dichtungskonzepten bleibt die Dichtung in ständigem Kontakt mit der Achse, welche die Dichtung trägt. Dies verursacht Reibung, die wiederum zu höherem Kraftstoffverbrauch führt. Durch Vermeidung von Reibung im drucklosen Betrieb bewirkt diese Rotationsdichtung zwangsläufig einem verringerten Kraftstoffverbrauch.

Anwendung

Die Turcon Roto L wurde ursprünglich primär für Geländefahrzeuge entwickelt, um den Reifenfülldruck dem Untergrund anzupassen. Auf Asphaltbelag ist ein hoher Reifenfülldruck erforderlich, auf unbefestigten Wegen ist ein geringer Reifenfülldruck vorteilhaft.

Vorteile kann der Einsatz dieser Reifendruckregelung auch für Lkw bringen. Sie ermöglicht die Erweiterung von Reifendruckregelanlagen und bringt Vorteile bei Lkw mit langer Ladefläche oder verschiedenen Aufliegern, bei denen der Reifendruck für den jeweiligen Straßen- und Lastzustand optimiert werden könnte. Dies würde die Traktion und die Sicherheit erhöhen und zu erheblichen Kraftstoffeinsparungen für Transportunternehmen beitragen.

Hochleistungs- und Personenfahrzeuge sind ein weiterer Zielmarkt. Wenn Sportwagen langsam fahren, sollte der Reifendruck niedrig gehalten werden. Bei hohen Geschwindigkeiten sind die Fahreigenschaften verbessert, wenn der Reifendruck hoch oder je nach Fahrbahn an jedem Rad unterschiedlich eingestellt werden kann. Darüber hinaus kann es als Sicherheitssystem im Falle einer Reifenpanne verwendet werden, um das System mit Luft zu befüllen, bis der Fahrer die nächste Werkstatt erreicht hat.

Aufbau

Die Turcon Roto L vereint eine Dichtlippe aus Polytetrafluorethylen (PTFE) mit einem Dichtungskörper aus Elastomer und einem stabilen, formgebendem Metallring (Bild 2). Das Design der Dichtung bewirkt, dass bei Druckaufbau die Dichtlippe an die Dichtgegenfläche gedrückt wird. Bei nachlassendem Druck stellt der sich entspannende Elastomerbereich, der wie eine Feder wirkt, die Dichtlippe wieder in ihre neutrale Ausgangsposition zurück.

Verschleiß der Dichtung

Ein weiterer wichtiger Effekt für die Leistungsfähigkeit der Turcon Roto L im Hinblick auf die Lebensdauer des Gesamtsystems ist der deutlich reduzierte Welleneinlauf. Dies beruht einerseits auf dem Einsatz eines speziellen Dichtungswerkstoffs, der mit einer komplexen Mischung aus nicht abrasiven Mineralfasern gefüllt ist, und andererseits auf der geringen Reibung bei nicht aktivierter Dichtung.

Eine heute übliche Standarddichtung einer Reifendruckregelanlage bewirkt bereits nach 168 Stunden einen Welleneinlauf

Bild 1: Dichtsystem der Turcon Roto L.
a) Einstellung eines hohen Reifenfülldrucks,
b) Einstellung eines niederen Reifenfülldrucks.

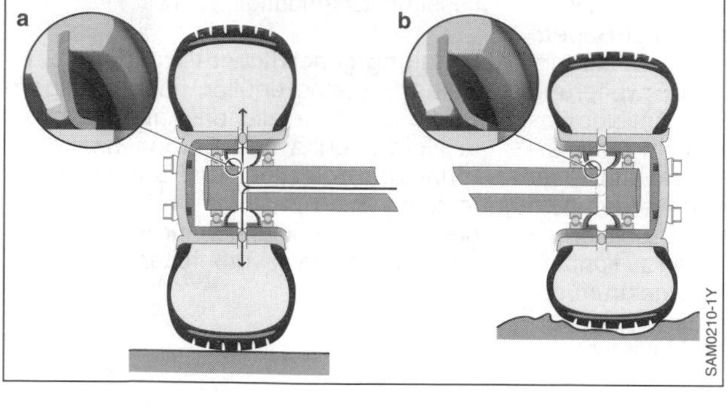

von ca. 10 µm. Im Vergleich dazu liegt der Welleneinlauf bei einer Turcon Roto L nach 780 Stunden bei ca. 4 µm (Bild 3). Das bedeutet, dass die Lebensdauer des Dichtsystems mit dieser Rotationsdichtung mindestens um das vierfache verlängert werden kann.

Dichtsitz
Rotationsdichtungen für Reifendruckregelungen erfordern einen guten Sitz in der Nut, um die Dichtheit zu gewährleisten, auch wenn das System mit Druck beaufschlagt wird. Dadurch wird bei axialer Bewegung der Welle auch eine relative Bewegung des Körpers verhindert. Die Nut sollte eine Durchmessertoleranz von H8 aufweisen (nach DIN 3760 [1], ISO 6194-1 [2] und ISO 16589-1 [3]). Die Dichtung sollte vorher nicht durch andere Komponenten beansprucht worden sein (beispielsweise durch Lager).

Die Welle sollte eine Durchmessertoleranz von h7 aufweisen. Die Oberfläche sollte drallfrei geschliffen werden. Empfohlen wird für diese Rotationsdichtung eine Oberfläche mit Ra = 0,2...0,4 µm und einem maximalen Wert für Rz von 1,5 µm.

Vorteile
Ein Vorteil dieses Konzepts besteht in einer Verlängerung der Dichtungslebensdauer. Wenn die Dichtung in einem Fahrzeug nur während etwa zehn Prozent der Lebensdauer des Achssystems zur Anwendung kommt, bleibt sie über die gesamte Lebensdauer des Systems hinweg einsatzfähig.

Noch wichtiger ist jedoch die Beseitigung der Reibung bei nicht vorhandener Druckbeaufschlagung. Dies ermöglicht erhebliche Kraftstoffeinsparungen für den Fahrzeugbetreiber. Da die Dichtung weniger als halb so viel Reibung erzeugt wie herkömmliche Dichtungslösungen, lässt sich der Reifendruck auch während der Fahrt verringern oder erhöhen. Bei großen Nutzfahrzeugreifen kann die Anpassung des Reifendrucks 20...30 Minuten dauern. Wenn sich dies während der Fahrt des Fahrzeugs von einem Einsatzort zum anderen durchführen lässt, kann das Fahrzeug bis zu 30 Minuten aktiv sein statt stillzustehen. Für den Betreiber ergibt sich daraus eine Senkung der Gesamtkosten.

Literatur zu Rotationsdichtung für Reifendruckregelung

[1] DIN 3760: Radial-Wellendichtringe; 1996.
[2] ISO 6194-1: Radial-Wellendichtringe mit elastomeren Dichtelementen – Teil 1: Nennmaße und Toleranzen; 2007.
[3] ISO 16589-1: Radial-Wellendichtringe mit thermoplastischen Dichtelementen – Teil 1: Nennmaße und Toleranzen; 2011.

Bild 2: Aufbau der Turcon Roto L.
1 Metallring,
2 Dichtlippe.

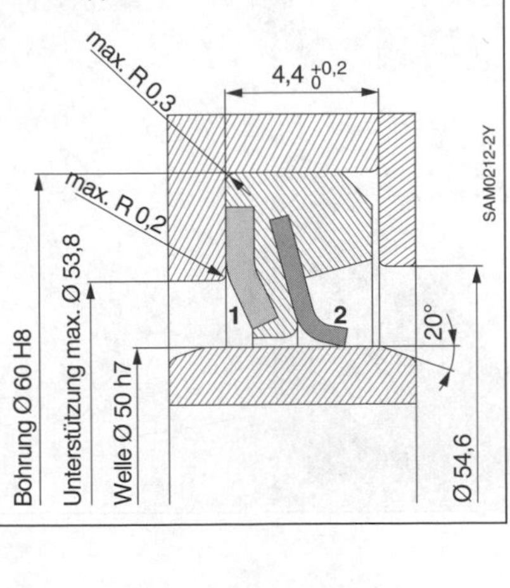

Bild 3: Welleneinlauf.
1 Radial-Wellendichtring,
2 Turcon Roto L.

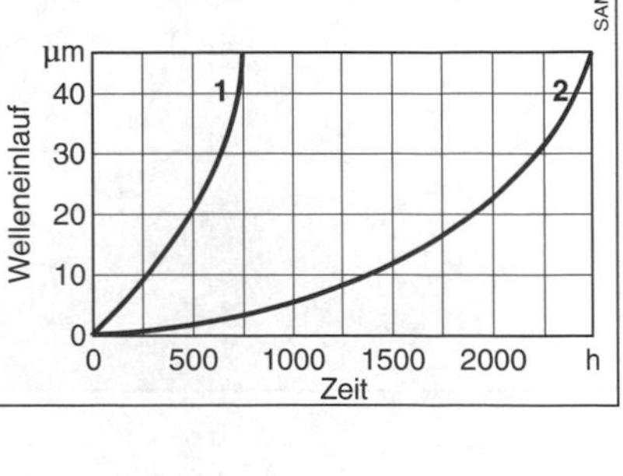

Lenkung

Aufgabe von Kraftfahrzeuglenkanlagen

Mit der Lenkung erfolgt die Fahrtrichtungsänderung von Fahrzeugen jeglicher Art. Bei einspurigen Fahrzeugen, beispielsweise Motorrädern, erfolgt das Lenken durch Schwenken der im Steuerkopf drehbar gelagerten Vorderradgabel (Steuerkopflenkung). Bei zweispurigen Fahrzeugen wird die im Folgenden beschriebene Achsschenkellenkung eingesetzt.

Bei Straßenfahrzeugen werden die Räder der Vorderachse gelenkt, bei einigen Fahrzeugmodellen lenken zusätzlich die Räder der Hinterachse. Die Hinterachslenkung reduziert den Wendekreis bei langsamen Geschwindigkeiten und erhöht die Fahrdynamik bei hohen Geschwindigkeiten.

Achsschenkellenkung

Bei der Achsschenkellenkung sind die beiden Räder an je einem schwenkbar gelagerten Achsschenkel befestigt (Bild 1). Über die mit dem Achsschenkel starr verbundenen Lenkhebel erfolgt die Einleitung der Drehbewegung durch die beiden vom Lenkgetriebe betätigten Spurstangen. Das Gehäuse des Lenkgetriebes ist fest mit dem Fahrzeug verbunden. Die Einleitung der Lenkbewegung erfolgt über die Lenksäule, an deren oberen Ende sich das Lenkrad befindet.

Außer dem Fahrzeuggewicht und dem Reibwert der Reifen auf die Fahrbahnoberfläche hat die Achskinematik Einfluss auf das Lenkverhalten und die von der Lenkung aufzubringenden Kräfte. Durch die Vorspur (siehe Grundbegriffe der Fahrzeugtechnik) stehen die beiden Vorderräder nicht parallel, sondern sind leicht in Fahrtrichtung zueinander geneigt, um den Geradeauslauf zu verbessern. Durch den Sturz stehen die Räder nicht exakt senkrecht auf der Straße, sondern sind leicht nach innen geneigt. Dadurch resultiert eine nach fahrzeuginnen wirkende Seitenkraft auf die Räder. Diese spannt die Lager auch im Geradeauslauf vor und führt zu einem besseren Anlenkverhalten sowie einer höheren Fahrstabilität. Einfluss auf die die Lenkkräfte hat die Spreizung. In Querrichtung ist die Schwenkachse des Achsschenkels

Bild 1: Achsschenkellenkung.
1 Achsschenkel mit Lenkhebel,
2 Spurstange,
3 Lenkgetriebe mit Servoeinheit,
4 Lenksäule.

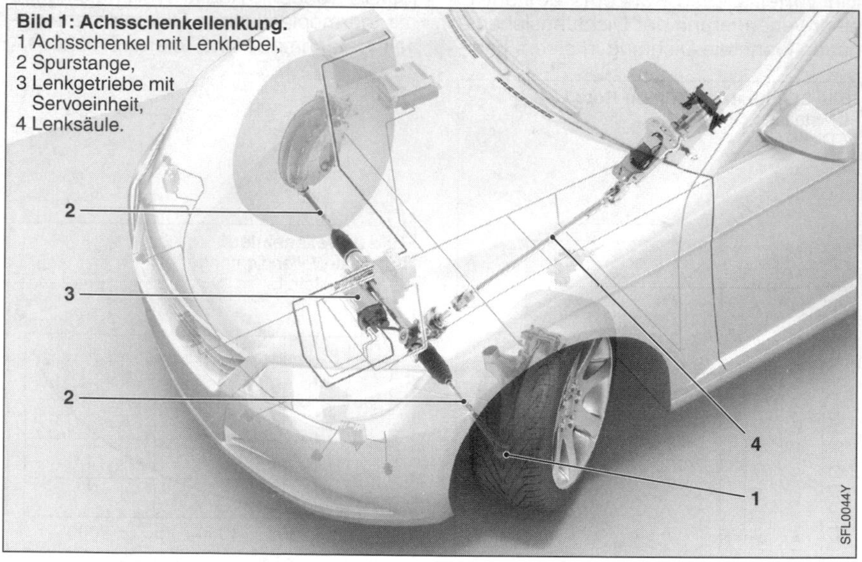

nach innen geneigt, was einem positiven Spreizungswinkel entspricht. Ein kleiner Spreizungswinkel reduziert die Lenkkräfte, eine große Spreizung unterstützt hingegen die selbstständige Rückstellung in den Geradeauslauf.

Die selbstständige Rückstellung in den Geradeauslauf wird vor allem durch den Nachlauf erreicht. Eine Neigung der Schwenkachsen in Fahrtrichtung nach hinten bewirkt, dass der Durchstoßpunkt der Schwenkachse durch die Fahrbahnoberfläche in Fahrtrichtung vor dem Radaufstandspunkt liegt und damit die Räder in Fahrtrichtung gezogen werden.

Einteilung von Kraftfahrzeuglenkanlagen

Muskelkraftlenkanlage

Die erforderlichen Lenkkräfte werden ausschließlich durch die Muskelkraft des Fahrers erzeugt. Aktuell werden diese Lenkungen in den kleinsten Fahrzeugklassen eingesetzt.

Hilfskraftlenkanlage

Die Lenkkräfte werden über die Muskelkraft des Fahrers und eine zusätzliche unterstützende Hilfskraft hydraulisch sowie in zunehmendem Maße elektrisch erzeugt. Diese Lenkanlage ist die aktuell typischerweise in Pkw und Nfz eingesetzte Technik.

Fremdkraftlenkanlage

Die Erzeugung der Lenkkräfte erfolgt ausschließlich über Fremdenergie (z.B. bei Arbeitsmaschinen).

Reibungslenkanlage

Die Lenkkräfte werden durch Kräfte, die auf die Reifenaufstandsfläche wirken, erzeugt. Ein Beispiel für diese Art sind die Nachlaufachsen in Lkw. Die erforderlichen Übertragungseinrichtungen für die Lenk- und Hilfskräfte werden dabei mechanisch, hydraulisch, elektrisch oder aus möglichen Kombinationen daraus realisiert.

Anforderungen an Lenkanlagen

Allgemeine Anforderungen

Um ein sauberes Abrollen der Räder und damit einen geringen Reifenverschleiß zu erreichen, muss die gesamte Lenkkinematik die Ackermannbedingung erfüllen. Dies bedeutet, dass die Verlängerung der Radachsen der gelenkten Räder sich in demselben Punkt auf der Verlängerung der Radachse der nicht gelenkten Räder schneiden (Bild 2).

Die Lenkkinematik und die Achsbauart müssen so konzipiert sein, dass zwar Informationen über den Kraftschluss zwischen Rädern und Fahrbahn zum Fahrer gelangen, aber möglichst keine Kräfte aus der Federbewegung der Räder oder durch Antriebskräfte (bei Frontantrieb) auf das Lenkrad zurückwirken. Weiterhin muss durch entsprechende Dämpfungseigenschaften sichergestellt sein, dass kein Aufschwingen, zum Beispiel hervorgerufen durch Fahrbahnstörungen, im Lenkstrang auftritt.

Stöße aus Fahrbahnunregelmäßigkeiten sollten möglichst gedämpft zum Lenkrad weitergeleitet werden. Dabei darf aber nicht die erforderliche haptische Rückmeldung von der Straße zum Fahrer verlorengehen.

Der Lenkwinkelbedarf zum Drehen der Lenkung von Lenkanschlag zu Lenkanschlag soll aus Komfortgründen beim

Bild 2: Ackermannbedingung.
1 Vorderachse,
2 Hinterachse.
S Schnittpunkt der Verlängerung der Radachsen.

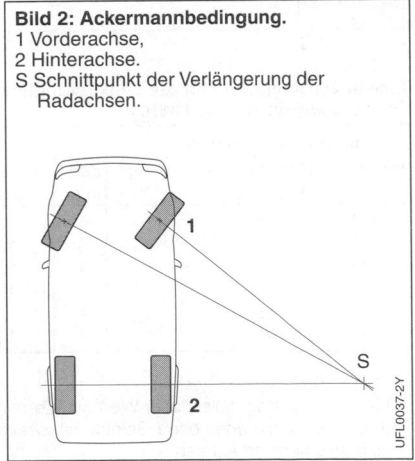

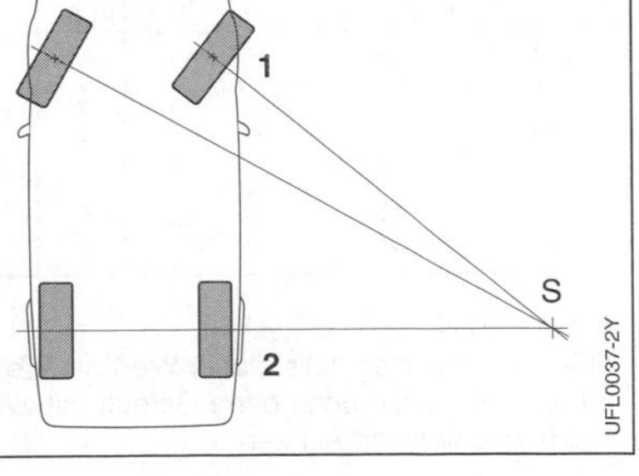

Parkieren und bei langsamer Fahrt möglichst gering sein. Jedoch darf die direkte Lenkübersetzung nicht dazu führen, dass das Fahrzeug bei mittleren und hohen Geschwindigkeiten zur Instabilität neigt.

Gesetzliche Anforderungen

Gesetzlich gefordert ist die Weg- und Zeitsynchronisation bei der Betätigung der Lenkanlage. Hierzu trägt eine steife und spielfreie Auslegung aller Komponenten im Lenkstrang bei und führt dazu, dass kleinste Lenkbewegungen des Fahrers in Richtungsänderungen am gelenkten Rad umgesetzt werden. Diese Eigenschaft ist besonders im Bereich der Geradeausfahrtstellung wichtig. Damit wird ein sicheres, präzises und ermüdungsfreies Führen des Fahrzeugs möglich.

Eine weitere gesetzliche Forderung ist die Tendenz zur selbsttätigen Rückstellung der Lenkung in die Geradeausfahrstellung. Erreicht wird dies durch eine entsprechende Kinematik der Achse und eine reibungsarme Auslegung der Bauteile im Lenkstrang.

Die gesetzlichen Anforderungen an Lenksysteme in Kraftfahrzeugen sind in der internationalen Richtlinie ECE-R79 [1] beschrieben. Hierzu zählen neben den grundsätzlichen funktionalen Anforderungen auch die maximal zulässigen Betätigungskräfte bei einer intakten und bei einer gestörten Lenkanlage. Geregelt sind diesbezüglich vor allem das Verhalten des Fahrzeugs und der Lenkanlage beim Einfahren und Ausfahren in und aus einem Kreis. Aufgrund unterschiedlicher Anforderungen sind in der ECE-R79 die Fahrzeuge in verschiedene Klassen eingeteilt, für welche dann unterschiedliche Vorgaben gelten (Tabelle 1).

Für Fahrzeuge aller Kategorien gilt, dass nach dem Loslassen des Lenkrads während einer Kreisfahrt mit halbem Lenkeinschlag und einer Geschwindigkeit

Tabelle 1: Klasseneinteilung der Fahrzeuge in der ECE-R79.

Fahrzeugklasse	
M1	Fahrzeuge zur Personenbeförderung mit höchstens 8 Sitzplätzen außer dem Fahrersitz
M2	Fahrzeuge zur Personenbeförderung mit mehr als 8 Sitzplätzen außer dem Fahrersitz und einer zulässigen Gesamtmasse von bis zu 5 Tonnen
M3	Fahrzeuge zur Personenbeförderung mit mehr als 8 Sitzplätzen außer dem Fahrersitz und einer zulässigen Gesamtmasse von mehr als 5 Tonnen
N1	Fahrzeuge zur Güterbeförderung mit einer zulässigen Gesamtmasse bis zu 3,5 Tonnen
N2	Fahrzeuge zur Güterbeförderung mit einer zulässigen Gesamtmasse von mehr als 3,5 Tonnen bis zu 12 Tonnen
N3	Fahrzeuge zur Güterbeförderung mit einer zulässigen Gesamtmasse von mehr als 12 Tonnen

Tabelle 2: Vorschriften für die Lenkbetätigungskraft beim Einfahren in einen Kreis mit einer Geschwindigkeit von 10 km/h.

Fahrzeugklasse	Intakte Anlage			Gestörte Anlage		
	Maximale Betätigungskraft in daN [1]	Zeit in s	Wendekreisradius in m	Maximale Betätigungskraft in daN [1]	Zeit in s	Wendekreisradius in m
M1	15	4	12	30	4	20
M2	15	4	12	30	4	20
M3	20	4	12 [2]	45	6	20
N1	20	4	12	30	4	20
N2	25	4	12	40	4	20
N3	20	4	12 [2]	45 [3]	6	20

[1] 1 daN = 10 N.
[2] Oder Volleinschlag, falls dieser Wert nicht erreicht werden kann.
[3] 50 daN bei Fahrzeugen ohne Gelenk mit zwei oder mehreren gelenkten Achsen, außer reibungsgelenkten Achsen.

von 10 km/h oder schneller der gefahrene Radius des Fahrzeugs größer werden, zumindest aber gleich bleiben muss.

Für Fahrzeuge der Kategorie M1 (Pkw mit bis zu acht Sitzplätzen außer dem Fahrersitzplatz) gilt, dass beim tangentialen Ausfahren aus einem Kreis mit einem Radius von 50 m bei einer Geschwindigkeit von 50 km/h keine ungewöhnlichen Vibrationen im Lenksystem auftreten dürfen. Bei Fahrzeugen der anderen Kategorien ist dieses Verhalten bei einer Geschwindigkeit von 40 km/h oder, falls dieser Wert nicht erreicht wird, bei Höchstgeschwindigkeit nachzuweisen.

Weiterhin ist das Verhalten im Fehlerfall bei Fahrzeugen mit Hilfskraftlenkanlage vorgeschrieben. Für Fahrzeuge der Kategorie M1 muss es möglich sein, bei ausgefallener Lenkunterstützung bei einer Geschwindigkeit von 10 km/h innerhalb von vier Sekunden in einen Kreis mit einem Radius von 20 m einzufahren. Die Betätigungskraft am Lenkrad darf dabei nicht über 30 daN ansteigen (Tabelle 2). Entsprechendes gilt für das Verhalten bei intakter Anlage.

Bauformen der Lenkgetriebe

Die aufgeführten Anforderungen an Lenkanlagen haben vor allem zu zwei grundsätzlichen Bauformen von Lenkgetrieben geführt. Dabei können beide Bauformen in reinen Muskelkraftlenkanlagen oder, in Verbindung mit entsprechenden Servosystemen, als Hilfskraftlenkanlagen eingesetzt sein.

Zahnstangenlenkung

Die Zahnstangenlenkung ist die mit Abstand am häufigsten eingesetzte Bauform und besteht im Wesentlichen aus Lenkritzel und Zahnstange (Bild 3). Das Lenkritzel wird über das Lenkrad und die Lenksäule angetrieben (Bild 1). Die Übersetzung ist durch das Verhältnis der Ritzeldrehungen (Lenkraddrehungen) zum Zahnstangenhub definiert.

Alternativ zu einer konstanten Übersetzung auf der Zahnstange kann durch eine entsprechende Verzahnung die Übersetzung über dem Hub variabel gestaltet werden. Dadurch kann durch eine entsprechend indirekte Übersetzung um die Lenkungsmitte der Geradeauslauf des Fahrzeugs verbessert werden. Gleichzeitig kann bei einer direkten Übersetzungs-

Bild 3: Zahnstangenlenkung.
a) Aufbau,
b) Detail.
1 Lenkgehäuse mit Zahnstange, 2 Lenkspindel mit Ritzel, 3 Lenkungsbefestigung,
4 Faltenbalg, 5 Spurstangen mit Außengelenken, 6 Lenkritzel, 7 Zahnstange mit Verzahnung.

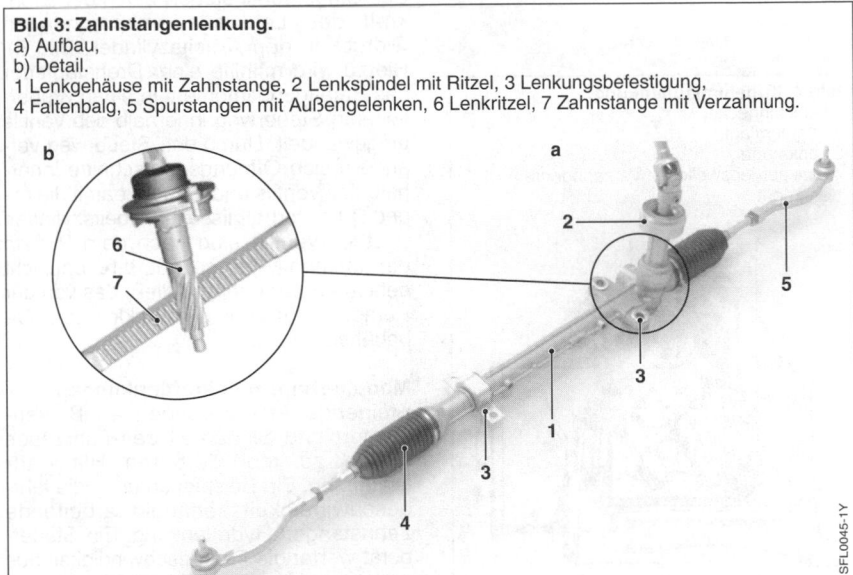

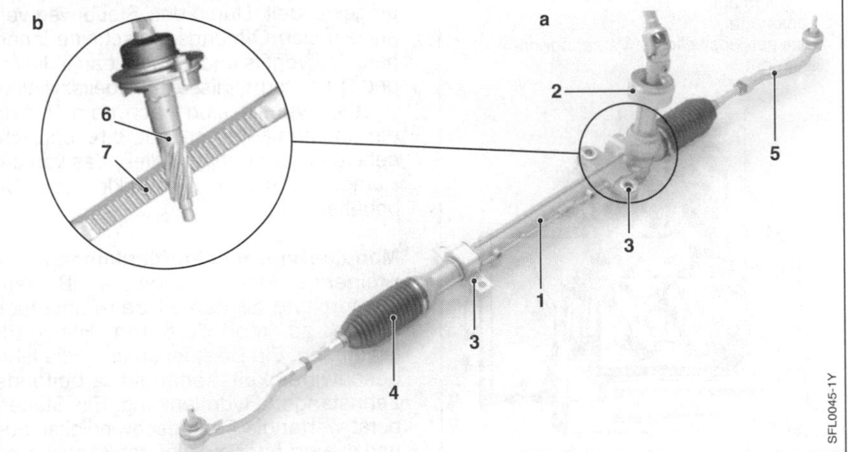

auslegung im Bereich von mittleren und großen Lenkwinkeln (z.B. beim Einparken) der erforderliche Lenkwinkelbedarf beim Drehen von Anschlag zu Anschlag reduziert werden.

Kugelumlauflenkung
Eine reibungsarme endlose Kugelreihe überträgt die Kräfte zwischen Lenkschnecke und Lenkmutter (Bild 4). Die Lenkmutter wirkt über eine Verzahnung auf die Lenkabtriebswelle. Auch bei dieser Bauform ist es möglich, eine variable Übersetzung zu realisieren.

Die zunehmende Leistungsfähigkeit der Zahnstangenlenkung hat dazu geführt, dass die Kugelumlauflenkung im Pkw praktisch nicht mehr zum Einsatz kommt.

Bild 4: Kugelumlauflenkung.
1 Lenkschnecke,
2 Kugelumlauf,
3 Lenkmutter,
4 Lenkabtriebswelle mit Verzahnungssegment.

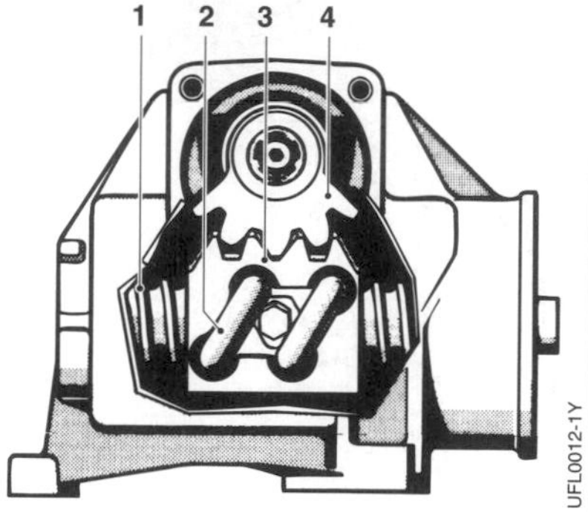

Hilfskraftlenkanlagen für Pkw

Steigende Größe und zunehmendes Gewicht der Fahrzeuge sowie gestiegene Komfort- und Sicherheitsanforderungen haben dazu geführt, dass sich in den letzten Jahren in allen Fahrzeugklassen bis hinab in das Kleinwagensegment Hilfskraftlenkungen durchgesetzt haben. Diese sind, bis auf wenige Ausnahmen, bereits in der Serienausstattung enthalten. Die vom Fahrer ausgeübten Lenkkräfte werden dabei durch ein hydraulisches oder ein elektrisches Servosystem verstärkt. Dieses muss dabei so ausgeführt sein, dass der Fahrer jederzeit eine gute Rückmeldung über die Kraftschlussverhältnisse zwischen Reifen und Fahrbahn erhält, negative Einflüsse durch Fahrbahnstöße jedoch wirkungsvoll gedämpft werden.

Hydraulische Hilfskraftlenkung
Aus der Kombination der mechanischen Bauform des Lenkgetriebes mit einem hydraulischen Servosystem entsteht die Zahnstangen-Hydrolenkung (Bild 6) und die Kugelmutter-Hydrolenkung.

Steuerventil
Das Steuerventil steuert einen der Drehkraft des Lenkrads entsprechenden Öldruck in den Arbeitszylinder (Bild 5). Hierzu wird mithilfe einer Drehstabfeder das Betätigungsmoment in einen proportionalen Steuerweg innerhalb des Ventils umgewandelt. Durch den Steuerweg verändern sich Öffnungsquerschnitte innerhalb des Ventils und steuern damit die Öl- und Druckverhältnisse im Arbeitszylinder.

Steuerventile sind nach dem Prinzip der „offenen Mitte" gebaut, d.h., bei nicht betätigtem Steuerventil fließt das von der Pumpe geförderte Öl drucklos zum Ölbehälter zurück.

Modulierbare Hilfskraftlenkungen
Steigende Anforderungen an Bedienkomfort und Sicherheit des Fahrzeugs führen zu modulierbaren Hilfskraftlenkungen. Ein Beispiel dafür ist die fahrgeschwindigkeitsabhängig arbeitende Zahnstangen-Hydrolenkung. Ein Steuergerät wertet die Fahrgeschwindigkeit aus und steuert über ein elektrohydraulisches

Steuerventil die hydraulische Rückwirkung im System sowie damit die Betätigungskraft am Lenkrad.

Damit lassen sich im Parkierbereich und bei langsamer Fahrt geringe Betätigungskräfte realisieren, die dann bei zunehmender Geschwindigkeit ansteigen. Somit wird bei hohen Geschwindigkeiten ein exaktes und zielgenaues Lenken ermöglicht.

Arbeitszylinder
Der im Lenkgetriebe integrierte doppelt wirkende Arbeitszylinder wandelt den gesteuerten Öldruck in eine auf die Zahnstange wirkende Hilfskraft um und verstärkt damit die vom Fahrer ausgeübte Lenkkraft. Da der Arbeitszylinder besonders reibungsarm sein muss, werden an Kolben- und Stangendichtung besonders hohe Anforderungen gestellt.

Bild 5: Funktionsprinzip des Steuerventils der hydraulischen Hilfskraftlenkung.
a) Steuerventil in Neutralposition,
b) Steuerventil in Arbeitsposition.
1 Lenkhilfepumpe,
2 Steuerbuchse,
3 Drehschieber,
4 linker Arbeitszylinderraum,
5 rechter Arbeitszylinderraum,
6 Ölbehälter.

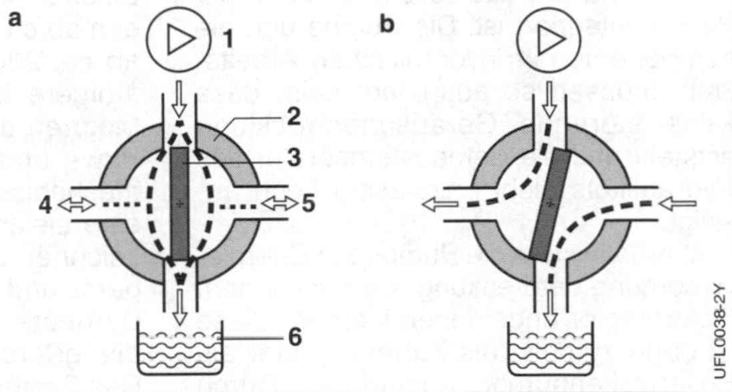

Bild 6: Zahnstangen-Hydrolenkung.
1 Hydraulisches Lenkgetriebe, 2 Lenkhilfepumpe, 3 Ölbehälter,
4 Hydraulikleitungen, 5 Lenksäule.

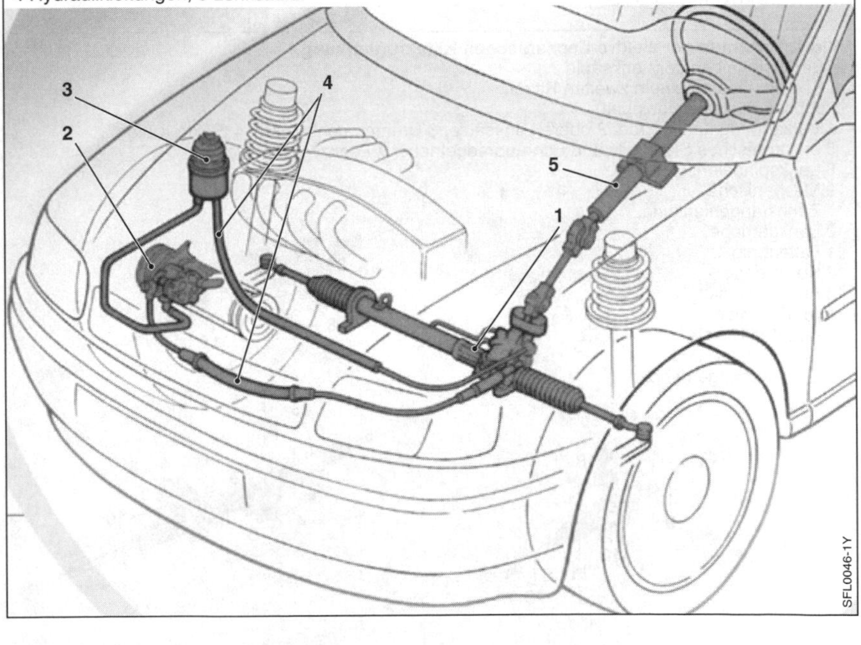

Energiequelle
Die Energiequelle besteht aus einer in der Regel vom Verbrennungsmotor angetriebenen Flügelzellenpumpe (Lenkhilfepumpe) mit integrierter Ölstromregelung, einem Ölbehälter sowie Schlauch- und Rohrleitungen. Die Pumpe muss so dimensioniert sein, dass diese für Parkiermanöver bereits bei Motorleerlauf den erforderlichen Öldruck und die erforderliche Ölmenge zur Verfügung stellt.

Zum Schutz vor Überlast ist in den Lenksystemen ein Druckbegrenzungsventil enthalten, das üblicherweise in der Pumpe integriert ist. Die Pumpe und die Komponenten im hydraulischen Arbeitskreis müssen so ausgelegt sein, dass keine störende Geräuschentwicklung entsteht und die Betriebstemperatur des Hydrauliköls nicht unzulässig hoch ansteigt.

Alternativ kann die Pumpe zur Energieversorgung der Lenkung auch von einem Elektromotor angetrieben werden. Diese ist dann zumeist als Zahnrad- oder als Rollenzellenpumpe ausgeführt. Durch den Entfall des Riemenantriebs zum Verbrennungsmotor lässt sich die Pumpe räumlich variabel anordnen. Durch eine Steuerelektronik, die Signale wie die Fahrzeug- oder Lenkgeschwindigkeit auswertet, kann die Drehzahl der Pumpe dem aktuellen Energiebedarf der Lenkung und der Fahrsituation angepasst und damit eine höhere Energieeffizienz erzielt werden.

Elektrische Hilfskraftlenkung
Die hydraulische Hilfskraftlenkung ist im Pkw-Bereich in den letzten Jahren nahezu ausschließlich durch die elektromechanische Hilfskraftlenkung (EPS, Electric Power Steering) ersetzt worden. Einsetzend bei Kleinst- und Kleinfahrzeugen ab ca. 1990 über die Kompaktklasse ab ca. 2000 erlauben immer leistungsfähigere elektrische Steuergeräte und Motoren den Einsatz bis in den oberen Pkw- und SUV-Bereich. Die elektromechanische Hilfskraftlenkung ist durch eine elektrische Antriebseinheit gekennzeichnet, bestehend aus einem Steuergerät und einem durch das elektrische Bordnetz versorgten Elektromotor, der die erforderliche Servokraft aufbringt. Das System besteht aus folgenden Komponenten (Bild 7):

- Lenksäule, die das Lenkritzel mit dem Lenkrad im Fahrzeuginnenraum verbindet.

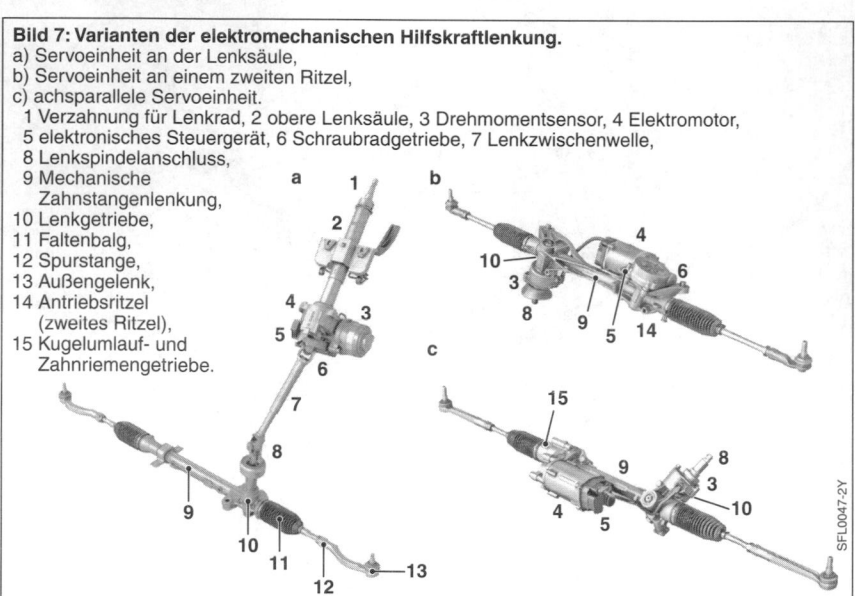

Bild 7: Varianten der elektromechanischen Hilfskraftlenkung.
a) Servoeinheit an der Lenksäule,
b) Servoeinheit an einem zweiten Ritzel,
c) achsparallele Servoeinheit.
1 Verzahnung für Lenkrad, 2 obere Lenksäule, 3 Drehmomentsensor, 4 Elektromotor,
5 elektronisches Steuergerät, 6 Schraubradgetriebe, 7 Lenkzwischenwelle,
8 Lenkspindelanschluss,
9 Mechanische Zahnstangenlenkung,
10 Lenkgetriebe,
11 Faltenbalg,
12 Spurstange,
13 Außengelenk,
14 Antriebsritzel (zweites Ritzel),
15 Kugelumlauf- und Zahnriemengetriebe.

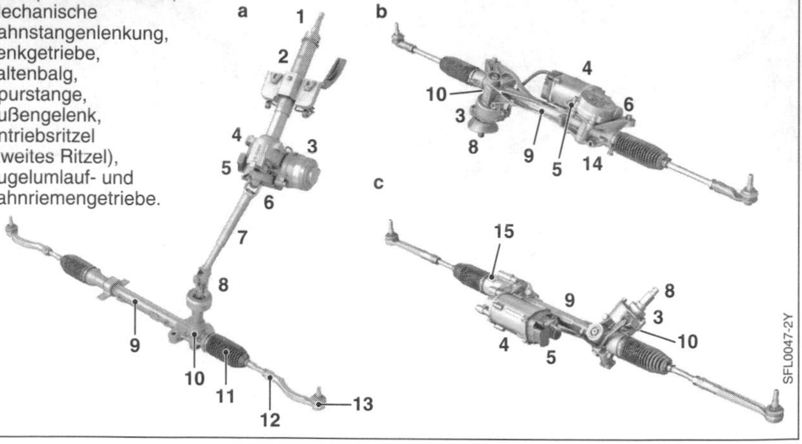

– Lenkritzel, das die rotatorische Lenkbewegung in die lineare Bewegung der Zahnstange wandelt.
– Zahnstange, die über die Spurstangen und Gelenke mit den Rädern verbunden ist.
– Sensoren zur Erfassung von erforderlichen Informationen, die zur Berechnung des unterstützenden Lenkmoments benötigt werden.
– Servoeinheit, bestehend aus elektrischem Steuergerät mit Mikroprozessor, Elektromotor und Untersetzungsgetriebe, die das unterstützende Lenkmoment erzeugt und in den Lenkstrang einkoppelt.

Varianten
Die mechanische Kopplung des Motors zum Lenkgetriebe kann dabei als Lenksäulen-, Lenkritzel- oder Zahnstangenantrieb erfolgen.

Servoeinheit an der Lenksäule
Die Servoeinheit ist mitsamt ihrer Elektronik in der Lenksäule integriert (Bild 7a). Über die Lenkzwischenwelle mit Kreuzgelenken ist sie mit der mechanischen Zahnstangenlenkung verbunden. Das vom Elektromotor erzeugte Moment wird über das Schraubradgetriebe (Bild 8) in ein Unterstützungsmoment umgewandelt und auf die Lenksäule übertragen. Die Sensorik und die Drehstabfeder befinden sich neben dem Schraubradgetriebe.

Dieses System ist in Fahrzeugen mit geringen Lenkkräften (Kleinstwagen und Kleinwagen) im Einsatz.

Servoeinheit an einem zweiten Ritzel
Die Servoeinheit ist an einem zweiten Ritzel eingebaut (Bild 7b), wodurch Sensor- und Antriebseinheit räumlich getrennt werden können. Das Schraubradgetriebe (Bild 8) wandelt das vom Elektromotor bereitgestellte Moment in das Servounterstützungsmoment und überträgt es auf die Zahnstange. Die Antriebsritzelübersetzung ist von der Lenkübersetzung unabhängig, Dadurch ist eine leistungsoptimierte Auslegung mit einer um 10 % bis 15 % erhöhten Systemleistung möglich.

Dieses System findet Einsatz in Fahrzeugen der Mittelklasse.

Achsparallele Servoeinheit
Für die Umwandlung der Rotationsbewegung des Lenkrads in eine lineare Bewegung der Zahnstange kommt bei diesem System ein Getriebekonzept aus Zahnriemen und Kugelumlaufgetriebe zum Einsatz. Beim Kugelgewindetrieb wird ein System mit Kugelrückführung verwendet. Die Kugelkette wird über einen in der Kugelumlaufmutter integrierten Kanal rückgeführt. Der schlupffreie Zahnriemen ist in der Lage, das Drehmoment sicher zu übertragen.

Dieses System findet Einsatz bei Fahrzeugen mit hohen Lenkkräften (Sportwagen, obere Mittelklasse, Geländewagen, leichte Nutzfahrzeuge).

Servomotor
Als Servomotoren werden bürstenbehaftete oder bürstenlose Gleichstrommotoren eingesetzt. Das erzeugte Drehmoment dieser Motoren liegt, je nach geforderter Leistungsfähigkeit der Lenkung und Auslegung des Untersetzungsgetriebes, bei 3 Nm bis über 10 Nm.

Die Ansteuerung des Motors und damit der Stromverbrauch erfolgt bedarfsgerecht; das bedeutet, nur wenn tatsächlich

Bild 8: Schraubradgetriebe.
1 Schraubrad, 2 Antriebsritzel,
3 Überlastungssicherheit, 4 Festlager,
5 Gehäuse, 6 Schnecke,
7 Feder-Dämpfer-Element.

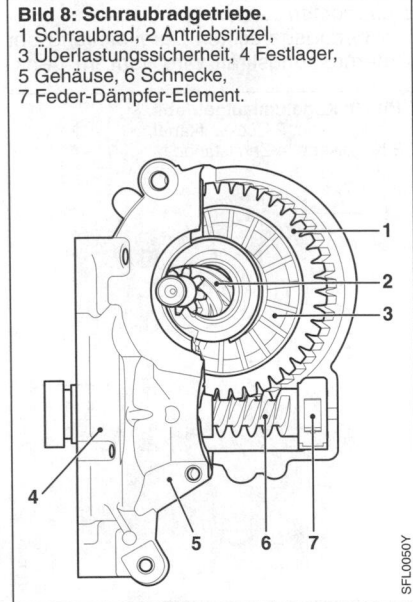

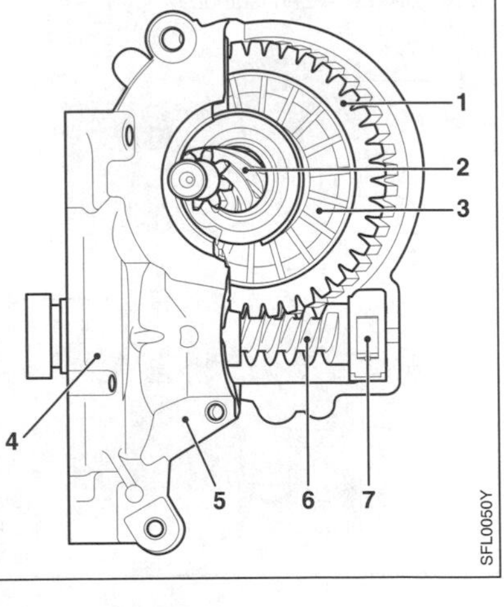

Unterstützungsleistung benötigt wird, erfolgt eine über die Stand-by-Leistungsaufnahme des Steuergeräts hinausgehende Belastung des elektrischen Bordnetzes.

Untersetzungsgetriebe
Bei den Untersetzungsgetrieben kommen vor allem zwei Prinzipien zum Einsatz.

Schraubradgetriebe
Beim Einsatz eines Schraubradgetriebes (Bild 8) treibt der Motor eine Schnecke an, die in ein Schraubrad greift und so entweder auf die Lenkabtriebswelle, auf das Lenkritzel oder ein separates Antriebsritzel (Bild 8) wirkt. Bei der Auslegung des Schraubradgetriebes muss beachtet werden, dass es keine Tendenz zur Selbsthemmung beim Rückdrehen durch die Zahnstangenkraft aufweist.

Kugelumlaufgetriebe
Beim Einsatz eines Kugelumlaufgetriebes (Bild 9) treibt der Motor entweder direkt oder zusätzlich untersetzt durch eine vorgeschaltete Riemengetriebestufe einen Kugelgewindeantrieb an, der die Drehbewegung in die Linearbewegung der Zahnstange umsetzt.

Drehmomentsensor
Zur bedarfsgerechten Bereitstellung der Unterstützungskraft wird vom im Lenksystem integrierten Drehmomentsensor das Fahrerhandmoment gemessen, im elektrischen Steuergerät die erforderliche Servokraft berechnet und der Motor entsprechend angesteuert. Die Bereitstellung der Unterstützungskraft durch den Motor erfolgt dabei auf Basis einer Drehmomentregelung (siehe Drehmomentsensor).

Bild 9: Kugelumlaufgetriebe.
1 Kugellager, 2 Rücklaufkanal,
3 Kugelkette, 4 Zahnstange.

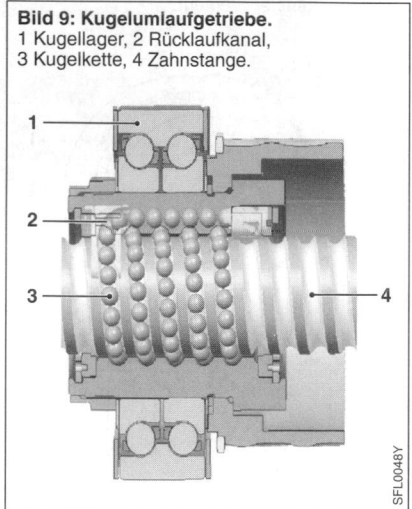

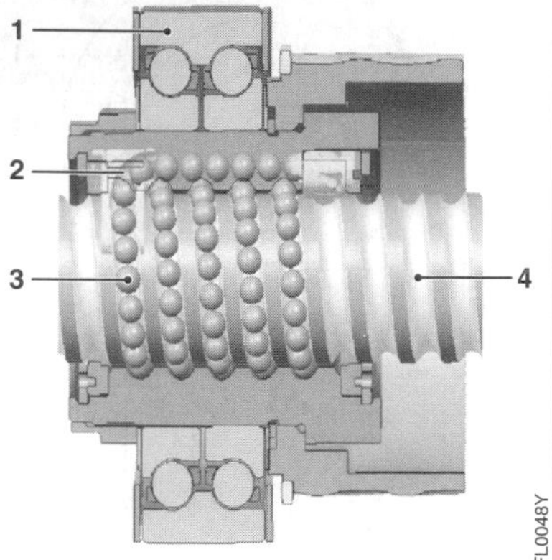

Funktionen
Zur Optimierung des Lenkverhaltens sind weitere Funktionen in der Software des Steuergeräts umgesetzt. Dazu werden vom Steuergerät weitere Signale des Fahrzeugs oder der Lenkung (z. B. Fahrgeschwindigkeit, Lenkwinkel, Lenkmoment und Lenkgeschwindigkeit) ausgewertet. So wird beispielsweise die Rückstellbewegung des Lenkrads in Abhängigkeit des Lenkwinkels und der Fahrgeschwindigkeit durch ein Zusatzmoment des Motors optimiert. Ebenso wird mit den Informationen der Fahrgeschwindigkeit und der Lenkgeschwindigkeit eine Dämpfungsfunktion realisiert, welche die Geradeauslaufstabilität der Lenkung und somit des Fahrzeugs bei hohen Fahrgeschwindigkeiten unterstützt.

Durch die Vernetzung des Lenkungssteuergeräts mit weiteren Steuergeräten im Fahrzeugverbund lassen sich mit der elektromechanischen Hilfskraftlenkung Assistenzfunktionen zur Erhöhung von Komfort und Sicherheit realisieren.

Die bedarfsgerechte Steuerung des Elektromotors bietet eine erhebliche Kraftstoffeinsparung gegenüber der hydraulischen Lenkunterstützung mit fahrzeugmotorgetriebener Pumpe von durchschnittlich etwa 0,3 *l*/100 km. Im Stadtbetrieb erhöht sich die Kraftstoffeinsparung auf bis zu 0,7 *l*/100 km.

Bei einem Ausfall der Energieversorgung oder der Lenkunterstützung kann der Fahrer weiterhin mechanisch lenken, allerdings mit höherem manuellen Lenkmoment.

Überlagerungslenkung
Mit einer Überlagerungslenkung kann dem vom Fahrer über das Lenkrad eingestellten Lenkradwinkel ein zusätzlicher Lenkwinkel addiert oder subtrahiert werden. Üblicherweise ist diese mit einer

parametrierbaren hydraulischen oder einer elektrischen Hilfskraftlenkung kombiniert. Durch eine Überlagerungslenkung wird kein autonomes Fahren ermöglicht, wohl aber eine optimal an die Fahrsituation angepasste Lenkcharakteristik und damit maximaler Komfort und Fahrstabilität. Durch die Vernetzung mit Fahrdynamikregelsystemen kann sie durch fahrerunabhängige Lenkkorrekturen die Sicherheit in kritischen Fahrsituationen weiter erhöhen. Im Serieneinsatz befinden sich solche Lenksysteme als Aktivlenkung (BMW) oder Dynamiklenkung (Audi).

Bild 10: Planetengetriebe der Überlagerungslenkung.
1 Ventil, 2 elektromagnetische Sperre, 3 Schnecke, 4 Elektromotor, 5 Zahnstange, 6 Planetenrad, 7 Schneckenrad.

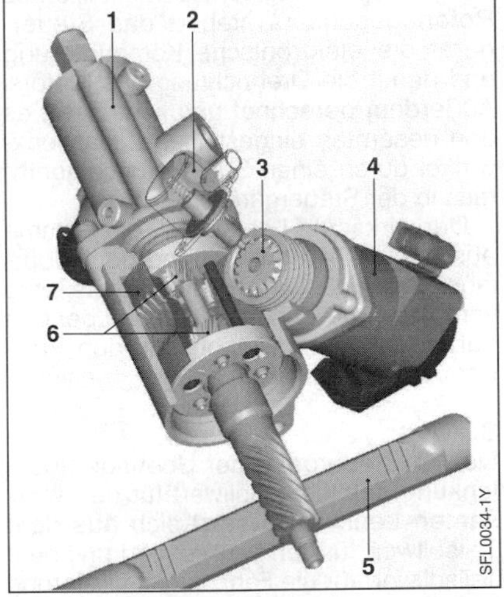

Technische Lösung
Die vom Fahrerlenkwinkel unabhängige Winkelüberlagerung wird aktuell durch zwei unterschiedliche technische Lösungen realisiert.

Planetengetriebe
Im Lenkstrang ist ein doppeltes Planetengetriebe mit unterschiedlichen Übersetzungen der Getriebestufen in einem gemeinsamen Planetenträger integriert (Bild 10). Dadurch besteht immer eine mechanische Verbindung zwischen dem Lenkrad und den gelenkten Rädern. Durch Drehen des Planetenträgers wird aufgrund der unterschiedlichen Übersetzungen der Getriebestufen der Zusatzlenkwinkel eingestellt. Die Einstellung des Winkels übernimmt ein Elektromotor, der über eine Schnecke das Schneckenrad des Planetenträgers antreibt.

Wellgetriebe
Die Lenkwinkelüberlagerungseinheit besteht in diesem Fall aus einem Wellgetriebe und einem Elektromotor mit einer Hohlwelle (Bild 11). Die sehr kompakte Bauweise ermöglicht die Integration in

Bild 11: Lenkstrang der Überlagerungslenkung mit Wellgetriebe.
1 Elektromotor mit Wellgetriebe,
2 Lenksäule,
3 Lenkzwischenwelle,
4 Lenkhilfepumpe,
5 Zahnstangen-Hydrolenkung.

der Lenksäule, ohne die Anforderungen bezüglich Einbauraum und Crashverhalten zu verletzen. Die lenkradseitige Welle (Eingangswelle) ist dabei mit einem flexiblen Getriebetopf (Flexspline) formschlüssig verbunden (Bild 12). Die Drehbewegung des Lenkrads wird über die Verzahnung des Flexsplines (Zähne im Bereich des flexiblen Kugellagers zeigen nach außen) auf die Verzahnung des Hohlrads (Circularspline, Zähne zeigen nach innen in Richtung Achse) zur Abtriebswelle (Ausgangswelle) übertragen. Ein sich im Flexspline befindlicher elliptischer Innenläufer (Wellengenerator), der vom Elektromotor angetrieben wird, generiert über die unterschiedliche Zähnezahl der Verzahnung zwischen Flexspline und Circularspline den Überlagerungslenkwinkel. Die Laufbahnen des flexiblen Kugellagers machen die Wellenbewegung des elliptischen Innenläufers mit und übertragen diese Wellenbewegung an den Flexspline. Auch hier besteht über die Verzahnung des Wellgetriebes immer eine mechanische Verbindung vom Lenkrad zu den gelenkten Rädern.

Im passiven Zustand wird der Elektromotor von einer elektromechanischen Sperre blockiert und so der direkte mechanische Durchtrieb für die Lenkbewegung sichergestellt.

Bild 12: Aktor der Überlagerungslenkung mit Wellgetriebe.
1 Eingangswelle,
2 Ausgangswelle,
3 Elektromotor,
4 Rotorlagesensor,
5 elliptischer Innenläufer (Wellengenerator),
6 Hohlrad (Circularspline),
7 flexibler Getriebetopf (Flexspline),
8 flexibles Kugellager.

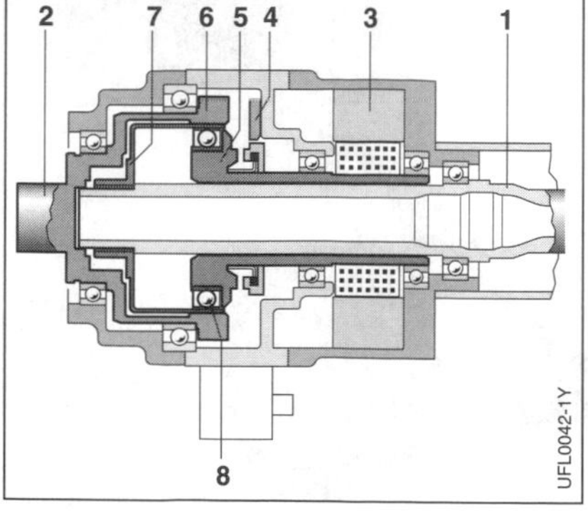

Ansteuerkonzept
Das Steuergerät der Überlagerungslenkung plausibilisiert die erforderlichen Sensorinformationen und wertet diese aus, berechnet den Sollwinkel für den Elektromotor und erzeugt über eine integrierte Leistungsendstufe die pulsweitenmodulierten Signale zur Ansteuerung des Elektromotors. Dieser ist als bürstenloser Gleichstrommotor mit integriertem Rotorlagesensor realisiert. Der maximale Motorstrom beträgt 40 A bei einer Bordnetzspannung von 12 V. Mithilfe des Rotorlagesensors steuert das Steuergerät die elektronische Kommutierung und damit die Drehrichtung des Motors. Außerdem berechnet und kontrolliert es den gesamten eingestellten Zusatzlenkwinkel durch einen Summationsalgorithmus in der Steuergerätesoftware.

Der wirksame Lenkwinkel, die Summe aus dem Lenkradwinkel und dem Überlagerungswinkel des Elektromotors, wird vom Steuergerät berechnet und über den Fahrzeugkommunikationsbus den Partnersteuergeräten zur Verfügung gestellt.

Sollwert
Der im Steuergerät der Überlagerungslenkung gebildete Sollwert für den wirksamen Lenkwinkel setzt sich aus dem Teilsollwert für den Lenkkomfort und dem Teilsollwert für die Fahrzeugstabilisierung zusammen. Die zur Berechnung dieser Größen erforderlichen Signale werden über den CAN-Bus vom Steuergerät eingelesen.

Der Teilsollwert für den Lenkkomfort ist als geschwindigkeitsabhängige, variable Lenkübersetzung realisiert. Die Berechnung dieses Werts erfolgt aus den Eingangsgrößen Lenkwinkel und Fahrgeschwindigkeit. Bei Fahrzeugstillstand und niedrigen Fahrgeschwindigkeiten wird zum Fahrerlenkwinkel ein Winkel addiert. Die Lenkübersetzung ist dadurch direkter. Der Fahrer kann mit weniger als einer Lenkradumdrehung den vollen Lenkeinschlag der Räder erreichen. Mit steigender Fahrgeschwindigkeit wird diese Lenkwinkeladdition kontinuierlich zurückgenommen. Ab Geschwindigkeiten von ca. 80...90 km/h wird vom Fahrerlenkwinkel ein Anteil subtrahiert, die Lenkung wird indirekter. Dadurch wird ein stabiler Geradeauslauf des Fahrzeugs bei hohen Geschwindigkeiten erreicht und gleichzeitig verhindert, dass der Fahrer aufgrund einer zu schnellen Lenkbewegung die Kontrolle über das Fahrzeug verliert.

Für die Berechnung des Teilsollwerts zur Fahrzeugstabilisierung wird – zusätzlich zum Lenkwinkel und der Fahrgeschwindigkeit – die Fahrzeugbewegung mithilfe der Sensoren für die Fahrzeuggierrate (Drehrate) und die Querbeschleunigung gemessen. Die Überlagerungslenkung verwendet hierzu die Sensoren der Fahrdynamikregelung. Analog zur Fahrdynamikregelung wird mit einem in der Steuergerätesoftware laufenden Rechenmodell die Fahrzeug-Sollbewegung berechnet. Bei einer Abweichung der tatsächlichen Fahrzeugbewegung (Istbewegung) von der Sollbewegung wird die Lenkung angesteuert, um das Fahrzeug zu stabilisieren. Damit die beiden Regler der Fahrdynamikregelung und der Überlagerungslenkung optimal zusammenarbeiten, tauschen beide Systeme untereinander ständig Informationen aus.

Sicherheitskonzept

Alle verwendeten internen und externen Signale werden im Steuergerät ständig überwacht und auf Plausibilität überprüft. Ist ein Sensorsignal nicht mehr plausibel, wird zunächst die darauf basierende Zusatzlenkfunktion eingestellt. Zum Beispiel wird bei Ausfall des Drehratensensors, der die Drehung des Fahrzeugs um seine Hochachse (Gierrate) misst, die Gierratenregelung der Überlagerungslenkung abgeschaltet. Die variable Lenkübersetzung bleibt weiterhin aktiv.

Wenn durch einen Fehler keine sichere Ansteuerung des Elektromotors mehr möglich ist, wird das System vollständig abgeschaltet und über die Selbsthemmung der Getriebestufe oder durch eine elektromechanische Sperre der direkte Lenkraddurchtrieb sichergestellt. Diese Rückfallebene ist immer automatisch aktiv wenn der Verbrennungsmotor nicht läuft oder auch bei fehlender elektrischer Versorgungsspannung.

Hilfskraftlenkanlagen für Nfz

Hilfskraftlenkung mit rein hydraulischer Übertragungseinrichtung

Hydrostatische Lenkungen sind hydraulische Hilfskraftlenkungen. Die Lenkkraft des Fahrers wird hydraulisch verstärkt und ausschließlich auf hydraulischem Weg an die gelenkten Räder übertragen. Da keine mechanische Verbindung besteht, ist die zulässige Höchstgeschwindigkeit entsprechend der Ländervorschriften begrenzt. In Deutschland beträgt sie 25 km/h, je nach Systemauslegung und Notlenkeigenschaften ist eine Zulassung bis zu einer Geschwindigkeit von 62 km/h möglich. Die Anwendung ist daher auf Arbeitsmaschinen und Sonderfahrzeuge beschränkt.

Hilfskraftlenkanlage in Einkreisausführung für Nutzfahrzeuge

Nutzfahrzeuge sind üblicherweise mit einer Kugelmutter-Hydrolenkung (Bild 13) ausgestattet. Das Steuerventil ist in das Lenkgehäuse integriert und bildet mit der Lenkschnecke eine Einheit. Die Drehbewegung des Lenkrads wird über eine Endloskugelkette an die Kugelmutter übertragen. Eine kurze Verzahnung auf der Kugelmutter greift in eine Verzahnung auf der Segmentwelle ein. Die entstehende Drehbewegung der Segment-

Bild 13: Kugelmutter-Hydrolenkung.
1 Kolben, 2 Segmentwelle,
3 Gehäuse, 4 Lenkspindelanschluss,
5 Kugelmutter mit Kugelkette,
6 Lenkschnecke.

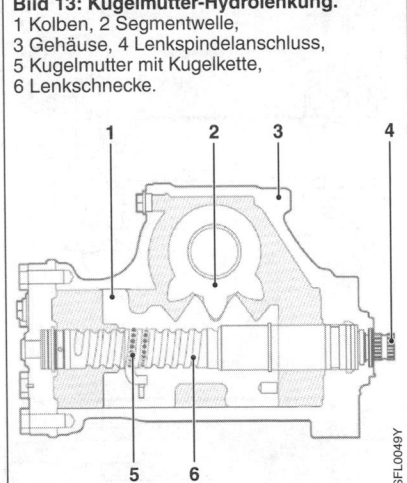

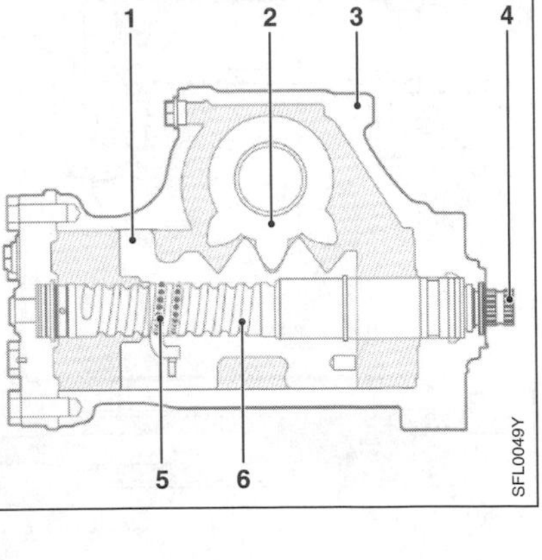

welle wird über einen Lenkhebel an das Lenkgestänge und die gelenkten Räder übertragen.

Die Erzeugung der Servokraft wird wie bei der Zahnstangen-Hydrolenkung von einem Drehschieberventil gesteuert. Der Arbeitszylinder wird durch eine Dichtfläche zwischen dem Gehäuse der Kugelmutter und dem Lenkungsgehäuse gebildet. Da keine zusätzlichen, außerhalb des Gehäuses liegenden Leitungen erforderlich sind, entsteht ein robustes und kompaktes Lenkgetriebe mit hoher Leistung.

Hilfskraftlenkanlage in Zweikreisausführung für schwere Nutzfahrzeuge

Zweikreisige Lenkanlagen (Bild 14) werden erforderlich, wenn bei Ausfall der Hilfskraft die Betätigungskräfte am Lenkrad die gesetzlichen Vorgaben in der ECE-R79 [1] übersteigen. Diese Lenkanlagen sind durch eine hydraulische Redundanz gekennzeichnet. Beide Lenkungskreise einer Anlage werden mit einem Durchflussanzeiger auf Funktion überwacht und ein Fehler dem Fahrer angezeigt. Die Pumpen zur Versorgung der unabhängigen Lenkungskreise müssen unterschiedlich angetrieben werden (z.B. motorabhängig, fahrgeschwindigkeitsabhängig oder elektrisch). Bei Ausfall eines Kreises, verursacht zum Beispiel durch einen Fehler im Lenksystem oder auch bei einem Ausfall des Motors, kann das Fahrzeug mit dem weiterhin funktionsfähigen redundanten Kreis entsprechend der gesetzlichen Vorschriften gelenkt werden.

Realisiert werden Zweikreislenkanlagen durch eine Kugelmutter-Hydrolenkung mit einem integrierten zweiten Lenkventil. Dieses steuert einen zusätzlich extern installierten Arbeitszylinder und bildet so die Redundanz zum vorhandenen Servosystem in der Kugelmutterlenkung.

Bild 14: Hilfskraftlenkung in Zweikreisausführung.
1 Lenkungspumpe 1,
2 Lenkungspumpe 2,
3 Ölbehälter 1,
4 Ölbehälter 2,
5 Arbeitszylinder,
6 Zylinderraum links,
7 Zylinderraum rechts,
8 Lenkventil in Zweikreisausführung.

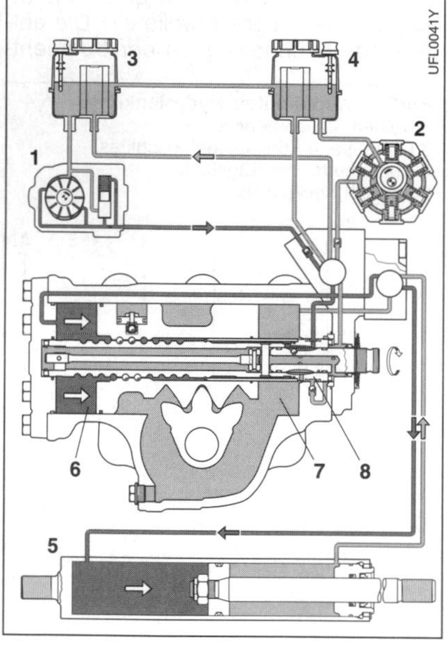

Literatur

[1] ECE-R79: Einheitliche Bedingungen für die Genehmigung der Fahrzeuge hinsichtlich der Lenkanlage.

Bremssysteme

Begriffe und Grundlagen

(Nach ISO 611 [1] und DIN 70024 [2])

Bremsausrüstung
Gesamtheit aller Bremsanlagen eines Fahrzeugs, die dazu dienen, die Geschwindigkeit oder die Geschwindigkeitsänderung zu verringern, es zum Stillstand zu bringen oder es im Stillstand zu halten.

Bremsanlagen
Betriebsbremsanlage
Ermöglicht es dem Fahrzeugführer, mit abstufbarer Wirkung die Geschwindigkeit eines Fahrzeugs während seines Betriebs zu verringern oder das Fahrzeug zum Stillstand zu bringen.

Hilfsbremsanlage
Ermöglicht es dem Fahrzeugführer, mit abstufbarer Wirkung die Geschwindigkeit eines Fahrzeugs bei einer Störung in der Betriebsbremsanlage zu verringern oder das Fahrzeug zum Stillstand zu bringen.

Feststellbremsanlage
Ermöglicht es, ein Fahrzeug auch auf einer geneigten Fahrbahn und insbesondere in Abwesenheit des Fahrzeugführers mit mechanischen Mitteln im Stillstand zu halten.

Dauerbremsanlage
Gesamtheit der Bauteile, die es dem Fahrer ermöglichen, praktisch ohne Verschleiß an der Reibungsbremse die Geschwindigkeit zu reduzieren oder ein langes Gefälle mit fast konstanter Geschwindigkeit zu durchfahren. Eine Dauerbremsanlage kann einen oder mehrere Retarder beinhalten.

Selbsttätige Bremsanlage
Gesamtheit der Bauteile, die bei gewollter oder zufälliger Trennung von Fahrzeugen eines Zuges eine automatische Bremsung des Anhängefahrzeugs bewirken.

Elektronische Bremsanlage (EBS, EHB)
Bremsanlage, deren Steuerung als elektrisches Signal in der Steuerübertragung erzeugt und verarbeitet wird. Ein elektrisches Ausgangssignal steuert Bauteile, die die Spannkräfte erzeugen.

Bestandteile
Energieversorgungseinrichtung
Teile einer Bremsanlage, welche die zum Bremsen notwendige Energie liefern, regeln und eventuell aufbereiten. Sie endet dort, wo die Übertragungseinrichtung beginnt, daher dort, wo die einzelnen Kreise der Bremsanlagen einschließlich gegebenenfalls vorhandener Nebenverbraucherkreise entweder zur Energieversorgung hin oder untereinander abgesichert sind.

Die Energiequelle kann sowohl außerhalb des Fahrzeugs liegen (z.B. bei der Druckluftbremsanlage eines Anhängers) als auch die Muskelkraft einer Person sein.

Betätigungseinrichtung
Teile einer Bremsanlage, welche die Wirkung dieser Bremsanlage einleiten und steuern. Das Steuersignal kann innerhalb der Betätigungseinrichtung z.B. mit mechanischen, pneumatischen, hydraulischen oder elektrischen Mitteln übertragen werden, wobei die Verwendung von Hilfs- oder Fremdenergie möglich ist.

Die Betätigungseinrichtung beginnt an dem Teil, auf das unmittelbar die Betätigungskraft wirkt. Dies geschieht
- direkt mit dem Fuß oder der Hand,
- durch indirekten Eingriff des Fahrzeugführers oder ohne jeglichen Eingriff (nur bei Anhängefahrzeugen),
- durch Veränderung des Drucks oder des elektrischen Stroms in einer Verbindungsleitung zwischen Zug- und Anhängefahrzeug bei Betätigung einer der Bremsanlagen des Zugfahrzeugs oder im Falle einer Störung und
- durch Massenträgheit oder Gewicht des Fahrzeugs oder eines seiner wesentlichen Bauteile.

Die Betätigungseinrichtung endet dort, wo die zum Bremsen notwendige Energie verteilt oder wo ein Teil der Energie zum Steuern von Bremsenergie abgezweigt wird.

Übertragungseinrichtung
Teile einer Bremsanlage, welche die von der Betätigungseinrichtung gesteuerte Energie übertragen. Sie beginnt dort, wo einerseits die Betätigungseinrichtung oder andererseits die Energieversorgungseinrichtung endet. Sie endet an den Teilen der Bremsanlage, in denen die der Bewegung oder der Bewegungstendenz des Fahrzeugs entgegenwirkenden Kräfte erzeugt werden. Ihre Bauart kann z.B. mechanisch, hydraulisch-pneumatisch (Über- oder Unterdruck), elektrisch oder kombiniert (z.B. hydromechanisch oder hydropneumatisch) sein.

Bremse
Teile einer Bremsanlage, in denen die der Bewegung oder Bewegungstendenz des Fahrzeugs entgegenwirkenden Kräfte erzeugt werden, z.B. Reibungsbremsen (Scheibe oder Trommel) oder Retarder (hydrodynamischer oder elektrodynamischer Retarder, Motorbremse).

Zusatzeinrichtung des Zugfahrzeugs für ein Anhängefahrzeug
Teile einer Bremsanlage eines Zugfahrzeugs, die für die Energieversorgung und die Steuerung der Bremsanlagen des Anhängefahrzeugs bestimmt sind. Sie besteht aus den Teilen zwischen der Energieversorgungseinrichtung des Zugfahrzeugs und dem Kupplungskopf der Vorratsleitung (einschließlich), sowie aus den Teilen zwischen der oder den Übertragungseinrichtungen des Zugfahrzeugs und dem Kupplungskopf der Bremsleitung (einschließlich).

Arten von Bremsanlagen bezüglich der Energieversorgungseinrichtung
Muskelkraftbremsanlage
Bremsanlage, bei der die zur Erzeugung der Bremskraft benötigte Energie allein von der physischen Kraft des Fahrzeugführers ausgeht.

Hilfskraftbremsanlage
Bremsanlage, bei der die zur Erzeugung der Bremskraft benötigte Energie von der physischen Kraft des Fahrzeugführers und einer oder mehreren Energieversorgungseinrichtungen ausgeht.

Fremdkraftbremsanlage
Bremsanlage, bei der die zur Erzeugung der Bremskraft benötigte Energie von einer oder mehreren Energieversorgungseinrichtungen, ausgenommen der physischen Kraft des Fahrzeugführers, ausgeht. Diese dient nur zum Steuern der Anlage.

Anmerkung: Eine Bremsanlage, bei der der Fahrzeugführer im Falle des Totalausfalls der Energie durch Betätigen dieser Bremsanlage die Bremskraft durch Muskelkraft aufbauen kann, fällt nicht unter diese Definition.

Auflaufbremsanlage
Bremsanlage, bei der die zur Erzeugung der Bremskraft benötigte Energie durch Annäherung des Anhängefahrzeugs an das Zugfahrzeug entsteht.

Fallbremsanlage
Bremsanlage, bei der die zur Erzeugung der Bremskraft benötigte Energie vom Absenken eines wesentlichen Bauteils des Anhängers (z.B. Deichsel) aufgrund der Schwerkraft ausgeht.

Arten von Bremsanlagen bezüglich des Aufbaus der Übertragungseinrichtung
Einkreisbremsanlage
Bremsanlage, die eine Übertragungseinrichtung mit einem einzigen Kreis hat. Die Übertragungseinrichtung ist einkreisig, wenn eine Störung in ihr zur Folge hat, dass sie die Energie zur Erzeugung der Spannkraft nicht mehr übertragen kann.

Mehrkreisbremsanlage
Bremsanlage, die eine Übertragungseinrichtung mit mehreren Kreisen hat. Die Übertragungseinrichtung ist mehrkreisig, wenn eine Störung in einem Kreis zur Folge hat, dass sie die Energie zur Erzeugung der Spannkraft noch voll oder teilweise übertragen kann.

Arten von Bremsanlagen bei Fahrzeugkombinationen
Einleitungsbremsanlage
Anordnung, bei der die Bremsanlagen der einzelnen Fahrzeuge so miteinander verbunden sind, dass eine einzige Leitung abwechselnd zur Energieversorgung oder

zur Betätigung der Bremsanlage des Anhängefahrzeugs benutzt wird.

Zwei- oder Mehrleitungsbremsanlagen
Anordnung, bei der die Bremsanlagen der einzelnen Fahrzeuge so miteinander verbunden sind, dass die Energieversorgung und die Betätigung der Bremsanlage des Anhängefahrzeugs getrennt über mehrere Leitungen gleichzeitig erfolgen.

Durchgehende Bremsanlage
Kombination von Bremsanlagen der Fahrzeuge eines Zuges. Eigenschaften:
- Der Fahrzeugführer kann vom Führersitz aus mit einem einzigen Vorgang eine Betätigungseinrichtung im Zugfahrzeug direkt und eine Betätigungseinrichtung im Anhängefahrzeug indirekt mit abstufbarer Wirkung betätigen.
- Die zur Bremsung der einzelnen Fahrzeuge eines Zuges benötigte Energie wird durch die gleiche Energiequelle (die die Muskelkraft des Fahrzeugführers sein kann) geliefert.
- Gleichzeitige oder geeignet zeitlich verschobene Bremsung der einzelnen Fahrzeuge eines Zuges.

Teilweise durchgehende Bremsanlage
Kombination von Bremsanlagen der Fahrzeuge eines Zuges. Eigenschaften:
- Der Fahrzeugführer kann vom Führersitz aus mit einem einzigen Vorgang eine Betätigungseinrichtung im Zugfahrzeug direkt und eine Betätigungseinrichtung im Anhängefahrzeug indirekt abstufbar betätigen.
- Die zur Bremsung der einzelnen Fahrzeuge eines Zuges benötigte Energie wird von mindestens zwei verschiedenen Energiequellen geliefert (die eine davon kann die Muskelkraft des Fahrzeugführers sein).
- Gleichzeitige oder geeignet zeitlich verschobene Bremsung der einzelnen Fahrzeuge eines Zuges.

Nicht durchgehende Bremsanlage
Kombination von Bremsanlagen der Fahrzeuge eines Zuges, die weder durchgehend noch teilweise durchgehend sind.

Leitungen in Bremsanlagen
Kabel, Leiter: Leitung zur Übertragung elektrischer Energie.

Rohrleitung: Starre, halbstarre oder flexible Rohrleitung zur Übertragung hydraulischer oder pneumatischer Energie.

Leitungen zur Verbindung der Bremsausrüstungen von Fahrzeugen eines Zuges
Vorratsleitung: Eine Vorratsleitung ist eine spezielle Versorgungsleitung, durch die die Energie vom ziehenden Fahrzeug in den Energiespeicher des gezogenen Fahrzeugs gelangt.

Bremsleitung: Spezielle Steuerleitung, durch die die zum Steuern benötigte Energie vom ziehenden zum gezogenen Fahrzeug gelangt.

Gemeinsame Brems- und Vorratsleitung: Leitung, die sowohl als Bremsleitung als auch als Vorratsleitung dient (Einleitungsbremsanlage).

Hilfsbremsleitung: Spezielle Arbeitsleitung, durch welche die für die Hilfsbremsung des Anhängefahrzeugs benötigte Energie vom ziehenden zum gezogenen Fahrzeug gelangt.

Bremsvorgang
Vorgänge zwischen dem Beginn der Betätigung der Betätigungseinrichtung und dem Ende der Bremsung.

Abstufbare Bremsung
Bremsung, bei der innerhalb des normalen Betätigungsbereichs der Betätigungseinrichtung der Fahrzeugführer zu jeder Zeit die Bremskraft durch Einwirkung auf die Betätigungseinrichtung hinreichend fein steigern oder reduzieren kann. Wenn durch eine gesteigerte Einwirkung auf die Betätigungseinrichtung eine Steigerung der Bremskraft erreicht wird, dann muss eine Umkehrung der Einwirkung eine Reduzierung dieser Kraft hervorrufen.

Hysterese der Bremsanlage: Unterschied der Betätigungskräfte beim Spannen und Lösen bei gleichem Bremsmoment.

Hysterese der Bremse: Unterschied der Spannkräfte beim Spannen und Lösen bei gleichem Bremsmoment.

Kräfte und Momente

Betätigungskraft F_c: Kraft, die auf die Betätigungseinrichtung ausgeübt wird.

Spannkraft F_s: Gesamtkraft, die in Reibungsbremsen auf einen Belag ausgeübt wird und die infolge sich ergebender Reibung die Bremskraft bewirkt.

Bremsmoment: Produkt aus den durch die Spannkraft hervorgerufenen Reibkräften und dem Abstand der Angriffspunkte dieser Kräfte von der Drehachse der Räder.

Gesamte Bremskraft F_f: Summe der in den Aufstandsflächen aller Räder wirkenden Bremskräfte, die durch die Wirkung der Bremsanlage entstehen und der Bewegung oder der Bewegungstendenz des Fahrzeugs entgegengerichtet sind.

Bremskraftverteilung: Angabe der Bremskraft jeder Achse in Prozent bezogen auf die gesamte Bremskraft F_f, z.B.: Vorderachse 60 %, Hinterachse 40 %.

Bild 1: Zeiten und Verzögerung während einer Bremsung bis zum Fahrzeugstillstand.

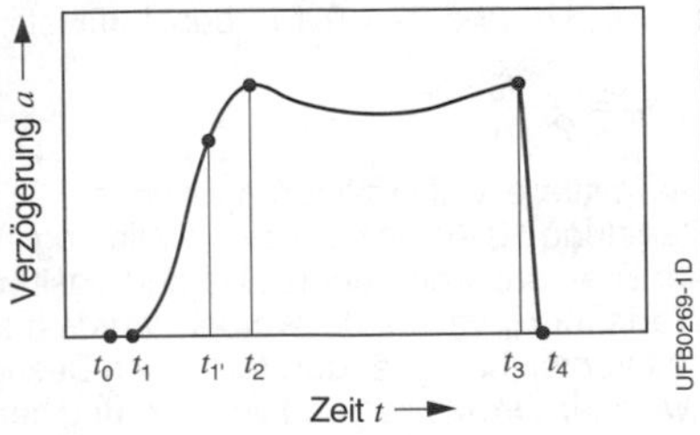

vor t_0: Reaktionsdauer,
t_0: Beginn der Kraftwirkung auf die Betätigungseinrichtung,
t_1: Beginn der Verzögerung,
t_1': Ende der Schwelldauer,
t_2: Verzögerung voll ausgebildet,
t_3: Ende der Vollverzögerung,
t_4: Ende der Bremsung (Fahrzeugstillstand),
$t_1 - t_0$: Ansprechdauer,
$t_1' - t_1$: Schwelldauer,
$t_3 - t_2$: Bereich „mittlere Vollverzögerung“,
$t_4 - t_1$: Bremswirkdauer,
$t_4 - t_0$: Bremsdauer.

Bremsenkennwert C^*: Verhältnis aus der gesamten Umfangskraft und der Spannkraft einer jeweiligen Bremse:

$$C^* = \frac{F_u}{F_s}.$$

F_u gesamte Umfangskraft, F_s Spannkraft. Wirken unterschiedliche Spannkräfte an den einzelnen Bremsbacken (Anzahl i), so ist der Mittelwert zu bilden:

$$F_s = \sum \frac{F_{si}}{i}.$$

Zeiten

Reaktionsdauer (siehe Bild 1): Zeitspanne zwischen Wahrnehmen der Entscheidungsauslösung und dem Beginn der Betätigung der Betätigungseinrichtung (t_0).

Bewegungsdauer der Betätigungseinrichtung: Zeit vom Beginn der Kraftwirkung auf die Betätigungseinrichtung (t_0) bis zur jeweiligen Endstellung entsprechend der Betätigungskraft oder des Betätigungsweges (dies gilt sinngemäß auch für das Lösen der Bremsen).

Ansprechdauer $t_1 - t_0$: Zeit, die vom Beginn der Kraftwirkung auf die Betätigungseinrichtung bis zum Einsetzen der Bremskraft vergeht.

Schwelldauer $t_1' - t_1$: Zeit, die vom Einsetzen der Bremskraft bis zum Erreichen eines gewissen Werts vergeht (75 % des asymptotischen Werts des Drucks im Radzylinder laut EU-Richtlinie 71/320/EWG [3], Anh. III/2.4).

Ansprech- und Schwelldauer: Die Summe der Ansprech- und Schwelldauer dient der Beurteilung des Zeitverhaltens der Bremsanlage bis zum Erreichen der vollen Bremswirkung.

Bremswirkungsdauer $t_4 - t_1$: Zeit, die vom Einsetzen der Bremskraft bis zu ihrem Verschwinden vergeht. Wenn das Fahrzeug bei bleibender Spannkraft zum Stillstand kommt, dann ist der Beginn des Stillstehens das Ende der Bremswirkungsdauer.

Lösedauer: Zeit, die vom Beginn der Bewegungsdauer der Betätigungseinrichtung beim Lösen bis zum Verschwinden der Bremskraft vergeht.

Bremsdauer $t_4 - t_0$: Zeit, die vom Beginn der Kraftwirkung auf die Betätigungseinrichtung bis zum Verschwinden der Bremskraft vergeht. Wenn das Fahrzeug bei bleibender Spannkraft zum Stillstand kommt, dann stellt der Beginn des Stillstehens das Ende der Bremsdauer dar.

Bremsweg s
Weg, den ein Fahrzeug während der Bremsdauer zurücklegt. Wenn der Beginn des Stillstehens das Ende der Bremsdauer bestimmt, dann nennt man den bis dahin zurückgelegten Weg „Bremsweg bis zum Stillstand".

Bremsarbeit W
Integral des Produktes aus der augenblicklichen Bremskraft F_f und dem Bremswegelement ds über den Bremsweg s:

$$W = \int_0^s F_f \, ds.$$

Augenblickliche Bremsleistung P
Produkt aus der augenblicklichen gesamten Bremskraft F_f und der Geschwindigkeit v des Fahrzeugs:

$$P = F_f \, v .$$

Bremsverzögerung
Durch die Bremsanlage erzeugte Verringerung der Fahrgeschwindigkeit in der Zeiteinheit t. Man unterscheidet:

Augenblickliche Verzögerung

$$a = \frac{dv}{dt} .$$

Mittlere Verzögerung über einen Zeitabschnitt
Die mittlere Verzögerung zwischen zwei Zeitpunkten t_B und t_E beträgt

$$a_{mt} = \frac{1}{t_E - t_B} \int_{t_B}^{t_E} a(t) \, dt;$$

daraus ergibt sich:

$$a_{mt} = \frac{v_E - v_B}{t_E - t_B},$$

wobei v_B und v_E die Fahrzeuggeschwindigkeiten zu den Zeitpunkten t_B und t_E sind.

Mittlere Verzögerung über einen Wegabschnitt
Die mittlere Verzögerung zwischen zwei Streckenpunkten s_B und s_E beträgt:

$$a_{ms} = \frac{1}{s_E - s_B} \int_{s_B}^{s_E} a(s) \, ds ;$$

daraus ergibt sich:

$$a_{ms} = \frac{v_E^2 - v_B^2}{2\,(s_E - s_B)}$$

wobei v_B und v_E die Fahrzeuggeschwindigkeiten zu den Streckenpunkten s_B und s_E sind.

Mittlere Verzögerung über den Anhalteweg
Die mittlere Verzögerung berechnet sich nach der Gleichung:

$$a_{ms0} = \frac{-v_0^2}{2\, s_0},$$

wobei sich v_0 auf den Zeitpunkt t_0 bezieht (Spezialfall von a_{ms} mit $s_E = s_0$).

Mittlere Vollverzögerung d_m
Mittlere Vollverzögerung über dem Wegabschnitt, der durch die Bedingungen $v_B = 0{,}8\, v_0$ und $v_E = 0{,}1\, v_0$ bestimmt ist:

$$d_m = \frac{v_B^2 - v_E^2}{2\,(s_E - s_B)}$$

Die mittlere Vollverzögerung wird in ECE-Regelung 13 [6] als Maß für die Wirkung einer Bremsanlage benutzt. Da dort positive Werte für d_m verwendet werden, wurde hier das Vorzeichen geändert (um einen Bezug zwischen Bremsweg und Verzögerung herzustellen, muss die Verzögerung als Funktion über den Weg bestimmt werden).

Abbremsung z
Verhältnis zwischen gesamter Bremskraft F_f und der auf der Achse oder den Achsen des Fahrzeugs ruhenden statischen Gesamtgewichtskraft G_s:

$$z = \frac{F_f}{G_s} .$$

Gesetzliche Vorschriften

Die Erteilung der allgemeinen Betriebserlaubnis eines Fahrzeugs hinsichtlich der Bremsanlage kann nur erfolgen, wenn die Bremsanlage nachfolgenden Vorschriften entspricht:
- § 41 StVZO [4] in Verbindung mit § 72 StVZO [5] und den zugehörigen Richtlinien.
- Ratsrichtlinie der europäischen Gemeinschaft (RREG) 71/320/EWG [3], zugehörigen Anpassungsrichtlinien und Anhängen.
- ECE-Regelungen R13 [6], R13H [7], R78 [8].

Im § 41 StVZO sind die Anforderungen an die Bremsanlage je nach Bauart, zulässigem Gesamtgewicht, Verwendungszweck, Datum der Zulassung und Bauart bedingter Höchstgeschwindigkeit unterschiedlich. In den EG-Richtlinien sind die Anforderungen einzelnen Fahrzeugklassen zugeteilt. Die Einteilung erfolgt in folgende Fahrzeugklassen:
- M1, M2, M3: Personenkraftfahrzeuge mit mindestens vier Rädern.
- N1, N2, N3: Nutzkraftfahrzeuge mit mindestens vier Rädern.
- O1, O2, O3, O4: Anhänger und Sattelanhänger.
- L1, L2, L3, L4: Krafträder, Dreiräder.

Die in § 41 StVZO geforderten Werte bezüglich der mittleren Vollverzögerung gelten nicht für die z. B. in Deutschland geforderten wiederkehrenden Prüfungen für zugelassene und im Verkehr befindliche Fahrzeuge (Hauptuntersuchung, Sicherheitsprüfung). Bei diesen Prüfungen kommen die Anforderungen des § 29 StVZO [9], Abs. 1, Anlage VIII in Verbindung mit Anlage VIIIa, Richtlinie zur Durchführung der Hauptuntersuchung und Richtlinie zur Durchführung der Sicherheitsprüfung zur Anwendung.

Die Forderungen in § 41 StVZO und ECE-R13H hinsichtlich Bremsausrüstung sind im Wesentlichen identisch, jedoch sind die ECE Regelungen R13, R13H und R78 weiter fortgeschritten und enthalten z. B. auch Vorschriften für Bremsanlagen mit elektrischer Steuerung. Die vorgeschriebenen Bremswirkungen sind nach der Richtlinie 71/320/EWG, Abschnitt 1.1.2, Anhang II, geändert durch die Richtlinie 98/12/EG [10], oder nach § 41 StVZO, Absatz 12, festzustellen.

Anforderungen an die Bremsanlagen
(Nach § 41 StVZO, EU-Richtlinie 71/320/EWG, ECE-R13)
Kraftfahrzeuge der Klassen M und N müssen die für die Betriebsbrems-, Hilfsbrems- und Feststellbremswirkung geltenden Bestimmungen erfüllen. Die Bremsanlagen können gemeinsame Teile aufweisen. Es müssen mindestens zwei voneinander unabhängige Betätigungseinrichtungen für die Bremsanlagen vorhanden sein, eine der beiden muss feststellbar sein. Die Betätigungseinrichtungen müssen mit getrennten Übertragungseinrichtungen versehen sein und auch dann noch wirken, wenn die andere versagt. Die Verteilung der Bremskraft auf die einzelnen Achsen ist vorgeschrieben und muss sinnvoll sein. Bei Eintritt einer Störung muss es möglich sein, mit dem verbleibenden funktionsfähigen Teil der Bremsanlage oder mit der anderen Bremsanlage des Kraftfahrzeugs die vorgeschriebene Hilfsbremswirkung zu erreichen, ohne dass das Fahrzeug seine Spur verlässt.

Fahrzeuge der Klassen ab M2 und N2 müssen mit einer automatischen Antiblockiervorrichtungen (ABV, allgemeine Bezeichnung für Antiblockiersystem, ABS) ausgerüstet sein. Gemäß der Verordnung EG 661/2009 [11] müssen ab 1. November 2011 alle neuen Fahrzeugmodelle, ab 2014 alle neu in den Verkehr kommenden Fahrzeuge der Klasse M1 und N1 mit einem elektronischen Fahrdynamikregelsystem (elektronisches Stabilitätsprogramm) ausgerüstet sein. Diese Vorschrift gilt auch, mit Ausnahme von Geländefahrzeugen gemäß der Richtlinie 2007/46/EG [12], Anhang II, Teil A für Fahrzeuge der Klassen:
- M2 und M3, außer Fahrzeuge mit mehr als drei Achsen, Gelenkbusse und Busse der Klassen 1 oder A.
- N2 und N3, außer Fahrzeuge mit mehr als drei Achsen, Sattelzugmaschinen mit einer Gesamtmasse zwischen 3,5 t und 7,5 t und Fahrzeuge mit besonderer Zweckbestimmung gemäß

der Richtlinie 2007/46/EG, Anhang II, Teil A.
- O3 und O4, die über eine Luftfederung verfügen, außer Fahrzeuge mit mehr als drei Achsen, Anhänger für Schwerlasttransporte und Anhänger mit Bereichen für stehende Fahrgäste.

Die Umsetzung dieser Verordnung für die Fahrzeugklassen, ausgenommen der Klassen M1 und N1, sind in der Verordnung EG 661/2009 [11], Anhang V festgelegt.

Dauerbremsanlagen
Um bei langen Gefällstrecken die Betriebsbremse zu entlasten, werden zusätzlich Dauerbremsanlagen eingesetzt. Fahrzeuge der Klasse M3 für Zwischenorts- und Fernverkehr (Kraftomnibusse mit mehr als 5,5 t, außer Stadtbusse) und andere Fahrzeuge der Klasse N2 und N3 mit mehr als 9 t zulässige Gesamtmasse (Richtlinie 71/320/EWG, §41 StVZO, Abs. 15) müssen mit einer Dauerbremse ausgerüstet sein. Als Dauerbremse gelten Motorbremsen oder gleichartige Einrichtungen. Die Dauerbremse muss so ausgelegt sein, dass sie das vollbeladene Fahrzeug beim Befahren eines Gefälles von 7 % und 6 km Länge auf einer Geschwindigkeit von 30 km/h hält.

Anhängefahrzeuge der Klasse O
Für Anhängefahrzeuge der Klasse O1 ist keine eigenständige Bremsanlage erforderlich, hier genügt eine Sicherungsverbindung zum Zugfahrzeug. Anhängefahrzeuge ab der Klasse O2 müssen mit einer Betriebs- und Feststellbremsanlage ausgerüstet sein, die gemeinsame Teile aufweisen dürfen. Die Bremskraftverteilung auf die einzelnen Achsen ist in der Richtlinie 71/320/EWG vorgeschrieben. Sie muss sinnvoll auf die Achsen verteilt sein.

Anhängefahrzeug ab Klasse O3 (ECE) sowie Anhänger und Sattelanhänger mit mehr als 3,5 t zulässiger Gesamtmasse und einer durch die Bauart bestimmten Höchstgeschwindigkeit von mehr als 60 km/h (§41b StVZO, Abs. 2) müssen mit einer Antiblockiervorrichtung ausgerüstet sein. Bei Sattelanhänger nur dann, wenn das um die Aufliegelast verringerte zulässige Gesamtgewicht 3,5 t übersteigt.

Anhängefahrzeuge (bestehende Typen) ab Klasse O3, die nach dem 11.07.2014 beziehungsweise 01.11.2014 für den öffentlichen Straßenverkehr zugelassen werden, müssen mit einem elektronischen Fahrdynamikregelsystem ausgerüstet sein. Für neue Typen gilt diese Regelung bereits ab 01.11.2011 beziehungsweise 11.07.2012 (Verordnung EG 661/2009 [11], Anhang V.

Anhängefahrzeuge bis Klasse O2 dürfen mit Auflaufbremsanlagen ausgerüstet sein. Beim Abreißen der Verbindungseinrichtung während der Fahrt muss das Anhängefahrzeug selbsttätig gebremst werden oder (bei Anhängern kleiner 1,5 t) eine Sicherungsverbindung zum Zugfahrzeug haben.

Kraftfahrzeuge der Klasse L
Zwei- und Dreiradfahrzeuge müssen mit zwei voneinander unabhängigen Bremsanlagen ausgerüstet sein. Bei Dreiradfahrzeugen der Klasse L5 müssen die beiden Bremsanlagen gemeinsam auf alle Räder wirken. Eine Feststellbremsanlage muss vorhanden sein.

Zugfahrzeuge und Anhängefahrzeuge mit Druckluftbremsanlagen
Die Druckluftverbindungen zwischen den einzelnen Fahrzeugen müssen nach der Zwei- oder Mehrleitungsbauart ausgeführt sein. Dies stellt sicher, dass die Druckluftbremsanlage im Anhänger auch während dem Bremsvorgang nachgefüllt werden kann. Bei Betätigung der Betriebsbremsanlage des Zugfahrzeugs muss die Betriebsbremsanlage des Anhängefahrzeugs mit abstufbarer Wirkung betätigt werden. Bei einer Störung in der Betriebsbremsanlage des Zugfahrzeugs muss der von der Störung nicht betroffene Teil den Anhänger mit abstufbarer Wirkung bremsen (steuern) können. Bei Unterbrechung oder Undichtheit einer Verbindungsleitung zwischen Zugfahrzeug und Anhänger muss der Anhänger bremsbar sein oder selbsttätig bremsen.

Die Energiespeicher der Betriebsbremsanlagen müssen so bemessen sein, dass nach acht Vollbetätigungen der Betriebsbremse mit der neunten Bremsung noch mindestens die geforderte Hilfbremswirkung erbracht wird. Während dieser Prüfung darf keine Nachspeisung der Energiespeicher stattfinden. Die Bremswirkung der Einzelfahrzeuge ist in Abhängigkeit zum Druck am Kupplungskopf „Bremse" in der Richtlinie 71/320/EWG vorgeschrieben.

Fahrzeuge mit Antiblockiervorrichtungen
Antiblockiervorrichtungen (ABV, allgemeine Bezeichnung für Antiblockiersystem, ABS) müssen den Richtlinien 71/320/EWG, Anhang X und ECE-R13, Anhang 13 entsprechen. Eine Antiblockiervorrichtung ist Teil eines Betriebsbremssystems, das selbsttätig den Schlupf in Drehrichtung des Rades an einem oder mehreren Rädern des Fahrzeugs während der Bremsung regelt. Die Anforderungen an die Antiblockiervorrichtung sind je nach Kategorie, bei Fahrzeugen der ABV-Kategorie 1, 2 und 3, bei Anhänger der ABV-Kategorie A und B, unterschiedlich.

Wesentliche Forderungen an die Antiblockiervorrichtung (Kategorie 1) sind:

- Ein Blockieren der direkt geregelten Räder beim Bremsen muss oberhalb 15 km/h auf allen Straßenbelägen verhindert werden.
- Die Fahrstabilität und die Lenkfähigkeit müssen erhalten bleiben. Bei μ-Split-Bedingung (extrem unterschiedliche Reibwerte zwischen dem linken und rechten Rad) sind Lenkkorrekturen von 120 ° während der ersten zwei Sekunden und 240 ° gesamt zulässig.
- Eine spezielle optische Warneinrichtung (gelbes Warnsignal) muss elektrische Fehler anzeigen.
- Kraftfahrzeuge (außer Klassen M1 und N1) mit ABV, die zum Ziehen eines Anhängers mit ABV ausgerüstet sind, müssen mit einer separaten optischen Warneinrichtung (gelbes Warnsignal) für den Anhänger ausgerüstet sein. Die Übertragung muss über den Stift 5 der elektrischen Steckverbindung nach ISO 7638 [13] erfolgen.
- Die Energiespeicher der Betriebsbremsanlage bei Fahrzeugen mit Antiblockiervorrichtung müssen so bemessen sein, das auch nach einem längeren geregelten Bremsvorgang ($t = v_{max}/7$, mindestens 15 Sekunden) und anschließend vier ungeregelten Vollbremsungen ohne Energienachförderung noch die vorgeschriebene Hilfsbremswirkung erreicht wird.

Anforderungen und Prüfbedingungen
Die geforderten Werte und Prüfbedingungen sind bei der Prüfung nach § 19 [14] und § 20 StVZO [15] anzuwenden. Von dem in der Richtlinie 71/320/EWG, Anhang II, Abschnitt 1.1.2 beschriebenen Prüfverfahren, zuletzt geändert durch die Richtlinie 98/12/EG und dem in § 41 StVZO, Abs. 12 vorgegebenen Prüfverfahren, kann insbesondere bei Nachprüfungen nach § 29 StVZO abgewichen werden, wenn der Zustand und die Wirkung auf andere Weise feststellbar sind (§ 41 StVZO, Abs. 12). Bei der Prüfung neu zuzulassender Fahrzeuge muss eine dem betriebsüblichen Nachlassen der Bremswirkung entsprechend höhere Verzögerung erreicht werden; außerdem muss eine ausreichende, dem jeweiligen Stand der Technik entsprechende Dauerleistung der Bremsen für längere Talfahrten gewährleistet sein.

Mindestabbremsung und maximal zulässige Betätigungskräfte bei der Hauptuntersuchung gemäß § 29 StVZO
Die geforderten Abbremsungswerte werden auf Prüfständen und nur in Ausnahmefällen im Fahrversuch ermittelt. Die geforderten Werte sind Maximalwerte, weil das Zeitverhalten, das für die Ermittlung der mittleren Vollverzögerung erforderlich ist, bei diesen wiederkehrenden Prüfungen nicht gemessen wird.

Aufbau und Gliederung von Bremsanlagen

Wesentliche Anforderungen

Die Bremsanlagen in Kraftfahrzeugen müssen den Anforderung der Richtlinie 71/320/EWG, ECE-R13 Teil 1, ECE-R13 Teil 2 und ECE-R13 H sowie weiteren z.B. länderspezifischen Vorschriften entsprechen. Kraftfahrzeuge müssen mit zwei voneinander getrennten Bremsanlagen ausgerüstet sein, wobei die eine feststellbar sein muss. Die Bremsanlagen müssen getrennte Betätigungseinrichtungen besitzen. Bei einer Störung in der Betriebsbremsanlage müssen noch mindestens zwei Räder, die nicht auf der gleichen Seite liegen, gebremst werden können.

Arten der Bremsanlagen

Die Bremsanlagen bestehen aus der Betriebsbrems-, der Feststellbrems- und (bei Nutzfahrzeugen und Kraftomnibussen) der Dauerbremsanlage. Die geforderte Hilfsbremsanlage ergibt sich normalerweise, wenn in der Betriebsbremsanlage eine Störung eintritt. Weiterhin können bei Fahrzeugen mit besonderer Verwendung und Anforderung spezielle Bremsfunktionen, wie eine Kletterbremse oder eine Streckbremse, vorhanden sein.

Art der Krafterzeugung

Je nach Art der Krafterzeugung ist zwischen Muskelkraft, Hilfskraft und Fremdkraftbremsanlage zu unterscheiden. Bei Muskelkraftbremsanlagen ist allein die Muskelkraft des Fahrers wirksam, bei Hilfskraftbremsanlagen wird dies durch Verstärkungseinrichtungen (Bremskraftverstärker) verstärkt und bei Fremdkraftbremsanlagen wirkt die Betätigungskraft des Fahrers nur als Steuergröße. Die maximal erforderlichen Betätigungskräfte sind je nach Fahrzeugart vorgeschrieben.

Übertragungseinrichtung

Die Kraftübertragung von der Betätigungseinrichtung und den Radbremsen erfolgt mechanisch, hydraulisch, pneumatisch oder elektrisch. Eine mechanische Kraftübertragung ist nur bei Feststellbremsanlagen üblich und vorgeschrieben (§41 StVZO, Abs. 5).

Die Kraftübertragung für die Betriebsbremsanlage erfolgt über zwei getrennte Bremskreise hydraulisch oder pneumatisch, damit bei einer Störung wenigstens ein Bremskreis wirksam ist.

Eine elektrische Bremsbetätigung findet bis jetzt nur in elektrisch wirkenden Feststellbremsanlagen Anwendung (siehe Elektromechanische Feststellbremse)

Bremskreisaufteilung

Die Aufteilung der Bremskreise ist in DIN 74000 [16] geregelt. Bei Fahrzeugen der Klasse M1 (Pkw) erfolgt die Bremskreisaufteilung häufig diagonal (Bild 2b). Dies ist aber nur in Verbindung mit einer geeigneten Vorderachsgeometrie (Lenkrollradius negativ oder neutral) möglich. Bei allen anderen Fahrzeugklassen findet die II-Aufteilung Anwendung (Bild 2a). Hier bildet die Vorderachse den einen und die Hinterachse den anderen Bremskreis. Alle anderen Bremskreisaufteilungen nach DIN 74000 finden heute nur noch selten Anwendung und werden deshalb hier nicht mehr beschrieben. Die direkte Forderung nach einer zweikreisigen Bauweise der Übertragungseinrichtung ist in §41 StVZO, Abs. 16 nur für Kraftomnibusse vorgeschrieben.

Bild 2: Varianten der Bremskreisaufteilung.
a) II-Aufteilung,
b) X-Aufteilung.
1 Bremskreis 1, 2 Bremskreis 2.
← Fahrtrichtung.

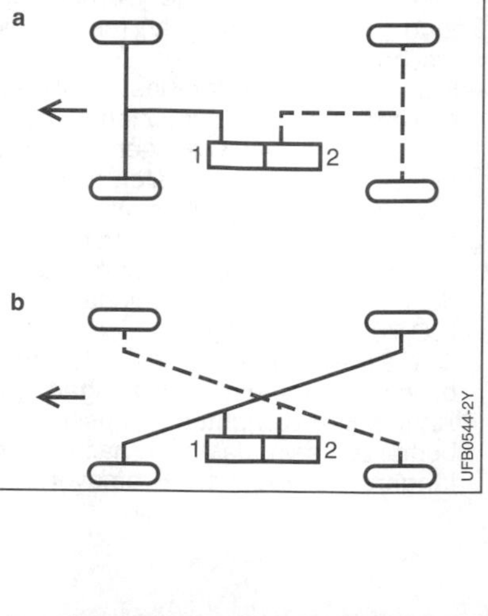

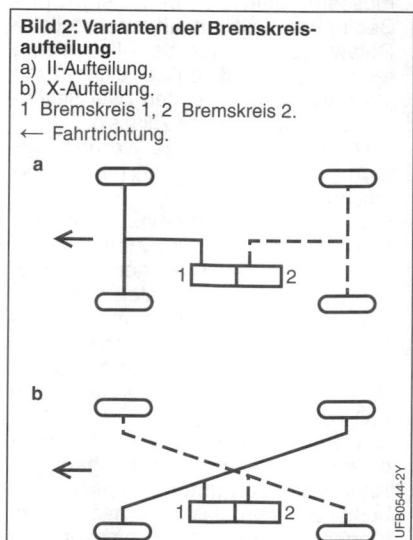

Bremskraftverteilung
Die Richtlinien 71/320/EWG, ECE-R13 und ECE-R13H stellen unter anderem auch Anforderungen an die Bremskraftverteilung auf die einzelnen Achsen. Diese muss sinnvoll in allen Beladungszuständen auf die Achsen verteilt sein. Die Bremskraftverteilung kann einerseits über aggregatsbezogene Auslegung der Radbremsen und anderseits über eine fahrzeugbezogene Auslegung erfolgen. Hierbei werden unter anderem z.B. die Schwerpunktshöhe, der Achsabstand oder das Last-Leer-Verhältnis des Fahrzeugs berücksichtigt.

Bei Nutzfahrzeugen ist, entsprechend den Diagrammen in der Richtlinie 71/320/EWG, die Bremskraftverteilung zusätzlich vom Druck am Kupplungskopf „Bremse" abhängig. Die fahrzeugbezogene Auslegung der Bremskraftverteilung erfolgt durch Integration eines Bremskraftbegrenzers oder eines automatisch wirkenden Bremskraftverteilers (ALB, automatische lastabhängige Bremskraftregelung).

Bei modernen Fahrzeugen ist die Bremskraftverteilung als Zusatzfunktion in das elektronische Radschlupfregelsystem (Antiblockiervorrichtung, Fahrdynamikregelung) integriert.

Baugruppen
Bremsanlagen in Kraftfahrzeugen bestehen aus folgenden Baugruppen, die für hydraulische und pneumatische Bremsanlagen unterschiedlich ausgeführt sind: Energieversorgung, Betätigungseinrichtungen, Übertragungseinrichtungen, Regeleinrichtungen, Radbremsen und Zusatzeinrichtungen.

Literatur

[1] ISO 611: Straßenfahrzeuge – Bremsung von Kraftfahrzeugen und deren Anhängern – Begriffe.
[2] DIN 70024: Begriffe für Einzelteile von Kraftfahrzeugen und deren Anhängefahrzeugen.
[3] EU-Richtlinie 71/320/EWG: Richtlinie des Rates vom 26. Juli 1971 zur Angleichung der Rechtsvorschriften der Mitgliedstaaten über die Bremsanlagen bestimmter Klassen von Kraftfahrzeugen und deren Anhängern.
[4] §41 StVZO: Bremsen und Unterlegkeile.
[5] §72 StVZO: Inkrafttreten und Übergangsbestimmungen.
[6] ECE-R13: Einheitliche Bedingungen für die Genehmigung der Fahrzeuge der Klassen M, N und O hinsichtlich der Bremsen.
[7] ECE-R13H: Einheitliche Bedingungen für die Genehmigung von Personenkraftwagen hinsichtlich der Bremsen. Tag des Inkrafttretens: 11. Mai, 1998.
[8] ECE-R78: Einheitliche Bedingungen für die Genehmigung von Fahrzeugen der Klassen L1, L2, L3, L4 und L5 hinsichtlich der Bremsen.
[9] §29 StVZO: Untersuchung der Kraftfahrzeuge und Anhänger.
[10] Richtlinie 98/12/EG der Kommission vom 27. Januar 1998 zur Anpassung der Richtlinie 71/320/EWG des Rates zur Angleichung der Rechtsvorschriften der Mitgliedstaaten über die Bremsanlagen bestimmter Klassen von Kraftfahrzeugen und deren Anhängern an den technischen Fortschritt.
[11] Verordnung (EG) Nr. 661/2009 des Europäischen Parlaments und des Rates vom 13. Juli 2009 über die Typgenehmigung von Kraftfahrzeugen, Kraftfahrzeuganhängern und von Systemen, Bauteilen und selbstständigen technischen Einheiten für diese Fahrzeuge hinsichtlich ihrer allgemeinen Sicherheit.
Veröffentlicht im Amtsblatt der europäischen Union L200 vom 31. Juli 2009.
[12] Richtlinie 2007/46/EG des Europäischen Parlaments und des Rates vom 5. September 2007 zur Schaffung eines Rahmens für die Genehmigung von Kraftfahrzeugen und Kraftfahrzeuganhängern sowie von Systemen, Bauteilen und selbstständigen technischen Einheiten für diese Fahrzeuge (Rahmenrichtlinie).
[13] ISO 7638: Straßenfahrzeuge – Steckvorrichtungen für die elektrische Verbindung von Zugfahrzeugen und Anhängefahrzeugen.
[14] §19 StVZO: Erteilung und Wirksamkeit der Betriebserlaubnis.
[15] §20 StVZO: Allgemeine Betriebserlaubnis für Typen.
[16] DIN 74000: Hydraulische Bremsanlagen; Zweikreis-Bremsanlagen; Kurzzeichen für die Bremskreisaufteilung.

Bremsanlagen für Pkw und leichte Nfz

Unterteilung von Pkw-Bremsanlagen

Bremssysteme für Personenkraftwagen und leichte Nutzfahrzeuge müssen den Anforderungen verschiedener Richtlinien und gesetzlicher Vorgaben entsprechen, z.B. 71/320/EWG [1], ECE R13 [2], ECE R13-H [3] und in Deutschland §41 StVZO [4]. In diesen Regelwerken sind die Anforderungen für Funktion, Wirkung und Prüfverfahren festgelegt.

Die Unterteilung der Gesamtanlage erfolgt in Betriebsbremsanlage, Feststellbremsanlage und Hilfsbremsanlage.

Betriebsbremsanlage

Die Betriebsbremsanlage ermöglicht es dem Fahrer, mit abstufbarer Wirkung die Geschwindigkeit des Fahrzeugs während seines Betriebs zu verringern oder das Fahrzeug zum Stillstand zu bringen. Sie ist bei Personenkraftwagen und leichten Nutzfahrzeugen normalerweise als Hilfskraftbremsanlage ausgelegt.

Der Fahrer dosiert die Bremswirkung stufenlos über den Druck auf das Bremspedal. Die Kraftübertragung auf die Radbremsen erfolgt über den Tandem-Hauptbremszylinder auf zwei voneinander getrennte hydraulische Übertragungseinrichtungen (Bild 1). Die Betriebsbremsanlage wirkt auf alle vier Räder.

Feststellbremsanlage

Die Feststellbremsanlage („Handbremse") ist eine eigenständige Bremsanlage, die das Fahrzeug im Stand festhält, auch bei geneigter Fahrbahn und insbesondere bei Abwesenheit des Fahrers. Die Feststellmechanik ist in die Radbremse integriert. Aufgrund gesetzlicher Vorschriften muss die Feststellbremse eine durchgehend mechanische Verbindung zwischen Betätigungseinrichtung und Radbremse haben, z.B. durch ein Gestänge oder einen Seilzug.

Die Feststellbremse wird in der Regel durch einen Handbremshebel neben dem Fahrersitz betätigt, in manchen Fällen auch durch ein Fußpedal. Bei elektrisch betätigten Feststellbremsanlagen wird die Feststellbremse über eine elektrische Bedieneinrichtung (Schalter) festgestellt

Bild 1: Hydraulisches Zweikreisbremssystem.
1 Raddrehzahlsensoren,
2 Radbremsen (Scheibenbremsen, an der Hinterachse auch Trommelbremsen möglich),
3 Hydraulikeinheit (für Antiblockiervorrichtung beziehungsweise Fahrdynamikregelsystem),
4 Betätigungseinrichtung mit Bremskraftverstärker, Tandem-Hauptbremszylinder und Ausgleichsbehälter,
5 elektronisches Steuergerät (direkter Anbau an die Hydraulikeinheit ist möglich),
6 Warnlampe für Antiblockiervorrichtung beziehungsweise Fahrdynamikregelung.

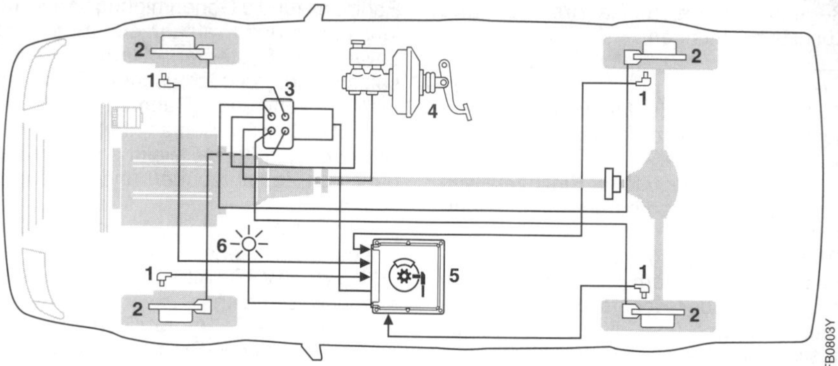

oder gelöst. Damit verfügen die Betriebs- und die Feststellbremsanlage über voneinander getrennte Betätigungs- und Übertragungseinrichtungen. Die Feststellbremsanlage kann abstufbar ausgeführt sein, sie wirkt auf die Räder nur einer Achse.

Die Festhaltewirkung wird nach ECE R13-H auf einer Gefällstrecke mit voll beladenen Fahrzeugen ermittelt. Das Gefälle beträgt für Solofahrzeuge 20 %. Ist das Fahrzeug zum Ziehen eines Anhängers ausgerüstet, so muss die Festhaltewirkung auch mit einem ungebremsten Anhänger in einem Gefälle von 12 % erreicht werden.

Hilfsbremsanlage

Bei Eintritt einer Störung, z.B. Undichtheit oder Leitungsbruch, muss mit dem funktionstüchtigen Teil der Bremsanlage noch mindestens die Hilfsbremswirkung – bei gleicher Betätigungskraft an der Betätigungseinrichtung – erreicht werden. Die Hilfsbremswirkung muss dosierbar sein und mindestens 50 % (ECE R13-H) beziehungsweise 44 % (§41 Abs. 4a) betragen. Das Fahrzeug darf bei Betätigung der Hilfsbremse seine Spur nicht verlassen.

Die Hilfsbremsanlage braucht keine unabhängige dritte Bremsanlage (neben Betriebs- und Feststellbremsanlage) mit besonderer Betätigungseinrichtung zu sein. Als Hilfsbremsanlage kann entweder der intakte Bremskreis einer zweikreisigen Betriebsbremsanlage oder eine abstufbare Feststellbremsanlage verwendet werden.

Komponenten der Pkw-Bremsanlage

Betätigungseinrichtung

Die Betätigungseinrichtung umfasst die Teile der Bremsanlage, die die Wirkung dieser Bremsanlage einleiten. Bei Betätigung der Betriebsbremse wirkt die Fußkraft des Fahrers auf das Bremspedal. Die hebelübersetzte Pedalkraft wird im Bremskraftverstärker je nach Bauart um den Faktor 4...10 weiter verstärkt und wirkt auf die Kolben im Hauptbremszylinder (Bild 1). Die Betätigungskraft wird hierdurch in einen hydraulischen Druck umgewandelt. Dieser liegt bei Vollbremsung im Bereich und je nach Auslegung zwischen 100 und 160 bar.

Unterdruck-Bremskraftverstärker

Aufgabe

Der Bremskraftverstärker verringert die für den Bremsvorgang erforderliche Betätigungsskraft, er darf aber das feinfühlige Abstufen der Bremskraft und das Gefühl für das Maß der Bremsung nicht beeinträchtigen.

Aufbau

Bremskraftverstärker arbeiten als Unterdruckverstärker oder auch hydraulisch. Hydraulische Bremskraftverstärker werden aus der Servolenkung oder von einer separaten Hydraulikpumpe und Druckspeichereinrichtungen versorgt.

Pkw-Bremsanlagen sind meist mit Unterdruck-Bremskraftverstärkern ausgestattet. Diese nutzen bei Ottomotoren den durch den Ansaugtakt im Saugrohr des Motors, bei Dieselmotoren und bei

Bild 2: Unterdruck-Bremskraftverstärker.
1 Druckstange,
2 Unterdruckkammer mit Unterdruckanschluss,
3 Membran,
4 Arbeitskolben,
5 Ventileinheit,
6 Luftfilter,
7 Kolbenstange,
8 Arbeitskammer,
9 Reaktionselement.

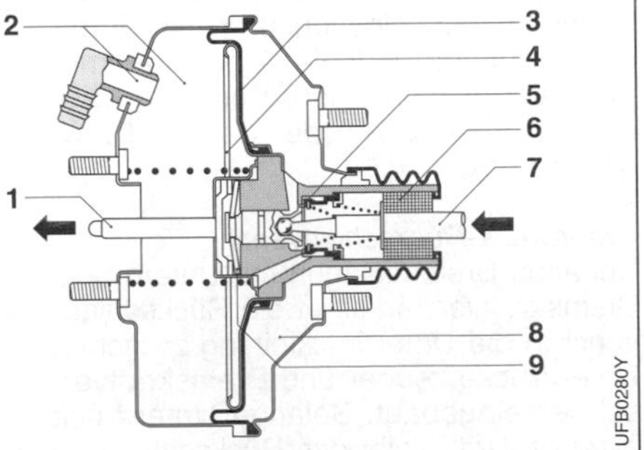

Elektrofahrzeugen oder Fahrzeugen mit Hybridantrieb den durch eine Unterdruckpumpe erzeugten Unterdruck (0,5...0,9 bar), um die Fußkraft des Fahrers zu verstärken. Eine Membran trennt die Unterdruckkammer mit Unterdruckanschluss von der Arbeitskammer (Bild 2). Die Kolbenstange überträgt die eingesteuerte Fußkraft auf den Arbeitskolben, die verstärkte Bremskraft wirkt über die Druckstange auf den Hauptbremszylinder.

Arbeitsweise
Bei nicht betätigter Bremse sind Unterdruckkammer und Arbeitskammer über die Ventileinheit miteinander verbunden. Über den Unterdruckanschluss herrscht Unterdruck in beiden Kammern.

Sobald ein Bremsvorgang beginnt, bewegt sich die Kolbenstange in Pfeilrichtung nach vorn. Nach kurzem Hub wird die Verbindung zwischen der Arbeitskammer und der Unterdruckkammer gesperrt. Bei weiterer Bewegung der Kolbenstange wird das Einlassventil in der Ventileinheit geöffnet und es strömt atmosphärische Luft in die Arbeitskammer. Jetzt herrscht in der Arbeitskammer ein höherer Druck als in der Unterdruckkammer. Der Atmosphärendruck wirkt über die Membran auf den Membranteller, an dem die Membran anliegt. Weil die Ventileinheit vom Membranteller in Richtung Unterdruckkammer mitgeführt wird, führt dies zu einer Unterstützung der Fußkraft. Die maximale Verstärkung ist abhängig von der wirksamen Membran- beziehungsweise Kolbenfläche, vom Atmosphärendruck und vom wirksamen Unterdruck.

Nach Beendigung des Bremsvorgangs werden über die Ventileinheit das Einlassventil geschlossen und die Unterdruckkammer und die Arbeitskammer miteinander verbunden. Somit herrscht in beiden Kammern der gleiche Druck (Unterdruck).

Unterdruck-Rückschlagventil
Bei allen Bremsanlagen mit Unterdruck-Bremskraftverstärker ist ein Rückschlagventil in die Unterdruckleitung zwischen Unterdruckerzeuger und Bremskraftverstärker eingebaut. Solange Unterdruck erzeugt wird, bleibt das Rückschlagventil geöffnet. Es schließt bei abgestelltem Motor, sodass der Unterdruck im Bremskraftverstärker erhalten bleibt. So ist auch bei abgestelltem Motor für einige Bremsbetätigungen eine Bremskraftunterstützung wirksam.

Elektromechanischer Bremskraftverstärker
Der bei Bosch als iBooster bezeichnete elektromechanische Bremskraftverstärker wird durch seine elektronische Steuerung neuen Anforderungen an Bremssysteme gerecht. Zu diesen gehören beispielsweise eine geringere, beziehungsweise keine Verfügbarkeit von Unterdruck im Fahrzeug, eine Reduzierung des CO_2-Ausstoßes sowie eine Redundanz für hoch automatisiertes Fahren. Der iBooster ist für alle Antriebskonzepte einsetzbar, einschließlich für Hybrid- und Elektrofahrzeuge. Wie der Unterdruck-Bremskraftverstärker unterstützt der iBooster den Fahrer mit einer Hilfskraft (Elektromotor über Getriebe) beim Bremsvorgang.

Arbeitsweise
Der iBooster (Bild 3) erfasst die Bremsanforderung des Fahrers über einen integrierten Differenzwegsensor und leitet diese Information an das Steuergerät weiter. Das Steuergerät berechnet die Ansteuerung des Elektromotors, der sein Drehmoment über ein Getriebe in die geforderte Unterstützungskraft umsetzt. Dabei wird der Elektromotor so angesteuert, dass der Differenzweg zwischen der mit dem Bremspedal verbundenen Eingangsstange und dem mit dem Elektromotor verbundenen Übertragungselement auf null ausgeglichen wird. Die Summe der vom Verstärker und dem Fahrer gelieferten Kraft wird in einem Standard-Hauptbremszylinder in Hydraulikdruck umgewandelt. Die sich ergebende Pedalcharakteristik des iBoosters hängt dabei von der konstruktiven Auslegung der Komponenten ab (z.B. von der maximalen Motorkraft). Bestimmte Parameter können, im Gegensatz zum Unterdruck-Bremskraftverstärker zusätzlich durch die Software-Logik beeinflusst werden.

Besonderheiten
Der iBooster ermöglicht eine Adaption der Pedalcharakteristik, in dem die Unterstützungskraft über eine Veränderung der Zielwertberechnung der Regelung angepasst wird. Damit ist es möglich, den sogenannten Jump-In sowie den Verstärkungsfaktor (Bild 4) innerhalb bestimmter Grenzen an die vom Fahrzeughersteller spezifizierten Anforderungen anzupassen. Jump-In ist der Punkt, an dem die Fahrerkraft anteilig in die Bremskraft des Bremskraftverstärkers eingeht. Unter dem Jump-In kommt die Bremskraft ausschließlich vom Verstärker selbst. Der Fahrer muss erst Federkräfte überwinden, bevor seine eingeleitete Kraft in die Bremskraft mit einfließt

Bei Fahrzeugen mit Elektro- oder Hybridantrieb ermöglicht der iBooster in Kombination mit einer speziellen Ausführung der Fahrdynamikregelung (elektronisches Stabilitätsprogramm, Electronic Stability Control ESC), Bremsenergie bis zu einer Fahrzeugverzögerung von 0,3 g ohne Einfluss auf das Bremsgefühl zu rekuperieren. Dabei wird beim Bremsen die Verzögerungen durch Radbremse und E-Maschiner ohne Zusatzkomponenten variabel aufeinander abgestimmt. Bei Hybridfahrzeugen reduziert dieses regenerative Bremsen den Kraftstoffverbrauch und den CO_2-Ausstoß – insbesondere bei häufigem Bremsen und Beschleunigen im Stadtverkehr.

Mithilfe der Motor-Getriebe-Einheit kann der iBooster selbstständig (ohne Betätigung des Bremspedals) Bremsdruck aufbauen. Im Vergleich zu typischen Systemen der Fahrdynamikregelung wird der erforderliche Bremsdruck schneller aufgebaut und genauer eingestellt. Das ist beispielsweise für automatische Notbremssysteme und ACC-Funktionen von Vorteil.

Im Zusammenspiel mit der Fahrdynamikregelung bietet der iBooster die für

Bild 4: Adaption der Pedalcharakteristik.
1 Jump-In,
2 aus konstruktiver Auslegung resultierende Pedalcharakteristik,
3 Adaption der Pedalcharakteristik durch Software (Adaption des Jump-Ins und Adaption der Unterstützungskraft des iBoosters).

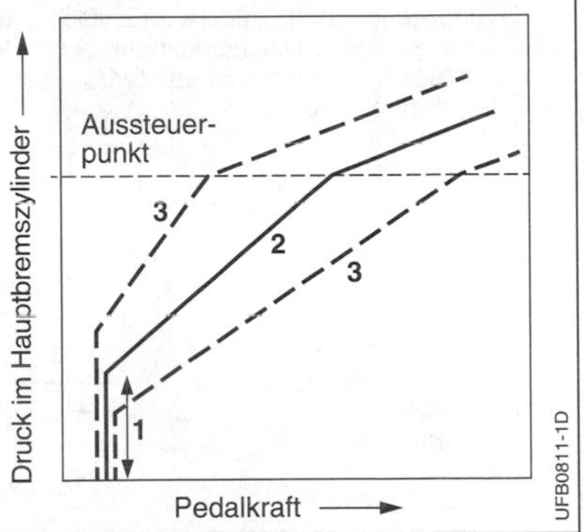

Bild 3: Elektromechanischer Bremskraftverstärker (iBooster).
1 Bremsflüssigkeitsbehälter,
2 Hauptbremszylinder,
3 Differenzwegsensor,
4 Übertragungselement,
5 Eingangsstange,
6 Getriebe,
7 Elektromotor,
8 Steuergerät.

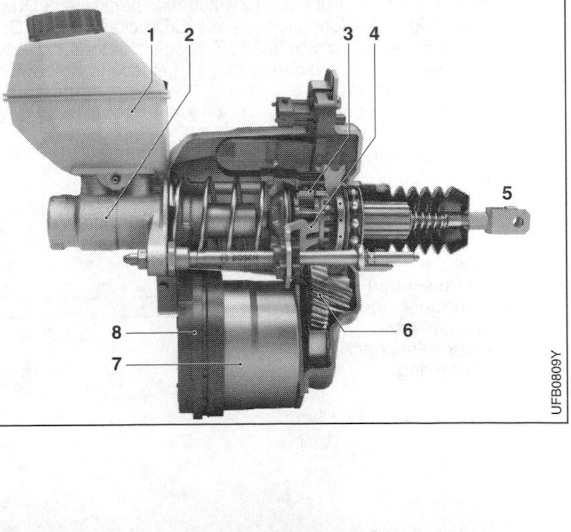

automatisiert fahrende Fahrzeuge erforderliche Redundanz des Bremssystems. Beide Systeme sind unabhängig voneinander in der Lage, Bremsdruck zu erzeugen und das Fahrzeug zu verzögern.

Hauptbremszylinder

Der Hauptbremszylinder wandelt die vom Fahrer eingesteuerte und vom Bremskraftverstärker verstärkte Fußkraft in hydraulischen Bremsdruck um.

Hauptbremszylinder mit Zentralventil

Aufbau

Um gesetzliche Sicherheitsanforderungen zu erfüllen, werden Betriebsbremsanlagen mit zwei getrennten Betriebsbremskreisen ausgerüstet. Bei Eintritt einer Undichtheit (Kreisausfall) bleibt der andere Kreis intakt (Hilfsbremswirkung). Dies kann durch einen Tandem-Hauptbremszylinder (Bild 5) erreicht werden. Die Druckfeder des Zwischenkolbenkreises hält im Ruhezustand den Zwischenkolben und den Druckstangenkolben am hinteren Anschlag. Die Ausgleichsbohrung und das Zentralventil sind geöffnet. Beide hydraulischen Betriebsbremskreise sind hierdurch drucklos (Fahrstellung).

Arbeitsweise

Die am Bremspedal aufgebrachte und vom Bremskraftverstärker verstärkte Kraft wirkt direkt auf den Druckstangenkolben und schiebt diesen nach links. Nach kurzem Kolbenweg wird die Ausgleichsbohrung verschlossen und im Druckstan-

Bild 5: Tandem-Hauptbremszylinder mit Zentralventil im Zwischenkolbenkreis.
1 Zylindergehäuse, 2 Druckraum Zwischenkolbenkreis, 3 Druckraum Druckstangenkreis,
4 Druckanschluss Zwischenkolbenkreis, 5 Druckanschluss Druckstangenkreis,
6 Anschluss für Ausgleichsbehälter,
7 Druckstangenkolben,
8 Zwischenkolben,
9 Zentralventil,
10 Anschlag für Zentralventil,
11 Primärmanschette Zwischenkolben,
12 Primärmanschette Druckstangenkolben,
13 Trennmanschette,
14 Ausgleichsbohrung,
15 Druckfeder Zwischenkolbenkreis,
16 Druckfeder Druckstangenkreis.

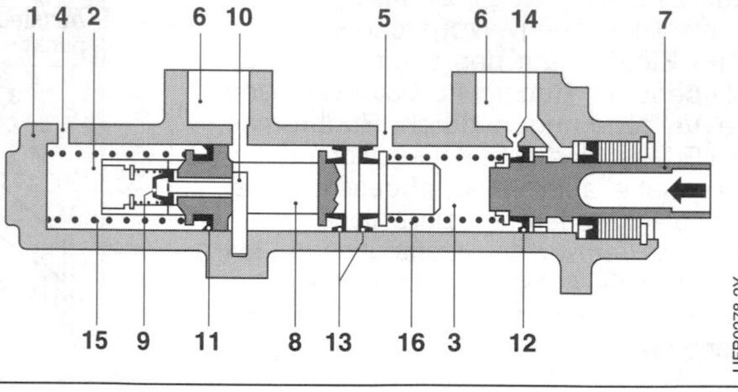

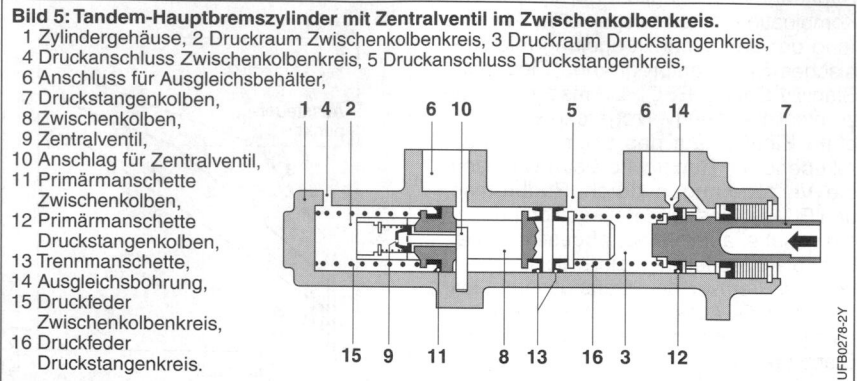

Bild 6: Tandem-Hauptbremszylinder mit gefesselter Kolbenfeder.
1 Zylindergehäuse, 2 Druckraum Zwischenkolbenkreis, 3 Druckraum Druckstangenkreis,
4 Druckanschluss Zwischenkolbenkreis, 5 Druckanschluss Druckstangenkreis,
6 Anschluss für Ausgleichsbehälter, 7 Ausgleichsbohrung, 8 Nachlaufbohrung,
9 Zwischenkolben, 10 Zwischenraum, 11 gefesselte Kolbenfeder, 12 Kunststoffbuchse,
13 Druckstangenkolben,
14 Druckfeder Zwischenkolbenkreis,
15 Primärmanschette Zwischenkolben,
16 Trennmanschette,
17 Fesselhülse,
18 Fesselschraube,
19 Stützring,
20 Primärmanschette Druckstangenkolben,
21 Anschlagscheibe,
22 Sekundärmanschette,
23 Sicherungsring.

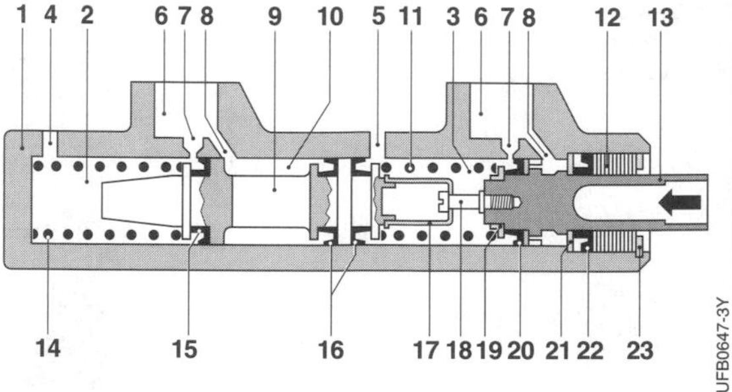

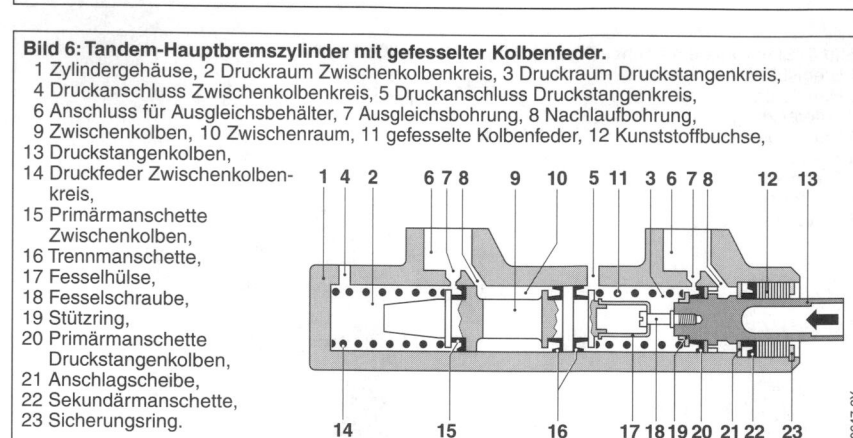

genkreis kann Druckaufbau stattfinden. Bedingt hierdurch wird auch der Zwischenkolben nach links verschoben.

Hauptbremszylinder mit gefesselter Kolbenfeder

Aufbau

Die „gefesselte“ Kolbenfeder – eine Druckfeder – hält im Ruhezustand den Druckstangenkolben und den Zwischenkolben immer im gleichen Abstand (Bild 6). Dies verhindert, dass die Kolbenfeder im Ruhezustand den Zwischenkolben verschiebt und dieser mit der Primärmanschette die Ausgleichsbohrung überfährt. Dann wäre im Sekundärkreis kein Druckausgleich mehr über die Ausgleichsbohrung möglich, und bei einem verbliebenen Restdruck würden sich im Lösezustand der Bremse die Bremsbacken nicht von den Bremstrommeln abheben.

Arbeitsweise

Bei einer Bremsbetätigung bewegen sich der Druckstangenkolben und der Zwischenkolben in Pfeilrichtung nach links, überfahren die Ausgleichsbohrungen und drücken Bremsflüssigkeit über die Druckanschlüsse in die Bremskreise. Mit steigendem Druck wird der Zwischenkolben nicht mehr von der gefesselten Kolbenfeder, sondern vom Druck der Bremsflüssigkeit bewegt.

Ausgleichsbehälter

Der Ausgleichsbehälter, auch Bremsflüssigkeitsbehälter genannt, ist meistens direkt auf dem Hauptbremszylinder befestigt und mit ihm über zwei Anschlüsse verbunden. Er ist sowohl Vorratsbehälter für die Bremsflüssigkeit als auch Ausgleichsbehälter. Er gleicht Volumenschwankungen in den Bremskreisen aus, die nach dem Lösen der Bremse, durch Verschleiß der Bremsbeläge, durch Temperaturdifferenzen in der Bremsanlage und während des Eingreifens des Antiblockiersystems (ABS) oder der Fahrdynamikregelung (elektronisches Stabilitätsprogramm) entstehen.

Übertragungseinrichtung

Der hydraulische Druck wird durch die Bremsflüssigkeit über Bremsrohrleitungen nach DIN 74234 [5] und Bremsschlauchleitungen nach SAE J 1401 [6] auf die Bremszylinder der Radbremsen übertragen. Die Bremsflüssigkeiten müssen den Anforderungen nach SAE J 1703 [7] oder FMVSS 116 [8] entsprechen (siehe Bremsflüssigkeiten).

Radbremsen

An der Vorderachse kommen meist Faustsattel-, aber auch Festsattelscheibenbremsen zur Anwendung. An der Hinterachse werden neben Faustsattelscheibenbremsen mit integrierter Feststellmechanik auch Simplex-Trommelbremsen eingebaut (siehe Radbremsen). Auch Kombinationen aus Scheibenbremsen und Trommelbremsen (Drum in Head Systeme) sind an der Hinterachse möglich. Hierbei wird die im Bremsscheibentopf angeordnete Trommelbremse ausschließlich für die Feststellbremsanlage eingesetzt.

Die Betätigungseinrichtung der Feststellbremse kann mechanisch als Handbrems- oder als Fußbremshebel mit Feststellmechanik ausgeführt sein. Die Kraftübertragung erfolgt in der Regel über Seilzüge oder Gestänge auf die Radbremsen der Hinterachse. Bei elektromechanischen Feststellbremsen erfolgt die Betätigung über Elektromotoren und Getriebe (siehe elektromechanische Feststellbremsanlage).

Hydraulikeinheit

Zwischen dem Hauptbremszylinder und den Radbremsen ist die Hydraulikeinheit (Hydroaggregat) der Antiblockiervorrichtung oder der Fahrdynamikregelung und je nach Funktionsumfang ein Bremskraftregler oder ein Bremskraftbegrenzer angeordnet. Diese stellen, durch Begrenzung und Anpassung des Bremsdrucks meist für die Hinterachse, eine sinnvolle Bremskraftverteilung auf Vorder- und Hinterachse sicher. Diese Funktion kann, insbesondere bei Fahrzeugen mit stark unterschiedlichen Beladungszuständen, auch lastabhängig erfolgen (automatische lastabhängige Bremskraftregelung, ALB).

Die Hydraulikeinheit verändert im Bremsvorgang den Bremsdruck so, dass die Räder nicht blockieren. Hierzu sind, je nach Regelvariante, mehrere Magnetventile und eine elektrisch angetriebene Förderpumpe zuständig. Bei Pkw-Bremsanlagen wird die Vorderachse individuell geregelt, d.h., jedes Rad wird nach dem jeweiligen Kraftschluss gebremst. Die Hinterräder werden nach dem Select-low-Prinzip geregelt, damit beide Räder der Hinterachse gemeinsam nach dem Rad mit dem kleineren Kraftschluss gebremst werden (siehe auch Antiblockiersystem und Fahrdynamikregelung).

Elektromechanische Feststellbremse

Systemübersicht

Herkömmliche Feststellbremsanlagen sind Muskelkraftbremsanlagen und werden rein mechanisch über feststellbare Hand- oder Fußhebel, oder über einen Kurbeltrieb betätigt. Bei elektromechanischen Feststellbremsanlagen, auch als elektromechanische Parkbremse oder als automatische Parkbremse bezeichnet, wird die Betätigungskraft durch einen elektrischen Antrieb erzeugt.

Die Betätigung und Steuerung erfolgt elektrisch über einen Schalter oder über logische Stellbefehle von anderen Steuergeräten, die z.B. ein automatisches Schließen oder Öffnen der Feststellbremse ermöglichen. Die elektromechanische Feststellbremse kann nur bei Stillstand oder bei niedrigen Geschwindigkeiten (üblicherweise 3...15 km/h) betätigt werden. Dies muss auch bei abgeschaltetem Fahrtschalter möglich sein. Werden elektrische Feststellbremssysteme bei höheren Geschwindigkeiten betätigt, so wird zunächst über das Fahrdynamikregelsystem eine Notbremsung ausgeführt. Bei Erreichen des Fahrzeugstillstands innerhalb dieser Bremsung wird dann die Feststellbremse geschlossen.

Die Spannkraft in der Feststellmechanik (siehe Feststellbremse) ist abhängig von der Neigung des Gefälles, auf dem das Fahrzeug abgestellt wurde. Hierzu wird je nach System ein Neigungssensor im Steuergerät der elektromechanischen Feststellbremse eingebaut oder entsprechende Sensorsignale anderer Steuergeräte genutzt (z.B. Airbag oder Fahrwerksregelung). Das durch Abkühlen der mechanischen Bremsenteile erforderliche Nachspannen der Bremse erfolgt präventiv oder nach einem errechneten Temperaturmodell beziehungsweise nach erkannter Fahrzeugbewegung.

Durch ein Sicherheitskonzept muss eine ungewollte Betätigung sowohl in Löse- als auch in Schließrichtung durch elektrische Fehler ausgeschlossen werden. Weiterhin darf auch die absichtliche Betätigung der elektromechanischen Feststellbremse (Notbremsung, nur erforderlich bei Bruch der Betätigungseinrichtung der Betriebsbremsanlage) nicht zu kritischen Fahrsituationen führen. Wird die Bedieneinheit der elektromechanischen Feststellbremse bewusst dauer-

Bild 7: Elektrische Feststellbremsanlage.
a) System mit Stellmotor am Bremssattel,
b) System mit Seilzügen.

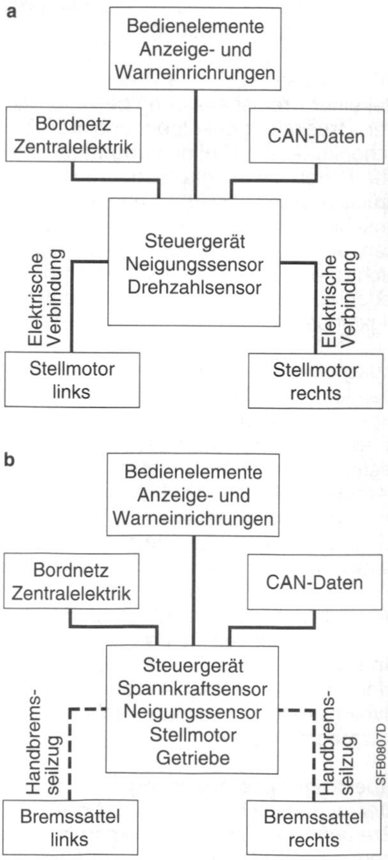

haft betätigt, so wird bei einer Geschwindigkeit größer 10 km/h die Abbremsung durch die Fahrdynamikregelung übernommen. Hierdurch wird auch bei kritischen Fahrbahnsituationen ein optimaler und sicherer Bremsvorgang gewährleistet. Erst nach Unterschreiten einer bestimmten Geschwindigkeitsschwelle wird die elektromechanische Feststellbremse verriegelt. Die Kommunikation zwischen den Systemen erfolgt über eine adäquate Datenverbindung (üblicherweise CAN oder FlexRay).

Bei elektrischen Feststellbremssystemen können Zusatzfunktionen wie automatisches Lösen beim Anfahren vorhanden sein.

Elektrische Feststellbremssysteme sind Fremdkraftsysteme und mit einer Notlöseeinrichtung ausgerüstet. Die Betätigung zum Feststellen muss auch bei abgeschaltetem Fahrtschalter erfolgen können, das Lösen der Feststellbremsanlage nur bei eingeschaltetem Fahrtschalter und gleichzeitig betätigtem Bremspedal (oder im Falle des automatischen Lösens durch Betätigung des Fahrpedals).

Generell wird die verriegelte Feststellbremse dem Fahrer durch eine rote Warnlampe angezeigt. Die Eigendiagnose erkennt Fehlfunktionen und Fehler und zeigt diese über eine Warnlampe an. Zusätzlich kann eine Textanzeige in einem Fahrerinformationsdisplay erfolgen. Der Fehlerspeicher kann mit einem Diagnosetester ausgelesen und nach Fehlerbehebung gelöscht werden.

Bei Servicearbeiten, z.B. beim Ersetzen der Bremsbeläge, können Diagnosetestgeräte und eine entsprechende Software erforderlich sein.

Elektromechanische Feststellbremse mit Stellmotor am Bremssattel

Die elektromechanische Feststellbremse mit Stellmotor besteht aus folgenden Komponenten (Bild 7a): Bedieneinheit, Steuergerät, Anzeige und Warneinrichtungen, Neigungssensor (kann im Fahrdynamikregelsystem eingebaut sein), Faustsattel mit Elektromotor und mehrstufigem Getriebe. Eine zunehmend stärkere Verbreitung gewinnt eine Systemaufteilung, die in der VDA-Empfehlung 305-100 [9] beschrieben ist. Dabei wird die Funktionalität der Parkbremse in das Fahrdynamikregelsystem integriert, die Freiheit in der Auswahl unterschiedlicher Hersteller dieser Systeme und Parkbremse wird dadurch ermöglicht.

Bei Bremssattel mit elektrischem Stellmotor erfolgt die Kraftübertragung für die Feststellbremswirkung über ein mehrstufiges Getriebe und eine Gewindespindel. Die Betätigung geschieht über einen elektrischen Schalter (Bedieneinheit), der die Stellbefehle, entsprechend dem Sicherheitskonzept und redundant, an das elektronische Steuergerät weitergibt. Dieses steuert, unter Beachtung weiterer Randbedingungen (z.B. Fahrbahnneigung), über getrennte Leistungsendstufen und elektrische Verbindungsleitungen die elektrischen Stellmotoren an.

Bedingt durch eine sehr große Übersetzung können sehr hohe Spannkräfte erzeugt werden. Diese liegen bei ca. 15...25 kN. Konzeptbedingt können sich die elektromechanischen und die hydraulischen Kräfte überlagern (Superposition am Bremskolben).

Elektromechanische Feststellbremse mit Seilzügen

Bei der elektromechanischen Feststellbremse mit Seilzügen sind in einer zentral – oberhalb der Hinterachse, im Fahrzeuginnenraum oder im Kotflügel – angeordneten Baugruppe folgende Komponenten zusammengefasst (Bild 7b): Elektrischer Antriebsmotor mit Getriebe, erforderliche Sensoren (je nach Funktionsumfang z.B. Kraft-, Neigungs-, Temperatur- und Positionssensor), Steuergerät und Seilzugmechanik (eventuell mit Notlöseeinrichtung).

Die Betätigung erfolgt auch hier über einen elektrischen Schalter, der die Stellbefehle an ein elektronisches Steuergerät weitergibt. Dieses steuert über eine Leistungsendstufe den oder die elektrischen Stellmotoren an. Die Spannkraft kann, je nach Fahrbahnneigung, variabel sein. Ein automatisches Nachspannen erfolgt bei abgestelltem Fahrzeug entweder nach einer dem Temperaturmodell entsprechenden Abkühlphase oder bei erkannter Fahrzeugbewegung.

Elektrohydraulische Bremse

Aufgabe

Die elektrohydraulische Bremse (EHB, „Sensotronic Brake Control", SBC) ist ein elektronisches Bremsregelsystem mit hydraulischer Aktorik. Sie hat wie die konventionelle hydraulische Bremse die Aufgabe, die Geschwindigkeit des Fahrzeugs zu verringern, das Fahrzeug zum Stillstand zu bringen oder im Stillstand zu halten. Als aktives Bremssystem übernimmt sie die Bremsbetätigung, die Bremskraftverstärkung und die Bremskraftregelung. Als Bremsen werden hydraulische Standard-Radbremsen eingesetzt.

Betätigungseinheit

Die mechanische Betätigung des Bremspedals wird von der Betätigungseinheit über Sensoren redundant erfasst (Bild 8). Der Pedalwegsensor ist aus zwei unabhängigen Winkelsensoren aufgebaut. Zusammen mit dem Drucksensor für den Fahrerbremsdruck ergibt sich somit eine dreifache Erfassung des Fahrerwunschs, das System kann auch bei Ausfall einer dieser Sensoren fehlerfrei weiterarbeiten.

Der Pedalwegsimulator ermöglicht es, einen geeigneten Kraft-Weg-Verlauf und eine angemessene Dämpfung des Bremspedals zu realisieren. Der Fahrer erhält mit der elektrohydraulischen Bremse das gleiche „Bremsgefühl" wie bei einem sehr gut ausgelegten konventionellen Bremssystem.

Ein konventioneller Bremskraftverstärker ist hier nicht erforderlich. In der Betätigungseinheit wird im Normalbetrieb nur der Bremswunsch des Fahrers ermittelt, der Bremsdruck wird in der Hydraulikeinheit erzeugt. Der Hauptbremszylinder erfüllt seine Funktion bei Systemausfall. Der Ausgleichsbehälter versorgt die Hydraulikeinheit mit Bremsflüssigkeit.

Elektronische Steuerung

Im Wegbausteuergerät wird aus den Sensorsignalen der Betätigungseinheit der Bremswunsch ermittelt. Die Bremscharakteristik kann an die Fahrsituation adaptiert werden, z.B. durch „giftigeres" Ansprechen bei sportlicher Fahrweise. Durch eine „stumpfere" Pedalcharakteristik kann dem Fahrer das physikalisch bedingte Nachlassen der Bremswirkung signalisiert werden, bevor ein durch Überhitzung hervorgerufenes Bremsenfading eintritt.

Ferner sind im Steuergerät die Funktionen für das Antiblockiersystem, die Antriebsschlupfregelung und die Fahr-

Bild 8: Zusammenwirken der Funktionsblöcke der elektrohydraulischen Bremse.

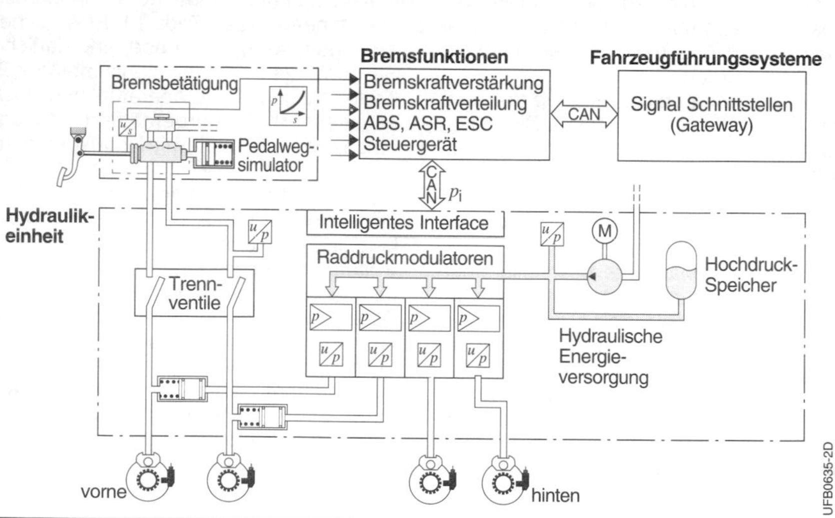

dynamikregelung integriert. Zusätzlich sind Komfortfunktionen wie z.B. die Berganfahrhilfe, das automatische Vorbefüllen der Bremsanlage bei schneller Fahrpedalrücknahme, die Chauffeurbremse (Soft-Stop, Anhalten ohne Ruck durch eine automatisierte Bremsdruckverringerung kurz vor dem Stillstand) und der Bremsscheibenwischer vorhanden.

Aufgrund der vollständig elektronischen Druckregelung lässt sich die elektrohydraulische Bremse problemlos mit Fahrzeugführungssystemen (z.B. Adaptive Cruise Control, ACC) vernetzen.

Hydraulikeinheit

Arbeitsweise im Normalbetrieb

Bild 8 zeigt die Komponenten der elektrohydraulischen Bremse als Blockbild. Ein Elektromotor treibt eine Hydraulikpumpe an. Hierdurch wird ein Hochdruckspeicher auf einen Druck von ca. 90...130 bar aufgeladen. Dies wird durch den Speicherdrucksensor überwacht. Die vier unabhängigen Raddruckmodulatoren werden von diesem Speicher versorgt und stellen radindividuell den erforderlichen Druck an den Radbremszylindern ein. Die Druckmodulatoren selbst bestehen jeweils aus zwei Ventilen mit proportionalisierter Regelcharakteristik und einem Drucksensor. Druckmodulation und aktive Bremsung sind geräuschlos und ohne Rückwirkung auf das Bremspedal.

Im Normalbetrieb unterbrechen die Trennventile die Verbindung zur Betätigungseinheit. Das System befindet sich im „Brake by Wire“-Betrieb. Es erfasst den Fahrerbremswunsch elektronisch und überträgt ihn „by Wire“ an die Raddruckmodulatoren. Das Zusammenspiel von Elektromotor, Ventilen und Drucksensoren regelt das Steuergerät. Dieses verfügt über zwei Mikrocontroller, die sich gegenseitig überwachen. Wesentlich ist, dass diese Elektronik eine umfangreiche Eigendiagnose hat und alle Systemzustände auf Plausibilität permanent überwacht. Hierdurch können eventuelle Ausfälle dem Fahrer bereits angezeigt werden, bevor es zu kritischen Zuständen kommt. Bei einem Ausfall von Komponenten stellt das System dem Fahrer automatisch die jeweils optimale noch vorhandene Teilfunktion zur Verfügung.

Ein intelligentes Interface mit CAN-Bus stellt die Verbindung zwischen Wegbausteuergerät und Anbausteuergerät der Hydraulikeinheit her.

Bremsen bei Systemausfall

Die elektrohydraulische Bremse ist so ausgelegt, dass bei gravierenden Fehlern in einen Zustand geschaltet wird, bei dem das Fahrzeug auch ohne aktive Bremskraftunterstützung abgebremst werden kann (z.B. Ausfall der Stromversorgung). Die Trennventile stellen im stromlosen Zustand eine direkte Verbindung zur Betätigungseinheit her und ermöglichen einen direkten hydraulischen Durchgriff von der Betätigungseinheit zu den Radbremszylindern (hydraulische Rückfallebene).

Integriertes Bremssystem

Aufbau

Durch die zunehmende Elektrifizierung des Antriebsstrangs und die dadurch fehlende Unterdruckversorgung für den Bremskraftverstärker wurden in den letzten Jahren neuartige Bremssysteme entwickelt. Das integrierte Bremssystem IPB (Integrated Power Brake, Bild 9 und Bild 10) ist unabhängig von der Unterdruckversorgung und vereinigt die folgenden Komponenten eines konventionellen Bremssystems in einem Gerät [11]:

- Verbindung zum Bremspedal,
- Hauptbremszylinder,
- Bremslichtschalter,
- Bremskraftverstärker,
- ESC-Hydraulikeinheit (Electronic Stability Control, elektronisches Stabilitätsprogramm).

Weitere klassische Komponenten der Bremsanlage wie Vakuumquelle oder Vakuumpumpe, lange Hydraulikleitungen vom Hauptbremszylinder zur Hydraulikeinheit des Bremsregelsystems sowie elektrische Verbindungen werden überflüssig. Der Installationsaufwand im Fahrzeug wird somit verringert.

Funktionsumfang

Das integrierte Bremssystem IPB beinhaltet dementsprechend folgende Funktionen:

- Bremskraftverstärkung,
- radindividuelle Bremsdruckmodulation für das Antiblockiersystem (ABS), die Antriebsschlupfregelung (ASR) und die Fahrdynamikregelung (ESC, Electronic Stability Control, elektronisches Stabilitätsprogramm),
- externe Verzögerungsanforderungen z.B. von der adaptiven Geschwindigkeitsregelung (ACC, Adaptive Cruise Control),
- hochdynamischer Bremsdruckaufbau,
- Überwachung der hydraulischen Bremskreise (Luft- und Leckage-Monitoring),
- hydraulische Rückfallebene für den Fehlerfall gemäß der funktionalen Sicherheit (ISO 26262 [12])

Durch die Unabhängigkeit von der Vakuumversorgung, die hohe Energieeffizienz aufgrund direkter Nutzung elektrischer Energie für den Bremsdruckaufbau (ohne hydraulischen Hochdruckspeicher) und die Fähigkeit zur Rekuperation von Bewegungsenergie in elektrische Energie eignet sich das integrierte Bremssystem IPB sowohl für den Einsatz in Fahrzeu-

Bild 9: Integriertes Bremssystem IPB (Integrated Power Brake).
1 Bremspedal,
2 Adapterplatte an der Spritzwand,
3 Integriertes Bremssystem IPB,
4 Batterie, 5 Radbremsen.
A Hydraulische Leitungen,
B elektrische Versorgung,
C Kommunikationsleitung.

SFB0812-1D

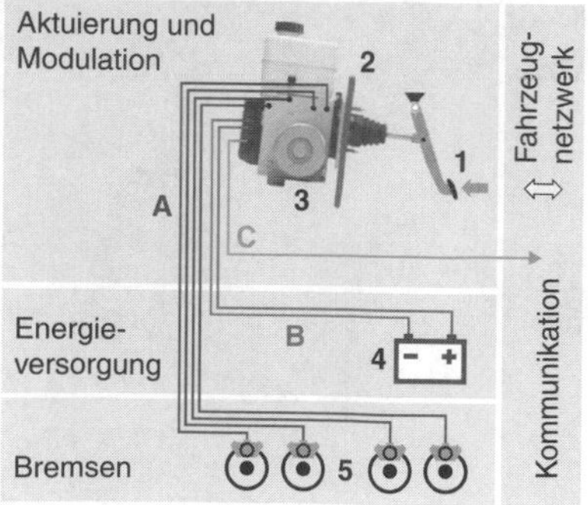

Bild 10: Komponenten des Integrierten Bremssystems IPB.
1 Adapter zur Befestigung an der Spritzwand,
2 Verbindung zum Bremspedal,
3 Hydraulikmodul, 4 Pedalgefühlsimulator,
5 Ventilgehäuse, 6 Hauptbremszylinder,
7 elektronische Steuereinheit (ECU),
8 Bremsflüssigkeitsbehälter.

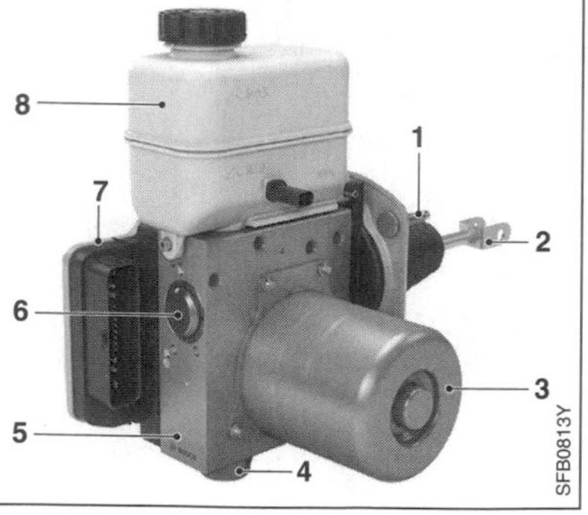

gen mit elektrischem Antrieb (Hybrid- und Elektrofahrzeuge) als auch für Fahrzeuge mit Verbrennungsmotor. Es kann sowohl bei diagonaler (X-Aufteilung) als auch bei Schwarz-Weiß-Bremskreisaufteilung (II-Aufteilung) eingesetzt werden.

Das integrierte Bremssystem IPB ist in der Lage, für Fahrerassistenzfunktionen den notwendigen Bremsdruck einerseits sehr leise und komfortabel und andererseits mit hoher Dynamik aufzubauen.

Die geringere Anzahl an Bremssystemkomponenten erleichtert für den Fahrzeughersteller die Fertigung der Fahrzeuge und reduziert zusätzlich die Komplexität der Wertschöpfungskette.

Funktionsweise

Ermittlung des Fahrerbremswunsches

Das integrierte Bremssystem IPB wird wie ein konventioneller Bremskraftverstärker an der Spritzwand installiert und mit dem Bremspedal verbunden. Bei der Betätigung des Bremspedals wird der Primärkolben des Hauptbremszylinders verschoben (Bild 12). Durch einen integrierten Pedalwegsensor wird der Fahrerbremswunsch ermittelt.

By-Wire-Modus

Sobald das Gerät erkennt, dass der Fahrer bremsen möchte, wird der „By-Wire-Modus“ aktiviert (Bild 11a). Dabei wird der Hauptbremszylinder durch Ventile von den Radbremszylindern entkoppelt und mit einem Pedalgefühlsimulator verbunden. Durch diese Entkopplung des Bremspedals von den Radbremsen ist das Pedalgefühl unabhängig von den Bremsdrücken an den Rädern, was sowohl für die Rekuperation als auch für die Auslegung der mechanischen Rückfallebene vorteilhaft ist.

Gleichzeitig wird ein Kolben-Zylinder-System (Hydraulikmodul) über Ventile mit den Radbremsen verbunden. Der Kolben des Hydraulikmoduls wird durch

Bild 12: Hauptbremszylinder des Integrierten Bremssystems IPB.
1 Eingangsstange, 2 Pedalwegsensor,
3 Primärkolben, 4 Sekundärkolben,
5 Dichtungen,
6 Hydraulikmodul mit Elektromotor und Kolben.

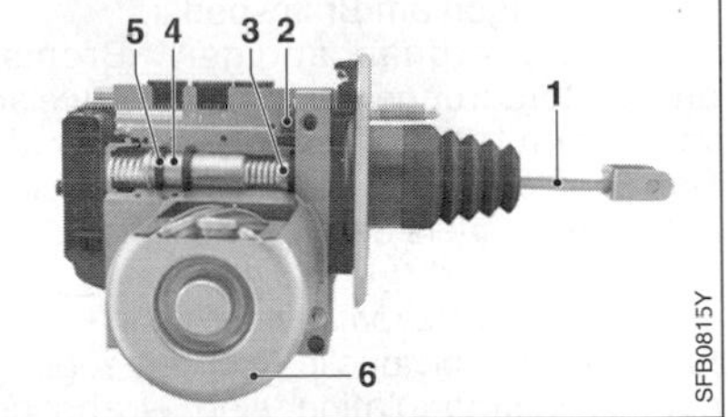

Bild 11: Aktiver und passiver Betrieb des Integrierten Bremssystems IPB.
(Prinzipdarstellung, Trennventile sind als „Schalter“ dargestellt).
a) Aktiver „By-Wire-Modus“,
b) Rückfallebene.
HZ Hauptbremszylinder, PFS Pedalgefühlsimulator (Pedal Feel Simulator),
HM Hydraulikmodul, BMV Bremsdruckmodulationsventile,
CSV Bremskreistrennventil (Circuit Separation Valve),
PSV Hydraulikmodultrennventil (Plunger Separation Valve),
SSV Simulatortrennventil (Simulator Seperation Valve).

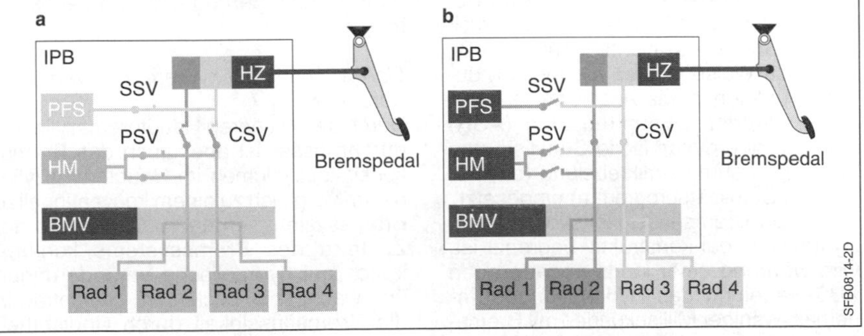

einen Elektromotor (Bild 12) präzise und dem Fahrerbremswunsch entsprechend angesteuert. Er verschiebt Bremsflüssigkeit aus dem Arbeitsraum des Hydraulikmoduls in die Radbremsen, wodurch der vom Fahrer gewünschte Bremsdruck an den Rädern erzeugt wird.

Bremskraftverstärkung
Durch die Druckregelung des Hydraulikmoduls wird gleichzeitig die Bremskraftverstärkung realisiert. Aufgrund der Entkoppelung von Bremspedal und Radbremsdruck kann bei Hybrid- und Elektrofahrzeugen der Bremsdruck und das Generatormoment verblendet werden. Das heißt, die Bremswirkung der Radbremsen kann um die durch die Rekuperation erreichte Bremswirkung der elektrischen Maschine reduziert werden. Das Verblenden erfolgt während der Rekuperation kontinuierlich und ohne spürbare Rückwirkungen am Bremspedal.

Bei fahrerunabhängigen Bremsdruckanforderungen, wie beispielsweise von einem ACC-System, erfolgt die Druckerzeugung an den Rädern auf gleiche Weise mittels des Hydraulikmoduls.

Radindividuelle Bremseingriffe
Für eine radindividuelle Druckerzeugung oder Druckmodulation sind – ähnlich wie bei einem ESC-System (siehe ESC-Hydraulikeinheit) – jeweils Einlass- und Auslassventile (Bremsdruckmodulationsventile, Bild 11) in das integrierte Bremssystems IPB integriert. Ein Druckaufbau an einem Rad erfolgt über das Hydraulikmodul, wenn das diesem Rad zugeordnete Einlassventil geöffnet ist. Ein Druckabbau erfolgt durch Öffnen des diesem Rad zugeordneten Auslassventils, wobei die Bremsflüssigkeit direkt zurück in den Bremsflüssigkeitsbehälter fließt. Auf diese Weise werden die radindividuellen Funktionen wie Antiblockiersystem (ABS), Antriebsschlupfregelung (ASR) oder die querdynamische Stabilisierung durch die Fahrdynamikregelung (elektronisches Stabilitätsprogramm) umgesetzt.

Da das Bremsflüssigkeitsvolumen im Hydraulikmodul konstruktiv begrenzt ist, wird während einer lange andauernden ABS-Regelung das Hydraulikmodul innerhalb weniger Millisekunden mit Bremsflüssigkeit nachgeladen. Der Bremsdruck in den einzelnen Rädern bleibt während des Nachladens erhalten und somit ergibt sich keine Auswirkung auf die Bremswirkung des Fahrzeugs.

Funktionale Sicherheit
Bei sicherheitsrelevanten Fahrzeugkomponenten wie dem Bremssystem sind der sichere Betrieb und das Systemverhalten bei Systemfehlern von zentraler Bedeutung. Daher wurde das elektromechanische Bremssystem IPB entsprechend der aktuellen Standards zur funktionalen Sicherheit (ISO 26262) entwickelt.

Redundanz
Um die Fahrerbremswunscherfassung zuverlässig zu gewährleisten, ist diese redundant ausgelegt. Für den Hauptbremszylinderkolbenweg ist die Mechanik einfach, Sensorik und Elektronik sind redundant vorhanden. Zusätzlich wird der Kolbenweg mit dem gemessenen Hauptbremszylinderdruck plausibilisiert.

Rückfallebene
Damit der Fahrer auch im Fehlerfall in der Lage ist, das Fahrzeug zuverlässig zu verzögern, hat das integrierte Bremssystem IPB einen direkten, mechanisch-hydraulischen Durchgriff vom Bremspedal zu den Rädern als Rückfallebene (Bild 11b).

Durch die Entkopplung des Hauptbremszylinders von den Radbremsen (im By-Wire-Modus) ist – im Gegensatz zu konventionellen Bremssystemen – der Durchmesser des Hauptbremszylinders verkleinert. In der mechanischen Rückfallebene wird somit mit gleicher Pedalkraft ein höherer Bremsdruck und damit eine höhere Verzögerung des Fahrzeugs ermöglicht.

Überwachung auf hydraulische Veränderungen
Durch den kleineren Hauptbremszylinderdurchmesser ist aber auch das Bremsflüssigkeitsvolumen im Hauptbremszylinder im Vergleich zu einem konventionellen Bremssystem verringert. Daher wird der Zustand des Bremssystems kontinuierlich auf hydraulische Veränderungen überwacht (z.B. Leckagen, Lufteintrag in die Bremsflüssigkeit durch Undichtheit

oder fehlerhafte Befüllung). Der Fahrer wird gewarnt, bevor sich im Fehlerfall ein kritischer Systemzustand ergeben kann.

Zuverlässigkeit der elektrischen Energieversorgung
Die Verfügbarkeit der Bremskraftverstärkung ist direkt mit der Versorgung des integrierten Bremssystems IPB mit elektrischer Energie gekoppelt. Daher muss sichergestellt werden, dass das Bordnetz eine ausreichend hohe Zuverlässigkeit hat.

Redundanz für automatisierten Fahrbetrieb

Zweite Druckaufbaueinheit
Für automatisiert fahrende Fahrzeuge, bei welchen der Fahrer nicht mehr in der Verantwortung der Fahrzeugführung ist, kann das integrierte Bremssystem IPB um eine zweite, unabhängige Druckaufbaueinheit (RBU, Redundant Brake Unit) zur Bremsdruckerzeugung erweitert werden. Diese unabhängige Einheit stellt im Falle eines Ausfalls des integrierten Bremssystems IPB sicher, dass das Fahrzeug verzögert und in den Stillstand gebracht werden kann.

Integrierte Redundanz
Als Alternative zu einer zweiten, unabhängigen Druckaufbaueinheit kann auch eine integrierte Redundanz in der IPB in Betracht gezogen werden. Eine vollständige Redundanz ist jedoch nicht für alle Systemkomponenten möglich. Dichtungen oder Getriebeelemente zur Umsetzung der Rotationsbewegung des Motors in eine translatorische Bewegung des Kolbens können beispielsweise nicht ohne Weiteres redundant ausgelegt werden.

Marktentwicklung
Ein integriertes Bremssystem IPB mit integrierter Redundanz würde in einem komplexeren Design mit vergrößerten Abmessungen resultieren. Daher wird der automatisierte Fahrbetrieb zuerst mit zwei unabhängigen Druckaufbaueinheiten realisiert werden, dem integrierten Bremssystem IPB und der redundanten Bremseinheit RBU.

Literatur
[1] 71/320/EWG: Richtlinie des Rates vom 26. Juli 1971 zur Angleichung der Rechtsvorschriften der Mitgliedstaaten über die Bremsanlagen bestimmter Klassen von Kraftfahrzeugen und deren Anhängern.
[2] ECE R13: Regelung Nr. 13 der Wirtschaftskommission der Vereinten Nationen für Europa (UN/ECE) – Einheitliche Bedingungen für die Genehmigung von Fahrzeugen der Klassen M, N und O hinsichtlich der Bremsen.
[3] ECE R13-H: Regelung Nr. 13-H der Wirtschaftskommission der Vereinten Nationen für Europa (UN/ECE) – Einheitliche Bedingungen für die Genehmigung von Personenkraftwagen hinsichtlich der Bremsen.
[4] §41 StVZO (Straßenverkehrs-Zulassungsordnung, Deutschland) – Bremsen und Unterlegkeile.
[5] DIN 74234: Hydraulische Bremsanlagen – Bremsrohre, Bördel.
[6] SAE J 1401: Road Vehicle Hydraulic Brake Hose Assemblies for Use with Nonpetroleum-Base Hydraulic Fluids.
[7] SAE J 1703: Motor Vehicle Brake Fluid.
[8] FMVSS 116: Federal Motor Vehicle Standard No. 116: Motor Vehicle Brake Fluids.
[9] VDA-Empfehlung 305-100: Empfehlung zur Integration der Ansteuerung einer elektronischen Parkbremse in das System ESC (Electronic Stability Control) in Bezug auf das ESC (ZSB ESC) und den Bremssattel (ZSB-Bremse).
[10] B. Breuer, K.H. Bill (Hrsg.): Bremsenhandbuch. 5. Auflage, Verlag Springer Vieweg, 2017.
[11] U. Bauer, T. Maucher, M. Brand: Integrated Power Brake – modular set extension for highly automated driving. 8th International Munich Chassis Symposium 2017 – chassis.tech plus. Verlag Springer Vieweg, 2017.
https://rd.springer.com/book/10.1007/978-3-658-18459-9?page=2#toc
[12] ISO 26262: Straßenfahrzeuge – Funktionale Sicherheit.

Bremsanlagen für Nfz

Systemübersicht

Bremssysteme für Nutzkraftfahrzeuge und Anhänger müssen den Anforderungen verschiedener Vorschriften wie z.B. RREG 71/320 EWG [1] und ECE R13 [2] genügen. In diesen Regelwerken sind wesentliche Funktionen, Wirkungen und Prüfverfahren festgelegt. Die Unterteilung der Gesamtanlage erfolgt in Betriebsbrems-, Feststellbrems-, Hilfsbrems- und Dauerbremsanlagen.

Betriebsbremsanlage

Betriebsbremsanlage Zugfahrzeug

Die Betriebsbremsanlage, bei Nutzfahrzeugen als Fremdkraftbremsanlage ausgelegt (Bild 1 und Bild 2), kann mit Druckluft oder auch in Kombination von Druckluft und Hydraulik wirken.

Bei Eintritt einer Störung, z.B. einem Bremskreisausfall, muss mit dem funktionstüchtigen Teil der Anlage noch mindestens die Hilfsbremswirkung, bei gleicher Betätigungskraft an der üblichen Betätigungseinrichtung, erreicht werden. Die Wirkung muss dosierbar sein und der Anhänger darf von dieser Störung nicht betroffen sein, d.h., auch die Anhängersteuerung (Anhängersteuerventil) muss zweikreisig ausgelegt sein. Die Hilfsbremswirkung muss mindestens 50 % der Bremswirkung der Betriebsbremsanlage betragen. Eine Aufteilung in zwei bereits vorratsseitig getrennte Bremskreise ist deshalb üblich, wenngleich diese Bauart nur bei Kraftomnibussen Vorschrift ist.

Die Energieversorgung des Anhängers muss auch während des Bremsvorgangs sichergestellt werden. Das Zweileitungssystem wurde mit Inkrafttreten der RREG 71/320 erforderlich, stand aber vorher schon zur Verfügung und war unter dem Namen „Nato-Bremse“ bekannt.

Der Anhänger wird über die Vorratsleitung ständig mit einem festgelegten

Bild 1: Aufbau einer Druckluftbremsanlage mit Anhängersteuerung.
1 Luftkompressor, vom Motor angetrieben, 2 Druckregler, 3 Vierkreisschutzventil,
4.1 Vorratsbehälter V1 für Kreis 1, 4.2 Vorratsbehälter V2 für Kreis 2,
4.3 Vorratsbehälter V3 für Kreis 3 (Anhänger, Luftfederung),
5 Überströmventil mit begrenzter Rückströmung, 6 Anhängersteuerventil mit Drosselventil,
7 Kupplungskopf „Vorrat“ (rot), 8 Kupplungskopf „Bremse“ (gelb),
9 Feststellbremsventil mit Prüfstellung, 10 Relaisventil, 11.1 Kombibremszylinder hinten rechts,
11.2 Kombibremszylinder hinten links, 12 Lastabhängiger Bremskraftregler (ALB),
13 Betriebsbremsventil, 14.1 Bremszylinder vorn rechts, 14.2 Bremszylinder vorn links,
15 Nebenverbraucher (z.B. Luftfederung, Türschließanlage).

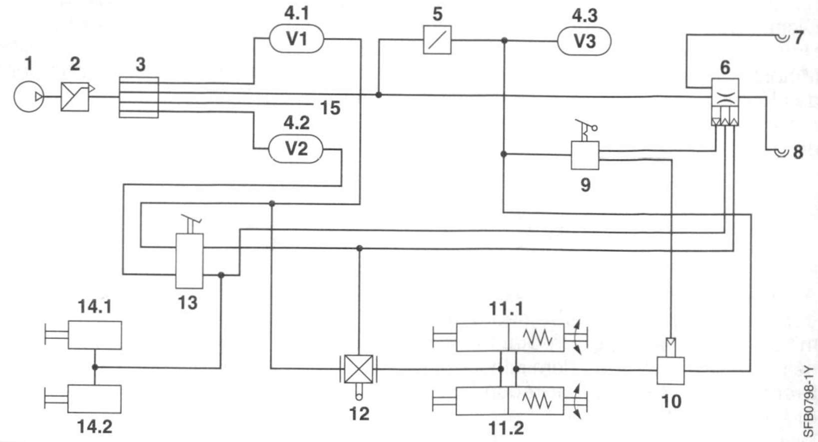

Druck versorgt. Dieser Druck muss bei intaktem Zugfahrzeug zwischen 6,5 und 8,0 bar betragen, egal wie hoch der vom Hersteller festgelegte Betriebsdruck des Zugfahrzeugs ist. Die Austauschbarkeit des Anhängers muss sichergestellt sein. Über eine zweite Leitung, die Bremsleitung, wird die Betriebsbremsanlage des Anhängers gesteuert. Auch für diese Leitung gelten bezüglich der Austauschbarkeit der Anhänger Vorschriften. So muss der Druck in der Bremsleitung in Fahrstellung 0 bar, in Vollbremsstellung 6,0...7,5 bar betragen.

Betriebsbremsanlage Anhänger
Der Anhänger besitzt eine eigenständige Betriebsbremsanlage, die nur teilweise der Forderung nach einer Hilfsbremswirkung unterliegt. Entsprechend der Forderungen in der RREG 71/320 müssen die Bremswirkungen der Betriebsbremsanlagen im Zugfahrzeug und im Anhänger in Abhängigkeit vom Steuerdruck in der Bremsleitung zum Anhänger sich innerhalb eng gesetzter Toleranzen befinden, also annähernd gleich sein (Auslegungstoleranzband RREG 71/320 und ECE R13).

Bei Bruch der Vorratsleitung oder der Bremsleitung muss der Anhänger voll oder teilweise gebremst werden können oder er muss eine automatische Bremsung einleiten. Nutzfahrzeuge mit elektronisch geregeltem Bremssystem besitzen neben der pneumatischen Bremsleitung

Bild 3: Kompatibilitätsdiagramm.
Zugfahrzeug und Anhänger RREG 71/320, ECE R13.
T_R Summe der Bremskräfte am Umfang aller Räder des Anhängers,
P_R Gesamte statische Normalkraft des Anhängers,
T_M Summe der Bremskräfte am Umfang aller Räder am Zugfahrzeug,
P_M Gesamte statische Normalkraft des Zugfahrzeugs,
P_m Druck am Kupplungskopf „Bremse".

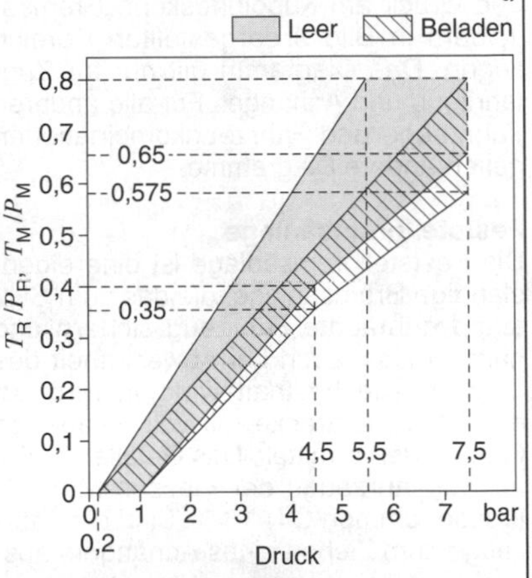

Bild 2: Druckluftbremsanlage eines 2-Achs-Sattelaufliegers mit ABS (vereinfacht dargestellt).
1 Kupplungskopf „Vorrat" (rot), 2 Doppel-Löseventil, 3 1-Kanal ABS-Drucksteuerventil, 4 Kombibremszylinder, 5 Wechselventil, 6 Vorratsbehälter, 7 Lastabhängiger Bremskraftregler, 8 Entwässerungsventil, 9 Anhängerbremsventil, 10 Kupplungskopf „Bremse" (gelb), 11 Prüfanschluss, 12 Leitungsfilter.

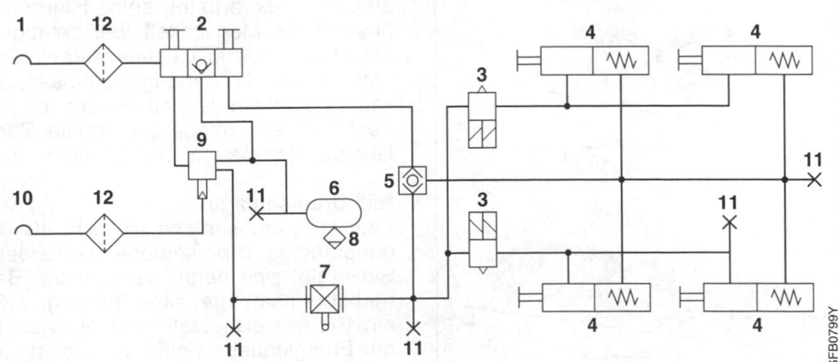

noch eine elektrische Signalübertragung für die elektrische Steuerung der Betriebsbremsanlage im Anhänger. Sie erfolgt über die genormte elektrische Steckverbindung nach ISO 7638 [3], die als 5- oder 7-polige Steckverbindung ausgelegt sein darf.

Zugfahrzeuge und Anhänger müssen frei austauschbar sein. Deshalb wurden im Anhang 2 RREG 71/320 und ECE R13 Kompatibilitätsbedingungen festgelegt. Demnach muss im Bereich von 0,2...7,5 bar am Kupplungskopf „Bremse" das Verhältnis zwischen Abbremsung und Druck am Kupplungskopf „Bremse" in dem in Bild 3 dargestellten Bereich liegen. Das Diagramm gilt nur für Zugfahrzeug und Anhänger. Für alle anderen Fahrzeuge und Fahrzeugkombinationen gelten andere Diagramme.

Feststellbremsanlage

Die Feststellbremsanlage ist eine eigenständige Bremsanlage, die das zum Stillstand gebrachte Fahrzeug sichern und halten muss, auch bei Abwesenheit des Fahrers. Die Festhaltewirkung wird auf einer Gefällestrecke mit voll beladenen Fahrzeugen ermittelt. Das Gefälle beträgt für Solofahrzeuge der Klassen M, N, O (ausgenommen O1) 18 %. Sind die Fahrzeuge zum Ziehen eines Anhängers ausgerüstet, so muss die Festhaltewirkung auch mit einem ungebremsten Anhänger erreicht werden. Das Gefälle beträgt dann nur noch 12 % (Bild 4).

Bild 4: Prüfbedingung für die Feststellbremsanlage.
a) Solofahrzeug, 18 % Gefälle.
b) Zugfahrzeug und Anhänger, 12 % Gefälle; es ist nur das Zugfahrzeug gebremst.
γ Steigungswinkel.

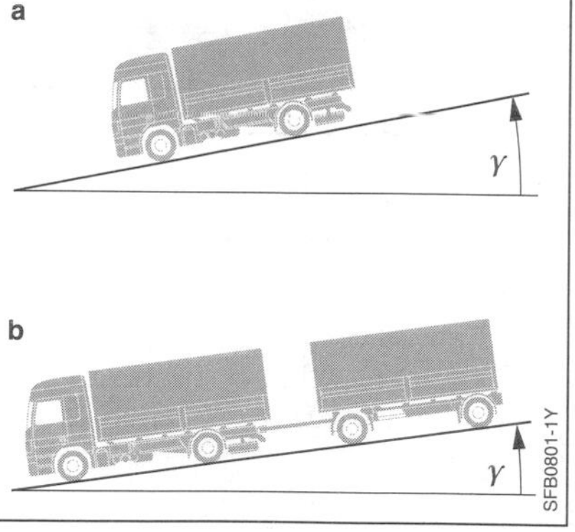

Die Feststellbremsanlage in Nutzfahrzeugen und Kraftomnibussen ist in der Regel als Federspeicherbremsanlage ausgelegt. Die Federn der Federspeicherbremszylinder erzeugen, bei vorschriftsmäßiger Einstellung der Radbremsen, die gleiche Kraft wie die pneumatischen Bremszylinder der Betriebsbremsanlage, wenn auf ihre Nennwirkfläche der Nenndruck (Berechnungsdruck der Bremsanlage) wirksam ist. Bei Eintritt bestimmter Störungen, z.B. Bremskreisausfall oder Ausfall der Energiequelle, dürfen die Federspeicherbremsen nicht selbsttätig bremsen und müssen deshalb entsprechend abgesichert und ausgelegt werden.

Fremdkraftbetätigte Feststellbremsanlagen (Federspeicherbremsen) müssen mit mindestens einer Notlöseeinrichtung ausgerüstet sein. Diese kann mechanisch, pneumatisch oder hydraulisch sein. Die Feststellbremsanlage muss nur dann für eine dosierbare Betätigung ausgelegt sein, wenn sie zum Erreichen der vorgeschriebenen Hilfsbremswirkung hinzugezogen werden muss.

Im Anhänger arbeitet die Feststellbremsanlage häufig als Muskelkraftbremsanlage. Ist die Anhängersteuerung im Zugfahrzeug so ausgelegt, dass bei Betätigung der Feststellbremse im Zugfahrzeug auch die Betriebsbremse im Anhänger anspricht (Anhängersteuerventil mit Anschluss 4.3), dann muss das Feststellbremsventil mit einer Prüfstellung ausgerüstet sein. Hierdurch besteht die Möglichkeit, bei betätigter Feststellbremse im Zugfahrzeug die Betriebsbremse im Anhänger zu lösen. So kann geprüft werden, ob nur das mit der Feststellbremsanlage gebremste Zugfahrzeug den gesamten Zug halten kann.

Hilfsbremsanlage

Eine Hilfsbremsanlage ist nicht als eigenständige Bremsanlage vorhanden. Sie ergibt sich dann, wenn in der Betriebsbremsanlage eine Störung, z.B. ein Bremskreisausfall oder ein Ausfall der Energiequelle eintritt. In diesem Fall müssen noch mindestens zwei Räder des Fahrzeugs, die nicht auf der gleichen Seite angeordnet sind, gebremst werden können.

Auch die Bremsanlage im Anhänger darf von dieser Störung nicht betroffen sein. Deshalb werden die Bremsanlagen und die Ansteuerung des Anhängers zweikreisig ausgeführt.

Das Vorratsvolumen muss so ausgelegt werden, dass bei Ausfall der Energiequelle nach acht Vollbetätigungen der Betriebsbremse bei der neunten Vollbetätigung noch der Druck zum Erreichen der Hilfsbremswirkung vorhanden ist. Bei vorratsseitigem Ausfall eines Bremskreises muss sichergestellt werden, dass bei intakter Energiequelle der Druck in den intakten Bremskreisen nicht dauerhaft unter den Nenndruck absinkt. Dies wird durch Verwendung besonderer Schutzeinrichtungen, z.B. eines Vierkreisschutzventils oder einer elektronischen Geräteeinheit, sichergestellt.

Dauerbremsanlage

Die verwendeten Radbremsen sind nicht für den Dauerbetrieb ausgelegt. Eine länger andauernde Bremsung (z.B. bei Bergabfahrten) kann zu einer thermischen Überlastung der Bremsen führen. Dies führt zu einer Verminderung der Bremswirkung („Fading") oder im Extremfall zum Versagen der Bremsanlage.

Als Dauerbremsanlage wird eine verschleißfreie Bremsanlage bezeichnet. In Deutschland ist sie entsprechend StVZO §41 Abs. 15 [4] für Kraftomnibusse mit einem zulässigen Gesamtgewicht von mehr als 5,5 t sowie anderen Kraftfahrzeugen von mehr als 9 t vorgeschrieben. Die Dauerbremse muss das vollbeladene Fahrzeug auf einer Strecke von 6 km Länge und einem Gefälle von 7 % auf einer Geschwindigkeit von 30 km/h halten.

Bei Anhängern muss die Betriebsbremse entsprechend ausgelegt werden. Die Betätigung der Dauerbremse im Zugfahrzeug darf keine Betätigung der Betriebsbremse im Anhänger zur Folge haben (siehe hierzu auch StVZO §72 [5]).

Komponenten von Nutzfahrzeugbremsanlagen

Luftbeschaffung und Luftaufbereitung

Die Luftbeschaffung, -aufbereitung und -absicherung setzt sich aus der Energiequelle, der Druckregelung, der Luftaufbereitung und der Druckluftverteilung zusammen.

Kompressor

Als Energiequelle dient ein Kompressor. Er saugt Luft an und verdichtet sie zu Druckluft, dem Arbeitsmedium für die Bremssysteme und die Nebenverbraucher (z.B. Luftfederung, Türschließanlage).

Der Kompressor ist eine Kolbenpumpe, deren Kurbelwelle vom Fahrzeugmotor direkt angetrieben wird (Bild 5). Er ist über

Bild 5: Kompressor.
a) Ansaugen,
b) Verdichten und Fördern,
c) Verdichten in den Zusatzschadraum.
1 Zylinderkopf,
2 Zwischenplatte (mit Ein- und Auslassventil),
3 Zylinder, 4 Kolben, 5 Pleuelstange,
6 Kurbelgehäuse, 7 Antrieb, 8 Kurbelwelle,
9 ESS-Ventil (Energiesparsystem),
10 Zusatzschadraum.

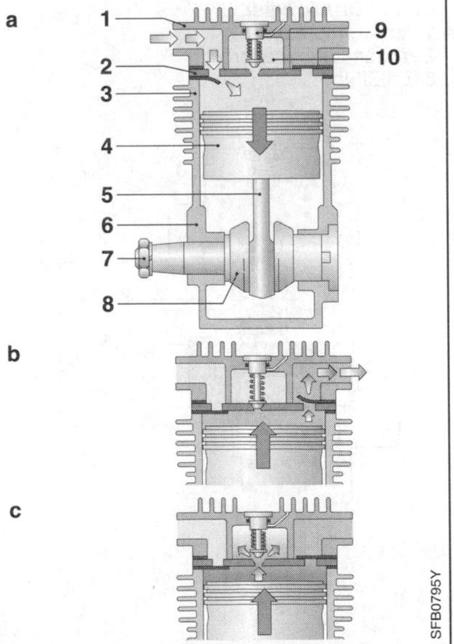

einen Flansch am Fahrzeugmotor angebaut. Seine Bestandteile sind:
- Das Kurbelgehäuse, das mit dem Zylinder eine Monoblockeinheit bildet. In ihr lagert die Kurbelwelle mit Pleuel und Kolben.
- Der Zylinderkopf mit Saug- und Druckanschluss sowie Anschlüssen für die Wasserkühlung.
- Die Zwischenplatte mit dem Einlass- und dem Auslassventil.

Um die Verluste im Leerlaufbetrieb (Öffnungs- und Strömungswiderstände in Ventilen und Leitungen) zu reduzieren kommt ein Energiesparsystem (ESS) zum Einsatz, das einen Schadraum zuschaltet und dadurch Verdichtungsarbeit zurücknimmt. Der Kraftstoffverbrauch wird hierdurch reduziert.

Bei zurückgehendem Kolben saugt der Kolben Luft an, nachdem sich das Einlassventil durch den Unterdruck selbstständig geöffnet hat. Zu Beginn der Gegenbewegung des Kolbens schließt das Einlassventil. Beim Vorwärtshub verdichtet der Kolben die Luft. Bei Erreichen eines bestimmten Drucks öffnet das Auslassventil und Druckluft wird in die Bremsanlage gefördert.

Bild 6: Druckregler.
1 Vom Kompressor,
2 zu den Luftbehältern,
3 Entlüftung.

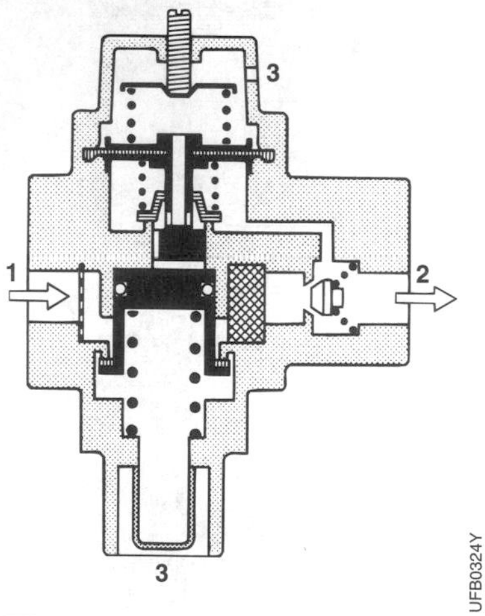

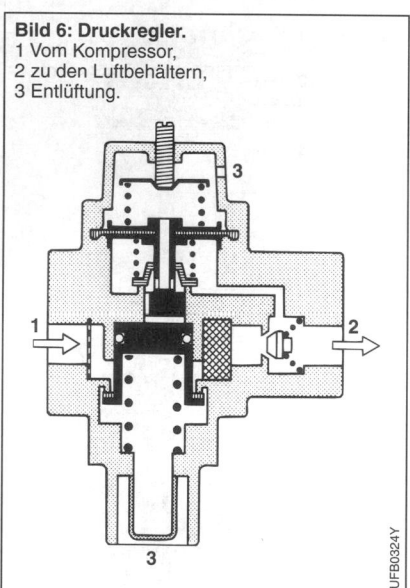

Heute erreichen Kompressoren ein Hubvolumen bis zu 720 cm^3, ein Druckniveau bis zu 12,5 bar und eine maximale Drehzahl von 3000 min^{-1}. Sie zeichnen sich durch einen hohen Wirkungsgrad, einen geringen Ölverbrauch und eine lange Lebensdauer aus.

Druckregler

Der Druckregler steuert die vom Kompressor geförderte Druckluft in der Weise, dass der Betriebsdruck innerhalb des Einschalt- und Abschaltdrucks liegt (Bild 6).

Solange der Druck in den Luftbehältern unterhalb des Abschaltdrucks liegt, sind die Anschlüsse 1 und 2 verbunden und Druckluft passiert den Druckregler. Wird der Abschaltdruck erreicht, schaltet der Druckregler auf Leerlaufbetrieb. Dabei wird der Entlüftungskolben geschaltet und Anschluss 1 wird mit der Atmosphäre verbunden (Entlüftung).

Lufttrockner

Der Lufttrockner reinigt die Druckluft und trocknet sie, um Korrosion und ein Einfrieren der Bremsanlage im Winterbetrieb zu verhindern.

In Wesentlichen besteht ein Lufttrockner aus einer Trockenmittelbox und einem Gehäuse, in dem sich neben der Luftdurchführung ein Entlüftungsventil sowie eine Steuerung der Regeneration des Granulats befinden (Bild 7). Die Regeneration des Granulats erfolgt durch Zuschalten eines Regenerationsluftbehälters.

Bei geschlossenem Entlüftungsventil strömt die vom Kompressor kommende Druckluft über die Trockenmittelbox zu den Vorratsluftbehältern. Gleichzeitig wird ein Regenerationsluftbehälter mit trockener Druckluft gefüllt. Beim Durchströmen der Trockenmittelbox wird der Druckluft durch Kondensation und Adsorption Wasser entzogen.

Das Granulat in der Trockenmittelbox hat eine begrenzte Wasseraufnahmekapazität und muss deshalb in bestimmten Abständen regeneriert werden. In einem Umkehrprozess entspannt sich trockene Druckluft aus dem Regenerationsluftbehälter über die dem Lufttrockner vorgeschaltete Regenerationsdrossel auf Atmosphärendruck, durchströmt im Gegenstrom das feuchte Granulat, entzieht diesem die Feuchtigkeit und strömt als feuchte Luft über das geöffnete Entlüftungsventil ins Freie.

Druckregler und Lufttrockner können zu einer Einheit zusammengeführt sein.

Vierkreisschutzventil

Das Vierkreisschutzventil verteilt die Druckluft auf die verschiedenen Brems- und Nebenverbraucherkreise, sichert die Kreise gegeneinander ab und stellt bei Ausfall eines Kreises die Weiterversorgung der restlichen Kreise sicher (Bild 8).

Die Funktion des Vierkreisschutzventils wird durch speziell für diese Anwendung entwickelte Überströmventile erreicht. Diese Bauart besitzt im Gegensatz zum normalen Überströmventil zwei unterschiedliche Wirkflächen auf der Anströmseite. Auf die eine Wirkfläche wirkt der anströmende Druck vom Druckregler, auf die andere der im Pneumatikkreis vorhandene Druck. Somit ist der Öffnungsdruck der Überströmventile abhängig vom Druck (Restdruck) des zugeordneten pneumatischen Kreises.

Die Überströmventile können unterschiedlich angeordnet werden. Häufig werden die Betriebsbremskreise 1 und 2 und die Nebenverbraucherkreise 3 und 4 paarweise nacheinander geschal-

Bild 7: Lufttrockner mit integriertem Druckregler.
1 Trockenmittelbox, 2 Druckfeder,
3 Trockenmittel, 4 Manschette (Steuerventil),
5 Druckfeder, 6 Bolzen, 7 Membran,
8 Druckfeder, 9 Heizstab,
10 Entlüftungsventil, 11 Ablassstutzen,
12 Drossel, 13 Rückschlagventil, 14 Vorfilter,
15 Nachfilter.
Anschlüsse:
1 vom Kompressor, 21 zum Luftbehälter,
22 zum Regenerationsluftbehälter,
3 Entlüftung.

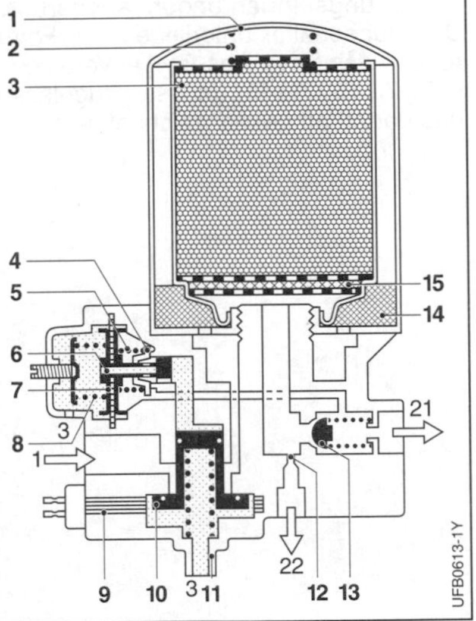

Bild 8: Vierkreisschutzventil.
a) Auffüllen eines Luftbehälters,
b) Auffüllen aller Luftbehälter.
1 Gehäuse, 2 Druckfeder, 3 Membrankolben,
4 Ventilsitz, 5 Rückschlagventil,
6 feste Drossel.
I…IV Überströmventile.
Anschlüsse:
1 Energiezufluss,
21…24 Energieabfluss zu den Kreisen 1…4.

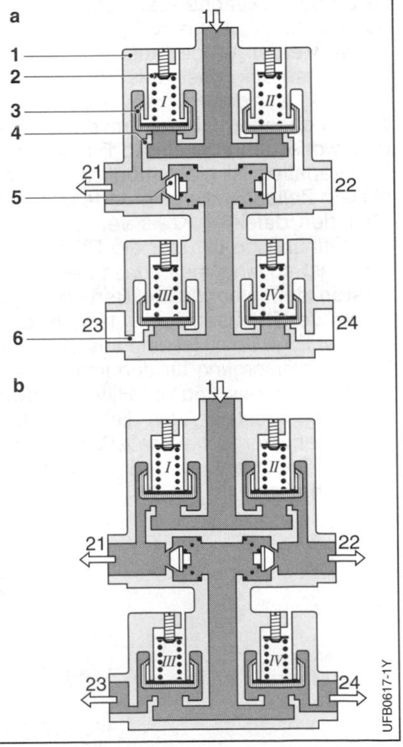

tet. Hierdurch wird sichergestellt, dass wenigsten einer der beiden Betriebsbremskreise vorrangig gefüllt wird. Die Nebenverbraucherkreise sind bei dieser Bauart zusätzlich über zwei Rückschlagventile abgesichert. Bei Vierkreisschutzventilen mit zentraler Anströmung können diese Rückschlagventile entfallen. An den Überströmventilen können weiterhin noch variable Anströmdrosseln vorhanden sein. Diese ermöglichen das Füllen einer leeren Anlage mit kleinen Luftmengen.

Bei Eintritt einer Störung z.B. in Kreis 1 (Kreisausfall durch Undichtheit) sinkt der Druck zunächst nur in Kreis 1 auf 0 bar und in Kreis 2 auf den Schließdruck. Der Druck in den Kreisen 3 und 4 bleibt zunächst durch die Wirkung der Rückschlagventile erhalten, wird aber durch Verbrauch auch bis zum Schließdruck absinken. Bei Nachförderung durch den Kompressor werden die intakten Kreise weiterversorgt, weil der in den Kreisen 2, 3 und 4 vorhandene Restdruck auf die Sekundärwirkfläche der entsprechenden Überströmventile wirkt. Die intakten Kreise werden wieder aufgefüllt, bis der Öffnungsdruck des defekten Kreises (Kreis 1) auf der Primärwirkfläche des entsprechenden Überströmventils wirkt und diese dadurch öffnet. Ein weiterer Druckanstieg ist nicht möglich, weil ab diesem Zeitpunkt die geförderte Druckluft über den defekten Kreis verloren geht. Der Öffnungsdruck über die Primärwirkfläche ist so eingestellt, dass dieser wenigsten dem Nenndruck (Berechnungsdruck) der Bremsanlage entspricht oder darüber liegt. Somit ist eine ausreichende Druckluftversorgung für den intakten Betriebsbremskreis und die Hilfsbremswirkung sichergestellt. Auch die Versorgung der Nebenverbraucher wie z.B. Anhänger, Feststellbremsanlage und Luftfederung bleibt erhalten.

Elektronische Luftaufbereitungseinheit
Die Druckregelung, die Luftaufbereitung und Druckluftverteilung sind heute in einer elektronischen Geräteeinheit, der Luftaufbereitungseinheit zusammengefasst. Die elektronische Luftaufbereitungseinheit (EAC, Electronic Air Control) ist die funktionelle Zusammenlegung von Druckregler, Lufttrockner und Mehrkreisschutzventil in einem mechatronischen Gerät. Teilweise wird zusätzlich die Steuerung der Feststellbremse integriert. Insgesamt werden durch die Integration vieler Funktionen in eine mechatronische Einheit deutliche Vorteile in Bezug auf Systemaufwand, Funktionalität und Energieeinsparung geboten.

Energiespeicherung
Die für den Bremsvorgang und die Funktion der Nebenverbraucher erforderliche Energie wird in für Straßenfahrzeuge zugelassenen Druckluftbehältern in ausreichender Menge bereitgestellt und gespeichert. Das Volumen muss so ausgelegt sein, dass ohne Nachförderung nach acht Vollbremsungen mit der neunten Vollbremsung noch mindestens die für dieses Fahrzeug vorgeschriebene Hilfsbremswirkung erreicht wird.

Trotz Verwendung eines Lufttrockners werden die Druckluftbehälter mit manuellen oder automatisch wirkenden Entwässerungseinrichtungen ausgerüstet. Druckluftbehälter unterliegen den Forderungen des §41a Abs.8 [4] in Verbindung mit §72 StVZO [5], müssen zugelassen und dauerhaft gekennzeichnet sein.

Die Vorratssysteme der Bremsanlagen müssen mit Warneinrichtungen ausgestattet sein. Es gelten folgende Anforderungen:
- Rote Warnleuchte,
- vom Fahrer jederzeit einsehbar,
- Aufleuchten, spätestens bei Bremsbetätigung oder wenn der Druck im Vorratssystem für die Betriebsbremse auf 65 % vom Nenndruck abgefallen ist. Für das Vorratssystem der Feststellbremse (Federspeicherbremse) gelten 80 % vom Nenndruck.

Betriebsbremsventil

Betriebsbremsventile (Bild 9) sind zweikreisig aufgebaut und steuern je nach Betätigungskraft (kraftgesteuerte Ventile) die Betriebsbremskreise.

Kreis 1 wird über die Betätigungseinrichtung, den Stößel und die Druckfedern (Wegausgleichsfedern) betätigt. Der Reaktionskolben wird hierdurch nach unten verschoben, wodurch zunächst das Auslassventil schließt und danach das Einlassventil öffnet. Hierdurch strömt Druckluft in den Bremskreis 1 und der Druck steigt an. Der Bremsdruck wirkt nach oben gegen den Reaktionskolben und verschiebt diesen gegen die Druckfedern, solange der Teilbremsbereich nicht überschritten wird. Hierdurch wird die Bremsabschlussstellung erreicht, es herrscht Kräftegleichgewicht am Reaktionskolben.

Kreis 2 wird vom Bremsdruck in Kreis 1 gesteuert. Dieser wirkt anstelle der Betätigungseinheit von oben auf den Reaktionskolben von Kreis 2. Annähernd zeitgleich wird auch im Kreis 2 die Bremsabschlussstellung erreicht. In der Vollbremsstellung oder Ausfall von Kreis 1 werden beide Reaktionskolben mechanisch über die Betätigungseinheit auf Anschlag gebracht. Die Auslassventile sind geschlossen, die Einlassventile bleiben offen. Die Kreise 1 und 2 sind pneumatisch vollständig und sicher voneinander getrennt.

Bild 9: Betriebsbremsventil.
1 Stößel, 2 und 3 Druckfeder,
4 Reaktionskolben, 5 und 9 Einlassventilsitz,
6 und 8 Auslassventilsitz,
7 und 10 Ventilteller,
11 Ventilfedern, 12 Rückstellfeder,
13 Steuerkolben, 14 Federteller,
15 Verbindungsstange.
Anschlüsse:
3 Entlüftung,
11 Energiezufluss Kreis 1,
12 Energiezufluss Kreis 2,
21 Bremsdruck Kreis 1,
22 Bremsdruck Kreis 2.

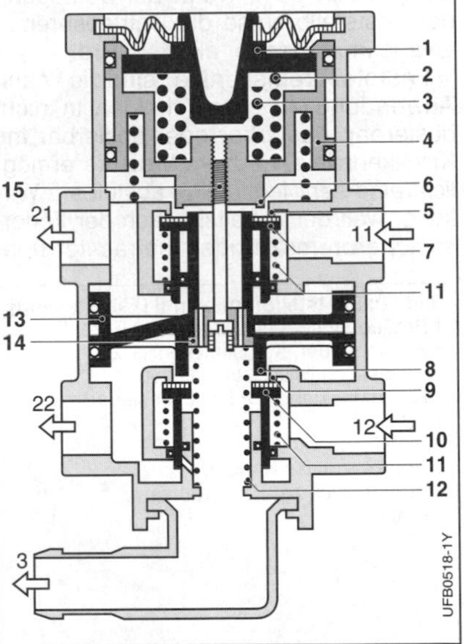

Sonderbauarten ermöglichen unterschiedliche ausgesteuerte Bremsdrücke für die Kreise 1 und 2. Diese sind dann erforderlich, wenn vom Betriebsbremsventil ein Zweikreisvorspannzylinder betätigt, oder Kreis 2 lastabhängig geregelt wird. Dies wird durch den Einbau einer entsprechenden Federbestückung oder eines Reaktionskolben mit mehreren Wirkflächen ermöglicht.

Feststellbremsventil
Feststellbremsventile (Bild 10) steuern den Druck in den Federspeicherbremszylindern in Abhängigkeit des Hebelwegs (weggesteuerte Ventile). Der Hebel muss in Bremsstellung dauerhaft und sicher feststellbar sein. Feststellbremsventile müssen nur dann dosierbar arbeiten, wenn die Wirkung der Feststellbremse zum Erreichen der Hilfsbremswirkung erforderlich ist. Feststellbremsventile müssen mit einer Prüf- oder Kontrollstellung ausgerüstet sein, wenn bei Betätigung der Feststellbremse die Betriebsbremsanlage im Anhänger aktiviert wird.

Feststellbremsventile sind je nach Anwendung zu unterscheiden in nicht dosierbar, dosierbar oder dosierbar mit Knickkennlinie. Letztere Variante ermöglicht eine sehr feinfühlige abstufbare Wirkung, weil der Arbeitsbereich der Federspeicherbremszylinder, betrachtet über dem Hebelwinkel des Feststellbremsventils ca. 80°, optimal genutzt wird. Der Arbeitsbereich der Federspeicherbremszylinder liegt zwischen ca. 5 bar (Bremsbeginn) und ca. 2 bar (Bremsende, siehe Diagramme in Bild 11).

Bei pneumatischen Hochdruckbremsanlagen (Betriebsdruck größer 10 bar) kann das Feststellbremsventil mit einem Druckbegrenzer ausgerüstet sein, damit Federspeicherbremszylinder in Standardbauart verwendet werden können. Die Einrichtung in Feststellbremsventilen zum Erreichen einer Dosierbarkeit des ausgesteuerten Drucks ist analog der Einrichtung in Betriebsbremsventilen, arbeit jedoch gegensinnig, weil die Feder-

Bild 10: Feststellbremsventil (Fahrstellung).
1 Betätigungshebel, 2 Kulisse, 3 Exzenter, 4 Rückholfeder, 5 Auslassventilsitz, 6 Einlassventilsitz, 7 Ventilteller, 8 Reaktionskolben, 9 Reaktionsfeder, 10 Druckfeder.
Anschlüsse:
1 Energiezufluss Kreis 3,
2 Steuerdruck zur Parkbremse,
3 Entlüftung.

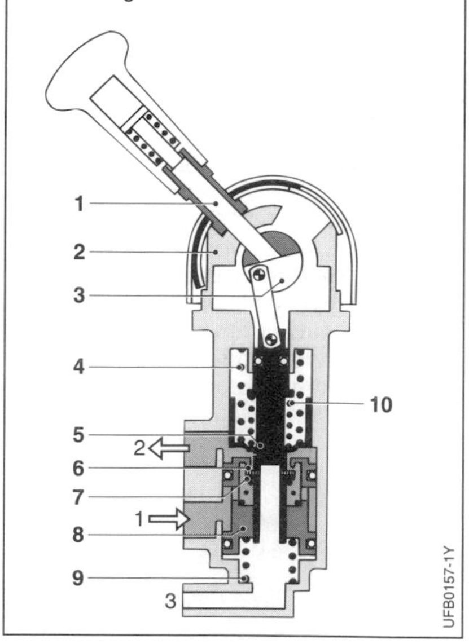

Bild 11: Arbeitsbereich des Federspeicherbremszylinders.
a) Bei normal dosierbarem Feststellbremsventil,
b) bei dosierbarem Feststellbremsventil mit geknickter Kennlinie.
1 Druckverlauf.
a Leerweg (Ventilhub),
b Betätigungsbereich,
c Bremsbeginn,
d Bremsende.

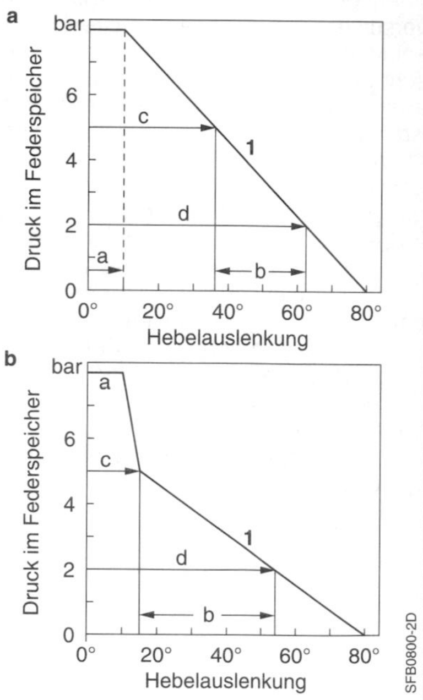

speicherbremszylinder in Fahrstellung belüftet sind und die Bremsstellung durch Entlüften erreicht wird.

Feststellbremsventile können zweikreisig ausgeführt sein. Die Versorgung erfolgt in diesem Fall aus Kreis 3 und – für die pneumatische Hilfslöseeinrichtung der Federspeicher – aus Kreis 4. Ein zusätzlich erforderliches Drehknopf-, Wechsel- oder Sperrventil kann entfallen.

Bei der Ausführung mit geknickter Kennlinie (Bild 11) wird der Bremsbeginn früher erreicht und der Betätigungsbereich wird wesentlich größer. Dies ist insbesondere bei Verwendung der Feststellbremse als Hilfsbremse von Vorteil.

Alternativ zum pneumatischen Feststellbremsventil gibt es elektronisch gesteuerte Feststellbremssysteme (Electronic Parking Brake, EPB). Diese bestehen aus einem EPB-Modul (das optional auch in der Luftaufbereitungseiheit integriert sein kann) und einer Bedieneinheit. Das EPB-Modul enthält ein über integrierte Magnetventile steuerbares bistabiles Ventil und weitere Magnetventile zur Realisierung der Anhänger-Testfunktion.

Bild 12: Bremskraftregler mit Relaisventil.
1 Entlüftung, 2 Rechen, 3 Reaktionsmembran, 4 Energiezufluss vom Luftbehälter, 5 Entlüftung, 6 ungeregelter Druck vom Betriebsbremsventil, 7 Steuerventil, 8 Relaiskolben, 9 geregelter Bremsdruck zu den Bremszylindern, 10 Drehnocken.

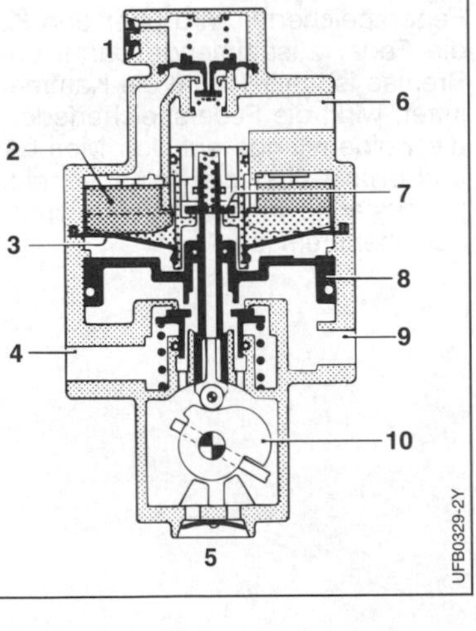

Mit Hilfe der Bedieneinheit kann die Feststellbremse eingelegt und gelöst werden, wobei der zuletzt aktive Zustand auch nach Abschalten der Versorgungsspannung erhalten bleibt. Da die Bedieneinheit graduierbar ausgelegt sein muss, kann die Feststellbremse auch gestuft betätigt werden und somit als Hilfsbremse fungieren.

Neben der manuellen Ansteuerung per Bedieneinheit ermöglicht die EPB auch eine Reihe von Komfortfunktionen, z.B. das automatische Einlegen bei Fahrzeugstillstand (Autopark) und das automatische Lösen beim Anfahren (Autorelease).

Automatisch lastabhängiger Bremskraftregler

Eine bei Nutzfahrzeugen mit pneumatisch gesteuerter Betriebsbremsanlage häufig eingesetzte Einrichtung in der Betriebsbremsanlage ist die automatisch lastabhängige Bremskraftsteuerung (ALB). Ventile, die die Bremskraftverteilung übernehmen, ermöglichen im teilbeladenen Zustand und im Leerzustand ein Anpassen der Bremskräfte an die geringeren Achslasten und damit eine Korrektur der Bremskraftverteilung an den Achsen eines Einzelfahrzeugs oder ein bestimmtes Abbremsniveau im Last- oder Sattelzugbetrieb.

Der Bremskraftregler (Bild 12) wird zwischen Betriebsbremsventil und Bremszylinder geschaltet. Entsprechend der Fahrzeuglast regelt er den eingesteuerten Bremsdruck. Er hat eine Reaktionsmembran mit variabler Wirkfläche. Die Membran liegt auf zwei strahlenförmig radial verlaufenden ineinander greifenden Rechen auf. Je nach Lage des Steuerventilsitzes in vertikaler Richtung ergibt sich eine große (Ventillage unten) oder eine kleine (Ventillage oben) Reaktionsfläche. Dadurch wird entweder ein reduzierter Druck (Leerlast) oder ein gleich hoher Druck (Volllast) vom Betriebsbremsventil kommend über ein integriertes Relaisventil in die Bremszylinder gesteuert. Der Steuerventilsitz kann durch einen Exzenter, der über ein Gestänge mit der Fahrzeugachse verbunden ist oder über einen Keil (bei luftgefederten Fahrzeugen) in die lastabhängige Position gebracht werden.

Der im Regler oben eingebaute Druckbegrenzer lässt einen geringen Teildruck (ca. 0,5 bar) auf die Membranoberseite einströmen. Damit tritt bis zu diesem Druck keine Reduzierung des Bremszylinderdrucks ein. Dies bewirkt ein synchrones Anlegen der Bremsen aller Fahrzeugachsen.

Alternativ zu dem pneumatischen ALB-Ventil wird in pneumatisch gesteuerten Bremsanlagen immer häufiger die EBD-Funktion (Electronic Brakeforce Distribution) des ABS verwendet, mit der die Bremskraftverteilung abhängig vom Radschlupf optimiert wird (siehe Radschlupfregelsysteme).

In schweren europäischen Nutzfahrzeugen hat sich mittlerweile die elektronisch gesteuerte Bremse (EBS) durchgesetzt, bei der die Bremskraftverteilung abhängig vom Beladungszustand und anderen Parametern elektronisch erfolgt (siehe elektronisch geregeltes Bremssystemsystem).

Kombibremszylinder

Der Kombizylinder im Nutzfahrzeug besteht aus einem Membranzylinderteil für die Betriebsbremse und einem Federspeicherteil für die Feststellbremse (Bild 13). Sie sind hintereinander angeordnet und wirken auf eine gemeinsame Druckstange. Nach Art der Radbremse kann zwischen Kombizylindern für S-Nockenbremse, Spreizkeilbremse und Scheibenbremse unterschieden werden.

Die beiden Zylinder können unabhängig voneinander betätigt werden. Bei gleichzeitiger Betätigung addieren sich ihre Kräfte. Dies kann durch den Einbau eines speziellen Relaisventils verhindert werden, um eine mechanische Überlastung anderer, nachgeordneter Bauteile (z.B. Bremstrommeln) automatisch zu verhindern.

Eine zentrale Löseschraube erlaubt das Spannen der Federspeicherfeder auch ohne Druckluft (mechanische Notlöseeinrichtung). Dies ist notwendig als Montagehilfe oder bei Ausfall der Druckluft, um das Fahrzeug rangieren zu können.

Bild 13: Kombibremszylinder für Scheibenbremse (Fahrstellung).
1 Druckbolzen, 2 Kolbenstange, 3 Faltenbalg mit Abdichtung zur Scheibenbremse,
4 Druckfeder (Membranzylinder),
5 Kolben (Membranzylinder),
6 Gehäuse mit Befestigungsbolzen,
7 Membran, 8 Zwischenflansch,
9 Zylindergehäuse (Federspeicher),
10 Kolben (Federspeicher),
11 Entlüftungsventil (Federspeicherraum),
12 Druckfeder (Federspeicher),
13 Löseeinrichtung (Federspeicherzylinder).
Luftanschlüsse:
11 Betriebsbremse,
12 Feststellbremse.

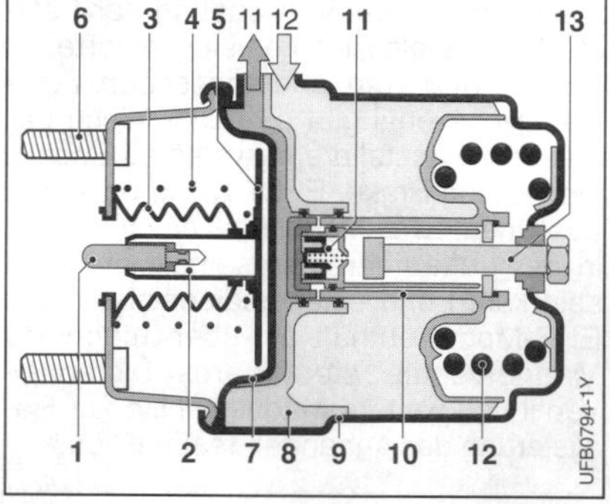

Beim Betätigen der Betriebsbremse strömt Druckluft hinter die Membran und drückt die Kolbenscheibe und die Druckstange gegen den Hebel in der Scheibenbremse. Die Drucksenkung führt wieder zum Lösen der Bremse.

Durch Einströmen von Druckluft in den Federspeicherteil wird über den Kolben die Feder zusammengespannt und die Bremse ist gelöst. Wird die Kammer entlüftet, wirkt die Federspeicherfeder über die Kolbenstange auf den Membranteil und drückt über die Kolbenscheibe die Druckstange in den Mechanismus der Scheibenbremse.

Bild 14: Anhängersteuerventil mit Abreißfunktion (Fahrstellung).
1 und 2 Druckfeder, 3 Steuerkolben, 4 Federpaket, 5 Auslassventilsitz, 6 Scheibe, 7 Einlassventilsitz, 8 Druckfeder, 9 Drosselbolzen, 10 Gehäuse, 11 und 12 Steuerkolben, 13 Einstellschraube, 14 Druckfeder, 15 Ventilteller, 16 Reaktionskolben, 17 Bund, 18 Steuerkolben.

I...VIII Kammern.

Anschlüsse:
1.1 Energiezufluss von Kreis 3,
2.1 Energieabfluss zu Kupplungskopf „Vorrat“ (rot),
2.2 Energieabfluss zu Kupplungskopf „Bremse“ (gelb),
4.1 Steueranschluss ungeregelter Druckkreis 1,
4.2 Steueranschluss ungeregelter Druckkreis 2,
4.3 Steueranschluss Feststellbremse,
3 zentrale Entlüftung.

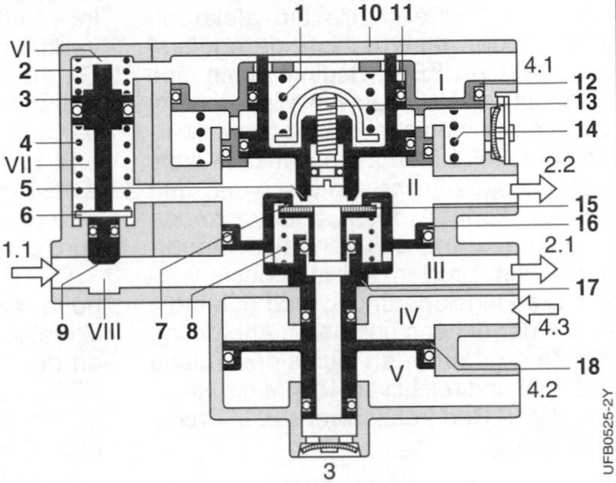

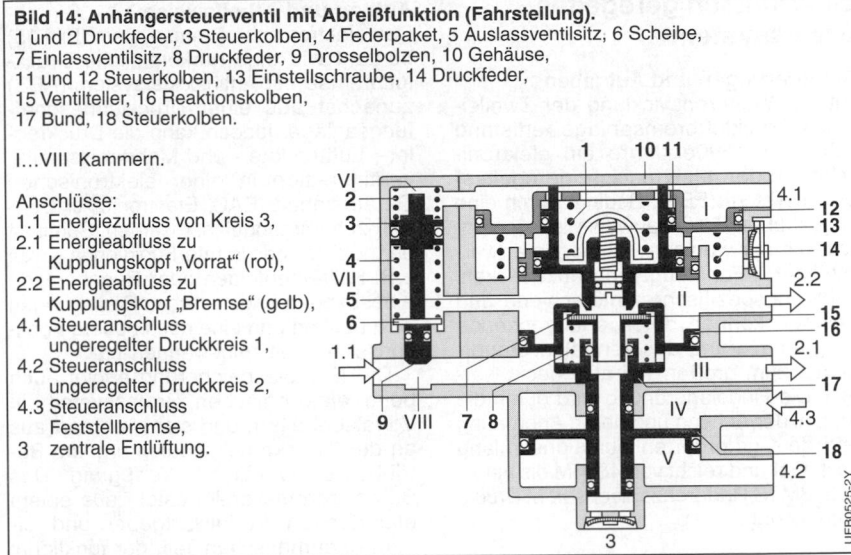

Anhängersteuerventil

Das im Zugfahrzeug eingebaute Anhängersteuerventil steuert die Betriebsbremse des Anhängers an. Dieses mehrkreisige Relaisventil wird von beiden Betriebsbremskreisen und von der Feststellbremse angesteuert (Bild 14). In Fahrstellung stehen die Vorratskammer III und die Kammer IV des Feststellbremskreises unter gleichem Druck. Die Bremsleitung zum Anhänger ist über die zentrale Entlüftung mit der Atmosphäre verbunden. Druckerhöhung in der Kammer I von Bremskreis 1 und in Kammer V von Bremskreis 2 führt zu entsprechendem Druckanstieg in Kammer II für die Bremsleitung zum Anhänger. Eine Drucksenkung in beiden Bremskreisen führt auch zur gleichen Drucksenkung in der Bremsleitung. Die Betätigung der Feststellbremse führt zur Entlüftung des Feststellbremskreises (Kammer IV). Dadurch erhöht sich der Druck in Kammer II für die Bremsleitung zum Anhänger. Beim Belüften der Kammer IV wird die Bremsleitung wieder entlüftet.

Beim Abreißen der Bremsleitung zum Anhänger ist vorgeschrieben, dass der Druck in der Vorratsleitung zum Anhänger innerhalb weniger als zwei Sekunden (RREG 71/320) auf einen Druck von 1,5 bar abgefallen sein muss. Um dies zu erreichen, wird über ein integriertes Ventil die Druckluftzufuhr zur Vorratsleitung gedrosselt.

Elektronisch geregeltes Bremssystem

Anforderungen und Aufgaben

Mit der Weiterentwicklung der Zweileitungs-Druckluftbremsanlage entstand Mitte der 1990er-Jahre ein elektronisches (oder elektronisch geregeltes) Bremssystem (EBS). Bedingt durch eine angestrebte Modulbauweise ist es möglich, mit nur wenigen Komponenten verschiedene Fahrzeugtypen abzudecken. Fahrzeugspezifische Unterschiede und Belange können durch entsprechende Programmierung des zentralen Steuergeräts zum großen Teil abgedeckt werden. Die Regelanordnung wird durch die Anzahl der Achsen und deren Anordnung und dem geforderten Funktionsumfang bestimmt und reicht von 4S/4M bis hin zu 10S/8M (S Raddrehzahlsensor, M Druckregelmodul).

Aufbau und Arbeitsweise

Das elektronische Bremssystem (Bild 15) besteht wie eine herkömmliche Druckluftbremse mit Antiblockiersystem (ABS) zunächst aus einer Druckluftbeschaffungsanlage, jedoch kann die Druckregler-, Lufttrockner- und Mehrkreisschutzventilfunktion in einer elektronischen Geräteeinheit (EAC, Electronic Air Control) zusammengefasst werden. Somit ist es möglich, bestimmte Funktionen – wie z.B. Füllreihenfolgen oder Regeneration – besser den erforderlichen Bedingungen anzupassen und eine noch höhere Funktionssicherheit zu gewährleisten.

Die Energiespeicherung erfolgt auch beim elektronischen Bremssystem in Vorratsbehältern und steht von dort aus an den Druckregelmodulen und am Betriebsbremsventil zur Verfügung. Das Betriebsbremsventil besteht aus einem elektrischen Pedalwertgeber und einem pneumatischen Teil, der funktional der bisher bekannten Bauweise gleich ist. Der Pedalwertgeber besteht aus einem redundanten Wegsensor (z.B. zwei redundant angeordneten elektrischen

Bild 15: Betriebsbremsanlage eines elektronisch geregelten Bremssystems.
a) Zugfahrzeug, b) Anhängefahrzeug.
1 Vierkreisschutzventil, 2 Luftbehälter, 3 Betriebsbremsventil mit Bremswertgeber,
4 1-Kanal-Druckregelmodul (DRM), 5 Bremszylinder, 6 Drehzahlsensor,
7 Belagsverschleißsensor, 8 EBS-Steuergerät im Zugfahrzeug,
9 2-Kanal-Druckregelmodul (2K-DRM), 10 Drucksensor, 11 Luftfederbalg,
12 Anhänger-Steuerventil, 13 Kupplungskopf „Vorrat“ (rot),
14 Kupplungskopf „Bremse“ (gelb), 15 Steckverbindung ISO 7638 (7-polig), 16 Leitungsfilter,
17 Anhängerbremsventil mit Löseeinrichtung, 18 EBS-Steuergerät im Anhängefahrzeug.

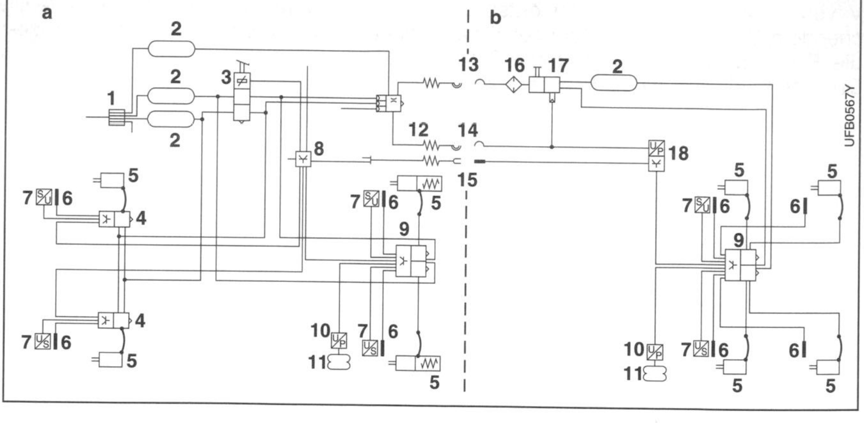

Potentiometern oder einer redundanten induktiven Wegsensierung), die über die Betätigungseinrichtung ausgelenkt werden und das redundante Ausgangssignal an das zentrale Steuergerät liefern. Dieses berechnet daraus für jedes Rad einen individuellen Bremsdruck und steuert wiederum die Druckregelmodule an den einzelnen Achsen an, damit der erforderliche Bremsdruck in die den Druckregelmodulen nachgeschalteten Bremszylinder eingesteuert wird. Der eingesteuerte Bremsdruck wird mithilfe integrierter Drucksensoren in den Druckregelmodulen geregelt. Parallel erfolgt eine pneumatische Bremsdruckerzeugung im pneumatischen Teil des Betriebsbremsventils, die einerseits das Bremsgefühl bestimmt und andererseits als Rückfallebene im Fall eines elektrischen Fehlers dient.

Die Bremsdruckmodule stehen in 1-Kanal- oder 2-Kanalbauweise zur Verfügung. Wenn das Fahrzeug zum Ziehen eines Anhängers eingerichtet ist, so ist auch ein Anhängersteuermodul als Ersatz für das Anhängersteuerventil vorhanden. Dieses Anhängersteuermodul wird im Bremsvorgang ebenfalls vom zentralen Steuergerät angesteuert und stellt einen angepassten Steuerdruck am Kupplungskopf „Bremse" (gelb) zur Verfügung. Somit ist es auch möglich, einen konventionell gebremsten Anhänger mitzuführen. Wird ein Anhänger mit eigenständigem elektronischen Bremssystem mitgeführt, so wird dieser durch eine elektrische Verbindung über die Steckverbindung nach ISO 7638 (ABV-Steckvorrichtung) gesteuert. Trotzdem muss der Anhänger auch pneumatisch gekuppelt sein, weil nur hierdurch der Anhänger mit Vorratsdruck versorgt und bei Systemausfall pneumatisch gesteuert werden kann. Durch die Steuerung des elektronischen Bremssystems im Anhänger ist eine optimale Abstimmung bezüglich Bremsverhalten zwischen Zugfahrzeug und Anhänger möglich. Zeitgleiches und abgestimmtes Bremsverhalten ermöglichen eine optimierte Koppelkraftabstimmung.

Weitere Funktionen, wie Antiblockiervorrichtung (ABV, Antiblockiersystem, ABS), Antriebsschlupfregelung (ASR) und Fahrdynamikregelsystem (elektronisches Stabilitätsprogramm) sind im Funktionsumfang des elektronischen Bremssystems integriert. Das Drehverhalten der Räder wird über Raddrehzahlsensoren wie bei der Antiblockiervorrichtung überwacht. Die Informationen werden je nach Bauweise dem zentralen Steuergerät oder dem Druckregelmodul zur Verfügung gestellt und dort verarbeitet. Bei Blockierneigung erfolgt, je nach Anordnung und Bauart, ein Regeleingriff über die Druckregelmodule oder durch nachgeschaltete Drucksteuerventile nach den von der Antiblockiervorrichtung bekannten Regelvarianten (Individualregelung, modifizierte Individualregelung oder Select-low-Regelung). Der Eingriff der Antriebsschlupfregelung beim Durchdrehen der Räder erfolgt über einen Motor- und Bremseneingriff. Für die Funktionen des Fahrdynamikregelsystems sind weitere Sensoren nötig (siehe Fahrdynamikregelung für Nfz).

Bei Eintritt einer elektrischen Störung kann das Fahrzeug über zwei redundante pneumatische Kreise mit mindestens der geforderten Hilfsbremswirkung gebremst und die Anhängerbremsanlage gesteuert werden.

Bedingt durch die Datenkommunikation mit anderen Systemen im Fahrzeug und dem Anhängefahrzeug kann ein optimales Zusammenarbeiten aller Systeme erreicht werden. Hierdurch können optimierte Verzögerungs-, Beschleunigungsvorgänge und zusätzliche Funktionen realisiert werden.

Vorteile elektronischer Bremssysteme im Nutzfahrzeug sind:

- Schneller und zeitgleicher Bremsdruckaufbau in allen Bremszylindern,
- gute Dosierbarkeit, dadurch optimaler Bremskomfort,
- optimale Abstimmung zwischen Zug- und Anhängefahrzeug durch Koppelkraftregelung,
- exakte Bremskraftverteilung,
- gleichmäßiger Belagsverschleiß,
- Funktionen der Antiblockiervorrichtung, der Antriebsschlupfregelung und des Fahrdynamikregelsystems sind integriert (Brems- und Motoreingriff), eine Antriebsschlupfregelung für den Off-Road-Betrieb ist einfach realisierbar,
- Fahrdynamikregelung über Motor- und Bremseneingriff bei Erkennen von Über- oder Untersteuern, bei Gefahr des Einknickens (Sattelkraftfahrzeug, Gelenkbus) sowie Eingriff bei Kippgefahr,
- Servicefreundlichkeit durch umfangreiche Diagnosefunktionen.

Bild 16: Betriebsbremsventil mit zwei pneumatischen Steuerkreisen.
1 Bremswertgeber,
2 Betriebsbremsventil,
3 elektrischer Anschluss Versorgung,
4 elektrische Anschlüsse Potentiometer,
5 elektrischer Anschluss Masse.
Pneumatische Anschlüsse:
11 Energiezufluss Kreis 1,
12 Energiezufluss Kreis 2,
21 Back-Up Steuerdruck Kreis 1,
22 Back-Up Steuerdruck Kreis 2.

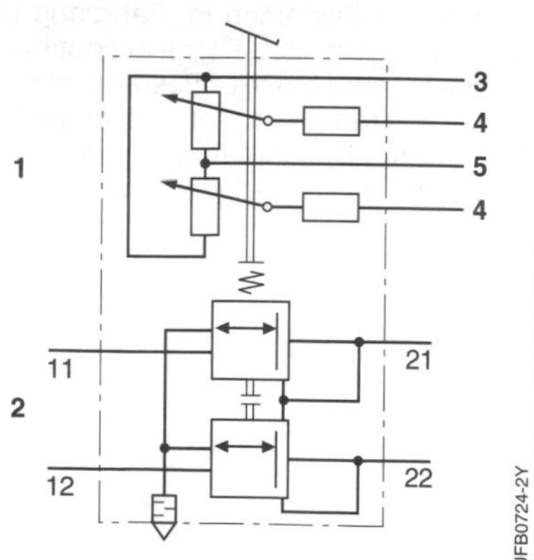

Komponenten des elektronischen Bremssystems

Elektronisches Steuergerät

Die Schaltstelle eines elektronischen Bremssystems besteht aus einem zentralen Steuergerät, in dem alle Systemfunktionen ablaufen. Neben den kabinenmontierten Varianten setzen sich zunehmend rahmenmontierte Steuergeräte durch. Diese bieten den Vorteil, dass die Sensoren für Gierrate und Querbeschleunigung integriert werden können und somit kein separater Sensor verbaut werden muss.

Betriebsbremsventil

Der Aufbau eines Betriebsbremsventil für das elektronische Bremssystem ist ähnlich den konventionellen rein pneumatischen Betriebsbremsventilen. Zusätzlich werden im Betriebsbremsventil jedoch die elektronischen Sollwerte für die Bremskraftregelung erfasst (Bild 16). Es erfüllt somit zwei Aufgaben: Ein redundanter Sensor erfasst den Bremswunsch des Fahrers, indem er den Betätigungsweg des Ventilstößels misst. Der Messwert wird an das zentrale Steuergerät übertragen und dort in eine Bremsanforderung umgerechnet. Analog zu einem konventionellen Betriebsbremsventil wird der pneumatische Steuerungsdruck entsprechend des Betätigungswegs ausgesteuert. Diese Steuerdrücke werden für die „Back up"-Steuerung im Fehlerfall benötigt.

Druckregelmodule

Die Druckregelmodule (Electro-Pneumatic-Modulator, EPM, Bild 17) bilden die Schnittstelle zwischen dem elektronischen Bremssystem und den pneumatisch betätigten Radbremsen. Sie setzen die über den CAN-Bus übertragenen Bremssolldrücke in pneumatische Drücke um. Die Umsetzung erfolgt üblicherweise mit einer Ein- und Auslass-Magnetkombination. Ein Drucksensor misst den ausgesteuerten Bremsdruck und ermöglicht somit eine Bremsdruckregelung im geschlossenem Regelkreis. Das elektrisch aktivierte „Back up"-Ventil sperrt die pneumatischen Steuerdrücke des Betriebsbremsventils ab, um eine nicht beeinflusste elektrische Druckregelung zu ermöglichen.

Die Installation der Druckregelmodule in Radnähe ermöglicht den Anschluss der Sensoren für die Raddrehzahl und den Bremsbelagsverschleiß über kurze elektrische Leitungen. Die Informationen werden im Druckregelmodul aufbereitet und über den CAN-Bus an das zentrale Steuergerät übertragen. Der Aufwand für die Verkabelung im Fahrzeug wird hierdurch geringer.

Bild 17: 1-Kanal-Druckregelmodul.
1 Steuergerät, 2 Drehzahlsensor, 3 Bremsbelagsensor, 4 CAN, 5 „Back up"-Ventil, 6 Einlassventil, 7 Auslassventil, 8 Drucksensor, 9 Filter, 10 Relaisventil, 11 Schalldämpfer.
Stecker:
1B Stecker Drehzahlsensor 1,
2B Stecker Bremsbelagsensor,
3A Stecker Versorgung und CAN-Bus,
4A Stecker Drehzahlsensor 2.
Anschlüsse:
1 Energiezufluss,
2 Bremsdruck zum Bremszylinder,
3 Entlüftung,
4 Back-Up Steuereingang.

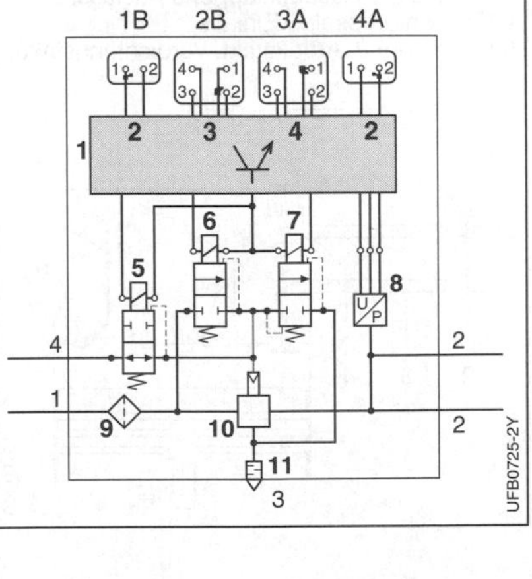

Anhängersteuermodul

Das elektronische Anhängersteuermodul (Trailer Control Module, TCM) ermöglicht die Regelung des Anhängersteuerdrucks entsprechend der funktionalen Anforderungen des elektronischen Bremssystems. Die Grenzen der elektrischen Regelbereiche sind in gesetzlichen Anforderungen festgelegt. Das Umsetzen des elektronisch vorgegebenen Sollwerts in einen ausgesteuerten Druck erfolgt mit einer ähnlichen Magnetanordnung wie im Druckregelmodul. Das Sperren des „Back up"-Drucks erfolgt je nach Konstruktionsprinzip über ein „Back up"-Ventil oder durch pneumatische Rückhaltung.

Das Ansteuern des Anhängersteuermoduls muss unter allen Normalbedingungen mit zwei unabhängigen Steuersignalen erfolgen. Dies können zwei pneumatische Signale aus zwei Steuerkreisen oder ein pneumatisches und ein elektrisches Steuersignal sein.

Literatur zu Bremsanlagen für Nfz

[1] Richtlinie 71/320/EWG des Rates vom 26. Juli 1971 zur Angleichung der Rechtsvorschriften der Mitgliedstaaten über die Bremsanlagen bestimmter Klassen von Kraftfahrzeugen und deren Anhängern.
[2] ECE-R13: Einheitliche Bedingungen für die Genehmigung der Fahrzeuge der Klassen M, N und O hinsichtlich der Bremsen.
[3] ISO 7638: Straßenfahrzeuge – Steckvorrichtungen für die elektrische Verbindung von Zugfahrzeugen und Anhängefahrzeugen.
[4] StVZO (Straßenverkehrs-Zulassungs-Ordnung) §41: Bremsen und Unterlegkeile.
[5] StVZO §72: Übergangsbestimmungen.
[6] E. Hoepke, S. Breuer (Hrsg.): Nutzfahrzeugtechnik. 8. Aufl., Verlag Springer Vieweg, 2016.

Dauerbremsanlagen

In Nutzfahrzeugen kommen im Wesentlichen zwei Arten von Dauerbremsanlagen, getrennt voneinander oder in Kombination, zum Einsatz: die Motorbremssysteme und der Retarder.

Motorbremssysteme

Der Widerstand, den ein Motor ohne Kraftstoffzufuhr der von außen aufgezwungenen Drehzahl entgegen bringt, wird als Motorbremse oder auch als Schleppleistung bezeichnet. Die Schleppleistung von Serienmotoren beläuft sich auf 5...7 kW pro Liter Hubraum. Mit einer reinen Motorbremse ist die Vorschrift nach §41 der Straßenverkehrs-Zulassungsordnung in Deutschland (StVZO), Abs. 15 nicht einzuhalten. Durch weitere Maßnahmen lässt sich die Wirkung der Motorbremse steigern.

Motorbremssystem mit Auspuffklappe

Bei der Motorstaubremse mit Auspuffklappe verschließt ein Ventil mit einer Klappe den Auspufftrakt. Zeitgleich wird die Kraftstoffzufuhr unterbrochen. Im Abgassystem wird ein Gegendruck aufgebaut, gegen den jeder einzelne Kolben jeweils im vierten Arbeitstakt ausschieben muss (Bild 18). Über ein Druckregelventil im Abgastrakt kann die Bremsleistung geregelt werden. Des Weiteren kann mit diesem Ventil sichergestellt werden, dass bei hohen Drehzahlen ein zu hoher Druck keine Schädigung der Ventile oder des Ventiltriebs verursacht.

Die Motorstaubremse ist bei Lkw und Bussen die am häufigsten eingesetzte Variante und erreicht eine Bremsleistung von 14...20 kW pro Liter Hubraum.

Motorbremssystem mit Konstantdrossel

Die Motorbremse mit Konstantdrossel ist auch als Dekompressionsbremse bekannt. Bei ihr wird die Arbeit, die der Motor in der Verdichtungsphase aufgebracht hat, nicht genutzt. Die Auslassventile oder ein zusätzliches Ventil (Konstantdrossel, Bild 19) wird gezielt am Ende des Verdichtungstakts geöffnet und somit der in der Kompressionsphase aufgebaute Druck entspannt. In der Expansionsphase kann somit keine Arbeit mehr an die Kurbelwelle abgegeben werden.

Motorbremssystem mit Auspuffklappe und Konstantdrossel

Durch eine Kombination von Auspuffklappe und Konstantdrossel lässt sich die Bremsleistung nochmals verbessern (Bild 19). Mit ihr können Bremsleistung von 30...40 kW pro Liter Hubraum realisiert werden.

Retarder

Retarder sind verschleißfreie Dauerbremsen. Aufgrund der Wirkungsweise werden hydrodynamische Retarder und

Bild 18: Motorbremse mit Auspuffklappe und zusätzlichem Druckregelventil.
1 Betätigung der Auspuffklappe (Druckluft),
2 Auspuffklappe, 3 Bypass,
4 Druckregelventil, 5 Auslass, 6 Einlass,
7 Kolben (im 4. Arbeitstakt, Ausstoßtakt).

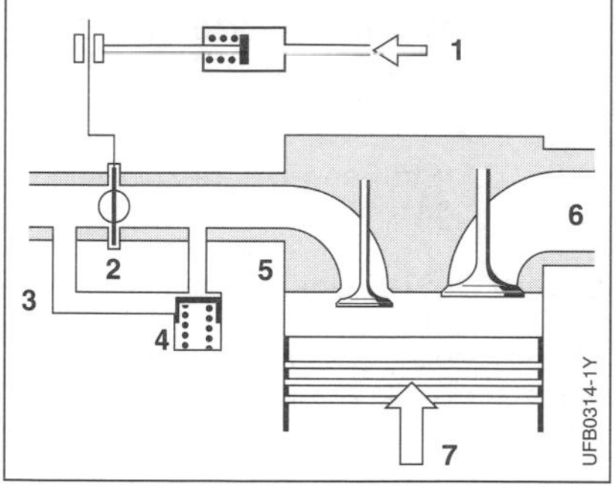

Bild 19: Motorbremse mit Auspuffklappe und Konstantdrossel.
1 Druckluft, 2 Auspuffklappe, 3 Auslass,
4 Konstantdrossel, 5 Einlass,
6 Kolben (im 2. Arbeitstakt, Verdichtungstakt).

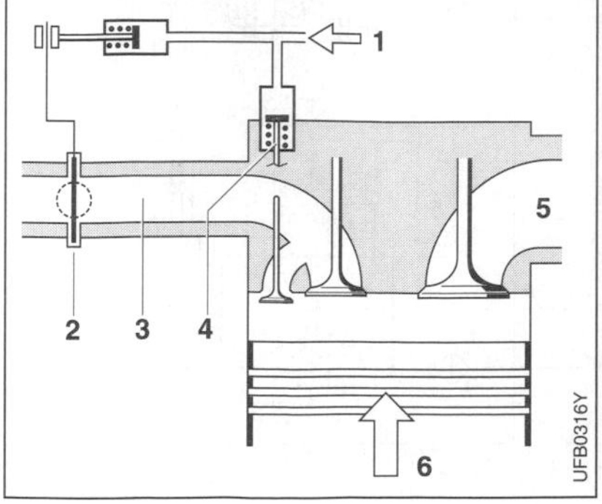

elektrodynamische Retarder unterschieden. Beide Systeme entlasten, wie auch die Motorbremssysteme, die Betriebsbremsanlage und erhöhen somit die Wirtschaftlichkeit des Fahrzeugs. Mit einem hydrodynamischen Retarder lässt sich die Standzeit der Betriebsbremse um den Faktor 4...5 erhöhen.

In modernen Fahrzeugen werden Retarder in das Bremsenmanagement mit einbezogen. Häufig sind sowohl die Motorstaubremse wie auch der Retarder als Dauerbremse in einem Fahrzeug kombiniert. Die Ansteuerung der Bremsen muss dann über das elektronische Bremsenmanagement erfolgen.

Hydrodynamischer Retarder (Strömungsbremse)
Hydrodynamische Retarder, auch Strömungsbremsen genannt, lassen sich in Primärretarder und Sekundärretarder untergliedern.

Der Primärretarder ist zwischen Verbrennungsmotor und Getriebe, der Sekundärretarder zwischen Getriebe und Antriebsachse angeordnet. Die Funktionsweise des Retarders selbst ist für beide Arten gleich. Bei Betätigung des Retarders wird Öl in den Arbeitsraum gepumpt. Der angetriebene Rotor beschleunigt dieses Öl und übergibt es am Außendurchmesser an den Stator (Bild 20). Dort trifft das Öl auf die ruhenden Statorschaufeln und wird verzögert. Das Öl fließt auf dem Innendurchmesser auf den Rotor zu. Der Rotor wird in seiner Drehbewegung gehemmt und damit wird das Fahrzeug verzögert.

Die kinetische Energie wird überwiegend in Wärme umgesetzt. Aus diesem Grund muss ein Teil des Öls permanent über einen Wärmetauscher gekühlt werden.

Mit einem Handhebel oder dem Bremspedal (beim integrierten Retarder im elektronisch geregelten Bremssystem, EBS) kann das Bremsmoment vorgegeben werden. Das Bremsmoment eines Retarders ist vom Füllgrad des Arbeitsraums des Retarders zwischen Rotor und Stator abhängig Der Füllgrad wird von einem Steuergerät über einen Steuerdruck geregelt, der mit Proportionalventilen eingestellt wird.

Die Ansteuerung eines Retarders kann hydraulisch oder pneumatisch erfolgen, wobei das Bremsmoment in diskreten Bremsstufen wie auch stufenlos realisiert werden kann. Als Arbeitsmedium eines Retarders wird überwiegend Öl eingesetzt. Aktuelle Strömungsbremsen können kurzzeitig bis zu 600 kW Bremsleistung aufbringen. Die Dauerbremsleistung eines Retarders ist jedoch von der Kühlkapazität des Fahrzeugkühlsystems abhängig. Moderne Fahrzeuge können eine Dauerbremsleistung eines Retarders von 300...350 kW über das Kühlsystem abführen. Eine Überhitzung des Retarders oder des Kühlsystems wird über Sensoren erfasst und gegebenenfalls die Bremsleistung geregelt reduziert, bis die Bremsleistung gleich der abführbaren Wärmemenge ist.

Primärretarder
Beim im Antriebsstrang zwischen Motor und Getriebe nach dem Wandler angeordneten Primärretarder erfolgt die Kraft-

Bild 20: Funktionsprinzip Retarder am Beispiel eines ZF-Intarders.
1 Hochtreiberstufe, 2 Abtriebsflansch, 3 Stator, 4 Rotor.

übertragung über die Antriebsachsen und das Getriebe, sodass das gesamte Schubmoment über das Getriebe geleitet wird. Die Bremswirkung des Primärretarders ist abhängig von der Motordrehzahl und dem eingelegten Gang, jedoch unabhängig von der Abtriebsdrehzahl und der Geschwindigkeit des Fahrzeugs. Die Unabhängigkeit von der Abtriebsdrehzahl ist ein großer Vorteil von Primärretardern. Unterhalb von 25...30 km/h sind diese sehr effektiv (Bild 21). Dies ist der Grund für den überwiegenden Einsatz von Primärretardern in Fahrzeugen mit eher geringer Durchschnittsgeschwindigkeit

Bild 21: Arbeitsbereiche von Primär- und Sekundärretardern.
1 Primärretarder, 2 Sekundärretarder.

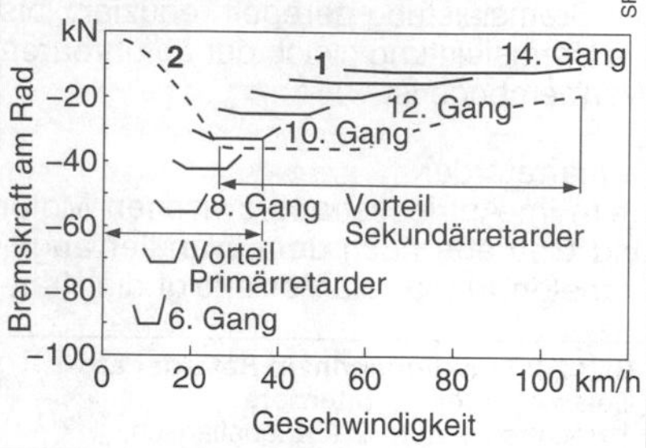

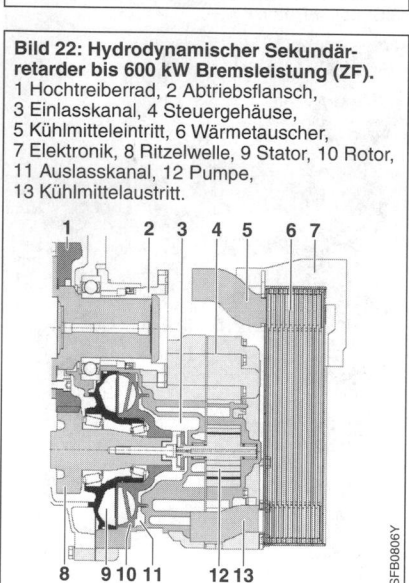

Bild 22: Hydrodynamischer Sekundärretarder bis 600 kW Bremsleistung (ZF).
1 Hochtreiberrad, 2 Abtriebsflansch,
3 Einlasskanal, 4 Steuergehäuse,
5 Kühlmitteleintritt, 6 Wärmetauscher,
7 Elektronik, 8 Ritzelwelle, 9 Stator, 10 Rotor,
11 Auslasskanal, 12 Pumpe,
13 Kühlmittelaustritt.

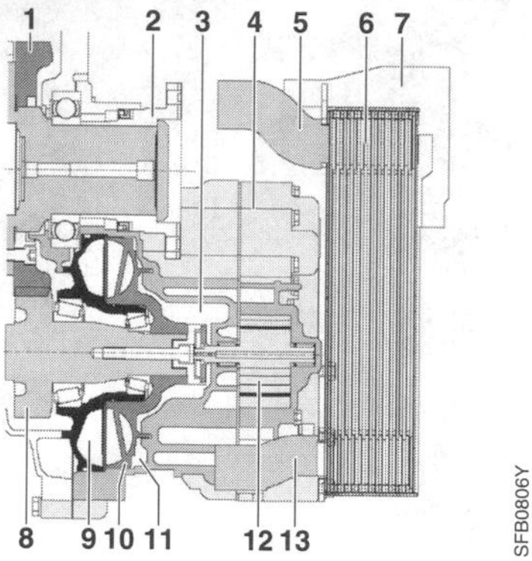

wie Stadtbussen und Kommunalfahrzeugen. Die kompakte Bauweise ist ein weiterer Vorteil. Ein Nachteil des Primärretarders ist die Bremskraftunterbrechung bei einem Gangwechsel. Die Bremskraft muss während der Schaltung reduziert werden.

Sekundärretarder

Beim Sekundärretarder (Bild 22), der nach Motor, Kupplung und Getriebe angeordnet ist, erfolgt die Kraftübertragung direkt über die Abtriebsachse. Eine Bremskraftunterbrechung während eines Schaltvorgangs wie beim Primärretarder gibt es beim Sekundärretarder nicht. Die Bremswirkung ist von der Übersetzung der Abtriebsachse und der Geschwindigkeit abhängig. Eine Abhängigkeit zum eingelegten Gang besteht nicht. Das Bremsmoment eines Sekundärretarder ist stark von der Rotordrehzahl abhängig. Aus diesem Grund wird oft die Rotordrehzahl über eine Hochtreiberstufe erhöht.

Der Sekundärretarder zeigt eine hohe Effizienz bei Geschwindigkeiten über 40 km/h (Bild 21), unterhalb 30 km/h fällt das Bremsmoment stark ab. Aufgrund seiner Anordnung kann der Sekundärretarder auch nachträglich an ein Getriebe adaptiert werden. Das zusätzliche Gewicht durch einen Sekundärretarder mit zugehörigem Wärmetauscher und Ölfüllung wird oft als Nachteil angeführt, da die zusätzliche Masse das Zuladegewicht des Fahrzeugs reduziert.

Der Haupteinsatzbereich des Sekundärretarders liegt bei Fahrzeugen im Fernverkehr mit hohen Durchschnittsgeschwindigkeiten wie bei Lkw oder Reisebussen.

Elektrodynamischer Retarder (Wirbelstrombremse)

Der elektrodynamische Retarder (Bild 23) beinhaltet zwei nicht magnetisierbare Stahlscheiben (Rotoren), die drehfest mit der An- und Abtriebswelle (hier Kardanwelle) verbunden sind und einen Stator, der mit 8 oder 16 Spulen bestückt ist und über eine Halterung (Haltestern) am Fahrzeugrahmen fixiert ist. Sobald elektrischer Strom (aus Generator oder Batterie) durch die Spulen fließt, werden Magnetfelder erzeugt, die über die Rotoren geschlossen werden. Diese Magnetfelder induzieren in den sich drehenden Rotoren Wirbelströme. Diese wiederum erzeugen Magnetfelder in den Rotoren, die den Erregermagnetfeldern entgegenwirken und somit eine Bremswirkung aufbauen. Das Bremsmoment wird durch die Stärke des Erregerfelds, die Drehzahl und den Luftspalt zwischen Stator und Rotoren bestimmt. Mit zunehmendem Luftspalt, der über Distanzscheiben eingestellt werden kann, nimmt das Bremsmoment ab. Schaltstufen mit unterschiedlichen Bremsmomenten (Bild 24) ergeben sich durch verschiedene Verschaltung der Erregerspulen. Über die innenbelüfteten Rotorscheiben wird die entstehende Wärme durch Konvektion und Strahlung an die Umgebung abgegeben.

Mit zunehmender Erwärmung der Rotoren nimmt die Bremsleistung von elektrodynamischen Retarder deutlich ab (Bild 25). Um eine temperaturbedingte Zerstörung des Retarders im Bremsbetrieb zu vermeiden, wird über eine thermische Absicherung die Bremsleistung des Retarders reduziert.

Wie auch der Primärretarder zeichnet sich der elektrodynamische Retarder durch eine hohe Bremsleistung bei niedrigen Drehzahlen und durch einen relativ geringen Bauaufwand aus. Nachteilig ist jedoch das je nach Baugröße hohe Gewicht von bis zu 350 kg.

Literatur zu Dauerbremsanlagen

[1] E. Hoepke, S. Breuer (Hrsg.): Nutzfahrzeugtechnik, 8. Aufl., Verlag Springer Vieweg, 2016.

Bild 23: Elektrodynamischer Retarder.
1 Haltestern, 2 Rotor getriebeseitig, 3 Distanzscheiben (Luftspalteinstellung), 4 Stator mit Spulen, 5 Zwischenflansch, 6 Rotor hinterachsig, 7 Getriebedeckel, 8 Getriebeausgangswellen, 9 Luftspalt.

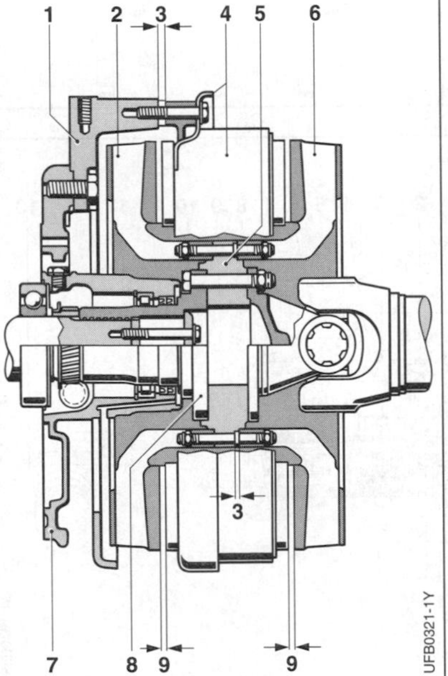

Bild 24: Bremsmomentcharakteristik eines elektrodynamischen Retarders.
4a Bremsleistung bei Erreichen der Kühlleistungsgrenze (Schaltstufe 4).

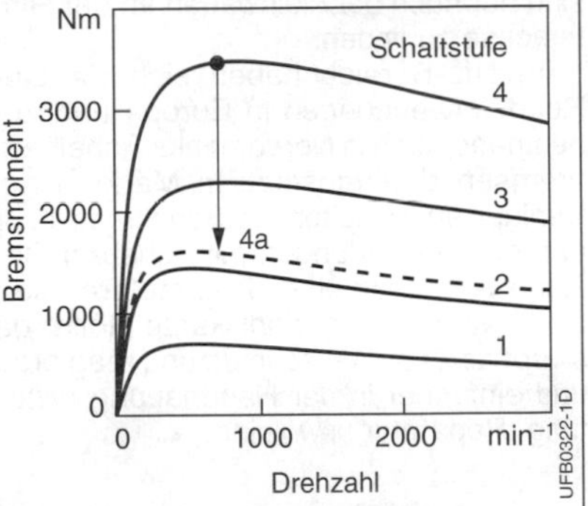

Bild 25: Einfluss von Übersetzung und Rotortemperatur auf die Leistung von elektrodynamischen Retardern.
17-t-Nfz, beladen.

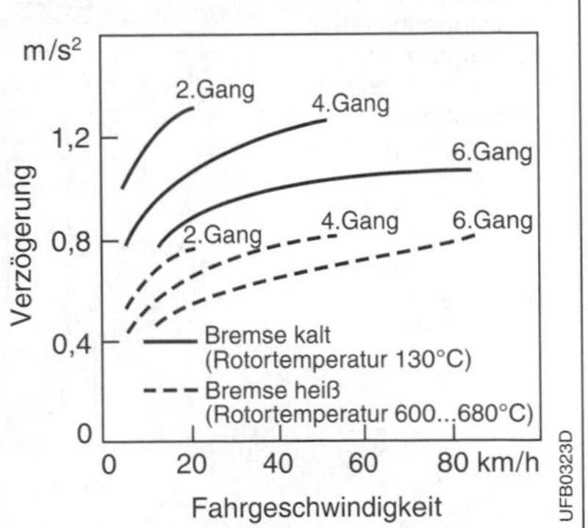

Radbremsen

Radbremsen sind Reibungsbremsen, sie setzen während des Bremsvorgangs kinetische Energie in Wärmeenergie um. Als Radbremsen finden Scheiben- und Trommelbremsen Anwendung. Bei Pkw wird hydraulischer Druck, bei schweren Nutzfahrzeugen pneumatischer Druck und Federkraft (Federspeicherbremse) in eine Spannkraft zum Anpressen der Bremsbeläge an die Bremsscheiben oder Bremstrommeln umgewandelt.

Im Pkw-Bereich können die thermischen Anforderungen an die Radbremsen aufgrund von immer höheren Fahrzeuggewichten und höheren erreichbaren Fahrgeschwindigkeiten nur von Scheibenbremsen erfüllt werden. Trommelbremsen sind nur noch bei Kleinwagen an der Hinterachse zu finden.

Im Nfz-Bereich haben sich für On-Road-Anwendungen in Europa und zunehmend auch in Nordamerika Scheibenbremsen durchgesetzt. In Märkten mit weniger entwickelter Straßeninfrastruktur und bei Anwendungen mit höherem Off-Road-Anteil spielen Trommelbremsen nach wie vor eine signifikante Rolle, da sie robuster auf Verschmutzung reagieren und einfacher in der Handhabung (Wartung, Reparatur usw.) sind.

Scheibenbremsen für Pkw

Funktionsprinzip

Scheibenbremsen erzeugen die Bremskräfte an der Oberfläche einer mit dem Rad umlaufenden Bremsscheibe (Bild 2). Der U-förmige Bremssattel mit den Bremsbelägen ist an nicht rotierenden Fahrzeugteilen (Radträger) befestigt. Durchgesetzt hat sich die Faustsattelbauart mit oder ohne Feststellmechanik.

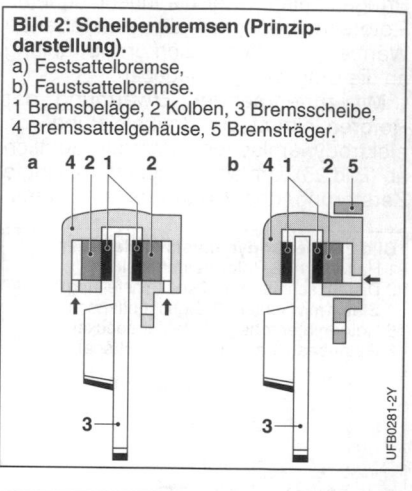

Bild 2: Scheibenbremsen (Prinzipdarstellung).
a) Festsattelbremse,
b) Faustsattelbremse.
1 Bremsbeläge, 2 Kolben, 3 Bremsscheibe, 4 Bremssattelgehäuse, 5 Bremsträger.

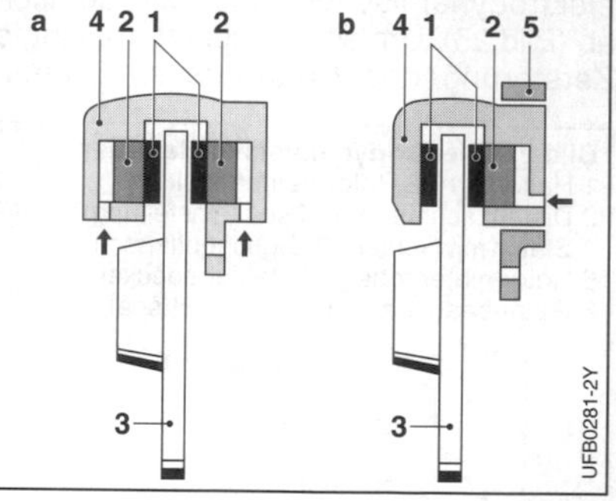

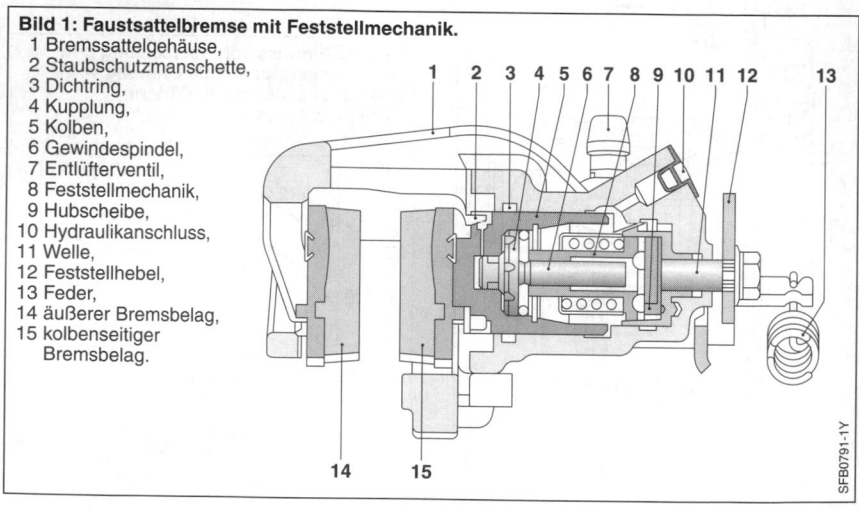

Bild 1: Faustsattelbremse mit Feststellmechanik.
1 Bremssattelgehäuse,
2 Staubschutzmanschette,
3 Dichtring,
4 Kupplung,
5 Kolben,
6 Gewindespindel,
7 Entlüfterventil,
8 Feststellmechanik,
9 Hubscheibe,
10 Hydraulikanschluss,
11 Welle,
12 Feststellhebel,
13 Feder,
14 äußerer Bremsbelag,
15 kolbenseitiger Bremsbelag.

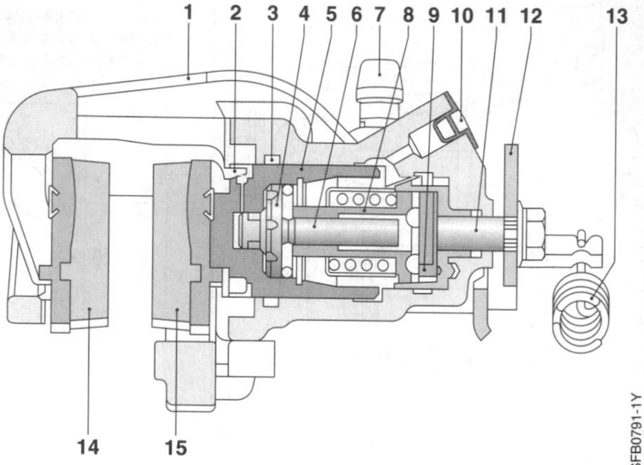

Prinzip der Festsattelbremse
Bei der Festsattelbremse sind beide Gehäuseteile (Flansch- und Deckelteil) durch den Gehäuseverbindungsbolzen miteinander verbunden. In jeder Gehäusehälfte befinden sich ein Kolben zum Andrücken des Bremsbelags gegen die Bremsscheibe (Bild 2a). Kanalbohrungen in den Gehäusehälften verbinden die beiden Kolben hydraulisch.

Prinzip der Faustsattelbremse
Bei der Faustsattelbremse, einer Weiterentwicklung der Schwimmrahmenbremse, presst ein Kolben den kolbenseitigen (inneren) Bremsbelag gegen die Bremsscheibe (Bild 2b). Die hierbei erzeugte Reaktionskraft verschiebt das Bremssattelgehäuse und presst damit indirekt den äußeren Bremsbelag gegen die Bremsscheibe. Bei diesem Bremssattel sitzt der Kolben also nur auf der inneren Seite.

Faustsattelbremse für Pkw
Der Bremssattel ist axial im Bremsträger verschiebbar (schwimmend) angeordnet und wird über zwei abgedichtete Führungsbolzen im Bremsträger geführt (Bild 1).

Bremsen mit der Betriebsbremse
Über den Hydraulikanschluss gelangt der vom Hauptbremszylinder erzeugte hydraulische Druck in den Zylinderraum hinter dem Kolben. Der Kolben wird nach vorne verschoben und der kolbenseitige Bremsbelag an die Bremsscheibe angelegt. Durch die entstehende Reaktionskraft wird das in einer Bolzenführung gelagerte Bremssattelgehäuse entgegen der Kolbenbewegungsrichtung verschoben. Dadurch wird auch der äußere Bremsbelag an die Bremsscheibe angelegt. Der bis dorthin zurückgelegte Weg der Bremsbeläge und des Kolbens wird als Lüftspiel bezeichnet. Eine weitere Druckerhöhung bewirkt eine Vergrößerung der Anpresskraft der Bremsbeläge.

Lösen der Betriebsbremse
Beim Durchfahren des Lüftspiels durch den Kolben wird der in Ruhelage rechteckige Dichtring in sich verformt. Der verformte Dichtring zieht den Kolben nach Absinken des hydraulischen Drucks um das Lüftspiel zurück (Roll-back-Effekt).

Bremsen mit der integrierten Feststellbremse
Beim Betätigen der integrierten Feststellbremse wird die Kraft über den Handbremsseilzug auf den Feststellhebel übertragen. Hierdurch wird dieser verdreht und die Drehbewegung über die Welle auf die Hubscheibe übertragen. Durch das Auflaufen der Kugeln auf die Rampen der Hubscheibe wird der Kolben über die Druckhülse in der Feststellmechanik verschoben; die darin verschraubte Gewindespindel wird in Richtung Bremsbelag verschoben. Nach Überwinden des Lüftspiels wird zunächst der kolbenseitige, danach der äußere Bremsbelag gegen die Bremsscheibe gepresst.

Lösen der Feststellbremse
Nach dem Lösen des Handbremshebels drehen sich der Feststellhebel, die Welle und die Hubscheibe in ihre Ruhelagen zurück. Die Druckhülse, die Gewindespindel und der Kolben werden durch die Feder in der Feststellmechanik in die Ausgangsposition zurück gedrückt. Das endgültige Lüftspiel wird durch das Zurückformen des Dichtrings erreicht.

Automatische Nachstellung
Bedingt durch Verschleiß der Bremsbeläge und Bremsscheiben vergrößert sich das Lüftspiel und muss ausgeglichen werden. Dieser automatische Lüftspielausgleich erfolgt beim Bremsvorgang. Der Innendurchmesser des rechteckigen Kolbendichtrings ist etwas kleiner als der Kolbendurchmesser. Dadurch umschließt der Dichtring den Kolben mit einer Vorspannung. Beim Bremsvorgang bewegt sich der Kolben zur Bremsscheibe hin und spannt dabei den Dichtring, der infolge seiner Haftreibung erst dann auf dem Kolben rutschen kann, wenn der Kolbenweg zwischen Bremsbelag und Bremsscheibe durch Abrieb an den Bremsbelägen größer geworden ist als das vorgesehene Lüftspiel. Beim Lösen der Bremse wird der Kolben nur um das vorgesehene Lüftspiel zurückgezogen. Somit ist ein stufen-

loses Nachstellen auf ein konstantes Lüftspiel möglich.

Der Lüftspielausgleich der Feststellmechanik erfolgt ebenfalls beim Betätigen der Betriebsbremse.

Das Lüftspiel eines Bremssattels beträgt ca. 0,15 mm und liegt damit im Bereich des maximal zulässigen statischen Scheibenschlags (axiale Bewegung pro Umdrehung der Bremsscheibe aufgrund von Fertigungstoleranzen oder Lagerspielen).

Bremsscheiben

Die beim Bremsen in Wärme umgewandelte Energie wird überwiegend von der Bremsscheibe aufgenommen und dann an die Umgebungsluft abgegeben. Prinzipiell unterscheidet man zwischen Vollscheiben und belüfteten Bremsscheiben (Bild 3).

Die belüfteten Bremsscheiben lassen sich in innen- und außenbelüftetete Bremsscheiben unterscheiden. Aufgrund der höheren thermischen Belastung werden an der Vorderachse belüftete Bremsscheiben eingesetzt, bei hochmotorisierten oder schweren Fahrzeugen auch an der Hinterachse. Mit gelochten oder genuteten Reibringen ergibt sich eine bessere Kühlwirkung und auch eine Verbesserung des Nassansprechverhaltens. Zur weiteren Verbesserung der Wärmeabfuhr kommen belüftete Bremsscheiben mit radialen Kühlöffnungen zum Einsatz (Bild 3).

Bremsscheiben werden üblicherweise aus Grauguss gefertigt. Ein höherer Kohlenstoffanteil verbessert die Wärmeaufnahmefähigkeit und das Geräuschdämpfungsverhalten. Legierungen mit beispielsweise Chrom oder Molybdän erhöhen darüber hinaus die Verschleißfestigkeit. Für Sportwagen und Oberklassefahrzeuge kommen auch thermisch höher belastbare Bremsscheiben aus mit Kohlefaser verstärkter siliziumkarbidhaltiger Keramik zur Anwendung.

An Bremsscheiben werden aufgrund der Einbaulage direkt am Rad und der langen Laufleistung besonders hohe Anforderungen bezüglich Korrosion gestellt. Um die Korrosionsbeständigkeit zu verbessern, werden Bremsscheiben partiell oder komplett beschichtet. Zur Anwendung kommen hochtemperaturfeste Lacke oder beispielsweise zinkhaltige Beschichtungen.

In den letzten Jahren werden in Oberklassefahrzeugen auch gebaute Bremsscheiben eingesetzt. Bei diesen Bremsscheiben liegt eine Trennung zwischen dem Reibring und dem Topfbereich vor. Der Topfbereich wird dabei meist in einem anderen Material (Aluminiun oder Stahlblech) ausgeführt, um Gewichtseinsparungen zu erreichen. Darüber hinaus bieten diese Bremsscheiben Vorteile beim Schirmungsverhalten (Verformung des Reibrings unter Temperatureinwirkung). Man unterscheidet geschraubte, eingegossene, vernietete und kombinierte form- und kraftschlüssige Verbindungen.

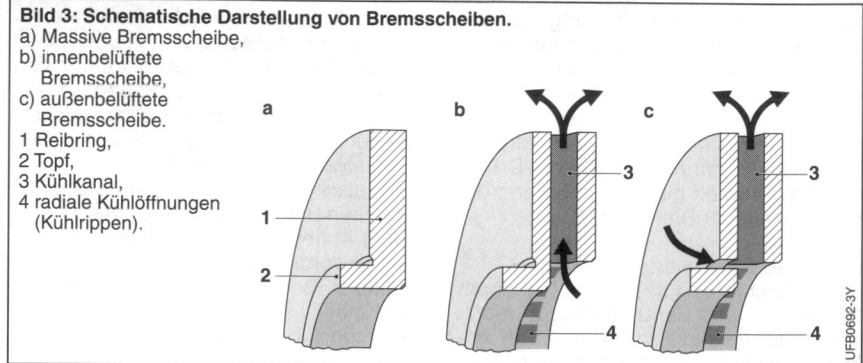

Bild 3: Schematische Darstellung von Bremsscheiben.
a) Massive Bremsscheibe,
b) innenbelüftete Bremsscheibe,
c) außenbelüftete Bremsscheibe.
1 Reibring,
2 Topf,
3 Kühlkanal,
4 radiale Kühlöffnungen (Kühlrippen).

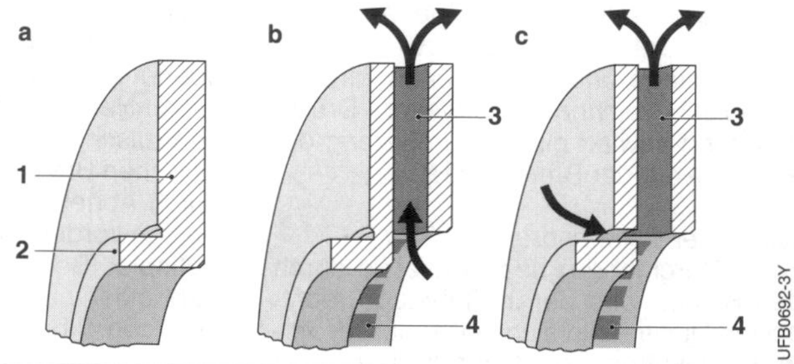

Bremsbeläge für Scheibenbremsen

Funktion und Anforderungen

Die verzögernde Kraft beim Bremsvorgang wird durch Gleitreibung zwischen Bremsbelag und Bremsscheibe erzeugt. Mit dem Reibwert wird das Verhältnis bezeichnet, das zwischen der vom Bremssattel erzeugten Zuspannkraft und der daraus resultierenden verzögernden Reibkraft zwischen Belag und Scheibe besteht. Es liegt bei Pkw in einem Bereich zwischen etwa 0,3 und 0,5 und wird in die Fahrwerksauslegung einbezogen.

Als Teil eines Sicherheitssystems muss diese Funktion absolut zuverlässig erfüllt werden und für den Fahrzeugführer möglichst transparent in einer vorhersehbaren Weise erfolgen. Vorrausetzung dafür ist daher, dass der Reibwert des Bremsbelags gegen die verwendete Bremsscheibe möglichst unter allen in weiten Bereichen variierenden, auch extremen Betriebsbedingungen immer möglichst gleich ist. Außerdem muss der Verschleiß der Bremsbeläge und der Bremsscheibe angemessen niedrig sein. Auch die mit dem Verschleiß einhergehenden Staubemissionen sollten möglichst niedrig gehalten werden und deren Zusammensetzung die Umwelt möglichst wenig belasten. Zudem sollten Bremssysteme möglichst geräuscharm arbeiten.

Die optimale Abstimmung des Bremssystems auf das Fahrzeug wird ganz wesentlich über die Eigenschaften des Bremsbelags erzielt, dessen Aufbau und Herstellungsverfahren in dem System unter allen Komponenten die weitreichendsten Möglichkeiten eröffnet.

Aufbau

Der Bremsbelag (Bild 4) besteht aus mehreren Teilen, deren Eigenschaften alle sorgfältig für die komplexen Funktionsanforderungen aufeinander abgestimmt sein müssen. Eine meist aus Stahl hergestellte Rückenplatte (Träger) dient der Abstützung der vom Reibbelag ausgeübten Bremskraft gegen den Bremssattel sowie umgekehrt der Transformation der Kolbenkraft möglichst gleichmäßig auf die Belagreibfläche. Die Rückenplatte muss dazu an den Führungsflächen genaue Maßtoleranzen einhalten, um Bremsgeräusche oder eine unzuverlässige Funktion zu vermeiden. Zusätzlich muss das Material eine ausreichende Festigkeit aufweisen, um bei starken Bremsungen keine plastischen Verformungen an den Anlageflächen oder Zughaken zuzulassen. Bei manchen Konstruktionen unterstützt die Rückenplatte noch die Festigkeit des Bremssattels.

Auf der Rückseite des zum Korrosionsschutz lackierten Bremsbelags werden meist Geräuschdämpfungsbleche oder -folien aufgeklebt, vernietet oder auch nur mit Laschen aufgesetzt. Sie sind meist unerlässlich für die Vermeidung von Geräuschemissionen. Hier muss sichergestellt werden, dass die Bleche über die Laufzeit nicht nennenswert verschoben werden können. Sonst kann es unter ungünstigen Umständen zu unerwünschtem Kontakt zwischen Dämpfungsblech und Bremsen- oder Radkomponenten kommen. Zur Einpassung in die Bremse können noch Klammern zur Positionierung und Fixierung im Kolben und Sattel erforderlich sein.

Herstellung

Auf die Innenseite der Trägers wird als preiswerteste Lösung nach einer Reinigung von Oxidschichten und Ölresten eine Schicht eines thermisch und chemisch sehr stabilen Klebers aufgebracht. Im Rennsportbereich sowie bei manchen schweren und leistungsstarken Premiumfahrzeugen kommen auch Bindungsvarianten zum Einsatz, die einen Formschluss zwischen Belag und Träger

Bild 4: Aufbau eines Bremsbelags für Scheibenbremsen
1 Rückenplatte,
2 Klebeschicht,
3 Zwischenschicht,
4 Reibbelag,
5 Geräuschdämpfungsblech.

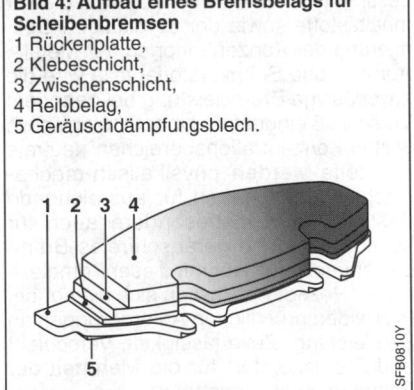

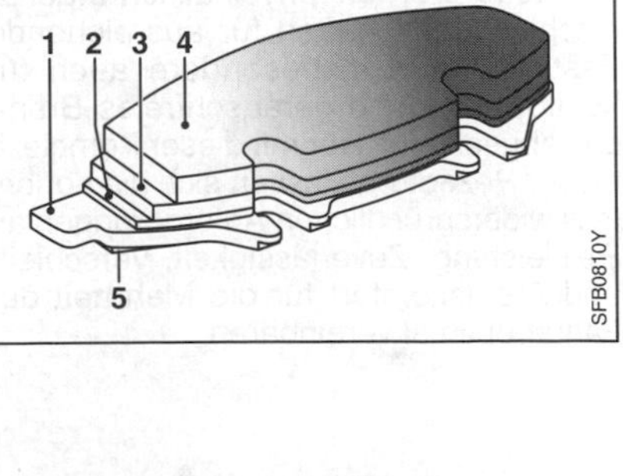

herstellen und so vor allem thermisch wesentlich belastbarer, aber auch erheblich teurer sind als eine Kleberbindung.

Schließlich wird der Reibbelag aufgebracht. Der Reibbelag wird meist aus einer pulvrigen oder granulierten Formmasse in einer geheizten Presse auf die Rückenplatte gepresst. Bei Temperaturen zwischen 130 °C und etwa 170 °C verbindet sich dabei die Bindemittelkomponente der Reibbelagmixtur fest mit dem Kleber der Rückenplatte zu einem Bauteil. Dabei werden auch alle anderen Inhaltsstoffe fest in die üblicherweise aus chemisch und thermisch hochbelastbarem Phenolharz bestehende Bindemittelmatrix eingebunden. Dieser sogenannte Heißpressprozess mit Trockenmischungen hat sich im Massenmarkt als beste Kombination aus Zuverlässigkeit, Einstellungsspielraum physikalischer Eigenschaften, Produktvarianz und Kosten etabliert.

Zusammensetzung der Bremsbeläge

Die Rezeptur der Formmasse eines typischen europäischen Bremsbelags besteht aus bis zu mehr als zwanzig verschiedenen Inhaltsstoffen. Man kann sie in die Gruppen Bindemittel, Metalle, Graphite und Kokse, Füllstoffe, organische Fasern, Abrasivstoffe und Schmierstoffe gruppieren. Tabelle 1 gibt beispielhaft einen Teil aller üblicherweise in Bremsbelägen eingesetzten Rohstoffe wieder. Neben ihrer Konzentration in der Rezeptur wird ihre Wirkung im Bremsbelag auch durch ihre individuelle Zusammensetzung, Mikrostruktur und Partikelgröße bestimmt. Nur mittels der Auswahl idealer Inhaltsstoffe sowie der sorgfältigen Optimierung der Konzentrationen der Metall-, Abrasiv- und Schmierstoffanteile wird die zuverlässige Bremsleistung bei geringem Verschleiß eingestellt. Über tribologisch in weiten Konzentrationsbereichen neutrale Füllstoffe werden physikalisch-mechanische Eigenschaften für ausreichende Festigkeit und insbesondere auch für komfortables und geräuschfreies Bremsen abgestimmt. Nur mit dieser Komplexität der Rezepturen lassen sich die hohen, teils widersprüchlichen Anforderungen an Reibleistung, Zuverlässigkeit, Verschleiß und Bremskomfort für die Mehrheit der Fahrer optimal vereinbaren.

Zwischen dem Reibbelag und dem Kleber können mittels einer etwa 2...3 mm dicken, dem Reibbelag mechanisch und chemisch ähnelnden Zwischenschicht z.B. die Belaganbindung verbessert oder Bremsgeräusche gedämpft werden.

Ein Bremsbelag muss schließlich noch länderspezifisch eindeutig gekennzeichnet werden, z.B. um die behördliche Zulassung zur Verwendung im öffentlichen Verkehr anzuzeigen. Meistens werden die Kennzeichnungen auf der Rückseite der Bremsbeläge aufgedruckt oder gestempelt.

Besondere regionale Anforderungen

Anders als in Europa – insbesondere anders als in Deutschland – kann man in vielen Regionen weltweit mit einem Kfz nicht sehr schnell fahren, da selbst auf Schnellstraßen und Autobahnen Höchstgeschwindigkeiten gelten. Daraus resultierende niedrigere Reibwertanforderungen, aber höhere Ansprüche an Verschleiß und Staubentwicklung, führten z.B. in Asien und in den USA zur Entwicklung anderer Reibwerkstoffe als in Europa. Aus Japan stammen die sogenannten NAO-Materialien (Non Asbestos Organics), die sich durch sehr geringen

Tabelle 1: Rohstoffgruppen mit typischen Konzentrationsbereichen von Bremsbelagrezepturen zur Verwendung in Europa.

Rohstoffgruppe	Rohstoff	Prozent Volumenanteil
Metalle	Stahlwolle Aluminiumwolle Kupferwolle Zinkpulver	10...15
Bindemittel	Phenolharz Kautschuk	15...20
Füllstoffe	Silikate, z.B. Glimmermehl Talkum Kreide	20...50
Abrasivstoffe	Aluminiumoxid Siliziumkarbid	2...5
Schmierstoffe	Molybdänsulfid Zinnsulfid	2...10
Organische Fasern	Aramidfaser Zellulosefaser	2...5
Graphit und Koks	Graphit und Koks	10...25

Bremsscheibenangriff und damit auch durch eine geringe Staubentwicklung auszeichnen. Mit solchen Rezepturen lassen sich allerdings zur Zeit noch nicht so hohe Reibwerte erzielen, wie mit den in Europa üblichen Rezepturen. Im Gegensatz zu europäischen Rezepturen enthalten sie typischerweise keine Stahlwolle oder Eisenpulver. Sie werden daher auch als Non-Steel-Beläge oder auch werbewirksam als Ceramics bezeichnet. Demgegenüber nennt man die in Europa üblichen Materialien Low-Steel- oder Low-Met-Beläge. Die Kombination der guten Reibleistung europäischer Rezepturen mit dem geringen Staubaufkommen der NAO-Rezepturen stellt einen aktuellen Zielkonflikt für die Reibwerkstoffentwicklung dar.

Semi-Met-Beläge bestehen etwa zur Hälfte Ihres Gewichts aus Eisenmaterialien. Sie stellen einen guten Kostenkompromiss bei Schwächen im Hochlast- beziehungsweise im Hochtemperaturbereich dar.

Scheibenbremsen für Nfz

Für Nutzfahrzeuge wurden spezielle Scheibenbremsen entwickelt. Diese Scheibenbremsen werden mit Druckluft betätigt. Da hier der Druck im Vergleich zur hydraulischen Bremse wesentlich kleiner ist, können die Bremszylinder nicht in den Bremssattel integriert werden. Sie müssen angeflanscht werden (Bild 5).

Funktionsprinzip

Wirkungsweise der Betriebsbremse
Bei Belüften des Betriebsbremszylinders wird der exzentrisch gelagerte Bremshebel betätigt. Die Bremszylinderkraft wird durch die Hebelübersetzung verstärkt und über die Brücke und die Stempel auf den inneren Bremsbelag übertragen. Die am Bremssattel entstehende Reaktionskraft wird durch Verschiebung des Bremssattels auf den äußeren Bremsbelag übertragen.

Wirkungsweise der Feststellbremse
Beim Entlüften des Federspeicherzylinders wird die Kraft der Vorspannfeder freigegeben. Diese bewegt über den Federspeicherkolben den Kolben und den Stößel des Betriebsbremszylinders zur Betätigung der Bremse. Im Fall der Feststellbremse wird der Druck im Federspeicher vollständig abgebaut und

Bild 5: Scheibenbremse mit Kombibremszylinder.
1 Bremssattel, 2a innerer Bremsbelag, 2b äußerer Bremsbelag, 3 Bremsscheibe, 4 Stempel, 5 Brücke, 6 exzentrisch gelagerter Bremshebel, 7 Betriebsbremszylinder, 8 Federspeicherzylinder.

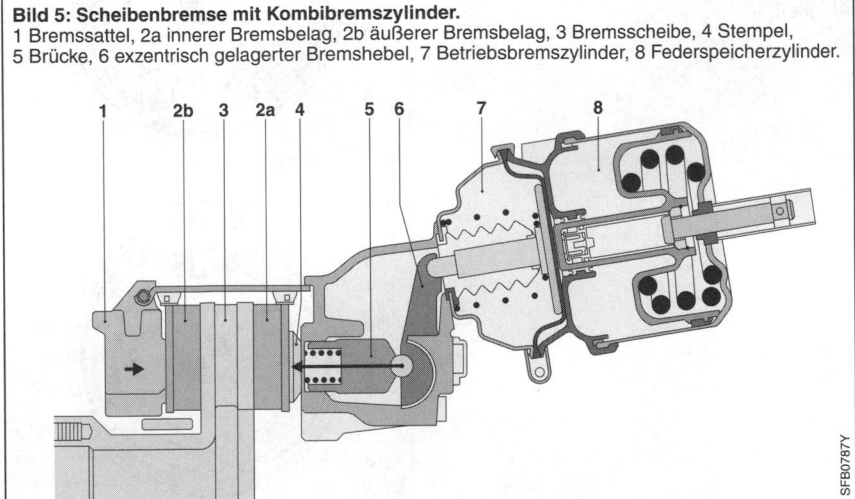

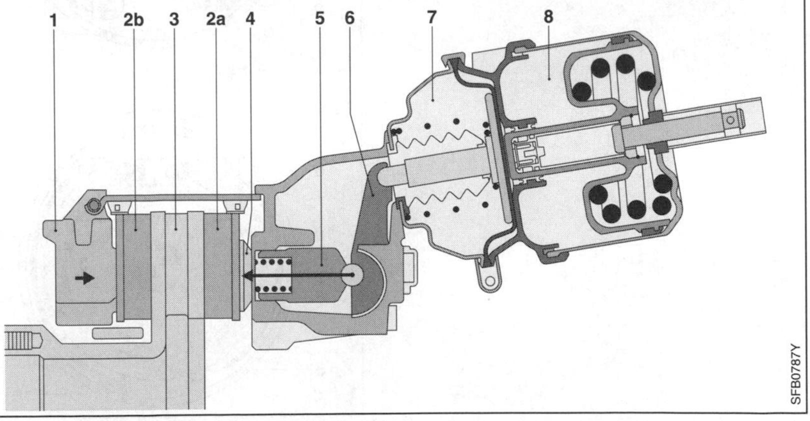

damit die Kraft der Vorspannfeder zur Erzielung einer maximalen Bremswirkung freigegeben.

Automatische Nachstellung
Pneumatisch oder mechanisch durch den Federspeicher betätigte Scheibenbremsen sind mit einem automatisch wirkenden Lüftspielausgleich ausgerüstet.

Verschleißüberwachung
Weiterhin kann eine kontinuierlich wirkende Verschleißüberwachung vorhanden sein. Diese ist bei elektronischen Bremssystemen für die Verschleißanpassung und für Wartungsinformationssysteme erforderlich.

Bremsscheiben
Massive Bremsscheiben werden im Nfz-Bereich weniger häufig eingesetzt, weil sie die Wärme nur langsam abgeben können. Innenbelüftete Bremsscheiben haben eine größere Oberfläche, über die der Wärmeaustausch erfolgen kann. Bei dieser Ausführung sind zwei Reibringe über Stege verbunden. Durch die Rotation der Bremsscheibe entsteht in deren Innern eine Ventilationswirkung radial nach außen.

Bremsscheiben für Nfz werden üblicherweise aus Grauguss gefertigt. Der bis zur Sättigungsgrenze erhöhte Kohlenstoffanteil sorgt für eine gute Wärmeleitfähigkeit.

Trommelbremsen

Trommelbremsen sind Radialbremsen mit zwei Bremsbacken. Sie erzeugen die Bremskräfte an der inneren Reibfläche einer Bremstrommel.

Trommelbremsen-Bauarten
Bei Trommelbremsen unterscheidet man nach der Art der Bremsbackenführung zwei unterschiedliche Bauarten:
- Bremsbacken mit festem Drehpunkt (Bilder 6a und 6b),
- Bremsbacken als Gleitbacken (Bild 7).

Bild 6: Prinzip der Simplexbremse.
a) Bremsbacke mit zwei Einfachdrehpunkten,
b) Bremsbacke mit einem Doppeldrehpunkt.
1 Drehrichtung der Bremstrommel bei Vorwärtsfahrt,
2 Selbstverstärkung, 3 Selbsthemmung,
4 Drehmoment,
5 doppelt wirkender Radbremszylinder,
6 auflaufende Bremsbacke (Primärbacke),
7 ablaufende Bremsbacke (Sekundärbacke),
8 Abstützpunkt (Drehpunkt),
9 Bremstrommel, 10 Bremsbelag.

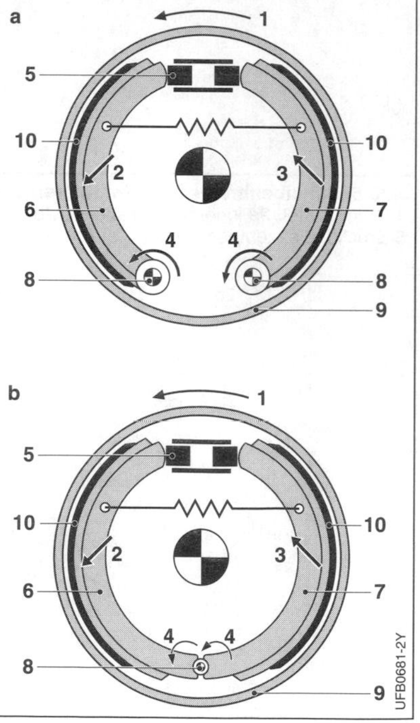

An der in Drehrichtung der Bremstrommel liegenden Bremsbacke (Primärbacke, auflaufende Bremsbacke, Bild 6) entsteht beim Bremsvorgang durch die Reibungskraft ein Drehmoment um den Abstützpunkt der Bremsbacke, das die Bremsbacke zusätzlich zur Spannkraft an die Reibfläche presst. Hierdurch entsteht eine Selbstverstärkung. Bei der Simplexbremse entsteht um den Abstützpunkt der ablaufenden Bremsbacke (Sekundärbacke) ein Drehmoment, das die eingesteuerte Spannkraft abschwächt. Hier liegt also eine Selbsthemmung vor.

Gleitbackenführungen kommen bei Simplex-, Duplex-, Duo-Duplex-, Servo- und Duo-Servobremsen zur Anwendung. Bei Bremsbacken mit festem Drehpunkt ist ungleichmäßiger Verschleiß möglich, da sich diese Bremsbacken nicht wie Gleitbacken selbst zentrieren können.

Prinzip der Simplexbremse
Ein doppelt wirkender Radbremszylinder betätigt die Bremsbacken (Bilder 6a und 6b). Die Abstützpunkte der Bremsbacken sind Drehpunkte (zwei Einfachdrehpunkte beziehungsweise ein Doppeldrehpunkt). Bei Vorwärtsfahrt wirkt Selbstverstärkung an der auflaufenden und Selbsthemmung an der ablaufenden Bremsbacke, bei Rückwärtsfahrt verhält es sich analog.

Bild 7: Prinzip der Duplexbremse.
1 Drehrichtung der Bremstrommel bei Vorwärtsfahrt,
2 Selbstverstärkung, 3 Drehmoment,
4 Radbremszylinder, 5 Abstützpunkte,
6 Bremsbacken, 7 Bremstrommel,
8 Bremsbelag.

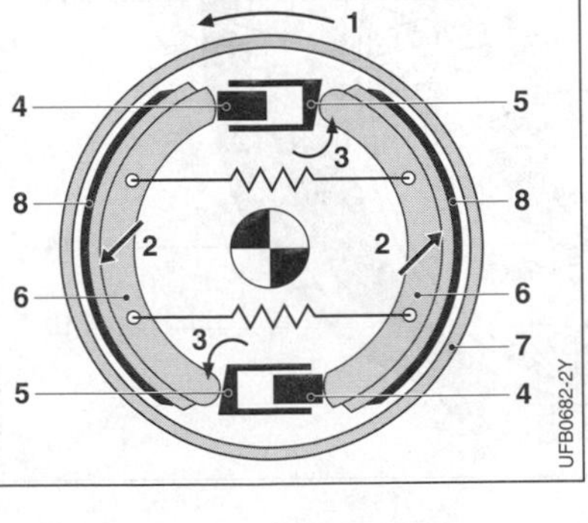

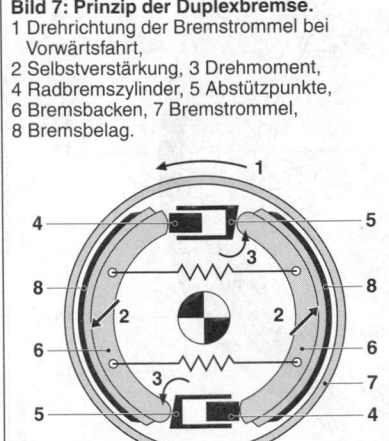

Prinzip der Duplexbremse
Jede Bremsbacke wird durch einen einfach wirkenden Radbremszylinder betätigt (Bild 7). Die als Gleitbacken ausgeführten Bremsbacken stützen sich an der Rückseite des gegenüberliegenden Radbremszylinders ab. Die Duplexbremse ist einfach wirkend, d.h., sie hat bei Vorwärtsfahrt zwei auflaufende selbstverstärkende Bremsbacken. Bei Rückwärtsfahrt tritt keine Selbstverstärkung auf.

Simplex-Trommelbremse

Funktionsprinzip Pkw-Bremse
Das Prinzip der Trommelbremse wird am Beispiel einer hydraulisch betätigten Simplex-Trommelbremse mit integrierter Feststellbremse und automatischer Nachstelleinrichtung erläutert (Bild 8). Andere Bauarten von Trommelbremsen (z.B. Duplex-Bremse, Duo-Duplexbremse) werden heute nur noch selten eingesetzt.

In Fahrstellung ziehen Zugfedern die beiden Bremsbacken von der Bremstrommel weg, sodass zwischen der Trommelreibfläche und den Bremsbelägen ein Lüftspiel entsteht. Ein bei Simplexbremsen beidseitig wirkender hydraulischer Radbremszylinder erzeugt beim Bremsvorgang durch Umwandlung des hydraulischen Drucks in eine mechanische Kraft die Spannkraft für die Bremsbacken. Dabei drücken die auflaufende und die ablaufende Bremsbacke mit den Bremsbelägen gegen die Bremstrommel. Die Bremsbacken stützen sich auf der dem Radbremszylinder gegenüberliegenden Seite an einem Stützlager, das am Bremsträger befestigt ist, ab.

Die auflaufende Bremsbacke (Primärbacke) erzeugt einen höheren Anteil am Bremsmoment als die ablaufende Bremsbacke (Sekundärbacke). Der Verschleiß ist deshalb am Primärbelag höher. Zum Ausgleich wird dieser Belag dicker oder länger ausgeführt.

Funktionsprinzip Simplexbremse mit S-Nocken für Nfz

Bei Nutzfahrzeugen mit Druckluftbremsanlagen wird die Spannkraft häufig über einen drehbar angeordneten S-Nocken erzeugt. Die S-Nockendrehung wird durch den Bremszylinder, den Bremshebel (Gestängesteller) und die Bremswelle herbeigeführt (Bild 9).

Funktionsprinzip der Spreizkeilbremse

Auch Spreizkeilbremsen finden im Nutzfahrzeugbereich Anwendung. Hier wird durch einen vom Bremszylinder betätigten Spreizkeil die Spannkraft für die Bremsbacken erzeugt (Bild 10).

Beim Bremsvorgang wird der Membranbremszylinder mit Druckluft beaufschlagt. Hierdurch wird der Spreizkeil nach rechts verschoben. Der Spreizkeil schiebt sich zwischen die Druckrollen. Diese rollen sich auf dem Spreizkeil und den Druckstücken ab. Die hierdurch entstehende Spannkraft wird über die Druckstücke auf die Bremsbacken übertragen. Das durch den Bremsbelagverschleiß entstehende zu große Lüftspiel wird über die Nachstellmechanik ausgeglichen.

Automatische Nachstellvorrichtungen

Um die durch Belagverschleiß bedingte Lüftspielvergrößerung auszugleichen, müssen Radbremsen mit einer Einstellvorrichtung ausgerüstet sein. Die Bremsen müssen leicht nachstellbar sein oder eine selbsttätige Nachstelleinrichtung haben (§ 41 Abs. 1 StVZO [1], ECE R13-H [2]).

Bild 8: Simplex-Trommelbremse mit integrierter Feststellbremse.
1 Radbremszylinder, 2 Bremsbelag, 3 Zugfeder (für Bremsbacken), 4 Zugfeder (für Nachstellvorrichtung), 5 ablaufende Bremsbacke, 6 Bremstrommel, 7 Feststellhebel, 8 Bremsseil, 9 Trommeldrehrichtung, 10 Thermoelement (Nachstellvorrichtung), 11 Nachstellritzel (mit Winkelhebel), 12 auflaufende Bremsbacke, 13 Bremsträger, 14 Zugfeder (für Bremsbacken), 15 Bremsbackenlager.

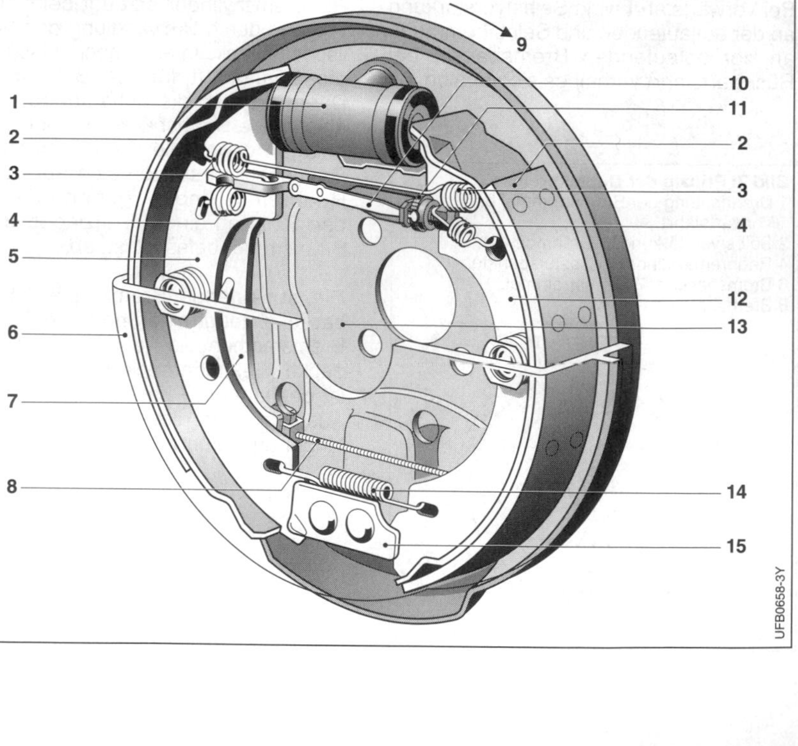

Bei Simplex-Trommelbremsen für Pkw ist die Nachstelleinrichtung Teil der Druckstange oder Druckhülse, die sich unter Federvorspannung zwischen den Bremsbacken befindet. Bei Überschreiten des zulässigen Lüftspiels wird durch die Nachstellvorrichtung automatisch, je nach Bauart unterschiedlich, die Druckstange oder Druckhülse verlängert und so das Lüftspiel zwischen Bremsbacken und Bremstrommel eingestellt. Automatische Nachstellvorrichtungen arbeiten meist in Verbindung mit einem Thermoelement temperaturabhängig, um ein Nachstellen bei heißer (gedehnter) Bremstrommel zu verhindern.

Bei Nutzfahrzeugen mit S-Nocken ist die Nachstellvorrichtung Teil des Bremshebels, die dafür eine manuelle Nachstellung aufweisen oder als automatische Gestängesteller ausgeführt sind.

Bei Spreizkeilbremsen ist eine automatisch wirkende Nachstellvorrichtung in der Spreizkeilmechanik integriert.

Bild 9: Simplex-Trommelbremse mit S-Nocken.
1 Membranzylinder,
2 S-Nocken,
3 Bremsbacken,
4 Rückholfeder,
5 Bremstrommel.

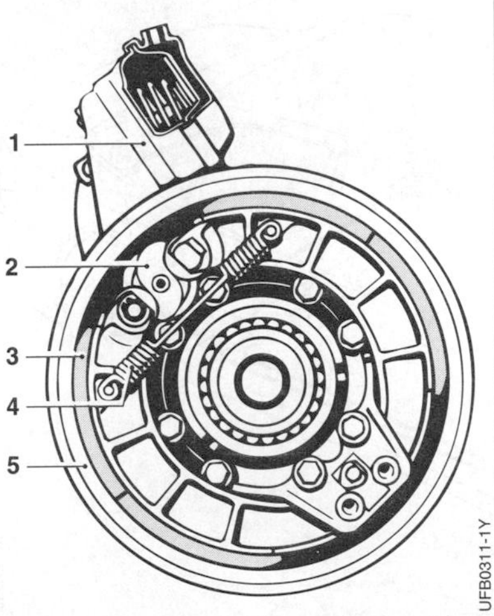

Feststellbremse

In der Trommelbremse ist eine Feststellbremse integriert. Das Bremsseil wird entweder über den Handbremshebel im Fahzeuginnenraum oder über einen Elektromotor mit Spindel betätigt. Der Handbremshebel ist oben in der ablaufenden Bremsbacke gelagert. Bei Betätigung der Feststellbremsanlage zieht der Seilzug den Handbremshebel unten nach rechts, dadurch drückt der Handbremshebel über eine Druckstange die Bremsbacken gegen die Bremstrommel.

Im Nutzfahrzeug wird die Trommelbremse durch Entlüften des Federspeicherbremszylinders als Feststellbremse betätigt.

Literatur

[1] §41 Straßenverkehrs-Zulassungsordnung. Bremsen und Unterlegkeile.
[2] ECE R13-H: Regelung Nr. 13-H der Wirtschaftskommission der Vereinten Nationen für Europa (UN/ECE) – Einheitliche Bedingungen für die Genehmigung von Personenkraftwagen hinsichtlich der Bremsen.
[3] B. Breuer, K. Bill (Hrsg.): Bremsenhandbuch: Grundlagen, Komponenten, Systeme, Fahrdynamik. 5. Aufl., Verlag Springer Vieweg, 2017.

Bild 10: Spreizkeilbremse.
1 Membranbremszylinder,
2 Druckstück,
3 Nachstellmechanik,
4 Druckrollen,
5 Spreizkeil.

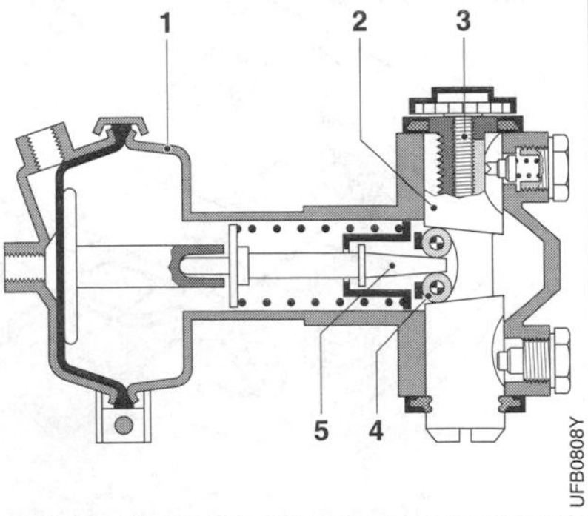

Radschlupfregelsysteme

Aufgabe und Anforderungen

Schlupf

Beim Anfahren oder Beschleunigen hängt – wie auch beim Bremsen – die Kraftübertragung vom Schlupf zwischen Reifen und Fahrbahn ab. Schlupf entsteht, wenn sich die Geschwindigkeit v_R, mit der sich der Radmittelpunkt in Längsrichtung bewegt (Fahrgeschwindigkeit), von der Geschwindigkeit v_U, mit der der Umfang abrollt, unterscheidet. Bremsschlupf λ_B und Antriebsschlupf λ_A berechnen sich zu

$$\lambda_B = \frac{v_U - v_R}{v_R}, \lambda_A = \frac{v_U - v_R}{v_U}.$$

Bei blockiertem Rad ist nach dieser Definition der Bremsschlupf $\lambda_B = -1$, bei stehendem Fahrzeug mit durchdrehenden Rädern ist der Antriebsschlupf $\lambda_A = 1$ (siehe Schlupf, Grundbegriffe der Fahrzeugtechnik).

Kraftschluss-Schlupfkurven

Damit der Reifen Kraft auf die Fahrbahn übertragen kann, muss er mit Schlupf abrollen. Ein Reifen ohne Schupf würde sich auf der Radaufstandsfläche nicht verformen und könnte somit weder eine Längskraft noch eine Seitenkraft übertragen. Diese übertragbaren Kräfte sind vom Schlupf abhängig. Die Kraftschluss-Schlupfkurven (Bild 2) zeigen diese Abhängigkeit auf. Sie verlaufen für Bremsen und Antreiben prinzipiell gleich.

Radschlupfregelsysteme stellen die optimale Kraftübertragung zwischen Reifen und Fahrbahn sicher, um das Fahrzeug richtungsstabil und für den Fahrer leichter beherrschbar zu halten. Dazu wird

Bild 2: Kraftschluss-Schlupfkurve.
Verlauf für trockene Fahrbahn, $\mu_{HF} \approx 0{,}8$.
1 Brems- oder Antriebskraft,
2 Seitenkraft.

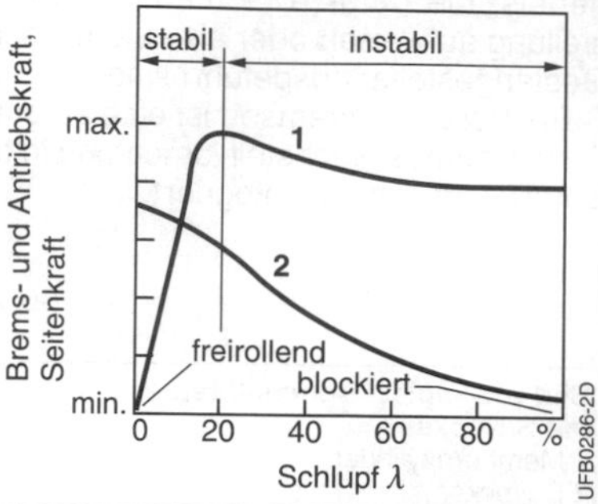

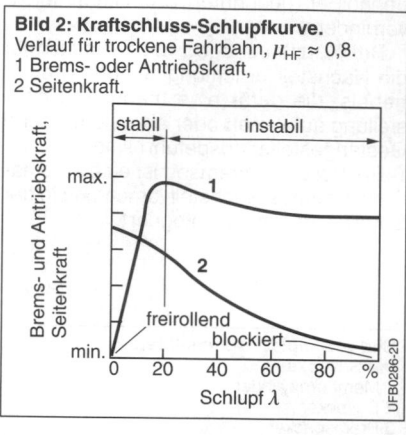

Bild 1: Systembild einer Bremsanlage mit Antiblockiersystem.
1 Radbremsen,
2 Raddrehzahlsensoren,
3 Motorsteuergerät,
4 Drosselklappe,
5 Bremskraftverstärker mit Hauptbremszylinder,
6 Hydraulikeinheit mit Anbausteuergerät.

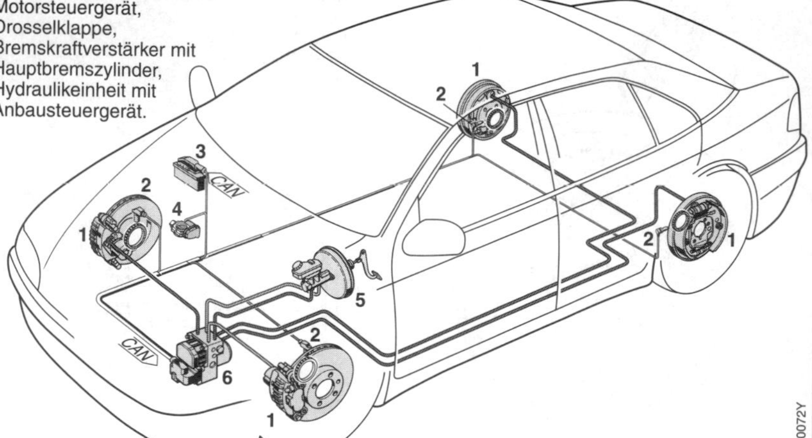

der Längsschlupf der einzelnen Räder – d.h. die Raddrehzahl bezogen auf die Geschwindigkeit des Radmittelpunkts in Längsrichtung – mittels Modulation des Brems- beziehungsweise des Antriebsmoments geregelt. Man unterscheidet grundsätzlich zwischen der Antiblockierfunktion (ABS, Antiblockiersystem) und der Antriebsschlupfregelung (ASR).

Die weitaus meisten Brems- und Beschleunigungsvorgänge laufen bei kleinen Schlupfwerten im stabilen Bereich der Kraftschluss-Schlupfkurven ab. Erhöht sich der Schlupf (Bremsschlupf beim Anbremsen beziehungsweise Antriebsschlupf beim Beschleunigen), erhöht sich dadurch zunächst auch der Kraftschluss. Mit zunehmendem Schlupf wird über das jeweilige Maximum der instabile Bereich der Kurven erreicht (Bild 2). Eine weitere Erhöhung des Schlupfs führt hier zu einer Verkleinerung des Kraftschlusses. Beim Bremsen blockiert dadurch das Rad in wenigen Zehntelsekunden; beim Beschleunigen erhöht sich die Drehzahl eines oder beider Antriebsräder durch das wachsende überschüssige Drehmoment sehr schnell.

Wirkung von ABS und ASR

Bei zunehmendem Bremsschlupf wird die ABS-Funktion aktiv und verhindert das Blockieren der Räder, bei zunehmendem Antriebsschlupf verhindert die ASR das Durchdrehen der Räder. Durch das ABS bleibt das Fahrzeug auch bei einer Vollbremsung auf glatter Fahrbahn richtungsstabil und lenkbar. Zusätzlich wird bei Nutzfahrzeugkombinationen das gefährliche Einknicken verhindert. Die ASR-Funktion optimiert beim Beschleunigen die Kraftübertragung der Antriebsräder und verbessert dadurch sowohl die Traktion als auch die Stabilität.

Bild 1 zeigt ein ABS-System mit seinen Komponenten für einen Pkw mit hydraulischer Bremsanlage. Nutzfahrzeuge (Nfz) haben im Unterschied zu Pkw pneumatische Fremdkraft-Bremsanlagen. Trotzdem gilt die Funktionsbeschreibung eines ABS- oder ASR-Regelvorgangs bei Pkw sinngemäß auch für Nfz.

Die Funktionen von ABS und ASR sind mittlerweile in die Fahrdynamikregelung integriert.

Regelsysteme

ABS-Regelung

Prinzipieller Regelvorgang

Der Raddrehzahlsensor sensiert den Bewegungszustand des Rades (Bild 3). Tritt an einem Rad eine Blockierneigung auf, so nehmen Radumfangsverzögerung und Radschlupf stark zu. Wenn sie bestimmte kritische Werte überschreiten, gibt der ABS-Regler Befehle an die Magnetventileinheit (Hydraulikeinheit), den Aufbau des Radbremsdrucks zu stoppen oder den Druck abzubauen, bis die Blockiergefahr beseitigt ist. Damit das Rad nicht unterbremst ist, muss der Bremsdruck dann erneut aufgebaut werden. Während der Bremsregelung muss wechselweise immer wieder die Stabilität und die Instabilität der Radbewegung erkannt werden und durch eine Folge von Druckaufbau-, Druckhalte- und Druckabbauphasen im Schlupfbereich mit maximaler Bremskraft geregelt werden.

Typischer Regelzyklus

Der in Bild 4 dargestellte Regelzyklus zeigt eine Bremsregelung bei großer Haftreibungszahl. Das Steuergerät ermittelt die Raddrehzahländerung (Verzögerung). Nach Unterschreiten der $(-a)$-Schwelle wird die Ventileinheit der Hydraulikeinheit

Bild 3: ABS-Regelkreis eines Pkw-Systems.
1 Bremspedal, 2 Bremskraftverstärker,
3 Hauptbremszylinder mit Ausgleichsbehälter,
4 Radbremszylinder, 5 Raddrehzahlsensor,
6 Kontrollleuchte.

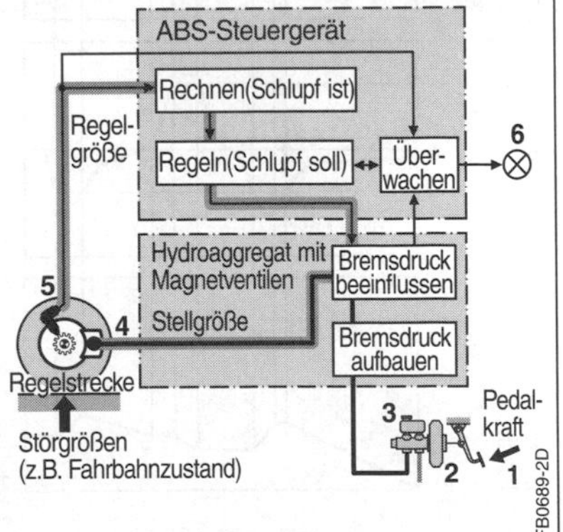

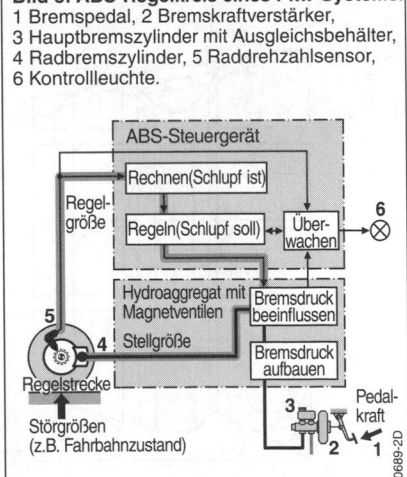

auf Druckhalten geschaltet. Unterschreitet dann die Radgeschwindigkeit zusätzlich die Schlupfschaltschwelle λ_1, so wird die Ventileinheit auf Druckabbau geschaltet, und zwar so lange, wie das $(-a)$-Signal ansteht. Während der nachfolgenden Druckhaltephase nimmt die Radumfangsbeschleunigung zu, bis die $(+a)$-Schwelle überschritten wird; der Bremsdruck wird daraufhin weiter konstant gehalten.

Nach Überschreiten der verhältnismäßig großen $(+A)$-Schwelle wird der Bremsdruck gesteigert, damit das Rad nicht mit zu großer Beschleunigung in den stabilen Bereich der Kraftschluss-Schlupfkurve läuft. Nach dem Abfallen des $(+a)$-Signals wird der Bremsdruck langsam gesteigert, bis mit dem erneuten Unterschreiten der $(-a)$-Schwelle der zweite Regelzyklus – diesmal mit einem sofortigen Druckabbau – eingeleitet wird.

Im ersten Regelzyklus war zur Filterung von Störungen zunächst eine kurze Druckhaltephase nötig. Bei großen Radträgheitsmomenten, kleiner Haftreibungszahl und langsamem Druckanstieg im Radbremszylinder (vorsichtiges Anbremsen, z.B. bei Glatteis) könnte das Rad ohne Ansprechen der Verzögerungsschaltschwelle blockieren. Daher wird hier der Radschlupf mit zur Bremsregelung herangezogen.

Bei Pkw-Typen mit Allradantrieb tritt bei eingelegter Differentialsperre und bei bestimmten Fahrbahnzuständen beim ABS-Betrieb eine Blockiergefahr auf, die sich durch Berücksichtigung der Referenzgeschwindigkeit beim Regelvorgang, durch Verkleinerung der Radverzögerungsschwellen und durch Verkleinerung des Motorschleppmoments vermeiden lässt.

Bild 4: ABS-Regelzyklus bei großen Haftreibungszahlen.
v_{Ref} Referenzgeschwindigkeit,
v_U Radumfangsgeschwindigkeit,
v_F Fahrzeuggeschwindigkeit,
a, A Radverzögerungsschwellen.

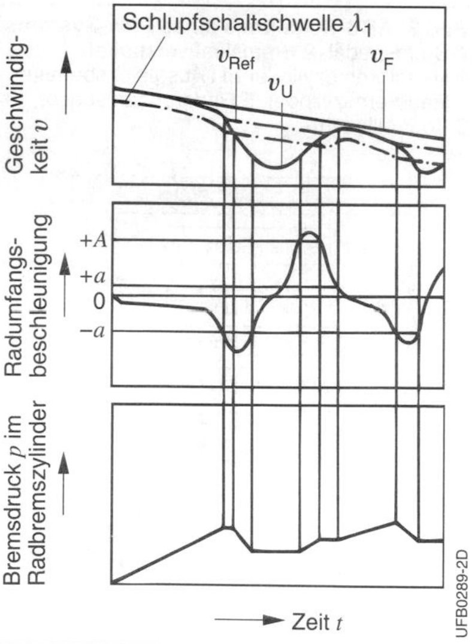

Bremsregelung mit Giermomentaufbauverzögerung

Beim Anbremsen auf asymmetrischen Fahrbahnen (μ-Split: die linken Räder laufen z.B. auf trockenem Asphalt, die rechten Räder auf Eis) entstehen an den Vorderrädern sehr unterschiedliche Bremskräfte, die ein Drehmoment um die Fahrzeughochachse (Giermoment) bewirken (Bild 5).

Kleinere Pkw benötigen neben dem ABS eine zusätzliche Giermomentaufbauverzögerung (GMA), um bei Panikbremsungen auf asymmetrischen Fahrbahnen gut beherrschbar zu bleiben. Die Giermomentaufbauverzögerung führt am Vorderrad, das auf der Fahrbahnseite

Bild 5: Giermomentaufbau bei stark unterschiedlichen Haftreibungszahlen.
M_{Gier} Giermoment, F_B Bremskraft,
μ_{HF} Haftreibungszahl.
1 „High-Rad“, 2 „Low-Rad“.

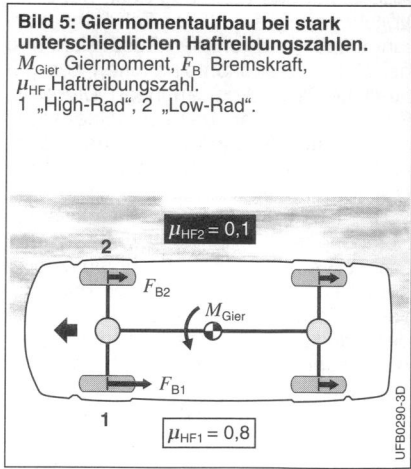

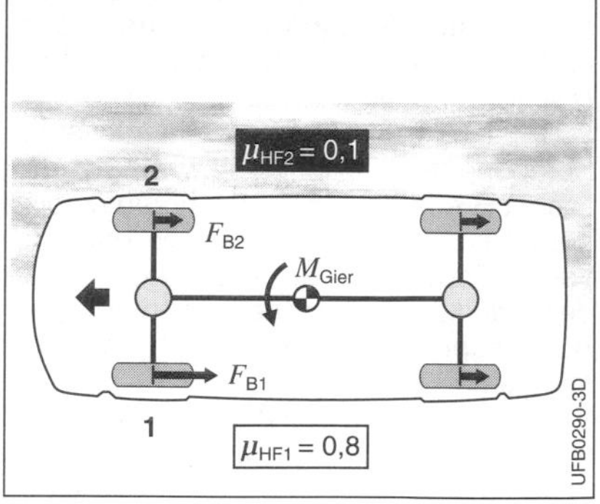

mit der größeren Haftreibungszahl läuft („High-Rad"), zu einem zeitlich verzögerten Druckaufbau im Radbremszylinder.

Bild 6 verdeutlicht das Prinzip der GMA: Kurve 1 zeigt den Hauptbremszylinderdruck p_{HZ}. Ohne GMA weist nach kurzer Zeit das Rad auf Asphalt den Druck p_{high} (Kurve 2), das Rad auf Eis den Druck p_{low} auf (Kurve 5); jedes Rad bremst mit der jeweils maximal übertragbaren Bremskraft (siehe Individualregelung).

Für Fahrzeuge mit weniger kritischem Fahrverhalten eignet sich das System GMA 1 (Kurve 3), für Fahrzeuge mit besonders kritischem Fahrverhalten das System GMA 2 (Kurve 4). In allen Fällen der Giermomentaufbauverzögerung wird das High-Rad zu Beginn unterbremst. Deshalb muss zur Begrenzung von Bremswegverlängerungen die Giermomentaufbauverzögerung sehr sorgfältig an das jeweilige Fahrzeug angepasst werden.

Die Kurve 6 in Bild 6 zeigt, dass bei einem ABS-System ohne Giermomentaufbauverzögerung beim Gegenlenken ein wesentlich höherer Lenkwinkeleinschlag erforderlich ist.

Bild 6: Bremsdruck- und Lenkwinkelverlauf bei Giermomentaufbauverzögerung.
1 Haupbremszylinderdruck p_{HZ},
2 Bremsdruck p_{high} ohne GMA,
3 Bremsdruck p_{high} mit GMA 1,
4 Bremsdruck p_{high} mit GMA 2,
5 Bremsdruck p_{low} am „Low-Rad",
6 erforderlicher Lenkwinkel α ohne GMA,
7 erforderlicher Lenkwinkel α mit GMA.

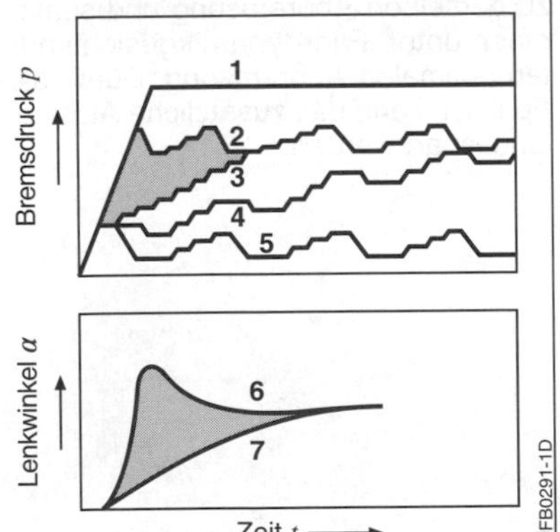

ABS-Regelverfahren
Die achsweisen ABS-Regelverfahren unterscheiden sich im Wesentlichen durch die Anzahl der Regelkanäle und das Verhalten beim Bremsen auf μ-Split.

Individualregelung
Die Individualregelung (IR), bei der jedes Rad einzeln schlupfgeregelt wird, ergibt die kürzesten Bremswege. Nachteilig ist jedoch das bei μ-Split-Bedingungen entstehende Giermoment, das durch entsprechendes Gegenlenken kompensiert werden muss. Dieses Verfahren wird ausschließlich an der Hinterachse verwendet, da die an der Vorderachse entstehenden Lenk- und Giermomente beim Bremsen auf μ-Split für den Fahrer nicht beherrschbar wären.

Select-low-Regelung
Um Gier- und Lenkmomente komplett zu vermeiden, setzt man die Select-low-Regelung (SL) ein. Hier erfolgt eine einkanalige Radschlupfregelung auf das Rad mit dem geringsten Reibwert (select low), wodurch beide Räder einer Achse den gleichen Bremsdruck erhalten. Daher ist nur ein einziger Drucksteuerkanal pro Achse notwendig. Unter μ-Split-Bedingungen ergibt sich somit eine optimale Lenkbarkeit und Spurstabilität auf Kosten des Bremswegs. Bei homogenen Reibwerten sind Bremsweg, Lenkbarkeit und Spurstabilität ähnlich denen der anderen Verfahren.

Individualregelung modifiziert
Als guter Kompromiss zwischen Lenkbarkeit, Stabilität und Bremsweg hat sich die „Individualregelung modifiziert" (IRM) erwiesen. Dieses zweikanalige Regelverfahren erfordert an jedem Rad der Achse einen Drucksteuerkanal. Durch geeignete Limitierung des Bremsdruckunterschieds zwischen rechter und linker Seite werden die Gier- und Lenkmomente auf ein beherrschbares Maß begrenzt. Dadurch erreicht man einen nur wenig längeren Bremsweg im Vergleich zur reinen Individualregelung, stellt aber die Beherrschbarkeit auch von kritischen Fahrzeugen sicher.

ASR-Regelung
Die Antriebsschlupfregelung hat zwei grundsätzliche Aufgaben:
- Die Optimierung der Traktion durch bestmögliche Nutzung des vorhandenen Reibwerts,
- die Sicherstellung der Fahrzeugstabilität (Spurtreue) durch Verhindern des Durchdrehens der Antriebsräder.

Zur Optimierung der Traktion müssen alle angetriebenen Räder ihre individuellen Reibwerte möglichst maximal ausnutzen. Dazu werden die Raddrehzahlen durch aktives Einbremsen der durchdrehenden Räder synchronisiert (Bremsregler oder elektronische Differentialsperrenfunktion). Auf diese Weise steht das auf das durchdrehende Rad ausgeübte Bremsmoment aufgrund der Übertragung durch das Differentialgetriebe an dem nicht durchdrehenden Rad als Antriebsmoment zur Verfügung.

Um die Fahrstabilität sicherzustellen, wird mithilfe des Antriebsmoments der Radschlupf durch den Motorregler so geregelt, dass ein bestmöglicher Kompromiss aus Traktion und Seitenführung erzielt wird.

Mit der beschriebenen Bremsregelfunktion können die Antriebsräder auch soweit synchronisiert werden, dass eine vorhandene mechanische Differentialsperre automatisch, z.B. mithilfe eines Pneumatikzylinders, aktiviert werden kann. Das ABS/ASR-Steuergerät berechnet hierfür den richtigen Zeitpunkt und auch die Bedingungen zum Lösen der Differentialsperre.

Im Gegensatz zu mechanischen Sperren radieren die Reifen nicht bei enger Kurvenfahrt. Grundsätzlich ist zu bemerken, dass ein derartiges System – als elektronisches Sperrdifferential benutzt – nicht für einen Dauereinsatz unter schwierigsten Geländebedingungen gedacht ist. Da die Sperrwirkung durch Abbremsen des entsprechenden Rades erfolgt, ist eine Erwärmung der Bremse die Folge.

Für mehrachsige Fahrzeuge mit komplexen Antriebskonfigurationen und mehreren Differentialen (z.B. 6×4 oder 8×6 mit drei beziehungsweise fünf Differentialen) kann die ASR-Funktion bis zu sechs Räder einzeln regeln.

Motorschleppmomentenregelung
Insbesondere bei geringer Beladung auf niedrigem Reibwert oder sehr leistungsstarken Motoren können die Räder an der Antriebsachse durch hohe Motorschleppmomente (z.B. beim Herunterschalten) blockieren, was zu instabilem Fahrverhalten führt. In diesem Fall erhöht die Motorschleppmomentenregelung (MSR) durch Erhöhen des Antriebsmoments die Raddrehzahlen und verhindert so die drohende Instabilität. Aus Sicherheitsgründen wird das aktiv ausgeübte Antriebsmoment begrenzt.

Elektronische lastabhängige Bremskraftregelung
Beladungsunterschiede und die bei starkem Bremsen auftretende dynamische Achslastverlagerung erfordern eine achsweise Anpassung der Bremskräfte. Ursprünglich erfolgte dies durch ALB-Ventile (Automatischer lastabhängiger Bremskraftregler), die den Bremsdruck üblicherweise an der Hinterachse abhängig von der Achslast reduzieren. In aktuellen ABS-Systemen übernimmt diese Aufgabe die elektronische lastabhängige Bremskraftregelung. Dabei wird bei geringen Verzögerungen der Differenzschlupf zwischen Vorder- und Hinterachse minimiert, indem der Bremsdruck an der Hinterachse elektronisch reduziert wird. Das führt unter der Annahme gleicher Reibverhältnisse an beiden Achsen zu derselben Abbremsung und somit zu einer unter Fahrdynamikgesichtspunkten optimalen Abbremsung. Durch diese Funktion kann das zusätzliche ALB-Ventil eingespart werden.

ABS/ASR-Systeme für Pkw

Die Anforderung an ein ABS sind in den Richtlinien ECE-R13 [1] beschrieben. Darin ist ABS als Teil des Betriebsbremssystems (Bild 1), das automatisch den Radschlupf in der Raddrehrichtung an einem oder mehrerer Räder während des Bremsvorganges regelt, definiert.

In der ECE-R13, Anhang 13 sind drei Kategorien definiert. Das ABS heutiger Auslegung wird der höchsten Vorgabe (Kategorie 1) gerecht.

Komponenten

Ein ABS- beziehungsweise ABS/ASR-System besteht aus den Komponenten Raddrehzahlsensoren, elektronisches Steuergerät und Hydraulikeinheit (für Pkw) beziehungsweise Drucksteuerventile (für Nfz).

Raddrehzahlsensoren

Die wichtigsten Eingangsgrößen zur Regelung des Radschlupfs sind die Raddrehzahlen, die von Raddrehzahlsensoren erfasst werden. Diese Sensoren tasten einen mitdrehenden Impulsring ab und erzeugen ein elektrisches Signal mit einer drehzahlproportionalen Frequenz (siehe Drehzahlsensoren).

Grundsätzlich unterscheidet man aktive und passive Drehzahlsensoren. Die im Pkw überwiegend eingesetzten aktiven Drehzahlsensoren arbeiten nach dem Hall-Prinzip und können neben dem Geschwindigkeitssignal auch weitere Informationen, z.B. die Temperatur erfassen und an das Steuergerät übertragen.

Hydraulikeinheit eines ABS-Systems

Die hydraulischen Hauptkomponenten der Hydraulikeinheit – auch als Hydroaggregat bezeichnet – sind (Bild 7):
- Eine Rückförderpumpe pro Kreis,
- Speicherkammer,
- Dämpfungsmaßnahmen, früher mit einer Speicherkammer und Drossel realisiert, werden nun sowohl mit hydraulischen als auch mit regelungstechnischen Maßnahmen – d.h. Software – ermöglicht,
- 2/2-Magnetventile mit zwei hydraulischen Stellungen und zwei hydraulischen Anschlüssen.

Pro Rad (außer bei 3-Kanal-Auslegung mit II-Bremskreisaufteilung, siehe ABS-Systemvarianten) sind ein Magnetventilpaar vorgesehen – ein stromlos offenes Magnetventil für den Druckaufbau (Einlassventil) und ein stromlos geschlos-

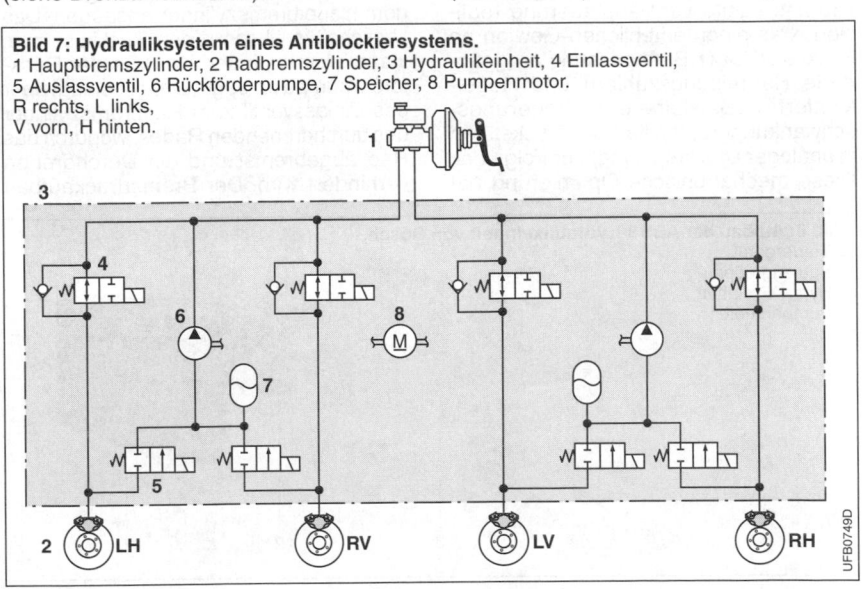

Bild 7: Hydrauliksystem eines Antiblockiersystems.
1 Hauptbremszylinder, 2 Radbremszylinder, 3 Hydraulikeinheit, 4 Einlassventil,
5 Auslassventil, 6 Rückförderpumpe, 7 Speicher, 8 Pumpenmotor.
R rechts, L links,
V vorn, H hinten.

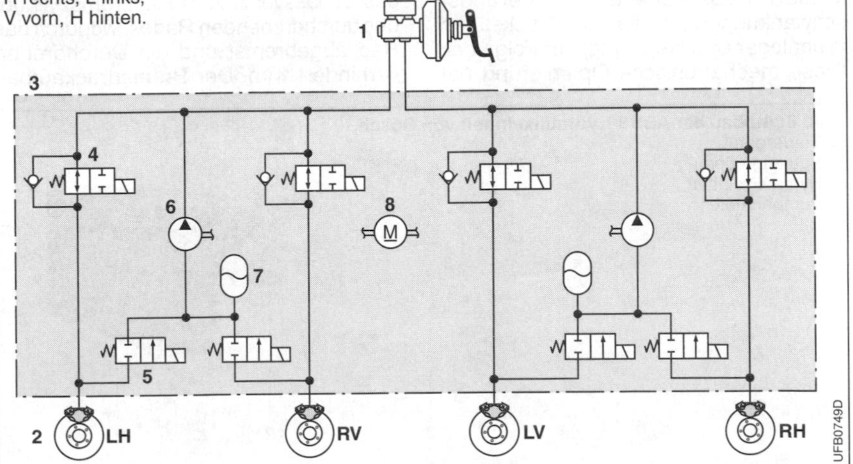

senes Ventil für den Druckabbau (Auslassventil). Zur schnellen Druckentlastung der Radbremsen beim Lösen der Bremse sind den Einlassventilen Rückschlagventile zugeordnet, die in die Ventilkörper integriert sind (z.B. Rückschlagventil-Manschetten oder federlose Rückschlagventile).

Die Zuordnung von Druckaufbau und Druckabbau zu jeweils einem Magnetventil mit nur einer aktiven (stromdurchflossenen) Stellung führte zu kompakten Ventilkonstruktionen, d.h. kleinerem Bauvolumen und Baugewicht sowie geringeren Magnetkräften gegenüber den früher eingesetzten 3/3-Magnetventilen. Dadurch ist eine optimale elektrische Ansteuerung mit geringerer elektrischer Verlustleistung in den Magnetspulen und im Steuergerät möglich. Zudem lässt sich der Ventilblock (Bild 8) kleiner darstellen und führt zu nicht unerheblichen Gewichts- und Volumeneinsparungen.

Die 2/2-Magnetventile, verfügbar in unterschiedlichen Ausführungen und Spezifikationen, ermöglichen wegen des kompakten Aufbaus und der hohen Dynamik kurze elektrische Schaltzeiten bis hin zum pulsweitengesteuerten Taktbetrieb, also einer „Proportionalventil-Charakteristik".

Beim ABS 8 von Bosch (Bild 8) ist die stromgeregelte Ventilansteuerung realisiert, was einen erheblichen Gewinn an Funktionalität (z.B. Anpassung an geänderte Haftreibungszahlen) und Regelkomfort (z.B. kleinere Verzögerungsschwankungen mithilfe von Druckstufen in analoger Druckregelung) zur Folge hat. Diese mechatronische Optimierung hat neben der Funktionalität auch positive Auswirkungen hinsichtlich Komfort, d.h. Geräusch und Pedalrückwirkung.

Das ABS 8 erlaubt durch Variation von Komponenten (z.B. Verwendung von Motoren unterschiedlichen Leistungsstufen, unterschiedliche Speicherkammergrößen usw.) eine gezielte Anpassung an die jeweiligen Fahrzeugsegmentforderungen. Die Leistung der Rückförderpumpenmotoren liegen im Bereich von ca. 90...200 Watt. Die Speicherkammergröße ist ebenfalls variabel.

Hydraulikeinheit eines ABS/ASR-Systems

Bei Pkw mit hydraulischer Bremsanlage wird für den ASR-Bremseingriff eine erweiterte ABS-Hydraulikeinheit benötigt. Je nach Variante kann die Erweiterung aus einem Ansaugventil und einem Umschaltventil bestehen (Bild 9). Gegebenenfalls können eine zusätzliche hydraulische Vorförderpumpe und ein Druckspeicher erforderlich sein. Bei einem erforderlichen Bremseingriff wird das dem durchdrehenden Rad zugeordnete Ansaug- und das Umschaltventil sowie die ABS-Rückförderpumpe elektrisch angesteuert. Über das Ansaugventil kann die Rückförderpumpe Bremsflüssigkeit aus dem Hauptbremszylinder ansaugen. Das Umschaltventil sperrt den Rückfluss zum Hauptbremszylinder. Der von der Rückförderpumpe erzeugte Druck gelangt über das Einlassventil zum Radbremszylinder des durchdrehenden Rades, wodurch das Rad abgebremst und ein Durchdrehen verhindert wird. Der Bremsdruckaufbau

Bild 8: Aufbau der ABS 8-Hydraulikeinheit von Bosch.
1 Steuergerät,
2 Spulengruppe,
3 Hydraulikeinheit,
4 Pumpenmotor.

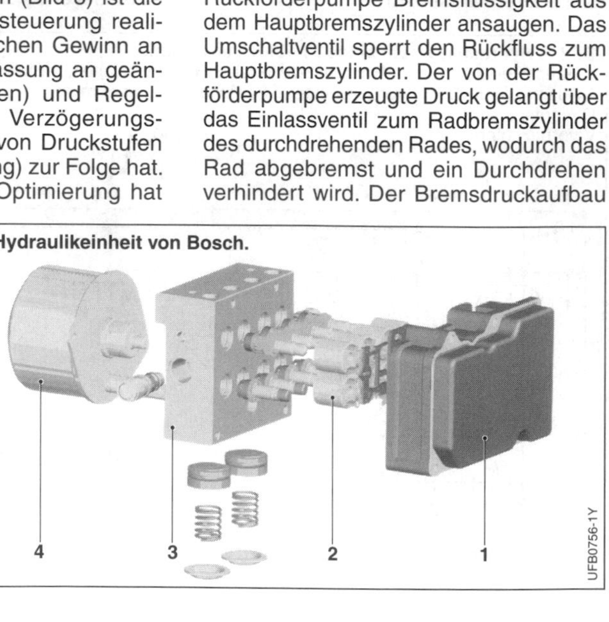

erfolgt situationsbedingt und angepasst durch eine ständige Überwachung des Regelvorgangs, durch wechselseitiges und elektrisch getaktetes Ansteuern der Ein- und Auslassventile in der Hydraulikeinheit.

Nach Abschluss der Regelphase wird die elektrische Ansteuerung abgeschaltet und der für die ASR-Regelung eingesteuerte Bremsdruck wird, wie nach einem normalen Bremsvorgang, über das Einlass- und das Umschaltventil sowie den Hauptbremszylinder abgebaut.

Elektronisches Steuergerät
Das elektronische Steuergerät verarbeitet die von den Raddrehzahlsensoren gelieferten Signale. Nach deren Aufbereitung und Filterung wird eine Fahrzeugreferenzgeschwindigkeit berechnet, die die Grundlage für die Radschlupfberechnung bildet. Zur Bildung der Referenzgeschwindigkeit werden die einzelnen Drehzahlsignale abhängig von der jeweiligen Fahrsituation und anderen Kriterien unterschiedlich gewichtet gegebenenfalls korrigiert.

Abhängig von den einzelnen Radschlupfwerten und den Zielwerten werden die zugehörigen Magnetventile angesteuert.

Aufgrund der Sicherheitsrelevanz der Schlupfregelfunktionen beinhalten die Steuergeräte umfangreiche Sicherheits- und Diagnosefunktionen zur permanenten Überwachung des kompletten Systems. Erkannte Fehler führen zur Teil- oder Vollabschaltung des Systems und werden in einem Fehlerspeicher abgelegt. Dieser kann in der Werkstatt mit einem Diagnosetestgerät abgefragt und nach der Fehlerbeseitigung gelöscht werden.

ABS-Systemvarianten

Abhängig von der Bremskreisaufteilung, dem Fahrzeugantriebskonzept, den Funktionsanforderungen und Kostengesichtspunkten sind unterschiedliche Ausführungsformen darstellbar. Die gebräuchlichste Variante für die Bremskreisaufteilung ist die X-Aufteilung, gefolgt von der II-Aufteilung (siehe Bremskreisaufteilung). HI- und HH-Aufteilung (z.B. im Maybach) sind Spezialanwendungen und werden in Verbindung mit ABS selten verwendet.

Bild 9: Schema einer ABS/ASR-Hydraulik für Pkw mit X-Bremskraftaufteilung.
1 Hauptbremszylinder, 2 Radbremszylinder, 3 Hydraulikeinheit, 4 Ansaugventil,
5 Umschaltventil, 6 Einlassventil, 7 Auslassventil, 8 Speicher,
9 Rückforderpumpe, 10 Pumpenmotor.
R rechts, L links,
V vorn, H hinten.

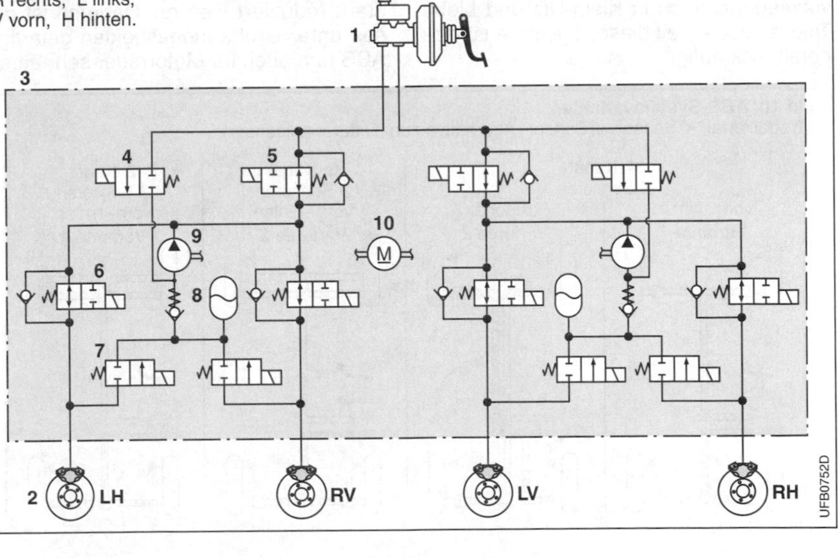

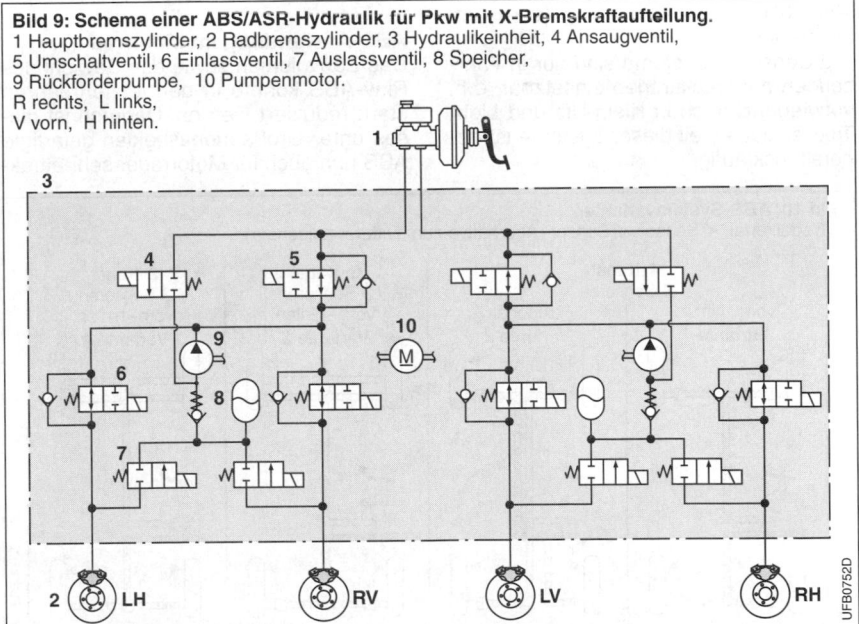

Die ABS-Systemvarianten werden nach der Anzahl der Regelkanäle und der Drehzahlsensoren unterschieden.

4-Kanal-System mit vier Sensoren
Diese Systeme (Bild 10) erlauben die individuelle Regelung jedes Radbremsdrucks durch die vier Hydraulikkanäle, d. h. vorn und hinten (bei der II-Bremskraftaufteilung) oder diagonal (bei der X-Bremskreisaufteilung) mit vier hydraulischen Kanälen. Jeweils ein Raddrehzahlsensor überwacht die Radgeschwindigkeit der vier Räder.

3-Kanal-System mit drei Sensoren
Statt der bekannten Anwendungen mit zwei Drehzahlsensoren pro Achse ist an der Hinterachse nur ein im Differential eingebauter Drehzahlsensor vorhanden. Aufgrund der Differentialcharakteristik ist eine Messung auch radseitiger Drehzahlunterschiede mit gewissen Einschränkungen möglich. Durch die Select-low-Regelung der Hinterachse – d.h. Parallelschaltung der beiden Radbremsen – reicht ein hydraulischer Kanal für die (parallele) Regelung der Raddrücke.

Hydraulische 3-Kanal-Systeme setzen eine II-Bremskreisaufteilung (vorn und hinten) voraus.

3-Sensoren-Systeme sind nur in Fahrzeugen mit Heckantrieb einsetzbar, d.h. vorwiegend noch in Klein-Nfz und Light Trucks. Der Anteil dieser Systeme ist generell rückläufig.

2-Kanal-System mit ein oder zwei Sensoren
Wegen des geringeren Komponentenaufwands und der dadurch möglichen Kostenreduzierungen wurden 2-Kanal-Systeme realisiert. Die Verbreitung hielt sich in Grenzen, die Funktionalität von „Vollsystemen" wird nicht erreicht. Derartige Systeme werden im Pkw-Bereich praktisch nicht mehr verwendet.

ASR-Motoreingriff bei Pkw
Bei Personenwagen mit Dieselmotor erfolgt der Motoreingriff je nach Variante über die elektronische Dieselregelung oder über das EGAS-System (durch Mengenreduzierung).

Bei Personenwagen mit Ottomotor erfolgt die Drehmomentreduzierung meist aus dem Zusammenspiel mehrerer Funktionen. So kann über ein gezieltes Ausblenden von Einspritzimpulsen, Zündwinkelrücknahme oder Schließen der Drosselvorrichtung (EGAS) das Motordrehmoment entsprechend der Anforderungen reduziert werden.

Die Motorsteuerungen erhalten die ASR-Anforderung über Signal- oder CAN-Datenleitungen von der ASR-Regelung.

ABS-Anwendung im Motorrad
Das Bauvolumen sowie das Gewicht des Pkw-ABS konnte in den letzten Jahren stark reduziert werden. Dadurch ist dieses unter Großserienaspekten gefertigte ABS nun auch für Motorräder sehr attrak-

Bild 10: ABS-Systemvarianten.
⧅ Regelkanal, ◀ Sensor, ◁ Sensor (Alternative zum Differentialsensor).

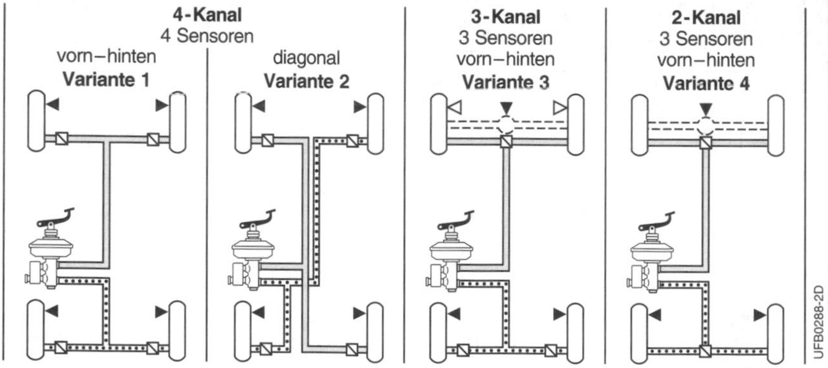

tiv geworden. Damit profitiert auch dieses Fahrzeugsegment von den Vorteilen des Sicherheitssystems ABS.

Für den Einsatz im Motorrad wird das Pkw-System modifiziert. Statt der üblichen 8 x 2/2-Ventilbestückung in der Hydraulikeinheit (bei X-Aufteilung) sind im Normalfall beim Motorrad nur vier Ventile erforderlich. Der Regelalgorithmus unterscheidet sich wesentlich von dem des Pkw-ABS.

Zusätzliche Systemvarianten ergeben sich aus der Forderung nach Verbundbremsen – auch CBS (Combined Brake System) genannt – d.h. eine Pedal- oder Handhebelbetätigung für beide Bremsen, Vorder- und Hinterrad gemeinsam, gegebenenfalls parallel mit einer Aktuierungsmöglichkeit für das Vorderrad. In diesem speziellen Fall wird eine 3-Kanal-Hydraulikeinheit notwendig. Die CBS-Auslegung ist jedoch stark modellspezifisch ausgerichtet.

ABS/ASR-Systeme für Nfz

In einem ABS- beziehungsweise ABS/ASR-System für Nfz werden je nach Fahrzeugkonfiguration und Anzahl der Achsen vier oder sechs Raddrehzahlsensoren, bis zu drei bis sechs Drucksteuerventile und – im Falle eines ASR-Systems – ein ASR-Ventil eingesetzt (Bild 11 und Bild 12).

Während eines Lernvorgangs bei der Erstinbetriebnahme stellt sich das Steuergerät abhängig von den angeschlossenen Komponenten auf das entsprechende Fahrzeug ein. Dabei werden die Achsenzahl, die ABS-Regelverfahren sowie eventuell gewünschte Zusatzfunktionen wie ASR ermittelt.

Ist eine Achse liftbar, so wird sie in geliftetem Zustand automatisch von der ABS-Regelung ausgeschlossen. Bei nahe beieinander liegenden Achsen wird oft nur eine der beiden Achsen mit Drehzahl-

Bild 11: Beispiele von ABS-Anlagen für Nutzfahrzeuge.
a) Einachsanlagen (Sattelauflieger),
b) Zweiachsanlagen,
c) Dreiachsanlagen (Gelenkbus).

1 Raddrehzahlsensor,
2 Steuergerät,
3 Drucksteuerventil,
4 Betriebsbremsventil,
5 Bremszylinder,
6 Impulsring.

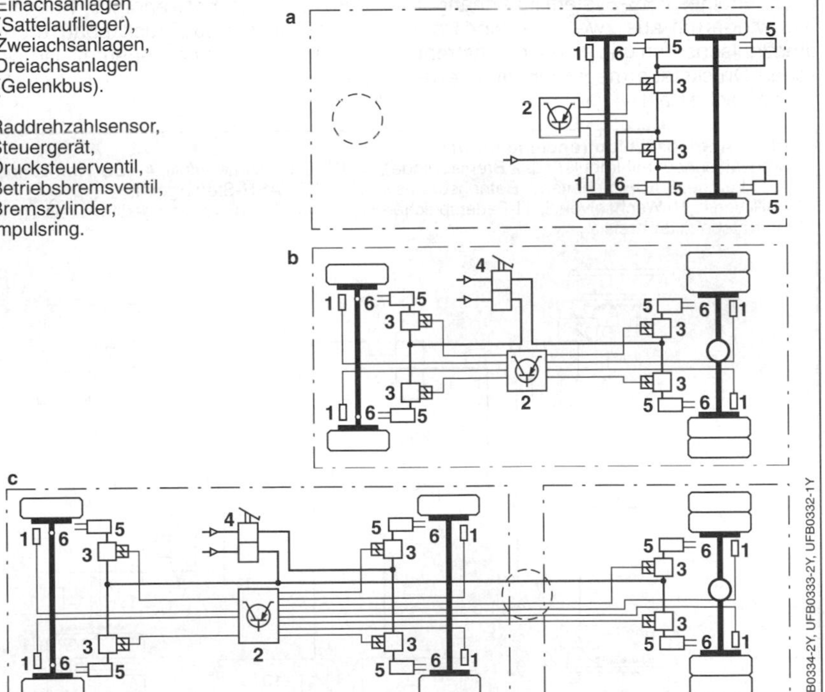

sensoren ausgerüstet. Der Bremsdruck zweier jeweils hintereinander angeordneter Räder wird dann gemeinsam von einem einzigen Drucksteuerventil geregelt (Mitführung). In mehrachsigen Fahrzeugen mit weiter auseinander liegenden Achsen, wie z.B. Gelenkbussen, kommt vorzugsweise eine Dreiachsregelung zum Einsatz.

In leichten Nutzfahrzeugen mit pneumatisch-hydraulischen Umsetzern greift das ABS über Drucksteuerventile im pneumatischen Anlagenteil ein und bestimmt damit den hydraulischen Bremsdruck.

Eine betätigte Dauerbremse (Motorbremse oder Retarder) kann auf niedrigem Reibwert zu einem unzulässig hohen Schlupf an den Antriebsrädern führen. Die Fahrzeugstabilität wäre dadurch gemindert. Deshalb überwacht das ABS auch hier den Radschlupf und regelt ihn durch Zu- und Abschalten der Dauerbremse auf zulässige Werte.

Zusätzlich gibt es ein vom Zugfahrzeug unabhängiges ABS-System im Anhänger, das wiederum aus zwei oder vier Raddrehzahlsensoren und einem mechatronischen Drucksteuermodul mit integrierter Elektronik besteht.

Komponenten

Raddrehzahlsensoren

Im Nfz-Bereich werden bisher nahezu ausschließlich passive Drehzahlsensoren nach dem induktiven Messprinzip eingesetzt. Diese können prinzipbedingt nur Geschwindigkeiten größer 0 km/h sensieren, womit – im Gegensatz zu aktiven Sensoren, die auch ein stillstehendes Impulsrad detektieren können – keine Stillstandserkennung möglich ist.

Drucksteuerventil

Die Drucksteuerventile sind zwischen dem Betriebsbremsventil und den Bremszylindern angeordnet und steuern den Bremsdruck eines oder mehrerer Räder (Bild 13). Als vorgesteuerte Ventile bestehen sie aus einer Kombination von zwei Magnetventilen und je einem nachgeschalteten pneumatischen Membranventil, die als Auslass- und Halteventil ausgeführt sind (Einkanal-Drucksteuerventil). Die Elektronik steuert die Magnetventile in entsprechender Kombination an, sodass sich die notwendigen Funktionen „Druckhalten" und „Druckabbau" ergeben. Keine Ansteuerung bedeutet „Druckaufbau".

Bild 12: Antriebsschlupfregelung für Nfz.
1 Drehzahlsensor mit Impulsring, 2 Bremszylinder, 3 ABS-Drucksteuerventil, 4 ABS-Warnlampe, 5 ASR-Lampe, 6 ASR-Schalter, 7 Betriebsbremsventil, 8 ABS/ASR-Steuergerät, 9 ASR-Ventil, 10 Wechselventil, 11 Federspeicher-Bremszylinder, 12 Vorratsbehälter Kreis 1, 13 Vorratsbehälter Kreis 2.

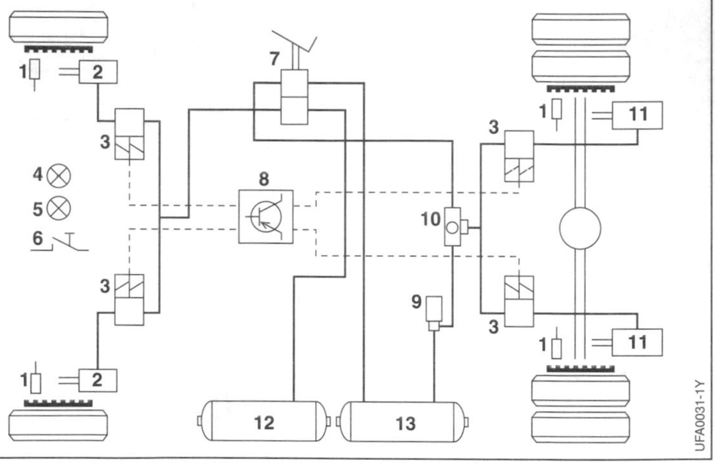

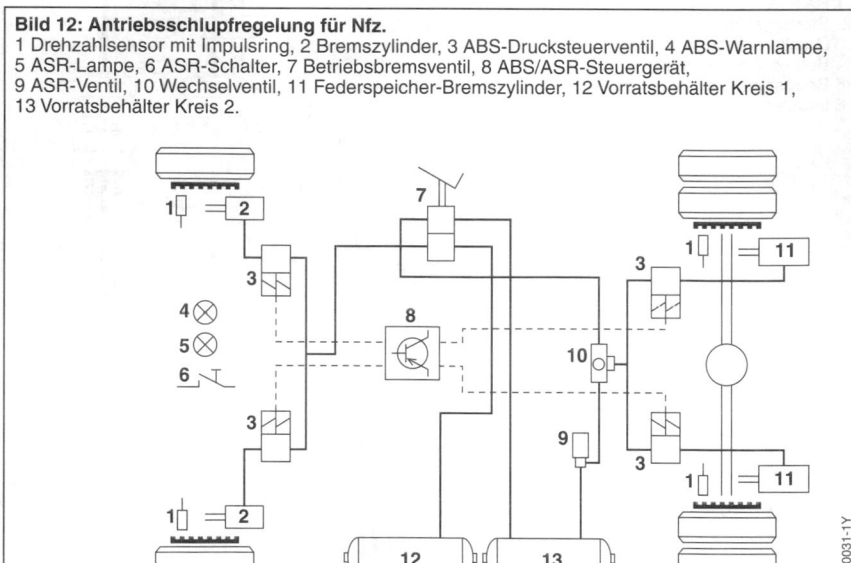

Während einer Bremsung ohne Ansprechen des ABS (keine Blockierneigung eines Rades) durchströmt die Luft beim Be- und Entlüften der Bremszylinder die Ventile ungehindert in beide Richtungen. Damit ist sichergestellt, dass die Funktion der Betriebsbremsanlage nicht durch die ABS-Ventile beeinflusst wird.

ASR-Ventil
Zum fahrerunabhängigen Druckaufbau für den ASR-Bremsregler ist üblicherweise ein direktgesteuertes als 2/2-Wegeventil ausgeführtes ASR-Magnetventil in Kombination mit einem pneumatischen Wechselventil vorgesehen (Bild 12). Im Falle eines Bremseingriffs wird der Vorratsdruck über das elektrisch angesteuerte ASR-Magnetventil und das Wechselventil auf die ABS-Drucksteuerventile gegeben, wobei das Wechselventil gemäß select-high die Verbindung zum Betriebsbremsventil sperrt. Gleichzeitig wird auf der nicht aktiven Seite der Haltemagnet des ABS-Drucksteuerventils angesteuert, um den Druckaufbau in dem zugehörigen Radbremszylinder zu verhindern. Mit dem ABS-Drucksteuerventil auf der aktiven Seite kann jetzt der Bremsdruck entsprechend der gewünschten Raddrehzahl gesteuert werden.

ASR-Motoreingriff bei Nfz
Der Motoreingriff erfolgt – ähnlich wie bei Pkw mit Dieselmotor – über die elektronische Dieselregelung (z.B. durch Mengenreduzierung). Das entsprechende Signal erhält die Motorsteuerung über einen CAN-Datenbus vom ABS/ASR-Steuergerät.

Literatur

[1] ECE-R13: Einheitliche Bedingungen für die Genehmigung der Fahrzeuge der Klassen M, N und O hinsichtlich der Bremsen.

Bild 13: Drucksteuerventil.
1 Anschluss Energiezufluss, 2 Anschluss Energieabfluss, 3 Entlüftung, 4 Membrane, 5 Einlass, 6 Ventilsitz, 7 Magnetventil für Halteventil, 8 Ventilsitz, 9 Ventilsitz, 10 Membrane, 11 Auslass, 12 Magnetventil für Auslassventil, 13 Ventilsitz, 14 Betriebsbremsventil, 15 ABS/ASR-Steuergerät, 16 Drucksteuerventil, 17 Radbremse.

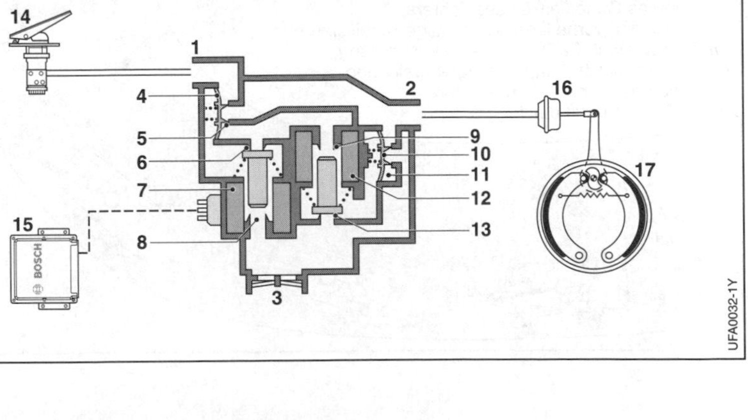

Fahrdynamikregelung

Aufgabe

Ein hoher Anteil von Unfällen im Straßenverkehr ist auf menschliches Fehlverhalten zurückzuführen. Selbst bei normaler Fahrweise kann ein Fahrer mit seinem Fahrzeug zum Beispiel durch einen unerwarteten Straßenverlauf, ein plötzlich auftretendes Hindernis oder eine unvorhergesehene Änderung des Fahrbahnzustands in den physikalischen Grenzbereich gelangen. Auch überhöhte Geschwindigkeit kann dazu führen, dass der Fahrer sein Fahrzeug nicht mehr sicher beherrscht, da die dann auf das Fahrzeug wirkenden Querbeschleunigungskräfte Werte erreichen, die ihn überfordern.

Werden die Haftreibwerte der Reifen überschritten, so verhält sich das Fahrzeug plötzlich anders, als es dem Erfahrungshorizont des Fahrers entspricht. In solchen Grenzsituationen ist der Fahrer nicht mehr in der Lage, das Fahrzeug zu stabilisieren; er verstärkt sogar in der Regel durch Angst- und Panikreaktionen die Instabilität. In der Folge baut sich eine deutliche Abweichung zwischen der Fahrzeuglängsbewegung und der Fahrzeuglängsachse (charakterisiert durch den Schwimmwinkel β) auf. Selbst durch entgegengerichtetes Lenken gelingt es einem normalen Fahrer bei Schwimmwinkeln von mehr als 8 ° kaum mehr, sein Fahrzeug alleine wieder zu stabilisieren.

Für die Fahrdynamikregelung gibt es verschiedene Bezeichnungen – das Elektronische Stabilitätsprogramm (ESP®, Marke der Daimler AG) oder neutral Electronic Stability Control (ESC). Das System leistet einen wesentlichen Beitrag zur Entschärfung solcher Grenzsituationen, indem es dem Fahrer hilft, im Rahmen der physikalischen Grenzen sein Fahrzeug unter Kontrolle zu behalten. Sensoren erfassen ständig das Fahrer- und Fahrzeugverhalten. Aus dem Vergleich des Ist-Zustands mit einem der jeweiligen Situation angemessenen Soll-Zustand wird bei signifikanten Abweichungen durch Eingriffe in das Bremssystem und in den Antriebsstrang eine Stabilisierung der Fahrzeugbewegung herbeigeführt (Bild 1).

Durch die integrierte Funktionalität des Antiblockiersystems (ABS) können die Räder beim Bremsen nicht blockieren, durch die ebenfalls integrierte Antriebsschlupfregelung (ASR) können die Räder beim Beschleunigen nicht zu stark durchdrehen. Das ESC als Gesamtsystem geht allerdings in seinen Möglichkeiten weit über das ABS und die Kombination von ABS und ASR hinaus. Das System stellt sicher, dass das Fahrzeug nicht mit dem Heck nach außen ausbricht (übersteuert)

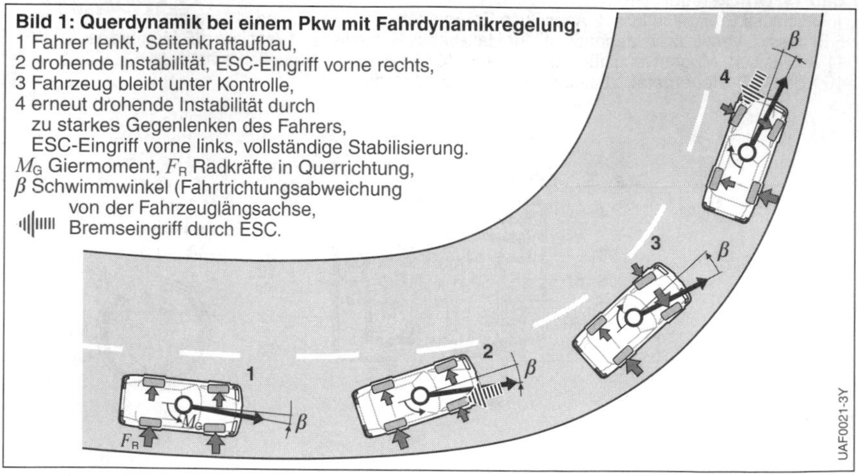

Bild 1: Querdynamik bei einem Pkw mit Fahrdynamikregelung.
1 Fahrer lenkt, Seitenkraftaufbau,
2 drohende Instabilität, ESC-Eingriff vorne rechts,
3 Fahrzeug bleibt unter Kontrolle,
4 erneut drohende Instabilität durch zu starkes Gegenlenken des Fahrers, ESC-Eingriff vorne links, vollständige Stabilisierung.
M_G Giermoment, F_R Radkräfte in Querrichtung,
β Schwimmwinkel (Fahrtrichtungsabweichung von der Fahrzeuglängsachse,
Bremseingriff durch ESC.

beziehungsweise nicht zu deutlich mit der Front nach außen drängt (untersteuert), sondern soweit physikalisch möglich der Lenkvorgabe des Fahrers folgt.

Das ESC ist auf ABS- und ASR-Komponenten aufgebaut. So können alle Räder individuell mit hoher Dynamik aktiv gebremst werden. Über die Motorsteuerung können das Motormoment und damit die Antriebsschlupfwerte an den Rädern beeinflusst werden. Die Kommunikation der Systeme erfolgt z.B. über den CAN-Bus.

Tabelle 1: Begriffe und Größen.

a_y	Gemessene Fahrzeugquerbeschleunigung
F_x	Reifenkraft in Längsrichtung
F_y	Reifenkraft in Querrichtung (Seitenkraft)
F_{N}	Reifenkraft in Normalrichtung (Aufstandskraft)
l	Abstand Vorder- zu Hinterachse
M_{BrSo}	Soll-Bremsmoment
M_{DifSo}	Soll-Differenzmoment
M_{MotSo}	Soll-Motormoment
M_{MRdSo}	Soll-Summenmoment
$\Delta M_{\mathrm{RedSo}}$	Soll-Änderung der Motormomentenreduzierung
ΔM_{Z}	stabilisierendes Giermoment
p_{Rad}	Radzylinderdruck
p_{Vor}	Vordruck
r	Kurvenradius
v_{ch}	Charakteristische Fahrzeuggeschwindigkeit
v_{Dif}	Raddifferenzgeschwindigkeit der Antriebsräder (an einer Achse)
v_{DifSo}	Soll-Raddifferenzgeschwindigkeit der Antriebsräder (an einer Achse)
v_{MRd}	mittlere Radgeschwindigkeit der angetriebenen Achse
v_{MRdSo}	Sollwert der mittleren Radgeschwindigkeit
v_{Rad}	Gemessene Radgeschwindigkeit
v_x	Fahrzeuglängsgeschwindigkeit
v_y	Fahrzeugquergeschwindigkeit
α	Reifenschräglaufwinkel
β	Schwimmwinkel
δ	Lenkradwinkel
λ	Reifenschlupf
$\lambda^{i}_{\mathrm{So}}$	Sollwert des Reifenschlupfs am Rad i
$\Delta\lambda_{\mathrm{DifTolSo}}$	Soll-Änderung der zulässigen Schlupfdifferenz der angetriebenen Achse(n)
$\Delta\lambda_{\mathrm{So}}$	Soll-Schlupfänderung
μ	Reibungszahl
$\dot{\psi}$	Giergeschwindigkeit
$\dot{\psi}_{\mathrm{So}}$	Soll-Giergeschwindigkeit

Anforderungen

Die Fahrdynamikregelung leistet einen Beitrag zur Erhöhung der Fahrsicherheit. Sie verbessert das Fahrzeugverhalten bis in den physikalischen Grenzbereich hinein. Die Fahrzeugreaktion bleibt für den Fahrer vorhersehbar und damit auch in kritischen Fahrsituationen besser beherrschbar.

Im Grenzbereich wird die Spur- und Richtungstreue in allen Betriebszuständen wie Vollbremsung, Teilbremsung, Freirollen, Antrieb, Schub und Lastwechsel verbessert, ebenso z.B. auch bei extremen Lenkmanövern (Angst- und Panikreaktionen). Damit wird die Schleudergefahr deutlich reduziert.

In verschiedenen Situationen ergibt sich eine weiter verbesserte Nutzung des Kraftschlusspotentials bei ABS-, ASR- und MSR-Funktionen (Motorschleppmomentregelung: automatische Anhebung der Motordrehzahl bei zu hohem Motorbremsmoment). Das führt zu Bremswegeinsparungen und Traktionsgewinnen sowie zu erhöhter Lenkbarkeit und Stabilität.

Fälschliche Eingriffe des Systems könnten sicherheitsrelevante Auswirkungen haben. Ein lückenloses Sicherheitskonzept sorgt dafür, dass alle nicht grundsätzlich vermeidbaren Fehler rechtzeitig erkannt werden und das ESC-System abhängig von der Fehlerart ganz oder teilweise abgeschaltet wird.

Dass das ESC die Anzahl an Schleuderunfällen und die Zahl der dabei tödlich Verletzten drastisch senkt, ist in zahlreichen Studien nachgewiesen worden (z.B. [1] und [2]). Dies hat dazu geführt, dass zunächst in Nordamerika stufenweise bis September 2011 eine ESC-Pflicht eingeführt wurde. In der Europäischen Union (EU) müssen seit November 2011 alle neuen Pkw und leichten Nutzfahrzeuge serienmäßig mit einem Fahrdynamikregelsystem ausgestattet werden (Bestandteil der ECE-R 13-H, [12]). Für andere Neuwagen gab es eine Übergangsfrist bis Ende 2014. Andere Regionen wie z.B. Japan und Australien werden ebenso eine solche Regelung einführen oder haben sie schon eingeführt.

Arbeitsweise

Die Fahrdynamikregelung (ESC) ist ein System, das die Bremsanlage und den Antriebsstrang eines Fahrzeugs nutzt, um die Fahrzeugbewegung in Längs- und Querrichtung in kritischen Situationen gezielt zu beeinflussen. Die eigentliche Aufgabe der Radbremsen, das Fahrzeug zu verzögern oder zum Stillstand zu bringen, wird durch die Funktion ergänzt, das Fahrzeug stabil in der Spur zu halten, soweit es die physikalischen Grenzen zulassen. Zudem kann das ESC die Antriebsräder durch Motoreingriffe auch beschleunigen, um zur Stabilität des Fahrzeugs beizutragen.

Beide Mechanismen wirken auf die Eigenbewegung des Fahrzeugs. Bei stationärer Kreisfahrt gibt es einen definierten Zusammenhang zwischen der Lenkvorgabe des Fahrers und der resultierenden Fahrzeugquerbeschleunigung und damit den Reifenkräften in Querrichtung (Eigenlenkverhalten). Die Kräfte an einem Reifen in Längs- und Querrichtung sind abhängig vom Reifenschlupf. Daraus folgt, dass die Eigenbewegung des Fahrzeugs über den Reifenschlupf beeinflusst werden kann. Das gezielte Bremsen einzelner Räder, z.B. des kurveninneren Hinterrades bei Untersteuern oder des kurvenäußeren Vorderrades bei Übersteuern, trägt dazu bei, dass das Fahrzeug möglichst präzise der vom Lenkwinkelverlauf vorgegeben Fahrspur folgt.

Typisches Fahrmanöver

Zum Vergleich der Fahreigenschaften eines Fahrzeugs im Grenzbereich mit und ohne ESC ist das folgende Beispiel aufgeführt. Das Fahrmanöver wurde nach vorangegangenen Fahrversuchen mit einem Simulationsprogramm der Wirklichkeit nachempfunden. Weitere Fahrversuche haben die Ergebnisse bestätigt.

Schnelles Lenken und Gegenlenken
Bild 2 zeigt das Fahrverhalten von einem Fahrzeug ohne ESC und einem Fahrzeug mit ESC beim Durchfahren einer Rechts-Links-Kurvenkombination mit schnellem Lenken und Gegenlenken auf griffiger Fahrbahn (Reibungszahl $\mu = 1$), ohne Bremseingriff des Fahrers und mit einer Ausgangsgeschwindigkeit von 144 km/h. In Bild 3 sind die Zeitverläufe der fahrdynamischen Größen dargestellt. Zunächst verhalten sich beide Fahrzeuge gleich. Sie fahren mit denselben Voraussetzungen auf die Kurvenfolge zu. Die Fahrer beginnen zu lenken (Phase 1).

Fahrzeug ohne ESC
Bereits nach dem ersten ruckartigen Lenkeinschlag droht das Fahrzeug ohne ESC instabil zu werden (Bild 2a, Phase 2). An den Vorderrädern werden durch den Lenkeinschlag innerhalb kürzester Zeit sehr große Seitenkräfte erzeugt, an den Hinterrädern bauen sie sich dagegen erst verzögert auf. Das Fahrzeug dreht sich rechts herum um seine Hochachse (ein-

Bild 2: Fahrspurverlauf beim Durchfahren einer Rechts-Links-Kurvenfolge.
a) Fahrzeug ohne ESC,
b) Fahrzeug mit ESC.
ıı|ıııı Bremseingriff durch ESC.

Phase 1: Fahrer lenkt, Seitenkraftaufbau.
Phase 2: Drohende Instabilität.
Phase 3: Gegenlenken: Fahrzeug ohne ESC gerät außer Kontrolle; Fahrzeug mit ESC bleibt unter Kontrolle.
Phase 4: Fahrzeug ohne ESC ist nicht mehr beherrschbar; Fahrzeug mit ESC wird durch ESC-Eingriff vorne rechts vollständig stabilisiert.

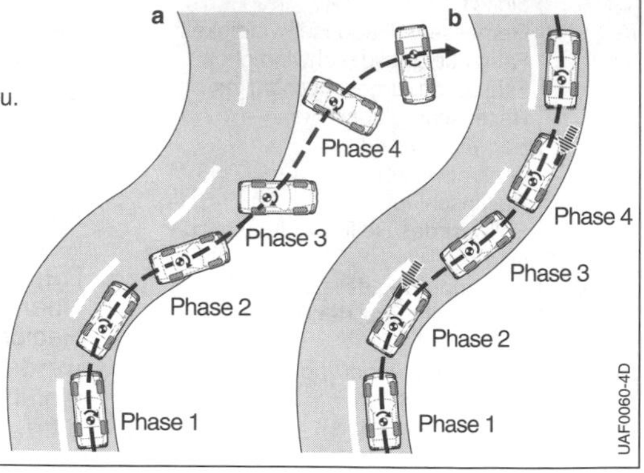

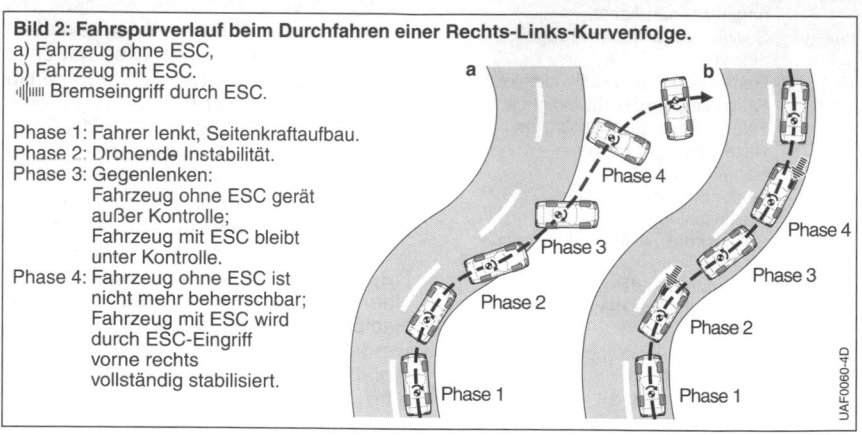

drehendes Giermoment). Auf das Gegenlenken (zweiter Lenkeinschlag, Phase 3) reagiert das Fahrzeug ohne ESC kaum, denn es ist nicht mehr beherrschbar. Die Giergeschwindigkeit und der Schwimmwinkel steigen stark an, das Fahrzeug schleudert (Phase 4).

Fahrzeug mit ESC
Das Fahrzeug mit ESC wird bei der drohenden Instabilität (Bild 2b, Phase 2) nach dem ersten Lenkeinschlag durch aktives Bremsen des linken Vorderrades stabilisiert: dies geschieht ohne Einwirkung des Fahrers. Der Eingriff begrenzt das eindrehende Giermoment, sodass die Giergeschwindigkeit reduziert wird und der Schwimmwinkel nicht unkontrolliert anwächst. Nach dem Wechsel der Lenkrichtung ändert zuerst das Giermoment und dann die Giergeschwindigkeit die Wirkrichtung (zwischen Phase 3 und Phase 4). Ein weiterer kurzer Bremseingriff in Phase 4 am rechten Vorderrad führt zu einer vollständigen Stabilisierung. Das Fahrzeug folgt der durch den Lenkradwinkel vorgegebenen Fahrspur.

Bild 3: Zeitverläufe fahrdynamischer Größen beim Durchfahren einer Rechts-Links-Kurvenfolge.
1 Fahrzeug ohne ESC, 2 Fahrzeug mit ESC.
Phasen 1...4 siehe Bild 2.

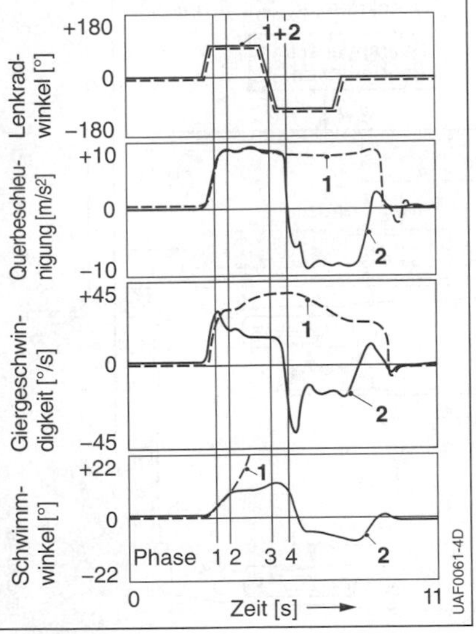

Struktur des Gesamtsystems

Ziel der Fahrdynamikregelung

Die Regelung im fahrdynamischen Grenzbereich soll die drei Freiheitsgrade des Fahrzeugs in der Ebene – die Längsgeschwindigkeit v_x, die Quergeschwindigkeit v_y und die Drehgeschwindigkeit $\dot{\psi}$ um die Hochachse (Giergeschwindigkeit) – innerhalb der beherrschbaren Grenzen halten. Bei angemessener Fahrweise werden der Fahrerwunsch und ein der Fahrbahn angepasstes dynamisches Verhalten des Fahrzeugs im Sinne maximaler Sicherheit optimiert.

System- und Regelungsstruktur

Das ESC-System umfasst das Fahrzeug als Regelstrecke, die Sensoren zur Bestimmung der Reglereingangsgrößen, die Stellglieder (Aktoren) zur Beeinflussung der Brems-, Antriebs- und Seitenkräfte sowie den hierarchisch strukturierten Regler, bestehend aus überlagertem Querdynamikregler und unterlagerten Radreglern (Bild 4). Der überlagerte Regler gibt Sollwerte für den unterlagerten Regler in Form von Momenten oder Schlupf bzw. deren Änderungen vor. In der Fahrzustandsschätzung („Beobachter") werden nicht unmittelbar gemessene innere Systemgrößen wie zum Beispiel der Schwimmwinkel β ermittelt.

Zur Bestimmung des Sollverhaltens werden die den Fahrerwunsch beschreibenden Signale des Lenkradwinkelsensors (Lenkwunsch), des Vordrucksensors (Verzögerungswunsch, ergibt sich aus dem in der Hydraulikeinheit gemessenen Bremsdruck) und der Gaspedalstellung (Antriebsmomentenwunsch) ausgewertet. Zusätzlich gehen in die Berechnung des Sollverhaltens das ausgenutzte Reibwertpotential und die Fahrzeuggeschwindigkeit ein, die im Beobachter aus den Signalen der Raddrehzahlsensoren, des Querbeschleunigungs- und des Drehratensensors sowie des Vordrucksensors geschätzt werden. In Abhängigkeit von der Regelabweichung wird das Giermoment berechnet, das benötigt wird, um die Ist-Zustandsgrößen den Soll-Zustandsgrößen anzugleichen.

Zur Erzeugung dieses Soll-Giermoments werden im Querdynamikregler die erforderlichen Bremsmomenten- und Schlupfänderungen an den geeigneten Rädern ermittelt. Sie werden über die unterlagerten Brems- und Antriebsschlupfregler und die Stellglieder der Bremshydraulik und der Motorsteuerung eingestellt.

Fahrzustandsschätzung

Für die Bestimmung der Stabilisierungseingriffe ist nicht nur die Kenntnis der Signale der Sensoren für die Radgeschwindigkeiten v_{Rad}, den Vordruck p_{Vor}, die Drehrate (Giergeschwindigkeit) $\dot{\psi}$, die Querbeschleunigung a_y, den Lenkradwinkel δ und des Motormoments von Bedeutung, sondern auch noch eine Reihe weiterer innerer Systemgrößen, die mit angemessenem Aufwand nicht unmittelbar gemessen werden können. Dazu zählen zum Beispiel die Reifenkräfte in Längs-, Quer- und Normalrichtung (F_x, F_y und F_{N}), die Fahrzeuglängsgeschwindigkeit v_x, die Reifenschlupfwerte λ_i, der Schräglaufwinkel α an einer Achse, der Schwimmwinkel β, die Fahrzeugquergeschwindigkeit v_y und die Reibungszahl μ. Sie werden modellgestützt aus den Signalen der Sensoren im Beobachter geschätzt.

Die Fahrzeuglängsgeschwindigkeit v_x ist für alle Radschlupf-basierten Regler von besonderer Bedeutung und muss deshalb mit hoher Genauigkeit bestimmt werden. Dies geschieht auf Basis eines Fahrzeugmodells unter Zuhilfenahme der gemessenen Radgeschwindigkeiten. Dabei sind zahlreiche Einflüsse zu berücksichtigen. Die Fahrzeuggeschwindigkeit v_x unterscheidet sich zum Beispiel bereits in normalen Fahrsituationen aufgrund von Brems- oder Antriebsschlupf von den Radgeschwindigkeiten v_{Rad}. Für Allrad-angetriebene Fahrzeuge ist die spezielle Kopplung der Räder besonders zu beachten. Bei Kurvenfahrt folgen die

Bild 4: ESC-Gesamtregelsystem.
1 Raddrehzahlsensoren, 2 Vordrucksensor (in der Hydraulikeinheit integriert),
3 Lenkradwinkelsensor,
4 Drehratensensor (Giergeschwindigkeitssensor) mit integriertem Querbeschleunigungssensor,
5 ESC-Hydraulikeinheit (Hydraulikaggregat) mit angebautem Steuergerät,
6 Radbremsen, 7 Motorsteuergerät.

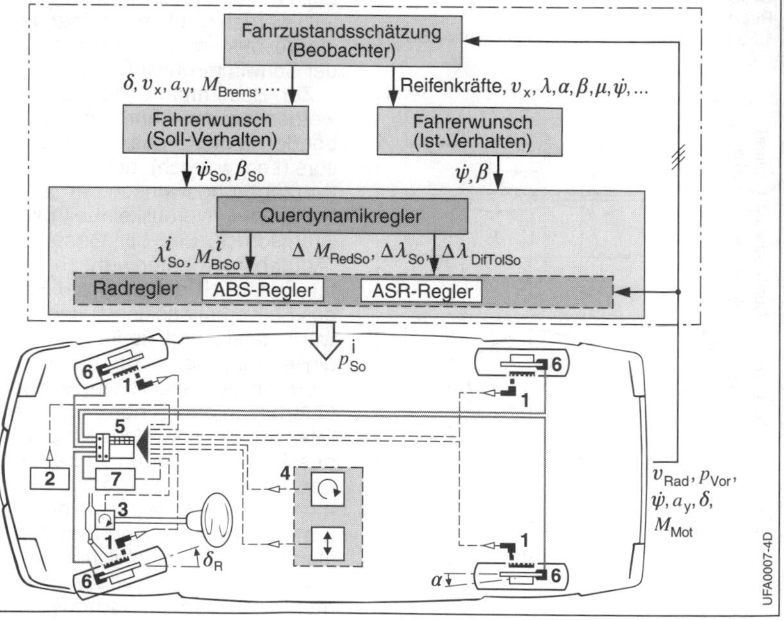

kurveninneren Räder einer anderen Bahn als die kurvenäußeren Räder und sind folglich unterschiedlich schnell.

Das Fahrzeugverhalten verändert sich selbst im normalen Gebrauch durch die variierende Beladung, veränderte Fahrwiderstände (z.B. Fahrbahnneigung oder -belag, Wind) oder Verschleiß (z.B. der Bremsbeläge).

Unter all diesen Randbedingungen muss die Fahrzeuglängsgeschwindigkeit mit einer Abweichung von wenigen Prozent geschätzt werden, um die Freigabe und die Stärke von Stabilisierungseingriffen in der erforderlichen Weise zu gewährleisten.

Basis-Querdynamikregler

Die Aufgabe des Querdynamikreglers besteht darin, das Ist-Verhalten des Fahrzeugs u.a. aus dem Giergeschwindigkeitssignal und dem im Beobachter geschätzten Schwimmwinkel zu ermitteln und dann das Fahrverhalten im fahrdynamischen Grenzbereich dem Verhalten im Normalbereich möglichst nahe kommen zu lassen (Soll-Verhalten).

Zur Bestimmung des Soll-Verhaltens wird der bei stationärer Kreisfahrt bestehende Zusammenhang zwischen der Giergeschwindigkeit und dem Lenkradwinkel δ, der Fahrzeuglängsgeschwindigkeit v_x sowie charakteristischen Fahrzeugkenngrößen herangezogen. Mit Hilfe des Einspur-Fahrzeugmodells (siehe z.B. [3]) ergibt sich

$$\dot{\psi} = \frac{v_x}{l}\,\delta\,\frac{1}{1+\left(\frac{v_x}{v_{ch}}\right)^2}$$

als Grundlage für die Berechnung der Fahrzeug-Sollbewegung. In dieser Formel bezeichnet l den Abstand der Vorderachse zur Hinterachse. In der „charakteristischen Fahrzeuggeschwindigkeit" v_{ch} sind geometrische und physikalische Parameter des Fahrzeugmodells zusammengefasst.

Die Größe $\dot{\psi}$ wird anschließend entsprechend der aktuellen Reibwertverhältnisse begrenzt und an die speziellen Eigenschaften der Fahrzeugdynamik und Fahrsituation (z.B. Bremsen oder Beschleunigen des Fahrers) sowie an die besonderen Verhältnisse wie eine geneigte Fahrbahn oder unterschiedliche Reibwerte unter dem Fahrzeug (μ-Split) angepasst. Damit ist der Fahrerwunsch als Soll-Giergeschwindigkeit $\dot{\psi}_{So}$ bekannt.

Der Querdynamikregler vergleicht die gemessene Giergeschwindigkeit mit dem zugehörigen Sollwert und berechnet bei signifikanten Abweichungen das Giermoment, das benötigt wird, um die Ist-Zustandsgröße ihrem Sollzustand anzugleichen. Überlagert dazu wird der Schwimmwinkel β überwacht und mit steigenden Werten zunehmend bei der Berechnung des stabilisierenden Giermomentes ΔM_z berücksichtigt. Diese Reglerausgangsgröße wird über Bremsmomenten- und Schlupfvorgaben an den einzelnen Rädern umgesetzt, die von den unterlagerten Radreglern eingestellt werden müssen.

Stabilisierungseingriffe werden an den Rädern durchgeführt, deren Abbremsung ein Giermoment in der erforderlichen Drehrichtung erzeugt und bei denen noch nicht die Grenze der übertragbaren Kräfte erreicht ist. Bei einem übersteuernden Fahrzeug wird das physikalische Limit zuerst an der Hinterachse überschritten. Stabilisierungseingriffe erfolgen deshalb über die Vorderachse. Bei Untersteuern ist es umgekehrt (siehe hierzu z.B. [6]).

Die durch den Querdynamikregler geforderten Soll-Schlupfwerte λ^i_{So} an einzelnen Rädern werden mit Hilfe unterlagerter Radregler eingestellt (siehe Bild 4). Dabei sind folgende drei Anwendungsfälle zu unterscheiden.

Radregelung im frei rollenden Fall

Um die zur Fahrzeugstabilisierung erforderlichen Giermomente möglichst exakt auszuüben, müssen die Radkräfte über die Regelung des Radschlupfs definiert verändert werden. Der durch den Querdynamikregler angeforderte Soll-Schlupf an einem Rad wird im ungebremsten Fall vom unterlagerten Bremsschlupfregler über einen aktiven Druckaufbau eingestellt. Dafür muss der aktuelle Schlupf am Rad möglichst genau bekannt sein. Er wird aus dem gemessenen Raddrehzahlsignal und der im Beobachter ermittelten Längsgeschwindigkeit v_x des Fahrzeugs bestimmt. Aus der Abweichung des tatsächlichen Radschlupfs von seinem Sollwert wird über ein *PID*-Regelgesetz das Soll-Bremsmoment am Rad gebildet.

Nicht nur bei aktivem Druckaufbau durch die Querdynamikregelung kann ein Rad in Bremsschlupf geraten. Beim Zurückschalten oder beim abrupten Gaswegnehmen bewirkt die Trägheit der sich bewegenden Teile in einem Motor eine bremsende Kraft auf die Antriebsräder. Wird diese Kraft und damit das wirkende Moment zu hoch, kann es nicht mehr von den Reifen auf die Straße übertragen werden und die Räder neigen zum Blockieren (z.B. weil die Fahrbahn plötzlich glatt ist). Für die angetriebenen Räder kann der Bremsschlupf im frei rollenden Fall über die Motorschleppmomentregelung begrenzt werden. Sie wirkt wie ein „leichtes Gasgeben" des Fahrers.

Radregelung im gebremsten Fall
Im gebremsten Fall überlagern sich an einzelnen Rädern je nach Fahrsituation verschiedene Aktivitäten:
- Die Vorgaben des Fahrers über das Bremspedal und das Lenkrad,
- die Wirkung des ABS-Reglers, der das Blockieren einzelner Räder verhindert und
- die Eingriffe des Querdynamikreglers, der die Fahrzeugstabilität sicherstellt, in dem er gegebenenfalls einzelne Räder gezielt abbremst.

Diese drei Anforderungen sind so zu koordinieren, dass der Verzögerungs- und der Lenkwunsch des Fahrers bestmöglich umgesetzt wird. Wird die Radregelung hautsächlich mit dem Ziel der maximalen Fahrzeugverzögerung ausgeführt, kann die Radregelung auf Basis der Radbeschleunigung erfolgen, die mit geringerer Sensorinformation robust bestimmt werden kann (Instabilitätsregelung). Um zur Fahrzeugstabilisierung gezielt die Reifen-Längs- und -Querkräfte einzustellen, ist das Prinzip der Schlupfregelung [4] anzuwenden, weil es auch eine Radregelung im instabilen Bereich der Reibwert-Schlupf-Charakteristik erlaubt. Aus den verfügbaren Sensorinformationen muss dazu allerdings abhängig von der Fahrzeuggeschwindigkeit auf wenige Prozent genau der absolute Radschlupf bestimmbar sein.

Der ABS-Regler hat die Aufgabe, die Stabilität und die Lenkbarkeit des Fahrzeugs bei allen Fahrbahnbeschaffenheiten sicherzustellen und dabei die Reibung zwischen Rädern und Fahrbahn so weit wie möglich auszunutzen. Dies tut er auch als dem Querdynamikregler unterlagerter Regler, indem er den Bremsdruck am Rad so moduliert, dass die maximal mögliche Längskraft unter Erhalt einer ausreichenden Seitenführung ausgeübt werden kann. Allerdings werden im ESC mehr Größen messtechnisch erfasst als in einer reinen ABS-Konfiguration, in der nur die Raddrehzahlsensoren vorhanden sind. Damit sind einzelne Fahrzeugbewegungsinformationen wie z.B. die Gierrate oder die Querbeschleunigung durch direkte Messung in höherer Genauigkeit verfügbar, als dies bei modellgestützter Schätzung auf Basis weniger Messwerte der Fall ist.

In besonderen Situationen kann durch Anpassung der ABS-Regelung über Vorgaben aus dem Querdynamikregler eine Steigerung der Leistungsfähigkeit erreicht werden. Beim Verzögern auf ungleichen Fahrbahnoberflächen (μ-Split) treten sehr unterschiedliche Bremskräfte an den Rädern der rechten und linken Fahrzeugseite auf. Dies erzeugt ein Giermoment um die Fahrzeughochachse, auf das der Fahrer durch Gegenlenken reagieren muss, um das Fahrzeug zu stabilisieren. Wie schnell sich dieses Giermoment aufbaut – und wie schnell folglich der Fahrer reagieren muss, hängt vom Trägheitsmoment des Fahrzeugs um die Hochachse ab. Um zeitlich verzögert am Vorderrad auf der Fahrbahnseite mit der größeren Reibungszahl („High-Rad") Bremsdruck aufzubauen, enthält das ABS eine Giermomentenaufbauverzögerung. Dieser ABS-Teil kann zusätzlich Informationen aus dem überlagerten Querdynamikregler (über die Fahrerreaktion und das Fahrzeugverhalten) nutzen und so noch besser auf die tatsächliche Fahrzeugbewegung reagieren.

Beginnt sich beim Bremsen in der Kurve das Fahrzeug unter bestimmten Bedingungen einzudrehen, lässt sich über die elektronische Bremskraftverteilung (EBV) durch Druckreduzierung in einzelnen Rädern der Übersteuertendenz entgegenwirken. Reicht das alleine nicht aus, hilft der Querdynamikregler durch aktiven Druckaufbau am kurvenäußeren Vorderrad (Reduzierung der Seitenkraft). Untersteuert das Fahrzeug dagegen, wird das Bremsmoment hinten innen angehoben (sofern das Rad noch nicht in ABS-Regelung ist) und vorne außen leicht abgesenkt.

Beginnt das Fahrzeug beim voll- oder teilgebremsten Spurwechsel zu übersteuern, wird der Druck am kurveninneren Hinterrad gezielt abgesenkt (Erhöhung der Seitenkraft) und der Druck am kurvenäußeren Vorderrad angehoben (Reduzierung der Seitenkraft). Untersteuert das Fahrzeug beim Bremsen in der Kurve, wird das Bremsmoment hinten innen angehoben (sofern das Rad noch nicht im ABS-Regelbereich ist) und vorne außen leicht abgesenkt.

Radregelung im Antriebsfall

Sobald im Antriebsfall die Antriebsräder durchzudrehen beginnen, wird der unterlagerte Antriebsschlupfregler (ASR) aktiv. Die gemessene Radgeschwindigkeit und damit der jeweilige Antriebsschlupf können durch eine Änderung der Momentenbilanz an jedem Antriebsrad beeinflusst werden. Der ASR-Regler begrenzt das Antriebsmoment an jedem Antriebsrad auf das auf die Fahrbahn dort übertragbare Antriebsmoment. So wird der Fahrerwunsch nach Beschleunigung so gut wie physikalisch möglich umgesetzt und gleichzeitig eine grundlegende Fahrstabilität gesichert, da die Seitenkräfte am Rad nicht zu stark reduziert werden.

Bei einem Fahrzeug mit einer Antriebsachse wird die mittlere Radgeschwindigkeit der angetriebenen Achse

$$v_{\mathrm{MRd}} = \frac{1}{2}\left(v^{\mathrm{L}}_{\mathrm{Rad}} + v^{\mathrm{R}}_{\mathrm{Rad}}\right)$$

und die Raddifferenzgeschwindigkeit

$$v_{\mathrm{Dif}} = v^{\mathrm{L}}_{\mathrm{Rad}} - v^{\mathrm{R}}_{\mathrm{Rad}}$$

zwischen der gemessenen Radgeschwindigkeit des linken Rades $v^{\mathrm{L}}_{\mathrm{Rad}}$ und des rechten Rades $v^{\mathrm{R}}_{\mathrm{Rad}}$ als Regelgrößen verwendet.

Die Struktur des gesamten ASR-Reglers ist in Bild 5 dargestellt. In die Sollwertberechnung für die mittlere Radgeschwindigkeit und die Raddifferenzgeschwindigkeit gehen neben den Soll-Schlupfwerten und den frei rollenden Radgeschwindigkeiten auch die Führungsgrößen des Querdynamikreglers ein. Bei der Berechnung der Sollwerte v_{DifSo} (Soll-Raddifferenzgeschwindigkeit der Antriebsräder an einer Achse) und v_{MRdSo} (Sollwert der mittleren Radgeschwindigkeit) wirken die Vorgaben zur

Bild 5: Struktur des ASR-Reglers.
Größen siehe Tabelle 1.

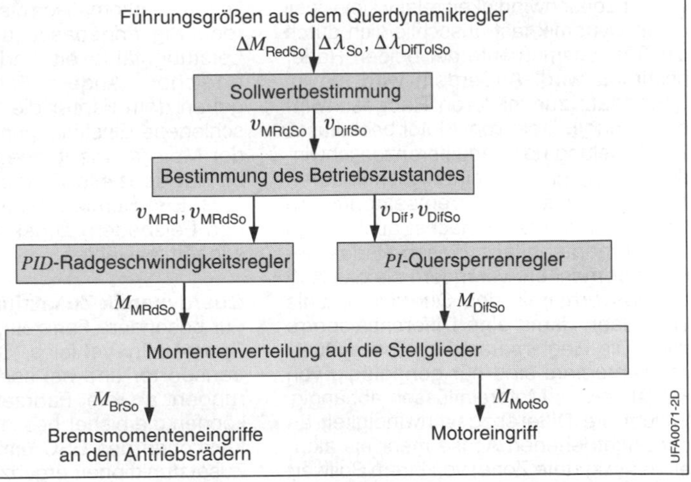

Änderung des Soll-Schlupfs $\Delta\lambda_{So}$ und der zulässigen Schlupfdifferenz $\Delta\lambda_{DifTolSo}$ der angetriebenen Achse(n) in Form eines Offsets auf die im ASR berechneten Grundwerte. Außerdem beeinflusst eine vom Querdynamikregler erkannte Unter- bzw. Übersteuertendenz über die Soll-Änderung der Motormomentreduzierung ΔM_{RedSo} direkt die Bestimmung des maximal zulässigen Antriebsmoments.

Die Dynamik des Antriebsstrangs hängt von den sehr unterschiedlichen Betriebszuständen ab. Deshalb wird der aktuelle Betriebszustand (z.B. eingelegte Gangstufe, Kupplungsbetätigung) ermittelt, um die Reglerparameter an die Streckendynamik und die Nichtlinearitäten anpassen zu können.

Auf die mittlere Radgeschwindigkeit wirkt das variable Trägheitsmoment des gesamten Antriebsstrangs (Motor, Getriebe, Kardanwelle und Antriebsräder). Sie wird deshalb durch eine relativ große Zeitkonstante (d.h. eine geringe Dynamik) beschrieben. Die Regelung der mittleren Radgeschwindigkeit erfolgt durch einen nichtlinearen PID-Regler, der insbesondere die Verstärkung des I-Anteils abhängig vom Betriebszustand in einem weiten Bereich variiert. Der I-Anteil ist im stationären Fall ein Maß für das auf die Fahrbahn übertragbare Moment. Die Ausgangsgröße dieses Reglers ist das Soll-Summenmoment M_{MRdSo}.

Dagegen ist die Zeitkonstante der Raddifferenzgeschwindigkeit relativ klein, weil deren Dynamik fast ausschließlich durch die Trägheitsmomente der beiden Räder bestimmt wird. Außerdem wird sie im Gegensatz zur mittleren Radgeschwindigkeit nur indirekt vom Motor beeinflusst. Zur Regelung der Raddifferenzgeschwindigkeit v_{Dif} gibt es einen nichtlinearen PI-Regler. Da sich Bremseingriffe an einem Antriebsrad zunächst auch nur in der Momentenbilanz dieses Rades bemerkbar machen, verändern sie das Aufteilungsverhältnis des Querdifferentials und bilden damit eine Differentialsperre nach. Die Reglerparameter dieses Quersperrenreglers sind nur geringfügig von Fahrstufe und Motoreinflüssen abhängig. Weicht die Differenzgeschwindigkeit an der angetriebenen Achse mehr als aktuell zulässig (tote Zone) von ihrem Sollwert v_{DifSo} ab, so beginnt die Berechnung eines Soll-Differenzmoments M_{DifSo}. Sollen zum Beispiel bei Kurvenfahrt im Grenzbereich ASR-Bremseingriffe vermieden werden, wird die tote Zone aufgeweitet.

Soll-Summen- und Soll-Differenzmoment sind die Basis für die Verteilung der Stellkräfte auf die Aktoren. Das Soll-Differenzmoment M_{DifSo} wird durch den Bremsmomentunterschied zwischen linkem und rechtem Antriebsrad über eine entsprechende Ventilansteuerung in der Hydraulikeinheit eingestellt (asymmetrischer Bremseingriff). Das Soll-Summenmoment M_{MRdSo} wird sowohl durch die Motoreingriffe als auch durch einen symmetrischen Bremseingriff eingeregelt.

Der Drosselklappeneingriff beim Ottomotor ist nur mit relativ großer Verzögerung (Totzeit und Übergangsverhalten des Motors) wirksam. Als schneller Motoreingriff wird eine Zündwinkelspätverstellung und als weitere Möglichkeit eine zusätzliche Einspritzausblendung eingesetzt. Beim Dieselmotor reduziert die Elektronische Dieselregelung (EDC) über die eingespritzte Kraftstoffmenge das Motormoment. Ein symmetrischer Bremseingriff dient dabei zur kurzfristigen Unterstützung der Motormomentenreduzierung.

Bei Fahrten im Gelände spielt die Traktion eine besondere Rolle. Üblicherweise wird bei Fahrzeugen mit Offroad-Anforderungen über eine spezielle Situationserkennung automatisch die Antriebsschlupfregelung angepasst, um bestmögliche Leistungsfähigkeit und Robustheit zu erreichen. Andere Fahrzeughersteller geben dem Fahrer die Möglichkeit, verschiedene Einstellungen vom Abschalten der Motormomentenbegrenzung bis hin zu auf spezielle Fahrbahnbedingungen (z.B. Eis, Schnee, Gras, Sand, Matsch und Felsboden) zugeschnittene Anpassungen zu wählen.

Querdynamik-Zusatzfunktionen

Für besondere Fahrzeugklassen wie z.B. Sport-Utility-Vehicles (SUV) oder Kleintransporter und bei speziellen Anforderungen an die Fahrzeugstabilisierung können die bisher beschriebenen Grundfunktionen des ESC um fahrdynamische Zusatzfunktionen ergänzt werden.

Erweiterte Untersteuerunterdrückung
Es ist selbst bei normaler Fahrweise möglich, dass das Fahrzeug der Lenkvorgabe des Fahrers nicht mehr angemessen folgt (es untersteuert), wenn z.B. die Fahrbahn in einer Kurve plötzlich nass oder verschmutzt ist. Das ESC kann deshalb die Gierrate durch Ausüben eines zusätzlichen Giermomentes erhöhen. Damit wird es möglich, eine Kurve mit der physikalisch maximal möglichen Geschwindigkeit zu durchfahren. Je nach Fahrzeugtyp unterscheiden sich die erwartete Häufigkeit der Eingriffe und die Komfortanforderungen des Fahrzeugherstellers, und so gibt es verschiedene Ausbaustufen für die Ausführung solcher Bremseingriffe, die das Untersteuerverhalten des Fahrzeugs beeinflussen.

Fordert der Fahrer einen kleineren Kurvenradius als physikalisch möglich, dann bleibt nur die Verringerung der Fahrzeuggeschwindigkeit. Dies kann man aus dem bei stationärer Kurvenfahrt geltenden Zusammenhang zwischen dem Kurvenradius r, der Fahrzeuglängsgeschwindigkeit v_x und der Gierrate $\dot{\psi}$ ablesen:

$$r = \frac{v_x}{\dot{\psi}}\,.$$

Um einen gewünschten Spurverlauf sicherzustellen, wird das Fahrzeug dann – ohne dass ein Giermoment aufgeprägt wird – durch gezieltes Abbremsen aller Räder soweit wie nötig abgebremst (Enhanced Understeering Control, EUC).

Verhinderung des Umkippens
Insbesondere leichte Nutzkraftfahrzeuge und andere Fahrzeuge mit einem hohen Schwerpunkt wie z.B. Sport-Utility-Vehicles (SUV) können umkippen, wenn durch eine spontane Lenkreaktion des Fahrers z.B. bei einem Ausweichmanöver auf trockener Straße hohe Seitenkräfte aufgebaut werden (hochdynamische Fahrsituationen) oder beim zu schnellen Durchfahren einer Autobahnausfahrt mit abnehmendem Kurvenradius die Querbeschleunigung langsam bis in den kippkritischen Bereich zunimmt (quasistationäre Fahrsituationen).

Es gibt spezielle Funktionen (Rollover Mitigation Functions, RMF), die unter Nutzung der normalen ESC-Sensorik die kritischen Fahrsituationen erkennen und durch Eingriffe in die Bremsen- und Motorregelung das Fahrzeug stabilisieren. Um rechtzeitig einzugreifen, wird neben der Lenkvorgabe des Fahrers und der gemessenen Reaktion des Fahrzeugs (Gierrate und Querbeschleunigung) mithilfe eines Prädiktionsverfahrens das Verhalten des Fahrzeugs in naher Zukunft abgeschätzt. Ist daraus eine bevorstehende Kippgefahr erkennbar, werden insbesondere die beiden kurvenäußeren Räder gezielt abgebremst. Dies reduziert die Seitenkräfte an den Rädern und verringert so die kippkritische Querbeschleunigung. Insbesondere bei hochdynamischen Ausweichmanövern muss die Radregelung sehr feinfühlig erfolgen, sodass trotz der stark schwankenden Aufstandskräfte F_{N} die Lenkbarkeit des Fahrzeugs durch die Blockierneigung einzelner Räder nicht beeinträchtigt wird. Der Geschwindigkeitsabbau durch das radindividuelle Bremsen sorgt zusätzlich dafür, dass der Fahrer das Fahrzeug in der Fahrspur halten kann. In quasistationären Fahrsituationen verhindert außerdem eine rechtzeitige Reduktion des Motormoments, dass der Fahrer eine kippkritische Situation provoziert.

Eingriffszeitpunkt und Stärke der stabilisierenden Eingriffe müssen möglichst genau auf das aktuelle Fahrzeugverhalten angepasst sein. Dieses kann sich mit der Beladung wesentlich verändern, zum Beispiel bei Transportern oder Sport-Utility-Vehicles mit Dachgepäckträger. Deshalb kommen bei solchen Fahrzeugen zusätzliche Schätzalgorithmen zum Einsatz, mit denen die Fahrzeugmasse und die durch die Ladungsverteilung hervorgerufene Veränderung der Lage des Massenschwerpunkts bestimmt werden, soweit dies für die Anpassung der ESC-Funktionen erforderlich ist (Load Adaptive Control, LAC).

Gespann-Stabilisierung
Abhängig von der Fahrzeuggeschwindigkeit neigen Fahrzeuggespanne aus Zugfahrzeug und Anhänger zu Pendelbewegungen um ihre Hochachse. Fährt man langsamer als die „kritische Geschwindigkeit“ (diese liegt üblicherweise zwischen 90 km/h und 130 km/h), sind diese Pendelbewegungen gut gedämpft

und klingen rasch ab. Ist das Gespann aber schneller unterwegs, so kann es bereits durch kleine Lenkbewegungen, Seitenwind oder das Überfahren eines Schlaglochs plötzlich zu solchen Pendelbewegungen kommen, die sich dann schnell verstärken und schließlich zum Unfall durch Einknicken des Gespanns führen können.

Deutliches periodisches Übersteuern löst normale ESC-Stabilisierungseingriffe aus, die aber in der Regel zu spät kommen und alleine nicht ausreichen, um das Gespann zu stabilisieren. Deshalb erkennt die Funktion Trailer Sway Mitigation (TSM) auf Basis der gewöhnlichen ESC-Sensorik frühzeitig Pendelbewegungen; sie tut dies über eine modellbasierte Analyse der Gierrate des Zugfahrzeugs unter Berücksichtigung der Lenkbewegungen des Fahrers. Erreichen diese Pendelbewegungen eine kritische Größe, wird das Gespann automatisch abgebremst, um die Geschwindigkeit so weit abzusenken, dass nicht bei der kleinsten folgenden Anregung sofort wieder eine kritische Schwingung entsteht. Damit in einer kritischen Situation die Schwingung so effektiv wie möglich gedämpft wird, werden außer der symmetrischen Verzögerung über alle Räder des Zugfahrzeugs radindividuelle Bremseingriffe ausgeführt, die die Pendelbewegung des Gespanns rasch dämpfen. Eine Beschränkung des Motormoments verhindert während der Stabilisierung die gefährliche Beschleunigung durch den Fahrer.

Ansteuerung weiterer Fahrdynamiksteller
Neben der Nutzung der hydraulischen Radbremsen gibt es noch andere Aktoren, über die die fahrdynamischen Eigenschaften eines Fahrzeugs gezielt beeinflusst werden können. Verknüpft man aktive Lenk- und Fahrwerksysteme mit dem ESC zum Vehicle Dynamics Management (VDM) genannten Systemverbund, so können sie in Summe den Fahrer noch besser unterstützen und so die Sicherheit und Fahrdynamik weiter verbessern.

Während das Zusammenspiel der Lenkung beziehungsweise der Wankstabilisierung und der Bremse erst in den letzten Jahren zum Einsatz kommen [5], hat sich schon vor einiger Zeit die Ansteuerung von Sperren im Antriebsstrang im Markt etabliert. Bei der großen Zahl solcher Systeme ist in vielen Fällen die Kopplung mit dem ESC möglich. Der Zusatzsteller kann prinzipiell entweder direkt aus der erweiterten ESC-Funktionalität heraus (Kooperations-Ansatz) oder über ein eigenes Steuergerät, das mit dem ESC-Steuergerät Informationen austauscht (Koexistenz-Ansatz), angesteuert werden.

Bei Allradfahrzeugen wird das Antriebsmoment über ein Mittenelement auf beide Antriebsachsen verteilt (Bild 6). Wirkt der Motor in erster Linie auf eine Achse und die zweite Achse ist über das Mittenelement angekoppelt, spricht man von einem Hang-On-System. Ist dieses Mittenelement ein offenes Differential

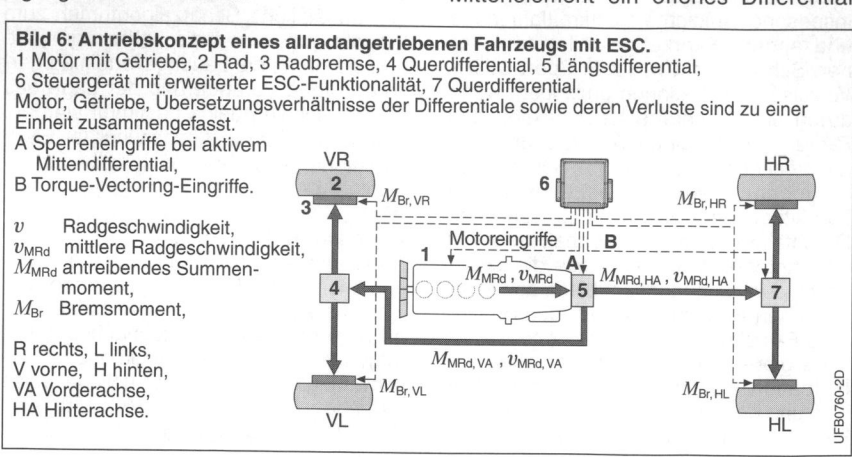

Bild 6: Antriebskonzept eines allradangetriebenen Fahrzeugs mit ESC.
1 Motor mit Getriebe, 2 Rad, 3 Radbremse, 4 Querdifferential, 5 Längsdifferential,
6 Steuergerät mit erweiterter ESC-Funktionalität, 7 Querdifferential.
Motor, Getriebe, Übersetzungsverhältnisse der Differentiale sowie deren Verluste sind zu einer Einheit zusammengefasst.
A Sperreneingriffe bei aktivem Mittendifferential,
B Torque-Vectoring-Eingriffe.

v Radgeschwindigkeit,
v_{MRd} mittlere Radgeschwindigkeit,
M_{MRd} antreibendes Summenmoment,
M_{Br} Bremsmoment,

R rechts, L links,
V vorne, H hinten,
VA Vorderachse,
HA Hinterachse.

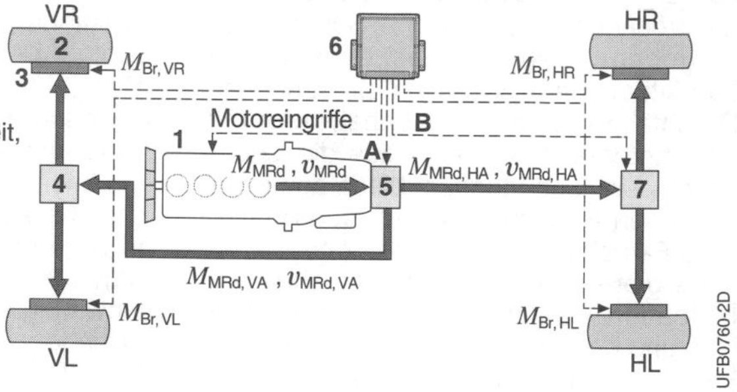

(ohne Sperrwirkung), so kommt es zu einer Antriebsmomentenbegrenzung, wenn eine Achse erhöhten Schlupf aufweist. Im ungünstigsten Fall kann kein Vortrieb erreicht werden, falls ein Rad durchdreht. In Kombination mit dem ESC können symmetrische Bremseingriffe des Allrad-ASR-Reglers die Differenzgeschwindigkeit zwischen den Achsen begrenzen und so eine Längs-Sperrwirkung erzielen.

Die Antriebsschlupfregelung des ESC kann auch auf die spezielle Wirkungsweise anderer Typen von Mittenelementen wie Torsen- und Visco-Kupplungen abgestimmt werden. Generell müssen alle regelbaren Antriebsstrangsteller ein definiertes Sperrmoment und Zeitverhalten beim Öffnen und Schließen aufweisen, um mit ihnen gezielt das Eigenlenkverhalten des Fahrzeugs anzupassen.

Lässt sich der Antriebsstrang eines Fahrzeugs zwischen verschiedenen Konfigurationen manuell umschalten, stellt sich das ESC automatisch auf die vom Fahrer gewählte Betriebsart ein. Weil das ESC auf einer radindividuellen Regelung beruht, ist die Zusammenarbeit mit mechanischen Sperren für besondere Geländebedingungen nur dann möglich, wenn die Sperre bei Eingriffen des Querdynamikreglers automatisch geöffnet werden kann. Andernfalls muss das System bei eingelegter Sperre in eine ABS-Rückfallebene umgeschaltet werden, weil sich fahrdynamische Eingriffe an einem Rad bei starrer Kopplung der Achsen auch an anderen Rädern auswirken würden.

Neben den einfachen Kopplungen zwischen den beiden Achsen gibt es regelbare Mittensperren, bei denen ein elektrischer oder hydraulischer Aktor eine Kupplung ansteuert und so das Sperrmoment anpasst (Bild 6, A). So kann mit den Fahrdynamikinformationen des ESC (z.B. Radgeschwindigkeiten, Fahrzeuggeschwindigkeit, Gierrate, Querbeschleunigung und Motormoment) und zusätzlicher Berücksichtigung Steller-spezifischer Größen (wie z.B. der mechanischen Belastung des Bauteils) die Kopplung der beiden Achsen optimal an die aktuelle Fahrsituation angepasst werden (Dynamic Coupling Torque at Center, DCT-C).

Das Beispiel in Bild 7 zeigt, wie eine variable Antriebsmomentenverteilung das Fahrzeugverhalten beeinflusst. Kann beim Risiko des Übersteuerns in einer Kurve vorübergehend mehr Antriebsmoment an die Vorderachse verlagert werden, muss erst deutlich später zur Vermeidung einer Instabilität das Motormoment abgesenkt oder gar mit Bremseingriffen das Fahrzeug stabilisiert werden (dargestellt ist die maximal mögliche Antriebsmomentenverschiebung). Neigt ein Fahrzeug eher zum Untersteuern, so kann durch Verlagerung von Antriebsmoment an die Hinterachse diese Tendenz abgeschwächt werden. In beiden Fällen wird dadurch ein Fahrzeugverhalten mit günstigerem Ansprechverhalten und besserer Stabilität erreicht. In welchen Grenzen eine Verschiebung des Antriebsmoments tatsächlich möglich ist,

Bild 7: Einfluss der Antriebsmomentenverteilung auf das Fahrzeugverhalten.
a) Übersteuern: Stabilitätsgrenze wird zuerst an der Hinterachse überschritten.
b) Untersteuern: Stabilitätsgrenze wird zuerst an der Vorderachse überschritten.
1 Standardverteilung bei stabiler Fahrt.
2 Drohende Instabilität, Antriebsmoment wird zur Achse mit noch vorhandenem Stabilitätspotential verschoben.
3 Maximale Verschiebung des Antriebsmoments.
4 Rücknahme der Verschiebung.
5 Nach Abbau des Instabilität ist die Standardverteilung wieder hergestellt.

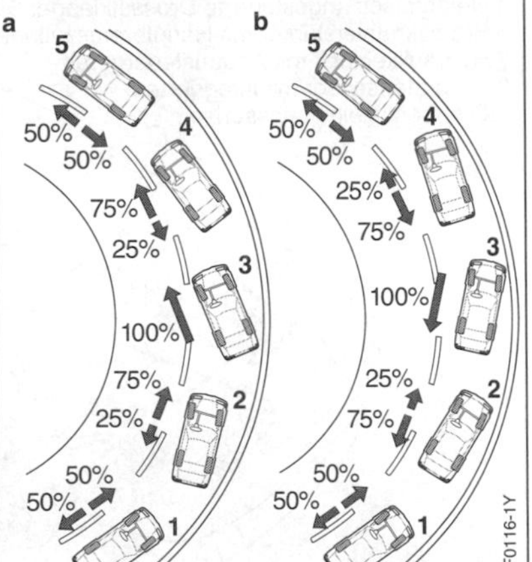

hängt von der konkreten Antriebsstrangkonfiguration ab.

In ähnlicher Weise wie bei der beschriebenen flexiblen Kopplung der beiden Achsen kann auch ein regelbares Element an einer Achse durch das ESC angesteuert werden. Von der prinzipiellen Wirkung her unterscheidet sich die Funktionalität Dynamic Wheel Torque Distribution (DWT) kaum von der durch ASR über die hydraulischen Radbremsen realisierten Quersperre. Ein solcher Zusatzsteller verteilt allerdings auch in normalen Fahrsituationen aktiv das Antriebsmoment zwischen den Rädern einer Achse. Dies geschieht mit weniger Verlusten sowie deutlich feinfühliger und damit komfortabler, als es durch die Antriebsschlupfregelung im Zusammenspiel von Bremsmomentenregelung und Motormomentreduzierung unter Berücksichtigung des Verschleißes der ESC-Hydraulikeinheit realisierbar ist.

Systemkomponenten

Die Hydraulikeinheit und das mit ihr unmittelbar verbundene Steuergerät (Anbausteuergerät) sowie die Drehzahlsensoren eignen sich für raue Umgebungsbedingungen, wie sie im Motorraum oder in den Radkästen vorherrschen. Der Drehratensensor (Giergeschwindigkeitssensor) und der Querbeschleunigungssensor sind entweder in das Steuergerät integriert oder wie der Lenkwinkelsensor in der Fahrgastzelle eingebaut. Beispielhaft ist in Bild 8 der Einbauort der Komponenten im Fahrzeug mit den elektrischen und mechanischen Verbindungen dargestellt.

Steuergerät
Das in Leiterplatten-Technik (Printed Circuit Board, PCB) aufgebaute Steuergerät umfasst neben einem Dual-Core-Rechner sowohl alle Treiber und Halbleiterrelais zur Ventil- und Pumpenansteuerung als auch Interface-Schaltungen zur Sensorsignalaufbereitung und entsprechende Schaltereingänge für Zusatzsignale (z.B. Bremslichtschalter). Ferner gibt es Schnittstellen (CAN, FlexRay) für die Kommunikation mit anderen Systemen wie z.B. die Motor- und die Getriebesteuerung.

Bild 8: Komponenten des ESC.
1 Radbremsen, 2 Raddrehzahlsensoren, 3 Motorsteuergerät,
4 elektronisch angesteuerte Drosselklappe, 5 Lenkwinkelsensor,
6 Bremskraftverstärker mit Hauptbremszylinder,
7 Hydraulikeinheit mit Anbausteuergerät,
8 Drehratensensor mit integriertem
Querbeschleinigungssensor.

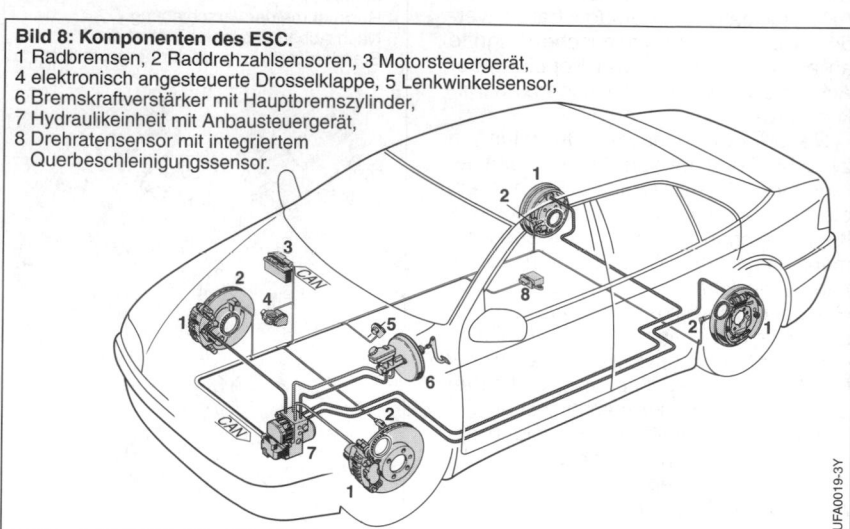

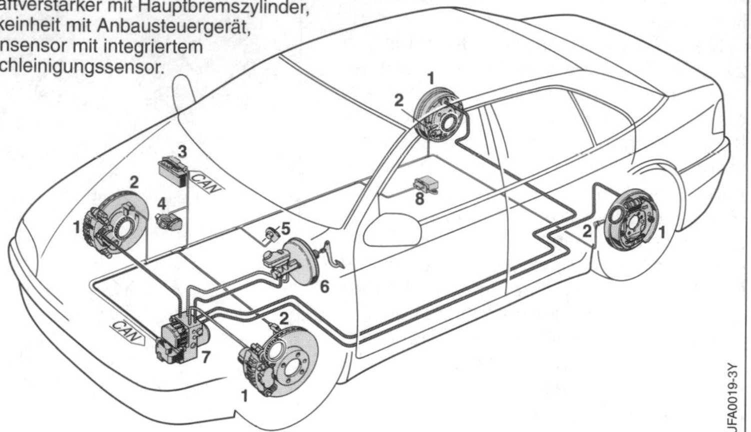

Hydraulikeinheit
Die Hydraulikeinheit (auch als Hydraulikaggregat oder Hydroaggregat bezeichnet) bildet wie bei ABS- oder ABS/ASR-Systemen die hydraulische Verbindung zwischen dem Hauptbremszylinder und den Radbremszylindern. Es setzt die Stellbefehle des Steuergeräts um und regelt über Magnetventile die Drücke in den Radbremsen. In einem Aluminiumblock ist der hydraulische Schaltplan durch Bohrungen realisiert. Dieser Block dient gleichzeitig zur Aufnahme der notwendigen hydraulischen Funktionselemente (Magnetventile, Kolbenpumpen und Speicherkammern).

ESC-Systeme erfordern unabhängig von der Bremskreisaufteilung zwölf Ventile (Bild 9). Zudem ist meist ein Drucksensor integriert, der den Verzögerungswunsch des Fahrers über den Bremsdruck im Hauptbremszylinder misst. Dies erhöht die Leistungsfähigkeit der Fahrzeugstabilisierung in teilaktiven Manövern. Die Druckmodulation während einer ABS-Regelung (passive Regelung) erfolgt bei einer ESC-Hydraulik in gleicher Weise wie beim ABS-System.

Da ESC-Systeme aber auch aktiv Druck aufbauen (aktive Regelung) oder einen vom Fahrer vorgegebenen Bremsdruck erhöhen müssen (teilaktive Regelung), ist die beim ABS eingesetzte Rückförderpumpe durch eine selbstsaugende Pumpe je Kreis ersetzt. Die Radbremszylinder und der Hauptbremszylinder sind über ein stromlos offenes Umschaltventil (USV) und ein Hochdruckschaltventil (HSV) verbunden.

Ein zusätzliches Rückschlagventil mit einem bestimmten Schließdruck verhindert, dass die Pumpe ungewollt Bremsflüssigkeit aus den Rädern saugt. Der Antrieb der Pumpen erfolgt bedarfsgesteuert über einen Gleichstrommotor, der ein auf der Motorwelle sitzendes Exzenterlager antreibt.

Drei Beispiele für die Druckmodulation sind in Bild 10 dargestellt. Um unabhängig vom Fahrer Druck aufzubauen (Bild 10c), werden die Umschaltventile geschlossen und die Hochdruckschaltventile geöffnet. Die selbstsaugende Pumpe fördert nun Bremsflüssigkeit in das oder die entsprechenden Räder, um Druck aufzubauen. Die Einlassventile der übrigen Räder

Bild 9: Hydraulischer Schaltplan einer ESC-Hydraulikeinheit (X-Bremskreisaufteilung).
HZ Hauptbremszylinder, RZ Radbremszylinder, EV Einlassventil, AV Auslassventil,
USV Umschaltventil, HSV Hochdruckschaltventil,
PE Rückförderpumpe, M Pumpenmotor,
AC Niederdruckspeicher,
V vorne, H hinten, R rechts, L links.

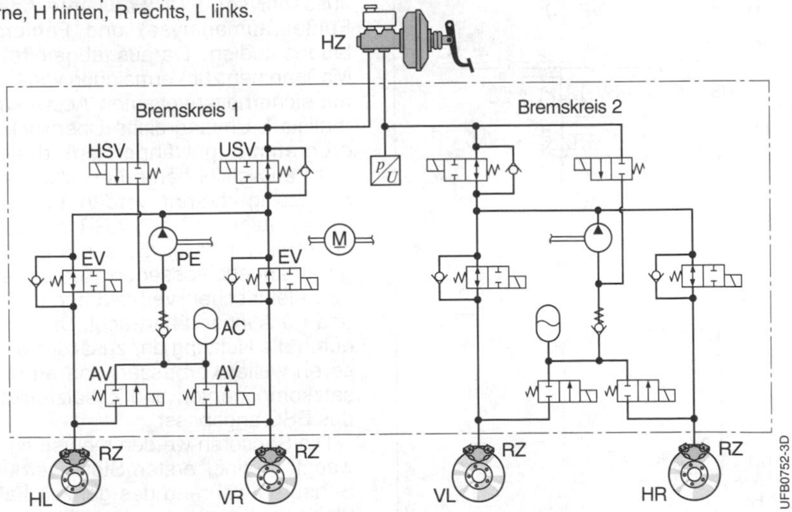

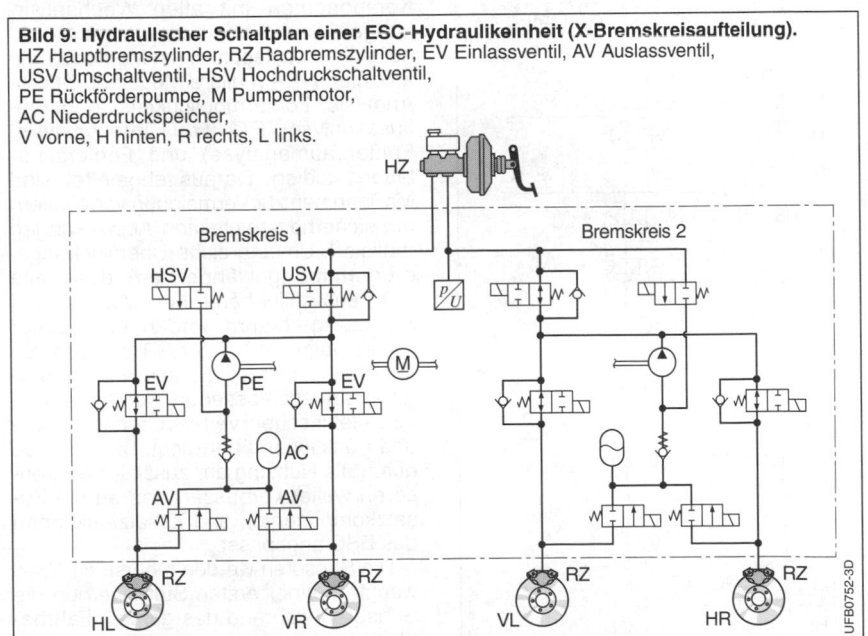

bleiben geschlossen. Zum Druckabbau werden schließlich die Auslassventile geöffnet und die Hochdruckschaltventile und Umschaltventile kehren in ihre Ausgangsstellung zurück (Bild 10b). Die Bremsflüssigkeit entweicht aus den Rädern in die Niederdruckspeicher, die durch die Pumpen leer gefördert werden. Die bedarfsgerechte Ansteuerung des Pumpenmotors reduziert die Geräuschemission während der Druckerzeugung und -regelung.

Bild 10: Druckmodulation in der ESC-Hydraulikeinheit.
a) Druckaufbau bei Bremsung,
b) Druckabbau bei ABS-Regelung,
c) Druckaufbau über die selbstsaugende Pumpe durch ASR- oder ESC-Eingriff.
EV Einlassventil, AV Auslassventil,
USV Umschaltventil,
HSV Hochdruckschaltventil,
PE Rückförderpumpe, M Pumpenmotor,
AC Niederdruckspeicher,
V vorne, H hinten, R rechts, L links.

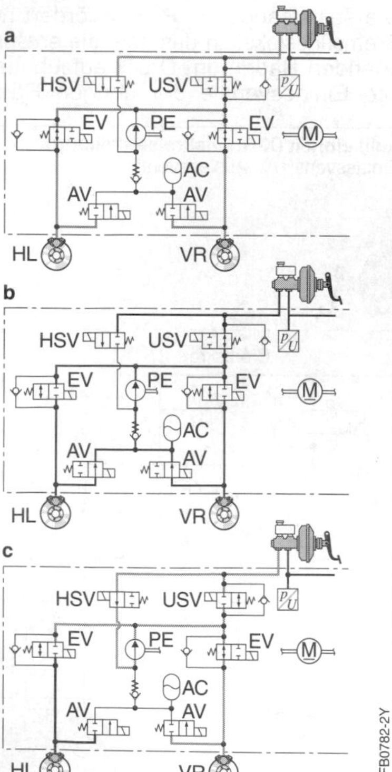

Für die teilaktive Regelung (Bild 10a) ist es notwendig, dass das Hochdruckschaltventil gegen höhere Differenzdrücke (> 0,1 MPa) den Saugpfad der Pumpe öffnen kann. Die erste Stufe des Ventils wird über die Magnetkraft der bestromten Spule, die zweite über die hydraulische Flächendifferenz geöffnet. Wenn der ESC-Regler einen instabilen Zustand des Fahrzeugs erkennt, werden die stromlos offenen Umschaltventile geschlossen und das stromlos geschlossene Hochdruckschaltventil geöffnet. Anschließend erzeugen die beiden Pumpen zusätzlichen Druck, um das Fahrzeug zu stabilisieren. Ist der Eingriff abgeschlossen, wird das Auslassventil geöffnet und der Druck im geregelten Rad in den Speicher abgelassen. Sobald der Fahrer das Bremspedal löst, wird die Flüssigkeit aus dem Speicher in den Bremsflüssigkeitsbehälter zurückgefördert.

Überwachungssystem

Für die sichere Funktion des ESC ist ein lückenloses Sicherheitssystem von fundamentaler Bedeutung. Es umfasst das Gesamtsystem einschließlich aller Komponenten mit allen Wechselwirkungen. Das Sicherheitssystem beruht auf sicherheitstechnischen Methoden wie z.B. die FMEA (Failure Mode and Effects Analysis, Fehlermöglichkeits- und Einflussanalyse), FTA (Fault Tree Analysis, Fehlerbaumanalyse) und Fehlersimulationsstudien. Daraus abgeleitet sind Maßnahmen zur Vermeidung von Fehlern mit sicherheitsrelevanten Auswirkungen realisiert. Umfangreiche Überwachungsprogramme gewährleisten, dass alle nicht ausschließbaren Fehler sicher und rechtzeitig erkannt werden. Basis dafür ist die beim ABS und ASR erprobte Sicherheitssoftware, die alle ans Steuergerät angeschlossenen Komponenten, ihre elektrischen Verbindungen, Signale und Funktionen überwacht. Diese wurde durch die Nutzung der zusätzlichen Sensoren weiter verbessert und an die Zusatzkomponenten und Zusatzfunktionen des ESC angepasst.

Die Sensoren werden mehrstufig überwacht. In einer ersten Stufe werden die Sensoren während des ganzen Fahrbetriebs auf Leitungsbruch, nicht plausibles

Signalverhalten („Out of Range"-Prüfung), Einstreuerkennung und physikalische Plausibilität überwacht. In einer zweiten Stufe werden die wichtigsten Sensoren aktiv getestet. Der Giergeschwindigkeitssensor wird durch aktive Verstimmung des Sensorelements und Auswertung der Signalantwort geprüft. Auch der Beschleunigungssensor hat im Hintergrund eine interne Überwachung. Das Drucksensorsignal muss beim Einschalten einen vordefinierten Verlauf aufweisen und intern werden der Offset und die Verstärkung abgeglichen. Der Lenkwinkelsensor hat eigene Überwachungsfunktionen integriert und liefert im Fehlerfall direkt eine Meldung an das Steuergerät. Zusätzlich wird die digitale Signalübertragung an das Steuergerät ständig überwacht. In einer dritten Stufe erfolgt die Überwachung der Sensoren während des ganzen stationären Fahrbetriebs durch „analytische Redundanz", indem in einer Modellrechnung geprüft wird, ob die über die Fahrzeugbewegung bestimmten Beziehungen zwischen den Sensorsignalen plausibel sind. Die Modelle werden auch dazu genutzt, um die innerhalb der Sensorspezifikationen auftretenden Sensor-Offsets zu berechnen und zu kompensieren.

Im Fehlerfall wird das System, abhängig von der Fehlerart, ganz oder teilweise abgeschaltet. Die Fehlerbehandlung ist auch davon abhängig, ob die Regelung aktiv ist oder nicht.

Weitere Bezeichnungen für die Fahrdynamikregelung

Neben ESP® und der neutralen Bezeichnung ESC für Electronic Stability Control gibt es noch weitere, von Fahrzeugherstellern verwendete Namen für die Fahrdynamikregelung. Beispiele hierfür sind Dynamic Stability Control (DSC), Vehicle Stability Assist (VSA), Vehicle Stability Control (VSC), Dynamic Stability and Traction Control (DSTC), Controllo Stabilità e Trazione (CST).

Spezielle Fahrdynamikregelung für Nfz

Aufgabe

Schwere Nutzfahrzeuge unterscheiden sich von Pkw im Wesentlichen durch ihre erheblich größere Masse verbunden mit höheren Schwerpunktlagen und durch zusätzliche Freiheitsgrade aufgrund von Anhängerbetrieb [7]. So können sie über das im Pkw bekannte Schleudern hinaus weitere instabile Zustände einnehmen. Neben dem Einknicken bei mehrgliedrigen Fahrzeugkombinationen, z. B. verursacht durch das Aufschieben des Anhängers, gehört dazu insbesondere das Umkippen aufgrund zu hoher Querbeschleunigung. Daher muss eine Fahrdynamikregelung für Nutzfahrzeuge außer den Stabilisierungsfunktionen für Pkw auch das Einknicken und das Umkippen verhindern.

Anforderungen

Aus den erweiterten Aufgaben der Fahrdynamikregelung für Nutzfahrzeuge lassen sich ergänzend zum Pkw folgende Anforderungen ableiten:

- Verbesserung der Spur- und Richtungstreue einer Fahrzeugkombination (z.B. Sattelkraftfahrzeug oder Gliederzugkombination) im Grenzbereich unter allen Betriebs- und Beladungszuständen. Das schließt auch ein Verhindern des Einknickens der Fahrzeugkombination ein.
- Verringern der Kippgefahr eines Einzelfahrzeugs und einer Fahrzeugkombination sowohl bei quasistationären als auch bei dynamischen Fahrmanövern.

Diese im Nfz-ESC realisierten Anforderungen führen ähnlich wie im Pkw zu einer deutlichen Erhöhung der Fahrsicherheit. Aus diesem Grund hat der Gesetzgeber in Europa beschlossen, für schwere Nutzfahrzeuge (ab 7,5 t) den Einbau eines Fahrdynamikregelsystems ab 2011 stufenweise verpflichtend vorzuschreiben (Bestandteil der ECE-R 13 [11]).

Anwendung

Das Nutzfahrzeug-ESC ist mittlerweile für nahezu alle Fahrzeugkonfigurationen (außer Allradfahrzeuge) verfügbar:

- Fahrzeuge mit den Radformeln 4×2, 6×2, 6×4 und 8×4,
- Kombinationen aus Sattelzugmaschine und Sattelauflieger (Sattelkraftfahrzeug oder vereinfacht Sattelzug genannt),
- Kombinationen aus Motorwagen und Deichselanhänger (Gliederzug),
- Mehrfach-Anhängerkombinationen (Eurokombi), z.B. Kombinationen aus Motorwagen, Dolly und Sattelauflieger oder Sattelzug mit zusätzlichem Zentralachsanhänger oder Sattelzugmaschine mit B-Link und Sattelauflieger.

Arbeitsweise

Die Fahrdynamikregelung für Nutzfahrzeuge lässt sich gemäß den Anforderungen in die zwei nachfolgend beschriebenen Funktionsgruppen einteilen.

Stabilisieren des Fahrzeugs bei Schleuder- und Einknickgefahr

Die Spurstabilisierung eines Nutzfahrzeugs erfolgt zunächst nach den gleichen Grundsätzen wie beim Pkw. Dazu vergleicht der Regler die aktuelle Fahrzeugbewegung unter Berücksichtigung der physikalischen Grenzen mit der vom Fahrer gewünschten Bewegung. Das physikalische Modell der ebenen Bewegung – bei einem Einzelfahrzeug durch drei Freiheitsgrade (Längs-, Quer- und Gierbewegung) charakterisiert – wird jedoch bei einem Sattelkraftfahrzeug um den Knickwinkel zwischen Motorwagen und Anhänger erweitert (ein zusätzlicher Freiheitsgrad). Bei Kombinationen mit Drehschemelanhängern oder mehreren Anhängern kommen entsprechend weitere Freiheitsgrade hinzu.

Zur Berechnung der vom Fahrer gewünschten Fahrzeugbewegung ermittelt das Steuergerät mit Hilfe von vereinfachten mathematisch-physikalischen Modellen (Einspur-Fahrzeugmodell, [8]) die Soll-Giergeschwindigkeit des Motorwagens. Die in diesen Modellen vorkommenden Parameter (charakteristische Fahrzeuggeschwindigkeit v_{ch}, Radstand l und Lenkübersetzung i_L) werden entweder am Bandende in der Fahrzeugmontage parametriert oder im Fahrbetrieb mithilfe von speziellen Adaptionsalgorithmen (z.B. Kalman-Filter oder rekursive Least-Squares-Schätzer, [9]) an das jeweilige Verhalten des Fahrzeugs angepasst. Die „Online"-Adaption der Parameter ist im Nutzfahrzeug besonders wichtig, da hier die Varianten- und die Beladungsvielfalt deutlich größer ist als im Pkw.

Parallel dazu ermittelt das ESC aus den verfügbaren Messgrößen die Gierrate und die Querbeschleunigung sowie aus den Raddrehzahlen die aktuelle Fahrzeugbewegung. Eine deutliche Abweichung zwischen der aktuellen Fahrzeugbewegung und der vom Fahrer erwarteten Bewegung führt zu einem Regelfehler, der vom eigentlichen Regler in ein korrigierendes Soll-Giermoment umgewandelt wird.

Die Höhe des Soll-Giermoments hängt beim Nutzfahrzeug außer vom Regelfehler auch von der aktuellen Fahrzeugkonfiguration (Radstand, Anzahl der Achsen, Betrieb mit oder ohne Anhänger usw.) und dem Beladungszustand (Masse, Schwerpunktlage in Längsrichtung usw.) ab. Da diese Parameter variabel sind, werden sie vom ESC kontinuierlich adaptiert. Dies geschieht beispielsweise beim Beladungszustand mit Hilfe eines Schätzalgorithmus, der aus Signalen der Motorsteuerung (Motordrehzahl und Motormoment) und der Fahrzeuglängsbewegung (Raddrehzahlen) permanent die aktuelle Fahrzeugmasse identifiziert.

Anhand der aktuellen Fahrsituation wird dann das Soll-Giermoment durch Bremsen einzelner oder mehrerer Räder und des Anhängers in geeigneter Weise umgesetzt. Beispielhaft ist dies in Bild 11a für ein eindeutiges Übersteuern, in Bild 11b für ein Untersteuern dargestellt.

Neben diesen eindeutigen Situationen gibt es noch weitere kritische Fahrzustände, in denen je nach gewünschtem Stabilisierungsmoment auch andere Räder oder Kombinationen von Rädern gebremst werden. So wird beispielsweise bei stärkerem Untersteuern analog zur „Erweiterten Untersteuerunterdrückung" beim Pkw (EUC, Enhanced Understeering Control) das gesamte Fahrzeug abgebremst.

Das Schleudern und das Einknicken findet wegen der üblicherweise hohen Schwerpunktlage eines Nutzfahrzeugs überwiegend auf niedrigen und mittleren Reibwerten statt, bei denen die Reifen-Haftreibungsgrenze schon frühzeitig überschritten wird. Auf hohen Reibwerten fangen beladene Nutzfahrzeuge aufgrund der hohen Schwerpunktlage normalerweise an zu Kippen, bevor die Haftreibungsgrenze der Reifen erreicht wird.

Verringern der Kippgefahr
Die Kippgrenze (Querbeschleunigungslimit) eines Fahrzeugs hängt nicht nur von der Höhe des Schwerpunkts ab, sondern auch vom Fahrwerk (Achsaufhängung, Stabilisatoren, Federbasis usw.) und der Art der Beladung (feste oder bewegte Beladung) [10].

Ursächlich für das Kippen eines Nutzfahrzeugs ist außer der relativ geringen Kippgrenze eine zu große Fahrzeuggeschwindigkeit während einer Kurvenfahrt. Das ESC nutzt diese Zusammenhänge, um die Kippwahrscheinlichkeit zu mindern. Sobald sich das Fahrzeug der Kippgrenze annähert, wird es durch ein Reduzieren des Motormoments und gegebenenfalls zusätzliches Abbremsen verzögert. Die Kippgrenze wird dabei entsprechend der Beladung des Fahrzeugs und der Lastverteilung ermittelt, wobei der Beladungszustand des Fahrzeugs „online" geschätzt wird.

Abhängig von der jeweiligen Fahrsituation wird die ermittelte Kippgrenze modifiziert. So erfolgt z.B. in schnellen dynamischen Fahrsituationen (z.B. Ausweichmanöver) eine Reduzierung der Kippgrenze, um ein frühzeitigeres Eingreifen zu ermöglichen. Andererseits wird die Kippgrenze bei sehr langsamen Fahrmanövern (z.B. enge Serpentinenkehren bergauf) angehoben, um keine unnötigen und störenden ESC-Eingriffe zu erhalten.

Der ermittelten Kippgrenze liegen verschiedene Annahmen bezüglich der Höhe des Schwerpunkts und des Fahrverhaltens der Fahrzeugkombination bei bekannter Achslastverteilung zugrunde. Damit wird der größte Teil der üblichen Fahrzeugkombinationen abgedeckt.

Um auch bei starken Abweichungen von diesen Annahmen noch eine Stabilisierung zu gewährleisten (z.B. extrem

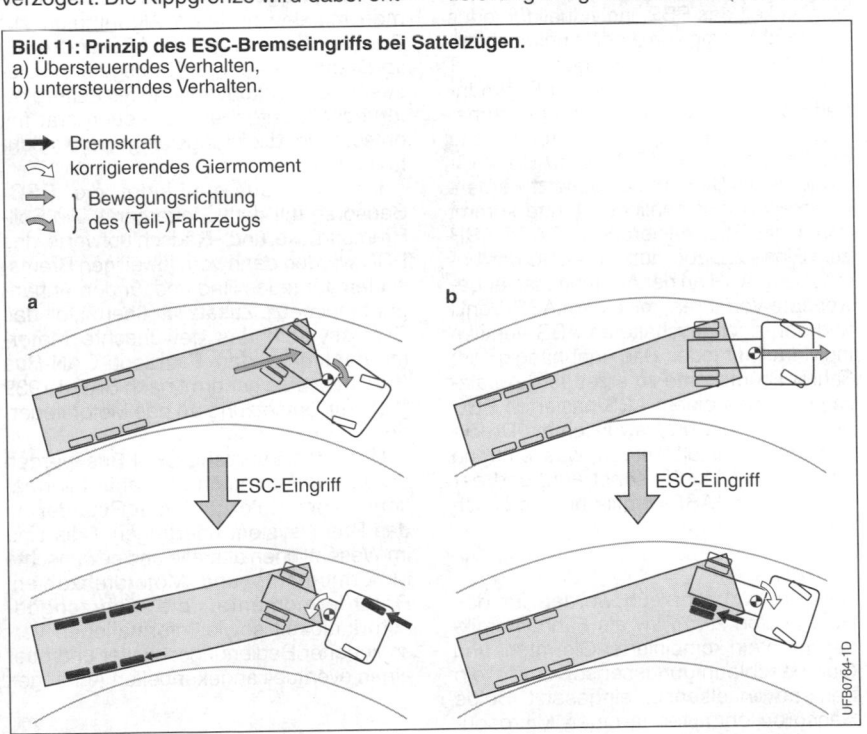

Bild 11: Prinzip des ESC-Bremseingriffs bei Sattelzügen.
a) Übersteuerndes Verhalten,
b) untersteuerndes Verhalten.

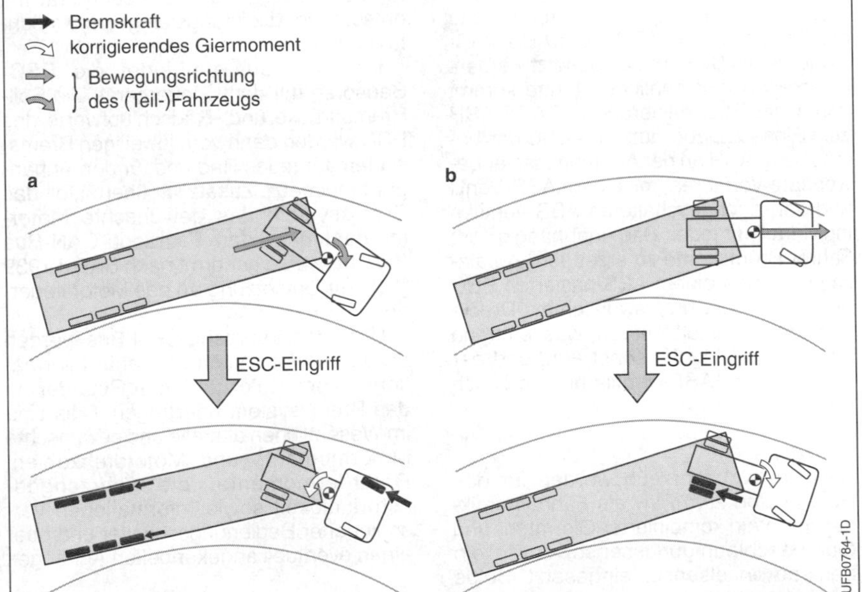

hohe Schwerpunktlagen), detektiert das ESC zusätzlich das Abheben kurveninnerer Räder. Dabei werden diese auf nicht plausibles Drehzahlverhalten hin überwacht. Gegebenenfalls wird dann die gesamte Fahrzeugkombination durch geeignete Bremseingriffe stark verzögert. Das Abheben kurveninnerer Räder am Anhänger wird mit Hilfe des Anhänger-EBS über die CAN-Kommunikationsleitung (ISO 11992 [13]) durch Anlaufen des ABS-Reglers mitgeteilt. Für Kombinationen mit Anhänger, die ausschließlich mit ABS ausgerüstet sind, beschränkt sich die Erkennung auf kurveninnere Räder des Motorwagens.

Systemaufbau

Auf dem europäischen Markt hat sich das elektronische Bremssystem, EBS, als Standard für die Bremsensteuerung schwerer Nutzfahrzeuge durchgesetzt. Das ESC basiert auf diesem System und erweitert es um die Regelung der Fahrdynamik. Das ESC verwendet dazu die Möglichkeit des EBS, individuell für jedes Rad unabhängig vom Fahrer unterschiedliche Bremskräfte zu erzeugen.

Die stark unterschiedlichen Rahmenbedingungen für Nutzfahrzeugbremssysteme in Nordamerika haben dazu geführt, dass reine ABS- oder ABS/ASR-Systeme als Standard eingesetzt werden. Für diesen und ähnliche Märkte kommt daher ein ESC basierend auf ABS/ASR zum Einsatz. Dabei nutzt das ESC das bereits beim ASR an der Antriebachse angewendete Verfahren, mit einem ASR-Ventil und den nachgeschalteten ABS-Ventilen individuell für jedes Rad unabhängig vom Fahrer Bremskräfte zu erzeugen. Zusätzlich muss bei einem ABS-basierten ESC noch der Fahrerbremswunsch mit Drucksensoren ermittelt werden, was während eines ESC-Eingriffs sonst aufgrund der Funktion des ASR-Ventils nicht möglich wäre.

Sensorik

Auch im Nutzfahrzeug werden für das ESC analog zum Pkw als Fahrdynamiksensoren ein kombinierter Gierraten- und Querbeschleunigungssensor sowie ein Lenkradwinkelsensor eingesetzt. Beide Sensoren enthalten je einen Mikrocontroller mit CAN-Schnittstelle zur Auswertung und sicheren Übertragung der Messdaten.

Der Lenkradwinkelsensor befindet sich üblicherweise unmittelbar unterhalb des Lenkrads und misst somit den Drehwinkel des Lenkrads. Dieser wird dann im Steuergerät in einen Radlenkwinkel umgerechnet.

Um die Querbeschleunigung möglichst im Schwerpunkt des Motorwagens zu erfassen, ist der kombinierte Gierraten- und Querbeschleunigungssensor meist in der Nähe des Schwerpunkts am Fahrzeugrahmen montiert.

Auch wenn im Nutzfahrzeug prinzipiell die gleichen Sensoren zum Einsatz kommen wie im Pkw, muss aufgrund der raueren Umgebungsbedingungen insbesondere am Nutzfahrzeugrahmen der Gierraten- und Querbeschleunigungssensor erheblich robuster ausgelegt werden.

Steuergerät

Die ESC-Algorithmen werden zusammen mit den anderen Algorithmen zur Bremsensteuerung (z.B. ABS und ASR) im Bremsensteuergerät ausgeführt. Dieses ist ein in konventioneller Leiterplattentechnik aufgebautes Steuergerät mit entsprechend leistungsfähigen Mikrocontrollern.

Ein CAN-Bus verbindet die ESC-Sensoren mit dem Steuergerät. Die Soll-Bremsdrücke und -Radschlupfwerte des ESC werden dann vom jeweiligen Bremssystem für jedes Rad und für den Anhänger umgesetzt. Zusätzlich übermittelt das Bremssystem das gewünschte Motormoment über den Fahrzeug-CAN-Bus (üblicherweise genormt nach SAE J 1939 [14]) zur Umsetzung an das Motorsteuergerät.

Über den Fahrzeug-CAN-Bus werden darüber hinaus auch relevante Informationen vom Motor und vom Retarder an das Bremssystem übertragen. Dies sind im Wesentlichen aktuelle und gewünschte Motormomente und Motordrehzahlen, Retardermomente, die Fahrzeuggeschwindigkeit sowie Informationen verschiedener Bedienungsschalter und über einen eventuell angekuppelten Anhänger.

Sicherheits- und Überwachungsfunktionen

Die umfangreichen Eingriffsmöglichkeiten des ESC in das Fahrverhalten des Fahrzeugs und der Fahrzeugkombination setzen ein lückenloses Sicherheitssystem für die ordnungsgemäße Funktion des Systems voraus. Dies umfasst sowohl das Basissystem (EBS oder ABS/ASR), als auch die zusätzlichen ESC-Komponenten einschließlich aller Sensoren, Steuergeräte und Schnittstellen.

Die für das ESC eingesetzten Überwachungsfunktionen basieren im Wesentlichen auf den im Pkw verwendeten Funktionen und sind an die Besonderheiten der Nutzfahrzeuge angepasst.

Zusätzlich erfolgen gegenseitige Überwachungen der im Gesamtsystem verteilten Mikrocontroller. So enthält das Bremsensteuergerät neben dem Hauptrechner einen Überwachungsrechner, der neben kleineren funktionalen Aufgaben hauptsächlich Plausibilitätsprüfungen durchführt. Des Weiteren werden durch entsprechende Algorithmen permanent Speicher und andere auch rechnerinterne Hardware-Komponenten geprüft, um eventuell auftretende Defekte frühzeitig zu erkennen.

Das Auftreten von Fehlern führt abhängig von der Art und Bedeutung des Fehlers zu einem gestuften Abschalten einzelner Funktionsgruppen bis hin zum kompletten Umschalten in den „Backup-Modus“, bei dem die Bremse rein pneumatisch gesteuert wird (Fail-Silent-Verhalten). Dadurch ist sichergestellt, dass es durch z.B. fehlerhafte Sensorinformationen nicht zu unplausiblen und eventuell gefährlichen Betriebszuständen kommen kann.

Ein fehlerhafter Systemzustand wird dem Fahrer durch entsprechende Warneinrichtungen (z.B. Warnlampe oder Anzeige im Display) mitgeteilt, sodass er sich auf die Situation einstellen kann.

Darüber hinaus werden aufgetretene Fehler im Steuergerät mit einem Zeitstempel versehen und im Fehlerspeicher abgelegt. Die Werkstatt kann diesen dann mit Hilfe eines geeigneten Diagnosesystems auswerten.

Literatur

[1] E.K. Liebemann, K. Meder, J. Schuh, G. Nenninger: Safety and Performance Enhancement: The Bosch Electronic Stability Control. SAE Paper Number 2004-21-0060.

[2] National Highway Traffic Safety Administration (NHTSA) FMVSS 126: Federal Motor Vehicle Safety Standards; Electronic Stability Control Systems; Controls and Display. Vol. 72, No. 66, April 6, 2007.

[3] M. Mitschke, H. Wallentowitz: Dynamik der Kraftfahrzeuge. 5. Aufl., Verlag Springer, 2015.

[4] A. van Zanten, R. Erhardt, G. Pfaff: FDR – Die Fahrdynamikregelung von Bosch. ATZ Automobiltechnische Zeitschrift 96 (1994), Heft 11.

[5] A. Trächtler: Integrierte Fahrdynamikregelung mit ESP®, aktiver Lenkung und aktivem Fahrwerk. at – Automatisierungstechnik 53 (1/2005).

[6] K. Reif: Automobilelektronik. 5. Aufl., Verlag Springer Vieweg, 2014.

[7] E. Hoepke, S. Breuer (Hrsg.): Nutzfahrzeugtechnik – Grundlagen, Systeme, Komponenten. 8. Aufl., Verlag Springer Vieweg, 2006.

[8] C.B. Winkler: Simplified Analysis of the Steady State Turning of Complex Vehicles. International Journal of Vehicle Mechanics and Mobility, 1996.

[9] Ali H. Sayed: Adaptive Filters. John Wiley & Sons, 2008.

[10] D. Odenthal: Ein robustes Fahrdynamik-Regelungskonzept für die Kippvermeidung von Kraftfahrzeugen. Dissertation TU München, 2002.

[11] ECE-R 13: Einheitliche Bedingungen für die Genehmigung von Fahrzeugen der Klassen M, N und O hinsichtlich der Bremsen.

[12] ECE-R 13-H: Einheitliche Bedingungen für die Genehmigung von Personenkraftwagen hinsichtlich der Bremsen.

[13] ISO 11992: Straßenfahrzeuge – Austausch von digitalen Informationen über elektrische Verbindungen zwischen Zugfahrzeugen und Anhängefahrzeugen.

[14] SAE J 1939: Serial Control and Communications Heavy Duty Vehicle Network Top Level Document.

Automatische Bremsfunktionen

Die hier beschriebenen Zusatzfunktionen nutzen bis auf den pneumatisch-mechanischen Bremsassistenten die Infrastruktur der Fahrdynamikregelung. Dies umfasst die Sensorik, die Aktorik und das Steuergerät.

Bremsassistenzfunktionen
Untersuchungen des Bremsverhaltens in den 1990er-Jahren haben ergeben, dass Autofahrer ein unterschiedliches Verhalten beim Bremsen zeigen. Die Mehrzahl – der „Normalfahrer" – betätigt beim Erkennen einer Schrecksituation das Bremspedal nicht ausreichend stark, d.h., er benötigt damit einen unnötig langen Bremsweg (Bild 1). Verbesserung bringt ein seit 1995 verfügbares System, der Bremsassistent. Seine Hauptintentionen sind:

- Eine entsprechende Pedalantrittsgeschwindigkeit (schnelles Anbremsen), jedoch ohne Maximalkraftaufwendung, wird als Vollbremsabsicht interpretiert. Dabei wird der für eine Vollbremsung notwendige Bremsdruck aufgebaut.
- Der Fahrer hat jederzeit die Möglichkeit, diese Vollbremsung zurückzunehmen.

Bild 1: Vergleich einer Bremsung mit und ohne Bremsassistenzfunktion.
Ohne Bremsassistent benötigt man einen längeren Bremsweg als mit Bremsassistent.
1 „Normalfahrer",
2 geübter Fahrer,
3 „Normalfahrer" mit Bremsassistenten.
t_V Verzugszeit für den Bremsvorgang führt zu längerem Bremsweg.

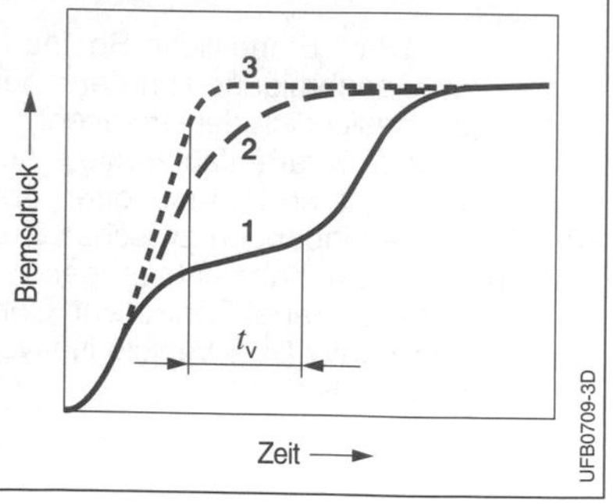

- Das Verhalten des Bremskraftverstärkers und damit das Pedalgefühl wird unter „normalen" Betätigungsbedingungen nicht verändert.
- Die Standardbremse wird bei Ausfall des Bremsassistenten nicht beeinträchtigt.
- Die Auslegung des Systems erfolgt derart, dass unbeabsichtigte Auslösungen vermieden werden.

Pneumatischer Bremsassistent
Dieses System erfordert einen modifizierten Bremskraftverstärker, der in Abhängigkeit von der Pedalantrittsgeschwindigkeit und Pedalkraft die Verstärkung vergrößert. Dies führt zu einem schnelleren und höheren Druckaufbau in den Radbremsen.

In einer alternativen Ausführung wird der Bremskraftverstärker durch ein elektronisch ansteuerbares Ventil erweitert. Damit lässt sich die Druckdifferenz zwischen den Kammern des Bremskraftverstärkers und somit die Verstärkung der Bremskraft über ein Steuergerät beeinflussen. Dadurch ergeben sich bessere Möglichkeiten zur optimalen Gestaltung der Auslöseschwelle und des Verhaltens.

Hydraulischer Bremsassistent
Die hydraulische Bremsassistenzfunktion bedient sich der Hardware der Fahrdynamikregelung. Ein Drucksensor erfasst den Fahrerbremswunsch, das Steuergerät analysiert das Signal entsprechend der vorgegebenen Auslösekriterien und initiiert einen entsprechenden Bremsdruckaufbau in der Hydraulik. Der vorgeschaltete Bremskraftverstärker entspricht dem Standard und braucht nicht modifiziert zu werden.

Generell ist zu bemerken, dass alle erwähnten Systemvarianten des Bremsassistenten wegen des aktiv generierten schnellen Druckanstiegs über die Blockiergrenze der Räder hinaus ein Antiblockiersystem (ABS) oder eine Fahrdynamikregelung zwingend voraussetzen.

Automatische Bremsdruckerhöhung an den Hinterrädern
Dies ist eine Funktion, die dem Fahrer im Falle von ABS-regelnden Vorderrädern eine zusätzliche Bremskraftunterstützung für die Hinterräder bietet. Dies ist durch die Beobachtung motiviert, dass viele Fahrer mit Beginn der ABS-Regelung die Pedalkraft nicht weiter erhöhen, obwohl die Situation es verlangen würde. Nachdem die ABS-Regelung in den Vorderrädern eingesetzt hat, werden die Raddrücke an den Rädern der Hinterachse über die Rückförderpumpe des Hydraulikaggregats so weit erhöht, bis diese ebenfalls das Blockierdruckniveau erreichen und die ABS-Regelung einsetzt (Bild 2). Der Bremsvorgang liegt somit an dem physikalischen Optimum. Der Druck in den Radbremszylindern der Hinterräder kann dann auch während der ABS-Regelung größer als der Druck im Hauptbremszylinder sein.

Die Abschaltbedingung ist erfüllt, wenn die Räder an der Vorderachse nicht mehr in ABS-Regelung sind oder der Druck im Hauptbremszylinder die Abschaltschwelle unterschreitet.

Bild 2: Automatische Bremsdruckerhöhung.
1 Bremskrafterhöhung durch Bremskraftverstärker,
2 weitere Bremskrafterhöhung durch Pedalkraft,
3 Bremsdruckerhöhung durch Hydraulikaggregat der Fahrdynamikregelung,
4 ABS-Regelbereich.

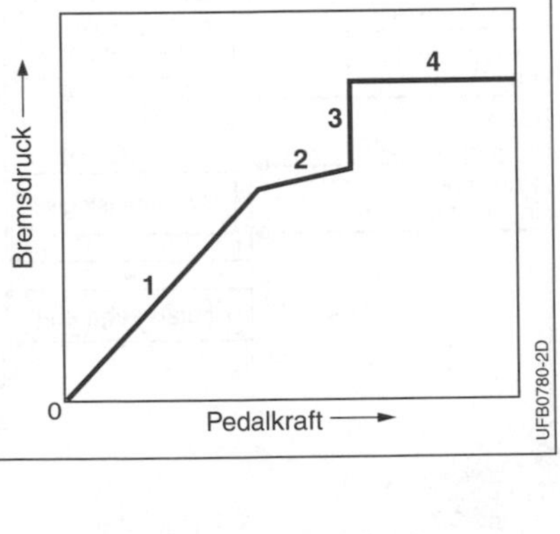

Automatische Bremsdruckerhöhung bei starker Bremspedalbetätigung
Diese Funktion bietet dem Fahrer eine zusätzliche Bremskraftunterstützung. Sie erfolgt, wenn selbst bei starker Bremspedalbetätigung, mit der normalerweise das Blockierdruckniveau erreicht wird (Vordruck über ca. 80 bar), nicht die maximal mögliche Fahrzeugverzögerung eintritt. Dies ist z.B. bei hohen Bremsscheibentemperaturen oder bei Bremsbelägen mit deutlich reduziertem Reibwert der Fall.

Bei der Aktivierung werden die Raddrücke so weit erhöht, bis alle Räder das Blockierdruckniveau erreicht haben und die ABS-Regelung einsetzt (Bild 2). Die Bremsung liegt somit an dem physikalischen Optimum. Der Druck in den Radbremszylindern kann dann auch während der ABS-Regelung größer als der Druck im Hauptbremszylinder sein.

Reduziert der Fahrer seine Bremsanforderung auf einen Wert unterhalb einer Umschaltschwelle, wird entsprechend seiner Pedalkraft die Fahrzeugverzögerung reduziert. Der Fahrer kann somit die Verzögerung nach einer eventuellen Klärung der Situation genau dosieren. Die Abschaltbedingung ist erfüllt, wenn der Vordruck oder die Fahrgeschwindigkeit die jeweilige Abschaltschwelle unterschreitet.

Bremsscheibenwischer
Diese Funktion sorgt dafür, dass bei Regen oder Fahrbahnnässe das Spritzwasser von den Bremsscheiben zyklisch entfernt wird. Dies wird durch das selbsttätige Einstellen eines geringen Bremsdrucks an den Radbremsen erreicht. Damit hilft die Funktion, bei Nässe minimale Bremsreaktionszeiten zu gewährleisten. Die Detektion von Nässe erfolgt über die Auswertung von Scheibenwischer- oder Regensensorsignalen.

Das Druckniveau wird so eingestellt, dass die Fahrzeugverzögerung an der Wahrnehmungsgrenze liegt. Die Betätigung geschieht wiederholt in einem definierten Intervall, solange das System Regen oder Fahrbahnnässe erkennt. Optional kann allein an der Vorderachse gewischt werden. Sobald der Fahrer die

Bremse betätigt, wird der Wischvorgang beendet.

Automatisches Vorbefüllen

Diese Funktion reduziert den Anhalteweg in Notsituationen, bei denen der Fahrer nach schneller Gaspedalrücknahme das Bremspedal betätigt. Dies wird dadurch erreicht, dass nach Freigabe des Gaspedals die Bremsanlage vorbefüllt und damit vorgespannt wird, sodass bei der nachfolgenden Bremspedalbetätigung der Druckaufbau deutlich dynamischer erfolgt. Entsprechend stellt sich somit früher eine hohe Fahrzeugverzögerung ein.

Das Vorbefüllen der Bremsanlage wird über die Rückförderpumpe des Hydraulikaggregats eingestellt. Die Bremsbacken sind dann fest an den Bremsscheiben angelegt. Bleibt direkt nach einer schnellen Gaspedalrücknahme die Betätigung des Bremspedals aus, so wird die Bremsanlage wieder entspannt. Das Fahrverhalten wird dadurch nicht beeinträchtigt.

Elektromechanische Parkbremse

Bei der elektromechanischen Parkbremse (EMP) wird die Kraft zum Arretieren der Feststellbremse elektromechanisch erzeugt. Die Funktion des Hand- oder Fußfeststellhebels übernimmt ein Bedienknopf mit einer Elektromotor-Getriebe-Kombination. Bei Betätigung des Bedienknopfs durch den Fahrer wird der Elektromotor (Aktor) aktiviert, nachdem der Fahrzeugstillstand erkannt wurde. Bei einem auf der Ebene geparkten Fahrzeug werden die Haltekräfte geringer eingestellt als bei einem voll beladenen und an einer Steigung abgestellten Wagen. Zur Erfassung der Parksituation, d.h. des Fahrzeugstillstands, werden Radsensoren verwendet. Optional kann die Fahrbahnsteigung auch noch durch einen Neigungssensor erfasst werden.

Das Lösen der Parkbremse erfolgt mit demselben Bedienknopf. Dabei müssen jedoch verschiedene Sicherheitsvorschriften und -anforderungen eingehalten werden, z.B. das missbräuchliche oder unbeabsichtigte Lösen der Parkbremse durch Kinder oder Tiere (siehe auch Parkbremse, Pkw-Bremsanlage).

Geregelte Abbremsung mit Hydraulikaggregat

Bei Betätigen der elektromechanischen Parkbremse während der Fahrt muss das Fahrzeug sicher in den Stillstand verzögert werden. Der erforderliche Bremsdruck wird über die Rückförderpumpe des Hydraulikaggregats aufgebaut. Über die Fahrdynamikregelung wird auch bei glatten oder nassen Fahrbahnoberflächen eine gefahrlose Abbremsung gewährleistet. Bei Erreichen des Stillstands übernimmt die elektromechanische Parkbremse das Stillhalten des Fahrzeugs.

Der Fahrer muss während der Verzögerungsphase dauerhaft den Aktivierungsknopf der automatischen Parkbremse drücken.

Berganfahrhilfe

Dieses System vereinfacht das Anfahren am Berg. Es verhindert das Zurückrollen des Fahrzeugs, nachdem der Fahrer das Bremspedal gelöst hat. Insbesondere bei beladenen Fahrzeugen mit Handschaltgetriebe und bei Fahrzeugen mit Anhänger ist dies eine große Hilfe. Die Benutzung der Parkbremse entfällt. Die Funktion wirkt auch, wenn rückwärts am Berg angefahren wird.

Der Anfahrwunsch des Fahrers wird durch das System erkannt (Bild 3). Nach

Bild 3: Berganfahrhilfe.

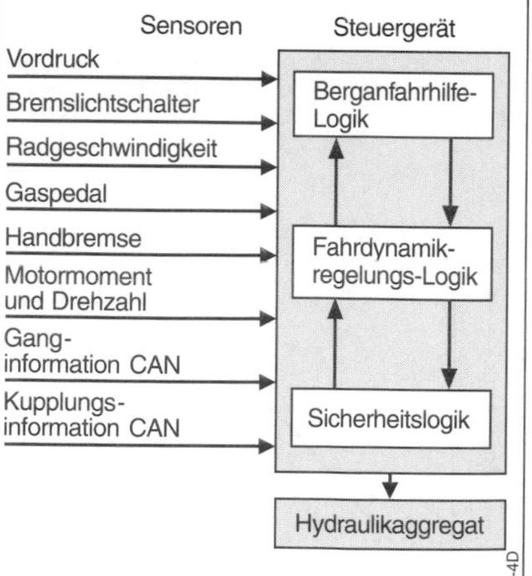

dem Lösen des Bremspedals verbleiben ca. zwei Sekunden Zeit, um den Anfahrvorgang zu starten. Die Bremse wird dabei automatisch gelöst, wenn das Antriebsmoment größer als das aus der Hangabtriebskraft resultierende Moment ist.

Die Anfahrhilfe basiert auf der Hardware der Fahrdynamikregelung und zusätzlicher weiterer Sensoren: Ein Neigungssensor erfasst die Straßensteigung, ein Gangschalter das Einlegen des Rückwärtsgangs und ein Kupplungsschalter die Betätigung der Kupplung.

Automatisches Bremsen bei Bergabfahrt

Dieses System stellt eine Komfortfunktion dar, die den Fahrer bei Bergabfahrten von ca. 8...50 % im Gelände durch automatischen Bremseingriff unterstützt. Er kann sich dadurch voll auf das Lenken des Fahrzeugs konzentrieren und wird nicht durch zusätzlich erforderliche Bremsbetätigungen abgelenkt. Es ist keine Betätigung des Bremspedals notwendig.

Bei Aktivierung, z.B. durch Taster oder Schalter, wird eine vorgegebene Sollgeschwindigkeit über die Höhe des vorgegebenen Bremsdrucks eingeregelt. Bei Bedarf kann der Fahrer die voreingestellte Sollgeschwindigkeit durch Brems- und Gaspedalbetätigung oder mithilfe der Bedientasten einer Geschwindigkeitsregelanlage variieren.

Das System bleibt so lange eingeschaltet, bis es durch eine erneute Schalter- oder Tasterbetätigung abgeschaltet wird, d.h., es wird nicht automatisch deaktiviert.

Automatischer Bremseingriff für Fahrerassistenzsysteme

Diese Funktion ist eine Zusatzfunktion zur Realisierung des aktiven Bremseingriffs bei der adaptiven Fahrgeschwindigkeitsregelung (ACC, Adaptive Cruise Control), d.h. für eine automatische Abstandsregelung. Ziel ist eine automatische Abbremsung ohne Bremsbetätigung des Fahrers, sobald ein vorgegebener Abstand zum vorausfahrenden Fahrzeug unterschritten wird (Bild 4). Dies basiert auf einer hydraulischen Bremsanlage und einer Fahrdynamikregelung.

Der Eingang ist eine Sollverzögerungsanforderung. Diese wird von dem vorgeschalteten ACC-System berechnet. Der automatische Bremseingriff regelt die Fahrzeugverzögerung über entsprechende Bremsdrücke ein, die mit Hilfe des Hydraulikaggregats eingestellt werden.

Bild 4: Funktionsbeschreibung des automatischen Bremseingriffs für ACC.
1 Von ACC (Adaptive Cruise Control) vorgegebene Verzögerung,
2 aktuelle Verzögerung,
3 Druck in den Radbremszylindern.

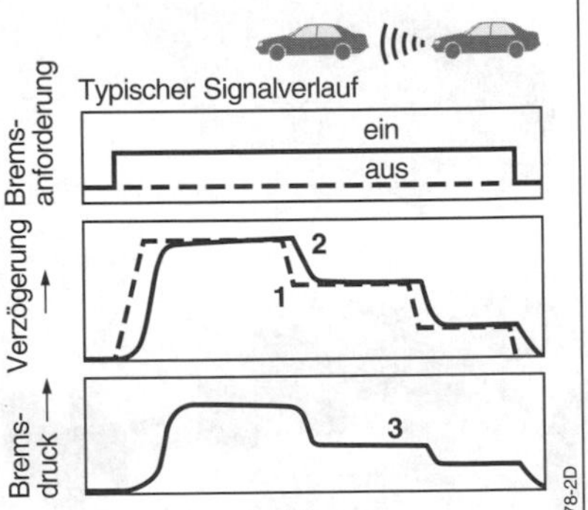

Motorrad-Stabilitätskontrolle

Anwendung

Die Motorrad-Stabilitätskontrolle (MSC, Motorcycle Stability Control) verbessert die Zweiradsicherheit in allen kritischen Fahrsituationen – insbesondere in Kurven. Hierbei koordiniert MSC alle fahrdynamisch relevanten Funktionen wie z.B. das Antiblockiersystem (ABS, siehe Bild 1), das kombinierte Bremssystem (electronically Combined Brake System, eCBS), die Hinterrad-Abhebeerkennung, die Motorrad-Traktionskontrolle (Motorcycle Traction Control, MTC) oder die Wheelie-Regelung unter Berücksichtigung der aktuellen Fahrsituation und der aktuellen Straßen-Reibwertverhältnisse.

In einigen Punkten ähnelt die ABS-Fahrdynamikregelung eines Motorrads der eines Pkw (siehe Radschlupfregelsysteme). Daher wird im Folgenden besonders auf die fahrdynamischen Besonderheiten von Zweiradfahrzeugen eingegangen.

Fahrphysik eines Zweiradfahrzeugs

Gleichgewicht halten

Ein Zweiradfahrzeug befindet sich im labilen Gleichgewicht und neigt zum Umfallen. Im Fahrbetrieb wird es rein dynamisch durch die Kreiselkräfte der drehenden Räder [1] und über den Nachlauf stabilisiert. Ein fahrendes Zweiradfahrzeug bleibt somit ab einer gewissen Geschwindigkeit stabil.

Da ein Zweiradfahrzeug um die Längsachse kippen kann, muss es Gleichgewicht halten. Bild 2 zeigt das Kräftegleichgewicht zwischen Erdanziehungskraft und Zentrifugalkraft während einer Kurvenfahrt. Bei einem realen Reifen ist der Radaufstandspunkt seitlich versetzt. Hierdurch ist um den Winkel λ mehr Schräglage erforderlich als bei einem sehr dünnen Reifen. Je breiter der Reifen, desto größer die notwendige Schräglage bei gleicher Geschwindigkeit und gleichem Kurvenradius.

Eigenstabilisierung

Kippt das Motorrad in Richtung kurveninnen, bewirken Kreiseleffekte am drehenden Vorderrad ein Lenkmoment in Richtung der Neigung [1]. Hierdurch fährt das Motorrad einen engeren Radius, wo-

Bild 1: MSC-Fahrzeugkomponenten.
1 Inertiale Sensoreinheit,
2 ABS-Hydraulik mit Steuergerät (Zusammenbau)
3 ABS-Hydraulik (Explosionsdarstellung).

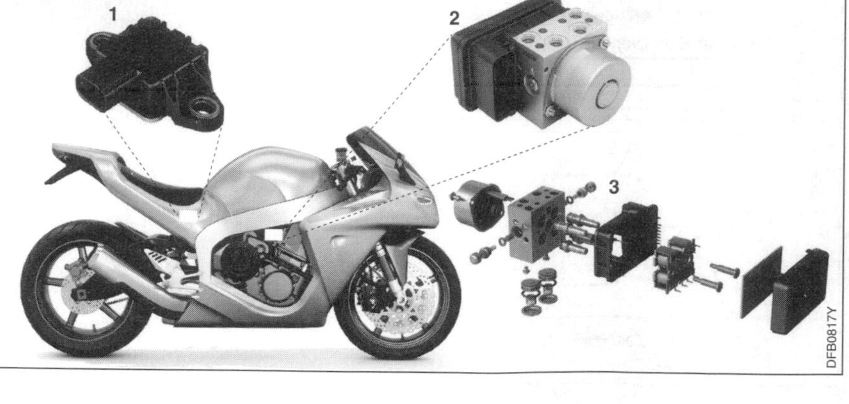

raufhin die steigende Zentrifugalkraft das Motorrad wieder aufrichtet. Die Aufrichtbewegung dreht das Vorderrad wieder in die Ausgangslage. Einen ähnlichen Effekt bewirkt der Nachlauf am Vorderrad. Als Nachlauf wird der Abstand zwischen dem Schnittpunkt von Lenkachse mit der Fahrbahn und dem Radaufstandspunkt bezeichnet. Steigt die seitliche Komponente der Radaufstandskraft, resultiert ein entsprechendes Drehmoment in Richtung kurveninnen auf die Lenkung (siehe Bild 3). Die Stabilität eines Zweiradfahrzeugs nimmt mit der Geschwindigkeit und den hierdurch steigenden Kreiseleffekten zu. Ebenso sorgt ein größerer Nachlauf für eine bessere Geradeauslaufstabilität.

Um eine stationäre Kurve zu fahren, muss der Fahrer ein Lenkmoment nach kurvenaußen aufbringen, um das Lenkmoment durch Kreiseleffekte und Nachlauf zu kompensieren. Würde der Fahrer den Lenker loslassen, richtet sich das Zweirad auf und fährt wieder geradeaus.

Hieraus ergibt sich der entscheidende Unterschied, wie der Fahrer den gewünschten Kurvenradius vorgibt. Bei einem Pkw wird hierzu ohne größere Beachtung des Lenkmoments das Lenkrad auf den entsprechenden Lenkwinkel gedreht. Im Unterschied dazu gibt der Fahrer bei einem Zweiradfahrzeug den Kurvenradius über das Lenkmoment vor, und das Zweirad stellt mittels der Eigenstabilisierung den zugehörigen Lenkwinkel selbst passend ein. Hierbei oszillieren das Zweirad sowie der Lenkwinkel immer etwas um die Gleichgewichtslage. Zusätzlich nimmt geometriebedingt der sich einstellende Lenkwinkel mit steigender Schräglage ab.

Bild 2: Kräftegleichgewicht zwischen Erdanziehung und Zentrifugalkraft.
S Schwerpunkt,
P Radaufstandspunkt,
F_Z Zentrifugalkraft,
F_N Erdanziehungskraft (Normalkraft),
α Schräglagenwinkel,
λ Winkel zur Reifenmittelebene.

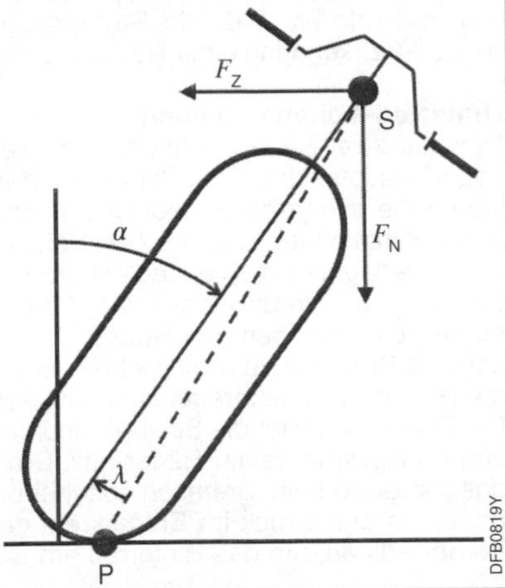

Schräglagenschätzung

Wichtige fahrdynamische Größen eines Zweiradfahrzeugs sind die Schräglage (Rollwinkel) und der Nickwinkel, da sich ein Motorrad weit in die Kurve legt und beim starken Bremsen und Beschleunigen zum Überschlagen neigt. Zur Bestimmung dieser zwei Winkel wurde eigens eine inertiale Sensoreinheit mit drei Beschleunigungs- und drei Drehratensensoren entwickelt (Bild 1), wodurch Winkeländerungen schnell erfasst werden können.

Die Schräglage und der Steigungswinkel (Nickwinkel) werden gemäß ISO 8855 [2] aus der Richtung berechnet, in welche die Erdgravitation vom Fahrzeug aus gesehen zeigt. Die Richtungskomponenten des Gravitationsvektors $g = (g_x, g_y, g_z)$

Bild 3: Eigenstabilisierung über den Nachlauf eines nach rechts geneigten Motorrads.
1 Lenkachse,
M Lenkmoment,
F_{SA} seitliche Komponente der Radaufstandskraft,
n_t Nachlauf.

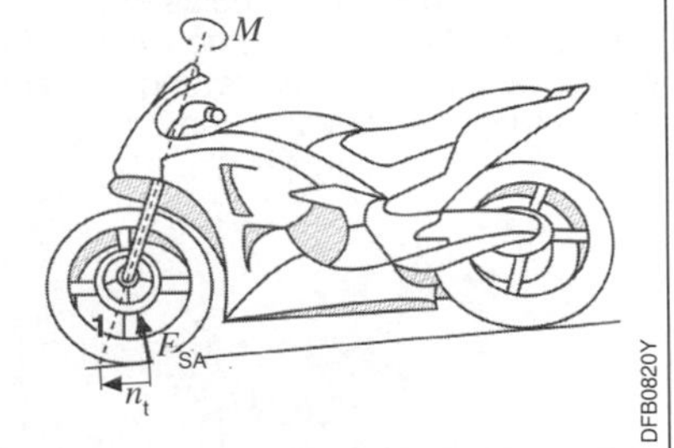

werden mit folgenden zwei Methoden ermittelt:

1. Bestimmung des Gravitationsvektors aus Beschleunigungen
Bei Fahrzeugstillstand messen die drei Beschleunigungssensoren direkt die Komponenten der Erdbeschleunigung. In Fahrt kommen noch Anteile durch die Änderung der Geschwindigkeit und der Fliehkräfte hinzu. Um diese Anteile müssen die gemessenen Beschleunigungen korrigiert werden, um den Gravitationsvektor zu erhalten. Da die Beschleunigungssignale durch Motorvibrationen oder Fahrbahnunebenheiten meist stärker gestört sind, muss der so gewonnene Vektor $g = (g_x, g_y, g_z)$ für eine genaue Winkelbestimmung mit einem Tiefpass gefiltert werden. Hierdurch verschlechtert sich zwar die Signaldynamik, dafür ist der Wert aber langzeitstabil.

2. Drehung des Gravitationsvektors durch Integration der gemessenen Drehbewegung
Die Drehbewegung des Motorrads um jede Achse wird durch drei Drehratensensoren in Form von Winkelgeschwindigkeiten gemessen. Hieraus wird in jedem Rechenzyklus die Richtungsänderung von $g = (g_x, g_y, g_z)$ berechnet. Der so gewonnene Richtungsvektor hat eine gute Dynamik, da er ohne weitere Filterung den Drehraten folgt. Allerdings werden auch Messfehler oder Störungen aufsummiert. Hierdurch würde die Richtung des Vektors über einen längeren Zeitraum betrachtet immer weiter von der realen Erdgravitation abweichen.

Indem der g-Vektor aus Methode 2 mit dem aus der ersten Methode korrigiert wird, werden die Vorteile beider Verfahren kombiniert. Die resultierenden Winkel folgen dynamisch jeder Änderung und sind gleichzeitig auch langzeitstabil.

Motorrad-ABS

Viele verletzungsschwere Unfälle ließen sich vermeiden, wenn der Fahrer vor der Kollision ohne zu zögern voll bremsen würde. Daher wurde MSC mit dem Ziel entwickelt, dass der Fahrer in jeder Situation ohne Sturzgefahr eine Schreckbremsung durchführen kann.

Funktion des ABS

Genau wie beim Pkw soll das Antiblockiersystem (ABS) ein Blockieren der Räder vermeiden. Hierbei wird beim Motorrad besonders auf das Vorderrad geachtet, da hier die größte Bremskraft abgesetzt werden kann und gleichzeitig das Vorderrad für die Fahrstabilität entscheidend ist.

Für den ABS-Regler ist üblicherweise der Radschlupf die wichtigste Größe. Hierzu ist allerdings die Ermittlung der Fahrzeuggeschwindigkeit notwendig. Dies stellt bei Zweiradfahrzeugen eine besondere Herausforderung dar. So ist z.B. im Falle eines „Stoppies" bei starker Bremsung das Hinterrad abgehoben, wodurch die Hinterradgeschwindigkeit nicht mehr mit der Fahrzeuggeschwindigkeit übereinstimmt. Aus der verbleibenden Geschwindigkeit des Vorderrads muss gleichzeitig die Fahrzeuggeschwindigkeit geschätzt als auch der Radschlupf berechnet werden. Da beides in einer solchen Situation nicht mehr zuverlässig bestimmt werden kann, verwendet das Motorrad-ABS neben dem Schlupf weitere Indikatoren, z.B. die Radverzögerung, zur Erkennung einer Radinstabilität.

Hinterrad-Abheberegelung

Wer auf zwei Rädern stark bremst, verzögert hauptsächlich mit dem Vorderrad. Durch die dynamische Radlastverteilung in Kombination mit einem hohen Schwerpunkt verlagert sich die Radlast stark in Richtung des Vorderrads – das führt oft sogar zum Abheben des Hecks. Um ein stabiles Bremsen zu ermöglichen, wurde die Hinterrad-Abheberegelung entwickelt. Die Funktion wertet die Schlupf- und Verzögerungswerte beider Räder aus. Droht das Hinterrad beim Bremsen abzuheben, passt sie den Druck im Bremskreis des Vorderrads an, um das Hinterrad am Boden zu halten und Überschläge zu vermeiden.

Anhand des Verlaufs der Radgeschwindigkeit am Hinterrad kann zwar detektiert werden, wann das Hinterrad abgehoben ist, allerdings wird hiermit nicht unterschieden, ob das Rad nur wenige Millimeter über dem Boden schwebt oder ob bereits ein Überschlag droht. Hier hilft die Nickwinkel- und Nickrateninformation des Inertialsensors, die Situation zu erfassen und optimiert zu regeln.

Bremsen in der Kurve

Das normale Motorrad-ABS ist auf einen möglichst kurzen Bremsweg bei Geradeausfahrt optimiert. Die hierzu notwendigen hohen Bremsschlüpfe könnten in der Kurve ein seitliches Wegrutschen verursachen, da der Reifen die seitliche Führungskraft nicht mehr absetzen kann. Rutscht der Reifen, überwiegt die Erdanziehungskraft aus Bild 2 und das Vorderrad klappt aufgrund des Nachlaufs in Richtung kurveninnen ein, wodurch sich der Winkel zwischen Fahrtrichtung und Rad drastisch erhöht. Die resultierende Reibung zwischen Reifen und Fahrbahn bremst das Rad so stark ab, dass es blockiert, selbst wenn der Bremsdruck in dieser Situation auf 0 bar reduziert werden würde. Ein Sturz ist nahezu unvermeidlich. Daher ist bei Kurvenfahrt strikt darauf zu achten, den kritischen Schlupfwert nicht zu überschreiten.

Bremslenkmoment

Ein zweiter kritischer Punkt bei einer Bremsung in Schräglage am Vorderrad ist das Bremslenkmoment. Da der Reifen in Schräglage nicht mittig die Fahrbahn berührt, bewirkt eine längs wirkende Bremskraft ein Lenkmoment, welches das Rad in Richtung kurveninnen dreht (Bild 4). Der engere Kurvenradius lässt die Zentrifugalkraft steigen und das Motorrad richtet sich auf und fährt letztendlich einen weiteren Radius als zu Beginn. Korrigiert der Fahrer dies nicht schon beim Anbremsen, kann das Motorrad ungewollt auf die Gegenfahrbahn kommen oder die Fahrbahn verlassen.

Gradientenkontrolle

Sowohl ungewollt hoher Bremsschlupf in der Kurve als auch ein plötzlicher Sprung im Bremslenkmoment lassen sich effektiv durch eine schräglagenabhängige Gradientenkontrolle des Bremsdrucks beherrschen. Der langsam ansteigende Bremsdruck gibt dem Fahrer Zeit, dem sich aufbauenden Bremslenkmoment entgegenzuwirken. Zudem erfordert das langsamer werdende Fahrzeug ein gewisses Aufstellmoment, da spätestens im Stillstand das Motorrad wieder aufrecht stehen muss.

Mit langsamer ansteigendem Bremsdruck baut sich auch der Bremsschlupf kontrollierbarer auf und überschießt nicht den Grenzbereich.

Ein geübter Fahrer fängt beim Kurvenbremsen mit niedrigem Bremsdruck an und steigert diesen dann mit abnehmender Geschwindigkeit und Schräglage. Die Gradientenkontrolle ist optimalerweise so eingestellt, dass sie selbst von professionellen Rennfahrern nicht wahrgenommen wird. Erst bei einer Schreckbremsung entfaltet sie ihr Potential.

Weitere Anpassungen in der Kurve

Ähnlich wie beim Pkw werden auch die ABS-Anregelschwellen und Regelparameter kurvenabhängig angepasst, um

Bild 4: Bremslenkmoment.
1 Lenkachse,
P Radaufstandspunkt,
M Bremslenkmoment,
F_B Bremskkraft,
d Abstand zur Mitte.

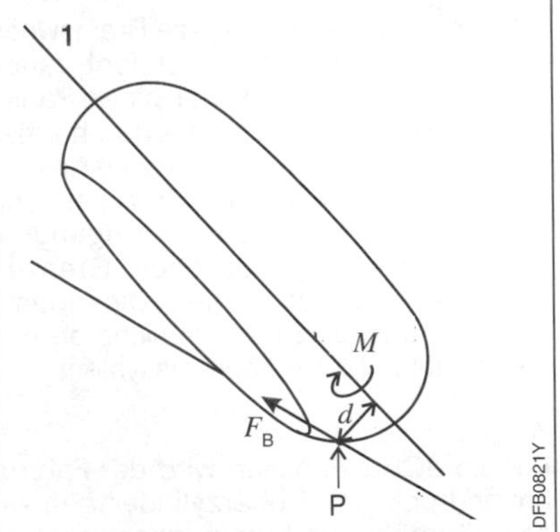

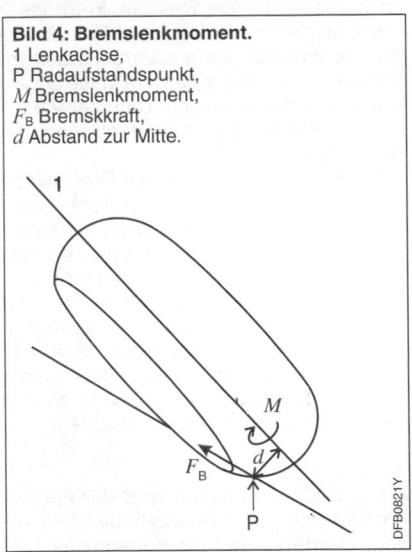

eine optimale Kombination von Stabilität und Bremsweg zu erzielen. Zusätzlich sind hohe ABS-Bremsdruckmodulationen in Schräglage am Vorderrad zu vermeiden, da diese aufgrund des Bremslenkmoments zu gefährlichen Lenkerschwingungen führen könnten.

Elektronisch geregelte Bremskraftverteilung

Um die Fahrsicherheit speziell für schwere Motorräder zu verbessern, hat Bosch das „ABS enhanced" entwickelt. Dieses ermöglicht ein kombiniertes Bremssystem in Form einer elektronisch geregelten Bremskraftverteilung (eCBS, electronically Combined Brake System). Mit einem Gewicht von nur 1,5 kg und einem Volumen von 1,2 Litern ist es das kleinste und leichteste ABS mit eCBS weltweit.

Konzept des kombinierten Bremssystems

Mit einem kombinierten Bremssystem können beide Räder gebremst werden, obwohl der Fahrer nur die Vorder- oder die Hinterradbremse betätigt (Bild 5). Mittels der Messung des Fahrerbremsdrucks und weiterer Parameter wie z.B. der Geschwindigkeit, berechnet das System die optimale Bremskraftverteilung in jeder Bremssituation. In Phase 1 in Bild 5 betätigt der Fahrer die Bremse, in Phase 2 wird entsprechend dem vom Fahrer vorgegebenen Bremsdruck der Solldruck am anderen Rad berechnet, in Phase 3 wird schließlich durch Ansteuerung der Ventile und der Pumpe Bremsdruck am anderen Rad aufgebaut.

Hiermit werden sehr kurze Bremswege ohne Stabilitätsverlust erreicht, auch wenn der Fahrer z.B. bei einer Panikbremsung nur mit dem Hinterrad bremst. Die Optimierung der Bremskraftverteilung reduziert ebenfalls das Einnicken und glättet abrupte Fahrzeugbewegungen, wodurch die physikalischen Grenzen besser ausgenutzt werden. Dies macht „ABS enhanced" zu einem sicheren und komfortablen Motorradbremssystem.

Arbeitsweise

Für die eCBS-Funktion wird der Fahrerbremsdruck am Geberzylinder gemessen. Gemäß der fahrzeugspezifischen Charakteristik der Bremskraftverteilung berechnet das System den Zieldruck am anderen, nicht gebremsten Rad und baut dort den Bremsdruck mittels einer Pumpe aktiv auf. Da der Zieldruck elektronisch aufgebaut wird, ist der Bremsdruck nicht wie bei konventionellen, mechanischen Systemen durch den Fahrerdruck limitiert. Dieser elektrohydraulische Ansatz bietet einen höheren Freiheitsgrad bei der Optimierung der Bremskraftverteilung auf die spezifische Fahrsituation. So kann z.B. in Abhängigkeit vom Hinterraddruck bei hoher Geschwindigkeit mehr Bremsdruck vorne aufgebaut werden als bei niedriger Geschwindigkeit. Außerdem kann bei

Bild 5: Kombiniertes Bremssystem – Basiskonzept und Einsatzzweck.
a) Elektronischer Druckaufbau am vorderen Bremssattel,
b) elektronischer Druckaufbau am hinteren Bremssattel.
1a Fahrer betätigt Hinterradbremse,
1b Fahrer betätigt Vorderradbremse,
2 entsprechend dem Fahrerbremsdruck wird der Solldruck zum anderen Rad berechnet,
3a durch Ansteuerung der Ventile und der Pumpe wird Bremsdruck am vorderen Rad aufgebaut,
3b durch Ansteuerung der Ventile und der Pumpe wird Bremsdruck am hinteren Rad aufgebaut.

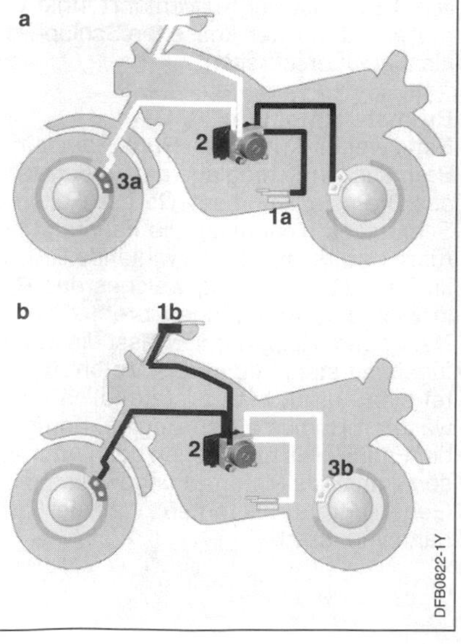

Unterschreitung einer Geschwindigkeitsschwelle die eCBS-Funktion komplett deaktiviert werden, um Komfortprobleme zu vermeiden, wie sie bei konventionellen Systemen beim Bremsen in der Kurve mit niedriger Geschwindigkeit bekannt sind. Nicht zuletzt werden im Gegensatz zu konventionellen Systemen keine zusätzlichen Hardwarekomponenten benötigt – die komplette eCBS-Funktion ist bereits im „ABS enhanced“ enthalten.

Systemdesign des kombinierten Bremssystems

Das kombinierte Bremssystem gibt es als 2- und 3-Kanal-Version. In der 2-Kanal-Version gibt es einen separaten Bremskreis für das Vorder- und einen für das Hinterrad. Beide sind voneinander unabhängig. So wird z.B. für den aktiven Druckaufbau vorne keine Bremsflüssigkeit aus dem hinteren Bremskreis verwendet und umgekehrt. Zusätzlich zu den Einlass- (EV) und Auslassventilen (AV), die ein Basis-ABS verwendet, sind zwei zusätzliche Ventile pro Bremskreis notwendig – ein Umschaltventil (USV) und ein Hochdruckschaltventil (HSV).

Das technische Konzept für das 2-Kanal-System wird aus Bild 6 ersichtlich (das Bild zeigt eine 3-Kanal-Hydraulik, der dritte Kanal wird später erklärt): Wenn der Fahrer hinten bremst, wird der Zieldruck vorne für eine optimale Bremskraftverteilung berechnet. Für den aktiven Druckaufbau wird das Hochdruckschaltventil geöffnet und die Saugpumpe fördert Bremsflüssigkeit. Gleichzeitig wird durch Bestromung des Umschaltventils dessen Durchfluss reguliert, wodurch sich die gewünschte Druckdifferenz zwischen Geberzylinder und Bremssattel einstellt.

„ABS enhanced“ als 3-Kanal-System

Bremst der Fahrer gleichzeitig vorne und hinten, hat das 2-Kanal-System gewisse Nachteile bezüglich des Hebelgefühls:

Bild 6: Kombiniertes Bremssystem – 3-Kanal-Hydraulikschaltplan.
1 Handbremshebel, 2 Fußbremshebel,
3 Bremssattel 1 am Vorderrad, 4 Bremssattel 2 am Vorderrad, 5 Bremssattel am Hinterrad,
6 Drucksensoren.
EV Einlassventil, AV Auslassventil,
HSV Hochdruckschaltventil, USV Umschaltventil,
RFP Rückförderpumpe (Saugpumpe), M Pumpenmotor,
RV Rückschlagventil, Acc Speichervolumen.

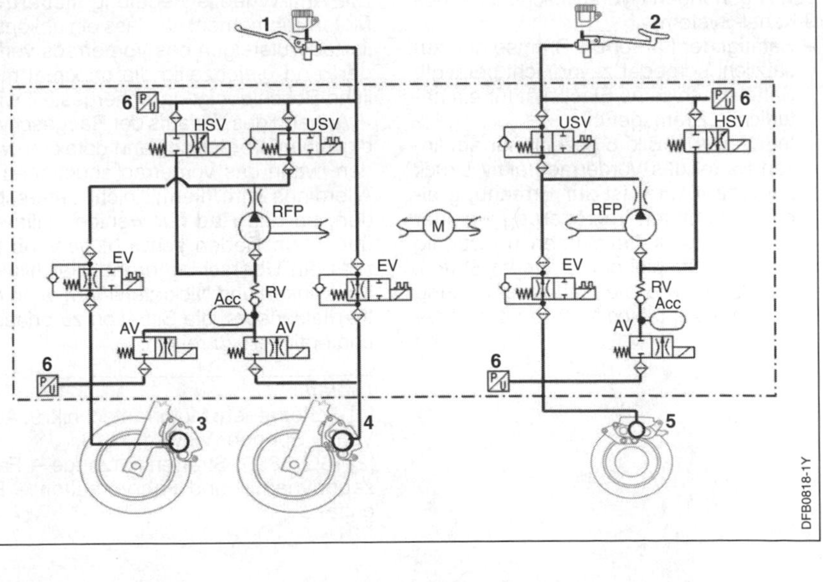

- Wird nur die Bremse hinten betätigt, bremst das System auch am Vorderrad. Bremst nun der Fahrer zusätzlich ebenfalls vorne, fühlt sich der Bremshebel hart an. Dies könnte den Fahrer irritieren.
- Bremst der Fahrer bereits leicht vorne und betätigt dann die Hinterradbremse, baut das kombinierte Bremssystem zusätzlichen Bremsdruck vorne auf. In diesem Fall ist die Verbindung zwischen Bremsflüssigkeitsbehälter und Bremsleitung bereits geschlossen. Die für den Druckaufbau notwendige Volumenverschiebung führt zu einem Einsaugen des Bremshebels.

Obwohl beide Effekte auch am hinteren Bremskreis auftreten, ist dort der Einfluss auf den Bremskomfort weniger ausgeprägt, da die Sensitiviät am Fußpedal geringer ist.

Eine Möglichkeit, die Komfortprobleme des 2-Kanal-Systems zu lösen, ist es, die vordere Bremse mit zwei Satteln auszurüsten, wobei jeder mit einem eigenen Kanal versorgt wird. Die Fähigkeit des aktiven Druckaufbaus ist nur für einen der beiden Sattel implementiert. Baut das kombinierte Bremssystem bei Betätigen des Fußbremshebels Druck am Vorderrad auf, bleibt ein Sattel drucklos. Bild 6 zeigt den zugehörigen Hydraulikschaltplan des 3-Kanal-Systems.

- Betätigt der Fahrer die Bremse nun zusätzlich, sorgt der zuvor nicht betätigte Sattel durch seine Elastizität für ein natürliches Bremsgefühl.
- Indem wie in Bild 6 gezeigt nur am linken Sattel des Vorderrads aktiv Druck aufgebaut wird, ist zur Errechung einer bestimmten Verzögerung weniger Bremsflüssigkeitsvolumen notwendig (da z.B. Lüftspiel nur an einem Sattel). Hierdurch wird die Hebelrückwirkung auf ein akzeptables Maß reduziert.

Motorrad-Traktionskontrolle

Die Traktionskontrolle regelt den Antriebsschlupf am angetriebenen Rad durch eine Reduktion des Antriebsmoments. Hierdurch kann ein seitliches Ausbrechen des Hinterrads in der Kurve vermieden und die Übertragung der Antriebskraft auf die Fahrbahn optimiert werden. Da die Radien, die Konturen und die Breiten von Motorradreifen am Vorder- und Hinterrad unterschiedlich sind, ergeben sich verschiedene Abhängigkeiten der effektiven Abrollumfänge von der Schräglage. Somit bringt die Kenntnis des Schräglagenwinkels einen entscheidenden Vorteil bei der Berechnung der Radschlüpfe und in der Leistungsfähigkeit der Traktionskontrolle.

Vor allem bei Enduro-Motorrädern gibt es von Slick- über Straßenreifen bis hin zu grobstolligen Geländereifen ein breites Spektrum an möglichen Radkombinationen, die auf den unterschiedlichsten Untergründen wie trockener Asphalt, Kopfsteinpflaster oder Sand gefahren werden können. Deshalb erlaubt die Motorrad-Traktionskontrolle meist einen weiten Einstellbereich zur bedarfsgerechten Anpassung.

Anti-Wheelie-Regelung

Die Anti-Wheelie-Regelung steuert das Motordrehmoment so, dass ein unkontrolliertes Aufsteigen des Vorderrads verhindert und gleichzeitig die maximal mögliche Beschleunigung sichergestellt wird.

Anhand des Verlaufs der Radgeschwindigkeit am Vorderrad kann detektiert werden, wann das Vorderrad abgehoben ist. Allerdings wird hiermit nicht unterschieden, ob das Rad nur wenige Millimeter über dem Boden schwebt oder ob bereits ein Überschlag droht. Hier hilft die Nickwinkel- und Nickrateninformation des Inertialsensors, die Situation zu erfassen und optimiert zu regeln.

Literatur

[1] J. Stoffregen: Motorradtechnik. 9. Aufl., Verlag Springer Vieweg, 2018.

[2] ISO 8855: Straßenfahrzeuge – Fahrzeugdynamik und Fahrverhalten – Begriffe.

Integrierte Fahrdynamik-Regelsysteme

Übersicht

Zur zielgerichteten Beeinflussung der Fahrdynamik bieten sich neben Bremse und Motor, wie von der Fahrdynamikregelung (Electronic Stability Control, ESC) verwendet, auch weitere Stellglieder im Fahrwerk und im Antriebsstrang an. Der funktionale Verbund fahrdynamisch relevanter Stellglieder ist bei den verschiedenen Automobilherstellern und Zulieferern unter den Bezeichnungen Vehicle Dynamics Management (VDM), Integrated Chassis Control (ICC), Integrated Chassis Management (ICM) oder Global Chassis Control (GCC) bekannt.

Nutzenschwerpunkte

Die Funktionen entfalten ihren Nutzen in den Schwerpunkten Fahrstabilität, Agilität und Verringerung des „Driver Workloads“, d.h. des Betätigungsaufwands für den Fahrer.

Verbesserung der Fahrstabilität
In kritischen Fahrsituationen übernehmen diese Funktionen Stabilisierungsaufgaben, die normalerweise der Fahrer selbst ausführen muss. Typische Beispiele sind die Übersteuersituation oder die Bremsung auf Fahrbahnen mit unterschiedlichen Reibwerten auf der linken und der rechten Fahrzeugseite (μ-split).

Erhöhung der Agilität
Einige dieser Funktionen verbessern das Beschleunigungsverhalten oder das querdynamische Ansprechverhalten des Fahrzeugs auf Lenkeingaben des Fahrers. Damit wird das Fahrzeug agiler, d.h., es reagiert spontaner und dynamischer auf Fahrereingaben.

Verringerung des Betätigungaufwands
Ein verbessertes Ansprechverhalten des Fahrzeugs auf Bewegungen des Lenkrads und automatische Stabilisierungseingriffe entlasten den Fahrer; insbesondere sinkt der Lenkaufwand.

Funktionen

Fahrdynamische Lenkempfehlung

Aufgabe
Diese Funktion nutzt als Stellglied eine elektrische Servolenkung. Dem Lenkunterstützungsmoment der Servolenkung wird ein zusätzliches, fahrdynamisch motiviertes Lenkmoment überlagert, um dem Fahrer eine Lenkempfehlung zu geben.

Begrenzung des Zusatzlenkmoments
Das fahrdynamische Zusatzlenkmoment wird abhängig vom Fahrzeug auf Werte von ca. 3 Nm begrenzt, damit der Fahrer die Lenkempfehlung jederzeit übersteuern kann.

Nutzen für die Fahrdynamik
Die Lenkempfehlung wird in verschiedenen Fahrsituationen aktiviert. In einer Übersteuersituation wird ein Lenkmoment in Richtung Gegenlenken aufgebracht (Bild 1a). Bei einem untersteuernden Fahrverhalten motiviert die Funktion den Fahrer, den Lenkeinschlag nicht weiter zu erhöhen, da das Seitenkraftpotential an den Vorderrädern bereits ausgeschöpft ist

Bild 1: Fahrdynamische Lenkempfehlung mit Zusatzlenkmoment.
a) Bei Übersteuern,
b) bei Bremsung auf Fahrbahn mit unterschiedlichen Reibwerten.
M_L Zusatzlenkmoment,
M_Z Giermoment aufgrund der intendierten Fahrerreaktion,
F_B Bremskraft.

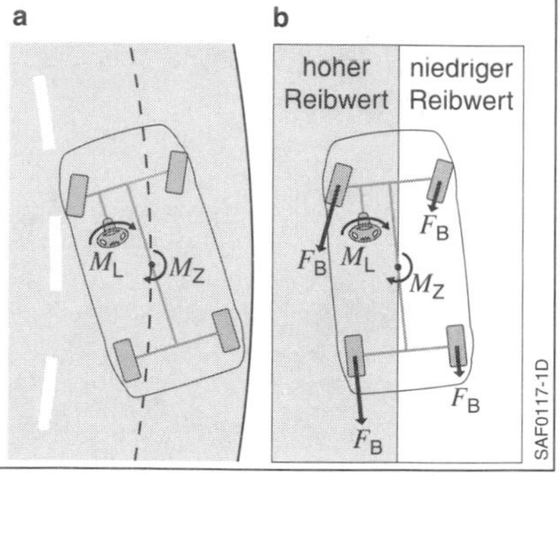

und ein weiteres Einlenken die Seitenkraft unter Umständen sogar verringert.

Beim Bremsen oder Beschleunigen auf Fahrbahnen mit unterschiedlichem Reibwert auf der linken und rechten Fahrzeugseite (μ-split) wird der Fahrer beim Ausgleich der Gierbewegung des Fahrzeugs durch Gegenlenken unterstützt (Bild 1b).

Aktive Lenkstabilisierung an der Vorderachse

Aufgabe

Diese Funktion greift über den winkelüberlagernden Lenksteller der Überlagerungslenkung direkt in die Fahrzeugbewegung ein. Zum Lenkwinkel des Fahrers wird in einem Überlagerungsgetriebe ein zusätzlicher Lenkwinkel addiert, der von einem Elektromotor eingestellt wird.

Nutzen für die Fahrdynamik

Die Funktion wirkt z.B. in einer übersteuernden Fahrsituation. Durch eine Gierratenregelung mit automatischem Lenkwinkeleingriff wird der zu hohe Wert der Gierrate auf seinen Sollwert zurückgeführt.

Beim Bremsen auf Fahrbahnen mit unterschiedlichem Reibwert sorgt die Funktion für einen Ausgleich der Gierbewegung. Der Fahrer wird bei der Stabilisierung des Fahrzeugs erheblich entlastet. Da der Gierausgleich automatisch ausgelöst wird und deutlich schneller erfolgt als der Lenkvorgang eines typischen Fahrers, können die Maßnahmen in der Fahrdynamikregelung zur Giermomentaufbauverzögerung reduziert werden. Dadurch verringert sich zusätzlich der Bremsweg.

Ein weiterer Nutzen lässt sich bei Untersteuern und Anfahren auf Fahrbahnen mit unterschiedlichem Reibwert erzielen.

Anforderungen an die Sensorik

Aufgrund der hohen Stellgeschwindigkeit einer Überlagerungslenkung muss die Überwachung der Sensorsignale mit niedrigen Fehlerlatenzzeiten erfolgen, d.h., ein Fehler muss schnell gemeldet werden. Dies erfordert eine redundante Auslegung der Inertialsensorik.

Aktive Lenkstabilisierung an der Hinterache

Aufgabe

Die primäre Funktion steuert bei Fahrzeugen mit Hinterachslenkung den Hinterachslenkwinkel abhängig vom Lenkradwinkel und von der Fahrgeschwindigkeit. Bei niedrigen Geschwindigkeiten werden die Hinterräder in die entgegengesetzte Richtung zu den Vorderräder gelenkt, wodurch sich die Manövrierbarkeit des Fahrzeugs verbessert.

Bei hohen Geschwindigkeiten werden die Hinterräder in die gleiche Richtung wie die Vorderräder gelenkt. Dadurch wird die Gierbewegung bei Ausweichmanövern weniger stark angeregt. So erhöht sich die Fahrstabilität beträchtlich.

Nutzen für die Fahrdynamik

Die zugehörigen Funktionen wirken in ähnlichen Situationen wie die aktiven Vorderachslenkeingriffe. Die Wirksamkeit von Übersteuereingriffen hängt maßgeblich von der aktuellen Ausschöpfung des Seitenkraftpotentials an den Hinterrädern ab.

Beim Bremsen auf Fahrbahnen mit unterschiedlichen Reibwerten muss aufgrund der Entlastung der Hinterachse mit größeren Winkeln eingegriffen werden, um die Gierbewegung zu unterdrücken. Auf der anderen Seite kann die Bremsung ohne nennenswerten Schwimmwinkel erfolgen.

Anforderungen an die Sensorik

Die Funktionen für die Hinterachslenkung benötigen ebenfalls eine redundante Inertialsensorik, da die Stellgeschwindigkeit eines Lenkstellers an der Hinterachse mit der Überlagerungslenkung vergleichbar ist.

Momentenverteilung in Längsrichtung bei Allradantrieben

Aufgabe

Bei Fahrzeugen mit Allradantrieb verbessern Längssperren oder Verteilergetriebe im Rahmen ihrer Grundfunktion die Traktion und damit das Beschleunigungsvermögen des Fahrzeugs, indem die Räder beider Achsen Antriebskräfte übertragen.

Nutzen für die Fahrdynamik
In Situationen, in denen der Reibwert nicht vollständig durch Traktion ausgenutzt wird, lässt sich das Eigenlenkverhalten über eine Verschiebung der Antriebskräfte zwischen Vorder- und Hinterachse verändern. Je mehr Antriebskraft eine Achse überträgt, umso mehr wird das Seitenkraftpotential an den Rädern dieser Achse geschwächt. Eine Verlagerung der Antriebskraft zur Vorderachse verstärkt die Untersteuertendenz, während die Verlagerung zur Hinterachse die Untersteuertendenz verringert. Durch die dynamische Steuerung der Antriebsmomentverteilung lässt sich die querdynamische Agilität steigern, ohne dass das Fahrzeug zum Übersteuern neigt.

Radmomentverteilung in Querrichtung

Aufgabe
Einen hohen Beitrag zur Agilitätssteigerung leisten Funktionen, die auf einem „Torque-Vectoring-Steller" basieren. Das Stellglied erlaubt eine weitgehend freie Verschiebung des Radmoments zwischen dem linken und dem rechten Rad einer Achse. Dadurch wird das Gesamtmoment bis auf Reibungsverluste im Stellglied nicht verringert, sodass dieser Eingriff nahezu neutral im Hinblick auf die Fahrgeschwindigkeit ist.

Bild 2: Radmomentverteilung in Querrichtung.
a) Bei Untersteuern,
b) bei Übersteuern.
F_U Radumfangskraft (Antreiben, Bremsen),
M_Z Giermoment aufgrund des Eingriffs.

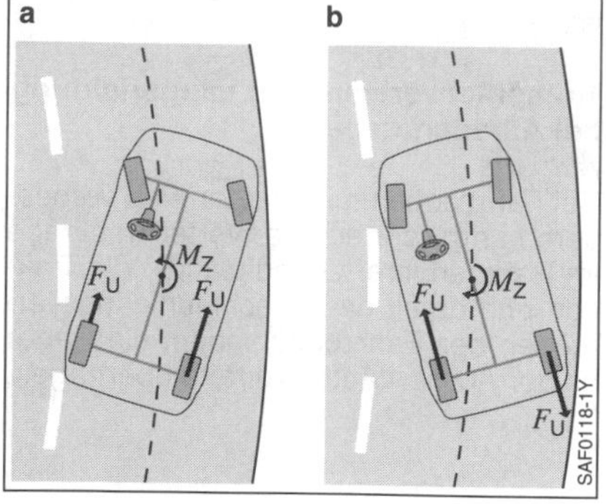

Nutzen für die Fahrdynamik
In einer untersteuernden Fahrsituation wird das Antriebsmoment des kurvenäußeren Rades erhöht und das Antriebsmoment des kurveninneren Rades verringert. Dadurch wirkt ein zusätzliches, in die Kurve eindrehendes Giermoment auf das Fahrzeug (Bild 2a). Die Untersteuertendenz sinkt; das Fahrzeug ist querdynamisch agiler.

Beim Beschleunigen auf Fahrbahnen mit unterschiedlichen Reibwerten wird das Antriebsmoment gezielt auf das Rad mit hohem Reibwert geleitet. Bremseingriffe der Antriebsschlupfregelung am Rad mit niedrigem Reibwert entfallen zum großen Teil. Dadurch erhöht sich die mittlere Beschleunigung auf Fahrbahnen mit unterschiedlichen Reibwerten.

Auch in einer Übersteuersituation ersetzt man einen Teil der Bremseingriffe durch eine Radmomentverlagerung (Bild 2b). Auf diese Weise lässt sich bei mildem Übersteuern der Geschwindigkeitsverlust durch Bremseingriffe der Fahrdynamikregelung verringern. In kritischen Übersteuersituationen greift nach wie vor die Bremse ein, da hier der Geschwindigkeitsverlust zur Entschärfung der Fahrsituation erwünscht ist.

Ersatz der Radmomentverteilung durch Brems- und Motoreingriffe

Die Untersteuereingriffe über einen Torque-Vectoring-Steller lassen sich durch Bremseingriffe an den kurveninneren Rädern nachbilden. Um die Verzögerung durch den einseitigen Bremseingriff auszugleichen, erhöht man das Motormoment. Man erreicht so eine ähnliche Wirkung wie beim Untersteuereingriff mit einem Torque-Vectoring-Steller. Dafür benötigt man lediglich ein Hydraulikaggregat mit hoher Dauerhaltbarkeit und niedriger Geräuschentwicklung statt eines zusätzlichen Torque-Vectoring-Stellers.

Eigenlenkbeeinflussung über die Wankstabilisierung

Aufgabe
Systeme zur Wankstabilisierung dienen in ihrer komfortorientierten Grundfunktion zum Ausgleich der Wankbewegung des Fahrzeugaufbaus bei Kurvenfahrt.

Nutzen für die Fahrdynamik
Bei zweikanaliger Auslegung des Wankstabilisierungssystems mit getrennter Ansteuerung der Steller an Vorder- und Hinterachse besteht zusätzlich die Möglichkeit zur Beeinflussung des Eigenlenkverhaltens. Im Rahmen der Leistungsfähigkeit der einzelnen Kanäle können die Wankausgleichsmomente aktiv zwischen der Vorder- und der Hinterachse verteilt werden. Dadurch ergibt sich eine Veränderung der Radaufstandskräfte.

Die Wirkung auf das Eigenlenkverhalten beruht auf der degressiven Steigerung der Seitenführungskräfte mit den Normalkräften (Bild 3). Wird das Wankmoment weitgehend über die Hinterachse abgestützt, dann steigt die Normalkraft hinten am kurvenäußeren Rad stark an, die zugehörige Seitenkraft jedoch nur unterproportional. Die Seitenkraft an der Hinterachse wird geschwächt, die Untersteuertendenz sinkt. Im Gegenzug steigt die Untersteuertendenz, wenn das Wankmoment weitgehend über die Vorderachse abgestützt wird.

Eigenlenkbeeinflussung über verstellbare Schwingungsdämpfer

Aufgabe
Verstellbare Schwingungsdämpfer haben eine beachtliche Verbreitung zur adaptiven Dämpfung der Vertikalbewegung des Aufbaus gefunden. Nick- und Wankbewegungen, die durch Fahrereingaben wie Bremsen und Lenken oder durch Fahrbahnstörungen hervorgerufen werden, sowie Vertikalbewegungen aufgrund von Fahrbahnstörungen lassen sich spürbar verringern.

Nutzen für die Fahrdynamik
Mit begrenzter Wirkung ist zusätzlich eine Beeinflussung des Eigenlenkverhaltens möglich. Der Wirkmechanismus entspricht der Eigenlenkbeeinflussung über die Wankstabilisierung. Allerdings wirkt die Funktion nur transient während einer Wankbewegung des Aufbaus, da eine Dämpferbewegung Voraussetzung für Dämpferkräfte ist. Die Dämpferkräfte lassen sich durch eine Verstellung der Dämpferhärte modulieren, sodass die Radaufstandskräfte wie oben beschrieben semi-aktiv verteilt werden können.

Systemarchitektur

Allokation der Funktionen auf Steuergeräte

Die Stellglieder im Fahrwerk und im Antriebsstrang werden in der Regel nicht nur von Funktionen der integrierten Fahrdynamik-Regelsysteme angesteuert, sondern in erster Linie von Grundfunktionen, die sehr eng mit dem Stellglied verbunden sind. Beispiele für derartige Grundfunktionen sind die Servounterstützung bei einer elektrischen Servolenkung oder die variable Lenkübersetzung bei einer Überlagerungslenkung.

Die Grundfunktionen zeichnen sich durch eine moderate Vernetzung mit anderen Fahrzeugsystemen aus. Wegen ihrer engen Anbindung an das Stellglied werden sie üblicherweise in das zugehörige Steuergerät integriert, das auch die Ansteuerung und Überwachung des Stellglieds vornimmt.

Die Funktionen der integrierten Fahrdynamik-Regelsysteme sind dagegen stark vernetzt, insbesondere mit der Fahrdynamikregelung und anderen Systemen der Fahrwerksregelung. Sie berechnen einen fahrdynamischen Sollwert für das Stellglied, das über einen Datenbus an das Steuergerät übertragen wird. Im

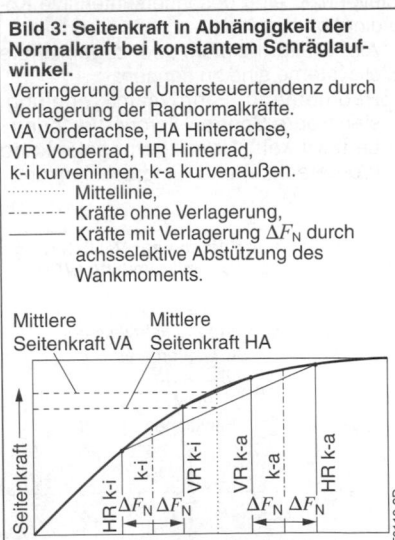

Bild 3: Seitenkraft in Abhängigkeit der Normalkraft bei konstantem Schräglaufwinkel.
Verringerung der Untersteuertendenz durch Verlagerung der Radnormalkräfte.
VA Vorderachse, HA Hinterachse,
VR Vorderrad, HR Hinterrad,
k-i kurveninnen, k-a kurvenaußen.
········ Mittellinie,
-·-·-·- Kräfte ohne Verlagerung,
——— Kräfte mit Verlagerung ΔF_N durch achsselektive Abstützung des Wankmoments.

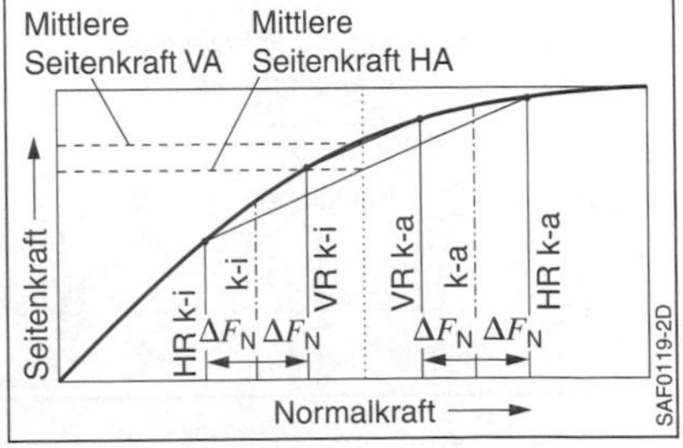

Steuergerät erfolgt eine Arbitrierung mit den Sollwerten der Grundfunktionen.

Als Integrationsplattform für die Funktionen der integrierten Fahrdynamik-Regelsysteme bietet sich das Steuergerät zur Fahrdynamikregelung (ESC) oder ein Zentralsteuergerät des Funktionsbereichs „Fahrwerk“ an (Bild 4).

Zusammenwirken mehrerer Funktionen

Zunehmend werden mehrere Funktionen und Stellglieder in einem Fahrzeug installiert. Dabei stellt sich die Frage nach einer Funktionsstruktur, die ein gutes Zusammenwirken der Einzelfunktionen garantiert und die vor allem gegenseitige Störungen verhindert.

Der ursprünglich zu beobachtende Trend, für jedes Stellglied einen separaten Regler zu implementieren, stößt an seine Grenzen. Auf der anderen Seite schränkt eine vollständige Zusammenführung aller Algorithmen zu einem Zentralregler die Flexibilität bei der verteilten Entwicklung und bei der Nutzung von Steuergeräte-Ressourcen stark ein.

Aussichtsreich ist ein Zwischenweg, bei dem alle Regler, die ein verwandtes Stellprinzip nutzen, zusammengeführt werden, da Eingriffe mit verwandtem Stellprinzip eine besonders intensive Koordination benötigen.

Als Stellprinzipien und zugeordnete Stellsysteme sind zu nennen:

- Radmoment: Fahrdynamikregelung, steuerbare Sperren, Torque-Vectoring.
- Lenkwinkel: Überlagerungslenkung (Vorderachse) und Hinterachslenkung.
- Normalkraft: Wankstabilisierung, verstellbare Schwingungsdämpfer.

Die fahrdynamische Lenkmomentempfehlung spielt eine Sonderrolle. Sie ist hinsichtlich ihrer Wirkung auf den Fahrer mit Funktionen für die Überlagerungslenkung abzustimmen.

Literatur

[1] Isermann (Hrsg.): Fahrdynamikregelung – Modellbildung, Fahrerassistenzsysteme, Mechatronik. Vieweg Verlag, Wiesbaden, 2006.

[2] Deiss, Knoop, Krimmel, Liebemann, Schröder: Zusammenwirken aktiver Fahrwerk und Triebstrangsysteme zur Verbesserung der Fahrdynamik. 15. Aachener Kolloquium Fahrzeug und Motorentechnik, Aachen 2006, S. 1671...1682.

[3] Klier, Kieren, Schröder: Integrated Safety Concept and Design of a Vehicle Dynamics Management System. SAE Paper 07AC-55, 2007.

[4] Erban, Knoop, Flehmig: Dynamic Wheel Torque Control – DWT. Agility enhancement by networking of ESC and Torque Vectoring. 8. Europäischer Allradkongress, Graz 2007, S. 17.1...17.10.

[5] Flehmig, Hauler, Knoop, Münkel: Improvement of Vehicle Dynamics by Networking of ESC with Active Steering and Torque Vectoring. 8. Stuttgart International Symposium Automotive and Engine Technology, Berichtsband Nr. 2, S. 277...291, Vieweg Verlag, Wiesbaden 2008.

Bild 4: Systemarchitektur zur Realisierung von Funktionen der integrierten Fahrdynamikregelung (VDM).

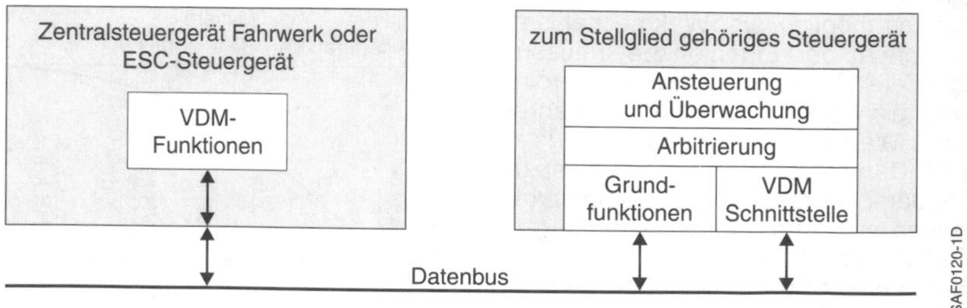

Fahrzeugaufbau Pkw

Einleitung

Der Fahrzeugaufbau beziehungsweise die Karosserieaufbauform bestimmt die äußere Form eines Fahrzeugs und wird durch den Fahrzeugzweck beziehungsweise den Nutzen und die adressierte Kundengruppe, aber auch durch gesellschaftliche, technologische und Design-Trends maßgeblich bestimmt. Design-Trends und die Kombination von Aufbauform-Archetypen haben immer wieder zu neuen Aufbauformen geführt. Ein Beleg dafür ist z.B. das Sports Utility Vehicle (SUV), das sich in den USA aus dem „Station Wagon“ (Kombi) und dem klassischen Geländewagen entwickelt hat. Auch neue Antriebskonzepte, wie z.B. der Elektroantrieb, beeinflussen die realisierten Aufbauformen.

Fahrzeugaufbau und Fahrzeugkonzept, beschrieben durch die wesentlichen Hauptabmessungen sowie die Positionierung der Hauptkomponenten und der Insassen, sind eng miteinander verknüpft. Deshalb wird im Folgenden zuerst auf die Aufbauformen und dann auf die Entwicklung des Fahrzeugkonzepts beziehungsweise der Fahrzeugarchitektur eingegangen. Zum Abschluss werden die Auswirkungen aktueller technologischer Trends wie z.B. automatisiertes Fahren und virtuelle Produktentwicklung auf Fahrzeugkonzeption und Fahrzeugaufbau beschrieben.

Meilensteine der Automobilgeschichte

Die Automobilgeschichte wurde von vielen Einzelerfindungen geprägt, die hier nur verkürzt wiedergeben werden sollen. Immer wieder haben neue Produkt- und Prozesstechnologien zu Innovationen und Trendwenden in der Automobilentwicklung geführt.

1886 bauten Carl Benz und Gottlieb Daimler unabhängig voneinander die ersten Motorwagen mit Verbrennungsmotor und leiteten damit den Siegeszug des motorisierten Individualverkehrs ein. Allerdings war es Ende des 19. Jahrhunderts noch nicht entschieden, welcher Antrieb sich im Automobilbau durchsetzen würde.

Bereits 1834 baute Thomas Davenport in den USA den ersten elektrischen Gleichstrommotor und demonstrierte dessen Funktion anhand einer elektrisch angetriebenen Modell-Lokomotive, die mit einer nicht wieder aufladbaren Batterie ausgerüstet war. 1837 erhielt Davenport in den USA ein Patent auf seinen Elektromotor. Zeitgleich und unabhängig entwickelte 1834 auch Moritz Hermann von Jacobi einen Elektromotor mit ca. 15 W Leistung. 1835 fertigten die beiden Niederländer Sibrandus Stratingh und Christopher Becker einen Elektromotor, mit dem ein kleines Modellfahrzeug angetrieben werden konnte – die erste nachweisbare Nutzanwendung eines Elektromotors. 1881 wurde das erste Elektro-Dreirad von Gustave Trouvé auf der Internationalen Elektrizitätsausstellung in Paris vorgestellt, also bereits fünf Jahre vor dem ersten Automobil mit Verbrennungsmotor. 1882 betrieb Werner Siemens auf einer Versuchstrecke in Berlin mit der „Electromote“ den Vorläufer der heutigen Oberleitungsbusse. 1888 entwickelte Andreas Flocken das erste Elektroauto aus Deutschland mit Luftreifen und elektrischen Scheinwerfern und einer Maximalgeschwindigkeit von 15 km/h. Seit 1897 gab es in New York Elektro-Taxis und 1899 waren bereits 90 % aller Taxis dort elektrisch angetrieben.

Bis in das erste Jahrzehnt des 20. Jahrhunderts wurden auch Automobile mit Dampfantrieb als Alternativen zum verbrennungsmotorischen Antrieb und zum Elektroantrieb gebaut. Beispiele sind das White Touring Car der White Motor Corporation und das Stanley Steam Car der Stanley Motor Carriage Company.

Erst mit der Erfindung des elektrischen Starters 1909 durch Kettering in den USA und durch die Weiterentwicklung 1914 durch Bosch in Deutschland (Patent 1914 Bosch) und durch den raschen Ausbau eines Tankstellennetzes für mineralölbasierte Kraftstoffe konnte sich der Verbrennungsmotor als dominanter Antrieb für Automobile durchsetzen und Elektro- und Dampffahrzeuge in Nischen verdrängen.

Die Erfindung des Luftreifens im Jahr 1888 durch Dunlop in England und die Erfindung des Lenkrads 1900 durch Packard in den USA sind weitere Meilensteine auf dem Weg zum heutigen Automobil. Ford hat 1914 mit dem Model T die Fließbandfertigung eingeführt und damit die Automobil-Manufaktur abgelöst. Dadurch konnten Automobile in großer Stückzahl gefertigt werden und die Straßen erobern [1].

Nicht nur die Antriebstechnologie, sondern auch die Konfiguration des Antriebs hat die Aufbauformen der Automobile mit beeinflusst. Der Hinterradantrieb ist die älteste Antriebsform und bezeichnet ein Fahrzeug mit angetriebener Hinterachse unabhängig von der Anordung des Motors. Beim Standardantrieb ist der Motor im Vorderwagen untergebracht und treibt über eine Gelenkwelle mit Kardangelenken über das Differential die Hinterachse an. Dies macht einen Getriebe- oder Kardantunnel erforderlich und führt zu Gewichts- und Bauraumnachteilen. Andererseits ermöglicht der Standardantrieb eine Entkoppelung und Aufteilung der Lenkfunktion und der Antriebsfunktion auf jeweils eine Achse und führt so zu einer besseren Gewichtsverteilung. Beim Heckantrieb wird ebenfalls die Hinterachse angetrieben. Dabei bilden Heckmotor, Getriebe und Antriebsachse eine komplette Antriebseinheit im Heck des Fahrzeugs. Als Frontantrieb wird ein Vorderradantrieb in Verbindung mit einem Frontmotor bezeichnet. Weitere Antriebskonfigurationen sind der Allradantrieb mit zwei angetriebenen Achsen, der Hinterradantrieb mit Mittelmotor oder der Hinterradantrieb mit Transaxle-Anordnung. Frontantrieb und Standardantrieb haben sich heute weitgehend durchgesetzt.

Seit den 1990er-Jahren erlebt die Elektrifizierung des Antriebs wieder eine Renaissance. Zuerst blieb es allerdings bei Konzeptfahrzeugen und Pilotversuchen, z. B. auf der Insel Rügen (1992 – 1996). Mit der Gründung der Nationalen Plattform Elektromobilität in Deutschland im Jahr 2010 nahm die Elektromobilität auf Basis der Lithium-Ionen-Batterie-Technologie wieder deutlich Fahrt auf. Im Jahr 2012 brachte Tesla mit dem Model S die erste Oberklasse-Limousine mit Elektroantrieb und Frunk (Front-Trunk, d. h. Kofferraum im vorderen Bereich des Fahrzeugs) auf den Markt. Aktuell eröffnen die Elektrifizierung des Antriebs und der Trend hin zum automatisiert fahrenden Fahrzeug neue Möglichkeiten zur Gestaltung der Fahrzeugaufbauformen.

Im Laufe der jüngeren Geschichte haben sich die Aufbauformen immer weiter ausdifferenziert. Dabei hatte jede Zeit präferierte Aufbauformen. So machte in den 1980er-Jahren Chrysler mit dem Chrysler Voyager den Familien-Van populär (Chrysler Minivan 1985). In den 1990er-Jahren bis in die erste Dekade des 21. Jahrhunderts erlebte der Minivan als Pkw-Aufbauform mit optimierter Raumausnutzung und hoher Dachlinie eine zweite Blüte. Mercedes-Benz brachte mit der A-Klasse eine Familien-Limousine im Kompaktsegment mit einem Vorhalt für alternative Antriebe im Fahrzeugboden mit der Anmutung eines Minivans (One-Box-Design) auf den Markt. Gegen Mitte der 1990er-Jahre traten mit dem Toyota RAV 4 die Sports Utility Vehicle (SUV) auf den deutschen Markt. Beginnend bei den großen Fahrzeugen eroberten die SUV in den 2000er-Jahren auch weitere Segmente bis hin zu den Kompaktfahrzeugen [2]. 2021 hatten die SUV laut Kraftfahrt-Bundesamt (KBA) in Deutschland einen Marktanteil von ca. 25 % des Pkw-Absatzes.

Definitionen

Fahrzeugarchitektur
Die Fahrzeugarchitektur stellt die Gesamtheit der Komponenten und Systeme einer Fahrzeugfamilie dar, die eine Ableitung aller geplanten Derivate und Aufbauformen der Fahrzeugfamilie ermöglicht. Bei der Definition der Fahrzeugarchitektur werden gesetzliche Anforderungen, Markt- und Kundenanforderungen, funktionale Anforderungen, Ergonomieanforderungen, Sicherheitsanforderungen, Produktionsanforderungen und betriebswirtschaftliche Anforderungen berücksichtigt. Der Fokus liegt bei der Fahrzeugarchitektur auf den konzeptbestimmenden Modulen, Komponenten und Systemen.

Fahrzeugkonzept
„Das Fahrzeugkonzept ist der konstruktive Entwurf einer Produktidee, mit dem die grundsätzliche Realisierbarkeit abgesichert wird" [3]. Das Fahrzeugkonzept beschreibt das Fahrzeug in seinen wesentlichen Hauptabmessungen (innen und außen) sowie die Positionierung der Hauptkomponenten und der Insassen (Fahrer und Passagiere) im Fahrzeug. Im Laufe der Jahre haben sich durch die Anordnung der Antriebskomponenten verschiedene Aufbauformen entwickelt. Das Fahrzeugkonzept stellt die technische Machbarkeit der Anordnung der Aggregate und Komponenten sowie die Einhaltung gesetzlicher Vorgaben sicher. Dies betrifft die Regularien bezüglich Crash, z. B. Deformationswege, oder auch bezüglich Ergonomie, z. B. die Erreichbarkeit von Bedienelementen oder die Sicht nach außen [4]. Die Gestaltungsfelder der Fahrzeugkonzeption integrieren dabei verschiedene Teilkonzepte, wie z. B. das Antriebskonzept, das Interieurkonzept und das Produktionskonzept, sowie die formal-ästhetische Gestaltung des Fahrzeugs (siehe Bild 1). Der Schwerpunkt liegt dabei auf der Festlegung und Gestaltung von Aufbauausprägung, Fahrzeuggrundform und zukünftigen Varianten [3].

Fahrzeugaufbau
Der Fahrzeugaufbau definiert die äußere Form eines Fahrzeugs und ist durch die deutsche Normen DIN 70010 (Systematik der Straßenfahrzeuge) und DIN 70011 (Aufbauten für Personenkraftwagen; Benennungen und Begriffe) und die internationale Norm ISO 3833 (Road vehicles – Types – Terms and Definitions)

Bild 1: Gestaltungsfelder der Fahrzeugkonzeption.

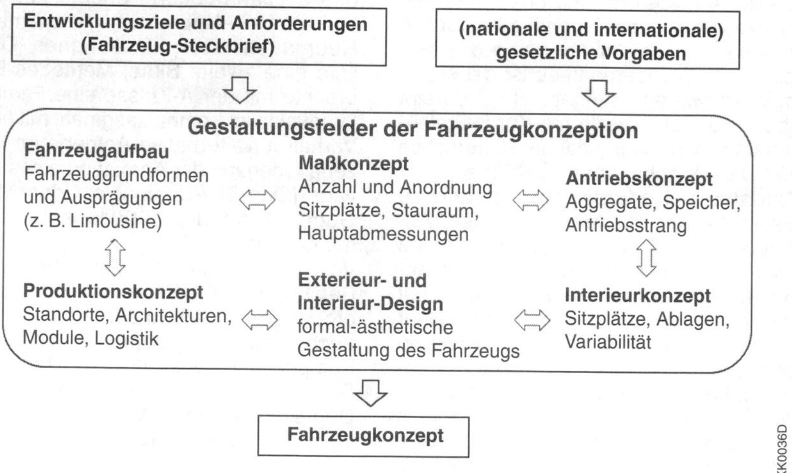

festgelegt. Die Normen weichen in Details voneinander ab. Der Fahrzeugaufbau beziehungsweise die Karosserieaufbauform wird durch den Fahrzeugzweck und die adressierte Kundengruppe bestimmt.

Fahrzeug-Package
„Das Package ist die während der Entwicklung des Fahrzeugs schrittweise verfeinerte Ausarbeitung des Entwurfs mit dem Ziel, ständig die technische Machbarkeit des geplanten Produkts und das maßliche Zusammenspiel aller Baugruppen und Komponenten zu überprüfen" [3]. Dabei geht es vorrangig um die optimale Nutzung der Bauräume im Fahrzeug. Die verschiedenen Zielkonflikte, Bauraumbedarfe und funktionalen Abhängigkeiten werden abgewogen und in eine Anordnung überführt, die geometrisch und physikalisch allen Komponenten gerecht wird. Diese Anordung aller Komponenten im Fahrzeug wird als Fahrzeug-Package oder kurz Package bezeichnet.

Fahrzeugaufbau und Fahrzeugsegmente

Primär werden der Fahrzeugaufbau beziehungsweise die Karosserieaufbauform durch den Fahrzeugzweck und die adressierte Kundengruppe bestimmt. Auch Styling-Trends, gesellschaftliche Trends oder gesetzliche Vorgaben haben immer wieder zu neuen Aufbauformen geführt. Neue Fahrzeugaufbauformen sind historisch häufig dadurch entstanden, dass Elemente aus bestehenden Aufbauformen neu zusammengestellt wurden. Dies zeigt sich insbesondere bei den sogenannten „Cross-over-Aufbauformen", wie z.B. dem Sports Utility Cabrio (SUC), das ein Sports Utility Vehicle (SUV) mit einem Cabrio kombiniert. Elemente von SUV finden sich heute in vielen hybriden Aufbauformen. Das Kraftfahrt-Bundesamt (KBA) hat Fahrzeugsegmente zur Personen- und Güterbeförderung definiert [5], die bereits an anderer Stelle (siehe Gesamtsystem Kraftfahrzeug) dargestellt sind. Diese Klassifikation wurde zur Erläuterung der Fahrzeugaufbauformen und Fahrzeugsegmente in den Bildern 2a, 2b und 2c herangezogen. International sind noch andere Einteilungen der Fahrzeuge in Segmente gebräuchlich, die eine ähnliche Logik verfolgen, z.B. die Fahrzeugsegmente der EU-Kommission oder die Fahrzeuggrößenklassen der NHTSA (National Highway Traffic Safety Administration) in den USA und andere.

Bild 2a zeigt, wie sich die klassische Aufbauform der Limousine, welche früher die dominierende Aufbauform war, ausgehend von den drei Grundformen Stufenheck, Steilheck und Kombi immer weiter ausdifferenziert hat.

Die Entwicklung der Aufbauform SUV aus dem klassischen Geländewagen mit Elementen aus limousinenhaften Aufbauformen ist ein Beispiel für das Entstehen neuer Aufbauformen. SUV zeichnen sich durch eine hohe Sitzposition, eine erhöhte Bodenfreiheit, einen zumindest zuschaltbaren Allradantrieb und eine charakteristische an einen Geländewagen angelehnte Karosserieform aus. Im Laufe der Zeit konnten sich SUV als Alternative zur Großraumlimousine (Family Van) durchsetzen und sich als neue

Bild 2: Fahrzeugaufbauformen und Fahrzeugsegmente.
a) Fahrzeugaufbauformen und Fahrzeugsegmente am Beispiel der Limousine,
b) Entwicklung der Aufbauformen und Fahrzeugsegmente am Beispiel SUV,
c) weitere Aufbauformen und Fahrzeugsegmente.

× verbreitet
(×) selten

Aufbauformen und -ausprägungen	Beschreibung der Aufbauformen	Kleinstfahrzeug	Kleinwagen	Kompaktklasse	Mittelklasse	obere Mittelklasse	Oberklasse
a 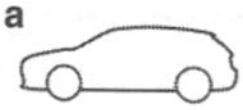	**Steilheck** Aufbauform im Two-Box-Design mit Heckklappe für einfache Zuladung	×	×	×	(×)		
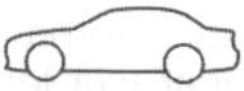	**Stufenheck** „Klassische" Aufbauform der Limousine			(×)	×	×	×
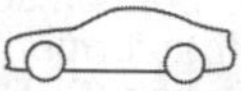	**Coupé** 2-türige Limousine mit fließend-flacher Dachlinie			(×)	×	×	×
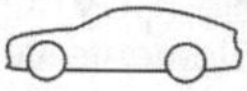	**Fließheck** 4-Türer, coupéähnliche Dachform meist mit Dachklappe			(×)	×	×	
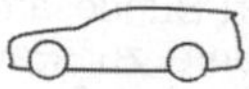	**Kombi** Aufbauform eines Pkw mit großem Ladevolumen			(×)	×	×	
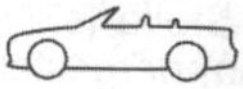	**offen** Roadster (2-sitzig) oder Cabrio (meist 4-sitzig) – abgeleitet von Stufenheck oder Steilheckfahrzeugen	(×)	×	×	×	×	×
b 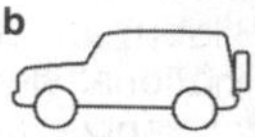	**Geländewagen** Robuste Fahrzeuge, viel Bodenfreiheit und großem Böschungswinkel		(×)	×	×	×	(×)
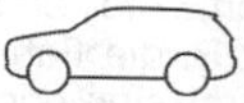	**SUV** Teils geländegängige Fahrzeuge, mehr Bodenfreiheit und Böschungswinkel		(×)	×	×	×	×
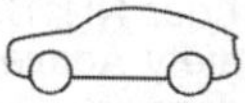	**SUV Coupé** Teils geländegängig mit coupéhaft flacher Silhouette		(×)	×	×	×	×
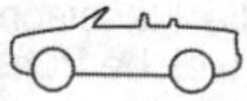	**SUV Cabrio (SUC)** Cross-over, abgeleitet aus SUV und Cabrio				(×)	(×)	(×)
c 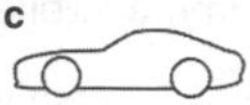	**Sportwagen** 2-sitziger Pkw mit relativ geringer Bauhöhe und hohen Fahrleistungen			(×)	×	×	×
	**Supersportwagen** 2-sitziger Pkw mit sehr geringer Höhe, optimiert für max. Fahrleistung						×
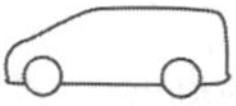	**MPV** Großraumlimousine mit mehr als 5 Sitzplätzen und großem Raumangebot			×	×	×	
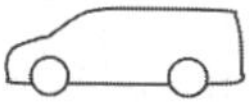	**VAN** Kleinbus mit 5 bis 9 Sitzplätzen und großem, variablen Raumangebot				×	×	(×)
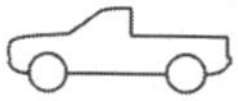 DKK0037-2Y	**Pickup** Cross-over abgeleitet aus SUV und Leicht-Lkw, in den USA weit verbreitet			(×)	×	×	×

Aufbauform über alle Fahrzeuggrößenklassen etablieren [2]. Diese Entwicklung hält an und führt z.B. durch Anleihen aus weiteren klassischen Aufbauformen, wie dem Coupé, zur neuen Aufbauform des Sports Utility Coupé. Ein Beispiel für ein SUV Coupé ist der Mercedes-Benz GLE. Insbesondere bei Elektrofahrzeugen gibt es einen Trend zu SUV Coupés. Beispiele für SUV Cabrios (SUC) sind der Range Rover Evoque Cabrio oder der VW T-Roc Cabrio.

Darüber hinaus gibt es weitere relevante Aufbauformen, die in Bild 2c aufgeführt sind. Diese sind zum einen die emotionalen Aufbauformen Sportwagen und Supersportwagen und zum anderen die nutzwertorientierten Aufbauformen, wie das Multi-Purpose-Vehicle (MPV) beziehungsweise die Großraumlimousine, der Großraum-Van (Kleinbus) und der Pickup als Cross-over aus SUV und Leicht-Lkw.

Während die Großraumlimousine, z.B. der Renault Espace, ein Familienauto mit viel Raum und variabel klappbarem Sitzkonzept darstellt, das aus einer Pkw-Architektur abgeleitet ist, stellt der Großraum-Van ein von einer Transporter-Architektur abgeleitetes hohes Fahrzeug dar, das oft durch ausbaubare, auf durchgängigen Schienen aufgesetzte Sitze gekennzeichnet ist. Prägend für die Großraum-Vans war der Kleinbus VW Bulli. Heute ist das Segment weit ausdifferenziert.

Fahrzeugsysteme

Jedes Fahrzeug-Package umfasst dieselben Systemgruppen. Dies sind die Gruppen Insassen, Interieur und Stauraum, Antriebsstrang, Rohbau, Fahrwerk und Chassis sowie Räder und Reifen (Bild 3). Jede dieser Systemgruppen kann entsprechend der funktionalen Ziele des Fahrzeugs unterschiedliche Ausprägungen annehmen. Jedes der Fahrzeugsysteme hat durch Weiterentwicklung der Anforderungen das Potential, neue Aufbauformen zu generieren.

Bild 3: Hauptkomponenten und -systeme eines Pkw (Beispiele).
Der Antrieb bestimmt die Architektur und das Maßkonzept.
a) Verbrennungsmotor-Architektur mit Standardantrieb,
b) Elektroantriebs-Architektur mit Hinterradantrieb.

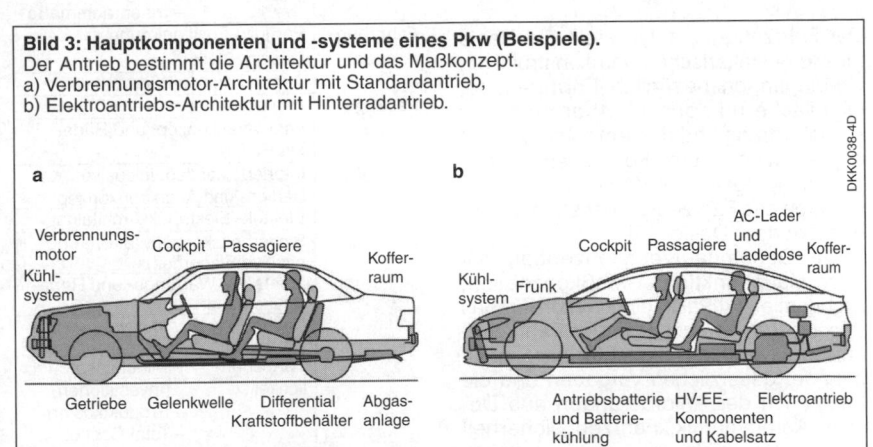

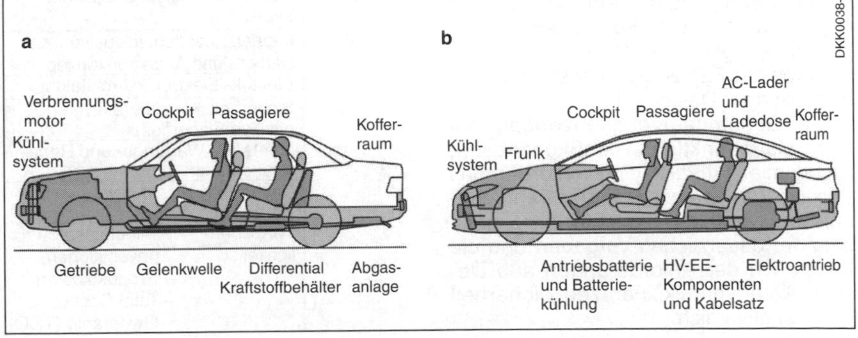

Schnittstellenmanagement in der Gesamtfahrzeugentwicklung

Die Gesamtfahrzeugkonzeption und damit auch die Gestaltung des Fahrzeugaufbaus sind durch eine interdisziplinäre Zusammenarbeit mehrerer technischer Disziplinen und deren Schnittstellen gekennzeichnet. Dies zeigt sich unter anderem an den vielfältigen Anforderungen an das Fahrzeugkonzept und das Package (Tabelle 1) [3].

Die ersten am Fahrzeugkonzept beteiligten Disziplinen sind der Gesamtfahrzeugentwurf, das Fahrzeug-Design (Styling) und die Fahrzeug-Aerodynamik. Aber auch weitere Funktionen wie der Antrieb, der Karosserieentwurf (Rohbau) und die Fahrzeugsicherheit bestimmen das Fahrzeugkonzept. Dabei hat der Gesamtfahrzeugentwurf eine integrierende Funktion entlang des Fahrzeugkonzeptionsprozesses inne.

Aus Designsicht lässt sich die Fahrzeuggestalt in drei Typen einteilen:
- das One-Box-Design (z.B. ein Transporter-Kastenwagen oder ein MPV, z.B. Renault Espace),
- das Two-Box-Design (z.B. die Steilhecklimousine, Hatchback, z.B. VW Golf, Kombis (engl. Station Wagon) oder SUV),
- und das (klassische) Three-Box-Design der Stufenhecklimousine (z.B. Mercedes-Benz E-Klasse) [3].

Der Fahrzeuggestalttyp stellt die Basis für alle gestalterischen und konstruktiven Überlegungen bezüglich Formgebung, Oberfläche u.a. dar [6]. Aber auch der Antriebsstrang und das Antriebsaggregat mit seinen peripheren Komponenten (z.B. Nebenaggregaten), bestimmen über das Package des Fahrzeugs dessen Interieur- und Exterieur-Design [6].

Die Gesamtfahrzeugkonzeption mit ihren Hauptfunktionen Maßkonzeption, Ergonomie und Packaging verkörpert das „technische Gewissen" in der Fahrzeugaufbauentwicklung. Sie ist für die Einhaltung der gesetzlichen Vorgaben und die Integration der Anforderungen aus Design, Aerodynamik, Fahrzeugsicherheit u.a. verantwortlich.

Die Fahrzeug-Aerodynamik und das Design gestalten die Form des Fahrzeugs iterativ mit unterschiedlichen Zielsetzungen. Der Fahrzeug-Designprozess stellt die Gestaltung von Exterieur und Interieur in den Mittelpunkt. Dabei fließen ganzheitliche Überlegungen zum Produktumfeld, zu den Kunden und ihren Anwendungsfällen (Use Cases) und allgemeine Design-Trends ein. Der Fahrzeug-Designprozess ist in Bild 4 dargestellt. Auf Basis einer ersten Analyse werden Prämissen und ein erster Steckbrief erarbeitet. Potentielle Kunden werden in Form von „Personas" (fiktive, für eine bestimmte Zielgruppe repräsentative Kunden) beschrieben. Daran schließt eine erste Ideenfindung an. Die Ideen werden in Form von Skizzen visualisiert und ein erstes technisches Maßkonzept und Package entstehen in 3D. Daran schließt die Konzeptphase an, in der die 3D-Entwürfe weiter ausgearbeitet und zum Teil in Hardware umgesetzt werden (1:4-Tonmodelle, 3D-Modelle). Unterstützend werden in der Konzeptphase Methoden der digitalen Formabsicherung (VR, Powerwall) eingesetzt. In der Phase der Detaillierung entstehen parallel zur Ausgestaltung des digitalen 3D-Modells ein 1:1-Ton-

Tabelle 1: Anforderungen an Fahrzeugkonzept und Package.

	Anforderungen
Fahrzeugkonzept und Package	Maßkonzept: – Außenabmessungen – Innenraummaße
	Portfolio-Positionierung
	Design, Styling
	Aerodynamik und Aeroakustik
	Antriebskonzept
	Fahrwerkskonzept und Räder mit Reifen
	Interieurskonzept Inklusive Bedien- und Anzeigenkonzept
	Elektrik-/Elektronik-Architektur
	Sicherheitskonzept (aktive und passive Sicherheit)
	Montage-, Wartungs- und Reparaturkonzept
	Nachhaltigkeit inklusive „End of Life"-Konzept
	Wirtschaftlichkeit: – Mitteleinsatz (Investitionen) – Produktkosten – Total Cost of Ownership (TCO)

modell und eine Sitzkiste. Durch Modellabtastung werden die gefundenen Formen in die digitale Welt zurück überführt. Parallel erfolgt eine Modellabsicherung durch Abgleich mit den technischen „Hard points" (z.B. Abmessungen technischer Aggregate oder gesetzlich vorgegebener Sichtstrahlen). Daran schließt sich die sogenannte Strak-Phase (Konstruktion von Class-A-Freiformoberflächen) an, bei der die Flächen aus optischer und gestalterischer Sicht optimiert werden.

Die wichtigste Zielgröße der Fahrzeug-Aerodynamik ist der Luftwiderstand, ergänzt um den Abtrieb am Heck, die Aeroakustik (verantwortlich für Windgeräusche) und die Vermeidung von Verschmutzung. Aus Sicht der Aerodynamik sind Fahrzeuge stumpfe Körper, die sich mit kleinem Bodenabstand über die Fahrbahn bewegen [7]. Die Umströmung des Fahrzeugs ist dreidimensional und von turbulenten Grenzschichten geprägt. Strömungsablösungen sind soweit möglich zu vermeiden, da sie zu einem erhöhten Strömungswiderstand führen. Hinter dem Fahrzeug bildet sich ein Totwassergebiet, dem ein Nachlauf folgt. Bei Pkw können sich zudem kräftige Längswirbel bilden, die mit dem Totwassergebiet und dem Nachlauf interferieren und wesentlich zum Strömungswiderstand beitragen [7]. Zur Verringerung des Energiebedarfs eines Fahrzeugs und damit des Kraftstoffbeziehungsweise Energieverbrauchs wird die Aufbauform des Fahrzeugs aerodynamisch in Richtung niedriger c_W-Werte (Luftwiderstandsbeiwerte) optimiert und wirkt damit auf das Design des Fahrzeugs zurück.

Die andere luftwiderstandsbestimmende Größe, die Querschnittsfläche des Fahrzeugs, wird durch die Aufbauart (vgl. Fahrzeugsegmente) und die Anzahl sowie die Fahrhaltung der Insassen bestimmt. Die Festlegung von Öffnungen für die Kühlluftströme zur Darstellung eines effizienten Thermomanagements für den Antrieb und für weitere Aggregate und Komponenten sowie zur Belüftung des Fahrgastraums sind weitere Gestaltungsfelder der Fahrzeug-Aerodynamik [7].

Prozess der Fahrzeugkonzeptentwicklung

Fahrzeugkonzept

Aus der Perspektive der Fahrzeugentwicklung steht am Anfang das Fahrzeugkonzept. Es hat den größten Einfluss auf die Fahrzeugaufbauform. Fahrzeugaufbauform und Fahrzeug-Package, d.h. die Unterbringung der Aggregate und Komponenten im Fahrzeug sowie die Innenraumgestaltung für den Fahrer und die Passagiere stehen in enger Wechselwirkung [3]. Das Fahrzeugkonzept umfasst folgende Teilkonzepte ([3], [8], [1], [6]):

- Antriebskonzept und Aggregatelage (Front-, Heck- oder Allradantrieb, Verbrennungsmotor, Hybrid- oder Elektroantrieb, Front- oder Quereinbau des Antriebsaggregats usw.),
- Interieurkonzept (Anzahl der Sitzplätze, Komfortausprägungen, z.B. Beinfreiheit, Kopffreiheit und Stauraumvolumina),
- Fahrwerkskonzept (gelenkte und starre Achsen, Federung, Räder und Reifen),
- Thermomanagement und Klimatisierungskonzept (Wärmerückgewinnung und Wärmenutzung, aktive Klimatisierung, Wärmepumpe, thermische Speicher u.a.).

Bild 4: Fahrzeug-Designprozess.

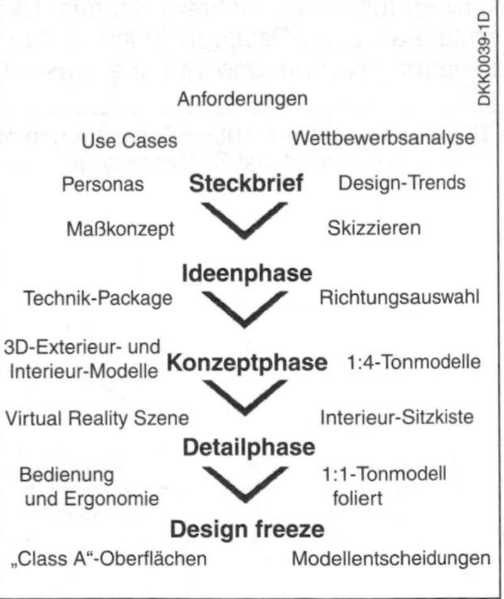

Das Antriebskonzept und das Fahrwerkskonzept bilden das Chassis und können als eine Antriebsplattform, die über mehrere Aufbauvarianten hinweg genutzt werden kann, ausgeprägt sein. Volumenhersteller entwickeln heute Aufbauvarianten für Modellfamilien, die gemeinsame Konzepte und Komponenten nutzen. Diese werden als Fahrzeugarchitektur bezeichnet. Das Interieurkonzept und das Antriebskonzept haben die größten Wechselwirkungen mit der angestrebten Aufbauform.

Auf Basis des Fahrzeug-Grobkonzepts – bestehend aus den Teilkonzepten Antriebskonzept, Fahrwerkskonzept, Karosseriekonzept u.a. – werden die Hauptabmessungen des Fahrzeugs wie Fahrzeuglänge, Fahrzeugbreite und Fahrzeughöhe sowie die Innenraumabmessungen definiert [9]. Ausgewählte Außenabmessungen nach SAE beziehungsweise ECE zeigt Bild 5.

Im Innenraum kann eine empirische Beziehung zwischen Innenraumhöhe und Innenraumlänge aufgezeigt werden. In höheren Fahrzeugen sitzen die Insassen aufrechter und dadurch kann der Fahrzeuginnenraum theoretisch kürzer ausgelegt werden [9]. Grenzen dieser Korrelation ergeben sich durch die Bein- und Kniefreiheit der Insassen. Ausgewählte Innenraumabmessungen zeigt Bild 6.

Der Weg von den ersten strategischen Vorüberlegungen zum fertigen Fahrzeugkonzept führt über mehrere Schritte. Das erste Fahrzeug-Package sollte einfach gehalten werden und nur die wesentlichen Konzeptmerkmale darstellen. Bezüglich des Fahrzeugaufbaus werden die ersten sogenannten „Hard points“ definiert. Das sind Festlegungen der Hauptabmessungen, die aus gesetzlichen, strategischen, gestalterischen oder technischen Gründen gesetzt werden. Die Fahrzeugproportionen werden durch wenige Randbedingungen, die im Fahrzeug-Steckbrief gesetzt werden, festgelegt, wie z.B. die Anzahl der Insassen, die Antriebsart und Antriebslage, die Räder- und Reifengröße sowie die Größe des Laderaums, die Bodenfreiheit und das angestrebte Crash-Sicherheitsniveau. Diese Festlegungen werden im Folgenden als funktionale Fahrzeugziele bezeichnet [1].

Konzeptionsschritte

Schritt 1

Der Entwurfsprozess beginnt mit der Ideenfindung für Design und Package (siehe Schnittstellenmanagement und Gesamtfahrzeugentwicklung) und orientiert sich an den funktionalen Zielen für das Fahrzeugkonzept. Auch erste Überlegungen zur Rohbaustruktur sowie zu den Türen und Klappen fließen in den ersten Entwurf ein. Die weitere Ausarbeitung des Fahrzeugaufbaus erfolgt von innen nach außen.

Schritt 2

Im zweiten Schritt werden die Fahrzeuginsassen der ersten Sitzreihe (Fahrer, Beifahrer) im Fahrzeug positioniert. Die Höhenmaßkette wird vom Boden her entwickelt und berücksichtigt die ange-

Bild 5: Ausgewählte Außenabmessungen nach SAE beziehungsweise ECE.
(Front-/Heckansicht und Seitenansicht).

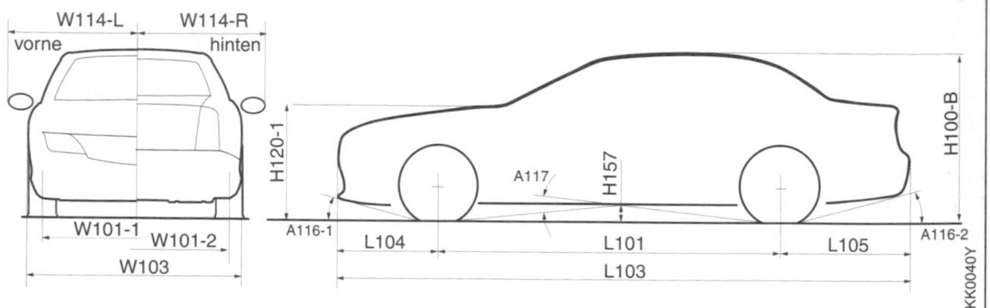

strebte Bodenfreiheit H157 (eng korreliert mit dem gewählten Fahrzeugsegment), das Package von Aggregaten im Fahrzeugboden (z.B. Energiespeicher) und die segmentspezifische Sitzhaltung der Insassen im Fahrzeug. Die Sitzhaltung wird bestimmt durch den Sitzreferenzpunkt (R-Punkt) beziehungsweise das zugehörige H30-Maß, den Fersenpunkt und die Position des Lenkrads. Bei der Sitzhaltung des Fahrers sind gesetzliche Vorgaben einzuhalten (Bild 7), wie z.B. die Sicht nach vorne, aber auch funktionale und ergonomische Überlegungen fließen in die Wahl der Sitzposition ein, wie z.B. die Aerodynamik des sich ergebenden Fahrzeugaufbaus oder die Ergonomie des Ein-/Ausstiegs. Bei der Validierung der Anforderungen werden digitale Mensch-Modelle eingesetzt, die bestimmte Perzentile der Körpergrößenverteilung potentieller Kunden repräsentieren [10]. Für die Auslegung hat es sich bewährt, die Anforderungen mit einem großen 95-Perzentil-Mann (95 % der Männer sind kleiner oder gleich groß) und einer kleinen 5-Perzentil-Frau (weniger als 5 % der Frauen sind kleiner) zu validieren ([4], [1]).

Schritt 3

Im dritten Schritt werden die Fondpassagiere positioniert. Hier sind heute im Pkw – je nach Fahrzeugsegment – ein oder zwei Fondsitzreihen denkbar. Die Anzahl der Passagiere im Fond, die nebeneinander sitzen, legt die Fahrzeugbreite auf Höhe der jeweiligen Sitzreihe fest. Denkbar sind im Fond z.B. zwei einzelne Sitzplätze, zwei vollwertige Sitzplätze und ein Notsitz oder drei vollwertige Sitzplätze. Beinfreiheit, Kopffreiheit und Schulterfreiheit der Fondpassagiere werden mit digitalen Mensch-Modellen abgesichert.

Durch Ein-/Ausstiegs-Simulationen oder Probandenversuche können die ersten konzeptionellen Festlegungen im Verlauf der Fahrzeugkonzeptentwicklung validiert und optimiert werden.

Schritt 4

Im vierten Schritt wird die endgültige Entscheidung über den Antriebsstrang getroffen und dieser im Fahrzeuglayout

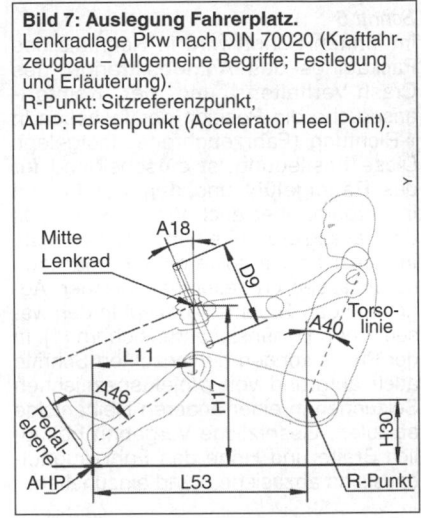

Bild 7: Auslegung Fahrerplatz.
Lenkradlage Pkw nach DIN 70020 (Kraftfahrzeugbau – Allgemeine Begriffe; Festlegung und Erläuterung).
R-Punkt: Sitzreferenzpunkt,
AHP: Fersenpunkt (Accelerator Heel Point).

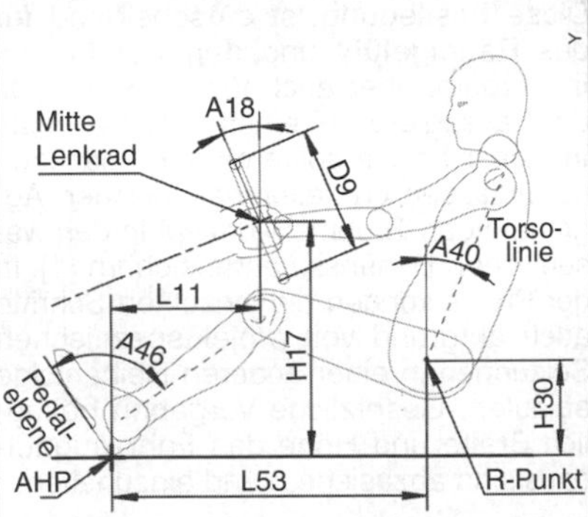

Bild 6: Ausgewählte Innenabmessungen nach SAE beziehungsweise ECE.
(Front-/Heckansicht und Seitenansicht).

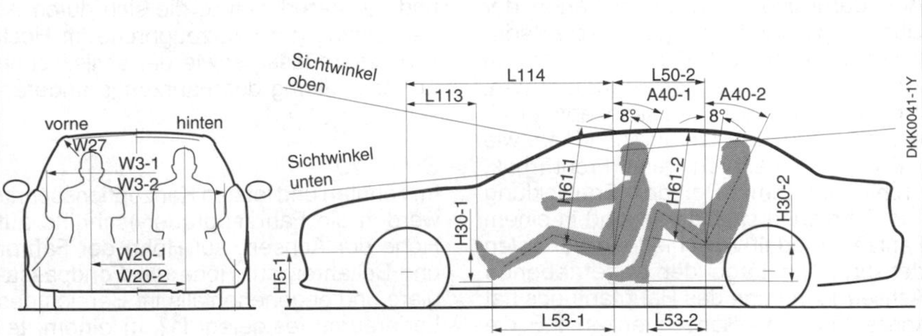

verortet. Je nach Antriebsart betrifft das die Komponenten Antriebsmaschine (Verbrennungsmotor, E-Maschine mit Wechselrichter), Energiespeicher (Kraftstoffbehälter, Antriebsbatterie) und sonstige Komponenten des Antriebsstrangs (z.B. Antriebswellen) [1]. Die Wahl der Antriebsart, die Anzahl der angetriebenen Achsen und die Lage des Antriebs haben konzeptbestimmende Auswirkungen auf die Fahrzeugproportionen und sind somit für bestimmte Fahrzeugsegmente charakteristisch. Neue Antriebsarten beziehungsweise Antriebskonfigurationen führen gegebenenfalls zu neuen Fahrzeugaufbauformen.

Schritt 5
Im fünften Schritt wird in Kenntnis des Packagings des Antriebsstrangs, des Crash-Verhaltens und der Komfortansprüche die Position der Insassen in y-Richtung (Fahrzeugbreite) festgelegt. Diese Festlegung ist entscheidend für das Raumgefühl und den Komfort im Innenraum, aber auch für die Sicherheit der Passagiere bei einem Seiten-Crash. In dieser Phase sollte ein Grobpackage der Insassen und aller wesentlichen Aggregate das Grobmaßkonzept in den wesentlichen Dimensionen absichern [1]. In der Praxis können die einzelnen Schritte auch aufgrund von projektspezifischen Setzungen in einer anderen Reihenfolge ablaufen. Gesetzliche Vorgaben bezüglich Breite und Höhe des Fahrzeugaufbaus sind abzusichern und einzuhalten.

Schritt 6
Im sechsten Schritt werden die Bauräume für die Zuladung definiert. Je nach Anforderungsprofil wird die Länge der Überhänge durch das geforderte Ladevolumen beeinflusst und führt wiederum zu segmentspezifischen Aufbauformen, z.B. Kombi. Neue Antriebskonzepte eröffnen hierbei neue Stauraumoptionen, wie z.B. den sogenannten Frunk (Front Trunk, Front-Stauraum). Bei der Entwicklung von Fahrzeugarchitekturen sind in einem Fahrzeugmodell verschiedene Varianten denkbar. Die Lage der angetriebenen Achse(n) zur Lage des Hauptantriebs hat konzeptrelevante Konsequenzen, z.B. die Notwendigkeit einer Kardanwelle, um den Leistungsfluss vom Antrieb zur angetriebenen Achse zu führen. Dies erfordert Bauraum im Innenraum (sogenannter Tunnel) und im Unterbodenbereich sowie eine entsprechende Bodenfreiheit.

Schritt 7 und Schritt 8
In den nächsten Schritten 7 und 8 werden der Radstand sowie die Räder- und Reifendimensionen endgültig festgelegt. Der Abstand der Fahrzeugachsen bestimmt die Gewichtsverteilung und die Package-Effizienz sowie den Raumkomfort der Insassen. Hierbei sind die Nutzendimensionen des Fahrzeugs und auch die angestrebte Preispositionierung (Volumenmarkt vs. Premiummarkt) zu beachten. Kostengünstige Kleinfahrzeuge werden in der Regel so kompakt wie möglich gebaut. Dadurch ergibt sich eine kurze Fahrzeuglänge, aber auch ein relativ beengter Fahrzeuginnenraum. Für Premium-Fahrzeuge wird der Radstand so gewählt, dass ein großzügiges Raumgefühl entsteht. Insbesondere bei Elektrofahrzeugen mit großen Reichweiten ist die im Unterboden verbaute Batterie bestimmend für den Radstand. Randbedingungen wie der Wendekreis haben ebenfalls einen Einfluss auf die Dimensionierung des Radstands. Zudem werden in diesem Schritt die Anforderungen an die Bodenfreiheit abgesichert.

Schritt 9
Im neunten Schritt wird die jeweilige Spur der Vorder- und Hinterachse festgelegt. Insbesondere im Fondbereich ergeben sich hier Zielkonflikte zwischen dem Raumbedarf der Passagiere sowie der Achsen, Räder und Reifen einerseits und der Aerodynamik, die sich durch einen Einzug der Fahrzeugbreite im Heck verbessern lässt, sowie der stylistischen Formgestaltung des Fahrzeugs andererseits.

Schritt 10
Im zehnten und letzten Konzeptionsschritt werden die Fahrzeug(quer-)schnitte auf Höhe der Achsen, auf Höhe der Fahrer und Beifahrer, auf Höhe der Fondpassagiere und gegebenenfalls im Bereich des Laderaums festgelegt [1]. In einem iterativen Abstimmungsprozess zwischen

Technik und Design wird die optimale Ausprägung des Fahrzeugexterieurs im Spannungsfeld unterschiedlicher Anforderungen festgelegt. Die Exterieurflächen werden dabei durch die Rohbaustruktur, die Anordnung und Funktion der Türen und Klappen (Türkonzept) sowie die Interieurgestaltung (Interieurkonzept) beeinflusst.

Abschnittsweise Ausarbeitung des Fahrzeugkonzepts

Bauraumabschnitte
Die Schnitte durch das Fahrzeug teilen den Fahrzeugbauraum in Abschnitte ein, die mit segment- und aufbauspezifischen Zielsetzungen ausgearbeitet werden können (Bild 8) [1]. Alternativ werden digitale 3D-Package-Grobmodelle für den Erstentwurf verwendet.

Abschnitt 1
Der erste Abschnitt bis zur Stirnwand des Fahrzeugs (nach der Vorderachse) ist z. B. bei einem Frontantrieb geprägt durch das Package des Antriebsaggregats und die Gestaltung der Crash-Strukturen. Die Lage des Antriebsaggregats (längs oder quer) und die zur Erfüllung der Front-Crash-Anforderungen erforderlichen

Bild 8: Konzeptrelevante Schnitte durch das Fahrzeug.

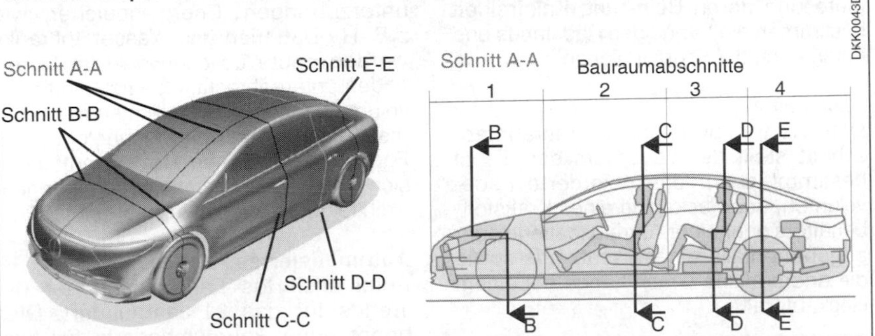

Bild 9: Maßkette in Längsrichtung zur Festlegung der Fahrzeuglänge.

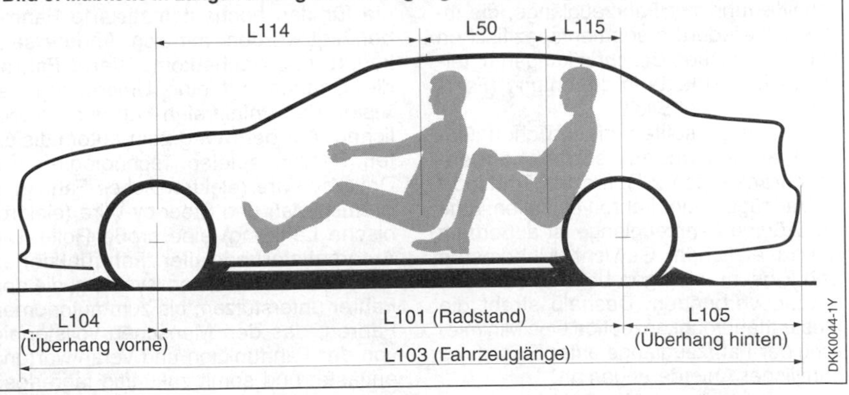

Crash-Struktur sind die bestimmenden Themen in diesem Bauraumabschnitt.

Abschnitt 2
Der Fahrgastraum vorne ist der nächste Bauraumabschnitt, der im Wesentlichen durch die Bedürfnisse und Anforderungen des Fahrerplatzes und die Fahrhaltung von Fahrer und Beifahrer geprägt wird [6]. Dabei sind gesetzliche Vorgaben (bezüglich Sicht) und die Erreichbarkeit der wesentlichen Bedienelemente konzeptbestimmend. Eine aufrechte Fahrhaltung führt zu einer hohen Fahrzeugarchitektur und ermöglicht eine Verkürzung des Radstands ([1], [6]).

Abschnitt 3
Der nächste Abschnitt auf Höhe der B-Säule bis zum Ende des Fahrzeuginnenraumes beschreibt den hinteren Fahrgastraum. Die Anzahl der Fondsitzreihen, die Sitzhaltung der Fondpassagiere und deren Bein- und Kniefreiheit bestimmen die Länge des Radstands und damit auch die Fahrzeuglänge.

Abschnitt 4
Den vierten und letzten Bauraumabschnitt stellt der Laderaum dar. Er ist bestimmt durch das geforderte Ladevolumen, das Packaging eines Kraftstoffbehälters oder einer Antriebsbatterie oder gegebenenfalls eines Ersatzrads sowie die erforderliche Crash-Länge bei einem Heckaufprall.

Fahrzeuglänge
Die Ausgestaltung der vier Bauraumabschnitte führt zur Fahrzeuglänge, die ihrerseits wiederum segmentspezifischen und gesetzlichen Beschränkungen unterliegt. Die Maßkette in x-Richtung (Fahrzeuglänge) zeigt Bild 9.

Fahrzeuge sollten die üblichen Garagenabmessungen sowie Längenbeschränkungen z.B. für den Transport in Autozügen oder Fähren einhalten. Eine großzügige Fahrzeuglänge ist außerdem mit zusätzlichem Gewicht, Mehrkosten und Einschränkungen bei den Fahrleistungen verbunden. Deshalb strebt die Gesamtfahrzeugkonzeption eine Minimierung der Fahrzeuglänge unter Einhaltung sämtlicher Anforderungen an.

Aktuelle Trends der Fahrzeugkonzeptentwicklung

Neue technologische und gesellschaftliche Entwicklungen beeinflussen die Fahrzeugkonzeption. Dies verändert den Prozess der Fahrzeugkonzeption durch neue Methoden und Werkzeuge und kann auch zu neuen Aufbauformen führen.

Elektrifizierung des Antriebsstrangs
Der Übergang zur Elektromobilität bringt es mit sich, dass eine den Reichweitenanforderungen der Kunden entsprechend große Antriebsbatterie im Fahrzeug untergebracht werden muss. Die Batteriemodule können im Fahrzeug verteilt oder als ein großes Batteriepack, z.B. im Unterboden, verbaut werden. Bei Brennstoffzellen-Fahrzeugen sind neben einer kleineren HV-Batterie (High Voltage) und der oder den E-Maschinen samt Wechselrichter auch noch Wasserstoffspeicher unterzubringen. Energiespeicher, wie z.B. HV-Batterien und Wasserstofftanks werden heute üblicherweise im Unterboden untergebracht. Wenn zukünftig die volumetrischen Energiedichten der Energiespeicher durch den technologischen Fortschritt zunehmen werden, entspannt sich die Bauraumsituation und niedrigere Architekturen werden leichter umsetzbar.

Automatisiertes Fahren
Automatisiertes Fahren ist einer der Trends für das 21. Jahrhundert. Dies bringt neue Bauraumbedarfe für leistungsfähige Rechner und Sensoren, z.B. Lidarsensoren, Videokameras u.a., die für das hochautomatisierte Fahren benötigt werden, mit sich. Andererseits könnte das hochautomatisierte Fahren die Chance auf eine Umsetzung der Vision des unfallfreien Fahrens ermöglichen. Auf dem Weg zum automatisierten Fahren spielen Technologien wie Drive-by-Wire (elektronisches Fahr- und Bremspedal) und Steer-by-Wire (elektronische Lenkung) eine große Rolle. Die Automatisierung aller Fahrfunktionen führt über Fahrassistenzsysteme, die den Fahrer unterstützen, bis zum autonomen Fahren, das den Menschen vollständig von der Fahrfunktion und Verantwortung entlastet und somit zukünftig fahrerlose

Transportsysteme auf öffentlichen Straßen ermöglicht ([11], [12]).

Digitalisierung der Fahrzeugentwicklung
Die zunehmende Digitalisierung in der Fahrzeugentwicklung eröffnet Fahrzeugkonstrukteuren und Fahrzeugdesignern neue Möglichkeiten, Fahrzeuge von Anfang an digital zu entwickeln. Dies reicht von modernen Werkzeugen zum schnellen Skizzieren und Entwerfen von Fahrzeug-Flächenmodellen bis hin zur datengetriebenen Entwicklung. Letztere ermöglicht in Zusammenhang mit dem „Machine Learning" die Entwicklung intelligenter Fahrzeugsysteme. Die digitale Transformation des Fahrzeugentwicklungsprozesses macht darüber hinaus die kollaborative Integration von Vertretern verschiedener Fachbereiche, auch über Unternehmens- und Ländergrenzen hinweg, möglich [13].

Virtual Reality (VR)
Früher gehörten VR-Werkzeuge – dazu zählen auch Headsets für Augmented und Mixed Reality – zu Videospielen und Filmen. Heute beschleunigen sie die Fahrzeugentwicklung und ermöglichen es Fahrzeugkonzept-Teams rund um die Welt, Fahrzeuge und Mobilitätserlebnisse komplett neu zu gestalten. Die Formfindung für neue Fahrzeugmodelle und die Präsentation innovativer Fahrzeugkonzepte kann in einer virtuellen Zukunft erfolgen, immersiv erlebt sowie mit Entscheidungsträgern diskutiert und weiterentwickelt werden. Ferner spielen VR-Tools bei der funktionalen Absicherung von Fahrzeugkonzepten eine zunehmend wichtigere Rolle. Dabei werden die Tools in einer sogenannten Mixed Reality, wo sich physikalische Aufbauten (Hardware) und VR-Elemente ergänzen, oder auch in einer rein virtuellen Umgebung eingesetzt.

Zukünftig werden Algorithmen und Expertensysteme Teilprobleme der Fahrzeugentwickung, wie z.B. die Auswahl von Rädern und Reifen, unterstützen. Erste Ansätze werden bereits erprobt. Die Zukunftsvision wäre ein vollständig KI-untersützter (Künstliche Intelligenz) Fahrzeugentwurfsprozess.

Literatur
[1] S. Macey, G. Wardle: H-Point: The Fundamentals of Car Design & Packaging. Design Studio Press, 2. Auflage, 2014.
[2] S. Buhren: Eine kurze Geschichte der SUV. Online: https://www.handwerksblatt.de/mobilitat/eine-kurze-geschichte-der-suv; Stand 11/2017.
[3] A. Achleitner, Ch. Burgers, G. Döllner: Fahrzeugkonzept und Package. In: Pischinger & Seiffert (Hrsg.), Vieweg Handbuch Kraftfahrzeugtechnik, Kapitel 4.2. S. 140–170, Springer Vieweg, ATZ/MTZ-Fachbuch, 8. Auflage, 2016.
[4] H. Bubb, R.E. Grünen et al.: Anthropometrische Fahrzeuggestaltung. In: Bubb et al. (Hrsg.), Automobilergonomie S. 345–470, Springer Vieweg, 2015.
[5] KBA: Verzeichnis zur Systematisierung von Kraftfahrzeugen und ihren Anhängern. Stand: August 2019.
[6] H. Seeger: Basiswissen Transportation Design. Springer Vieweg, 2014.
[7] W.-H. Hucho: Aerodynamik der stumpfen Körper. Physikalische Grundlagen und Anwendungen in der Praxis. Springer Vieweg, 2. Auflage, 2011.
[8] J. Weissinger, T. Breitling: Fahrzeugkonzeption in der frühen Entwicklungsphase. In: Pischinger & Seiffert (Hrsg.), Vieweg Handbuch Kraftfahrzeugtechnik, S. 1276 – 1282. Springer Vieweg, ATZ/MTZ-Fachbuch, 8. Auflage, 2016.
[9] H. Pippert: Karosserietechnik – Konstruktion und Berechnung. Vogel, 3. Auflage, 1998.
[10] H. Bubb: Menschmodelle. In: Bubb et al. (Hrsg.), Automobilergonomie, Kapitel 5, S. 221 – 258. Springer Vieweg, 2015.
[11] H. Winner, S. Hakuli, G. Wolf (Hrsg.): Handbuch Fahrerassistenzsysteme: Grundlagen, Komponenten und Systeme für aktive Sicherheit und Komfort. Springer Vieweg, 3. Auflage, 2015.
[12] M. Maurer, Ch. Gerdes et al. (Hrsg.): Autonomes Fahren: technische, rechtliche und gesellschaftliche Aspekte. Springer Vieweg, 2015.
[13] U. Winkelhake: Die digitale Transformation der Automobilindustrie. Springer Vieweg, 2. Auflage, 2021.

Fahrzeugaufbau Nfz

Klassifizierung von Nutzfahrzeugen

Nutzfahrzeuge dienen dem sicheren und rationellen Transport von Personen und Gütern. Dabei bestimmt das Verhältnis von Nutzraum zu Gesamtbauraum und Nutzlast zu Gesamtgewicht den Grad der Wirtschaftlichkeit. Gesetzliche Vorschriften begrenzen Maße und Gewichte.

Eine Vielzahl von Fahrzeugarten ermöglicht die Bewältigung der Transportaufgaben im Nah- und Fernverkehr, auf Baustellen sowie bei Sondereinsätzen (Beispiele in Bild 1). Man unterscheidet Nutzfahrzeuge (Nfz) grundsätzlich in Transporter, Lastkraftwagen (Lkw), Omnibusse, Zugmaschinen, Bau- und Agrarmaschinen sowie Sonderfahrzeuge (z.B. Pistenraupe, Flugfeldlöschfahrzeug).

Bild 1: Übersicht Nutzfahrzeuge.
(Beispiele).
a) Transporter, b) Lastkraftwagen,
c) Gliederzug, d) Großraumlastzug,
e) Sattelzug (Europa), f) Sattelzug (NAFTA),
g) Omnibus.

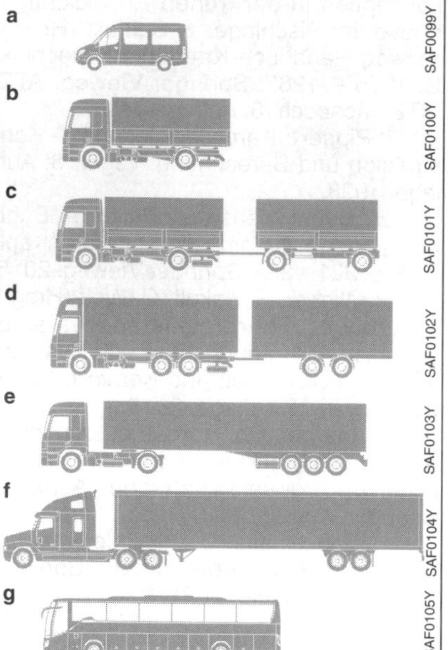

Aufgrund der großen Variantenvielfalt kommt der rechnerischen Dimensionierung der Aufbauten (selbsttragende Karosserie, Fahrerhaus, Fahrgestellrahmen usw.) bereits in der Konzeptphase eine sehr große Bedeutung zu. Aufbauend auf den Erfahrungen mit vergleichbaren Fahrzeugen werden Ecktypen (Stückzahlträger, Worst-Case-Konfigurationen) definiert, die anhand von sukzessiv verfeinerten Gesamtfahrzeugmodellen mithilfe von FEM (Finite Elemente Methode) oder MKS (Mehrkörpersimulation) simuliert und berechnet werden. Auf diese Weise können bereits im Vorfeld der Erprobung die relevanten Aufbauvarianten hinsichtlich Steifigkeit, Betriebsfestigkeit, Schwingungen, Akustik, Crash usw. rechnerisch weitgehend abgesichert werden. Bei diesen Strukturberechnungen werden auch die Anforderungen der (international) gesetzlich geforderten Sicherheitsnachweise berücksichtigt.

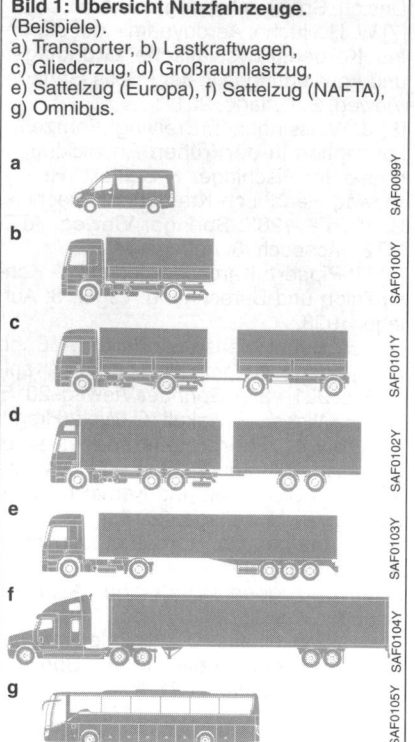

Bild 2: Übersicht Transporter.
(Beispiele).
a) Kastenwagen, b) Pritschenwagen,
c) Doppelkabine, d) Fahrgestell.

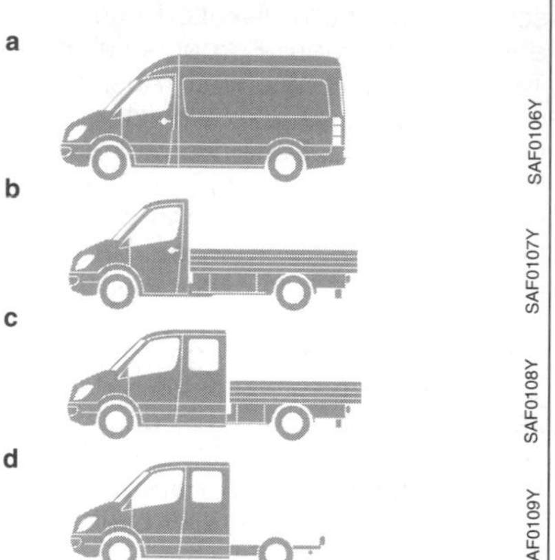

Transporter

Einsatzbereiche

Transporter sind leichte Nutzfahrzeuge (2...7 t), deren Einsatzbereich den Personentransport und die Güterverteilung im Nahverkehrsbereich umfasst. Mit stärkerer Motorisierung werden Transporter zunehmend auch im europaweiten Fernverkehr mit hoher Kilometerleistung (Expressdienste, Nachtkuriere) eingesetzt. In beiden Fällen werden hohe Anforderungen an Wendigkeit, Fahrleistungen, Bedienungskomfort und Sicherheit gestellt.

Aufbauvarianten von Transportern

Die Konzepte sehen Frontmotor, Front- oder Heckantrieb, Einzelradaufhängung oder Starrachse und über 3,5...4 t Gesamtmasse Zwillingsbereifung der Hinterachse vor.

Die Produktpalette umfasst geschlossene Aufbauten von Kombi- und Kastenwagen sowie Pritschenfahrzeuge als Hoch- und Tieflader mit Sonderaufbauten und Doppelkabinen (Beispiele in Bild 2).

Bis ca. 6 t Gesamtmasse sind die Aufbauten durch Integralbauweise zu einem gemeinsamen Tragverband mit Unterbau verbunden (Bild 3). Auf- und Unterbaugerippe bestehen aus Blechpressteilen und Abkantprofilen ähnlich wie beim Pkw.

Transporter mit Pritschenaufbau haben als Haupttragstruktur ein Leiterrahmensystem mit offenen oder geschlossenen Längs- und Querträgern (ähnlich wie bei Lkw, nächster Abschnitt, Bild 5). Diese offenen Baumuster dienen auch zum Aufbau von Koffer- oder Wohnmobilaufbauten.

Bild 3: Transporter-Tragverband.

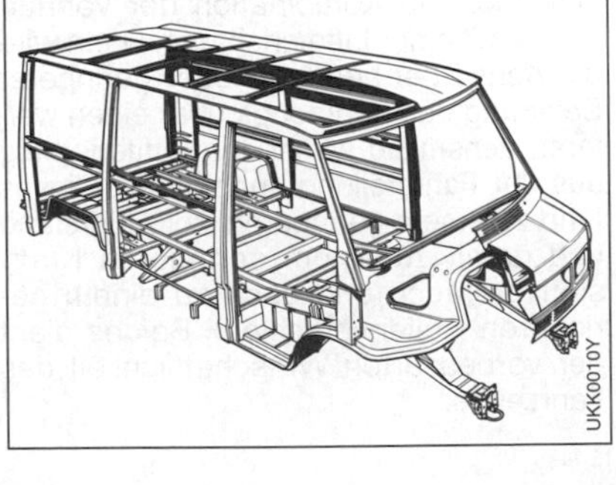

Lastkraftwagen und Sattelzugmaschinen

Aufbau

Lkw werden in vier wesentliche Unterarten eingeteilt, und zwar in Fahrzeuge für den Fernverkehr, den Verteilerverkehr, in Baufahrzeuge und in Sonderfahrzeuge. Allen Fahrzeugen gemeinsam ist eine tragende Rahmenstruktur, auf die ein elastisch gelagertes Fahrerhaus aufgesetzt sowie ein schubfest mit dem Rahmen verbundener Aufbau dargestellt wird. Die maximalen Abmessungen und maximal zulässigen Gesamtgewichte unterliegen gesetzlichen Vorschriften, die sich national teilweise deutlich unterscheiden. Die Maximalmaße bezüglich Gesamt- und Aufliegerlänge sind z.B. in Europa durch die Regelung 96/53/EU [1] vorgegeben, die in der neuen Fassung 2015/719/EU [2] zur Zeit technisch ausgearbeitet wird. Hingegen besteht im NAFTA-Raum nur für die Aufliegerlänge, nicht aber für die Gesamtlänge eine Begrenzung.

Mit einem Frontmotor ausgestattet erfolgt der Antrieb über eine oder mehrere doppelbereifte Hinterachsen. In Einzelfällen wird die Hinterachse mit einer Single-Bereifung ausgerüstet. Für Baustelleneinsätze (Offroad) mit hohen Traktionsanforderungen kommt auch der Allradantrieb mit zusätzlichem Verteilergetriebe einschließlich Längssperre zur Anwendung. Die Antriebsachsen besitzen dann auch serienmäßig Quersperren in ihren Differentialen sowie Längssperren bei Doppelachsaggregaten.

Fahrgestelle

Bezeichnungen

Die Bezeichnung der Lkw-Fahrgestelle (Bild 4) erfolgt gemäß $N \times Z/L$. Dabei bezeichnet N die Anzahl der Räder oder Radpaare, Z die Anzahl der angetriebenen Räder oder Radpaare und L die Anzahl der gelenkten Räder (Zwillingsräder zählen als ein Radpaar). Ist L nicht angegeben (z.B. 4×2), handelt es sich um ein Fahrzeug mit zwei gelenkten Vorderrädern.

Radaufhängung und Federung

Lkw-Fahrgestelle haben luft- oder blattgefederte starre Vorder- und Hinterachsen. Nur vereinzelt werden auch Einzeladaufhängungen verwendet. Luftfederungen reduzieren die Aufbaubeschleunigungen zur Verbesserung des Fahrkomforts und zur Ladungsschonung, sowie zur Verringerung der Straßenbeanspruchung. Sie ermöglichen zudem ein einfaches Auf- und Absetzen von Wechselbrücken sowie eine Vereinfachung des Auf- und Absattelns der Sattelauflieger. Üblicherweise sind diese Anwendungen bei 4×2- und 6×2-Fahrgestellen für den Fern- und Verteilerverkehr im Einsatz.

Doppelachsaggregate
Für Baustelleneinsätze oder bei erhöhtem Traktionsbedarf werden die Fahrgestelle mit mehreren Antriebsachsen ausgestattet (z.B. 4×4, 6×4, 6×6, 8×4, 8×8). Dann sind die Hinterachsen zu einem Doppelachsaggregat zusammengefasst. Als Federung dient meistens eine Stahlfederung, jedoch finden sich auch Luftfederungen an den Hinterachsen für straßenorientierte Anwendungen (z.B. Baustoff- oder Tiefladertransport) mit den zuvor genannten Vorteilen. Der Ausgleich der Achslast beim Doppelachsaggregat erfolgt bei der Stahlfeder mechanisch durch drehbare Lagerung (Mittellagerung) zwischen den Achsen. Bei nicht zusammengefassten luftgefederten Einzelachsen erfolgt der Ausgleich der Achslast normalerweise pneumatisch durch Veränderung der Federsteifigkeit der Luftfederung der Einzelachsen.

Bild 4: Lkw-Fahrgestelle.
(Beispiele).
a) 4×2 (vier Räder, zwei davon angetrieben),
b) 6×2/4 (sechs Räder, zwei davon angetrieben, vier gelenkt),
c) 8×6/4 (acht Räder, sechs davon angetrieben, vier gelenkt),
d) 6×2 (sechs Räder, zwei davon angetrieben).

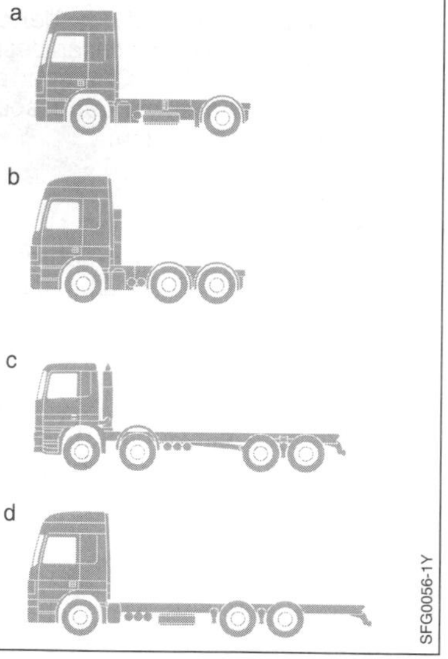

Vor- und Nachlaufachsen
Dreiachsfahrzeuge (6×2) sind mit Vor- oder Nachlaufachsen (nichtangetriebene Achsen vor beziehungsweise hinter der Treibachse) zur Nutzlasterhöhung ausgerüstet. Wird bei Fahrgestellen eine Vorlaufachse verbaut, ist diese als zusätzliche Achse vor der angetriebenen Hinterachse montiert und wird mit einer Luftfederung versehen.

Zur Vermeidung von Verzwängungen bei Kurvenfahrt und zur Darstellung eines kleinen Wendekreises und damit zur Erhöhung des Wendigkeit des Gesamtfahrzeugs sind diese Vorlaufachsen in der Regel gelenkt ausgeführt. Die Lenkung wurde in ersten Ausführungen mit einem von der Lenkachse abgezweigten Lenkgestänge gelenkt, wird jedoch mittlerweile in der Regel mit einer Elektrohydrauliklenkung ausgestattet, weil diese kein bauraumbelegendes Gestänge erfordert.

Es ist möglich, die Vorlaufachse mit einer von der Antriebsachse abweichenden kleineren Rad- beziehungsweise Reifengröße auszustatten, jedoch sind dann die Traglasten der Vorlaufachse geringer (4…5 t statt sonst möglicher 7,5…9 t). Es gibt auch die Kombination der Vorlaufachse mit einer Lifteinrichtung. Dann wird die Achse bei Leerfahrt oder geringerer Beladung des Fahrzeugs über einen weiteren achsmittig wirkenden Luftfederbalg aus der Fahrstellung angehoben. Dieses führt zu einem geringeren Rollwiderstand und damit zu einem geringeren Kraftstoffverbrauch und auch zu einem geringeren Reifenverschleiß. Beides dient der verbesserten Wirtschaftlichkeit des Fahrzeugs.

Bei den Fahrgestellausführungen mit einer Nachlaufachse wird diese Achse nach der angetriebenen Hinterachse montiert. Sie ist in Onroad-Fahrzeugen in der Regel mit einer Luftfederung versehen und mit Einzelbereifung ausgestattet und hat dann üblicherweise eine Traglast von 7,5 t. Diese Variante kann ebenfalls gelenkt werden. Waren zu Beginn der Nutzung dieser Nachlaufachsen in den späten 1960er-Jahren mit dem Aufkommen der Wechselbrücken-Gliederzüge die Nachlaufachsen noch starr, traten mit dem Wunsch nach mehr Wendigkeit beim verstärkten Einsatz von Dreiachsfahrgestellen im Verteilerverkehr gelenkte Nachlaufachsen in den Vordergrund. Dabei wird aufgrund der Bauraumbedingungen in der Regel eine elektrohydraulische Lenkung an der Nachlaufachse verbaut, sodass diese Varianten bei verschiedenen Fahrgestellen und Radständen flexibel genutzt werden können. Durch die Verwendung einer gelenkten Nachlaufachse bietet sich bei entsprechender Fahrzeugauslegung die Kombination der Tragfähigkeit eines Dreiachsfahrgestells mit der Wendigkeit eines Zweiachsfahrzeugs, was wirtschaftlich gesehen deutliche Vorteile bietet. Auch die Nachlaufachsen sind nahezu flächendeckend liftbar ausgeführt mit den zuvor beschriebenen Vorteilen.

Sind 6×2-Fahrgestelle eher auf unbefestigten Straßen oder außerhalb Europa unterwegs, gibt es doppeltbereifte, starre Nachlaufachsen mit einer Traglast von 9...10 t. Diese sind in der Regel nicht liftbar ausgeführt, aber es sind auch liftbare Varianten möglich.

Für Sonderfahrgestelle ist die Mehrfachverbauung von Vor- und Nachlaufachsen oder sogar die Verwendung von angetriebenen Vor- oder Nachlaufachsen denkbar. Diese Fahrgestellvarianten werden als Sonderanfertigungen dargestellt und sind technische Herausforderungen, da jede Achse einen anderen Einschlagwinkel der Räder bekommen muss, damit das Fahrzeug bei Kurvenfahrt ohne zu hohen Reifenverschleiß unterwegs ist und die Vorschriften des Wendekreises einhält. Mit der Kombination mehrerer Vor- und Nachlaufachsen lassen sich so auch fünf- bis achtachsige Fahrgestelle darstellen, die zulässige Gesamtmassen der Fahrzeuge bis über 60 t ermöglichen, z.B. für den Aufbau von Betonpumpen oder Hubarbeitsbühnen bis 112 m Arbeitshöhe.

Rahmen

Der Rahmen bildet das eigentliche Tragwerk der Nutzfahrzeuge. Er ist als Leiterrahmen, bestehend aus Längs- und Querträgern, ausgeführt (Bild 5). Auf dem Rahmen ist der Aufbau verschraubt und

Bild 5: Lkw-Leiterrahmen.
a) Aufbau,
b) Profilformen.
1 Heckunterfahrschutz,
2 Schlussquerträger, gegebenenfalls mit Anhängerkupplung,
3 Längsträger,
4 Querträger,
5 Knotenblech,
6 seitlicher Unterfahrschutz,
7 Koppelmaul,
8 Kühlerschutz und Frontunterfahrschutz.

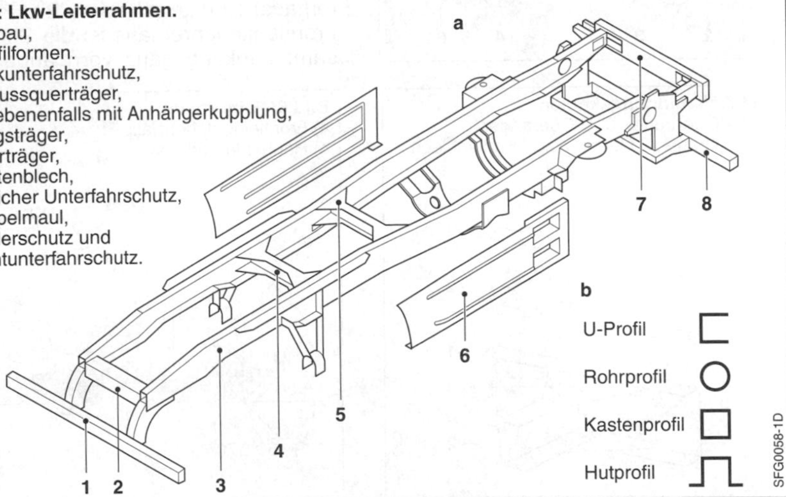

das Fahrerhaus aufgesetzt (Bild 6). Die Dimensionen der Träger werden entsprechend der geforderten Einsatzschwere und Tragfähigkeit (Leicht- und Schwer-Nfz), aber auch unter Berücksichtigung von Kosten und Gewicht gewählt. Die Wahl der Profile (Anzahl und Dicke) entscheidet über die Verdrehsteifigkeit. Verdrehweiche Rahmen werden bei mittleren und schweren Lkw bevorzugt, weil sie für unebenes Gelände eine leichtere Anpassung der Federung ermöglichen. Verdrehsteife Rahmen eignen sich eher für kleinere Verteilerfahrzeuge.

Kritische Stellen der Rahmenkonstruktion sind neben den Krafteinleitungspunkten die Verbindungsknoten der Längs- und Querträger (Bild 7). Spezielle Knotenbleche oder gepresste Querträgerprofile bilden eine breite Anschlussbasis. Die Verbindungsstellen sind genietet, geschraubt und geschweißt. U- oder L-förmige Längsträgereinlagen ergeben eine größere Rahmenbiegesteifigkeit und dienen der örtlichen Verstärkung.

Der Rahmen dient zudem mittels verschiedener Halter der Aufnahme verschiedenster Anbauteile wie Kraftstoffbehälter, Batteriegeräteträger, Drucklufttanks, Abgasanlage oder Ersatzrad. Die Anordnung variiert hierbei je nach gefordertem Einsatzprofil. Sonderanbauten wie z.B. Ladekräne oder Ladebordwände sind für entsprechende Einsatzarten ebenfalls am Rahmen montiert.

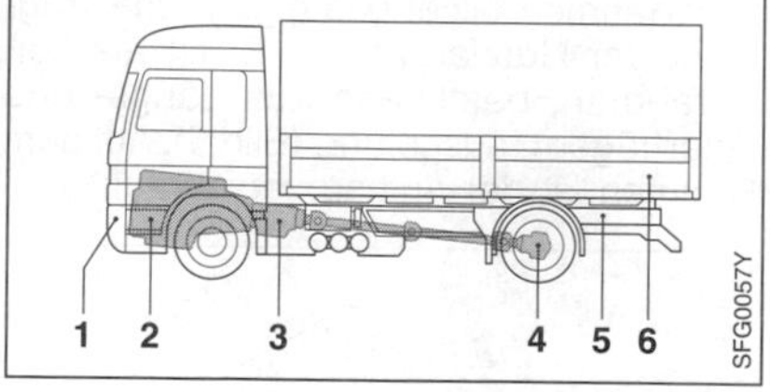

Bild 6: Baugruppen am Lkw.
1 Fahrerhaus, 2 Motor, 3 Getriebe, 4 Achse, 5 Rahmen, 6 Aufbau.

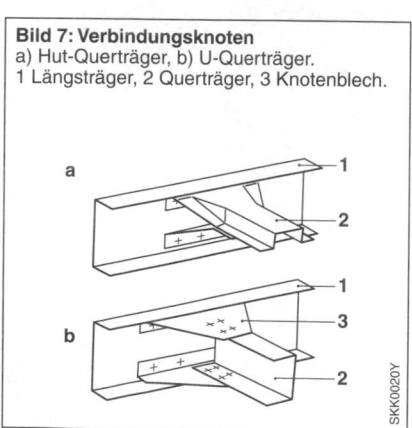

Fahrerhaus

Je nach Fahrzeugkonzept gibt es unterschiedliche Fahrerhäuser. Im Verteilerverkehr und im Kommunaleinsatz sind niedrig liegende, bequeme Einstiege vorteilhaft; im Fernverkehr sind Großräumigkeit und Komfort z.B. mit ebenem Boden wichtig. Baureihenkonzepte gestatten unter Beibehaltung von Front, Heck und Türen die Ausführung von Kurz-, Mittel- und Langfahrerhäusern.

Das Fahrerhaus ist mit dem Rahmen durch die Fahrerhauslagerung verbunden. Man unterscheidet hierbei Komfort- und Standardlagerungen mit unterschiedlichen Feder-Dämpfer-Kombinationen oder Querblattfederanbindungen mit Eigenfrequenzen von 1...6 Hz.

Konzeptionell sind Frontlenkerfahrzeuge (Motor unter dem Fahrerhaus) und Haubenfahrzeuge (Motor vor dem Fahrerhaus) zu unterscheiden (Bild 8). Beim Frontlenkerfahrerhaus ist die Stirnwand samt Lenkung ganz vorn angeordnet.

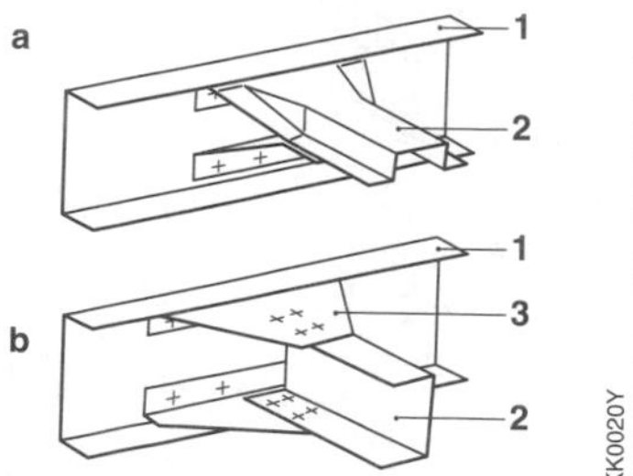

Bild 7: Verbindungsknoten
a) Hut-Querträger, b) U-Querträger.
1 Längsträger, 2 Querträger, 3 Knotenblech.

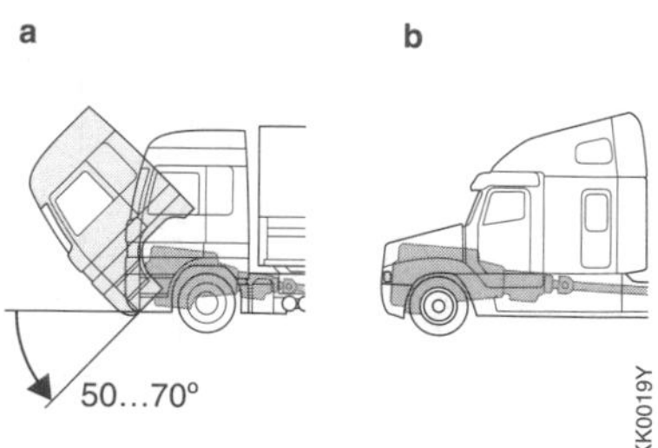

Bild 8: Fahrerhaus.
a) Frontlenkerfahrerhaus,
b) Haubenfahrerhaus.

Der Motor sitzt unter dem hochgesetzten Fahrerhaus (bei ebenem Boden) oder unter einem Motortunnel zwischen Fahrer und Beifahrer. Der Einstieg liegt vor oder über der Vorderachse. Eine mechanische (durch vorgespannte Drehstäbe) oder hydraulische Fahrerhaus-Kippeinrichtung gewährleistet den Zugang zum Motor.

Beim Haubenfahrerhaus befindet sich der Motor-Getriebe-Block vor der Fahrerhaus-Stirnwand unter einer wegen der Zugänglichkeit meist kippbaren Stahl- oder Kunststoffhaube. Der Einstieg liegt hinter der Vorderachse.

Die Anforderungen an das Fahrerhaus in Bezug auf Aerodynamik, Materialauswahl, Korrosion oder Ausstattung sind analog der Anforderungen an eine Pkw-Karosserie zu sehen. Dies bedeutet, dass zur Einsparung von Kraftstoff und damit CO_2-Emissionen der Luftwiderstand des Fahrerhauses zum Einen und des gesamten Lastzugs zum Anderen gesenkt werden muss. Dazu müssen sowohl das Zugfahrzeug als auch der Anhänger beziehungsweise der Auflieger mit in die Untersuchungen einbezogen werden. Feldversuche zeigen, dass die Einbeziehung des Aufliegers in die Optimierung der Gesamtfahrzeug-Aerodynamik Kraftstoffeinsparungen zwischen 2 % und 4,5 % erzielen kann.

Aufbauten

Spezielle Aufbauten wie Pritschen, Koffer, Kippermulden, Tankbehälter und Betonmischer ermöglichen den rationellen und funktionsgerechten Transport der unterschiedlichsten Güter. Die Verbindung zum tragenden Rahmen erfolgt teilweise über Hilfsrahmen mit kraft- oder formschlüssigen Befestigungen. Um den meist verdrehweichen Fahrgestellrahmen mit einem steifen Aufbau (z.B. Koffer) zu verbinden, sind besondere Maßnahmen zu ergreifen (z.B. federnde Verbindungen im vorderen Aufbaubereich). Für geländefähige oder sogar geländegängige Fahrzeuge darf die Verwindungsfähigkeit des Fahrgestellrahmens nicht durch einen steifen Aufbau eingeschränkt werden. Deshalb werden dort dann Dreipunktlagerungen des Aufbaus eingesetzt. Für diese Fahrzeuge werden dann im Fahrgestell auch Schrauben- statt Blattfedern eingesetzt, um große Radfederwege zu realisieren.

Im Fernverkehr werden Glieder- und Sattelzüge eingesetzt (Bild 1). Mit wachsender Größe der Transporteinheit sinken die auf die Frachtmenge bezogenen Kosten. Das Ladevolumen lässt sich durch Verringern der Freiräume zwischen Fahrerhaus, dem Aufbau und dem Anhänger erhöhen (Großraumlastzug, Bild 1d). Vorteile des Sattelzugbetriebs sind die größere, nicht unterbrochene Ladelänge des Laderaums und mögliche kürzere Standzeiten der Zugmaschinen. Zur Minimierung des Kraftstoffverbrauchs werden strömungsverbessernde Maßnahmen wie Front- und Seitenverkleidung am Fahrzeug sowie speziell angepasste Luftleitkörper vom Fahrerhaus zum Aufbau vorgesehen.

Durch den Einsatz von Lang-Lkw, die die zulässige Gesamtmasse von 40 t nicht überschreiten, jedoch die Gesamtzuglänge auf 25,25 m ausdehnen (statt 16,50 m für Sattelzüge beziehungsweise 18,75 m für Gliederzüge), lassen sich zusätzliche Wirtschaftlichkeitsvorteile generieren. Diese Lang-Lkw kommen bei leichten, aber großvolumigen Transportgütern zum Einsatz, z.B. bei Formteilen für die Automobilindustrie oder auch im Transport von Konsumgütern.

Omnibusse

Der Omnibusmarkt bietet fast für jeden Einsatz das spezielle Fahrzeug an. Dies führt zu vielen verschiedenen Omnibustypen, die sich durch ihre unterschiedlichen Außenabmessungen (Länge, Höhe, Breite) und Ausstattung je nach Einsatz unterscheiden (Bild 9).

Busarten

Mikrobusse

Die Beförderungskapazität reicht bis ca. 20 Personen. Die Fahrzeuge sind von Transportern mit einer Fahrzeugmasse bis ca. 4,5 t abgeleitet.

Mini- und Midibusse

Busse mit einer Beförderungskapazität bis ca. 25 Personen werden als Mini- oder Midibusse bezeichnet. Der Übergang von Mini- zu Midibussen ist fließend. Die Fahrzeuge sind meist von Transportern mit einer Fahrzeugmasse bis ca. 7,5 t abgeleitet. Vereinzelt wird auf Leiterrahmenfahrgestellen des Leicht-Lkw aufgebaut, oder es kommt eine sebsttragende Integralbauweise zum Einsatz. Eine veränderte Federungsauslegung und spezielle Maßnahmen am Aufbau (z.B. elastische Lagerung) ermöglichen einen guten Fahrkomfort und einen niedrigen Geräuschpegel.

Stadtomnibusse

Die Stadtomnibusse sind mit Sitz- und Stehplätzen für den Linienverkehr ausgerüstet. Der kurze Haltestellenabstand im öffentlichen Nahverkehr erfordert einen raschen Fahrgastfluss. Dies wird durch breite, schnell öffnende und schließende Türen, geringe Einstiegshöhe (ca. 320 mm) und geringe Wagenbodenhöhe (ca. 370 mm) erreicht.

Die Hauptdaten für einen Standard-Linienomnibus sind:
- Wagenlänge ca. 12 m,
- Gesamtgewicht 18,0 t,
- Sitzplatzzahl 32…44,
- Gesamtkapazität ca. 105 Personen.

Der Einsatz von Doppeldeckerbussen (bei einer Wagenlänge von 12 m, bis ca. 130 Personen), dreiachsigen Solobussen (Wagenlängen bis 15 m und bis ca. 135 Personen) und dreiachsigen Gelenkbussen bis 18 m (ca. 160…190 Personen) führt zur Erhöhung der Beförderungskapazität.

Bei den Stadtomnibussen werden inzwischen auch vierachsige Gelenkbusse mit knapp 21 m Gesamtlänge und 32 t Gesamtmasse in großen Stückzahlen eingesetzt. Dabei wird eine zusätzliche gelenkte Nachlaufachse verwendet, die die Gewichtskapazität des Busses erhöht und gleichzeitig die Wendigkeit trotz der größeren Gesamtlänge verbessert.

Überlandomnibusse

Entsprechend dem Einsatz der Überlandomnibusse (bei Geschwindigkeiten über 60 km/h ist kein Transport von stehenden Fahrgästen erlaubt) werden Niederflurausführungen mit niedrigen Einstiegs- und Wagenbodenhöhen (wie bei Stadtomnibussen) oder höherem Wagenboden und kleinem Kofferraum (Nähe zu Reisebussen) eingesetzt. Die Überlandbusse gibt es in Längen von 11…15 m als Solofahrzeuge oder als Gelenkomnibusse mit 18 m Länge.

Reiseomnibusse

Reisebusse sind für komfortables Reisen über mittlere und große Entfernungen konzipiert. Die Vielfalt reicht vom nied-

Bild 9: Übersicht Omnibusse.
(Beispiele).
a) Mikrobus,
b) Mini- und Midibus,
c) Stadtomnibus,
d) Reiseomnibus.

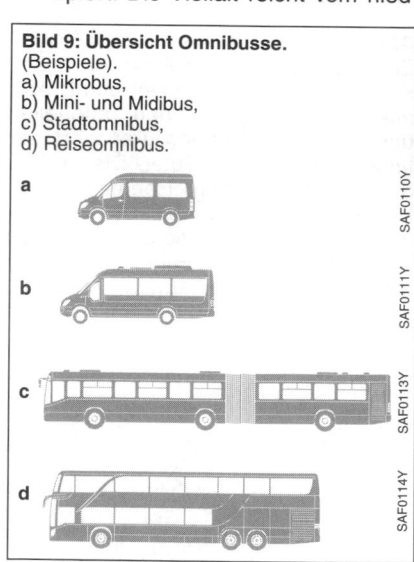

rigen zweiachsigen Normalbus bis hin zum zweistöckigen Luxusbus. Die Reisebusse gibt es in Längen von 10...15 m. Gelenkbusse im Fernreisebuseinsatz waren nur vereinzelt zu finden und konnten sich nicht durchsetzen. Dagegen finden sich Doppeldecker im Fernreisebus mittlerweile sehr häufig, insbesondere bei Fernbuslinien, die mit Reisebussen bedient werden.

Anhängerbetrieb

Verstärkt sind Omnibusse mit Anhängern zu finden. Dies trifft auf alle Bereiche, also Stadt- und Überlandbusse, sowie auf Reisebusse zu.

Die Anhänger sind im Stadtbus speziell für den Personentransport zugelassen und werden in Spitzenzeiten bedarfsgerecht mit dem Zugfahrzeug gekuppelt. Diese Bauform wurde bis in die 1960er-Jahre eingesetzt, verschwand mit dem Aufkommen der Gelenkbusse jedoch sehr schnell. Seit etwa 2010 ist die Stadtbus-Anhänger-Kombination wieder im Einsatz, um am Stadtrand von Großstädten flexibel auf tageszeitabhängige Fahrgastschwankungen reagieren zu können.

Bei Überlandbussen dienen die Anhänger zum Gepäcktransport oder zur Fahrradmitnahme in Urlaubsregionen, um so ein attraktives und flexibles Verkehrsmittel zum Umstieg auf den öffentlichen Personennahverkehr (ÖPNV) anbieten zu können.

Bei Reisebussen, insbesondere bei Doppeldeckern, die konzeptbedingt geringe Gepäckräume anbieten können, ist der Gepäckanhänger eine gute Lösung zum wirtschaftlichen und komfortablen Reisemittel. Durch die Zulassung der Anhänger für Reisegeschwindigkeiten wie bei Bussen ohne Anhänger (maximal 100 km/h) ergibt sich bezüglich der Reisezeiten kein Nachteil, was die Attraktivität steigert.

Aufbau

Standardmäßig hat sich die Leichtbauweise durch eine selbsttragende Karosserie durchgesetzt (Integralbauweise). Die fest miteinander verschweißten Auf- und Unterbaugerippe bestehen aus Gitterträgerelementen mit Pressteilkonstruktionen und Vierkantrohren (Bild 10).

Bei der Chassisbauweise wird der Aufbau auf einen tragenden Leiterrahmen (analog Lkw) aufgesetzt. Außer bei Mini- und Midibussen ist dieses Konzept in Europa eher unüblich.

Bild 10: Selbstragende Omnibuskarosserie.
1 Aufbaugerippe,
2 Pressteile,
3 Unterbaugerippe,
4 Vierkantrohre,
5 Gitterträger-elemente.

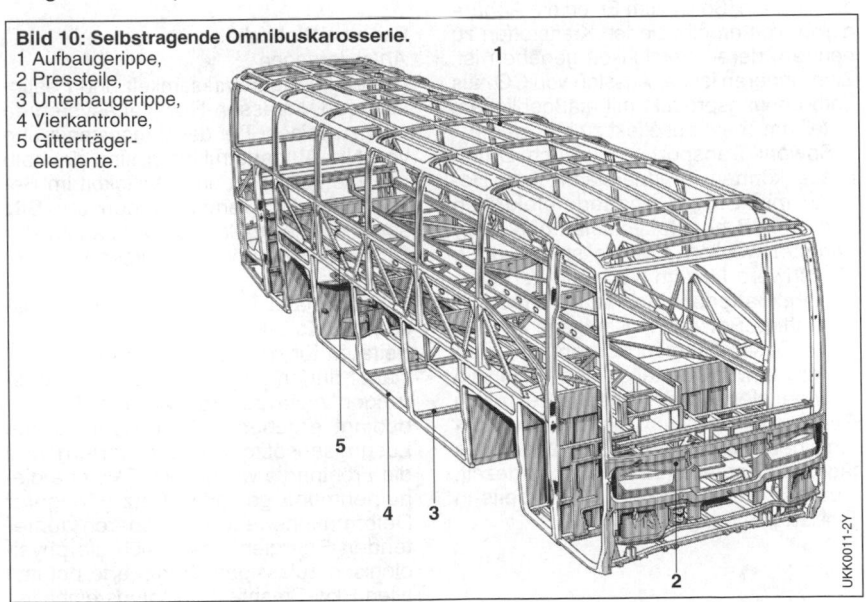

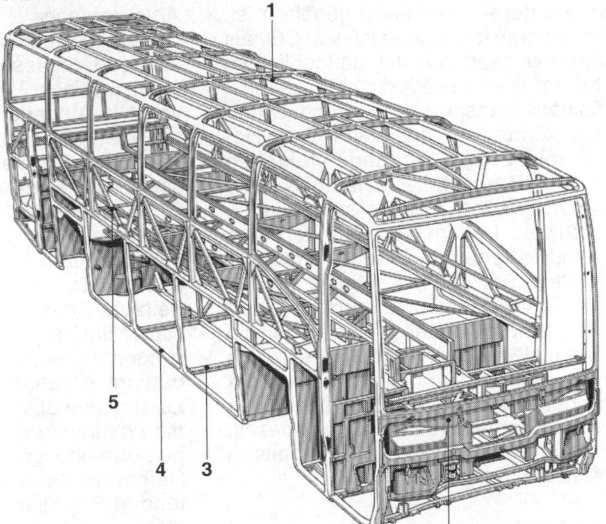

Fahrwerk
Der stehend oder liegend eingebaute Motor treibt die Hinterachse an. Dabei ist der Motor mit dem Getriebe – nicht wie beim Lkw – vorne eingebaut und dann mit einer langen Gelenkwelle zur Antriebsachse verbunden, sondern die Motor-Getriebe-Einheit ist im Heck des Omnibusses eingebaut. Dies trifft auch auf die Gelenkbusse zu, bei denen die letzte Achse angetrieben wird. Eine Luftfederung an allen Achsen ermöglicht eine Niveaustabilisierung und guten Fahrkomfort. Überwiegend werden Überland- und Reiseomnibusse mit Einzelradaufhängung an der Vorderachse ausgestattet. Scheibenbremsen werden an allen Achsen eingesetzt, häufig unterstützt durch Retarder.

Alternative Antriebe
Aufgrund der steigenden Sensitivität von Nutzern und Betreibern von Nutzfahrzeugen nehmen die Anstrengungen zu, alternative Antriebe von Nutzfahrzeugen zu realisieren. Der Nutzen der Fahrzeuge mit alternativen Antrieben liegt darin, dass CO_2-Gesetzgebungen erfüllt, Einfahrbeschränkungen vermieden und Gesellschaftsforderungen befriedigt werden können. So ist zum Einen die Abhängigkeit von erdölbasierten Kraftstoffen zu nennen, deren Endlichkeit gegeben ist. Zum Anderen ist der Ausstoß von CO_2 als Verbrennungsprodukt mit maßgeblichem Anteil am Treibhauseffekt zu reduzieren.

Sowohl Transporter, als auch Omnibusse können im innerstädtischen Betrieb mit Erdgas, batterie-elektrisch oder mit Brennstoffzellenantrieb ausgerüstet werden. Ebenso stehen auch für schwere Lkw im Nah- und Verteilerverkehr Batterieantriebe zur Verfügung. Zukünftige Entwicklungsaufgabe ist, das beste Gesamtfahrzeugkonzept für einen Elektro-Lkw zu erstellen und dabei die Grundauslegung der Batterie bezüglich Reichweite, Bauraum, Gewicht und Kosten einerseits und die Anforderungen des täglichen Betriebs (Ladezyklus, Ladezeit, Nutzlast, Bedienbarkeit) andererseits in Einklang zu bringen.

Aktive und Passive Sicherheit bei Nfz

Aktive Sicherheit umfasst alle Systeme und Maßnahmen, die helfen, einen Unfall zu vermeiden. Die passive Sicherheit soll Unfallfolgen begrenzen und den Partner im Straßenverkehr schützen. Systematische Unfallerfassung, Unfallversuche mit Komplettfahrzeugen sowie intensive rechnerische Optimierung helfen, Sicherheitsmaßnahmen zu erarbeiten.

Aktive Sicherheit
Ein Mindestmaß an aktiven Sicherheitssystemen wird durch den Gesetzgeber regelmäßig neu definiert. Wurde schon 1980 das Antiblockiersystem (ABS) für Lkw zur Serienreife entwickelt, setzte es sich später durch entsprechende Gesetzesforderungen bei allen Lkw durch. Ähnlich war es bei der Fahrdynamikregelung (Electronic Stability Control, ESC) und auch beim aktiven Bremsassistenten.

Für die Nutzung des hochautomatisierten oder autonomen Fahrens, einer epochalen Umwälzung des Lkw-Betriebs, ist die Verfügbarkeit eines umfassenden Pakets aus aktiven Sicherheitssystemen eine zwingende Voraussetzung.

Passive Sicherheit
Anforderungen
Generell ist die Wirksamkeit und Festigkeit von Insassen-Rückhaltesystemen nachzuweisen. Bei der Dimensionierung von Nfz-Aufbaustrukturen sind deshalb u.a. die Festigkeit und Steifigkeit im Bereich der Gurtverankerungen am Sitz sowie der nachgelagerten Aufbaustruktur (Sitzschienen, Boden, Rahmen usw.) zu beachten.

Fahrerhaus und Fahrgastraum müssen im Kollisionsfall den Überlebensfreiraum für die Insassen gewährleisten. Dabei dürfen die auftretenden Verzögerungen nicht zu groß werden. Bauartbedingt ergeben sich unterschiedliche Lösungsansätze. Bei Transportern wird die Frontpartie wie bei den Pkw energieaufnehmend gestaltet. Trotz geringerer Deformationswege und höheren auftretenden Energien lassen sich die physiologisch zulässigen Grenzwerte bei fast allen Pkw-Crashtest-Standards einhalten (gesetzliche Anforderungen und Rating-Tests). Im Transporter müssen zudem Einrichtungen vorhanden sein, die eine Gefährdung der Insassen durch unkontrollierte Bewegungen der Ladung sicher verhindern. Hierzu sind die statische und die dynamische Festigkeit dieser Einrichtungen (Trennwand, Lastschutzgitter und Lastschutznetz, Zurrösen) rechnerisch oder versuchstechnisch nachzuweisen.

Beim Lkw reichen die Rahmenlängsträger bis zum Stoßfänger nach vorn und können hohe Längskräfte übertragen. Gestützt auf Unfallanalysen richten sich die Maßnahmen auf eine Verbesserung der Fahrerhausstruktur. Statische und dynamische Belastungs- und Schlagtests an der Fahrerhausfront und -rückseite sowie im Dachbereich simulieren die Beanspruchung bei Frontalaufprall, Umkippen, Überschlag und nachschiebender Ladung. Sie sind in der Regelung ECE R29 [3] beschrieben, deren Erfüllung allerdings nur in wenigen europäischen Ländern als Zulassungsbedingung dient.

Nach statistischen Erhebungen ist der Omnibus für die Insassen das sicherste Personenbeförderungsmittel überhaupt. Statische Dachlasttests und dynamische Umsturzversuche weisen die Festigkeit der Aufbaukonstruktion nach. Schwer entflammbare und selbsterlöschende Materialien bei der Innenausstattung minimieren das Brandrisiko.

Im gemischten Straßenverkehr lassen sich Kollisionen zwischen leichten und schweren Fahrzeugen ohne den Einsatz von aktiven Sicherheitssystemen oder die Kommunikation der Fahrzeuge untereinander (V2V, vehicle to vehicle; V2X, vehicle to infrastructure) nicht hundertprozentig vermeiden. Gewichtsunterschiede sowie teilweise Inkompatibilität in Geometrie und Struktursteifigkeit bedingen ein höheres Verletzungsrisiko im leichteren Fahrzeug.

Die Geschwindigkeitsänderung Δv beim zentralen plastischen Stoß für Frontal- oder Heckkollision zweier Fahrzeuge (Fahrzeug 1 und Fahrzeug 2) beträgt mit

$$\mu = \frac{m_2}{m_1}: \ \Delta v_1 = \frac{\mu v_r}{1+\mu},\ \Delta v_2 = \frac{v_r}{1+\mu},$$

mit den Massen m_1 und m_2 der beteiligten Fahrzeuge und der Relativgeschwindigkeit v_r vor dem Stoß.

Seiten-, Front- und Heckunterfahrschutzeinrichtungen helfen, das gefährliche Unterfahren des schweren Fahrzeugs durch das leichtere zu vermeiden und dienen somit der Verbesserung des Partnerschutzes (Bild 11).

Bild 11: Heckfahrunterschutz für Lkw.

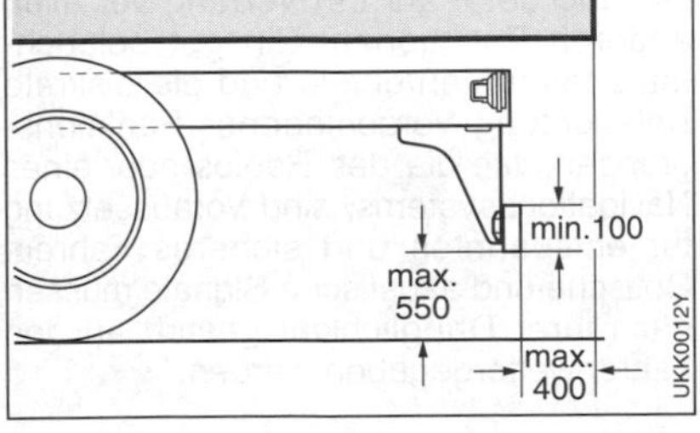

Literatur

[1] 96/53/EU: Richtlinie 96/53/EG des Rates vom 25. Juli 1996 zur Festlegung der höchstzulässigen Abmessungen für bestimmte Straßenfahrzeuge im innerstaatlichen und grenzüberschreitenden Verkehr in der Gemeinschaft sowie zur Festlegung der höchstzulässigen Gewichte im grenzüberschreitenden Verkehr.
[2] 2015/719/EU: Richtlinie (EU) 2015/719 des Europäischen Parlaments und des Rates vom 29. April 2015 zur Änderung der Richtlinie 96/53/EG des Rates zur Festlegung der höchstzulässigen Abmessungen für bestimmte Straßenfahrzeuge im innerstaatlichen und grenzüberschreitenden Verkehr in der Gemeinschaft sowie zur Festlegung der höchstzulässigen Gewichte im grenzüberschreitenden Verkehr (Text von Bedeutung für den EWR).
[3] ECE R 29: Regelung Nr. 29; Einheitliche Bedingungen für die Genehmigung der Fahrzeuge hinsichtlich des Schutzes der Insassen des Fahrerhauses von Nutzfahrzeugen: Revision 1
[4] E. Hoepke, S. Breuer u.a.: Nutzfahrzeugtechnik. Verlag Springer Vieweg, 8. Aufl., 2016.

Beleuchtungseinrichtungen

Aufgaben

Seit der Erfindung des Automobils gibt es auch die Fahrzeugbeleuchtung. Zuerst mit Kerzen, dann mit Petroleum- und Karbidlampen wurde eine Beleuchtung realisiert, die heute eher als Positionsbeleuchtung gelten könnte. Erst seit der Einführung der Fahrzeugelektrik mit der Lichtmaschine von Bosch (heute als Generator bezeichnet) im Fahrzeug Adler (1913) konnten Systeme eingeführt werden, die gute Reichweiten erzeugten und den Begriff des „Scheinwerfers" rechtfertigten. Weitere wesentliche Meilensteine waren
- die Einführung des asymmetrischen Abblendlichts mit größeren Sichtweiten am rechten Fahrbahnrand (1957),
- die Einführung neuer Scheinwerfersysteme mit komplexer Geometrie (PES, Poly-Ellipsoid-System, Freiformflächen, facettierte Reflektoren) mit bis zu 50 % verbessertem Wirkungsgrad (1985),
- das Scheinwerfersystem „Litronic" mit Gasentladungslampen (Xenonlampen mit Lichtbogen), die die erzeugte Lichtmenge auf mehr als das Doppelte im Vergleich zu Halogenlampen erhöhten (1990),
- adaptive Lichtsysteme (AFS, Adaptive Frontlighting System) mit beweglichen, dynamischen PES-Modulen (Poly-Ellipsoid-System) oder statischen, zugeschalteten Reflektoren für Abbiegevorgänge (2003).

Beleuchtung an der Fahrzeugfront

Die Scheinwerfer an der Fahrzeugfront sind primär dafür bestimmt, die Fahrbahn auszuleuchten, damit der Fahrer das Verkehrsgeschehen erfassen und Hindernisse rechtzeitig erkennen kann. Zusätzlich sind sie das Erkennungsmerkmal für den Gegenverkehr. Die Blinkleuchten lassen die Absicht zur Änderung der Fahrtrichtung oder eine Gefahrensituation erkennen.

Zu den Scheinwerfern und Leuchten an der Fahrzeugfront gehören
- die Abblendscheinwerfer,
- die Fernscheinwerfer,
- die Nebelscheinwerfer,
- die Zusatz-Fernscheinwerfer,
- die Blinkleuchten (Fahrtrichtungsanzeiger),
- die Parkleuchten,
- die Begrenzungs- und die Umrissleuchten (für breite Fahrzeuge) und
- die Tagfahrleuchten (soweit sie in einzelnen Ländern vorgeschrieben sind).

Beleuchtung am Fahrzeugheck

Die je nach Lichtverhältnissen und Witterungsbedingungen geschalteten Leuchten am Fahrzeugheck signalisieren die Fahrzeugposition. Sie zeigen auch an, wie und in welche Richtung sich das Fahrzeug bewegt, z.B. ob es bremst, ob eine Fahrtrichtungsänderung beabsichtigt ist oder ob eine Gefahrensituation vorliegt. Die Rückfahrscheinwerfer leuchten die Fahrbahn bei Rückwärtsfahrt aus.

Zu den Leuchten und Scheinwerfern am Fahrzeugheck gehören
- die Bremsleuchten,
- die Schlussleuchten,
- die Nebelschlussleuchten,
- die Blinkleuchten (Fahrtrichtungsanzeiger),
- die Parkleuchten,
- die Umrissleuchten (für breite Fahrzeuge),
- die Rückfahrscheinwerfer und
- die Kennzeichenleuchte.

Beleuchtung im Fahrzeuginnenraum

Im Fahrzeuginnenraum haben die Bedienungssicherheit der Schaltelemente und eine ausreichende Information über die Betriebszustände (bei geringer Ablenkung des Fahrers) Vorrang vor allen anderen Funktionen. Ein gut beleuchtetes Instrumentenfeld und die diskrete Beleuchtung verschiedener Funktionsgruppen, wie die des Radios oder eines Navigationssystems, sind Voraussetzung für entspanntes und sicheres Fahren. Optische und akustische Signale müssen nach ihrer Dringlichkeit gestuft an den Fahrer weitergegeben werden.

Vorschriften und Ausrüstung

Genehmigungszeichen Europa/ECE

Für lichttechnische Einrichtungen am Kraftfahrzeug gelten nationale und internationale Bau- und Betriebsvorschriften, nach denen die Einrichtungen hergestellt und geprüft sein müssen. Für jeden Typ einer lichttechnischen Einrichtung ist ein besonderes Genehmigungszeichen festgelegt, das lesbar auf den jeweiligen Geräten angebracht sein muss. Die bevorzugten Stellen für Genehmigungszeichen sind z.B. auf den Abdeckscheiben von Scheinwerfern, auf den Lichtscheiben von Leuchten, auf den Gehäuseteilen und -elementen der Scheinwerfer, die bei geöffneter Motorhaube direkt sichtbar sind. Dies gilt auch für typgeprüfte Ersatzscheinwerfer und -leuchten.

Ist eine Einrichtung mit einem derartigen Genehmigungszeichen versehen, so ist sie von einem technischen Dienst (z.B. in Deutschland das Lichttechnische Institut der Universität Karlsruhe) geprüft und von einer Genehmigungsbehörde (in Deutschland das Kraftfahrtbundesamt) zugelassen. Alle in Serie gefertigten und mit dem Genehmigungszeichen versehenen Einheiten müssen mit dieser typgeprüften Einheit übereinstimmen. Beispiele für Genehmigungszeichen sind:

(E1) ECE-Prüfzeichen, [e1] EU-Prüfzeichen.

Die den Buchstaben hinzugefügte Ziffer 1 weist beispielsweise die durchgeführte Typprüfung und erfolgte Genehmigung nach einer ECE-Regelung (Economic Commission for Europe) in Deutschland mit ECE-weiter Anerkennung aus. In Europa gelten für den Anbau aller Kfz-Beleuchtungs- und Lichtsignaleinrichtungen neben den nationalen Richtlinien die übergeordneten europäischen Richtlinien (ECE: ganz Europa, EU, Neuseeland, Australien, Südafrika und Japan). Im Zuge der fortschreitenden Einigung Europas werden die Überführungsvorschriften durch die Harmonisierung von Richtlinien und Regeln immer mehr erleichtert.

Rechts-/Linksverkehr

Die ECE-Regelungen gelten sinngemäß für beide Verkehrsarten, wobei die lichttechnischen Anforderungen an der Mittelsenkrechten des Messschirms (siehe Bild 4) gespiegelt werden. Nach dem Wiener Weltabkommen von 1968 ist jeder Verkehrsteilnehmer verpflichtet, in Ländern der jeweils anderen Verkehrsart Maßnahmen am Fahrzeug zu ergreifen, um eine erhöhte Blendung des Gegenverkehrs bei Nacht wegen der asymmetrischen Lichtverteilung zu vermeiden. Dies ermöglichen entweder beim Fahrzeughersteller erhältliche Klebefolien oder Umschalter im Scheinwerfer (bei PES).

Regelungen für USA

In den USA gelten grundsätzlich andere Vorschriften als in Europa. Das Prinzip der Selbstzertifizierung zwingt jeden Hersteller als Importeur von lichttechnischen Einrichtungen sicherzustellen und gegebenenfalls nachzuweisen, dass seine Erzeugnisse zu 100 % den im Federal Register (Bundesgesetzblatt) verankerten Vorschriften des FMVSS 108 [27] (Federal Motor Vehicle Safety Standard) entsprechen. Eine Typprüfung gibt es in den USA demzufolge nicht. Die Vorschriften des FMVSS 108 basieren teilweise auf dem Industriestandard der SAE (Society of Automotive Engineers).

Nachrüstung und Umrüstung

Die aus anderen Verkehrsräumen nach Europa importierten Kraftfahrzeuge sind entsprechend den europäischen Richtlinien umzurüsten. Dies gilt insbesondere auch für die Lichttechnik. Dabei können für den europäischen Markt verfügbare baugleiche Elemente direkt eingesetzt werden. Andere Lösungen wie Handelserzeugnisse oder gegebenenfalls die Beibehaltung der ursprünglichen Einrichtung bedürfen eines Sachverständigengutachtens. Für lichttechnische Einrichtungen sind dazu nach § 22a StVZO [1] „In-etwa-Gutachten“ notwendig. Solche Gutachten stellt das Lichttechnische Institut der Universität Karlsruhe aus.

Nachträgliche Veränderungen an bauartgenehmigten Scheinwerfern, Lampen, Sockeln und Fassungen führen zum Erlöschen der Bauartgenehmigung und somit zum Erlöschen der Betriebserlaubnis des Fahrzeugs.

Lichtquellen

Bei Kfz-Lichtquellen unterscheidet man in Thermolumineszenzstrahler (Temperaturstrahler) und Elektrolumineszenzstrahler. Die Elektronen der äußeren Atomschale bestimmter Stoffe können durch Anregung (Energiezufuhr) ein höheres Energieniveau annehmen. Beim „Zurückfallen" zum niedrigeren Ausgangsniveau wird die zugeführte Energie in Form von elektromagnetischer Strahlung wieder frei.

Thermolumineszenzstrahler

Bei dieser Lichtquelle wird das Energieniveau des Kristallsystems durch Zufuhr von Wärme erhöht. Die Ausstrahlung erfolgt kontinuierlich über einen breiten Wellenlängenbereich. Die gesamte Strahlungsleistung ist proportional zur vierten Potenz der absoluten Temperatur (Stefan-Boltzmann'sches Gesetz). Das Maximum der Verteilungskurve verschiebt sich mit steigender Temperatur zu kürzeren Wellenlängen (Wien'sches Verschiebungsgesetz) [38].

Glühlampe

Zu den Temperaturstrahlern gehört die Glühlampe, deren Glühwendel aus Wolfram (Schmelztemperatur 3 660 K) besteht. Die Verdampfung des Wolframs und die Schwärzung des Lampenkolbens begrenzen die Lebensdauer dieser Lampe.

Halogenglühlampe

Eine Halogenfüllung (Jod oder Brom) in der Lampe lässt eine Wendeltemperatur bis nahe an den Schmelzpunkt des Wolframs zu. In der Nähe der heißen Kolbenwand verbindet sich verdampftes Wolfram mit dem Füllgas zum gasförmigen, lichtdurchlässigen Wolframhalogenid. Dieses ist im Temperaturbereich von 500...1700 K stabil. Durch Konvektion gelangt es zur Wendel, zersetzt sich dort infolge der hohen Wendeltemperatur und bildet auf der Wendel eine gleichmäßige Wolframablagerung. Um diesen Kreisprozess aufrechtzuerhalten, ist eine Außentemperatur des Lampenkolbens von ca. 300 °C erforderlich. Dazu muss der aus Quarzglas bestehende Kolben die Wendel eng umschließen. Dies hat den weiteren Vorteil, dass man mit höherem Fülldruck arbeiten und damit der Verdampfung des Wolframs entgegenwirken kann.

Elektrolumineszenzstrahler

Gasentladungslampen

Gasentladungslampen gehören zu den Elektrolumineszenzstrahlern. Sie zeichnen sich durch eine höhere Lichtausbeute aus. In einem abgeschlossenen, gasgefüllten Lampenkolben wird durch Anlegen einer Spannung zwischen zwei Elektroden eine Gasentladung aufrechterhalten. Die Anregung der Atome des strahlenden Gases erfolgt durch Stöße zwischen Elektronen und Gasatomen. Die so angeregten Atome geben ihre Energie in Form von Lichtstrahlung ab.

Beispiele für Gasentladungslampen sind Natriumdampflampen (Straßenbeleuchtung), Leuchtstofflampen (Innenraumbeleuchtung) und D-Lampen für Kfz-Anwendungen (Litronic).

Leuchtdioden

Die Leuchtdiode (LED, Light Emitting Diode) gehört zu den Elektrolumineszensstrahlern. Leuchtdioden haben aufgrund ihrer Robustheit, der hohen Energieeffizienz, der schnellen Ansprechzeit und der kompakten Bauweise ein großes Anwendungsgebiet als Leuchtmittel oder als Display. Im Kfz werden sie im Innenraum zur Beleuchtung, als Display oder Displayhinterleuchtung verwendet. Im Außenbereich werden insbesondere hochgesetzte Bremsleuchten und Heckleuchten mit Leuchtdioden ausgestattet. Mit weiterer Steigerung der Lichtausbeute werden zunehmend auch Anwendungen für Leuchten und Hauptfunktionen an der Fahrzeugfront möglich.

Kraftfahrzeuglampen

Austauschbare Glühlampen für die Kraftfahrzeugbeleuchtung müssen nach ECE-R37 [10] typgenehmigt sein, austauschbare Gasentladungslichtquellen nach ECE-R99 [19]. Andere Lichtquellen, die diesen Regelungen nicht entsprechen (LED, Neonröhren, spezielle Lampen) sind zulässig, sie können aber nur als fester Bestandteil einer Leuchte oder als „Lichtquellenmodul“ eingesetzt werden.

Glühlampen nach ECE-R37 stehen generell für 12 V zur Verfügung, manche Lampen auch für 6 V und für 24 V (Tabelle 1). Unterschiedliche Lampentypen sind durch unterschiedliche Sockelformen gekennzeichnet, um Verwechslungen auszuschließen. Lampen unterschiedlicher Betriebsspannung sind mit dieser beschriftet, um bei gleicher Sockelform ein Verwechseln auszuschließen. Der jeweils passende Lampentyp muss auf dem Gerät angegeben sein.

Eine Spannungserhöhung bei Halogenglühlampen von 10 % führt zu einer Reduzierung der Lebensdauer um 70 % und gleichzeitig zu einer Erhöhung des Lichtstroms um 30 % (Bild 1, [39]).

Die Lichtausbeute (Lumen pro Watt) ist der lichttechnische Wirkungsgrad in Bezug auf die eingespeiste elektrische Leistung. Die Lichtausbeute von Vakuumlampen beträgt 10...18 lm/W. Die höhere Lichtausbeute der Halogenlampen von 22...26 lm/W ist primär eine Folge der Erhöhung der Wendeltemperatur. Gasentladungslampen tragen mit 85 lm/W zu einer weiteren Verbesserung des Abblendlichts bei.

Bei Leuchtdioden erreicht man heute Lichtausbeuten von ca. 50 lm/W (Leuchtdioden mit hoher Leistungsaufnahme) oder ca. 100 lm/W (Leuchtdioden mit niedriger Leistungsaufnahme). In den nächsten Jahren sind bis zu 25 % Lichtausbeutezuwachs zu erwarten.

Hauptlichtfunktionen

Abblendlicht

Das Hauptlicht zum Fahren bei Nacht ist das Abblendlicht. Die Erzeugung der charakteristischen Hell-Dunkel-Grenze (HDG) war einer der technologischen Meilensteine in der Lichttechnik.

Durch die Hell-Dunkel-Grenze (oben dunkel, unten hell) entsteht eine Verteilung, die sich dazu eignet, akzeptable Sichtweiten in allen Verkehrssituationen zu erreichen. Einerseits kann die Blendung in Richtung des Gegenverkehrs in Grenzen gehalten werden, und andererseits gelingt es, unterhalb der Hell-Dunkel-Grenze relativ große Beleuchtungsstärken zu erzeugen.

Neben maximalen Sichtweiten und minimaler Blendwirkung muss die Lichtverteilung auch im Nahbereich den Anforderungen genügen. Kurven müssen sicher durchfahren werden können, d.h., die Lichtverteilung muss seitlich bis über die Fahrbahnränder hinausreichen.

Mit dem asymmetrischen Abblendlicht wird die Hell-Dunkel-Grenze am rechten Bereich nach oben geneigt, damit der rechte Fahrbahnrand bessert ausgeleuchtet wird. Der Gegenverkehr wird dadurch nicht geblendet. Bei Fahrzeugen für Linksverkehr ist es spiegelbildlich.

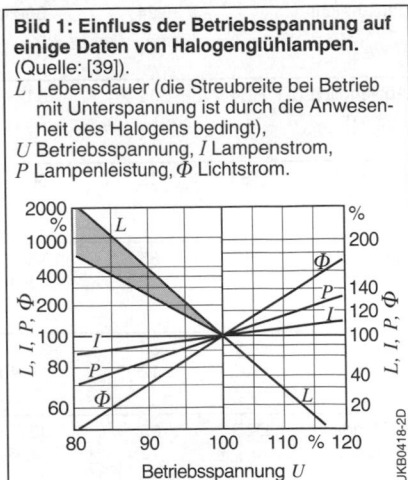

Bild 1: Einfluss der Betriebsspannung auf einige Daten von Halogenglühlampen.
(Quelle: [39]).
L Lebensdauer (die Streubreite bei Betrieb mit Unterspannung ist durch die Anwesenheit des Halogens bedingt),
U Betriebsspannung, I Lampenstrom,
P Lampenleistung, Φ Lichtstrom.

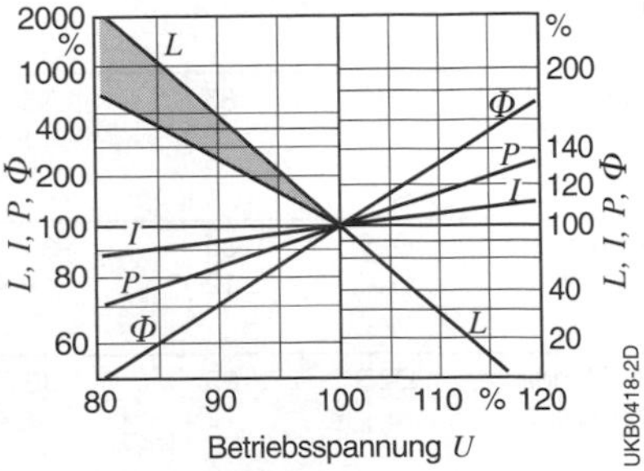

Tabelle 1: Daten der wichtigsten Kfz-Lampen (ohne Lampen für Krafträder).

Verwendung	Kategorie	Spannung Nennwerte V	Leistung Nennwerte W	Lichtstrom Sollwerte Lumen	Sockeltyp IEC	Bild
Nebel-, Fern-, Abblendlicht in 4-SW	H1	6 12 24	55 55 70	1350[2] 1550 1900	P 14,5 e	
Nebellicht, Fernlicht	H3	6 12 24	55 55 70	1050[2] 1450 1750	PK 22s	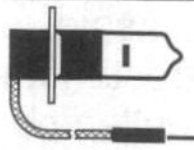
Fernlicht, Abblendlicht	H4	12 24	60/55 75/70	1650/1000[1,2] 1900/1200	P 43 t - 38	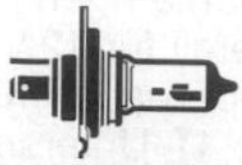
Fernlicht, Abblendlicht in 4-SW, Nebellicht	H7	12 24	55 70	1500[2] 1750	PX 26 d	
Nebellicht, statisches Kurvenlicht	H8	12	35	800	PGJ 19-1	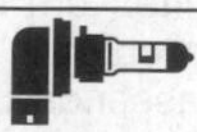
Fernlicht	H9	12	65	2100	PGJ 19-5	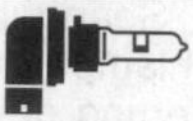
Abblendlicht, Nebellicht	H11	12 24	55 70	1350 1600	PGJ 19-2	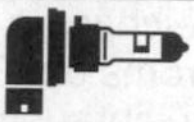
Nebellicht	H10	12	42	850	PY 20 d	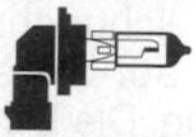
Fernlicht, Tagfahrlicht	H15	12 24	55/15 60/20	260/1350 300/1500	PGJ 23t-1	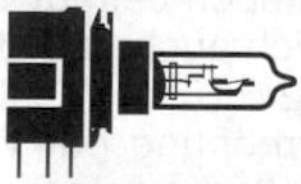
Abblendlicht in 4-SW	HB4	12	51	1095	P 22 d	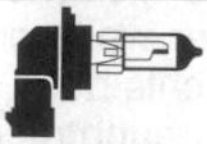
Fernlicht in 4-SW	HB3	12	60	1860	P 20 d	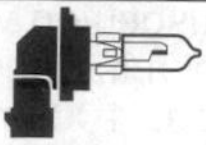
Abblendlicht, Fernlicht	D1S	85 12[5]	35 ca. 40[5]	3200	PK 32 d-2	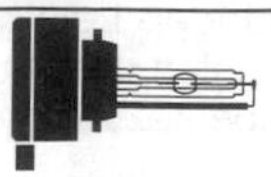
Abblendlicht, Fernlicht	D2S	85 12[5]	35 ca. 40[5]	3200	P 32 d-2	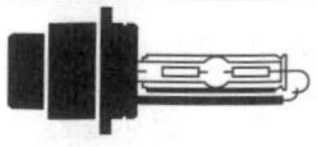
Abblendlicht, Fernlicht	D2R	85 12[5]	35 ca. 40[5]	2800	P 32 d-3	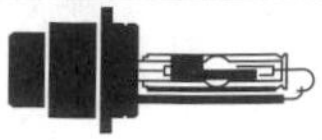

Tabelle 1 (Fortsetzung): Daten der wichtigsten Kfz-Lampen (ohne Lampen für Krafträder).

Verwendung	Kategorie	Spannung Nennwerte V	Leistung Nennwerte W	Lichtstrom Sollwerte Lumen	Sockeltyp IEC	Bild
Brems-, Blink-, Nebelschluss-, Rückfahrlicht	P 21 W PY 21 W[6]	6, 12, 24	21	460[3]	BA 15 s	
Bremslicht/ Schlusslicht	P 21/5 W	6 12 24	21/5[4] 21/5 21/5	440/35[3], [4] 440/35[3], [4] 440/40[3]	BAY 15d	
Begrenzungs-licht, Schlusslicht	R 5 W	6 12 24	5	50[3]	BA 15 s	
Schlusslicht	R 10 W	6 12 24	10	125[3]	BA 15 s	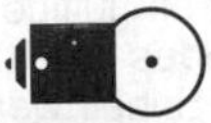
Tagfahrlicht	P 13 W	12	13	250[3]	PG 18.5 d	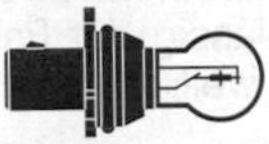
Bremslicht, Blinklicht	P 19 W PY 19 W	12 12	19 19	350[3] 215[3]	PGU 20/1 PGU 20/2	
Nebelschluss-, Rückfahrlicht, Blinklicht vorne	P 24 W PY 24 W	12 12	24 24	500[3] 300[3]	PGU 20/3 PGU 20/4	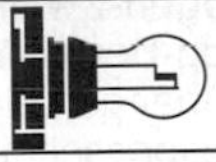
Brems-, Blink-, Nebelschluss-, Rückfahrlicht	P 27 W	12	27	475[3]	W 2,5 x 16 d	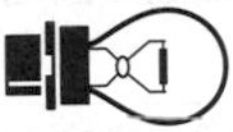
Bremslicht/ Schlusslicht	P 27/7 W	12	27/7	475/36[3]	W 2,5 x 16 q	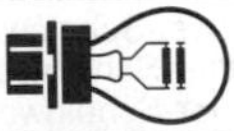
Kennzeichen-beleuchtung, Schlusslicht	C 5 W	6 12 24	5	45[3]	SV 8,5	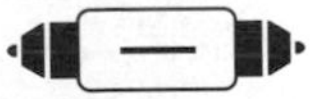
Begrenzungs-licht	H 6 W	12	6	125	BAX 9 s	
Begrenzungs-licht, Kennzeichen-beleuchtung	W 5 W	6 12 24	5	50[3]	W 2,1 x 9,5 d	
Begrenzungs-licht, Kennzeichen-beleuchtung	W 3 W	6 12 24	3	22[3]	W 2,1 x 9,5 d	

1) Fernlicht/Abblendlicht. 2) Sollwerte bei Prüfspannung 6,3; 13,2 bzw. 28,0 V.
3) Sollwerte bei Prüfspannung 6,75; 13,5 bzw. 28,0 V. 4) Hauptwendel/Nebenwendel.
5) Mit Vorschaltgerät. 6) Gelbe Variante.

Fernlicht
Das Fernlicht leuchtet die Straße mit maximaler Reichweite aus. Dadurch entsteht in Abhängigkeit des Abstands eine hohe Beleuchtungsstärke auf allen Objekten im Verkehrsraum. Deshalb darf es nur eingesetzt werden, wenn kein Gegenverkehr geblendet wird.

Bei den heutigen Verkehrsdichten kann das Fernlicht nur noch in Ausnahmefällen verwendet werden.

Anbau und Vorschriften

Bauarten
Weltweit gültige Verordnungen schreiben für jedes zweispurige Straßenfahrzeug zwei Scheinwerfer für Abblendlicht und mindestens zwei Scheinwerfer (auch vier zulässig) für Fernlicht vor. Die Lichtfarbe ist weiß.

Zwei-Scheinwerfer-System
Das Zwei-Scheinwerfer-System (Bild 2a) benutzt Lampen mit zwei Lichtquellen (Halogen-Zweifadenlampen (H4), US-Sealed-Beam) für Fernlicht und Abblendlicht über gemeinsame Reflektoren (siehe Reflexionsscheinwerfer). Bei Scheinwerfern mit Gasentladungslampen wird die Doppelfunktion durch Fokussierung oder Defokussierung des Xenon-Brenners in einem gemeinsamen Reflektor erzielt (siehe Bi-Litronic Reflexion). In Bi-Xenon-Projektionssystemen wird eine Blende aus dem oder in den Strahlengang bewegt (siehe Bi-Litronic „Projektion").

Bild 2: Scheinwerfersysteme.
a) Zwei-Scheinwerfer-System,
b) Vier-Scheinwerfer-System,
c) Vier-Scheinwerfer-System mit zusätzlichem Nebellicht.

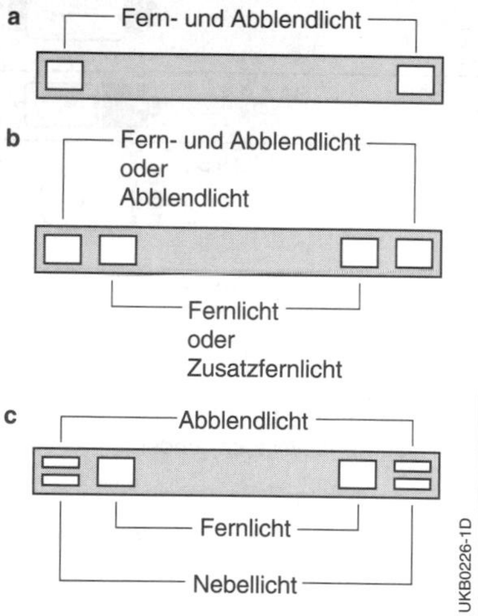

Vier-Scheinwerfer-System
Ein Scheinwerferpaar des Vier-Scheinwerfer-Systems dient entweder als Abblend- und Fernlicht oder nur als Abblendlicht, das zweite Scheinwerferpaar als Fernlicht (Bild 2b). Dabei sind die Lichtfunktionen aus Projektionssystemen und Reflexionssystemen beliebig kombinierbar. Die Scheinwerfer für das Abblendlicht können zusätzlich mit dem Nebellicht kombiniert sein (Bild 2c).

Wichtige Begriffe für Bauformen

Zusammenbau
Gehäuse gemeinsam, jedoch eigene Lichtscheiben und Lampen. Beispiel:
- Mehrkammerleuchte mit verschiedenen Funktionen der Heckleuchte.

Kombination
Gehäuse und Lampe gemeinsam, jedoch eigene Lichtscheiben. Beispiel:
- Schlussleuchte mit kombinierter Kennzeichenbeleuchtung.

Ineinanderbau
Gehäuse und Abdeckscheibe (oder Lichtscheibe) gemeinsam, jedoch eigene Lampen. Beispiel:
- Ineinanderbau von Scheinwerfer und Begrenzungslicht.

Hauptlichtfunktionen für Europa

Regelungen, Verordnungen und Richtlinien für Europa

Die wichtigsten Regelungen, Verordnungen und Richtlinien sind in ECE-R112 [20], ECE-R113 [21], ECE-R48 [12], 76/756/EWG [24], ECE-R98 [18] und ECE-R123 [23] festgelegt.

- ECE-R112: Scheinwerfer für asymmetrisches Abblendlicht oder Fernlicht, die mit Glühlampen oder LED-Modulen ausgerüstet sind (Pkw, Busse, Lkw).
- ECE-R113: Scheinwerfer für symmetrisches Abblendlicht oder Fernlicht, die mit Glühlampen, Gasentladungslichtquellen oder LED-Modulen ausgerüstet sind (Mopeds, Kleinkrafträder, Motorräder).
- ECE-R48 und 76/756/EWG: für Anbau und Anwendung.
- ECE-R98: Scheinwerfer mit Gasentladungslampe nach ECE-R99.
- ECE-R123: Adaptive Frontbeleuchtungssysteme (AFS) für Kraftfahrzeuge.

Die im Folgenden beschriebenen Anbauvorschriften beziehen sich auf Pkw.

Abblendlicht

Vorgeschrieben sind zwei Abblendscheinwerfer für mehrspurige Fahrzeuge, Farbe weiß (Bild 3).

Die Erfüllung der lichttechnischen Anforderungen, die an den Kfz-Scheinwerfer gestellt werden, muss messtechnisch noch vor dem Serienstart in der Typprüfung nachgewiesen werden. Dabei sind sowohl Mindestwerte für die Beleuchtungsstärke vorgeschrieben, um eine gute Fahrbahnbeleuchtung zu erzielen, als auch Höchstwerte, um eine Blendung zu vermeiden (siehe Messpunkte für Beleuchtungsstärken, Bild 4 und Tabelle 2).

Die Prüfung zur Zulassung eines Scheinwerferlichts wird unter Laborbedingungen mit Prüflampen durchgeführt, die gegenüber den handelsüblichen Serienlampen eingeengte Toleranzen haben. Die Lampen werden bei dem für die jeweilige Lampenkategorie festgelegten Prüflichtstrom betrieben. Diese Laborbedingungen gelten einheitlich für alle Scheinwerfer, gehen aber nur bedingt auf die individuellen Bedingungen der einzelnen Fahrzeuge wie Anbauhöhe, Bordspannung und Einstellung ein.

Fernlicht

Es sind mindestens zwei, höchstens vier Fernscheinwerfer zulässig. Die vorgeschriebene Kontrollleuchte im Fahrzeuginnern hat die Farbe Blau oder Gelb.

Das Fernlicht wird üblicherweise durch eine Lichtquelle erzeugt, die im Brennpunkt des Reflektors angeordnet ist (Bild 5). Dadurch wird das Licht so reflektiert, dass es in Richtung der Reflektorachse austritt. Die maximal mit Fernlicht zu erreichenden Lichtstärken hängen im Wesentlichen von der leuchtenden Fläche des Reflektors ab.

Neben den etwa parabelförmigen Fernlichtreflektoren werden vor allem bei Vier-Scheinwerfer-Systemen auch komplexe Reflektorgeometrien berechnet, die zu einem „aufgesetzten“ Fernlicht führen. Die reine Fernlichtverteilung ist hier so ausgelegt, dass sie zusammen mit der reinen Abblendlichtverteilung zu einer harmonischen Fernlichtverteilung (Simultanschaltung) führt. Das reine Fernlicht wird sozusagen auf das Abblendlicht aufgesetzt. Der sonst störende Überlappungsbereich nahe vor dem Fahrzeug entfällt hier.

Die Lichtverteilung des Fernlichts wird in den Regelungen und Richtlinien im Zusammenhang mit dem Abblendlicht beschrieben.

Bild 3: Europäisches Scheinwerfersystem (Abblendlicht).

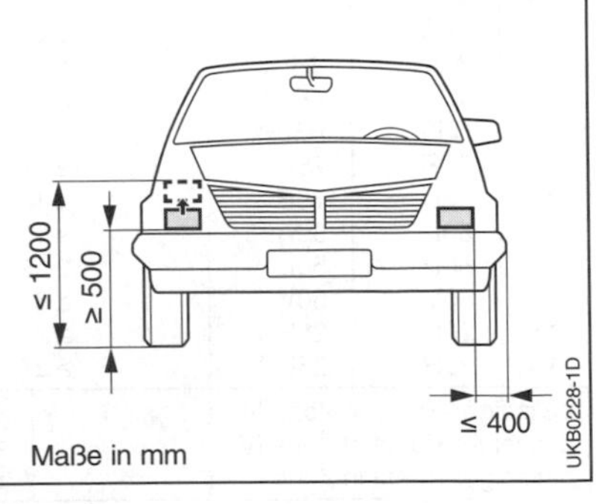

Bild 4: Beleuchtungsstärken der Scheinwerfer für Europa/ECE.
a) Straßenperspektive aus der Sicht des Autofahrers.
b) Messpunkt in der Straßenperspektive gemäß ECE-R112.

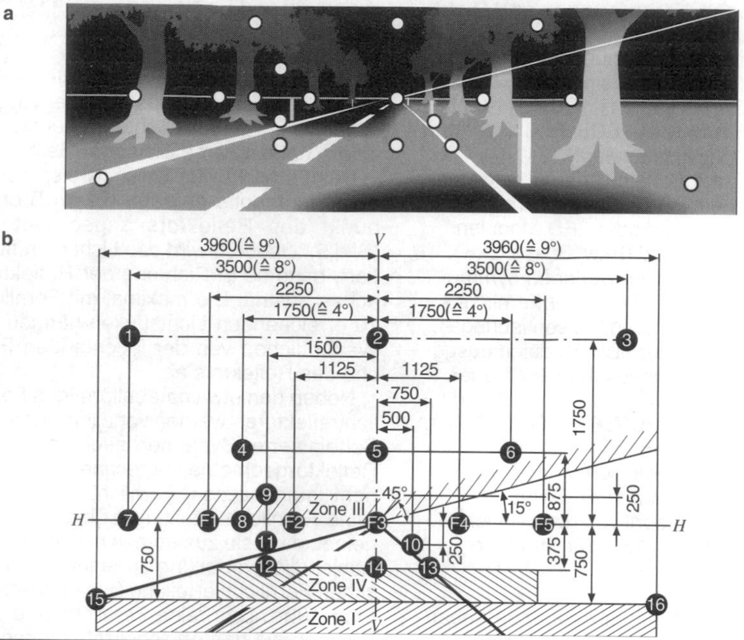

UKB0419a-1D

UKB0419b-1D

Tabelle 2: Messpunkte und Beleuchtungsstärken für Scheinwerfer.

Abblendlicht

Bild-Nr.	Messpunkte in der Grafik: Rechtsverkehr	Messpunkte in der Grafik: Linksverkehr	Beleuchtungsstärke Klasse B [lx]
1	8L/4U		≤0,7
2	V/4U		≤0,7
3	8R/4U		≤0,7
4	4L/2U		≤0,7
5	V/2U		≤0,7
6	4R/2U		≤0,7
7	8L/H	8R/H	≥0,1; ≤0,7
8	4L/H	4R/H	≥0,2; ≤0,7
9	B50L	B50R	≤0,4
10	75R	75L	≥12
11	75L	75R	≤12
12	50L	50R	≤15
13	50R	50L	≥12
14	50V	50V	≥6
15	25L	25R	≥2
16	25R	25L	≥2
beliebiger Punkt in Zone III			≤0,7
beliebiger Punkt in Zone IV			≥3
beliebiger Punkt in Zone I			≤2E[1]

Fernlicht

Bild-Nr.	Messpunkte: Punkt	Beleuchtungsstärke Klasse B [lx]
	E_{max}	48 < E <240
F1	$E_{H-5,15°}$	>6
F2	$E_{H-2,55°}$	>24
F3	E_{HV^9}	≥0,8 E_{max}
F4	$E_{H+2,55°}$	>24
F5	$E_{H+5,15°}$	>6

Zu Abblendlicht:
Summe 1 + 2 + 3 ≥ 0,3 lx
Summe 4 + 5 + 6 ≥ 0,6 lx

[1] E ist der aktuelle Messwert in Punkt 50R bzw. 50L.

Die höchste zulässige Lichtstärke als Summe der Einzellichtstärken aller am Fahrzeug angebauten Fernlichtscheinwerfer beträgt 430 000 cd. Dieser Wert wird durch Kennziffern kontrolliert, die sich bei jedem Scheinwerfer in der Nähe des Genehmigungszeichens befinden. 430 000 cd entspricht der Ziffer 100. Die Lichtstärke des Fernlichts ist z.B. durch die Ziffer 25 rechts neben dem runden ECE-Prüfzeichen angegeben. Wenn ein Fahrzeug nur mit diesen Scheinwerfern ausgerüstet ist (keine Zusatz-Fernlichtscheinwerfer), so beträgt die Summenlichtstärke etwa 50/100 von 430 000 cd, also 215 000 cd.

Zusatz-Fernscheinwerfer

Zusatz-Fernscheinwerfer dienen zur Ergänzung der Fernlichtwirkung der vorgeschriebenen Fernscheinwerfer.

Anbau, Lichttechnik und Einstellung entsprechen den Angaben für Fernlicht. Auch Zusatz-Fernscheinwerfer unterliegen den Bestimmungen für maximal zulässige Lichtstärken am Fahrzeug, wobei die Summe der Referenzziffern aller am Fahrzeug angebrachten Fernscheinwerfer höchstens 100 sein darf. Bei älteren Scheinwerfern ohne Ziffer im Genehmigungszeichen wird Ziffer 10 angenommen.

Schaltung Abblend- und Fernlicht

Beim Abblenden müssen alle Scheinwerfer für Fernlicht gleichzeitig erlöschen. Dimmen (verzögertes Abschalten) ist zulässig, die Dimmzeit darf maximal 5 s betragen. Damit der Dimmvorgang nicht beim Lichthupen stattfindet, muss eine Ansprechverzögerung von 2 s gewährleistet sein.

Das Abblendlicht darf in der Schaltstellung „Fernlicht" zusammen mit den Scheinwerfern für Fernlicht brennen (Simultanschaltung). Im Allgemeinen eignen sich H4-Lampen für einen kurzzeitigen Zwei-Wendel-Betrieb.

Hauptlichtfunktionen für USA

Verordnungen und Richtlinien

Bundesgesetz ist der Federal Motor Vehicle Safety Standard (FMVSS) No. 108 [27] und darin referenziert das SAE Ground Vehicle Lighting Standards Manual (Standards and Recommended Practices).

Die Vorschriften für den Anbau und die Schaltung von Hauptscheinwerfern sind mit den europäischen bedingt vergleichbar. Seit dem 1. 5. 1997 sind in den USA allerdings ebenfalls Scheinwerfer mit Hell-Dunkel-Grenze zugelassen, die visuell eingestellt werden müssen. Damit können Scheinwerfer entwickelt werden, die den gesetzlichen Anforderungen von Europa und den USA entsprechen.

Wie in Europa werden in den USA ebenfalls Zwei- und Vier-Scheinwerfer-Systeme verwendet. Der Anbau und die Benutzung von Nebelscheinwerfern und zusätzlichen Fernscheinwerfern sind jedoch durch Gesetze der 50 Einzelstaaten teilweise sehr unterschiedlich geregelt.

Bis 1983 waren in den USA lediglich Scheinwerfer in Sealed-Beam-Bauart zulässig.

Abblendlicht

Die Ansprüche an die Lichtverteilung im amerikanischen Verkehrsraum unterscheiden sich je nach Bauart mehr oder weniger vom europäischen System. Insbesondere sind die geforderten Mindestblendwerte in den USA höher, und

Bild 5: Parabolischer Reflektor.
F Brennpunkt, S Parabelscheitel, *f* Brennweite.

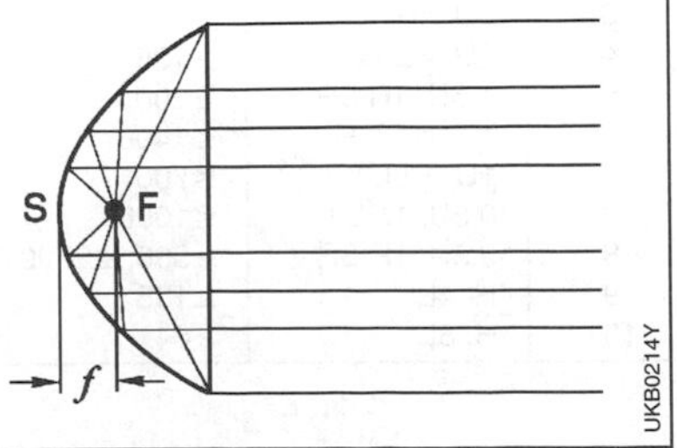

das Maximum der Abblendlichtverteilung liegt typischerweise näher am Fahrzeug. Die Grundeinstellung liegt in der Regel höher (siehe Messpunkte in Bild 6 und Tabelle 3).

Fernlicht

Die Bauformen für Fernlicht entsprechen denen für Europa. Unterschiede gibt es bei der geforderten Streubreite der Lichtverteilung und bei einem geringeren Maximalwert auf der Achse des Fernscheinwerfers.

Bauarten

Sealed-Beam-Bauart

Bei dieser nicht mehr gebräuchlichen Bauart muss der mit Aluminium be-

Bild 6: Beleuchtungsstärken der Scheinwerfer für USA.
a) Straßenperspektive aus der Sicht des Autofahrers.
b) Messpunkt in der Straßenperspektive gemäß FMVSS 108 (Ausschnitt).

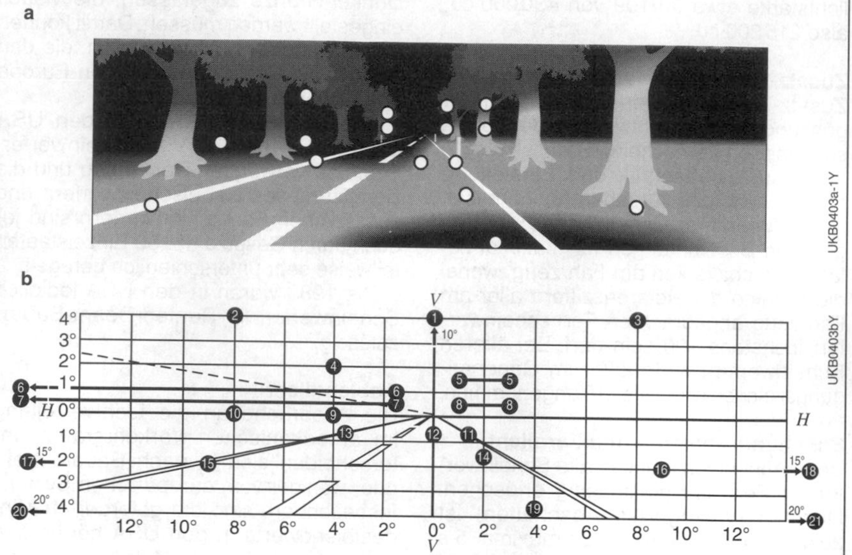

Tabelle 3: Messpunkte und Lichtstärken für Scheinwerfer, Abblendlicht.

Bild-Nr.	Messpunkte	Lichtstärke (cd)
1	10U-90U	≤ 125
2	4U, 8L	≥ 64
3	4U, 8R	≥ 64
4	2U, 4L	≥ 135
5	1.5U, 1R-3R	≥ 200
5	1.5U, 1R-R	≤ 1400
6	1U, 1.5L-L	≤ 700
7	0.5U, 1.5L-L	≤ 1000
8	0.5U, 1R-3R	≥ 500; ≤ 2700
9	H, 4L	≥ 135
10	H, 8L	≥ 64

Bild-Nr.	Messpunkte	Lichtstärke (cd)
11	0.6D, 1.3R	≥ 10 000
12	0.86D, V	≥ 4500
13	0.86D, 3.5L	≥ 1800; ≤ 12 000
14	1.5D, 2R	≥ 15 000
15	2D, 9L	≥ 1250
16	2D, 9R	≥ 1250
17	2D, 15L	≥ 1000
18	2D, 15R	≥ 1000
19	4D, 4R	≥ 12 500
20	4D, 20L	≥ 300
21	4D, 20R	≥ 300

dampfte Reflektor aus Glas wegen der nicht gekapselten Lichtquellen gasdicht mit der Streuscheibe verschlossen sein. Die gesamte Einheit ist verschmolzen und mit einem Inertgas (reaktionsträges Gas) gefüllt. Sie muss bei Ausfall einer Lichtquelle vollständig ersetzt werden. Auch Einsätze mit Halogenlampen werden angewandt.

Das begrenzte Typenprogramm der Sealed-Beam-Scheinwerfer engte die Möglichkeiten der Scheinwerfergestaltung für die Vorderfront stark ein.

Vehicle Headlamp Aiming Device (VHAD)
Hierbei handelt es sich um Scheinwerfer mit austauschbarer Lampe, die mechanisch mithilfe einer im Scheinwerfer integrierten Wasserwaage (Libelle) vertikal und über ein System aus Zeiger und Skala horizontal einzustellen sind („On-Board-Aiming").

Headlamps for Visual Aim (VOL / VOR)
Diese Systeme sind seit 1997 gebräuchlich. Hierbei handelt es sich um Scheinwerfer mit austauschbarer Lampe, deren Abblendlichtbündel (wie in Europa üblich) eine Hell-Dunkel-Grenze (HDG) aufweist, die das visuelle Einstellen der Scheinwerfer ermöglicht.

Es wird entweder die linke horizontale Hell-Dunkel-Grenze (VOL, Visual optical aim left; VOL-Kennzeichnung auf dem Scheinwerfer) oder die in den USA noch gebräuchlichere rechte horizontale Hell-Dunkel-Grenze (VOR, Visual optical aim right; VOR-Kennzeichnung auf dem Scheinwerfer) benutzt. Besonderheit bei den US-amerikanischen Systemen ist die Lage der Hell-Dunkel-Grenze, die wesentlich näher am Horizont (Neigung je nach Typ 0,4...0 %) liegt. Damit steigt auch die potentielle Blendgefahr bei solchen Systemen.

Diese Scheinwerferbauart verzichtet auf eine horizontale Einstellmöglichkeit.

Definitionen und Begriffe

Lichttechnische Begriffe

Reichweite eines Scheinwerfers
Dies ist die Entfernung, in der die Beleuchtungsstärke im Lichtbündel einen bestimmten Wert hat – meist die 1-Lux-Linie am rechten Fahrbahnrand.

Geometrische Reichweite eines Scheinwerfers
Darunter versteht man die Entfernung des waagrechten Teils der Hell-Dunkel-Grenze auf der Fahrbahn (siehe Leuchtweitenregelung, Tabelle 4). Bei einer Neigung des Abblendlichts um 1 % oder 10 cm/10 m beträgt die geometrische Reichweite das Hundertfache der Anbauhöhe des Scheinwerfers (gemessen Mitte Reflektor über Fahrbahn).

Sichtweite
Die Sichtweite ist die Entfernung, in der ein in der Leuchtdichteverteilung des Gesichtsfelds vorhandenes Objekt (Fahrzeug, Gegenstand usw.) noch sichtbar ist.

Form, Größe und Reflexionsgrad der Objekte, der Fahrbahnbelag, die technische Ausführung und Sauberkeit der Scheinwerfer und der Adaptionszustand der Augen beeinflussen die Sichtweite. Wegen dieser großen Anzahl von Einflussfaktoren können Zahlenwerte für die Sichtweite nicht festgelegt werden. Die Sichtweite kann z.B. bei extrem ungünstigen Verhältnissen unter 20 m (auf der linken Fahrbahnseite, Straße nass) und bei besonders günstigen Verhältnissen über 100 m (am rechten Fahrbahnrand) betragen.

Physiologisch Blendung
(engl.: disabiility glare)
Darunter versteht man die messbare Einbuße an Sehleistung durch Blendlichtquellen, also die Verminderung der Sichtweite bei Begegnung zweier Fahrzeuge.

Psychologische Blendung (engl.: discomfort glare)
Eine psychologische Blendung (Unannehmlichkeitsblendung) tritt auf, wenn eine Blendlichtquelle stört (ohne Verminderung der Sehleistung). Die Bewertung erfolgt nach einer Beurteilungsskala zwischen angenehm und unangenehm.

Scheinwerfertechnik

Brennweite eines Reflektors
Konventionelle Reflektoren für Scheinwerfer und Leuchten haben meist eine parabolische Form (Bild 5). Die Brennweite f (Abstand zwischen Parabelscheitel und Brennpunkt) beträgt 15...40 mm.

Leuchtende Fläche eines Reflektors
Dies ist die Parallelprojektion der gesamten Öffnung des Reflektors auf eine Querebene. Diese Ebene liegt meist senkrecht zur Fahrtrichtung.

Wirksamer Lichtstrom, Wirkungsgrad eines Scheinwerfers
Dies ist der Teil des Lichtstroms der Lichtquelle, der über die reflektierenden oder lichtbrechenden Bauteile eines Geräts wirksam werden kann (z.B. über den Scheinwerferreflektor auf die Fahrbahn). Eine kleine Brennweite des Reflektors bewirkt eine günstige Ausnutzung der Lampe und ein hoher Wirkungsgrad, da der Reflektor die Lampe weit umfasst und somit ein großer Teil des Lichtstroms zum entstehenden Lichtbündel beitragen kann.

Winkel der geometrischen Sichtbarkeit
Darunter versteht man die Winkel, gemessen zur Geräteachse, unter denen die leuchtende Fläche sichtbar sein muss.

Technische Ausführungen von Scheinwerfern

Bauelemente

Parabolischer Reflektor
Reflektoren lenken das Licht der Lichtquelle entweder direkt auf die Straße (Reflexionssystem) oder in eine Zwischenebene, die mit einer Linse weiter abgebildet wird (Projektionssytem, siehe PES-Scheinwerfer). Die Reflektoren bestehen aus Kunststoff, Metall-Druckguss oder Stahlblech.

Kunststoffreflektoren werden durch Spritzgießen geformt (Duroplast, Thermoplast), das im Vergleich zum Tiefziehen von Stahlblechreflektoren eine deutlich verbesserte Genauigkeit der Formwiedergabe erreicht. Die erzielbaren geometrischen Toleranzen liegen im Bereich von 0,01 mm. Eine Behandlung des Grundmaterials gegen Korrosion ist nicht erforderlich.

Für Metall-Druckguss wird zumeist Aluminium, seltener Magnesium verwendet. Vorteile sind die hohe Temperaturbeständigkeit und die Herstellung von Formen mit hohem Komplexitätsgrad (angeformte Lampenhalter, Schraublöcher und -dome).

Die Oberflächen von Duroplast- und Metall-Druckgussreflektoren werden mit Spritz- oder Pulverlack geglättet, bevor eine 50...150 nm dicke Aluminiumschicht aufgebracht wird. Eine noch dünnere transparente Schutzschicht verhindert die Oxidation des Aluminiums.

Stahlblechreflektoren werden mit Tiefzieh- und Stanzwerkzeugen hergestellt. Danach wird ein Pulverlack aufgebracht. Diese Behandlung versiegelt das Stahlblech hermetisch und gibt ihm hervorragende Glätteeigenschaften. Die so erstellte Grundschicht wird wie die anderen Reflektoren mit Aluminium beschichtet.

Freiformeflektoren
Darüber hinaus lassen sich auch gestufte Reflektoren und beliebige Facettenaufteilungen realisieren. Bei Freiformreflektoren wird die geometrische Form mithilfe von mathematischen Berechnungen komplexer Art generiert (HNS, Homogeneous Numerically Calculated Surface). Dabei wird eine mittlere Brennweite f, bezogen auf den Abstand zwischen dem Reflek-

torscheitel und der Mitte der Wendel, angegeben. Die Werte betragen 15...25 mm.

Bei mit Stufen oder Facetten partitionierten Reflektoren kann jede Partition mit einer eigenen mittleren Brennweite f erstellt werden.

Streuscheiben

Ein großer Anteil der profilierten Streuscheiben besteht aus Glas mit hohem Reinheitsgrad (blasen- und schlierenfrei). Bei der Herstellung durch Pressen wird besonderer Wert auf eine gute Oberflächenbeschaffenheit gelegt, um Lichtablenkungen nach oben (Blendung des Gegenverkehrs) zu vermeiden. Die Art und Anordnung der prismatischen Streumittel auf dem Scheibenfeld hängen vom Reflektor und von der gewünschten Lichtverteilung ab.

Abdeckscheiben

Die klaren Abdeckscheiben aktueller Scheinwerfer bestehen zumeist aus Kunststoff. Neben dem Gewicht sind vor allem die Möglichkeiten der Formgebung und der Gestaltung von Scheinwerfern, die sich aus dem Einsatz der Kunststoffscheibe ergeben, für die Fahrzeugtechnik von Bedeutung. Seit etwa 2007 werden auch Mehrfarben-Kunststoffscheiben eingesetzt (2-K-Scheiben) bei denen der Randbereich in einer anderen Farbe, meist schwarz oder grau, gespritzt wird. Der Vorteil dabei ist, dass die Spritzwerkzeuge so konstruiert werden können, dass keine Innenschieber benötigt werden und damit keine Trennlinien auf der sichtbaren Fläche entstehen. Auch Streulicht aus den Randbereichen wird vermieden.

Kunststoff-Abdeckscheiben sollen aus mehreren Gründen nicht mit einem trockenen Tuch gereinigt werden:

- Trotz der kratzfesten Beschichtung kann das trockene Reiben zu einer Beschädigung der Oberfläche führen,
- das trockene Reiben kann elektrostatische Aufladungen der Scheibe verursachen, die zu Staubansammlungen auf der Scheibeninnenseite führen können.

Konventionelle Reflexions-Scheinwerfer

Bei konventionellen Scheinwerfersystemen mit näherungsweise parabolischen Reflektoren (Bild 5 und Bild 7) verbessert sich die Qualität des Abblendlichts mit zunehmender Reflektorgröße. Ein möglichst hoher Anbau bewirkt eine große geometrische Reichweite.

Im Gegensatz dazu muss die Fahrzeugfront aus aerodynamischen Gründen niedrig gehalten werden. Unter diesen Voraussetzungen bewirkt die Vergrößerung des Reflektors breite Scheinwerfer.

Bei gleichen Reflektorgrößen ergibt sich zusätzlich noch eine Abhängigkeit von deren Brennweite. Kleinere Brennweiten haben einen höheren Wirkungsgrad und erzeugen breitere Lichtbündel mit besserer Vorfeld- und Seitenbeleuchtung. Dies ist besonders in Kurven von Vorteil.

Speziell entwickelte lichttechnische Programme (CAL, Computer Aided Lighting) ermöglichen die Realisierung sowohl stufenloser Reflektorformen mit nicht parabolischen Abschnitten als auch von facettierten Reflektoren.

Scheinwerfer mit Facettenreflektor

Bei Facetten wird die Reflektorfläche partitioniert und jedes Einzelsegment wird individuell optimiert. Wesentlich an den Facettenreflektoren ist, dass Unstetigkeiten und Stufen an allen Grenzflächen der Partition zulässig sind. Als Resultat ergeben sich frei gestaltete Reflektorflächen

Bild 7: Abblendlicht (Strahlengang im Vertikalschnitt, H4-Lampe).
1 Wendel für Abblendlicht, 2 Abdeckkappe.

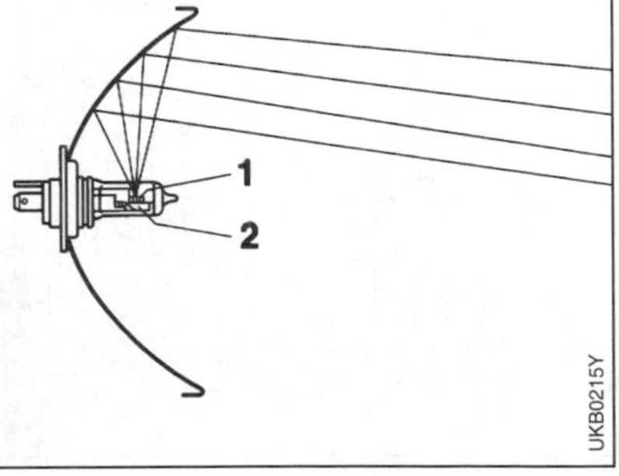

mit höchster Homogenität und Seitenausleuchtung (Bild 8 und Bild 9).

PES-Scheinwerfer

Das mit PES (Poly-Ellipsoid-System) bezeichnete Scheinwerfersystem mit Abbildungsoptik (Bild 10) bietet andere Designmöglichkeiten im Vergleich zum konventionellen Scheinwerfer. Eine Lichtaustrittsfläche mit einem Durchmesser von nur 40...70 mm ermöglicht Lichtverteilungen wie mit großflächigen Scheinwerfern. Das wird mit einem elliptischen Reflektor (mit CAL berechnet) und einer Projektionsoptik erreicht. Die mit dem Objektiv abgebildete Blende erzeugt eine exakt definierte Hell-Dunkel-Grenze, nach Bedarf mit hoher Schärfe, bewusster Unschärfe oder auch beliebigem Formenverlauf.

PES-Scheinwerfer können gemeinsam mit herkömmlichem Fernlicht, Begrenzungslicht und PES-Nebelscheinwerfern eine Lichtbandeinheit bilden, wobei der ganze Scheinwerfer nur eine Bauhöhe von ca. 80 mm aufweist.

Bei PES-Scheinwerfern kann der Strahlengang so ausgelegt werden, dass als Signalbild die Umgebung um das Objektiv mit genutzt wird. Diese Vergrößerung des Signalbilds wird vor allem bei kleinen Objektivdurchmessern zur Reduzierung der psychologischen Blendung des Gegenverkehrs eingesetzt. Diese zusätzliche Fläche kann als Streuscheibe, als teilverspiegelte Blende oder auch als Designelement mit leuchtenden runden oder eckigen Durchbrüchen oder mit leuchtenden dreidimensionalen Objekten gestaltet werden.

Bild 8: Freiform- oder Facettenreflektor.
Wendelbilddarstellung durch Spiegeloptik.
1 Wendel, 2 Spiegeloptik.

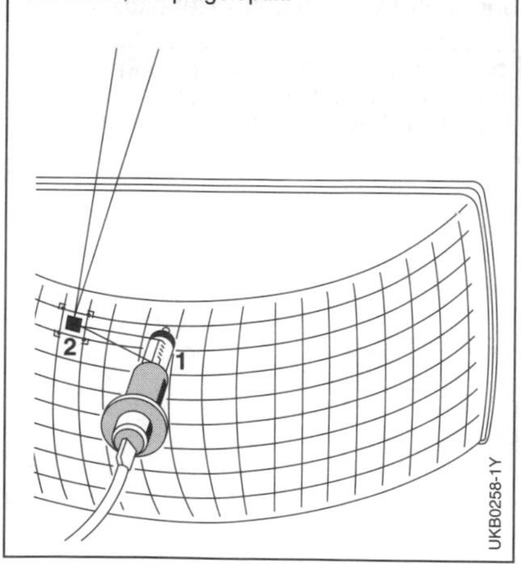

Xenon-Scheinwerfer

Funktionsprinzip

Das Scheinwerfersystem mit einer Xenon-Gasentladungslampe als zentralem Bauteil (Bild 11) ermöglicht eine hohe Lichtwirkung trotz geringstem Frontflächenbedarf für ein Fahrzeugstyling mit günstigen c_w-Werten (Luftwiderstands-

Bild 9: Facettenreflektor.
a) Vertikal partitioniert,
b) radial und vertikal partitioniert.

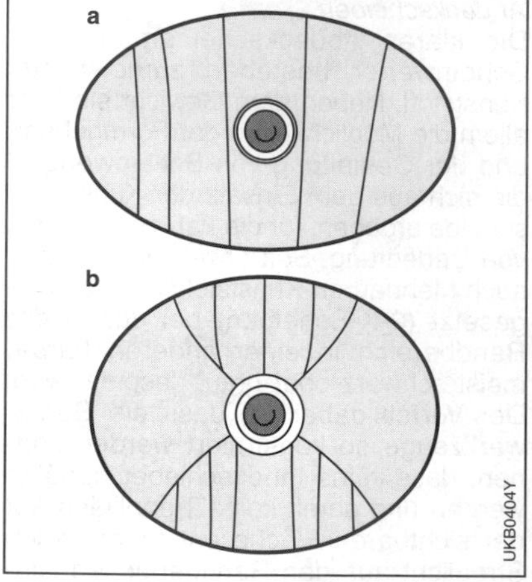

Bild 10: PES-Reflektor (optisches Prinzip).
1 Objektiv, 2 Blende, 3 Reflektor,
4 Lampe.

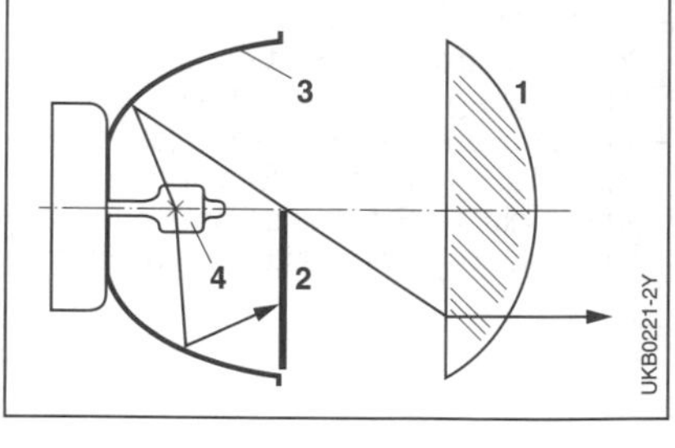

beiwert). Im Gegensatz zur Glühlampe wird die Lichterzeugung durch eine Plasmaentladung in einem kirschkern-großen Brenner erzeugt (Bild 12).

Performanz

Der Lichtbogen der 35-W-Xenonlampe D2S liefert im Vergleich zur H7-Lampe den zweifachen Lichtstrom bei höherer Farbtemperatur (4200 K), d.h., die Farbe des Lichts ist dem natürlichen Sonnenlicht sehr ähnlich. Eine D5S-Lampe mit einer Leistung von nur 25 W liefert immer noch einen um ein Drittel höheren Lichtstrom als eine H7-Lampe bei gleich hoher Farbtemperatur wie eine 35-W-Xenonlampe. Die volle Lichtausbeute von ca. 90 lm/W ergibt sich, wenn die Betriebstemperatur des Quarzkolbens von über 900 °C erreicht ist. Kurzzeitig überhöhte Leistung und Ströme bis 2,6 A (im Dauerbetrieb ca. 0,4 A) erlauben jedoch „Sofortlicht". 2000 Stunden Lebensdauer reichen für die durchschnittlich erforderliche Gesamtbetriebsdauer in Pkw. Da kein plötzlicher Ausfall wie bei einem Glühfaden eintritt, sind Diagnose und rechtzeitiger Ersatz möglich.

Kategorien

Derzeit werden im Leistungsbereich von 35 W Gasentladungslampen der Typbezeichnung D1, D2 und seit 2012 nur noch D3 und D4 verwendet. In der D3- und D4-Familie kann auf die Dosierung des Schwermetalls Quecksilber (ca. 1 mg) verzichtet werden. Diese Lampen unterscheiden sich durch eine niedrigere Brennspannung, eine andere Zusammensetzung des Plasmas und geänderte Geometrien des Lichtbogens. Gleiches gilt für die neuen Kategorien von 25-W-Gasentladungslampen D5, D6 und D8. Die Steuergeräte für die einzelnen Lampentypen sind in der Regel für einen speziellen Serientyp entwickelt und nicht beliebig tauschbar.

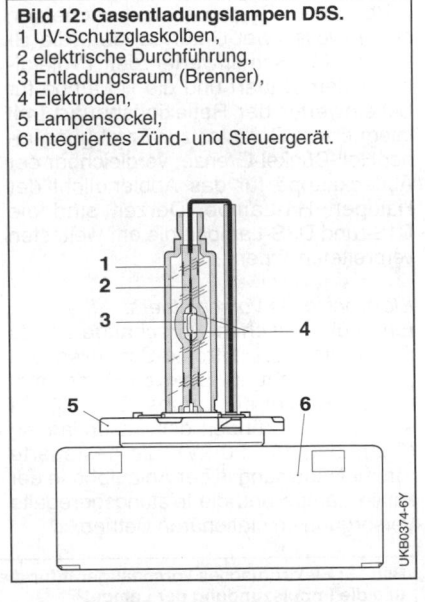

Bild 12: Gasentladungslampen D5S.
1 UV-Schutzglaskolben,
2 elektrische Durchführung,
3 Entladungsraum (Brenner),
4 Elektroden,
5 Lampensockel,
6 Integriertes Zünd- und Steuergerät.

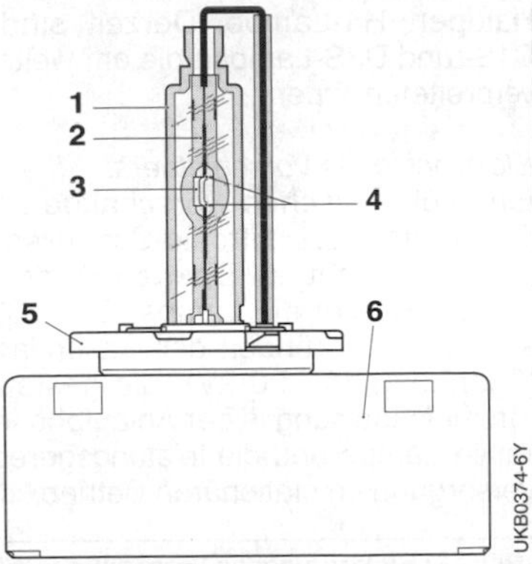

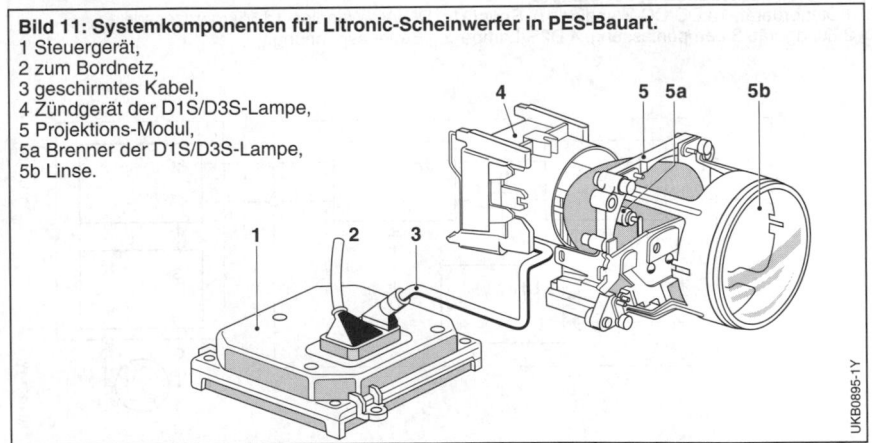

Bild 11: Systemkomponenten für Litronic-Scheinwerfer in PES-Bauart.
1 Steuergerät,
2 zum Bordnetz,
3 geschirmtes Kabel,
4 Zündgerät der D1S/D3S-Lampe,
5 Projektions-Modul,
5a Brenner der D1S/D3S-Lampe,
5b Linse.

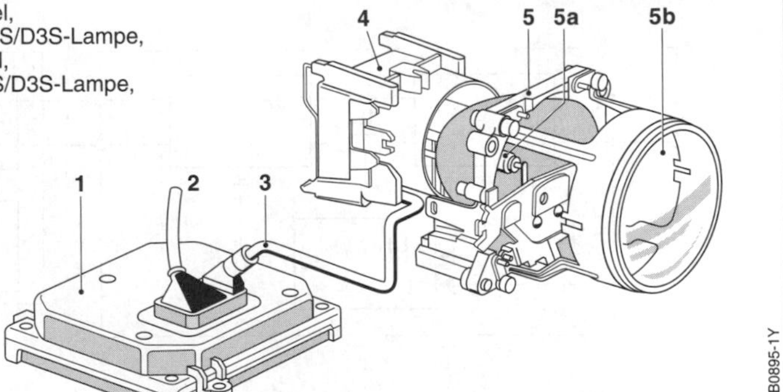

Kfz-Gasentladungslampen der D2- und D4-Serie sind mit einem hochspannungsfesten Sockel und einem UV-Schutzglaskolben ausgeführt. Bei den Modellen der D1- und D3-Serie ist zusätzlich noch die für das Zünden erforderliche Hochspannungselektronik im Lampensockel integriert. Einen Sonderfall bilden die Lampen der Kategorie D5 – diese Lampen haben den Vorteil, dass sowohl Zündgerät als auch Steuergerät schon in den Sockel der Gasentladungslampe integriert sind.

Bei allen Systemen unterscheiden sich jeweils zwei Untergruppen: die S-Lampe für Scheinwerfer der Projektionssystem-Bauart und die R-Lampe für Scheinwerfer der Reflexionsbauart, mit integriertem Schatter zur Erzeugung einer Hell-Dunkel-Grenze, vergleichbar der Abdeckkappe für das Abblendlicht der Halogen H4-Lampe. Derzeit sind die D1S- und D3S-Lampen die am weitesten verbreiteten Typen.

Elektronisches Vorschaltgerät

Ein elektronisches Vorschaltgerät als Bestandteil des Litronic-Scheinwerfers (Litronic, Licht + Elektronik) betreibt und überwacht die Lampe (Bild 13). Es sorgt für das Zünden der Gasentladung (Spannung 10...20 kV), die gesteuerte Stromeinspeisung in der Anlaufphase der kalten Lampe und die leistungsgeregelte Versorgung im stationären Betrieb.

Schwankungen der Bordnetzspannung werden weitgehend ausgeregelt, womit Lichtstromänderungen entfallen. Erlischt die Lampe z.B. wegen eines extremen

Bild 14: Lichtverteilung auf der Straße (Vergleich).
a) Halogen H4-Lampe,
b) Litronic PES D2S-Lampe.

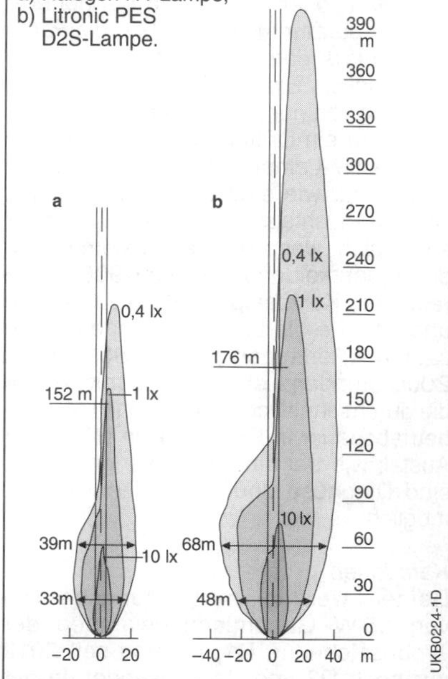

Bild 13: Elektronisches Vorschaltgerät für die 400-Hz-Wechselstromversorgung und die Impulszündung der Lampe.
1 Steuergerät, 1a DC-DC-Wandler, 1b Shunt, 1c DC-AC-Wandler, 1d Mikroprozessor, 2 Zündgerät, 3 Lampenfassung, 4 D2S-Lampe, U_B Batteriespannung.

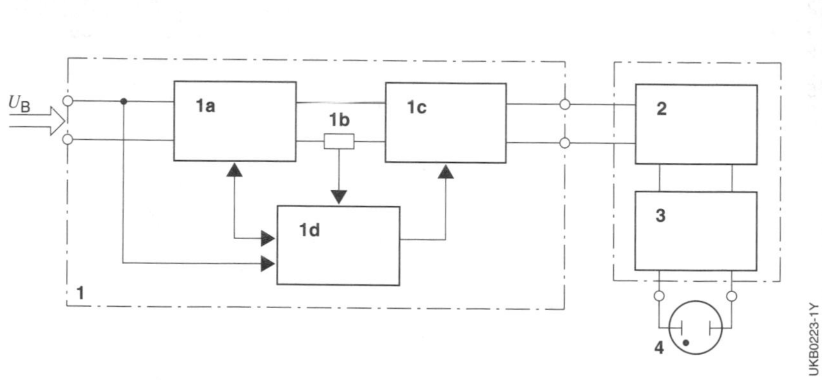

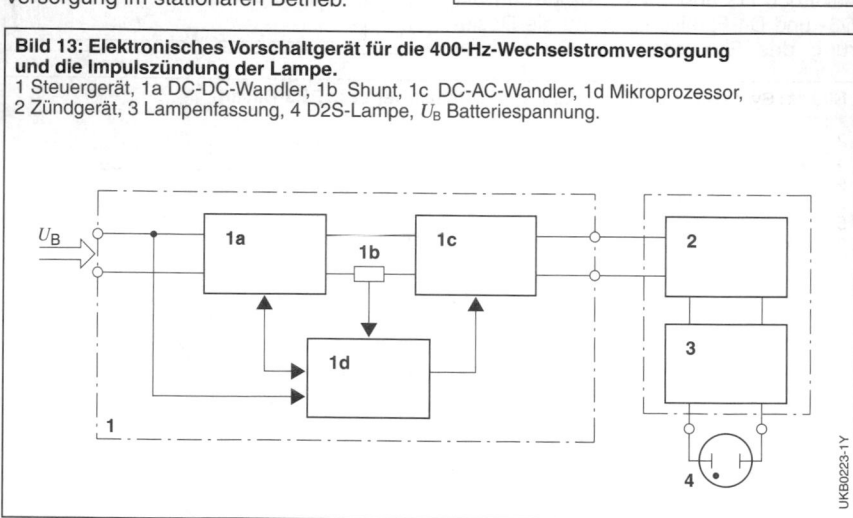

Spannungseinbruchs im Bordnetz, wird sofort automatisch wieder gezündet.

Im Fehlerfall (z.B. bei beschädigter Lampe) unterbricht das elektronische Vorschaltgerät die Versorgung und gewährleistet damit einen Berührungsschutz.

Lichtverteilung

Das von den Litronic-Scheinwerfern abgestrahlte Xenonlicht bildet einen breiten Lichtteppich vor dem Fahrzeug, kombiniert mit einer großen Reichweite (Bild 14). Dadurch sind die Straßenränder auch in der Kurve und bei sehr breiter Fahrbahn sichtbar, wie dies mit Halogenscheinwerfern für die Gerade erreicht wird. In schwierigen Fahrsituationen und bei schlechtem Wetter sind sowohl die Sicht als auch die Orientierung wesentlich verbessert.

Leuchtweitenregelung

Gemäß den Vorschriften der ECE-Regelung 48 [12] werden Litronic-Scheinwerfer mit 35-W-Gasentladungslampen mit automatischer Leuchtweitenregelung und Scheinwerfer-Reinigungsanlage kombiniert. Für Scheinwerfer mit 25-W-Lampen gelten diese Anforderungen aufgrund des geringeren Lichtstroms der Lampen nicht, d.h., solche Scheinwerfer dürfen auch – wie Halogen-Scheinwerfer – mit manueller Leuchtweitenregelung betrieben werden. Dies erleichtert eine Umrüstung von Halogen- auf 25-W-Gasentladungsscheinwerfer im Aftermarketbereich.

Bild 15: Bi-Litronic „Projektion".
1 Abblendlicht, 2 Fernlicht.

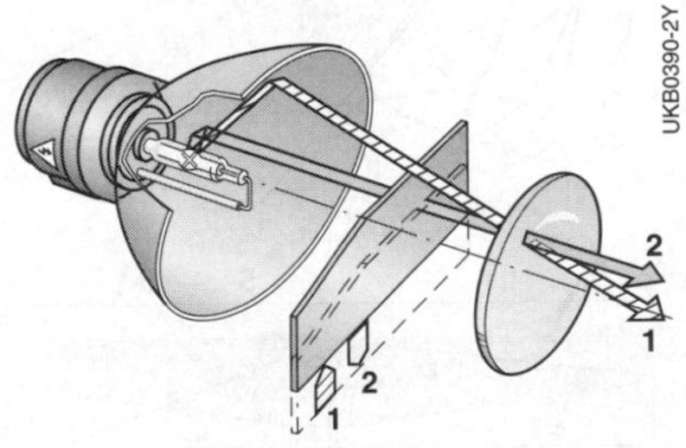

Bi-Litronic

Die Bi-Litronic-Systeme erlauben es, mit dem einen Lichtbogen der Gasentladungslampe sowohl das Abblend- als auch das Fernlicht zu erzeugen.

Bi-Litronic „Projektion" (Bi-Xenon)

Die Bi-Litronic „Projektion" basiert auf einem PES-Litronic-Scheinwerfer (Bild 15). Dabei wird für das Fernlicht der Schatter zur Bildung der Hell-Dunkel-Grenze (für das Abblendlicht) aus dem Lichtbündel geschwenkt. Die Bi-Litronic „Projektion" erlaubt mit Linsendurchmessern von 70 mm die derzeit kompakteste Form von Scheinwerfern mit kombiniertem Fern- und Abblendlicht bei gleichzeitig hervorragender Lichtleistung (Bild 16).

Ein Vorteil der Bi-Litronic „Projektion" ist vor allem das Xenonlicht für den Fernlichtbetrieb.

Bi-Litronic „Reflexion"

Sowohl bei Mono- als auch bei Bi-Xenon-Systemen wird eine DxR-Lampe für beide Lichtfunktionen eingesetzt.

Bild 16: Lichtverteilung der Bi-Litronic.
1 Abblendlicht, 2 Fernlicht.

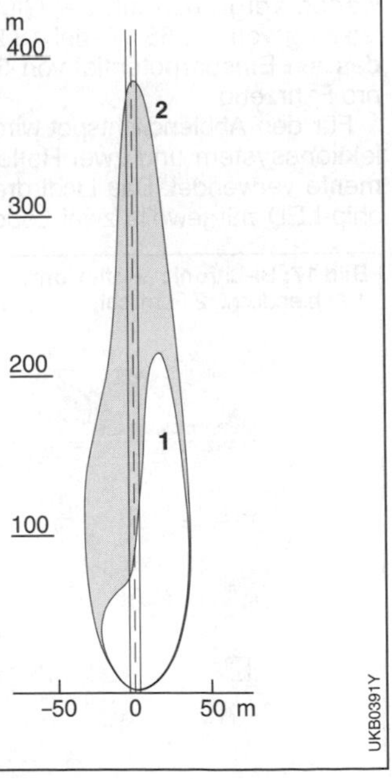

In der Bi-Xenon-Variante bringt ein elektromechanischer Steller beim Betätigen des Fern-/Abblendlichtschalters die Gasentladungslampe im Reflektor in zwei verschiedene Positionen, die jeweils den Austritt des Lichtkegels für Fern- und Abblendlicht bestimmen (Bild 17).

LED-Scheinwerfer

Potential zur Reduktion des Energieverbrauchs

Leuchtdioden (LED) werden immer mehr zu ökonomischen Alternativen bei der Verringerung von CO_2-Emissionen und Kraftstoffverbrauch. Die Bedeutung des Energieverbrauchs der Hauptlichtfunktionen wird in den zukünftigen Niedrigenergiefahrzeugen eine wesentliche Rolle spielen. Xenon und LED-Alternativen bietet die von der EU geforderte Verbrauchsoptimierung und die Verbesserung der Verkehrssicherheit.

Derzeitige LED-Systeme liegen im Energieverbrauch je nach „Performance" (Lichtstrom, Reichweite, Seitenausleuchtung) bereits deutlich unter dem Verbrauch der Halogen-Glühlampen. Die Leistungsaufnahme schwankt derzeit zwischen 28 W und 50 W pro Scheinwerfer. Verglichen mit der Glühlampenleistung von ca. 65 W (bei 13,2V) ergibt das ein Einsparpotential von 30...70 W pro Fahrzeug.

Für den Abblendlichtspot wird ein Projektionssystem und zwei Reflexionselemente verwendet. Das Licht dreier Multichip-LED mit jeweils zwei Leuchtdioden wird durch drei Primäroptiken gebündelt und durch eine Projektionslinse abgebildet. Um die Qualität der Hell-Dunkel-Grenze zu gewährleisten, befindet sich eine Blende im optischen System. Oberhalb- und unterhalb der Linse sind je ein Reflektor platziert (Bild 18).

Die optische Effizienz des LED-Abblendlichts beträgt etwa 45%. Die Effizienz eines Bi-Xenon-Systems beträgt dagegen etwa 33%. Dies lässt sich durch den Charakter der LEDs erklären, die ihr Licht nur in den Halbraum abgeben und nicht, wie konventionelle Lichtquellen, den gesamten Raum beleuchten. Um mit einem LED-Abblendlicht den gleichen Lichtstrom auf die Straße zu bringen, wird aufgrund der höheren Effizienz des

Bild 17: Bi-Litronic „Reflexion".
1 Abblendlicht, 2 Fernlicht.

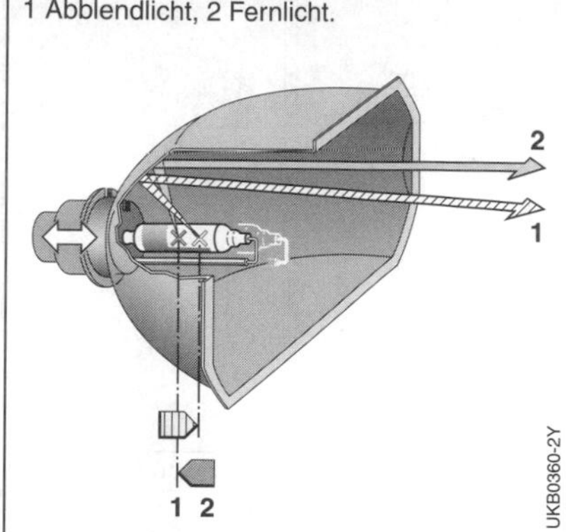

Bild 18: Prinzipieller Aufbau eines LED-Abblendlichts.
Zusammenwirkung von Projektions- und Reflexionssystemen.
a) Projektionssystem für den Spot,
b) Reflexionssystem für das Grundlicht,
c) Gesamtlichtverteilung.
1 Leuchtdioden,
2 Schatter für Hell-Dunkel-Grenze,
3 Projektionssystem, 4 Reflektor,
5 Spot, 6 Grundlicht.

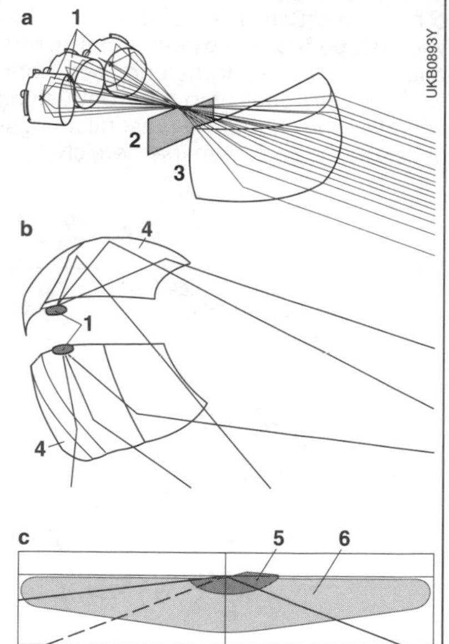

LED-Systems weniger Lichtstrom in den LEDs benötigt.

Je besser die LEDs zukünftig werden, umso weniger Leistung wird das Steuergerät abgeben, wobei die „Lichtperformance“ immer konstant auf dem hohen Niveau gehalten wird.

Mit den ersten LED-Scheinwerfern am Markt zeigt sich auch die immer deutlichere Beteiligung von Designelementen im Scheinwerfer. Erstmals ist beispielsweise 2008 ein Scheinwerfer mit einem international renommierten Design-Award ausgezeichnet worden.

Etwa 75 % der weltweiten Gesamtfahrleistung wird am Tag absolviert. Dem Energieverbrauch der Funktion Tagfahrlicht fällt daher ebenfalls eine große Bedeutung zu. Ein beispielhaftes LED-Tagfahrlicht hat einen Energieverbrauch von 14 W (0,36 g CO_2/km) pro Fahrzeug, das Einschalten der Fahrzeugbeleuchtung bei Tag stellt einen Verbrauch von bis zu 300 W (7,86 g CO_2/km) dar (Abblendlicht, Schlusslicht, Begrenzungslicht, Kennzeichenbeleuchtung, Schalter- und Instrumentenbeleuchtung).

Laserlicht

Als Laserlicht werden Funktionen im Scheinwerfer bezeichnet, deren Lichtquelle auf einer blauen Laserdiode basieren (siehe Laser-LED). Ähnlich wie bei weißen LEDs wird die blaue Laserstrahlung mit einer Phosphorkonversion in ein weißes Wellenlängenspektrum umgewandelt und gestreut. Der Vorteil der Laserlichtquelle inklusive Konverter liegt in der etwa fünf- bis siebenfachen Leuchtdichte im Vergleich zu den derzeitig eingesetzten LEDs. Die höhere Leuchtdichte wird dafür genutzt, mit kleineren Reflektoren Lichtverteilungen mit hohen Lichtstärken zu erzeugen. Damit kann z.B. ein Zusatzfernlicht realisiert werden, das die Reichweite auf der Straße in etwa verdoppelt. Die höheren Beleuchtungsstärken auf der Straße führen zu einer besseren und früheren Erkennbarkeit der Objekte in großen Entfernungen und sind ein deutlicher Sicherheitsgewinn.

Zusatzscheinwerfer

Nebelscheinwerfer

Nebelscheinwerfer (weißes Licht) sollen die Orientierung bei Nebel, Schneefall, starkem Regen oder Staubwolken verbessern. Dazu wird ein Lichtbündel mit besonders starker Seitenstreuung erzeugt. Dadurch wird der Seitenbereich der Straße besonders beleuchtet, der in geringerer Entfernung zum Fahrzeug ist. Die erzielten Helligkeiten auf den nahen Objekten sind wesentlich höher, was anders als beim in der Regel dunklen Fahrbahnbelag weit vor dem Fahrzeug dem Fahrer eine bessere Orientierung trotz schlechter Witterungsverhältnisse erlaubt.

Bauarten

Anbau-Nebelscheinwerfer mit optischem Einsatz im Gehäuse werden stehend auf oder hängend unter dem Stoßfänger angebaut (Bild 19). Immer häufiger werden die Scheinwerfer aus stilistischen und aerodynamischen Gründen als Einbaueinheit dem Karosserieverlauf angepasst oder sie sind Teil einer Leuchteinheit (bei Zusammenbau mit Hauptscheinwerfern sind die Reflektoren für die Einstellung beweglich).

Die aktuellen Nebelscheinwerfer erzeugen weißes Licht. Vorzüge von selektiv-gelbem Licht lassen sich aus physiologischer Sicht nicht begründen. Die lichttechnische Wirkung von Nebel-

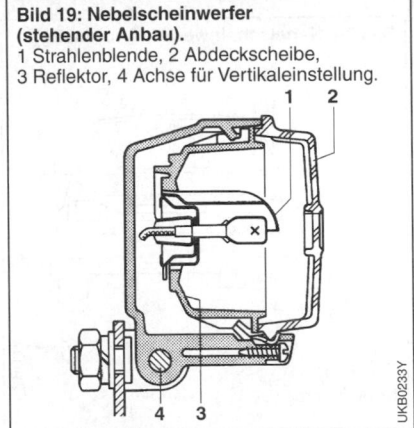

Bild 19: Nebelscheinwerfer (stehender Anbau).
1 Strahlenblende, 2 Abdeckscheibe, 3 Reflektor, 4 Achse für Vertikaleinstellung.

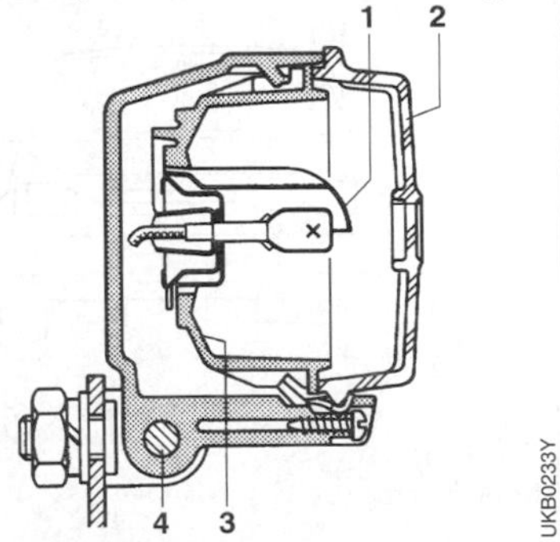

scheinwerfern hängt von der Größe der leuchtenden Fläche und von der Brennweite des Reflektors ab. Bei gleicher leuchtender Fläche und Brennweite weisen runde oder rechteckige Scheinwerferformen nur unbedeutende lichttechnische Unterschiede auf.

Vorschriften
Bauvorschriften gemäß ECE-R19 [8], Anbau gemäß ECE-R48 [12] und StVZO §52 [3]: Es sind zwei Nebelscheinwerfer, Farbe Weiß oder Gelb, zulässig. Die Schaltung der Nebelscheinwerfer muss unabhängig vom Fern- und Abblendlicht möglich sein. Nach StVZO (national) können Nebelscheinwerfer mehr als 400 mm von der breitesten Stelle des Fahrzeugumrisses entfernt angebaut sein, wenn die Schaltung sicherstellt, dass sie nur zusammen mit dem Abblendlicht brennen können (Bild 20).

Paraboloid mit Streuscheibe
Ein parabolischer Reflektor mit Lichtquelle im Brennpunkt reflektiert achsenparalleles Licht (wie Fernlicht), das durch die Streuscheibe zu einem horizontalen Band auseinander gezogen wird (Bild 19). Eine Strahlenblende begrenzt die Lichtabstrahlung nach oben.

Freiformtechnik
Mithilfe von Berechnungsmethoden wie CAL (Computer Aided Lighting) lassen sich Reflektoren so gestalten, dass sie das Licht direkt (d.h. ohne optische Profilierung der Abdeckscheibe) streuen und gleichzeitig (ohne separate Abschattung) eine scharfe Hell-Dunkel-Grenze erzeugen. Durch die starke Umfassung der Lampe ergibt sich ein sehr hohes Lichtvolumen bei maximaler Streubreite (Bild 21).

PES-Nebelscheinwerfer
Diese Technik minimiert die Eigenblendung des Fahrers bei Nebel. Die mithilfe der Linse auf der Straße abgebildete Blende erzeugt eine Hell-Dunkel-Grenze mit minimalem Streulicht nach oben.

Innovationen
Mit der Einführung von leistungsfähigen Halogen-, Xenon- und AFS-Systemen ist die technisch-funktionelle Bedeutung des Nebelscheinwerfers etwas in den Hintergrund gerückt. Nach wie vor steht der Anspruch der verbesserten Beleuchtung bei Verkehrssituation mit widrigen Umfeldbedingungen im Fokus. Dies kann durch separate Nebelscheinwerfer in der bisherigen Form (nach ECE-R19 [8]), durch die Schlechtwetterlichtfunktion der AFS-Systeme (nach ECE-R123 [23]) oder durch Kombinationen aus beiden Funktionen gelöst werden.

Bild 20: Nebelscheinwerfer (Anordnung).

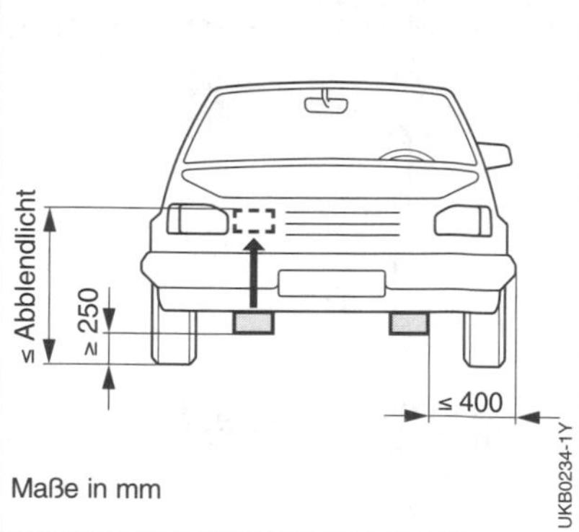

Bild 21: Nebelscheinwerfer mit Freiformreflektor (Horizontalschnitt).

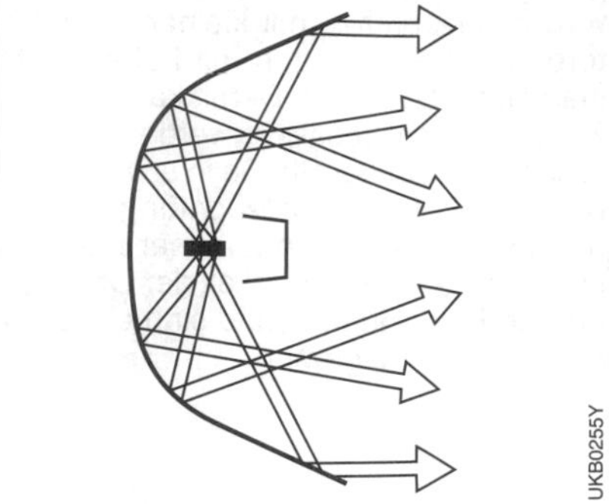

Lichtfunktionen

Kurvenlicht

Seit Anfang 2003 sind Scheinwerfer für Kurvenlicht zulässig. Wenn bisher nur der Fernlichtscheinwerfer in Abhängigkeit vom Lenkwinkel geschwenkt werden durfte (Citroën DS aus den 1960er-Jahren), ist es jetzt auch zulässig, den Abblendscheinwerfer zu schwenken (dynamisches Kurvenlicht) oder eine zusätzliche Lichtquelle zuzuschalten (statisches Kurvenlicht). Damit ist eine größere Sichtweite bei gekrümmtem Straßenverlauf möglich.

Statisches Kurvenlicht

Das statische Kurvenlicht dient hauptsächlich zur Beleuchtung der näheren, seitlichen Zonen am Fahrzeug (Serpentinen, Abbiegevorgang). Für diesen Zweck ist in der Regel ein Zuschalten von Reflektorelementen sinnvoll.

Dynamisches Kurvenlicht

Das dynamische Kurvenlicht dient zur Ausleuchtung des dynamischen Straßenverlaufs, z.B. von kurvigen Land- oder Bundesstraßen (Bild 22).

Im Gegensatz zu den direkt gekoppelten Schwenkbewegungen des Kurvenlichts der 1960er-Jahre steuern aktuelle „High-End-Systeme“ Schwenkgeschwindigkeit und Schwenkwinkel abhängig von der Fahrgeschwindigkeit elektronisch an. Dadurch lässt sich eine möglichst harmonische Steuerung des Lichts frei von „nervösen“ Bewegungen erzielen. Bei diesem Stellvorgang verschwenkt ein Verstellelement (Schrittmotor) das Basis- oder das Abblendlichtmodul oder die Reflektorelemente in Abhängigkeit vom Lenkradwinkel oder vom Einschlagradius der Vorderräder (Bild 23). Sensoren erfassen die Bewegung und stellen über „Fail-Safe-Algorithmen“ sicher, dass eine

Bild 23: Kurvenlichtmodule.
1 Tragrahmen, 2 Halterahmen,
3 Antrieb für Horizontaldrehung,
4 Bi-Litronic-PES.

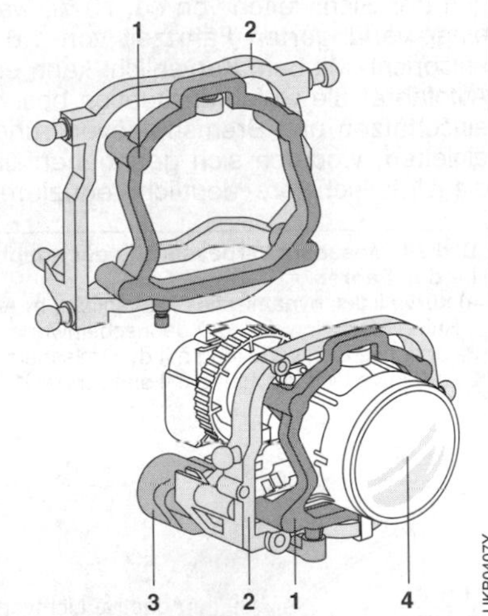

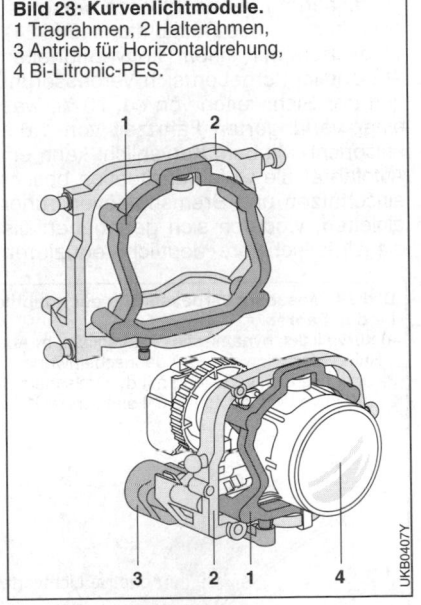

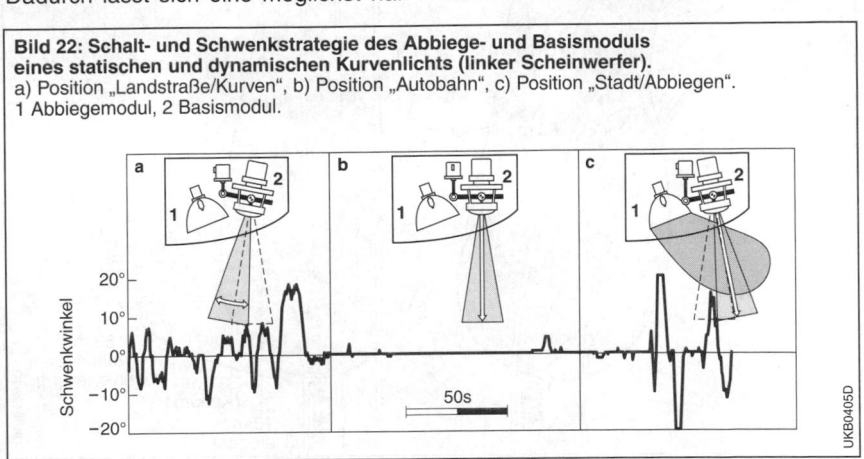

Bild 22: Schalt- und Schwenkstrategie des Abbiege- und Basismoduls eines statischen und dynamischen Kurvenlichts (linker Scheinwerfer).
a) Position „Landstraße/Kurven“, b) Position „Autobahn“, c) Position „Stadt/Abbiegen“.
1 Abbiegemodul, 2 Basismodul.

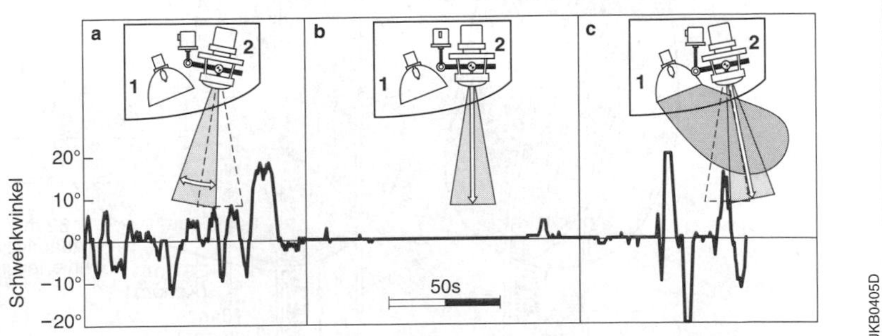

unbeabsichtigte Blendung des Gegenverkehrs unterbleibt. Um eine Blendung des Gegenverkehrs zu vermeiden, schreiben die gesetzlichen Randbedingungen vor, dass das Verschwenken nur bis zur Mittellinie des Straßenverlaufs in ca. 70 m Entfernung erfolgen darf.

Verkehrssicherheit und Fahrkomfort
Die Einführung des dynamischen Kurvenlichts bedeutet eine signifikante Verbesserung der nächtlichen Verkehrssicherheit und des Fahrkomforts (Bild 24). Verglichen mit einem konventionellen Abblendlicht ergeben sich Verbesserungen der Sichtweiten von ca. 70 %, was einer verlängerten Fahrtzeit von 1,6 s entspricht. Mit dem Kurvenlicht kann ein Autofahrer die Gefahrensituation besser einschätzen und Bremsmanöver früher einleiten, wodurch sich gegebenenfalls die Unfallschwere deutlich reduzieren lässt. Die Sichtweite beim Einsatz des statischen Kurvenlichts verdoppelt sich in Abbiegesituationen.

AFS-Funktionen

Autobahnlicht
Für besondere Fahrsituationen wurden veränderte Lichtverteilungen entwickelt (AFS, Adaptive Frontlighting-System), die dem Fahrer bessere Sicht für den jeweiligen Fahrzustand ermöglichen. Bei der Entwicklung des Autobahnlichts (Bild 25) wurde besonders darauf geachtet, eine bessere Reichweite für den Fahrer zu erzielen, ohne den Gegenverkehr übermäßig zu blenden. Die Erhöhung der Erkennbarkeitsentfernung auf bis zu 150 m ermöglicht eine Verlängerung der Fahrzeit bis zum erkannten Objekt um ca. zwei Sekunden (Vergleich bei 100 km/h gegenüber Halogenscheinwerfern). Dies ermöglicht dem Fahrer, eine kritische

Bild 24: Messbare Verbesserung der adaptiven Lichtverteilung des Kurvenlichts für den Fahrer.
a) Kurve links, dynamisches Kurvenlicht, b) Abbiegen rechts, statisches Kurvenlicht.
1 Halogenscheinwerfer, 2 Xenonscheinwerfer,
3a adaptive Lichtverteilung mit dynamischem Kurvenlicht,
3b adaptive Lichtverteilung mit statischem Kurvenlicht.

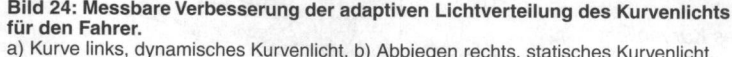

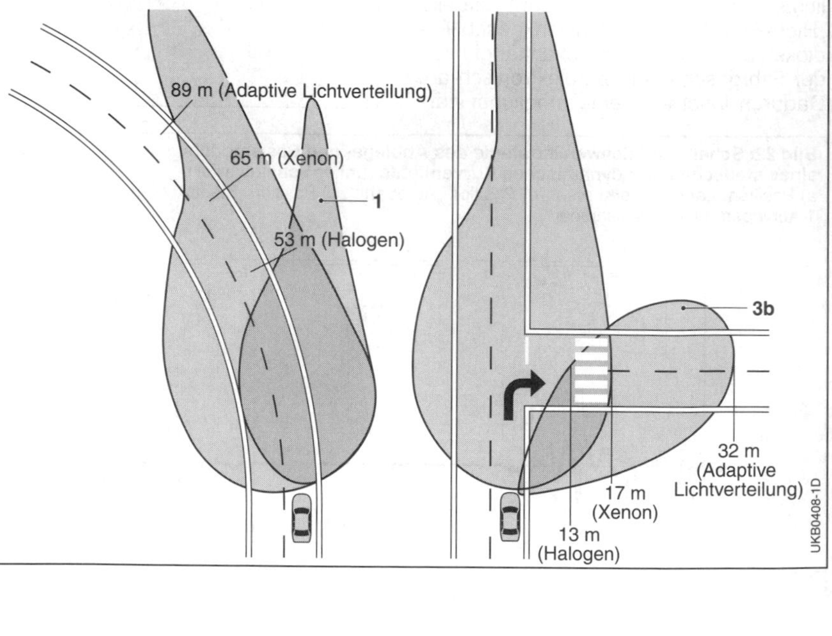

Situation besser einzuschätzen und gegebenenfalls wesentlich früher einen Bremsvorgang einzuleiten.

Schlechtwetterlicht
Bei der Schlechtwetterlichtverteilung wird besonderer Wert auf die Verbesserung der optischen Führung auf der Straße gelegt. Besonders die Zonen der Fahrbahnränder werden besser beleuchtet.

Die meisten Varianten des Schlechtwetterlichts beinhalten eine Bewegung des linken Kurvenlichtmoduls um 8 ° zur Seite und gleichzeitig eine leichte Absenkung oder das Zuschalten der statischen Abbiegelichter. So ergibt sich eine sehr breite Ausleuchtung der Straße und auch des Fahrbahnrands. In Zukunft werden Teilelemente im Scheinwerfer, so z. B. die Elemente, die für die verbreiterte Seitenausleuchtung zuständig sind, sequentiell zugeschaltet. Steuerparameter sind z. B. die Lenkwinkelinformationen und die Blinkerbetätigung. Die einzelnen Segmente werden dann „quasidynamisch" zugeschaltet.

Lichtfunktionen und Fahrerassistenzsysteme
Die Einführung von Videotechnologie in der Fahrzeugtechnik ermöglicht es, auch kamerabasierte Scheinwerferfunktionen darzustellen. Wenn die Position eines entgegenkommenden Fahrzeugs durch die Kamera bekannt ist, kann der Scheinwerfer oder das AFS-System die Reichweite des Fahrlichts so anpassen, dass die Reichweite bei großen Abständen ebenso groß ist und bei kleineren Fahrzeugabständen zurückgenommen wird (dynamische Reichweitefunktion). Somit ist immer die optimale Ausleuchtung gewährleistet, ohne den Gegenverkehr zu blenden.

Blendfreies Fernlicht
Beim „blendfreien Fernlicht" handelt es sich um eine Lichtfunktion, die zwar dem Fernlicht zugerechnet wird, aber im Gegensatz zum konventionellen Fernlicht auch in Verkehrssituationen mit vorausfahrendem oder entgegenkommendem Verkehr aktiviert werden kann. Im internationalen Kontext und in den gesetzlichen Regelungen wird diese Funktion als Adaptive Driving Beam (ADB) bezeichnet. Zur Ansteuerung werden eine Kamera und eine Bildanalyse benötigt, die die Positionen der anderen Verkehrsteilnehmer schnell und präzise bestimmt. Mit dieser Information werden gezielt Schatten in der Fernlichtverteilung gesteuert (Bild 26, siehe auch Fernlichtassistent).

Dynamisches System
Diese Bauform baut auf dem dynamischen Kurvenlicht (siehe Bild 23) auf. Dabei erzeugt der linke Scheinwerfer eine Teil-Fernlichtverteilung mit einer vertikalen Hell-Dunkel-Grenze zur rechten Seite

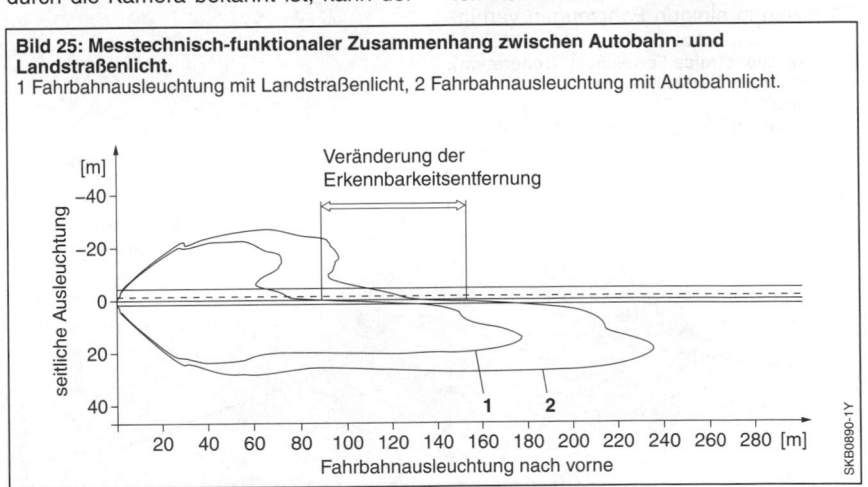

Bild 25: Messtechnisch-funktionaler Zusammenhang zwischen Autobahn- und Landstraßenlicht.
1 Fahrbahnausleuchtung mit Landstraßenlicht, 2 Fahrbahnausleuchtung mit Autobahnlicht.

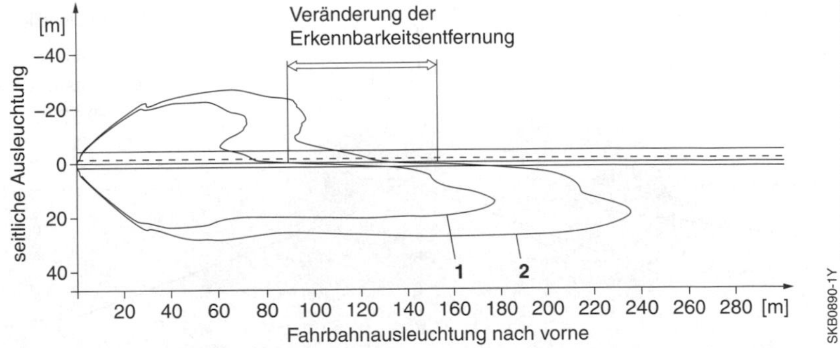

hin, und der rechte Scheinwerfer eine rechte Teil-Fernlichtverteilung (Bild 26). Im „normalen“ Fernlicht werden beide Teil-Fernlichtverteilungen in der Mitte überlagert, um hohe Beleuchtungsstärken im Zentralbereich zu erzielen. Zur Entblendung anderer Verkehrsteilnehmer wird mit der dynamischen Bewegung beider Anbauseiten ein Schatten in der entsprechenden Position und Breite erzeugt.

Matrix-System
Bei der Realisierung des blendfreien Fernlichts als Matrix-System wird die Lichtverteilung aus typischerweise 12...18 Streifen zusammengesetzt. Als Lichtquellen werden Einzel-LEDs oder LED-Arrays mit einzeln schaltbaren Chips verwendet und die spezifischen Eigenschaften wie kompakte Bauform, schnelles An- und Abschalten und die Dimmbarkeit genutzt. Jeder Streifen wird von einem LED-Chip gebildet. Durch das gezielte Abschalten einzelner LEDs oder Gruppen von LEDs werden die der Verkehrssituation angepassten Schatten gebildet. Für die „normale“ Fernlichtverteilung werden alle LEDs betrieben und über ein entsprechendes Dimmprofil eine ausgewogene Lichtverteilung erzeugt.

Matrix-Scheinwerfer
Als Weiterentwicklung der einreihigen Matrix-Systeme für blendfreies Fernlicht sind auch dreireihige Module mit 84 Pixeln in einigen Fahrzeugen verfügbar. Mit der feineren Auflösung der Pixel können die Schatten zur Ausblendung anderer Verkehrsteilnehmer noch präziser positioniert werden (Bild 27). Zusätzlich können weitere Schatten zum Beispiel zur Ausblendung von Verkehrsschildern erzeugt werden.

Matrix im Abblendlicht
Der wesentliche Unterschied zu den einreihigen Systemen liegt darin, dass mit dieser Bauform auch ein Teil des Abblendlichts mit dem Matrix-Modul gebildet wird. Damit kann ohne mechanische Aktoren auch das dynamische Kurvenlicht rein elektronisch über die Ansteuerung der LEDs umgesetzt werden. Zusätzlich kann die gezielte Dimmbarkeit von Bereichen der Lichtverteilung genutzt werden, um im Schlechtwetterlicht die Blendung des Gegenverkehrs über die Spiegelung auf der nassen Fahrbahn zu reduzieren.

Bild 26: Blendfreies Fernlicht (1. Generation).
Schematische Darstellung.
V Vertikale,
H Horizontale.

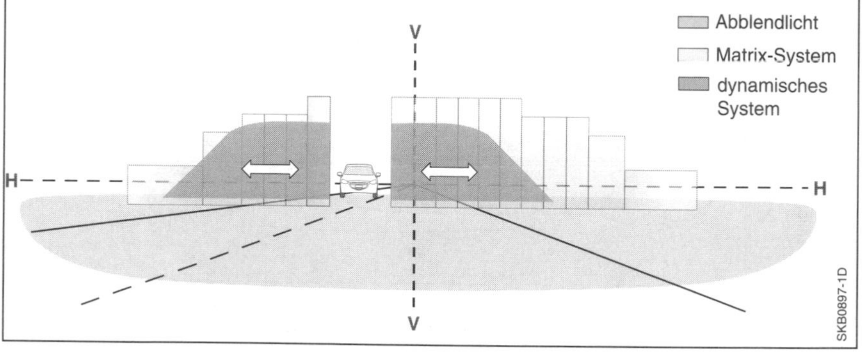

Anbau und Vorschriften für Signalleuchten

Mit Leuchten soll das Fahrzeug und dessen Bewegungsabsicht erkannt werden. Dazu sind für die Leuchten je nach Verwendungszweck einheitliche, unverwechselbare Farben im roten, gelben oder weißen Farbbereich vorgeschrieben. Für die Fahrzeugbegrenzung nach vorne wird weißes, zur Seite gelbes und nach hinten rotes Licht verwendet. Bremsleuchten und Nebelschlussleuchten sind ebenfalls rot. Für Blinkleuchten wird in den meisten Anwendungen gelbes Licht verwendet, nur in den USA sind am Heck auch rote Blinkleuchten zulässig.

Für alle Leuchten sind in Richtung der Bezugsachse Mindest- und Höchstlichtstärken gefordert, die einerseits die Auffälligkeit des Signals gewährleisten und andererseits Blendbelästigungen anderer Verkehrsteilnehmer vermeiden sollen.

Fahrtrichtungsanzeiger und Warnblinken

(Nach ECE-R6, [6]).

ECE-R48 bzw. 76/756/EWG schreibt für zweispurige Fahrzeuge Fahrtrichtungsanzeiger der Kategorie 1 (vordere), Kategorie 2 (hintere) und Kategorie 5 (seitliche Fahrtrichtungsanzeiger) vor. Für Krafträder genügen Fahrtrichtungsanzeiger der Kategorie 2.

Die Leuchten sind elektrisch überwacht, die Funktionskontrolle ist vorgeschrieben. Die Farbe der Funktionskontrollleuchte ist frei wählbar.

Die Blinkfrequenz beträgt 90 ± 30 Perioden pro Minute mit einer relativen Hellzeit von 30...80 %. Beim Einschalten muss nach weniger als 1,5 s Licht abstrahlen. Alle Blinkleuchten auf einer Fahrzeugseite müssen synchron blinken. Nach Ausfall einer Leuchte müssen die verbleibenden Leuchten noch wahrnehmbare Signale abstrahlen.

Beim Warnblinken blinken alle Blinkleuchten synchron, auch bei abgestelltem Fahrzeug. Eine Einschaltkontrolle ist vorgeschrieben.

Für die vordere, die hintere und die seitliche Fahrtrichtungsanzeige sind jeweils zwei Leuchten, Farbe Gelb, vorgeschrieben. In den USA ist für die hintere und die seitliche Fahrtrichtungsanzeige die Farbe Rot oder Gelb zulässig (SAE J588, Nov. 1984, [33]).

Bauvorschriften

Die Bauvorschriften sind für Europa in den ECE-Regelungen R6, R7, R23, R38 und R87 [6, 7, 9, 11, 16], der Anbau in ECE-R48 [12] festgelegt (Bilder 28, 29 und 30).

In den USA schreibt das Bundesgesetz FMVSS 108 die Anzahl, den Anbauort und die Farbe des Lichts der Signalleuchten vor. Die Bauweise und die Anforderungen an die Lichttechnik finden sich in den relevanten SAE-Standards.

Bild 27: Matrix-Scheinwerfer (2. Generation).
Schematische Darstellung.

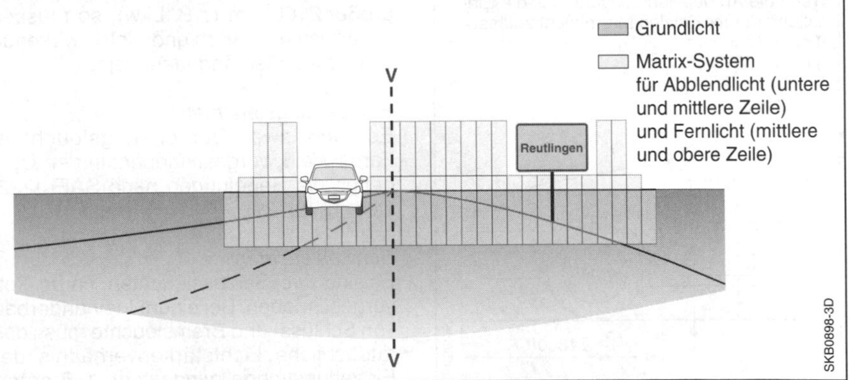

Bild 28: Anordnung der vorderen Fahrtrichtungsanzeiger nach ECE.
Maße in mm.
1) Kleiner 2100 mm, wenn die Art des Fahrzeugaufbaus die Einhaltung der maximalen Höhe nicht zulässt.

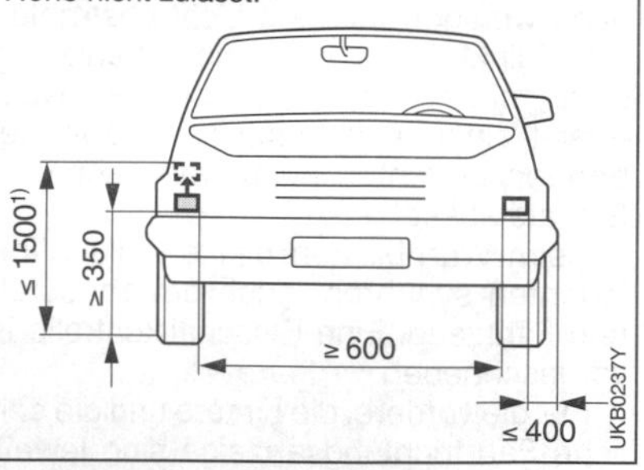

Bild 29: Anordnung der hinteren Fahrtrichtungsanzeiger nach ECE.
Maße in mm. Höhe und Breite wie vordere Fahrtrichtungsanzeiger.
1 Schlussleuchte.

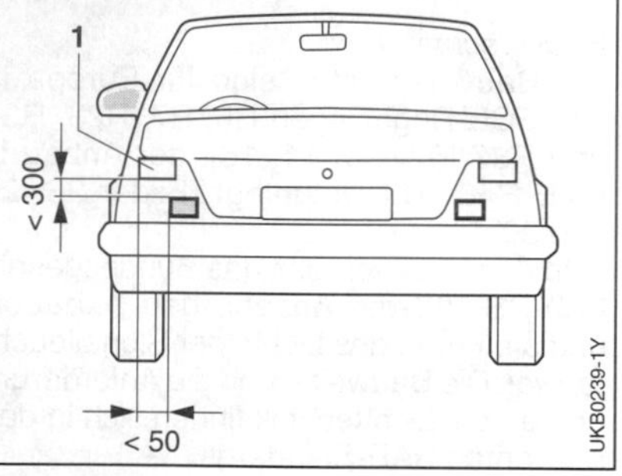

Bild 30: Anordnung der seitlichen Fahrtrichtungsanzeiger nach ECE.
Maße in mm.
Wenn die Art des Fahrzeugaufbaus die Einhaltung der maximalen Maße nicht zulässt:
1) oder 2500 mm,
2) oder 2300 mm.

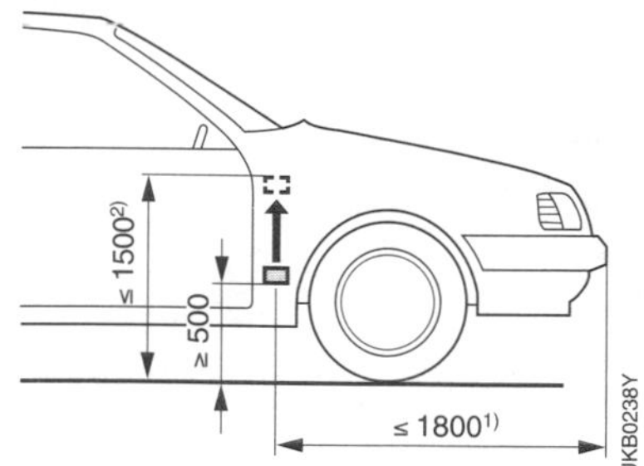

Blinkanlage für Kfz ohne Anhänger
Der elektronische Warnblinkgeber enthält einen Taktgeber, der die Lampen über ein Relais einschaltet, und eine stromgesteuerte Kontrollschaltung, die beim Ausfall der ersten Leuchte die Blinkfrequenz verändert. Der Blinkerschalter schaltet das Fahrtrichtungsblinken, der Warnblinkschalter das Warnblinken ein.

Blinkanlage für Kfz mit Anhänger
Dieser Warnblinkgeber unterscheidet sich von dem für Kfz ohne Anhänger in der Art der Funktionskontrolle der Blinkleuchten beim Fahrtrichtungsblinken.

Einkreis-Kontrolle
Zugfahrzeug und Anhänger haben einen gemeinsamen Kontrollkreis, der zwei Kontrollleuchten im Rhythmus der Blinkfrequenz ansteuert. Die Lokalisierung einer Leuchtenstörung ist nicht möglich. Die Blinkfrequenz bleibt unverändert.

Zweikreis-Kontrolle
Zugfahrzeug und Anhänger haben getrennte Kontrollkreise. Das Dunkelbleiben von Kontrollleuchten erlaubt die Lokalisierung einer Leuchtenstörung. Die Blinkfrequenz bleibt unverändert.

Schluss- und Begrenzungsleuchten
(Nach ECE-R7 [7]).
Gemäß ECE-R48 bzw. 76/756/EWG benötigen Kfz und Anhänger mit einer Breite größer 1600 mm Begrenzungsleuchten (nach vorn). Bei Schlussleuchten (nach hinten) gilt eine Ausrüstungspflicht für alle Fahrzeugbreiten. Ist die Fahrzeugbreite größer 2100 mm (z.B. Lkw), so müssen zusätzlich nach vorn und hinten wirkende Umrissleuchten angebaut sein.

Begrenzungsleuchten
Es sind zwei Begrenzungsleuchten, Farbe Weiß, vorgeschrieben. In den USA gelten die Regelungen nach SAE J222, Dec. 1970, [29].

Schlussleuchten
Es sind zwei Schlussleuchten, Farbe Rot, vorgeschrieben. Bei einem Ineinanderbau von Schluss- und Bremsleuchte muss das tatsächliche Lichtstärkenverhältnis der Einzelfunktionen mindestens 1:5 betra-

gen. Schlussleuchten müssen zusammen mit den Begrenzungsleuchten brennen.

In den USA gelten die Regelungen nach SAE J585, Feb. 2008, [30].

Umrissleuchten
(Nach ECE-R7 [7]).
Bei Fahrzeugbreiten größer 2100 mm sind zwei Leuchten nach vorn, Farbe Weiß, und zwei Leuchten nach hinten, Farbe Rot, vorgeschrieben. Sie müssen in der Breite möglichst weit außen und so hoch wie möglich angeordnet sein.

In den USA gelten die Regelungen nach SAE J592e, [34].

Seitenmarkierungsleuchten
(Nach ECE-R91 [17])
Gemäß ECE-R48 sind für alle Fahrzeuglängen größer 6 m gelbe Seitenmarkierungsleuchten (SML) vorgeschrieben (außer bei Fahrgestellen mit Fahrerhaus).

Seitenmarkierungsleuchten des Typs SM1 sind bei Fahrzeugen aller Klassen zu verwenden; Seitenmarkierungsleuchten des Typs SM2 sind dagegen nur bei Pkw zu verwenden.

In den USA gelten die Regelungen nach SAE J592e.

Rückstrahler
(Nach ECE-R3 [4]).
Gemäß ECE-R48 sind zwei hintere, nicht dreieckige rote Rückstrahler für Kfz vorgeschrieben (einer für Motorräder und Mopeds).

Zusätzliche rückstrahlende Mittel (Reflexfolien rot) sind zulässig, wenn sie die Wirkung der vorgeschriebenen Beleuchtungs- und Lichtsignaleinrichtungen nicht beeinträchtigen.

Zwei vordere, nicht dreieckige farblose Rückstrahler sind vorgeschrieben für Anhänger und für Kfz, bei denen alle nach vorne wirkenden Leuchten mit Reflektoren abgedeckt sind (z.B. Klappscheinwerfer). An allen anderen Fahrzeugen sind sie zulässig.

Seitliche, nicht dreieckige gelbe Rückstrahler sind vorgeschrieben für alle Kraftfahrzeuglängen größer 6 m und für alle Anhänger. Sie sind an Kraftfahrzeuglängen kleiner 6 m zulässig.

Zwei hintere, dreieckige rote Rückstrahler sind vorgeschrieben für Anhänger und verboten für Kfz.

Im Innern des Dreiecks darf keine Leuchte angebracht sein.

In den USA gelten die Regelungen nach SAE J594, Feb. 2010, [36].

Parkleuchten
(Nach ECE-R77 [15]).
Gemäß ECE-R48 sind entweder je zwei Parkleuchten vorn und hinten oder eine Parkleuchte auf jeder Seite zulässig. Die Farbe nach vorn ist Weiß, nach hinten Rot. Die Farbe Gelb ist nach hinten zulässig, wenn die Parkleuchten mit seitlichen Fahrtrichtungsanzeigern zusammengebaut sind.

Parkleuchten müssen leuchten können, ohne dass andere Leuchten (oder Scheinwerfer) eingeschaltet werden. In den meisten Fällen wird die Funktion der Parkbeleuchtung von den Schluss- und den Begrenzungsleuchten übernommen.

In den USA gelten die Regelungen nach SAE J222, Dec. 1970, [29].

Kennzeichenleuchte
(Nach ECE-R4 [5])
Gemäß ECE-R48 muss das hintere Kennzeichen so beleuchtet sein, dass es bei Nacht auf 25 m Entfernung lesbar ist.

Auf der gesamten Kennzeichenfläche muss die Leuchtdichte mindestens 2,5 cd/m^2 betragen. Über die Fläche des Kennzeichens sind Messpunkte verteilt, zwischen denen der Leuchtdichtegradient $2 \times B_{\text{min}}$/cm nicht überschritten werden darf. Dabei ist B_{min} die kleinste in den Messpunkten gemessene Leuchtdichte.

In den USA gelten die Regelungen nach SAE J587, Oct. 1981, [32].

Alternativ zur Kennzeichenleuchte werden in Zukunft auch selbstleuchtende Kennzeichen erlaubt sein.

Bremsleuchten
(Nach ECE-R7 [7]).
Gemäß ECE-R48 sind für jeden Pkw zwei Bremsleuchten der Kategorie S1 oder S2 und eine Bremsleuchte der Kategorie S3, Farbe Rot, vorgeschrieben (Bild 31).

Beim Ineinanderbau von Brems- und Schlussleuchte muss das tatsächliche

Lichtstärkeverhältnis der Einzelfunktionen mindestens 5:1 betragen.

Die Bremsleuchte der Kategorie S3 (zentrale Bremsleuchte) darf nicht mit einer anderen Leuchte ineinander gebaut sein.

In den USA gelten die Regelungen nach SAE J586, Feb. 1984, [31] und SAE J186, Nov. 1982, [28].

Nebelschlussleuchten

(Nach ECE-R38 [11]).

ECE-R48 schreibt in den Ländern der EU/ECE eine oder zwei Nebelschlussleuchten, Farbe Rot, für neu in den Verkehr kommende Fahrzeuge vor. Der Abstand zur Bremsleuchte muss mindestens 100 mm betragen (Bild 32).

Die sichtbare leuchtende Fläche in Richtung der Bezugsachse darf 140 cm^2 nicht übersteigen. Die Schaltung muss sicherstellen, dass Nebelschlussleuchten nur eingeschaltet werden können, wenn das Abblend-, Fern- oder Nebellicht in Funktion ist. Außerdem müssen sie unabhängig von Nebelscheinwerfern ausgeschaltet werden können.

Nebelschlussleuchten dürfen nur dann benutzt werden, wenn die Sichtweite wegen Nebels kleiner 50 m beträgt, da Nebelschlussleuchten aufgrund ihrer hohen Lichtstärke bei klarer Sicht nachfolgende Fahrer empfindlich blenden können. Die vorgeschriebene Kontrollleuchte hat die Farbe Gelb.

Rückfahrscheinwerfer

(Nach ECE-R23 [9]).

Nach ECE-R48 sind ein oder zwei Rückfahrscheinwerfer, Farbe Weiß, zulässig (Bild 33). Die Schaltung muss sicherstellen, dass Rückfahrscheinwerfer nur bei eingelegtem Rückwärtsgang und eingeschalteter Zündung leuchten können.

In den USA gelten die Regelungen nach SAE J593c, Feb. 1968, [35].

Bild 31: Anordnung der Bremsleuchten nach ECE.
Maße in mm.
1 Zentrale Bremsleuchte (Kategorie S3),
2 zwei Bremsleuchten (Kategorie S1 und S2).
1) ≥ 400 mm, wenn Breite < 1300 mm,
2) ≤ 2100 mm, wenn Einhaltung der maximalen Höhe nicht möglich oder
3) ≤ 150 mm unterhalb der Unterkante des Heckfensters,
4) jedoch muss die Unterkante der zentralen Bremsleuchte höher sein als die Oberkante der Hauptbremsleuchten.

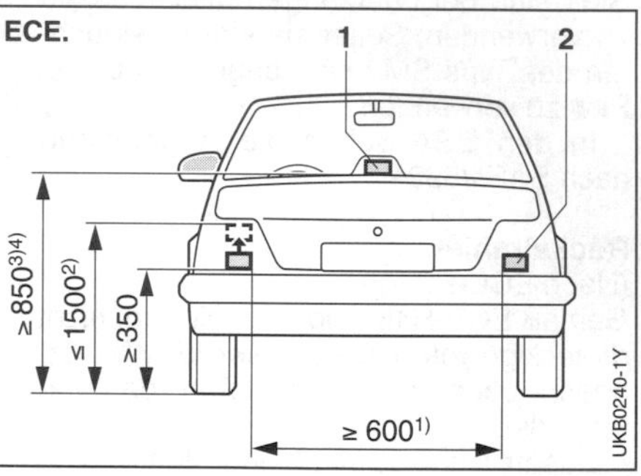

Bild 32: Anordnung der Nebelschlussleuchten nach ECE.
Maße in mm.
1 Bremsleuchte, 2 zwei Nebelschlussleuchten, 3 eine Nebelschlussleuchte für Rechtsverkehr.

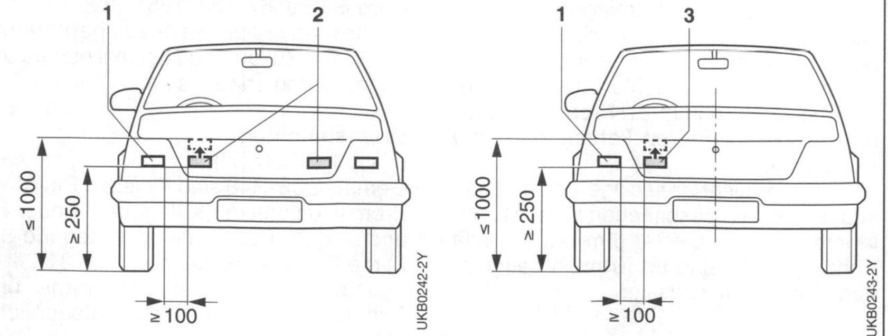

Tagfahrleuchten und Tagfahrlicht

Bei der Fahrzeugtypzulassung sind Anbau und Nutzung von Tagfahrleuchten gemäß ECE-R87 ([16], Bild 34) in Europa seit Februar 2011 verpflichtend für Pkw und leichte Nfz, seit August 2012 gilt dies auch für alle anderen Fahrzeugklassen.

Tagfahrleuchten müssen am Fahrzeug bei angelassenem Motor automatisch eingeschaltet werden und so lange leuchten, bis entweder die Front- oder Nebelscheinwerfer angeschaltet werden oder der Motor abgeschaltet wird.

In den USA gelten die Regelungen nach FMVSS108 [27].

Abbiegescheinwerfer

(Nach ECE-R119 [22]).
An der Fahrzeugfront sind zwei Abbiegescheinwerfer zulässig, die mindestens 60 ° zur Fahrzeugaußenseite Licht abstrahlen müssen. Sie dienen dazu, bei Abbiegevorgängen bis zu einer Maximalgeschwindigkeit von 40 km/h die Zielfahrbahn (z.B. Seitenstraßen oder Garageneinfahrten), die üblicherweise von den Scheinwerfern nur unzureichend beleuchtet wird, besser auszuleuchten. Die Abbiegescheinwerfer werden über den Blinkerschalter oder den Lenkradeinschlag aktiviert.

Abbiegescheinwerfer haben typischerweise die gleiche Lichtverteilung wie das statische Kurvenlicht. Allerdings sind die Schaltungsbedingungen unterschiedlich. Zumeist wird derselbe Reflektor sowohl als statisches Kurvenlicht als auch als Abbiegescheinwerfer verwendet.

In den USA gelten die Regelungen nach SAE J852, Apr. 2001, [37].

Kennleuchten

Nach ECE-R65 [14] müssen Kennleuchten rundum wirken und den Eindruck des Blinkens ergeben. Die Blinkfrequenz beträgt 2…5 Hz. Blaue Kennleuchten sind für die Ausrüstung von bevorrechtigten Fahrzeugen zugelassen. Gelbe Kennleuchten sollen vor Gefahr oder gefährlichen Transporten warnen.

Technische Ausführungen für Leuchten

Lichtfarbe

Je nach Verwendungszweck müssen Leuchten wie z.B Brems-, Blink- oder Nebelschlussleuchten einheitliche, unverwechselbare Farben im roten oder gelben Farbbereich aufweisen. Diese sind in bestimmten Bereichen einer genormten Farbskala (Farbort) festgelegt.

Da sich das weiße Licht aus verschiedenen Farben zusammensetzt, kann die Strahlung unerwünschter Spektralbereiche (Farben) mithilfe von Filtern abgeschwächt oder ganz herausgefiltert werden. Als Farbfilter dienen entweder die eingefärbten Lichtscheiben der Leuchte oder die farbigen Glaskolben der Lampe (z.B. gelbe Lampe in Blinkleuchten mit farbneutraler Lichtscheibe).

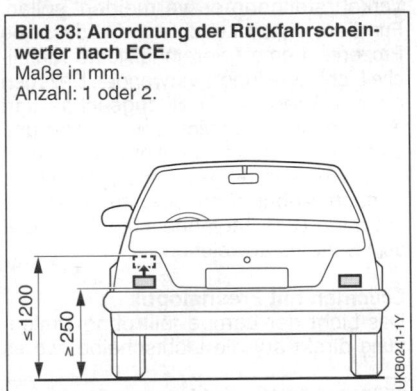

Bild 33: Anordnung der Rückfahrscheinwerfer nach ECE.
Maße in mm.
Anzahl: 1 oder 2.

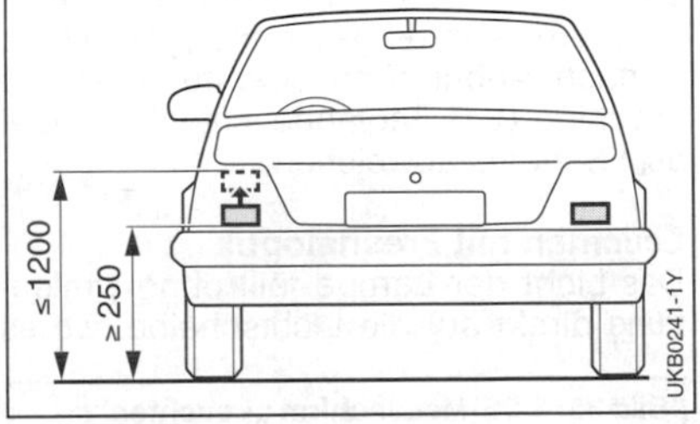

Bild 34: Anordnung der Tagfahrleuchten nach ECE.
Maße in mm.

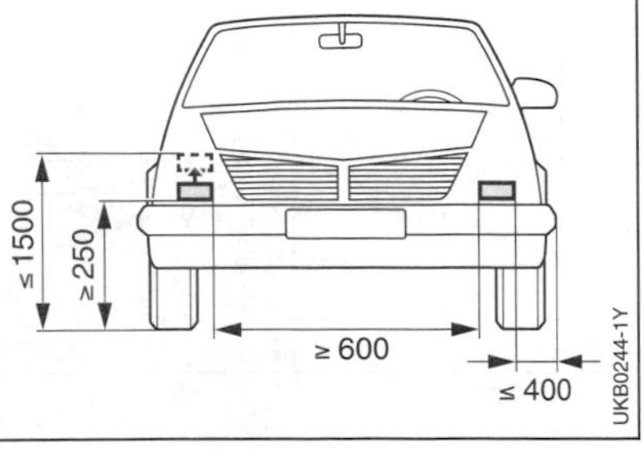

Mit der Filtertechnik lassen sich die Lichtscheiben der Leuchten auch so gestalten, dass z.B. bei nicht eingeschalteter Leuchte die Farbe an die Fahrzeuglackierung angepasst ist und trotzdem die bestehenden Zulassungsvorschriften bei eingeschalteter Leuchte eingehalten werden. Für den Bereich der EU/ECE sind Farborte festgelegt, die z.B. bei Blinkleuchten mit der Farbe „Gelb/Orange" einer Wellenlänge von ca. 592 nm entsprechen und bei Brems- und Schlussleuchten mit der Farbe „Rot" einer Wellenlänge von ca. 625 nm.

Lichtstärken

Für alle Leuchten sind in verschiedene Richtungen Mindest- und Höchstlichtstärken gefordert, die einerseits die Auffälligkeit des Signals gewährleisten und andererseits Blendbelästigungen anderer Verkehrsteilnehmer vermeiden sollen. Für die meisten Leuchten wird dasselbe Prozentschema („vereinheitlichte räumliche Lichtverteilung") verwendet. Bezogen auf den Wert in der Bezugsachse darf die Lichtstärke seitlich sowie oben und unten davon geringere Werte annehmen (Bild 35). Allerdings können die Werte ja nach Anbauhöhe oder für spezielle Leuchten (z.B. Tagfahrleuchten) von diesem Schema abweichen.

Leuchten mit Fresneloptik

Das Licht der Lampe fällt ohne Umlenkung direkt auf die Lichtscheibe, wo es eine Fresneloptik in die gewünschten Richtungen bricht (Bild 36). Bei diesem Konzept handelt es sich um eine sehr kostengünstige Lösung, da keine verspiegelte Fläche notwendig ist. Nachteilig sind der geringe Wirkungsgrad und die begrenzten Gestaltungsmöglichkeiten für das Fahrzeugdesign.

Leuchten mit Reflektoroptik

Leuchten mit näherungsweise parabolischen Reflektoren oder Stufenreflektoren lenken das Licht der Lampe mit dem Reflektor in achsennahe Richtungen um und verteilen es mit den optischen Streuelementen einer Lichtscheibe (Bild 37).

Leuchten mit Freiformreflektoren erzeugen die erforderliche Ausdehnung der Lichtverteilung komplett oder zum Teil bei der Umlenkung des Lichts mit dem Reflektor. Die Außenscheibe lässt sich damit als klare Scheibe realisieren oder mit zylindrischen Streulinsen in horizontaler oder vertikaler Richtung ergänzen.

Auch Kombinationen aus den beiden zuvor genannten Prinzipien kommen erfolgreich zur Anwendung. Das Prinzip der Freiformleuchte mit Fresnelkappe verbindet einen guten lichttechnischen Wirkungsgrad mit verschiedenen stilistischen Umsetzungsmöglichkeiten (Bild 38). Dabei gestaltet im Wesentlichen der Reflektor die Lichtverteilung. Die Fresnelkappe führt zur Verbesserung des lichttechnischen Wirkungsgrads, da diese einen weiteren Teil des Lichts, der

Bild 35: ECE-Messschirm „Leuchten".
Schematische Darstellung der räumlichen Lichtverteilung (Werte in Prozent).

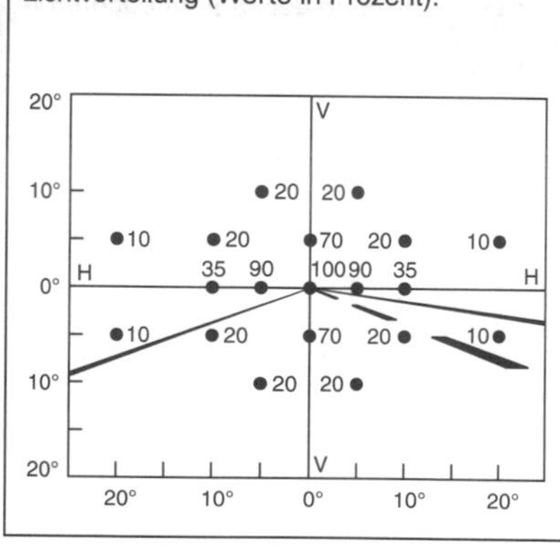

Bild 36: Leuchte mit Fresneloptik (Prinzip).
1 Gehäuse,
2 Lichtscheibe mit Fresneloptik.

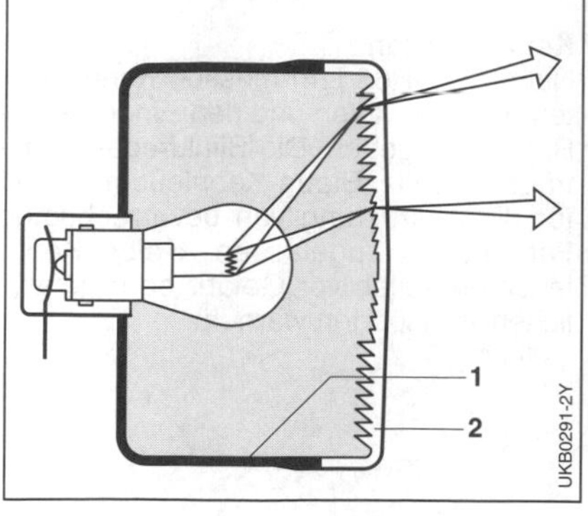

sonst nicht zur Funktion der Leuchte beitragen würde, in die gewünschte Richtung umlenkt.

Für moderne Fahrzeugdesigns werden hauptsächlich Leuchten mit Freiformreflektoren verwendet. Diese bieten die besten Möglichkeiten, die Leuchten an die Karosserieform und damit an den verfügbaren Bauraum anzupassen und gleichzeitig den stilistischen Anforderungen zu entsprechen.

Leuchten mit Leuchtdioden

Als Lichtquelle für Leuchten werden zunehmend Leuchtdioden (LED) verwendet. Für hochgesetzte Bremsleuchten ist der Einsatz von Leuchtdioden seit Jahren Standard. Ausschlaggebend dafür ist die Designfreiheit, mit einer Vielzahl von Lichtquellen eine schmale lineare Bauform zu realisieren (Bild 39 und Bild 40). Außerdem sorgen Leuchtdioden in Bremsleuchten für einen Sicherheitsgewinn. Eine Leuchtdiode gibt in weniger als 1 ms die volle Lichtleistung ab, während Glühlampen etwa 200 ms benötigen, um ihren Nennlichtstrom zu erreichen. Dadurch geben Leuchtdioden das Brems-

Bild 37: Leuchte mit Reflektoroptik (Prinzip).
1 Reflektor,
2 Lichtscheibe mit zylindrischen Streulinsen.

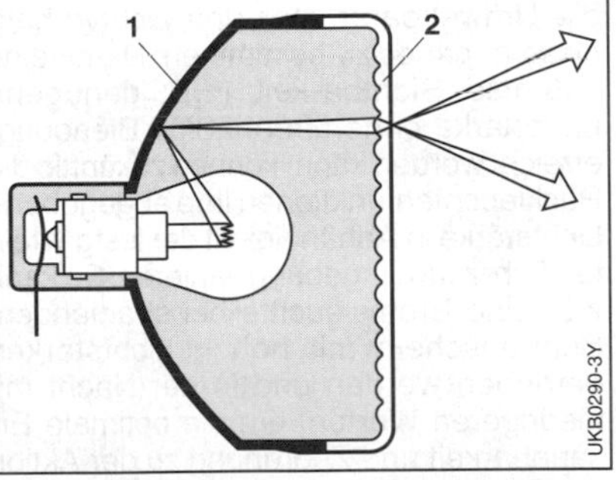

Bild 38: Freiformleuchte mit Fresnelkappe (Prinzip).
1 Reflektor, 2 Fresnelkappe,
3 klare Abdeckscheibe.

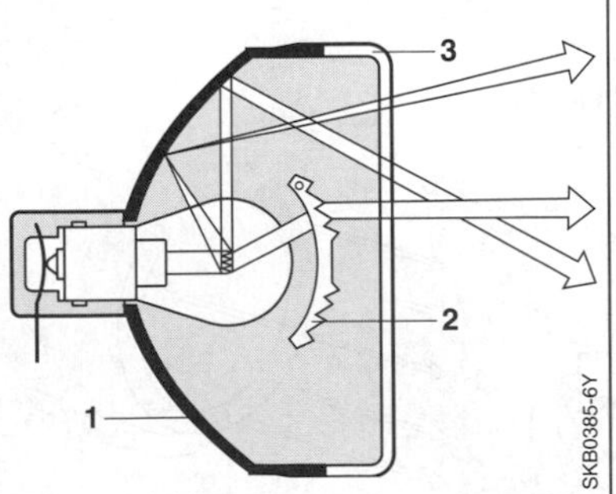

Bild 39: LED-Leuchte mit Fresneloptik (Prinzip).
a) Vertikalschnitt, b) Draufsicht.
1 Fresneloptik, 2 LED.

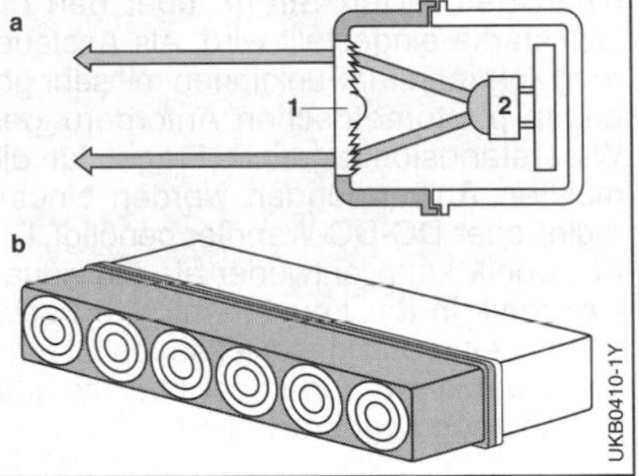

Bild 40: LED-Leuchte.
a) Mit Vorsatzoptik, b) mit Reflektor,
c) Beispiel einer Tagfahrleuchte.
1 Kühlkörper, 2 LED, 3 Optik, 4 Steuergerät,
5 Flexboard, 6 Halterung, 7 Abdeckung.

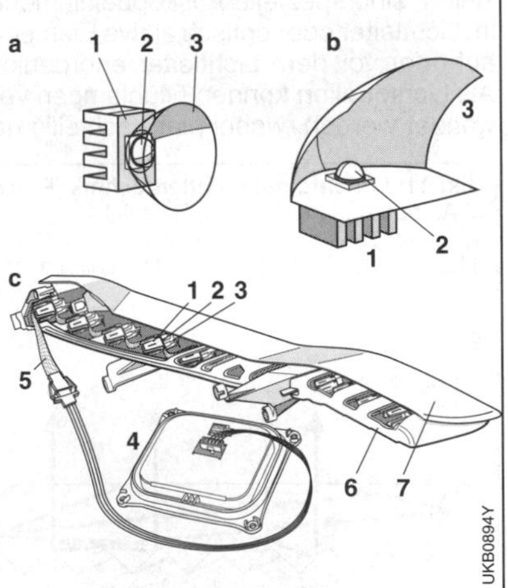

signal früher ab und verkürzen somit die Reaktionszeit.

Mit der verbesserten Effizienz in Bezug auf Lichtstrom, Leuchtdichte, thermisches Verhalten und mechanischem Design können Leuchtdioden mittlerweile auch für Funktionen mit höheren lichttechnischen Anforderungen verwendet werden.

Für die Anwendung als Lichtquelle in der Fahrzeugbeleuchtung ergibt sich ein wesentlicher Unterschied von Leuchtdioden gegenüber Glüh- oder Halogenlampen daraus, dass Leuchtdioden nicht direkt am Bordnetz betrieben werden können. Sie benötigen sowohl eine definierte Spannung, die je nach Halbleitermaterial zwischen 2,2 V und 3,6 V liegt, als auch einen definierten Strom, über den die Lichtstärke eingestellt wird. Als Ansteuerung kommen für Funktionen mit sehr geringen photometrischen Anforderungen Widerstandslösungen in Frage, für die meisten Anwendungen werden Linearregler oder DC-DC-Wandler benötigt. Die Elektronik kann entweder als Individualelektronik in der Leuchte integriert sein, oder in einem abgeschlossenen Steuergerät, das entweder an der Leuchte oder im Fahrzeug angebracht ist.

Leuchten mit Lichtleittechnik

Mit dem Einsatz von Lichtwellenleitern lässt sich die Lichtquelle räumlich von der eigentlichen Lichtaustrittsstelle trennen. Um die gewünschte Lichtverteilung zu erzielen, sind spezielle Auskoppelelemente im Lichtleiter oder optisch aktive Elemente auf oder vor dem Lichtleiter erforderlich. Als Lichtquellen können Glühlampen verwendet werden, wobei hier nachteilig der hohe Infrarotanteil der Lampen anzusehen ist. Dadurch sind hitzebeständige Materialien wie Glas oder Hitzeschilder notwendig. Beim Einsatz von LED als „kalter" Lichtquelle kann direkt in transparente Kunststoffe wie PC (Polycarbonat) oder PMMA (Polymethylmethacrylat) eingekoppelt werden. Leuchten in Lichtleitertechnik werden hauptsächlich verwendet, um stilistische Elemente wie schmale Streifen oder dünne Ringe zu realisieren (Bild 41).

Adaptive Rückleuchtensysteme

Bisher wurden Rückleuchtenfunktionen mit einer Ein-Pegel-Schaltung produziert. Je nach Ausführung und Design ergab sich eine feste Lichtstärke, die innerhalb der gesetzlichen Grenzwerte liegen musste, um eine minimale Sichtbarkeit zu garantieren.

Durch eine Vielzahl von Sensoren (Helligkeit, Verschmutzung, Sichtweite, Nässe usw.) ist das Fahrzeug heute in der Lage, die Umweltparameter und Lichtverhältnisse genauer zu bestimmen. Damit eine optimale Sichtbarkeit (z.B. genügend Lichtstärke ohne übermäßige Blendung) erreicht werden kann, können zukünftig die Rückleuchtenfunktionen ihre abgegebene Lichtstärke in Abhängigkeit der festgestellten Fahrzeugumgebung variieren. So kann z.B. eine Bremsleuchte bei strahlendem Sonnenschein mit hohen Lichtstärken betrieben werden und in der Nacht mit niedrigeren Werten, um die optimale Erkennbarkeit und Zuordnung zu der Aktion des Fahrers zu gewährleisten (Bild 42).

Bild 41: Leuchte mit Lichtleittechnik (Prinzip).
a) Aufbau und Funktion, b) Beispiel.
1 Lichtleiter, 2 Auskoppelprisma,
3 Lampe (mit Reflektor und Hitzeschild) oder Leuchtdiode.

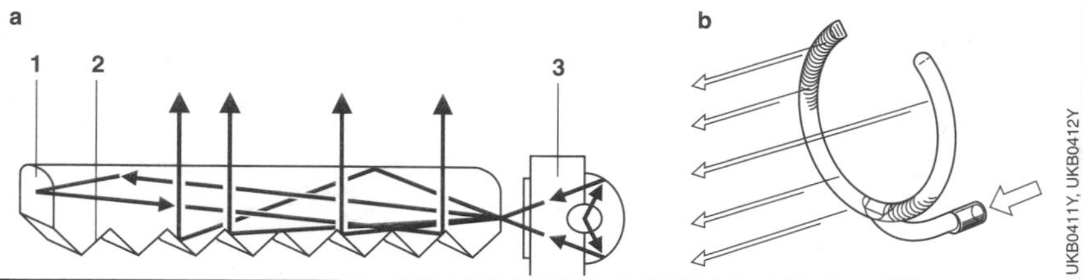

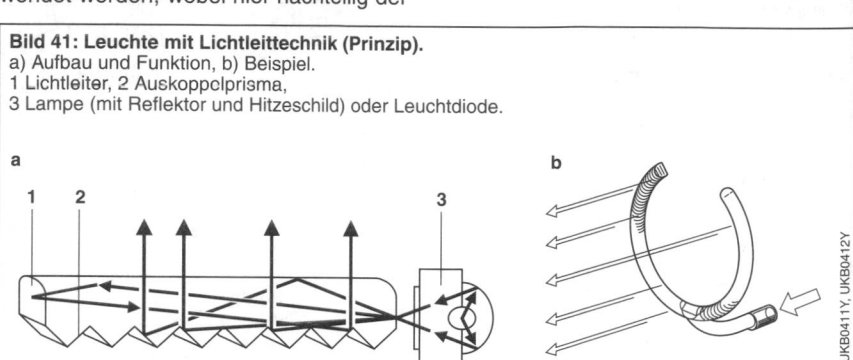

Komfortleuchten

In zunehmendem Maße werden am Fahrzeug auch Leuchten eingesetzt, die bei Fahrzeugstillstand eingesetzt werden. Einsatzgebiete sind die Ausleuchtung von Aus- und Einstiegsbereich bei geschlossener und geöffneter Tür (Pfützenlicht), Leuchten, die im Unterflurbereich die Fahrzeugkontur rundum kennzeichnen oder Leuchten, die die Türgriffe kennzeichnen.

Kombinationen mit z.B. Begrenzungslicht oder Nebelscheinwerfern werden als „coming home"-Funktionen bezeichnet, die z.B. bei der Türentriegelung aktiviert werden.

Leuchtweitenregelung

Scheinwerfereinstellung für Abblend- und Fernlicht

Die richtige Einstellung von Scheinwerfern am Kfz ist sowohl für den Fahrer des Fahrzeugs als auch für entgegenkommende Fahrzeuglenker ein wesentlicher Faktor für die Sicherheit im nächtlichen Straßenverkehr. Geringe Abweichungen der Einstellung nach unten führen zu einer erheblich reduzierten Verkürzung der geometrischen Reichweite des Scheinwerfers (Tabelle 4). Eine geringe Abweichung nach oben führt zu erhöhter Blendung des Gegenverkehrs.

Anbau und Vorschriften

Leuchtweiteneinstellung der Scheinwerfer, Europa

In Europa müssen alle neu in den Verkehr kommenden Fahrzeuge seit dem 1.1.1998 eine Leuchtweitenregelung oder eine handbetätigte Leuchtweiteneinstellung aufweisen, wenn nicht andere Mittel (z.B. Niveauregelung) die Toleranzen der

Bild 42: Erlaubte Lichtstärke adaptiver Rückleuchten.

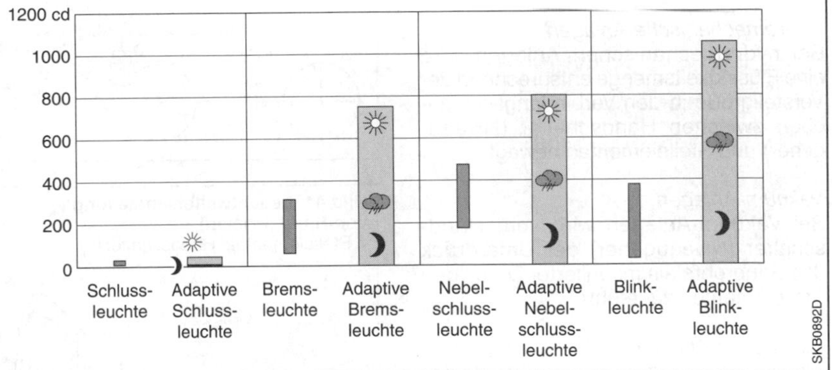

Tabelle 4: Geometrische Reichweite für den waagrechten Teil der Hell-Dunkel-Grenze des Abblendlichts.
Anbauhöhe der Scheinwerfer 65 cm.

Neigung der Hell-Dunkel-Grenze (1 % = 10 cm/10 m)	%	1,0	1,5	2,0	2,5	3,0
Einstellmaß e	cm	10	15	20	25	30
Geometrische Reichweite für den waagrechten Teil der Hell-Dunkel-Grenze	m	65,0	43,3	32,5	26,0	21,7

Lichtbündelneigung garantieren. Andere Länder fordern diese Ausrüstung noch nicht, lassen jedoch die Anwendung zu.

Automatische Leuchtweitenregelungen müssen für alle Beladungszustände die Senkung oder Anhebung des Abblendlichtbündels zwischen 5 cm/10 m (0,5 %) und 25 cm/10 m (2,5 %) gewährleisten.

Elne handbetätigte Leuchtweiteneinstellung (vom Fahrersitz aus) benötigt in der Grundeinstellung eine Raststellung, bei der auch die Lichtbündeleinstellung vorgenommen wird. Bei stufenlosen und gestuften Geräten müssen sich Markierungen für die Belastungszustände, die eine Lichtbündelverstellung erfordern, in der Nähe des Handschalters befinden.

Technische Ausführungen

Bei allen Bauarten der Leuchtweiteneinstellung bewegen Stellelemente den Scheinwerferreflektor (Gehäusebauart) in vertikaler Richtung (Bild 43). Bei handbetätigten Anlagen bewirkt ein Schalter am Fahrersitz die Bewegung (Bild 44). Bei automatischen Anlagen übertragen die Niveaugeber an den Fahrzeugachsen ein der Einfederung proportionales Signal an die Stellelemente.

Hydromechanische Anlagen

Bei hydromechanischen Anlagen wird eine Flüssigkeitsmenge entsprechend der Verstellgröße in den Verbindungsschläuchen zwischen Handschalter (Niveaugeber) und Stellelementen bewegt.

Vakuum-Anlagen

Bei Vakuum-Anlagen wird vom Handschalter (Niveaugeber) der Unterdruck des Saugrohrs als modulierter Druck den Stellelementen zugeführt.

Elektrische Anlagen

Elektrische Anlagen verwenden elektrische Getriebemotoren als Stellelemente mit den entsprechenden Schaltern im Innenraum oder Gebern an den Achsen.

Scheinwerfereinstellung

Scheinwerfereinstellung, Europa

Richtlinien und Vorgehensweise

Die richtige Einstellung der Scheinwerfer von Kraftfahrzeugen soll eine möglichst gute Fahrbahnausleuchtung bei möglichst geringer Blendung anderer Verkehrsteilnehmer ermöglichen. Die Richtlinien der EU (und damit der StVZO §50 [2] in Deutschland) schreiben die vertikale und die horizontale Ausrichtung der Scheinwerferbündel vor. Die Blendung bei Abblendlicht gilt als behoben, wenn die Beleuchtungsstärke in einer Entfernung von 25 m vor jedem Scheinwerfer auf einer senkrecht zur Fahrbahn ste-

Bild 43: Automatische Leuchtweitenregelung (Prinzip).
1 Stellelement, 2 Additionsstelle, 3 Niveaugeber.

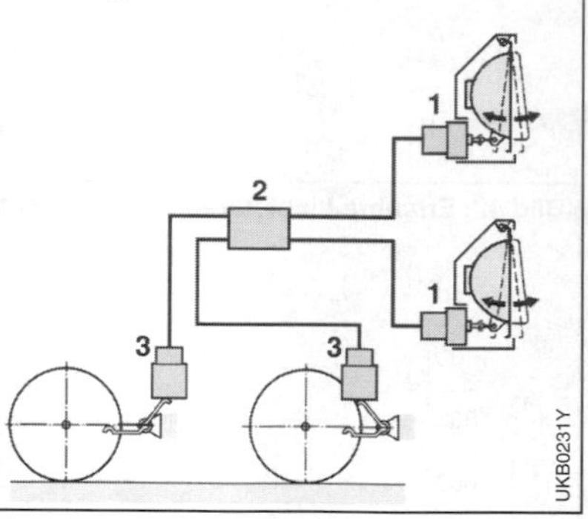

Bild 44: Leuchtweiteneinstellung von Hand (Prinzip).
1 Stellelement, 2 Handschalter.

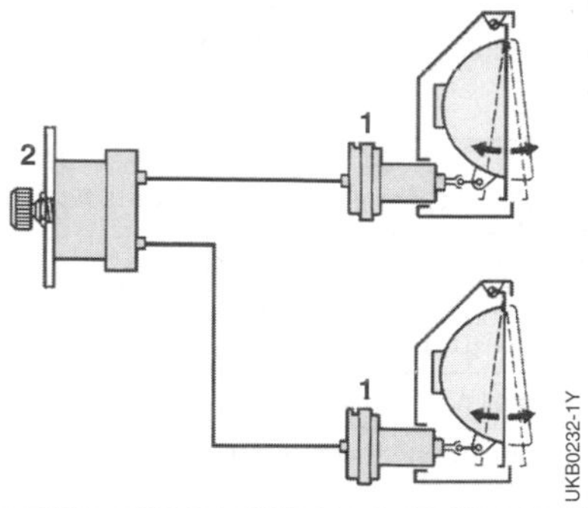

henden Ebene in Höhe der Scheinwerfermitte und darüber nicht mehr als 1 Lux beträgt. Treten an Kraftfahrzeugen durch unterschiedliche Belastungen extreme Neigungsänderungen auf, müssen die Scheinwerfer abweichend davon so eingestellt werden, dass das angestrebte Ziel erreicht wird.

ECE-R48 [12] bzw. EWG 76/756 [24] schreiben die Grundeinstellung und das am Fahrzeug angegebene Einstellmaß vor. Für die darin nicht aufgeführten Fahrzeugklassen gelten die empfohlenen Richtwerte in ECE-R48 und ECE-R53 [13].

Vorbereitungen zur Einstellung

Beladungszustand des Fahrzeugs

- Kfz außer Krad: unbeladen, 75 kg (eine Person auf dem Fahrersitz).
- Krad: nach EG (entsprechend 93/92/EWG, [25]) unbeladen, ohne Person auf dem Fahrersitz; nach ECE und StVZO unbeladen, 75 kg (eine Person auf dem Fahrersitz).

Federung

- Fahrzeuge ohne Niveauregulierung werden einige Meter gerollt oder gerüttelt, dass sich das Niveau der Federung richtig einstellt.
- Fahrzeuge mit Niveauregulierung werden entsprechend den Anweisungen für die Niveauregulierung auf das richtige Betriebsniveau eingestellt und betrieben.

Reifendruck

Der Reifendruck ist nach der Vorschrift des Kfz-Herstellers entsprechend dem Beladungszustand einzustellen.

Obligatorische Funktionsprüfungen an Vorrichtungen zur Leuchtweiteneinstellung

- Automatisch arbeitende Vorrichtung entsprechend den Anweisungen des Herstellers bedienen bzw. betreiben.
- Bei Fahrzeugen mit Zulassung vor dem 01.01.1990 braucht keine Raststellung vorhanden sein.
- Manuell bedienbare Vorrichtungen mit zwei Raststellungen:
  Bei Fahrzeugen, bei denen sich das Lichtbündel der Scheinwerfer mit zunehmender Beladung hebt, ist die Verstelleinrichtung in die Stellung zu bringen, in der das Lichtbündel am höchsten liegt (geringste Neigung).
  Bei Fahrzeugen, bei denen sich das Lichtbündel der Scheinwerfer mit zunehmender Beladung senkt, ist die Verstelleinrichtung in die Stellung zu bringen, in der das Lichtbündel am niedrigsten liegt (geringste Neigung).

Standfläche und Arbeitsumgebung

- Fahrzeug und Einstellprüfgerät müssen auf einer ebenen Standfläche stehen (Orientierung an ISO 10604 [26]).
- Einstellungen und Prüfungen möglichst in einem geschlossenen Raum und nicht zu heller Umgebung durchführen.

Einstellung und Prüfung mit einem Scheinwerfer-Einstellprüfgerät

- Das Einstellprüfgerät (außer bei automatischen Einrichtungen) im vorgeschriebenen Abstand vor dem zu prüfenden Scheinwerfer ausrichten.
- Bei nicht schienengebundenen Einstellprüfgerät die rechtwinklige Ausrichtung zur Fahrzeuglängsmittelebene für jeden Scheinwerfer einzeln vornehmen. Die Prüfung sollte dann ohne nochmalige seitliche Verschiebung des Einstellprüfgeräts erfolgen.
- Bei schienengebundenen Einstellprüfgerät (o.Ä.) genügt die einmalige Ausrichtung zur Fahrzeuglängsmittelebene in einer möglichst günstigen Position (z.B. mittig vor dem Fahrzeug).
- Das für den jeweiligen Scheinwerfer vorgeschriebene Einstellmaß am Einstellprüfgerät einstellen und die Scheinwerfereinstellung prüfen und den Scheinwerfer auf das vorgeschriebene Maß einstellen.

Einstellung und Prüfung mit einer Prüffläche

- Die Prüffläche muss senkrecht zur Standfläche und rechtwinklig zur Längsmittelebene des Fahrzeugs sein.
- Die Prüffläche soll hellfarbig, in Höhen- und Seitenrichtung verstellbar und mit den Markierungen nach Bild 45 versehen sein.
- Die Prüffläche muss in einem Abstand von 10 m so vor dem Fahrzeug stehen, dass sich die Zentralmarke in Fahrt-

richtung vor dem jeweils zu prüfenden oder einzustellenden Fahrzeug befindet (Bild 46). Bei großen Lichtbündelneigungen (z.B. bei Nebelscheinwerfern) kann bei entsprechender Umrechnung der Einstellmaße ein kürzerer Abstand gewählt werden.
- Jeder Scheinwerfer ist einzeln einzustellen. Dazu müssen die anderen Scheinwerfer abgedeckt werden.
- In Höhenrichtung ist die Prüffläche so einzustellen, dass der Trennstrich der Prüffläche (parallel zu Fahrbahn) auf Höhe $h = H - e$ liegt. Beträgt der Prüfabstand nicht 10 m, ist das Maß e auf den Prüfabstand umzurechnen.

Bild 45: Prüffläche für Scheinwerferlicht.
1 Trennstrich, 2 Zentralmarke, 3 Prüffläche, 4 Knickpunkt.
H Höhe der Scheinwerfermitte über der Standfläche in cm.
h Höhe des Trennstrichs der Prüffläche über der Standfläche in cm.
$e = H - h$ Einstellmaß.

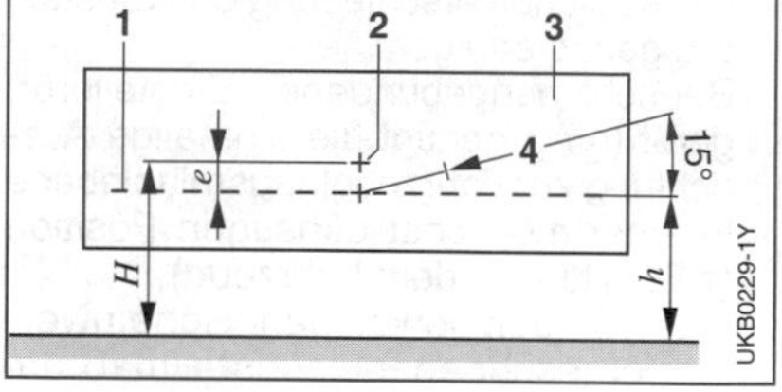

Bild 46: Anordnung der Prüffläche zur Fahrzeuglängsachse.
1 Zentralmarke,
2 Prüffläche.
A Abstand von Mitte Scheinwerfer zu Mitte Scheinwerfer.

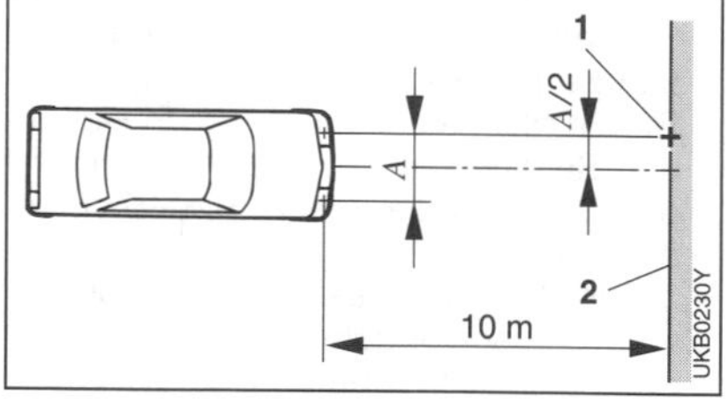

Hinweise zur Einstellung
Bei Scheinwerfern mit asymmetrischem Abblendlicht und Nebelscheinwerfern muss die höchste Stelle der Hell-Dunkel-Grenze den Trennstrich berühren und über die Mindestbreite der Prüffläche möglichst waagrecht verlaufen. In seitlicher Richtung müssen diese Scheinwerfer so eingestellt werden, dass die Lichtverteilung möglichst symmetrisch zur vertikalen Linie durch die Zentralmarke liegt.

Bei Scheinwerfern für asymmetrisches Abblendlicht muss die Hell-Dunkel-Grenze links von der Mitte den Trennstrich berühren. Der Schnittpunkt zwischen dem linken (möglichst waagrechten) und dem rechts ansteigenden Teil der Hell-Dunkel-Grenze muss auf der Senkrechten durch die Zentralmarke liegen.

Die Lichtbündelmitte des Fernlichts muss auf der Zentralmarke liegen.

Bei Scheinwerfern mit gemeinsamer Einstellbarkeit für Abblend- und Nebellicht oder für Fern-, Abblend- und Nebellicht ist grundsätzlich nach dem Scheinwerfer für das Abblendlicht einzustellen (Einstellmaß e siehe Tabelle 5).

Einstellprüfgeräte für Scheinwerfer
Aufgabe
Die richtige Einstellung von Scheinwerfern an Kfz soll eine möglichst gute Fahrbahnausleuchtung durch das Abblend-

Tabelle 5: Scheinwerfereinstellung (Auszug aus StVZO).

Fahrzeugart: Kfz, mehrspurig. Scheinwerferposition: Höhe über Fahrbahn	Einstellmaß „e“ Abblendlicht	Einstellmaß „e“ Nebellicht
Mit Genehmigung nach 76/756/EWG oder ECE-R48 und StVZO mit Erstzulassung ab 1.1.1990, < 1200 mm	Einstellmaß am Fahrzeug z.B. ≣D1,0%	–2,0 %
Mit Erstzulassung bis 31.12.1989, ≤ 1400 mm sowie mit Erstzulassung ab 31.12.1989, > 1200 mm, jedoch ≤ 1400 mm	–1,2 %	–2,0 %

licht bei möglichst geringer Blendung entgegenkommender Verkehrsteilnehmer sicherstellen. Dazu muss die Neigung der Scheinwerferbündel zu einer ebenen Grundfläche und deren Richtung zur senkrechten Fahrzeuglängsmittelebene die Richtlinien erfüllen.

Bild 47: Einstellprüfgerät für Scheinwerfer.
1 Ausrichtspiegel, 2 Fahrgriff,
3 Luxmeter, 4 Umlenkspiegel,
5 Markierungen für Linsenmitte.

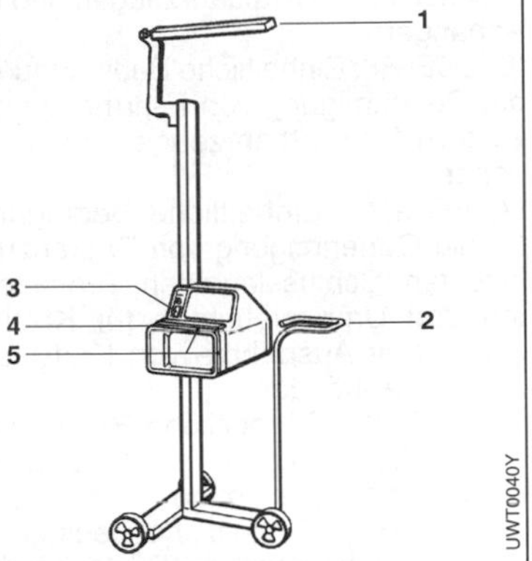

Bild 48: Sichtfenster im Einstellprüfgerät.
a) Begrenzungslinie für Hell-Dunkel-Grenze bei asymmetrischem Abblendlicht,
b) Zentralmarke für Fernlichtmitte.

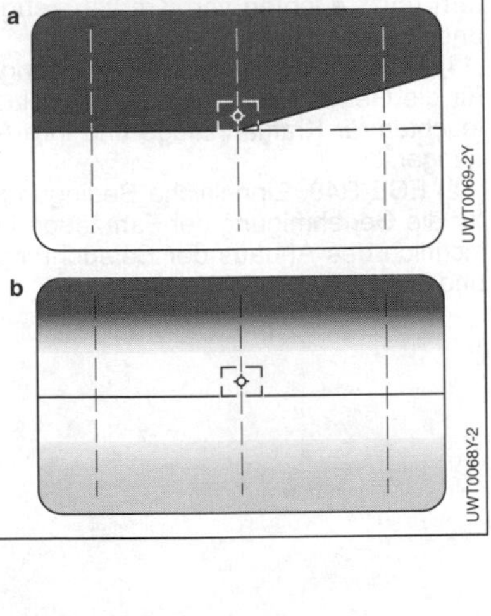

Geräteaufbau
Einstellprüfgeräte für Scheinwerfer sind fahrbare Abbildungskammern (Bild 47), bestehend aus einer einfachen Linse (Objektiv) und einem mit dieser Linse starr verbundenen Auffangschirm in der Brennebene der Linse. Der Auffangschirm trägt die für die Einstellung notwendigen Markierungen und kann durch geeignete Vorrichtungen, z.B. Sichtfenster oder bewegliche Umlenkspiegel, vom Bediener betrachtet werden. Das vorgeschriebene Einstellmaß e für die Scheinwerfer, d.h. die Neigung zur Mittelachse des Scheinwerfers, angegeben in cm in 10 m Abstand, wird mit einem Drehknopf durch Verstellen des Auffangschirms eingestellt (Tabellen 4 und 5).

Für das Ausrichten des Prüfgeräts zur Fahrzeugachse dient eine Visiereinrichtung, z.B. in Form eines Spiegels mit Visierlinie. Durch Drehen wird das Prüfgerät so ausgerichtet, dass die Visierlinie zwei äußere Bezugsmarken des Fahrzeugs gleichmäßig berührt. Zum Einrichten auf Scheinwerferhöhe kann die Kammer in einer Vertikalführung bewegt und festgestellt werden.

Prüfen der Scheinwerfer
Ist auf diese Weise das optische System vor die Abdeckscheibe des zu überprüfenden Scheinwerfers gebracht, wird die Lichtverteilung des Scheinwerfers auf dem Auffangschirm abgebildet. Bei dafür eingerichteten Geräten kann dazu noch die Beleuchtungsstärke mithilfe einer Fotodiode mit Anzeigeinstrument gemessen werden.

Bei Scheinwerfern mit asymmetrischem Abblendlicht muss die Hell-Dunkel-Grenze die waagrechte Begrenzungslinie berühren; der Schnittpunkt zwischen waagrechtem und ansteigendem Teil muss auf der Senkrechten durch die Zentralmarke liegen (Bild 48). Nach vorschriftgemäßer Einstellung der Hell-Dunkel-Grenze des Abblendlichts muss die Lichtbündelmitte des Fernlichts (bei gemeinsamer Einstellung von Fernlicht und Abblendlicht) innerhalb der Begrenzungsecken um die Zentralmarke liegen.

Scheinwerfereinstellung, USA
Für die per US-Bundesgesetz vorgeschriebenen Scheinwerfer setzt sich seit Mitte 1997 in den USA zunehmend die seit dem 1.5.1997 zulässige visuelle (nur vertikale) Einstellung durch. Auf eine horizontale Einstellung wird hierbei verzichtet.

Davor hatte sich in den USA überwiegend die mechanische Einstellmethode eingebürgert. Die Scheinwerfereinsätze waren dazu mit drei Nocken auf der Abdeckscheibe versehen, die die Einstellebene bilden. Ein Einstellgerät wird auf diese Nocken aufgesetzt. Die Kontrolle der Einstellung geschieht mit Wasserwaagen. Mit der seit 1993 zulässigen Einstellmethode VHAD (Vehicle Headlamp Aiming Device) wird der Scheinwerfer zur festen Referenzachse des Fahrzeugs eingestellt. Dies geschieht mit einer fest am Scheinwerfer montierten Wasserwaage. Die drei Nocken auf der Abdeckscheibe waren dadurch nicht mehr erforderlich.

Literatur

[1] StVZO §22a: Bauartgenehmigung für Fahrzeugteile.

[2] StVZO §50: Scheinwerfer für Fern- und Abblendlicht.

[3] StVZO §52: Zusätzliche Scheinwerfer und Leuchten.

[4] ECE-R3: Einheitliche Bedingungen für die Genehmigung von retroreflektierenden Einrichtungen für Kraftfahrzeuge und ihre Anhänger.

[5] ECE-R4: Einheitliche Bedingungen für die Genehmigung der Beleuchtungseinrichtungen für das hintere Kennzeichenschild von Kraftfahrzeugen und ihren Anhängern.

[6] ECE-R6: Einheitliche Bedingungen für die Genehmigung von Fahrtrichtungsanzeigern für Kraftfahrzeuge und ihre Anhänger.

[7] ECE-R7: Einheitliche Bedingungen für die Genehmigung von Begrenzungsleuchten, Schlussleuchten, Bremsleuchten und Umrissleuchten für Kraftfahrzeuge (mit Ausnahme von Krafträdern) und ihre Anhänger.

[8] ECE-R19: Einheitliche Bedingungen für die Genehmigung der Nebelscheinwerfer für Kraftfahrzeuge.

[9] ECE-R23: Einheitliche Bedingungen für die Genehmigung der Rückfahrscheinwerfer für Kraftfahrzeuge und ihre Anhänger.

[10] ECE-R37: Einheitliche Bedingungen für die Genehmigung von Glühlampen zur Verwendung in genehmigten Scheinwerfern und Leuchten von Kraftfahrzeugen und ihren Angängern.

[11] ECE-R38: Einheitliche Bedingungen für die Genehmigung von Nebelschlussleuchten für Kraftfahrzeuge und ihre Angänger.

[12] ECE-R48: Einheitliche Bedingungen für die Genehmigung der Fahrzeuge hinsichtlich des Anbaus der Beleuchtungs- und Lichtsignaleinrichtungen.

[13] ECE-R53: Einheitliche Bedingungen für die Genehmigung von Fahrzeugen der Klasse L3 hinsichtlich des Anbaus der Beleuchtungs- und Lichtsignaleinrichtungen.
[14] ECE-R65: Einheitliche Bedingungen für die Genehmigung von Kennleuchten (Warnleuchten) für Blinklicht für Kraftfahrzeuge.
[15] ECE-R77: Einheitliche Bedingungen für die Genehmigung von Parkleuchten für Kraftfahrzeuge.
[16] ECE-R87: Einheitliche Bedingungen für die Genehmigung von Leuchten für Tagfahrlicht für Kraftfahrzeuge.
[17] ECE-R91: Einheitliche Bedingungen für die Genehmigung von Seitenmarkierungsleuchten für Kraftfahrzeuge und ihre Anhänger.
[18] ECE-R98: Einheitliche Bedingungen für die Genehmigung der Kraftfahrzeugscheinwerfer mit Gasentladungs-Lichtquellen.
[19] ECE-R99: Einheitliche Bedingungen für die Genehmigung von Gasentladungs-Lichtquellen für genehmigte Gasentladungs-Leuchteinheiten von Kraftfahrzeugen
[20] ECE-R112: Einheitliche Bedingungen für die Genehmigung der Kraftfahrzeugscheinwerfer für asymmetrisches Abblendlicht und/oder Fernlicht, die mit Glühlampen und/oder LED-Modulen ausgerüstet sind.
[21] ECE-R113: Einheitliche Bedingungen für die Genehmigung der Kraftfahrzeugscheinwerfer für symmetrisches Abblendlicht und/oder Fernlicht, die mit Glühlampen ausgerüstet sind.
[22] ECE-R119: Einheitliche Bedingungen für die Genehmigung von Abbiegescheinwerfern für Kraftfahrzeuge.
[23] ECE-R123: Einheitliche Bedingungen für die Genehmigung von adaptiven Frontbeleuchtungssystemen (AFS) für Kraftfahrzeuge.
[24] 76/756/EWG: Richtlinie des Rates vom 27. Juli 1976 zur Angleichung der Rechtsvorschriften der Mitgliedstaaten über den Anbau der Beleuchtungs- und Lichtsignaleinrichtungen für Kraftfahrzeuge und Kraftfahrzeuganhänger.
[25] 93/92/EWG: Richtlinie des Rates vom 29. Oktober 1993 über den Anbau der Beleuchtungs- und Lichtsignaleinrichtungen an zweirädrigen oder dreirädrigen Kraftfahrzeugen.
[26] ISO 10604: Straßenfahrzeuge – Messausrüstung für Scheinwerfereinstellung.
[27] FMVSS 108: Lamps, reflective devices, and associated equipment.
[28] SAE J186: Supplemental High Mounted Stop and Rear Turn Signal Lamps for Use on Vehicles Less than 2032 mm in Overall Width.
[29] SAE J222: Parking Lamps (Front Position Lamps).
[30] SAE J585: Tail Lamps (Rear Position Light) for Use on Motor Vehicles Less than 2032 mm in Overall Width.
[31] SAE J586: Stop Lamps for Use on Motor Vehicles Less than 2032 mm in Overall Width.
[32] SAE J587: License Plate Illumination Devices (Rear Registration Plate Illumination Devices).
[33] SAE J588: Turn Signal Lamps for Use on Motor Vehicles Less Than 2032 mm in Overall Width.
[34] SAE J592e: Clearance, Side Marker and Identification Lamps.
[35] SAE J593c: Back-up Lamps.
[36] SAE J594: Reflex Reflectors.
[37] SAE J852: Front Cornering Lamps for Use on Motor Vehicles.
[38] D. Meschede: Gerthsen Physik. 24. Auflage, Springer-Verlag, 2010.
[39] R. Baer: Beleuchtungstechnik – Grundlagen. 3. Aufl., Huss-Medien-GmbH, Verlag Technik, 2006.

Automobilverglasung

Werkstoff Glas

Grundbestandteile

Scheiben für den Kfz-Einsatz bestehen aus Silikatglas. Die chemischen Grundbestandteile sind mit einem Anteil von

- 70…72 % Kieselsäure (SiO_2) als Glasbildner,
- ca. 14 % Natriumoxid (Na_2O) als Flussmittel und
- ca. 10 % Kalziumoxid (CaO) als Stabilisator.

Diese Substanzen werden in Form von Quarzsand, Soda und Kalk eingesetzt. Dem Gemisch werden bis zu 5 % weitere Oxide wie Magnesium- und Aluminiumoxid beigefügt. Diese Zusatzstoffe verbessern die physikalischen und chemischen Eigenschaften des Glases.

Herstellung von Flachglas

Die Scheiben werden aus dem Glas-Grundprodukt Flachglas gefertigt. Es wird Flachglas verwendet, das nach dem Floatglas-Verfahren gegossen wird. Bei diesem Verfahren wird das Gemenge bei 1 560 °C geschmolzen. Die Schmelze durchläuft anschließend eine Läuterungszone von 1 500…1 100 °C und schwimmt dann auf das Floatbad aus flüssigem Zinn auf. Das Flüssigglas wird von oben geheizt (Glättung der Oberfläche durch Feuerpolitur). Durch die ebene Zinn-Oberfläche entsteht Flachglas mit planparallelen Oberflächen von sehr hoher Güte (unten Zinnbad-Oberfläche, oben Oberfläche durch Feuerpolitur). Das Glas wird bis auf 600 °C abgekühlt, bevor es aus dem Floatbad auf die Kühlstrecke gehoben wird. Nach weiterem langsamen und spannungsfreien Abkühlen erfolgt der Zuschnitt auf Bandmaße von 6,10 × 3,20 m^2.

Zinn ist für das Floatglas-Verfahren geeignet, weil es das einzige Metall ist, das bei 1 000 °C noch keinen Dampfdruck erzeugt und bei 600 °C flüssig ist.

Tabelle 1: Werkstoffeigenschaften und physikalische Daten von Glas und fertigen Scheiben.

Eigenschaft	Dimension	ESG	VSG
Dichte	kg/m^3	2 500	2 500
Härte	Mohs	5…6	5…6
Druckfestigkeit	MN/m^2	700…900	700…900
E-Modul	MN/m^2	68 000	70 000
Biegebruchfestigkeit			
vor Vorspannung	MN/m^2	30 [2]	30 [1]
nach Vorspannung	MN/m^2	50 [2]	
spezifische Wärme	$kJ/kg \cdot K$	0,75…0,84	0,75…0,84
Wärmeleitzahl	$W/m \cdot K$	0,70…0,87	0,70…0,87
Wärmeausdehnungskoeffizient	K^{-1}	$9{,}0 \cdot 10^{-6}$	$9{,}0 \cdot 10^{-6}$
Dielektrizitätszahl		7…8	7…8
Lichtdurchlässigkeit (DIN 52306) [1] klar [3]	%	≈ 90	≈ 90 [1]
Brechungsindex [3]		1,52	1,52 [1]
Ablenkwinkel der Keiligkeit [3]	Bogenminute	< 1,0 plan < 1,5 gebogen	≤ 1,0 plan [1] ≤ 1,5 gebogen [1]
dioptrische Abweichung DIN 52305 [2] [3]	Dioptrien	< 0,03	≤ 0,03 [1]
Temperaturbeständigkeit	°C	200	90 [1] (max. 30 min)
Temperaturwechselbeständigkeit	K	200	

[1] Eigenschaften des fertigen Verbund-Sicherheitsglases. Bei Berechnung der zulässigen Biegebeanspruchung ist Kopplungswirkung der PVB-Folie zu vernachlässigen.
[2] Rechenwerte, enthalten bereits die erforderlichen Sicherheitsfaktoren.
[3] Werte für optische Eigenschaften hängen sehr stark vom jeweiligen Scheibentyp ab.

Glasscheiben

Die Automobilverglasung besteht aus
- Einscheiben-Sicherheitsglas (ESG), das vorzugsweise für Seiten-, Rückwand- und Dachverglasung eingesetzt wird, sowie
- Verbund-Sicherheitsglas (VSG), das vorwiegend für Windschutz- und Rückwandscheiben, aber auch für die Dachverglasung verwendet wird. Zunehmend kommt VSG auch im Seiten- und Heckbereich von Fahrzeugen zum Einsatz.

Die Ausgangsprodukte für ESG- und VSG-Scheiben sind die Basisgläser
- Floatglas klar: Dieses Glas bietet die bestmögliche Lichtdurchlässigkeit.
- Floatglas gefärbt: Dieses Glas ist in der Masse homogen in Grün oder Grau eingefärbt, die Einfärbung hat eine Sonnenschutzfunktion.
- Floatglas beschichtet: Die Scheiben sind einseitig mit Edelmetall- und Metalloxid beschichtet, die Beschichtung sorgt für Sonnen- und UV-Schutz sowie für Wärmedämmung.

ESG-Scheibe

ESG-Scheiben unterscheiden sich von VSG-Scheiben durch höhere mechanische und thermische Belastbarkeit und im Bruch- und Splitterverhalten. Sie durchlaufen einen thermischen Abschreckprozess, durch den die Oberfläche des Glases eine starke Druckvorspannung erhält. Bei Bruch zerfallen diese Scheiben in viele kleine stumpfkantige Glaskrümel (zur Verminderung der Verletzungsgefahr).

Eine nachträgliche Behandlung (durch Schleifen oder Bohren) von ESG-Scheiben ist ausgeschlossen. Die Standarddicken sind 3, 4 und 5 mm.

VSG-Scheibe

Bei der VSG-Scheibe sind zwei Scheiben über eine reißfeste, dehnbare Kunststoff-Zwischenschicht aus Polyvinylbutyral (PVB) miteinander verklebt. Im Glas entstehen bei Schlag oder Stoß spinnennetzartige Sprünge. Die Kunststoff-Zwischenschicht hält Glasbruchstücke zusammen (zur Verminderung der Verletzungsgefahr). Gesamtverbund und Durchsicht bleiben nach Scheibenbruch erhalten.

Die Standarddicken für VSG-Scheiben sind 4...5 mm.

Optische Eigenschaften

Die Anforderungen an die optische Qualität der Fahrzeugscheiben sind
- ungehinderte Sicht,
- störungsfreie Sicht und
- verzerrungsfreie Sicht.

Die Erfüllung der optimalen optischen Qualität muss mit konstruktiven Vorgaben und dem Karosseriedesign in Einklang gebracht werden, bestehend aus:
- großflächigen Verglasungen,
- flachliegend eingebauten Verglasungen,
- zylindrischen oder sphärischen Scheiben,
- stark gebogenen Scheiben.

Mögliche Beeinträchtigungen ergeben sich aus
- optischer Ablenkung,
- optischer Verzerrung und
- Doppelbildern.

Die optische Ablenkung verstärkt sich
- mit zunehmendem Einfallswinkel, d.h. bei flacherem Einbau,
- mit zunehmender Dicke der Scheibe,
- mit abnehmendem Krümmungsradius (stark gebogene Scheiben),
- mit der Abweichung von der idealen Planparallelität des Ausgangsglases.

Grün oder grau eingefärbte Scheiben werden als Wärmeschutzglas eingesetzt, um die Transmission im Infrarotbereich (Wärmestrahlung) stärker als für die kürzeren Wellenlängen zu beschränken. Allerdings geht dabei auch der Transmissionsgrad im sichtbaren Lichtbereich zurück. Die PVB-Folie sorgt beim VSG für eine Absorption des Lichts im Ultraviolettbereich.

Die optischen Eigenschaften von ESG- und VSG-Scheiben sind etwa gleich, da auch die Kunststoff-Zwischenschicht beim VSG-Glas in ihren optischen Eigenschaften im sichtbaren Bereich sehr genau auf Glas abgestimmt ist.

Funktionsverglasungen

Die Anforderungen an die Verglasung steigen ständig. Plane Scheiben dienten früher nur dazu, die Insassen vor Wind und Wetter zu schützen. Mittlerweile erfüllt die Verglasung die vielfältigsten Funktionen.

Eingefärbte Verglasung

Als Basismaterial wird bei dieser Verglasung in der Masse eingefärbtes Glas verwendet, das die direkte Sonneneinstrahlung in den Fahrzeuginnenraum verringert.

Die Verringerung der Transmission (Durchlässigkeit) der Sonnenenergie erfolgt hauptsächlich im langwelligen Bereich (Infrarot, Bild 1), sodass vorwiegend die Energiedurchlässigkeit reduziert wird. Das führt zu einer Verringerung der Erwärmung des Fahrzeuginnenraums. Die Beeinflussung der Durchlässigkeit im sichtbaren Bereich hängt von der Stärke der Einfärbung sowie von der Glasdicke ab.

Für Windschutzscheiben muss die Lichtdurchlässigkeit mindestens 70 % betragen. Stark eingefärbte Verglasungen mit geringerer Lichtdurchlässigkeit als 70 % können ab der B-Säule eingesetzt werden, wenn das Fahrzeug zwei Außenspiegel hat. Für die Dachverglasung werden eingefärbte Scheiben mit einer wesentlich geringeren Lichtdurchlässigkeit verwendet.

Beschichtete Verglasung

Auf das Glas wird eine Metall-Metalloxid-Beschichtung aufgebracht. Je nach Fertigungsprozess erfolgt die Beschichtung vor dem Biegen oder aber auf das fertig gebogene und vorgespannte Glas. Die Beschichtung befindet sich auf der inneren Glasoberfläche der VSG-Scheibe.

Bei dieser beschichteten Verglasung ergibt sich eine Lichtdurchlässigkeit von weniger als 70 %. Diese Scheiben können ab der B-Säule eingesetzt werden, wenn das Fahrzeug zwei Außenspiegel hat.

Diese beschichteten Scheiben können auch als Dachverglasung eingesetzt werden. Eine weitere Variante der Dachverglasung stellen pyrolytisch beschichtete Scheiben dar, die erst nach der Beschichtung weiterverarbeitet werden.

Beschichtete Scheiben verringern die direkte Sonneneinstrahlung und absorbieren vorwiegend im Infrarot- sowie im Ultraviolettbereich.

Bild 1: Lichtdurchlässigkeit (Transmission) von Kfz-Scheiben.
1 Floatglas und ESG-Scheiben, Dicke 4 mm, farblos,
2 VSG-Scheiben, Gesamtdicke 5,5 mm, farblos,
3 VSG-Scheiben, Gesamtdicke 5,5 mm, grün.
UV Ultraviolett,
IR Infrarot.

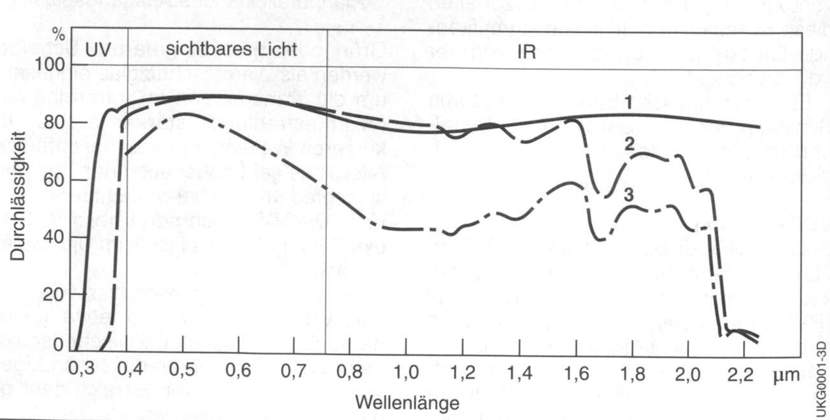

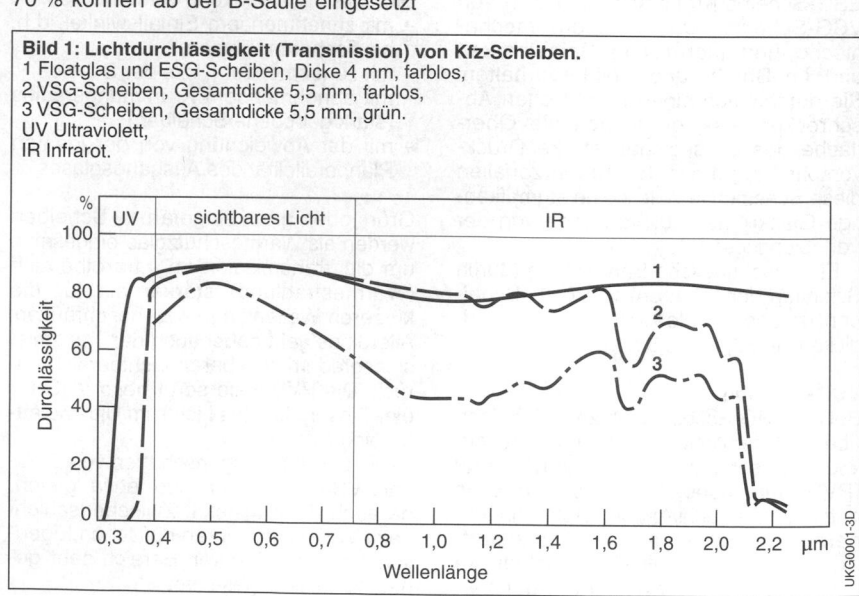

Beschichtete Sonnenschutz-Windschutzscheibe
Auf der innen liegenden Oberfläche der äußeren oder inneren Scheibe der Verbundglasscheibe ist eine Beschichtung aufgebracht. Es handelt sich dabei um ein Mehrschicht-Interferenzsystem mit Silber als Basisschicht. Dadurch, dass die Beschichtung im Verbund liegt, ist sie dauerhaft vor Korrosion und Verkratzung geschützt.

Die Beschichtung hat die Aufgabe, die Transmission der Sonnenenergie um mehr als 50 % zu reduzieren. Das führt zu einer Verringerung der Erwärmung des Fahrzeuginnenraums. Die Verringerung der Transmission erfolgt hauptsächlich im Infrarotbereich, sodass die Lichtdurchlässigkeit kaum beeinflusst wird. Die Reduktion erfolgt vorwiegend durch Reflexion, sodass die Sekundärabstrahlung nach innen gering ist. Die Durchlässigkeit im UV-Bereich ist bei dieser Scheibe mit weniger als 1 % sehr gering.

Verbund-Sicherheitsglas-Dachverglasung
Das gebogene Verbund-Sicherheitsglasdach besteht aus zwei eingefärbten Scheiben, die zur Erhöhung der mechanischen Festigkeit thermisch teilvorgespannt sind. Sie sind über eine hochreißfeste und speziell getönte Folie miteinander verbunden. Die Gesamtdicke ist abhängig von der Glasfläche und Konstruktion des gesamten Glasdachmodells.

Aufgrund der Absorption, die vorwiegend im Infrarotbereich stattfindet, ist eine minimale Wärmeeinstrahlung gewährleistet. Die Beschichtung bewirkt auch eine geringe Lichtdurchlässigkeit sowie eine vollständige Filterung der UV-Strahlung.

Fahrzeug-Isolierglas
Das Fahrzeug-Isolierglas besteht aus zwei planen oder gebogenen Einscheiben-Sicherheitsgläsern (3 mm), die durch einen Luftspalt (3 mm) getrennt sind. Dieses Isolierglas verringert – insbesondere in der Kombination mit einer Farbbeschichtung – die Erwärmung des Fahrzeuginnenraums. Die Verringerung der Transmission erfolgt hauptsächlich im Infrarotbereich, sodass die Lichtdurchlässigkeit kaum beeinflusst wird.

Die Isolierverglasung führt zusätzlich zu einer besseren Wärmedämmung im Winter sowie zu einer Verbesserung der Schalldämmung.

Isolierglas wird nur noch für Nutzfahrzeuge wie Busse, Bahn und Flugzeuge verwendet.

Heizbares Verbund-Sicherheitsglas
Heizbares Verbund-Sicherheitsglas kann in der Verbundglas-Windschutzscheibe oder Rückwandscheibe eingesetzt werden. Diese Gläser verhindern das Vereisen und Beschlagen der Scheibe auch bei extremen winterlichen Temperaturen und sorgen so für klare Sicht.

Das heizbare Verbund-Sicherheitsglas besteht aus zwei oder mehreren Einzelgläsern, die durch eine PVB-Folie verbunden sind. In der Folie verlaufen Heizdrähte, die – abhängig von der benötigten Heizleistung – weniger als 20 µm dick sein können. Der Verlauf der Heizdrähte kann wellenförmig oder gerade sein. Die Heizdrähte können vertikal oder horizontal angeordnet sein. Das Heizfeld kann vollflächig oder in mehrere Heizzonen mit unterschiedlicher Heizleistung unterteilt sein. Damit kann z.B. verhindert werden, dass die Scheibenwischer bei Frost an der Scheibe anfrieren.

Heizbare Verglasungen sind auch über Schichten darstellbar. Diese Schichten haben den Vorteil, dass sie im Gegensatz zur Drahtbeheizung unsichtbar sind und Infrarotstrahlung reflektieren.

Fahrzeugantennenscheibe

Die Fahrzeugantenne ist bei dieser Verglasung in der Scheibe integriert. Bei Einscheiben-Sicherheitsglas (Dach- und Seitenscheiben) ist die Antenne aufgedruckt und befindet sich – fast unsichtbar – auf der inneren Glasoberfläche. Bei Verbund-Sicherheitsglas (Windschutzscheiben) ist das Leitersystem der Antenne in der Folie einlaminiert oder aufgedruckt.

Akustikverglasung

Eine Akustik-Windschutzscheibe besteht wie jede Windschutzscheibe aus zwei Einzelscheiben – Außen- und Innenscheibe, die über eine stabile Kunststofffolie aus Polyvinylbutyral (PVB) fest miteinander verbunden sind. Bei der Akustikverglasung wird die herkömmliche PVB-Folie jedoch durch eine Akustik-PVB ersetzt, bei der sich zwischen zwei Lagen Standard-PVB in der Mitte ein hochdämpfender Akustikkern befindet. Die beiden äußeren Folien aus herkömmlichem Kunststoff stellen somit die mechanischen Eigenschaften sicher, während die Kernschicht aus dämpfendem Material die Vibrationen absorbiert.

Akustik-Windschutzscheiben reduzieren die Übertragung niedrigfrequenter Motorschwingungen in das Wageninnere. Motorvibrationsgeräusche werden von der Windschutzscheibe absorbiert, wodurch diese Booming-Geräusche (Dröhnen) bei niedrigen Frequenzen um bis zu 5 dB reduziert werden. Auch Seitenscheiben können mittlerweile mit Akustikverglasung ausgestattet werden.

Wasserabweisende Verglasung

Eine Beschichtung auf dem Glas bewirkt bei Regen ein Abperlen der Wassertropfen auf der Glasoberfläche. Sie werden durch den Fahrtwind von der Scheibe weggetrieben.

Alle Glasflächen können mit dieser Funktion ausgestattet werden. Nach einigen Jahren der Benutzung kann die Wirksamkeit der wasserabweisenden Verglasung mit einem Regenerierungskit vollständig wiederhergestellt werden.

Panoramadächer

Die Auswahl an Panoramadächern ist vielfältig und reicht vom geschlossenen, großflächigen Glasdach über Twin- oder Multipanel bis hin zum Lamellen-Sonnendach.

Folgende Glastechnologien können für Panoramadächer genutzt werden:

- Konventionelles Verbund-Sicherheitsglas in der Dicke 5 mm,
- teilvorgespanntes Verbund-Sicherheitsglas in der Dicke 5 mm.

Schaltbare Verglasung

Es gibt verschiedene Technologien, um die Transparenz einer Scheibe „auf Knopfdruck“ zu beeinflussen. Eine der gängigen Methoden basiert auf Flüssigkristallen, die in einer Kunststofffolie eingebettet sind. Beim Anlegen einer Spannung orientieren sich diese Kristalle alle in eine Richtung, sodass die Scheibe von opak zu transparent geschaltet wird. Die Schaltdauer beträgt unter einer Sekunde.

HUD-Verglasung

Ein Head-Up-Display (HUD) projiziert während der Fahrt verschiedene Informationen auf die Windschutzscheibe (z. B. Geschwindkeit, Navigation, Schildererkennung). Im Unterschied zu einer herkömmlichen Windschutzscheibe wird bei einer HUD-Windschutzscheibe eine PVB-Folie eingesetzt, die von der Motorkante zur Dachkante hin minimal in der Dicke zunimmt. Hierdurch wird ein scharfes und optisch hochwertiges HUD-Bild erreicht. Die optimale Konfiguration zwischen Projektor und Windschutzscheibe wird im Rahmen einer aufwändigen Simulations- und Entwicklungsarbeit festgelegt.

Literatur

[1] DIN 52306: Kugelfallversuch an Sicherheitsscheiben für Fahrzeugverglasung.
[2] DIN 52305: Bestimmung des Ablenkwinkels und des Brechwertes von Sicherheitsscheiben für Fahrzeugverglasung.

Scheiben- und Scheinwerferreinigung

Systeme für die Scheibenreinigung haben die Aufgabe, dem Fahrer stets ausreichende Sicht im Kraftfahrzeug zu ermöglichen. Unterschieden werden die folgenden Arten:
- Front-Wischersysteme,
- Heck-Wischersysteme,
- Scheibenwaschanlagen in Kombination mit Wischersystemen,
- Scheinwerfer-Reingungssysteme.

Bild 1: Front-Wischersysteme zur Erfüllung geforderderter Pkw-Sichtflächen.
a) Gleichlaufsystem,
b) Gegenlaufsystem,
c) wischerblattgesteuertes Einhebelsystem.

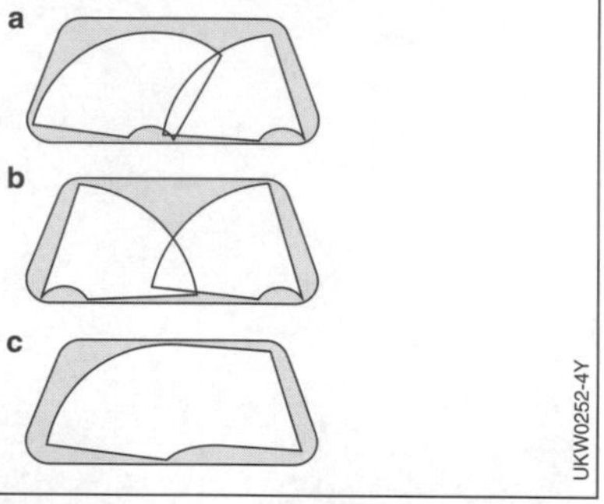

Front-Wischersysteme

Aufgaben und Anforderungen

Front-Wischersysteme haben die Aufgaben Wasser, Schnee und Schmutz (mineralisch, organisch und biologisch) von der Frontscheibe zu beseitigen. Randbedingungen sind u.a.:
- Betrieb bei Wärme (+80 °C) und Kälte (–40 °C),
- Korrosionsbeständigkeit gegen Säuren, Basen, Salze, Ozon,
- Betriebsfestigkeit bei Belastungen (z.B. durch hohe Schneelast),
- Fußgängeraufprallschutz,
- Reinigungswirkung bei hohen Fahrgeschwindigkeiten,
- geringes Betriebsgeräusch.

Die Forderung nach ausreichender Sicht hat der Gesetzgeber in genormten Sichtflächen auf der Scheibe übersetzt (z.B. für Europa [1]). Diese sind in mehrere Bereiche unterteilt und müssen durch das Wischersystem zu festgelegten Prozentsätzen gereinigt werden. Die wichtigsten Wischersysteme für die Frontscheibe am Pkw, die diese Forderungen erfüllen, sind in Bild 1 dargestellt.

Wischersysteme für Nfz sind ähnlich denen von Pkw, es gelten aber andere

Bild 2: Front-Wischersystem.
1 Frontscheibe,
2 Wischerblatt,
3 Wischerarm,
4 Wischergestänge,
5 Wischerantrieb.

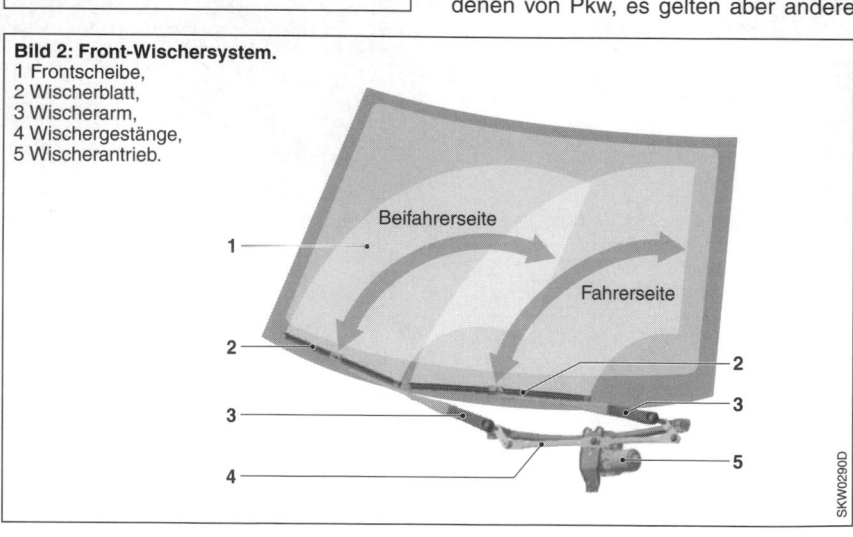

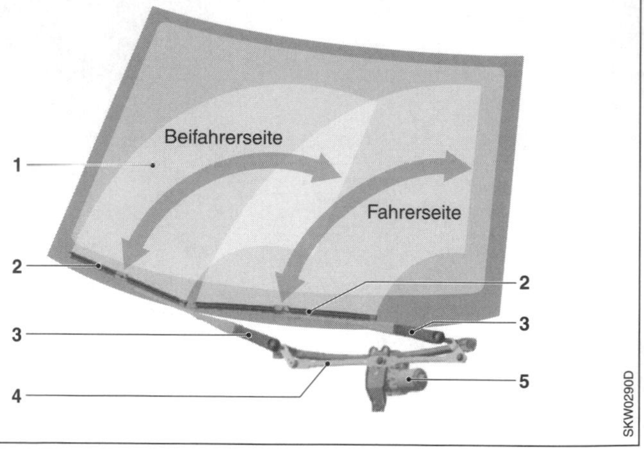

Anforderungen insbesondere in Bezug auf Fahrgeschwindigkeit und Scheibenform.

Arbeitsweise

Prinzipiell besteht ein Front-Wischersystem aus einem Wischerantrieb mit beziehungsweise ohne Gestänge, den Wischerarmen und den Wischerblättern (Bild 2).

Der Wischerantrieb bewegt die Wischerarme in einem bestimmten Winkel über die Windschutzscheibe, sodass Fahrer und Beifahrer eine klare Sicht haben. Eine speziell geformte Gummiwischerlippe sorgt für ein optimales Wischergebnis.

Front-Wischerantrieb

Motor-Getriebe-Einheit

Front-Wischerantriebe bestehen prinzipiell aus einem Elektromotor mit einem Untersetzungsgetriebe. Als Elektromotoren kommen hauptsächlich bürstenbehaftete permanentmagneterregte Gleichstrommotoren mit mechanischer Kommutierung zum Einsatz und als Getriebe Schraubradgetriebe (Bild 3).

Bürstenlose permanentmagneterregte Gleichstrommotoren mit elektronischer Kommutierung sind aus Kostengründen noch in der Minderheit und nur vereinzelt am Markt.

Motorauslegung

Aus Kosten-, Gewichts- und Bauraumgründen werden die Motoren hochtourig ausgelegt. Die Anpassung an die Drehzahl- und Drehmomentenanforderungen des Wischersystems erfolgt über das Schraubradgetriebe.

Hauptfunktion für Wischerantriebe ist die Gewährleistung der Sicht unter erwarteten Bedingungen, d.h. unter anderem ein ausreichend häufiges Wischen der Scheibe. Bei Front-Wischersystemen bedeutet das in der Regel etwa 40-mal in der Minute (Stufe 1) und bei extremeren Bedingungen ca. 60-mal (Stufe 2). Dies ist in Europa [1] mit der Forderung einer Wischfrequenz von mindestens zehn und höchstens 55 Wischzyklen pro Minute und eine zweite Wischfrequenz von mindestens 45 vollständigen Wischzyklen pro Minute vorgegeben. Die Differenz zwischen der höchsten und niedrigeren Wischfrequenz muss mindestens 15 Wischzyklen pro Minute betragen.

Die für elektrische Maschinen oft verwendete Einteilung nach Leistung ist bei Antrieben für Wischersysteme nicht geeignet. Wischersysteme werden im Normalfall an nasser Scheibe betrieben, hier wird dem Motor wenig Drehmoment bei hohen Drehzahlen abverlangt. Hingegen wird bei Hochlastzuständen, wie z.B. angefrorenen Wischerblatt, ein hohes Drehmoment bei niedriger Drehzahl benötigt. In beiden Fällen ist die Leistung (Produkt aus Drehmoment und Drehzahl) klein.

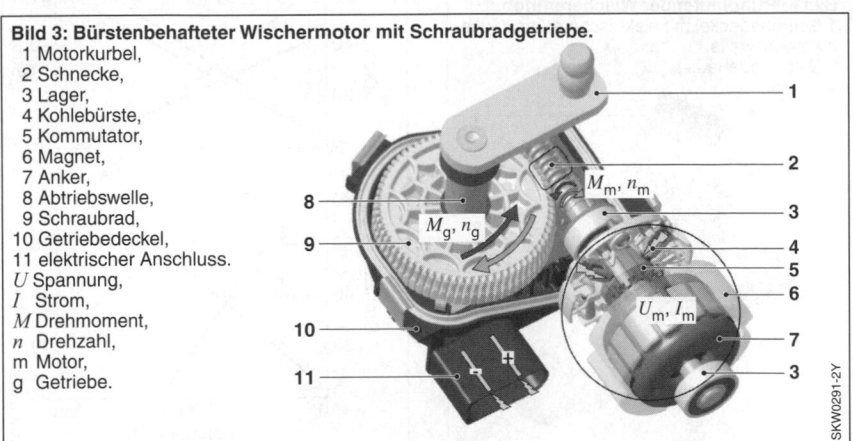

Bild 3: Bürstenbehafteter Wischermotor mit Schraubradgetriebe.
1 Motorkurbel,
2 Schnecke,
3 Lager,
4 Kohlebürste,
5 Kommutator,
6 Magnet,
7 Anker,
8 Abtriebswelle,
9 Schraubrad,
10 Getriebedeckel,
11 elektrischer Anschluss.
U Spannung,
I Strom,
M Drehmoment,
n Drehzahl,
m Motor,
g Getriebe.

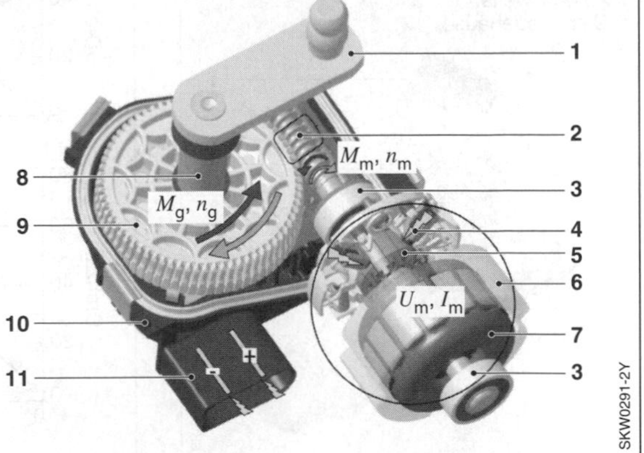

Da die Antriebsgröße vom benötigten Drehmoment im Hochlastpunkt abhängt, wird dieses als Klassifizierungsmerkmal herangezogen.

Rundlaufende Antriebe

Rundlaufende Antriebe (Bild 4) sind dadurch gekennzeichnet, dass die Abtriebswelle des Wischerantriebs permanent in die gleiche Richtung dreht (360 °). Die eigentliche Wischbewegung an der Scheibe wird durch das Wischergestänge und deren kinematischen Auslegung bestimmt.

Für die Drehzahl-Drehmoment-Gleichung und dem daraus abgeleiteten Anlaufdrehmoment gelten folgende Beziehungen:

$$n = -2\pi \frac{R_A}{c^2 \Phi^2} M + \frac{U_{KL}}{c\Phi}, \quad (1)$$

$$M_A = \frac{1}{2\pi} \frac{U_{KL}}{R_A} c\Phi. \quad (2)$$

$c = zp/a$ Motorkonstante,
U_{KL} Klemmenspannung,
Φ verketteter Wicklungsfluss,
R_A Ankerwiderstand,
M Drehmoment,
M_A Anlaufdrehmoment für $n = 0$,
z wirksame Gesamtleiterzahl,
$2a$ Anzahl der parallelen Ankerzweige,
p Polpaarzahl.

Die zwei Drehzahlstufen werden bei solchen Systemen dadurch erreicht, dass neben den Kohlebürsten an Masse (–) und an Batteriespannung (+) für Stufe 1 auf eine dritte Kohlebürste (Bild 5) umgeschaltet wird, welche ebenfalls an die

Bild 4: Rundlaufender Wischerantrieb.
1 Getriebedeckel mit elektrischem Anschluss,
2 Abtriebswelle,
3 Getriebegehäuse,
4 Poltopf.

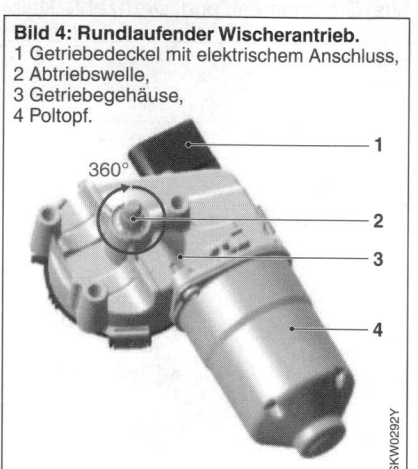

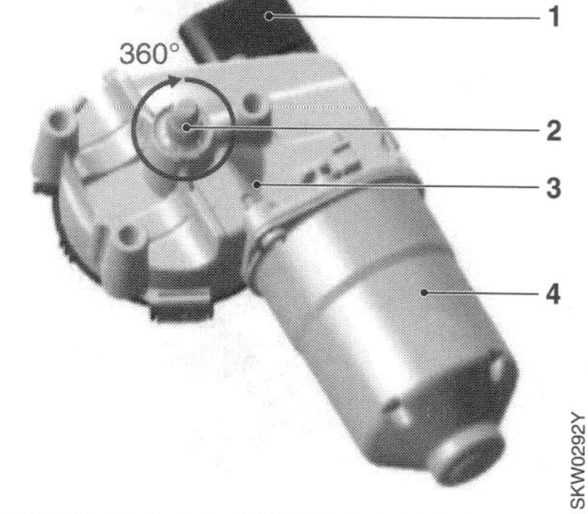

Bild 5: Lage der dritten Kohlebürste.
1 Magnet, 2 Kohlebürsten für Stufe 1,
3 dritte Bürste für Stufe 2.

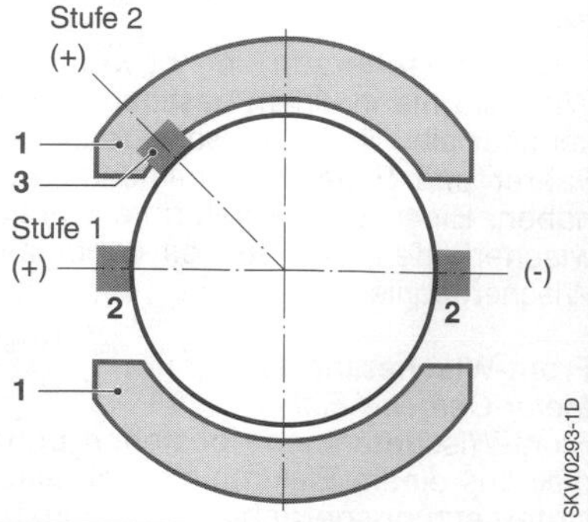

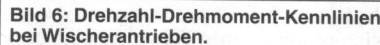

Bild 6: Drehzahl-Drehmoment-Kennlinien bei Wischerantrieben.
a) Rundlaufender Wischerantrieb,
b) reversierender Wischerantrieb.
1 Drehzahl Stufe 1,
2 Strom Stufe 1,
3 Drehzahl Stufe 2,
4 Strom Stufe 2,
5 Strom Reversierbetrieb.
M_A Anlaufdrehmoment.

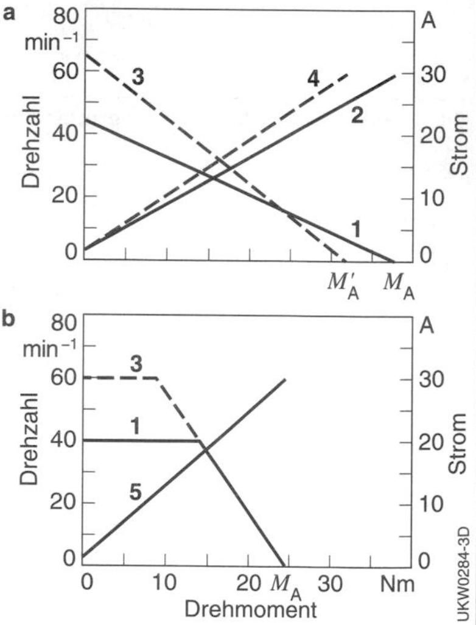

Batteriespannung (+) angeschlossen ist und Stufe 2 realisiert.

Durch die Wirkung der dritten Bürste befinden sich unter einem Magneten Leiter, die ein bremsendes Moment hervorrufen. Wird dieses Bremsmoment von dem Nutzmoment der Leiter unter dem anderen Magneten abgezogen, so wirkt die dritte Bürste, was die Leiterzahl betrifft, wie eine Verringerung der Leiterzahl bei konstantem Drahtquerschnitt, d.h. die Drehzahl-Drehmoment-Kennlinie müsste sich um den Anlaufpunktpunkt M_A drehen (Bild 6a). Bei der Ermittlung des Ankerwiderstands können jedoch diese Leiter nicht vernachlässigt werden, womit sich ein Ankerwiderstand ergibt, der größer ist, als es der Momentenwirkung von der Leiterzahl her entspricht. Nach Gleichung (2) wird also das Anlaufdrehmoment abnehmen und ein Drehpunkt der Kennlinie auftreten, der im hinteren Teil der Drehzahl-Drehmoment-Kennlinie bei M_A' liegt (Bild 6a).

Zur Gewährleistung der richtigen Parkposition der Wischerblätter besitzen die Wischerantriebe ein mechanisches Sensorsystem. Da die Stellung der Abtriebswelle des rundlaufenden Antriebs eine 1:1-Korrelation zum Wischwinkel aufweist, kann mit einer Referenzposition am Abtrieb diese Funktion gewährleistet werden. Als Parkstellungssystem kommen hauptsächlich Schleifer im Getriebedeckel mit einer Kontaktscheibe im Schraubrad zum Einsatz (Bild 7).

Ein Hochlast- und Blockierschutz erfolgt bei rundlaufenden Antrieben konventionell über einen Thermoschutzschalter.

Reversierende Antriebe
Bei reversierenden Antrieben oszilliert die Abtriebswelle in einem definierten Winkel, in der Regel kleiner als 180 ° (Bild 8). Der Abtrieb auf die Wischerwellen wird, wie auch bei den rundlaufenden Wischerantrieben, über ein Wischergestänge dargestellt beziehungsweise bei Direktantrieben direkt auf die Wischerwelle.

Im Getriebedeckel ist eine Elektronik mit Software integriert. Diese erzeugt mittels Umpolarisierung der Klemmenspannung eine Richtungsumkehr des Elektromotors und somit die Richtungsumkehr der Wischerblätter in den entsprechenden Wendelagen. Außerdem werden mittels Pulsweitenmodulation der angelegten Klemmenspannung unterschiedliche Motordrehzahlen und somit regelbare Wischergeschwindigkeiten beziehungsweise Wischerfrequenzen erzeugt (Bild 6b). Deshalb besitzen Reversierantriebe mit einem bürstenbehafteten Gleichstrommotor und mechanischer Kommutierung im Gegensatz zu konventionellen Rundläufern nur zwei Kohlebürsten.

Zur Steuerung des Antriebs ist die Position und Geschwindigkeit des Abtriebs relevant. Zum Beispiel werden diese Größen über in der Elektronik integrierte

Bild 7: Mechanisches Parkstellungssystem.
1 Getriebedeckel mit Schleifer,
2 Kontaktscheibe,
3 Schraubrad.

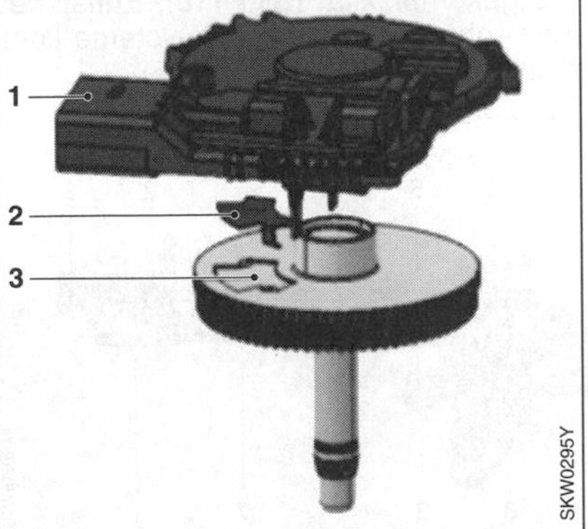

Bild 8: Reversierender Wischerantrieb.
1 Abtriebswelle,
2 Getriebegehäuse,
3 Getriebedeckel mit elektrischem Anschluss,
4 Poltopf.

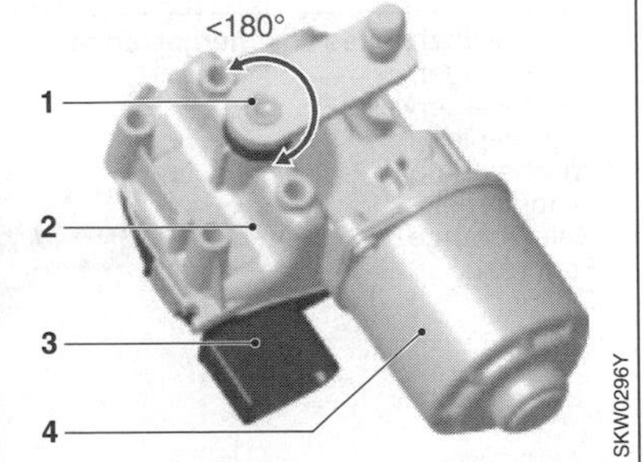

Hall-Sensoren und Gebermagnete im Schraubrad erfasst und mit einer entsprechenden Software verarbeitet. Die Signale dieser Sensorik werden auch für die Erkennung der Parkposition verwendet (Bild 9) und ersparen das mechanische Parkstellungssystem der konventionellen rundlaufenden Antriebe.

Der Hochlast- und Blockierschutz wird hier ebenfalls über die integrierte Elektronik gewährleistet.

Wischergestänge

Das Wischergestänge ist die Verbindung zwischen dem Antrieb und einem oder mehreren Wischerarmen. Es überträgt die Bewegung des Wischerantriebs über die Motorkurbel mit Kugelzapfen auf die Gelenkstangen und hierüber auf den Kugelzapfen des Wischerlagers (Bild 10).

Mittels z.B. einer Bundmutter ist der Wischerarm mit der Wischerlagerwelle verbunden und der Wischerantrieb wird mittels Platine und entsprechenden Schrauben im Getriebegehäuse mit einem Formrohr verbunden. Durch das Formrohr wird die Montage im Fahrzeug vereinfacht und die Toleranzen des Wischwinkels werden begrenzt.

Die Ausführungen unterscheiden sich wie folgt.

Rundläufer

Der Antrieb läuft im Kreis (360 °), das Gestänge übersetzt die Kreisbewegung in die oszillierende Bewegung der Wischerarme (Bild 11a). Der geforderte Wischwinkel bestimmt die kinematische Auslegung des Gestänges, d.h. der Winkel zwischen dem oberen Anschlag des Wischerblatts nahe der A-Säule (obere Wendelage) und dem unteren Anschlag nahe dem unteren Rand der Scheibe (untere Wendelage).

Reversiertechnik

Der Antrieb dreht elektronisch geregelt weniger als eine halbe Umdrehung (< 180 °). Das Gestänge sorgt für die Kraftübertragung des Antriebs auf die Wischerarme (Bild 11b). Der Vorteil solcher Systeme gegenüber dem Rundläufer ist, dass der benötigte Bauraum für die Gestängekinematik etwa halbiert ist.

Bei Direktantrieben ist der Wischerarm direkt mit der Abtriebswelle verbunden. Hier gibt es Systeme mit reduzierter Gestängekomplexität (Bild 11c), Entfall des Formrohrs (Bild 11d) und Systeme komplett ohne Gestänge (Bild 11e).

Bild 9: Elektronisches Parkstellungssystem.
1 Getriebedeckel mit Elektronik und Sensor,
2 Gebermagnet,
3 Schraubrad.

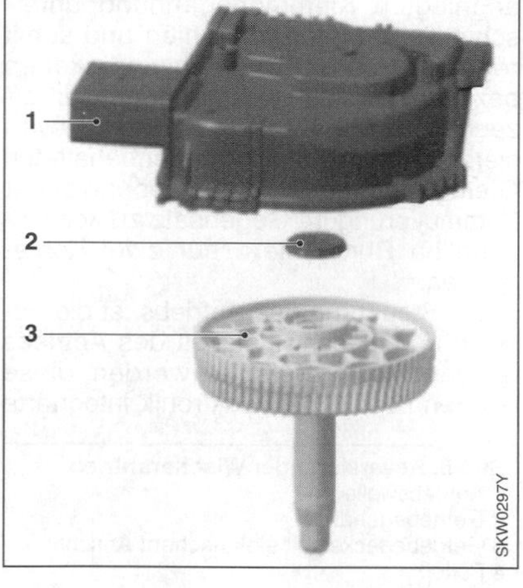

Bild 10: Prinzipielles Wischergestänge.
1 Wischerlager,
2 Wischerlagerwelle,
3 Kugelzapfen,
4 Wischerantrieb,
5 Motorkurbel,
6 Gelenkstange,
7 Formrohr,
8 Platine.

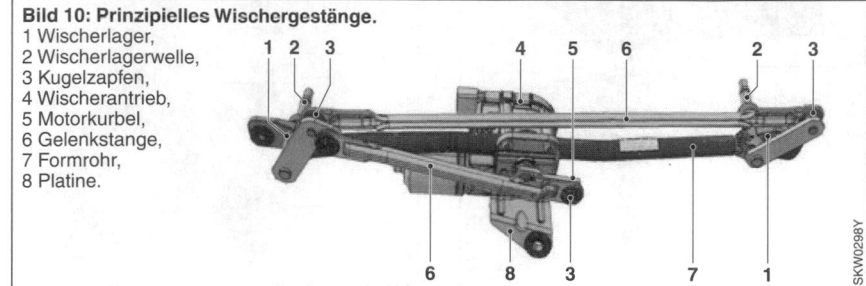

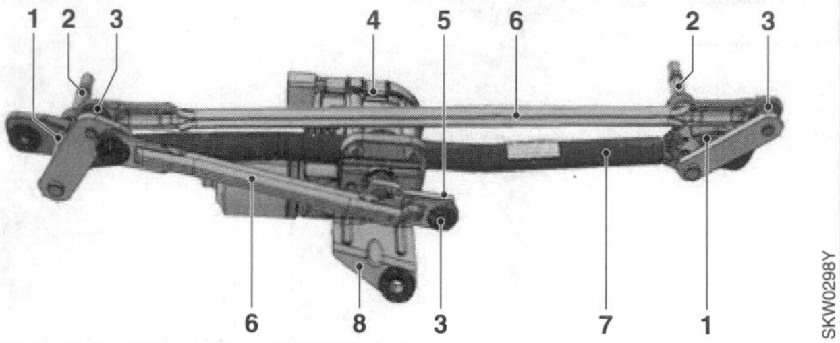

Bei Entfall des Formrohrs reduziert sich die Anzahl der Teile des Wischergestänges, erhöht jedoch den Montageaufwand des Fahrzeugherstellers, weil mehr Teile mit dem Fahrzeug verbunden werden müssen. Außerdem erhöht dies die Anforderungen an die Steifigkeit der Fahrzeugkarosserie und erfordert eine erhöhte Genauigkeit bei der Montage der Komponenten, um die Wischwinkelgenauigkeit zu gewährleisten.

Bild 11: Gestängekonfigurationen.
a) Rundlaufender Antrieb mit Gestänge,
b) reversierender Antrieb mit Gestänge,
c) reversierender Direktantrieb mit Gestänge,
d) reversierender Direktantrieb ohne Formrohr,
e) zwei reversierende Direktantriebe ohne Gestänge.
1 Rundlaufender Antrieb,
2 reversierender Antrieb,
3 reversierender Direktantrieb,
4 Wischergestänge.

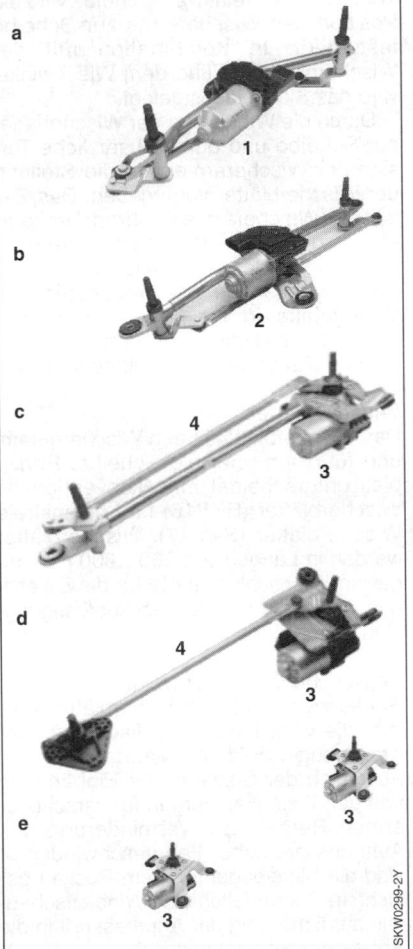

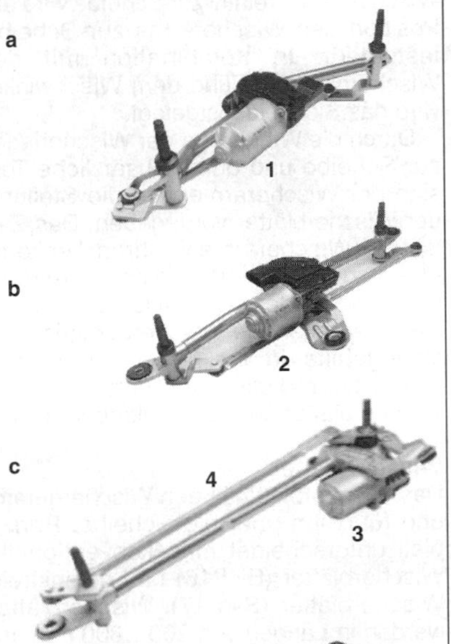

Beim Entfall des Wischergestänges wird der Antrieb direkt über eine Platine mit der Karosserie verschraubt.

Mit elektronisch geregelten Wischersystemen lassen sich darüber hinaus Zusatzfunktionen wie z. B. eine erweiterte Parkstellung, eine Überlastsicherung (z.B. für Schnee), eine stufenlos variable Wischgeschwindigkeit und ein über variierende Betriebsbedingungen (z.B. Fahrgeschwindigkeit) gleich großes Wischfeld realisieren.

Wischerarme

Der Wischerarm ist das Verbindungselement zwischen Wischergestänge und Wischerblatt. Mit seinem Befestigungsteil, meist aus Aluminium-Druckguss

Bild 12: Wischerarm (Seitenansicht und Draufsicht).
1 Stahlband mit Hakenbefestigung,
2 Gelenkteil,
3 Zugfeder,
4 Befestigungsteil mit Konus zur Befestigung auf der Wischerlagerwelle.

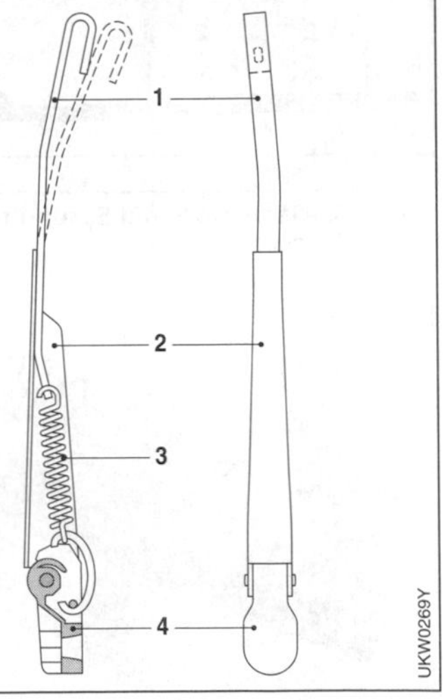

oder Stahlblech, wird er auf den Konus der Wischerlagerwelle aufgeschraubt (Bild 12). Das andere Ende besteht in der Regel aus einem Stahlband und trägt das Wischerblatt. Hierbei wird zwischen Haken-, Seiten- und Frontanbindung unterschieden (Bild 13).

Zur weiteren Verbesserung der Sichtverhältnisse wird die Waschflüssigkeit der Scheibenwaschanlage gezielt dort zugeführt, wo sie benötigt wird und zwar direkt vor dem Wischerblatt. Dafür werden Düsenkörper (Sprühdüsen) im Wischerarm (Bild 14) beziehungsweise Sprühöffnungen im Wischerblatt (Bild 15) integriert. Das verbessert die Reinigungswirkung, erweitert das Sichtfeld und ermöglicht eine klare Sicht. Im Gegensatz zu herkömmlichen Systemen entsteht kein großflächiger Sprühnebel. Das verbessert zusätzlich die Sicht auch bei höheren Fahrgeschwindigkeiten. Entsprechend der verfügbaren Ausstattungsvariante im Fahrzeug gibt es diese Systeme beheizt oder unbeheizt.

Bild 13: Anbindung des Wischerblatts an den Wischerarm.
a) Hakenanbindung,
b) Seitenanbindung,
c) Frontanbindung.

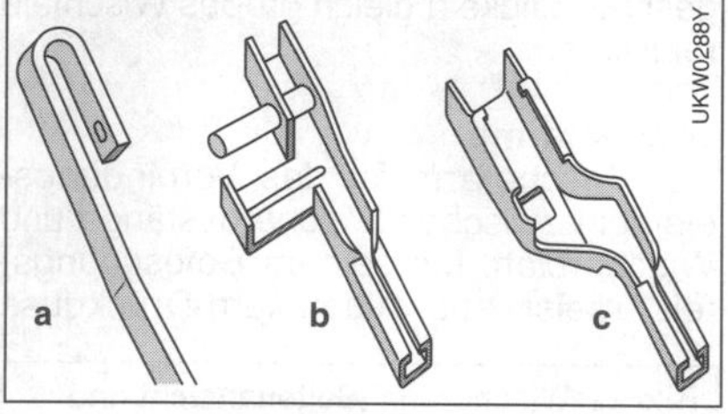

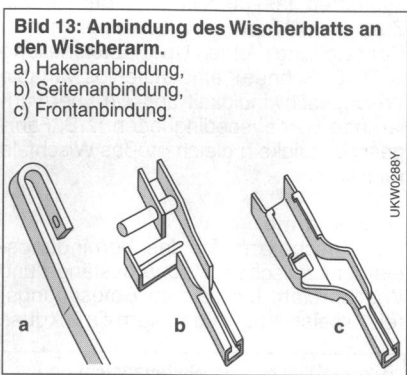

Bild 14: Wischerarm mit Düsenkörper.
1 Wischerblatt,
2 Düsenkörper,
3 Wischerarm,
4 elektrohydraulischer Anschluss.

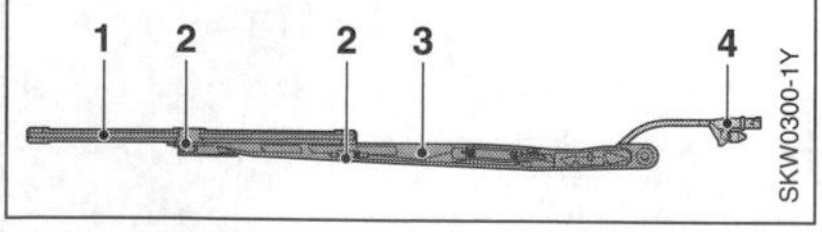

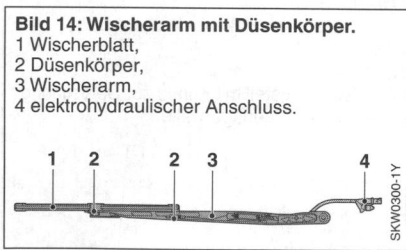

Bild 15: Wischerblatt mit Sprühöffnungen.
1 Wischerblatt,
2 Sprühöffnungen.

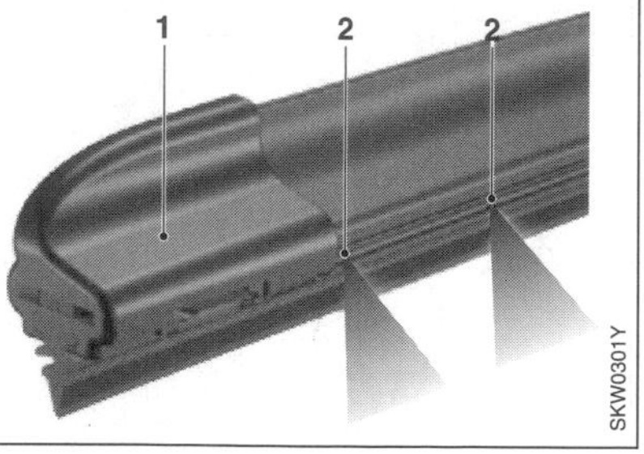

Das Wischerlager ist an der Karosserie angeschraubt. Über die Position des Wischerlagers relativ zur Scheibe wird die Position des Wischerarms zur Scheibe festgelegt. In Kombination mit der Wischerblattlänge und dem Wischwinkel wird das Sichtfeld festgelegt.

Durch die Winkellage der Wischerlager zur Scheibe und durch zusätzliche Torsion der Wischerarme wird die Stellung der Wischerblätter vorgegeben. Das Ziel ist, die Wischerarme in ihren Umkehrlagen zur Mitte (Winkelhalbierenden) des Wischfeldes hin seitlich zu neigen. Damit erhalten die Wischergummis eine Umlegehilfe in die neue Arbeitsstellung. Dies reduziert den Verschleiß der Wischerblätter und das Umlegegeräusch.

Wischerblätter

Das Wischerblatt hält den Wischergummi und führt ihn über die Scheibe. Prinzipiell unterscheidet man konventionelle Wischerblätter (Bild 16) und gelenkfreie Wischerblätter (Bild 17). Wischerblätter werden in Längen von 260…800 mm angewandt. Anschlussmaße für die Befestigung (z. B. Haken- oder Steckbefestigung) sind genormt.

Konventionelles Wischerblatt

Bei konventionellen Wischerblättern erfolgt die Verteilung der Auflagekraft über Krallenbügel (Bild 16). Maßnahmen zum Ausgleich der Spiele in der Einhängung und den Gelenken sorgen für verschleißarmen Betrieb. Zur Verminderung des Auftriebs bei hoher Fahrgeschwindigkeit sind die Mittelbügel auf dem Rücken gelocht. In Sonderfällen sind Windleitschaufeln zur Erhöhung der Anpresskraft in die Arme oder Blätter integriert.

Gelenkfreies Wischerblatt

Das gelenkfreie Wischerblatt (Aero-Wischerblatt) entspricht dem aktuellen Entwicklungsstand bei den Wischerblättern (Bild 17).

Die Verteilung der Auflagekraft auf den Wischergummi übernehmen nicht mehr die Krallen der Wischerblattbügel, sondern speziell auf die Scheibe abgestimmte, vorgebogene Federschienen (Blattfedern). Sie bewirken einen noch gleichmäßigeren Anpressdruck der Wischerlippe gegen die Scheibe. Dies mindert den Verschleiß der Wischlippe und erhöht die Wischqualität. Mit dem Wegfall des Bügelsystems tritt außerdem kein Gelenkverschleiß mehr auf und es ergeben sich eine wesentlich geringere Bauhöhe, ein geringeres Gewicht und eine geringere Geräuschbildung (auch weniger Windgeräusche).

Die Oberseite des Wischerblatts ist als Spoiler (Windleitschaufel) ausgebildet und erlaubt den Einsatz ohne weitere Hilfsmittel auch bei sehr hohen Fahrgeschwindigkeiten. Das elastische Material dieses Spoilers ist ein zusätzlicher Verletzungsschutz bei einem etwaigen Unfall mit einem Fußgänger (Fußgängerschutz).

Eine angepasste einfache Verbindung zum Wischerarm sorgt für einen sicheren Halt des Wischerblatts im Betrieb und für einen einfachen Wischerblattwechsel bei einem notwendigen Austausch.

Wischergummi

Ein maßgebliches Element des Wischersystems ist der Wischergummi. Belastet über die Krallen des Bügelsystems (Bild 16) oder gestützt durch Federschienen (Bild 17), berührt die Kante der Gummilippe mit einer Breite von

Bild 16: Konventionelles Wischerblatt.
a) Wischerblatt belastet,
b) entlastet,
c) Schnitt.
1 Wischergummi, 2 Krallenbügel,
3 Gelenk, 4 Mittelbügel, 5 Adapter,
6 Federschiene.

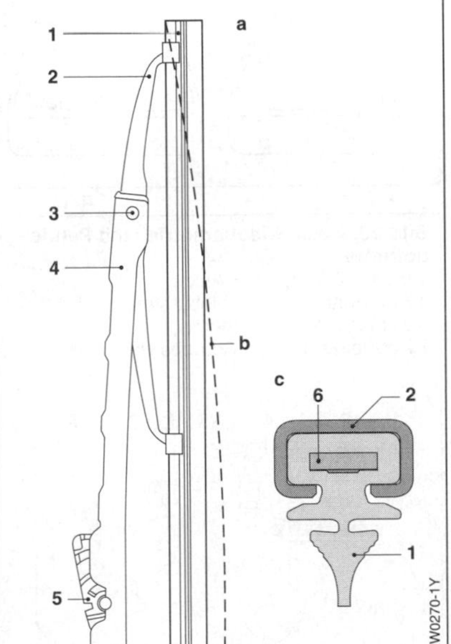

Bild 17: Gelenkfreies Wischerblatt (Aero-Wischerblatt).
a) Wischrtblatt belastet,
b) entlastet,
c) Schnitt.
1 Endclip, 2 Federschiene,
3 Wischergummi, 4 Spoiler, 5 Wischerarm.

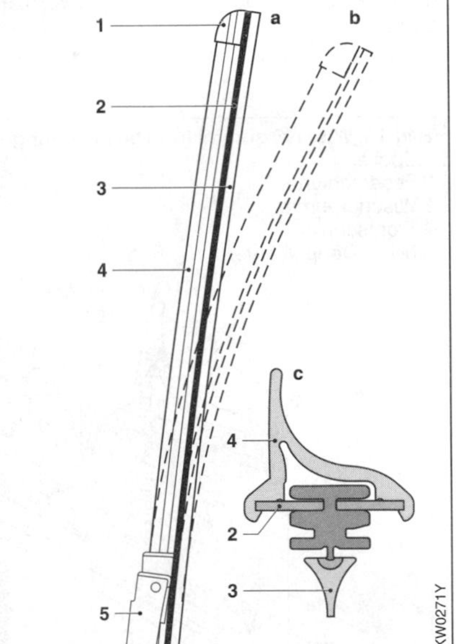

0,01…0,015 mm die Scheibe. Bei Trockenreibwerten von 0,7…1,7 (abhängig von der Luftfeuchte) und Nassreibwerten von 0,1…0,5 (abhängig von der Reibgeschwindigkeit) muss durch die richtige Paarung von Profil und technischen Eigenschaften des Gummis die Lippe im gesamten Wischfeld unter etwa 45 ° über die Scheibe gezogen werden (Bild 18).

Der Zweikomponenten-Gummi (Twin-Wischer) aus synthetischem Kautschuk besteht aus einer besonders harten, abriebfesten Lippe, die in einen extraweichen Rücken übergeht. Der weiche Rücken sorgt bei jeder Temperatur für optimales Umlegeverhalten und ruhigen Lauf.

Regensensor

Der Regensensor (siehe Sensoren) registriert die Regenintensität, die er in ein entsprechendes Signal an den Wischerantrieb umwandelt. Dieser wird automatisch eingeschaltet und je nach Bedarf in der Intervallstufe oder in Stufe 1 oder Stufe 2 betrieben.

Optimal genutzt werden die Möglichkeiten des Regensensors mit einem elektronisch geregelten Wischersystem, deren Wischgeschwindigkeit der Regenintensität stufenlos nachgeregelt werden kann.

Bild 18: Wischergummi in Arbeitsstellung.
1 Spoiler,
2 Federschiene,
3 Wischergummi,
4 Frontscheibe,
5 Mikro-Doppelkante.

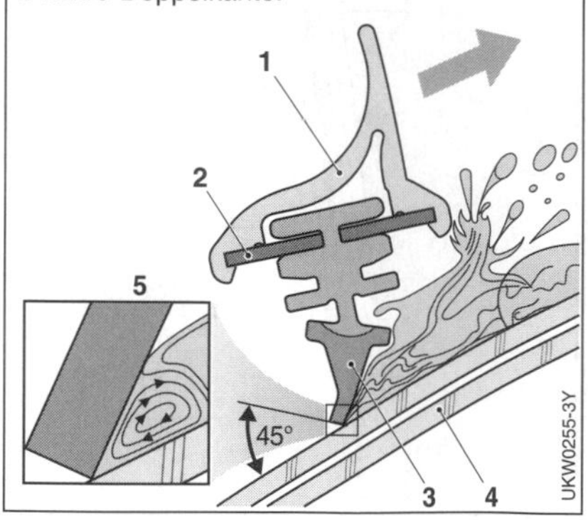

Heck-Wischersysteme

Aufgabe und Anforderungen

Heck-Wischersysteme kommen zum Einsatz, wenn die Heckscheibe durch ihre Neigung oder die Karosserieform stark zum Verschmutzen neigt und die Sicht nach hinten beeinträchtigt wird. Das Prinzip der Heckscheibenreinigung entspricht in der Regel dem von Frontscheiben-Reinigungssystemen.

Die Anforderungen an ein Heckscheiben-Reinigungssystem sind deutlich geringer als die an ein Front-Wischersystem. So wird das Heck-Wischersystem häufig im Intervallbetrieb eingesetzt und es bestehen keine gesetzlichen Forderungen an das Sichtfeld. Der Wischwinkel beträgt typischerweise zwischen 60 ° und 180 ° (Bild 19).

Bild 19: Heckscheiben-Wischfelder.
Die grauen Felder kennzeichnen den Sichtmangel zur Beobachtung des Überholverkehrs.

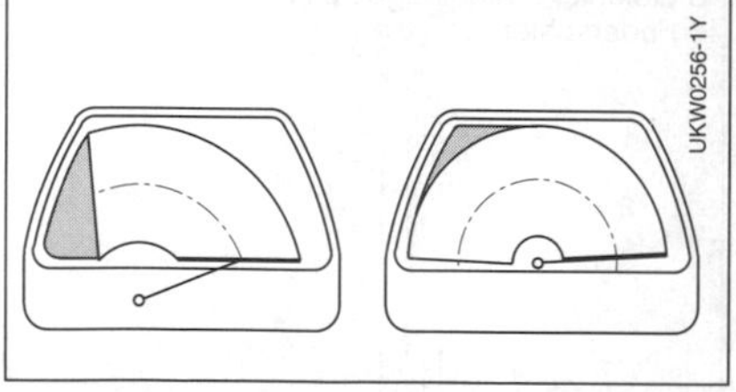

Bild 20: Heck-Wischerantrieb mit Pendelgetriebe.
1 Lager, 2 Magnet, 3 Anker,
4 Kommutator mit Kohlebürsten,
5 Schraubrad, 6 Schnecke,
7 Pendelgetriebe, 8 Abtriebswelle.

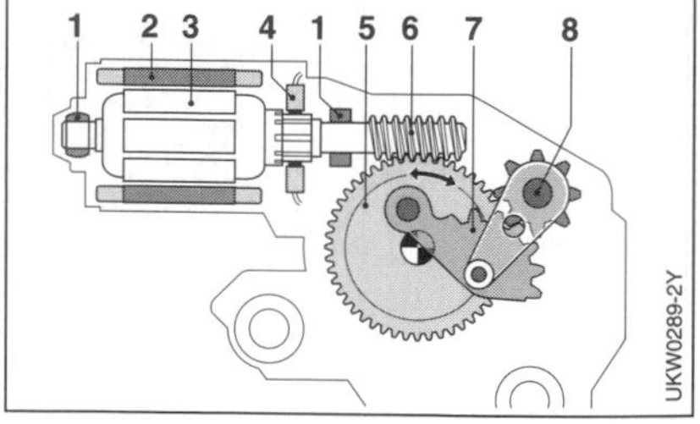

Heck-Wischerantriebe
Heck-Wischerantriebe unterscheiden sich prinzipiell nicht von Front-Wischerantrieben. Die Heck-Wischeranlage wird in der Regel durch einen Elektromotor mit integriertem Pendelgetriebe, das die Aufgabe des Gestänges bei Front-Wischersystemen übernimmt und die oszillierende Bewegung der Abtriebswelle ausführt, angetrieben (Bild 20). Der Wischerarm ist direkt an der Abtriebswelle des Wischerantriebs befestigt.

Bild 21: Scheibenwaschanlage und Hochdruckwaschanlage für Scheinwerfer.
1 Wassertank, 2 Pumpe,
3 Rückschlagventil, 4 T-Anschluss,
5 Düsenhalter für Scheinwerferreinigung,
6 Schlauch,
7 Düsen der Scheibenwaschanlage,
8 Spritzbereich,
9 Schlauch zum linken Scheinwerfer.

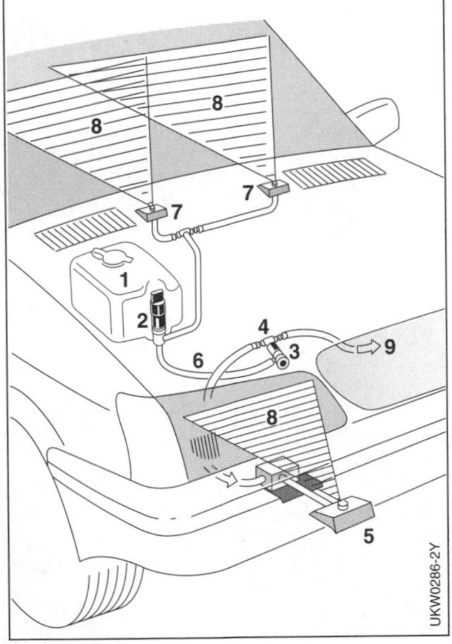

Scheibenwaschanlagen

Aufbau
Waschanlagen sind für eine gute Reinigung von Scheiben unentbehrlich. Hierzu werden elektrisch angetriebene Kreiselpumpen verwendet, die Wasser mit Reinigungszusatz aus dem Wassertank über Düsen mit punktförmigem Strahl oder über Fächerdüsen als Wassernebel auf die Scheibe bringen (Bild 21).

Für die Wasserbesprühung der Frontscheibe werden die Düsen an der Motorhaube oder aktuellem Entwicklungstrend entsprechend direkt am Wischerarm platziert, oder die Sprühöffnungen sind im Wischerblatt integriert (Bild 22). Der Inhalt des Wassertanks beträgt üblicherweise 1,5...2 *l*. Werden aus demselben Behälter auch die Scheinwerfer gereinigt, so wächst der Inhalt auf bis zu 7 *l* an. Für Heckscheiben kann ein separater Behälter vorgesehen sein.

Elektronische Steuerung
Oft ist die Waschanlage mit dem Reinigungssystem durch eine elektronische Steuerung so gekoppelt, dass für die Zeit eines Knopfdrucks die Wasserbesprühung erfolgt und danach das Wischersystem noch einige Perioden nachwischt.

Bild 22: Scheibenwaschanlage mit im Wischerarm integrierten Düsen.
1 Wassertank,
2 Pumpe,
3 Wischerblatt mit im Wischerblatt integrierten Sprühöffnungen,
4 Schlauch.

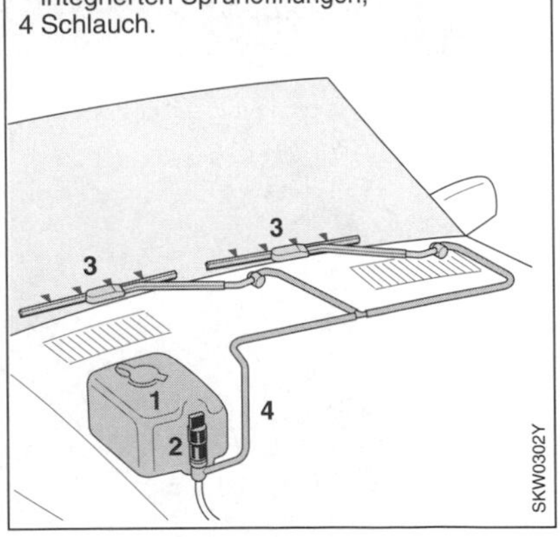

Scheinwerfer-Reinigungsanlagen

Für die Reinigung der Scheinwerfer haben sich reine Waschanlagen durchgesetzt. Die Vorteile der Scheinwerfer-Waschanlage im Vergleich zu den früher eingesetzten Wischersystemen mit Waschanlagen ist die einfache Bauweise und die stilistisch bessere Anpassung an das Fahrzeug.

Für Xenon-Scheinwerfer schreibt der Gesetzgeber in Deutschland eine Scheinwerfer-Waschanlage verbindlich vor, um Blendungen des Gegenverkehrs durch Lichtstreuungen zu verhindern.

Aufbau

Hochdruck-Waschanlagen (Bild 21) bestehen aus dem Wassertank (das benötigte Wasser wird dem Behälter für die Frontscheiben-Waschanlage entnommen), der Pumpe, Schläuchen mit Rückschlagventil sowie den Düsenhaltern (Horn) mit einer oder mehreren Düsen. Neben den an den Stoßfängern feststehenden Düsenhaltern gibt es auch über Teleskop ausfahrbare Düsenhalter. Da das Teleskop eine optimale Abspritzposition anfahren kann, ist damit eine bessere Reinigungswirkung verbunden. Zudem lässt sich der inaktive Düsenhalter z.B. innerhalb des Stoßfängers verbergen.

Reinigungswirkung

Die Reinigungswirkung wird hauptsächlich durch den Reinigungsimpuls des Wasserstrahls bestimmt. Maßgebend dafür sind der Abstand zwischen Düsen und Abdeckscheibe des Scheinwerfers, die Größe, der Auftreffwinkel und die Auftreffgeschwindigkeit der Wassertropfen sowie die Wassermenge. Wichtig ist die richtige Anordnung der Waschdüsen, sodass der Scheinwerfer bei allen Fahrgeschwindigkeiten gut vom Reinigungsstrahl getroffen wird.

Literatur

[1] Commission Regulation (EU) No.1008/2010: Windscreen Wiper and Washer Systems.

Klimatisierung des Fahrgastraums

Anforderungen an die Klimatisierung

Die Aufgaben zur Klimatisierung des Fahrgastraums von Personenkraftwagen und Nutzfahrzeugen sind vielfältig. Zunächst muss ein behagliches Klima für alle Insassen geschaffen werden. Hierzu wird je nach Außentemperatur abgekühlte oder aufgeheizte Luft in den Innenraum gefördert, um die physiologischen Bedürfnisse des Menschen zu berücksichtigen. Eine weitere Aufgabe der Klimatisierung ist, die Fahrzeugkabine frei von unangenehmen Gerüchen und belastenden Stoffen zu halten.

Die Klimatisierung hat weiterhin die sicherheitsrelevante Aufgabe, Front- und Seitenscheiben beschlags- und eisfrei zu halten. Länderspezifisch sind hier unterschiedliche gesetzliche Anforderungen zu erfüllen.

Der Komfortanspruch und damit die Funktionalität des Klimageräts steigt üblicherweise mit der Fahrzeugklasse. Auch regional unterschiedliche Anforderungen an die Klimatisierung sind zu berücksichtigen. In Europa wird beispielsweise eine möglichst unauffällige Klimatisierung bevorzugt, wogegen in den USA durchaus ein kalter und spürbarer Luftstrom gewünscht wird.

Aufbau und Arbeitsweise des Klimageräts

Luft ansaugen

Das Klimagerät ist für die Insassen nicht sichtbar unter der Instrumententafel des Fahrzeugs eingebaut. Die Frischluft wird üblicherweise im Bereich der Scheibenwurzel angesaugt (Bild 1). Regenwasser oder Schnee wird auf dem Weg zum Klimagerät abgeschieden. Durch eine Öffnung in der Stirnwand (Trennung zwischen Motorraum und Fahrgastraum) wird die Außenluft vom Klimagerät über ein Radialgebläse angesaugt und gefördert. Weiterhin besteht die Möglichkeit, über einen zweiten Lufteinlass Kabinenluft (Umluft) anzusaugen. Der Frischluft- und Umluftanteil der angesaugten Luft wird über Klappen gesteuert.

Frischluft wird benötigt, um Sauerstoff in den Fahrgastraum zu befördern. Im Umluftbetrieb wird der Eintrag störender Gerüche und belastender Stoffe in den Fahrgastraum vermieden. Weiterhin kann der Energieverbrauch im Umluftbetrieb deutlich reduziert werden, da die zu temperierende Luft im Heizbetrieb nicht so stark aufgeheizt und im Kühlbetrieb weniger abgekühlt werden muss. Zur Vermeidung von Scheibenbeschlag durch Kondensation feuchter Kabinenluft muss trotzdem zeitweise kalte und somit trockene Frischluft genutzt werden.

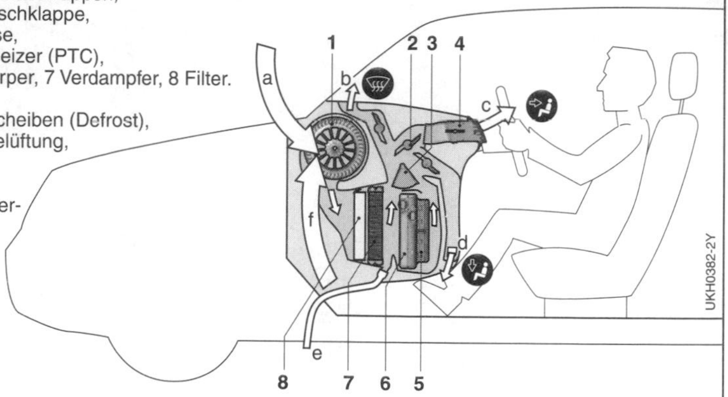

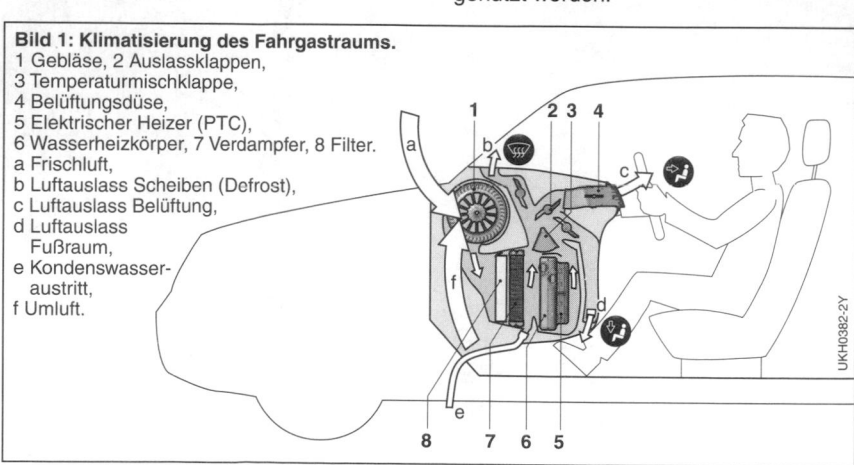

Bild 1: Klimatisierung des Fahrgastraums.
1 Gebläse, 2 Auslassklappen,
3 Temperaturmischklappe,
4 Belüftungsdüse,
5 Elektrischer Heizer (PTC),
6 Wasserheizkörper, 7 Verdampfer, 8 Filter.
a Frischluft,
b Luftauslass Scheiben (Defrost),
c Luftauslass Belüftung,
d Luftauslass Fußraum,
e Kondenswasseraustritt,
f Umluft.

Luft reinigen
Zur Luftreinigung wird ein flächiges Filtervlies plissiert, d.h. gefaltet, und in Form eines vorzugsweise rechteckigen Filterelements vor oder nach dem Gebläse im Klimagerät eingebaut. Das Filterelement wird vorwiegend so positioniert, dass nicht nur die Frischluft, sondern auch die Umluft gefiltert wird. Die Speicherfähigkeit des Filterelements ist begrenzt und es muss deshalb einfach austauschbar sein. Um neben Partikeln auch Schadgase abzuscheiden, kann zusätzlich eine Aktivkohleschicht auf dem Filtervlies aufgebracht sein (Hybridfilter).

Luft kühlen
Die gereinigte Luft wird anschließend an der Oberfläche des heute meist komplett aus Aluminium gefertigten Verdampfers abgekühlt. Die Luft gibt dabei ihre Energie anteilig an das im Verdampfer geführte verdampfende Kältemittel ab.

Da kalte Luft weniger Feuchte aufnehmen kann als warme Luft, wird beim Abkühlen Wasser abgeschieden und am Verdampfer entlang nach unten geführt. Im Gehäuseteil unter dem Verdampfer, der Kondenswasserwanne, sammelt sich das Wasser und wird über den Kondenswasseraustritt aus dem Klimagerät ins Freie abgeleitet.

Luft temperieren und verteilen
Nach dem Verdampfer wird die gewünschte Lufttemperatur mit Hilfe eines Mischklappensystems eingestellt. Hierzu kann die Luft ganz oder anteilig über einen von heißem Motorkühlwasser durchströmten Wasserheizkörper oder – im reinen Kühlfall – am Wasserheizkörper vorbei direkt zu den Luftauslässen geleitet werden. Die Aufteilung der Luft auf die beiden Wege erfolgt stufenlos mit einer oder mehreren Temperaturmischklappen. Im nachfolgenden Mischraum wird der kalte und der warme Luftstrom bedarfsgerecht gemischt. Die Mischung erfolgt so, dass dem Komfortempfinden „kühler Kopf und warme Füße" Rechnung getragen werden kann. Dazu wird in den drei Hauptausströmebenen „Fußraum", „Belüftung" (Belüftungsdüsen in der Instrumententafel) und „Scheiben" Luft mit unterschiedlicher Temperatur ausgeblasen und so eine Temperaturschichtung von bis zu 15 K erzeugt.

Die Luftmenge, die aus den einzelnen Luftauslässen strömt, wird durch manuell oder motorisch angetriebene Auslassklappen stufenlos eingestellt.

In weiteren Ausbaustufen des Klimageräts können zusätzliche Auslässe für die hinteren Passagiere vorgesehen sein oder die Temperierung des Fahrgastraums kann auf verschiedenen Sitzplätzen unterschiedlich erfolgen. Die erste Ausbaustufe ist die zweizonige Temperierung. Die Innenraumtemperaturen auf der Fahrer- und Beifahrerseite können unabhängig voneinander eingestellt werden. Eine dreizonige Klimatisierung berücksichtigt zusätzlich den Rücksitzbereich als Klimazone, die vierzonige Klimatisierung ermöglicht individuelle Klimatisierung für Fahrer, Beifahrer und zwei Passagiere im Fond.

Neu ist die individuelle Anpassung der Fußraumtemperatur, die „variable Schichtung". Damit kann beispielsweise für Personen mit kälteempfindlichen Füßen die Auslasstemperatur im Fußraum bei unveränderter Grundeinstellung angehoben werden.

Zuheizer
Bei modernen, verbrauchsoptimierten Verbrennungsmotoren reduziert sich die verfügbare Abwärme im Motorkühlwasser und somit das Wärmeangebot im Heizkreislauf. In diesem Fall wird im Luftweg nach dem Wasserheizkörper ein elektrischer PTC-Zuheizer vorgesehen. Durch die Verwendung der PTC-Keramik-Heizelemente (PTC, Positive Temperature Coefficient) regelt der Zuheizer seine Heizleistung bei einer definierten Grenztemperatur automatisch ab, da sich der Widerstand der PTC-Elemente dann sprunghaft erhöht. Dadurch ist der PTC-Zuheizer eigensicher.

Die Nutzung weiterer Wärmequellen, wie beispielsweise die Wärmegewinnung aus dem Abgas, wird derzeit verfolgt.

Luftführung
Über Kunststoffblaskanäle wird die temperierte Luft den jeweiligen Auslassstellen zugeführt. Scheiben- und Fußraumauslass sind nicht verstellbar. An den Ausströmern für die Belüftungsauslässe (Belüftungs-

düsen) kann die Ausströmrichtung und die Luftmenge individuell eingestellt werden.

Zusatzklimageräte
Für Fahrzeuge höherer Klassen werden teilweise Zusatzklimageräte für die Fondpassagiere eingesetzt. Diese sind entweder wie die Hauptklimageräte als Heiz- und Kühlgeräte oder als reine Kühlgeräte ausgeführt und werden meist mit Umluft versorgt. Zusatzklimageräte werden z.B. in der Mittelkonsole, über dem hinteren Radlauf, in der Ersatzradmulde oder hinter der Rücksitzbank positioniert.

Alternative Klimagerätekonzepte
Das bisher beschriebene Klimagerät stellt die gewünschte Temperatur durch Mischung von kalter und warmer Luft ein und ist die heute übliche Bauform. Alternativ sind Klimagerätekonzepte in Anwendung, bei denen die Luft nach dem Verdampfer direkt durch den Wasserheizkörper geführt wird. Mithilfe eines Ventils kann die Wasserdurchflussmenge durch den Wasserheizkörper und damit die gewünschte Erwärmung der durchströmenden Luft stufenlos eingestellt werden. Das Mischklappensystem zur Mischung von kalter und warmer Luft entfällt.

Aufgrund der thermischen Trägheit des wassergefüllten Aluminiumheizkörpers lassen sich gewünschte Änderungen der Luftauslasstemperatur nur langsam vollziehen. Für eine schnelle Kabinenabkühlung bei maximaler Luftmenge wird bei diesen Konzepten meist ein zusätzlicher luftseitiger Bypass am Wasserheizkörper vorbei vorgesehen.

Vorteil dieses Konzepts ist die etwas kompaktere Bauform des Klimageräts und die Möglichkeit, den Wasserheizkörper wasserseitig abzusperren und somit eine nicht gewünschte Luftaufwärmung im Kühlbetrieb durch heiße Komponenten im Klimagerät zu vermeiden. Nachteilig wirkt sich der Aufwand für die Integration des Wasserventils aus.

Regelung der Klimatisierung
Die Klimatisierung des Fahrgastraums wird durch Eingabe am Klimabediengerät, über die Einstellung der Belüftungsdüsen und – bei höherklassigen Fahrzeugen – über verschiedene Sensoren beeinflusst. Die Ausführungen reichen von der direkten mechanischen Ansteuerung des Klimageräts über Bowdenzüge und Flexwellen bis zur vollautomatischen, prozessorgesteuerten Klimaregelung, bei der nur die gewünschte Temperatur eingestellt wird.

Die beeinflussbaren Größen sind die Ausblastemperatur, die Luftmenge, die Luftfeuchtigkeit und die Luftverteilung auf die verschiedenen Auslässe. Die Folgegrößen sind die Innenraumtemperatur einschließlich der Temperaturschichtung, die Luftströmung und die Akustik an jedem Sitzplatz sowie der Beschlagszustand der Scheiben.

Es wird von den meisten Menschen als angenehm empfunden, dass im Sommerbetrieb kalte Luft aus den Auslässen der Instrumententafel, im Winterbetrieb warme Luft aus Fußraum- und Defrostauslass (um die Scheiben freizuhalten) und im Übergangsbetrieb temperierte Luft in variablen Anteilen aus Defrost-, Fußraum- und Belüftungsauslass in den Innenraum gelangt. Bei automatischen Klimaregelungen können zusätzliche Einflussgrößen berücksichtigt werden. Über Sonnensensoren können Stand und Intensität der Sonne bestimmt und in die Regelung einbezogen werden. Luftgütesensoren detektieren Schadgase und Gerüche in der Umgebungsluft und verhindern durch das Schließen des Frischlufteinlasses das Eindringen in den Innenraum. Feuchtesensoren für die Windschutzscheibe ermöglichen einem drohenden Scheibenbeschlag entgegenzuwirken. Mit Hilfe von Temperatursensoren wird die gewünschte mit der aktuellen Kabinentemperatur abgeglichen.

Systeme der Klimatisierung

Heizkreislauf

Die Abwärme des Verbrennungsmotors ist eine Energiequelle, die ohne großen Aufwand für die Beheizung des Fahrgastraums genutzt werden kann. Das heiße Kühlwasser strömt durch den Wasserheizkörper im Klimagerät. Dabei wird die über den Heizkörper geführte Luft erwärmt.

Um nach einer Fahrt bei abgeschaltetem Verbrennungsmotor die Innentemperatur im Winter aufrechtzuerhalten, kann eine elektrische Wasserpumpe eingesetzt werden, die das Kühlwasser weiter fördert und die im Kühlsystem gespeicherte Wärme nutzbar macht.

Kältekreislauf

Aufgabe des Kältekreislaufs ist es, die Wärmeenergie der im Verdampfer abzukühlenden Luft aufzunehmen und an anderer Stelle, außerhalb der Fahrzeugkabine, an die Umgebung abzugeben. Umgesetzt wird dies unter Anwendung des Kaltdampfprozesses in einem geschlossenen Kältekreislauf (Bild 2). Die Hauptkomponenten des Kreislaufes sind der Verdampfer mit Expansionsventil im Klimagerät, der Kondensator an der Fahrzeugfront, meist direkt vor dem Kühlwasserkühler angebracht, und der am Motorblock befestigte und vom Verbrennungsmotor angetriebene Kompressor (Verdichter).

Die Komponenten sind durch metallische Leitungen verbunden, die flexible Abschnitte zur Entkopplung enthalten können. Der Kompressor saugt aus dem Verdampfer Kältemittel in gasförmigem Zustand an und verdichtet dieses, d.h., das Druck- und das Temperaturniveau wird stark angehoben. Im Kondensator gibt das heiße Kältemittel die Wärme an die durch den Kondensator strömende Umgebungsluft ab. Durch diese Abkühlung kondensiert das dampfförmige Kältemittel. Genügt der Fahrtwind nicht, um das Kältemittel ausreichend abzukühlen, wird durch das Kühlergebläse die Luftmenge über den Kondensator erhöht. Das nun flüssige und unter hohem Druck stehende Kältemittel wird im Expansionsventil zerstäubt und dem Verdampfer zugeführt. Das Druckniveau sinkt dabei schlagartig, wodurch das Kältemittel beim Verdampfen stark abkühlt und die Wärme der im Klimagerät zu kühlenden Luft aufnimmt.

Das verdampfte Kältemittel verlässt gasförmig den Verdampfer und passiert dabei wieder das Expansionsventil, das entsprechend dem Druck und der Temperatur des austretenden Kältemittels den Drosselquerschnitt auf der Eintrittsseite so verändert, dass gerade so viel Kältemittel in den Verdampfer eingespritzt wird, wie im aktuellen Betriebszustand verdampfen kann.

Bild 2: Kältekreislauf der Fahrzeugklimatisierung.
1 Kondensator mit integriertem Kältemittelsammler und -trockner,
2 Kompressor,
3 Expansionsventil,
4 Verdampfer,
5 Saugleitung,
6 Druckleitung.

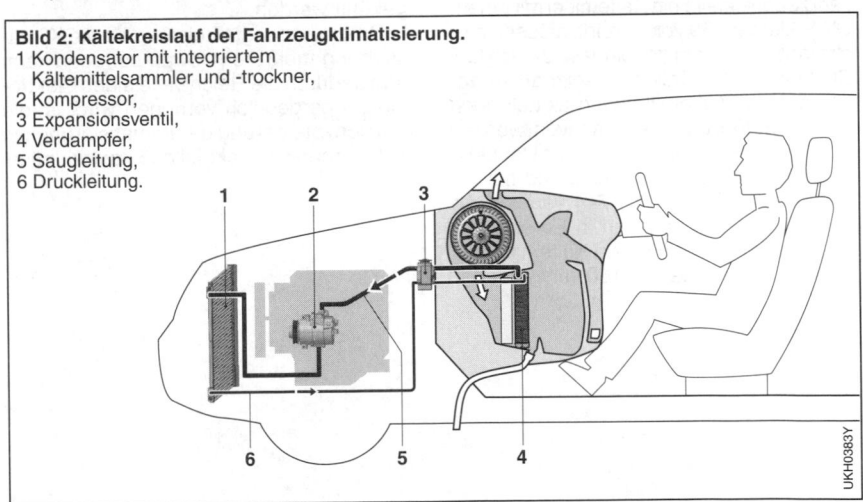

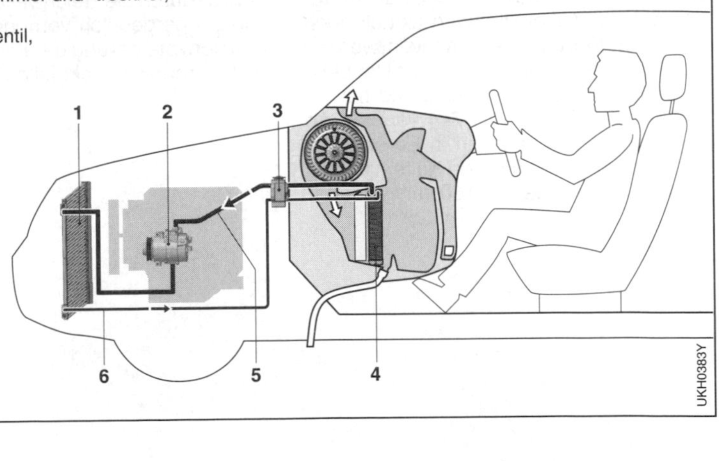

Das kalte gasförmige Kältemittel wird wieder vom Kompressor angesaugt und der Kreislauf beginnt erneut.

Um Eisbildung auf der Luftseite des Verdampfers zu vermeiden, die den Luftquerschnitt des Verdampfers verringern würde, darf die minimale Lufttemperatur 0 °C nicht unterschreiten. Zur Messung der Lufttemperatur nach dem Verdampfer wird entweder ein Lufttemperatursensor eingesetzt, der bei Unterschreitung der Temperatur den Kompressor entsprechend zurückregelt, oder der minimale Saugdruck und damit die Verdampfertemperatur wird im Kompressor begrenzt. Die Kälteleistung kann von null Kilowatt (der Verdampfer wird nicht von Kältemittel durchströmt) bis zu einer Maximalleistung von ca. 8 Kilowatt (bei maximaler Kältemittel- und Luftmenge) eingestellt werden.

Kältemittel

Als Kältemittel wird für Fahrzeuge mit Homologation vor dem 01.01.2011 oder Fahrzeugen, bei denen eine bestehende Typzulassung erweitert worden ist, der Fluorkohlenwasserstoff 1,1,1,2-Tetrafluorethan mit der Handelsbezeichnung R134a eingesetzt (siehe Kältemittel, Betriebsstoffe).

Aufgrund des GWP (Global Warming Potential) dieses Kältemittels von ca. 1 300 und der ab 2011 in Europa geltenden gesetzlichen Regelung, die für neue Fahrzeugmodelle ein Kältemittel mit einem GWP kleiner 150 vorschreibt, müssen hier alternative Kältemittel eingesetzt werden. Die Debatte bezüglich Einsetzbarkeit der alternativen Kältemittel wird aktuell noch lebhaft geführt. Als Alternativen werden 2,3,3,3-Tetrafluorpropen mit dem Handelsnamen R-1234yf und Kohlendioxid mit der Handelsbezeichnung R-744 verfolgt. Ab dem 01.01.2017 müssen in Europa alle neu zugelassenen Pkw ein Kältemittel mit einem GWP kleiner als 150 verwenden.

Klimatisierung für Hybrid- und Elektrofahrzeuge

Bei Fahrzeugen mit Motor-Start-Stopp-Funktion gilt es, das Innenraumklima bei abgestelltem Motor konstant zu halten. Im Heizfall kann eine elektrische Wasserpumpe eingesetzt werden, um die Restwärme aus dem Motorkreislauf zu nutzen. Für den Kühlfall wurden Verdampfer mit einem Kältespeicher auf Basis eines Materials entwickelt, das Kälte durch einen Phasenwechsel speichern kann und bei einem Ampelstopp mit abgeschaltetem Verbrennungsmotor wieder abgibt. Das Innenraumklima kann damit bis zu zwei Minuten auf einem angenehmen Niveau gehalten werden.

Bei Fahrzeugen, die teilweise oder vollständig elektrisch fahren, wird ein Kompressor eingesetzt, der elektrisch gespeist wird. Für den Heizfall sind zwei Lösungen verfügbar. Entweder wird das für den Wasserheizkörper benötigte Wasser elektrisch erwärmt und im Kreislauf mit einer elektrischen Pumpe gefördert, oder der Wasserheizkörper wird durch ein elektrisches Heizelement, den Hochvolt-PTC, ersetzt. Elektrisches Heizen und elektrischer Kompressor eröffnen zusätzlich die Möglichkeit der Standklimatisierung. Ist die Batterie ausreichend geladen oder mit einer Ladestation verbunden, kann das Fahrzeug sowohl vorgeheizt als auch vorgekühlt werden.

Da die benötigte Leistung für die Klimatisierung mehrere Kilowatt betragen kann und dadurch die Reichweite eines Elektrofahrzeugs deutlich verringert wird, ist die Effizienzsteigerung der Klimatisierung ein Schwerpunkt der aktuellen Entwicklungen.

Innenraumfilter

Aufgabe

Heizungs- und Klimaanlagen in Kraftfahrzeugen saugen die Außenluft an. Nach der Konditionierung wird die mit partikel- und gasförmigen Verunreinigungen belastete Luft in den Fahrgastraum eingeleitet. Diese Luftverunreinigungen (Bild 3) können zu allergischen Reaktionen führen. Deshalb ist die Filtration von Partikeln und Gasen sinnvolll. Ein Filter verringert auch die Verschmutzung an Gebläse, Heizung, Instrumententafel und Frontscheibe.

Je nach Anforderung werden entweder Partikelfilter, Aktivkohlefilter oder Biofunktionale Filter eingesetzt. Aktivkohlefilter haben neben der normalen Partikelfiltrierung den Vorteil, unangenehme Gerüche aus dem Fahrgastraum fernzuhalten. Dies geschieht durch gezielte Einlagerung von Aktivkohlekörnern (bis 300 g/cm^2) auf dem Partikelfiltermedium, welche die Geruchsstoffe eliminieren. Außerdem adsorbiert die Aktivkohle z.B. Ozon, Benzol und Toluol. Biofunktionale Filter werden darüberhinaus eingesetzt, um ein Bakterienwachstum zu verhindern und allergieverursachende Proteine zu binden.

Filtermedien

Waren früher die Filtermedien vorwiegend auf Papierbasis aufgebaut, so hat sich dies aufgrund des steigenden Anspruchs an das Filtersystem geändert (Abscheidung bis unter 0,001 mm). Die heutigen Filtermedien bestehen meist aus Vliesstoffen auf Basis von Polyester oder Polypropylen. Das Partikelfilter ist aus drei aufeinander abgestimmten Faserschichten aufgebaut: Vorfilter, Mikrofaservlies und elektrostatisch gesponnene Mikrofasern und Trägervlies. Beim Aktivkohlefilter ist neben den drei Schichten eine weitere Aktivkohleschicht aufgebracht. Beim Biofunktionalen Filter sorgt eine spezielle Beschichtung am Filtermedium für den biofunktionalen Effekt.

Bei der Konfektionierung des Filtermaterials zu einem Filter muss auf eine Reihe spezifischer Parameter Rücksicht genommen werden. Es besteht eine komplexe gegenseitige Abhängigkeit zwischen dem benutzten FIltermaterial, der Höhe der Falten und dem Abstand der Falten des Filters. Das Zusammenspiel dieser Parameter ist wichtig für die Leistung des Filters während des Einsatzes.

Bild 3: Vorherrschende Partikelgrößen im Straßenverkehr

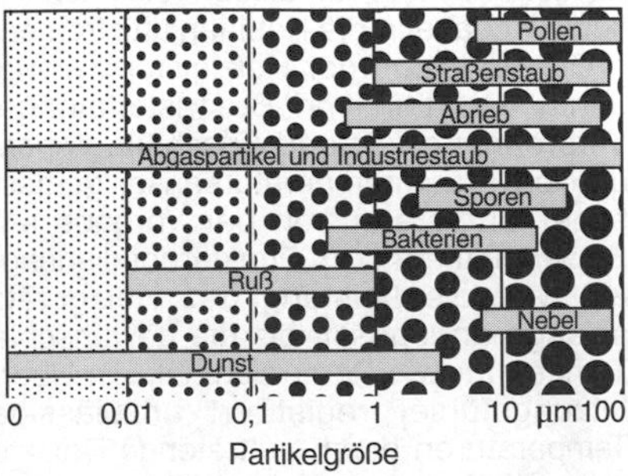

Auslegung

Innenraumfilter müssen in die drei Richtungen Abscheidung, Druckverlust und Staubspeicherfähigkeit optimiert werden. Der Anwendungsfall bestimmt, welches der drei Ziele in erster Linie erreicht werden soll. Das beste Filter kann beispielsweise ein Filter sein, das eine möglichst hohe Abscheidung erreicht, wobei Kompromisse in der Lebensdauer des Filters in Kauf genommen werden müssen. Eine andere Auslegung kann ein Filter sein, das eine lange Betriebszeit als Resultat einer hohen Staubspeicherfähigkeit bei definierter Abscheidung erreicht.

Die Laufleistung der Filter im Pkw beträgt ca. 20 000 km, d.h., bei den heutigen Wartungsintervallen werden die Filter bei der jeweiligen Inspektion ausgetauscht.

Motorunabhängige Heizungen

Aufgabe und Typen

Motorunabhängige Heizungen nutzen den im Tank des Fahrzeugs mitgeführten Kraftstoff als Brennstoff zur Wärmeerzeugung. Zur direkten Beheizung des Fahrzeuginnenraums kommen Luftheizgeräte (Bild 4) zum Einsatz. Sie übertragen die bei der Verbrennung entstandene Wärme an die Kabinenluft. Wasserheizgeräte (Bilder 5, 6, 7) bringen die Wärme ins Kühlwasser ein und eignen sich hierdurch sowohl zur Vorwärmung von Motoren als auch zur Innenraumbeheizung über den Wärmetauscher des Fahrzeugs mit Gebläse.

Luftheizgeräte sind durch die direkte Wärmeübertragung an die Luft besonders effizient und eignen sich für lange Heizdauern. Wasserheizgeräte nutzen den Kühlkreislauf und die vorhandenen Luftkanäle des Fahrzeugs und sind dadurch besonders zur Deckung des Wärmedefizits verbrauchsarmer Antriebe und zur Innenraum- und Motorvorheizung von Pkw geeignet.

Weitere Vorteile von motorunabhängigen Heizungen sind:

- Eisfreie Scheiben durch Vorheizen,
- optimaler Wärmekomfort,
- Nutzung einer Lkw-Schlafkabine auch im Winter,
- verschleiß- und emissionsärmerer Start mit vorgeheiztem Motor (nur mit Wasserheizgerät),
- schnelleres Erreichen der Betriebstemperatur des Katalysators (nur mit Wasserheizgerät).

Von zunehmender Bedeutung ist der Einsatz in Pkw mit mangelnder Heizleistung aus Abwärme, bedingt durch eine Effizienzsteigerung des Antriebsstrangs mittels Elektrifizierung. Insbesondere bei Plug-in-Hybridfahrzeugen – aber auch bei rein batterieelektrischen Fahrzeugen – tragen brennstoffbetriebene Heizgeräte aufgrund der sehr hohen Effizienz bei der Umsetzung chemisch gebundener Energie in Wärme dazu bei, dass die Reichweite im elektrischen Fahrbetrieb bei vorgegebener Speicherkapazität der Traktionsbatterien nicht eingeschränkt wird.

Luftheizgeräte

Anwendung

Luftheizgeräte haben ihr Haupteinsatzgebiet im Lkw- und Nfz-Sektor. Ihre Hauptvorzüge sind geringe Kosten, schneller Einbau und ein niedriger Strom- und Kraftstoffverbrauch. Ein starker Zuwachs fand in den USA mit der Einführung der Gesetzgebung statt, die den Betrieb des Motors zur Beheizung in Pausen verbietet, da Heizgeräte die Kabinen mit deutlich geringerem Brennstoffverbrauch beheizen können.

Arbeitsweise

Luftheizgeräte (Bild 4) arbeiten unabhängig vom fahrzeugeigenen Wärmehaushalt. Ein Verbrennungsluftgebläse fördert die zur Verbrennung notwendige Verbrennungsluft aus der Umgebung des Fahrzeugs in die Brennkammer. Eine elektrische Dosierpumpe fördert als Brennstoff Diesel oder Benzin über einen Verdampfer (Komponente in Bild 4 nicht sichtbar) zur Brennkammer, wo er mit Verbrennungsluft vermischt, mit einer Glühstiftkerze gezündet und verbrannt wird. Das Heizluftgebläse saugt die zu erwärmende Frischluft an und fördert sie über einen Wärmetauscher in die Fahrzeugkabine.

In Kaltländern ist eine Heizleistung von ca. 4 kW erforderlich. In gemäßigten Klimaten sind Geräte mit ca. 2 kW ausreichend.

Ein wichtiger Sicherheitsaspekt ist, dass Verbrennungsluft und Abgas von der Kabinenluft vollständig getrennt geführt werden müssen. Auf diese Weise können keine Abgase in die Kabinenluft strömen.

Die Regelung der Heizleistung erfolgt durch Variation von Brennstoffmenge, Verbrennungsluft und Frischluft. Weicht die vom Raumtemperatursensor gemessene Temperatur von der Vorgabe am Bedienelement (z.B. Funkfernbedienung) ab, wird die Leistung des Heizgeräts solange angepasst, bis die gewünschte Temperatur wieder erreicht ist. Ein Überhitzungsfühler registriert unzulässige Temperaturen durch auftretende Defekte oder Störungen (z.B. Überhitzung durch

Blockieren der Heizluftöffnungen) und schaltet bei Bedarf rechtzeitig ab. Ein Flammfühler ermittelt über die Wärmeübertragertemperatur, ob der Brenner gezündet hat und erkennt ein Erlöschen der Flamme.

Einbau

Luftheizgeräte für Nfz lassen sich meist direkt in der Arbeits- oder Fahrerkabine anbringen. Im Lkw wird die Heizung bevorzugt im Beifahrerfußraum, an der Fahrerhausrückwand, unter der Liege, außerhalb an der Kabinenwand oder in Staukästen platziert. Die Abgasleitung verläuft stets unter Flur (entweder in den Radlauf oder zur Kabinenrückwand).

Die meisten Geberarmaturen im Kraftstoffbehälter von Pkw und Lkw besitzen bereits einen freien Anschluss für die Brennstoffversorgung des Luftheizgeräts. Bei Bedarf wird eine zusätzliche Tankarmatur installiert. Eine Kraftstoffreserve für den Fahrbetrieb wird durch die Eintauchtiefe der Tankentnahme oder die Bordelektronik gewährleistet, die das Heizgerät ab einem Mindestfüllstand abschaltet.

Wasserheizgeräte

Anwendung

Wasserheizgeräte bis ca. 5 kW Heizleistung kommen sowohl in Pkw als auch in Lkw zum Einsatz. Sie nutzen den Kühlkreislauf und bereits vorhandene Wärmetauscher zur Erwärmung von Motor und Innenraum, sowie die vorhandenen Gebläse, Luftkanäle, Klappen und Ausströmer. Sie sind daher einfach nachrüstbar. Heizgeräte bis ca. 12 kW werden in Lkw zur Vorheizung des Motors verwendet. Die Beheizung des Innenraums von Linien- und Reiseomnibussen erfordert aufgrund ihrer großen Karosserieoberfläche und des hohen Innenraumvolumens Heizleistungen bis 35 kW.

Die Hauptausführungen sind Stand- und Zuheizgeräte für Pkw. Diese Geräte sind direkt in die Vorlaufleitung des Kühlkreislaufs zwischen Motor und Wärmetauscher der Fahrgastzelle geschaltet (Bild 5). Sie nutzen die bestehenden

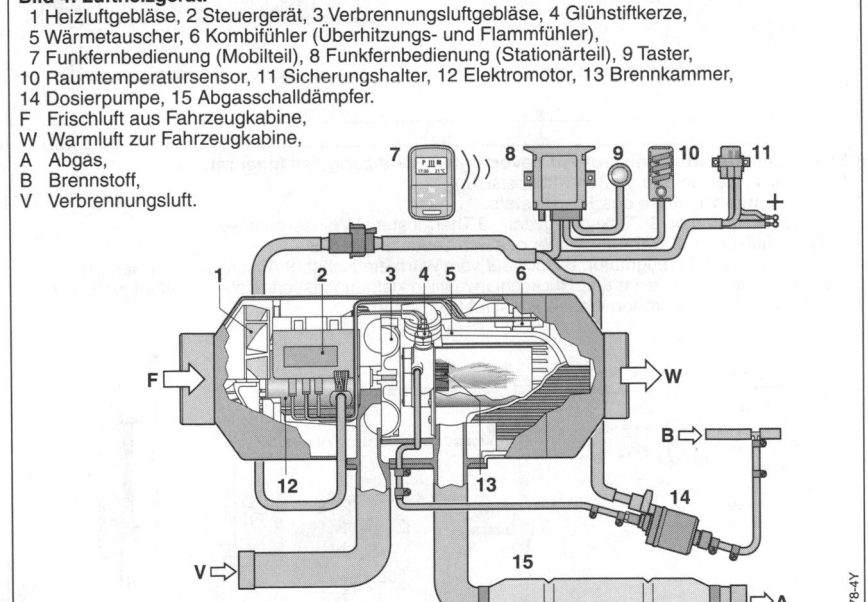

Bild 4: Luftheizgerät.
1 Heizluftgebläse, 2 Steuergerät, 3 Verbrennungsluftgebläse, 4 Glühstiftkerze, 5 Wärmetauscher, 6 Kombifühler (Überhitzungs- und Flammfühler), 7 Funkfernbedienung (Mobilteil), 8 Funkfernbedienung (Stationärteil), 9 Taster, 10 Raumtemperatursensor, 11 Sicherungshalter, 12 Elektromotor, 13 Brennkammer, 14 Dosierpumpe, 15 Abgasschalldämpfer.
F Frischluft aus Fahrzeugkabine,
W Warmluft zur Fahrzeugkabine,
A Abgas,
B Brennstoff,
V Verbrennungsluft.

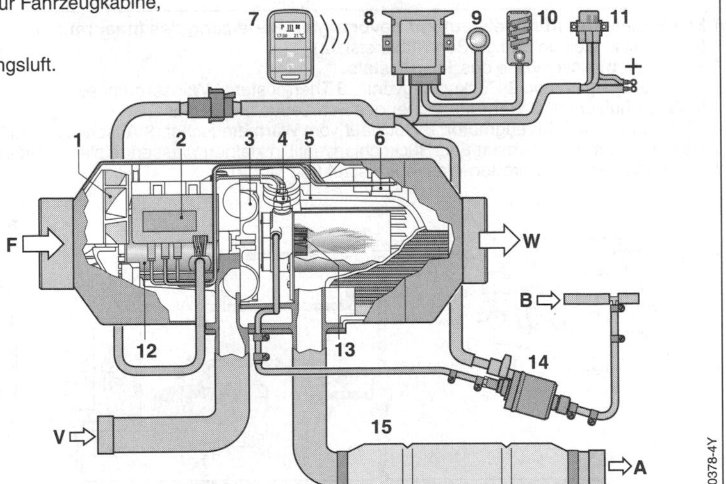

Vorrichtungen: Wärmetauscher des Fahrzeugs mit Gebläse, Luftklappen und Ausströmdüsen.

Für hohe Ansprüche an die Aufheizgeschwindigkeit finden schnellstartende Heizgeräte Verwendung, die bereits nach ca. 30 s die volle Brennerleistung erreichen. Die erforderliche Beschleunigung der Brennstoffverdampfung wird durch eine elektrische Beheizung der Verdampfungseinrichtung beim Startvorgang erreicht.

Standheizgeräte zur Vorheizung von Motor und Innenraum vor Fahrtbeginn

Die Wärmeerzeugung geschieht durch Verbrennung von Brennstoff analog zu den Luftheizgeräten. Die erzeugte Wärme wird an das zwischen Wassermantel und Wärmetauscher (Bild 7) des Heizgeräts fließende Kühlwasser übertragen.

Einfachste Variante für die Integration in das fahrzeugeigene Kühlsystem ist die Reihenschaltung zwischen Motor und Fahrzeugwärmetauscher im großen

Bild 5: Wasserheizgerät, in Kühlkreislauf integriert.
(Standardausführung).
1 Verbrennungsmotor, 2 Wasserpumpe,
3 Wasserheizgerät, 4 Wärmetauscher des Fahrzeugs mit Gebläse.

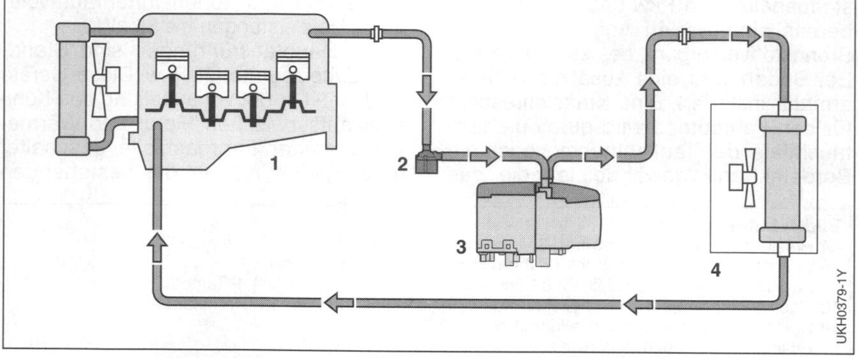

Bild 6: Geteilter Kühlkreislauf zur bevorzugten Beheizung des Innenraums.
(Aufgeteilt in kleinen und großen Kühlkreislauf).
a) Aufbau, b) Anschlüsse des Thermostats.
1 Verbrennungsmotor, 2 Rückschlagventil, 3 Thermostat, 4 Wasserpumpe,
5 Wasserheizgerät, 6 Wärmetauscher des Fahrzeugs mit Gebläse,
7 Rücklauf vom Fahrzeugmotor, 8 Rücklauf vom Wärmetauscher, 9 Anschluss zum Heizgerät.
Trennung durch Thermostat und Rückschlagventil in kleinen Wasserkreislauf (Vorzug für Innenraumbeheizung) und großen Wasserkreislauf (mit Motor).

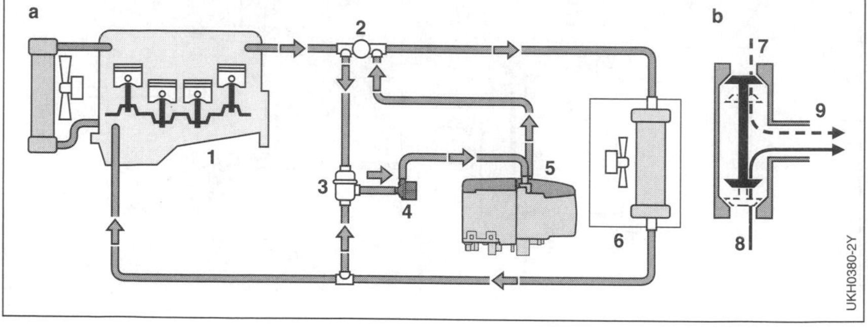

Kreislauf (Bild 5). Ein Nachteil bei Motoren über ca. 2,5 Liter Hubraum ist, dass die Aufheizung des Motors die Aufheizung des Innenraums verzögert. In diesem Fall kann vorrangig die Fahrgastzelle über einen zusätzlichen kleinen Kreislauf beheizt werden (Bild 6). Dies bietet unabhängig von der Motorisierung den Vorteil, die Heizung auch für den Kurzstreckenbetrieb nutzen zu können, ohne die Starterbatterie zu sehr zu entladen, die während der Startphase den Glühstift, das Brennkammergebläse, die Wasserpumpe und die Dosierpumpe mit Strom versorgt. Erst nach Öffnen des Thermostaten bei Erreichen einer hohen Wassertemperatur wird der Motor durchströmt. Das Rückschlagventil verhindert einen Kurzschluss des Kreislaufs über den Thermostaten.

Die Wasserpumpe (Bild 7) in Standheizgeräten pumpt Kühlwasser zum Wärmetauscher der Heizung, wo es durch Wärmeübertragung vom Brennerabgas erhitzt wird. Das aufgeheizte Wasser wärmt einerseits den Fahrzeugmotor vor, andererseits nimmt der fahrzeugeigene Wärmetauscher (Bild 5 und Bild 6) die Wärme ab. Die Warmluft gelangt über vorhandene Lüftungsvorrichtungen dosierbar in die Kabine.

Die Bedienung für den manuellen Sofortbetrieb und für das Vorprogrammieren von Einschaltzeiten und Heizdauer erfolgt via Funkfernbedienung, über das

Bild 7: Wasserheizgerät.
1 Wasserpumpe, 2 Verbrennungsluftmotor, 3 Lüfterrad, 4 Glühstift, 5 Temperatursensor,
6 Brennkammer, 7 Temperatursensor, 8 Wärmetauscher,
9 webbasierte Bedienelemente (Laptop, Smartphone, Tablet),
10 Abgasschalldämpfer, 11 Flammfühler, 12 Kraftstoffanschluss,
13 Steckanschluss Gebläseklappensteuermodul, 14 Steuergerät, 15 Anschluss zum Heizgerät,
16 Topfsieb, in Dosierpumpe eingebaut, 17 Dosierpumpe, 18 Schalldämpfer Verbrennungsluft,
19 Anschluss Wasserpumpe.
A Abgas,
B Brennstoff,
C Diagnoseanschluss,
D Gebläseklappensteuermodul,
V Verbrennungsluft,
WA Wasseraustritt,
WE Wassereintritt.

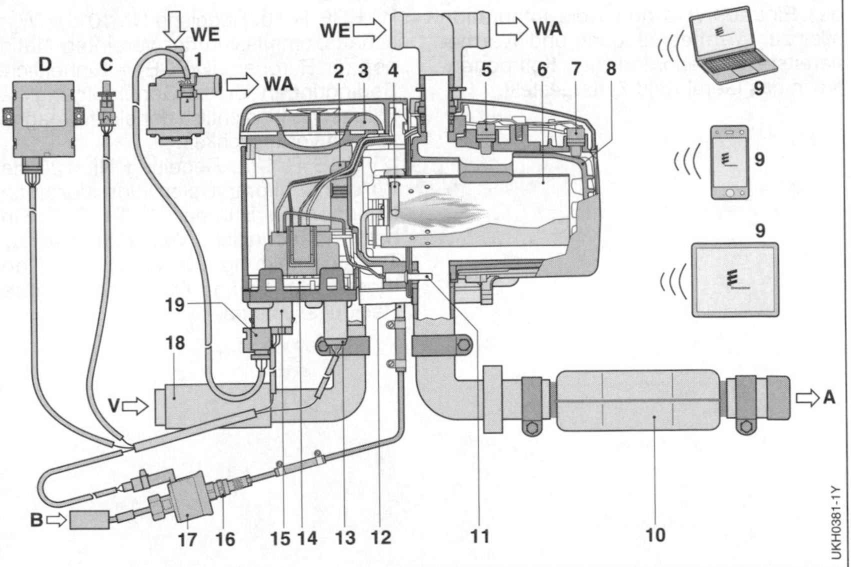

Internet z. B. per Smartphone-App oder über ein Menü im fahrzeugeigenen Klimabedienteil.

Zuheizer zur Deckung von Wärmedefiziten während der Fahrt
Wirkungsgradoptimierte Antriebsstränge, wie hoch aufgeladene Diesel- und Benzinmotoren mit kleinen Hubräumen und Hybridantriebe, erzeugen wegen ihres hohen Wirkungsgrads zu wenig Abwärme für die Innenraumheizung. Zuheizer gleichen dieses Wärmedefizit aus. Sie arbeiten nur bei Außentemperaturen unter +5 °C und laufendem Motor. Sie benötigen daher keine eigene Wasserpumpe.

Zuheizer lassen sich durch Nachrüsten einer Wasserpumpe und eines Bedienteils mit Steuergerät zu einer Standheizung aufwerten.

Bei Einsatz in einem Elektrofahrzeug oder in einem Plug-in-Hybridfahrzeug kann die brennstoffbetriebene Heizung den gesamten Wärmebedarf decken.

Einbau
Zur Vermeidung von Wärmeverlusten durch lange Kühlwasserschläuche sind Wasserheizgeräte üblicherweise im Motorraum eingebaut. Die beengten Einbauverhältnisse erzwingen eine sehr kompakte Bauweise. Eine Vereinfachung des Einbaus wird durch die Integration aller zur Wärmeerzeugung und Wärmebereitstellung erforderlichen Komponenten in das Gerät (Bild 7) dargestellt.

Vorschriften
Alle Standheizgeräte und mit Brennstoff betriebenen Zuheizer verfügen über eine Typgenehmigung nach der ECE-Regelung Nr. 10 [1] und Nr. 122 [2]

Bei Nachrüstung eines typgenehmigten Heizgeräts nach Einbauvorschrift des Herstellers ist keine Abnahme durch einen Sachverständigen vorgeschrieben.

Der Einbau von Standheizungen in Fahrzeuge zum internationalen Gefahrguttransport ist in dem europäischen Übereinkommen ADR (Accord européen relatif au transport international des marchandises Dangereuses par Route) geregelt. Vor der Einfahrt in einen Gefahrenbereich (z. B. Raffinerie oder Tankstelle) ist das Gerät aus Sicherheitsgründen auszuschalten. Außerdem schaltet die Heizung automatisch aus, sobald der Fahrzeugmotor abgestellt oder ein Zusatzaggregat (z. B. Hilfsantrieb für Entladepumpe) eingeschaltet wird.

Vorschriften in USA
Für den Einbau und Betrieb in mittleren und schweren Nutzfahrzeugen benötigt das Heizgerät eine CARB-Zulassung (Emissionsnachweis).

Literatur
[1] ECE R 10: Regelung Nr. 10 der Wirtschaftskommission der Vereinten Nationen für Europa (UN/ECE) – Einheitliche Bedingungen für die Genehmigung der Fahrzeuge hinsichtlich der elektromagnetischen Verträglichkeit.
[2] ECE R 122: Regelung Nr. 122 der Wirtschaftskommission der Vereinten Nationen für Europa (UN/ECE) – Einheitliche technische Vorschriften für die Typgenehmigung von Fahrzeugen der Klassen M, N, und O hinsichtlich ihrer Heizungssysteme.

Komfortsysteme im Tür- und Dachbereich

Fensterhebersysteme

Bei fremdkraftbetätigten Fenstern handelt es sich um elektromotorisch angetriebene Systeme. Dabei unterscheidet man zwischen zwei Ausführungsformen (Bild 1):
- Armfensterheber: Der Fensterheberantrieb treibt über ein Ritzel ein Zahnsegment an, das mit einem Gelenkgetriebe verbunden ist. Dieses System zeichnet sich durch einen hohen Systemwirkungsgrad aus. Nachteilig ist der benötigte Bauraum und das Gewicht.
- Seilfensterheber: Der Fensterheberantrieb treibt über eine Seiltrommel ein Seilzuggetriebe an. In Vordertüren finden meist Systeme mit zwei Führungsschienen Verwendung. In Hintertüren werden vorzugsweise Systeme mit einer Führungsschiene eingesetzt. Wesentlicher Vorteil von diesen Ausführungsformen ist die gute Führungseigenschaft der Scheibe.

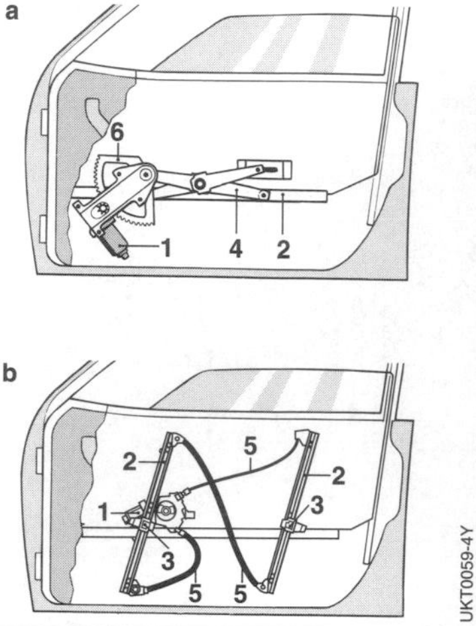

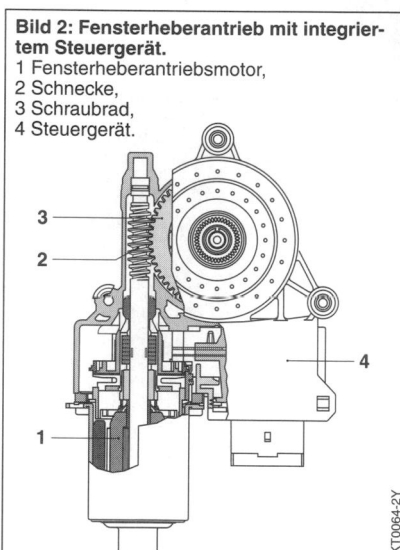

Bild 1: Fensterhebersysteme.
a) Armfensterheber,
b) Seilfensterheber.
1 Fensterheberantrieb,
2 Führungsschiene,
3 Mitnehmer,
4 Gelenkgetriebe,
5 Antriebsseil (Bowdenzug),
6 Zahnsegment.

Fensterheberantrieb

Der Fensterheberantrieb besteht aus einem Gleichstrommotor mit einem nachgeschalteten Untersetzungsgetriebe (Bild 2). Aus Komfort- und Sicherheitsgründen ist ein Großteil der Fensterheberantriebe mit einem Steuergerät ausgerüstet. Um die für einen Fensterheberantrieb erforderliche Selbsthemmung zu erzeugen, die ein selbstständiges, ungewolltes oder auch gewaltsames Öffnen des Fensters verhindern soll, ist das Getriebe als Schraubradgetriebe ausgeführt. Spezielle tribologische Maßnahmen sowie die Magnetkreisauslegung des Gleichstrommotors verbessern noch die Selbsthemmeigenschaft des Antriebs. Die Platzverhältnisse in den Türen zwingen zu einer flachen Bauweise.

Für ein gutes Dämpfungsverhalten in den Endpositionen der Fensterscheibe sorgen Dämpfungselemente, die im Getriebe integriert sind.

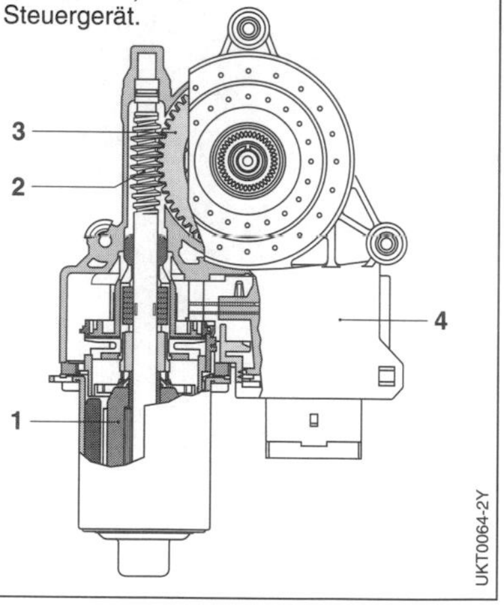

Bild 2: Fensterheberantrieb mit integriertem Steuergerät.
1 Fensterheberantriebsmotor,
2 Schnecke,
3 Schraubrad,
4 Steuergerät.

Steuergerät

Grundsätzlich unterscheidet man zwischen zwei Betriebsarten. Im manuellen Betrieb erfolgt die Ansteuerung des

Fensterheberantriebs mit Hilfe eines über den gesamten Fahrweg zu betätigenden Schalters. Im Automatikbetrieb öffnet oder schließt die Scheibe durch eine kurze Schalterbetätigung.

Um beim automatischen Schließen Verletzungen zu vermeiden, ist vom Gesetzgeber eine Schließkraftbegrenzung gefordert. Nach § 30 StVZO [1] (für Deutschland) muss bei der Aufwärtsbewegung des Fensters im Verstellbereich 200...4 mm (von der oberen lichten Fensteröffnung gemessen) die Schließkraftbegrenzung wirksam sein. Im Fensterheberantrieb integrierte Hall-Sensoren überwachen während des Betriebs die Motordrehzahl (Bild 3). Wird ein Drehzahlabfall erkannt, erfolgt eine sofortige Umkehr der Drehrichtung des Gleichstrommotors. Die Schließkraft darf, gemessen bei einer Federrate von 10 N/mm, 100 N nicht überschreiten. Um das Fenster sicher schließen zu können, wird vor dem Einfahren der Scheibe in die Türdichtung die Schließkraftbegrenzung automatisch abgeschaltet. Die Fensterposition wird über den gesamten Verstellweg erfasst.

Bild 3: Fensterantriebssteuerung mit elektronischer Kraftbegrenzung.
1 Mikrocomputer,
2 Relais-Endstufe,
3 Stellbefehle,
4 Vernetzung über CAN,
5 Hall-Sensoren.

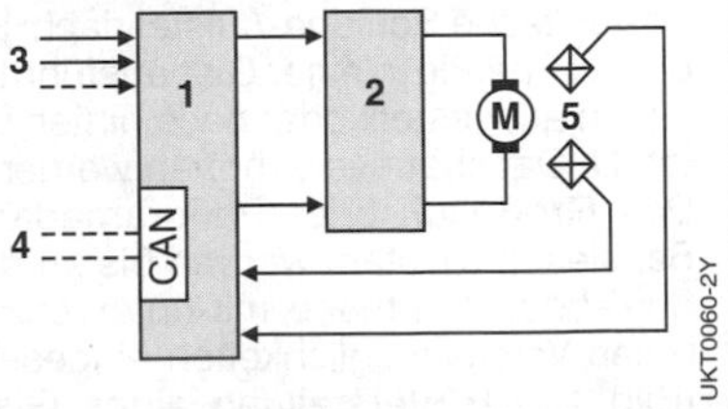

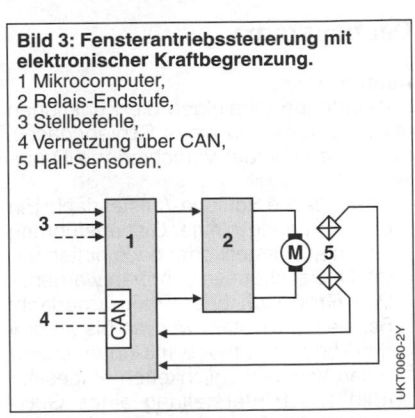

Je nach Fahrzeugtopologie kann sich die elektronische Steuerung in einem zentralen Steuergerät oder dezentral in der Tür, vorzugsweise direkt im Fensterheberantrieb, befinden. Dezentrale Elektroniken können über eine LIN-Bus-Schnittstelle vernetzt sein. Vorteile einer solchen Lösung ist eine Fehlerdiagnose der Elektronik und die Reduzierung des Verkabelungsaufwands.

Dachsysteme

Ausführungen

Dachantriebe vereinigen die Funktionen eines Aufstell- und eines Schiebedachs. Man unterscheidet verschiedene Dachsysteme:

- Das einfache Schiebe-Aufstelldach: Ein Deckel - häufig in einer Glasausführung - kann ausgestellt oder nach hinten unter die Dachhaut verschoben werden.
- Das Großdach oder Panoramadach: Bei diesem System werden bis zu drei Schiebedachantriebe mit unterschiedlichen Verstellmöglichkeiten eingesetzt (Bild 1, z.B. Verstellung eines Glasdeckels im Front- und Fondbereich, oder mit feststehendem Glasdeckel und elektrisch verstellbarem Sonnenrollo).
- Das Spoilerdach: Hier wird der Glasdeckel ausgestellt und danach über die Dachhaut nach hinten gefahren (daher die Bezeichnung „Spoiler").

Dachantriebe

Die Verstellung der Dächer und Sonnenrollos erfolgt vorwiegend über zug- und drucksteife Bedienkabel oder über Kunststoff-Zahnbänder mit mechatronischen Antrieben. Diese sind im Dach zwischen Windschutzscheibe und Schiebedach oder im Fondbereich platziert.

Bei Ausfall der elektrischen Verstellung können die Dächer über eine Handverstellung, die am Antrieb vorgesehen ist, geschlossen werden.

Der Antrieb besteht aus einem permanenterregten Gleichstrommotor mit Schraubradgetriebe und einer Abgabeleistung von ca. 30 W sowie einem Steuergerät. Der Motor ist durch einen Software-Thermoschutz vor thermischer Überlastung gesichert.

Elektronische Steuerung

Die elektronische Steuerung arbeitet mit einem Mikrocomputer, der die Signaleingänge auswertet und die Position des Schiebedachs überwacht.

Die Steuerung erfolgt über exakte Positionsimpulse. Die Impulse kommen vom Ringmagnet (bis zu 12-polig), der auf dem Motoranker angebracht ist. Sie werden von zwei Hall-Schaltern erfasst und ausgewertet. Neben der genauen Positionierung kann auch eine Schließkraftbegrenzung realisiert werden, um beim Automatiklauf sowohl beim Öffnen als auch beim Schließen Verletzungen zu vermeiden.

Über externe Signaleingänge erfolgt die Betätigung des Antriebs mittels Taster, Schalter, analoge oder digitale Vorwahlschalter (z.B. Potentiometer, digitale Erfassung über Gray-Code).

Eine Integration in das Bussystem des Fahrzeugs (CAN, LIN) ist ebenso möglich wie die Ausgabe von Diagnoseinformationen. Die elektronische Steuerung bietet die einfache Realisierbarkeit unterschiedlichster Funktionalitäten und Komfortfunktionen (z.B. vorwählbare Positionssteuerung, Schließen über Fernbedienung, automatisches Schließen bei Regen, Kombination mit der zentralen Schließanlage).

Literatur

[1] Straßenverkehrs-Zulassungs-Ordnung (StVZO) – § 30 Beschaffenheit der Fahrzeuge.

Bild 1: Panoramadach mit Bedieneinrichtung.
1 Verschiebbares Sonnenrollo,
2 feststehender oder verschiebbarer Glasdeckel im Fondbereich,
3 verschiebbarer Glasdeckel im Frontbereich,
4 Bedieneinheit.

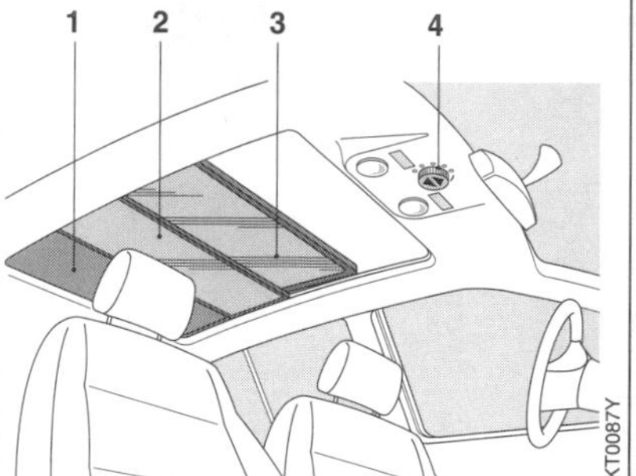

Komfortfunktionen im Fahrzeuginnenraum

Elektrische Sitzverstellung

Die elektrische Sitzverstellung gewährt einerseits einen größeren Bedienkomfort als eine mechanische Betätigung, sie wird andererseits aber auch wegen ihres geringeren Platzbedarfs oder bei erschwerter Zugänglichkeit der verschiedenen Verstellebenen bevorzugt.

Die vier Hauptverstellebenen beinhalten die Längsverstellung des Gesamtsitzes, die Neigungsverstellung der Rückenlehne sowie die Höhen- und Neigungsverstellung der Sitzfläche.

Bild 1: Elektromechanische Sitzverstellung.
1 Elektromotor für Längsverstellung des Sitzes (Getriebe ist Teil der Sitzstruktur),
2 elektrischer Antrieb für Höhenverstellung,
3 Bedieneinheit (am Sitz oder alternativ in der Türe),
4 elektrischer Antrieb für Neigungsverstellung der Sitzfläche,
5 elektrischer Antrieb für Neigungsverstellung der Rückenlehne.
a Neigungsverstellung der Sitzfläche,
b Längsverstellung des Gesamtsitzes,
c Höhenverstellung des Sitzes,
d Neigungsverstellung der Rückenlehne.

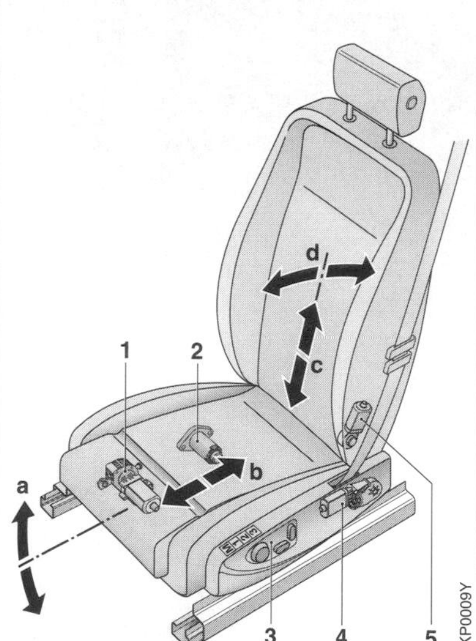

Antriebe

Als Antriebe für die elektrische Verstellung werden Elektromotoren mit verschiedenen Getriebevarianten eingesetzt (z.B. Hub- und Drehspindel, Planetengetriebe sowie zweistufige Stirnradgetriebe).

Um das Ein- und Aussteigen zu vereinfachen, können die Antriebe so ausgeführt werden, dass die Verstellung besonders schnell abläuft (Easy Entry). Diese Funktion ist besonders vorteilhaft für den Zugang zu der zweiten Reihe eines zweitürigen Fahrzeugs.

Positionserkennung

Um die Sitzposition für verschiedene Fahrer individuell abspeichern und wieder abrufen und einstellen zu können (Memory-Funktion), werden vermehrt Antriebe mit Positionserkennung eingesetzt. Die Positionserkennung erfolgt entweder über Hall-Sensoren oder über eine sensorlose Auswertung der Stromsignale des Elektromotors (auch Sensor Less Control, SLC, genannt).

Die Memory-Funktion vereinfacht und beschleunigt die Einstellung der fahrerindividuellen Sitzposition nach einem Fahrerwechsel.

Weitere Verstellmöglichkeiten

Außer den vier Hauptverstellebenen für Fahrer und Beifahrer können eine Vielzahl weitere Verstellungen wie die Sitzkissentiefe, die Kopf- und die Lordosenstütze ebenfalls elektrisch vorgenommen werden.

Für größere Fahrzeuge (z.B. Geländewagen) werden zunehmend auch elektrische Verstellungen für die zweite und dritte Sitzreihe eingesetzt. Wesentlicher Treiber hierfür ist das deutlich einfachere und komfortablere Beladen von größeren Gegenständen.

Elektrische Lenkradverstellung

Eine weitere Komfortfunktion, die oft zusammen mit der elektrischen Sitzverstellung kombiniert wird, ist die elektrische Lenkradverstellung. Dabei kann sowohl der Längsabstand wie auch die Höhe des Lenkrads über einen Antrieb, ähnlich den Spindelantrieben für die Sitzverstellung, stufenlos eingestellt werden.

Diese Funktion ist besonders zusammen mit der Memory-Funktion vorteilhaft. Dadurch kann zum Beispiel das Ein- und Aussteigen erleichtert werden, indem der Fahrersitz und das Lenkrad vor dem Ein- beziehungsweise Aussteigen auseinander fahren. Während der Fahrt werden die für den Fahrer individuell vorprogrammierte Positionen der Sitz- und Lenkradverstellungen eingestellt.

Bild 2: Elektrische Lenksäulenverstellung.
1 Antrieb der elektrischen Lenksäulenhöhenverstellung,
2 Antrieb der elektrischen Lenksäulenlängsverstellung,

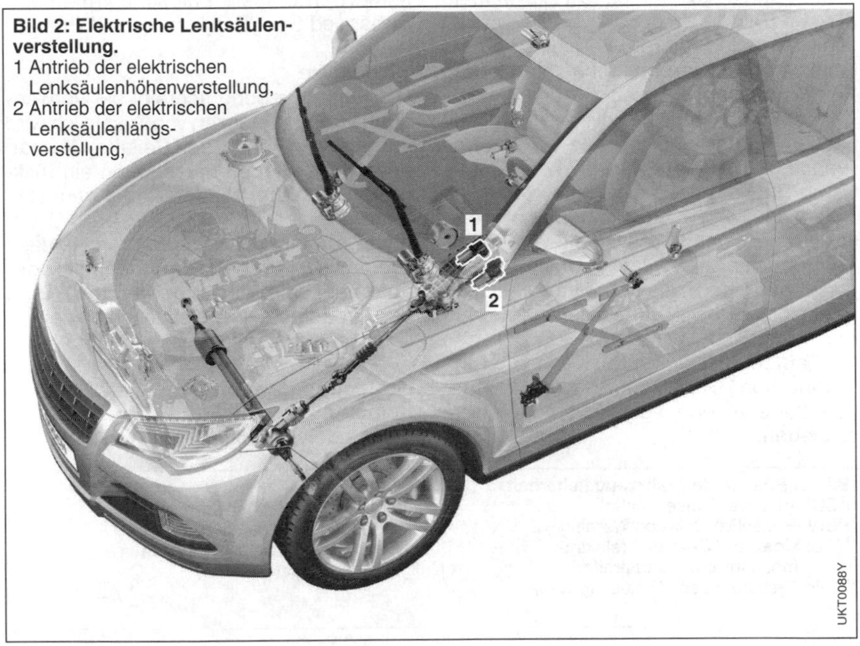

Sicherheitssysteme im Kfz

Phasen der Fahrzeugsicherheit

Fahrzeugsicherheit kann in aktive Sicherheit und in passive Sicherheit gegliedert werden Aktive Sicherheitssysteme tragen dazu bei, einen Unfall zu verhindern. Passive Sicherheitssysteme kommen zum Einsatz, wenn es doch zu einem Unfall kommt.

Die Fahrzeugsicherheit teilt sich in fünf Phasen (Bild 1). Zu der aktiven Sicherheit zählt normales Fahren, bei dem Sicherheitssysteme warnen, empfehlen oder Korrekturen vornehmen (Phase 1 und Phase 2). Bei einer Kollision greift die passive Fahrzeugsicherheit schützend (Phase 3 und Phase 4) und in der Post-Crash-Phase rettend ein (Phase 5).

Je nach Fahrzeugausstattung sind verschiedene Sicherheitssysteme verfügbar. Aufgrund der Effektivität zur Unfallvermeidung hat sich z.B. die Fahrdymikregelung (elektronisches Stabilitätsprogramm, Electronic Stability Control, ESC) in allen Fahrzeugklassen etabliert und ist in Europa vom Gesetzgeber seit 2012 für neu zugelassene verpflichtend vorgeschrieben.

Normaler Fahrbetrieb

Gurtwarnsystem

Wenn Fahrer oder Beifahrer nicht angeschnallt sind, gibt es ein visuelles und akustisches Warnsignal (SBR, Seat Belt Reminder, Gurtwarnsystem, Bild 2a). Die Sensierung erfolgt z.B. über eine Sitzbelegungsmatte (siehe Insassensensierung). Die Anwesenheit weiterer Insassen im Fond wird optional über Sensoren detektiert. In diesem Fall spricht man von Enhanced Seat Belt Reminder (ESR).

Kindersitze

Die Gesetzgebung schreibt die Verwendung von Kindersitzen vor. Zusätzlich wird vorgegeben, dass der Beifahrer-Airbag deaktiviert werden muss, wenn ein rückwärtsgerichteter Kindersitz auf dem Beifahrersitz platziert wird (COP, Child Occupant Protection). Der Airbag kann je nach regionaler Ausprägung manuell oder automatisch geschaltet werden. Wenn der Airbag deaktiviert ist, leuchtet die entsprechende Anzeigelampe (Bild 2b).

Kritische Situation

Kommt es z.B. aufgrund einer Vollbremsung oder bei einer Bremsung auf un-

Bild 1: Phasen der Fahrzeugsicherheit.
ACC: Adaptive Cruise Control
PCW: Predictive Collision Warning
MSB: Motorized Seat Belt (elektromechanischer Gurtstraffer)
PS-P: Presafe Pulse, Auslösung vor t_0
Brake pre-fill: Anlegen der Bremsbeläge
AEB: Automatic Emergency Braking
SCM: Secondary Collision Mitigation
eCall: emergency Call (Notruf)

SKT0064-2D

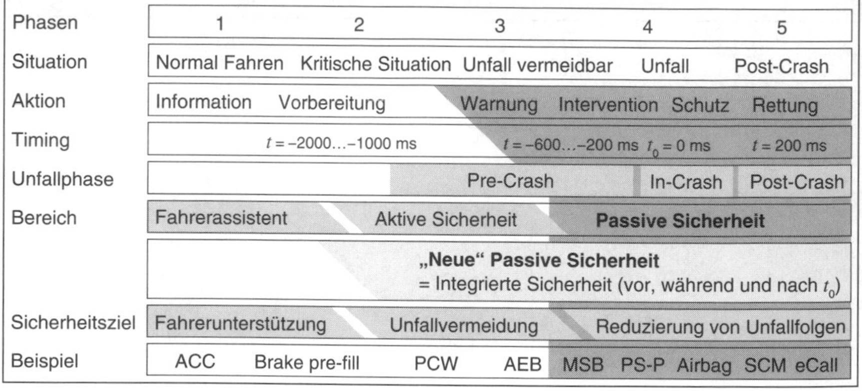

terschiedlichem Untergrund zu einer kritischen Situation, so bewirken gezielte Bremseingriffe auf einzelne Räder und Eingriffe in das Motormanagement eine Stabilisierung des Fahrzeugs (Fahrdynamikregelung). Ein weiteres Beispiel, wie das Fahrzeug auf einen möglichen Unfall vorbereitet wird, ist das Vorbefüllen der Bremsanlage (Brake pre-fill). Die Bremswirkung tritt nach Betätigen des Bremspedals früher ein, dies bewirkt einen kürzeren Bremsweg.

Der Wirksamkeit dieser Sicherheitssysteme sind allerdings physikalische Grenzen gesetzt. Bei Überschreitung dieser Grenzen ist ein Unfall unvermeidbar.

Vor dem Crash
Zur Verbesserung der Auslösefunktion der Insassenschutzsysteme und Früherkennung der Aufprallart (Precrash-Erkennung) werden Relativgeschwindigkeit, Abstand und Aufprallwinkel mit Mikrowellenradar-, Ultraschall- oder Lidar-Sensoren gemessen. Werden Abstände bei entsprechender Geschwindigkeit zu gering, kann optisch und akustisch gewarnt oder die Bremse aktiviert werden (AEB, Automatic Emergency Brake, siehe Notbremssysteme). Mit Precrash-Sensierung werden elektromechanische Gurtstraffer (Reversible Seatbelt Pretensioners) eingesetzt. Die Reversibilität ermöglicht es, in einer Gefahrensituation die Gurtstraffer bereits vor einer möglichen Kollision zu straffen. Dadurch ist die Gurtlose bereits vor dem Crash eliminiert und die Insassen werden frühzeitig schon auch während eines Bremsvorgangs an die Verzögerung des Fahrzeugs gekoppelt.

Bild 2: Kontrollleuchten im Kombiinstrument
a) Symbol leuchtet, wenn Sicherheitsgurt nicht angelegt ist.
b) Beifahrer-Airbag ausgeschaltet.

Während des Crashs
Der Crash beginnt bei t_0, dem Zeitpunkt des ersten Fahrzeugkontakts (In-Crash) mit dem Hindernis und endet mit dem Fahrzeugstillstand. In diesem Zeitfenster werden alle relevanten Rückhaltemittel aktiviert (siehe Insassenschutzsysteme) und gegebenenfalls eine Notbremsung ausgelöst, die einen möglichen Folgeunfall vermeiden oder die Unfallschwere mindern soll.

Nach dem Crash
Event Data Recorder
Fahrzeuge mit Airbag-Systemen speichern unfallrelevante Daten, z. B. Aufprallbeschleunigungen, Gurtschlosszustände oder Airbag-Auslösezeiten in einem nichtflüchtigen Speicher des Airbag-Steuergeräts (EDR, Event Data Recorder, Unfalldatenspeicher). Der Datenumfang ist je nach Fahrzeughersteller unterschiedlich und erfasst einen Zeitraum von etwa 100 ms vor und nach dem Aufprall.

Damit ist die Analyse des Unfalls in einem gewissen Umfang möglich. Zum Beispiel können Unfälle mit Airbag-Auslösung von Beinahe-Unfällen und auch Unfällen ohne Auslösung der Airbags unterschieden werden. Zum Anderen erlauben die Daten eine teilweise Rekonstruktion der Fahrzeugsituation vor dem Unfall für die Unfallforschung. Darüber hinaus werden damit auch gesetzliche Anforderungen erfüllt. So ist in den USA der Einsatz eines Unfalldatenspeichers bei Neufahrzeugen seit 2012 vorgeschrieben.

eCall
Bei eCall (Kurzform für emergency call) handelt es sich um ein von der Europäischen Union vorgeschriebenes automatisches Notrufsystem für Kraftfahrzeuge, das seit April 2018 verpflichtend in alle neuen Modelle von Pkw und leichten Nutzfahrzeugen eingebaut werden muss.

Das Airbag-Steuergerät aktiviert neben Warnblinker, Türöffner, Abschalten der Kraftstoffpumpe und Trennen der Batterie einen Notruf über eine im Fahrzeug verbaute Mobilfunkeinheit. Die Notrufzentrale erhält automatisch eine genaue Standortmeldung des Fahrzeugs und kann gegebenenfalls mit den Insassen sprechen und eine Rettung einleiten.

Aktive Sicherheit

Ziel der aktiven Sicherheit ist es, im Vorfeld schon zu verhindern, dass es zu einem Unfall kommt. Der fahrzeugtechnische Ausrüstungsstand hilft, bei normalem Fahren Gefahren schnell zu erkennen und Unfälle zu vermeiden. Aktive Sicherheit beginnt deshalb schon mit einer guten Sicht auf das Straßengeschehen auch in der Dämmerung und in der Nacht. Mit Ablösung des Bilux-Lichts durch Halogenlampen in den 1970er-Jahren wurde die Sichtweite nahezu verdoppelt. Weitere Meilensteine waren die Einführung des Xenon- und des LED-Lichts.

Durchdachte Bedienkonzepte z.B. für das Infotainmentsystem über das Multifunktionslenkrad und die Informationsdarstellung über ein Head-up-Display ermöglichen es dem Fahrer, seinen Blick auf das Verkehrgeschehen gerichtet zu lassen. Auch das ist ein Beitrag zur aktiven Sicherheit.

Im Bereich der Fahrerunterstützung bieten z.B. der Bremskraftverstärker und die Servolenkung das Potential, Unfälle zu vermeiden.

Die aktive Verkehrssicherheit beinhaltet aber auch die Verkehrsqualifikation des Fahrers (z.B. Fahrsicherheitstraining), seine Verkehrskompetenz, sein verkehrsgerechtes Verhalten und sein eigenverantwortliches Handeln.

Unter aktiver Sicherheit werden im Allgemeinen jedoch Systeme verstanden, die aktiv in die Fahrdynamik eingreifen und den Fahrer somit aktiv unterstützen. Diese Systeme werden auch als Fahrerassistenzsysteme bezeichnet.

Beispiele von aktiven Sicherheitssystemen

Aktive Sicherheitssysteme benötigen Information über den Fahr- und Betriebszustand des Fahrzeugs (z.B. Radgeschwindigkeiten, Drehrate, Lenkradwinkel) und auch Informationen über die Umgebung des Fahrzeugs (z.B. Abstand zum vorausfahrenden Fahrzeug). Die Fortschritte in der Sensortechnik führte zur Entwicklung zahlreicher aktiver Sicherheitssysteme.

im Jahre 1978 wurde das erste serientaugliche Antiblockiersystem (ABS) eingeführt, das bei einer Vollbremmsung das Blockieren der Räder verhindert und somit das Fahrzeug lenkfähig hält (siehe Radschlupfregelsysteme). Die Weiterentwicklung führte zur Fahrdynamikregelung (Electronic Stability Control, ESC), in der das Antiblockiersystem sowie die Antriebsschlupfregelung integriert sind und zusätzlich die Schleudertendenzen des Fahrzeugs erkennt und mit gezielten rad-individuellen Bremseingriffen und Eingriffen in das Motormanagement der Schleudertendenz entgegenwirkt.

Die zunächst als Komfortsystem entwickelte adaptive Fahrgeschwindigkeitsregelung (Adaptive Cruise Control, ACC) hat sich in Richtung aktives Sicherheitssystem weiterentwickelt. Sie entlastet den Fahrer durch selbstständige Anpassung der Geschwindigkeit zum vorausfahrenden Fahrzeug und bremst bei Bedarf bis zum Fahrzeugstillstand ab. Somit wird der Sicherheitsabstand stets eingehalten.

Der Notbremsassistent führt eine Notbremsung aus, wenn er vor dem Fahrzeug ein Objekt erkennt.

Der Spurhalteassistent warnt den Fahrer z.B. durch Vibrieren des Lankrads beim Verlassen der Fahrspur ohne gesetzten Blinker. Reagiert der Fahrer nicht, kann das System selbstständig in die befahrene Spur zurücklenken.

Totwinkelassistenten und Spurwechselassistenten überwachen den Raum seitlich und hinter dem Fahrzeug und warnen den Fahrer, wenn sich ein Fahrzeug nähert. Diese Systeme warnen somit, wenn ein Überholen nicht gefahrlos möglich ist.

Stellenwert der aktiven Sicherheit

Sicherheit im Kfz war früher auf die passive Sicherheit beschränkt. Systeme zum Insassenschutz sind inzwischen eine Selbstverständlichkeit, Fortschritte bei diesen Systemen laufen eher im Hintergrund ab. Systeme zur aktiven Sicherheit werden stetig weiterentwickelt und es kommen immer neue Systeme hinzu. Sie kommen zunächst in Premium-Fahrzeugen zum Einsatz und dann auch in den unteren Fahrzeugklassen. Neuartige aktive Sicherheitssystemen werden von den Fahrzeugherstellern offensiv beworben.

Passive Sicherheit

Die passive Sicherheit in einem Auto erhöht den Insassenschutz, wenn es zu einem Unfall kommt. Es sind 150 Millisekunden, die bei einem Autounfall entscheiden, ob es bei einem Sachschaden bleibt oder ob schwere Verletzungen der Insassen hinzukommen. Kommt es zu einem Unfall, können zahlreiche Komponenten des Fahrzeugs überlebenswichtig sein. Von der Sicherheitsfahrgastzelle über eine stabile Karosserie, Knautschzone, Sicherheitslenksäule, Kopfstützen bis hin zu Airbags und Sicherheitsgurten mit Gurtstraffern (siehe Insassenschutzsysteme) zielt die passive Sicherheit darauf, die Folgen eines Unfalls zu mildern. Viele dieser Komponenten sind gesetzlich vorgeschrieben und gehören damit zur Serienausstattung des Fahrzeugs.

Während die aktive Sicherheit davon spricht, einen drohenden Unfall ganz zu vermeiden, soll die passive Sicherheit die Folgen eines unvermeidlichen Unfalls mindern. Durch die Verknüpfung mit Fahrerassistenz und aktiver Sicherheit sorgen neue erweiterte Funktionen der passiven Sicherheit für einen umfassenderen Insassenschutz (siehe Bild 1).

Systemarchitektur Passive Sicherheit
Die Funktionen der passiven Sicherheit sind spezifisch je nach Hersteller, Fahrzeug und Ausstattung. Bild 3 zeigt eine mögliche Architektur.

Das Airbag-Steuergerät sammelt Informationen über die Geschwindigkeit, Temperatur, Gurtschlosszustände, die Sitzposition der Insassen und registriert die Aktivierung der Zündung. Im Fahrzeug werden Diagnosen, Fahrzustände und Unfälle erfasst und in einem Datenspeicher abgelegt. Über den Diagnosestecker können Daten gelesen werden und gegebenenfalls auch Software-Updates erfolgen.

Bild 3: Systemarchitektur Passive Sicherheit.

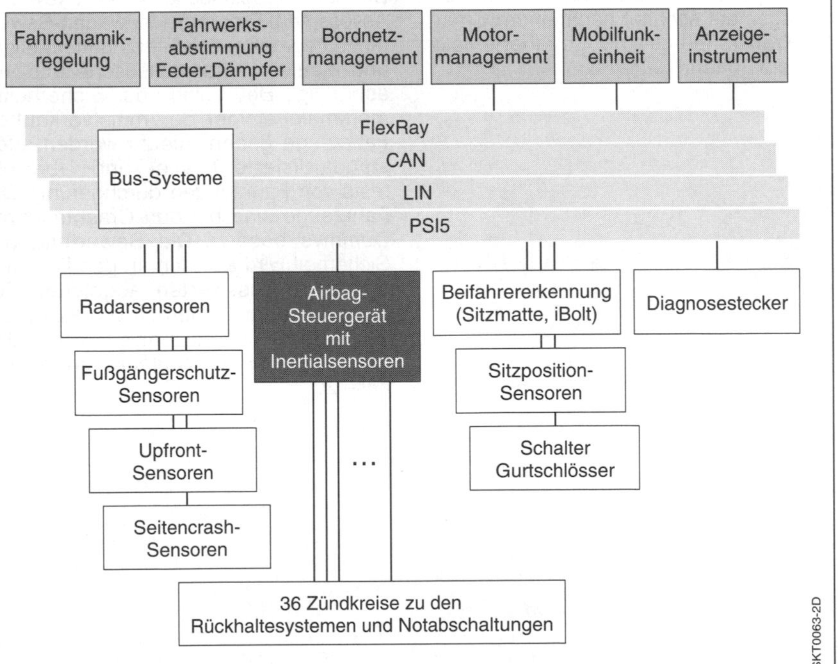

Es werden Inertialsensorsignale, also Beschleunigungen und Drehraten in allen drei Raumrichtungen auch für andere Systeme zur Verfügung gestellt. So können mit diesen Signalen Feder-Dämpfungs-Systeme oder auch Brems- und Lenkungssysteme angesteuert werden, um das Fahrzeug fahrdynamisch zu optimieren und zu stabilisieren.

Die Informationen schon im Vorfeld eines Crashs – z.B. über die relative Geschwindigkeit, Aufprallzeitpunkt von potentiellen Kollisionsobjekten – kommt von einer Radar-, Lidar oder Videosensorik. Dadurch können z.B. Sitze oder reversible Gurtstraffer für den Crashfall vorkonditioniert oder Warnsignale abgegeben werden.

Das Bordnetzmanagement steuert mit den Signalen des Airbag-Steuergeräts die Airbag-Kontrollleuchten, den Status der Gurte und Sitzbelegung, den Warnblinker sowie die Tür-Notöffnung.

Über die Mobilfunkeinheit wird im Crashfall ein Notruf gesendet; auch besteht die Möglichkeit, Informationen zur medizinischen Versorgung vorab den Rettungskräften mitzuteilen. Das Motormanagement schaltet nach einem Crash die Kraftstoffpumpe ab, gegebenenfalls wird die Batterie getrennt.

Gesetzliche Vorschriften und Verbrauchertests

Gesetzliche Vorschriften

Die Gesetzgebung gibt Anforderungen für die passive Sicherheit in Fahrzeugen vor. Sie umfassen die Sicherheit für Fahrer, Passagiere und insbesondere für Kinder sowie von Fußgängern.

In der EU vorgeschriebene Sicherheitsanforderungen sind zum Beispiel die Bestimmungen für den Front- und Seitenaufprallschutz für die Fahrzeuginsassen sowie der Fußgängerschutz. Diese sind in UN/ECE-Regelungen abgebildet, die für die EU gültig sind, aber inzwischen auch von einer Vielzahl außereuropäischer Länder übernommen wurden. Andere Länder lehnen sich weitgehend daran an (Ausnahme USA).

Für die USA gibt es die Federal Motor Vehicle Safety Standards (FMVSS), die technische Vorschriften zur Fahrzeugsicherheit darstellen und Gesetzescharakter haben.

Verbrauchertests

Das länderspezifische NCAP (New Car Assessment Program, Neuwagen-Bewertungsprogramm) soll Fahrzeugherstellern und -käufern eine realistische und unabhängige Beurteilung der Sicherheitsmerkmale einiger der meistverkauften Fahrzeuge geben. Hierzu werden auch standardisierte Crash- und Überrolltests von Fahrzeugen durchgeführt. Die Fahrzeuge sind bei den Crashtests mit Dummys besetzt. Die Bewertung der Sicherheit wird aus den an den Dummys erfassten Messwerten abgeleitet. Zur Bewertung der Sicherheit von Kindersitzen werden Kinderdummys in vom Fahrzeughersteller empfohlene Kindersitze gesetzt.

So ist Euro-NCAP ein freiwilliges europäisches Programm zur Bewertung der Fahrzeugsicherheit, das von der Europäischen Kommission und mehreren europäischen Regierungen sowie von Automobilclubs und Verbraucherorganisationen unterstützt wird. Euro-NCAP veröffentlicht Sicherheitsberichte zu Neuwagen und vergibt je nach Leistung der Fahrzeuge in unterschiedlichen Crashtests, darunter Front-, Seiten- und Pfahlaufprall sowie Zusammenstöße mit Fußgängern, eine Sternebewertung [1]. Die höchste Bewertung entspricht fünf Sternen. Die Anforderungen an die Sternebewertung steigt dabei parallel zur Fahrzeugentwicklung, sodass ein 5-Sterne-Auto vor zehn Jahren nicht vergleichbar ist mit einem 5-Sterne-Auto von heute.

Die Testbedingungen werden ständig aktualisiert, das Testprogramm um zusätzliche Tests ergänzt und die Bewertungskriterien verschärft. Neuere Erkenntnisse über Unfälle und deren Ursachen fließen in neue Anforderungen der Testbedingungen ein. Wurden ursprünglich nur die Ergebnisse aus den Crashtests zur Bewertung herangezogen, fließen zunehmend Bewertungen der aktiven Sicherheit (z.B. Spurverlassenswarner, Notbremsassistent) in die Gesamtwertung ein.

Literatur

[1] www.euroncap.com/de/euro-ncap/wie-die-sterne-zu-verstehen-sind/

Insassenschutzsysteme

Insassenschutzsysteme sollen die bei einem Unfall auf die Passagiere wirkenden Kräfte gering halten und somit die Unfallfolgen vermindern.

Sicherheitsgurte mit Gurtstraffer stellen wichtige Anteile der Schutzwirkung dar, da sie den größten Teil der Bewegungsenergie der Insassen aufnehmen. Zusammen mit einem Frontairbag soll die Energie im Crash so abgebaut werden, dass der Insasse nicht bis auf das Lenkrad oder das Armaturenbrett durchschlägt.

Um eine optimale Schutzwirkung zu erzielen, muss das Verhalten aller Komponenten des Insassenschutzsystems aufeinander abgestimmt sein. Dies wird durch geeignete Sensoren und eine schnelle Signalverarbeitung ermöglicht. Die bestmögliche Schutzwirkung bei einem Aufprall bewirkt ein abgestimmtes Zusammenspiel von elektronisch gezündeten, pyrotechnisch aufgeblasenen Frontairbags und Gurtstraffern. Um die Wirkung beider Schutzeinrichtungen zu maximieren, werden sie von dem in der Fahrgastzelle eingebauten Airbag-Steuergerät (Auslösegerät) aktiviert.

Bild 1 gibt einen Überblick über die im Pkw vorhandenen Inassenschutzsysteme.

Aufgaben

Sensierung des Umfelds

Das Steuergerät detektiert die unterschiedlichen Aufprallarten (z.B. Front-, Schräg-, Offset-, Pfahl-, Heck-, Seitenaufprall) in Fahrzeuglängsrichtung (x-Achse) und Fahrzeugquerrichtung (y-Achse) mithilfe integrierter Beschleunigungssensoren oder Körperschallsensoren. Aus deren Signalen wird die zu erwartende Crashschwere und Crashart bestimmt, um die passenden Rückhaltemittel zum richtigen Zeitpunkt zu aktivieren.

An der Fahrzeugkarosserie verbaute periphere Beschleunigungs- und Drucksensoren sind über Leitungen am Steuergerät angeschlossenen. Sie ermöglichen eine frühere Erkennung eines Fahrzeugkontakts und damit eine verbesserte Performanz der Auslösung der Rückhaltemittel. Insbesondere bei Seitencrashs mit geringer Knautschzone haben in die Türe verbaute schnelle Drucksensoren einen Vorteil gegenüber Beschleunigungssensoren.

Die Überrollerkennung erfolgt durch Drehraten- und Beschleunigungssensoren. Neben der Drehrate um die Längsachse werden die Fahrzeugquer-

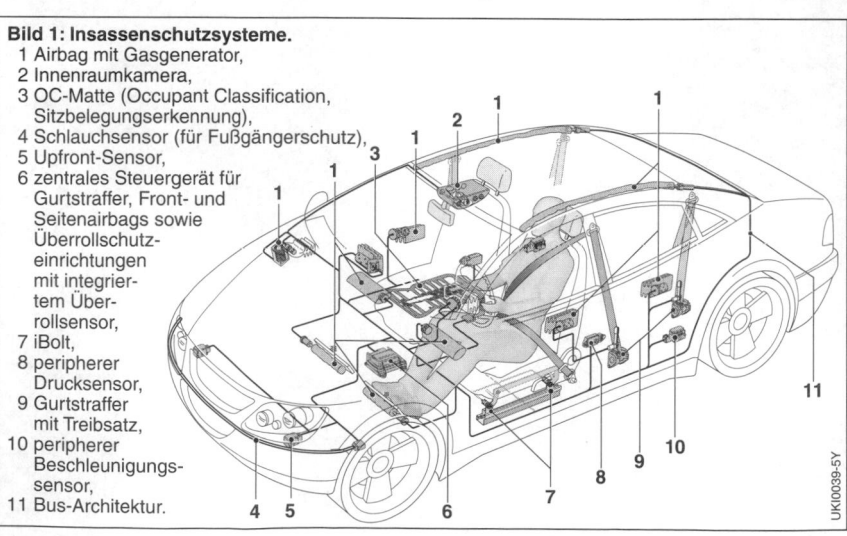

Bild 1: Insassenschutzsysteme.
1 Airbag mit Gasgenerator,
2 Innenraumkamera,
3 OC-Matte (Occupant Classification, Sitzbelegungserkennung),
4 Schlauchsensor (für Fußgängerschutz),
5 Upfront-Sensor,
6 zentrales Steuergerät für Gurtstraffer, Front- und Seitenairbags sowie Überrollschutzeinrichtungen mit integriertem Überrollsensor,
7 iBolt,
8 peripherer Drucksensor,
9 Gurtstraffer mit Treibsatz,
10 peripherer Beschleunigungssensor,
11 Bus-Architektur.

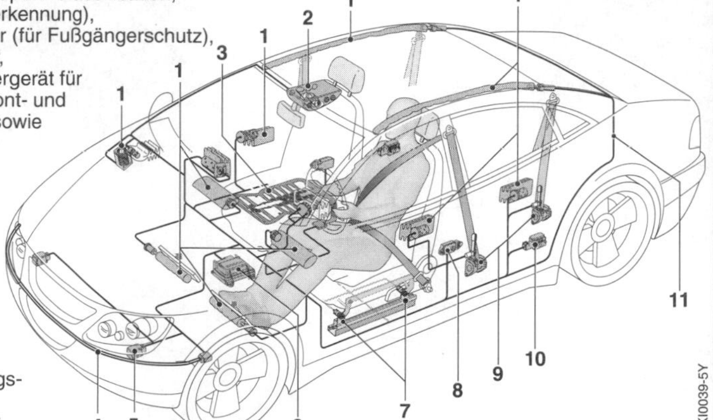

beschleunigung (y-Achse) und die Beschleunigung in Richtung der Hochachse (z-Achse) erfasst.

Die Auswertealgorithmen im Steuergerät lesen permanent die Daten der Sensoren ein und berechnen, ob ein Unfall vorliegt.

Aktivierung von Rückhaltemitteln

Die Sensorsignale werden durch intelligente Algorithmen bewertet, deren Parameter mithilfe von Simulationen und Crashtests fahrzeugspezifisch optimiert werden. Ein Hammerschlag in der Werkstatt, leichte Rempler, Aufsetzer, Fahren über Bordsteinkanten oder Schlaglöcher dürfen den Airbag nicht auslösen.

Bei Überschreiten der Auslöseschwellen werden die mit dem Steuergerät verbundenen Rückhaltemittel angesteuert. Durch Strompulse werden pyrotechnische Zündelemente aktiviert, die Airbags oder andere Rückhaltemittel auslösen.

Für den Fall, dass durch den Crash die elektrische Versorgung des Steuergeräts durch die Fahrzeugbatterie unterbrochen wird, sorgt eine eingebaute Energiereserve für die notwendige Verfügbarkeit.

Die Zündung von Rückhaltemitteln für den jeweiligen Sitz erfolgt nur bei gestecktem Gurtschloss, was von einem Gurtschlossschalter überwacht wird.

Spezielle Funktionen

Advanced Rollover Sensing

Die Funktion „Advanced Rollover Sensing“ nutzt zur besseren Erkennung von Bodenverhakungs-Überrollvorgängen (Soil Trip Rollover) die Sensorik der Fahrdynamikregelung. Mit Hilfe dieser Daten wird im Airbag-Steuergerät der Schwimmwinkel und die Lateralgeschwindigkeit berechnet. Hieraus wird die Abweichung des Fahrzeugbewegungsvektors von der Fahrzeuglängsachse und somit eine seitliche Bewegung des Fahrzeugs bestimmt.

Early Pole Crash Detection

Die Funktion „Early Pole Crash Detection“ nutzt zur besseren Erkennung eines seitlichen Pfahlaufpralls ebenfalls die Sensorik der Fahrdynamikregelung. Im Falle eines seitlichen Pfahlaufpralls schleudert das Fahrzeug vor dem Aufprall; dies wird mit dem Drehratensensor erkannt. Die Information über die seitliche Bewegung des Fahrzeugs wird anschließend im Auslösealgorithmus für eine schnellere Auslösung der Seitenairbags genutzt.

Secondary Collision Mitigation

Bei Unfällen können nach der Erstkollision weitere Kollisionen des Unfallfahrzeugs folgen, z.B. weil der Fahrer die Kontrolle über sein Fahrzeug verliert. Dies gefährdet sowohl die Fahrzeuginsassen als auch andere Verkehrsteilnehmer. Bei solchen Unfällen hilft die Funktion „Secondary Collision Mitigation“. Kommt es zu einem Aufprall, leitet das Airbag-Steuergerät diese Information an das Steuergerät der Fahrdynamikregelung weiter. Die Fahrdynamikregelung verzögert das Fahrzeug durch gezielte Eingriffe in die Bremsen oder den Motor, im Bedarfsfall bis zum Stillstand. Folgeunfälle können dadurch vermieden oder deren Schwere reduziert werden.

Weitere Sicherheitsmaßnahmen

Durch die Vernetzung von Fahrdynamikregelung und Airbag-Steuergerät lässt sich auch die Erkennung instabiler oder kritischer Zustände nutzen, um Sicherheitsmaßnahmen gezielter einzuleiten. Wird ein instabiler Fahrzustand erkannt, können abgestuft Sicherheitsmaßnahmen eingeleitet werden, wie das Schließen der Fenster, des Schiebedachs oder das Anspannen eines wiederverwendbaren (reversiblen) elektromotorischen Gurtstraffers.

Rückhaltemittel und Aktoren

Sicherheitsgurte und Gurtstraffer

Sicherheitsgurte

Sicherheitsgurte haben die Aufgabe, die Insassen eines Fahrzeugs im Sitz zurückzuhalten, wenn dieses auf ein Hindernis aufprallt. Somit werden die Insassen während eines Aufpralls frühzeitig an der Fahrzeugverzögerung beteiligt (Bild 2).

Bild 2: Verzögerung bis Stillstand und Vorverlagerung eines Insassen bei einer Aufprallgeschwindigkeit von 50 km/h.
① Aufprall,
② Zündung Gurtstraffer und Airbag,
③ Gurt gestrafft,
④ Airbag gefüllt.
– – – Vorverlagerung ohne Rückhaltesystem.
—— Vorverlagerung mit Rückhaltesystem.

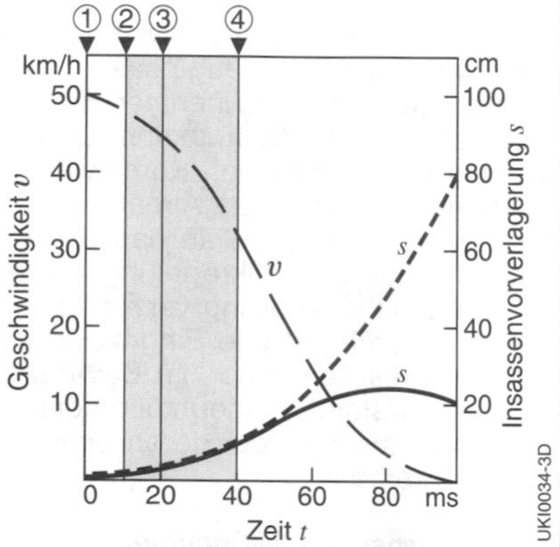

Standard ist der Dreipunktgurt mit Aufrollautomatik. Gurtschloss und Aufrollvorrichtung sind am Sitz oder an der Karosserie befestigt (Bild 3). Ein locker anliegender Gurt (z.B. wegen dicker Winterbekleidung) führt zu einer Gurtlose. Aufgrund der Nachgiebigkeit der Bekleidung wird der Insasse im Falle einer Kollision nicht rechtzeitig an der Fahrzeugverzögerung beteiligt. Dadurch bewegt sich der Insasse zunächst ungebremst weiter, was die Schutzwirkung des Gurts vermindert. Ferner tragen auch die verzögerte Wirkung der Blockierung des Gurts im Unfall sowie die Gurtbanddehnung zur Gurtlose bei.

Aufgrund der Gurtlose haben Dreipunkt-Automatikgurte beim Frontalaufprall mit Geschwindigkeiten von über 40 km/h gegen feste Hindernisse nur eine begrenzte Schutzwirkung, da sie ein Auftreffen von Kopf und Körper auf das Lenkrad und Armaturenbrett nicht sicher verhindern können.

Schultergurtstraffer

Der Schultergurtstraffer beseitigt bei Aktivierung die Gurtlose und den Filmspuleneffekt, indem er das Gurtband aufrollt und strafft. Dabei zündet das System

Bild 3: Insassenschutzsysteme mit Gurtstraffer und Frontairbags.
1 Aufrollvorrichtung mit Gurtstraffer,
2 Sicherheitsgurt,
3 Frontairbag für Beifahrer,
4 Frontairbag für Fahrer,
5 Steuergerät.

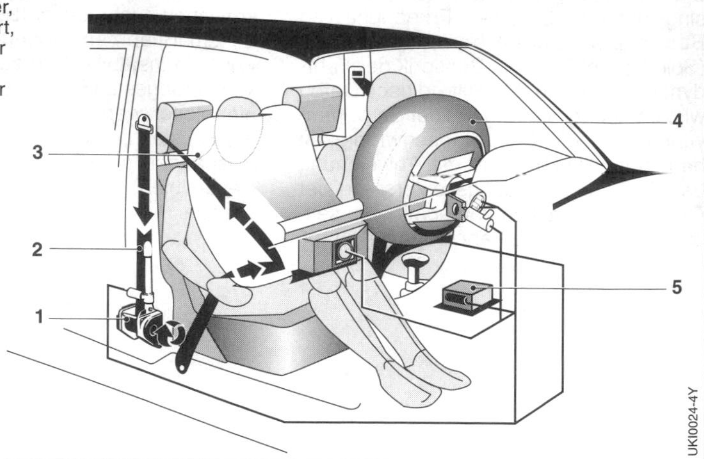

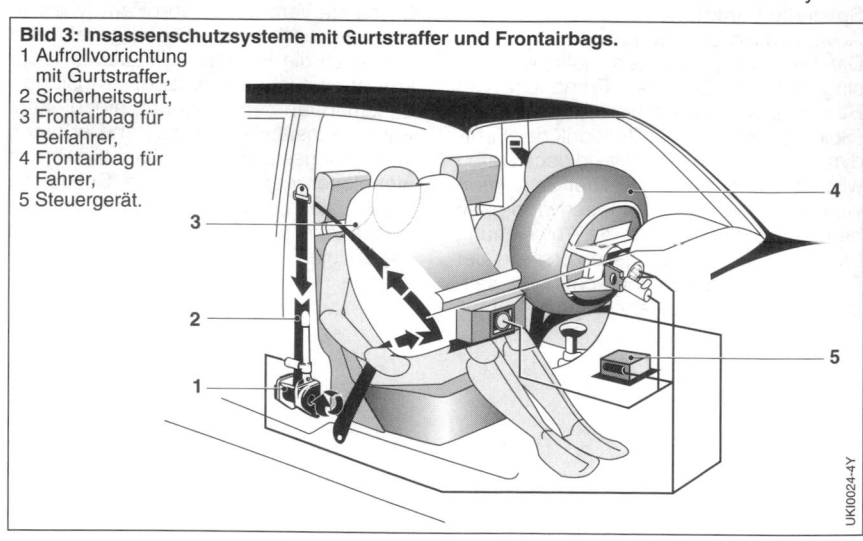

elektrisch einen pyrotechnischen Treibsatz (Bild 4). Die dabei freigesetzte Gasladung wirkt auf einen Kolben, der über ein Stahlseil die Gurtrolle so dreht, dass sich das Gurtband straff an den Körper des Insassen anlegt. Das Gurtband ist somit schon vor Beginn der Vorverlagerung des Insassen gespannt. Mit diesen Gurtstraffern kann das Gurtband innerhalb von 10 ms um bis zu 12 cm zurückgezogen werden.

Elektromechanisch betätigte Gurtstraffer sind reversibel und können deshalb schon frühzeitig in einer Gefahrensituation aktiviert werden, ohne dass es zu einer Kollision kommt.

Schlossstraffer
Der Schlossstraffer zieht, ausgelöst von einer Treibladung oder von Federsystemen, das Gurtschloss nach hinten und strafft dadurch gleichzeitig Schulter- und Beckengurt. Er verbessert die Rückhaltewirkung und den Schutz davor, unter dem Gurt hindurchzurutschen (Submarining Effect).

Kombination von Schultergurt- und Schlossstraffer
Einen größeren Strafferweg zum Erzielen einer besseren Rückhaltewirkung bietet die Kombination beider Systeme. Die Aktivierung der beiden Straffer erfolgt meist

Bild 4: Schultergurtstraffer.
1 Zündleitung,
2 Zündelement,
3 Treibladung,
4 Kolben,
5 Zylinder,
6 Stahlseil,
7 Gurtrolle,
8 Gurtband.

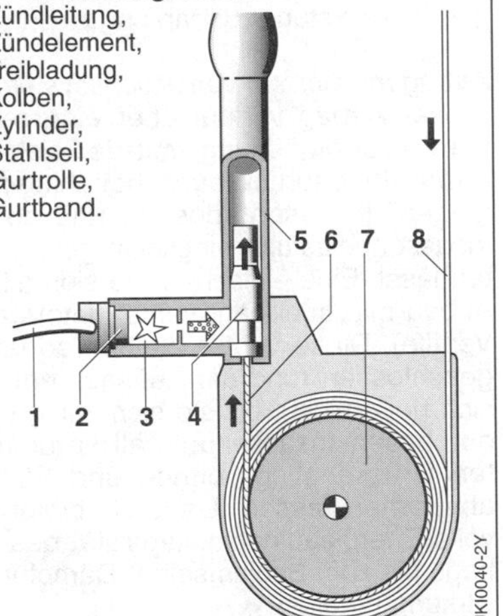

zeitgleich oder mit einem geringfügigen zeitlichen Versatz.

Gurtkraftbegrenzer
Um bei starken Crashs die Kräfte auf den Torso des Insassen zu begrenzen, wird die maximale Kraft des Gurts begrenzt. Ansonsten kann es zu Schlüsselbein- und Rippenbrüchen mit resultierenden inneren Verletzungen kommen.

Dies kann einerseits durch einen mechanischen Gurtkraftbegrenzer erfolgen, der die Gurtbandkraft auf ca. 4 kN begrenzt. Dies geschieht z.B. durch die Deformation eines Torsionsstabs in der Gurtaufrollerwelle oder eine Reißnaht im Gurt.

Eine zusätzliche Schutzwirkung bietet eine elektronisch gesteuerte Gurtkraftbegrenzung, die nach Erreichen einer definierten Vorverlagerung die Gurtkraft durch Aktivierung eines Zündelements auf 1...2 kN reduziert.

Airbags und Gasgeneratoren
Frontairbags
Frontairbags schützen während eines Unfalls Fahrer und Beifahrer vor Kopf- und Brustverletzungen (Bild 3), die durch Aufschlagen des Kopfs auf das Lenkrad oder das Armaturenbrett erfolgen können.

Airbags haben zur Erfüllung dieser Aufgabe je nach Einbauort, Fahrzeugart und Strukturdeformationsverhalten der Karosserie unterschiedliche, den Fahrzeugverhältnissen angepasste Füllmengen und Formen.

Nach einem von den Beschleunigungssensoren erkannten Fahrzeugaufprall blasen je ein pyrotechnischer Gasgenerator Fahrer- und Beifahrerairbag hochdynamisch auf (Bild 5). Um die maximale Schutzwirkung zu erhalten, muss ein Airbag ganz gefüllt sein, bevor der Insasse in ihn eintaucht. Beim Auftreffen des Insassen wird der Airbag über Abströmöffnungen teilweise wieder entleert. Die Energie, mit der die zu schützende Person auftrifft, wird mit verletzungsunkritischen Flächenpressungs- und Verzögerungswerten „sanft" absorbiert.

Die Aufblasgeschwindigkeit und die Härte des aufgeblasenen Airbags kann bei zweistufigen Gasgeneratoren durch zeitverzögertes Zünden der zweiten Stufe

Bild 5: Hochdynamische Entfaltung des Fahrerairbags.

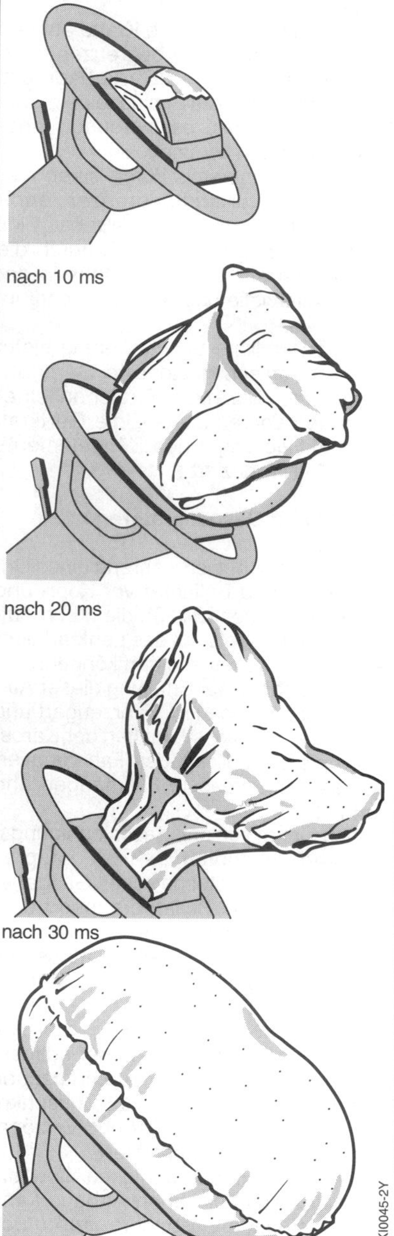

beeinflusst werden, die bei hohen Crashschweren eine zusätzliche Gasmenge in den Airbag bläst.

Die maximal zulässige Vorverlagerung des Fahrers, bis der Airbag auf der Fahrerseite gefüllt ist, beträgt ca. 12,5 cm. Das entspricht bei einem Aufprall mit 50 km/h auf ein hartes Hindernis einer Zeit von ca. 40 ms. 10 ms nach dem Aufprall wird der Gasgenerator aktiviert, nach 30 ms ist der Airbag aufgeblasen. Nach weiteren 80...100 ms ist der Airbag durch die Abströmöffnungen wieder entleert.

Depowered Airbags

Um Kinder und sehr leichte Erwachsene auf dem Beifahrersitz nicht durch den Aufblasvorgang zu gefährden, werden vor allem in den USA „depowered Airbags" mit einer reduzierten Wucht des Aufblasvorgangs eingesetzt.

Dazu werden bei leichten Unfällen bis ca. 30 km/h abgebauter Geschwindigkeit die Airbags mit einer um 20...30 % geringeren Gasgeneratorleistung gefüllt, wodurch sich die Aufblasgeschwindigkeit und die Härte des aufgeblasenen Airbags mindert. Die Verletzungsgefahr verringert sich für Insassen, die sich „Out-of-Position" befinden (von normaler Sitzposition abweichende Körperhaltung).

Bei der Low-Risk-Deployment-Methode wird je nach Heftigkeit des Aufpralls nur die erste Frontairbagstufe gezündet oder beide Generatorstufen, um die volle Gasgeneratorleistung zur Wirkung zu bringen.

Airbag mit aktivem Ventilationssystem

Dieser Airbag verfügt über eine regelbare Abströmöffnung, mit der sich der Airbag-Innendruck auch bei „hineinfallenden" Insassen konstant und so die Insassenbelastung möglichst gering halten lässt. Eine einfachere Version ist ein Airbag mit „Intelligent Vents" (intelligente Ventile). Diese Ventile bleiben so lange geschlossen (und der Luftsack entleert sich noch nicht), bis sie sich infolge des durch den Insassenaufprall verursachten Druckanstiegs öffnen und Füllgas abströmen lassen. Dadurch bleibt die volle Energieaufnahmekapazität des Airbags bis zum Beginn seiner Dämpfungswirkung erhalten.

Knieairbag
Frontairbags werden in einigen Fahrzeugtypen auch mit aufblasbaren Kniepolstern kombiniert, die den „Ride Down Benefit", d.h. den Geschwindigkeitsabbau der Insassen zusammen mit dem Geschwindigkeitsabbau der Fahrgastzelle, gewährleisten. Somit wird die rotationsförmige Vorwärtsbewegung von Oberkörper und Kopf, die für einen optimalen Airbagschutz benötigt wird, sichergestellt. Darüber hinaus verhindert der Knieairbag einen Kontakt mit dem Instrumententräger und verringert so die Verletzungsgefahr in diesem Bereich.

Seitenairbags
Seitenairbags, die sich zum Kopfschutz entlang des Dachausschnitts (z.B. Inflatable Tubular System, Window Bag, Inflatable Curtain) oder zum Oberkörperschutz aus der Tür oder der Sitzlehne (Thoraxbag) entfalten, sollen die Insassen bei einem Seitenaufprall vom Aufprallort wegschieben beziehungsweise eine Dämpfung des Aufpralls ermöglichen und sie so vor Verletzungen schützen.

Die Herausforderung bei Seitenairbags ist die im Vergleich zu den Frontairbags kürzere verfügbare Zeit zum Aufblasen. Hier entfällt die Knautschzone des Fahrzeugs und der Abstand zwischen Insassen und Fahrzeugkarosserie ist sehr klein. Die Zeit für die Aufprallerkennung bis zur Aktivierung der Seitenairbags muss deshalb bei harten Seitencrashs bei ca. 5...10 ms liegen. Die Aufblasdauer der Thoraxbags darf maximal 10 ms betragen.

Zusätzliche Airbag-Ausstattungen
Für eine weitere Verbesserung der Rückhaltewirkung gibt es optional in einzelnen Fahrzeugen im Thoraxteil des Gurts integrierte Airbags (Air Belts, Inflatable Tubular Torso Restraints oder Bag-in-Belt-Systeme), die die Gefahr von Rippenbrüchen verringern.

Inflatable Headrests vermeiden Schleudertraumata und Halswirbelverletzungen bei einem Heckaufprall (adaptive Kopfstützen), inflatable Carpets dagegen Fuß- und Knöchelverletzungen. Active Seats, bei denen ein Airbag im vorderen Teil der Sitzfläche aufgeblasen wird, erschweren das Nach-vorne-Gleiten (Submarining Effect) des Insassen.

Gasgeneratoren
Der Gasgenerator füllt den Airbag mit Gas und betätigt den Gurtstraffer. Der pyrotechnische Gasgenerator beinhaltet eine Zündpille, die bei Aktivierung wiederum einen Festtreibstoff entzündet. Durch einen Metallfilter und die Autrittskanäle des Generators gelangt das Gas in den Airbag.

Die Zündpille (Bild 6) enthält einen Behälter mit der Treibladung und einen Zünddraht. Über die Anschlusspins und eine Zweidrahtleitung ist die Zündpille mit dem Airbag-Steuergerät verbunden. Zum Auslösen des Airbags erzeugt das Steuergerät mithilfe von Zündendstufen einen Strom, der innerhalb der Zündpille durch den Zünddraht fließt. Dieser verglüht und aktiviert die Treibladung.

Der in der Lenkradnabe eingebaute Fahrerairbag (Volumen ca. 60 Liter) und der im Bereich des Handschuhfachs eingebaute Beifahrerairbag (ca. 120 Liter) sind etwa 30 ms nach der Zündung gefüllt.

Bild 6: Zündpille.
1 Treibladung,
2 Zündsatz,
3 Kappe,
4 Ladungshalter,
5 Zünddraht,
6 Zündkopf,
7 Gehäuse,
8 Anschlusspins.

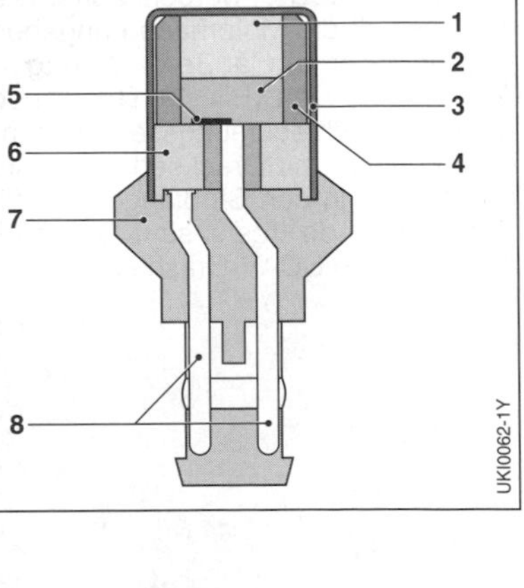

Erweiterte Schutzfunktionen

Überrollschutz

Bei einem Überschlag besteht die Gefahr, dass nicht angeschnallte Insassen vorwiegend durch die Seitenfenster herausgeschleudert werden, oder dass Körperteile angeschnallter Insassen (z.B. Arme) aus dem Fahrzeug herausragen und schwer verletzt werden. Zum Schutz davor werden vorhandene Rückhalteeinrichtungen wie Gurtstraffer, Seiten- und Kopfairbags aktiviert. In Cabriolets werden zusätzlich die ausfahrbaren Überrollbügel oder Kassetten (hochfahrbare Kopfstützen) angesteuert.

Die Sensierung eines Überschlags erfolgt mit im Airbag-Steuergerät integrierten mikromechanischen Drehratensensoren und hochauflösenden Beschleunigungssensoren in Fahrzeugquer- und Fahrzeughochrichtung (y- und z-Achse). Der Drehratensensor ist der Hauptsensor, die y- und z-Beschleunigungssensoren dienen sowohl der Plausibilitätsüberprüfung als auch dem Erkennen der Überrollart (Böschungs-, Abhang-, Bordsteinanprall- oder Bodenverhakungsüberschlag).

Je nach Überrollsituation, Drehrate und Querbeschleunigung werden die Rückhaltemittel und Aktoren aktiviert und nach 30...3000 ms ausgelöst.

Fußgängerschutz

Bei einer Kollision von Fahrzeugen mit Fußgängern sollen Verletzungen weitgehend vermieden werden. Durch konstruktive Gestaltung von Stoßfänger und Motorhaube können Bein- und Kopfverletzungen reduziert werden. Zudem kann im Crashfall die Motorhaube angehoben werden oder ein äußerer Airbag den Aufprall dämpfen (Bild 7). Die Sensorik hierfür (Beschleunigungssensoren oder ein Schlauch mit Drucksensoren, siehe Bild 1) wird in den Stoßfänger integriert. Entsprechende Tests sind Bestandteil z.B. des Euro NCAP-Crashtests.

Insassensensierung

Für die Insassenklassifizierung gibt es verschiedene Möglichkeiten auf dem Markt.

iBolt

Die Insassenklassifizierung kann mit dem iBolt („intelligenter" Bolzen), einem Absolutgewicht messenden Verfahren, erfolgen. Diese kraftmessenden iBolts (siehe Bild 1) befestigen den Sitzrahmen (Sitzschwinge) am Gleitschlitten und ersetzen die sonst verwendeten vier Befestigungsschrauben. Sie messen die vom Gewicht abhängige Abstandsänderung zwischen ihrer Hülse (Topf) und der mit dem Gleitschlitten verbundenen Innenschraube mit einem Hall-Element (Bild 8).

Sitzbelegungsmatten

Sitzbelegungsmatten kombiniert mit druckempfindlichen Elementen und passenden Sensoren erfüllen ebenfalls diese Aufgabe (Bild 9). Die Informationen gehen an das Steuergerät und in die Auslösestrategie der Schutzmittel ein. Die Sitze können bei Sensieren von Lehnenneigung und Position mit geeigneten Aktoren während des Crashs verstellt werden, um den Insassen besser zu schützen.

Deaktivierung des Beifahrerairbags

Mit einem manuell betätigten Deaktivierungsschalter kann der Beifahrerairbag außer Funktion gesetzt werden. Dies ist beim Einsatz von bestimmten Kindersitzen auf diesem Platz erforderlich.

Bild 7: Aufgestellte Motorhaube und äußerer Airbag als Fußgängerschutz.

Bild 8: Kraft messender iBolt.
a) Ruhestellung,
b) in Funktion, d.h. im Überlastanschlag.
1 Gleitschlitten,
2 Hülse,
3 Magnethalter,
4 Doppelbiegebalken (Feder),
5 Hall-IC,
6 Sitzrahmen.

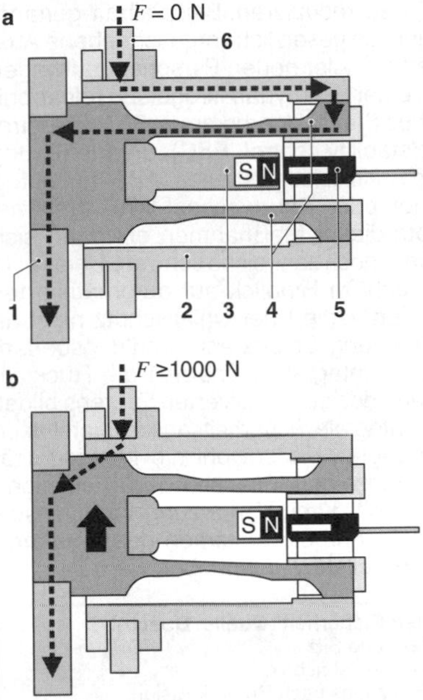

Zunehmend gibt es Kindersitze mit genormten Verankerungen (ISOFIX-Kindersitze). In den Verankerungsschlössern eingebaute Schalter bewirken automatisch eine Beifahrerairbag-Abschaltung, die im Kombiinstrument angezeigt werden muss.

Bild 9: Einbaulage der OC-Sensormatten in den Fahrzeugfrontsitzen.
1 OC-Steuergerät,
2 Airbag-Steuergerät.

Out-of-Position-Erkennung

Zur Vermeidung airbag-bedingter Verletzungen von Insassen, die sich „Out of Position" befinden (z.B. sich weit nach vorne lehnen) oder von Kleinkindern in Reboard-Kindersitzen (rückwärts gerichtete Sitzposition), muss die Auslösung des Frontairbags und dessen Befüllung situationsangepasst erfolgen.

Für zukünftiges automatisiertes Fahren ist eine erweiterte Erkennung der Insassenposition und Anpassung der Rückhaltemittel und deren Ansteuerung von Bedeutung, da mit der gewonnenen Bewegungsfreiheit der Passagiere auch die Herausforderung an die passive Sicherheit wächst.

Systeme der Integralen Sicherheit

Übersicht

Der Weg zum automatisierten Fahren wird in den kommenden Jahren mit einer stark erhöhten Marktdurchdringung von Umfeldsensorik einhergehen. Die durch die Einführung des automatisierten Fahrens bedingte Entwicklung neuer Assistenz- und Fahrfunktionen führt zur Verfügbarkeit von zusätzlichen Informationen über Fahrzeug, Umfeld und Insassen. Diese erweiterte und vernetzte Datengrundlage gestattet die Entwicklung neuer integraler Sicherheitskonzepte mit dem Ziel, im Fall unvermeidbarer Unfälle die Schutzmaßnahmen des Fahrzeugs an die jeweilige Unfallsituation anzupassen. Insbesondere die vorausschauende Situationsanalyse ermöglicht Sicherheitsmaßnahmen zur Unfallvermeidung oder zur Minderung der Unfallschwere. Die Vernetzung von aktiven und passiven Sicherheitsmaßnahmen schafft die Voraussetzung für die situative Anpassung der automatischen Schutzreaktionen des Fahrzeugs an das jeweilige Unfallgeschehen.

Motivation

Durch zahlreiche Maßnahmen in Fahrzeugindustrie, Verkehrsforschung und Gesetzgebung ist es in den vergangenen Jahren gelungen, die Anzahl der Verkehrstoten und Schwerverletzten im Straßenverkehr zu reduzieren. Beispielhaft genannt seien die gesetzlich vorgeschriebene Ausstattung aller neuen Personenkraftwagen mit einer Fahrdynamikregelung (elektronisches Stabilitätsprogramm, ESP®; electronic stability control, ESC), die Einführung von Antiblockiersystemen (ABS) für Motorräder oder Spurwechsel-Warnsysteme. Trotz dieser Maßnahmen ereignen sich immer noch zahlreiche schwere Unfälle [1].

Auch im Hinblick auf automatisiertes Fahren verliert der Unfallschutz nicht an Bedeutung. Es besteht Handlungsbedarf, da die integrale Sicherheit die Rückfallebene des automatisierten Fahrens bildet. Der integrale Sicherheitsansatz bietet neue Lösungen, die sowohl die Individualität des einzelnen Insassen berücksichtigen als auch durch Vernetzung von Sensor- und Sicherheitssystemen das Verkehrssicherheitsniveau anheben werden.

Bild 1: Markteinführung von Funktionen der integralen Sicherheit (Quelle: Bosch).
PRE-SAFE®: Aktivierung z.B. von reversiblen Gurtstraffern und Sitz.
PreSet: Verbesserte Unfallschwerebestimmung mittels Umfeldsensorik.
SCM: Secondary Collision Mitigation; Bremsen des Fahrzeugs nach Primärkollision, um Sekundärkollision zu vermeiden.
CWS: Collision Warning System; Aktivierung reversibler Gurtstraffer bei Verlassen der Straße in Richtung extremen Untergrund.

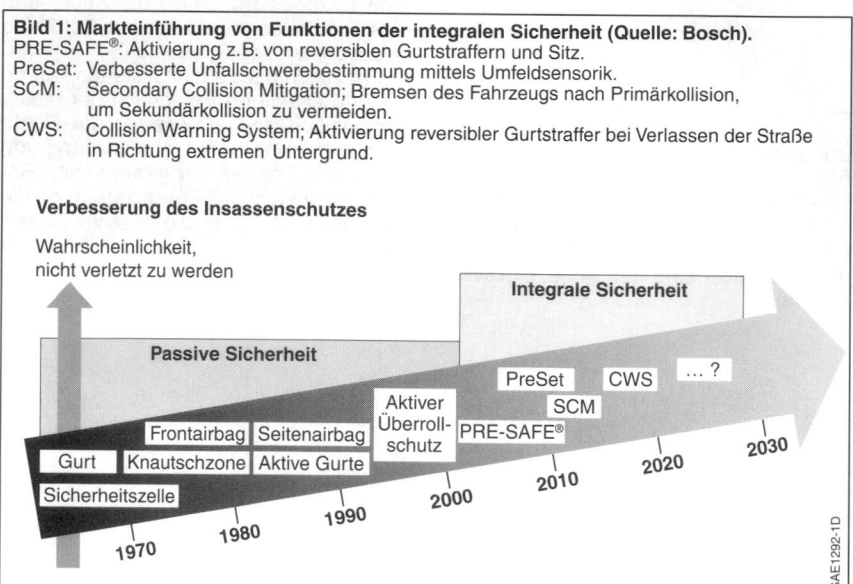

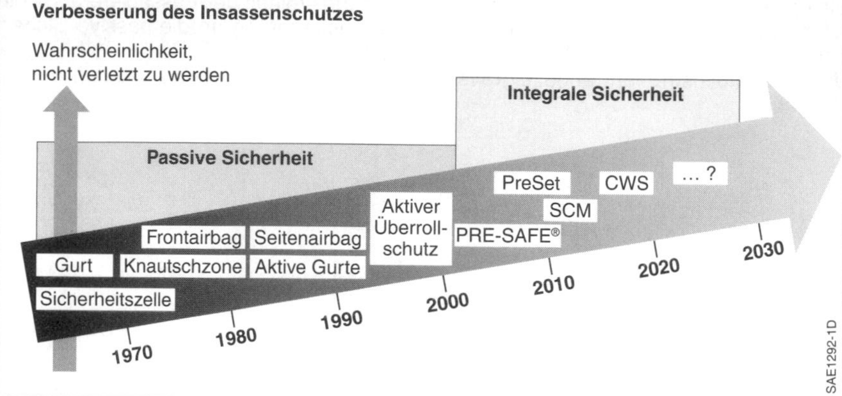

Stand der Technik

Integrale Sicherheit basiert auf der Vernetzung von Komponenten und Algorithmen diverser Sicherheits- und Komfortsysteme im Fahrzeug (z.B. Rückhaltemittel der passiven Sicherheit, Fahrdynamikregelung, Fahrerassistenzsysteme, Innenraumsensierung). Hierbei wird die gesamte Wirkkette eines unvermeidlichen Unfalls vor, während und nach der Kollision betrachtet, um Verletzungsrisiken für Fahrzeuginsassen und andere Verkehrsteilnehmer zu minimieren.

Erste Systeme der integralen Sicherheit wurden 2002 von Daimler unter der Bezeichnung PRE-SAFE® in der S-Klasse eingeführt. Seit 2009 werden mit diesem System die vorderen Nahbereichs-Radarsensoren des Fahrerassistenzpakets auch zur Erkennung potentieller Kollisionsobjekte mit präventiver reversibler Gurtstraffung genutzt. 2013 erfolgte die Übertragung dieses Prinzip auf das Fahrzeugheck.

Einen weiteren Schritt in Richtung integrale Sicherheit markiert die 2016 eingeführte Funktion „PRE-SAFE Impuls Seite" für die Vordersitze, bei der erstmals Pyrotechnik ausschließlich auf Basis von Umfeldsensorik aktiviert wird. Seitlich ausgerichtete Radarsensorik erkennt hierbei einen unvermeidbaren Seitenaufprall, wonach ein im Sitz integrierter Aktor dem Insassen einen zur Fahrzeugmitte hin ausgerichteten Impuls aufprägt [2].

Bild 1 zeigt die zeitliche Einordung des Übergangs von der klassischen passiven Sicherheit zur integralen Sicherheit. Dargestellt sind bereits im Markt eingeführte Sicherheitsfunktionen und Sicherheitskomponenten.

Lösungsansätze

Herausforderungen

Seit Einführung der Radartechnik für Fahrerassistenzfunktionen wie die adaptive Fahrgeschwindigkeitsregelung (ACC, Adaptive Cruise Control) oder die automatische Notbremsung (AEB, Automatic Emergency Braking) im Automobilsektor sind neue Funktionsideen entstanden, die auf der Verwendung von Umfelddaten zur besseren Abschätzung der Unfallschwere beruhen (z.B. die Funktion PreSet zur Unfallschwerebestimmung). Solche Funktionen fanden jedoch auch wegen der geringen Ausstattungsrate mit der adaptiven Fahrgeschwindigkeitsregelung keinen breiten Einsatz. Diese Situation verändert sich, da seit dem Jahr 2014 die automatische Notbremsung im Euro-NCAP-Protokoll belohnt wird. Hierdurch hat sich die Ausstattungsrate von Neufahrzeugen mit Radarsensoren erhöht. Trotz dieser förderlichen Randbedingung gibt es Hürden für die Markteinführung neuer Systeme der integralen Sicherheit:

- Auswirkungen neuer Sicherheitsfunktionen werden in den Unfallstatistiken erst mit zeitlichem Verzug sichtbar, da der steigenden Ausstattungsrate bei Neuzulassungen ein großer Fahrzeugaltbestand gegenüber steht.
- Dedizierte Umfeldsensoren sowie Verarbeitungseinheiten nur für die Funktionen der integralen Sicherheit haben sich in der Vergangenheit aus Kostengründen nicht durchgesetzt, was die Einführung von eigenständigen Systemen der integralen Sicherheit behindert.
- Durch vernetzte Funktionen mit zahlreichen Datenschnittstellen zwischen Assistenz- und Rückhaltesystemen entsteht ein zusätzlicher Applikations- und Validierungsaufwand.

Die Durchdringungszeiten integraler Sicherheitssysteme werden den Marktentwicklungen hinsichtlich Fahrerassistenz und aktiver Sicherheit sowie automatisiertem Fahren folgen. Im Zuge der Einführung automatischer Fahrfunktionen wird sich die Ausstattungsrate mit Umfeld- und Innenraumsensorik sowie mit Domänensteuergeräten erhöhen [3]. Die Einführung von automatischen Fahrfunktionen wird für die Markteinführung und Marktdurchdringung von Umfeld- und Innenraumsensorik sowie von entsprechenden Domänensteuergeräten sorgen. Gleichzeitig entstehen durch diese Funktionen bisher unbekannte Herausforderungen für den Insassenschutz. Mögliche neue Sitzpositionen, Verlagerungen der Insassenpositionen während automatischer Brems- oder Lenkvorgänge oder größere zwischen Insassen und Airbags befindliche Objekte ändern die Randbedingungen für den optimalen Einsatz von Rückhaltemitteln bei Kollisionsgefahr.

Auch grundlegende Bestandteile heutiger Fahrzeuge, wie Funktions- und E/E-Architektur, durchlaufen im Zuge der Entwicklungen auf den Gebieten Elektromobilität, automatisiertes Fahren und Konnektivität einen Entwicklungsprozess. Neue Anforderungen an Sicherheit, Kommunikationsgeschwindigkeit, Rechenaufwand, Latenzzeiten und Kosten treiben diesen Entwicklungsprozess, der auch der Einführung integraler Sicherheitssysteme dienlich ist.

Anwendungsbeispiele

Unfallarten mit Frontalkollision

Frontunfallszenarien gemäß Bild 2 zeigen ein wichtiges Handlungsfeld für integrale Sicherheit auf. Der häufig auftretende Auffahrunfall (Bild 2a) ist bereits heute gut durch Einsatz von Umfeldsensorik in seiner Entstehung zu erkennen. Die wachsende Anzahl von Fahrzeugen, die mit einem automatischen Notbremssystem ausgestattet sind, werden Häufigkeit und Schwere dieses Unfalltyps reduzieren.

Ein weiteres Einsatzgebiet für Funktionen der integralen Sicherheit bilden Kreuzungsunfälle mit Seitenkollisionen gemäß Bild 2e. Die Verletzungsschweren liegen häufig im mittleren Bereich. Kreuzungsassistenzsysteme mit Linksabbiegeassistent und Querverkehrsassistent werden solche Unfälle in ihrer Häufigkeit stark reduzieren (siehe Fahrerassistenzsysteme).

Die Einführung von elektronischen Stabilitätsprogrammen, Spurhalteassistenten und Funktionen zur Fahrermüdigkeitserkennung bewirkte eine Abnahme von Aufprallunfällen durch Abkommen von der Fahrbahn (z.B. Baumkollision, Bild 2d). Dennoch besitzt dieser Unfalltyp auch heute noch wegen der oft damit einhergehenden Verletzungsschwere eine hohe Relevanz.

Eine hohe Verletzungswahrscheinlichkeit weisen Unfälle mit einander entgegenkommenden Fahrzeugen auf (Bild 2c). Für

Bild 2: Relevante Anwendungsfälle im Bereich der Frontalunfälle (Quelle: Bosch)
a) Auffahrunfall,
b) Unterfahren auf Lkw,
c) Frontalkollision,
d) Baumkollision,
e) Seitenkollision.

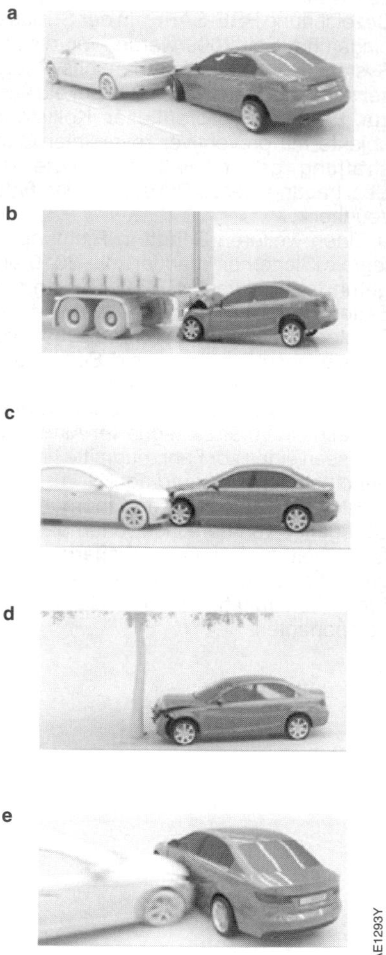

diese Unfallszenarien zeigen Maßnahmen der aktiven Sicherheit und der Automatisierung die geringste Wirksamkeit. Daher befindet sich dieser Unfalltyp im Fokus der integralen Sicherheit.

Verbesserungsbedarf besteht bei Unfallarten, die durch Labortests nicht abgebildet werden oder für die die konventionelle Kontaktsensorik Einschränkungen aufweist. Diese Bedingungen treffen beispielsweise auf Lkw-Unterfahrten (Bild 2b) oder einen mittigen Aufprall auf einen Baum mit geringem Überlapp zu (Bild 2d). In beiden Fällen sprechen die im Tragrahmen verbauten Sensoren erst relativ spät nach starker Deformation der Karosserie an.

Funktionsbeispiele

Das Verletzungsrisiko erhöht sich, wenn der Zeitpunkt der Airbag-Auslösung nicht optimal auf die Vorverlagerung des Insassen abgestimmt ist. Diese Situation tritt bei zu später Zündung des Airbags ein, oder wenn sich der Insasse aufgrund einer Vorverlagerung durch eine Bremsung zu dicht am Airbag befindet ([4], [5]). Beispielhaft seien zwei Funktionen genannt, die diese Problematik angehen: Integrated Collision Detection Front (IDF) und Pre-Crash Positioning (PCP).

Integrated Collision Detection Front (IDF)

Die Funktion IDF nutzt Umfeldsensordaten (Radar, Video) in Verbindung mit konventioneller Kontaktsensorik zum Zwecke einer früheren Auslösung von Gurtstraffern und Airbags. Neben einer genauen Schätzung der relativen Aufprallgeschwindigkeit und des Aufprallzeitpunkts bietet das fusionierte Sensorsystem folgende Vorteile im Sinne einer Wirksamkeitsoptimierung der Rückhaltemittel:

- Genauere Beschreibung des Kollisionsobjekts,
- Optimierung der Schnittstellen zwischen ADAS (Advanced Driver Assistance Systems) und Rückhaltesystem.

Pre-Crash Positioning (PCP)

Die Funktion PCP koordiniert in Szenarien gemäß Bild 2 automatisierte Notbremsungen mit dem Rückhaltesystem. Zeitliche Verläufe von auf die Insassen wirkenden Kräften, Bremsungen und Ansteuerungen der Rückhaltemittel sind hierbei derart abzustimmen, dass die Insassenbelastung minimiert wird. Eine erste Ausprägung dieser Funktion dient der rechtzeitigen Positionierung der Insassen in der Phase vor der Kollision mittels reversibler Sicherheitsgurtstraffung.

Weiterentwicklungen

Spätere Ausführungen der Funktionen IDF und PCP werden analog der Weiterentwicklung der automatischen Notbremssysteme komplexere Zusammenhänge berücksichtigen. Die erste Ausbaustufe behandelt den Heckaufprall mittels Frontsensorik mit Fusionierung von Radar und Video. Die gleiche Sensorkonfiguration kommt im Fall entgegenkommender Fahrzeuge zum Einsatz. Dieser Unfalltyp erfordert jedoch die Entwicklung komplexerer Entscheidungsalgorithmen sowie zusätzlichen Absicherungsaufwand, um Fehlentscheidungen zu vermeiden. Die Erweiterung auf Kreuzungsunfälle bedingt den zusätzlichen Einbau von Mid-Range-Radar (MRR) mit sehr großem seitlichem Öffnungswinkel.

Individuelle Sicherheit

Aufgrund gesetzlicher Regelungen und Verbrauchertests sind heutige passive Sicherheitssysteme für bestimmte Insassengrößen und -gewichte optimiert. Adaptive Rückhaltemittel kombiniert mit geeigneter Ansteuerung bieten das Potential für eine Anhebung des Sicherheitsniveaus auch für von in den Tests verwendeten Normgrößen abweichende Insassen. Ein möglicher Lösungsansatz nutzt insassenspezifische Größen wie Alter, Größe, Gewicht oder Geschlecht zur individuellen Ansteuerung bestehender und zukünftiger adaptiver Rückhaltemittel.

Die Erfassung dieser Daten erfolgt über Innenraumsensorik, ergänzt durch Nutzereingaben und Plausibilisierung. Beispielsweise gibt der Nutzer einmalig über sein Smartphone oder ein fahrzeugintegriertes HMI (Human Machine Interface) seine persönlichen Daten ein, die mit einem von ihm aufgezeichneten Bild verknüpft werden. Bei jedem neuen Zustieg in das Fahrzeug erfolgt beispielsweise mittels Innenraumkamera und Bildverarbeitungsalgorithmen eine eindeutige Erkennung des Insassen mit entsprechender Parametrierung der

Rückhaltemittel. Bei Nichterkennung des Insassen steht nach wie vor das übliche hohe Sicherheitsniveau in den Standardeinstellungen zur Verfügung.

Durch die erwartete zunehmende Verbreitung automatischer und teilautomatischer Fahrfunktionen ist auch von einem wachsenden Ausstattungsgrad mit Innenraumkameras zu rechnen. Personenbezogene Optimierung der Sicherheitsfunktionen erfordern damit keine zusätzlichen Sensoren. Es kann auf zur Absicherung des automatisierten Fahrens einzuführende Innenraumsensorik zurückgegriffen werden.

Absicherung

Eine wesentliche Herausforderung für Funktionen der integralen Sicherheit besteht in der Umgebungs- und Innenraumerfassung sowie der korrekten Situationsbewertung. Neben dem Nachweis korrekter Funktionserfüllung liegt ein besonderes Augenmerk auf der Absicherung gegen unerwünschte Falschauslösungen der Rückhaltemittel. Eine typische Situation, die es zu vermeiden gilt, besteht in der fälschlichen Meldung eines Kollisionsobjekts, ohne dass ein solches tatsächlich vorhanden ist.

Ein weiteres zu verhinderndes Szenarium sieht wie folgt aus: Ein Objekt wird korrekt erkannt, eine fehlerhafte Trajektorieberechnung suggeriert jedoch einen Kollisionskurs und aktiviert Rückhaltemittel, obwohl das Objekt tatsächlich am Systemfahrzeug vorbeifährt. In die gleiche Kategorie fallen Fahrsituationen, in denen ein auf Kollisionskurs befindliches Objekt korrekt erkannt wird, jedoch nach Auslösung von Rückhaltemitteln eine Vermeidung der Kollision doch noch gelingt [2].

Trotz Datenfusion und der damit einhergehenden Redundanz gibt es komplexe Situationen, deren Erkennung und korrekte Interpretation nachzuweisen ist. Um dies zu gewährleisten, muss die Erprobung von Systemen der integralen Sicherheit eine möglichst breite Vielfalt realer Verkehrssituationen erfassen.

Erprobung von Systemen der integralen Sicherheit nach heutiger Methodik sprengt sowohl den Kosten- als auch den Zeitrahmen für die Freigabe in der Automobilindustrie. Ein erster Schritt zur Reduzierung des Aufwands bei gleichzeitiger Gewährleistung der Sicherheit besteht im Herunterbrechen der Vielfalt realer Situationen auf eine begrenzte Anzahl nachgebildeter Teststrecken- oder Laborsituationen, die die Realität repräsentativ abbilden.

Ein ergänzender Ansatz besteht in der Nutzung virtueller anstatt realer Testumgebungen. Virtuelle Testumgebungen ermöglichen die Evaluierung von Sicherheitsfunktionen in der frühen Entwicklungsphase und damit einen schnellen Prototypenaufbau. Weiterhin befähigen sie die Absicherung der zu entwickelnden Funktionen in komplexen, im realen Fahr- oder Testbetrieb schlecht reproduzierbaren Verkehrssituationen.

Ausblick

Ausgehend von der konventionellen Fahrzeugsicherheit mit Auslösung der Airbags nach erkanntem Aufprall geht der Trend hin zur Anpassung der Auslöseschwellen von Rückhaltemitteln auf der Grundlage von vernetzten Objektdaten durch Umfeldsensoren, Innenraumsensoren und Fahrdynamikinformationen. In dieser Ausbaustufe der integralen Sicherheitssysteme werden nur reversible Schutzsysteme vor der Kollision aktiviert.

Den nächsten Entwicklungsschritt der integralen Sicherheit werden Funktionen mit Aktivierung von irreversiblen Aktoren ausschließlich aufgrund der Daten von Umfeldsensorik bilden (Bild 3).

Literatur

[1] T. Lich et. al.: „Is there a broken trend in traffic safety in Germany? Model based approach describing the relation between traffic fatalities in Germany and environmental conditions“, ESAR Conference, Hannover, Germany, 2014.

[2] J. Richert, R. Bogenrieder, U. Merz, R. Schöneburg: „PRE-SAFE® Impuls Seite – Vorauslösendes Rückhaltsystem bei drohendem Seitenaufprall – Chance für den Insassenschutz, Herausforderung der Umfeldsensorik“, 10. VDI-Tagung Fahrzeugsicherheit Sicherheit 2.0, Berlin, 2015.

[3] J. Becker, S. Kammel, O. Pink, M. Fausten: „Bosch's approach toward automated driving“. at–Automatisierungstechnik 2015; 63(3): 180–190.

[4] G. Gstrein, W. Sinz, W. Eberle, J. Richert, W. Bullinger: „Improvement of airbag performance through pre-triggering“. Paper Number 09–0229, Proceedings of 18th Enhanced Safety of Vehicles, ESV 21, Stuttgart, Germany, 2009.

[5] H. Freienstein, T. Engelberg, H. Bothe, R. Watts: „3-D Video Sensor for Dynamic Out-of-Position Sensing, Occupant Classification and Additional Sensor Functions“. Paper No. 2005-01-1232, SAE World Congress 2005, Detroit, USA.

Bild 3: Entwicklungstrend der Systeme zur integralen Sicherheit (Quelle: Bosch).

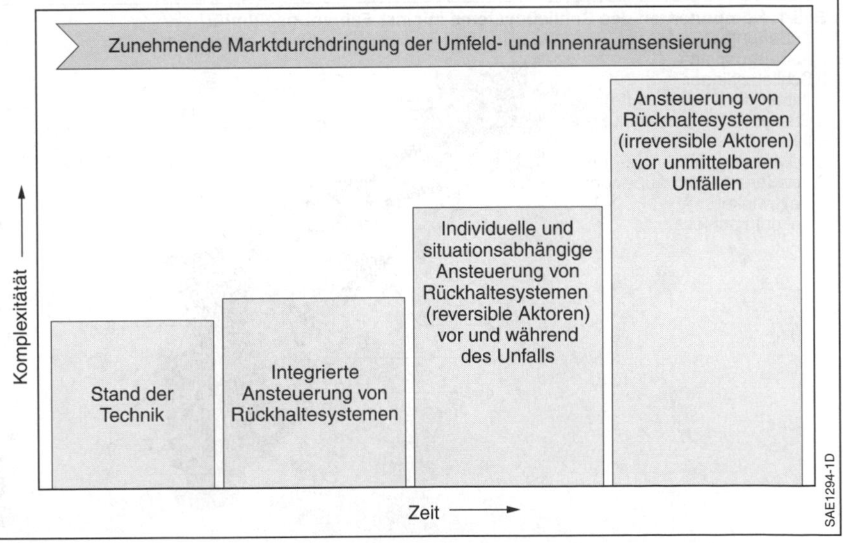

Schließsysteme

Aufgabe und Aufbau

Zum Schließsystem eines Fahrzeugs gehören alle Komponenten, die den berechtigten Zugang zum Fahrzeug oder den Ausstieg ermöglichen. Sie verhindern dabei auch das ungewollte Öffnen von Türen und Klappen sowie den unautorisierten Zutritt. Daraus ergeben sich folgende Aufgaben:
- Allen dazu Berechtigten den Fahrzeugzugang (z. B. über die Seitentüren) und den Zugriff ins Innere (z. B. über Motorhaube, Kofferraum, Handschuhfach oder Tankdeckel) zu ermöglichen,
- das Öffnen der Türen von innen und von außen zu ermöglichen,
- Insassen vor ungewolltem Türöffnen zu schützen,
- Türen und Klappen im Fahrbetrieb und in Crashsituationen sicher geschlossen zu halten und ruhigzustellen,
- das Fahrzeug vor Diebstahl bei abgestelltem Fahrzeug zu schützen,
- eine geöffnete oder eine geschlossene Tür zu erkennen.

Das Schließsystem kann aus folgenden Komponenten bestehen (Bild 1):
- Identifikationsmittel (mechanischer Schlüssel, Funkschlüssel, Near Field Communication über Chip im Funkschlüssel oder Smartphone),
- Außenbetätigung (mechanischer Zieh- oder Klappgriff, Taster oder berührungsloser Sensor),
- Außenverriegelung (mechanischer Schließzylinder, Taster oder berührungsloser Sensor),
- Innenbetätigung (mechanischer Ziehgriff, Taster oder berührungsloser Sensor),
- Innenverriegelung (mechanische Betätigung, Taster oder berührungsloser Sensor),
- Schloss (mechanisch, mechanisch-elektrisch, elektrisch),
- Schlosshalter,
- Verbindungselemente (Stangen, Bowdenzüge, elektrische Leitungen),
- Tür- und Klappenantriebe,
- Steuergerät (Türsteuergerät oder zentrales Steuergerät).

Die weiteren Ausführungen beziehen sich auf das Schließsystem in der Seitentür, da es die meisten Funktionen und die größte Komplexität verbindet.

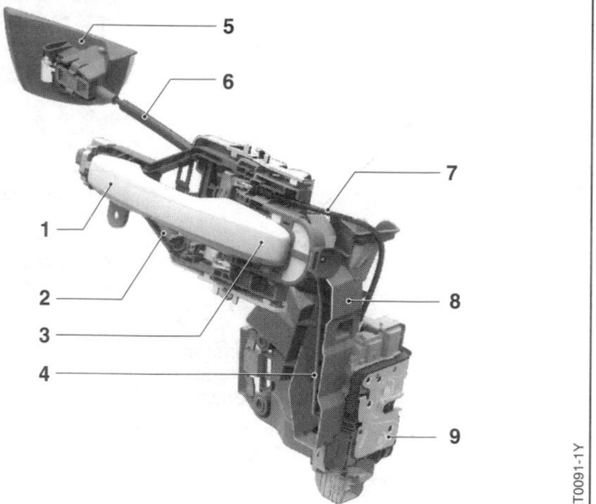

Bild 1: Komponenten des Schließsystems in einer Fahrzeugseitentür.
1 Außengriff,
2 Außengriffplatte,
3 Schließzylinder (hinter der Abdeckplatte),
4 Stange Außenverriegelung,
5 Innengriff,
6 Bowdenzug zum Innengriff,
7 Bowdenzug zum Außengriff,
8 Haltewinkel,
9 Seitentürschloss.

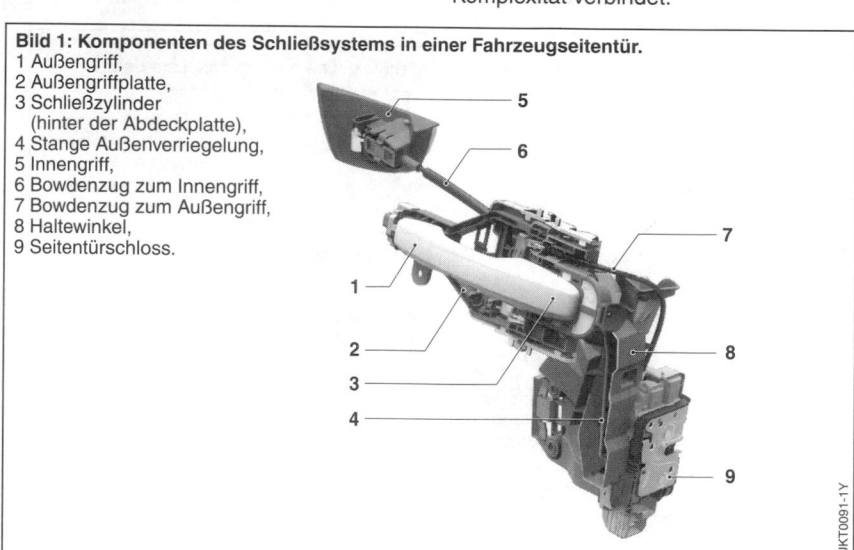

Zugangsberechtigung

Standard

Heutiger Standard sind Funkschlüssel, die durch Knopfdruck des Benutzers ein codiertes Datenpaket auf einer UHF-Frequenz (433 MHz oder 868 MHz) an das Fahrzeug senden. Dieses Datenpaket verändert sich mit jeder Betätigung, um einem „Abhören" vorzubeugen (siehe Wegfahrsperre). Typischerweise bestehen diese Datenpakete aus einem Fest- und einem Wechselcodeanteil, der nach einem Algorithmus generiert wird. Der Empfänger entschlüsselt diesen Code mit dem gleichen Algorithmus und identifiziert so zulässige Kombinationen. Jeder Code kann nur einmal verwendet werden. Ist das empfangene Datenpaket als zulässig identifiziert, werden die Schlösser elektrisch entriegelt und der Fahrzeugbesitzer kann die Türen durch Ziehen an der Außenbetätigung öffnen. Der mechanische Schlüssel dient nur noch als Notbetätigung bei einer Funktionsstörung des Funkschlüssels oder dem Ausfall der Spannungsversorgung.

Keyless-Entry

Immer größere Verbreitung finden die sogenannten Passive-Entry- oder Keyless-Entry-Zugangssysteme. Sie erfordern keine Aktion zum elektrischen Entriegeln durch den Fahrzeugbesitzer. Es reicht, wenn er den Identifikationsgeber (ID-Geber) mit sich trägt. Als ID-Geber kann ein im Funkschlüssel eingesetzter Chip oder ein geeignetes Smartphone dienen (Near Field Communication). Bei diesen Systemen wird der Öffnungswunsch vom Fahrzeug automatisch erkannt – etwa durch Annäherung an einen kapazitiven Sensor im Türaußengriff, durch Ziehen am Türaußengriff oder durch die Betätigung eines Tasters darin. Das zentrale Steuergerät im Fahrzeug sendet auf einer Niederfrequenz (125 kHz mit rund einem Meter Reichweite) ein Signal an den Chip im ID-Geber. Dieser reagiert auf einer UHF-Frequenz mit einer Reichweite von bis zu 20 Metern und sendet eine codierte Antwortsequenz an das Fahrzeug zurück. Der Zugang wird autorisiert und die Türen entriegelt.

Entscheidend für den Komfort des Benutzers ist die Öffnungsgeschwindigkeit. Sowohl die Reaktionszeit des Identifikationsprotokolls als auch die Entriegelung der Türen müssen so kurz sein, dass keine Wartezeit entsteht. Der Benutzer soll nicht mehrfach am Türaußengriff ziehen müssen, bevor die Tür sich öffnen lässt.

Auch beim Passive-Entry-System verändert sich die Antwortsequenz mit jeder Anfrage, um ein „Abhören" zu verhindern. Allerdings besteht hier ein Sicherheitsrisiko durch sogenannte „Relay Station Attacks". Bei derartigen Attacken wird die Reichweite der Signale von Fahrzeug und ID-Geber mit tragbaren Sende- und Empfangsstationen verlängert. Eines dieser Geräte muss sich nah am Fahrzeug befinden, um das Niederfrequenzsignal empfangen und verstärken zu können. So kann der ID-Geber vom Benutzer unbemerkt auch über große Entfernungen abgefragt und das Fahrzeug entriegelt oder gestartet werden. Bei neueren Systemen lässt sich die Passive-Entry-Funktion deaktivieren, um solchen Manipulationen vorzubeugen.

Aufbau des Schlosses

Sperrwerk und Schlosshalter

Zusammenspiel

Das Sperrwerk (Bild 2) im Schloss stellt mit dem an der Karosserie befestigten Schlosshalter eine lösbare Verbindung her. Am Markt haben sich indirekt sperrende Systeme durchgesetzt. Dabei werden die Funktionen Zuhalten und Sperren auf zwei Bauteile – den Drehriegel (Zuhalten) und die Sperrklinke (Sperren) – aufgeteilt. Der Schlosshalter wird beim Schließen der Tür vom Drehriegel umfasst. Der Drehriegel wird durch den Schlosshalter angetrieben, verdreht und in Öffnungsrichtung der Tür von der federbelasteten Sperrklinke gesperrt. Diese indirekten Systeme benötigen nur geringe Öffnungskräfte.

Beim Schließvorgang muss das Sperrwerk Toleranzen der Tür zur Karosserie ausgleichen können. Die Lage der Tür in Schließrichtung wird durch den Schlosshalter bestimmt. Dieser wird einmalig bei der Fahrzeugmontage justiert, um die Fluchtung der Tür und die Spaltmaße einzustellen.

Bild 2: Schnittbild eines typischen Sperrwerks mit Schlosshalter.
1 B-Säule,
2 Sperrklinke (in der Tür),
3 Schlosshalter (in der B-Säule),
4 Beifahrertür,
5 Drehriegel,
6 Schlossgehäuse.

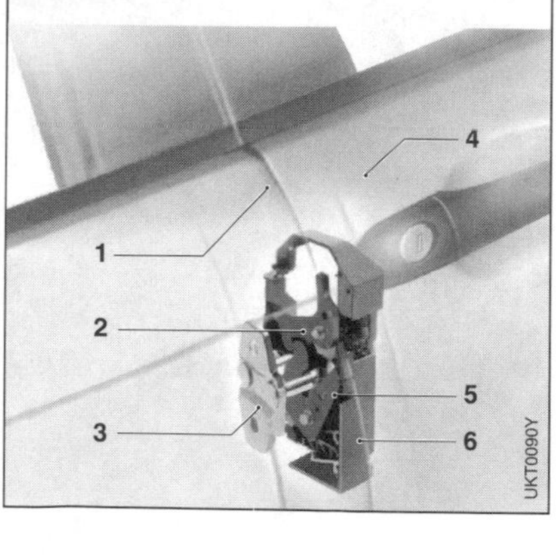

Vorrast und Hauptrast

Bei der Sperrwerksauslegung müssen gesetzliche Anforderungen wie Zweirastigkeit, Zerreißwerte und 30-g-Festigkeit erfüllt werden. Unter Zweirastigkeit versteht man, dass der Drehriegel in zwei Positionen von der Sperrklinke gehalten werden kann – die Vor- und die Hauptrast. In der Hauptrast ist die Tür in der Soll-Schließposition, also bündig mit der Karosserie, und die Türdichtungen sind vollständig komprimiert. Die Vorrast ist eine Position circa 5...7 mm vor der Hauptrast, die Tür ist dann nicht vollständig geschlossen und die Türdichtungen sind nur teilweise komprimiert. Dadurch ist die Wasserdichtigkeit nicht gewährleistet und Fahrgeräusche sind deutlich wahrnehmbar.

Die Vorrast erfüllt zwei Hauptfunktionen: Sollte das Schloss die Hauptrastposition ungewollt verlassen, wird die Tür wieder gefangen und schwingt nicht auf. Bei zu geringem Schwung beim Schließen bleibt die Tür außerdem zumindest in der Vorrast und kann sich nicht ungewollt wieder öffnen. Premiumschlösser mit elektrischer Zuziehhilfe gehen noch einen Schritt weiter: Sie bringen die Tür mithilfe eines zusätzlichen Motors selbstständig von der Vor- in die Hauptrast, ein Zuschlagen der Tür ist nicht mehr erforderlich.

Öffnungskette

Zum Öffnen der Tür muss die Blockierung des Drehriegels durch die Sperrklinke aufgehoben werden. Das System ist dabei durch den Druck der komprimierten Türdichtungen verspannt. Die Sperrklinke ist über eine Hebelkette aus Verbindungselementen wie Stangen oder Bowdenzügen mit den Türgriffen verbunden. Man spricht auch von der Öffnungskette, die den Griffhub bis zur Sperrklinke überträgt. Durch das Ausschwenken der Sperrklinke löst sich die durch den Dichtungsdruck generierte Verspannung, die Tür wird freigegeben und man hört das typische Öffnungsgeräusch.

Den Außengriff gibt es neben den Zieh- (Bild 3) und Klappvarianten auch mit Tastern oder berührungslosen Sensoren. Damit sind zudem Lösungen im Schloss denkbar, bei denen ein Motor die Sperrklinke aushebt und so das Schloss öffnet. Bei Heckschlössern ist dies bereits Standard.

Um den Zugang und den Ausstieg zu steuern, werden im Schloss eine oder mehrere schaltbare Kupplungen benötigt, die die Öffnungskette zum Außen- oder zum Innengriff unterbrechen. Die Tür ist dann verriegelt.

Außenverriegelung
Der Großteil der Fahrzeuge verfügt heute über eine Zentralverriegelung, die von außen über den Funkschlüssel aktiviert wird. Sollte das Fahrzeug stromlos sein und damit die Zentralverriegelung nicht mehr funktionieren, erlaubt üblicherweise ein an der Fahrertür im Außengriff (oftmals unter einer Abdeckkappe) angebrachter mechanischer Schließzylinder die manuelle Ver- und Entriegelung. Dies gilt auch bei Fahrzeugen mit mechanischen Schlössern, also ohne Zentralverriegelung. Bei Fahrzeugen mit Passive-Entry-Funktion ist in der Regel im Außengriff noch ein Taster oder eine Sensorfläche integriert, die betätigt werden muss, um das Fahrzeug zu verriegeln.

Bild 3: Öffnungskette für die Außenbetätigung
1 Türaußengriff, 2 Schließzylinder,
3 Zentralverriegelungsmotor,
4 Bowdenzug zum Außengriff,
5 Schlosshalter in der B-Säule (Schließbügel),
6 Drehriegel, 7 Sperrlinke.

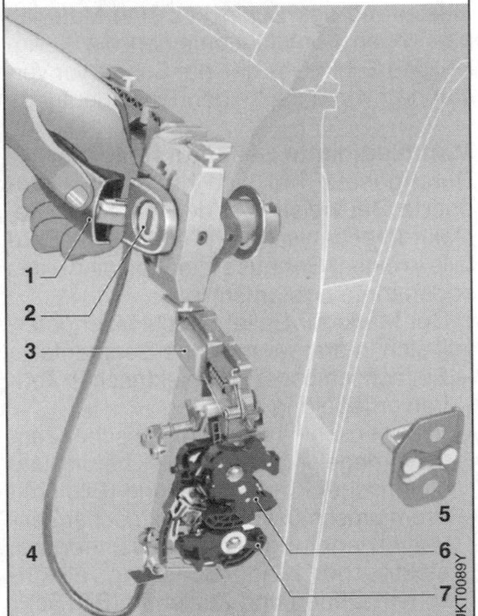

Innenverriegelung
Die Innenverriegelung, das „Knöpfchen“ in der Türinnenverkleidung, ist bei einigen Herstellern bereits entfallen. Es wird teilweise durch eine LED in der Fahrertür in Kombination mit einem elektrischen Taster im Armaturenbrett oder der Tür sowie einer Notverriegelung am Schloss ersetzt. Mit letzterer kann das Fahrzeug auch ohne Strom verriegelt und etwa bei leerer Batterie vor Diebstahl geschützt werden. Die Verriegelung geschieht dann über einen Hebel an der Stirnseite der Tür, zur Betätigung muss diese geöffnet sein. Zukünftig sind auch Sensorflächen an der Türinnenseite oder Gestensteuerung zur Aktivierung der Zentralverriegelung von innen denkbar.

Zentralverriegelung über Gleichstrommotor
Die Kupplungen können entweder manuell durch die Außen- und Innenverriegelung geschaltet werden oder durch einen im Schloss angeordneten Gleichstrommotor (Bild 4). Letzteres ist etwa bei einer Zentralverriegelung der Fall. Bei dieser werden alle vier Türen und das Heckschloss gleichzeitig elektrisch verriegelt. Die Verriegelung kann durch ein- oder zweimaliges Ziehen am Türinnengriff manuell aufgehoben werden. Die elektrische Zentralverriegelung wird über die Funkfernbedienung und über Innenraumtaster, etwa im Armaturenbrett, aktiviert.

Kindersicherungsfunktion
Die Kindersicherungsfunktion für die Hintertüren ist eine Besonderheit. Dabei wird lediglich der Innengriff abgekuppelt, so ist nur das Öffnen von innen nicht mehr möglich. Je nach eingesetztem Schloss kann die Tür allerdings von innen entriegelt (aber nicht geöffnet) werden, um Personen außerhalb des abgesperrten Fahrzeugs den Zugang zu ermöglichen. Die Kindersicherung kann manuell oder durch einen im Schloss befindlichen Motor aktiviert werden. Von Hand geschieht dies über einen Hebel, der nur bei geöffneter Tür zugänglich ist.

Anforderungen

Die Anforderungen an ein Seitentürschloss sind umfangreich. Neben den gesetzlichen Vorschriften FMVSS 206 [1] beziehungsweise ECE R11 [2] spezifiziert jeder Hersteller einen eigenen Anforderungskatalog, der weit über die gesetzlichen Bestimmungen hinausgeht. Tabelle 1 stellt einen Überblick über die wesentlichen Anforderungen an ein Seitentürschloss dar, wie sie heute typischerweise gelten.

Bild 4: Typische Kupplungen in der Außen- und Innenöffnungskette eines Seitentürschlosses.
1 Motor für die Zentralverriegelung,
2 Verriegelungshebel,
3 Auslösehebel,
4 Kupplungsfeder
(in dargestellter Position entriegelt),
5 Sperrklinke,
6 Außenbetätigungshebel.

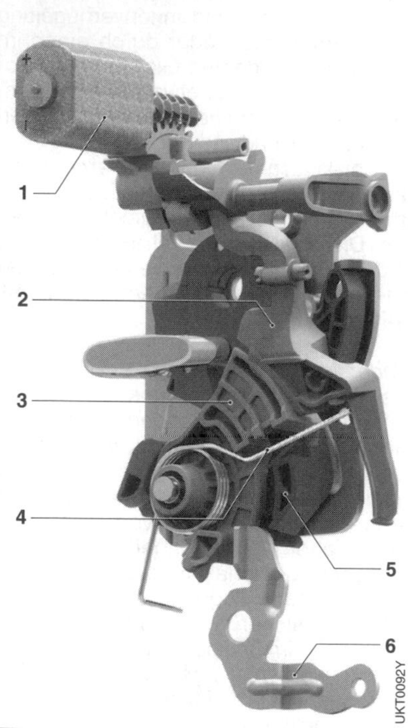

Schlossauslegung

An erster Stelle bei der Auslegung und Konstruktion des Schlosses als Sicherheitsbauteil steht die Funktionsrobustheit. An zweiter Stelle folgen Kriterien wie Haptik und Akustik. Es geht um ein angenehmes Betätigungsgefühl sowie das Schließ- und Aktorgeräusch, das eine wertige Anmutung sicherstellen soll. Je nach funktionaler Ausstattung kann ein Seitentürschloss aus 30 bis zu 100 Einzelteilen bestehen, die miteinander interagieren.

Die Zerreißwerte oder Zerreißfestigkeiten eines Schließsystems beschreiben die Kräfte, die das Schließsystem aushalten muss, ohne sich zu lösen. Um die Türbewegung und damit verbundene Geräusche im Fahrbetrieb zu vermeiden, sind federnde Elemente – z.B. Elastomerpuffer – im Schloss erforderlich. Das stellt eine gute Schließbarkeit der Tür und eine bestmögliche Ruhigstellung sicher. Die Puffer dienen auch dem Abbau der Energie des Schwungs beim Schließen der Tür.

Im Fahrbetrieb treten Relativbewegungen zwischen Tür und Karosserie und damit auch zwischen Schlosshalter und Schloss auf. Sie können aufgrund von Haftgleiteffekten insbesondere bei Verunreinigungen durch Staub zu Geräuschen wie Knacken oder Knarzen führen. Bei der Gestaltung des Schlosses sind Materialpaarungen, Kontaktgeometrien, die Steifigkeit des Schlosses und der Schutz vor Verstauben von entscheidender Bedeutung.

Marktsegmente Seitentürschlösser

Durchgesetzt hat sich heute eine integrierte Bauweise, bei der mechanische, elektromechanische und elektrische Bauteile in einem Gehäuse integriert sind – das sogenannte Systemschloss.

Der Markt für Seitentürschlösser unterteilt sich in drei wesentliche Segmente:
- Einfachschlösser mit elektrischer Zentralverriegelung (Bild 5a),
- Volumenschlösser mit elektrischer Zentralverriegelung, Diebstahlsicherung und elektrischer Kindersicherung (Bild 5b),
- Premiumschlösser mit elektrischer Zentralverriegelung, Diebstahlsicherung, elektrischer Kindersicherung, elektrischem Öffnen und Zuziehen (Bild 5c).

Herstellung

Ein Schloss setzt sich aus Stanzteilen, Kunststoffspritzgussbauteilen, Kaltstauchteilen, Federn, Sensoren und Gleichstrommotoren zusammen. Bei der Herstellung werden verschiedene Fertigungstechniken wie Nieten, Schrauben, Kleben und Laserschweißen eingesetzt.

Funktionsrobustheit

Der Nachweis der Funktionsrobustheit erfolgt standardmäßig durch mit dem Fahrzeughersteller abgestimmte Prüfkataloge. Diese orientieren sich an den in Tabelle 1 aufgeführten Anforderungen und werden auf Prüfeinrichtungen im Labor durchgeführt. Der Fahrzeughersteller führt oftmals auch eigene Tests in Fahrzeugen durch.

Validierung

Reale Versuche können nicht alle Einflussfaktoren berücksichtigen, die in einer Serienbelieferung über mehrere Jahre und Millionen von Produkten auftreten. Dazu gehören beispielsweise auch geometrische Toleranzen von Einzelteilen oder Abweichungen von Materialkennwerten. Leisten können das nur Simulationsrechnungen, da sich hier viele Faktoren mit vertretbarem Aufwand berücksichtigen lassen.

Tabelle 1: Typische Anforderungen an ein Seitentürschloss.

Temperaturbereich	– Dauerbetrieb: –40 °C bis +80 °C – Nachlackierung: 120 °C, 1 Stunde – Extrembelastung: 300 °C, 2 Minuten
Anzahl der Türschließungen	– 100 000 Zyklen
Anzahl der elektrischen Verriegelungen (Zentralverriegelung)	– 60 000 Zyklen
Zerreißkräfte	– 9 kN in Hauptrast Längsrichtung gemäß FMVSS 206 – 8 kN in Hauptrast quer gemäß FMVSS 206 – Anforderung der Originalausrüstungshersteller (OEM) ist heute 2-fach FMVSS 206 und höher
Umweltanforderungen	– Funktionsrobustheit gegen Wasser, Staub und diverse Flüssigkeiten in allen Temperaturbereichen inklusive zyklischer Wiederholung mit Einfrieren – Korrosionsanforderungen: 144…720 h im Salzsprühnebel
Betätigungskräfte und Betätigungswege am Schloss	– In der Regel Spezifikation der Betätigungskräfte vor und nach Dauerlauf für einen definierten Türdichtungsdruck (100…300 N) und Betätigungsgeschwindigkeit am Schloss (100…300 mm/min); typischerweise 15…20 N – Öffnungsfähigkeit nach einem Unfall bis zu 5000 N Verspannung
Akustik	– Keine Klapper- oder Knarzgeräusche – Angenehme Schließ- und Aktorgeräusche
Einschubkräfte	– Kraft, um den Schlosshalter in die Hauptrastposition zu drücken: in der Regel unter 50 N
Elektrische Anforderungen	– Betriebsspannung 9…16 V, Starthilfe 24 V – maximal zulässiger Strom ≈ 5…8 A – Stellzeiten für Zentralverriegelung, Diebstahlsicherung, elektrische Kindersicherung: 50…500 ms – Stellkräfte für Zentralverriegelung mit Innenverriegelungsknopf: 8 N – Abschaltspannungsspitzen: –75 V…+150 V – Elektromagnetische Verträglichkeit gemäß EMV3 nach CISPR 25 [3]
Beschleunigungsfestigkeit	– Zentrifugentest mit 30 g stationärer Beschleunigung – Schlittentest mit Beschleunigungsprofil
Extremanforderungen (Misuse)	– Unter anderem Falltests, bis um das 10…15-fache erhöhte Betätigungskräfte, bis zu 1 000 mm/s erhöhte Betätigungsgeschwindigkeiten

Basierend auf den typischen Anforderungen gemäß Tabelle 1 werden für die Auslegung herangezogen:

- Virtuelle Festigkeits- und Strukturprüfungen mittels Finite-Elemente-Methode (FEM, Bild 6),
- virtuelle Funktionsprüfungen auf Basis der Mehrkörpersimulation (MKS),
- statistische Toleranzrechnungen auf Basis der Monte-Carlo-Methode.

Um eine gute Haptik des Schlosses zu erzielen, werden ebenfalls Simulationsrechnungen für den Verlauf der Betätigungskräfte durchgeführt. Die Wirksamkeit von Designoptimierungen kann so einfach nachgewiesen werden. In dem in Bild 7 gezeigten Fall konnte die Betätigungskraft von 45,8 N auf 36,6 N reduziert werden, indem Hebelverhältnisse und Kontaktstellen optimiert wurden.

Die Betätigungswege des Schlosses mit Toleranzen sind entscheidend für die Funktionalität des Schließsystems. Hier wirken viele räumliche Einzeltoleranzen in der Betätigungskette zusammen, die mit Hilfe von statistischen Berechnungen, der sogenannten Monte-Carlo-Methode, überlagert werden. Als Ergebnis erhält man Betätigungswege mit den zugehörigen Toleranzen und der Wahrscheinlichkeit ihres Auftretens.

Akustische Simulationen sind ebenfalls möglich und ersetzen aufwändige Messungen zumindest teilweise. Optimierungen können so bereits in der Designphase

Bild 6: Vergleich realer und simulierter Zerreißversuch mittels Finite-Elemente-Methode.
a) Reale Darstellung des Schlosses,
b) Berechnung mit Finite-Elemente-Methode.

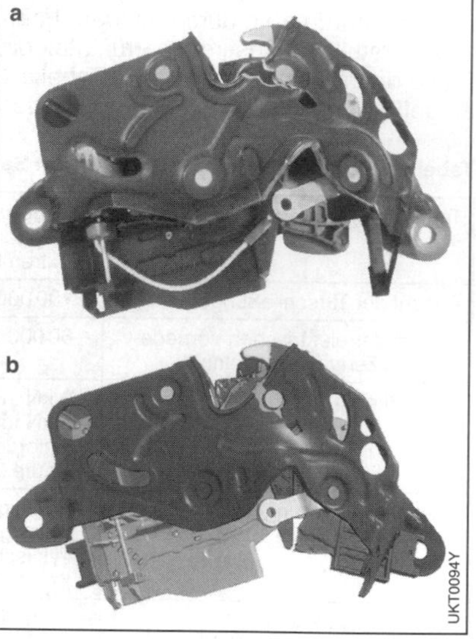

Bild 5: Schlossausführungen.
a) Einfachschloss,
b) Volumenschloss,
c) Premiumschloss.

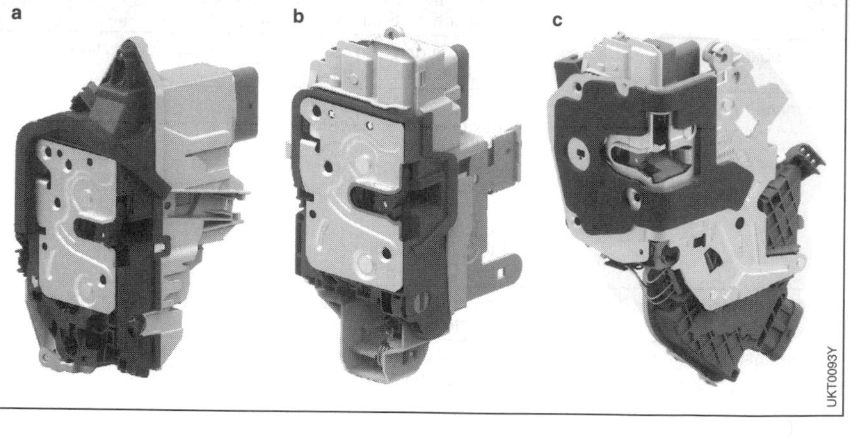

definiert werden, was aufwändige Musteraufbauten und Messungen deutlich reduziert. Neue Softwaretools ermöglichen heute auch Strömungssimulationen für die Beurteilung und Optimierung der Staub- und Wasserrobustheit.

Trotz immer genauerer Simulationsverfahren und Materialmodelle können reale Versuche noch nicht vollständig ersetzt werden. Das gilt vor allem für Umwelteinflüsse wie Staub, Wasser, Einfrieren und auch für spezifische akustische Effekte wie Knarzen. Um hier aufwändige Fahrzeugversuche mit Testfahrten zu vermeiden, werden realitätsnahe Laborversuche durchgeführt.

Für aussagekräftige Versuche im Labor muss der Staub in Bezug auf Zusammensetzung und Partikelgröße realistischen Bedingungen entsprechen. Das Gleiche gilt für die Dichte des Staubs und die Luftströmung, die die Verhältnisse in der Tür möglichst genau abbilden müssen. Dann kann im Labor mit einer Staubkammer ein Verstaubungsbild wie aus realen Testverfahren erzeugt werden.

Staub und andere Umwelteinflüsse wie Verschmutzung spielen auch beim zuvor erwähnten Phänomen des Knarzens eine Rolle. Es entsteht durch Reibung zwischen Tür und Karosserie im Schloss – genauer gesagt durch die Schlossbauteile, die im Kontakt mit dem Schlosshalter stehen. Durch die Ermittlung von Bewegungsprofilen und Kontaktkräften zwischen Schloss und Schlosshalter sowie der Verschmutzung und Verstaubung im Fahrzeug kann das Auftreten eines Knarzgeräusches im Labor nachgewiesen werden. Konstruktive Verbesserungen sind so bereits sehr früh in der Entwicklungsphase möglich. Bild 8 zeigt zwei Designstände eines Schlosses. Durch Einbringen einer Riffelung in den Kontaktbereich des Schlosshalters mit dem Schloss konnte das Knarzen eliminiert werden.

Bild 7: Betätigungskraftsimulation für die Innenbetätigung mit Optimierungsschleife.
1 Erste Optimierungsschleife,
2 zweite Optimierungsschleife.

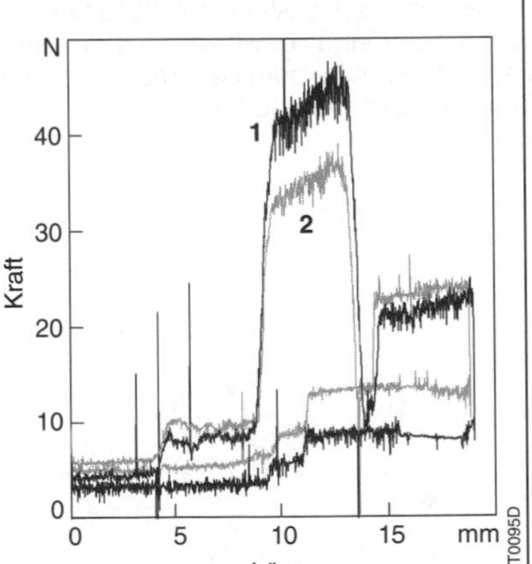

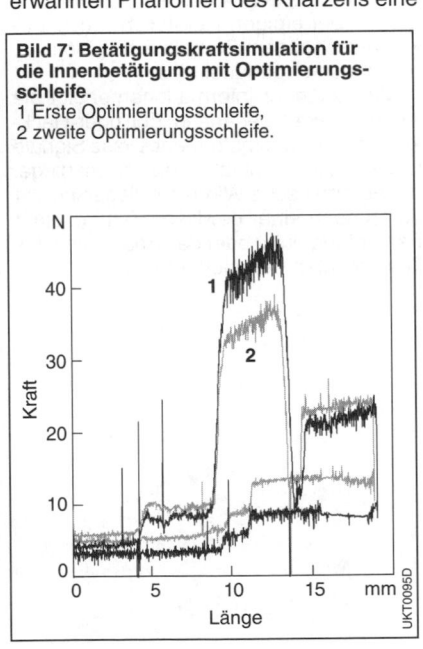

Bild 8: Konstruktive Maßnahme am Schlosshalter zur Verminderung des Knarzgeräusches.
a) Serienstand mit Knarzen,
b) optimierter Serienstand mit Riffelung (knarzfrei).

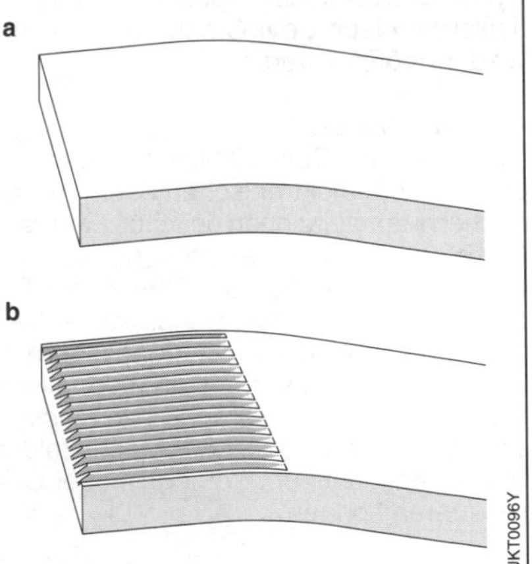

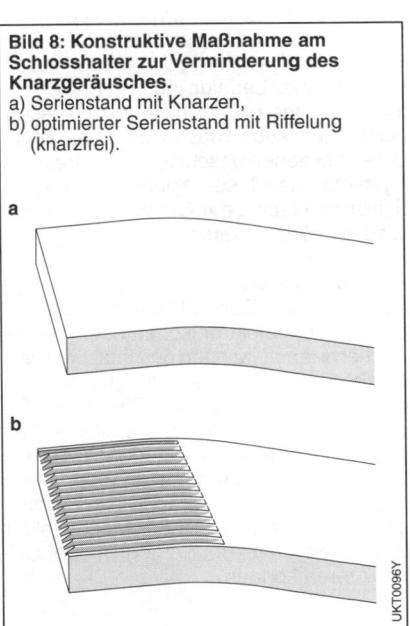

Sicherheitsfunktionen

Verhalten im Crashfall
Im Fahrbetrieb muss das Schließsystem die Türen sicher geschlossen halten. Im Crashfall treten hohe Beschleunigungen, Kräfte und Deformationen auf. Diese dürfen nicht zum Versagen der Sperrwerk-Schlosshalter-Verbindung und dem ungewollten Öffnen der Tür führen. Nach dem Zusammenstoß und im Rettungsfall sollte die Tür dagegen leicht zu öffnen sein. Um die Tür während eines Aufpralls geschlossen zu halten, werden heute vielfach Massensperren in den Türaußengriffen verbaut. Diese bestehen aus einem Gewicht, das bei im Crash üblichen Beschleunigungen bewegt wird und anschließend den Türaußengriff blockiert. Der Griff kann sich so nicht nach außen bewegen und die Tür öffnen.

Zusätzlich gibt es taktil arbeitende Systeme. Bei diesen berührt ein am Schloss angebrachter Hebel die Innenseite des Türaußenblechs. Verformt sich diese, blockiert er die Außenbetätigungskette, die Tür ist dann dauerhaft von außen nicht mehr zu öffnen. Auch dies verhindert ungewolltes Öffnen.

Verbesserte Systeme verfügen über geschwindigkeitsbasierte Crashfreiläufe im Seitentürschloss. Wird der Außengriff übermäßig schnell betätigt, läuft die Bewegung ins Leere und die Tür bleibt geschlossen. So werden auch Crashsituationen abgedeckt, bei denen beschleunigungsbasierte Systeme wie Massensperren nicht funktionieren. Nach dem Crash kann die Tür wieder geöffnet werden.

Diebstahlschutz
Das gesamte Schließsystem muss vor elektrischen, elektronischen oder mechanischen Manipulationen geschützt werden. Mechanische und elektrische Verbindungselemente, die zum Öffnen der Türen verwendet werden, dürfen von außen nicht oder nur schwer zugänglich sein. Bestimmte Schlösser nutzen magnetisch arbeitende Hall-Sensoren. Diese müssen so angebracht werden, dass Magnetfelder von außen nicht zum Entriegeln oder Öffnen führen können.

Viele Schlösser verfügen über eine Diebstahlsicherung – auch Double Lock, Dead Lock oder Safe-Funktion genannt. Je nach Hersteller wird diese immer oder etwa durch zweimaliges Betätigen des Verriegelungstasters auf der Fernbedienung aktiviert. Dies ist für gewöhnlich nicht möglich, wenn sich Personen im Fahrzeug befinden. Die Diebstahlsicherung verhindert das manuelle Entriegeln und Öffnen durch den Türinnengriff, beispielsweise nachdem das Seitenfenster eingeschlagen wurde. Diese Funktion wird im Schloss elektrisch durch einen zusätzlichen Motor aktiviert. Bei Stromausfall ist ein manuelles Deaktivieren des Diebstahlschutzes zumindest an einer Tür über den Schließzylinder möglich.

Erkennen einer geöffneten Tür
Das Seitentürschloss übernimmt ebenfalls die wichtige Aufgabe, dem Fahrzeug eine offene oder geschlossene Tür zu signalisieren. Das erfolgt durch Mikroschalter im Schloss, die erkennen, in welcher Position sich der Drehriegel befindet und ob die Sperrklinke eingefallen ist. Die Auswertung dieser Signale erfolgt entweder in den Türsteuergeräten oder in der zentralen Elektronik des Autos. Alternativ gibt es bei einigen Herstellern auch Türkontaktschalter außerhalb des Schlosses, die jedoch ungenauer sind.

Mittels dieser Informationen erfolgt die Anzeige einer geöffneten Tür oder Heckklappe im Kombiinstrument. Diese Signale werden auch genutzt für die Alarmanlage, die automatische Wiederverriegelung der Türen nach einer gewissen Zeit bei einer Fehlentriegelung oder das Abschalten des Tempomaten bei geöffneter Tür.

Entwicklungsgeschichte

Historische Betrachtung

Die ersten Schlösser, die für Fahrzeugtüren eingesetzt wurden, orientierten sich an Wohnungsschlössern. Diese sogenannten Fallriegelschlösser konnten keine Toleranzen kompensieren, Kräfte nur in einer Richtung aufnehmen und hatten keine Vorrast. Sämtliche Bauteile wurden in Stahl ausgeführt, das Hebelwerk war nicht gekapselt und es gab keine akustischen Dämpfungsmaßnahmen.

Ab dem Jahr 1945 etwa wurde dieses Konstruktionsprinzip zum sogenannten Zapfenschloss weiterentwickelt. Das konnte Kräfte in mehrere Richtungen aufnehmen und hatte eine Vor- und Hauptrast. Die Sperrung erfolgte weiterhin direkt durch einen Fallriegel.

1955 wurden die ersten indirekt sperrenden Systeme eingeführt, die vor allem die Bedienkräfte reduziert und gleichzeitig Zerreißfestigkeiten verbesserten. Erste akustische Dämpfungsmaterialien reduzierten Klappergeräusche. Ab 1960 setzten sich die indirekt sperrenden Systeme immer weiter am Markt durch. Zumeist war hier der Drehriegel außen angeordnet und der Schlosshalter aufwändiger gestaltet, um mit Pufferelementen für die Ruhigstellung zu sorgen. Bis in die 1970er-Jahre wurden ausschließlich mechanische Schlösser eingesetzt.

Erste Schlösser, die automatisch ver- und entriegelten, kamen in den 1960er-Jahren in den USA zum Einsatz. Zur Aktivierung wurden Elektromagneten benutzt. Später kamen pneumatische oder elektrische Stellelemente (Aktoren) dazu, die als separate Einheiten auf die mechanischen Grundschlösser geschraubt wurden.

Der zunehmende Marktanteil der Zentralverriegelung führte ab Mitte der 1980er-Jahre zur Verschmelzung des Aktors mit dem Grundschloss, das sogenannte Systemschloss entstand. Bei seiner Konstruktion wurden vermehrt Kunststoffbauteile und Sensoren eingesetzt. Das indirekt arbeitende Sperrwerk mit einem innenliegenden Drehriegel entwickelte sich in den Folgejahren zum Standard.

Ab Mitte der 1990er-Jahre kamen die ersten Schlossmodule auf den Markt, die

Bild 9: Vergleich eines konventionellen Schlosses mit einem Flex-Pol-Schloss.
a) Flex-Pol-Schloss, b) konventionelles Schloss.
1 Flex-Pol-Aktor für Zentralverriegelung, Diebstahlsicherung und elektrische Kindersicherung,
2 Motor für Zentralverriegelung, 3 Motor für elektrische Diebstahlsicherung,
4 Motor für elektrische Kindersicherung.

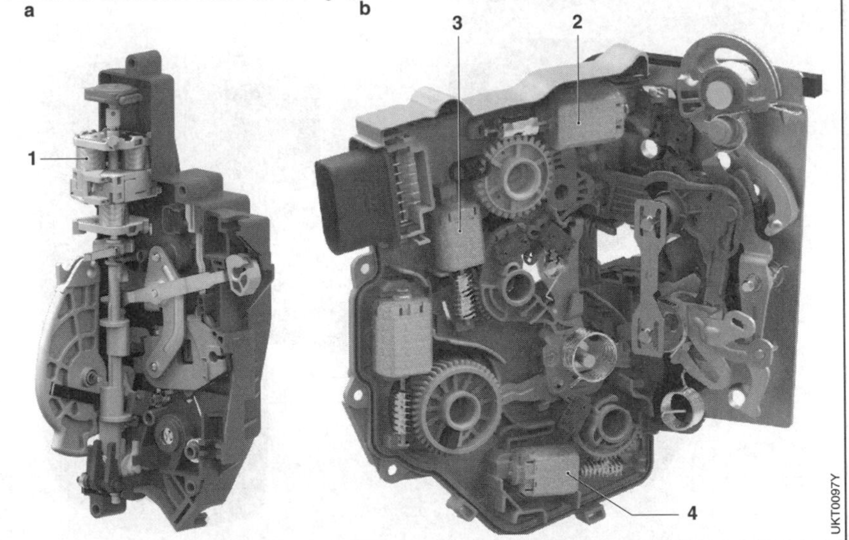

Außen- und Innengriff sowie das Schloss zu einer vormontierten und vorgeprüften Einheit zusammenführten.

Markttrends

Die mechanische Komplexität von Schließsystemen nimmt mit steigender Funktionalität zu. Das führt zu einer Gewichtserhöhung und einer Variantenvielfalt, die beide eigentlich vermieden werden sollen. Mögliche Lösungen spiegeln sich in zwei Markttrends wieder: Der Vereinfachung des Schlossaufbaus durch Einsatz eines Flex-Pol-Aktors sowie der Vereinfachung des Schließsystems durch den Einsatz eines Elektroschlosses.

Heute wird in Schlössern in der Regel für jede elektromechanische Funktion je ein Gleichstrommotor eingesetzt. Dies bedeutet bei einem Schloss mit Zentralverriegelung, Diebstahlsicherung und elektrischer Kindersicherung den Einsatz von drei Motoren. Ein Flex-Pol-Aktor ist ein elektromechanisches Stellelement, das diese drei Aufgaben übernehmen kann. Dadurch entfallen die Motoren mitsamt Getrieben und das Schloss wird leichter, kompakter und robuster. Bild 9 zeigt ein konventionelles Schloss und ein Flex-Pol-Schloss im Vergleich. Die Schnittstellen zu den Griffen und Bedienstellen bleiben unverändert.

Eine weitere Vereinfachung wird erreicht, wenn auch die konventionellen Schnittstellen entfallen, etwa bei einem Elektroschloss. Hier wird die Sperrklinke nur noch durch einen Aktor ausgehoben, ein manuelles Öffnen ist nicht mehr erforderlich. Als Bedienstellen können Sensoren, Schalter oder auch Smartphones genutzt werden. Ebenso vereinfacht sich der Schlossaufbau dadurch, dass die manuelle Schnittstelle entfällt. Funktionen wie Zentralverriegelung, Diebstahlsicherung und elektrische Kindersicherung werden nur noch durch die Steuersoftware umgesetzt.

Bild 10 zeigt ein Elektroschloss mit einem Seilaktor zum Ausheben der Sperrklinke. Bei einem Elektroschloss muss sichergestellt sein, dass nach einem Ausfall der Fahrzeugbatterie oder der Spannungsversorgung das Öffnen der Tür noch möglich ist. Das kann durch Integration einer redundanten Spannungsquelle (Batterie) in das Schloss sichergestellt werden.

Bild 10: Elektroschloss mit Seilaktuator und elektrischer Redundanz.
a) Vorderansicht,
b) Rückansicht.
1 Integrierte Notstromversorgung, 2 integrierte Steuerung, 3 Seilaktor.

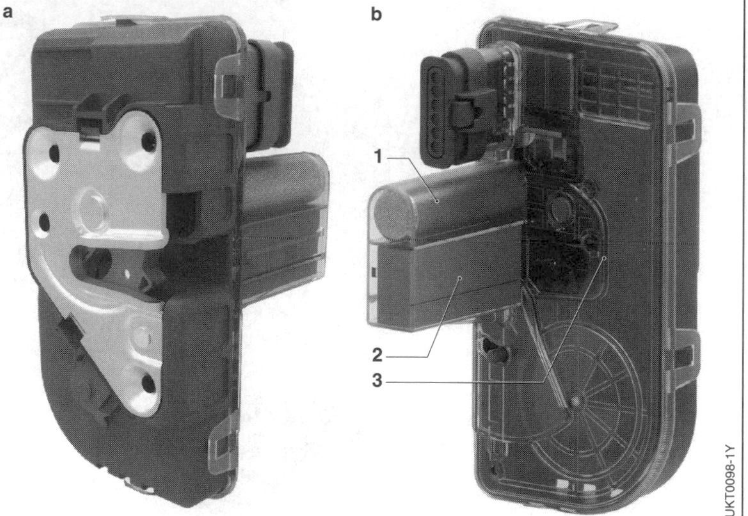

Fahrzeugzugang mittels digitalem Schlüssel

Aufgabe und Aufbau

Zusätzlich zu den zuvor beschriebenen Komponenten eines Fahrzeugzugangssystems werden diese bei einem System mit digitalem Schlüssel erweitert. Im Folgenden werden diese zusätzlichen Komponenten im Fahrzeug sowie die dazugehörige Technik in der Cloud und auf dem Smartphone erläutert.

Ein sicheres und digitales Fahrzeugzugangssystem erweitert die beschriebenen Funktionen eines Keyless-Entry-Systems, indem es Fahrern ermöglicht, ihr Fahrzeug mit dem Smartphone, ganz ohne Autoschlüssel, auf- und zuzuschließen. Der Vorteil eines digitalen Schlüssels zeigt sich vor allem auch bei Flotten, weshalb auch bestehende Nutzfahrzeugflotten, z.B. bestehend aus Lkw, mit dem Schlüsselmanagementsystem ausgestattet werden können. Dies bringt einen Gewinn an Effizienz und Zeit für die Disponenten und auch für die Kraftfahrer.

Technik im Fahrzeug

Die Hardware dieses Systems („Perfectly Keyless“) besteht aus verschiedenen Steuergeräten, welche die Technologien „Ultra Wide Band“ (UWB), „Bluetooth Low Energy“ (BLE) und „Near Field Communication“ (NFC) vereinen. Neu ist hierbei vor allem die Nutzung der UWB-Technologie, einer Nahbereichsfunkkommunikation, welche mit ihrem Frequenzband zwischen 6,0...8,5 GHz eine Lokalisierungsgenauigkeit von bis zu 20 cm ermöglicht. Dies erlaubt auch die Realisierung des sogenannten „Passive Entry“, also dem automatischen Entriegel und Verriegeln.

Begibt sich ein Smartphone mit dem richtigen Schlüssel in die Kommunikationsreichweite des Fahrzeugs (Kommunikationszone), wird das Smartphone mit ihm via BLE verbunden (Bild 11). Sobald das Smartphone die Entriegelungszone („Unlocking Zone“) betritt, beginnt das Fahrzeug automatisch mit dem Rangen über UWB und ermittelt über die „Time of Flight“-Messung (ToF, Laufzeitmessung) den Abstand zwischen Smartphone und Fahrzeug. Wird das Smartphone nahe genug am Fahrzeug lokalisiert, wird es entriegelt. Analog dazu funktioniert der Verriegelungsvorgang.

Im Fahrzeug werden die via UWB, BLE oder NFC empfangenen Informationen im Steuergerät, welches den Fahrzeugzugang aufbaut, verwaltet und ausgewertet. Es stellt darüber hinaus die Schnittstelle hin zur Fahrzeugarchitektur dar. Die empfangenen Lokalisierungs- und Schlüsselinformationen werden von den entsprechenden Antennen (Bild 12) via CAN-Anbindung zur Verfügung gestellt. Da die Antennen an verschiedenen Posi-

Bild 11: Automatisches Entriegeln.
UWB Ultra Wide Band,
BLE Bluetooth Low Energy,
NFC Near Field Communication.

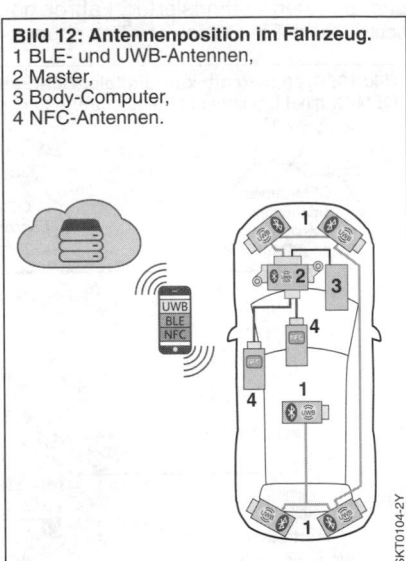

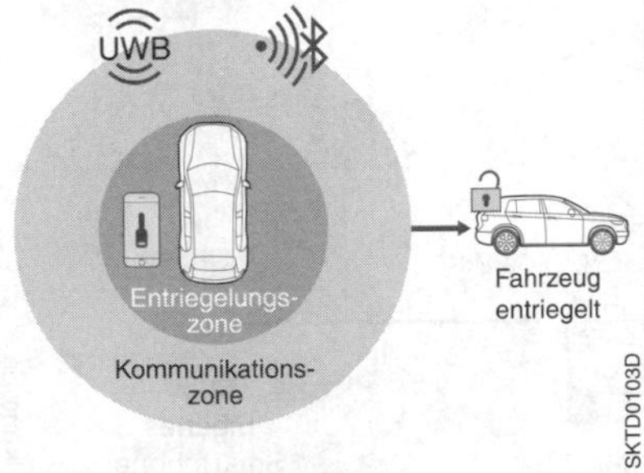

Bild 12: Antennenposition im Fahrzeug.
1 BLE- und UWB-Antennen,
2 Master,
3 Body-Computer,
4 NFC-Antennen.

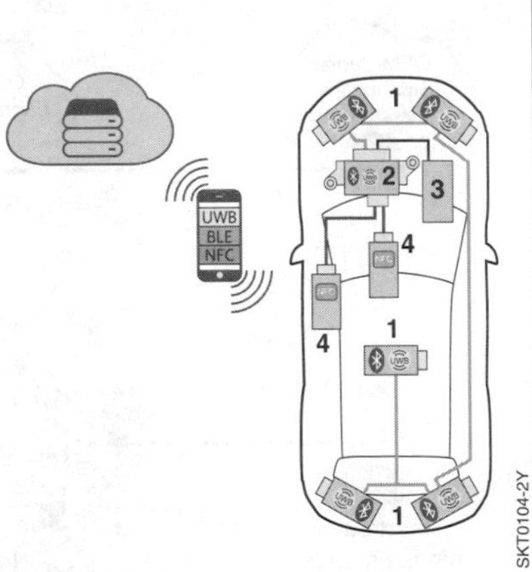

tionen am Fahrzeug verbaut sind, kann die aktuelle Position des Smartphones über die UWB-basierte ToF-Messung und die damit einhergehende Triangulation ermittelt werden. Zusätzlich wird das System um einen NFC-Reader (Near Field Communication) ergänzt. Dieser fungiert als Rückfallebene (Back-up) und kann auch dann noch für den Fahrzeugzugang genutzt werden, wenn der Smartphone-Akku leer ist.

Technik in Cloud und App

Der digitale „Key-Sharing-Service" ist angelehnt an das Car Connectivity Consortium. Das Car Connectivity Consortium (CCC) ist eine industrie-übergreifende Organisation, welche weltweit die Technologien für Smartphone-zu-Fahrzeug-Kommunikation definiert. Das CCC entwickelt den digitalen Schlüssel, ein neuer Standard, der elektronische Geräte (Smartdevices, z.B. Smartphones) befähigt, mit dem Fahrzeug zu interagieren (vgl. Car Connectivity Consortium Administration, 2021).

In der Systemarchitektur (Bild 13) sind die Hauptkomponenten dargestellt, die an der Erstellung eines neuen „Friend-Keys" beteiligt sind, also dem Schlüssel, der vom Besitzer des Fahrzeugs erstellt wird und an einen authorisierten Fahrer geschickt wird. Ein Owner-Key beziehungsweise ein empfangener Friend-Key, also ein vom Besitzer des Fahrzeugs bereits „geteilter" Schlüssel, wird auf dem jeweiligen Smartphone im Secure-Element gespeichert. Über die vom Smartphone-OEM nativ implementierte Schlüssel-App kommuniziert das Smartphone mit dem Fahrzeug entweder über NFC, BLE oder UWB, um das Fahrzeug z.B. auf- oder abzuschließen.

Um den Vorteil des digitalen Schlüssels auch Flotten zur Verfügung zu stellen, beinhaltet das System ebenfalls die Option eines Frontends, mit welchem z.B. ein Disponent Schlüssel für seine Fahrer versenden kann. Der Disponent kann bestimmen, für welchen Zeitraum der digitale Schlüssel gültig ist, sowie auch bereits ausgestellte Schlüssel wieder entziehen. Das Backend verwaltet die Daten für Fahrzeuge, Fahrer, Smartphones und Steuergeräte im Fahrzeug. Es stellt die Schnittstelle zum Frontend dar. Im Backend werden die digitalen Schlüssel erzeugt und an die Smartphones der Fahrer verteilt. Die digitalen Schlüssel werden gemäß CCC (Car Connectivity Consortium) erstellt. Die Komponenten des Backends laufen in der Bosch IoT-Cloud (Internet of Things, Internet der Dinge).

Bild 13: Systemarchitektur digitaler Schlüssel (Car Connectivity Consortium, 2020).
OEM Original Equipment Manufacturer.

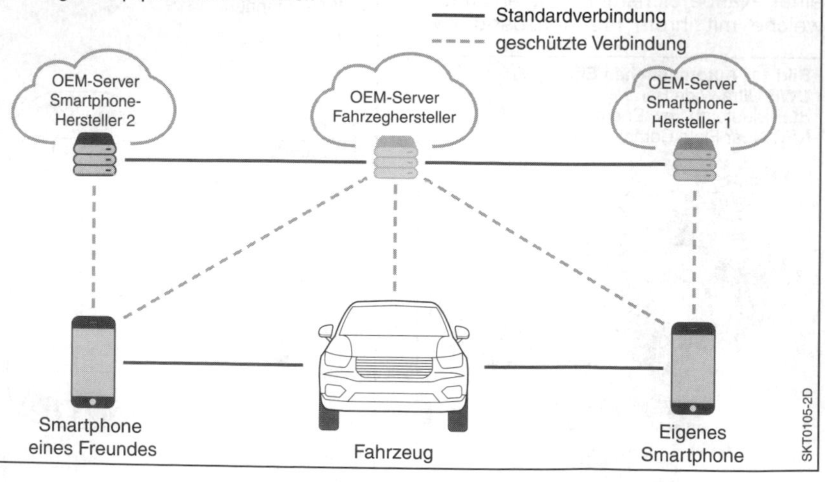

Literatur

[1] FMVSS 206: U.S. Department of Transportation National Highway Traffic Safety Administration, Laboratory Test Procedure for FMVSS No. 206.
Door Locks and Door Retention Components (TP-206-08 February 19, 2010).

[2] ECE R11: Uniform provisions concerning the approval of vehicles with regard to door latches and door retention components. Addendum 10: Regulation No. 11 Revision 3.

[3] CISPR 25: Vehicles, boats and internal combustion engines – Radio disturbance characteristics – Limits and methods of measurement for the protection of onboard receivers. Edition 4.0, 10/2016.

[4] Dr. U. Nass: Erfolgsfaktoren global einsetzbarer Seitentürschlösser. ATZ Automobiltechnische Zeitschrift Ausgabe 7–8/2008, Springer Automotive Media.

[5] Dr. U. Nass: Innovativer Zugang für zukünftige Fahrzeuggenerationen. Tagungsband 16. Car Symposium 11. Februar 2016.

[6] Dr. U. Nass, J. Schulz: Tagungsband VDI Tagung Türen und Klappen 21.–22. April 2015.

[7] Dr. U. Nass, J. Schulz: Tagungsband VDI Tagung Türen und Klappen 07.–08. März 2017.

Diebstahl-Sicherungssysteme

Beim Verlassen des Fahrzeugs muss dieses gegen unbefugte Nutzung gesichert werden. Es muss verriegelt und die Fenster müssen verschlossen werden. Dies wird in Deutschland in der Straßenverkehrsordnung (StVO) in §14 Abs. 2 [1] ausdrücklich bestimmt.

Gemäß §38a der Straßenverkehrs-Zulassungsordnung (StVZO, [2]) müssen Kraftfahrzeuge desweiteren mit einer Sicherungseinrichtung gegen unbefugte Benutzung ausgerüstet sein. Fahrzeuge sind hierzu mit einer Lenksperre (Lenkradschloss) ausgestattet, die meist mit dem Zündschloss verbunden ist. Nach dem Abziehen des Zündschlüssels wird ein Bolzen freigegeben, der anschließend bei Lenkradbewegungen in eine Bohrung in der Lenksäule einrastet. Dadurch ist das Fahrzeug unlenkbar. Bei wieder eingestecktem Zündschlüssel wird durch Drehen des Lenkrads der Bolzen herausgezogen, die Lenkung ist somit wieder freigegeben.

Das Starten des Motors durch Kurzschließen der Zündung wird dadurch nicht verhindert. Schutz hierfür bietet die elektronische Wegfahrsperre.

Eine Diebstahl-Alarmanlage soll den Diebstahl eines Fahrzeugs oder das Einbrechen in das Fahrzeug durch akustischen und optischen Alarm erschweren.

Elektronische Wegfahrsperre

Die elektronische Wegfahrsperre (Immobiliser) ist eine Vorrichtung zur Diebstahlsicherung, die das Fortbewegen des Fahrzeugs aus eigener Kraft verhindern soll, falls der zugehörige Zündschlüssel nicht vorhanden ist. Ohne Authentifizierung (Prüfung einer behaupteten Identität) des im Zündschlüssel integrierten Transponders verhindert die Wegfahrsperre den Betrieb des Fahrzeugs, indem sie beispielsweise den Motorstart, das Gangeinlegen oder das Lösen der Lenksperre verhindert.

Seit 1998 müssen entsprechend der EU-Richtlinie 95/56/EG [3] alle in den EU-Ländern verkauften Pkw mit einer elektronischen Wegfahrsperre ausgestattet sein. Für viele andere Länder gelten ähnliche Vorschriften. Die elektronische Wegfahrsperre ist nicht zu verwechseln mit Kfz-Alarmanlagen oder mit Remote-Keyless-Entry-Systemen zur Fernsteuerung der Türschließanlage.

Systemaufbau

Die elektronische Wegfahrsperre (Bild 1) ist in die Fahrzeugelektronik integriert und besteht aus folgenden Komponenten.

Bild 1: Wegfahrsperre-System.

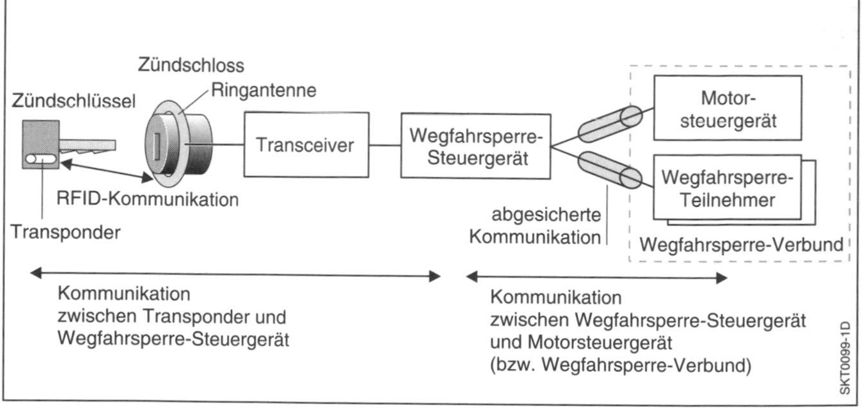

Transponder
Der Transponder ist im Zündschlüssel integriert und besteht aus einer Antenne, einem Mikroprozessor zur Signalverarbeitung und Datenübertragung, einem nichtflüchtigen Speicher (EEPROM) zur Ablage eines kryptografischen Schlüssels sowie einem Kondensator als Energiespeicher. Im Automotive-Bereich werden typischerweise passive RFID-Transponder (Radio-Frequency Identification) im Langwellenbereich (125 kHz oder 134,2 kHz) eingesetzt. Diese besitzen keine eigene Energiequelle und ihre Reichweite ist auf wenige Zentimeter beschränkt [4].

Transceiver
Der Transceiver (auch „Lesegerät" oder „Reader" genannt) ist mit einer Ringantenne verbunden, die sich aufgrund der kurzen Reichweite des Funksignals in der Nähe oder direkt am Zündschloss befindet. Die Sende- und Empfangseinheit des Transceivers sendet und empfängt über die Antenne die Funksignale und leitet sie an das Wegfahrsperre-Steuergerät weiter.

Wegfahrsperre-Steuergerät
Das Wegfahrsperre-Steuergerät (auch Immobiliser-Steuergerät oder Wegfahrsperre-Server genannt) enthält einen Mikrocontroller zur Ausführung der Wegfahrsperre-Funktion und kommuniziert sowohl mit dem Transceiver als auch mit dem Motorsteuergerät, sowie gegebenenfalls mit weiteren Steuergeräten des Wegfahrsperre-Verbunds. Die Wegfahrsperre-Funktion kann statt in einem eigenen Wegfahrsperre-Steuergerät auch in einem anderen Steuergerät, z.B. im Kombiinstrument, im Boardcomputer oder im Motorsteuergerät integriert sein.

Die Wegfahrsperre-Funktion hat die Aufgabe, die Authentizität des Zündschlüssels beziehungsweise des Transponders zu prüfen und die Wegfahrsperre freizugeben.

Motorsteuergerät
Das Motorsteuergerät empfängt vom Wegfahrsperre-Steuergerät über eine kryptografisch abgesicherte Verbindung das Signal zur Freigabe der Wegfahrsperre. Ohne ein aktives Freigabesignal der Wegfahrsperre werden verschiedene Abschaltpfade gesperrt, wodurch ein Motorstart nicht möglich ist. Typische Abschaltpfade sind Starter, Kraftstoffpumpe und Einspritzung.

Wegfahrsperre-Verbund
Zur Erhöhung der Sicherheit können die Steuergeräte weiterer Fahrzeugkomponenten in den Wegfahrsperre-Verbund aufgenommen werden, z.B. das Automatikgetriebe (das Gangeinlegen oder Öffnen der Parksperre kann hiermit verhindert werden) oder die Lenkung.

Teilnehmer des Wegfahrsperre-Verbunds müssen erhöhte Sicherheitsanforderungen erfüllen, unter anderem die Absicherung der Buskommunikation und Maßnahmen zur Erhöhung des Manipulationsschutzes („Hardware-Security").

Funktionsweise

Kommunikation zwischen Transponder und Wegfahrsperre-Steuergerät
Die Kommunikation zwischen Wegfahrsperre-Steuergerät mit Transceiver und Transponder erfolgt über eine Funkverbindung und wird aktiviert, sobald sich der Zündschlüssel in Reichweite befindet oder wenn die Zündung eingeschaltet wird. Der Transceiver erzeugt mit seiner Antenne ein elektromagnetisches Feld, das von der Transponderantenne empfangen wird. Durch induktive Kopplung erhält der Transponder seine Energie, die in einem Kondensator gespeichert wird.

Die Datenübertragung erfolgt in der Regel im Halb-Duplex-Verfahren: Daten vom Transceiver zum Transponder (Downlink) und Daten vom Transponder zum Transceiver (Uplink) werden nacheinander übertragen. Die empfangenen Daten werden vom IC (integrierter Schaltkreis) des Transponders verarbeitet. Um Daten zum Transceiver zurückzusenden erzeugt der Transponder kein eigenes elektromagnetisches Feld, sondern moduliert mittels Lastmodulation das Signal des Transceivers. Der Transceiver nimmt die Schwankungen wahr und decodiert sie als Datensignal des Transponders [4].

Ziel dieser Kommunikation ist die Authentifizierung des Transponders im Zündschlüssel. Dabei kann die Authentifizierung einseitig (nur der Transponder authentifiziert sich gegenüber der Wegfahrsperre) oder gegenseitig (sowohl Transponder als auch Wegfahrsperre authentifizieren sich gegeneinander) erfolgen.

Die Authentifizierung erfolgt in modernen Wegfahrsperre-Generationen nach dem Challenge-Response-Verfahren (Aufforderung-Antwort-Verfahren, siehe Bild 2). Voraussetzung für dieses Verfahren ist, dass Transponder und Wegfahrsperre einen gemeinsamen, geheimen Schlüssel K besitzen. Die Wegfahrsperre sendet eine Aufforderung (Challenge) an den Transponder, der wiederum diese mittels einer kryptografischen Funktion ENCRYPT und dem geheimen Schlüssel K umwandelt und zurücksendet. Daraufhin führt die Wegfahrsperre dieselbe Berechnung durch und vergleicht die Ergebnisse (VERIFY). Stimmen die Ergebnisse überein, hat sich der Transponder gegenüber der Wegfahrsperre erfolgreich authentifiziert, also seine Echtheit bewiesen. Als Challenge wird typischerweise eine Zufallszahl verwendet, mit dem Ziel, Angriffe durch Aufzeichnen und Wiederholen, sogenannte Replay-Angriffe (siehe Abschnitt „Security"), zu verhindern.

Kommunikation zwischen Wegfahrsperre und Wegfahrsperre-Teilnehmern
Über eine kryptografisch abgesicherte Kommunikation wird über das Fahrzeug-Bussystem das Freigabesignal an das Motorsteuergerät sowie gegebenenfalls den weiteren Teilnehmern des Wegfahrsperre-Verbunds gesendet. Nach einer erfolgreichen Authentifizierung des Transponders im Zündschlüssel wird die Wegfahrsperre vom Wegfahrsperre-Steuergerät freigegeben und ein normaler Fahrbetrieb ist möglich.

Die Wegfahrsperre wird nach dem Abziehen des Zündschlüssels automatisch wieder aktiviert.

Security-Betrachtungen
Sowohl ältere als auch aktuelle Generationen von Wegfahrsperre-Systemen wurden auf verschiedene Art und Weise erfolgreich angegriffen, wodurch ihre Schwächen offengelegt wurden. Häufige Schwächen sind fehlerhafte Implementierungen, Abweichungen von standardisierten, kryptografischen Algorithmen und Verfahren, sowie die Verwendung zu kurzer Schlüssellängen [5], [6], [7].

Eine Anforderung an ein Wegfahrsperre-System ist, dass die Wegfahrsperre selbst mit hoher krimineller Energie nicht oder nur mit großem technischen und finanziellen Aufwand zu überwinden ist. Des Weiteren sollen Angriffe nicht skalierbar sein, d.h., Kenntnisse eines erfolgreichen Angriffs auf ein einzelnes Fahrzeug sollen für andere Fahrzeuge nicht wiederverwendbar sein. Dies wird unter anderem durch die Verwendung von Fahrzeug-individuellen oder Komponenten-individuellen kryptografischen Schlüsseln erreicht.

Zum Schutz vor sogenannten Replay-Angriffen, also dem Abhören und Speichern der Kommunikation zur späteren Nutzung, wird beim Challenge-Response-Verfahren für jeden Authentifizierungsversuch eine neue Zufallszahl (Challenge) erzeugt. Eine einmal abgehörte, gültige Authentisierungsbotschaft wird somit bei einem späteren Authentifizierungsver-

Bild 2: Challenge-Response-Verfahren zur Authentifizierung des Transponders.
$ENCRYPT_K$: Verschlüsselung mit dem geheimen Schlüssel K.
$VERIFY_K$: Vergleich mit interner Berechnung mit dem gleichen Schlüssel K.
Wegfahrsperre wird freigegeben, falls Authentifizierung erfolgreich.

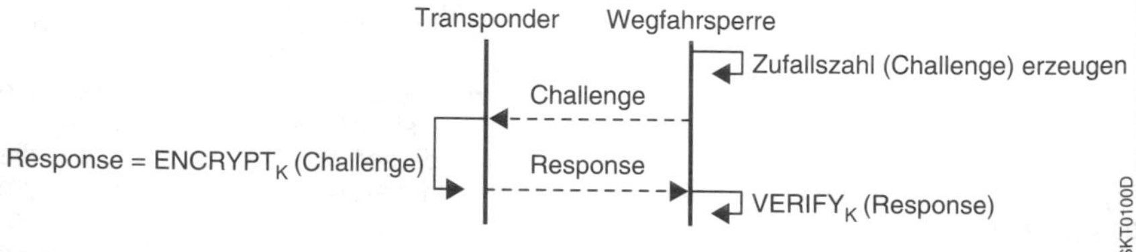

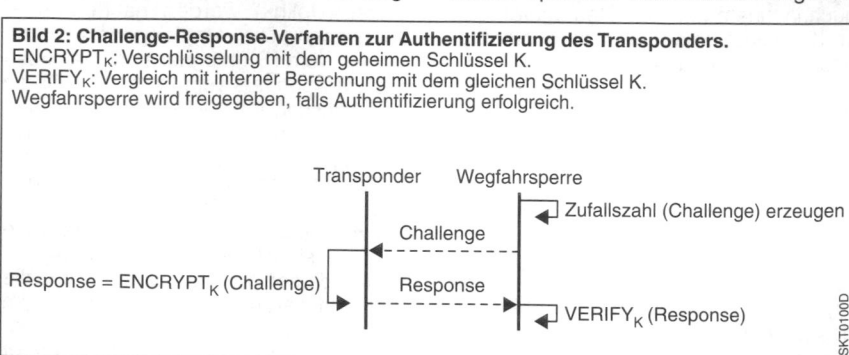

such ungültig und kann nicht mehr verwendet werden.

Eine Einschränkung des in Bild 2 gezeigten Challenge-Response-Protokolls besteht darin, dass der Transponder nicht die Authentizität der Wegfahrsperre überprüfen kann. Bild 3 zeigt eine Erweiterung des bestehenden Protokolls. Die Wegfahrsperre erzeugt eine Zufallszahl (Challenge) und berechnet im Anschluss deren MAC (Message Authentification Code), eine Prüfsumme zur Authentifizierung der Challenge. Sowohl die Challenge als auch deren MAC werden an den Transponder übermittelt. Der Transponder prüft die MAC und kann somit sicherstellen, dass die Challenge von einem bekannten, authentifizierten Wegfahrsperre-Steuergerät stammt. Nur falls die MAC gültig ist wird der Transponder mit dem Protokoll wie oben beschrieben fortfahren, andernfalls wird die Kommunikation an dieser Stelle abgebrochen. Auf diese Weise wird verhindert, dass der Transponder auf eine beliebige Challenge reagiert und die zugehörige Response zurücksendet [8].

Anforderungen an Produktion und Infrastruktur

Der Einsatz von symmetrischen, kryptografischen Verfahren stellt erhöhte Anforderungen an den gesamten Produktlebenszyklus jeder Wegfahrsperre-relevanten Komponente. In der Fertigung müssen die kryptografischen Schlüssel in einer sicheren Umgebung erzeugt und programmiert werden. Wegfahrsperre-relevante Komponenten sind über ihre geheimen Schlüssel gegenseitig gepaart, sodass bei einem Teiletausch auch der zugehörige Schlüssel erneut programmiert und die neue Komponente erneut „angelernt“ werden muss.

Weitere Anwendungsfälle sind die Bereitstellung von Ersatzzündschlüsseln (z.B. nach Verlust) sowie das Sperren von Zündschlüsseln nach einem Diebstahl. Über eine zentrale Schlüsselverwaltung und eine abgesicherte Infrastruktur können diese Aktionen vom Hersteller jeweils autorisiert werden und die geheimen Schlüssel bereitgestellt werden.

Bild 3: Challenge-Response-Protokoll mit gegenseitiger Authentisierung.
MAC_K (Message Authentification Code): Prüfsumme zur Authentifizierung.
VERIFY: Vergleich mit intern berechneter Prüfsumme.
$ENCRYPT_K$: Verschlüsselung.
$VERIFY_K$: Vergleich mit interner Berechnung.
Wegfahrsperre wird freigegeben, falls Authentifizierung erfolgreich.

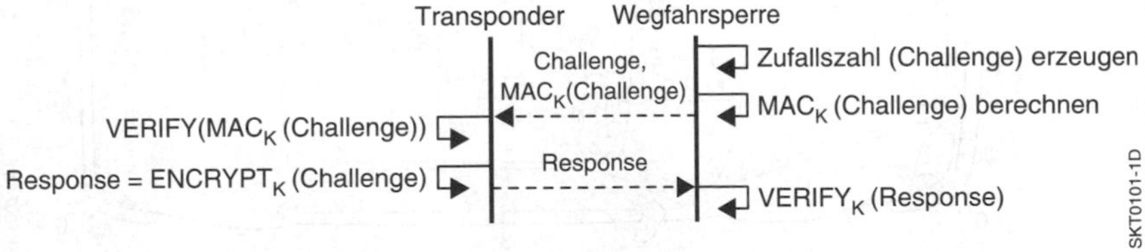

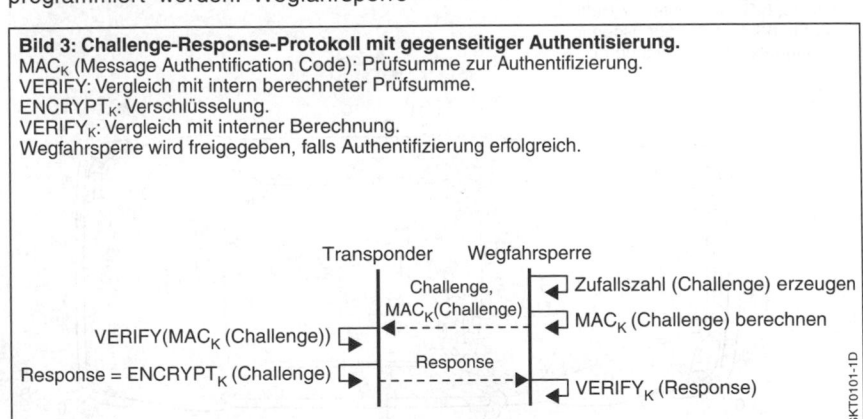

Diebstahl-Alarmanlage

Vorschriften

Diebstahl-Alarmanlagen müssen die Forderungen der ECE-Vorschriften R18 [9] und R116 [10] erfüllen. Eine geschärfte Alarmanlage muss in der Lage sein, bei unbefugtem Eingriff am Fahrzeug akustische und optische Alarmsignale auszugeben. Erweitere Anforderungen ergeben sich durch die nationalen Versicherungsbestimmungen.

Zulässige Alarmsignale

- Intermittierende Schallsignale (25...30 s Dauer, 1800...3550 Hz; minimal 105 dB(A), maximal 118 dB(A) in 2 m Abstand).
- Optische Blinksignale (maximal 5 min).

Systemaufbau

Die Alarmanlage besteht aus einem zentralen Steuergerät sowie Sensoren, die einen Eingriff detektieren und einer Alarmsirene (Bild 1).

Alarmdetektoren

- Tür- und Haubenkontakte,
- Innenraumüberwachung,
- Neigungssensor,
- Selbstüberwachung der Alarmsirene.

Alarmanlagensteuergerät

Die Steuerung der Alarmanlage übernimmt ein Steuergerät der Komfortelektrik im Fahrzeug. Über die mechanischen Schlösser oder über die Funkfernbedienung wird die Alarmanlage geschärft oder entschärft. Nach Erhalt des Befehls „Schärfen" wird die Überwachung der Alarmdetektoren aktiviert. Über Abwahltasten können bei Bedarf einzelne Sensoren deaktiviert werden. Die Deaktivierung ist einmalig für den nächsten „Schärfen-Befehl" gültig.

Neben den Sensoren wird auch die Alarmsirene geschärft. Nachdem die Sirene den „Schärfe-Status" angenommen hat, startet das Steuergerät eine zyklische Kommunikation zur Leitungsüberwachung. Falls es zu einer Alarmauslösung kommt, muss eine Deaktivierung des Alarms (z.B. über die Funkfernbedienung) zur sofortigen Beendigung des Alarms führen.

Das Steuergerät muss sicherstellen, dass die maximal erlaubte Anzahl der Alarme pro Alarmdetektor nicht überschritten wird. Außerdem dürfen zeitlich überlappende Alarme nicht zu einer Verlängerung der Alarmausgabe führen.

Alarmsirene

Die Alarmsirene besteht aus einer Steuerungselektronik, einer Membran als Schallquelle und einer Batterie (Akkumu-

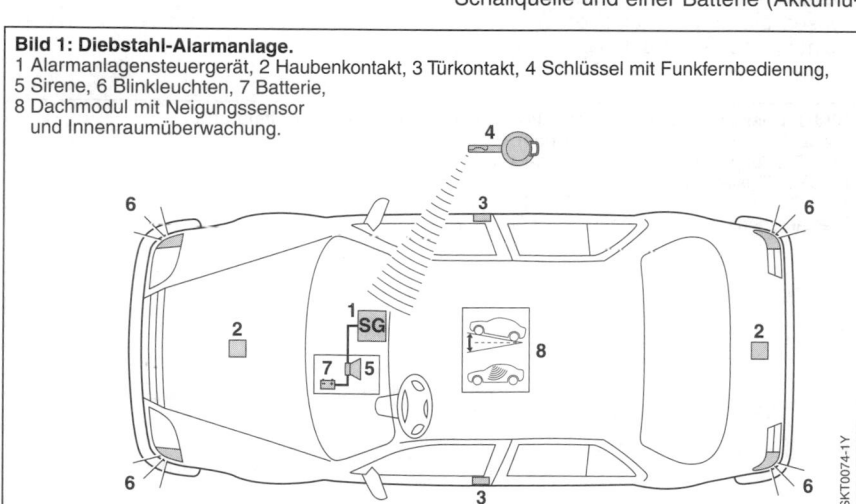

Bild 1: Diebstahl-Alarmanlage.
1 Alarmanlagensteuergerät, 2 Haubenkontakt, 3 Türkontakt, 4 Schlüssel mit Funkfernbedienung, 5 Sirene, 6 Blinkleuchten, 7 Batterie, 8 Dachmodul mit Neigungssensor und Innenraumüberwachung.

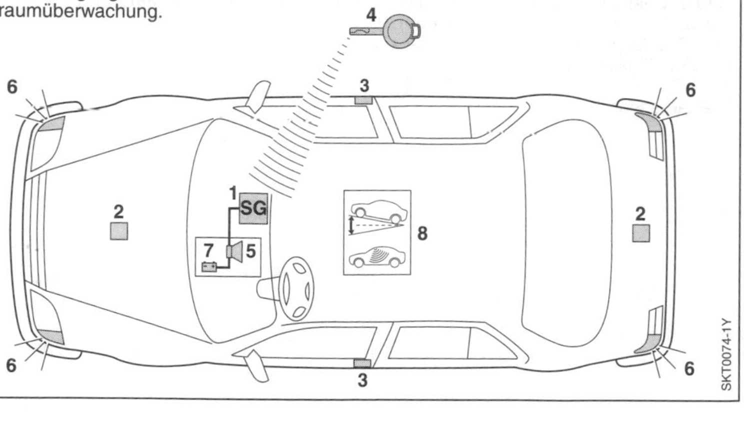

lator) zur redundanten Stromversorgung. Der Alarmton wird z.B. durch einen Piezolautsprecher generiert. Die Kommunikation mit dem Steuergerät der Alarmanlage erfolgt über einen seriellen Eindrahtbus (z.B. LIN). Die Alarmsirene kann aufgrund eines Kommandos vom Steuergerät den Alarm auslösen oder selbstständig eine Manipulation erkennen. Dabei werden folgende Signale Überwacht: Zyklische Kommunikation, Leitungskontakt zur Klemme 30 und Klemme 31, Spannungsgradient der Fahrzeugbatterie sowie Überspannung z.B. durch Fremdspeisung. Ziel ist es, Manipulationen sicher zu erkennen und Fehlalarme zu vermeiden.

Neigungssensor
Aufgabe des Neigungssensors ist es, Lageänderungen des Fahrzeugs durch Aufbocken oder Abschleppen zu detektieren. Hierzu wird ein sehr empfindlicher Beschleunigungssensor eingesetzt, dessen Signal in Abhängigkeit zum Winkel zur Erdanziehungskraft steht. Um sowohl die Längs- als auch die Querachse des Fahrzeugs zu überwachen, werden zweiachsige mikromechanische Sensoren eingesetzt (Bild 2). Besonders wichtig ist die Fehlalarmsicherheit, weil ein Aufschaukeln des Fahrzeugs z.B. durch Wind nicht zu einem Alarm führen darf.

Bild 2: Elektronischer Rad- und Abschleppschutz.

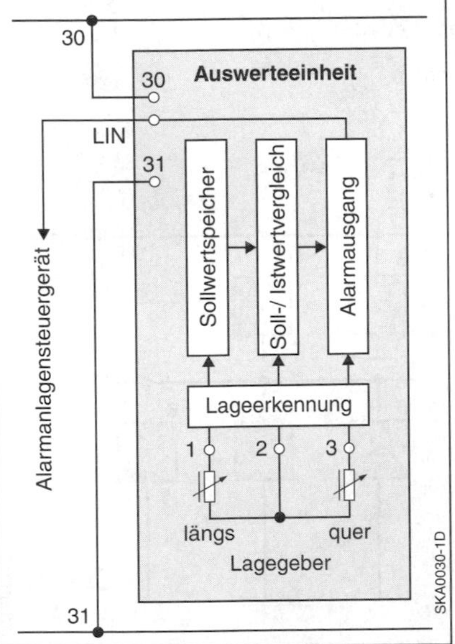

Innenraumüberwachung
Die Reflexionen eines Ultraschall- oder eines Mikrowellenfelds werden analysiert. Überschreitet die Änderung einen Vergleichswert, wird Alarm ausgelöst. Auch hier ist die Fehlalarmsicherheit wichtiges Kriterium.

Literatur
[1] §14 StVO: Sorgfaltspflichten beim Ein- und Aussteigen.
[2] §38a StVZO: Sicherungseinrichtungen gegen unbefugte Benutzung von Kraftfahrzeugen.
[3] Richtlinie 95/56/EG der Kommission vom 8. November 1995 zur Anpassung der Richtlinie 74/61/EWG des Rates zur Angleichung der Rechtsvorschriften der Mitgliedstaaten über die Sicherungseinrichtung gegen unbefugte Benutzung von Kraftfahrzeugen an den technischen Fortschritt (Text von Bedeutung für den EWR).
[4] U. Kaiser: Digital Signature Transponder. In RFID Security: Techniques, Protocols and System-on-Chip Design, 2008.
[5] R. Verdult et al.: Gone in 360 seconds: Hijacking with Hitag2. In Security'12 Proceedings of the 21st USENIX conference on Security symposium, 2012.
[6] S. C. Bono et al.: Security Analysis of a Cryptographically-Enabled RFID Device. In Proceedings of the 14th conference on USENIX Security Symposium – Volume 14, 2005.
[7] R. Verdult et al.: Dismantling Megamos Crypto: Wirelessly Lockpicking a Vehicle Immobilizer. In 22nd USENIX Security Symposium (USENIX Security 2013). USENIX Association, 2013.
[8] S. Tillich et al.: Security Analysis of an Open Car Immobilizer Protocol Stack. In Lecture Notes in Computer Science Volume 7711, 2012.
[9] ECE-R18: Einheitliche Bedingungen für die Genehmigung der Kraftfahrzeuge hinsichtlich ihres Schutzes gegen unbefugte Benutzung.
[10] ECE-R116: Einheitliche technische Vorschriften für den Schutz von Kraftfahrzeugen gegen unbefugte Benutzung.

12-Volt-Bordnetz

Aufgaben und Anforderungen

Das Energiebordnetz eines Kfz mit Antrieb über einen Verbrennungsmotor (klassischer Antrieb) besteht aus dem Generator als Energiewandler, einer oder mehreren Batterien als Energiespeicher und den elektrischen Geräten als Verbraucher. Bild 1 zeigt die schematische Darstellung eines Energiebordnetzes. Die Nennspannung der Batterie beträgt 12 Volt, dementsprechend wird dieses System als 12-Volt-Bordnetz bezeichnet.

Mithilfe der Energie aus der Batterie wird der Fahrzeugmotor gestartet, deshalb auch die Bezeichnung Starterbatterie. Bei den klassischen Antrieben geschieht das über den Starter. Im Fahrbetrieb müssen Zünd- und Einspritzanlage, Steuergeräte, die Sicherheits- und Komfortelektronik, die Beleuchtung und weitere Geräte mit Strom versorgt werden. Ein Generator liefert hierfür sowie zum Laden der Batterie die benötigte elektrische Energie.

Gestiegene Ansprüche an Komfort und Sicherheit führten und führen immer noch zu einem erheblichen Anstieg des Energiebedarfs im Bordnetz. Zudem setzt sich der Trend fort, immer mehr Fahrzeugkomponenten zu elektrifizieren (z.B. Sitzverstellung, elektrische Feststellbremse, elektrische Lenkhilfe). Fahrerassistenzsysteme und Infotainmentsysteme, die auch bei Motorstillstand mit Strom versorgt werden sollen, sind inzwischen auch im Kleinwagensegment zu finden.

Bei Elektro- und Hybridfahrzeugen gibt es zusätzlich zum 12-Volt-Bordnetz ein Bordnetz für den elektrischen Antrieb. Hier wird die 12-Volt-Batterie jedoch nicht von einem Generator gespeist, sondern von einem Gleichspannungswandler, der die hohe Spannung aus dem zusätzlichen Bordnetz auf die für das 12-Volt-Bordnetz erforderliche Spannung transformiert (siehe Bordnetze für Hybrid- und Elektrofahrzeuge).

Bild 1: Schematische Darstellung eines 12-Volt-Bordnetzes am Beispiel eines Ein-Batterie-Bordnetzes.
1 Batterie, 2 Generator, 3 Generatorregler, 4 Starter,
5 Fahrtschalter, 6 elektrische Verbraucher.
I_B Batteriestrom, I_G Generatorstrom, I_V Verbraucherstrom.
B Batterie, G Generator, S Starter.

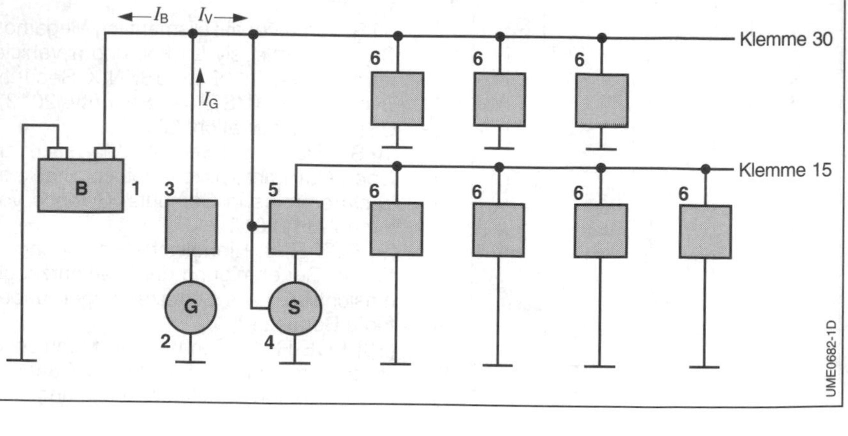

Leistung der Verbraucher im 12-Volt-Bordnetz

Verbraucherklassifizierung

Die elektrischen Verbraucher im 12-Volt-Bordnetz haben unterschiedliche Einschaltdauern. Man unterscheidet zwischen

- Dauerverbrauchern, die immer eingeschaltet sind (z.B. Elektrokraftstoffpumpe, Motorsteuerung),
- Langzeitverbrauchern, die bei Bedarf eingeschaltet werden und dann für längere Zeit eingeschaltet sind (z.B. Abblendlicht, Autoradio, elektrisches Kühlergebläse) und
- Kurzzeitverbrauchern, die nur kurzzeitig eingeschaltet sind (z.B. Blinker, Bremslicht, elektrische Sitzverstellung, elektrische Fensterheber).

Fahrzeitabhängige Verbraucherleistung

Die benötigte Verbraucherleistung ist während einer Fahrt nicht konstant. Sie ist insbesondere in den ersten Minuten nach dem Start sehr hoch (z.B. durch Heckscheibenheizung, Sitzheizung, Außenspiegelheizung) und sinkt dann ab. Nach einigen Minuten sind diese Verbraucher ausgeschaltet. Die Verbraucherleistung wird dann vorwiegend von den Dauerverbrauchern und den Langzeitverbrauchern bestimmt. Tabelle 1 zeigt Beispiele für typische Verbraucher.

Ruhestromverbraucher

Verschiedene Steuergeräte und Verbraucher benötigen auch bei abgestelltem Fahrzeug eine Stromversorgung. Der Ruhestrom setzt sich aus der Summe aller dieser eingeschalteten Verbraucher zusammen. Die meisten schalten kurze Zeit nach Abstellen des Motors ab (z.B. Innenraumbeleuchtung), einige hingegen sind immer aktiv (z.B. Diebstahlwarnanlage).

Ein unerwartet hoher Ruhestrom kann auch auftreten, wenn z.B. die Abschaltung des Steuergeräteverbunds nicht korrekt funktioniert oder ein Steuergerät durch wiederkehrende „Wake-Ups" den Verbund bei abgestelltem Fahrzeug häufig wieder aktiviert. Die Steuergerätevernetzung muss hierfür ausgelegt und validiert werden.

Der Ruhestrom muss von der Batterie geliefert werden. Der maximale Wert des Ruhestroms wird von den Fahrzeugherstellern definiert. Die Dimensionierung der Batterie richtet sich unter anderem nach diesem Wert. Typische Werte für den Ruhestrom in einem Pkw liegen bei ca. 3…30 mA.

Tabelle 1: Installierte Verbraucher im 12-Volt-Bordnetz mit Berücksichtigung der Einschaltdauer (Beispiele).

Verbraucher	Leistungsaufnahme	mittlere Verbraucherleistung
Motorsteuerung mit Elektrokraftstoffpumpe	250 W	250 W
Radio	20 W	20 W
Standlicht	8 W	7 W
Abblendlicht	110 W	90 W
Kennzeichenleuchte, Schlussleuchte	30 W	25 W
Kontrollleuchten und Instrumente	22 W	20 W
Beheizbare Heckscheibe	200 W	60 W
Gebläse für Innenraumheizung	120 W	50 W
Elektrischer Kühlerventilator	120 W	30 W
Scheibenwischer	50 W	10 W
Bremslicht	42 W	11 W
Blinklicht	42 W	5 W
Nebelscheinwerfer	110 W	20 W
Nebelschlussleuchte	21 W	2 W

Aufbau und Arbeitsweise

Schematische Darstellung
Das elektrische System im Kraftfahrzeug lässt sich als Zusammenspiel des Energiewandlers (Generator), des Energiespeichers (Batterie) und der Verbraucher darstellen (Bild 1).

Der Generator wird über den Keilriemen von der Kurbelwelle angetrieben und wandelt mechanische Energie in elektrische Energie um. Der Generatorregler begrenzt die abgegebene Leistung so weit, dass die im Regler eingestellte Sollspannung (14,0...14,5 V) nicht überschritten wird.

Bei abgezogenem Zündschlüssel werden nur wenige Verbraucher mit Spannung versorgt (z.B. Diebstahlalarmanlage, Autoradio, Standheizung). Der Anschluss, über den diese Verbraucher versorgt werden, wird als „Klemme 30" (Dauerplus) bezeichnet.

Die übrigen Verbraucher sind an „Klemme 15" angeschlossen. In Fahrtschalterstellung „Zündung ein" wird die Batteriespannung auf diese Klemme geschaltet, sodass nun alle Verbraucher an die Stromversorgung angeschlossen sind.

Ladebilanz
Die Nennleistung der Generatoren im 12-Volt-Bordnetz reicht von ca. 1 kW im Kleinwagen bis über 3 kW in der Oberklasse. Das ist weniger, als die Verbraucher in Summe benötigen. Das bedeutet, dass zeitweise auch die Batterie im Fahrbetrieb Energie liefern muss. Über die Auswahl und die Dimensionierung von Batterie, Generator, Starter und der anderen Verbraucher im Bordnetz muss eine ausgeglichene Ladebilanz der Batterie sichergestellt werden, sodass immer ein Starten des Verbrennungsmotors möglich ist und nach Abstellen des Motors bestimmte elektrische Verbraucher noch eine angemessene Zeit betrieben werden können.

Bei laufendem Motor liefert der Generator Strom (I_G, Bild 1). Damit der Generator die Batterie laden kann, muss er die Bordnetzspannung über die Batterie-Leerlaufspannung anheben. Das kann der Generator jedoch nur, wenn die zugeschalteten Verbraucher ihm nicht mehr Strom abverlangen, als er liefern kann. Ist der Verbraucherstrom I_V im Bordnetz höher als der Generatorstrom I_G (z.B. bei Motorleerlauf), wird die Batterie entladen. Die Bordnetzspannung sinkt auf das Spannungsniveau der belasteten Batterie. Ist der Verbraucherstrom I_V kleiner als der Generatorstrom I_G, so fließt ein Teil des Stroms als Batterieladestrom I_B in die Batterie. Die Bordnetzspannung steigt bis auf den vom Generatorregler vorgegebenen Sollwert an.

Der maximale Generatorstrom hängt stark von der Drehzahl und der Generatortemperatur ab. Bei Motorleerlauf kann der Generator nur 55...65 % seiner Nennleistung abgeben. Direkt nach einem Kaltstart bei niedrigen Außentemperaturen ist der Generator jedoch in der Lage, ab mittlerer Motordrehzahl bis zu 120 % seiner Nennleistung in das Bordnetz zu speisen. Wenn der Motor warm ist, heizt sich der Motorraum abhängig von der Außentemperatur und der Motorbelastung auf 60...120 °C auf. Hohe Motorraumtemperaturen verursachen hohe Wicklungswiderstände, die die maximale Generatorleistung reduzieren.

Batterieeinbaulagen
Die Batterie ist bei den meisten Autos im Motorraum untergebracht. Eine große Batterie (z.B. 100 Ah) nimmt jedoch sehr viel Platz in Anspruch und kann bei beengten Motorraumverhältnissen unter Umständen nicht eingebaut werden. Ein weiteres Argument gegen einen Einbau im Motorraum kann die hohe Umgebungstemperatur sein. Eine Alternative ist der Einbau im Kofferraum.

Einfluss der Einbaulage auf die Ladespannung
Die Leitung zwischen der im Motorraum eingebauten Batterie und dem Generator ist kürzer als beim Einbau im Kofferraum. Das wirkt sich auf den Leitungswiderstand und damit direkt auf den Spannungsfall auf der Leitung aus. Geeignete Leitungsquerschnitte und gute Verbindungsstellen, deren Übergangswiderstände sich auch nach längerer Betriebszeit nicht verschlechtern, halten Spannungsfälle klein.

Bild 2a zeigt die Verhältnisse für den Einbau im Motorraum. Die im Kofferraum eingebaute Batterie benötigt eine längere Zuleitung mit dem zusätzlichen Leitungswiderstand R_{L2} (Bild 2b). Aufgrund des höheren Spannungsfalls ist die Ladespannung für die im Kofferraum eingebaute Batterie also geringer. Die zusätzliche von R_{L2} verursachte Spannungsdifferenz kann durch eine Erhöhung des Sollwerts der Generatorspannung ausgeglichen werden. Dadurch erhöht sich die vom Generator aufzubringende Leistung.

Einfluss der Einbaulage auf Startfähigkeit
Die Startfähigkeit des Motors hängt von der am Starter anliegenden Spannung ab. Je höher dieser Wert ist, desto höher ist beim Startvorgang die Drehzahl des Starters. Einen entscheidenden Einfluss auf diese Spannung hat aufgrund des hohen Starterstroms der Widerstand der Zuleitung. Für die Variante mit der im Kofferraum eingebauten Batterie ist die Leitung zwischen Batterie und Starter länger als beim Motorraumeinbau, entsprechend höher ist der Widerstand und somit auch der Spannungsfall. Für eine gute Startfähigkeit ist somit der Batterieeinbau im Motorraum mit kurzen Leitungen zum Starter günstiger.

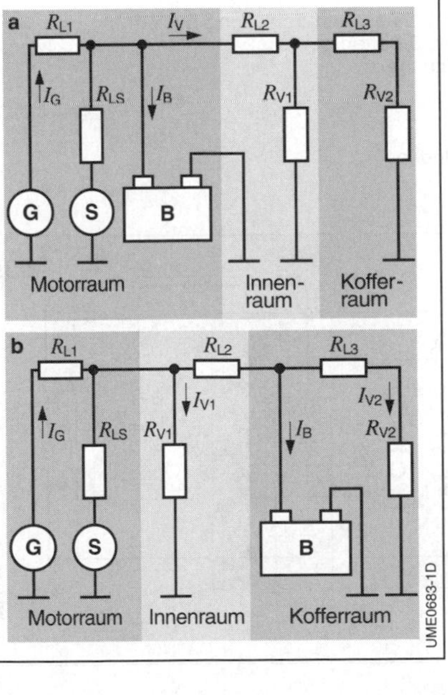

Bild 2: Einbaulagen der Batterie.
a) Einbau im Motorraum,
b) Einbau im Kofferraum.
G Generator, B Batterie, S Starter,
R_L Leitungswiderstände,
R_V Verbraucherwiderstände,
I_G Generatorstrom,
I_V Verbraucherstrom,
I_B Batterieladestrom.

Einfluss der Umgebungstemperatur
Hohe Temperaturen, wie sie im Motorraum auftreten können, verstärken Alterungseffekte in der Batterie (z.B. Korrosion der Batterie und Wasserverlust durch Gasung), die sich negativ auf die Lebensdauer der Batterie auswirken. Hohe Temperaturen in der Batterie können durch Abschirmung reduziert werden.

Bei niedrigen Batterietemperaturen ist die Ladeakzeptanz der Batterien eingeschränkt, d.h., die Batterie nimmt weniger Ladung auf, was zu einem niedrigen Ladezustand führen kann. Niedrige Ladezustände begünstigen wiederum Alterungseffekte wie Sulfatierung, die zu einer reduzierten nutzbaren Kapazität und damit zu einer geringeren Lebensdauer führen.

Einfluss der Einbaulage auf Spannungsstabilität
Da die Batterie nur mit Gleichstrom geladen werden kann, muss der im Generator erzeugte Wechselstrom gleichgerichtet werden. Diese Aufgabe übernimmt ein Diodengleichrichter, der im Generator integriert ist (Bild 3). Durch das Gleichrichten der Wechselspannung entsteht eine wellige Gleichspannung. Außerdem entstehen durch das Schalten der Dioden – wenn der Strom von einer Diode zur nächsten kommutiert – hochfrequente Spannungsschwingungen, die zum größten Teil durch den im Generator eingebauten Entstörkondensator geglättet werden.

Elektronische Verbraucher (z.B. Steuergeräte) können durch die Spannungsspitzen oder die Spannungswelligkeit gestört oder sogar beschädigt werden. Durch ihre große Kapazität kann die Batterie die Spannungsschwankungen glätten. Aufgrund des Leitungswiderstands R_L zwischen Generator und Batterie (Bild 3) werden sie jedoch am Generator nicht vollständig unterdrückt. Sind die Verbraucher batterieseitig (Bild 4a) oder hinter der Batterie angeschlossen (z.B. R_{V1} und R_{V2} in Bild 2a), werden sie mit der weitgehend geglätteten Bordnetzspannung versorgt. Sind die Verbraucher generatorseitig, also direkt am Generator angeschlossen (Bild 4b), so sind sie einer größeren Spannungswelligkeit und größeren Spannungsspitzen ausgesetzt.

Es empfiehlt sich, spannungsunempfindliche Verbraucher mit hoher Leistungsaufnahme in Generatornähe und spannungsempfindliche Verbraucher mit niedriger Leistungsaufnahme in Batterienähe anzuschließen.

Bild 4: Anschlussmöglichkeiten von Verbrauchern.
a) Batterieseitiger Anschluss von Verbrauchern,
b) generatorseitiger Anschluss von Verbrauchern.
G Generator,
B Batterie,
R_L Leitungswiderstand,
R_V Verbraucherwiderstand.

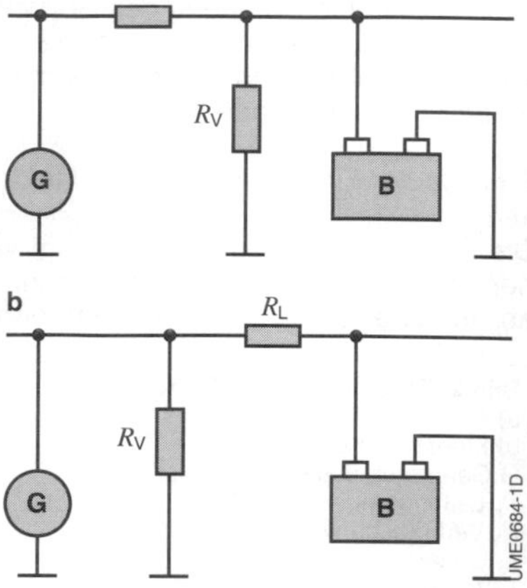

Bild 3: Zusammenspiel von Generator, Generatorregler und Batterie.
A Generator, B Generatorregler, C Bordnetz.
1 Stator mit Ankerwicklungen,
2 Rotor mit Erregerwicklung (Stromzuführung über Kohlebürsten-Schleifring-System),
3 Gleichrichterdioden, 4 Freilaufdiode, 5 Reglerlogik, 6 Batterie,
7 Fahrtschalter, 8 Verbraucher, 9 Generatorkontrolllampe,
10 Steuergerät.
COM Kommunikationsschnittstelle (z.B. LIN-Bus),
DF Dynamo Feld, V Phasensignal,
B+ Batterie plus, B– Batterie minus, D– Masseanbindung.

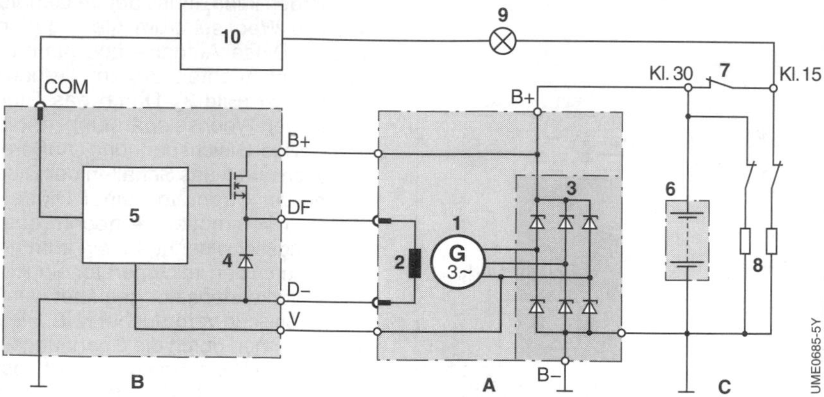

Zusammenspiel der Komponenten

Stromabgabe des Generators

Wesentliche Bestandteile des Generators sind der feststehende Stator (Bild 3) und der im Stator drehende Rotor, der über den Keilriemen von der Kurbelwelle angetrieben wird. In den drei Statorwicklungen wird eine Wechselspannung induziert (siehe Drehstromgenerator), wenn in der Rotorspule ein Strom fließt (Erregerstrom) und damit ein Magnetfeld aufgebaut wird. Der Erregerstrom wird vom erzeugten Generatorstrom abgezweigt (Selbsterregung). Die induzierte Spannung hängt von der Drehgeschwindigkeit des Rotors und von der Höhe des Erregerstroms ab. Die erzeugte Wechselspannung wird von Dioden gleichgerichtet.

Die im Generator induzierte Spannung ist von der Generatordrehzahl und somit auch von der Motordrehzahl abhängig. Daurch ist die Spannung bei niedrigen Drehzahlen gering. Bei Motorleerlaufdrehzahl n_L kann der Generator bei gängigen Übersetzungsverhältnissen (Kurbelwellen- zu Generatordrehzahl) von 1:2,5 bis 1:3 (Werte für Pkw-Bereich, für Nfz ist das Übersetzungsverhältnis deutlich höher) nur einen Teil seines Nennstroms abgeben (Bild 5). Der Nennstrom wird unter Volllast bei der Generatordrehzahl von 6000 min^{-1} erreicht. Um die nominale Generatorleistung zu erreichen, muss die im Fahrbetrieb erreichte mittlere Drehzahl hoch genug sein. Fahrzyklen mit hohem Leerlaufanteil sind besonders kritisch, weil die verfügbare Generatorleistung so niedrig ist, dass bei hoher eingeschalteter Verbraucherleistung die Batterie entladen wird.

Bild 5: Generatorstromabgabe I_G in Abhängigkeit von der Generatordrehzahl.
I_V Verbraucherstrom,
I_G Generatorstrom,
n_L Motorleerlaufdrehzahl.

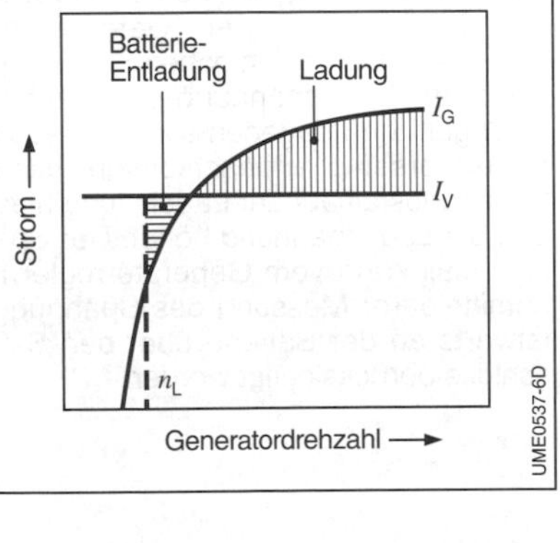

Ist die Generatorspannung höher als die Batteriespannung, fließt ein Batterieladestrom in die Batterie und lädt diese auf. Die Spannung wird vom Generatorregler begrenzt, sodass sich die Bordnetzspannung von ca. 14 V einstellt.

Die Leistungserzeugung durch den Generator hat Einfluss auf den Kraftstoffverbrauch. Der Mehrverbrauch bei 100 W elektrischer Leistung liegt in der Größenordnung von 0,17 l auf 100 km Fahrstrecke und ist abhängig vom Wirkungsgrad des Generators und vom Wirkungsgrad des Verbrennungsmotors.

Spannungsregelung im Bordnetz

Erzeugung des Erregermagnetfelds im Start

Damit in den Statorwicklungen des Generators eine Spannung induziert werden kann, ist ein Magnetfeld im Rotor erforderlich. Bei niedrigen Drehzahlen nach dem Start ist eine Selbsterregung nicht möglich. In dieser Phase liefert die Batterie den Erregerstrom (Fremderregung).

Das Drehmoment eines unter Last laufenden Generators würde den Startvorgang und die Leerlaufstabilisierung des Verbrennungsmotors behindern. Deshalb regeln Generatorregler den Erregerstrom während der Startphase auf einem geringen Niveau ein (gesteuerte Vorerregung). Die Stromerzeugung wird bis nach dem Hochlauf des Motors verzögert (Load-Response Start, LRS). Die Verbraucher werden bis dahin von der Batterie versorgt.

Spannungsregelung im Fahrbetrieb

Der Erregerstrom wird vom erzeugten Generatorstrom abgezweigt (Selbsterregung). Der Generatorregler stellt das Erregermagnetfeld über einen pulsweitenmodulierten (PWM) Strom in der Rotorwicklung so ein, dass die Spannung an B+ (Bild 3) dem vorgegebenen Sollwert entspricht. Die Frequenz des PWM-Signals beträgt 40...200 Hz, das Tastverhältnis hängt davon ab, wie viel Leistung die Verbraucher anfordern. Bei einer Laständerung ändert sich die Bordnetzspannung, worauf der Generatorregler durch Anpassen des PWM-Signals das Erregermagnetfeld so einstellt, dass die Spannung nachgeführt wird.

Der Anschluss der Erregerwicklung wird als DF (Dynamo Feld) bezeichnet. Der Generatorregler gibt das PWM-Signal als DFM (DF-Monitor) aus, um andere Steuergeräte über die Auslastung des Generators in Kenntnis zu setzen.

Der Generatorregler benötigt zur Regelung den Wert der Batteriespannung. Er erhält ihn über den Anschluss B+. Bei einer langen Zuleitung und hohen Strömen auf der Leitung zwischen Generator und Batterie kann der Spannungsunterschied zwischen Batterie und Regler aufgrund des hohen Spannungsfalls auf der Leitung groß sein, sodass die Leistungserzeugung des Generators zu gering ist und die Batterie möglicherweise unzureichend geladen wird. Abhilfe kann hier der S-Anschluss bieten, über den mit einem separat am Pluspol der Batterie angeschlossenen Kabel dem Regler die Batteriespannung zugeführt wird.

Die Bus-Anbindung des Generatorreglers (z.B. über LIN-Bus) ermöglicht die Variation des Sollwerts, auf den geregelt werden soll. Damit sind Funktionen wie z.B. die Rekuperation möglich, mit der im Schubbetrieb der Sollwert erhöht wird, um die Batterie effektiver laden zu können. Die Funktion Load-Response Fahrt (LRF) regelt im Fahrbetrieb nach Zuschalten einer hohen Last und dem damit verbundenen plötzlichen Spannungseinbruch die Generatorspannung rampenförmig wieder auf den Sollwert. Dadurch wird verhindert, dass der Generator den Verbrennungsmotor sprunghaft belastet.

Ladekontrollleuchte

Die Ladekontrollleuchte wird vom Generatorregler angesteuert. Sie leuchtet bei „Zündung ein" und geht aus, wenn der Generator Strom liefert. Sobald der Regler einen Fehler erkennt, schaltet er die Ladekontrollleuchte ein (z.B. bei Generatorausfall durch Keilriemenbruch, bei Unterbrechung oder Kurzschluss im Erregerstromkreis, bei Unterbrechung der Ladeleitung zwischen Generator und Batterie).

Laden der Batterie

Die ideale Batterieladespannung muss aufgrund der chemischen Vorgänge in der Batterie bei Kälte höher, bei Wärme niedriger sein. Die Gasungsspannungskurve gibt die maximale Spannung an, bei der die Batterie nicht wesentlich gast. Der Generatorregler begrenzt die Spannung, wenn der Generatorstrom I_G größer ist als die Summe aus benötigtem Verbraucherstrom I_V und dem temperaturabhängigen maximal zulässigen Batterieladestrom I_B.

Generatorregler sind üblicherweise an den Generator angebaut. Bei größeren Abweichungen zwischen Reglertemperatur und Batteriesäuretemperatur ist es von Vorteil, die Temperatur für die Spannungsregelung direkt an der Batterie zu erfassen. Dies ist möglich bei Fahrzeugen mit einem Batteriesensor. Der Temperaturwert wird über eine Kommunikationsschnittstelle (z.B. LIN-Bus) übermittelt (siehe Batteriesensor).

Die Anordnung von Generator, Batterie und Verbrauchern beeinflusst den Spannungsfall auf der Ladeleitung und damit die Ladespannung. Sind alle Verbraucher batterieseitig angeschlossen, fließt auf der Ladeleitung der Gesamtstrom $I_G = I_B + I_V$. Durch den hohen Spannungsfall ist die Ladespannung entsprechend niedriger. Sind dagegen alle Verbraucher generatorseitig angeschlossen, ist der Spannungsfall auf der Ladeleitung niedriger, die Ladespannung höher. Der Spannungsfall kann vom Generatorregler mit unmittelbarer Messung des Spannungs-Istwerts an der Batterie über den S-Anschluss berücksichtigt werden.

Auslegung des Bordnetzes

Dynamische Systemkennlinie

Die dynamische Systemkennlinie stellt den Verlauf der Batteriespannung über dem Batteriestrom während eines Fahrzyklus dar (Bild 6). Die Hüllkurven geben das Zusammenwirken der Komponenten Batterie, Generator, Verbraucher in Verbindung mit Temperatur, Drehzahl und Übersetzung von Motor zu Generator wieder. Eine große Fläche in der Hüllkurve bedeutet, dass bei dieser Bordnetzauslegung in dem gewählten Fahrzyklus starke Spannungsschwankungen auftreten und die Batterie stärker zyklisiert wird, d.h. dass ihr Ladezustand starke zeitliche Änderungen erfährt. Die Systemkennlinie ist spezifisch für jede Kombination und jede Betriebsbedingung und damit eine dynamische Angabe. Die dynamische Systemkennlinie kann an den Klemmen der Batterie gemessen und mit Messsystemen aufgezeichnet werden.

Ladebilanzrechnung

Mithilfe eines Computerprogramms wird aus der Verbraucherlast und der Generatorleistung der Batterieladezustand am Ende eines vorgegebenen Fahrzyklus berechnet. Ein üblicher Zyklus für Pkw ist Berufsverkehr (niedriges Drehzahlangebot) kombiniert mit Winterbetrieb (geringe Ladestromaufnahme der Batterie und hoher elektrischer Verbrauch). Auch unter diesen für den Energiehaushalt des Bordnetzes sehr ungünstigen Bedingungen muss die Batterie eine ausgeglichene Ladebilanz aufweisen.

Anhand der Ladebilanzrechnung wird die Auslegung von Generator und Batterie festgelegt.

Fahrprofil

Das Fahrprofil als Eingangsgröße für die Ladebilanzrechnung wird durch die Summenhäufigkeitslinie der Motordrehzahl dargestellt (Bild 7). Sie gibt an, wie häufig eine bestimmte Motordrehzahl erreicht oder überschritten wird.

Ein Pkw hat bei Stadtfahrt im Berufsverkehr einen hohen Anteil an Motorleerlaufdrehzahl, bedingt durch häufigen Halt an Ampeln und infolge hoher Verkehrsdichte.

Ein Stadtbus im Linienverkehr hat zusätzliche Leerlaufanteile wegen der Fahrtunterbrechungen an Haltestellen. Auf die Ladebilanz der Batterie wirken sich außerdem Verbraucher negativ aus, die bei abgestelltem Motor betrieben werden. Omnibusse im Reiseverkehr haben im Allgemeinen nur einen geringen Leerlaufanteil, aber unter Umständen Stillstandsverbraucher mit hoher Leistungsaufnahme.

Bild 6: Dynamische Systemkennlinie (Hüllkurve bei Stadtfahrt).
1 Kennlinie bei großem Generator und kleiner Batterie
2 Kennlinie bei kleinem Generator und großer Batterie.

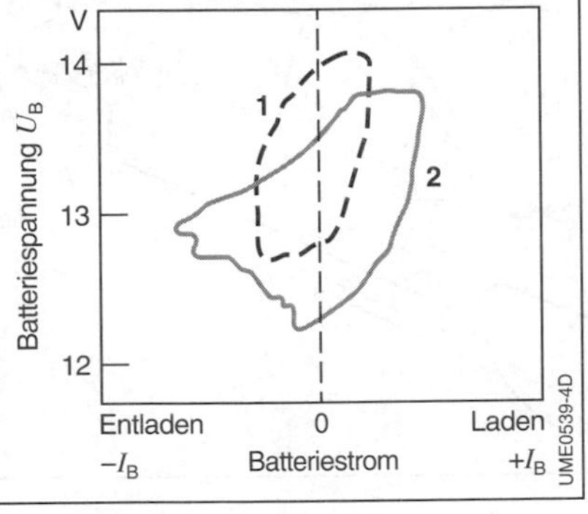

Bild 7: Summenhäufigkeit der Motordrehzahl bei Stadt- und Autobahnfahrt.

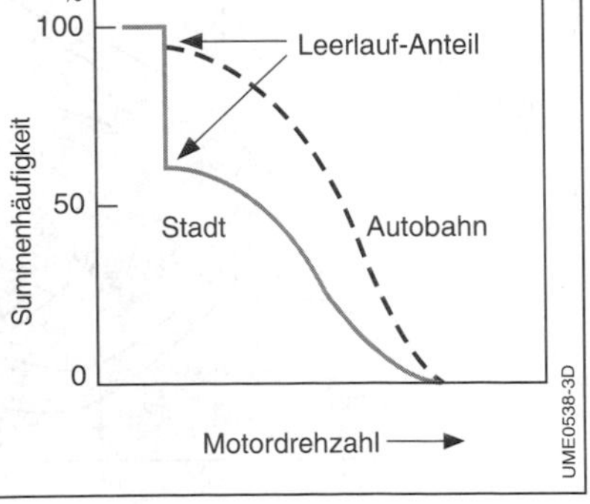

Bordnetzsimulation
Im Gegensatz zur summarischen Betrachtung bei Ladebilanzrechnungen lässt sich die Situation der Bordnetz-Energieversorgung mit modellgestützten Simulationen zu jedem Betriebszeitpunkt berechnen. Hier können auch Bordnetz-Managementsysteme mit einbezogen und in ihrer Auswirkung beurteilt werden.

Neben der reinen Batteriestrombilanzierung ist es möglich, den Bordnetzspannungsverlauf und die Batteriezyklisierung zu jedem Zeitpunkt einer Fahrt zu registrieren. Berechnungen mithilfe von Bordnetzsimulationen sind immer dann sinnvoll, wenn es um den Vergleich von Bordnetztopologien und um die Auswirkungen hochdynamischer oder nur kurzfristig eingeschalteter Verbraucher geht.

Bordnetzstrukturen

Ein-Batterie-Bordnetz
Bild 1 zeigt ein Ein-Batterie-Bordnetz, wie es im Pkw-Bereich vorwiegend zu finden ist. Als Energiespeicher dient eine Batterie, die sowohl den Strom für den Startvorgang liefert als auch die Energieversorgung für die Verbraucher bei Motorstillstand und somit fehlender oder in Leerlaufphasen und unzureichender Generatorleistung übernimmt. Dieses Konzept ist derzeit am meisten verbreitet, da es die kostengünstigste Lösung für die Energieversorgung im Kraftfahrzeug darstellt.

Bei der Auslegung einer Batterie für das Ein-Batterie-Bordnetz, die sowohl den Starter als auch die weiteren Verbraucher im Bordnetz versorgt, muss ein Kompromiss zwischen verschiedenen Anforderungen gefunden werden. Während des Startvorgangs wird die Batterie mit hohen Strömen (300...500 A) belastet. Der damit verbundene Spannungseinbruch wirkt sich nachteilig auf bestimmte Verbraucher aus (z.B. Unterspannungsreset bei Geräten mit Mikrocontrollern) und sollte so gering wie möglich sein.

Im Fahrbetrieb fließen dagegen nur noch vergleichsweise geringe Ströme. Für eine zuverlässige Stromversorgung ist die

Bild 8: Zwei-Batterien-Bordnetz.
1 Lichtanlage,
2 Starter,
3 Steuergerät für Motorsteuerung,
4 Startbatterie,
5 weitere Bordnetzverbraucher (z.B. elektrische Schiebedachbetätigung),
6 Versorgungsbatterie,
7 Generator,
8 Bordnetzsteuergerät.

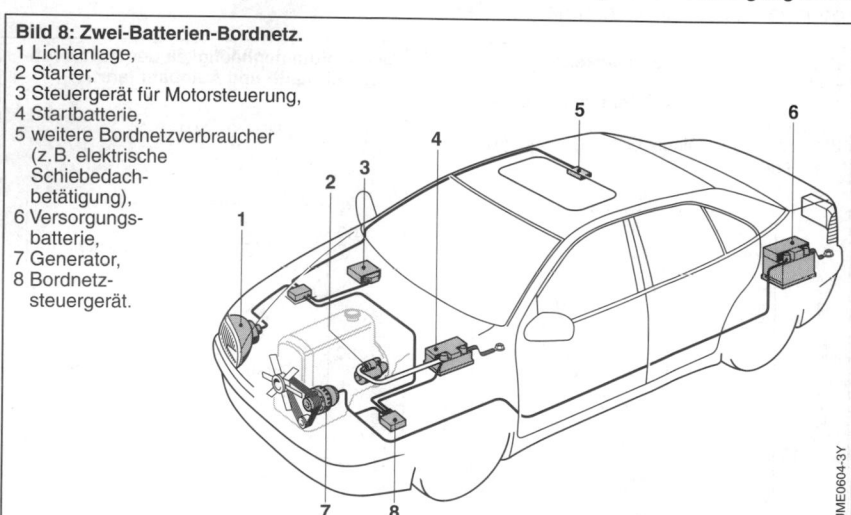

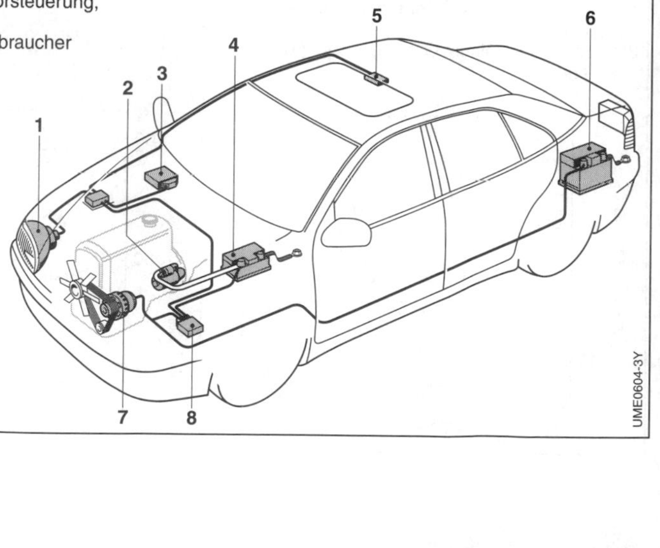

Kapazität der Batterie maßgebend. Beide Eigenschaften – Leistung und Kapazität – lassen sich nicht gleichzeitig optimieren.

Zwei-Batterien-Bordnetz
Bei Bordnetzausführungen mit zwei Batterien – Startspeicher und Versorgungsbatterie – werden durch das Bordnetzsteuergerät die Batteriefunktionen „Bereitstellung hoher Leistung für den Startvorgang" und „Versorgung des Bordnetzes" getrennt (Bild 8), um den Spannungseinbruch im Bordnetz beim Start zu vermeiden und einen Kaltstart auch bei einem niedrigen Ladezustand der Versorgungsbatterie sicherzustellen.

Startspeicher (Startbatterie)
Der Startspeicher muss nur für eine begrenzte Zeit (Startvorgang) einen hohen Strom liefern. Er wird daher auf eine hohe Leistungsdichte (hohe Leistung bei geringem Gewicht) ausgelegt. Weil er ein kleines Volumen hat, kann er in der Nähe des Starters eingebaut und mit diesem über eine kurze Zuleitung (niedriger Spannungsfall auf der Leitung) verbunden sein. Die Kapazität ist reduziert.

Versorgungsbatterie
Die Versorgungsbatterie ist ausschließlich für das Bordnetz (ohne Starter) vorgesehen. Sie liefert Ströme zur Versorgung der Bordnetzverbraucher (z.B. ca. 20 A für die Motorsteuerung) und muss deshalb große Energiemengen speichern und bereitstellen können. Zudem hat sie eine hohe Zyklenfestigkeit. Das heißt, sie kann sehr häufig geladen und entladen werden, bevor die Leistungskriterien der Batterie nicht mehr erfüllt werden. Die Dimensionierung richtet sich im Wesentlichen nach der erforderlichen Kapazitätsreserve für eingeschaltete Verbraucher, den Verbrauchern bei stehendem Motor (Ruhestromverbaucher, z.B. Empfänger für Funkfernbedienung der Zentralverriegelung, Diebstahlwarnanlage) und der zulässigen Entladetiefe.

Bordnetzsteuergerät
Das Bordnetzsteuergerät im Zwei-Batterien-Bordnetz trennt den Startspeicher und den Starter vom übrigen Bordnetz, solange dieses von der Versorgungsbatterie ausreichend versorgt werden kann. Es verhindert damit, dass sich der vom Startvorgang verursachte Spannungseinbruch im Bordnetz auswirkt. Bei abgestelltem Fahrzeug verhindert es eine Entladung des Startspeichers durch eingeschaltete Verbraucher und Ruhestromverbraucher.

Die 12-V-Batterie kann mit höherer Spannung als mit der im Fahrzeug üblichen Generatorspannung geladen werden. Begrenzend für das Spannungsniveau sind Verbraucher wie z.B. die Glühlampen, deren Lebensdauer stark mit der Spannung abnimmt. Durch die Trennung der Startspeicherseite vom übrigen Bordnetz besteht auf dieser prinzipiell keine Einschränkung für das Niveau der Ladespannung. Damit kann sie über einen DC-DC-Wandler auf den „idealen" Wert angehoben werden (z.B. 15 V). Dieser ist von der Temperatur und vom Ladezustand abhängig. Mit der erhöhten Ladespannung wird die Ladedauer minimiert.

Bei leerer Versorgungsbatterie ist das Bordnetzsteuergerät in der Lage, beide Bordnetzbereiche vorübergehend zu verbinden und damit das Bordnetz über den vollen Startspeicher zu stützen. In einer weiteren möglichen Ausführung schaltet das Bordnetzsteuergerät für den Start nur die startrelevanten Verbraucher auf die jeweils volle Batterie.

Bordnetzkenngrößen

Ladezustand

Der Ladezustand der Batterie (SOC, State of Charge) gehört zu den wichtigsten Kenngrößen im Bordnetz. Er kann definiert werden als Verhältnis von der noch in der Batterie gespeicherten Ladungsmenge (aktueller Ladezustand) zu der maximalen Ladungsmenge, die die vollgeladene neue Batterie speichern kann:

$$\mathrm{SOC} = \frac{Q_{\mathrm{ist}}}{Q_{\mathrm{max}}}\,.$$

Der Wert Q_{max} ergibt sich, wenn die voll geladene Batterie mit dem Entladestrom I_{20} – das entspricht dem zwanzigsten Teil der Nennkapazität in Ampere (bei einer 100-Ah-Batterie sind das 5 A) – bis zum Erreichen der Entladeschlussspannung von 10,5 V entladen wird. Die Ladungsmenge, die während dieses Entladevorgangs entnommen wurde, entspricht Q_{max}.

Da somit Q_{max} nur durch eine Messung (Integral des Stroms über der Zeit, d.h. Strom- und Zeitmessung) zugänglich ist, bietet sich häufig auch die Definition durch die nominale Kapazität der Batterie an, die auf dem Etikett zu finden ist, wobei dann gilt: $Q_{\mathrm{max}} = K_{20}$ (nominal).

Die aktuell gespeicherte Ladungsmenge Q_{ist} ergibt sich aus der Differenz von Q_{max} und der Ladungsmenge, die beim Entladen der vollgeladenen Batterie entnommenen wurde.

Der Ladezustand der Batterie korreliert direkt mit der Säuredichte, wobei weiterhin die Ruhespannung der Batterie proportional zur Säuredichte ist. Als Ruhespannung wird der Spannungswert bezeichnet, der sich ergibt, wenn sich nach dem Lade- oder Entladevorgang der Batterie ein stabiler Spannungsendwert einstellt. Aufgrund langsam ablaufender Diffusions- und Polarisationsvorgänge in der Batterie kann das mehrere Tage dauern, speziell nach langen Ladephasen. Die Ruhespannung wird an den Anschlussklemmen gemessen.

Der Ladezustand ist folgendermaßen definiert:

$$\mathrm{SOC} = \frac{(U_{\mathrm{aktuell}} - U_{\mathrm{min}})}{(U_{\mathrm{max}} - U_{\mathrm{min}})}$$

mit

U_{aktuell}: Momentane Ruhespannung.

U_{max}: Ruhespannung der vollen Batterie (SOC = 100 %).

U_{min}: Ruhespannung der Batterie bei SOC = 0 %. Da die Abhängigkeit der Ruhespannung vom Ladezustand bei niedrigen Ladezuständen (ca. kleiner 20 %) nichtlinear wird, muss hier der auf SOC = 0 % linear extrapolierte Wert eingesetzt werden.

Somit ist es möglich, aus der gemessenen Ruhespannung auf den Ladezustand zu schließen.

Funktions- und Leistungsfähigkeit

Die Fähigkeit der Batterie, in ihrem aktuellen Zustand eine vorgegebene Funktions- oder Leistungsanforderung zu erfüllen – z.B. die Startleistung für den Verbrennungsmotor bereitzustellen – wird als SOF (State of Function) bezeichnet. Der SOF ist applikationsspezifisch und kann daher nicht allgemein definiert werden. Beispielsweise kann der SOF außer als Maß für die Startfähigkeit auch für die Bewertung der aktuellen Leistungsfähigkeit der Batterie zur Versorgung anderer elektrischer Hochstromverbraucher wie

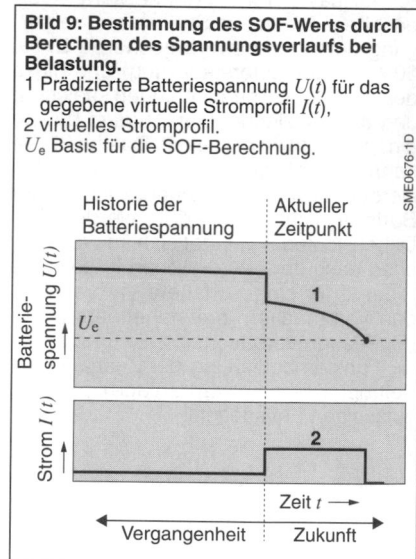

Bild 9: Bestimmung des SOF-Werts durch Berechnen des Spannungsverlaufs bei Belastung.
1 Prädizierte Batteriespannung $U(t)$ für das gegebene virtuelle Stromprofil $I(t)$,
2 virtuelles Stromprofil.
U_e Basis für die SOF-Berechnung.

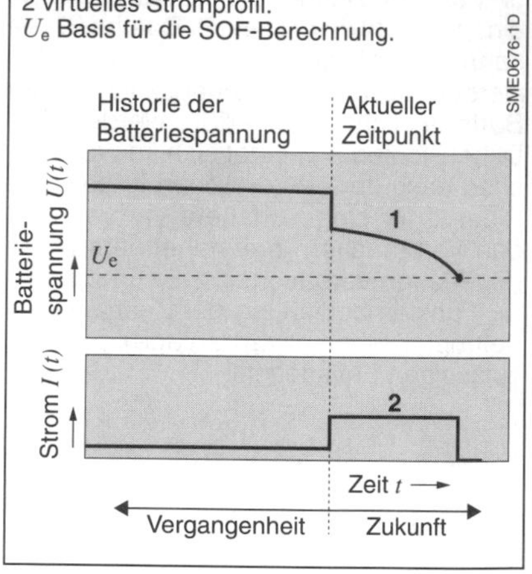

z.B. einer elektrischen Servolenkung genutzt werden.

Die aktuelle Leistungsfähigkeit der Batterie wird anhand des SOF durch Vorausberechnung des Spannungseinbruchs bei Belastung der Batterie mit einem vorgegebenen Stromprofil bewertet. Fällt die vorausberechnete (prädizierte) Batteriespannung dabei unter eine vorgegebene Schwelle U_e, bedeutet das, dass die Batterie die geforderte Leistung (z.B. für einen Motorstart) nicht mehr erbringt (Bild 9).

Darüber hinaus kann aber auch nach der aktuell noch entnehmbaren Ladung oder der Entladedauer, bis zu der die Batterie die geforderte Leistung noch liefern kann, gefragt sein. Ein Anwendungsfall dafür ist z.B., wie lange ein Fahrzeug bei bekanntem Ruhestromverbrauch ohne Verlust der Startfähigkeit geparkt werden kann. In diesem Fall liefert der SOF nicht den Spannungseinbruch bei Hochstrombelastung, sondern die noch verbleibende Ladungsreserve oder die Entladedauer bis zur Unterschreitung der Startfähigkeitsgrenze (Bild 10).

Wie bereits erwähnt, wird der SOF auf Grundlage des aktuellen Batteriezustands ermittelt, d.h., er hängt vom aktuellen Ladezustand (SOC), der Batterietemperatur und dem Gesundheitszustand (SOH) der Batterie ab. Diese Größen müssen zur SOF-Berechnung von der Batteriezustandserkennung (siehe Batteriesensor) ermittelt werden.

Gesundheitszustand

In der im 12-Volt-Bordnetz eingesetzten Bleibatterie laufen abhängig von den jeweiligen Betriebs- und Umgebungsbedingungen unterschiedliche Alterungsprozesse ab, die z.B. zur Erhöhung des Innenwiderstands (verursacht durch Korrosion) oder zu Kapazitätsverlusten (verursacht durch Aktivmasseverlust oder durch Sulfatierung) führen können und damit die allgemeine Leistungs- und Speicherfähigkeit der Batterie, d.h. ihren Gesundheitszustand SOH (State of Health) über der Lebensdauer verschlechtern.

Der Gesundheitszustand der Batterie bezüglich ihrer Speicherfähigkeit kann z.B. durch das Verhältnis der aktuellen Kapazität K_{20} zur Nennkapazität der Batterie im Neuzustand K_{20neu} ausgedrückt werden:

$$\text{SOH} = \frac{K_{20}}{K_{20neu}} \cdot 100~\%.$$

Weitere (applikationsabhängige) SOH-Maße lassen sich aus den entsprechenden SOF-Größen ableiten, indem diese nicht für den aktuellen Batteriezustand, sondern mit festgelegten Werten für Ladezustand (z.B. SOC = 100 %) und Batterietemperatur (z.B. 25 °C) berechnet werden und damit wie gewünscht nur die Abhängigkeit vom Gesundheitszustand in das SOH-Maß eingeht.

Während der SOF eine Aussage liefert, wie gut im aktuellen Zustand der Batterie eine Leistungsanforderung erfüllt werden kann, besagt die entsprechende SOH-Größe, wie gut die Batterie diese Leistungsanforderung beim aktuellen Gesundheitszustand grundsätzlich noch erfüllt. Beispielsweise kann auf diese Weise eine SOH-Größe, welche die für

Bild 10: Berechnung des SOF-Werts auf Basis der zur Verfügung stehenden Ladungsreserve.
Berechnet wird hier die Ladungsreserve oder die Zeitdauer, nach der bei einer Belastung durch den Ruhestrom die Startfähigkeitsgrenze erreicht ist.
1 Ruhestrom,
2 Ladungsreserve,
3 Startstrom,
4 Spannungsverlauf bei Belastung mit vorgegebenem Stromprofil,
5 Startfähigkeitsgrenze.

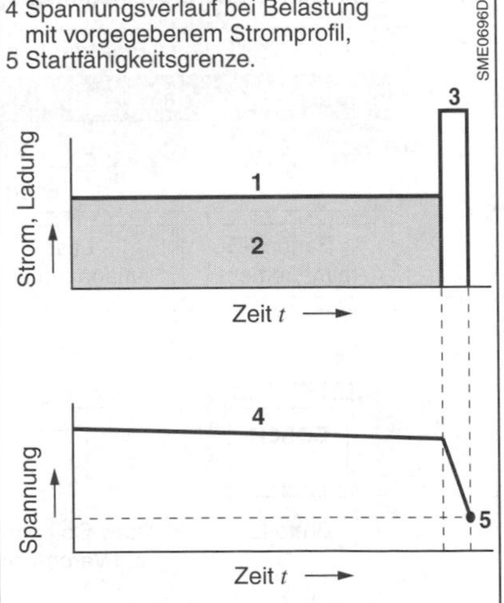

eine Start-Stopp-Funktionalität noch vorhandene Mindestleistungsfähigkeit der Batterie ermittelt, zur dauerhaften Deaktivierung dieser Funktion bei stark gealterten Batterien herangezogen werden, um das Risiko von Liegenbleibern zu vermeiden.

Generatorauslastung

Der in der Erregerwicklung des Generators fließende Strom bestimmt die in den Statorwicklungen induzierte Spannung. Der Generatorregler regelt den erforderlichen Erregerstrom über ein Tastverhältnis (PWM-Signal). DF (Dynamo Feld) ist der Anschluss, über den der Erregerstrom zugeführt wird (Bild 4). Das Tastverhältnis des PWM-Signals gibt den Auslastungsgrad des Generators an, d.h., ob er noch Reserven hat und für zusätzlich zugeschaltete Lasten noch mehr Strom liefern kann.

Der Generatorregler gibt dieses Signal zusätzlich als DFM-Signal (DF-Monitor) aus. Regler mit Busschnittstelle legen dieses Tastverhältnis auf den Bus (z.B. LIN-Bus). Zusätzlich wird auch die Erregerstromstärke in Ampere ausgegeben. Verschiedene Steuergeräte werten das DFM-Signal aus, z.B. um bei hoher Generatorauslastung die Sitzheizung oder die Frontscheibenheizung abzuschalten.

Elektrisches Energiemanagement

Motivation

Reduktion des Kraftstoffverbrauchs

Die Reduktion des Kraftstoffverbrauchs und der Treibhausgase, insbesondere CO_2, ist ein wesentliches Ziel der Fahrzeughersteller. Erreicht werden soll dies durch eine Optimierung der Energieflüsse im Kraftfahrzeug. Maßnahmen zur Erreichung dieses Ziels sind z.B.:

- Vermeidung der Leerlaufverluste durch die Start-Stopp-Funktion (automatisches Abstellen und Wiederstart des Motors z.B. bei Rotphasen an Ampeln).
- Erhöhung des Wirkungsgrads der elektrischen Leistungserzeugung durch Optimierung des Generators und eine intelligente Generatoransteuerung (Rekuperation).
- Elektrisch angetriebene Nebenaggregate, um durch Entkopplung vom Verbrennungsmotor eine bedarfsgerechte Ansteuerung zu ermöglichen.

Elektrischer Leistungsbedarf

Zusätzliche Komfortfunktionen und elektrifizierte Nebenaggregate führen zu einem steigenden elektrischen Leistungsbedarf und gleichzeitig zu einem reduzierten Drehzahlangebot für die elektrische Leistungserzeugung (z.B. durch

Bild 11: Elektrisches Energiemanagement (EEM).

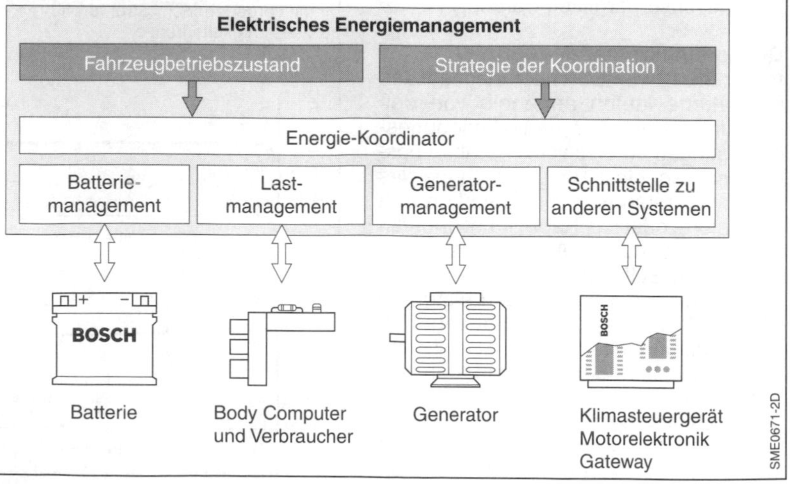

Start-Stopp-Betrieb). Neue Komfort- und Sicherheitsfunktionen (z.B. elektrische Servolenkung, elektrische Wasserpumpe, PTC-Zuheizer, elektrische Klimatisierung bei Fahrzeugen mit Start-Stopp-Funktion) erfordern zusätzlich elektrische Leistung, sodass es hilfreich ist, ein elektrisches Energiemanagement (EEM) zu integrieren.

Aufgabe des elektrischen Energiemanagements

Das elektrische Energiemanagement steuert die Energieflüsse und stellt gleichzeitig die elektrische Energieversorgung sicher, um die Startfähigkeit des Fahrzeugs zu erhalten und „Liegenbleiber" durch entladene Batterien zu reduzieren. Das elektrische Energiemanagement stabilisiert zudem die Batteriespannung und optimiert die Verfügbarkeit von Komfortsystemen – auch bei Motorstillstand. Dies kann durch Sicherstellen einer positiven oder zumindest ausgeglichenen Ladebilanz während des Fahrbetriebs und einer Überwachung des Energiebedarfs bei Motorstillstand erreicht werden. Zudem können durch koordiniertes Schalten von elektrischen Verbrauchern Spitzenlasten reduziert werden. Dies wird im elektrischen Energiemanagement koordiniert (Bild 11).

Die Auswirkungen der getroffenen Maßnahmen konkurrieren teilweise miteinander. Zum Beispiel führt das Abschalten von Komfortverbrauchern zu Komforteinbußen, das Verbot der Start-Stopp-Funktion zu erhöhtem Kraftstoffverbrauch. Abhängig vom Fahrzeughersteller wird das eine oder das andere bevorzugt und dementsprechend werden die möglichen Maßnahmen zur Sicherstellung der Ladebilanz priorisiert.

Funktionen des elektrischen Energiemanagements

Ruhestrommanagement

Das im Batteriesensor softwaremäßig implementierte Ruhestrommanagement überwacht regelmäßig den Batteriezustand und damit die Startfähigkeit bei abgestelltem Motor. Mithilfe einer genauen Batteriezustandserkennung kann über das Ruhestrommanagement die Verfügbarkeit von Verbrauchern optimiert werden, d.h., die Einschaltdauer der Komfortverbraucher kann maximiert werden. Bei drohendem Verlust der Startfähigkeit kann das elektrische Energiemanagement z.B. eine Botschaft an das Anzeigemodul senden, um den Nutzer zu informieren. Zudem wird das Lastmanagement bei Annäherung an die Startfähigkeitsgrenze den Energieverbrauch reduzieren (z.B. Leistungsreduzierung des Klimagebläses) bis hin zum Abschalten einzelner Verbraucher, um die Startfähigkeit möglichst lange zu erhalten. Beispiele für solche Komfortverbraucher sind Standheizung, Infotainment, Navigationssystem und Radio.

Energiemanagement im Fahrbetrieb

Aufgabe des elektrischen Energiemanagements bei aktivem Generator ist neben dem Lastmanagement vor allem auch das Generatormanagement einschließlich einer Rekuperationsfunktion und die Energiemanagement-Schnittstelle zu anderen Systemen, wie z.B. der Motorsteuerung.

Schalten von Verbrauchern

Das Lastmanagement koordiniert das Zu- und das Abschalten von Verbrauchern, um Leistungsspitzen zu reduzieren. In die Steuerung der Hochleistungsheizsysteme (Frontscheibenheizung und PTC-Zuheizer) greift ebenfalls das Lastmanagement ein.

Auch im Fahrbetrieb ist die Sicherstellung der Wiederstartfähigkeit die wesentliche Aufgabe des elektrischen Energiemanagements. Bei kritischen Batteriezuständen sorgt das Lastmanagement für eine Reduzierung des elektrischen Leistungsbedarfs, um die Batterie möglichst schnell wieder zu laden. Insbesondere Komfortverbraucher mit Speicherverhalten (Heizsysteme) werden bevorzugt zurückgeschaltet, da durch eine intelligente Ansteuerung erreicht werden kann, dass wahrnehmbare Abweichungen vom Sollverhalten möglichst lange herausgezögert werden.

Die Abschaltung von Komfortfunktionen hat Grenzen, weil dies der Nutzer nur in seltenen Ausnahmefällen akzeptieren wird. Daher muss das Bordnetz so ausgelegt sein, dass diese Situationen nur selten auftreten. Spürbare Auswirkungen müssen dem Nutzer angezeigt werden, um das vom Normbetrieb abweichende Verhalten zu erklären.

Erhöhen der Generatorleistung
Alternativ oder ergänzend zur Reduzierung des elektrischen Leistungsbedarfs kann durch eine Motordrehzahlerhöhung die elektrische Leistungserzeugung des Generators erhöht werden (z.B. Leerlaufdrehzahlanhebung oder Verbot des Motorstopps bei Start-Stopp-Betrieb). Um z.B. die Leerlaufdrehzahl anzuheben, gibt das elektrische Energiemanagement über den Datenbus eine Anforderung an die Motorsteuerung weiter. Diese Maßnahmen haben direkten Einfluss auf den Kraftstoffverbrauch und auf die Geräuschentwicklung, sie müssen daher optimal auf das einzelne Fahrzeug abgestimmt werden.

Während einer Rekuperation wird die kinetische Energie des Fahrzeugs zumindest teilweise in elektrische Energie umgewandelt und der Batterie zur Speicherung zugeführt. Diese Funktion erfordert einen über eine Schnittstelle steuerbaren Generator zur Vorgabe der Soll-Generatorspannung sowie einen Batteriesensor zur Erkennung des Batteriezustands. Die Funktion des Batteriesensors selbst kann in der Motorelektronik, einem Gateway oder einem Bodycomputer partitioniert werden.

Rekuperation
Während der Schubabschaltung wird dem Generator eine erhöhte Sollspannung vorgegeben, um die Batterie intensiv zu laden. Die Erzeugung der elektrischen Leistung erfolgt in diesem Betriebspunkt ohne Kraftstoffverbrauch. In Fahrzuständen mit schlechtem Wirkungsgrad der elektrischen Leistungserzeugung wird die Generatorspannung abgesenkt und die Batterie wieder langsam entladen, um den Kraftstoffbedarf für die elektrische Leistungserzeugung zu minimieren.

Eine vollgeladene Batterie kann keine Ladung aufnehmen. Deshalb ist die Rekuperation nur mit einer teilgeladenen Batterie möglich (Partial State of Charge, PSOC). Das ist eine Abweichung von der konventionellen Ladestrategie, deren Ziel eine möglichst voll geladene Batterie ist. Ein für die Startfähigkeit notwendiger minimaler Batteriezustand darf auf keinen Fall unterschritten werden, d.h., der aktuelle Batteriezustand muss dem elektrischen Energiemanagement bekannt sein.

Die Rekuperationsfunktion führt zu einer erhöhten Zyklisierung der Batterie, deren Einfluss auf die Batteriealterung ist applikationsspezifisch zu prüfen. Der Ein-

Bild 12: Zusammenspiel von Batteriesensor, Batteriezustandserkennung und Elektrischem Energiemanagement.
EEM Elektrisches Energiemanagement,
BZE Batteriezustandserkennung,
EBS Elektronischer Batteriesensor,
SOC State of Charge, SOH State of Health, SOF State of Function,
U Batteriespannung, I Batteriestrom, T Batterietemperatur.

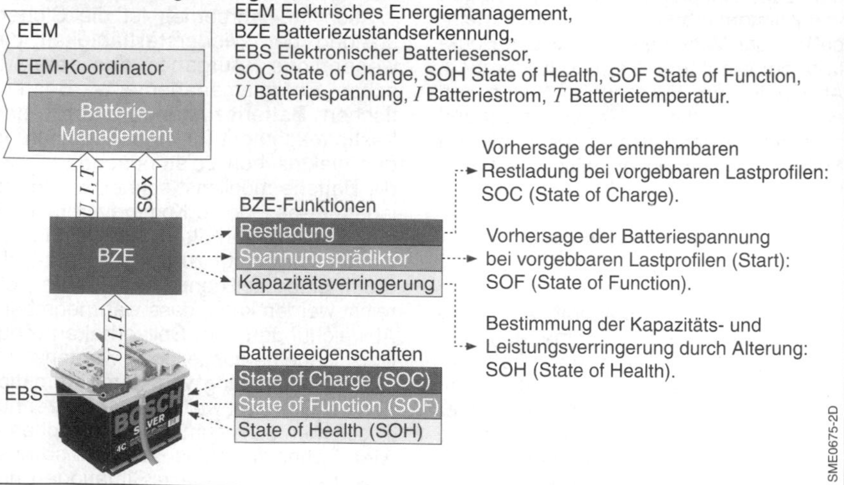

satz von AGM-Batterien (Absorbent Glass Mat) zur Erhöhung des möglichen Energiedurchsatzes (Durchsatz in Ah über die Lebensdauer, der für die Lebensdauer kritische Durchsatz steigt um Faktor drei) wird daher empfohlen.

Der Rekuperationsalgorithmus muss den Einfluss von Spannungsänderungen auf die Verbraucher berücksichtigen, da diese wahrnehmbar sein können (z.B. Änderung der Drehzahl des Klimagebläses oder Lichtflackern).

Die Rekuperation ermöglicht eine Kraftstoffeinsparung im Bereich von 1...4 %, je nach Zyklus und Auslegung der Funktion.

Batteriezustandserkennung und Batteriemanagement

Aufgabe

Eine wesentliche Voraussetzung für ein gutes elektrisches Energiemanagement ist eine Batteriezustandserkennung (BZE), die die Leistungsfähigkeit der Batterie zuverlässig berechnet. Algorithmen für die Batteriezustandserkennung nutzen als Eingangsgrößen üblicherweise die Messgrößen Batteriestrom, -spannung und -temperatur. Auf Basis dieser Größen werden der Ladezustand (State of Charge, SOC), die Funktions- und Leistungsfähigkeit (State of Function, SOF) und der Gesundheitszustand (State of Health, SOH) der Batterie bestimmt und dem elektrischen Energiemanagement als Eingangsgrößen zur Verfügung gestellt (Bild 12).

Zur Messung der Batteriegrößen wird ein Batteriesensor verwendet, der den Batteriestrom und die -spannung direkt misst. Die Batterietemperatur wird über eine Temperaturmessung in der Nähe der Batterie bestimmt, da die direkte Messung der Säuretemperatur der Batterie im Fahrzeug einen Eingriff in die Batterie erfordern würde, der aktuell nicht möglich ist.

Beispiel

Beispiel für eine Funktion der Batteriezustandserkennung ist die Startfähigkeitsbestimmung auf der Basis des SOF. Beim SOF wird das zukünftige Verhalten der Batterie bei Belastung mit dem Startstrom vorhergesagt. Das heißt, die Batteriezustandserkennung bestimmt den Batteriespannungseinbruch bei einem vorgegebenen Startstromprofil (Bild 9). Da das minimale Spannungsniveau für einen erfolgreichen Start bekannt ist, liefert der vorhergesagte Spannungseinbruch ein Maß für die aktuelle Startfähigkeit. Abhängig vom Abstand des vorhergesagten Spannungseinbruchs zur Startfähigkeitsgrenze definiert das elektrische Energiemanagement Maßnahmen zum Erhalt oder zur Verbesserung der Startfähigkeit.

Batteriesensor

Die Erfassung der Batteriemessgrößen Strom, Spannung und Temperatur muss sehr genau, dynamisch und zeitsynchron sein. Insbesondere die Messung von Strömen im Bereich einiger mA bis hin zu Startströmen von mehr als 1000 A stellt hohe Anforderungen an die Sensorik dar. Der elektronische Batteriesensor (EBS) ist direkt am Batteriepol platziert und mit der Polklemme kombiniert. Da die Polnische nach DIN EN 50342-2 [1] genormt ist, ist keine Applikation an unterschiedliche Batterien erforderlich.

Der Strom wird mithilfe eines speziellen Shunts aus Manganin gemessen. Kernstück der elektrischen Schaltung des Batteriesensors ist ein ASIC, das unter anderem einen leistungsstarken Mikroprozessor zur Messwerterfassung und -verarbeitung enthält. Auf diesem Mikroprozessor werden auch die Algorithmen der Batteriezustandserkennung abgearbeitet. Die Kommunikation mit übergeordneten Steuergeräten erfolgt über den LIN-Bus.

Der Batteriesensor kann neben der Berechnung des Batteriezustands für das elektrische Energiemanagement auch für weitere Funktionen genutzt werden. Zum Beispiel kann die präzise Erfassung von Strom und Spannung auch zur geführten Fehlersuche in der Produktion und in Werkstätten genutzt werden (z.B. Suche von fehlerhaften Ruhestromverbrauchern).

Literatur

[1] DIN EN 50342-2 (2008): Maße von Batterien und Kennzeichnung von Anschlüssen.

Energiebordnetze für Nutzfahrzeuge

Anforderungen an Lkw-Bordnetze

Wie bei Pkw werden auch in Lkw und Bussen der Großteil der elektrischen Verbraucher über ein Kleinspannungsbordnetz mit elektrischer Energie versorgt. Um die (noch mehrheitlich als Antrieb genutzten) großen Dieselmotoren von Lkw zu starten, ist eine deutlich höhere Leistung erforderlich als für Pkw-Motoren. Deswegen liegt die Nennspannung von Lkw-Bordnetzen in den meisten Regionen weltweit bei 24 Volt. 12-Volt-Bordnetze kommen teilweise bei leichten Fahrzeugklassen (z.B. 3,5...7,5 t) und bei schweren Fahrzeugen in bestimmten Regionen, z.B. Nordamerika zum Einsatz.

Neben der Spannungslage, die primär durch den Zielmarkt des Fahrzeugs vorgegeben ist, werden durch eine Reihe an Faktoren weitere Anforderungen an Lkw-Bordnetze gestellt:
- Fahrzeugflottenbetreiber: Fahrzeugverfügbarkeit, Gesamtkosten („Total Cost of Ownership", TCO).
- Fahrer: Verfügbarkeit von Komfortverbrauchern.
- Varianz an Fahrzeugtypen und Nutzung: Anzahl und Art der Verbraucher, Leistungsbedarf, Fahrzeugnutzung und Fahrprofile.

Bild 1: Schematische Darstellung von Lkw-Energiebordnetzen.
a) 24-Volt-Bordnetz mit zwei in Serie geschalteten 12-Volt-Batterien,
b) 12-Volt-Bordnetz mit mehreren parallel geschalteten Batterien.
1 Batterien, 2 Generator, 3 Starter, 4 elektrische Verbraucher an Klemme 15,
5 Trennschalter (optional), 6 dauerversorgte Verbraucher.

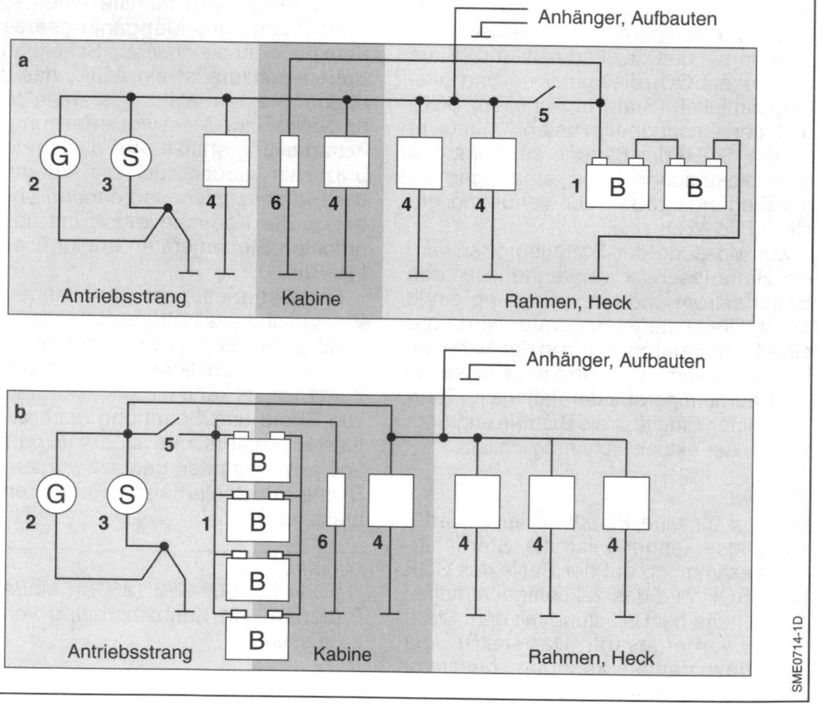

- Gesetzliche Anforderungen zum Beispiel an Gefahrguttransporte (ADR, Accord européen relatif au transport international des marchandises dangereuses par route), Tachografen usw.

Die Anforderungen durch Fahrzeugbetreiber und Fahrer unterscheiden sich zwischen Lkw und Pkw durch die Priorisierung. Bei Nutzfahrzeugen stehen die Verfügbarkeit des Fahrzeugs und die Kosten an erster Stelle. Sehr oft werden z. B. hohe Anforderungen an die Kaltstartfähigkeit gestellt oder an die Fähigkeit, das Fahrzeug nach Erstfehlern noch selbstständig in eine Werkstatt fahren zu können („Limp Home"). Ein weiteres Beispiel sind konkurrierende Anforderungen an Kraftstoffverbrauch, Fahrzeugverfügbarkeit und Batterielebensdauer, was bei Energiemanagementfunktionen für Lkw berücksichtigt werden muss. Erst an zweiter Stelle stehen Anforderungen an Verfügbarkeit von Komfortverbrauchern, die sich allerdings – im Gegensatz zu Pkw-Anforderungen – oftmals auf die Energieversorgung im Stand beziehen, z. B. den Betrieb einer elektrischen Standklimaanlage während einer Übernachtung im Fahrzeug.

Die hohe Varianz der Fahrzeuge führt zu Anforderungen bezüglich Skalierbarkeit und Anpassbarkeit der Bordnetze, um mit verschiedenen Fahrzeugausstattungen, Nutzungsprofilen und Aufbauten zurecht zu kommen.

Der mittlere Leistungsbedarf der Grundfahrzeuge liegt typischerweise unter dem von Pkw, z. B. bei Sattelzugmaschinen einschließlich Auflieger bei ca. 500...700 W. Grund dafür sind die geringere Anzahl an Komfortverbrauchern und die Nutzung von Druckluft für viele Aktoren. Durch Aufbauten kann sich der Leistungsbedarf allerdings erhöhen.

Schematischer Aufbau von Lkw-Bordnetzen

24-Volt-Bordnetze

Analog zu Pkw-Bordnetzen besteht auch bei Lkw das Energiebordnetz aus einem oder mehreren Energiewandlern (Generator(en) oder bei Elektrofahrzeugen Gleichspannungswandler von HV (High Voltage) auf 24 V), zwei in Reihe geschalteten 12-Volt-Batterien (typisch 2 × 100...225 Ah Kapazität) und den elektrischen Verbrauchern (Bild 1a). Die Batterien haben mehrere Aufgaben:

- Versorgung von Verbrauchern im Stand (z. B. für Übernachtungen im Fahrzeug oder Deckung des Ruhestrombedarfs),
- Bereitstellung von Leistung für den Motorstart bei konventionellen Fahrzeugen und
- kurzzeitige Unterstützung des Generators beziehungsweise des Gleichspannungswandlers bei Lastspitzen während der Fahrt.

Einbaulagen der Batterien

Typische Einbaulagen der Batterien sind seitlich am Rahmen oder innerhalb des Rahmens am Fahrzeugheck (oft bei Sattelzugmaschinen), was bei konventionellen Fahrzeugen lange Leitungslängen von Batterie zu Starter und Generator erfordert.

Die Plusleitung ist typischerweise über einen Hauptenergieverteiler realisiert. Für die Masseleitung werden leitende Elemente des Fahrzeugs genutzt, z. B. Motorblock, Gehäuse von Kupplung oder Getriebe und teilweise den Fahrzeugrahmen. Oftmals, z. B. insbesondere anstatt Nutzung des Rahmens, werden Abschnitte aber auch über separate Massekabel geführt.

Zusätzlich können Trennschalter verbaut werden, um Teile des Bordnetzes zu trennen; teilweise sind sie gesetzlich gefordert (z. B. für Gefahrgutfahrzeuge).

12-Volt-Bordnetze

Der Aufbau von 12-Volt-Bordnetzen für Lkw entspricht prinzipiell dem Aufbau von 24-Volt-Bordnetzen. Bei leichten Fahrzeugen (z. B. 3,5...7,5 t) wird eine Batterie am Rahmen verbaut (z. B. eine große Pkw-Batterie (100 Ah) oder eine kleine Lkw-Batterie (100...140 Ah). Bei schweren Fahrzeugen werden mehrere 12-Volt-Batterien parallelgeschaltet. Bei Fahrzeugen für den nordamerikanischen Markt ist es z.B. üblich, bis zu vier Batterien hinter dem Motor und Getriebe unterhalb der Kabine zu verbauen und optional bis zu vier weitere Batterien seitlich am Rahmen. Bild 1b zeigt einen typischen schematischen Aufbau von 12-Volt-Bordnetzen für schwere Lkw.

24-Volt/12-Volt-Zweispannungsbordnetze

Inselbordnetze für 12-Volt- bzw. 24-Volt-Kleinverbraucher

Häufig werden in europäischen Lkw 12-Volt-Komponenten für Pkw und in nordamerikanischen Lkw 24-Volt-Komponenten aus anderen Regionen eingesetzt. In solchen Fällen werden über 24 Volt/12 Volt- beziehungsweise 12 Volt/24 Volt-Gleichspannungswandler Inselbordnetze für kleine Leistungsbedarfe geschaffen. Diese Inselbordnetze werden typischerweise nicht durch Batterien gestützt, d.h., die Gleichspannungswandler müssen auf die benötigten Spitzenleistungen ausgelegt werden und eine eventuelle Stromrückspeisung von Komponenten muss durch ausreichende Eingangskapazitäten gepuffert werden.

Teilnetze für 12-Volt-Versorgung im Fahrzeug und 24-Volt-Versorgung der Aufbauten

In manchen Fällen ist es erforderlich, in Fahrzeugen mit 12-Volt-Bordnetz eine 24-Volt-Spannungsversorgung für Aufbauhersteller zur Verfügung zu stellen. Dies kann über einen 12 V/24 V-Gleichspannungswandler und gegebenenfalls einer zusätzlichen 24-Volt-Batterie gelöst werden. Eine kostengünstigere Lösung ist der Einsatz von zwei in Reihe geschalteten 12-Volt-Batterien, dem Ersatz des 12-Volt-Generators durch eine 24-Volt-Variante und dem Einsatz eines Batterie-Equalizers (Batteriespannungsausgleicher). Das 12-Volt-Bordnetz einschließlich Starter wird über den 12-Volt-Mittelabgriff versorgt, während der Fahrzeugaufbau über den 24-Volt-Abgriff versorgt wird.

Zwei-Batterien-Bordnetze

Getrennte Versorgung für Motorstart und Wohnen

In Fernverkehrsfahrzeugen, in denen Fahrer übernachten, werden die Batterien durch häufiges und tiefes Entladen zyklisiert. Diese Zyklisierung lässt Starterbatterien, die auf hohe Leistungsabgabe optimiert sind, schnell altern. Zusätzlich muss zur Sicherstellung der Kaltstartfähigkeit immer eine Ladungsreserve vorgehalten werden, wodurch nur ein Teil der vollen Batteriekapazität für die Wohnphase genutzt werden kann. Abhilfe schaffen hier Zwei-Batterien-Bordnetze, bei denen eine auf kaltstartoptimierte Batterie (z.B. eine Nassbatterie) und eine zyklenfeste Batterie zum Wohnen (z.B. eine Gel-Batterie) eingesetzt werden. Eine Energiemanagementfunktion muss

Bild 2: Zwei-Batterien-Bordnetze.
a) Trennung der Batterien für von Wohnen und Starten,
b) redundante Versorgung.
1 Generator, 2 Starter, 3 Verbraucher,
4 sicherheitsrelevanter Verbraucher,
5 Schalteranordnung.
G Generator, S Starter,
B1 kaltstartoptimierte Batterie für Motorstart,
B2 zyklenfeste Batterie für Wohnbereich (a) beziehungsweise Redundanzbatterie (b).

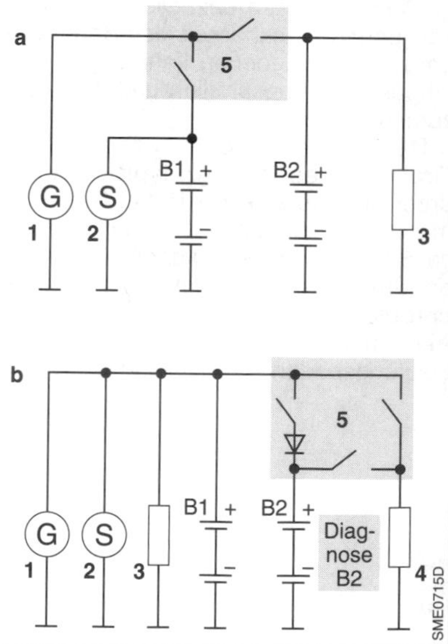

eine Schalteranordnung so steuern, dass beim Fahren beide Batterien geladen werden, bei ausgeschaltetem Motor die Verbraucher nur aus der zyklenfesten Batterie versorgt werden und bei einer Motorstartanforderung die kaltstartoptimierte Batterie den Starter versorgt (Bild 2a).

Redundante Versorgung sicherheitsrelevanter Verbraucher
In manchen Fahrzeugen wird eine redundante Spannungsversorgung für sicherheitsrelevante Verbraucher gefordert, z.B. für elektrische Lenkungen. Eine einfache Möglichkeit dies darzustellen besteht darin, eine zweite, meistens deutlich kleinere Batterie mit gleicher Nennspannung (12 V oder 2×12 V in Reihe) zu verbauen, aus der bei Ausfall des primären Bordnetzes die sicherheitsrelevante Komponente über einen begrenzten Zeitraum versorgt werden kann. Eine Schaltung in Kombination mit einer Software-Funktion (Bild 2b) sorgt dafür, dass die Redundanzbatterie im normalen Fahrbetrieb geladen wird. Über Diagnosefunktionen muss die Verfügbarkeit der Leistungsreserve überwacht werden und bei Ausfall des primären Bordnetzes muss eine Umschaltung der Versorgung der sicherheitsrelevanten Komponente durch die Redundanzbatterie erfolgen.

Lkw-spezifische Umsetzung von Bordnetzen

Masserückleitung bei Lkw-Bordnetzen
Die Rückleitung der Minusleitung (Masseleitung) kann bei Lkw aufgrund der Rahmenbauweise mit aufgesetzter Kabine nicht über ein durchgängig leitendes Chassis erfolgen. Stattdessen erfolgt die Masserückleitung über eine Kombination aus leitenden Fahrzeugkomponenten wie Motorblock, Gehäuse von Kupplung oder Getriebe und durch separate Massekabel.

Manche Fahrzeughersteller nutzen den Fahrzeugrahmen als Masseleiter, während andere Hersteller separate Massekabel entlang des Rahmens verlegen. Die Entscheidung für die optimale Lösung ist unter anderem vom Fahrzeugaufbau und der Fahrzeugherstellung abhängig. Teilweise ist es technisch aufwändig, eine langlebige niederohmige Verbindung zwischen lackierten Rahmenteilen herzustellen. Ein weiterer Vorteil der Verwendung von separaten Massekabeln ist die Kontrolle über die Stromverteilung von Masseströmen. Die Verbindung von leitenden Fahrzeugkomponenten und Massekabeln wird über angeschweißte oder eingepresste Gewindebolzen realisiert, an denen Masseleitungen mit Kabelschuhen angeschraubt werden.

Die Masseverteilung erfolgt sternförmig und die jeweiligen Masse-Teilsegmente werden an Masseverteilern zusammengeführt. Solche Masseverteiler können z.B. an Motorblock oder Kupplungsgehäuse befestigte Bleche mit eingepressten Gewindebolzen sein.

Anschluss von Aufbauten und Anhängern

Die Energieversorgung des Anhängers erfolgt über die Anhängersteckdose, die – abgesichert über eine oder mehrere Schmelzsicherungen – an einen der Fahrzeugenergieverteiler angeschlossen ist. Ebenso werden die Anschlüsse für Fahrzeugaufbauten an Fahrzeugenergieverteilern abgegriffen.

Werden für Aufbauten nur kleine Ströme benötigt, ist auch eine Versorgung über einen Energieunterverteiler oder ein Aufbauhersteller-Schnittstellensteuergerät möglich.

Der Anschluss von Aufbauten erfolgt typischerweise nicht durch den Fahrzeughersteller, sondern nach Fertigstellung des Grundfahrzeugs durch einen Aufbauhersteller. Um die Integration der elektrischen Versorgung des Aufbaus in das Grundbordnetz zu gewährleisten, müssen typische Versorgungsszenarien beim Entwurf des Grundbordnetzes berücksichtigt werden. Zusätzlich werden die Schnittstellen und einzuhaltende Vorgaben in Aufbauherstellerrichtlinien detailliert beschrieben.

Batterien für Lkw-Bordnetze

Prinzipiell werden an die 24-Volt- beziehungsweise 12-Volt-Batterien in Lkw ähnliche Anforderungen wie an Pkw-Batterien gestellt. Lkw-spezifische Anforderungen ergeben sich durch die Zyklenfestigkeit und – bedingt durch die Einbaulage am gering gedämpften Rahmen – durch die

Vibrationsfestigkeit. Zum Einsatz kommen für das 24-Volt- beziehungsweise 12-Volt-Bordnetz im Lkw zum aktuellen Zeitpunkt ausschließlich Blei-Säure-Batterien. Aufgrund des hohen Kostendrucks kommen bei Lkw häufig immer noch Nassbatterien als Starterbatterien zum Einsatz, als Sonderausstattung werden jedoch auch neuere Technologien eingesetzt wie AGM-Batterien oder Gel-Batterien. Typische Batteriekapazitäten liegen bei 24-Volt-Bordnetzen bei 100...140 Ah für leichte Lkw und 140...225 Ah bei schweren Lkw.

Energiemanagement für Lkw-Bordnetze

Auch das Energiemanagement von Lkw-Bordnetzen entspricht prinzipiell dem von Pkw-Bordnetzen. Da bei Lkw der Fokus stark auf Fahrzeugverfügbarkeit und Gesamtkosten liegt, ist das Auslegungsziel des Energiemanagements das Optimum zwischen Kraftstoffverbrauch, Batterielebensdauer und Fahrzeugverfügbarkeit. Lkw-spezifische Anpassungen von Energiemanagementfunktionen ergeben sich typischerweise insbesondere beim Lastmanagement (z.B. Verfügbarkeit von elektrischer Laderampe, Standklimaanlage), intelligenter Generatoransteuerung (große Varianz an Fahrzeuggewichten und damit der Verteilung von Zug- und Schubphasen, Varianz an Nutzungsprofilen, hochzuverlässige Gewährleistung von Batterielebensdauer und Kaltstartfähigkeit) oder die Ansteuerung von Trennschaltern.

Übersicht der Verbraucher

Wie bereits von den Pkw-Bordnetzen bekannt, unterscheidet man die elektrischen Verbraucher grundsätzlich nach deren Einschaltdauer (Dauer-, Langzeit- und Kurzzeitverbraucher). Die Einschaltdauern wiederrum sind stark abhängig z.B. von der Jahreszeit und dem Betriebsmodus des Fahrzeugs. Bei Nutzfahrzeugen im Fernverkehr kommt als weiterer Modus noch das Übernachten im Fahrzeug (Wohnphase) dazu. In Tabelle 1 ist die mittlere Bordnetzlast in Watt eines typischen Fernverkehrs-Lkw in den verschiedenen Betriebsmodi zusammengefasst.

Besonders wichtig bei der Dimensionierung des Bordnetzes sind die auslegungsrelevanten Lastfälle. Diese unterscheiden sich je nach Auslegungskriterium (z.B. Ladungsbilanz, Spannungsstabilität).

Neben der Ladungsbilanz ist auch die Spannungsstabilität und die Spannungsqualität im Energiebordnetz sicherzustellen. Die Spannungsgrenzen der Verbraucher sowie die verschiedenen Lastfälle sind in unterschiedlichen Normen verfügbar (z.B. LV124 [1], VDA320 [2], SAE J1455 [3], ISO 16750-2 [4]) und unterscheiden sich je nach Hersteller, Markt oder Anwendungsfall.

Tabelle 1: Mittlere Bordnetzlast eines typischen Fernverkehrs-Lkw.

Mittlere Bordnetzlast [W]	Sommer	Winter (0...15 min)	Winter (>15 min)	Wohnen (>8 h)
Antriebsstrang einschließlich Abgasnachbehandlung	171	386	218	
Chassis und Fahrerassistenz	53	149	53	
Außenlicht	207	207	207	
HMI (Human Machine Interface)	39	39	39	
Anhänger	63	63	63	
Heizen und Klimaanlage	40	1036	82	
Infrastruktur Komfort und Diverses	107	107	107	288
Summe	680	1987	769	288

Energiebordnetzkonzepte für hoch- und vollautomatisierte Fahrfunktionen

Neue Anforderungen an die Energieversorgung

Mit der Einführung automatisierter Fahrfunktionen beziehungsweise fahrerloser Nutzfahrzeuge steigen die Anforderungen an das Energiebordnetz. Zurzeit gibt es noch keine Zulassungsvorschriften beziehungsweise verbindliche Normen, der Stand der Technik entwickelt sich schnell weiter. Daher sind auch die Anforderungen an die Energieversorgung noch nicht stabil.

Eine Quelle für Anforderungen ist die SAE J3016 [5]. Diese definiert und klassifiziert Automatisierungssysteme von straßengebundenen Kraftfahrzeugen in verschiedenen Stufen (SAE-Stufe 1...5). Hierbei unterscheidet die Norm einerseits zwischen Fahrerassistenzfunktionen (SAE-Stufe 1 und Stufe 2), bei denen der Fahrer die Fahraufgabe überwacht und als Rückfallebene zur Verfügung stehen muss. Diese Fahrfunktionen unterstützen den Fahrer, ersetzen ihn aber nicht. Daher ergeben sich hier keine höheren Anforderungen an die Energieversorgung.

Anders ist dies bei höheren Automatisierungsstufen (SAE-Stufen 3...5). Bei diesen Automatisierungsgraden muss nach einem Fehler im Fahrzeug – dazu gehören auch Fehler in der Energieversorgung – die automatisierte Fahrfunktion in einem Rückfallmodus zumindest für eine begrenze Zeit aufrecht erhalten werden, bis entweder der Fahrer die Fahraufgabe übernimmt oder das Fahrzeug automatisiert in einen sicheren Zustand überführt ist. Hieraus folgt die Anforderung, dass ein Fehler in der Energieversorgung nicht zum Totalausfall der Sensorik, Steuerung und Aktoren der automatisisierten Fahrfunktion führen darf.

Eine weitere Anforderungsquelle an das Fahrzeug sind die ECE-Regelungen für die Typgenehmigung von Kraftfahrzeugen. Auch wenn Stand 2020 keine konkreten Vorschriften an die Energieversorgung von hoch- und vollautomatisierten Kraftfahrzeugen definiert sind, so können doch Anforderungen zur Versorgung von Fremdkraftbremsen auf automatisierte Fahrfunktionen übertragen werden. Hintergrund ist die Intention der ECE R13 [6], dass ein Einfachfehler nicht zu einem ungebremsten Fahrzeug führen darf. Ist das Bremssystem so aufgebaut, dass der Fahrer nicht mit seiner Muskelkraft eine Mindestverzögerung des Fahrzeugs erreichen kann, so fordert die ECE R13 getrennte Übertragungseinrichtungen und Energiespeicher für die Bereitstellung der für die Verzögerung notwendigen Hilfsenergie (Beispielsweise bei Druckluftbremsen).

Diese Anforderung kann analog auf den Fall automatisierter Fahrfunktionen übertragen werden: Steht kein Fahrer zur Verfügung oder hat der Fahrer nicht die Aufgabe, als sofortige Rückfallebene zur Verfügung zu stehen, so sollten zwei getrennte Energiespeicher und zwei getrennte Übertragungseinrichtungen zur Verfügung stehen, um auch ein hoch- oder vollautomatisiertes Fahrzeug nach einem Fehler in der Energieversorgung sicher zum Stehen zu bringen.

Anforderungen an Spannungen und Energie

Die benötigte Energiemenge im Fehlerfall hängt dabei stark davon ab, welche Komponenten im Rückfallmodus über welche Zeitdauer versorgt werden müssen, um die Erreichung des sicheren Zustands zu gewährleisten. Die ist insbesondere von der Ausgestaltung der automatisierten Fahrfunktion und deren Einsatzgebiet (Operational Design Domain, ODD) abhängig. Somit sind die vorzuhaltenden Energiemengen deutlich kleiner, wenn das Fahrzeug im Fehlerfall sofort zum Stehen gebracht werden soll, als wenn deutliche längere und komplexere Fahraufgaben geplant und umgesetzt werden sollen. Insbesondere bei der Anforderung für ein „Mission complete“ (Auftrag erfüllt), kann es deutlich vorteilhafter sein, auch die Energiequelle zweikanalig vorzusehen.

Energieversorgung für sicherheitsrelevante Verbraucher
Um den kompletten Ausfall der Energieversorgung zu vermeiden beziehungsweise eine „sichere“ Energieversorgung zur Erreichung des sicheren Zustand zu gewährleisten, sind verschiedene Sicherheitsmaßnahmen möglich [7].

Fehlervermeidung
Um Ausfälle im Energiebordnetz zu vermeiden, sind beispielsweise Entwicklungsprozesse gemäß der notwendigen Sicherheitseinstufung (z.B. ASIL Level nach ISO 26262 [8]) durchzuführen.

Weiterhin kann es notwendig sein, Komponenten regelmäßig und präventiv zu tauschen, insbesondere wenn ihre typische Lebensdauer deutlich unterhalb der spezifizierten Fahrzeuglebensdauer liegt, wie dies bei Batterien häufig der Fall ist.

Implementierung von Fehlertoleranz
Eine weitere Möglichkeit, die Energieversorgung für sicherheitsrelevante Komponenten aufrecht zu erhalten, ist die Fehlertoleranz. Ziel ist, trotz Vorliegen eines Fehlers eine (möglicherweise degradierte) automatisierte Fahrfunktion aufrecht zu erhalten.

Auf Komponentenebene bedeutet dies, das beispielsweise interne Fehler wie Kurzschlüsse intern gekapselt werden müssen, bevor diese die Spannungslage im Netzwerk signifikant beeinflussen können. Analog dazu müssen sich Energiequellen abschalten, sobald sie unkontrolliert mehr Energie einspeisen, als abgenommen werden kann.

Weiterhin kann die Energieversorgung in Teilnetze untergliedert werden, auf welche funktional redundante Komponenten der automatisierten Fahrfunktion verteilt werden. Bei erkannten Fehlern in einem Teilnetz kann dieses von anderen Teilnetzen getrennt und so die Fehlerausbreitung verhindert beziehungsweise die Versorgung der restlichen Komponenten sichergestellt werden.

Weiterhin ist es wichtig, erkannte Fehler zu melden und durch das Energiemanagementsystem oder durch die sicherheitsrelevante Fahrfunktion darauf zu reagieren.

Fehlerdetektion
Bei redundanten Systemen ist es wichtig, dass insbesondere in Ruhe befindliche Teilsysteme geprüft werden, bevor die sicherheitsrelevante Funktion freigeschaltet wird. Daher ist es wesentlich, beispielsweise beim Einschalten des Fahrzeugs, aber auch regelmäßig während des Betriebs, die Funktion der Energieversorgungskomponenten zu prüfen und somit latente Fehler zu entdecken. Dies gilt beispielsweise für die oben angesprochenen elektrischen Trennschalter, die spontan auftretende Fehler vom restlichen Energiebordnetz isolieren sollen.

Fehlervorhersage
Die Vorhersage von Fehlern kann darüber hinaus dafür sorgen, dass eine automatisierte Fahrfunktion beendet wird, bevor ein bevorstehender Ausfall eintritt. Die Fehlervorhersage erfolgt beispielsweise, indem das Alterungsverhalten einer Komponente mit den vorangegangenen Belastungszyklen verglichen wird oder Verschleißindikatoren ausgewertet werden. Dies ist insbesondere für mechanische oder chemische Komponenten (Generatoren, Batterien, Kabelbaum) relevant, die ein ausgeprägtes Alterungs- beziehungsweise Verschleißverhalten aufweisen.

Lösungen, Alternativen, Herausforderungen
Um die oben beschriebenen Anforderungen der Fehlertoleranz zu erfüllen, sind getrennte Energiespeicher und getrennte Übertragungseinrichtungen für die Versorgung sicherheitsrelevanter Verbraucher notwendig. Bild 3 zeigt eine grundlegende Topologie. Wie hier dargestellt, erfolgt die Energiebereitstellung aus der Energiequelle. Diese kann einfach oder

redundant ausgeführt sein. Je nach Konfiguration des Antriebsstrangs kann die Energiequelle wie in Bild 4 gezeigt ein Generator auf gleichen Spannungslage wie die Verbraucher sein, oder ein 48-Volt- beziehungsweise ein HV-System (High Voltage, hohe Spannung) aus E-Maschine, Antriebsbatterie und Gleichspannungswandler (DC-DC-Wandler).

Um eine Fehlerkapselung zu erreichen, sind im Bild 3 die einzelnen Teilnetze durch Koppelelemente verbunden. Bei einer Überspannung der Energiequelle oder einem Kurzschluss in Grundlastverbrauchern können diese Koppelelemente die Teilnetze abtrennen. Die sicherheitsrelevanten Sensoren, Aktoren und Fahrzeugrechner, welche für das automatisierte Fahren oder das Erreichen des sicheren Zustands benötigt werden, können daher aus den Energiespeichern B1 und B2 versorgt werden.

Auch bei den Koppelelementen gibt es verschiedene Ausführungsformen, wie in Bild 4 beispielhaft dargestellt. Diese können beispielsweise in Form eines Gleichspannungswandlers, eines elektronischen Halbleiterschalters oder eines elektronischen Stromverteilers wie dem „Powernet-Guardian" ausgeführt sein. In den Koppelelementen können weiterhin auch Diagnosen zur Überwachung des Kabelbaums zur Versorgung der sicherheitsrelevanten Verbraucher implementiert sein, die beispielsweise die Überschreitung von Leitungs- und Steckerwiderständen überwachen.

Auch bei den Energiespeichern sind sowohl Lithium-Ionen- als auch Bleibatterien denkbar. Doppelschicht-Kondensatoren (Double Layer Capacitor, DLC) als Speicher auf der Kleinspannungsseite kommen nur für wenige Anwendungsfälle mit geringen Energiebedarfen in der Rückfallebene in Frage.

Generell wichtig ist die sichere und zuverlässige Überwachung des Energieinhalts und der Leistungsfähigkeit der

Bild 3: Grundtopologie für automatisches Fahren.
1 Energiequelle,
2 Grundlast Verbrauchergruppe,
3, 4 Koppelelemente,
5, 6 Gruppe von sicherheitsrelevanten Verbrauchern (Sensoren, Fahrzeugrechner, Aktoren).
B1, B2 Energiespeicher.

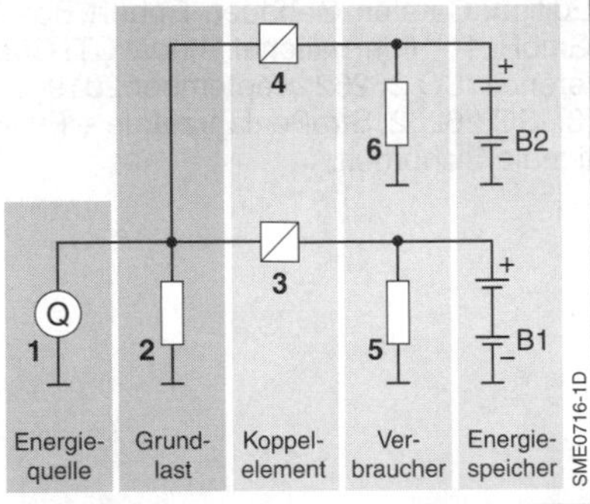

Bild 4: Verschiedene Ausführungsformen der Energiequelle und der Koppelelemente als Variation der Grundtopologie.
1aGenerator,
1b E-Maschine,
1c Antriebsbatterie,
1d Gleichspanungswandler, (DC-DC-Wandler),
3a Gleichspannungswandler (DC-DC-Wandler),
3b elektronischer Trennschalter,
3c elektronischer Stromverteiler.
B1 Energiespeicher,
BMS Batteriemanagementsystem.

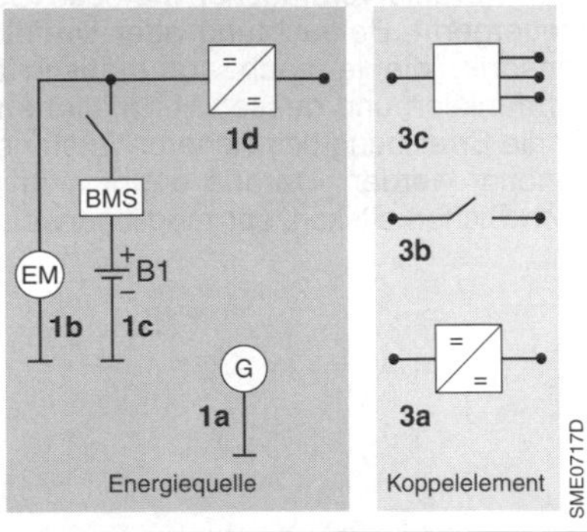

Batterien durch den elektronischen Batteriesensor (EBS) beziehungsweise das Batteriemanagementsystem (BMS). Hier sind die Spannungsgrenzen der sicherheitsrelevanten Verbraucher ein wesentliches Kriterium, welches nicht verletzt werden darf.

Um die Rückwirkungsfreiheit zwischen Komfortverbrauchern und sicherheitsrelevanten Komponenten zu gewährleisten, sind die Einführung auch elektronischer Sicherungen in der Haupt- oder Unterverteilung in der Entwicklung. Diese können entweder in den heute bekannten Stromverteilern integriert werden oder Teil der Koppelemente beziehungsweise des Powernet-Guardians sein.

Wie oben geschrieben, gibt es die Notwendigkeit, 12/24-Volt-Teilnetze zu implementieren, wenn komplexe Pkw-Komponenten wie Sensoren, Fahrzeugleitrechner oder Multimedia-Geräte mit 12 V Spannungsbedarf in das 24-Volt-Bordnetze integriert werden müssen. Sofern diese in die Gruppe der sicherheitsrelevanten Verbraucher fallen, bedeutet dies, dass innerhalb der sicherheitsrelevanten Teilnetze eine Spannungswandlung stattfinden muss, welche die Komplexität im Vergleich zum Pkw weiter erhöht.

Ein zweiter Unterschied zum Pkw ist, dass auch die Versorgung des Lkw-Anhängers mitberücksichtigt werden muss. Dieser enthält gegebenenfalls sicherheitsrelevante Verbraucher wie das ABS-Steuergerät, Beleuchtung oder Umfeldsensorik, die je nach automatisierter Fahrfunktion und dessen Rückfallebene für die Erreichung des sicheren Zustands benötigt werden. Daraus ergibt sich je nach Sicherheitskonzept möglicherweise ebenfalls die Forderung nach Redundanz dieser Funktionen.

Dieses Beispiel zeigt, dass es im Bereich der Energieversorgung automatisiert fahrender Lkw weder etablierte Anforderungen noch Lösungen gibt und der Stand der Technik sich daher erst in den kommenden Jahren etablieren wird.

Literatur

[1] LV124: Elektrische und elektronische Komponenten in Kraftfahrzeugen bis 3,5 t – Allgemeine Anforderungen, Prüfbedingungen und Prüfungen.

[2] VDA320: Elektrische und elektronische Komponenten im Kraftfahrzeug 48-V-Bordnetz.

[3] SAE J1455: Recommended Environmental Practices for Electronic Equipment – Design in Heavy-Duty Vehicle Applications

[4] ISO 16750-2: Road vehicles – Environmental conditions and testing for electrical and electronic equipment – Part 2: Electrical loads.

[5] SAE J3016: Taxonomy and Definitions for Terms Related to Driving Automation – Systems for On-Road Motor Vehicles.

[6] ECE R13: Regelung Nr. 13 der Wirtschaftskommission für Europa der Vereinten Nationen (UNECE) – Einheitliche Vorschriften für die Typgenehmigung von Fahrzeugen der Klassen M, N, und O hinsichtlich der Bremsen.

[7] Fail operational and ISO 26262, 2nd Edition; Carsten Gebauer, Robert Bosch GmbH, 11th international annual CTI Conference ISO 26262, September 2019.

[8] ISO 26262: Straßenfahrzeuge – Funktionale Sicherheit.

12-Volt-Starterbatterien

Anforderungen

Die Batterie dient zum Starten des Verbrennungsmotors - deshalb die Bezeichnung Starterbatterie - sowie zur Bereitstellung elektrischer Energie für das 12-Volt-Bordnetz, wenn der Generator keine oder zu wenig Energie bereitstellt. Da die Batterie aufladbar ist, handelt es sich im eigentlichen Sinne um einen Akkumulator.

Die Batterie im Bordnetz
Kraftfahrzeuge stellen an die Starterbatterie hohe Anforderungen. Dieselmotoren und großvolumige Benzinmotoren benötigen eine hohe Kaltstartleistung mit hohen Startströmen, insbesondere bei tiefen Temperaturen.

Bei laufendem Motor werden die elektrischen Komponenten meist direkt aus dem Generator versorgt, bei niedrigen Motordrehzahlen dagegen erfolgt die Versorgung teilweise aus der Batterie.

Die Batterie deckt den temporären Nachlaufstromverbrauch unmittelbar nach Abschalten des Verbrennungsmotors für Lüfter, Pumpen und elektronische Komponenten, sowie für im Stand betriebene Komfortverbraucher wie Unterhaltungs- und Kommunikationselektronik und gegebenenfalls für die Standheizung. Bei abgestelltem Fahrzeug ist über Tage und Wochen hinweg ein Ruhestrom von typisch 3...30 Milliampere zu liefern. Auch nach langen Standzeiten muss die Batterie das Fahrzeug noch starten können. Für saisonal betriebene Fahrzeuge sollte die Starterbatterie ausgebaut und an ein Ladegerät mit Erhaltungsladung angeschlossen werden. Dadurch werden Schäden an der Batterie vermieden, die durch lange Standzeiten im tiefentladenen Zustand entstehen können.

Neben der gleichförmigen Energieversorgung deckt die Batterie im Bordnetz dynamische hohe Strompulse ab, die vom Generator nicht so schnell geliefert werden können (bei transienten Vorgängen, z.B. Einschaltvorgänge bei der elektrischen Servolenkung). Außerdem glättet die Batterie aufgrund ihrer sehr großen

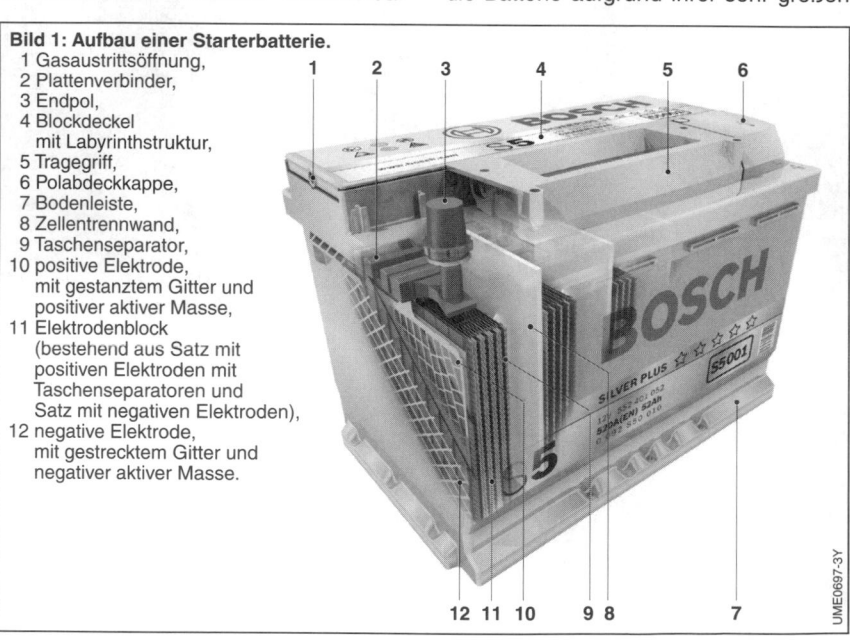

Bild 1: Aufbau einer Starterbatterie.
1 Gasaustrittsöffnung,
2 Plattenverbinder,
3 Endpol,
4 Blockdeckel mit Labyrinthstruktur,
5 Tragegriff,
6 Polabdeckkappe,
7 Bodenleiste,
8 Zellentrennwand,
9 Taschenseparator,
10 positive Elektrode, mit gestanztem Gitter und positiver aktiver Masse,
11 Elektrodenblock (bestehend aus Satz mit positiven Elektroden mit Taschenseparatoren und Satz mit negativen Elektroden),
12 negative Elektrode, mit gestrecktem Gitter und negativer aktiver Masse.

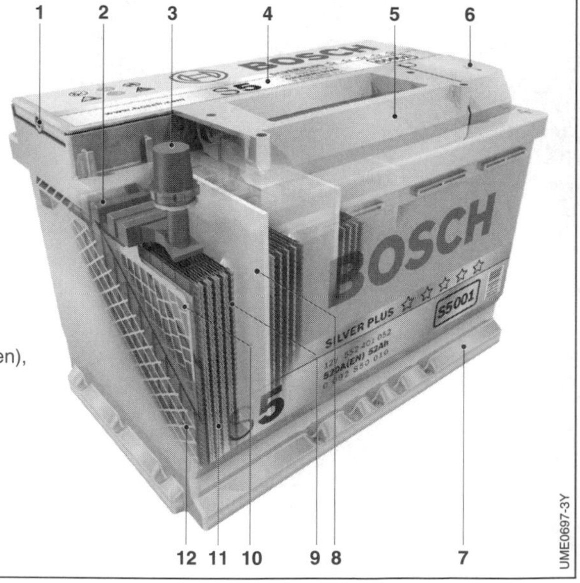

naturgemäß vorhandenen Doppelschichtkondensator-Kapazität von einigen Farad die Welligkeit des Bordnetzstroms und hilft somit, EMV-Probleme (Elektromagnetische Verträglichkeit) zu minimieren.

Die Nennspannung des Bordnetzes beträgt 14 V, damit die 12-Volt-Batterie mit dem Generator aufgeladen werden kann. In Bezug auf die Nominalspannung der Batterie wird das Bordnetz als 12-Volt-Bordnetz bezeichnet.

Bei Nutzfahrzeugen werden zwei baugleiche 12-Volt-Batterien in Serie geschaltet, um mit einem 24-Volt-Bordnetz für den Starter eine höhere Startleistung erreichen zu können. Um eine ungleichmäßige Entladung einer Batterie zu vermeiden, sollten keine zusätzlichen 12-Volt-Verbraucher an einer Batterie angeschlossen werden. Dies würde zum „Verhungern" dieser Batterie führen, da bei Ladung mit konstanter Spannung durch den Generator die Batterie mit dem höheren Ladezustand den Ladestrom bestimmt.

Die Batterie in neuartigen Bordnetzen
Betriebsstrategien neuer Fahrzeuge nutzen die Batterie zunehmend aktiv zur Reduzierung von Kraftstoffverbrauch und Emissionen (siehe auch 12-Volt-Bordnetz). In Fahrzeugen mit aktiver Generatorregelung wird die Batterie im teilgeladenen Zustand betrieben, um Strom aus Rekuperation aufnehmen zu können. Die Generatorleistung wird gezielt in Betriebsphasen reduziert (gegebenenfalls wird der Generator ganz entlastet), in denen der Motor mit schlechtem Wirkungsgrad arbeitet oder die Motorleistung besonders benötigt wird (z.B. bei Fahrzeugbeschleunigung, „Passive Boost"). In dieser Zeit erfolgt die elektrische Versorgung des Fahrzeugs aus der Batterie. In Phasen mit hohem Wirkungsgrad des Motors und bei Bremsvorgängen wird die Batterie durch Anheben der Ladespannung dann wieder gezielt geladen (siehe Rekuperation).

Mit einem Start-Stopp-System wird der Motor ausgeschaltet, wenn das Fahrzeug steht (z.B. an einer roten Ampel). Die Starterbatterie deckt dann den gesamten Strombedarf des Fahrzeugs von ca. 25...70 A ab. Mit dem Anfahrwunsch wird der Motor automatisch erneut gestartet.

Durch derartige gezielte Nutzung der Speicherfähigkeit der Batterie wird je nach Betriebsbedingungen der Kraftstoffverbrauch sigifikant vermindert. Der dadurch erhöhte Ladungsdurchsatz stellt eine zusätzliche Belastung der Batterie dar, dem durch spezielle Bauarten wie AGM und EFB (siehe Batterieausführungen) Rechnung getragen wird. Dabei ist eine gute und ausreichende Aufladung der Batterie stets Voraussetzung für eine ausgeglichene Ladebilanz, um diese Aufgaben auf Dauer zu erfüllen. Die Überwachung des Batteriezustands erfolgt durch eine Batteriezustandsermittlung. Diese besteht im Allgemeinen aus einem am negativen Endpol der Batterie angebrachten Sensor (EBS, Elektronischer Batteriesensor zur Messung von Strom, Spannung und Temperatur) und einer Software, die aus den ermittelten Messwerten auf den Zustand und die Leistungsfähigkeit der Starterbatterie schließt. Aufgrund dieser Ergebnisse wird anhand einer Betriebsstrategie in die Motorsteuerung eingegriffen und z.B. entschieden, ob der Motor bei Fahrzeugstillstand abgeschaltet werden soll, ob er bei langen Standzeiten wieder automatisch gestartet werden soll, oder wie die Generatorspannung zu regeln ist (siehe 12-Volt-Energiebordnetz).

Zahlreiche Fahrzeuge werden auch mit zwei Batterien ausgestattet, um z.B. die Startfähigkeit auch bei hohem Ruhestromverbrauch zu gewährleisten oder bei Fahrzeugen mit Start-Stopp-Funktion beim automatischen Wiederstart Komforteinbußen (z.B. Reset der Infotainment-Systeme) durch den kurzfristigen Spannungseinbruch zu vermeiden (siehe Zwei-Batterien-Bordnetz).

Auch Hybrid- und Elektrofahrzeuge besitzen ein Bordnetz, auf dem der größte Teil der elektrischen Komponenten arbeitet. Dieses wird von einer 12-V-Batterie gestützt, in vielen Fällen einer leistungsfähigen Starterbatterie. Bei einigen Hybridfahrzeugen erfolgt der Kaltstart durch einen aus dieser Batterie versorgten Startermotor.

Die Batterie als Komponente
Die genannten Anforderungen definieren die elektrischen Eigenschaften des Energiespeichers wie Startleistung, Kapazität und Ladestromaufnahme. Darüber hinaus sind je nach Betriebsbedingungen thermische (z.B. aufgrund des Einbauorts im Fahrzeug und der Klimazone) und mechanische (z.B. bezüglich Befestigung und Rüttelfestigkeit) Anforderungen zu beachten. Weiterhin soll die Batterie wartungsfrei, sicher in der Handhabung und umweltschonend in der Herstellung sein. Die Bleibatterie zeichnet sich durch sehr gute Recyclingfähigkeit aus und erreicht mit weit über 95 % die höchste Recyclingquote aller Gebrauchsgüter, wobei Blei und Kunststoff aus Altbatterien erneut für die Batterieherstellung verwendet werden.

Die Batterie im Betrieb
Die Auslegung der Komponenten des Fahrzeugs und das elektrische Betriebskonzept, aber auch das Nutzungsprofil und der Fahrer beeinflussen die Funktionstüchtigkeit der Batterie und damit des Fahrzeugbordnetzes. Trotz ausgezeichneter Ladungsaufnahmeeigenschaften moderner Starterbatterien wird z.B. bei häufigen und kurzen Stadtfahrten im Winter (die mit einem erheblichen Strombedarf und geringen Motordrehzahlen einhergehen) unter Umständen keine positive Ladebilanz für die Batterie erzielt und der Ladezustand sinkt. Bei niedrigen Ladezuständen sinkt nicht nur die noch verfügbare Energiemenge, sondern auch die Fähigkeit zur Abgabe von hohen Strömen für den Motorstart. Über längere Zeiträume niedrige Batterieladezustände verschlechtern die Kaltstartfähigkeit und verkürzen die Lebensdauer der Batterie.

Aufbau der Bleibatterie

Komponenten
Eine 12-Volt-Starterbatterie verfügt über sechs Elektrodenblöcke, die in einen durch Zellentrennwände unterteilten Blockkasten aus Polypropylen eingebaut sind (Bild 1, [1]). Eine Zelle besteht aus einem Stapel abwechselnd angeordneter positiver und negativer Elektroden, jeweils aufgebaut aus einem Bleigitter als Träger und elektrischem Ableiter, gefüllt mit poröser aktiver Masse (Blei und Bleidioxid, deshalb die Bezeichnung Bleibatterie). Mikroporöse Separatoren isolieren die Elektroden gegeneinander, wobei sie meist in Taschenform die Elektroden einer Polarität umschließen. Die Separatoren bestehen aus porösem mit Silica (Siliziumdioxid) gefülltem Polyethylen oder aus einem Glasfaservlies (AGM, Absorbent Glass Mat).

Als Elektrolyt dient verdünnte Schwefelsäure, die den freien Zellenraum und die Poren von Elektroden und Separatoren ausfüllt. Die Elektroden einer Polarität sind durch Plattenverbinder parallel geschaltet und über Zellenverbinder durch die Zellentrennwand mit den Nachbarzellen beziehungsweise den Endpolen abgedichtet verbunden. Endpole, Zellen- und Plattenverbinder bestehen aus Bleilegierungen.

Eine Bleibatterie entwickelt besonders beim Ladevorgang eine gewisse Menge an Sauerstoff an der positiven und Wasserstoff an der negativen Elektrode. Bei diesem Elektrolyseprozess wird Wasser aus dem Elektrolyten verbraucht. Die Ladegase müssen abgeleitet werden. Der mit dem Blockkasten verschweißte Blockdeckel verschließt die Batterie nach oben und enthält je nach Bauart unterschiedliche Entgasungsöffnungen. In konventionellen Batterien hat jede Zelle einen Stopfen, der der Erstfüllung mit Elektrolyt, der Wartung und der Ableitung der Ladegase dient. Wartungsfreie Batterien besitzen meist keine Stopfen mehr. Die Entgasung erfolgt über ein anspruchsvolles Labyrinthsystem, das ein Austreten von Flüssigkeit auch bei gekippter Batterie verhindert. Die oft seitlich am Deckel angeordneten Entgasungsöffnungen dürfen jedoch nicht beidseitig verschlossen werden. Vor die Entgasungsöffnungen sind im Deckelinnern gasdurchlässige poröse Sinterköper (Fritten) eingebaut, die eine Rückzündung von eventuell außen vorliegenden Flammen oder Funken in das Innere der Batterie verhindern.

Ableitergitter

Aktive Massen

Da elektrochemische Reaktionen in der Batterie sehr langsam ablaufen, werden die Elektroden zur Vergrößerung der Reaktionsoberflächen als Gitter aufgebaut. Im Herstellungsprozess werden die aktiven Massen in die Ableitergitter eingestrichen (pastiert). Die positive aktive Masse enthält nach der Erstladung (Formierung) poröses Bleidioxid (PbO_2, Farbe dunkelbraun), die negative aktive Masse poröses metallisches Schwamm-Blei (Pb, Farbe metallisch grau-grün).

Herstellung und Geometrie

Die Bleigitter dienen der mechanischen Halterung sowie der elektrischen Kontaktierung der aktiven Massen. Eine Optimierung der Gitterstruktur bezüglich der elektrischen Leitfähigkeit erlaubt eine bessere Ausnutzung der aktiven Massen. Übliche Verfahren zur Gitterherstellung sind das Gießen von flüssigem Blei in eine Form oder kontinuierliche Prozesse wie Strecken (Bild 2a) oder Stanzen aus einem Blechband (Bild 2b).

Bild 2: Ableitergitter.
a) Streckmetallgitter
b) Gestanztes Gitter.

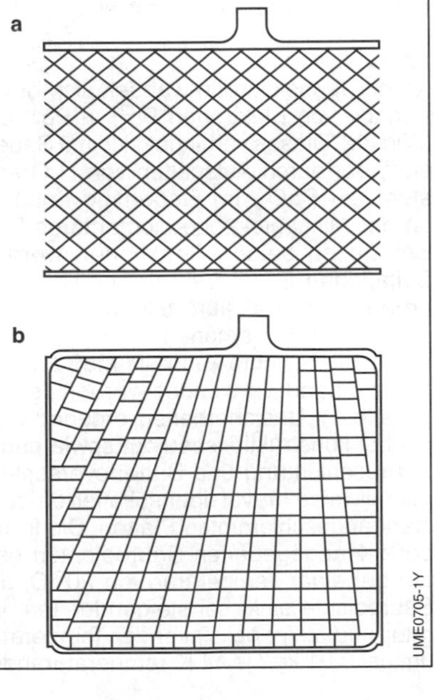

Legierungswerkstoffe

Dem Gitterblei werden Legierungselemente zur Optimierung der Herstellprozesse sowie zur Erhöhung der mechanischen Festigkeit und der Korrosionsbeständigkeit zugefügt. Durch das stark oxidierende elektrochemische Potential ist das positive Gitter einem permanenten Korrosionsangriff ausgesetzt. Dadurch nehmen die Querschnittsfläche der Stege während der Gebrauchsdauer ab, der elektrische Widerstand wird erhöht und Legierungselemente werden in den Elektrolyten abgegeben. Negative Gitter befinden sich dagegen auf einem nicht korrosiven Potential und sind daher nicht von Korrosion betroffen (siehe Korrosion).

Antimon

Übernimmt beispielsweise Antimon die Funktion des Härters des positiven Gitters, so wird es durch Korrosion sukzessive freigesetzt und wandert quer durch den Elektrolyten und den Separator zur negativen Elektrode. Es „vergiftet" die negative aktive Masse, wodurch dort die spontane Wasserstoffentwicklung stark erhöht wird. Dies erhöht die Selbstentladung der negativen Elektroden und den Wasserverbrauch bei Überladung. Insgesamt führt dies zu einer über die Gebrauchsdauer stetigen Verminderung der Leistungsfähigkeit. Die Batterie erreicht keine ausreichend hohen Ladezustände mehr und muss oft auf ihren Säurestand hin kontrolliert werden. Aus diesem Grunde werden für Gitter Blei-Antimon-Legierungen (PbSb) mit wenigen Masseanteilen Antimon nur noch für Batterietypen mit Stopfen verwendet, deren regelmäßige Wartung (Nachfüllen von Wasser) akzeptiert wird.

Calcium, Zinn und Silber

Für wartungsfreie Batterien sind heute meist Calcium, Zinn und Silber als Legierungselemente üblich, weil diese auch bei Freisetzung durch Korrosion die Wasserstoffentwicklung nicht nennenswert beeinflussen. Um die erforderliche Festigkeit sicherzustellen, bestehen die Endpole aus Bleilegierungen mit bis ca. 10 % Masseanteil Antimon.

Blei-Calcium-Legierungen (PbCa) mit ca. 0,1 % Masseanteil Calcium werden meist für negative Gitter eingesetzt. Calcium ist in Bleibatterien elektrochemisch inaktiv und erhöht somit nicht die Selbstentladung und den Wasserverbrauch.

Blei-Calcium-Zinn-Legierungen (PbCaSn) werden für positive Gitter verwendet, die in einem kontinuierlichen Streck- oder Walz- und Stanzprozess hergestellt werden. Dank erhöhtem Zinnanteil (0,5...2 %) zeichnen sie sich durch eine sehr hohe Korrosionsfestigkeit aus, was niedrigere Gittergewichte ermöglicht.

Gegossene positive Gitter bestehen oft aus einer Blei-Calcium-Silber-Legierung (PbCaAg). Diese Legierung enthält neben ca. 0,06 % Masseanteil Calcium und Zinn auch das Element Silber (Ag). Sie weist eine verfeinerte Gitterstruktur auf und hat sich selbst unter dem Einfluss hoher Temperaturen, die die korrosive Zerstörung beschleunigen, als sehr langlebig erwiesen.

Tabelle 1: Säurewerte der verdünnten Schwefelsäure einer typischen Pkw-Starterbatterie bei 20 °C.

Ladezustand	Säuredichte in kg/*l*	Gefrierschwelle in °C
geladen	1,28	–68
halb geladen	1,16...1,20	–17...–27
entladen	1,04...1,12	–13...–11

Ladung und Entladung

Chemische Reaktionen

Die aktiven Massen der aufgeladenen Bleibatterie sind das Bleidioxid (PbO_2) der positiven Elektrode, das schwammartige, hochporöse Blei (Pb) der negativen Elektrode und der Elektrolyt (mit Wasser verdünnte Schwefelsäure, H_2SO_4). Die Konzentration beträgt in der aufgeladenen Batterie 37 %, daraus ergibt sich die Säuredichte von 1,28 kg/*l*. Der Elektrolyt füllt die Poren der aktiven Massen und des Separators und ist gleichzeitig Ionenleiter für Ladung und Entladung. PbO_2 und Pb nehmen gegenüber dem Elektrolyten jeweils charakteristische elektrische Spannungen (Einzelpotentiale) an, deren Differenz die Zellenspannung von ca. 2 V in Ruhe ergibt.

Im Einzelnen laufen die in Bild 3 dargestellten Vorgänge ab.

Entladene Zelle vor dem Laden

An beiden Elektroden befindet sich $PbSO_4$, das aus den Ionen Pb^{2+} und SO_4^{2-} zusammengesetzt ist (Bild 3a). Die Batteriesäure hat eine niedrigere Dichte (ca. 1,12 kg/*l*, Tabelle 1), da sie durch die vorangegangene Stromentnahme an Sulfationen (SO_4^{2-}) verarmt ist.

Ladevorgang

An der Pluselektrode wandelt sich durch Abgabe von Elektronen Pb^{2+} in Pb^{4+} um (Bild 3b). Dieses verbindet sich mit Sauerstoff, der durch Aufspalten von H_2O entsteht, zu PbO_2. Im Gegenzug entsteht an der Minuselektrode elementares Blei. Bei diesen beiden Reaktionen werden Sulfationen SO_4^{2-} frei, die mit H^+-Ionen erneut Schwefelsäure bilden und damit die Säuredichte erhöhen.

Die Säuredichte kann als Maß für den Ladezustand verwendet werden (siehe Tabelle 1). Unsicherheiten ergeben sich hierbei konstruktionsbedingt sowie durch Säureschichtung und Batterieverschleiß mit teilweise irreversibel sulfatierten oder stark abgeschlammten Platten. Die in Tabelle 1 angegebenen Säuredichten gelten bei einer Temperatur von 20 °C, die Säuredichte sinkt bei steigender Temperatur und steigt bei sinkender Temperatur um ca. 0,01 kg/*l* je 14 K Temperaturände-

Bild 3: Lade- und Entladevorgänge im Bleiakkumulator.
a) Entladene Zelle vor dem Laden,
b) Ladevorgang,
c) geladene Zelle,
d) Entladevorgang.

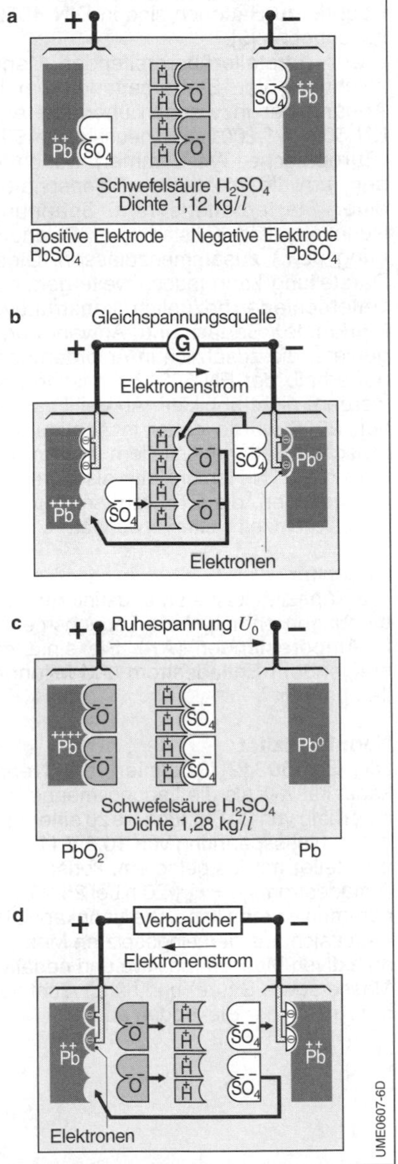

rung. Der in Tabelle 1 angegebene niedrige Wert gilt für eine hohe Säureausnutzung, der hohe Wert gilt für eine niedrige Säureausnutzung.

Geladene Zelle
$PbSO_4$ an der Pluselektrode hat sich in PbO_2 und $PbSO_4$ an der Minuslektrode hat sich in Pb umgewandelt (Bild 3c). Die Säuredichte steigt nicht weiter an.

Wenn nach vollständiger Ladung weiter geladen wird, findet nur noch elektrolytische Wasserzersetzung unter Bildung von Knallgas statt (Sauerstoff an der Pluselektrode, Wasserstoff an der Minuselektrode).

Entladevorgang
Die Stromrichtung und die elektrochemischen Vorgänge kehren sich beim Entladen gegenüber dem Laden der Batterie um, sodass als Entladeprodukt aus den Ionen Pb^{2+} und SO_4^{2-} an beiden Elektroden wieder $PbSO_4$ entsteht (Bild 3d).

Bei der Entladung werden jeweils PbO_2 und Pb mit H_2SO_4 zu $PbSO_4$ (Bleisulfat) umgesetzt; daher verarmt der Elektrolyt an SO_4^{2-}-Ionen (Sulfationen), die Säuredichte sinkt.

Wird eine Batterie mit einem Entladestrom belastet, so vermindert sich in Abhängigkeit von der Höhe des Stroms

Bild 4: Batteriespannungsverlauf in Abhängigkeit von der Entladedauer bei verschiedenen Entladeströmen.
1 $I = 0{,}05$ A pro Ah,
2 $I = 0{,}2$ A pro Ah,
3 $I = 1{,}0$ A pro Ah,
4 $I = 4{,}0$ A pro Ah.

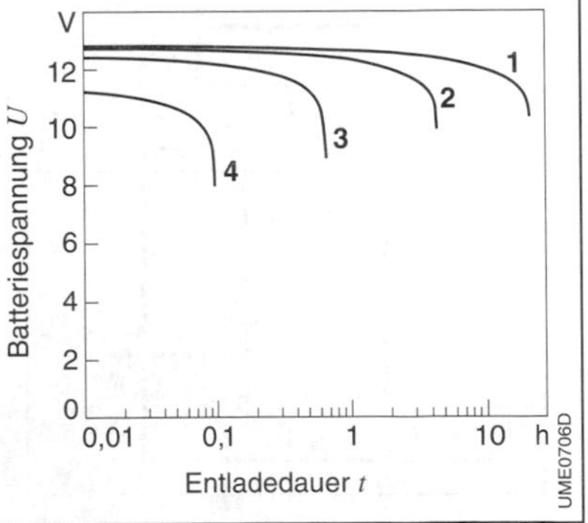

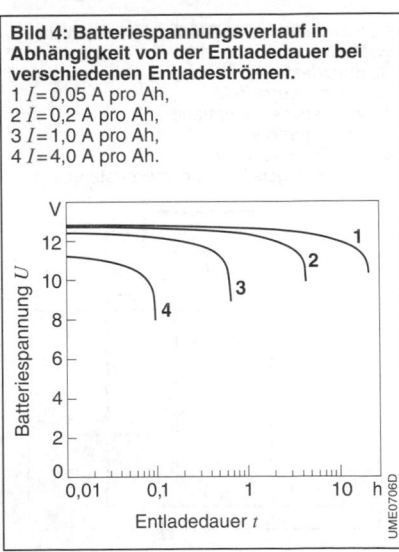

und der Dauer der Entladung die Batteriespannung (Bild 4). Daher sinkt die einer Batterie entnehmbare Ladungsmenge mit steigender Stromhöhe.

Verhalten bei Kälte

Grundsätzlich laufen die chemischen Reaktionen in der Batterie bei tiefen Temperaturen langsamer ab und der Innenwiderstand steigt. Die Spannung bei gegebenem Entladestrom und damit auch die Startleistung einer Batterie nimmt somit auch im voll geladenen Zustand mit sinkender Temperatur und steigendem Innenwiderstand ab (Bild 5). Je weiter die Entladung fortschreitet, desto mehr sinkt die Konzentration der Säure bis hin zur Gefrierschwelle des Elektrolyten. Eine solche Batterie kann nur noch niedrige Ströme abgeben und ist zum Starten nicht mehr verwendbar.

Bild 5: Elektrische Größen in und an der Batterie.
I_E Entladestrom,
R_i Innenwiderstand,
R_V Verbraucherwiderstand,
U_0 Ruhespannung,
U_K Klemmenspannung,
U_i Spannungsfall am Innenwiderstand.

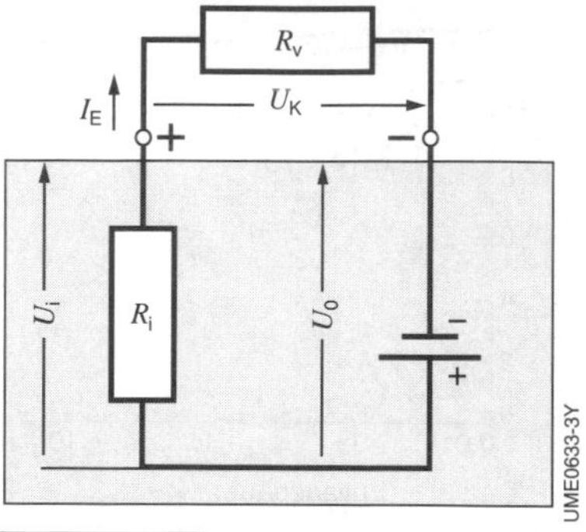

Batteriekenngrößen

Neben mechanischen Merkmalen wie Abmessungen, Befestigungsart und Endpolausführung sind charakteristische elektrische Werte in Prüfnormen (z.B. EN 50342 [2], [3], [4]) festgelegt. Allgemeine Begriffe zu Batterien sind in DIN 40729 beschrieben [5].

Zur herstellerübergreifenden Kennzeichnung von Starterbatterien war im Anhang der inzwischen überarbeiteten EN 50342-1:2001 eine neunstellige ETN (Europäische Typ-Nummer) beschrieben, um die wichtigsten Eigenschaften einer Starterbatterie (u.a. Spannung, Nennkapazität, Kaltstartstrom, Polanordnung usw.) zusammenzufassen. Diese Darstellung kann jedoch weitergehende Unterschiede bezüglich konstruktiver Merkmale, Bauart und Anwendungsgebiete, die zusätzlich in Anforderungen außerhalb der EN 50342-1 beschrieben werden, nicht abbilden. Ab der Fassung von 2006 wurde daher in Abstimmung zwischen Batterieherstellern und Anwendern die ETN-Nomenklatur als Norm zurückgezogen, die ETN wird seitdem nur noch vereinzelt weiterverwendet.

Kapazität

Die Kapazität ist die unter definierten Bedingungen entnehmbare Ladungsmenge in Amperestunden (Ah). Sie sinkt mit steigendem Entladestrom und fallender Temperatur.

Nennkapazität

Die EN 50342-1 definiert die Nennkapazität K_{20} als die Ladungsmenge, die innerhalb von 20 Stunden bis zu einer Entladeschlussspannung von 10,5 V (1,75 V pro Zelle) mit festgelegtem, konstantem Entladestrom $I_{20} = K_{20}/20$ h bei 25 °C entnommen werden kann. Die Nennkapazität ergibt sich aus den eingesetzten Mengen an aktiven Massen (positive und negative Masse sowie Säure) und hängt nicht von der Anzahl der Elektroden ab.

Kälteprüfstom

Der Kälteprüfstrom I_{CC} kennzeichnet die Stromabgabefähigkeit der Batterie bei Kälte. Nach EN 50342-1 muss die Klemmenspannung bei Entladung bei −18 °C mit I_{CC} bis 10 Sekunden nach Entladebeginn mindestens 7,5 V (1,25 V pro Zelle) betragen. Weitere Einzelheiten zur Entladedauer sind der EN 50342 zu entnehmen. Maßgeblich für das durch I_{CC} gekennzeichnete Kurzzeitverhalten sind Anzahl, geometrische Oberfläche und Abstand der Elektroden, sowie Dicke und Material der Separatoren.

Der Innenwiderstand R_i der Batterie bestimmt zusammen mit den übrigen Widerständen des Starterstromkreises die Durchdrehdrehzahl des Motors beim Start und kennzeichnet so ebenfalls das Startverhalten. Für eine geladene Batterie (mit 12 V) liegt R_i bei −18 °C in der Größenordnung von $R_i \leq 4\,000/I_{CC}$ (in mΩ), wobei I_{CC} in Ampere einzusetzen ist.

Wasserverbrauch

Bleibatterien verlieren durch Elektrolyse insbesondere bei der Ladung Wasser aus dem Elektrolyten. EN 50342-1 definiert Versuchsbedingungen zur Quantifizierung. Ein Grenzwert des Wasserverbrauchs von z.B. 1 g/Ah bedeutet, dass unter den Versuchsbedingungen eine Batterie mit 50 Ah Nennkapazität maximal 50 g Wasser verlieren darf. Zum Vergleich: Im Neuzustand enthält der Elektrolyt einer solchen Batterie je nach Ausführung ca. 1,8...2,7 kg Wasser.

Zyklenfestigkeit

Bleibatterien unterliegen beim wiederholten Entladen und Laden einer gewissen Alterung. Zyklenfestigkeit bedeutet die Fähigkeit, eine gewisse Anzahl von Lade- und Entladezyklen unter Versuchsbedingungen durchführen zu können, bis die Kriterien zum Lebensdauerende erreicht werden. EN 50342-1 definiert die Versuchsbedingungen zur Quantifizierung.

Batterieausführungen

Wartungsarme und wartungsfreie Batterien nach EN

Ob Batterien durch Nachfüllen von Wasser gewartet werden müssen, hängt im Wesentlichen von der verwendeten Legierung der Gitter ab. Batterien mit Blei-Antimon-Legierung (konventionelle und wartungsarme Batterien) sind sehr dauerhaft im zyklischen Entlade- und Ladebetrieb, erfordern aber wegen des hohen Wasserverlustes häufige Wartung und werden deshalb nur noch in manchen Nutzfahrzeugen verwendet.

Bei wartungsarmen Batterien mit negativen Gittern aus einer Blei-Calcium-Legierung (PbCa) und positiven Gitter aus einer Antimon-Legierung (PbSb) ergeben sich längere Wartungsintervalle. Wegen des Antimonanteils im positiven Gitter erfüllen allerdings auch diese Hybridbatterien die heutigen hohen Anforderungen nach sehr niedrigem Wasserverbrauch (nach EN 50342-1 kleiner 1 g/Ah) oft nicht. Batterien mit einem Wasserverbrauch nach EN 50342-1 unter 4 g/Ah gelten als wartungsfrei nach EN-Norm.

Absolut wartungsfreie Batterie

Bei absolut wartungsfreien Batterien bestehen beide Gitter aus einer Blei-Calcium-Legierung. Dadurch ist unter den üblichen Bordnetzbedingungen die Wasserzersetzung so weit reduziert (nach EN 50342-1 unter 1 g/Ah), dass der Elektrolytvorrat für die gesamte Batterielebensdauer ausreicht. Absolut wartungsfreie Batterien erfordern daher keine Säurestandskontrolle und bieten dazu in der Regel auch keine Möglichkeit mehr. Sie besitzen einen Sicherheits-Labyrinthdeckel, der einen Elektrolytaustritt auch bei starker Neigung der Batterie verhindert, und sie sind bis auf zwei Entgasungsöffnungen dicht verschlossen.

Absolut wartungsfreie Batterien werden bereits im Herstellerwerk mit Elektrolyt befüllt und können dank der sehr geringen Selbstentladung im voll geladenen Zustand für bis zu 18 Monate nach Auslieferung gelagert werden.

Nur bei sehr wenigen Bauarten (insbesondere für Motorräder) erfolgt eine „trockene“ Lagerung ohne Elektrolyt, der erst bei Inbetriebnahme in Werkstätten oder bei Händlern aus einem mitgelieferten Säurepack eingefüllt wird.

AGM-Batterie

Für Anwendungen mit hohem Ladungsdurchsatz werden oft AGM-Batterien (Absorbent Glass Mat) eingesetzt, bei denen der Elektrolyt in einem mikroporösen Glasfaservlies gebunden ist, das sich anstelle der konventionellen Separatoren zwischen den positiven und negativen Elektroden befindet (Bild 6).

Durch diese „Festlegung" des Elektrolyten wird unter anderem verhindert, dass die bei der Aufladung freigesetzte Schwefelsäure hoher Konzentration und Dichte nach unten sinkt und sich im unteren Bereich der Zelle ansammelt. Diese „Säureschichtung" mit Überschuss an H_2SO_4 im unteren und Mangel im oberen Zellbereich tritt bei konventionellen Bleibatterien mit frei beweglichem Elektrolyten sukzessive bei wiederholtem Entladen und Laden auf. Sie beeinträchtigt das Ladeverhalten, beschleunigt die Vergröberung der Kristallstruktur des Entladeprodukts $PbSO_4$ (Sulfatierung), vermindert die Speicherfähigkeit und beschleunigt insgesamt die Alterung der Batterie.

Bei AGM-Batterien werden diese Effekte sicher vermieden und zudem steht durch das elastische Vlies der Elektrodensatz unter leichtem Druck. Hierdurch werden der Effekt der Abschlammung und der Lockerung der aktiven Masse stark reduziert. Insgesamt wird dadurch ein mehr als dreimal größerer Ladungsdurchsatz durch Entladen und Laden über die gesamte Nutzungsdauer gegenüber vergleichbaren Starterbatterien mit freiem Elektrolyten möglich. Dies macht sie z.B. besonders geeignet für Fahrzeuge mit Start-Stopp-System, die eine Versorgung der Verbraucher bei Motorstillstand und anschließenden sicheren Wiederstart verlangen.

Weitere typische Anwendungsfälle für AGM-Batterien sind Fahrzeuge mit vielen

Bild 6: AGM-Batterie.
1 Blockdeckel mit Ventilen, zentralen Gasaustrittsöffnungen und Endpolen,
2 positiver Elektrodensatz,
3 positives Gitter,
4 positive Elektrode, bestehend aus Gitter mit einpastierter positiver Masse,
5 Glasfaservlies-Separator,
6 negatives Gitter,
7 negative Elektrode, bestehend aus Gitter mit einpastierter negativer Masse,
8 negativer Elektrodensatz,
9 Elektrodenblock mit Plattenverbinder, Zellenverbinder und Endpol.

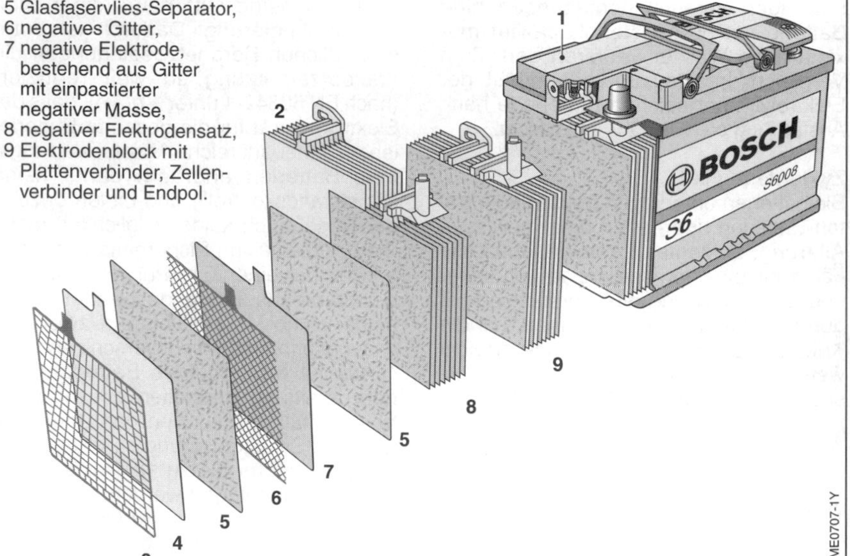

elektrischen Verbrauchern, die auch bei Fahrzeugstillstand genutzt werden (z.B. Standheizung, Unterhaltungselektronik), Taxis, Sonderfahrzeuge und auch der Logistik-Verkehr.

In der AGM-Batterie wird in einem internen Kreislauf der an der positiven Elektrode entstehende Sauerstoff an der negativen Elektrode wieder verbraucht, die Entstehung von Wasserstoff dort unterdrückt und damit der Wasserverlust nochmals vermindert. Dieser Kreislauf wird durch kleine Gaskanäle im Separatorvlies ermöglicht, durch die der Sauerstoff transportiert wird. Die Einzelzellen werden von der Umgebung durch Ventile getrennt, die nur öffnen, wenn der Innendruck betriebsbedingt einen Wert von ca. 100...200 mbar übersteigt. Unter normalen Betriebsbedingungen sind die Ventile geschlossen, der Wasserverbrauch ist dadurch nochmals reduziert. Mit Ventilen verschlossene Bleibatterien wie z.B. die AGM-Batterie werden als VRLA-Batterien (Valve-Regulated Lead-Acid Battery, ventilgeregelte Bleibatterie) bezeichnet und sind absolut wartungsfrei.

Dank der hohen Porosität des Glasfaservlieses ist der innere Widerstand besonders niedrig und es werden sehr hohe Kaltstartströme erreicht. Deshalb werden AGM-Batterien auch oft in Dieselfahrzeugen verwendet.

Selbst bei Zerstörung des Batteriegehäuses (z.B. bei einen Unfall) tritt der im Glasfaservlies gebundene Elektrolyt (verdünnte Schwefelsäure) im Allgemeinen nicht aus. Dies und das nochmals verbesserte Gasungsverhalten machen die AGM-Batterie besonders geeignet für Einbauorte in der Fahrgastzelle.

Gel-Batterie

Bei der AGM-Batterie ist der Elektrolyt durch eine saugfähige Glasmatte festgelegt. Eine andere Methode zur Festlegung des Elektrolyten ist die Zugabe von Kieselsäure zur Flüssigkeit. Die Gel-Batterie ist also im Prinzip wie eine Bleibatterie mit flüssigem Elektrolyten aufgebaut, der durch Zugabe von Kieselsäure in einem Gel immobilisiert wird. Dadurch erhält man eine auslaufsichere, wartungsfreie Batterie, die mit einem Ventil nach außen verschlossen wird (VRLA, Valve-Regulated Lead-Acid).

Die Vorteile dieses Verfahrens liegen im einfachen Aufbau, der durch Abstützung der aktiven Massen zu erhöhter Zyklenfestigkeit führt. Der Nachteil besteht darin, dass die Ionenwanderung durch das Gel behindert wird, was zu einem erhöhten Innenwiderstand führt. Diese Ausführung wird daher im Allgemeinen für Pkw-Anwendungen nicht als Starterbatterie eingesetzt, sie zeigt ihre Stärken als Versorgungsbatterie in Zwei-Batterien-Bordnetzen oder in Solar- oder Camping-Anwendungen.

Es ist darauf zu achten, dass ein angepasstes Ladegerät verwendet wird, das die langsamere Stromaufnahme berücksichtigt.

EFB-Batterie

Die EFB-Batterie (Enhanced Flooded Battery) ist ein für den Einsatz in Fahrzeugen mit Start-Stopp-System optimierte Batterie mit freiem Elektrolyten. Mangels Elektrolytfestlegung wie bei der AGM-Batterie kommt es zwar bei zyklischer Belastung ebenfalls zur Ausbildung von Säureschichtung. Mit den mit Polyester-Scrim beschichteten positiven Platten, die für zusätzlichen Halt der aktiven Masse sorgen, und weiteren Designmerkmalen ergibt sich aber ein robusterer Aufbau und eine höhere Zyklenfestigkeit im Vergleich zu Standardbatterien.

EFB-Batterien werden im Allgemeinen in Fahrzeugen mit Start-Stopp-System und niedrigen Verbrauchslasten eingesetzt.

Nutzfahrzeug-Batterie

Bosch bietet auch für Nutzfahrzeuge absolut wartungsfreie Batterien an, die gerade für die Anwendung im Nutzfahrzeug einen nicht zu unterschätzenden Kostenvorteil bieten. Diese Batterietypen besitzen einen speziellen Labyrinthdeckel, der die Auslaufsicherheit gewährleistet und eine Zentralentgasung bietet. In die Auslassöffnungen eingebaute poröse Fritten verhindern die Rückzündung von außen vorliegenden Flammen oder Funken in das Innere der Batterie. Für Anwendungen mit hoher Zyklen- oder Rüttelbeanspruchung gibt es spezielle Ausführungen.

Die Gehäusemaße von Nfz-Batterien sind in der Norm EN 50342-4 beschrieben.

Zyklenfeste Batterie

Starterbatterien eignen sich aufgrund ihrer Bauweise (relativ dünne Elektroden, leichtes Separatorenmaterial) nur bedingt für Einsatzfälle mit wiederholten Tiefentladungen, da hierbei ein starker Verschleiß der positiven Elektroden (insbesondere durch Lockerung und Abschlammung der aktiven Masse) eintritt. In der zyklenfesten Starterbatterie stützen Separatoren mit Glasmatten die in relativ dicken Platten enthaltene positive Masse ab und verhindern dadurch ein vorzeitiges Abschlammen. Die in Lade- und Entladezyklen gemessene Lebensdauer ist etwa doppelt so lang wie bei der Standardbatterie.

Rüttelfeste Batterie

In der rüttelfesten Batterie hindert eine Fixierung mit Gießharz oder Kunststoff die Elektrodenblöcke an Relativbewegungen gegenüber dem Blockkasten. Nach EN 50342-1 ist eine 20-stündige Sinus-Rüttelprüfung (Frequenz 30 Hz) bei einer Maximalbeschleunigung von 6 g zu bestehen. Damit liegen die Anforderungen etwa um den Faktor 10 höher als bei der Standardbatterie.

Rüttelfeste Batterien werden z.B. in Nutzfahrzeugen, Baumaschinen oder in Schleppern eingesetzt.

HD-Batterie

Die HD-Batterie (Heavy Duty) weist eine Kombination von Maßnahmen für zyklenfeste und rüttelfeste Batterien auf. Sie wird in Nutzfahrzeugen eingesetzt, bei denen hohe Rüttelbeanspruchungen und zyklische Belastungen auftreten.

Batterie für Langzeitstromentnahme

Dieser Batterietyp gleicht im Aufbau der zyklenfesten Batterie, verfügt jedoch über nochmals dickere, aber dafür weniger Elektroden. Es wird kein Kälteprüfstrom angegeben; die Startleistung liegt deutlich niedriger (um 35...40 %) als die gleich großer Starterbatterien. Anwendung findet sie bei sehr starker zyklischer Belastung, z.T. auch für Antriebsszwecke.

Motorrad-Batterie

Für den Betrieb in Zweirädern werden Batterien wie im Pkw eingesetzt. Im Vergleich zum Pkw-Einsatz genügt eine Batterie mit wesentlich geringerer Kapazität. Entsprechend kleiner sind die Abmessungen dieser Batterien.

Ein Vorteil von Gel- und AGM-Batterien besteht darin, dass die Batterie aufgrund des festgelegten Elektrolyten lageunabhängig eingesetzt werden kann.

Häufig werden diese Batterietypen im Zustand „Trocken vorgeladen“ ausgeliefert. Vor dem Einsatz müssen diese Batterien mit der mitgelieferten Säure befüllt werden. Die Anleitung des Herstellers und Vorsichtsmaßnahmen im Umgang mit Schwefelsäure sind dabei zu beachten!

Da Motorräder häufig nur in den Sommermonaten betrieben werden, ist es zu empfehlen, die Batterien in der Betriebspause an ein Ladegerät zur Ladungserhaltung anzuschließen, um Tiefentladungen durch Ruhestromverbraucher zu vermeiden, die die Lebensdauer beeinträchtigen.

Inzwischen gibt es auch Anwendungen im Motorrad mit Li-Ionen-Batterie.

Li-Ionen-Starterbatterie

Es liegt nahe, die Eigenschaften der Li-Ionen-Technik wie hohe Energie- und Leistungsdichte, Lebensdauer sowie Zyklenfestigkeit auch für Starterbatterien einzusetzen. Solche Batterien sind bereits vereinzelt auf dem Markt. Aus Sicherheitsgründen kommt vor allem das System LiFePO4 zum Einsatz.

Um als Ersatzbatterie für konventionelle Bordnetze eingesetzt werden zu können, muss das Batteriesystem die notwendige Steuer- und Überwachungselektronik enthalten. Einzelheiten zu Eigenschaften und Funktion des elektrochemischen Systems sind an anderer Stelle beschrieben (siehe Antriebsbatterien).

Batteriebetrieb

Ladung

Im Kfz-Bordnetz wird die Spannung durch den Regler des Generators vorgegeben. Aus Sicht der Batterie entspricht dies der I-U-Lademethode, bei der der Ladestrom I zunächst durch die Leistung des Generators begrenzt wird und dann automatisch zurückgeht, wenn die Batteriespannung den Regelwert erreicht hat (Bild 7). Da die Stromaufnahmefähigkeit der Batterie bei niedrigen Temperaturen sinkt, wird die Ladespannung im Fahrzeug meist in Abhängigkeit von der Temperatur geregelt. (Bild 8). Bei Batterietemperaturen weit unterhalb von 0 °C erfolgt die Stromaufnahme nur noch sehr langsam.

Die I-U-Lademethode verhindert ein schädliches Überladen und stellt eine lange Gebrauchsdauer der Batterie sicher. Moderne Batterieladegeräte arbeiten nach ähnlichen geregelten Kennlinen.

Ältere Geräte arbeiten hingegen teilweise noch mit konstantem Strom oder nach einer W-Kennlinie. In beiden Fällen wird auch nach Erreichen des vollen Ladezustands mit nur wenig vermindertem oder gar konstantem Strom weitergeladen, was zu erheblichem Wasserverbrauch und zur Korrosion der positiven Gitter führt. Insbesondere wartungsfreie Batterien können hierdurch nachhaltig geschädigt werden.

Bild 7: Ladung nach der *I*-*U*-Kennlinie.
1 Ladespannung,
2 Ladestrom.

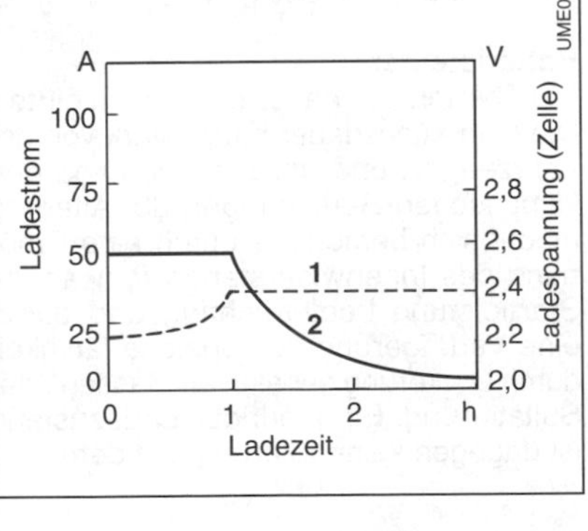

Entladung

Kurz nach Beginn einer Entladung mit einem konstanten Strom geht die Spannung der Batterie auf einen Wert zurück, der sich dann bei Fortsetzung der Entladung nur noch relativ langsam ändert. Erst unmittelbar vor Ende der Entladung, das durch die Erschöpfung (d.h. weitgehend vollständiger elektrochemischer Umsetzung) eines oder mehrerer der aktiven Bestandteile (positive oder negative aktive Masse, Säure) bedingt ist, bricht die Spannung schnell zusammen.

Selbstentladung

Batterien entladen sich im Laufe der Zeit auch dann, wenn keine Verbraucher angeschlossen sind. Ursachen sind spontane Entwicklung von Sauerstoff an der positiven und von Wasserstoff an der negativen Elektrode, sowie die beständig ablaufende langsame Korrosion des positiven Gitters. Daher sollten Batterien immer in gut belüfteten Räumen gelagert werden und eine Funkenbildung oder offene Flammen in der Nähe der Batterie vermieden werden.

Absolut wartungsfreie Batterien mit Blei-Calcium-Gittern haben eine Selbstentladung von ca. 3 % pro Monat bei 25 °C, die über die gesamte Lebensdauer annähernd konstant bleibt und sich je 10 Grad Temperaturerhöhung etwa verdoppelt.

Bild 8: Temperaturabhängige Ladekennlinie.
1 AGM-Batterie,
2 Wartungsarme Standardbatterie.

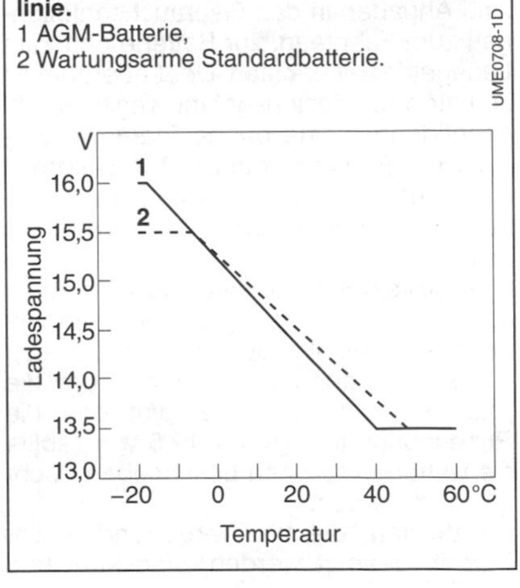

Batterien mit Blei-Antimon-Legierung verlieren bei Raumtemperatur im Neuzustand monatlich ca. 4...8 % ihrer Ladung. Mit zunehmendem Batteriealter kann dieser Wert infolge von Antimonwanderung zur negativen Elektrode bis auf 1 % pro Tag und mehr ansteigen und letztlich auch zum Batterieausfall führen.

Batteriepflege

Bei wartungsarmen Batterien sollte der Elektrolytstand gemäß Betriebsanleitung kontrolliert werden und bei Bedarf mit destilliertem oder demineralisiertem Wasser bis zur vom Batteriehersteller angegebenen „Max.-Marke" aufgefüllt werden. Bei nach EN-Norm wartungsfreien Batterien ist dies im Allgemeinen nicht erforderlich, bei absolut wartungsfreien Batterien entfällt dieser Schritt ganz.

Im Interesse geringer Selbstentladung sind alle Batterien sauber und trocken zu halten. Endpole, Anschlussklemmen für die Verbindung mit dem Bordnetz und Befestigungsteile sind mit Säureschutzfett einzufetten.

Vor Beginn der kalten Jahreszeit empfiehlt sich eine Kontrolle des Batteriezustands mit einem modernen Batterietester. Empfiehlt dieser eine Nachladung, so sollte die Batterie mit einem geeigneten Ladegerät mit geregelter Ladekennlinie (I-U-Ladekennlinie oder ähnlich zur Vermeidung von Überladung) mit einer maximalen Spannung von ca. 14,4...14,8 V nachgeladen werden. Dabei sind Angaben in den Gebrauchsanleitungen zum Fahrzeug, zur Batterie und zum Ladegerät zu beachten. Der Laderaum ist zu lüften (Explosionsgefahr wegen Knallgasbildung, keine offene Flamme, Vorsicht vor Funkenbildung). Der Elektrolyt ist ätzend, bei der Handhabung sind deshalb Handschuhe und eine Schutzbrille zu tragen.

Steht kein Batterietester zur Verfügung, so kann eine Messung der Säuredichte oder – wo nicht möglich – ersatzweise der Ruhespannung erfolgen. Liegt die Säuredichte unter ca. 1,24 g/ml oder die Ruhespannung unter ca. 12,5 V, so sollte die Batterie wie oben beschrieben nachgeladen werden.

Batterien, die vorübergehend außer Betrieb gesetzt werden, sind kühl und trocken zu lagern. Wenn die vorgenannten Kriterien gegeben sind, ist hier ebenfalls nachzuladen. Lange Standzeiten bei niedrigem Ladezustand erhöhen die Gitterkorrosion und verstärken die Sulfatierung, wobei sich das fein kristalline Bleisulfat in grob kristallines umwandelt und so die Wiederaufladung erschwert. Diese Effekte schädigen die Batterie sukzessive und können langfristig zu Ihrem Ausfall führen.

Batteriestörungen

Funktionsstörungen durch Schäden im Inneren der Batterie lassen sich nicht durch eine Reparatur beseitigen. Die Batterie muss ersetzt werden.

Meist erfolgt ein Batterieausfall nicht abrupt, sondern kündigt sich durch eine sich stetig verschlechternde Startleistung an. Ursachen sind meist eine Kombination von verbrauchten oder sulfatierten aktiven Massen, Gitterkorrosion und Kurzschlüssen durch Separatorenverschleiß. Moderne Batterietester erlauben eine Beurteilung, ob eine leistungschwache Batterie nur nachgeladen oder aber ersetzt werden muss.

Sofern kein Batteriedefekt festzustellen ist, die Batterie aber trotzdem permanent tief entladen ist, liegt möglicherweise ein Fehler im Bordnetz vor (Generator defekt, elektrische Verbraucher bleiben bei Motorstillstand eingeschaltet usw.). Auch bei Fahrzeugnutzung vorwiegend im Kurzstreckenbetrieb kann es zu einer Mangelladung der Batterie kommen. Ein Ausgleich kann durch gelegentliche längere Fahrten oder ersatzweise durch gelegentliche Nachladung mit einem externen Ladegerät erfolgen.

Batterietester

Die Starterbatterie ist ein Verschleißteil. Die Gebrauchsdauer hängt stark von der Fahrzeugart und -nutzung und von den klimatischen Bedingungen ab. Alterung macht sich bemerkbar durch eine Erhöhung des Innenwiderstands R_i (was die Startleistung beeinträchtigt) und durch eine Verringerung der Speicherfähigkeit durch Lockerung der aktiven Massen oder Sulfatierung. Ein niedriger Ladezustand ist dagegen keine Alterung, sondern eine

Folge eines Gebrauchsprofils mit unzureichender Ladebilanz.

Oft besteht der Wunsch, den Zustand einer älteren Starterbatterie rasch zu beurteilen, um z.B. zu entscheiden, ob eine Nachladung ausreicht oder ein Austausch erforderlich ist. Dazu stehen Batterietestgeräte zur Verfügung, die an die stromlos geschaltete Batterie angeschlossen werden und nach einer Prüfdauer von im Allgemeinen weniger als einer Minute eine Aussage machen.

Meist prägen diese Testgeräte der Batterie ein bestimmtes Strom-Lastprofil auf und schließen aus der Spannungsantwort auf den Batteriezustand. Sie verwenden so teilweise vereinfachte Ansätze der Elektrochemischen Impedanzspektroskopie (EIS, siehe Elektrochemische Impedanzspektroskopie). Zur Einschätzung des Ladezustands wird im Allgemeinen deren Korrelation mit der Ruhespannung verwendet, weshalb die Batterie während des Tests nicht mit anderen Strömen beaufschlagt sein darf.

Je nach Bauart der Tester erfolgt eine sehr grobe Beurteilung (z.B. „ok“, „laden“, „austauschen“, „nochmal prüfen“) oder eine quantifizierende Angabe (z.B. „Ladezustand 82 %“, „Startfähigkeit 87 %“). Die von den verschiedenen Herstellern verwendeten Verfahren sind sehr vielfältig.

Oft sind Nennwerte der Batterie (Kapazität, Kaltstartstrom) einzugeben und es werden relative Beurteilungen gemacht. Oft wird auch die Batterieausführung (freier Elektrolyt oder AGM) und die Batterietemperatur abgefragt oder direkt gemessen, um diesen wichtigen Einflussfaktor ebenfalls zu berücksichtigen.

Batterietester können eine vollständige Prüfung nach den einschlägigen Standards (z.B. EN 50342-1) nicht ersetzen, aber rasch eine Richtschnur für weiteres Handeln bei schon länger im Gebrauch befindlichen Batterien geben. Die Aussagekraft ist bei neuwertigen Batterien unzureichend, weil die Struktur der aktiven Massen unmittelbar nach der Herstellung oft noch nicht im Gleichgewicht ist.

Batterieaustausch

Beim Ersatz von Batterien sind die Angaben in der Gebrauchsanweisung des Fahrzeugs zu berücksichtigten. Hier wird oft die vorgesehene oder zulässige Größe und Bauart beschrieben. Die Austauschbatterie sollte mindestens die spezifizierten Kapazitäts- und Kaltstartwerte erbringen, um die Funktions- und Betriebssicherheit zu gewährleisten. Ist eine spezielle Batteriebauart wie AGM oder EFB vorgesehen, wie z.B. bei Fahrzeugen mit Start-Stopp-System, so ist eine Austauschbatterie gleicher Bauart zu verwenden.

Achtung: Fällt die Spannung im Bordnetz auf 0 Volt ab, so müssen eventuell Verbraucher wie das Autoradio durch PIN-Eingabe neu gestartet werden. Zur Vermeidung ist während des Batterietauschs der Anschluss einer Stützbatterie ratsam.

Literatur

[1] A. Jossen, W. Weydanz: Moderne Akkumulatoren richtig einsetzen. 2. Aufl., Cuvillier Verlag, 2019.
[2] DIN EN 50342-1:2019-05: Blei-Akkumulatoren-Starterbatterien – Teil 1: Allgemeine Anforderungen und Prüfungen.
[3] DIN EN 50342-2:2015-10: Blei-Akkumulatoren-Starterbatterien – Teil 2: Maße von Batterien und Kennzeichnung von Anschlüssen.
[4] DIN EN 50342-4: 2010-07: Blei-Akkumulatoren-Starterbatterien – Teil 4: Maße von Nutzkraftwagen-Batterien.
[5] DIN 40729:1985-05: Akkumulatoren; Galvanische Sekundärelemente; Grundbegriffe.

Drehstromgenerator

Elektrische Energieerzeugung

Kraftfahrzeuge benötigen zum Laden der Batterie sowie zur Energieversorgung der elektrischen Verbraucher wie Zünd- und Einspritzanlage, Steuergeräte, Beleuchtung usw. einen Generator. Zum Laden der Batterie ist es erforderlich, dass der Generator mehr Strom erzeugt, als die eingeschalteten Verbraucher benötigen. Die Generatorleistung, die Batteriekapazität und der Leistungsbedarf der elektrischen Verbraucher müssen aufeinander abgestimmt sein, um sicherzustellen, dass bei allen Betriebsbedingungen genügend Strom an das Bordnetz geliefert wird und die Batterie immer ausreichend geladen ist. Das führt zu einer ausgeglichenen Ladebilanz.

Da die Batterie und viele elektrische Verbraucher mit Gleichstrom versorgt werden müssen, wird die vom Drehstromgenerator erzeugte Wechselspannung gleichgerichtet. Um die Batterie und die Verbraucher mit einer konstanten Spannung versorgen zu können, ist der Generator mit einem Spannungsregler ausgestattet.

Bild 1 zeigt einen Drehstromgenerator in einer Explosionsdarstellung. Diese Generatoren sind im Pkw für Ladespannungen von 14 V (im 12-V-Bordnetz) und in vielen Nfz für 28 V ausgelegt (im 24-V-Bordnetz).

Anforderungen

Wesentliche Anforderungen an den Drehstromgenerator sind:

– Versorgung aller angeschlossenen Verbraucher mit Gleichspannung,

Bild 1: Explosionsdarstellung eines Drehstromgenerators (Compact-Generator).
1 Riemenscheibe mit integriertem Freilauf oder Schwingungsdämpfer,
2 A-seitiges (antriebsseitiges) Lagerschild, 3 A-seitiges Kugellager, 4 A-seitiger Lüfter,
5 A-seitiger Klauenpol, 6 B-seitiger Klauenpol, 7 B-seitiges Lagerschild (Schleifringlagerschild),
8 Minus-Dioden (im B-seitigen Lagerschild eingepresst),
9 Reglerbaugruppe inklusive Bürstenhalter und Kohlebürsten, 10 Schutzkappe,
11 Plus-Kühlkörper (mit drei Löchern zur Aufnahme der Plus-Dioden),
12 Verschaltungsplatte des Gleichrichters mit Anschlüssen für Statorwicklungen und Dioden,
13 B-seitiger Wickelkopf des Stators, 14 Statorblechpaket.

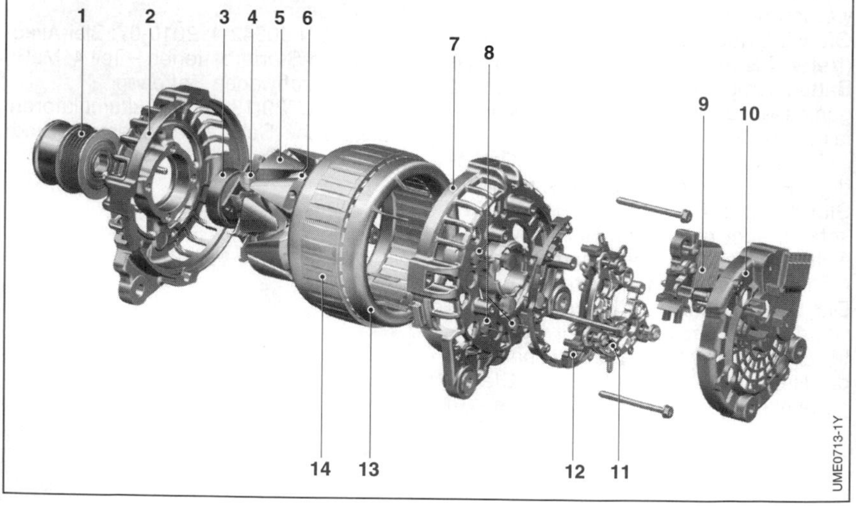

- Leistungsreserven zum schnellen Auf- und Nachladen der Batterie, selbst bei eingeschalteten Dauerverbrauchern,
- Konstanthalten der Generatorspannung über den gesamten Drehzahlbereich des Fahrzeugmotors, unabhängig vom Lastzustand des Generators,
- hoher Wirkungsgrad,
- geringes Betriebsgeräusch,
- robuster Aufbau, der allen äußeren Beanspruchungen standhält (z. B. Schwingungen, hohen Umgebungstemperaturen, Temperaturwechseln, Verschmutzung, Feuchtigkeit),
- hohe Gebrauchsdauer, die der des Fahrzeugs vergleichbar ist (bei Pkw),
- geringes Gewicht,
- einbaugünstige Abmessungen.

Prinzip der elektromagnetischen Induktion

Zur Erzeugung eines Wechselstroms wird eine Leiterschleife zwischen Nord- und Südpol eines Dauermagneten gedreht (Bild 2). Ändert sich infolge der Drehung der Leiterschleife das Magnetfeld in dieser Leiterschleife, so wird in ihr eine elektrische Spannung induziert. Entsprechend dem Induktionsgesetz ist die induzierte Spannung U_{ind} umso größer, je größer die Geschwindigkeit v der Bewegung der Leiterschleife senkrecht zu den Magnetfeldlinien ist und je höher der magnetische Fluss Φ ist, der den Leiterquerschnitt durchsetzt. Es gilt:

$$U_{ind} \sim \frac{d\Phi}{dt} .$$

Besteht die Leiterschleife nicht nur aus einer Windung, sondern aus n Windungen, so ergibt sich die n-fache induzierte Spannung.

Bei einer gleichförmigen Drehung der Leiterschleife mit der Winkelgeschwindigkeit ω ist der Verlauf der induzierten Spannung sinusförmig. Die induzierte Spannung kann an den Enden der Leiterschleife über Schleifringe und Kohlebürsten abgenommen werden. Bei geschlossenem Stromkreis fließt ein Wechselstrom.

Das Magnetfeld zur Erzeugung der induzierten Spannung (Erregermagnetfeld) kann durch Permanentmagnete erzeugt werden. Diese haben den Vorteil, dass sie durch ihre einfache Ausführung keinen großen technischen Aufwand erfordern. Bei kleinen Generatoren (z. B. Fahrraddynamos) wird diese Lösung angewandt. Eine Erregung mithilfe von Permanentmagneten hat den Nachteil, dass sie nicht regelbar ist.

Ein regelbares Erregerfeld lässt sich mit einem Elektromagneten aufbauen. Der Elektromagnet besteht aus einem Eisenkern und einer Wicklung (Erregerwicklung), die von einem Erregerstrom durchflossen wird. Die Anzahl w ihrer Windungen bestimmt zusammen mit der Höhe des Erregerstroms I_E die Durchflutung θ ($\theta = w\, I_E$). Die Durchflutung der Erregerwicklung treibt im Magnetkreis des Generators – analog zur elektrischen Spannung in einem elektrischen Stromkreis – einen magnetischen Fluss Φ. Der Fluss wird im geschlossenen Magnetkreis durch gut magnetisierbare Bauteile aus Eisen und über möglichst kleine Luftspalte zwischen Stator und Rotor geführt. Durch Änderung des Erregerstroms kann der magnetische Fluss und damit auch die Größe der induzierten Spannung eingestellt werden.

Liefert eine äußere Energiequelle (z. B. eine Batterie) den Erregerstrom, so liegt eine Fremderregung vor. Von Selbsterregung spricht man, wenn der Erregerstrom direkt vom erzeugten Generatorstrom innerhalb des Generators abgezweigt wird.

Bild 2: Erzeugung einer induzierten Spannung in einer von einem Magnetfeld durchsetzten Spule.
U_{ind} Induzierte Spannung,
ω Winkelgeschwindigkeit.

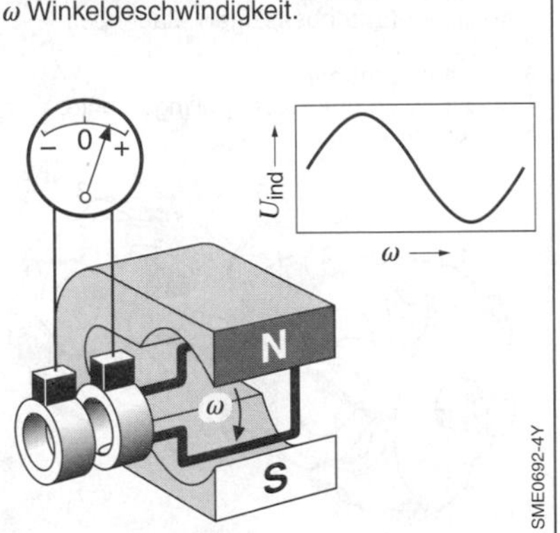

Aufbau des Drehstromgenerators

Klauenpolprinzip

Wesentliche Bauteile eines Generators sind die drei- oder mehrsträngigen Ankerwicklungen und das Erregersystem (Bild 1 und Bild 3). Da der Aufbau des Ankerwicklungssystems komplexer ist als der des Erregersystems und die in der Ankerwicklung erzeugten Ströme viel größer sind als der Erregerstrom, sind die Ankerwicklungen im feststehenden Stator – auch Ständer genannt – untergebracht (Statorwicklung). Auf dem sich drehenden Teil, dem Rotor (Läufer), befinden sich die Magnetpole mit der Erregerwicklung (Rotorwicklung). Sobald ein Erregerstrom durch diese Wicklung fließt, entsteht das Magnetfeld des Rotors. Um eine hohe induzierte Spannung schon bei niedrigen Drehzahlen erzeugen zu können, muss der Generator eine hohe Polpaarzahl aufweisen. Eine hohe Polzahl erzeugt eine hohe Änderungsgeschwindigkeit pro Umdrehung und damit eine hohe induzierte Spannung. Das ist die Voraussetzung für eine hohe Abgabeleistung des Generators.

Mithilfe des Klauenpolprinzips kann das Magnetfeld einer einzigen Erregerspule so aufgeteilt werden, dass die erforderlichen 12 bis 16 Pole oder 6 bis 8 Polpaare entstehen (Bild 3 und Bild 4). Die realisierbare Polzahl ist begrenzt. Eine niedrige Polzahl hat eine geringe Maschinenausnutzung zur Folge, während eine hohe Polzahl die magnetischen Streuflussverluste stark erhöht. Für Kfz-Generatoren gibt es einen guten Kompromiss aus diesen beiden Wirkzusammenhängen zwischen 12 und 16 Polen, abhängig von der Leistung der Maschinen. Kleine Generatoren haben kleinere Polzahlen, weil die Streuflüsse bei geringen Polabständen steigen.

Beim Drehstromgenerator sind im Stator drei oder mehr gleiche Wicklungen (Stränge) vorhanden, die räumlich zueinander versetzt angeordnet sind (Bild 3). Wegen des räumlichen Versatzes der Wicklungen sind die in ihnen erzeugten sinusförmigen Wechselspannungen ebenfalls zueinander phasenverschoben (zeitlich versetzt, Bild 5). Der daraus resultierende Wechselstrom wird Dreiphasenwechselstrom oder auch Drehstrom genannt.

Generatorschaltungen

Bei dreisträngigen Drehstromgeneratoren wären zur Fortleitung der elektrischen Energie bei nicht verbundenen Wicklungen sechs Stromleitungen erforderlich. Durch Verkettung der drei Stromkreise kann die Anzahl auf drei reduziert werden. Die Verkettung der Stromkreise wird in der Sternschaltung (Bild 6a) oder in der Dreieckschaltung (Bild 6b) realisiert. Die Wicklungsanfänge werden üblicherweise mit u, v, w und die Wicklungsenden mit x, y, z bezeichnet.

Bild 3: Grundsätzlicher Aufbau eines Klauenpolgenerators mit Schleifringen.
1 Rotor,
2 Erregerwicklung (Rotorwicklung),
3 Ankerwicklung (Statorwicklung),
4 Stator, 5 Schleifringe, 6 Bürsten,
7 Gleichrichterdioden.
B+ Batterieanschluss plus,
B– Batterieanschluss minus.

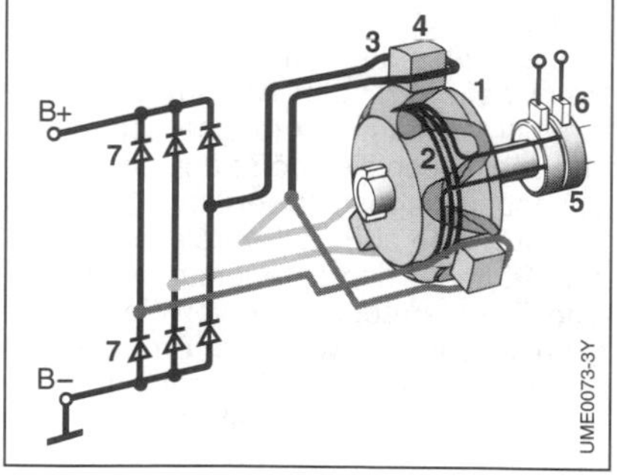

Bild 4: Komponenten eines 12-poligen Klauenpolläufers.
1 A-seitiger (antriebsseitiger) Klauenpol,
2 Erregerspule,
3 B-seitiger Klauenpol,
4 Anfasung an der Klauenpolfingerkante,
5 Generatorwelle.

Bei der Sternschaltung sind die Enden der drei Wicklungsstränge in einem Punkt, dem Sternpunkt, zusammengeschaltet. Ohne Sternpunktleiter ist die Summe der drei Ströme zum Sternpunkt hin in jedem Augenblick null.

Gleichrichten der Wechselspannung
Die vom Generator erzeugte Wechselspannung muss gleichgerichtet werden, da die Versorgung der Batterie und der Elektronik im Kfz-Bordnetz Gleichstrom erfordert.

Bild 5: Dreiphasenwechselstrom-Gleichrichtung.
a) Dreiphasenwechselspannung,
b) Generatorspannung, durch die Hüllkurven der positiven und negativen Halbwellen gebildet,
c) gleichgerichtete Generatorspannung.
U_P Phasenspannung,
U_G Spannung am Gleichrichter (Minus nicht an Masse),
U_{G-} Generatorgleichspannung (Minus an Masse),
$U_{G,eff}$ Effektivwert der Gleichspannung.
u, v, w Stränge.

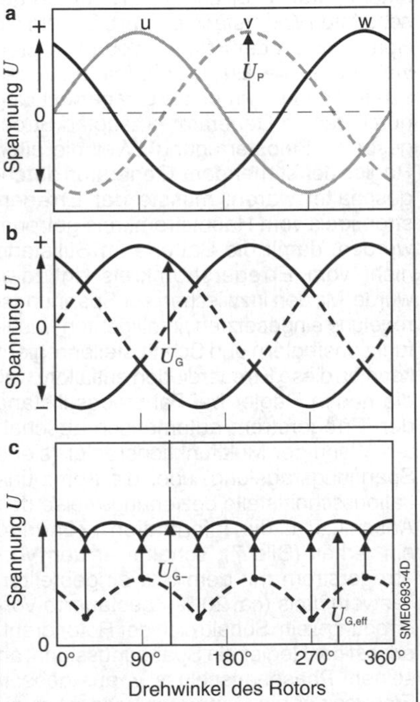

An jeden Strang sind zwei Leistungsdioden angeschlossen – eine Diode auf der Plusseite, die meistens über den Plus-Kühlkörper des Gleichrichters mit dem B+-Bolzen verbunden ist und eine Diode auf der Minusseite, die über den Minus-Kühlkörper des Gleichrichters mit dem Generatorgehäuse (Klemme B–) in Verbindung steht (Bild 3). Das Generatorgehäuse ist über die Befestigungspunkte des Generators auch elektrisch mit der Fahrzeugmasse verbunden. Die positiven Halbwellen werden von den Dioden an der Plusseite (B+-Bolzen) durchgelassen, die negativen Halbwellen von den Dioden an der Minusseite (Fahrzeugmasse). Dieses Prinzip wird Vollweggleichrichtung genannt (Bild 5).

Die Vollweggleichrichtung der drei Phasen mit der sogenannten B6-Brückenschaltung bewirkt die Addition der positiven und negativen Hüllkurven dieser Halbwellen zu einer gleichgerichteten, leicht gewellten Generatorspannung.

Der Gleichstrom, den der Generator bei elektrischer Belastung über die Klemmen B+ und B– an das Bordnetz abgibt, ist nicht glatt, sondern leicht gewellt. Diese Welligkeit wird durch die zum Generator parallel liegende Batterie und gegebe-

Bild 6: Schaltungsarten der dreisträngigen Statorwicklungen.
a) Sternschaltung,
b) Dreieckschaltung.
U Generatorspannung, U_{Str} Strangspannung,
I Generatorstrom, I_{Str} Strangstrom.
u, v, w Stränge.

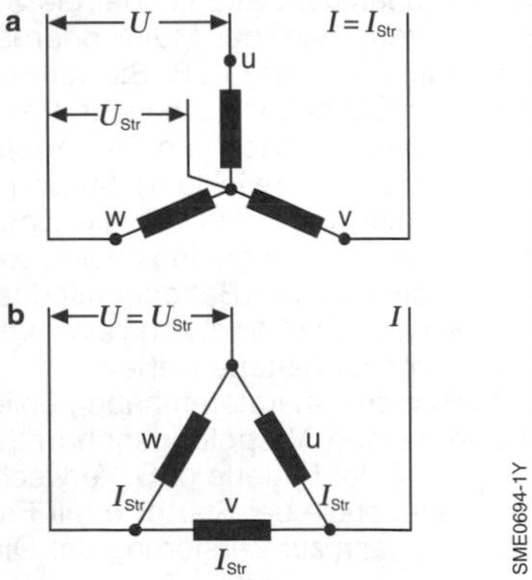

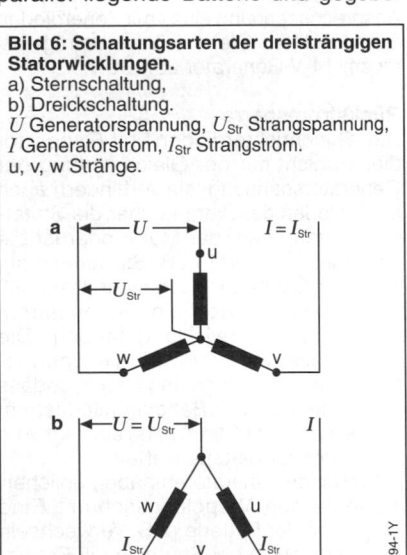

nenfalls durch im Bordnetz vorhandene Kondensatoren weiter geglättet.

Bei Generatoren, deren Statorwicklung im Stern (Bild 6a) verschaltet ist, können zwei zusätzliche Dioden (daher auch „Zusatzdioden" genannt) jeweils die positive und negative Halbwelle des Sternpunkts gleichrichten. Diese Zusatzdioden können durch das Gleichrichten der dritten Oberwelle in den Strangspannungen den Generatorabgabestrom bei 6000 min^{-1} um bis zu 10 % erhöhen. Der Generatorwirkungsgrad wird im oberen Drehzahlbereich dadurch signifikant verbessert. Im unteren Drehzahlbereich liegt die Amplitude der dritten Oberwelle unterhalb der Bordnetzspannung, sodass die Zusatzdioden keinen Strom abgeben können. Zusatzdioden werden in modernen Generatoren nur noch selten eingesetzt.

Anstelle von hoch sperrenden Leistungsdioden richten in modernen Kfz-Generatoren Leistungs-Zenerdioden die Wechselspannung gleich. Zenerdioden begrenzen auftretende Spannungsspitzen und schützen damit den Generatorregler und empfindliche Bordnetzverbraucher vor Überspannungen, die z.B. durch das Abschalten von Verbrauchern verursacht werden können (Load-Dump-Schutz). Die Ansprechspannung eines mit Zenerdioden ausgerüsteten Gleichrichters beträgt bei einem 14-V-Generator 25...30 V.

Rückstromsperre

Die Gleichrichterdioden im Generator dienen nicht nur der Gleichrichtung der Generatorspannung, sie verhindern auch ein Entladen der Batterie über die Statorwicklungen. Steht der Motor oder ist die Drehzahl so niedrig (z.B. Startdrehzahl), dass der Generator noch nicht erregt ist, würde ohne Dioden ein Batteriestrom durch die Statorwicklung fließen. Die Dioden sind in Bezug auf die Batteriespannung in Sperrrichtung gepolt, sodass kein nennenswerter Batterieentladestrom fließen kann. Der Strom kann also nur vom Generator zur Batterie fließen.

Drehstromgeneratoren haben üblicherweise keinen Verpolungsschutz. Eine Verpolung der Batterie (z.B. Verwechseln der Batteriepole bei Starthilfe mit Fremdbatterie) kann zur Zerstörung der Dioden im Generator führen und gefährdet die Halbleiterbauelemente anderer Geräte.

Stromkreise des Drehstromgenerators

Drehstromgeneratoren haben in der Standardausführung drei Stromkreise:
- Vorerregerstromkreis (Fremderregung durch Batteriestrom),
- Erregerstromkreis (Selbsterregung),
- Generator- oder Hauptstromkreis.

Vorerregerstromkreis

Bevor die Selbsterregung des Generators einsetzen kann, muss im Stator eine Spannung induziert werden, die den Erregerstrom treiben kann. Der Rotor hat zwar auch im unbestromten Zustand einen geringen Restmagnetismus (Remanenz), dieser reicht jedoch nicht für einen selbsterregten Betrieb aus. Daher muss der Generator zu Beginn des Betriebs fremderregt werden. Dies geschieht über den Vorerregerstromkreis, der aus der Batterie gespeist wird.

Früher wurde der Vorerregerstrom über die Ladekontrolllampe und gebenenfalls einem parallel zur Ladekontrolllampe geschalteten Widerstand geführt. Sobald die Spannung an der Statorwicklung so groß war, dass die Erregerdioden durchgeschaltet haben, wurde die Erregerwicklung durch den im Generator erzeugten Strom gespeist (Selbsterregung). Weil die alten Regler bei stehendem Generator durchgeschaltet waren, musste der Erregerstromkreis vom Hauptstromkreis getrennt werden, damit die Batterie im Stillstand nicht vom Erregerstromkreis entladen wurde. Mit den inzwischen zur Spannungsregelung eingesetzten „intelligenten" Multifunktionsreglern und Schnittstellenreglern konnten diese Erregerdioden entfallen, weil die neuen Regler bei Fahrzeugstillstand den Erregerstrom automatisch abschalten. Wenn der Multifunktionsregler (siehe Spannungsregelung) über die Kommunikationsschnittstelle beziehungsweise den Anschluss L die Information „Zündung ein" erhält (Bild 7), schaltet er den Vorerregerstrom mit dem fest eingestellten Tastverhältnis (ca. 20 %, „gesteuerte Vorerregung") ein. Sobald sich der Rotor dreht, erfasst der Regler ein Spannungssignal an seinem Phasenanschluss V, aus dessen Frequenz er die Generatordrehzahl ableiten kann. Beim Erreichen der im Regler eingestellten Einschaltdrehzahl schaltet der Regler die Endstufe komplett durch (Tastverhältnis 100 %), sodass der Generator beginnt, Strom für das Bordnetz zu liefern.

Erregerstromkreis
Der Erregerstrom I_{err} hat die Aufgabe, während der gesamten Betriebszeit des Generators in der Rotorwicklung ein Magnetfeld zu erzeugen und damit in den Wicklungen des Stators die geforderte Generatorspannung zu induzieren. Da Drehstromgeneratoren selbsterregte Generatoren sind, wird der Erregerstrom von der Statorwicklung abgezweigt. Generatoren mit Multifunktionsregler beziehen den Erregerstrom direkt von der Klemme B+ (Bild 7). Der Erregerstrom fließt durch die Leistungs-Plus-Dioden des Gleichrichters über den Multifunktionsregler, die Kohlebürsten, Schleifringe und die Rotorwicklung zur Masse (B–).

Generatorstromkreis
Die in den Phasen des Drehstromgenerators induzierte Wechselspannung muss durch die mit Leistungsdioden bestückte Brückenschaltung gleichgerichtet und an die Batterie und die Verbraucher weitergeleitet werden.

Der Generatorstrom I_G fließt von den Statorwicklungen über die Leistungsdioden zu der Batterie und zu den Verbrauchern im Bordnetz. Der Generatorstrom teilt sich in den Ladestrom der Batterie und in den Verbraucherstrom auf.

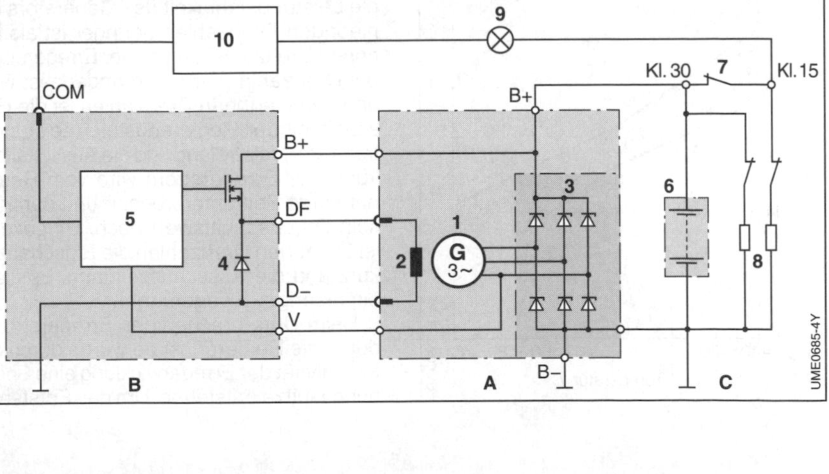

Bild 7: Drehstromgenerator.
A Generator, B Generatorregler, C Bordnetz.
1 Stator mit Ankerwicklungen,
2 Rotor mit Erregerwicklung (Stromzuführung über Kohlebürsten-Schleifring-System),
3 Gleichrichterdioden, 4 Freilaufdiode, 5 Reglerlogik, 6 Batterie,
7 Fahrtschalter, 8 Verbraucher, 9 Generatorkontrolllampe,
10 Steuergerät.
COM Kommunikationsschnittstelle (z.B. LIN-Bus),
DF Dynamo Feld, V Phasensignal,
B+ Batterie plus, B– Batterie minus, D– Masseanbindung.

Ältere Generatorregler ohne Kommunikationsschnittstelle (nur noch im Nfz-Bereich üblich) führen Signale mit folgender Bezeichnung an Steckerleiste:
W digitalisiertes Drehzahlsignal (Generatorphase) für Drehzahlauswertung,
DFM (DF-Monitoring), S Sensierung (Zuleitung Batteriespannung),
L Lampenanschluss (Ansteuerung der Generatorkontrolllampe).

Spannungsregelung

Aufgabe der Spannungsregelung

Bei konstantem Erregerstrom ist die Generatorspannung abhängig von der Drehzahl und der Belastung des Generators. Aufgabe der Spannungsregelung ist es, die Generatorspannung – und damit auch die Bordnetzspannung – über den gesamten Drehzahlbereich des Fahrzeugmotors unabhängig von der elektrischen Last konstant zu halten. Dazu regelt der Spannungsregler die Höhe des Erregerstroms und damit die Größe des Magnetfelds im Rotor in Abhängigkeit von der im Generator erzeugten Spannung. Damit hält der Regler die Bordnetzspannung konstant und verhindert, dass die Batterie während des Fahrzeugbetriebs überladen oder entladen wird (siehe auch Spannungsregelung, 12-Volt-Bordnetz).

Kfz-Bordnetze mit 12 V Batteriespannung werden im 14-V-Toleranzfeld geregelt, solche mit 24 V Batteriespannung (Nfz-Bereich) im 28-V-Toleranzfeld. Solange die vom Generator erzeugte Spannung unterhalb der Regelspannung liegt, schaltet der Spannungsregler nicht, die Reglerendstufe ist eingeschaltet (Tastverhältnis 100 %).

Die Reglerkennlinie (Generatorspannung in Abhängigkeit von der Temperatur) ist den chemischen Eigenschaften der Batterie angepasst. Bei niedrigen Temperaturen liegt die Generatorspannung etwas höher, um die Batterieladung im Winter zu verbessern. Die Eingangsspannungen der elektronischen Geräte sind dabei berücksichtigt. Bei höheren Temperaturen liegt die Generatorspannung niedriger, um eine Überladung und Gasen der Batterie im Sommer zu vermeiden. Ein Beispiel für eine Kennlinie ist im Bild 8 dargestellt. Das Spannungsniveau beträgt 14,5 V mit einer Neigung von –10 mV/K (Temperaturkompensation).

Bild 8: Reglerkennlinie.
Zulässiges Toleranzband der Generatorspannung (14 V) in Abhängigkeit von der Generator-Ansauglufttemperatur T_A.

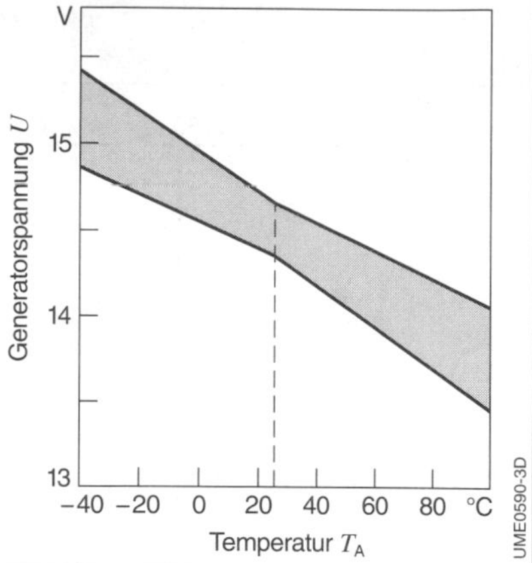

Prinzip der Spannungsregelung

Übersteigt die Spannung den oberen Sollwert, schaltet der Regler die Endstufe für die Ansteuerung der Rotorwicklung ab. Durch die Induktivität der Erregerspule getrieben fließt der Erregerstrom über die parallel zur Rotorwicklung geschaltete Freilaufdiode zunächst weiter; die Erregung wird schwächer und infolgedessen sinkt die Generatorspannung. Unterschreitet die Generatorspannung hierauf den unteren Sollwert, schaltet der Regler den Erregerstrom wieder ein. Die Erregung steigt und damit steigt auch die Generatorspannung. Überschreitet die Spannung den oberen Grenzwert wieder, beginnt der Regelzyklus erneut. Da die Regelzyklen im Bereich von Millisekunden liegen, wird der Mittelwert der Generatorspannung gut auf die vorgegebene Kennlinie (Bild 8) eingeregelt.

Das Verhältnis der jeweiligen Ein- und Ausschaltzeiten ist maßgebend für die Größe des mittleren Erregerstroms. Da die Leistungsfähigkeit des Generators bei niedrigen Drehzahlen geringer ist als bei hohen Drehzahlen, muss der Erregerstrom bei Drehzahländerungen angepasst werden. Bei niedrigen Drehzahlen ist die Einschaltzeit der Reglerendstufe (Leistungstransistor) relativ lang und die Ausschaltzeit kurz. Der Erregerstrom wird vom Regler nur kurze Zeit unterbrochen und damit ist sein Durchschnittswert hoch. Umgekehrt ist bei hohen Drehzahlen die Einschaltzeit kurz und die Ausschaltzeit lang. Es fließt ein niedriger Erregerstrom.

Beim Unterbrechen des Erregerstroms durch die Reglerendstufe würde durch die Induktivität der Erregerwicklung eine Spannungsspitze entstehen. Um das Entstehen solcher Spannungsspitzen, die den Regler zerstören würden, zu vermeiden, ist im Regler parallel zur Rotorwicklung eine Freilaufdiode geschaltet. Sie übernimmt den Erregerstrom im Moment des Ausschaltens der Reglerendstufe und gewährleistet ein langsames Abklingen des Erregerstroms bis zum erneuten Einschalten der Reglerendstufe.

Regler

Während früher Regler aus diskreten Bauelementen aufgebaut waren, werden heute Hybrid- oder Monolithschaltungen eingesetzt (Bild 7). Bei einem Regler in Monolithtechnik befinden sich Steuer- und Regel-IC, Leistungstransistor und Freilaufdiode auf einem gemeinsamen Chip.

Multifunktionsregler und Schnittstellenregler

Bei Multifunktionsreglern und bei Schnittstellenreglern sind neben der zuvor beschriebenen Spannungsregelung noch Sonderfunktionen realisiert. Diese Regler werden heute in allen neuen Compact-Generatoren verbaut. Sie beziehen den Erregerstrom direkt von B+, sodass keine Erregerdioden erforderlich sind.

In diese Regler können zusätzliche Funktionen integriert werden:

- Gesteuerte Vorerregung,
- Erkennung „Generator dreht" durch Auswertung des Phasensignals am Anschluss V,
- Notregelung bei Unterbrechung der Leitung an Anschluss L beziehungsweise der Schnittstellenleitung (Kommunikationsschnittstelle),
- Übertemperaturschutz durch Abregeln des Erregerstroms beim Überschreiten der Grenztemperatur,
- Load-Response-Funktionen.
- Bei Schnittstellenreglern kann die Regelspannung über die Kommunikationsschnittstelle eingestellt werden.

Für die „Load-Response-Funktion" (LR) unterscheidet man LR-Fahrt und LR-Start. LR-Fahrt bewirkt ein langsames Nachregeln des Erregerstroms nach dem Zuschalten einer Bordnetzlast, damit der Motor im Leerlauf genügend Zeit hat, das steigende Antriebsmoment des Generators auszuregeln. LR-Start bedeutet, dass der Generator nach dem Motorstart für eine definierte Zeit inaktiv ist, damit der Verbrennungsmotor einen stabilen Leerlauf einstellen kann.

Die Verlustleistung der Generatorkontrolllampe im Instrumentenfeld ist häufig zu groß und störend. Sie kann z.B. durch Übergang auf eine LED-Anzeige reduziert werden. Multifunktionregler erlauben die Ansteuerung sowohl von Glühlampen als auch von LEDs als Anzeigeelemente.

Intelligente Generatorregelung

Steigenden Anforderungen an die Abstimmung zwischen Motorsteuerung und Generatorregelung trägt der Spannungsregler mit digitaler Schnittstelle (Schnittstellenregler) Rechnung. Fahrzeugherstellerspezifisch werden hier verschiedene Schnittstellen (z.B. bitsynchrone Schnittstelle oder LIN-Schnittstelle) eingesetzt. Hierüber werden Informationen kommuniziert, die bei älteren Reglern über einzelne Steckerpins ausgegeben wurden.

Über die Reglerschnittstelle lässt sich die Regelspannung einstellen. Wird eine geringe Regelspannung eingestellt, hat das eine niedrige oder keine Generatorabgabeleistung zur Folge, weil die vom Generator erzeugte Spannung auf dem Niveau der Batteriespannung oder niedriger liegt. Die aufgenommene Leistung und das aufgenommene Drehmoment an der Generatorwelle sinkt dadurch auf kleine Werte. Andererseits kann die Generatorspannung über die Schnittstelle hochgesetzt werden, sodass der Generator die Batterie lädt und die Verbraucher im Bordnetz versorgt.

Da der Generator mechanische Energie in elektrische Energie wandelt, erhöht sich mit zunehmender abgegebener elektrischer Leistung auch die Leistungsaufnahme an der Generatorwelle. Um den Leistungsbedarf des Generators zu decken, benötigt der Verbrennungsmotor im Normalbetrieb mehr Kraftstoff. Wird die Generatorspannung jedoch in Schubphasen hochgesetzt um die Batterie zu laden, so kostet die vom Generator an der Kurbelwelle abgezweigte Energie keinen zusätzlichen Kraftstoff, weil die Schubabschaltung die Kraftstoffzufuhr unterbindet. Gibt der Fahrer zum Beschleunigen wieder Gas, setzt das Motorsteuergerät mithilfe der Kommunikationsschnittstelle zum Regler die Generatorspannung wieder herunter, um den Verbrennungsmotor vom Generatordrehmoment zu entlasten. Dieses Vorgehen wird auch als intelligente Generatorregelung und als Rekuperation bezeichnet.

Solche Schnittstellenregler ermöglichen eine Feinabstimmung der Load-Response-Funktionen an den Motorbetriebszustand, eine Optimierung der Momentenstruktur zur Verbrauchsreduzierung und eine Ladespannungsanpassung zur Verbesserung des Batterieladezustands.

Bild 9: Typische Kennlinie eines Drehstromgenerators.
n_{BL} Leerlaufdrehzahlbereich (abhängig vom Übersetzungsverhältnis und von der Leerlaufdrehzahl des Verbrennungsmotors),
n_{max} Maximaldrehzahl,
n_0 Null-Ampere-Drehzahl, n_N Nenndrehzahl,
I_L Strom bei Motorleerlauf, I_{max} Maximalstrom,
I_N Nennstrom.

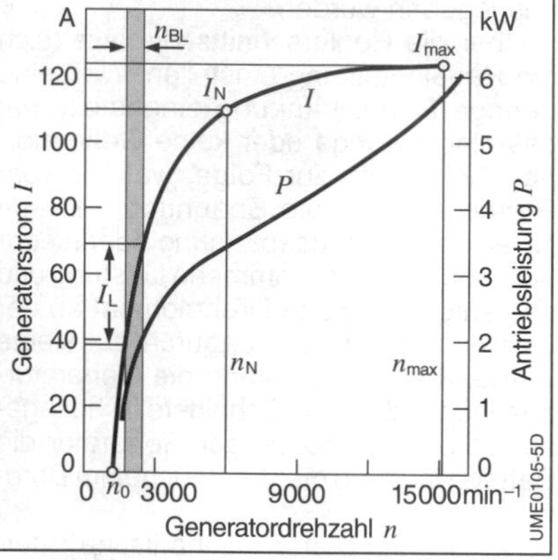

Bild 10: Kennlinie des maximalen Generatorstroms bei konstanter Spannung.
n_L Leerlaufdrehzahl,
n_{max} Maximaldrehzahl.

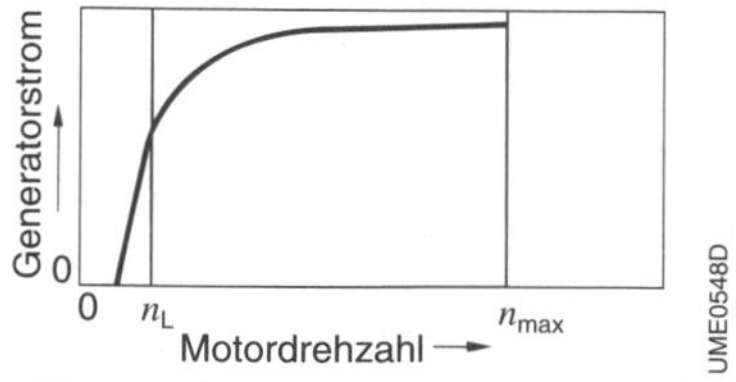

Generatorkennwerte

Generatorverhalten

Kraftfahrzeug-Generatoren arbeiten durch das konstante Übersetzungsverhältnis zum Motor in einem großen Drehzahlbereich (1600...20 000 min^{-1}). Kennlinien geben das charakteristische Verhalten eines Generators wieder. Die Generator-Volllastkennlinie bezieht sich dabei auf eine konstante Generatorspannung und auf eine definierte Umgebungstemperatur.

Stromkennlinie

Zur Beschreibung der Stromkennlinie (Bild 9) werden definierte Drehzahlpunkte des Generators betrachtet.

Null-Ampere-Drehzahl

Der Generator kann erst Strom an das Bordnetz abgeben, wenn die in den Statorwicklungen induzierte Spannung U_{ind} größer ist als die Summe der beiden Dioden-Flussspannungen und zwischen B+ und B– anliegenden Bordnetzspannung (ab ca. 1 000 min^{-1}). Die induzierte Spannung steigt mit der Frequenz der Flussänderung, also mit der Drehzahl des Rotors:

$$U_{ind} \sim \frac{d\Phi}{dt}\,.$$

Es gibt einen Drehzahlbereich zwischen null und der „Null-Ampere-Drehzahl", in dem der Generator keinen Strom abgibt (Bild 9 und Bild 10), weil die induzierte Spannung in diesem Bereich zu gering ist.

Drehzahl und Strom bei Motorleerlauf

Die Generatordrehzahl bei Motorleerlauf hängt vom Übersetzungsverhältnis des Generators zum Motor ab. Bei Topfgeneratoren ist sie typischerweise im Bereich von $n_L = 1\,500\ min^{-1}$, bei Compact-Generatoren entsprechend dem üblicherweise höheren Übersetzungsverhältnis typischerweise im Bereich von $n_L = 1\,800\ min^{-1}$.

Der vom Generator bei Motorleerlaufdrehzahl erzeugte Strom (Leerlaufstrom) muss mindesten zur Versorgung der dauernd eingeschalteten Verbraucher ausreichen.

Nenndrehzahl und Nennstrom
Als Nennstrom wird der Volllaststrom des Generators bezeichnet, den er bei der Nenndrehzahl n_N = 6 000 min^{-1}, bei der Generatorspannung U_G = 13,5 V und bei Umgebungstemperatur T_U = 23 °C abgibt.

Maximaldrehzahl und Maximalstrom
Mit steigender Drehzahl steigt der Generatorstrom unter Volllastbedingung stark an. Der Maximalstrom I_{max} ist der höchste vom Generator erzeugbare Strom.

Bei höheren Drehzahlen wird der Spannungsfall an der Hauptreaktanz X_h (Bild 11) und der Streureaktanz X_σ so groß, dass trotz steigender induzierter Spannung der Strom nicht nennenswert ansteigt. Die Hauptreaktanz ergibt sich aus dem Teil der Spuleninduktivität, der die nutzbringende induzierte Spannung hervorbringt und deren Fluss die vorgesehenen Wege im Rotor und Stator nimmt. Die Streureaktanz bildet den Anteil des Flusses ab, der nicht mit dem Rotor verkettet ist – also Streufelder, die sich z. B. im Wickelkopf oder direkt über die Nut kurzschließen.

Die Drehzahl des Generators wird in erster Linie durch seine Bauart begrenzt (siehe Einsatzbedingungen).

Kennlinie der Antriebsleistung
Die Kennlinie der Antriebsleistung wird für die Auslegung des Antriebsriemens herangezogen. Die Kennlinie zeigt über den Drehzahlbereich des Motors, welche Leistung maximal vom Motor auf den Generator übertragen wird. Aus der Antriebsleistung und der abgegebenen Leistung des Generators kann darüber hinaus sein Wirkungsgrad bestimmt werden. Die Kennlinie der Antriebsleistung zeigt im mittleren Drehzahlbereich einen flachen Verlauf und steigt bei höheren Drehzahlen beträchtlich an.

Einsatzbedingungen

Drehzahl
Die Ausnutzung eines Generators (erzeugbare Energie pro Kilogramm Masse) nimmt mit steigender Drehzahl zu. Daher ist ein möglichst hohes Übersetzungsverhältnis zwischen Motorkurbelwelle und Generator anzustreben. Der Drehstromgenerator gibt schon bei der Leerlaufdrehzahl des Motors mindestens ein Drittel seiner Nennleistung ab. Zu beachten ist jedoch, dass bei maximaler Motordrehzahl die zulässige Maximaldrehzahl des Generators nicht überschritten wird. Die Aufweitung der Klauenpole und die Lebensdauer der eingesetzten Kugellager bestimmen die zulässige Maximaldrehzahl von Kfz-Generatoren.

Typische Werte für die Maximaldrehzahl liegen bei Compact-Generatoren im Bereich von 18 000...22 000 min^{-1}, bei Topfgeneratoren im Bereich von 15 000...18 000 min^{-1} und bei Generatoren für Nfz zwischen 6 000 und 12 000 min^{-1}. Das Übersetzungsverhältnis liegt im Pkw-Bereich zwischen 1:2,2 und 1:3, im Nfz-Bereich wegen der niedrigeren Motordrehzahlen bis 1:5.

Kühlung
Die Verluste bei der Umwandlung von mechanischer in elektrische Energie führen zum Aufheizen der Komponenten des Generators. Bei den meisten der heute

Bild 11: Vereinfachtes Schaltbild eines Strangs mit Gleichrichtung.
B+ Batterieanschluss plus,
B– Batterieanschluss minus,
D Gleichrichterdioden,
I_1 Generatorstrom, R_1 ohmscher Widerstand,
X_σ Streureaktanz, X_h Hauptreaktanz,
U_{ind} induzierte Spannung,
U_{Gen} Generatorspannung.

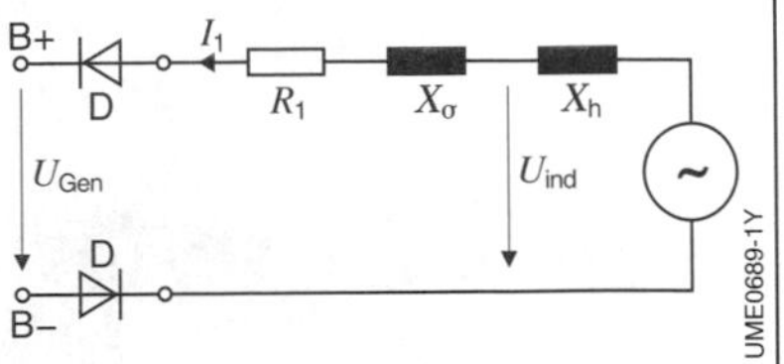

eingesetzten Kfz-Generatoren dient die umgebende Luft im Motorraum zur Kühlung. Wenn die den Generator umgebende Luft zur Kühlung nicht ausreicht, sind Frischluftansaugung aus kühleren Bereichen oder Flüssigkeitskühlung geeignete Maßnahmen, um die Komponenten ausreichend zu kühlen.

Schwingungen am Motor

Je nach Anbaubedingungen und Vibrationscharakteristik des Motors kann der Generator Schwingbeschleunigungen von 500...800 m/s² ausgesetzt sein. Hierdurch werden die Befestigungen und die Komponenten des Generators mit hohen Kräften beansprucht. Kritische Eigenfrequenzen im Generatoraufbau sind unbedingt zu vermeiden.

Motorraumklima

Der Generator ist Spritzwasser, Schmutz, Öl- und Kraftstoffnebel und gegebenenfalls Streusalz ausgesetzt. Um den Generator vor Korrosion zu schützen, sind Mindestabstände zwischen Bauteilen mit unterschiedlichen elektrischen Potentialen einzuhalten oder die spannungsführenden Bauteile müssen isoliert werden.

Geräuschverhalten

Die hohen Ansprüche an die Geräuschemissionen moderner Fahrzeuge und die hohe Laufkultur moderner Verbrennungsmotoren erfordern leise Generatoren. Neben Anfasungen (Abschrägungen oder Abrundungen) an den Klauenpolfingern, die das harte Abreißen des Magnetflusses an der Fingerkante mildern, gibt es weitere Möglichkeiten, das magnetisch erzeugte Geräusch von Kfz-Generatoren zu reduzieren. Zum einen durch den Einsatz von fünf Phasen (Stränge) in der Pentagramm-Schaltung (Bild 12), zum anderen durch den Einsatz von zwei Dreiphasensystemen, die elektrisch um 30 ° versetzt sind.

Entstörmaßnahmen

Der Generator und auch andere elektrische Verbraucher eines Kfz können durch ihre elektromagnetischen Felder andere elektrische und elektronische Geräte stören. Die Nahentstörung von Generatoren ist dann erforderlich, wenn in unmittelbarer Nähe oder im Fahrzeug selbst z.B. eine Funkanlage, ein Autotelefon oder ein Autoradio betrieben wird. Daher sind Generatoren mit einem Entstörkondensator ausgerüstet. Bei älteren Generatoren in Topfbauweise kann nachträglich ein Entstörkondensator an der Außenseite des Schleifringlagerschildes montiert werden. Bei Compact-Generatoren ist er bereits im Gleichrichter oder im Reglergehäuse integriert.

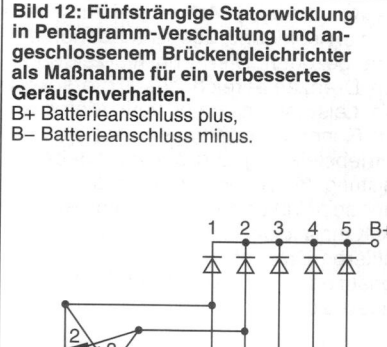

Bild 12: Fünfsträngige Statorwicklung in Pentagramm-Verschaltung und angeschlossenem Brückengleichrichter als Maßnahme für ein verbessertes Geräuschverhalten.
B+ Batterieanschluss plus,
B– Batterieanschluss minus.

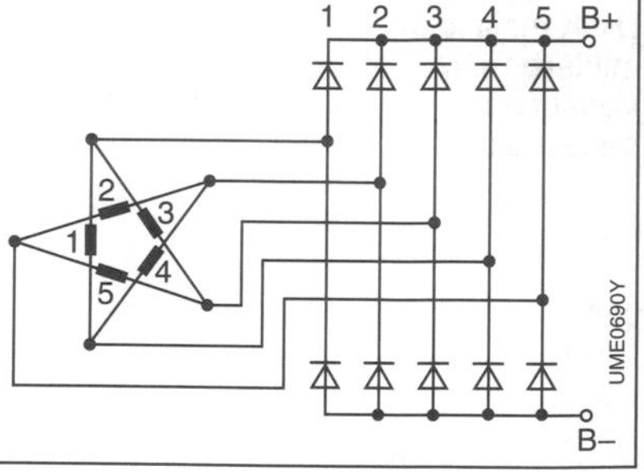

Wirkungsgrad

Als Wirkungsgrad wird das Verhältnis von abgegebener zu aufgenommener Leistung bezeichnet. Bei der Umwandlung von mechanischer in elektrische Energie sind Verluste unvermeidbar. Die Verluste im Klauenpolgenerator teilen sich folgendermaßen auf (Bild 13).

Verluste im Klauenpolgenerator

Kupferverluste in den Stator- und Rotorwicklungen

Als Kupferverluste werden die ohmschen Verluste in den Statorwicklungen und der Rotorwicklung bezeichnet. Sie sind proportional zum Quadrat des Stroms.

Eisenverluste im Statorblechpaket

Eisenverluste entstehen durch den Wechsel des magnetischen Felds im Eisen des Stators durch Hysterese- und Wirbelstromeffekte.

Wirbelstromverluste auf der Klauenpoloberfläche

Wirbelstromverluste auf der Klauenpoloberfläche werden durch Flussschwankungen verursacht, die durch die Statornutung hervorgerufen werden.

Gleichrichterverluste

Gleichrichterverluste werden durch den Spannungsfall an den Dioden verursacht. Standarddioden haben einen Spannungsfall von etwa 1 V. Durch Halbleiter mit geringerem Spannungsfall, wie z.B. Hoch-Effizienz-Dioden mit einem Spannungsfall zwischen 550 mV und 700 mV oder z.B. Active Rectification Diodes (ARD), die mithilfe von aktiv angesteuerten MOSFET nur einige Millivolt an Spannungsfall aufweisen, können die Gleichrichterverluste reduziert und damit der Wirkungsgrad gesteigert werden.

Mechanische Verluste

Zu den mechanischen Verlusten gehören die Reibungsverluste in den Wälzlagern und an den Schleifkontakten, die Luftreibung des Rotors und vor allem die mit steigender Drehzahl stark ansteigenden Verluste des Lüfters (aerodynamische Verluste).

Wirkungsgradoptimierung

Im praktischen Betrieb im Fahrzeug arbeitet der Drehstromgenerator im Teillastbereich. Der Wirkungsgrad bei mittlerer Drehzahl liegt dann bei 70...80 %. Der Einsatz eines größeren (und schwereren) Generators ermöglicht bei gleicher Belastung den Betrieb in einem günstigeren Teillast-Wirkungsgradbereich. Der sich einstellende Wirkungsgrad bei einem größeren Generator wiegt den Nachteil des größeren Gewichts auf den Kraftstoffverbrauch bei weitem auf. Zu berücksichtigen ist allerdings das erhöhte Massenträgheitsmoment im Riemenantrieb.

Bild 13: Verlustaufteilung eines 220-A-Generators.
1 Abgegebene Generatorleistung,
2 Eisenverluste,
3 Kupferverluste im Stator,
4 Gleichrichterverluste,
5 Reibungsverluste,
6 Kupferverluste in der Rotorwicklung.

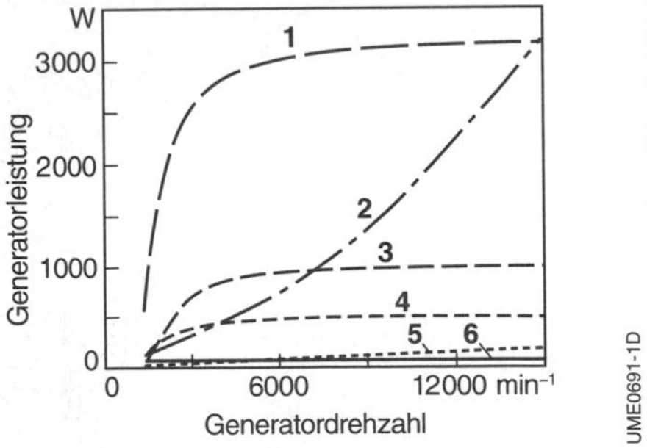

Generatorausführungen

Drehstrom-Klauenpolgeneratoren haben den in Kraftfahrzeugen früher üblichen Gleichstromgenerator völlig verdrängt. Der Klauenpolgenerator wiegt bei gleicher Leistung weniger als 50 % und lässt sich zudem kostengünstiger fertigen. Seine Einführung in großem Umfang (Anfang der 1960er-Jahre) wurde erst durch die Verfügbarkeit kleiner, leistungsfähiger und kostengünstiger Siliziumdioden mit ausreichender Zuverlässigkeit ermöglicht.

Auslegungskriterien

Für die verschiedenen Einsatzbedingungen und Leistungsbereiche der jeweiligen Fahrzeugarten und deren Antriebsmotoren wurden verschiedene Grundausführungen entwickelt. Folgende Kriterien sind für die Auswahl von Generatoren maßgebend:
- Fahrzeugart,
- Betriebsbedingungen,
- Drehzahlbereich des jeweiligen Verbrennungsmotors,
- Batteriespannung des Bordnetzes,
- Strombedarf der Verbraucher,
- Beanspruchung des Generators durch Umwelteinflüsse (z.B. Wärme, Schmutz),
- Einbauverhältnisse und Abmessungen.

Aus diesen Kriterien ergibt sich die erforderliche elektrische Dimensionierung des Generators, d.h.
- Generatorspannung (14 V oder 28 V),
- maximale Leistungsabgabe (Spannung × Stromstärke),
- Maximalstrom.

Bild 14: Compact-Generator der EL-Baureihe (Efficiency Line).
1 Riemenscheibe, 2 A-seitiges (antriebsseitiges) Kugellager, 3 A-seitiger Lüfter, 4 Statorwickelköpfe, 5 Statorblechpaket, 6 Rotorwicklung (Erregerwicklung), 7 B-seitiger Lüfter, 8 B-seitiges Lagerschild (Schleifringlagerschild), 9 Schutzkappe, 10 Bürstenhalter, 11 Kohlebürste, 12 Schleifring, 13 A-seitiges Lagerschild (Antriebslagerschild), 14 A-seitiger Klauenpol, 15 B-seitiger Klauenpol, 16 B-seitiges Kugellager, 17 Minus-Kühlkörper des Gleichrichters, 18 Plus-Kühlkörper des Gleichrichters,

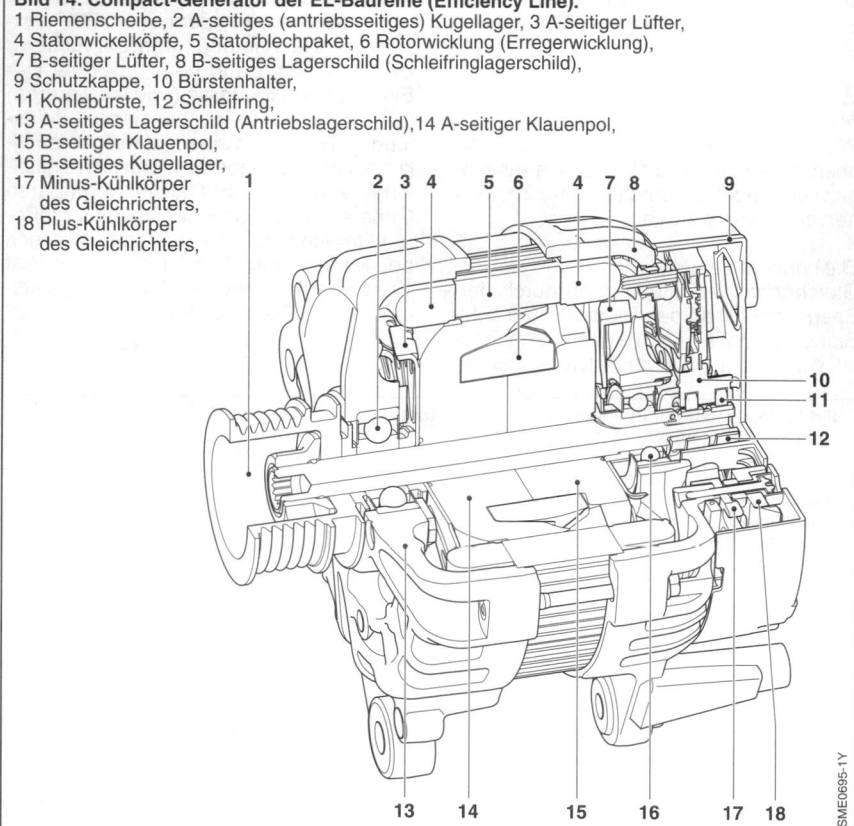

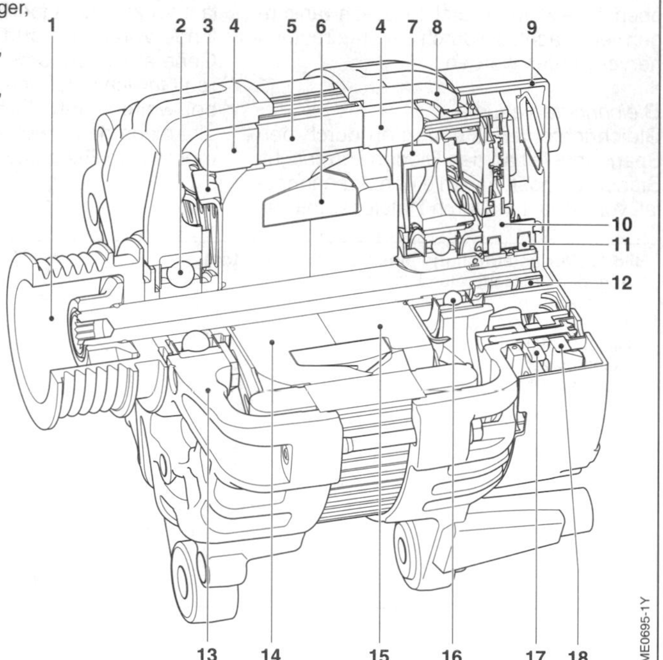

Aufbau eines Drehstromgenerators für den Einsatz in Kfz

Das Gehäuse des Generators besteht aus dem Antriebs- und dem Schleifringlagerschild (Bild 14, siehe auch Bild 1), zwischen denen der Stator eingespannt ist. In den beiden Lagerhälften ist die Rotorwelle gelagert. Der Stator des Generators besteht aus mit Nuten versehenen Blechen, die zu einem Blechpaket aufgeschichtet und verschweißt sind. In den Nuten liegen die Windungen der Statorwicklungen.

Der Rotor gibt dem Klauenpolgenerator seinen Namen. Er besteht aus zwei gegensätzlich gepolten Polradhälften, deren klauenartig ausgebildete Polfinger wechselseitig als Süd- und Nordpole ineinander greifen (siehe Bild 3 und Bild 4).

Die beiden Polradhälften umschließen die ringspulenförmige Erregerwicklung (siehe Bild 4). Die Erregerwicklung wird über das Kohlebürsten-Schleifring-System mit Strom versorgt (siehe Bild 3). Da der Regler den Erregerstrom in Abhängigkeit von Generatorspannung und eingestellter Regelspannung (Sollspannung) einstellt, ist der Bürstenhalter mit den Kohlebürsten oft im Reglergehäuse integriert. Das Reglergehäuse ist auf dem Schleifringlagerschild montiert. Federn drücken die Bürsten gegen die Schleifringe, sodass sie auch bei den rauen Umgebungsbedingungen am Motor einen sicheren elektrischen Kontakt zu den Schleifringen auf der Rotorwelle herstellen.

Der magnetische Nutzfluss geht durch den Polkern, die linke Polhälfte und deren Finger, über den Luftspalt zum feststehenden Statorblechpaket mit der Statorwicklung und schließt sich durch die rechte Polradhälfte wieder im Polkern.

Der elektronische Spannungsregler bildet mit dem Bürstenhalter eine Einheit, sofern er für den Anbau direkt am Generator vorgesehen ist. In einigen Fällen wird der elektronische Spannungsregler getrennt vom Generator an einer geschützten Stelle der Karosserie befestigt oder in einem Steuergerät (z.B. in der Motorsteuerung) integriert. Der externe Regler wird dann über elektrische Steckverbindungen an den Bürstenhalter angeschlossen.

Compact-Generator

Der Compact-Generator zeichnet sich durch zwei innenliegende Lüfter aus, die jeweils antriebseitig und schleifringseitig am Rotor montiert sind. Sie saugen die Luft jeweils axial an und blasen die erwärmte Luft radial aus (zweiflutige Belüftung). Die

Bild 15: Topfgenerator.
1 Schleifringlagerschild,
2 Gleichrichterkühlkörper,
3 Leistungsdiode,
4 Erregerdiode,
5 Antriebslagerschild mit Befestigungsflanschen,
6 Riemenscheibe,
7 außen liegender Lüfter,
8 Stator,
9 Klauenpolläufer,
10 Transistorregler.

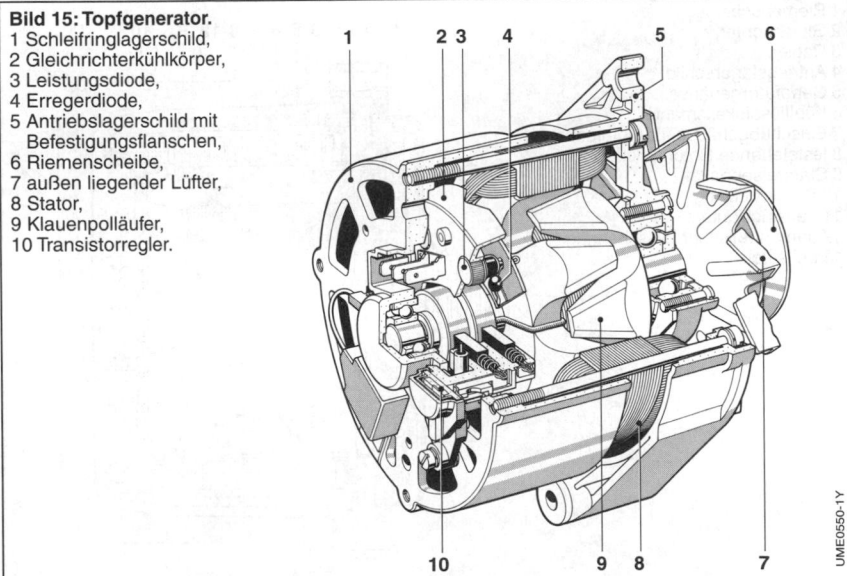

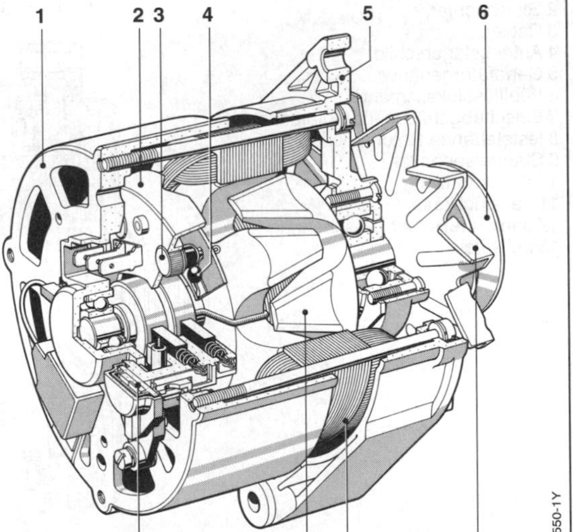

zwei kleinen Lüfter produzieren erheblich weniger aerodynamisches Geräusch als der große außenliegende Lüfter des Topfgenerators. Außerdem sind sie für höhere Drehzahlen (Maximaldrehzahl: 18 000...22 000 min^{-1}) geeignet. Diese beiden Eigenschaften erlauben eine höhere Übersetzung zwischen Kurbelwelle und Generator, sodass Compact-Generatoren bis zu 25 % mehr Leistung bei gleicher Motordrehzahl und Baugröße abgeben können.

Der Compact-Generator wird heute flächendeckend im Pkw- und im Nfz-Bereich eingesetzt. Je nach Anforderung kommen die EL-Baureihe (Efficiency Line), die BL-Baureihe (Base Line) oder die PL-Baureihe (Power Density Line) zum Einsatz. Im Nfz-Bereich ist die Lebensdauer des Generators ein entscheidendes Kriterium. Daher kommen in den Baureihen Classic Line (CL) und Heavy Duty (HD) sowie im HDS (Heavy Duty Second Generation) größere Kugellager auf der Antriebsseite und ein auf Lebendsdauer optimiertes Bürsten-Schleifring-System zum Einsatz.

Die maximal zulässige Drehzahl von Nfz-Generatoren liegt zwischen 6 000 min^{-1} und 12 000 min^{-1}.

Topfgenerator

Der Klauenpol-Generator in Topfbauart (Bild 15) unterscheidet sich vom Compact-Generator in erster Linie durch den großen Lüfter, der zwischen Riemenscheibe und topfförmigem Generatorgehäuse platziert ist. Der außen liegende Lüfter mit einer Maximaldrehzahl von 12 000...18 000 min^{-1} zieht die Kühlluft axial durch das Gehäuse (einflutige Belüftung).

Da Gleichrichter, Regler und Bürsten-Schleifring-System innerhalb der Lagerschilde angeordnet sind, muss die Welle innerhalb der Schleifringe relativ dick sein, um die Kräfte des Riemenantriebs auf das außen liegende Kugellager übertragen zu können. Daher haben die Schleifringe einen großen Durchmesser, der nur eine beschränkte Bürstenlebensdauer zulässt.

Topfgeneratoren findet man noch in älteren Fahrzeugen.

Generatoren mit Leitstückläufer

Leitstückläufer-Generatoren sind eine Sonderbauform der Klauenpolausführung, bei denen nur die Klauenpole rotieren, während die Rotorwicklung feststeht. Bei dieser Bauart versorgt der Regler die

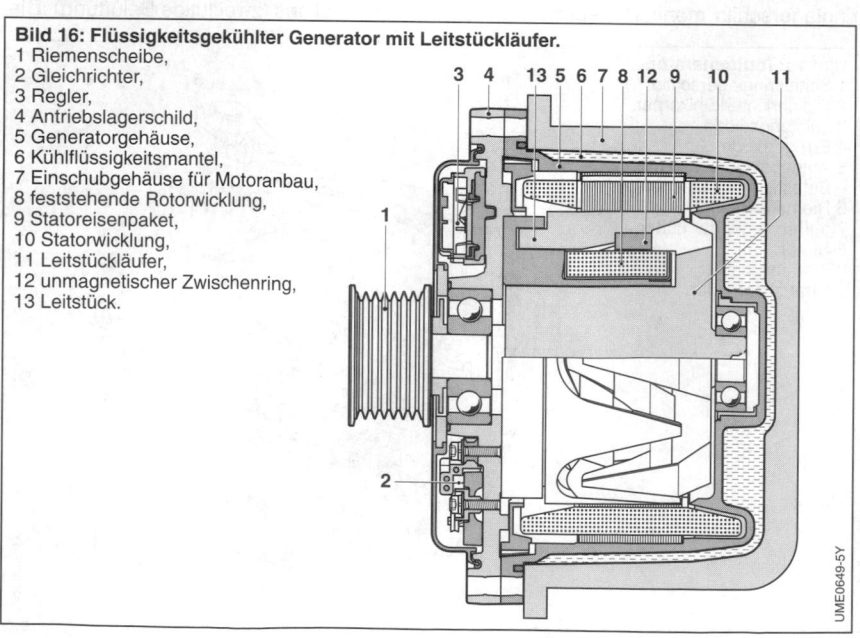

Bild 16: Flüssigkeitsgekühlter Generator mit Leitstückläufer.
1 Riemenscheibe,
2 Gleichrichter,
3 Regler,
4 Antriebslagerschild,
5 Generatorgehäuse,
6 Kühlflüssigkeitsmantel,
7 Einschubgehäuse für Motoranbau,
8 feststehende Rotorwicklung,
9 Statoreisenpaket,
10 Statorwicklung,
11 Leitstückläufer,
12 unmagnetischer Zwischenring,
13 Leitstück.

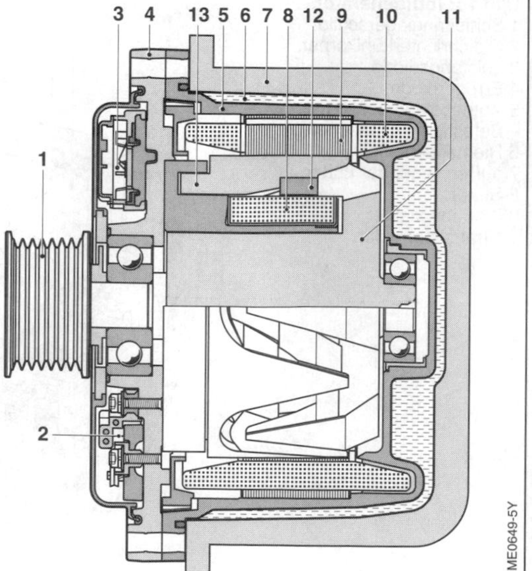

Rotorwicklung direkt mit Strom; Schleifkontakte sind nicht erforderlich (Bild 16).

Das drehende Teil besteht lediglich aus dem Rotor mit Polrad und Leitstück. Das Leitstück besteht in der Regel aus einem magnetisch hochpermeablen Material (z.B. Weicheisen), das den magnetischen Fluss eines auf das Leitstück wirkenden Magnetfelds verstärkt beziehungsweise weiterleitet (z.B. an das Statorpaket). Je sechs Polfinger gleicher Polarität bilden als Nord- beziehungsweise Südpole je eine Polfingerkrone. Nur eine der beiden Polfingerkronen ist direkt mit der Rotorwelle verbunden. Ein unmagnetischer Haltering, der unter den ineinander greifenden Polfingern liegt, hält die beiden Kronen als Klauenpolhälften zusammen.

Der Magnetfluss verläuft vom Polkern des rotierenden Rotors (Läufer) über den feststehenden Innenpol zum Leitstück, dann über dessen Polfinger zum feststehenden Statorpaket. Über die entgegengesetzt gepolte Klauenhälfte schließt sich der magnetische Kreis im Polkern des Rotors. Der magnetische Fluss muss im Vergleich zum Schleifringläufer zwei zusätzliche Luftspalte zwischen dem umlaufenden Polrad und dem feststehenden Innenpol überwinden.

Durch den Wegfall der Verschleißkomponente Schleifring-Kohle-System sind diese Generatoren insbesondere für Anwendungen geeignet, die eine lange Lebensdauer bei starker Beanspruchung des Generators erfordern, z.B. für Baumaschinen oder Bahngeneratoren. Das Gewicht ist etwas höher als bei leistungsgleichen Klauenpolgeneratoren mit Schleifringen, da die Führung des magnetischen Flusses über zwei zusätzliche Luftspalte mehr Eisen und mehr Kupfer erfordert.

Flüssigkeitsgekühlter Generator

Der Leitstückläufer kommt unter anderem auch im flüssigkeitsgekühlten Generator (LIF, Lichtmaschine Flüssigkeitskühlung) zum Einsatz. Das Generatorgehäuse ist bei diesem Generator an der Mantelfläche und der Rückseite komplett von Motorkühlflüssigkeit umspült. Dadurch wird eine deutliche Reduzierung des Geräuschs gegenüber luftgekühlten Generatoren erreicht, da der Generator komplett gekapselt ist und kein Lüfter aerodynamisches Geräusch erzeugt. Die elektronischen Komponenten sind auf dem antriebsseitigen Lagerschild montiert.

Aktuelle Generatorbaureihen

Efficiency Line

Die Generatoren der Baureihe Efficiency Line (EL) sind für Bordnetze mit mittlerem bis hohem Leistungsbedarf geeignet. Die Efficiency Line deckt den Nennstrombereich 150 A bis 250 A ab. Wie der Name schon andeutet, wandeln die Generatoren der Efficiency Line die Energie mit hohem Wirkungsgrad. Ab einem Nennstrom von 180 A sind fünf Phasen im Einsatz, um das Geräuschverhalten zu verbessern und die Spannungswelligkeit zu reduzieren. In das Statorpaket wird eine Wicklung mit hohem Kupferfüllfaktor (44...50 %) eingezogen.

Base Line

Generatoren der Baureihe Base Line (BL) wurden für Bordnetze mit geringem bis mittlerem Leistungsbedarf entwickelt. Ihr Nennstrom reicht bis 150 A. Durch ihre kompakte Bauweise können sie auch in den engen Motorräumen kleiner Fahrzeuge eingebaut werden. Das Statorpaket trägt eine dreiphasige Einzugswicklung, deren Kupferfüllfaktor zwischen 40 % und 50 % liegt.

Power Density Line

Die Generatoren der Power Density Line (PL) wurden für Bordnetze mit mittlerem bis hohem Leistungsbedarf entwickelt. Die Power Density Line deckt den Nennstrombereich von 150 A bis 250 A ab. Die Statorwicklung wird in ein flaches Eisenpaket eingelegt. Das flache Paket mit Wicklung wird rund gebogen und die Enden werden verschweißt. Das Flachpaket ermöglicht einen Kupferfüllfaktor von über 60 %, was ein entscheidender Baustein für die hohe Leistungsdichte der PL-Generatoren ist.

Um die Geräuschemissionen und die Spannungswelligkeit möglichst gering zu halten, sind alle PL-Generatoren fünfphasig ausgeführt. Die optimierte Kühlung und die hohe Effizienz erlauben den Betrieb bei hohen Umgebungstemperaturen.

Starter für Pkw und leichte Nfz

Anwendung

Übersicht

Verbrennungsmotoren benötigen zum Anlauf eine Startunterstützung. Sie müssen von einem Starter mit einer Mindestdrehzahl angetrieben werden, bevor sie im Selbstlauf ausreichend Leistung abgeben können. Ein Starter besteht aus den folgenden Baugruppen (Bild 1):

- Startermotor (Elektromotor, Gleichstrommotor),
- Untersetzungsgetriebe,
- Einspursystem mit Einrückrelais,
- Freilauf mit Starterritzel.

Das Drehmoment des Starters wird über das Starterritzel und den Motorzahnkranz auf den Verbrennungsmotor übertragen (siehe Bild 6). Beim Startvorgang greift das Starterritzel in den Zahnkranz. Der Zahnkranz mit ca. 130 Zähnen befindet sich am Motorschwungrad oder am Gehäuse des hydrodynamischen Drehmomentwandlers. Das Starterritzel mit ca. 13 Zähnen steht wenige Millimeter vor dem Zahnkranz in Ruhelage.

Anforderungen

Aufgrund der großen Untersetzung zwischen Starterritzel und Zahnkranz kann der Starter auf hohe Drehzahlen bei niedrigem Drehmoment ausgelegt werden. Dadurch können die Abmessungen und das Gewicht des Starters klein gehalten werden. Die Übersetzung liegt im Bereich von ca. 1:10, womit die zum Selbstlauf des Verbrennungsmotors benötigten Drehzahlen erreicht werden.

Durch Kompression und Dekompression in den Zylindern schwankt der Drehmomentbedarf des Verbrennungsmotors sehr stark, wodurch die Motordrehzahl erheblich schwankt. Bild 2 zeigt einen typischen Verlauf von Motordrehzahl und Starterstrom beim Kaltstart.

An den Starter werden folgende technischen Anforderungen gestellt:

- Ständige Startbereitschaft,
- ausreichende Startleistung,
- hohe Lebensdauer,
- robuster Aufbau,
- geringes Gewicht und kleiner Bauraum,
- wartungsfreier Betrieb.

Bild 1: Starter für Pkw und leichte Nfz.
1 Gleichstrommotor,
2 Untersetzungsgetriebe,
3 Einspursystem mit Einrückrelais,
4 Rollenfreilauf mit Starterritzel.

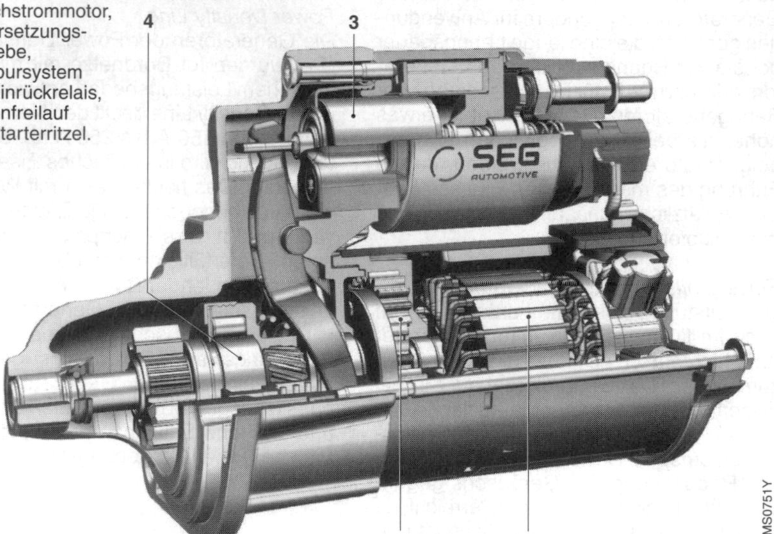

Einflussgrößen

Der Starter muss den Verbrennungsmotor mit einer Mindestdrehzahl (Startdrehzahl) antreiben, um damit die thermodynamischen und mechanischen Bedingungen für den Selbstlauf zu erzielen. Die Startdrehzahl hängt maßgeblich von den Kenngrößen und Eigenschaften des Verbrennungsmotors (Motortyp, Hubvolumen, Zylinderzahl, Kompression, Lagerreibung, Motoröl, Gemischaufbereitung und angehängte Zusatzlasten) und von der Umgebungstemperatur ab. Generell werden mit sinkenden Temperaturen steigende Drehmomente und Startdrehzahlen – also eine wachsende Startleistung – benötigt. Die von einer Starterbatterie zur Verfügung gestellte Leistung vermindert sich jedoch mit sinkender Temperatur, da ihr Innenwiderstand ansteigt. Dieses gegenläufige Verhalten von Leistungsbedarf und Leistungsangebot bedeutet, dass der Kältestart einen ungünstigen Betriebsfall darstellt. Dies ist bei der Auslegung der Startanlage zu berücksichtigen.

Klassifizierung

Pkw-Startanlagen sind für eine Nennleistung von bis zu 3 kW und eine Nennspannung von 12 V ausgelegt. Damit können Ottomotoren mit bis zu ca. 7 Liter und Dieselmotoren mit bis zu ca. 4 Liter Hubraum gestartet werden.

Einsatz von Lithium-Ionen-Batterien

Besondere Anforderungen an den Starter ergeben sich aus dem Einsatz von Lithium-Ionen-Batterien. Sie werden wegen des geringeren Gewichts, kleineren Bauraums und der besseren Eignung für Rekuperation verwendet. Dabei wirken im Vergleich zu Blei-Säure-Batterien höhere Spannungen und Ströme, was zu einer erhöhten elektrischen und mechanischen Belastung des Starters führt.

Starteraufbau und Funktion

Ein Starter besteht im Wesentlichen aus dem Elektromotor und dem Einspursystem mit Einrückrelais, Einrückhebel, Freilauf, Einspurfeder und Starterritzel. Das Einspursystem stellt das Einspuren (temporäres Eingreifen) des Starterritzels in den Zahnkranz sicher. Zudem ist im Starter ein Untersetzungsgetriebe integriert, das das Drehmoment des Elektromotors am Starterritzel erhöht.

Beim Startvorgang wird nach Betätigen des Fahrtschalters das Starterritzel durch das Einrückrelais mit Unterstützung des Steilgewindes in den Zahnkranz eingespurt. Das Starterritzel treibt über den Zahnkranz den Verbrennungsmotor bis zum Selbstlauf an. Nach erfolgreichem Start wird das Starterritzel durch Federkraft und unterstützt durch das Steilgewinde wieder zurück in die Ruheposition gebracht (Ausspuren), während der Verbrennungsmotor schnell auf hohe Drehzahlen beschleunigt.

Bild 2: Verlauf von Drehzahl und Starterstrom bei Kaltstart.

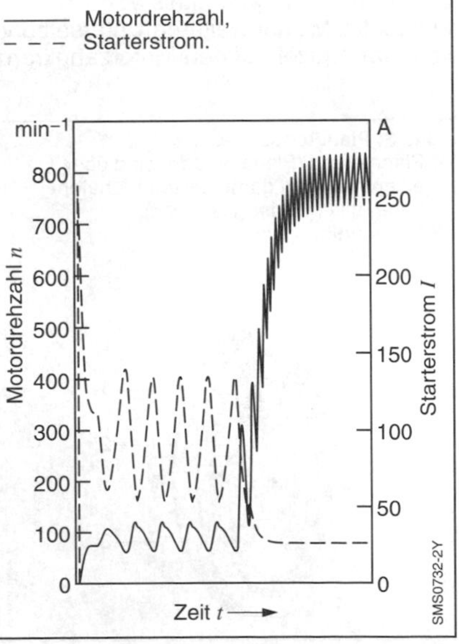

Startermotor
Der Startermotor ist als permanent oder elektrisch erregter Gleichstrommotor ausgeführt.

Untersetzungsgetriebe
Ziel der Starterentwicklung ist es, durch Verringern u.a. des Elektromotorvolumens das Gewicht und den Bauraum des Starters zu reduzieren. Um trotzdem eine unveränderte Startleistung zu erreichen, muss das nun kleinere Ankerdrehmoment des Elektromotors durch eine höhere Ankerdrehzahl kompensiert werden. Die Drehzahlanpassung an die Kurbelwellendrehzahl des Verbrennungsmotors gelingt durch ein Erhöhen der Gesamtuntersetzung von Startermotoranker zu Kurbelwelle mithilfe eines im Starter integrierten Untersetzungsgetriebes. Dieses ist üblicherweise als Planetengetriebe ausgeführt (Bild 3). Es besteht aus einem auf der Ankerwelle befindlichen Sonnenrad, einem Planetenträger mit normalerweise drei Planetenrädern und einem feststehenden innenverzahnten Hohlrad.

Das Planetengetriebe überträgt das Ankerdrehmoment über den gekoppelten Planetenträger auf die Starterantriebswelle und auf das Starterritzel. Dabei wird die hohe Ankerdrehzahl (bis zu 25 000 min^{-1}) im Verhältnis von $i \approx 3...5$ untersetzt. Mit der weiteren Untersetzung von Starterritzel auf den Motorzahnkranz ergibt sich somit eine Motordrehzahl von ca. 300 min^{-1}.

Einrückrelais
Der Starterstrom beträgt bei Pkw bis zu 1 500 A. Da Kontakte für derart hohe Ströme stark belastet sind, ist die Verwendung eines Leistungsrelais zwingend. Das Einrückrelais wird durch einen relativ niedrigen Steuerstrom (Relaisstrom, ca. 30 A bei Pkw) betätigt. Zum Schalten genügt ein mechanischer Schalter (Fahrtschalter, Startknopf) oder ein einfaches Kleinrelais, das vom Motorsteuergerät betätigt wird.

Das im Starter verwendete Einrückrelais (Bild 4) besteht aus Relaisanker, Einzugswicklung, Haltewicklung, Magnetkern, Kontaktsystem (Kontaktfeder, Kontaktbolzen, Kontaktbrücke), Schalterdeckel mit integrierten Anschlüssen, geteilter Schaltachse und Rückstellfeder. Das Einrückrelais hat zwei Funktionen zu erfüllen:

- Vorschieben des Starterritzels über den Einrückhebel in den Zahnkranz und
- Schalten des Starterhauptstroms durch Schließen und Öffnen des Kontaktsystems.

Um die Erwärmung der Relaiswicklung zu begrenzen, wird die Wicklung in eine Einzugs- und eine Haltewicklung aufgeteilt. Bei der Aktivierung des Einrückrelais sind beide Wicklungen parallel geschal-

Bild 3: Planetengetriebe.
1 Planetenrad (Planetenräder sind über einen hier nicht dargestellten Planetenträger miteinander gekoppelt),
2 Sonnenrad,
3 Hohlrad.

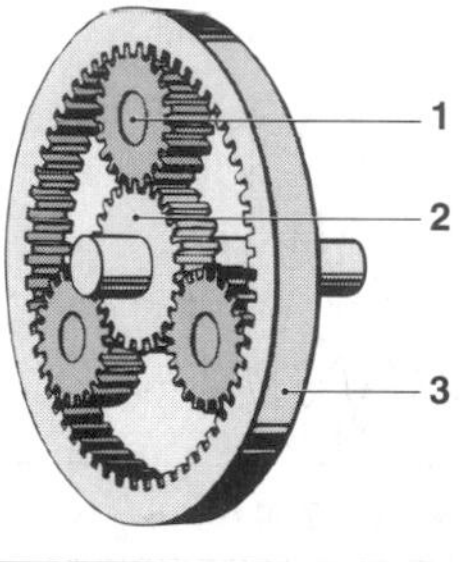

Bild 4: Einrückrelais.
1 Relaisanker, 2 Einzugswicklung,
3 Haltewicklung, 4 Magnetkern,
5 Kontaktfeder, 6 Kontakte,
7 elektrischer Anschluss, 8 Kontaktbrücke,
9 Schaltachse (geteilt), 10 Rückstellfeder.

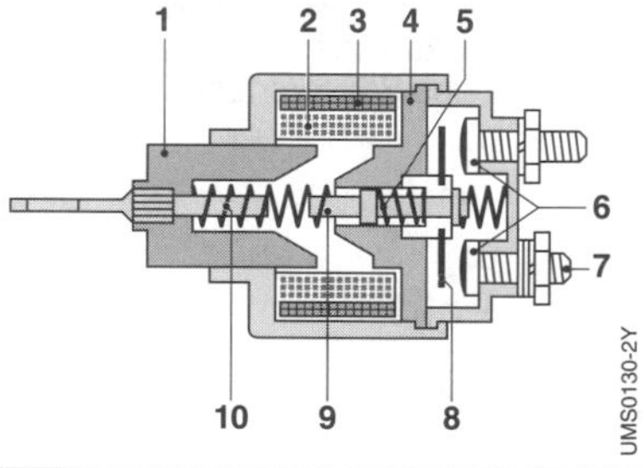

tet (Bild 5). Die Magnetkräfte der beiden Wicklungen addieren sich. Schaltungstechnisch sind die Wicklungsanfänge der beiden Wicklungen an der Klemme 50 des Einrückrelais zusammengelegt. Das Wicklungsende der Einzugswicklung wird über den Startermotoranker, das Wicklungsende der Haltewicklung direkt mit dem Massepotential verbunden. Wird der Pluspol der Batterie mit der Klemme 50 des Einrückrelais verbunden (Fahrtschalter in Startstellung), wird der Relaisanker durch die von Einzugs- und Haltewicklung erzeugte Magnetkraft axial in das Gehäuse eingezogen. Mit dieser Bewegung wird das Starterritzel über den Einrückhebel in Richtung Zahnkranz vorgeschoben (Bild 6). Erst wenn der Relaisanker nahezu vollständig eingezogen ist, wird die Kontaktbrücke geschlossen und der Starterhauptstrom eingeschaltet. So wird verhindert, dass der Startermotor sich schon zu drehen beginnt, bevor das Starterritzel den Zahnkranz erreicht hat.

Da beide Wicklungsenden der Einzugswicklung nun auf Pluspotential liegen, fließt nur noch in der Haltewicklung Strom. Die geringere Magnetkraft der Haltewicklung reicht aus, den Relaisanker bis zum Öffnen des Fahrtschalters festzuhalten.

Einzugs- und Haltewicklung müssen gleiche Windungszahl haben. Andernfalls kann es beim Abschaltvorgang zu einer Selbsthaltung des Einrückrelais kommen, weil die Versorgung der beiden nun in Serie geschalteten Wicklungen rückwärts über Klemme 45 erfolgt. Die gleichen Windungszahlen gewährleisten, dass die Magnetfelder der nun gegensinnig durchflossenen Spulen sich kompensieren und das Einrückrelais zuverlässig abschaltet.

Bild 5: Schaltung des Einrückrelais.
1 Batterie,
2 Startermotor,
3 Fahrtschalter oder Schalter eines Kleinrelais bei automatischen Startsystem,
4 Einrückrelais,
4a Einzugswicklung, 4b Haltewicklung,
5 Kontaktbrücke.

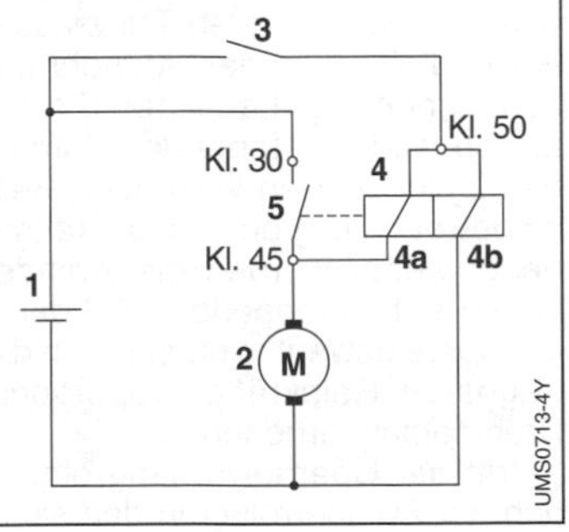

Einspuren des Schub-Schraubtrieb-Starters

Der Schub-Schraubtrieb-Starter hat sich als weltweiter Standard bei Pkw durch-

Bild 6: Arbeitsphasen des Schub-Schraubtrieb-Starters.
a) Ruhestellung,
b) Zahn trifft auf Lücke,
c) Zahn trifft auf Zahn,
d) Motor wird durchgedreht.
1 Zündstartschalter (Fahrtschalter),
2 Einrückrelais, 3 Kontaktbrücke,
4 Rückstellfeder,
5 Erregerwicklung (Reihenschlusswicklung),
6 Einrückhebel, 7 Rollenfreilauf,
8 Starterritzel, 9 Batterie, 10 Anker,
11 Steilgewinde, 12 Einspurfeder,
13 Motorzahnkranz.

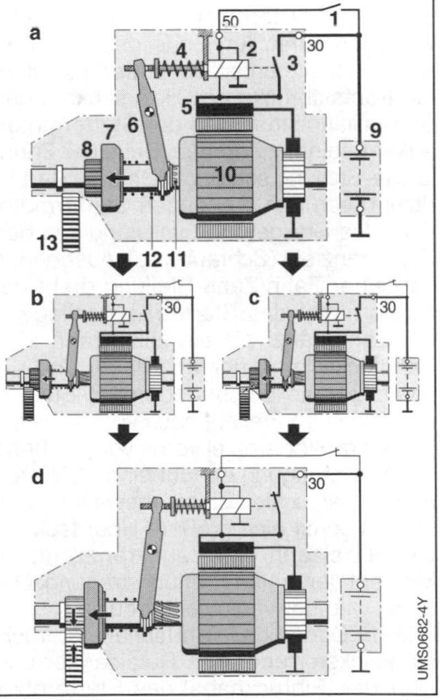

gesetzt, da bei diesem Einspurprinzip eine zuverlässige Funktion im gesamten Betriebsbereich gewährleistet ist. Bei einem Schub-Schraubtrieb-Starter teilt sich der Einspurweg in den Schub- und den Schraubweg auf. Bei geschlossenem Fahrtschalter wird die Klemme 50 des Einrückrelais mit dem Pluspol der Batterie verbunden. Der Anker des Einrückrelais zieht den Einrückhebel an, der wiederum den Freilauf mit dem Starterritzel über das Steilgewinde zum Zahnkranz des Verbrennungsmotors schiebt (Schubweg). Der Anker des Startermotors dreht sich in dieser Phase noch nicht, da der Hauptstrom für die Anker- und Erregerwicklung noch nicht eingeschaltet ist (Bild 6a).

Trifft beim Auftreffen des Starterritzels auf den Zahnkranz ein Ritzelzahn direkt in eine Zahnlücke des Zahnkranzes (Zahn-Lücke-Stellung), so spurt das Starterritzel so weit ein, wie die Bewegung des Einrückrelais wirkt (Bild 6b). Trifft beim Auftreffen des Starterritzels auf den Zahnkranz ein Ritzelzahn auf einen Zahn des Zahnkranzes (Zahn-Zahn-Stellung, Bild 6c), was in ca. 80 % aller Fälle geschieht, so spannt der Relaisanker über den Einrückhebel die Einspurfeder, da sich das Starterritzel axial nicht weiter bewegen kann. Am Ende des vom Einrückrelais erzeugten Schubwegs schließt die Kontaktbrücke des Relaisankers den Starterhauptstrom und der Startermotoranker beginnt zu drehen. Bei einer Zahn-Lücke-Stellung schraubt sich das Starterritzel durch den drehenden Startermotor über das Steilgewinde vollständig in den Zahnkranz ein (Schraubweg). Ausgehend von einer Zahn-Zahn-Stellung dreht der Startermotor das Starterritzel anliegend am Zahnkranz, bis ein Ritzelzahn eine Zahnlücke im Zahnkranz findet und die vorgespannte Einspurfeder das Starterritzel und den Freilauf nach vorn schiebt.

Die am Starterritzel vorne vorgesehene Zahnanschrägung erlaubt einen früheren Beginn der axialen Einspurbewegung und bewirkt somit eine größere Überdeckung von Ritzelzahn und Zahnkranzzahn im Moment der ersten Kraftübertragung. Dadurch wird der Verschleiß reduziert.

Beim Öffnen des Fahrtschalters drückt die Rückstellfeder den Relaisanker und über den Einrückhebel das Starterritzel mit Freilauf in die Ruhelage zurück. Das durch die Reibung im Freilauf entstehende Überholmoment erzeugt mit dem Steilgewinde eine Axialkraft, die den Ausspurvorgang des Starterritzels unterstützt.

Freilauf

Bei sämtlichen Starterausführungen überträgt ein Freilauf (Überholkupplung) das Antriebsmoment. Er befindet sich zwischen Startermotor und Starterritzel und hat die folgenden Aufgaben:

- Übertragung des Drehmoments vom Startermotor auf das Ritzel, solange der Startermotor den Verbrennungsmotor antreibt.
- Lösen der Verbindung zwischen Starterritzel und Antriebswelle, sobald der Verbrennungsmotor aus eigener Kraft zu höheren Drehzahlen als der Startermotor beschleunigt.

Rollenfreilauf

Freiläufe für Starter sind üblicherweise kraftschlüssig als Rollenfreilauf ausgeführt (Bild 7). Diese Bauteilgruppe besteht im Wesentlichen aus

- dem Mitnehmer mit der Rollengleitkurve,
- den Zylinderrollen,
- den Federn und
- dem Starterritzel mit dem Innenring.

Der Mitnehmer ist über das Steilgewinde mit der Antriebswelle verbunden. Die Zylinderrollen können sich auf der Rollengleitkurve bewegen und stellen den Kraftschluss zwischen dem Innenring des Starterritzels und dem außen umlaufenden Freilaufring des Mitnehmers her. Die Federn drücken die Zylinderrollen in den sich verengenden Teil zwischen der Rollengleitkurve des Mitnehmers und dem Innenring. Läuft der Startermotor an, so wird der Innenring durch die an den Zylinderrollen wirkenden Reibkräfte mitbewegt. Je größer das Drehmoment, desto weiter werden die Zylinderrollen in den sich verengenden Teil der Rollengleitkurve bewegt, wodurch sich die übertragbaren Reibkräfte proportional zum Drehmoment erhöhen.

Tritt der Überholvorgang ein, so werden die Zylinderrollen in den sich erweiternden Teil der Rollengleitkurve bewegt, wobei sie sich mit relativ geringer Kraft am durchrutschenden Innenring und der Rollengleitkurve anlegen. Das entstehende Überholdrehmoment ist abhängig von der Federkraft und gegenüber den in Antriebsrichtung wirkenden Drehmomenten relativ klein. Es hat jedoch Auswirkungen auf die sich einstellende Leerlaufdrehzahl des Startermotorankers.

Überlicherweise wird der Freilauf zusammen mit dem Ritzel beim Einspuren axial in Richtung Zahnkranz bewegt. Es gibt jedoch auch Starterausführungen, bei denen nur das Ritzel bewegt wird und der Freilauf axial fest steht („ortsfester Freilauf“).

Ausspuren

Mit Loslassen des Fahrtschalters geht die Spannung an den Windungen des Einrückrelais auf null zurück. Die Magnetkraft lässt nach und die Rückstellfeder drückt den Relaisanker zurück, wodurch zunächst der Hauptstromkontakt (Kontaktbrücke) öffnet und der Starterstrom unterbrochen wird. Die Rückstellfeder sorgt für die weitere Rückbewegung des Starterritzels, das dadurch wieder aus dem Zahnkranz ausrückt. Dabei wird das Ausspuren durch die im Steilgewinde wirkenden Axialkräfte unterstützt. Der Startermotor läuft aus und die gesamte Einspurmechanik kehrt in die Ruhelage zurück.

Abschaltfunktion

Die Kopplung von Relaisanker und Einrückhebel ist mit Spiel, auch Leerweg genannt, versehen. Kommt der Verbrennungsmotor nicht zum Selbstlauf, so muss der Start abgebrochen werden. Starterritzel und Zahnkranz stehen beim Abbruch unter voller Last und das Starterritzel ist voll vorgespurt. Beim Abschalten des Relaisstroms muss nun ein ausreichender Leerweg für den Relaisanker zur Verfügung stehen, der das Öffnen der Hauptstromkontakte ermöglicht. Ist dies nicht der Fall, hält der Einrückhebel den Relaisanker fest. Der Hauptstromkontakt bleibt dann geschlossen und ein Startabbruch ist nicht möglich.

Auslegung eines Starters

Die wichtigsten Randbedingungen, die bei der Auslegung des Starters berücksichtigt werden müssen, sind:

- Die Startgrenztemperatur, d.h. die tiefste Temperatur des Verbrennungsmotors, bei der ein Start noch möglich sein muss.
- Der Durchdrehwiderstand des Verbrennungsmotors, d.h. das erforderliche Drehmoment an der Kurbelwelle einschließlich aller Zusatzlasten.
- Die erforderliche Mindestdrehzahl des Verbrennungsmotors bei der Startgrenztemperatur.
- Die Übersetzung zwischen Starter und Kurbelwelle.
- Die Nennspannung der Startanlage.
- Die Eigenschaften der Starterbatterie.
- Der Widerstand der Zuleitungen zwischen Batterie und Starter sowie die Übergangswiderstände von Klemmstellen und Schaltelementen (Trennschalter usw.).
- Die Drehzahl-Drehmoment-Charakteristik des Starters.
- Der maximal zulässige Spannungseinbruch im Bordnetz, bei dem die Funktionsfähigkeit der Fahrzeugelektronik noch gewährleistet ist.

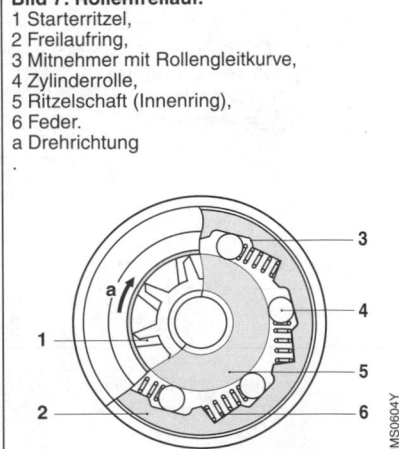

Bild 7: Rollenfreilauf.
1 Starterritzel,
2 Freilaufring,
3 Mitnehmer mit Rollengleitkurve,
4 Zylinderrolle,
5 Ritzelschaft (Innenring),
6 Feder.
a Drehrichtung

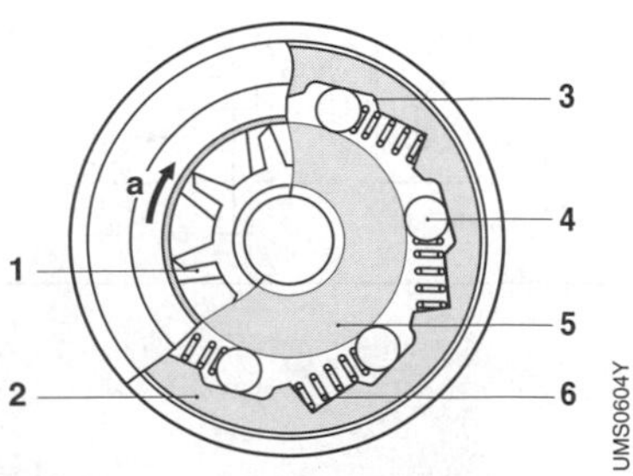

Der Starter kann aufgrund dieser Randbedingungen nicht isoliert betrachtet werden. Als Bestandteil des Gesamtsystems aus Verbrennungsmotor einschließlich seiner Zusatzaggregate, dem Bordnetz mit Batterie und Leitungsführung sowie dem Starter selbst, muss dieser auf die anderen Komponenten abgestimmt werden.

Bild 8: Automatisches Startsystem (Schaltung).
1 Startsignal vom Fahrer,
2 Vorschaltrelais,
3 Steuergerät,
4 Park-Neutral-Stellungssignal oder Kupplungssignal,
5 Starter.

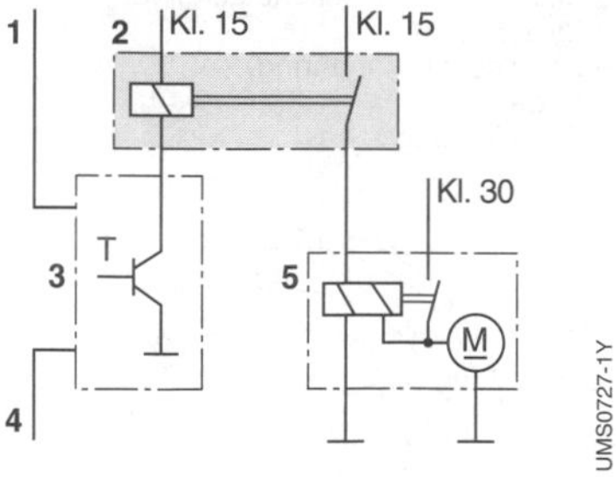

Ansteuerung des Starters

Konventionelle Ansteuerung

Für den konventionellen Start schaltet der Fahrer die Batteriespannung (Fahrtschalter in Startstellung) auf das Einrückrelais des Starters. Der Relaisstrom erzeugt im Einrückrelais die Relaiskraft, die einerseits das Starterritzel in Richtung des Zahnkranzes schiebt und andererseits den Hauptstrom des Starters einschaltet. Das Ausschalten des Starters erfolgt mit dem Fahrtschalter, er öffnet und trennt die Spannung vom Einrückrelais.

Automatische Startsysteme

Die hohen Ansprüche an Fahrzeuge hinsichtlich Komfort, Sicherheit, Qualität und niedriger Geräuschemission haben zu einer zunehmenden Verbreitung von automatischen Startsystemen geführt. Ein automatisches Startsystem unterscheidet sich von einem konventionellen durch zusätzliche Komponenten: Ein oder mehrere Vorschaltrelais sowie Hard- und Softwarekomponenten (z.B. ein Steuergerät) für die Ablaufsteuerung des Starts.

Der Fahrer steuert nun nicht mehr direkt den Relaisstrom des Starters, sondern meldet über den Fahrtschalter seinen Startwunsch dem Steuergerät, das vor der Einleitung des Starts eine Prüfung der Sicherheit durchführt. Dabei sind vielfältige Prüfungen möglich, z.B. gemäß folgender Fragestellung:

- Ist der Fahrer berechtigt, das Fahrzeug zu starten (Diebstahlschutz)?
- Befindet sich der Verbrennungsmotor in Ruhe (Sicherung gegen Ritzeleinspuren in laufenden Zahnkranz)?
- Genügt der Batterieladezustand (in Abhängigkeit von der Motortemperatur) für den geplanten Startvorgang?
- Ist beim Automatikgetriebe die Parkstellung eingelegt oder beim Handschaltgetriebe die Kupplung geöffnet?

Nach erfolgreicher Prüfung leitet das Steuergerät den Start ein. Während des Starts vergleicht das Startsystem die

Motordrehzahl mit einer Solldrehzahl des Verbrennungsmotors. Hat der Motor die Solldrehzahl erreicht, schaltet das Steuergerät den Starter ab. Hierdurch wird die kürzest mögliche Startzeit, eine Geräuschreduzierung und eine Schonung des Starters erzielt.

Start-Stopp-System

Auf der Basis eines automatischen Startsystems lässt sich auch ein Start-Stopp-Betrieb realisieren. Dabei schaltet der Verbrennungsmotor bei Fahrzeugstillstand unter Berücksichtigung definierter Temperaturvorgaben und dem Ladezustand der Batterie ab – z.B. an einer roten Ampel – und startet bei Anforderung erneut automatisch.

Der Betrieb eines Start-Stopp-Systems – bestehend aus Start-Stopp-Startermotor, Steuergerät mit Start-Stopp-Funktion, elektronischem Batteriesensor, zyklenfester Batterie, Pedalerie mit Sensorik – setzt eine übergeordnete Ansteuerung voraus, durch die die Abschalt- und Wiederstartstrategie umgesetzt wird.

Für die Verfügbarkeit des Start-Stopp-Systems ist ein elektrisches Energiemanagement mit Batteriezustandserkennung obligatorisch und es müssen gegebenenfalls Maßnahmen zur Stabilisierung des Bordnetzes in der Startphase vorgesehen werden, um unzulässige Spannungseinbrüche zu vermeiden. Daher müssen Steuergeräte und Startanlage aufeinander abgestimmt sein. Die Steuergeräte müssen ihre Funktion auch bei deutlich abgesenkter Versorgungsspannung erfüllen.

Anforderungen an Start-Stopp-Starter

Getrieben durch die Anstrengungen der Automobilindustrie, den CO_2-Ausstoß zu reduzieren, ist der globale Marktanteil von Fahrzeugen mit Start-Stopp-Funktion gestiegen. Daraus lassen sich Anforderungen an den Startkomfort (Startdauer und Startgeräusch), an die Lebensdauer des Starters und an die Verfügbarkeit ableiten. Eine technische Herausforderung bei Start-Stopp-Startern stellt die Optimierung des Schnellstartverhaltens des jeweiligen Verbrennungsmotors (wiederholbarer Schnellstart) dar. Um die Anforderungen bezüglich Lebensdauer und schnellerem Start zur Reduzierung der Geräuschentwicklung erfüllen zu können, wird die Zyklenfestigkeit der Start-Stopp-Starter im Vergleich zu konventionellen Startern wesentlich erhöht. Solche Starter weisen Merkmale wie optimierte Ritzelgeometrie und Ritzelanfederung, Lastdämpfung und langlebige Kohlebürstensysteme auf. Starter für Start-Stopp-Betrieb erreichen in Verbindung mit einem hochwertigen Zahnkranz mehr als 330 000 Startzyklen.

Folgt bei einem Start-Stopp-System auf den Motorstopp unmittelbar ein Startwunsch (z.B. weil eine Ampel gerade im Moment des Motorstopps auf grün schaltet) spricht man von „Change-of-Mind" (CoM). In einem solchen Fall wird die Zeitdauer bis zum Motorneustart verringert, indem mit dem Wiederstart nicht auf den Motorstillstand gewartet wird, sondern ein Start bei noch bewegtem Motor stattfindet. Daraus ergeben sich weitere Anforderungen an den Starter, insbesondere hinsichtlich seiner Fähigkeit, in einen bewegten Zahnkranz einzuspuren. Vor allem das Einspuren in einen rückpendelnden Zahnkranz erzeugt hohe Belastungen im Antriebsstrang und Verschleiß an der Schnittstelle zwischen Starterritzel und Zahnkranz. Im positiven CoM-Fall (Verbrennungsmotor dreht in Antriebsrichtung) kommt es neben zusätzlicher Bauteilbelastung und Verschleiß auch zu einer erhöhten Geräuschemission. Bei der Auslegung von CoM-fähigen Start-Stopp-Systemen ist daher eine Kenntnis des Auslaufverhaltens des Verbrennungsmotors und somit der zu erwartenden Belastungen bei CoM-Starts von besonderer Bedeutung.

Starter für schwere Nfz

Anwendung

Starter für schwere Nutzfahrzeuge werden in Lastkraftwagen sowie auch in Baumaschinen, Landmaschinen, Lokomotiven und Stationärmotoren eingesetzt. Diese Starter haben einen ähnlichen Grundaufbau wie Pkw-Starter (siehe Starter für Pkw und leichte Nfz), u.a. mit folgenden Gemeinsamkeiten (Bild 1):
- Gleichstrommotor,
- Untersetzungsgetriebe,
- Einspursystem mit Einrückrelais,
- Rollenfreilauf und Starterritzel.

Typischerweise basieren Nutzfahrzeugstarter auf vierpoligen elektrisch erregten Gleichstrommaschinen. Starter für Großmotoren (Baugrößen HEF und TB/TF) sind als sechspolige elektrisch erregte Maschinen ausgeführt.

Leistungsanforderungen

Typische Nutzfahrzeuge sind mit Diesel- oder Ottomotoren (teilweise auch Gasmotoren) mit einem Hubraum von ca. 3 *l* bis 16 *l*, für Sonderanwendungen auch bis zu ca. 150 *l* ausgestattet. Die hierfür entwickelten Startertypen decken einen Leistungsbereich (spezifizierte maximale Leistung) von ca. 2,3 kW bis ca. 10 kW in 12-Volt- und 24-Volt-Bordnetzen ab. Darüber hinaus sind für Sonderanwendungen auch Starter mit bis zu 25 kW und 110 V verfügbar.

Für Großmotoren bis zu 150 *l* Hubraum sind Starter der Baugrößen HEF und TB/TF (kein Einsatz mehr für Neuanwendungen) auch in Parallelstartanlagen einsetzbar, bei denen bis zu drei Starter ihre Leistung auf einen gemeinsamen Zahnkranz abgeben (Bild 2).

Bild 3 und Bild 4 geben einen Überblick über die im Nfz-Bereich eingesetzten Startertypen.

Bild 1: Starter für schwere Nutzfahrzeuge mit vierpoliger elektrisch erregten Gleichstrommaschine.
1 Gleichstrommotor, 2 Untersetzungsgetriebe, 3 Einspursystem mit Einrückrelais,
4 Rollenfreilauf und Starterritzel.

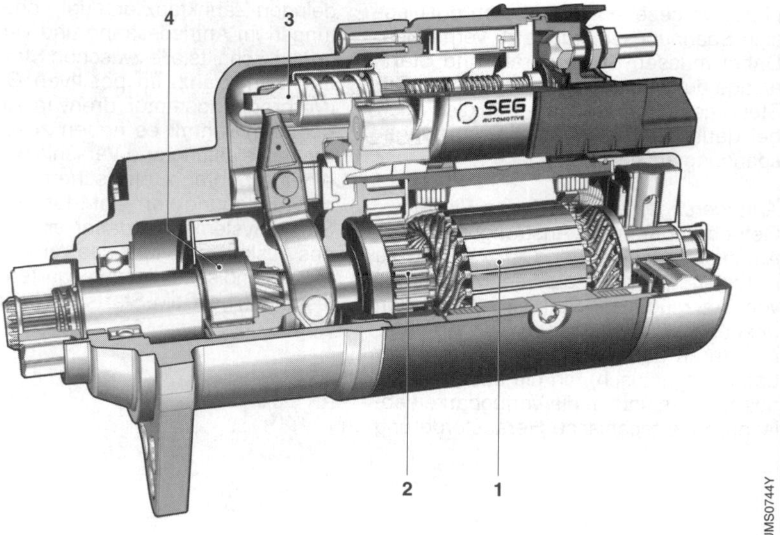

Arbeitsweise

Die Momentenübertragung erfolgt über Rollenfreiläufe, die je nach Startergröße mit dem Ritzel mitbewegt oder ortsfest ausgelegt sind. Um spezielle Anforderungen zu erfüllen, weisen Nutzfahrzeugstarter spezielle Merkmale auf, die nachfolgend beschrieben werden.

Zweistufiges Einspuren

Vor dem eigentlichen Startvorgang wird das Starterritzel in den Zahnkranz eingespurt. Das Startermoment kann erst übertragen werden, wenn das Ritzel eine ausreichende Überdeckung mit dem Zahnkranz erreicht hat.

Um diese Funktion auch bei hohen Startermomenten über die gesamte Lebensdauer verschleißarm sicherzustellen, werden Nutzfahrzeugstarter ab ca. 5 kW Nennleistung mit einem zweistufigen Einspursystem ausgerüstet. Hierbei wird das Starterritzel nach Aktivieren des Schaltrelais (Bild 5) bereits während des Einspurvorgangs langsam verdreht, um in eine Lücke einspuren zu können, bevor der Hauptstrom geschaltet wird und dann das gesamte Startermoment zur Verfügung steht. Das Drehmoment der ersten Einspurstufe wird hierfür durch eine Wicklung im Einrückrelais (Einzugswicklung) reduziert, die als Vorwiderstand zum Elektromotor geschaltet ist (Bild 5a). Bei erfolgreichem Einspuren schaltet die Schaltachse die Einzugswicklung kurz vor Erreichen des Endpunkts über den Öffnerkontakt ab. Kurz danach wird der Hauptstrom über den Hauptkontakt eingeschaltet (Bild 5b).

Bei einigen Startertypen ist die Synchronisation zwischen Ritzelbewegung

Bild 2: Parallelstartanlage.

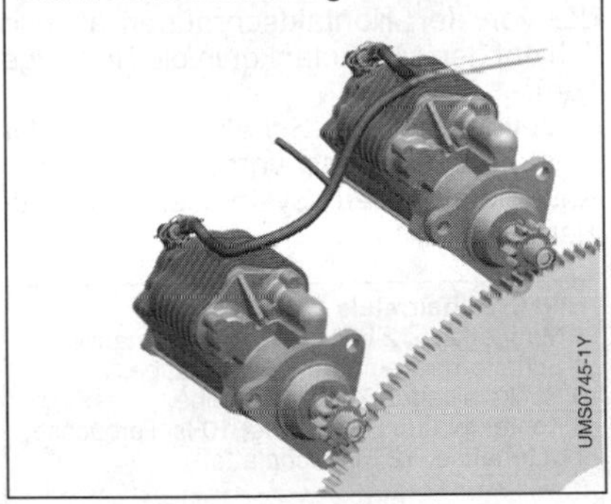

Bild 4: Startertypen für Nfz (12 Volt).

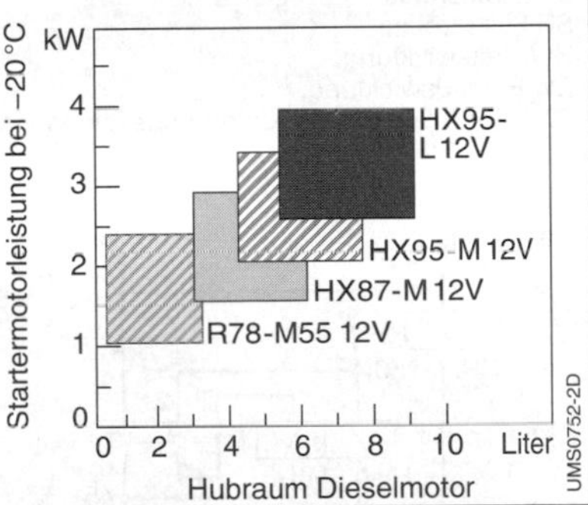

Bild 3: Startertypen für Nfz (24-Volt).

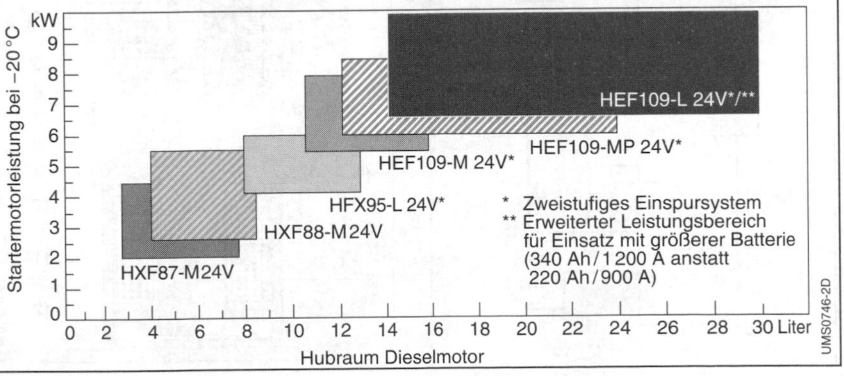

und Hauptkontakten so ausgelegt, dass die erforderliche Einspurtiefe nicht nur dynamisch erreicht wird, sondern auch geometrisch vorgegeben ist. Diese Startertypen führen im Falle einer „Eck auf Eck“-Schaltung zwischen Ritzel und Zahnkranz eine „Blindschaltung“ aus, bei der die zweite Stufe nicht geschaltet wird. Der Startvorgang muss dann vom Bediener (bzw. dem Steuergerät) unterbrochen und wiederholt werden.

Bild 5: Stromfluss beim zweistufigen Einspursystem.
a) Erste Stufe: Vorwiderstand (EW) begrenzt den Ankerstrom → langsames Verdrehen des Ritzels zum Einspuren.
b) Hoher Ankerstrom nach Schließen der Hauptkontakte → Volles Startmoment zum Andrehen des Verbrennungsmotors.
1 Schaltachse,
2 Öffnerkontakt,
3 Hauptkontakt
SR Schaltrelais,
HW Haltewicklung,
EW Einzugswicklung,
30, 31, 45, 50, 50i, 85 Klemmenbezeichnung.

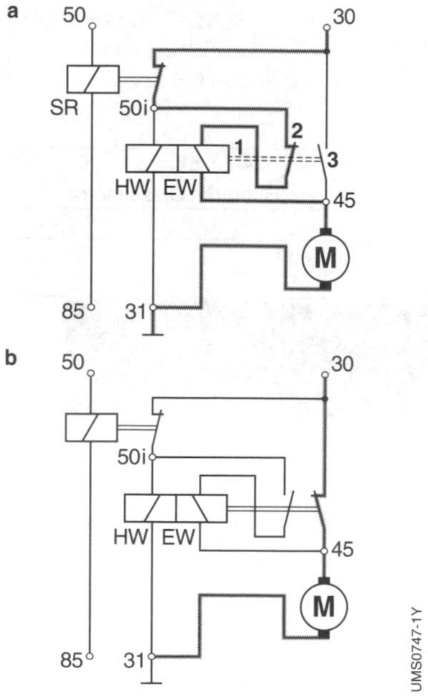

Schaltrelais

Die zur Starteransteuerung erforderlichen Relais-Ansteuerströme betragen bis zu 60 A bei einstufigen Einspursystemen und bis zu 200 A bei zweistufigen Einspursystemen. Um diese Ströme schalten zu können, wird bei allen zweistufigen Systemen ein zusätzliches Schaltrelais („IMR“, Integriertes mechanisches Relais, Bild 6) eingesetzt, das mit einem Ansteuerstrom von ca. 2 A betätigt wird. Dieses Relais ist am Starter angebaut (siehe Bild 7). Es ist ein kompaktes Leistungsrelais, bestehend aus einem Eisenkreis mit Einfachwicklung sowie einem Kontaktsystem mit abgewinkelter Kontaktplatte und zwei Kontaktschrauben. Zur Kontaktgabe zieht der Magnetanker in den erregten Eisenkreis ein und schließt mit der Kontaktplatte den Stromkreis zwischen den beiden Kontaktschrauben. Nach Abschalten des Erregerstroms hebt die Rückstellfeder die Kontaktplatte wieder von den Kontaktschrauben ab und schiebt den Magnetanker in die Ruhelage zurück.

Optional ist das Schaltrelais auch für einstufige Systeme verfügbar, um den Ansteuerstrom auf Systemseite zu reduzieren.

Bild 6: Schaltrelais (IMR).
1 Magnetkern, 2 Wicklung, 3 Magnetanker, 4 Schalterdeckel, 5 Kontaktschraube, 6 Rückstellfeder, 7 Isolierscheibe, 8 Kontaktplatte, 9 Dichtung, 10 Isolierbuchse, 11 Gehäuse, 12 Flanschplatte.

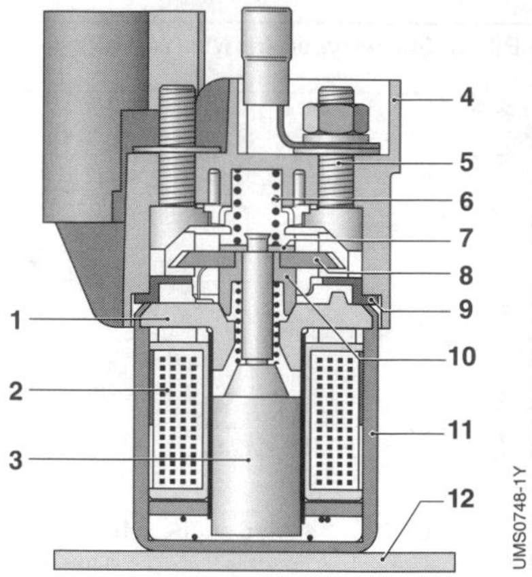

Spezielle Anforderungen für Nfz-Starter

Umgebungsbedingungen

Sowohl bei Anwendungen im Agrar- und Baumaschinensegment als auch im On-Highway-Einsatz wird der Motorraum von Nutzfahrzeugen stark mit Schmutz, Staub und Wasser beaufschlagt. Um eine robuste Funktion unter diesen Randbedingungen sicherzustellen, werden Nutzfahrzeugstarter zunehmend mit freiausstoßendem Einspurtrieb ausgestattet. Der Starter wird hierbei durch einen Wellendichtring zwischen Ritzelschaft und Startergehäuse gegenüber dem Motorraum abgedichtet.

Optional können freiausstoßende Nutzfahrzeugstarter auch komplett gegen Wassereintritt abgedichtet werden, sie sind dann für den Einsatz in gewatetem Zustand oder mit geflutetem Motorraum geeignet. Hierbei wird ein Druckausgleichselement eingesetzt, um umgebungs- und temperaturbedingte Luftdruckschwankungen im Starterinneren abzubauen.

Missbrauchsschutz

Aufgrund vielfältiger Einsatzbedingungen und der Erfordernis maximaler Verfügbarkeit wird in einigen Anwendungen ein Missbrauchsschutz gefordert, der eine Schädigung des Starters durch zu lange Ansteuerung ausschließt.

Hierzu sind Starter für mittlere und schwere Dieselmotoren optional mit einem eingebauten Thermoschalter (Bild 7) im Elektromotor erhältlich, der einen zu lange andauernden Durchdrehvorgang unterbricht, bevor der Starter Schaden durch Überhitzung nehmen kann.

Diese Sicherung arbeitet selbstrückstellend reversibel, d.h., nach Abkühlung des Starters kann ein weiterer Startvorgang eingeleitet werden.

Bei Startern der Baureihen TB/TF sind optional Thermoschalter auch in den Kohlebürsten und in der Relaiswicklung erhältlich, um weitere Betriebsfälle abzusichern.

Bild 7: Starter mit Thermoschalter.
1 Schaltrelais, 2 Einrückrelais,
3 Thermoschalter.

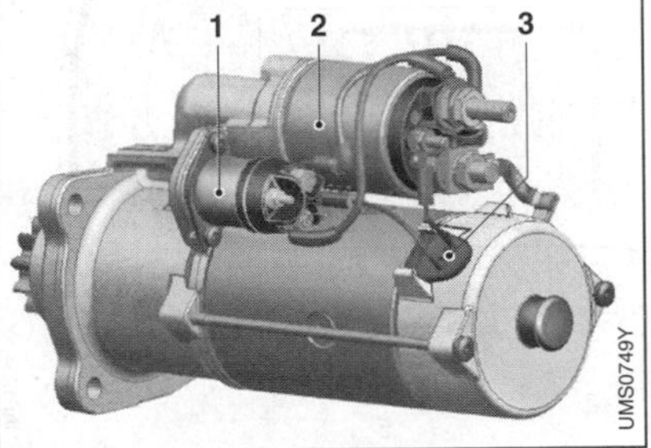

Potentialfreies Gehäuse

Üblicherweise wird in Nutzfahrzeugen und auch bei Pkw das Motorgehäuse oder das Fahrzeugchassis als Massepotential zur elektrischen Verbindung zwischen Batterie und Starter verwendet. In Sonderanwendungen (z.B. in Schiffen, Lokomotiven und Sonderfahrzeugen mit leicht entzündlicher Ladung) besteht jedoch die Forderung nach Potentialfreiheit des Fahrzeugchassis. Hierzu sind Nutzfahrzeugstarter optional mit „isolierter Rückleitung" ausgestattet (Bild 8), bei denen alle Anschlüsse gegenüber dem Startergehäuse isoliert sind.

Die minusseitige Verbindung zum Bordnetz erfolgt dann über eine spezielle Anschlussklemme Kl. 31 mit einer eigenen Versorgungsleitung zum Batterie-Minuspol.

Bild 8: Isolierte Rückleitung.
1 Anschlussklemme 31, 2 Kommutatorlager,
3 Isolierteil.

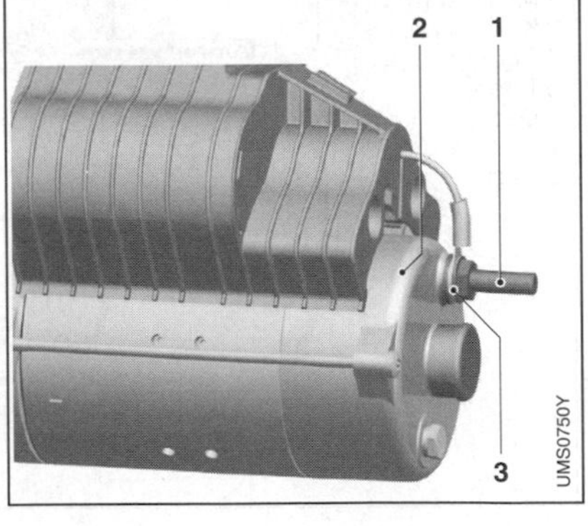

Kabelbäume und Steckverbindungen

Kabelbäume

Anforderungen

Der Kabelbaum stellt die Energie- und Signalverteilung innerhalb eines Kraftfahrzeugs sicher. Ein Kabelbaum im Mittelklasse-Pkw mit mittlerer Ausstattung hat heute ca. 750 verschiedene Leitungen mit einer Gesamtlänge von rund 1 500 Metern (Tabelle 1). In den letzten Jahren hat sich aufgrund ständig steigender Funktionen im Kfz die Anzahl der Kontaktstellen in etwa verdoppelt. Unterschieden wird zwischen Motorraumkabelbäumen sowie zwischen Karosserie-, Front-, Heck-, Cockpit-, Dach-, Tür- und Tankkabelbäumen (Bild 1, Tabelle 2). Vor allem die Motorraumkabelbäume unterliegen hohen Temperatur-, Schüttel- und Medienbeanspruchungen.

Kabelbäume haben einen erheblichen Einfluss auf Kosten und Qualität eines Fahrzeugs. Bei der Kabelbaumentwicklung müssen folgende Punkte beachtet werden:

- Dichtheit gegen Staub und Medien,
- EMV-Kompatibilität,
- Temperaturen,
- Beschädigungschutz der Leitungen,
- Leitungsauslegung,
- Belüftung des Kabelbaums.

Deshalb ist ein frühzeitiges Einbinden der Kabelbaumexperten bereits bei der Systemdefinition erforderlich. Bild 2 zeigt einen Kabelbaum, der als spezieller Ansaugmodulkabelbaum entwickelt wurde. Aufgrund der gemeinsam mit Motor- und Kabelbaumentwicklung optimierten Verlegung und Befestigung konnte ein erheblicher Qualitätsfortschritt sowie Kosten- und Gewichtsvorteile erzielt werden.

Dimensionierung und Werkstoffauswahl

Die wichtigsten Aufgaben für den Kabelbaumentwickler sind:

- Dimensionierung der Leitungsquerschnitte,
- Werkstoffauswahl,
- Auswahl geeigneter Steckverbinder,
- Verlegen der Leitungen unter Berücksichtigung von Umgebungstemperatur, Motorbewegungen, Beschleunigungen und EMV-Einfluss,
- Beachtung des Umfelds, in dem der Kabelbaums verlegt wird (Topologie, Montageschritte bei der Fahrzeugherstellung und Vorrichtungen am Montageband).

Leitungsquerschnitte

Leitungsquerschnitte werden aufgrund zulässiger Spannungsfälle festgelegt. Die untere Querschnittsgrenze wird durch die Leitungsfestigkeit vorgegeben. Üblich ist es, keine Leitungen mit einem Querschnitt kleiner als 0,5 mm^2 einzusetzen.

Bild 1: Kabelbaummodule.
1 Front,
2 Motorraum,
3 Karosserie,
4 Cockpit,
5 Türen,
6 Dach,
7 Tank,
8 Heck.

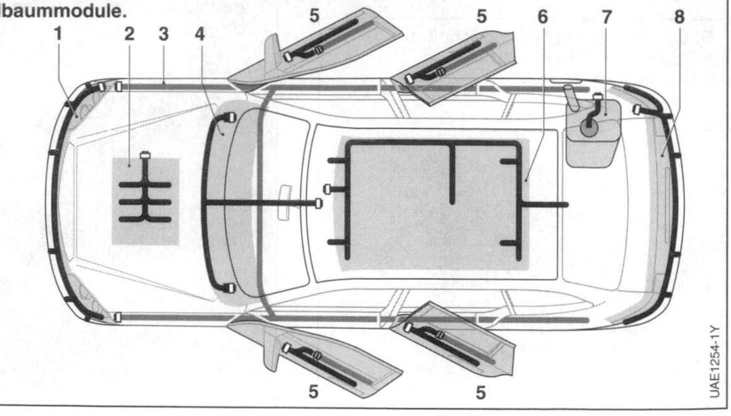

Mit Zusatzmaßnahmen (z.B. Abstützungen, Schutzrohre, Zugentlastungen) ist auch 0,35 mm^2 noch vertretbar.

Werkstoffe

Als Werkstoff für die Leiter wird in der Regel Kupfer aufgrund seiner hohen Leitfähigkeit eingesetzt. In zunehmendem Maße kommt in jüngster Zeit auch Aluminium aufgrund seines Gewichts- und Kostenvorteils vor allem für Leitungsquerschnitte größer 2,5mm^2 verstärkt zum Einsatz. Die Isolationswerkstoffe der Leitungen werden in Abhängigkeit von der Temperatur, der sie ausgesetzt sind, festgelegt. Es müssen Werkstoffe mit entsprechend hoher Dauergebrauchstemperatur ausgewählt werden. Hier muss die Umgebungstemperatur genauso berücksichtigt werden wie die Erwärmung durch den fließenden Strom. Als Werkstoffe werden Thermoplaste (z.B. PE, PA, PVC), Fluorpolymere (z.B. ETFE, FEP) und Elastomere (z.B. CSM, SIR) eingesetzt.

Falls die Leitungen innerhalb der Motortopologie nicht an besonders heißen Teilen (z.B. Abgasleitung, Abgasrückführung) vorbeigeleitet werden, kann als Kriterium zur Auswahl des Isolationswerkstoffs und des Kabelquerschnitts die Deratingkurve des Kontakts mit zugehöriger Leitung herangezogen werden. Die Deratingkurve stellt die Beziehung zwischen Strom, der dadurch hervorgerufenen Temperaturerhöhung und der Umgebungstemperatur des Steckverbinders dar. Sie kann der entsprechenden technischen Kundenunterlage (TKU) des Kontakts entnommen werden. Die in den Kontakten erzeugte Wärme kann üblicherweise nur über die Leitungen abgeführt werden. Zu beachten ist auch, dass bei hohen Einsatztemperaturen (>100 °C) die Kontaktmaterialien den anliegenden mechanischen Spannungen nachgeben

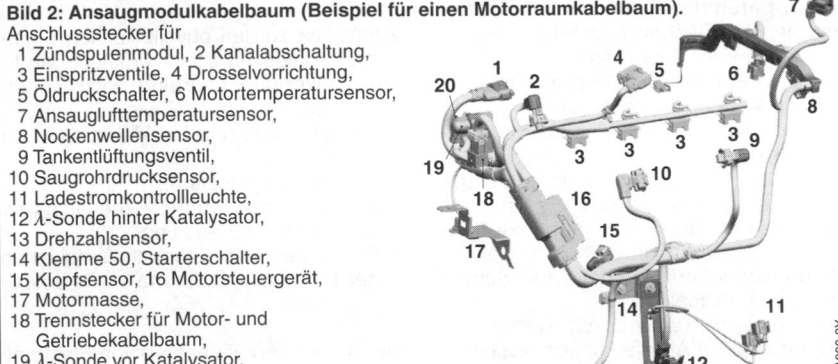

Tabelle 1: Komplexität von Kabelbäumen (typische Werte für gesamten Kabelbaum).

	Kleinfahrzeug	Mittelklasse	Oberklasse
Anzahl Steckverbinder	70	120	250
Anzahl Kontaktstellen	700	1500	3000
Anzahl Leitungen	350	750	1500
Gesamtlänge der Leitungen in Meter	700	1500	3200

Tabelle 2: Daten für Kabelbäume (typische Werte für Fahrzeug mittlerer Ausstattung).

	Karosseriekabelbaum	Cockpitkabelbaum
- verschiedene Module	54	23
- Leitungen	528	57
- verdrillte Leitungen	24	24
- Gesamtlänge (in Meter)	1370	226
- verschiedene Kontaktteile	72	17
- diverse Komponenten (z.B. Steckergehäuse, Kabelschächte, Umhüllungen)	227	63

Bild 2: Ansaugmodulkabelbaum (Beispiel für einen Motorraumkabelbaum).

Anschlussstecker für
1 Zündspulenmodul, 2 Kanalabschaltung,
3 Einspritzventile, 4 Drosselvorrichtung,
5 Öldruckschalter, 6 Motortemperatursensor,
7 Ansauglufttemperatursensor,
8 Nockenwellensensor,
9 Tankentlüftungsventil,
10 Saugrohrdrucksensor,
11 Ladestromkontrollleuchte,
12 λ-Sonde hinter Katalysator,
13 Drehzahlsensor,
14 Klemme 50, Starterschalter,
15 Klopfsensor, 16 Motorsteuergerät,
17 Motormasse,
18 Trennstecker für Motor- und Getriebekabelbaum,
19 λ-Sonde vor Katalysator,
20 Abgasrückführventil.

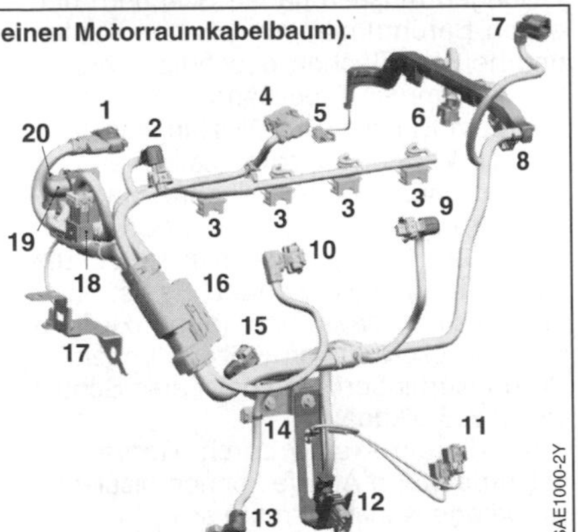

können (Metallrelaxation). Die geschilderten Zusammenhänge können durch größere Leitungsquerschnitte, Einsatz von geeigneten Kontakttypen und edleren Oberflächen (z.B. Gold, Silber) und damit höheren Grenztemperaturen beeinflusst werden. Bei stark schwankenden Stromstärken ist eine anwendungsspezifische Kontakttemperaturmessung oft sinnvoll.

Leitungsverlegung und EMV-Maßnahmen

Bei der Leitungsverlegung ist darauf zu achten, dass Beschädigungen und Leitungsbruch vermieden werden. Dies wird durch Befestigungen und Abstützungen der Kabelbaumäste erreicht. Schwingbelastungen auf Kontakte und Steckverbindungen werden durch Befestigungen des Kabelbaums möglichst nahe am Stecker und möglichst auf gleicher Schwinghöhe reduziert. Die Leitungsverlegung muss in enger Zusammenarbeit mit dem Motoren- oder dem Fahrzeugentwickler erfolgen.

Um EMV-Probleme zu vermeiden, empfiehlt sich die getrennte Verlegung von empfindlichen Leitungen und Leitungen mit steilen Stromflanken unter maximaler Ausnutzung des zur Verfügung stehenden Bauraums. Geschirmte Leitungen sind in der Anfertigung aufwändig und damit teuer. Sie müssen außerdem geerdet werden. Eine kostengünstigere und wirksame Maßnahme ist das paarweise Verdrillen von Signalleitungen.

Leitungsschutz

Leitungen müssen gegen Scheuern und gegen Berührungen an scharfen Kanten und heißen Flächen geschützt werden. Hierzu kommen Tape-Bänder (Klebebänder) zum Einsatz. Der Wicklungsabstand und die Wicklungsdichte bestimmen den Schutz. Häufig werden Rillrohre (Materialeinsparung durch Rillen) mit den jeweiligen Verbindungsstücken zum Schutz der Leitungen verwendet. Es ist aber unerlässlich, dass eine Tape-Fixierung die Beweglichkeit von Einzelleitungen im Rillrohr verhindert. Den optimalen Schutz bieten Kabelkanäle.

Kabelbäume sind durch Tierverbiss gefährdet. Eine Abhilfe können bissfeste, extrudierte Kunststoffrohre sein.

Steckverbindungen

Aufgaben und Anforderungen

Elektrische Steckverbindungen müssen eine zuverlässige Verbindung zwischen verschiedenen Systemkomponenten schaffen und damit die sichere Funktion der Systeme unter allen Einsatzbedingungen gewährleisten. Sie sind so zu gestalten, dass sie den vielfältigen Belastungen während der gesamten Lebensdauer des Kraftfahrzeugs gewachsen sind. Beispiele für solche Belastungen sind

- Schwingbelastungen,
- Temperaturschwankungen,
- hohe und tiefe Temperaturen,
- Feuchtebelastung und Schwallwasser,
- aggressive Flüssigkeiten und Schadgase, sowie
- Mikrobewegung der Kontaktstellen mit daraus folgender Reibkorrosion.

Diese Belastungen können die Übergangswiderstände der Kontakte erhöhen bis hin zur totalen Unterbrechung.

Auch die Isolationswiderstände können sich verringern und dadurch zu Kurzschluss benachbarter Leitungen führen. Elektrische Steckverbindungen müssen somit folgende Eigenschaften aufweisen:

- Geringe Übergangswiderstände der stromführenden Teile,
- hohe Isolationsfestigkeit zwischen den stromführenden Teilen verschiedenen Spannungspotentials,
- hohe Dichtheit gegen Wasser, Feuchte und Salznebel.

Zusätzlich zu den physikalischen Eigenschaften müssen Steckverbindungen für den Anwendungsbereich noch weitere Anforderungen erfüllen, wie

- leichte, fehlerfreie Handhabung in der Kfz-Montage,
- sicherer Verpolschutz,
- sichere und spürbare Verriegelung sowie leichte Entriegelung,
- Robustheit und Automatenfähigkeit bei der Kabelbaumfertigung sowie dessen Transport.

Der hohe Integrationsgrad von Elektronik im Kraftahrzeug stellt an die Automobil-Steckverbindungen hohe Anforderungen.

Sie übertragen nicht nur hohe Ströme (z.B. Ansteuerung von Zündspulen), sondern auch analoge Signalströme mit geringer Spannung und Strömstärke (z.B. Signalspannung des Motortemperatursensors). Die elektrischen Steckverbindungen müssen über die Lebensdauer des Fahrzeugs die Signalübertragung sowohl zwischen den Steuergeräten als auch zu den Sensoren und Aktoren sicherstellen.

Steigende Anforderung der Abgasgesetzgebung und der aktiven Fahrzeugsicherheit erzwingen eine immer präzisere Übertragung der Signale über die Kontaktierstellen der Steckverbindungen. Für die Konzipierung, Auslegung und Erprobung der Steckverbindung müssen viele Parameter berücksichtigt werden (z.B. Umwelteinflüsse, Dichtheit, Kontaktkräfte, Kontaktform, Oberflächenqualität). Die häufigste Ausfallursache einer Steckverbindung ist der durch Vibrationen oder Temperaturwechsel verursachte Verschleiß an der Kontaktstelle. Der Verschleiß verursacht Oxidation. Dadurch steigt der ohmsche Widerstand, die Kontaktstelle wird z.B. bei hohen Strömen thermisch überlastet. Das Kontaktteil kann über den Schmelzpunkt der Kupferlegierung erhitzt werden. Bei hochohmigen Signalkontakten erkennt die Fahrzeugsteuerung häufig einen Plausibiltätsfehler im Vergleich zu anderen Signalen, die Steuerung geht dann in einen Fehlermodus. Durch die in der Abgasgesetzgebung geforderte On-Board-Diagnose (OBD) werden diese Schwachstellen in der Steckverbindung diagnostiziert. Die Fehlerdiagnose in den Service-Werkstätten ist jedoch schwierig, da dieser Defekt als Komponentenausfall angezeigt wird. Der fehlerhafte Kontakt kann nur indirekt erkannt werden.

Tabelle 3: Einsatzgebiete von Steckverbindungen.

	Polzahl	Besonderheiten	Anwendung
Niederpolig	1...10	Keine Fügekraftunterstützung	Sensoren und Aktoren (viele unterschiedliche Anforderungen)
Hochpolig	10...300	Fügekraftunterstützung durch Schieber, Hebel, Modulbauweise	Steuergeräte (mehrere, ähnliche Anforderungen)
Sonderstecker	beliebig	z.B. integrierte Elektronik	Sonderanwendungen (einzelne, abgestimmte Anforderungen)

Für die Konfektionierung der Steckverbindung sind verschiedene Funktionselemente am Steckergehäuse vorgesehen, die ein fehlerfreies und sicheres Fügen der Kabel mit den angeschlagenen Kontakten in die Steckverbindung sicherstellen. Moderne Steckverbindungen haben eine Fügekraft kleiner als 100 N, damit in der Fahrzeugmontage der Stecker mit der Komponenten- oder Steuergeräteschnittstelle vom Montagemitarbeiter sicher gefügt werden kann. Bei zu hohen Steckkräften steigt der Anteil von nicht richtig auf die Schnittstelle aufgesteckten Steckverbindungen. Ein Lösen des Steckers im Fahrzeugbetrieb ist die Folge.

Aufbau und Bauarten

Steckverbindungen haben unterschiedliche Einsatzgebiete (Tabelle 3), die durch die Polzahl und die Umweltbedingungen gekennzeichnet sind. Es gibt vier verschiedene Klassen von Steckverbindungen, die als direkter Motoranbau, motornaher Anbau, Getriebeanbau und Karosserieanbau bezeichnet werden. Ein weiterer Unterschied ist die Temperaturklasse des Einbauorts.

Hochpolige Steckverbindungen

Hochpolige Steckverbindungen werden bei allen Steuergeräten im Fahrzeug eingesetzt. Sie unterscheiden sich in der Polzahl und der Pin-Geometrie (Tabelle 4). Einen typischen Aufbau einer hochpoligen Steckverbindung zeigt Bild 3. Ein Beispiel als Gegenstück des Steckers ist in Bild 4 dargestellt. In der Regel werden die hochpoligen Messerleisten auf der Platine des Steuergeräts eingelötet oder eingestitched.

Die gesamte Steckverbindung ist zur Stiftleiste des zugehörigen Steuergeräts durch eine umlaufende Radialdichtung im Steckergehäuse abgedichtet. Sie sorgt mit drei Dichtlippen für eine sichere Funktion am Dichtkragen des Steuergeräts.

Der Schutz der Kontaktstelle gegen eindringende Feuchtigkeit entlang des Kabels erfolgt durch eine Dichtplatte, durch die die Kontakte mit angecrimmter Leitung geführt werden. Hierfür wird eine Silikongelmatte oder Silikonmatte eingesetzt. Größere Kontakte und Leitungen können auch mit einer Einzeladerabdichtung abgedichtet werden (siehe niederpolige Steckverbindungen).

Bei der Montage des Steckers werden der Kontakt und die Leitung durch die im Stecker vormontierte Dichtplatte geschoben. Der Kontakt gleitet in seine Endposition im Kontaktträger. Der Kontakt verriegelt sich selbstständig durch eine Rastfeder, die in einen Hinterschnitt im Kunststoffgehäuse des Steckers verrastet. Sind alle Kontakte in der Endposition, wird ein Schiebestift eingeschoben, der eine zweite Kontaktsicherung, auch Sekundärverriegelung genannt, sicherstellt. Dies ist eine zusätzliche Sicherung und erhöht die Haltekraft des Kontakts in der Steckverbindung. Weiterhin kann mit der Schiebebewegung die richtige Lage der Kontakte geprüft werden.

Die Bedienkraft der Steckverbindung wird über einen Hebel und einen Schiebermechanismus reduziert. Hierzu werden die in Bild 4 seitlich am Steckerkragen vorgesehenen Bolzen beim Aufstecken des Steckers auf die Schnittstelle von den Kulissen des Schiebers (Bild 3) erfasst. Durch das Umlegen des im Steckergehäuse gelagerten Hebels wird der Schieber über eine Verzahnung quer zur Steckrichtung in das Steckergehäuse eingeschoben und zieht mittels der beid-

Tabelle 4: Flachstecker (Beispiele).

		Pin-Dicke in mm		
		0,4	0,6	0,8
Pin-Breite in mm	0,5	x		
	0,6		x	
	1,2		x	
	1,5		x	
	2,8			x
	4,8			x

Bild 4: Komponentenseite der Steckverbindung.
1 Steckerkragen, 2 Bolzen.

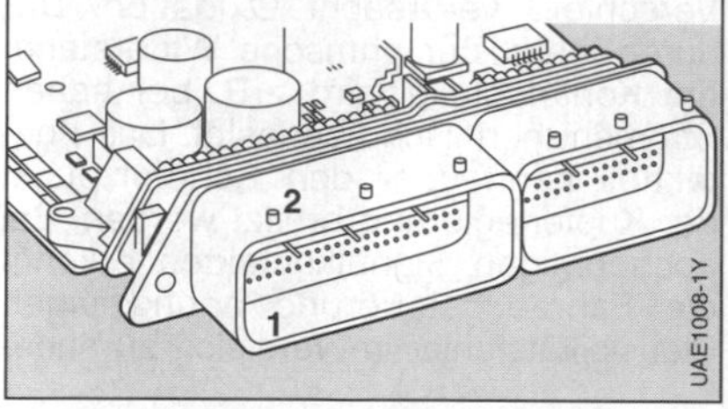

Bild 3: Hochpolige Steckverbindung.
a) Ansicht, b) Schnitt.
1 Druckplatte, 2 Dichtplatte, 3 Radialdichtung, 4 Schiebestift (Sekundärverriegelung), 5 Kontaktträger, 6 Kontakt, 7 Hebel, 8 Schiebermechanismus, 9 Schieberkulissen.

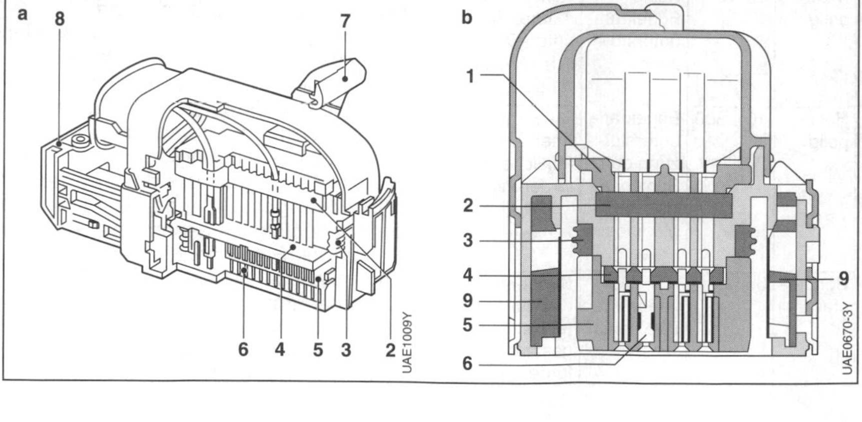

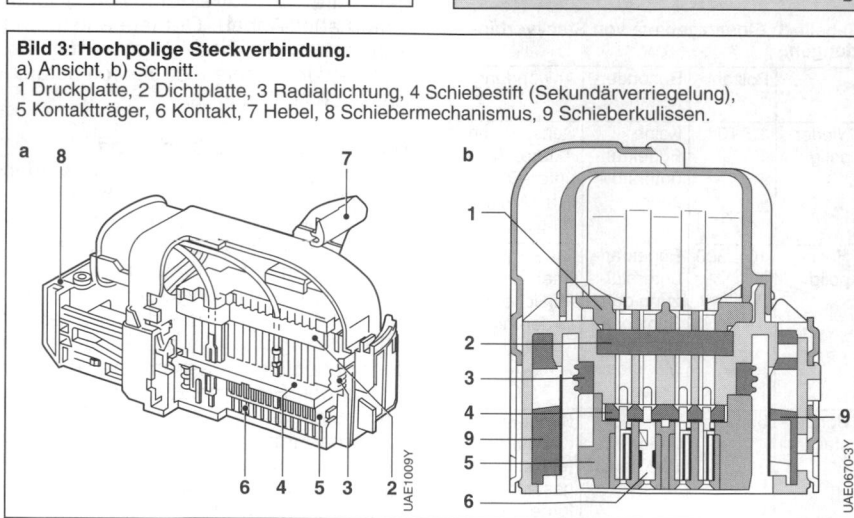

seitigen Kulissen den Stecker an den Bolzen in die Schnittstelle hinein.

Niederpolige Steckverbindungen
Niederpolige Steckverbindungen (Bild 5) werden bei Aktoren (z.B. Einspritzventile) und Sensoren verwendet. Der prinzipielle Aufbau ist ähnlich einer hochpoligen Steckverbindung. Die Bedienkraft der Steckverbindung wird in den meisten Fällen nicht übersetzt.

Niederpolige Stecksysteme werden mit einer Radialdichtung zur Schnittstelle abgedichtet. Die Leitungen werden jedoch mit Einzeladerabdichtungen, die am Kontakt befestigt sind, im Kunststoffgehäuse abgedichtet.

Bild 5: Niederpolige Steckverbindung.
1 Kontaktträger, 2 Gehäuse,
3 Radialdichtung, 4 Schnittstelle,
5 Flachmesser.

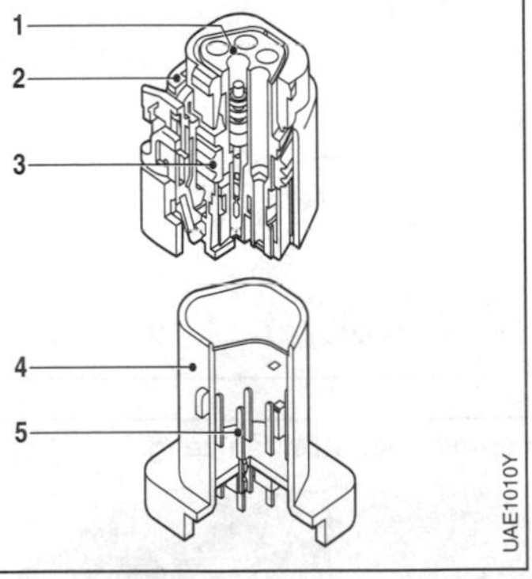

Bild 6: Kontakt.
1 Stahlüberfeder, 2 Einzelader (Litze),
3 Leitercrimp, 4 Isolationscrimp, 5 Mäander,
6 Einzeladerabdichtung.

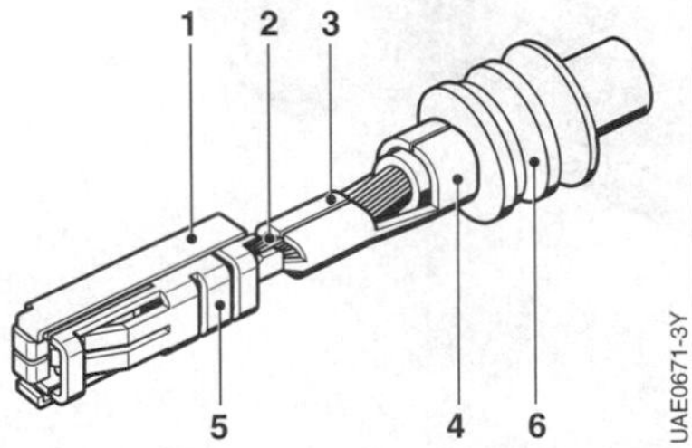

Kontaktsysteme
Das elektrische Kontaktsystem im Inneren einer Steckverbindung wird in der Regel durch einen Buchsenkontakt (auf der Steckerseite) und einen Kontaktstift, oder ein Flachmesser, oder einen Pin (auf der Komponentenseite) gebildet.

Für die unterschiedlichen Einsatzgebiete der Steckverbindungen von Bosch gibt es verschiedene Typenreihen. In diesen sind je nach Einsatzbedingungen die speziell dafür geeigneten Kontakte eingesetzt. Bild 6 stellt beispielhaft einen zweiteiligen Kontakt dar, der im Kraftfahrzeug an besonders vibrationsbelasteten Komponenten verwendet wird.

Das Innenteil – der stromführende Teil – wird aus einer hochwertigen Kupferlegierung gestanzt. Es wird durch eine Stahlüberfeder geschützt, gleichzeitig erhöht diese durch ein nach innen wirkendes Federelement die Kontaktkräfte des Kontakts. Durch eine ausgestellte Rastlanze aus der Stahlüberfeder wird der Kontakt in das Kunststoffgehäuseteil eingerastet.

Kontakte werden je nach Anforderung mit Zinn, Silber oder Gold beschichtet. Zur Verbesserungen des Verschleißverhaltens der Kontaktstelle werden nicht nur verschiedene Kontaktbeschichtungen verwendet, sondern auch verschiedene Bauformen. Zur Entkoppelung der Kabelschwingungen zum Kontaktpunkt werden verschiedene Entkoppelungsmechanismen in das Kontaktteil integriert (z.B. mäanderförmige Gestaltung der Zuleitung).

Die Kabel werden über einen Crimpprozess an den Kontakt angeschlagen. Die Crimpgeometrie am Kontakt muss auf das jeweilige Kabel abgestimmt sein. Für den Crimpprozess werden Handzangen oder vollautomatische prozessüberwachte Crimppressen mit den kontaktspezifischen Werkzeugen angeboten.

Elektromagnetische Verträglichkeit

Anforderungen

Elektromagnetische Verträglichkeit (EMV) bezeichnet allgemein den Zielzustand, dass sich elektrotechnische Geräte und moderne Technologien (z.B. Funksysteme) nicht durch elektrische, magnetische oder elektromagnetische Effekte ungewollt gegenseitig beeinflussen.

Gerade auch in der Kraftfahrzeugelektronik steigt die Bedeutung der elektromagnetischen Verträglichkeit weiter durch die Zunahme der elektrischen Ausrüstung und den Einsatz von neuen Technologien, wie z.B. Elektro- und Hybridantrieben mit neuen Energiespeichern (z.B. Hochleistungsbatterien und Brennstoffzellen) einerseits und von Systemen der mobilen Kommunikation (z.B. Telefon, Navigation und Internet) andererseits. Das führt zu einer zunehmend höheren Komplexität im modernen Automobil (Bild 1).

Die im Fahrzeug eingebauten elektronischen Systeme des Antriebsstrangs (z.B. Motor- und Getriebesteuerung, elektrischer Antrieb), der Sicherheitstechnik (z.B. Antiblockiersystem, Fahrdynamikregelung, Airbag), der Komfortelektronik (z.B. Klimatisierung, elektrische Verstelleinrichtungen) und der mobilen Kommunikation (z.B. Rundfunk, Navigation, Internet) sind in enger räumlicher Nachbarschaft angeordnet. Die damit verbundene hohe Dichte und Anzahl von schnell schaltenden, leistungsstarken elektronischen Komponenten einerseits und die Anforderungen der modernen Kommunikation andererseits stellen hohe und teilweise neue Herausforderungen an die Sicherstellung der elektromagnetischen Verträglichkeit dar (Bild 2).

Bild 2: Elektromagnetische Verträglichkeit im Kraftfahrzeug.

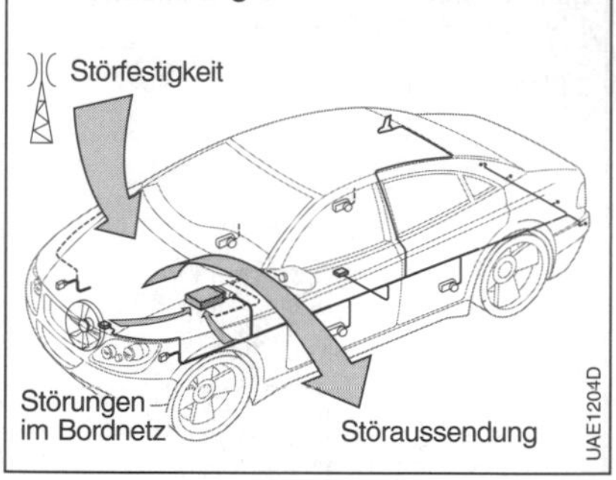

Bild 1: Elektronische Systeme und Kabelbaum im modernen Kraftfahrzeug.

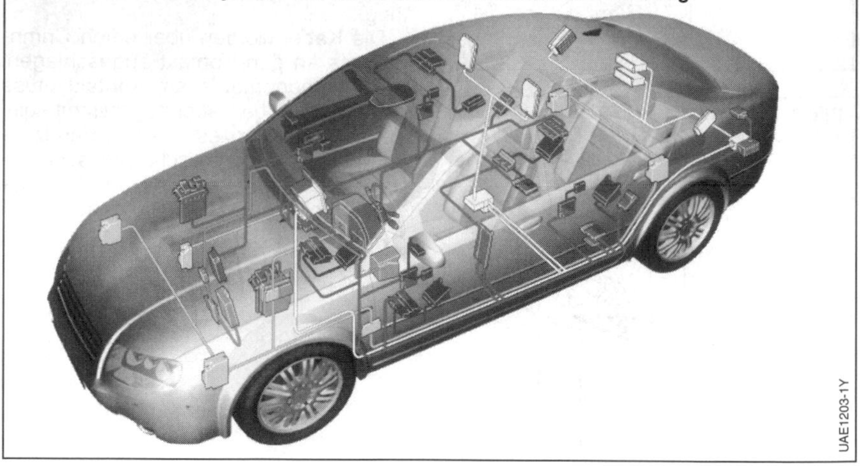

Störaussendung und Störfestigkeit

Störquellen im Gleichspannungsbordnetz

Bordnetzwelligkeit

Beim klassischen Fahrzeug mit Verbrennungsmotor speist der Generator des Fahrzeugs einen gleichgerichteten Drehstrom in das Bordnetz. Trotz Glättung durch die Fahrzeugbatterie bleibt eine Restwelligkeit bestehen. Zusätzlich kommt es durch den Energiebedarf der elektrischen und elektronischen Systeme zu einer Beeinflussung der Gleichspannungsversorgung.

Die Amplitude der Bordnetzwelligkeit hängt von der Belastung des Bordnetzes und der Verkabelung ab. Ihre Frequenz ändert sich mit der Drehzahl des Generators und dem Verhalten der Verbraucher. Die Grundschwingung liegt im Kilohertz-Bereich. Auf galvanischem oder induktivem Wege in Audiosysteme eingekoppelt, macht sich die Welligkeit als Heulton in der Lautsprecheranlage bemerkbar.

Impulse im Bordnetz

Beim Schalten von Verbrauchern entstehen auf den Versorgungsleitungen Spannungsimpulse. Sie dringen einerseits unmittelbar über die Spannungsversorgung (durch galvanische Koppelung, Bild 3a) und andererseits mittelbar durch Einkoppelung über Verbindungsleitungen in Nachbarsysteme ein (durch induktive und kapazitive Koppelung, Bild 3b und Bild 3c). Diese ungewollten Störimpulse können zu Fehlfunktionen bis hin zur Zerstörung der Nachbarsysteme führen. Die als Störgrößen wirksamen Signalformen und Signalamplituden hängen von der Bordnetzauslegung, z.B. von dem Massekonzept, der Lage der Kabelbäume und der einzelnen Leitungen im Kabelbaum ab.

Die Vielzahl der im Fahrzeug auftretenden Impulse wird in typische Impulsformen klassifiziert. Wesentliche Parameter sind dabei die Impulsamplitude, die Signalanstiegs- und Signalabfallszeiten sowie der Innenwiderstand der Impulsquelle. Durch eine geeignete Abstimmung der zulässigen Werte für die Störaussendung der Störquellen und der geforderten Werte für die Störfestigkeit wird sichergestellt, dass kein unzulässiges Verhalten der elektronischen Systeme auftritt, ohne dass ein unnötig hoher Aufwand bei der Entstörung getrieben wird. Dabei sind unterschiedliche Konzepte denkbar; z.B. kann eine höhere Störaussendung für die elektrischen Steller und Motoren als typische Impulsquellen zugelassen werden, wenn die elektronischen Komponenten

Bild 3: Galvanische, kapazitive und induktive Koppelung.
a) Galvanische Koppelung von Störsignalen,
b) kapazitive Koppelung von Störsignalen,
c) induktive Koppelung von Störsignalen.
Z_i Innenwiderstand, Z_a Abschlusswiderstand,
u_1, u_2 Spannungsquellen, u_s Störspannung,
R_E Eingangswiderstand,
C_E Eingangskapazität,
$C_{1,2}$ Kapazität zwischen beiden Leitern,
L_1, L_2 Induktivität der Leiter,
M induktive Koppelung,
Z_K Koppelimpedanz.

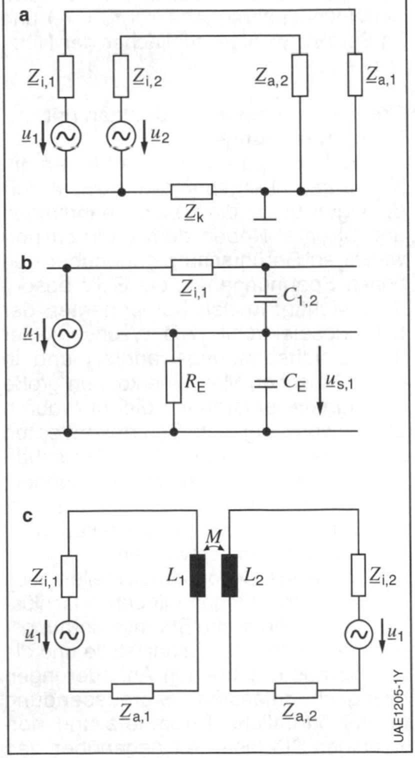

wie Steuergeräte und Sensoren entsprechend störfest ausgelegt werden.

Störsenken

Die elektronischen Steuergeräte und Sensoren sind Störsenken für von außen in das System eindringende Störsignale aus dem Fahrzeugbordnetz (Bild 2). Die Störsignale stammen aus den benachbarten Systemen im Fahrzeug. Fehlfunktionen treten auf, wenn das System nicht in der Lage ist, Nutz- und Störsignale zu trennen. Die Möglichkeiten der Beeinflussung hängen von den Eigenschaften von Nutz- und Störsignal ab.

Ist die Signalcharakteristik eines Störsignals ähnlich der Charakteristik eines Nutzsignals – z.B. ein pulsförmiges Störsignal mit einer Frequenz, wie sie auch bei einem Nutzsignal auftritt – kann bei der Auswertung in den elektronischen Steuergeräten nicht zwischen Nutz- und Störsignal unterschieden werden. Kritisch sind dabei Frequenzen im Bereich der Nutzsignalfrequenzen ($f_S \approx f_N$) und im Bereich weniger Vielfacher der Nutzfrequenz.

Besonderheiten in Bordnetzen mit hohen Spannungen

Bei Hybrid- und Elektroantrieben im Kraftfahrzeug ergeben sich neue Anforderungen durch die hohen Spannungen und Ströme. Neben dem dadurch notwendigen Berührschutz gegenüber den hohen Spannungen ist die EMV besonders wichtig. In den Komponenten der Leistungselektronik (z.B. Wechselrichter und Gleichspannungswandler) und in der elektrischen Maschine können große Störsignale entstehen, die nur durch die Anwendung von Schirmkonzepten zusammen mit geeigneten Filterschaltungen soweit reduziert werden können, dass weiterhin die erforderlichen Grenzwerte für die mobile Kommunikation im Fahrzeug eingehalten werden.

Eine weitere Besonderheit stellen auch die Ladeeinrichtungen mit den Anschlüssen an das öffentliche Stromversorgungsnetz dar. Auch diese Schnittstelle und die sich daraus ergebenden Anforderungen bezüglich zulässiger Störaussendung in das öffentliche Stromnetz und notwendiger Störfestigkeit gegenüber den zulässigen Störsignalen im öffentlichen Stromnetz müssen im Rahmen der Gesamtauslegung der Bordnetze mit hohen Spannungen berücksichtigt werden.

Hochfrequente Schwingungen im Bordnetz

Neben der niederfrequenten Bordnetzwelligkeit und den Bordnetzimpulsen entstehen in vielen elektromechanischen und elektronischen Komponenten durch Schaltvorgänge von Spannungen und Strömen hochfrequente Schwingungen. Beispiele hierfür sind Kommutierungsvorgänge in Bürstenmotoren oder in elektronisch kommutierten Elektromotoren, Ansteuerung von Endstufen oder Schaltkreise der Digitalelektronik (z.B. Rechnerkern eines Steuergeräts). Über die angeschlossenen Leitungen, besonders die Versorgungsleitungen, können sich diese Schwingungen mehr oder weniger bedämpft ins Bordnetz ausbreiten und wiederum leitungsgebunden über die Versorgungsleitungen oder über die kapazitive und induktive Verkoppelung im Kabelbaum in die Systeme der Kommunikationselektronik gelangen.

Je nachdem, ob das gemessene Spektrum der Störspannung einen mehr oder weniger kontinuierlichen Verlauf hat oder sich aus diskreten Linien zusammensetzt, spricht man von Breitbandstörern oder von Schmalbandstörern. Als Breitbandstörer wirken z.B. Elektromotoren in Wischerantrieben, in Verstellsystemen, in Lüftern, in der Kraftstoffpumpe oder in Generatoren, aber auch bestimmte elektronische Komponenten. Schmalbandstörer sind z.B. elektronische Steuergeräte mit Mikroprozessoren. Diese Zuordnung hängt von der genutzten Bandbreite des zu betrachtenden Funkdienstes beziehungsweise von der bei der Messung verwendeten Bandbreite im Vergleich zu den Signaleigenschaften der Störung ab. Die unterschiedlichen Störsignale führen auch zu unterschiedlichen Störauswirkungen in den analogen und digitalen Funksystemen.

Störungen können über die Leitungen im Kabelbaum und daraus folgend über die Versorgungs- und Signalanschlüsse sowie in die Anschlussleitungen der Antennen gelangen. Sie können aber auch

Bild 4: Zeitsignal und Spektrum für einen Trapezpuls.
a) Abhängigkeit von der Zeit,
b) Abhängigkeit von der Frequenz.
T Periodendauer,
T_r Anstiegszeit (von 10 % auf 90 %),
T_f Abfallzeit (von 90 % auf 10 %),
T_i Impulsdauer,
A_0 Amplitude,
$\hat{u}$ Impulsamplitude,
f_0 Grundfrequenz des Zeitsignals,
f_{n-1} Oberwellen,
f_{min} periodische Minima,
f_g Eckfrequenzen,
k Tastverhältnis,
n Nummer der n-ten Oberwelle,
m Linienzahl zwischen Minima,
H Hüllkurve,
Dek Dekade.

$f_0 = \frac{1}{T}$, $\quad k = \frac{T}{T_i}$,

$f_{n-1} = \frac{n}{T} = n f_0$, $\quad f_{min} = \frac{n}{T_i}$,

$f_{g1} = \frac{1}{\pi T_i}$, $\quad f_{g2} = \frac{1}{\pi T_r}$,

$m = \frac{T}{T_i}$, $\quad A_0 = 2 \hat{u} T_i$.

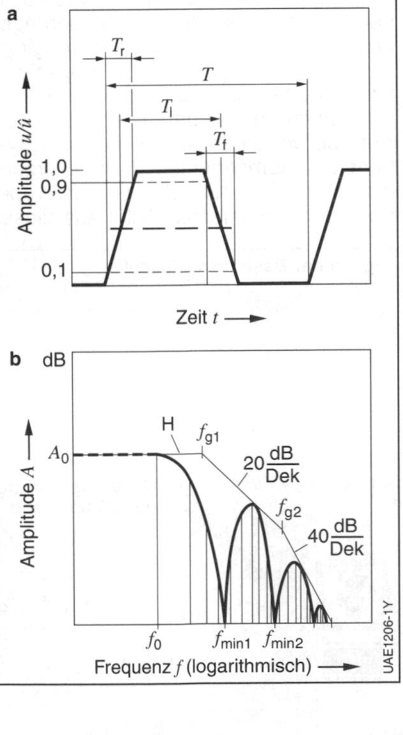

direkt über die Antennen empfangen werden und so genauso wie die gewollten Nutzsignale in die Empfängerschaltungen der Geräte der mobilen Kommunikation gelangen. Diese hochfrequenten Störungen können die Kommunikationssysteme im Fahrzeug nachhaltig stören, weil sie häufig im Frequenz- und Amplitudenbereich des Nutzsignals liegen. Besonders kritisch sind dabei die Schmalbandstörungen, da sie eine dem Spektrum von Sendern sehr ähnliche Signalcharakteristik aufweisen (Bild 4).

Elektrostatische Entladungen

Das Themengebiet „Gefährdung von Bauelementen und elektronischen Schaltungen durch elektrostatische Entladungen (ESD)" gehört ebenfalls zum Arbeitsgebiet der EMV. Hier geht es darum, die Bauelemente und Geräte vor Störung oder Zerstörung durch Aufladung des Menschen oder von Maschinenteilen (berührbare Komponenten) im Betrieb, in der Produktion und im Service zu schützen. Dazu müssen einerseits bei der Handhabung entsprechende Maßnahmen getroffen werden und andererseits die Geräte so ausgelegt werden, dass die durch elektrostatische Aufladungen auftretenden Spannungen von bis zu mehreren Tausend Volt auf verträgliche Spannungen reduziert werden.

Störfestigkeit gegenüber elektromagnetischen Feldern

Störquellen und Senken

Fahrzeuge und damit deren elektronische Ausrüstung werden im Betrieb unterschiedlichen elektromagnetischen Wellen ausgesetzt, beispielsweise von Rundfunk-, Fernseh- und Mobilfunksendern, die ortsfest oder auch im selben oder benachbarten Fahrzeug betrieben werden. Die elektronischen Schaltungen dürfen nicht durch die elektromagnetischen Felder der Sender und durch die daraus entstehenden ungewollten Spannungen und Ströme gestört werden.

Die Vielzahl der Leitungen im Kabelbaum, aber auch die geräteinternen Strukturen wie Leiterplatten in Steuergeräten oder Aufbau- und Verbindungstechnik in Aktoren, wirken als Antennenstruktur. Sie nehmen die Sendersignale abhängig von den geometrischen Abmessungen und den Frequenzen der elektromagnetischen Welle auf und leiten diese zu den Halbleiterbauelementen. Die unmodulierten und die modulierten Hochfrequenzsignale können an den *pn*-Übergängen in den Halbleiterbauelementen demoduliert werden. Dies kann zu Pegelverschiebungen wegen des Gleichanteils oder zur Überlagerung von zeitlich veränderlichen Störsignalen wegen der demodulierten NF-Anteile des Störsignals führen. Die Trägerfrequenz $f_{\mathrm{S,HF}}$ ist in der Regel sehr viel höher als die Nutzfrequenzen f_{N}. NF-Anteile des Störsignals sind besonders kritisch, wenn deren Frequenz $f_{\mathrm{S,NF}}$ im Bereich der Nutzfrequenzen f_{N} liegen. Auch Störsignale mit sehr viel niedrigeren Frequenzen als die Nutzsignale können zu Störungen aufgrund von Intermodulationen führen.

Die elektronischen Komponenten müssen so ausgelegt werden, dass durch die extern erzeugten Störsignale in den elektronischen Schaltungen keine Funktionsbeeinträchtigungen hervorgerufen werden.

EMV-gerechte Entwicklung

Die Bedeutung einer EMV-gerechten Entwicklung in der Kfz-Elektronik nimmt auf allen Ebenen (siehe V-Modell) zu. Die Sicherstellung der EMV des Fahrzeugs hat heute Einfluss auf die Auslegung der Halbleiterbauelemente, der Module inklusive der geeigneten Aufbau- und Verbindungstechnik der Komponenten und Systeme, sowie auf die Konfiguration des Gesamtfahrzeugs. Das EMV-gerechte Design ist damit integraler Bestandteil eines modernen Entwicklungsprozesses auf allen Ebenen. Eine nachträgliche Entstörung ist heute in der Regel nicht mehr möglich oder zumindest extrem aufwändig.

EMV-Anforderungsanalyse

Zu Beginn einer Entwicklung eines neuen elektronischen Systems für das Kraftfahrzeug müssen zunächst die einzuhaltenden Anforderungen analysiert und in den Lastenheften festgeschrieben werden (Bild 5). Der Fahrzeughersteller erstellt dazu EMV-Anforderungsdokumente, in denen er die gesetzlichen Anforderungen und die Erwartungen der Fahrzeugkunden berücksichtigt. Diese EMV-Spezifikationen beinhalten die Anforderungen an das Fahrzeug und daraus abgeleitet die Anforderungen an die elektrischen Systeme und Komponenten, die im Fahrzeug eingesetzt werden. Der System- oder Komponentenhersteller leitet aus diesen

Bild 5 : Anforderungsanalyse und EMV-Entwicklung auf der Basis des V-Modells.

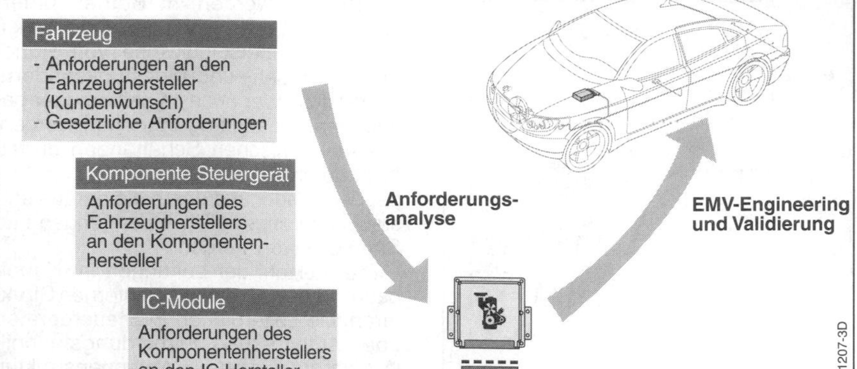

Anforderungen die Anforderungen an seine Komponenten ab und spezifiziert seinerseits die Anforderungen an die Konstruktionselemente, elektronischen Schaltungen und Halbleiterbauelemente. IC- und Bauelementehersteller bekommen schließlich daraus abgeleitet die Anforderungen für ihre Produkte.

EMV-Entwicklung und -Verifikation

Bei der Entwicklung müssen diese Anforderungen in den Lastenheften von Anfang an auf allen Ebenen definiert (Bild 5, siehe auch V-Modell) und frühzeitig bei der Auslegung des Gesamtfahrzeugs berücksichtigt werden (z.B. Kabelbaumkonfiguration und Lage im Fahrzeug, Spannungsversorgungs- und Massekonzept, Einbauort der elektronischen Komponenten). Die aus den Fahrzeuganforderungen abgeleiteten Anforderungen müssen entsprechend beim System- und Komponentendesign berücksichtigt werden (z.B. Topologie des Systems, Schaltungsauslegung, Gehäusekonstruktion, Leiterplattenlayout, Aufbau und Verbindungstechnik). Ebenso berücksichtigt der Bauelementehersteller die EMV-Anforderungen beim IC-Design oder bei der Filterauslegung. Während des Entwicklungsprozesses wird die Wirksamkeit der einzelnen Entwicklungsschritte verifiziert, indem z.B. unterschiedliche Muster messtechnisch beurteilt oder Variantenstudien durch Einsatz von numerischen Simulationsverfahren durchgeführt werden.

EMV-Validierung

Als Abschluss der EMV-Entwicklung erfolgt eine Validierung zum Nachweis, dass die in den Pflichtenheften und daraus abgeleiteten Lastenheften festgelegten Anforderungen eingehalten werden. Diese Validierung wird meistens unter Anwendung standardisierter Messverfahren gemäß den gesetzlichen Vorgaben, den Normen und den EMV-Spezifkationen der Komponenten- und Fahrzeughersteller durchgeführt. Die durchzuführenden Messungen, die verwendeten Betriebszustände und die einzuhaltenden Grenzwerte werden in einem Testplan niedergeschrieben und die Ergebnisse in einem Qualifizierungsbericht dokumentiert.

EMV-Messtechnik

EMV-Messtechnik ist einerseits ein wichtiges Instrument im Rahmen der EMV-gerechten Entwicklung. Durch die Anwendung geeigneter Messverfahren wird die Wirksamkeit von Designmaßnahmen wie Auswahl geeigneter Halbleiterbauelemente, Schaltungsauslegung, Leiterplattenlayout, Aufbau- und Gehäusekonstruktion erarbeitet und überprüft. Andererseits dienen die EMV-Messverfahren zur Beurteilung der Einhaltung von EMV-Anforderungen im Rahmen der Freigabe der Komponenten und Fahrzeuge sowie zur Einhaltung der gesetzlichen Anforderungen.

Für die Überprüfung der Störfestigkeit und der Störaussendung wird eine Vielzahl von Messmethoden angewendet. Sie lassen sich grob nach der Art der Beurteilung von Störphänomenen in Verfahren einteilen, die im Zeitbereich arbeiten (typische Mess- und Prüfgeräte sind Impulsgeneratoren und Oszilloskope) und in Verfahren, die im Frequenzbereich arbeiten (typische Mess- und Prüfgeräte sind Sinusgeneratoren, Messempfänger und Spektrumanalysatoren).

Die Störsignale werden in der Messtechnik für die Störaussendung üblicherweise als bezogene Größen in dB (Dezibel) angegeben, die Werte für die Störbeeinflussung (Impulsamplituden, Senderfeldstärken) werden meist direkt angegeben (Tabelle 1).

Tabelle 1: Messwertangaben.

Physikalische Größe	Bezugsgröße	Einheit	Berechnung
	Störaussendung		
Spannung L_U	1 µV	dB(µV)	L_U = 20 lg (U/1 µV)
Strom L_I	1 µA	dB(µA)	L_I = 20 lg (I/1 µA)
Feldstärke L_E	1 µV/m	dB(µV/m)	L_E = 20 lg (E/1 µV/m)
Leistung L_P	1 mW	dB(mW)	L_P = 10 lg (P/1 mW)
	Störfestigkeit		
Spannung U	–	V	–
Strom I	–	A	–
Feldstärke E	–	V/m	–
Feldstärke H	–	A/m	–
Leistung P	–	W	–

EMV-Messverfahren

Die EMV-Messverfahren sind in entsprechenden Normen beschrieben und gliedern sich in Verfahren für das gesamte Fahrzeug, für die Komponenten und Systeme (z.B. Steuergeräte, Sensoren und Aktoren) und für integrierte Schaltungen und Module.

IC-Messverfahren
Bei der messtechnischen Beurteilung von integrierten Schaltungen (IC) verwendete Verfahren sind so ausgelegt, dass möglichst nur das eigentliche Bauelement beurteilt wird und nicht die Kombination des Bauelements mit einer Peripherieschaltung und größeren Leitungsstrukturen. Ziel ist dabei, eine Aussage für das EMV-Verhalten eines IC zu bekommen, unabhängig von unterschiedlichen Anwendungen, z.B. um verschiedene IC gleichen Typs vergleichen zu können. Die dafür standardisierten Messverfahren gliedern sich in leitungsgebundene und gestrahlte Messverfahren für die Störaussendung (IEC 61967, siehe Tabelle 3), Störfestigkeit gegenüber elektromagnetischen Feldern (IEC 62132, siehe Tabelle 3) und Messverfahren für Impulsaussendung und Beeinflussung (IEC 62215, siehe Tabelle 3) sowie ESD (Elektrostatische Entladungen). Bild 6 zeigt als ein Beispiel die Messschaltung für die Messung leitungsgebundener Störungen an einzelnen IC-Pins.

Komponentenmessverfahren
Zur Beurteilung von Geräten im Labor werden gemäß den Störphänomenen leitungsgebundene und gestrahlte Messverfahren angewendet. Die Prüflinge werden immer unter standardisierten Bedingungen betrieben. Die Spannungsversorgung erfolgt über Bordnetznachbildungen, die einen einheitlichen Kabelbaum simulieren. Der Messaufbau wird meist auf einem Labortisch mit einer Masseplatte realisiert. Der Prüfling wird mit einer Messperipherie verbunden, die einen realitätsnahen Betrieb des Prüflings sicherstellt. Um eine Entkoppelung zur Umgebung sicherzustellen, wird der Messaufbau in einem geschirmten Raum betrieben.

Leitungsgebundene Störungen
Hochfrequente Störspannungen auf den Versorgungsleitungen werden in der Netznachbildung kapazitiv ausgekoppelt, Störströme mit geeigneten Strommessspulen erfasst (CISPR 25, siehe Tabelle 2).

Bild 6: IC-Messungen, leitungsgebundene Störaussendung (IEC 61967-4).

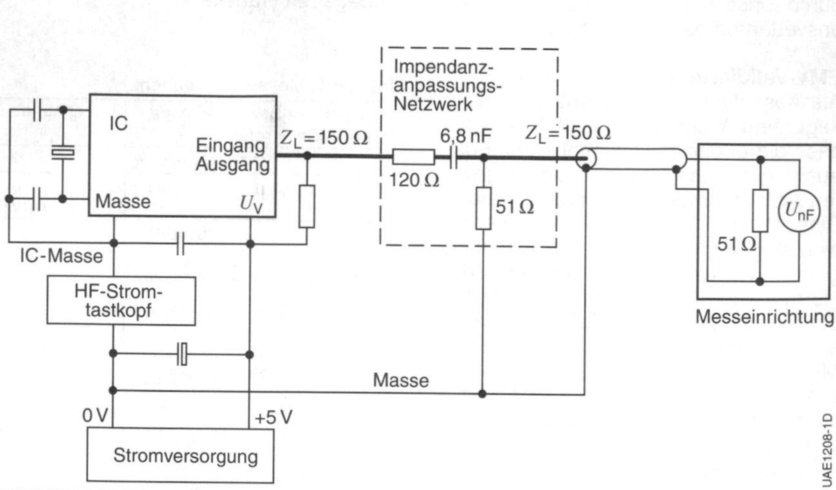

Die Störfestigkeit gegenüber impulsförmigen Störgrößen wird mit speziellen Impulsgeneratoren durchgeführt, mit denen die standardisierten Prüfimpulse (ISO 7637-2, siehe Tabelle 2) erzeugt werden können. Die Einkoppelung von impulsförmigen Störungen auf Signal- und Steuerleitungen wird mit einer kapazitiven Koppelzange oder induktiv mit einer Stromkoppelspule nachgebildet (ISO 7637-3). Die Störaussendung wird ähnlich wie die hochfrequenten Störaussendungen in einem standardisierten Prüfaufbau unter Anwendung von geeigneten Schaltern und Oszilloskopen durchgeführt.

Hochfrequente Störeinkoppelung und Störaussendung

Störfestigkeitsprüfung

Für die Einkoppelung von elektromagnetischen Wellen werden für Komponentenmessungen TEM-Wellenleiter wie die Stripline und die TEM-Zelle (TEM, Transversales Elektromagnetisches Feld, Transversal Electromagnetic Mode) oder das Stromeinkopplunsverfahren BCI (Bulk Current Injection) angewendet und die Bestrahlung mit Antennen eingesetzt.

Der prinzipielle Messaufbau besteht dabei immer aus dem Koppelelement für die Hochfrequenz in einem geschirmten Messraum, dem Prüfling mit Kabelbaum und Messperipherie sowie den Geräten für die Erzeugung der Hochfrequenz und die Messwerterfassung (Bild 7).

Bei der Stripline (ISO 11452-5, siehe Tabelle 2) wird der Kabelbaum zwischen einem streifenförmigen Leiter und einer Grundplatte in Ausbreitungsrichtung der elektromagnetischen Welle angeordnet. Bei der TEM-Zelle (ISO 11452-3) wird der Prüfling mit einem Rumpfkabelbaum quer zur Ausbreitungsrichtung der elektromagnetischen Welle positioniert. Beim BCI-Verfahren (ISO 11452-4) wird mit Hilfe einer Stromzange ein HF-Strom auf dem Kabelbaum eingeprägt.

Bei der Bestrahlung des Messaufbaus werden die Sendeantennen an verschiedenen Antennenstandorten aufgestellt. Dadurch wird sowohl die Einkoppelung der elektromagnetischen Felder in den Kabelbaum als auch die Einkoppelung in den Prüfling selber nachgebildet.

Diese und weitere Messverfahren, zum Beispiel für die Prüfung mit niederfrequenten magnetischen Feldern (ISO11452-8) und Prüfverfahren zur Nachbildung der Störeinkoppelung von mobilen Sendern im Nahbereich (ISO 11452-9) sind in den verschiedenen Teilen der ISO 11452 beschrieben (Tabelle 2).

Bild 7: Prinzipieller Aufbau für Störfestigkeitsprüfungen.

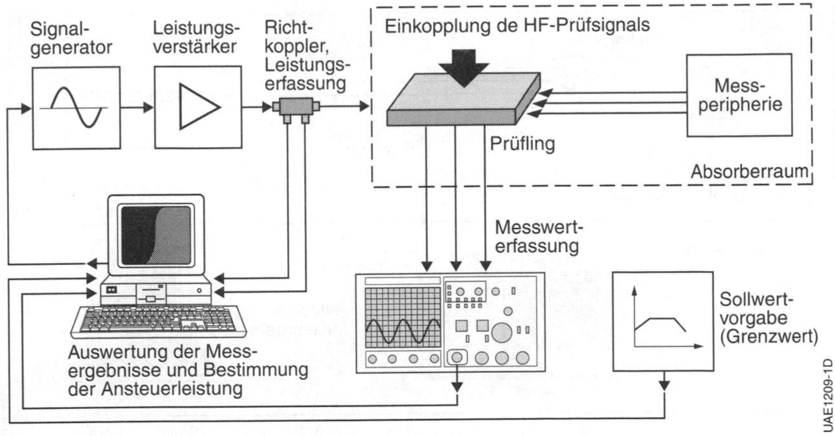

Störaussendungsmessung
Die für die Störfestigkeitsprüfung beschriebenen Messprinzipien können prinzipiell auch für Störaussendungsmessungen verwendet werden (CISPR 25). Hierbei wirken die TEM-Wellenleiter, die Stromzange und die Antennen als Empfangselemente für die von den Prüflingen ausgesandten Störungen. Für die Erfassung der Störgrößen werden die Messempfänger direkt an die empfangenden Messmittel angeschlossen (Bild 8).

Zur Entkoppelung von der Umgebung – d.h. zur Sicherstellung, dass bei Störaussendungsmessungen tatsächlich nur die vom Prüfling erzeugte Störung gemessen wird – und zur Minimierung der Aussendung von Hochfrequenzsignalen in die Umgebung bei Störfestigkeitsprüfungen werden die Prüfungen für hochfrequente Störgrößen in elektromagnetisch geschirmten Räumen durchgeführt. Bei Verwendung gestrahlter Signale werden die Schirmräume zur Vermeidung von Reflexionen und Raumresonanzen mit Hochfrequenzabsorbern ausgekleidet.

Messverfahren für elektrostatische Entladungen
Zur Überprüfung der Störfestigkeit gegenüber ESD werden spezielle Hochspannungsimpulsgeneratoren verwendet. In diesen Generatoren wird der ESD-Impuls durch Aufladung eines Ladekondensators und dessen gezielte Entladung über einen Entladewiderstand nachgebildet. Die Kapazität des Ladekondensators und der Entladewiderstand bestimmen die Energie und die Impulsform. Mit einer geeigneten Entladespitze wird der ESD-Impuls entweder durch einen gezielten Überschlag oder nach Kontaktierung über einen Entladeschalter im Generator an die Einkoppelstelle, z.B. einen Steuergeräte-Pin, appliziert.

Fahrzeugmessverfahren
Störfestigkeitsmessung
Die Störfestigkeit der elektronischen Systeme gegenüber elektromagnetischen Feldern von leistungsstarken Sendern wird im Fahrzeug in speziellen Messhallen (Absorberhallen) geprüft (Bild 9). Dort können entsprechend hohe elektrische und magnetische Feldstärken erzeugt werden, denen das gesamte Fahrzeug ausgesetzt wird (ISO 11451, siehe Tabelle 2).

Die Störaussendung des Gesamtfahrzeugs wird mit externen Antennen entweder in standardisierten Freifeldmessplätzen oder auch in Absorberhallen durchgeführt (IEC/CISPR 12, siehe Tabelle 2). Die Störwirkung der Fahrzeugelektrik und -elektronik auf den Funkbetrieb im Fahrzeug wird mit emp-

Bild 8: Prinzipieller Aufbau Störaussendungsmessung.

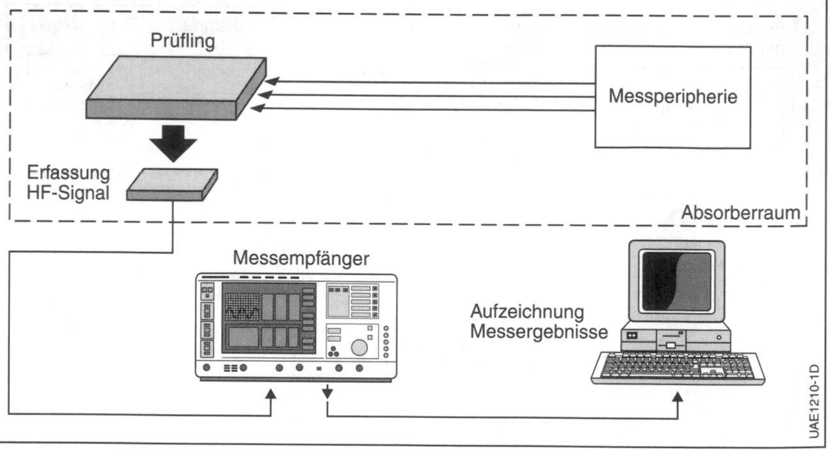

findlichen Messempfängern oder Spektrumanalysatoren möglichst mit original eingebauten Fahrzeugantennensystemen am Empfängeranschluss der Funkempfangsgeräte vermessen, um realistische Aussagen zu bekommen. Dabei wird die Impedanz des Messempfängers mit Hilfe einer geeigneten Messschaltung auf die Eingangsimpedanz der Empfangsgeräte angepasst. Die einzuhaltenden Grenzwerte und Messparameter wie Bandbreite und Hochfrequenzdetektor sind auch hier aus den Betriebsparametern der Funkdienste abgeleitet (IEC/CISPR 25).

Auswahl EMV-Prüfungen
Die für ein elektrisches oder elektronisches Gerät durchzuführenden EMV-Prüfungen hängen vom Einsatzbereich der Komponente und von deren inneren Aufbau ab. Einfache elektromechanische Geräte, die keine elektronischen Bauelemente beinhalten, müssen z.B. nicht auf Störfestigkeit gegenüber elektromagnetischen Feldern überprüft werden. Bei Komponenten, die elektronische Bauelemente enthalten, müssen allerdings in der Regel eine Vielzahl von Einzelprüfungen in einem EMV-Testplan festgelegt und durchgeführt werden.

Bild 9 : Störfestigkeitsmessung in einer EMV-Absorberhalle für Fahrzeuge.

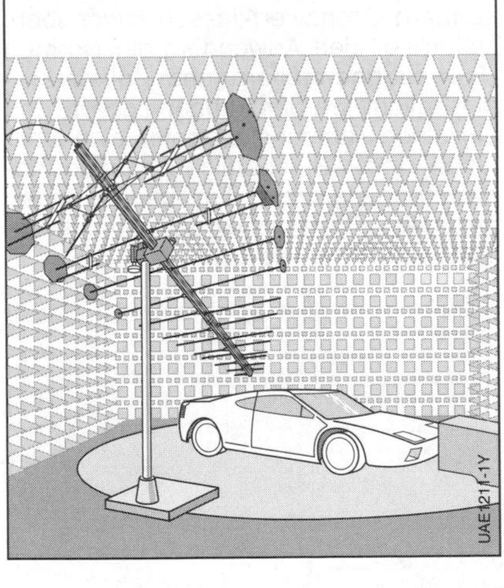

EMV-Simulation

Die Anwendung geeigneter numerischer Berechnungsverfahren stellt heute eine zur EMV-Messtechnik gleichwertige Methode im EMV-Entwicklungsprozess dar. Abhängig von den jeweiligen Fragestellungen kommen dabei unterschiedliche Berechnungsverfahren zum Einsatz. Entscheidend ist jeweils die richtige Modellierung der Störquellen, der Störsenken und des Koppelpfades.

Dominiert die leitungsgebundene Koppelung oder soll die elektrische Schaltungsauslegung z.B. von Filterstrukturen untersucht werden, kommen meist Schaltungssimulationsprogramme zum Einsatz. Dominiert die feldgekoppelte Beeinflussung oder sollen geometrische Konfigurationen zum Beispiel eine metallische Struktur zur Schirmung der elektromagnetischen Felder oder Antennengeometrien untersucht werden, kommen verschiedene Verfahren zur Berechnung elektromagnetischer Felder zum Einsatz.

Der Anwender muss also die anzuwendende Methode in Abhängigkeit von der zu lösenden Fragestellung wählen. Die EMV-Simulation kann sowohl bei der Entwicklung und Beurteilung von einzelnen Bauelementen, bei der Auslegung von Komponenten und Systemen verwendet werden, als auch für Untersuchungen am Gesamtfahrzeug, wie z.B. zur Bestimmung optimaler Antennenstandorte.

Ein wesentlicher Vorteil der EMV-Simulation ist, dass eine Vielzahl von Varianten, z.B. Einsatz unterschiedlicher Bauelemente oder verschiedene geometrische Konfigurationen, untersucht und verglichen werden können, ohne dass jeweils ein Entwicklungsmuster aufgebaut und vermessen werden muss.

Gesetzliche Anforderungen und Normen

Typgenehmigung EMV

Die elektromagnetische Verträglichkeit von Kraftfahrzeugen ist in der Form gesetzlich vorgeschrieben, dass für die Typgenehmigung von Fahrzeugen neben anderen Vorgaben (z.B. für Bremsen, Licht, Abgas) auch Anforderungen an die Störfestigkeit gegenüber elektromagnetischen Feldern und bezüglich der maximal zulässigen Störaussendung (Funkentstörung) erfüllt werden müssen. Die derzeit geltende Richtlinie UNECE R10, Revision 5 von 2014 [1] basiert auf einer Richtlinie aus dem Jahre 1972, die lediglich Anforderungen bezüglich Funkentstörung des Fahrzeugs beinhaltete. Diese Richtlinie wurde seither immer wieder an den technischen Fortschritt angepasst und ergänzt.

In der aktuellen Ausgabe sind neben den Anforderungen an die konventionellen Kraftfahrzeuge auch Anforderungen für Elektro- und Hybridfahrzeuge mit eingebauten Ladeeinrichtungen berücksichtigt. Da diese Fahrzeuge mit den öffentlichen Stromnetzen kontaktiert werden, muss eine angemessene Störfestigkeit gegenüber leitungsgebundenen Störungen aus dem Stromnetz und eine entsprechende Begrenzung der Störungen aus dem Fahrzeug in das Stromnetz sichergestellt werden.

Für die Typgenehmigung von Fahrzeugen können zwei unterschiedliche Wege beschritten werden. Meist wird von den Fahrzeugherstellern die Typgenehmigung über die Typprüfung des gesamten Fahrzeugs beantragt. Es gibt daneben aber auch die Möglichkeit, für elektrische und elektronische Unterbaugruppen eine Typgenehmigung zu erlangen. In diesem Fall sind neben den Grenzwerten für die Störfestigkeit gegenüber elektromagnetischen Feldern und die Störabstrahlung auch Anforderungen bezüglich der impulsförmigen Störungen im Bordnetz zu erfüllen.

Die UNECE R10 umfasst neben den Ausführungsvorschriften, wie ein Fahrzeug oder eine Komponente in den Verkehr gebracht wird, auch die Messverfahren und einzuhaltenden Grenzwerte. Die Messverfahren basieren auf den einschlägigen internationalen Normen (Tabelle 2), die Grenzwerte und genaue Durchführung werden explizit in der Richtlinie vorgegeben.

Die festgelegten Grenzwerte stellen Mindestanforderungen dar. Die knappe Einhaltung der dort festgeschriebenen Grenzwerte reicht häufig in der Praxis für einen störungsfreien Funkempfang oder mobile Kommunikation im Fahrzeug nicht aus. Die Kraftfahrzeughersteller legen daher abhängig von ihren Fahrzeugkonzepten in den eigenen Kundenspezifikationen neben einer erhöhten Anforderung für die Störfestigkeit auch niedrigere Störaussendungspegel für den Schutz des Funkempfangs fest. Bei der Entwicklung der elektrischen und elektronischen Komponenten müssen daher von Beginn an diese Anforderungen in Absprache zwischen den Fahrzeugherstellern und Zulieferern der Bordnetzelektroniksysteme berücksichtigt werden.

Normen

Die einzelnen unterschiedlichen Messverfahren sind in den internationalen ISO- und IEC/CISPR-Normen nach Tabelle 2 für Fahrzeuge und ihre elektrischen und elektronischen Komponenten und Systeme beschrieben. In den IEC-Normen nach Tabelle 3 werden Messmethoden für integrierte Schaltungen und Halbleiterbauelemente behandelt. Meist werden in den Normen keine festen Grenzwerte, sondern Grenzwertklassen angegeben. Damit soll den Anwendern der Normen (Fahrzeugherstellern und Zulieferern) ermöglicht werden, abhängig von den einzelnen Fahrzeugkonzepten eine technisch und wirtschaftlich optimale Abstimmung zwischen den Anforderungen bezüglich Störfestigkeit und Störaussendung vorzunehmen.

Tabelle 2: Internationale Normen für Kraftfahrzeuge und Komponenten.

Störfestigkeit

Bezeichnung	Titel
Road vehicles – Electrical disturbances from conduction and coupling	
ISO 7637-1	Part 1: Definitions and general considerations
ISO 7637-2	Part 2: Electrical transient conduction along supply lines only
ISO 7637-3	Part 3: Vehicles with nominal 12 V or 24 V supply voltage – Electrical transient transmission by capacitive and inductive coupling via lines other than supply lines
ISO/TR 7673-5	Part 5: Enhanced definitions and verification methods for harmonization of pulse generators according to ISO 7637
Road vehicles – Vehicle test methods for electrical disturbances from narrowband radiated electromagnetic energy	
ISO 11451-1	Part 1: General principles and terminology
ISO 11451-2	Part 2: Off-vehicle radiation sources
ISO 11451-3	Part 3: Onboard transmitter simulation
ISO 11451-4	Part 4: Bulk current injection (BCI)
Road vehicles – Component test methods for electrical disturbances from narrowband radiated electromagnetic energy	
ISO 11452-1	Part 1: General principles and terminology
ISO 11452-2	Part 2: Absorber-lined shielded enclosure
ISO 11452-3	Part 3: Transverse electromagnetic mode (TEM) cell
ISO 11452-4	Part 4: Bulk current injection (BCI)
ISO 11452-5	Part 5: Stripline
ISO 11452-7	Part 7: Direct radio frequency (RF) power Injection
ISO 11452-8	Part 8: Immunity to magnetic fields
ISO 11452-9	Part 9: Portable transmitters
ISO 11452-10	Part 10: Immunity to conducted disturbances in the extended audio frequency range
ISO 11452-11	Part 11: Reverberation chamber
ESD – Electrostatic discharge	
ISO 10605	Road vehicles – Test methods for electrical disturbances from electrostatic discharge

Störaussendung

Bezeichnung	Titel
Vehicles, boats and internal combustion engines	
IEC/CISPR 12	Radio disturbance characteristics – Limits and methods of measurement for the protection of off-board receivers
IEC/CISPR 25	Limits and methods of measurement for the protection of on-board receivers

Tabelle 3: Internationale Normen für Halbleiterbauelemente (IC).

Impulse

Bezeichnung	Titel
Integrated circuits – Measurement of impulse immunity	
IEC/TS 62215-2	Part 2: Synchronous transient injection method
IEC 62215-3	Part 3: Non-synchronous transient injection method

Störfestigkeit

Bezeichnung	Titel
Integrated circuits – Measurement of electromagnetic immunity	
IEC 62132-1	150 kHz to 1 GHz – Part 1: General conditions and definitions
IEC 62132-2	Part 2: Measurement of radiated immunity – TEM cell and wideband TEM cell method
IEC 62132-3	150 kHz to 1 GHz – Part 3: Bulk current injection (BCI) method
IEC 62132-4	150 kHz to 1 GHz – Part 4: Direct RF power injection method
IEC 62132-5	150 kHz to 1 GHz – Part 5: Workbench Faraday cage method
IEC 62132-6	150 kHz to 1 GHz – Part 6: Local injection horn antenna (LIHA) method
IEC 62132-8	Part 8: Measurement of radiated immunity – IC Stripline method
IEC/TS 62132-9	Part 9: Measurement of radiated immunity – Surface scan method

Störaussendung

Bezeichnung	Titel
Integrated circuits – Measurement of electromagnetic emissions	
IEC 61967-1	150 kHz to 1 GHz – Part 1: General conditions and definitions
IEC/TR 61967-1-1	Part 1: General conditions and definitions – Near-field scan data exchange format
IEC 61967-2	150 kHz to 1 GHz – Part 2: Measurement of radiated emissions – TEM cell and wideband TEM cell method
IEC/TS 61967-3	150 kHz to 1 GHz – Part 3: Measurement of radiated emissions – Surface scan method
IEC 61967-4	150 kHz to 1 GHz – Part 4: Measurement of conducted emissions; 1 Ohm/150 Ohm direct coupling method
IEC/TR 61967-4-1	150 kHz to 1 GHz – Part 4-1: Measurement of conducted emissions – 1 Ohm/150 Ohm direct coupling method – Application guidance to IEC 61967-4
IEC 61967-5	150 kHz to 1 GHz – Part 5: Measurement of conducted emissions; Workbench Faraday cage method
IEC 61967-6	150 kHz to 1 GHz – Part 6: Measurement of conducted emissions – Magnetic probe method
IEC 61967-8	Part 8: Measurement of radiated emissions – IC stripline method

Weitere Literatur

[1] UNECE R10, Revision 5: Uniform provisions concerning the approval of vehicles with regard to electromagnetic compatibility.

Schaltzeichen und Schaltpläne

Die elektrischen Anlagen in Kraftfahrzeugen enthalten eine große Zahl von elektrischen und elektronischen Geräten für die Steuerung und Regelung des Motors sowie für Sicherheits- und Komfortsysteme. Eine Übersicht über die komplexen Bordnetzschaltungen ist nur mit aussagefähigen Schaltzeichen und Schaltplänen möglich. Schaltpläne als Stromlaufpläne und Anschlusspläne helfen bei der Störungssuche, erleichtern den Einbau zusätzlicher Geräte und ermöglichen das fehlerfreie Anschließen beim Umrüsten oder Ändern der elektrischen Ausstattung von Fahrzeugen.

Bild 1: Schaltplan und Schaltzeichen eines Drehstromgenerators mit Regler.
Im Schaltzeichen sind neben dem Symbol für den Generator G noch die Symbole für die drei Wicklungen (Phasen), die Sternschaltung, die Dioden und den Regler vorhanden.

a) Mit Innenschaltung,
b) Schaltzeichen.

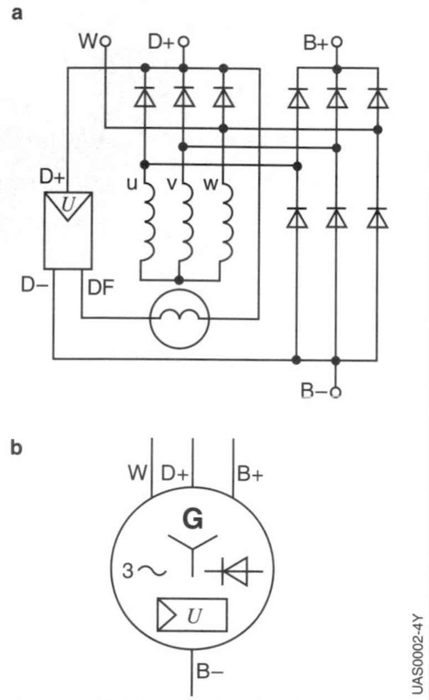

Schaltzeichen

Normen

Die in Tabelle 1 dargestellten Schaltzeichen bilden eine Auswahl genormter Schaltzeichen, die für die Kraftfahrzeugelektrik geeignet sind. Sie entsprechen bis auf wenige Ausnahmen den Normen der Internationalen Elektrotechnischen Kommission (IEC).

Die Europäische Norm EN 60617 (Grafische Symbole für Schaltpläne, [1]) entspricht der Internationalen Norm IEC 60617. Sie besteht in drei offiziellen Fassungen (Deutsch, Englisch und Französisch). Die Norm enthält Symbolelemente, Kennzeichen und vor allem Schaltzeichen für folgende Bereiche: Allgemeine Anwendungen (Teil 2), Leiter und Verbinder (Teil 3), passive Bauelemente (Teil 4), Halbleiter und Elektronenröhren (Teil 5), Erzeugung und Umwandlung elektrischer Energie (Teil 6), Schalt- und Schutzeinrichtungen (Teil 7), Mess-, Melde- und Signaleinrichtungen (Teil 8), Nachrichtentechnik, Vermittlungs- und Endeinrichtungen (Teil 9), Nachrichtentechnik und Übertragungseinrichtungen (Teil 10), gebäudebezogene und topografische Installationspläne und Schaltpläne (Teil 11), binäre Elemente (Teil 12) und analoge Elemente (Teil 13).

Anforderungen

Schaltzeichen sind die kleinsten Bausteine eines Schaltplans und die vereinfachte zeichnerische Darstellung eines elektrischen Geräts oder eines Teils davon. Die Schaltzeichen lassen die Wirkungsweise eines Geräts erkennen und stellen in Schaltplänen die funktionellen Zusammenhänge eines technischen Ablaufs dar. Schaltzeichen berücksichtigen nicht die Form und Abmessungen des Geräts und die Lage der Anschlüsse am Gerät. Allein durch die Abstraktion ist eine aufgelöste Darstellung im Stromlaufplan möglich.

Ein Schaltzeichen soll folgende Eigenschaften besitzen: es soll einprägsam, leicht verständlich, unkompliziert in der zeichnerischen Darstellung und eindeutig innerhalb einer Sachgruppe sein.

Schaltzeichen bestehen aus Schaltzeichenelementen und Kennzeichen. Als Kennzeichen dienen z.B. Buchstaben, Ziffern, Symbole, mathematische Zeichen, Formelzeichen, Einheitenzeichen und Kennlinien.

Wird ein Schaltplan durch die Darstellung der Innenschaltung eines Geräts (Bild 1a) zu umfangreich oder sind zum Erkennen der Funktion des Geräts nicht alle Details der Schaltung notwendig, so kann der Schaltplan für dieses spezielle Gerät durch ein einziges Schaltzeichen (ohne Innenschaltung) ersetzt werden (Bild 1b).

Bei integrierten Schaltkreisen, die einen hohen Grad von Raumausnutzung aufweisen (dies ist gleichbedeutend mit hohem Integrationsgrad von Funktionen in einem Bauteil), wird eine vereinfachte Schaltungsdarstellung bevorzugt.

Darstellung

Die Schaltzeichen sind ohne Einwirkung einer physikalischen Größe, d.h. in strom- und spannungslosem und mechanisch nicht betätigtem Zustand dargestellt. Ein von dieser Regeldarstellung (Grundstellung) abweichender Betriebszustand eines Schaltzeichens wird durch einen danebengesetzten Doppelpfeil gekennzeichnet (Bild 2).

Schaltzeichen und Verbindungslinien (sie stellen elektrische Leitungen und mechanische Wirkverbindungen dar) haben die gleiche Linienbreite.

Um unnötige Knicke und Kreuzungen bei den Verbindungslinien zu vermeiden, können Schaltzeichen in Stufen von 90 ° gedreht oder spiegelbildlich angeordnet werden, sofern sie dadurch ihre Bedeutung nicht verändern. Die Richtung der weiterführenden Leitungen ist frei wählbar. Ausgenommen sind die Schaltzeichen für Widerstände (Anschlusszeichen sind hier nur an den Schmalseiten zugelassen) und Anschlüsse für elektromechanische Antriebe (hier dürfen sich Anschlusszeichen nur an den Breitseiten befinden, Bild 3).

Verzweigungen werden sowohl mit als auch ohne Punkt dargestellt. Bei Kreuzungen ohne Punkt ist keine elektrische Verbindung vorhanden. Anschlussstellen an Geräten sind meistens nicht besonders dargestellt. Nur an den für Ein- und Ausbau notwendigen Stellen werden Anschlussstelle, Stecker, Buchse oder Schraubverbindungen durch ein Schaltzeichen kenntlich gemacht. Sonstige Verbindungsstellen sind einheitlich als Punkt gekennzeichnet.

Schaltglieder mit gemeinsamem Antrieb sind bei zusammenhängender Darstellung so gezeichnet, dass sie beim Betätigen einer Bewegungsrichtung folgen, die durch die mechanische Wirkverbindung (– – –) festgelegt ist (Bild 4).

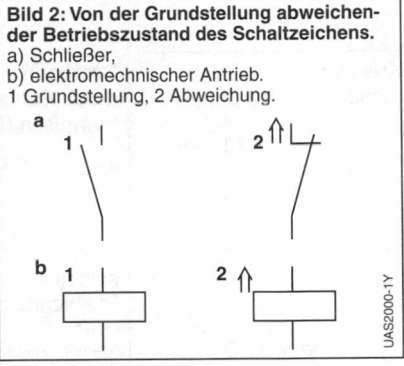

Bild 2: Von der Grundstellung abweichender Betriebszustand des Schaltzeichens.
a) Schließer,
b) elektromechnischer Antrieb.
1 Grundstellung, 2 Abweichung.

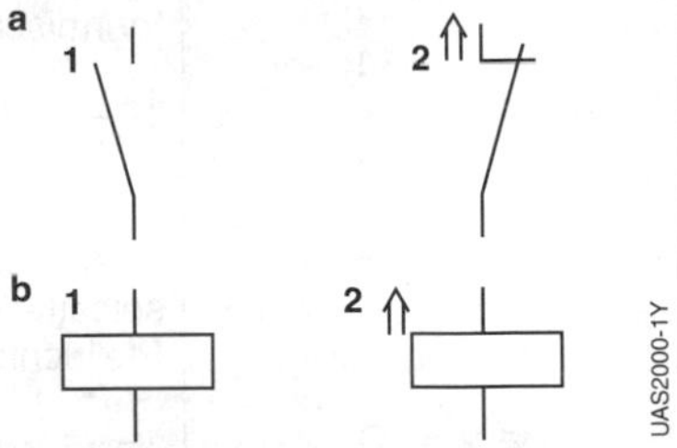

Bild 3: Anschlüsse.
a) Widerstand,
b) elektromechanischer Antrieb.

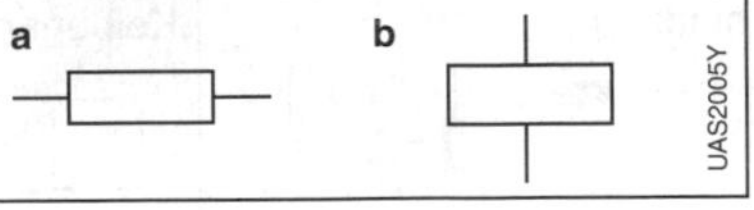

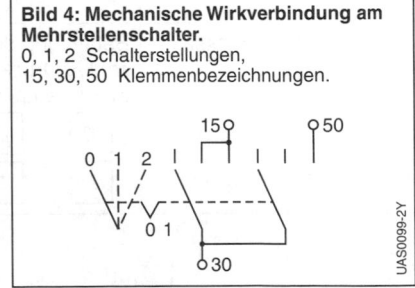

Bild 4: Mechanische Wirkverbindung am Mehrstellenschalter.
0, 1, 2 Schalterstellungen,
15, 30, 50 Klemmenbezeichnungen.

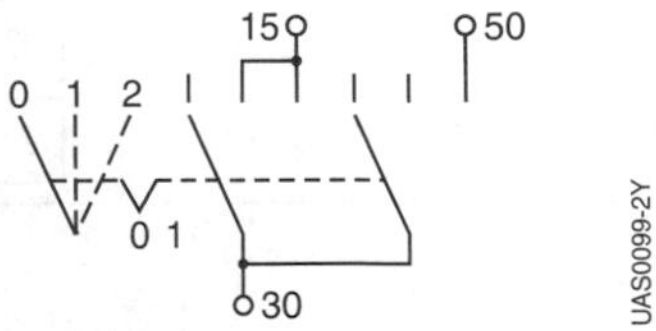

Tabelle 1: Auswahl von Schaltzeichen nach EN 60617.

Verbindungen

Leitung; Leitungskreuzung, ohne bzw. mit Verbindung

Leitung geschirmt

Mechanische Wirkverbindung; elektrische Leitung (nachträglich verlegt)

Kreuzungen (ohne/mit Verbindungen)

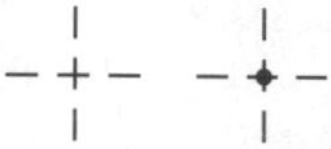

Verbindung, allgemein; lösbare Verbindung (wenn Darstellung notwendig)

Steckverbindung; Buchse; Stecker; 3fach-Steckverbindung

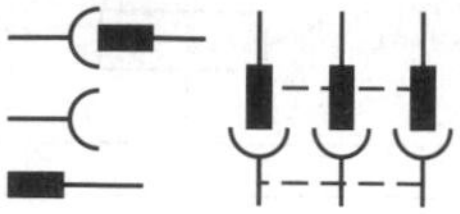

Masse (Gehäusemasse, Fahrzeugmasse)

Mechanische Funktion

Schaltstellungen (Grundstellung: Ausgezogene Linie)

Betätigen von Hand, durch Fühler (Nocken), thermisch (Bimetall)

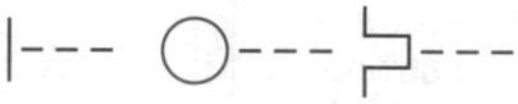

Raste; nicht selbsttätiger/selbsttätiger Rückgang in Pfeilrichtung (Taste)

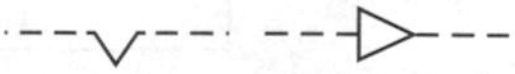

Betätigung, allgemein (mech., pneum., hydraul.); Kolbenantrieb

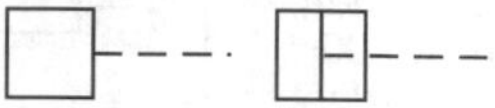

Betätigung durch Drehzahl n, Druck p, Menge Q, Zeit t, Temp. $t°$

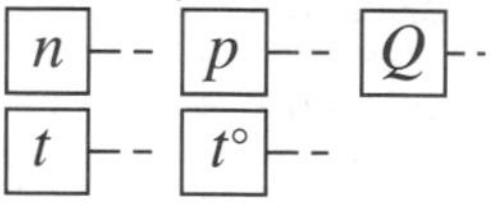

Veränderbarkeit, nicht eigen (von außen), allgemein

Veränderbarkeit eigen, unter dem Einfluss einer physik. Größe, linear/nichtlinear

Einstellbarkeit, allgemein

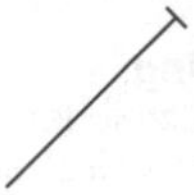

Schalter

Tastschalter, Schließer/Öffner

Stellschalter, Schließer/Öffner

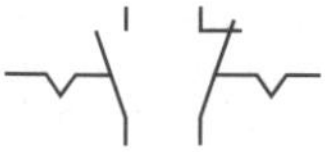

Wechsler, mit/ohne Unterbrechung schaltend

UAS1245-1D

Schalter	Verschiedene Bauelemente	
Zweiwegschließer mit drei Schaltstellungen (z.B. Blinkerschalter) 	Antriebe mit einer Wicklung 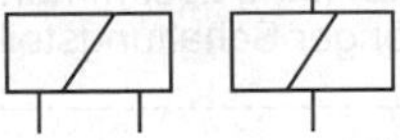	Widerstand 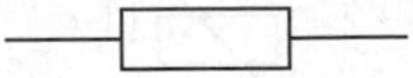
Schließer-Öffner 	Antrieb mit zwei gleichsinnig wirkenden Wicklungen 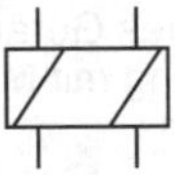	Potenziometer (mit drei Anschlüssen) 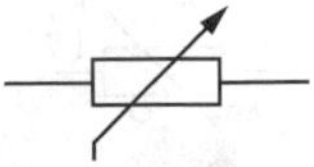
Zwillingsschließer 	Antrieb mit zwei gegensinnig wirkenden Wicklungen 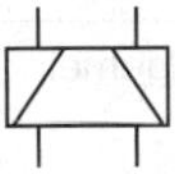	Heizwiderstand, Glühkerze, Flammkerze, Heizscheibe 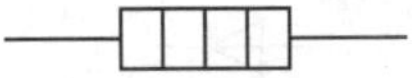
Mehrstellenschalter 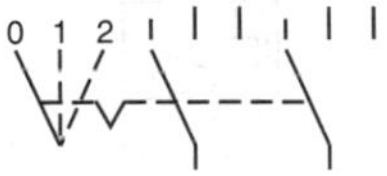	Elektrothermischer Antrieb, Thermorelais 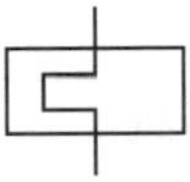	Antenne 
Nockenbetätigter Schalter (z.B. Unterbrecher) 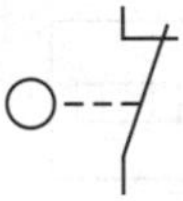	Elektrothermischer Antrieb, Hubmagnet 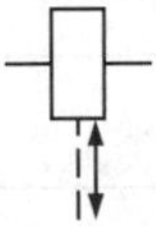	Sicherung 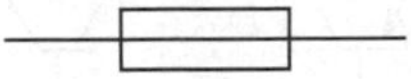
Thermoschalter 	Magnetventil, geschlossen 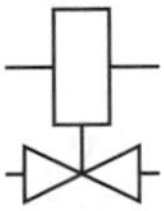	Dauermagnete 
Auslöser 	Relais (Antrieb und Schalter), Beispiel: unverzögerter Öffner und verzögerter Schließer 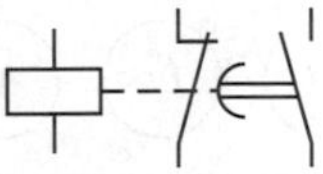	Wicklung, induktiv 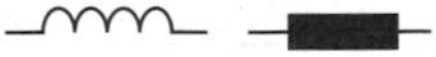

UAS1246D

Verschiedene Bauelemente	Geräte im Kraftfahrzeug	
Kaltleiter PTC-Widerstand 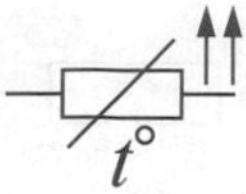	Strich-Punkt-Linie zur Abgrenzung oder Umrahmung zusammengehöriger Schaltungsteile 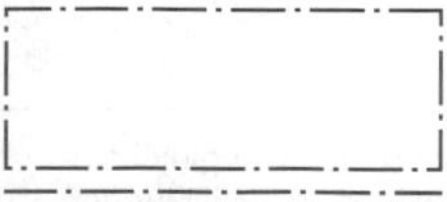	Batterie 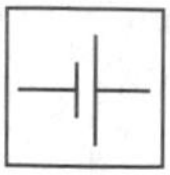
Heißleiter NTC-Widerstand 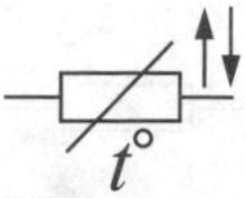	Geschirmtes Gerät, Umrahmung mit Masse verbunden 	Steckanschluss 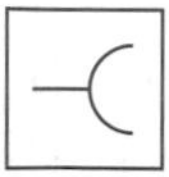
Diode, allgemein, Stromdurchlass in Richtung der Dreieckspitze 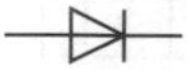	Regler, allgemein 	Leuchte, Scheinwerfer 
PNP-Transistor NPN-Transistor E = Emitter (Pfeil zeigt in Durchlassrichtung) C = Kollektor, positiv B = Basis (waagrecht), negativ 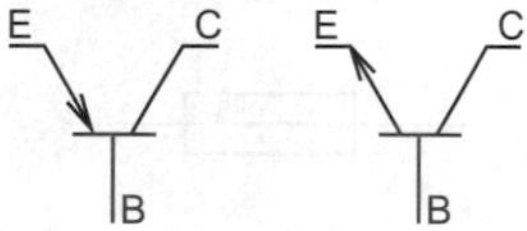	Steuergeräte 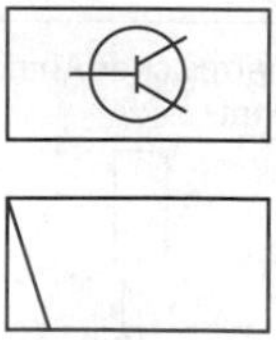	Signalhorn, Fanfare 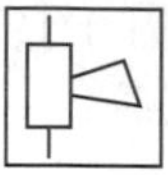
Leuchtdiode (LED) 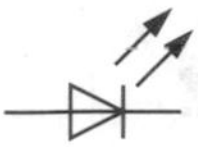	Anzeigeelement, allgemein; Spannungsmesser; Uhr. 	Heizbare Heckscheibe (allgemein Heizwiderstand) 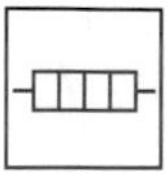
Hallgenerator 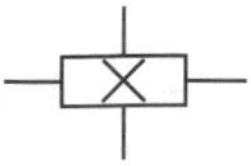	Drehzahlanzeige; Temperaturanzeige; Geschwindigkeitsanzeige 	Schalter, allgemein ohne Anzeigelampe 
		Schalter, allgemein mit Anzeigelampe 

UAS1247-1D

Geräte im Kraftfahrzeug

Druckschalter 	Zündkerze 	Motor mit Gebläse, Lüfter 
Relais, allgemein 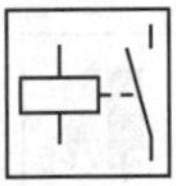	Zündspule 	Startermotor mit Einrückrelais (ohne/mit Innenschaltung)  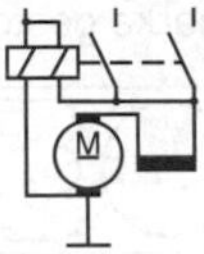
Magnet-, Einspritz-, Kaltstartventil 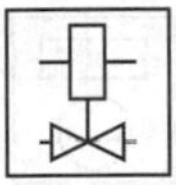	Zündverteiler, allgemein 	
Thermozeitschalter 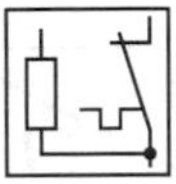	Spannungsregler 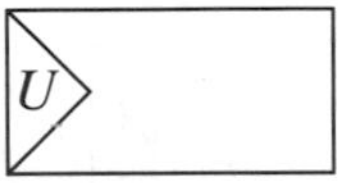	Wischermotor (eine/zwei Wischgeschwindigkeiten)  
Drosselklappenschalter 	Drehstromgenerator mit Regler (ohne/mit Innenschaltung)  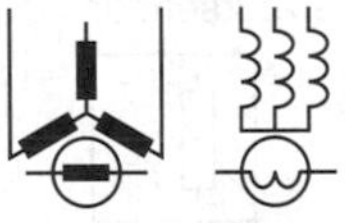	
Drehsteller 		Wischintervallrelais 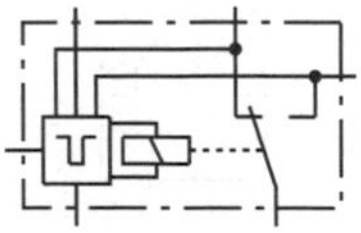
Zusatzluftventil mit elektrothermischem Antrieb 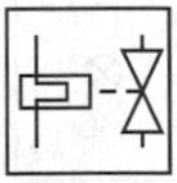	Elektrokraftstoffpumpe, Motorantrieb für Hydraulikpumpe 	Autoradiogerät 

UAS1248D

Geräte im Kraftfahrzeug

Lautsprecher 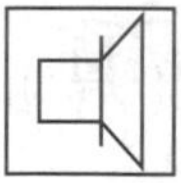	Piezoelektrischer Sensor 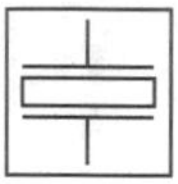	Geschwindigkeitssensor 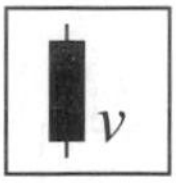
Spannungskonstanthalter, Stabilisator 	Widerstandsstellungsgeber 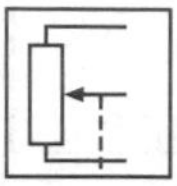	ABS-Drehzahlsensor 
Induktiver Sensor, mit Bezugsmarke gesteuert 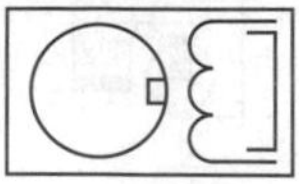	Luftmengenmesser 	Hallgeber 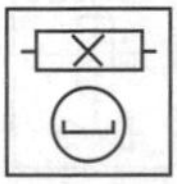
Blink-, Impulsgeber, Intervallrelais 	Luftmassenmesser 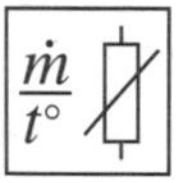	Umsetzer, Umformer (Menge, Spannung) 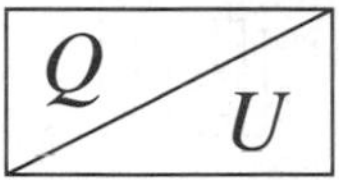
Lambda-Sonde (nicht beheizt/beheizt)  	Mengensensor, Kraftstoffstandssensor  Temperaturschalter, Temperatursensor 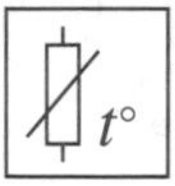	Induktiver Sensor 

Kombi-Gerät (Armaturenbrett)

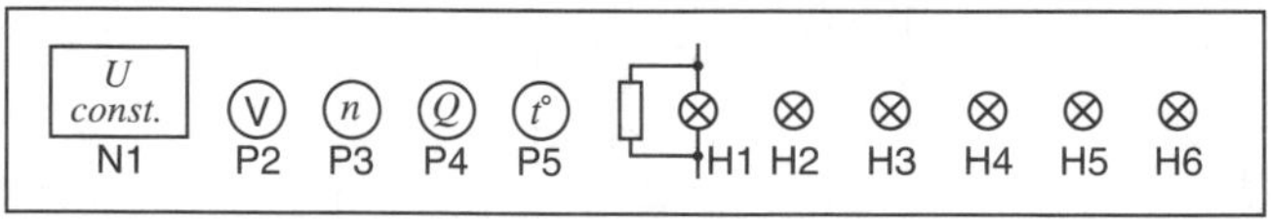

UAS1249D

Schaltpläne

Der Schaltplan ist die zeichnerische Darstellung elektrischer Geräte durch Schaltzeichen, gegebenenfalls durch Abbildungen oder vereinfachte Konstruktionszeichnungen. Er zeigt die Art, in der verschiedene elektrische Geräte zueinander in Beziehung stehen und miteinander verbunden sind. Tabellen, Diagramme und Beschreibungen können den Plan ergänzen. Die Art des Schaltplans wird bestimmt durch seinen Zweck (z.B. Darstellung der Funktion einer Anlage) und durch die Art der Darstellung (Bild 5).

Damit ein Schaltplan „lesbar" ist, muss er folgende Forderungen erfüllen:

- Er muss normgerecht dargestellt sein, Abweichungen sind zu erläutern.
- Die Stromwege müssen vorzugsweise so angeordnet sein, dass die Wirkung und der Signalfluss von links nach rechts oder von oben nach unten verläuft.

In der Kraftfahrzeugelektrik dienen Übersichtsschaltpläne in meist einpoliger Darstellung ohne gezeichnete Innenschaltung dem schnellen Überblick über die Funktion einer Anlage oder eines Geräts. Der Stromlaufplan in verschiedenen Darstellungsarten (Anordnung der Schaltzeichen) ist die ausführliche Darstellung einer Schaltung zum Erkennen der Funktion und zur Ausführung von Reparaturen. Der Anschlussplan (mit Anschlusspunkten der Geräte) dient dem Kundendienst bei Austausch oder Nachrüstung von Geräten.

Nach Art der Darstellung wird unterschieden zwischen

- ein- oder mehrpoliger Darstellung und (entsprechend der Anordnung der Schaltzeichen)
- zusammenhängender, halbzusammenhängender, aufgelöster und lagerichtiger Darstellung, die in ein und demselben Schaltplan kombiniert werden können.

Bild 5: Einteilung der Schaltpläne (nach EN 81346, Teil 1 [2]).

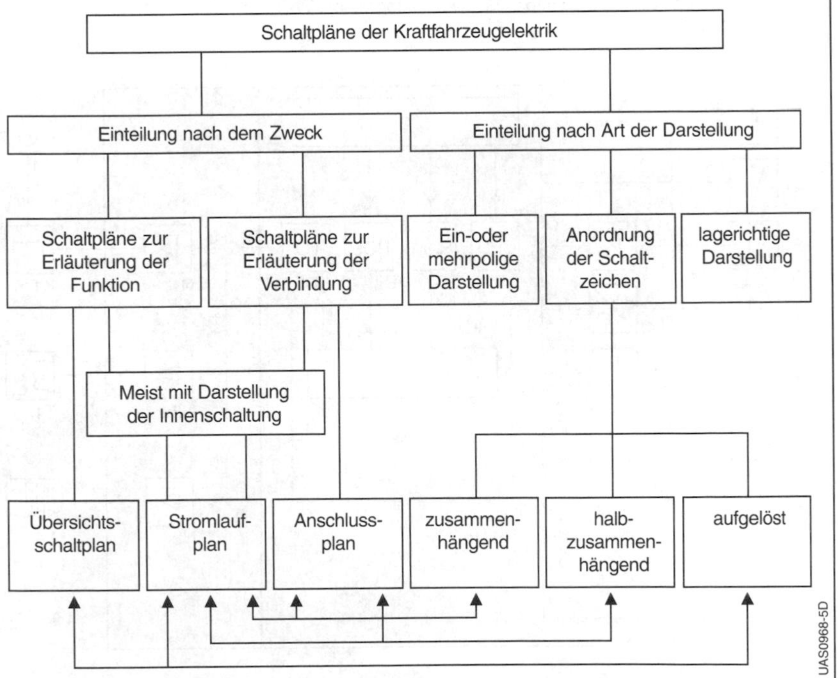

Übersichtsschaltplan

Der Übersichtsschaltplan, früher Blockdiagramm oder Blockschaltplan genannt, ist die vereinfachte Darstellung einer Schaltung, wobei nur die wesentlichen Teile berücksichtigt sind (Bild 6). Er soll einen schnellen Überblick über Aufgabe, Aufbau, Gliederung und Funktion einer elektrischen Anlage oder eines Teils davon geben und als Wegweiser für ausführlichere Schaltungsunterlagen (Stromlaufplan) dienen.

Die Geräte sind durch Quadrate, Rechtecke oder Kreise mit eingezeichneten Kennzeichen ähnlich EN 60617, Teil 2, dargestellt. Die Leitungen sind meist einpolig gezeichnet.

Stromlaufplan

Der Stromlaufplan ist die ausführliche Darstellung einer Schaltung in ihren Einzelheiten. Er zeigt durch übersichtliche Darstellung der einzelnen Stromwege die Wirkungsweise einer elektrischen Schaltung. Im Stromlaufplan darf die übersichtliche, das Lesen der Schaltung erleichternde Darstellung der Funktion durch die Wiedergabe gerätetechnischer und räumlicher Zusammenhänge nicht beeinträchtigt werden. Bild 7 zeigt den Stromlaufplan eines Startermotors in zusammenhängender und aufgelöster Darstellung.

Bild 6: Übersichtsschaltplan am Beispiel eines Motronic-Steuergeräts.
A1 Steuergerät,
B1 Sensor für Drehzahl, B2 Sensor für Bezugsmarke,
B3 Sensor für Luftmasse, B4 Sensor für Ansauglufttemperatur,
B5 Sensor für Motortemperatur, B6 Drosselklappenschalter,
D1 Recheneinheit (CPU), D2 Adressbus, D3 Arbeitsspeicher (RAM),
D4 Programmdatenspeicher (ROM), D5 Eingang/Ausgang,
D6 Datenbus, D7 Mikrocomputer,
G1 Batterie, K1 Pumpenrelais, M1 Elektrokraftstoffpumpe,
N1…N3 Leistungsendstufen, S1 Zündstartschalter, S2 Kennfeldumschalter,
T1 Zündspule, U1, U2 Impulsformer, U3…U6 Analog-digital-Wandler,
Y1 Einspritzventil.

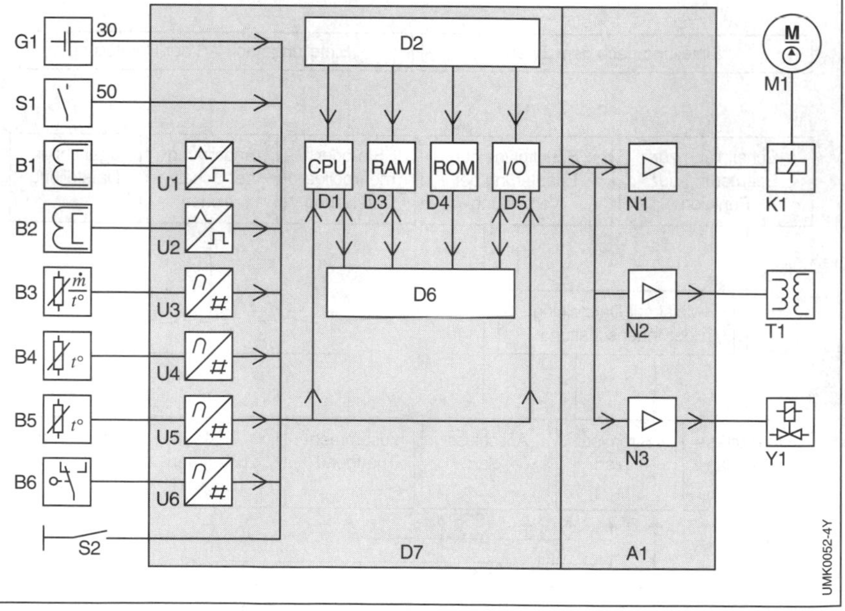

Der Stromlaufplan muss enthalten:
- Schaltung,
- Gerätekennzeichnung (EN 81346, Teil 2, [2]) und
- Anschlussbezeichnung und Klemmenbezeichnung (DIN 72552, [3]).

Der Stromlaufplan kann enthalten:
- Eine vollständige Darstellung mit Innenschaltung, um Prüfung, Fehlerortung, Wartung und Austausch (Nachrüstung) zu ermöglichen.
- Hinweisbezeichnungen zum besseren Auffinden von Schaltzeichen und Zielorten, insbesondere bei aufgelöster Darstellung.

Darstellung der Schaltung

Im Stromlaufplan wird meist die mehrpolige Leitungsdarstellung verwendet. Für die Anordnung der Schaltzeichen gibt es nach EN 81346, Teil 1 folgende Darstellungsarten, die im gleichen Schaltplan kombiniert werden können.

Zusammenhängende Darstellung

Alle Teile eines Geräts sind unmittelbar beieinander zusammenhängend dargestellt und durch Doppelstrich oder unterbrochene Verbindungslinien zur Kennzeichnung der mechanischen Wirkverbindung miteinander verbunden. Diese Darstellung kann für einfache, nicht sehr umfangreiche Schaltungen verwendet

Bild 7: Stromlaufplan eines Startermotors Typ KB für Parallelbetrieb in zwei Darstellungsarten.
a) Zusammenhängende Darstellung,
b) aufgelöste Darstellung.
K1 Steuerrelais, K2 Einrückrelais, Haltewicklung und Einzugswicklung,
M1 Startermotor mit Reihenschluss- und Nebenschlusswicklung.
30, 30f, 31, 50b Klemmenbezeichnungen.

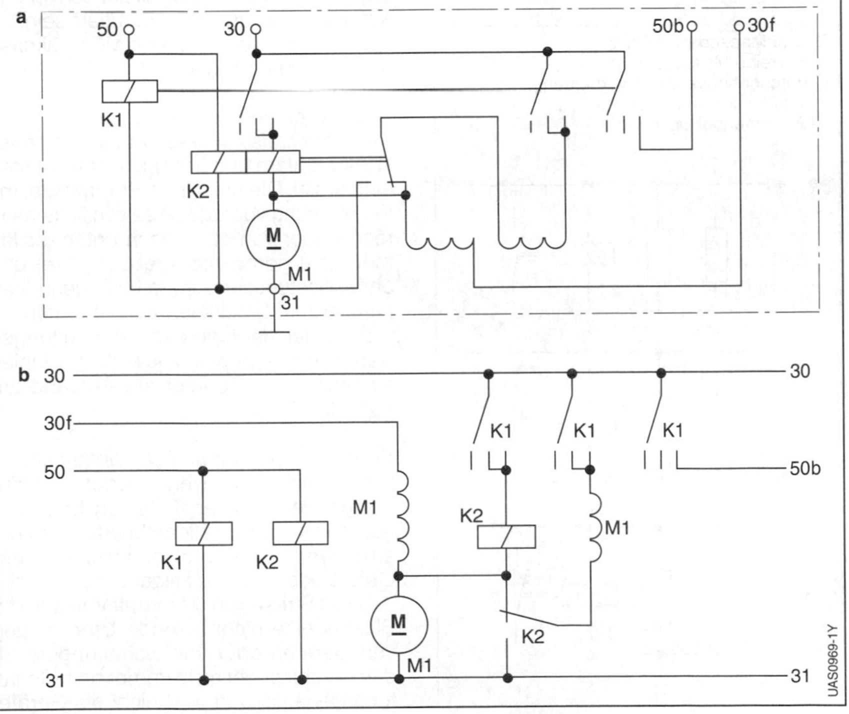

werden, ohne dass die Übersichtlichkeit verloren geht (Bild 7a).

Aufgelöste Darstellung
Schaltzeichen von Teilen elektrischer Geräte sind getrennt dargestellt und so angeordnet, dass jeder Stromweg möglichst leicht zu verfolgen ist (Bild 7b). Auf die räumliche Zusammengehörigkeit einzelner Geräte oder deren Teile wird keine Rücksicht genommen. Eine möglichst geradlinige, klare und kreuzungsfreie Anordnung der einzelnen Stromwege hat Vorrang. Der Hauptzweck dieser Darstellung ist das Erkennen der Funktion einer Schaltung.

Die Zusammengehörigkeit der einzelnen Teile ist mithilfe eines Kennzeichnungssystems nach EN 81346, Teil 2 zu erkennen. An jedem einzelnen, getrennt dargestellten Schaltzeichen eines Geräts befindet sich die dem Gerät zugehörige Kennzeichnung. Aufgelöst dargestellte Geräte sind an einer Stelle des Schaltplans einmal vollständig und zusammenhängend anzugeben, wenn es zum Verständnis der Schaltung erforderlich ist.

Bild 8: Massedarstellung.
a) Einzelne Massezeichen,
b) durchgehende Masseverbindung,
c) mit Massesammelpunkt.
31 Klemmenbezeichnung.

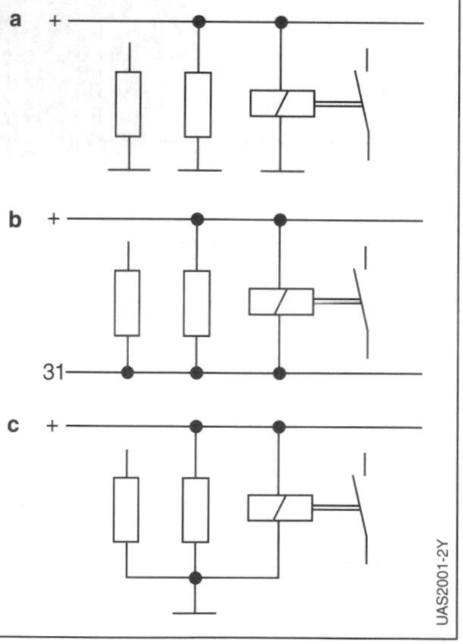

Lagerichtige Darstellung
Bei dieser Darstellung entspricht die Lage des Schaltzeichens ganz oder teilweise der räumlichen Lage innerhalb des Geräts oder Teils.

Massedarstellung
Im Kraftfahrzeug wird in den meisten Fällen das Einleitersystem, bei dem die Masse (Metallteile des Fahrzeugs) als Rückleitung dient, wegen seiner Einfachheit bevorzugt. Ist die Gewähr für eine einwandfrei leitende Verbindung der einzelnen Masseteile nicht gegeben oder handelt es sich um Spannungen über 42 V, so verlegt man auch die Rückleitung isoliert von Masse.

Alle in einer Schaltung dargestellten Massezeichen sind über die Geräte- oder die Fahrzeugmasse elektrisch miteinander verbunden.

Sämtliche Geräte, die ein Massezeichen enthalten, müssen elektrisch leitend auf der Fahrzeugmasse montiert sein.

Bild 8 zeigt verschiedene Möglichkeiten der Massedarstellung.

Stromwege und Leitungen
Die Stromkreise sind so angeordnet, dass sich eine klare und übersichtliche Darstellung ergibt. Die einzelnen Stromwege, mit Wirkrichtung vorzugsweise von links nach rechts oder von oben nach unten, sollen möglichst geradlinig, kreuzungsfrei und ohne Richtungsänderung im Allgemeinen parallel zum Schaltplanrand verlaufen.

Bei einer Häufung paralleler Leitungen werden diese gruppiert, jeweils drei Linien zusammen, dann folgt ein Abstand zur nächsten Gruppe.

Begrenzungslinien und Umrahmungen
Strich-punktierte Trenn- oder Umrahmungslinien grenzen Teile von Schaltungen ab, um die funktionelle oder die konstruktive Zusammengehörigkeit der Geräte oder Teile zu zeigen.

Diese Strich-Punkt-Linie stellt in der Kfz-Elektrik eine nicht leitende Umrahmung von Geräten oder von Schaltungsteilen dar; sie entspricht nicht immer dem Schaltungsgehäuse und wird nicht als Gerätemasse verwendet. In der Starkstromelektrik wird diese Umrahmungslinie oft mit dem ebenfalls strich-punktierten Schutzleiter (PE) verbunden.

Abbruchstellen, Kennung, Zielhinweis
Verbindungslinien (Leitungen und mechanische Wirkverbindungen), die über eine größere Strecke des Stromlaufplans verlaufen, können zur Verbesserung der Übersichtlichkeit unterbrochen werden. Es werden nur Anfang und Ende der Verbindungslinie dargestellt. Die Zusammengehörigkeit dieser Abbruchstellen muss eindeutig erkennbar sein. Hierzu dienen Kennung und Zielhinweis (Bild 9).

Die Kennung an zusammengehörigen Abbruchstellen stimmt überein. Als Kennung dienen Klemmenbezeichnungen nach DIN 72552 (Bild 9a), die Angabe der Wirkungsweise sowie Angaben in Form alphanumerischer Zeichen.

Der Zielhinweis wird in Klammern gesetzt, um eine Verwechslung mit der Kennung zu vermeiden; er besteht aus der Abschnittsnummer des Ziels (Bild 9b).

Abschnittskennzeichnung
Zum Auffinden von Schaltungsteilen dient die am oberen Rand des Plans angegebene Abschnittskennzeichnung (früher Stromweg genannt). Für diese Kennzeichnung gibt es drei Möglichkeiten:

- Fortlaufende Zahlen in gleichen Abständen von links nach rechts (Bild 10a),
- Hinweise auf den Inhalt der Schaltungsabschnitte (Bild 10b)
- oder eine Kombination von beiden (Bild 10c).

Beschriftung
Geräte, Teile oder Schaltzeichen sind in Schaltplänen mit einem Buchstaben und einer Zählnummer nach EN 81346, Teil 2 gekennzeichnet. Diese Kennzeichnung wird links oder unterhalb des Schaltzeichens angebracht.

Die in der Norm angegebenen Vorzeichen für die Art der Geräte kann entfallen, wenn sich dadurch keine Zweideutigkeit ergibt.

Bei geschachtelten Geräten ist ein Gerät Bestandteil eines anderen, z.B. Starter M1 mit eingebautem Einrückrelais K6. Das Gerätekennzeichen ist dann: – M1 – K6.

Bild 9: Kennzeichnung der Abbruchstellen.
a) Durch Klemmenbezeichnung, z.B. Kl. 15,
b) durch Zielhinweis, z.B. in Abschnitt 8 und 2.

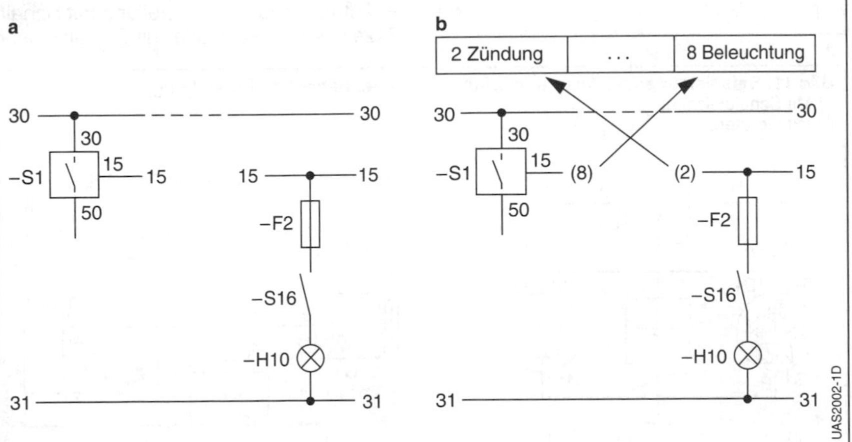

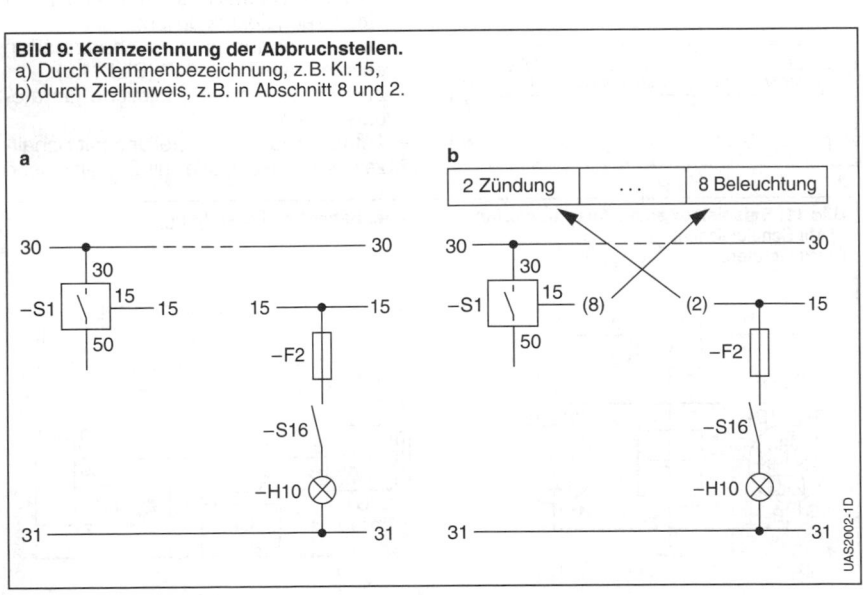

Kennzeichen von zusammengehörigen Schaltzeichen bei aufgelöster Darstellung: Jedes einzelne getrennt dargestellte Schaltzeichen eines Geräts erhält die dem Gerät gemeinsame Kennzeichnung.

Anschlussbezeichnungen (zum Beispiel nach DIN 72552) sind außerhalb des Schaltzeichens, bei Umrahmungslinien vorzugsweise außerhalb der Umrahmung zu schreiben.

Bei horizontalem Verlauf der Stromwege gilt: Die den einzelnen Schaltzeichen zugeordneten Angaben werden unter die betreffenden Schaltzeichen geschrieben. Die Anschlusskennzeichnung steht unmittelbar außerhalb des eigentlichen Schaltzeichens oberhalb der Verbindungslinie.

Bei vertikalem Verlauf der Stromwege gilt: Die den einzelnen Schaltzeichen zugeordneten Angaben werden links neben die betreffenden Schaltzeichen geschrieben. Die Anschlusskennzeichnung steht unmittelbar außerhalb des eigentlichen Schaltzeichens, bei horizontaler Schreibweise rechts und bei vertikaler Schreibweise links neben der Verbindungslinie.

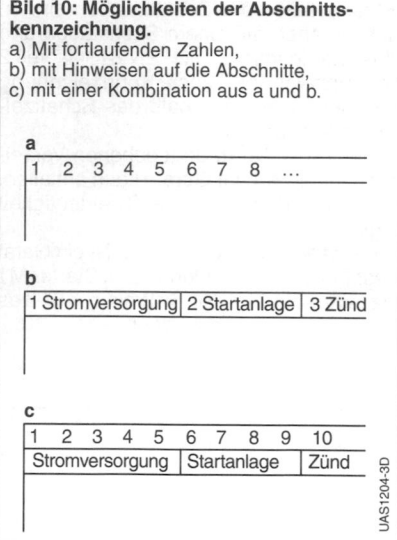

Bild 10: Möglichkeiten der Abschnittskennzeichnung.
a) Mit fortlaufenden Zahlen,
b) mit Hinweisen auf die Abschnitte,
c) mit einer Kombination aus a und b.

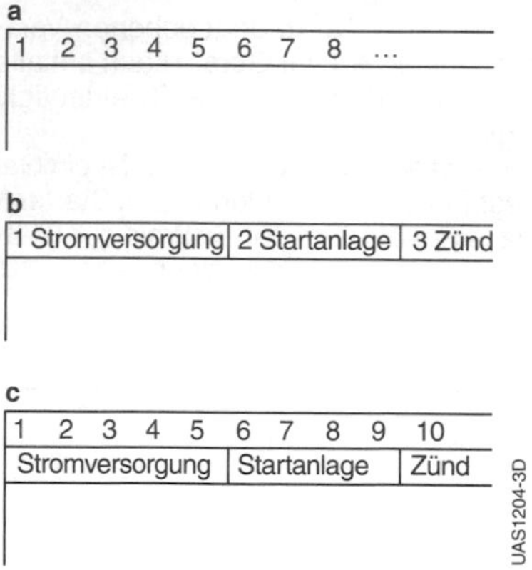

Anschlussplan

Der Anschlussplan zeigt die Anschlusspunkte elektrischer Geräte und die daran angeschlossenen äußeren und – wenn nötig – inneren leitenden Verbindungen (Leitungen).

Darstellung

Die einzelnen Geräte sind durch Quadrate, Rechtecke, Kreise und Schaltzeichen oder auch bildlich dargestellt und können lagerichtig angeordnet sein. Als Anschlussstellen dienen Kreis, Punkt, Steckverbindung oder nur die herangeführte Leitung.

Folgende Darstellungsarten sind in der Kraftfahrzeugelektrik üblich:

- Zusammenhängend, Schaltzeichen entsprechen EN 60617 (Bild 11 a).
- Zusammenhängend, bildliche Gerätedarstellung (Bild 11 b).
- Aufgelöst, Gerätedarstellung mit Schaltzeichen, Anschlüsse mit Zielhinweisen

Bild 11: Beispiel für einen Anschlussplan (zusammenhängende Darstellung).
a) Mit Schaltzeichen,
b) mit Geräten.

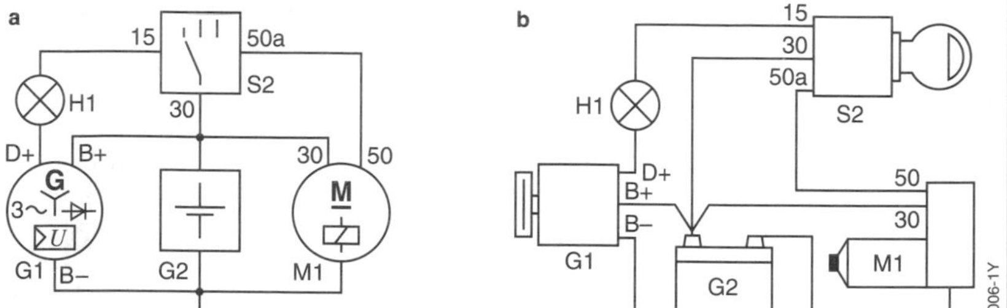

(Bild 12 a); Farbkennung der Leitungen ist möglich.

– Aufgelöst, bildliche Gerätedarstellung, Anschlüsse mit Zielhinweisen (Bild 12 b); Farbkennung der Leitungen ist möglich.

Beschriftung

Die Kennzeichnung der Geräte erfolgt nach EN 81346, Teil 2. Anschlussklemmen und Steckverbindungen werden mit den am Gerät vorhandenen Klemmenbezeichnungen bezeichnet (Bild 11).

Bei aufgelöster Darstellung entfallen die durchgehenden Verbindungsleitungen von Gerät zu Gerät. Alle von einem Gerät abgehenden Leitungen erhalten einen Zielhinweis (EN 81346, Teil 2), bestehend aus dem Kennzeichen des Zielgeräts und dessen Anschlussbezeichnung und – wenn notwendig – der Angabe der Leitungsfarbe (Bild 13).

Bild 13: Gerätekennzeichen (Beispiel: Generator).
a) Gerätekennzeichen (Kennbuchstabe und Zählnummer),
b) Klemmenbezeichnung am Gerät,
c) Gerät an Masse,
d) Zielhinweis (Kennbuchstabe und Zählnummer / Klemmenbezeichnung / Leitungsfarbe).

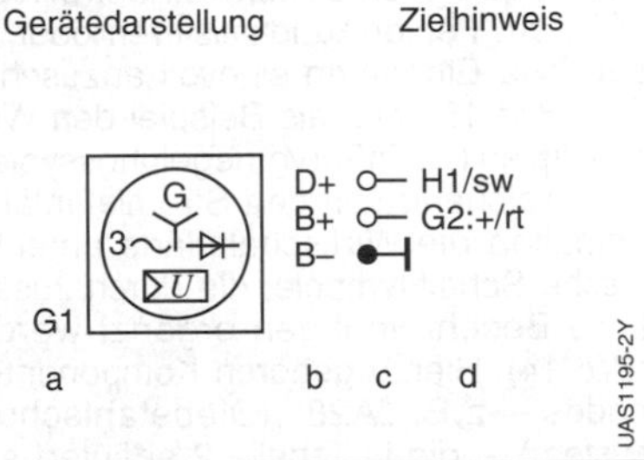

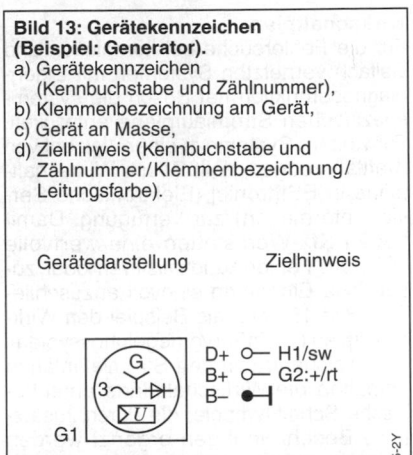

Bild 12: Anschlussplan (aufgelöste Darstellung).
a) Mit Schaltzeichen und Zielhinweisen,
b) mit Geräten und Zielhinweisen.
G1 Drehstromgenerator mit Regler, G2 Batterie, H1 Generatorkontrollleuchte,
M1 Startermotor, S2 Zündstartschalter,
15, 30, 50, 50a Leitungspotential, z.B. Klemme 15.

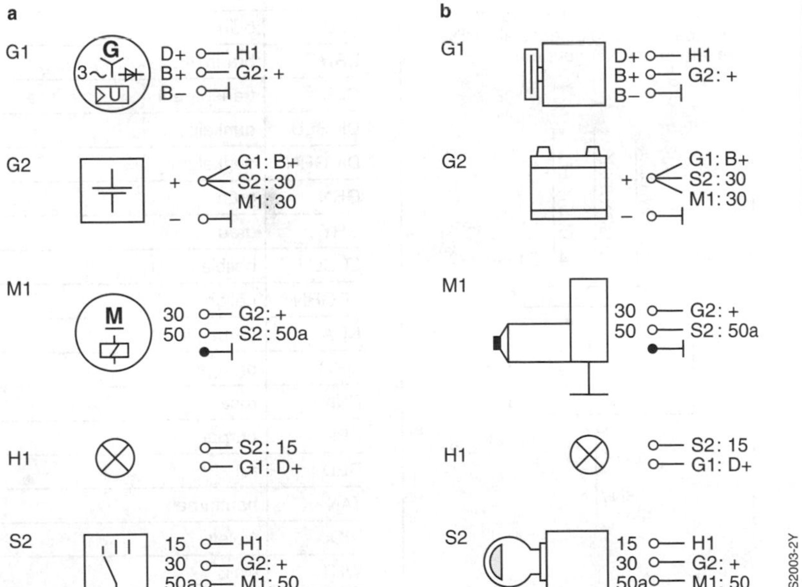

Wirkschaltplan
Für die Fehlersuche bei komplexen und vielfach vernetzten Systemen mit Eigendiagnosefunktion hat Bosch die systemspezifischen Stromlaufpläne entwickelt. Für weitere Systeme in einer Vielzahl von Kraftfahrzeugen stellt Bosch Wirkschaltpläne in ESI[tronic] (Elektronische Service Information) zur Verfügung. Damit haben Kfz-Werkstätten eine wertvolle Hilfe, um Fehler zu lokalisieren oder zusätzliche Einbauten sinnvoll anzuschließen. Bild 15 zeigt als Beispiel den Wirkschaltplan für ein Türverriegelungssystem.

Abweichend von den Stromlaufplänen enthalten die Wirkschaltpläne amerikanische Schaltsymbole, die durch zusätzliche Beschreibungen ergänzt werden (Bild 14). Hierzu gehören Komponentencodes – z.B. „A28“ (Diebstahlschutzsystem) –, die in Tabelle 2 erläutert sind sowie die Erläuterung der Leitungsfarben (Tabelle 3). Beide Tabellen lassen sich in ESI[tronic] aufrufen.

Bild 14: Zusätzliche Beschreibungen in den Wirkschaltplänen.
1 Leitungsfarbe,
2 Verbindernummer,
3 PIN-Nummer (eine gestrichelte Linie zwischen den PINs zeigt, dass alle PINs zu demselben Stecker gehören).

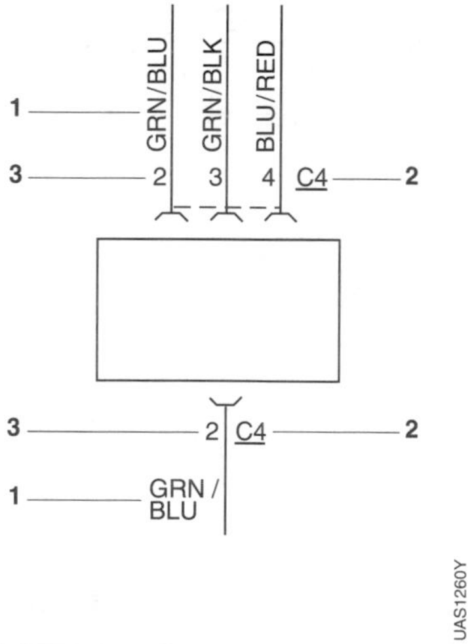

Tabelle 2: Erläuterung der Komponentencodes.

Position	Benennung
A1865	Elektrisch verstellbares Sitzsystem
A28	Diebstahlschutzsystem
A750	Sicherungskasten, Relaiskasten
F53	Sicherung C
F70	Sicherung A
M334	Förderpumpe
S1178	Warnsummerschalter
Y157	Unterdruck-Stellglied
Y360	Stellglied, Tür, vorne, rechts
Y361	Stellglied, Tür, vorne, links
Y364	Stellglied, Tür, hinten, rechts
Y365	Stellglied, Tür, hinten, links
Y366	Stellglied, Tankdeckel
Y367	Stellglied, Schloss, Kofferraum, Heckklappe, Deckel

Tabelle 3: Erläuterung der Leitungsfarben.

Position	Benennung
BLK	schwarz
BLU	blau
BRN	braun
CLR	transparent
DK BLU	dunkelblau
DK GRN	dunkelgrün
GRN	grün
GRY	grau
LT BLU	hellblau
LT GRN	hellgrün
NCA	Farbe nicht bekannt
ORG	orange
PNK	rosa
PPL	purpur
RED	rot
TAN	hautfarben
VIO	violett
WHT	weiß
YEL	gelb

Bild 15: Wirkschaltplan eines Türverriegelungssystems (Beispiel).

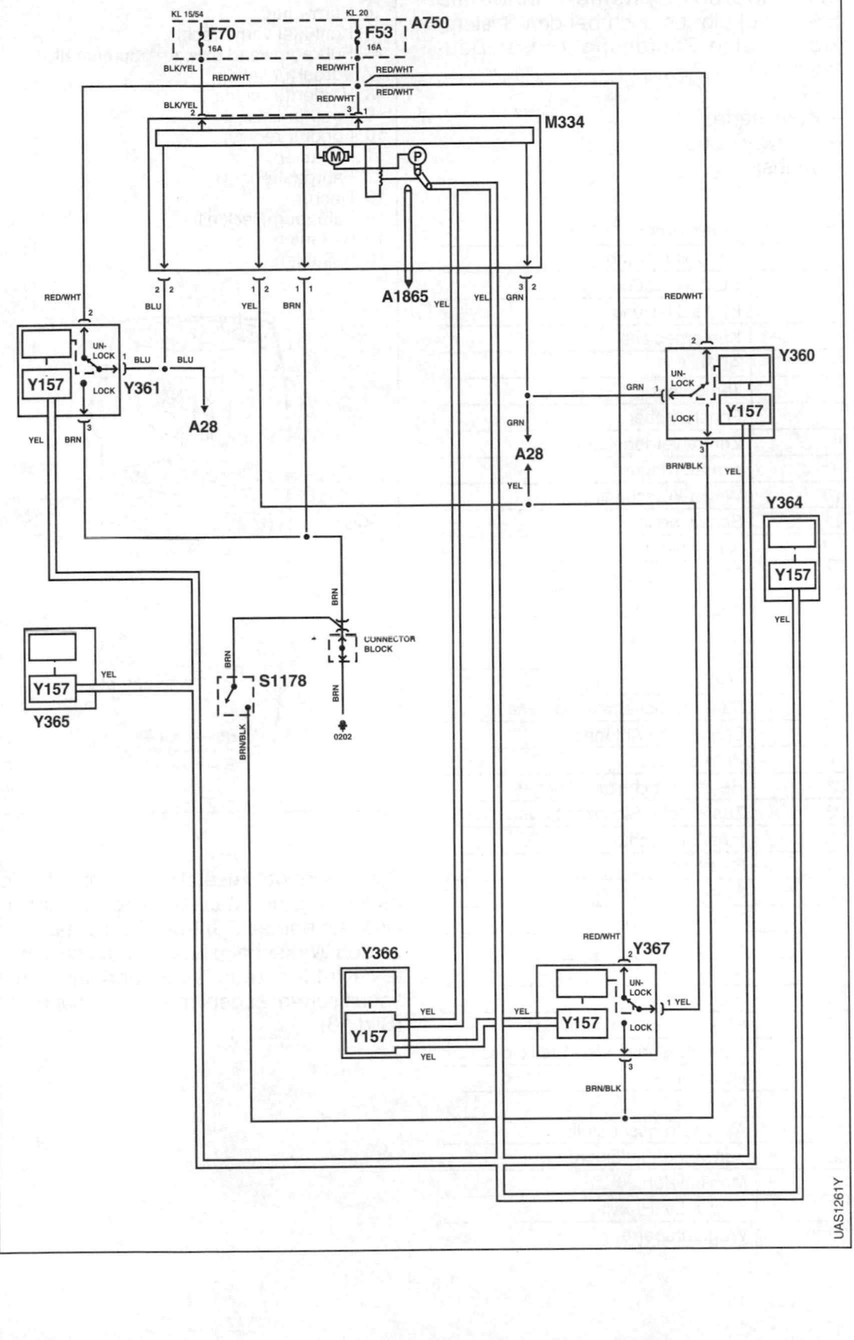

Die Wirkschaltpläne sind nach Systemkreisen und gegebenenfalls auch nach Subsystemen gegliedert (Tabelle 4). Wie bei anderen Systemen innerhalb ESI[tronic] gibt es auch bei den Systemkreisen eine Zuordnung zu vier Baugruppen:

- Motor,
- Karosserie,
- Fahrwerk und
- Triebstrang.

Tabelle 4: Systemkreise.

1	Motorsteuerung
2	Starten, Laden
3	Klima, Heizung
4	Kühlergebläse
5	ABS
6	Tempomat
7	Fensterheber
8	Zentralverriegelung
9	Armaturenbrett
10	Wisch-Waschanlage
11	Scheinwerfer
12	Außenbeleuchtung
13	Stromversorgung
14	Masseverteilung
15	Datenleitung
16	Schaltsperre
17	Diebstahlsicherung
18	Passive Sicherheitssysteme
19	Elektrische Antenne
20	Warnanlage
21	Heizbare Scheibe, Spiegel
22	Zusätzliche Sicherheitssysteme
23	Innenbeleuchtung
24	Servolenkung
25	Spiegelverstellung
26	Verdeckbetätigung
27	Signalhorn
28	Kofferraum, Heckklappe
29	Sitzverstellung
30	Elektronische Dämpfung
31	Zigarettenanzünder, Steckdose
32	Navigation
33	Getriebe
34	Aktive Karosserieteile
35	Schwingungsdämpfung
36	Mobiltelefon
37	Autoradio, Hi-Fi
38	Wegfahrsperre

Bild 16: Massepunkte.
1 Kotflügel vorne links,
2 Fahrzeugvorbau,
3 Motor,
4 Stirnwand,
5 Kotflügel vorne rechts,
6 Fußraumwand bzw. Armaturenbrett,
7 Vordertür links,
8 Vordertür rechts,
9 Fondtür links,
10 Fondtür rechts,
11 A-Säulen,
12 Fahrgastraum,
13 Dach,
14 Fahrzeug-Heckteil,
15 C-Säulen,
16 B-Säulen.

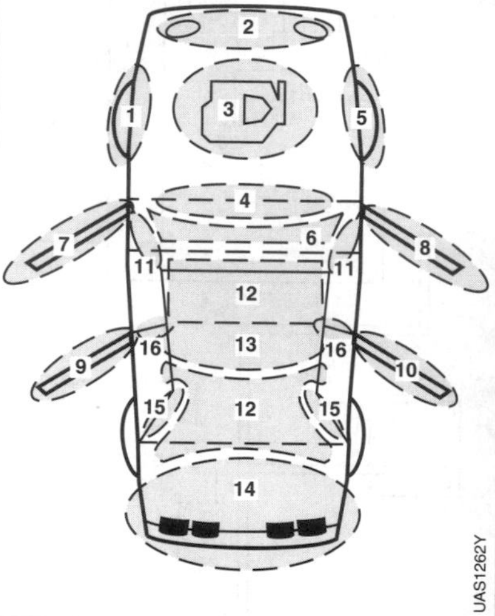

Besonders bei zusätzlichen Einbauten ist es wichtig, die Massepunkte zu kennen. Deshalb enthält ESI[tronic] als Ergänzung zu den Wirkschaltplänen für ein bestimmtes Kraftfahrzeug auch den fahrzeugspezifischen Lageplan der Massepunkte (Bild 16).

Kennzeichnung von elektrischen Geräten

Die Kennzeichnung nach EN 81346, Teil 2 (Tabelle 5) dient zur eindeutigen, international verständlichen Identifizierung von Anlagen, Teilen usw., die durch Schaltzeichen in einem Schaltplan dargestellt sind. Sie erscheint neben dem Schaltzeichen und besteht aus einer Folge von festgelegten Vorzeichen, Buchstaben und Zahlen (Bild 17).

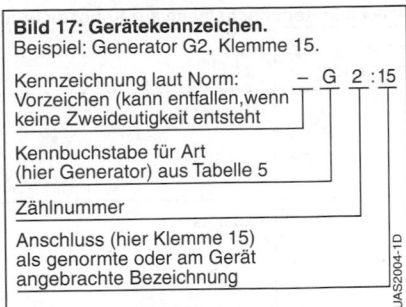

Bild 17: Gerätekennzeichen.
Beispiel: Generator G2, Klemme 15.

Kennzeichnung laut Norm: – G 2 :15

Vorzeichen (kann entfallen, wenn keine Zweideutigkeit entsteht

Kennbuchstabe für Art (hier Generator) aus Tabelle 5

Zählnummer

Anschluss (hier Klemme 15) als genormte oder am Gerät angebrachte Bezeichnung

UAS2004-1D

Tabelle 5: Kennbuchstaben zur Kennzeichnung von elektrischen Geräten nach EN 81346-2.

Kennbuchstabe	Art	Beispiele
A	Anlage, Baugruppe, Teilegruppe	ABS-Steuergerät, Autoradio, Autosprechfunk, Autotelefon, Diebstahlalarmanlage, Gerätebaugruppe, Schaltgerät, Steuergerät, Tempomat
B	Umsetzer von nichtelektrischen auf elektrische Größen oder umgekehrt	Bezugsmarkengeber, Druckschalter, Fanfare, Horn, λ-Sonde, Lautsprecher, Luftmengenmesser, Mikrofon, Öldruckschalter, Sensoren aller Art, Zündauslöser
C	Kondensator	Kondensatoren aller Art
D	Binäres Element, Speicher	Bordcomputer, digitale Einrichtung, integrierter Schaltkreis, Impulszähler, Magnetbandgerät
E	Verschiedene Geräte und Einrichtungen	Heizeinrichtung, Klimaanlage, Leuchte, Scheinwerfer, Zündkerze, Zündverteiler
F	Schutzeinrichtung	Auslöser (Bimetall), Polaritätsschutzgerät, Sicherung, Stromschutzschaltung
G	Stromversorgung, Generator	Batterie, Generator, Ladegerät
H	Kontrollgerät, Meldegerät, Signalgerät	Akustisches Meldegerät, Anzeigelampe, Blinkkontrolle, Blinkleuchte, Bremsbelagkontrolle, Bremsleuchte, Fernlichtanzeige, Generatorkontrolle, Kontrolllampe, Meldegerät, Öldruckkontrolle, optisches Meldegerät, Signallampe, Warnsummer
K	Relais, Schütz	Batterierelais, Blinkgeber, Blinkrelais, Einrückrelais, Startrelais, Warnblinkgeber
L	Induktivität	Drosselspule, Spule, Wicklung
M	Motor	Gebläsemotor, Lüftermotor, Pumpenmotor für ABS-, ASR-, ESC-Hydroaggregate, Scheibenspüler- und Scheibenwischermotor, Startermotor, Stellmotor
N	Regler, Verstärker	Regler (elektronisch oder elektromechanisch), Spannungskonstanthalter

Tabelle 5: Kennbuchstaben zur Kennzeichnung von elektrischen Geräten (Fortsetzung).

Kennbuchstabe	Art	Beispiele
P	Messgerät	Amperemeter, Diagnoseanschluss, Drehzahlmesser, Druckanzeige, Fahrtschreiber, Messpunkt, Prüfpunkt, Tachometer
R	Widerstand	Glühstiftkerze, Flammkerze, Heizwiderstand, Heißleiter, Kaltleiter, Potentiometer, Regelwiderstand, Vorwiderstand
S	Schalter	Schalter und Taster aller Art, Zündunterbrecher
T	Transformator	Zündspule, Zündtransformator
U	Modulator, Umsetzer	Gleichstromwandler
V	Halbleiter, Röhre	Darlington, Diode, Elektronenröhre, Gleichrichter, Halbleiter aller Art, Kapazitätsdiode, Transistor, Thyristor, Z-Diode
W	Übertragungsweg, Leitung, Antenne	Autoantenne, Abschirmteil, geschirmte Leitung, Leitungen aller Art, Leitungsbündel, Masse(sammel)leitung
X	Klemme, Stecker, Steckverbindung	Anschlussbolzen, elektrische Anschlüsse aller Art, Kerzenstecker, Klemme, Klemmenleiste, elektrische Leitungskupplung, Leitungsverbinder, Stecker, Steckdose, Steckerleiste, (Mehrfach-)Steckverbindung, Verteilerstecker
Y	elektrisch betätigte mechanische Einrichtung	Dauermagnet, Einspritz(magnet)ventil, Elektromagnetkupplung, elektromagnetische Bremse, Elektroluftschieber, Elektrokraftstoffpumpe, Elektromagnet, Elektrostartventil, Getriebesteuerung, Hubmagnet, Kick-down-Magnetventil, Leuchtweitenregler, Niveauregelventil, Schaltventil, Startventil, Türverriegelung, Zentralschließeinrichtung, Zusatzluftschieber
Z	elektrisches Filter	Entstörglied, Entstörfilter, Siebkette, Zeituhr

Klemmenbezeichnungen

Das in der Norm (DIN 72552) für die elektrische Anlage im Kraftfahrzeug festgelegte System der Klemmenbezeichnungen soll ein möglichst fehlerfreies Anschließen aller Leitungen an den Geräten, vor allem bei Reparaturen und Ersatzteileinbauten, ermöglichen. Die Klemmenbezeichnungen (Tabelle 6) sind nicht gleichzeitig Leitungsbezeichnungen, da an beiden Enden einer Leitung Geräte mit unterschiedlicher Klemmenbezeichnung angeschlossen sein können. Sie brauchen infolgedessen nicht an den Leitungen angebracht zu werden.

Neben den aufgeführten Klemmenbezeichnungen können auch Bezeichnungen nach DIN-VDE-Normen bei elektrischen Maschinen verwendet werden. Mehrfach-Steckverbindungen, bei denen die Bezeichnungen nach DIN 72552 nicht mehr ausreichend sind, erhalten fortlaufende Zahlen oder Buchstabenbezeichnungen, die keine durch die Norm festgelegte Funktionszuordnung haben.

Tabelle 6: Klemmenbezeichnungen nach DIN 72552.

Klemme	Bedeutung
	Zündspule
1	Niederspannung
4	Hochspannung
4a	von Zündspule I, Klemme 4
4b	von Zündspule II, Klemme 4
15	Geschaltetes Plus hinter Batterie (Ausgang Zündschalter)
15a	Ausgang am Vorwiderstand zur Zündspule und zum Starter
	Vorglühanlage
17	Starten
19	Vorglühen
	Batterie
30	Eingang von Batterie Plus (direkt)
30a	Batterieumschaltung 12/24 V Eingang von Batterie II Plus
31	Rückleitung ab Batterie Minus oder Masse (direkt)
31b	Rückleitung an Batterie Minus oder Masse über Schalter oder Relais (geschaltetes Minus)
	Batterieumschaltrelais 12/24 V
31a	Rückleitung an Batterie II Minus
31c	Rückleitung an Batterie I Minus
	Elektromotoren
32	Rückleitung[1]
33	Hauptanschluss[1]
33a	Endabstellung
33b	Nebenschlussfeld
33f	für zweite kleinere Drehzahlstufe
33g	für dritte kleinere Drehzahlstufe
33h	für vierte kleinere Drehzahlstufe
33L	Drehrichtung links
33R	Drehrichtung rechts
	Starter
45	Getrenntes Starterrelais, Ausgang; Starter, Eingang (Hauptstrom)
	Zwei-Starter-Parallelbetrieb Startrelais für Einrückstrom
45a	Ausgang Starter I, Eingang Starter I und II
45b	Ausgang Starter II
48	Klemme am Starter und Startwiederholrelais (Überwachung des Startvorganges)
	Blinkanlage
49	Eingang Blinkgeber
49a	Ausgang Blinkgeber
49b	Ausgang zweiter Blinkgeber
49c	Ausgang dritter Blinkgeber
	Starter
50	Startersteuerung (direkt)
	Batterieumschaltrelais
50a	Ausgang für Startersteuerung
	Startersteuerung
50b	bei Parallelbetrieb von zwei Startern mit Folgesteuerung
	Startrelais für Folgesteuerung des Einrückstroms bei Parallelbetrieb von zwei Startern
50c	Eingang in Startrelais für Starter I
50d	Eingang in Startrelais für Starter II
	Startsperrrelais
50e	Eingang
50f	Ausgang
	Startwiederholrelais
50g	Eingang
50h	Ausgang

[1] Polaritätswechselklemme 32/33 möglich.

Tabelle 6: Klemmenbezeichnungen nach DIN 72 552 (Fortsetzung).

Klemme	Bedeutung
	Wischermotoren
53	Wischermotor, Eingang (+)
53a	Wischer (+), Endabstellung
53b	Wischer (Nebenschlusswicklung)
53c	Elektrische Scheibenspülerpumpe
53e	Wischer (Bremswicklung)
53i	Wischermotor mit Permanentmagnet und dritter Bürste (für höhere Geschwindigkeit)
	Beleuchtung
55	Nebelscheinwerfer
56	Scheinwerfer
56a	Fernlicht und Fernlichtkontrolle
56b	Abblendlicht
56d	Lichthupenkontakt
57a	Parklicht
57L	Parklicht links
57R	Parklicht rechts
58	Begrenzungs-, Schluss-, Kennzeichen- und Instrumentenleuchten
58L	links
58R	rechts
	Generator und Regler
61	Generatorkontrolle
B+	Batterie Plus
B–	Batterie Minus
D+	Dynamo Plus
D–	Dynamo Minus
DF	Dynamo Feld
DF1	Dynamo Feld 1
DF2	Dynamo Feld 2
U,V,W	Drehstromklemmen
	Tontechnik
75	Radio, Zigarettenanzünder
76	Lautsprecher
	Schalter
	Öffner/Wechsler
81	Eingang
81a	1. Ausgang, Öffnerseite
81b	2. Ausgang, Öffnerseite
	Schließer
82	Eingang
82a	1. Ausgang
82b	2. Ausgang
82z	1. Eingang
82y	2. Eingang
	Mehrstufenschalter
83	Eingang
83a	Ausgang, Stellung 1
83b	Ausgang, Stellung 2
83L	Ausgang, Stellung links
83R	Ausgang, Stellung rechts
	Stromrelais
84	Eingang, Antrieb und Relaiskontakt
84a	Ausgang, Antrieb
84b	Ausgang, Relaiskontakt
	Schaltrelais
85	Ausgang, Antrieb (Wicklungsende Minus oder Masse)
86	Eingang, Antrieb (Wicklungsanfang)
86a	Wicklungsanfang / 1. Wicklung
86b	Wicklungsanzapfung / 2. Wicklung
	Relaiskontakt bei Öffner und Wechsler:
87	Eingang
87a	1. Ausgang (Öffnerseite)
87b	2. Ausgang
87c	3. Ausgang
87z	1. Eingang
87y	2. Eingang
87x	3. Eingang
	Relaiskontakt bei Schließer:
88	Eingang
	Relaiskontakt bei Schließer und Wechsler (Schließerseite):
88a	1. Ausgang
88b	2. Ausgang
88c	3. Ausgang
	Relaiskontakt bei Schließer:
88z	1. Eingang
88y	2. Eingang
88x	3. Eingang
	Fahrtrichtungsanzeige (Blinkgeber)
C	1. Kontrolllampe
C0	Hauptanschluss für vom Blinker getrennte Kontrollkreise
C2	2. Kontrolllampe
C3	3. Kontrolllampe (z. B. beim Zwei-Anhänger-Betrieb)
L	Blinkleuchten links
R	Blinkleuchten rechts

Literatur

[1] EN 60617: Grafische Symbole für Schaltpläne.
Teil 2: Symbolelemente, Kennzeichen und andere Schaltzeichen für allgemeine Anwendungen.
Teil 3: Schaltzeichen für Leiter und Verbinder.
Teil 4: Schaltzeichen für passive Bauelemente.
Teil 5: Schaltzeichen für Halbleiter und Elektronenröhren.
Teil 6: Schaltzeichen für die Erzeugung und Umwandlung elektrischer Energie.
Teil 7: Schaltzeichen für Schalt- und Schutzeinrichtungen.
Teil 8: Schaltzeichen für Meß-, Melde und Signaleinrichtungen.
Teil 9: Schaltzeichen für die Nachrichtentechnik; Vermittlungs- und Endeinrichtungen.
Teil 10: Schaltzeichen für die Nachrichtentechnik; Übertragungseinrichtungen.
Teil 11: Gebäudebezogene und topographische Installationspläne und Schaltpläne.
Teil 12: Binäre Elemente.
Teil 13: Analoge Elemente.

[2] EN 81346: Industrielle Systeme, Anlagen und Ausrüstungen und Industrieprodukte – Strukturierungsprinzipien und Referenzkennzeichnung.
Teil 1: Allgemeine Regeln.
Teil 2: Klassifizierung von Objekten und Kennbuchstaben von Klassen.

[3] DIN 72552: Klemmenbezeichnungen in Kraftfahrzeugen;
Teil 1: Zweck, Grundsätze, Anforderungen.
Teil 2: Bedeutungen.
Teil 3: Anwendungsbeispiele in Anschlussplänen.
Teil 4: Übersicht.

Bordnetze für Hybrid- und Elektrofahrzeuge

Während das Bordnetz eines Fahrzeugs mit Start-Stopp-System (Mikrohybrid) einem konventionellen Bordnetz (siehe 12-Volt-Bordnetz) sehr ähnlich ist, verfügen Bordnetze für Mild- und Vollhybridfahrzeuge sowie extern aufladbare Hybridfahrzeuge und Elektrofahrzeuge meist über eine hohe Spannungsebene. Sie unterscheiden sich damit deutlich vom Bordnetz eines konventionellen Fahrzeugs.

Das Bordnetz eines Hybrid- oder eines Elektrofahrzeugs hat im Wesentlichen folgende Aufgaben:
- Speicherung von überschüssiger elektrischer Energie aus dem Antriebsstrang,
- bei Bedarf Abgabe elektrischer Energie an den Antriebsstrang,
- sichere Versorgung der elektrischen Verbraucher,
- bei extern aufladbaren Hybrid- und Elektrofahrzeugen Speicherung von Energie aus dem öffentlichen Stromnetz und Versorgung des Fahrzeugs hiermit während des Betriebs.

Bordnetze für Mild- und Vollhybridfahrzeuge

Die Funktion eines Mild- oder eines Vollhybridfahrzeugs (siehe Hybridantriebe) erfordert eine hohe elektrische Leistung von 15...100 kW, die auf der 12-Volt-Spannungsebene nicht mehr sinnvoll bereitgestellt werden kann. Daher wird zusätzlich ein HV-Bordnetz (HV steht für High Voltage, hohe Spannung) mit einer Spannung im Bereich von 42...800 V benötigt. Zur Versorgung der 12-Volt-Verbraucher im Fahrzeug, insbesondere auch der Steuergeräte, kann jedoch auf das 12-Volt-Standardbordnetz nicht verzichtet werden. Je nach Leistungsanforderungen der einzelnen Verbraucher werden diese aus dem entsprechenden Bordnetz versorgt (Bild 1). Generell wird aus Kostengründen versucht, mit Standard-12-Volt-Komponenten auszukommen, da diese in großer Stückzahl günstig verfügbar sind.

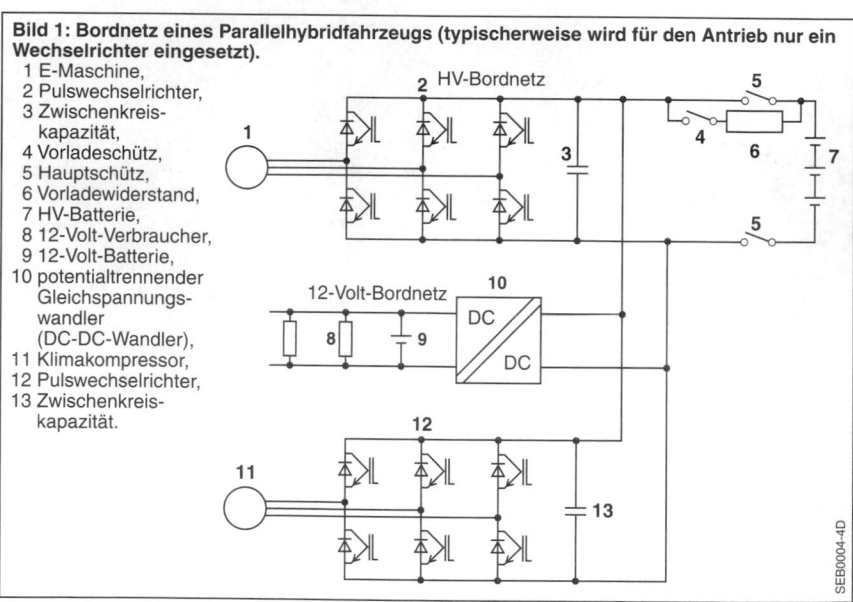

Bild 1: Bordnetz eines Parallelhybridfahrzeugs (typischerweise wird für den Antrieb nur ein Wechselrichter eingesetzt).
1 E-Maschine,
2 Pulswechselrichter,
3 Zwischenkreiskapazität,
4 Vorladeschütz,
5 Hauptschütz,
6 Vorladewiderstand,
7 HV-Batterie,
8 12-Volt-Verbraucher,
9 12-Volt-Batterie,
10 potentialtrennender Gleichspannungswandler (DC-DC-Wandler),
11 Klimakompressor,
12 Pulswechselrichter,
13 Zwischenkreiskapazität.

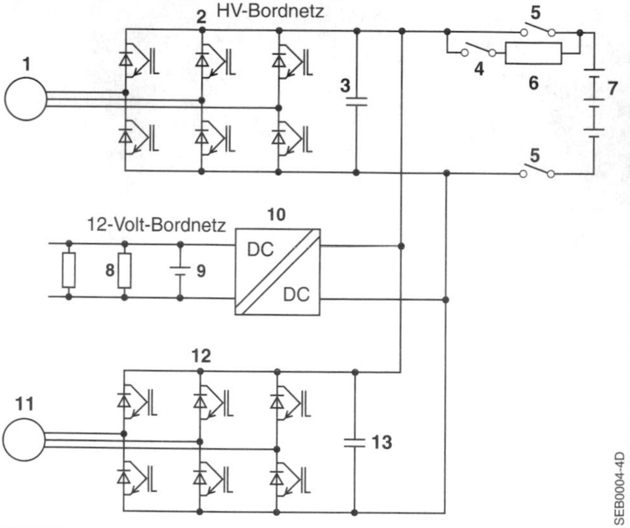

HV-Bordnetz

Aufbau

Das HV-Bordnetz besteht aus einer HV-Batterie (Antriebsbatterie), mindestens einem Pulswechselrichter zur Ansteuerung des elektrischen Antriebs (elektrische Maschine, E-Maschine), sonstigen Hochleistungs- oder HV-Verbrauchern (z.B. elektrischer Klimakompressor) sowie einem aus Gründen der Spannungssicherheit potentialtrennenden Gleichspannungswandler (DC-DC-Wandler) zur Versorgung des 12-Volt-Bordnetzes (Bild 1).

Arbeitsweise

Über die in der HV-Batterie integrierten Schütze wird das HV-Bordnetz mit Spannung versorgt. Im ausgeschalteten Zustand des Fahrzeugs oder bei einem Unfall wird das HV-Bordnetz über die Schütze spannungslos geschaltet und somit die gefährliche hohe Spannung auf den Batteriepack begrenzt.

Der Pulswechselrichter erzeugt aus der hohen Gleichspannung einen Dreiphasenwechselstrom mit variabel einstellbarer Stromstärke und Frequenz für die E-Maschine (siehe Wechselrichter).

Die Versorgung des HV-Bordnetzes erfolgt bei Hybridantrieben über den generatorischen Betrieb der E-Maschine oder aus der HV-Batterie.

Der potentialtrennende Gleichspannungswandler überträgt elektrische Energie aus dem leistungsstärkeren HV-Bordnetz (typischerweise 2...3 kW Leistung) auf das 12-Volt-Bordnetz. Dieses Niederspannungsbordnetz wird also aus dem HV-Bordnetz versorgt.

Eine zusätzliche Komponente des HV-Bordnetzes kann z.B. ein elektrischer Klimakompressor sein, der je nach Fahrzeug maximal 3...6 kW elektrische Leistung benötigt und über einen zweiten Pulswechselrichter angesteuert wird.

HV-Bordnetz für Parallelhybride

Die Topologien der Bordnetze für Mild- und Vollhybride mit je nur einer E-Maschine sind sich ähnlich. Das Bordnetz eines Mildhybrids kommt aber (im Vergleich zum Vollhybrid) mit einer geringeren Energiespeicher- und einer geringeren Leistungsfähigkeit aus, da das Fahrzeug allenfalls sehr kurzzeitig elektrisch kriechen kann.

Der hauptsächliche Energiefluss eines Fahrzeugs mit parallelem Hybridantrieb ist von der HV-Batterie in die E-Maschine beziehungsweise umgekehrt. Daneben erfolgt noch ein kleinerer Energiefluss über den Gleichspannungswandler in das 12-Volt-Bordnetz oder in andere HV-Verbraucher.

HV-Bordnetz für leistungsverzweigte oder serielle Hybridantriebe

Fahrzeuge mit zwei E-Maschinen erfordern eine erweiterte Bordnetztopologie.

Bei „Dedicated Hybrid-Transmissions" (DHT), also leistungsverzweigten oder Parallel-Seriell-Antriebsstrangtopologien, werden hohe Energiemengen von der an den Verbrennungsmotor koppelbaren Generatormaschine zur Antriebsmaschine übertragen. Hierbei ist in der Betriebsstrategie auf Nutzung der optimalen, d.h. verlustarmen Kennfeldbereiche zu achten.

Die Batteriespannung wird durch deren Auslegung (Zellenzahl und -größe) entsprechend der benötigten elektrischen Energie-Zwischenspeicherung festgelegt (typisch z.B. für Vollhybride 200...400 V). Für einen wirkungsgradoptimalen Betrieb der E-Maschinen ist die Zwischenkreisspannung der Wechselrichter jedoch zwischen der Batteriespannung und einem durch die Halbleiter gesetzten Maximalwert (typisch 600...700 V) variabel steuerbar. Die Spannungsanpassung und Energieübertragung übernimmt ein entsprechend leistungsfähiger Hochsetzsteller (nicht isolierender Gleichspannungswandler, siehe Bild 2). Indem die Zwischenkreisspannung knapp über dem Maximalwert der gleichgerichteten induzierten Spannungen der E-Maschinen geführt wird, kann die Schalthäufigkeit der Wechselrichterschalter und somit die elektrischen Wechselrichterverluste und Zusatzverluste in den Maschinen minimiert werden.

Weitere HV-Verbraucher wie Klimakompressor und Luft- oder Wasserheizer werden üblicherweise direkt aus der Batteriespannung versorgt.

12-Volt-Bordnetz

Das 12-Volt-Bordnetz ist für alle Hybridfahrzeuge, die sowohl HV- als auch 12-Volt-Bordnetz aufweisen, ähnlich aufgebaut. Es ist dem 12-Volt-Bordnetz eines konventionell angetriebenen Fahrzeugs sehr ähnlich, mit dem Unterschied, dass meist kein Starter vorhanden ist und die Versorgung statt durch einen Generator über einen potentialtrennenden Gleichspannungswandler aus der HV-Maschine und damit aus dem HV-Bordnetz erfolgt (Bild 2).

Falls das Fahrzeug elektrisch fahren oder kriechen kann, müssen alle unterstützenden Funktionen – wie z.B. die Servolenkung, Kühlerpumpen oder das Bremssystem – unabhängig vom Verbrennungsmotor, also elektrisch betrieben werden, damit sie auch bei abgestelltem Verbrennungsmotor verfügbar sind.

Bild 2: Bordnetz eines leistungsverzweigten oder eines seriellen Hybridfahrzeugs.
1 E-Maschine, 2 Pulswechselrichter, 3 Zwischenkreiskapazität,
4 potentialverbindender Hochleistungs-Gleichspannungswandler (Hochsetzsteller),
5 Vorladeschütz, 6 Hauptschütz, 7 Vorladewiderstand,
8 HV-Batterie, 9 E-Maschine, 10 Pulswechselrichter,
11 Zwischenkreiskapazität, 12 12-Volt-Verbraucher, 13 12-Volt-Batterie,
14 potentialtrennender Gleichspannungswandler (DC-DC-Wandler), 15 Klimakompressor,
16 Pulswechselrichter, 17 Zwischenkreiskapazität.

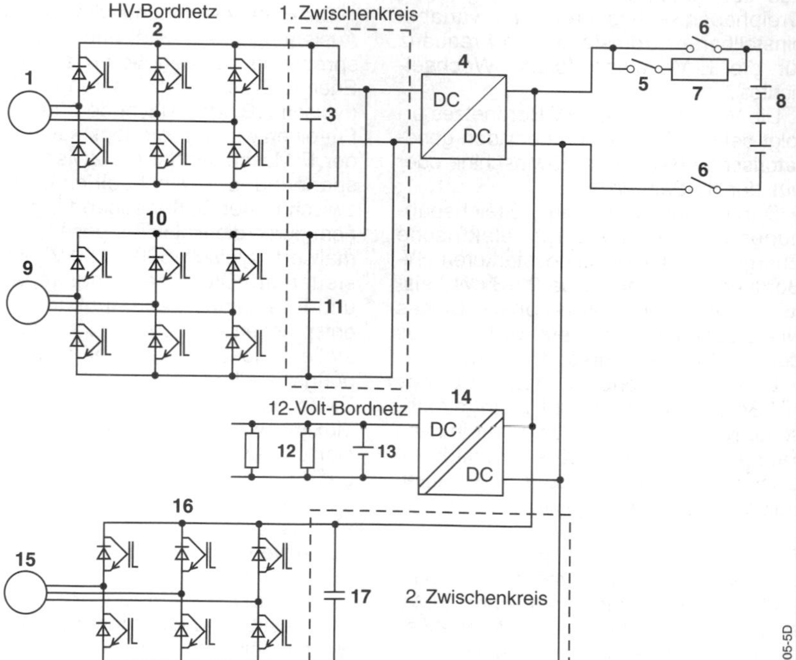

Bordnetze für extern aufladbare Hybrid- und Elektrofahrzeuge

Topologie

Das Bordnetz eines extern aufladbaren Hybridfahrzeugs (z.B. Plug-in-Hybrid) entspricht meist – bis auf eine größere Batterie mit einer größeren Energiespeicherkapazität und einer Ladeeinrichtung – dem des entsprechenden Hybridfahrzeugs ohne externe Ladefähigkeit.

Bei einem reinen Elektrofahrzeug wird im einfachsten Fall die Topologie des Parallelhybridfahrzeugs mit einer größeren Batterie und einer Ladeeinrichtung verwendet (Bild 3). Als Ladeeinrichtung kann ein Ladegerät verwendet werden, das einem öffentlichen Wechselstromnetz (230 V~) oder Dreiphasenwechselstromnetz (400 V~) elektrische Energie entnimmt und mit dieser die Batterie geregelt lädt. Die gewünschte Ladeleistung des Fahrzeugs wird dem Ladegerät vom Batteriemanagementsystem vorgegeben. Aus Sicherheits- und Überspannungsfestigkeitsgründen ist dieses Ladegerät meist potentialgetrennt ausgeführt.

Alternativ kann die Batterie eines Elektrofahrzeugs auch mit Gleichstrom aus einer externen geregelten Ladestation geladen werden. In diesem Fall benötigt man nur eine Steckverbindung zur HV-Batterie und eine Kommunikationsschnittstelle zwischen Batteriemanagement und Ladestation zur Vorgabe der Ladeleistung.

Wirkungsgrad

Bei Elektrofahrzeugen ist der Wirkungsgrad des Bordnetzes entscheidend, da dieser nicht nur den Verbrauch, sondern auch die Reichweite und die nötige Batteriegröße direkt beeinflusst. Somit können teurere und effizientere Komponenten die Gesamtkosten des Fahrzeugs verringern, da sie mit kleinerer Batterie dieselbe Reichweite ermöglichen. Es ist daher für viele Komponenten des Bordnetzes zu prüfen, ob eine günstige Standardkomponente verwendet werden kann oder ob sich die Neuentwicklung einer effizienteren Komponente lohnt.

Besondere Bedeutung kommt dem Energiebedarf für die Klimatisierung des Innenraums zu.

Bild 3: Bordnetz eines Elektrofahrzeugs.
1 E-Maschine,
2 Pulswechselrichter,
3 Zwischenkreiskapazität,
4 Vorladeschütz,
5 Hauptschütz,
6 Vorladewiderstand,
7 HV-Batterie,
8 12-Volt-Verbraucher,
9 12-Volt-Batterie,
10 potentialtrennender Gleichspannungswandler (DC-DC-Wandler),
11 Klimakompressor,
12 Pulswechselrichter,
13 Zwischenkreiskapazität,
14 Ladeeinrichtung (AC-DC-Wandler).

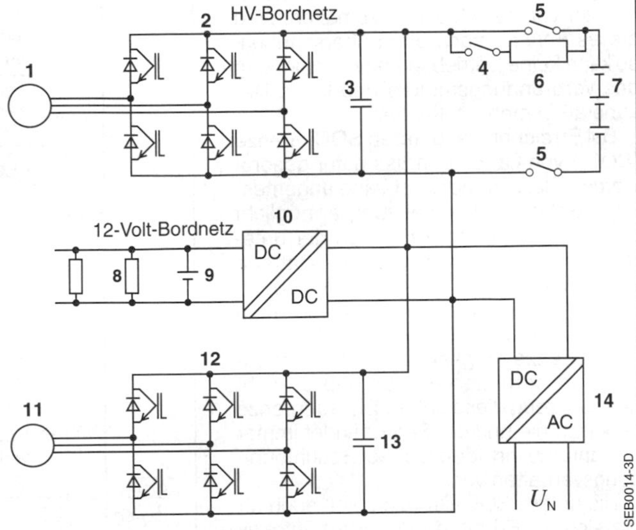

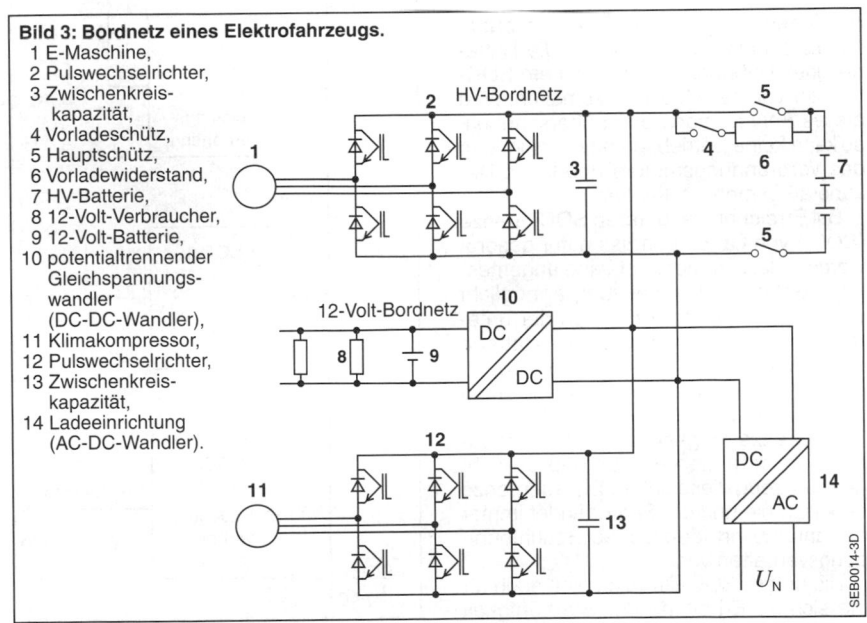

Ladestrategie

Zyklisierung

Eine Batterie wird generell durch das zyklische Laden und Entladen („Zyklisierung") in ihrer Rest-Lebensdauer geschädigt. Diese Schädigung steigt exponentiell mit der Höhe der gespeicherten und wieder entnommenen Energiepakete und damit der Temperaturhübe der Zellen. Diese Zyklisierung ist jedoch für den Betrieb des Antriebsstrangs zum elektrischen Fahren beziehungsweise Bremsen (Rekuperation) unabdingbar. Die Auslegung der Batterie nach Leistung und Reichweite sowie die Anpassung der Ladestrategie erfolgen im Kontext mit der Optimierung zwischen Lebensdauer, Kosten und Masse der Batterie einerseits und einem guten Wirkungsgrad des Hybrid-Antriebsstrangs beziehungsweise einer größeren Reichweite bei Elektrofahrzeugen andererseits.

Meist verlaufen die thermischen Alterungsprozesse der Batteriezellen bei hohem Ladezustand (State of Charge, SOC) deutlich schneller. Daher sollte die Kombination hoher Ladezustand und hohe Temperatur der Zellen in der Ladestrategie vermieden werden.

Betriebsstrategie für Hybridfahrzeuge

Normalerweise wird versucht, die Batterie eines Hybridfahrzeugs in einem SOC-Fenster von ca. 50...70 % zu halten. Wird dieses Fenster nach oben überschritten, so kann keine Betriebspunktverschiebung des Verbrennungsmotors und keine Rekuperation mehr stattfinden.

Bei Erreichen der unteren SOC-Grenze (SOC_L) von ca. 50 % muss dafür gesorgt werden, dass immer noch eine angemessene Batterieentladeleistung ermöglicht wird. Daher wird bei Erreichen der unteren SOC-Grenze verstärkt die Batterie nachgeladen, falls gerade keine Boostenergie benötigt wird. Die Entladeleistung wird erst bei Erreichen einer viel tieferen SOC-Grenze langsam bis auf null reduziert. Im normalen Fahrbetrieb erreicht das Fahrzeug diese untere Entladegrenze praktisch nie und der Fahrer findet immer ein annähernd identisches Beschleunigungsverhalten vor.

Die untere SOC-Grenze spielt auch für die sichere Erhaltung der Startfähigkeit und das Vermeiden einer lebensdauerschädlichen Tiefenentladung eine wichtige Rolle.

Die Ladestrategie (Bild 4) wird meist im Motorsteuergerät oder in einem speziellen Hybridsteuergerät umgesetzt.

Betriebsstrategie für Elektrofahrzeuge

Da im reinen Elektrofahrzeug nur eine Energiequelle – nämlich die Batterie – vorhanden ist, muss die Betriebsstrategie den Fahrerwunsch aus dieser unabhängig vom Ladezustand bedienen. Eine starke,

Bild 4: Ladestrategie eines Hybridfahrzeugs im Fahrbetrieb.
SOC Ladezustand (State of Charge),
SOC_{max} obere SOC-Grenze,
SOC_L untere SOC-Grenze,
SOC_{min} untere Entladegrenze.

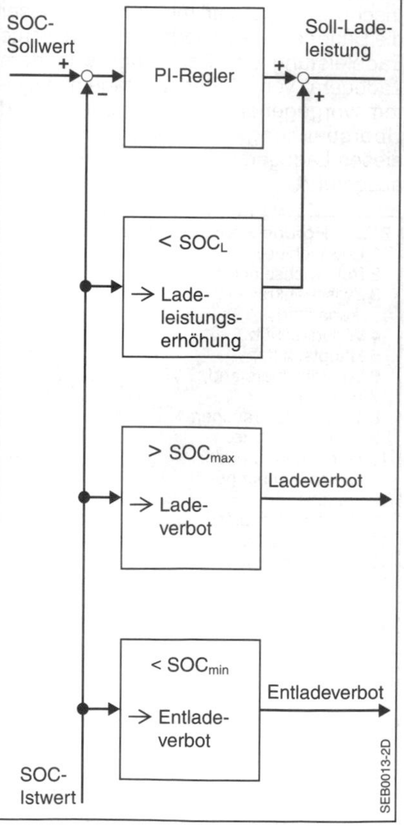

jedoch weniger häufige Zyklisierung ist somit unumgänglich, um die nötige Reichweite des Fahrzeugs bei vertretbarer Batteriegröße zu erreichen. Hier werden die SOC-Grenzen so gelegt, dass keine sehr lebensdauerschädlichen Effekte auftreten. Der nutzbare SOC-Bereich liegt je nach Batteriesystem zwischen ca. 10 % und 90 %.

Betriebsstrategie für Elektrofahrzeuge mit Range-Extender

Bei einem Elektrofahrzeug mit Range-Extender – dies ist ein kleiner Verbrennungsmotor mit einem Generator, der das HV-Bordnetz mit elektrischer Energie versorgen kann – besteht nach längerer Fahrt und bei Erreichen eines unteren SOC-Grenzwerts die Möglichkeit, die Batterie noch während der Fahrt aus diesem Generator statt aus einer externen Quelle nachzuladen.

Der Range-Extender besitzt nur eine moderate Nennleistung und liefert diese als Konstantleistung mit bestmöglichem Kraftstoffverbrauch an die Batterie, welche die Antriebsstrang-Leistungsdynamik puffert. Es besteht bei entsprechendem Antriebsstrangdesign auch die Möglichkeit, den Verbrennungsmotor des Range-Extenders in eingeschränktem Geschwindigkeitsbereich direkt auf den Antriebsstrang zu koppeln und so mechanische Leistung ohne elektrischen Wirkungsgradverlust auf die Räder zu speisen.

Betriebsstrategie für Plug-in-Hybrid

Die HV-Ladestrategie ist hier eine Mischung aus der eines Elektrofahrzeugs und der eines Hybridfahrzeugs. Beim Plug-in-Hybrid besteht zur Kraftstoffverbrauchseinsparung das Ziel, möglichst weit und häufig elektrisch zu fahren. Bei entladener Batterie wird auf eine Betriebsstrategie ähnlich dem Hybrid umgeschaltet (jedoch mit niedrigerer SOC-Grenze). Im Bedarfsfall kann das Fahrzeug aber auch alleine mit dem Verbrennungsmotor fahren.

Beim Laden der Batterie am öffentlichen Stromnetz (typisch z.B in Deutschland 3,3 kW bei Einphasenstrom, in anderen Ländern bis zu 7,5 kW, bis zu 11 kW bei Dreiphasenstrom) sind meist die Ladegeräte oder die Leistung des öffentlichen Stromnetzes limitierend. Die erste Phase des Ladens erfolgt mit voller Leistung, in der zweiten Phase werden Strom und Leistung bis zum Erreichen der Batterie-Ladeschlussspannung sukzessive zurückgenommen.

Literatur

[1] S. Sasaki, E. Sato, M. Okamura: The Motor Control Technologies for the Hybrid Electric Vehicle; Toyota Motor Corporation.

Elektrische Maschinen als Kfz-Fahrantrieb

Der elektrische Antrieb für Fahrzeuge mit Hybrid- oder reinem Elektroantrieb wird typischerweise von einer HV-Batterie (High Voltage, hohe Spannung, siehe Batterien für Elektro- und Hybridantriebe) mit Gleichspannung versorgt, die ein Wechselrichter in ein symmetrisches, dreiphasiges Wechselspannungssystem konvertiert (Bild 1). Dieses Wechselspannungssystem ist in der Spannungsamplitude und der Frequenz veränderbar. Bild 2 zeigt vereinfachte Drehmoment-, Leistungs-, Strom und Spannungskennlinien, die sich im Wechselrichterbetrieb ergeben. Im Grunddrehzahlbereich (zwischen Stillstand und Eckdrehzahl, bei der die maximale Spannung im Wechselspannungssystem erreicht wird) ergibt sich typischerweise ein konstantes Drehmoment. Der Bereich von der Eckdrehzahl bis zur maximalen Drehzahl wird Feldschwächbereich genannt. In diesem Bereich ist die mechanische Leistung des Antriebs näherungsweise konstant, was einer Drehmomentreduzierung proportional zum Kehrwert der Drehzahl entspricht. Tatsächlich ist das Verhalten im Feldschwächbereich jedoch abhängig vom Maschinentyp (siehe Abschnitt Typische Kennlinien).

Dieser Beitrag gibt einen Überblick über die wichtigsten Eigenschaften und Einflussgrößen elektrischer Maschinen für Kfz-Fahrantriebe (siehe auch [1] und [2]).

Anforderungen

Bild 3 zeigt beispielhaft wichtige Betriebspunkte für den rein elektrischen Betrieb des Fahrzeugs und deren Bedeutung für die Fahrbarkeit. Daraus können die Inhalte für drei der in Bild 4 dargestellten Anforderungsgruppen abgeleitet werden: Überlastbetrieb, Dauerbetrieb und Zykluswirkungsgrad. Im Folgenden werden diese Gruppen und vier weitere (Schwingungsanregungen, Bauraum, Festigkeit und Kosten) näher erläutert.

Bild 2: Vereinfachte Kennlinien eines elektrischen Antriebs.
1 Drehmoment,
2 mechanische Leistung,
3 Leiterspannung U_L (Grundschwingung),
4 Zuleitungsstrom I (Grundschwingung).
A Grunddrehzahlbereich,
B Feldschwächbereich.

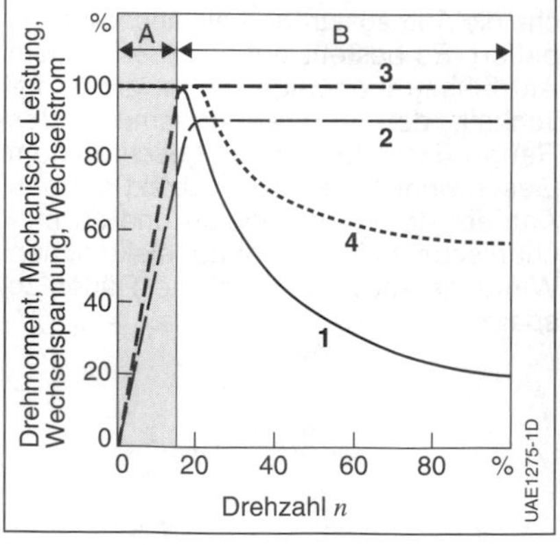

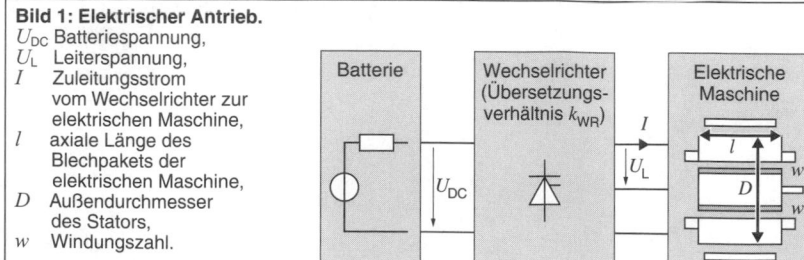

Bild 1: Elektrischer Antrieb.
U_{DC} Batteriespannung,
U_L Leiterspannung,
I Zuleitungsstrom vom Wechselrichter zur elektrischen Maschine,
l axiale Länge des Blechpakets der elektrischen Maschine,
D Außendurchmesser des Stators,
w Windungszahl.

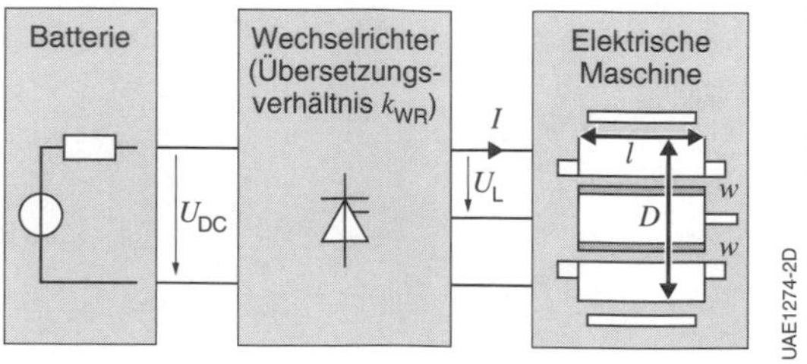

Überlastbetrieb

Bild 5 zeigt typische Drehmoment- und Leistungskennlinien eines elektrischen Fahrzeugantriebs. Der Überlastbetrieb charakterisiert das Fahrverhalten bei Beschleunigungs- und Überholmanövern. Die elektrische Maschine kann im Überlastbetrieb nicht dauernd betrieben werden, da dies eine Überschreitung mindestens einer Grenztemperatur (zum Beispiel Wicklungs- und Magnettemperatur). zur Folge hätte. Typische Anforderungsgrößen sind das maximale Drehmoment bei kleinen Drehzahlen, die Leistung bei hohen Drehzahlen sowie eine zughörige minimale Betriebsdauer. Die Kennlinien des maximalen Drehmoments und der maximalen Leistung über der Drehzahl sind unabhängig von den thermischen Eigenschaften der Maschine und werden Maximalgrenzkennlinien genannt. Diese werden durch die elektromagnetischen Eigenschaften der Maschine, den maximalen Zuleitungsstrom und die Batteriespannung bestimmt.

Dauerbetrieb

Der Dauerbetrieb charakterisiert das Fahrverhalten bei längeren Fahrten mit näherungsweise konstanter Geschwin-

Bild 3: Wichtige Betriebspunkte für einen elektrischen Kfz-Antrieb.

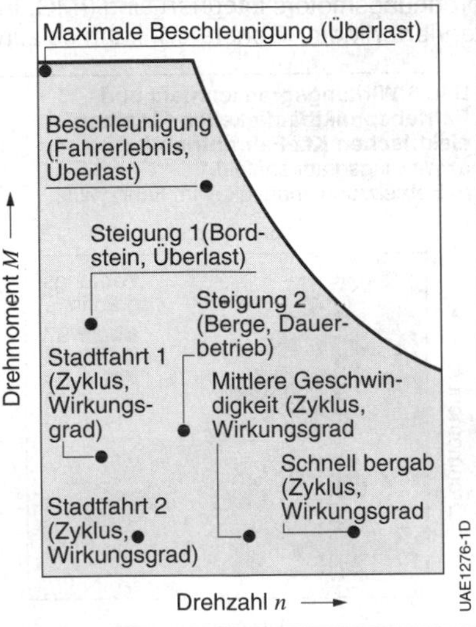

Bild 4: Anforderungsgruppen für einen elektrischen Kfz-Antrieb.

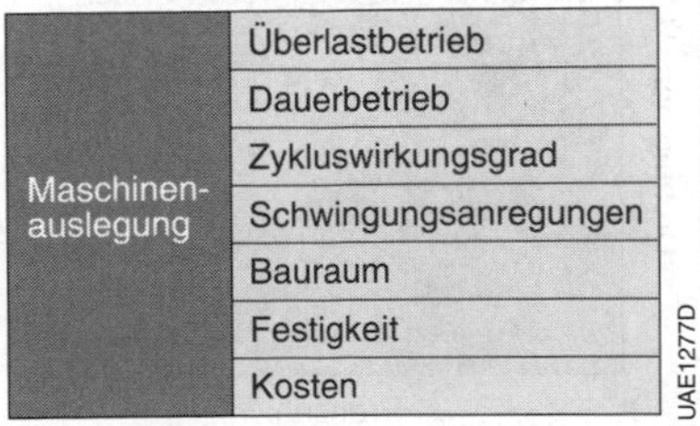

Bild 5:Typische Drehmoment- und Leistungskennlinien für einen elektrischen Kfz-Fahrantrieb.
a) Drehmoment,
b) Leistung.
1 Maximalgrenzkennlinie,
2 60-s-Kennlinie,
3 Dauergrenzkennlinie.
A Maximales Drehmoment,
B Dauerdrehmoment bei kleinen Drehzahlen,
C Überlastbetrieb,
D Maximale Leistung bei hohen Drehzahlen,
E Dauerleistung bei hohen Drehzahlen.

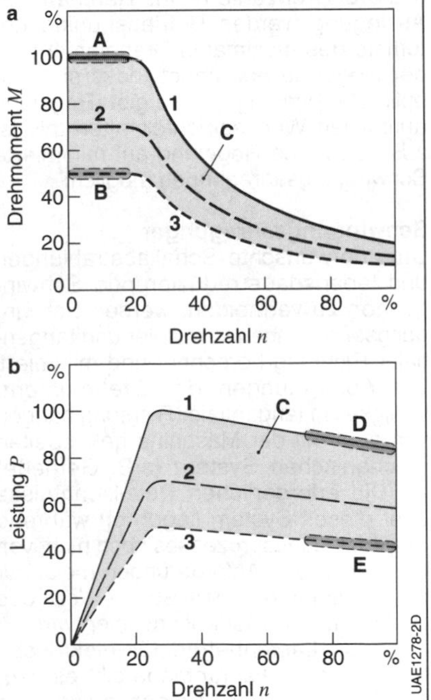

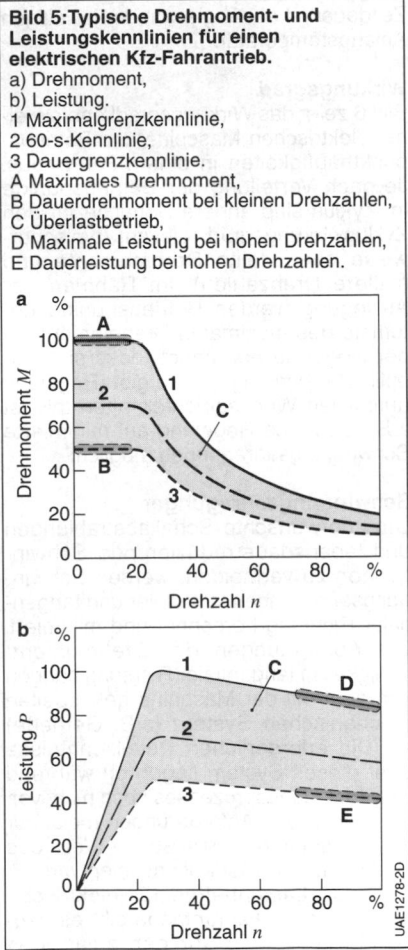

digkeit und ist ein Maß für die thermischen Eigenschaften der Maschine. Der Dauerbetrieb wird durch das Erreichen einer Bauteilgrenztemperatur in der thermischen Beharrung definiert. Typische Anforderungsgrößen sind das Dauerdrehmoment bei kleinen Drehzahlen und eine Dauerleistung bei hohen Drehzahlen. Die Kennlinien des maximalen Dauerdrehmoments und der maximalen Dauerleistung über der Drehzahl werden Dauergrenzkennlinien genannt. Zwischen der Maximalgrenzkennlinie und der Dauergrenzkennlinie können weitere Kennlinien mit begrenzten Zeitdauern definiert sein. Das Erreichen der geforderten Zeitdauer ist abhängig von der jeweiligen Anfangstemperatur.

Wirkungsgrad

Bild 6 zeigt das Wirkungsgradkennfeld einer elektrischen Maschine und Betriebspunkthäufigkeiten in einem Fahrzyklus. Je nach Verteilung der Betriebspunkte im Zyklus sind andere Bereiche für den Zykluswirkungsgrad relevant (typischerweise eher kleine Drehmomente und mittlere Drehzahlen). Im Rahmen der Auslegung werden Betriebspunkte unterhalb des maximalen Drehmoments in der Regel so berechnet, dass sich ein optimaler Wirkungsgrad ergibt (Regelung durch den Wechselrichter, alternativ ist z.B. auch eine Regelung auf minimierte Schwingungsanregungen möglich).

Schwingungsanregungen

Um unerwünschte Schallabstrahlungen und lebensdauerreduzierende Schwingungen zu vermeiden, werden Schwingungsanregungen in radialer und tangentialer Richtung berechnet und minimiert. Die Auswirkungen der Drehmomentwelligkeit in tangentialer Richtung hängen von dem mit der Maschine gekuppelten mechanischen System (z.B. Getriebe) ab. Die erforderlichen Detailkenntnisse über dieses System liegen oft während des Auslegungsprozesses noch nicht vor, weshalb in den Anforderungen meist nur ein maximaler Spitze-Spitze-Wert des Drehmomentzeitverlaufs definiert wird.

In den Lastenheften für elektrische Maschinen als Fahrantriebe gibt es häufig Maximalkurven für den zulässigen Schalldruck- oder Schallleistungspegel. Mit den Schwingungsanregungen in radialer Richtung können diese je nach Güte des mechanischen Modells während des Auslegungsprozesses berechnet oder abgeschätzt werden.

Bauraum

Insbesondere bei den Hybridfahrzeugen, die neben dem elektrischen Antrieb auch noch mit einem Verbrennungsmotor ausgestattet sind, ist die Minimierung der Maschinengröße aufgrund des geringen zur Verfügung stehenden Bauraums besonders wichtig. Je geringer dieser Bauraum, desto höher wird die Ausnutzung der elektromagnetisch aktiven Teile (Blechpakete und Wicklungen). Bei Maschinen, die im Antriebsstrang eines Verbrennungsmotors integriert sind (IMG, Integrierter Motor-Generator), kann es zum

Bild 6: Wirkungsgradkennfeld und Betriebspunkthäufigkeiten für einen elektrischen Kfz-Fahrantrieb.
a) Wirkungsgradkennfeld,
b) Betriebspunkthäufigkeit im Fahrzyklus.

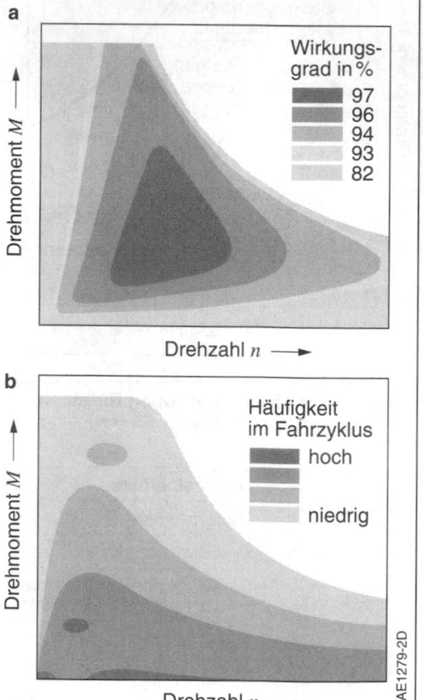

Beispiel sinnvoll sein, die elektromagnetisch ungünstigere Einzelzahnwicklung der verteilten Wicklung vorzuziehen, weil die erstgenannte durch ihre sehr kurzen Wickelköpfe in axialer Richtung extrem viel Bauraum spart.

Festigkeit

Häufig stehen die Anforderungen der elektromagnetischen Auslegung im Widerspruch zu Anforderungen der mechanischen Auslegung. Oft sind schmale Stege in den Blechlamellen erforderlich, um den drehmomenterzeugenden magnetischen Fluss in die gewünschte Richtung zu leiten. Diese Engstellen können aber aus mechanischer Sicht kritisch werden, wenn Sie den auftretenden Belastungen bei hohen Drehzahlen nicht mehr standhalten. Hier ist eine gekoppelte Optimierung notwendig, die die Kombination beider Funktionen an ein Optimum führt.

Kosten

Die Entwicklung von elektrischen Maschinen als Kfz-Fahrantrieb bei Bosch zielt auf Projekte mit hohen Stückzahlen (>100 000 Stück pro Jahr). Bei Serienfertigungen in diesem Bereich zahlen sich auch scheinbar kleine Kosteneinsparungen je Maschine in der Summe merklich aus. Durch die Vielzahl der Wettbewerber ist der Zielpreis des Markts nur durch massive Kostenoptimierung zu erreichen. Den Grundstein dafür legt ein großserientaugliches Design mit möglichst wenig Materialeinsatz. Ein besonders wichtiger Kostenfaktor sind die Seltenerdmagnete in permanentmagneterregten Synchronmaschinen aufgrund der hohen Preise für die Rohmaterialien Neodym und Dysprosium.

Aus Sicht des Fahrzeugherstellers stehen die Systemkosten des Gesamtantriebs im Vordergrund (Summe aus Batterie, Wechselrichter und elektrischer Maschine). In der Systembetrachtung ist es sinnvoll, die Komponenten nicht einzeln und unabhängig zu optimieren, sondern unter Berücksichtigung des Gesamtsystems. Dadurch ergeben sich Systeme, deren einzelne Komponenten nicht zwingend im Kostenoptimum liegen, dafür aber das Gesamtsystem.

Aufbau

Bild 7 und Bild 8 zeigen Explosionszeichungen von den zwei wichtigsten Bauformen elektrischer Maschinen für Kfz-Fahrantriebe. Bei beiden Maschinentypen handelt es sich um permanentmagneterregte Synchronmaschinen (PSM) mit quaderförmigen Neodym-Eisen-Bor-Magnetblöcken, die wegen der Fliehkraftbelastung als „vergrabene Magnete" in Aussparungen im Rotorblechpaket eingesetzt werden.

Integrierter Motor-Generator

Ein Integrierter Motor-Generator (IMG) befindet sich im Hybridfahrzeug mit dem Verbrennungsmotor direkt im Antriebsstrang. Seine maximale Drehzahl ist deshalb die gleiche wie die des Verbrennungsmotors. Wegen des eingeschränkten Bauraums in axialer Richtung und des hohen erforderlichen Drehmoments zum ruckfreien Start des Verbrennungsmotors sind die Blechpakete dieses Maschinentyps meist axial kurz, besitzen aber einen relativ großen Durchmesser (typisch ca. 300 mm).

Bild 7 zeigt die Explosionsdarstellung eines IMG. Der Stator besteht in diesem Fall aus Einzelzahnspulen. Diese werden zunächst einzeln bewickelt und anschließend in das Statorgehäuse eingepresst. Die Kontaktierung der Einzelzahnspulen erfolgt über den Kontaktträger. Hierzu werden die Drahtenden der Einzelzahnspulen auf die jeweilige Kontaktierschiene gebogen und mit dieser verbunden. An den Kontaktträger wird der HV-Anschluss gefügt. Der fertige Stator wird z.B. mit Hilfe von Laschen im Getriebegehäuse des Verbrennungsmotors befestigt. Der Innendurchmesser des Getriebegehäuses ist etwas größer als der Außendurchmesser des Statorgehäuses, sodass sich ein Spalt zwischen beiden bildet. Mit Hilfe von hier nicht dargestellten Dichtungen wird dieser Spalt abgedichtet und bildet den Kühlmantel für eine Flüssigkeitskühlung.

Das Herzstück des Rotors ist der Rotorträger. Aufgrund des sehr begrenzten Bauraums ist dieser im Regelfall hohl ausgeführt. Im Inneren des Rotorträgers werden dann weitere Bauteile wie z.B.

eine Kupplung, der Torsionsschwingungsdämpfer oder hydrodynamische Wandler montiert.

Die Lamellenpakete mit den Permanentmagneten werden auf den Rotorträger aufgepresst und mit einer Stützscheibe gesichert. Hierbei kann durch Verdrehen der einzelnen Stützscheiben gegeneinander eine Stufung oder Schrägung im Rotor hergestellt werden, die positive Auswirkungen bezüglich der Geräuschentwicklung in der Maschine hat. Die Lamellenpakete können mit Aussparungen versehen werden, die in Kombination mit Öffnungen im Rotorträger und einer nasslaufenden Kupplung eine Sprühkühlung für die Wickelköpfe der Einzelzahnspulen bilden. Das Resol-

Bild 7: Aufbau eines Integrierten Motor-Generators (IMG).
1 Statorgehäuse, 2 Kontaktträger, 3 Einzelzahnspule, 4 HV-Anschluss,
5 Rotorträger, 6 Lamellenpakete, 7 Resolverrad, 8 Permanentmagnet, 9 Stützscheibe.

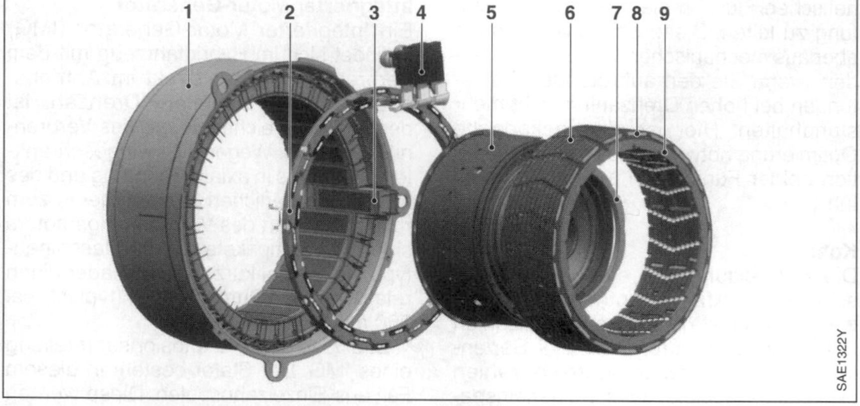

Bild 8: Aufbau eines Separaten Motor-Generators (SMG).
1 Lagerschild A-Seite (antriebsseitig), 2 Lagerungen des Rotors, 3 Dichtung,
4 Gehäuse mit Wassermantel, 5 integrierter Anschlusskasten, 6 Deckel für Anschlusskasten,
7 Statorblechpaket mit Statorwicklung, 8 Wellenende A-Seite, 9 Lagerschild B-Seite.

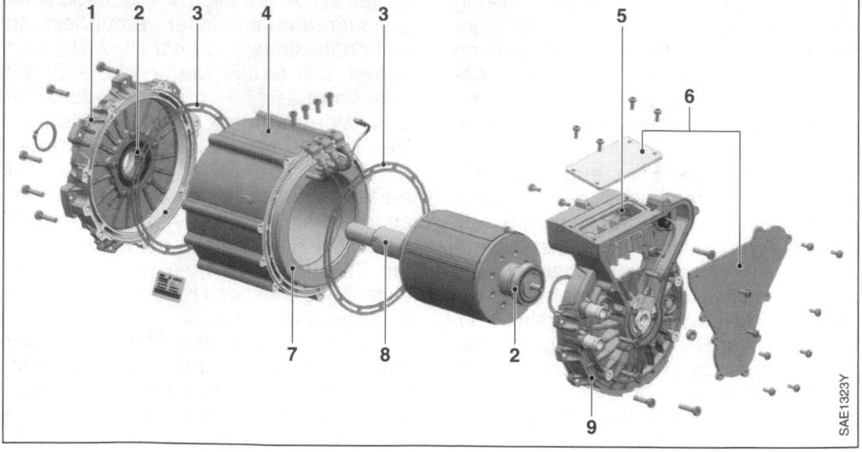

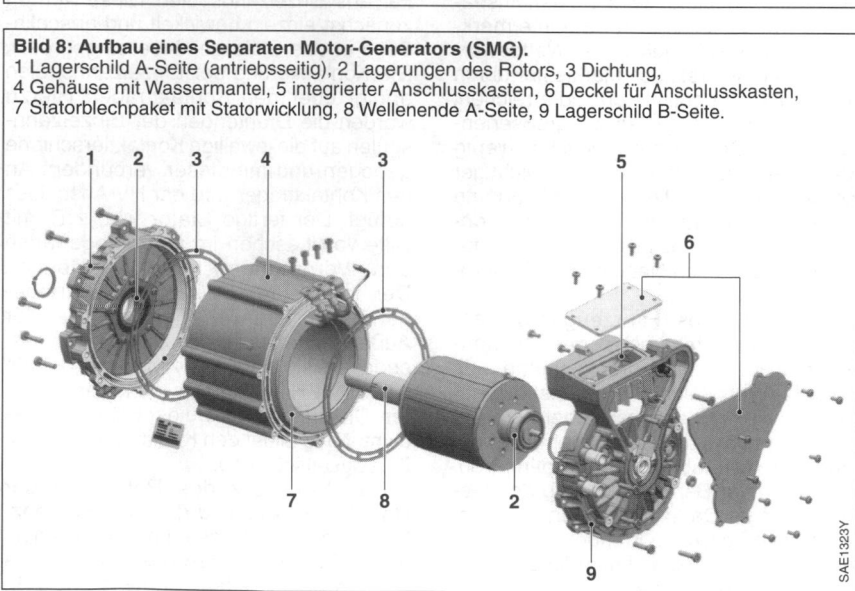

verrad wird ebenfalls auf den Rotorträger montiert und dient im späteren Zusammenbau in Kombination mit den hier nicht dargestellten Resolverspulen zur Positions- und Drehzahlbestimmung des Rotors. Der Rotorträger selbst wird beim Zusammenbau des Antriebsstrangs mit dem Getriebe verbunden und stellt somit die Drehmomentübertragung sicher.

Separater Motor-Generator

Ein Separater Motor-Generator (SMG) kann auf verschiedene Arten mit dem Antriebsstrang verbunden werden. Häufig wird dieser Maschinentyp als Achsantrieb mit einem fest übersetzten Getriebe in Hybrid- oder Elektrofahrzeugen eingesetzt. Weitere Einsatzgebiete sind der Einbau der Aktivteile in ein elektrifiziertes Getriebe oder in eine „elektrische Achse", die eine Gesamteinheit aus Wechselrichter, Getriebe und elektrischer Maschine bildet (siehe E-Achse).

Bild 8 zeigt die Explosionszeichnung eines typischen SMG als „Stand-Alone-Maschine" mit einer Wassermantelkühlung. Links befindet sich das antriebsseitige Lagerschild mit dem Wellenende (A-Seite). Die Verbindung des Wassermantels im Gehäuse mit der stirnseitigen Umlenkung des Kühlmittels im Lagerschild wird mit einer Dichtung versehen. Im Inneren des Gehäuses befindet sich das Statorblechpaket mit der Statorwicklung. Aufgrund der besseren Eignung für eine hochautomatisierte Fertigung wird dieser Maschinentyp häufig mit einer Steckwicklung ausgeführt, bei der isolierte Kupferstäbe in die Nuten des Stators gesteckt werden, deren Enden zu anderen Stabenden hingebogen und dann mit diesen verschweißt werden. Auf der B-Seite befindet sich ein weiteres Lagerschild; in diesem Fall mit einem integrierten Anschlusskasten zur Spannungsversorgung der Wicklung. Um die Zuleitungen von der Spannungsquelle (Wechselrichter) montieren zu können, ist der Anschlusskasten mit zwei Deckeln verschlossen. Die Lagerungen des Rotors befinden sich jeweils in den Lagerschilden.

Typen elektrischer Maschinen

Tabelle 1 zeigt eine Übersicht über die wichtigsten Typen elektrischer Maschinen in der Anwendung für Hybrid- und Elektrofahrzeuge. In Hybridfahrzeugen ist meist ein kleiner Bauraum entscheidend. Diese Anforderung kann am besten mit einer permanentmagneterregten Synchronmaschine PSM) erfüllt werden. Größter Nachteil dieses Maschinentyps sind die relativ teuren Seltenerdmagnete im Rotor und die Gefahr der Entmagnetisierung dieser Magnete.

In den reinen Elektrofahrzeugen befinden sich heute auch Induktions- oder Asynchronmaschinen (ASM) und elektrisch erregte Synchronmaschinen (ESM). Die Asynchronmaschinen mit Käfigläufer zeichnen sich durch einfachen, robusten Aufbau aus, erfordern aber häufig eine Rotorkühlung wegen der im Läufer (Rotor) zusätzlich auftretenden Rotorstromwärmeverluste. Eine sehr interessante Alternative ist die elektrisch erregte Synchronmaschine, die aufgrund der regelbaren Rotormagnetisierung besonders hohe Wirkungsgrade erreicht und mit besonders wenig Zuleitungsstrom auskommen kann. Diese Vorteile können zu reduzierten Systemkosten und verringertem Energieverbrauch führen.

Die geschaltete Reluktanzmaschine (SRM, Switched Reluctance Machine) wird oft als Alternative mit besonders einfachem Rotoraufbau untersucht, konnte sich aber bis heute wegen des erhöhten Aufwands bei der Leistungselektronik (3H-Brücke statt B6-Brücke, siehe [1]) und ihrer prinzipbedingten Anfälligkeit bezüglich der Geräuschentwicklung in keinem Serienfahrzeug durchsetzen.

Typische Kennlinien

Die vier Typen von elektrischen Maschinen in Tabelle 1 kommen aufgrund von allgemeinen Überlegungen prinzipiell für den Einsatz als Traktionsantrieb in Elektro- und Hybridfahrzeugen in Frage. Favorisiert werden letztlich die klassischen Maschinentypen: Asynchronmaschine (ASM), permanentmagneterregte (PSM) und elektrisch erregte Synchronmaschine (ESM), da diese die Anforderungen im

Umfeld der Elektrifizierung funktional und wirtschaftlich am geeignetsten erfüllen.

Welcher dieser drei Maschinentypen im konkreten Anwendungsfall die richtige Lösung ist, kann nur mit Hilfe eines detaillierten Vergleichs bestimmt werden, bei dem alle drei Maschinen nach den gleichen Anforderungen sowie gleichen Bauraum- und elektrischen Randbedingungen ausgelegt werden.

An einem beispielhaften Antriebsfall eines Elektrofahrzeuges (220 kW) wurde dieser Vergleich durchgeführt. Das Ergebnis ist in Form von Maximalgrenzkennlinien mit bezogenen Achsengrößen im Bild 9 dargestellt. Die Abszisse stellt die Drehzahl bezogen auf die maximale Maschinendrehzahl dar, die Ordinate die mechanische Antriebsleistung, bezogen auf die maximal zur Verfügung stehende elektrische Leistung. Die prinzipbedingten Unterschiede der drei Maschinentypen sind nach dem Erreichen der maximalen mechanischen Leistung deutlich zu erkennen.

Bild 9: Mechanische Leistung für verschiedene Typen elektrischer Maschinen.
1 ESM: Elektrisch erregte Synchronmaschine,
2 PSM: Permanentmagneterregte Synchronmaschine,
3 ASM: Asynchronmaschine.

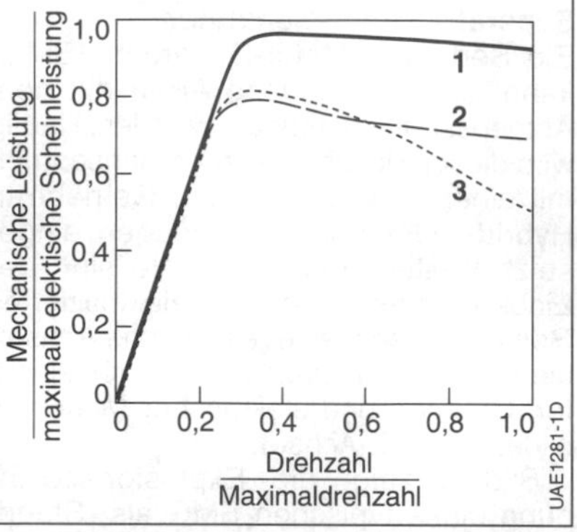

Tabelle 1: Wichtige Maschinentypen für elektrische Kfz-Fahrantriebe.

Technik	PSM Permanentmagnet-erregte Synchron-maschine	ESM Elektrisch erregte Synchronmaschine	SRM Geschaltete Reluktanz-maschine (Switched Reluctance Maschine	ASM Asynchron-maschine
Funktionsprinzip	Synchron	Synchron	Synchron	Asynchron
Drehmoment-dichte	Sehr hoch	Sehr hoch	Hoch	Hoch
Wirkungsgrad-vorteil bei	hohem Drehmoment niedriger Drehzahl 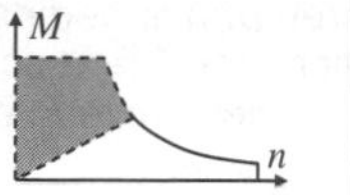	hoher Drehzahl niedrigem Dreh-moment 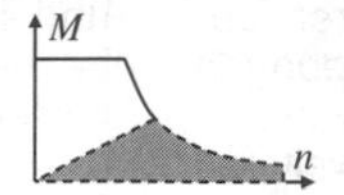	hoher Drehzahl niedrigem Dreh-moment 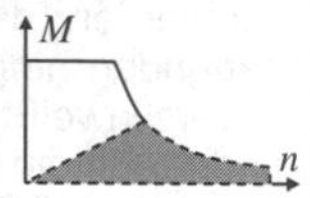	hoher Drehzahl niedrigem Dreh-moment 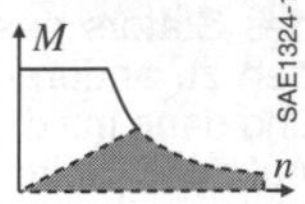
Potentiale	Minimaler Bauraum Keine Rotorkühlung	Hoher Wirkungs-grad Geringer Zulei-tungsstrombedarf	Sehr einfacher Rotoraufbau	Einfacher Rotor-aufbau
Rotorkühlung	Keine/einfache Rotorkühlung	Evtl. zusätzliche Rotorkühlung erforderlich	Keine/einfache Rotorkühlung	Evtl. zusätzliche Rotorkühlung erforderlich
Risiken	Magnetpreis Entmagnetisierung Kurzschlussfestigkeit	Stromübertrager-system Rotor Drehzahlfestigkeit	Geräusch Aufwand Leis-tungselektronik	Hoher Strom-bedarf Rotorerwärmung

SAE1324-1Y

Asynchronmaschine
Die Leistung der Asynchronmaschine (ASM) fällt deutlich stärker in Richtung maximaler Drehzahl ab. Grund dafür sind die Streuinduktivitäten im Stator und Rotor, die das Betriebsverhalten in diesem Bereich signifikant beeinflussen. Aufgrund dieses Verhaltens ist die ASM für Antriebsfälle weniger geeignet, die hohe Leistungen auch bei maximaler Drehzahl erfordern. Dies ist im Wesentlichen bei Autobahnfahrten in der Nähe der Höchstgeschwindigkeit des Fahrzeugs der Fall.

Permanentmagneterregte Synchronmaschine
Deutlich flacher ist der Kennlinienverlauf der permanentmagneterregten Synchronmaschine (PSM). Hier bietet die Menge des eingesetzten Magnetmaterials (meist Neodym-Eisen-Bor, NdFeB, wegen der hohen Flussdichte dieser Magnete) sowie die Ausprägung des Reluktanzmoments des magnetischen Kreises einen großen Spielraum bei der Gestaltung des Kennlinienverlaufs. Die PSM ist daher sehr universell einsetzbar und bei Antrieben mit hoher Leistungs- und Drehmomentdichte die bevorzugte Lösung, vorausgesetzt die teuren Seltenerdmagnete erlauben eine wirtschaftliche Realisierbarkeit des Antriebs.

Elektrisch erregte Synchronmaschine
Die elektrisch erregte Synchronmaschine (ESM) fällt gegenüber ASM und PSM mit zwei Besonderheiten auf: Zum einen liegt die maximale erreichbare mechanische Antriebsleistung meist deutlich oberhalb der beiden anderen Maschinentypen, zum anderen verläuft die Kennlinie nahezu waagerecht bis zur maximalen Drehzahl. Dies wird durch die zusätzliche Regelbarkeit des Erregerstroms im Rotor möglich. Die ESM setzt daher die zur Verfügung stehende elektrische Leistung am besten in mechanische Leistung um. Wirkungsgrad und Leistungsfaktor sind bei der ESM entsprechend höher als bei ASM und PSM. Allerdings muss abgewägt werden, ob diese Vorteile den konstruktiven Aufwand für die Erregerstromzuführung (Schleifringe oder kontaktlose Übertrager), der Aufwand der Rotorkühlung und der mechanischen Festigkeit bei höheren Drehzahlen den Einsatz als Antriebsmaschine rechtfertigen.

Besonderheiten bei den Maschinentypen
Neben den unmittelbaren Eigenschaften, die sich aus dem Kennlinienverlauf ergeben, sind weitere Besonderheiten bei den Maschinentypen zu beachten: Bei beiden Synchronmaschinen beeinflussen Anforderungen bezüglich Begrenzung des stationären und dynamischen Kurzschlussstroms die Auslegung gerade bei hohen Drehzahlen deutlich. Kleine Kurzschlussströme bedingen insbesondere bei der PSM kleine Leistungen bei maximaler Drehzahl.

Bei Asynchronmaschinen entstehen deutlich höhere Verluste im Rotor. Deshalb ist meist eine aktive Rotorkühlung notwendig, um akzeptable thermische Bedingungen zu erreichen. Lösungen mit direkter Kühlung der Kurzschlussringe im Rotor durch Öl oder Wellenkühlung durch Wasser sind hier möglich.

Prinzipiell ist die Auswahl der für den konkreten Antriebsfall geeigneten elektrischen Maschine das Ergebnis einer Gesamtbewertung technischer und wirtschaftlicher Kenngrößen, die nicht verallgemeinert beziehungsweise nicht ohne Weiteres von einem auf den anderen Anwendungsfall übertragen werden kann. Diese Aussage spiegelt auch die Tatsache wider, dass alle drei favorisierten E-Maschinentypen bei unterschiedlichen Fahrzeugherstellern zur Serienreife entwickelt wurden und in elektrifizierten Antriebssträngen zum Einsatz kommen. Eine Standardlösung ist zum jetzigen Zeitpunkt nicht erkennbar.

Einflussfaktoren auf das Betriebsverhalten

Das Betriebsverhalten des elektrischen Antriebs wird durch Batterie, Wechselrichter und die elektrische Maschine beeinflusst. Im Folgenden werden wichtige Einflussfaktoren für die Maximalgrenzkennlinie der ASM und der PSM vorgestellt. Diagramme werden nur für die PSM abgebildet, da sich ASM und PSM in den meisten Fällen ähnlich verhalten.

Bild 1 zeigt den elektrischen Antrieb bestehend aus Batterie, Wechselrichter und elektrischer Maschine und visualisiert die betrachteten Einflussgrößen

- Batteriespannung U_{DC},
- Maximaler Zuleitungsstrom I_{max} des Wechselrichters,
- axiale Länge l des Blechpakets,
- Windungszahl w,
- Außendurchmesser D des Stators,
- Übersetzungsverhältnis k des Wechselrichters.

Batteriespannung

Durch eine höhere Batteriespannung vergrößert sich die maximale Leiterspannung U_L. Dadurch erhöht sich die Eckdrehzahl des Antriebs (höchste Drehzahl mit maximalem Drehmoment, Bild 10).

Die Batteriespannung hat dementsprechend keinen Einfluss auf das maximale Drehmoment im Grunddrehzahlbereich. Die Leistung im Feldschwächbereich dagegen steigt mit der Batteriespannung. Bei der PSM ist der Zusammenhang näherungsweise linear und bei der ASM näherungsweise quadratisch.

Bei den Maximalgrenzkennlinien in Bild 10 ist vorausgesetzt, dass die Batterie die für die Maximalgrenzkennlinie nötige Leistung auch bereitstellen kann. Andernfalls wird die auf der Maximalgrenzkennlinie erreichbare Leistung durch die Batterieleistung begrenzt.

Maximaler Zuleitungsstrom des Wechselrichters

Der maximale Zuleitungsgsstrom hat keinen Einfluss auf die Leistung bei maximaler Drehzahl, da die Stromgrenze des Wechselrichters hier üblicherweise nicht erreicht wird (Bild 11). Das maximale Drehmoment im Grunddrehzahlbereich dagegen steigt mit dem maximalen Zuleitungsstrom. Unter Vernachlässigung von Sättigung ist der Zusammenhang bei der PSM linear und bei der ASM quadratisch. Mit einem größeren Zuleitungsstrom steigen auch die Verluste auf der Maximalgrenzkennlinie, vor allem im Grunddrehzahlbereich. Dadurch verringert sich die zulässige Überlastzeit, d.h. die Zeit bis

Bild 10: Einfluss der Batteriespannung U_{DC} auf die Maximalgrenzkennlinie einer PSM.
a) Drehmomentverlauf und mechanische Leistung,
b) Zuleitungsstrom und Leiterspannung.
1 Drehmoment (a) bzw. Zuleitungsstrom (b) für U_{DC} = 230 V,
2 Drehmoment (a) bzw. Zuleitungsstrom (b) für U_{DC} = 180 V,
3 Drehmoment (a) bzw. Zuleitungsstrom (b) für U_{DC} = 130 V,
4 Mechanische Leistung (a) bzw. Leiterspannung (b) für U_{DC} = 230 V,
5 Mechanische Leistung (a) bzw. Leiterspannung (b) für U_{DC} = 180 V,
6 Mechanische Leistung (a) bzw. Leiterspannung (b) für U_{DC} = 130 V.

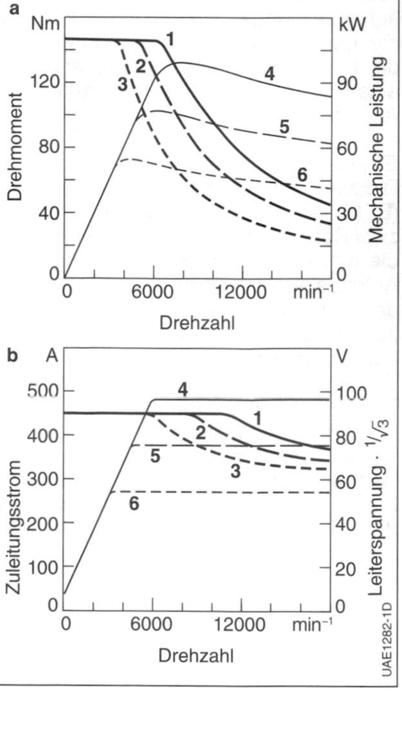

zum Erreichen der Temperaturgrenze der elektrischen Maschine.

Axiale Länge des Blechpaketes der elektrischen Maschine

Das maximale Drehmoment im Grunddrehzahlbereich ist proportional zur axialen Länge des Blechpakets (Bild 12). Bei der PSM bleibt die Leistung bei hohen Drehzahlen nahezu konstant. Bei der ASM dagegen sinkt die Leistung bei hohen Drehzahlen mit steigender axialer Länge. Ursache ist die Vergrößerung der Streuinduktivität.

Bild 11: Einfluss des maximalen Zuleitungsstroms I_{max} auf die Maximalgrenzkennlinie einer PSM.
a) Drehmomentverlauf und mechanische Leistung,
b) Zuleitungsstrom und Leiterspannung.
1 Drehmoment (a) bzw. Zuleitungsstrom (b) für I_{max} = 520 A,
2 Drehmoment (a) bzw. Zuleitungsstrom (b) für I_{max} = 450 A,
3 Drehmoment (a) bzw. Zuleitungsstrom (b) für I_{max} = 380 A,
4 Mechanische Leistung (a) bzw. Leiterspannung (b) für I_{max} = 520 A,
5 Mechanische Leistung (a) bzw. Leiterspannung (b) für I_{max} = 450 A,
6 Mechanische Leistung (a) bzw. Leiterspannung (b) für I_{max} = 380 A.

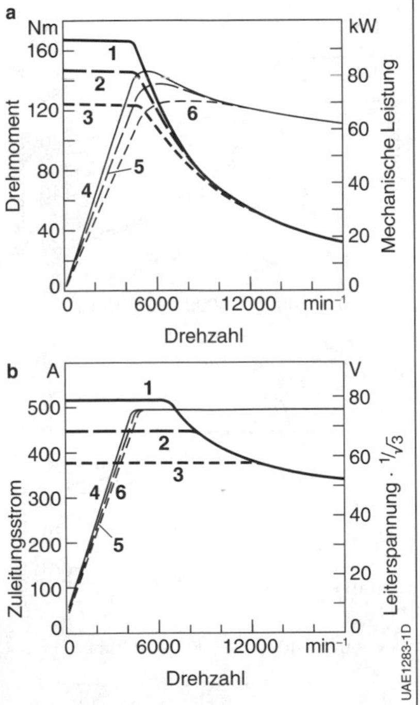

Bild 12: Einfluss der normierten axialen Länge l/l_0 des Blechpakets auf die Maximalgrenzkennlinie einer PSM.
a) Drehmomentverlauf und mechanische Leistung,
b) Zuleitungsstrom und Leiterspannung.
1 Drehmoment (a) bzw. Zuleitungsstrom (b) für l/l_0 = 125 %,
2 Drehmoment (a) bzw. Zuleitungsstrom (b) für l/l_0 = 100 %,
3 Drehmoment (a) bzw. Zuleitungsstrom (b) für l/l_0 = 75 %,
4 Mechanische Leistung (a) bzw. Leiterspannung (b) für l/l_0 = 125 %,
5 Mechanische Leistung (a) bzw. Leiterspannung (b) für l/l_0 = 100 %,
6 Mechanische Leistung (a) bzw. Leiterspannung (b) für l/l_0 = 75 %.

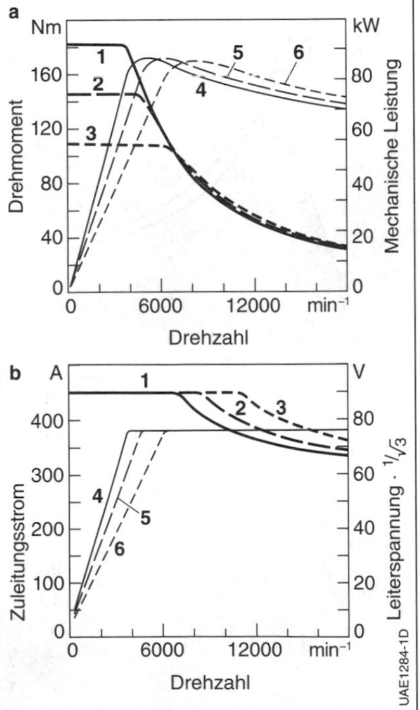

Windungszahl der elektrischen Maschine

Wird die Windungszahl bei der ASM oder der PSM vergrößert, so erhöht sich aufgrund der höheren Nutdurchflutung das maximale Drehmoment im Grunddrehzahlbereich (Bild 13). Die Leistung bei hohen Drehzahlen wird dagegen verringert, da die Induktivität der elektrischen Maschine proportional zum Quadrat der Windungszahl ist und so die maximale Phasenspannung früher erreicht wird. Der Kupferfüllfaktor der Nut (d.h. das Verhältnis von Kupferfläche zu Nutfläche) ist durch die jeweilige Fertigungstechnik begrenzt, daher muss bei einer Erhöhung der Windungszahl der Drahtdurchmesser verringert werden. Insgesamt steigt da-

Bild 13: Einfluss der normierten Windungszahl w/w_0 auf die Maximalgrenzkennlinie einer PSM.
a) Drehmomentverlauf und mechanische Leistung,
b) Zuleitungsstrom und Leiterspannung.
1 Drehmoment (a) bzw. Zuleitungsstrom (b) für w/w_0 = 115 %,
2 Drehmoment (a) bzw. Zuleitungsstrom (b) für w/w_0 = 100 %,
3 Drehmoment (a) bzw. Zuleitungsstrom (b) für w/w_0 = 85 %,
4 Mechanische Leistung (a) bzw. Leiterspannung (b) für w/w_0 = 115 %,
5 Mechanische Leistung (a) bzw. Leiterspannung (b) für w/w_0 = 100 %,
6 Mechanische Leistung (a) bzw. Leiterspannung (b) für w/w_0 = 85 %.

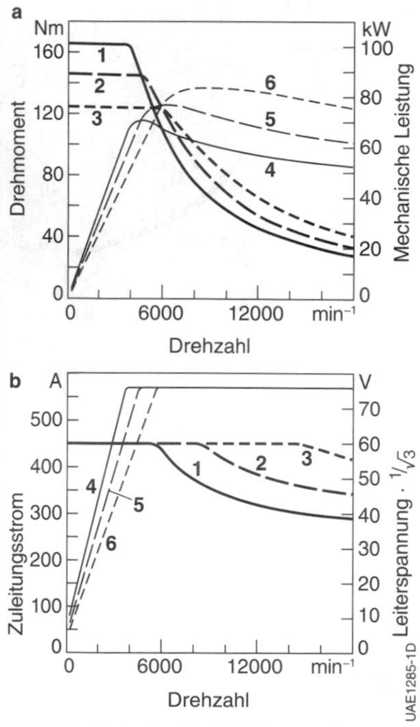

Bild 14: Einfluss des Außendurchmessers D auf die Maximalgrenzkennlinie einer PSM.
a) Drehmomentverlauf und mechanische Leistung,
b) Zuleitungsstrom und Leiterspannung.
1 Drehmoment (a) bzw. Zuleitungsstrom (b) für D = 200 mm,
2 Drehmoment (a) bzw. Zuleitungsstrom (b) für D = 180 mm,
3 Drehmoment (a) bzw. Zuleitungsstrom (b) für D = 162 mm,
4 Mechanische Leistung (a) bzw. Leiterspannung (b) für D = 200 mm,
5 Mechanische Leistung (a) bzw. Leiterspannung (b) für D = 180 mm,
6 Mechanische Leistung (a) bzw. Leiterspannung (b) für D = 162 mm.

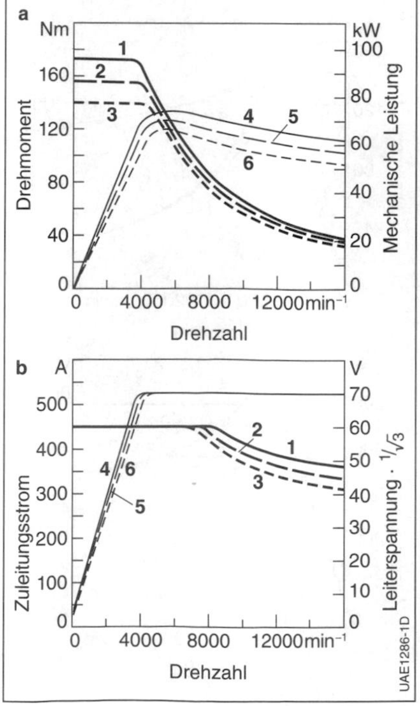

durch der Wicklungswiderstand, sodass die Verluste auf der Maximalgrenzkennlinie steigen, vor allem im Grunddrehzahlbereich. Dadurch verringert sich die zulässige Überlastzeit, d.h. die Zeit bis zum Erreichen der Temperaturgrenze der elektrischen Maschine.

Außendurchmesser des Stators

Der Einfluss des Außendurchmessers des Stators wird betrachtet, indem der gesamte Blechschnitt der elektrischen Maschine linear mit dem Außendurchmesser skaliert wird. Im Grunddrehzahlbereich ergibt sich bei einer Vergrößerung des Außendurchmessers für ASM und PSM ein größeres Drehmoment (Bild 14). Bei der gewählten Skalierung ist zu beachten, dass der maximale Zuleitungsstrom des Wechselrichters sowie die Windungszahl der elektrischen Maschine gleich geblieben sind. Mit steigendem Außendurchmesser verringert sich somit die Stromdichte und die Überlastzeit steigt.

Im Feldschwächbereich ergibt sich für die PSM eine höhere Leistung. Bei der ASM kann die Leistung im Feldschwächbereich je nach Auslegung ebenfalls ansteigen, aber auch konstant bleiben.

Übersetzungsverhältnis des Wechselrichters

Das Übersetzungsverhältnis k beschreibt den Zusammenhang zwischen der Batteriespannung U_{DC} und der maximalen Spannung der Grundschwingung $U_{L,max}$ (Leiter-zu-Leiter-Spannung) des Wechselstromsystems:

$$U_{L,max} = \sqrt{3}\, k\, U_{DC}\,. \qquad (1)$$

In der Regelung des Wechselrichters können verschiedene Modulationsverfahren zum Einsatz kommen, die zu unterschiedlichen Übersetzungsverhältnissen führen. Gängige Verfahren und die zugehörigen idealen Übersetzungsverhältnisse sind

- Sinusmodulation, $k = 0{,}3535$,
- Raumzeigermodulation (Space Vector Modulation, SVM; Space Vector Pulse Width Modulation, SVPWM), $k = 0{,}4082$,
- Blocktaktung, $k = 0{,}4502$.

Spannungsfälle über den Leistungshalbleitern sind bei den angegeben Werten vernachlässigt.

Je nach eingesetztem Modulationsverfahren ergibt sich eine unterschiedliche Ausnutzung der Batteriespannung beziehungsweise unterschiedliche Spannungsgrenzen (Bild 15). Auf das maximale Drehmoment im Grunddrehzahlbereich

Bild 15: Einfluss des Übersetzungsverhältnisses k auf die Maximalgrenzkennlinie einer PSM.
a) Drehmomentverlauf und mechanische Leistung,
b) Zuleitungsstrom und Leiterspannung.
1 Drehmoment (a) bzw. Zuleitungsstrom (b) für $k = 0{,}4502$,
2 Drehmoment (a) bzw. Zuleitungsstrom (b) für $k = 0{,}4082$,
3 Drehmoment (a) bzw. Zuleitungsstrom (b) für $k = 0{,}3535$,
4 Mechanische Leistung (a) bzw. Leiterspannung (b) für $k = 0{,}4502$,
5 Mechanische Leistung (a) bzw. Leiterspannung (b) für $k = 0{,}4082$,
6 Mechanische Leistung (a) bzw. Leiterspannung (b) für $k = 0{,}3535$.

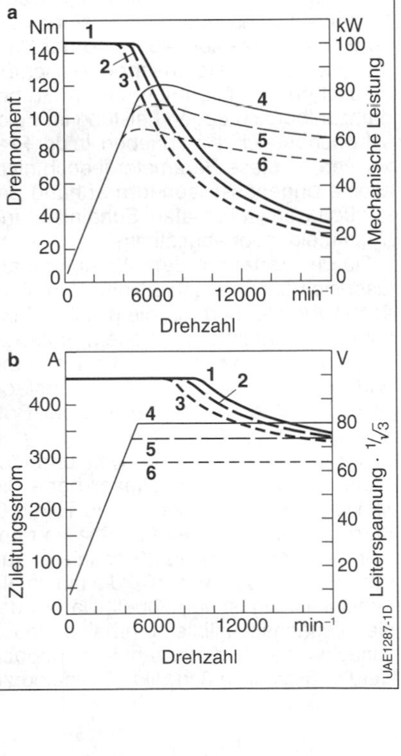

hat k daher keinen Einfluss. Mit höheren Übersetzungsverhältnissen wird die Spannungsgrenze erst bei größeren Drehzahlen erreicht, sodass im Feldschwächbereich eine größere Leistung erzielt wird.

Maximale Scheinleistung

Die maximale Scheinleistung des elektrischen Antriebs ist

$$S_{max} = \sqrt{3}\, U_{L,max}\, I_{max}\,. \qquad (2)$$

Bei gegebenem Modulationsverfahren gilt somit

$$S_{max} \sim U_{DC}\, I_{max}\,. \qquad (3)$$

Die maximale Scheinleistung ist entscheidend dafür, welche Maximalgrenzkennlinie sich mit einem elektrischen Antrieb erreichen lässt.

In den vorhergehenden Abschnitten ist das Verhalten des elektrischen Antriebs bei Änderung der Batteriespannung (Einfluss auf die Leistung bei maximaler Drehzahl), des maximalen Zuleitungsstroms (Einfluss auf das maximale Drehmoment im Grunddrehzahlbereich) und der Windungszahl der elektrischen Maschine (Tauschen von Drehmoment im Grunddrehzahlbereich gegen Leistung im Feldschwächbereich) beschrieben. In der Praxis werden diese Parameter jedoch nicht alleine angepasst, sondern anhand der verfügbaren maximalen Scheinleistung S_{max} aufeinander abgestimmt.

Durch Variation der Windungszahl lässt sich für unterschiedliche Kombinationen von U_{DC} und I_{max} die gleiche Maximalgrenzkennlinie einstellen, solange S_{max} konstant bleibt. Dies wird anhand Bild 16 veranschaulicht. Ausgangslage ist ein elektrischer Antrieb mit der Batteriespannung $U_{DC} = U_0$, dem maximalen Phasenstrom $I_{max} = I_0$ und der Windungszahl $w = w_0$. Dieser habe die Maximalgrenzkennlinie 1 aus Bild 16. Wird nun die Batteriespannung verdoppelt, so ergibt sich die Kennlinie 2 aus Bild 16 (analog zu Bild 10), die maximale Scheinleistung ist verdoppelt. Um wieder die Ausgangskennlinie zu erhalten, muss zunächst die Windungszahl w verdoppelt werden (Kennlinie 3 in Bild 16, analog zu Bild 13) und dann zusätzlich der maximale Phasenstrom I_{max} halbiert werden (Kennlinie 1 in Bild 16, analog Bild 11).

Durch Anpassung der Windungszahl ergibt sich in beiden Fällen (beide Einstellungen für Kennlinie 1 in Bild 16) die gleiche Maximalgrenzkennlinie. Batteriespannung und maximaler Phasenstrom sind zwar unterschiedlich, die maximale Scheinleistung ist nach Gleichung (3) dagegen konstant. Zu beachten ist, dass die Windungszahl nur in diskreten Schritten geändert werden kann und sich daher in der Realität Abweichungen ergeben können.

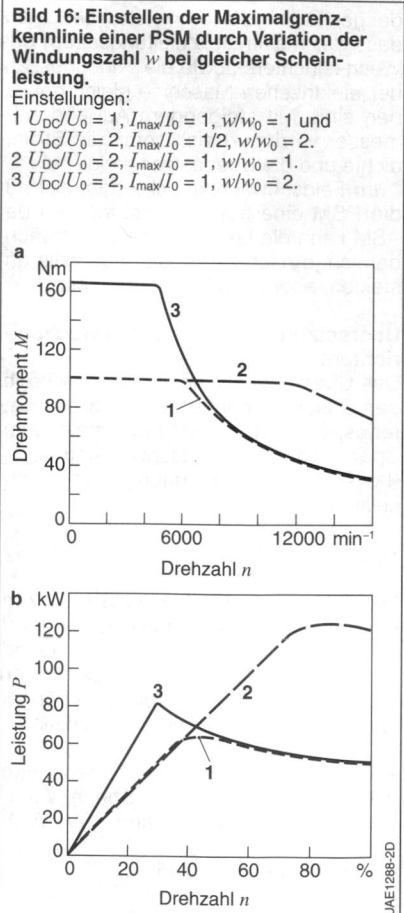

Bild 16: Einstellen der Maximalgrenzkennlinie einer PSM durch Variation der Windungszahl w bei gleicher Scheinleistung.
Einstellungen:
1 $U_{DC}/U_0 = 1$, $I_{max}/I_0 = 1$, $w/w_0 = 1$ und $U_{DC}/U_0 = 2$, $I_{max}/I_0 = 1/2$, $w/w_0 = 2$.
2 $U_{DC}/U_0 = 2$, $I_{max}/I_0 = 1$, $w/w_0 = 1$.
3 $U_{DC}/U_0 = 2$, $I_{max}/I_0 = 1$, $w/w_0 = 2$.

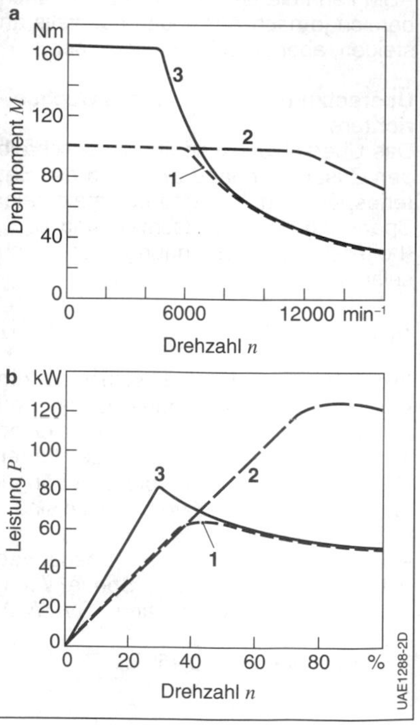

Verluste in elektrischen Maschinen

Bild 17 zeigt einen schematischen Längsschnitt einer elektrischen Maschine, in dem die wichtigsten Baugruppen angedeutet und diesen die zugehörigen Verlustarten zugeordnet sind.

Stromwärmeverluste

In der Wicklung des Stators, im Rotorkäfig einer Asynchronmaschine und in der Erregerwicklung einer elektrisch erregten Synchronmaschine treten Stromwärmeverluste auf, die in erster Näherung zum Quadrat des Effektivwerts des Stroms proportional sind. Für optimierte Auslegungen müssen zusätzlich Stromverdrängungs- und Proximityeffekte sowie parasitäre Kreisströme in Parallel- und Dreieckschaltungen berücksichtigt werden.

Eisenverluste

Eisenverluste treten durch die schnelle Ummagnetisierung vorwiegend im Statorblechpaket der Maschinen auf. Prinzipbedingt weisen Synchron- und Asynchronmaschinen gar keine oder nur niederfrequente Wechselinduktionen durch ihre Grundfelder im Rotor auf. Die Ummagnetisierungsverluste werden üblicherweise in zwei Anteile zerlegt:

– Hystereseverluste ~$B^2 f$,
– Wirbelstromverluste ~$B^2 f^2$.

Dabei bezeichnet B die Flussdichte und f deren Frequenz. Wegen der hohen Drehzahlen und der damit einhergehenden hohen Frequenzen bei Fahrantrieben im Automobilbereich, ist insbesondere die Minimierung der Wirbelstromverluste eine große Herausforderung. Üblicherweise geschieht dies durch entsprechende Optimierung des Blechschnitts und durch den Einsatz besonders dünner Blechlamellen (üblicherweise ≤ 0,35mm), welche gegeneinander isoliert in axialer Richtung gestapelt das Blechpaket bilden.

Parasitäreffekte wie z.B. Oberfelder oder vom Wechselrichter erzeugte Oberschwingungen können sowohl im Stator wie auch im Rotor signifikante Wirbelstromverluste erzeugen, die im Auslegungsprozess berücksichtigt werden müssen.

Bild 17: Verlustarten in einer elektrischen Maschine.
1 Eisenverluste im Statorblech,
2 Wirbelstromverluste im Gehäuse,
3 ohmsche Verluste im Rotorkäfig (ASM), ohmsche Verluste in der Erregerwickung (ESM), Wirbelstromverluste in den Magneten (PSM),
4 ohmsche Verluste in der Statorwicklung,
5 Reibungsverluste (Lager- und Luftreibung),
6 Eisenverluste im Rotorblechpaket.

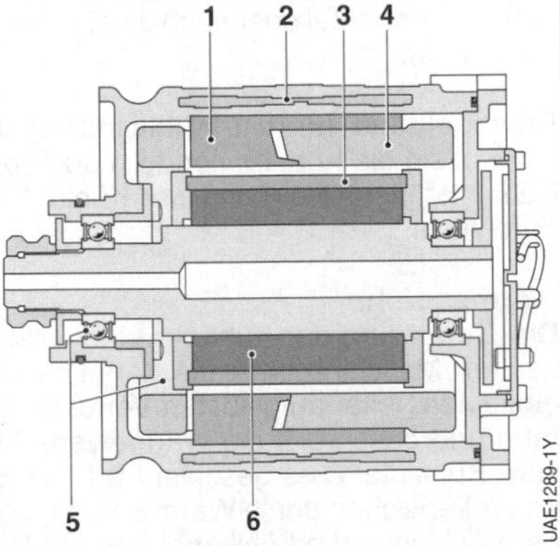

Wirbelstromverluste

Weitere Wirbelstromverluste können in den Magnetblöcken einer permanentmagneterregten Synchronmaschine und in Konstruktionsteilen (z.B. Gehäuse oder Lagerschilde) durch von der Maschine erzeugte magnetische Wechselfelder auftreten. Besonders wichtig sind dabei die Wirbelstromverluste in den Magneten, da diese die thermisch meist schlecht an die Kühlung angebundenen Magnetblöcke direkt erwärmen und somit bei hoher Feldbelastung zu einer irreversiblen Entmagnetisierung führen können.

Reibungsverluste

Durch die Drehbewegung des Rotors entstehen Lager- und Luftreibungsverluste, die einerseits den Wirkungsgrad reduzieren und andererseits zu unzulässigen Erwärmungen im Lager selbst führen können. Insbesondere bei Hybridfahrzeugen, bei denen die elektrische Maschine immer rotiert, aber nicht immer aktiv im

Einsatz ist, haben die Reibungsverluste einen hohen Einfluss auf den Zykluswirkungsgrad.

Bild 18: Typische Kühlarten in einer elektrischen Maschine.
a) Wasserkühlung,
b) Ölmantelkühlung und Ölinnenkühlung.
1 Ölmantelkühlung, 2 Ölinnenkühlung,
3 Stator, 4 Rotor, 5 Ölzufluss,
6 Kühlmittelzufluss vom Kühlkreislauf,
7 Kühlmittelabfluss in den Kühlkreislauf.

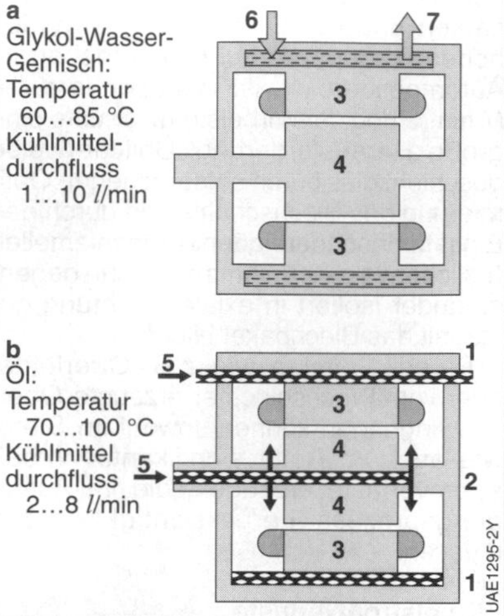

Bild 19: Typische Verlustaufteilung einer elektrischen Maschine.
Bezeichnungen siehe Bild 17. Prozentwerte im oberen Teil gelten für oben genannten Betriebszustand. Werte unten gelten für unten genannten Betriebszustand.

$n = 500\ \text{min}^{-1}$, $M = 100$ Nm, $P_{\text{Vges}} = 2000$ W

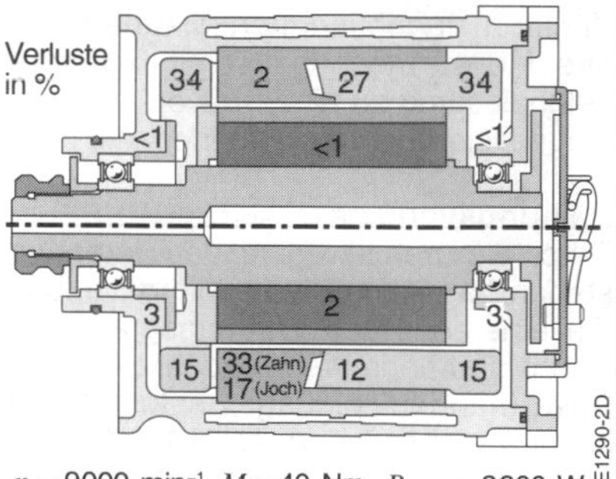

$n = 9000\ \text{min}^{-1}$, $M = 40$ Nm, $P_{\text{Vges}} = 2900$ W

Kühlung der elektrischen Maschine

Die Verluste werden in der Maschine an Kühlmedien abgeführt. Eine leistungsstarke Kühlung schützt die einzelnen Bauteile vor Überhitzung. Eine unzureichende Ableitung der einzelnen Wärmeverluste aus der elektrischen Maschine begrenzt die zulässige Dauerleistung. Im Überlastbetrieb begrenzt die thermische Masse (Wärmekapazität) die Zeit bis zur Erreichung einer Grenztemperatur.

Kühlarten

Zur Kühlung werden fahrzeugseitig für die elektrische Maschine unterschiedliche Kühlmedien bereitgestellt (Bild 18).

Wasserkühlung
Häufig zu finden ist die Wasserkühlung, also die Integration in einen Wasser-Glykol-Kreislauf, der auch zur Kühlung der Leistungselektronik verwendet werden kann. Dabei wird das Statorpaket mit einem Wasserkühlmantel umkleidet.

Ölkühlung
Eine Ölkühlung ist bei der Integration in das Schalt- oder Achsgetriebe sinnvoll. Die Kühlung erfolgt ebenfalls am Statormantel. Es können zusätzlich aber auch direkt der Rotor und die Statorwicklung gekühlt werden.

Luftkühlung
Auch Luftkühlung wird angewendet. Dabei strömt die Luft durch ein Gebläse über großflächige Kühlrippen entlang dem Statormantel oder auch axial entlang dem Rotor.

Entscheidend für die Kühlwirkung ist nicht allein die Kühlart, sondern auch die Kühlmitteltemperatur und der Kühlmitteldurchfluss.

Wärmeabfuhr

Die Bewertung der Kühlung einer elektrischen Maschine setzt die Kenntnis der einzelnen, lokal aufgelösten Verluste voraus und beschreibt die Wärmewege bis zum Kühlfluid. Dies geschieht am Stator im Wesentlichen durch Wärmeleitung von der Wicklung zum Kühlkanal und am Rotor ohne Innenkühlung durch Konvektion. Zur Auslegung werden Massenknotenmodelle und auch CFD-Verfahren (Computational Fluid Dynamics, numerische Berechnung von Fluidströmen) verwendet.

Bei Mantelkühlung geht der Hauptwärmestrom des Stators (90 %) von der Wicklung über das Isolierpapier der Statornut zum Statoreisenpaket und von dort zum Gehäuse mit Kühlkanal. Der Wicklungskühlung kommt dabei eine besondere Rolle zu. Die elektrische Isolation durch Lack, Imprägnierharz und Isolierpapier verursacht eine stark richtungsabhängige thermische Isolation. Kühlungsoptimierung erfordert hier das Zusammenspiel von elektromagnetischer Auslegung, Fertigungsentwicklung und thermischer Auslegung.

Die Wärmeabfuhr über die Wickelköpfe des Stators an das Kühlgehäuse durch Luft kann durch Lüfter oder zusätzliche Ölkühlung erhöht werden. Alternativ ist die wärmeleitende Anbindung durch Vergussstoffe möglich.

Der Rotor ist über den Luftspalt thermisch an den Stator gekoppelt und über die Seitenflächen konvektiv mit dem Gehäuse verbunden. Je nach Betriebsfall wird er vom Stator beheizt oder gekühlt.

Bild 20: Beispiel einer Dauergrenzkennlinie einer elektrischen Maschine.
Dauergrenzkennlinien bei Variation der Kühlfluidtemperatur. Kühlfluidurchfluss beträgt in allen Fällen 6 *l*/min.
1 Maximalkennlinie für Drehmoment,
2 Dauermoment für 65 °C,
3 Dauermoment für 75 °C,
4 Dauermoment für 85 °C.

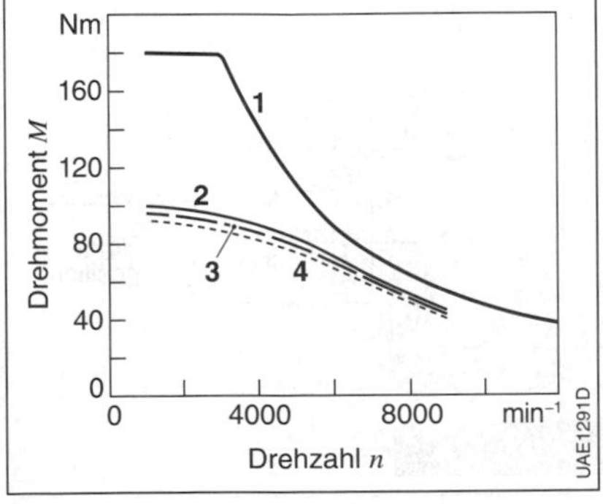

Die Verlustverteilung in der elektrischen Maschine ändert sich mit der Drehzahl (Bild 19). Bei kleiner Drehzahl (obere Bildhälfte) sind hautsächlich Stromwärmeverluste wirksam, bei hoher Drehzahl (untere Bildhälfte) dominieren Eisenverluste. Dadurch wirken die unterschiedlichen Kühlungswege drehzahlabhängig.

Thermische Abregelung

Bei hoher Leistungsdichte der elektrischen Maschine liegt die maximale Leistung typisch über der Dauerleistung. Der Bauteilschutz vor Überhitzung wird dann durch eine Abregelfunktion von der Ansteuersoftware des Wechselrichters sichergestellt. Die Abregelung erfolgt typischerweise für die Grenztemperaturen des Stators und des Rotors. Beim Stator begrenzt die Isolationsfestigkeit die maximale Wicklungstemperatur (z.B. 210 °C). Dabei wird die Häufigkeitsverteilung aus dem Fahrzeugbetrieb für die Lebensdauerbewertung berücksichtigt. Die Rotorgrenztemperatur wird bei der PSM durch die Entmagnetisierfestigkeit der Magnete festgelegt. Dieser Wert ist aus einer Worst-Case-Betrachtung für das Gegenfeld bei der Grenztemperatur des Magnetes abzuleiten (z.B. 160 °C).

Die Bestimmung der Stator- und Magnettemperatur im Betrieb ist toleranzbehaftet und erfordert eine abgesenkte Abregelgrenze. Bild 20 zeigt beispielhaft die Dauergrenzkennlinie einer wassergekühlten PSM. Die Abregelung für die Statortemperatur ist hier wirksam. Ein Absenken der Kühlmitteltemperatur erhöht das fahrbare Dauermoment.

Literatur

[1] K. Fuest, P. Döring: Elektrische Maschinen und Antriebe. 7. Aufl., Vieweg + Teubner Verlag, 2007.
[2] A. Binder: Elektrische Maschinen und Antriebe. Springer-Verlag, 2012.
[3] R. Fischer: Elektrische Maschinen. 17. Aufl., Carl Hanser Verlag, 2017.

Wechselrichter für elektrische Antriebe

Einsatzgebiet

Aufgabe
Wechselrichter - auch als Inverter oder Umrichter bezeichnet - enthalten die Leistungselektronik, die zur Speisung von mehrsträngigen elektrischen Maschinen (EM, E-Maschine) dient (Bild 1). In der Automobiltechnik werden ausschließlich Pulswechselrichter (PWR) an einer speisenden Gleichspannung (Direct Current, DC) eingesetzt. Die Gleichspannung kann je nach Antriebssystem direkt von der Antriebsbatterie (Traktionsbatterie) oder über einen vorgeschalteten Gleichspannungswandler (DC-DC-Wandler) zur Spannungsanpassung geliefert werden.

Anforderungen
Für Wechselrichter in Elektrofahrzeugen ergeben sich im Vergleich zu Industrie-Wechselrichtern deutlich kritischere Anforderungen bei Kühlmitteltemperaturen, Umweltanforderungen (Korrosions-, Schüttel- und Dichtheitsanforderungen) und insbesondere bei der elektrischen und funktionalen Sicherheit.

Die derzeit anspruchsvollste Anwendung ist der Einsatz im Plug-in-Hybrid, da sich hier die Bauräume und die Kühlmitteltemperaturen durch die zusätzliche Existenz eines Verbrennungsmotors und einer Antriebsbatterie besonders kritisch gestalten.

Alle Bauteile der HV-Schaltung (HV, High Voltage, hohe Spannung) eines Fahrzeugs (HV-Bordnetz) sind aus Gründen der Berührspannungssicherheit von der Fahrzeugkarosserie („Masse“ des 12-Volt-Bordnetzes, Karosseriepotential), dem Wechselrichtergehäuse und den mit dem 12-Volt-Bordnetz verbundenen Steuerschaltungen isoliert.

Leistungsklassen
Elektrische Antriebe kommen in Fahrzeugen unterschiedlichster Leistungsklassen zum Einsatz. Die Antriebsleistungen pro Antrieb liegen im Pkw-Bereich bei 60...200 kW bei einer Ladeschlussspannung der Batterie von typisch 450 V. Die Dreiphasen-Maschinenströme bewegen sich im Bereich von 250...600 A. Je nach Anwendung können auch zwei oder drei Antriebe im Fahrzeug vorhanden sein.

Für Pkw im oberen Leistungssegment und im Nfz-Bereich werden Batterien mit einer Spannungslage von 800 V eingesetzt. Die damit erreichbare Leistung beträgt 250...600 kW bei ähnlichen Strömen.

Die Stromstärke ist mit der verwendeten Leistungsmodul-Technologie begrenzt. Für hohe Leistungen können auch Drehstromsysteme mit sechs Phasen bei entsprechend geringerer Stromstärke eingesetzt werden.

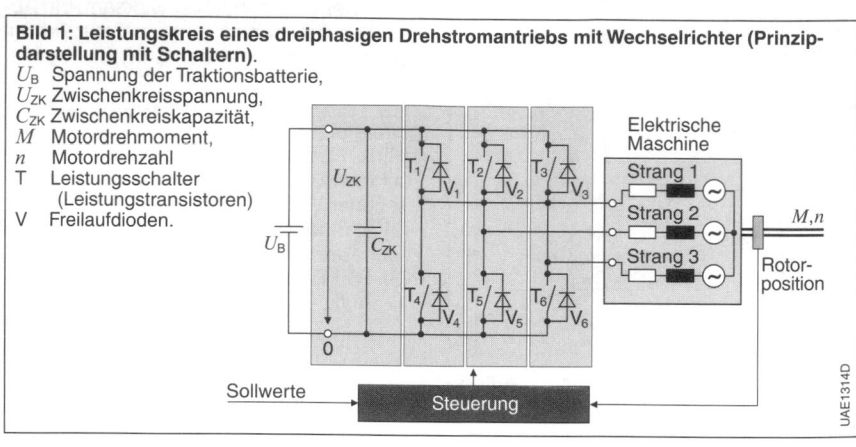

Bild 1: Leistungskreis eines dreiphasigen Drehstromantriebs mit Wechselrichter (Prinzipdarstellung mit Schaltern).
U_B Spannung der Traktionsbatterie,
U_{ZK} Zwischenkreisspannung,
C_{ZK} Zwischenkreiskapazität,
M Motordrehmoment,
n Motordrehzahl
T Leistungsschalter (Leistungstransistoren)
V Freilaufdioden.

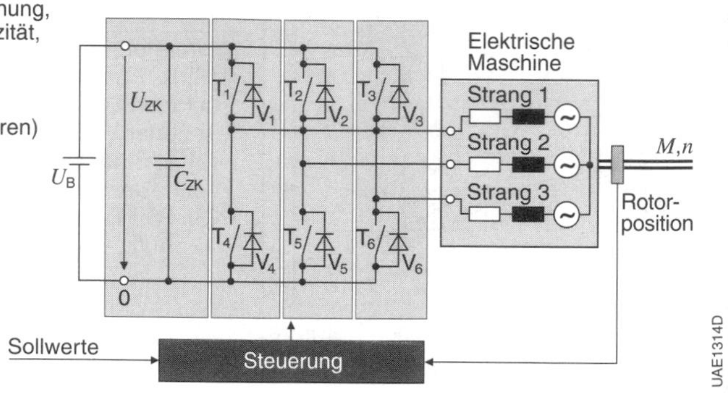

Funktion und Beschaltung

Drehstromsystem

Die Leistungsschalter des Wechselrichters schalten („pulsen“) die Gleichspannung (DC) in bestimmten Schaltmustern an die Wicklungen der E-Maschine. Dort liegen dann Wechselspannungen an, deren Grundschwingungen die Wechselströme (Alternating Current, AC) in den Statorwicklungen der E-Maschine erzeugen. Bei Drehfeldmaschinen sind das mindestens drei Wicklungsstränge (auch Phasen genannt), die mit symmetrisch zueinander versetzen Wechselströmen gespeist werden, dem sogenannten Drehstromsystem.

Grundschaltung des Wechselrichters

In der Grundschaltung eines Wechselrichters werden sechs Leistungsschalter benötig. An jedem der drei Wicklungsstränge ist jeweils einer der Leistungsschalter zur positiven und einer zur negativen Polarität der speisenden Gleichspannung geschaltet (Bild 1). Die zur positiven Polarität geschalteten Leistungsschalter werden „High-side-Schalter“, die zur negativen Polarität geschalteten „Low-side-Schalter“ genannt. In Summe bilden diese sechs Schalter eine Drehstrom-Brückenschaltung. Die Kombination aus dem High- und dem Low-side-Schalter wird als Halbbrücke bezeichnet. Eine Drehstrom-Brückenschaltung besteht somit aus drei Halbbrücken.

Ausführungen der Leistungsschalter

Je nach geforderter Stromtragfähigkeit kann jeder der Leistungsschalter aus einem oder mehreren parallel geschalteten Einzeltransistoren bestehen. Als Leistungstransistoren kommen im Bereich der Fahrzeug-Traktionsspannungen von 150...800 Volt IGBT-Transistoren (Insulated Gate Bipolar Transistor) zum Einsatz. Diese leiten den Strom jedoch nur in eine Richtung, sodass sie für Freilauf- und Rückspeise-Zeitbereiche der Stromverläufe noch antiparallel (in Gleichspannungs-Sperrrichtung) geschaltete Dioden (Freilaufdioden) benötigen. Diese Dioden leiten im Rekuperationsbetrieb den von den Wicklungssträngen erzeugten Strom zur Batterie.

Es zeichnet sich ab, dass mittelfristig in Anwendungsbereichen mit höheren Speisespannungen (z. B. 800 V) und zur Reduzierung der Verluste Leistungstransistoren aus SiC (Silicium-Carbid) statt reinem Si eingesetzt werden. Diese haben MOS-Transistor-Eigenschaften, sind somit rückwärts leitfähig und benötigen daher keine antiparallel geschaltete Diode.

Schalten der Maschinenströme

Beim Takten des Wechselrichters springen die Spannungen an den Maschinenzuleitungen (Phasenspannungen, Bild 2). Aufgrund der Induktivitäten in der E-Maschine haben die Wechselströme in den Wicklungen jedoch einen stark geglätteten Verlauf, im Idealfall eine reine Sinusform. Die Taktfrequenz T ist zumeist konstant, sie liegt typischerweise bei 10 kHz. Man kann arbeitspunktabhängig die Taktfrequenz reduzieren, um Schaltverluste im Wechselrichter und Zusatzverluste in der E-Maschine zu reduzieren. Das führt allerdings zu einer niederfrequenten Geräuschanregung. Je nach Eigenfrequenzen der Mechanik kann dann der Geräuschpegel steigen.

Der sinusförmige Verlauf in Bild 2 veranschaulicht die 1. Ordnung, also die Grundschwingung aus der Fourieranalyse des geschalteten Spannungsverlaufs. Oberschwingungen sind im Strom-

Bild 2: Zeitverläufe.
v Phasenspannung (gemessen gegen Sternpunkt der Maschinenwicklung),
u sinusförmige Grundschwingung,
i resultierender Maschinenstromverlauf (mit Oberschwingungen),
ω_t Kreisfrequenz.

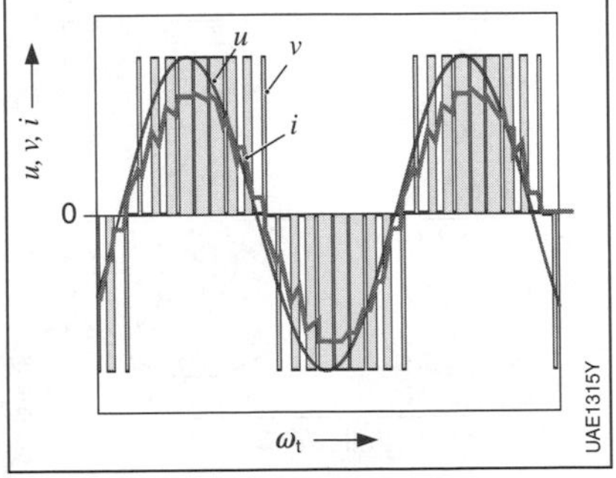

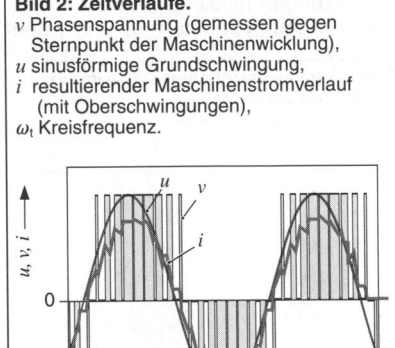

verlauf sichtbar gemacht. Diese führen zu Oberfeldern und damit zu gewissen Verlusten (Zusatzverluste) im Eisenkreis der Maschine.

Das sequentielle Umschalten des Maschinenstroms zwischen den beiden Polaritäten der Gleichspannung (High- und Low-side) wird als Kommutierung bezeichnet. Aufgrund der durch die Wechselrichtersteuerung passend gewählten Schaltmuster stellt sich eine wirksame Maschinen-Klemmenspannung ein, die die benötigten Augenblickswerte des Maschinen-Wechselstroms treibt (Bild 3). Die Amplitude der Phasenströme in den Maschinenzuleitungen bestimmt im Wesentlichen das Maschinen-Drehmoment, die Frequenz des Stroms bestimmt die Drehzahl. Die Summe der Spannungs-Zeit-Pulse aller Stränge ergeben in Verbindung mit den Phasenströmen einen kontinuierlichen Wirkleistungsfluss an der Gleichstromseite des Wechselrichters.

Funktion des Zwischenkreises

Durch parasitäre Induktivitäten im mechanischen Schaltungsaufbau entstehen beim Kommutieren Spannungsspitzen an den Leistungsschaltern. Der Zwischenkreiskondensator wird benötigt, um diese Spannungsspitzen und den Wechselspannungsanteil (Rippel, Welligkeit) auf der Batteriespannung zu reduzieren und die Leistungspulse in Richtung Antriebsbatterie zu glätten. An ihn bestehen hohe Anforderungen hinsichtlich niederinduktivem Aufbau, Verlustarmut und hoher

Bild 3: Ideales dreiphasiges Spannungssystem mit Zeitverlauf.
u, v, w Phasenspannungen.

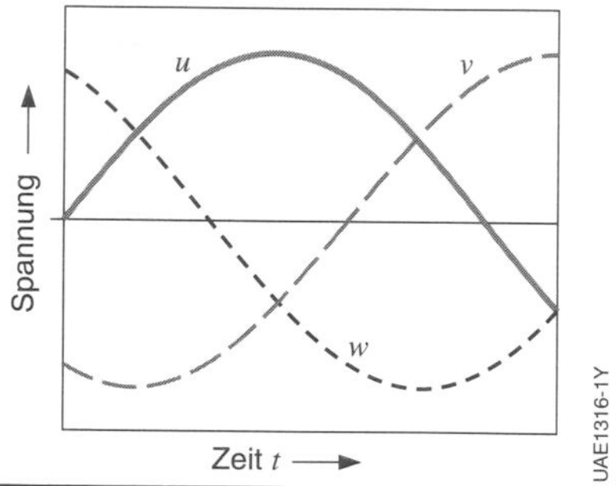

Stromtragfähigkeit. Derzeit werden hier Folienkondensatoren eingesetzt, die einen guten Kompromiss von Performanz und Kosten bieten. Leistungsschalter und Zwischenkreis müssen in einer niederinduktiven Anordnung aufgebaut werden, damit der daraus gebildete Kommutierungskreis einen schnellen Stromauf- und Stromabbau in den Transistoren der Leistungsschalter und Freilaufdioden bei gleichzeitig geringen Spannungsspitzen erzielen kann.

Nebenfunktionen des Wechselrichters

Neben der Speisung der E-Maschine hat der Wechselrichter folgende Nebenfunktionen:

- Entladen des Gleichspannungs-Zwischenkreises beim Abschalten und im Notfall.
- Schutz des Traktionsbordnetzes vor Überspannung.

Überspannungsschutz

Besonders kritisch ist der Überspannungsschutz im Fehlerfall mit einer permanentmagneterregten Synchronmaschine (PSM) durch deren drehzahlabhängig induzierte Spannung. Bei Ausfall der Wechselrichtersteuerung findet eine Gleichrichtung der induzierten Maschinenspannungen über die Freilaufdioden des Pulswechselrichters statt. Bei angeschlossener Batterie baut sich bei höheren Geschwindigkeiten ein bremsendes Drehmoment an der Maschine auf. Ein Öffnen des Batterieschützes verhindert zwar dieses Bremsmoment, führt aber bei überhöhten Spannungen an den Leistungsschaltern zu deren Zerstörung.

Bei (in der Regel) niederohmigem Ausfall eines Transistors eines Leistungsschalters entsteht auch hier ein unzulässiges Bremsmoment an der E-Maschine.

Ein sicherer Zustand des Antriebs kann dann nur erreicht werden durch Öffnen der Batterieschütze und ein allpoliges Kurzschließen (AKS) der E-Maschinenklemmen. Es werden abhängig von der Art des Fehlers die drei High-side- oder die drei Low-side-Schalter kurzgeschlossen. Bei einem Schalttransistorfehler mit leitendem Defekt werden die benachbarten Schalter leitend geschaltet, bei sperrendem Defekt die drei gegenüberliegenden Schalter. Ein gleichzeitiges Durchschalten von gegenüberliegenden Transistoren muss zwingend vermieden werden, da sonst bei eventuell noch nicht geöffneten Batterieschützen ein Kurzschluss der Batterie entstehen würde.

Muss eine PSM-Maschine bei höheren Drehzahlen dauerhaft kurzgeschlossen werden und soll das Fahrzeug trotzdem mit nennenswerter Geschwindigkeit bewegt (abgeschleppt) werden, stellt das eine erhebliche thermische Belastung für den Wechselrichter dar – es fließt ein Kurzschlussstrom.

Störungssicherheit
Durch die hohen Spannungsanstiegsgeschwindigkeiten an den Maschinenwicklungen beim Schalten der Klemmenspannungen im Kommutierungsvorgang entsteht in der Maschine ein kapazitives Übersprechen auf das Statoreisen und auf den Rotor. Diese hochfrequenten Spannungen senden EMV-Störungen (Elektromagnetische Verträglichkeit) an die Umgebung aus und müssen bestmöglich bedämpft werden. Maßnahmen hierzu sind ein Schirmen der Zuleitungen zur E-Maschine und zur Batterie, sowie eine Filterung der Gleichspannung (DC) am Eingang des Wechselrichters. Die DC-Eingangsfilterung besteht im einfachsten Fall aus Folienkondensatoren gegen das Gehäuse des Wechselrichters beziehungsweise gegen Fahrzeug-Masse (Y-Kondensatoren) zum Kurzschließen dieser parasitären Spannungen auf möglichst kurzem Weg über den Massepfad. Je nach Spezifikation kann der Aufwand auch bis hin zu mehrstufigen Filtern aus Kondensatoren und Induktivitäten bestehen. Mit dem Pi-Filter werden Kondensatoren zwischen HV+ und HV– geschaltet, zwischen diesen X-Kondensatoren wird eine Induktivität längsgeschaltet. Das ergibt eine Schaltbild in Form des griechischen π.

Bei der Schirmung von Maschinenzuleitungen ist zu beachten, dass sich durch die unterschiedlichen Zeitverläufe der Phasenströme bei einer Schirmung der einzelnen Adern Kreisströme in den Schirmen und über die Anschlusselemente an Wechselrichter und Maschine in ähnlicher Größenordnung wie der Maschinenstrom ausbilden können. Wenn möglich sollte eine gemeinsame Schirmung der Maschinenzuleitungen erfolgen (Summenschirm).

Die Spannungsüberhöhungen an den Leistungsschaltern beim Kommutierungsvorgang müssen in der Sperrspannungsfähigkeit der Halbleiter berücksichtigt werden. Je geringer diese Spannungsspitzen ausfallen, desto höher kann – bei gegebener (meist standardisierter) Halbleiter-Sperrspannung – die speisende Batteriespannung und damit die bedienbare Antriebsleistung gewählt werden. Aus diesem Grund sorgen eine niederinduktive Gestaltung des Kommutierungskreises und gegebenenfalls spannungsbegrenzende Beschaltungen (Active Clamping) der Leistungsschalter (Transistoren) für bestmögliche Leistungsfähigkeit des Wechselrichters.

Anbau
Während bei kleinen Drehstromantrieben im Fahrzeug (z.B. Kühlerlüfter, Getriebeölpumpen, elektrische Klimakompressoren) die Wechselrichter derzeit üblicherweise direkt auf die eine Strirnseite der E-Maschine montiert sind, ist das bei den Fahrzeugantrieben noch nicht Standard. Der Wechselrichter ist zumeist als Einzelgerät oder in Kombination mit einem Gleichspannungswandler (DC-DC-Wandler) zusammengebaut. Letzterer dient zur potentialgetrennten Versorgung des 12-Volt-Bordnetzes und seiner Verbraucher aus dem HV-Bordnetz.

Bei Hybridfahrzeug-Anwendungen mit ein oder zwei E-Maschinen für den Antrieb im Hauptantriebsstrang und gegebenenfalls einem zusätzlichen elektrischen Achsantrieb (z.B. für Hybridfahrzeuge mit Allradantrieb) werden mehrere Wechselrichter in einem Doppel- oder Dreifach-Wechselrichtergerät verbaut. In näherer Zukunft geht der Trend jedoch zunehmend zu direkt auf die E-Maschine oder das Getriebe montierten Wechselrichtern, um die aufwändigen (geschirmten) Drehstromzuleitungen zur E-Maschine und deren HV-Anbindungen einzusparen – sowohl bei elektrischen Achsantrieben als auch bei Getrieben für Hybridantriebe.

Ansteuerung und Regelung

Aufgabe
Das für den Vortrieb erforderliche Motormoment stellt der Fahrer über das Fahrpedal ein. Ziel der Antriebsregelung ist es, ein E-Maschinen-Drehmoment entsprechend der Anforderung des übergeordneten Fahrzeugsystems bereitzustellen, das bei konstantem Sollwert einen möglichst glatten Drehmoment-Zeitverlauf aufweist, um die mechanischen Strukturen des Antriebsstrangs und des Fahrzeugs nicht zu Geräuschbildung oder Schwingungen anzuregen.

Wechselrichtersteuerung
Die Wechselrichtersteuerung basiert auf einem zentralen Mikrocontroller (μC), der zur Regelung und Überwachung diverse Signale auswertet (z.B. Rotorposition der Maschine, Speisespannung, Maschinenströme und -temperaturen) und entsprechend den Sollwertanforderungen die Schaltsignale für die Leistungsschalter generiert (Bild 4).

Das EMV-Filter bedämpft die Übertragung von durch das Wechselrichterschalten hervorgerufenen Störspannungen auf das HV-Bordnetz, um Radioempfangsstörungen zu vermeiden. Die Schirmung der HV-Kabel ist eine weitere hier unterstützende Filtermaßnahme.

Da der Zwischenkreiskondensator eine vergleichsweise hohe Energiemenge speichert, muss er im Fehlerfall innerhalb von 5 s entladen werden. Dafür sorgt eine spezielle Entladeschaltung beziehungs-

Bild 4: Schaltungsstruktur eines Wechselrichters, hier mit zusätzlich integriertem Gleichspannungswandler (DC-DC-Wandler).
U_B Spannung der Antriebsbatterie, C_{ZK} Zwischenkreiskondensator, KK Klimakompressor.

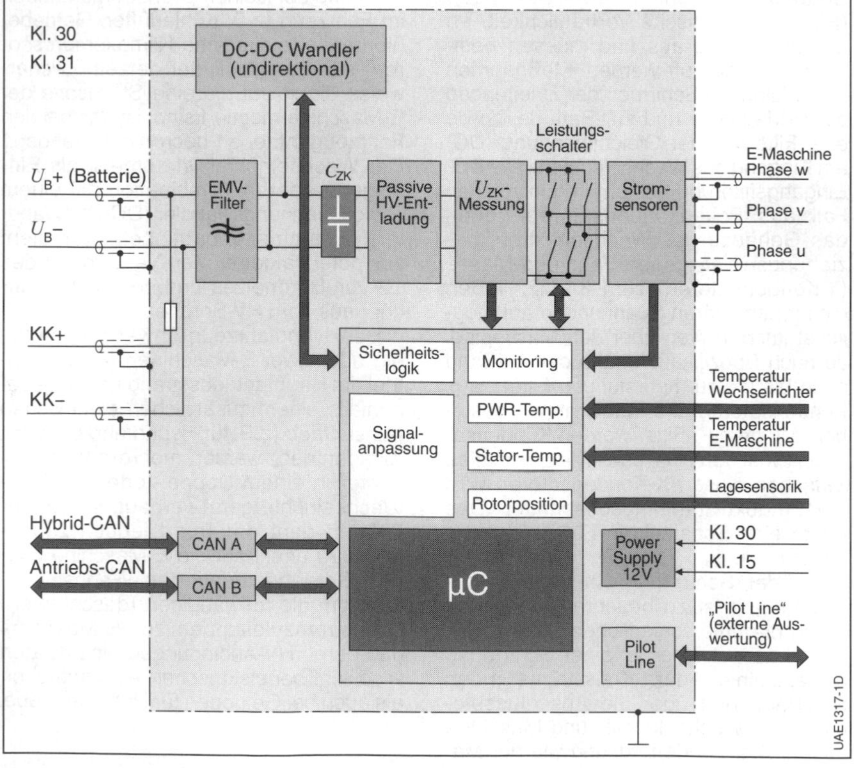

weise eine Entladefunktion. Potentialgetrennte Messungen von Zwischenkreisspannung und der Phasenströme zur Maschine sowie der aktuellen Position des Maschinenrotors sind für die Antriebsdrehmomentregelung erforderlich. Aus Sicherheitsgründen werden alle drei Phasenströme erfasst, obwohl aus der Bedingung, dass die Stromsumme null ist, nur zwei davon erforderlich wären.

Aus der Erfassung der Komponententemperaturen beziehungsweise der nachgelagerten Beobachtermodelle werden im Bedarfsfall die Derating-Funktionen, d.h. die thermisch bedingten Maßnahmen zur Leistungsreduzierung, gesteuert.

Über mehrere Kommunikationsschnittstellen (CAN- beziehungsweise FlexRay, Highspeed-CAN mit bis zu 500 kBit/s) steht der Wechselrichter mit den anderen intelligenten Steuerungskomponenten des Fahrzeugs in Kommunikation, insbesondere mit der Fahrzeugsteuerung (siehe VCU, Vehicle Control Unit).

Die „Pilot Line" ist eine Hardwareverdrahtung, die über zusätzliche Kontakte an jeder kritischen HV-Verbindungsstelle oder an Deckeln, die man im Fahrzeug öffnen könnte, eine geschlossene Leiterschleife bildet. Deren Zustand wird von der Sicherheitstechnik in der Batterie durch Widerstandsmessung auf Unversehrtheit überwacht. Im Fehlerfall öffnen die Batterie-Hauptschütze.

Die interne Spannungsversorgung der Steuerelektronik erfolgt aus dem 12-Volt-Bordnetz und sicherheitshalber auch mit einer zusätzlichen Notversorgung über einen Gleichspannungswandler (DC-DC-Wandler) aus dem HV-Bordnetz. Die Ansteuerschaltungen (Gatetreiber-Schaltungen) für die Leistungsransistoren, aber auch deren Überwachungsschaltungen, müssen potentialtrennend ausgeführt sein.

Drehspannungssystem

Aus den acht möglichen Schaltzuständen der sechs Leistungsschalter werden die drei Phasenspannungen an den Maschinenklemmen in Form von Pulsmustern angelegt. Tabelle 1 zeigt die verschiedenen Möglichkeiten. Der Schaltzustand 1 bedeutet, dass der obere Schalter einer Halbbrücke geschlossen ist. Für den Schaltzustand 0 ist der untere Schalter geschlossen. Es ist immer nur ein Schalter einer Halbbrücke geschlossen, zwei geschlossene Schalter einer Halbbrücke würden einen Kurzschluss der Batterie verursachen.

Bei der Darstellung eines Drehspannungssystems in mathematisch komplexer Formulierung arbeitet man mit dem „Raumzeiger" (Space vector). Er beschreibt in einfacher mathematischer Schreibweise – und in der komplexen Ebene als Vektor veranschaulicht – die Amplitude und die Phasenlage des Augenblickwerts des Spannungssystems

Bild 5: Schalterstellung und Raumzeigerzuordnung.
a) Beschaltung, b) Raumzeiger.
U_{DC} Batterie-Gleichspannung, I Phasenstrom, U_n Phasenspannung an Maschinenklemmen, HB Halbbrücke, S Schaltzustand, M E-Maschine.

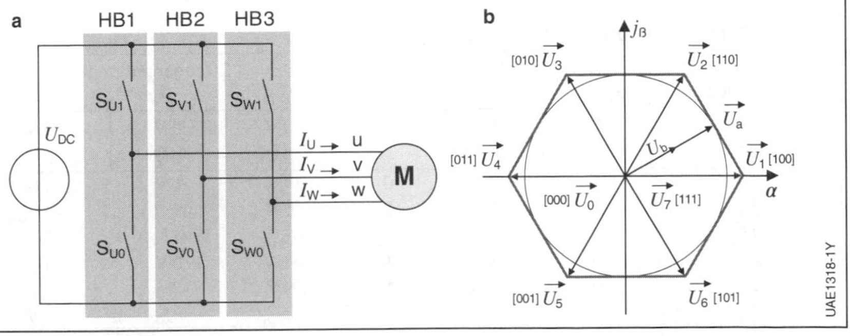

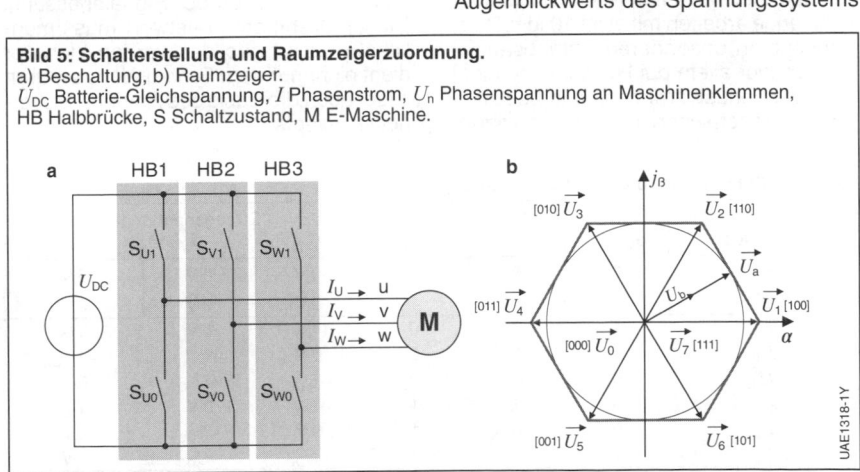

(Bild 5). Den acht Schalterstellungsvarianten sind so sechs aktive Raumzeigerzustände und zwei „Nullspannungszeiger“ (U_0 und U_7) zugeordnet. Die Zustände mit allen drei Halbbrücken gleichzeitig auf High-side oder auf Low-side durchgesteuert sind bezüglich der Maschinenklemmen gleichwertig, sie stellen den Nullspannungszeiger oder Klemmenkurzschluss dar.

Die Länge des Raumzeigers beschreibt die Spannungsamplitude, sie wird mittels der Pulsdauern der Ansteuerung eingestellt. Die Orientierung des Raumzeigers beschreibt die Phasenlage des Systems, diese wird durch Pulsdauer-moduliertes Oszillieren zwischen zwei benachbarten Schaltzuständen eingestellt.

Die ideale Darstellung eines Drehspannungssystems wäre erreicht, wenn sich der Zeiger kontinuierlich – ohne die pulsbedingten Sprünge – auf einer Kreisbahn bewegen würde. Durch die wenigen möglichen diskreten Schaltzustände ist das beim Wechselrichter nicht möglich. Da der Strom aufgrund der Maschineninduktivität jedoch einer stark geglätteten Spannung folgt, nähert er sich einer Sinusform mit der Frequenz der Spannungs-Grundschwingung an. Diese Schwingung stellt die Maschinen-Speisefrequenz dar. Durch Erhöhung der Pulsfrequenz des Wechselrichters könnte die Sinusform idealer dargestellt werden, jedoch steigen dadurch auch die Wechselrichterverluste. Heutige IGBT-Wechselrichter für Fahrzeuge arbeiten mit etwa 10 kHz Pulsfrequenz. In besonderen Antriebsauslegungen (vor allem bei Hybridfahrzeugen) kann zur Verlustverringerung in bestimmten Arbeitsbereichen auch mit reduzierter Pulsfrequenz gearbeitet werden, insbesondere dann, wenn die Batteriespannung durch vorgeschaltete Leistungselektroniksteller an den Leistungsbedarf des E-Antriebs angepasst wird.

Ansteuerstrategie

Die Strategie der Schalteransteuerung für sinusförmige Speisung nennt man SVPWM (space vector pulse width modulation). Sie stellt die Basis der meisten Ansteuerstrategien dar. Um demgegenüber noch Strom- und Drehmomenterhöhungen, also bessere spezifische Leistung des Wechselrichters zu erhalten, kann von dieser Steuerungsstrategie jedoch abgewichen werden (Übermodulation, Blockbetrieb).

Regelungstechnische Umsetzung

Elektrische Fahrzeugantriebe besitzen zur Momentenregelung und Vermeidung von Antriebsstrangschwingungen aufwändige Regelkreise. Den innersten, schnellsten Kreis bildet die Stromregelung. Diesem überlagert ist die Drehmomentenregelung, die einen geschätzten Drehmoment-Istwert aus Messungen von Statorstrom und aktueller Rotorlage sowie Schätzmodellberechnungen für die magnetischen Flüsse in der Maschine und die Temperaturen der kritischen Baugruppen ableitet. Die Antriebsregelung und die Echtzeit-Beobachtersimulationen erfordern erhebliche Mikrocontrollerleistung und Präzision der Signalerfassung. Dieser Drehmoment-Istwert muss möglichst präzise gebildet werden, denn er dient nicht nur dem Fahrkomfort, sondern bildet auch die Basis des Antriebs-Sicherheitskonzepts.

Tabelle 1: Schaltzustand und Strangspannungen.

Grundspannungs-raumzeiger	Schaltzustand			Strangspannungen		
	S_{U1}/S_{U0}	S_{V1}/S_{V0}	S_{W1}/S_{W0}	U_{UV}	U_{VW}	U_{WU}
U_0	0	0	0	0 V	0 V	0 V
U_7	1	1	1	0 V	0 V	0 V
U_1	1	0	0	$+U_{DC}$	0 V	$-U_{DC}$
U_2	1	1	0	0 V	$+U_{DC}$	$-U_{DC}$
U_3	0	1	0	$-U_{DC}$	$+U_{DC}$	0 V
U_4	0	1	1	$-U_{DC}$	0 V	$+U_{DC}$
U_5	0	0	1	0 V	$-U_{DC}$	$+U_{DC}$
U_6	1	0	1	$+U_{DC}$	$-U_{DC}$	0 V

Die Arbeit mit Asynchronmaschinen ist regelungstechnisch deutlich einfacher als die Verwendung von Synchronmaschinen. Synchronmaschinen bilden ihr Drehmoment durch die „Verspannung" der Magnetfelder von stromgespeistem Stator und magnetbestücktem Rotor. Deshalb ist hier die genaue Kenntnis der absoluten Rotor-Drehwinkelposition notwendig. Diese wird heute üblicherweise durch Reluktanz-Resolver oder Wirbelstrom-Lagegeber im Zusammenspiel mit darauf spezialisierten Auswerteelektronikbausteinen erfasst.

Derating-Konzept
Über Beobachtermodelle werden in Echtzeit die Temperaturen kritischer Bauteile (z.B. des mit Permanentmagneten bestückten PSM-Rotors) unter Verwendung von Messwerten und anderen verfügbaren Daten geschätzt, um die Antriebskomponenten in ihren sicheren Arbeitsbereichen zu betreiben. Werden kritische Grenzen erreicht, so greifen Abregelungsstrategien, die Belastungen sukzessive reduzieren und so eine Schädigung der Komponenten verhindern.

Regelkreis-Einflussnahmen
Heute bereits in Anwendung sind Regelkreis-Einflussnahmen zur Berücksichtigung der Elastizität der spezifischen Antriebsstränge (Komfort-Thema). Es ist künftig absehbar, dass bei leistungsstarken Elektrifizierungen (typisch E-Fahrzeuge) mit starker Beteiligung des E-Antriebs am Bremsgeschehen auch die Bremsfunktionen teilweise in die Antriebsregelung mit integriert werden, um Kommunikations-Totzeiten zu vermeiden.

Software und Funktionale Sicherheit

Anforderungen
Die Software (SW) des Wechselrichters hat Anforderungen zu genügen, die vergleichbar mit denen eines Verbrennungsmotors sind. Neben einer Wegfahrsperre und der Absicherung gegen ungewollte Bewegung und Beschleunigung durch das Dreiebenen-Konzept (Vergleich zu EGAS-Konzept bei der Ottomotorsteuerung) sind jedoch auch erhöhte Anforderungen zur funktionalen Sicherheit (ISO 21212, [1]) in Bezug auf das Sicherheitsziel „ungewolltes Drehmoment" zu erfüllen. Es sind hier die Level ASIL B bis D (Automotive Safety Integrity Level) zu realisieren, abhängig von Fahrzeuggröße, Antriebsleistung, Front- oder Heckantrieb und gegebenenfalls von der Nutzung hinreichend sicherer Signale von anderen Steuergeräten im Fahrzeug. Erreicht werden diese Sicherheitsstufen im Wesentlichen durch Redundanzen in der Sensorik, der Versorgung und der Software, nötigenfalls auch mit Diversität. Das heißt, das System ist nicht nur redundant ausgelegt, sondern es werden verschiedenartige Lösungen angewandt.

ASIL ist ein Risikoklassifizierungsschema, das in der Norm ISO 26262 [2] definiert ist.

Dreiebenen-Konzept
Das Dreiebenen-Konzept (Bild 6) überwacht auf einer unterlagerten Softwareebene (Ebene 2) die plausible Funktion der eigentlichen Regelungs- und der Funktional-Software (Ebene 1), indem es kontinuierlich die Wertebereiche, in denen sich die Variablen bewegen, kontrolliert. In einer weiteren unterlagerten Überwachungsebene (Ebene 3) wird der Mikrocontroller (µC), seine Speicher und die Funktion der Sensoren überwacht, indem Test-Operationen eingespeist werden. Ein Fehlerzähler im zugeordneten Watchdog-Hardwarebaustein aggregiert registrierte Fehler und löst gegebenenfalls den „sicheren Zustand" des E-Antriebs aus. Dieser ist derzeit im Falle einer PSM-Maschine als deren dreiphasiger allpoliger Kurzschluss (AKS) definiert.

Bild 6: Prinzip des Dreiebenen-Konzepts zur Steuergeräte-Überwachung [3].

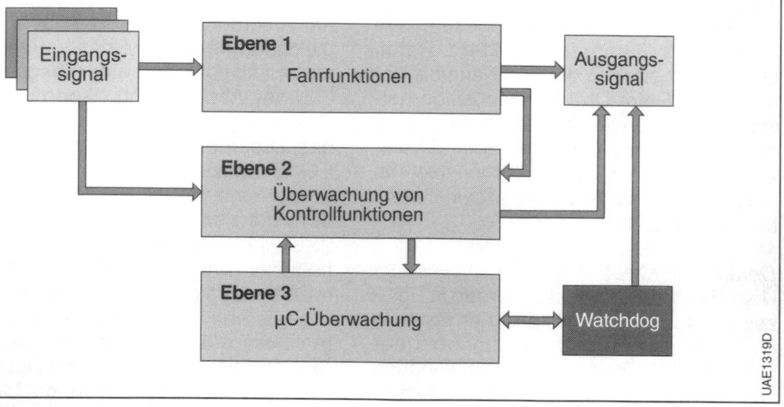

Bild 7: Aufbau der Software-Struktur.

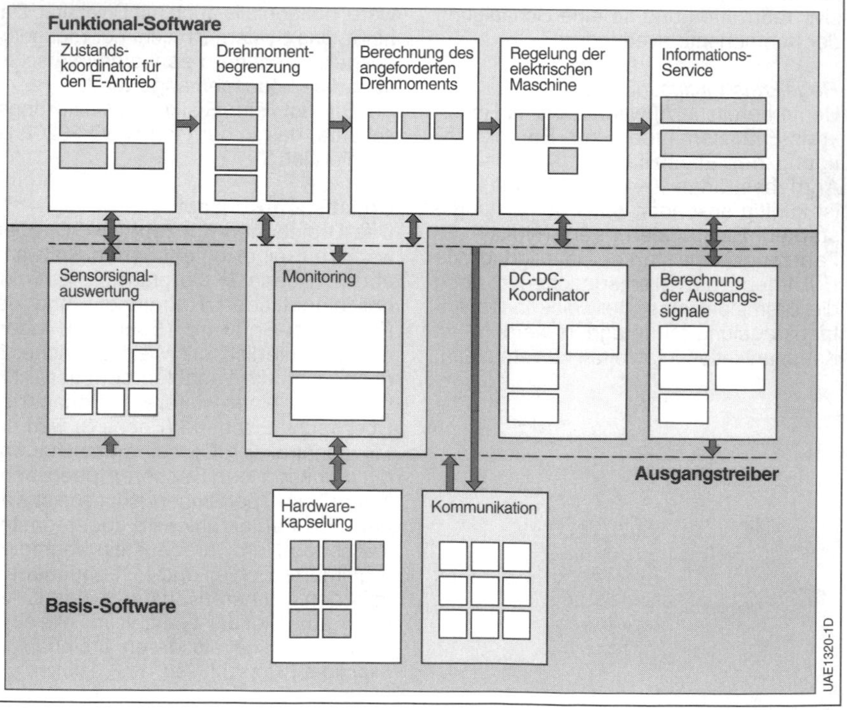

Funktionale Sicherheit

Im Rahmen der funktionalen Sicherheit wird nicht nur der Steuergeräterechner überwacht. Es werden auch – je nach Anforderungslevel – Hardware-Redundanzen und Diversitäten in den verwendeten Bauteilen eingeführt. Dies muss nicht zwingend in einem Steuergerät (hier im Wechselrichter) realisiert werden. Es ist durchaus möglich, diese Funktionalitäten auf Fahrzeuglevel durch Zusammenspiel der verschiedenen Steuergeräte und ihrer Daten zu realisieren. Ziel der Überwachung ist die sichere Aussage, dass sich das Ist-Drehmoment des Antriebs in einem zum derzeitigen Arbeitspunkt erlaubten Toleranzbereich um den Sollwert herum, dem Momentenschlauch, aufhält.

Neben der Funktional-Software für den Antrieb, die hier der Überwachung (Monitoring) unterliegt, sind weitere Programmteile zum zeitkritischen Auslesen von Sensoren und Ansteuern der Leistungsschalter (die sog. Complex Drivers), für die Kommunikation und die Hardware-nahe Basis-Software zum Betrieb des Steuergeräts notwendig (Bild 7). Die Funktional-Software kann aus einer Hand oder in Teilen aus verschiedenen Quellen zusammengesetzt werden (Software-Sharing von Fahrzeughersteller und verschiedenen Zulieferern). Dieses erfordert jedoch entsprechenden Koordinationaufwand und jede liefernde Partei muss ihre spezifische Monitoring-Funktion dazu beistellen. Die Basis-Software wird in jedem Fall vom Gerätehersteller geliefert.

Gerätemechanik

Anbau des Wechselrichters

Wechselrichter werden heute zumeist als schlussgeprüfte Geräte mit Kabelanbindung oder als Direktanbau an E-Maschine oder Getriebegehäuse ausgeführt. Ein Markt für geprüfte Wechselrichter-Baugruppen scheint sich abzuzeichnen. In welcher Partitionierung und Verbausituation ein Wechselrichter zum Einsatz kommt, ist zum Teil Fahrzeughersteller-spezifisch. Eine Standardisierung ist im Markt kaum sichtbar.

Kühlung

Die verlusterzeugende Wechselrichterbaugruppe (im Wesentlichen die Leistungsmodule und der Zwischenkreiskondensator) ist in den meisten Fällen mit Glykol-versetztem Kühlwasser flüssiggekühlt. Der typische Volumenstrom liegt meist bei maximal 10 Liter pro Minute, die Maximaltemperaturen je nach Einsatzgebiet zwischen 65 °C und 85 °C.

Aufbaukonzepte des Wechselrichters

Das Kernstück des Wechselrichters, das Leistungsschaltermodul, ist in sehr unterschiedlichen Aufbaukonzepten im Einsatz.

Bondrahmenmodul

Das Bondrahmenmodul ist mit Halbleiterchips gesintert oder auf eine beidseitig metallisierte Isolierkeramik (AMB, Active Metal Brazing; DCB, Direct Copper-Bonding; aus Al_2O_3, AlN oder Si_3N_4 gefertigt) gelötet. Die Chip-Oberseiten sind mit Dickdrahtbonds oder mit gelöteten oder gesinterten flächigen Leitern kontaktiert. Das ganze Modul ist mit Gel passiviert.

Moldmodul

Die Halbleiterchips sind auf Stanzgitter gelötet oder gesintert, die Oberseiten sind mit Stanzgittern kontaktiert. Das ganze Modul ist mit Transfer-Mold verpackt. Aufgrund der Baugröße ist es zumeist nur als Halbbrückenmodul aufgebaut, manchmal auch als Einzelschalter. Die Isolation zum Kühler hin erfolgt durch Laminat oder Keramik-Zwischenlagen.

Vergossenes Modul
Der Aufbau ist wie beim Mold- oder beim Bondrahmenmodul, die Passivierung erfolgt jedoch durch Kunstharzverguss.

Gelötete Bondrahmenmodule
Diese Technik entspricht nicht mehr dem Stand der Technik, da die Gefahr der Lotermüdung deren Lebensdauer und die Belastbarkeit deutlich limitiert.

Niedertemperatur-Silbersintern
Alternativ geht der Trend bei der Chipverbindung zu Niedertemperatur-Silbersintern mit deutlich höherer Lebensdauer. Mold- und Vergusstechnik bieten bei Lötverbindungen ebenfalls eine deutlich höhere Lebensdauer.

Wärmeabfuhr

Pinfin-Konzept
Fast alle heutigen Leistungsmodule bedienen sich zur Wärmeabfuhr eines Pinfin-Kühlkörpers aus Aluminium oder Kupfer. Dies sind Grundplatten, auf denen die Leistungsmodule befestigt werden und deren Gegenseite mit sognannten Pinfins (fingerförmige Oberflächenvergrößerungen und Wirbelbildner) in den Wasserkühlkreis ragt (Bild 8). In anderen Fällen werden verwandte Maßnahmen zur Verbesserung der Wärmeabfuhr angewandt.

Da der Wechselrichter Leistungen von 100...200 kW mit 96...98 % Wirkungsgrad bedient, müssen hier Verluste von mehreren Kilowatt abführbar sein.

Kühlerbauformen
Zwei grundsätzliche Kühler-Bauformen sind aktuell in Serie:
- Der Wasserpfad ist im Alu-Gehäuse angelegt und mit dem Pinfin auf der Gegenseite verschlossen.
- Beim geschlossenen Kühler sind die Pinfins auch mit der Gegenseite des Wasserpfads verbunden. Dieser Kühler hat den Vorteil einer höheren Druckfestigkeit und besseren Wärmeabfuhr.

Aufbau

Zwischenkreiskondensator
Der Zwischenkreiskondensator ist wegen seiner dielektrischen Verluste und aufgrund der Durchleitung des Gleichstroms

Bild 8: Aufbau eines Halbbrücken-Leistungsmoduls und Wechselrichter-Leistungsmodul auf Pinfin-Kühlerplatte.
a) Grundplatte und Oberseiten-Clip eines Halbbrücken-Leistungsmoduls,
b) Wechselrichter-Leistungsmodul mit drei Halbbrücken,
c) Wechselrichter-Leistungsmodul auf Pinfin-Kühlerplatte.
1 U_B+ und U_B– (Batteriespannungsanschlüsse), 2 Kupfer-Grundplatte, 3 Dioden-Halbleiterchips,
4 IGBT-Halbleiterchips, 5 Phasenanschluss, 6 Oberseiten-Clip,
7 Isolierschicht, 8 Halbbrücken-Leistungsmodul, 9 Pinfin-Kühlerplatte.

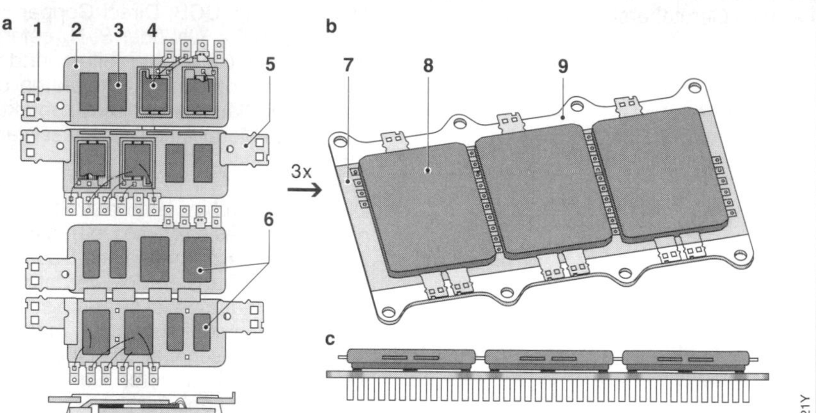

hin zu den Leistungsmodulen ebenfalls verlustbehaftet (Hauptstrom fließt über Stromschienen unmittelbar nahe am Kondensator oder gegebenenfalls auch durch die Kondensatorverschienung hindurch). Es ist vorteilhaft, den Hauptstrom auf möglichst kurzem Weg an den Kondensatorwickeln vorbeizuführen und die direkte Verschienung der Wickel im Wesentlichen nur mit dem Rippelstrom zu beaufschlagen. Die Kondensatoren besitzen bei Wechselrichtern im oberen Leistungsbereich zumeist eine Anbindung an das Kühlmedium (Bild 9).

Bild 9: Mechanikaufbau einer Kombination von Wechselrichter und Gleichspannungswandler.
Baugruppen sind zu beiden Seiten eines innenliegenden Kühlers platziert.
a) Explosionsdarstellung,
b) Geräteansicht.
1 HV-Anschlüsse DC und AC, HV-DC für Kleinantrieb (AC-Kompressor)
2 Wechselrichter-Baugruppe mit Pinfin-Wasserkühler, Leistungsmodule, Zwischenkreiskondensator, Gatetreiber-Schaltungen, Phasenstrommessung,
3 Flüssigkeitskühler,
4 Mikrocontroller-Steuerschaltung,
5 Gleichspannungswandler.

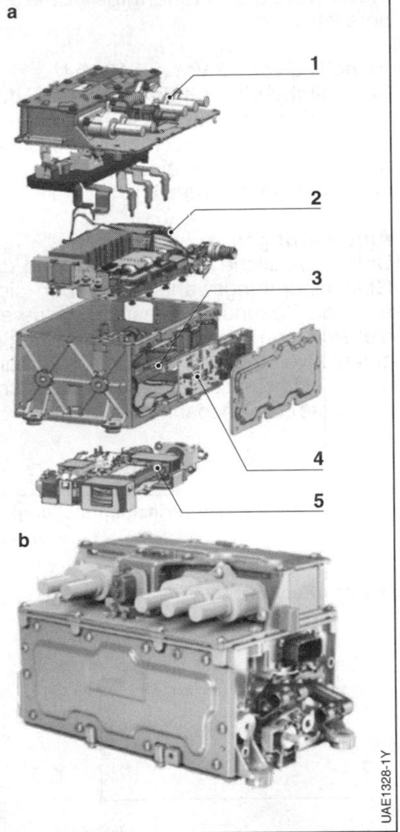

Kommutierungskreis
Die Verschienung des Kommutierungskreises zwischen Zwischenkreiskondensator und DC-Eingängen des Leistungsmodul ist so niederinduktiv wie möglich auszuführen, d.h., die Potentialflächen sind möglichst nahe zueinander zu führen und die Strompfade beim Kommutieren zwischen den Schaltern sollen möglichst geringe Flächen umschließen.

Gatetreiber-Schaltung
Die Gatetreiber-Schaltung wird möglichst nahe an den Leistungsschaltern platziert, jedoch bedarf es meist einer Abschirmung der elektromagnetischen Felder im Bereich der Leistungsmodule, sodass die Steuerschaltungen auch bei extremen transienten Strömen nicht gestört werden können.

HV-Anschlüsse
Gewisses Augenmerk verdienen auch die HV-Anschlüsse, denn auch sie sind verlustbehaftet und es muss für hinreichende Wärmeabfuhr gesorgt werden oder die Entstehung von Verlustwärme sollte möglichst vermieden werden (Schraubanschlüsse sind vorteilhaft).

Literatur
[1] ISO 21212: Intelligente Verkehrssysteme – Kommunikationszugriff für Landfahrzeuge (CALM) – 2G Funksysteme
[2] ISO 26262: Straßenfahrzeuge – Funktionale Sicherheit.
[3] https://www.autotec.ch/technik/pdf/ms_E-GAS_Ueberwachung.pdf

Gleichspannungswandler

Anwendung

Ein Gleichspannungswandler, auch DC-DC-Wandler genannt (DC-DC Converter, Direct Current) bezeichnet eine elektrische Schaltung, die eine Gleichspannung in eine andere Gleichspannung umwandelt [1]. Die Umwandlung kann dazu dienen,

- ein anderes Spannungsniveau einzustellen,
- eine stabile Spannung einzustellen,
- eine variabel einstellbare Spannung zu ermöglichen oder
- zwei Spannungsnetze galvanisch zu trennen.

Es sind gleichzeitig auch mehrere dieser Anforderungen mit einem Spannungswandler darstellbar.

Spannungsniveaus

Wandlung von hohen auf niedrige Spannungen

Jedes Kraftfahrzeug hat zur Energieversorgung ein 12-Volt-Bordnetz, bestehend aus einer Stromquelle, einem Energiespeicher (einer Batterie) und der Verteilung (den Kabeln). Das ist auch bei Elektro- und Hybridfahrzeugen, die über eine Antriebsbatterie mit einem Spannungsniveau von 400 V oder 800 V verfügen, der Fall.

Während in konventionellen Fahrzeugen mit Verbrennungsmotor und ausschließlichem 12-Volt-Bordnetz als Stromquelle ein Generator dient, kommt in Elektro- und Hybridfahrzeugen eine Versorgung aus der Antriebsbatterie über einen Gleichspannungswandler zum Einsatz. Er wandelt die hohe Gleichspannung (HV, High Voltage) in die niedrige Gleichspannung (LV, Low Voltage) für das 12-Volt-Bordnetz um. Typische Leistungen liegen im Bereich von 2,4...3,5 kW, Spitzenbedarfe über diese Leistung hinaus werden von der 12-Volt-Batterie (überwiegend Blei-Säure-Batterie, zukünftig auch Li-Ionen-Batterie) gepuffert. Vorteile der Versorgung aus der Antriebsbatterie über den Gleichspannungswandlers gegenüber dem Generator im konventionellen 12-Volt-Bordnetz sind ein höherer Wirkungsgrad und eine motordrehzahlunabhängige Energiebereitstellung.

Wandlung von 48 Volt auf 12 Volt

Bei Mildhybrid-Fahrzeugen wird das 12-Volt-Bordnetz aus der 48-Volt-Batterie gespeist. Somit ist auch hier eine Spannungswandlung mit einem Gleichspannungswandler erforderlich.

Anforderungen

Unterschiedliche Anforderungen an die Gleichspannungswandler ergeben sich aus den Spannungsniveaus. Daraus ergibt sich eine grundlegende Einteilung in potentialverbindende (galvanisch verbundene) und potentialtrennende (galvanisch getrennte) Gleichspannungswandler.

Bild 1: Schaltbilder galvanisch verbundener Gleichspannungswandler (Prinzipdarstellung).
a) Flusswandler (Abwärtswandler),
b) Sperrwandler (Aufwärtswandler).
U_E Eingangsspannung, U_A Ausgangsspannung.
S Schalter, V Diode, L Spule (Induktivität L), C Kondensator (Kapazität C).

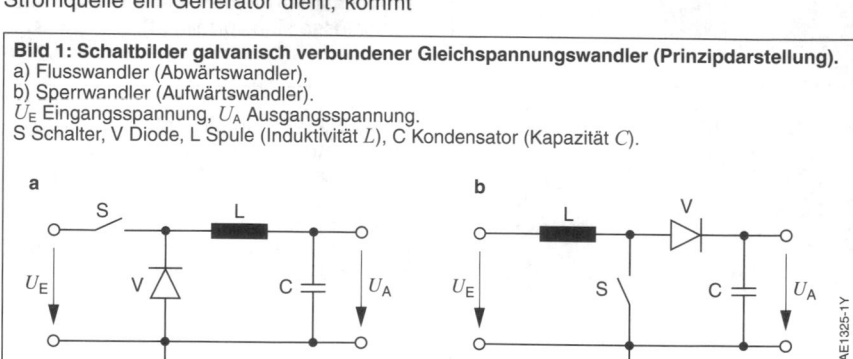

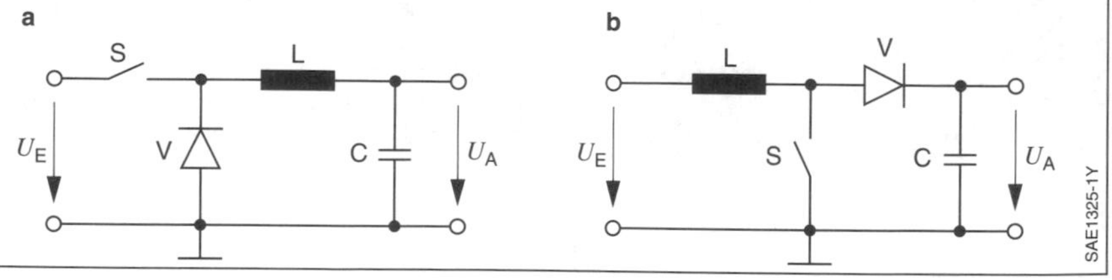

Potentialverbindende Gleichspannungswandler

Prinzipieller Aufbau und Arbeitsweise

Grundsätzlich bestehen Gleichspannungswandler aus Schaltern, Dioden und Energiespeichern (Induktivitäten oder Kapazitäten, oder beiden). Die Möglichkeiten der Verschaltung dieser Elemente sind vielfältig, es gibt mehrere Möglichkeiten der Einteilung. Einige Anordnungen haben sich in der Praxis durchgesetzt, diese werden im Folgenden beschrieben.

Galvanisch verbundene Gleichspannungswandler stellen die einfachsten Gleichspannungswandler dar, allen voran der Abwärts- beziehungsweise der Aufwärtswandler (Buck-Converter beziehungsweise Boost-Converter).

Anhand dieser beiden einfachen Wandler lässt sich ein weiteres Unterscheidungsmerkmal einführen: Flusswandler und Sperrwandler. Der Abwärtswandler in Bild 1a wird als Flusswandler bezeichnet, weil er während der Leitphase des Schalters Energie an den Ausgang überträgt. Beim Sperrwandler in Bild 1b dagegen findet der Energieübertrag an den Ausgang während der Sperrphase des Schalters statt.

Abwärtswandler

Beim Abwärtswandler (Bild 1a) kann der Schalter S zwei Zustände einnehmen, eingeschaltet („ein") oder ausgeschaltet („aus"). Als Schalter werden leistungselektronische Bauelemente wie MOSFET und IGBT eingesetzt. Der Schalter S kann entweder die Eingangsspannung U_E oder keine Spannung in die weitere Schaltung leiten. Nimmt man die Wiederholperiode eines Ein- und Ausschaltvorgangs als Dauer T (Periodendauer, daraus abgeleitet die Schaltfrequenz) an und hält diese konstant, ergibt sich eine Rechteckspannung, deren Anteile U_E und 0 von der relativen Einschaltdauer t während einer Periode abhängen. Das Verhältnis von t zu T wird als Tastverhältnis D (Duty Cycle) definiert und liefert die Beziehung von Eingangs- und Ausgangsspannung.

Allerdings hat die Spannung nach dem Schalter eine nicht konstante Rechteckform und muss noch zur Gleichspannung verändert werden. Diese Aufgabe übernehmen die beiden energiespeichernden Elemente, nämlich die Spule (Induktivität L) und der Kondensator (Kapazität C), die in ihrer Anordnung als Tiefpass 2. Ordnung wirken. Der Schalter S unterbricht und leitet abwechselnd den Strom, dies führt zu einem unstetigen Stromverlauf. Unstetige Stromverläufe durch Induktivitäten haben hohe Induktionsspannungen zur Folge. Um diese hohen Induktionsspannungen zu vermeiden, muss der Strom durch die Induktivität stetig verlaufen. Dies wird durch eine Freilaufdiode sichergestellt. Das ist die Diode V, die dafür sorgt, dass bei ausgeschaltetem Schalter S der Strom über die Induktivität L, die Last (in Bild 1 nicht eingezeichnet) im Ausgangskreis und C über V zurück in die Induktivität L fließen kann. Bei geschlossenem Schalter S sperrt die Diode V. Die Kapazität C dient zur Glättung der welligen Ausgangsspannung. Damit erzeugt der Tiefpassfilter aus L und C den Mittelwert aus der zerhackten Eingangsgleichspannung nach dem Schalter S. Die Ausgangsspannung ergibt sich als der D-te Teil der Eingangsspannung:

$$U_\mathrm{A} = D\,U_\mathrm{E}\text{, mit } D = \frac{t}{T}.$$

Somit wird die Eingangsspannung U_E auf eine niedrigere Spannung U_A gewandelt.

Aufwärtswandler

Auch hier kann der Schalter S zwei Zustände einnehmen, eingeschaltet und ausgeschaltet (Bild 1b). Damit kann der Schalter S die Eingangsspannung U_E an die Induktivität L anlegen, dies führt zu einem Stromaufbau in der Induktivität. Dabei ist die Diode V gesperrt. Während dieser Phase hält die Kapazität C am Ausgang die Spannung aufrecht und liefert Strom in den Lastkreis. Wird S ausgeschaltet, dann treibt die Induktivität den Strom mit der Energie aus dem zuvor aufgebauten Magnetfeld weiter über die Diode V in den Ausgang. Die Induktivität liegt jetzt mit ihrer induzierten Spannung in Reihe mit der Eingangsspannung und damit ist die Ausgangsspannung U_A höher als die Eingangsspannung:

$$U_\mathrm{A} = \frac{1}{1-D}\,U_\mathrm{E}.$$

48-Volt-12-Volt-Spannungswandler
Gleichspannungswandler werden in Fahrzeugen mit 48-Volt- und 12-Volt-Bordnetz eingesetzt, um die zwei Teilbordnetze miteinander zu verbinden. Deshalb sind diese Spannungswandler immer bidirektional und können in beide Richtungen arbeiten,
- von 48 V nach 12 V als Abwärtswandler und
- von 12 V nach 48 V als Aufwärtswandler.

Da aufgrund der Spannungslage von 48 V keine galvanische Trennung erforderlich ist, wird die einfache Topologie des Abwärts- und des Aufwärtswandlers bevorzugt (siehe Bild 1). Statt eines passiven Gleichrichters mit einer Diode verwendet man einen aktiven Gleichrichter mit einem MOSFET. MOSFETs besitzen eine inhärente Source-Drain-Diode (auch Body-Diode genannt), die man für Gleichrichterzwecke nutzen kann. Schaltet man während der Leitphase der Diode den MOSFET aktiv ein, reduzieren sich die Verluste im jetzt „aktiven" Gleichrichter. Damit kann jetzt der MOSFET die beiden Funktionen „Schalter" und „Diode" ausführen, abhängig von seiner Ansteuerung.

Bild 2a zeigt die prinzipielle Beschaltung eines solchen Gleichspanungswandlers mit zwei zu einer Halbbrücke angeordneten MOSFETs. Diese Beschaltung ist ebenso in Bild 3 ersichtlich. Für den Abwärtswandler wird der obere MOSFET als Schalter verwendet, der untere MOSFET arbeitet als Diode (Bild 2b). Diese Anordnung entspricht genau Bild 1a.

Beim Aufwärtswandler arbeitet der untere MOSFET als Schalter, der obere als Diode (Bild 2c). Dies entspricht der gespiegelten Anordnung von Bild 1b.

Das bedeutet, der Gleichspannungswandler kann von 48 V nach 12 V als Abwärtswandler arbeiten und von 12 V nach 48 V als Aufwärtswandler. Es wechseln jeweils nur die Funktionen Schalter und Gleichrichter zwischen den beiden MOSFETs.

Für höhere Ströme schaltet man mehrere Stränge parallel zu Multi-Phasen-Wandlern. Diese arbeiten mit gleicher Schaltfrequenz, aber mit einem Phasenversatz. Dadurch wird zum einen die Leistung aufgeteilt und zum anderen erhält man Vorteile durch die Überlagerung der Spannungsrippel der Phasen, sodass sich virtuell die Schaltfrequenz des Wandlers erhöht. Damit erreicht man kleinere Spannungswelligkeiten und Vorteile in der Filterung.

Eine mögliche Topologie zeigt Bild 3. Eine Phase besteht aus jeweils zwei MOSFETs und einer Induktivität. Die Funktionen „Filter" werden gemein-

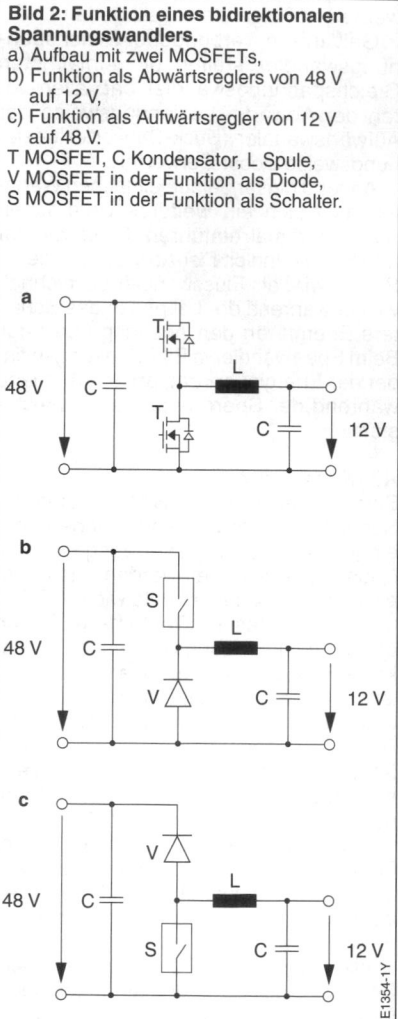

Bild 2: Funktion eines bidirektionalen Spannungswandlers.
a) Aufbau mit zwei MOSFETs,
b) Funktion als Abwärtsreglers von 48 V auf 12 V,
c) Funktion als Aufwärtsregler von 12 V auf 48 V.
T MOSFET, C Kondensator, L Spule,
V MOSFET in der Funktion als Diode,
S MOSFET in der Funktion als Schalter.

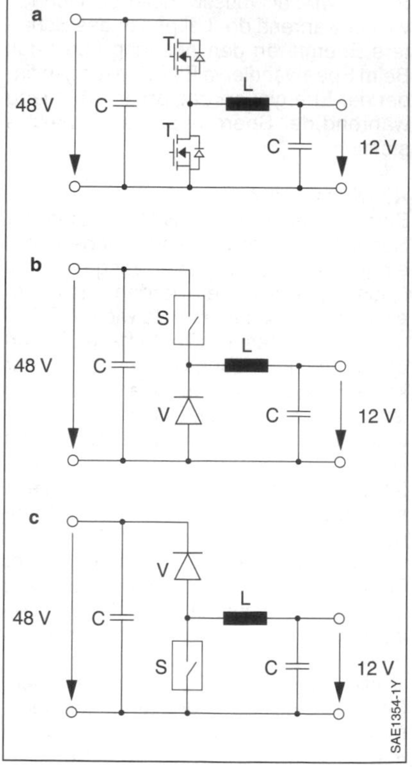

sam von allen Phasen benutzt. Auch die Schutzschalter, die den Wandler im Fehlerfall vom Bordnetz trennen, werden gemeinsam benutzt und sind daher nur einmal je Seite vorhanden. Eventuell gibt es auch noch einen Verpolschutz auf der 12-Volt-Seite des Wandlers. Die Steuerung (genauer gesagt eine Regelung) sorgt dafür, dass die Sollwerte für die jeweilige Ausgangsspannung auch unter wechselnden Lastbedingungen und schwankender Eingangsspannung konstant eingestellt werden. Dazu wird das Tastverhältnis der Halbbrücken entsprechend eingestellt.

Traktionsbordnetz-Gleichspanungswandler

Traktionsbordnetz-Gleichspannungswandler sind ebenfalls potentialverbindende Wandler und arbeiten üblicherweise mit der gleichen Topologie wie die 48-Volt-12-Volt-Spannungswandler. Sie finden Verwendung in der Spannungsanpassung im Traktionsbordnetz eines Fahrzeugs, das ist das HV-Bordnetz (High Voltage) zwischen Antriebsbatterie und Wechselrichter. Die Antriebsbatterie hat eine ladezustandsabhängige Spannung, dies wirkt sich spürbar auf die zur Verfügung stehende maximale Antriebsleistung aus. Um dies zu verhindern, regelt der Traktionsbordnetz-Gleichspannungswandler die Eingangsspannung des Wechselrichters auf eine stabile Spannung, unabhängig von der sich ändernden Batteriespannung.

Da die Traktionsbordnetz-Gleichspannungswandler im Vergleich zu 48-Volt-12-Volt-Spannungswandler für einen deutlich höheren Leistungsbereich ausgelegt sind (> 50 kW), werden diese mit IGBTs (mit parallel geschalteten Freilaufdioden) aufgebaut und mit geringeren Schaltfrequenzen als die 48-Volt-12-Volt-Wandler betrieben.

Bild 3: 48-Volt-12-Volt-Spannungswandler.
1 Elektrische Maschine (E-Maschine, 48 V), 2 48-Volt-Batterie,
3 Schutzschalter (48-Volt-Seite),
4 Filterfunktion und Spannungsglättung mit Kondensator,
5 drei Halbbrücken mit jeweils zwei MOSFETs, 6 Spulen (Induktivitäten),
7 Schutzschalter (12-Volt-Seite), 8 12-Volt-Batterie, 9 12-Volt-Verbraucher,
10 Starter (optional, im Regelfall übernimmt die E-Maschine den Startvorgang).
30, 31, 40 Klemmenbezeichnungen.

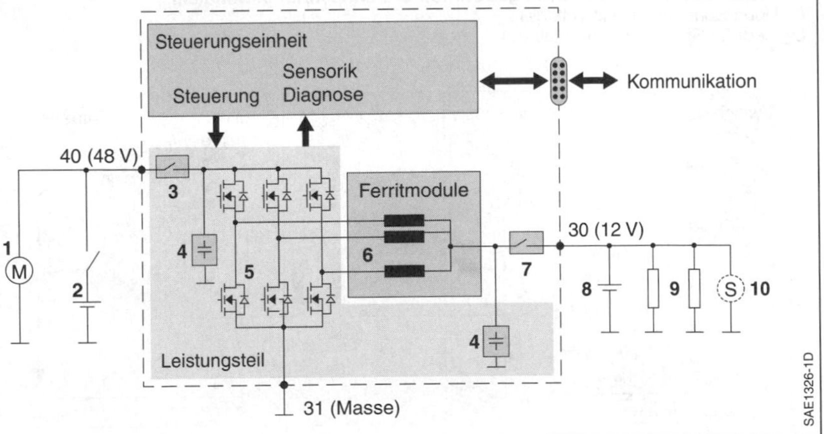

Potentialtrennende Gleichspannungswandler

Gleichspannungswandler von hohen Spannungen auf 12 V

Aufbau

Aus Sicherheitsgründen ist das Traktionsbordnetz im Fahrzeug als galvanisch getrenntes Netz (IT-Netz, Isolé Terre, Erdfreies Netz) ohne Anschluss an die Fahrzeugmasse ausgeführt. Deshalb wird die Energieübertragung vom Traktionsbordnetz auf das 12-Volt-Bordnetz immer galvanisch getrennt ausgeführt. Damit verhindert man eine Gefährdung bei Einfachfehlern im System. Zur galvanischen Trennung verwendet man einen Transformator im Spannungswandler. Für diese Leistungsklasse werden üblicherweise Vollbrückenwandler eingesetzt. Der grundsätzliche Aufbau eines galvanisch getrennten Gleichspannungswandlers ist in Bild 4 dargestellt.

Arbeitsweise

Zuerst wird die Eingangs-Gleichspannung (hohe Spannung) mit der Vollbrücke „zerhackt", d.h. in eine Wechselspannung umgewandelt. Der Transformator überträgt die Wechselspannung von der Primärseite auf die Sekundärseite, dabei kann die Spannung über das Windungszahlverhältnis zwischen Primär- und Sekundärwicklung angepasst werden. Üblich ist hier eine Untersetzung von 1:10 bis 1:13. An der Sekundärwicklung des Transformators liegt nun die angepasste, galvanisch getrennte Ausgangsspannung als Wechselspannung an. Diese Wechselspannung wird mit dem Gleichrichter in eine pulsierende Gleichspannung umgewandelt und mit dem Ausgangsfilter (LC-Filter) zur Ausgangs-Gleichspannung geglättet.

Über eine Modulation der Vollbrücke wird die Ausgangsspannung auf den gewünschten Wert eingestellt. Für die Modulation stehen zwei Betriebsarten zur Auswahl:

- Die PWM-Ansteuerung, bei der die Ausgangsspannung über das Tastverhältnis (Duty Cycle) eingestellt wird und
- das Phase-Shifting, bei der jede Halbbrücke mit dem Tastverhältnis von 50 % angesteuert wird und über den Phasenbezug der beiden Halbbrücken die Ausgangsspannung eingestellt wird.

Beide Verfahren haben Vor- und Nachteile, für potentialtrennende Gleichspannungswandler im Kraftfahrzeug hat sich das Phase-Shifting durchgesetzt. Entsprechend heißt dieses Verfahren Phase Shifted Full Bridge (PSFB). Entscheidender Vorteil der PSFB ist, dass die Streuinduktivität des Transformators (in Bild 3 in Serie zur Primärwicklung des Transformators dargestellt) zusammen mit dem 50-%-Betrieb der Halbbrücken zu einem weich schaltenden Betrieb des

Bild 4: Aufbau eines galvanisch getrennten Gleichspannungswandlers.
U_H Hohe Spannung (High Voltage),
U_L niedrige Spannung (Low Voltage).

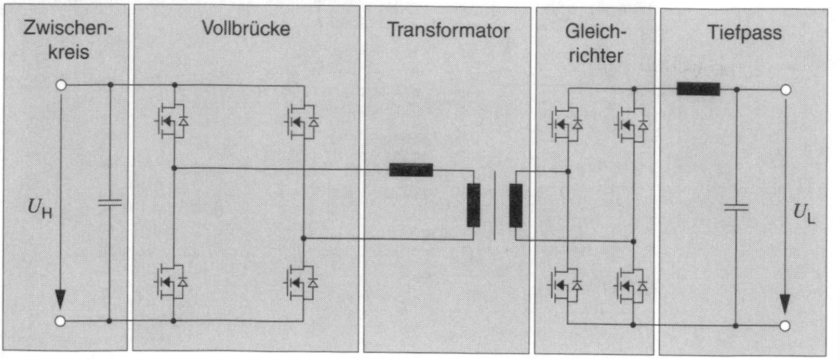

Gleichspannungswandlers genutzt werden kann. Dadurch sinken die Schaltverluste der Halbleiter, sodass der Wirkungsgrad gesteigert und die Schaltfrequenz erhöht werden kann. Eine höhere Schaltfrequenz wirkt sich günstig auf den Bauraum und die Kosten der passiven Bauelemente aus.

Typische Schaltfrequenzen liegen bei 70...100 kHz, manchmal auch im Bereich um die 140...145 kHz. Mit der Wahl dieser Frequenzen vermeidet man den Bereich um 125 kHz, in dem häufig Funksysteme für den Fahrzeugzugang oder die Reifendruckkontrolle arbeiten. Ab 150 kHz beginnt die Beschränkung durch EMV-Vorschriften für die Störaussendung (elektromagnetische Verträglichkeit), sodass die Schaltfrequenz deutlich darunter liegen sollte.

Weitere Funktionen des DC-DC-Wandlers im Fahrzeug

Die meisten verwendeten Verfahren sind auch zum Rückwärtsbetrieb fähig und können damit Energie vom 12-Volt-Bordnetz in das Traktionsbordnetz speisen. Dies wird für zwei Funktionen genutzt. Erstens zur Vorladung der Kapazitäten im Traktionsbordnetz, dies spart die Kosten und den Bauraum für die Ladeschütze in der Traktionsbatterie (Antriebsbatterie) ein. Die zweite Funktion des Rückwärtsbetriebs ist der Testpuls für die 12-Volt-Batterie. Dabei wird die 12-Volt-Batterie kurz mit einem Entladestrom belastet, die HV-Batterie nimmt die Energie als Ladestrom auf. Der Batteriesensor bestimmt daraus die aktuelle Leistungsfähigkeit der Batterie.

Zukünftige Funktionen dienen der Redundanz für die Energieversorgung des 12-Volt-Bordnetzes, um sicherheitsrelevante Verbraucher und deren Funktion trotz eines Einfachfehlers im Gleichspannungswandler zumindest für eine gewisse Zeit weiterhin mit Energie versorgen zu können.

Gleichspannungswandler von hohen Spannungen auf 48 V

Gleichspannungswandler mit Eingangsspannungen von mehreren hundert Volt und einer Ausgangsspannung von 48 Volt sind sehr ähnlich aufgebaut wie Gleichspannungswandler mit 12-Volt-Ausgang. Geändert wird im Wesentlichen das Übersetzungsverhältnis des Transformators. Darüber hinaus müssen die sekundärseitigen Schaltungen auf die höhere Ausgangsspannung angepasst werden. Die Gleichrichter brauchen eine höhere Sperrspannung, die Filterkondensatoren eine höhere Spannungsfestigkeit und die Sensoren für Strom und Spannung müssen auf die andere Strom- und Spannungslage angepasst werden.

Da eine wesentliche Auslegungsgröße für Gleichspannungswandler hauptsächlich der Strom ist, kann durch die höhere Spannung im Vergleich zum 12-Volt-Gleichspannungswandler auch eine höhere Ausgangsleistung mit wenig Zusatzaufwand erreicht werden.

Literatur

[1] U. Schlienz: Schaltnetzteile und ihre Peripherie. 6. Aufl., Verlag Springer Vieweg, 2016.

On-Board-Ladevorrichtung

Anwendung

Als Ladegerät (Charger) wird die Komponente in extern aufladbaren Hybrid-, Brennstoffzellen- und Elektrofahrzeugen bezeichnet, die für die Aufladung der Antriebsbatterie (Traktionsbatterie) verantwortlich ist. Typischwerweise sind alle extern aufladbaren Fahrzeuge mit einem On-Board-Ladegerät ausgestattet, das fest verbaut im Fahrzeug mitgeführt wird. Die Verbindung mit dem elektrischen Energienetz (Infrastruktur) erfolgt über eine Ladestation mit Hilfe eines Ladekabels, weshalb derartige Ladekonzepte auch als konduktive Ladevorrichtungen bezeichnet werden (Bild 1).

Wechselstrom-Laden

Als Infrastruktur für die heutigen konduktiven Ladekonzepte wird auf das öffentliche Niederspannungsnetz zurückgegriffen, da dies flächendeckend zur Verfügung steht und somit direkt genutzt werden kann. Der prinzipielle Aufbau einer On-Board-Ladevorrichtung mit AC-Schnittstelle (Alternating Current, Wechselstrom) zwischen Fahrzeug und Energienetz ist in Bild 1a veranschaulicht. Dem Fahrzeug wird Wechselstrom zugeführt (daher auch die Begrifflichkeit AC-Laden), die Spannungswandlung von Wechselstrom auf Gleichstrom geschieht in der On-Board-Ladevorrichtung innerhalb des Fahrzeugs. Mit diesem Gleichstrom kann die Antriebsbatterie aufgeladen werden.

Bild 1: Prinzipieller Aufbau von On-Board-Ladevorrichtungen.
a) Wechselstrom-Laden (Standalone-Ladekonzept, zusätzliches Ladegerät im Fahrzeug),
b) Integriertes Ladekonzept, Einsatz der Komponenten des Antriebs für das Laden der Antriebsbatterie,
c) Gleichstrom-Laden (Ladegerät extern, die Antriebsbatterie wird direkt mit Gleichstrom geladen).
d) induktives Laden (Ladevorrichtung extern und intern im Fahrzeug mit induktiver Koppelung),
1 Öffentliches Wechselstromnetz, 2 Ladestation (z.B. Ladesäule, Wallbox),
3 Spannungswandler (von Wechselspannung auf Gleichspannung, potentialverbindend ohne galvanische Trennung),
4 Gleichspannungswandler (von Gleichspannung auf Gleichspannung, potentialgetrennt mit galvanischer Trennung),
5 Antriebsbatterie, 6 Ladesäule für Gleichstrom-Laden mit integrierter Ladelektronik,
7 induktive Ladevorrichtung (Transformator-Primärspule des Gleichspannungswandlers in der Ladevorrichtung, Sekundärspule im Fahrzeug).
M Elektrische Maschine, DC Direct Current (Gleichstrom), AC Alternating Current (Wechselstrom).

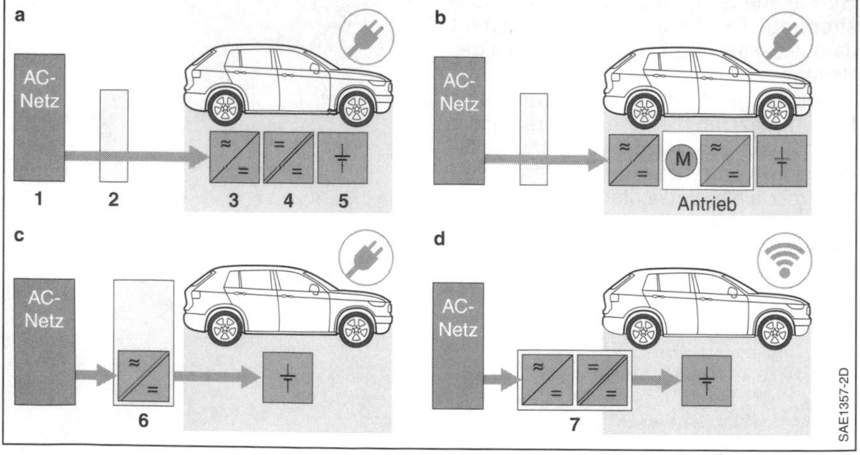

Integriertes Ladekonzept
Neben Standalone-Ladevorrichtungen existieren auch Ladekonzepte, bei denen bereits im Fahrzeug verbaute Komponenten (z.B. Antriebswechselrichter oder E-Maschine) für den Ladevorgang verwendet werden (Bild 1b). Da zumeist der Antriebswechselrichter (im englischen Sprachraum als Inverter bezeichnet) Bestandteil solcher Konzepte ist, spricht man hier auch von Inverter-Laden. Derart aufgebaute Ladevorrichtungen sind allerdings in der Regel nicht potentialgetrennt ausgeführt, weshalb sie an dieser Stelle nicht weiter verfolgt werden.

Gleichstrom-Laden
Das Gleichstrom-Laden (DC-Laden, Direct Current) nimmt im Bereich des Schnellladens eine zentrale Rolle ein. Hier ist die eigentliche Ladeelektronik in der Ladestation verbaut (Bild 1c), weshalb Anforderungen an Gewicht und Vibrationsfestigkeit weniger relevant sind. Den gewünschten Ladestrom erfährt die Ladestation durch Kommunikation mit dem Fahrzeug. Zur Kommunikation werden im Ladekabel mitgeführte Leitungen genutzt.

Zukünftig könnten Gleichspannungsnetze (Mikro-Netze), wie sie z.B. in Firmen vorhanden sind, zum Laden genutzt werden. So könnte die Gleichrichtung innerhalb des Ladegeräts entfallen. Die Ladestationen beinhalten einen Gleichspannungswandler, der die Ladespannung an den Bedarf des Fahrzeugs anpasst.

Induktives Laden
Der Vollständigkeit halber sei hier erwähnt, dass auch bereits an induktiven Ladevorrichtungen für elektrifizierte Fahrzeuge gearbeitet wird, bei denen der Energietransfer ins Fahrzeug über einen geteilten Transformator zwischen Infrastruktur und Fahrzeug erfolgt (Bild 1d) und der Ladevorgang nach entsprechender Positionierung des Fahrzeugs auf der Ladevorrichtung automatisch beginnen kann. Dieser Transformator übernimmt dabei die Funktion des Transformators im Gleichspannungswandler (siehe Gleichspannungswandler). Die Primärspule sitzt in der Ladevorrichtung, die Sekundärspule mit dem Gleichrichter im Fahrzeug.

Anforderungen

Die grundlegenden Anforderungen an eine On-Board-Ladevorrichtung werden durch die netzseitig einzuhaltenden Normen sowie die fahrzeugseitigen Anforderungen von Batterie und Sicherheitskonzept vorgegeben.

Netzseitige Anforderungen
Um den weltweiten Einsatz einer Ladevorrichtung zu gewährleisten, wird typischerweise ein Spannungsbereich von 85...265 V (mit 50 bzw. 60 Hz) vorgesehen. Zu berücksichtigen ist dabei, dass typischerweise unterhalb der Nominalspannung von 230 V eine Leistungsanpassung erfolgt.

Eine weitere netzseitige Anforderung, die direkten Einfluss auf die Topologie des Ladegeräts nimmt, sind die einzuhaltenden Stromoberschwingungen am öffentlichen Netz (IEC 61000-3-2 [1]). Diese machen den Einsatz einer aktiven Leistungsfaktorkorrektur (PFC, Power Factor Correction, siehe Leistungsfaktorkorrektur) erforderlich.

Fahrzeugseitige Anforderungen
Auf der Fahrzeugseite sind vor allem die Anforderungen der Antriebsbatterie zu berücksichtigen. Neben dem abzudeckenden Spannungsbereich, der sich bei aktuellen Elektrofahrzeugen von 240 V bis 450 V (für Pkw) erstreckt, soll die Ladevorrichtung einen möglichst glatten Ladestrom, d.h. mit geringer Welligkeit, bereitstellen. Diese Anforderung nimmt gerade bei einphasigen Ladevorrichtungen eine zentrale Rolle ein, da ohne Glättung der pulsierenden Leistungsaufnahme aus dem Wechelstromnetz der Ladestrom eine starke Welligkeit aufweist.

Neben den Anforderungen der Batterie nimmt das Sicherheitskonzept eines Ladegeräts bei der Integration ins Fahrzeug eine zentrale Rolle ein. Stand der Technik sind potentialgetrennte On-Board-Ladegeräte. Durch die Potentialtrennung lassen sich Energienetz und Fahrzeug entkoppeln, wodurch sich potentiell auftretende Isolationsfehler leichter beherrschen lassen. Denn während des Ladevorgangs ist die Karosserie des Fahrzeugs mit dem Schutzleiter des

Energienetzes verbunden. Grundsätzlich ist zu erwähnen, dass sich die Potentialtrennung hinsichtlich der erzielbaren Effizienz als nachteilig erweist.

Zukünftige Anforderungen
Neben der klassischen Ladefunktion der Antriebsbatterie oder der Bereitstellung von elektrischer Energie beispielsweise zur Fahrzeugklimatisierung vor Fahrtantritt werden zukünftig weitere Funktionen an Bedeutung gewinnen:
- V2L (Vehicle to Load),
- V2H (Vehicle to Home),
- V2G (Vehicle to Grid).

Die Gemeinsamkeit dieser neuen Funktionen besteht in dem erforderlichen bidirektionalen Energietransfer des Ladegeräts. Dies bedeutet, dass zukünftige Ladegeräte nicht nur Energie aus dem Versorgungsnetz in die Antriebsbatterie übertragen können müssen, sondern auch aus der Antriebsbatterie zurück ins Netz. Während V2L lediglich den Betrieb eines einfachen Verbrauchers (z.B. Elektrogrill) am Fahrzeug erlaubt, beschäftigt sich V2H mit der intelligenten Einbindung des Fahrzeugspeichers in die bestehende Hausinstallation, um beispielsweise die mit einer Photovoltaikanlage selbsterzeugte elektrische Energie unter Einbeziehung der Fahrzeugbatterie besser nutzen zu können.

Das Konzept mit der größten Komplexität beschreibt V2G, mit dem parkende Fahrzeuge gegen entsprechende Entlohnung einen Teil ihrer Batteriekapazität zur Verfügung stellen, um am Energieregelmarkt teilzunehmen, um letztendlich die teuren Spitzenlastkraftwerke abzuschaffen und gleichzeitig die Stabilität des Energienetzes durch einen besseren Abgleich zwischen Erzeugung und Verbrauch zu verbessern. Für den V2G-Ansatz müssen immer ausreichend viele Fahrzeuge mit dem Netz verbunden sein, was eine entsprechende Marktdurchdringung der Elektromobilität voraussetzt.

Ladeleistung

Eine große Bedeutung kommt der verfügbaren Ladeleistung zu, da diese direkten Einfluss auf die nachladbare Energie in einer vorgegebenen Zeit hat. Je höher die Ladeleistung, desto größer ist die während der Ladedauer in die Antriebsbatterie nachgeladene Energie und damit die mit elektrischem Antrieb mögliche Reichweite. Während der Tankvorgang eines konventionellen Fahrzeugs mit Verbrennungsmotor lediglich wenige Minuten in Anspruch nimmt, kann die Aufladung elektrifizierter Fahrzeuge abhängig von der verfügbaren Ladeleistung und der Batteriekapazität mehrere Stunden in Anspruch nehmen. Zur Veranschaulichung ist in Bild 2 die mit der nachgeladenen Energie erzielbare elektrische Reichweite (d.h. die Reichweite bei rein elektrischer Fahrt) über der Ladedauer für verschiedene Ladeleistungen aufgetragen. Um beispielsweise die Energie für eine Reichweite von 100 km nachladen zu können, werden selbst bei einer Ladeleistung von

Bild 2: Elektrische Reichweite in Abhängigkeit der Ladedauer und der Ladeleistung.
Diagramm gilt für ein Fahrzeug mit der Masse 1 t und einem spezifischen Energiebedarf von 150 Wh/km.
1 P_B = 20 kW,
2 P_B = 10 kW,
3 P_B = 3,6 kW.
P_B Ladeleistung,
E_B Energieinhalt der Batterie.

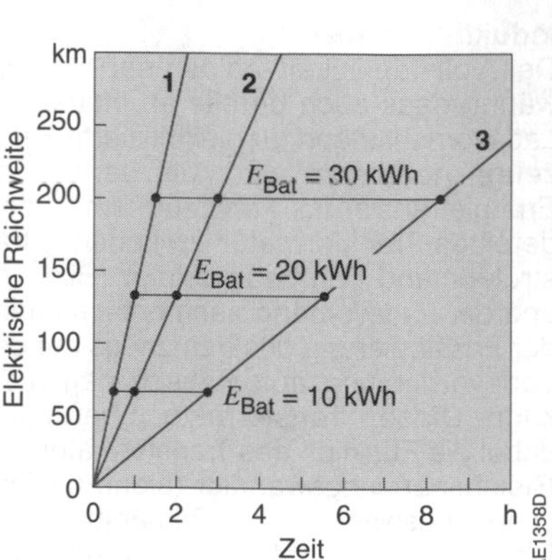

10 kW rund 1,5 Stunden benötigt. Bei der hier angeführten idealisierten Betrachtung sind die Verluste von Batterie und Ladegerät vernachlässigt. Ferner wird angenommen, dass das Fahrzeug kontinuierlich mit der vollen Ladeleistung geladen werden kann.

Ladeleistungen heutiger On-Board-Ladegeräte orientieren sich an den länderspezifischen Anschlussbedingungen an das öffentliche Niederspannungsnetz. Sie nutzen eine bis hin zu allen drei Netzphasen der vorhandenen Dreiphasenwechselstomnetze im elektrischen Energienetz. Die Ladeleistungen hierbei reichen von 3,6 kW (einphasig, 230 V, 16 A) über 7,2 kW (ein- beziehungsweise zweiphasig) bis hin zu 10 kW (ein- beziehungsweise dreiphasig, 400 V, 16 A) oder 20 kW (dreiphasig, 400 V, 32 A).

Prinzipieller Aufbau und Arbeitsweise

Der prinzipielle Aufbau eines Ladegeräts wird im Folgenden anhand einer einphasigen Ladevorrichtung erklärt. In Bild 3 ist eine dem Stand der Technik entsprechende zweistufige Ladevorrichtung bestehend aus einem hochsetzstellerbasierten PFC-Gleichrichter (siehe Leistungsfaktorkorrektur) mit nachgeschaltetem potentialtrennenden Gleichspannungswandler (DC-DC-Wandler) gezeigt.

Auf die grundlegende Funktionsweise eines Hochsetzstellers (Aufwärtswandlers) und eines potentialtrennenden Gleichspannungswandlers wird an dieser Stelle nicht eingegangen (siehe hierzu Gleichspannungswandler). Im Folgenden sollen vielmehr die Besonderheiten der bekannten Schaltungstopologien beim Einsatz in einem Ladegerät herausgearbeitet werden.

Leistungsfaktorkorrektur

Konventionelle Gleichrichter mit nachgeschaltetem Glättungskondensator werden aufgrund ihrer nicht sinusförmigen Stromaufnahme als nichtlineare Verbraucher bezeichnet. Die Netzströme solcher Gleichrichter setzen sich aus der

Bild 3: Ladeeinrichtung im Fahrzeug.
PFC Power Factor Correction.

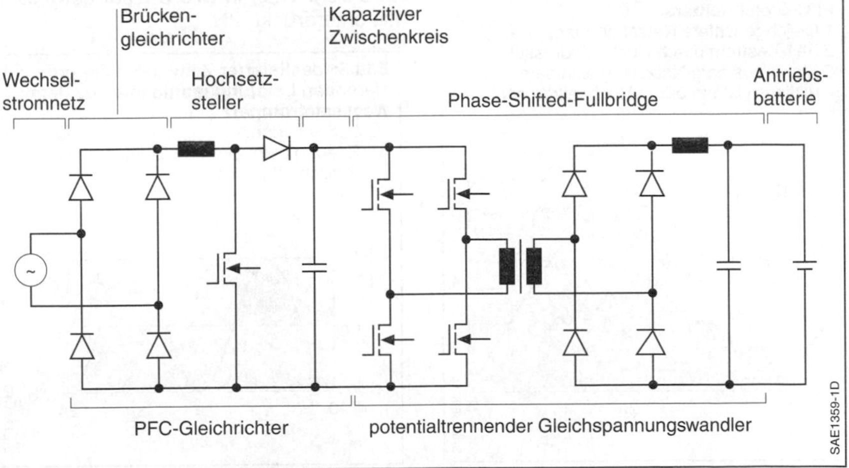

Überlagerung höherfrequenter Stromoberschwingungen zusammen, was beispielsweise zu höheren Verlusten in den Netzstransformatoren führt, aber auch die Kompensation der Ausgleichsströme im Neutralleiter von Dreiphasenwechselstromnetzen negativ beeinflusst. Zur Vermeidung dieser Probleme ist eine aktive Leistungsfaktorkorrektur einzusetzen, welche die gesetzlich vorgegebenen Grenzwerte der Stromoberschwingungen im Bereich von 100 Hz bis 2 kHz einhält und einen Leistungsfaktor (Verhältnis von Betrag der Wirk- zu Scheinleistung) nahe dem Wert 1 ermöglicht.

Der hier vorgestellte PFC-Gleichrichter besteht aus einem konventionellen Hochsetzsteller mit einem vorgeschalteten Brückengleichrichter, der die netzseitige Wechselspannung gleichrichtet. Als Leistungsfaktorkorrekturfilter werden meist hochstellbasierte Schaltungskonzepte eingesetzt, da diese durch ihren kontinuierlichen Eingangsstrom (geringer Filteraufwand) Vorteile gegenüber tiefsetzenden Systemen aufweisen. Durch den Hochsetzstelleransatz muss die Zwischenkreisspannung stets größer sein als die gleichgerichtete Netzspannung. In Verbindung mit dem 230-Volt-Wechselstromnetz ergibt sich eine Zwischenkreisspannung von rund 400 V, die im Folgenden auch als Eingangsspannung für die nachfolgende DC-DC-Wandlerstufe bezeichnet wird.

Aufgrund der sich stets ändernden Eingangsspannung ist das Tastverhältnis D des Hochsetzstellers kontinuierlich nachzuführen:

$$D = 1 - \frac{\hat{U}_{\text{pk}}}{U_{\text{ZK}}} \;|\sin(\omega t)|,$$

$\hat{U}_{\text{pk}}$ = Netzspannungsamplitude,
U_{ZK} = Zwischenkreisspannung,
ω = Kreisfrequenz der Netzfrequenz
= $2\pi \cdot$ Netzfrequenz.

Der netzseitige Stromverlauf des PFC-Gleichrichters ist für einen kontinuierlichen Drosselstrom (CCM, Continuous Conduction Mode) in Bild 4 veranschaulicht. Neben der direkten Proportionalität zwischen gleichgerichteter Netzspannung und dem mittleren Strom durch die Hochsetzstellerdrossel ist darüberhinaus der dreieckförmige Verlauf des geschalteten Drosselstroms dargestellt. Typische Schaltfrequenzen für einen PFC-Gleichrichter liegen im Bereich von 100 kHz, um einerseits die passiven Komponenten kompakt aufbauen zu können und andererseits in Verbindung mit dem hartschaltenden Betrieb (Schaltverluste) eine gute Effiizienz zu erzielen.

Die durch das hochfrequente Schalten des PFC-Gleichrichers erzeugten Störungen werden mit Hilfe eines passiven Netzfilters, welches aus Gründen der Übersichtlickeit in Bild 3 nicht dargestellt ist, unterdrückt [2].

Bild 4: Netzseitiger Strom- und Spannungsverlauf des PFC-Gleichrichters.
1 Gleichgerichtete Netzspannung,
2 Spitzenstrom durch Hochsetzdrossel,
3 Strom aus dem Netz, ist gleich dem mittleren Strom durch Hochsetzdrossel.

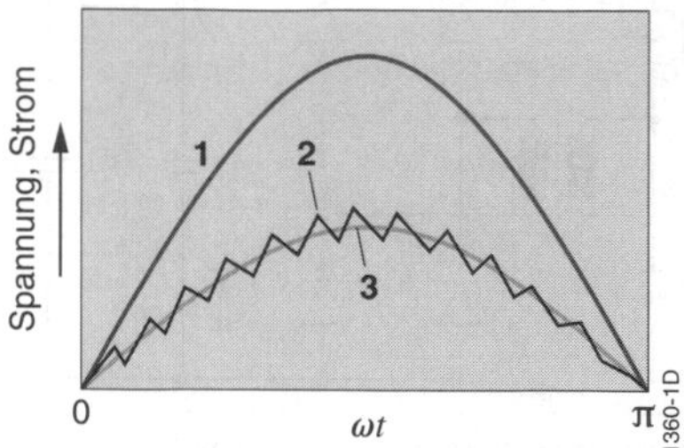

Bild 5: Idealisierter Zeitverlauf der pulsierenden Leistungsaufnahme aus dem Wechselstromnetz.
P_{B} Ladeleistung,
ΔE Energie beim Be- und Entladen des Zwischenkreises.

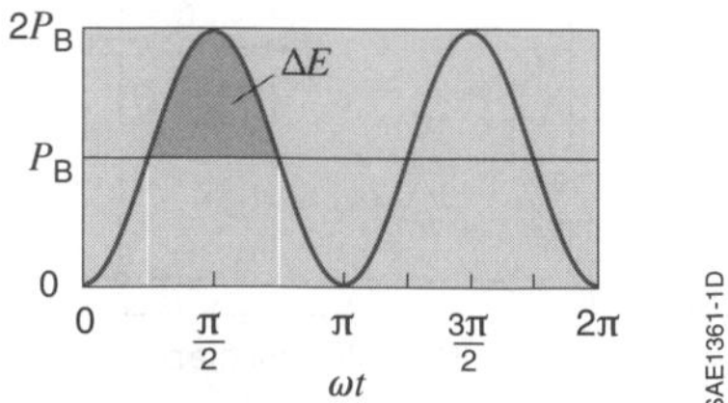

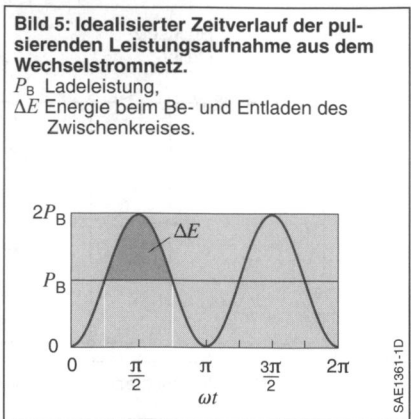

Leistungsglättung
Am Ausgang des Hochsetzstellers befindet sich der Zwischenkreis, der zur Glättung des Stroms als kapazitiver Energiespeicher mit Hilfe von Elektrolytkondensatoren aufgebaut wird. Die Notwendigkeit einer Leistungsglättung in einphasigen Ladegeräten lässt sich direkt aus der Anforderung eines netzfrequentfreien Ladestroms ableiten. Da aus dem Wechselstromnetz keine konstante Leistung entnommen werden kann, würde sich ohne Leistungsglättung die pulsierende Leistung bis an den Ausgang übertragen. Allgemein ist zu berücksichtigen, dass eine konstante Leistungsaufnahme erstmalig in Verbindung mit einem Dreiphasenwechselstromsystem möglich ist.

Der Verlauf der pulsierenden Netzleistung am Wechselstromnetz ist exemplarisch für einen sinusförmigen Netzstrom in Phase mit der Netzspannung in Bild 5 gezeigt. Es ist zu erkennen, dass die aufgenommene Leistung zwischen null und der zweifachen mittleren Ladeleistung P_{B} mit der doppelten Netzfrequenz pulsiert.

Die Glättung der pulsierenden Netzleistung im Zwischenkreis erfolgt durch Aufnahme und Abgabe der zuviel beziehungsweise der zuwenig bereitgestellten Leistung, indem der Zwischenkreiskondensator kontinuierlich ge- und entladen wird. Das Einspeichern und Entladen der Energie ΔE in den Zwischenkreiskondensator führt zu einer Spannungswelligkeit im Zwischenkreis, die für die Auslegung des nachfolgenden Gleichspannungswandlers zu berücksichtigen ist.

Potentialtrennung
Ein Überblick über potentialtrennende Gleichspannungswandler sowie deren Funktionsweise ist an anderer Stelle aufgezeigt (siehe Gleichspannungswandler). An dieser Stelle wird, wie in Bild 3 gezeigt, auf die bekannte Topologie der Phase Shifted Full Bridge zurückgegriffen (siehe Phase Shifted Full Bridge). Aber auch andere weichschaltende Schaltungstopologien, wie beispielsweise der LLC-Resonanzwandler [2], eignen sich für den Einsatz als potentialtrennender Wandler in einem Ladegerät.

Die Aufgabe des potentialtrennenden Gleichspannungswandlers am Ausgang des Ladegeräts ist neben der Entkoppelung des Fahrzeugs vom Versorgungsnetz die Bereitstellung eines möglichst glatten Ladestroms für die Antriebsbatterie. Hierzu stellt der Wandler aus der durch den PFC-Gleichrichter vorgegebenen Zwischenkreisspannung den angeforderten Ladestrom ein.

Dreiphasige Ladevorrichtungen
Ein Vorteil der analysierten einphasigen Ladevorrichtung besteht in der Möglichkeit zur dreiphasigen Erweiterung. Aufgrund der eingesetzten Potentialtrennung lassen sich mehrere derart aufgebaute Ladegeäte am Ausgang parallelschalten und an unterschiedlichen Netzphasen betreiben, sodass sich durch entsprechende Verschaltung eines einphasigen Systems ein dreiphasiges Ladegerät ergibt.

Grundsätzlich existieren aber auch reine dreiphasige Schaltungssysteme. Bei diesen ist zu berücksichtigen, dass die Schaltungstopologie neben dem dreiphasigen Betrieb typischerweise auch in der Lage sein muss, am einphasigen Wechselstromnetz zu laden, da aktuell nicht flächendeckend von einem Zugang zum Dreiphasenwechseltromnetz ausgegangen wird.

Literatur
[1] DIN EN IEC 61000-3-2 VDE 0838-2:2019-12: Elektromagnetische Verträglichkeit (EMV), Teil 3-2: Grenzwerte – Grenzwerte für Oberschwingungsströme (Geräte-Eingangsstrom <= 16 A je Leiter).
[2] U. Schlienz: Schaltnetzteile und ihre Peripherie: Dimensionierung, Einsatz, EMV. 7. Aufl., Verlag Springer Vieweg, 2020.

Batterien für Elektro- und Hybridantriebe

Anforderungen

Hybrid- und Elektrofahrzeuge benötigen für den Betrieb der elektrischen Maschine eine Batterie als Energiespeicher. Die Antriebsbatterie in modernen Elektrofahrzeugen macht oft mehr als zwei Drittel des Gewichts, der Größe und der Kosten aller Komponenten im elektrischen Antriebsstrang aus. Hauptherausforderung für die Zukunft ist daher, die Batterie bezüglich dieser drei Kriterien zu verbessern und zu optimieren.

Im Wesentlichen unterscheidet man drei Spannungsbereiche. Im LEV-Segment (Light Electric Vehicle) liegt die nominale Batteriespannung bei bis zu 48 V, damit ist eine Leistung von ca. 30 kW erreichbar. 48-Volt-Batterien werden auch für Mildhybrid-Systeme im Pkw eingesetzt. Batterien für Hybrid- und Elektrofahrzeuge im Pkw-Bereich sind für Spannungen bis zu 400 V ausgelegt und können bis zu 450 kW Leistung zur Verfügung stellen. Im Nfz-Bereich benötigen schwere Fahrzeuge noch höhere Leistungen. Daher wird die Zwischenkreisspannung auf 800 V erhöht, womit eine Leistung von ca. 800 kW darstellbar ist. Da die Erhöhung der Batteriespannung eine Reduzierung der Ladezeiten ermöglicht, setzen einige Hersteller auch bei Pkw auf die 800-Volt-Technologie.

Eine Antriebsbatterie ist aus verschiedenen Komponenten aufgebaut, die sich nicht alle im gleichen Gehäuse befinden müssen. Das sogenannte Batteriepack besteht aus vielen Zellen, Sensorik und einer Überwachungseinheit (BCU, Battery Control Unit). Zusammen mit einem Batteriemanagementsystem (BMS) und Sicherheitsschaltern ergibt sich dann ein einsetzbares Batteriesystem.

Bei der Entwicklung und Konstruktion der Zellen und der weiteren Komponenten im Batteriesystem sind die nachfolgend beschriebenen, teilweise konkurrierenden Anforderungen zu berücksichtigen.

Sicherheit

Die Sicherheit der Fahrzeuginsassen und der Umgebung muss unter allen Umständen gewährleistet sein. Zum einen gilt dies für Gefährdungen, die sich aus den elektrochemischen Eigenschaften der Batterie ergeben, wie beispielsweise die Vermeidung eines Brands. Zum anderen muss die elektrische Sicherheit berücksichtigt sein, insbesondere in Batterien mit Spannungen größer 60 V.

Bild 1: Anforderungen an Energieinhalt und Leistung der Batterie für verschiedene Fahrzeugkonzepte.
HEV Hybrid Electric Vehicle (Hybridelektrofahrzeug, auch als Hybridfahrzeug bezeichnet),
PHEV Plug-in Hybrid Electric Vehicle (Plug-in-Hybridelektrofahrzeug, Plug-in-Hybridfahrzeug)
EV Electric Vehicle (Elektrofahrzeug).

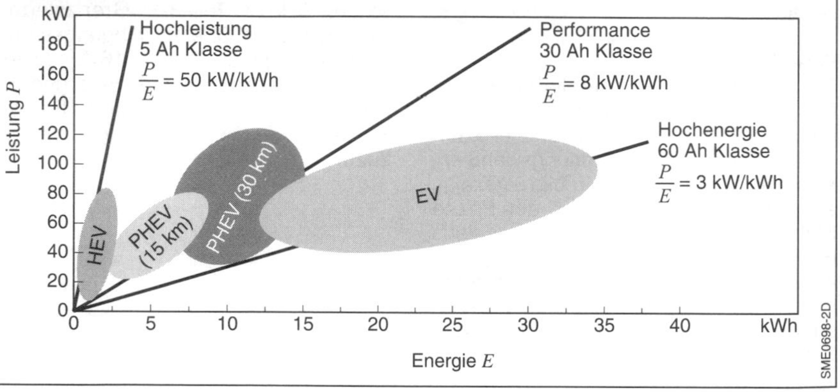

Leistungsfähigkeit
Bei der Anwendung in Fahrzeugen besteht die Forderung nach einem geringen Gewicht bei gleichzeitig hoher Leistungsfähigkeit. Um dies zu erreichen sind Batterien mit hoher Energie- und Leistungsdichte erforderlich. Je nach Fahrzeugsegment ergeben sich dabei unterschiedliche Anforderungen. Typische Werte für die zugehörige Kenngröße, das Verhältnis von Leistung P zu Energie E, zeigt Bild 1. Daraus ergeben sich unterschiedliche Anforderungen an die eingesetzten Zellen. Um alle Fahrzeugsegmente abdecken zu können, sind verschiedene Zellgrößen und verschiedene Zelldesigns notwendig.

Der Einsatz im Automobilbereich erfordert eine kalendarische Lebensdauer von in der Regel über zehn Jahren oder eine Laufleistung von typisch 250 000 km. Bei der Anwendung in reinen Elektrofahrzeugen ergeben sich im Laufe eines Fahrzeuglebens etwa 3 000 Vollladezyklen, bei Anwendungen in Hybridfahrzeugen oft über eine Million Teilladezyklen. Die mit Abstand größte Herausforderung ist die Senkung der Kosten mit dem Ziel, vergleichbare Gesamtkosten wie bei Systemen mit Verbrennungsmotoren zu erreichen.

Speichertechnologien

Als elektrische Energiespeicher in Elektrofahrzeugen, in Plug-in-Hybrid- und in Hybridfahrzeugen kommen heute in der Regel Lithium-Ionen-Batterien (Li-Ion) zum Einsatz. Vereinzelt werden noch Nickel-Metallhydrid-Batterien (NiMH) eingesetzt. Es ist aber zu erwarten, dass diese sukzessive durch Lithium-basierte Batteriesysteme verdrängt werden.

Einen Vergleich von spezifischer Leistung und spezifischer Energie unterschiedlicher Technologien zeigt Bild 2.

Nickel-Metallhydrid-Technologie
Elektrochemisches Prinzip
In einer NiMH-Zelle (Nickel-Metallhydrid) wird als Anode eine Metalllegierung eingesetzt, die Wasserstoff speichern kann [1, 2]. Das aktive Material der Kathode ist Ni(II)hydroxid. Beim Ladevorgang der Batterie wird an der Anode aus H_2O atomarer Wasserstoff erzeugt (Bild 3b). Dieser wird von der Metalllegierung (M) der Anode absorbiert und es bildet sich ein Metallhydrid (MH). Das verbleibende OH^--Ion wandert über den Elektrolyten durch den ionendurchlässigen Separator zur Kathode und reagiert dort mit dem Ni(II)hydroxid unter Bildung von NiO(OH).

Beim Entladen wird der gespeicherte Wasserstoff an der Anode mit den an der

Bild 2: Typische spezifische Energien und Leistungen für verschiedene Speichertechnologien (Ragone-Diagramm).
1 Entwicklungsziel.

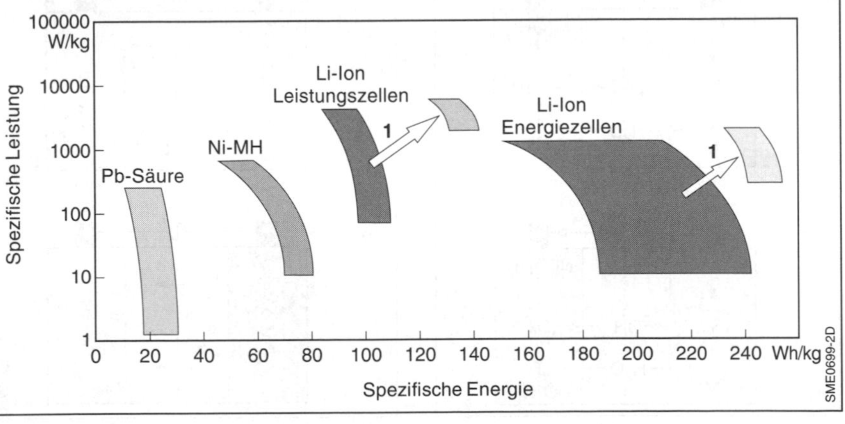

Kathode erzeugten OH^--Ionen zu Wasser oxidiert (Bild 3a). Die folgenden Reaktionen finden beim Entladevorgang statt, beim Laden werden sie umgekehrt.

Anode: $MH + OH^- \rightarrow M + H_2O + e^-$ (0,828 V)

Kathode: $NiO(OH) + H_2O + e^- \rightarrow Ni(OH)_2 + OH^-$ (0,450 V)

Redox-Gleichung: $MH + NiO(OH) \rightarrow Ni(OH)_2 + M$ (1,278 V)

Anwendung

Nickel-Metallhydrid-Batterien sind schon seit einigen Jahren als Antriebsbatterien vor allem für Hybridfahrzeuge im Einsatz. Sie liefern hohe Ströme und haben eine hohe Ladekapazität bei geringem Gewicht. Hauptnachteil von Zellen in Nickel-Metallhydrid-Technologie ist jedoch die im Vergleich zu Lithium-Ionen-Batterien niedrigere Energiedichte bei meist ebenfalls geringerer spezifischer Leistung. Nickel-Metallhydrid-Zellen erreichen eine spezifische Energie von bis zu 80 Wh/kg bei einer Spannungslage von typisch 1,25 V je Zelle. Zudem weisen Nickel-Metallhydrid-Zellen gegenüber Lithium-Ionen-Zellen eine höhere Selbstentladung auf (ca. 1 % pro Tag bei Raumtemperatur), was ihren Einsatz auf Geräte mit kurzer Standzeit begrenzt.

Lithium-Ionen-Technologie

Elektrochemisches Prinzip

Die Lithium-Ionen-Batterie nutzt die reversible Ein- und Auslagerung von Lithium-Ionen (Li^+) in ein Wirtsgitter (Interkalationselektrode, [1, 2]). Als Anodenmaterial wird beispielsweise Graphit (C) in verschiedenen Modifikationen verwendet. Die Kathode basiert auf einer Struktur aus Lithium-Übergangsmetalloxiden. Das Aktivmaterial besteht heute meist aus einer Verbindung von Nickel, Kobalt und Mangan (Ni Co Mn), wobei diese Bestandteile zu jeweils etwa einem Drittel vorliegen. Lithium-Ionen werden beim Lade- und Entladevorgang über den Elektrolyten zwischen Anode und Kathode ausgetauscht. Kathode und Anode

Bild 3: Elektrochemische Vorgänge in der Nickel-Metallhydrid-Batterie.
a) Entladung,
b) Aufladung.
1 Anode, 2 Kathode, 3 alkalischer Elektrolyt,
4 Separator, 5 Zellengehäuse.
R Widerstand, *I* Ladestrom.

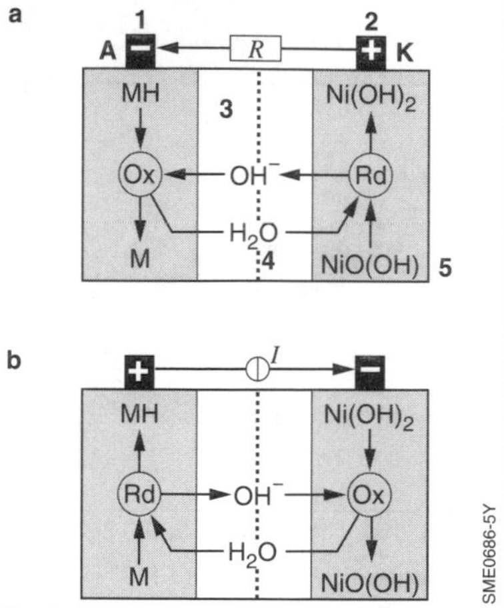

Bild 4: Elektrochemische Vorgänge in der Lithium-Ionen-Batterie.
a) Entladung,
b) Aufladung.
1 Anode, 2 Kathode, 3 organischer Elektrolyt,
4 Separator, 5 Zellengehäuse,
6 Li^+.
R Widerstand, *I* Ladestrom.

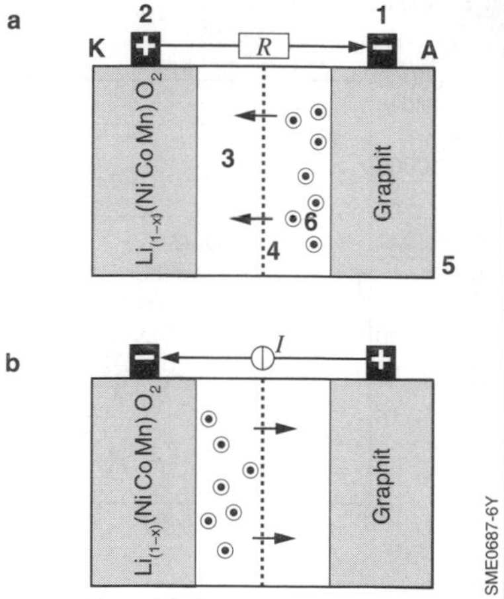

sind durch den ionendurchlässigen Separator gegeneinander isoliert.

Folgende Reaktionen laufen ab (Bild 4):

Anode: $Li_xC_n \rightarrow n\,C + x\,Li^+ + x\,e^-$.

Kathode: $Li_{(1-x)}(NiCoMn)O_2 + x\,Li^+ + x\,e^-$
$\rightarrow Li(NiCoMn)O_2$.

Bilanzgleichung: $Li_{1-x}(NiCoMn)O_2 + Li_xC_n$
$\rightarrow Li(NiCoMn)O_2 + n\,C$.

Ein anderes bekanntes Kathodenmaterial ist Lithium-Eisen-Phosphat ($LiFePO_4$).

Je nach verwendeter Anode (Graphit, Ruße, englisch: „Coke Carbons"), was durch den Index n ausgedrückt wird, ändert sich der Anteil x der einlagerbaren Lithium-Ionen. Der Elektrolyt besteht aus wasserfreien organischen Lösungsmittelgemischen (z.B. organische Carbonate wie Ethylencarbonat, Dimethylcarbonat, Diethylcarbonat und Ethylmethylcarbonat), verschiedenen Additiven und Leitsalzen (z.B. $LiPF_6$).

Anwendung
Die Lithium-Ionen-Batterie zeichnet sich durch eine hohe Energiedichte und thermische Stabilität aus. Die Nennspannung beträgt ca. 3,7 V je Zelle, wobei die Spannungsgrenzen im Einsatz zwischen etwa 2,8 V und 4,2 V liegen.

Die gleichzeitige Optimierung auf hohe Leistungs- und hohe Energiedichte ist eine technische Herausforderung. Eine hohe Leistungsdichte fordert große Elektrodenflächen mit niederohmigen Ableitern, eine hohe Energiedichte erfordert umgekehrt kompakte Elektroden mit einer größeren Menge an Aktivmaterial. Typische Kennwerte heutiger Automotive-Zellen sind 5000 W/kg für die spezifische Leistung von Leistungszellen und 180 Wh/kg für die spezifische Energie von Energiezellen. Lithium-Ionen-Systeme mit höherer spezifischer Energie befinden sich in Entwicklung (siehe Bild 2).

Systemüberwachung
Beim Einsatz von Lithium-Ionen-Systemen ist eine – im Vergleich zu anderen Technologien – aufwändigere Systemüberwachung und -steuerung durch ein Batteriemanagementsystem erforderlich. Eine Lithium-Ionen-Batterie muss aus Lebensdauer- und Sicherheitsgründen innerhalb von streng definierten Spannungs-, Strom- und Temperaturgrenzen gehalten werden. Insbesondere tolerieren Lithium-Ionen-Zellen kein Überladen. Um dies zu verhindern, wird ein Batteriemanagementsystem (BMS) eingesetzt.

Lebensdauer
Die Lebensdauer elektrochemischer Zellen hängt bei einem bestehenden chemischen System von den Parametern Zyklenanzahl, Entladetiefe, Temperatur und mechanischer Belastung ab. An den Elektroden spielen sich vor allem Vorgänge ab wie Bildung von Deckschichten, irreversiblen Verbindungen, Rissbildung und Lockerung des Aktivmaterials aufgrund von Volumenänderungen. Elektrisch machen sich diese Vorgänge bemerkbar durch eine Erhöhung des Innenwiderstands, der eine verminderte Leistung und eine Reduzierung des entnehmbaren Energieinhalts zur Folge hat. Die Definition des Endes der Lebensdauer (EOL, End of Life) in einer bestimmten Applikation hängt von den Randbedingungen der Anwendung ab, das sind vor allem die Anforderungen an den Betrieb von Fahrzeugen.

Weiterentwicklungen
Es ist zu erwarten, dass Zellen mit neuartigen Separatorsystemen oder auf Basis elektrochemischer Ansätze wie beispielsweise Lithium-Schwefel oder Lithium-Luft noch deutlich höhere Energie- und Leistungsdichten bei gleichbleibenden oder gar sinkenden Kosten bieten können. Allerdings sind Systeme auf dieser Basis noch Gegenstand der Forschung, die Serientauglichkeit für den Einsatz im Automobil ist hier noch nachzuweisen.

Grundsätzlicher Aufbau eines Batteriesystems

Aufgrund jeweils unterschiedlicher technischer Anforderungen und auch individueller Einbausituationen im Fahrzeug unterscheiden sich Antriebsbatterien auch in ihrem inneren Aufbau voneinander. Die meisten folgen aber einem ähnlichen Grundkonzept, das im Folgenden dargestellt ist.

Ein Batteriesystem besteht in der Regel aus mehreren Modulen, die wiederum jeweils mehrere Zellen beinhalten. Die Module sind über einen Hochstrom-Kabelbaum miteinander verbunden und gemeinsam mit dem Batteriemanagementsystem und dem Kühlsystem (Luft- oder Flüssigkühlung) in einem Batteriegehäuse integriert. Schnittstellen zum Fahrzeug sind zum einen die Hochstromanschlüsse der Batterie, eine Datenschnittstelle, sowie zumeist noch ein Anschluss für das Kühlsystem (Bild 5). Das Batteriemanagementsystem kann sich auch außerhalb des Batteriegehäuses befinden.

Komponenten eines Lithium-Ionen-Batteriesystems

Lithium-Ionen-Zellen

Eine Antriebsbatterie besteht je nach Anwendung aus etlichen zehn bis etlichen hundert, in Einzelfällen sogar etlichen tausend Zellen, die in Reihe oder parallel verschaltet sind. Dabei kommen für die Anwendung im Automobil Zellen in drei verschiedenen Bauformen zum Einsatz, die in Bild 6 dargestellt sind.

Bauarten

Zellen mit zylindrischem Metallgehäuse haben gegenüber den anderen Bauformen hauptsächlich Kostenvorteile in der Herstellung.

Prismatische Zellen mit einem Gehäuse aus laminierter Metallfolie (Pouch-Zellen) weisen eine besonders homogene Temperaturverteilung auf und erlauben sehr kompakte Batteriesysteme flexibler Größen.

Prismatische Hardcase-Zellen ermöglichen ebenfalls eine sehr kompakte Bauweise und sind darüber hinaus vergleichsweise stabil.

Es ist noch offen, ob sich eine der drei Zelltypen für Automotive-Anwendungen durchsetzen wird, aktuell gibt es Beispiele für alle drei Bauarten. Weltweit laufen Bestrebungen, die Gehäuseformen der Zel-

Bild 5: Schematische Darstellung der Architektur eines Batteriesystems.

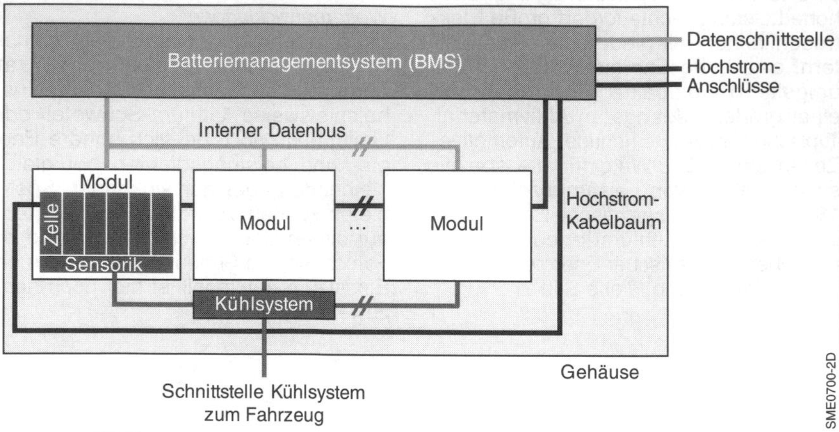

len auch für Automotive-Anwendungen zu vereinheitlichen.

Aufbau einer Lithium-Zelle

Bild 7 zeigt exemplarisch den Schnitt durch eine prismatische Hardcase-Zelle. Die für den chemischen Prozess notwendigen Aktivmaterialien in der Anode (z.B. Graphit) und der Kathode (lithiiertes Metalloxid wie Li(NiCoMn)O_2 oder lithiiertes Metallphosphat wie $LiFePO_4$) liegen als Beschichtung auf einer Kupferfolie (Anode) und einer Aluminiumfolie (Kathode) vor. Die Metallfolien dienen dabei jeweils als Stromableiter. Die beidseitig beschichteten Folien sind durch eine Separatorfolie getrennt, die einen direkten elektrischen Schluss zwischen Anode und Kathode verhindert, für Ionen aber durchlässig ist. Zwischen Anode und Kathode befindet sich zudem der ionenleitende Elektrolyt (organische Flüssigkeiten mit fluorhaltigen Leitsalzen). Diese Abfolge von Anode, Separator und Kathode wird zu einem flachen Zellwickel aufgewickelt oder gestapelt, die elektrischen Ableiter an Anode und Kathode führen an den negativen beziehungsweise positiven elektrischen Pol der Zelle.

Desweiteren findet sich an der Zelle noch ein Sicherheitsventil. Falls im Fehlerfall der Druck in der Zelle ansteigt, öffnet es, um ein Bersten der Zelle zu verhindern.

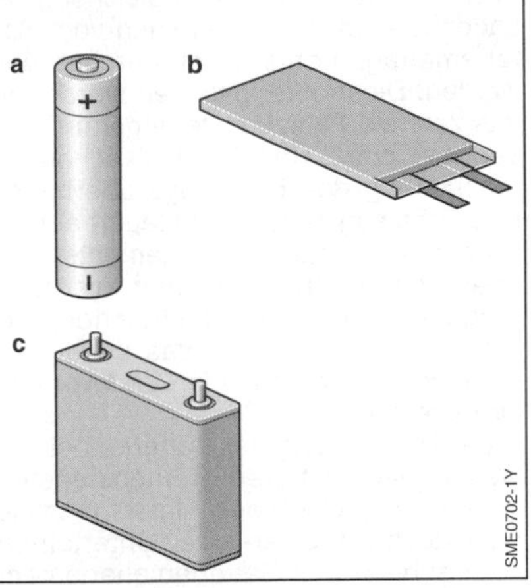

Bild 6: Bauarten von Lithium-Ionen-Zellen.
a) Zellen mit zylindrischem Metallgehäuse.
b) Prismatische Zellen mit Gehäuse aus laminierter Metallfolie (Pouch-Zelle).
c) Prismatische Hardcase-Zelle.

Sicherheitsanforderungen

Bei Überschreiten einer technologieabhängigen Temperaturschwelle in der Zelle (typisch ca. 100 °C) setzt ein selbstverstärkender, irreversibler exothermer Prozess ein, der als „Thermal Runaway" bezeichnet wird und der durch äußere Einwirkungen nicht mehr gestoppt werden kann. Er kann zum Brand oder zum Bersten der Zelle führen und auf andere Zellen übergreifen. Daher muss durch entsprechende Maßnahmen (Spannungs- und Stromüberwachung, Kühlung) sichergestellt werden, dass dieser Prozess nicht durch einen unzulässigen Betrieb angestoßen wird. Das ist Aufgabe des Batteriemanagements.

Mechanische und elektrische Komponenten

Für die Verwendung im Fahrzeug müssen die Zellen in geeigneter Form verschaltet sowie mechanisch integriert

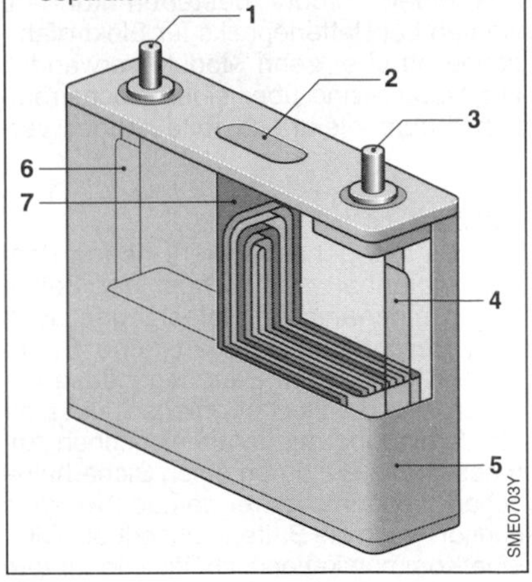

Bild 7: Schnitt durch eine prismatische Hardcase-Zelle.
1 Positives Terminal (Pol),
2 Sicherheitsventil,
3 negatives Terminal (Pol),
4 Stromableiter,
5 Zellgehäuse,
6 Stromableiter,
7 Zellwickel mit Anode, Kathode und Separator.

werden. Dabei wird den mechanischen und elektrischen Sicherheitsanforderungen, die insbesondere für Batterien mit hoher Spannung gelten, Rechnung getragen. Zudem gelten dabei auch typische Automobilanforderungen, sowohl im Nutzungsfall (z.B. Schutz gegen Vibrationen oder Spritzwasser) als auch im potentiellen Fehlerfall (z.B. Schutz der Insassen und der Umgebung bei einem Unfall).

Modul
Die erste Integrationsstufe der Zellen zu einem Batteriepack ist in der Regel das Modul (Bild 5). Dabei wird je nach Zelltyp eine unterschiedliche Anzahl von Zellen in Serie geschaltet. Eine Parallelschaltung von Zellen ermöglicht, größere Energieinhalte ohne Erhöhung der Systemspannung darstellen zu können. In der Regel wird dabei darauf geachtet, eine Modulspannung von 60 V nicht zu überschreiten, um Hochvoltanforderungen auf Modulebene zu vermeiden.

Die Zellen werden mechanisch zu einem Verbund integriert und ihre Pole durch einen Hochstromkabelbaum verbunden. Zudem sind häufig Sensoren für Temperatur-, Spannungs- und Strommessung sowie Auswerteelektronik im Modul integriert (Control Unit auf Modulebene). Der Fokus liegt dabei auf einer möglichst kompakten Konstruktion, die eine flexible, kostengünstige und qualitativ hochwertige Batteriefertigung ermöglicht.

Während kleine Batteriesysteme nur aus einem Modul bestehen können, werden bei Batteriepacks für Elektrofahrzeuge oft über zehn Module verwendet. Die Module sind über einen Hochstromkabelbaum elektrisch miteinander verbunden.

Gehäuse
Das Batteriegehäuse dient neben dem Zusammenhalt und Schutz der Zellen gegen mechanische Belastungen auch dem Berührschutz gegen hohe Spannungen. Außen am Batteriegehäuse befinden sich die Hochstromanschlüsse für die Verbindung mit dem elektrischen Antriebsstrang, die durch einen Sicherheitsschalter spannungsfrei gemacht werden können wenn die Batterie ausgebaut wird, eine Kommunikationsschnittstelle für den Datenaustausch mit dem übergeordneten Fahrzeugsteuergerät für den elektrischen Antrieb (z.B. Motorsteuerung, Vehicle Control Unit) sowie häufig Schnittstellen für das Kühlsystem.

Batteriemanagementsystem
Für einen sicheren und zuverlässigen Betrieb der Batterie sind die Bestimmung von Kenngrößen des Batteriesystems, die Einhaltung der zulässigen Betriebsgrenzen sowie die Regelung der Kühlung notwendig. Diese Aufgaben übernimmt das Batteriemanagementsystem (BMS). Es ist zumeist in einem in der Batterie befindlichen Steuergerät implementiert, einzelne Funktionen können aber auch von externen Steuergeräten übernommen werden.

Funktion
Das Batteriemanagementsystem bestimmt die momentanen Batterieparameter und speichert diese gegebenenfalls, um Fehleranalyse betreiben zu können oder aber zur Entscheidungshilfe für spätere Anwendungen außerhalb des Fahrzeugs (z.B. „Second-life-Anwendungen" als stationärer Speicher in Solaranlagen). Aus den Messwerten ermittelt es den Ladezustand der Zellen (SOC, State of Charge) sowie deren Gesundheitszustand (SOH, State of Health). Basierend darauf können die momentan verfügbare Batterieleistung und der zulässige maximale Batteriestrom bestimmt werden. Auch ein „Balancing" zur Angleichung des Ladezustands der Zellen kann vom Batteriemanagementsystem durchgeführt werden. Diese Informationen werden an das zentrale Fahrzeugsteuergerät (VCU, Vehicle Control Unit) im elektrischen Antriebsstrang des Fahrzeugs übermittelt. Das Fahrzeugsteuergerät steuert auf Basis der vom Batteriemanagementsystem übermittelten Informationen die Leistungselektronik im elektrischen Antriebsstrang oder auch das Ladegerät, um einen entsprechenden Ladevorgang einzustellen.

Bei Überlastung der Batterie, bei Verlassen des sicheren Betriebsfensters aufgrund von Über- oder Unterspannung, oder auch bei Über- oder Untertemperatur schützt das Batteriemanagementsystem die Zellen durch Unterbinden oder Reduzierung des Stromflusses. Dies erfolgt durch Kommunikation einer Abschaltanweisung für Verbraucher an das Fahrzeugsteuergerät, im Notfall durch eigenständiges Abschalten der Batterie.

Auch wenn die Batterie selbst der Domäne Elektrochemie zuzuordnen ist, so ist bei der Entwicklung des Sicherheitskonzepts der Batterie für das Batteriemanagementsystem die Norm der funktionalen Sicherheit (ISO 26262 [3]) für elektrische und elektronische Komponenten zu berücksichtigen. Sicherheitsrelevante Komponenten des Batteriemanagementsystems, insbesondere die Sensorik, werden daher teilweise redundant ausgelegt.

Architektur
In Bild 8 ist exemplarisch die Architektur eines Batteriemanagementsystems dargestellt. Insbesondere bei Hybridfahrzeugen (HEV, Hybrid Electric Vehicle) werden auch andere Architekturvarianten eingesetzt.

Das Batteriemanagementsystem besteht aus einem zentralen Batteriesteuergerät (Battery Control Unit, BCU), Zellüberwachungsschaltkreisen (Cell Supervisory Circuits, CSC), Strom-, Spannungs und Temperatursensoren sowie einer Schützschaltung. Die Zellüberwachungsschaltkreise überwachen die Zellen der Batterie hinsichtlich ihrer Spannung und Temperatur.

Stromführung
Mit der Schützschaltung kann die Batterie vom Bordnetz des elektrischen Antriebsstrangs elektrisch getrennt werden. Wird ein Unfall detektiert oder ein anderer potentiell gefährlicher Zustand erkannt, so öffnet eine Steuerlogik die Schütze, die sich jeweils an der positiven beziehungsweise negativen Klemme der Batterie befinden. Diese Logik kann die Schütze auch öffnen, wenn das Batteriesystem überlastet wird, um einen sicherheitskritischen Zustand zu vermeiden. Die Pole des Batteriesystems sind damit spannungslos.

Das Zuschalten der Batterie an das Bordnetz des elektrischen Antriebsstrangs mit seinem Pufferkondensator erfolgt über einen Ladeschütz und einen Vorladewiderstand. So wird ein zu großer Anfangsladestrom bei entladenem Pufferkondensator verhindert. Im normalen Betrieb ist die Batterie über die Haupt-

Bild 8: Übersicht über das Batteriesystem.
1 Hauptschütz, 2 Ladeschütz, 3 Vorladewiderstand.
CSC Zellüberwachungsschaltkreise (Cell Supervisory Circuits),
BCU Batteriesteuergerät (Battery Control Unit).

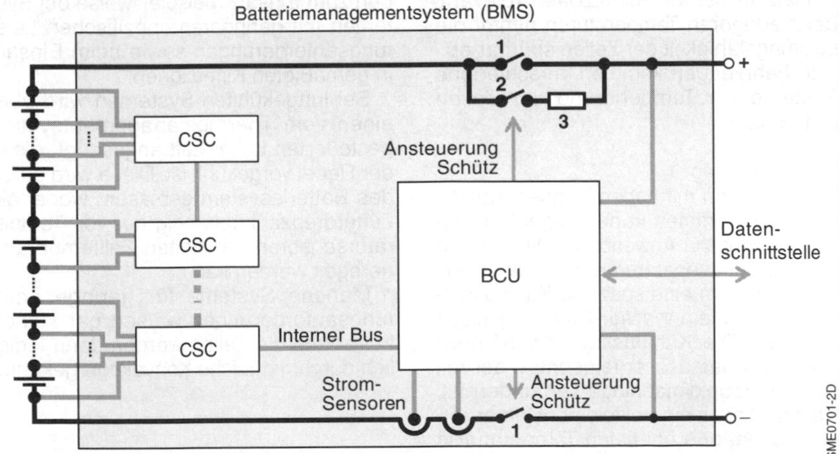

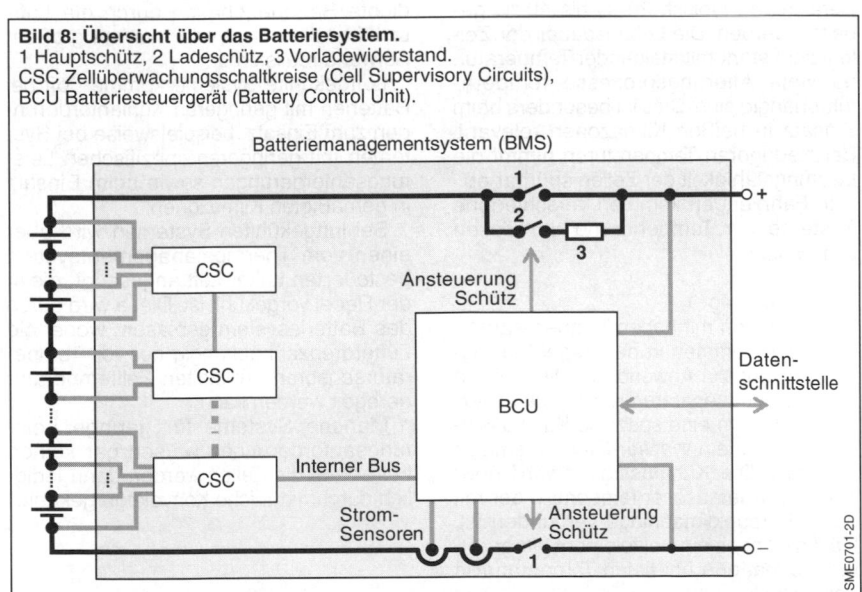

schütze mit dem Bordnetz niederohmig verbunden.

Balancing
Aufgrund von Fertigungstoleranzen sowie bedingt durch Nebenreaktionen, die von Zellparametern und der Zelltemperatur abhängen, besitzen die einzelnen Zellen mit der Zeit einen unterschiedlichen Ladezustand. Dies ist insofern problematisch, da die Zelle mit dem niedrigsten Ladezustand die Entladegrenze und jene Zelle mit dem höchsten Ladezustand die Ladegrenze vorgibt. Aus diesem Grund muss der Ladezustand der Zellen einer Batterie von Zeit zu Zeit ausgeglichen werden. Dies erfolgt über eine Balancing-Schaltung, die in der Regel in den Zellüberwachungsschaltkreisen integriert ist. Das Balancing erfolgt in Automobilanwendungen typischerweise passiv, d.h. durch Entladen einzelner Zellen über einen parallel zugeschalteten Widerstand.

Thermomanagement
Um einen sicheren und zuverlässigen Betrieb der Batterie auch unter schwankender Belastung sicherzustellen und um die Lebensdauer der Zellen zu maximieren, sollte die Temperatur der Zellen in einem Bereich von typisch 20 °C bis 40 °C gehalten werden. Die Lebensdauer der Zellen sinkt stark mit steigender Temperatur, da viele Alterungsprozesse temperaturabhängig sind. Dies ist besonders beim Einsatz in heißen Klimazonen relevant. Bei niedrigeren Temperaturen nimmt die Leistungsfähigkeit der Zellen spürbar ab.

In Fahrzeugen kommen verschiedene Systeme zur Temperierung der Zellen zum Einsatz.

Flüssigkühlung
Bei Systemen mit hohen Temperieranforderungen kommen in der Regel Flüssigkühlsysteme zur Anwendung. Die Batterie ist mit einem separaten Kühlkreislauf versehen, in dem eine spezielle Kühlflüssigkeit wie z.B. ein Wasser-Glykol-Gemisch zirkuliert. Die Kühlflüssigkeit wird über einen Wärmetauscher temperiert, der mit der Fahrzeugklimaanlage verbunden ist. Häufig ist noch ein Heizelement integriert, um die Batterie bei tiefen Temperaturen heizen zu können.

Die Anbindung an die Zellen erfolgt über Kühlplatten. Über Temperatursensoren wird die Temperatur der Zellen überwacht. Das zentrale Thermomanagementsystem, oft im Batteriemanagementsystem integriert, steuert situations- und temperaturabhängig die Durchflussmenge und die Temperatur der Kühlflüssigkeit.

Batterien mit Flüssigkühlung können sehr kompakt gebaut werden, erfordern durch die Kühlplatten und die Verrohrung sowie durch die Anbindung an das Klimasystem des Fahrzeugs aber zusätzlichen Aufwand.

Kältemittelkühlung
Eine Alternative zur Flüssigkühlung ist die Kältemittelkühlung, bei der die Kühlkomponenten der Batterie als Verdampfer ausgelegt und direkt in den Kältemittelkreislauf der Fahrzeugklimaanlage integriert sind. Derartige Systeme kommen bislang nur selten zum Einsatz.

Luftkühlung
Die kostengünstigste Ausführung sind luftgekühlte Systeme. Allerdings erfordern diese aufgrund des notwendigen Zwischenraums zwischen den Zellen mehr Platz. Außerdem sind hermetisch dichte Batteriegehäuse durch die Luftschnittstellen nicht oder nur mit großem Aufwand realisierbar.

Luftgekühlte Systeme kommen oft bei Batterien mit geringeren Kühlanforderungen zum Einsatz, beispielsweise bei Systemen mit geringeren spezifischen Leistungsanforderungen sowie beim Einsatz in gemäßigten Klimazonen.

Bei luftgekühlten Systemen wird über einen vom Thermomanagementsystem gesteuerten Lüfter Luft angesaugt, die in der Regel vorgekühlt ist. Diese wird durch das Batteriesystem geblasen, wobei die Lüfterdrehzahl abhängig der von Temperatursensoren ermittelten Zelltemperatur geregelt werden kann.

Manche Systeme für geringe Leistungsanforderungen weisen gar keinen Lüfter auf, die Zellen werden dann lediglich durch natürliche Konvektion gekühlt.

Ladeverfahren für Li-Ionen-Batterien

In der Regel werden Li-Ionen-Batterien nach dem I-U-Verfahren geladen, d.h. mit konstantem Strom bis zu einer vorgegebenen Spannung, dann weiter mit konstanter Spannung bei vorgegebenem Maximalstrom. Bis ca. 80 % Ladezustand kann die Batterie relativ schnell mit sehr gutem Wirkungsgrad aufgeladen werden, dies machen sich Schnellladeverfahren zu nutze. Die Grenzwerte für Strom und Spannung werden vom Zellenhersteller vorgegeben und sind, je nach eingesetztem elektrochemischen System, unterschiedlich. Die Einhaltung dieser Grenzwerte werden vom Batteriemanagementsystem (BMS) überwacht, da eine Überschreitung zu sicherheitskritischen Zuständen führen kann.

Recycling von Li-Ionen-Fahrzeugbatterien

Li-Ionen-Fahrzeugbatterien bestehen aus einer Vielzahl von Zellen, aus Gehäuse, Elektrik, Elektronik und stellen einen erheblichen Wert dar. Um diese Batterien optimal zu nutzen, werden derzeit Möglichkeiten einer stationären Nutzung nach dem Fahrzeugeinsatz untersucht. Dies wird als „Second-Life“ bezeichnet. Die Einsatzbereiche können z.B die Speicherung von Solarstrom sein.

Haben die Batterien ihr Lebensdauerende erreicht, werden sie einem Recyclingprozess unterzogen. Dazu müssen die Batterien aus Sicherheitsgründen vollständig entladen werden und es folgt eine mechanische Zerlegung bis auf Zellenbene. Gehäuse, Elektrik und Elektronik werden nach bewährten Verfahren weiterverarbeitet. Die Zellen werden mechanisch weiter zerlegt und später mit hydro- und pyrometallurgischen Verfahren die Inhaltstoffe zurückgewonnen. Das Ziel ist die Wiedergewinnung der Inhaltsstoffe in einer Qualität, die eine Verwendung in elektrochemischen Zellen erlaubt. Derzeit befinden sich verschiedene Verfahren in Erprobung, um deren Wirtschaftlichkeit zu bewerten.

Literatur

[1] C.H. Hamann, W. Vielstich: Elektrochemie. 4. Aufl., Wiley-VCH, 2005.

[2] A. Jossen, W. Weydanz: Moderne Akkumulatoren richtig einsetzen. 2. Aufl., Cuvillier Verlag, 2019.

[3] ISO 26262: Straßenfahrzeuge – Funktionale Sicherheit.

Superkondensatoren

Anwendung

Superkondensatoren zählen zu den wiederaufladbaren elektrischen Speicherzellen, wie z.B auch die Elektrolytkondensatoren und Lithium-Ionen-Zellen. Bei Kondensatoren wird die elektrische Energie in einem elektrischen Feld gespeichert, bei einer Batterie geschieht die Speicherung durch den Ablauf einer elektrochemischen Reaktion. Um auf eine für Fahrzeuge verwertbare Spannungslage zu kommen (z.B. 12 V für Bordnetze oder 400 V für Elektroantriebe) müssen sowohl Superkondensatoren als auch elektrochemische Speicherzellen in Serie geschaltet werden, da die Einzelzellspannungen durch die Stabilität der verwendeten Elektrolyte und Elektrodenmaterialien eingeschränkt ist. Die benötigte Energie der elektrischen Speicher wird, unter Berücksichtigung der final benötigten Spannungslage, dann durch die Kapazität der einzelnen Zellen und die Anzahl an parallel geschalteten Zellen eingestellt.

Tabelle 1: Gegenüberstellung der Speicherprinzipien.

	Doppelschicht-Superkondensator	**Hybrid-Superkondensator**	**Leistungsoptimierte Li-Ionen-Zelle**
Referenztechnologie: Negative Elektrode Elektrolyt Positive Elektrode	 Aktivkohle organischer Elektrolyt Aktivkohle	 Graphit organischer Elektrolyt Aktivkohle	 Graphit organischer Elektrolyt $Li(Ni_x Co_y Mn_z)O_2$
Idealisierte Ruhespannungskennlinie			

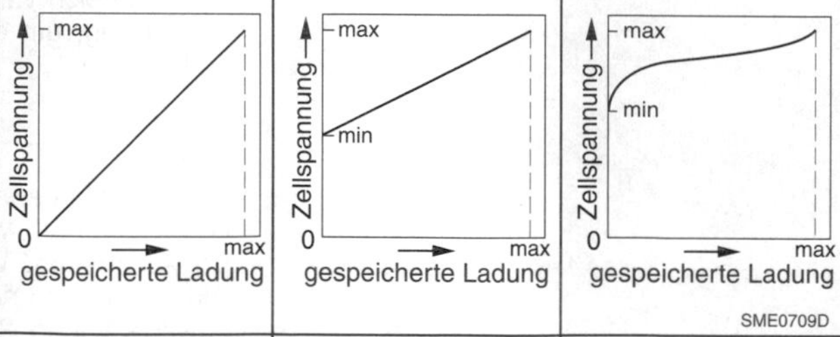

	Doppelschicht-Superkondensator	**Hybrid-Superkondensator**	**Leistungsoptimierte Li-Ionen-Zelle**
Typischer Arbeitsbereich [V]	0 → 2,7…3,0	2,0 → 3,8	2,5 → 4,2
Formel für Energiegehalt	$\frac{1}{2}CU_{\text{max}}^2$	$\frac{1}{2}C(U_{\text{max}}^2 - U_{\text{min}}^2)$	$\int_{Q=0}^{Q_{\text{max}}} U(Q)dQ$
Spezifische Energie [Wh/kg]	4…8	10…20	80…120
Energiedichte [Wh/*l*]	5…10	15…20	150…250
Spezifische Leistung [kW/kg]	5…15	4…8	2…5
Anzahl Vollladezyklen über Lebensdauer	> 1 000 000	> 100 000	> 1 000

Elektrische Doppelschichtkondensatoren

Speicherprinzip

Bei Superkondensatoren dieses Typs wird Energie im elektrischen Feld der elektrochemischen Doppelschichten von der negativen und der positiven Elektrode gespeichert. Dabei stehen sich im Bereich einer Fest-flüssig-Phasengrenze Ladungen unterschiedlichen Vorzeichens gegenüber. Auf Seiten des Festkörpers kommt es zur oberflächlichen Anreicherung beziehungsweise Verarmung an Elektronen, auf Seiten des flüssigen Elektrolyten werden positiv beziehungsweise negativ geladene Ionen angesammelt. Eine elektrochemische Reaktion ist dabei nicht beteiligt.

Bild 1: Doppelschichtkondensator.
a) Realgeometrie,
b) Ersatzschaltbild,
c) Potentialverlauf.
DSB Doppelschichtbereich.

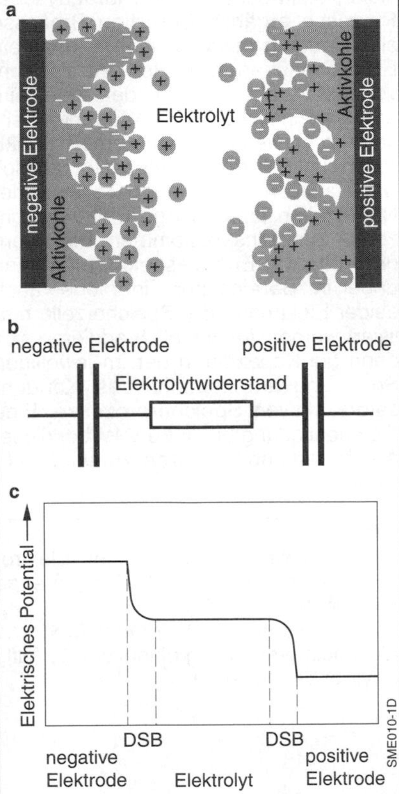

Elektrodenmaterialien

Als Elektrodenmaterialien werden typischerweise Kohlenstoffmaterialien großer Oberfläche (insbesondere Aktivkohle) verwendet [1], welche in offenporiger Struktur, zusammen mit Bindern und leitfähigen Additiven (z.B. Ruße), auf metallische Ableiter aufgebracht werden. Bei der Bechichtung der Ableiterfolien können verschiedene Verfahren (z.B. Walzen, Drucken, Sprühen), mit oder ohne Einsatz von Lösungsmitteln, zur Anwendung kommen. Die positiven und negativen Elektroden können aus denselben Materialien bestehen.

Eigenschaften

Je nachdem, welche Elektrodenmaterialien zum Einsatz kommen, und ob wässrige oder nichtwässrige Elektrolyte verwendet werden, können unterschiedliche Arbeitsspannungsbereiche resultieren. So kann die maximale Zellspannung bei nichtwässrigen Elektrolyten bis zu 3 Volt betragen (eine hohe Spannung ist vorteilhaft für eine große Energiedichte), bei wässrigen Elektrolyten wird in etwa nur die Hälfte dieses Werts erreicht. Die signifikant bessere Leitfähigkeit des wässrigen Elektrolyten ist vorteilhaft für den Innenwiderstand und die spezifische Leistung des Bauelements.

Optimierungspotential zur Erhöhung von Energiedichten (Einheit Wh/*l*) und Leistungsdichten (Einheit W/*l*) bietet der Einsatz neuer Elektroden- und Elektrolytkomponenten wie auch Additive. Ziel dabei ist insbesondere die Ausdehnung des nutzbaren Spannungsfensters und die Verringerung des elektrischen Innenwiderstands. Weiterhin wird aber auch an der Vergrößerung effektiver Oberflächen gearbeitet, wozu auch an Ionenradien angepasste Porengeometrien gehören.

Wie Li-Ionen-Zellen sind auch Superkondensatoren großer Kapazitäten in den Formaten zylindrisch, „Pouch" und prismatisch erhältlich (siehe Batterien für Hybrid- und Elektroantriebe und [2]). Der innere Zellaufbau kann auch hier als Wickel oder als Stapel vorliegen.

Elektrische Doppelschichtkondensatoren zeichnen sich durch sehr hohe spezifische Leistungen aus, welche in einem vergleichsweise großen Temperaturfenster (etwa −40 °C bis 70 °C) stromrichtungsunabhängig zur Verfügung stehen. Zudem besitzen sie aufgrund der für das betreffende Speicherprinzip nicht vorliegenden elektrochemischen Reaktionen sehr hohe zyklische und kalendarische Lebensdauern und können dabei bis auf 0 Volt Zellspannung tiefenentladen werden. Auf der anderen Seite besitzen diese Kondensatoren im Vergleich zu leistungsoptimierten elektrochemischen Lithium- oder Nickel-basierten Speicherzellen eine um den Faktor 10 bis 30 geringere Energiedichte (Einheit Wh/*l*) (siehe Tabelle 1).

Bezüglich ihres elektrischen Managements im Systemverbund reicht es oft, nur die Spannungen und Temperaturen zu überwachen. Zudem sind für die Realisierung gleicher Spannungslagen in Serienverschaltung oft schon passive Balancierungsverfahren – auf Basis von parallel geschalteten Spannungsteilern – ausreichend.

Anwendungsfelder

Im voll- und teilelektrifizierten Antriebsstrang können Superkondensatoren die Rolle des reversiblen, elektrischen Speichers mit hoher Leistungsabgabe übernehmen, z.B. zur effizienten Energiespeicherung bei der Rekuperation und zur Unterstützung beim Beschleunigungsvorgang. Leistung, Energieinhalt und Spannungslage müssen entsprechend der Lastanforderungen und der Leistungselektronikperipherie ausgelegt werden. Weiterhin können Doppelschichtkondensatoren im Fahrzeug auch zur Energieversorgung elektrischer Aktoren und Starter eingesetzt werden. Der Schwerpunkt derzeitiger Anwendungen für Straßenfahrzeuge liegt im Bereich von 12 V bis 48 V.

Hybride Superkondensatoren

Bei elektrischen Speichern versteht man unter einem Hybrid eine elektrische Verknüpfung verschiedener Speichertechnologien. Die Verknüpfung kann durch eine elektrische Verschaltung auf Zelllevel oder Packlevel geschehen, aber auch schon innerhalb einer Speicherzelle, indem man Speichermaterialien verschiedener Technologien (z.B. Superkondensator und Lithium-Ionen-Batterie) kombiniert.

Eine signifikante Erhöhung der spezifischen Energien (Einheit Wh/kg) und Energiedichten (Einheit Wh/*l*) von Superkondensatoren gelingt durch die Anwendung des Prinzips der Hybridisierung schon auf der Ebene der Speicherzelle. Dabei wird das rein elektrische Speicherprinzip der Doppelschichtkondensatoren um die Energiespeicherung mittels reversibler, elektrochemischer, faradayscher Prozesse ergänzt. Derartige Prozesse sind dadurch gekennzeichnet, dass ein Elektronenübertritt an der Grenzschicht von fest zu flüssig stattfindet. Aktuell im Markt befindliche Hybrid-Superkondensatoren verwenden dazu zumeist Elektroden und Elektrodenmaterialien, ähnlich wie sie auch bei Li-Ionen-Zellen (oder Nickelzellen für wässrige Elektrolytkonzepte) zum Einsatz kommen. Die Hybridisierung der Energiespeicherung kann dabei im Bereich nur einer oder auch beider Elektroden der Speicherzelle realisiert werden. Letztendlich addieren sich dann die Kapazitäten der im jeweiligen Spannungsarbeitspunkt des Kondensators aktiven Speicherprozesse. Eine Tiefenentladung bis auf 0 V ist bei dieser Art Superkondensatoren zumeist nicht möglich.

Literatur

[1] P. Kurzweil, O.K. Dietlmeier: Elektrochemische Speicher, 2. Aufl., Verlag Springer Vieweg, 2018.

[2] A. Jossen, W. Weydanz: Moderne Akkumulatoren richtig einsetzen, 2. Aufl., Cuvillier Verlag, 2019

Steuergerät

Aufgaben

Architektur

Die Digitaltechnik mit programmierbaren Steuerungen hat die Fahrzeugtechnik revolutioniert. Mit ihr können vielfältige Funktionen realisiert werden. Viele Einflussgrößen werden für die Steuerung der im Fahrzeug vorhandenen Systeme berücksichtigt. Das Steuergerät (Bild 1) empfängt die elektrischen Signale der Sensoren, wertet sie aus und berechnet die Ansteuersignale für die Stellglieder (Aktoren). Das Steuerungsprogramm – die „Software" – ist in einem Speicher (z.B. Flash-EPROM) abgelegt. Die Ausführung des Programms übernimmt ein Mikrocontroller. Die Bautelemente des Steuergeräts werden „Hardware" genannt.

Beispiele für Steuergeräte

Die Motorsteuerung zum Beispiel übernimmt die gesamte Steuerung und Regelung des Motors (z.B. Zündung beim Ottomotor und Einspritzung) und vieler Aggregate in seiner Peripherie (z.B. für die Abgasturboaufladung und die Abgasrückführung). Ohne diese Möglichkeiten wäre die Einhaltung aktueller Abgasgrenzwerte und niedrige Verbrauchswerte bei hoher Motorleistung nicht möglich.

Für die elektronische Steuerung von Systemen sind Mikrocontroller mit hohen Anforderungen an die Rechenleistung erforderlich. Die elektronischen Komponenten sind in einem Steuergerät eingebaut. Die Anzahl der Steuergeräte in einem Fahrzeug ist in den letzten Jahren stark gestiegen, immer mehr Systeme werden elektronisch gesteuert. Einige weitere Beispiele hierfür sind:
- Steuergerät für die Getriebesteuerung,
- Steuergerät für die Fahrdynamikregelung (Elektronisches Stabilitätsprogramm mit Antiblockiersystem und Antriebsschlupfregelung),
- Bordnetzsteuergerät,
- Klimasteuergerät,
- Türsteuergerät.

Bild 1: Signalverarbeitung im Steuergerät.

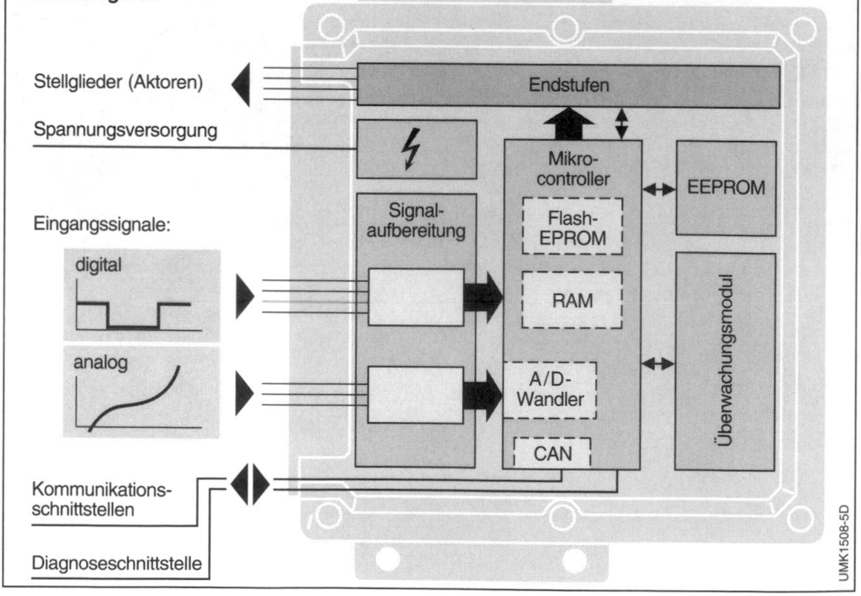

Im Vergleich zum Steuergerät z.B der Fahrdynamikregelung ist der Funktionsumfang und die daraus abgeleitete Leistungsfähigkeit z.B. an ein Türsteuergerät, das unter anderem die Steuerung der Fensterantriebe übernimmt, gering. Dementsprechend werden hierfür weniger leistungsfähige Komponenten im Steuergerät eingesetzt.

Einen sehr hohen Funktionsumfang und damit hohe Anforderungen an die Leistungsfähigkeit der Steuerung und Regelung haben auch Elektro- und Hybridantriebe, die zunehmend in den Markt drängen.

Arbeitsprinzip
Allen Steuergeräten ähnlich ist das Arbeitprinzip. Das Steuergerät erfasst Signale von Sensoren und Bedienelementen, wertet sie aus und steuert Aktoren an (Bild 1). Über Kommunikationsschnittstellen (z.B. CAN-Bus) sind die Steuergeräte miteinander vernetzt, sodass sie untereinander Informationen austauschen können. Es entsteht dadurch ein Steuergeräteverbund. Zum Beispiel wird die Fahrgeschwindigkeit, die in vielen Steuergeräten als Eingangssignal benötigt wird, nur in einem Steuergerät aus den Signalen der Raddrehzahlsensoren berechnet und über den Datenbus den anderen Steuergeräten zugeleitet.

Zukunft
Aufgrund der Leistungsfähigkeit der elektronischen Komponenten im Steuergerät können Systeme in einem Steuergerät zusammengefasst werden. So gibt es bereits Systeme, in denen das Motormanagement und die Getriebesteuerung in einem Steuergerät vereint sind. Der Trend geht zu „Vehicle Computern" (VC) mit hohen Rechenleistungen und deutlich mehr Speicherkapazität, die die bisherigen Steuergeräte auf Mikrocontrollerbasis ergänzen. Dadurch können Funktionen aus herkömmlichen Steuergeräten auf zentralisierte „Vehicle Computer" übertragen werden.

Anforderungen

Einsatzbedingungen
An Steuergeräte werden hohe Anforderungen gestellt. Je nach Einbauort sind sie unterschiedlichen und teilweise auch extremen Belastungen ausgesetzt. So wirken zum Beispiel auf ein im Motorraum eingebautes oder direkt am Motor angebautes Motorsteuergerät ganz andere Einflüsse als auf das im Fahrzeuginnenraum eingebaute Türsteuergerät. Unabhängig davon müssen alle Steuergeräte hohen Anforderungen bezüglich Funktionalität, Qualität und Lebensdauer genügen.

Folgenden Belastungen können Steuergeräte ausgesetzt sein:
- Umgebungstemperaturen von −40 °C bis +125 °C,
- Temperaturwechsel,
- Schwingbeschleunigungen bis zu 20 g im Frequenzbereich von 10…1 000 Hz,
- Feuchtigkeitseinflüssen, auch durch Salzwasser,
- Betriebsstoffen wie Öl, Kraftstoff und Bremsflüssigkeit.

An Steuergeräte werden des Weiteren folgende Anforderungen gestellt:
- Funktionssicherheit bei Spannungsschwankungen im Bordnetz (z.B. Spannungseinbruch beim Kaltstart),
- Verlustleistungsabfuhr bis zu 70 W,
- elektromagnetische Verträglichkeit (Resistenz gegenüber elektromagnetischer Einstrahlung sowie geringe Abstrahlung hochfrequenter Störsignale),
- Lebensdauer von 15 Jahren im Pkw-Bereich, 30 Jahre bei Nfz,
- Aktive Betriebsdauer von mindestens 6 000…8 000 h für den Pkw-Bereich, 30 000…50 000 h für Nfz,
- Kilometerleistung 240 000 km (Pkw) bzw. 1 000 000…1 500 000 km (Nfz).

Anforderungen an Steuergeräte sind in der ISO 16750 [1] standardisiert, darüber hinaus gibt es von allen Automobilherstellern Werknormen.

Funktionsumfang und Datenverarbeitungsgeschwindigkeit

Die Leistungsfähigkeit der im Steuergerät eingesetzten elektronischen Bauteile nimmt stetig zu und ermöglicht immer komplexere Regelalgorithmen. Dies gilt insbesondere für die Motorsteuerung, die immer strengere Abgasgrenzwerte berücksichtigen muss. Durch neue Anforderungen steigt der Funktionsumfang und damit der Bedarf an Speicherplatz kontinuierlich an, während die äußeren Abmessungen der Geräte in der Tendenz eher abnehmen. Die Entwicklung geht deshalb hin zu einer höheren funktionalen Integration sowie zur Miniaturisierung von elektronischen, aber auch mechanischen Komponenten, wie z.B. den Steckverbindungen.

Verbunden mit dem zunehmenden Funktionsumfang ist eine Steigerung der Datenverarbeitungsgeschwindigkeit. Funktionen müssen in einem vorgegebenen Zeitraster abgearbeitet werden. Viele Programmteile müssen zuverlässig innerhalb einer vorbestimmten Zeitspanne abgearbeitet werden, damit die Abläufe im Steuergerät Schritt halten mit den physikalischen Abläufen (im Sinne einer Echtzeitfähigkeit).

Komplexitätsentwicklung

In den letzten Jahren wurden immer leistungsfähigere Mikrocontroller mit steigender Rechengeschwindigkeit und größeren Speicherressourcen eingesetzt. Anfang der 1990er-Jahre reichten für eine Motorsteuerung noch 32 kByte für den Programmspeicher, 8 kByte für den Datenspeicher und 12 MHz Taktfrequenz aus. Aktuell eingesetzte Mikrocontroller verfügen über jeweils merhere MByte große Programm- und Datenspeicher sowie mehrere Rechnerkerne mit mehreren 100 MHz Taktfrequenz.

Die steigenden Anforderungen an Steuergeräte (z.B. elektronische Motorsteuerung) und die wachsende Anzahl an Funktionen spiegelt sich in der Rechenleistung und im Speicherplatz der verwendeten Rechner wider. Umgekehrt erlauben es die überwiegend durch die Informationstechnik (IT, Information Technology) und den „Consumer"-Bereich getriebenen Fortschritte in der Mikroelektronik, diese gesteigerte Rechenleistung zu relativ konstanten Kosten zur Verfügung zu stellen. Das Moore'sche Gesetz [2] gilt bisher auch für die Automobilelektronik (Bild 2). Als Faustregel kann man davon ausgehen, dass die Strukturbreiten der in aktuellen Motorsteuergeräten eingesetzten Mikrocontroller etwa zwei bis vier Generationen (das entspricht etwa drei bis zu sechs Jahren) auf die der aktuellen Mikroprozessoren folgen. Aktuell (2021) sind im Mikroprozessorbereich Strukturbreiten von 7 nm Stand der Technik, im Mikrocontrollerbereich für Motorsteuergeräte 28 nm.

Und die Entwicklung geht weiter, zukünftig werden in den Steuergeräten Mikrocontroller mit vielen Rechnerkernen eingesetzt (Manycore-Rechner).

Bild 2: Komplexitätsentwicklung von Steuergeräten am Beispiel der Motorsteuerung für Dieselmotoren [3].

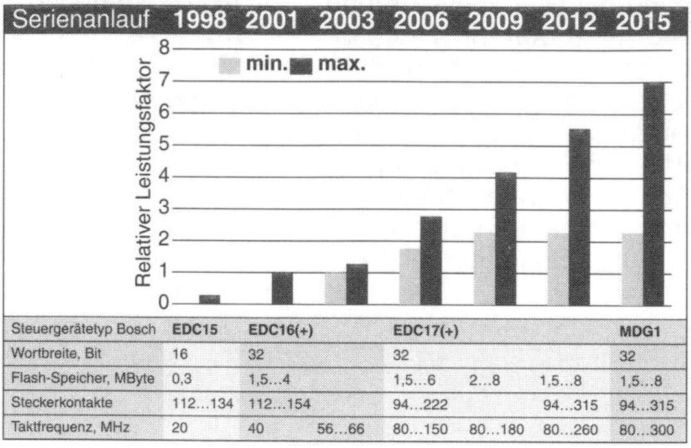

Steuergerätetyp Bosch	EDC15	EDC16(+)		EDC17(+)			MDG1
Wortbreite, Bit	16	32		32			32
Flash-Speicher, MByte	0,3	1,5...4		1,5...6	2...8	1,5...8	1,5...8
Steckerkontakte	112...134	112...154		94...222		94...315	94...315
Taktfrequenz, MHz	20	40	56...66	80...150	80...180	80...260	80...300

SAE1378-2D

Komponenten des Steuergeräts

Das Steuergerät stellt die Regeleinrichtung eines elektronischen Systems dar. Es erfasst über Sensoren die Betriebsbedingungen, verarbeitet diese und steuert Aktoren an. Die Signalverarbeitung findet im Rechnerkern des Steuergeräts statt.

Rechnerkern

Mikroprozessor

Der Mikroprozessor (auch MPU oder Microprocessor Unit) ist die Integration der Zentraleinheit eines Rechners auf einem Chip. Die Konzeption des Mikroprozessors ermöglicht die Anpassung an die vielfältigen Anforderungen der Praxis durch Programmierung. Unterschieden werden zwei Hauptgruppen von Prozessoren. In früheren PC (Personal Computer) wurden CISC-Prozessoren eingesetzt (CISC, Complex Instruction Set Computing). Bei diesen Prozessoren sind sehr viele unterschiedliche spezielle Befehle implementiert, die jeweils in einer bestimmten Anzahl von Takten ausgeführt werden.

In Steuergeräten, also auch in Fahrzeugsteuergeräten, werden üblicherweise RISC-Prozessoren benutzt (RISC, Reduced Instruction Set Computing). Der Vorteil der RISC-Prozessoren besteht darin, dass die Befehle meist nur einen Takt benötigen und durch die einfacheren und schnelleren Befehle leistungsfähigere Systeme implementiert werden können.

Die derzeitigen RISC-Prozessoren mit mehr als 300 Befehlen haben mehr Befehle als ältere CISC-Prozessoren, deshalb ist der zutreffendere Unterschied zwischen CISC und RISC die mittlerere Anzahl von Takten für einen Befehl und nicht mehr – so wie früher – die Anzahl der Befehle.

Eine wichtige Größe zum Vergleich der Rechenleistung einer Rechnerarchitektur ist die DMIPS-Angabe (Dhrystone Millionen Instruktionen pro Sekunde). Dabei ist zu beachten, dass durch Systemeigenschaften wie Busse, Technologie und Speicher die erreichbare Rechenleistung in aktuellen Systemen um mehr als Faktor 5 schwankt (Beispiel: eine 4 k-DMIPS embedded-MCU (Microcontroller Unit) braucht auf einer MPU 25 k DMIPS). DMIPS ist eine sehr gute Angabe für Applikationen, die eine sehr hohe Bandbreite benötigen (voraussagbare Instruktionen und keine Interrupts). Sie ist aber nicht für Embedded-Control-Anwendungen geeignet wie Motorsteuerungen, bei denen die Verzögerung des Systems auf Ereignisse im Zeit- und Winkelbereich wichtig ist (z.B. Kurbelwellenwinkelerfassung und Winkelberechnung für Einspritzung, Berechnung und Ausgabe der Pulse für Einspritz-Timing)

Ein Mikroprozessor ist für sich allein nicht sinnvoll funktionsfähig, er ist stets Teil eines Mikrocomputers.

Mikrocomputer

Der Mikrocomputer besteht aus dem Mikroprozessor als Zentraleinheit (CPU, Central Processing Unit). Der Mikroprozessor enthält seinerseits Steuerwerk und Rechenwerk (Bild 3). Das Rechenwerk führt arithmetische und logische Operationen sowie Operationen der digitalen Signalverarbeitung aus, das Steuerwerk sorgt für das Holen der Befehle und der Daten aus dem Speicher. Um höhere Taktfrequenzen zu erreichen, werden Pipeline-Stufen eingesetzt, die eine Vorverabeitung der Befehle ausführen (z.B. Holen der Instruktionen und der Daten, Schreiben der Daten). Auch das Rechenwerk ist in die Pipeline integriert.

Im Programmspeicher (ROM, Read Only Memory; PROM, Programmable Read Only Memory; EPROM, Erasable Programmable Read Only Memory, oder Flash-EPROM) ist das Arbeitsprogramm (Anwenderprogramm) nichtflüchtig untergebracht (siehe Programm- und Datenspeicher). Auch ohne Versorgungsspannung sind die Daten nach dem Wiedereinschalten noch verfügbar. In aktuellen Anwendungen ist der Programmspeicher meist als Flash-EPROM ausgeführt.

Im Datenspeicher sind die sich momentan in Arbeit befindlichen Daten abgelegt. Diese Informationen ändern sich, sie sind in einem RAM (Random Access Memory) untergebracht.

Ein Cache als schneller Pufferspeicher für Programm- und Datenspeicher (seit

2006 in Motorsteuerungen von Bosch in Serie) kann auf dem Mikrocomputer integriert sein. Wenn die benötigten Befehle und Daten immer über Busse zugeführt würden und kein Cache vorhanden wäre, wäre wegen der hohen Datenraten (die der Prozessor zur Arbeit benötigt) und dem relativ langsamen Zugriff auf die Speicher die Rechengeschwindigkeit erheblich reduziert und der schnelle Prozessor nicht sinnvoll einsetzbar.

Das Bussystem verbindet die einzelnen Elemente des Mikrocomputers. Ein Taktgenerator sorgt dafür, dass alle Operationen im Mikrocomputer in einem festgelegten Zeitraster erfolgen.

Als Logikschaltungen werden Bausteine mit Sonderaufgaben bezeichnet, wie z.B. für Unterbrechungen (Interrupt) oder die Resetlogik (um den Mikroprozessor zurückzusetzen).

Ein- und Ausgabeeinheiten (E/A) sind für die Verbindung mit der Peripherie notwendig. Zur Peripherie zählen z.B. Eingänge für das Kurbelwellen- und das Nockenwellensignal, Bedienschalter, analoge Eingänge und Leistungstreiber wie H-Brücken (z.B. für Drosselklappe oder Abgasklappe) oder Schaltausgänge (z.B. für Heizung der λ-Sonde oder Relais).

Mikrocontroller Unit (MCU)

Für Anwendungen im Automobil besteht die Forderung, dass der Ablauf des Steuergeräteprogramms mit den physikalischen Abläufen Schritt hält. So muss z.B. auf Änderungen von Eingangssignalen innerhalb kürzester Zeit reagiert werden. Die Systeme müssen also „echtzeitfähig" sein. Um dies zu ermöglichen gibt es einige Schaltungsmodule in modernen Microcontroller Units.

Rechnerkern

Die Taktfrequenz für den Rechnerkern beträgt bis zu 800 MHz. Der Rechnerkern besteht aus bis zu acht Hauptkernen, Core), die wahlweise im Lockstep-Mode betrieben werden können. Das heißt,

Bild 3: Struktur eines Mikrocontrollers.
CPU Central Processing Unit (Zentraleinheit), ALU Arithmetisch logische Einheit,
DSP Digitaler Signalprozessor, RAM Random Access Memory,
EEPROM Electrically Erasable Programmable Read Only Memory,
ADC Analog-digital-Converter (Analog-digital-Wandler),
DAC Digital-analog-Converter (Digital-analog-Wandler).

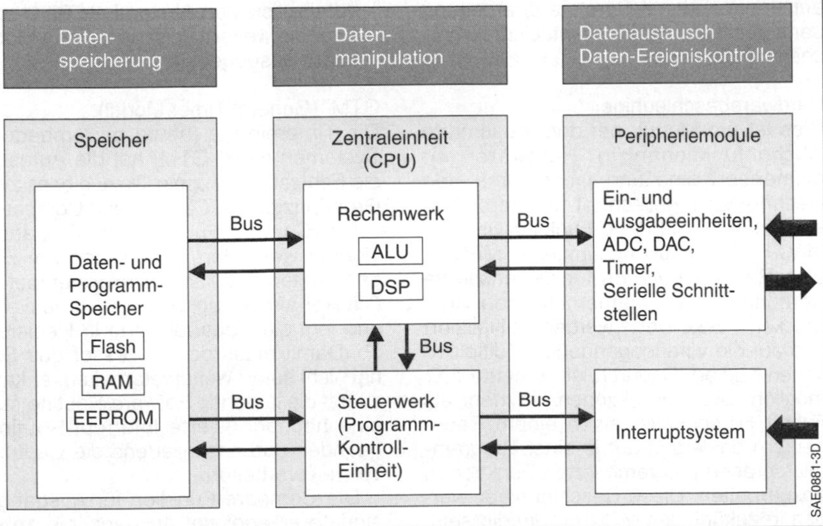

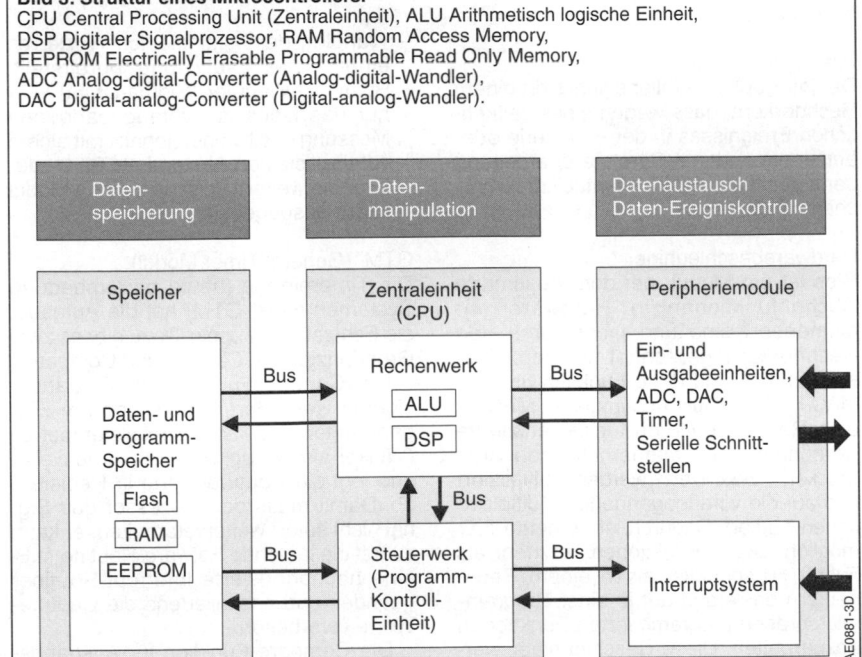

zwei Core erhalten dieselben Daten beziehungsweise Instruktionen, aber beim ersten Core direkt und beim zweiten Core um x Takte verzögert. Die Ergebnisse des ersten Core werden dann für x (meist zwei) Takte zwischengespeichert, um dann mit den Ergebnissen des zweiten Core (die um die x Takte verzögert kommen) verglichen werden zu können. Wenn die Hardware in Ordnung ist, sind beide Ergebnisse gleich. Falls nicht, liegt ein Fehler vor. Damit kann ASIL C/D (Einstufung bzgl. der Kritikalität der von der Gesellschaft erwarteten Eigenschaften eines Systems – ISO-Norm für sicherheitsrelevante elektrische und elektronische Systeme in Kraftfahrzeugen, ISO 26262, [3]) – unterstützt werden.

Halbleiterspeicher
Halbleiterspeicher werden für den Programmcode und für Daten benötigt (Details siehe Halbleiterspeicher).

DMA (Direct Memory Access)
Diese Einheit kann Daten zwischen den Modulen transportieren und entlastet damit die CPU.

Interrupt-Controller
Der Interrupt-Controller signalisiert einem Rechnerkern, dass wegen eines zeitkritischen Ereignisses in der Peripherie oder auf einem anderen Core die Bearbeitung der aktuellen Aufgabe eventuell unterbrochen werden muss.

Hardwarebeschleuniger
Dies ist ein Modul, bei dem bestimmte Rechenfunktionen in Hardware implementiert sind und nicht durch den Rechnerkern gerechnet werden. Beispiel hierfür sind die e-Funktion und die MAC-Unit (Multiply Accumulate). MAC ist eine Rechenoperation für die effiziente Berechnung von mathematischen Ausdrücken – zwei Werte werden multipliziert und auf die vorangegangenen Multiplikationen addiert. Dadurch ist es heute z.B. möglich, Gauss-Funktionen um mehr als Faktor 50 schneller als in einem Rechnerkern basierend auf in einer Programmiersprache programmierten Funktionen abzuarbeiten. Diese Beschleuniger werden in zukünftigen MCU notwendig sein, da eine Taktfrequenzerhöhung, um diese notwendige Rechenleistung bereitzustellen, weder technisch möglich noch kommerziell sinnvoll ist.

GPIO
„General Purpose Input Output"-Schaltereingänge und -Schaltausgänge werden innerhalb 10...20 ms eingelesen beziehungsweise ausgegeben. Somit bedeutet dies keine Echtzeitfähigkeit.

Analog-digital-Wandler
Analog-digital-Wandler (AD-Wandler) erzeugen aus einem analogen Spannungssignal (z.B. von einem in einem Spannungsteiler angeordneten temperaturabhängigen Widerstand erzeugte Spannung) einen digitalen Wert, der in der Recheneinheit verarbeitet werden kann. Dabei gibt es zwei Grundprinzipien:

- Wandler mit einer hohen absoluten Genauigkeit: Der SH-Wandler (Sample and Hold) speichert die Eingansspannung in einem Kondensator und wandelt sie anschließend mit verschiedenen Verfahren in einen digitalen Wert um.
- Wandler, der kontinuierlich Werte mit einer hohen Auflösung bereitstellt: Beim SD-Wandler (Sigma-Delta) wird nur das Delta zur vorangegangenen Messung positiv oder negativ mit einem voreingestellten Abstand als Bit 0 oder 1 für die weitere Verarbeitung im Modul intern ausgegeben.

GTM (General Timer Modul)
Die Timereinheit (heute bei embedded Systemen meist GTM) hat die Aufgabe, die Echtzeit zu kapseln. Dazu gibt es zwei Grundprizipien – Capture und Compare.

Die Capture-Funktion für Eingangssignale weist den Ereignissen am Eingang einen Zeit- oder Winkelstempel zu (Winkel als Bezug z.B. zur Kurbelwelle) und legt die Capture-Werte in Registern ab. Damit muss der Prozessor das Signal nicht sofort weiterverarbeiten, er kann zuerst die laufende Sofware-Routine (z.B. eine hochpriorisierte Interrupt-Routine) beenden und anschließend die Capture-Werte verarbeiten.

Die Compare-Funktion für Ausgangssignale erzeugt am Ausgangspin zu einem bestimmten Zeitpunkt oder Winkel ein Ereignis (z. B. Schalten der Zündspule zum Zündzeitpunkt). Diese Werte werden zuvor in Registern abgelegt.

Mikrocontroller
Microcomputer, die echtzeitfähig sind, werden als Microcontroller bezeichnet. Sie sind heute typischerweise auf einem Chip integriert und nicht wie in der Vergangenheit als diskrete Komponenten auf der Leiterplatte aufgebaut. Dies ist möglich, da durch moderne Technologien sehr komplexe Systeme auf einem Chip integrierbar sind.

Für zukünftige Anwendungen wird es nicht mehr ausreichen, nur eine CPU zu haben, da die Taktfrequenz nicht beliebig gesteigert werden kann und dies auch zu sehr hohen Stromaufnahmen führt. Deshalb wird es auch von Mikrocontrollern Varianten geben, die mehr als eine CPU enthalten. Für Serie 2023 bietet Bosch ein System mit 35 Rechnerkernen an – zehn Hauptcore, zwölf Digital Signal Processor Core, zehn Core im Timer, zwei Core in der Peripherie, ein Core im Security Modul.

Die Mikrocontroller, die in der Automobilindustrie verwendet werden, unterscheiden sich in verschiedenen Punkten von den Standard-Mikrocontrollern.
- Temperaturbereich: Sperrschichttemperatur von −40…165 °C.
- Ausfallrate: Weniger als 1 ppm (ein Ausfall pro eine Million Bauelemente) – im Vergleich zu 100…200 ppm für PC.
- Lebensdauer: Derzeit ist sie auf 40 000 Stunden im aktiven Betrieb spezifiziert (das entspricht bei einem PC, der acht Stunden am Tag eingeschaltet ist, einer Betriebszeit von ca. 14 Jahren).
- Wesentlich längere Verfügbarkeit: Während für Mobiltelefone und PC nach dem Produktionszyklus von 1…3 Jahren keine neuen Microcontroller nachgeliefert werden müssen, starten komplexe Projekte im Automobilbereich die Serie erst nach 3…5 Jahren Entwicklung, sind dann 15 Jahre in Serie und für weitere 15 Jahre in der Nachlieferung.

Arten von Mikroprozessor Unit
Es gibt keine eindeutige Definition, welche Eigenschaften dazu führen, dass ein Bauelement als MPU oder als MCU bezeichnet wird. Eine sinnvolle technische Unterscheidung ist die Unterscheidung nach der Art der Anwendung vorzunehmen.

MPU
Ein solcher Rechnerkern ist auf die Unterstüzung von nicht Echtzeitfunktionen wie virtuelle Speicherverwaltung und die Nutzung von anderen Virtualisierungsmechanismen wie Hypervisor optimiert, um Betriebssysteme wie Adaptive Autosar oder Linux zu unterstüzen. Bei solchen MPU werden sehr häufig Schnittstellen wie PCI (Peripheral Component Interconnect, ein Bussystem zum Anschluss von Peripherie wie z. B. Ethernet Switches und einen Rechnerkern) oder USB (Universal Serial Bus, ein Bussystem zur Verbindung von unterschiedlichen Geräte aus dem Segment der Unterhaltungselektronik) unterstützt. Die Architektur ist auf Bandbreite optimiert – damit können planbare Aufgaben mit sehr hoher Geschwindigkeit bearbeitet werden.

MCU
Die Microcontroller Unit ist so ausgelegt, dass sie „harte Echtzeitanforderungen‘ (Reaktion auf Eingangssignale oder Setzen von Ausgangssignalen im µs-Bereich) erfüllen kann. Es fehlen (da sich die Anwendungen teilweise ausschließen – hohe Freuqenz und Virtualisierung wie bei MPU mit schneller Reaktion auf Ereignisse wie bei MCU) Eigenschaften wie virtuelle Speicherverwaltung und schnelle Reaktionszzeiten auf externe Ereignisse. Da diese Architektur auf kurze Latenzzeiten optimiert ist, sind sehr große Speicher nahe am Core erforderlich, und nicht extern wie bei der MPU.

Halbleiterspeicher

Speicherprinzip

Das Speichern von Daten umfasst die Aufnahme (Schreiben), das dauerhafte Aufbewahren (das eigentliche Speichern), das Wiederauffinden und die Abgabe (Lesen) von Informationen. Bild 4 gibt einen Überblick über die verschiedenen Speichertypen. Speicher lassen sich durch Ausnutzung physikalischer Effekte realisieren, die zwei verschiedene Zustände (binäre Information) eindeutig und leicht erzeugen und erkennen lassen. In Halbleiterspeichern erzeugt man schaltungstechnisch entweder die Zustände „mehr leitend“ und „weniger leitend“ oder „geladen“ und „ungeladen“. Eine derzeit häufig eingesetzte Technologie ist der Flash-Speicher. Speicher mit diesem Prinzip sind elektrisch programmier- und löschbar.

Zukünftig werden auch neue Speichertypen eingesetzt. Das FRAM (Ferroelectric Random-Access Memory) mit ferroelektrischem Speicherprinzip, das MRAM (Magnetoresistive Random-Access Memory) mit magnetischem Effekt als Speicherprinzip, das PCM (Phase-Change Memory) nutzt als Speichereffekt die Zustandsänderung eines Materials vom kristallinen in den amorphen Zustand und die damit verbundene Widerstandsänderung. MRAM und PCM haben das Potential, die heute verwendeten Flash-Speicher (nichtflüchtig aber langsam) und RAM (schnell aber flüchtig) abzulösen, da diese die Daten nach dem Abschalten der Spannung halten und auch sehr kurze Zugriffszeiten haben (Einsatz in der Motorsteuerung ab 2023).

Ein wesentlicher Vorteil von MRAM und PCM ist, dass die Bit einzeln nachprogrammiert werden können und nicht die Zellen wie beim Flash-EPROM gemeinsam gelöscht werden müssen. Dies ermöglicht eine schnellere Programmierung, was für den Feld-Update außerhalb der Werkstatt und im Herstellungsprozess

Bild 4: Übersicht der Halbleiterspeicher.

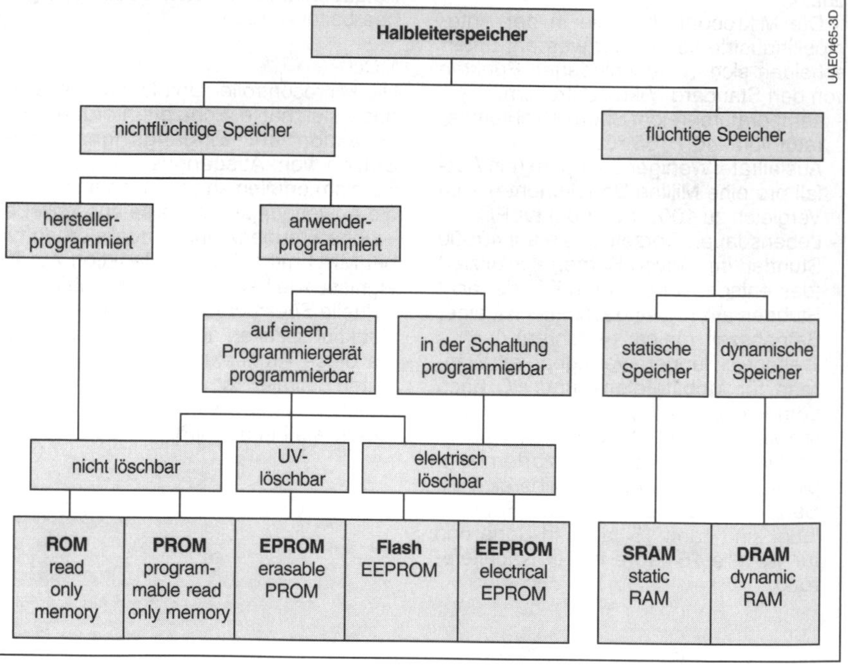

beim Fahrzeughersteller vorteilhaft ist. Ein weiterer Vortei ist, dass das Nachprogrammieren von einzelnen Bit in der Anwendung möglich ist. Da die Laufzeiten der Geräte immer länger und die Technologien immer kleiner werden, ist deutlich weniger Ladung in den Speicherzellen enthalten, und deshalb könnten einzelne Bit bei langen Laufzeiten und hohen Temperaturen die gespeicherte Information verlieren. In modernen Mikrocontrollern, mit Strukturen von unter 90 nm gibt es dagegen zwei Abhilfemaßnahmen

- Nachprogrammieren: Mechnismus um sicherzustellen, dass Zellen, die Ladung verlieren, wieder ausreichend Ladung haben – es wird zusätzlich Ladung in die Speicherzelle gebracht.
- ECC (Error Correction Code): Im Gegensatz zum Nachprogrammieren werden hier zusätzliche Bit in der Speichermatrix abgelegt, mit deren Informationen dann fehlerhafte Bit korrigiert werden – üblich sind zwei Bit Fehlererkennung und Einzelbitfehlerkorrektur bei 64 Bit Speicherbereichen über zusätzliche Bit (wie heute bei Flash und RAM in Technologien unter 90 nm üblich), um die fehlerhaften Bit zu korrigieren.

Bei Steuergeräten, die bei Innentemperaturen von mehr als 110 °C arbeiten, werden nur statische Speicher (SRAM) eingesetzt. Im Gegensatz zu den dynamischen Speichern (DRAM) verlieren die SRAM die Ladung nicht und müssen im Betrieb nicht im ms-Zeitbereich neu aufgefrischt werden. Die SRAM behalten die Ladung, solange die Speicherzelle mit einer Versorgungsspannung verbunden sind.

Programm- und Datenspeicher
Der Mikrocontroller benötigt für die Berechnungen ein Programm – die Software. Sie ist in einem nichtflüchtigen Programmspeicher abgelegt. Die CPU liest die Werte aus, interpretiert sie als Befehle und führt diese Befehle der Reihe nach aus.

Zusätzlich sind variantenspezifische Daten (Einzeldaten, Kennlinien und Kennfelder) in diesem Speicher abgelegt. Mit diesen Daten kann die Software an unterschiedliche Fahrzeugvarianten angepasst werden (z.B. unterschiedliche Zündwinkelkennfelder).

Die Software benötigt einen Schreib-Lese-Speicher, um veränderliche Daten (Variablen) wie z.B. Rechenwerte zu speichern.

Flash-Speicher
Das Flash-EPROM hat das herkömmliche, mit UV-Licht löschbare EPROM (Erasable Programmable Read Only Memory) als Programmspeicher verdrängt. Es ist auf elektrischem Weg löschbar, sodass das Steuergerät in der Kundendienstwerkstatt umprogrammiert werden kann, ohne es öffnen zu müssen. Das Steuergerät ist dabei über eine serielle Schnittstelle mit der Umprogrammierstation verbunden.

RAM
Die Ablage aller in der Software berechneten veränderlichen Daten erfolgt im RAM (Random Access Memory, d.h. in einem Schreib- und Lese-Speicher). In modernen 40 nm-Mikrocontrollern sind bis zu acht MByte RAM enthalten – deshalb enfällt die Notwendigkeit für ein externes Speichermodul. In neueren Technologien wird es zusätzlich ein Hyper-RAM-Interface geben, um ein externes RAM für die Applikation zur Verfügung zu stellen

Beim Trennen des Steuergeräts von der Versorgungsspannung verliert das RAM den gesamten Datenbestand, es handelt sich hier um einen flüchtigen Speicher. Um zu vermeiden, dass im Fahrbetrieb erlernte Adaptionswerte beim Abschalten der Zündung verloren gehen, können Teile des RAM permanent mit Spannung versorgt werden. Mit Abklemmen der Batterie gehen diese Werte aber verloren. Deshalb wird diese Möglichkeit heute nur sehr selten genutzt und die Adaptionswerte werden in das nichtflüchtige EEPROM geschrieben.

EEPROM
Daten, die sich im Fahrbetrieb ändern und auch bei abgeklemmter Batterie nicht verloren gehen dürfen (z.B. wichtige Adaptionswerte, Codes für die Wegfahrsperre), müssen in einem nichtflüchtigen Speicher (z.B. EEPROM) abgelegt werden.

Es ist auch möglich, separat löschbare Bereiche des Flash-EPROM als nichtflüchtigen Datenspeicher für diese Daten zu verwenden. Dazu wird im Flash (in separaten Bereichen – außerhalb des Programm- und Datenspeichers) ein EEPROM emuliert. Die jeweils aktuellen Daten werden ans Ende einer Tabelle geschrieben, die nach und nach die Blöcke des Flash-Bereichs füllt. Die alten Daten können dann komplett mit dem Block gelöscht werden. Dadurch ist sichergestellt, dass auch beim Abziehen der Versorgungsspannung die korrekten Daten im Speicher sind.

Überwachungsmodul

Bei sicherheitsrelevanten Systemen ist ein Überwachungsmodul erforderlich. Realisiert ist das durch eine Logikschaltung im Spannungsregler (z.B. bei Motorsteuerungssystemen) oder in einer eigenen integrierten Schaltung (z.B. bei der Getriebesteuerung). Das Überwachungsmodul kann auch durch einen eigenen Rechner realisiert sein.

Der Mikrocontroller und das Überwachungsmodul überwachen sich gegenseitig durch ein „Frage-und-Antwort-Spiel". Wird ein Fehler erkannt, dann wird das Steuergerät von beiden unabhängig voneinander in einen sicheren Zustand gebracht – bei der Motorsteuerung z.B. durch Abschalten momentenrelevanter Endstufen (Beispiele: Zündung und Einspritzung; die Abschaltung dieser Ausgänge führt dazu, dass der Motor keine Leistung bereitstellen kann).

Spannungsregler

Die elektronischen Bauteile im Steuergerät benötigen eine stabile Spannung von 5 V. Für manche Anwendungen sind auch weitere Spannungswerte, z.B. 3,3 V, erforderlich. Der Spannungsregler regelt die Batteriespannung, die je nach Zustand und Belastung der Batterie 6...16 V betragen kann, auf diese konstanten Werte. Schutzbeschaltungen sorgen für die Unterdrückung von hohen Störspannungen aus dem Bordnetz.

Der Spannungsregler enthält eine Freigabelogik, die dafür sorgt, dass die Spannungen definiert hochlaufen und dann Resets freigeben. Damit ist gewährleistet, dass der Mikrocontroller nach Einschalten der Versorgungsspannung definiert hochfährt.

ASIC-Bausteine

ASIC-Bausteine (Application Specific Integrated Circuit) sind anwendungsbezogene integrierte Schaltungen. Sie werden nach den Vorgaben der Steuergeräteentwicklung entworfen und gefertigt. Die Integration einer Vielzahl von Funktionen in einem IC reduziert den Bauraum, senkt die Herstellungskosten und erhöht die Funktionssicherheit.

So kann z.B. die Stromversorgung für das Steuergerät und mehrere Leistungsendstufen mit den dazugehörigen Diagnoseschaltungen auf einem Chip integriert werden. Ein Beispiel hierfür ist der „U-Chip", der eine Spannungsversorgung, das Überwachungsmodul, serielle Schnittstellentreiber und Endstufen sowie eine H-Brücke mit Diagnose auf einem IC enthält.

Eine andere Aufgabe eines ASIC-Bausteins ist zum Beispiel, den Mikrocontroller zu entlasten oder zusätzliche Hardware zur Verfügung zu stellen (z.B. zusätzliche Ein- und Ausgabekanäle für statische Signale und für PWM-Signale).

In der Ottomotorsteuerung kann für die Klopfregelung ein ASIC zum Einsatz kommen, der die von den Klopfsensoren gelieferten Signale verstärkt, über einen Bandpass filtert, gleichrichtet und über ein vorgegebenes Kurbelwinkelfenster aufintegriert. Der Mikrocontroller muss dann nur noch am Ende des Fensters den aufintegrierten Spannungswert auslesen. In neueren Steuergerätegenerationen jedoch werden die Signale der Klopfsensoren vom Mikrocontroller über schnelle Analog-digital-Wandler (ADC, Analog-digital-Converter) direkt erfasst.

Zum Betreiben, zum Auswerten und zur Diagnose von λ-Sonden werden ebenfalls spezielle ASIC eingesetzt. Sie steuern die Sonden mit definierten Signalen an, werten Ströme, Spannungen und Temperaturen hochgenau aus und bereiten diese Signale für den Mikrocontroller in digitale Eingangssignale auf.

ASIC werden auch zur Ansteuerung von Einspritzventilen für die Hochdruckeinspritzung eingesetzt. Damit lässt sich ein definierter Stromverlauf einstellen.

Für spezielle Anwendungen stehen ASIC mit mehreren Endstufen und H-Brücken zur Verfügung, die auch eine Diagnosefunktion enthalten und über einen seriellen Bus angesteuert werden können.

Kommunikation

Die Steuergeräte-interne Kommunikation mit den ASIC erfolgt über die serielle Schnittstelle SPI (Serial Peripheral Interface) oder über MSC (Micro Second Channel).

Daten, die keine hohe Übertragungsrate erfordern (z.B. im EEPROM abgelegte Fehlerspeicherdaten) werden ebenfalls seriell über nur eine Datenleitung übertragen.

Damit die Steuergeräte auch Daten für Berechnungen (z.B. Raddrehzahl, Lenkwinkel, Batteriespannung, Antriebsmoment, eingelegte Gangstufe, Motordrehzahl) an andere Steuergeräte senden können, sind sie mit diesen über eine Vielzahl von Kommunikationsbussen verbunden. Die im Fahrzeug am meisten verwendeten Busse sind:

- CAN (mit den Untervarianten CAN, CAN_FD und CAN_XL): bei einigen Geräten bis zu 20 CAN-Busse an einem Steuergerät – Datenübertragung derzeit mit 1 MBaud, zukünftig bis zu 15 MBaud.
- LIN: bis zu 18 LIN-Busse für die Verbindung von Sensoren mit geringen Bandbreiten.
- FlexRay: derzeit mit 10 MBaud, wird zukünftig durch eine spezielle Ethernet-Variante ersetzt.
- Ethernet: mit diversen Geschwindigkeiten auch bis zu 2,5 GBaud Bandbreite.
- PSI5: für Sensoren auch mit Rückkanal für die Vermeidung von Senor-Tuning.

Beim Tuning wird oft das schwächste Glied einer Kette angegriffen – wenn das Motorsteuergerät schwerer zu tunen ist, nutzt man zur Erzielung einer höheren Motorleistung die Modifikation von Eingangssignalen. Vor 30 Jahren wurde der Stecker des Kurbelwellensignals um 180 ° versetzt angeschlossen, damit erreichte man eine spätere Zündung in Bezug auf OT (Oberer Totpunkt des Zylinders) und damit mehr Leistung des Motors – mit dem Nachteil der Beeinflussung der Lebensdauer des Motors. Heute werden Mikrocontroller in die Signalleitungen geschaltet, die z.B. einen Fahrerwunsch nach Mehrleistung (über Pedalwertgeber oder Luftmasse) gemäß im Mikrocontroller hinterlegter Tabelle dem Motorsteuergerät weiterleiten – z.B. 10 % mehr bei gleichen Eingangsdaten.

Datenverarbeitung

Architektur

Das Motorsteuergerät arbeitet nach dem klassischen EVA-Prinzip (Eingabe – Verarbeitung – Ausgabe). Es lässt sich in drei Hauptblöcke unterteilen (Bild 5):
- Eingangsbeschaltungen zur Sensorsignalerfassung,
- Rechner für die Berechnung der Stellsignale,
- Endstufen mit der Leistungselektronik zur Ansteuerung der Aktoren.

Sensoren und Stellglieder (Aktoren) bilden als Peripherie die Schnittstelle zwischen dem Fahrzeug und dem Steuergerät als Verarbeitungseinheit. Zusätzlich gibt es noch bidirektionale Kommunikationsdatenbusse (z.B. CAN-Bus), über die der Informationsaustausch zu anderen Steuergeräten oder zu Sensoren erfolgt [4].

Eingangssignale

Bedienelemente und Sensoren bilden eine Schnittstelle zwischen dem Fahrzeug und dem Steuergerät. Die elektrischen Signale werden über den Kabelbaum und Anschlussstecker dem Steuergerät zugeführt. Sensoren können über analoge oder digitale Schnittstellen verfügen.

Analoge Schnittstelle

Analoge Eingangssignale können jeden beliebigen Wert (z.B. Spannungswert) innerhalb eines bestimmten Bereichs annehmen. Beispiele für physikalische Größen, die als analoge Messwerte bereitstehen, sind die Kühlmittel- und Ansauglufttemperatur, der Saugrohrdruck, die angesaugte Luftmasse, die Batteriespannung oder auch der Hydraulikdruck im Bremssystem. Die von den Sensoren ausgegebene Analogspannung wird an das Steuergerät weitergeleitet. Der Analogwert wird von einem Analog-digital-Wandler (ADC, Analog Digital Converter) im Mikrocontroller oder in einem Peripheriebaustein in einen digitalen Wert gewandelt. Eine typische Auflösung der im Mikrocontroller integrierten Wandler beträgt 10 Bit. Bei einer Referenzspannung von 5 V ergibt sich mit diesen $2^{10} = 1\,024$ Stufen eine Auflösung von ca. 5 mV.

Bild 5: Aufbau eines Steuergeräts.

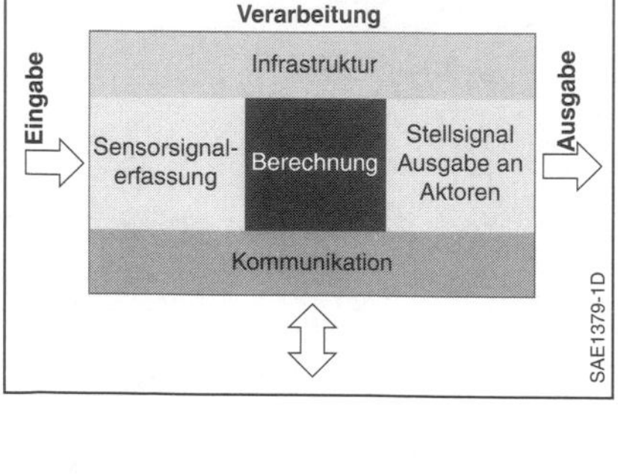

Digitale Schnittstelle

Digitale Eingangssignale haben nur die beiden Zustände „High“ (logisch 1) und „Low“ (logisch 0). Sie können vom Steuergerät direkt ausgewertet werden. Beispiele für digitale Signale sind Schaltsignale von Bedienelementen, Drehzahlsignale eines Hall-Sensors (zur Messung von Raddrehzahl oder Motordrehzahl) oder statische Signale eines Hall-Sensors (z.B. Positionssensor im Getriebe).

Sensorsignale über Kommunikationsschnittstelle

In Zukunft wird in Sensoren, die Analoggrößen erfassen, vermehrt zusätzliche Elektronik integriert, die die Analogspannung vor Ort digitalisiert und den Messwert über eine standardisierte digitale Schnittstelle ausgibt (siehe integrierte Sensoren). Beispiele für diese Schnittstellen sind SENT (Single Edge Nibble Transmission) und LIN (Local Interconnect Network), bei denen Daten bidirektional übermittelt werden können (siehe LIN). Sie erlauben es, Sensoren von unterschiedlichen Herstellern an Steuergeräte anzuschließen.

Signalaufbereitung

Anpassungsschaltungen

Je Sensor ist ein spezifischer Eingang vorhanden. Die Eingangssignale werden mit Schutzbeschaltungen auf zulässige Spannungspegel begrenzt. Das Nutzsignal wird durch Filterung weitgehend von überlagerten Störsignalen befreit sowie in der Bandbreite begrenzt (Abtasttheorem) und gegebenenfalls durch

Verstärkung oder Abschwächung an die zulässige Eingangsspannung des Mikrocontrollers angepasst (0…5 V).

Signalaufbereitung im Sensor
Je nach Integrationsstufe des Sensors kann die Signalaufbereitung teilweise oder auch ganz bereits im Sensor stattfinden. Die in der Auswerteelektronik digitalisierten Sensorsignale werden dann über eine Kommunikationsschnittstelle ausgegeben, eine weitere spezielle Signalaufbereitung im Steuergerät ist nicht erforderlich.

Signalaufbereitung mit ASIC
Für manche Sensoren, z.B. λ-Sonden, werden spezielle Bausteine (ASIC) benötigt, welche die komplexe Ansteuerung und Auswertung dieser Sensoren übernehmen. Diese ASIC steuern die Sensoren mit definierten Signalen an, werten Ströme, Spannungen und Temperaturen hochgenau aus und bereiten diese Signale für den Mikrocontroller in digitale Eingangssignale auf. Der gesamte Signalpfad (Bild 6) wird mit einem einzigen ASIC realisiert.

Flexibler Eingangsbaustein
Der Markt im Pkw-Bereich ist gekennzeichnet durch eine steigende Anzahl an Varianten und Nischenanwendungen, um die Produktlinien der Hersteller abzurunden (etwa durch Cabrios, Roadster usw.). Im Nutzfahrzeugbereich gibt es seit jeher eine sehr große Anzahl an Spezialanwendungen, zum Beispiel Schwarzdeckenfertiger, Rübenvollernter und andere Spezial- und Sondermaschinen. Diese verfügen oft über spezielle Sensoren, aufgrund der niedrigen Stück-

Bild 6: Signalpfad zur Auswertung von λ-Sonden.

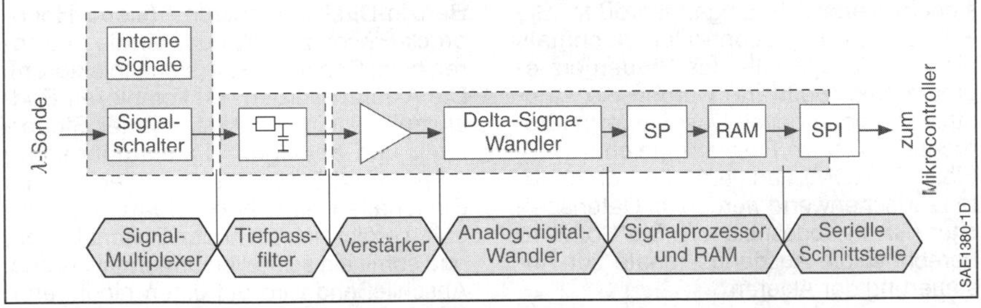

Bild 7: Blockschaltbild einer softwarekonfigurierbaren Eingangsschaltung.

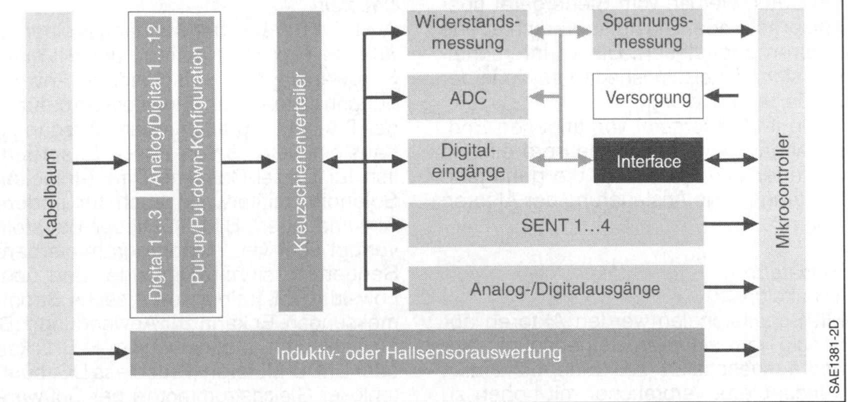

zahlen ist es jedoch nicht wirtschaftlich, Hardwarevarianten zu erstellen und zu pflegen. Deshalb geht der Trend zu softwarekonfigurierbaren Eingangsschaltungen (Bild 7). Der von Bosch eingesetzte Baustein L9966 (FlexIn ST Microelectronics) besitzt beispielsweise 15 frei konfigurierbare Eingänge, die als Analogeingang, Widerstandsmesseingang, Digitaleingang, SENT (Busschnittstelle) oder Eingang für λ-Sprungsonden konfiguriert werden können. Zusätzlich können für jeden Eingang schaltbare Stromquellen als Pull-up oder Pull-down konfiguriert werden.

Signalverarbeitung

Das Steuergerät ist die Schaltzentrale für die Funktionsabläufe eines elektronischen Systems. Im Mikrocontroller laufen die Steuer- und Regelalgorithmen ab. Die von den Sensoren und den Schnittstellen zu anderen Systemen, z.B. über den CAN-Bus, bereitgestellten Eingangssignale dienen als Eingangsgrößen. Sie werden im Mikrocontroller nochmals plausibilisiert. Mithilfe des Steuergeräteprogramms (Software) werden die Algorithmen abgearbeitet. Das Steuergeräteprogramm ist im Festwertspeicher (z.B. Flash-EPROM) abgelegt, die berechneten Zwischenwerte werden im Datenspeicher (RAM) abgespeichert. Die Software berechnet die Ausgangssignale zur Ansteuerung der Aktoren.

Ausgangssignale

Auf Basis der im Mikroontroller verarbeiteten Daten werden vom Steuergerät über entsprechende Endstufen verschiedene Aktoren angesteuert. Diese unterscheiden sich im Leistungsbedarf sowie in der Art der Ansteuerung.

Die im Steuergerät vorhandenen Endstufenbausteine haben mehrere einzeln ansteuerbare Endstufen, die genügend Leistung für die Ansteuerung der Aktoren liefern.

Signalarten

Schaltsignale

Mit Schaltsignalen werden Aktoren abhängig vom aktuellen Betriebspunkt ein- und ausgeschaltet (z.B. Einspritzventile, Zündspulen). Verbraucher mit hohen zu schaltenden Strömen (z.B. Motorlüfter) werden über Relais oder mit Endstufen direkt am Aggregat geschaltet.

PWM-Signale

Digitale Ausgangssignale können als PWM-Signal (Puls-Weiten-Modulation) mit konstanter Frequenz und variabler Einschaltzeit ausgegeben werden. Abhängig von dieser variablen Einschaltzeit werden Aktoren wie z.B. das Abgasrückführventil, die Drosselklappe oder der Ladedrucksteller in vorgegebene Arbeitsstellungen gebracht.

Anwendungsspezifische Endstufen

Anwendungsspezifische Endstufen kommen dann zum Einsatz, wenn spezielle Strom- und Spannungsverläufe zur Ansteuerung der Aktoren notwendig sind, die mit Standard-Endstufen nicht realisiert werden können.

Ein Beispiel hierfür ist die Ansteuerung von Hochdruck-Einspritzventilen für die Benzin-Direkteinspritzung (siehe Hochdruck-Einspritzventil) oder für die Injektoren beim Common-Rail (siehe Injektoren). Die Aktoren werden von komplexen Endstufenbausteinen mit integrierter Steuerlogik und analoger Signalaufbereitung angesteuert. Diese Bausteine liefern beim Einschalten eine hohe Spannung, dadurch ergibt sich ein hoher Einschaltstrom und somit ein schneller Öffnungsvorgang. Anschließend wird auf einen niedrigeren Haltestrom zurückgeregelt.

Flexibler programmierbarer Ausgabebaustein

Auch im Bereich der Ausgangstreiber ist erhöhte Flexibilität gefragt, um mit einer Hardwarevariante verschiedene Anwendungen abzudecken. Eine Lösung dafür ist der flexibel programmierbare Ausgangsbaustein DGDI-S von Bosch (ursprünglich für Diesel-Gasoline-Direct-Injection Solenoid, mittlerweile auch für andere Anwendungen, Bild 8). Dieser Baustein verfügt über vier mikroprogrammierbare Sequenzer, sieben Highside- und acht Lowside-FET-Treiber sowie sechs Strommessungen. Er kann zur Anwendung z.B. für Injektoren, Magnetventile, H-Brücken oder BLDC-Motoren (Brushless DC, bürstenloser Gleichstrommotor) per Software umkonfiguriert werden. Damit ist es nicht mehr erforderlich, bereits zu Beginn der Steuergeräteentwicklung alle Eingänge und Ausgänge fest definiert zu haben. Eine Anpassung an die konkrete Anwendung kann später durch eine Software- oder Datensatzänderung erfolgen.

Schaltungsvarianten
Es gibt unterschiedliche Schaltungsvarianten für die Ansteuerung der Aktoren. Low-Side-Endstufen steuern induktive und ohmsche Lasten, die an die Batteriespannung angeschlossen sind (z.B. Ventile, Relais, Zündspulen). High-Side-Endstufen schalten Verbraucher, die an Masse liegen. Gleichstrommotoren werden über Brückenendstufen (Bild 9) angesteuert, dabei werden beide Anschlüsse des Motors vom Steuergerät geschaltet. Damit ist das Umschalten der Drehrichtung möglich (z.B. für Fensterantriebe, Ansteuerung der Drosselklappe).

Selbstschutzfunktion
Die Endstufen sind gegenüber Kurzschlüsse gegen Masse, Kurzschlüsse gegen Batteriespannung sowie gegen Zerstörung infolge elektrischer oder thermischer Überlastung geschützt. Diese Störungen sowie aufgetrennte Leitungen werden durch den Endstufen-IC als Fehler erkannt und dem Mikrocontroller über eine serielle Schnittstelle gemeldet.

Kommunikationsschnittstellen
Zur Kommunikation mit anderen elektronischen Systemen besitzt das Steuergerät eine oder mehrere Kommunikationsschnittstellen. Damit kann z.B. die Fahrgeschwindigkeit von der Fahrdynamikregelung an alle Systeme geschickt werden, die dieses Signal benötigen (z.B. das Kombiinstrument für die Anzeige der Fahrgeschwindigkeit). Die Signale müssen somit nur ein Mal im Steuergeräteverbund berechnet werden. Die Datenübertragung erfolgt über Bussysteme (siehe Vernetzung im Kfz, Busse im Kfz).

Bild 9: H-Brücke zur Ansteuerung eines Gleichstrommotors.

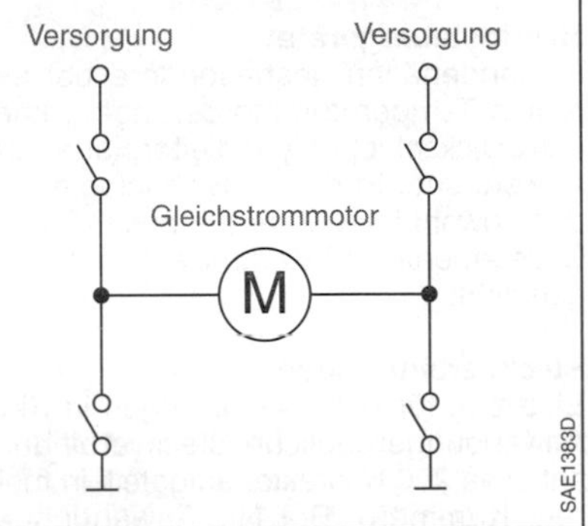

Bild 8: Flexibel programmierbarer Ausgangsbaustein DGDI-S.

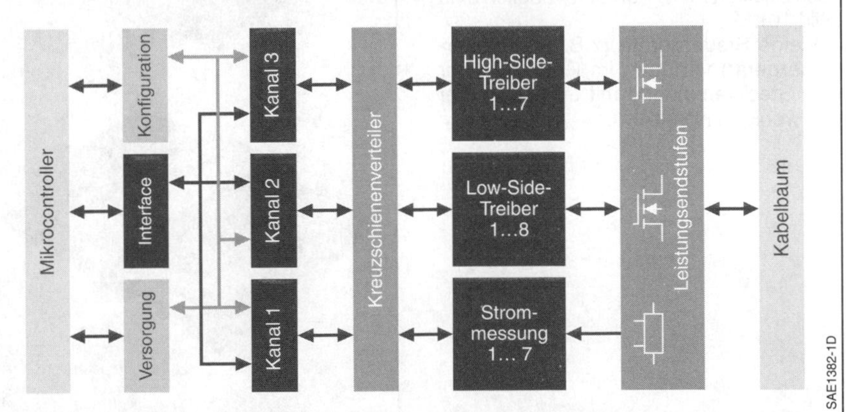

Aufbau- und Verbindungstechnik

Leiterplattentechnik

Motorsteuergeräte (Bild 10) werden typischerweise in Leiterplattentechnik unter Verwendung von Leiterplattenmaterial mit vier bis acht Lagen hergestellt. Das Gehäuse besteht beispielsweise aus einer Boden-Deckel-Kombination aus Aluminium-Druckguss und tiefgezogenem Aluminiumblech, die miteinander verschraubt oder verklebt werden. Zum Druckausgleich wird eine wasserundurchlässige Membran verwendet. Dadurch kann im Steuergerät ein Atmosphärendrucksensor eingebaut werden, der es erlaubt, für eine Motorsteuerung die Einspritzmenge auch luftdruckabhängig, d.h. höhenabhängig, korrigieren zu können.

Hybridsteuergeräte

In Sonderfällen, insbesondere bei extremen Temperaturanforderungen, kommen Dickschicht-Hybridleiterplatten zur Anwendung. In dieser Technologie werden sowohl integrierte als auch diskrete Bauelemente auf Keramiksubstrate aufgebracht.

Steckverbindungen

Eine z.B. für Motorsteuerungen in Pkw-Anwendungen übliche Steckverbindung hat etwa 200 Kontakte, aufgeteilt in mehrere Kammern. Bei Nfz-Anwendungen werden auch mehrere Stecker nebeneinander auf dem Deckel platziert, wodurch noch deutlich mehr Kontakte möglich sind (Bild 10).

Kleine Steuergeräte (z.B. ein Sensorsteuergerät) verfügen im Regelfall über eine Steckverbindung mit einer Kammer und wenigen Kontakten.

Kühlung

Besonders wichtig für die Elektronik im Motorraum eines Fahrzeugs (z.B. Motorsteuergerät, Steuergerät der Fahrdynamikregelung) ist die Wärmeabfuhr. Bei Umgebungstemperaturen von bis zu 125 °C im Motorraum muss die Verlustleistung des Steuergeräts, die 30...70 W betragen kann, nach außen

Bild 10: Beispiele für Steuergeräte von Dieselmotorsteuerungen.
a) Pkw-Steuergerät für Karosserieanbau (154 Steckkontakte),
b) Steuergerät für Pkw und leichte Nutzfahrzeuge (228 Steckkontakte),
c) Nfz-Steuergerät für Motoranbau für bis zu acht Zylinder, Diesel- oder Erdgasbetrieb (336 Steckkontakte).

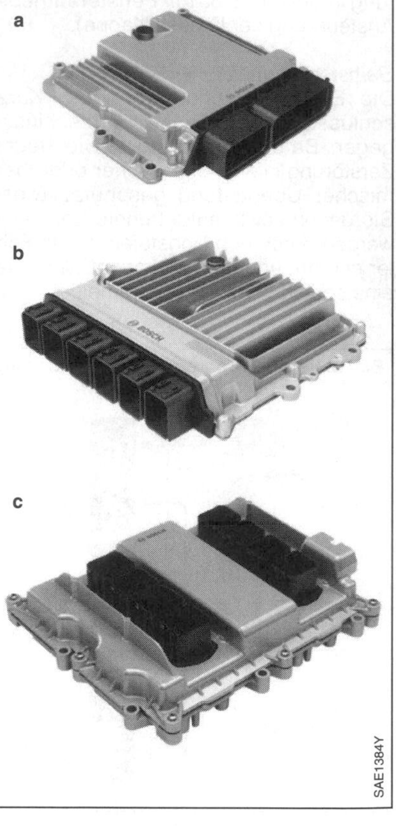

abgeführt werden. Dazu gibt es spezielle Techniken, die Wärme vom Entstehungsort nach außen abführen.

Links in Bild 11 ist die Kühlung eines integrierten Leistungs-IC (Integrated Circuit) dargestellt. Mit der unter dem IC liegenden Kühlfläche (Slug-down) wird die Wärme zur Leiterplatte abgeleitet. Durch die Leiterplatte hindurch führen Durchkontaktierungen, die die Wärme zur Unterseite der Leiterplatte leiten. Der Gehäuseboden wird an dieser Stelle erhöht, so dass der Abstand zur Leiterplatte so klein wird, dass er mit einer Wärmeleitpaste überbrückt werden kann.

Ganz rechts in Bild 11 ist der umgekehrte Weg dargestellt. Ein Bauteil gibt seine Wärme über die auf ihm liegende Kühlfläche (Slug-up) und das Wärmeleitmittel nach oben an den Gehäusedeckel ab. Er ist dazu so geformt, dass der Abstand zum Bauteil möglichst klein ist. Die Wärmeabfuhr vom Gehäuse an die Umgebung kann über Wärmestrahlung, Wärmeleitung und aktivem Wärmetransport (erzwungene Konvektion) erfolgen.

Durch Kühlrippen auf der Oberfläche und zusätzliche Luftbewegung (z.B. mit externem Gebläse) kann die Wärmeabfuhr über die Oberfläche zusätzlich verstärkt werden. Zur Kühlung durch Wärmeleitung wird das Steuergerät auf einen möglichst großflächigen Wärmeleiter (z.B. Karosserie) montiert.

Aktiver Wärmetransport bedeutet, dass im Steuergerätegehäuse Kühlkanäle integriert sind, die von einem Kühlmedium (z.B. Kraftstoff) durchströmt werden. Neben den physikalischen Eigenschaften des Kühlmediums hängt die Höhe des Wärmestroms von der Kühlmitteltemperatur, der Strömungsgeschwindigkeit und der Kanallänge ab.

Bild 11: Kühlung von Motorsteuergeräten.
1 Umgebungstemperatur, 2 Leiterplatte, 3 Leistungs-IC,
4 Slug-down (unter dem IC liegende Kühlfläche), 5 Gehäusedeckel,
6 Kondensator, 7 Slug-up (oben liegende Kühlfläche), 8 Wärmeleitmedium,
9 Durchkontaktierung, in der Leiterplatte unter Slug-down-Bauelementen zur verbesserten Wärmeleitung durch die Leiterplatte,
10 Kühlbank, 11 Gehäuseboden,
12 Kraftstoffkanal zur Kühlung des Steuergeräts.

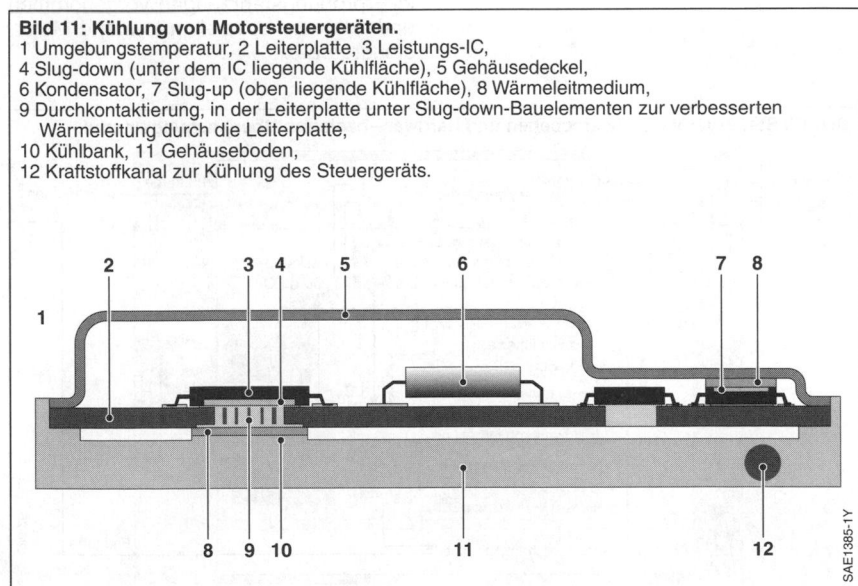

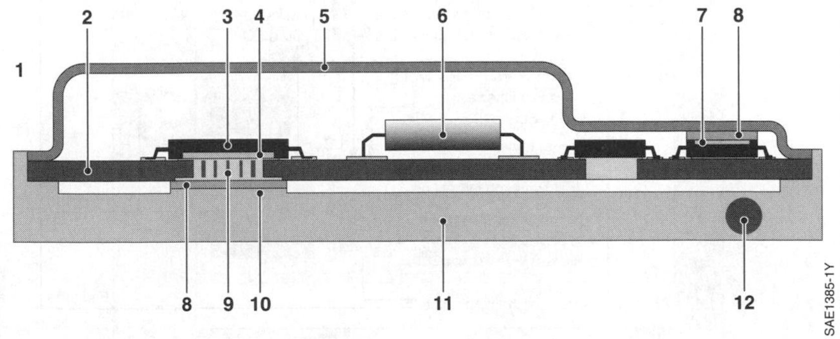

Software

Um unterschiedliche, im Wandel befindliche Elektrik- und Elektronik-Architekturen unterstützen zu können, ist eine möglichst weitgehende Entkoppelung der Anwendersoftware von der Hardware erforderlich. Die Lösung liegt in einer genormten Basis-Software (BSW) und Standardschnittstellen für alle elektronischen Fahrzeugfunktionen. Allgemein ist die Basis-Software als die Hardwareabhängige Software definiert, das heißt, Software-Komponenten zum Beispiel für für Mikrocontroller-Peripherie, Treiber für Applikationsschnittstellen, Diagnose, Kommunikation, Betriebssystem und Systemsteuerung.

Durch die Nutzung des weltweiten AUTOSAR-Standards (Automotive Open System Architecture [5], siehe Software-Engineering) wird eine hohe Wiederverwendbarkeit und die Austauschbarkeit von Software sichergestellt. AUTOSAR betrachtet das komplette Fahrzeugsystem, nicht nur ein einzelnes Steuergerät.

Applikation

Steuergeräte sind, wie zuvor beschrieben, strukturell immer sehr ähnlich aufgebaut (Eingabe – Verarbeitung – Ausgabe). Die für den jeweiligen Anwendungsfall erforderliche spezifische Steuerung wird durch das im Mikrocontroller ausgeführte Programm vorgenommen. Dieses Programm besteht aus einem ausführbaren Programmcode sowie einem Datenteil (einzelne Kenngrößen, Kennlinien und Kennfelder), den sogenannten Applikationsdaten. Das gesamte Programm ist im Festwertspeicher, in Steuergeräten als Flash-Speicher ausgeführt, abgelegt. Um die unterschiedlichen Anforderungen zur Steuerung zum Beispiel eines Antriebsmotors und die gesetzlichen Vorgaben für Abgasemissionen und Diagnose zu erfüllen, müssen die Applikationsdaten verändert und optimiert werden.

Während für die Steuergeräte der ersten Generationen von Motorsteuerungen ca. 100 bis 1 000 Applikationsdaten genügten, sind heute mehrere 10 000 erforderlich. Der Vorgang des Optimierens von Applikationsdaten wird „Applikation von Steuergeräten“ genannt. Die dafür nötigen Arbeiten werden auf Prüfständen und in Erprobungsfahrzeugen vorgenommen und erfordern speziell präparierte Motorsteuergeräte.

Bild 12: Steuergeräte-Softwareebenen und Hardware-basiertes Überwachungsmodul.

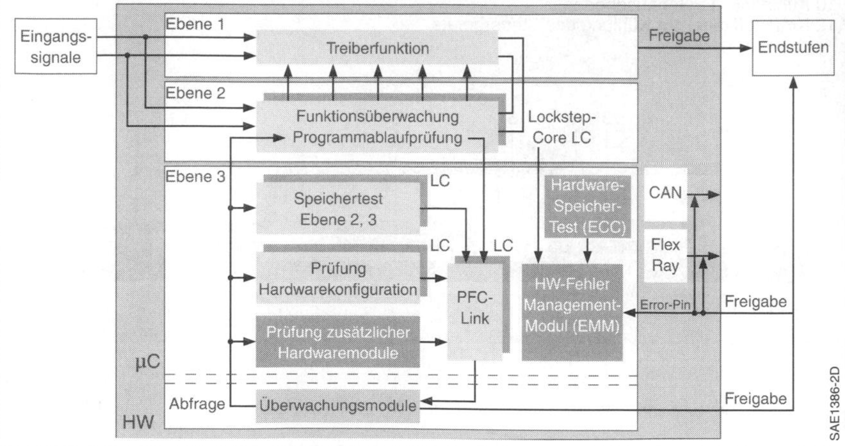

Funktionale Sicherheit

Mit der stetig wachsenden Komplexität elektronischer Komponenten in Fahrzeugen steigt auch die Möglichkeit von Fehlfunktionen. Ist eine sicherheitsrelevante Komponente von einer solchen Fehlfunktion betroffen, können im schlimmsten Fall Menschen zu Schaden kommen [3]. Das Motorsteuergerät überwacht sich mittels Hardware- und Softwarefunktionen kontinuierlich selbst auf Fehlfunktionen. Dazu sind drei Softwareebenen und ein Hardware-basiertes Überwachungsmodul implementiert (Bild 12).

Die Software der Ebene 1 enthält die gewünschten Anwendungsfunktionen. Diese plausibilisieren die von verschiedenen Sensoren gelieferten Eingangssignale und blenden so ungültige Sensoren aus und führen entsprechende Ersatzreaktionen durch. Die Software der Ebene 2 rechnet auf einem unabhängigen Rechnerkern Teile der Anwendungssoftware in einer redundanten, unabhängigen Implementierung parallel (z.B. die Momentbildung oder die Ansteuerung des Starters). Eine Freigabe der Endstufen erfolgt nur, wenn beide Ebenen zum gleichen Ergebnis kommen. Die Software der Ebene 3 prüft hardwarenahe Fehler (z.B. beschädigte Speicher).

Auf Hardwareebene verfügt das Steuergerät über ein Überwachungsmodul. Mikrocontroller und Überwachungsmodul überwachen sich gegenseitig durch ein „Frage-und-Antwort-Spiel“ (beispielsweise Lösung einer Rechenaufgabe, das Monitoring-Modul gibt eine Zahl vor, die vom Mikrocontroller inkrementiert werden muss). Wird ein Fehler erkannt, so können beide unabhängig voneinander entsprechende Ersatzfunktionen einleiten.

Die Wirksamkeit der Abschaltpfade der Ebenen 2 und 3 sowie des Überwachungsmoduls wird bei jedem Einschalten des Steuergeräts geprüft.

EOL-Programmierung

Die Vielzahl von Fahrzeugvarianten mit unterschiedlichen Steuerungsprogrammen und Datensätzen erfordert ein Verfahren zur Reduzierung der vom Fahrzeughersteller benötigten Steuergerätetypen. Hierzu kann der komplette Speicherbereich des Flash-EPROM mit dem Steuergeräteprogramm und dem variantenspezifischen Datensatz am Ende der Fahrzeugproduktion mit der EOL-Programmierung (End of Line) programmiert werden. Die Datenübertragung erfolgt über die Kommunikationsschnittstelle.

Alternativ können zur Reduzierung der Variantenvielfalt im Speicher mehrere Datenvarianten abgelegt werden, die dann durch Codierung am Bandende ausgewählt werden. Diese Codierung wird im EEPROM abgespeichert.

Literatur

[1] ISO 16750: Straßenfahrzeuge – Umgebungsbedingungen und Prüfungen für elektrische und elektronische Ausrüstungen.

[2] G. E. Moore: Cramming more components onto integrated circuits. Electronics 38, 114–117 (1965).

[3] ISO 26262 Road vehicles – Functional safety.

[4] H. Randoll: Elektronische Steuerung von Dieselmotoren. In: K. Mollenhauer, H. Tschöke, R. Maier (Hrsg.): Handbuch Dieselmotoren, 4. Aufl., S. 365–371. Verlag Springer Vieweg (2018).

[5] Automotive Open System Architecture (2018), https://www.autosar.org/.

Mechatronik

Mechatronische Systeme und Komponenten

Definition

Der Begriff Mechatronik entstand als ein Kunstwort aus Mechanik und Elektronik, wobei unter Elektronik „Hardware“ und „Software“ zu verstehen ist. Mechanik steht als Oberbegriff für die Disziplinen „Mechanik“ und „Hydraulik“. Es geht dabei jedoch nicht um den Ersatz der Mechanik durch eine „Elektronifizierung“, sondern um die ganzheitliche Sicht und Entwurfsmethodik (Bild 1). Ziel ist die gemeinsame Optimierung von Mechanik, Elektronik-Hardware und -Software zur Darstellung von mehr Funktionen bei niedrigeren Kosten, geringerem Gewicht und Bauraum und besserer Qualität.

Entscheidend für den Erfolg eines Mechatronikansatzes bei der Problemlösung ist die gemeinsame Betrachtung der bisher getrennten Disziplinen.

Anwendung

Mechatronische Systeme und Komponenten durchdringen heute praktisch das gesamte Fahrzeug: Beginnend bei Motorsteuerung und Einspritzung für Benzin- und Dieselmotoren über Getriebesteuerung, elektrisches und thermisches Energiemanagement bis hin zu den verschiedensten Brems- und Fahrdynamiksystemen. Dazu kommen Kommunikations- und Informationssysteme mit vielfältigsten Anforderungen hinsichtlich Bedienbarkeit. Neben Systemen und Komponenten spielt die Mechatronik auch auf dem Gebiet der Mikromechanik eine zunehmend wichtige Rolle.

Beispiele auf Systemebene

Bei der Weiterentwicklung von Systemen für die vollautomatische Fahrzeugführung und -lenkung zeichnet sich eine generelle Richtung ab: Mechanisch arbeitende Systeme werden zukünftig in zunehmendem Maß von „X by Wire“-Systemen abgelöst. Ein bereits seit langem realisiertes System ist „Drive by Wire“, das elektronische

Bild 1: Wechselwirkungen der Mechatronik.

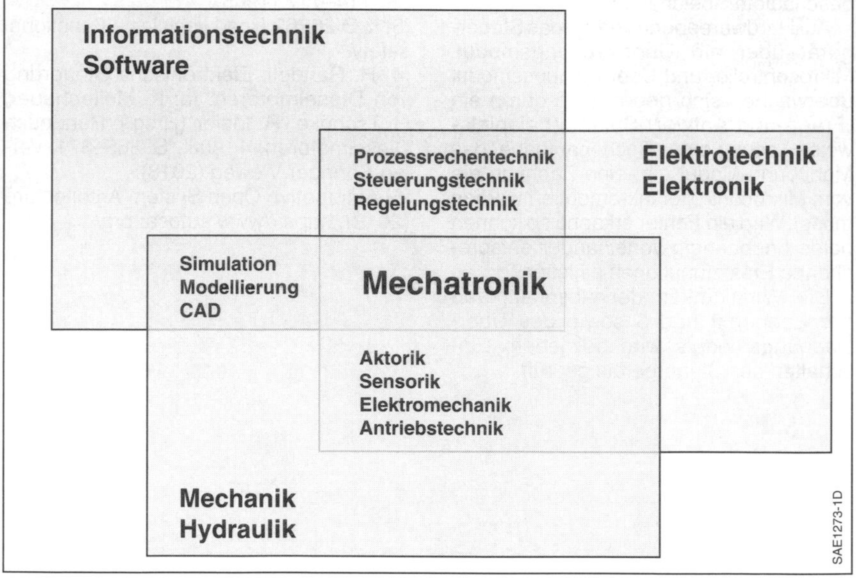

Gaspedal. „Brake by Wire" löst die mechanisch-hydraulische Verbindung zwischen Bremspedal und Radbremse auf. Sensoren erfassen den Bremsbefehl des Fahrers und übertragen diese Information an eine elektronische Steuereinheit. Sie erzeugt über entsprechende Stellglieder die benötigte Bremswirkung an den Rädern.

Eine Realisierungsmöglichkeit für „Brake by Wire" ist die Elektrohydraulische Bremse (SBC, Sensotronic Brake Control). Beim Betätigen der Bremse oder bei Stabilisierungseingriffen durch die Fahrdynamikregelung errechnet das SBC-Steuergerät die gewünschten Soll-Bremsdrücke an den einzelnen Rädern. Da es die notwendigen Soll-Bremsdrücke für jedes der vier Räder getrennt ermittelt und auch die Ist-Werte einzeln erfasst, kann es den Bremsdruck über die Raddruckmodulatoren an jedem einzelnen Rad individuell regeln. Diese vier Druckmodulatoren bestehen jeweils aus einem Einlass- und einem Auslassventil, gesteuert über elektronische Endstufen, die im Zusammenspiel eine bestens dosierbare Druckregelung ermöglichen.

Beim Common-Rail-System sind Druckerzeugung und Einspritzung entkoppelt. Eine Hochdruckleiste, das „Common Rail", dient als Hochdruckspeicher, in dem permanent ein auf den jeweiligen Betriebszustand des Motors abgestimmter Kraftstoffdruck zur Verfügung steht. Für jeden Zylinder übernimmt ein magnetventilgesteuerter Injektor mit eingebauter Einspritzdüse die Kraftstoffeinspritzung direkt in den Brennraum. Die Motorelektronik fragt Fahrpedalstellung, Drehzahl, Temperatur, Frischluftzufuhr und Druck am Rail ab und kann abhängig von den Betriebsbedingungen die Kraftstoffzumessung optimal steuern.

Beispiele auf Komponentenebene

Die Injektoren bestimmen maßgeblich zukünftige Potentiale der Dieselmotorentechnik. Gerade das Beispiel von Common-Rail-Injektoren macht deutlich, dass sich ein Höchstmaß an Funktionalität und damit letztlich auch Endkundennutzen nur durch eine Beherrschung aller physikalischen Domänen (Elektrodynamik, Mechanik, Fluiddynamik) dieser Komponenten erreichen lässt.

CD-Laufwerke im Fahrzeug sind besonders harten Randbedingungen unterworfen. Neben dem Temperaturbereich wirken sich besonders Vibrationen kritisch auf ein solches feinmechanisches System aus. Um beim mobilen Einsatz die Vibrationen des Fahrzeugs von der eigentlichen Abspieleinheit fern zu halten, verfügen die Laufwerke üblicherweise über ein Feder-Dämpfer-System. Überlegungen zur Reduzierung von Gewicht und Bauraum der CD-Laufwerke führen direkt dazu, dieses Feder-Dämpfer-System in Frage zu stellen. Bei dämpferlosen CD-Laufwerken stehen eine spielfreie Gestaltung der Mechanik und die Realisierung einer zusätzlichen Verstärkung für Focus- und Tracking-Regler bei hohen Frequenzen im Vordergrund. Nur die mechatronische Kombination beider Maßnahmen führt zu einer guten Erschütterungsfestigkeit im Fahrbetrieb. Neben einer Gewichtseinsparung von ca. 15 % ergibt sich zusätzlich noch eine Reduzierung der Bauhöhe um ca. 20 %.

Der neue Mechatronikansatz für elektrisch angetriebe Kühlmittelmotoren geht von bürstenlosen, elektronisch kommutierten Gleichstrommotoren aus. Diese sind zunächst (als Motor mit Elektronik) teurer als bisherige mit Bürsten ausgestattete Motoren. In der Gesamtoptimierung erzielt der Ansatz jedoch Vorteile: Bürstenlose Motoren können als „Nassläufer" mit einer deutlich einfacheren Konstruktion eingesetzt werden. Dadurch entfallen ca. 60 % der bisherigen Einzelteile. Diese robustere Konstruktion führt so bei in Summe vergleichbaren Kosten zu einer verdoppelten Lebensdauer, nahezu halbiertem Gewicht und einer um ca. 40 % reduzierten Baulänge.

Beispiele im Bereich Mikromechanik

Ein weiteres Anwendungsgebiet für mechatronische Ansätze bildet die mikromechanische Sensorik. Hier seien als Beispiele der Heißfilm-Luftmassenmesser oder der Drehratensensor genannt.

Der Entwurf von Mikrosystemen erfordert wegen der engen Kopplung der Teilsysteme ebenfalls eine interdisziplinäre Vorgehensweise unter Betrachtung der Einzeldisziplinen Mechanik, Elektrostatik, eventuell Fluiddynamik und Elektronik.

Entwicklungsmethodik

Simulation

Die besondere Herausforderung beim Entwurf mechatronischer Systeme besteht in den fortwährend verkürzten Entwicklungszeiten bei weiterhin zunehmender Komplexität der Systeme. Gleichzeitig muss eine hohe Entwurfssicherheit gewährleistet sein.

Komplexe mechatronische Systeme bestehen aus einer großen Anzahl von Komponenten aus verschiedenen physikalischen Domänen: Hydraulik, Mechanik und Elektronik. Die Wechselwirkungen zwischen diesen ist entscheidend für die Funktion und das Verhalten des Gesamtsystems. Besonders in den frühen Entwicklungsphasen, wenn noch keine Prototypen verfügbar sind, werden Simulationsmodelle zur Überprüfung prinzipieller Designentscheidungen benötigt.

Grundsätzliche Fragestellungen lassen sich dabei oft durch relativ einfache Modelle der Bauteile klären. Geht es mehr ins Detail, werden verfeinerte Komponentenmodelle benötigt. Bei diesen detaillierten Modellen richtet sich der Fokus meist auf eine bestimmte physikalische Domäne.

So existieren detaillierte Hydraulikmodelle von Common-Rail-Injektoren. Diese können über spezielle Programme, deren numerische Berechnungsverfahren genau auf hydraulische Systeme abgestimmt sind, simuliert werden. So müssen hierbei z.B. auch Kavitationsphänomene berücksichtigt werden.

Zur Auslegung der Leistungselektronik, die den Injektor ansteuert, werden ebenfalls detaillierte Modelle benötigt. Dazu kommen wiederum Simulationswerkzeuge zum Einsatz, die eigens zum Entwurf elektronischer Schaltungen entwickelt wurden.

Entwicklung und Simulation der Software, die im Steuergerät mit Hilfe der Signale der Sensoren die Hochdruckpumpe und Leistungselektronik regelt, erfolgen ebenfalls mit Werkzeugen, die speziell auf diesen Ausschnitt des Gesamtsystems ausgelegt sind.

Da die Komponenten des Gesamtsystems miteinander in Wechselwirkung stehen, genügt es nicht, die spezifischen detaillierten Modelle der Komponenten isoliert zu betrachten. Vielmehr sind je-

Bild 2: Modellbibliothek für einen mikromechanischen Drehratensensor.

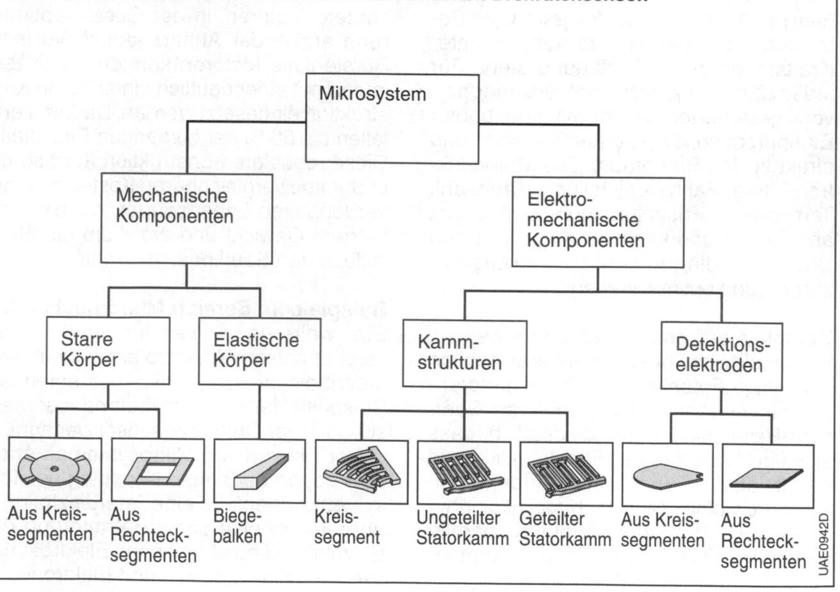

weils auch die Modelle der übrigen Systemkomponenten zu berücksichtigen. Diese Komponenten lassen sich dann aber meist einfacher modellieren. So benötigt z.B. die Systemsimulation mit Fokus auf der Hydraulik nur ein einfaches Modell der Leistungselektronik.

Der Einsatz verschiedener domänenspezifischer Simulationswerkzeuge während der Entwicklung von mechatronischen Systemen ist nur dann effizient, wenn der Austausch von Modellen und Parametern zwischen den Simulationswerkzeugen unterstützt wird. Der direkte Modellaustausch ist wegen der für die jeweiligen Werkzeuge spezifischen Sprachen der Modellbeschreibung schwierig.

Eine Analyse der typischen Komponenten bei mechatronischen Systemen ergibt aber, dass sich diese aus wenigen einfachen für die Domänen spezifischen Elementen zusammensetzen lassen. Diese Standardelemente sind z.B.:

- In der Hydraulik: Drossel, Ventil oder Leitung.
- In der Elektronik: Widerstand, Kondensator oder Transistor.
- In der Mechanik: Masse mit Reibung, Getriebe oder Kupplung (entsprechend auch für Mikromechanik).

Diese Elemente sind vorzugsweise in einer zentralen Standard-Modellbibliothek (Bild 2) enthalten und für die Produktentwicklung dezentral verfügbar. Kern der Standard-Modellbibliothek ist die Dokumentation der Standardelemente. Diese umfasst für jedes Element die

- Beschreibung des physikalischen Verhaltens in Worten,
- die physikalischen Gleichungen, Parameter (z.B. Leitfähigkeit oder Permeabilität), Zustandsgrößen (z.B. Strom, Spannung, magnetischer Fluss, Druck) sowie
- die Beschreibung der zugehörigen Schnittstellen.

V-Modell

Im V-Modell (Bild 3) sind die Zusammenhänge der verschiedenen Phasen der Produktentstehung veranschaulicht: Von der Anforderungsanalyse über Entwurf, Entwicklung, Implementierung und Test

Bild 3: Gesamtüberblick V-Modell.

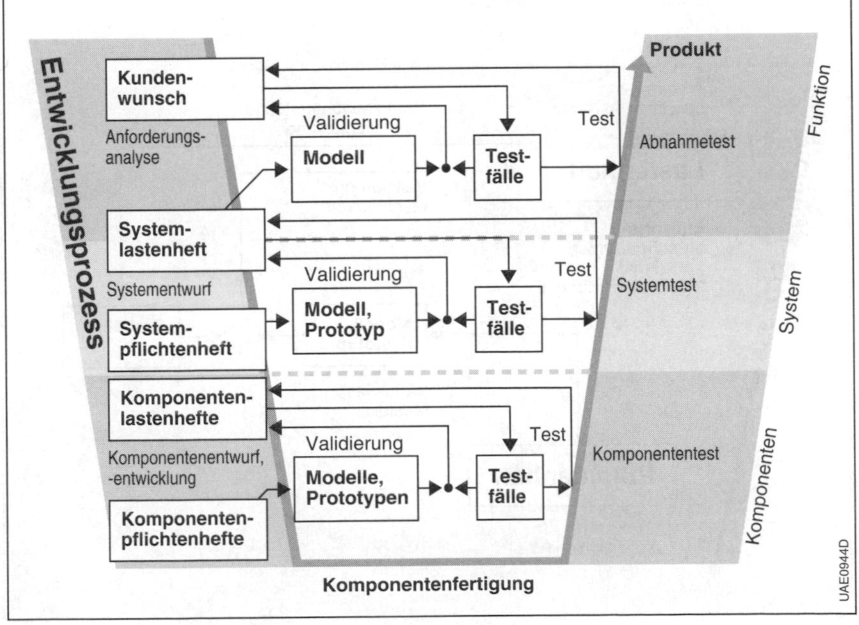

bis zum Systemeinsatz des Produkts. Dabei werden in der Entwicklungsphase folgende drei Ebenen „Top-Down" durchlaufen:

- Kundenspezifische Funktionen,
- System und
- Komponente.

Auf jeder Ebene ist zunächst die Anforderungsspezifikation („was") in Form eines Lastenhefts zu erstellen (Bild 4). Daraus entsteht auf der Basis von Entwurfsentscheidungen (der eigentlichen kreativen Ingenieursleistung) die Entwurfsspezifikation. Dieses Pflichtenheft beschreibt, „wie" eine bestimmte Anforderung erfüllt werden kann. Auf Basis des Pflichtenhefts entsteht die Modellbeschreibung, die zusammen mit den vorher definierten Testfällen eine Überprüfung der Richtigkeit des jeweiligen Entwurfschrittes, die „Validierung", ermöglicht. Dieses Verfahren durchläuft jede der drei Ebenen, und je nach verwendeten Technologien für jede der entsprechenden Domänen (Mechanik, Hydraulik, Fluiddynamik, Elektrik und Elektronik, Software).

Rekursionen auf den verschiedenen Entwurfsebenen verkürzen die Entwicklungsschritte deutlich. Simulationen, „Rapid Prototyping" und „Simultaneous Engineering" ermöglichen eine schnelle Verifikation und schaffen damit die Voraussetzung für kurze Produktzyklen.

Bild 4: Rekursionsmethodik auf einer Ebene.

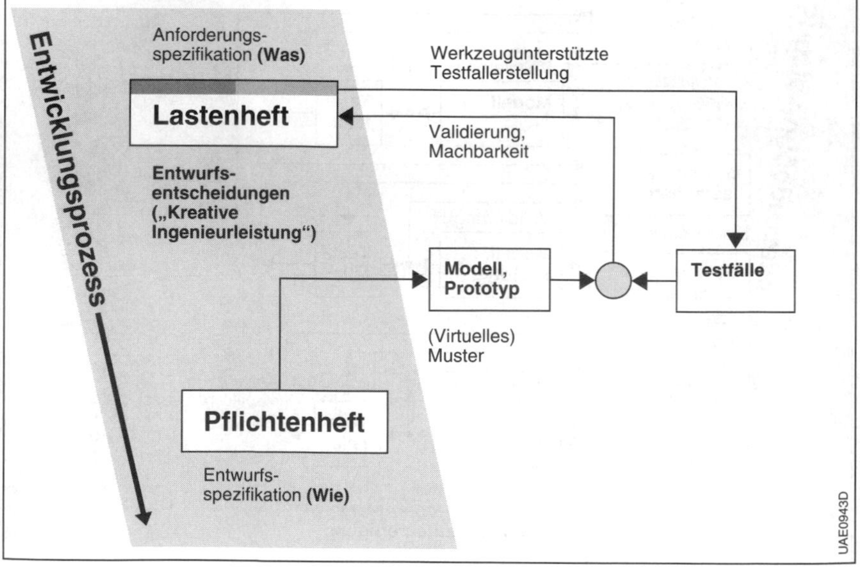

Ausblick

Der große Treiber der Mechatronik ist der ungebrochene Fortschritt in der Mikroelektronik. In Form immer leistungsfähigerer integrierter Rechner in der Serienanwendung profitiert die Mechatronik von der Rechnertechnik. Entsprechend ergeben sich vielfältige Potentiale zur weiteren Steigerung von Sicherheit und Komfort im Kfz bei weiterer Senkung von Schadstoffemissionen und Kraftstoffverbrauch. Umgekehrt ergeben sich neue Herausforderungen zur ingenieurstechnischen Beherrschung dieser Systeme.

Zukünftige „X by Wire"-Systeme ohne die mechanische oder hydraulische Rückfallebene müssen jedoch selbst im Falle eines Fehlers die vorgeschriebene Funktionalität erfüllen. Voraussetzung für ihre Realisierung ist eine höchst zuverlässige und verfügbare Mechatronik-Architektur, für die sich ein „einfacher" Sicherheitsnachweis führen lässt. Dies betrifft sowohl die Einzelkomponenten als auch die Energie- und Signalübertragungen.

Neben „X by Wire"-Systemen stellen Fahrerassistenzsysteme und die zugehörigen Mensch-Maschine-Schnittstellen ein weiteres Feld dar, auf dem sich durch konsequentes Umsetzen mechatronischer Ansätze signifikante Fortschritte für Nutzer und Fahrzeughersteller abzeichnen.

Bezüglich der Entwurfsansätze mechatronischer Systeme ist eine Durchgängigkeit in mehrfacher Hinsicht anzustreben:

- Vertikal: „Top-Down" von der Systemsimulation mit dem Ziel einer Gesamtoptimierung bis zur Finite-Elemente-Simulation für das Detailverständnis und die konstruktive Auslegung „Bottom-Up" vom Komponententest bis zum Systemtest.
- Horizontal: „Simultaneous Engineering" über die Disziplinen hinweg, um gleichzeitig alle produktrelevanten Aspekte zu erfassen.
- Über Unternehmensgrenzen hinweg: Die Idee vom „virtuellen Muster" rückt Schritt für Schritt in greifbare Nähe.

Eine weitere Herausforderung stellt die Ausbildung in der interdisziplinären Denkweise und die Entwicklung geeigneter SE-Prozesse (Systems Engineering) und Organisations- beziehungsweise Kommunikationsformen dar.

Automotive Software-Engineering

Motivation

Ziel der Entwicklung

Ziel einer Entwicklung ist die Bereitstellung einer neuen Funktion oder die Verbesserung einer vorhandenen Funktion des Fahrzeugs. Solche Funktionen bewirken einen Mehrwert für den Benutzer des Fahrzeugs (z.B. Insassen, Mechaniker in der Werkstatt, Spediteure), die Erfüllung von gesetzlichen Anforderungen, eine Vereinfachung der Wartung oder eine Verbesserung der Entwicklungs- oder Fertigungseffizienz. Die technische Realisierung kann mechanisch, hydraulisch, elektrisch oder elektronisch sein. Oft sind es Kombinationen dieser Technologien, wobei die Elektronik immer mehr eine Schlüsselrolle bei der Realisierung vieler Innovationen im Fahrzeug einnimmt. Durch den Einsatz von Elektrik, Elektronik und Software – dem logischen Kern der Systeme – werden „intelligente" Funktionen des Antriebs, des Fahrwerks und des restlichen Fahrzeugs kosteneffizient realisiert.

Inzwischen werden in allen Fahrzeugklassen fast alle Fahrzeugfunktionen elektronisch gesteuert, geregelt oder überwacht. Die anhaltenden Technologie- und Leistungssprünge in der Elektronik-Hardware erlauben die Realisierung zahlreicher neuer und immer leistungsfähigerer Funktionen durch Software. Zunehmend werden die unterschiedlichen elektronischen Systeme im Fahrzeug vernetzt. Auch die Vernetzung der Fahrzeuge untereinander und mit der Umgebung (z.B. Internet) wird vorangetrieben.

Anforderungen an die Software

Die spezifischen Anforderungen an die Software sind sehr vielfältig. Viele Systeme für den Motor und für die Fahrsicherheit müssen „echtzeitfähig" arbeiten, d.h., die Reaktion der Regelung muss mit dem physikalischen Prozess Schritt halten. Bei der Regelung sehr schneller physikalischer Prozesse, wie z.B. Motorsteuerung und Fahrdynamikregelungen, muss die Berechnung daher sehr schnell erfolgen. Auch die Anforderungen an die Zuverlässigkeit sind in vielen Bereichen hoch. Besonders gilt dies für sicherheitsrelevante Funktionen. Eine komplexe Diagnose überwacht die Software und die Elektronik.

Die Software wird über die vielen Varianten eines Fahrzeugs oder sogar über Baureihen hinweg eingesetzt. Sie muss dann an das entsprechende Zielsystem anpassbar sein. Dazu enthält sie Applikationsparameter und Kennfelder. Dies können mehrere 10 000 pro Fahrzeug sein. Vielfach sind diese Verstellgrößen voneinander abhängig. Hinzu kommt, dass eine Funktionalität immer öfter über mehrere Systeme oder Steuergeräte hinweg verteilt ist.

Die Software ist meistens speziell für den entsprechenden Anwendungsfall entwickelt und in das Gesamtsystem eingebunden. Sie wird „Embedded Software" genannt. Die vielen Funktionen werden oft über einen langen Zeitraum hinweg an vielen Standorten der Welt entwickelt und weiterentwickelt. Da Ersatzteile auch nach dem Produktionsende des Fahrzeugs zur Verfügung stehen müssen, hat die Elektronik im Fahrzeug einen verhältnismäßig langen Lebenszyklus von bis zu 30 Jahren.

Aus Kostengründen kommen in Steuergeräten häufig Mikrocontroller mit begrenzter Rechenleistung und begrenztem Speicherplatz zum Einsatz. Dies erfordert Optimierungsmaßnahmen in der Softwareentwicklung, um die erforderlichen Hardware-Ressourcen zu verringern.

Die charakteristischen Merkmale der Software unterscheiden sich je nach Einsatzgebiet. Während die Software für den Antriebstrang sehr umfangreich ist, steht bei den Fahrwerksanwendungen das Echtzeitverhalten im Vordergrund. Im Sicherheits- und Komfortbereich steht die Effizienz, d.h. der Ressourcenverbrauch im Vordergrund und bei Multimediaanwendungen müssen große Datenmengen in kurzer Zeit verarbeitet werden.

Die aus diesen Anforderungen und Merkmalen resultierende Komplexität gilt es im Entwicklungsverbund zwischen Fahrzeughersteller und Zulieferer wirtschaftlich zu beherrschen.

Aufbau von Software im Kraftfahrzeug

Die Software im Kraftfahrzeug setzt sich aus vielen Komponenten zusammen. Grundsätzlich wird, ähnlich wie bei den PC, zwischen den „wahrnehmbaren Funktionen“ der Software, der Anwendungssoftware, und einer teilweise von der Hardware abhängigen Plattformsoftware unterschieden (Bild 1). Das Zusammenspiel aller Funktionen wird in der Architektur festgelegt. Dabei können unterschiedliche Sichten eingenommen werden. Die statische Sicht beschreibt hierarchisch die Funktionsgruppen, Signale und die Verteilung der Ressourcen. Dagegen beschreibt die funktionale Sicht den Signalverlauf durch die verschiedenen Funktionen. Die dynamische, d.h. zeitabhängige Sicht betrachtet das Zeitverhalten bei der Abarbeitung der verschiedenen Tasks. Um das Zusammenspiel und die Weiterentwicklung der einzelnen Komponenten zu gewährleisten, sind schon früh Standards eingeführt worden. Die wichtigsten Standards werden im Folgenden erläutert.

Wichtige Standards für Software im Kraftfahrzeug

Gremien

Die „Association for Standardization of Automation and Measuring Systems“ (ASAM) ist ein Standardisierungsgremium in der Automobilindustrie für Datenmodelle, Schnittstellen und Syntax-Spezifikationen [5]. Die ASAM entwickelte verschiedene Standards für die Verbindung eines Steuergeräts mit einem Computer oder einem Datenerfassungsgerät. Der Standard ASAM-MCD1 (MCD steht für Measurement, Calibration and Diagnosis) unterstützt dazu unterschiedliche Datentransportprotokolle. Anhand von ASAM-MCD2-Spezifikationen können die binären Daten im Steuergerät adressiert werden und die betreffenden Größen können zugleich in den angeschlossenen Werkzeugen als physikalische Werte angezeigt und bearbeitet werden. Der Standard ASAM-MCD3 erlaubt darüber hinaus eine Automatisierung solcher Vorgänge, beispielsweise zur automatischen Applikation von Datensätzen. Weitere ASAM-Standards

Bild 1: Hauptbestandteile der statischen Softwarearchitektur für Mikrocontroller und standardisierte Software-Komponenten.

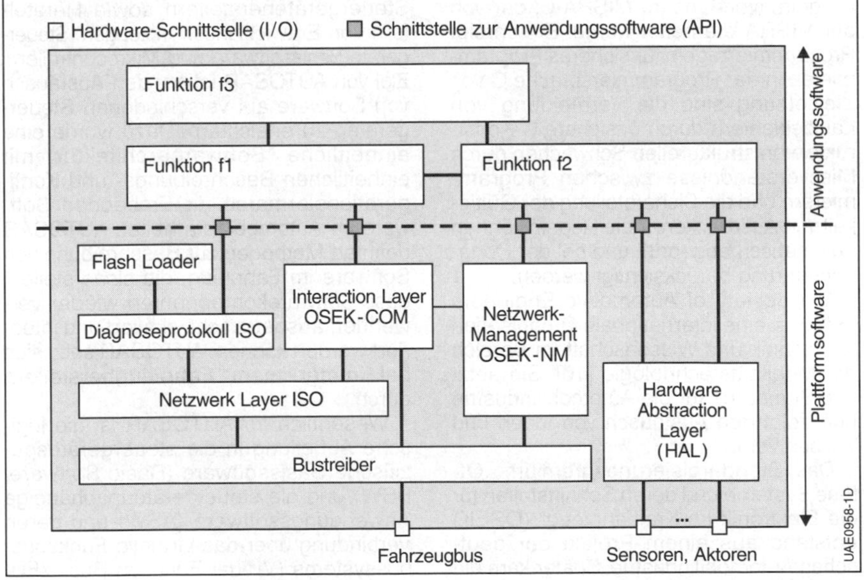

betreffen z.B. den Austausch von Funktionsbeschreibungen und Daten.

Das FlexRay-Konsortium entwickelte die Spezifikation für den FlexRay-Feldbus für Steuerungen und Regelungen im Automobilbereich. Durch hohe Übertragungsraten mit vordefinierter Buszuteilung und einem fehlertoleranten Design eignet er sich besonders für den Einsatz bei aktiven Sicherheitssystemen und im Antriebsstrang (siehe FlexRay).

Die International Electrotechnical Commission (IEC) ist ein internationales Normierungsgremium in den Bereichen Elektrotechnik und Elektronik [6]. Die IEC bietet drei Bewertungssysteme, mit denen die Konformität nach den internationalen Standards nachgewiesen werden kann. Die IEC arbeitet eng mit der International Organization for Standardization (ISO) [7], der International Telecommunication Union (ITU) und zahlreichen Standardisierungsgremien (einschließlich dem Institute of Electrical and Electronics Engineers, IEEE) [8] zusammen.

Die Motor Industry Software Reliability Association (MISRA) ist eine Vereinigung in der Automobilindustrie, die Regeln für sicheres Entwickeln und Applizieren von Software in Fahrzeugsystemen erarbeitet [9]. Am Bekanntesten ist der Programmierstandard MISRA-C, der von der MISRA erarbeitet wurde. Er schreibt Programmierregeln für sicheres Programmieren in der Programmiersprache C vor. Zielsetzung sind die Vermeidung von Laufzeitfehlern durch unsichere C-Konstrukte, von strukturellen Schwächen durch Missverständnisse zwischen Programmierern und die Sicherstellung der Gültigkeit von Ausdrücken. Viele Regeln können automatisch abgeprüft und bei der Codegenerierung berücksichtigt werden.

Die Society of Automotive Engineers (SAE) ist eine internationale Organisation für Technik und Wissenschaft im Bereich der Mobilitätstechnologie [10]. Sie setzt u.a. Standards für die Automobilindustrie und treibt den Austausch von Ideen und Wissen voran.

Das Standardisierungsgremium „Offene Systeme und deren Schnittstellen für die Elektronik im Kraftfahrzeug“ (OSEK) entstand aus einem Projekt der deutschen Automobilindustrie. Später kam die Initiative „Vehicle Distributed Executive“ (VDX) der französischen Automobilindustrie hinzu. Unter dem Begriff OSEK/VDX sind Standardisierungen von Komponenten der Basissoftware in folgenden Bereichen festgeschrieben [11]:

- Kommunikation (Datenaustausch innerhalb von und zwischen den Steuergeräten),
- Betriebssystem (Echtzeitausführung von Steuergerätesoftware sowie Basisdienste für andere OSEK/VDX-Module),
- Netzwerkmanagement (Konfiguration und Monitoring).

Die Japan Automotive Software Platform and Architecture (JasPar) ist eine Initiative zur Kostensenkung und Technologieentwicklung in der Automobilelektonik. Sie fördert japanische Unternehmen in der gemeinsamen Entwicklung nicht wettbewerbsrelevanter Technologien wie Netzwerklösungen, Dienstfunktionen und Basissoftware. JasPar arbeitet eng mit AUTOSAR und FlexRay zusammen.

AUTOSAR

AUTOSAR (Automotive Open System Architecture) [12] ist eine Entwicklungspartnerschaft aus Fahrzeugherstellern, Steuergeräteherstellern sowie Herstellern von Entwicklungswerkzeugen, Steuergeräte-Basissoftware und Mikrocontrollern. Ziel von AUTOSAR ist es, den Austausch von Software auf verschiedenen Steuergeräten zu erleichtern. Dazu wurde eine einheitliche Softwarearchitektur mit einheitlichen Beschreibungs- und Konfigurationsformaten für Embedded Software im Automobil erarbeitet. AUTOSAR definiert Methoden zur Beschreibung von Software im Fahrzeug, die sicherstellen, dass Softwarekomponenten wieder verwendet, ausgetauscht, skaliert und integriert werden können. AUTOSAR setzt sich bei immer mehr Fahrzeugherstellern durch.

Wesentlich für AUTOSAR ist die logische Aufteilung in die steuergerätespezifische Basissoftware (Basic Software, BSW) und die steuergeräteunabhängige Anwendungssoftware (ASW) und deren Verbindung über das virtuelle Funktionsbussystems (Virtual Function Bus, VFB)

(Bild 2). Dieser virtuelle Funktionsbus verbindet auch Softwarekomponenten, die in unterschiedlichen Steuergeräten implementiert sind. So können diese zwischen verschiedenen Steuergeräten verschoben werden, ohne dass Änderungen in den betreffenden Softwarekomponenten selbst vorgenommen werden müssen. Dies kann zur Optimierung von Rechenleistung, Speicherbedarf oder Kommunikationslast nützlich sein.

Die funktionalen Softwarekomponenten (Software Component, SWC) sind strikt voneinander und von der Basissoftware getrennt. Sie enthalten typischerweise spezifische Regelalgorithmen, die zur Laufzeit ausgeführt werden, die „Runnable Entities“. Sie kommunizieren über die AUTOSAR-Schnittstelle mit den anderen Funktionen und den Steuergeräteschnittstellen. Diese Schnittstellen (API) sind in SWC-XML-Beschreibungen definiert.

Die Laufzeitumgebung (Run-Time Environment, RTE) stellt die Kommunikationsdienste zwischen den funktionalen Softwarekomponenten und der entsprechenden Basissoftware auf dem Steuergerät bereit. Die RTE ist für das spezifische Steuergerät und die Anwendung passend zugeschnitten. Sie kann weitgehend automatisch aus den Schnittstellenanforderungen generiert werden.

Die Basissoftware (Basic Software, BSW) enthält die steuergerätespezifischen Programmteile, wie die Kommunikationsschnittstellen, die Diagnose und das Speichermanagement. Die Basissoftware enthält auch den Service-Layer. In ihm sind Softwarekomponenten für allgemeine Dienstfunktionen (SRV), Kommunikation (COM) und das teilweise vom verwendeten Steuergerät abhängige Betriebssystem (Operating System, OS) zusammengefasst [4, 11]. Letzteres basiert auf dem OSEK/VDX OS. In diesem Bereich werden die Ressourcen des Steuergeräts eingeteilt und verwaltet, um zu einer optimalen Netzwerkunterstützung, Speicherverwaltung, Diagnose usw. zu kommen.

Die Kapselung der verwendeten Hardware erfolgt in zwei aufeinander aufbauenden Schichten. Die Abstraktion des Mikroprozessors (Micro-Controller Abstraction Layer, MCAL) mit dem direkten Zugriff auf die Peripheriebausteine des Steuergeräts setzt sich in einer weiteren Ebene (ECU-Abstraction) fort. „Complex Device Drivers“ (CCD) ermöglichen einen direkten Zugriff auf Mikrocontroller-Ressourcen für Anwendungsfälle mit besonderen Anforderungen an Funktionalität und Timing. Sie sind ebenfalls Bestandteil der Basissoftware, sodass die Anwendungssoftware unabhängig von der Hardware

Bild 2: AUTOSAR-Architektur.
ECU Steuergerät, ASW Anwendungssoftware, SWC Softwarekomponente,
VFB Virtueller Funktionsbus, RTE Laufzeitumgebung, BSW Basissoftware, OS Betriebssystem.

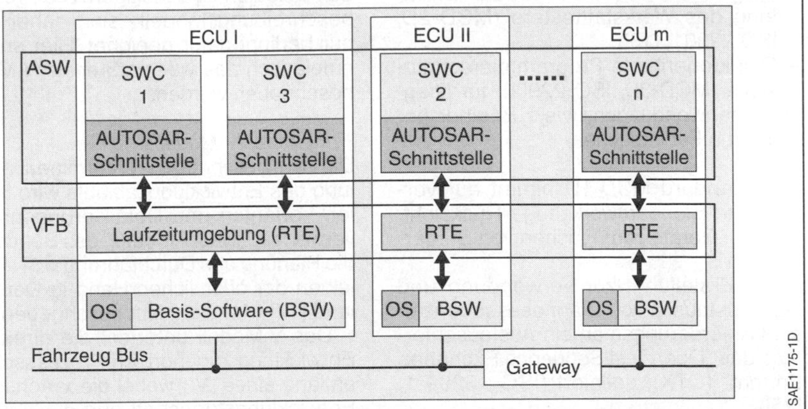

entwickelt werden kann, auch wenn die Dienste der Complex Device Drivers benötigt werden.

Neben der Steuergerätearchitektur ist auch die Entwicklungsmethodik durch AUTOSAR teilweise standardisiert. Es handelt sich dabei vor allem um die Struktur und die Abhängigkeiten der unterschiedlichen Arbeitsprodukte (z.B. Dateien). Diese werden benötigt, um aus den unterschiedlichen Software-Komponentenbeschreibungen ausführbare Programme für die jeweiligen Steuergeräte zu erzeugen.

Diagnosestandards

Fahrzeugspezifische Systeme zur Diagnose für die Fahrzeugentwicklung und -produktion sowie für die Werkstätten erweisen sich als pflegeaufwändig, kostenintensiv und unflexibel. Sie binden die Hersteller an Zulieferer und verhindern den einfachen Datenaustausch bei firmenübergreifenden Kooperationen. Daher entstanden einige Diagnosestandards (z.B. [13] und [14]).

Die Arbeitsgruppe Automotive Electronics (ASAM-AE) [5] hat drei Spezifikationen für die datenbasierte (d.h. softwarebasierte) Fahrzeugdiagnose ausgearbeitet, die als internationale Standards in der Normengruppe ISO 22900 publiziert sind [15]:

- Schnittstelle zwischen Laufzeitumgebung und der Kommunikations-Hardware (MCD-1D und PDU-API, ISO 22900).
- ODX-Standard für den Austausch der Diagnosedaten, z.B. für die Bedatung des Werkstatttesters (MCD-2D, ISO 22901, [16]).
- Objektorientierte Programmierschnittstelle (MCD-3D, ISO 22900) für Diagnoseanwendungen, wie z.B. einer geführten Fehlersuche.

Der Standard MCD-1D nimmt auf vorhandene Standardwerkzeuge Rücksicht, wie z.B. Geräte zum Flashen von Steuergeräten.

Zur Erstellung, zur Verwendung und zum Austausch von Diagnosesequenzen sind Anforderungen an ein Austauschformat, das „Open Test Sequence Exchange Format" (OTX), definiert (ISO 13209-1, [25]).

Der Entwicklungsprozess

Bei der Softwareentwicklung steht die Abbildung der logischen Systemarchitektur auf ein konkretes Softwaresystem mit allen Programmen und Daten im Mittelpunkt. Dabei wird das gesamte prozessorgesteuerte System des Fahrzeugs betrachtet. Besonderer Wert wird auf eine klare Trennung zwischen der Spezifikation, dem Design und der Implementierung gelegt. Die Spezifikation der Softwarefunktionen erfolgt auf physikalischer Ebene, während das Design und die Implementierung von Programmen und Daten auf den spezifischen Mikrocontroller ausgelegt sind.

Um die oben genannten Anforderungen bei der Entwicklung von Software im Automobil zu erfüllen, sind neben der Technologie und den Werkzeugen die definierten Abläufe (Prozesse) ein wichtiger Bestandteil der Entwicklung.

Prozessbeschreibungsmodelle

Um die Abläufe in der Softwareentwicklung zu beschreiben, kommen zahlreiche mehr oder weniger komplizierte Modelle zum Einsatz. Sie dienen dazu, die Abläufe transparent zu machen, diese zu vergleichen, Schwachstellen zu entdecken sowie die Konformität entsprechend definierter Standards nachzuweisen. Sie wurden jedoch ursprünglich nicht dazu konzipiert, direkt die Qualität der Software selbst zu verbessern, die Effizienz zu steigen oder systematische Fehler in den Abläufen zu beseitigen. Die Prozessbeschreibungsmodelle sind daher auch nur bedingt dafür geeignet. Hier soll exemplarisch das weit verbreitete V-Modell beschrieben werden.

Prinzip des V-Modells

Die hier beschriebene V-förmige Darstellung des Entwicklungsablaufs wird in vielen Varianten und Detaillierungsgraden verwendet. „Das V-Modell" des Bundes für die Planung und Durchführung von IT-Projekten der öffentlichen Hand in Deutschland [17] wird hier nicht beschrieben.

Das V-Modell unterteilt die direkt der Entwicklung zugehörigen Prozessschritte entlang eines „V", wobei die x-Achse der Entwicklungsfortschritt und die y-Achse die Tiefe, d.h. den Detaillierungsgrad des entsprechenden Prozessschrittes aufzeigt (Bild 3). Ein Prozessschritt kann durch die erforderlichen Eingangsgrößen, das Vorgehen, die Methoden, die Rollen, die Werkzeuge, die Qualitätskriterien und die Ausgangsgrößen beschrieben werden. Die auf dem linken Ast definierten Prozessschritte werden auf dem rechten Ast verifiziert. Diese Schritte können auch mehrfach durchlaufen oder aufgeteilt werden.

Im erweiterten V-Modell können noch begleitende Prozesse, wie zum Beispiel das Anforderungs-, Änderungs-, Projekt- und das Qualitätsmanagement betrachtet werden.

Prozessbewertungsmodelle
Prozessbewertungsmodelle liefern neben der reinen Beschreibung der Aufgaben und Abläufe auch Aussagen über die Reife und die Qualität der Prozesse. Damit können Arbeitsschritte verglichen, bewertet und zertifiziert werden. Auch können so Prozesslücken identifiziert werden, die z.B. Auswirkungen auf die Produktqualität oder die Kosten haben. Allerdings gibt auch hier die Aussage über die Qualität der Prozesse kein vollständiges Bild über die Qualität der Produkte selbst. Die drei wichtigsten Prozessbewertungsmodelle sollen hier beschrieben werden.

ISO 9000 und ISO/TS 16949
Die prozessorientierte Normenreihe EN ISO 9000 [18] und Folgende gibt die Anforderungen an ein Qualitätsmanagementsystem vor. Im Fokus stehen dabei die Wechselwirkungen und die Schnittstellen. Der ursprüngliche Schwerpunkt war die Fertigung und die Kundenschnittstellen.

Die technische Spezifikation ISO/TS 16949 [19] entstand in der nordamerikanischen und europäischen Automobilindustrie und vereint die Forderungen an Qualitätsmanagementsysteme. Ziel des Standards ist es, die System- und die Prozessqualität wirksam zu verbessern, um die Kundenzufriedenheit zu erhöhen, Fehler und Risiken im Produktionsprozess und in der Lieferkette zu erkennen, ihre Ursachen zu beseitigen und getroffene Korrektur- und Vorbeugungsmaßnahmen auf ihre Wirksamkeit zu prüfen. Im Zentrum steht nicht die Entdeckung, sondern die Vermeidung von Fehlern.

Bild 3: Erweitertes V-Modell.

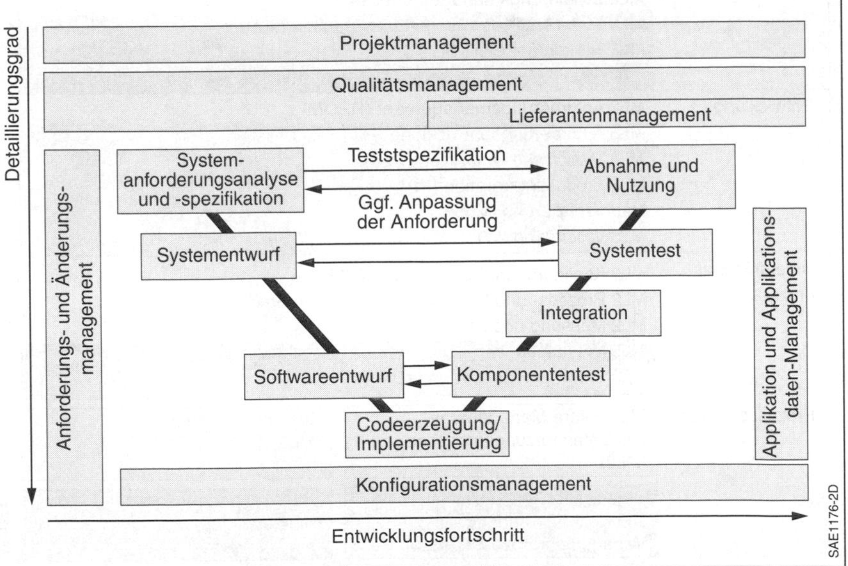

Die Erfüllung der ISO 9000 und ISO/TS 16949 kann durch Zertifizierung nachgewiesen werden.

CMMI

Das „Capability Maturity Model Integration“ (CMMI) ist ein Modell zur Bewertung und systematischen Verbesserung von Entwicklungsorganisationen und ihrer Prozesse [20], das ursprünglich vom Software Engineering Institute (SEI) entwickelt wurde. Es beschreibt eine Sammlung von Anforderungen an die Prozesse und deren Abhängigkeiten (Bild 4). Das CMMI bietet einen Rahmen, dessen Umsetzung eine geschäftsorientierte Interpretation und inhaltliche Ausgestaltung erfordert. Es wird beschrieben, was zu tun ist. Die Organisation muss das „Wie“ angemessen ausprägen. Die Inhalte von CMMI basieren auf essenziellen „Best Practices“ aus der Industrie. Das CMMI liefert eine längerfristig angelegte Vorgehensweise für Prozessverbesserung auf dem Weg der Organisationsentwicklung bis hin zur lernenden Organisation.

Das CMMI hat viele inhaltliche Gemeinsamkeiten mit der ISO 9000 und ISO TS 16949. Dabei besitzt das CMMI einen höheren Detaillierungsgrad, während ISO 9000 und ISO TS 16949 ein breiteres Anwendungsfeld abdeckt.

Das CMMI unterscheidet fünf Reifegrade (Maturity Levels, ML) für eine Organisationseinheit (Bilder 4, 5). Je nach Reifegrad werden unterschiedliche Pro-

Bild 4: CMMI-Prozessübersicht.
ML Maturity Level.

Kategorie	Prozessgebiete
Prozess-management	ML3 Organisationsweite Prozessausrichung (OPF) ML3 Organisationsweites Innovationsmanagement (OPD) ML3 Organisationsweite Aus- und Weiterbildung (OT) ML4 Organisationsweites Prozessfähigkeitsmanagement (OPP) ML5 Organisationsweites Innovationsmanagement (OID)
Projekt-management	ML2 Projektplanung (PP) ML2 Projektverfolgung und -steuerung (PMC) ML2 Zulieferungsmanagement (SAM) ML3 Fortschrittliches Projektmanagement (IPM) ML3 Risikomanagement (RSKM) ML4 Quantitatives Projektmanagement (IPM)
Entwicklung	ML2 Anforderungsmanagement (REQM) ML3 Anforderungsentwicklung (RD) ML3 Technische Umsetzung (TS) ML3 Produktintergration (PI) ML3 Verifizierung (VER) ML3 Validierung (VAL)
Unterstüzungs-prozesse	ML2 Konfigurationsmanagement (CM) ML2 Prozess- und Produktqualitätssicherung (PPQA) ML2 Messung und Analyse (MA) ML5 Ursachenanalyse und -beseitigung (CAR) ML3 Entscheidungsfindung (DAR)

Prozessbereiche		
	Elementare Management- und Unterstützungsprozesse (ML2)	Engineeringprozesse (ML3)
	Organisationsprozesse und weiterführende Managementprozesse (ML3)	„High Maturity“-Prozesse (ML4 und ML5)

SAE1177-2D

Bild 5: CMMI-Reifegrade (Maturity Level).

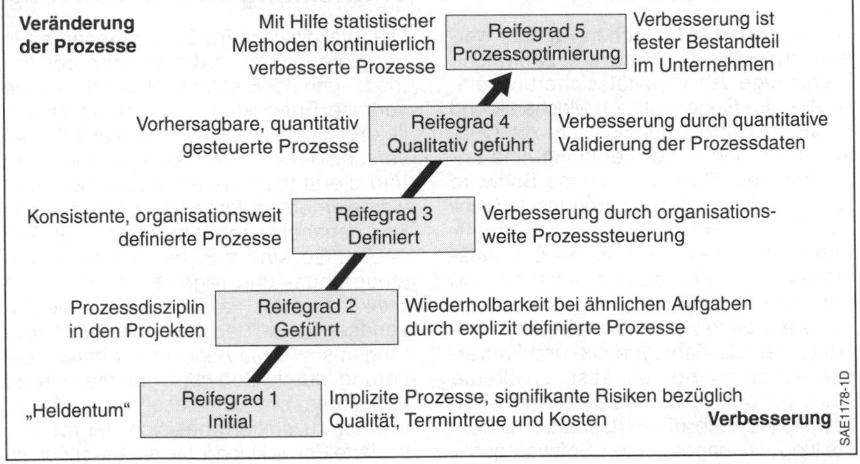

zessgebiete (Process Areas) betrachtet. Ein Reifegrad ist erreicht, wenn alle entsprechenden Prozessgebiete beherrscht und durch ein Assessment nachgewiesen werden. Um einen höheren Reifegrad zu erreichen, müssen auch die Prozessgebiete der darunter liegenden Reifegrade erneut nachgewiesen werden.

Das CMMI wird als Verbesserungs- und Bewertungsmodell für Entwicklungsorganisationen eingesetzt und bietet eine gute Unterstützung für die organisationsweite Prozessoptimierung und die Auditierung von Zulieferern.

Automotive SPICE

SPICE steht für „Software Process Improvement and Capability Determination". Automotive SPICE [21] ist eine kraftfahrzeugspezifische Variante der internationalen Norm ISO/IEC 15504 (Prozesse im Lebenszyklus von Software, [22]). Es ist ein Modell zur projektbezogenen Bewertung von Software-Entwicklungsprozessen und konzentriert sich, wie das CMMI, auf die Anforderungen für systematisches Entwickeln. Daher sind die Modellinhalte beim Automotive SPICE und beim CMMI sehr ähnlich. Das Automotive SPICE ist auf der Anforderungsebene teilweise konkreter uns lässt weniger Spielraum für die geschäftsorientierte Interpretation der Anforderungen. Das Automotive SPICE fokussiert sich (derzeit) nur auf die Software und nur auf einzelne Projekte. Dagegen gehen die Anwendungsfelder von CMMI weiter und umfassen Entwicklungstätigkeiten und -dienstleistungen aller Art und deren Steuerung durch die Organisation. Das Automotive SPICE wird von Kraftfahrzeugherstellern als Bewertungsmodell von Softwareprojekten bei Lieferanten eingesetzt.

Die Prozess-Assessments werden anhand des zweidimensionalen Referenz- und Assessment-Modells durchgeführt. Die „Prozess-Dimension" dient zur Kennzeichnung und Auswahl der im Assessment zu untersuchenden Prozesse, die „Reifegrad-Dimension" auf der anderen Seite dient der Bestimmung und Bewertung ihrer jeweiligen Leistungsfähigkeit. Die Reifegrad-Dimension besteht aus den sechs Reifegradstufen „unvollständig", „durchgeführt", „gesteuert", „etabliert", „vorhersagbar" und „optimierend".

Qualitätssicherung in der Softwareentwicklung

Wie bei jedem technischen Produkt werden auch für die Software zahlreiche Werkzeuge zur Qualitätssicherung eingesetzt. Im Gegensatz zur Mechanik und Elektrik spielt bei der Software die Qualitätssicherung in der Fertigung eine untergeordnete Rolle, da sich die Software relativ einfach reproduzieren lässt. Wichtige Schwerpunkte bilden die Gesamtfunktionalität des Systems, die Qualitätsmaßstäbe, die Komplexitätsbeherrschung und die Applikation. Da die Software im Fahrzeug auch sicherheitsrelevante Systeme, wie z.B. Fahrdynamik- und Fahrerassistenzsysteme, umfasst, spielt die Nachweisbarkeit der Qualität eine wichtige Rolle. Auch die wirtschaftliche Darstellung der angestrebten Softwarequalität, gerade bei komplexen Systemen, ist sehr wichtig.

ISO 26262

Auf Basis der Norm IEC 61508 [23] wurde von der Automobilindustrie die Norm ISO 26262 [24] für den Entwurf sicherheitsrelevanter elektrischer und elektronischer Systeme in Kraftfahrzeugen eingeführt. Diese umfasst sowohl Anforderungen an das Produkt als auch an den Entwicklungsprozess und umfasst somit Konzept, Planung, Entwicklung, Realisierung, Inbetriebnahme, Instandhaltung, Modifikation, Außerbetriebnahme und Deinstallation sowohl des sicherheitsrelevanten Systems selbst, als auch der sicherheitsbezogenen (risikomindernden) Systeme. Die Norm bezeichnet die Gesamtheit dieser Phasen als „gesamten Sicherheitslebenszyklus". Die Produkte werden in Sicherheitsanforderungsstufe („Safety Integrity Level") SIL 1 bis SIL 4 (ISO 61508) und „Automotive SIL", ASIL A bis ASIL D (ISO 26262) unterteilt. SIL 1 und ASIL A ist die niedrigste, SIL 4 und ASIL D die höchste Sicherheitsanforderungsstufe.

Abläufe der Softwareentwicklung im Kraftfahrzeug

Die interdisziplinäre Zusammenarbeit in der Entwicklung (z.B. zwischen der Antriebs- und der Elektronikentwicklung), die verteilte Entwicklung (z.B. zwischen Zulieferer und Fahrzeughersteller oder an verschiedenen Entwicklungsstandorten) und die langen Lebenszyklen der Softwareelemente erfordert ein gemeinsames und ganzheitliches Verständnis der Aufgaben. So sind z.B. beim Entwurf von steuerungs- und regelungstechnischen Funktionen des Fahrzeugs auch die Zuverlässigkeits- und Sicherheitsanforderungen sowie die Aspekte der Implementierung durch Software ganzheitlich zu betrachten. Um sich diesen Herausforderungen zu stellen, hat sich die modellbasierte Entwicklung in vielen Anwendungsfeldern etabliert (Bild 6).

Modellbasierte Entwicklung

Die modellbasierte Entwicklung unterscheidet zwei Bereiche. Die logische Systemarchitektur umfasst und beschreibt den virtuellen Bereich der Modelle, während die technische Systemarchitektur die realen Steuergeräte und Fahrzeuge beinhaltet. Die „logische Systemarchitektur" ist in den Bildern grau und die „technische Systemarchitektur" weiß dargestellt. Die anhand von Steuerungs- und Regelungsfunktionen erläuterte Vorgehensweise kann generell eingesetzt werden – beispielsweise auch für Überwachungs- und Diagnosefunktionen.

Die Basis für dieses gemeinsame Funktionsverständnis kann ein grafisches Funktionsmodell bilden, das alle Komponenten des Systems berücksichtigt. In der Softwareentwicklung lösen zunehmend modellbasierte Entwicklungsmethoden mit Notationen wie Blockdiagrammen oder Zustandsautomaten zur Daten- und Verhaltensbeschreibung die Softwarespezifikationen in Prosaform ab. Diese Modellierung von Softwarefunktionen bietet noch weitere Vorteile. Ist das Spezifikationsmodell formal, d.h. eindeutig und ohne Interpretationsspielraum als mathematische Funktion beschrieben, so lässt sie sich auf einem Rechner in einer Simulation ausführen und im Fahrzeug durch

„Rapid Control Prototyping“ schnell und realitätsnah erproben. Zudem können Inkonsistenzen leichter entdeckt werden.

Mit Methoden zur automatisierten Codegenerierung können die zuvor spezifizierten Funktionsmodelle auf Softwarekomponenten für Steuergeräte abgebildet werden. Dazu sind die Funktionsmodelle um Software-Designinformationen zu erweitern. Diese schließen gegebenenfalls auch die erforderliche Optimierungsmaßnahmen hinsichtlich der geforderten Produkteigenschaften des elektronischen Systems ein. Zudem sichert die automatische Codegenerierung gleich bleibende Qualitätsmerkmale des Codes.

Im nächsten Schritt simulieren virtuelle Umgebungsmodelle, die gegebenenfalls durch reale Komponenten, wie Injektoren, ergänzt werden, die Umgebung der Steuergeräte und ermöglichen damit „In-the-Loop-Tests“ im Labor. Gegenüber Prüfstands- und Fahrversuchen lässt sich damit eine höhere Flexibilität, eine größere Testtiefe und eine einfachere Reproduzierbarkeit der Testfälle erzielen.

Die Applikation (auch Kalibrierung genannt) der Softwarefunktionen des elektronischen Systems umfasst die fahrzeugindividuelle Einstellung der z.B. in Form von Kennwerten, Kennlinien und Kennfeldern abgelegten Parameter dieser Funktionen. Diese Abstimmung erfolgt oft zu einem späten Zeitpunkt im Entwicklungsprozess, häufig direkt im Fahrzeug bei laufenden Systemen. Der Trend geht jedoch immer mehr in Richtung einer früheren Vorbedatung; d.h., bereits in den frühen Entwicklungsphasen werden möglichst realitätsnahe Applikationsdaten anhand von Modellen oder Erfahrungswerten ermittelt. Durch die Vielzahl der Applikationsgrößen und die gegenseitige Abhängigkeit erfordert die Applikation geeignete Verfahren und Werkzeuge, denn letztlich entscheidet die Qualität der Applikation, das heißt die genaue Anpassung der Soft-

Bild 6: Entwicklungsschritte bei der modellbasierten Entwicklung von Softwarefunktionen.
Schritt 1: Modellierung und Simulation der Softwarefunktionen für das Steuergerät sowie des Fahrzeugs, Fahrers und der Umwelt auf dem Rechner (Softwarefunktionen sind alle funktionalen Programmteile der Software).
Schritt 2: Rapid-Control-Prototyping der Softwarefunktionen im realen Fahrzeug,
Schritt:3: Implementierung der Softwarefunktionen im realen Fahrzeug,
Schritt 4: Integration und Test der Steuergeräte mit In-the-Loop-Testsystemen, Laboraufbauten und Prüfständen,
Schritt 5: Test und Applikation der Softwarefunktionen und der Steuergeräte im Fahrzeug.

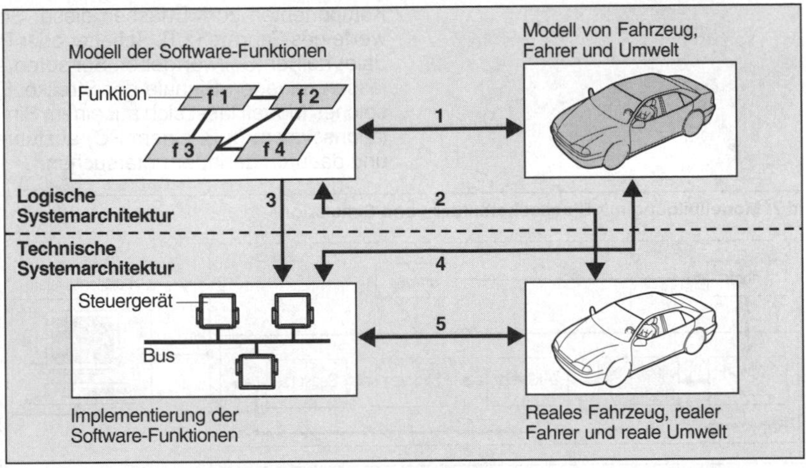

ware an das Fahrzeug, darüber, inwieweit das Potential der Software genutzt wird.

Zunehmend wird versucht, Entwicklungsschritte nach vorne, d.h. in den Bereich der simulierten (virtuellen) Umgebung zu verlagern, um Fehler früh zu finden und teure Testhardware und Versuchsfahrzeuge einzusparen (Front Loading). Leistungsfähige Simulationswerkzeuge und virtuelle Steuergeräteumgebungen machen dies möglich.

Funktions- und Steuergerätenetzwerk
Diese Vorgehensweise kann auch in der Entwicklung von Funktions- und Steuergerätenetzwerken angewendet werden. Jedoch kommen dann weitere Aspekte hinzu, wie
- Kombinationen aus modellierten, virtuellen und bereits in Steuergerätecode realisierten Funktionen sowie
- Kombinationen aus modellierten, virtuellen und realisierten mechanischen Komponenten und Hardware.

Eine konsequente Unterscheidung zwischen einer abstrakten Sicht auf die Funktionen und einer konkreten Sicht auf die technische Realisierung ist deshalb vorteilhaft. Eine solche abstrakte und konkrete Sichtweise lässt sich auf alle Komponenten des Fahrzeugs, den Fahrer und die Umwelt ausdehnen.

Modellierung und Simulation von Softwarefunktionen

Modellbildung
Die Modellbildung für Steuerungs- und Regelungssysteme erfolgt vorzugsweise mit Blockschaltbildern. Sie stellen das Übertragungsverhalten von Komponenten durch Blöcke und die Signalflüsse zwischen den Blöcken durch Pfeile dar (Bild 7). Da es sich in der Regel um Mehrgrößensysteme handelt, liegen im allgemeinen Fall alle Signale in Vektorform vor. Es wird unterschieden zwischen
- Mess- oder Rückführgrößen y,
- Ausgangsgrößen der Steuerung oder des Reglers u^*,
- Führungs- oder Sollgrößen w,
- Sollwerten des Fahrers w^*,
- Regel- oder Steuergrößen y^*,
- Stellgrößen u,
- Störgrößen z.

Bei den Blöcken wird unterschieden zwischen
- Steuerung oder Regelung,
- Modelle der Aktoren,
- Streckenmodell,
- Modelle der Sollwertgeber und Sensoren sowie
- Fahrer- und Umweltmodell.

Der Fahrer kann die Funktionen der Steuerung oder der Regelung durch die Vorgabe von Sollwerten beeinflussen. Alle Komponenten zum Erfassen dieser Sollwerte des Fahrers (z.B. Schalter oder Pedale) heißen Sollwertgeber. Sensoren erfassen dagegen Signale der Strecke. Ein solches Modell lässt sich auf einem Simulationssystem (z.B. einem PC) ausführen und dadurch genauer untersuchen.

Bild 7: Modellbildung mit Blockschaltbildern und Simulation.

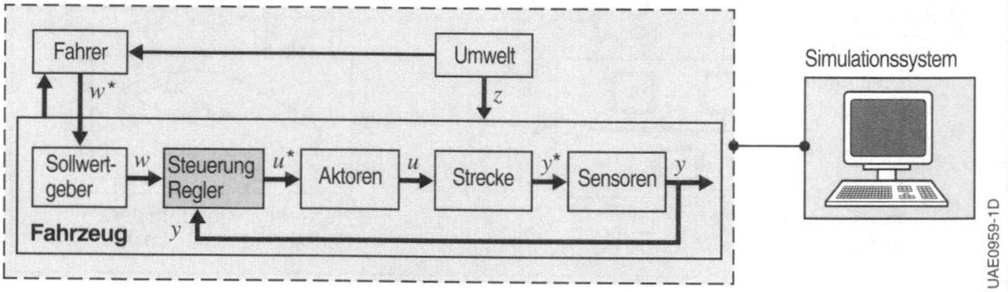

Rapid Control Prototyping von Softwarefunktionen

„Rapid Control Prototyping" fasst in diesem Zusammenhang Methoden zur frühzeitigen Ausführung der Spezifikationen von Steuerungs- und Regelungsfunktionen im realen Fahrzeug zusammen. Die modellierten Steuerungs- oder Regelungsfunktionen müssen dazu im Versuch realisiert werden. Experimentiersysteme können als Ausführungsplattform für die Softwareanteile der Steuerungs- und Regelungsfunktionen dienen (Bild 8).

Die Experimentiersysteme sind mit den Sollwertgebern, Sensoren und Aktoren sowie den übrigen zum Gesamtsystem gehörenden Steuergeräten des Fahrzeugs verbunden. Wegen dieser Schnittstellen zum realen Fahrzeug muss die Ausführung der Softwarefunktionen auf dem Experimentiersystem – wie im Steuergerät – unter Berücksichtigung von Echtzeitanforderungen erfolgen.

Als Experimentiersysteme kommen in der Regel Echtzeitrechensysteme mit deutlich höherer Rechenleistung als Steuergeräte zum Einsatz. Immer mehr werden PC als Rechnerkern für diese Aufgabe eingesetzt. Damit lässt sich das spezifizierte Modell einer Softwarefunktion durch ein Rapid-Control-Prototyping-Werkzeug unter der Annahme einheitlicher Regeln automatisiert in ein ausführbares Modell übersetzen, um so das spezifizierte Verhalten möglichst genau nachzubilden.

Modular aufgebaute Experimentiersysteme können anwendungsspezifisch konfiguriert werden, etwa bezüglich der benötigten Schnittstellen für Eingangs- und Ausgangssignale. Das ganze System ist für den Einsatz im Fahrzeug ausgelegt und wird z.B. über einen PC bedient. Damit lassen sich die Spezifikationen von Softwarefunktionen frühzeitig direkt im Fahrzeug erproben und bei Bedarf ändern.

Für den Einsatz von Experimentiersystemen besteht die Wahl zwischen Bypass- und Fullpass-Anwendungen.

Bypass- und Fullpass-Anwendungen

Bypass-Anwendungen kommen vorzugsweise dann zum Einsatz, wenn nur wenige Softwarefunktionen entwickelt werden sollen und bereits ein Steuergerät mit einer erprobten Basisfunktionalität – beispielsweise aus einem vorangegangenen Projekt – zur Verfügung steht.

Bypass-Anwendungen eignen sich auch dann, wenn die Sensorik und die Aktorik eines Steuergeräts sehr umfangreich sind und nur mit hohem Aufwand durch ein Experimentiersystem unterstützt werden können (wie etwa bei Motorsteuergeräten). Steht ein derartiges Steuergerät nicht zur Verfügung oder sollen auch zusätzliche Sollwertgeber, Sensoren und Aktoren erprobt werden und hält sich der Umfang der Hardwareschnittstellen in Grenzen, werden häufig Fullpass-Anwendungen bevorzugt.

Wegen der höheren Flexibilität sind auch Mischformen zwischen dem Bypass einzelner Softwareteile und dem Fullpass

Bild 8: Rapid-Control-Prototyping für Software-Funktionen im realen Fahrzeug.

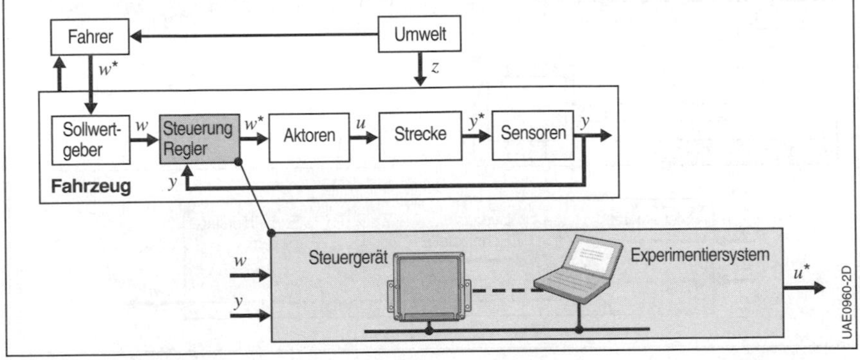

der gesamten Software eines Steuergeräts verbreitet.

Bypass
Die Bypass-Entwicklung eignet sich für die frühzeitige Erprobung einer zusätzlichen oder veränderten Softwarefunktion eines Steuergeräts im Fahrzeug. Die neue oder veränderte Softwarefunktion wird durch ein ausführbares Modell festgelegt und auf dem Experimentiersystem ausgeführt. Dabei wird vorausgesetzt, dass ein Steuergerät mit einer Basisfunktionalität des Softwaresystems einsetzbar ist, das alle erforderlichen Sollwertgeber, Sensoren und Aktoren unterstützt und eine Bypass-Schnittstelle zum Experimentiersystem zur Verfügung stellt. Die neue oder veränderte Softwarefunktion wird mit einem Rapid-Control-Prototyping-Werkzeug entwickelt und auf dem Experimentiersystem ausgeführt (Bild 9).

Dieser Ansatz eignet sich auch zur Weiterentwicklung von bereits bestehenden Funktionen eines Steuergeräts. In diesem Fall werden die bestehenden Funktionen im Steuergerät häufig noch berechnet, aber so weit modifiziert, dass die Eingangswerte über die Bypass-Schnittstelle gesendet und die Ausgangswerte der neu entwickelten Bypass-Funktion verwendet werden. Die dafür notwendigen Softwaremodifikationen auf der Steuergeräteseite werden Bypass-Freischnitte genannt. Diese können mit modernen Entwicklungswerkzeugen auch in bereits kompilierte Software gesetzt werden. Bei einer notwendigen Synchronisation der Funktionsberechnung zwischen Steuergerät und Experimentiersystem kommt meist ein Verfahren zum Einsatz, bei dem das Steuergerät die Berechnung der Bypass-Funktion auf dem Experimentiersystem über eine Kontrollflussschnittstelle anstößt. Die Ausgangswerte der Bypass-Funktion überwacht das Steuergerät auf Plausibilität.

Der Bypass kann über den Fahrzeugbus (z.B. CAN) erfolgen. Auch der direkte Zugriff auf die CPU des Steuergeräts über die Mikrocontroller-Schnittstellen durch einen Emulator-Tastkopf (ETK) ist möglich.

Fullpass
Soll eine völlig neue Funktion im Fahrzeug erprobt werden und steht ein Steuergerät mit Bypass-Schnittstelle nicht zur Verfügung, so kann dies durch eine Fullpass-Entwicklung erfolgen. In diesem Fall muss das Experimentiersystem alle von der Funktion benötigten Sollwertgeber-, Sensor- und Aktorschnittstellen unterstützen. Auch das Echtzeitverhalten der Funktion muss festgelegt und vom Experimentiersystem gewährleistet werden (Bild 10).

Bild 9: Prototypentwicklung mit Bypass-System.

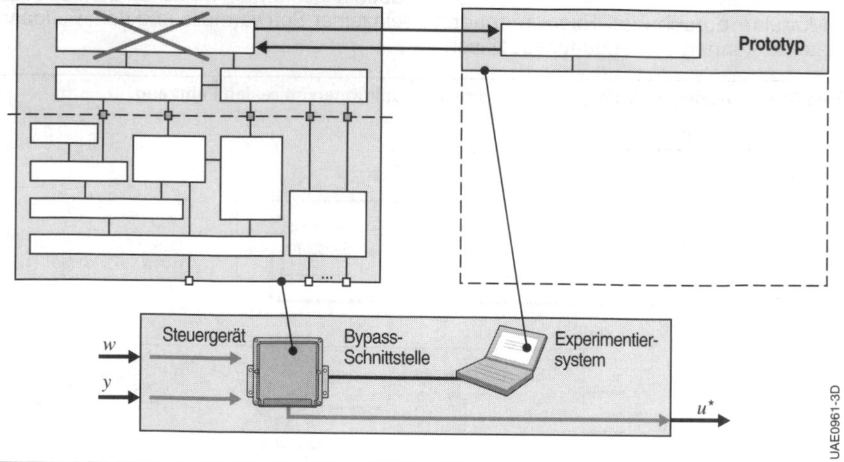

In der Regel wird dafür ein Echtzeitbetriebssystem auf dem Fullpass-Rechner eingesetzt.

Virtuelles Prototyping
Bei komplexen Systemen ist es vorteilhaft, Funktionen möglichst früh zu erproben. Eine Möglichkeit bietet das virtuelle Prototyping. Dabei wird der Prototyp an einem virtuellen Umgebungsmodell erprobt. Auf dem Experimentiersystem läuft das Betriebssystem des späteren Steuergerätes (z.B. RTA). Somit kann auch das Zeitverhalten der späteren Software betrachtet werden

Bild 10: Prototypentwicklung mit Fullpass-System.

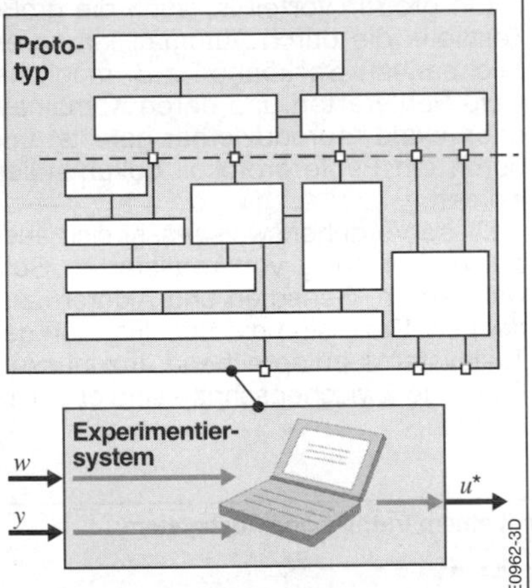

Design und Implementierung von Softwarefunktionen

Ausgehend von der Spezifikation der Daten, des funktionalen Verhaltens und des Echtzeitverhaltens einer Softwarefunktion sind beim Design alle technischen Details des Steuergerätenetzwerks, der eingesetzten Mikrocontroller und die Softwarearchitektur zu berücksichtigen. Damit lässt sich dann die konkrete Implementierung der Softwarefunktionen durch Softwarekomponenten festlegen und durchführen (Bild 11).

Neben den Designentscheidungen für die Daten und das Verhalten einer Softwarefunktion unter Berücksichtigung der zeit- und wertdiskreten Arbeitsweise der Mikrocontroller gehören dazu Entwurfsentscheidungen bezüglich des Echtzeitverhaltens, der Verteilung und Vernetzung von Mikrocontrollern und Steuergeräten sowie der Zuverlässigkeits- und Sicherheitsanforderungen an die elektronischen Systeme. Auch alle Anforderungen aus der Produktion und dem Service von elektronischen Systemen und Fahrzeugen sind dabei zu berücksichtigen (z.B. Überwachungs- und Diagnosekonzepte, die Parametrierung von Softwarefunktionen oder das Software-Update für Steuergeräte im Feld).

Die Generierung des Codes und der begleitenden Daten (z.B. Daten für die Dokumentation, das Variantenmanagement oder die Vorbedatung der Applikation) erfolgt oft automatisch nach festgelegten Standards.

Bild 11: Realisierung von Steuerungs- und Regelungsfunktionen durch ein Steuergerätenetzwerk.

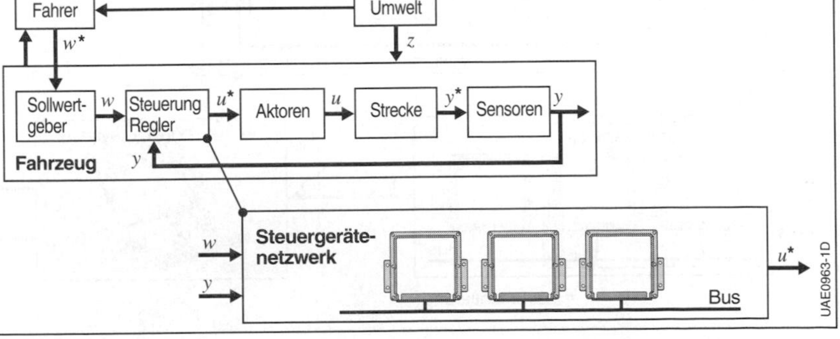

Integration und Test von Software und Steuergeräten

Anforderungen

Prototypenfahrzeuge stehen oft nur in begrenzter Anzahl zur Verfügung. Der Zulieferer einer Komponente verfügt deshalb meist nicht über eine komplette oder aktuelle Integrations- und Testumgebung für die von ihm zu liefernde Komponente. Diese Einschränkungen in der Testumgebung engen die möglichen Testschritte unter Umständen ein. In der Integrations- und Testphase dienen daher oft die Umgebungsmodelle als Basis für Testsysteme und Prüfstände.

Die Integration der Komponenten ist ein Synchronisationspunkt für alle beteiligten Komponentenentwicklungen. Integrationstest, Systemtest und Akzeptanztest sind erst durchführbar, nachdem alle Komponenten vorhanden sind. Für Steuergeräte bedeutet dies, dass ein Test der Softwarefunktionen erst durchführbar ist, wenn alle Komponenten des Fahrzeugsystems (also Steuergeräte, Sollwertgeber, Sensoren, Aktoren und Strecke) vorhanden sind. Der Einsatz von In-the-Loop-Testsystemen im Labor ermöglicht die frühzeitige Prüfung von Steuergeräten ohne reale Umgebungskomponenten in einer virtuellen Testumgebung (Bild 12).

Damit lassen sich Tests unter reproduzierbaren Laborbedingungen mit hoher Flexibilität durchführen und automatisieren. Gegenüber Tests am Prüfstand oder im Fahrzeug erfolgt auf diese Weise die Vorgabe von Betriebszuständen ohne Einschränkungen (z.B. bei einem Motorsteuergerät im vollständigen Last-Drehzahl-Bereich). Alterungs- und Ausfallsituationen können einfach simuliert werden und ermöglichen die Prüfung der Überwachungs-, Diagnose- und Sicherheitsfunktionen des Steuergeräts. Bauteiletoleranzen (z.B. in Sollwertgebern, Sensoren und Aktoren) können nachgebildet werden und erlauben die Überprüfung der Robustheit von Steuerungs- und Regelungsfunktionen.

Ein großer Vorteil ist auch die große Testtiefe, die durch Automatisierung erreichbar ist. So können z.B. möglichst viele Fehlerarten und deren Kombinationen exakt reproduzierbar getestet und durch ein Fehlerprotokoll dokumentiert werden.

Diese Vorgehensweise lässt sich auch auf die Prüfung von realisierten Sollwertgebern, Sensoren und Aktoren ausdehnen. Dazu sind die Schnittstellen des Testsystems entsprechend anzupassen. Beliebige Zwischenschritte sind ebenfalls möglich.

Bild 12: Integration und Test von Steuergeräten mit einem In-the-Loop-Testsystem.

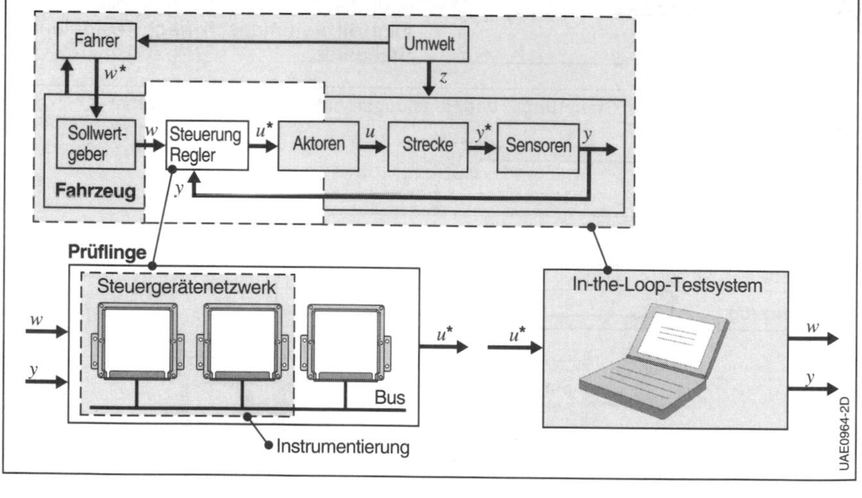

Ein in Bild 12 gezeigter Aufbau betrachtet die Steuergeräte als Blackbox. Das Verhalten der Funktionen der Steuergeräte lässt sich nur anhand der Ein- und Ausgangssignale w, y und u^* beurteilen. Für einfache Softwarefunktionen reicht diese „Blackbox-Sicht“ aus. Die Prüfung umfangreicher Funktionen erfordert aber die Integration eines Messverfahrens für steuergeräteinterne Zwischengrößen. Eine solche Messtechnik wird auch als Instrumentierung bezeichnet. Die Überprüfung von Diagnosefunktionen macht zudem einen Zugriff auf den Fehlerspeicher über die Diagnoseschnittstelle des Steuergeräts notwendig. Dann ist die Integration eines Mess- und Diagnosesystems erforderlich.

In-the-Loop-Testsysteme

In-the-Loop ist ein Testverfahren, bei dem ein eingebettetes elektronisches System über Schnittstellen mit einer realen (z.B. Sensoren, Aktoren) oder virtuellen Umgebung (mathematische Modelle) verbunden wird. Die Reaktion des Systems wird analysiert und an das System zurückgespielt. Je nach Art des Prüflings unterscheidet man zwischen folgenden Testsystemen:

- Bei Model-in-the-Loop (MiL) wird das Funktionsmodell der Software getestet. Das Modell läuft auf einem Entwicklungsrechner.
- Bei Software-in-the-Loop (SiL) wird der Softwarecode getestet. Er läuft auf einem Entwicklungsrechner.
- Bei Function-in-the-Loop (FiL) wird ebenfalls der Softwarecode getestet. Im Gegensatz zu SiL läuft dieser jedoch auf der Zielhardware. Die Kopplung zwischen der Software und dem Umgebungsmodell erfolgt über Freischnitte und einen Emulator-Tastkopf (ETK).
- Bei Hardware-in-the-Loop (HiL) wird das vollständige Steuergerät über die Ein- und Ausgangsschnittstellen (I/O) getestet. Auch Mischformen zwischen FiL und HiL kommen zum Einsatz. Als Simulationsrechner kommen immer häufiger PC zum Einsatz.

In-the-Loop-Testsysteme können zur Validierung und zur Weiterentwicklung von Soft- und Hardware eingesetzt werden.

Bild 13: Integration und Test von Steuergeräten im realen Fahrzeug.

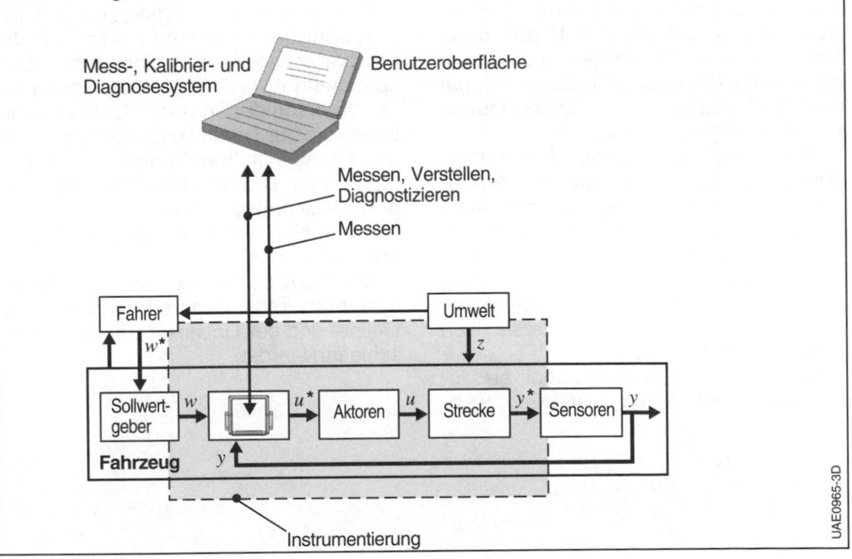

Applikation von Softwarefunktionen

Vorgehensweise

Jedes elektronisch geregelte Fahrzeugsystem kann seine Leistungsfähigkeit nur dann zur Entfaltung bringen, wenn es optimal an den jeweiligen Fahrzeugtyp angepasst ist. Damit Softwarefunktionen in möglichst vielen Fahrzeugvarianten eingesetzt werden können, enthalten diese veränderbare Parameter. Die Anpassung dieser Parameter an die entsprechende Fahrzeugvariante und für jede Betriebsbedingung (z.B. Kaltlauf, extreme Hitze oder Höhe) nennt man Applikation oder Kalibrierung (engl.: Calibration). Um die gewünschte Funktionalität im Gesamtfahrzeug zu erreichen, ist eine Vielzahl von Kennwerten, Kennlinien und Kennfeldern – die Applikationsdaten – zu applizieren.

Die meisten Änderungen am Fahrzeug erfordern eine Änderung der Applikation. Hier ein Beispiel: Die λ-Sonde im Abgastrakt misst den Restsauerstoff im Abgas. Auf Basis dieses Signals kann die tatsächlich eingespritzte Kraftstoffmenge ermittelt werden. So ist es möglich, die Ansteuerparameter im Motorsteuergerät laufend exakt anzupassen. Änderungen im Abgastrakt, die zu einer Veränderung des Abgasgegendrucks an der Einbaustelle der λ-Sonde führen (z.B. geänderte Abgaskrümmer, Partikelfilter), müssen angepasst werden. Geschieht dies nicht, hat dies eine Verbrauchs- und Emissionsverschlechterung zur Folge.

Durch eine Trennung von Programm- und Datenstand kann das Variantenmanagement in Entwicklung, Produktion und Service vereinfacht werden. Der Programmstand enthält z.B. alle Informationen über die zu applizierenden Größen, deren Grenzwerte und Zusammenhänge, während der Datenstand die tatsächlich applizierten Größen enthält.

Die Applikation findet im Labor, an Motor- und auf Fahrzeugprüfständen, während Fahrzeugerprobungen sowie unter realen Umgebungsbedingungen auf Teststrecken statt. Dies setzt neben einem Mess- und Diagnosesystem häufig auch ein Applikationssystem für die Abstimmung von steuergeräteinternen Parametern (wie Kennlinien und Kennfeldern) voraus. Nach Abschluss der Applikation werden die ermittelten Daten umfangreich geprüft. Anschließend sind diese Werte im Festwertspeicher (EPROM oder Flash) des Seriensteuergeräts abgelegt.

Bei der Applikation müssen die Parameterwerte veränderlich sein. Ein Applikationssystem besteht deshalb aus einem oder mehreren Steuergeräten mit einer geeigneten Schnittstelle zu einem Mess- und Applikationswerkzeug (Bild 14). Neben dem Einsatz in Fahrzeugen können Mess-, Applikations- und Diagnosesysteme auch in In-the-Loop-Testsystemen und auf Prüfständen Anwendung finden. Es wird auch immer mehr in einer virtuellen Umgebung appliziert. Leistungsfähige Werkzeuge unterstützen hier beim Finden des „Trade-offs" (optimaler Kompromiss der Applikationsdaten).

Änderungen der Parameterwerte, etwa der Werte einer Kennlinie, werden im Applikationswerkzeug durch Editoren unterstützt. Wahlweise arbeiten diese auf der Implementierungsebene (d.h. mit den applizierten Werten) oder auf der physikalischen Spezifikationsebene. Entsprechend erfolgt im Messwerkzeug die Umrechnung der erfassten Größen in die physikalische Darstellung oder alternativ die Anzeige in der Implementierungsdarstellung. Bild 14 stellt beispielhaft die physikalische und die Implementierungssicht auf eine Kennlinie und ein erfasstes Messsignal dar.

Bei der Arbeitsweise mit Applikationssystemen kann generell zwischen der Offline- und der Online-Applikation unterschieden werden.

Offline-Applikation
Bei der Offline-Applikation wird die Ausführung der Steuerungs-, Regelungs- und Überwachungsfunktionen, also des „Fahrprogramms", während der Änderung oder Verstellung der Parameterwerte unterbrochen. Dadurch führt die Offline-Applikation zu vielen Einschränkungen. Insbesondere beim Einsatz an Prüfständen und bei Versuchen im Fahrzeug muss dazu immer auch der Prüfstands- oder Fahrversuch unterbrochen werden.

Online-Applikation
Bei der Online-Applikation lassen sich die Parameterwerte während der aktuellen Durchführung des Fahrprogramms durch den Mikrocontroller verstellen. Das bedeutet, dass die Verstellung der Parameterwerte bei gleichzeitiger Ausführung der Steuerungs-, Regelungs- und Überwachungsfunktionen und damit beispielsweise während des regulären Prüfstands- oder Fahrzeugbetriebs möglich ist.

Die Online-Applikation stellt höhere Ansprüche an die Stabilität der Steuerungs-, Regelungs- und Überwachungsfunktionen, da das Fahrprogramm während des Verstellvorgangs durch das Werkzeug auch für eventuell auftretende Ausnahmesituationen, wie beispielsweise kurzzeitig nicht monoton steigende Stützstellenverteilungen bei Kennlinien, robust ausgelegt sein muss. Die Online-Applikation eignet sich für langwierige Abstimmaufgaben der Parameter von Funktionen mit eher geringer Dynamik (z.B. zur Abstimmung von Motorsteuerungsfunktionen am Motorprüfstand).

Zur Applikation der Parameter von Funktionen mit höherer Dynamik oder hoher Sicherheitsrelevanz (z.B. zur Abstimmung der Softwarefunktionen eines Antiblockiersystems bei Bremsmanövern im Fahrversuch) wird zwar nicht während des eigentlichen Reglereingriffs verstellt. Dennoch kann auch hier durch die Online-Applikation die Unterbrechung des Fahrprogramms vermieden und so die Zeitspanne zwischen zwei Fahrversuchen reduziert werden.

Bild 14: Arbeitsweise mit Mess- und Applikationswerkzeugen.
S Signal, t Zeit, x Eingangsgröße, y Ausgangsgröße.
Indizes:
phys physikalische Darstellung,
impl Implementierungsdarstellung.

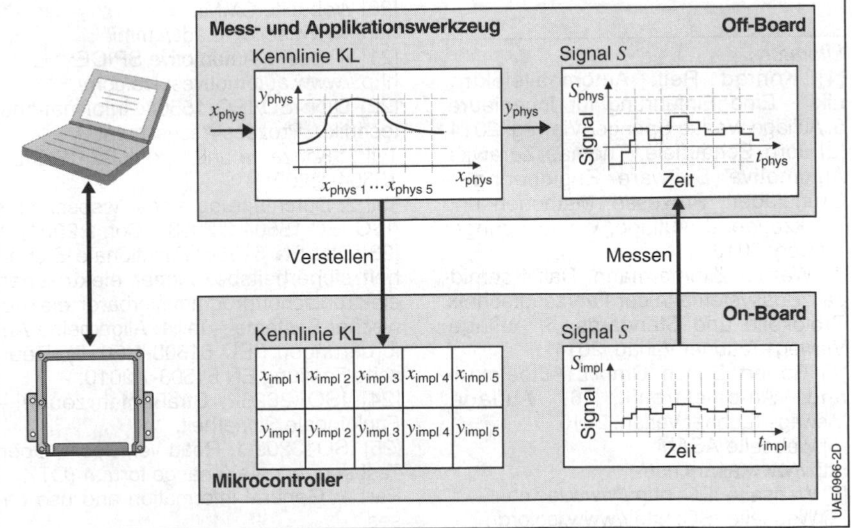

Ausblick

Neue Fahrzeugfunktionen und Technologien werden weiter zu einem Anstieg des Softwareumfangs im Fahrzeug führen – auch im niedrigen Preissegment. Dabei bleibt die Anzahl der Steuergeräte in vielen Fahrzeugen gleich. Dies hat zur Folge, dass der Funktionsumfang einiger Steuergeräte weiter zunimmt. Insgesamt verschwinden die Systemgrenzen zwischen den verschiedenen Steuergeräten immer mehr, wie zum Beispiel beim Antriebsmanagement eines Hybridantriebs. Somit wird die Elektronik im Kraftfahrzeug immer komplexer – auch über das einzelne Fahrzeug hinaus. Die wirtschaftliche Komplexitätsbeherrschung ist daher sicher ein Schlüsselelement des zukünftigen Automotive Software-Engineering und der dazugehörigen Entwicklungsumgebungen.

Als weiterer Trend zeichnet sich die zunehmende Virtualisierung der Entwicklung ab. Dabei werden Teile der späteren Entwicklungsschritte, wie Test und Applikation, in die früheren Entwicklungsphasen integriert, sodass z.B. bereits die Funktionsmodelle in-the-Loop optimiert getestet und vorbedatet werden können. So werden Fehler früher erkannt, die verteilte Entwicklung unterstützt und Engpässe kurz vor Serienstart vermieden.

Literatur

[1] Konrad Reif: Automobilelektronik – Eine Einführung für Ingenieure, 5. Auflage, Verlag Springer Vieweg, 2014.
[2] Jörg Schäuffele, Thomas Zurawka: Automotive Software Engineering – Grundlagen, Prozesse, Methoden und Werkzeuge, 6. Auflage, Verlag Springer Vieweg, 2016.
[3] Werner Zimmermann, Ralf Schmidgall: Bussysteme in der Fahrzeugtechnik: Protokolle und Standards, 5. Auflage, Vieweg+Teubner Verlag, 2014.
[4] Robert Bosch GmbH: Autoelektrik und Autoelektronik, 6. Auflage, Vieweg+Teubner Verlag, 2010.
[5] Webseite ASAM: http://www.asam.net/.
[6] Webseite IEC: http://www.iec.ch/.
[7] Webseite ISO: http://www.iso.org/.
[8] Webseite IEEE: http://www.ieee.org/portal/site.
[9] Webseite MISRA: http://www.misra.org.uk/.
[10] Webseite SAE: http://www.sae.org/.
[11] Webseite OSEK VDX Portal: http://www.osek-vdx.org/.
[12] Webseite AUTOSAR: http://www.autosar.org/.
[13] ISO 14230: Road Vehicles – Diagnostic Systems – Keyword Protocol 2000, 1999.
[14] ISO 15765: Road Vehicles – Diagnostic Systems – Dagnostics on CAN, 2000.
[15] ISO 22900-1: Road vehicles – Modular vehicle communication interface (MVCI) – Part 1: Hardware design requirements.
[16] ISO 22901-1: Road vehicles - Open diagnostic data exchange (ODX) – Part 1: Data model specification.
[17] Webseite V-Modell der IABG: http://www.v-modell.iabg.de/.
[18] DIN EN ISO 9000: Qualitätsmanagementsysteme – Grundlagen und Begriffe (ISO 9000:2005); Dreisprachige Fassung EN ISO 9000:2005.
[19]ISO/TS16949:Qualitätsmanagementsysteme – Besondere Anforderungen bei Anwendung von ISO 9001:2008 für die Serien- und Ersatzteil-Produktion in der Automobilindustrie.
[20] Webseite CMMI: http://www.sei.cmu.edu/cmmi/.
[21] Webseite Automotive SPICE: http://www.automotivespice.com/.
[22] DIN ISO/IEC 15504: Informationstechnik – Prozess-Assessment –
Teil 1: Konzepte und Vokabular (ISO/IEC 15504-1:2004).
Teil 2: Durchführung eines Assessments (ISO/IEC 15504-2:2003 + Cor. 1:2004).
[23] DIN EN 61508: Funktionale Sicherheit sicherheitsbezogener elektrischer/elektronischer/programmierbarer elektronischer Systeme – Teil 1: Allgemeine Anforderungen (IEC 61508-1:2010); Deutsche Fassung EN 61508-1:2010.
[24] ISO 26262: Straßenfahrzeuge – Funktionale Sicherheit.
[25] ISO13209-1: Road vehicles – Open Test sequence eXchange format (OTX) – Part 1: General information and use cases.

Architektur elektronischer Systeme

Allgemeines

Elektronische Systeme in Kraftfahrzeugen realisieren aufgrund der steigenden Nachfrage nach Sicherheit, Komfort, Unterhaltung und Umweltschutz eine steigende Anzahl von Funktionen und zeichnen sich durch einen hohen Vernetzungs- und Komplexitätsgrad aus. Um dieses Gefüge auch in Zukunft zu beherrschen, sind optimierte Prozesse, Methoden und Werkzeuge der Systemarchitektur notwendig.

Historie

Über viele Jahrzehnte der Automobilgeschichte gab es eine sehr überschaubare Anzahl elektrischer Systeme im Kraftfahrzeug: Zündung, Beleuchtung, Scheibenwischer, Hupe, Tankanzeige, diverse Anzeigelämpchen und ein Autoradio. Halbleiter wurden zunächst – außer im Autoradio – nur zur Gleichrichtung (Ersatz des Gleichstromgenerators durch den Drehstromgenerator ab ca. 1963) und erst später zur elektronischen Steuerung (Transistorzündung ab 1965) eingesetzt.

Bestimmte Funktionen im Fahrzeug waren mit elektromechanischen Mitteln oder mit diskreten elektronischen Bauelementen entweder gar nicht oder nur mit unverhältnismäßig hohem Aufwand realisierbar. So wurde beispielsweise das erste elektronische Antiblockiersystem (ABS) schon 1970 entwickelt, war aber aufgrund der Baugröße, des Gewichts und der Kosten nicht serienreif. Die Entwicklung integrierter Schaltkreise für breite Anwendungen hat Mitte der 1970er-Jahre auch die Automobiltechnik erfasst und revolutioniert.

Eine der ersten Vernetzungen elektronischer Systeme ist im Rahmen der Entwicklung der Antriebsschlupfregelung (ASR) entstanden. Diese Vernetzung war zunächst rein mechanisch realisiert. Die Drosselklappe im Ansaugsystem des Verbrennungsmotors war mit einer Vorrichtung versehen, die von der Antriebsschlupfregelung direkt angesteuert werden konnte. Für die Motorsteuerung war es nicht sichtbar, ob der Fahrer oder die Antriebsschlupfregelung die Drosselklappe bewegt.

Im nächsten Schritt wurde zur Verbesserung der Dynamik eine elektronische Verbindung zum Motorsteuergerät über

Bild 1: Steuergeräteverbund in einem modernen Fahrzeug der Mittelklasse.

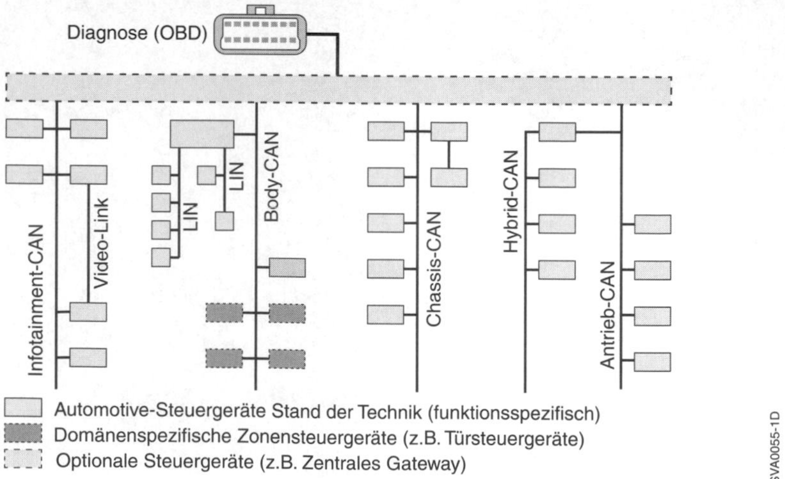

eine PWM-Schnittstelle (Pulsweitenmodulation) realisiert. Über diese konnte dem Motorsteuergerät das Signal zur Reduktion des Antriebsmoments mitgeteilt werden. Die Umsetzung erfolgte daraufhin entweder in Form einer Luftzufuhrdrosselung, einer Einspritzausblendung oder einer Zündwinkelverstellung.

Durch die immer strenger werdenden Abgasvorschriften waren die bis dahin dargestellten Möglichkeiten der Koppelung zwischen der Antriebsschlupfregelung und der Motorsteuerung nicht mehr ausreichend. Es musste der Motorsteuerung übertragen werden, wie eine von der Antriebsschlupfregelung angeforderte Reduktion des Antriebsmoments im Luft-, Kraftstoff- oder Zündpfad umgesetzt wird. Dadurch war eine leistungsfähigere Schnittstelle erforderlich, über die ein Wunschdrehmoment und eine Dynamikanforderung von der Antriebsschlupfregelung an die Motorsteuerung übertragen werden konnte. Umgekehrt war dem ASR-Steuergerät das Ist-Moment, die Motordrehzahl und die aktuelle Stellreserve zu übermitteln. Die Übertragung dieser unterschiedlichen Daten über diskrete, zum Beispiel pulsweitenmodulierte Schnittstellen, war bezüglich der benötigten Leitungsanzahl aufwändig und teuer. Als Alternative zur diskreten Verkabelung wurde daher ab 1991 das Bussystem CAN (Controller Area Network) eingesetzt. Damit wurde der Grundstein für die moderne Vernetzung von Systemen in Kraftfahrzeugen gelegt.

Stand der Technik

In den heutigen Fahrzeugen sind nahezu alle Steuergeräte direkt oder indirekt (z.B. über Gateways) miteinander vernetzt (Bild 1). Gateways ermöglichen den Datenaustausch zwischen verschiedenen Kommunikationssystemen beziehungsweise über Fahrzeuggrenzen (Anbindung an Funksysteme und das Internet) hinweg. Die Vernetzung geht teilweise so weit, dass 60 oder mehr Steuergeräte über mehrere CAN- oder CAN FD-Bussysteme (CAN mit Flexibler Datenrate) sowie weitere Kommunikationssysteme wie FlexRay, MOST (Media Oriented Systems Transport) oder LIN (Local Interconnect Network) miteinander kommunizieren. Neben den klassischen Kommunikationssystemen wird für verschiedene Fahrzeugfunktionen, die eine große Bandbreite benötigen, auch Ethernet verwendet. So zum Beispiel bei einer 360 °-Kamera für den Einparkassistenten, der es dem Fahrer unter anderem ermöglicht, das Fahrzeug z.B. auf dem Display des Infotainmentsystems aus der Vogelperspektive zu sehen.

Aufgrund der leistungsfähigen Vernetzung zwischen den Steuergeräten lassen sich einige neue Leistungsmerkmale sogar völlig ohne zusätzliche Hardware, das heißt rein über Datenaustausch und Software, darstellen. Ein Beispiel dafür ist das Reifendruckkontrollsystem (RDKS). Seit Ende 2014 ist ein Reifendruckkontrollsystem in allen Fahrzeugen Pflicht. Es gibt zwei Möglichkeiten ein solches System zu realisieren: Zum einen als indirekte und zum anderen als direkte Lösung. Die indirekte Lösung verwendet die Raddrehzahlsensoren der Fahrdynamikregelung (Electronic Stability Control, ESC) und bedarf somit keiner weiteren Hardware. Sobald ein Rad Luft verliert, verringert sich der Raddurchmesser, wodurch sich das Rad schneller drehen muss und somit durch einen Algorithmus der Luftverlust bestimmt werden kann.

Zum Stand der Technik zählen auch zahlreiche Fahrerassistenzfunktionen (engl. ADAS, Advanced Driver Assistance Systems). Zum Beispiel bieten die Automobilhersteller Funktionen wie die Adaptive Geschwindigkeitsregelung (ACC, Adaptive Cruise Control), den Spurhalteassistenten, oder die Kombination aus adaptiver Geschwindigkeitsregelung und Spurhalteassistent (ICA, Integrated Cruise Assist) und viele weitere an. All das kann nur durch eine passende E/E-Architektur mit entsprechenden Sensoren, wie zum Beispiel eine Videokamera, Radarsensoren und Ultraschallsensoren realisiert werden.

Entwicklungstendenzen

Die zunehmende Anzahl elektronischer und elektrischer Komponenten in modernen Fahrzeugen sowie die stetige Komplexitätssteigerung bedingen eine kontinuierliche Weiterentwicklung sowie einen stetigen technologischen Fortschritt von

E/E-Architekturen. Aus diesem Grund haben sich E/E-Architekturen von Fahrzeugen in der Vergangenheit hinsichtlich der Kommunikationstechnologien als auch in ihrer systemischen Ausprägung sichtlich verändert. Auch künftig werden stets Weiterentwicklungen zu erkennen sein. Im Folgenden wird die Evolution der E/E-Architekturen beleuchtet und einen Ausblick auf künftige Entwicklungen und Trends gegeben (Bild 2).

Verteilte E/E-Architekturen – Modularität und Integration

Das Bild der ersten E/E-Architekturen beziehungsweise derer mit vergleichbar geringem Komplexitätsgrad war zunächst geprägt durch ihre starke Modularität (Bild 2, unteres Drittel). Logische Funktionen waren auf viele einzelne Steuergeräte – funktionsspezifische Steuergeräte – im Fahrzeug verteilt, sodass nahezu für jede Funktion ein eigenes Steuergerät existierte, das die Funktion realisierte. In der Folgezeit wurden mit der raschen Funktionszunahme häufig neue Funktionen in bereits im Fahrzeug bestehende Steuergeräte integriert. Gründe hierfür sind insbesondere die rasch anwachsende Anzahl der Steuergeräte und damit verbunden steigende Kosten. Als Beispiel für die funktionale Integration ist die Integration einer Parkassistenzfunktion in das „Body-Control-Module“, das im Wesentlichen zur Steuerung und Überwachung der Funktionen und Komponenten der Karosserieelektronik (z.B. Lichtaktorik, Türaktorik) zuständig ist, zu nennen.

Aus den genannten Gründen bezeichnet man diesen Entwicklungsstand der E/E-Architekturen als „Funktional Verteilte E/E-Architekturen“ (Bild 2).

Domänenzentralisierte E/E-Architekturen

Im darauffolgenden Schritt – den domänenzentralisierten oder domänenüber-

Bild 2: Bosch E/E-Architektur-Roadmap.

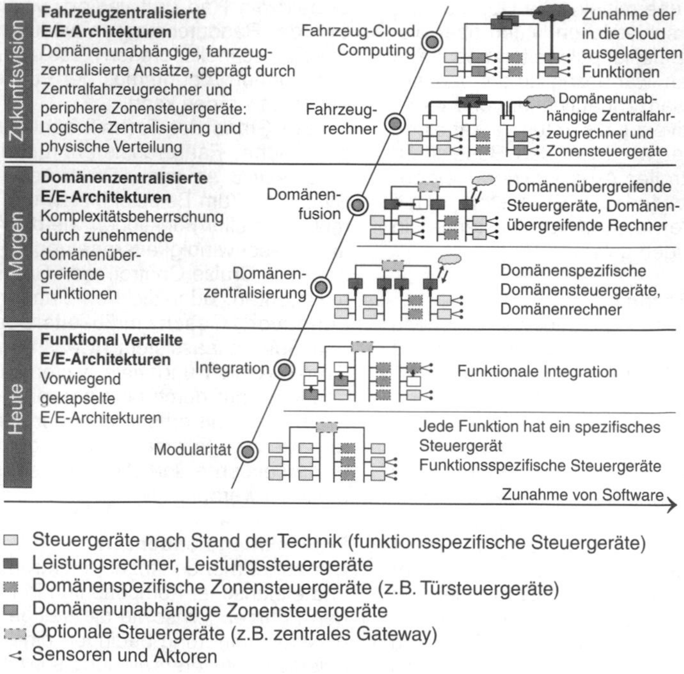

SVA0056-2D

greifend zentralisierten E/E-Architekturen – steigen nicht nur die Anzahl elektronischer und elektrischer Komponenten sowie die Anzahl der Funktionen weiter stark an, sondern zunehmend auch die Abhängigkeiten der Funktionen innerhalb der einzelnen Domänen (Bild 2, mittleres Drittel). Unter dem Begriff „Domäne" versteht man hierbei die Gruppierung von ähnlichen Funktionen. Typische Domänen sind in Bild 3 dargestellt.

Des Weiteren nehmen die Schnittstellen und Abhängigkeiten zwischen den Domänen stark zu. Diese Entwicklung ist bereits in heutigen Fahrzeugarchitekturen deutlich sichtbar und wird künftig eine immer bedeutendere Rolle einnehmen. Als Beispiel hierfür ist die domänenübergreifende Funktion „Vehicle Motion Control" zu nennen, die später genauer beschrieben wird. So interagieren in diesem Fall Sensoren, Aktoren und Funktionen aus den Domänen „Powertrain" sowie „Chassis and Safety" unmittelbar miteinander.

Das heißt, es prägen sich zunehmend fahrzeugweite Funktionen aus, die sich über mehrere Domänen erstrecken. Die damit verbundene starke logische Interaktion und Vernetzung sowie die daraus resultierenden Abhängigkeiten haben daher aus funktionaler Sicht eine Zentralisierung zur Folge. Dies bedeutet, dass statt der ursprünglich modular verteilten Anordnungen zunehmend Funktionen in Domänensteuergeräten, Domänencomputern oder gar in domänenübergreifenden Steuergeräten beziehungsweise domänenübergreifenden Computern gebündelt werden.

Man spricht daher bei den E/E-Architekturen von morgen von „Funktional Domänenzentralisierten E/E-Architekturen" (Bild 3).

Fahrzeugzentralisierte E/E-Architekturen
Blickt man noch einen Schritt weiter in die Zukunft, so ist das Fahrzeug insbesondere geprägt von hoher Automatisierung, vernetzten Systemen – fahrzeugintern und fahrzeugextern – sowie von Multimedia- und Infotainment-Anwendungen. Diese Fahrzeugeigenschaften stellen höchste

Bild 3: Schematische Darstellung einer funktional domänenzentralisierten E/E-Architektur.

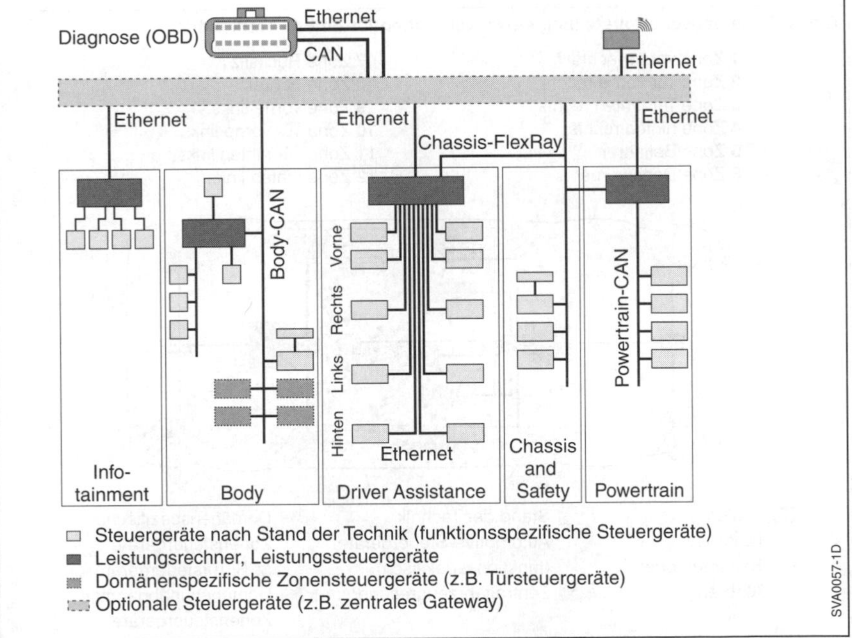

Anforderungen an die E/E-Architektur und an das Kommunikationsnetzwerk. Damit erhalten beispielsweise Anforderungen hinsichtlich maximal zulässigen Latenzzeiten oder die Anzahl Hops (Weg von einem Netzknoten zum nächsten) eine immer größere Bedeutung. Dies stellt für klassische E/E-Architekturen eine große Herausforderung dar. Aus diesem Grund geht der Trend zur funtionalen Zentralisierung (Bild 2, oberes Drittel).

Würde man sämtliche Logik auf einem leistungsstarken Zentralfahrzeugrechner vereinen, wäre beispielsweise bezüglich der genannten Latenzzeitanforderungen und der Anzahl Hops ein Idealzustand erreicht. Sämtliche funktionale Schnittstellen würden sich dann innerhalb dieses Zentralfahrzeugrechners befinden. Dies ist die Grundidee zentralisierter E/E-Architekturen, bestehend aus einem Zentralfahrzeugrechner, der mit extrem hoher Rechenleistung eine fahrzeugweite funktionale Steuerung darstellt, sowie mehreren Zonensteuergeräten. Während ein Großteil der komplexen Logik des hochautomatisierten und komfortablen Fahrzeugs der Zukunft also im Zentralfahrzeugrechner realisiert wird, fungieren die peripheren Zonensteuergeräte aus Kommunikationssicht als Gateways und aus energetischer Sicht als versorgende und treibende Elemente für die Fahrzeugsensorik und -aktorik. Um den hohen Kommunikationsbedarf und damit die hohen Bandbreiten sicherzustellen, werden künftig Technologien wie Ethernet mehr Anteile im Kommunikationsnetzwerk einnehmen und neue Konzepte mit sich bringen (Bild 4).

Des Weiteren sind gar Auslagerungen von Logikelementen ins Backend – die sogenannte Cloud – denkbar, um fahrzeugübergreifende Informationen und Algorithmen, beispielsweise die Berechnung von Verkehrsvorhersagen, nicht lokal sondern zentral zu kalkulieren und mehreren Fahrzeugen oder Fahrzeugflotten zur Verfügung stellen zu können.

Der folgende Abschnitt beschreibt anhand von hochautomatisierten Fahrfunktionen, wie diese Einfluss auf die E/E-Architekturen in modernen Fahrzeugen nehmen.

Bild 4: Schematische Darstellung einer zonenorientierten E/E-Architektur.

1 Zone vorne rechts
2 Zone Tür vorne rechts
3 Zone Tür hinten rechts
4 Zone hinten rechts
5 Zone Beifahrer
6 Zone Dach vorne
7 Zone Rücksitz
8 Zone Fahrer
9 Zone vorne links
10 Zone Tür vorne links
11 Zone Tür hinten links
12 Zone hinten links

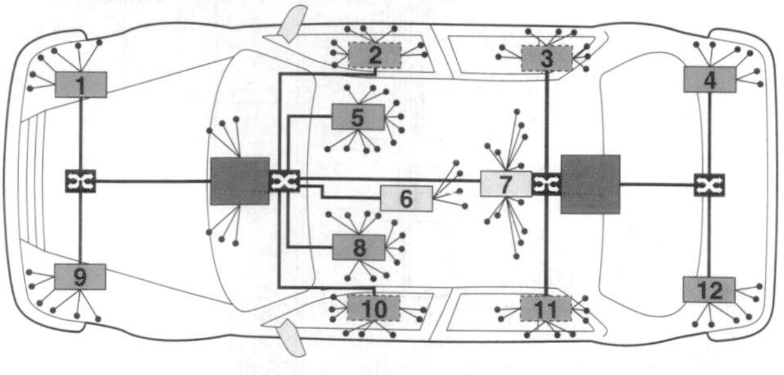

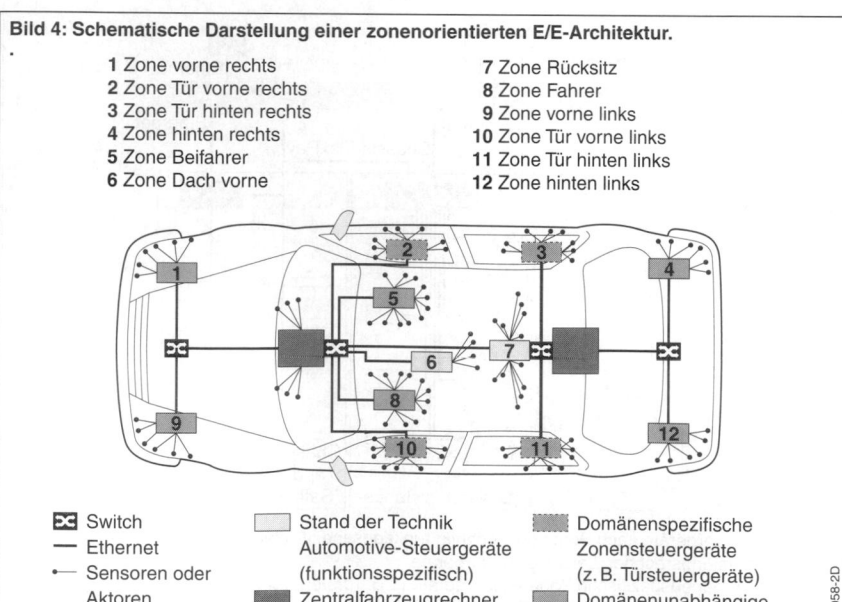

Switch
Ethernet
Sensoren oder Aktoren
Stand der Technik Automotive-Steuergeräte (funktionsspezifisch)
Zentralfahrzeugrechner
Domänenspezifische Zonensteuergeräte (z. B. Türsteuergeräte)
Domänenunabhängige Zonensteuergeräte

SVA0058-2D

Auswirkung von hochautomatisierten Fahrfunktionen auf die E/E-Architektur

Heutzutage werben Automobilhersteller immer häufiger mit Fahrerassistenzfunktionen, die es dem Fahrer erleichtern, sicher und komfortabel durch den Straßenverkehr zu kommen. So gut wie alle Funktionen, die heute vom Endkunden gekauft werden können, sind Assistenzfunktionen, bei denen der Fahrer unterstützt, aber nicht ersetzt wird. In naher Zukunft soll sich das ändern. Akribisch entwickeln Automobilhersteller und Zulieferer an hochautomatisierten Fahrfunktionen, um den Fahrer weiter zu entlasten. Man unterscheidet hierbei zwischen assistiertem (Fahrer muss überwachen) und pilotiertem (Fahrer muss nicht überwachen) Fahren. Die deutsche Automobilindustrie hat in einem Expertengremium ein einheitliches Verständnis für die Stufen der Automatisierung erarbeitet [1]. Beginnend bei Stufe 0, bei dem ausschließlich der Fahrer die Längs- und Querführung des Fahrzeugs übernimmt, bis hin zu Stufe 5, bei dem das System während der Fahrt alle Situationen automatisch bewältigen kann und kein Fahrer mehr notwendig ist (Tabelle 1). Treiber für das hochautomatisierte Fahren sind neben einer höheren Verkehrssicherheit vor allem der steigende Komfort und mehr Zeit, die der Fahrer für andere Tätigkeiten nutzen kann. Tätigkeiten wie zum Beispiel E-Mails zu bearbeiten, im Internet zu surfen und vieles mehr sind dann während der Fahrt möglich.

Damit das hochautomatisierte Fahren überhaupt möglich wird, braucht es eine leistungsfähige und betriebssichere E/E-Architektur. Im Folgenden wird darauf eingegangen, welche E/E-Architekturbausteine und welche Anpassungen dafür notwendig sind.

E/E-Architekturbausteine

Um eine leistungsfähige und betriebssichere E/E-Architektur zu realisieren braucht es gewisse E/E-Architekturbausteine. Unter anderem zählen hierzu die Kommunikation, das Energiebordnetz, das Sensor- und Aktor-Set und performante Steuergeräte. Für hochautomatisierte Fahrfunktionen ist es wichtig, dass Teile dieser E/E-Architekturbausteine im-

Tabelle 1: Automatisierungsgrad nach VDA (Quelle VDA).

Stufe	Automatisierungsgrad	Beschreibung	
		Fahrer	Automation
0	Nur Fahrer	Fahrer führt dauerhaft Längs- und Querführung aus	Kein eingreifendes Fahrzeugsystem aktiv
1	Assistiert	Fahrer führt dauerhaft Längs- oder Querführung aus	System übernimmt die jeweils andere Funktion
2	Teilautomatisiert	Fahrer muss das System dauerhaft überwachen	System übernimmt Längs- und Querführung in einem spezifischen Anwendungsfall
3	Hochautomatisiert	Fahrer muss das System dauerhaft überwachen Fahrer muss potentiell in der Lage sein zu übernehmen	System übernimmt Längs- und Querführung in einem spezifischen Anwendungsfall System erkennt Systemgrenzen und fordert den Fahrer zur Übernahme mit ausreichender Zeitreserve auf
4	Vollautomatisiert	Kein Fahrer erforderlich im spezifischen Anwendungsfall	System kann im spezifischen Anwendungsfall alle Situationen automatisch bewältigen
5	Fahrerlos		System kann während der ganzen Fahrt alle Situationen automatisch bewältigen Kein Fahrer erforderlich

mer verfügbar sind. Daraus ergeben sich hohe Sicherheitsanforderungen, die nur durch Rückfallebenen (Redundanzen) im Fehlerfall erfüllt werden können. Solche Konzepte werden auch als fehlertolerant bezeichnet. Dabei kann sich Redundanz auf die Kommunikation, das Energiebordnetz sowie die Software und die Hardware beziehen.

Im Folgenden werden die E/E Architekturbausteine und entsprechende Rückfallebenen beschrieben.

Fehlertolerantes Kommunikationsnetzwerk

Durch hochautomatisierte Fahrfunktionen in Fahrzeugen muss sichergestellt sein, dass benötigte Informationen zwischen zwei Komponenten immer verfügbar sind. Beispielsweise muss es immer möglich sein, dass die Bremse und die Lenkung die nötigen Informationen erhalten, ob gebremst oder gelenkt werden muss. Um diese Sicherheitsanforderung erfüllen zu können, kann eine redundante Kommunikation eingesetzt werden. Hierbei unterscheidet man zwischen verschiedenen Strukturen: Ring-, Stern-, Bus- und vollvermaschter Struktur (Bild 5, siehe auch Vernetzung im Kfz).

Bild 5: Fehlertolerante Kommunikation: Ring-, Stern-, Bus- und vollvermaschte Struktur.
a) Ringstruktur,
b) vollvermaschte Struktur,
c) Busstruktur,
d) Sternstruktur.

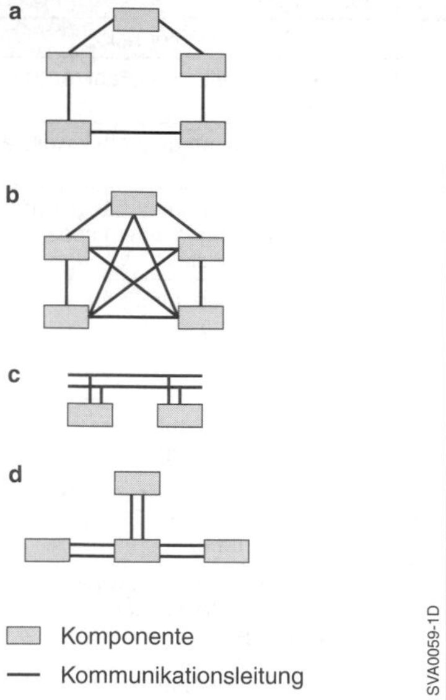

Fehlertolerantes Energiebordnetz

Ebenso wie das Kommunikationsnetzwerk muss auch das Energiebordnetz fehlertolerant ausgelegt werden. Das Energiebordnetz lässt sich in drei Elemente aufteilen (Bild 6): Speicherelemente (z.B. Batterie), Koppelungselemente (z.B. DC-DC-Wandler) und Quellenelemente (z.B. Generator).

Damit das Fahrzeug auch im Fehlerfall noch entsprechend gesteuert werden kann, werden die sicherheitsrelevanten Komponenten, die beispielsweise die Funktionen des Bremsens und Lenkens realisieren, durch zwei vollständig unabhängige Speicher versorgt. Diese beiden Speicher werden im Fehlerfall über ein Koppelungselement getrennt, wodurch der Fehler gekapselt und somit die Fehlerausbreitung in den anderen Versorgungskanal verhindert wird. Aufgrund der redundanten Aktorik stehen in diesem Fall die sicherheitsrelevante Funktionen wie das Bremsen und das Lenken – zumindest zeitbegrenzt – weiterhin für einen Übergang in den sicheren Zustand zur

Bild 6: Fehlertolerantes Energie-Bordnetz.
S Starter,
G Generator.

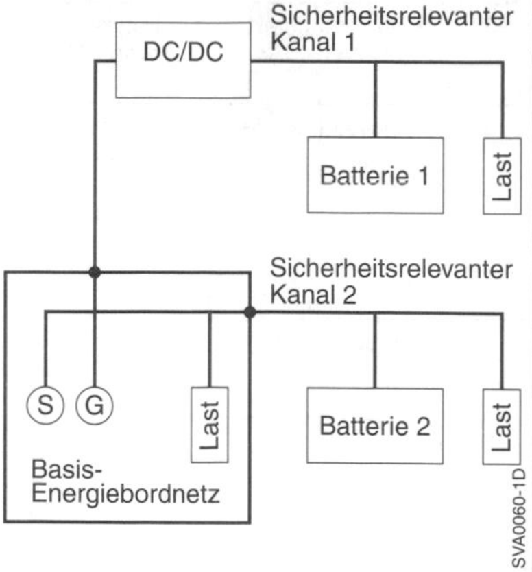

Verfügung, auch wenn ein Versorgungskanal ausfällt.

Sensorredundanzkonzept
Eine wichtige Eingangsgröße für das hochautomatisierte Fahren ist das Fahrzeugumfeld. Dieses wird durch verschiedene Sensoren wie Radar-, Lidar-, Kamera- und Ultraschallsensoren detektiert. Zusätzlich werden GPS- und Inertialsensoren eingesetzt, um die Fahrzeugposition zu bestimmen. In Kombination lässt sich somit sowohl bestimmen, was sich um das Fahrzeug herum als auch wo sich das Fahrzeug befindet.

Mit der Basis des redundanten Kommunikationsnetzwerks und des redundanten Energiebordnetzes kann auch ein redundantes Sensor-Set realisiert werden. Dabei ist es wichtig, dass ein Sichtfeld (FoV: Field of View) immer durch unterschiedliche Sensorprinzipien abgedeckt ist, um das Umfeld in allen Situationen sicher detektieren zu können. Zum Beispiel sollten die Sensoren so auf die zwei Versorgungskanäle aufgeteilt werden, dass das Sichtfeld während des normalen Betriebs durch die Sensoren A, B, C und D und im Fehlerfall I (Fehler auf Versorgungskanal 1) durch die Sensoren B und C und im Fehlerfall II (Fehler auf Versorgungskanal 2) durch die Sensoren A und D abgedeckt ist. Welche Sensorprinzipien, Sensorkombinationen und Sensoraufteilungen ideal sind, um das Umfeld in allen Situationen detektieren zu können, ist aktuell Gegenstand der Entwicklung.

Performante Steuergeräte
Das Fahrzeugumfeld sowie die Fahrzeugposition sind elementare Informationen für das hochautomatisierte Fahren. Die gewonnenen Sensordaten werden in performanten Steuergeräten zu einem Umgebungsmodell fusioniert. Für diese Verarbeitung wird viel Rechenleistung benötigt. Wichtig ist hierbei die Ausfallsicherheit, damit auch im Fehlerfall die Sensordatenfusion berechnet werden kann. Unter anderem kann hier zum Beispiel entweder ein ausfallsicheres Steuergerät (z.B. zwei Platinen in einem Gehäuse) oder eine Kombination aus zwei Steuergeräten mit einem Hauptpfad und einem Ersatzpfad zum Einsatz kommen.

Um diese Rechenleistung überhaupt bereitstellen zu können, bedient sich die Automobilelektronik künftig zunehmend in anderen Disziplinen, beispielsweise bei der Konsumerelektronik. Dabei werden zusätzlich zu automotiv-zertifizierten Mikrocontrollern auch Mikroprozessoren eingesetzt.

Bild 7: Vehicle Motion Control (Quelle [2]).

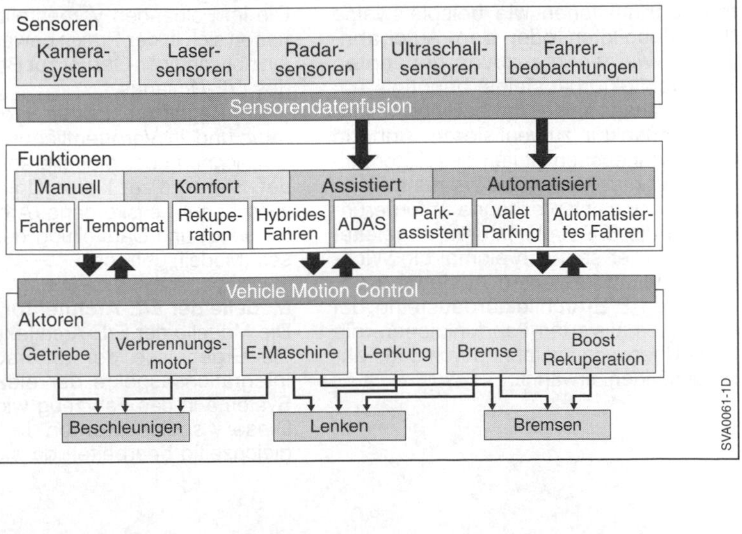

Vehicle Motion Control
Egal ob nun assistiertes oder hochautomatisiertes Fahren, wenn der Fahrer von A nach B möchte, ist immer ein „Vehicle Motion Control“ (VMC) [2] (Bild 7) gefordert. Dieses VMC übernimmt die laterale und longitudinale Führung des Fahrzeugs ohne permanente Überwachung des Fahrers, indem es den Zugriff auf Aktoren (Bremse, Lenkung und Antrieb) koordiniert und kontrolliert. Als Input für die Ableitung einer adäquaten Fahrentscheidung dient das Umfeldmodell aus der Sensordatenfusion.

Aktorredundanzkonzept
Für hochautomatisierte Fahrfunktionen wie dem Autobahnpilot ist eine redundante Bremse und Lenkung im Netzwerk der Aktoren notwendig, die durch das VMC koordiniert werden. Die redundante Bremsfähigkeit wird hierbei zum Beispiel durch die Kombination aus einem vakuum-unabhängigen, elektromechanischen Bremskraftverstärker und der Fahrdynamikregelung (ESC) realisiert (Quelle [2]). Des Weiteren wird zum Beispiel die fehlertolerante Lenkfähigkeit durch eine elektrische Lenkung realisiert, bei der alle Komponenten redundant ausgelegt sind (unter anderem Versorgung, Kommunikation, Wicklungen, Logik usw.).

E/E-Architekturen für das hochautomatisierte Fahren
Für die verschiedenen hochautomatisierten Fahrfunktionen wie beispielsweise den Staupiloten oder den Autobahnpiloten werden die zuvor genannten E/E-Architekturbausteine benötigt, um eine leistungsfähige und betriebssichere E/E-Architektur zu realisieren. Anhand der beschriebenen Stufen des Automatisierungsgrads können die Fahrfunktionen unterteilt und entsprechende Anforderungen an die E/E-Architekturen abgeleitet werden. Hier sei noch einmal die Wichtigkeit der redundanten Auslegung der einzelnen E/E-Architekturbausteine bei hochautomatisierten Fahrfunktionen, die keine Überwachung mehr durch den Fahrer benötigen, erwähnt.

Entwicklung von E/E-Architekturen

Begriffsdefinition „E/E-Architektur“
Mit steigendem Anteil von Elektronik und der Vernetzung im Fahrzeug wächst auch der Bedarf an leistungsfähigen Entwicklungsprozessen und Beschreibungsmethoden für die Architektur elektrischer und elektronischer Systeme.

Der Begriff Architektur bezeichnet im Allgemeinen die „Baukunst“. In der Baubranche entwirft der Architekt ein Gebäude, indem er auf Basis der Wünsche und Randbedingungen des Bauherrn Pläne für die unterschiedlichen Ansichten und Gewerke erstellt. Ein Plan abstrahiert die Realität, bezogen auf einen bestimmten Aspekt (z. B. geometrische Verhältnisse oder elektrische Verkabelung). Auf Basis der Pläne aller notwendigen Aspekte kann schließlich das Gebäude errichtet werden.

Übertragen auf das Kraftfahrzeug spricht man von der „E/E-Architektur“. „E/E“ bezeichnet die elektrischen und elektronischen Aspekte des Kraftfahrzeugs. Die „Pläne“ des E/E-Architekten werden im Folgenden mit dem allgemeinen Begriff des „Modells“ bezeichnet.

Es existieren bei den Automobilherstellern und deren Zulieferern unterschiedliche Ansichten darüber, wie viele Modelle welcher Art benötigt werden, um die elektrischen und elektronischen Systeme des Fahrzeugs vollständig zu beschreiben. Die im Folgenden vorgestellten Modelle haben sich in der Praxis bewährt und sind ein notwendiges Gerüst zur Beschreibung des E/E-Umfangs.

Der Begriff Architektur wird in der Literatur und in Veröffentlichungen oft zur Bezeichnung der Modelle selbst verwendet. Hier wird zur klaren Unterscheidung zwischen Arbeitsvorgang (Architekturentwicklung) und Darstellung des Ergebnisses (Modell) getrennt.

Modelle der E/E-Architektur
Die Modelle der E/E-Architektur spiegeln die Ergebnisse der unterschiedlichen Integrationsaspekte der elektronischen Systeme in das Fahrzeug wider (Bild 8). Diese Aspekte werden in der Regel gleichzeitig bearbeitet, da sich die E/E-

Architekturentwicklung in der Konzeptphase eines Fahrzeugs sowohl mit der Geometrie (dem „Karosserie-Rohbau“) als auch mit neuen Systemen, die in das Fahrzeug implementiert werden sollen, befasst. Im Verlauf der Fahrzeugentwicklung kann sich beispielsweise herausstellen, dass sich ein elektronisches System in der gewählten Technologie nicht in die zur Verfügung stehenden Bauräume integrieren lässt. In diesem Fall müssen Kompromisse gesucht werden.

Feature- und Anforderungsmodell

Featuremodell

Im Featuremodell wird festgelegt, welche Leistungsmerkmale (Features, in der E/E-Architektur feststehender Begriff)) das Fahrzeug später haben soll. Diese Leistungsmerkmale sind Fahrzeugeigenschaften, die für den Fahrer und die Beifahrer erlebbar sind – so zum Beispiel ACC Stop and Go (siehe Adaptive Cruise Control). Mit dem Featuremodell wird der Fahrzeugumfang definiert. Basierend auf den Features können alle weiteren Modelle abgeleitet und entwickelt werden.

Anforderungsmodell

Im Anforderungsmodell werden alle erforderlichen Fahrzeuganforderungen aufgeführt. Diese konkretisieren die Features und dienen als Eingangsgröße für das funktionale Modell. Zum Beispiel kann hier das ACC-Feature bezüglich der Fahrgeschwindigkeit konkretisiert werden. Da es sich um die Stop-and-Go-Variante des ACC handelt, muss die untere Grenze des Geschwindigkeitsbereichs 0 km/h betragen. Die obere Grenze unterscheidet sich von Automobilhersteller zu Automobilhersteller (z.B. 130 km/h). Wäre das Feature zum Beispiel keine Stop-and-Go ACC-Variante, könnte sich der Geschwindigkeitsbereich bei 30...200 km/h befinden.

Funktionales Modell

Funktionale Modelle sind die Vorstufe konkreter technischer Systeme. Sie beschreiben die logischen Funktionen, die zur Realisierung der geforderten Leistungsmerkmale (Features) notwendig sind, ohne auf deren konkrete Technologie einzugehen. Somit ist die funktionale Architektur unabhängig von der techni-

Bild 8: Modelle der E/E Architektur.
FKT Funktion, ECU Electronic Control Unit (Steuergerät), SEN Sensor, AKT Aktor.

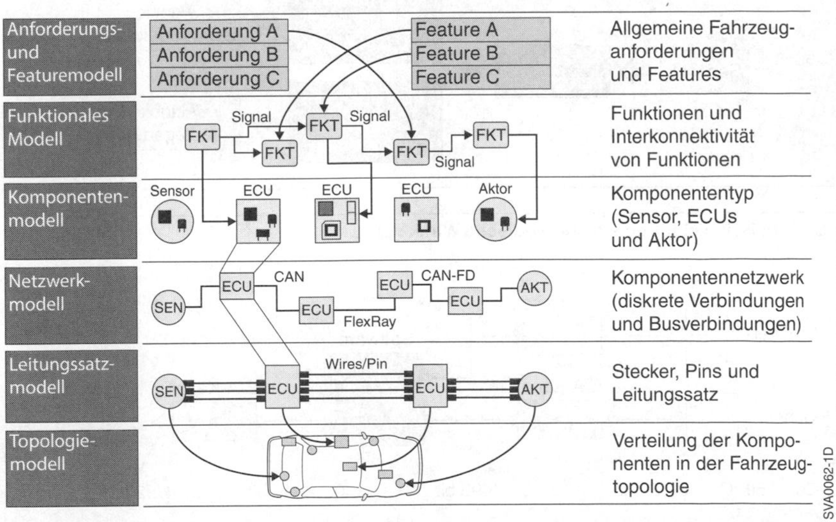

schen Architektur. Dadurch ist es möglich, Features optimal und ohne technische Einschränkungen zu entwickeln. Für das Beispiel des ACC Stop-and-Go (Bild 9) bedeutet dies eine Zerlegung in logische Funktionen wie:
- Sensorik,
- Longitudinale Steuerung der Verzögerung,
- Longitudinale Steuerung der Beschleunigung,
- Aktorik.

Komponentenmodell

Technologiemodell

Das Technologiemodell beschreibt, welche technische Realisierung für die spezifizierten Übertragungsglieder eingesetzt wird, ohne diese bereits zu Baugruppen, wie beispielsweise elektronische Steuergeräte, zusammenzufassen. Es entstehen „Technologiebausteine".

So kann eine Signalfilterung entweder mit diskreten Bauelementen durch eine digitale Schaltung oder durch eine Filter-Software auf einem Mikrocontroller realisiert werden. Auch eine Reglerfunktion kann durch eine diskrete Elektronik oder von einem Mikrocontroller ausgeführt werden. Eine Spannungsstabilisierung kann entweder durch einen Glättungskondensator oder einen Gleichspannungswandler erreicht werden.

Die Entscheidung für eine technische Realisierung wird nicht nur durch die Funktion, sondern auch durch weitere Kriterien wie Kosten, Gewicht, Skalierbarkeit usw. beeinflusst. Bevor die Technologiebausteine zu Baugruppen in Form von Steuergeräten zusammengefasst werden, wird zunächst die Synergie zu den weiteren zu integrierenden Technologiebausteinen gesucht. Es entsteht eine technologische Wirkkette (Bild 10). Ist für ein Wirkkettenglied beispielsweise eine bestimmte Sensortechnologie vorhanden, deren Signal auch von einer anderen Wirkkette benötigt wird, so wird diese mitgenutzt. Dies geschieht auch dann, wenn dieser Sensor für den zusätzlichen Nutzer überspezifiziert ist, das heißt, dass geringere Anforderungen zum Beispiel an den verfügbaren Signalbereich oder an die Genauigkeit bestehen.

Dennoch ist es wichtig, die ursprüngliche Anforderung in einer Datenbasis zu hinterlegen, da diese Synergie in einem anderen Fahrzeug möglicherweise so

Bild 9: Funktionales Modell ACC.

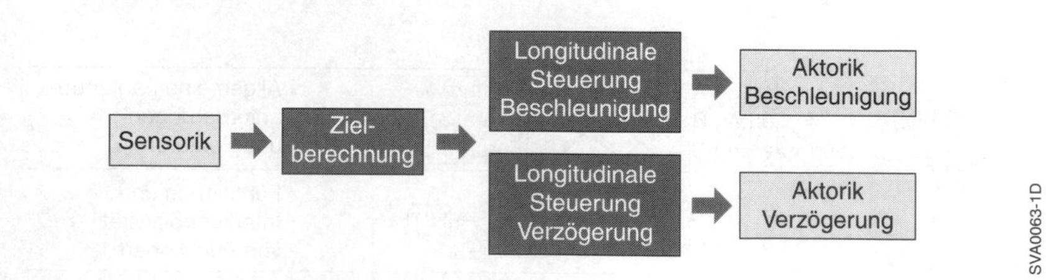

Bild 10: Beispiel für eine technologische Wirkkette.

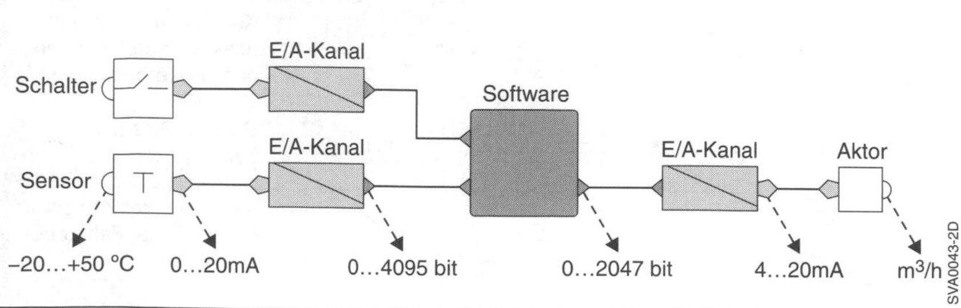

nicht mehr gegeben ist. Für die gerätetechnische Beschreibung wird in der Kfz-Industrie in der Regel die Nomenklatur nach DIN EN 60617 [3] eingesetzt.

Knotenmodell
Die Glieder der technologischen Wirkketten werden zu Gruppen an unterschiedlichen Orten, den „Knoten", zusammengefasst. Es wird dabei streng auf das Kostenoptimum und weitere Kriterien (z.B. Latenzzeiten) bei der Integration der Technologiebausteine geachtet. So versucht man beispielsweise die Softwareanteile mehrerer technologischer Wirkketten auf einem gemeinsamen Mikrocontroller zu integrieren. Sensorinformationen werden möglichst gemeinsam genutzt und Aktoren von unterschiedlichen Funktionen angesteuert. Zum Beispiel steuern die ACC- und ESC-Funktionen den Bremsaktor an.

Hardwaremodell der elektronischen Komponente
Dieses Modell stellt die Struktur der elektronischen Hardware eines einzelnen Steuergeräts dar. Es entsteht durch Zuordnung bestimmter Elektronikbestandteile aus den technologischen Wirkketten auf eine elektronische Baugruppe in einem Knoten. Ein Steuergerät ist also im Allgemeinen ein Sammelplatz elektronischer Bauteile unterschiedlicher Systeme, eine „Integrationsplattform".

Auf den im Steuergerät befindlichen Mikrocontrollern ist Software zur Steuerung unterschiedlicher Systeme aus unterschiedlichen Quellen (Automobilhersteller oder deren Zulieferern) integriert. Durch die Vernetzung der Steuergeräte ist es möglich, komplexe, verteilte Funktionen zu realisieren, die Sensoren und Aktoren aus unterschiedlichen Einbauorten im Fahrzeug nutzen.

Während der Entwicklung werden zunächst gewöhnliche Schaltpläne für den elektrischen und elektronischen Teil des Steuergeräts verwendet. Danach wird die Steuergerätemechanik sowie die Aufbau- und Verbindungstechnik festgelegt. In der frühen Konzeptphase beschränkt sich die E/E-Architekturentwicklung hier auf eine sehr grobe Darstellung.

Softwaremodell der elektronischen Komponente
Der AUTOSAR-Standard definiert die Gliederung der hardwarenahen Software und deren Schnittstelle zu den Anwendungsfunktionen und etabliert Schnittstellen zwischen Anwendungsfunktionen. Zudem definiert AUTOSAR standardisierte Austauschformate, die von gängigen Modellierungswerkzeugen unterstützt werden (siehe AUTOSAR).

Typischerweise wird zwischen Basis- und Anwendungssoftware unterschieden. Bausteine der Basissoftware sind beispielsweise Gerätetreiber-, Kommunikationssoftware, Betriebssystem und Hardwareabstraktion.

Netzwerkmodell
Netzwerkmodell der Kommunikation
Da in den vorangegangenen Schritten alle Technologiebausteine eines Fahrzeugs elektronischen Steuergeräten zugeordnet wurden, liegt nun ein Netz dieser Steuergeräte mit deren Kommunikationsbeziehungen vor. Das Netzwerkmodell der Kommunikation stellt alle Steuergeräte des Kraftfahrzeugs dar, die über eine Buskommunikation verfügen und somit direkt oder indirekt miteinander vernetzt sind (siehe z.B. Bild 1).

Jedes Signal, das zwischen zwei oder mehreren Steuergeräten ausgetauscht wird, ist einem geeigneten Bussystem zugeordnet. AUTOSAR definiert hierfür standardisierte Austauschformate, die die Beschreibung der Buskommunikation ermöglichen.

Netzwerkmodell der Energieversorgung
Durch die Zuordnung der Technologiebausteine zu Steuergeräten sowie Sensor- und Aktorbaugruppen ist auch ein Netz elektrischer Verbraucher entstanden, das eine geeignete Versorgung erfordert. Zu beachten ist hier einerseits die Absicherung einzelner elektrischer Schaltkreise, damit ein Kurzschluss nicht das gesamte Netz betrifft. Andererseits sollen nicht alle Schaltkreise in jedem Betriebszustand mit elektrischer Energie versorgt werden. Dazu wurde das Prinzip der „Klemmen" eingeführt. So wird zum Beispiel die Klemme 15 nur bei eingeschalteter Zündung mit elektrischer Ener-

gie versorgt. Die Zuordnung der einzelnen Klemmen zu Steuergeräten geht aus dem „Klemmenkonzept“ hervor. Als Input für das Klemmenkonzept werden unter anderem die verschiedenen Fahrzeugzustände (z.B. Fahren, Parken, Laden usw.) benötigt. Beispielsweise lassen sich damit Teile des Energiemanagements und der Aufwach- und Einschlafsequenzen der Steuergeräte im Netzwerk über Hardware realisieren.

Der elektrische Schaltplan (Bild 11) zeigt die elektrische Vernetzung und Absicherung der einzelnen Baugruppen ohne Berücksichtigung der Einbaulage. Hier werden die Farben der Leitungen (im Bild nicht dargestellt) und die Zugehörigkeit zu einer Klemme beziehungsweise Sicherung sichtbar. Die Klemmenbezeichnung folgt nach DIN 72552 [4].

Im oberen Teil der Darstellung befindet sich üblicherweise der Pluspol der Versorgungsspannung, während der Minuspol (Masse) im unteren Teil dargestellt ist.

Leitungssatz- und Topologiemodell
Dieses Modell gruppiert elektrische und elektronische Baugruppen an einem bestimmten Ort im Fahrzeug (Bild 12). Dadurch werden die Verbindungsleitungen zwischen den Steuergeräten und die Leitungen zur Energieversorgung der elektrischen Verbraucher zu Kabelsträngen zusammengefasst. Es entsteht der Leitungssatz. Dabei sind viele unterschiedliche Randbedingungen zu beachten, wie zum Beispiel:
- Das Fertigungskonzept (einteiliger oder mehrteiliger Leitungssatz),
- die Strangquerschnitte (Biegefähigkeit),
- die Elektromagnetische Verträglichkeit (EMV),
- die Wärmeableitung,
- das Gewicht,
- die Kosten (z.B. für Kupfer)
- sowie die Struktur des Leitungssatzes im Fahrzeug.

Die Topologie beschreibt die möglichen Verlegewege in der Karosserie, wie zum Beispiel die H-Struktur, die aus zwei

Bild 11: Schaltplan am Beispiel eines Autoradios.
15, 30, 31 Klemmenbezeichnungen,
A2 Autoradio, W1 Autoantenne, F Sicherung,
B11, B12 Lautsprecher, P6 Zeituhr,
X18 Diagnosesteckdose,
1...8 Abschnittskennzeichnung.

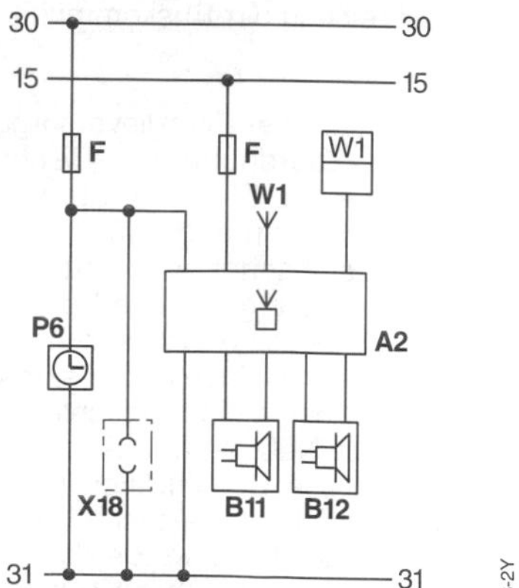

Bild 12: Beispiel für ein zweidimensionales Bauraummodell.
HL hinten links, HR hinten rechts,
VL vorne links, VR vorne rechts,
VM vorne Mitte, IL innen links,
IR innen rechts.

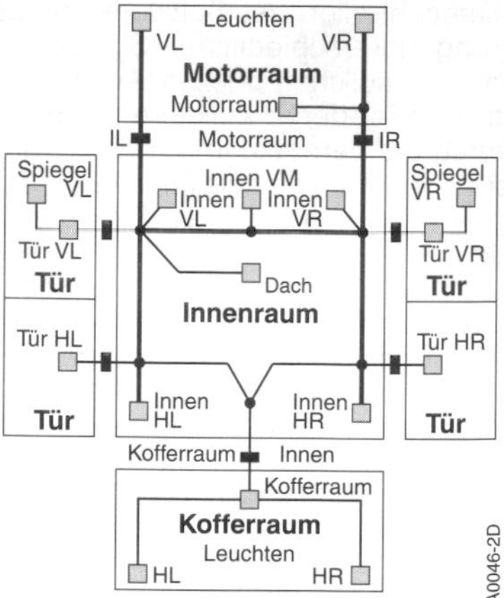

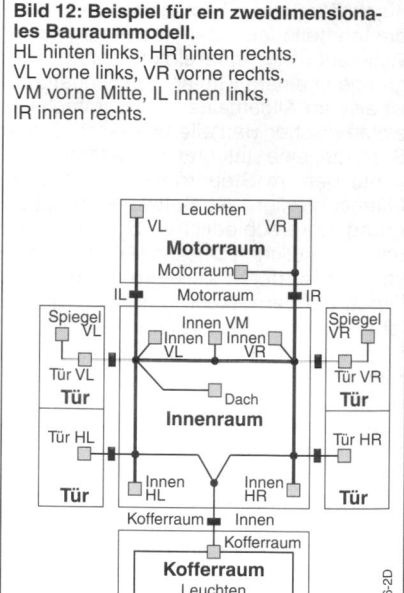

Hauptverbindungen von der Fahrzeugfront zum Fahrzeugheck sowie einer Querleitung (Querung) von der linken zur rechten Fahrzeugseite besteht.

In der Konzeptphase eines Fahrzeugs genügen meist zweidimensionale Modelle, in der späteren Entwicklungsphase kommen detailliertere dreidimensionale Modelle zum Einsatz.

E/E-Architektur-Entwicklungsprozess
Der E/E-Architektur-Entwicklungsprozess verkettet die einzelnen Entwurfsschritte logisch und zeitlich miteinander und gibt Qualitätskriterien zu Beginn und Ende eines Entwurfsschritts zur Hand. Nachfolgend werden die einzelnen Entwurfsschritte beschrieben.

Anforderungsmanagement
Die Anforderungen bestimmen die Entscheidungen des E/E-Architekten maßgeblich. Es ist ratsam und gängig, zwischen funktionalen und nichtfunktionalen Anforderungen zu unterscheiden. Funktionale Anforderungen beziehen sich auf die gewünschten Leistungsmerkmale, die Features, die im Fahrzeug genutzt werden können. Nichtfunktionale Anforderungen beziehen sich auf die technische Lösung und werden deshalb auch als Entwurfseinschränkungen bezeichnet.

Eine solche Einschränkung kann beispielsweise das Raumvolumen sein, das in der Mittelkonsole zur Montage von Steuergeräten zur Verfügung steht. Eine andere Einschränkung kann die an einem Ort maximal zulässige Wärmeabfuhr sein, die Einfluss auf die dort platzierbare Leistungselektronik hat. So ist zum Beispiel der Audioverstärker in Fahrzeugen oft im Bereich des Kofferraums eingebaut, da die Wärme im Fahrzeuginnenraum nicht ausreichend abgeführt werden kann.

Nach Abschluss der Dokumentation der funktionalen und nichtfunktionalen Anforderungen beginnt die eigentliche Entwicklung der E/E-Architekturen.

Entwicklung von E/E-Architekturen
Die Entwicklung der E/E-Architektur kann auf zwei Arten erfolgen: Dem Bottom-up-Ansatz, der ausgehend von vorhandenen Komponenten erfolgt, sowie dem Top-down-Ansatz, der die Umsetzung aller vorher beschriebenen Modellierungsschritte ausgehend von den funktionalen und nichtfunktionalen Anforderungen beinhaltet.

Beim Bottom-up-Ansatz geht die Erstellung der E/E-Architektur von der Funktionalität vorhandener Komponenten aus und ergänzt diese zusätzlich um Funktions- und Kommunikationsaspekte. Dieser Ansatz wird typischerweise bei der Erstellung von E/E-Architekturen von Nachfolgegenerationen bestehender Fahrzeugplattformen gewählt oder wenn starke Kostenrestriktionen die Verwendung von kostengünstigen, bereits am Markt existierenden Komponenten bedingen.

Beim Top-down-Ansatz steht die Funktionskomplexität im Vordergrund und wird typischerweise bei der Erstellung von E/E-Architekturen von neuen Fahrzeugplattformen gewählt. Zudem spielt künftig das funktionale Modell eine immer größere Rolle, insbesondere um domänenübergreifende Features realisieren zu können. Das funktionale Modell wird unabhängig von der weiteren technischen Realisierung der E/E-Architektur entwickelt.

Die Nutzung eines E/E-Konzeptwerkzeugs ermöglicht dabei einen Datenaustausch mit Entwicklungspartnern für elektronische Komponenten oder für den Leitungssatz.

Bewertung von Modellen
Folgendes ist bei allen Ansätzen zu beobachten: Beim Übergang von einer Modellhierarchie auf die nächste (z.B. vom funktionalen Modell zum Technologiemodell) wird eine Liste mit Bewertungskriterien (z.B. Wiederverwendung oder Testbarkeit) einem Portfolio an Lösungsmustern (z.B. Bustechnologien) gegenübergestellt. Durch Bewerten der Lösungsmuster anhand der Kriterien kristallisiert sich auf Basis der rein funktionalen Anforderungen und unumstößlicher Randbedingungen („Muss-Kriterien") eine Lösung heraus.

Ein alternatives Vorgehen besteht darin, eine Referenzlösung (z.B. das bisherige Vernetzungsmodell) anhand der Bewertungskriterien mit alternativen Lösungen zu vergleichen. Dies führt zwar zu

schnellen Ergebnissen, aber möglicherweise nicht zum globalen Optimum.
Da die Bewertungskriterien von den Automobilherstellern im Allgemeinen unterschiedlich gewichtet werden, unterscheiden sich die elektronischen Systeme der Fahrzeuge zum Teil erheblich voneinander.

E/E-Architektur-Entwicklungswerkzeuge

Idealerweise wird für die Architekturmodellierung ein Werkzeug eingesetzt, das die verschiedenen Modelle und Modellebenen der E/E-Architekturarbeit darstellen und miteinander vernetzen kann. Somit entsteht eine durchgehend zusammenhängende Dokumentation. Dies ermöglicht den verschiedenen beteiligten Disziplinen im Entwicklungsprozess an den entsprechenden Punkten mit einzusteigen. Des Weiteren sollte es möglich sein, die Eigenschaften der Modellierung zahlenmäßig zu erfassen, um sie einer Bewertung zuführen zu können.

Mittlerweile sind verschiedene E/E-Architektur-Entwicklungswerkzeuge auf dem Markt verfügbar, die es ermöglichen, die Architekturmodellierung werkzeuggestützt durchzuführen. Ein wichtiger Punkt ist die Standardisierung der Modelle und ihrer Datenformate. Nur dies ermöglicht einen Wettbewerb unter den Werkzeugherstellern und eröffnet den verschiedenen beteiligten Disziplinen die Möglichkeit, im Prozess an verschiedenen Punkten einzusteigen.

Zusammenfassung und Ausblick

Durch den immer größer werdenden Umfang und die zunehmende Vernetzung elektronischer Systeme ist es erforderlich, geeignete Prozesse, Methoden und Werkzeuge bei der E/E-Architekturentwicklung anzuwenden. Die E/E-Architekturentwicklung hat sich als eigenständiges Aufgabenfeld in der Automobilindustrie etabliert und hat maßgeblichen Einfluss bei der Entwicklung neuer Fahrzeuge. Dadurch ist es möglich, auch weitere Features im Automobil darzustellen. Hierzu zählen beispielsweise hochautomatisierte Fahrfunktionen wie ein Autobahnpilot oder drahtlose Software- und Firmware-Updates über die Luftschnittstelle („over the air"). Über neue Ansätze in der E/E-Architekturentwicklung ist es möglich, auch in Zukunft leistungsfähige und betriebssichere E/E-Architekturen bereitzustellen. Wenn die vorgestellten Vorgehensweisen konsequent angewendet und weiterentwickelt werden, ist die steigende Komplexität im Kraftfahrzeug auch in Zukunft beherrschbar und trägt weiterhin maßgeblich zum Verkehrsfluss, zur Verkehrssicherheit, zum Fahrkomfort und zum sparsamen Umgang mit Kraftstoffen bei.

Literatur

[1] VDA - https://www.vda.de/de/themen/innovation-und-technik/automatisiertes-fahren/automatisiertes-fahren.html.

[2] Automated driving, electrification and connectivity – the evolution of vehicle motion control. Alexander Häußler, Robert Bosch GmbH (DOI 10.1007/978-3-658-09711-0_3).

[3] DIN EN 60617: Graphische Symbole für Schaltpläne.

[4] DIN 72552: Klemmenbezeichnung in Kraftfahrzeugen.

Kommunikationsbordnetze

Bussysteme

Netzwerke zum Datenaustausch, auch als Bussysteme oder Protokolle bezeichnet, sind heute im Kraftfahrzeug weit verbreitet. Mehrere Komponenten wie Sensoren, Aktoren oder Steuergeräte – die Knoten oder Netzteilnehmer – sind über einen einzigen Kanal miteinander verbunden (Bild 1). Über diesen Kanal werden eine Vielzahl von Daten, auch als Nachrichten, Botschaften, Pakete oder Frames bezeichnet, ausgetauscht. Zum Beispiel wird die Fahrgeschwindigkeit in der Fahrdynamikregelung (Electronic Stability Control, ESC) ermittelt und an alle weiteren Steuergeräte, die als Knoten im Bussystem vernetzt sind, übertragen.

Vorteile von Bussystemen

Gegenüber der herkömmlichen Verkabelung, bei der Sender und Empfänger von Informationen je durch gesonderte Leitungen verbunden sind, bieten Bussysteme wesentliche Vorteile:

- Die Materialkosten für die Kabel sind niedriger (was die höheren Kosten für die Elektronik aufwiegt).
- Der Bauraumbedarf und das Gewicht der Verkabelung sind geringer.
- Die Anzahl fehleranfälliger Stecker ist geringer, damit treten insgesamt weniger Ausfälle auf.
- Daten können an mehrere Empfänger verteilt werden, z. B. können die Signale eines Sensors von mehreren Systemen verwendet werden.
- Von einem Zugang aus können alle Systeme im Fahrzeug, die über den Bus verbunden sind, erreicht werden. Dies erlaubt eine einfachere Diagnose sowie die Konfiguration aller Steuergeräte am Bandende.
- Die Durchführung von Berechnungen lässt sich auf verschiedene Steuergeräte verteilen.
- Für die Datenverarbeitung müssen analoge Sensorsignale digitalisiert werden. Die Aufbereitung der Sensorsignale kann direkt im Sensor vorgenommen werden, die Informationen werden dann über den Bus verbreitet.

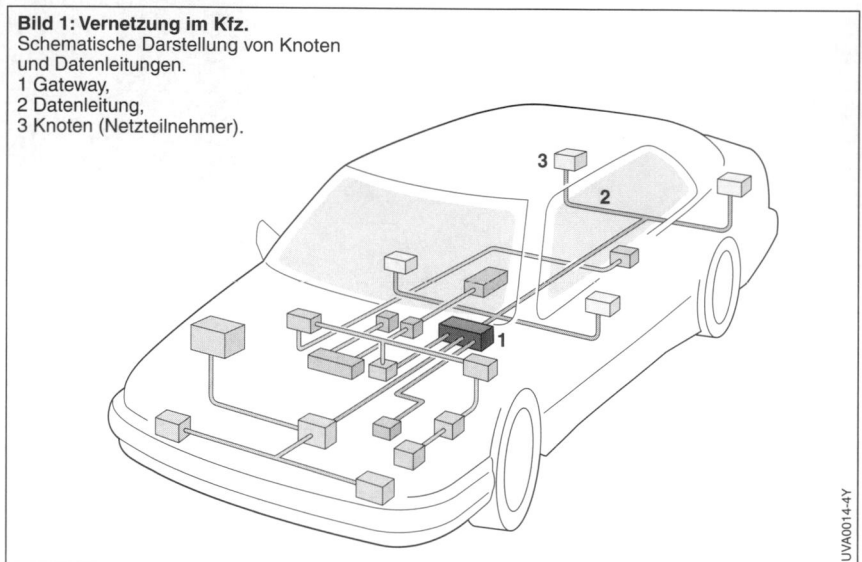

Bild 1: Vernetzung im Kfz.
Schematische Darstellung von Knoten und Datenleitungen.
1 Gateway,
2 Datenleitung,
3 Knoten (Netzteilnehmer).

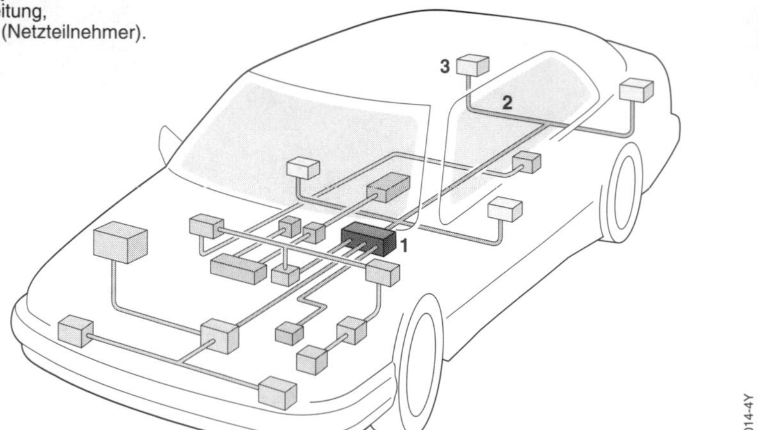

Anforderungen an Busse

Allgemeine Anforderungen

Um im Fahrzeug einsetzbar zu sein, müssen Busse typische Anforderungen erfüllen. Ein Bus muss ein Übertragungsverfahren benutzen, mit dem die Laufzeiten, Abschwächungen und Reflexionen der Signale für Kabel bis zu einer Länge von 40 m, mit der typischerweise alle Teile des Fahrzeugs erreicht werden, beherrscht werden. Dabei muss ein Netz mehrere Dutzend Teilnehmer verbinden können.

Ein Bus muss den rauen Umgebungsbedingungen im Fahrzeug bezüglich Temperatur, Vibrationen und elektromagnetischen Störungen standhalten.

Da Fahrzeuge in hohen Stückzahlen hergestellt werden, sind beim Entwurf des Busses auch geringe Sparpotentiale an den Kosten der Bus-Hardware des einzelnen Fahrzeugs zu nutzen. Ebenfalls zu beachten ist, dass es mehrere im Wettbewerb stehende Hersteller der Buskomponenten gibt.

Es gibt eine hohe Anzahl von Varianten der Ausstattung eines Fahrzeugtyps, die mit einer Grundkonfiguration des Busses abgedeckt werden müssen. Der zusätzliche Einbau einer Sonderausstattung darf die anderen Fahrzeugsysteme nicht beeinflussen.

Das Verhalten des Busses muss in einem öffentlichen Standard eindeutig definiert sein, um einen Maßstab zu haben, gegen den Komponenten verifiziert werden können. So wird sichergestellt, dass verifizierte Komponenten unterschiedlicher Zulieferer in einem Netz gemeinsam funktionieren.

Spezielle Anforderungen

Unterschiedliche Systeme im Kfz haben unterschiedliche Anforderungen und bedingen damit die Verwendung verschiedener Busse. Die erforderliche Datenübertragungsrate (Datenrate) hängt stark von der Anwendung ab. Sie reicht von einigen Bit/s für das Schalten der Beleuchtung über die Motorsteuerung mit einigen 100 kBit/s bis zu Videoanwendungen mit mehreren MBit/s.

Für Systeme, bei denen ein Ausfall oder eine verzögerte Ausführung einer Funktion sicherheitsrelevant ist (z.B. Airbag, elektrische Lenkung), muss eine Höchstdauer für die Verzögerung der Datenübertragung – die Zeitdauer zwischen der Sendung einer Botschaft bis zum tatsächlichen Empfang (Latenzzeit) – in allen Fällen garantiert werden. Von Determinismus spricht man dabei, wenn das zeitliche Verhalten des Busses zu jeder Zeit definiert und reproduzierbar ist. Dadurch sind insbesondere Übertragungsdauern für Botschaften schon beim Entwurf bekannt.

Für sicherheitsrelevante Systeme wie die elektrische Lenkung muss nachgewiesen werden, dass alles dem Stand der Technik entsprechende getan wurde, um Fehler bei der Konstruktion zu vermeiden und das korrekte Funktionieren unter allen zulässigen Randbedingungen zu sichern.

Störungen der Übertragung, die im Betrieb unvermeidlich auftreten, müssen der jeweiligen Anwendung entsprechend erkannt und behandelt werden.

Technische Grundlagen

Bauelemente eines Busses

Damit ein Netz wie geplant funktioniert, müssen in jedem Knoten ständig Berechnungen durchgeführt werden. Dies leistet meist eine spezielle Hardware (Bild 2), der „Communication-Controller". So wird der eigentliche Rechner (Host), der diese Aufgabe auch – wenn auch weniger effizient – leisten kann, entlastet. Der Communication-Controller kann als eigenes Halbleiterbauelement realisiert sein, bei vielen Mikrocontrollern sind jedoch Communication-Controller für einige Busse schon integriert.

Ein weiteres Bauelement, der Bustreiber oder Transceiver, wandelt das Signal, das er vom Communication-Controller erhält, in das physikalische Signal auf der Busleitung (z.B. Spannungspegel). Auf der Busleitung empfangene Daten wandelt er und leitet diese an den Communication-Controller.

Kommunikationsprotokoll

Die Datenübertragung zwischen den Knoten wird im Kommunikationsprotokoll festgelegt. Diese Vereinbarungen betreffen Syntax, Semantik und Synchronisation der Kommunikation. Die Syntax legt fest, welche Zeichenfolgen für die Kommunikation verwendet werden dürfen, die Semantik definiert die richtige Verwendung syntaktisch korrekter Konstrukte.

Bild 2: Hardware eines Knotens (Netzteilnehmers).

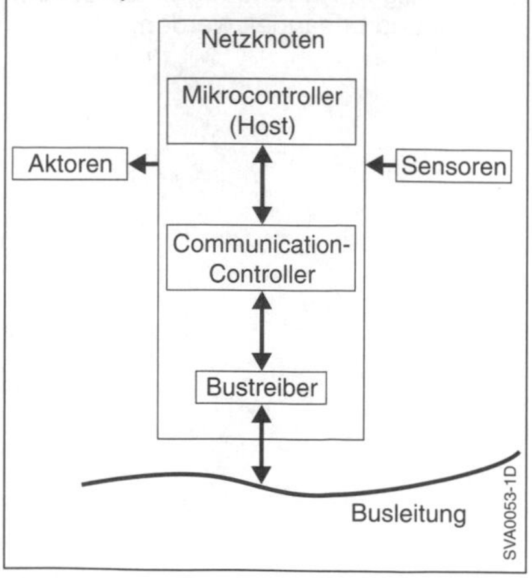

OSI-Referenzmodell

Von der ISO (International Standardization Organization) wurde das OSI-Referenzmodell (Open Systems Interconnection) entwickelt, das oft als Basis zur Beschreibung von Kommunikationsprotokollen und deren Vergleich verwendet wird. Darin wird die Funktion eines Datenkommunikationssystems in verschiedene hierarchische Schichten zerteilt, die jeweils die von einer anderen Schicht bereitgestellten Funktionen benutzen. Das OSI-Referenzmodell ist ein Hilfsmittel zur begrifflichen Strukturierung der Aufgabe eines Kommunikationssystems. Das Finden effizienter Lösungen wird durch Beachtung dieses Modells jedoch nicht notwendigerweise unterstützt.

Es werden sieben Schichten definiert (Bild 3), jedoch sind viele Protokolle nur auf einem Teil davon definiert. Die oberen Schichten im OSI-Referenzmodell (Anwendungsschicht, Darstellungsschicht und Sitzungsschicht) werden von Kfz-Bussen meist nicht bedient.

Bild 3: OSI-Referenzmodell.

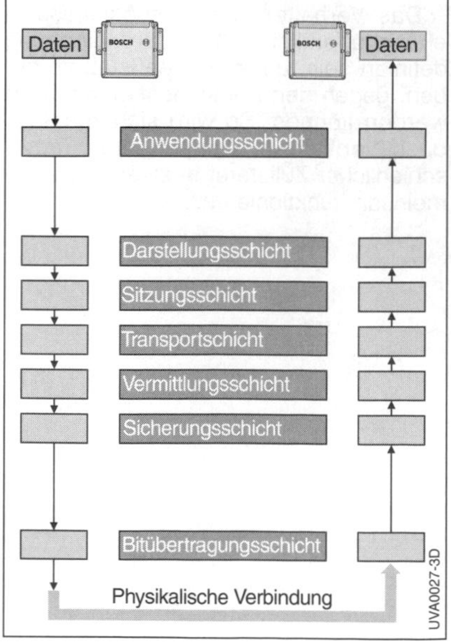

Bitübertragungsschicht
In der Bitübertragungsschicht (physikalische Schicht) werden die physikalischen Eigenschaften des Übertragungsmediums (z.B. Spannungspegel oder Form von Steckern) beschrieben. Im Kraftfahrzeug werden meist elektromagnetische Signale im Bereich kHz bis MHz auf speziellen Kabeln sowie Lichtleiter (physikalische Verbindung, Bild 3) benutzt. Funk unterschiedlicher Frequenzen oder die Mitnutzung bereits zur Versorgung mit elektrischer Leistung vorhandener Kabel sind noch nicht großserienerprobte Techniken.

Am verbreitetsten ist wegen der niedrigen Kosten die Übertragung per Kabel, insbesondere als Spannungsdifferenz auf verdrillten Zweidrahtleitungen, mit oder ohne Schirmung gegen Ab- und Einstrahlung, oder auf Eindrahtleitungen mit einer auf die Masse bezogenen Spannung.

Lichtleiter aus Kunststoff oder Glasfasern (für den infraroten Spektralbereich) werden vor allem dort eingesetzt, wo hohe Datenraten gebraucht werden. Sie sind unempfindlich gegen elektromagnetische Einstrahlung (z.B. durch die Zündanlage), jedoch aufwändig zu verlegen und ihre Alterungsbeständigkeit ist noch nicht ausreichend gesichert.

Die physikalischen Möglichkeiten des Mediums schränken auch die Arten der Kodierung eines Bits ein. Bei optischen Medien gibt es die beiden Zustände „Licht“ und „kein Licht“, die eine Kodierung durch die Amplitude (Helligkeit) anbieten.

Elektrische Spannungssignale auf einem Kabel bieten verschiedene Möglichkeiten, Bits darzustellen. Am einfachsten und bei Kfz-Bussen üblich ist die Kodierung, bei der jedem Bit ein Spannungswert zugeordnet ist, der während der gesamten Bitdauer anliegt (NRZ, Non Return to Zero). Im Gegensatz dazu wechselt bei der Manchester-Codierung der Pegel während einer Bitlänge von 0 auf 1 (das entspricht der Kodierung von 0) oder von 1 auf 0 (das entspricht der Kodierung von 0).

Da bei der NRZ-Kodierung der Signalpegel über mehrere Bitlängen konstant bleiben kann, sind Zusatzmaßnahmen zur Sicherstellung der Synchronisation erforderlich. Mit dem Bitstuffing wird nach einer definierten Anzahl gleicher Bitwerte ein komplementäres Bit eingefügt, der Empfänger filtert dieses Bit wieder heraus.

Bei Bussystemen mit hoher Datenrate müssen gegebenenfalls offene Leitungsenden durch Abschlusswiderstände terminiert werden, um zu vermeiden, dass Reflexionen zu Störungen der Signalform führen.

Sicherungsschicht
Die Sicherungsschicht bewirkt den korrekten Transport von Daten zwischen benachbarten Knoten. Datenbits werden zu Blöcken (Frames) zusammengefasst. Durch Hinzufügen weiterer Bits wie Prüfsummen oder Nummerierungen können bei der Übertragung auftretende Fehler erkannt oder auch korrigiert werden. Alternativ kann ein Fehler durch Anforderung einer erneuten Übertragung behoben werden.

Vermittlungsschicht
Wenn nicht jeder Knoten mit jedem direkt verbunden ist, muss ein Weg für die Daten gefunden werden, der über Zwischenstationen geht. Die Wegesuche wird auch als Routing bezeichnet und bezieht verschiedene Charakteristiken der Übertragungsstrecken (insbesondere Bandbreite) und der Zwischenstationen, auch als Router bezeichnet, mit ein.

Transportschicht
Zu den Aufgaben der Transportschicht gehört es, große Datenpakete zu zerlegen und beim Empfänger, den die Teile gegebenenfalls über unterschiedliche Wege zu unterschiedlichen Zeiten erreichen, wieder zusammenzubauen oder bei Auftreten von Übertragungsfehlern dafür zu sorgen, dass ein Paket erneut übertragen wird. Die Transportschicht dient auch dazu, die Eigenschaften der Übertragungsstrecke gegenüber der Anwendung zu verstecken und Dienste unabhängig davon anzubieten.

Datenrahmen
Daten werden meist als Pakete fester Struktur (Datenrahmen, Frame) übertragen, die außer dem eigentlichen Inhalt – den Nutzdaten – auch Steuer- und Kontrolldaten wie Quelle, Ziel, Priorität und Prüfbits zum Schutz gegen Verfälschungen enthalten.

Datenrate
Die Datenrate ist ein Maß für die Geschwindigkeit, mit der die einzelnen Bits übertragen werden. Sie wird als Anzahl Bits pro Sekunde angegeben. Daraus ergeben sich die abgeleiteten Einheiten wie kBit/s und MByte/s (1 Byte = 8 Bit).

Bei der Bruttodatenrate werden alle übertragenen Bits berücksichtigt, bei der Nettodatenrate nur die Nutzdaten. Ein Maß für die Effizienz eines Bussystems ist das Verhältnis von Nettodatenrate zu Bruttodatenrate.

Zugriffsverfahren
Eine zentrale Aufgabe eines Netzes, auf das mehrere Teilnehmer zur gleichen Zeit Zugriff haben, ist die Verwaltung der Sendebefugnis, um Konflikte zu vermeiden. Dies wird bei Bussen als Arbitrierung bezeichnet. Dabei soll berücksichtigt werden, wie dringend eine Nachricht transportiert werden muss. Es sind unterschiedliche Mechanismen verbreitet.

Zeitsteuerung
Bei zeitgesteuerten Bussen ist ein konfliktfreier Zugriff möglich, indem jeder Knoten fest zugewiesene Zeiten (Slots, Columns) für seine Aussendungen erhält. Diese wiederkehrenden Zeiten werden zu Zyklen (Cycles) zusammengefasst, die Zyklen zur Kommunikationsmatrix (Bild 4). Dieser Mechanismus wird als TDMA (Time Division Multiple Access) bezeichnet.

Die Latenzzeit ist bei der Zeitsteuerung auf eine maximale Länge begrenzt. Das Antwortverhalten des Bussystems ist somit zeitlich vorherzusagen.

Die Nachrichten (Referenznachrichten, Sync Frame) selbst werden genutzt, um die Uhren in den Knoten zu synchronisieren. Sind mehrere zeitgebende Knoten (Time Master) im Netzwerk vorhanden, findet der Uhrenabgleich auf Basis der gemessenen mit den erwarteten Empfangszeiten statt. Durch die strenge Periodizität (Determinismus) kann das Ausbleiben einer Nachricht schnell erkannt werden, was insbesondere bei

Bild 4: Kommunikationsmatrix eines zeitgesteuerten Busses (Beispiel TTCAN).

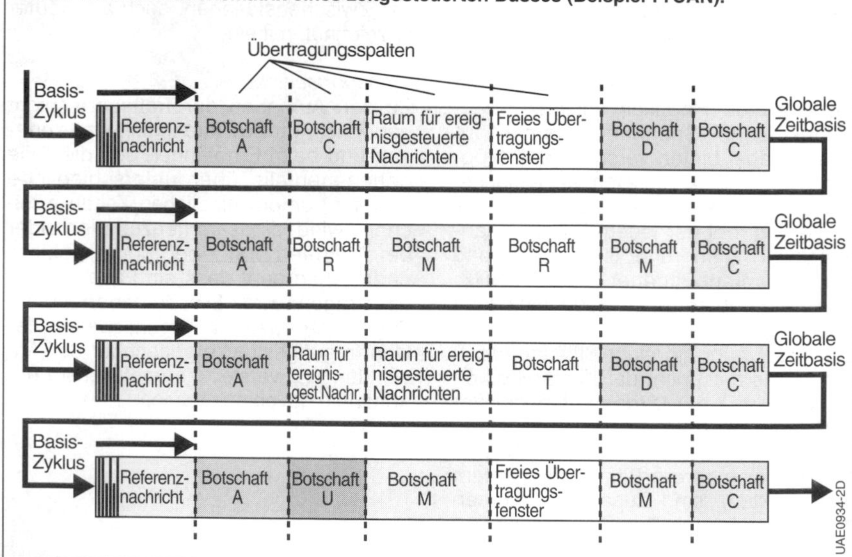

sicherheitsrelevanten Systemen wie einer elektromotorisch betätigten Lenkung benötigt wird.

Außerdem fördert der zeitgesteuerte Ansatz die Möglichkeit, dass mehrere Teilsysteme unabhängig voneinander entwickelt werden, weil dadurch die Zusammensetzbarkeit (Composability) der Teilsysteme zu einem vorhersagbaren Verhalten des Gesamtsystems unterstützt wird. Wenn jedes Teilsystem seinen unabhängigen Zeitanteil hat, können sich zwei Knoten nicht gegenseitig durch gleichzeitige Belegung des Busses stören.

Master-Slave
Ein ausgezeichneter Knoten (Master) gewährt einem der anderen (Slave) befristet den Zugriff (Bild 5). Er bestimmt so die Kommunikationshäufigkeit durch Abfragen seiner untergeordneten Knoten. Ein Slave antwortet nur, wenn er vom Master angesprochen wird. Mit diesem Verfahren ergeben sich definierte Latenzzeiten.

Einige Master-Slave-Protokolle erlauben es jedoch, dass ein Slave sich beim Master meldet, um eine Nachricht abzusenden.

Bild 5: Master-Slave-Verfahren.
A Master-Abfrage,
B Slave-Antwort.

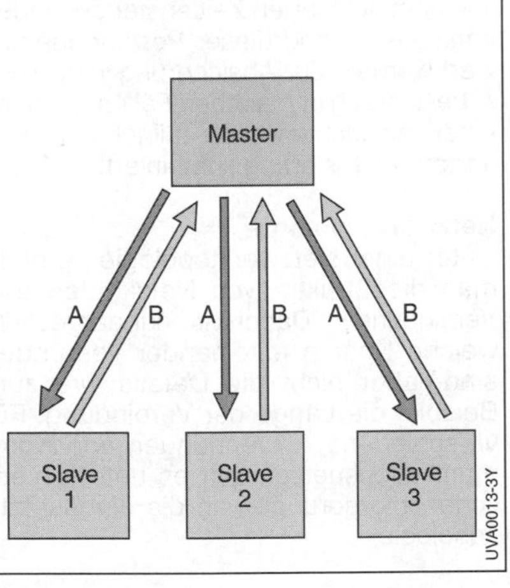

Multi-Master
In einem Multi-Master-Netzwerk können mehrere Knoten selbstständig auf den Bus zugreifen und eine Nachricht versenden, wenn der Bus frei erscheint. Dies bedeutet, dass jeder Knoten die Masterrolle ausüben kann und alle Knoten gleichberechtigt eine Nachrichtenübertragung starten können. Allerdings bedeutet dies auch, dass Methoden zur Erkennung und Behandlung von Zugriffskonflikten vorhanden sein müssen. Dies kann z.B. durch eine Entscheidungsphase mit Priorisierung oder durch ein verzögertes erneutes Senden geschehen.

Der Einsatz einer Prioritätensteuerung verhindert einen Buskonflikt, wenn mehrere Knoten gleichzeitig den Bus belegen wollen. Es setzt sich der Netzknoten, der eine hohe Priorität besitzt oder eine hoch priorisierte Nachricht übertragen möchte, im Konfliktfall durch und sendet seine Nachricht zuerst. Wenn die Leitung wieder frei ist, beginnen alle Knoten, die Nachrichten zu verschicken haben – insbesondere der wartende – mit einem erneuten Versuch. Somit kann bei diesem Verfahren für die Latenzzeit kein Maximalwert angegeben werden.

Die Multi-Master-Architektur wirkt sich positiv auf die Verfügbarkeit des Systems aus, da kein einzelner Knoten die Kommunikation steuert, dessen Ausfall zu einem Totalausfall der Kommunikation führen würde.

Token Passing
Das Zugriffsrecht wird vorübergehend einem Knoten zugeteilt, der es dann an einen anderen Knoten für eine befristete Dauer weitergibt. Durch die kontrollierte Zuteilung des Zugriffsrechts wird sichergestellt, dass zu einem bestimmten Zeitpunkt nur ein einziger Knoten Zugriffsrecht aus den Bus hat.

Kommunikationsformen

Die einfachste Kommunikationsform ist die 1:1-Verbindung (Punkt-zu-Punkt- oder Unicast-Verbindung), bei der ein Sender und ein Empfänger über einen Bus miteinander verbunden sind.

Schickt ein Sender mehreren Empfängern eine Botschaft, ohne dass alle Empfänger diese Botschaft verarbeiten, spricht man von einer Broadcast-Verbindung. Bei der Multicast-Verbindung verarbeitet jeder Empfänger die vom Sender bereitgestellte Botschaft.

Adressierung

Damit Nachrichten über ein Netzwerk übertragen und ihre Informationen ausgewertet werden können, enthalten sie neben den Nutzdaten (Payload) Informationen zur Datenübertragung. Diese können explizit in der Übertragung enthalten oder implizit durch Vorgaben festgelegt sein. Die Adressierung wird benötigt, damit eine Nachricht beim richtigen Empfänger ankommt. Hierzu gibt es verschiedene Verfahren.

Teilnehmerorientiertes Verfahren

Der Datenaustausch erfolgt hier auf Basis von Knotenadressen (Bild 6a). Die vom Sender übertragene Nachricht enthält neben den zu übertragenden Daten die Adresse des Zielknotens. Alle Empfänger vergleichen die übertragene Empfängeradresse mit ihrer eigenen und nur die Empfänger mit der korrekten Adresse werten die Nachricht aus. Nachrichten können an einzelne Adressaten gerichtet sein, an Gruppen (Multicast) oder an alle Knoten im Netz (Broadcast).

Die meisten konventionellen Kommunikationssysteme (z.B. Ethernet) arbeiten nach dem Prinzip der Teilnehmeradressierung.

Bild 6: Adressierungsarten.
a) Teilnehmerorientiertes Verfahren,
b) nachrichtenorientiertes Verfahren.
Adr i, $i = 1 \ldots n$, Adresse der Knoten.
Id i, $i = 1 \ldots n$, Nachrichten-Identifier.

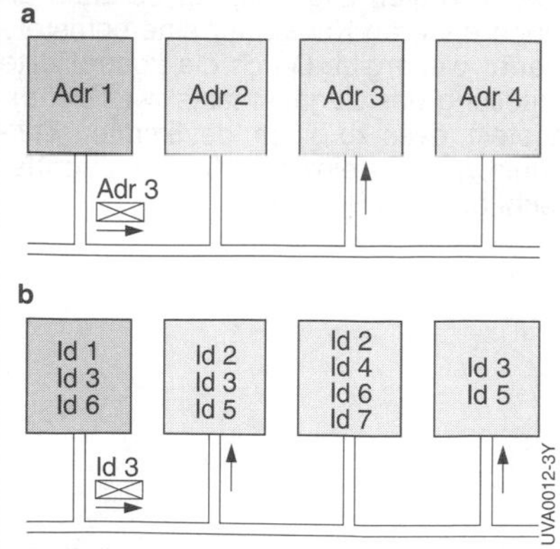

Nachrichtenorientiertes Verfahren

Bei diesem Verfahren werden nicht die Empfängerknoten adressiert, sondern die Nachrichten selbst (Bild 6b). Eine Nachricht wird entsprechend ihrem Inhalt durch einen Nachrichten-Identifier gekennzeichnet, der im Voraus für diesen Informationstyp festgelegt wurde. Bei diesem Verfahren benötigt der Absender kein Wissen über das Ziel der Nachricht, da jeder Empfängerknoten selbst entscheidet, ob er die Nachricht verarbeitet. Es können auch mehrere Knoten die Nachricht übernehmen und auswerten.

Die meisten Bussysteme im Automotive-Bereich (z.B. CAN, FlexRay) arbeiten nach dem nachrichtenorientierten Verfahren.

Übertragungsorientiertes Verfahren

Auch Übertragungsmerkmale können zur Kennzeichnung einer Nachricht herangezogen werden. Wird eine Nachricht immer in einem definierten Zeitfenster gesendet, kann sie anhand dieser Position identifiziert werden. Zur Absicherung wird diese Adressierung in manchen Fällen auch mit einer nachrichten- oder teilnehmerorientierten Adressierung kombiniert.

Netzwerktopologie

Unter einer Netzwerktopologie versteht man die Struktur von Netzknoten und Verbindungen. Dabei wird nur dargestellt, welche Knoten miteinander verbunden sind, aber nicht die Details wie zum Beispiel die Länge der Verbindung. Für verschiedene Anwendungen von Kommunikationsnetzen gibt es unterschiedliche Anforderungen an die eingesetzte Topologie.

Bustopologie
Diese Netzwerktopologie wird auch als linearer Bus bezeichnet. Kernelement ist eine einzige Leitung, mit der alle Knoten über kurze Anschlussleitungen verbunden sind (Bild 7a). In dieser Topologie ist es sehr leicht, das Netzwerk um zusätzliche Teilnehmer zu erweitern. Nachrichten werden von den einzelnen Busteilnehmern ausgesendet und auf den gesamten Bus verteilt.

Fällt ein Knoten aus, dann stehen im Netzwerk die von diesem Knoten erwarteten Daten den anderen Knoten nicht zur Verfügung, die verbleibenden Knoten können aber weiter Nachrichten austauschen. Das Netzwerk mit einer Bustopologie fällt allerdings komplett aus, wenn die zentrale Leitung einen Defekt hat (z. B. bei Kabelbruch).

Sterntopologie
Die Sterntopologie besteht aus einem zentralen Knoten (Repeater, Hub, Star, Stern), an den alle anderen Knoten über Einzelverbindungen angekoppelt sind (Bild 7b). Ein Netzwerk mit dieser Topologie ist deshalb einfach erweiterbar, wenn freie Anschlüsse am zentralen Element zur Verfügung stehen.

Daten werden über die Einzelverbindungen der Knoten mit dem zentralen Stern ausgetauscht, wobei man zwischen aktiven und passiven Sternen unterscheidet. Der aktive Stern beinhaltet einen Rechner, der die Daten verarbeitet und weiterleitet. Die Leistungsfähigkeit des Netzwerks wird wesentlich von der Leistungsfähigkeit dieses Rechners bestimmt. Der zentrale Knoten muss aber nicht zwingend über eine besondere Steuerungsintelligenz verfügen. Ein passiver Stern führt nur die Busleitungen der Knoten zusammen.

Fällt ein Knoten aus oder ist eine Verbindungsleitung zum zentralen Knoten defekt, bleibt das übrige Netzwerk weiter funktionsfähig. Fällt hingegen der zentrale Knoten aus, ist das gesamte Netzwerk außer Betrieb.

Ringtopologie
Bei der Ringtopologie ist jeder Knoten mit seinen beiden Nachbarn verbunden. Damit ergibt sich ein geschlossener Ring

Bild 7: Netzwerktopologien.
a) Bustopologie, b) Sterntopologie,
c) Ringtopologie, d) Maschentopologie,
e) Stern-Bus-Topologie,
f) Stern-Ring-Topologie.

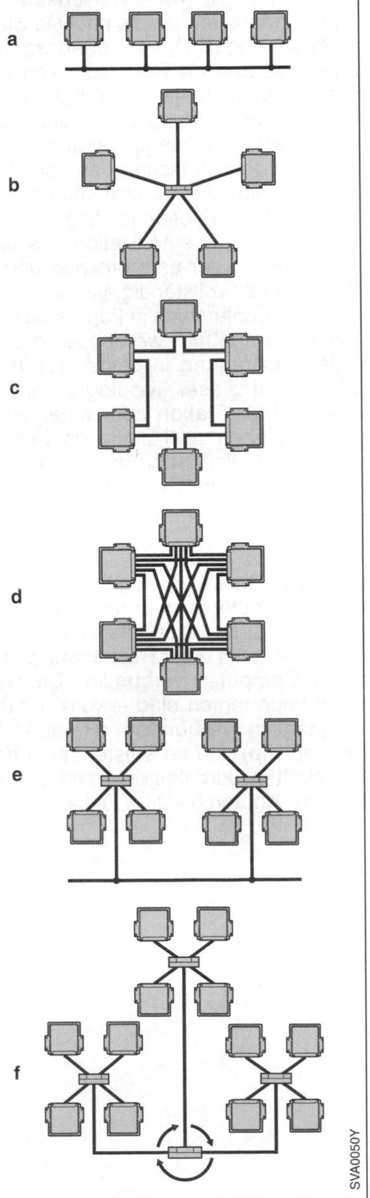

(Bild 7c). In einem Ring erfolgt die Datenübertragung nur in einer Richtung von einer Station zur nächsten. Die Daten werden jeweils nach dem Empfang überprüft. Wenn sie nicht für diese Station bestimmt sind, werden sie erneuert (Repeaterfunktion), verstärkt und an die nächste Station weitergesendet. Die zu übertragenden Daten werden im Ring also von einer Station zur nächsten weitergeleitet, bis sie ihren Bestimmungsort erreicht haben oder wieder am Ausgangspunkt ankommen. Hat eine Botschaft den kompletten Ring durchlaufen, so ist damit der Empfang durch alle Knoten bestätigt. Sobald in einem Einzelring eine Station ausfällt, ist der Datentransfer unterbrochen und das Netzwerk fällt vollständig aus.

Ringe können auch in Form eines Doppelrings aufgebaut werden, in dem die Datenübertragung in beide Richtungen erfolgt. Bei dieser Topologie kann der Ausfall einer Station oder einer Verbindung zwischen zwei Stationen verkraftet werden, da alle Daten weiterhin an alle funktionsfähigen Stationen des Rings übertragen werden.

Daisy-Chain-Topologie
Die Daisy-Chain-Topologie sieht aus wie die Ringtopologie beim Entfernen einer Verbindung. Dabei ist die erste Komponente direkt mit einer Rechenanlage (z.B. einem Computer) verbunden. Die weiteren Komponenten sind jeweils mit ihren Vorgängern verbunden (Reihenschaltungsprinzip) und so entsteht eine Kette. Botschaften durchlaufen somit eventuell mehrere Knoten bis zum Ziel.

Maschentopologie
In einer Maschentopologie ist jeder Knoten mit einem oder mehreren weiteren Knoten verbunden (Bild 7d). Bei Ausfall eines Knotens oder einer Verbindung gibt es Umwege, über die die Daten geleitet werden können. Dieses Netzwerk zeichnet sich deshalb durch eine hohe Ausfallsicherheit aus. Der Aufwand für die Vernetzung und den Transport der Nachrichten ist allerdings hoch.

Hybridtopologien
Bei Hybridtopologien sind verschiedene Netzwerktopologien gekoppelt. Folgende Kombinationen sind z.B. möglich:
- Stern-Bus-Topologie: Die Hubs mehrerer Stern-Netzwerke sind als linearer Bus miteinander verbunden (Bild 7e).
- Stern-Ring-Topologie: Die Hubs mehrerer Stern-Netzwerke sind mit dem Haupt-Hub verbunden (Bild 7f). In diesem Haupt-Hub sind die Hubs der Stern-Netzwerke ringförmig gekoppelt.

Koppelung von Bussystemen
Im Kraftfahrzeug werden je nach Anforderung verschiedene Bussysteme eingesetzt, deren Kommunikationsprotokolle unterschiedlich sind. Um Nachrichten von einem Bussystem auf das andere übertragen zu können, sind Zwischenstationen erforderlich.

Repeater
Über den Repeater werden gleichartige Busse gekoppelt. Der Repeater kompensiert die auf den Leitungen auftretenden Dämpfungen, er wirkt somit als Verstärker. Der Kommunikationsverkehr wird von einem Bussystem auf das andere übertragen.

Gateway
Das Gateway verarbeitet die eingehenden Datenpakete und generiert daraus die Datenpakete für das zu bedienende Bussystem. Das Gateway setzt somit die eingehenden Daten um, um es mit dem geforderten Kommunikationsprotokoll zu senden.

Router
Der Router leitet nur diejenigen Daten an den anderen Bus weiter, die von den an diesem Bus angeschlossenen Steuergeräten (Knoten) benötigt werden.

Bereitschaftszustand
Mit einem Befehl kann der Knoten in einen stromsparenden Bereitschaftszustand, den Sleep-Modus geschaltet werden, wenn kein Datenaustausch notwendig ist. Die Kommunikation ist in diesem Zustand abgeschaltet,

Mit einem Wake-up wird der Knoten wieder in den normalen Betriebszustand versetzt. Die unterschiedlichen Bussysteme wenden ihre spezifischen Verfahren zur Steuerung des Sleep-Modus und des Wape-up-Modus an.

Übertragungssicherheit
Eine wichtige Eigenschaft von Bussen, insbesondere wenn sie in sicherheitsrelevanten Systemen eingesetzt werden sollen, ist ihre Fähigkeit, Defekte zu erkennen und gegebenenfalls einen eingeschränkten Betrieb aufrechtzuerhalten. Dazu zählt die Möglichkeit, Verfälschungen von Daten zu erkennen. Durch elektromagnetische Einstrahlung aus der Umgebung (z.B. von der Zündspule) auf die Kabel kann es vorkommen, dass einige Bits beim Empfänger falsche Werte annehmen. Dies kann man erkennen, indem man zusätzlich zu den Daten noch Prüfinformationen überträgt.

Der einfachste Fall ist ein zusätzliches Paritätsbit, mit dem erfasst wird, ob die korrekte Anzahl von Einsen gerade oder ungerade ist. Ein aufwändigeres Verfahren ist das zyklische Blocksicherungsverfahren (Cyclic Redundancy Check, CRC), bei dem mit einer wählbaren Anzahl von Prüfbits unterschiedliche Güten des Schutzes erreicht werden können. Der sendende Knoten generiert über die Codiervorschrift die Prüfinformation und ergänzt damit die zu sendende Botschaft. Der Empfänger berechnet aus der empfangenen Botschaft nach dem gleichen Algorithmus die Prüfinformation und vergleicht sie mit dem empfangenen Wert. So kann ein Übertragungsfehler erkannt werden.

Eine Möglichkeit, einen eingeschränkten Betrieb zu gewährleisten, besteht darin, ausgefallene Leitungen zu umgehen und die Blockade des Busses durch defekte Knoten zu verhindern.

Es ist sichergestellt, dass ein von einem Knoten ausgesandtes Datum, z.B. die Geschwindigkeit, entweder für alle Adressaten im Netz verfügbar ist oder für keinen (Konsistenz). Es kommt also nicht vor, dass zwei Knoten unterschiedliche Bilder vom Geschwindigkeitswert haben. Dazu signalisiert ein Knoten den Fehlschlag des Empfangs oder er unterlässt die Bestätigung des korrekten Empfangs (Acknowledge). Die anderen Knoten verwerfen daraufhin das von ihnen schon korrekt empfangene Datum.

Busse im Kfz

Externe Busse verbinden Steuergeräte, Sensoren und Aktoren untereinander. Sie laufen über einen Kabelbaum und Steckverbindungen. Um die Interoperabilität zu gewährleisten, sind Pegel, Bitraten und Impedanzen genau festgelegt. Beispiele sind CAN, FlexRay und LIN. Zur schnellen Übersicht werden diese Busse häufig entsprechend des Schemas in Tabelle 1 klassifiziert.

Interne Busse verbinden integrierte Schaltungen auf der Platine. Sie finden nur innerhalb eines Steuergeräts Verwendung.

Tabelle 1: Klassifikation von Bussystemen.

Klasse A	
Übertragungsraten	Geringe Datenraten (bis 10 kBit/s)
Anwendung	Vernetzung von Aktoren und Sensoren
Vertreter	LIN, PSI5
Klasse B	
Übertragungsraten	Mittlere Datenraten (bis 125 kBit/s)
Anwendung	Komplexe Mechanismen zur Fehlerbehandlung, Vernetzung von Steuergeräten im Komfortbereich
Vertreter	Lowspeed-CAN (CAN-B)
Klasse C	
Übertragungsraten	Hohe Datenraten (bis 1 MBit/s)
Anwendung	Echtzeitanforderungen, Vernetzung von Steuergeräten im Antriebs- und Fahrwerksbereich
Vertreter	Highspeed-CAN (CAN-C)
Klasse C+	
Übertragungsraten	Sehr hohe Datenraten (bis 10 MBit/s)
Anwendung	Echtzeitanforderungen, Vernetzung von Steuergeräten im Antriebs- und Fahrwerksbereich
Vertreter	FlexRay
Klasse D	
Übertragungsraten	Sehr hohe Datenraten (ab 10 MBit/s)
Anwendung	Vernetzung von Steuergeräten im Telematik- und Multimediabereich
Vertreter	MOST, Ethernet

CAN

Übersicht

Der CAN-Bus (Controller Area Network) hat sich seit dem ersten Serieneinsatz im Kraftfahrzeug 1991 als Standard etabliert. Er wird aber auch in der Automatisierungstechnik oft verwendet. Wesentliche Merkmale sind:

- Die prioritätsgesteuerte Nachrichtenübertragung mit zerstörungsfreier Arbitrierung.
- Geringe Kosten durch Verwendung einer günstigen verdrillten Zweidrahtleitung und Einsatz eines einfachen Protokolls mit geringem Rechenleistungsbedarf.
- Eine Datenübertragungsrate bis zu 1 MBit/s für den Highspeed-CAN (CAN-C) und bis zu 125 kBit/s für den Lowspeed-CAN (CAN-B, bei geringerem Aufwand für die Hardware).
- Eine hohe Zuverlässigkeit der Datenübertragung durch Erkennung und Signalisierung von sporadischen Fehlern und Dauerfehlern sowie durch netzweite Konsistenz über Acknowledge.
- Das Multi-Master-Prinzip.
- Die hohe Verfügbarkeit durch Lokalisierung ausgefallener Stationen.
- Die Normierung nach ISO 11898 [1].

Übertragungssystem

Logische Buszustände und Kodierung

Der CAN-Bus verwendet zur Kommunikation die zwei Zustände „dominant" und „rezessiv", mit denen die Informationsbits übertragen werden. Der dominante Zustand repräsentiert „0", der rezessive „1". Als Kodierung kommt bei der Übertragung das NRZ-Verfahren zum Einsatz (Non Return to Zero), bei dem zwischen zwei gleichwertigen Übertragungszuständen nicht immer auf einen Nullzustand zurückgefallen wird und daher der Zeitabstand zwischen zwei Flanken, der für die Synchronisierung benötigt wird, zu groß werden kann.

Meist wird eine Zweidrahtleitung mit – je nach Umgebungsbedingungen – unverdrillten oder verdrillten Adern (Twisted Pair) eingesetzt. Die beiden Busleitungen werden mit CAN_H und CAN_L bezeichnet (Bild 1).

Die Zweidrahtleitung ermöglicht eine symmetrische Datenübertragung, bei der Bits über beide Busleitungen unter Verwendung unterschiedlicher Spannungen übertragen werden. Hierdurch reduziert sich die Empfindlichkeit gegenüber Gleichtaktstörungen, da sich Störungen auf beide Leitungen auswirken und durch Bildung der Differenz ausgefiltert werden können (Bild 2).

Die Eindrahtleitung stellt eine Möglichkeit dar, durch Einsparung der zweiten Leitung Herstellungskosten zu senken. Hierzu muss allerdings allen Busteilnehmern eine gemeinsame Masse zur Verfügung stehen, die die Funktion der zweiten Leitung übernimmt. Die Eindrahtausführung des CAN-Busses ist deshalb nur für ein Kommunikationssystem mit begrenzter räumlicher Ausdehnung möglich. Die Datenübertragung auf der Eindrahtleitung ist anfälliger gegenüber Störeinstrahlung, da eine Ausfilterung von Störimpulsen wie bei der Zweidrahtleitung nicht möglich ist. Daher ist ein höherer Pegelhub auf der Busleitung erforderlich. Das wiederum wirkt sich negativ auf die Störabstrahlung aus. Deshalb muss gegenüber der Zweidrahtleitung die Flankensteilheit der Bussignale verringert werden. Das ist mit einer niedrigeren Datenübertragungsrate verbunden. Deshalb findet die Eindrahtleitung nur für den Lowspeed-CAN im Bereich der Karosserie- und Komfortelektronik Anwendung. Die Eindrahtlösung ist nicht in der CAN-Spezifikation beschrieben.

Zusätzlich gibt es sogenannte Fault Tolerant Transceiver, die über eine Zweidrahtleitung kommunizieren, aber beim Bruch einer Leitung als Eindrahtsystem weiterarbeiten.

Spannungspegel

Highspeed- und Lowspeed-CAN verwenden unterschiedliche Spannungspegel zur Übertragung von dominanten und rezessiven Zuständen. Die Spannungspegel des Lowspeed-CAN sind in Bild 1a, die des Highspeed-CAN in Bild 1b dargestellt.

Das Highspeed-CAN verwendet im rezessiven Zustand auf beiden Leitungen eine Spannung von nominal 2,5 V. Im dominanten Zustand liegt an CAN_H eine Spannung von nominal 3,5 V und an

Bild 1: Spannungspegel der CAN-Datenübertragung.
a) Lowspeed-CAN (CAN-B),
b) Highspeed-CAN (CAN-C).
CAN_H CAN-High-Pegel,
CAN_L CAN-Low-Pegel.

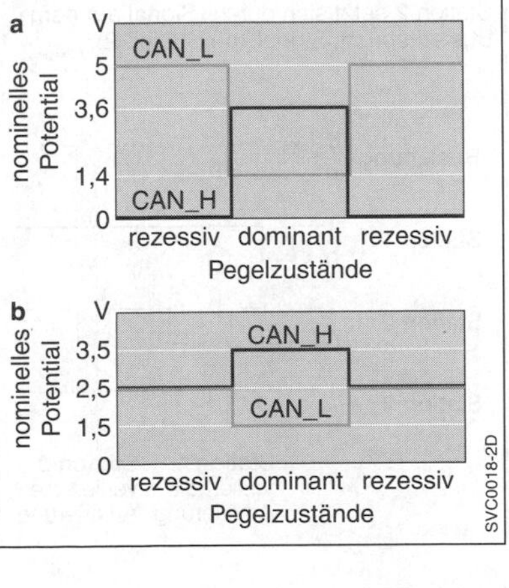

Bild 2: Ausfiltern von Störungen auf dem CAN-Bus.
a) Signalpegel der CAN-Leitungen mit einer Störung auf beiden Leitungen,
b) Differenzsignal.
1 Störimpuls, 2 Differenzsignal.
CAN_H CAN-High-Pegel,
CAN_L CAN-Low-Pegel.

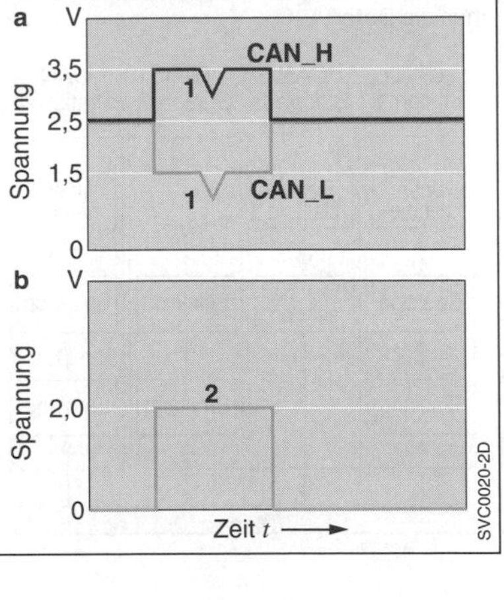

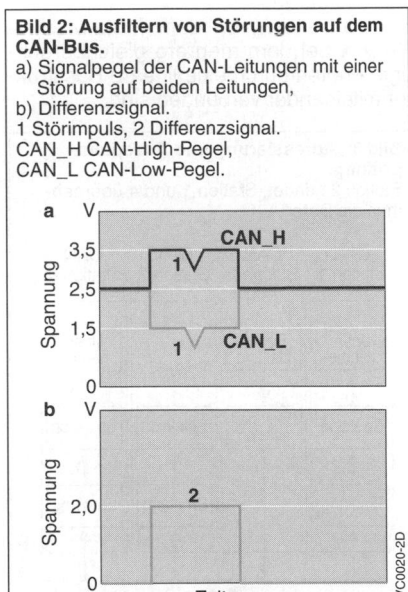

CAN_L eine Spannung von nominal 1,5 V an. Beim Lowspeed-CAN liegt im rezessiven Zustand an CAN_H eine Spannung von 0 V (maximal 0,3 V) und an CAN_L eine Spannung von 5 V (minimal 4,7 V) an. Im dominanten Zustand beträgt die Spannung an CAN_H mindestens 3,6 V und an CAN_L höchstens 1,4 V.

Grenzwerte
Wesentlich für die Arbitrierungsmethode bei CAN ist, dass alle Knoten im Netz die Bits der Nachrichtenkennung (Frame Identifier) gleichzeitig sehen, sodass ein Knoten – noch während er ein Bit sendet – sieht, ob ein anderer Knoten ebenfalls sendet. Verzögerungen ergeben sich aus der Signallaufzeit auf dem Datenbus und den Verarbeitungszeiten im Transceiver. Die maximal zulässige Übertragungsrate hängt somit von der Gesamtlänge des Busses ab. ISO spezifiziert 1 MBit/s bei 40 m. Für längere Leitungen sinkt die mögliche Übertragungsrate in etwa umgekehrt proportional zur Leitungslänge. Netze mit 1 km Ausdehnung lassen sich mit 40 kBit/s betreiben.

CAN-Protokoll

Buskonfiguration
CAN arbeitet nach dem Multi-Master-Prinzip, bei dem mehrere gleichberechtigte Knoten durch eine lineare Busstruktur miteinander verbunden sind.

Inhaltsbezogene Adressierung
Die Adressierung erfolgt beim CAN botschaftsbezogen. Dazu wird jeder Botschaft ein fester „Identifier" zugeordnet. Der Identifier (ID) kennzeichnet den Inhalt der Botschaft (z.B. Motordrehzahl). Eine Station verwertet ausschließlich diejenigen Daten, deren zugehörige Identifier in der Liste entgegenzunehmender Botschaften gespeichert sind. Dies nennt man Akzeptanzprüfung (Bild 3). Dadurch benötigt der CAN keine Stationsadressen für die Datenübertragung und die Knoten brauchen die Systemkonfiguration nicht zu verwalten. Ausstattungsvarianten lassen sich so leichter beherrschen.

Logische Buszustände
Das CAN-Protokoll basiert auf zwei logischen Zuständen, die Bits sind entweder „rezessiv" (logisch 1) oder „dominant" (logisch 0). Wird ein dominantes Bit von mindestens einer Station ausgesendet, dann werden rezessive Bits, die andere Stationen gleichzeitig senden, überschrieben.

Busvergabe und Priorisierung
Bei freiem Bus kann jede Station beginnen, eine Botschaft zu übertragen. Beginnen mehrere Stationen gleichzeitig zu senden, dann wird zur Auflösung der resultierenden Buszugriffskonflikte ein „Wired-And-Arbitrierungsschema" aktiv.

Bild 3: Adressierung und Akzeptanzprüfung.
Station 2 sendet, Station 1 und 4 übernehmen die Daten.

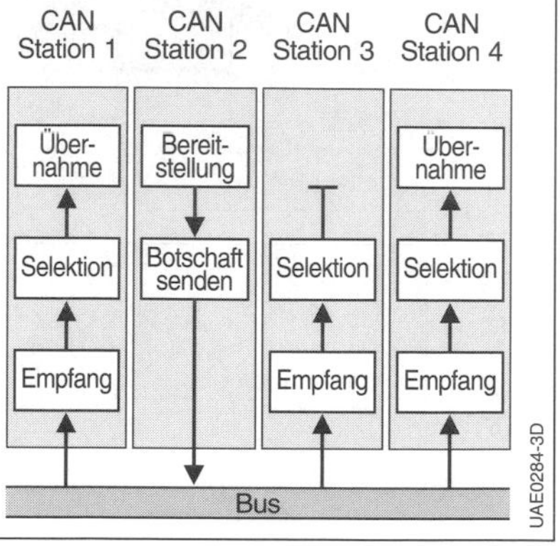

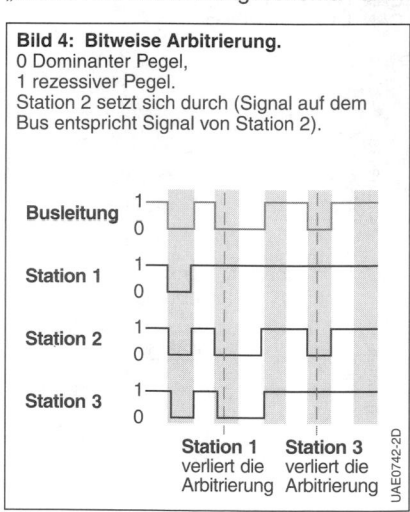

Bild 4: Bitweise Arbitrierung.
0 Dominanter Pegel,
1 rezessiver Pegel.
Station 2 setzt sich durch (Signal auf dem Bus entspricht Signal von Station 2).

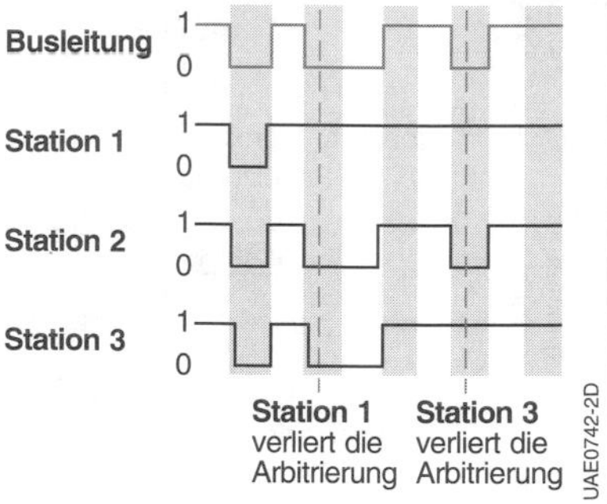

Das Arbitrierungsschema bewirkt, dass die von einer Station ausgesandten dominanten Bit die rezessiven Bit anderer Stationen überschreiben (Bild 4). Jede Station gibt Bit für Bit – das höchstsignifikante Bit zuerst – den Identifier seiner Nachricht auf den Bus. Während dieser Arbitrierungsphase (Auswahlphase) vergleicht jede sendende Station den aufgeschalteten Buspegel mit dem tatsächlich vorhandenen Pegel. Jede Station, die ein rezessives Bit sendet, jedoch ein dominantes Bit beobachtet, verliert die Arbitrierung. Die Station mit dem niedrigsten Identifier – also der höchsten Priorität – setzt sich am Bus durch, ohne die Botschaft wiederholen zu müssen (zerstörungsfreie Zugriffssteuerung). Jeder Sender, der die Arbitrierung verliert, wird automatisch zum Empfänger und wiederholt seinen Sendeversuch, sobald der Bus wieder frei ist.

Datenrahmen und Botschaftsformat
Der CAN unterstützt zwei verschiedene Botschaftsformate, die sich hauptsächlich in der Länge der Identifier unterscheiden. Sie beträgt 11 Bit im Standard-Format und 29 Bit im erweiterten Format. Damit ist der zu übertragende Datenrahmen (Frame) maximal 130 Bit (im Standard-Format) und 150 Bit (im erweiterten Format) lang. So ist sichergestellt, dass die Wartezeit bis zur nächsten, möglicherweise sehr dringlichen Übertragung stets kurz gehalten wird.

Bild 5: Datenrahmen (Frame).

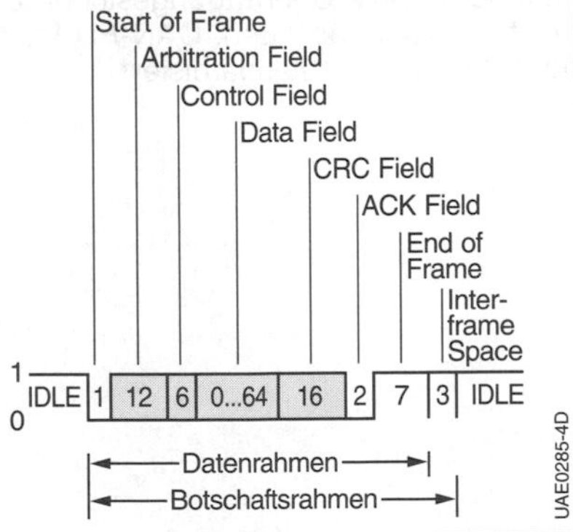

Der Datenrahmen für das Standardformat besteht aus sieben aufeinander folgenden Feldern (Bild 5). Das „Start of Frame" markiert den Beginn einer Botschaft und synchronisiert alle Knoten.

Das „Arbitration Field" besteht aus dem Identifier der Botschaft und einem zusätzlichen Kontrollbit. Während der Übertragung dieses Felds prüft der Sender bei jedem Bit, ob er noch sendeberechtigt ist, oder ob eine andere Station mit höherer Priorität sendet. Das Kontrollbit entscheidet, ob es sich bei der Botschaft um einen „Data Frame" oder einen „Remote Frame" handelt.

Das „Control Field" enthält den Code für die Anzahl der Datenbytes im „Data Field".

Das „Data Field" verfügt über einen Informationsgehalt zwischen 0 und 8 Bytes. Eine Botschaft der Länge 0 lässt sich zur Synchronisation verteilter Prozesse verwenden.

Das „CRC Field" (Cyclic Redundancy Check) enthält eine Checksumme zur Erkennung von möglicherweise auftretenden Übertragungsstörungen.

Das „Ack Field" enthält ein Bestätigungssignal der Empfänger, die die Botschaft fehlerfrei empfangen haben.

Das „End of Frame" markiert das Ende der Botschaft.

Um eine Trennung vom nachfolgenden Datenrahmen zu erreichen, folgt noch der „Interframe Space".

Senderinitiative
In der Regel initiiert der Sender eine Datenübertragung, indem er einen „Data Frame" abschickt. Es besteht aber auch die Möglichkeit, dass ein Empfänger die Daten beim Sender abruft. Dazu ist von einer Empfangsstation ein „Remote Frame" abzuschicken. Der „Data Frame" und der zugehörige „Remote Frame" haben denselben Identifier. Die Unterscheidung zwischen beiden erfolgt mit dem auf den Identifier folgenden Bit.

Störungserkennung
Der CAN verfügt über eine Reihe von Kontrollmechanismen zur Störungserkennung. Dazu gehören:
- 15-Bit-CRC: Jeder Empfänger vergleicht die empfangene CRC-Sequenz mit der berechneten.
- Monitoring: Jeder Sender liest seine selber gesendete Botschaft vom Bus mit und vergleicht jedes gesendete und abgetastete Bit.
- Bit-Stuffing: In jedem „Data Frame" oder „Remote Frame" dürfen zwischen „Start of Frame" und dem Ende des „CRC Field" maximal fünf aufeinander folgende Bits dieselbe Polarität besitzen. Nach jeweils fünf gleichen Bits in Folge fügt der Sender ein Bit der entgegengesetzten Polarität in den Bitstrom ein. Die Empfänger eliminieren diese Bits nach dem Botschaftsempfang wieder.
- Rahmensicherung: Das CAN-Protokoll enthält einige Bitfelder mit festem Format, das von allen Stationen überprüft wird.

Störungsbehandlung
Stellt ein CAN-Controller eine Störung fest, so bricht er die laufende Übertragung durch das Senden eines „Fehlerflags" ab. Ein Fehlerflag besteht aus sechs dominanten Bits; seine Wirkung beruht auf der gezielten Verletzung der Stuffing-Regel und der Verletzung von Formatregeln.

Fehlereingrenzung bei Ausfällen
Defekte Stationen können den Busverkehr erheblich belasten. Deshalb sind CAN-Controller mit Mechanismen ausgestattet, die gelegentlich auftretende Störungen von anhaltenden Störungen unterscheiden und Stationsausfälle lokalisieren. Dies geschieht über eine statistische Auswertung von Fehlersituationen.

Implementierungen
Die Halbleiterhersteller bieten verschiedene Implementierungen von CAN-Controllern an, die sich vor allem darin unterscheiden, in welchem Umfang sie Botschaften speichern und verwalten können. Damit kann der Host-Rechner von protokollspezifischen Tätigkeiten entlastet werden. Eine übliche Kategorisierung sind Basic-CAN-Controller, die nur über wenige Botschaftsspeicher verfügen und Full-CAN-Controller, in denen alle notwendigen Botschaften für ein Steuergerät Platz finden.

Standardisierung
Der CAN wurde für den Datenaustausch im Kraftfahrzeug standardisiert; für Anwendungen mit niedriger Übertragungsrate bis 125 kBit/s als ISO 11898-3 [1] und für Anwendungen mit hoher Übertragungsrate über 125 kBit/s als ISO 11898-2 [1] und SAE J 1939 (truck and bus, [2]).

Zeitgesteuerter CAN
Die Erweiterung des CAN-Protokolls um die Option, es zeitgesteuert zu betreiben, heißt „Time Triggered CAN" (TTCAN). Es ist in der Aufteilung der zeitgesteuerten zu ereignisgesteuerten Kommunikationsanteile frei konfigurierbar und damit voll kompatibel zu CAN-Netzen. TTCAN ist als ISO 11898-4 [1] standardisiert.

CAN mit flexibler Datenrate
CAN-FD erweitert CAN um eine zweite Bitrate und ein breiteres Datenfeld. Die Datenbitrate ist anders als die bisher bei CAN vorhandene nominale Bitrate nicht auf 1 MBit/s begrenzt. Die Datenbitrate wirkt ausschließlich auf das Datenfeld innerhalb des Datenrahmens, wohingegen die nominale Bitrate weiterhin auf die Steuerdaten wirkt.

Zusätzlich vergrößert CAN-FD das Datenfeld von 8 auf bis zu 64 Bytes. Dies bedingt auch Anpassungen an der Prüfsumme, um die Übertragungssicherheit nicht zu beeinträchtigen. CAN-FD ist in der ISO 11898 [1] standardisiert.

FlexRay

Übersicht

FlexRay ist ein Bus, der für die Steuerungs- und Regelungstechnik im Automobilbereich konzipiert wurde. Insbesondere wurde bei der Entwicklung auf die Eignung für den Einsatz in aktiven Sicherheitssystemen ohne mechanische Rückfallebene (X-by-Wire), wo Determinismus und Fehlertoleranz benötigt werden, geachtet. Prinzipiell ist durch die hohe Übertragungsrate von bis zu 20 MBit/s für nicht redundante Übertragungen auch ein Einsatz im Bereich der Audioübertragung oder für stark komprimierte Videoübertragung denkbar. Wesentliche Merkmale sind:

- Die zeitgesteuerte Übertragung mit garantierter Latenzzeit,
- die Möglichkeit der ereignisgesteuerten Übertragung von Informationen mit Priorisierung,
- die Übertragung von Informationen über ein oder zwei Kanäle,
- die hohe Übertragungsgeschwindigkeit von bis zu 10 MBit/s, bei paralleler Übertragung über zwei Kanäle bis zu 20 MBit/s,
- der Aufbau als linearer Bus, in Sternkonfiguration oder als Mischform.

FlexRay ist der erste automotive Kommunikationsstandard, der in einem Konsortium aus Fahrzeugherstellern, Zulieferern und Halbleiterherstellern entstanden ist.

Bild 6: Buszustände und Spannungen bei FlexRay.

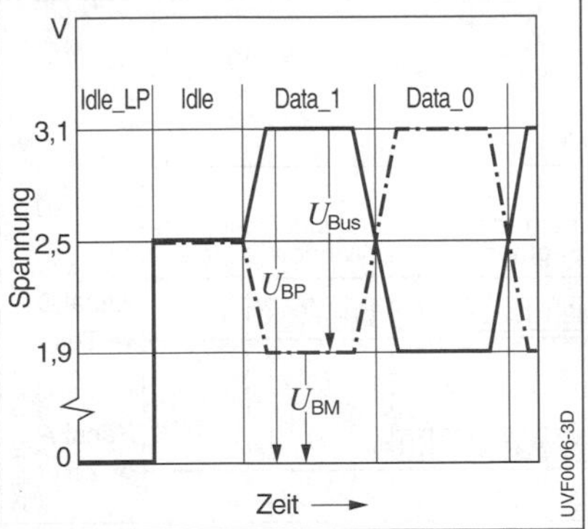

Er enthält Elemente aus TTCAN, Byteflight und anderen Technologien. Die vom FlexRay-Konsortium veröffentlichten Spezifikationen sind heute (nur noch) als ISO-Standard 17458 [3] verfügbar.

Übertragungsmedien

Als Übertragungsmedium dient in einem FlexRay-System eine verdrillte Zweidrahtleitung (Twisted Pair), wobei sowohl abgeschirmte wie auch nicht geschirmte Leitungen verwendet werden können. Jeder FlexRay-Kanal besteht aus zwei Adern, Bus-Plus (BP) und Bus-Minus (BM). FlexRay verwendet zur Kodierung NRZ (Non Return to Zero).

Die Identifikation des Buszustands erfolgt über die Messung der Differenzspannung zwischen Bus-Plus und Bus-Minus. Dadurch ist die Datenübertragung gegen äußere elektromagnetische Einflüsse weniger empfindlich, da sich diese auf beide Adern gleich auswirken und in der Differenz aufheben.

Durch Belegung der beiden Adern eines Kanals mit unterschiedlichen Spannungen können vier Buszustände eingenommen werden, die als Idle_LP (LP, Low Power), Idle, Data_0 und Data_1 bezeichnet werden (Bild 6). Idle_LP ist der Zustand, in dem an Bus-Plus und Bus-Minus eine niedrige Spannung zwischen –200 mV und 200 mV (gegen Masse) anliegt. Im Idle-Zustand liegt auf BP und BM eine Spannung von 2,5 V mit einer maximalen Differenz von 30 mV. Um den Kanal in den Zustand Data_0 zu versetzen, muss mindestens ein sendender Knoten eine negative Differenzspannung von –600 mV an den Kanal anlegen, für Data_1 600 mV, basierend auf einem Mittelpegel von 2,5 V.

Topologien

FlexRay-Netzwerke können sowohl als Bustopologien als auch als Sterntopologien aufgebaut werden. Es lassen sich – bei Beachtung von Signalverzögerungen in den Sternen – zwei Sterne kaskadieren. Ebenso sind Topologien möglich, bei denen mehrere Busse an einen Stern angeschlossen werden.

Da beide Kanäle eines FlexRay-Systems unabhängig voneinander realisiert werden können, ist es möglich, dass für beide Kanäle unterschiedliche Topologien zum Einsatz kommen. Zum Beispiel kann ein Kanal als aktive Sterntopologie, der andere als Bustopologie realisiert sein.

Bei der Auslegung eines FlexRay-Netzes ist wegen der Frequenzen, die das zehnfache von CAN betragen, in allen Topologien besonders darauf zu achten, dass Parameter wie Leitungslänge und Abschlusswiderstände so gewählt werden, dass Signalverzerrungen im zulässigen Bereich bleiben.

Buszugriff, Zeitsteuerung

Um Determinismus, also die Garantie einer Maximaldauer für die Übertragung einer Nachricht, zu erreichen, erfolgt im FlexRay-Bus die Kommunikation zeitgesteuert in Zyklen von konstanter Dauer. In jedem Zyklus existiert zuerst ein statisches Segment, das in Zeitfenster (Slots) gleicher Länge aufgeteilt ist (Bild 7). Jedes Zeitfenster ist fest höchstens einem Knoten zugeordnet, der zu dieser Zeit senden darf.

Danach folgt ein dynamisches Segment, in dem der Buszugriff durch die Priorität von Nachrichten geregelt wird. Die Aufteilung zwischen statischem und dynamischem Teil ist frei konfigurierbar, kann aber während des Betriebs nicht verändert werden. Gleiches gilt für die Längen der Zeitfenster, die konfigurierbar sind, im laufenden Betrieb aber konstant bleiben müssen.

Als drittes Element im Zyklus kann optional das „Symbol Window" festgelegt werden. Es kann zur Übertragung eines einzelnen Symbols verwendet werden. Symbole sind zum Aufwecken eines Netzes und zum Testen von Funktionalitäten vorgesehen.

Synchronisation

Jeder Netzknoten benötigt einen eigenen Zeitgeber, anhand dessen er entscheidet, wann der Zeitpunkt zum Senden ist und die Dauer der Bits bestimmt. Durch Temperatur- und Spannungsschwankungen sowie durch Fertigungstoleranzen können die internen Zeitgeber mehrerer Knoten voneinander abweichen. In einem Bussystem wie dem FlexRay, das den Buszugriff über Zeitfenster steuert, muss daher dafür gesorgt werden, dass durch regelmäßige Korrekturen die Abweichung der Uhren voneinander innerhalb eines zulässigen Bereichs bleibt. Hierzu übernehmen einige Knoten die Rolle von Zeitgebern, auf die die anderen Knoten ihre interne Uhr regelmäßig synchronisieren. Das Verfahren passt sowohl die Nullpunkte (Offset) der Uhren als auch deren Gang (Rate) an. Es kann auch bei Ausfall einzelner Knoten weiterlaufen. Um die Korrekturen durchführen zu können, endet jeder Zyklus mit einer kurzen Phase (NIT, Network Idle Time), in der der Nullpunkt des Zyklus verschoben werden kann.

Durch dieses Vorgehen wird in allen Knoten eine „globale Zeit" bereitgestellt, sie wird in Makroticks angegeben. Der Synchronisationsmechanismus bewirkt, dass die Länge eines Makroticks im Mittel in allen Knoten gleich ist.

Beim Einschalten des Netzes muss erst ein gemeinsames Zeitverständnis

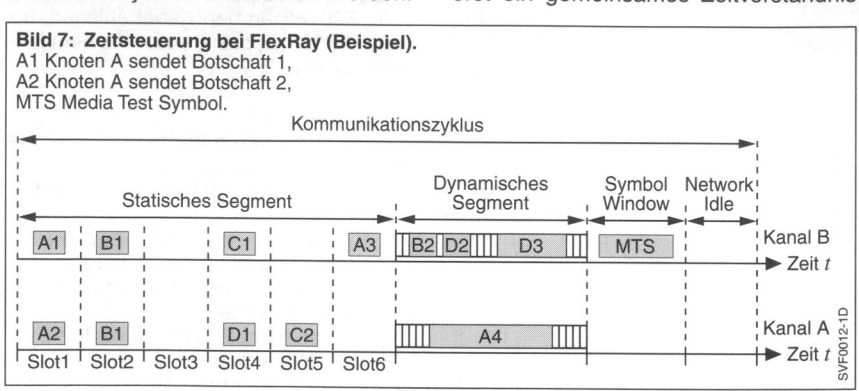

Bild 7: Zeitsteuerung bei FlexRay (Beispiel).
A1 Knoten A sendet Botschaft 1,
A2 Knoten A sendet Botschaft 2,
MTS Media Test Symbol.

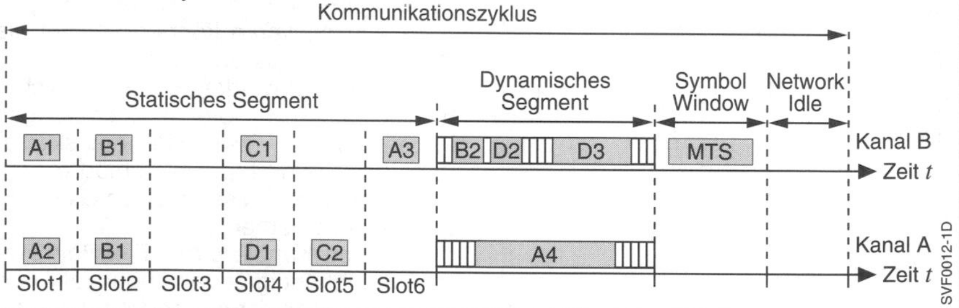

aller Knoten herstellt werden. Dazu dient der Start-up-Prozess, der eine kurze Zeit in Anspruch nimmt. Ebenso braucht ein Knoten, der sich auf ein laufendes Netz synchronisieren will, eine zu berücksichtigende Zeit.

Arbitrierung im dynamischen Segment

Im dynamischen Segment können Nachrichten mit unterschiedlichen Prioritäten versehen werden. Dafür kann die Dauer, bis eine Nachricht übertragen ist, nicht garantiert werden. Die Priorität ist durch die Frame-ID festgelegt, die im Netz nur einmal vergeben werden darf. Die Nachrichten werden in der Reihenfolge ihrer Frame-ID gesendet. Dazu führt jeder Knoten einen Zähler (Slot-ID), der bei Empfang einer Botschaft erhöht wird. Nimmt die Slot-ID den Wert der Frame-ID einer in diesem Knoten bereitliegenden Botschaft an, so wird sie gesendet. Wenn die Länge des dynamischen Segments nicht für alle Nachrichten ausreicht, muss der Sendevorgang auf einen späteren Zyklus verschoben werden.

Die Datenrahmen im dynamischen Segment können unterschiedliche Längen haben. Die Grenzen der dynamischen Slots auf den beiden Kanälen sind unabhängig voneinander. Damit können zu einem Zeitpunkt Nachrichten mit unterschiedlichen Slot-IDs auf den Kanälen liegen.

Bild 8: Datenrahmen.

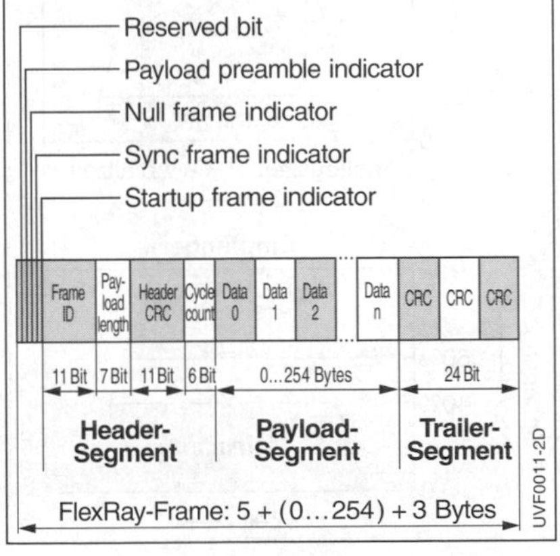

Datenrahmen

FlexRay verwendet sowohl im statischen als auch im dynamischen Segment das gleiche Datenrahmenformat, das in die drei Teile Header, Payload und Trailer gegliedert werden kann (Bild 8).

Header

Der Header umfasst:

- Das Reserved Bit für zukünftige Protokolländerungen.
- Den Payload-Preamble-Indicator, der kennzeichnet, ob die Payload einen Network-Management-Vector enthält.
- Den Null-Frame-Indicator, der kennzeichnet, dass die Daten seit dem letzten Zyklus nicht aktualisiert wurden.
- Den Sync-Frame-Indicator, der signalisiert, dass dieser Datenrahmen für die Synchronisation des Systems verwendet werden soll.
- Den Startup-Frame-Indicator, der kennzeichnet, dass dieser Datenrahmen in der Startphase des Netzwerks verwendet wird.
- Die Frame-ID, sie entspricht der Nummer des Slots, in dem der Datenrahmen übertragen wird.
- Die Payload-Length, die die Größe der Nutzdaten enthält. Für alle Slots im statischen Segment enthält dieses Feld immer den gleichen Wert. Datenrahmen im dynamischen Segment können unterschiedliche Längen haben.
- Den Header-CRC, der diesen Teil des Datenrahmens extra schützt, weil er wesentlich für das Zeitverhalten ist.
- Den Cycle-Count; in diesem Feld wird die Nummer des Zyklus übertragen, in dem sich der sendende Netzknoten befindet.

Payload

Im Payload-Abschnitt werden die Nutzdaten übertragen, die vom Host weiterverarbeitet werden. Bei Datenrahmen im statischen Segment können die ersten Payload-Bytes optional zum Network-Management-Vector deklariert werden. Die Controller verodern alle im Zyklus empfangen Vectoren und machen sie dem Host zugänglich. Bei Datenrahmen im dynamischen Segment können die ersten Payload-Bytes optional zu einer 16-Bit Message-ID deklariert werden. Die weitere Behandlung obliegt in beiden Fällen der Software.

Die Nutzdaten haben eine Länge von maximal 254 Byte, die in 2-Byte-Wörtern übertragen werden.

Trailer

Der Trailer enthält eine 24-Bit-Prüfsumme (Frame-CRC), die auf den gesamten Datenrahmen wirkt.

Erzeugung eines Frame-Bitstreams

Bevor ein Knoten einen Datenrahmen mit den Daten des Hosts übertragen kann, wird der Datenrahmen in einen „Bitstream" gewandelt. Hierzu wird zunächst der Datenrahmen in einzelne Bytes zerlegt. An den Anfang des Datenrahmens wird eine Transmission-Start-Sequence (TSS) in konfigurierbarer Bitlänge gestellt, gefolgt von einem Bit Frame-Start-Sequence (FSS). Anschließend wird aus den Bytes des Datenrahmens eine erweiterte Byte-Sequenz erzeugt, indem eine zwei Bit Byte-Start-Sequence (BSS) jedem Frame-Byte vorangestellt wird.

Um den Bitstream abzuschließen, wird eine zwei Bit Frame-End-Sequence (FES) an den Bitstream angehängt.

Für den Fall, dass es sich um einen Datenrahmen im dynamischen Segment handelt, kann dem Bitstream noch eine Dynamic-Trailing-Sequence (DTS) in konfigurierbarer Bitlänge angehängt werden. Sie verhindert, dass ein anderer Knoten frühzeitig mit seiner Übertragung über den Kanal beginnt.

Betriebsmodi

FlexRay kann in einen Modus versetzt werden, in dem die Knoten nur wenig Leistung brauchen und in dem alle Operationen des Kodier- und Dekodierprozesses gestoppt sind, aber durch ein Signal auf der Busleitung geweckt werden können. Dabei ist der Bustreiber noch fähig, spezielle Signale auf dem Bus zu erkennen und dann auch seinen Host durch ein entsprechendes Signal zu aktivieren. Jeder Knoten kann einen Wake-up senden.

LIN

Übersicht

Der LIN-Bus (Local Interconnect Network) wurde konzipiert, um den Kommunikationsbedarf für Systeme der Klasse A (siehe Tabelle 1) mit möglichst kostengünstiger Hardware im Knoten abzudecken. Typische Anwendungen sind das Türmodul mit Türverriegelung, die Fensterheber, die Außenspiegelverstellung und die Klimaanlage (Übertragung der Signale vom Bedienelement, Ansteuerung des Frischluftgebläses).

Die aktuelle LIN-Spezifikation ist auf den Internetseiten des LIN-Konsortiums öffentlich zugänglich [4].

Wesentliche Merkmale des LIN-Busses sind:

- Single-Master- und Multi-Slave-Konzept,
- geringe Hardwarekosten durch Datenübertragung über ungeschirmte Eindrahtleitung,
- Selbstsynchronisation der Slaves auch ohne Quarzoszillator,
- Kommunikation in Form sehr kurzer Nachrichten,
- Übertragungsrate maximal 20 kBit/s,
- Buslänge bis 40 m und bis zu 16 Knoten.

Bild 9: Spannungspegel auf der Datenleitung des LIN-Busses.

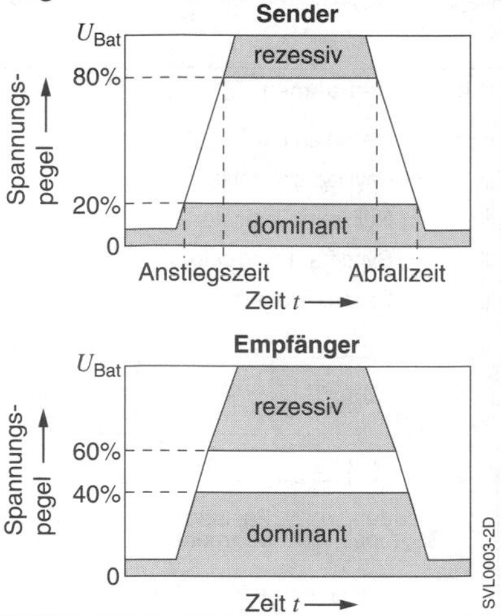

Übertragungssystem

Der LIN-Bus ist als ungeschirmte Eindrahtleitung ausgebildet. Der Buspegel kann zwei logische Zustände annehmen. Der dominante Pegel entspricht der elektrischen Spannung von ca. 0 V (Masse) und repräsentiert logisch 0. Der rezessive Pegel entspricht der Batteriespannung U_{Bat} und stellt den Zustand logisch 1 dar.

Aufgrund unterschiedlicher Ausführungen der Beschaltung können sich bei den Pegeln Unterschiede ergeben. Die Festlegung von Toleranzen beim Senden und Empfangen im Bereich der rezessiven und dominanten Pegel gewährleistet eine stabile Datenübertragung. Damit auch trotz Störeinstrahlung gültige Signale empfangen werden können, sind die Toleranzbereiche empfangsseitig breiter ausgelegt (Bild 9).

Die Übertragungsrate des LIN-Bus ist auf 20 kBit/s begrenzt. Das ist ein Kompromiss zwischen der Forderung nach hoher Flankensteilheit zur leichten Synchronisation der Slaves einerseits und der Forderung nach geringer Flankensteilheit zur Verbesserung des EMV-Verhaltens andererseits. Empfohlene Übertragungsraten sind 2400 Bit/s, 9600 Bit/s und 19200 Bit/s. Der minimal zulässige Wert der Übertragungsrate beträgt 1 kBit/s.

Die maximale Anzahl der Knoten ist in der LIN-Spezifikation nicht vorgegeben. Theoretisch ist sie durch die Anzahl der verfügbaren inhaltsbezogenen Botschafts-Identifier beschränkt. Leitungs- und Knotenkapazitäten sowie Flankensteilheiten begrenzen die Kombination von Länge und Knotenzahl eines LIN-Netzes, empfohlen werden höchstens 16 Knoten.

Bild 10: LIN-Frame.
SB Synch Break (Synchronisationspause),
SF Synch Field (Synchronisationsfeld),
IF Ident Field (LIN-Identifier),
DF Data Field (Datenfeld),
CS Checksum (Prüfsumme).

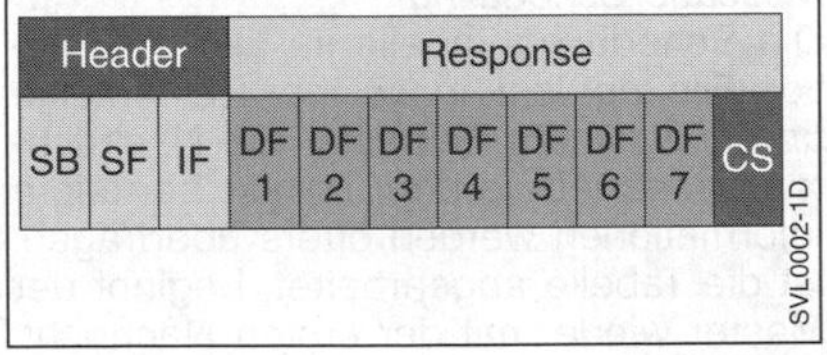

Die Busteilnehmer werden meist in einer linearen Busstruktur angeordnet, diese Topologie ist jedoch nicht explizit vorgeschrieben.

Buszugriff

Beim LIN-Bus erfolgt der Buszugriff aufgrund des Master-Slave-Zugriffsverfahrens. Es gibt einen Master im Netz, der jede Nachricht initiiert. Der Slave hat die Möglichkeit, zu antworten. Die Nachrichten werden zwischen dem Master und einem, mehreren oder allen Slaves ausgetauscht.

Bei der Kommunikation zwischen Master und Slave sind folgende Beziehungen möglich:

- Botschaft mit Slave-Antwort: Der Master sendet eine Nachricht an einen oder mehrere Slaves und fragt nach Daten (z.B. Schalterzustände oder Messwerte).
- Botschaft mit Master-Anweisung: Der Master gibt Steueranweisungen an einen Slave (z.B. Einschalten eines Verstellmotors).
- Botschaft zur Initialisierung: Der Master initiiert eine Kommunikation zwischen zwei Slaves.

LIN-Protokoll

Datenrahmen

Die Informationen auf dem LIN-Bus sind in einem definierten Datenrahmen (LIN-Frame) eingebettet (Bild 10). Eine vom Master eingeleitete Nachricht beginnt mit einem Botschaftskopf (Header). Das Nachrichtenfeld (Response) enthält je nach Botschaftsart unterschiedliche Informationen. Falls der Master Steueranweisungen für einen Slave überträgt, beschreibt er das Nachrichtenfeld mit den vom Slave zu verwertenden Daten. Im Fall einer Datenanforderung beschreibt der angesprochene Slave das Nachrichtenfeld mit den vom Master angeforderten Daten.

Header

Der Header setzt sich aus der Synchronisationspause (Synch Break), dem Synchronisationsfeld (Synch Field) und dem Identifier-Feld (Ident Field) zusammen.

Synchronisation
Zur Sicherstellung einer konsistenten Datenübertragung zwischen Master und Slaves erfolgt zu Beginn eines jeden Datenrahmens eine Synchronisation. Zunächst wird durch die Synchronisationspause der Beginn eines Datenrahmens eindeutig gekennzeichnet. Sie besteht aus mindestens 13 aufeinander folgenden dominanten und einem rezessiven Pegel.

Nach der Synchronisationspause sendet der Master das Synchronisationsfeld, bestehend aus der Bitfolge 01010101. Die Slaves haben damit die Möglichkeit, sich auf die Zeitbasis des Masters abzugleichen. Der Takt des Masters soll nicht mehr als ±0,5 % vom Nominalwert abweichen. Der Takt der Slaves darf vor der Synchronisation um bis zu ±15 % abweichen, wenn durch die Synchronisation eine Abweichung von maximal ±2 % bis zum Ende der Botschaft erreicht wird. Damit können die Slaves ohne aufwändigen Quarzoszillator, beispielsweise mit einer kostengünstigen RC-Beschaltung, aufgebaut werden.

Identifier
Das dritte Byte im Header wird als LIN-Identifier verwendet. Analog zum CAN-Bus wird eine inhaltsbasierte Adressierung verwendet – der Identifier gibt also Aufschluss über den Inhalt einer Botschaft. Auf Basis dieser Informationen entscheiden alle am Bus angeschlossenen Knoten, ob sie die Botschaft empfangen und weiterverarbeiten oder ignorieren wollen (Akzeptanzfilterung).

Sechs der acht Bit des Identifier-Felds bestimmen den Identifier selbst, aus ihnen ergeben sich damit 64 mögliche Identifier (ID). Sie haben folgende Bedeutung:

- ID = 0…59: Übertragung von Signalen.
- ID = 60: Master-Anforderung für die Kommandos und Diagnose.
- ID = 61: Slave-Antwort auf ID 60.
- ID = 62: Reserviert für herstellerspezifische Kommunikation.
- ID = 63: Reserviert für zukünftige Erweiterungen des Protokolls.

Von den 64 möglichen Botschaften dürfen 32 nur je zwei Datenbyte, 16 jeweils vier Datenbyte und die übrigen 16 je acht Datenbyte enthalten.

Die letzten beiden Bit im Identifier-Feld enthalten zwei Prüfsummen (Checksummen), mit denen der Identifier gegen Übertragungsfehler und daraus resultierenden fehlerhaften Botschaftszuordnungen gesichert wird.

Datenfeld
Nachdem der Master-Knoten den Header gesendet hat, beginnt die Übertragung der eigentlichen Daten. Die Slaves erkennen aus dem übertragenen Identifier, ob sie angesprochen sind und senden gegebenenfalls daraufhin im Datenfeld die Antwort (Response) zurück.

Mehrere Signale können in einen Datenrahmen gepackt werden. Hierbei hat jedes Signal genau einen Erzeuger, d.h., es wird immer vom gleichen Knoten des Netzes beschrieben. Im laufenden Betrieb ist eine Änderung der Signalzuordnung zu einem anderen Erzeuger, wie es in anderen zeitgesteuerten Netzwerken möglich wäre, nicht zulässig.

Die Daten in der Antwort des Slaves werden durch eine Prüfsumme (CS, Checksumme) abgesichert.

LIN-Description-File
Die Konfiguration des LIN-Busses, also die Spezifikation von Netzteilnehmern, Signalen und Datenrahmens erfolgt im LIN-Description-File. Hierzu sieht die LIN-Spezifikation eine geeignete Konfigurationssprache vor.

Aus dem LIN-Description-File erzeugen Tools automatisch Programmteile, die zur Implementierung der Master- und Slave-Funktionen in den am Bus befindlichen Steuergeräten herangezogen werden. Das LIN-Description-File dient somit zur Konfiguration des gesamten LIN-Netzwerks. Es stellt eine gemeinsame Schnittstelle zwischen dem Fahrzeughersteller und den Lieferanten der Master- und der Slave-Module dar.

Message-Scheduling
Die Scheduling-Tabelle im LIN-Description-File legt fest, in welcher Reihenfolge und in welchem Zeitraster die Nachrichten gesendet werden. Häufig benötigte Informationen werden öfters übertragen. Ist die Tabelle abgearbeitet, beginnt der Master wieder mit der ersten Nachricht.

Die Reihenfolge der Abarbeitung kann abhängig vom Betriebszustand (z.B. Diagnose aktiv oder inaktiv, Zündung ein oder aus) geändert werden.

Somit ist das Übertragungsraster jeder Nachricht bekannt. Das deterministische Verhalten ist dadurch gewährleistet, dass bei der Master-Slave-Zugriffssteuerung alle Übertragungen vom Master initiiert werden.

Netzwerk-Management
Die Knoten eines LIN-Netzwerks können in den Sleep-Modus versetzt werden, um den Ruhestrom zu minimieren. Der Sleep-Modus kann auf zwei Arten erreicht werden. Der Master sendet mit dem reservierten Identifier 60 das „Goto Sleep"-Kommando, oder die Slaves gehen selbstständig in den Sleep-Modus, wenn für längere Zeit (vier Sekunden) keine Datenübertragung auf dem Bus mehr stattgefunden hat. Sowohl der Master als auch die Slaves können das Netzwerk wieder aufwecken. Hierzu muss das Wake-up-Signal übertragen werden. Dieses besteht aus einem Datenbyte mit der Zahl 128 als Inhalt. Nach einer Pause von 4...64 Bitzeiten (Wake-up-Delimiter) müssen alle Knoten initialisiert sein und auf den Master reagieren können.

Ethernet

Übersicht
Unter der Bezeichnung Ethernet wird eine Familie von Bussen verstanden, bei denen Adressierung, Format der Nachrichten und Zugriffssteuerung gleich sind (festgelegt in IEEE 802, [5]). Entwickelt wurden Ethernet und das Internet Protocol (IP) für den Datenaustausch zwischen Computern oder Peripheriegeräten, die örtlich getrennt stehen und wo im laufenden Betrieb Umkonfigurationen des Netzes durch Hinzufügen neuer Teilnehmer oder Ausfall von Teilnehmern vorkommen können. Folgende wesentliche Merkmale kennzeichnen die Ethernet-Busse:

- Die Übertragungsrate liegt im Bereich von 10 MBit/s bis zu 10 GBit/s.
- Die Datenübertragung ist über verschiedene Medien wie Koaxialkabel, verdrillte Zweidrahtleitung, Funk oder Glasfaser möglich.
- Es handelt sich um eine sehr weit verbreitete, standardisierte Technik.
- Das einfache Einfügen und Abhängen von Knoten ist möglich.
- Das Zeitverhalten bei Echtzeitanwendungen ist nicht garantiert.

Ethernet wird in Serienfahrzeugen eingesetzt; z.B. im 7er-BMW, wo es u.a. zur Bedatung des Fahrzeugs bei Fertigungsende dient.

Übertragungssystem
Die Ethernet-Varianten unterscheiden sich in Übertragungsrate, physikalischer Ausführung des Kanals und Kodierung. Als Kanäle sind Koaxialkabel, verdrillte Zweidrahtleitungen mit einem oder mehreren Aderpaaren, Lichtwellenleiter, Funkstrecken oder auch Leitungen zur Energieversorgung spezifiziert. Die Kodierungen sind entsprechend unterschiedlich.

Als Medium dienten ursprünglich Koaxialkabel in einer Bus-Topologie. Dabei werden die Transceiver der Knoten entweder direkt oder mit T-Stücken an das Kabel angeschlossen. Heute sind verdrillte Zweidrahtleitungen verbreitet. Die Übertragungsraten wurden von anfangs 10 MBit/s über das Fast-Ethernet mit

100 MBit/s und das Gigabit-Ethernet mit 1 000 MBit/s bis zu 10 GBit/s erhöht.

Topologie

Die Größe eines Netzes ist dadurch begrenzt, dass in das Arbitrierungsverfahren die Signallaufzeit zwischen zwei Knoten eingeht. Dies lässt sich durch Unterteilung in Segmente umgehen, die durch besondere Bauelemente – Hubs und Switches – verbunden sind. Ein Hub funktioniert als Verstärker, der die ideale Signalform eines Bits wiederherstellt, wenn sie durch Störungen oder Dispersion auf dem Übertragungsmedium verfälscht wurde. Ein Switch prüft ganze Pakete auf Korrektheit bezüglich der Checksumme und leitet Pakete kollisionsfrei an einen anderen Ausgang weiter, wenn die Zieladresse auf diesem Weg erreichbar ist. Dazu muss er über die Möglichkeit verfügen, Botschaften zwischenzuspeichern. Neben dem Aufwand für die Hardware ist ein Nachteil bei der Verwendung solcher Elemente, dass der Datenstrom verzögert wird. Dafür können jedoch Knoten mit unterschiedlichen Datenraten verbunden werden.

Heute sind Netze meist so aufgebaut, dass jeder Knoten mit dem Ausgang eines Switches verbunden ist, es also keine direkte Verbindung zwischen Knoten gibt. Switches selber sind wiederum über einen übergeordneten Switch verbunden, sodass eine baumförmige Struktur entsteht.

Bild 11: Frame-Format des Ethernet-Protokolls.

Präambel	Zieladresse	Quelladresse	Länge, Typ	Daten, Füllbytes	CRC
8 Byte	6 Byte	6 Byte	2 Byte	46…1500 Byte	4 Byte

SVF0051-1D

Ethernet-Protokoll

Buszugriff

Um zu senden, prüft ein Knoten, ob Signale auf dem Bus liegen. Er beginnt zu senden, wenn er die Leitung für frei hält. Wegen der Signallaufzeit zwischen zwei Knoten kann es vorkommen, dass zwei Knoten den Bus für frei halten und fast gleichzeitig zu senden beginnen. Die dabei gesendeten Datenrahmen werden zerstört. Dies erkennen die Knoten, brechen ihre Übertragung ab, und warten eine gewisse – bei jedem Knoten andere Zeit – bis sie mit einem neuen Sendeversuch beginnen. Diese Zerstörung von Datenrahmen verringert die nutzbare Übertragungsrate in erträglichem Maße, solange die Auslastung des Busses nicht zu hoch ist.

Durch dieses Arbitrierungsverfahren wird die Länge von Botschaften und die Laufzeit – also die Ausdehnung – begrenzt. Es gibt keine Prioritäten unter den Botschaften. Eine Maximaldauer für die Übertragung kann daher nicht sichergestellt werden.

Jeder Knoten übernimmt von allen Botschaften diejenigen, die als Zieladresse seine eigene enthalten, zur Weiterverarbeitung.

Datenrahmen

Bild 11 zeigt den etwas vereinfachten Aufbau eines Datenrahmens (Frame). Die Präambel ist eine periodische Bitfolge (101010...1011) und erzeugt so ein Signal zur Synchronisierung des Empfängers. Botschaften enthalten die Adresse ihrer Quelle und ihres Ziels. Dabei hat jede Netzwerkkarte eine eindeutige Adresse. Die empfangenden Knoten vergleichen die Zieladresse mit ihrer eigenen Kartenadresse und akzeptieren bei Übereinstimmung den Datenrahmen. Mit Multicast- und Broadcast-Adressen können auch mehrere Empfänger angesprochen werden.

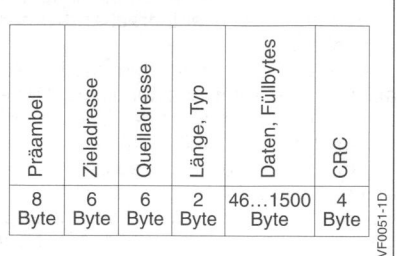

PSI5

Übersicht

Das Peripheral Sensor Interface 5 (PSI5) ist eine vom PSI-Konsortium [6] veröffentlichte digitale Schnittstelle für Sensoranwendungen im Kraftfahrzeug und lässt sich von der Anwendung der Klasse A (siehe Tabelle 1) zuordnen. Das PSI5 basiert auf bereits existierenden Schnittstellen für periphere Airbagsensoren, wurde aber als offener Standard weiterentwickelt, der kostenfrei genutzt und implementiert werden kann. Die im Folgenden genannten technischen Charakteristiken, der geringe Implementierungs- und der geringe Kostenmehraufwand gegenüber einer analogen Sensoranbindung machen das PSI5 auch für andere Sensoranwendungen im Kraftfahrzeug attraktiv.

Übertragungssystem

Das PSI5 ist eine zweidrahtige Stromschnittstelle, bei der die gleichen Leitungen für die Leistungsversorgung der Sensoren und zur manchester-kodierten Datenübertragung benutzt werden. Der Bus-Master im Steuergerät moduliert dazu eine Spannung zum Sensor. Datenübertragungen vom Sensor zum Steuergerät erfolgen durch Strommodulation der Versorgungsleitungen. Dadurch wird eine hohe EMV-Robustheit und eine niedrige elektromagnetische Abstrahlung erreicht. Es kann ein breiter Bereich an Versorgungsströmen für die Sensoren unterstützt werden.

Die verschiedenen PSI5-Betriebsmodi definieren die Topologie und Parameter der Kommunikation zwischen Steuergerät und Sensoren (Bild 12):

- Kommunikationsmodi: Der asynchrone Modus kann für eine unidirektionale Punkt-zu-Punkt-Verbindung verwendet werden. In den drei synchronen Busmodi (parallele, universelle oder Daisy-Chain-Verkabelung) können mehrere Sensoren bidirektional und mittels TDMA-Verfahren zeitgesteuert mit dem Bus-Master kommunizieren.
- Datenwortbreite: Das PSI5 unterstützt eine variable Datenwortbreite von 8, 10, 16, 20 oder 24 Bit.
- Fehlererkennung: Diese kann entweder mit einem Paritätsbit mit gerader Parität oder drei CRC-Checksummen-Bits erfolgen.
- Zykluszeiten: Sie werden in µs angegeben.
- Anzahl der Zeitschlitze je Zyklus.
- Datenübertragungsgeschwindigkeit: Standardmäßig 125 kBit/s oder optional 189 kBit/s.

Bild 12: Bezeichnung der PSI5-Betriebsmodi.
A Asynchroner Modus,
P paralleler, synchroner Modus,
U universelle Verkabelung,
D Daisy-Chain-Verkabelung,
P Paritätsbit,
CRC Cyclic Redundancy Check,
L Low (niedrige Bitrate),
H High (hohe Bitrate).

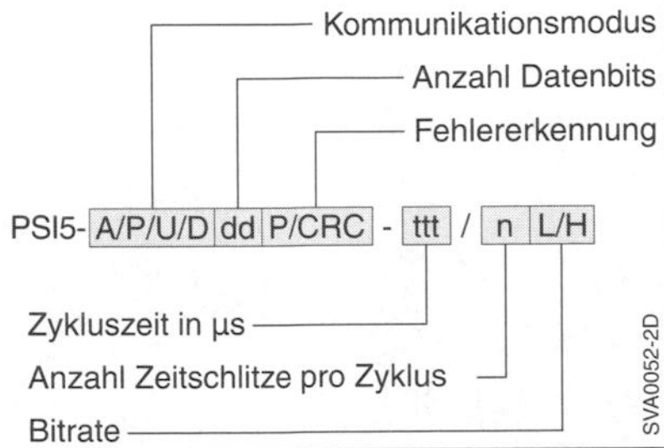

Bild 13: Synchronisierungssignal des PSI5.
T Triggerpunkt.

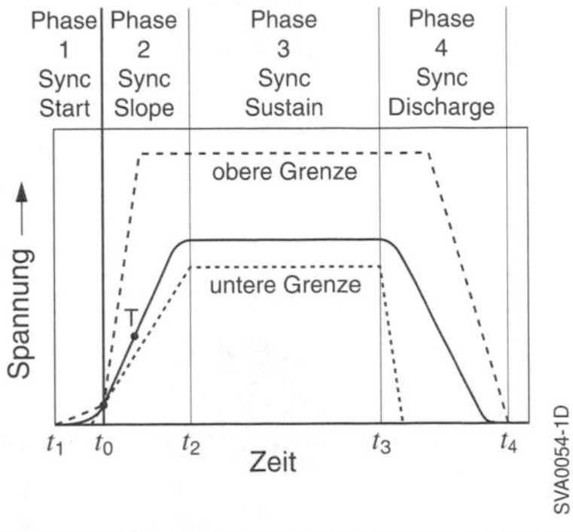

Beispielweise bezeichnet der Betriebsmodus „PSI5-P10P-500/3L" einen parallelen synchronen Modus mit zehn Bits pro Datenwort und Paritätsbit zur Fehlererkennung. Die Daten werden alle 500 µs mit drei Zeitschlitzen pro Zyklus und niedriger Bitrate übertragen.

Bei der Kommunikation vom Sensor zum Steuergerät wird ein „Low-Pegel" durch eine normale (nicht oszillierende) Stromaufnahme der Sensoren repräsentiert. Ein „High-Pegel" wird durch eine erhöhte Stromsenke des Sensors (typisch 26 mA) generiert. Diese Strommodulation wird durch den Empfänger im Steuergerät detektiert.

Jedes PSI5-Datenpaket besteht aus N Bit, in denen sich jeweils zwei Startbits und ein Pariätsbit (oder drei CRC-Bits) und N–3 (beziehungsweise N–5) Datenbits befinden. Die Datenbits werden mit dem niederwertigsten Bit (LSB) zuerst übertragen. Die Fehlererkennung mit einem Paritätsbit wird für acht oder zehn Bit empfohlen, drei CRC-Bit für längere Datenworte.

In einer PSI5-Nachricht kommen den Daten- und Wertebereichen verschiedene Bedeutungen zu. Ein Bereich dient der Übermittlung der Sensorausgangssignale (≈ 94 %), ein Bereich den Status- und Fehlermeldungen (≈ 3 %) und ein Bereich den Initialisierungsdaten (≈3 %).

Nach jedem Einschalt- oder Unterspannungsreset führt der Sensor eine interne Initialisierung durch, danach befindet sich der Sensor in einem lauffähigen Modus.

Während die Kommunikation des Sensors zum Steuergerät mit Stromsignalen realisiert ist, wird bei der Kommunikation des Steuergeräts mit den Sensoren eine Spannungsmodulation der Versorgungsleitungen verwendet. Eine logische 1 wird durch das Synchronisierungssignal repräsentiert, eine logische 0 durch das Fehlen des erwarteten Synchronisierungssignals innerhalb des dafür vorgesehenen Zeitfensters. Das Synchronisierungssignal besteht aus vier Spannungsphasen (Bild 13):

- Sync Start (nom. 3 µs, < 0,5 V),
- Sync Slope (nom. 7 µs, > 0,5 V),
- Sync Sustain (nom. 9 µs, > 3,5 V) und
- Sync Discharge (nom. 19 µs, < 3,5 V).

MOST

Übersicht

Anwendung

Der MOST-Bus (Media Oriented Systems Transport) wurde speziell für die Vernetzung von Multimedia-Anwendungen in Kraftfahrzeugen (Infotainment-Bus) entwickelt. Neben den klassischen Unterhaltungsfunktionen, wie Radioempfängern und CD-Spielern, bieten Infotainment-Systeme auch Videofunktionen (DVD und TV), Navigationsfunktionen und den Zugriff auf Mobilkommunikation und Informationen. Der MOST-Bus unterstützt die logische Vernetzung von bis zu 64 Geräten und stellt eine fest reservierte Übertragungsbandbreite zur Verfügung. MOST definiert das Protokoll, die Hardware, die Software und die Systemschichten. MOST wird von Automobilherstellern und Zulieferern gemeinsam innerhalb der MOST-Cooperation [7] entwickelt und standardisiert. Mit einer Datenrate von über 10 Mbit/s gehört der MOST-Bus zur Klasse D der Bussysteme (siehe Tabelle 1).

Der MOST-Bus unterstützt zur Datenübertragung die folgenden Übertragungskanäle:

- Kontrollkanal zum Transport von Steuerkommandos,
- Multimediakanal (Synchronkanal) zur Übertragung von Audio- und Videodaten,
- Paketdatenkanal (Asynchronkanal), z. B. zur Übertragung von Konfigurationsdaten für ein Navigationssystem und zur Aktualisierung von Software in Steuergeräten.

Anforderungen

Die Übertragung von Multimediadaten – sowohl Audio- als auch Videodaten – erfordert eine hohe Datenrate und weiterhin eine Synchronisierung der Datenübertragung zwischen Quelle und Senke sowie zwischen mehreren Senken.

Übertragungssystem

Physical Layer

Der MOST-Standard spezifiziert sowohl optische als auch elektrische Technologien des Physical-Layer (Übertragungsschicht). Die optische Übertragungsschicht ist weit verbreitet und verwendet derzeit als Übertragungsmedium Lichtwellenleiter (polymeroptische Fasern, POF) aus Polymethylmethacrylat mit 1 mm Kerndurchmesser in Kombination mit Leuchtdioden (LED) und Silizium-Fotodioden als Empfänger (siehe Lichtwellenleiter).

Herausragendes Merkmal von MOST 50 ist seine Eignung für die elektrische Übertragung der Daten. Dies ermöglicht die Datenübertragung über ungeschirmte, verdrillte Kupferkabel (UTP, unshielded twisted pair). Während sich die MOST 25-Technologie seit vielen Jahren in Europa weiter entwickelt und im koreanischen Markt etabliert hat, bevorzugt insbesondere der japanische Markt MOST 50, die zweite Generation des Multimediastandards.

Die Kennziffer z. B. bei MOST 25 steht für eine Übertragungsrate von ca. 25 Mbit/s. Die exakte Datenrate hängt von der verwendeten Abtastrate des Systems ab. Bei einer Abtastrate von 44,1 kHz wird der MOST-Frame (Datenrahmen) 44 100 mal pro Sekunde übertragen, bei einer Frame-Länge von 512 Bit ergibt sich eine Datenrate von 22,58 Mbit/s. Für MOST 50 entsteht bei gleicher Abtastrate die doppelte Datenrate, da der Frame 1 024 Bit lang ist. Höhere Datenraten von 150 MBit/s (MOST 150) sind derzeit auch verfügbar.

Besonderheiten von MOST 150

Zusätzlich zur höheren Bandbreite von 150 Mbit/s enthält MOST 150 einen isochronen Transportmechanismus, um komprimierte Daten von HD-Videos effizient zu übertragen. MPEG-Transport-Streams (MPEG, Moving Picture Experts Group) werden dabei direkt transportiert. Mit einem entsprechenden MPEG4-basierenden Video-Codec ist es möglich, Auflösungen von bis zu 1 080 p (1 080 Bildschirmzeilen), wie sie etwa Blu-ray-Player liefern, zu übertragen. Daneben bietet MOST 150 einen Ethernet-Kanal für die effiziente Übertragung von IP-Paketdaten (IP, Internet Protokoll).

Im Gegensatz zum bei MOST 25 verwendeten MAMAC-Protokoll (MOST Asynchronous Medium Access Control) ist der Ethernet-Kanal in der Lage, Ethernet-Frames zu übertragen. Der Ethernet-Kanal überträgt unmodifizierte Ethernet-Datenblöcke, sodass Softwarestacks und Anwendungen aus dem Consumer- und IT-Bereich mit viel kürzeren Innovationszyklen nahtlos in Fahrzeuge eingebunden werden können. TCP/IP-Stacks oder Protokolle, die TCP/IP verwenden (TCP, Transmission Control Protocol), können so ohne Änderungen über MOST 150 kommunizieren.

Der MOST-Network Interface-Controller (NIC) ist ein Hardware-Controller, der für die Steuerung der physikalischen Schicht zuständig ist und wichtige Übertragungsmechanismen implementiert.

Protokoll

Datenübertragung

Die Datenübertragung ist beim MOST-Bus in Daten-Frames organisiert, die vom Timing-Master mit einer festen Datenrate erzeugt und von den Geräten im Ring weitergereicht werden.

Daten-Frames

Der Timing-Master erzeugt Daten-Frames mit einer Taktrate von meist 44,1 kHz, seltener auch 48 kHz. Die Größe der Daten-Frames bestimmt damit die Busgeschwindigkeit eines MOST-Systems. Bei MOST 25 hat ein Daten-Frame eine Größe von 512 Bit (Bild 14). Bei MOST 25 nehmen synchroner und asynchroner Bereich gemeinsam 60 Bytes des Daten-Frames in Anspruch. Die Aufteilung zwischen den synchronen Kanälen und dem asynchronen Kanal wird durch den Wert des Boundary-Descriptors mit einer Auflösung von 4 Byte bestimmt. Der synchrone Bereich muss dabei mindestens 24 Byte haben (sechs Stereokanäle). Das heißt, für den synchronen Bereich sind zwischen 24 und 60 Bytes, für den asynchronen Bereich zwischen null und 36 Bytes zulässig. Die Präambel wird zur Synchronisation verwendet, das Paritätsbit zur Erkennung von Bitfehlern.

Übertragung von Kontrollnachrichten

Der Kontrollkanal wird für die Signalisierung von Gerätezuständen und für die zur Systemverwaltung notwendigen Nachrichten eingesetzt. Damit der Kontrollkanal nicht zu viel Bandbreite pro Frame in Anspruch nimmt, wurde er auf 16 Frames verteilt, die zu einem Block zusammengefasst werden. Jeder Frame transportiert zwei Byte des Kanals (Bild 14). Zur Erkennung des Blockanfangs trägt die Präambel des ersten Frames eines Blocks ein spezielles Bitmuster. Bei MOST 25 hat der Kontrollkanal eine Bruttobandbreite von 705,6 kBit/s.

Übertragung von Multimediadaten

Die synchronen Kanäle dienen der Echtzeitkommunikation von Audio- und Videodaten, wobei die Steuerung der Datenübertragung über entsprechende Steuerkommandos auf dem Kontrollkanal stattfindet. Einem synchronen Kanal kann jeweils eine bestimmte Bandbreite zugewiesen werden, was mit einer Auflösung von einem Byte eines Daten-Frames geschieht. Ein Stereo-Audiokanal mit einer Auflösung von 16 Bit benötigt beispielsweise vier Byte. Bei MOST 25 sind je nach Wert des Boundary-Descriptors maximal 60 Byte für synchrone Kanäle verfügbar, das entspricht 15 Stereo-Audiokanälen.

Übertragung von Paketdaten

Auf dem asynchronen Kanal werden Daten paketweise übertragen. Er ist daher für die

Bild 14: MOST Frame-Struktur.

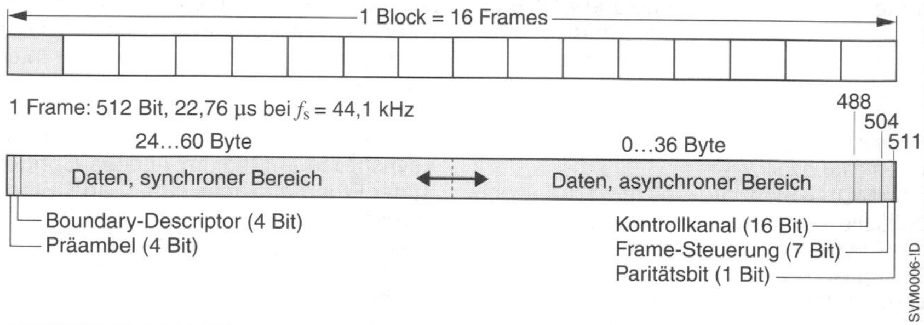

Übertragung von Informationen geeignet, die keine feste Datenrate haben, aber kurzfristig hohe Datenraten benötigen. Beispiele sind die Übertragung der Titelinformationen eines MP3-Spielers oder ein Software-Update.

Bei MOST25 hat der asynchrone Kanal eine Bruttobandbreite von bis zu 12,7 MBit/s und unterstützt dabei zurzeit zwei Modi: Einen langsameren 48-Byte-Modus, bei dem in jedem Paket 48 Byte für die Nettodatenübertragung zur Verfügung stehen sowie einen aufwändiger zu implementierenden 1 014-Byte-Modus. Um eine sichere Übertragung und eine Flusskontrolle bei den für den asynchronen Kanal typischen großen Datenmengen sicherzustellen, wird üblicherweise noch ein zusätzliches Transportprotokoll (Data-Link-Protokoll) eingesetzt, das in einer darüber liegenden Treiberschicht implementiert ist. Dies ist entweder das speziell für den MOST entwickelte MOST High-Protokoll (MHP) oder das gängige TCP/IP-Protokoll, das auf eine entsprechende Anpassungsschicht, MOST Asynchronous Medium Access Control (MAMAC) genannt, aufgesetzt wird.

Topologie
MOST ist in einer Ringstruktur organisiert (Bild 15). Es handelt sich um ein Punkt-zu-Multipunkt-Datenflusssystem (d.h., die Streaming-Daten haben eine Quelle und mehrere Senken) und alle Geräte teilen sich deshalb einen gemeinsamen Systemtakt, den sie aus dem Datenstrom gewinnen. Die Geräte sind somit in Phase und können alle Daten synchron übertragen. Dies macht Mechanismen zur Signalpufferung und Signalabarbeitung überflüssig. Ein bestimmtes Gerät agiert dabei als „Timing-Master" und generiert die zur Datenübertragung verwendeten Daten-Frames, auf die sich die anderen Geräte synchronisieren.

Bild 15: Ringstruktur des MOST-Busses.

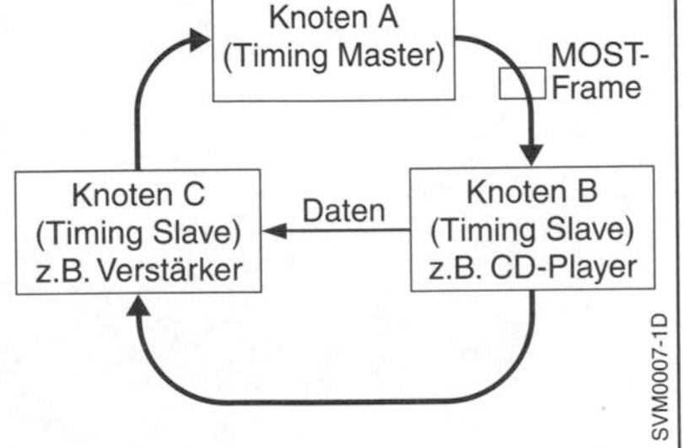

Adressierung
Die Geräte werden auf dem MOST-Bus über eine 16-Bit-Adresse angesprochen. Es sind verschiedene Adressierungsarten verfügbar: Die logische und die physikalische Adressierung sowie die Gruppenadressierung zur gleichzeitigen Adressierung einer definierten Gruppe von Steuergeräten.

Verwaltungsfunktionen
Der MOST-Standard definiert die im Folgenden beschriebenen Verwaltungsmechanismen (Network- und Connection-Master), die für den Betrieb eines MOST-Systems notwendig sind.

Network-Master
Der Network-Master wird von einem ausgezeichneten Gerät in einem MOST-System implementiert und ist für die Konfiguration des Systems zuständig. In aktuellen Systemen wird der Network-Master meist durch die Headunit (d.h. das Bedienteil) des Infotainmentsystems realisiert. Dieses Gerät ist oft gleichzeitig auch Timing-Master. Die anderen Geräte des MOST-Systems werden in diesem Zusammenhang als Network-Slaves bezeichnet.

Connection-Master
Der Connection-Master verwaltet die zu einem Zeitpunkt in einem MOST-System bestehenden synchronen Verbindungen.

MOST-Anwendungsschicht
Für die Übertragung von Kontrollbefehlen, Statusinformationen und Ereignissen definiert der MOST-Standard ein entsprechendes Protokoll auf der Anwendungsebene. Dieses Protokoll ermöglicht das Ansprechen einer bestimmten Funktion einer Anwendungschnittstelle (d.h. eines FBlocks), die von einem beliebigen Gerät innerhalb des MOST-Systems bereitgestellt wird.

Das Protokoll für MOST-Kontrollnachrichten sieht folgende Elemente für eine Kontrollnachricht vor:

- Die Adresse eines Geräts im MOST-System (DeviceID),
- ein Bezeichner für einen von diesem Gerät implementierten FBlock (FBlockID) und dessen Instanz im MOST-System (InstID),
- den Bezeichner für die aufgerufene Funktion innerhalb des FBlocks (FktID),
- den Typ einer Operation (OpType).

Funktionsblock
Ein Funktionsblock (FBlock) definiert die Schnittstelle einer bestimmten Anwendung oder eines Systemdienstes. Die Senken und Quellen für Multimediadaten sind jeweils einem FBlock zugeordnet, der entsprechende Funktionen für deren Verwaltung zur Verfügung stellt. Ein FBlock kann so mehrere Quellen und Senken besitzen, die über eine Quellen- und Senkennummer durchnummeriert sind.

Ein FBlock besitzt Funktionen, die Informationen über die Anzahl sowie die Art der Quellen und Senken liefern, die er zur Verfügung stellt (SyncDataInfo, SourceInfo und SinkInfo). Darüber hinaus besitzt jeder FBlock mit einer Quelle eine Funktion „Allocate“, mit der er einen synchronen Kanal anfordert und die Quelle damit verbindet. Ein FBlock mit einer Senke hat entsprechend eine Funktion „Connect“, um diese mit einem bestimmten synchronen Kanal zu verbinden und eine Funktion „DisConnect“, um diese Verbindung wieder zu trennen.

Ein FBlock wird über eine 8 Bit große FBlockID, die den Typ des FBlocks angibt, und eine zusätzliche 8-Bit InstID adressiert.

Funktionsklassen
Um die Definition von Funktionen zu vereinheitlichen, gibt der MOST-Standard eine Reihe von Funktionsklassen für Properties vor. Diese legen fest, welche Eigenschaften die entsprechende Funktion hat und welche Operationen darauf zulässig sind.

Anwendungen
Neben den zur Datenübertragung notwendigen unteren Schichten definiert der MOST-Standard die Schnittstellen für typische Anwendungen aus dem Bereich der Fahrzeug-Infotainmentsysteme, wie z. B. einen CD-Wechsler, einen Verstärker oder einen Radioempfänger.
Die von der MOST-Cooperation definierten FBlöcke sind in einem Funktionskatalog zusammengefasst.

Standardisierung
Der MOST-Standard wird durch die MOST-Cooperation gepflegt, die auch die entsprechenden Spezifikationen herausgibt. Die Spezifikationen sind über die Homepage der MOST-Cooperation [7] verfügbar.

Die MOST-Corporation wurde 1998 mit dem Ziel der Standardisierung der MOST-Technologie von BMW, Daimler, Becker Radio und OASIS Silicon Systems gegründet.

Serial Wire Ring

Interne Busse verlassen das Steuergerät nicht. Sie verbinden die integrierten Schaltungen (ICs) auf der Platine miteinander. Diese Busse übertragen Daten von Eingangsschaltungen (z.B. Analog-Digital-Wandler) zum Controller, oder Daten zur Ansteuerung von Endstufen vom Controller zu den Endstufen. Da diese Busse nur innerhalb eines Steuergeräts Verwendung finden, können Spannungspegel, Signalart (symmetrisch oder asymmetrisch), Impedanzen und Bitrate je nach Anforderung unterschiedlich ausgelegt sein.

Merkmale

Der Serial Wire Ring (SWR) versteht sich als moderner Nachfolger des Serial Peripheral Interfaces (SPI). Seine Vorteile sind die höhere Bitrate und nur zwei Pins pro Teilnehmer gegenüber vier Pins (CLK, MOSI, MISO, CS) beim SPI. Als Preis für diese Vorteile erfordert der SWR eine komplexere Logik im Sender und im Empfänger, insbesondere zur Rückgewinnung des Taktsignals aus dem Datenstrom.

Nur zwei Pins pro Teilnehmer ermöglichen kleine Gehäuse und weniger Verdrahtungsaufwand auf der Platine. Möglich wird dies durch eine Ringtopologie wie in Bild 1 gezeigt. Diese hat den zusätzlichen Vorteil, dass der Master alle Daten rücklesen und so Übertragungsfehler entdecken kann. Für sicherheitsrelevante Systeme ist dies eine wichtige Eigenschaft.

Bild 1: Topologie des Serial Wire Rings.

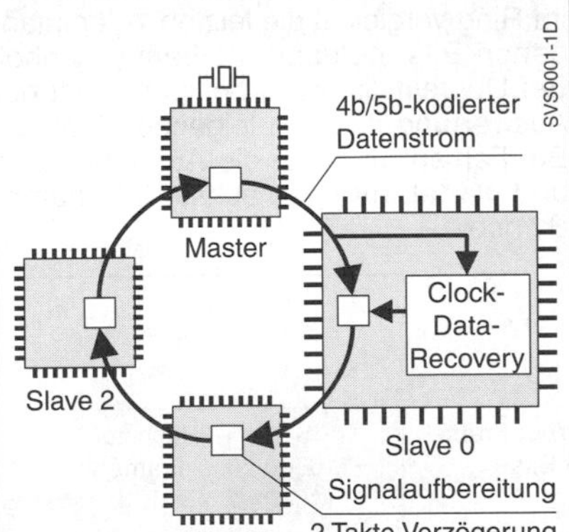

Topologie

Der Ring besteht ausschließlich aus Punkt-zu-Punkt-Verbindungen, wodurch hohe Datenraten möglich werden. Jede Verbindung überträgt die Daten von genau einer Quelle zu genau einem Ziel in nur einer Richtung (Bild 1):

Master → Slave 0 → Slave 1 → ... → Slave $N-1$ → Master.

Der Ring enthält einen Master und 1...16 Slaves. Da alle gleichartig miteinander im Ring verbunden sind, ist es optional möglich, dass wechselweise ein anderer Baustein im Ring die Rolle des Masters übernimmt.

Jeder Teilnehmer im Ring sendet das empfangene Signal mit zwei Takten Verzögerung weiter an den nächsten Teilnehmer. Der Pegel des Signals wird dabei aufbereitet. Auch kleine zeitliche Schwankungen der Signalflanken (Jitter) werden mit Hilfe der Clock-Data-Recovery (CDR) verringert. Damit lassen sich unterschiedliche Signalpegel innerhalb eines Rings realisieren.

4b/5b-Kodierung der Daten

Takt und Daten werden gemeinsam über eine Leitung im Ring übertragen. Der Empfänger entnimmt die Daten sowie den Takt aus diesem Signal mittels der Clock-Data-Recovery (CDR). Damit der Takt auch bei vielen aufeinander folgenden „0“ oder „1“ zurückgewonnen werden kann,

Tabelle 1: 4b/5b.Code.
Das niederwertigste Bit wird zuerst übertragen.

0000 → 00001	0001 → 00010
1000 → 10001	1001 → 10010
0100 → 01001	0101 → 01010
1100 → 11001	1101 → 11010
0010 → 00101	0011 → 00110
1010 → 10101	1011 → 10110
0110 → 01101	0111 → 01110
1110 → 11101	1111 → 11110

wird eine spezielle 4b/5b-Kodierung gemäß Tabelle 1 verwendet: Jedes vierte Bit wird invertiert und dann nochmals gesendet. Mit dieser Kodierung erfolgt nach spätestens fünf Takten ein Wechsel von „0“ auf „1“ oder umgekehrt. Der Nachteil ist, dass zur Übertragung von vier Datenbits fünf Bits über den Bus geschickt werden müssen.

Für die Übertragung gilt, dass immer zuerst das niederwertigste Bit und zuletzt das höchstwertigste Bit übertragen wird.

Taktrate

Die Taktrate ist nicht auf bestimmte Werte festgelegt, sondern kann je nach geforderter Datenrate und Latenz gewählt werden. Die Untergrenze beträgt 1 MHz, die Obergrenze wird vom langsamsten Teilnehmer und der Leitungsführung bestimmt.

Die Signalübertragung von genau einer Quelle zu genau einem Ziel ermöglicht höhere Datenraten als mit einer verzweigten Leitung, sodass der Serial Wire Ring mit der 10...100-fachen Taktfrequenz im Vergleich zum Serial Peripheral Interface betrieben werden kann. So wird die eingangs erwähnte Forderung nach höherer Geschwindigkeit erfüllt.

Datenübertragung

Auf der Datenleitung werden vom Master abwechselnd das Interframe-Symbol und der Data-Frame beziehungsweise der Interrupt-Frame übertragen (Bild 2).

Adressierung

Die Slaves werden über ein Adressfeld im Data-Frame adressiert. Jeder Slave erhält seine Adresse automatisch über seine Position im Ring während der Initialisierung des Rings. Der erste Slave erhält die Adresse 0, der letzte von N Slaves erhält die Adresse $N-1$.

Data-Frame

Der Data-Frame dient der Übertragung von Nutzdaten zwischen Master und Slave. Mit demselben Data-Frame kann der Master auch Daten an mehre Slaves schicken und Daten von mehreren Slaves entgegennehmen. Gleichzeitig ist es möglich, Daten von Slave zu Slave zu übertragen, allerdings nur in Umlaufrichtung des Rings.

Der Master sendet kontinuierlich Frames durch den Ring. Wenn keine Daten übertragen werden müssen, sendet er „Null-Frames“.

Interrupt-Frame

Interrupt-Frames werden vom Master regelmäßig innerhalb eines festen Zeitintervalls gesendet. Jeder Slave, der sich im Interrupt-Frame ein oder mehrere Bits reserviert hat, kann ein solches Bit nutzen, um im Master eine spezifische Reaktion auszulösen. Üblicherweise besteht diese Reaktion in der Anlieferung oder Abholung von Daten.

Interframe-Symbol

Damit jeder Teilnehmer im Ring den Anfang eines Frames erkennen kann, befindet sich zwischen zwei Frames das Interframe-Symbol (IFS, Bild 2). Es ist 14 Bits lang und unterscheidet sich von jeder möglichen 14-Bit-Sequenz des 4b/5b-kodierten Signals in mindestens zwei Bits. Dadurch wird gewährleistet, dass ein 1-Bit-Fehler nicht zum Auftreten eines Interframe-Symbols im regulären 4b/5b-Datenstrom führt. Jeder Teilnehmer im Ring vergleicht die letzten 14 empfangenen Bits mit dem Interframe-Symbol. Bei Übereinstimmung beginnt er mit der Auswertung des nun folgenden Frames. Bei Fehlern bricht er die Auswertung ab und wartet auf das nächste Interframe-Symbol.

Bild 2: Aufbau einer Datenübertragung.
IFS Interframe-Symbol.

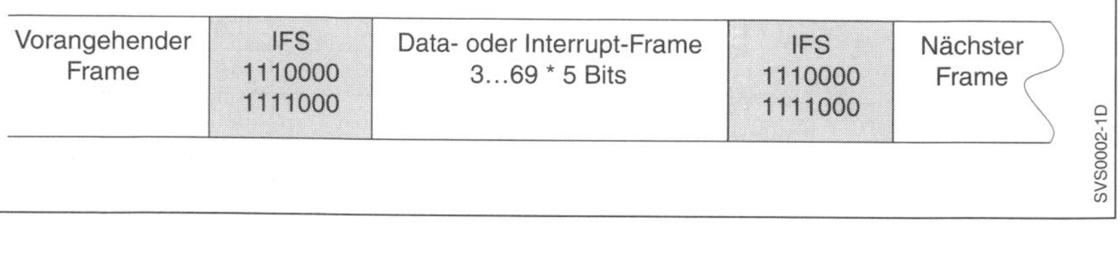

Data-Frame

Kennung

Bild 3 zeigt einen Data-Frame im Detail. Die führende 1 kennzeichnet den Frame als Data-Frame. Eine 01 würde einen Null-Frame und eine 0010 einen Interrupt-Frame ankündigen.

Data-Frame-Counter

Der Data-Frame-Counter (DFC) ist ein 2-Bit-Zähler, den der Master hochzählt, bevor er einen neuen Data-Frame sendet. Dies ist wichtig im Fall eines Übertragungsfehlers, den der Master beim Zurücklesen bemerkt. Dann wiederholt er den Data-Frame mit demselben DFC. Falls der Fehler auf dem Weg vom Master zum Slave aufgetreten ist, dann empfängt der Slave den Data-Frame nun zum ersten Mal und wertet ihn aus. Falls der Fehler auf dem Weg vom Slave zum Master aufgetreten ist, dann empfängt der Slave den Data-Frame nun zum zweiten Mal, erkennt dies an der unveränderten DFC und wertet ihn nun kein zweites Mal aus.

Slave-Adresse

Die Slave-Adresse SLADR adressiert den Slave. Die Primäradressen $0 \dots N-1$ adressieren genau einen Slave an der entsprechenden Position im Ring. Höhere Werte bis 31 werden für Gruppenadressen verwendet. Während der Initialisierung des Rings kann der Master einen oder mehrere Slaves anweisen, beim Auftauchen einer bestimmten Gruppenadresse automatisch eine bestimmte Operation auszuführen, beispielsweise die Bits 12…16 auf fünf Endstufen auszugeben. So kann der Master später ohne weitere Instruktionen und damit sehr schnell komplexe Datentransfers durchführen, indem er einfach die zugehörige Gruppenadresse verwendet. Die beteiligten Slaves „wissen" dann, was zu tun ist.

Paritätsbit

PAR ist ein Paritätsbit für die ersten acht Bits. Es genügt, um 100 % aller Einzelbitfehler zu erkennen. Doppelbitfehler werden vom Master beim Rücklesen erkannt und führen zu einem Bus-Reset. Deshalb müssen sie nicht von PAR erkannt werden. Dieses Vorgehen ist möglich, weil Doppel- und Mehrbitfehler sehr selten sind.

Datenfeld

Hinter PAR folgt das eigentliche Datenfeld. Es kann jede beliebige Anzahl Bits von 1…256 enthalten.

Primäradresse

Im Falle einer Primäradresse, wenn also der Master nur diesen Slave anspricht, verarbeitet der Slave das ganze Datenfeld und platziert eventuell eine Antwort am Ende des Datenfelds. Dabei überschreibt er einen Teil des Datenfelds, sodass der Master seine Botschaft an den Slave nicht mehr rücklesen kann. Ist dies aus Sicherheitsgründen nicht erlaubt oder ist die Antwort des Slaves ohnehin länger als die Botschaft des Masters, so muss der Master das Datenfeld größer auslegen und z.B. Nullen anhängen. Der Slave

Bild 3: Data Frame.
DFC Data-Frame-Counter,
SLADR Slave-Adresse,
PAR Paritätsbit,
CRC Cyclic Redundancy Check.

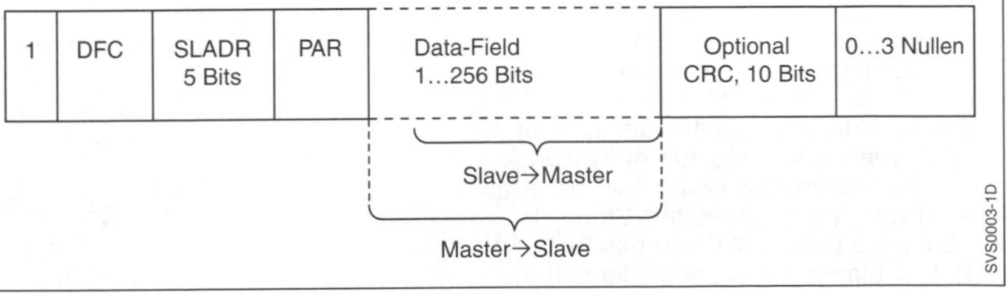

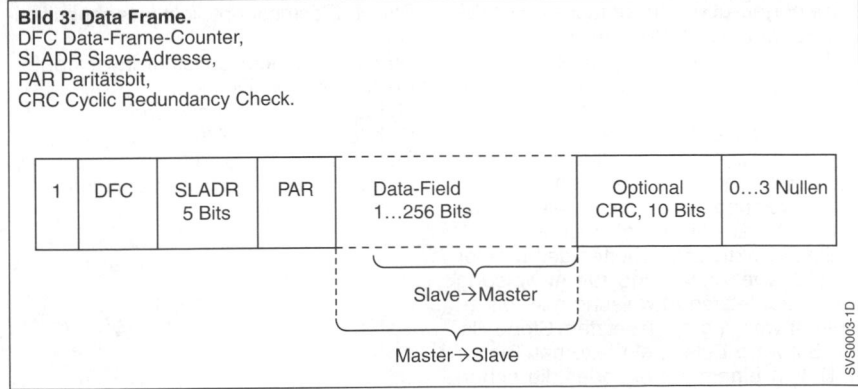

überschreibt dann nur diesen Bereich und es gehen keine alten Daten verloren. Das führt allerdings zu einem größeren Datenfeld, also zu einer längeren Übertragungszeit.

Gruppenadresse
Im Falle einer Gruppenadresse kann jeder Slave gemäß seinen vorher gelernten Instruktionen beliebige Bits des Datenfelds auswerten und ändern.

Zyklische Redundanzprüfung
Die abschließende 10-Bit-CRC (Cyclic Redundancy Check) wird von Slaves, für die dies sinnvoll ist, unterstützt. Es gibt auch einfache Slaves, die die CRC nicht unterstützen, um Kosten zu sparen. Die CRC wird benötigt, um kritische Daten auf ihrem Weg vom Slave zum Master zu sichern. Denn während der Master alle anderen Übertragungsfehler beim Rücklesen erkennen kann, ist dies bei den Antwortdaten eines Slaves nicht möglich. Die Slaves, die zu einer Gruppenadresse gehören, müssen alle gemeinsam die CRC verwenden, oder nicht.

Füll-Bits
Wegen der 4b/5b-Kodierung muss der Data-Frame immer ein Vielfaches von vier Bits enthalten. Daher kann es notwendig sein, schließlich noch bis zu drei Nullen anzuhängen, um das nächst höhere Vielfache von vier zu erreichen.

Ablaufsteuerung im Master
Mit steigender Übertragungsgeschwindigkeit wird es für eine CPU zunehmend schwieriger, über ein einfaches Sende- und Empfangsregister die Sendedaten rechtzeitig zur Verfügung zu stellen und die empfangenen Daten schnell genug abzuholen. Deshalb greift der SWR-Master selbständig auf den Speicher zu. In diesem Speicher befinden sich außerdem eine oder mehrere verkettete Listen mit Anweisungen, welche Transaktionen der Master ausführen soll (Queues).

Einmal aktiviert, arbeitet der Master eine Queue Anweisung für Anweisung ab, bis zur letzten Anweisung oder bis zu einer Anweisung mit gesetztem Stopp-Bit. Ein Software-Befehl, ein externer Trigger (z.B. von einem Timer) oder die schon beschriebene Anforderung durch einen Slave mittels Interrupt-Frame kann die Queue wieder aktivieren.

Das Ende einer Queue kann auf den Anfang zurückverweisen und so eine geschlossene Schleife bilden. So lassen sich dieselben Anweisungen immer wieder ausführen. Sollte eine Anweisung durch einen Übertragungsfehler gestört werden, so wiederholt sie der Master automatisch.

Jede Anweisung enthält eine Priorität. Solange nur eine Queue aktiv ist, spielt das keine Rolle. Sobald jedoch mehrere Queues aktiv sind und also mehrere Anweisungen gleichzeitig zur Ausführung anstehen, dann wählt der Master diejenige mit der höchsten Priorität.

Literatur

[1] ISO 11898: Road vehicles – Controller area network (CAN).
Part 1: Data link layer and physical signalling.
Part 2: High-speed medium access unit.
Part 3: Low-speed, fault-tolerant, medium-dependent interface.
Part 4: Time-triggered communication.
[2] SAE J 1939: Serial Control and Communications Heavy Duty Vehicle Network.
[3] ISO 17458: Road vehicles – FlexRay communications system.
Part 1: General information and use case definition.
Part 2: Data link layer specification.
Part 3: Data link layer conformance test specification.
Part 4: Electrical physical layer specification.
Part 5: Electrical physical layer conformance test specification.
[4] http://www.lin-subbus.org/.
[5] http://www. IEEE802.org/.
[6] http://www.psi5.org/.
[7] http://www.mostcooperation.com.

Sensoren im Kraftfahrzeug

Einsatz im Kraftfahrzeug

Sensoren und Aktoren bilden als Peripherie die Schnittstelle zwischen dem Fahrzeug mit seinen komplexen Antriebs-, Brems-, Fahrwerk- und Karosseriefunktionen und dem digitalen elektronischen Steuergerät als Verarbeitungseinheit. Die Sensoren erfassen dabei physikalische Größen und formen sie in elektrische, vom Steuergerät verarbeitbare Größen um.

Einteilung

Klassische Sensoren

Sensoren wurden im Kraftfahrzeug mit Aufkommen der elektronischen Steuerung für Einspritzung und Zündung eingeführt. Hierfür waren Drehzahlsensoren zur Erfassung der Motordrehzahl und Drucksensoren zur Messung des Saugrohrdrucks erforderlich. Mit dem Antiblockiersystem (ABS) musste die Raddrehzahl erfasst werden. Hierfür wurden Raddrehzahlsensoren verwendet, die nach dem gleichen Messprinzip arbeiten wie die Motordrehzahlsensoren. Die Weiterentwicklung dieser Drehzahlsensoren führte vom induktiven Sensor zum aktiven Sensor mit einer Verbesserung der Messwerterfassung.

Die immer weiter zunehmende Komplexität der elektronischen Systeme im

Bild 1: Sensoren im Kraftfahrzeug (Beispiele).
In Klammern sind die Anwendungen der jeweiligen Sensoren genannt.

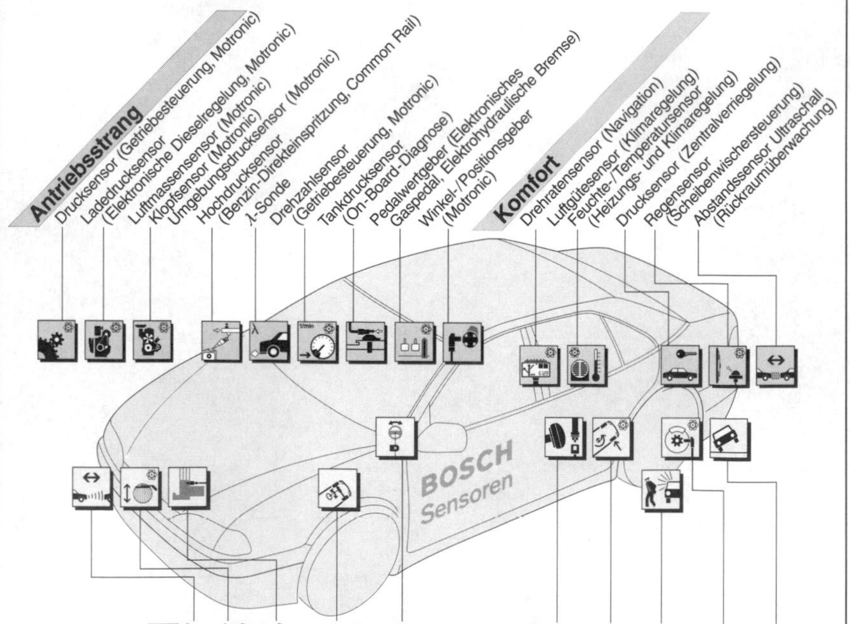

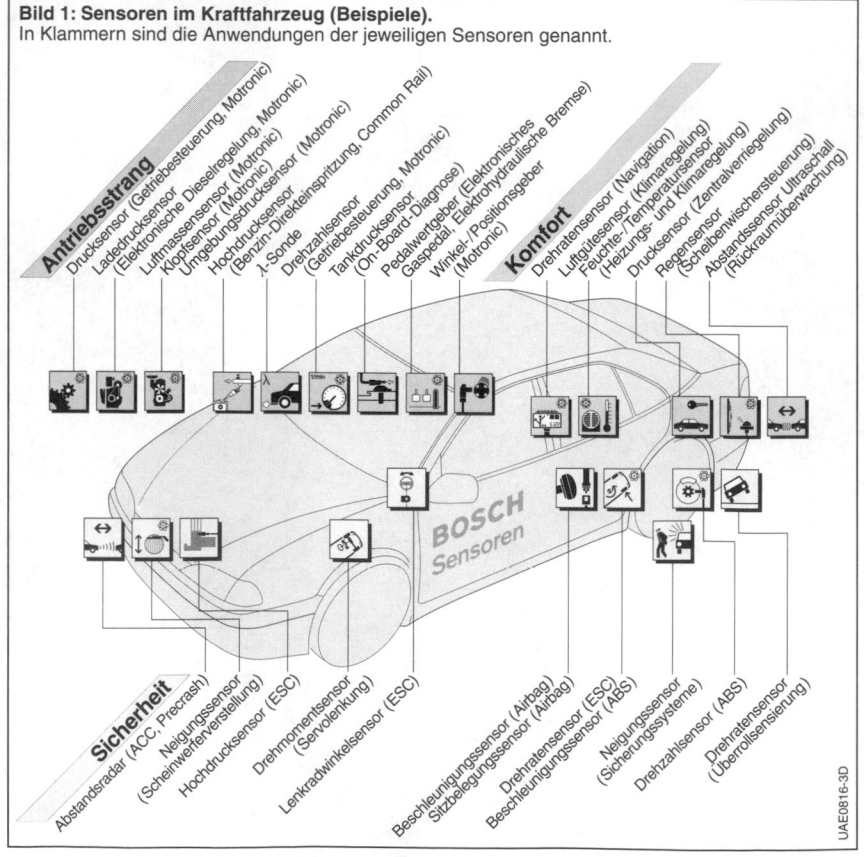

Kraftfahrzeug führte zu einer Zunahme von Sensoren. Bild 1 gibt einen Überblick, wo und für welche Zwecke solche Sensoren eingesetzt werden.

Sensoren für Fahrerassistenzsysteme
Mit den Ultraschallsensoren für die Einparkhilfe wurde eine ganz neue Gattung von Sensoren eingeführt. Diese Sensoren, wie auch Radar- und Videosensoren erfassen das Umfeld des Fahrzeugs und ermöglichen somit eine Vielzahl von Fahrerassistenzfunktionen (siehe Fahrerassistenzsysteme). Diese Sensoren stellen komplexe Systeme dar, sie sind mit den klassischen Sensoren nicht vergleichbar.

Hauptanforderungen

Betriebsbedingungen
Kfz-Sensoren sind an ihrem Anbauort zum Teil extremen Bedingungen ausgesetzt. Dies sind mechanische Belastungen (z.B. Vibrationen und Stöße), klimatische Einflüsse (z.B. tiefe und extrem hohe Temperaturen, Feuchte), chemische Einflüsse (z.B. Spritzwasser, Salznebel, Kraftstoff, Motoröl, Batteriesäure) und elektromagnetische Einwirkungen (z.B. Hochfrequenzeinstrahlung, leitungsgebundene Störimpulse, Überspannungen). Die jeweils am Anbauort herrschenden Betriebsbedingungen bestimmen die Belastung eines Sensors.

Zuverlässigkeit
Entsprechend der Aufgabe und Anforderung lassen sich Kfz-Sensoren drei Zuverlässigkeitsklassen zuordnen:
- Lenkung, Bremse, Passagierschutz,
- Motor, Antriebsstrang, Fahrwerk, Reifen,
- Komfort, Information, Diagnose, Diebstahlsicherung.

Baugröße
Die stetig wachsende Zahl elektronischer Systeme im Fahrzeug einerseits und die immer kompaktere Form der Fahrzeuge andererseits zwingt zu extrem kleinen Bauweisen. Zudem erfordert der Druck zur Kraftstoffeinsparung eine konsequente Reduzierung des Fahrzeuggewichts. Um geringe Baugrößen für die Sensoren zu ermöglichen, gibt es verschiedene Verfahren zur Miniaturisierung:
- Schicht- und Hybridtechniken (z.B. für dehnungs-, temperatur- und magnetfeldabhängige Widerstände),
- Halbleitertechnik (z.B. für Hall-Drehzahlsensoren),
- Oberflächen- und Bulk-Mikromechanik (z.B. für Druck-, Beschleunigungs- und Drehratensensoren aus Silizium),
- Mikrosystemtechnik (Integration von mikromechanischen oder mikrooptischen Bauelementen mit mikroelektronischen Schaltungen in einem komplexen System).

Herstellkosten
Elektronische Systeme in Fahrzeugen enthalten durchaus bis zu 150 Sensoren. Diese Fülle zwingt im Vergleich zu anderen Einsatzgebieten zu einer radikalen Kostensenkung. Es kommen weitgehend automatisierte Fertigungsverfahren zur Anwendung, die im hohen „Nutzen" arbeiten. Das heißt, jeder Prozessschritt wird immer für eine größere Anzahl von Sensoren gleichzeitig durchgeführt. Bei der Herstellung von Halbleitersensoren werden typisch 100...1 000 Sensoren auf einem Siliziumwafer gleichzeitig gefertigt. Der hohe Bedarf der Automobilindustrie an Sensoren hat hier neue Maßstäbe gesetzt.

Genauigkeitsanforderungen
Im Vergleich zu Sensoren z.B. für die Prozessindustrie sind die Genauigkeitsanforderungen für Kfz-Sensoren geringer. Die zulässigen Abweichungen liegen im Allgemeinen bei größer 1 % vom Endwert des Messbereichs. Hierbei müssen auch die unvermeidbaren Alterungseinflüsse berücksichtigt werden.

Immer anspruchsvollere und komplexere Systeme fordern aber höhere Genauigkeiten. Bis zu einem gewissen Maß kann das durch Verringerung der Fertigungstoleranzen sowie durch die Verfeinerung der Abgleich- und Kompensationstechniken erreicht werden. Einen wesentlichen Schritt nach vorn ermöglichen hier die „Integrierten Sensoren".

Grundlagen der klassischen Sensoren

Aufgabe

Sensoren setzen eine physikalische oder eine chemische (meist nichtelektrische) Größe Φ in eine elektrische Größe E um. Dies geschieht oft auch über weitere, nichtelektrische Zwischenstufen. Die Sensordaten werden in einem digitalen elektronischen Steuergerät verarbeitet (Bild 2). In der Regel bringt eine Anpassschaltung die Sensorsignale in die für das Steuergerät erforderliche standardisierte Form. Auch können Sensorinformationen anderer Verarbeitungseinheiten z.B. über Bussysteme ebenso wie der Fahrer über einfache Bedienschalter Einfluss auf den Prozess nehmen.

Sensorklassifikation

Sensoren lassen sich nach sehr unterschiedlichen Gesichtspunkten klassifizieren. Im Hinblick auf die Verwendung in Kfz kann man sie folgendermaßen einteilen.

Aufgabe und Anwendung

- Funktionelle Sensoren (z.B. Drucksensor, Temperatursensor, Luftmassensensor), vorwiegend für Steuerungs- und Regelungsaufgaben.

Bild 2: Sensor im Kraftfahrzeug.
Φ Physikalische Größe,
E elektrische Größe,
Z Störgröße.
AK Aktor, AS Anpassschaltung, AZ Anzeige, MA Messwertaufnehmer, SA Schalter, SE Sensor, SG Steuergerät, ST Stellglied, T Treiber.

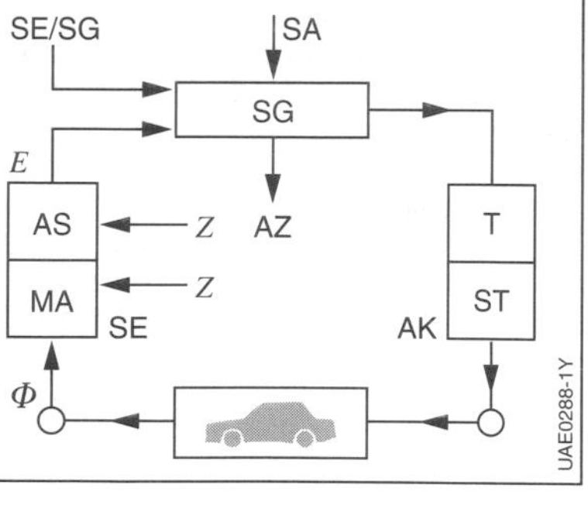

- Sensoren für Sicherheit (Passagierschutz: Airbag und Fahrdynamikregelung) und Sicherung (Diebstahlschutz).
- Sensoren für die Überwachung des Fahrzeugs (On-Board-Diagnose, Verbrauchs- und Verschleißgrößen) und zur Information von Fahrer und Passagieren.

Bild 3: Kennlinienarten.
S Ausgangssignal, X Messgröße.
a) Stetig, linear,
b) stetig, nichtlinear,
c) unstetig, mehrfach gestuft,
d) unstetig, zweistufig mit Hysterese.

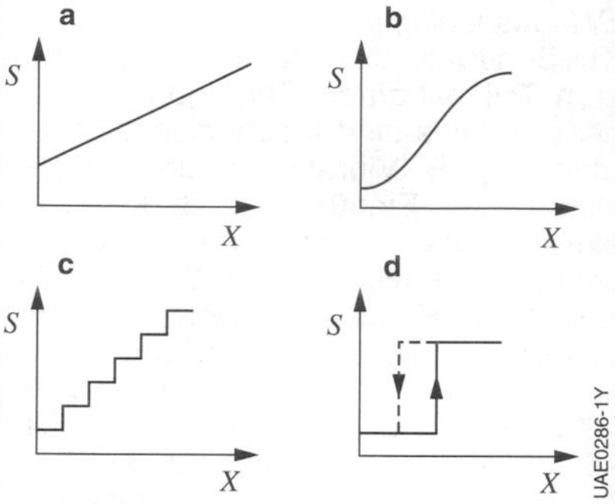

Bild 4: Signalformen (Beispiele).
a) Frequenz f,
b) Pulsdauer T_p,
U Ausgangssignal, t Zeit.

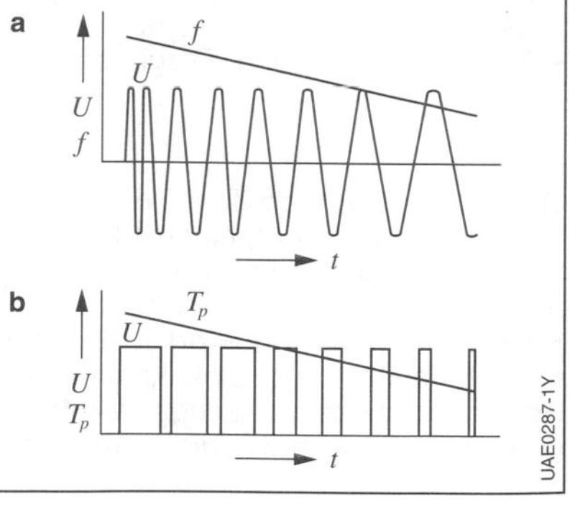

Kennlinienart
- Stetig lineare Kennlinien (Bild 3a) werden insbesonders für Steuerungsaufgaben über einen weiten Messbereich verwendet. Lineare Kennlinien haben überdies den Vorteil der leichten Prüf- und Abgleichbarkeit.
- Stetig nichtlineare Kennlinien (Bild 3b) dienen oft der Regelung einer Messgröße in sehr engem Messbereich (z.B. Regelung des Luft-Kraftstoff-Verhältnisses auf $\lambda = 1$, Regelung des Einfederniveaus).
- Unstetig zweistufige Kennlinien, eventuell mit Hysterese (Bild 3d), dienen der Überwachung von Grenzwerten, bei deren Erreichen leichte Abhilfe möglich ist. Ist Abhilfe schwieriger, kann auch durch mehrfache Stufung (Bild 3c) früher vorgewarnt werden.

Art des Ausgangssignals
Analoges Ausgangssignal (Bild 4):
- Strom oder Spannung, oder entsprechende Amplitude,
- Frequenz oder Periodendauer,
- Pulsdauer oder Tastverhältnis.

Diskretes Ausgangssignal:
- Zweistufig (binär codiert),
- mehrstufig ungleich gestuft (analog codiert),
- mehrstufig äquidistant (analog oder digital codiert).

Kontinuierliche Signale stehen ständig am Sensorausgang zur Verfügung, diskontinuierliche Signale nur zu diskreten Zeitpunkten. Ein bitseriell ausgegebenes Signal ist zwangsläufig diskontinuierlich.

Integrierte Sensoren
Die hybride oder monolithische Integration von Sensor und Signalelektronik an der Messstelle bis hin zu komplexen digitalen Schaltungen wie Analog-digital-Wandler und Mikrocomputer nutzt die im Sensor steckende Genauigkeit voll aus („intelligente" Sensoren, Bild 5) und bietet folgende Möglichkeiten:
- Entlastung des Steuergeräts,
- einheitliche, flexible und busfähige Schnittstelle,
- Mehrfachnutzung von Sensoren,
- Multisensorstrukturen,
- Nutzung von kleinen Messeffekten sowie Hochfrequenz-Messeffekten (durch Verstärkung und Demodulation vor Ort) und
- Korrektur von Sensorabweichungen an der Messstelle sowie gemeinsamer Abgleich und Kompensation von Sensor und Schaltung, vereinfacht und verbessert durch Speicherung der individuellen Korrekturinformation in Halbleiterspeichern (z.B. PROM).

Bild 5: Integrationsstufen von Sensoren.
SE Sensor, SA Signalaufbereitung (analog), AD Analog-digital-Wandler, SG Steuergerät, DS digitale Signalverarbeitung.

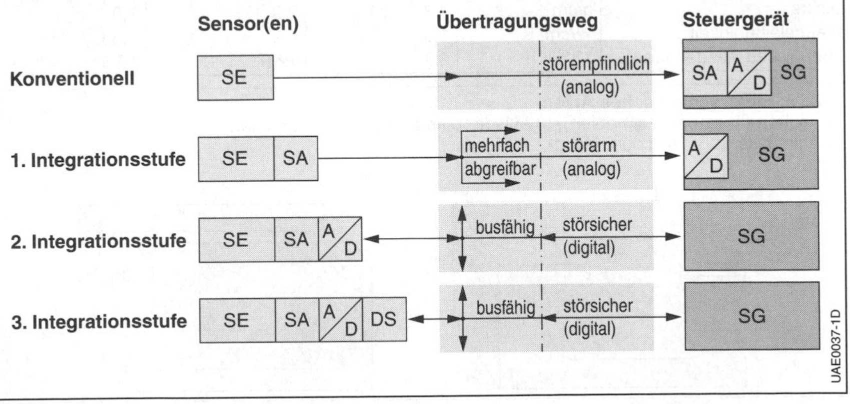

Mikromechanik

Anwendung

Als Mikromechanik bezeichnet man die Herstellung von mechanischen Bauelementen aus Halbleitern (im Regelfall aus Silizium) unter Zuhilfenahme der Halbleitertechnik. Das heißt, es werden nicht nur die halbleitenden, sondern auch die mechanischen Eigenschaften des Siliziums ausgenutzt. Erste mikromechanische Drucksensoren aus Silizium wurden im Kfz zu Beginn der 1980er-Jahre eingesetzt. Die typischen Maße bewegen sich bis in den Bereich von Mikrometern.

Die mechanischen Eigenschaften des Siliziums (z.B. Festigkeit, Härte und Elastizitätsmodul, siehe Tabelle 1) lassen sich mit Stahl vergleichen. Das Silizium ist jedoch wesentlich leichter und hat eine größere Wärmeleitfähigkeit als Stahl. Die verwendeten Scheiben (Wafer) aus Silizium-Einkristallen haben fast perfekte mechanische Eigenschaften, Hysterese und Kriechen sind vernachlässigbar. Wegen der Sprödigkeit des einkristallinen Materials zeigt das Spannungs-Dehnungs-Diagramm keinen plastischen Bereich; beim Überschreiten des elastischen Bereichs bricht das Material.

Zur Herstellung von mikromechanischen Strukturen in Silizium haben sich zwei Techniken etabliert: die Volumenmikromechanik (VMM) und die Oberflächenmikromechanik (OMM). Beide Techniken verwenden die üblichen Verfahren der Mikroelektronik (z.B. Epitaxie, Oxidation, Diffusion und Fotolithografie) und zusätzlich einige spezielle Verfahren [1].

Volumenmikromechanik

Das Material des Silizium-Wafers wird mit anisotropem (alkalischem) Ätzen mit oder ohne elektrochemischem Ätzstopp in der gesamten Tiefe bearbeitet. Dabei wird das Material von der Rückseite her im Inneren der Siliziumschicht dort abgetragen, wo keine Ätzmaske aufliegt (Bild 5). Mit diesem Verfahren werden sehr kleine Membranen mit typischen Dicken zwischen 5 und 50 µm, Öffnungen sowie Balken und Stege z.B. bei Druck- und Beschleunigungssensoren hergestellt.

Das Problem beim Ätzen mit alkalischen Medien ist, dass die Wände schräg nach innen verlaufen. Um hochpräzise mit senkrechten Wänden in die Tiefe ätzen zu können, musste ein neuer Prozess entwickelt werden. Hier gelang Bosch mit der Entwicklung des DRIE-Prozesses (Deep Reactive Ion Etching) ein Durchbruch, der in der Industrie mittlerweile allgemein als „Bosch-Prozess" bezeichnet wird. Dabei werden in einem besonderen Gaspha-

Tabelle 1: Mechanische Eigenschaften von Silizium.

Größe	Einheit	Silizium	Stahl (max.)	Rostfreier Stahl
Zugbelastung	10^5 N/cm^2	7,0	4,2	2,1
Knoop-Härte	kg/mm^2	850	1500	660
Elastizitätsmodul (E-Modul)	10^7 N/cm^2	1,9	2,1	2,0
Dichte	g/cm^3	2,3	7,9	7,9
Wärmeleitfähigkeit	W/cm · K	1,57	0,97	0,33
Thermische Ausdehnung	10^{-6}/K	2,3	12,0	17,3

Bild 5: Elektrochemisches Ätzen.
a) Isotrop (in sauren Ätzmedien), b) anisotrop (in alkalischen Ätzmedien).
1 Ätzmaske (z.B. Oxid oder Nitrid), 2 Silizium.

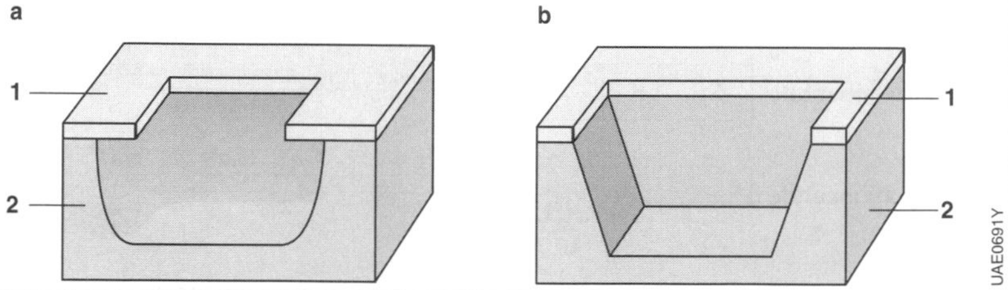

senreaktor abwechselnd Gase sowie zugehörige Konditionen für einen Ätz- und dann einen Passivierschritt erzeugt. Dieses Ätzen und das darauffolgende Passivieren der Wände werden so eingestellt, dass sehr präzise senkrechte Wände entstehen. Dieser Prozess kann sowohl für die Volumen- wie auch für die Oberflächenmikromechanik genutzt werden.

Oberflächenmikromechanik
Im Unterschied zur Volumenmikromechanik verwendet die Oberflächenmikromechanik den Siliziumwafer lediglich als Trägermaterial. Bewegliche Strukturen werden üblicherweise aus polykristallinen Siliziumschichten gebildet, die ähnlich wie bei einem Herstellungsprozess für integrierte Schaltungen auf der Oberfläche des Siliziums durch Epitaxie abgeschieden werden.

Bei der Herstellung eines oberflächenmikromechanischen Bauelements wird zunächst eine Opferschicht aus Siliziumoxid auf den Wafer aufgebracht und mit Standard-Halbleiterprozessen strukturiert, d.h. teilweise gezielt wieder entfernt (Bild 6a). Anschließend wird bei hohen Temperaturen in einem Epitaxiereaktor eine ca. 10 µm dicke Polysiliziumschicht (Epipoly-Schicht) aufgebracht (Bild 6b) und deren gewünschte Struktur mithilfe einer Lackmaske anisotrop, d.h. senkrecht geätzt (Tiefenätzen oder Trenchen, Bild 6c). Die senkrechten Seitenwände werden mit dem Bosch-Prozess durch einen Wechsel von Ätzzyklen und Passivierzyklen erzielt. Nach einem Ätzzyklus wird der geätzte Seitenwandabschnitt bei der Passivierung mit einem Polymer als Schutz versehen, sodass er beim darauffolgenden Ätzen nicht angegriffen wird. Auf diese Weise entstehen senkrechte Seitenwände mit hoher Abbildungsgenauigkeit. Im letzten Prozessschritt (Bild 6d) wird die Opferschicht unterhalb der Polysiliziumschicht mit gasförmigem Fluorwasserstoff entfernt, um die Strukturen freizulegen (Bild 7).

Die Oberflächenmikromechanik dient u.a. zur Herstellung von kapazitiven Beschleunigungssensoren für Airbagsysteme sowie zur Herstellung von Drehratensensoren für Anwendungen in der Fahrdynamikregelung und in der Überschlagsensierung (Rollover Sensing).

Bild 6: Prozessschritte der Oberflächenmikromechanik.
a) Abscheiden und Strukturieren der Opferschicht,
b) Abscheiden des Polysiliziums,
c) Strukturieren des Polysiliziums durch Tiefenätzen,
d) Entfernen der Opferschicht und dadurch Erzeugen frei beweglicher Strukturen an der Oberfläche.
1 Silizium, 2 Oxidschicht (Opferschicht),
3 Polysiliziumschicht („Epipoly").

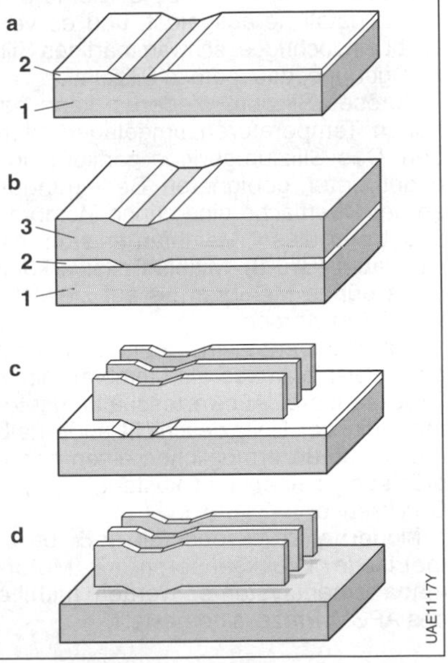

Bild 7: Struktur eines oberflächenmikromechanischen Sensors.
Aufnahme mit Rasterelektronenmikroskop.
1 Feste Elektrode, 2 Spalt,
3 federnde Elektrode

APSM-Prozess
Eine gänzlich andere oberflächenmikromechanische Prozessfolge verwendet der „Advanced Porous Silicon Membrane"-Prozess (APSM-Prozess). Er nutzt die Eigenschaften von porösem Silizium, um unter einer monokristallinen Membran einen exakt definierten Hohlraum zu erzeugen, in dem Vakuum eingeschlossen ist.

Kern des APSM-Prozesses ist poröses Silizium. Dieses lässt sich selektiv und lokal begrenzt in p-dotiertem Silizium in einem elektrochemischen Anodisierprozess in Flusssäure herstellen. Bei diesem Prozess wird ein Teil des Siliziums aus dem Kristall herausgelöst, und es verbleibt ein löchriges, schwammartiges Siliziumgerippe, das „poröse Silizium".

Poröses Silizium wiederum kann bei hohen Temperaturen umgelagert werden. Das Siliziumgerippe zerfließt und bildet unter geeigneten Bedingungen an der Oberfläche eine dünne Membran aus. Unter dieser Membran entsteht ein Hohlraum (Bild 8). Mittels Epitaxie kann diese dünne Membran bis auf Zieldicke vergrößert werden.

Die monokristalline Epitaxieschicht dient beispielsweise als Membran eines Drucksensors. Auswerteschaltungselemente in der Epitaxieschicht außerhalb der Membran ermöglichen einen hochpräzisen, kleinen und kostengünstigen Drucksensor.

Moderne Drucksensoren, z.B. barometrische Drucksensoren für Motormanagementsysteme, werden mithilfe des APSM-Prozess hergestellt.

Wafer-Bonden
Neben dem Strukturieren des Siliziums stellt das Verbinden zweier Wafer eine weitere wesentliche Aufgabe der mikromechanischen Fertigungstechnik dar. Die Verbindungstechnik wird benötigt, um beispielsweise ein Referenzvakuum hermetisch einzuschließen (z.B. für Drucksensoren), um empfindlichen Strukturen durch Aufbringen von Kappen zu schützen (z.B. bei Beschleunigungs- und Drehratensensoren, Bild 9) oder um den Siliziumwafer mit Zwischenschichten zu verbinden, die thermische und mechanische Spannungen minimieren (z.B. Glassockel bei Drucksensoren).

Beim anodischen Bonden wird ein Pyrexglaswafer mit einem Siliziumwafer bei einer Spannung von einigen 100 V und einer Temperatur von ca. 400 °C verbunden (Bild 10). Eine starke elektrostatische Anziehung und eine elektrochemische Reaktion (anodische Oxidation) führen zu einer festen hermetischen Verbindung zwischen Glas und Silizium.

Beim Sealglasbonden werden zwei Siliziumwafer über eine im Siebdruckverfahren aufgebrachte Glaslotschicht bei ca. 400 °C und unter Druckeinwirkung kontaktiert. Das Glaslot schmilzt bei dieser Temperatur und geht mit dem Silizium eine hermetisch dichte Verbindung ein.

Literatur zu Sensoren – Grundlagen
[1] U. Hilleringmann: Mikrosystemtechnik – Prozessschritte, Technologien, Anwendungen. B.G. Teubner-Verlag, Wiesbaden 2006.

Bild 8: Erzeugung exakter Vakuum-Kavernen im Silizium mit dem APSM-Prozess.
1 Silizium, 2 Hohlraum, hergestellt aus porösem Silizium durch den APSM-Prozess, 3 Membran, 4 Auswerteschaltung.

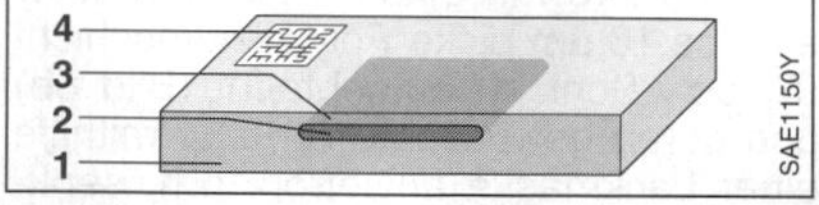

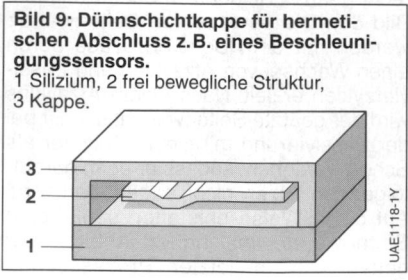

Bild 9: Dünnschichtkappe für hermetischen Abschluss z.B. eines Beschleunigungssensors.
1 Silizium, 2 frei bewegliche Struktur, 3 Kappe.

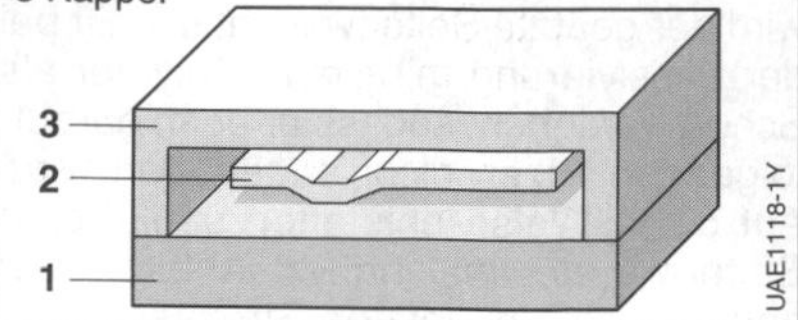

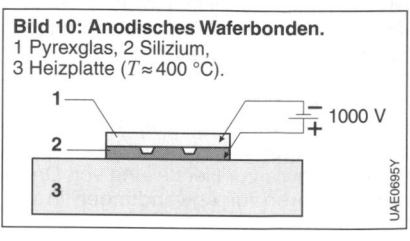

Bild 10: Anodisches Waferbonden.
1 Pyrexglas, 2 Silizium, 3 Heizplatte ($T \approx 400$ °C).

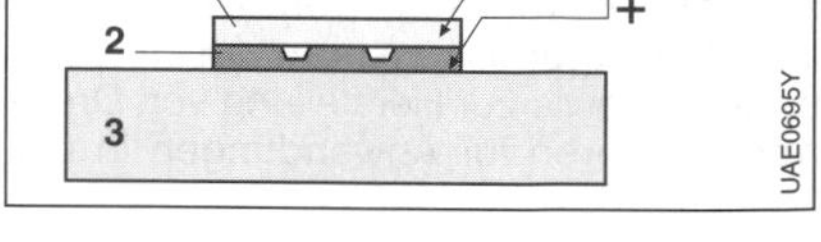

Positions- und Winkelsensoren

Messgrößen

Diese Sensoren erfassen ein- oder mehrdimensionale Weg- und Winkelpositionen (translatorische und rotorische Größen) unterschiedlichster Art und unterschiedlichster Bereiche. Beispiele für solche Messgrößen sind:

- Fahrpedalstellung zur Erfassung der Drehmomentanforderung für die Motorsteuerung (Fahrerwunsch),
- Drosselklappenstellung für die Regelung der Drosselklappe,
- Tankfüllstand,
- Lenkradwinkel,
- Position des Getriebewählhebels für die elektronische Getriebesteuerung,
- Sitzposition,
- Spiegelposition,
- Regelstangenposition bei der Diesel-Reiheneinspritzpumpe,
- Hub des Kupplungsstellers,
- Bremspedalstellung,
- Neigungswinkel.

Auf diesem Gebiet wird seit langem schon der Übergang zu nicht berührenden, kontaktfreien Sensoren angestrebt, die keinem Verschleiß unterworfen und damit langlebiger und zuverlässiger sind. Kostengründe zwingen jedoch oft zur Beibehaltung von schleifenden Sensorprinzipien, die für viele Messzwecke ihre Aufgabe noch immer ausreichend gut erfüllen.

Oft werden in der Praxis auch inkrementelle Sensorsysteme als Winkelsensoren bezeichnet, wie sie vor allem zur Drehzahlmessung verwendet werden. Sie sind keine Winkelsensoren im eigentlichen Sinn. Denn zur Messung eines Ausschlagwinkels müssen die mit diesen Sensoren messbaren Inkremente (Beträge, um die eine Größe zunimmt) erst vorzeichenrichtig gezählt, d.h. aufaddiert werden. Dadurch ist die Möglichkeit einer bleibenden Störung gegeben.

Schleifpotentiometer

Messprinzip

Das Schleifpotentiometer – meist als Winkelsensor ausgebildet – nutzt die Analogie zwischen der Länge eines Draht- oder eines Schichtwiderstands (Leiterbahn aus Cermet oder „Conductive Plastic") zu seinem Widerstandswert für Messzwecke (Bild 1). Es ist derzeit der kostengünstigste Weg- und Winkelsensor.

Zum Schutz gegen Überlastung liegt die Versorgungsspannung meist über Vorwiderstände R_V an der Messbahn an. Über diese Widerstände kann auch ein Nullpunkt- und Steigungsabgleich vorgenommen werden. Die Konturierung der Messbahnbreite (auch abschnittsweise) beeinflusst die Kennlinienform.

Der Schleiferanschluss erfolgt meist über eine Kontaktbahn mit gleicher Oberfläche, jedoch unterlegt mit niederohmigem Leiterbahnmaterial. Verschleiß und Messwertverfälschung lassen sich durch einen möglichst wenig belasteten Abgriff (I_A < 1 mA) und eine staub- und flüssigkeitsdichte Kapselung verringern. Voraussetzung für geringen Verschleiß ist auch eine optimale Reibpaarung von Schleifer und Widerstandsbahn; hier

Bild 1: Schleifpotentiometer.
1 Schleifer, 2 Widerstandsbahn (Messbahn), 3 Kontaktbahn.
U_0 Versorgungsspannung,
U_A Messspannung,
I_A Schleiferstrom,
R_0 Widerstand der Messbahn,
R_α Widerstand des Teilstücks der Messbahn,
R_V Vorwiderstände, R_S Schutzwiderstand,
α Messwinkel.

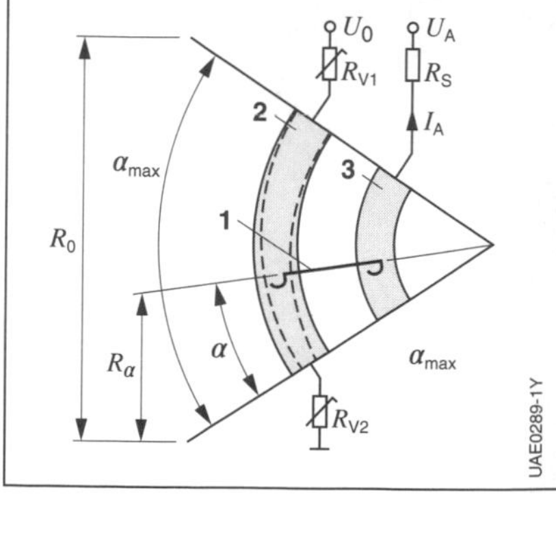

können Schleifer eine Löffel- oder eine Kratzerform haben und sowohl einfach oder mehrfach, sogar in Form eines Besens ausgebildet sein.

Das Schleifpotentiometer bildet mit weiteren Widerständen einen Spannungsteiler (Bild 2). Die abgegriffene Spannung ist ein Maß für die Position des Schleifers.

Vorteile des Potentiometers sind z.B. die niedrigen Kosten, der einfache und übersichtliche Aufbau, der große Messeffekt (Messhub entspricht der Versorgungsspannung), der weite Betriebstemperaturbereich bis zu 250 °C und die hohe Genauigkeit (besser als 1 % vom Endwert des Messbereichs).

Nachteile des Potentiometers sind z.B. der mechanische Verschleiß durch Abrieb, Messfehler durch Abriebreste, Abheben des Schleifers bei Vibrationen und die begrenzte Miniaturisierbarkeit.

Anwendungen des Schleifpotentiometers

Drosselklappenwinkelsensor

An der Drosselklappe beim Ottomotor ist ein Drosselklappensensor (Bild 3) angebaut, der die Stellung der Drosselklappe an die Motorsteuerung meldet. Für Diagnosezwecke ist der Drosselklappenwinkelsensor redundant ausgeführt (Bild 2). Damit stehen zwei voneinander unabhängige Signale zur Verfügung, die gegeneinander plausibilisiert werden können. Die redundante Messung erlaubt das Erkennen von Störungen.

Bild 2: Elektrische Schaltung des Drosselklappensensors.
1 Drosselklappe,
2 Drosselklappensensor.
U_A Messspannungen,
U_V Betriebsspannung,
R_1, R_2 Widerstandsbahnen 1 und 2,
R_3, R_4 Abgleichwiderstände,
R_5, R_6 Schutzwiderstände.

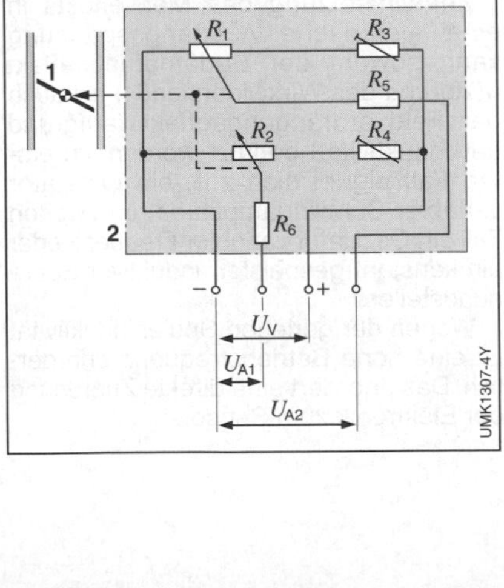

Fahrpedalsensor

Der Fahrpedalsensor erfasst den Weg beziehungsweise den Winkel des durchgedrückten Fahrpedals. Die Motorsteuerung interpretiert diesen Wert als Drehmomentwunsch des Fahrers. Der Fahrpedalsensor ist zusammen mit dem Fahrpedal im Fahrpedalmodul integriert. Bei diesen einbaufertigen Einheiten entfallen Justierarbeiten am Fahrzeug.

Bei der potentiometrischen Sensorausführung wird das Messsignal von einem Potentiometer erzeugt. Das Motorsteuergerät rechnet die gemessene Spannung mithilfe der gespeicherten Sensorkennlinie in den zurückgelegten Pedalweg beziehungsweise in die Winkelstellung des Fahrpedals um.

Wie der Drosselklappensensor ist auch der Fahrpedalsensor redundant ausgeführt. Eine Sensorausführung arbeitet mit einem zweiten Potentiometer, das in allen Betriebspunkten immer die halbe Spannung des ersten Potentiometers liefert. Für die Fehlererkennung stehen damit zwei unabhängige Signale zur Verfügung. Früher waren auch Sensorausführungen mit Leergasschalter üblich, dessen Zu-

Bild 3: Drosselklappensensor.
1 Drosselklappenwelle,
2 Widerstandsbahn 1,
3 Widerstandsbahn 2,
4 Schleiferarm mit Schleifern,
5 elektrischer Anschluss.

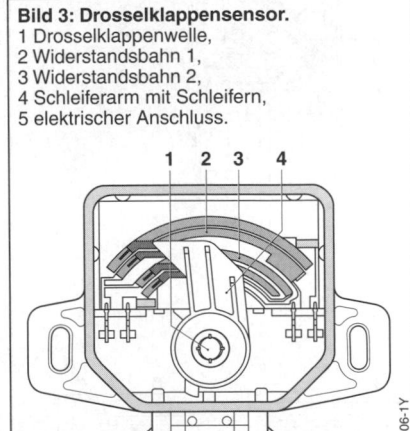

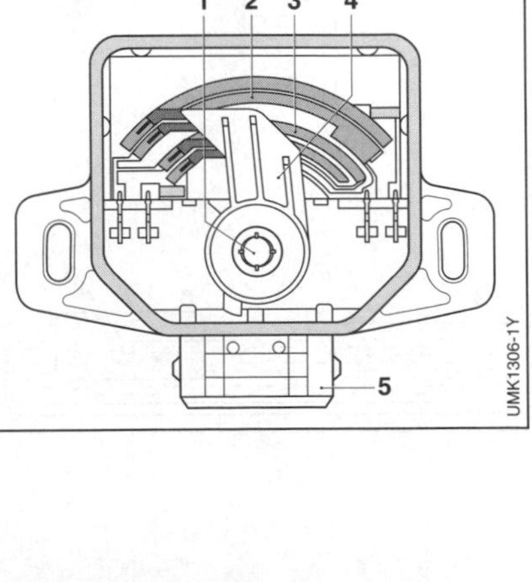

stand mit dem Messsignal des Potentiometers plausibel sein muss.

Im Fahrpedalmodul von Fahrzeugen mit automatischen Getriebe kann ein weiterer Schalter zur Erkennung eines Kickdowns integriert sein. Alternativ kann dieses Signal aus der Änderungsgeschwindigkeit der Potentiometerspannung abgeleitet oder bei Überschreiten eines Schwellwerts erzeugt werden.

Tankfüllstandssensor

Die Füllstandshöhe im Kraftstoffbehälter wird vom Schwimmer über den Schwimmerhebel auf das Potentiometer übertragen (Bild 4). Der aufbereitete Messwert gelangt zum einen zur Anzeige im Kombiinstrument, zum anderen wird der Tankfüllstand zur Verbrauchsmessung verwendet (z.B. für die Anzeige der vom Bordcomputer ermittelten Reichweite).

Bild 4: Potentiometrischer Tankfüllstandssensor.
1 Elektrische Anschlüsse, 2 Schleiferfeder,
3 Kontaktniet, 4 Widerstandsplatine,
5 Lagerstift, 6 Doppelkontakt,
7 Schwimmerhebel, 8 Schwimmer,
9 Boden des Kraftstoffbehälters.

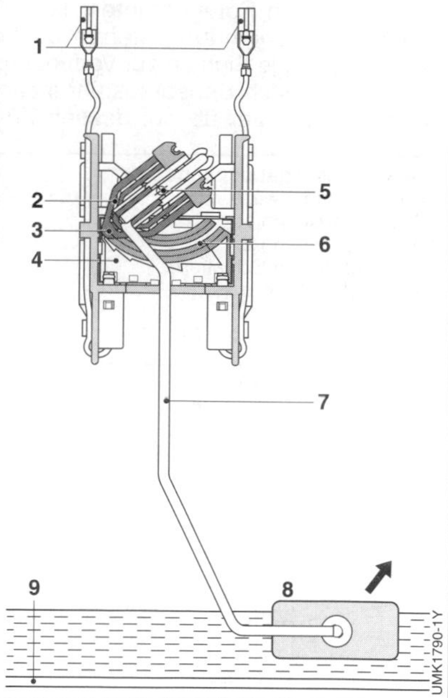

Magnetisch induktive Sensoren

Von allen Sensoren, die die Positionsmessung kontakt- und berührungsfrei vornehmen, sind die magnetischen Sensoren besonders störunempfindlich und robust. Dies gilt insbesondere für wechselstrombasierte, also magnetisch induktive Prinzipien. Die hierfür erforderlichen Spulenanordnungen benötigen jedoch im Vergleich zu mikromechanischen Sensoren weit mehr Bauraum, bieten also z.B. keine günstige Möglichkeit für einen redundanten (parallel messenden) Aufbau.

Messprinzip Kurzschlussringsensoren

Von der Vielfalt bekannter Prinzipien magnetisch induktiver Sensoren haben bei Bosch bisher im Kraftfahrzeug vor allem die Kurzschlussringsensoren Anwendung gefunden. Diese Sensoren erfassen z.B. die Regelstangenposition in Diesel-Reiheneinspritzpumpen [1]. Für Neuentwicklungen finden sie jedoch in makromechanischer Ausführung keine Anwendung mehr.

Messprinzip Wirbelstromsensoren

Nähert sich eine elektrisch leitfähige Scheibe (z.B. aus Aluminium oder Kupfer) einer mit hochfrequenten Wechselstrom gespeisten (meist eisenlosen) Spule an, so entstehen in der Scheibe durch die zunehmende magnetische Kopplung abhängig vom Abstand (Messweg s) Wirbelströme. Die Spule wird dadurch sowohl in ihrem Wirkwiderstand als auch in ihrer Induktivität beeinflusst. Die Scheibe wirkt somit als Dämpferscheibe.

Zur Umsetzung des Messeffekts in eine elektrische Ausgangsspannung kann sowohl der Bedämpfungseffekt (aufgrund des Wirkwiderstands) als auch der Feldverdrängungseffekt (aufgrund der Induktivität) genutzt werden. Im ersten Fall eignet sich z.B. ein Oszillator variabler Schwingamplitude, im zweiten Fall ein Oszillator variabler Frequenz oder ein konstant gespeister, induktiver Spannungsteiler.

Wegen der geringen Spuleninduktivität ist eine hohe Betriebsfrequenz erforderlich. Das erfordert eine direkte Zuordnung der Elektronik zum Sensor.

Anwendung: Positionssensor für Getriebesteuerung
In automatischen Getrieben erfassen Positionssensoren die Stellung von Stellgliedern (z. B. Wählhebelwelle, Wählschieber, Parksperrenzylinder, Schaltgabelposition beim Doppelkupplungsgetriebe). Aufgrund der komplexen Anforderungen aus den unterschiedlichen Getriebetopologien sowie den Bauraum- und Funktionsanforderungen kommen unterschiedliche physikalische Messprinzipien (Hall-, AMR-, GMR-, TMR- und Wirbelstromprinzip) und Bauformen (lineare und rotatorische Erfassung) zum Einsatz.

Beim Wirbelstromsensor dreht sich der Rotor mit der Wählhebelwelle (Bild 5). Auf dem Rotor ist eine Rückschlussspule aufgebracht. Die feststehende Sensorplatine enthält redundante Sende- und Empfangsspulen mit der zugehörigen Auswerteelektronik. Die Sendespule induziert in der Rückschlussspule einen seiner Ursache entgegengesetzten Wirbelstrom, dessen Magnetfeld in der Empfängerspule eine Spannung induziert. Die Geometrien der Rückschlussspule und der Empfangsspulen sind aufeinander abgestimmt, sodass kontinuierlich veränderbare Stellungen des Rotors erfassbar sind. Der rotatorische Positionssensor ermittelt somit die Getriebestellungen P, R, N, D, 4, 3 und 2.

Bild 5: Positionssensor mit Wirbelstromprinzip.
a) Sensorplatine mit Beschaltung,
b) Rotor.
1 Wählhebelwelle,
2 Sensorplatine,
3 redundante Sende- und Empfangsspulen,
4 redundante Auswerteelektronik,
5 Rotor mit Rückschlussspule.

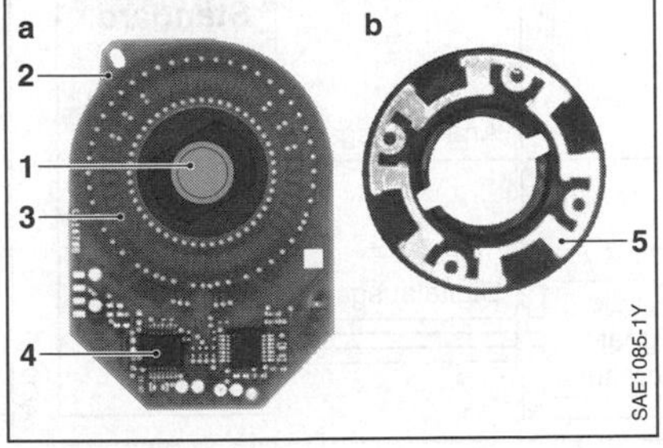

Aus Sicherheitsgründen erzeugt der Sensor zwei voneinander unabhängige, gegenläufige Signale, die gegeneinander plausibilisiert werden.

Sensoren mit rotierbaren Wechselfeldern
Mit Wechselstrom der Kreisfrequenz Ω gespeiste Spulen oder spulenähnlichen Gebilden (wie mäandrierte Leiterbahnstrukturen) lassen sich zwei- oder mehrpolige Wechselfeldstrukturen entweder im Kreis oder auch linear anordnen (Bild 6). Diese Polstrukturen mit fester Polteilung lassen sich gegenüber einem meist feststehenden Satz von Empfängerspulen, die die gleiche Polteilung besitzen, durch die Bewegung des zu messenden Systems – sei es rotorischer oder translatorische Art – verschieben. Dabei ändern sich die Amplituden der Empfängersignale (U_1, U_2, U_3 usw.) mit der Bewegung sinusförmig. Sind die Empfängerpulen um einen bestimmten Teil der Polteilung T gegeneinander versetzt (z. B. $T/4$ oder $T/3$), so wird der Sinusverlauf um jeweils einen entsprechenden Winkel

Bild 6: Sensor mit rotierbaren Wechselfeldern.
a) Schematischer Aufbau,
b) Ausgangssignale.

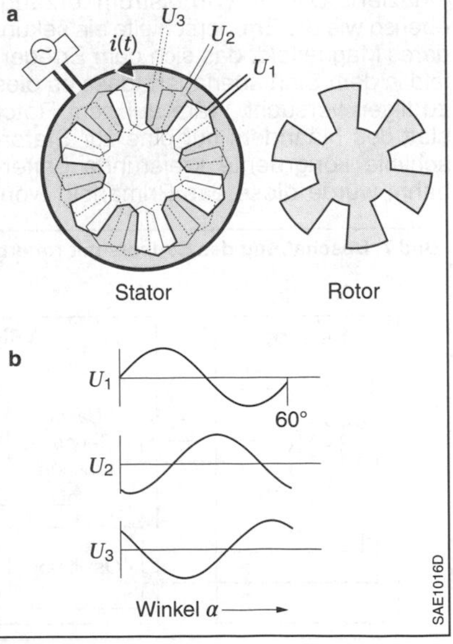

phasenverschoben (z.B. um 90 ° oder 120 °). Nach Gleichrichtung kann aus diesen Spannungen der zu messende Drehwinkel sehr genau berechnet werden. So funktionieren die in der klassischen Messtechnik als Synchro-, Resolver- oder auch Inductosynverfahren bezeichneten und vorzugsweise als Winkelmesser ausgebildete Sensoren.

Der in Bild 6 gezeigte Winkelsensor ähnelt wohl am meisten dem Inductosynverfahren. Es handelt sich hier um einen Sensor mit einer sechszähligen Polstruktur ($n = 6$), die elektrisch gesehen einen Drehwinkel von $\varphi = 60$ ° in eine Phasenverschiebung der Signalamplituden von $\alpha = 360$ ° umsetzt. Alle erforderlichen Leiterbahnstrukturen sind zumindest im Falle des feststehenden Teils (Stator) auf Mehrlagen-Leiterplattenmaterial aufgebracht. Der Rotorteil kann eventuell auch als Stanzteil ausgebildet werden, sei es freitragend oder auf Kunststoffträger aufgebracht (durch Heißprägen).

Auf dem Stator befindet sich eine kreisrunde Leiterbahnschleife, die drehwinkelunabhängig in eine auf dem Rotor befindliche, in sich geschlossene Mäanderschleife mit etwa gleichem Außendurchmesser bei einer Betriebsfrequenz von 20 MHz einen Wirbelstrom induziert. Dieser Wirbelstrom erzeugt ebenso wie die Erregerschleife ein sekundäres Magnetfeld, das sich dem Erregerfeld in dem Sinn überlagert, dass es dies zu tilgen versucht. Wäre auf dem Rotor statt des Mäanders nur eine zur Statorschleife kongruente kreisrunde Leiterbahn, würde diese das Primärfeld wohl einfach weitestgehend auslöschen. Durch die Mäanderstruktur entsteht jedoch ein resultierendes Multipolfeld, das sich mit dem Rotor drehen lässt und dessen Gesamtfluss ebenfalls nahezu null ist.

Dieses Multipol-Wechselfeld wird von ebenfalls auf dem Stator befindlichen konzentrischen, nahezu formgleichen Empfängerspulen (Mäandern) sensiert. Diese sind innerhalb einer Polteilung (von z.B. 60 °) um jeweils 1/3, d.h. elektrisch in ihrer Signalamplitude um je 120 ° versetzt (Bild 6b). Die Empfängerspulen erstrecken sich jedoch über sämtliche n Polpaare (Serienschaltung) und nutzen die Summe aller Polfelder.

Gemäß Bild 7 sind die Empfängerspulen in Sternschaltung verbunden. Ihre Signale werden zur Ermittlung des elektrischen Phasenwinkels α (beziehungsweise des mechanischen Drehwinkels) einem ASIC zugeleitet, der die notwendige Gleichrichtung, Selektion und Verhältnisbildung vornimmt. Der ASIC erhält die dafür erforderlichen digitalen Steuersignale von einem in baulicher Nähe befindlichen Mikrocontroller. Eine andere Ausführung eines ASIC ist jedoch auch in der Lage, den Sensor völlig unabhängig (Stand-alone) zu betreiben. Die ASIC erlauben in der Fertigung auch einen End-of-line-Abgleich der mechanischen und elektrischen Toleranzen.

Für Anwendungen mit erhöhten Sicherheitsanforderungen ist es auch möglich, ein redundantes System mit zwei galvanisch getrennten Signalpfaden und zwei ASIC aufzubauen. Das Sensorprinzip kann in einer „aufgeschnittenen“ Form

Bild 7: Beschaltung des Sensors mit rotierbaren Wechselfeldern.

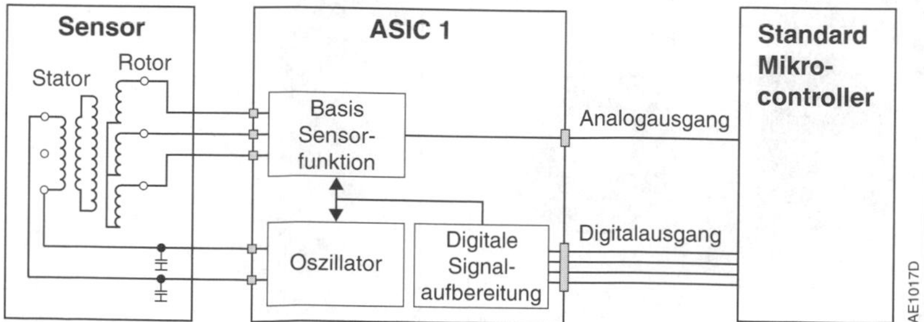

auch sehr vorteilhaft als Wegsensor ausgebildet werden. Der Sensor ist daher an sehr vielen Stellen im Kfz einsetzbar (z.B. Erfassung des Drosselklappenwinkels in der Drosselvorrichtung, Scheinwerferstellung für Leuchtweitenregelung).

Magnetostatische Sensoren: Übersicht

Magnetostatische Sensoren messen ein magnetisches Gleichfeld. Sie eignen sich im Gegensatz zu den magnetisch induktiven Sensoren mit Spulen weit besser zur Miniaturisierung und lassen sich mit den Mitteln der Mikrosystemtechnik kostengünstig herstellen. Da Gleichfelder problemlos durch Gehäusewandungen aus Kunststoff, aber auch aus nicht ferromagnetischem Metall durchgreifen, haben magnetostatische Sensoren den Vorteil, dass sich der sensitive, im Allgemeinen feststehende Teil gegenüber dem rotorischen – im Allgemeinen ein Dauermagnet oder ein weichmagnetisches Leitstück – und gegenüber der Umwelt gut kapseln und schützen lässt. Zum Einsatz kommen vor allem die galvanomagnetischen Effekte (Hall- und Gauß-Effekt) sowie magnetoresistive Effekte (AMR und GMR).

Hall-Effekt

Der Hall-Effekt tritt in dünnen Halbleiterplättchen auf. Wird ein solches stromdurchflossenes Plättchen senkrecht von einer magnetischen Induktion B durchsetzt, werden die Ladungsträger durch die Lorentzkraft senkrecht zum Feld und zum Strom I um den Winkel α aus ihrer sonst geraden Bahn abgelenkt. So kann quer zur Stromrichtung zwischen zwei sich gegenüberliegenden Randpunkten des Plättchens eine zum Feld B und zum Strom I proportionale Spannung U_{H} abgegriffen werden (Hall-Spannung, Bild 8):

$$U_{\mathrm{H}} = \frac{R_{\mathrm{H}}\, I\, B}{d}$$

mit
R_{H} Hall-Koeffizient,
d Plättchendicke.

Der für die Messempfindlichkeit des Plättchens maßgebende Koeffizient R_{H} ist bei Silizium nur vergleichsweise klein. Da die Plättchendicke d jedoch mithilfe der Diffusionstechnik extrem dünn gemacht werden kann, kommt die Hall-Spannung U_{H} doch wieder auf eine technisch verwertbare Größe.

Bei der Verwendung von Silizium als Grundmaterial lässt sich gleichzeitig eine Signalaufbereitungsschaltung auf das Plättchen integrieren, dadurch sind solche Sensoren kostengünstig herzustellen.

Bezüglich Messempfindlichkeit und Temperaturgang und -bereich ist Silizium jedoch bei weitem nicht das günstigste Halbleitermaterial für Hall-Sensoren. Bessere Eigenschaften besitzen z.B. III-V-Halbleiter wie Galliumarsenid oder Indiumantimonid.

Gauß-Effekt

Neben dem transversal gerichteten Hall-Effekt tritt an Halbleiterplättchen auch noch ein longitudinaler Widerstandseffekt, auch Gauß-Effekt genannt, auf. Unabhängig von der Feldrichtung wird der Längswiderstand nach einer etwa parabelförmigen Kennlinie größer. Elemente, die diesen Effekt nutzen, sind als Feldplatten (Handelsname Siemens) bekannt und werden aus einem III-V-Halbleiter, kristallinem Indiumantimonid (InSb), hergestellt.

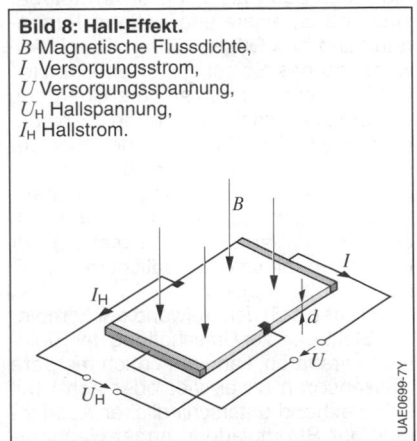

Bild 8: Hall-Effekt.
B Magnetische Flussdichte,
I Versorgungsstrom,
U Versorgungsspannung,
U_{H} Hallspannung,
I_{H} Hallstrom.

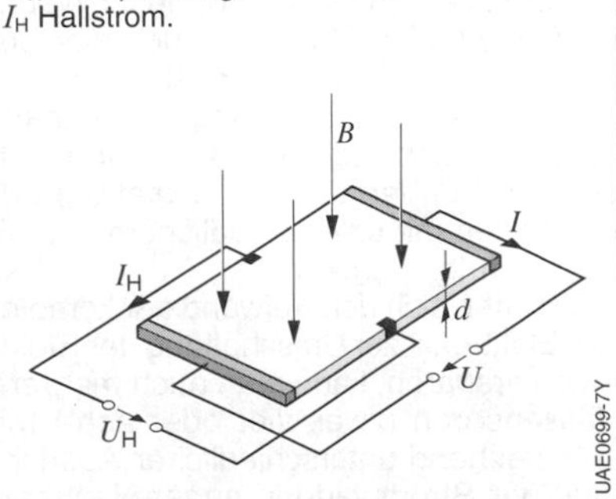

Hall-Sensoren

Hall-Schalter

Im einfachsten Fall wird beim Hall-Schalter die Hall-Spannung einer im Sensor integrierten Schwellwertelektronik (Schmitt-Trigger) zugeführt, die ein binäres Ausgangssignal liefert. Ist die am Sensor anliegende magnetische Induktion B unterhalb eines bestimmten unteren Schwellwerts, so entspricht der Ausgabewert z. B. einer logischen 0 (Release-Zustand); ist er oberhalb eines bestimmten oberen Schwellwerts, entspricht das Ausgangssignal einer logischen 1 (Operate-Zustand). Da dieses Verhalten für den gesamten Bereich der Betriebstemperatur und für sämtliche Exemplare eines Typs garantiert wird, liegen die beiden Schwellwerte relativ weit auseinander (ca. 50 mT), d. h., zur Betätigung des „Hall-Schalters" ist ein beträchtlicher Induktionshub ΔB erforderlich.

Solche meist in Bipolartechnik gefertigten Hall-Sensoren sind zwar sehr kostengünstig, aber allenfalls nur gut für einen Schalterbetrieb (z. B. Hall-Schranken zur Zündungsauslösung in den früheren Zündsystemen, digitaler Lenkwinkelsensor). Zur Erfassung analoger Größen sind Hall-Schranken zu ungenau.

Hallsensoren nach dem Spinning-Current-Prinzip

Nachteilig ist beim einfachen Hall-Sensor die gleichzeitige Empfindlichkeit gegen mechanische Spannungen (Piezoeffekt), die durch das Packaging unvermeidbar sind und zu einem ungünstigen Temperaturgang des Offsets führen. Durch Anwendung des Spinning-Current-Prinzips (Bild 9), verbunden mit einem Übergang zur CMOS-Technik, wurde dieser Nachteil überwunden. Zwar tritt auch hier der Piezoeffekt auf, er kompensiert sich jedoch bei zeitlicher Mittelung des Signals, da er bei sehr schnellem, elektronisch gesteuerten Vertauschen (Rotation) der Elektroden mit unterschiedlichem Vorzeichen auftritt.

Will man sich den Aufwand der komplexen Elektronik zur Umschaltung der Elektroden ersparen, kann man auch mehrere Hallsensoren (zwei, vier oder acht) mit entsprechend unterschiedlicher Ausrichtung der Strompfade in enger Nachbarschaft integrieren und deren Signale im Sinne einer Mittelung addieren.

Die Hall-IC erhielten erst durch diese Maßnahmen auch eine gute Eignung für analoge Sensoranwendungen. Die teilweise beträchtlichen Temperatureinflüsse auf die Messempfindlichkeit wurden dadurch jedoch kaum reduziert.

Solche integrierten Hall-IC eignen sich vorwiegend für die Messung kleiner Wege, indem sie die schwankende Feldstärke eines sich mehr oder weniger annähernden Dauermagneten erfassen (Anwendung z. B. beim Kraftsensor für die Erfassung des Beifahrergewichts). Ähnlich gute Ergebnisse waren bis dahin nur durch Einsatz einzelner Hall-Elemente z. B. aus III-V-Halbleitern (z. B. GaAs) mit hybrid nachgeschaltetem Verstärker zu erreichen.

Bild 9: Hall-Sensor nach dem Spinning-Current-Prinzip.
a) Drehphase φ_1,
b) Drehphase φ_2, = φ_1 + 45 °.
1 Halbleiterblättchen, 2 aktive Elektrode,
3 passive Elektrode.
I Speisestrom U_H Hall-Spannung.

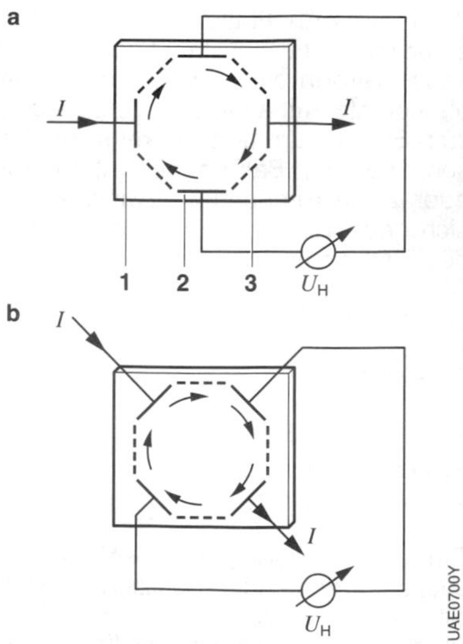

Anwendungen von Hall-Sensoren

Positionssensoren für Getriebesteuerung

Bei dieser Ausführung eines Positionssensors der Getriebesteuerung für eine lineare Positionserfassung sind vier Hall-Schalter auf einer Leiterplatte derart angeordnet, dass sie die magnetische Codierung eines linear verschiebbaren multipolaren Dauermagneten erfassen (Bild 10). Der Magnetschlitten ist mit dem linear betätigten Wählschieber (Hydraulikschieber in der Getriebesteuerplatte) oder dem Parksperrenzylinder gekoppelt.

Der Positionssensor erfasst die Stellungen des Wählschiebers (P, R, N, D, 4, 3, 2) sowie die Zwischenbereiche und gibt diese in Form eines 4-Bit-Codes an die Getriebesteuerung aus. Aus Sicherheitsgründen ist die Codierung der Positionsstellung einschrittig ausgeführt. Das heißt, es sind immer zwei Bitwechsel bis zum Erkennen einer neuen Position erforderlich. Die Abfolge dieser Bitwechsel entspricht einem Gray-Code.

Achssensoren

Achssensoren erfassen den Neigungswinkel der Karosserie, der sich durch Fahrzeugbeladung oder bei Brems- und bei Beschleunigungsvorgängen ändert. Mit dieser Information kann die Leuchtweite der Scheinwerfer den Gegebenheiten angepasst werden (automatische Leuchtweitenregelung).

Die Fahrzeugneigung wird mit Drehwinkelsensoren (Achssensoren) gemessen. Diese sind vorne und hinten an der Karosserie montiert. Über einen Drehhebel, der über eine Schubstange mit der Fahrzeugachse verbunden ist, wird die Einfederung gemessen. Die Neigung des Fahrzeugs ergibt sich aus der Differenz von den Sensorsignalen der Vorder- und der Hinterachse.

Im Stator des Achssensors (Bild 11) ist ein Hall-Element integriert, das sich im homogenen Feld des Ringmagneten befindet. Das Magnetfeld ruft im Hall-Element eine Hall-Spannung hervor, die der magnetischen Feldstärke proporional ist. Beim Einfedern dreht sich die Welle des Achssensors mit dem Ringmagneten, somit ändert sich auch das Magnetfeld durch das Hall-Element. Das Hall-Element liefert ein vom Drehwinkel der Welle und damit vom Einfederweg abhängiges Signal.

Bild 10: Kodierung des Positionssensors für Getriebesteuerung.
a) Magnetische Kodierung,
b) Positionsbereiche.
1 Bewegter Schlitten,
2 feste Position der Hall-Elemente.

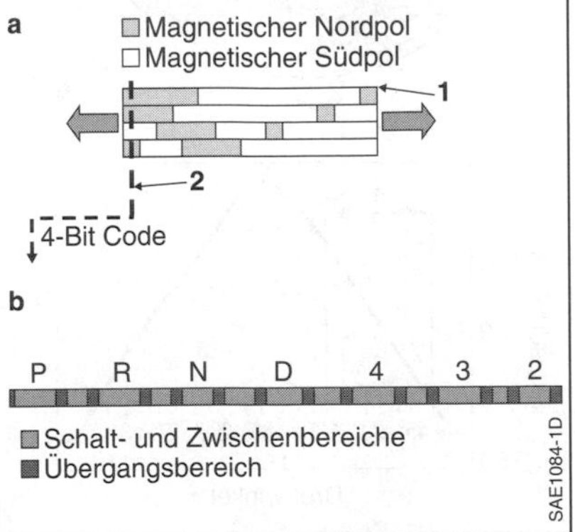

Bild 11: Achssensor.
1 Drehhebel, 2 Welle, 3 Gehäuse
4 Ringmagnetaufnahme, 5 Stator mit Hall-IC,
6 Ringmagnet.

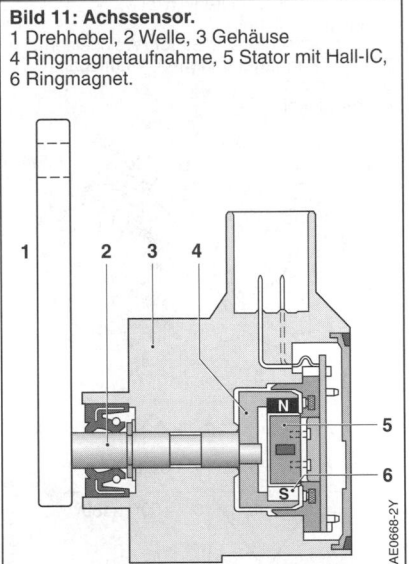

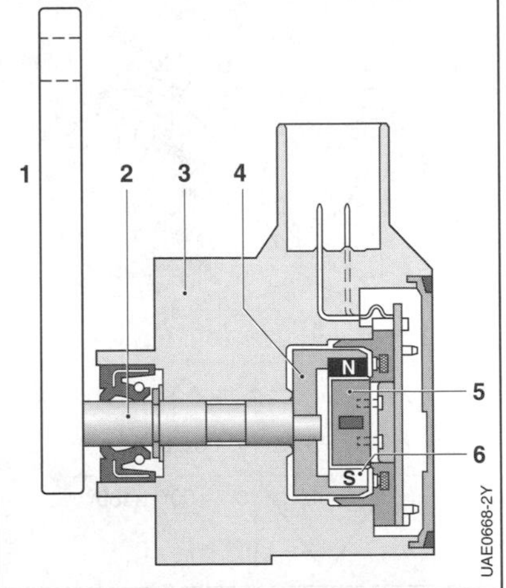

Fahrpedalsensoren
Mit einem drehbaren Magnetring (Movable Magnet) sowie einigen feststehenden weichmagnetischen Leitstücken lässt sich auch für größere Winkelbereiche ohne Umrechnung direkt ein lineares Ausgangssignal erzielen (Bild 12). Hierbei wird das bipolare Feld des Magnetrings durch einen zwischen halbkreisförmigen Flussleitstücken angeordneten Hall-Sensor geleitet. Der wirksame magnetische Fluss durch den Hall-Sensor ist abhängig vom Drehwinkel φ. Der erfassbare Winkelbereich beträgt hier 180 °.

Eine vom Grundprinzip des „Movable Magnet" abgeleitete Form stellt der in Bild 13a gezeigte Hall-Winkelsensor mit einem Messbereich von ca. 90 ° dar. Der magnetische Fluss einer etwa halbringförmigen dauermagnetischen Scheibe wird über einen Polschuh, zwei weitere Flussleitstücke und die ebenfalls ferromagnetische Achse zum Magneten zurückgeführt. Hierbei wird er je nach Winkelstellung mehr oder weniger über die beiden Flussleitstücke geführt, in deren magnetischen Pfad sich ein Hall-Sensor befindet. Damit lässt sich die im Messbereich weitgehend lineare Kennlinie erzielen (Bild 13b).

Die in Bild 14 dargestellte vereinfachte Anordnung kommt ohne weichmagnetische Leitstücke aus. Hier wird der Magnet auf einem Kreisbogen um den Hall-Sensor bewegt (Bild 14a). Der dabei entstehende sinusförmige Kennlinienverlauf besitzt nur über einen relativ kurzen Abschnitt gute Linearität. Ist der Hall-Sensor jedoch etwas außerhalb der Mitte des Kreises platziert, weicht die Kennlinie zunehmend von der Sinusform ab. Sie weist nun einen kürzeren Messbereich von knapp 90 ° und einen längeren gut linearen Abschnitt von etwas über 180 ° auf. Nachteilig ist aber die geringe Abschirmung gegen Fremdfelder, die verbleibende Abhängigkeit von geometrischen Toleranzen des Magnetkreises und Intensitätsschwankungen des Magnetflusses im Dauermagneten mit Temperatur und Alterung.

Bild 12: Winkelsensor nach dem Movable-Magnet-Prinzip.
a) Sensor in Ruhestellung,
b) Auslenkung um Drehwinkel φ,
c) Ausgangssignal.
1 Eisenrückschluss, 2 Stator (Weicheisen),
3 Rotor (Permanentmagnet), 4 Luftspalt,
5 Hallsensor.
φ Drehwinkel.

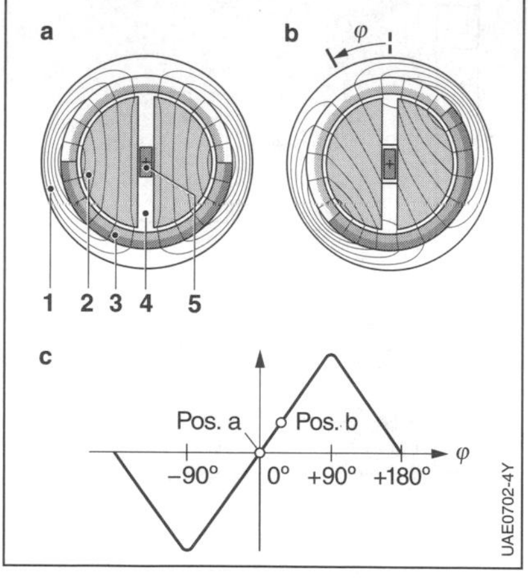

Bild 13: Hall-Winkelsensor mit linearer Kennlinie bis 90 ° nach dem Movable-Magnet-Prinzip.
a) Aufbau,
b) Kennlinie mit Arbeitsbereich A.
1 Rotorscheibe (dauermagnetisch),
2 Polschuh, 3 Flussleitstück, 4 Luftspalt,
5 Hall-Sensor, 6 Achse.
φ Drehwinkel.

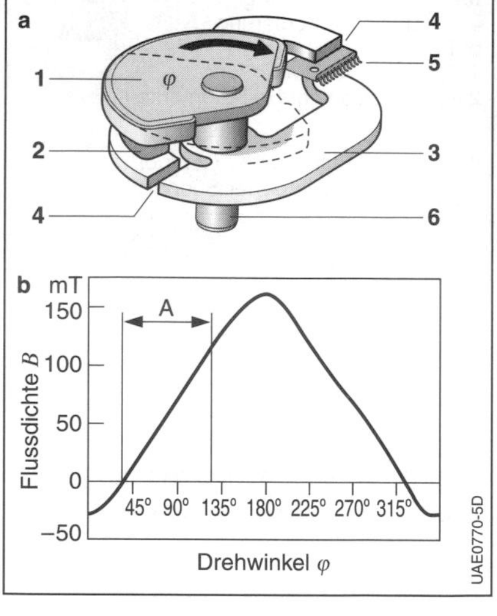

Bei dem in Bild 15 dargestellten Hall-Winkelsensor wird nicht die Feldstärke, sondern die Magnetfeldrichtung ausgewertet. Die Magnetfeldlinien werden von vier in einer Ebene liegenden und radial angeordneten Hall-Elementen in x- und in y-Richtung erfasst. Zur Erzeugung eines homogenen Magnetfelds befindet sich der Sensor zwischen zwei Magneten. Aus den Messsignalen der Hall-Elemente (Sinus- und Kosinus-Signal) wird in einer Auswerteschaltung mithilfe der arctan-Funktion das Sensorsignal gebildet.

Wie beim potentiometrischen Fahrpedalsensor enthalten auch diese Systeme zwei Messelemente, um für Diagnosezwecke zwei redundante Spannungssignale zu erhalten.

Bild 14: Hall-Winkelsensor mit linearer Kennlinie bis 180 ° nach dem Movable-Magnet-Prinzip.
a) Prinzip (Hall-IC in dieser Darstellung aus dem Mittelpunkt verschoben)
b) Kennlinie.
1 Kennlinie für Anordnung mit Hall-IC im Mittelpunkt,
2 Kennlinie für Anordnung mit Hall-IC außerhalb der Mitte.
3 Hall-IC, 4 Magnet.

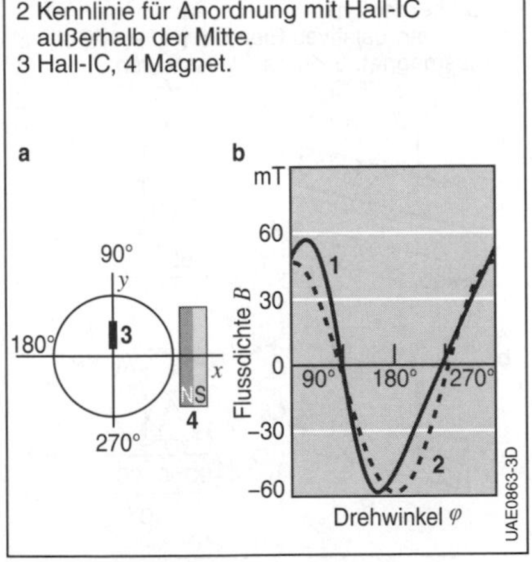

Feldplattensensoren
Im Gegensatz zu den Hall-Sensoren ist die optimale Plättchenform bei Feldplatten eher kurz und gedrungen, bildet also elektrisch zunächst einmal einen sehr niedrigen Widerstand. Um auf technisch nutzbare Werte im kΩ-Bereich zu kommen, müssen viele solcher Plättchen hintereinander geschaltet sein. Dies wird elegant durch Einlagern von mikroskopisch kleinen Nickelantimonidnadeln hoher Leitfähigkeit in den Halbleiterkristall, quer zur Stromrichtung liegend, und durch zusätzliches Mäandrieren des Halbleiterwiderstands erreicht.

Die Abhängigkeit des Widerstands von der magnetischen Induktion B ist bis zu Induktionswerten von ca. 0,3 T quadratisch, darüber hinaus zunehmend linear.

Bild 15: Hall-Winkelsensor mit Vierfach-Hallsensor mit Auswertung der Magnetfeldrichtung für einen Messbereich über 360 °.
a) Aufbau,
b) Messprinzip,
c) Messsignale.
1 IC mit Hall-Elementen,
2 Magnet (der gegenüber liegende Magnet ist hier nicht sichtbar),
3 Flussleitstück,
4 Hall-Elemente zur Erfassung der x-Komponente von B,
5 Hall-Elemente zur Erfassung der y-Komponente von B.

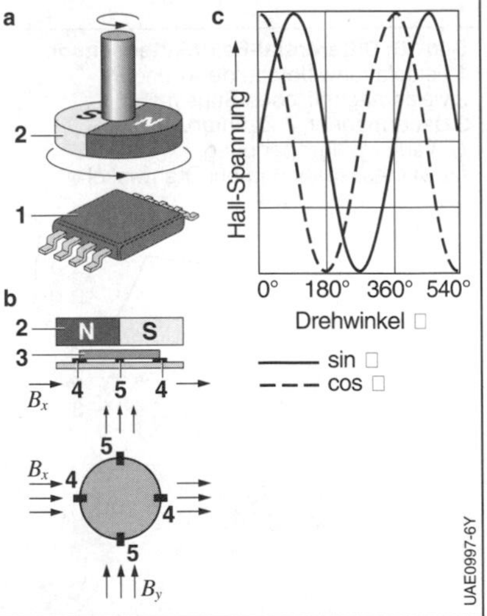

Der Aussteuerbereich ist nach oben unbegrenzt; das zeitliche Verhalten in technischen Anwendungen ist – wie auch beim Hall-Sensor – als trägheitsfrei zu betrachten.

Da der Widerstandswert von Feldplatten einen starken Temperaturgang aufweist (ca. 50 % Abnahme über 100 K), werden sie meist nur als Doppelanordnung in Spannungsteilerschaltung (Differentialfeldplatten) geliefert. Die beiden Teilerwiderstände müssen dann in der jeweiligen Anwendung magnetisch möglichst gegensinnig ausgesteuert werden. Die Spannungsteilerschaltung garantiert aber trotz hohem Temperaturkoeffizient der Einzelwiderstände eine recht gute Stabilität des Symmetriepunkts (Arbeitspunkt), bei dem beide Teilwiderstände auf gleichem Wert sind.

Um zu guter Messempfindlichkeit zu kommen, werden die Feldplatten zweckmäßigerweise in einem magnetischen Arbeitspunkt von 0,1...0,3 T betrieben. Die erforderliche magnetische Vorspannung liefert im Allgemeinen ein kleiner Dauermagnet (Bild 16), dessen Wirkung mittels einer kleinen Rückschlussplatte noch verstärkt werden kann. Wegen des starken Temperaturgangs findet die Feldplatte fast ausschließlich in inkrementalen Winkel- und Drehzahlmessern oder binären Grenzwertsensoren (mit Schaltcharakteristik) Anwendung. In der Dieselverteilereinspritzpumpe wird ein Feldplatten-Inkrementsensor zur Messung der Spritzbeginnverstellung verwendet.

Vorteil der Feldplatten ist ihr hoher Signalpegel, der meist auch ohne Verstärkung im Volt-Bereich liegt und somit eine Elektronik vor Ort sowie die zugehörigen Schutzmaßnahmen erspart. Darüber hinaus sind sie als passive, resistive Bauelemente sehr unempfindlich gegen elektromagnetische Störungen und aufgrund ihres hohen Vorspannfelds auch nahezu immun gegen magnetische Fremdfelder.

AMR-Sensoren

Anisotroper magnetoresistiver Effekt

Dünne, etwa nur 30...50 nm starke NiFe-Schichten zeigen elektromagnetisch anisotropes Verhalten, d.h., ihr elektrischer Widerstand verändert sich unter dem Einfluss eines Magnetfelds. Widerstandsstrukturen dieser Art werden daher auch als AMR-Sensoren bezeichnet (Anisotropisch magnetoresistiver Sensor). Die im Allgemeinen verwendete Metalllegierung ist auch als Permalloy bekannt.

Ausführungsformen

Bei einem länglichen Widerstandsstreifen, wie in Bild 17a gezeigt, stellt sich auch ohne äußeres Steuerfeld eine kleine, spontane Magnetisierung M_S in Längsrichtung der Leiterbahn ein (Formanisotropie). Um ihr eine eindeutige Richtung

Bild 16: Differential-Feldplattensensor.
1 Feldplattenwiderstände R_1 und R_2,
2 weichmagnetisches Substrat,
3 Dauermagnet, 4 Zahnrad.
U_0 Versorgungsspannung,
$U_A(\varphi)$ Messspannung bei Drehwinkel φ.

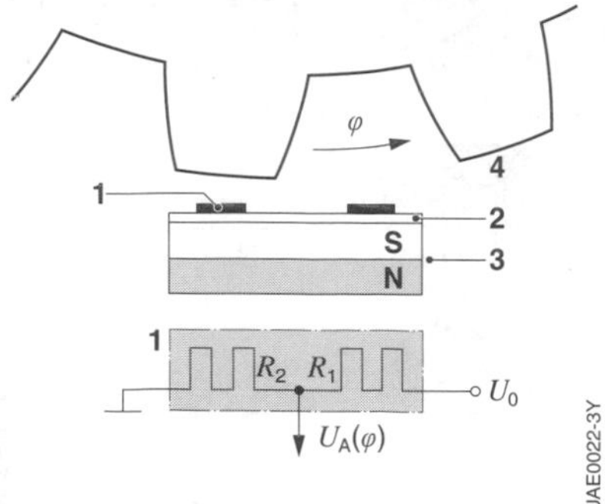

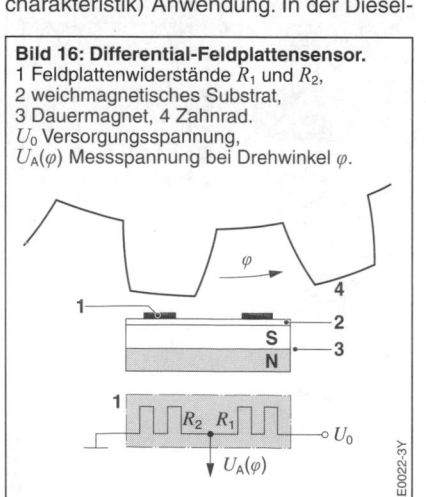

Bild 17: AMR-Grundprinzip.
a) Grundtyp,
b) Barberpol-Typ.
1 magnetoresistives Element (NiFe, NiCo),
2 Biasmagnet, 3 Kurzschlussstreifen.

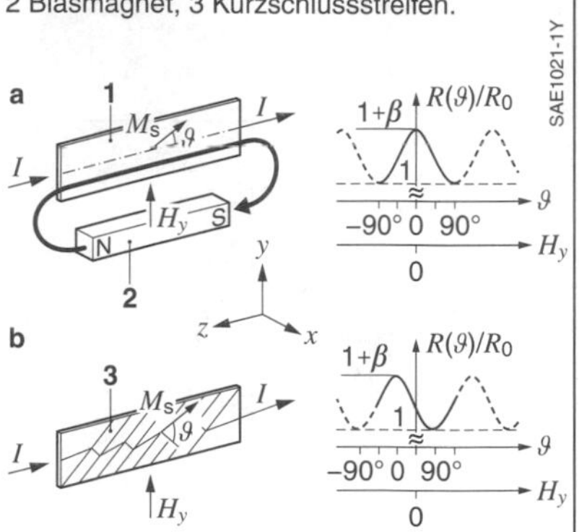

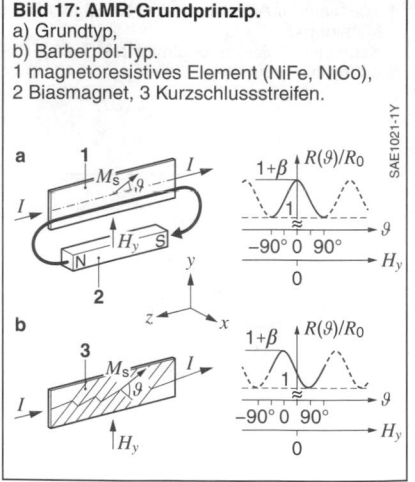

zu geben – sie könnte theoretisch auch in Gegenrichtung weisen – werden AMR-Sensoren, wie eingezeichnet, daher oft mit einem schwachen Biasmagneten versehen. In diesem Zustand hat der Längswiderstand seinen größten Wert $R_{\|}$. Wird der Magnetisierungsvektor unter Einwirkung eines zusätzlichen äußeren Felds H_y um den Winkel ϑ gedreht, so sinkt der Längswiderstand allmählich, bis er bei $\vartheta = 90\,°$ einen Minimalwert $R_{\perp}$ annimmt. Hierbei hängt der Widerstand nur vom Winkel ϑ ab, der von der resultierenden Magnetisierung M_S und dem Strom I eingeschlossen wird; er hat in Abhängigkeit von ϑ einen etwa kosinusförmigen Verlauf:

$$R = R_0(1 + \beta \cos^2 \vartheta).$$

Damit ergeben sich für den Maximal- und den Minimalwert folgende Beziegungen:

$$R_{\|} = R_0(1 + \beta) \text{ und } R_{\perp} = R_0.$$

Der Koeffizient β kennzeichnet dabei die maximal mögliche Widerstandsvariation. Sie beträgt etwa 3 %. Ist das äußere Feld sehr viel größer als die spontane Magnetisierung (bei steuernden Dauermagneten in aller Regel der Fall), dann bestimmt praktisch ausschließlich die Richtung des äußeren Felds den wirksamen Winkel. Der Betrag der Feldstärke spielt keine Rolle mehr, d.h., der Sensor wird sozusagen „in Sättigung" betrieben.

Hochleitfähige Kurzschlussstreifen (z.B. aus Gold) über der AMR-Schicht zwingen den Strom auch ohne äußeres Feld unter 45 ° gegen die spontane Magnetisierung (Längsrichtung) zu fließen. Bei dieser Version – „Barberpol-Sensor" genannt – verschiebt sich die Sensorkennlinie gegenüber der des einfachen Widerstands um 45 ° (Bild 17b). Sie befindet sich also auch schon bei der äußeren Feldstärke $H_y = 0$ im Punkt höchster Messempfindlichkeit (Wendepunkt). Eine gegensinnige Streifung zweier Widerstände bewirkt auch, dass diese unter Einwirkung des gleichen Felds ihren Widerstand gegensinnig ändern, d.h., während der eine größer wird, nimmt der andere ab.

Neben den einfachen, zweipoligen AMR-Elementen gibt es auch Pseudo-Hall-Sensoren, in etwa quadratische NiFe-Dünnschichtstrukturen, die ähnlich wie die schon beschriebenen normalen Hall-Sensoren vier Anschlüsse haben. Zwei für den Strompfad und zwei quer dazu für den Abgriff einer Hall-Spannung (Bild 18a). Im Gegensatz zum normalen Hall-Sensor besitzt der Pseudo-Hall-Sensor jedoch seine Empfindlichkeit für magnetische Felder in der Schichtebene und nicht senkrecht dazu. Auch zeigt der Pseudo-Hall-Sensor keine proportionale Kennlinie, sondern eine sinusförmige mit sehr hoher Formtreue zum Sinus, die in keiner Weise von der Stärke des Steuerfelds und der Temperatur abhängt. Für ein zum Strompfad paralleles Feld verschwindet die Ausgangsspannung, um dann bei Drehung bis zum Winkel $\varphi = 90\,°$ eine Sinushalbperiode zu beschreiben. Die so gewonnene Sinusspannung ergibt sich mit der Amplitude $\hat{u}_H$ also zu:

$$U_H = \hat{u}_H \sin 2\varphi.$$

Wird das äußere Steuerfeld einmal um $\varphi = 360\,°$ gedreht, folgt die Ausgangsspannung also zwei vollen Sinusperioden. Die Amplitude $\hat{u}_H$ ist jedoch sehr wohl von

Bild 18: Pseudo-Hall-Sensor.
a) Vollflächige Grundform,
b) abgewandelte Form mit ausgehöhlter Fläche,
c) elektrisches Ersatzschaltbild für b).
B Magnetische Flussdichte,
U_H Hall-Spannung,
I Speisestrom,
φ Drehwinkel,
R_H Widerstände der AMR-Elemente.

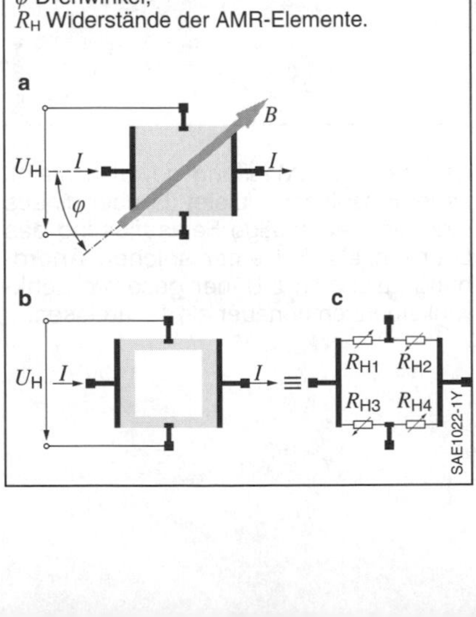

der Temperatur und der Luftspaltweite zwischen Sensor und Steuermagnet abhängig; sie nimmt mit wachsender Temperatur und größer werdendem Luftspalt ab.

Die Messempfindlichkeit der genannten Pseudo-Hall-Elemente lässt sich noch beträchtlich steigern (ohne die Sinusform allzu sehr zu verfälschen), wenn die ursprünglich vollflächigen Elemente von „innen her" ausgehöhlt werden, sodass nur noch der „Rahmen" stehen bleibt (Bild 18b). Durch diese Modifikation geht der Pseudo-Hall-Sensor auch seiner geometrischen Form nach in eine Vollbrücke aus vier AMR-Widerständen über (Bild 18c). Selbst eine zusätzliche Mäandrierung der Brückenwiderstände verfälscht die Sinusform des Signals noch nicht allzu sehr, wenn nur eine gewisse Bahnbreite der Mäander nicht unterschritten wird.

Anwendungen

Lenkwinkelsensor

Fahrdynamiksysteme haben die Aufgabe, das Fahrzeug mit gezielten Bremseingriffen auf dem vom Fahrer vorgegebenen Sollkurs zu halten. Hierzu muss der Lenkradwinkel bekannt sein. Zur Messung werden Potentiometer, optische Code-Erfassung oder magnetische Messprinzipien eingesetzt.

Ein an der Lenkwelle angebauter Lenkradwinkelsensor erfasst die Lenkradstellung. Mehrere Umdrehungen der Lenkwelle lassen sich mit einer Doppelanordnung von Pseudo-Hall-Drehwinkelsensoren (für je 180 °) messen. Die beiden zugehörigen Dauermagnete werden über ein hoch übersetzendes Zahnradgetriebe gedreht (Bild 19). Da sich die beiden abtreibenden kleineren Zahnräder, die die Steuermagneten tragen, um einen Zahn unterscheiden, ist ihre gegenseitige Phasenlage (Differenz der Drehwinkel: $\Psi - \Theta$) ein eindeutiges Maß für die absolute Winkelstellung der Lenkwelle. Das System ist so ausgelegt, dass diese Phasendifferenz bei insgesamt vier Umdrehungen der Lenkwelle 360 ° nicht überschreitet und so die Eindeutigkeit der Messung gewahrt bleibt. Jeder Einzelsensor bietet darüber hinaus eine nicht eindeutige Feinauflösung des Drehwinkels. Mit einer solchen Anordnung lässt sich z.B. der gesamte Lenkwinkelbereich genauer als 1 ° auflösen.

Bild 19: AMR-Lenkwinkelsensor.
a) Aufbau,
b) Winkelverhältnisse.
1 Lenkwelle, 2 AMR-Messzellen,
3 Zahnrad mit m Zähnen,
4 Auswerteelektronik, 5 Magnete,
6 Zahnrad mit $n > m$ Zähnen,
7 Zahnrad mit $m + 1$ Zähnen.

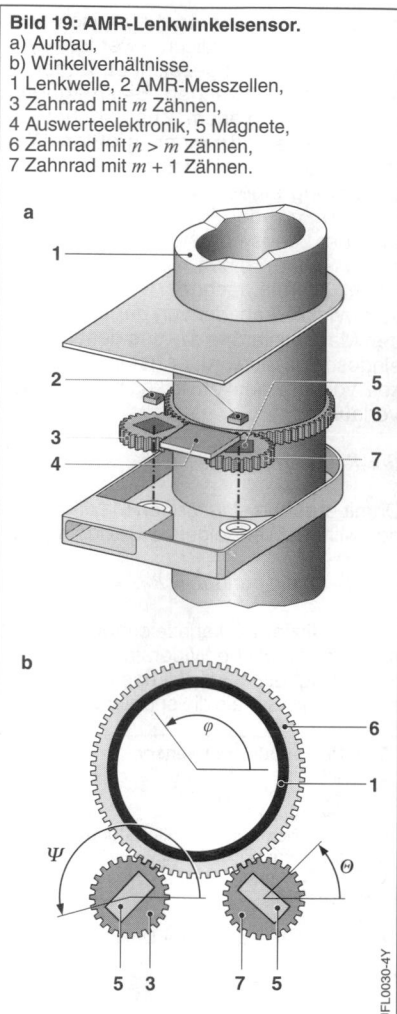

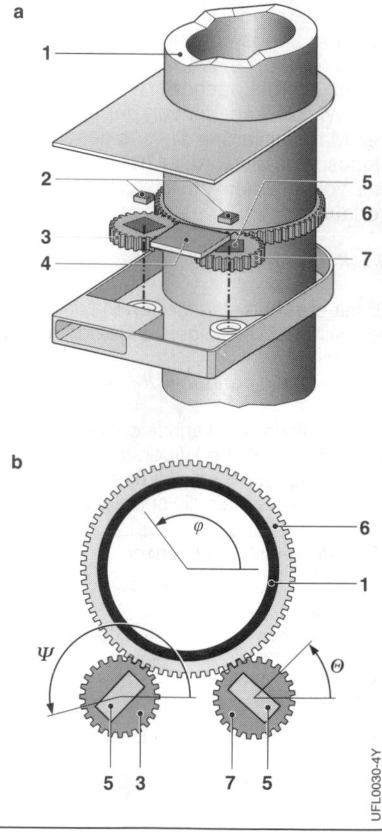

GMR-Sensoren

Giant Magnetoresistiver Effekt

Die GMR-Sensortechnologie (Giant magnetoresistiver Sensor) findet Anwendungen bei der Winkel- und Drehzahlsensierung im Kfz-Bereich. Die wesentlichen Vorteile der GMR- gegenüber den AMR-Sensoren sind der natürliche Eindeutigkeitsbereich innerhalb 360 ° bei der Winkelsensierung und die höhere Magnetfeldempfindlichkeit bei der Drehzahlsensierung.

GMR-Schichtstrukturen bestehen aus antiferromagnetischen, ferromagnetischen und nichtmagnetischen Funktionsschichten (Bild 20). Die Einzelschichtdicken liegen bei beiden Systemen im Bereich von 1...5 nm, umfassen also nur wenige Atomlagen. Für die Winkelsensierung wird die erforderliche Referenzmagnetisierung dadurch erzeugt, dass die Magnetisierungsrichtung einer der ferromagnetischen Schichten (PL) durch die Wechselwirkung mit einer benachbarten antiferromagnetischen Schicht (AF) fixiert (gepinnt) wird. Diese wird daher auch als „Pinned Layer" bezeichnet. Dagegen ist die Magnetisierung der über eine nichtmagnetische Zwischenschicht (NML) weitgehend magnetisch entkoppelten zweiten ferromagnetischen Schicht (FL) frei mit dem äußeren Magnetfeld drehbar. Diese wird dementsprechend als „Free Layer" bezeichnet.

Der Widerstand ändert sich mit einer kosinusförmigen Abhängigkeit vom Winkel zwischen der äußeren Feldrichtung und der Referenzrichtung. Entscheidend für die Genauigkeit der Winkelmessung ist die Stabilität der Referenzmagnetisierung gegen die Einwirkung des äußeren Felds. Diese Stabilität wird durch Verwendung eines zusätzlichen künstlichen Antiferromagneten (SAF) deutlich erhöht.

Bild 20: GMR-Schichtstruktur.
FL Freie Schicht (free layer),
NML nichtmagnetische Zwischenschicht,
RL Referenzschicht,
PL gepinnte Schicht (pinned layer),
AF Antiferromagnet,
SAF künstlicher Antiferromagnet.

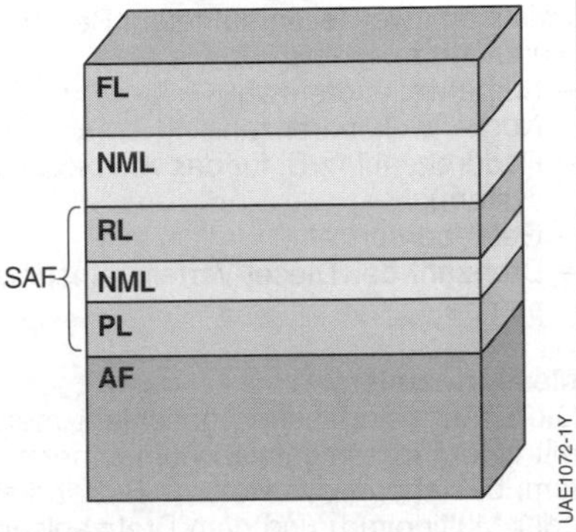

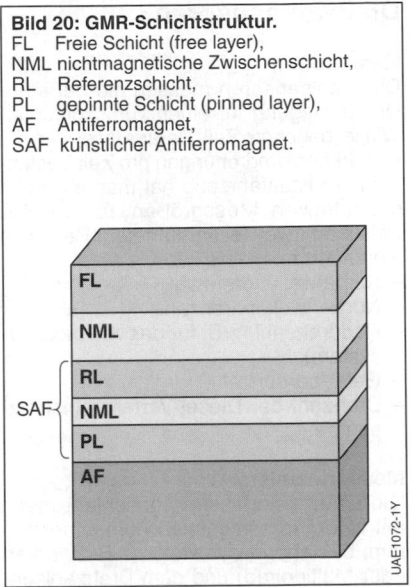

Anwendungen von GMR-Sensoren

Lenkradwinkelsensor

Der mechanische Aufbau und die Funktionsweise dieses GMR-Sensors entspricht dem Lenkradwinkelsensor mit AMR-Elementen. Wegen der im Vergleich zum AMR-Effekt größeren Empfindlichkeit kann der GMR-Sensor mit schwächeren Magneten und größeren Luftspalten arbeiten. Daraus ergeben sich Kostenvorteile bei Material und Design. Der 360 °-Winkelmessbereich eines einzelnen GMR-Elements (typisch bei AMR sind 180 °) ermöglicht hier den Einsatz kleinerer Zahnräder. Daraus resultiert ein geringerer Bauraum.

Literatur zu Positionssensoren

[1] K. Reif (Hrsg.): Klassische Diesel-Einspritzsysteme – Bosch Fachinformation Automobil. 1. Aufl., Vieweg + Teubner, 2012.

[2] K. Reif (Hrsg.): Sensoren im Kraftfahrzeug – Bosch Fachinformation Automobil. 3. Aufl., Verlag Springer Vieweg, 2016.

Drehzahlsensoren

Messgrößen

Drehzahlsensoren messen die bei einer Drehbewegung für einen zurückgelegten Winkel benötigte Zeit. Daraus lässt sich die Anzahl der Umdrehungen pro Zeit bestimmen. Im Kraftfahrzeug hat man es meist mit relativen Messgrößen zu tun, die zwischen zwei Teilen auftreten. Beispiele hierfür sind:

- Kurbelwellendrehzahl,
- Nockenwellendrehzahl,
- Raddrehzahl (z.B. für das Antiblockiersystem),
- Getriebedrehzahl,
- Drehzahl der Diesel-Verteilereinspritzpumpe.

Messprinzipien

Die Drehzahlerfassung geschieht meist mit einem inkrementalen Aufnehmersystem, bestehend aus Rotor (z.B. Zahnrad oder Multipolrad) und dem Drehzahlsensor (Bild 1).

Passive Drehzahlsensoren

Früher übliche induktive Sensoren beruhen auf dem induktiven Messeffekt. Der Sensor besteht aus einem Permanentmagneten und einem von einer Induktionsspule umgebenen weichmagnetischen Polstift. Der Polstift steht einem ferromagnetischen Zahnrad gegenüber. Beim Drehen des Zahnrads ändert sich der Abstand zwischen Zahnrad und Polstift. Die dadurch verursachte zeitliche Änderung des Magnetflusses bewirkt in der Spule eine induzierte Spannung.

Der Messeffekt des induktiven Sensors ist relativ groß, es ist keine Elektronik vor Ort nötig. Deshalb wird er als passiver Sensor bezeichnet. Die Signalamplitude ist allerdings drehzahlabhängig. Der Sensor ist daher für niedrigste Drehzahlen ungeeignet, er lässt nur eine vergleichsweise geringe Luftspalttoleranz zwischen Polstift und Zahnrad zu und er ist meist nicht in der Lage, Luftspaltschwankungen (Rattern) von Drehzahlimpulsen zu unterscheiden.

Im Nfz-Bereich werden passive Drehzahlsensoren auch heute noch eingesetzt.

Aktive Drehzahlsensoren

Aktive Drehzahlsensoren arbeiten nach dem magnetostatischen Prinzip. Die Amplitude des Ausgangssignals ist nicht von der Drehzahl abhängig. Damit ist eine Drehzahlerfassung auch bei sehr kleinen Drehzahlen möglich (quasistatische Drehzahlerfassung).

Hall-Sensor

An einem stromdurchflossenen Plättchen, das senkrecht von einer magnetischen Induktion B durchsetzt wird, kann quer zur Stromrichtung eine zum Magnetfeld proportionale Spannung U_H (Hall-Spannung) abgegriffen werden (siehe Hall-Effekt). Bei der Sensoranordnung mit ferromagnetischen Zahnrad (Impulsrad) wird das Magnetfeld von einem Permanentmagneten erzeugt (Bild 1a). Zwischen dem Magneten und dem Impulsrad befindet sich das Hall-Sensorelement. Der magnetische Fluss, von dem dieses durchsetzt wird, hängt davon ab, ob dem Sensor ein Zahn oder eine Lücke gegenübersteht. Daraus ergibt sich eine Hall-Spannung, die dem Verlauf der Zähne entspricht. Diese Drehzahlinformation wird aufbereitet und ver-

Bild 1: Hall-Sensoren.
a) Sensoranordnung mit passivem Rotor (ferromagnetisches Zahnrad),
b) Sensoranordnung mit aktivem Rotor (Multipolrad).
1 Inkrementrotor, 2 Hall-IC,
3 Permanentmagnet, 4 Multipolrad,
5 Gehäuse.
ψ Drehgeschwindigkeit.

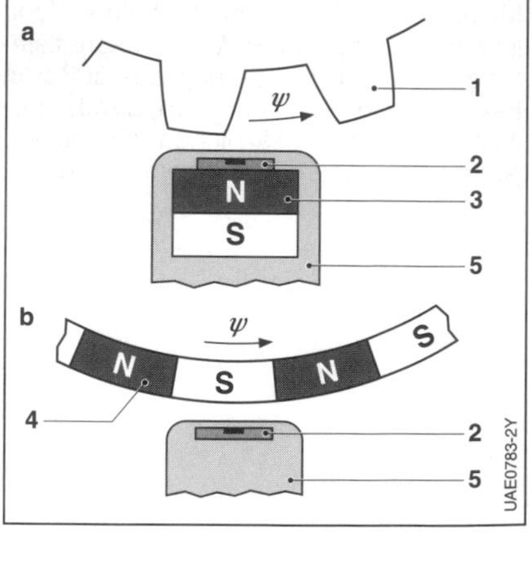

stärkt und als eingeprägter Strom in Form von Rechtecksignalen übertragen. Typische Werte für den Low-Pegel sind 7 mA, für den High-Pegel 14 mA. Im Steuergerät wird mit einem Messwiderstand der Strom in eine Signalspannung umgewandelt.

Beim Differential-Hallsensor befinden sich zwischen dem Magneten und dem Impulsrad zwei Hall-Sensorelemente. Mit Differenzbildung der Signale aus den beiden Sensorelementen wird eine Reduzierung magnetischer Störsignale und ein verbessertes Signal-Rausch-Verhältnis erreicht.

Anstelle des ferromagnetischen Impulsrads werden auch Multipolräder eingesetzt. Hier ist auf einem nichtmagnetisch metallischen Träger ein magnetisierbarer Kunststoff aufgebracht und wechselweise magnetisiert. Diese Nord- und Südpole übernehmen die Funktion der Zähne beim Impulsrad (Bild 1b).

AMR-Sensor
Der elektrische Widerstand von magnetoresistiven Material (AMR, Anisotrop Magneto Resistiv) ist anisotrop. Das heißt, er hängt von der Richtung des ihm ausgesetzten Magnetfelds ab. Diese Eigenschaft wird im AMR-Sensor ausgenutzt. Der Sensor sitzt zwischen einem Magneten und dem Impulsrad. Die magnetischen Feldlinien ändern ihre Richtung, wenn sich das Impulsrad dreht. Daraus ergibt sich eine sinusförmige Spannung, die in einer Auswerteschaltung im Sensor verstärkt und in ein Rechtecksignal umgewandelt wird.

Bild 2: Verschiedene Sensorformen.
a) Gabelform (Blenden- oder Schrankenprinzip),
b) Stabform (Annäherungsprinzip).
d_L Luftspalt.

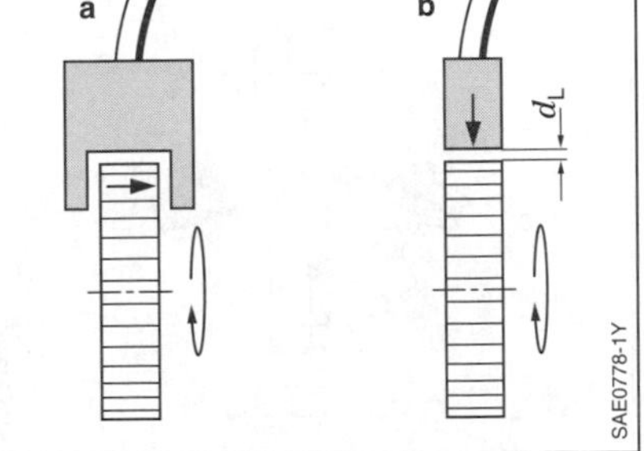

GMR-Sensor
Eine Weiterentwicklung der aktiven Sensoren stellt die Anwendung der GMR-Technologie (Giant Magneto Resistance) dar. Aufgrund der höheren Empfindlichkeit gegenüber der AMR-Sensoren sind größere Luftspalte möglich, wodurch Anwendungen in schwierigen Einsatzbereichen denkbar sind. Die höhere Empfindlichkeit ergibt zudem ein geringeres Rauschen der Signalflanken.

Sensorformen
Es kommen verschiedene Sensorformen zur Anwendung (Bild 2): Die Stabsensorform, die Gabelform sowie die Innen- und die Außenringform. Die bezüglich ihrer Montage einfachste und auch bevorzugte Form ist die Stabsensorform, bei der der Sensor dem Rotor fingerförmig angenähert wird. Sie besitzt allerdings auch die geringste Messempfindlichkeit. Teilweise zulässig und auch im Einsatz ist die gegen axiales und radiales Spiel unempfindliche Gabel- oder Schrankenform, die bei ihrer Montage schon einer gewissen Ausrichtung zum Rotor bedarf. Von der Form, die den Rotorschaft ringförmig umfasst, ist man praktisch ganz abgekommen.

Rotorformen
Bei der inkrementalen Erfassung der relativen Drehgeschwindigkeit unterscheidet man je nach Zahl und Größe der abgetasteten Umfangsmarkierungen eines Rotors zwischen (Bild 3)
- dem einfachen Sensor, der mit einer einzigen Markierung pro Umdrehung nur die mittlere Drehgeschwindigkeit erfasst,

Bild 3: Erfassung der relativen Drehgeschwindigkeit.
a) Inkrementsensor, b) Segmentsensor,
c) einfacher Drehzahlsensor.

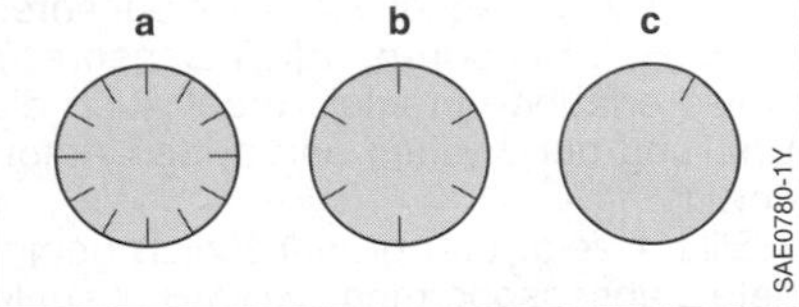

- dem Segmentsensor, der eine kleine Zahl von Umfangssegmenten unterscheidet (z.B. Anzahl der Zylinder des Motors),
- dem eng geteilten Inkrementsensor, der bis zu einem gewissen Grad auch die über den Umfang variierende Momentangeschwindigkeit und damit eine sehr feine Winkelunterteilung zu erfassen erlaubt.

Der Rotor ist bei der Drehzahlmessung von ganz entscheidender Bedeutung; er gehört allerdings meist zum Lieferumfang des Fahrzeugherstellers, während der eigentliche Aufnehmer vom Zulieferer kommt. Fast ausschließlich üblich waren bisher die magnetisch passiven Rotoren, die also aus weichmagnetischem Material, meistens Eisen bestehen. Sie sind kostengünstiger als hartmagnetische Polräder und leichter zu handhaben, da sie nicht magnetisiert sind und auch nicht die Gefahr der gegenseitigen Entmagnetisierung bei der Lagerung besteht. Der eigene Magnetismus von Polrädern (magnetisch aktive Rotoren) erlaubt in aller Regel bei gleicher Inkrementweite und gleichem Ausgangssignal einen deutlich größeren Luftspalt.

Anforderungen an Drehzahlsensoren
An Drehzahlsensoren werden folgende Anforderungen gestellt:
- Statische Erfassung (d.h. Drehzahl gegen null, extrem tiefe Motorstart- und Raddrehzahlen),
- große Luftspalte (nicht justierte Montage auf Luftspalt größer null),
- kleine Baugröße,
- Unabhängigkeit von Luftspaltschwankungen,
- Temperaturbeständigkeit bis zu 200 °C,
- Drehrichtungserkennung (optional für Navigation),
- Bezugsmarkenerkennung (Zündung).

Zur Erfüllung der ersten Bedingung eignen sich z.B. magnetostatische Sensoren (z.B. Hall-Sensoren, AMR-Sensoren). Diese erlauben in aller Regel auch die Erfüllung der zweiten und dritten Anforderung.

Bild 4 zeigt drei grundsätzlich geeignete Stabsensorformen, die von Luftspaltschwankungen weitgehend unabhängig sind. Hierbei unterscheidet man zwischen Sensoren, die in radialer Richtung sensieren und solchen, die tangential (siehe auch Bild 5) ausgerichtet sind. So können magnetostatisch messende Sonden stets unabhängig vom Luftspalt Nord- und Südpole eines magnetisch aktiven Polrads unterscheiden. Bei den magnetisch passiven Rotoren ist das Vorzeichen des Ausgangssignals dann vom Luftspalt unabhängig, wenn sie die Tangentialfeldstärke erfassen. Nachteilig ist hier jedoch oft der durch den Sensor selbst vergrößerte Luftspalt zwischen Rotor und Permanentmagnet. Häufig werden jedoch auch radial messende Differentialfeld- oder Gradientensonden angewendet, die grundsätzlich nur den Gradienten der radialen Feldkomponente erfassen, der sich bezüglich seines Vorzeichens nicht

Bild 4: Sensoranordnungen, die gegen Luftspaltschwankungen unempfindlich sind.
a) Radialfeldsonde mit Polrad,
b) Tangentialsonde,
c) Differentialsonde mit Zahnrad.
Der Sensor misst den Anteil des Magnetfelds in eine bestimmte Raumrichtung. Der Pfeil markiert diese Raumrichtung..

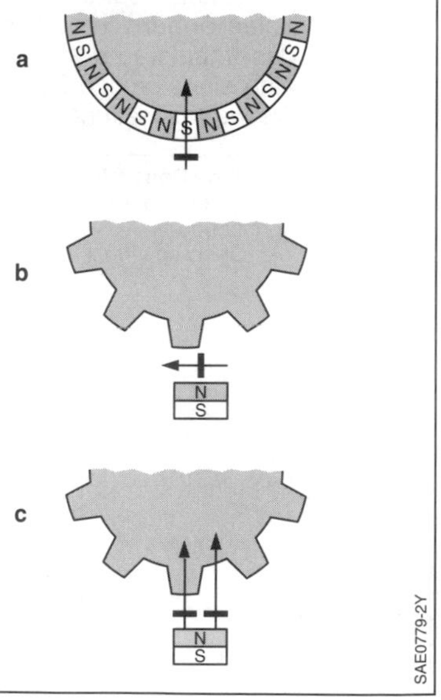

mit dem Luftspalt, sondern nur mit dem Drehwinkel ändert.

Bei Raddrehzahlsensoren sollte zumindest die Sensorspitze wegen der räumlichen Nähe zur Bremse höhere Temperaturen aushalten können.

Sensoranordnungen

Gradientensensoren

Gradientensensoren (z.B. auf der Basis von Differential-Hall-Sensoren) haben einen Dauermagneten, dessen dem Zahnrad zugewandte Polfläche durch ein dünnes ferromagnetisches Plättchen homogenisiert wird. Darauf sitzen jeweils zwei Sensorelemente etwa im halben Zahnabstand an der Sensorspitze. Damit befindet sich das eine Element genau gegenüber einer Zahnlücke, wenn das andere gegenüber einem Zahn steht. Der Sensor misst den Feldstärkeunterschied an zwei in Umfangsrichtung eng benachbarten Punkten; das Ausgangssignal entspricht etwa der Ableitung der Feldstärke nach dem Umfangswinkel und ist damit bezüglich des Vorzeichens luftspaltunabhängig.

Tangentialsensoren

Im Gegensatz zu den Gradientensensoren reagieren Tangentialsensoren auf Vorzeichen und Intensität der zum Rotorumfang tangentialen Magnetfeldkomponente. Sie können in AMR-Dünnschichttechnik als Barberpole oder auch als einfache Permalloy-Widerstände in Voll- oder Halbbrückenschaltung ausgeführt sein [1]. Im Gegensatz zum Gradientensensor sind sie nicht auf die jeweilige Zahnteilung anzupassen und können punktförmig ausgeführt sein. Sie bedürfen der Verstärkung vor Ort, wenn auch ihr Messeffekt um ca. 1...2 Größenordnungen über dem von Silizium-Hall-Sensoren liegt.

Bei einem lagerintegrierten Kurbelwellen-Drehzahlsensor (Simmering-Modul) ist der AMR-Dünnschichtsensor zusammen mit einem Auswerte-IC auf einem gemeinsamen Leadframe montiert. Zur Platzersparnis und zum Temperaturschutz ist der Auswerte-IC um 90 ° abgekröpft und weiter von der Sensorspitze entfernt angeordnet.

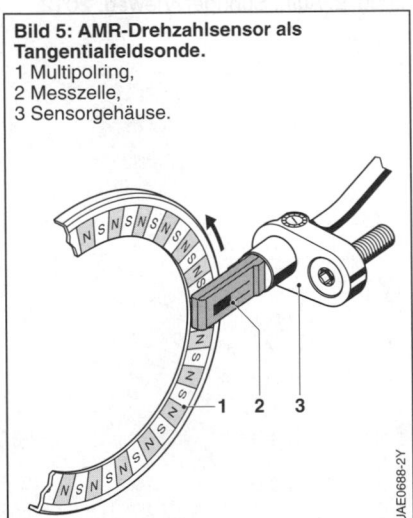

Bild 5: AMR-Drehzahlsensor als Tangentialfeldsonde.
1 Multipolring,
2 Messzelle,
3 Sensorgehäuse.

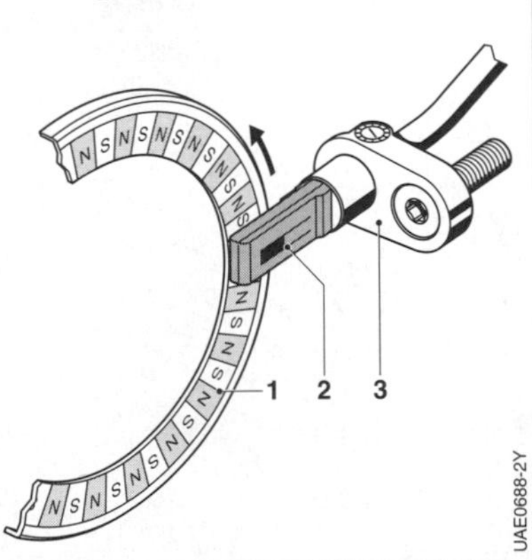

Anwendungen

Kurbelwellendrehzahlsensor

Kurbelwellendrehzahlsensoren werden eingesetzt zum Messen der Motordrehzahl (Kurbelwellendrehzahl). Zusätzlich benötigt die Motorsteuerung die Stellung der Kurbelwelle (Stellung der Motorkolben), um z.B. Zündspulen und Einspritzventile zum richtigen Kurbelwinkel ansteuern zu können. Hierzu weist das auf der Kurbelwelle montierte Impulsrad eine Zahnlücke auf. Mit einer Zahnteilung von 6 ° und zwei fehlenden Zähnen hat das Impulsrad 58 Zähne. Der Drehzahlsensor liefert ein Rechtecksignal (Zahnsignal), das den Zähnen des Impulsrads entspricht.

Der Mikrocontroller im Motorsteuergerät erfasst an den fallenden Flanken des Signals den Wert eines durchlaufenden Timers und bildet aus der Differenz zweier Flanken den zeitlichen Zahnabstand. Am ersten Zahn nach der Lücke ist die gemessene Zeit sehr viel größer als die vorangegangene Zeit, am zweiten Zahn nach der Lücke ist die Zeit wieder sehr viel kleiner. Dieser Zahn wird als Bezugsmarke definiert. Das Impulsrad ist so montiert, dass diese Stelle einem definierten Winkel gegenüber dem oberen Totpunkt von Zylinder 1 entspricht.

Bei gleichmäßiger Drehzahl ist die Zeit zwischen den Flanken um die Zahnlücke dreimal so lang wie zwischen zwei normalen Flanken. Auch bei stark schwankender Drehzahl beim Starten des Motors kann aufgrund der gemessenen Unterschiede des Zahnabstands zuverlässig auf die Bezugsmarke geschlossen werden.

Nockenwellendrehzahlsensor
Die Nockenwelle ist gegenüber der Kurbelwelle um 1:2 untersetzt. Sie zeigt an, ob sich ein zum oberen Totpunkt bewegender Motorkolben im Verdichtungstakt oder im Ausstoßtakt befindet. Deshalb ist zusätzlich zum Kurbelwellendrehzahlsensor ein Nockenwellendrehzahlsensor erforderlich.

Einfache Impulsräder führen nur im Bereich der Bezugsmarke zu unterschiedlichen Sensorsignalpegeln. Komplexere Impulsräder mit unterschiedlich langen Segmenten erlauben im Start eine schnellere Erkennung der Motorstellung und ermöglichen dadurch einen Schnellstart.

Raddrehzahlsensor
Raddrehzahlsensoren erfassen die Drehgeschwindigkeit der Räder. Diese Information benötigt z.B. die Fahrdynamikregelung zur Berechnung der Fahrgeschwindigkeit und des Schlupfs. Das Navigationssystem benötigt die Raddrehzahlsignale, um bei fehlendem GPS-Empfang (z.B. in Tunnel) die gefahrene Wegstrecke zu berechnen.

Das Impulsrad ist fest mit der Radnabe verbunden. Es können sowohl Stahl-Impulsräder als auch Multipolringe eingesetzt werden. Die Anzahl der Zähne ist wegen des gegenüber dem Motordrehzahlsensor kleineren Impulsraddurchmessers geringer.

Das Sensorelement mit dem Signalverstärker und der Signalaufbereitung ist in einem IC integriert, hermetisch mit Kunststoff vergossen und sitzt im Sensorkopf.

Die digitale Signalaufbereitung ermöglicht es, codierte Zusatzinformationen über ein pulsweitenmoduliertes Ausgangssignal zu übertragen. Ein Beispiel ist die Drehrichtungserkennung, die für die Berganfahrhilfe (Hill-Hold-Control) benötigt wird, welche ein Zurückrollen beim Anfahren verhindert. Die Drehrichtung wird auch für die Fahrzeugnavigation herangezogen, um ein Rückwärtsfahren zu erkennen.

Drehzahlsensor für Getriebesteuerung
Getriebedrehzahlsensoren erfassen Wellendrehzahlen in automatischen Getrieben. Aufgrund der kompakten Getriebebauweisen sind Standardgeometrien in der Regel nicht möglich. So sind für jedes Getriebe spezifische Sensorausführungen erforderlich. Zur Abdeckung des gesamten Spektrums der Funktionsanforderungen werden Auswerteschaltungen mit unterschiedlich hoher Komplexität der Auswertealgorithmen eingesetzt.

Literatur zu Drehzahlsensoren
[1] K. Reif (Hrsg.): Sensoren im Kraftfahrzeug. 2. Aufl., Springer-Vieweg, 2012.

Schwingungsgyrometer

Messgrößen
Schwingungsgyrometer messen die absolute Drehrate entlang der Fahrzeug-Hochachse (Gierrate), Fahrzeug-Querachse (Nickachse) und Fahrzeug-Längsachse (Rollrate). Die hierbei erzeugten Signale finden Verwendung in zahlreichen Systemen wie zum Beispiel in der Fahrdynamikregelung, in Überrollschutzsystemen, in der Fahrzeugnavigation und in der Dämpfungsregelung.

Messprinzip
Schwingungsgyrometer gleichen im Prinzip mechanischen Kreiseln, sie nutzen die bei Drehbewegungen in Verbindung mit einer eingeprägten Schwingbewegung auftretenden Coriolis-Beschleunigungen a_c zur Messung (Bild 1). Die Beschleunigung berechnet sich aus dem Kreuzprodukt von Geschwindigkeit und Drehrate:

(1) $\vec{a_c} = \vec{a}_x = 2\vec{v}_y \times \vec{\Omega}_z$.

Die Geschwindigkeit v entsteht durch das sinusförmige Antreiben der trägen Masse des Sensors entlang dessen y-Achse mit der Frequenz ω. Es gilt:

(2) $v_y = \hat{v}_y \sin(\omega t)$.

Bild 1: Entstehung der Coriolis-Beschleunigung.
Bewegt sich ein Massepunkt m in y-Richtung mit der Geschwindigkeit v_y und dreht sich das System gleichzeitig um die Hochachse z mit der Drehrate Ω_z, erfährt der Massepunkt eine Coriolis-Beschleunigung a_c in x-Richtung.

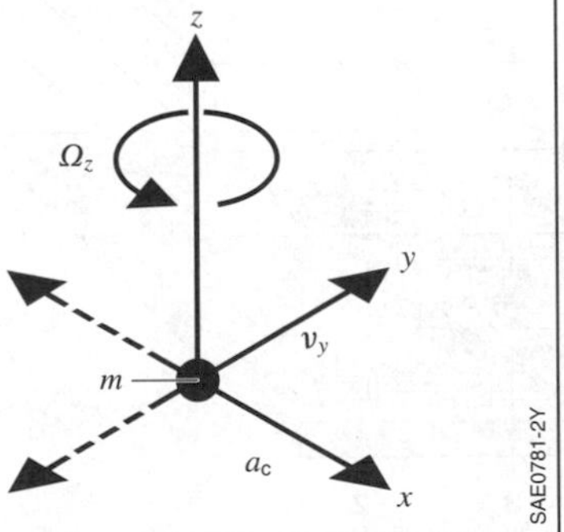

Bei konstanter Drehrate Ω um die z-Achse ergibt sich eine Coriolis-Beschleunigung entlang der x-Achse. Sie weist dieselbe Frequenz und Phase auf wie die Antriebsgeschwindigkeit v, die zugehörige Amplitude beträgt

(3) $\hat{a}_c = 2\,\hat{v}_y \Omega_z$.

Die Coriolis-Kraft gehört zu den so genannten Scheinkräften und kann nur im sich rotierenden Bezugssystem (wie hier dem Pkw) gemessen werden.

Die Signalauswertung des Sensors demoduliert das sinusförmige Coriolis-Signal des mikromechanischen Sensors ($a_c \propto \sin(\omega t)$) und ermittelt auf diese Weise die Drehrate Ω. Hierbei wird das Sensorsignal auch gleichzeitig von äußeren Fremdbeschleunigungen (z.B. Karosseriebeschleunigung) befreit.

Die genutzten Messeffekte sind nicht nur sehr klein, sie bedürfen auch einer komplexen Signalaufbereitung. Deshalb ist eine Signalaufbereitung direkt am Sensor erforderlich.

Anwendungen
Mikromechanische Drehratensensoren
Um eine Coriolis-Kraft zur Messung einer Drehrate zu erzeugen, muss eine seismische Masse im Sensor zur Schwingung angeregt werden. Beim mikromechanischen Drehratensensor (Bild 2) erfolgt dies in einem Permanentmagnetfeld durch Ausnutzung der Lorentzkraft (elektrodynamischer Antrieb).

Dieser Sensor basiert auf einem Ansatz der Bulk-Mikromechanik: Zwei dickere, mit Bulk-Mikromechanik aus dem Wafer herausgearbeitete Schwingkörper schwingen im Gegentakt mit ihrer Resonanzfrequenz (< 2 kHz), die durch ihre Masse und ihre Koppelfedersteife bestimmt ist. Sie tragen jede einen kapazitiven oberflächenmikromechanischen Beschleunigungssensor (OMM), der die Coriolis-Beschleunigung erfasst.

Zum Antrieb wird durch eine einfache Leiterbahn auf dem jeweiligen Schwingkörper ein sinusförmig modulierter Strom geführt. Dieser erzeugt innerhalb des senkrecht zur Chipfläche wirkenden dauermagnetischen Felds eine Lorentzkraft, die den Schwingkörper in Bewegung versetzt.

Wird dieser Sensor mit der Drehrate Ω um die Hochachse rotiert, so führt der Antrieb in Schwingrichtung zu einer Coriolis-Beschleunigung, die von den Beschleunigungssensoren erfasst wird.

Die unterschiedliche physikalische Natur von Antrieb und Sensorsystem vermeidet unerwünschtes Übersprechen zwischen beiden Teilen. Die beiden gegenläufigen Sensorsignale werden zur Unterdrückung externer Fremdbeschleunigungen (Gleichtaktsignal) voneinander subtrahiert. Durch Summenbildung kann man jedoch vorteilhafterweise auch die äußere Fremdbeschleunigung messen.

Der präzise mikromechanische Aufbau hilft, den Einfluss hoher Schwingbeschleunigung gegenüber der um mehrere Zehnerpotenzen niedrigeren Coriolis-Beschleunigung zu unterdrücken (Querempfindlichkeit weit unter 40 dB). Antriebs- und Messsystem sind hier mechanisch und elektrisch strengstens entkoppelt.

Oberflächenmikromechanische Drehratensensoren

Mikromechanische Drehratensensoren können auch vollständig in OMM-Technologie (Oberflächenmikromechanik) hergestellt werden. Hierbei wird der Schwingkörper elektrostatisch durch Kondensatoren angetrieben. In diesem Falle ist die Entkopplung von Antriebs- und Detektionssystem nicht mehr strengstens voneinander getrennt, da beide Systeme kapazitiv ausgelegt sind.

Ein zentral gelagerter Drehschwinger wird mit Kammstrukturen elektrostatisch zu einer Schwingung angetrieben (Bild 3). Erfährt der Sensor eine Rotation Ω, so erzwingt die Coriolis-Kraft eine gleichzeitige „Out of Plane"-Kippbewegung. Deren Amplitude ist proportional zur Drehrate und wird kapazitiv mit Elektroden detektiert, die unterhalb des Drehschwingers liegen. Um diese Bewegung nicht zu sehr zu dämpfen, muss der Sensor in Vakuum betrieben werden.

Zwar führt die geringere Chipgröße und der einfachere Herstellprozess zu einer deutlichen Kostenreduktion, doch verringert die Verkleinerung auch den ohnehin nicht großen Messeffekt und damit die erzielbare Genauigkeit. Sie stellt höhere Anforderungen an die Elektronik.

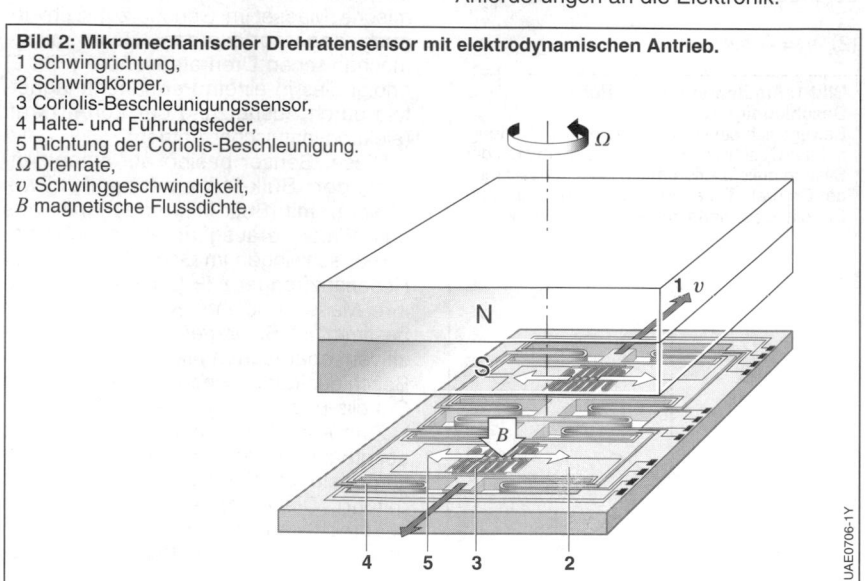

Bild 2: Mikromechanischer Drehratensensor mit elektrodynamischen Antrieb.
1 Schwingrichtung,
2 Schwingkörper,
3 Coriolis-Beschleunigungssensor,
4 Halte- und Führungsfeder,
5 Richtung der Coriolis-Beschleunigung.
Ω Drehrate,
v Schwinggeschwindigkeit,
B magnetische Flussdichte.

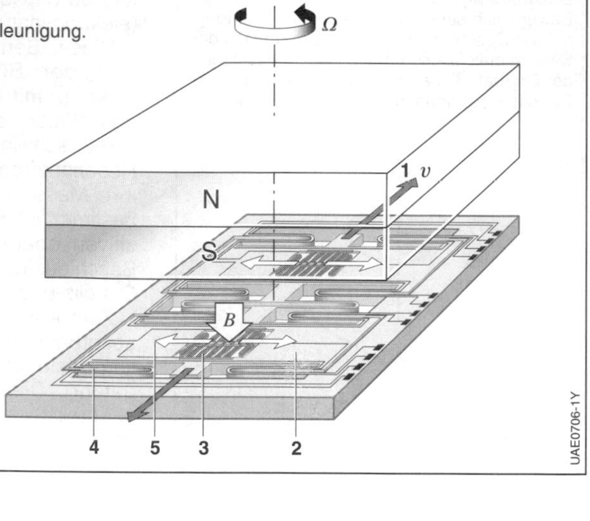

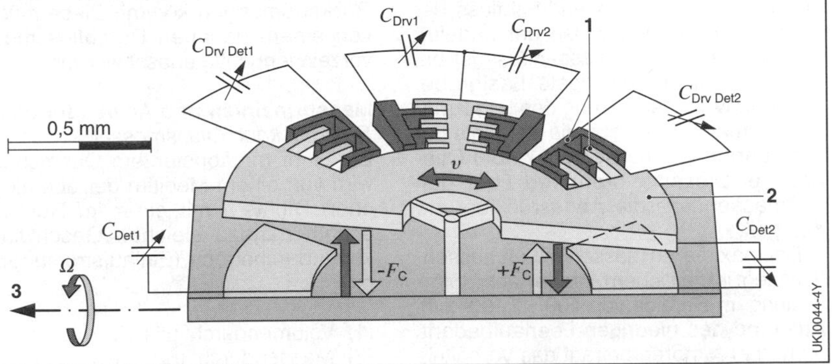

Bild 3: Oberflächenmikromechanischer Drehratensensor mit elektrostatischem Antrieb.
1 Kammstruktur, 2 Drehschwinger, 3 Messachse.
C_{Drv} Kapazität der Antriebselektroden (Antrieb durch Anlegen einer sinusförmigen Spannung),
C_{Det} Kapazität des Drehschwingabgriffs (Messung der Coriolis-Kraft),
C_{DrvDet} Kapazität des Antriebsabgriffs (Messung der Antriebsschwingung),
F_C Coriolis-Kraft,
v Schwinggeschwindigkeit,
Ω zu messende Drehrate
($\Omega = \text{const} \cdot \Delta C_{Det}$).

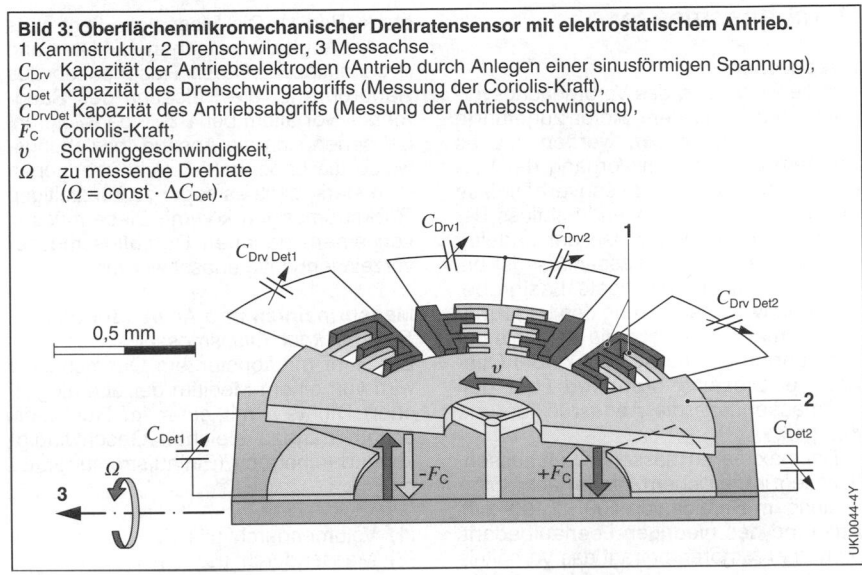

Der Einfluss von Fremdbeschleunigungen wird bei OMM-Drehratensensoren durch ein spezielles mikromechanisches Design unterdrückt. Hierbei weist das MEMS-Element (MEMS, Micro-Electro-Mechanical Systems) zwei seismische Massen auf. Deren Auslenkung erfolgt durch Coriolis-Kräfte gegensinnig, jedoch durch Fremdbeschleunigungen gleichsinnig. Eine differentielle Auswertung der beiden Schwinger befreit anschließend das Signal von den unerwünschten Störgrößen.

Weiterentwicklungen von Drehratensensoren

Die fortschreitende Entwicklung von Systemen im Bereich aktiver und passiver Sicherheit bewirkt, dass erhöhte Anforderungen an Signalqualität und Robustheit des Drehratensensors gestellt werden. Diese Systeme erfordern nicht nur das Messen der Gierrate, sondern auch die Erfassung der Nick- und Rollbewegungen.

Beispielsweise beruht ein Fahrdynamikregelsystem unter anderem auf der Messung der Gierrate Ω_z und der Messung der Lateralbeschleunigung a_y. ACC-Systeme (Adaptive Cruise Control) nutzen Sensorsignale der Gierrate Ω_z, der Lateralbeschleunigung a_y und der Längsbeschleunigung a_x. Überrollschutzsysteme hingegen verwenden Sensorinformationen über die Rollachse Ω_x, der Vertikalbeschleunigung a_z und auch der Lateralbeschleunigung a_y.

Hierbei kommen neue Sensorgenerationen mikromechanischer Sensorelemente zum Einsatz. Diese Sensoren messen entweder die Drehrate um die x- oder um die z-Achse, in manchen dieser Sensoren sind auch Sensierelemente zur Erfassung von Beschleunigungen in x-, y- oder in z-Richtung integriert.

Die Messung der Drehrate beruht hierbei auf dem Prinzip des oberflächenmikromechanischen Drehratensensors, Beschleunigungen werden mit kapazitiven oberflächenmikromechanischen Beschleunigungssensoren erfasst.

Durchflussmesser

Messgrößen

Für die Steuerung des Verbrennungsvorgangs muss die dem Motor zugeführte Luftmenge gemessen werden. Da es bei dem chemischen Vorgang der Verbrennung auf die Massenverhältnisse ankommt, ist der Massendurchfluss der Ansaug- beziehungsweise der Ladeluft zu messen. Der Luftmassenfluss ist bei Ottomotoren die wichtigste Lastgröße, eine genaue Vorsteuerung des Luft-Kraftstoff-Verhältnisses setzt die Kenntnis der zugeführten Luftmasse voraus. Bei Otto- und bei Dieselmotoren wird über den Luftmassenfluss die Abgasrückführrate geregelt.

Der maximal zu messende Luftmassenfluss liegt im zeitlichen Mittel je nach Motorleistung im Bereich von 400...1 200 kg/h. Aufgrund des niedrigen Leerlaufbedarfs moderner Motoren beträgt das Verhältnis von minimalem zu maximalem Durchsatz bei Ottomotoren 1:90...1:100, bei Dieselmotoren wegen des höheren Leerlaufbedarfs 1:20...1:40. Wegen strenger Abgas- und Verbrauchsanforderungen müssen Genauigkeiten von 1...2 % vom Messwert erreicht werden. Auf den Messbereich bezogen kann dies eine für das Kfz ungewöhnlich hohe Messgenauigkeit von 10^{-4} bedeuten.

Der Motor nimmt die Luft nicht als kontinuierlichen Strom auf, sondern im Takt der Öffnungszeiten der Einlassventile. Deshalb pulsiert der Luftstrom – insbesondere bei weit geöffneter Drosselklappe – auch noch an der Messstelle stark (Bild 1). Die Messstelle liegt stets im Ansaugtrakt zwischen Luftfilter und Drosselklappe. Durch Resonanzen des Saugrohrs ist die Pulsation des Saugrohrs – vor allem bei 4-Zylinder-Motoren, bei denen sich die Ansaug- beziehungsweise die Ladephasen nicht überlappen – so stark, dass es sogar zu kurzzeitigen Rückströmungen kommt. Diese müssen von einem genauen Durchflussmesser vorzeichenrichtig erfasst werden.

Bild 1: Qualitativer Verlauf der Ansaugluftpulsation bei einem 4-Zylinder-Ottomotor.
Betriebspunkt: n = 3000 min^{-1}, Volllast.
Q_L Mittlerer Luftdurchsatz.

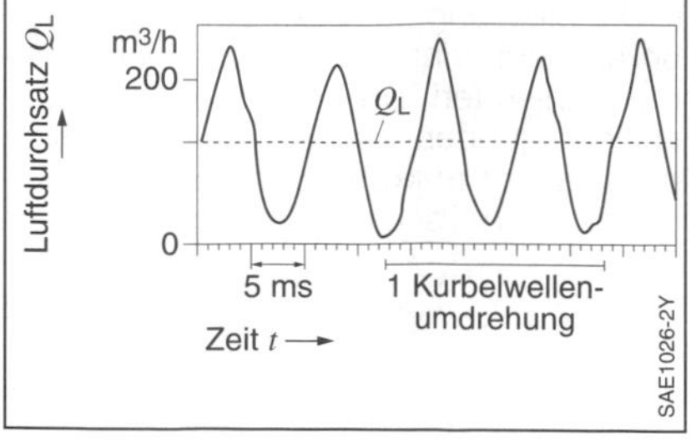

Messprinzipien und Anwendungen

Staudruckdurchflussmesser

Ein Rohr mit konstantem Querschnitt A wird von einem Medium der überall gleichen Dichte ρ mit einer im Rohrquerschnitt nahezu gleichen Geschwindigkeit v durchströmt (Einlaufströmung). Es gilt:

(1) Volumendurchfluss $Q_V = v\,A$,
(2) Massendurchfluss $Q_M = \rho\, v\, A$.

Sitzt zur Durchflussmessung im Strömungskanal eine Blende als Verengung, dann tritt nach dem Bernoulli'schen Gesetz dort ein Druckunterschied (Staudruck) Δp auf. Es gilt:

(3) $\Delta p = \text{const} \cdot \rho\, v^2$,

wobei die Konstante von dem Rohr- und dem Blendenquerschnitt abhängt. Dieser Druckunterschied kann mit einem Differenzdrucksensor direkt oder als eine auf eine Stauscheibe wirkende Kraft gemessen werden. Bewegliche Stauklappen (Bild 2) bilden eine variable Blende und geben einen variablen, vom Durchsatz selbst abhängenden Strömungsquerschnitt frei. Die Stauklappe wird mit steigendem Durchfluss gegen eine meist konstante Gegenkraft gedrückt. Ein Potentiometer greift die für den jeweiligen Durchsatz charakteristische Klappenposition ab.

Messfehler können entstehen, wenn die Stauklappe wegen ihrer mechanischen Trägheit einem schnell pulsierenden Luftstrom nicht mehr folgen kann (Volllastzustand bei höherer Drehzahl).

Ändert sich aufgrund von Temperaturschwankungen oder der Höhenlage die Dichte ρ, so ändert sich das Messsignal mit $\sqrt{\rho}$. Um dies auszugleichen, muss ein Lufttemperatursensor und ein barometrischer Drucksensor eingesetzt werden.

Die für einen großen Messbereich erforderliche höhere Empfindlichkeit des Ausgangssignals bei kleinen Luftmassen ergibt sich aus der mechanischen und elektrischen Auslegung des Luftmengenmessers (LMM) z.B. für das früher eingesetzte Benzineinspritzsystem L-Jetronic.

Diese Methode der Durchflussmessung wird schon lange nicht mehr für Neuentwicklungen angewandt.

Hitzdraht-Luftmassenmesser

Der Hitzdraht-Luftmassenmesser (HLM) arbeitet ohne mechanisch bewegte Teile. Der Hitzdraht wird z.B als Platindraht ausgeführt, dessen elektrischer Widerstand R mit der Temperatur zunimmt. Wird er von einem Strom I_H durchflossen, erwärmt er sich. Befindet sich dieser Draht in einem Luftstrom, so wird er dadurch abgekühlt. Durch die Abkühlung sinkt der Widerstand des Drahts ab, der elektrische Strom nimmt zu und es stellt sich ein Gleichgewicht zwischen elektrisch zugeführter Leistung P_el und der von der Strömung abgeführten Leistung P_V ein:

(4) $P_\text{el} = I_\text{H}^2\, R = P_\text{V} = c_1\, \lambda\, \Delta T.$

In die Konstante c_1 gehen die Abmessungen des Hitzdrahts und dessen Umströmung ein. Die Wärmeleitung λ ist näherungsweise proportional zur Wurzel aus dem Massenstrom ($\sqrt{Q_\text{M}}$). Berücksichtigt man weiterhin die thermische Konvektion bei ruhendem Medium (ohne Anströmung) mit dem Koeffizienten c_2, ergibt sich für den Heizstrom I_H der folgende Zusammenhang:

(5) $I_\text{H} = c_1 \cdot \sqrt{\left(\sqrt{Q_\text{M}} + c_2\right)} \cdot \sqrt{\frac{\Delta T}{R}}$.

Die Regelschaltung im Sensorgehäuse (Bild 3, der Regler ist als Kästchen dargestellt) hält das Heizelement (Platin-Hitzdraht) gegenüber der Lufttemperatur auf einer konstanten Übertemperatur. Die Berücksichtigung der Lufttemperatur erfolgt mit dem Kompensationswiderstand R_K, dessen Widerstandswert von der Lufttemperatur abhängt. Der erforderliche Heizstrom bildet ein sehr genaues, wenn auch nicht lineares Maß für den Luftmassendurchsatz. Eine Linearisierung und andere Schritte zur Signalauswertung nimmt meist das zugehörige Steuergerät vor, wobei das Signal des Luftmassenmessers im Millisekundentakt erfasst wird. Durchflussmesser dieses Typs können aufgrund der Regelung auch schnellen Durchflussänderungen im Millisekundenbereich folgen, da wegen der konstanten Übertemperatur des Heizelements dessen Wärmeinhalt nicht über zeitraubende Wärmeumladungen geändert werden muss.

Bild 2: Staudruck-Durchflussmesser (Luftmengenmesser).
1 Stauklappe,
2 Kompensationsklappe,
3 Dämpfungsvolumen.
Q Durchfluss.

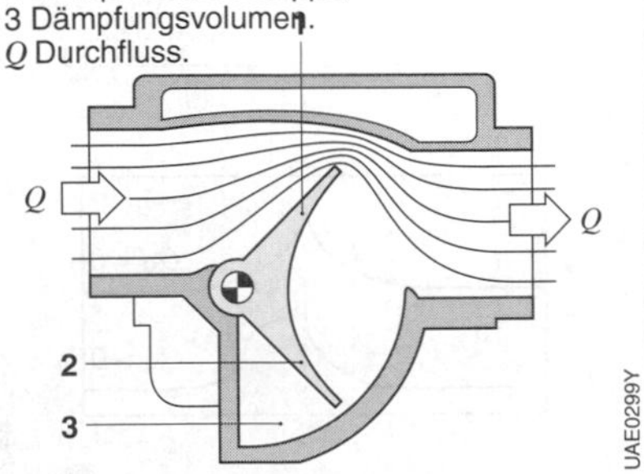

Bild 3: Elektronische Regelung des Hitzdraht-Luftmassenmessers.
Q_M Massendurchfluss,
U_m Messspannung,
R_H Hitzdraht,
R_K Kompensationswiderstand,
R_M Messwiderstand,
R_1,R_2 Abgleichwiderstand.

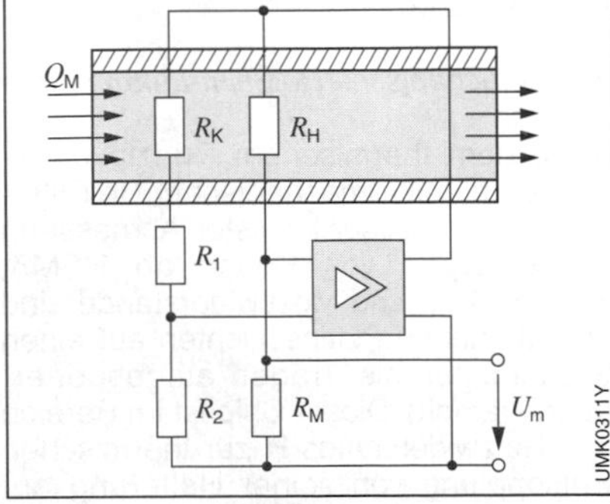

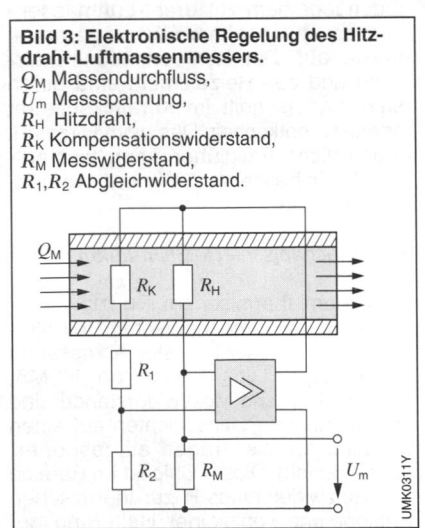

Mit diesem Verfahren wird die Strömungsrichtung allerdings nicht erkannt, diese Sensoren zeigen daher bei starken Saugrohrpulsationen teilweise erhebliche Abweichungen.

Der Hitzdraht muss zur Erhaltung langzeitstabiler Messeigenschaften nach jeder Betriebsphase (nach Abschalten der Zündung) von allen Schmutzablagerungen auf seiner Oberfläche bei ca. 1 000 °C freigeglüht werden.

Der Hitzdraht-Luftmassenmesser wurde in früheren Motorsteuerungssystemen (Motronic) eingesetzt, später dann durch den Heißfilm-Luftmassenmesser (HFM) ersetzt.

Heißfilm-Luftmassenmesser in Dickschichttechnik

Der erste noch in Dickschichttechnik hergestellte Heißfilm-Luftmassenmesser (HFM2 von Bosch) arbeitet nach dem gleichen Prinzip wie der Hitzdraht-Luftmassenmesser, er vereinigt aber sämtliche Messelemente und die Regelelektronik auf einem Substrat. Der Heizwiderstand ist flächig ausgeführt und befindet sich bei dieser Ausführung auf der Rückseite des Trägerplättchens, der zugehörige Temperatursensor als Kompensationswiderstand auf der Vorderseite. Bedingt durch die größere thermische Trägheit des Keramikplättchens treten gegenüber dem Hitzdraht-Luftmassenmesser etwas höhere Verzögerungseffekte auf. Der Kompensationswiderstand und das Heizelement sind durch einen Laserschnitt im Keramiksubstrat thermisch entkoppelt. Das beim Hitzdraht erforderliche Freiglühen kann hier aufgrund der besseren Strömungsverhältnisse entfallen.

Mikromechanische Heißfilm-Luftmassenmesser

Nach dem thermischem Prinzip arbeiten auch mikromechanische Heißfilm-Luftmassenmesser kleinster Abmessung (Sensortypen von Bosch ab HFM5, Bild 4). Heiz- und Messwiderstände sind hier als dünne Platinschichten auf einen Siliziumchip als Träger aufgesputtert (aufgedampft). Dieser Chip ist im Bereich des Heizwiderstands H zur thermischen Entkopplung von seiner Halterung auf einem mikromechanisch ausgedünnten Bereich des Trägers (ähnlich einer Drucksensormembran) untergebracht. Der Heizwiderstand H wird durch den eng benachbarten Heiztemperatursensor S_H sowie den Lufttemperatursensor S_L (auf dem dicken Rand des Silizium-Chips) auf konstante Übertemperatur geregelt. Im Gegensatz zu bisherigen Techniken wird hier jedoch nicht der Heizstrom als Ausgangssignal genutzt, sondern die von den beiden Temperatursensoren S_1 und S_2 festgestellte Temperaturdifferenz der Membran. Ein Temperatursensor liegt vor und einer hinter dem Heizwiderstand H in der Strömung.

Ohne Luftanströmung (Q_M = 0) ist das Temperaturprofil auf beiden Seiten der Heizzone gleich, für die Temperatur an den Messstellen gilt $T_1 = T_2$ (Bild 4). Strömt dagegen Luft über die Sensormesszelle ($Q_M > 0$), wird der Bereich vor dem Heizelement durch die kalte Luft abgekühlt und an S_1 wird eine niedrigere Temperatur gemessen. Hinter dem Heizelement ist die vorbeiströmende

Bild 4: Sensorelement des mikromechanischen Heißfilm-Luftmassenmessers.
1 Dielektrische Membran,
H Heizwiderstand,
S_H Heiztemperatursensor,
S_L Lufttemperatursensor,
S_1,S_2 Temperatursensoren (strömungsaufwärts, strömungsabwärts)
Q_M Luftmassenstrom,
s Messort,
T Temperatur.

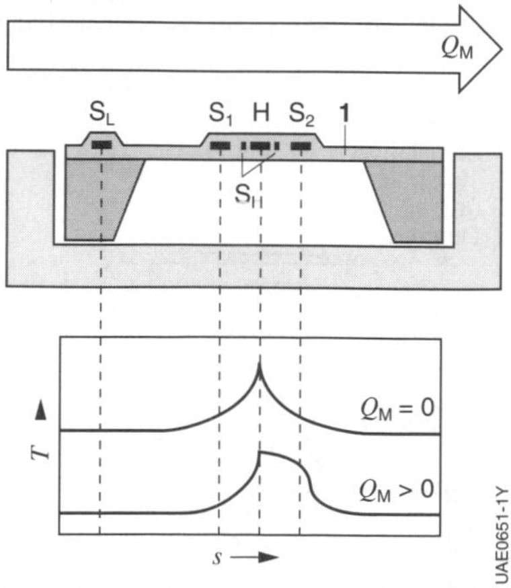

Luft durch das Heizelement erwärmt, an S_2 wird deshalb eine höhere Temperatur gemessen. Die Temperaturdifferenz ist unabhängig von der absoluten Temperatur der vorbeiströmenden Luft ein Maß für die Masse des Luftstroms. Im Gegensatz zum Heizstrom gibt diese Ausgangsgröße den Durchfluss vorzeichenrichtig wieder, wenn auch (wie die bisherigen Verfahren) in ebenfalls nichtlinearer Weise.

Beim HFM5 wandelt die im Sensor integrierte Auswerteelektronik mit Hilfe einer Analogschaltung den an S_1 und S_2 gemessenen Temperaturunterschied in ein analoges Spannungssignal zwischen 0 V und 5 V um (Bild 6). Beim HFM6 und HFM7 wird die Signalverarbeitung mit Hilfe einer Digitalelektronik realisiert, um höhere Genauigkeiten zu erzielen und es wird ein Frequenzsignal erzeugt. Der HFM7 stellt eine weiterentwicklete Version des HFM6 dar, mit verbesserter Elektronik und der Möglichkeit, alternativ zum Frequenzsignal ein Analogsignal auszugeben. Im Motorsteuergerät wird diese Spannung beziehungsweise die Frequenz über die im Programm abgelegte Sensorkennlinie in einen Luftmassenstrom umgerechnet. Der HFM8 kann das aufbereitete Messsignal auch über die digitale Busschnittstelle SENT ausgeben. Zudem konnte mit dem HFM8 die Genauigkeit der Messwerterfassung gesteigert werden.

Der Heißfilm-Luftmassenmesser ragt mit seinem Gehäuse in ein Messrohr (Bild 5). Ein am Messrohr angebrachter Strömungsgleichrichter, z.B. ein Drahtgitter, sorgt für eine gleichmäßige Strömung im Messrohr. Das Messrohr ist hinter dem Luftfilter im Ansaugtrakt eingesetzt.

Aufgrund der geringen Größe des Messelements ist dieser Durchflussmesser ein Teilstrommesser, der nur einen bestimmten und sehr kleinen Teil des Gesamtdurchflusses erfasst. Die Konstanz und Reproduzierbarkeit dieses Teilungsfaktors geht direkt in die Genauigkeit des Sensors ein. Eine Kalibrierung stellt den Zusammenhang zwischen der durch das Messrohr strömenden Luftmasse Q_M und dem aus dem Teilluftstrom gebildeten Messsignal her.

Ein- und Auslauf zu dem mikromechanischen Messelement sind so gestaltet und optimiert, dass schwerere Partikel wie Staubteilchen und Flüssigkeitströpfchen nicht direkt an das Messelement herankommen, sondern vor diesem abgeleitet werden. Weitere konstruktive Veränderungen am Messkanal führten zu einem verbesserten Kontaminationsschutz direkt stromaufwärts des Sensorelements.

Bild 5: Schnitt des Heißfilm-Luftmassenmessers.
1 Elektrische Anschlüsse,
2 Messrohr oder Luftfiltergehäusewand,
3 Auswerteelektronik (Hybridschaltung),
4 Sensormesszelle, 5 Sensorgehäuse,
6 Teilstrom-Messkanal,
7 Auslass Messteilstrom Q_M,
8 Einlass Messteilstrom Q_M.

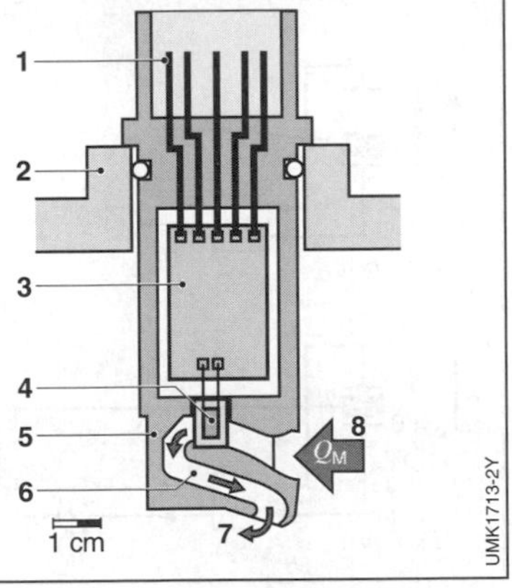

Bild 6: Kennlinie des Heißfilm-Luftmassenmessers.

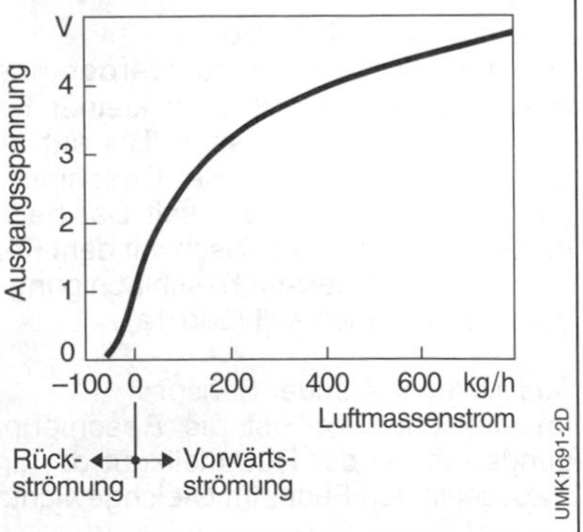

Beschleunigungs- und Vibrationssensoren

Messgrößen
Die im Kfz zu messenden Beschleunigungswerte a werden häufig als Vielfaches der Erdbeschleunigung g ($1\,g \approx 9{,}81$ m/s²) angegeben. Beschleunigungs- und Vibrationssensoren werden für folgende Anwendungen eingesetzt:
- Auslösen von Rückhaltesystemen wie z.B. Airbag und Gurtstraffer (35...100 g).
- Seitencrash- und Upfrontsensierung (100...500 g).
- Überrolldetektion (3...7 g).
- Erfassen von Beschleunigungen des Fahrzeugs für das Antiblockiersystem (ABS) und die Fahrdynamikregelung (0,8...1,8 g).
- Bewerten der Karosseriebeschleunigung für Systeme der Fahrwerksregelung: Aufbaubeschleunigung (1...2 g), Achse und Dämpfer (10...20 g).
- Erkennen von Änderungen der Fahrzeugneigung für Diebstahlwarnanlagen (ca. 1 g).
- Klopfregelung bei Ottomotoren (Messbereich bis zu 40 g).

Messprinzipien
Beschleunigungssensoren messen die durch eine Beschleunigung a auf eine träge Masse m ausgeübte Kraft:

(1) $F = m\,a$.

Es gibt sowohl weg- als auch (mechanisch) spannungmessende Systeme.

Wegmessende Systeme
Wegmessende Systeme werden insbesondere im Bereich sehr kleiner Beschleunigungen eingesetzt. Bis auf die Schwerependel sind alle Beschleunigungssensoren federgefesselt. Das heißt, die träge Masse ist elastisch mit dem Körper verbunden, dessen Beschleunigung a gemessen werden soll (Bild 1a).

Ausschlagmessender Sensor
Im statischen Fall ist die Beschleunigungskraft mit der Rückstellkraft der um x ausgelenkten Feder im Gleichgewicht:

(2) $F = m\,a = c\,x$
mit c = Federkonstante.

Die sich ergebende Auslenkung wird über ein geeignetes Messverfahren (z.B. piezoelektrisch, kapazitiv, piezoresistiv oder thermisch) in ein elektrisches Signal umgesetzt.

Die Messempfindlichkeit S des Systems ergibt sich zu:

(3) $S = \frac{x}{a} = \frac{m}{c}$.

Das heißt, eine große Masse und eine geringe Federsteifigkeit führen zu einer hohen Messempfindlichkeit.

Im dynamischen Fall sind neben der Federkraft noch eine Dämpfungskraft und eine Trägheitskraft zu berücksichtigen. Die Dämpfungskraft ist proportional zur Geschwindigkeit $\dot{x}$ und wird mit dem Dämpfungskoeffizienten p beschrieben. Die Trägheitskraft ist proportional zur Beschleunigung $\ddot{x}$. Das schwingungsfähige (resonante) System wird durch folgende Gleichung beschrieben:

Bild 1: Wegmessende Beschleunigungssensoren.
a) Ausschlagmessender Beschleunigungssensor,
b) lagegeregelter Beschleunigungssensor.
a Messbeschleunigung,
x Systemausschlag,
F_M Messkraft (Trägheitskraft auf Masse m),
F_K Kompensationskraft,
I_A Ausgangsstrom,
U_A Ausgangsspannung.

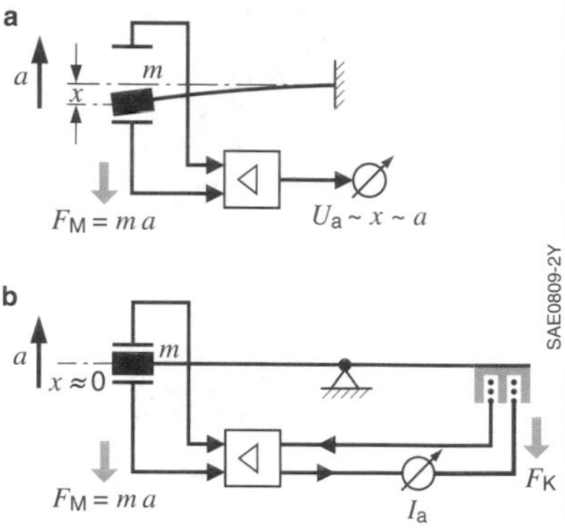

(4) $F = ma = cx + p\dot{x} + m\ddot{x}$.

Geht man von einer vernachlässigbaren Reibung ($p \approx 0$) aus, geht das System bei der Eigenfrequenz ω_0 in Resonanz:

(5) $\omega_0 = \sqrt{\frac{c}{m}}$.

Somit ist gemäß Gl. (3) die Messempfindlichkeit S mit der Resonanzfrequenz ω_0 in folgender Weise fest verknüpft:

(6) $S\,\omega_0^2 = 1$

Das heißt, eine Erhöhung der Resonanzfrequenz um den Faktor 2 muss mit einer auf den Faktor ¼ reduzierten Empfindlichkeit erkauft werden. Solche Feder-Masse-Systeme zeigen nur unterhalb ihrer Resonanzfrequenz eine ausreichend gute Proportionalität zwischen Messgröße und Ausschlag.

Lagegeregelter Sensor

Wegmessende Systeme erlauben auch die Anwendung des Kompensationsprinzips, bei dem die beschleunigungsbedingte Systemauslenkung durch eine äquivalente Rückstellkraft ausgeregelt wird (Bild 1b). Das System arbeitet dann idealerweise praktisch immer sehr nahe an seinem Nullpunkt (hohe Linearität, minimale Querempfindlichkeit, hohe Temperaturstabilität). Diese lagegeregelten Systeme haben aufgrund ihrer Regelung auch eine höhere Steifigkeit und Grenzfrequenz als gleichartige Ausschlagsysteme. Eine eventuell fehlende mechanische Dämpfung kann hier elektronisch erzeugt werden.

Systemverhalten

Bei nicht lagegerelten Systemen spielen deren Dämpfung und Resonanz Schlüsselrollen im Systemverhalten. Zur Beschreibung dieses Verhaltens hat sich die Verwendung des Lehr'schen Dämpfungsmaßes D durchgesetzt:

(7) $D = \frac{p}{m} \cdot \frac{1}{2\omega_0}$.

Gleichung (4) lässt sich dann formulieren zu

(8) $\frac{F}{m} = \ddot{x} + 2\,\omega_0 D\,\dot{x} + \omega_0^2 x$.

Die Verwendung der dimensionslosen Größe D erlaubt ein einfaches Vergleichen unterschiedlicher schwingungsfähiger Systeme: Einschwing- und Resonanzverhalten werden weitgehend von diesem Dämpfungswert bestimmt.

Bei sehr geringer Dämpfung ($D \rightarrow 0$) zeigt das System eine Resonanzüberhöhung bei ω_0. Diese ist oft unerwünscht, da sie einerseits zu einer Zerstörung des Systems führen kann und andererseits zu einer ungleichmäßigen Übertragungsfunktion ($G >> 1$) führt.

Bei steigenden Werten der Dämpfung nimmt die Resonanzüberhöhung des Systems immer weiter ab. Während man für Dämpfungen $D = \sqrt{2}/2$ bereits keine Resonanzüberhöhung bei periodischer Anregung mehr erhält (Bild 2), verschwindet für Werte $D > 1$ auch jegliches oszillierendes Einschwingen bei einer Sprunganregung.

Um eine möglichst gleichmäßige Systemantwort im Bereich $G \approx 1$ über einen großen Frequenzbereich zu erhalten, ist es beim Auslegen des Systems wichtig, dessen Dämpfung genau zu definieren. Idealerweise wird diese beispiels-

Bild 2: Amplitudenresonanzkurve.
G Übertragungsfunktion,
D Dämpfung,
ω Kreisfrequenz,
ω_0 Resonanzfrequenz,
Ω normierte Kreisfrequenz.

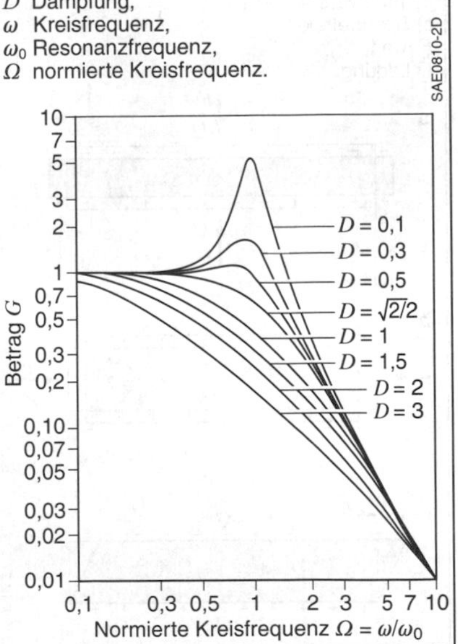

weise nur geringfügig von Schwankungen der Temperatur beeinflusst. In der Praxis werden Sensoren deshalb oft im Bereich $D = 0{,}5 \dots 1{,}0$ ausgelegt.

Mechanische Spannung messende Systeme

Zur Messung einer Beschleunigung kann auch der piezoelektrische Effekt ausgenutzt werden. In diesem Fall bewirkt die Kraftausübung durch die externe Beschleunigung eine mechanische Spannung im piezoelektrischen Material. Diese piezoelektrischen Materialien erzeugen unter der Wirkung einer Kraft F auf ihren mit Elektroden versehenen Oberflächen eine Ladung Q (Bild 3). Diese Ladung ist proportional zu der durch die Kraft erzeugten mechanischen Spannung.

Für die Anwendung als Sensor fließen die erzeugten Ladungen über den äußeren Widerstand eines Messkreises oder über einen inneren Widerstand des Sensors ab. Der Sensor kann also nicht statisch, sondern nur dynamisch messen. Die typische Grenzfrequenz liegt oberhalb von 1 Hz.

Der piezoelektrische Effekt wird z.B. beim piezokeramischen Bimorph-Biegeelement und beim piezoelektrischen Klopfsensor genutzt.

Thermische Beschleunigungssensoren

Diese Sensoren erzeugen über einem Heizelement einen engräumig erhitzten Gasbereich (Bild 4). In diesem Bereich hat das Gas eine geringere Dichte als das umgebende kühlere Gas. Bei einer Beschleunigung verlagert sich der Gasbereich geringer Dichte innerhalb des umgebenden, kühleren Gases. Die sich daraus ergebende Asymmetrie kann über Temperatursensoren, die in einer Brückenschaltung zusammengeschaltet sind, erfasst werden. Die Brückenspannung stellt das Beschleunigungssignal dar.

Dieses Prinzip wird für zahlreiche Anwendungen wie z.B. die Überrollsensierung und die Fahrdynamikregelung oder auch in Smart-Phones eingesetzt.

Bild 3: Piezoelektrischer Effekt.
a) Longitudinaleffekt,
b) Transversaleffekt,
c) Schubeffekt.
F Kraft,
Q Ladung.

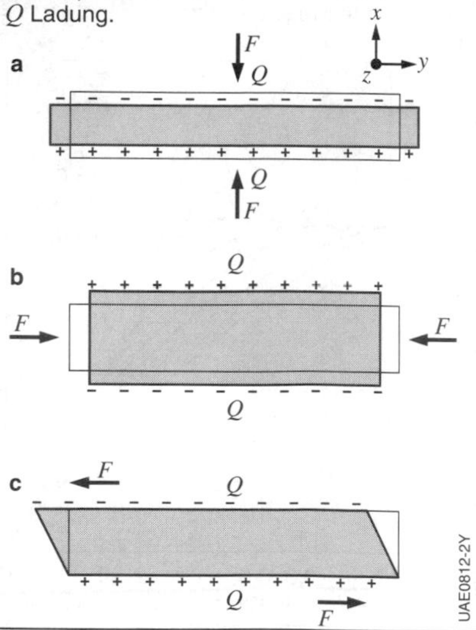

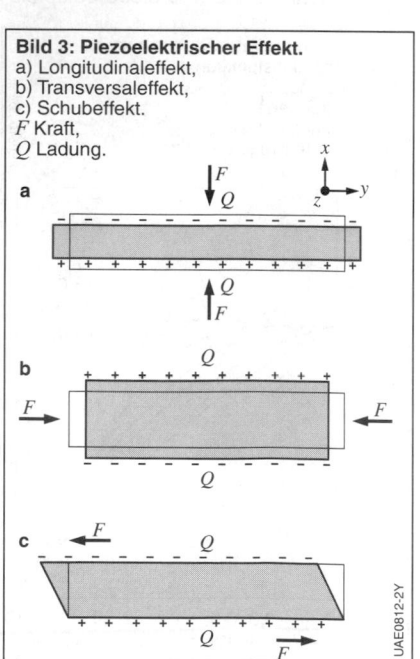

Bild 4: Prinzip thermischer Beschleunigungssensoren.
a) Beschleunigung $a = 0$,
b) Beschleunigung $a > 0$.
1 Erhitzter Gasbereich, 2 Heizelement,
3 Temperatursensoren, 4 Trägerschicht,
5 verlagerter Heißbereich.

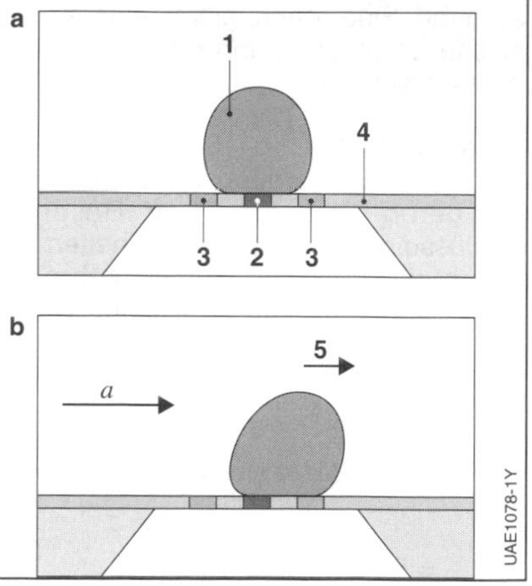

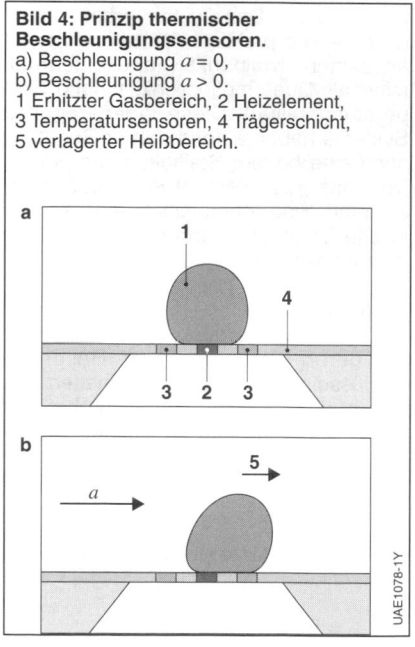

Anwendungen

Piezoelektrische Beschleunigungssensoren

Piezoelektrische Bimorph-Biegeelemente oder Zweischicht-Piezokeramik (Bild 5) als Sensoren für Rückhaltesysteme zum Auslösen von Gurtstraffer, Airbags und Überrollbügel verbiegen sich schon aufgrund ihrer Eigenmasse bei Beschleunigungseinwirkung so weit, dass sie ein gut auswertbares dynamisches (kein gleichspannungsmäßiges) Signal abgeben (Grenzfrequenz typisch 10 Hz). Das Sensorelement sitzt, manchmal durch ein Gel mechanisch geschützt, zusammen mit einer ersten Signalverstärkerstufe in einem dichten Gehäuse. Es besteht aus zwei gegensinnig polarisierten piezoelektrischen Schichten, die miteinander verklebt sind (Bimorph). Eine darauf einwirkende Beschleunigung bewirkt in der einen Schicht eine mechanische Zugspannung ($\varepsilon > 0$), in der anderen Schicht eine Druckspannung ($\varepsilon < 0$). Die metallischen Schichten an der Ober- und Unterseite des Biegeelements dienen als Elektroden, über die die resultierende elektrische Spannung abgegriffen wird.

Dieser Aufbau wird zusammen mit der Auswerteelektronik in einem hermetisch dichten Gehäuse verpackt. Die elektronische Schaltung besteht aus einem Impedanzwandler und einem abgleichbaren Verstärker mit vorgegebener Filtercharakteristik.

Das Sensorprinzip lässt sich auch aktorisch umkehren: Mit einer zusätzlichen Aktorelektrode kann der Sensor überprüft werden (On-Board-Diagnose).

Bild 5: Piezoelektrischer Sensor.
a) Im Ruhezustand,
b) bei Beschleunigung a.
1 Piezokeramisches Bimorph-Biegeelement.
U_A Messspannung.

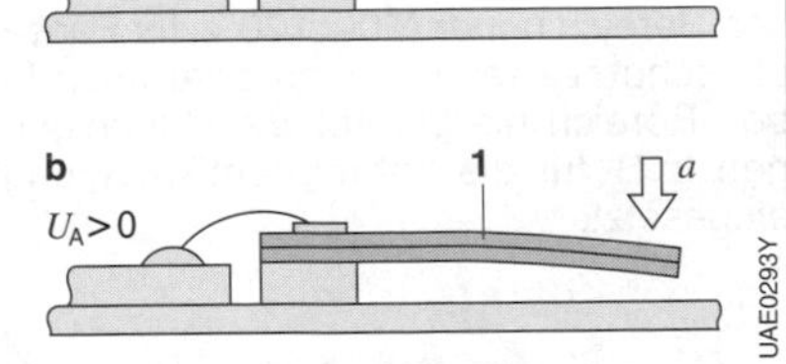

Mikromechanische Bulk-Silizium-Beschleunigungssensoren

Bei einer ersten Generation von mikromechanischen Sensoren wurde das erforderliche Feder-Masse-System mit anisotroper und selektiver Ätztechnik aus dem vollen Siliziumwafer herausgearbeitet (Bulk-Silizium-Mikromechanik) und die Federstege ausgedünnt (Bild 6).

Zur besonders fehlerarmen Messung der Auslenkung dieser Masse haben sich kapazitive Abgriffe bewährt. Diese benötigen über und unter der federgefesselten seismischen Masse eine weitere waferdicke Platte aus Silizium oder Glas mit Gegenelektroden und damit einen Dreischichtaufbau. Hierbei dienen die Platten mit den Gegenelektroden zusätzlich als Überlastschutz. Diese Anordnung entspricht einer Reihenschaltung von zwei Kondensatoren ($C_{1\text{-M}}$ und $C_{2\text{-M}}$). An den Anschlüssen C_1 und C_2 werden Wechselspannungen eingespeist, deren Überlagerung an C_M, also an der seismischen Masse, abgegriffen wird. Im Ruhezustand sind die Kapazitäten $C_{1\text{-M}}$ und $C_{2\text{-M}}$ idealerweise gleich. Wirkt eine Beschleunigung a

Bild 6: Bulk-Silizium-Beschleunigungssensor.
1 Silizium-Oberplatte,
2 Silizium-Unterplatte,
3 Siliziumoxid,
4 Silizium-Mittelplatte M (seismische Masse),
5 Glassubstrat.
a Beschleunigung,
C Messkapazitäten.

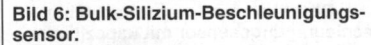

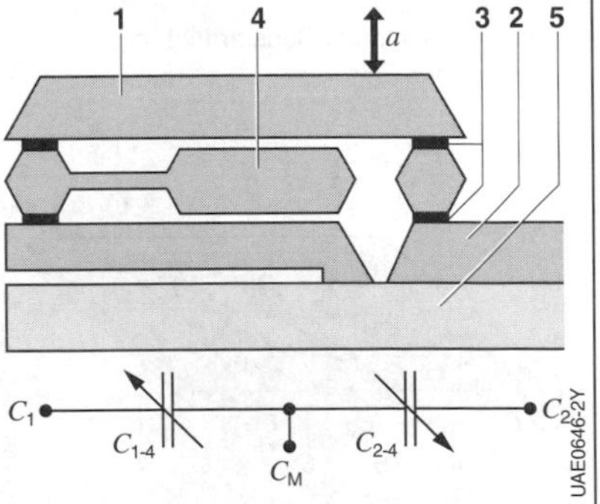

in Messrichtung, wird die Silizium-Mittelplatte als seismische Masse ausgelenkt. Die Abstandsänderung zur Ober- und zur Unterplatte bewirkt eine Kapazitätsänderung in den Kondensatoren $C_{1\text{-M}}$ und $C_{2\text{-M}}$ und damit eine Differenz ΔC, die proportional zur anliegenden Beschleunigung ist. Dadurch ändert sich das elektrische Signal an C_{M}, das in der Auswerteelektronik verstärkt und gefiltert wird.

Eine genau dosierte Luftfüllung des hermetisch verschlossenen schwingfähigen Systems bewirkt eine sehr raumsparende, aber wirksame und kostengünstige Dämpfung mit geringem Temperaturgang.

Diese Sensorart ist vorwiegend bei niedrigeren Beschleunigungsbereichen im Einsatz ($< 2g$) und erfordert ein Zwei-Chip-Konzept (Sensorchip + CMOS-Auswertechip).

Oberflächenmikromechanische Beschleunigungssensoren

Im Vergleich zu den Bulk-Silizium-Sensoren weisen oberflächenmikromechanische Sensoren (OMM) geringere Abmessungen auf. In der OMM-Technologie wird das Feder-Masse-System mit einem additiven Verfahren auf der Oberfläche des Siliziumwafers aufgebaut (Bild 7).

Bild 7: Oberflächenmikromechanischer Beschleunigungssensor mit kapazitivem Abgriff.
1 Federnde seismische Masse mit Elektroden,
2 Feder,
3 feste Elektroden mit Kapazität C_1,
4 Aluminium-Leiterbahn (für Selbsttestfunktion),
5 Bond-Pad,
6 feste Elektroden mit Kapazität C_2,
7 Siliziumoxid.
a Beschleunigung in Sensierrichtung,
C_{M} Messkapazität.

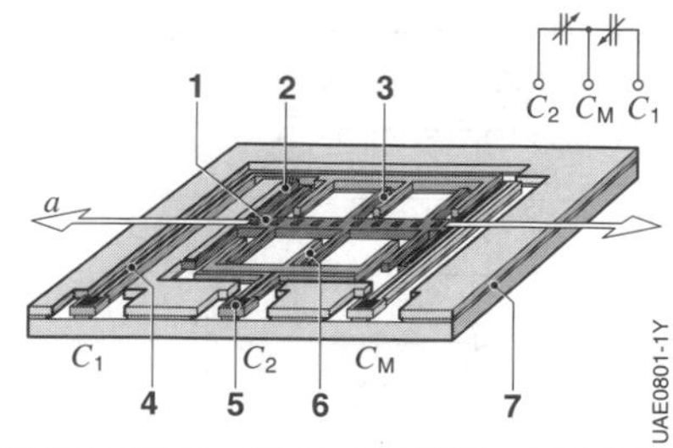

Im Sensorkern ist die seismische Masse mit ihren kammförmigen Elektroden über Federelemente mit Ankerpunkten des Siliziumoxids verbunden. Zu beiden Seiten dieser beweglichen Elektroden stehen auf dem Chip feste, ebenfalls kammförmige Elektroden. Die festen und die beweglichen Elektrodenfinger bilden Einzelkapazitäten, die parallel geschaltet sind. Daraus ergibt sich eine nutzbare Gesamtkapazität von 300 fF bis zu 1 pF. Zwei parallel geschaltete Elektrodenfingerreihen ergeben zwei Nutzkapazitäten (C_1-C_{M} und C_2-C_{M}), die sich bei Auslenkung der seismischen Masse gegensinnig ändern. Das Feder-Masse-System erfährt bei einer Beschleunigung eine Auslenkung, die sich über die Federrückstellkraft linear zur Beschleunigung verhält. Durch Auswertung dieses Differentialkondensators lässt sich ein linear von der Beschleunigung abhängiges elektrisches Ausgangssignal gewinnen.

Wegen der geringen Kapazität von typisch 1 pF ist die Auswerteelektronik zusammen mit dem Sensor auf dem gleichen Chip integriert oder sehr eng mit ihm auf dem gleichem Substrat oder Leadframe verbunden. Das Rohsignal wird verstärkt, gefiltert und für die Ausgangsschnittstelle aufbereitet. Hierfür sind analoge Spannungen, pulsweitenmodulierte Signale, SPI-Protokolle (Serial Peripheral Interface) oder PSI5-Protokolle (Stromschnittstellen, siehe PSI5) üblich.

Mit einer Selbsttestfunktion kann der mechanische und der elektrische Signalpfad des Sensors überprüft werden. Über eine elektrostatische Kraft wird die Sensorstruktur ausgelenkt (Simulation einer Beschleunigung) und das daraus resultierende Sensorsignal mit einem Sollwert verglichen.

Je nach Anwendung werden die Sensorelemente für verschiedene Messbereiche zwischen 1 g und 500 g ausgelegt. Zunächst wurden diese Sensoren für den Bereich hoher (50...100 g, für Passagierschutzsysteme), dann aber auch für den Bereich niedrigerer Beschleunigungen (z.B. für die Fahrdynamikregelung) eingesetzt.

Piezoelektrischer Klopfsensor
Der Klopfsensor ist vom Prinzip her ein Vibrationssensor. Er erfasst Körperschallschwingungen, die im Ottomotor bei unkontrollierten Verbrennungen als „Klopfen" auftreten (Bild 7). Die Körperschallschwingungen müssen vom Messort am Motorblock ungedämpft und resonanzfrei in den Klopfsensor eingeleitet werden können. Hierzu ist eine geeignete Messstelle sowie eine feste Schraubverbindung erforderlich.

Der Klopfsensor ist am Motorblock angeschraubt (Bild 8). Eine seismische Masse übt aufgrund ihrer Trägheit Druckkräfte im Rhythmus der anregenden Schwingungen auf eine ringförmige Piezokeramik aus. Diese Kräfte bewirken innerhalb der Keramik eine Ladungsverschiebung. Zwischen der Keramikober- und -unterseite entsteht eine elektrische Spannung, die über Kontaktscheiben abgegriffen wird. Das im Sensor erzeugte Klopfsignal wird dem Motorsteuergerät zugeführt, dort aufbereitet und ausgewertet.

Bei erkannten Klopfgeräuschen verstellt das Motorsteuergerät den Zündwinkel und wirkt somit einem weiteren Klopfen entgegen (siehe Klopfregelung).

Die Vibrationsfrequenz liegt bei typisch 5...25 kHz.

Bild 8: Klopfsensor (Aufbau und Anbau).
1 Ringförmige Piezokeramik,
2 Seismische Masse mit Druckkräften F,
3 Gehäuse, 4 Schraube, 5 Kontaktierung,
6 elektrischer Anschluss, 7 Motorblock.
V Vibration.

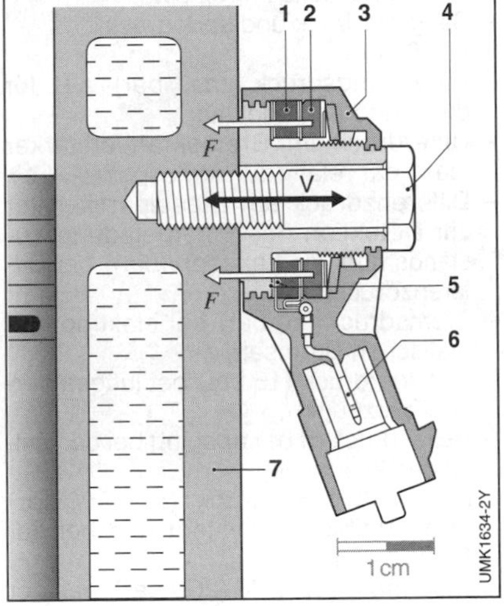

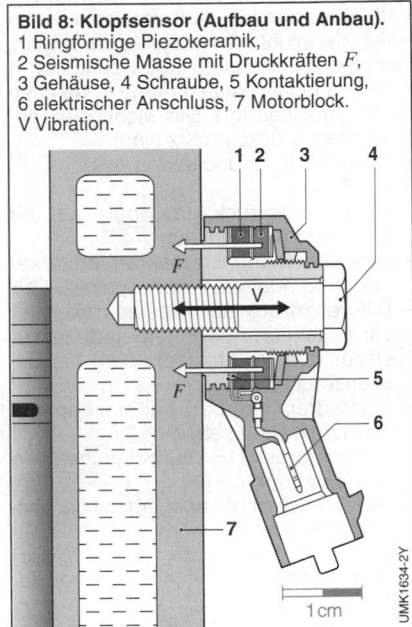

Bild 7: Druckverläufe im Brennraum und entsprechende Klopfsensorsignale.
a) Typischer Verlauf des Brennraumdrucks (gemessen an einem Versuchsmotor),
b) bandpassgefiltertes Signal des Brennraumdrucks,
c) vom Klopfsensor erfasstes Körperschallsignal.

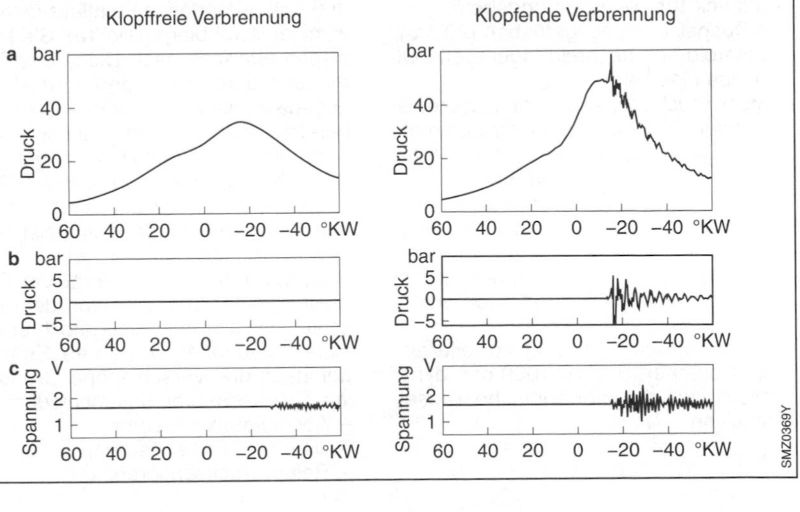

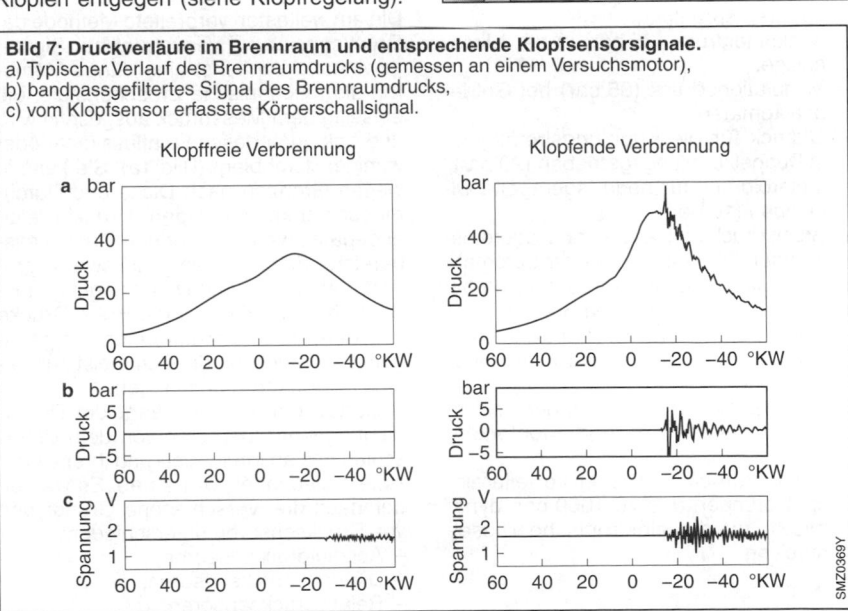

Drucksensoren

Messgrößen

Die Messgröße Druck ist eine in Gasen und Flüssigkeiten auftretende allseits wirkende, nicht gerichtete Kraftwirkung. Sie pflanzt sich auch noch sehr gut in galertartigen Substanzen und in weichen Vergussmassen fort. Die wichtigsten gemessenen Drücke im Kfz sind:

- Saugrohrdruck und Ladedruck (1...6 bar),
- Umgebungsdruck (ca. 1 bar), z.B. für die Ladedruckregelung,
- Unterdruck im Bremskraftverstärker (ca. 1 bar relativ zur Atmosphäre),
- Differenzdruck am Dieselpartikelfilter zur Detektion des Filterbeladungszustands und von Lekagen (bis 1 bar Differenzdruck),
- Bremsdruck (10 bar) bei elektropneumatischen Bremsen,
- Luftfederdruck (16 bar) bei luftgefederten Fahrzeugen,
- Reifendruck (5 bar absolut) bei der Reifendruckkontrolle,
- Hydraulikvorratsdruck (ca. 200 bar) beim Antiblockiersystem und bei der Servolenkung,
- Stoßdämpferdruck (200 bar) bei der Fahrwerksregelung,
- Kühlmitteldruck (35 bar) in der Klimaanlage,
- Modulationsdruck (35 bar) bei Getriebeautomaten,
- Öldruck für die Kupplungsbetätigung in Doppelkupplungsgetrieben (20 bar),
- Motoröldruck für bedarfsgeregelte Ölpumpen (10 bar),
- Bremsdruck im Haupt- und Radbremszylinder (200 bar) sowie für automatische Giermomentenkompensation bei elektronisch gesteuerten Bremsen,
- Über- und Unterdruck der Tankatmosphäre (0,5 bar) bei der On-Board-Diagnose,
- Brennraumdruck (100 bar, dynamisch) für Zündaussetzer- und Klopferkennung,
- Elementdruck in Diesel-Verteilereinspritzpumpen (bis zu 1000 bar, dynamisch) für die elektronische Dieselregelung,
- Kraftstoffdruck im Niederdruckkreislauf für bedarfsgeregelte Kraftstoffpumpen (Diesel und Benzin; 10 bar),
- Raildruck bei LPG- und CNG-Systemen (4...16 bar),
- Raildruck bei Diesel-Common-Rail (bis zu 2700 bar),
- Rail-Druck bei Benzin-Direkteinspritzung (bis zu 280 bar),
- Öldruck für die Berücksichtigung der Motorbelastung in der Serviceanzeige.

Messprinzipien

Zur Messung von Drücken gibt es dynamisch und statisch wirkende Messwertaufnehmer. Zu den dynamisch wirkenden Drucksensoren gehören z.B. Mikrofone, die unempfindlich gegenüber statischen Drücken sind und nur zur Messung von Druckschwingungen in gasförmigen oder in flüssigen Medien dienen. Da bisher im Automobil vorwiegend statische Drucksensoren gefragt sind, soll hier hauptsächlich auf diese näher eingegangen werden. Die statische Druckmessung erfolgt unmittelbar über die Verformung einer Membran.

Membransensoren

Aufbau

Die am weitesten verbreitete Methode der Drucksensierung verwendet zur Signalgewinnung zunächst eine dünne Membran als mechanische Zwischenstufe, die einseitig dem Messdruck ausgesetzt wird und sich unter dessen Einfluss mehr oder weniger durchbiegt (Bild 1a). Sie kann in weiten Grenzen nach Dicke und Durchmesser dem jeweiligen Druckbereich angepasst werden. Niedrige Druckmessbereiche führen zu vergleichsweise großen Membranen mit Durchbiegungen im Bereich von 0,01...1 mm. Hohe Drücke erfordern dickere Membranen mit geringem Durchmesser, die sich meist nur wenige Mikrometer durchbiegen.

Genau genommen hängt die Durchbiegung einer Membran von dem Unterschied des an ihrer Ober- und ihrer Unterseite anliegenden Drucks ab. Es werden demnach drei verschiedene Grundtypen von Drucksensoren unterschieden:

- Absolutdrucksensoren,
- Differenzdrucksensoren,
- Relativdrucksensoren.

Die Relativdrucksensoren messen den Differenzdruck relativ zum Umgebungsdruck.

Es dominieren in allen Druckbereichen spannungmessende Verfahren und hier praktisch ausschließlich die DMS-Technik (Dehnmessstreifen).

DMS-Technik

Die bei der Durchbiegung eines Membransensors auftretenden Dehnungen an der Membran werden mithilfe von Dehnmessstreifen (Dehnmesswiderständen), die auf der Membran aufgebracht sind (z.B. eindiffundiert oder aufgedampft), erfasst (Bild 1a). Unter dem Einfluss mechanischer Spannungen ändert sich deren elektrischer Widerstand aufgrund des piezoresistiven Effekts. Der K-Faktor (Gage-Faktor) gibt die relative Änderung des Dehnmesswiderstands bezogen auf die relative Änderung seiner Länge an. Für die bei mikromechanischen Drucksensoren in das monokristalline Silizium eindiffundierten Widerstände ist dieser Faktor besonders hoch, typisch $K \approx 100$.

Die Widerstände sind zu einer Wheatstone-Brücke zusammengeschaltet (Bild 1b). Abhängig vom einwirkenden Druck wird die Membran unterschiedlich stark durchgebogen, dabei werden zwei Widerstände gedehnt und zwei Widerstände gestaucht. Dadurch ändert sich ihr elektrischer Widerstand und damit auch die Messspannung (Brückenspannung). Die gemessene Spannung ist ein Maß für den Druck. Mit dieser Beschaltung ergibt sich eine höhere Messspannung als bei der Auswertung eines einzelnen Widerstands. Die Wheatstone-Brücke ermöglicht damit eine hohe Empfindlichkeit des Sensors.

Bild 1: Halbleiter-Absolutdrucksensor.
a) Schnittbild,
b) Wheatstone-Brückenschaltung.
1 Membran, 2 Siliziumchip,
3 Referenzvakuum, 4 Glas (Pyrex).
p Messdruck,
U_0 Versorgungsspannung,
U_M Messspannung,
R_1 Dehnmesswiderstand (gestaucht),
R_2 Dehnmesswiderstand (gedehnt).

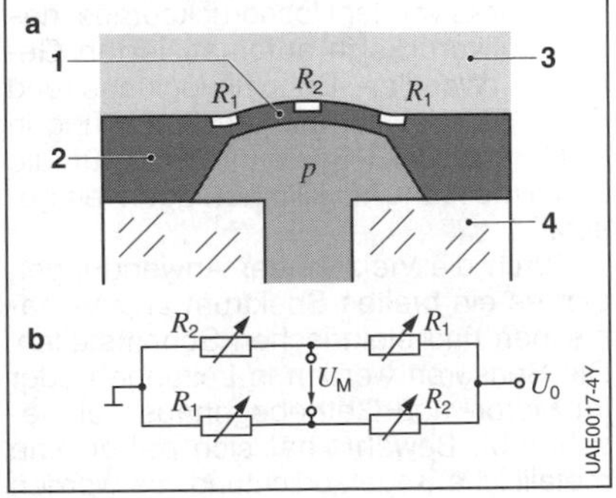

Anwendungen

Mikromechanische Drucksensoren

Mikromechanische Drucksensoren finden Anwendung für Druckbereiche kleiner 6 bar (bei Niederdrucksensoren) und für Druckbereiche kleiner 70 bar (bei Mitteldrucksensoren).

Die Messzelle des mikromechanischen Drucksensors besteht aus einem Siliziumchip, in den mikromechanisch eine dünne Membran eingeätzt ist (Bild 1). Auf der Membran sind vier in einer Wheatstone-Brückenschaltung angeordnete Widerstände eindiffundiert (siehe oben). Die Brückenspannung ist ein Maß für den Druck an der Membran.

Das Brückensignal muss noch linearisiert und verstärkt werden. Außerdem müssen Temperatureffekte kompensiert werden. Dies geschieht entweder in einer auf dem Messchip integrierten Schaltung oder in einem separaten ASIC (anwendungsspezifische integrierte Schaltung). Das Ausgangssignal kann entweder in Form einer analogen Spannung (0...5 V) oder in digitaler Form, z.B. über die SENT-Schnittstelle, übertragen werden.

Digitale Übertragungsprotokolle haben gegenüber analogen Signalen den Vorteil, dass Schnittstellentoleranzen (Übergangs- und Kabelwiderstände) keine Rolle spielen und dass sich in der Regel noch Zusatzinformationen (Fehlercodes, Temperatursignale usw.) übertragen lassen.

Bei Sensoren für sehr agressive oder flüssige Messmedien (z.B. für Kraftstoffdruck- und Ladedrucksensoren) wird häufig die „umgekehrte Montage“ angewendet, bei der der Messdruck auf der elektronisch passiven, als Kaverne ausgehöhlten Seite des Sensorchips eingeleitet wird (Bild 2a). Die wesentlich empfindlichere Seite des Chips mit den Messwiderständen und der Auswerteelektronik befindet sich mit seiner Kontaktierung in dem zwischen Gehäuseboden und aufgeschweißter Metallkappe eingeschlossenen Referenzvakuum und ist dort optimal geschützt.

Bild 2: Absolutdrucksensor.
a) Umgekehrte Montage (Referenzvakuum auf der Strukturseite),
b) vereinfachte Montage mit Schutzgel,
c) „Outer Packaging“ für Saugrohreinbau mit integriertem Lufttemperatursensor.
1,3 Elektrische Anschlüsse mit eingeglaster Durchführung,
2 Referenzvakuum,
4 Messzelle (Chip) mit Auswerteelektronik,
5 Glassockel, 6 Kappe,
7 Zuführung für Messdruck p,
8 Schutzgel, 9 Gelrahmen,
10 Keramikhybrid,
11 Kaverne mit Referenzvakuum,
12 Bondverbindung,
13 Saugrohrwand, 14 Gehäuse,
15 Dichtring, 16 Temperatursensor,
17 elektrischer Anschluss,
18 Gehäusedeckel, 19 Messzelle.
p Messdruck.

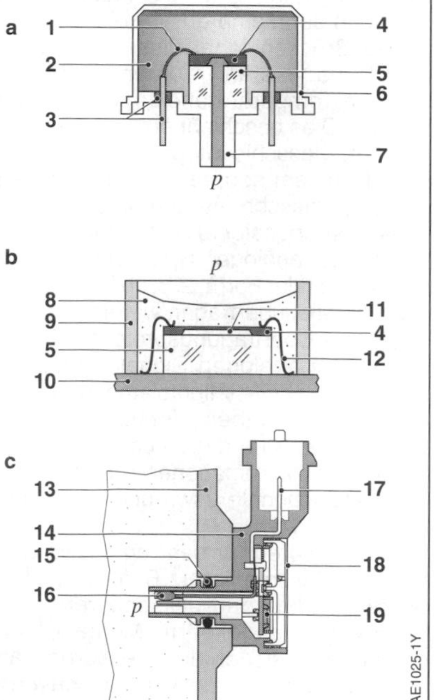

Kostengünstiger ist jedoch eine Montage, bei der der Siliziumchip mit eingeätzter Membran und vier Dehnmesswiderständen als Messzelle auf einem Glassockel sitzt. Das Referenzvakuum befindet sich in einer Kaverne zwischen Membran und Glassockel (Bild 2b). Alternativ können für Absolutdrucksensoren Messchips aus porösem Silizium mit eingeschlossenem Referenzvakuum verwendet werden. Der Siliziumchip wird von der Seite mit Druck beaufschlagt, auf der sich die Messwiderstände und die Auswerteelektronik befinden. Diese empfindliche Chipseite ist durch ein geeignetes Gel gegen das Druckmedium geschützt. Die kompakte Bauweise von integrierten Ein-Chip-Sensoren ermöglicht den direkten Saugrohranbau (Bild 2c).

Niederdrucksensoren
Anwendung findet diese Bauweise bei fast allen Niederdrucksensoren (Maximaldruck kleiner als 6 bar), wie z.B. Ladedrucksensoren und barometrische Sensoren. Für Differenzdrucksensoren (z.B. für Dieselpartikelfilter oder Bremskraftverstärker) werden beide Seiten der Membran durch das Druckmedium beaufschlagt.

Solche Sensoren können auch in Reifendruckkontrollsystemen eingesetzt werden. Die Messung erfolgt kontinuierlich und berührungslos.

Mitteldrucksensoren
Der Bereich der Mitteldrucksensoren wird im Wesentlichen durch einen maximalen Druckmessbereich von ca. 6 bar...70 bar beschrieben. Diese Sensoren werden zur Messung des Motoröldrucks, des Kraftstoffdrucks vor der Hochdruckpumpe, des Hydraulikdrucks in automatisierten Getrieben (Wandler-, Doppelkupplungs- und CVT-Getriebe), für die Druckmessung in LPG- und CNG-Systemen und für die Druckmessung in Klimaanlagen eingesetzt.

Durch die Vielzahl der Anwendungen gibt es ein breites Spektrum an mechanischen und elektrischen Schnittstellen. Die Sensoren werden in Leitungen oder im Motor- und Getriebegehäuse eingeschraubt. Bewährt hat sich dabei eine metallische Kegelabdichtung, es werden aber auch O-Ringe und Dichtringe eingesetzt. Das Design des Mitteldrucksensors ist stark an den Hochdrucksensor angelehnt, wobei die Metallmembran durch ein Sensorelement in Silizium-Mikromechanik-Technologie ersetzt wurde. Hierfür sind die Sensorelemente aus dem Bereich der Niederdrucksensoren durch optimierte Ätzverfahren für höhere Drücke und erhöhte Berstdruckfestigkeit angepasst worden. Auch hier erfolgt die Auswertung des Messsignals einer Wheatstone-Brückenschaltung. Das Sensorsignal wird aufbereitet und als analoges oder digitales Ausgangssignal ausgegeben. Dies geschieht entweder integriert in einen Siliziumchip (1-Chip-Technologie) oder durch Messelement und Auswerte-ASIC (2-Chip-Technologie).

In einigen Anwendungen (z.B. beim Motorölsensor) kommen kombinierte Sensoren für Druck und Temperatur zum Einsatz. Hierzu wird ein NTC in das Gewindestück integriert und der temperaturabhängige Widerstand des NTC im Steuergerät durch geeignete Schaltungen ausgewertet. Das SENT-Protokoll bietet die Möglichkeit, den Druck- und das Temperatursignal in einem gemeinsamen Ausgangssignal auszugeben. Damit ist keine separate Leitung für das Temperatursignal erforderlich.

Metallmembran-Hochdrucksensoren
Bei sehr hohen Drücken, wie sie z.B. im Rail des Common-Rail-Systems oder der Benzindirekteinspritzung für Regelzwecke gemessen werden müssen, kommen Membranen aus hochwertigem Federstahl zum Einsatz (Bild 3 und Bild 4). Weitere Einsatzgebiete sind Bremssysteme wie das Antiblockiersystem sowie die Fahrdynamikregelung oder auch die Industriehydraulik.

Auf der Membran sind vier Dehnmessstreifen in Dünnschichttechnik aufgebracht, das Messprinzip ist das gleiche wie bei den mikromechanischen Drucksensoren. Die Stahlmembran trennt das Messmedium ab, hat im Gegensatz zum Silizium noch einen Fließbereich und damit eine günstigere Berstsicherheit und lässt sich problemlos in metallischen Gehäusen haltern und fügen.

Isoliert aufgesputterte (aufgedampfte) metallische Dünnschicht-Dehnmessstreifen ($K \approx 2$) oder auch Poly-Silizium-Dehnmessstreifen (mit $K \approx 40$) bieten eine dauerhaft hohe Genauigkeit des Sensors. Verstärkungs-, Abgleich- und Kompensationselemente können in nur einem ASIC zusammengefasst werden, der zusammen mit dem erforderlichen EMV-Schutz auf einem kleinem Träger in das Sensorgehäuse integriert wird.

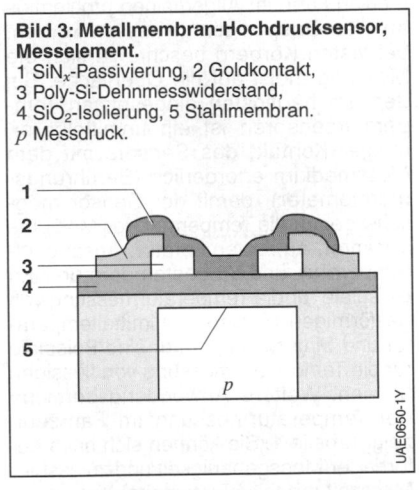

Bild 3: Metallmembran-Hochdrucksensor, Messelement.
1 SiN_x-Passivierung, 2 Goldkontakt,
3 Poly-Si-Dehnmesswiderstand,
4 SiO_2-Isolierung, 5 Stahlmembran.
p Messdruck.

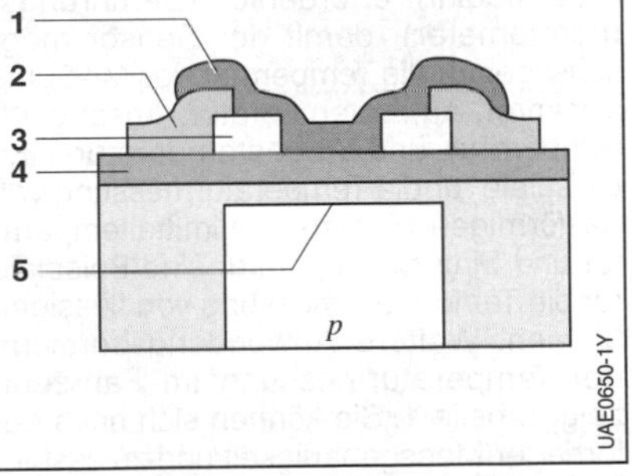

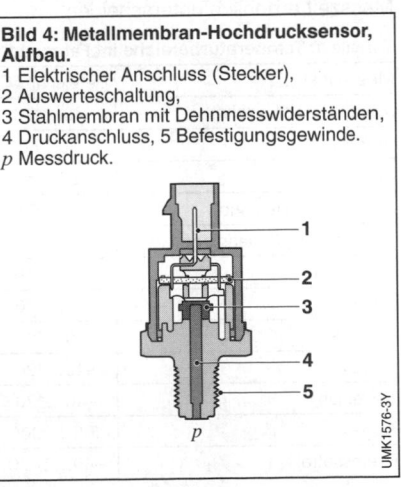

Bild 4: Metallmembran-Hochdrucksensor, Aufbau.
1 Elektrischer Anschluss (Stecker),
2 Auswerteschaltung,
3 Stahlmembran mit Dehnmesswiderständen,
4 Druckanschluss, 5 Befestigungsgewinde.
p Messdruck.

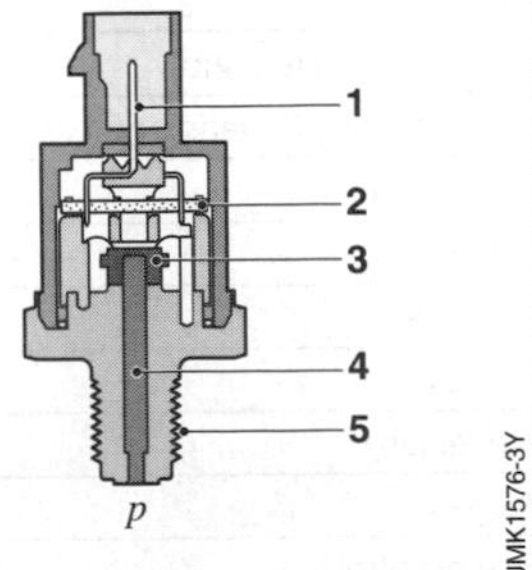

Temperatursensoren

Messgrößen

Die Temperatur T ist eine ungerichtete, den Energiezustand des Mediums charakterisierende Größe, die vom Ort und von der Zeit abhängen kann.

$T = T(x, y, z, t)$,
x, y, z Raumkoordinaten,
t Zeit,
T gemessen nach der Celsius- oder der Kelvin-Skala.

Bei gasförmigen und flüssigen Messmedien kann im Allgemeinen problemlos an allen Ortspunkten gemessen werden, bei festen Körpern beschränkt sich die Messung meist auf die Oberfläche. Bei den am häufigsten eingesetzten Temperatursensoren ist ein unmittelbarer, inniger Kontakt des Sensors mit dem Messmedium erforderlich (Berührungsthermometer), damit der Sensor möglichst genau die Temperatur des Mediums annimmt. Außentemperatur, Ansauglufttemperatur und Abgastemperatur sind Beispiele für die Temperaturmessung von gasförmigen Medien. Kühlmitteltemperatur und Motoröltemperatur sind Beispiele für die Temperaturmessung von flüssigen Medien. Weitere Anwendungsbereiche der Temperaturmessung im Fahrzeug zeigt Tabelle 1. Sie können sich nach geforderter Messgenauigkeit und zulässiger Messzeit erheblich unterscheiden.

Tabelle 1: Temperaturbereiche im Fahrzeug.

Messpunkt	Bereich in °C
Ansaug- und Ladeluft	−40...170
Außenwelt	−40...60
Innenraum	−20...85
Ausblasluft (Heizung)	−20...60
Verdampfer (Klimaanlage)	−10...50
Kühlmittel	−40...130
Motoröl	−40...170
Batterie	−40...100
Kraftstoff	−40...120
Reifenluft	−40...120
Abgas	100...1000
Bremssattel	−40...2000

Für spezielle Fälle sind auch berührungslose Temperatursensoren im Einsatz, die die Temperatur eines Körpers oder Mediums aufgrund der von ihm ausgesandten (infraroten) Wärmestrahlung bestimmen (Strahlungsthermometer, Pyrometer, Wärmebildkamera). Anwendung finden diese Temperatursensoren in Nachtsichtsystemen (siehe Fern-Infrarot-Systeme) sowie bei der Fußgängererkennung mit Infrarot-Kameras.

An vielen Stellen wird die Temperatur auch als Hilfsgröße gemessen, um sie als Fehlerursache oder unerwünschte Einflussgröße zu kompensieren – zum Beispiel in Sensoren für andere physikalische Größen, deren Messwert möglichst wenig von der Temperatur abhängen soll.

Messprinzip

Die Temperaturmessung im Kfz nutzt fast ausschließlich die Temperaturabhängigkeit von elektrischen Widerstandsmaterialien mit positivem Temperaturkoeffizienten (PTC, Positive Temperature Coefficient, Heißleiter) oder mit negativem Temperaturkoeffizienten (NTC, Negative Temperature Coefficient, Kaltleiter) als Berührungsthermometer. Abhängig von der Temperatur weist der Sensor einen bestimmten Widerstandswert auf (Bild 1). Die Umsetzung der Widerstandsänderung in eine analoge Spannung erfolgt überwiegend durch Ergänzung eines temperaturneutralen oder

Bild 1: Temperaturkennlinie mit Streugrenzen eines NTC-Widerstands.

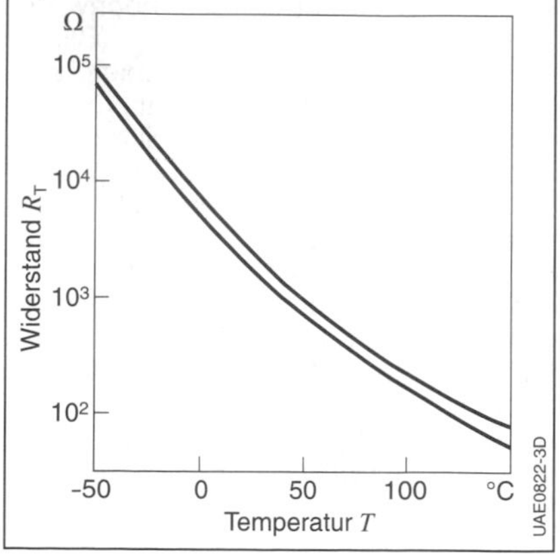

gegensinnig abhängigen Widerstands zu einem Spannungsteiler (Bild 2a) oder durch Einspeisung eines eingeprägten Stroms (Bild 2b). Für die Spannungsteilerschaltung ergibt sich

$$U_\mathrm{A}(T) = U_0 \frac{R(T)}{R(T)+R_\mathrm{V}}.$$

Mit dem eingeprägten Strom I_0 ergibt sich die Messspannung zu

$$U_\mathrm{A}(T) = I_0\, R(T).$$

Die am Messwiderstand gemessene Spannung ist somit temperaturabhängig. Diese Analogspannung wird im Steuergerät von einem Analog-digital-Wandler digitalisiert und dann über eine Kennlinie einem Temperaturwert zugeordnet.

Alternativ kann die Signalverarbeitung auch von einer im Sensor integrierten Auswerteschaltung vorgenommen werden, der Temperaturwert wird dann über eine digitale Schnittstelle (siehe PSI5) übertragen.

Sensorausführungen

Sinterkeramische Widerstände (NTC)

Halbleitende sinterkeramische Widerstände aus Schwermetalloxiden und oxidierten Mischkristallen (in Perlen- oder Scheibenform gesintert) weisen eine exponentiell fallende Temperaturkennlinie auf (Bild 1). Sie lässt sich in guter Näherung durch folgende Exponentialgleichung beschreiben:

$$R(T) = R_0\, e^{B\left(\frac{1}{T} - \frac{1}{T_0}\right)},$$

mit
$R_0 = R(T_0)$,
B = 2000...5000 K,
T Temperatur in K.

Der Widerstandswert kann bis zu fünf Zehnerpotenzen variieren, z.B. typisch von einigen 100 Kiloohm bis zu einigen 10 Ohm. Die starke Temperaturabhängigkeit lässt den Einsatz nur über ein „Fenster“ von etwa 200 K zu; diese Spanne kann jedoch im Bereich von –40 °C bis ca. 850 °C durch Auswahl eines geeigneten NTC festgelegt werden. Enge Toleranzen von ±0,5 K an einem wählbaren Referenzpunkt sind z.B. durch Auslese möglich, was sich aber auch im Preis niederschlägt.

Dünnschicht-Metallwiderstände (PTC)

Die zusammen mit zwei zusätzlichen, temperaturneutralen Abgleichwiderständen auf einem gemeinsamen Substratplättchen integrierten (z.B. durch Aufdampfen oder Sputtern) Dünnschicht-Metallwiderstände (Bild 3a) weisen eine besonders hohe Genauigkeit auf, da sie sich bezüglich ihrer Kennlinie eng toleriert und langzeitstabil fertigen und durch Laserschnitte zusätzlich „trimmen“ lassen (Bild 3b). Dabei werden der zum Messwiderstand seriell geschaltete und der parallel geschaltete Abgleichwiderstand in ihrem Wert verändert.

Die angewandte Schichttechnik ermöglicht es, das Trägermaterial (Keramik, Glas, Kunststofffolien) und die Abdeckschichten (Kunststoffverguss oder Lackabdeckung, Folienverschweißung, Glas- und Keramiküberzug) zum Schutz gegen das Messmedium an die jeweilige Messaufgabe anzupassen.

Gegenüber oxidkeramischen Halbleitersensoren weisen metallische Schichten zwar eine geringere Temperaturabhängigkeit auf, sie haben jedoch eine günstigere Charakteristik bezüglich Linearität und Reproduzierbarkeit. Zur rechnerischen Beschreibung dient folgender Ansatz:

Bild 2: Methoden der Widerstandsmessung.
a) Spannungsteilerschaltung,
b) Messung mit eingeprägtem Strom.
U_0 Speisespannung, I_0 eingeprägter Strom,
R_V Spannungsteilerwiderstand,
$R(T)$ Messwiderstand, $U_\mathrm{A}(T)$ Messspannung,

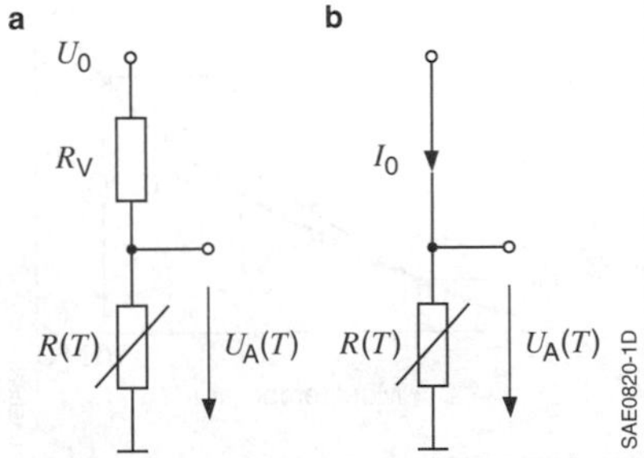

$$R(T) = R_0\,(1+\alpha\,\Delta T + \beta\,\Delta T^2 + \ldots)$$

mit
$\Delta T = T - T_0$,
T_0 = 20 °C (Referenztemperatur),
α linearer Temperaturkoeffizient,
β quadratischer Temperaturkoeffizient.

Der Koeffizient β ist bei Metallen klein, aber nicht ganz vernachlässigbar. Deshalb wird bei solchen Sensoren die Messempfindlichkeit mit einem mittleren Temperaturkoeffizienten, dem „TK 100" charakterisiert. Er entspricht der mittleren Kennliniensteigung zwischen 0 °C und 100 °C (Bild 4) und ergibt sich aus folgender Beziehung:

$$\text{TK}\,100 = \frac{R(100\,°\text{C}) - R(0\,°\text{C})}{R(0\,°\text{C}) \cdot 100\ \text{K}} = \alpha_{100}\,.$$

Bild 3: Metallfilm-Temperatursensor.
a) Aufbau,
b) Kennlinienabgleich.
1 Hilfskontakte, 2 Brücke.
R_{Ni} Nickel-Schichtwiderstand,
$R(T)$ auf Temperatur T bezogener Widerstand,
R_{P}, R_{S} temperaturabhängige Abgleichwiderstände (parallel und seriell).

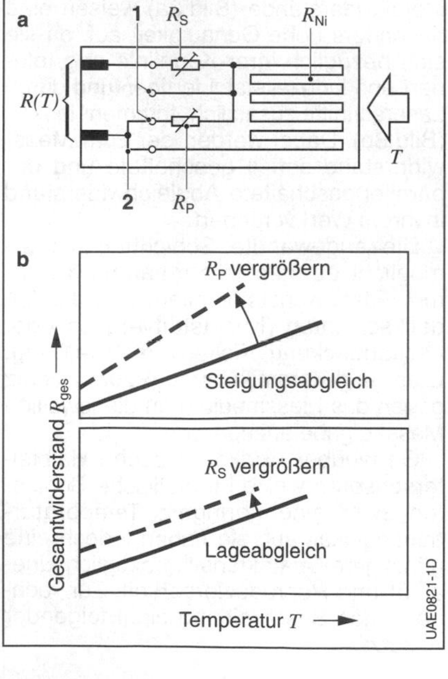

Tabelle 2 zeigt den mittleren Temperaturkoeffizienten für einige Metalle.

Metallschichtwiderstände werden im Allgemeinen mit einem Grundwert (Widerstandswert bei 20 °C) von 100 Ω oder 1 000 Ω (z. B. unter der Bezeichnung Pt 100 oder Pt 1000) in verschiedenen Toleranzklassen hergestellt und vertrieben. Platin-Widerstände (Pt) haben zwar den niedrigsten Temperaturkoeffizienten, sind jedoch sehr genau und alterungsbeständig.

Grundsätzlich lassen sich neben Abgleichelementen auf dem Trägerplättchen weitere aktive und passive Schaltungselemente zu dem Dünnschichtsensor integrieren. Dadurch ist eine erste, vorteilhafte Signalaufbereitung und -umsetzung an der Messstelle möglich.

Dickschichtwiderstände (PTC und NTC)
Dickschichtwiderstände bestehen aus einem Trägerplättchen (z. B. dünne Keramikscheibe), auf das in Dickschichttech-

Tabelle 2: Mittlerer Temperaturkoeffizient einiger Metalle.

Sensormaterial	TK 100	Messbereich
Nickel (Ni)	$6{,}18 \cdot 10^{-3}$/K	−60...250 °C
Kupfer (Cu), Wert abhängig von Zusammensetzung	$3{,}8 \cdot 10^{-3}$/K bis $4{,}3 \cdot 10^{-3}$/K	−50...200 °C
Platin (Pt) (DIN EN 60751, [1])	$3{,}85 \cdot 10^{-3}$/K	−200...850 °C

Bild 4: Definition des mittleren Temperaturkoeffizienten TK 100 = α_{100}.

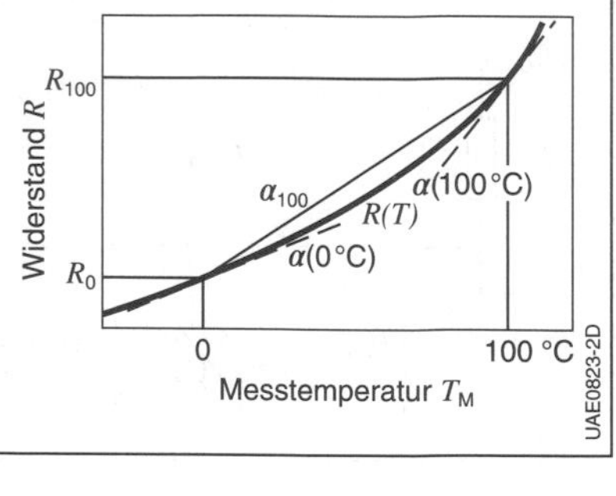

nik das Widerstandsmaterial als Paste (z.B. Metalloxid) aufgetragen und bei 800 °C mit dem Trägersubstrat gesintert wird.

Dickschichtwiderstände mit ihrem höheren spezifischen Widerstand (geringer Flächenbedarf) sowie positiven und negativen Temperaturkoeffizienten dienen vorwiegend als Temperatursensoren für Kompensationszwecke. Sie haben eine nichtlineare Charakteristik (jedoch nicht so extrem gekrümmt wie die der massiven NTC-Widerstände) und lassen sich z.B. mit Laserstrahl trimmen. Zur Erhöhung des Messeffekts können Spannungsteilerschaltungen aus NTC- und PTC-Material gebildet werden.

Monokristalline Silizium-Halbleiterwiderstände (PTC)
Bei Temperatursensoren aus monokristallinen Halbleitermaterialien wie Silizium lassen sich grundsätzlich weitere aktive und passive Schaltungselemente auf dem Sensorchip integrieren. Dadurch ist eine erste Signalaufbereitung an der Messstelle möglich. Die Herstellung des Messelements erfolgt wegen der engeren Tolerierbarkeit nach dem „Spreading Resistance"-Prinzip. Der Strom fließt durch den Messwiderstand über einen Oberflächenpunktkontakt in das Bulk-Material des Siliziums und dort breit aufgefächert zu einer den Boden des Sensorchips überdeckenden Gegenelektrode (Bild 5).

Die hohe Stromdichte hinter dem Kontaktpunkt (hohe Genauigkeit durch fotolithografische Herstellung) bestimmt neben der sehr gut reproduzierbaren Materialkonstanten fast ausschließlich den Widerstandswert des Sensors. Zur Erzielung einer guten Polaritätsunabhängigkeit werden die Sensoren meist in gegensinniger Ausrichtung in Reihenschaltung doppelt ausgeführt (Doppellochausführung, Bild 5). Die Bodenelektrode kann dann als metallischer Temperaturkontakt (ohne elektrische Funktion) ausgeführt werden.

Die Messempfindlichkeit ist annähernd doppelt so groß wie die eines Platin-Widerstands (TK100 = $7{,}73 \cdot 10^{-3}$/K). Die Temperaturkennlinie ist stärker gekrümmt als bei einem metallischen Sensor. Die Eigenleitfähigkeit des Materials begrenzt den Messbereich nach oben jedoch auf ca. 150 °C.

Anwendungen im Kfz
Die Anwendungen im Kfz für diese Temperatursensoren sind vielfältig. Hier einige Beispiele:
- Kühlmitteltemperatursensor,
- Kraftstofftemperatursensor,
- Motoröltemperatursensor,
- Ansauglufttemperatursensor,
- Ladelufttemperatursensor,
- Außentemperatursensor,
- Innentemperatursensor,
- Abgastemperatursensor usw.

Literatur zu Temperatursensoren
[1] DIN EN 60751: Industrielle Platin-Widerstandsthermometer und Platin-Temperatursensoren.

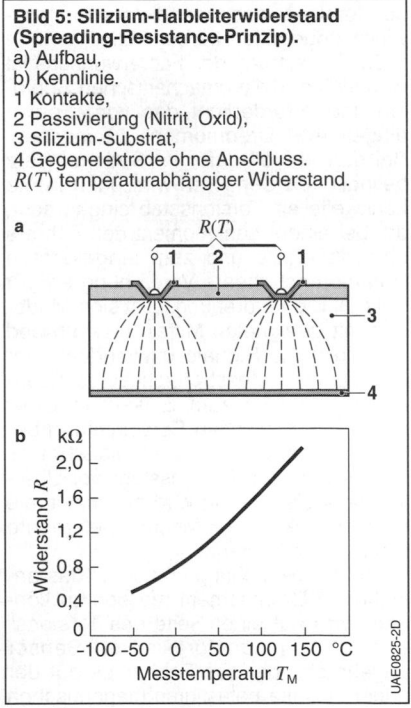

Bild 5: Silizium-Halbleiterwiderstand (Spreading-Resistance-Prinzip).
a) Aufbau,
b) Kennlinie.
1 Kontakte,
2 Passivierung (Nitrit, Oxid),
3 Silizium-Substrat,
4 Gegenelektrode ohne Anschluss.
$R(T)$ temperaturabhängiger Widerstand.

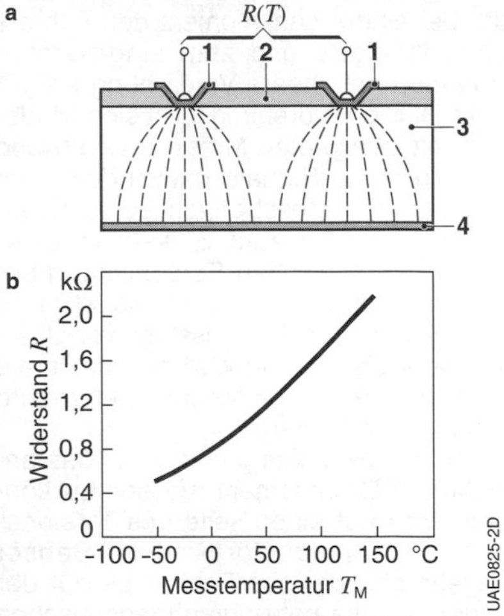

Drehmomentsensor

Messgrößen und Anwendung

In Kraftfahrzeugen gibt es eine Reihe von Anwendungsmöglichkeiten für die Messung von Drehmomenten. Drehmomentsensoren werden beispielsweise zur Erfassung des vom Fahrer eingeleiteten Lenkmoments eingesetzt.

Zunehmend werden in Fahrzeugen elektromechanische Servolenkungen eingesetzt. Die wesentlichen Vorteile sind die einfache Installation und Inbetriebnahme im Fahrzeug, die Energieeinsparung sowie die Eignung dieser Systeme im Steuergeräteverbund des Fahrzeugs für Assistenzsysteme zur Steigerung von Komfort und Sicherheit.

Messprinzip

Bei der Drehmomentmessung unterscheidet man zwischen winkel- und spannungsmessenden Verfahren. Im Gegensatz zu spannungsmessenden Verfahren (mit Dehnmessstreifen) benötigen winkelmessende Verfahren eine gewisse Länge des Torsionsstabs, über die der Torsionswinkel abgegriffen werden kann.

Zur Sensierung des Fahrerwunschs ist es bei einer elektromechanischen Servolenkung erforderlich, das vom Fahrer eingeleitete Drehmoment zu messen. Bei den aktuell dafür im Serieneinsatz befindlichen Sensoren wird dazu in die Lenkwelle ein Torsionsstab eingebracht, der bei einem Lenkmoment des Fahrers eine definierte und zum eingeleiteten Drehmoment lineare Verdrehung erfährt (Bild 1). Die Verdrehung lässt sich wiederum mit geeigneten Mitteln messen und in elektrische Signale umwandeln. Der erforderliche Messbereich eines Drehmomentsensors zum Einsatz in einer elektromechanischen Servolenkung beträgt üblicherweise circa ±8 bis ±10 Nm. Zum Schutz des Torsionsstabs vor Überlast oder Zerstörung wird der maximale Verdrehwinkel über Mitnahmeelemente mechanisch begrenzt.

Um die Verdrehung und damit das anstehende Drehmoment messen zu können, wird auf einer Seite des Torsionsstabs ein magnetoresistiver Sensor angebracht, der das Feld eines auf der anderen Seite befestigten magnetischen Multipolrads abtastet. Die Polzahl dieses Rads wird dabei so gewählt, dass der Sensor innerhalb seines maximalen Messbereichs ein eindeutiges Signal abgibt und somit jederzeit eine eindeutige Aussage über das anstehende Drehmoment möglich ist. Der eingesetzte magnetoresitive Sensor liefert über den Messbereich zwei Signale, die über den Verdrehwinkel des Torsionsstabs dargestellt ein Sinus- und ein Kosinussignal beschreiben. Die Berechnung des Verdrehwinkels und damit des Drehmoments erfolgt in einem Steuergerät mit Hilfe einer Arcus-Tangens-Funktion.

Da über den definierten Messbereich immer eine feste Zuordnung der beiden Signale gegeben ist, können bei einer Abweichung davon Fehler des Sensors erkannt und die erforderlichen Ersatzmaßnahmen eingeleitet werden.

Bild 1: Drehmomentsensor.
a) Sensormodul,
b) Messprinzip.
1 Torsionsstab (Verdrehbereich innen liegend),
2 Eingangswelle (vom Lenkrad),
3 Wickelfeder zur elektrischen Kontaktierung,
4 Sensormodul mit magnetoresistivem Sensorchip und Signalverstärkung,
5 Lenkwelle,
6 magnetisches Multipolrad.

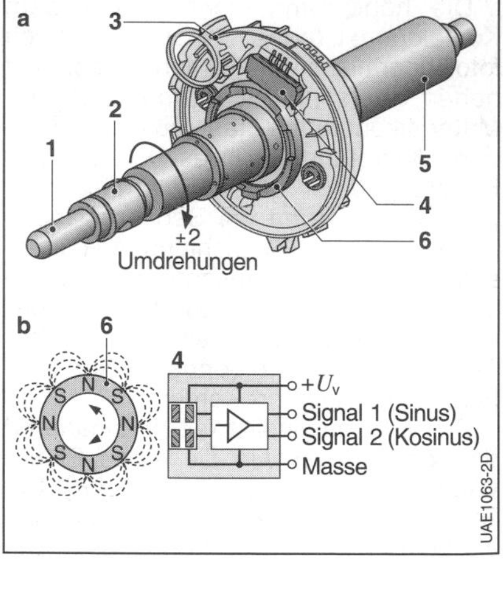

Zur elektrischen Kontaktierung des Sensors über den Verdrehbereich von circa ±2 Lenkradumdrehungen wird eine Wickelfeder mit der erforderlichen Zahl von Kontakten eingesetzt. Über diese Wickelfeder wird die Versorgungsspannung und die Übertragung der Messwerte realisiert.

Bild 2: Messprinzip des Kraftsensors iBolt.
a) Verhältnisse für F_G < 850 N (innerhalb des Messbereichs),
b) Verhältnisse für F_G > 850 N (außerhalb des Messbereichs).
1 Schwinge, 2 Luftspalt, 3 Hülse, 4 Sitzschiene, 5 doppelter Biegebalken, 6 Magnet, 7 Hall-IC.
F_G Gewichtskraft,
F_R Auflagekraft.
Die gestrichelten Linien geben den Kraftfluss im Kraftsensor an.

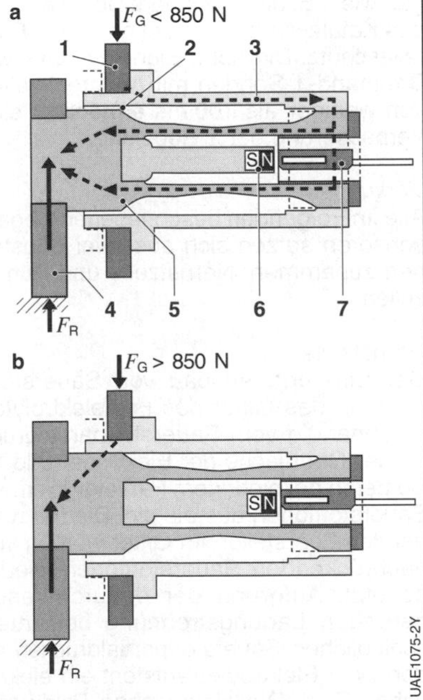

Kraftsensor

Messgrößen und Anwendung

Eine Anwendung der Kraftmessung im Kraftfahrzeug ist die Erfassung des Beifahrergewichts. Die Klassifizierung des Beifahrers über eine Gewichtsmessung ermöglicht, den Airbag abzuschalten, wenn sich ein Kleinkind auf dem Sitz befindet.

Messprinzip

Das Arbeitsprinzip des iBolt-Sensors basiert auf der Messung der Auslenkung eines Biegebalkens durch die Gewichtskraft des Beifahrers. Die Höhe der Auslenkung wird durch die Messung der Magnetfeldstärke mit einem Hall-Sensor erfasst (Bild 2a).

Der Sensor ist so ausgelegt, dass vorzugsweise die Vertikalkomponente des Gewichts des Beifahrers eine Auslenkung des Biegebalkens verursacht. Die Anordnung des Magneten und des Hall-IC im Sensor ist so gewählt, dass das statische Magnetfeld, das den Hall-IC durchdringt, ein zur Auslenkung des Biegebalkens lineares elektrisches Signal ergibt. Das spezielle Design des Sensors verhindert hierbei eine horizontale Auslenkung des Hall-IC gegenüber dem Magneten, um den Einfluss von Querkräften und Momenten gering zu halten. Zusätzlich wird die maximale Spannung im Biegebalken durch einen mechanischen Überlastanschlag begrenzt (Bild 2b). Dieser schützt den Sensor insbesondere bei Überlasten im Falle eines Crashs.

Die Kraft, die das Gewicht des Beifahrers erzeugt, wird von der oberen Sitzstruktur über die Hülse weiter in den Biegebalken geleitet (Bild 2a). Vom Biegebalken wird die Kraft dann in die untere Sitzstruktur weitergeleitet. Der Biegebalken ist als Doppelbiegebalken ausgelegt, da dieser eine S-förmige Verformungslinie besitzt. Hierbei bleiben die beiden vertikalen Verbindungspunkte des Doppelbiegebalkens für den gesamten Auslenkungsbereich vertikal. Dies garantiert eine lineare und parallele Bewegung des Hall-IC gegenüber dem Magneten, wodurch sich ein lineares Ausgangssignal ergibt.

Gas- und Konzentrationssonden

λ-Sonden

Messprinzip

λ-Sonden messen den Sauerstoffgehalt im Abgas. Sie werden zur Regelung des Luft-Kraftstoff-Verhältnisses in Kraftfahrzeugen eingesetzt. Der Name leitet sich von der Luftzahl λ ab. Sie gibt das Verhältnis der aktuellen Luftmenge zur theoretischen Luftmenge an, die für eine vollständige Verbrennung des Kraftstoffs benötigt wird. Sie kann im Abgas nicht direkt bestimmt werden, sondern nur indirekt über die im Abgas befindliche oder zum vollständigen Umsatz brennbarer Komponenten benötigte Sauerstoffmenge. λ-Sonden bestehen aus Platinelektroden, die auf einem Sauerstoffionen leitenden keramischen Festelektrolyten (z. B. ZrO_2) angebracht sind.

Das Signal von allen λ-Sonden beruht auf elektrochemischen Vorgängen unter Beteiligung von Sauerstoff (siehe Elektrochemie). Die eingesetzten Platinelektroden katalysieren die Reaktion von Resten von oxidierbaren Anteilen im Abgas (CO, H_2 und Kohlenwasserstoffe $C_xH_yO_z$) mit Restsauerstoff. λ-Sonden messen folglich nicht den realen Sauerstoffgehalt im Abgas, sondern den, der dem chemischen Gleichgewicht des Abgases entspricht.

Bild 1: Nernstzelle.
1 Referenzgas, 2 Anode,
3 Festelektrolyt aus Y-dotiertem ZrO_2,
4 Kathode, 5 Abgas,
6 Restladungen auf der Anode.
O^{2-} Sauerstoffion,
U_λ Sondenspannung (Nernstspannung).

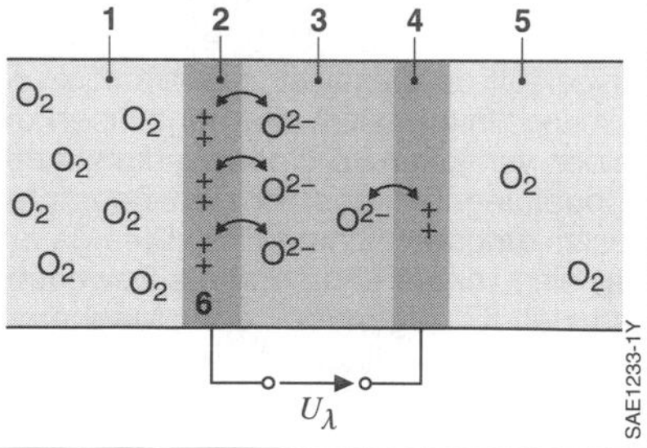

Anwendungen

λ-Sonden kommen bei Ottomotoren bei der Einregelung eines stöchiometrischen Gemischs (λ = 1) zum Einsatz, um ein möglichst schadstoffarmes Abgas zu erzielen. In diesem Bereich ist eine optimale Wirkung des Dreiwegekatalysators gewährleistet.

Zweipunkt-λ-Sonden (Sprungsonden) zeigen an, ob ein fettes (λ < 1, Kraftstoffüberschuss) oder ein mageres Gemisch (λ > 1, Luftüberschuss) vorliegt. Mit ihrer Hilfe kann der Sauerstoffpartialdruck von stöchiometrischen Luft-Kraftstoff-Gemischen aufgrund des in dieser Umgebung steilen Teils der Sondenkennlinie sehr genau gemessen werden. Außerhalb verläuft die Kennlinie aber sehr flach (Bild 2).

Erst der große Messbereich von Breitband-λ-Sonden (von λ = 0,6 bis zu reiner Luft) ermöglicht den Einsatz in Systemen mit Direkteinspritzung im Schichtbetrieb sowie in Dieselmotoren. Durch eine mit Breitband-λ-Sonden darstellbare stetige λ-Regelung ergeben sich erhebliche System- und Emissionsvorteile gegenüber der Zweipunkt-Regelung mit Sprungsonde sowie weitere Anwendungen wie z.B. eine genauere Überwachung des Katalaysators und der geregelte Bauteileschutz. Die hohe Signaldynamik von Breitband-λ-Sonden mit Ansprechzeiten von weniger als 100 ms ermöglicht eine Verbesserung der λ-Regelung.

Wirkungsweise

Alle im Folgenden beschriebenen Abgassensoren setzen sich aus zwei Bausteinen zusammen: Nernstzelle und Pumpzellen.

Nernstzelle

Der Ein- und Ausbau von Sauerstoffionen in das Gitter des Festelektrolyten ist abhängig vom Sauerstoffpartialdruck an der Oberfläche der Elektrode (Bild 1). So treten bei niedrigem Partialdruck mehr Sauerstoffionen aus als ein. Die frei werdenden Leerstellen im Gitter werden von nachrückenden Sauerstoffionen wieder besetzt. Aufgrund der dadurch resultierenden Ladungstrennung bei unterschiedlichen Sauerstoffpartialdrücken an den zwei Elektroden entsteht ein elektrisches Feld. Die elektrischen Feldkräfte drängen nachrückende Sauerstoffionen zurück und es bildet sich bei der sogenannten Nernstspannung ein Gleichgewicht aus.

Pumpzelle
Durch Anlegen einer Spannung, die kleiner oder größer als die sich ausbildende Nernstspannung ist, kann dieser Gleichgewichtszustand verändert und Sauerstoffionen aktiv durch die Keramik transportiert werden. Zwischen den Elektroden entsteht damit ein Strom, getragen von Sauerstoffionen. Entscheidend für die Richtung und Stärke ist dabei die Differenz zwischen angelegter Spannung (Pumpspannung U_P) und sich ausbildender Nernstspannung. Dieser Vorgang wird elektrochemisches Pumpen genannt.

Zweipunkt-λ-Sonden
Aufbau
Zweipunkt-λ-Sonden zeigen an, ob ein fettes ($\lambda < 1$, Kraftstoffüberschuss) oder ein mageres Gemisch ($\lambda > 1$, Luftüberschuss) vorliegt. Mit ihrer Hilfe kann der Sauerstoffpartialdruck von nahezu stöchiometrischen Luft-Kraftstoff-Gemischen aufgrund des in dieser Umgebung steilen Teils der Kennlinie sehr genau gemessen und durch die Regelung der Kraftstoffmenge ein möglichst schadstoffarmes Abgas erzielt werden.

Bild 2: Kennlinie einer Zweipunkt-λ-Sonde bei verschiedenen Temperaturen des Sensorelements.
U_λ Sondenspannung,
$p_A(O_2)$ Sauerstoffpartialdruck im Abgas,
λ Luftzahl.
1 U_λ bei 500 °C,
2 U_λ bei 700 °C,
3 U_λ bei 900 °C,
4 $p_A(O_2)$ bei 500 °C,
5 $p_A(O_2)$ bei 700 °C,
6 $p_A(O_2)$ bei 900 °C.

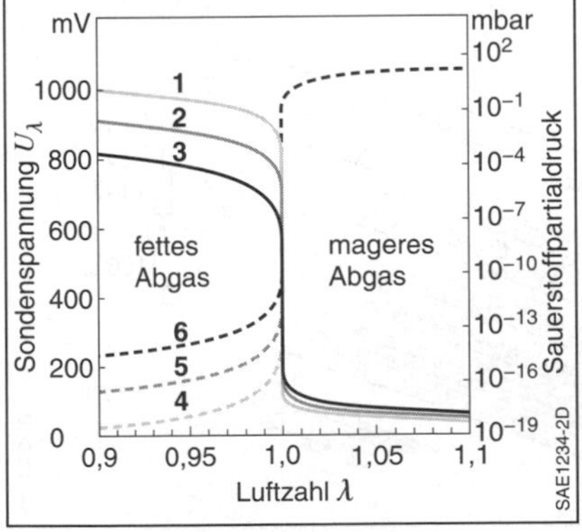

Wirkungsweise
Die Wirkungsweise beruht auf dem Prinzip einer Nernstzelle (Bild 1). Das Nutzsignal ist die Nernstspannung U_λ, die sich zwischen je einer dem Abgas und einer dem Referenzgas ausgesetzten Elektrode ausbildet. Die Kennlinie ist sehr steil bei $\lambda = 1$ (Bild 2). In mageren Gemischen steigt die Nernstspannung linear mit der Temperatur an. In fetten Gemischen dagegen dominiert der Einfluss der Temperatur auf den Sauerstoffpartialdruck im Gleichgewichtszustand. Je höher die Temperatur, desto höher dieser Sauerstoffpartialdruck.

Die Gleichgewichtseinstellung an der Abgaselektrode ist auch die Ursache für sehr kleine Abweichungen des λ-Sprungs vom exakten Wert. Zum Schutz vor Verschmutzungen und zur Förderung der Gleichgewichtseinstellung durch Begrenzung der Zahl der ankommenden Gasteilchen ist die Abgaselektrode mit einer porösen Keramikschutzschicht abgedeckt. Wasserstoff und Sauerstoff diffundieren durch die poröse Schutzschicht und werden an der Elektrode umgesetzt. Zum vollständigen Umsatz des schneller diffundierenden Wasserstoffs an der Elektrode muss mehr Sauerstoff an der Schutzschicht zur Verfügung stehen; im Abgas muss ein insgesamt leicht mageres Gemisch vorliegen. Die Kennlinie ist daher in Richtung mager verschoben. Dieser „λ-shift“ wird bei der Regelung elektronisch kompensiert.

Zur Abbildung des Signals wird ein Referenzgas benötigt, das vom Abgas durch die ZrO_2-Keramik gasdicht abgetrennt ist. In Bild 3 ist der Aufbau eines planaren Sensorelements mit Referenzluftkanal dargestellt. Bei diesem Typ wird als Referenzgas Luft aus der Umgebung verwendet. Bild 4 zeigt das Element im Sensorgehäuse. Abgas- und Referenzgasseite sind über die Dichtpackung gasdicht voneinander getrennt. Die Referenzgasseite im Gehäuse wird über die

Zuleitungskabel ständig mit Referenzluft versorgt.

Als Alternative zur Referenzluft werden in jüngster Zeit verstärkt Systeme mit „gepumpter" Referenz verwendet. Unter Pumpen versteht man hier den aktiven Transport von Sauerstoff in der ZrO_2-Keramik durch Einprägen eines Stroms, wobei der Strom so gering gewählt wird, dass er die eigentliche Messung nicht stört. Die Referenzelektrode selbst ist über einen dichteren Ausgang im Element an den Referenzgasraum angebunden. Dadurch baut sich ein Sauerstoffüberdruck an der Referenzelektrode auf. Dieses System bietet einen zusätzlichen Schutz gegen unerwünscht in den Referenzgasraum vordringende Gaskomponenten.

Robustheit

Das keramische Sensorelement ist durch ein Schutzrohr vor dem direkten Abgasstrom geschützt (Bild 4). Dieses enthält Öffnungen, durch die nur ein geringer Anteil des Abgases zum Sensorelement geführt wird. Es verhindert starke thermische Beanspruchungen durch den Abgasstrom und bietet gleichzeitig einen mechanischen Schutz für das keramische Element.

An das Gehäuse werden hohe Temperaturanforderungen gestellt, die den Einsatz hochwertiger Materialien erfordern. Im Abgas können Temperaturen von höher als 1000 °C auftreten, am Sechskant noch 700 °C und am Kabelabgang bis zu 280 °C. Aus diesem Grund kommen im heißen Bereich des Sensors nur keramische und metallische Werkstoffe zum Einsatz.

Die meisten Zweipunkt-λ-Sonden sind zusätzlich mit einem Heizelement ausgerüstet (Bild 3). Dieser erlaubt das schnelle Aufheizen (FLO, Fast-Light-Off) des Sensorelements auf die Betriebstemperatur und ermöglicht eine schnelle Regelbereitschaft.

In der Praxis wird die λ-Sonde nach Motorstart häufig erst verzögert eingeschaltet. Wasser, das als Verbrennungsprodukt entsteht und im kalten Abgastrakt wieder kondensiert, wird vom Abgas transportiert und kann zum Sensorelement gelangen. Trifft ein derartiger Tropfen auf ein heißes Sensor-

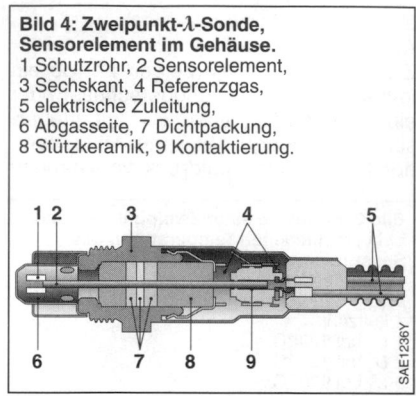

Bild 4: Zweipunkt-λ-Sonde, Sensorelement im Gehäuse.
1 Schutzrohr, 2 Sensorelement,
3 Sechskant, 4 Referenzgas,
5 elektrische Zuleitung,
6 Abgasseite, 7 Dichtpackung,
8 Stützkeramik, 9 Kontaktierung.

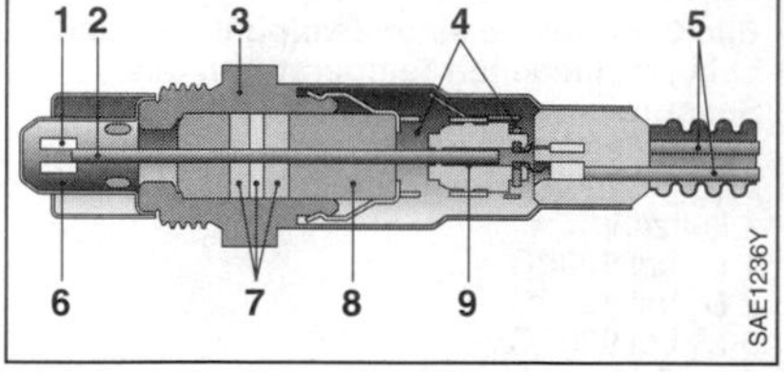

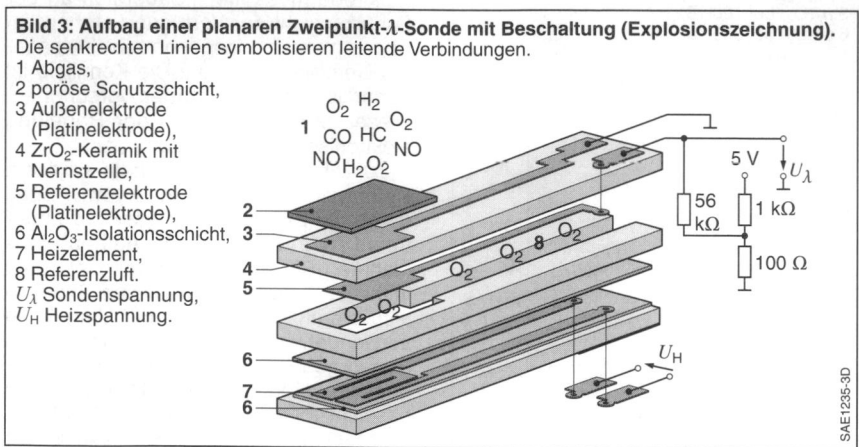

Bild 3: Aufbau einer planaren Zweipunkt-λ-Sonde mit Beschaltung (Explosionszeichnung).
Die senkrechten Linien symbolisieren leitende Verbindungen.
1 Abgas,
2 poröse Schutzschicht,
3 Außenelektrode (Platinelektrode),
4 ZrO_2-Keramik mit Nernstzelle,
5 Referenzelektrode (Platinelektrode),
6 Al_2O_3-Isolationsschicht,
7 Heizelement,
8 Referenzluft.
U_λ Sondenspannung,
U_H Heizspannung.

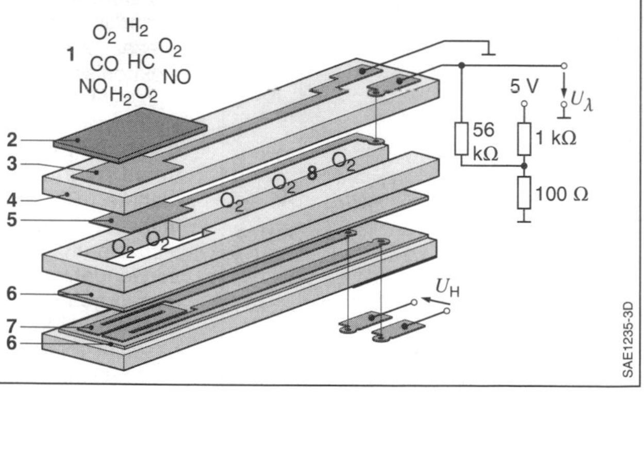

element, so verdampft er augenblicklich und entzieht dem Sensorelement lokal sehr viel Wärme. Die dabei durch Thermoschock auftretenden starken mechanischen Spannungen können zum Bruch des keramischen Sensorelements führen. Oft wird der Sensor deshalb erst nach ausreichender Erwärmung des Abgastrakts eingeschaltet. In neueren Entwicklungen werden die Keramikelemente mit einer weiteren porösen, keramischen Schicht umgeben, die zu einer deutlichen Robustheitssteigerung hinsichtlich des Thermoschocks führen. Beim Auftreffen eines Wassertropfens verteilt sich dieser in der porösen Schicht. Die lokale Auskühlung wird breiter verteilt und mechanische Spannungen werden reduziert.

Beschaltung
In Bild 3 ist die Beschaltung einer Zweipunkt-λ-Sonde gezeigt. Da der Sensor im kalten Zustand wegen der fehlenden Leitfähigkeit der ZrO_2-Keramik kein Signal generieren kann, ist er über einen Widerstand an einen Spannungsteiler gekoppelt. Im kalten Zustand liegt das Sensorsignal daher auf 450 mV, dem Wert eines stöchiometrisch verbrannten Gases ($\lambda = 1$). Mit zunehmender Temperatur ist der Sensor in der Lage, die Nernstspannung auszubilden. Nach ca. 10 s ist der Sensor auf ausreichend hoher Temperatur, um extern vorgegebene Mager-Fett-Wechsel anzuzeigen. Im Fahrzeug kann dann auf Regelbetrieb umgeschaltet werden.

Ausführungsformen
Von Zweipunkt-λ-Sonden gibt es verschiedene Ausführungsformen. Die Sensorelemente können in Form eines Fingers mit separatem Heizelement oder als planares Element mit integriertem Heizelement ausgestaltet sein, das in Folientechnik hergestellt wird (Bild 3).

Breitband-λ-Sonde

Aufbau und Funktion
Mit der Zweipunkt-λ-Sonde kann der Sauerstoffpartialdruck von stöchiometrischen Luft-Kraftstoff-Gemischen im steilen Teil der Kennlinie sehr genau gemessen werden. Bei Luftüberschuss ($\lambda > 1$) oder bei Kraftstoffüberschuss ($\lambda < 1$) verläuft die Kennlinie allerdings sehr flach (Bild 2).

Der große Messbereich von Breitband-λ-Sonden ($0{,}6 < \lambda < \infty$) ermöglicht erst den Einsatz in Systemen mit Direkteinspritzung und Schichtbetrieb sowie bei Dieselmotoren. Durch ein mit einer Breitband-λ-Sonde darstellbares stetiges Regelkonzept ergeben sich erhebliche Systemvorteile, wie z.B. ein geregelter Bauteileschutz. Die hohe Signaldynamik von Breitband-λ-Sonden (t_{63} < 100 ms) ermöglicht eine Verbesserung des Abgases hin zu emissionsarmen Fahrzeugen, was zwingend Maßnahmen wie Einzelzylinderregelung erfordert.

Aufbau und Arbeitsweise
Um den Messbereich zu erweitern, wird das Nernstprinzip umgekehrt. Durch Anlegen einer größeren Spannung als die Nernstspannung an die Messzelle wird Sauerstoff als Sauerstoffionen durch die Keramik der Pumpzelle zur innenliegenden Pumpelektrode transportiert und dort als freier, molekularer Sauerstoff in den Referenzluftraum abgegeben. Die resultierende Pumpspannung ergibt sich aus der Differenz von Pumpspannung (U_P) und sich ausbildender Nernstspannung.

Um einen linearen Zusammenhang mit der außen anliegenden Sauerstoffkonzentration herzustellen, wird der Zustrom von Sauerstoffmolekülen limitiert. Hierzu wird der Abgaszutritt durch eine poröse, keramische Struktur mit gezielt eingestellten Porenradien, die sogenannte Diffusionsbarriere, begrenzt.

Der bei ausreichender Pumpspannung fließende Pumpstrom I_P ist aufgrund des Diffusionsgesetzes direkt proportional dem Partialdruck im Abgas:

$$\frac{I_P}{4F} = I_M = \frac{A\,D(T)}{R\,T\,l}\,(p_A(O_2) - p_H(O_2))\,.$$

Hierbei ist $p(O_2)$ der Sauerstoffpartialdruck im Abgas ($p_A(O_2)$) beziehungsweise im Hohlraum ($p_H(O_2)$), T die Temperatur, $D(T)$ die temperaturabhängige Diffusionskonstante der Diffusionsbarriere, A deren Querschnittsfläche und l deren Länge (Bild 5). F ist die Faraday-Konstante (F = 96485,3365 C/mol), R die universelle Gaskonstante (R = 8,3144621 J/mol · K).

Falls fettes Abgas vorhanden ist, wirkt der angelegten Pumpspannung die entstehende Nernstspannung von ca. 1 000 mV entgegen, sodass die resultierende negative Spannung Sauerstoff in umgekehrter Richtung in den Hohlraum pumpt und damit der lineare Verlauf der Kennlinie in den fetten Bereich erweitert wird. Der Sauerstoff wird dafür aus der Reduktion von Wasser und CO_2 an der Außenelektrode gewonnen.

Nachteilig an dieser einfachen Bauform einer Breitband-λ-Sonde ist, dass die feste Pumpspannung ausreichen muss, um im fetten Abgas Sauerstoff in den Hohlraum hinein- und im mageren Abgas Sauerstoff

Bild 5: Einzeller-λ-Sonde im mageren Abgas.
a) Querschnitt,
b) Kennlinien.
l Länge der Diffusionsbarriere.
1 Mageres Abgas, 2 Diffusionsbarriere, 3 Hohlraum, 4 Pumpzelle, 5 Referenzluft.
Die Pfeile in der Pumpzelle geben die Pumprichtung an.

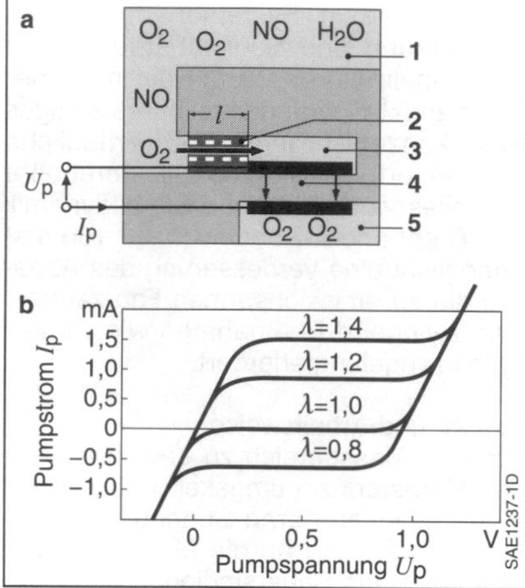

Bild 6: Zweizellen-λ-Sonde im fetten und im mageren Abgas.
a) und b) Querschnitt,
c) Sensorkennlinien.
Je nach Polarität des Pumpstroms I_p diffundieren überwiegend reduzierende Abgasbestandteile (Teilbild a) oder Sauerstoff (Teilbild b) durch die Diffusionsbarriere. Für λ < 1 hängt die Kennlinie (Teilbild c) von der Abgaszusammensetzung ab, hier sind die Kennlinien einzelner Abgaskomponenten eingetragen.
1 Fettes Abgas, 2 mageres Abgas, 3 Pumpzelle, 4 Nernstzelle, 5 Diffusionsbarriere,
6 Kennlinie für O_2, 7 Kennlinie für H_2, 8 Kennlinie für CH_4,
9 Kennlinie für CO, 10 Kennlinie für C_3H_6.

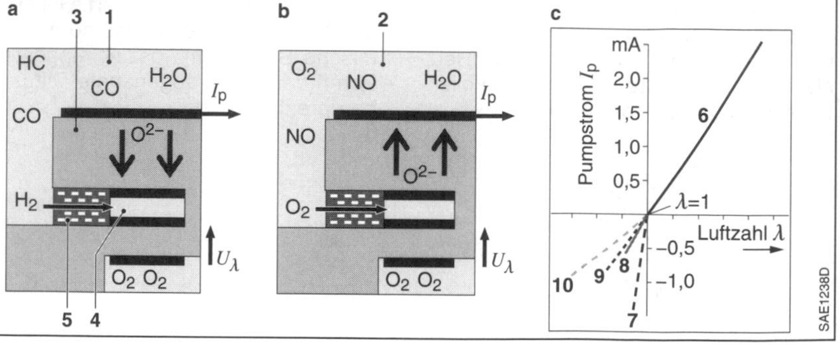

aus ihm heraus zu pumpen. Daher sollte der Innenwiderstand der Pumpzelle sehr niedrig sein. Daneben ist der Messbereich im fetten Bereich durch den Molekülzustrom im Referenzkanal eingeschränkt. Ein Sauerstoffmangel in der Referenz bedingt durch eine Referenzluftvergiftung oder eine Messbereichsüberschreitung sind nicht eindeutig zu unterscheiden. Bei Abgaswechseln ist die Dynamik des einzelligen Sensors durch Umladung der Elektrodenkapazitäten bei Änderung der Pumpspannung eingeschränkt.

Um diese Nachteile zu beheben, wird die aus der Sprungsonde bekannte Nernstzelle mit der oben beschriebenen Sauerstoffpumpzelle kombiniert. Im Fall von fettem Abgas (Bild 6a) werden durch Umpolen der Spannung an der Außenpumpelektrode Sauerstoff aus H_2O und CO_2 generiert, nach innen durch die Keramik transportiert und im Hohlraum wieder abgegeben. Dort reagiert der Sauerstoff mit den eindiffundierenden reduzierenden Abgasbestandteilen. Die entstandenen inerten Reaktionsprodukte H_2O und CO_2 diffundieren durch die Diffusionsbarriere nach außen.

Über die ebenfalls an den Hohlraum gekoppelte Nernstzelle wird der Sauerstoffpartialdruck im Hohlraum gemessen und die Pumpspannung mittels eines Reglers (Bild 7) einer vorgegebenen Referenzspannung nachgeführt (z.B. 450 mV). Im Hohlraum liegt dann ein Sauerstoffpartialdruck von 10^{-2} Pa vor.

Da der Diffusionsgrenzstrom mit der Temperatur des Sensors ansteigt, muss die Temperatur möglichst konstant gehalten werden. Hierzu wird der stark temperaturabhängige Widerstand der Nernstzelle gemessen. Die Betriebselektronik regelt ihn durch den mit einer pulsweitenmodulierten Spannung betriebenen Heizelement ein.

Bei fettem Abgas machen sich die unterschiedlichen Diffusionskoeffizienten, die Funktionen der Massen der Gasmoleküle sind, durch verschiedene Empfindlichkeiten bemerkbar (Bild 6). Daher wird das Signal über eine für die jeweilige Gaszusammensetzung applizierte Kennlinie im Steuergerät eingesetzt.

Der Diffusionsgrenzstrom des Sensors und damit die Empfindlichkeit hängen stark von der Geometrie der Diffusionsbarriere ab. Um bei der Fertigungstoleranz die hohe geforderte Genauigkeit zu erreichen, ist ein Abgleich des Pumpstroms notwendig. Bei einigen Sondentypen geschieht dies durch einen Hybridwiderstand im Sondenstecker, der zusammen mit dem Messwiderstand als Stromteiler wirkt. Alternativ kann der Diffusionsgrenzstrom schon im Fertigungsprozess des Sensorelements durch gezielte Öffnungen eingestellt werden, sodass ein Abgleich am Stecker nicht notwendig ist. Zur nachträglichen Kalibrierung der Sonde im Fahrzeug kann im Schubbetrieb die Sauerstoffkonzentration der Luft gemessen und damit im Steuergerät die Kennlinie korrigiert werden.

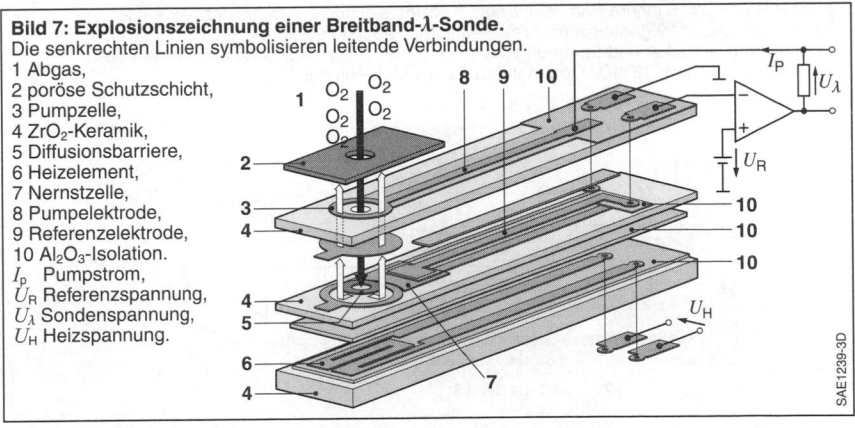

Bild 7: Explosionszeichnung einer Breitband-λ-Sonde.
Die senkrechten Linien symbolisieren leitende Verbindungen.
1 Abgas,
2 poröse Schutzschicht,
3 Pumpzelle,
4 ZrO_2-Keramik,
5 Diffusionsbarriere,
6 Heizelement,
7 Nernstzelle,
8 Pumpelektrode,
9 Referenzelektrode,
10 Al_2O_3-Isolation.
I_p Pumpstrom,
U_R Referenzspannung,
U_λ Sondenspannung,
U_H Heizspannung.

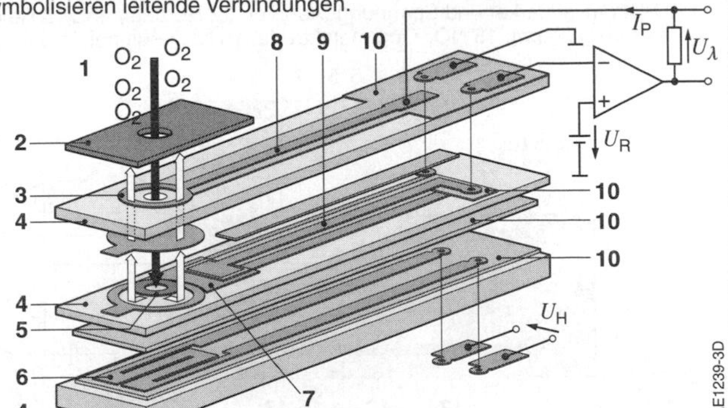

NO_x-Sensor

Anwendung

NO_x-Sensoren finden im Entstickungssystem von Diesel- und Ottomotoren Anwendung. Bei Systemen mit Dieselmotoren werden sie vor und hinter SCR-Katalysatoren (Selectiv Catalytic Reduction) sowie hinter NO_x-Speicherkatalysatoren (NSC, NO_x Storage Catalysts) verbaut. Bei Systemen mit Ottomotoren kommen sie ebenfalls hinter dem NO_x-Speicherkatalysator zum Einsatz.

An diesen Positionen bestimmen die NO_x-Sensoren die Stickoxid- und die Sauerstoffkonzentration im Abgas sowie hinter SCR-Katalysatoren zusätzlich die Ammoniakkonzentration als Summensignal. So erhält das Motormanagement die aktuelle Restkonzentration an Stickoxiden und sorgt für die exakte Dosierung und detektiert etwaige Fehler im Abgassystem.

Bei den NO_x-Speicherkatalysatoren werden Stickoxide als Nitrat eingelagert. In kurzen Fettphasen wird der Katalysator regeneriert, indem die Nitrate mit Hilfe von Kohlenmonoxid und Wasserstoff zu Stickstoff reduziert werden.

Aufbau und Arbeitsweise

Der NO_x-Sensor in Bild 8 ist ein planarer Dreizellen-Grenzstromsensor. Eine Nernst-Konzentrationszelle und zwei modifizierte Sauerstoff-Pumpzellen (Sauerstoffpumpzelle und NO_x-Zelle), wie sie von den Breitband-λ-Sonden bekannt sind, bilden das Gesamtsensorsystem.

Das Sensorelement besteht aus mehreren gegeneinander isolierten sauerstoffleitenden, keramischen Festelektrolytschichten, auf denen sechs Elektroden aufgebracht sind. Der Sensor ist mit einem integrierten Heizelement versehen, der die Keramik auf eine Betriebstemperatur von 600 °C bis 800 °C aufheizt.

Die dem Abgas ausgesetzte äußere Pumpelektrode und die innere Pumpelektrode im ersten Hohlraum, der vom Abgas durch eine Diffusionsbarriere getrennt ist, bilden die Sauerstoffpumpzelle.

Im ersten Hohlraum befindet sich auch die Nernstelektrode, im Referenzgasraum die Referenzelektrode. Zusammen bilden sie die Nernstzelle. Das sind die

Bild 9: Kennlinie des Stickoxidsignals.

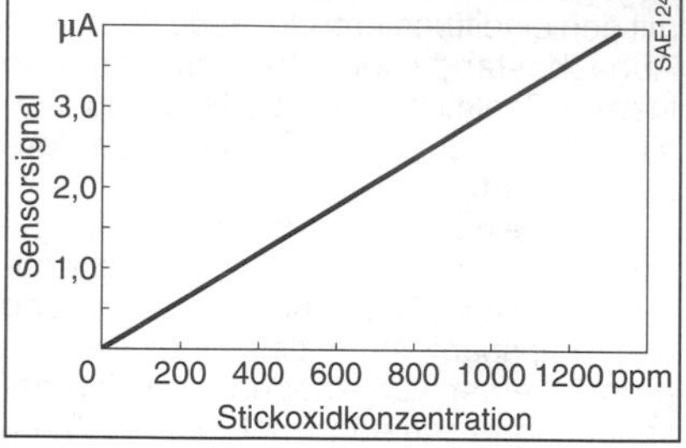

Bild 8: Querschnitt eines NO_x-Sensors.
A Sauerstoffpumpzelle, B Nernstzelle, C NO_x-Zelle.
1 Diffusionsbarriere 1, 2 äußere Pumpelektrode, 3 poröse Aluminiumoxidschicht,
4 erster Hohlraum, 5 innere Pumpelektrode, 6 Nernstelektrode, 7 Diffusionsbarriere 2,
8 zweiter Hohlraum, 9 gemeinsamer Rückleiter, 10 Sauerstoffregler mit Spannungswandler,
11 NO-Stromverstärker und Spannungswandler, 12 Heizelement, 13 Referenzelektrode,
14 Referenzgasraum, 15 NO_x-Gegenelektrode, 16 NO_x-Pumpelektrode.

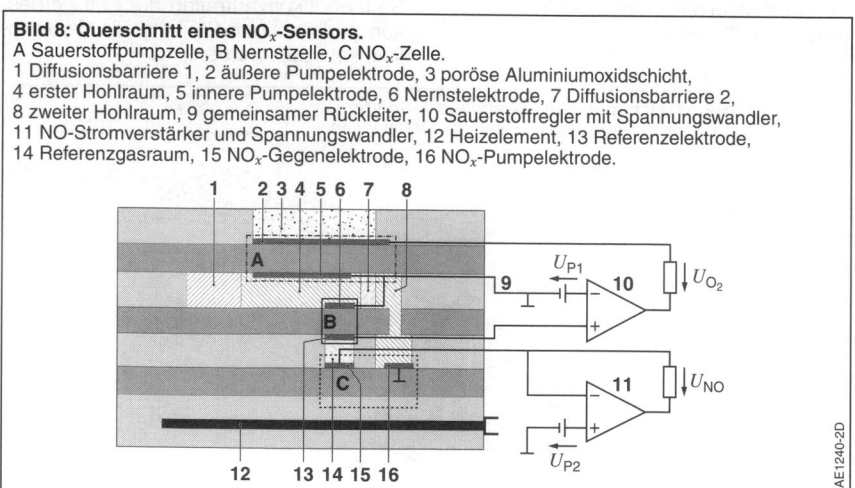

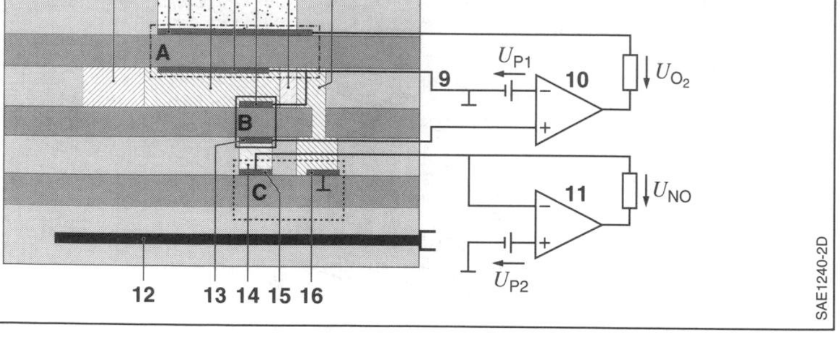

Funktionskomponenten, die identisch zu denen von Breitband-λ-Sonden sind.

Zusätzlich gibt es eine dritte Zelle – die NO_x-Pumpelektrode und ihre Gegenelektrode. Erstere liegt in einem zweiten Hohlraum, der vom ersten durch eine weitere Diffusionsbarriere getrennt ist, letztere befindet sich im Referenzgasraum. Alle Elektroden im ersten und zweiten Hohlraum haben einen gemeinsamen Rückleiter.

Die innere Pumpelektrode ist im Gegensatz zu der inneren Pumpelektrode bei Breitband-λ-Sonden durch die Legierung von Platin mit Gold in ihrer katalytischen Aktivität stark eingeschränkt. Die angelegte Pumpspannung U_{P1} genügt nur, um Sauerstoffmoleküle zu spalten (dissoziieren). NO wird bei der eingeregelten Pumpspannung nur wenig dissoziiert und passiert den ersten Hohlraum mit geringen Verlusten. NO_2 als starkes Oxidationsmittel wird an der inneren Pumpelektrode unmittelbar in NO umgewandelt. Ammoniak reagiert an dieser in Anwesenheit von Sauerstoff und bei Temperaturen von 650 °C zu NO und Wasser.

Aufgrund der höheren Spannung an der NO-Pumpelektrode und ihrer durch Beimengung von Rhodium katalytisch verbesserten Aktivität wird an dieser Elektrode NO vollständig dissoziiert und der Sauerstoff durch den Festelektrolyten abgepumpt.

Elektronik

Im Gegensatz zu den anderen keramischen Abgassensoren ist der NO_x-Sensor mit einer Auswerteelektronik (SCU, Sensor Control Unit) versehen. Sie liefert via CAN-Bus das Sauerstoffsignal, das NO_x-Signal sowie jeweils den Status dieser Signale.

In der Auswerteelektronik befinden sich ein Mikrocontroller, ein ASIC (Application-Specific Integrated Circuit) zum Betrieb der Sauerstoffpumpzelle und ein hochpräziser Instrumentenverstärker für die sehr kleinen NO-Signalströme.

Kennlinien

Das Sauerstoffsignal liegt bei 3,7 mA für Luft. Die Sauerstoffkennlinie ist identisch mit der, die von Breitband-λ-Sonden bekannt ist (Bild 6c). Die NO_x-Kennlinie ist im Bild 9 dargestellt.

Partikelsensor

Die Emissionsvorschriften in den USA und in Europa erzwingen den Einsatz von Diesel-Partikelfiltern (DPF) in Diesel-Fahrzeugen. Zur Erfüllung zukünftiger On-Board-Diagnose-Gesetzgebungen (OBD), die strengere Anforderungen an die Überwachung der Funktionsfähigkeit dieser Partikelfilter stellen, sind Partikelsensoren neben dem Differential-Drucksensor erforderlich. Die Partikelsensoren messen die Rußemissionen nach dem Partikelfilter.

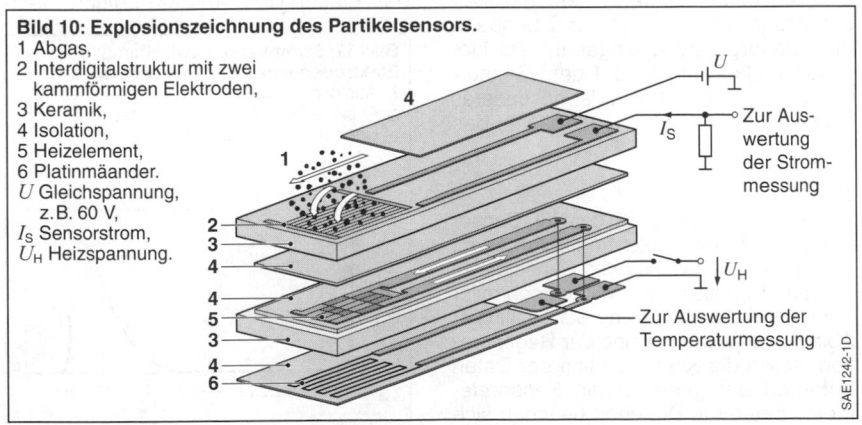

Bild 10: Explosionszeichnung des Partikelsensors.
1 Abgas,
2 Interdigitalstruktur mit zwei kammförmigen Elektroden,
3 Keramik,
4 Isolation,
5 Heizelement,
6 Platinmäander.
U Gleichspannung, z.B. 60 V,
I_S Sensorstrom,
U_H Heizspannung.

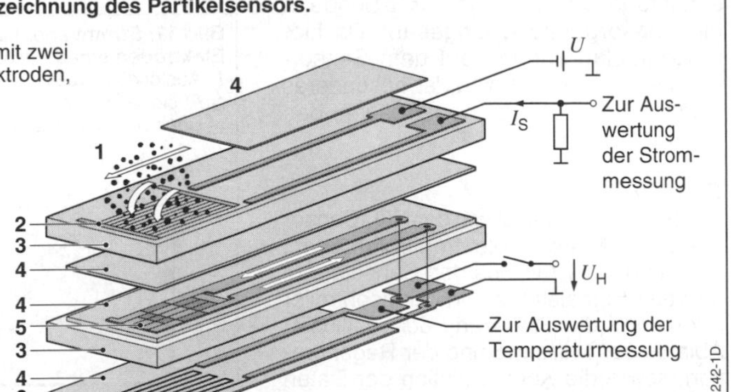

Aufbau
Das Sensorelement besteht aus einer Interdigitalstruktur mit zwei kammförmigen Elektroden aus Platin auf einem keramischen Substrat mit einem integrierten Heizelement, wie sie von der λ-Sonde bekannt sind (Bild 10). Ein Platinmäander dient zur Messung der Temperatur des Sensorelements.

Arbeitsweise
Der Partikelsensor ist ein resistiver Sensor. An der Interdigitalstruktur mit anfänglich sehr hohem elektrischen Widerstand wird eine Gleichspannung von z.B. 60 V angelegt. Aufgrund der Feldkräfte werden Rußpartikel aus dem Abgas auf den interdigitalen Elektroden gesammelt und bilden zunehmend leitfähige Rußpfade zwischen den beiden kammförmigen Strukturen aus. Dadurch ergibt sich ein monoton ansteigender Strom zwischen den Elektroden (Bild 11). Nach einer gewissen Sammelzeit wird ein vordefinierter Stromschwellenwert erreicht. Er ist Auslöser der Regeneration, bei der durch Erwärmen des Sensorelements und Abbrennen des Rußes bei Temperaturen über 600 °C der Ausgangszustand wieder hergestellt wird.

Die Zeit zwischen dem Beginn der Messung und der Beginn der Regeneration wird als Auslösezeit definiert. Um zu gewährleisten, dass eine kontrollierte Regeneration des Sensorelements stattfindet, dient ein integrierter Temperaturmessmäander zur Temperatursteuerung.

Das Sensorelement des Partikelsensors ist wie das von der λ-Sonde in ein Sensorgehäuse eingebaut. Da hier Partikelablagerungen auf dem Sensorelement gewünscht sind, ist besonderes Augenmerk auf die Konstruktion des Schutzrohrs zu legen.

Elektronik
Der Partikelsensor ist wie der NO_x-Sensor mit einer Auswerteelektronik versehen. Sie liefert via CAN-Bus den Sensorstrom und den Signalstatus. Ein Mikrocontroller übernimmt die Steuerung des zeitlichen Ablaufs der Messung und der Regeneration, sowie die Kompensation der Daten aufgrund der gemessenen Sensorelementtemperatur. Daneben befinden sich noch ein Spannungsstabilisator und ein CAN-Treiber sowie die Endstufe für das Heizelement in der Elektronik.

Wasserstoffsensoren
Der Einsatz von Brennstoffzellen im Kfz erfordert Wasserstoffsensoren. Diese Sensorik hat zwei Aufgaben – die Sicherheitsüberwachung mit Leckerkennung (Messbereich 0...4 % Wasserstoffgehalt in Luft) und die Prozesssteuerung mit Einstellung von Betriebsbedingungen (Messbereich 0...100 %).

Die gebräuchlichsten Messprinzipien werden in absteigender Nutzungshäufigkeit beschrieben. Meist werden verschiedene Verfahren kombiniert, um die Querempfindlichkeit gegenüber anderen Gasen zu reduzieren oder die Empfindlichkeit zu steigern sowie den Messbereich auszuweiten [3].

Elektrochemisches Messprinzip
Bei der amperometrischen Messung wird an einen nur protonenleitenden Elektrolyten (z.B. sulfoniertes Tetrafluorethylen-Polymer) eine konstante Spannung angelegt. Der Elektrolyt wird durch eine Diffusionsbarriere abgedeckt, die sehr selektiv nur Wasserstoff durchlässt. Diese Sensoren sind dadurch langzeitstabil. An der Elektrode spaltet sich Wasserstoff in Protonen, die als Pumpstrom durch den Elektrolyten fließen. Die Elektronen fließen durch die Elektroden, getrieben von der angelegten Spannung, über den äußeren Stromkreis auf die andere Seite des Elektrolyten. An der dortigen Elekt-

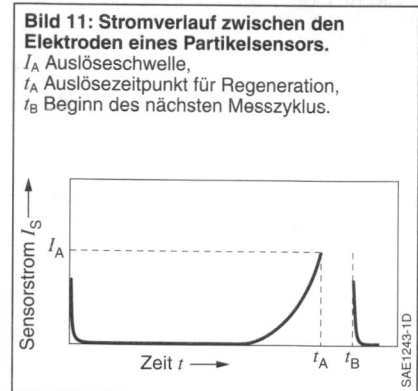

Bild 11: Stromverlauf zwischen den Elektroden eines Partikelsensors.
I_A Auslöseschwelle,
t_A Auslösezeitpunkt für Regeneration,
t_B Beginn des nächsten Messzyklus.

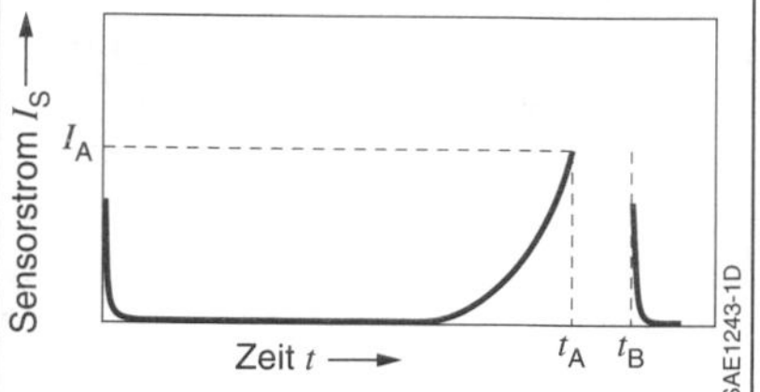

rode findet die Rekombination mit Sauerstoff zu Wasser statt. Die Stromstärke ist über das Faradaygesetz proportional zur Protonenmenge, die wiederum von der Diffusion durch die Diffusionsbarriere bestimmt wird (vergleiche λ-Sonde).

Potentiometrische Messverfahren nutzen die Potentialdifferenz zweier Elektroden. Die eine Elektrode mit einem Katalysator aus Platin oder Palladium befindet sich in der Wasserstoffumgebung, die andere z.B. in Luft. Entsprechend der Nernstgleichung bildet sich eine Potentialdifferenz aus (vergleiche Brennstoffzelle). Die potentiometrischen Sensoren sind gegen Kohlenmonoxid querempfindlich, das den Katalysator belegt. Sie altern schnell und haben eine hohe Drift. Der Messbereich liegt zwischen 100 ppm und 100 %.

Widerstandsbasiertes Messprinzip

Palladium und Halbleiter-Metalloxide (z.B. SnO_2) zeigen nach Adsorption von Wasserstoff eine Widerstandsänderung. Der Halbleiter-Metalloxidsensor (Bild 12) besteht aus einer gasfilternden Membran, die nur Wasserstoff durchlassen sollte. Die sensitive Schicht absorbiert den Wasserstoff und bewirkt die Widerstandsänderung, die mit einer Wheatstonebrücke gemessen wird.

Als Variante kann auch ein MOSFET (siehe Feldeffekt-Transistor) mit einem Palladium-Gate ausgeführt werden. Dieser ändert den Strom zwischen Source und Drain proportional zum am Gate absorbierten Wasserstoff. Bei einer Schottky-Diodenanordnung (siehe Schottky-Diode) erniedrigt sich die Durchbruchspannung bei Adsorption von Wasserstoff.

Bild 12: Widerstandsbasiertes Messprinzip eines Wasserstoffsensors.
1 Gasfilternde Membran, 2 sensitive Schicht, 3 Halbleiter-Metalloxidfilm, 4 Isolierschicht, 5 Heizung, 6 Substrat (Al_2O_3).

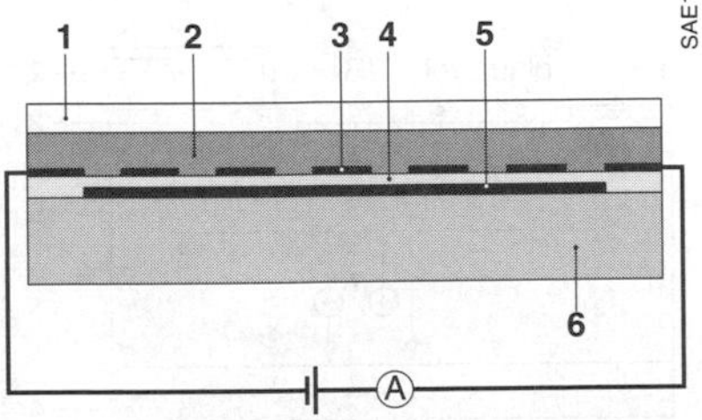

Der Messbereich für die widerstandsbasierten Messprinzipien liegt zwischen 10 ppm und 2 %.

Katalytisches Messprinzip

Bei der Oxidation von adsorbierten Gasen an der Oberfläche eines Katalysators wird Wärme erzeugt. In einem Pellistor erwärmt sich ein dem Wasserstoff ausgesetzter aus Katalysatormaterial bestehender Draht (z.B. aus Platin oder Palladium) und erfährt dadurch eine von der Wasserstoffkonzentration abhängige Widerstandsänderung, während Temperatur und Widerstand eines Vergleichsdrahts unverändert bleiben. Die Widerstände sind Bestandteile einer Wheatstone-Brückenschaltung, mit der die Widerstandsänderung gemessen und daraus auf die Wasserstoffkonzentration geschlossen werden kann.

Beim thermoelektrischen Verfahren wird der Spannungsaufbau durch die Temperaturdifferenz (Seebeck-Effekt) genutzt.

Die katalytischen Verfahren sind querempfindlich gegen andere oxidierbare Gase und benötigen eine Mindestmenge an Sauerstoff (5...10 %) als Oxidationspartner, daher liegt der Messbereich zwischen 1 % und 90...95 % Wasserstoffkonzentration.

Literatur zu Gas- und Konzentrationssonden

[1] Nernstgleichung: Zeitschrift für physikalische Chemie, IV. Band Heft 1, Verlag Wilhelm Engelmann, 1889, Herausgegeben von W. Ostwald, J.H. Van't Hoff, W. Nernst: Die elektromotorische Wirksamkeit der Ionen.

[2] T. Baunach, K. Schänzlin, L. Diehl. Sauberes Abgas durch Keramiksensoren. Physik Journal 5 (2006) Nr. 5.

[3] T. Hübert et al.: Hydrogen sensors – A review, Sensors and Actuators B 157 (2011) 329 – 352.

Optoelektronische Sensoren

Der innere fotoelektrische Effekt

Grundlage der optoelektronischen Sensorelemente ist der innere fotoelektrische Effekt. Licht kann als ein Strom aus einzelnen Lichtquanten (Photonen) betrachtet werden. Die Energie E_P eines Photons hängt nur von seiner Frequenz f beziehungsweise seiner Wellenlänge λ ab:

(1) $E_P = hf = \frac{hc}{\lambda}$

mit
h Planck'sches Wirkungsquantum,
c Lichtgeschwindigkeit.

Treffen die Photonen auf Atome, so können sie bei ausreichender Energie aus deren äußerer Elektronenschale jeweils ein Elektron herauslösen. Die zum Auslösen erforderliche Energie entspricht dem Unterschied zwischen dem Energieniveau E_V des Valenzbands des Atoms und dem Energieniveau E_L des Leitungsbands, also der Bandlücke E_g:

(2) $E_g = E_L - E_V$.

Zur Auslösung eines Elektrons muss also die Photonenergie E_P größer sein als die Bandlücke E_g. In einem reinen Halbleiter werden durch Absorption von Lichtquanten Ladungsträgerpaare (Elektronen und Löcher) erzeugt. Die zu überwindende Bandlücke beträgt z.B. für Silizium bei Raumtemperatur E_g = 1,12 eV. Ohne besondere Maßnahmen rekombinieren die entstandenen Landungsträgerpaare schon wieder nach kurzer Zeit. Die dabei entstehende Strahlung liegt bei Silizium jedoch nicht im sichtbaren Bereich.

Bei hochdotierten Halbleitern kommt zu dem bisher genannten intrinsischen Fotoeffekt noch der Störstellen-Fotoeffekt hinzu. Da bei solchen extrinsischen Sensoren die zu überwindende Energielücke wesentlich geringer ist, eignen sich diese auch für Strahlung größerer Wellenlänge (Infrarotbereich).

Für Energien $E_P < E_g$ findet keine Auslösung mehr statt. Gemäß Gleichung (1) entspricht dies bei Silizium einer Grenzwellenlänge von λ_g = 1,1 µm (nahes Infrarot). Licht mit größeren Wellenlängen beziehungsweise niedrigerer Frequenz wird nicht mehr absorbiert; Silizium wird hier transparent.

Lichtempfindliche Sensorelemente

Fotowiderstände

Durch einfallendes Licht werden in einem als Widerstand ausgebildeten Sensor (LDR, Light Dependent Resistor) Ladungsträgerpaare gebildet, die den Leitwert G erhöhen. Diese rekombinieren zwar wieder nach kurzer Zeit (Millisekundenbereich); aber dennoch nimmt im stationären Gleichgewicht die Ladungsträgerkonzentration mit der Beleuchtungsstärke E zu, und zwar etwa nach folgendem Gesetz:

(3) $G = \text{const}\cdot E^{\gamma}$ mit γ = 0,7...1.

Als lichtempfindliches Material dienen meist Kadmiumsulfid CdS (E_g = 1,8 eV; λ_g = 0,7 µm) und Kadmiumselenid CdSe (E_g = 1,5 eV; λ_g = 0,8 µm) auf Keramikträger.

Halbleiter-pn-Übergänge

Zwischen Fotoelement, Fotodiode und Fototransistor besteht kein prinzipieller Unterschied. Sie nutzen alle den Fotostrom beziehungsweise die Leerlaufspannung bei beleuchteten *pn*-Halbleiterkontakten als Messeffekt. Die genannten Elemente unterscheiden sich jedoch in ihrer Betriebsweise.

Ladungsträger, die durch den inneren Fotoeffekt in der Sperrschicht eines

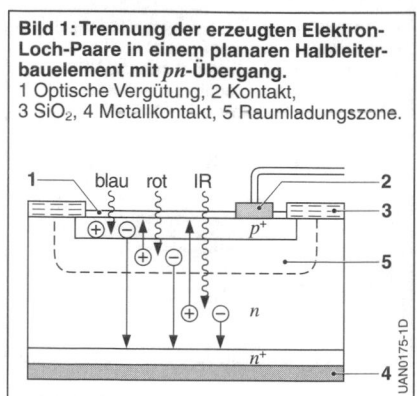

Bild 1: Trennung der erzeugten Elektron-Loch-Paare in einem planaren Halbleiterbauelement mit *pn*-Übergang.
1 Optische Vergütung, 2 Kontakt, 3 SiO_2, 4 Metallkontakt, 5 Raumladungszone.

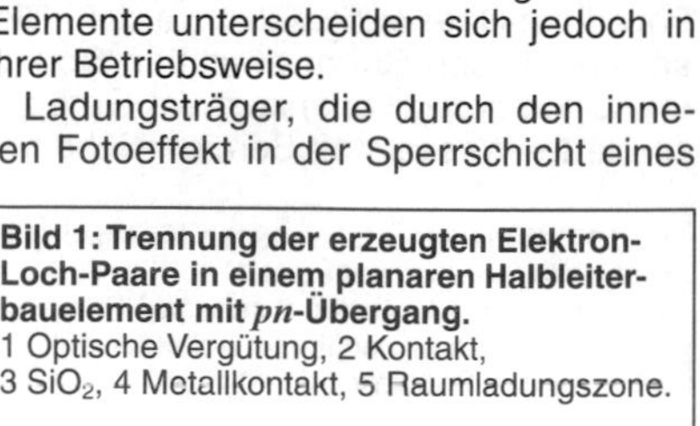

pn-Halbleiterkontaktes erzeugt werden (Bild 1), erfahren dort unmittelbar durch das in der dortigen Raumladungszone mit geringer Ladungsträgerkonzentration herrschende elektrische Feld eine Beschleunigung, wodurch die Ladungsträger unmittelbar nach ihrem Entstehen getrennt werden (Driftstrom). Dadurch wird ihre Rekombination praktisch verhindert und die Fotoempfindlichkeit erheblich gesteigert.

Fotoelemente

Fotoelemente werden ohne äußere Vorspannung betrieben und können sowohl im Leerlauf (fotovoltaischer Effekt) als auch im Kurzschluss betrieben werden. Sie haben demzufolge ein geringes Eigenrauschen und damit ein hohes Nachweisvermögen.

Die für diese Betriebsarten gültigen Kennlinien (Bild 2) sind aus der für eine mit der Spannung U in Durchlassrichtung gepolte Diode mit dem thermisch bedingten Sperrsättigungsstrom I_S und dem auch in Sperrrichtung fließenden Fotostrom I_P als Sonderfälle herzuleiten:

(4) $I = I_S\, e^{\frac{eU}{kT}} - I_S - I_P$
mit
e Elementarladung,
k Boltzmannkonstante,
T absolute Temperatur.

Sonderfälle:

(5) $U = 0$ (Kurzschluss)
$\rightarrow I = I_K = -I_P$;

Bild 2: Kennlinien eines Fotoelements in Abhängigkeit der Beleuchtungsstärke E.
a) Kurzschlussstrom I_K,
b) Leerlaufspannung U_L.

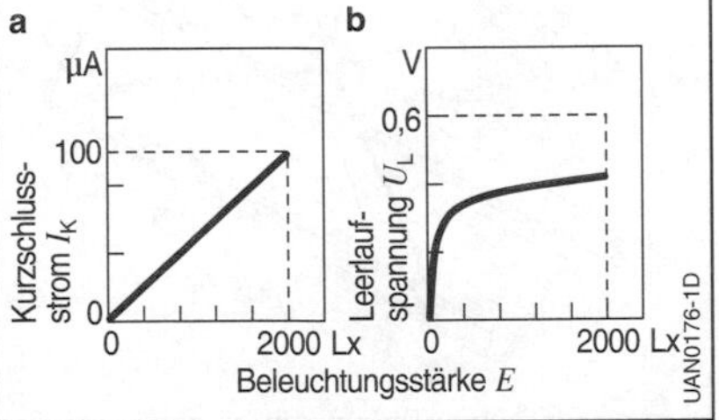

(6) $I = 0$ (Leerlauf):
$\rightarrow U = U_L = \frac{kT}{e} \cdot \ln\left(\frac{I_P}{I_S} + 1\right)$.

Fotoelemente werden meist mit sehr großer bestrahlungsempfindlicher Fläche ausgelegt und liefern demgemäß auch relativ große Fotoströme (z.B. $I_P = 250$ µA bei $E = 1000$ lx). Ihre Zeitkonstante ist verhältnismäßig hoch und liegt typisch bei ca. 20 ms.

Fotodioden und Fototransistoren

Fotodioden werden mit konstanter Vorspannung U_S in Sperrrichtung betrieben, wobei der als Sperrstrom fließende Fotostrom linear von der Beleuchtungsstärke E abhängt (Bild 3). Durch die angelegte Sperrspannung vergrößert sich die Raumladungszone. Dadurch verringert sich die Sperrschichtkapazität, sodass

Bild 3: Kennlinien einer Fotodiode für konstante Beleuchtungsstärke E.

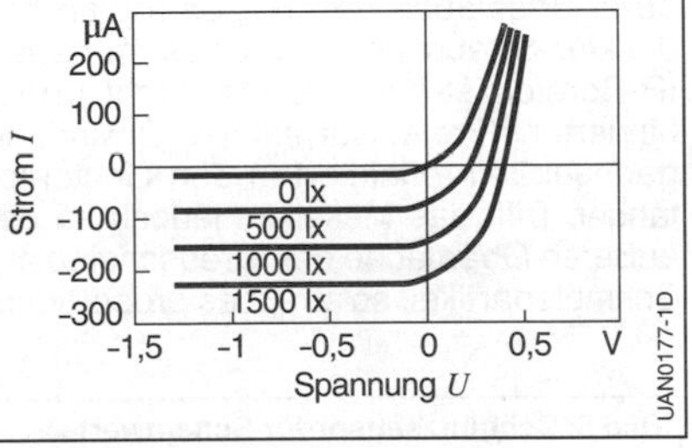

Bild 4: Kennlinien eines Fototransistors für konstante Beleuchtungsstärke E.

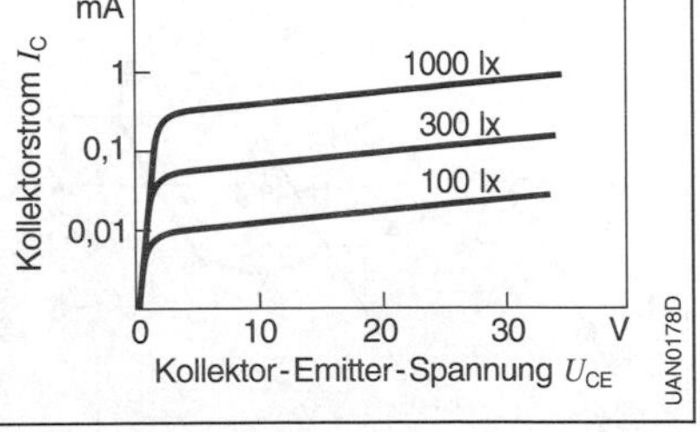

die Grenzfrequenz einer solchen Fotodiode typisch bei einigen MHz liegt.

Bei dem in Bild 4 dargestellten Fototransistor (*npn*-Typ) wirkt die in Sperrrichtung gepolte Kollektor-Basis-Diode als Fotodiode. So liefert der Kollektor, wie bei jedem Transistor, einen um den Stromverstärkungsfaktor B ($\approx$ 100...500) höheren Fotostrom (entspricht Basisstrom). Die höhere Empfindlichkeit wird allerdings mit einer etwas schlechteren Frequenzdynamik und etwas schlechterem Temperaturverhalten erkauft.

Anwendung

Schmutzsensor

Der Sensor erkennt den Verschmutzungsgrad der Scheinwerferstreuscheiben und ermöglicht eine eigenständige automatische Reinigung.

Die Reflexlichtschranke des Sensors besteht aus einer Lichtquelle (LED) und einem Lichtempfänger (Fototransistor). Sie sitzt auf der Innenseite der Streuscheibe innerhalb des Reinigungsbereichs (Bild 5), jedoch nicht im direkten Strahlengang des Fahrlichts. Bei sauberer oder auch von Regentropfen bedeckter Streuscheibe tritt das im nahen IR-Bereich strahlende Messlicht ungehindert ins Freie. Nur ein verschwindend geringer Teil reflektiert in den Lichtempfänger. Trifft das Messlicht jedoch an der äußeren Oberfläche der Streuscheibe auf Schmutzpartikel, so streut es proportional dem Verschmutzungsgrad in den Empfänger zurück und löst ab einer bestimmten Höhe die Reinigungsanlage automatisch aus.

Regensensor

Ein Regensensor erkennt Wassertropfen auf der Windschutzscheibe und ermöglicht die automatische Betätigung des Scheibenwischers. Die manuelle Steuerung bleibt dem Fahrer jedoch als zusätzlicher Eingriff erhalten.

Der Sensor besteht aus einer optischen Sende-Empfangsstrecke (ähnlich Schmutzsensor). Das jedoch unter einem Winkel in die Windschutzscheibe eingekoppelte Licht reflektiert an der trockenen äußeren Grenzfläche (Totalreflexion) und trifft in den ebenfalls in einem Winkel ausgerichteten Empfänger (Bild 6). Befinden sich Wassertropfen auf der Außenfläche, bricht ein erheblicher Teil des Lichts nach außen weg und schwächt das Empfangssignal. Ab einem bestimmten Grad schaltet der Wischer auch bei Schmutz automatisch ein.

Bild 5: Schmutzsensor für Scheinwerferstreuscheibe.
1 Streuscheibe, 2 Schmutzpartikel, 3 Sensorelement, 4 Sender, 5 Empfänger.

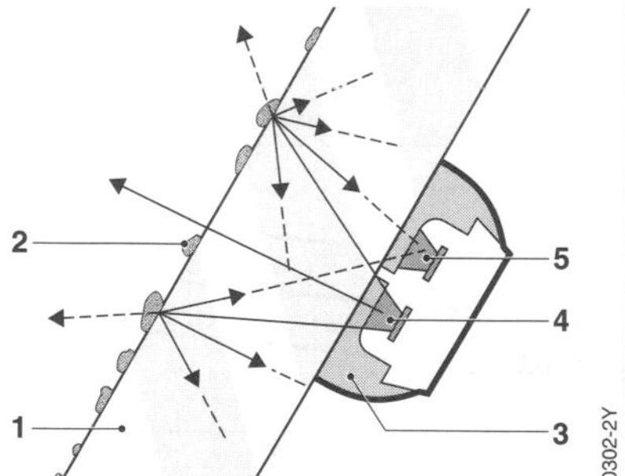

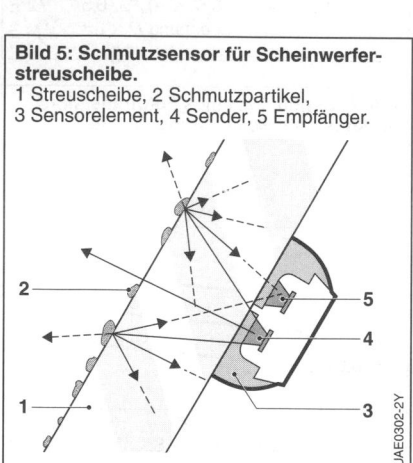

Bild 6: Regensensor für Windschutzscheiben.
1 Regentropfen, 2 Windschutzscheibe, 3 Umgebungslichtsensor, 4 Fotodiode, 5 in die Ferne gerichteter Lichtsensor, 6 Leuchtdiode.

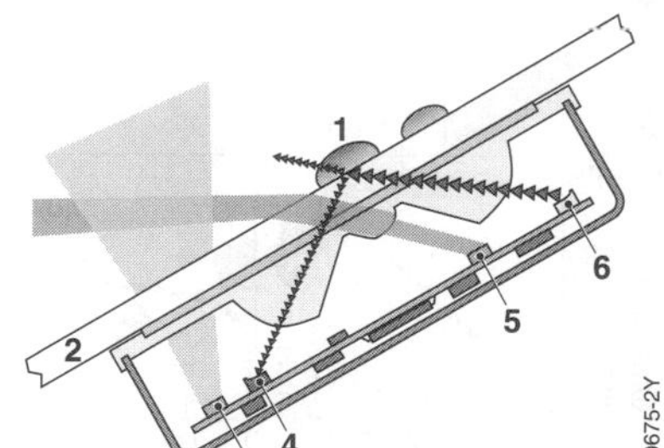

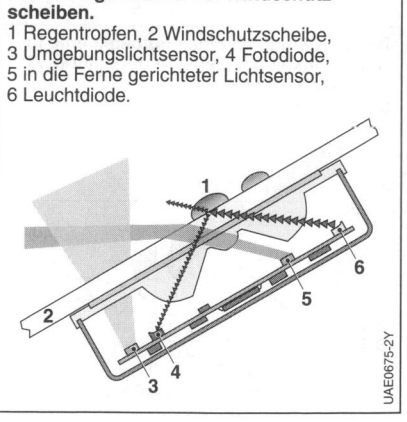

Infotainment- und Cockpitlösungen

Historie

Unterhaltung im Kraftfahrzeug gab es schon in den 1920er-Jahren mit dem ersten Autoradio im legendären Ford Modell T. 1933 brachte die Berliner Radiotelefon und Apparatefabrik Ideal AG, eine Tochterfirma von Bosch, ein Autoradio für den Mittel- und Langwellenbereich – den UKW-Empfang gab es erst ab 1949 – mit fünf Elektronenröhren heraus. Dieses Gerät wurde zusammen mit Bosch entwickelt. Die Sendereinstellung wurde damals mit Bowdenzügen von der Lenksäule aus vorgenommen, erst später wurden alle Komponenten in der Instrumententafel integriert. Der Rauminhalt umfasste ca. zehn Liter.

Komfortsteigerung brachte in den 1950er-Jahren der automatische Sendersuchlauf und Drucktasten für die Speicherung mehrerer Sender. Mit Einführung der Transistortechnik wurden die Geräte kompakter.

1968 kamen die ersten Autoradios mit integriertem Kassettenspieler heraus. Damit war eine individuelle Unterhaltung im Auto möglich.

1974 wurde das Autofahrer-Rundfunk-Informationssystem (ARI) in Betrieb genommen. Damit konnten Verkehrsmeldungen im Autoradio automatisch erkannt werden.

Mitte der 1980er-Jahre wurden die ersten Autoradios mit integriertem CD-Laufwerk vorgestellt, im Vergleich zum Kassettenlaufwerk war damit eine bessere Klangqualität möglich.

1988 wurde das Radio Data System (RDS) in Betrieb genommen. Dem Autoradio wurde damit die automatische Verarbeitung von Verkehrsfunkmeldungen, die Übermittlung von Sendernamen und weitere Zusatzinformationen ermöglicht. Später konnten mit dem Traffic Message Channel (TMC) die RDS-Verkehrsmeldungen auch unabhängig vom empfangenen Rundfunkprogramm auf dem Display des Autoradios angezeigt werden.

In den 1990er-Jahren hielten Navigationsgeräte Einzug ins Auto, es entstanden Kombinationen aus Autoradio, CD-Spieler und Navigationssysteme.

Bild 1: Information Domain Computer.

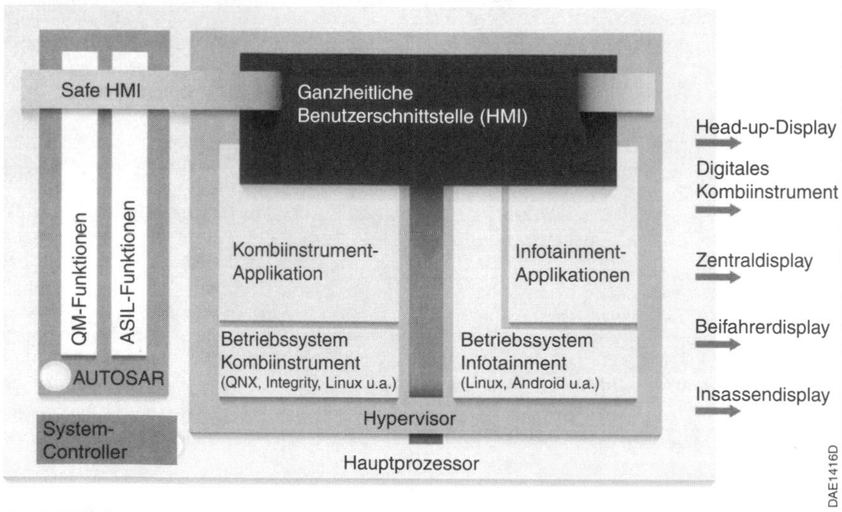

Infotainmentsysteme

Stand der Technik

Unterhaltung und Information spielen in Kraftfahrzeugen seit langem eine große Rolle. Die Ansprüche an die Geräte sind stetig gewachsen.

Vor Fahrtbeginn schnell noch die Lieblingsplaylist ergänzen und die aktuelle Verkehrslage auf der Strecke in Echtzeit überprüfen – Infotainment-Systeme sind längst viel mehr als nur Radio. In ihnen sind Entertainment-Komponenten, intelligente Fahrzeugnavigation, Telematik und Fahrassistenzsysteme integriert. Die Vernetzung mit dem Internet und dem Fahrzeug-Bus-System ermöglicht Kommunikation zwischen Fahrer, Fahrzeug und Außenwelt. Intuitive Bedienung minimiert die Ablenkung des Fahrers, das Fahren wird sicherer. Das HMI (Human Machine Interface) als die Schnittstelle zwischen Mensch und Maschine ist dabei auf ablenkungsfreies Fahren optimiert.

Solche Systeme gehören inzwischen zum Standard im Kraftfahrzeug. Im Zentraldisplay in der Mittelkonsole ist das Autoradio und das Navigationssytem integriert, die Bedienung erfolgt über den Touchscreen. Im Kombiinstrument werden neben Tachometer, Drehzahlmesser, Kühlmitteltemperatur und den weiteren Informationen zum Beispiel auch Wegleitsymbole des Navigationssystems dargestellt.

Mit einem voll digitalen Kombiinstrument werden die elektromechanischen Anzeigeinstrumente für Drehzahl, Drehmoment und Kühlmitteltemperatur überflüssig. Die Anzeigeinstrumente werden elektronisch nachgebildet.

Im zusätzlichen Beifahrerdisplay kann der Beifahrer zum Beispiel ein Video betrachten oder im Internet surfen, ohne dass der Fahrer davon abgelenkt wird.

Lösungen der Zukunft

Die Ansprüche an die Fahrzeug-Cockpits der Zukunft sind groß. Wie beim Smartphone oder anderen digitalen Begleitern erwarten Autofahrer auch von ihrem Fahrzeug größtmögliche Vernetzung, Personalisierung und intuitive Bedienung. Fahrzeughersteller müssen für verschiedene Märkte und Fahrzeugsegmente passende Lösungen anbieten und erwarten dabei größtmögliche Flexibilität bei geringen Kosten.

Information Domain Computer

Systemüberblick

Der „Information Domain Computer" von Bosch (Bild 1) basiert auf einem modularen Plattformkonzept und wird all diesen Ansprüchen gerecht. Er sorgt für ein durchgängiges, vernetztes Nutzungserlebnis, erfüllt die hohen Sicherheitsanforderungen und bietet Autobauern ein hohes Maß an Flexibilität in der Konfiguration Ihrer Lösung.

Derzeit steuern und regeln in Serienfahrzeugen mehrere Steuergeräte die verschiedenen Displays und andere elektronische Cockpit-Funktionen. Zukünftig werden immer mehr Funktionen in einem einzigen Prozessor zusammengeführt. Der Information Domain Computer basiert auf einem „System on a Chip" (SoC), der Hauptprozessor steuert sämtliche Funktionen auf nur einem Chip. Alle Displays im Fahrzeug können von diesem Domain-Computer angesteuert werden. Das verringert die Komplexität und den Bedarf an zusätzlichen Steuergeräten im Cockpit. Die Rechenfunktionen der bisher getrennten Domänen Infotainment und Instrumentierung sowie weitere Funktionen werden auf einem Prozessor gebündelt. Das spart Kosten, Bauraum, Gewicht und verbraucht weniger Energie.

Ein Steuergerät für die gesamte Benutzerschnittstelle – das Zusammenwachsen der bisher getrennten Systeme im Cockpit ermöglicht die Synchronisation des Infotainmentsystems, des Kombiinstruments und anderer Anzeigen, sodass alle gegebenen Informationen zu jeder Zeit im gesamten Fahrzeug orchestriert, verwaltet und angezeigt werden können. Dies ist eine Voraussetzung für eine nahtlose, einheitliche Designsprache und die Möglichkeit, Informationen flexibel immer dort anzuzeigen, wo der Fahrer sie benötigt. Das Gesamtsystem ist „over-the-air" updatefähig, der Information Domain Computer somit in Echtzeit aktualisierbar.

Das Infotainmentsystem integriert zahlreiche Funktionen wie den Mediaplayer, Radioempfang, intelligente Navigation,

Smartphone-Integration, Spracherkennung sowie Drittanbieter-Software.

Der Hypervisor ermöglicht den Betrieb der verschiedenen Betriebssysteme zum Beispiel für Infotainment und Fahrerinformationsanzeigen in separaten virtuellen Maschinen.

Sicherheitsrelevante Funktionen aus den Domänen Infotainment und Kombiinstrument laufen auf dem AUTOSAR-Betriebssystem. Beispiele sind die Rückfahrkamera oder eine Ölstands-Warnanzeige, die beim Starten des Fahrzeugs unmittelbar zuverlässig verfügbar sein müssen.

Der System-Controller hat eine kürzere Bootzeit als der Hauptprozessor selbst und gewährleistet so die unmittelbare Verfügbarkeit aller sicherheitsrelevanten Funktionen.

Digitales Kombiinstrument

Neben den klassischen Anzeigen des Kombiinstruments können optional weitere Funktionen wie Klimasteuerung, Fahrerassistenzfunktionen oder Fahrerbeobachtungskamera mit eigenen Betriebssystemen integriert werden. Dank der intelligenten Algorithmen werden auf dem digitalen Kombiinstrument nur solche Informationen angezeigt, die der Fahrer situationsabhängig benötigt. Die Gefahr der Überforderung des Fahrers durch die zunehmende Anzahl von Informationen aus Fahrerassistenzfunktionen wird somit verringert. Angezeigte Inhalte lassen sich flexibel anpassen Das verringert die Ablenkung und leistet gleichzeitig einen Beitrag zu mehr Verkehrssicherheit.

Da viele der Fahrerinformationen sicherheitsrelevant sind, müssen moderne digitale Kombiinstrumente adaptive Konzepte anbieten (z.B. das „Safe HMI" zur Erfüllung von ASIL-Anforderungen). Darüber hinaus können sich auch komplexe Funktionalitäten und Technologien, wie zum Beispiel die Fahrerbeobachtungskamera, in das Kombiinstrument integrieren lassen.

Smartphone-Anbindung an das Infotainmentsystem

Anwendung

Sicher, komfortabel und ablenkungsfrei – mySPIN ist eine plattformunabhängige Lösung von Bosch, mit der ein Smartphone einfach mit dem Auto oder dem Motorrad verbunden werden kann. Damit werden ausgewählte Apps und vernetzte Dienste in einem fahrerfreundlichen Format auf dem Cluster des Fahrzeugs angezeigt.

Sobald das Smartphone mit dem Fahrzeug über WLAN, Bluetooth oder USB verbunden ist, stehen dem Fahrer auf dem Fahrzeugdisplay viele interessante Apps und wichtige Smartphone-Funktionen (z.B. Telefonie) zur Verfügung. Der Nutzer hat während der Fahrt jederzeit Zugriff auf das Smartphone. mySPIN bietet die komfortable Nutzung von Apps sowohl im Pkw als auch auf dem Motorrad oder jeder Art von Zweirad.

Egal ob iOS oder Android, einmal mit dem Fahrzeug verbunden, kann der Fahrer kompatible Smartphone-Apps direkt über den Touchscreen verwenden – auf dem Motorrad ganz einfach über die Steuereinheit am Lenker. Um den Fahrer nicht vom Verkehrsgeschehen abzulenken und eine fahrerfreundliche und sichere Bedienung zu ermöglichen, wurden alle Apps speziell zur mobilen Nutzung angepasst und stellen ausschließlich alle wichtigen Grundfunktionen und -informationen zur Verfügung.

mySPIN bietet dem Nutzer schon heute eine beeindruckende Auswahl an beliebten Apps aus verschiedenen Kategorien wie Navigation, Points of Interest und Veranstaltungen, Parkplatzsuche, Nachrichten und Musik-Streaming. Dabei wird die Palette an mySPIN-kompatiblen Apps kontinuierlich mit globalen und lokalen Angeboten aus Europa, Amerika, Indien und China ausgebaut.

Für die Automobilhersteller bietet mySPIN eine Vielzahl an interessanten

Optionen, darunter die nahtlose Integration der Anwendung in die Benutzeroberfläche des Fahrzeugs sowie die Verarbeitung von Fahrzeugdaten wie z.B. eine aktuelle Kraftstoffanzeige.

Hinzu kommen speziell entwickelte Anwendungen, mit denen der Fahrer seine Routen aufzeichnen und mit seiner Community teilen kann oder sich in der Community geteilte Routen herunterladen. Sie stellen Navigationsfunktionen und die aktuellsten Verkehrsinformationen zur Verfügung. Das Angebot an Apps wird fortlaufend ausgebaut – national wie international. Entwickler adaptieren nicht nur bereits bestehende Apps für mySPIN, sondern erweitern das App-Angebot auch mit neuen innovativen Ideen.

Hersteller haben, dank der Cloud-Connectivity von mySPIN, die Möglichkeit, den Fahrer direkt anzusprechen und ihn mit wichtigen, personalisierten Informationen auf dem Laufenden zu halten. Über die Verfügbarkeit der Apps und deren Umfang entscheiden Hersteller selbst und können das Portfolio um neue Funktionen und Apps erweitern.

Nutzen für den Anwender

- Komfortable Nutzung von Apps während der Fahrt, ohne dass der Fahrer abgelenkt wird.
- Einfache Bedienung per Touchscreen im Fahrzeug oder über die Steuereinheit am Lenker auf dem Motorrad.
- Vielfältige Auswahl an Apps aus verschiedenen Kategorien.
- Kompatibel mit iOS- und Android-Betriebssystemen.
- Fahrerfreundliche Displaydarstellung für optimale Bedienung.
- Umfangreiche Anpassungsoptionen für Fahrzeughersteller.
- Flexibilität hinsichtlich Auswahl und Umfang der Apps sowie Zusatzfunktionen in den Fahrzeugen.
- Zugriff auf Fahrzeugdaten für Datenanalysen – Möglichkeit zur Integration von Cloud-Diensten.
- Echtzeitinformationen zu Gefahrenstellen und Straßenzustand.
- Offline-Nutzung der Navigations-Apps.
- Breites Angebot an Smartphone-Apps.
- Ausgewählte und optimierte Apps speziell für das Zweirad- und Powersports-Segment.
- Intuitive und sichere Nutzung von Smartphones und Apps im Motorrad- und Powersports-Segment: für mehr Sicherheit, Komfort und Spaß auf der Straße.

Anzeige und Bedienung

Interaktionskanäle

Der Autofahrer muss eine ständig wachsende Flut von Informationen verarbeiten, die vom eigenen und von fremden Fahrzeugen, von der Straße und über Telekommunikationseinrichtungen auf ihn einwirken. Diese Informationen müssen ihm mit geeigneten Anzeigemedien und unter Beachtung ergonomischer Erfordernisse übermittelt werden.

Visueller Kanal – Sehen

Der Mensch erkennt seine Umwelt überwiegend mit Hilfe des Sehsinns (Bild 1). Andere Verkehrsteilnehmer, ihre Position, ihr vermutetes Verhalten, die Fahrspur und Objekte im Straßenraum werden mit dem Sehapparat und der dahinter liegenden höchst leistungsfähigen Bildverarbeitung und -interpretation des Menschen entdeckt, ausgewählt und von weiteren Strukturen im Gehirn hinsichtlich ihrer Entwicklung und Relevanz bewertet.

Auch die Infrastruktur im Straßenverkehr fordert vor allem den visuellen Kanal: Verkehrsschilder vermitteln Regeln, Markierungen grenzen Fahrstreifen voneinander ab, Blinker zeigen eine Fahrtrichtungsänderung an, Bremsleuchten warnen vor verzögernden Fahrzeugen. Somit ist der visuelle Kanal beim Fahren von großer Bedeutung. Dies gilt für das bewusste Sehen, bei dem der Fahrer seinen Blick Objekten gezielt zuwendet und auf sie fokussiert, aber auch für das periphere Sehen, das für die Positionierung des Fahrzeugs innerhalb des Fahrstreifens wesentlich ist. Deshalb müssen zusätzliche Blicke auf Anzeigen im Fahrzeug während der Interaktion mit Fahrerinformations- und Fahrerassistenzsystemen (FIS, FAS) oder ihrer Überwachung sorgfältig auf mögliche Auswirkungen auf die Verkehrssicherheit bewertet werden.

Akustischer Kanal – Sprechen und Hören

Für die Kommunikation mit anderen Verkehrsteilnehmern, insbesondere das Anzeigen und Signalisieren von Gefahr, wird beim Menschen und bei Fahrerassistenzsystemen der akustische Kanal genutzt. Im eigenen Fahrzeug wird er auch für die Eingabe von Kommandos über Spracheingabesysteme sowie die Ausgabe von Warnhinweisen und Information vom Fahrerassistenzsystem an den Fahrer mit akustischen Signalen und Sprachausgabe genutzt.

Die Eingabe von Sprachbefehlen erfordert keine Blickzuwendung, bindet aber ebenfalls die Aufmerksamkeit des Fahrers. Hören bedarf keiner Blickzuwen-

Bild 1: Informationskanäle zwischen Fahrer und Fahrzeug.

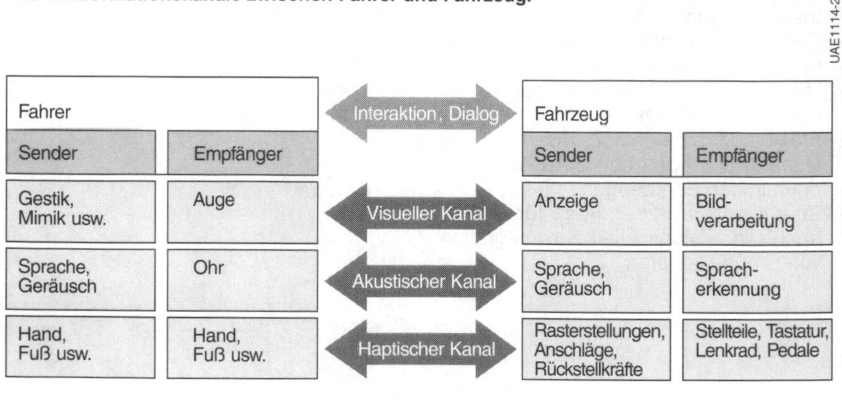

dung, kann aber räumliche und komplexe Information (z.B. Beschreibung der Situation an Kreuzungen) schlecht übermitteln. Auch Fahrer ohne ausreichendes Hörvermögen müssen mit dem Fahrerassistenzsystem kommunizieren können.

Haptischer und kinästhetischer Kanal – Bedienen und Fühlen

Der haptische Kanal gibt bei allen motorischen Bedienvorgängen, beim Bedienen von Schaltern, beim Lenken und Bremsen Rückmeldung an den Fahrer. Die Warnung des Fahrers durch ein kurzes Straffen seines Sicherheitsgurts und durch Vibrieren des Sitzes bei Gefahr des Spurverlassens wurde bereits in Serie realisiert. Eine weitere Möglichkeit, die Aufmerksamkeit des Fahrers zu wecken, ist das Vibrieren des Lenkrads. Ein erhöhter Widerstand am Fahrpedal kann eine Geschwindigkeitsempfehlung unterstützen und erhöht die Aufmerksamkeit des Fahrers. Für ein Ausweichmanöver kann ein für den Fahrer wahrnehmbares Moment auf das Lenkrad ausgeübt werden.

Auch der kinästhetische Kanal, der beim Fahren der Wahrnehmung von Beschleunigungen dient, wird in Serienfahrzeugen bereits genutzt, um z.B. durch einen kurzen Bremsruck die Aufmerksamkeit des Fahrers herzustellen.

Allerdings wird der haptische Kanal für das Lenken und die Geschwindigkeitsregelung permanent benötigt und zusätzliche manuelle Bedienungen (z.B. Tastaturbedienung des Mobiltelefons) können die Spurführung durch Ablenkung beeinträchtigen.

Instrumentierung

Informations- und Kommunikationsbereiche

Im Fahrzeug gibt es vier Informations- und Kommunikationsbereiche mit unterschiedlichen Anforderungen an die Eigenschaften der jeweiligen Anzeige: Das Kombiinstrument, die Windschutzscheibe, die Mittelkonsole und den Fahrzeugfond.

Das verfügbare Informationsangebot und die für den jeweiligen Insassen notwendige, zweckmäßige oder wünschenswerte Information bestimmen, welche Kommunikationsbereiche jeweils genutzt werden. Dynamische Informationen (z.B. Fahrgeschwindigkeit) und Überwachungsinformationen (z.B. Tankanzeige), auf die der Fahrer reagieren soll, werden durch das Kombiinstrument in günstiger Ableseposition nahe des primären Fahrersichtfelds dargestellt.

Um eine besonders hohe Aufmerksamkeit zu erregen (z.B. bei Warnungen aus einem Fahrerassistenzsystem oder für Wegleithinweise), eignet sich die Darstellung mit Hilfe eines Head-up-Displays (HUD), das die Information in die Windschutzscheibe einspiegelt. Auch für die Anzeige der Geschwindigkeit in digitaler Form ist das Head-up-Display geeignet. Eine Ergänzung bildet die Ausgabe von akustischen Signalen oder Sprache.

Statusinformationen oder umfangreichere Bediendialoge (z.B. für Fahrzeugnavigation) werden vorzugsweise im Zentraldisplay in der Mittelkonsole dargestellt. Die Bedieneinheiten sind bei kompakteren Fahrzeugen meistens an diesem Zentraldisplay angeordnet. Bei geräumigeren Fahrzeugen mit hochgesetztem Zentraldisplay (siehe Bilder 2c und 2d) werden sie vorzugsweise im primären Greifraum in Form eines Dreh-Drück-Bedienelements auf dem Mitteltunnel angeordnet.

Unterhaltende Information gehört, fern vom primären Sichtbereich, in den Fahrzeugfond. Dort ist auch der ideale Ort für das mobile Büro. Die Rückenlehne des Beifahrersitzes ist ein geeigneter Einbauort für Display und Bedienteil eines Laptops.

Ergänzend gibt es seit 2009 auch Dual-View- oder Split-View-Displays für die Mittelkonsole, die für Fahrer und Beifahrer unterschiedliche Informationen darstellen können, sodass der Beifahrer ohne Ablenkung des Fahrers z.B. Videos betrachten kann, während der Fahrer die Information des Navigationssystems sieht.

Bild 2: Fahrerinformationsbereich mit Kombiinstrument und Bildschirm im Mittelkonsolenbereich (Entwicklungsschritte).
a) Zeigerinstrumente,
b) Zeigerinstrumente mit TN-LCD und separatem AMLCD in Mittelkonsole,
c) Zeigerinstrumente mit integrierter (D)STN-LCD oder AMLCD sowie Bildschirm in AMLCD-Technik im Mittelkonsolenbereich,
d) freiprogrammierbares Kombiinstrument mit zwei AMLCD-Komponenten mit unterschiedlichen Darstellungsmöglichkeiten,
e) zwei freiprogrammierte LC-Displays.

Bezeichnungen siehe unter Display-Ausführungen.

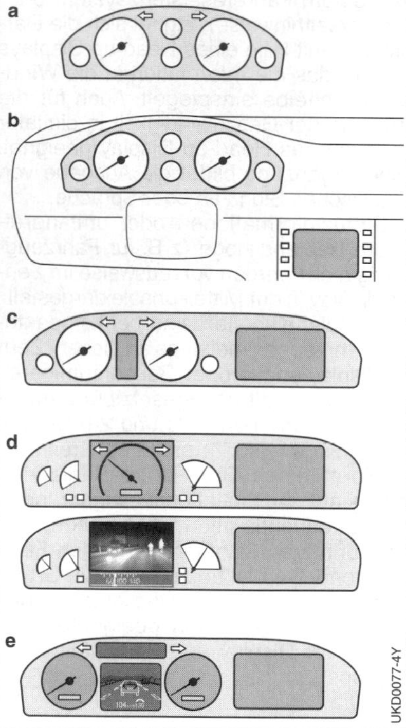

Kombiinstrumente

Frühere Einzelinstrumente für die optische Ausgabe von Information (z.B. Fahrgeschwindigkeit, Motordrehzahl, Tankfüllstand und Motortemperatur) wurden zunächst durch kostengünstigere Kombiinstrumente (Zusammenfassung mehrerer Informationseinheiten in einem Gehäuse) mit guter Beleuchtung und Entspiegelung verdrängt. Mit der Zeit entstand im vorhandenen Bauraum bei ständigem Informationszuwachs das moderne Kombiinstrument mit mehreren Zeigerinstrumenten und zahlreichen Kontrollleuchten (Bild 2a). In dieser ersten Generation der Kombiinstrumente dominierte das Wirbelstrommesswerk für den Tachometer, das Drehspulmesswerk für den Drehzahlmesser und das Hitzdrahtinstrument für die Tankanzeige.

Messwerke

Auch heute noch arbeitet der überwiegende Anteil der Instrumente mit mechanischen Zeigern und Zifferblatt (Bilder 2a bis 2c). Als Messwerke lösten zunächst Drehmagnet-Quotientenmesswerke die

Bild 3: Kombiinstrument (Aufbau).
1 Kontrollleuchte (LED),
2 Leiterplatte,
3 Schrittmotor,
4 Reflektor,
5 Deckscheibe,
6 Zeiger,
7 Hinterleuchtung mit LED in Durchlichttechnik,
8 Zifferblatt,
9 Lichtleiter,
10 LCD (Kilometeranzeige).

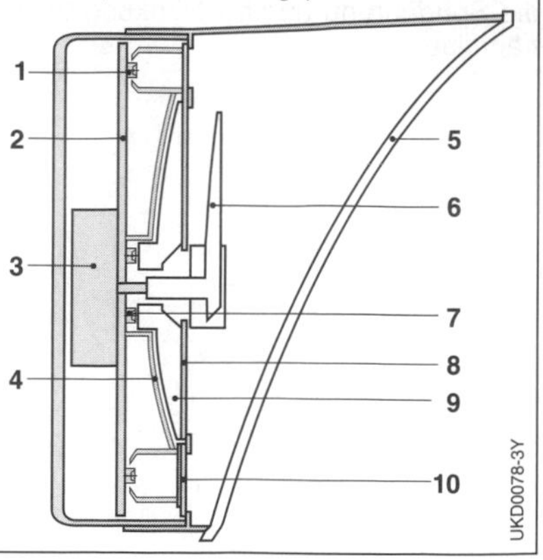

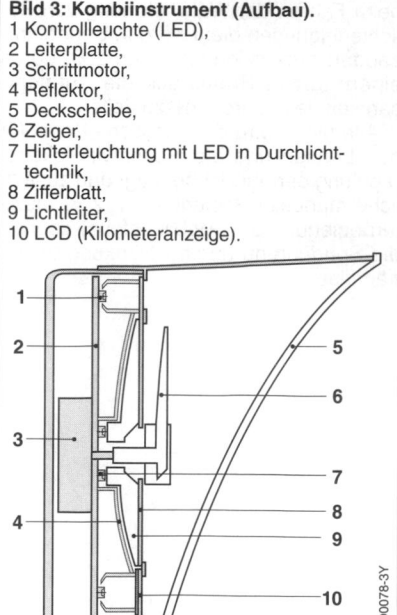

voluminösen, mechanisch angetriebenen Wirbelstrommesswerke ab. Heute dominieren Schrittmotoren mit geringer Bautiefe und großem Drehmoment. Sie erlauben dank kompaktem Magnetkreis und (meist) zweistufigem Getriebe mit nur etwa 100 mW Leistungsaufnahme eine schnelle und sehr präzise Zeigerpositionierung (Bild 3).

Digitale Anzeigen
Die bis in die 1990er-Jahre teilweise eingesetzten Digitalinstrumente (z.B. für die Geschwindigkeitsanzeige) mit Informationsdarstellung in Vakuumfluoreszenztechnik (VFD), später in Flüssigkristalltechnik (LCD), sind in Europa weitgehend wieder verschwunden. Bedauerlicherweise ist hierdurch der Vorteil einer erwiesenermaßen schnellen und präzisen Geschwindigkeitsablesung verloren gegangen. Heutige Formel 1-Fahrzeuge besitzen alle digitale Geschwindigkeitsanzeigen.

Digitalanzeigen in Kombiinstrumenten findet man heute in Japan (z.B. Toyota Prius) und in Oberklasse-Fahrzeugen in den USA.

Beleuchtung
Für die Beleuchtung der Kombiinstrumente hat sich wegen des ansprechenden Erscheinungsbilds die Durchlichttechnik gegenüber der früher eingesetzten Auflichttechnik weitgehend durchgesetzt. Glühlampen wurden von Leuchtdioden (LED) mit hoher Lebensdauer verdrängt. Leuchtdioden eignen sich sowohl für Warnleuchten als auch für die Hinterleuchtung von Skalen, Displays und Zeigern (gegebenenfalls über Kunststoff-Lichtleiter).

Nachdem lange Zeit nur monochrome LED in den Farben gelb, orange und rot verfügbar waren, stehen heute blaue und hocheffiziente weiße Leuchtdioden zur Verfügung.

Farb-LCD benötigten wegen ihrer geringen Transmission (typisch ca. 6 %) zur Erzielung eines guten Kontrasts bei Tageslicht anfangs Kaltkathoden-Fluoreszenzlampen (CCFL) für die Hinterleuchtung. Mittelweile sind sie durch die hocheffizienten weißen LED ersetzt worden.

Grafikmodule im Instrumentenbereich
Die Serienausstattung der Fahrzeuge mit Airbag und Servolenkung hat eine kleinere Durchblicköffnung durch die obere Lenkradhälfte zur Folge. Gleichzeitig wächst die im vorhandenen Einbauraum darzustellende Informationsmenge. Bevor Grafikanzeigen verfügbar waren, deren Anzeigeflächen beliebige Informationen – flexibel und nach Prioritäten geordnet – darstellen können, versuchte man dieses Einbaudilemma zunächst durch Zusatzanzeigen zu lösen, die auf der Instrumententafel platziert wurden – z.B. Tripcomputer und die ersten Bildschirme zur Anzeige von Navigationsinformation, die zum Teil auch auf einem Schwanenhals angeordnet wurden. Die Verfügbarkeit von Grafikbildschirmen führte zum Hybridinstrument mit klassischen Zeigerinstrumenten und einem Grafikmodul (Bild 2c).

Das Grafikmodul im Kombiinstrument gestattet vorzugsweise die Darstellung von fahrerrelevanten Funktionen, z.B. Service-Intervalle, Check-Funktionen über den Betriebszustand des Fahrzeugs oder auch Fahrzeugdiagnose für die Werkstatt. Sie können natürlich auch Wegleitinformationen aus dem Navigationssystem darstellen, wobei wegen der geringen Fläche dieser Module auf die Darstellung digitalisierter Kartenausschnitte verzichtet werden muss, sodass nur Wegleitsymbole wie Pfeile als Abbiegehinweis oder Kreuzungssymbole zur Anzeige kommen. Diese Beschränkung hat man auch bei neueren Fahrzeugen beibehalten. Den zunächst monochrom ausgeführten Modulen folgten bei höherwertigen Fahrzeugausstattungen rasch Farbdisplays, deren Ablesegeschwindigkeit und -sicherheit durch die Farbdarstellung erhöht wird.

Seit 2005 werden Aktiv-Matrix-LCDs (siehe unten) auch für die Darstellung analoger Instrumente genutzt (Bild 2d). Ein Beispiel ist die Instrumentierung der Mercedes S-Klasse, bei der die Geschwindigkeitsanzeige mithilfe eines LCD-Bildschirms nachgebildet wird. Bei Umschaltung auf die Nachtsichtfunktion (siehe Nachtsichtsystem) erscheint das aufbereitete Videobild der Kamera, während die Tachoanzeige in Balkenform unter dem Videobild dargestellt wird.

Mit der Einführung der Mercedes S-Klasse im Modelljahr 2013 wurde erstmals das Kombiinstrument durch einen vollflächigen Flüssigkristallbildschirm ersetzt. Ein solches frei programmierbare Instrument bietet viele Vorteile. Information kann entweder nach Kundenpräferenz (z.B. am Bandende) im Display angeordnet werden oder der mit digitalen Medien vertraute Fahrer kann sein Instrument selbst programmieren. Diese Option wird in der Chevrolet Corvette C7 angeboten.

Durch den Preisverfall dieser Anzeigen ist davon auszugehen, dass sich das Digitaldisplay im Kombiinstrument breit durchsetzen wird, da hierdurch auch die Variantenfülle ganzer Fahrzeug-Modellreihen auf eine einzige, flexibel programmierbare Einheit reduzieren lässt und enorme logistische Einsparungen mit sich bringt.

Gleichzeitig mit der Einführung des Grafikbildschirms als Kombiinstrument wuchs auch das Format des Mittelkonsolendisplays.

Zentrale Anzeige- und Bedieneinheit im Mittelkonsolenbereich

Mit den Fahrerinformationssystemen, anfangs vor allem Navigation und Telefon, etablierte sich ein weiterer Bildschirm mit zugehörigen Bedienelementen in der Mittelkonsole (Bild 2). Die Platzierung erfolgte zuerst dort, weil hier mit dem Einbauschacht für das Autoradio und dem Aschenbecher genügend Einbauraum geschaffen werden konnte. Die Bedienelemente wurden am Displayrand angebracht (Bild 2b). Mittlerweile gehen die Fahrzeughersteller auf die ergonomisch günstigere Lösung über, den Bildschirm im oberen Mittelkonsolenbereich in Höhe des Kombiinstruments einzubauen (Bild 2c). In diesem Zusammenhang haben die meisten deutschen Automobilhersteller die Tasteneingabe am Bildschirmrand durch einen kombinierten Dreh-Drück-Eigabeknopf im primären Greifraum des Fahrers auf der Mittelkonsole ersetzt. Mit Touchscreens ist die Bedienung direkt über das Display möglich.

Auf diesem Zentralbildschirm wird heute eine Vielzahl von Informationen dargestellt, z.B. Navigation, Kommunikation (Telefon, SMS, Internet), Audio (Radio, digitale Tonträger), Video und TV bei stehendem Fahrzeug, Klimatisierung und Einstellungen (Datum, Uhrzeit). Auch Information der neuen Fahrerassistenzsysteme (z.B. Einpark- und Manövrierhilfen) kann dort vorteilhaft dargestellt werden.

Wichtig für alle optischen Darstellungen ist, dass sie im primären Blickfeld des Fahrers oder in dessen Nähe leicht ablesbar sind, um kurze Blickabwendungen sicherzustellen. Die Anordnung dieses für Fahrer und Beifahrer universell nutzbaren Terminals im oberen Mittelkonsolenbereich ist aus ergonomischer und technischer Sicht zweckmäßig und notwendig. Die Anforderungen der Fernsehwiedergabe und der Information des Navigationssystems an die Bild- und Landkartendarstellung bestimmen die Anforderungen an die Auflösung und Farbwiedergabe des Bildschirms.

Bei diesem zentralen Bildschirm hat sich zunächst ein Wandel vom kleinen 6“-Bildschirm mit einem Seitenverhältnis von 4:3 zu einem breiteren Format mit Seitenverhältnis von 16:9 vollzogen, das neben der Landkarte noch die Darstellung zusätzlicher Wegleitsymbole zulässt. Neuere Fahrzeuge mit Anordnung des Zentralbildschirms im oberen Mittelkonsolenbereich verfügen wegen des größeren Platzangebots z.T. über deutllich größere Bildschirmformate Das Tesla S-Modell benutzt sogar einen senkrecht angeordneten Bildschirm mit einer Diagonalen von 17“ als kombinierte Anzeige- und Bedieneinheit in der Mittelkonsole.

Display-Ausführungen

Flüssigkristallanzeige

Die heute am häufigsten eingesetzte Anzeige im Fahrzeug ist das Flüssigkristalldisplay (LCD, Liquid Crystal Display). Als passive Anzeige, die selbst kein Licht aussendet sondern einfallendes Licht moduliert, benötigt sie eine Zusatzbeleuchtung.

Twisted Nematic-LCD

Die TN-LCD-Technik (Twisted Nematic-Liquid Crystal Display) ist bei hohem Entwicklungsstand am weitesten verbreitet. Der Name rührt her von der im Inneren angeordneten, im spannungslosen Zustand um 90 ° verdrillten Anordnung der länglichen Moleküle. Dies führt zu einer Drehung der Polarisationsebene des durch die Zelle tretenden Lichts um 90 ° (Bild 4). Ordnet man diese Zelle zwischen gekreuzten Polarisatoren an, so ist sie im spannungslosen Zustand durchsichtig. Beim Anlegen einer Spannung werden die Moleküle in Feldrichtung gedreht (Bild 4, mittleres Segment). Die Zelle wird undurchsichtig, d.h., sie stellt ein Lichtventil dar.

Der Einsatzbereich liegt heute bei –40...125 °C. Bedingt durch die viskosen Eigenschaften des Flüssigkristallmaterials sind die Schaltzeiten bei tiefen Temperaturen etwas länger.

Je nach Wahl der Polarisationsrichtung der außen aufgebrachten Polarisatorfolien kann das TN-LCD im Positivkontrast (dunkle Zeichen im hellen Umfeld) oder Negativkontrast (helle Zeichen im dunklen Umfeld) betrieben werden. Das TN-LCD wird im Fahrzeug üblicherweise im Negativkontrast betrieben, da dies dem vertrauten Erscheinungsbild gedruckter Zifferblätter nahekommt. Negativkontrastzellen benötigen grundsätzlich eine Hinterleuchtung.

Mit getrennt ansteuerbaren Segmentbereichen werden Ziffern, Buchstaben und Symbole dargestellt. Die TN-Technik eignet sich im Kombiinstrument nicht nur für kleinere Anzeigemodule, sondern auch für größere Anzeigeflächen und modular aufgebaute LCD-Kombiinstrumente wie das Kombiinstrument des Audi Quattro Modelljahr 1984.

Bild 4: Funktionsweise einer Flüssigkristallanzeige (Drehzelle).
1 Polarisator, 2 Glas,
3 Orientierung und Isolierung,
4 Elektrode, 5 Polarisator.
a Segmentbereich.

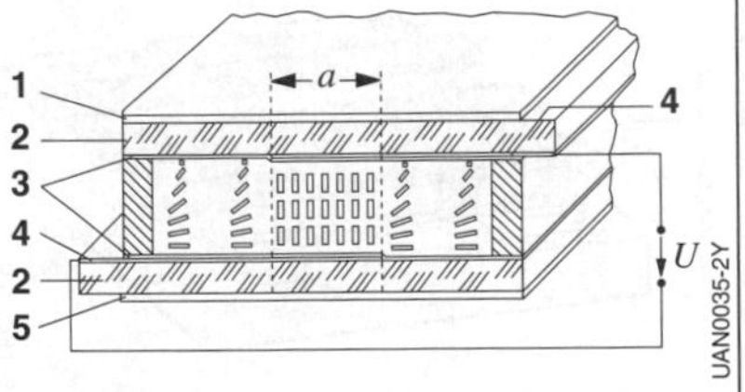

Aktiv-Matrix-LCD

Beliebig darstellbare Information erfordert grafikfähige Punktrasteranzeigen. Für die optisch anspruchsvolle und zeitlich rasch veränderliche Darstellung komplexer Information im Bereich des Kombiinstruments und der Mittelkonsole mit hochauflösenden, videofähigen Flüssigkristallbildschirmen eignet sich nur das Aktiv-Matrix-LCD (AMLCD), wie es von den Computer-Bildschirmen her bekannt ist. Die Adressierung der Bildpunkte erfolgt mit Feldeffekttransistoren in Dünnschichttechnik (TFT-LCD, Thin-Film-Transistor-LCD). Für Kraftfahrzeuge sind Bildschirme mit Diagonalen von 3,5...10 Zoll im Mittelkonsolenbereich und erweitertem Temperaturbereich (–25...110 °C) verfügbar und stellen die heute am weitesten verbreitete Bildschirmtechnologie im Fahrzeug dar. Für das frei programmierbare Kombiinstrument (FPK) kommen Formate von 10 Zoll und mehr zum Einsatz.

AMLCDs (Bild 5) bestehen aus dem „aktiven" Glassubstrat mit den Halbleiterstrukturen und der Gegenplatte mit den Farbfilterstrukturen. Auf dem aktiven Substrat befinden sich die Bildpunktelektroden aus Indium-Zinn-Oxid, die metallischen Zeilen- und Spaltenleitungen und die Halbleiterstrukturen. An jedem Kreuzungspunkt von Zeilen- und Spaltenleitung befindet sich ein Feldeffekttransistor in Dünnschichttechnologie, der in mehreren Maskenschritten aus einer zuvor aufgebrachten Schichtenfolge heraus geätzt wird. Ebenso wird an jedem Bildpunkt ein Kondensator erzeugt.

Auf der gegenüberliegenden Glasplatte befinden sich die Farbfilter und eine „Black-Matrix-Struktur" zur Abdeckung der metallischen Zeilen- und Spaltenleitungen, die zu einer Verbesserung des Kontrasts der Anzeige führt. Diese Strukturen werden in einer Abfolge fotolithografischer Prozesse auf das Glas aufgebracht. Darüber liegt eine durchgehende Gegenelektrode für alle Bildpunkte. Die Farbfilter werden entweder in Form durchgehender Streifen (gute Wiedergabe von Grafikinformation) oder als Mosaikfilter aufgebracht (besonders geeignet für Videobilder).

Bild 5: Aufgeklapptes AMLCD.
1 Farbfilter (blau, rot, grün),
2 Gegenelektrode, 3 Glassubstrat,
4 Spaltenleitung, 5 Bildpunktelektroden,
6 Zeilenleitung,
7 Feldeffekttransistor in Dünnschichttechnologie,
8 Black-Matrix-Struktur.

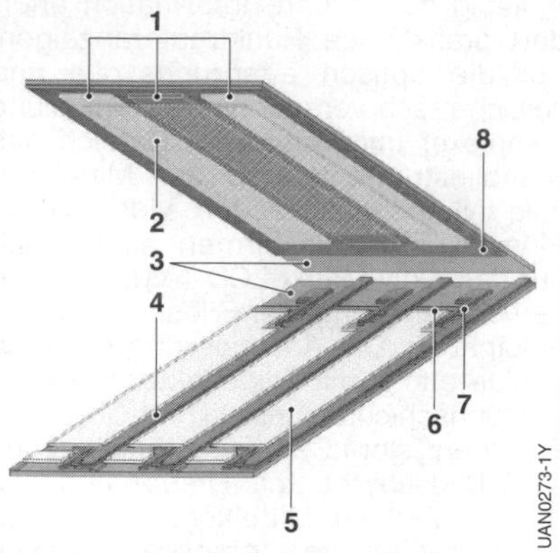

Bild 6: Aufbau eines OLED-Bildelements.
1 Metallkathode (Al, In),
2 Polymer- oder Monomer-Schichtsystem,
3 transparente Anode,
4 Substrat aus Glas oder flexibler Kunststofffolie (PET).

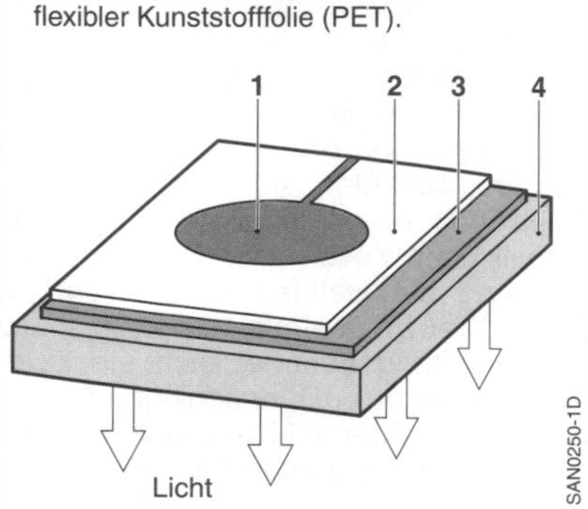

Organische Leuchtdioden

Die Lumineszenzanregung bei organischen, elektrolumineszierenden Anzeigeeinheiten (OLED, Organic Light Emitting Diode) erfolgt wie bei der Leuchtdiode (LED) durch injizierte Ladungsträger, hier jedoch in einer Schicht aus organischen Materialien. Damit Elektrolumineszenz auftritt, müssen drei Prozesse innerhalb des Schichtsystems ablaufen: Die Injektion und der Transport beider Sorten von Ladungsträgern (Elektronen, Löcher) durch die Schicht sowie deren Rekombination.

Die organischen Schichten sind zwischen zwei Elektroden eingebettet. Bild 6 zeigt den prinzipiellen Aufbau eines OLED-Bildelements. Als Anode verwendet man standardmäßig mit Indium-Zinn-Oxid (ITO, Indium Tin Oxide) beschichtetes Glas (oder Kunststofffolie), welches das generierte Licht (im Bild nach unten) durchlässt. Die Kathode besteht aus Metall. Dazwischen befindet sich das organische Material. Über die elektrischen Kontakte werden durch Anlegen einer Spannung Ladungsträger in das Material injiziert. Diese werden durch die Polymerschicht hindurch aufeinander zubewegt. Beim Aufeinandertreffen von Ladungs-

Bild 7: OLED-Matrix-Anzeige.
1 Substrat aus Glas oder flexibler Kunststofffolie (PET),
2 Anodenstreifen,
3 organisches Schichtsystem,
4 Kathodenstreifen,
5 Pixel.

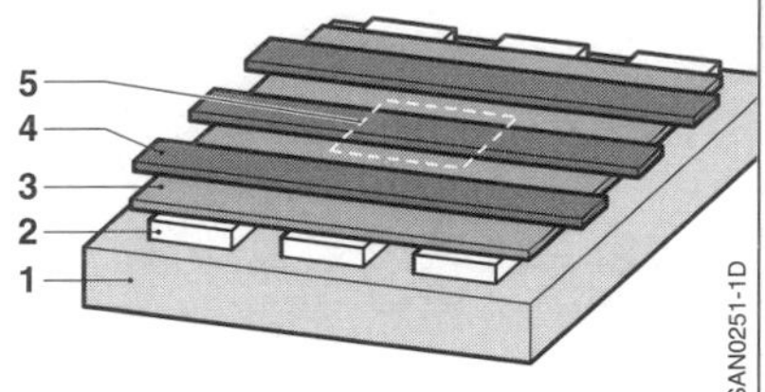

trägern unterschiedlichen Vorzeichens (Elektronen und Löcher) kommt es zur oben beschriebenen strahlenden Rekombination (siehe auch OLED, Elektronik).

Bild 7 zeigt den Aufbau einer OLED-Matrix-Anzeige. Die organische Schicht befindet sich zwischen den zueinander senkrecht angeordneten Zeilen- und Spaltenelektroden. Mehrfarbigkeit wird durch in unterschiedlichen Farben emittierende OLED-Materialien im Punktraster erreicht.

OLED-Displays sind im Konsumerbereich (z.B. Mobiltelefone) schon seit Jahren etabliert. Wegen der hohen Anforderungen an die Klimabeständigkeit kamen OLED bislang nur für kleinere, monochrome, alphanumerische und einfache Grafikdisplays zum Einsatz, z.B. für die Anzeige von Funktionen der Klimaanlage. Die Möglichkeit, OLED mithilfe von Kunststoffsubstraten mit gekrümmten Oberflächen aufzubauen, könnte in Zukunft unter dem Aspekt einer guten Entspiegelung im Fahrzeug interessant werden.

Head-up-Display

Herkömmliche Kombiinstrumente befinden sich in einem Betrachtungsabstand von 0,8...1,2 m. Zum Ablesen einer Information im Bereich des Kombiinstruments muss der Fahrer seine Augen von großer Entfernung (Beobachtung der Straßenszene) auf den kurzen Betrachtungsabstand für das Instrument akkommodieren. Dieser Akkommodationsprozess benötigt gewöhnlich, je nach Alter des Fahrers, 0,3...0,5 s.

Bild 8: Head-up-Display (Prinzip).
1 Virtuelles Bild,
2 Reflexion in der Windschutzscheibe,
3 Anzeigemodul: Flüssigkristallanzeige (LCD) mit Hinterleuchtung,
4 optisches System.

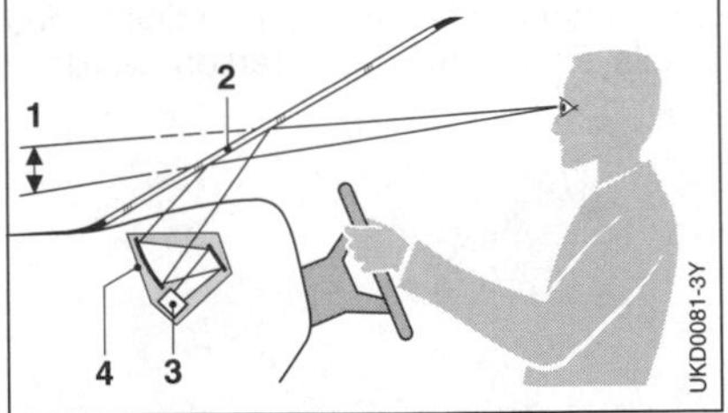

Zunächst wurden Head-up-Displays (HUD) in der militärischen Luftfahrt eingesetzt. Für Kfz-Anwendungen wurden sie in einfacher Ausführung, meist als digitale Geschwindigkeitsanzeigen, parallel zum analogen Tachometer in Japan und in den USA als Sonderausstattung angeboten. In verbesserter Form haben sie zunächst in den USA, später auch in europäischen Fahrzeugen Einzug gefunden.

Das Bild eines Head-up-Displays wird mithilfe der Windschutzscheibe in das primäre Blickfeld des Fahrers eingespiegelt. Das optische System erzeugt ein virtuelles Bild in einem so großen Betrachtungsabstand, dass das menschliche Auge auf große Entfernung akkommodiert bleiben kann. Head-up-Displays erfordern keine Blickabwendung von der Fahrbahn – somit können sicherheitskritische Fahrsituationen jederzeit ungestört wahrgenommen werden. Blicke auf das Kombiinstrument können entfallen, wenn wichtige Information im Head-up-Display dargestellt werden.

Aufbau

Ein typisches Head-up-Display (Bild 8) enthält ein Anzeigemodul mit Ansteuerung zur Bilderzeugung, eine Beleuchtung, eine Abbildungsoptik und einen Combiner, an dem das Bild in das Auge des Betrachters reflektiert wird. Im Kraftfahrzeug dient meist die Windschutzscheibe als Combiner, wobei zur Vermeidung von Doppelbildern – verursacht durch Reflexionen an der inneren und der äußeren Grenzfläche – diese leicht keilförmig ausgeführt wird. Aus Fahrersicht decken sich dann die beiden an den Grenzflächen entstehenden Bilder.

Im Anzeigemodul wird ein reelles Bild erzeugt. Dieses Modul kann ein Display sein oder eine Rückprojektion auf eine Streufläche, z.B. mit einem scannenden Laserstrahl. Dieses reelle Bild ist nur etwa 20×40 mm groß, die erforderliche Leuchtdichte für gute Ablesbarkeit am Tage beträgt aber mehr als 50 000 cd/m² – also etwa das 100-fache eines üblichen Direktsicht-Displays. Dieses Bild wird über die Windschutzscheibe in das Fahrerauge reflektiert. Für den Fahrer überlagert sich dieses virtuelle Bild der Fahrszene vor dem Fahrzeug.

Im Strahlengang sind im Allgemeinen optische Elemente (Linsen, Hohlspiegel) eingefügt, die den virtuellen Abstand des Bilds vergrößern.

Als Display für monochrome Head-up-Displays mit geringem Informationsgehalt können besonders kontrastreiche Segment-TN-LCD eingesetzt werden. Für hochwertigere, mehrfarbige Anzeigen werden AMLCDs in Polysilizium-Technik verwendet.

Darstellung der Information von Head-up-Displays
Das virtuelle Bild soll die Straßenszene nicht überdecken; es wird deshalb in einer Region mit niedrigem Informationsgehalt dargestellt, nämlich „über der Motorhaube schwebend" (Bild 9). Um eine Reizüberflutung im primären Blickfeld zu vermeiden, darf das Head-up-Display nicht mit Information überladen werden und ist daher niemals ein Ersatz für das konventionelle Kombiinstrument. Seine Darstellung eignet sich aber sehr gut für Navigationshinweise (Richtungspfeil) und sicherheitsrelevante Informationen wie Warnanzeigen oder die Information aus dem ACC-System (Adaptive Cruise Control, siehe Adaptive Fahrgeschwindigkeitsregelung).

Wegen der vorteilhaften Informationsdarstellung ist davon auszugehen, dass sich der Anteil von Head-up-Displays weltweit deutlich erhöhen wird.

Bild 9: Informationsdarstellung im Head-up-Display.
1 Aktuelle Geschwindigkeit,
2 Sollgeschwindigkeit,
3 ACC-Status (Adaptive Fahrgeschwindigkeitsregelung).

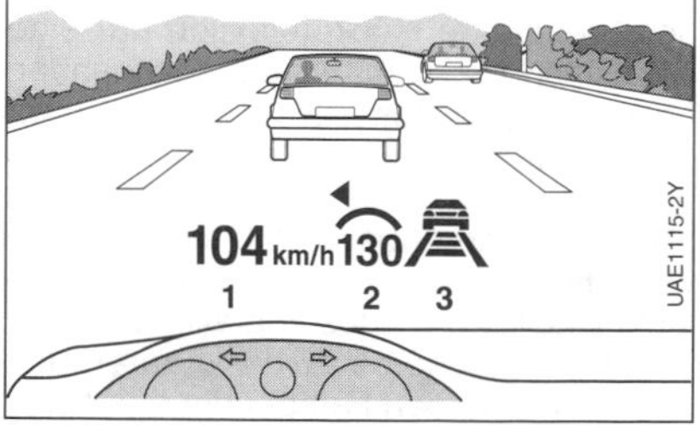

Kontaktanaloges Head-up-Display
Einen noch höheren Nutzen als die Informationsdarbietung im Head-up-Display ohne örtlichen Bezug zur Umwelt bieten „kontaktanaloge" Head-up-Displays. Sie werden im englischsprachigen Raum „Augmented Reality Displays" genannt. Sie erfordern einen höheren technischen Aufwand bei der Realisierung der Projektionseinheit durch Erzeugung des Bilds mittels Laser oder mittels DLP-Modul. Unter DLP versteht man die „Digital Light Projection", die Bilderzeugung durch mikromechanische Elemente, wie sie auch in Beamern zum Einsatz kommt.

Kontaktanaloge Head-up-Displays zeichnen sich durch ein größeres Projektionsfeld aus. Dies gestattet es, die Warnung vor einem Hindernis unter dem Blickwinkel für den Fahrer und in der virtuellen Entfernung darzustellen, unter der es sich in der Natur befindet. Für ein parallaxefreies Ablesen der Information wird allerdings eine Positionskorrektur in Abhängigkeit von der Kopfposition des Fahrers erforderlich sein.

Wegleitinformation kann mit diesem Verfahren z.B. auf einer Kreuzung genau dort dargestellt werden, wo sich die vom Navigationssystem vorgeschlagene Abzweigung befindet, an einer Autobahnausfahrt kann der Pfeil für die Empfehlung zum Ausfahren auf die Entschleunigungsspur gelegt werden [1].

Touchscreen
Das Display des Infotainmentsystems ist ein berührungsempfindlicher Bildschirm (Touchscreen). Die meisten Funktionen zum Beispiel des Radios, des Navigationssystems oder des per Bluetooth mit dem Infotainmentsystem gekoppelten Smartphones können durch Antippen des Displays mit dem Finger bedient werden.

Sprachsteuerung

Adresseingaben in das Navigationssystem oder Eingabe von Kontakten, die man über das mit dem Infotainmentsystem verbundene Smartphone anrufen möchte, können per Spracheingabe getätigt werden. Moderne Sprachsteuerungen im Auto haben in den vergangenen Jahren durch Integration von künstlicher Intelligenz, „Natural language understanding" (NLU) oder „Cognitive computing" einen gewaltigen technologischen Schritt nach vorn gemacht. Die Kommunikation zwischen Fahrer und System wird immer natürlicher und die Spracherkennung klappt selbst bei Akzenten immer besser.

Gängige Spracherkennungssysteme zum Beispiel in Smartphones benötigen immer eine schnelle Datenverbindung, um Sprachbefehle verarbeiten zu können. Die aufgenommene Sprache wird an einen externen Computer übertragen und dort berechnet. Für die Anwendung im Auto ist diese Technik nur bedingt geeignet. Gerade unterwegs steht eine schnelle Datenverbindung nicht immer zur Verfügung. Die Spracherkennung muss aus diesem Grunde ohne die externe Datenverbindung funktionieren. Die gesamte Rechenarbeit übernimmt das Onboard-Infotainmentsystem. So bleibt Sprache ein zuverlässiges Mittel der Steuerung, selbst im Tunnel oder weit ab von gut ausgebauten Mobilfunkgebieten.

Mit der Sprachsteuerung für das Infotainmentsystem ergibt sich folgender Produktnutzen:

- Das System ist überall verfügbar, da die Software offline funktioniert,
- Erkennung von Akzenten dank innovativer Software,
- Berücksichtigung kultureller und regionaler Unterschiede,
- sicheres und komfortables Fahren aufgrund weniger Ablenkung.

Literatur

[1] M. Wheeler: HUD Systems: Augmented Reality is coming to your windshield. Photonics Spectra 02/2016.

Rundfunkempfang im Kfz

Drahtlose Signalübertragung

Die drahtlose Übertragungstechnik ermöglicht eine gleichzeitige Versorgung großer Bevölkerungsgruppen mit Informationen. Sie hat auch für den mobilen Rundfunkempfang wie z. B. im Kfz eine große Bedeutung. Aktuell nimmt die Bedeutung digitaler Übertragungsverfahren zu. Dabei handelt es sich bei dem drahtlosen Teil der Signalkette ebenfalls um eine analoge Signalübertragung, sodass die grundlegenden Prinzipien beider Techniken die gleichen sind.

Rundfunk

Der drahtlose Hör- und Fernsehrundfunk wird überwiegend zur terrestrischen Versorgung genutzt. Hierfür wird im Fall des analogen Hörrundfunks das Hochfrequenzsignal analog mit dem Audiosignal moduliert. Im Empfänger wird dann das empfangene hochfrequente Signal in das Basisband umgesetzt und demoduliert. Das so gewonnene Signal entspricht dem ursprünglichen Nutzsignal.

In der Nachrichtentechnik wird die Ausbreitung einer elektromagnetischen Welle zur Informationsübertragung genutzt, indem die Amplitude, die Phase oder die Frequenz dieser Schwingung in Abhängigkeit von der zu übertragenden Information verändert wird. Die gebräuchlichen Frequenzen umfassen einen Bereich von wenigen Kilohertz bis zu 100 GHz. Einige der häufig genutzten Frequenzbereiche sind in Tabelle 1 dargestellt. Die Nutzung der Frequenzbereiche ist gesetzlich geregelt (Telekommunikationsgesetz für Deutschland, 2004). Der nationale Frequenzzuweisungsplan basiert auf internationalen Vereinbarungen. Diese befinden sich im Artikel S5 der „Radio Regulations" der ITU (International Telecommunication Union, [1]).

Nachrichtenübertragung mit Hochfrequenzwellen

Die Veränderung eines Hochfrequenzsignals zur Übertragung eines Nutzsignals vom Sende- zum Empfangsort wird als Modulation bezeichnet. Das modulierte hochfrequente Signal wird in einem genau bestimmten, eng definierten Frequenzbereich über eine Antenne abgestrahlt. Der Empfänger selektiert eben diese Frequenz aus der Vielzahl von der Antenne aufgenommenen Frequenzen. Somit bildet die Wellenausbreitung zwischen Sender und Empfänger ein Glied in der Signalkette.

Beispielsweise setzt sich im Fall der Übertragung eines Audiosignals das Nutzsignal im Gegensatz zu dem hochfrequenten Trägersignal aus verschiedenen Frequenzen bis zu maximal 20 kHz zusammen. Mit diesem niederfrequenten Signal wird der hochfrequente Träger

Tabelle 1: Übersicht über einige Frequenzbereiche im Rundfunk.

Wellenbereiche	Wellenlängen λ in m	Frequenzen f in MHz	Beispiele
Langwelle (LW)	≈ 2000... ≈ 1000	0,148...0,283	Analoger Hörrundfunk, Digital Radio Mondiale (DRM)
Mittelwelle (MW)	≈ 1000... ≈ 100	0,526...1,606	
Kurzwelle (KW)	≈ 100... ≈ 10	3,950...26,10	
Ultrakurzwelle (UKW)	≈ 10... ≈ 1	30...300	
Band 1		47...68	Fernsehen, Digital Audio Broadcasting (DAB),
Band 2		87,5...108	
Band 3		174...223	
Dezimeterwelle (UHF)	≈ 1... ≈ 0,1	300...3000	
Band 4		470...582	Fernsehen, Digital Video Broadcasting (DVB-T2), Digital Video Broadcasting (DVB-H)
Band 5		610...790	
L-Band		1453...1491	Digital Audio Broadcasting (DAB)
Zentimeterwelle (SHF)	≈ 0,1... ≈ 0,01	3000...30000	
		10700...12750	Digital Video Broadcasting (DVB-S)

moduliert. Eine Sendeantenne strahlt die Trägerwelle ab.

Die Entfernung, in der noch ein Empfang möglich ist, und die Empfangsqualität sind u.a. von der Frequenz abhängig. So haben z.B. Kurzwellen und Langwellen eine große z.T. interkontinentale Reichweite, während sich der Empfangsbereich von Ultrakurzwellen kaum weiter als die freie Sicht erstreckt.

Auf der Empfangsseite wird das Signal demoduliert. Die sich dabei ergebende niederfrequente elektrische Schwingung wird dann von einem Lautsprecher in Schallschwingungen umgewandelt.

Amplitudenmodulation

Bei der Amplitudenmodulation (AM) wird die Amplitude A_H der Hochfrequenzschwingung mit der Frequenz f_H im Rhythmus der niederfrequenten Schwingung (A_N, f_N) geändert (Bild 1).

Amplitudenmodulation wird z.B. im Kurz-, Mittel- und Langwellenbereich angewandt.

Frequenzmodulation

Bei der Frequenzmodulation (FM) wird die Frequenz f_H der Hochfrequenzschwingung im Rhythmus der niederfrequenten Schwingung geändert (Bild 2).

Frequenzmodulation wird z.B. für UKW-Rundfunk und für den Tonteil des analogen Fernsehrundfunks verwendet. Die Übertragungen frequenzmodulierter Signale sind durch amplitudenmodulierte Störungen, wie z.B. durch die Zündanlagen eines Ottomotors, weniger stark beeinträchtigt als die Übertragungen amplitudenmodulierter Sender.

Digitale Modulationsverfahren

Bei den digitalen Modulationsverfahren werden die Amplitude oder die Frequenz der Trägerschwingung diskret verändert. Jedem dieser Zustände der Trägerschwingung können somit ein oder mehrere Bit zugeordnet werden, sodass eine Übertragung digitaler Informationen möglich ist.

Empfangsbeeinträchtigungen

Wellen im UKW-Bereich breiten sich nahezu geradlinig aus. Hieraus resultiert, dass z.B. ein Autofahrer das von einem UKW-Sender ausgestrahlte Signal in einem nur 30 km entfernten Ort wegen dazwischen liegender Berge nicht empfangen kann, während in einem weiter entfernten Ort bei offenem Gelände ein Empfang möglich ist. Der verdeckte Ort wird deshalb häufig von einem Füllsender versorgt.

Reflexionen z.B. in Tälern mit reflektierenden Hängen oder an Hochhäusern sind die Ursache dafür, dass sich die direkt vom Sender empfangenen Wellen mit verzögert eintreffenden reflektierten Wellen überlagern. Dieser unerwünschte Mehrwegeempfang führt zu „Multipath-Störungen“, die beim Radioempfang Klangeinbußen verursachen.

Die Ausbreitung elektromagnetischer Wellen wird durch Leiter im Strahlungsfeld des Senders wie z.B. Stahlmaste oder Installationsleitungen, aber auch durch benachbarte Wälder, Häuser, so-

Bild 1: Amplitudenmodulation (AM).
a) Niederfrequenzschwingung mit der Amplitude A_N und der Frequenz f_N,
b) unmodulierte Hochfrequenzschwingung,
c) modulierte Hochfrequenzschwingung.

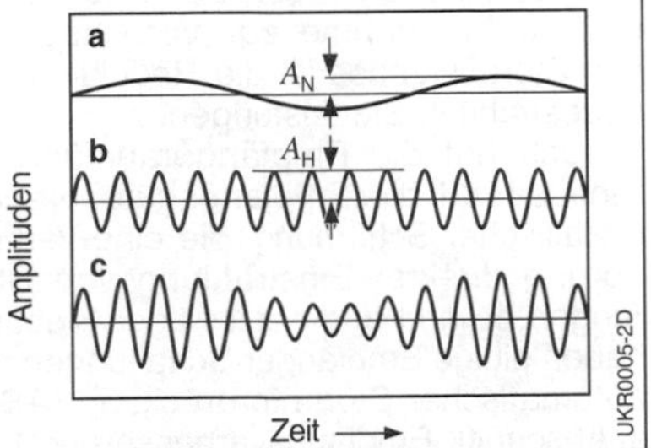

Bild 2: Frequenzmodulation (FM).
a) Niederfrequenzschwingung mit der Amplitude A_N und der Frequenz f_N,
b) unmodulierte Hochfrequenzschwingung,
c) modulierte Hochfrequenzschwingung.

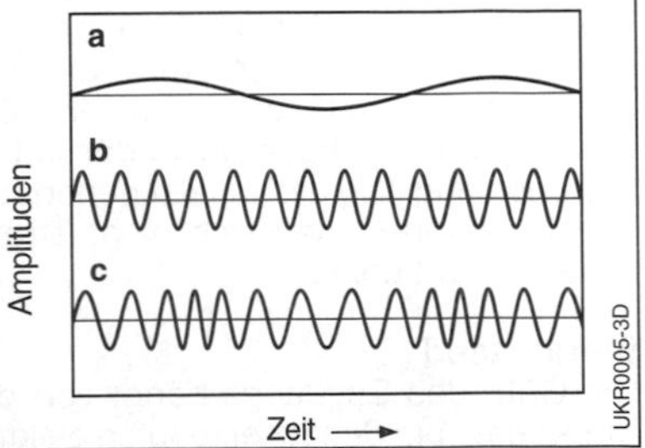

wie Lagen in tiefen Tälern beeinträchtigt. Das Ausbreitungsverhalten der Wellen ist für eine wirksame Entstörung im Kraftfahrzeug insofern von Bedeutung, als bei allzu schwach einfallenden Sendern ein störungsfreier Empfang nicht möglich ist. So kann z.B. nach der Einfahrt in einen Tunnel der zuvor völlig störungsfreie Empfang eines Senders plötzlich stark gestört sein. Ursache hierfür kann die abschirmende Wirkung der Stahlbetonwände sein, wodurch die Nutzfeldstärke des eingestellten Rundfunksenders verringert wird, wogegen die Störfeldstärke weiter ungeschwächt empfangen wird. Unter Umständen kann der Sender überhaupt nicht mehr empfangen werden. Ähnliche Erscheinungen treten z.B. auch bei Fahrten im Gebirge auf.

Funkstörungen

Funkstörungen entstehen durch unerwünschte Hochfrequenzwellen, die zusammen mit dem gewünschten Signal dem Empfangsgerät zugeleitet werden. Sie treten überall dort auf, wo elektrische Ströme plötzlich unterbrochen oder eingeschaltet werden. So werden hochfrequente Störwellen z.B. von der Zündung eines Ottomotors, beim Betätigen eines Schalters oder bei den Schaltvorgängen am Kommutator einer elektrischen Maschine erzeugt. Diese raschen Stromänderungen generieren hochfrequente Wellen und stören den Empfang benachbarter Funkempfänger. Die Störwirkung hängt u.a. von der Steilheit des Impulses und dessen Amplitude ab.

Funkstörungen als Folge von steil ansteigenden Stromimpulsen lassen sich durch EMV-Maßnahmen (Elektromagnetische Verträglichkeit) reduzieren oder ganz vermeiden.

Störungen können auf verschiedene Weise zum Empfänger gelangen. Unmittelbar über Leitungen zwischen Störquelle und Empfänger oder drahtlos durch Strahlung, kapazitive oder induktive Kopplung. Die drei zuletzt genannten Möglichkeiten lassen sich nicht streng voneinander trennen.

Störabstand

Die Güte des Empfangs hängt von der Stärke der vom Sender erzeugten elektromagnetischen Feldstärke ab. Diese sollte wesentlich größer als die Störfeldstärke sein, d.h., das Verhältnis von Nutz- zu Störfeldstärke, das als Störabstand bezeichnet wird, sollte möglichst groß sein.

Ein Empfänger in der Nähe einer Störquelle empfängt sowohl das Nutzsignal des gewünschten Senders als auch das unerwünschte Störsignal, wenn dies auf gleicher Frequenz ausgestrahlt wird. Dennoch ist ein guter Empfang unter der Voraussetzung möglich, dass am Empfangsort die Feldstärke des gewünschten Senders sehr groß ist im Vergleich zur Stärke des von der Störquelle erzeugten elektromagnetischen Feldes. Die Nutzfeldstärke hängt von der Senderleistung, von der Senderfrequenz, vom räumlichen Abstand von Sender zu Empfänger und von den Ausbreitungsverhältnissen der elektromagnetischen Wellen ab. Bei Mittelwelle und Langwelle kann die Feldstärke des Senders durch ungünstige Geländeverhältnisse so sehr geschwächt sein, dass selbst starke Sender am Empfangsort nur geringe Nutzfeldstärken ergeben. Auch bei UKW schwankt die Nutzfeldstärke unter Umständen stark. Bei Empfangsgeräten in Kraftfahrzeugen können sich außerdem wegen der geringen wirksamen Antennenhöhe nur verhältnismäßig geringe Nutzspannungen am Eingang des Empfängers ergeben. Auf der Empfängerseite sind demnach die Möglichkeiten, den Störabstand zu vergrößern, sehr beschränkt.

Mit einer optimierten Antennenanordnung kann die am Empfängereingang vorhandene Nutzspannung erhöht und der für die Empfangsqualität ausschlaggebende Störabstand verbessert werden. Häufig ist aber ein Kompromiss zwischen Designaspekten und technischen Erfordernissen zu finden. Eine weitere Maßnahme zur Verbesserung des Störabstandes ist die Reduktion der abgestrahlten Störleistungen.

Auch hat die Empfängerausführung Einfluss auf die Empfangsgüte. Neben metallischer Schirmung, die eine Verhinderung direkter Einstrahlung von Störungen bewirkt und netzseitiger Siebung haben einige Empfänger Schaltungen mit automatischer Störunterdrückung (ASU, s. Abschnitt „Empfangsverbesserung“).

Rundfunkempfänger

Rundfunkempfänger im Kfz werden häufig als Autoradio bezeichnet. Unter diesem Begriff werden aber nicht nur reine Rundfunkempfänger, sondern auch Geräte mit einer Vielzahl integrierter Funktionen zusammengefasst, die der Information und der Unterhaltung dienen. Hierzu gehören u.a. die Auswertung von Zusatzinformationen (z.B. Verkehrsnachrichten), die Wiedergabegeräte von Speichermedien (z.B. CDs und SD-Karten) sowie integrierte Funkschnittstellen, Mobilfunktelefone und andere Geräte.

Die konventionelle analoge Übertragungstechnik wurde in den vergangenen Jahren zu neuen Systemen weiterentwickelt. Aus diesem Grund stellen moderne Autoradios Empfänger für eine Vielzahl weltweiter Rundfunksysteme dar. Zu diesen Systemen gehören neben dem konventionellen Rundfunk u.a. DAB (Digital Audio Broadcasting), DRM (Digital Radio Mondiale) und SDARS (Satellite Digital Audio Radio Services).

Der klassische Rundfunkempfänger ist für den Empfang der analogen FM- und AM-Modulation ausgelegt und hat einen analogen Signalpfad von der Antenne bis zum Audiosignal. Moderne Autoradios mit höchster Empfangsleistung verfügen dagegen über eine digitale Signalverarbeitung. Hierfür wird das vom Tuner gelieferte ZF-Signal (Zwischenfrequenz) mithilfe eines Analog-digital-Wandlers digitalisiert und weiterverarbeitet. Bei Standards mit digitaler Modulation ändert sich prinzipiell nur die Demodulation im Digitalteil des Signalpfades.

Konventionelle Empfänger

Signalverarbeitung

Die Antenne, die überwiegend als Stab- oder Scheibenantenne ausgeführt ist, nimmt das vom Sender abgestrahlte elektromagnetische Signal auf. Dies besteht aus verschiedenen Kanälen mit einem festen Frequenzabstand. Die am Fußpunkt der Antenne entstehende hochfrequente Wechselspannung wird dem Empfänger zugeleitet und dort weiter verarbeitet.

Der klassische Empfänger für den analogen Rundfunk besitzt prinzipiell zwei Signalpfade: einen zur Verarbeitung der amplitudenmodulierten und einen zur Verarbeitung der frequenzmodulierten Signale. Diese unterteilen sich üblicherweise in die im Folgenden beschriebenen Blöcke (Bild 3).

Bild 3: Blockschaltbild eines Rundfunkempfängers.
1 Antenne, 2 FM-Eingangsstufe, 3 AM-Eingangsstufe, 4 Mischstufe,
5 spannungsgesteuerter Oszillator (VCO, Voltage Controlled Oscillator),
6 Phasenregelkreis (PLL, Phase Locked Loop), 7 Referenzfrequenzoszillator,
8 Zwischenfrequenzfilter (ZF), 9 Analog-digital-Wandler, 10 Demodulator und Dekoder,
11 Audioverarbeitung.
f_{ref} Referenzfrequenz.

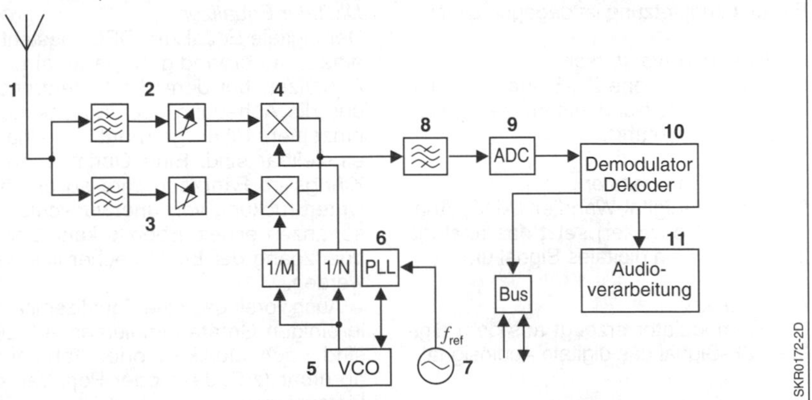

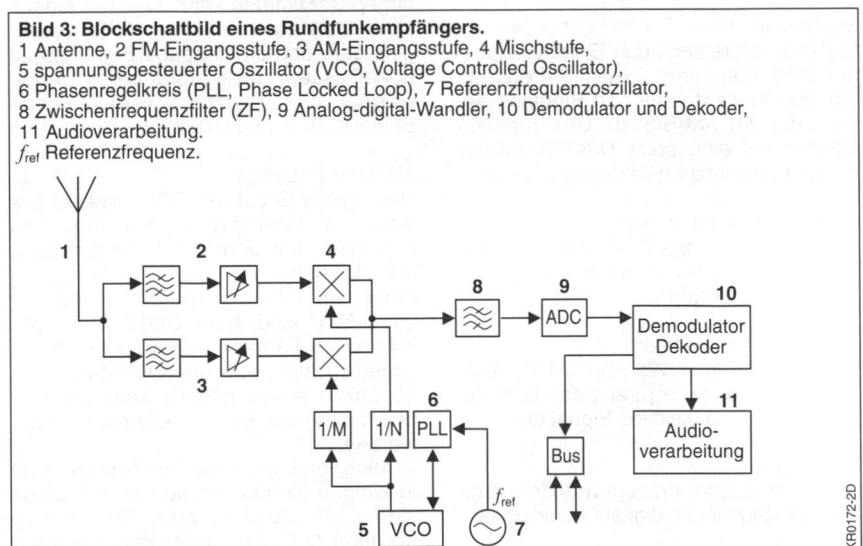

AM-Eingangsstufe
Mithilfe eines Bandpasses wird das amplitudenmodulierte Signal im LW-, MW- und KW-Bereich bandbegrenzt und in der sich daran anschließenden Stufe rauscharm verstärkt.

FM-Eingangsstufe
Das frequenzmodulierte UKW-Signal wird über eine separate Eingangsstufe empfangen. Das Eingangsfilter wird entweder auf die zu empfangene Frequenz abgestimmt oder ist auf das gesamte Empfangsband ausgelegt. Anschließend wird der Pegel des Empfangssignals mithilfe eines automatisch geregelten Verstärkers an den gewünschten Eingangspegel der folgenden Mischstufe rauscharm angepasst.

Spannungsgesteuerter Oszillator
Der über einen Phasenregelkreis (PLL, Phase-locked Loop) in der Frequenz geregelte Oszillator (VCO, Voltage-controlled Oscillator) erzeugt eine hochfrequente Schwingung, die heruntergeteilt wird. Mithilfe dieses Signals wird das Eingangssignal in der Mischstufe auf eine konstante Zwischenfrequenz (ZF) umgesetzt. Dabei dient ein quarzstabilisiertes Signal als Referenzfrequenz.

Mischstufe
Die Mischstufe setzt das Eingangssignal auf eine konstante Zwischenfrequenz um. Häufig werden für den Empfang der FM- und der AM-Signale verschiedene Mischstufen eingesetzt. Das Prinzip der Frequenzumsetzung ist dagegen gleich.

ZF-Filter und -Verstärker
Das so gewonnene ZF-Signal wird nun einem ZF-Filter und einem geregelten Verstärker zugeführt.

Analog-digital-Wandler
Der Analog-digital-Wandler (ADC, Analog-digital Converter) setzt das analoge ZF-Signal in ein digitales Signal um.

Demodulator
Der Demodulator erzeugt aus dem digitalen ZF-Signal das digitale Audiosignal.

Dekoder
Zusatzinformationen wie z. B. RDS-Daten (Radio Data System) werden im Dekoder entschlüsselt und einem Prozessor zur weiteren Verarbeitung zugeführt.

Audioverarbeitung
Nach der Demodulation kann das Audiosignal u. a. an die Fahrzeuggegebenheiten und Wünsche des Hörers angepasst werden. Hierfür kann z. B. mit den Bedienelementen Klang und Lautstärke eingestellt oder der Pegel zwischen vorne und hinten oder links und rechts variiert werden.

Digitale Empfänger
Beim digitalen Rundfunkempfänger (ADR, Advanced Digital Receiver) handelt es sich um einen hochintegrierten Empfängerbaustein, dessen Eingangssignal das analoge oder digitale ZF-Signal ist. Das Analogsignal wird in ein Digitalsignal gewandelt, das Digitalsignal auf digitaler Ebene weiterverarbeitet. Diese Technik ermöglicht eine Signalverarbeitung, die in analoger Technik nicht realisierbar wäre. So werden z. B. ZF-Filter generiert, die außergewöhnlich gute Klirrfaktorwerte ermöglichen sowie deren Bandbreite variabel ist und an die Empfangsverhältnisse angepasst werden kann. Darüber hinaus sind eine Vielzahl weiterer Möglichkeiten gegeben, das empfangene Signal so zu beeinflussen, dass Störungen im Audiosignal stark reduziert werden (siehe SHARX, DDA und DDS).

Digitaler Equalizer
Der digitale Equalizer (DEQ) besteht aus einem mehrbandigen parametrischen Equalizer, bei dem die Mittenfrequenz und die Anhebung oder Absenkung der einzelnen Filter getrennt voneinander einstellbar sind. Eine Optimierung des Klangs im Fahrzeug wird so durch die Unterdrückung von unerwünschten Resonanzen erzielt. Ebenso kann der Frequenzgang der Lautsprecher linearisiert werden.

Auch voreingestellte Equalizerfilter sind in einigen Geräten implementiert. Diese sind nach Musikart oder Fahrzeugtyp abrufbar (z. B. Jazz oder Pop, Van oder Limousine).

Digital-Sound-Adjustment
„Digital Sound Adjustment“ (DSA) ist ein System, das automatisch eine Frequenzgangmessung und eine Korrektur im Auto vornimmt. Mit einem Mikrofon wird ein von den Lautsprechern generiertes Testsignal gemessen und mithilfe eines digitalen Signalprozessors (DSP) analysiert. Anschließend wird die für das Fahrzeug optimierte Klangkurve in dem Equalizer eingestellt.

Dynamic-Noise-Covering
Die Funktion „Dynamic Noise Covering“ (DNC) misst und analysiert während der Fahrt permanent über ein Mikrofon das Fahrgeräuschspektrum, das das Audiosignal überdeckt und den Klangeindruck einschränkt. Durch gezieltes Anheben oder gezielte Dynamikkompression (Verringerung der Dynamik zwischen minimalen und maximalen Wert) der gestörten Frequenzen wird der Klang unabhängig von den Fahrgeräuschen optimal wiedergegeben.

Empfangsqualität
Der analoge Rundfunk wird überwiegend zur terrestrischen Versorgung genutzt. Die Übertragungsstrecke ist nicht immer ideal, sodass es in Abhängigkeit von Sender- und Empfängerkonstellation sowie der Umgebung zu Beeinträchtigungen des Empfangs kommen kann. Beim UKW-Empfang treten kritische Empfangslagen durch die folgenden Beeinträchtigungen der Übertragungsstrecke auf.

Empfangsschwund (Fading)
Empfangsschwund entsteht durch Schwankungen des Empfangspegels infolge von Abschattungen z.B. durch Tunnel, Hochhäuser oder Gebirge.

Mehrwegeempfang
Der Mehrwegeempfang (Multipath Reception) entsteht durch Reflexionen an Gebäuden, Bäumen oder Wasser. Hier kann es leicht zu einem sehr starken Einbruch der Empfangsfeldstärke bis hin zur Auslöschung kommen. Dabei ergeben sich die Schwankungen der Empfangsfeldstärke innerhalb weniger Zentimeter. Diese Schwankung wirkt sich besonders bei mobilen Empfängern wie dem Autoradio störend aus.

Nachbarkanalstörungen
Nachbarkanalstörungen (Adjacent Channel Interference) entstehen, wenn neben dem zu empfangenen Kanal ein weiterer Kanal mit hoher Feldstärke empfangen wird.

Großsignalstörungen
Großsignalstörungen treten in Sendernähe bei hohen Feldstärken auf. Der Empfänger schützt seinen Eingang, indem er die Feldstärke reduziert. Dies führt zu dem Effekt, dass schwache Sender leiser werden.

Übermodulation
Um eine höhere Reichweite oder eine größere Lautstärke zu erreichen, erhöhen einige Sender die Modulation. Nachteile dieser Vorgehensweise sind ein größerer Klirrfaktor und eine höhere Anfälligkeit gegenüber Mehrwegestörungen.

Zündstörungen
Hochfrequente Störquellen wie z.B. die Zündung eines Ottomotors, das Betätigen eines Schalters oder auch Schaltvorgänge an Kommutatoren von Elektromotoren führen zu Empfangsstörungen.

Empfangsverbesserung
In moderne Autoradios sind eine Vielzahl von Funktionen zur Verbesserung der Empfangsleistungen implementiert. Im Folgenden wird ein Überblick über die bedeutendsten Funktionen gegeben.

Radio-Data-System
Bei dem Radio-Data-System (RDS) handelt es sich um ein digitales Datenübertragungssystem für den UKW-Rundfunk. Das Format bietet dem Empfänger neben dem gewünschten Audiosignal zusätzliche Informationen über alternative Empfangsfrequenzen gleicher Modulation an, wobei das Format in Europa einheitlich ist. Damit wird u.a. dem Empfänger ermöglicht, stets auf die am wenigsten gestörte Frequenz zu wechseln. Tabelle 2 gibt einen Überblick über die übertragenen Informationen.

Tabelle 2: RDS-Code.

Code	übertragene Information
PS	Name des empfangenen Programms
AF	Liste alternativer Frequenzen, auf denen Programm ebenfalls ausgestrahlt wird
PI	Identifizierung des ausgestrahlten Programms
TP, TA	Verkehrsfunk-Programmerkennung, Durchsageerkennung
PTY	Erkennung des Programmtyps
EON	Signalisierung von Verkehrsduchsagen auf Parallelprogramm
TMC	standardisierte Verkehrsinformationen
CT	Uhrzeit (zur Synchronisierung der Uhr im Fahrzeug)
RT	Textübertragung (z.B. Musiktitel)

Digital-Directional-Antenna
Bei dem von Bosch entwickelten System „Digital-Directional-Antenna" (DDA) wird aus dem Signal zweier Antennen eine synthetische Antenne mit neuer Richtcharakteristik berechnet. Hiermit können Störungen durch Mehrwegeempfang wie in Bild 4 dargestellt unterdrückt werden.

Digital-Diversity-System
Das Empfangsverhalten ist beim UKW-Rundfunk stark ortsabhängig. Dem Digital-Diversity-System (DDS) stehen mehrere Antennen zur Verfügung, zwischen denen es umschaltet und so ein

Bild 4: Optimiertes Antennensignal.
1 Direktes Signal, 2 Reflexion,
3 Richtdiagramm

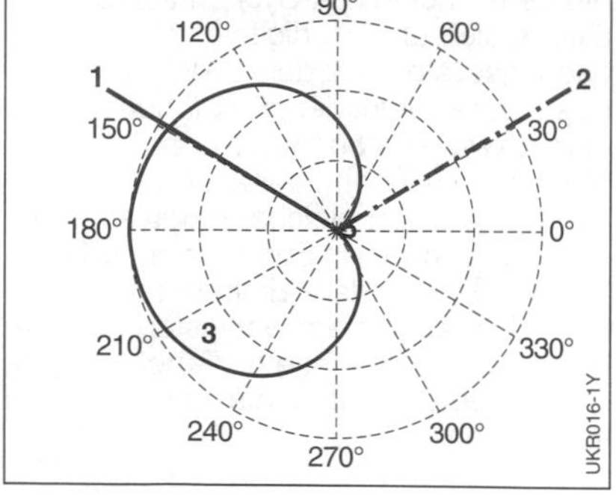

verbessertes Empfangsverhalten erzeugt. Das im digitalen Empfänger integrierte Digital-Diversity-System nutzt für die Umschaltstrategie genau das gleiche Signal, das nach der Demodulation als Audiosignal zur Verfügung steht.

High-Cut
Störungen wie sie z.B. durch Mehrwegeempfang und Fading verursacht werden, wirken sich bei höheren Audiofrequenzen stärker aus. Daher verfügen moderne Autoradios über eine Detektion dieser Störungen, um den Pegel des Audiosignals bei höheren Audiofrequenzen im Störfall abzusenken.

SHARX
Als SHARX wird eine Funktion bezeichnet, bei der die Bandbreite des Zwischenfrequenzfilters bei FM-Empfang automatisch der Empfangssituation angepasst wird. Bei sehr dicht beieinander liegenden Sendern wird mit einer Verringerung der Bandbreite die Trennschärfe deutlich erhöht und ein nahezu störungsfreier Empfang ermöglicht. Liegen keine Nachbarkanäle vor, kann die Bandbreite erhöht und somit der Klirrfaktor reduziert werden.

Automatische Störunterdrückung
Eine weitere Maßnahme zur Empfangsverbesserung ist die automatische Störunterdrückung (ASU), die durch Störquellen erzeugte Störsignale sowohl des eigenen Kraftfahrzeugs als auch fremder Fahrzeuge unterdrückt. Hierfür wird das demodulierte Signal, das außer dem Nutzsignal auch Impulsstörungen enthält, für den Moment der Störung ausgetastet und die entstandene Lücke wird aufgefüllt.

Literatur
[1] Radio Regulations. International Telecommunication Union (ITU).

Verkehrstelematik

Übertragungswege

Zur Verkehrstelematik gehören Systeme, die verkehrsrelevante Informationen von und zu Fahrzeugen übertragen und diese meist automatisch auswerten. Als Übertragungsweg stehen sowohl unidirektionaler Broadcast (Rundfunk) als auch bidirektionale Mobilfunkverbindungen zur Verfügung. Der analoge und der digitale Rundfunk ermöglichen nur den Weg ins Fahrzeug, die erhaltenen Informationen sind für alle Empfänger gleich. Mit Mobilfunkverbindungen können dagegen über individuelle Anfragen gezielt Nachrichten empfangen und so Informationen zwischen einem Fahrzeug und entsprechenden Dienstanbietern in beide Richtungen ausgetauscht werden.

Daneben unterscheiden sich die Übertragungswege in der die Informationsmenge limitierenden Bandbreite, die zur Verfügung steht, und den Übertragungskosten. Die verfügbare Bandbreite ist im Mobilfunk in den letzten Jahren über die Entwicklungen von GPRS (General Packet Radio Service), UMTS (Universal Mobile Telecommunication System) und schließlich LTE (Long Term Evolution) mit jeder Generation um mehrere Größenordnungen gestiegen. Während die Datenübertragung per Rundfunk keine zusätzlichen Kosten zum Hörfunkempfang verursacht, fallen für die Informationsmengen im Mobilfunkkanal in der Regel Kosten in Abhängigkeit des Datenvolumens an.

Als weiterer Übertragungsweg, der eine hohe Bandbreite ohne zusätzliche Übertragungskosten ermöglicht, bietet sich zukünftig die Kommunikation mit „Roadside Units" nach dem Standard WLAN 802.11p (Wireless Local Area Network) an.

Standardisierung

Die Standardisierung von Meldungsinhalten ist eine wichtige Voraussetzung, um Informationen aus verschiedenen Quellen durch unterschiedliche Endgeräte auswerten zu können.

RDS/TMC-Standard

Der weit verbreitete RDS/TMC-Standard (Radio-Data-System/Traffic-Message-Channel) für das FM-Radio umfasst Inhalte über die Art von Verkehrsstörungen (z.B. Stau, Vollsperrung), über Ursachen (z.B. Unfall, Glatteis), über die voraussichtliche Dauer sowie über die Identifikation der betroffenen Straßenabschnitte. Eine numerische Codierung für Verkehrsknoten, Autobahnabschnitte und geographische Regionen existiert bereits in vielen Ländern. Sie begrenzt aber die Meldungen meist auf Hauptverkehrswege (Autobahnen und Bundesstraßen).

TPEG-Standard

Über den TPEG-Standard (Transport Protocol Experts Group) ist es nun zusätzlich auch möglich, Verkehrsprognosen und empfohlene Alternativstrecken zu übertragen. Eine Beschränkung durch numerische, vordefinierte Knotenpunkte und Streckenabschnitte im Straßennetz, wie sie im TMC verwendet werden, sind durch Verwendung des AGORA-C-Standards nicht mehr notwendig. Er ermöglicht, Meldungen für beliebige Straßen zu codieren, ohne versionsgleiche Referenztabellen bei Sender und Empfänger verwenden zu müssen. Die Übertragung ist aufgrund der benötigten Bandbreite allerdings nur über digitale Kanäle möglich.

Informationserfassung

Der Nutzen der Verkehrstelematik ist von der Qualität und Aktualität der Meldungen abhängig. Für die Erfassung der Informationen über den Verkehrsfluss gibt es verschiedene Datenquellen. Zusätzlich werden „historische“ Daten genutzt, um auch unabhängig von aktuellen Meldungen eine möglichst optimale Routenplanung zu bieten.

Lokale Informationen
Die ersten Datenquellen für die automatisierte Ermittlung der Verkehrslage waren Induktionsschleifen in den Fahrbahnen, die die mittlere Geschwindigkeit und Fahrzeuganzahl an einzelnen Straßenstellen erfassen und an eine auswertende Zentrale schicken können. Ergänzt wurde diese Erfassung durch Sensoren an Autobahnbrücken, die ebenfalls diese Informationen erheben.

Flächendeckende Informationen
Um flächendeckende Informationen anstelle der lokalen Messungen zu erhalten, greifen neuere Ansätze auf Floating-Car-Data oder Floating-Phone-Data zurück. Grundgedanke ist, aus den Bewegungsdaten vieler Autos beziehungsweise Mobiltelefone auf die Verkehrssituationen zu schließen.

Floating-Car-Prinzip
Beim Floating-Car-Prinzip überträgt das Navigationsgerät im Auto zyklisch seine Position und Geschwindigkeit per Mobilfunk an eine Zentrale, die dann über die statistische Auswertung dieser Daten die aktuelle Verkehrssituation berechnet.

Floating-Phone-Prinzip
Beim Floating-Phone-Prinzip werden die Bewegungsmuster von Mobiltelefonen ausgewertet. Hierbei wird ausgenutzt, dass jedes Mobiltelefon fortwährend Informationen über die aktuelle Empfangssituation an seine Basisstation sendet. Aus den veränderten Meldungen, die mit einer Ortsveränderung des Mobilfunkgeräts einhergehen, lassen sich charakteristische Muster ableiten, welche dann auf die Position des Geräts schließen lassen. Über statistische Verfahren wird zunächst ausgewertet, ob es sich um in Fahrzeugen bewegte Geräte handelt, und dann bei diesen auf die Verkehrslage geschlossen.

Nutzen der Floating-Verfahren
Mit den beiden Floating-Verfahren kann nicht nur die Verkehrsstörung selbst detektiert werden, sondern auch Anhaltswerte für die dadurch entstehende Verzögerung ermittelt und weitergegeben werden.

Die Bewegungsprofile der Fahrzeuge können auch gesammelt und zeitlich zugeordnet verdichtet werden. Dadurch erhält man die sogenannten Ganglinien, die für einzelne Streckenabschnitte die mittleren Fahrgeschwindigkeiten in Abhängigkeit von Wochentagen und Tageszeiten wiedergeben. So werden wiederkehrende Verkehrsstörungen, wie beispielsweise zähfließender Verkehr und regelmäßige Berufsverkehrstaus abgebildet. Diese Ganglinien als „historische“ Daten kann die Fahrzeugnavigation in Abhängigkeit der aktuellen Zeit nutzen, um eine der erwarteten Situation angepasste Route und Fahrzeit anzugeben.

Dynamische Zielführung
Durch die standardisierte Codierung von Verkehrsmeldungen ist es möglich, diese Meldungen auch in für den Autofahrer verständlicher Form und Zuordnung im Fahrzeug schriftlich anzuzeigen. Weiterhin können auf Basis der standardisierten Codierung die Rechner in Zielführungssystemen ermitteln, ob bei Störungen eine günstigere Alternativroute existiert. Die relevanten Meldungen werden anhand der Fahrzeugposition und gegebenenfalls entlang einer Route aus der Menge der verfügbaren Meldungen gefiltert. Wird neben der eigentlichen Störung auch der damit verbundene Zeitverlust mit übermittelt, kann auch dieser in die Routenberechnung einbezogen werden. Im Fall einer Alternativroutenführung bekommt der Fahrer den Hinweis, dass die Route aufgrund von Verkehrsmeldungen neu berechnet wurde. Entsprechend der neuen Route folgen dann die weiteren Richtungsempfehlungen (siehe Fahrzeugnavigation).

Zusätzlich abonnierbare Verkehrsdienste übertragen nicht nur die schwerwiegenderen Staus und Störungen, sondern geben für alle höheren Straßenklassen an, ob hier aus den Floating-Daten erkennbare Beeinträchtigungen gegenüber der normalen Geschwindigkeit vorliegen. So kann z.B. durch eine farblich codierte detailreiche Anzeige der Verkehrsströme in der Kartendarstellung der Fahrzeugnavigation auch bei inaktiver Routenführung die Verkehrslage transparent gemacht werden.

Fahrzeug-Fahrzeug-Kommunikation
Als konsequenter weiterer Schritt im Rahmen der Verkehrstelematik wird derzeit die Fahrzeug-Fahrzeug-Kommunikation erprobt. Übergeordnetes Ziel ist, die Verkehrssicherheit weiter zu erhöhen und Wirtschaftsschäden durch Verkehrsstörungen zu vermindern. Durch eine direkte Informationsübertragung der Fahrzeuge untereinander können Warnhinweise übermittelt werden, beispielsweise über liegengebliebene Fahrzeuge, sich nähernde Einsatzfahrzeuge, die Lage eines Stauendes bis hin zu relevanten Einzelmanövern wie z.B. einer heftigen Bremsung. Damit wird dem Fahrer im empfangenden Fahrzeug Zeit gegeben, angemessen und vorausschauend auf die eintretende Situation zu reagieren.

Als Basis für die direkte Fahrzeug-Fahrzeug-Kommunikation dient der Standard WLAN 802.11p (Wireless Local Area Network). Grundlage der Warnfunktionen ist die rechtzeitige und korrekte Übermittlung von genauen Positionsinformationen zwischen dem sendenden und einem empfangenden Fahrzeug. Dabei werden sowohl kontinuierlich Bewegungsmeldungen versendet als auch zusätzlich bei erkannten Störungen und Ereignissen eine zusätzliche Warnmeldung. Durch Maßnahmen der zyklischen Wiederholung oder auch des Weiterreichens von empfangenen Meldungen an andere Fahrzeuge wird sichergestellt, dass alle betroffenen Fahrzeuge erreicht werden können.

In verschiedenen Feldtests z.B. in Deutschland und in den USA wird derzeit unter Alltagsbedingungen die Funktionalität und Wirksamkeit der Systeme getestet, um eine Markteinführung vorzubereiten.

Fahrerassistenzsysteme

Einführung Fahrerassistenz

Fahrerassistenzsysteme in modernen Fahrzeugen können grundsätzlich in die Kategorien Komfort- und Sicherheitssysteme unterteilt werden. Komfortsysteme dienen der Entlastung des Fahrers bei der Ausübung von monotonen, sich wiederholenden Fahraufgaben. Typische Beispiele sind die automatische Blinkerrückstellung nach dem Abbiegen oder die Adaptive Fahrgeschwindigkeitsregelung (ACC, Adaptive Cruise Control). Sicherheitssysteme dagegen sollen in kritischen Fahrsituationen so unterstützen, dass ein Unfall vermieden oder dessen Folgen abgeschwächt werden. Typische Bespiele sind die Fahrdynamikregelung (Electronic Stability Control, ESC) und Airbags. Da mit steigendem Vernetzungsgrad im Fahrzeug die genannten Systemkategorien immer stärker interagieren sowie die Fahrerentlastung durch Komfortsysteme zu einem Sicherheitsgewinn führen soll (Vermeidung kritischer Situationen bereits im Vorfeld), entsteht zunehmend ein fließender Übergang zwischen Komfort- und Sicherheitssystemen. Weiterführende Details sind den Beschreibungen im Abschnitt „Komfort- und Sicherheitssysteme" zu entnehmen.

Kritische Fahrsituationen

Fahrerassistenzsysteme sollen das Fahrzeug in die Lage versetzen, seine Umgebung wahrzunehmen und zu interpretieren, gefährliche Situationen zu erkennen und den Fahrer bei seinen Fahrmanövern zu unterstützen. Ziel dabei ist es, kritische Situationen bereits vor deren Entstehung frühzeitig zu erkennen und vorausschauend zu entschärfen, beziehungsweise während kritischer Situationen Unfälle im besten Fall ganz zu vermeiden oder zumindest die Unfallfolgen so gering wie möglich zu halten.

In kritischen Fahrsituationen entscheiden häufig nur Bruchteile von Sekunden, ob es zu einem Unfall kommt oder nicht. Der Studie in [1] folgend wären ca. 60 % der Auffahrunfälle und ca. 30 % der Frontalzusammenstöße vermeidbar, wenn der Fahrer nur eine halbe Sekunde früher reagieren könnte. Jeder zweite Unfall auf Kreuzungen ließe sich durch eine schnellere richtige Reaktion verhindern.

Ende der 1980er-Jahre, als innerhalb des EU-Förderprojekts „Prometheus" die Möglichkeit eines hoch effizienten und in Teilen automatisch ablaufenden Straßenverkehrs demonstriert wurde, gab es noch keine dafür geeigneten elektronischen Komponenten. Die in der

Bild 1: Wirkfelder von Pkw-Sicherheitsfunktionen bei Unfällen mit Personenschaden nach Unfallart.
(Analyse der Unfalldatenbank GIDAS [2]).

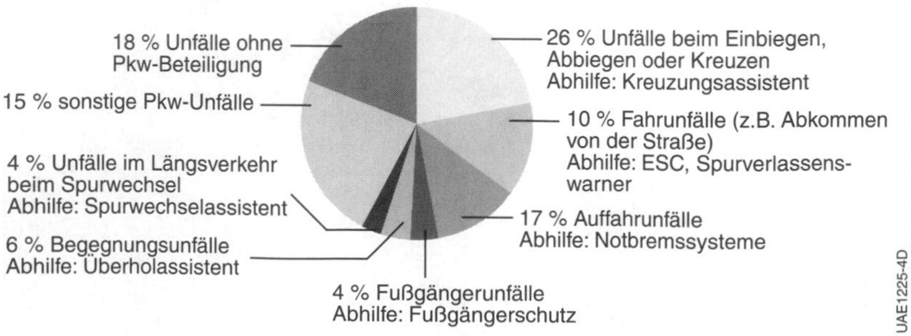

Zwischenzeit verfügbaren hochempfindlichen Sensoren und leistungsfähigen Mikrorechner rücken die Realisierung derartiger hochautomatisiert geführter Fahrzeuge in greifbare Nähe (siehe „Zukunft der Fahrerassistenz").

Erste Fahrerassistenzsysteme, die eine teilautomatisierte Fahrzeugführung in spezifischen Verkehrssituationen ermöglichen, sind seit 2013 auf dem Markt verfügbar (z.B. Stauassistent). Die Umfeldsensoren erfassen dabei die Fahrzeugumgebung und detektieren relevante Objekte. Die Fahrerassistenzsysteme folgen einer Eingriffskaskade und leiten Warnungen ab oder führen unmittelbar die notwendigen Fahrmanöver (automatisierte Lenk- oder Bremseingriffe) aus. Dies geschieht um die entscheidenden Sekundenbruchteile schneller, da ein computergesteuertes System prinzipiell schneller reagieren kann als der Mensch.

Unfallsituation und Maßnahmen

Bei der Entwicklung von Fahrerassistenzfunktionen kommt der Unfallforschung eine bedeutende Rolle zu. Die Unfallforschung bei Bosch unterstützt u.a. bei der Auslegung und Entwicklung neuer Fahrzeugsicherheitsfunktionen unter Berücksichtigung des aktuellen regionalen Verkehrsunfallgeschehens. Darüber hinaus führt sie Bewertungen über die Wirksamkeit der Systeme – also des Potentials zur Unfallvermeidung – durch und schätzt deren Auswirkungen auf das zukünftige Unfallgeschehen ab.

Zur Bewertung der Wirksamkeit von Pkw-Funktionen der Fahrerassistenz wurde eine Analyse von Unfällen mit Personenschaden für Deutschland auf Basis der Unfalldatenbank GIDAS (German In-Depth Accident Study [2]) durchgeführt (Bild 1). In Deutschland kam es in 2015 zu 305 659 Unfällen mit Personenschaden, in 82 % davon ist ein Pkw beteiligt [3].

Etwa 26 % der Unfälle mit Personenschaden, in denen ein Pkw beteiligt ist, ereignen sich beim Ein- oder Abbiegen oder beim Kreuzen. Hier können zukünftig verschiedene Kreuzungsassistenzfunktionen zu einer deutlichen Verringerung im Unfallgeschehen führen.

Jeder Zehnte Unfall mit Personenschaden (10 %) ist auf Fahrfehler zurückzuführen; bei diesen Pkw-Unfällen können bereits mit der Fahrdynamikregelung (ESC) und der Spurverlassenswarnung Unfälle vermieden oder die Unfallfolgen gemindert werden.

Weitere 17 % der Unfälle mit Personenschaden und einer Pkw-Beteiligung entstehen durch Auffahren im Längsverkehr. Kollisionswarnsysteme können diesen Unfällen in einer ersten Stufe entgegenwirken (z.B. die Adaptive Fahrgeschwindigkeitsregelung). In einer weiteren Stufe verhindern Kollisionsvermeidungssysteme den Unfall durch aktiven Eingriff in die Fahrdynamik, z.B. durch einen Bremseingriff wie mit dem Notbremssystem (Automatic Emergency Braking, AEB).

Eine hohe Komplexität weisen Unfälle mit ungeschützten Verkehrsteilnehmern wie Fußgängern oder Radfahrern auf. Erste notbremsende Fußgängerschutzfunktionen für Pkw sind bereits auf dem Markt verfügbar. Diese wirken in bis zu 4 % aller Unfälle mit Fußgängerbeteiligung. Erweiterungen dieser Fußgängerschutzsysteme, die den Unfall beziehungsweise deren Folgen durch ein automatisiertes Ausweichen weiter verringern, sind aktuell Gegenstand der Forschung.

6 % sind Begegnungsunfälle, die sich unter anderem während eines Überholvorgangs ereignen und durch Überholassistenten positiv beeinflusst werden können. Eine zusätzliche Reduktion um 2 % von insgesamt 4 % im Unfallgeschehen ist zu erwarten, wenn der Fahrer bei einem Spurwechsel durch ein Assistenzsystem unterstützt wird.

Trotz des bereits hohen Verkehrssicherheitsstandards wirkt laut der Unfallforschung bei Bosch in bis zu 40 % der Pkw-beteiligten Unfälle mit Personenschaden in Deutschland derzeit noch kein Fahrzeugsicherheitssystem – hier unterstützt die Unfallforschung, weitere Verkehrssicherheitsfunktionen zu entwickeln oder deren Marktakzeptanz voranzubringen.

Einsatzgebiete

Fahrerassistenzsysteme haben vielfältige Einsatzgebiete. Sie können in aktive Systeme, die in die Fahrdynamik eingreifen und in passive Systeme ohne Eingriff in die Fahrdynamik eingeteilt werden.

Wie bereits erwähnt, lassen sich weiterhin Komfortsysteme zur Fahrerentlastung mit dem Fernziel vollautomatisiertes Fahren und Sicherheitssysteme mit dem Ziel der Unfallvermeidung oder Unfallfolgenminderung unterscheiden.

Komfort- und Sicherheitssysteme

Bild 2 spannt gemäß der gewählten Systematisierung den Bereich der Fahrerassistenzsysteme und -funktionen auf.

Passive Sicherheitsfunktionen

Passive Sicherheitsfunktionen (Bild 2, Quadrant links unten) beinhalten die Maßnahmen zur Minderung von Unfallfolgen, z.B. die Airbagauslösung und die Funktionen zum passiven Fußgängerschutz (spezifische Auslegung der Fahrzeugfront, um die Kollisionsfolgen mit Fußgängern zu mindern).

Fahrerentlastung

Systeme zur Fahrerentlastung ohne aktiven Fahrzeugeingriff (Bild 2, Quadrant rechts unten) gelten als Vorstufe zur vollautomatisierten Fahrzeugführung. Diese Systeme geben dem Fahrer Empfehlungen zur Fahrzeugführung. Der Einparkassistent mit Nahbereichssensoren (Ultraschallsensoren) unterstützt den Fahrer bei der Suche nach einer Parklücke und beim Einparkvorgang, während sich spezifische Infrarot-Videosensorik zur Verbesserung der Fahrersicht bei Nachtfahrten vorteilhaft einsetzen lässt. Beim Spurverlassenswarner extrahiert eine Videokamera anhand von Straßenmarkierungen den Spurverlauf vor dem Fahrzeug und warnt den Fahrer bei einem Spurwechsel ohne gesetzten Blinker. Die Warnung kann über die Lautsprecher des Autoradios akustisch oder in Form von Lenkradvibrationen mechanisch erfolgen.

Automatisierte Fahrzeugführung

Zu den Systemen der automatisierten Fahrzeugführung (Bild 2, Quadrant rechts oben) gehört der Spurhalteassistent, der das Fahrzeug durch einen gezielten Eingriff in die Querführung am Verlassen der Fahrspur hindert. Damit ist der Spurhalteassistent eine Weiterentwicklung der Spurverlassenswarnung. Ebenfalls zu den Systemen der automatisierten Fahrzeugführung gehört die adaptive

Bild 2: Systematik der Fahrerassistenzsysteme (mit ausgewählten Beispielsfunktionen).
Prefill: Vorbefüllen der Bremse.

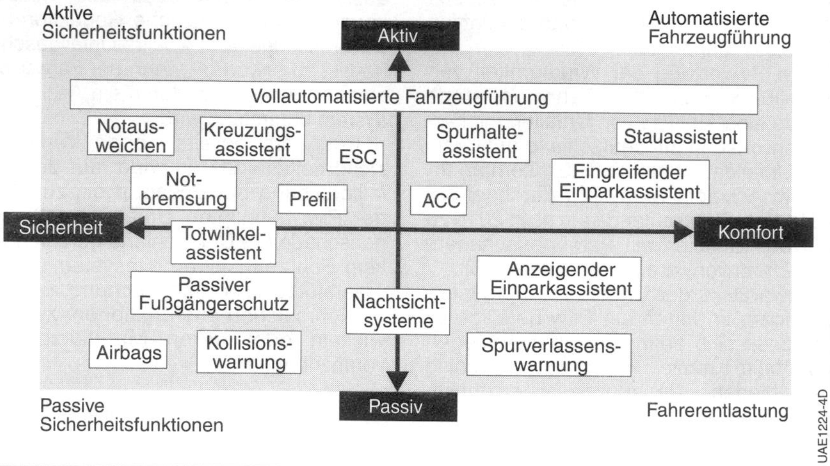

Fahrgeschwindigkeitsregelung (ACC). Eine weiterentwickelte Variante dieses Systems entlastet den Fahrer auch beim langsamen Kolonnenverkehr – in einer ersten Stufe mit vollständigem Abbremsen und Wiederanfahren bei niedrigen Fahrgeschwindigkeiten (ACC Stop & Go). Der Stauassistent ermöglicht als Weiterentwicklung auch eine Querführung bei kleinen Geschwindigkeiten. Deutlich höhere Anforderungen werden an die Funktion gestellt, die eine automatisierte Längs- und Querführung auf Autobahnen ermöglichen soll (Autobahnassistent). Als nächster Entwicklungsschritt ist eine weitgehend vollständige Längs- und Querführung im urbanen Bereich, also bei unstrukturierter Umgebung, bei mittleren Geschwindigkeiten denkbar (City-ACC). Ein derartiges System ist die letzte Entwicklungsstufe vor der hochautomatisierten Fahrzeugführung (siehe Automatisierungsgrad).

Aktive Sicherheitsfunktionen
Die aktiven Sicherheitsfunktionen (Bild 2, Quadrant links oben) betreffen alle aktiven Notfallmaßnahmen zur Vermeidung oder Schadensminderung von Unfällen. Bei einer durch den Fahrer nicht mehr abwendbaren Kollisionsgefahr ermöglichen diese Systeme in ihrer Maximalausprägung die Durchführung rechnergestützter Fahrmanöver. Dabei wird eine Kollisionsvermeidung oder -folgenminderung durch automatisiertes Bremsen (Notbremsung, Kreuzungsassistent) oder Lenken (Notausweichen) erreicht. Die Zwischenschritte umfassen ein Vorbefüllen der Bremse (Prefill) bei erkannter Gefahr, ein kurzes heftiges Anbremsen (kinästhetisches Warnsignal für den Fahrer) oder einen Lenkimpuls. Das ESC ist ein Beispiel für ein aktives Sicherheitssystem auf der Ebene der Fahrzeugstabilisierung.

Standardarchitektur für Fahrerassistenzsysteme

Fahrerassistenzsysteme lassen sich gemäß einer verbreiteten Standardarchitektur (Bild 3) in die Teilmodule Sensorik, Sensordatenfusion (mit dem Ziel der Bildung eines Umfeldmodells), Situationsanalyse (mit dem Ziel, eine Verkehrssituation und deren weitere Entwicklung zu verstehen), Funktion (mit dem Ziel der Aktionsplanung), Aktorik und Mensch-Maschine-Interaktion unterteilen.

Die Sensorschicht besteht aus diversen durch die Funktionsanforderungen in Art und Parametrisierung definierten und ausgelegten Sensoren. Im Sensordatenfusionsmodul wird auf Basis der Sensormesswerte das Umfeld gemäß der Funktionsspezifikation modelliert (unbewegtes Umfeld, funktionsrelevante bewegte Objekte).

In der nachfolgenden Situationsanalyse wird auf Basis der Umfeldmodellierung die Kritikalität bezüglich funktionsrelevanter Szenarien überprüft. So wird beispielhaft für eine Notbremsfunktion die Objektposition und die eigene Position in die Zukunft prädiziert und die Kollisionsgefahr bewertet.

Die so abgeleiteten Kritikalitätsmaße dienen im folgenden Funktionsmodul als Kriterium für eine Auslöseentscheidung der Funktion. Das Funktionsmodul verwendet typischerweise einen Zustandsautomaten, der neben Schwellen für die Kritikalitätsmaße auch das Einhalten funktionsspezifischer Systemgrenzen prüft (z. B. würde bei großen Gierraten des Fahrzeugs eine Notbremsfunktion für den Längsverkehr nicht auslösen). Bei einer kritischen Situation wird im Funktionsmodul eine Eingriffskaskade durchlaufen. Diese reicht je nach Situation und Funktion von einer frühzeitigen Fahrerinformation und -warnung (optisch, akustisch, haptisch) zu einem automatisierten

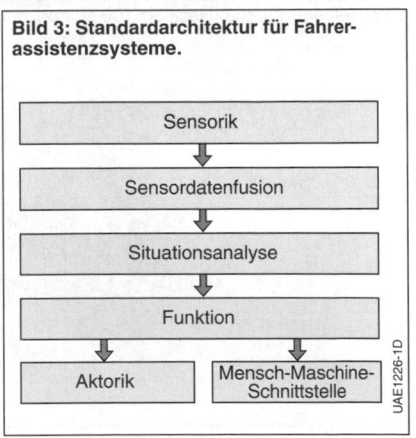

Bild 3: Standardarchitektur für Fahrerassistenzsysteme.

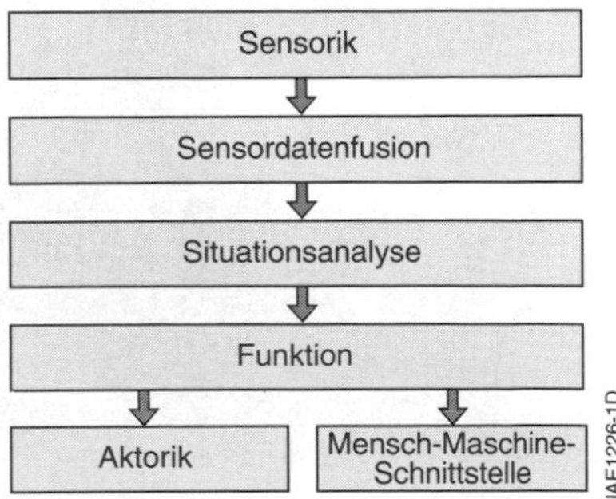

Lenk- oder Bremseingriff zur Kollisionsvermeidung oder Unfallfolgenminderung. Entsprechend der funktionsspezifischen Warnkaskade werden nun die entsprechenden Aktoren und die Mensch-Maschine-Schnittstelle angesteuert.

Auf Basis der eingeführten Standardarchitektur werden im Folgenden typische Ansätze für die Umfeldsensorik, Sensordatenfusion und Funktion näher beschrieben.

Umfeldsensorik für die elektronische Rundumsicht

Mit einer „elektronischen Rundumsicht" lassen sich zahlreiche Fahrerassistenzsysteme realisieren – sowohl für passive als auch für aktiv eingreifende Systeme. Bild 4 zeigt die Detektionsbereiche der nachfolgend vorgestellten Rundumsicht-Sensoren.

Fernbereich

Für den Fernbereich kommen überwiegend Long-Range-Radarsensoren (LRR) zum Einsatz. Heutige Sensoren nutzen die Arbeitsfrequenz von 76,5 GHz bei einer Reichweite von ca. 250 m. Vorwiegend in Japan werden auch Lidarsensoren eingesetzt (z.B. für die adaptive Fahrgeschwindigkeitsregelung). Diese im nahen Infrarotbereich arbeitenden Sensoren erreichen Reichweiten zwischen 150 und 250 m.

Mittelbereich

Im Mittelbereich können Mid-Range-Radarsensoren (MRR) mit einer Arbeitsfrequenz von 24 GHz hohe Anforderungen an die Reichweite und Winkelauflösung abbilden. Seit 2005 werden im Mittelbereich auch Videosensoren eingesetzt. Sie spielen für Fahrerassistenzsysteme zunehmend eine zentrale Rolle, da aufgrund des großen Informationsgehalts von Bilddaten (u.a. aufgrund von Stereovideo, optischer Fluss, Objektklassifikation, siehe Computer Vision) sowie eines sehr guten Kosten-Nutzen-Verhältnisses zahlreiche Fahrerassistenzfunktionen umgesetzt werden können. Zum Beispiel unterstützen Infrarotkameras in Nachtsichtsystemen den Fahrer durch Situationserkennung in der Dunkelheit.

Bild 4: Detektionsbereiche der Sensoren für die Fahrzeug-Rundumsicht.
Die als Kreissegmente dargestellten Erfassungsbereiche geben den Öffnungswinkel an, die Sensorreichweite nimmt mit zunehmend größeren Winkeln jedoch ab.
1 Fernbereichsradar bis 250 m, horizontaler Öffnungswinkel 30 °,
2 Mittelbereichsradar Front bis 160 m, horizontaler Öffnungswinkel 45 °,
3 Nachtsichtkamera bis 150 m, horizontaler Öffnungswinkel 32 °,
4 Video, Stereovideo bis 80 m, horizontaler Öffnungswinkel 41°,
5 Ultraschallsensoren bis 5 m, horizontaler Öffnungswinkel jeweils 120 °,
6 Rückfahrkamera bis 15 m, horizontaler Öffnungswinkel 130 °,
7 Nahbereichskameras bis 10 m, Öffnungswinkel jeweils 130 °,
8 Mittelbereichsradar Heck bis 100 m, horizontaler Öffnungswinkel 150 °.

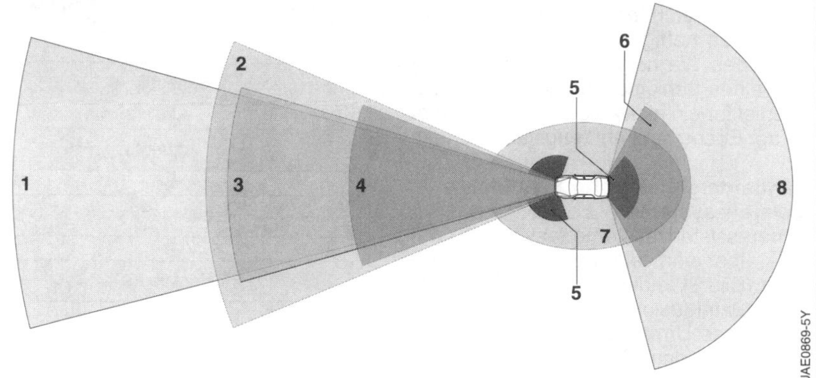

Nahbereich
Ultraschallsensoren mit höherer Reichweite als bisher können in gewissen Grenzen kostengünstig einen „virtuellen Sicherheitsgürtel" um das Fahrzeug bilden (Reichweite kleiner als 20 m), mit dem sich mehrere Funktionen realisieren lassen. Die Signale von Objekten innerhalb dieses Sicherheitsgürtels dienen als Datenbasis diverser Sicherheits- und Komfortsysteme. Auch die für den Autofahrer „toten Blickwinkel" lassen sich mit solchen Sensoren überwachen.

Multi-Beam-Lidarsensoren sind seit 2008 zur Überwachung des Bereichs bis 8 m vor der Fahrzeugfront für automatische Notbremsfunktionen im Einsatz und breiten sich rasch im Volumensegment aus.

Ultranahbereich
Der Einparkassistent überwacht mithilfe der Ultraschalltechnik den Ultranahbereich. Die heutigen Sensoren besitzen eine Reichweite von bis zu 5 m. Damit eignen sich dieses Sensoren für diverse Parkfunktionen. Im Heckbereich kann die Videosensorik (in der einfachsten Variante) den ultraschallbasierten Parkpiloten bei Einpark- und Rangiervorgängen unterstützen.

Sensordatenfusion
Im Falle von weitreichenden, funktionalen Anforderungen können mehrere Sensoren (mit unterschiedlichen Sensorprinzipien) bei überlappendem Sichtbereich eingesetzt werden, um u.a. den Sichtbereich zu vergrößern und die Genauigkeit sowie die Zuverlässigkeit der Objekterkennung zu verbessern. Diese Vorgehensweise wird als Sensordatenfusion bezeichnet (siehe auch Sensordatenfusion). So kann die Kamera im Frontbereich je nach Funktionsausprägung auch dazu verwendet werden, die Messwerte des Long-Range-Radars zu erweitern. Man kann somit nicht nur die Entfernung zu einem Objekt messen, sondern das Objekt kann zusätzlich klassifiziert werden. Die Objektklasse lässt z.B. Rückschlüsse auf die Position und Art der zukünftigen Objektbewegung zu und ermöglicht es damit, die Zuverlässigkeit der Funktion zu erhöhen. Die Verbindung des Videosystems mit dem Long-Range-Radar schafft Synergieeffekte. So wird z.B. der Öffnungswinkel des ACC-Systems oder des Spurhalteassistenten wesentlich erweitert und die Objekterkennung wird noch sicherer und schneller.

Künftige Fahrerassistenzsysteme werden eine große Anzahl von Umfeldsensoren einbeziehen. Da die Sensordaten typischerweise mit unterschiedlichen Frequenzen und asynchron eintreffen sowie unterschiedliche zeitliche Verzögerungen besitzen, muss im Fusionsmodul zunächst eine gemeinsame zeitliche Zuordnung hergestellt werden. Dies geschieht typischerweise über ringförmige Speicherstrukturen und Zeitstempel. Auf Basis der Sensordaten wird das Fahrzeugumfeld modelliert. Für die Modellierung des unbeweglichen (stationären) Umfelds kommen zunehmend Gitteransätze zur Anwendung [4]. Bewegte (dynamische) Objekte werden typischerweise als Objekte mit diversen funktionsrelevanten Attributen (wie Position, Ausdehnung, Geschwindigkeit) modelliert und mittels eines Algorithmus zur Zustandsschätzung (mit Kalman-Filter [5]) zeitlich stabilisiert. Hybride Ansätze, die Objektmodelle und stationäre Gitter kombinieren, befinden sich noch im Forschungsstadium [6].

Test und Absicherung
Die wesentliche Motivation für aktiv eingreifende Systeme ist eine Erhöhung der Fahrsicherheit, wie sie etwa durch ein Notbremssystem (AEB) zur automatischen Kollisionsvermeidung angestrebt wird.

Ein wichtiger Aspekt derartiger Systeme ist das Risiko von falschen automatischen Eingriffen, beispielsweise einer unberechtigten Notbremsauslösung. Im schlimmsten Fall könnte dies zu Unfällen führen und somit würde der Sicherheitsgewinn des Systems unterminiert werden. Durch geeignete Maßnahmen müssen daher derartige unberechtigte Eingriffe mit absoluter Sicherheit ausgeschlossen werden können.

Um den erzielbaren Nutzen sowie potentielle Risiken zu ermitteln und auszuschließen, sind daher umfangreiche Tests Teil der Entwicklung neuer Fahrerassistenzsysteme. Die Art der Durchführung und der Aufwand hierfür unterscheiden sich aktuell danach, ob die angestrebte Wirksamkeit in kritischen Fahrsituationen, oder ob die Absicherung gegenüber unberechtigten Eingriffen getestet werden soll.

Weil kritische Fahrsituationen, z. B. die von einer AEB adressierten Auffahrunfälle, glücklicherweise nur sehr selten im regulären Straßenverkehr auftreten, wird die Wirksamkeit stattdessen ohne Gefährdung von Personen auf geschlossenen Testgeländen und mit Fahrzeugattrappen untersucht.

Im Unterschied zu diesen Nutzenfällen, deren Parameter aus einer Unfallanalyse heraus in der Regel gut beschrieben werden können, muss die Absicherung unberechtigter Eingriffe prinzipiell für alle relevanten Umweltbedingungen und Fahrsituationen durchgeführt werden. Aus diesem Grund werden von den Fahrzeugherstellern und Systemzulieferern sehr hohe Fahr- und Erprobungsaufwände zur Freigabe geleistet [7].

Der Hauptgrund für die aufwändigen Dauerlauftests liegt in der Komplexität der eingesetzten Umfeldsensoren, der Vielfalt von Verkehrssituationen sowie den hohen Anforderungen an die Sicherheit autonomer Fahrdynamikeingriffe. Denn auch in einer für den menschlichen Fahrer unkritischen Fahrsituation kann es zur Erkennung von Geisterobjekten kommen (z. B. eine von einer Kamera fälschlicherweise als Hindernis interpretierten Abgaswolke). Weil unberechtigte Brems- oder Lenkeingriffe ein hohes Gefährdungspotenzial bergen, muss daher sichergestellt werden, dass auch sehr seltene Fälle derartiger Falschauslösungen vor der Freigabe des Systems entdeckt werden. Dies begründet die hohen Fahraufwände.

Literatur

[1] K. Enke: Possibilities for Improving Safety within the Driver Vehicle Environment Loop; 7th International Technical Conference on Experimental Safety Vehicle, Paris (1979).

[2] GIDAS (German In-Depth Accident Study) 2014; http://www.gidas.org.

[3] DESTATIS, Fachserie 8, Reihe 7; Verkehr 2015. Statistisches Bundesamt Wiesbaden, 2016.

[4] C. Coue et al.: Bayesian Occupancy Filtering for Multitarget Tracking: an Automotive Application. The International Journal of Robotics Research, Vol. 25 No. 1, pp. 19–30. HAL archives-ouvertes, 2006.

[5] Y. Bar-Shalom et al.: Estimation with Applications to Tracking and Navigation: Theory Algorithms and Software. Wiley & Sons, New York 2001.

[6] J. Effertz: Autonome Fahrzeugführung in urbaner Umgebung durch Kombination objekt- und kartenbasierter Umfeldmodelle. Institut für Regelungstechnik, TU Braunschweig, Dissertation, 2009.

[7] A. Weitzel et al.: Absicherungsstrategien für Fahrerassistenzsysteme mit Umfeldwahrnehmung. Berichte der Bundesanstalt für Straßenwesen, Heft F98. Wirtschaftsverlag NW, 2014.

Ultraschall-Sensorik

Ultraschallsensor

Anwendung

Einpark- und Manövrierhilfen (siehe Einparkhilfen) benutzen heute Nahbereichssensoren in Ultraschalltechnik mit einem Erfassungsbereich bis 5,5 m. Sie werden in die Stoßfänger von Kraftfahrzeugen integriert und dienen zur Ermittlung von Abständen zu Hindernissen und zur Überwachung des Fahrzeugumfelds beim Ein- und Ausparken sowie beim Rangieren (Bild 1). Beim Annähern an ein Hindernis erhält der Fahrer eine akustische oder auch eine optische Anzeige.

Die sechste Generation des Ultraschallsensors von Bosch zeichnet sich durch eine digitale Signalverarbeitung aus, die eine gegenseitige Beeinflussung der Systeme verschiedener Fahrzeuge unterbindet, sowie durch Blindheitserkennung (bei Vereisung oder Verschmutzung) und verbesserte Nahbereichserkennung. Diese Sensoren ermöglichen ein komfortables Einparken in sehr kleine Parklücken und manövrieren in beengten Situationen. Desweiteren gestatten sie die Realisierung des Einparkassistenten, der entweder dem Fahrer Hinweise zum optimalen Einparken gibt oder das Fahrzeug in die Parklücke lenkt, während der Fahrer nur noch die Längsführung des Fahrzeugs übernehmen muss (siehe auch Einparkassistent).

Die Ultraschallsensoren der sechsten Generation unterstützen auch Notbremsfunktionen bei niedrigen Geschwindigkeiten durch Präsenzerkennung sehr naher Objekte und schneller Reaktion auf plötzlich auftauchende Hindernisse (z.B. Fußgänger). Im höheren Geschwindigkeitsbereich kann der Ultraschallsensor zur Überwachung des toten Winkels eingesetzt werden (siehe Totwinkelerkennung)

Aufbau des Ultraschallsensors

Bild 2 zeigt beispielhaft einen Ultraschallsensor der vierten Generation. Er besteht aus einem Kunststoffgehäuse mit integrierter Steckverbindung, einem Ultraschallwandler (Aluminiumtöpfchen mit einer Membran, auf deren Innenseite eine Piezokeramik eingeklebt ist) und einer Leiterplatte mit Sende- und Auswerteelektronik. Der elektrische Anschluss an das Steuergerät (z.B einer Einparkhilfe) erfolgt über drei Leitungen, von denen zwei der Spannungsversorgung dienen.

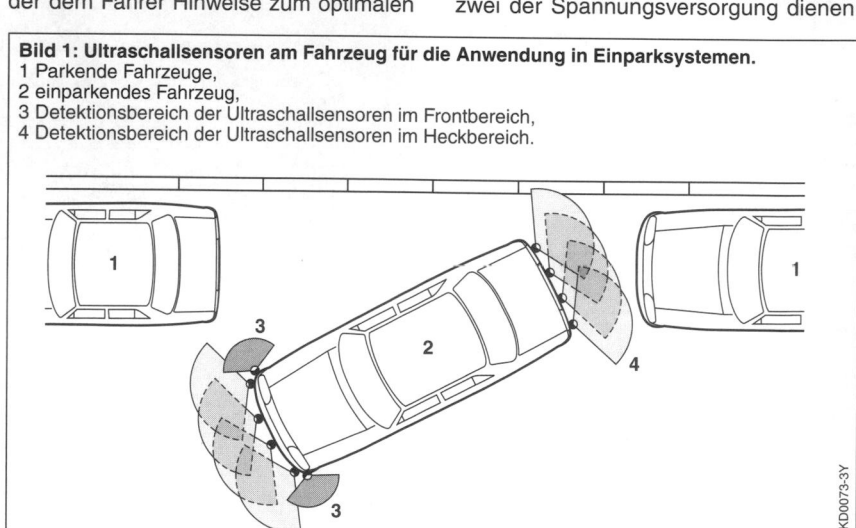

Bild 1: Ultraschallsensoren am Fahrzeug für die Anwendung in Einparksystemen.
1 Parkende Fahrzeuge,
2 einparkendes Fahrzeug,
3 Detektionsbereich der Ultraschallsensoren im Frontbereich,
4 Detektionsbereich der Ultraschallsensoren im Heckbereich.

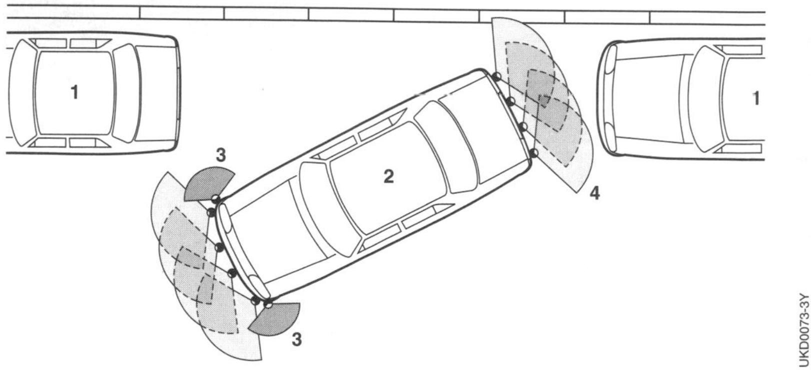

Über die dritte, bidirektionale Leitung wird die Sendefunktion eingeschaltet und das ausgewertete Empfangssignal an das Steuergerät zurückgemeldet [1].

Arbeitsweise des Ultraschallsensors

Der Ultraschallsensor empfängt vom Steuergerät z.B. der Einparkhilfe einen digitalen Sendeimpuls. Danach regt die Sendeelektronik die Aluminiummembran mit Rechteckimpulsen von ca. 300 µs Dauer bei der Resonanzfrequenz (etwa 48 kHz) zum Schwingen an, sodass Ultraschallimpulse ausgesendet werden. Während der Abklingdauer von ca. 900 µs ist kein Empfang möglich. Der von einem Hindernis reflektierte Schall versetzt die inzwischen wieder beruhigte Membran wiederum in Schwingungen. Diese Schwingungen werden von der Piezokeramik als analoges elektrisches Signal ausgegeben, von der Sensorelektronik (Auswerteelektronik) verstärkt und in ein digitales Signal umgewandelt.

Üblicherweise besitzen Ultraschallsensoren für die beschriebene Anwendung eine selektive Abstrahlcharakteristik (Bild 3) mit breitem horizontalen und schmalem vertikalen Erfassungsbereich (siehe Detektionscharakteristik).

Abstandsmessung mit Ultraschall

Die Ultraschallsensoren senden Ultraschallimpulse aus und empfangen den von einem Hindernis reflektierten Schall (Bild 4). Die Piezokeramik erzeugt ein analoges elektrisches Signal, das im Sensor ausgewertet wird.

Echolotverfahren

Gemäß dem Echolotverfahren (Bild 5) detektieren die Ultraschallsensoren die Zeitdauer zwischen Aussenden der Ultra-

Bild 3: Abtrahldiagramm eines Ultraschallsensors.
1 Horizontal,
2 vertikal.

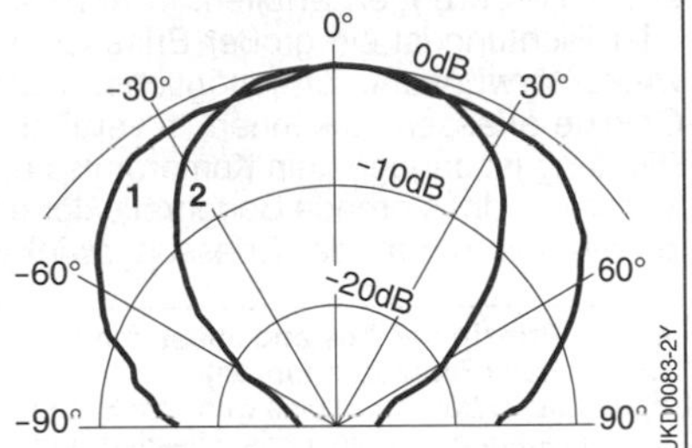

Bild 2: Schnittbild eines Ultraschallsensors.
1 Piezokeramik,
2 Entkopplungsring,
3 Kunststoffgehäuse mit Steckverbinder,
4 Leiterplatte mit Sende- und Auswerteelektronik,
5 Übertrager,
6 Bonddraht,
7 Aluminiummembran.

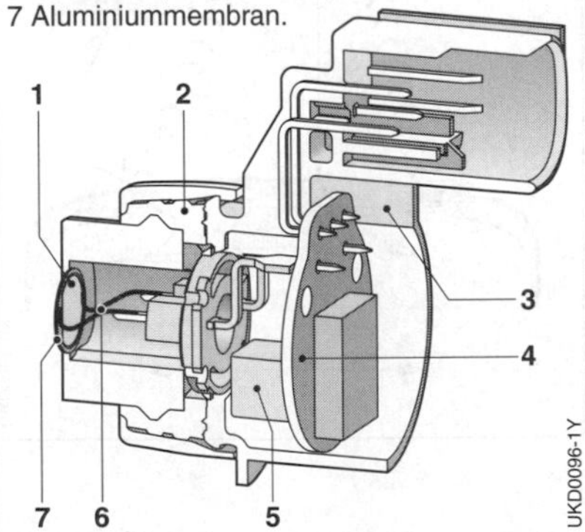

Bild 4: Blockschaltbild des Ultraschallsensors.
1 Bidirektionale Leitung zum Steuergerät.

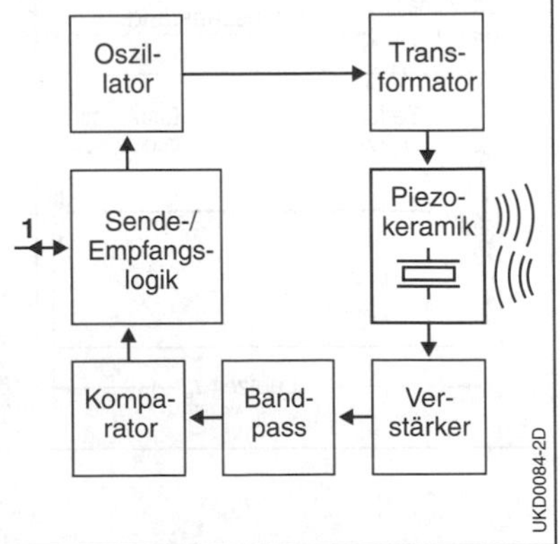

schallimpulse und Eintreffen der von Hindernissen reflektierten Echoimpulse. Der Abstand l vom Sende- und Empfangskopf zum nächstgelegenen Hindernis ergibt sich aus der Laufzeit t_e des zuerst eintreffenden Echoimpulses und der Schallgeschwindigkeit c durch folgende Beziehung:

$l = 0{,}5\, t_e\, c$,
mit
t_e Laufzeit des Ultraschallsignals,
c Schallgeschwindigkeit in Luft
($c \approx 340$ m/s).

Detektionscharakteristik
Damit das System einen möglichst großen räumlichen Bereich erfassen kann, muss die Detektionscharakteristik spezielle Anforderungen erfüllen. In horizontaler Richtung ist ein großer Erfassungswinkel erwünscht, um möglichst viele Objekte erfassen zu können. In vertikaler Richtung ist dagegen ein Kompromiss erforderlich. Um störende Bodenreflexionen zu vermeiden, darf der Erfassungswinkel nicht zu groß sein; andererseits müssen vorhandene Hindernisse sicher erkannt werden. Bild 3 zeigt die Abstrahlcharakteristik eines Sensors in horizontaler und

Bild 5: Prinzip der Abstandsmessung mit Ultraschall (Echolotverfahren).
a) Aufbau: Ultraschallimpuls wird vom Sender ausgegeben, am Hindernis reflektiert und vom Empfänger aufgenommen.
b) Signalverlauf.

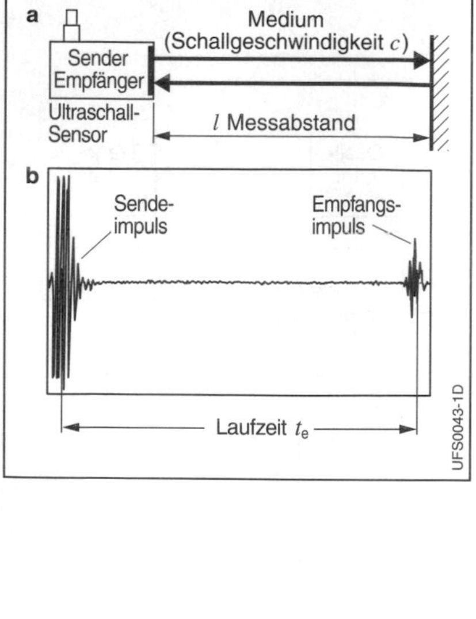

Bild 6: Erfassungsbereich einer Anordnung mit vier Ultraschallsensoren.

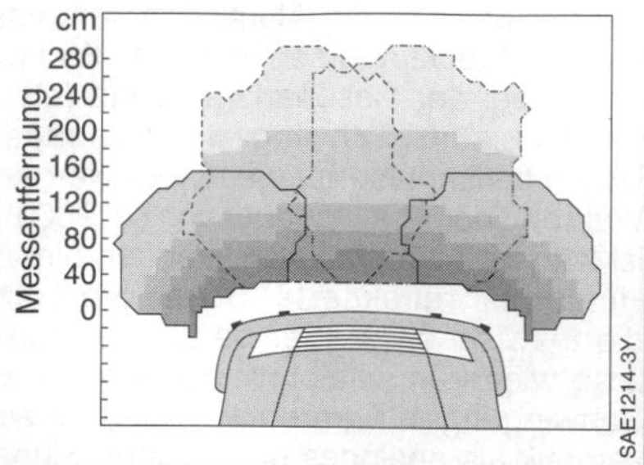

Bild 7: Abstandsberechnung mit Ultraschall für ein einfaches Hindernis.
1 Ultraschallsensoren,
2 Hindernis (z.B. Pfosten).
a Abstand Stoßfänger zu Hindernis,
b Abstand Sensor 1 zu Hindernis,
c Abstand Sensor 2 zu Hindernis,
d Abstand Sensor 1 zu Sensor 2.

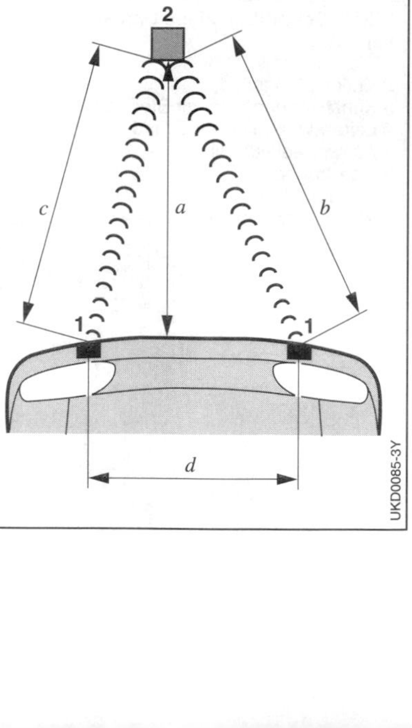

in vertikaler Ebene. Durch Überlappung der Erfassungsbereiche mehrerer Sensoren entsteht ein nahezu lückenloser Erfassungsbereich. Bild 6 zeigt beispielhaft den Erfassungsbereich eines 4-Kanalsystems.

Sensoren der neueren Generationen erlauben es zudem, die vertikalen Erfassungswinkel in bestimmten Grenzen zu variieren und gestatten damit eine optimale Anpassung an die Stoßfänger- und die Fahrzeuggeometrie, ohne dass es zu Fehlwarnungen bei Bodenunebenheiten kommt.

Abstandsberechnung

In der Praxis wird der geometrische Abstand a eines Hindernisses zur Fahrzeugfront mit dem Trilaterationsverfahren aus den Messergebnissen (Entfernung b und c) zweier Ultraschallsensoren bestimmt, die im Abstand d zueinander angebracht sind (Bild 7). Der Abstand a ergibt sich aus folgender Beziehung:

$$a = \sqrt{c^2 - \frac{(d^2 + c^2 - b^2)^2}{4d^2}} \ .$$

Literatur

[1] H. Winner; S. Hakuli; F. Lotz; C. Singer (Hrsg.): Handbuch Fahrerassistenzsysteme. 3. Aufl., Verlag Springer Vieweg, 2015.

Radar-Sensorik

Anwendung

Die Radartechnik findet seit 1999 zunehmend breitere Anwendung in Kraftfahrzeugen und unterstützt den Fahrer in seiner Fahraufgabe. Der Radarsensor detektiert Objekte vor dem eigenen Fahrzeug (z.B. Fahrzeuge, Fußgänger, Randbebauung) und misst deren Abstände, Relativgeschwindigkeiten und Querversätze zum eigenen Fahrzeug. Auf dem Weg zum autonomen Fahren leistet der Radarsensor so einen wesentlichen Beitrag zur Erfassung und Interpretation der Umgebung und der Fahrsituation.

In den Anfängen wurde der Radarsensor hauptsächlich für die adaptive Fahrgeschwindigkeitsregelung (ACC, Adaptive Cruise Control) eingesetzt. Diese nutzt die Messungen, passt damit die eigene Fahrgeschwindigkeit dem vorausfahrenden Verkehr an und entlastet so den Fahrer bei seiner Fahraufgabe (siehe Adaptive Fahrgeschwindigkeitsregelung).

Die Stärken des Radarsensors liegen primär in der schnellen, präzisen und wetterunabhängigen Messung von Abstand und Relativgeschwindigkeit, womit er sich besonders gut für aktive und passive Sicherheitsfunktionen eignet. Diese sind zum Beispiel die vorausschauenden Notbremssysteme (Predictive Emergency Breaking Systems, PEBS, oder Automated Emergency Breaking, AEB), die Pre-Crash-Erkennung, der Spurwechselassistent und die Totwinkelüberwachung. Der Radarsensor ist neben der Video-Sensorik eine der Säulen der Fahrzeugumfelderfassung auf dem Weg zum autonomen Fahren.

Bild 1 zeigt einen Radarsensor als schematische Explosionsdarstellung.

Bild 1: Aufbau eines Radarsensors (Explosionsdarstellung).
1 Random (radar-transparent),
2 Absorber (radar-intransparent, dämpfend),
3 Leiterplatte mit Antenne und MMIC (Millimeter-Wave Integrated Circuits, restliche Elektronik auf der Unterseite),
4 Wärmeleitblech,
5 Gehäuse mit Druckausgleichelement und Pins zur elektrischen Verbindung von Leiterplatte zum Fahrzeugstecker.

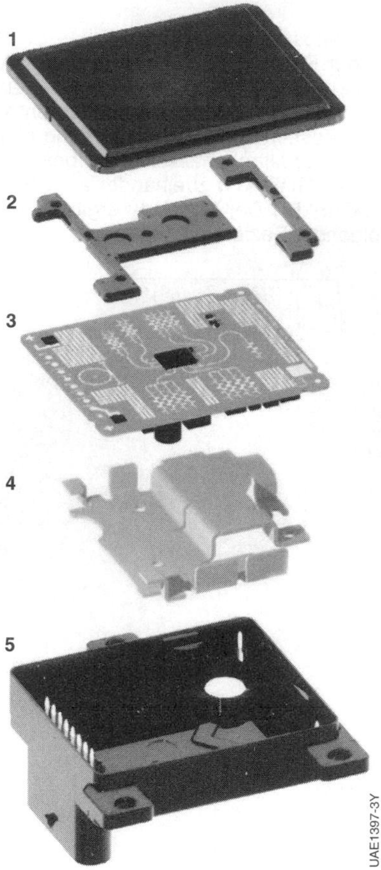

Radarprinzip

Erfassung von Objekten

Die vom Radargerät ausgesendeten elektromagnetischen Wellen werden von Oberflächen aus Metall oder anderen weniger gut reflektierenden Materialien zurückgeworfen und vom Empfangsteil des Radars wieder aufgenommen. Aus der Laufzeit dieser Wellen kann der radiale Abstand vom Radarsensor zu den Objekten im Erfassungsbereich gemessen werden. Die Dopplerverschiebung der reflektierten elektromagnetischen Wellen erlaubt die direkte Messung der radialen Relativgeschwindigkeit aller detektierten Objekte. Die räumliche Position wird mit dem radialen Abstand und einer oder mehreren Winkelschätzungen ermittelt, welche auf der Auswertung von drei oder mehr Sende- und Empfangsantennen basiert.

Typische Objekte im Fahrzeugumfeld erzeugen meist mehrere Reflexe, die je nach Auslegung des Radarsensors auch separat gemessen werden. Das führt dazu, dass im realen Umfeld je Messzyklus mehrere hundert Reflexe detektiert und zur Interpretation an die höheren Systemschichten weitergereicht werden.

Bild 2: Koordinatensystem.
ψ Gierwinkel,
φ Wankwinkel,
θ Nickwinkel,
S Schwerpunkt.

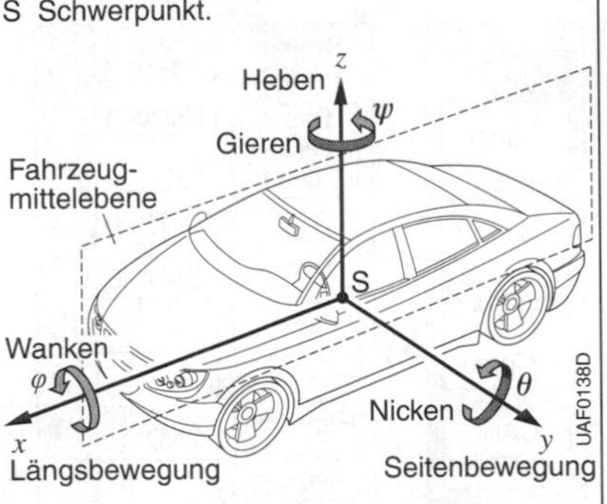

Messgrößen im Fahrzeugkoordinatensystem

Alle Messgrößen werden auf das rechtwinklige und kartesische Fahrzeugkoordinatensystem umgerechnet. Dieses ist gemäß ISO 8855 [1] wie folgt definiert: Der Koordinatenursprung ist üblicherweise im Schwerpunkt des Fahrzeugs; die x-Achse verläuft waagerecht entlang der Fahrzeuglängsachse und zeigt nach vorne; die y-Achse steht senkrecht dazu und zeigt waagerecht nach links; die z-Achse zeigt nach oben (Bild 2).

Technologie

Entwicklung der Radarsensoren

Der Kern der Radarsensoren sind neben der Antenne die hochfrequenztechnischen elektronischen Komponenten. Bis etwa 2010 dominierten die GaAs-Halbleiter (Gallium-Arsenid) für den Einsatz in der Hochfrequenztechnik jenseits 10 GHz. Im Bosch LRR2 (Produktion von 2004 bis 2013) wurden diskrete Gunndioden aus GaAs zur Erzeugung der 77-GHz-Trägerfrequenz eingesetzt. Die größte Innovation im Bosch LRR3 (Produktion ab 2009) war der Umstieg von diskreten Hochfrequenzbauelementen zu hochintegrierten MMIC (Millimeter-Wave Integrated Circuits), welche die Frequenzerzeugung, Frequenzregelung und auch die Demodulation vollständig in einem SiGe-MMIC (Silizium-Germanium-MMIC) integriert haben. Dies hat sowohl die Kosten deutlich reduziert als auch die Leistungsfähigkeit des Radarsensors erhöht. Die SiGe-Technologie erzeugt auf einem klassischen Silizium-Wafer bipolare Mischstrukturen mit Germaniumanteilen, die sehr hohe Grenzfrequenzen erlauben und damit die Siliziumbasistechnologie für den Einsatz bei 77 GHz reif machten. Die Kombination der SiGe-Technologie mit klassischer CMOS-Technologie (BiCMOS-Technologie) auf einem Wafer erlaubt zudem eine weitere Hochintegration z.B. für die Signalverarbeitung im selben IC.

Zukünftige Entwicklung
Die zunehmende Reduktion der Strukturgrößen bei den reinen CMOS-Prozessen, die insbesondere durch Smartphones, Server und Desktop-Computer getrieben ist, erlaubt es inzwischen auch ohne Einsatz von SiGe-Strukturen, die Frequenzen um 77 GHz mit ausreichender Effizienz zu erzeugen. Hinzu kommt die immer stärker werdende Durchdringung des Automobilmarkts mit Radarsensoren und die damit einhergehende massive Stückzahlerhöhung. Diese erlauben nun die hohen Einmalkosten der Herstellung von 28-nm-, 22-nm- oder sogar 16-nm-Strukturen für die Radarsensor-Halbleiter im Automobilbereich einzusetzen. Der Trend zur Hochintegration wird damit fortgesetzt und die Zukunft wird in Teilen dem „Einchip-Radar" gehören – MMIC zusammen mit Signalverarbeitung und großen Rechneranteilen in einem RFCMOS-IC (Radio-Frequency-CMOS).

Messverfahren
Die empfangenen Signale werden mit dem ausgesendeten Signal verglichen. Durch die Laufzeit der Radarwellen sind die Empfangssignale eine Überlagerung der je Objekt reflektierten Sendesignale sowie im Empfangspfad entstandenem Rauschen. Die je Objekt reflektierten Wellen sind zeitlich aufgrund der Laufzeit verzögert, sowie in Frequenz über den Dopplereffekt verschoben. Damit ein empfangenes Signal einem ausgesendeten Signal eindeutig zugeordnet werden kann, werden die ausgesendeten Wellen moduliert. Während früher auch eine Pulsmodulation mit Pulsen in der Größenordnung von 0,5...20 ns (entsprechend einer Entfernungsauflösung von 0,15...6 m) genutzt wurde, dominiert seit 2010 die Frequenzmodulation (auch FMCW genannt, frequency modulated continuous wave), die beim Aussenden die Momentanfrequenz der Wellen über der Zeit verändert und geringeren Hardware-Aufwand erfordert.

Eine weitere Verbesserung der Erfassung von Objekten ermöglicht die sogenannte schnelle FMCW-Modulation, auch Chirp-Sequence genannt.

FMCW-Modulation
Bild 3 zeigt das Blockschaltbild eines FMCW-Radars. Ein 77-GHz-VCO (Voltage Controlled Oscillator, spannungsgesteuerter Oszillator) speist die Sendeantenne. Die Empfangsantenne überträgt das vom Objekt reflektierte Signal zu den Empfangsmischern, die das Empfangs-

Bild 3: Blockschaltbild eines Vierkanal-FMCW-Radars.
SiGe MMIC: mm-Wellen-IC, integrierte Schaltung in Silizium-Germanium-Technologie.

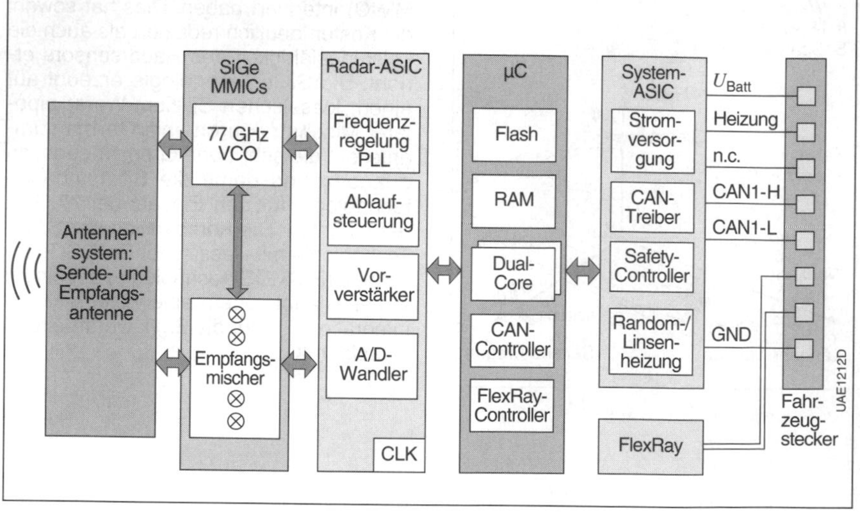

signal mit dem aktuellen Sendesignal des VCO mischen und damit zu niedrigeren Frequenzen im Bereich von fast 0 Hz bis hin zu einigen MHz transformieren. Die höchste auftretende Frequenz hängt dabei von der maximalen Laufzeit der Signale sowie der Steigung der Frequenzrampe ab. Die Signale werden verstärkt, digitalisiert und zur Frequenzbestimmung einer schnellen Fourieranalyse (siehe Fourier-Transformation) unterzogen.

Frequenzerzeugung
Im Folgenden wird die Funktionsweise der Frequenzerzeugung erläutert. Die Frequenz des 77-GHz-VCO wird durch eine PLL-Regelung (Phase-Locked Loop, Phasenregelschleife) ständig mit einem stabilen Referenzoszillator auf Quarzbasis verglichen und auf einen vorgegebenen Sollwert geregelt. Die PLL wird während einer Messung so verändert, dass für die Sendefrequenz f_S eine linear ansteigende Frequenzrampe über der Zeit entsteht – gefolgt von einer linear abfallenden Frequenzrampe (Bild 4). Die mittlere Sendefrequenz ist f_0.

Bild 4: Entfernungs- und Geschwindigkeitsmessung bei linearem FMCW-Radar.
1 Sendefrequenz f_S,
2 Empfangssfrequenz f_E ohne Relativgeschwindigkeit,
3 Empfangssfrequenz f_E mit Relativgeschwindigkeit.
Δf_{FMCW} Frequenzdifferenz zwischen gesendetem und empfangenen Radarsignal,
Δf_1 Frequenzdifferenz auf der ansteigenden Rampe mit Relativgeschwindigkeit,
Δf_2 Frequenzdifferenz auf der fallenden Rampe mit Relativgeschwindigkeit,
Δf_D Änderung der Empfangsfrequenz mit Relativgeschwindigkeit.

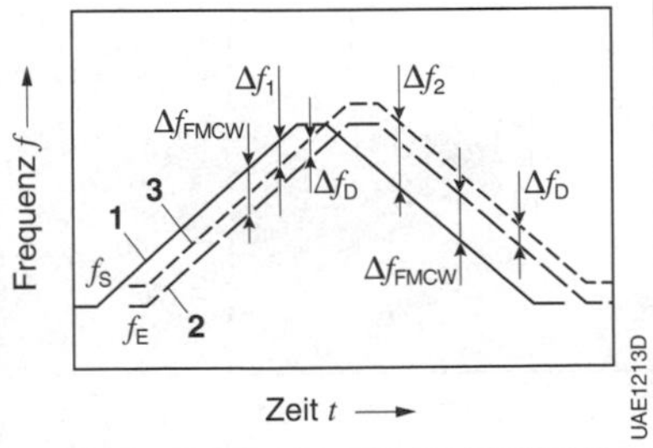

Messung ohne Relativgeschwindigkeit
Das an einem vorausfahrenden Fahrzeug oder Objekt reflektierte und empfangene Signal f_E ist entsprechend der Laufzeit verzögert, d.h., es besitzt in der ansteigenden Rampe eine niedrigere, in der abfallenden Rampe eine um den gleichen Betrag Δf_{FMCW} höhere Frequenz f_E. Der Betrag der Frequenzdifferenz Δf_{FMCW} ist direkt ein Maß für den Abstand d, abhängig von der Steigung s der Rampe und der Lichtgeschwindigkeit c:

$$\Delta f_{FMCW} = |f_S - f_E| = \frac{2s}{c} \cdot d\,.$$

Messung mit Relativgeschwindigkeit
Besteht zum vorausfahrenden Fahrzeug zusätzlich eine Relativgeschwindigkeit Δv, so wird die Empfangsfrequenz f_E wegen des Dopplereffekts sowohl in der aufsteigenden als auch in der abfallenden Rampe um einen bestimmten, proportionalen Betrag Δf_D erhöht (bei Annäherung) oder erniedrigt (bei sich vergrößerndem Abstand):

$$\Delta f_D = \frac{2 f_0}{c} \cdot \Delta v \quad \text{(Näherung für } v << c\text{)}.$$

Das bedeutet, es ergeben sich zwei unterschiedliche Differenzfrequenzen Δf_1 und Δf_2. Für die ansteigende Rampe gilt:

$$|\Delta f_1| = |f_S - f_E| = \Delta f_{FMCW} - \Delta f_D = \frac{2}{c} \cdot (s\,d - f_0 \Delta v).$$

Für die abfallende Rampe gilt:

$$|\Delta f_2| = |f_S - f_E| = \Delta f_{FMCW} + \Delta f_D = \frac{2}{c} \cdot (s\,d + f_0 \Delta v).$$

Ihre Addition ergibt den Abstand d, ihre Subtraktion die Relativgeschwindigkeit Δv der Objekte:

$$d = \frac{c}{4s} \cdot (\Delta f_2 + \Delta f_1),$$

$$\Delta v = \frac{c}{4 f_0} \cdot (\Delta f_2 - \Delta f_1).$$

Schnelle FMCW-Modulation (Chirp-Sequence)

Bei der schnellen FMCW-Modulation werden in einer Messung viele gleichartige FMCW-Rampen in Folge gesendet, daher auch der englische Begriff Chirp-Sequence. Eine einzelne Rampe ist dabei deutlich kürzer mit einer Zeitdauer im Bereich von 10...50 µs. Dies führt zu einer betragsmäßig deutlich höheren Steigung der Rampe, sodass der Betrag der Frequenzdifferenz Δf_{FMCW} nun deutlich größer ist als die Verschiebung Δf_{D} aufgrund des Dopplereffekts, die beobachtete Differenzfrequenz Δf wird daher von der Entfernung dominiert. Bei einer Zielentfernung von 100 m und einer Steigung von 300 MHz in 10 µs beträgt die entfernungsbedingte Frequenzverschiebung 20 MHz. Dem steht eine Dopplerverschiebung von 41 kHz gegenüber für ein schnelles Ziel mit Relativgeschwindigkeit von 80 m/s (=288 km/h) und einer mittleren Sendefrequenz von 76,5 GHz.

Die schnelle Fourier-Transformation der empfangenen Signale einer Rampe ergibt ein diskretes Frequenzspektrum, dessen Frequenzzellen einem Abstand zugeordnet werden können. Man spricht daher auch von Entfernungszellen.

Die Auswertung des Dopplereffekts erfolgt anschließend über die Auswertung jeder Entfernungszelle über alle Rampen hinweg, wieder mit schnellen Fourier-Transformationen. Dies entspricht einer Abtastung des Dopplereffekts, die einzelnen Rampen definieren die Abtastzeitpunkte und gehen in die Dopplerfrequenzbestimmung ein. Demnach werden die erfassten Signale mit einer zweidimensionalen Fourier-Transformation ausgewertet, mit dem Zeitsignal als Matrix der Dimension (Anzahl der Samples je Rampe) × (Anzahl der Rampen). Die zwei Frequenzen sind entsprechend proportional zu Abstand (bei Vernachlässigung des Dopplereffekts) und Relativgeschwindigkeit des Objekts. Bild 5 zeigt eine Folge von FMCW-Rampen, Bild 6 ein zweidimensionales Spektrum mit einem Objekt.

Bild 5: Folge von FCMW-Rampen.

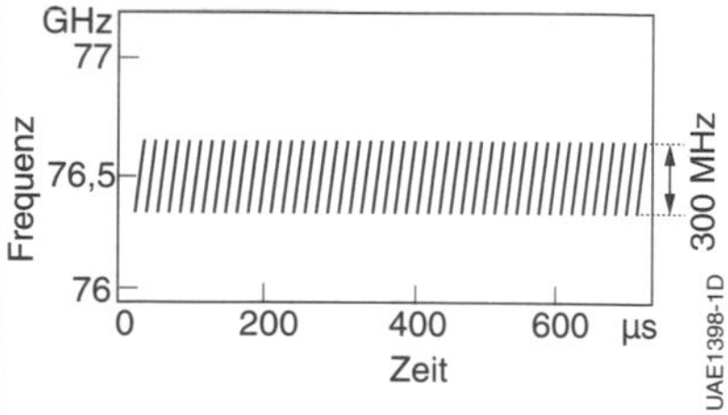

Vorteile und Nachteile

Wesentlicher Vorteil dieses Verfahrens ist die höhere Anzahl der gleichzeitig erfassbaren Objekte und der einfacheren Zuordnung von Abstand und Relativgeschwindigkeit über die zwei Frequenzen.

Wesentlicher Nachteil ist der deutlich gestiegene Aufwand. Für obiges Beispiel ist wegen der Nyquist-Bedingung eine Abtastrate des Analog-digital-Wandlers von mindestens 40 MHz notwendig, 51,2 MHz ergeben bei 10 µs Rampendauer genau 512 Abtastwerte. Um eine geeignete Dopplererfassung und ein höheres Signal-zu-Rauschverhältnis zu erzielen, sind beispielsweise 128 Rampen auszuwerten – im Vergleich zu zwei Rampen eine um Faktor 64 höhere Datenmenge. Üblicherweise kommen daher auch Hardwareeinheiten zum Einsatz, die Fourier-Transformationen sehr schnell und mit wenig Verlustleistung berechnen.

Bild 6: Zweidimensionales Spektrum mit einem Objekt.
Normierte Werte an den Achsen.

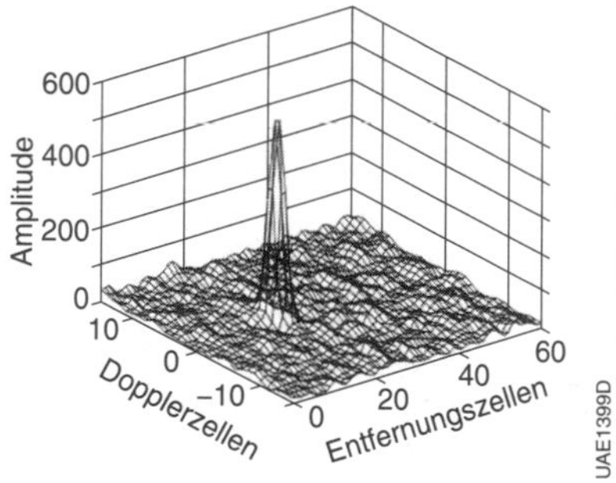

Antennensystem und Winkelbestimmung

Das Antennensystem (siehe Bild 1) hat nicht nur die Aufgabe, die Hochfrequenzsignale auszusenden und zu empfangen, sondern ebenso die Bestimmung der räumlichen Position der Objekte zu ermöglichen. Dies wird zur Zuordnung der Objekte zu den Fahrspuren und zur Bestimmung von Objektmerkmalen benötigt.

Bestimmung der relativen Lage der Objekte

Radarsysteme bestimmen die relative Lage durch Schätzung des Winkels, unter dem die Empfangsantenne ein Objekt ortet. Dazu werden zwei, besser mehr als zwei Empfangsantennen benötigt. Diese können durch Schwenken eines einzelnen Radarstrahls (Scannen) als auch durch mehrere parallele, sich überlappende Radarstrahlen dargestellt werden.

Die Verhältnisse der komplexen Amplituden (Phasen und Beträge), die für ein Objekt in benachbarten Strahlen gemessen werden, lassen einen Rückschluss auf den relativen Empfangswinkel zur Radarsensorachse zu. In der Praxis werden häufig vier Radarstrahlen eingesetzt, mit denen eine Winkelgenauigkeit von bis zu 0,1 ° und eine Trennfähigkeit von etwa 3 ° erreicht werden können.

Patch-Array-Antennensystem

Die technische Realisierung des Antennensystems ist sehr vielfältig. Die häufigste Variante ist das Patch-Array-Antennensystem, mit Antennenelementen, die in Microstrip-Technologie realisiert werden.

Aufbau

Das Patch-Array-Antennensystem ist im Gegensatz zum Linsenantennensystem in der Regel bistatisch aufgebaut. Die Sendeantenne besteht dabei aus einer Vielzahl, in Reihen und Spalten angeordneten Einzel-Patches, die so verschaltet sind, dass sich durch Überlagerung ein gebündelter Radarstrahl ergibt, ähnlich zur Bündelung durch die Linse.

Die Empfangsantenne besteht typisch aus mehreren, in Spalten angeordneten Einzel-Patches, die elektrisch voneinander getrennt und nebeneinander angeordnet sind. Der Versatz der einzelnen Empfangsspalten erzeugt dabei einen Phasenversatz zwischen den Empfangssignalen eines detektierten Objekts, der zur Winkelbestimmung herangezogen wird. Eine Empfangsspalte kann im Einzelfall auch aus mehreren, verschalteten Spalten bestehen.

Winkelbestimmung

Die Winkelauswertung nutzt die Abhängigkeit der Antennencharakteristik in Betrag und Phase von der Richtung zum Objekt der ausgehenden beziehungsweise der einfallenden Wellen aus. Für eine Auswertung der ausgehenden Wellen werden mehrere Sendeantennen benötigt, die im Vergleich ihrer Charakteristik eine Richtungsabhängigkeit aufweisen, zum Beispiel über unterschiedliche Hauptstrahlrichtungen (dies führt zu unterschiedlichen Beträgen, wird oft für Monopulsverfahren verwendet) oder über unterschiedliche Positionen (dies führt zu unterschiedlichen Weglängen zum Objekt und damit zu Phasenunterschieden, kommt oft in „phased array“ zum Einsatz). Auf die gleiche Weise können mehrere Empfangsantennen eingesetzt und ausgewertet werden.

Werden für die Winkelauswertung sowohl mehrere Sende- als auch mehrere Empfangsantennen verwendet, spricht man in Anlehnung an die Kommunikationstechnik von MIMO-Systemen (multiple input multiple output). Dies erlaubt eine noch genauere Bestimmung der Richtung zum Objekt.

Varianten von Radarsensoren

In der Vergangenheit wurde zwischen Nahbereichsradaren (Short-Range-Radar, SRR, meist im 24-GHz-Frequenzband) und Fernbereichsradaren (Long-Range-Radar, LRR, im 76-GHz-Frequenzband) unterschieden. Inzwischen wachsen die Anwendungen zusammen und die Sensoren decken immer mehr von beiden Bereichen ab, sodass die Mittelbereichsradare (Mid-Range-Radar, MRR, im 76...81-GHz-Band) den Markt dominieren werden, ergänzt durch ein Fernbereichsradar. Nahbereichsradare haben eine typische Reichweite von 20...50 m und einen Öffnungswinkel von bis zu 160 °. Fernbereichsradare haben Reichweiten von ca. 300 m und Öffnungswinkel von bis zu 100 °; Mittelbereichsradare liegen dazwischen.

Die zukünftigen Fahrzeuge werden oft fünf oder mehr Radarsensoren rund um die Außenhaut des Fahrzeug besitzen, die eine fast lückenlose elektronische Hülle um das Fahrzeug legen und so weitere Assistenzfunktionen ermöglichen, die das Fahren sicherer und komfortabler machen werden.

Homologation

Radarsensoren sind bestimmungsgemäß Geräte, die Funkwellen aussenden und empfangen. Daher gelten weltweit länderspezifische Regelungen für Ihren Betrieb. Die sogenannte Homologation sorgt dafür, dass für jedes Land, in dem die Radarsensoren betrieben werden sollen, die gesetzlichen Anforderungen erfüllt werden und der Sensor eine Zulassung erhält.

Üblicherweise werden die Radarsensoren vom Hersteller, zum Beispiel der Robert Bosch GmbH, zugelassen. Die Fahrzeughersteller verweisen dann im Fahrzeughandbuch oder auf speziell dafür eingerichteten Internetseiten auf die Zulassung durch den Hersteller.

Die Homologation betrifft sowohl die technischen Aspekte, wie Frequenzbereich, ausgesendete Leistungen, Richtcharakteristiken als auch die Beschriftung der Radarsensoren. Am Beispiel der EU muss ein Radarsensor u. a. das CE-Kennzeichen in bestimmter Größe sichtbar auf dem Sensor zeigen. Die Homologation muss sowohl einmalig vor Inverkehrbringen des Radarsensors erfolgen als auch je nach Land regelmäßig erneuert werden.

Literatur

[1] ISO 8855: Straßenfahrzeuge – Fahrzeugdynamik und Fahrverhalten – Begriffe.

Lidar-Sensorik

Aufgaben und Anwendungen

Bisherige Einsatzbereiche

Der Einsatz von Lidarsensoren (Lidar, Light Detection And Ranging) für Anwendungen im Kfz begann in Japan und in den USA um das Jahr 2000, zunächst für die adaptive Geschwindigkeitsregelung (ACC, Adaptive Cruise Control). Seit 2008 erschließt sich ein kostengünstiger Mehrstrahl-Lidar den Massenmarkt beim Einsatz für eine rudimentäre, automatische Notbremsfunktion. Seit 2018 ist ein Mehrebenen-Laserscanner für einen Autobahn-Stauassistenten und eine verbesserte Notbremsfunktion in Serie (erstmals inklusive Fußgängerschutz gemäß NCAP-Standard; NCAP, New Car Assessment Programme, [1]).

Zukünftige Einsatzbereiche

Seit 2010 werden Lidarsensoren mit stetig steigender Auflösung und Reichweite entwickelt. Vor allem die Entwicklung von leistungsfähigen Lasern und rauscharmen, hochauflösenden Bildempfängern hat dazu geführt, dass heute vergleichsweise kostengünstige Lösungen verfügbar werden. Bis 2025 wird – getrieben von der funktionalen Sicherheit – eine rasant ansteigende Anzahl an Lidarsensoren für hochautomatisierte Fahrfunktionen erwartet (SAE Level 4 und 5, siehe Zukunft des automatisierten Fahrens). Daraus leitet sich die Notwendigkeit einer redundanten Sensorauslegung mit möglichst unterschiedlichen physikalischen Messprinzipien ab. Das heißt, Lidarsensoren werden Video- und Radarsensoren zukünftig fest begleiten. Beispiele erster in der Entwicklung befindlichen Fahrfunktionen mit Lidar sind das Urban Automated Taxi und die ersten Autobahnpiloten im Lkw- und Pkw-Bereich.

Funktionsprinzip

Entfernungsmessung

Lidarsensoren arbeiten mit Laserstrahlen im Infrarotbereich (IR). Ein von einem Sendemodul ausgestrahlter Lichtstrahl wird an einem Objekt reflektiert und von einem Empfangsmodul detektiert. Aus der Lichtlaufzeit zwischen Senden und Empfang ergibt sich der Abstand vom Objekt zum Lidarsensor (siehe Messprinzipien).

Intensitätsmessung

Neben der Lichtlaufzeit kann auch die Intensität (Leistung) des zurückgestrahlten Lichts gemessen werden. Die Menge der zurückgestrahlten Leistung hängt wesentlich vom Abstand zum Objekt und dessen IR-Reflektivität ab (siehe Lichtlaufzeitverfahren, Leistungsbilanz). Deshalb kann mittels zusätzlicher Modellannahmen von der Intensität auf die Reflektivität, eine zusätzliche Objekteigenschaft, geschlossen werden.

Bildaufbau

Mittels der Entfernungsmessung wird ein Entfernungswert zwischen dem Lidarsensor und einem Objekt, das sich im vom Licht erfassten Raumwinkel befindet, gemessen (z.B. Entfernung zum vorausfahrenden Fahrzeug).

Um die Umgebung räumlich als dreidimensionales Bild aufzulösen, ist es erforderlich, viele Raumwinkel innerhalb eines gewünschten Sichtbereichs unabhängig voneinander zu erfassen. Dazu sind zwei grundlegende Prinzipien bekannt. Zum einen kann die Anzahl der Sendeelemente oder Empfangselemente um weitere, räumlich unabhängige Paare erhöht werden. Innerhalb eines Paares können Sende- und Empfangselemente dabei in beliebigen Verhältnissen stehen (siehe Verfahren zur Erhöhung der Bildpunkte, Einstrahl-, Mehstrahl-, Flash-Lidar). Zum anderen können die Lichtstrahlen über eine Scan-Einrichtung in eine horizontale oder vertikale Richtung abgelenkt werden (Bild 1, siehe auch Verfahren zur Erhöhung der Bildpunkte, Makro-, Micro-Scanner).

In einem hoch aufgelösten 3D-Bild sind je nach Entfernung und Auflösung die darin erfassten Objekte mit hoher Detailierung zu erkennen. So lassen sich Konturen von Fahrzeugen, Personen und sonstigen Objekten, insbesondere auch der Fahrbahnoberfläche und Infrastruktur, sehr detailliert erkennen. Bei kurzen Abständen zum Sensor sind sogar Körpergesten und Handgesten von Personen auflösbar.

Neben dem 3D-Bild erfasst der Lidarsensor auch ein Intensitätsbild. Im Unterschied zur Videokamera enthält es aber nur Licht aus einem engen IR-Wellenlängenbereich (nur „eine Farbe“). Je nach Wellenlängenbereich können solche Intensitätsbilder der Erfassung in einer Videokamera oder dem menschlichen Auge ähnlich sein, sich aber auch deutlich unterscheiden. Zudem erscheinen Retroreflektoren (z.B. Rückstrahler) durch das aktive Messprinzip ungewöhnlich intensiv. Die Intensitätsauflösung (Bilddynamik) ist im Vergleich zur Videokamera deutlich geringer.

Umfeldwahrnehmung (Perzeption)

Lidarsensoren liefern auf Detektionsebene eine große Anzahl von 3D-Bildpunkten, auch 3D-Punktewolke genannt, die meist um zusätzliche Attribute (typischerweise Zeitstempel, Pulsintensität, Pulslänge) angereichert ist.

Auf Basis dieser 3D-Punktewolke können mittels Software-Algorithmen abstraktere Umweltbeschreibungen erzeugt werden. Für Lidarsensoren sind typische Merkmale auf Objektebene:
- Objekte (Dynamik, 3D-Kontur),
- Fahrstreifen,
- Freiflächen,
- Randbebauung,
- Objektklassifikation (Typ, Dynamik, Objekthöhe und daraus abgeleitet Überfahrbarkeit kleiner Hindernisse auf der Fahrbahn).

Bild 1: Ausführungen von Lidarsensoren.
a) Spot-Scan mit 2D-Ablenkung,
b) vertikaler Flash mit 1D-Ablenkung,
c) vollständiger Flash.

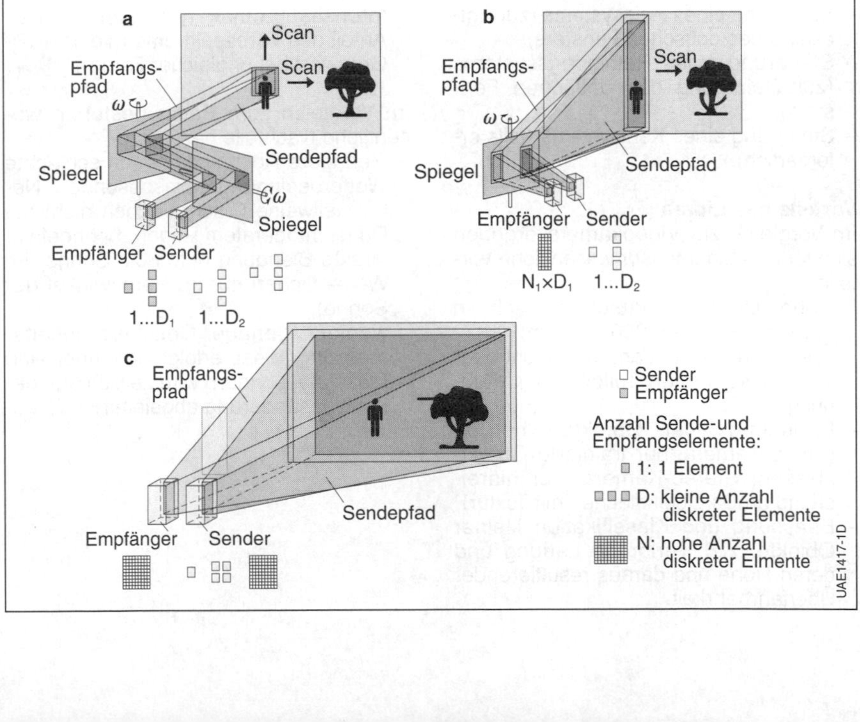

Zusätzlich wird der Lidar genutzt zur
- Eigenbewegungsschätzung,
- Lokalisierung des Fahrzeugs innerhalb des Verkehrsraums,
- Kartierung des Verkehrsraums durch Kartenanbieter.

Zusatz- und Überwachungsfunktionen
Für den Einsatz in hochautomatisierten Fahrfunktionen müssen Sensoren zukünftig nicht nur hohe Anforderungen an die funktionale Sicherheit einhalten (FuSi, Fokus auf E/E-Fehler), sondern auch bezüglich einer sehr hohen Verfügbarkeit der Soll-Funktion (SOTIF, Safety of the Intended Function).

Aus FuSi und SOTIF leiten sich eine Reihe von Zusatz- oder Überwachungsfunktionen ab, die der Lidarsensor selbst vornehmen kann. Angeforderte Überwachungsfunktionen sind:
- Erkennung von Verschmutzungen,
- Erkennung von Blendungen,
- Schätzung von Wetterbedingungen,
- Schätzung der Sicht- und Reichweite,
- Schätzung der extrinsischen Kalibrierung (d.h. der zeitveränderlichen Einbauparameter).

Angeforderte Zusatzfunktionen sind:
- Steuerung eines Heizsystems (zur Enteisung des optischen Fensters),
- Steuerung eines Reinigungssystems (zur Reinigung des optischen Fensters),
- Steuerung eines Kühlsystems (falls erforderlich).

Vorteile des Lidars
Im Vergleich zur Videokamera ergeben sich für den Lidarsensor wesentliche Vorteile:
- Hohe Distanzgenauigkeit auch in großen Distanzen (200...300 m),
- voller Funktionsumfang bei Nacht oder in unbeleuchteten Teilen der Umgebung,
- Erfassung aller Objektgeometrien (Mono-Kamera: nur trainierte Objektklassen; Stereo-Kamera: nur hinreichend große Objektflächen mit Textur),
- Erfassung und Klassifikation kleiner Objekte, z.B. verlorene Ladung und deren Höhe und daraus resultierender Überfahrbahrkeit.

Im Vergleich zum Radar bestehen wesentliche Vorteile:
- Hohe Winkelgenauigkeit in allen Distanzen (Radar: Winkelunsicherheit auf ausgedehnten Objekten; Objekte mit falschem Winkel, verursacht durch Interferenz),
- Detektion von Objekten mit fast allen Geometrien, Größen und Oberflächeneigenschaften (Radar: Reflektivität teilweise zu gering je nach Ansichtswinkel, Größe, Material),
- Klassifikation von Objekten auf Basis der Konturerfassung (Radar: Objektkontur nicht lückenlos erfassbar),
- Detektion von Fahrstreifen (Radar: keine Detektion von Fahrbahnoberflächen und Fahrstreifen).

Nachteile des Lidars
Im Vergleich zur Videokamera ergeben sich für den Lidar einige Nachteile:
- Geringere Bildauflösung (Anzahl unterscheidbarer Objektklassen ist geringer),
- geringere Intensitätsauflösung (Erkennung Klassifikation auf Basis Textur, z.B. charakteristische Objektklassen, Texte, ist nur mit Videokamera möglich),
- Intensität enthält nur einen kleinen Anteil des Farbspektrums (gleicher IR-Grauwert bei ungleicher Farbe).

Im Vergleich zum Radar bestehen wesentliche Nachteile bezüglich:
- Geringere Robustheit gegen schlechte Wetterbedingungen, insbesondere Nebel, teilweise Gischt (jedoch nicht bei Dunst, moderatem Regen, Schneefall),
- direkte Blendung durch die Sonne (im Wesentlichen nur im Raumwinkel der Sonne),
- weniger genaue Geschwindigkeitsmessung (diese erfolgt nicht über eine Messung, sondern wird zeitlich aus der Positionsänderung abgeleitet).

Eigenschaften und Nutzung

Reichweiten
Vergleichbar zu anderen Umfeldsensoren im Kfz können auch Lidarsensoren entsprechend ihres typischen Erfassungsbereichs klassifiziert werden. Die nachfolgenden Angaben zu Reichweiten beziehen sich stets auf schwach reflektierende Objekte (worst case). Die Maximalreichweite kann typischerweise als doppelter Wert angenommen werden.

Nahfeldlidar
Ein Nahfeldlidar hat eine Reichweite von nahezu 0 m bis etwa 30 m und idealerweise ein Sichtfeld nahe einer Halbkugel (180 ° horizontal und 180 ° vertikal). Die Winkelauflösung liegt typischerweise bei 0,5...2 °. Werden mehrere solche Lidarsensoren um das Fahrzeug verteilt angebracht, ist eine lückenlose Überwachung des Nahfelds möglich. Dies ermöglicht z.B. hochautomatisiertes Einparken und sichere Spurwechsel auf der Autobahn. Aufgrund der Verfügbarkeit anderer günstiger Alternativsensoren (Video, Radar, Ultraschall) sind entsprechende Lidar-Entwicklungen zurzeit allerdings noch nicht bekannt.

Mittelbereichslidar
Ein Mittelbereichslidar hat eine Reichweite von etwa 0,5 m bis 80 m und je nach Anwendung einen Sichtbereich von etwa 50...150 ° horizontal und 10...20 ° vertikal. Die Winkelauflösung liegt typisch bei 0,1...0,25 ° horizontal, 0,1...0,85 ° vertikal. Ein an der Fahrzeugfront angebrachter Sensor unterstützt teilautomatisierte Abstandsregelungssysteme (Autobahnassistent, Stauassistent) und Notbremsfunktionen, basierend auf Radar und Kamera. Hochautomatisierte Fahrfunktionen lassen sich mit Ihnen nur in einem sehr eingeschränkten Geschwindigkeitsbereich und in sehr einfachen Fahrszenarien realisieren. Für teilautomatisierte Fahrfunktionen sind Mittelbereichslidare seit über 20 Jahren mit kleinen und schwankenden Stückzahlen in Serie (bei Denso). Seit dem Markteintritt eines weiteren Herstellers 2017 (Valeo) kündigen zahlreiche Hersteller ihren Markteintritt mit größeren Stückzahlen für den Zeitraum zwischen 2021 und 2023 an.

Fernbereichslidar
Ein Fernbereichslidar hat eine Reichweite von etwa 1...150 m und einen Sichtbereich vergleichbar zum Mittelbereichslidar. Die Winkelauflösung liegt horizontal und vertikal bei etwa 0,05...0,15 °. Mit drei bis sechs um das Fahrzeug verteilt angebrachte Sensoren sind hochautomatisierte Fahrfunktion im urbanen Umfeld möglich. Ein Frontsensor (eventuell erweitert um einen Hecksensor) erlaubt hochautomatisierte Fahrfunktionen auf der Autobahn. Dabei steht der Lidar gleichberechtigt neben Radar und Kamera. Mehrere Entwicklungsprojekte seit 2010 fokussieren sich auf diese Lidarklasse, die als fundamentaler Baustein der hochautomatisierten Fahrfunktionen gilt.

Ultra-Fernbereichslidar
Ein Ultra-Fernbereichslidar hat eine Reichweite von etwa 200...300 m und einen Sichtbereich von 50...90 °. Die Winkelauflösung liegt horizontal und vertikal unter 0,05 °. Ein an der Front angebrachter Sensor erlaubt hohe Fahrgeschwindigkeiten deutlich oberhalb von 100 km/h und eine vollständige Überwachung großer Kreuzungsbereiche. Für diese Aufgaben trägt der Lidar die Hauptlast gegenüber Radar und Kamera.

Auch wenn die Entwicklungsaktivitäten, bis auf eine Ausnahme, in den Kinderschuhen stecken, werden erste serienreife Sensoren bis 2023 erwartet.

Eigenschaften
Distanzgenauigkeit und Bildrate
Einige Eigenschaften sind allen Lidarklassen weitgehend gemein. So liegt die Distanzgenauigkeit meist bei 5...15 cm. Die Bildrate liegt meist bei 10...25 Hz.

Bildauflösung
Sehr unterschiedlich ist die Bildauflösung, die zwischen einigen 1 000 und mehreren 100 000 Bildpunkten liegt. Dabei enthält jeder Bildpunkt als 3D-Bildpunkt mindestens eine Distanz- und eine Richtungsinformation, häufig eine Intensitätsinformation (vergleichbar zum Infrarotbild einer Infrarotkamera), seltener zusätzliche Klassifikationsinformationen.

Nachteilige Eigenschaften
Wichtigste nachteilige Eigenschaften von Lidarsensoren sind heute ihre Baugröße (je nach Prinzip und Reichweite bis zu zwei Liter Volumen) und ihre zurzeit noch hohen Kosten.

Bild 2: Entfernungsmessung über Laufzeit.
t_1 Aussendezeitpunkt des Lidarsignals,
t_2 Empfangszeitpunkt des reflektierten Signals,
r Abstand Lidarsensor zum Objekt.

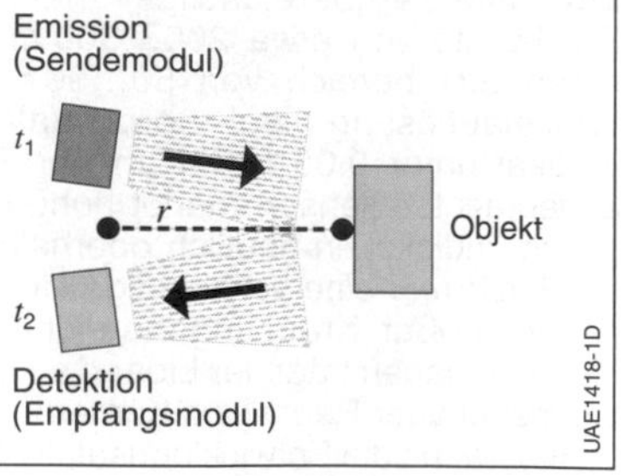

Bild 3: Lichtverluste aufgrund von Streuung und Dämpfung (Absorption).

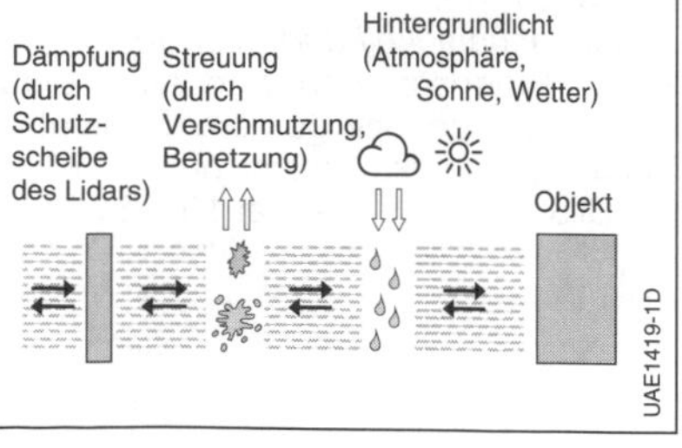

Messprinzipien

Lichtlaufzeitverfahren

Abstandsmessung über Laufzeit
Grundlegendes Prinzip jedes Lidarsensors ist das Lichtlaufzeitverfahren (TOF, Time of Flight). Dazu wird ein modulierter Lichtstrahl zu einem Zeitpunkt t_1 vom Sendemodul ausgesendet und an einem Objekt gestreut (Bild 2). Ein Teil des gestreuten Lichts fällt zum späteren Zeitpunkt t_2 zurück in das Empfangsmodul. Die Laufzeit ($t_F = t_2 - t_1$) ist proportional zum doppelt durchlaufenen Abstand r zwischen Sende-Empfangs-Einheit und dem Objekt. Der Abstand ergibt sich über die Lichtgeschwindigkeit c_0 in Luft zu

$$r = 1/2\, c_0\, t_F\,.$$

Leistungsbilanz
Die Lidar-Gleichung beschreibt den Zusammenhang zwischen dem vom Lidar emittierten und dem empfangenen Nutzlicht. Die Empfangsleistung $P(2r)$ hängt von sechs Faktoren ab:
- der Sendeleistung P_0,
- der Reflektivität R_O des Objekts,
- den optischen Verlusten T_S im Sendepfad,
- den optischen Verlusten T_E im Empfangspfad,
- der Empfangsapertur D und
- dem Abstand r.

Es gilt:

$$P(2r) = P_0 R_O T_S T_E D^2/(2r)^2$$

Sollte die Objektoberfläche (horizontal oder vertikal) kleiner als der Durchmesser des Sendestrahls sein, so fällt die Leistung sogar noch stärker mit der Distanz. Dann gilt:

$$P(2r) \sim 1/r^4.$$

Wesentliche Verluste treten aufgrund von Streuung und Absorption durch optische Elemente, Verschmutzung und der Atmosphäre auf (Bild 3). Nebel, Dunst und Gischt können zu einer erheblichen Streuung des Lichts führen. Die atmosphärischen Verluste werden in den optischen

Verlusten im Sende- und Empfangspfad berücksichtigt.

Dynamikbereich
Der Dynamikbereich der Empfangsleistung $P(2r)$ errechnet sich bei konstanter Sendeleistung P_0 aus der Reflektivität der Objekte und dem zu messenden Distanzbereich zu etwa 100...160 dB.

Zur Anpassung an den großen Dynamikbereich werden einige Empfangsschaltungen vornehmlich in Sättigung betrieben, wodurch nur noch eine Flankenerkennung möglich ist. Das heißt, die sehr hohe Verstärkung der analogen Empfangsleistung führt zu einem fast digitalen Schaltverhalten. Andere Systeme führen eine dynamische Anpassung der Verstärkung der Empfangsleistung durch, z.B. mit steigender Laufzeit zunehmend verstärkend. Auch kann eine Anpassung der Sendeleistung vorgenommen werden.

Signal-Rausch-Verhältnis
Zur sicheren Identifikation des Nutzsignals muss dessen Leistung deutlich oberhalb aller Rauschleistungen im System liegen, das Signal-Rausch-Verhältnis (SNR) muss groß genug sein. Neben allen elektronischen Rauschquellen stellen die Sonne und künstliche Lichtquellen eine wesentliche Rauschquelle dar.

Ein weit verbreitetes Verfahren zur Erhöhung des Signal-Rausch-Verhältnisses ist die statistische Verbesserung durch Akkumulation mehrerer Einzelmessungen. Diese Akkumulation kann sowohl im Detektor (PMD, Photonic Mixing Device; SPAD, Single Photon Avalanche Diode) direkt erfolgen als auch in der digitalen Domäne.

Wellenlänge und Augensicherheit
Für Lidarsensoren sind wenige Wellenlängenbereiche gut geeignet. Diese leiten sich ab aus der Verfügbarkeit geeigneter Sende- und Empfangskomponenten, aus der Augensicherheit (gemäß DIN EN 80625-1, [2]), der Nicht-Sichtbarkeit für den Menschen und der Dämpfung durch die Atmosphäre. Wichtige Faktoren für die Augensicherheit sind Wellenlänge, Strahlform und Modulation.

Grundsätzlich arbeiten alle gängigen Lidarsensoren im Infrarotbereich (IR). Die Forderung nach einer für den Menschen nicht sichtbaren Lichtquelle führt auf eine Wellenlänge oberhalb von 850...880 nm.

Ein erstes atmosphärisches Fenster findet sich im Anschluss bis etwa 930 nm. 905 nm stellt einen guten Kompromiss dar zwischen kostengünstigen Lasern und Silizium-Detektoren, deren Quanteneffizienz oberhalb 850 nm rasch abnimmt. Die Grenzen der maximal zulässigen Strahlung zur Einhaltung der Augensicherheit liegen bei 905 nm noch recht niedrig, weil das IR-Licht nahe des sichtbaren Lichts noch nahezu ungedämpft auf die Netzhaut des Auges trifft. Trotzdem ist dies heute die Wellenlänge mit größter Verbreitung.

Ein zweites atmosphärisches Fenster, für das Laser verfügbar sind, liegt bei 1 300 nm, ein drittes bei 1 550 nm. Für beide Wellenlängen müssen andere Detektorsubstrate (InGaAs, InP) verwendet werden, deren Reife, Kosten und Rauschverhalten vergleichsweise ungünstig sind. Die Grenzen der Augensicherheit liegen dagegen deutlich höher, weil das IR-Licht weitgehend vom Augenwasser absorbiert wird. Dieser Vorteil wird zum Nachteil bei der Detektion von nassen Objekten oder einigen Objekten mit hohem Wassergehalt. Über eine Gesamtbilanz von Vor- und Nachteilen dieser Wellenlängen gegenüber 905 nm besteht noch keine Einigkeit.

Modulationsverfahren
Das Signal-Rausch-Verhältnis hängt stark von der Modulationsart ab. Da das Rauschen mit der Messzeit steigt, ist die Pulsmodulation für Lidarsensoren insbesondere mit mittlerer und hoher Reichweite die in der Praxis favorisierte Modulation.

Bei allen direkten und indirekten Laufzeitverfahren wird die Amplitude des Lichts moduliert. Ähnlich zum Radar werden zukünftig auch FMCW-Modulationsverfahren beim Lidar zur Anwendung kommen, bei denen die Wellenlänge moduliert wird (siehe FMCW-Modulation).

Direktes Pulslaufzeitverfahren

Beim direkten Pulslaufzeitverfahren (Bild 4) wird ein vergleichsweise starker, kurzer Lichtpuls ausgesendet (typischerweise bis 100 W Pulshöhe, 2...15 ns Pulsdauer, Pulswiederholrate bis 200 kHz). Der vom Objekt reflektierte Lichtpuls (Leistung minimal wenige 10 nW) wird mittels einer Pulserkennungsmethode identifiziert und seine zeitliche Lage und häufig auch die Signalform ermittelt.

Hintergrundlicht wird nur in einem kleinen Zeitfenster empfangen. Aus der zeitlichen Lage des Empfangspulses relativ zum ausgesendeten Puls wird über die Lichtgeschwindigkeit die Entfernung berechnet.

Eine Besonderheit des direkten Pulslaufzeitverfahren ist, dass sogar mehrere empfangene Pulse nacheinander ermittelt werden können. Mittels dieser sogenannten Mehrzielfähigkeit (je Bildpunkt) können Objekte auch dann noch erkannt werden, wenn davor bereits eine weniger relevante Detektion ermittelt wurde (z.B. aufgrund von Rauschen, Gischt, Nebel, Spiegelung, Glas).

Aus der Signalform kann auf die Reflektivität geschlossen werden. Es kann aber auch eine Klassifikation vorgenommen werden, z.B. ob die Reflektion von einem harten Ziel (Objekt) oder einem weichen Ziel (atmosphärische Störung, z.B. Nebel) stammt. Teilweise wird die Signalform auch zur Verbesserung der Distanzschätzung verwendet (z.B. Walk-Error-Compensation; Walk Error ist ein scheinbarer Laufzeitfehler, der bei unterschiedlichen Empfangsleistungen bei einem Schwellwertvergleich auftritt). Nur das direkte Pulslaufzeitverfahren erlaubt eine Signalklassifikation zur Bestimmung von Objekteigenschaften, Verschmutzung oder atmosphärischen Störungen (Bild 5).

Pulserkennung

Zur Pulserkennung sind zwei Verfahren üblich. Technisch aufwändiger, aber

Bild 5: Signalklassifikation mit dem direkten Pulslaufzeitverfahren.
1 Objektgröße > Strahldurchmesser,
2 Objektgröße < Strahldurchmesser,
3 Dämpfung und Streuung,
4 Nebel und Rauch.
r Abstand Lidarsensor zum Objekt,
α Absorptionskoeffizient der Luft.

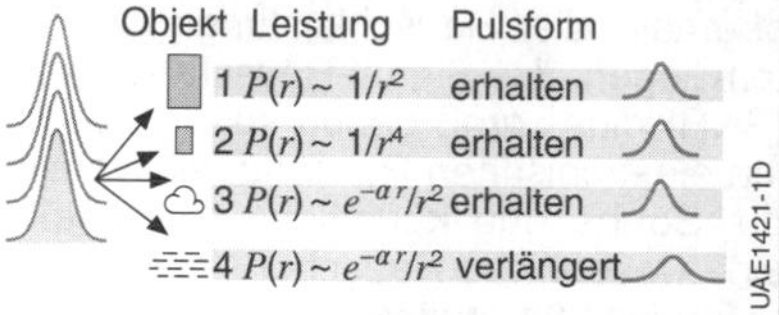

Bild 4: Direktes Pulslaufzeitverfahren.
a) Aussenden des Lidarsignals zum Zeitpunkt t_S.
b) Empfang des reflektierten Signals zum Zeitpunkt t_E.
r Abstand Lidarsensor zum Objekt,
P_0 Sendeleistung,
$P(2r)$ Empfangsleistung,
t_S Sendezeitpunkt des Lidarsignals,
t_E Empfangszeitpunkt des reflektierten Signals,
H Hintergrundlicht.

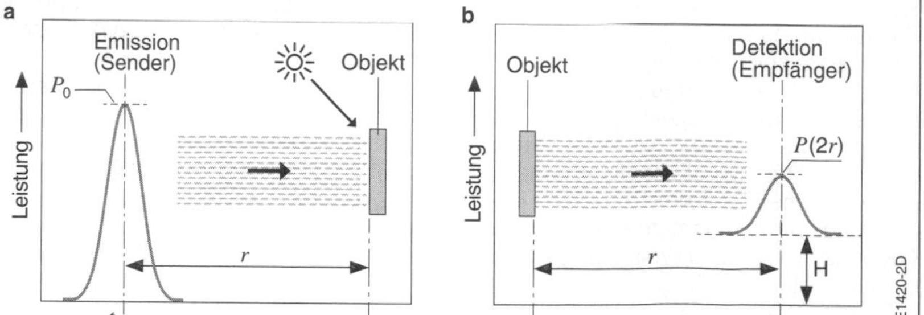

günstiger (verlustärmer) bezüglich des Informationsgehalts, ist eine digitale Abtastung des Empfangssignals mit einem Analog-digital-Wandler (Bild 6a). Das abgetastete Signal kann spezifisch nach Detektionen durchsucht werden, insbesondere mittels einer Korrelationsanalyse (Matched-Filter).

Technisch einfacher, aber mit stärkerem Informationsverlust behaftet, ist eine Puls-Flankenerkennung (Bild 6b), realisiert durch einen zeitlich hochaufgelösten Schwellwertvergleich (TDC, Time to Digital Converter, Zeit-digital-Wandlung).

Bild 6: Pulserkennung mittels Analog-digital-Wandlung.
a) Analog-digital-Wandlung,
b) Zeit-digital-Wandlung (Puls-Flankenerkennung).
$t_1 \ldots t_n$ Abtastwerte,
t_A Anfangszeitpunkt Schwellwertübertritt,
t_E Endzeitpunkt Schwellwertübertritt,
t_S berechneter Mittelpunkt (Schwerpunkt).

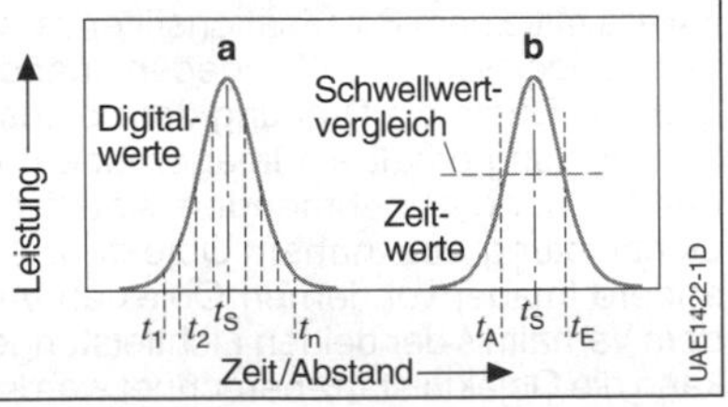

Das Lidar-Blockdiagramm unterscheidet sich für beide Pulserkennungsverfahren nur in wenigen Komponenten (Bild 7a). Alle Komponenten arbeiten im hochfrequenten Bereich (um 1 GHz).

Indirektes Pulslaufzeitverfahren

Beim indirekten Pulslaufzeitverfahren (Bild 7b) wird ein langer, möglichst rechteckiger Puls mit hoher Amplitude ausgesendet (einige 100 ns Pulsdauer, 100 W bis 100 kW Pulshöhe). Der Empfangspuls wird im Empfänger in zwei Belichtungsabschnitten integriert. Diese enthalten die Phasenlage und damit die Laufzeit zwischen gesendetem und empfangenen Puls. Daraus ergibt sich dann die Laufzeit.

Der erste Belichtungsabschnitt entspricht der Sendedauer, sodass mit zunehmender Entfernung des Objekts ein immer kleiner werdender Anteil des reflektierten Lichts noch in das Belichtungsfenster fällt und in der Folge integriert werden kann (Bild 8, S1). Dieser Anteil fällt linear mit der Entfernung des Objekts. Liegt die Objektdistanz oberhalb der Distanz der entsprechenden Sendedauer (obere Distanzgrenze), kann kein Licht mehr integriert werden. Diese erste Teilmessung ist hinsichtlich der Objektreflektivität und der Objektdistanz noch mehrdeutig.

Bild 7: Lidar-Blockdiagramm.
a) Blockdiagramm für direktes Pulslaufzeitverfahren mit Analog-digital-Wandlung beziehungsweise Zeit-digital-Wandlung,
b) Blockdiagramm für indirektes Pulslaufzeitverfahren.
ADC Analog Digital Converter,
TDC Time to Digital Converter,
DSP Digitaler Signalprozessor,
CFD Computational Fluid Dynamics,
Rect Rechteckfunktion.

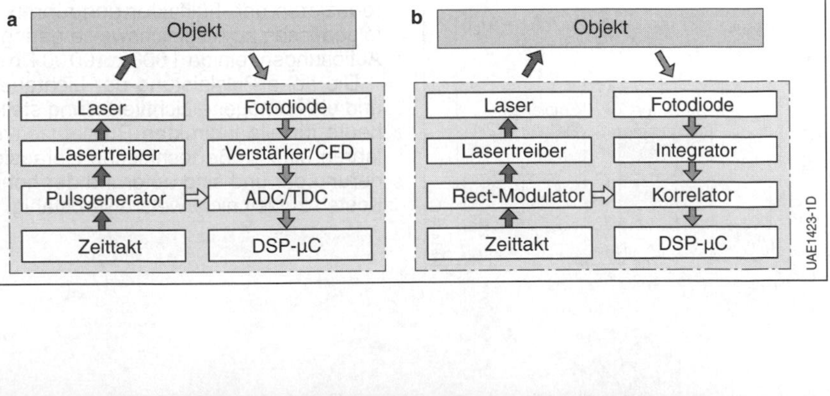

Mit dem zweiten Belichtungsabschnitt kann die Reflektivität des Objekts ermittelt werden. Dieser Anteil steigt linear mit der Entfernung des Objekts (Bild 8, S2). Dessen Zeitdauer entspricht mindestens der doppelten Sendedauer, so dass der gesamte reflektierte Puls immer erfasst wird.

Beide Teilmessungen in Summe enthalten die Information über die Reflektivität des Objekts und noch einen Offset durch das Hintergrundlicht. In einer dritten Teilmessung ohne Pulsbeleuchtung wird deshalb das Hintergrundlicht ermittelt und vom integrierten Wert abgezogen.

Die Anforderungen an den Dynamikbereich des Empfängers sind bei dieser Technologie besonders hoch, weil zusätzlich zum Nutzlicht auch das Hintergrundlicht über einen verhältnismäßig langen Zeitraum integriert wird, dessen Intensität wesentlich geringer ist. Das Signal-Rausch-Verhältnis wird durch das zusätzliche Hintergrundlicht abgesenkt. Insgesamt lassen sich mit diesem Verfahren heute keine Systeme mit sehr hohen Reichweiten realisieren.

Realisierungs-Varianten

Es finden sich drei Realisierungs-Varianten. In der ersten Variante werden zwei schnell schaltbare CMOS-Imager verwendet (siehe Imager), mit denen je eine der beiden Teilmessungen durchgeführt wird. Das empfangene Licht wird dabei über einen Strahlteiler auf die beiden Imager verteilt. Die Berechnung der Entfernungsbilder erfolgt nachgeschaltet auf einer Recheneinheit. Da der Imager weitgehend aus standardisierten Kamera-Imagern beruht, können sehr hohe Auflösungen bis mehrere Megapixel erreicht werden. Nachteil ist, dass durch den zeitlichen Abstand zwischen den beiden Teilmessungen Fehlmessungen entstehen, wenn das betrachtete Objekt eine schnelle Bewegung durchführt (Bewegungsartefakte).

Die zweite Variante setzt das Prinzip aus Strahlteilung und Verteilung auf zwei Imager mittels Polarisation um. Statt zweier schnell schaltbarer Imager wird zur schnellen Schaltung des Lichts eine Pockels-Cell verwendet. Die Pockels-Cell dreht dabei in wenigen 10...100 ns die Polarisationsrichtung des empfangenen Lichts um 90 °. Die beiden Imager sind jeweils mit einem Polarisationsfilter versehen, beide Filter um 90 ° gegeneinander gedreht. Durch die Drehung der Polarisationsrichtung erhält ein Imager einen mit der Drehung zunehmenden Anteil der Lichtleistung von nahen Objekten, der andere Imager von fernen Objekten. Aus dem Verhältnis der beiden Lichtleistungen kann die Objektdistanz berechnet werden.

In der dritten Variante ist das Messprinzip direkt in einem speziellen CMOS-Imager umgesetzt, bei dem jedes Pixel aus zwei Taps (Sensorbereichen) besteht. Dabei übernimmt je ein Tap eine der beiden Teilmessungen. Der Reifegrad dieser Imager ist noch vergleichsweise niedrig in Bezug auf Pixelgröße, Quanteneffizienz und Rauschen. Die komplexeren Schaltungen und Leitungen auf dem Imager reduzieren den Füllfaktor und führen infolgedessen zu vergleichsweise geringen Auflösungen (einige 1 000...100 00 Pixel).

Die hohe Pulsleistung der Lichtquelle und die homogene Lichtverteilung stellen heute für alle indirekten Pulslaufzeitverfahren eine große technische Herausforderung dar und sind aufgrund der hohen Kosten zurzeit nicht wettbewerbsfähig.

Bild 8: Indirektes Pulslaufzeitverfahren.
r Abstand Lidarsensor zum Objekt,
c Lichtgeschwindigkeit,
H Hintergrundlicht.
t_1, t_3 Start-, Endzeitpunkt Sendepuls,
t_2, t_4 Start-, Endzeitpunkt Empfangspuls,
Δt Sendepulslänge,
Δt_1, Δt_2 Anteil des Empfangspulses im bzw. außerhalb des Sendefensters.

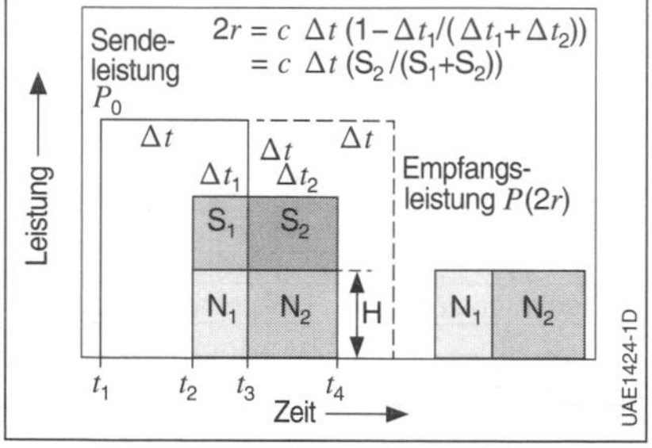

CW-Phasen-Messverfahren

Beim CW-Phasen-Messverfahren (CW, Continuous Wave) wird das Licht kontinuierlich ausgestrahlt und in der Amplitude sinusförmig moduliert. Das Empfangssignal ist um ϕ_d phasenverschoben (Bild 9). Die Phasenverschiebung entspricht der Laufzeit und damit der Entfernung zum Objekt. Das Hintergrundlicht wird in einem großen Zeitfenster empfangen.

Die Intensität des ausgesendeten Lichts kann als sinusförmig angenommen werden. Zur vollständigen Bestimmung des Empfangssignals müssen die Amplitude, die Phasenlage und der Offset ermittelt werden. Üblicherweise wird dies durch Integration des Empfangssignals über vier Phasenfenster durchgeführt, die den relativen Phasenverschiebungen 0 °, 90 °, 180 ° und 270 ° entsprechen.

Zentrale Elemente des CW-Phasen-Messverfahrens sind die CW-Modulation und die Korrelation mit dem Empfangssignal (Bild 10). Das Empfangssignal wird niederfrequent verarbeitet. Die Abtastung findet dadurch statt, dass das in Ladungsträger gewandelte Licht entsprechend seiner relativen Phasenlage in vier Ladungsspeichern integriert wird. Die Ladungsspeicher werden dazu über mehrere Messzyklen an- und ausgeschaltet. Aus den Ladungsverhältnissen der vier Teilmessungen können dann die drei unbekannten Größen Phasenlage (Distanz), Amplitude (Intensität) und Offset (Hintergrundlicht) ermittelt werden.

Mittels zweier aufeinanderfolgender Messungen und zweier Taps (je Pixel) werden vier Spannungsmessungen durchgeführt (Bild 11). Jede Messung integriert die Ladungsträger über eine Phase von 180 °, die beiden Taps dabei gegenphasig. Die zwei Messungen sind um 90 ° gegeneinander verschoben. Aus den Spannungswerten lässt sich die Phasenlage und damit die Distanz ermitteln.

Die Berechnung der Phasenlage kann bereits im Imager implementiert werden. Die vier Teilmessungen werden entweder gleichzeitig in vier Taps eines Pixels realisiert oder in zwei Teilmessungen mit zwei

Bild 9: CW-Phasen-Messverfahren.
r Abstand Lidarsensor zum Objekt,
c Lichtgeschwindigkeit,
ϕ_d Phasenverschiebung,
ω Modulationsfrequenz der Sendeleistung,
H Hintergrundlicht.

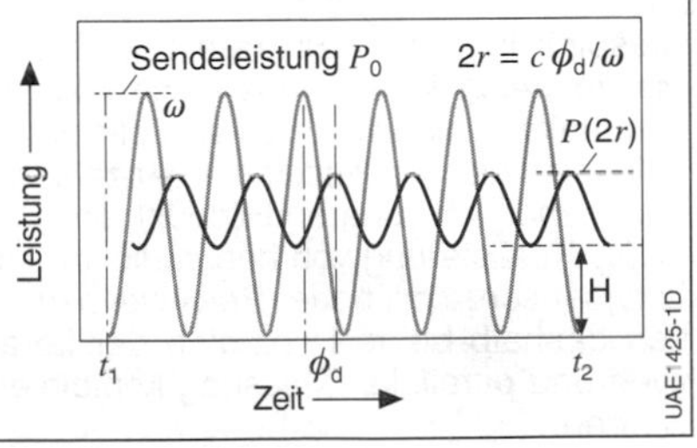

Bild 10: Blockdiagramm des CW-Phasen-Messverfahrens.

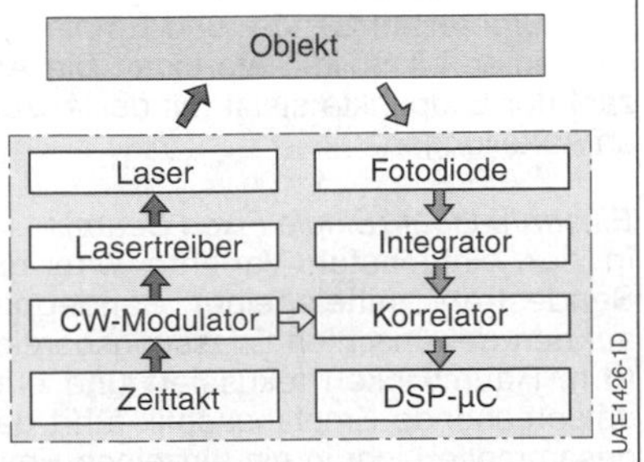

Bild 11: Phasenmessung eines PMD mit zwei Taps (Ausführungsbeispiel).
$\Delta U = U_1 - U_2$ für den jeweiligen Winkel.

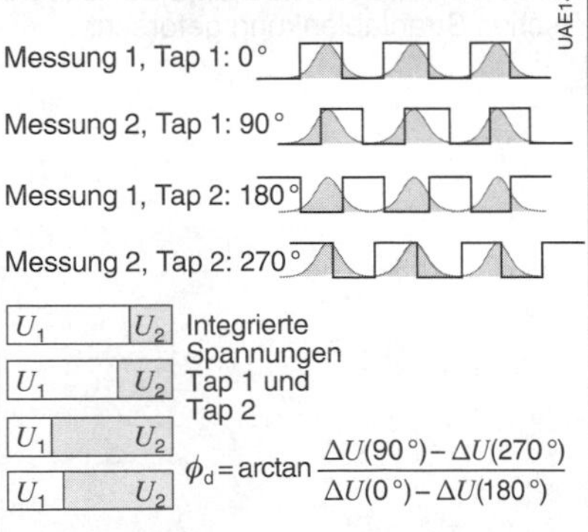

Taps pro Pixel. Die schnell schaltbaren Taps jedes Pixels werden auch Ladungsträgerschaukel oder Photonic-Mixing-Device (PMD) genannt.

Um eine Sättigung der Pixel durch starkes Hintergrundlicht zu verhindern, können Gleichanteile teilweise abgeführt werden (SBI, Suppression of Background Illumination).

Durch das integrierende Verfahren kann die ausgesendete Lichtleistung auf 1...100 W beschränkt werden. Die Dauer einer Messung liegt bei einigen zehn Millisekunden. Die Modulationsfrequenz liegt typisch bei 10...20 MHz.

Wesentliche Nachteile sind die fehlende Mehrzielfähigkeit, die geringe Störfestigkeit untereinander und die nicht ausreichende Dynamik der Imager. Für Anwendungen im Kfz wurde die Entwicklung von PMD-Kameras von einigen Herstellern bis etwa 2015 vorangetrieben und danach weitgehend eingestellt.

FMCW-Messverfahren

Beim FMCW-Messverfahren wird die Wellenlänge des ausgesendeten Lichts z.B. rampenförmig verändert. Das empfangene Licht wird mit dem gesendeten Licht optisch interferiert und damit die Lichtfrequenz (≈ 200...350 THz) ins Basisband heruntergemischt. Frequenzlinien im Basisband entsprechen den Objektdetektionen, denen zusätzlich zum Abstand auch eine Geschwindigkeit zugeordnet werden kann (siehe FMCW-Radar).

Zur Strahlablenkung können die üblichen mechanischen Ansätze gewählt werden. Zusätzlich wird an einer elektronischen Strahlablenkung geforscht.

Verfahren zur Erhöhung der Anzahl von Bildpunkten

Grundlagen

Soll die Anzahl an räumlich aufgelösten Bildpunkten erhöht werden, müssen entsprechend mehr Lichtlaufzeitmessungen in unterschiedliche Raumrichtungen vorgenommen werden. Die Einzelmessungen können entweder zeitlich parallel oder iterativ, d.h. nacheinander erfolgen. Zur zeitlichen Parallelisierung sind Empfangs-Arrays üblich. Bei zeitlich aufeinanderfolgenden Messungen wird der Strahl in unterschiedliche Raumrichtungen abgelenkt (Scanning). Dazu ist eine Ablenkeinrichtung notwendig.

Die Lichtgeschwindigkeit stellt ein physikalisches Limit für die Anzahl iterativer Messungen dar. Sind Bildrate f und Maximalreichweite r_{max} vorgegeben, ergibt sich daraus die maximale Anzahl von Einzelmessungen

$$N_{max} = c_0 / f\, r_{max}.$$

Beispiel: für 10 Hz Bildrate und 300 m Maximalreichweite ergeben sich 100 000 Bildpunkte. Ohne weitere Parallelisierung entspricht dies der maximalen Anzahl von unabhängig messbaren Bildpunkten.

Zur Realisierung von hochauflösenden Lidarsensoren mit hoher Reichweite müssen deshalb beide Prinzipien der iterativen und parallelen Messung kombiniert werden.

Solid-State-Lidarsensoren

Einstrahl-, Mehrstrahl- und Flash-Lidar gehören zur Klasse der Solid-State Lidarsensoren, die ohne mechanisch bewegliche Komponenten auskommen. Bild 12 zeigt Kombinationsmöglichkeiten von aufgeteilten Sende- und Empfangselementen im Solid-State-Lidar. Die Anzahl der Bildpunkte steigt mit der Anzahl an Aufteilungen.

Einstrahl-Lidar (Single Fixed Beam)

In der einfachsten Variante wird der Sendestrahl mittels einer Sendeoptik auf den gewünschten Erfassungsbereich (d.h. Raumwinkel) fokussiert und eine entsprechende Empfangsoptik führt das gesammelte Licht in ein einzelnes Empfangselement (siehe Bild 12). Innerhalb des Raumwinkels sind so keine räumlich trennbaren Entfernungsmessungen möglich. Es wird nur ein 3D-Bildpunkt je Messzyklus erzeugt.

Mehrstrahl-Lidar (Multi Fixed Beam)
Durch Vervielfachung von Komponenten des Einstrahl-Lidars können entsprechend mehrere Raumwinkel getrennt gemessen werden (siehe Bild 12). Eine hohe Vervielfachung wird bezüglich Kosten nachteilig gegenüber höher integrierten Systemen, sodass solche Systeme meist nur drei bis fünf Raumwinkel messen. Ihr Einsatz ist nur dort sinnvoll, wo grobe Volumenelemente auf das prinzipielle Vorhandensein eines Objekts geprüft werden sollen. Sehr erfolgreich eingesetzt ist der Mehrstrahl-Lidar für ein rudimentäres, aber wirkungsvolles Notbremssystem.

Flash-Lidar
In dieser Variante eines hochintegrierten und hochauflösenden Lidars wird der Sendestrahl wie beim Einstrahl-Lidar auf den gesamten Erfassungsbereich ausgedehnt. Der Detektor besteht aus einem hochauflösenden Imager (FPA, Focal Plane Array, bis zu 256 x 256 Pixel). Jedes Pixel des Imagers ist in der Lage, eine Laufzeitmessung vorzunehmen (Bild 12).

Hohe Reichweiten in Verbindung mit großen Sichtbereichen und Auflösungen oberhalb einiger 10 000 Bildpunkte führen zu vergleichsweise hohen Kosten und erreichen deutlich früher die Grenzen der Augensicherheit. Hinzu kommen Nachteile bei der räumlichen Trennfähigkeit.

Makro-Scanner mit Rotor
In dieser Variante wird ein Einstrahl-, Mehrstrahl- oder Flash- beziehungsweise Teil-Flash-Lidar auf eine motorgetriebene, rotierende Plattform gebracht und um die Rotorachse gedreht (Rotor-Scanner, Bild 13). Beim Flash-Lidar wird der Sendestrahl auf den gesamten Erfassungsbereich aufgeweitet. Im Gegensatz dazu deckt beim Teil-Flash-Lidar der Sendestrahl nur einen Teil des Erfassungsbereichs ab, so dass zur vollständigen Abdeckung eine zusätzliche Scaneinrichtung (siehe Makro-Scanner mit Ablenkspiegeln) oder ein elektronischer Scan notwendig ist. Der elektronische Scan erfolgt durch sequentielles Ansteuern von Laser-Zeilen oder Laser-Spalten eines Laser-Arrays (VCSEL, vertical-cavity surface-emitting laser).

Durch eine vertikale Aufteilung von Sende- oder Empfangselementen oder beide wird die vertikale Auflösung erreicht. Die Anzahl der Sende- und Empfangselemente bestimmt die vertikale Auflösung. Die Einzelmessungen können zeitlich parallel oder iterativ erfolgen. Durch die Rotation wird die horizontale Auflösung erreicht. Die Messungen müssen dementsprechend iterativ erfolgen. Insgesamt kann eine Auflösung von mehreren 100 000 3D-Bildpunkten erreicht werden.

Beim Rotor-Scanner (Bild 13) können Sende- und Empfangsmodul lateral oder vertikal angeordnet sein. Die Anzahl der

Bild 12: Kombinationsmöglichkeiten von aufgeteilten Sende- und Empfangselementen im Solid-State-Lidar.

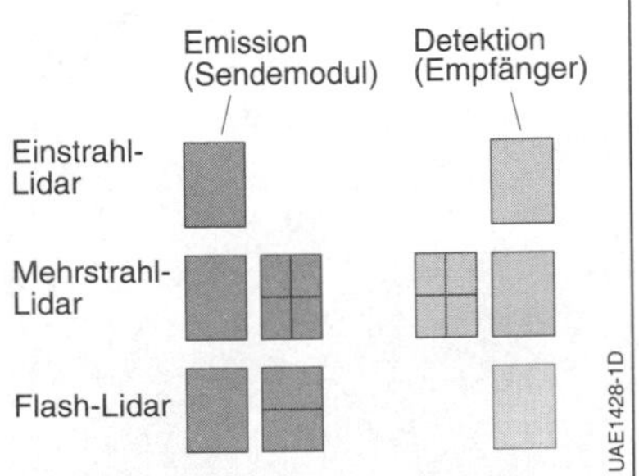

Bild 13: Rotor-Scanner.

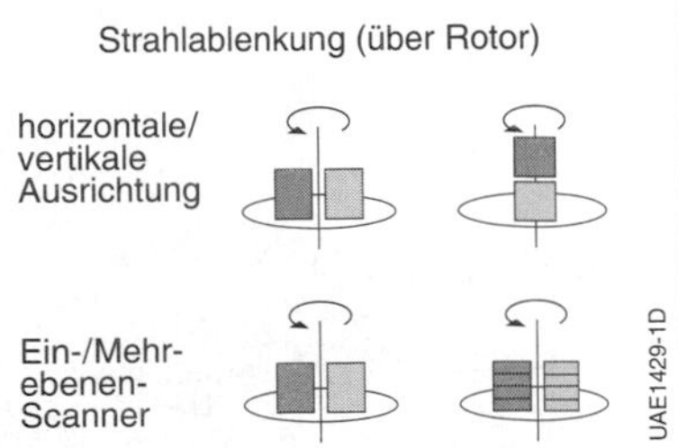

Sende- und Empfangselemente bestimmt die vertikale Auflösung.

Vor- und Nachteile
Nachteile sind der Mehraufwand für den mechanischen Antrieb, die zusätzliche drahtlose Energie- und Datenübertragung zum Rotor und Herausforderungen der Wärmeabfuhr. Andererseits hat diese Variante den Vorteil eines horizontalen Sichtbereichs bis zu 360 ° und eine sehr homogene Performanz über den gesamten Sichtbereich.

Makro-Scanner mit Ablenkspiegeln
In dieser Variante werden Sende- und Empfangsstrahl eines Einstrahl-, Mehrstrahl- oder Teil-Flash-Lidars über einen oder mehrere bewegliche Spiegel geführt. Aufgrund der vielfältigen Möglichkeiten sollen zwei typische Systemausprägungen beschrieben werden.

In der ersten Ausprägung werden die Strahlen vertikal aufgeteilter Sende- und Empfangselemente über einen um eine vertikale Achse rotierenden Drehspiegel abgelenkt. Der horizontale Sichtbereich wird durch die Größe des Spiegels und die Vignettierung des Gehäuses auf 90...145 ° eingeschränkt. Die Auflösung liegt bei mehreren 100 000 3D-Bildpunkten.

In der zweiten Ausprägung werden die Strahlen einzelner oder weniger Sende- und Empfangselemente über zwei Schwingspiegel mit orthogonaler Schwingrichtung geführt. Der Strahl folgt dadurch den bekannten Lissajous-Figuren. Die Anzahl möglicher Bildpunkte reduziert sich um etwa 40 % gegenüber einem rotierenden Scanner.

Bild 14 zeigt zwei typische Ausprägungen eines Spiegel-Scanners. Ein vertikal ausgedehnter Strahl wird über einen rotierenden Spiegel (1D-Spiegel) geführt und nur horizontal abgelenkt. In der zweiten Ausprägung wird ein fokussierter Strahl über zwei Schwingspiegel geführt (2×1D-Spiegel) und in beide Hauptrichtungen abgelenkt.

Bild 14: Ausprägungen eines Spiegel-Scanners.

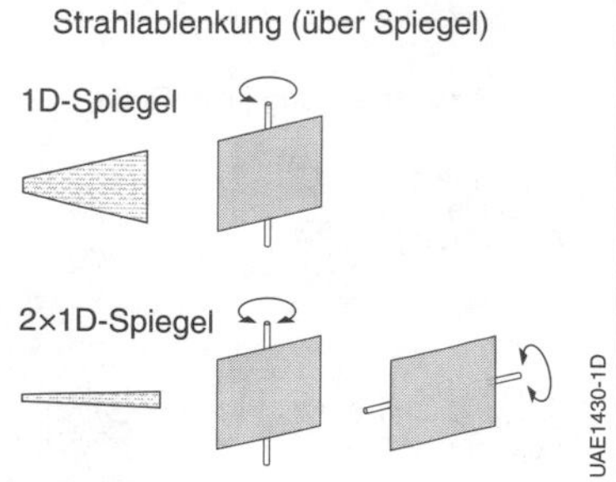

Mikro-Scanner
Zur Miniaturisierung von Schwingspiegeln wurden in den letzten Jahren 1D- oder 2D-MEMS-Mikrospiegel (Micro-Electro-Mechanical Systems) untersucht. Für hohe Reichweiten haben sich die kleinen Spiegel (meist unter 1 cm Durchmesser) als „optisches Nadelöhr" erwiesen, das nur mithilfe sehr voluminöser und hochkomplexer Optiken beherrschbar würde. Insgesamt ergeben sich für die aktuell verfolgten Ansätze keine Vorteile durch die Mikrospiegel. Im Kontext FMCW-Lidar könnten sie aber wieder eine Rolle spielen.

Literatur
[1] https://www.euroncap.com/de
[2] DIN EN 80625-1: Sicherheit von Lasereinrichtungen – Teil 1: Klassifizierung von Anlagen und Anforderungen.

Video-Sensorik

Anwendung

Menschen nehmen den Großteil der Informationen zur Umgebungserfassung durch den Sehsinn wahr. Folglich ist es naheliegend, Fahrassistenzsysteme auf Basis von Videodaten zu entwickeln. Inzwischen gibt es eine Vielzahl von Assistenzfunktionen, und je nach Anwendung unterscheiden sich auch die Anforderungen an die Videokameras.

Anzeigende Systeme

Die ersten Anwendungen waren anzeigende Systeme, wie zum Beispiel Rückfahrkameras. Bei diesen Systemen wird Wert auf kontrastreiche Bilder und die Farbwiedergabe gelegt. Oft werden die Bilder nachbearbeitet, um auf dem Display den gewünschten Eindruck zu erreichen.

Bildverarbeitende Systeme

Neben anzeigenden Systemen gibt es Systeme, die mithilfe einer computerbasierten Bilddatenverarbeitung (Computer Vision) relevante Objekte extrahieren und die Fahrsituation ermitteln. Die Bilder müssen nicht mehr vom Menschen als realistisch empfunden werden, sondern relevante Objekte für die Algorithmen gut unterscheidbar darstellen.

Kameras zur Bilderkennung können für rein informative Systeme eingesetzt werden, wie bei der Verkehrsschilderkennung. Kameras dienen aber auch zur Steuerung von Aktoren, wie
- für das automatische Abblenden,
- für Bremseingriffe zur Abstandsregelung und zur Unfallvermeidung,
- für Lenkeingriffe z.B. in Einparkfunktionen, Spurhalteassistenten oder Ausweichassistenten,
- oder als Sensoren zum automatisierten beziehungsweise autonomen Fahren.

Je höher der Automatisierungsgrad, desto höher sind die Anforderungen an die Leistungsfähigkeit der Kameras. Dies wird durch das Zusammenspiel der nachfolgend beschriebenen Elemente einer Kamera erreicht. Die beiden Hauptkomponenten sind Bildsensor und Objektiv (siehe Bild 1).

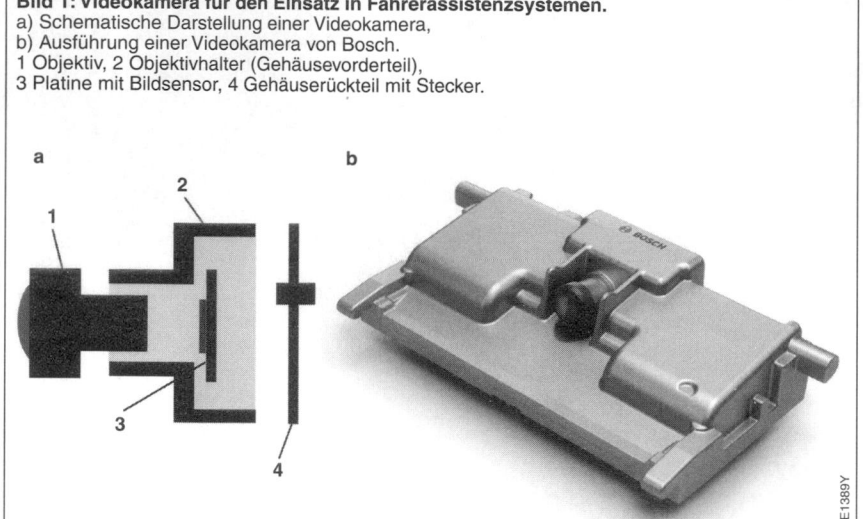

Bild 1: Videokamera für den Einsatz in Fahrerassistenzsystemen.
a) Schematische Darstellung einer Videokamera,
b) Ausführung einer Videokamera von Bosch.
1 Objektiv, 2 Objektivhalter (Gehäusevorderteil),
3 Platine mit Bildsensor, 4 Gehäuserückteil mit Stecker.

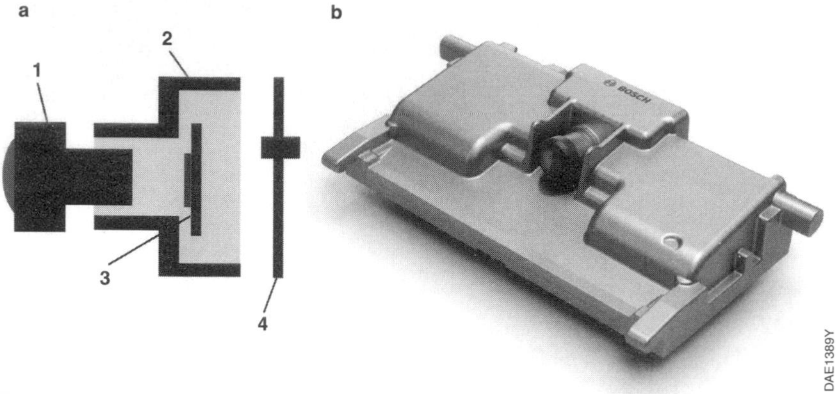

Bildsensor

Grundlagen der Fotosensierung

Bis auf wenige Spezialanwendungen werden Bildsensoren (Imager) heute ausschließlich in CMOS-Technologie (complementary metal-oxide semiconductor) gefertigt. Diese Technologie erlaubt es, in jedes Pixel eigene Transistoren zur Steuerung einzubetten.

Im Bildsensor werden viele Fotodioden in einem rechteckigen Pixelraster angeordnet. In einer Fotodiode treffen eine Schicht aus p- und n-leitendem Halbleitermaterial aufeinander (Bild 2). Am Übergang zwischen den beiden Schichten, der Raumladungszone, entsteht ein elektrisches Feld. Gleichzeitig besitzt diese Raumladungszone eine gewisse Kapazität, die sich umgekehrt proportional zur Dicke der Raumladungszone verhält.

Die typische Betriebsart von Fotodioden besteht darin, sie auf ein bestimmtes Potential (Ausgangsspannung) aufzuladen und dann dem Licht auszusetzen. Fallen Photonen auf den Halbleiter, so erzeugen sie Elektronen-Loch-Paare. Hierbei beschreibt die Quanteneffizienz η, wie viele Elektronen-Loch-Paare von einem Photon erzeugt werden. Der Fotostrom ist über viele Zehnerpotenzen proportional zum einfallenden Lichtstrom und über einen weiten Dynamikbereich linear. Die fotoelektrisch erzeugten Ladungen entladen nun die Kapazität der Fotodiode. Nachdem die Fotodiode dem Licht ausgesetzt wurde, wird die Restspannung gemessen. Die Differenz zwischen dieser Spannung und der Ausgangsspannung ist ein Maß für die Menge des eingefallenen Lichts.

Bild 2: Fotodiode.
1 Kontakt, 2 n-Siliziumsubstrat,
3 p-Siliziumsubstrat, 4 Raumladungszone.

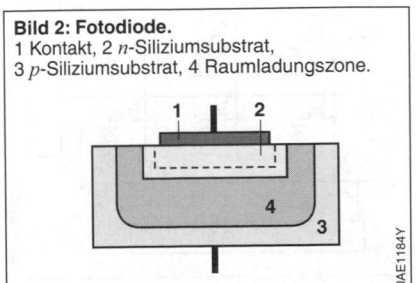

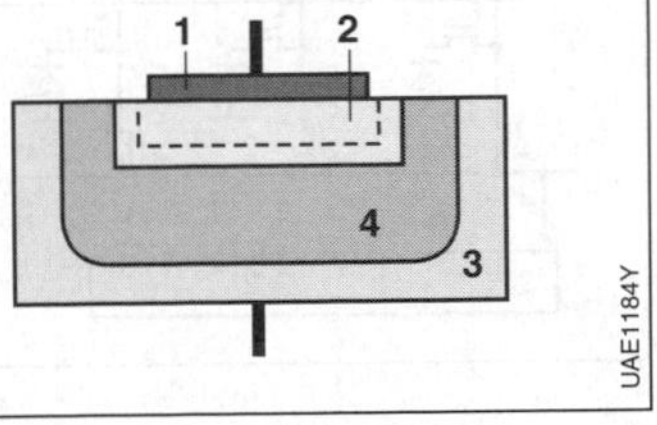

Treffen so viele Photonen ein, dass die Raumladungszone komplett entladen wurde, so führen weitere Photonen nicht mehr zu einer linearen Reduktion der Spannung und die Fotodiode sättigt. Üblicherweise versucht man, die Fotodioden in ihrem linearen Bereich zu betreiben. Dies kann auch bei heller Beleuchtung erreicht werden, indem man die Spannung bereits nach kurzer Belichtungszeit ausliest, oder indem man die Fotodiode mit einer zusätzlichen Kapazität koppelt. Allerdings sorgen große Kapazitäten für einen geringeren Spannungsfall pro Photoelektron, sodass dunkle Szenen und die damit verbundenen geringen Spannungsfälle schwieriger messbar werden.

Aufbau

Fotodioden und Metalloxid-Kondensatoren können mit Standard-Halbleiterprozessen wie CMOS auf einem Chip gefertigt werden. Große Fotodioden haben eine große Fläche zum Sammeln von Photonen, wodurch sie auch in dunklen Szenen ein geringes Schrotrauschen aufweisen. Schrotrauschen entsteht, da nur ganzzahlige Elektronen gemessen werden können. Stochastisch treffen bei jeder Belichtung ein paar Photonen mehr oder weniger auf die Fotodiode. Je nach Quanteneffizienz wird nur ein Teil der Photonen in auslesbare Elektronen gewandelt. Beide Prozesse führen zu Schwankungen selbst bei makroskopisch gesehen homogener Beleuchtung.

Das Verhältnis von lichtempfindlichem Volumen zur Randfläche ist bei großen Fotodioden groß, sodass Übersprechen zwischen benachbarten Fotodioden einfacher handhabbar ist als bei kleinen Fotodioden.

Große Fotodioden verbrauchen viel Siliziumfläche, was sich auf die Sensorkosten auswirkt. Meist werden die Pixel deshalb so klein wie möglich ausgelegt, um eine noch akzeptable Dunkelempfindlichkeit zu erhalten. Der Trend zu höheren Sensorauflösungen, d.h. mehr Pixeln, sorgt trotz immer kleinerer Einzelpixel für immer größere Sensoren. Waren 2010 noch Sensoren mit einem viertel Megapixel (VGA-Auflösung) und 5 µm großen Pixeln üblich, sind es 2020 Sensoren mit

2 Megapixeln zu je 3 µm oder 8 Megapixeln zu je 2,1 µm.

Ansteuerung des Bildsensors

Neben der Fotodiode gehören zu jedem Pixel auch Transistoren zur Steuerung des Bildsensors. Durch diese Transistoren kann beispielsweise die Fotodiode auf die Ausgangspannung aufgeladen oder die Restspannung zur Ausleseelektronik weitergeleitet werden. Der Aufbau eines einfachen Pixels mit drei Transistoren ist in Bild 3 dargestellt. Moderne Pixel-Designs enthalten oft weitere Transistoren, um zusätzliche Funktionen oder ein verbessertes Verhalten zu erreichen.

Die Steuerelektroden der Transistoren (Gate) sind zeilenweise miteinander verbunden, können also nur gemeinsam geschaltet werden (Bild 4). Die Ausleseleitungen sind spaltenweise miteinander verbunden. Legt man eine Spannung an die Steuerleitung zum Auslesen einer Zeile, so werden alle Pixel dieser Zeile gleichzeitig mit einer Ausleseleitung verbunden.

Es gibt eine eigene Ausleseelektronik für jede Spalte, es kann also eine ganze Zeile parallel ausgewertet werden. Die Spannung wird zunächst analog verstärkt. Der Verstärkungsfaktor (gain) ist bei vielen Bildsensoren einstellbar und beeinflusst das Rauschverhalten des Sensors.

Bild 3: Beschaltung eines Pixels im CMOS-Bildsensor mit drei Transistoren.
PD Fotodiode,
M1, M2, M3 Transistoren.

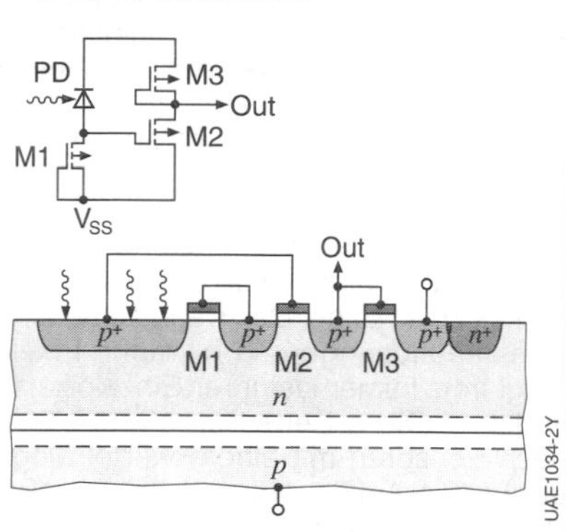

Auswertung des Sensorsignals

Anschließend wird das vorverstärkte Signal in einem Analog-digital-Wandler (A/D-Wandler) in eine Zahl fester Bittiefe konvertiert. Liegt die analoge Spannung über der Referenzspannung für den höchsten digitalen Wert, so tritt eine Sättigung in der digitalen Ausgabe auf. Meist wählt man die Sättigungsschwelle des A/D-Wandlers so, dass die Fotodiode noch in ihrem linearen Bereich arbeitet.

A/D-Wandler mit hoher Bittiefe können eine höhere Dynamik zwischen hellstem und dunkelstem Wert darstellen, sind jedoch aufwändiger zu fertigen und neigen teilweise zu höherem Rauschen. Durch die Rauschbeiträge aller analoger Komponenten kann aus einer einzelnen Auslesung nur ein begrenzter Dynamikbereich sinnvoll genutzt werden.

Stand 2020 sind Wandler mit 10 und 12 bit in Serienanwendungen weit verbreitet.

Bilder mit hoher Dynamik

Um auch Szenen mit hoher Dynamik (High Dynamic Range, HDR) rauscharm und ohne über- oder unterbelichtete Be-

Bild 4: CMOS-Bildsensor.
Fotodioden-Array mit einer Fotodiode und einem Ansteuertransistor pro Pixel.
1 Zeilenadressierung,
2 Spaltenadressierung,
3 Spaltenauswahl,
4 Spaltensignalleitung.

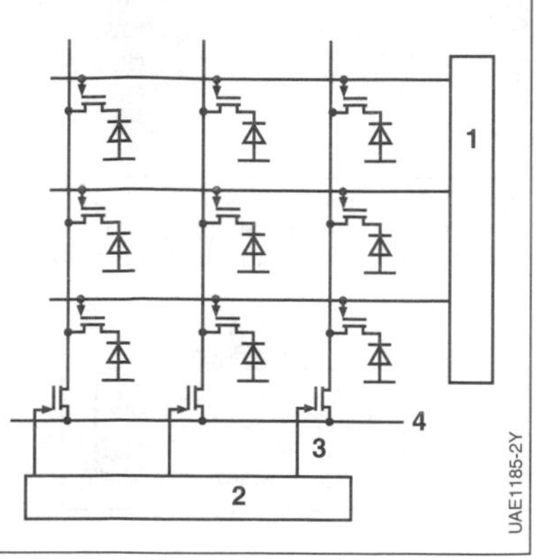

reiche abbilden zu können, werden oft zusätzliche Techniken angewendet.

Dual conversion gain
Eine Möglichkeit hierzu ist der „Dual conversion gain“. Dazu wird an die Fotodiode eine zweite Kapazität über einen Widerstand angekoppelt. Der Widerstand kann z.B. über einen halb geschlossenen Transistor realisiert werden. Während die Fotodiode sich bei Belichtung sofort entlädt, zieht die Spannung der Zusatzkapazität verzögert nach. Am Ende der Belichtung werden Fotodiode und Zusatzkapazität getrennt ausgelesen. Die kleine Kapazität der Fotodiode zeigt schon bei niedrigen Lichtströmen einen hohen Spannungsfall und eignet sich für dunkle Bildbereiche. Die große Kapazität sättigt deutlich später und kann für helle Bildbereiche genutzt werden. Meist werden die digitalen Werte beider Auslesungen (Capture) schon auf dem Bildsensor miteinander verrechnet.

Split-Pixel-Technologie
Reicht die Dynamik noch nicht aus, so kann man einen Sensor mit Split-Pixel-Technologie verwenden. Hier werden Fotodioden mit hoher und niedriger Empfindlichkeit zu Paaren angeordnet und ebenfalls miteinander verrechnet. Üblicherweise wird das empfindliche Pixel deutlich größer ausgelegt und absorbiert durch seine Fläche auch mehr Photonen als das unempfindliche.

Mehrfachbelichtung mit unterschiedlichen Belichtungszeiten
Um die Dynamik noch weiter zu erhöhen, kann man zusätzlich mehrere unterschiedlich lange Belichtungen nacheinander aufnehmen und verrechnen. In bewegten Szenen können hier jedoch Artefakte in Form von Mehrfachkanten auftreten.

Belichtungsmodi
Rolling-Shutter-Modus
Bildsensoren für Anwendungen im Kraftfahrzeug werden meist im Rolling-Shutter-Modus betrieben. Hier zeigt eine Zählvariable auf die aktuell zu verarbeitende Zeile. Dieser Zähler wird mit einem festen Takt, dem Zeilentakt, inkrementiert. Zunächst wird die aktuelle Zeile auf die Ausgangsspannung aufgeladen (Reset). Danach akkumulieren die Pixel Photonen und entladen sich. In einem festen Zeilenabstand hinter der Reset-Zeile werden die Pixel mit der Ausleseelektronik verbunden und in digitale Helligkeitswerte konvertiert. Die Belichtung „rollt“ also über den Sensor.

Der Vorteil dieser Methode ist die einfache und günstige Umsetzbarkeit. Der Nachteil ist, dass jede Zeile mit unterschiedlichen Start- und Endzeiten belichtet wurde. Dadurch können bewegte Objekte verzerrt dargestellt werden.

Global-Shutter-Modus
Im Global-Shutter-Modus wird der gesamte Sensor gleichzeitig auf die Ausgangsspannung aufgeladen. Jede Fotodiode ist mit einer dem Pixel zugehörigen lichtgeschützten Kapazität (Shielded cap) verbunden. Am Ende der Belichtungszeit werden alle Kapazitäten gleichzeitig von ihren Fotodioden getrennt. Die Spannungen können dann nacheinander ausgelesen werden.

Der Vorteil dieser Betriebsart ist, dass alle Pixel gleichzeitig belichtet werden und keine Bewegungsartefakte auftreten. Die Prozessierung der Shielded caps ist aufwändiger und damit teurer.

Farbfilter
Um Farben unterscheiden zu können, müssen auf dem Sensor Fotodioden mit unterschiedlicher Farbempfindlichkeit angeordnet sein. In praktisch allen Anwendungen werden Fotodioden in einem regelmäßigen Muster mit unterschiedlichen Farbfiltern bedampft. Dieses Muster wird auch Mosaik genannt. In der Fotografie ist das sogenannte Bayer-Muster am weitesten verbreitet. Es besteht aus sich wiederholenden Zellen aus 2×2 Pixeln. Auf zwei diagonal gegenüberliegenden Pixeln ist ein Grün-Filter angebracht, die beiden anderen Pixel sind im Roten beziehungsweise Blauen sensitiv (siehe Bild 9).

Die menschliche Farbwahrnehmung basiert ebenfalls auf Rezeptoren für rot, grün und blau. Dadurch nimmt die Kamera Farbspektren ähnlich wie das Auge wahr und kann realistisch wirkende Bilder reproduzieren.

Neben dem Bayer-Muster gibt es weitere Farbmuster, die z.B. farblose Pixel enthalten können. Farblose Pixel sind für alle Farben empfindlich, sammeln also mehr Photonen und haben vor allem in dunklen Szenarien Vorteile im Signal-Rausch-Verhältnis. Ähnliches gilt für magenta, gelb und türkis (zyan), die jeweils zwei der drei additiven Grundfarben rot, grün, blau transmittieren.

Wird ein Sensor mit einer bestimmten Pixelzahl angeboten, so bezieht sich diese Zahl auf die Summe aller Pixel. Pro Farbkanal stehen also deutlich weniger Pixel zur Verfügung. Die Farbkanäle werden in der Bildvorverarbeitung meist interpoliert (siehe Demosaicing), um an jedem Ort einen Helligkeitswert für alle Farbkanäle zur Verfügung zu haben.

Bild 5: Objektiv.
1 Objektiv,
2 Blende,
3 Bild,
4 Strahlbündel entlang der optischen Achse,
5 Strahlbündel mit Feldwinkel θ zur optischen Achse.
θ Feldwinkel,
y Bildhöhe,
D Durchmesser des Strahlbündels.

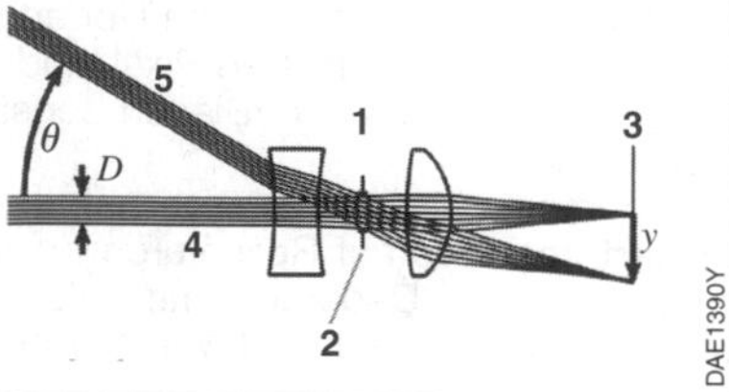

Objektiv

Das Objektiv bildet Licht von einem Objekt auf dem Bildsensor ab. Bei einer scharfen Abbildung wird eine punktförmige Lichtquelle auf einen Punkt oder möglichst kleinen Fleck auf dem Sensor fokussiert. Den objektseitigen Winkel des eintreffenden Strahlbündels zur optischen Achse nennt man Feldwinkel, den Abstand des Bildpunkts von der optischen Achse Bildhöhe (siehe Bild 5). Eine Abbildung wird u.a. durch durch folgende Eigenschaften charakterisiert:

Blickfeld

Das Blickfeld (field of view) ist der maximale objektseitige Winkel, unter dem ein Objekt stehen kann, um noch abgebildet zu werden. Objektive sind ausgelegt für einen maximalen Winkel, bis zu dem sie scharf abbilden. Darüber hinaus lässt die Schärfe und Helligkeit der Abbildung oft stark nach und die Abbildung ist nicht mehr verwendbar. In der Kamera sind nur Bereiche auslesbar, die sowohl innerhalb dieses maximalen Winkels und innerhalb der Sensorgröße abgebildet werden.

Sensoren sind rechteckig, d.h. die Größe in horizontaler, vertikaler und diagonaler Richtung sind unterschiedlich. Damit verbunden sind unterschiedliche Blickfelder in diesen Richtungen.

Projektionsmodell

Das Projektionsmodell beschreibt, wie objektseitige Feldwinkel in Bildhöhen übersetzt werden. Zwei wichtige Projektionen sind das Lochkameramodell und das äquidistante Projektionsmodell.

Lochkameramodell

Die namensgebende Lochkamera besteht nur aus einer Blende und einer Filmplatte (Bild 6a). Eine Lochkamera übersetzt gerade Kanten in gerade Linien im Bild. Reale Objektive mit Linsen können so ausgelegt werden, dass sie die gleiche Übersetzung von Feldwinkel zu Bildhöhe vornehmen wie eine Lochkamera. Die Abbildungsfunktion ist gegeben durch

$$y = f \tan \theta.$$

Hier ist y die Bildhöhe auf dem Sensor, f die Brennweite, und θ der Feldwinkel. Die Brennweite kann in dieser Formel als Vergrößerungsfaktor aufgefasst werden. Sie sollte bei der Auslegung des Objektivs so gewählt werden, dass das gewünschte Blickfeld auf den Sensor abgebildet wird. Die Ableitung der Abbildungsfunktion, d.h. die Änderung der Bildhöhe pro Winkel, wird Vergrößerung genannt. Sie wird oft in der Einheit Pixel pro Grad angegeben. In Lochkameras nimmt die Vergrößerung mit zunehmendem Feldwinkel immer weiter zu und divergiert bei ±90 °, es wäre ein unendlich großer Sensor nötig. Damit ist klar, dass reale Weitwinkelobjektive vom Lochkameramodell abweichen müssen und einem anderen Projektionsmodell folgen.

Äquidistantes Projektionsmodell
Weitwinkel- und Fischaugenkameras verwenden oft das äquidistante Projektionsmodell (auch als F-theta-Modell bezeichnet). Modellhaft kann man sich eine äquidistante Kamera als eine modifizierte Lochkamera mit gewölbtem Bild vorstellen (Bild 6b). Hier ist die Bildhöhe gegeben durch

$$y = f\theta.$$

Der Winkel θ ist in rad einzusetzen. In diesem Modell werden gleiche Winkeländerungen in gleiche Änderungen der Bildposition übersetzt. Die Vergrößerung ist konstant. Gerade Linien werden im Allgemeinen tonnenförmig verzerrt dargestellt.

Verzeichnung
Da in der Auslegung eines Objektivs neben der Projektion auch viele andere Parameter berücksichtigt werden müssen, folgen reale Objektive selten exakt einem der Projektionsmodelle. Die relative Abweichung der Projektion eines Objektivs zu einem Modell bezeichnet man als Verzeichnung. Wird kein Projektionsmodell angegeben, so wird meist vom Lochkameramodell als Referenz ausgegangen. Durch die geschickte Auslegung der Verzeichnung kann eine hohe Vergrößerung in Bildbereiche gelegt werden, in denen eine hohe Leistungsfähigkeit der Kamera benötigt wird.

Lichtstärke
Die Lichtstärke eines Objektivs wird traditionell durch die aus der Fotografie bekannte Blendenzahl beschrieben. Die Blendenzahl wird mit einem parallelen (kollimierten) Strahlbündel auf der optischen Achse ermittelt, welches die Blende ganz ausfüllt. Die Blendenzahl ist das Verhältnis von Brennweite zu Durchmesser des Strahlbündels (siehe Bild 5). Je kleiner die Blendenzahl, desto lichtstärker das Objektiv.

Relative Beleuchtungsstärke
Bei den meisten Kameras nimmt die Beleuchtungsstärke mit zunehmendem Feldwinkel ab. Das Verhältnis von Helligkeit auf dem Sensor an der optischen Achse zur Helligkeit im Feld wird als relative Beleuchtungsstärke bezeichnet. Dies wird beispielsweise durch eine winkelabhängige Zunahme von Reflexionen oder durch Abschneiden eines Teils des Strahlenbündels durch Linsenränder

Bild 6: Projektionsmodelle.
a) Lochkameramodell,
b) äquidistantes Projektionsmodell.
f Brennweite,
y Bildhöhe auf dem Sensor,
θ Feldwinkel.

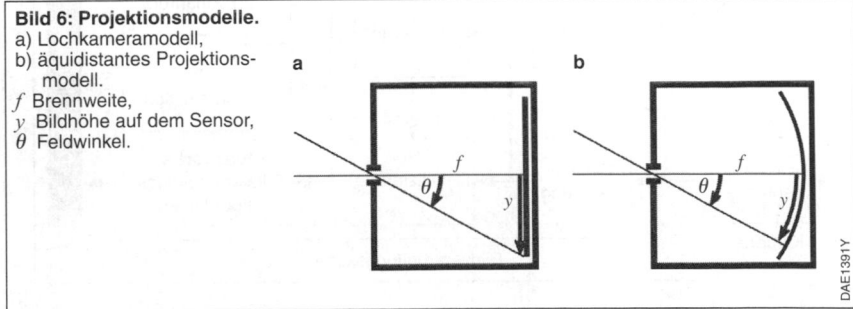

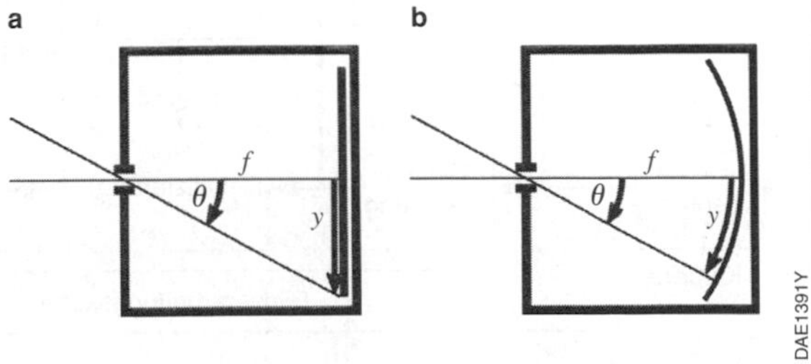

(Vignettierung) verursacht. Außerdem wirkt sich die Verzeichnung auf die relative Beleuchtungsstärke aus. Durch eine Änderung der Vergrößerung ändert sich auch der objektseitige Raumwinkel, aus dem ein Pixel Licht einsammelt.

Schärfe

Ein in der technischen Optik weit verbreitetes Maß für Schärfe ist die Modulations-Transfer-Funktion (MTF). Die MTF beschreibt den Kontrastverlust (Michelson-Kontrast), den ein periodisches Objekt mit sinusförmigem Helligkeitsverlauf bei der Abbildung erleidet. Ein scharfes Objektiv kann selbst feine Strukturen mit hohem Kontrast abbilden, wohingegen ein unscharfes Objektiv schon bei groben Strukturen spürbare Kontrastverluste erzeugt. Die charakteristische Periode, bei der die MTF gemessen werden muss, kann je nach Aufgabenstellung variieren: Soll zum Beispiel nur die äußere Form eines Verkehrsschilds erkannt werden oder Text auf dem Schild?

Computer Vision

Bildverarbeitungskette

Der Begriff Computer Vision (CV) umfasst die Verarbeitung einer Bilddatensequenz durch ein Computersystem. Ziel der Bilddatenverarbeitung ist die Detektion und Klassifikation von Objekten, die für einen bestimmten Anwendungsfall relevant sind. Im Bereich der Fahrerassistenzsysteme kommen intelligente Kamerasysteme zum Einsatz, bei denen die Verarbeitung der aufgenommenen Bilddaten in Echtzeit erfolgen muss und nur die begrenzten Rechenressourcen eines im Fahrzeug eingebetteten elektronischen Systems zur Verfügung stehen.

Das Blockdiagramm (Bild 7) zeigt die schematische Darstellung der Computer Vision für ein Fahrerassistenzsystem. Die Gesamtheit der einzelnen Verarbeitungsschritte wird auch als Bildverarbeitungskette (image chain) bezeichnet. Mithilfe des Bildsensors (imager) entsteht eine digitale Repräsentation der im Sichtbereich einer Kamera aufgenommenen Umwelt. Diese Bildrepräsentation ist die Datenbasis der Computer Vision und bildet somit den Eingangsdatenstrom der Bildverarbeitungskette. Die ersten Verarbeitungsschritte umfassen die Algorithmen der Bildaufbereitung und die zum Bildsensor zurückgeführte Belichtungsregelung. Die Kalibrierung liefert als unterstützender Algorithmus statische und dynamische Parameter für die Rekti-

Bild 7: Bildverarbeitungskette.

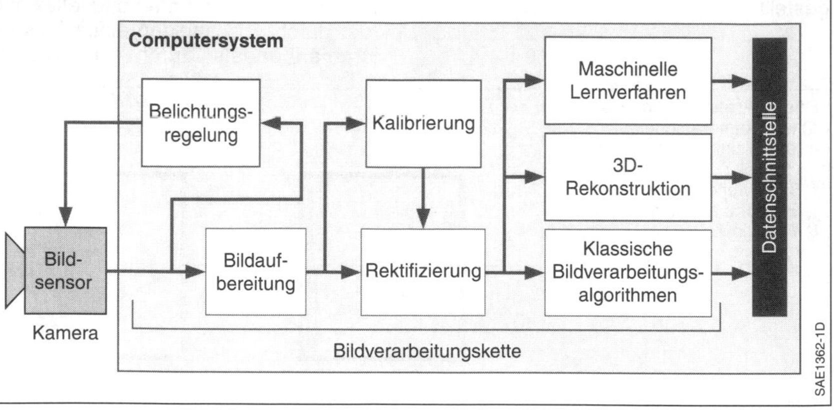

fizierung. Auf die Rektifizierung folgt die parallele Verarbeitung der klassischen Bildverarbeitungsalgorithmen, der 3D-Rekonstruktion und der maschinellen Lernverfahren. Abschließend werden die Ergebnisse der Bildverarbeitungskette über eine Datenschnittstelle an die nachfolgenden Verarbeitungsschritte auf dem Computersystem übergeben.

Belichtungsregelung

Mithilfe der Belichtungsregelung (exposure control) wird die Belichtungszeit des Bildsensors dynamisch an die Lichtbedingungen der aufgenommenen Szene angepasst. Dadurch kann in den vom Bildsensor generierten Bilddaten jederzeit ein ausreichend hoher Kontrastumfang garantiert werden. Die Belichtungsregelung nutzt dazu Helligkeitsinformationen aus den aktuell aufgenommenen Bilddaten, um die Belichtungszeit für die nachfolgende Aufnahme zu optimieren. Der vom Bildsensor generierte Bilddatenstrom besitzt dabei eine Frequenz von typischerweise 30 Hz beziehungsweise 30 fps (frames per second).

Bei kamerabasierten Fahrerassistenzsystemen wird in der Regel ein HDR-Bildsensor (High Dynamic Range) eingesetzt, bei dem unterschiedlich belichtete Aufnahmen zu einem Gesamtbild mit höherem Dynamikumfang fusioniert werden. Den einfachsten Fall bildet hierbei die Kombination einer überbelichteten Aufnahme mit einer unterbelichteten Aufnahme. Diese als HDR-Rekombination bezeichnete Operation findet entweder direkt auf dem Bildsensor statt oder erfolgt als Teil der nachfolgenden Bildaufbereitung.

Eine Herausforderung für die Belichtungsregelung sind dabei Szenen mit schnell wechselnden Helligkeitswerten wie beispielsweise Tunneleinfahrten oder Tunnelausfahrten.

Bildaufbereitung

Die Algorithmen der Bildaufbereitung basieren auf den vom Bildsensor empfangenen Bilddaten, die auch als Rohdaten bezeichnet werden. Die typischen Bestandteile der Bildaufbereitung, die auch als „Image Signal Processing" bezeichnet wird, sind in Bild 8 dargestellt

Die Bildaufbereitung umfasst die Blöcke Demosaicing, Rauschreduktion, Kantenerhaltung, Tonemapping und Farbraumkonvertierung. Neben diesen Blöcken gibt es weitere Verarbeitungsschritte, die typischerweise vom eingesetzten Bildsensor und den zur Verfügung stehenden Rechenressourcen beziehungsweise von der verfügbaren Recheneinheit abhängig sind.

Demosaicing

Um die Farbinformation einer aufgenommenen Szene darstellen zu können, verfügt ein Bildsensor über einen Farbfilter. Jeder Bildpunkt (pixel) in den Rohdaten des Bildsensors repräsentiert daher einen Farbwert in digitaler Form. Typischerweise wird als Farbfilter (color filter array) ein RGGB-Filter eingesetzt, der auch als Bayer-Filter bezeichnet wird. Durch das Demosaicing wird unter Zuhilfenahme der benachbarten Bildpunkte für jeden einzelnen Bildpunkt ein Rot-, Grün- und Blauanteil im RGB-Farbraum interpoliert (Bild 9). Durch das Demosaicing erfolgt in der Regel keine Reduktion der Bildauflösung. Für die Berechnung der RGB-Werte sind in der Literatur zahlreiche Veröffentlichungen mit Algorithmen verschiedenster Komplexität bekannt [1].

Neben dem RGGB-Filter werden für Bildsensoren in kamerabasierten Fahrer-

Bild 8: Bestandteile der Bildaufbereitung (Image Signal Processing).

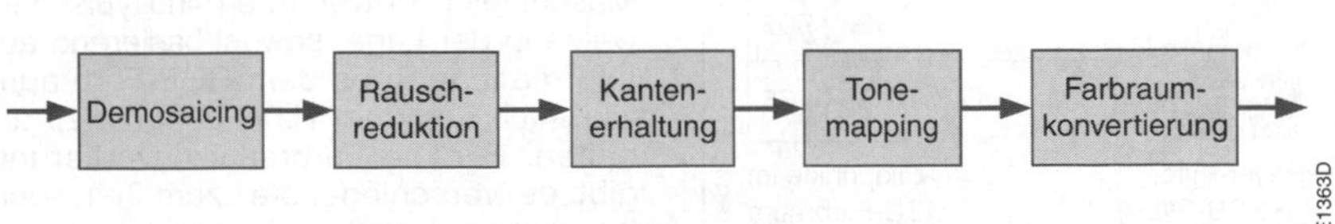

assistenzsystemen auch andere Farbfilter verwendet, die typischerweise Bildpunkte ohne Farbinformation enthalten. Diese Intensitätsbildpunkte (clear pixel) sind lichtdurchlässiger als Farbbildpunkte und führen somit zu einer insgesamt höheren Bildhelligkeit und in Folge dessen zu einer kontrastreicheren Abbildung dunkler Szenen.

Typische Farbfilter mit Intensitätsbildpunkten im Bereich der Fahrerassistenz sind beispielsweise RCCC (d.h. ein Bildpunkt mit Rotfilter und drei Intensitätsbildpunkten) und RCCG (d.h. ein Bildpunkt mit Rotfilter, ein Bildpunkt mit Grünfilter und zwei Intensitätsbildpunkten).

Rauschreduktion
Die Rauschreduktion dient der Unterdrückung von Bildrauschen und somit der Reduktion von unerwünschten Signalanteilen, wodurch sich das Signal-Rausch-Verhältnis (signal-to-noise ratio) des Bilddatenstroms verbessert. Für die Rauschreduktion werden in der Regel zweidimensionale Filteroperation eingesetzt und für jeden Bildpunkt angewendet. Ein typisches Beispiel für einen Filter zur Rauschreduktion ist ein Gauß-Filter [1]. Durch die Anwendung dieses Glättungsfilters werden kleine Bildstrukturen wie beispielsweise Rauschen unterdrückt. Signaltheoretisch entspricht der Gauß-Filter somit einem Tiefpassfilter.

Kantenerhaltung
Durch die Filteroperationen der vorausgehenden Verarbeitungsschritte wurden die Bilddaten geglättet. Um dennoch ein detailreiches Bild mit klar erkennbaren und scharfen Kanteninformationen zu erhalten, wird ein Algorithmus zur Kantenerhaltung eingesetzt. Für die Erhaltung der Kanteninformation sind zahlreiche Verfahren bekannt, die zumeist auf Filteroperationen basieren, welche idealerweise nur die Kanten schärfen, die restlichen Bilddaten jedoch so wenig wie möglich beeinflussen oder glätten. Ein typisches Beispiel für einen kantenerhaltenden Glättungsfilter ist ein bilateraler Filter [1].

Bild 9: RGGB-Farbfilter und Demosaicing.

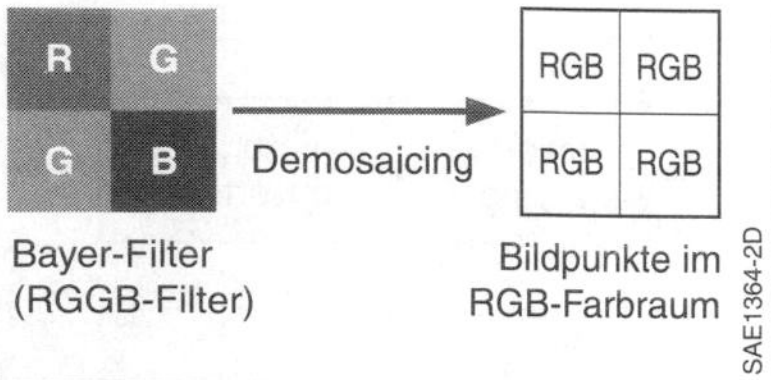

Tonemapping
Als Tonemapping wird die Kontrastanpassung innerhalb der Bilddaten bezeichnet. Durch diese Operation lässt sich beispielsweise der Kontrastumfang in dunklen Bildbereichen erhöhen, um die Erkennung dort vorhandener Details zu ermöglichen. Für das Tonemapping sind verschiedenste globale und lokale Algorithmen bekannt [1]. Bei den meisten Verfahren wird der Farbwert eines Bildpunkts mithilfe einer Abbildungsvorschrift durch einen anderen Farbwert ersetzt. Bei globalen Verfahren wird eine ortsunabhängige Abbildungsvorschrift für das gesamte Bild verwendet. Bei den häufig komplexeren lokalen Verfahren ist die Abbildungsvorschrift abhängig von der Position eines Bildpunkts.

Farbraumkonvertierung
Bei der Farbraumkonvertierung wird die im RGB-Farbraum vorliegende Bildinformation für jeden Bildpunkt in einen anderen Farbraum überführt, da andere Farbräume für einige Algorithmen der Computer Vision besser geeignet sind. Beispielsweise ermöglicht der YUV-Farbraum durch die Trennung von Helligkeitsinformation (Luminanz Y) und Farbinformation (Chrominanz U und V) eine vereinfachte Prozessierung von Algorithmen, die nur Luminanzwerte verarbeiten.

Typischerweise arbeiten algorithmische Verfahren zur 3D-Rekonstruktion nur auf den Helligkeitsinformationen eines Bilds. Maschinelle Lernverfahren sind typischerweise in der Lage, sowohl basierend auf Informationen aus dem RGB-Farbraum wie auch aus dem YUV-Farbraum zu arbeiten. Für die Farbraumkonvertierung gibt es verschiedenste, zum Teil auch international standardisierte Konvertierungsvorschriften [1].

Kalibrierung

Die Kalibrierung eines Kamerasystems wird benötigt, um den Zusammenhang zwischen einem Punkt in der realen Welt und dessen Projektion auf der Bildebene zu beschreiben.

Statische Kalibrierung

Die theoretische Grundlage für die statische Kalibrierung ist ein idealisiertes Kameramodell, welches den mathematischen Zusammenhang zwischen einem Punkt in der realen Welt und dessen Projektion auf der Bildebene beschreibt. Die einfachste Form eines Kameramodells ist das Lochkameramodell (pinhole camera model). Bei diesem Modell wird die aufgenommene Szene durch ein idealisiertes Nadelloch (pinhole) ohne perspektivische Verzeichnung auf die Bildebene projiziert (Bild 10). Das idealisierte Nadelloch wird auch als Lochblende bezeichnet. Das Lochkameramodell wird typischerweise für ein Frontkamerasystem mit einem Öffnungswinkel von weniger als 120 ° eingesetzt. Für eine Rückfahrkamera mit einem größeren Öffnungswinkel von mehr als 180 ° wird in der Regel das äquidistante Projektionsmodell (Fischaugenkameramodell) verwendet.

Um den Zusammenhang zwischen realen Weltkoordinaten und Bildkoordinaten zu beschreiben, verfügt das Lochkameramodell über Parameter, die während der Kalibrierung mithilfe von Punktepaaren ermittelt werden und für die Koordinatentransformation zur Verfügung stehen. Die Verbindung zwischen Koordinaten im Weltkoordinatensystem und Bildkoordinatensystem wird dabei unter Zuhilfenahme des Kamerakoordinatensystems hergestellt (Bild 11).

Intrinsische Parameter

Der Zusammenhang zwischen Kamerakoordinatensystem und Bildkoordinatensystem wird durch die intrinsischen Parameter des Kameramodells beschrieben. Zu diesen Parametern zählen die Brennweite und die Position des optischen Zen-

Bild 10: Lochkameramodell.

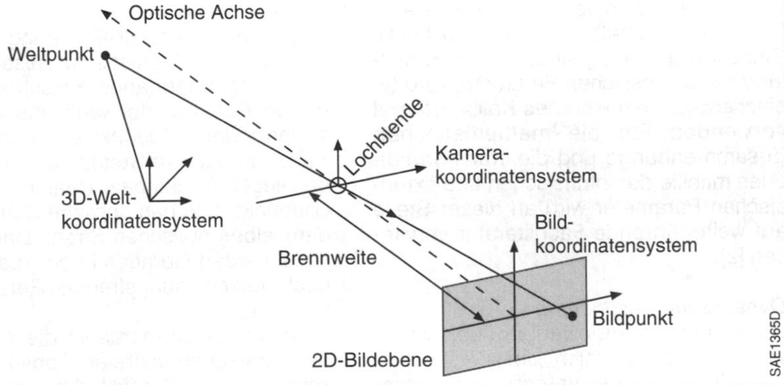

Bild 11: Zusammenhang zwischen Weltkoordinaten und Bildkoordinaten.

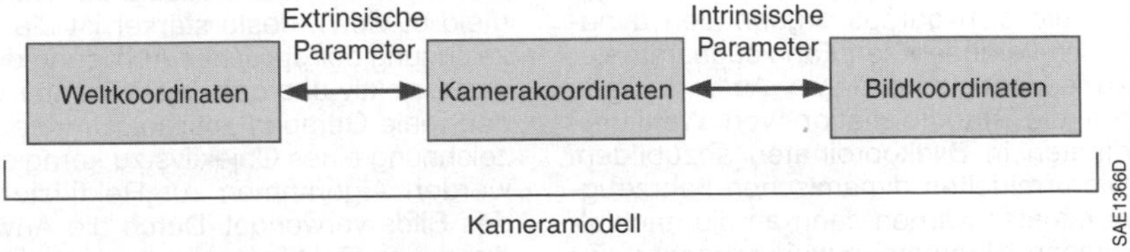

trums der Kamera. Unter der vereinfachten Annahme, dass die Kamera nur eine einzige dünne Linse besitzt, beschreibt das optische Zentrum den Punkt hinter der Bildebene, in dem sich alle Strahlen eines parallel einfallenden Strahlenbündels kreuzen. Die intrinsischen Parameter sind somit kameraspezifisch und beschreiben die interne Geometrie einer Kamera. Die intrinsischen Parameter werden typischerweise nach der Produktion einer Kamera ermittelt und in einem nichtflüchtigen Speicher innerhalb der Kamera abgelegt.

Extrinsische Parameter
Der Zusammenhang zwischen Weltkoordinatensystem und Kamerakoordinatensystem wird durch die extrinsischen Parameter des Kameramodells beschrieben. Eine Translation und Rotation von Weltkoordinaten unter Verwendung der extrinsischen Parameter führt zu den korrespondierenden Kamerakoordinaten. Über die extrinsischen Parameter lässt sich folglich die Position und Orientierung der Kamera im dreidimensionalen Raum beschreiben. Die extrinsischen Parameter werden nach dem Verbau der Kamera im Fahrzeug ermittelt, da diese von deren Einbauort abhängig sind. Für die Ermittlung der extrinsischen Parameter wird typischerweise ein externes Kalibriertarget verwendet. Für die mathematischen Zusammenhänge und die Transformationen mithilfe der intrinsischen und extrinsischen Parameter wird an dieser Stelle auf weiterführende Fachliteratur verwiesen [2].

Dynamische Kalibrierung
Durch die Eigenbewegung des Fahrzeugs verändert sich der Blickwinkel einer im Fahrzeug verbauten Kamera, ohne dass sich zwangsläufig auch die aufgenommene Szene verändert. Die dynamische Kalibrierung wird benötigt, um die sich daraus ergebenden dynamisch verändernden Fahrzeugparameter zu erfassen und deren Auswirkungen auf die Transformation von Weltkoordinaten in Bildkoordinaten abzubilden. Die ermittelten dynamischen Fahrzeugparameter werden dann an die nachfolgenden Algorithmen weitergegeben. Zu den dynamischen Parametern gehören zum einen die longitudinale und laterale Bewegungskomponente des Fahrzeugs, d.h. typischerweise die Eigengeschwindigkeit und der aktuelle Lenkwinkel, zum anderen die Rotationsbewegungen und der dazugehörige Bewegungswinkel um die drei Fahrzeugachsen:

- das Nicken um die Querachse und der dazugehörige Nickwinkel (pitch angle),
- das Rollen um die Längsachse und der dazugehörige Rollwinkel (roll angle), sowie
- das Gieren um die Hochachse und der dazugehörige Gierwinkel (yaw angle).

Die erforderlichen Parameter für die Eigengeschwindigkeit, den Lenk- und den Gierwinkel werden in der Regel über den Fahrzeugbus (z.B. CAN-Bus) zur Verfügung gestellt. Die Nick- und Rollwinkel lassen sich mithilfe von Algorithmen zur bildbasierten Eigenbewegungsschätzung ermitteln. Die bildbasierte Bestimmung der dynamischen Fahrzeugparameter wird auch als visuelle Odometrie bezeichnet.

Rektifizierung
Wie bereits bei der Kalibrierung erwähnt, wird für die mathematische Beschreibung des Zusammenhangs zwischen einem realen Punkt in der Welt und dem dazugehörigen Bildpunkt ein idealisiertes Kameramodell verwendet. In diesem Modell liegen Punktepaar (realer Punkt und Bildpunkt) und das optische Zentrum auf demselben optischen Strahl. Darüber hinaus werden Geraden in der realen Welt auch verzeichnungsfrei als Geraden abgebildet.

Bei realen Kameras ist die Annahme der verzeichnungsfreien Abbildung typischerweise nicht erfüllt, d.h. eine Gerade in der realen Welt wird gekrümmt abgebildet. Je größer der Öffnungswinkel beziehungsweise das Blickfeld der Kamera (field of view), desto stärker ist die Verzeichnung der optischen Abbildung durch das Objektiv und desto gekrümmter werden reale Geraden abbildet. Um die Verzeichnung eines Objektivs zu korrigieren, werden Algorithmen zur Rektifizierung des Bilds verwendet. Durch die Anwendung der Rektifizierung werden Geraden wieder als Geraden abgebildet und die Annahme des idealisierten Kameramodells ist wieder gültig.

Radialsymmetrische Verzeichnungen
Für die Beschreibung der Verzeichnung eines realen Objektivs sind seitens der Literatur zahlreiche Modelle unterschiedlichster Komplexität bekannt [2]. Die einfachste Form der mathematischen Beschreibung in Form eines Polynoms stellt die radialsymmetrische Verzeichnung dar. Diese wirkt sich je nach Auslegung des Objektivs entweder als kissenförmige oder tonnenförmige Verzeichnung aus. Bei der kissenförmigen Verzeichnung nimmt die Vergrößerung der optischen Abbildung in Richtung des Bildrands zu, bei der tonnenförmigen Verzeichnung nimmt die Vergrößerung in Richtung des Bildrands ab (Bild 12).

Eine häufig verwendete mathematische Darstellung der radialsymmetrischen Verzeichnung $\Delta r'_{\text{rad}}$ in Abhängigkeit vom Abstand r' zur optischen Achse ist:

$$\Delta r'_{\text{rad}} = A_1 r'^3 + A_2 r'^5 + A_3 r'^7$$

Die Parameter A_1, A_2 und A_3 bestimmen dabei die Art der Verzeichnung: kissenförmig oder tonnenförmig. Da die Verzeichnung immer spezifisch für ein bestimmtes Objektiv ist, stammen die Parameter in der Regel aus einer exakten Vermessung des Objektivs nach dessen Produktion.

Weitere Verzeichnungen
Neben der radialsymmetrischen Verzeichnung gibt es noch weitere Verzeichnungsmodelle, wie beispielsweise die asymmetrische und tangentiale Verzeichnung, welche vorrangig durch eine Dezentrierung der Linsen innerhalb des Objekts verursacht wird. Auf eine detaillierte Beschreibung der dazugehörigen komplexen mathematischen Zusammenhänge wird an dieser Stelle verzichtet und auf weiterführende Literatur verwiesen [2].

Da eine Kamera im Fahrzeug häufig hinter der Frontscheibe verbaut ist, muss bei der Rektifizierung zusätzlich auch die durch das Scheibenglas verursachte Verzeichnung berücksichtig werden.

Klassische Bildverarbeitungsalgorithmen

Die Algorithmen der klassischen Bildverarbeitung basieren ausschließlich auf mathematischen Verfahren und gliedern sich typischerweise in eine Merkmalsextraktion und eine nachgelagerte Objektbildung. Zu den klassischen Bildverarbeitungsalgorithmen zählen im Bereich der Fahrerassistenzsysteme typischerweise die Liniendetektion und die Lichtdetektion.

Liniendetektion
Für die Liniendetektion wird der aufbereitete und rektifizierte Bilddatenstrom zunächst mithilfe eines Kantenfilters verarbeitet. Durch diese Filteroperation entsteht aus der ursprünglichen Helligkeitsinformation ein Gradientenbild. Im Sinne der Signalverarbeitung entspricht ein Kantenfilter einem Hochpass, der große Helligkeitssprünge zwischen benachbarten Bildpunkten betont und ge-

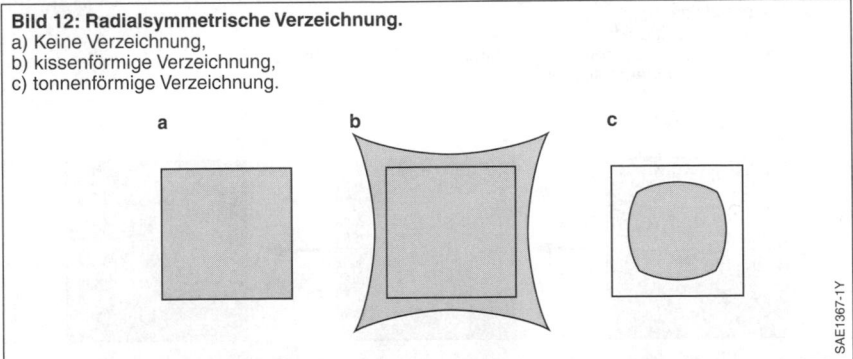

Bild 12: Radialsymmetrische Verzeichnung.
a) Keine Verzeichnung,
b) kissenförmige Verzeichnung,
c) tonnenförmige Verzeichnung.

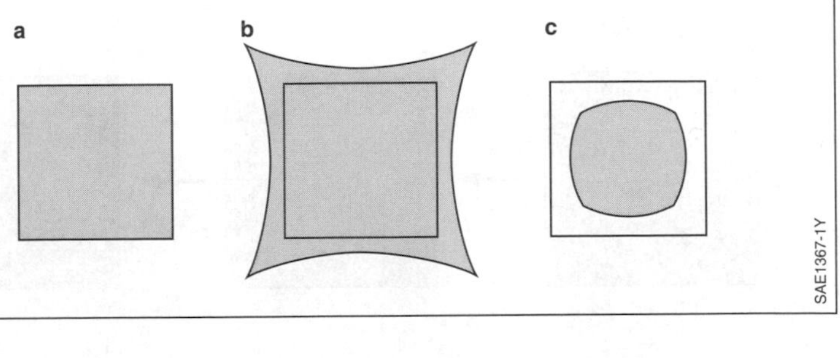

ringe Helligkeitsänderungen unterdrückt. Im resultierenden Gradientenbild bleiben somit Linien erhalten, die an ihren Kanten einen großen Helligkeitssprung aufweisen, wie beispielsweise eine weiße Linienmarkierung auf dunkelgrauem Asphalt, Flächen mit gleichbleibender Helligkeit werden unterdrückt. Ein häufig verwendeter Algorithmus zur Kantendetektion ist der Canny-Algorithmus, welcher typischerweise den Sobel-Operator als Filterkernel zur partiellen Ableitung in horizontaler und vertikaler Richtung verwendet [1]. Der Sobel-Operator ist dabei als 3×3-Filtermatrix definiert. Eine beispielhafte Anwendung des Sobel-Operators ist in Bild 13 dargestellt.

Basierend auf dem Gradientenbild werden Bildpunkte mit einem ähnlichem Gradientenvektor und ähnlicher Intensität zu Liniensegmenten zusammengefasst. Nach einer Plausibilisierung, die verschiedenste Annahmen für eine gültige Linienmarkierung beinhaltet, werden relevante Liniensegmente zu gültigen Fahrspurmarkierungen verknüpft und als Linienobjekte ausgegeben. Zu den Annahmen der Plausibilisierung gehören beispielsweise Ausrichtung, Stärke und Krümmungsradius einer Linie, sowie die Parallelität mehrerer Linien. Der vorgestellte Algorithmus ermöglicht die Erkennung sämtlicher linienbasierter Fahrspurmarkierungen, wie beispielsweise durchgezogene und gestrichelte Linien, sowie Linienmarkierungen in unterschiedlichen Farben.

Bild 13: Anwendung des Sobel-Operators.

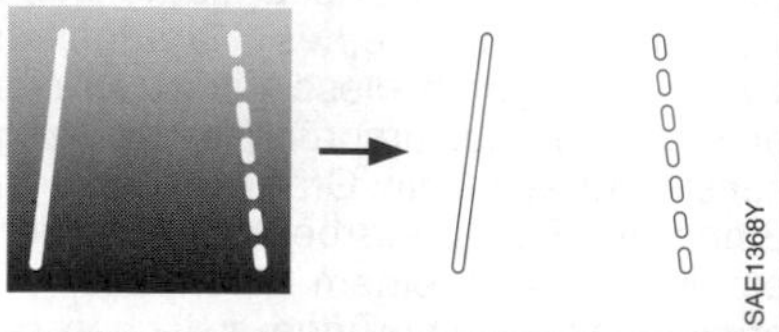

Lichtdetektion

Die Lichtdetektion wird in der Regel als Eingangsgröße für verschiedene Lichtfunktionen, wie beispielsweise die automatische Fernlichtsteuerung verwendet. Dazu müssen in einer nächtlichen Szene die Lichter von entgegenkommenden und vorausfahrenden Fahrzeugen erkannt werden. Dazu wird in der Regel ein CCL-Algorithmus (Connected-Component Labeling) eingesetzt. Dieser Algorithmus ermöglicht das Zusammenfassen von benachbarten Bildpunkten, deren Helligkeitswert über einem definierten Schwellwert liegt. Dieser Vorgang wird auch als Clustering bezeichnet. Auf diese Weise lässt sich eine Bilddatensequenz segmentieren, d.h. Bildpunkte, die zu einem Fahrzeuglicht gehören, werden zu einem Cluster zusammengefasst und nachfolgend als eigenständiges Merkmal weitergeführt (Bild 14). Für die detektierten Lichtpunkte werden darüber hinaus eine Reihe zusätzlicher Attribute ermittelt, wie beispielsweise Größe, Mittelpunkt und Helligkeit der jeweiligen Gruppe.

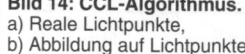

Bild 14: CCL-Algorithmus.
a) Reale Lichtpunkte,
b) Abbildung auf Lichtpunkte,
c) Zusammenfassung zu einem Cluster durch den CCL-Algorithmus (Connected-Component Labeling).

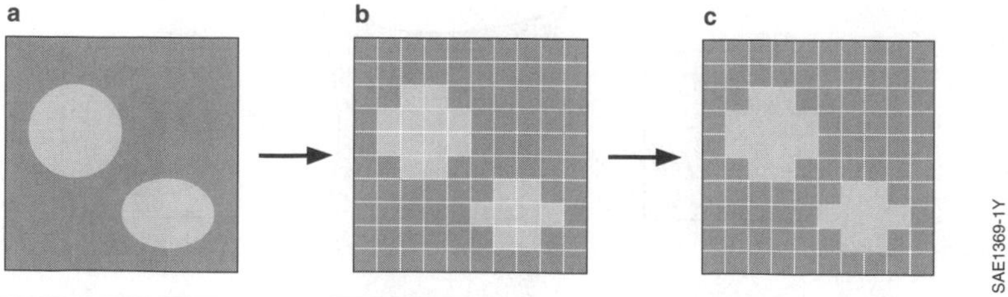

Auf die Detektion der Lichtpunkte folgt deren Plausibilisierung unter Zuhilfenahme verschiedener Annahmen, wie beispielsweise der Helligkeit und Position des Lichtpunkts im Bild. Auf diese Weise werden relevante und somit als Fahrzeuglichter erkannte Lichtobjekte gebildet und von irrelevanten Lichtquellen, wie beispielsweise reflektierenden Verkehrszeichen getrennt.

Die algorithmische Weiterentwicklung der Lichtdetektion umfasst neben der Erkennung von Front und Rückscheinwerfern, auch die Brems-, Blink-, Rück- und Warnblinkleuchten anderer Fahrzeuge, sowie die Detektion der Rundumkennleuchten von Einsatzfahrzeugen. Darüber hinaus stellt die Erkennung von Ampeln eine weitere Herausforderung für die Lichterkennung dar.

3D-Rekonstruktion

Das Ziel der 3D-Rekonstruktion ist die Wiederherstellung der Tiefeninformation einer aufgenommenen Szene, da diese Information durch das Kamerasystem und den damit verbundenen Übergang vom realen dreidimensionalen Raum in den zweidimensionalen Raum der Bildebene verloren gegangen ist. Durch die Wiederherstellung der Tiefeninformation ist es möglich, ein detailliertes Umfeldmodell im Bereich der aufgenommenen Szene zu erstellen. Auf diese Weise kann der befahrbare Korridor vor dem Fahrzeug (freespace) ermittelt werden und darauf basierend eine präzise Trajektorienplanung für das Ego-Fahrzeug erstellt werden. Eine präzise 3D-Rekonstruktion ermöglicht auch – in komplexen Szenarien, beispielsweise in Baustellenbereichen auf der Autobahn – eine longitudinale und laterale Fahrzeugführung. Für autonome Fahrfunktionen ist ein detailliertes Umfeldmodell zwingend erforderlich. Darüber hinaus wird durch die 3D-Rekonstruktion eine exakte Berechnung der Fahrbahnoberfläche ermöglicht. Über diese Oberflächenschätzung können beispielsweise Unebenheiten wie Schlaglöcher oder Bremsschwellen (speed bumps) detektiert werden.

Optischer Fluss

Der optische Fluss ist ein algorithmisches Verfahren, auf dessen Basis die Tiefeninformation einer Szene rekonstruiert werden kann.

Flussberechnung

Die Grundlage für den optischen Fluss bildet ein Featuresatz, der aus einer definierten Anzahl an Features zusammengesetzt ist. Ein Feature besteht typischerweise aus zwei Pixelsummen innerhalb einer definierten Fenstergröße, z.B. 5×5 Bildpunkte (Pixel). Die Differenz der beiden Pixelsummen wird mit einem Schwellwert verglichen. Das Ergebnis dieses Vergleichs ist dann im einfachsten Fall 1 oder 0, je nachdem ob die Differenz größer oder kleiner als der Schwellwert ist. Diese Art von Feature wird aufgrund seiner Ähnlichkeit zu Haar-Wavelets aus der Signalverarbeitung auch als Haar-like-Feature bezeichnet. In Bild 15 ist beispielhaft ein Featuresatz mit sechs Features in einer Fenstergröße von 5×5 Bildpunkten dargestellt.

Neben den hier vorgestellten Haar-like-Features sind in der Wissenschaft auch zahlreiche andere Featuretypen wie beispielsweise HOG (Histogram of Oriented Gradients) oder SURF (Speeded Up Robust Features) bekannt. Die Featuregröße ist dabei variabel und wirkt sich direkt auf

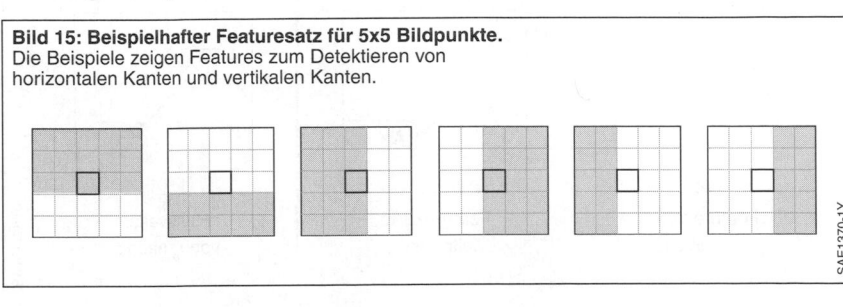

Bild 15: Beispielhafter Featuresatz für 5x5 Bildpunkte.
Die Beispiele zeigen Features zum Detektieren von horizontalen Kanten und vertikalen Kanten.

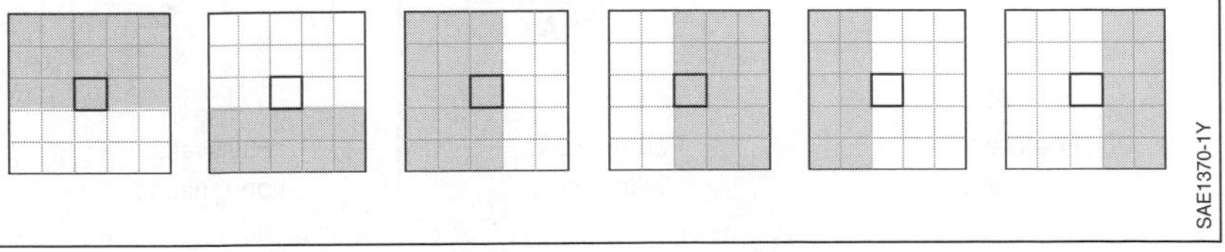

die Rechenkomplexität des gewählten algorithmischen Ansatzes aus.

Für jeden Bildpunkt innerhalb eines Bildes wird nun die Featureberechnung durchgeführt. In die Berechnung werden neben dem zentralen Bildpunkt alle im Fenster befindlichen Bildpunkte einbezogen. Basierend auf den Ergebnissen der Featureberechnung wird somit jedem Bildpunkt eine Signatur zugeordnet, z.B. 101100 bei den sechs Features aus Bild 15. Das Ziel der Featureberechnung ist die Generierung einer möglichst eindeutigen Signatur für alle Bildpunkte, die zu relevanten Strukturen im Bild gehören, wie beispielsweise Gebäuden, Leitpfosten oder Fahrzeugen aller Art. Bei der Featureberechnung für ein gesamtes Bild entsteht basierend auf den ursprünglichen Bilddaten eine Featurekarte, die alle relevanten Signaturen enthält.

Wenn nun für zwei aufeinanderfolgende Bilder eine Featurekarte berechnet wird, dann besitzen die zu einer in beiden Bildern sichtbaren Struktur gehörenden Bildpunkte dieselbe eindeutige Signatur, d.h. sie korrespondieren. Dies gilt auch dann, wenn sich das Ego-Fahrzeug bewegt und sich die Position einer Signatur von Bild zu Bild verschiebt. Die signaturbasierte Korrespondenzbildung, d.h. das Auffinden von gleichen Signaturwerten in verschiedenen Bildern, ist eine der algorithmischen Kernkomponenten des optischen Flusses. Ausgehend von der Bildposition einer Signatur A zum Zeitpunkt t_1 lässt sich somit bezogen auf die Position derselben Signatur A zum vorherigen Zeitpunkt t_0 ein Vektor bestimmen, der auch als Flussvektor bezeichnet wird (Bild 16).

Die Summe aller in einem Bild vorhandenen Flussvektoren wird auch als Flussfeld bezeichnet. In diesem Vektorfeld sind eigenbewegte Objekte, wie beispielsweise ein querender Fußgänger, eindeutig zu detektieren, da sich die Flussvektoren auf einem eigenbewegten Objekt klar von den Vektoren der Umgebung unterscheiden. Da der optische Fluss keine Objektannahmen enthält, d.h., der Algorithmus weiß nicht wie Fußgänger oder andere eigenbewegte Objekte aussehen, ermöglicht der optische Fluss eine generische Objektdetektion (generic object detection).

Im Rahmen von wissenschaftlichen Arbeiten wurden in den vergangenen Jahren zahlreiche Algorithmen für die Berechnung des optischen Flusses veröffentlicht, die sich neben der algorithmischen Komplexität auch dahingehend unterscheiden, wie viele Flussvektoren aus den Bilddaten berechnet werden können. Hierbei wird prinzipiell zwischen Algorithmen unterschieden, die häufig basierend auf Interpolation sehr viele Flussvektoren generieren und auf diese Weise ein dichtes Flussfeld (dense flow) erzeugen können und Algorithmen, die nur einen Bruchteil der Flussvektoren generieren und daher nur ein weniger dichtes Flussfeld (sparse flow) erzeugen können.

Bild 16: Optischer Fluss.
A Signatur.

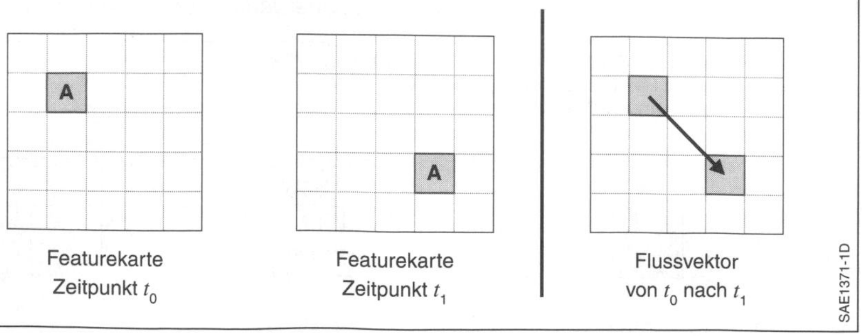

Structure from Motion

Mit Hilfe der statischen Kalibrierung kann die Position eines dreidimensionalen Weltpunkts in der zweidimensionalen Bildebene berechnet werden. Für einen bekannten Bildpunkt lässt sich im Gegenzug jedoch nur eine Gerade im dreidimensionalen Raum berechnen, auf der dieser Punkt liegt. Die Gerade wird in diesem Fall auch als Sichtstrahl bezeichnet. Alle Weltpunkte, die sich auf diesem Sichtstrahl befinden, werden auf einen gemeinsamen Punkt in der Bildebene projiziert. Die Tiefeninformation eines Punkts in der realen Welt geht daher bei der Abbildung in den zweidimensionalen Raum der Bildebene verloren, d.h., basierend auf einem Bildpunkt kann die Entfernung des korrespondierenden Punkts in der realen Welt nicht ermittelt werden.

Um die Tiefeninformation eines Punkts in der realen Welt zu ermitteln, muss dieser aus zwei Kameraperspektiven aufgenommen werden. Dadurch lassen sich zwei nicht identische Geraden im dreidimensionalen Raum berechnen, an deren Kreuzungspunkt sich letztlich der reale Weltpunkt befindet. Algorithmen zur Berechnung des optischen Flusses nutzen wie zuvor erläutert zwei zeitlich versetzte Aufnahmen für die Bildung der Flussvektoren. Wenn sich das Ego-Fahrzeug bewegt, dann entsprechen die beiden Aufnahmezeitpunkte zwei zeitlich versetzten Kameraperspektiven.

Für eine statische Struktur in der realen Welt lassen sich nun zwei nicht identische Sichtstrahlen ermitteln, auf deren Basis die reale Entfernung der Struktur berechnet werden kann. Dazu müssen neben dem Flussvektor auch zusätzlich die Parameter der Eigenbewegung des Fahrzeugs bekannt sein, beispielsweise wie weit sich das Ego-Fahrzeug zwischen beiden Aufnahmezeitpunkten bewegt hat. Somit lässt sich für alle Strukturen in der realen Welt, für die eine eindeutige Signatur vergeben wurde und die somit in den Bilddaten beider Aufnahmezeitpunkte zu finden sind, eine Tiefeninformation berechnen.

Auf diese Weise entsteht eine Tiefenkarte der aufgenommenen Szene. Dieses flussbasierte Verfahren zur 3D-Rekonstruktion wird auch als „Structure from Motion“ (SfM) bezeichnet.

Ein Nachteil der flussbasierten 3D-Rekonstruktion ist jedoch die Abhängigkeit von der Eigenbewegung des Ego-Fahrzeugs, d.h., wenn das Ego-Fahrzeug steht, dann ist keine flussbasierte 3D-Rekonstruktion der aufgenommenen Szene möglich.

Stereo-Vision

Ein weiteres algorithmisches Verfahren für die Rekonstruktion der Tiefeninformation einer Szene ist die Stereo-Vision, d.h., eine Szene wird zeitgleich von zwei Bildsensoren aufgenommen. Dies entspricht dem menschlichen Sehen mit zwei Augen. Wie der optische Fluss basiert auch dieses Verfahren auf der signaturbasierten Korrespondenzbildung. Dazu wird im ersten Schritt wie beim optischen Fluss eine Feature-Berechnung durchgeführt, um möglichst eindeutige Signaturen für reale Strukturen zu generieren. Aufgrund der zugeordneten Signatur lässt sich eine Struktur in der realen Welt dann in einem aufgenommenen Bild wiederfinden. Die Stereo-Vision nutzt dabei jedoch nicht wie der optische Fluss die signaturbasierte Korrespondenzbildung basierend auf zwei aufeinanderfolgenden Bildern derselben Kamera, sondern auf der Basis zweier zeitgleich von unabhängigen Kameras aufgenommenen Bildern. Ist die Position einer Signatur A beim optischen Fluss zum Zeitpunkt t_1 bekannt, dann kann sich diese Signatur A bezogen auf den Zeitpunkt t_0 beliebig in horizontaler und vertikaler Richtung bewegt haben.

Für die Stereo-Vision kann unter bestimmten Voraussetzungen eine Vereinfachung angenommen werden, sodass sich eine Signatur in beiden Kamerabildern innerhalb derselben Bildzeile befinden muss, welche dann als Epipolarlinie bezeichnet wird. Mit Hilfe der Vereinfachung durch die Prinzipien der Epipolargeometrie lässt sich der algorithmische Aufwand für die Korrespondenzsuche wesentlich reduzieren. Um die Vereinfachung anwenden zu können, muss für ein Stereo-Kamerasystem der Stereo-Normalfall hergestellt und erhalten werden (Bild 17).

Der Stereo-Normalfall erfordert zunächst eine parallele Ausrichtung der Bildebenen zweier identischer Kameras, d.h. Kameras mit identischen intrinsischen Parametern. Zusätzlich müssen die Bildebenen parallel zur Basislinie sein, welche die optischen Zentren der Kameras verbindet. Die Länge der Basislinie zwischen den optischen Zentren wird auch als Basisbreite eines Stereo-Systems bezeichnet. Neben der parallelen Ausrichtung der Kameras müssen sich die optischen Zentren beider Kameras auf derselben Höhe befinden. Um der vereinfachten Epipolargeometrie vollständig gerecht zu werden, müssen die Bildpunkte einer Bildzeile im linken Kamerabild derselben Bildzeile im rechten Kamerabild entsprechen. Daher ist neben der intrinsischen und extrinsischen Kalibrierung auch ein verzeichnungsfreies Bild der einzelnen Kameras erforderlich.

Die Funktion eines Kamerasystems im Fahrzeug muss über einen großen Temperaturbereich hinweg garantiert werden und unterliegt ständigen Vibrations- und Alterungseffekten. Dazu besitzt ein Kamerasystem immer produktionsbedingte Fertigungstoleranzen, sowie verbaubedingte Einbautoleranzen. Um die Einhaltung des Stereo-Normalfalls auch für ein im Fahrzeug verbautes Stereo-System garantieren zu können, ist in der Regel eine über die genannte

Bild 17: Stereo-Normalfall.

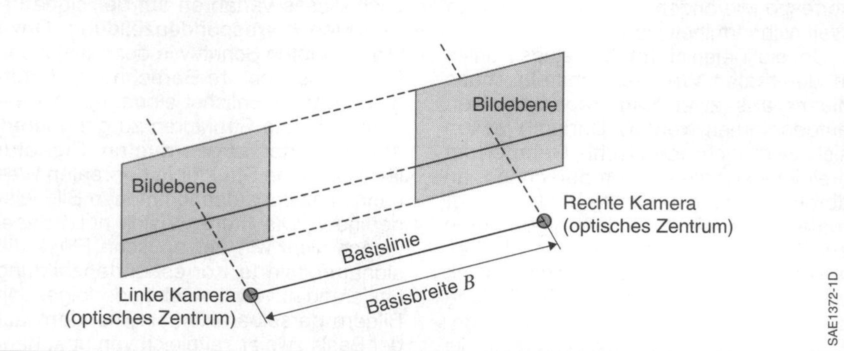

Bild 18: Stereo-Disparität.

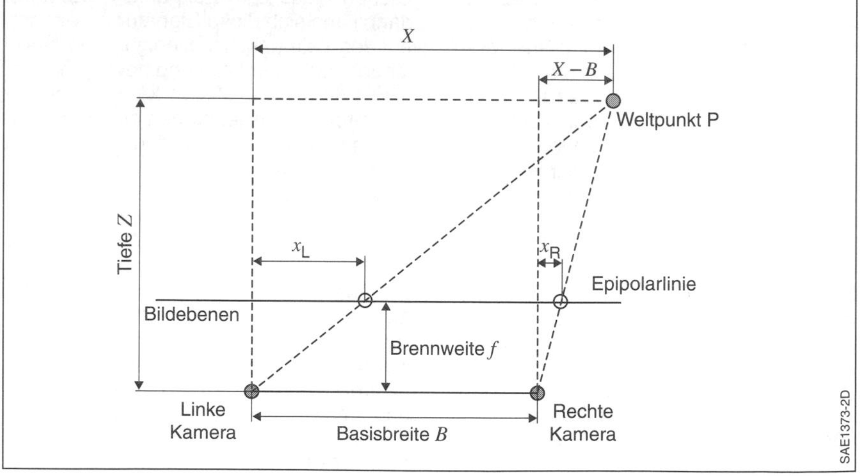

intrinsische und extrinsische Kalibrierung, sowie die Rektifizierung hinausreichende algorithmische Komponente zur Herstellung und Erhaltung des Stereo-Normalfalls zwischen den beiden Kameras erforderlich. Diese Komponente wird auch als Stereo-Kalibrierung bezeichnet.

Ein von beiden Kameras aufgenommener Weltpunkt P wird nun unter Berücksichtigung des Stereo-Normalfalls in den Bildebenen beider Kameras auf die identische Bildzeile, d.h. auf eine Epipolarlinie abgebildet (Bild 18). Für die horizontale Entfernung des Bildpunkts vom optischen Zentrum der linken Kamera gilt unter Berücksichtigung der Brennweite f und der Basisbreite B des Stereosystems folgender Zusammenhang:

$$x_{\mathrm{L}} = \frac{f}{Z} X .$$

Analog gilt für die horizontale Entfernung des Bildpunkts vom optischen Zentrum der rechten Kamera folgender Zusammenhang:

$$x_{\mathrm{R}} = \frac{f}{Z} (X - B) .$$

Die Differenz der horizontalen Position des Bildpunkts im linken und der horizontalen Position des Bildpunkts im rechten Kamerabild wird als Disparität d bezeichnet und beschreibt den Zusammenhang zwischen der Abbildung des Weltpunkts P und der Tiefe Z:

$$d = x_{\mathrm{L}} - x_{\mathrm{R}} = f \frac{B}{Z} .$$

Die Tiefe Z entspricht der Entfernung des Weltpunkts P vom optischen Zentrum des Referenzkamerasystems, d.h. in diesem Fall der linken Kamera. Die Entfernung zum Weltpunkt P ist somit umgekehrt proportional zur Disparität d. Auf diese Weise lässt sich die Disparität für alle in beiden Bildern sichtbaren und eindeutig korrespondierenden Weltpunkte berechnen und eine Disparitätskarte aufbauen, welche die Tiefeninformation der aufgenommenen Szene enthält. Allgemein gilt: Je größer die Disparität, desto näher ist ein Objekt und je kleiner die Disparität, desto weiter weg ist ein Objekt.

Vergleich optischer Fluss und Stereo-Vision

Die Stereo-Vision hat gegenüber der 3D-Rekonstruktion basierend auf dem optischen Fluss mehrere Vorteile, aber auch Nachteile für eine Anwendung im automobilen Umfeld. Das stereobasierte Messverfahren ist im Vergleich zum optischen Fluss ständig verfügbar und nicht von der Eigenbewegung des Fahrzeugs abhängig. Die Tiefenberechnung des flussbasierten Verfahrens hingegen erfordert eine möglichst genaue Eigenbewegungsschätzung und Kenntnis über die Aufnahmezeitpunkte der einzelnen Bilder, da diese einen direkten Einfluss auf die Genauigkeit der Tiefenschätzung haben.

Die Stereo-Vision bietet eine direkte geometrische Möglichkeit der Tiefenberechnung und liefert daher in der Regel eine höhere Messgenauigkeit.

Nachteilig bei der Stereo-Vision ist die Notwendigkeit einer zweiten Kamera, was typischerweise mit deutlich höheren Kosten für ein Stereo-Kamerasystem verbunden ist. Der optische Fluss bietet analog zur Stereo-Vision die Möglichkeit, eine Tiefeninformation basierend auf der Eigenbewegung des Fahrzeugs mit einem in der Regel kostengünstigeren Mono-Kamerasystem zu berechnen. Aus diesem Grund wird das flussbasierte 3D-Rekonstruktionsverfahren „Structure from Motion" auch häufig als „Motion Stereo" bezeichnet [2].

Maschinelle Lernverfahren

Im Bereich der Computer Vision ist eine typische Aufgabe für einen Algorithmus die Suche nach spezifischen Objekten im Bild, wie beispielsweise Fußgängern, Fahrradfahrern, Motorrädern, Autos oder Lastkraftwagen. Die Detektion dieser Objekte ist für ein Computersystem eine herausfordernde Aufgabe, die typischerweise mit Verfahren aus dem Bereich des maschinellen Lernens gelöst wird, welcher einen Teilbereich der künstlichen Intelligenz darstellt.

Maschinelle Lernverfahren ermöglichen es einem Computersystem, spezifische Aufgaben zu bearbeiten, ohne für diese explizit im Vorfeld programmiert worden zu sein. Die Algorithmen lernen basierend auf Bilddatensequenzen, wie sie eine bestimmte Aufgabe am besten bewältigen können. Bei diesen Bilddatensequenzen handelt es sich um sogenannte Trainingsdaten, bei denen im Vorfeld die zu detektierenden Objekte gekennzeichnet wurden. Die Kennzeichnung von Objekten wird auch als Labeln bezeichnet und bildet die Grundlage für das überwachte maschinelle Lernen. Basierend auf den gelabelten Trainingsdaten erzeugt der Algorithmus ein mathematisches Modell, das ihn befähigt, relevante Objekte innerhalb eines Bilds mit einer hohen Wahrscheinlichkeit zu detektieren. Der Algorithmus erkennt diese spezifischen Objekte dabei nicht nur in den bekannten Trainingsdaten, vielmehr ist er in der Lage, diese Objekte auch in neuen und bisher unbekannten Bilddaten zu detektieren. Je größer die gelabelte Trainingsdatenmenge ist, desto wahrscheinlicher ist es, dass der Algorithmus ein spezifisches Objekt in einer ihm bisher unbekannten Szene erkennt. Wichtig ist dabei nicht nur die Anzahl an Trainingsdaten, sondern auch eine möglichst hohe Varianz innerhalb der Trainingssequenzen, wie beispielsweise die Abdeckung verschiedenster Licht- und Wetterbedingungen.

Da die Speicherung der Trainingsdaten typischerweise auf Servern oder einer Datencloud erfolgt, ist die Menge der Trainingsdaten ein wichtiger Kostenfaktor. Idealweise würde ein Computersystem 100 % aller relevanten Objekte innerhalb einer Szene detektieren und klassifizieren. In der realen Welt ist dies aufgrund deren Komplexität jedoch nicht möglich. Somit muss das Ziel der Objekterkennung eine möglichst hohe Detektionsrate bei gleichzeitig geringer Fehlerrate sein. Bei maschinellen Lernverfahren hängt die erreichbare Detektionsrate maßgeblich von der eingesetzten Trainingsdatenmenge und somit den damit verbundenen Datenkosten ab.

Kaskadierter Objektklassifikator

Ein Beispiel für die Umsetzung eines maschinellen Lernverfahrens bildet der kaskadierte Objektklassifikator, der typischerweise auf einem überwachten Lernverfahren basiert. Dabei ist für jedes Eingangsdatum aus der gelabelten Trainingsdatenmenge definiert, zu welchem Ergebnis die Klassifikation führen muss. Typischerweise wird ein kaskadierter Objektklassifikator zur Detektion einer Objektklasse eingesetzt wie beispielsweise Fußgänger, Fahrradfahrer oder Motorradfahrer.

Ein kaskadierter Objektklassifikator besteht in der Regel aus mehreren Klassifikatoren, die in Form einer Entscheidungskaskade verknüpft werden. Diese wird dann auf jeden Bildpunkt des eingehenden Bilddatenstroms angewendet. Wird die Entscheidungskaskade vollständig durchlaufen, dann ist mit sehr hoher Wahrscheinlichkeit an dieser Bildposition ein relevantes Objekt vorhanden. Wird die Kaskade nicht vollständig durchlaufen, dann existiert mit sehr hoher Wahrscheinlichkeit an der prozessierten Bildposition kein relevantes Objekt. Die Entscheidungskaskade wird dann vorzeitig abgebrochen und die aktuelle Bildpositionen verworfen. Durch das frühzeitige Verwerfen von nicht relevanten Positionen ermöglicht die kaskadierte Struktur eine Optimierung der Gesamtlaufzeit des Objektklassifikators, da nicht für jede Bildposition alle vorhandenen Klassifi-

Bild 19: Kaskadierter Objektklassifikator.

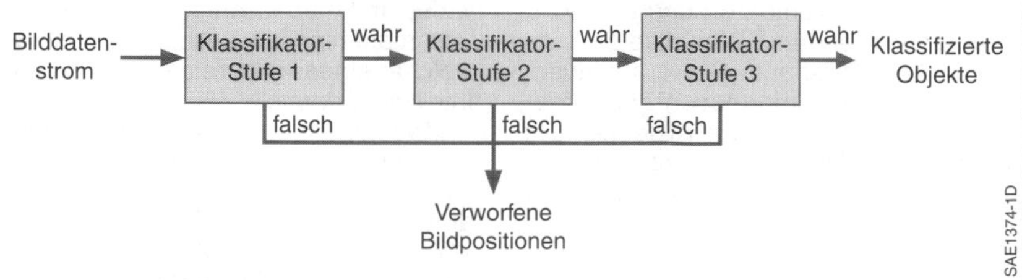

katorstufen berechnet werden müssen (Bild 19).

Jede Klassifikatorstufe besteht aus einem Entscheidungsbaum, der sich wiederum aus einzelnen verknüpften Features zusammensetzt. Beim eingesetzten Featuretyp handelt es sich im einfachsten Fall, wie bei der Implementierung des optischen Flusses, um Haar-like-Features. Die Art und Weise der Verknüpfungen innerhalb des Entscheidungsbaums, sowie die konkrete Ausgestaltung der Features wird durch das zuvor ausgeführte Lernverfahren bestimmt (Bild 20). Für die Umsetzung eines kaskadierten Objektklassifikators sind in der Literatur zahlreiche algorithmische Verfahren bekannt [3].

Bild 20: Klassifikatorstufe mit Haar-like-Features.

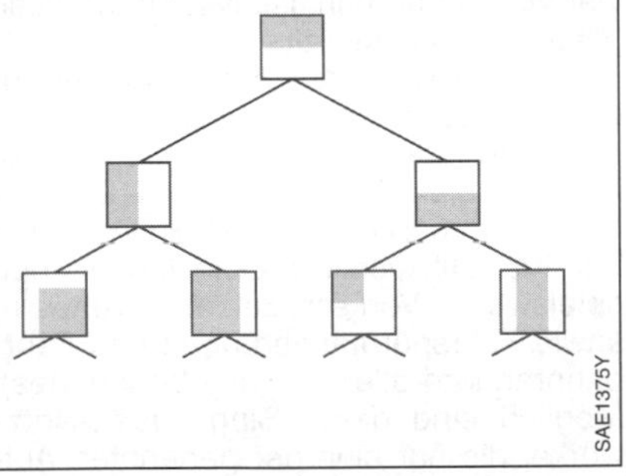

Bild 21: Zusammenhang zwischen Detektionsrate und Datenmenge

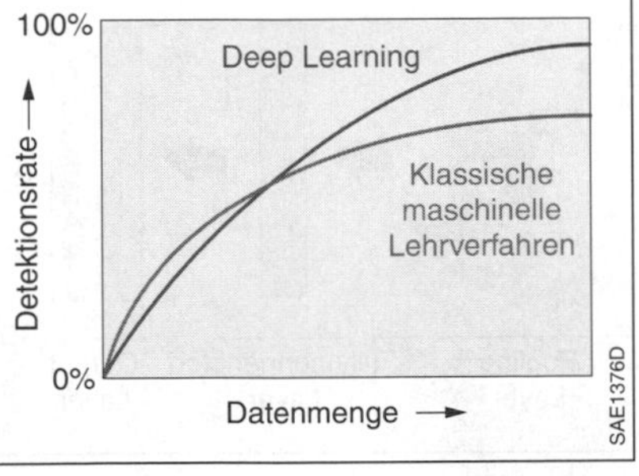

Deep Learning

Im Bereich des maschinellen Lernens gilt der prinzipielle Zusammenhang, dass eine größere Menge an gelabelten Trainingsdaten zu einer höheren Detektionsrate der verwendeten Algorithmen führt. Insbesondere gilt dies für die Verfahren des Deep Learnings, die im Vergleich zu klassischen maschinellen Lernverfahren wie beispielsweise einem kaskadierten Objektklassifikator bei einer zunehmenden Menge an Trainingsdaten eine höhere Detektionsleistungsfähigkeit erreichen können (Bild 21).

Die Verfahren des Deep Learning basieren auf künstlichen neuronalen Netzen (artificial neural networks), deren Struktur auf abstrakter Ebene an die Informationsverarbeitung im menschlichen Gehirn angelehnt ist. Die Algorithmen nutzen dabei mehrere Verarbeitungsstufen (layer), welche die eingehenden Rohbilddaten schrittweise prozessieren. Die Algorithmen des Deep Learning lernen dabei selbstständig, welche Berechnungsparameter in welchem Level eingesetzt werden müssen, um ein optimales Detektionsergebnis zu erzielen.

Eine Umsetzungsmöglichkeit für ein künstliches neuronales Netz ist das Deep Neural Network (DNN), bei dem die Datenverarbeitung in nur einer Richtung von Input Layer zum Output Layer erfolgt (Bild 22). Das DNN arbeitet somit signaltheoretisch ausschließlich auf dem Vorwärtspfad (feedforward). Für den Bereich der Computer Vision werden typischerweise Convolutional Neural Networks (CNN) eingesetzt, die eine besondere Form des Deep Neural Networks darstellen. In den internen Verarbeitungsstufen eines CNN kommen diskrete Faltungsoperationen (convolutions) zum Einsatz, die im Vergleich zur allgemeinen Matrixmultiplikation eines DNN mit einfacheren Filteroperationen durchgeführt werden können und sich somit mit weniger Aufwand in einem eingebetteten System umsetzen lassen. Die Verarbeitungsstufen zwischen Input und Output Layer werden dabei auch als versteckte Ebenen (Hidden Layer) bezeichnet.

Bild 22 zeigt eine stark vereinfachte Darstellung einer typischen CNN-Architektur aus dem Bereich der Computer

Vision. Die dargestellte CNN-Netzwerkarchitektur basiert dabei auf den zuvor rektifizierten Bilddaten, welche in diesem Zusammenhang als Input Layer bezeichnet werden. Der Convolutional Layer ist die zentrale Einheit der CNN-Architektur und beinhaltet ein adaptierbares Filterset, das mittels diskreter Faltung (convolution) auf die Eingangsbilddaten angewendet wird. Auf diese Weise wird für jeden Filterkernel, der einem künstlichen Neuron entspricht, eine spezifische Aktivierungsschwelle ermittelt. In Abhängigkeit vom Ergebnis des CNN werden die Werte der Filterkernel selbstständig vom Netzwerk optimiert, d.h., das neuronale Netz lernt selbstständig dazu. Im Pooling Layer wird die vorhandene Datenmenge durch Kombination der Filterantworten ausgedünnt und die Größe der Filterkernel verringert. Im anschließenden Fully-connected Layer werden alle Neuronen des Pooling Layers mit allen Neuronen des nachfolgenden Output Layers verbunden. Bei einem CNN-basierten Klassifikator entspricht die Anzahl der Neuronen im Output Layer in der Regel der Anzahl der zu klassifizierenden Objektklassen.

In der Regel sind in einem CNN mehrere aus Convolutional und Pooling Layer bestehende und miteinander verknüpfte Einheiten vorhanden, die somit ein mehrstufiges oder auch tiefes neuronales Netzwerk bilden. Für die Umsetzung eines CNN in einem Fahrerassistenzsystem wird die CNN-Netzwerkarchitektur typischerweise auf die Architektur eines geeigneten Hardwarebeschleunigers innerhalb des eingebetteten Systems angepasst.

Im Bereich der Fahrerassistenzsysteme wird ein CNN in der Regel während des Entwicklungsprozesses angelernt und in einem definierten Stand in die Serie übernommen. Das Training findet dabei überwacht statt, d.h. die Objektklassen für den Output Layer des neuronalen Netzes sind während der Lernphase vorgegeben. Die Absicherung eines auf Deep Learning basierenden Algorithmus ist Gegenstand der Validation. Diese basiert in der Regel auf einer von den Trainingsdaten unabhängigen Menge an Validationsdaten.

Ein CNN benötigt im Vergleich zu anderen algorithmischen Verfahren wie beispielsweise die auf Kantenfilter basierende Liniendetektion keine zusätzliche Aufbereitung der Eingangsbilddaten. In den klassischen Bildverarbeitungsverfahren müssen die Filterkernel in der Regel anwendungsspezifisch entwickelt werden, ein neuronales Netz lernt diese Filter dagegen implizit.

Eine der typischen Anwendungen für ein CNN ist die semantische Segmentierung, die jedem Bildpunkt eine der gelernten Objektklassen zuordnet. Darüber hinaus ermöglicht ein CNN die Detektion und Klassifikation von Objekten wie beispielsweise Verkehrszeichen, Ampeln, sowie Fahrspurmarkierungen und Fahrbahnrändern aller Art (any boundaries). Möglich sind dabei Single-Task-Netzwerke, die nur eine der genannten Auf-

Bild 22: Stark vereinfachte Darstellung einer typischen CNN-Architektur.

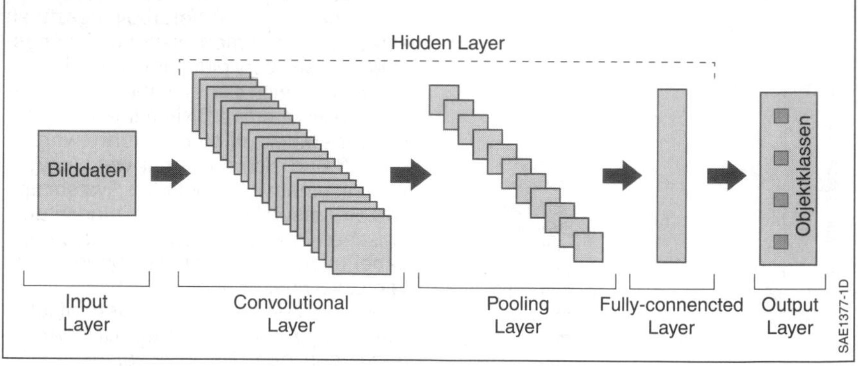

gaben bearbeiten, sowie Multi-Task-Netzwerke, welche die Ausführung mehrerer Aufgaben innerhalb eines CNN ermöglichen. Die Architektur von Single-Task- und Multi-Task-Netzwerken ist ebenfalls Gegenstand der aktuellen Forschung im Bereich der Computer Vision.

Datenschnittstelle

Über die Datenschnittstelle der Computer Vision werden typischerweise Objekte und Messdaten übertragen. Zu den von den klassischen Bildverarbeitungsalgorithmen und den maschinellen Lernverfahren detektierten oder klassifizierten Objekten zählen beispielsweise Linien, Lichtpunkte, Fahrzeuge oder Fußgänger.

Im Fall der Messdaten wird beispielsweise die mithilfe der 3D-Rekonstruktion ermittelte Tiefenkarte übertragen.

Literatur

[1] W. Burger, M. J. Burge: Digitale Bildverarbeitung. 3. Auflage, Springer, 2015.
[2] R. Hartley, A. Zisserman: Multiple View Geometry in Computer Vision. 2nd Edition, University Press, Cambridge, 2004.
[3] H. Süße, E. Rodner: Bildverarbeitung und Objekterkennung: Computer Vision in Industrie und Medizin. Verlag Springer Vieweg, 2014.

Sensordatenfusion

Einführung

Wahrnehmung des Umfelds
Menschen nehmen beim Autofahren den Großteil der Informationen zur Umgebungserfassung durch den visuellen Sinn wahr. So könnte man zu dem Schluss kommen, dass ein autonom fahrendes Fahrzeug nur einen Videosensor benötigt, um das Umfeld wahrzunehmen. Aktuelle autonom fahrende Plattformen verfügen jedoch über eine Vielzahl von Sensoren, die nach unterschiedlichen Messprinzipien funktionieren. Die Wahrnehmung des Umfelds erfolgt dann auf Basis der „fusionierten Messungen" dieser Sensoren. Die Sensordatenfusion beschäftigt sich mit der Fragestellung, wie Messungen von mehreren Sensoren kombiniert werden sollten, um eine Szene optimal wahrnehmen zu können. Mit Sensordaten sind somit die erfassten Messdaten und nicht die Werte aus Datenblättern (z.B. Messbereich, Genauigkeit) gemeint.

Sensordatenfusion im AF-Umfeld
Sensordatenfusion ist im Bereich des automatisierten Fahrens (AF) aus mehreren Gründen unumgänglich. Menschen haben im Rahmen der Evolution eine hoch effektive und effiziente Wahrnehmung auf Basis von visuellen Reizen entwickelt. Aktuell ist man noch nicht in der Lage, das so gut und recheneffizient zu emulieren, dass es sich in einem Fahrzeug mit limitierten Energieressourcen implementieren lässt. Insbesondere in Schlechtwetterszenarien kommen aktuelle Videosensoren an ihre Grenzen, z.B. aufgrund von geringem Signal-Rausch-Verhältnis (SNR, Signal-to-Noise Ratio) und damit eingeschränktem Detektionsvermögen.

Weiterhin muss eine AF-Lösung besser als ein Mensch und gleichzeitig sicher sein, um von der Gesellschaft akzeptiert zu werden. Der Verarbeitungsaufwand in der Wahrnehmung kann reduziert werden, indem die Szene sehr gut gemessen wird und zwar so, dass die Trennbarkeit von interessantem zu nicht-interessantem Szeneninhalt durchgehend so groß wie möglich wird. Das geht aktuell, indem man mehrere Sensoren benutzt, um das Umfeld zu messen. Zusätzlich erhöhen fusionierte Messungen mehrerer Sensoren auch die Sicherheit, vor allem im Falle eines Sensorausfalls.

Glossar
Im Bereich der Sensordatenfusion werden spezielle Begriffe verwendet, die hier erläutert werden.

Sensorraum
Der Sensorraum enthält die Darstellung der Umgebung auf Grundlage der Sensormessungen, z.B., sind es im Fall eines Videosensors Pixel oder Bilder, im Fall eines Lidarsensors sind es Punktwolken.

Merkmalsvektor
Dies ist ein Vektor mit Merkmalen. Bezüglich eines Musters ist ein Merkmal ein Skalar, durch den ein bestimmter Aspekt des Musters beschrieben wird.

Inferenz
Inferenz beschreibt die Gewinnung von Information durch Schlussfolgerung. Im Rahmen einer stochastischen Betrachtung beschäftigt sie sich mit der Berechnung von Verbund- und bedingten Wahrscheinlichkeiten, z.B., wird im Fall eines Klassifikators die bedingte Wahrscheinlichkeit des Klassenausgangs abhängig vom Merkmalsvektor-Eingang berechnet.

Perzeption
Als Perzeption wird ein unbewusster Prozess individueller Informations- und Wahrnehmungsverarbeitung bezeichnet, der im Bewusstsein des Informationsempfängers Vorstellungsbilder von wahrgenommenen Teilaspekten der Wirklichkeit entstehen lässt.

Heuristik
Als Heuristik wird die Kunst bezeichnet, mit nur begrenztem Wissen wahrscheinliche Aussagen zu erhalten.

Sensoren

Es gibt aktuell im AF-Umfeld mehrere Arten von Sensoren, deren Messdaten fusioniert werden, um die Szene wahrzunehmen. Jeder Sensor misst dabei bestimmte spezifische Eigenschaften von Objekten (z.B. von Verkehrsschildern, von einem am Straßenrand stehenden Fahrzeug, von Fußgängern). Über diese Eigenschaften ist es dann möglich, die Objekte vom Hintergrund zu separieren und untereinander zu differenzieren – unter der Annahme, dass sich diese Unterschiede in den Sensormessungen wiederfinden.

Sensortypen

Videosensoren

Videosensoren (Bildsensoren, Imager) arbeiten mit elektromagnetischen Wellen im Bereich des sichtbaren Lichts. Ein Videosensor ist in der Lage, Photonen in Ladung beziehungsweise in Spannung umzuwandeln. Er generiert ein Signal in Abhängigkeit der Intensität und Farbzusammensetzung des Lichts, das auf den Sensor fällt.

Es gibt zwei Arten von Objekten: Lichtquellen und Reflektoren. In beiden Fällen ist die Zusammensetzung des Lichts, das von einem Objekt kommt, abhängig von spezifischen Objekteigenschaften (z.B. Oberflächenstruktur).

Lidarsensoren

Lidarsensoren arbeiten mit Infrarotlicht. Im Unterschied zum Videosensor ist Lidar ein aktiver Sensor. Lidar sendet Lichtstrahlen mit einer bestimmten Verteilung in der Szene und empfängt die Reflexionen wieder. Über die Zeitverzögerung, mit dem das ausgestrahlte Licht nach Reflexion am Objekt vom Sensor empfangen wird, misst der Lidar den Abstand zu den Objekten in der Szene. Es entsteht so eine 3D-Repräsentation der Szene. Die Objekte werden dann über deren geometrische Struktur unterschieden. Moderne Lidarsensoren sind auch in der Lage, die Geschwindigkeit der Objekte zu messen.

Radarsensoren

Radarsensoren arbeiten mit elektromagnetischen Wellen im Radiobereich. Radar ist ebenfalls ein aktiver Sensor, er strahlt ein Signal aus und misst die Reflexion des Signals an Objekten in der Szene. Prinzipiell wird über die Zeitverzögerung der Abstand zum Objekt gemessen.

Radarsensoren messen auch die Geschwindigkeit des Objekts und Eigenschaften der reflektierenden Objektoberfläche. Im Vergleich zu Lidar liefert Radar typischerweise eine spärlichere 2D-Entfernungskarte und keine dichte 3D-Darstellung der Szene, aber die Qualität der Radarmessungen ist signifikant weniger anfällig gegen Witterungsbedingungen. Durch verschiedene technische Ansätze kann die Auflösung von Radarsensoren signifikant erhöht werden.

Ultraschallsensoren

Ultraschallsensoren arbeiten mit Schallwellen oberhalb des Hörfrequenzbereichs. Sie sind ebenfalls aktive Sensoren. Ultraschallsensoren haben eine sehr geringe Reichweite im Vergleich zu Video, Lidar oder Radar, sind aber kostengünstig und robust gegenüber Witterungsbedingungen.

Wahrnehmung

Um eine Szene wahrzunehmen, wird die Information aus dem Umfeld, so wie diese durch einen Sensor gemessen wird, in einem ersten Schritt analysiert und relevante Szeneninhalte (z.B. Objekte) detektiert und über die Zeit verfolgt. In einem zweiten Schritt werden die Objekte in Relation zueinander gesetzt. Dabei wird zusätzliche Information generiert, die zusammen mit der im ersten Schritt extrahierten Information die Szene vollständig beschreibt.

Auf dem Weg von der Sensormessung zum detektierten Objekt durchläuft die Szeneninformation verschiedenen Verarbeitungsschritte (Bild 1). Um die Objektdetektion und die Verfolgung (Tracking) zu verbessern, werden Informationen von mehreren Sensoren an verschiedenen Stellen entlang dieser Verarbeitungskette kombiniert.

So beschäftigt sich die Sensordatenfusion mit der Verarbeitung von Information, die aus den Messungen verschiedener Sensoren gewonnen wird. Ziel ist, robust und mit einer hohen Güte wichtige

Szeneninhalte von unwichtigen zu trennen und diese über die Zeit zu verfolgen.

Darstellung der Fahrszene
Aktuell folgen die meisten algorithmischen Lösungen der Fusionsaufgabe zwei Architekturen, die sich nach der Art und Weise, wie Information aus der Fahrszene dargestellt wird, unterscheiden.

Grid-Ansätze
Grid-Ansätze bauen auf eine Diskretisierung der Fahrszene in typischerweise nicht überlappende Bereiche. Zu jedem Zeitpunkt wird auf Grundlage der Sensormessungen entschieden, ob einer dieser Bereiche von einem Objekt belegt wird. In weiteren Schritten können dann einzelne Bereiche zu Objekten aggregiert werden [1].

Objektmodell-Ansätze
Objektmodell-Ansätze wiederum nutzen von Anfang an eine explizite Darstellung der Objekte. Diese Darstellung ist geometrischer Natur und wird üblicherweise auf Grundlage des umschließenden Polytops gebaut. Sie beinhaltet Objekteigenschaften wie Größe, Orientierung, Position oder Dynamik und wird zu jedem Zeitpunkt auf Grundlage der Sensormessungen erneut berechnet.

Bild 1: Funktionelles Blockschaltbild der frühen Fusion.

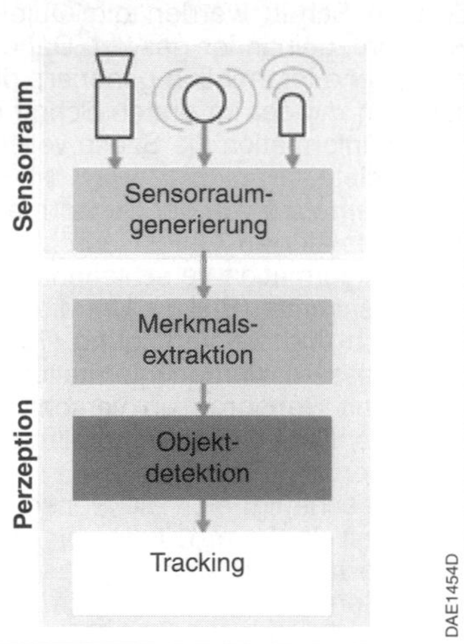

Fusionstypen

Abhängig von der Position entlang der Verarbeitungskette, an der die Informationen der Sensoren kombiniert werden, unterscheidet man drei verschiedene Arten von Sensordatenfusion.

- Frühe Fusion: Hier werden Sensormessungen direkt miteinander kombiniert. Dies geschieht direkt am Sensorausgang, vor jeglicher Weiterverarbeitung.
- Mittlere Fusion: Hier werden zuerst sensorspezifisch bestimmte wahrnehmungsbezogene Informationsverarbeitungsschritte vorgenommen, bevor die Ergebnisse dieser Schritte kombiniert werden.
- Späte Fusion: Hier werden Objekte sensorspezifisch wahrgenommen, bevor sie kombiniert werden.

Frühe Fusion
Auf dem Weg von den Sensormessungen zu einem detektierten Objekt durchläuft die Szeneninformation mehrere Verarbeitungsschritte. So werden Messungen aus dem Sensorraum zu Merkmalsvektoren aggregiert, bevor entschieden wird, ob und was für ein Objekt sich an einer bestimmten Stelle befindet.

Im Falle der frühen Fusion erstreckt sich der Sensorraum über alle verfügbaren Sensoren. Diesem gemeinsamen Sensorraum unterliegt ein Modell, das beschreibt, wie einzelne Sensormessungen miteinander kombiniert werden sollen. Die Parameter des Modells können auf Basis von A-priori-Wissen gesetzt oder aus Daten gelernt werden. Das Blockschaltbild dieser Art der frühen Fusion ist in Bild 1 dargestellt.

Traditionelle Ansätze
Traditionelle Ansätze zur frühen Fusion beinhalten einen separaten Schritt, in dem der Sensorraum explizit generiert wird und die Parameter des Modells anhand unterschiedlicher Überlegungen gesetzt werden. Dieser Schritt stellt die Grundlage dar, auf dem die anderen Informationsverarbeitungsschritte funktionieren.

Lernendes Verfahren
Soll ein lernendes Verfahren zugrunde liegen, so besteht die Möglichkeit, die Sensorraumgenerierung mit darauffolgenden und ebenfalls lernbasierten Informationsverarbeitungsschritten zu kombinieren. Dabei werden die Parameter der jeweiligen algorithmischen Blöcke gemeinsam gelernt. In diesem Fall wird der Sensorraum nur implizit generiert. Durch optimale gegenseitige Anpassung der aufeinander aufbauenden Schritte können bessere Ergebnisse erzielt werden. Allerdings ist es in dem Fall schwerer nachzuvollziehen, welche Art von Information wo verwendet wird und welche Wirkung jeder Schritt entlang der Verarbeitungskette hat. Neuronale Netzwerke bieten die Möglichkeit, solch eine Vorgehensweise relativ einfach zu implementieren.

Diskussion
Die Wahrnehmung funktioniert wie ein Informationstrichter. Dieser extrahiert aus der Übermenge an Szeneninformationen, welche die Sensoren messen, nur die für die AF-Aufgabe relevanten Informationen. Es werden also an verschiedenen Stellen Informationen durch verschiedene Mechanismen ausgefiltert. Einer dieser Mechanismen sieht vor, dass potentielle Objektinformationen mit reduziertem SNR ignoriert werden. Das führt dazu, dass viele falsche Detektionen, aber gleichzeitig auch einige korrekte Detektionen verhindert werden.

Die frühe Fusion hat das Potential, eine optimale Wahrnehmungsleistung zu erreichen. Das resultiert hauptsächlich daraus, dass komplementäre Informationen aus allen Sensoren benutzt werden, ohne Objektinformation mit reduziertem SNR von einem Sensor zu verwerfen. Auch wenn ein Objekt Informationen mit geringem SNR bei allen Sensoren aufweist, hat man im Falle einer frühen Sensordatenfusion eine gute Chance, das Objekt zu detektieren, indem man die Abhängigkeiten zwischen den Messungen in verschiedenen Sensorräumen analysiert.

Die frühe Fusion weist auch bestimmte Nachteile auf. Für optimale Ergebnisse müssen die Sensoren sehr genau synchronisiert werden. Dies ist häufig schwierig, da sich die Zeitpunkte der Messung von Sensor zu Sensor sehr stark unterscheiden können. Auch die Kalibrierungsanforderungen sind im Falle der frühen Fusion sehr streng und die Hardware-Anforderungen steigen, da größere Mengen an Daten gleichzeitig bearbeitet werden müssen. Kalibrierung bezeichnet den Prozess der Bestimmung von Sensorparametern. Des Weiteren kann bereits der Ausfall eines einzigen Sensors zu Problemen in der nachfolgenden Verarbeitungskette führen.

Eine weitere Schwierigkeit praktischer Art besteht darin, dass die Sensorschnittstelle noch nicht standardisiert ist. Die ISO 23150 Norm TC22/SC31 [8], welche diese Schnittstelle in Zukunft standardisieren soll, ist aktuell in Vorbereitung. Nicht alle Sensoren stellen eine Rohdatenschnittstelle zur Verfügung oder erreichen die notwendigen Synchronisierungs- und Kalibrierungsanforderungen.

Mittlere Fusion
Im Fall der mittleren Fusion werden die Sensorräume der einzelnen Sensoren nach auffälligen Regionen untersucht und eventuell Merkmale extrahiert, be-

Bild 2: Funktionelles Blockschaltbild der mittleren Fusion.
S Sensorraumgenerierung,
M Merkmalsextraktion.

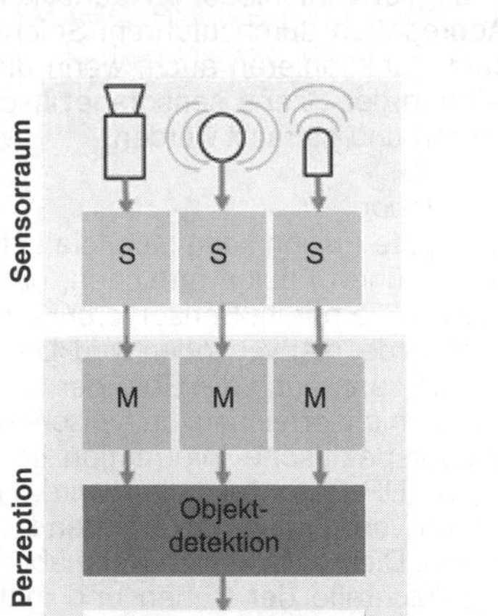

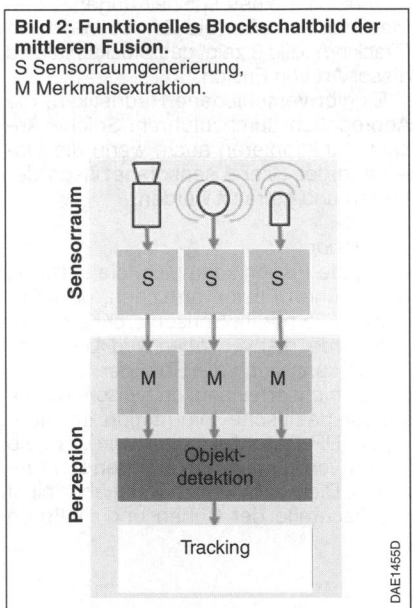

vor diese zur Objektdetektion kombiniert werden. Ähnlich zur frühen Fusion werden so Objekte auf Basis einer sensorübergreifenden Beschreibung der Szene detektiert, allerdings ist die Suche nach auffälligen Regionen sensorspezifisch. Bild 2 zeigt ein typisches Blockschaltbild für diese Art von Fusion.

Diskussion
Die mittlere Fusion hat das Potential für verbesserte Leistung bei ähnlichen, aber weniger ausgeprägten Nachteilen der frühen Fusion. So sind die Synchronisations-, Verfügbarkeits- und auch Hardware-Anforderungen weniger streng, da nicht alle Messungen der verschiedenen Sensoren gleichzeitig bearbeitet werden müssen. Die Schwierigkeiten bezüglich der Schnittstelle bleiben aber auch für die mittlere Fusion erhalten.

Späte Fusion
Im Falle der späten Fusion werden zuerst sensorspezifisch Objekte detektiert, bevor diese dann sensorübergreifend aggregiert werden. Eine Möglichkeit der Aggregation besteht darin, die sensorspezifisch detektierten Objekte gemeinsam mithilfe eines speziell angepassten Messmodells über die Zeit zu verfolgen (Tracking). Bild 3 zeigt das Blockschaltbild dieser Art von Fusion.

Es gibt verschiedene Heuristiken, die Aggregation durchzuführen. Solche Ansätze funktionieren auch, wenn die Objekte in der Szene sensorspezifisch detektiert und getrackt werden.

Diskussion
Die späte Fusion kann nicht die Leistung einer frühen Fusion erreichen, da Information, die nur im Sensorverbund detektiert würde, hier verworfen wird. Die späte Fusion kann auch die Güte der mittleren Fusion nicht erreichen, da typischerweise sensorspezifische Information im niedrigen SNR-Bereich ignoriert wird, um die Anzahl von falschen Detektionen zu reduzieren. Die späte Fusion weist aber nicht die Nachteile der frühen und mittleren Fusion aus. Da keine Sensormessungen oder Szenenbeschreibungen verarbeitet werden, sondern Objekte, ist die Datenrate sehr gering. Die Synchronisations- und Kalibrierungsanforderungen sind ebenfalls gering und die Sensorverfügbarkeit ist unkritisch, da bei Ausfall eines Sensors aus dem fusionierten Verbund die Szene trotzdem wahrgenommen werden kann, indem die Objekte der anderen Sensoren analysiert werden.

Anwendung der Fusionstypen
Die späte Fusion ist zurzeit im Bereich der Fahrerassistenzsysteme die am häufigsten eingesetzte Lösung. Die Verfügbarkeit von größeren Rechenkapazitäten und die Notwendigkeit einer höheren Leistung im Bereich des automatisierten Fahrens führt dazu, dass vor allem die mittlere Fusion im Fokus der Entwicklung steht. Die frühe Fusion bietet sich vor allem als Benchmark und für Aufgaben mit höchsten Leistungsanforderungen an.

Bild 3: Funktionelles Blockschaltbild der späten Fusion.
S Sensorraumgenerierung,
M Merkmalsextraktion,
D Objektdetektion.

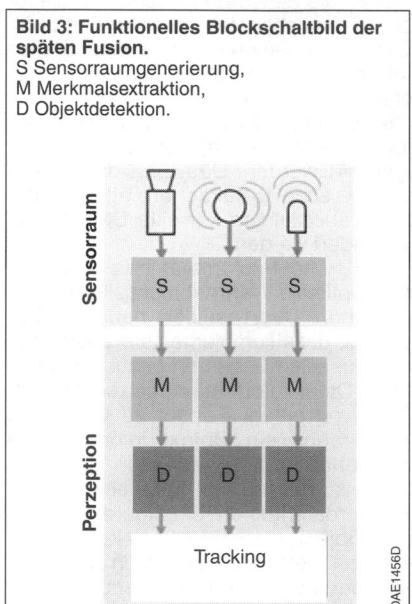

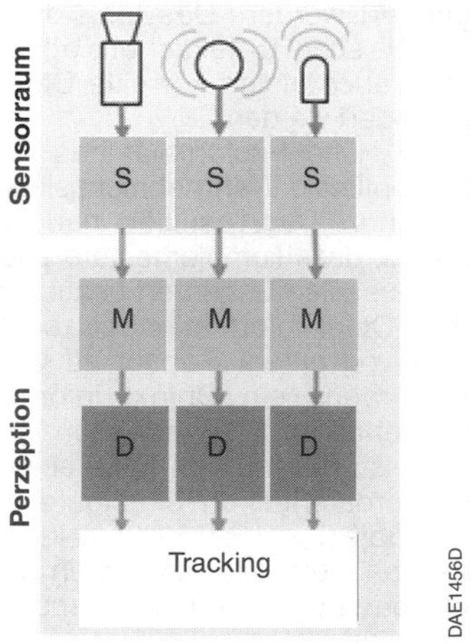

Informationsgrundlage der Objektdetektion
In Abhängigkeit von der Art und Weise, wie Information über die Zeit im Entscheidungsproblem der Objektdetektion eingeführt wird, gibt es mehrere Möglichkeiten, diesen Schritt algorithmisch zu gestalten. Tiefe neuronale Netzwerke mit speziellen Architekturen [2] spielen hier eine besondere Rolle.

Sensorspezifische Messungen (oder daraus generierte Merkmale) können gemeinsam über auffällige Regionen getrackt werden. So steht der Objektdetektion eine Historie von sensorspezifischen Informationen zur Verfügung. Alternativ wird für die Detektion nur Information benutzt, die über sensorübergreifende auffällige Regionen aus sensorspezifischen Messungen ohne Historie gesammelt wurde. Insbesondere für die frühe und mittlere Fusion führt die Entscheidung über die Vorgehensweise bei Objektdetektion entsprechend zu einer Anpassung des funktionellen Blockschaltbilds. Der Aggregationsschritt kann dann unterschiedliche Aufgaben lösen, wie z.B. Tracking oder das Konsolidieren von Tracking-Ergebnissen.

KI-basierte Sensordatenfusion

Künstliche Intelligenz
Die künstliche Intelligenz (KI) beschäftigt sich mit der Fragestellung, wie eine Maschine programmiert oder konstruiert werden muss, um Aufgaben zu erledigen, für die ein Mensch Intelligenz einsetzen muss. Intelligenz wird definiert als die Fähigkeit, Information zu gewinnen (z.B. durch Wahrnehmung oder durch Inferenz), diese als Wissen zu speichern und zu nutzen, um optimal zu handeln und sich Änderungen durch das Lernen anzupassen. Dabei wird im Allgemeinen die Zielsetzung verfolgt, durch Einsatz von KI Menschen zu unterstützen oder gar zu ersetzen. So stellt die KI den Eckstein des autonomen Fahrens dar.

Die Sensordatenfusion ist wichtig, um im Rahmen der Wahrnehmung Objekte zu detektieren und zu verfolgen, wobei unter Detektion sowohl die Einteilung in wichtige und unwichtige Objekte (d.h. Detektion), als auch die Spezifikation des Objekttyps (d.h. Klassifikation) verstanden wird. Mit Hilfe von unterschiedlichen Sensoren kann die Szene optimal gemessen und so die Grundlage für eine optimale Detektion und Verfolgung geschaffen werden.

Die Verfolgung (oder auch Tracking) von Objekten sowie deren Detektion werden als Teil der Wahrnehmung durch KI-Algorithmen implementiert. Üblicherweise werden die Parameter der Algorithmen, die das Tracking implementieren, auf Grundlage von A-priori-Wissen festgesetzt, während die Parameter der Algorithmen, die die Detektion implementieren, aus Trainingsdaten gelernt werden. Es gibt aber auch algorithmische Lösungen für das Tracking-Problem, die auf lernende Ansätze bauen.

Im Folgenden wird in Kürze auf die algorithmischen Paradigmen, die es ermöglichen, Detektion und Tracking durchzuführen, und dann jeweils auf die im AF-Kontext gängigsten Ansätze eingegangen. Fusionsansätze unterscheiden sich in der Art und Weise, wie sie diese Algorithmen kombinieren und implementieren.

Objektdetektion

Um Objekte zu detektieren, wird ein Entscheidungsproblem gelöst. Es werden alle Sensormessungen analysiert und entschieden, ob diese von einem Objekt stammen. In der Praxis ist die Definition eines Objekts sehr unterschiedlich. So kann ein Objekt als Teil einer Menge, wie z.B. alles was sich bewegt, oder alleinstehend, z.B. ein Motorrad, verstanden werden. Man spricht damit von Detektion, wenn man wichtiges von nicht wichtigem trennt, wobei was wichtig ist, ist problemabhängig.

Klassifikatoren

Entscheidungsprobleme werden durch Klassifikationsalgorithmen gelöst. Diese Algorithmen implementieren Klassifikatoren. Diese sind mathematische Funktionen, die eine Beziehung zwischen einem Eingang und einem diskreten Ausgang darstellen. Der Eingang ist ein mathematisches Objekt (üblicherweise ein Vektor), der eine Darstellung des Gegenstands enthält, worüber entschieden werden soll. Der Ausgang steht in Verbindung mit einem Label für eine Klasse, zu der dieser Gegenstand gehört. Im Fall der Objektdetektion stellen die Sensormessungen (oder daraus direkt abgeleitete Größen) den Eingang der Klassifikationsalgorithmen dar und der Satz von Objekttypen den Ausgang.

Der mathematische Ausdruck eines Klassifikators ist ein wichtiger Designparameter. Von besonderer Bedeutung in Anbetracht deren Performanz sind neuronale Netzwerke (NN), wobei verschiedene Arten von Klassifikatoren existieren. Neuronale Netzwerke sind Klassifikatoren, die durch die Kombination aus mehreren einfacheren Funktionen, d.h. Neuronen, gebaut werden.

Die Parameter eines Klassifikators können entweder manuell auf Basis von A-priori-Wissen, oder automatisch bestimmt werden. Die automatische Bestimmung der Parameter geschieht als Training im Rahmen eines maschinellen Lernverfahrens. Die Berechnung des Ausgangs eines Klassifikators für einen gegebenen Eingang wird als Inferenz bezeichnet.

Dem Training können entweder Daten oder Belohnungen zugrunde liegen. Sollen ausschließlich Eingangs-Ausgangs-Paarungen (d.h. gelabelte Daten) während des Trainings benutzt werden, so wird das Training überwacht. Soll das Training ausschließlich Eingangsdaten (d.h. nicht gelabelte Daten) benutzen, so wird das Training nicht überwacht. Es besteht auch die Möglichkeit, eine Mischung von gelabelten und nicht-gelabelten Daten zu benutzen.

Lineare Klassifikatoren und das Perzeptron

Das einfachste Entscheidungsproblem, das ein Klassifikator lösen könnte, ist binär. In diesem Fall soll der Eingang des Klassifikators zu einer von nur zwei möglichen Klassen zugeordnet werden. Da Mehr-Klassen-Entscheidungen als Kombination mehrerer binärer Entscheidungen getroffen werden können, ist die Betrachtung des binären Klassifikators vorerst ausreichend.

Der einfachste binäre Klassifikator basiert auf einer linearen Funktion $C: \mathbb{R}^N \rightarrow \mathbb{R}$, d.h. ein Polynom erster Ordnung. Diese Funktion ordnet jedem Eingangsvektor $\vec{x}$ einen Ausgang y als $y = \vec{w}^T \vec{x}$ zu, wobei $\vec{w}$ ein Vektor mit Parametern ist.

Ein Klassifikationsalgorithmus ordnet den Eingang einem Klassenlabel zu. Da die Funktion C einen reellen Wert am Ausgang liefert, soll im Rahmen des Klassifikationsalgorithmus der Ausgang y auf eine Labelmenge, z.B. {0,1} abgebildet werden. Das geschieht in der Regel mithilfe einer nichtlinearen Funktion H. Ein

Bild 4: Grafische Darstellung eines linearen Klassifikators.

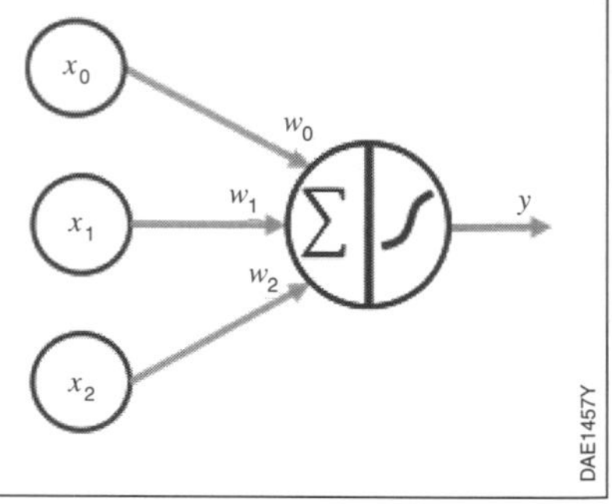

linearer binärer Klassifikator K besteht somit aus einer Komposition zweier Funktionen $K = C \cdot H$, wobei C eine lineare und H eine nichtlineare Funktion ist. Bild 4 beinhaltet eine grafische Darstellung eines Klassifikators.

Der Null-Level-set eines linearen Klassifikators ist eine Hyperebene. Entsprechend können nur solche Trennebenen zwischen den Klassen im Eingangsvektorraum modelliert werden, was eine signifikante Limitierung linearer Klassifikatoren in der Praxis darstellt.

Das Perzeptron ist ein linearer binärer Klassifikator, der die Heaviside-Funktion als Nichtlinearität benutzt. Die Heaviside Funktion wird definiert als:

$$H\colon \mathbb{R} \to \{0,1\}$$

$$H(y) = \begin{cases} 0, & y < 0 \\ 1, & y \geq 0 \end{cases}$$

So gehört der Eingangsvektor zur Klasse „1" wenn $y \geq 0$, sonst gehört er zur Klasse „0".

Tiefe neuronale Netzwerke

Das Perzeptron entstand aus Forschungen im Bereich Neurowissenschaften als Modell eines künstlichen Neurons.

Bild 5: Einfaches neuronales Netzwerk bestehend aus drei Schichten.
x_i Neuronen der Eingangsschicht,
w_{ij} Gewichte der verdeckten Schicht,
y_j Neuronen der verdeckten Schicht,
w_{jk} Gewichte der Ausgangsschicht,
y_k Neuronen der Ausgangsschicht.

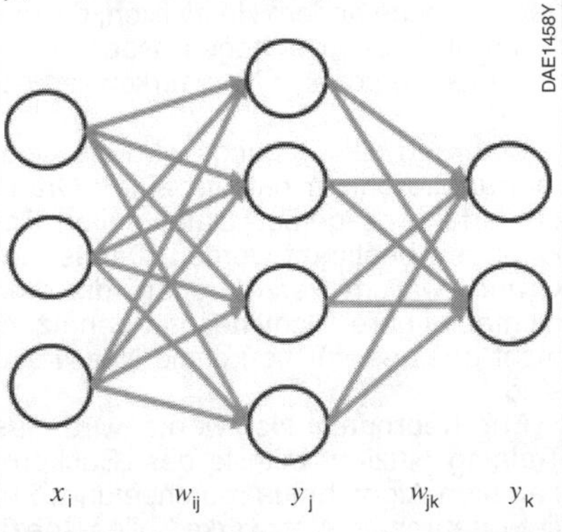

In diesem Zusammenhang ist es intuitiv, Neuronen am Beispiel des Gehirns in Netzwerke zusammenzufassen. Solche Netzwerke können auch nichtlineare Trennflächen modellieren und zwar egal welche, allerdings praktisch nur dann, wenn sie aus Neuronen bestehen, wo die Nichtlinearität im Gegensatz zu der Heaviside-Funktion ableitbar ist wie z.B. die Sigmoid-Funktion:

$$S(y) = 1/(1+e^{-x})$$

Neuronale Netzwerke können gebaut werden, indem Neuronen in Schichten zusammenfasst und die Schichten aufeinander aufbaut werden. Je mehr Schichten aufeinander gebaut werden, desto tiefer wird ein neuronales Netzwerk. Das einfachste Netzwerk besteht aus drei Schichten:
- eine Eingangsschicht, deren Aufgabe es ist, nur die Eingangsdaten des Netzwerks zur Verfügung zu stellen,
- eine verdeckte Schicht und
- eine Ausgangsschicht, die komplett aus Neuronen besteht.

Ein einfaches neuronales Netzwerk ist im Bild 5 dargestellt. So werden die Eingänge x_i im Netz von der verdeckten Schicht verarbeitet:

$$y_j = \sum w_{ij} x_i ,$$

während die Ausgangsschicht y_k die Ausgänge y_j der verdeckten Schicht verarbeitet:

$$y_k = \sum w_{jk} y_j .$$

Solche flachen neuronalen Netzwerke können schon alle möglichen nichtlinearen Funktionen approximieren und sind in diesem Sinne universale Approximatoren. In der Praxis hat sich aber herausgestellt, dass tiefere neuronale Netzwerke effizienter die Information verarbeiten als flache neuronale Netzwerke, weil sie vergleichbare Ergebnisse mit weniger Parametern erzielen.

Im Vergleich zu einem flachen neuronalen Netzwerk kann ein tiefes neuronales Netzwerk Information aus dem Eingang an verschiedenen Abstraktionsebenen aggregieren und so Störfaktoren, die nachteilig die Entscheidungsgüte beeinflussen, beseitigen. Im Endeffekt führt die Aggregation zu der Berechnung immer besserer Merkmale der Eingangsdaten, in dem Sinne, dass diese Merkmale wichtige Stützen für eine gute Entscheidung über die Klasse eines Objekts werden. Aus dieser Perspektive besteht ein tiefes neuronales Netzwerk aus einer Merkmalgewinnungstransformation, dessen Ausgang in einem Klassifikator eingesteckt wird, d.h., der Ausgang der Transformation wird als Eingang eines Klassifikators benutzt.

Merkmale, die aus den Eingangsdaten durch verschiedene Berechnungen abgeleitet werden, können das Klassifikationsproblem vereinfachen. Zum Beispiel sollen Motorräder von Pkw auf Basis von Bildern unterschieden werden. Ein wichtiges Merkmal könnte die Anzahl der Räder sein. So würde anstatt Mengen von Pixeln zu analysieren die Anzahl von Rädern betrachtet, um über die Klasse des Eingangsgegenstands zu entscheiden. Allerdings muss der Eingang transformiert werden, um an die Merkmale, die interessieren, zu gelangen. Der große praktische Vorteil von tiefen neuronalen Netzwerken besteht darin, dass diese Transformation während des Trainings zusammen mit den Parametern des Klassifikators mitgelernt wird.

Überwachtes Training

Im Folgenden wird der Fall betrachtet, bei dem das Training auf Basis einer Menge von gelabelten Daten geschieht, da dieses Verfahren aktuell durch seine Performanz am meist verbreitetsten im AF-Umfeld ist und in der Perzeption eine besondere Rolle spielt.

Das Training wird als Optimierungsverfahren implementiert. Die Parameter des Klassifikators werden berechnet als das Argument einer Funktion, was ein bestimmtes Maß implementiert, wofür diese Funktion sein Optimum erreicht. Es gibt verschiedene Maße, die benutzt werden können. Diese Maße werden im Rahmen von Lerntheorien definiert.

Idealerweise soll eine Lerntheorie zu einem Maß führen, das die Wahrscheinlichkeit eines Fehlers zu Inferenzzeit minimiert. Da diese schwer oder gar unmöglich zu bestimmen ist, betrachten die Maße üblicherweise die Komplexität des Klassfikators und die Fehler, die er auf den vorhandenen Datensatz macht. Die zugrundeliegende Intuition ist, dass weniger komplexe Klassifikatoren besser generalisieren. Wobei ein Klassifikator, der gut generalisiert, für neue Eingangsdaten ähnlich gut entscheidet wie für die Daten, auf dem er trainiert wurde.

Für tiefe neuronale Netzwerke wird bei voreingestellter Komplexität versucht, den Fehler auf dem Trainingsdatensatz zu minimieren. Da gut designte tiefe neuronale Netzwerke universelle Approximatoren sind, gelingt es immer, den Fehler auf dem Trainingssatz zu minimieren. Allerdings lernt das neuronale Netzwerk dann auswendig und kann nicht generalisieren. Das widerspricht der vorherigen Generalisierungsannahme, dass die Performanz auf den Trainingsdaten auf vorher ungesehenen Daten widergespiegelt wird. Das führt dazu, dass übliche Lerntheorien das Generalisierungsvermögen von neuronalen Netzwerken ohne weiteres nicht richtig auffassen, was wiederum zwingt, verschiedene Heuristiken anzuwenden. Um in diesem Sinne die Generalisierungsvermögen aufrecht zu erhalten, wird während des Trainings die Güte auf einem zusätzlichen Datensatz, dem Validierungsdatensatz, beobachtet. Die Parameter des neuronalen Netzwerks werden mit Hilfe der Trainingsdaten eingestellt, aber das Training wird unterbrochen, sobald der Fehler auf den Validierungsdaten steigt. Es gibt auch verschiedene andere Heuristiken, die das Generalisierungsvermögen insbesondere bei tiefen neuronalen Netzwerken verbessern.

Während des Trainings wird ein Optimierungsproblem mithilfe eines Gradientverfahrens gelöst. Dafür sollen Ableitungen bestimmt werden. Das ist der Grund, warum Perzeptronen, die eine nichtableitbare Nichtlinearität benutzen, nicht geeignet für neuronale Netzwerke sind.

Für neuronale Netzwerke wird das Training effizient mithilfe des „Backpropagation-Algorithmus" durchgeführt. Für tiefe neuronale Netzwerke sollen spezielle Maßnahmen ergriffen werden, um die erfolgreiche Konvergenz dieses Algorithmus zu gewährleisten.

Tracking
Die Sensoren messen die Szene in vordefinierten Zeitintervallen. Eine Messung ist jeweils am Ende eines Zeitintervalls verfügbar. Durch Tracking soll ein Objekt in jeder Messung wiedergefunden und die Eigenschaften eines Objekts (z.B. seine Geschwindigkeit und seine Orientierung) über die Zeit beobachtet werden. Das Tracking-Problem wird durch die Tatsache erschwert, dass die Bewegung des Objekts in dem Zeitintervall zwischen zwei Messungen unbekannt ist. Zusätzlich verhindert ein Sensorrauschen eine einfache Zuordnung einer Messung zu einem Objekt.

Das Tracking-Problem wird durch die Analyse einer zeitlichen Folge von Messungen gelöst. Es gibt verschiedene Ansätze, diese Analyse durchzuführen. Zunächst soll die Modellierung der zeitlichen Folge als diskretes stochastisches Signal betrachtet werden. Die Parameter dieses Modells werden auf Basis von A-priori-Wissen festgesetzt.

Die Besonderheit in diesem Zusammenhang ist, dass man bestimmte Objekteigenschaften nicht direkt beobachten kann. Dies geschieht indirekt über eine Schätzung der Attribute aus den Messwerten über die Zeit.

Stochastisches Signal
Ein stochastisches Signal $\xi_t^{(k)}$ (Bild 6) hängt von zwei Parametern ab: dem Realisierungsindex k und dem Zeitindex t. Für einen bestimmten Zeitindex t_1 ist $\xi_{t1}^{(k)}$ eine Zufallsvariable. Eine Realisierung i entspricht einem Zeitsignals $\xi_t^{(i)}$.

Bild 6: Ein Zufallssignal – dargestellt sind zwei Realisierungen i und k.

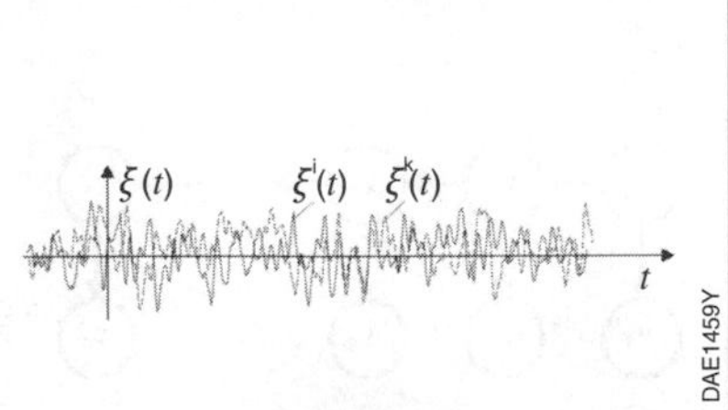

Ein Zufallssignal kann durch die Verbundwahrscheinlichkeit $p(x_1, x_2,..., x_n)$ beschrieben werden, wobei $x_1 = \xi_{t1}^{(k)}$ ist. Für Trackinganwendungen im Bereich der AF ist x_1 üblicherweise ein Vektor (d.h. der Zustandsvektor), der neben der Position des verfolgten Objekts zum Zeitpunkt t_1 auch die Geschwindigkeit und andere Eigenschaften des Objekts beinhalten kann.

Um das Tracking-Problem zu lösen, muss der Zustandsvektor x_t zum Zeitpunkt t berechnet werden. Dafür wird zuerst die Wahrscheinlichkeitsdichtefunktion $p(x_t)$ und dann x_t als das Argument, wofür $p(x_t)$ das Maximum erreicht, bestimmt. Unter der Annahme einer Gaußverteilung wird x_t mit Hilfe des Erwartungsoperators berechnet.

Das verfolgte Objekt bewegt und verändert sich nicht willkürlich über die Zeit, sein Zustandsvektor zum Zeitpunkt t hängt von dem Zustandsvektor zum Zeitpunkt t–1 ab. Des Weiteren ist die gesamte Historie des Objekts bekannt, und somit kann dadurch besser auf seinen aktuellen Zustand geschlossen werden. Die Wahrscheinlichkeit von x_t kann in Abhängigkeit der gesamten Historie des Objekts berechnet werden, d.h., gesucht ist die bedingte Dichte $p(x_t \mid x_{t-1},..., x_1)$.

Diese bedingte Dichte kann aus dem stochastischen Modell $p(x_1,..., x_n)$ des Tracking-Problems abgeleitet werden, d.h., es wird Inferenz in dem Modell durchgeführt. Die Grundlage von Inferenz stellt die Eigenschaft dar, dass eine Verbundwahrscheinlichkeit als Produkt mehrerer Faktoren dargestellt werden kann, wobei jeder Faktor entweder eine bedingte Wahrscheinlichkeit oder eine andere Verbundwahrscheinlichkeit ist.

Stochastisch-grafische Modelle
Indem ein stochastisches Modell grafisch dargestellt wird, kann Inferenz in einer intuitiven Art und Weise durchgeführt werden. Eine Methode dafür sind sogenannte stochastisch-grafischen Modelle [3], auch als Probabilistische-Grafische Modelle (PGM) bekannt.

Ein grafisches Modell spiegelt die Art und Weise wider, indem eine Verbundwahrscheinlichkeit als Produkt von bedingten Wahrscheinlichkeiten dargestellt werden kann, zusammen mit den Abhängigkeiten zwischen verschiedenen Komponenten (d.h. Zufallsvariablen) des Modells. Jeder Knoten stellt eine Zufallsvariable oder eine Menge von Zufallsvariablen dar und jede Verbindung eine Abhängigkeitsbeziehung.

Zur Lösung des Tracking-Problems wird angenommen, dass der aktuelle Zustandsvektor nur von den vorherigen abhängt und nur über ihn von allen anderen vorvorherigen Zuständen. Das entsprechende grafische Modell wird in Bild 7 dargestellt.

Der Kalman-Filter

Zur Lösung des Tracking-Problems können nicht direkt die Zustandsvektoren beobachtet werden. Stattdessen wird jeder Zustand durch einen Sensor gemessen und es werden diese Messungen, die aus den Zuständen generiert werden, beobachtet. Da die Sensormessungen rauschen und das Rauschen nicht deterministisch ist, wird jede Messung selber als eine Zufallsvariable y_t modelliert. Das komplette grafische Modell des Tracking-Problems sieht wie in Bild 8 aus.

Das Tracking Problem wird nun folgendermaßen formuliert: Bestimme den Zustand x_t aus dem vorherigen Zustand x_{t-1} (d.h. wenn der vorherige Zustand bekannt ist) und allen beobachteten Messungen $\{y_1,\ldots, y_t\}$.

Die algorithmische Lösung dieses Problems ist der Kalman-Filter [3]. Der Kalman-Filter arbeitet unter mehreren vereinfachenden Annahmen. Zuerst wird die Annahme gemacht, dass alle Zufallsvariablen des Modells in Bild 8 einer Gaußverteilung unterliegen. So wird die Inferenz in geschlossener Form berechenbar. Weiter wird angenommen, dass der Zustandsprozess ein lineares dynamisches System ist: $x_t = Fx_{t-1} + v$, wobei v ein Gauß'sches Rauschen $N(0,V)$ mit Mittelwert 0 und Varianz V ist. Abschließend wird angenommen , dass das Messmodell, welches die Beobachtungen y_t mit den Zuständen verbindet, auch linear ist: $y_t = Cx_t + w$, mit $w \sim N(0,V)$. Die Parameter F, V, C und W können auch zeitabhängig sein.

Unter diesen Annahmen wird x_t als Mittelwert von $p(x_t \mid y_1,\ldots,y_t)$ geschätzt, d.h. unter der Gaußannahme, der wahrscheinlichsten Realisierung der Zufallsvariablen x_t. So wird x_t durch folgende Beziehung geschätzt:

$$m_t = \int x_t \, p(x_t \mid y_1,\ldots,y_t) dx_t .$$

Tracking in der Praxis

Der Kalman-Filter liefert in der Regel eine akzeptable Lösung des Tracking-Problems. In manchen Fällen ist es aber notwendig, auf bestimmte Annahmen zu verzichten. Sollte man z.B. auf die Gaußannahme verzichten müssen, so ist die Lösung des Tracking-Problems durch den Partikel-Filter oder durch Variationsansätze gegeben [3]. Fällt die Annahme der Linearität weg, so kann das Tracking-Problem durch den Extended Kalman-Filter oder den Unscented Kalman-Filter [3] gelöst werden.

In der Praxis wird man oft mit der Tatsache konfrontiert, dass die Parameter F, C, V und W zeitabhängig sind. Die Varianzen V und W sollen dann aus der Szene über alternative Wege aus der vorhandenen Evidenz geschätzt werden. Ähnlich wird

Bild 7: Stochastisch-grafisches Modell für das Tracking-Problem.

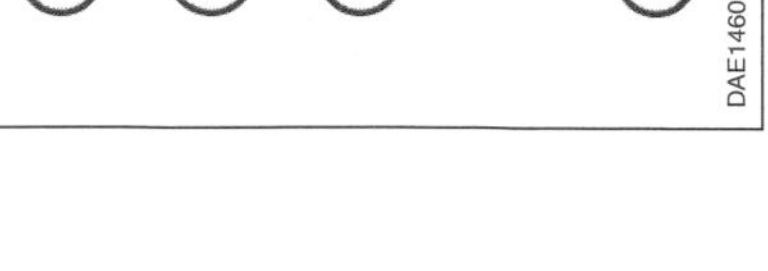

Bild 8: Stochastisch-grafisches Modell des Tracking-Problems einschließlich Modellierung des Messprozesses.

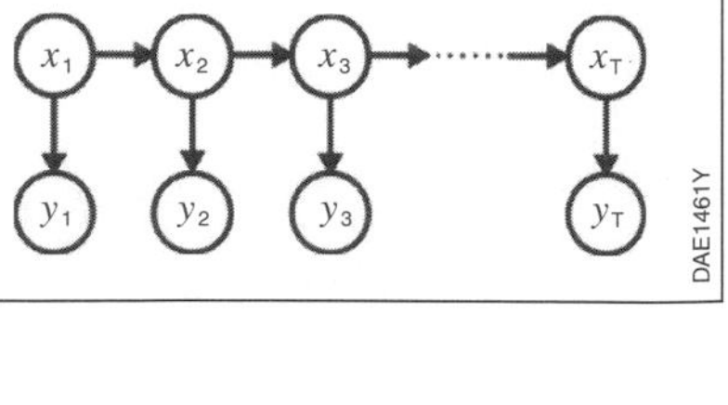

auch zur Bestimmung des Messmodells vorgegangen.

Die Parameter des Zustandsmodells F werden selber als Zufallsvariable modelliert, falls sie zeitabhängig sind. Das grafische Modell wird entsprechend angepasst. In diesem Fall wird die Inferenz allerdings noch schwieriger. Vereinfachungen existieren im Form von Multi-Modellansätzen. Diese nehmen eine Diskretisierung des Funktionsraums des Zustandsmodells vor. Der bekannteste dieser Ansätze ist das Interacting Multiple Modell (IMM) [4].

Erschwerend kommt die Tatsache hinzu, dass in der Praxis üblicherweise mehrere Objekte gleichzeitig verfolgt werden sollen. Die Assoziation von neuen Messungen zu einem bestimmten Objekt wird dann kompliziert. Dieses Assoziationsproblem hat verschiedene Lösungen, viele von ihnen sind problemabhängig. Die bekanntesten allgemeinen Ansätze sind „Nearest Neighbour", „Joint Probabilistic Data Association", „Multi Hypothesis" [5] und „Random Finite Sets" [6]. Von wachsenden praktischen Bedeutung ist in diesem Zusammenhang der „Multi-Bernoulli-Filter", der auf eine elegante Art und Weise dieses Problem vor dem Hintergrund von stochastisch-grafischen Modellen adressiert [7].

Literatur

[1] A. Elfes: „Using occupancy grids for mobile robot perception and navigation," Computer, Bd. 22, Nr. 6, pp. 46 ... 57, 1989.

[2] M. Liang, B. Yang und Y. H. R. U. R. Chen: „Multi-Task Multi-Sensor Fusion for 3D Object Detection," in The IEEE Conference on Computer Vision and Pattern Recognition (CVPR), Long Beach, 2019.

[3] C. M. Bishop: Pattern Recognition and Machine Learning, Springer, 2006.

[4] E. Mazor, A. Averbuch, Y. Bar-Schalom, J. Dayan: „Interacting Multiple Model Methods in Target Tracking: A Survey," IEEE Transactions on Aerospace and Electronic Systems, Bd. 34, Nr. 1, 1998.

[5] Y. Bar-Shalom, X. R. Li: Multitarget-multisensor Tracking: Principles and Techniques, Storrs : YBS, 1995.

[6] R. P. S. Mahler: Statistical Multisource-Multitarget Information Fusion, Artech House, Inc., 2007.

[7] B.-T. Vo, V.-N. Vo, A. Catoni, „The cardinality balanced multi-target multi-Bernoulli filter and its implementations", IEEE Transactions on Signal Processing, Bd. 57, Nr. 2, pp. 409…423, 2009.

[8] „International Organization for Standardization," [Online]. Available: https://www.iso.org/committee/5383568.html.

Fahrzeugnavigation

Navigationssysteme

Die Positionsbestimmung eines Fahrzeugs beruht in erster Linie auf der Nutzung des Satellitenortungssystems GPS (Global Positioning System). Das Navigationssystem gleicht die ermittelte Position mit einer digitalen Karte ab und berechnet anhand dieser Karte die Route zum vorgegebenen Ziel.

Fahrzeuge können ab Werk (Erstausrüstung) mit fest eingebauten Navigationsgeräten ausgestattet werden (Bild 1). Weit verbreitet sind mittlerweile portable Navigationsgeräte. Der Festeinbau im Fahrzeug ermöglicht gegenüber portablen Geräten eine bessere Ortungs- und somit eine bessere Zielführungsqualität, da zusätzliche Sensoren für Weg- und Richtungssignale (Raddrehzahl- und Drehratensensor) ausgewertet werden können und die Antenne für den Satellitenempfang an günstigerer Stelle montiert sein kann. Bei Erstausrüstung ist auch eine Vernetzung mit anderen Komponenten üblich und damit eine Integration in das Bedienkonzept des Fahrzeugs möglich. Sprachausgaben können über die Audioanlage erfolgen und bei Telefonaten stumm geschaltet werden. Die Zielführungsinformationen können im Kombiinstrument oder im Head-up-Display und damit im primären Blickfeld des Fahrers angezeigt werden.

Funktionen der Navigation

Ortung

Satellitenortungssystem GPS

Das GPS beruht auf einem Netz von 24 militärischen US-Satelliten, die weltweit für die Ortung genutzt werden können (Bild 2). Sie umkreisen die Erde auf sechs verschiedenen Umlaufbahnen in einer Höhe von ca. 20000 km im Zwölf-Stundentakt. Sie sind so verteilt, dass von jedem Punkt auf der Erde stets mindestens vier (meist bis zu acht) über dem Horizont sichtbar sind.

Die Satelliten senden auf einer Trägerfrequenz von 1,57542 GHz 50-mal pro Sekunde spezielle Positions-, Identifikations- und Zeitsignale aus. Zur hochgenauen Bestimmung der Sendezeit stehen an Bord der Satelliten je zwei Cäsium- und zwei Rubidiumatomuhren zur Verfügung, die eine Abweichung voneinander von weniger als 20...30 ns aufweisen.

Positionsbestimmung

Die Signale treffen von den Satelliten wegen der unterschiedlichen Laufzeiten zeitversetzt beim Fahrzeug ein. Die Berechnung der Position des Empfängers erfolgt nach dem Verfahren der Trilateration. Wenn die Signale von mindestens drei Satelliten eintreffen, kann das Navigationsgerät seine eigene geografische Position zweidimensional (geografische

Bild 1: Navigationssystem.

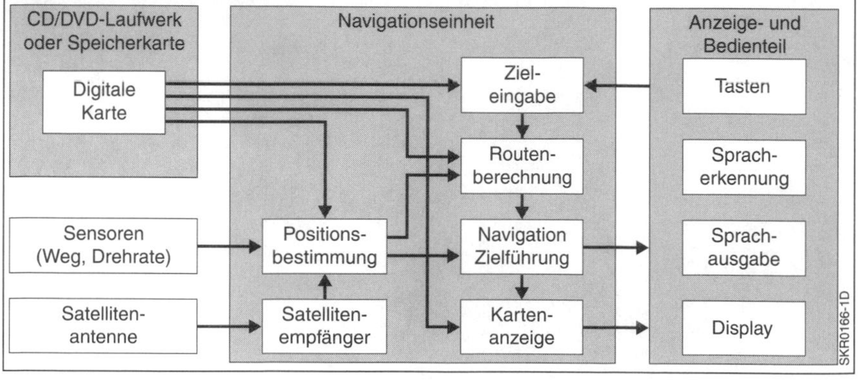

Länge und Breite) berechnen. Es gibt genau einen Punkt, der die Abstandsbedingungen (Signallaufzeiten) erfüllt. Treffen die Signale von mindestens vier Satelliten ein, ist eine dreidimensionale Positionsberechnung (mit Höhe) möglich. Bild 3 zeigt dieses Verfahren vereinfacht in nur zwei Raumdimensionen.

Genauigkeit
Die erreichbare Genauigkeit hängt von der Stellung der empfangbaren Satelliten relativ zum Fahrzeug ab. Je größer der aufgespannte Raumwinkel der Satelliten zum Fahrzeug ist, um so besser ist die Positionsbestimmung möglich. Die erreichbare Genauigkeit liegt in der Ebene bei ca. 3...5 m, bei der Höhenbestimmung bei etwa 10...20 m.

In tiefen Häuserschluchten können Satellitensignale nur empfangen werden, wenn die Satelliten weitgehend in einer Linie, nämlich in der Richtung der Straße angeordnet sind. Dann ist jedoch der von den Satelliten aufgespannte Raumwinkel sehr gering und die Positionsbestimmung ungenau.

Fehler bei der Positionsbestimmung können durch Reflexion der Satellitensignale z.B. an metallisierten Gebäudefronten entstehen.

Fahrtrichtungsbestimmung
Eine schnelle Erfassung der Fahrtrichtung ergibt sich über die Unterschiede in der Empfangsfrequenz der Satelliten, die durch den Dopplereffekt entstehen. Fährt das Auto auf einen Satelliten zu, sieht der GPS-Empfänger des Navigationsgeräts eine höhere Frequenz als die Sendefrequenz. Von zurückliegenden Satelliten empfängt er eine niedrigere Frequenz. Dieser Effekt ist ab einer Fahrgeschwindigkeit von ca. 30 km/h ausreichend groß für eine Richtungsbestimmung.

Koppelortung
Die Koppelortung stellt eine Positionsbestimmung auch dann sicher, wenn z.B. in Tunnels keine GPS-Signale empfangen werden können. Sie addiert zyklisch erfasste Wegelemente vektoriell nach Betrag und Richtung. Zur Wegmessung wird das über den CAN-Bus übertragene Tachosignal verwendet. Richtungsänderungen werden von einem Drehratensensor erfasst. Damit wird die Fahrtrichtung ausgehend von einer absoluten Richtung bestimmt, die mit den zuletzt empfangenen GPS-Signalen über den Dopplereffekt berechnet wurde.

Map Matching
Das als Map Matching bezeichnete Verfahren vergleicht ständig die Ortungsposition mit dem Straßenverlauf der digitalen Karte. Dadurch kann die Fahrzeugposition auch bei Ortungsungenauigkeiten (verursacht z.B. durch fehlendes GPS-Signal und Fehler bei der Koppelortung) exakt in der Karte dargestellt werden. Fahrempfehlungen der Zielführung können somit am optimalen Ort ausgegeben werden. Außerdem können Sensorfehler und sich akkumulierende Fehler der Koppelortung ausgeglichen werden.

Bild 2: Satellitenortungssystem GPS.
1...24 Satelliten zur Bestimmung der Position des Fahrzeugs.

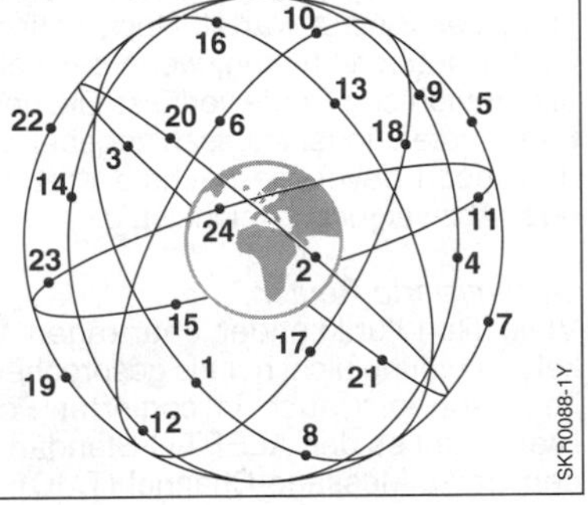

Bild 3: Positionsbestimmung mit GPS.
(Vereinfachte zweidimensionale Betrachtung). Bei bekannter Position der Satelliten liegen bei den gemessenen Signallaufzeiten t_1 und t_2 die möglichen Empfangsorte auf zwei Kreisen um die Satelliten. Der auf der Erde liegende Schnittpunkt A ist der gesuchte Standort.

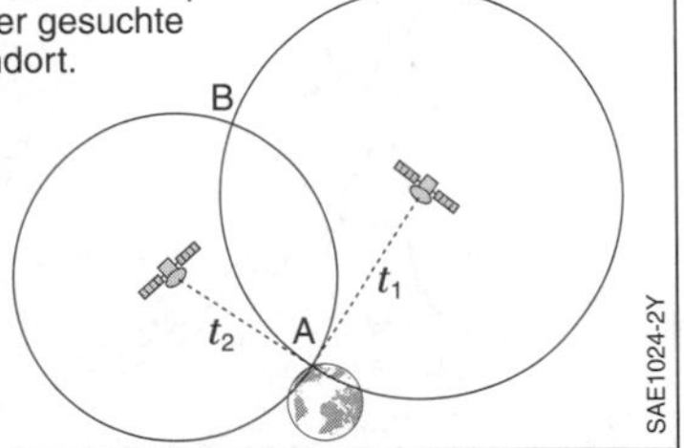

Zielauswahl
Die Zielauswahl geschieht z. B. über das Bedienteil des Navigationsgeräts mit Tasten, direkt über den Bildschirm (Touchscreen) oder durch Spracheingabe. Der Anwender gibt von einem Menü oder durch akustisch ausgegebene Hinweise geführt alle erforderlichen Angaben ein.

Die digitale Karte enthält Verzeichnisse, um ein Fahrziel als Adresse eingeben zu können. Hierzu sind Listen aller verfügbaren Orte erforderlich. Zu allen Orten existieren wiederum Listen mit den Namen der gespeicherten Straßen. Zur weiteren Präzisierung von Zielen können auch Kreuzungen von Straßen oder Hausnummern ausgewählt werden.

Bild 4: Beispiel für eine Kartendarstellung mit POI.

Bild 5: Dynamische Zielführung.
1 Ursprüngliche Hauptroute, 2 Stau,
3 vom Fahrer eingeschätzte Alternativroute,
4 von der dynamischen Zielführung berechnete günstigste Alternativroute.
A Autobahn, B Bundesstraße, L Landstraße.

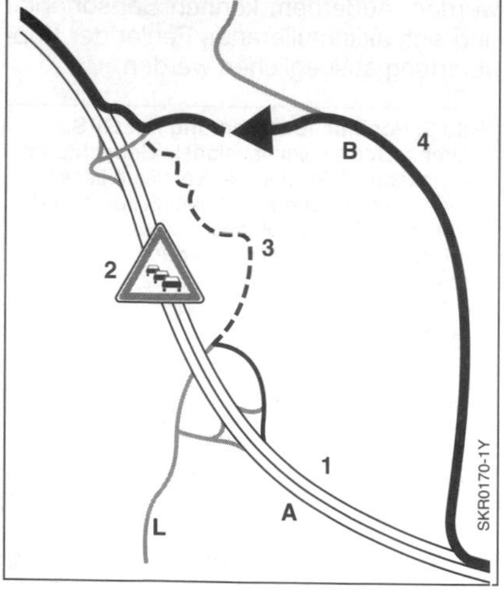

Eine schnelle Eingabe des Ziels ist über den Zielspeicher möglich, mit dem bereits eingegebene Ziele wieder abgerufen werden können (z.B. die zuletzt verwendeten Ziele oder die als Favoriten gespeicherten Ziele).

Für Flughäfen, Bahnhöfe, Tankstellen, Parkhäuser usw. gibt es thematische Verzeichnisse, in denen diese Ziele (POI, Points of Interest) aufgelistet sind. Diese Verzeichnisse ermöglichen es, z.B. eine Tankstelle oder ein Parkhaus in der näheren Umgebung zu finden (Bild 4).

Ziele können bei vielen Navigationssystemen auch in der Kartenanzeige markiert werden (z.B. über Touchscreen).

Routenberechnung
Standardberechnung
Ausgehend vom aktuellen Standort berechnet das Navigationsgerät eine Route, die zum eingegebenen Ziel führt. Die Berechnung lässt sich den Wünschen des Fahrers anpassen. Er kann verschiedene Optionen vorgeben, wie z.B. die Optimierung der Route
- nach Fahrzeit,
- nach einem ökonomischen Mittel aus Fahrzeit und Fahrstrecke,
- nach geschätztem minimalem Kraftstoffverbrauch,
- unter Meidung von Autobahnen, Fährverbindungen oder mautpflichtigen Straßen.

Fahrempfehlungen entlang der Route werden in wenigen Sekunden nach Eingabe des Ziels erwartet. Noch kritischer ist die Neuberechnung, wenn der Fahrer die empfohlene Route verlässt. Die neuen Fahrempfehlungen müssen gegeben werden, noch bevor die nächste Kreuzung oder Abzweigung erreicht ist.

Dynamisierte Routen
Viele Rundfunksender übertragen Verkehrsmeldung nicht nur als gesprochenen Text, sondern auch in codierter Form. Hierzu gibt es den ALERT-C-Standard für den Traffic-Message-Channel (TMC). Die

Übertragung der TMC-Inhalte erfolgt über das Radio-Data-System (RDS) des UKW-Rundfunks.

Die codierten Meldungen enthalten u.a. den Ort einer Störung, seine Ausdehnung, die tatsächliche Länge und den Grund. Ein Navigationssystem kann eine solche codierte Meldung empfangen und feststellen, ob eine Störung auf einer geplanten Route liegt. Ist dies der Fall, wird die Route neu berechnet, wobei der gestörte Abschnitt mit einer längeren Fahrzeit bewertet wird. Dadurch ergibt sich möglicherweise eine neue Route, die die Störung umgeht (Bild 5). Entsprechend der neuen Route folgen dann die weiteren Fahrempfehlungen.

Die hierfür erforderlichen TMC-Codes sind auf Autobahnen und wichtige Bundesstraßen beschränkt.

Zielführung

Fahrempfehlungen

Die Zielführung erfolgt durch Vergleich der aktuellen Fahrzeugposition mit der berechneten Route. Die Fahrempfehlungen werden in erster Linie akustisch ausgegeben (Sprachausgabe). Der Fahrer kann diesen Empfehlungen ohne Ablenkung vom Verkehr folgen. Grafiken möglichst im primären Blickfeld (z.B. im Kombiinstrument) unterstützen die Verständlichkeit. Sie reichen von einfachen Pfeilsymbolen (Bild 6) bis hin zu einer in der Größe optimal angepassten Darstellung eines Kartenausschnitts (Bild 4).

Bild 6: Piktogramm als Beispiel für die Zielführung.

Digitale Karte

Kartendarstellung

Die Darstellung der Karte auf Farbdisplays erfolgt je nach System über Maßstäbe ab ca. 1:2000 in 2-D-, perspektivischer 2-D-(Pseudo-3D) oder echter 3-D-Darstellung. Sie ist hilfreich, um einen Überblick über die Route im näheren oder weiteren Umfeld zu erhalten. Zusatzinformationen wie z.B. Gewässer, Eisenbahnlinien und Wälder erleichtern die Orientierung.

Digitalisierung

Die Grundlage für die Digitalisierung der Daten bilden hochpräzise amtliche Karten, Satelliten- und Luftaufnahmen. Bei unzureichenden oder nicht aktuellen Vorlagen werden Vermessungen vor Ort vorgenommen. Die Digitalisierung wird manuell aus Kartenmaterial oder Satelliten- und Luftbildern durchgeführt. Anschließend werden Namen und Klassifikation der Objekte (z.B. Straßenzüge, Gewässer, Grenzen) in die Datenbasis integriert.

Durch Befahrung von Straßen mit speziell ausgerüsteten Fahrzeugen werden zusätzliche verkehrsrelevante Attribute (z.B. Einbahnstraßen, Durchfahrtsbeschränkungen, Über- und Unterführungen, Abbiegeverbote an Kreuzungen) erfasst und die Daten der Erstdigitalisierung vor Ort geprüft. Die Ergebnisse der Befahrung fließen in die Datenbasis mit ein und werden zur Anfertigung digitaler Landkarten verwendet.

Datenspeicher

Als Speichermedium für die digitale Karte hat zunächst die DVD mit ihrer mindestens siebenfach größeren Kapazität die CD verdrängt. Neue Systeme werden hingegen vorwiegend mit Festplatten (Harddisc) oder SD-Karten geliefert, wobei letztere bei portablen Systemen eindeutig dominieren. Diese beschreibbaren Speichermedien eröffnen zudem die Möglichkeit, dass sich die Navigationssysteme an Präferenzen ihrer Benutzer adaptieren können.

Nachtsichtsysteme

Anwendungsbereich

Dunkelheit führt zu zwei wesentlichen Einschränkungen für das Sehvermögen eines Autofahres. Zum einen steht trotz moderner Beleuchtungstechniken wie Xenon- und LED-Scheinwerfern nur ein eingeschränktes beleuchtetes Sichtfeld zur Verfügung. So beträgt die Reichweite eines typischen Abblendlichtscheinwerfers lediglich 50...60 m. Durch den Einsatz von Fernlicht kann die Sichtweite zwar auf über 150 m erhöht werden, situationsbedingt ist dies wegen Blendung des Gegenverkehrs jedoch nur selten während der nächtlichen Fahrzeit möglich.

Zum anderen ist die Erkennbarkeit von Objekten durch die – gegenüber der Tageslichtsituation veränderten – Farb- und Kontrastverläufe bei Dunkelheit oft stark reduziert. So sind dunkel gekleidete Fußgänger häufig auch dann schlecht erkennbar, wenn sie sich im Bereich des Abblendlichtkegels befinden. Nachtsichtsysteme und modernste Scheinwerfertechniken leisten hier einen wesentlichen Beitrag zur Erhöhung der Verkehrssicherheit.

Die kamerabasierten Nachtsichtsysteme werden nach den ihnen zugrunde liegenden Spektralbereichen in Fern- und Nah-Infrarot-Systeme unterschieden.

Fern-Infrarot-Systeme

Arbeitsweise

Nachtsichtsysteme auf Basis von Fern-Infrarot (FIR) werden für militärische Anwendung seit Jahren verwendet. Sie nutzen Wärmestrahlung in einem Spektralbereich zwischen 7 und 12 µm, die relativ weit vom sichtbaren Spektralbereich entfernt ist (daher „Fern-Infrarot"). Für Kfz-Anwendungen wurden sie erstmals im Jahre 2000 in den USA in Serie eingeführt. Sie detektieren mit einer Wärmebildkamera die Wärmestrahlung, die von Gegenständen ausgestrahlt wird (Bild 1a). Man spricht demzufolge von einem „passiven" System, da keine zusätzlichen Strahlungsquellen zur Beleuchtung der Objekte benötigt werden.

Die pyroelektrische Wärmebildkamera oder Mikrobolometerkamera ist nur im schmalen Wellenlängenbereich von 7...12 µm sensibel. Da das Glas der Windschutzscheibe für diese Wellenlängen nicht transparent ist, muss die Kamera im Außenbereich des Fahrzeugs platziert werden.

Wärmebildkameras verwenden Germaniumoptiken oder Tex-Glas mit hohem Germaniumanteil und entsprechendem Durchlassbereich. Aktuell verfügbare Kameras haben eine Auflösung bis zu VGA-Auflösung (Video Graphics Array, 640 × 480 Bildpunkte). Die Signale der Kamera werden in einem Steuergerät verarbeitet. Das erzeugte Videosignal wird

Bild 1: Vergleich von Fern-Infrarot- und Nah-Infrarot-Systemen.
a) Fern-Infrarot-System (7...12 µm),
b) Nah-Infrarot-System (780...980 nm).
1 Kamera, 2 Steuergerät, 3 Display, 4 Infrarot-Scheinwerfer,
5 Windschutzscheibe, 6 Fahrzeug.

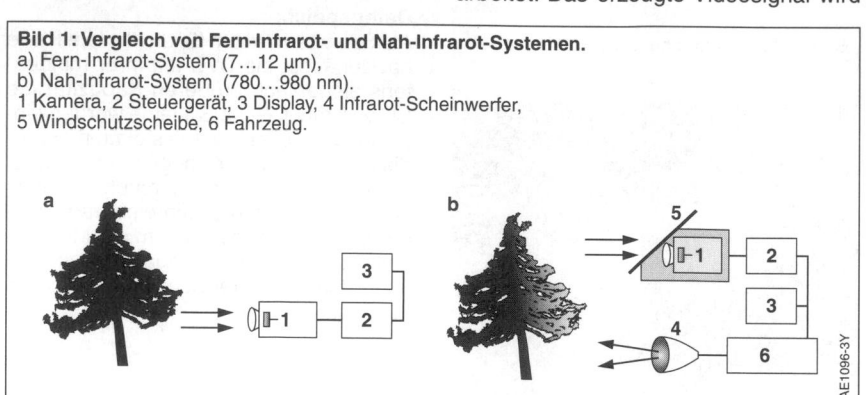

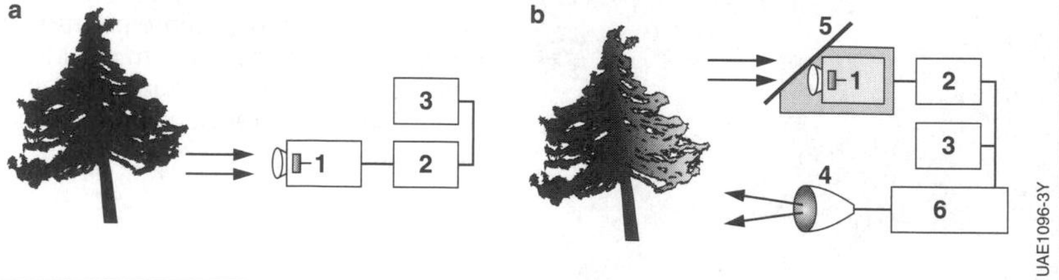

auf ein Display (im Kombiinstrument, in der Mittelkonsole oder in der Windschutzscheibe als Head-up-Display) gegeben, auf dem das Wärmebild betrachtet werden kann.

Bilddarstellung
Warme Gegenstände zeichnen sich im Bild als helle Konturen im dunklen (kalten) Umfeld ab (Bild 2a), wobei der Kontrast umso besser ist, je höher die Temperaturdifferenz zwischen Objekt und Lufttemperatur ist. Befindet sich jedoch ein warmes Objekt (z.B. ein Mensch) vor einer heißen Rückwand eines Reisebusses, wird er von der Kamera nicht aufgelöst, da der Sensor „geblendet" ist.

Die Bilddarstellung ist für den Beobachter eher ungewohnt, da das Erscheinungsbild nicht dem eines normalen Reflexionsbilds entspricht.

Bild 2: Vergleich des Erscheinungsbilds von Fern-Infrarot- und Nah-Infrarot-Systemen.
a) Fern-Infrarot-System,
b) Nah-Infrarot-System.

Nah-Infrarot-Systeme

Arbeitsweise
Nah-Infrarot-Systeme (NIR) basieren auf Infrarot-Strahlung zwischen 800 und 1 000 nm nahe dem sichtbaren Spektrum. Gegenstände senden in diesem Wellenlängenbereich keine Strahlung aus. Deshalb muss das Fahrzeugvorfeld mit Infrarot-Scheinwerfern ausgeleuchtet werden (Bild 1b). Man spricht hier deshalb von einem „aktiven" System. Eine infrarotsensitive Kamera nimmt die Szene – d.h. die von den Objekten reflektierte Infrarot-Strahlung – auf. Das Bildsignal wird an ein Steuergerät übertragen, das seinerseits das aufbereitete Bild – wie beim Fern-Infrarot-System – an das Display weiterleitet. Der Fahrer sieht – bei beiden Systemen – ein aktuelles Bild der Straßensituation (Bild 2b), das wie ein Film vor ihm abläuft.

Funktionsprinzip
Nah-Infrarot-Nachtsichtsysteme nutzen die unterschiedlichen spektralen Empfindlichkeiten des menschlichen Auges und eines elektronischen Bildwandlers (Imager) auf Basis von Silizium aus. Die spektrale Empfindlichkeit des menschlichen Auges wird durch die $V(\lambda)$-Kurve beschrieben (Bild 3) und umfasst den Wellenlängenbereich von 380 nm (violett) bis 780 nm (rot). Das Empfindlichkeitsmaximum liegt im Bereich von 550 nm (grün). Demgegenüber reicht die spektrale Empfindlichkeit eines Bildwandlers wesentlich weiter in den Bereich großer Wellenlängen und endet erst bei etwa 1 100 nm.

Infrarot-Scheinwerfer
Halogenlampen, wie sie üblicherweise für Automobilscheinwerfer verwendet werden, weisen einen hohen Anteil an Infrarot-Strahlung auf. Sie reicht von der Grenze des sichtbaren Spektrums (380...780 nm) bis zu Wellenlängen jenseits 2 000 nm, mit einem Maximum zwischen 900 nm und 1 000 nm. Die Obergrenze der nutzbaren Wellenlänge bei Verwendung einer Videokamera liegt bei 1 100 nm, der Empfindlichkeitsgrenze von Silizium.

Als Infrarot-Scheinwerfer werden deshalb konventionelle Halogen-Fernlichtscheinwerfermodule eingesetzt, bei denen das sichtbare Licht durch einen zusätzlichen Filter im Strahlengang abgeblockt wird, ohne den nutzbaren Infrarot-Anteil wesentlich zu reduzieren (Bild 3). Die ausgesandte Strahlung ist für das menschliche Auge nicht wahrnehmbar.

Die verwendeten Infrarot-Scheinwerfer verfügen über eine ähnliche Reichweite und räumliche Charakteristik wie herkömmliche Fernlichtscheinwerfer, sodass die erzielte Sichtweite vergleichbar ist, ohne jedoch andere Verkehrsteilnehmer zu blenden (Bild 4).

Durch geeignete Wahl der Filterkennlinie werden konkurrierende Anforderungen berücksichtigt. Die spektrale Empfindlichkeit des Bildwandlers nimmt mit wachsender Wellenlänge ab. Um dessen empfindlichen Bereich auszunutzen, sollte die Filterkante bei kleinen Wellenlängen nahe der Grenze zum sichtbaren Licht liegen. Um andererseits einen für Frontscheinwerfer unzulässigen Roteindruck zu vermeiden, sollte die Filterkante eher zu größeren Wellenlängen verschoben werden. Beiden Anforderungen kann durch Wahl der Transmission im sichtbaren Bereich, der Lage der Filterkante und der Flankensteilheit Rechnung getragen werden.

Die Infrarot-Scheinwerfer werden entweder im Scheinwerfermodul integriert oder als externe Module z. B. in der Frontschürze des Fahrzeugs montiert.

Bildwandler

Aufgrund der extremen Lichtverhältnisse – Dunkelheit und sehr große Intensitätsdynamik z.B. durch Scheinwerfer des Gegenverkehrs – ergeben sich sehr hohe Anforderungen an die Abbildungseigenschaften des Kameraobjektivs sowie an den Bildwandler. Die Dunkelempfindlichkeit des Bildwandlers entscheidet über die erzielbare Sichtweite des Systems,

Bild 4: Sichtbereich des Nachtsichtsystems.
1 Bilddarstellung (Display), 2 Abblendlicht,
3 Infrarot-Fernlicht,
4 Sichtbereich der Videokamera.

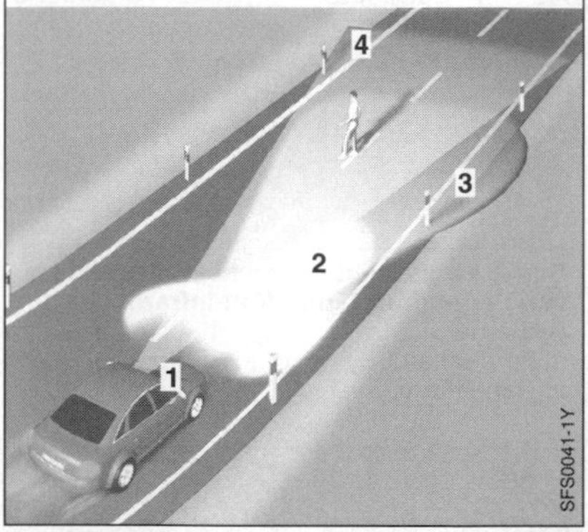

Bild 3: Spektrale Empfindlichkeit.
1 Hellempfindlichkeitskurve $V(\lambda)$ des menschlichen Auges (Kurve für Tagsehen),
2 spektrale Empfindlichkeit der Videokamera, 3 spektrale Transmission des Filters.

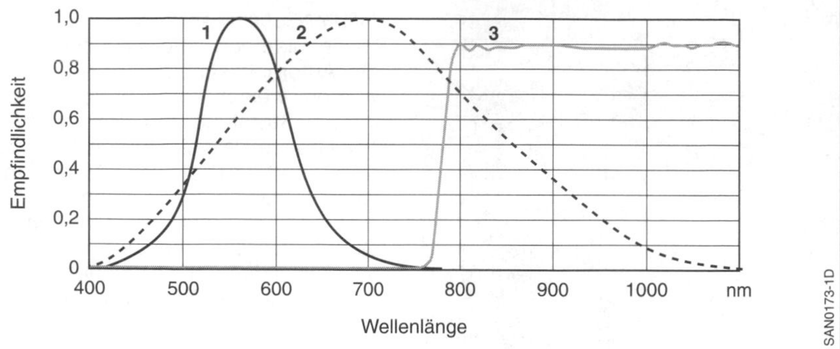

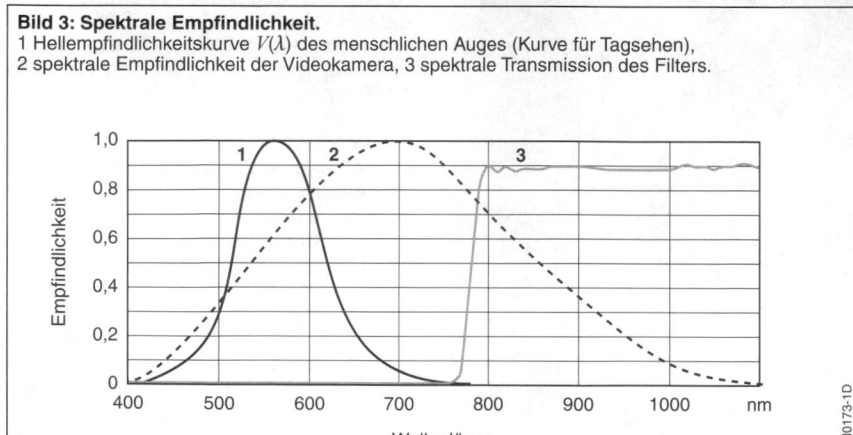

sein Dynamikumfang bestimmt wesentlich die Blendfestigkeit.

Der CCD-Chip (Charge Coupled Device) zeichnet sich durch eine sehr hohe Dunkelempfindlichkeit aus, erreicht aber in der Regel ohne zusätzliche Maßnahmen nicht die erforderliche Intensitätsdynamik. Außerdem neigt er bei großen Helligkeitsunterschieden im Bild zum Übersteuern einzelner, heller Bildbereiche. Der CMOS-Chip (Complementary Metal Oxide Semiconductor) besitzt eine etwas geringere Dunkelempfindlichkeit, erreicht aber eine Intensitätsdynamik von über 100 dB. Das dieser Technik eigene Bildpunktrauschen (fixed pattern noise) muss für jeden Bildpunkt kompensiert werden. Durch einstellbare nichtlineare Kennlinien lassen sich diese Bildwandler sehr gut regeln und an wechselnde Lichtbedingungen anpassen.

Bei Beleuchtung der Straßenszene mit Strahlung im Wellenlängenbereich zwischen 700 nm und 1 000 nm (Infrarot) erhält der Bildwandler der Kamera ein Nutzsignal, das von der Beleuchtungsstärke und von den spektralen Reflektivitäten der beleuchteten Szene abhängig ist.

Ansteuerungsstrategie

Ein wesentlicher Aspekt des Systems besteht in der automatischen Ansteuerung der Infrarot-Scheinwerfer. Diese senden Licht hoher Intensität und geringer bis keiner Wahrnehmbarkeit durch das menschliche Auge aus. Um Augenschäden durch unbemerkte Exposition in kurzen Entfernungen zu vermeiden (z.B. Mechaniker in der Werkstatt beim Kundendienst), werden die Infrarot-Scheinwerfer erst ab einer bestimmten Fahrgeschwindigkeit automatisch zum eingeschalteten Abblendlicht zugeschaltet. Bei Unterschreiten der Geschwindigkeitsschwelle werden sie automatisch deaktiviert. Dadurch wird ausgeschlossen, dass es zu kritischen Kombinationen von längerer Exposition und räumlicher Nähe zur Strahlungsquelle kommt. Hinzu kommt, dass die Infrarot-Scheinwerfer nur dann leuchten, wenn auch das benachbarte Abblendlicht eingeschaltet ist. Hierdurch wird der Lidschlussreflex bei Blickzuwendung auf den Scheinwerfer ausgelöst und die Expositionsdauer des Auges deutlich verringert.

Nachtsichtsysteme der 1. Generation

Das erste System wurde 2000 auf dem amerikanischen Markt bei Cadillac-Fahrzeugen eingeführt und zeigte das Bild einer FIR-Kamera auf einem Head-up-Display (HUD). Auf dem japanischen Markt folgten kurz danach NIR-Systeme, die sich ebenfalls einer Darstellung im Head-up-Display bedienten. Wegen der hohen Ablenkungsgefahr durch bewegte Bilder im primären Blickfeld wurden diese Systeme nach wenigen Jahren wieder vom Markt genommen. Auch konnten sie sich auf dem europäischen Markt nicht durchsetzen.

In Japan wurden diese ersten NIR-basierten Systeme 2003 zunächst in einer einfachen Version hinsichtlich Bilddarstellung und mit herkömmlicher CCD-Kameratechnik eingeführt. Im Jahr 2005 erfolgte die Einführung eines NIR-Nachtsichtsystems mit deutlich höherer Leistungsfähigkeit in der Mercedes S-Klasse (Night-Vision).

Bei deutschen Fahrzeugen wurde bei den ersten Systemen das aufbereitete Bild der Kamera (sowohl bei Fern- als auch bei Nah-Infrarot-Systemen) auf einem grafikfähigen Bildschirm im Kombiinstrument (Mercedes) oder im Mittelkonsolenbereich (BMW) angezeigt. Bei der Anordnung des Bildschirms im Fahrzeug ist darauf zu achten, dass der Bildschirm möglichst nahe der Windschutzscheibe und nicht zu weit von der normalen Blickrichtung des Fahrers entfernt ist, um lange Blickabwendungen vom Verkehrsgeschehen zu vermeiden. Ergonomische Test zeigten in Bezug auf Ablesedauer und Ablenkung beste Resultate für eine Anordnung des Bildschirms im Kombiinstrument.

Nachtsichtsysteme der 2. Generation

Neue Verfahren der Bildverarbeitung gestatten es, Fußgänger anhand ihrer typischen Kontur (Kopf- und Schulterpartie) zuverlässig zu klassifizieren. Hierdurch ist es möglich, den Fahrer nicht nur akustisch zu warnen, sondern den erkannten Fußgänger auf dem Bildschirm auch noch zu markieren, um die Wahrnehmung eines

Gefahrenzustands für den Fahrer zu verbessern. Dies ist besonders bei Fern-Infrarot-Systemen wichtig, da das Bild wegen des fremdartigen Erscheinungsbilds schwerer zu interpretieren ist als das Nah-Infrarot-Bild. Diese Eigenschaft ist insofern wichtig, als die Mehrzahl der tödlichen Unfälle bei Nacht mit Fußgängern geschieht. Somit können solche Systeme wesentlich zur Reduzierung von nächtlichen Unfällen mit Fußgängerbeteiligung beitragen. Systeme mit Fußgängererkennung sind in beiden Techniken (Nah- und Fern-Infrarot-Systeme) in deutschen Fahrzeugen in Serie gegangen.

Durch die Weiterentwicklung von Head-up-Displaytechniken bietet sich die zusätzliche Anzeige einer Warnung bei erkannten Fußgängern im primären Blickfeld an. Das Einblenden eines Warnsymbols innerhalb der Windschutzscheibe stellt eine wirksame und ablenkungsarme Darstellungsform dar.

Alternativ bietet sich für einfachere Systeme eine kostengünstige optische Warnung an der Scheibenwurzel an, die die Richtung zum erkannten Hindernis anzeigt. Diese Darstellungsform wäre eine kostengünstige Alternative für niedrigere Fahrzeugklassen.

Nachtsichtsysteme der 3. Generation

Neue Scheinwerfertechniken erlauben mittlerweile den Verzicht auf Bilddarstellung, wodurch die Ablenkung des Fahrers durch Blicke auf das Display entfällt. Mithilfe eines kleinen Zusatzscheinwerfers kann ein vom Bildverarbeitungssystem erkannter Fußgänger angeleuchtet oder „angeblitzt" werden. Die Aufmerksamkeit des Fahrers wird dadurch automatisch auf ihn gelenkt und der Fußgänger weiß, dass er erkannt wurde.

Neue Pixel-Licht-Konzepte mit zahlreichen Hochleistungs-LEDs, deren Licht durch Mikrospiegel abgelenkt wird, gestatten die Erzeugung nahezu beliebiger Lichtkegel und gestatten das ständige Fahren mit Fernlicht. Wird ein Fußgänger oder ein entgegenkommendes Fahrzeug vom Bilderkennungssystem klassifiziert, wird die Hell-Dunkel-Grenze automatisch so weit abgesenkt, dass keine Blendung mehr eintritt.

Einpark- und Manövriersysteme

Anwendung

Bei nahezu allen Fahrzeugen werden die Karosserien so entwickelt, dass möglichst kleine Luftwiderstandsbeiwerte erreicht werden, um den Kraftstoffverbrauch zu reduzieren. In der Regel entsteht dadurch eine leichte Keilform, die die Sicht nach hinten beim Rangieren stark einschränkt. Vorhandene Hindernisse sind nur schlecht erkennbar. Dies gilt auch für seitliche Hindernisse und Objekte im toten Winkel des Fahrers.

Zur Verbesserung der Übersicht rund um das Fahrzeug wurden in der Vergangenheit zunächst ultraschallbasierte Einparkhilfen entwickelt. Durch neue Rechenalgorithmen und die Einbeziehung der Videotechnik erfuhren diese Systeme eine Weiterentwicklung zu Manövrierhilfen bis hin zu (teil-)automatisiert einparkenden Systemen.

Je nach Systemausbildung unterscheidet man passive und aktive Systeme. Die passiven Systeme warnen oder informieren den Fahrer über gefährliche Situationen, die aktiven Systeme greifen aufgaben- und situationsbezogen in das Fahrzeug ein und lenken es z.B. in die Parklücke.

Ultraschallbasierte Einparkhilfe

Einparkhilfen mit Ultraschallsensoren unterstützen den Einparkvorgang. Sie überwachen einen Bereich von ca. 20...250 cm hinter und gegebenenfalls vor dem Fahrzeug. Hindernisse werden erkannt und ihr Abstand zum eigenen Fahrzeug durch optische oder akustische Mittel angezeigt.

Zahlreiche Fahrzeughersteller bieten Einparkhilfen als Sonderausstattung an, bei zahlreichen Premiumfahrzeugen gehören sie mittlerweile zur Serienausrüstung. Für die Nachrüstung werden Systeme angeboten, die auch an ältere Fahrzeuge angepasst werden können.

System

Die Einparkhilfe besteht im Wesentlichen aus den Ultraschallsensoren (siehe Ultraschall-Sensorik), dem Steuergerät und den Warnelementen. Der Absicherungsbereich ist bestimmt durch die Reichweite und die Anzahl der Sensoren sowie deren Abstrahlcharakteristik.

Fahrzeuge mit reiner Heckabsicherung verfügen in der Regel über vier Ultraschallsensoren in den hinteren Stoßfängern; große Fahrzeuge, z.B. Gelände-

Bild 1: Erfassungsbereiche des Einparksystems mit Heck- und Frontabsicherung.
1 Parkende Fahrzeuge, 2 einparkendes Fahrzeug, 3 Ultraschallsensoren im Frontbereich, 4 Ultraschallsensoren im Heckbereich.

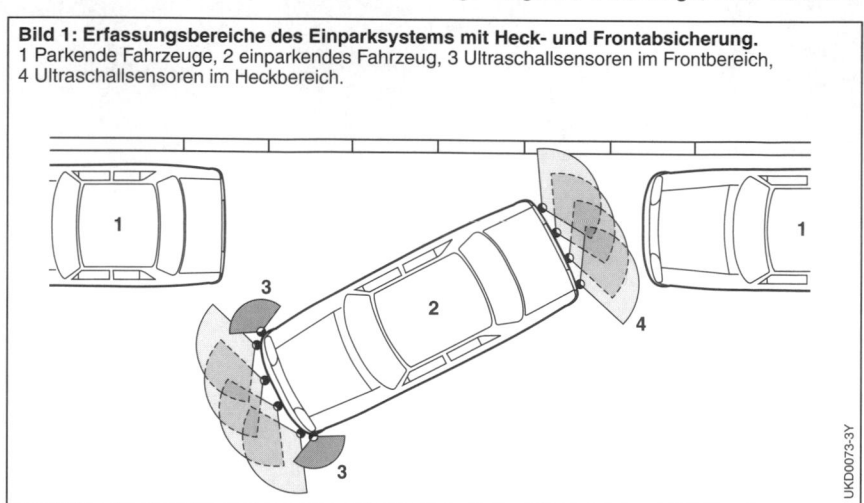

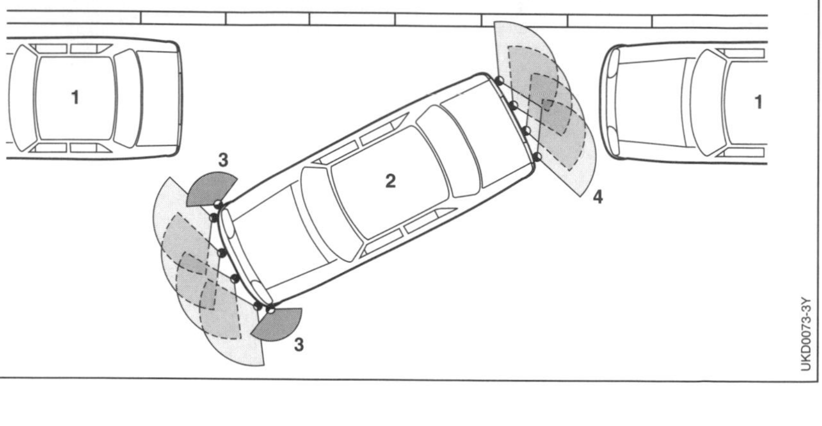

wagen, benutzen hier mitunter auch sechs Sensoren. Die Frontabsicherung erfolgt durch vier bis sechs weitere Ultraschallsensoren im vorderen Stoßfänger (Bild 1). Für die Fahrzeugintegration werden der Einbauwinkel und die Abstände der Sensoren fahrzeugspezifisch ermittelt. Diese Daten sind in den Berechnungsalgorithmen des Steuergeräts berücksichtigt. Spezifisch angepasste Einbauhalter fixieren die Sensoren an den jeweiligen Positionen innerhalb des Stoßfängers (Bild 2).

Die Aktivierung des Systems erfolgt selbsttätig beim Einlegen des Rückwärtsgangs. Bei Systemen mit Frontabsicherung aktiviert sich das System selbstständig beim Unterschreiten einer Geschwindigkeitsschwelle von ca. 15 km/h (herstellerspezifisch). Während des Betriebs gewährleistet die Selbsttestfunktionalität eine permanente Überwachung aller Systemkomponenten.

Abstandsmessung

Die Ultraschallsensoren senden Ultraschallimpulse aus und empfangen den von einem Hindernis reflektierten Schall. Die Piezokeramik erzeugt ein analoges elektrisches Signal, das im Sensor ausgewertet wird. Aus der Laufzeit zwischen Aussenden des Ultraschallimpulses und Eintreffen der von Hindernissen reflektierten Echoimpulse ergibt sich der Abstand

Bild 2: Montageprinzip des Ultraschallsensors im Stoßfänger.
1 Sensor,
2 Entkopplungsring,
3 Einbaugehäuse,
4 Stoßfänger.

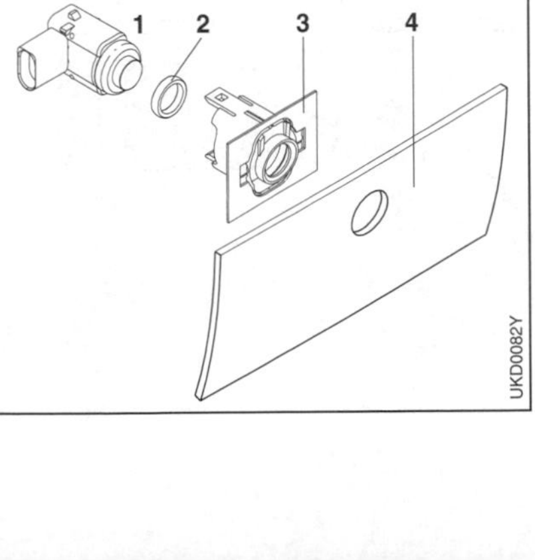

vom Fahrzeug zu den detektierten Hindernissen (siehe Ultraschall-Sensorik).

Steuergerät

Das Steuergerät enthält eine Spannungsstabilisierung für die Sensoren, einen Mikrocontroller sowie alle erforderlichen Interfaceschaltungen zur Anpassung der unterschiedlichen Ein- und Ausgangssignale. Die Software übernimmt folgende Aufgaben:

- Sensoransteuerung und Echoempfang,
- Laufzeitauswertung und Berechnung des Abstands zum Hindernis,
- Ansteuerung der Warnelemente,
- Auswertung der Eingangssignale vom Fahrzeug (z.B. Signal für eingelegten Rückwärtsgang),
- Überwachung der Systemkomponenten einschließlich der Fehlerspeicherung und
- Bereitstellung der Diagnosefunktion.

Warnelemente

Über die Warnelemente wird der Abstand zu einem Hindernis angezeigt. Ihre Ausführung ist fahrzeugspezifisch und besteht in der Regel aus einer Kombination von akustischer und optischer Anzeige. Aktuell kommen optische Anzeigen überwiegend mit LED-, aber auch in LCD-Technik zum Einsatz.

Bei Fahrzeugen mit einem Bildschirm im Mittelkonsolenbereich oder im Kombiinstrument kann das eigene Fahrzeug zusammen mit den vom System detektierten Hindernissen z.B. aus der Vogelperspektive dargestellt werden. Damit wird die Situation für den Fahrer noch übersichtlicher.

Ultraschallbasierter Einparkassistent

Der Einparkassistent basiert auf der ultraschallbasierten Einparkhilfe und ist evolutionär in Stufen konzipiert. Jede Stufe stellt eine eigenständige Funktion dar.

Alle im Folgenden dargestellten ultraschallbasierten Systeme sind bereits in Serie.

Längseinparken

Der informierende Einparkassistent

Nach Aktivierung des Systems durch den Fahrer misst ein auf jeder Fahrzeugseite angebrachter Ultraschallsensor während des Vorbeifahrens an der Parklücke die Länge und Tiefe der Parklücke aus (Bild 3). Die Länge ergibt sich aus der Auswertung des ESC-Geschwindigkeitssignals (ESC, Electronic Stability Control, Fahrdynamikregelung). Der Einparkassistent gibt daraufhin dem Fahrer ein Signal, ob die Parklücke lang genug, knapp oder zu kurz ist. Sollte sich ein Hindernis in der Parklücke befinden, wird sie abgelehnt. Hierfür sind die bereits zuvor erwähnten Sensoren mit einer Reichweite bis ca. 4,5 m bis 5,5 m erforderlich.

Nach dem Vermessen der Parklücke kann aus der ermittelten Geometrie des Umfelds die optimale Trajektorie (Wegverlauf) für den Einparkvorgang ermittelt werden. Hierzu benötigt der Einparkassistent noch die Signale des Lenkwinkelsensors (von der Fahrdynamikregelung, ESC). Während des Einparkvorgangs kann nun das System dem Fahrer eine Empfehlung geben, wie er das Lenkrad optimal einschlagen sollte, um möglichst glatt in die Lücke einzuparken. Während des Einparkvorgangs wird die Trajektorie ständig nachberechnet und in einem Display angezeigt. Bild 4a zeigt das Beispiel einer Fahrempfehlung durch das System.

Der lenkende Einparkassistent

Der nächste Evolutionsschritt wird durch ein System mit automatischer Lenkungsbetätigung gebildet. Voraussetzung ist, dass das Fahrzeug über eine elektrisch betätigte Servolenkung verfügt.

Wie zuvor muss der Fahrer seinen Einparkwunsch dem System durch Betätigen einer Taste mitteilen. Nach Ausmessen der Parklücke erhält er einen Hinweis, ob die Länge der Parklücke ausreichend ist. Dies kann ihm beispielsweise durch eine entsprechende Grafikdarstellung im Kombiinstrument mitgeteilt werden (Bild 4b). Nun muss der Fahrer nur noch den Rückwärtseingang einlegen und sich um die Längsführung des Fahrzeugs (Bremsen, Beschleunigen) kümmern – das Lenken übernimmt der Einparkassistent. Am Ende des Einparkvorgangs erhält der Fahrer eine entsprechende Information.

Ein- und mehrzügiges Einparken

Sowohl beim informierenden wie auch beim lenkenden Einparkassistenten ent-

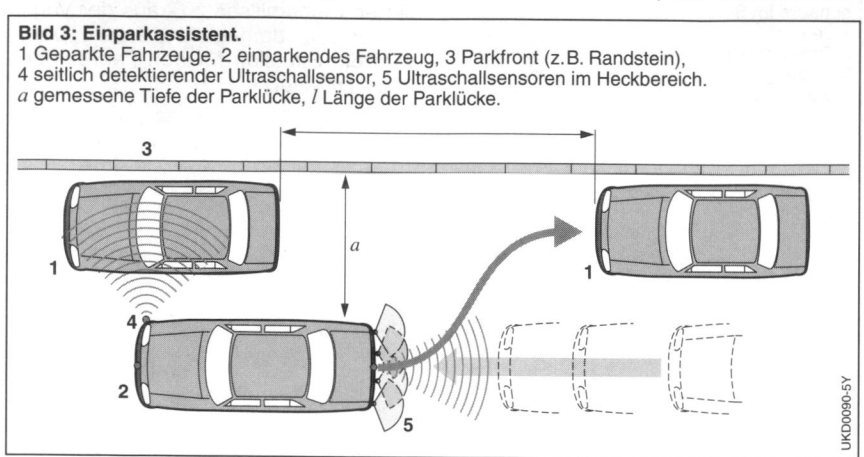

Bild 3: Einparkassistent.
1 Geparkte Fahrzeuge, 2 einparkendes Fahrzeug, 3 Parkfront (z.B. Randstein),
4 seitlich detektierender Ultraschallsensor, 5 Ultraschallsensoren im Heckbereich.
a gemessene Tiefe der Parklücke, l Länge der Parklücke.

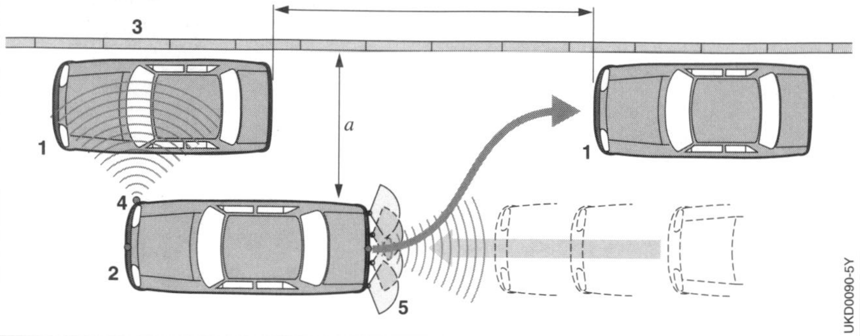

scheidet das System aufgrund der Länge der Parklücke über einzügiges oder mehrzügiges Einparken. Einzügiges Einparken wird immer bei ausreichender Parklückenlänge gewählt. Ist die Parklücke kurz, so entscheidet sich der Einparkassistent auf der Basis der Parklückenlänge und des möglichen Lenkradius des Fahrzeugs für

Bild 4: Anzeige des Einparkassistenten der Multifunktionsanzeige im Kombiinstrument.
a) Darstellung des informierenden Einparkassistenten,
b) Darstellung des lenkenden Einparkassistenten.

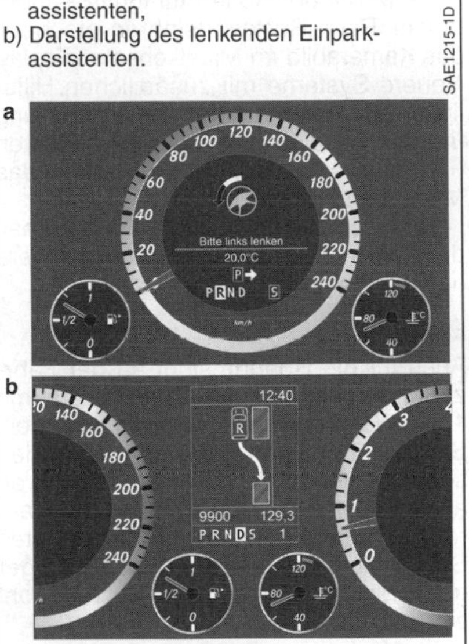

mehrzügiges Einparken. Hierbei wird der Fahrer vom System zu entsprechenden Gangwechseln aufgefordert.

Quereinparken

Das semiautomatisierte Einparken beschränkt sich nicht nur auf die beschriebenen Funktionen für das Längseinparken, sondern erlaubt auch das Einparken in Parklücken, die quer zur Fahrtrichtung angeordnet sind (Cross-Parking Assist, Bild 5).

Wie beim Längseinparken wird während des Vorbeifahrens an der Parklücke deren Länge ausgemessen. Hierzu wird als Referenzpunkt für das Einparkmanöver zunächst die im Bild 5 mit Eckpunkt A bezeichnete Fahrzeugkante des linken Fahrzeugs herangezogen. Befindet sich auch rechts der gefundenen Parklücke ein Fahrzeug, so wird auch dessen Kante (Eckpunkt B) berücksichtigt.

Vor Beginn des Einparkvorgangs fährt das Fahrzeug zunächst so lange vorwärts, bis es eine Trajektorie zum Einparken berechnen kann. Dann parkt das Fahrzeug nach Einlegen des Rückwärtsgangs entlang der Trajektorie ein. Diese wird ständig nachberechnet und bei Bedarf korrigiert. Die Signale der rückwärtigen Ultraschallsensoren werden ständig in das Einparkmanöver einbezogen. Wegen des beschränkten Detektionsbereichs der Ultraschallsensoren muss der Fahrer selbst darüber Sorge tragen,

Bild 5: Quereinparken.
a) Detektion Eckpunkt A,
b) Vorbereitung zum Einparken,
c) Einparken in die Parklücke.
1 Einparkendes Fahrzeug, 2 links parkendes Fahrzeug, 3 rechts parkendes Fahrzeug.
A Rechter Eckpunkt des links parkenden Autos,
B linker Eckpunkt des rechts parkenden Autos.

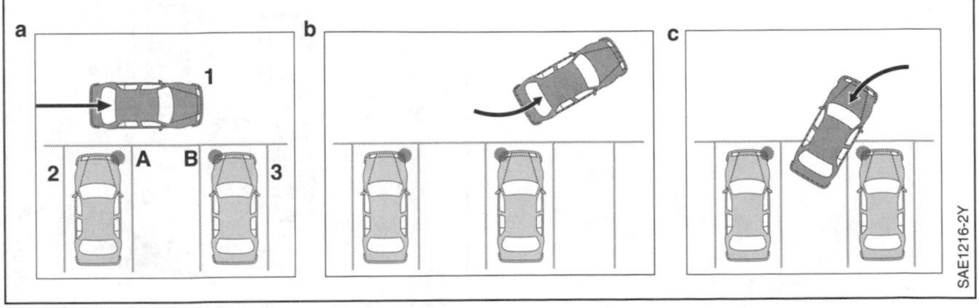

dass die Parklücke bis zur vollen Tiefe frei von Hindernissen ist.

Wie bei den zuvor geschilderten Einparkassistenten für das Längseinparken gibt es auch bei dieser Funktion informierende und – bei Ausrüstung des Fahrzeugs mit einer elektrischen Servolenkung – lenkende Systemvarianten.

Ausparkassistent
Die Einparkhilfe kann im Prinzip auch zum Ausparken aus Längsparklücken genutzt werden. Hierzu bringt das System das Fahrzeug zunächst in eine günstige Ausparkposition, sodass das Ausparken einzügig vonstatten gehen kann. Dem Fahrer obliegt die Aufgabe, auf den Verkehr zu achten und im richtigen Moment zu beschleunigen oder zu bremsen. Zum Abschalten der Funktion genügt es, das Lenkrad zu berühren.

Manövrierassistent
Farbspuren an Parkhaussäulen und -wänden zeugen von häufigen, z.T. kostspieligen Fahrzeugkontakten. Abhilfe schafft das System zur Warnung vor seitlichen Objekten.

Zusätzliche, seitlich an der Fahrzeugfront angeordnete Ultraschallsensoren erfassen bei langsamer Fahrt (bis 30 km/h) permanent Hindernisse im Fahrzeugumfeld (Bild 6). Der Manövrierassistent speichert deren Positionen ab, sodass sie auch dann bekannt sind, wenn sich im weiteren Verlauf die Hindernisse nicht mehr im Erfassungsbereich der Sensoren befinden. Mithilfe des Lenkwinkelsignals wird ständig die seitliche Entfernung zu den gespeicherten Hindernissen berechnet. Bei erkannter Kollisionsgefahr erhält der Fahrer eine akustische Warnung (Side Distance Warning). Die Situation kann auch aus der Vogelperspektive im Zentraldisplay angezeigt werden. Dieses System wurde 2013 in Serie eingeführt.

Videobasierte Systeme

Rückfahrkamera
Rückfahrkameras wurden schon vor geraumer Zeit zuerst in Japan eingeführt, konnten sich aber wegen des stark verzerrten Bilds des Superweitwinkelobjektivs in Europa nicht durchsetzen. Erst Systeme mit Bildentzerrung brachten in Europa den Durchbruch.

Bei heutigen Systemen ist eine Weitwinkelkamera am Fahrzeugheck – meist in der Mulde des Kofferraumgriffs – angebracht. Beim Rückwärtsfahren erscheint das Kamerabild im Mittelkonsolendisplay. Neuere Systeme mit zusätzlichen Hilfslinien zur Abschätzung der Entfernung und zur Anzeige der vorausberechneten Fahrspur erleichtern dem Fahrer das Manövrieren (Bild 7).

Mit dieser Funktionsausprägung erhält der Fahrer keine Warnung, die Kamera hat nur informierenden Charakter.

Frontkamera
Auch für die Rundumsicht an der Fahrzeugfront kann eine Videokamera mit 180 °-Weitwinkeloptik eingesetzt werden. Sie gestattet einen Einblick auch in den seitlichen Verkehr z.B. beim Herausfahren aus Häuserausfahrten (Bild 8). Der Fahrer hat aufgrund seiner zurückgesetzten Sitzposition im Fahrzeug einen weniger guten Einblick als die in der Fahrzeugfront eingebaute Kamera.

Bild 6: Manövrierassistent.
1 In ein Parkhaus einfahrendes Fahrzeug,
2 parkende Fahrzeuge,
3 Hindernis.

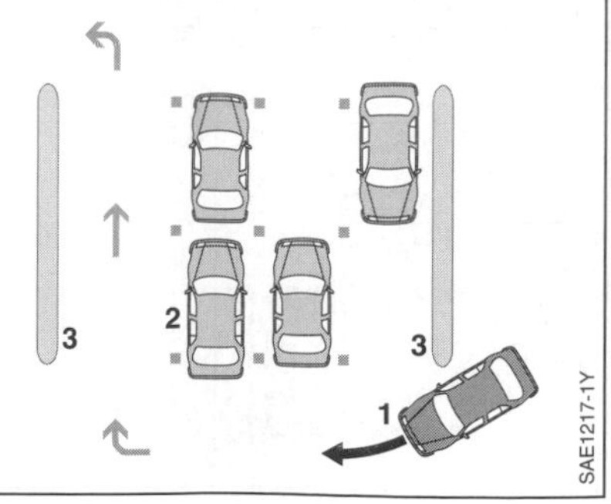

Bild 7: Fahrerassistenz mit Rückfahrkamera.
Videodarstellung mit eingeblendeten Zusatzinformationen. Die Entfernungsinformationen sind aus den optischen Parametern der Mono-Videokamera berechnet.
1 Trajektorie ohne Lenkradeinschlag,
2 aus dem aktuellen Lenkwinkel berechnete Trajektorie.

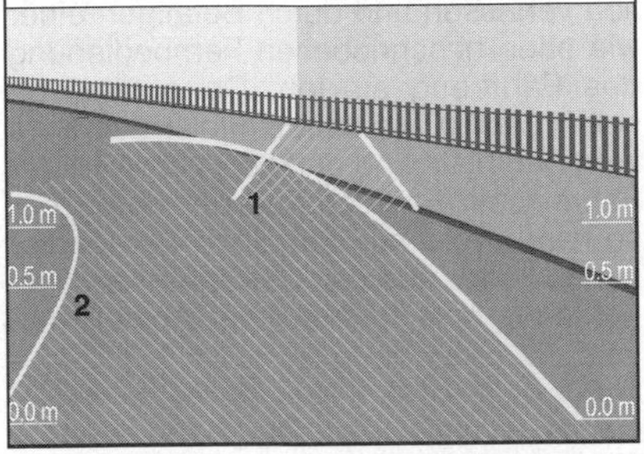

Bild 8: Fahrerassistenz mit Frontkamera.
Einsicht in die Hauptverkehrsstraße bei Herausfahren aus einer Häuserausfahrt.

360°-Rundumsicht

Mithilfe von vier rund um das Fahrzeug angebrachten Superweitwinkelkameras kann das gesamte Fahrzeugumfeld erfasst werden (Top-View-System, Bild 9). In den schraffierten Bereichen überlappen sich die Sichtfelder der einzelnen Kameras. Durch das „Stiching-Verfahren" werden die vier Einzelbilder in ein Gesamtbild umgerechnet. Durch Projektion der vier Bilder in eine imaginäre Schüsselstruktur besteht die Möglichkeit, dem Fahrer einen Blick aus der Vogelperspektive und aus verschiedenen Richtungen auf das eigene Fahrzeug im Display darzustellen.

Bild 10: Videobild mit Entfernungsinformation des Ultraschallsensors.
1 Hindernis (z.B. Mauer),
2 Entfernungs-Hilfslinien im 50-cm-Raster, berechnet aus Messwerten der Ultraschallsensoren,
3 Trajektorie bei maximalem Lenkwinkeleinschlag.

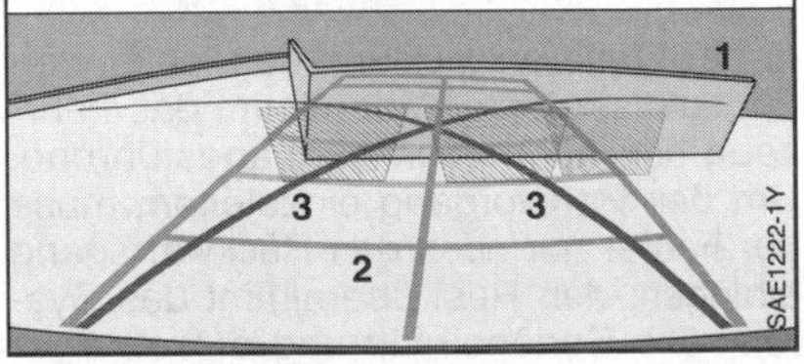

Bild 9: 360°-Rundumsicht mit vier Kameras.
a) Sichtbereiche der Kameras (schraffierte Bereiche geben deren Überlappungsbereich an),
b) fest definierte Stitching-Nahtstellen für das Top-View-Bild,
c) 360°-Rundumsicht aus der Vogelperspektive (Beispiel Parkhaus).
K1…K4 Kameras an Front, Heck und Fahrzeugseiten.

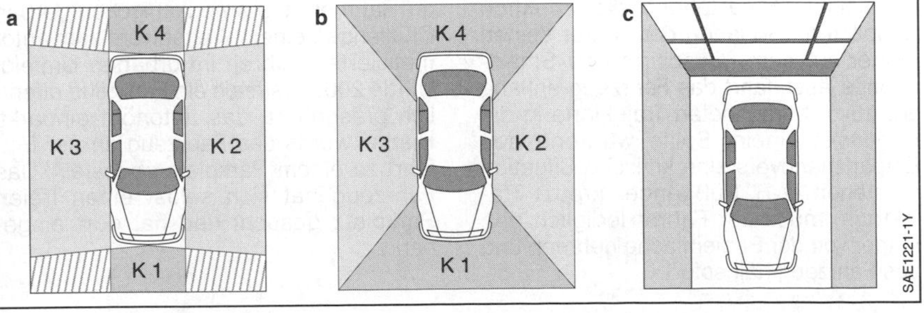

Fusion von Video- und Ultraschalltechnik
Durch Datenfusion der Signale des Ultraschallsystems mit der Videokamera lassen sich weitere Verbesserungen erzielen. So kann in das Bild der Mono-Rückfahrkamera, mit der keine Entfernungsmessung möglich ist, neben der Spurinformation auch die Entfernungsinformation des Ultraschallsystems eingeblendet werden (Bild 10). Hierdurch erhält der Fahrer eine noch aussagekräftigere Information über den Heckbereich seines Fahrzeugs.

Neuere Entwicklungsschritte
Durch Weiterentwicklung des teilautomatisierten Einparkens durch Anwendung intelligenter Bildverarbeitungsalgorithmen (siehe Computer Vision) wurden weitere Funktionen und Optionen erschlossen. Die Kombination intelligenter Kamerasysteme mit Ultraschallsensorik bilden die Basis für die im Folgenden geschilderten automatisierten Einpark- und Manövrier-Assistenzsysteme.

Parkmanöverassistent (Park maneuver control)
In der Weiterentwicklung des lenkenden Einparkassistenten übernimmt das Fahrzeug nun auch noch die Längsführung. Um den Parkvorgang einzuleiten, muss der Fahrer nur noch den Rückwärtsgang einlegen, den Rest übernimmt das System. Die Serieneinführung dieses Systems war 2014.

Ferngesteuerter Einparkassistent (Remote park assist)
Der Fahrer fährt an einem Parkplatz vorbei und erhält vom Einparkassistenten ein Signal, wenn die Parklücke ausreichend lang ist. Er steigt aus und drückt auf seinem Smartphone die Funktion „Einparken". So lange der Fahrer seinen Finger auf dem Bildschirm des Smartphones lässt, fährt das Fahrzeug entlang der zuvor berechneten Trajektorie in die Parklücke hinein. Sollte während des Einparkmanövers eine kritische Situation entstehen (z.B. Fußgänger kreuzt Trajektorie) muss der Fahrer lediglich den Finger von der Bedienfläche nehmen und das Fahrzeug hält sofort.

Homezone Park Assist
Bei Tiefgaragen oder Parkplätzen mit reservierten Stellplätzen im heimischen Bereich besteht künftig die Möglichkeit, dem Fahrzeug ein Parkmanöver von einer definierten Abstellposition zum eigenen Parkplatz durch Abfahren der Strecke und das Manövrieren des Fahrzeugs in die Parklücke einzulernen. Dann kann der Fahrer das Fahrzeug auf der Abstellposition verlassen und durch Betätigen einer wie oben beschriebenen Fernbedienung das Fahrzeug starten. Dann fährt es selbstständig auf dem eingelernten Kurs zum Parkplatz und parkt dort ein. Will der Fahrer sein Fahrzeug wieder benutzen, so kann er es mit derselben Fernbedienung wieder aus der Garage holen. Das Fahrzeug hält dann auf der Abstellposition.

Hochautomatisiertes, ferngesteuertes Einparken (Remote park pilot)
Diese Funktion kommt vor allem beim Manövrieren in und aus engen Garagen oder Stellplätzen zum Einsatz. Da es prinzipiell möglich ist, ein Fahrzeug fahrerlos einzuparken, kann der Benutzer den Einparkvorgang vor der Garage mit einer Fernbedienung, einem intelligenten Funkschlüssel oder mit dem Smartphone durch Betätigen eines Bedienelements starten. Das Fahrzeug fährt dann automatisiert in die Garage ein. Die Anwesenheit des Fahrers ist hierfür nicht erfoderlich. Diese Funktion erfordert eine sehr robuste Umfelderkennung und hohe Sicherheitsanforderungen.

Die Serieneinführung dieses Systems war 2016.

Autonomes Einparken (Automated valet parking)
Im Rahmen des amerikanischen „Urban Challenge", einem Wettbewerb zum automatisierten Fahren im urbanen Umfeld, wurde 2007 erstmals ein Fahrzeug öffentlich präsentiert, das autonom einparkt. Hierbei wurde das Fahrzeug an der Einfahrt zu einem Parkplatz abgestellt. Das Fahrzeug hat sich selbst einen freien Parkplatz gesucht und hat dort eingeparkt.

Auch bei dieser neuen Funktion wird das Fahrzeug auf einer vordefinierten Abstellfläche vor einem Parkhaus oder einer Tiefgarage abgestellt. Für das weitere Einparkmanöver steigt der Fahrer aus und wählt auf seinem Smartphone die Funktion „Parkplatz suchen" aus. Daraufhin fährt das Fahrzeug vollautomatisiert in das Parkhaus ein, sucht sich selbstständig einen Parkplatz und parkt dort ein. Mit dem gleichen Bedienvorgang kann das Fahrzeug auch wieder aus der Garage geholt werden. Für das Fahren und das Rangieren benutzt das Fahrzeug eigene Bordsensorik (ultraschall- und videobasierte Systeme) und Signale einer Infrastruktur des Parkhauses (siehe auch Automated Valet Parking).

Solche Systeme können erheblichen Einfluss auf die Infrastruktur künftiger Parkhäuser haben: Die Fahrzeuge können viel dichter geparkt werden, da kein großer Abstand zum Ein- und Aussteigen vorgehalten werden muss. Die Geschosshöhe kann reduziert werden. Langparker können „zugeparkt" werden.

Vernetzung mit der „Cloud", Connected Parking

Parkplatzsuche ist verbunden mit einer unnötig zurückgelegten Wegstrecke. Der hierdurch verursachte Kraftstoffverbrauch und die in Folge entstehenden Abgase summieren sich zu immensen Beträgen. Abhilfe kann in Zukunft ein System schaffen, welches den Fahrer bei der Parkplatzsuche aktiv unterstützt. Es beruht auf der Interaktion zwischen Fahrzeugen und Infrastruktur (V2I, Vehicle to Infrastructure Communication, Bild 11). Fahrzeuge, die sich in einem Umfeld mit Parkplätzen befinden (z.B. im innerstädtischen Bereich), erfassen mit ihrer bordeigenen Sensorik die geografische Lage verfügbarer Parkplätze und deren Länge und senden diese Information an eine „Cloud". In der Cloud geschieht eine Filterung und ein Einfügen der Parkposition in eine Karte. Alle diesbezüglichen Informationen werden gespeichert und möglichen Nutzern zur Verfügung gestellt. Wie im Bild 11 beispielhaft dargestellt erhält der Fahrer Informationen zu besetzten und zu freien Parkplätzen sowie Parkplätzen mit Ladestation. Parkplatz suchende Fahrzeuge können sich die Information aus ihrem Umfeld von der Cloud herunterladen und erhalten Wegleitinformation zu einem benachbarten freien Parkplatz oder zu einem Parkplatz in möglichst geringer Entfernung zum eingegebenen Ziel im Navigationssystem.

Bild 11: Parkplatzsuche mit Vehicle to Infrastructure Communication.

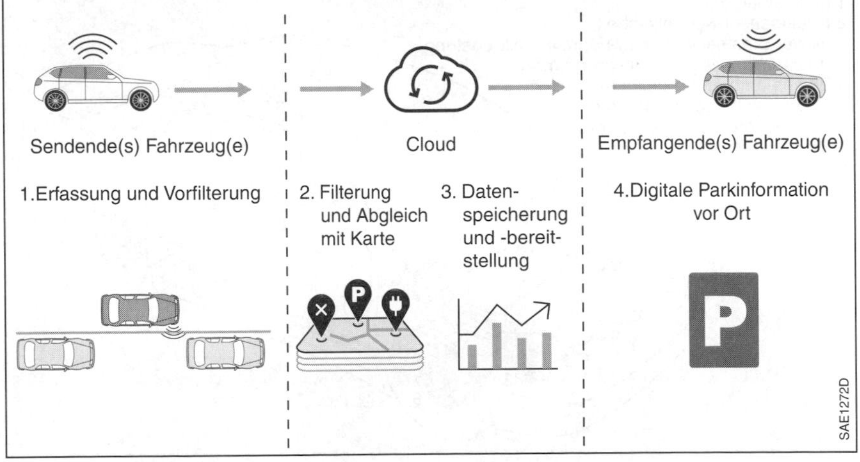

Adaptive Fahrgeschwindigkeitsregelung

Aufgabe

Die Adaptive Fahrgeschwindigkeitsregelung (ACC, Adaptive Cruise Control) kann wie der schon länger serienmäßig verfügbare Fahrgeschwindigkeitsregler (FGR, auch als Tempomat bezeichnet) in die Reihe der Fahrerassistenzsysteme eingereiht werden. Der Fahrgeschwindigkeitsregler regelt die Fahrzeuggeschwindigkeit auf die vom Fahrer über die Bedieneinheit vorgegebene Wunschgeschwindigkeit. Zusätzlich zu dieser Funktion erfasst die adaptive Fahrgeschwindigkeitsregelung den Abstand und die Relativgeschwindigkeit zum vorausfahrenden Fahrzeug und nutzt diese Informationen mit weiteren Daten des eigenen Fahrzeugs (z.B. Lenkwinkel, Gierrate) zur Regelung der Zeitlücke zwischen den Fahrzeugen. Sie passt somit die Geschwindigkeit an das vorausfahrende Fahrzeug an und hält einen sicheren Abstand ein. Zur Erkennung von Fahrzeugen, die in der Fahrspur vorausfahren oder auch von Hindernissen, die sich im Erfassungsbereich des Sensors bewegen und eventuell ein Abbremsen erfordern, ist die adaptive Fahrgeschwindigkeitsregelung mit einem Fernbereichsradar ausgerüstet (Bild 1).

Aufbau und Funktion

Die adaptive Fahrgeschwindigkeitsregelung ist ein Komfortsystem, das den Fahrer von Routineaufgaben entlastet, ihn aber nicht von seiner Verantwortung zur Fahrzeugführung entbindet. Der Fahrer kann diese Funktion deshalb jederzeit durch eigenen Eingriff übersteuern oder abschalten (z.B. durch Betätigung von Gas- oder Bremspedal).

Abstandssensor
ACC-Systeme verfügen derzeit zumeist über einen Radarsensor, der in einem Frequenzbereich von 76...77 GHz arbeitet (siehe Radarsensor). Die vom Radarsensor ausgesendeten Radarstrahlen werden von vorausfahrenden Fahrzeugen reflektiert und bezüglich Laufzeit, Dopplerverschiebung und Amplitudenverhältnis analysiert. Daraus werden Abstand, Relativgeschwindigkeit und Winkellage zu vorausfahrenden Fahrzeugen berechnet. Die Auswerte- und Regelelektronik (Radarsensor-Kontrolleinheit) ist im Sensorgehäuse integriert. Diese empfängt und sendet Daten über einen CAN-Datenbus von und zu anderen elektronischen Steuergeräten, die das Motormoment und die Bremsen beeinflussen (Bild 2).

Bild 1: Adaptive Fahrgeschwindigkeitsregelung für einen Pkw.
1 Motorsteuergerät,
2 Radarsensor-Kontrolleinheit,
3 aktiver Bremseingriff über Fahrdynamikregelung (Elektronisches Stabilitätsprogramm),
4 Bedien- und Anzeigeeinheit,
5 Motoreingriff (beim Ottomotor mit elektronisch angesteuerter Drosselklappe),
6 Sensoren.

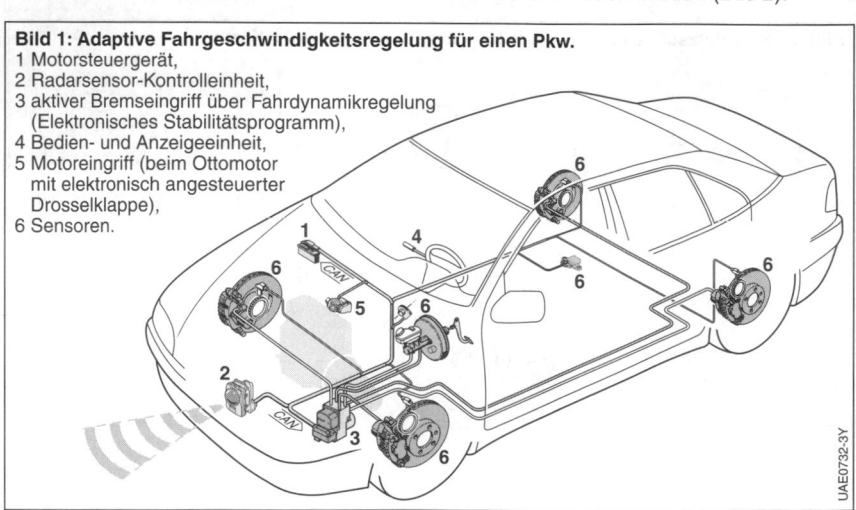

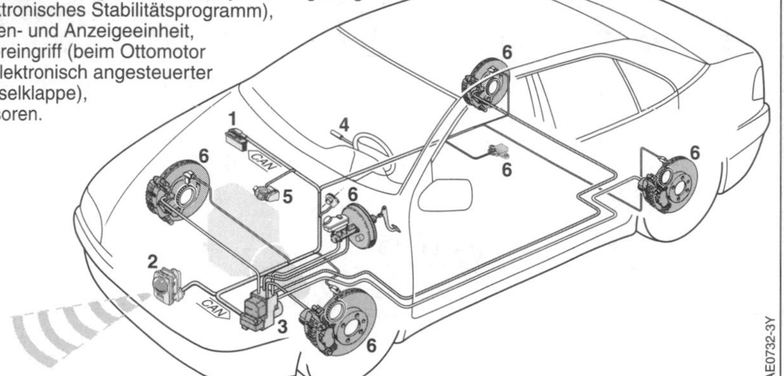

Daneben gibt es noch ACC-Systeme, die mit Laserstrahlen im Infrarotbereich arbeiten (siehe Lidar, Light Detection and Ranging). Das Wirkprinzip ist ähnlich, wobei aufgrund der Verwendung von optischer Strahlung Einschränkungen bei schlechter Witterung (Nebel, Regen, Schneefall) gegenüber den Radarsystemen in Kauf genommen werden müssen (siehe z.B. [5]).

Kursbestimmung
Für eine sichere Funktion der adaptiven Fahrgeschwindigkeitsregelung müssen die vorausfahrenden Fahrzeuge in jeder Situation – z.B. auch in Kurven – der richtigen Fahrspur zugeordnet werden können. Hierzu werden die Informationen der Sensorik der Fahrdynamikregelung (Elektronisches Stabilitätsprogramm) bezüglich des eigenen Kurvenzustands ausgewertet (Gierrate, Lenkwinkel, Raddrehzahlen und Querbeschleunigung).

Einstellmöglichkeiten
Der Fahrer gibt die Sollgeschwindigkeit und die Sollzeitlücke vor, wobei ihm für letztere üblicherweise Werte von 1...2 s angeboten werden. Aus den Radarsignalen wird die Zeitlücke zum vorausfahrenden Fahrzeug berechnet und mit der vom Fahrer eingestellten Sollzeitlücke verglichen. Ist die Sollzeitlücke unterschritten, reagiert das ACC-System der Fahrsituation jeweils angepasst mit einer Reduzierung des Motormoments und – nur wenn notwendig – mit einer automatisch eingeleiteten Bremsung. Ist die Sollzeitlücke überschritten, beschleunigt das Fahrzeug solange, bis entweder die Geschwindigkeit des vorausfahrenden Fahrzeugs oder die vom Fahrer gesetzte Sollgeschwindigkeit erreicht ist.

Motoreingriff
Die Geschwindigkeitsregelung erfolgt über die elektronische Motorleistungssteuerung (z.B. Motronic, Elektronische Dieselregelung). Damit kann das Fahrzeug auf die Sollgeschwindigkeit beschleunigt oder bei Auftauchen eines Hindernisses durch Reduzierung des Antriebsmoments verzögert werden.

Bremseingriff
Reicht die Verzögerung durch den Motoreingriff nicht aus, muss das Fahrzeug abgebremst werden. Hierzu ist beim Pkw die Fahrdynamikregelung (elektronisches Stabilitätsprogramm) erforderlich, die einen Bremseingriff vornehmen kann. Für Nutzfahrzeuge reicht ein elektronisches Bremssystem (EBS) aus, das üblicherweise auch die Einbindung der verfügbaren Dauerbremsen (Retarder und Motorbremse) zur verschleißfreien Verzögerung übernimmt.

Aufgrund der Auslegung der adaptiven Fahrgeschwindigkeitsregelung als Komfortsystem wird die berechnete Verzögerung derzeit noch auf ca. 2...3 m/s² begrenzt. Sollte diese aufgrund der aktu-

Bild 2: Grundstruktur der ACC-Regelung.

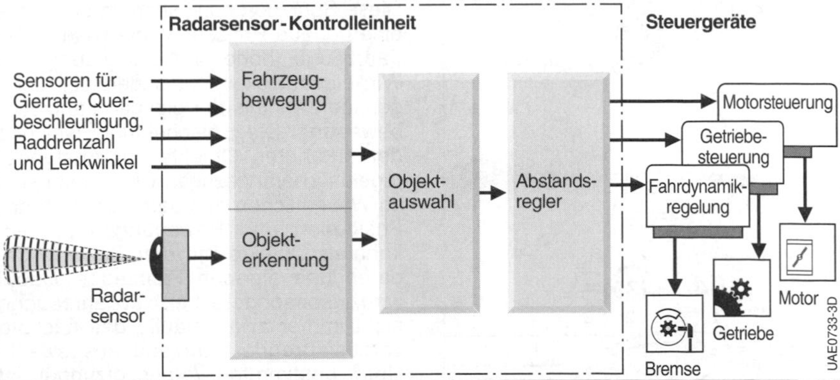

ellen Verkehrssituation nicht ausreichen (z.B. bei stark bremsenden vorausfahrenden Fahrzeugen), erfolgt eine optische und akustische Übernahmeaufforderung an den Fahrer. Dieser muss dann die entsprechende Verzögerung über die Bremse einleiten. Sicherheitsfunktionen wie Notbremsung sind im ACC nicht enthalten.

Falls notwendig werden bei aktiviertem ACC die stabilisierenden Systeme Antiblockiersystem oder Fahrdynamikregelung in gewohnter Weise aktiv. Je nach Parametrierung des ACC führen Stabilisierungseingriffe durch das Antiblockiersystem oder die Fahrdynamikregelung zur Abschaltung des ACC.

Anzeige
Dem Fahrer muss ein Minimum an Informationen angezeigt werden:
- Anzeige der Sollgeschwindigkeit,
- Anzeige des Einschaltzustands,
- Darstellung der vom Fahrer gewählten Sollzeitlücke,
- Anzeige des Folgemodus, die den Fahrer darüber informiert, ob das System den Abstand auf ein detektiertes Zielobjekt regelt oder nicht.

Die Information kann z.B. im Kombiinstrument oder über ein Head-up-Display (Bild 3) dargestellt werden.

Bild 3: Informationsdarstellung im Head-up-Display.
1 Aktuelle Geschwindigkeit,
2 Sollgeschwindigkeit,
3 ACC-Status (Adaptive Fahrgeschwindigkeitsregelung).

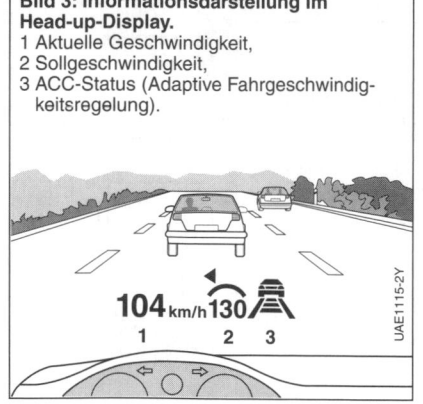

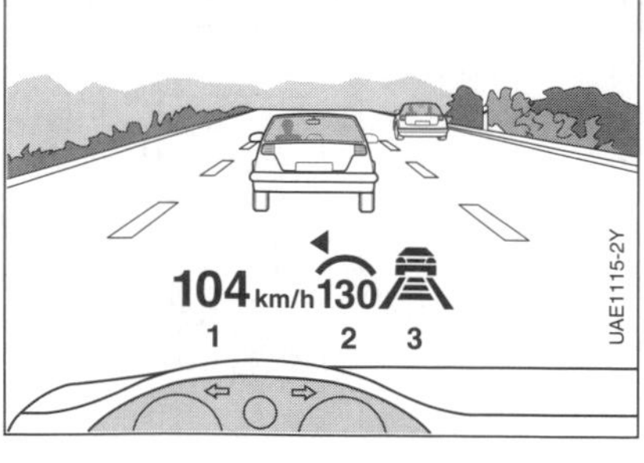

Regelalgorithmen

Regelmodule
Grundsätzlich besteht die Regelung für Pkw wie auch für Nutzfahrzeuge aus drei Regelmodulen.

Fahrgeschwindigkeitsregelung
Hat der Radarsensor keine vorausfahrenden Fahrzeuge erfasst, regelt das System auf die vom Fahrer eingestellte Sollgeschwindigkeit.

Folgeregelung
Der Radarsensor hat dabei vorausfahrende Fahrzeuge erkannt. Die Regelung hält im Wesentlichen die Zeitlücke zu dem nächsten Fahrzeug konstant.

Regelung bei Kurvenfahrt
Beim Durchfahren enger Kurven kann der Radarsensor infolge seines begrenzten Blickwinkels das vorausfahrende Fahrzeug „aus den Augen" verlieren. Bis zur Wiedererkennung dieses Fahrzeugs oder bis zum Umschalten auf die normale Geschwindigkeitsregelung werden Sondermaßnahmen wirksam. Je nach Fahrzeughersteller wird dann z.B. die Geschwindigkeit konstant gehalten, der momentanen Querbeschleunigung angepasst oder die adaptive Fahrgeschwindigkeitsregelung wird abgeschaltet.

Objekterkennung und Spurzuordnung
Die zentrale Aufgabe des Radarsensors mit integrierter Elektronik ist das Erkennen von Objekten und deren Zuordnung zur eigenen oder fremden Fahrspur. Diese Spurzuordnung verlangt einerseits eine genaue Erfassung vorausfahrender Fahrzeuge (hohe Winkelauflösung und Winkelgenauigkeit) und andererseits eine genaue Kenntnis der eigenen Fahrzeugbewegung. Die Entscheidung, welches der erkannten Objekte zur Abstandsregelung herangezogen wird, ergibt sich im Wesentlichen aus dem Vergleich der Positionen und Bewegungen der erkannten Objekte mit den Bewegungsdaten des eigenen Fahrzeugs. Dabei wird insbesondere bei Nutzfahrzeugen nicht immer zwangsläufig das nächste vorausfahrende Fahrzeug ausgewählt. Unter bestimmten Voraussetzungen ist

es sinnvoller, das übernächste Fahrzeug zu verwenden, z.B. wenn ein Pkw vom Beschleunigungsstreifen einschert und zügig weiter beschleunigt, um bald auf die Überholspur zu wechseln.

Elektronikstruktur

Die ACC-Regelung benötigt außer den von Sensoren übertragenen Daten (Bild 2) noch weitere Daten vom Motor-, Retarder- (für Nutzfahrzeuge), Getriebe- und Fahrdynamikregelungssteuergerät, die über den CAN-Datenbus übertragen werden. Umgekehrt setzen diese Steuergeräte die von der ACC-Regelung geforderten Beschleunigungen in Antriebs- und Bremsmomente um. Die Koordination der Aktoren (z.B. Verteilung des erforderlichen Bremsmoments auf die verfügbaren Bremsen) kann dabei sowohl im Steuergerät der Fahrdynamikregelung als auch in einem Führungsrechner oder im ACC-Steuergerät selbst erfolgen.

Justage

Der Radarsensor wird im Frontbereich des Fahrzeugs montiert. Seine Radarkeulen werden relativ zur Fahrzeuglängsachse ausgerichtet. Dies geschieht mit Justierschrauben im Befestigungsbereich des Sensors. Eine Dejustage durch mechanischen Eingriff, Verformung der Halterung durch Unfall oder andere Einflüsse muss korrigiert werden. Dejustagen kleineren Ausmaßes werden automatisch durch permanent wirkende, in der Software realisierte Korrekturen ausgeglichen. Die Notwendigkeit einer Neujustierung wird dem Fahrer angezeigt.

Einsatzbereich und funktionale Erweiterungen

Einsatz in Pkw

Der Einsatz der adaptiven Fahrgeschwindigkeitsregelung ist an die Verfügbarkeit der Fahrdynamikregelung gebunden. Dies ist Voraussetzung für den aktiven Bremseingriff ohne Zutun des Fahrers.

Einsatz in Nutzfahrzeugen

Anforderungen

Die Randbedingungen für ein Nutzfahrzeug-ACC unterscheiden sich zum Teil deutlich von denen für ein Pkw-ACC:

- Die Regelung der Verzögerung und der Beschleunigung muss die stark variierenden Verhältnisse zwischen Beladung und Motorisierung berücksichtigen.
- Überhol- und Einschervorgänge laufen bei Nutzfahrzeugen dynamisch langsamer ab als bei Pkw und führen deshalb jeweils zu anderen Regleranforderungen und Abstimmungen.
- Das Folgefahren von mehreren mit ACC ausgerüsteten Fahrzeugen hintereinander muss regeldynamisch beherrscht werden (Lkw fahren in der Kolonne mit annähernd gleicher Geschwindigkeit).
- Vereinfachend für die ACC-Regelung ist der im Vergleich zu Pkw begrenzte Geschwindigkeitsbereich für Nutzfahrzeuge.
- Aufgrund des kommerziellen Einsatzes von Nutzfahrzeugen liegt der Schwerpunkt bei der Auslegung mehr auf Ökonomie als auf Sportlichkeit und Komfort. Kraftstoffverbrauch und Verschleiß müssen mit ACC mindestens so gut sein wie bei einem durchschnittlichen Fahrer.

Grundsätzlich können für Omnibusse, Lastkraftwagen und Sattelzugmaschinen gleichartige ACC-Systeme verwendet werden. Auch die Anforderungen bezüglich Antriebs- und Bremssystemen, manuell, halb- oder vollautomatisch geschalteten Getrieben sind bei Bussen und Lkw sehr ähnlich. Lediglich bei der Auslegung des Systems gibt es im Omnibus erweiterte Anforderungen bezüglich des Komforts.

Systemausprägung

Die Systemarchitektur eines ACC für Nfz unterscheidet sich kaum von der eines ACC für Pkw. Aufgrund der geringeren Geschwindigkeiten kann allerdings die Reichweite der Sensoren geringer sein. Dafür sind die Umwelt- und Lebensdaueranforderungen an die Komponenten deutlich höher.

Die ACC-Regelung ist im Nfz auf optimales Verbrauchs- und Verschleißverhalten ausgelegt. Daher wird z.B. die Betriebsbremsanlage erst aktiviert, wenn die verfügbaren Dauerbremsen das Fahrzeug nicht mehr in der vom ACC-Regler geforderten Weise verzögern können. Der Bremsenverschleiß durch das ACC bewegt sich deshalb meist auf einem niedrigeren Niveau als der durch einen durchschnittlichen Fahrer verursachte. Das gleiche gilt für den Kraftstoffverbrauch, bei dem durch ACC ebenfalls ein positiver Effekt gegenüber einem durchschnittlichen Fahrer feststellbar ist.

Neben diesen ACC-Systemen gibt es für Nutzfahrzeuge auch prädiktive ACC-Systeme, die basierend auf gelernten oder in Karten hinterlegten Topologieinformationen der Fahrstrecke die Fahrgeschwindigkeit so optimieren, dass ein möglichst geringer Kraftstoffverbrauch erzielt wird. Das wird erreicht, indem z.B. vor Kuppen nicht mehr beschleunigt wird oder in Gefällestrecken mit anschließender Steigung die kinetische Energie durch Geschwindigkeitsüberhöhung besser genutzt wird. Die nachgewiesenen Einsparungen liegen selbst im Vergleich zu guten Fahrern im Bereich von 5...10 %.

In einigen Ländern, z.B. Nordamerika, gibt es noch ACC-Systeme, die aufgrund der einfacheren Bremsenarchitektur ausschließlich das Motor- oder das Dauerbremsmoment beeinflussen. Der Fahrer muss somit häufiger manuell eingreifen.

ACCplus

Bedingt durch eingeschränkte Funktionalität von Sensorik und Aktorik besaßen die ACC-Systeme der ersten Generation noch Einschränkungen im Funktionsumfang. Der begrenzte Objekterfassungsbereich und das eingeschränkte horizontale Auflösungsvermögen ließen nur einen Betrieb oberhalb 30 km/h zu. Das ACC konnte zunächst also nicht bis in den Stillstand eingesetzt werden. Das System ACCplus (in Serie seit 2009) verfügt über einen weiterentwickelten Radarsensor mit breiterem horizontalen Erfassungswinkel (±15 °) und verbesserten Detektionseigenschaften und lässt damit ein Abbremsen bis in den Stillstand wie auch ein Wiederanfahren durch Fahrereingriff zu. Innerhalb eines vorgegebenen Zeitlimits genügt die Betätigung des Gaspedals, um das System wieder zu aktivieren.

Durch eine höhere Zuverlässigkeit bei der Zielauswahl und eine noch bessere Erkennungsleistung von Objekten im Nahbereich lässt das ACC nun auch den Einsatz in Stausituationen zu.

ACC mit Staufolgefahren

Beim Staufolgefahren (ACC Stop & Go, ACC LSF, Low Speed Following) werden zusätzlich die Daten des Fernbereich-Radarsensors mit den Daten von Mittelbereichs- oder Nahbereichsensoren (Nahbereich-Radarsensoren oder Ultraschallsensoren) fusioniert, sodass eine genaue Vermessung der Objekte vor dem Fahrzeug gegeben ist.

Es wird im Geschwindigkeitsbereich von 0...200 km/h geregelt, das Fahrzeug bis zum Stillstand abgebremst und innerhalb eines vorgegebenen Zeitlimits automatisch wieder angefahren.

Sensordatenfusion mit einer Videokamera

Durch Sensordatenfusion mit einer Videokamera kann eine Objektvermessung und eine Objektklassifikation durchgeführt werden. Dies erlaubt eine robuste Regelung des Fahrzeugs auf stehende Objekte.

Durch die Fusion mit der Videosensorik wird es beim Staufolgefahren in Zukunft möglich sein, eine vollständige Längsführung in allen Geschwindigkeitsbereichen und auch im Stadtverkehr vorzunehmen (FSR, Full Speed Range). Zudem wurden auf Basis des ACC Assistenzsysteme entwickelt, die automatisch in kritischen Fahrsituationen unfallvermeidend oder unfallfolgenmindernd eingreifen. Weitere Entwicklungen zielen auf ein automatisches Ausweichen durch automatischen Lenkeingriff.

Aktuelle Weiterentwicklungen

Elektronischer Horizont

Auf Basis digitaler Karten wird die ACC-Funktion qualitativ verbessert. Das Navigationssystem bestimmt die Position des Fahrzeugs und schätzt die voraussichtliche Fahrstrecke, die das Fahrzeug fahren wird (Most Probable Path, MPP). Entlang dieser Fahrstrecke wird durch Zugriff auf die digitale Navigationskarte eine vielfältige vorausschauende Information zur Verfügung gestellt (elektronischer Horizont). Beispiele hierfür sind die Straßenklasse, der geometrische Verlauf der Straße, Autobahnauf- und -abfahrten, Geschwindigkeitsbegrenzungen oder die Straßensteigung. Über herstellerspezifische Protokolle oder den ADASIS-Standard [4] wird der elektronische Horizont mittels CAN-Bus den Steuergeräten zur Verfügung gestellt.

Das ACC-System kann auf diese Information zugreifen, um seine Funktion zu verbessern. Zum Beispiel kann der vorausschauende Straßenverlauf genutzt werden, um vorausliegende Radarobjekte sicherer der Fahrspur zuordnen zu können (Reduktion von „Nebenspurstörungen"). Beim Befahren einer Autobahnabfahrt kann eine Fahrzeugbeschleunigung vermieden werden, wenn ein vorausliegendes Radarobjekt durch Wechsel auf den Verzögerungsstreifen verloren wird. Vor Eintritt in eine Kurve mit hoher Krümmung kann die Setzgeschwindigkeit automatisiert reduziert werden.

Durch die zunehmende Anreicherung der digitalen Karte mit Daten und die Verbesserung der Datenqualität werden künftig neuartige Assistenzfunktionen in Verbindung mit dem ACC-System ermöglicht, bis hin zur vorausschauenden, vollautomatischen Setzgeschwindigkeitsvorgabe. Der Fahrer muss die Sollgeschwindigkeit nicht mehr manuell eingeben, das ACC-System ermittelt diese selbsttätig durch Kommunikation mit dem Navigationssystem.

Dabei kann das ACC-System in Verbindung mit dem Motorsteuergerät vorausschauende Fahrstrategien umsetzen, die den CO_2-Ausstoß weiter minimieren. „Sieht" das ACC vorausschauend über den elektronischen Horizont eine Geschwindigkeitsbegrenzung oder eine Kurve, so kann das Fahrzeug bei optimalem Kraftstoffverbrauch darauf zurollen oder „segeln". Beim Einleiten des Ausroll- oder Segelvorganges wird auch die Straßensteigung berücksichtigt.

Vernetzung mit der „Cloud"

Je höher der Automatisierungsgrad der ACC-Funktion wird, desto größer sind die Anforderungen an die Aktualität, Präzision und Zuverlässigkeit der Daten im elektronischen Horizont. Um die Datenqualität der digitalen Karte zu steigern, wird auch das Fahrzeug selbst mit seinen Sensoren beitragen, Straßenumfelddaten zu erfassen. Das Funktionsprinzip: Informationen wie z.B. Verkehrszeichen oder die gefahrene Kurvengeschwindigkeit werden von der Fahrzeugsensorik erfasst, mit Daten vom Navigationssystem ergänzt (z.B. Position) und über Mobilfunk an einen Server (Cloud) gesendet. Im zentralen Server werden die von vielen Fahrzeugen ankommenden Signale weiterverarbeitet, zusammengefasst und zum Abruf breitgestellt. Die Serverinformationen können von Fahrzeugen mit Navigationssystemen abgerufen werden. Somit wird sichergestellt, dass immer die neuesten Informationen zur Verfügung stehen. Die vom Server kommenden Daten werden als neues Wissen in die lokale Navigationskarte übernommen und über den elektronischen Horizont sofort dem ACC-System zur Verfügung gestellt.

Literatur

[1] H. Winner; S. Hakuli; F. Lotz; C. Singer: Handbuch Fahrerassistenzsysteme. 3. Aufl., Verlag Springer Vieweg, 2015.

[2] H. Wallentowitz, K. Reif: Handbuch Kraftfahrzeugelektronik. 2. Aufl., Vieweg+Teubner Verlag, 2010.

[3] H.-H. Braess, U. Seiffert: Handbuch Kraftfahrzeugtechnik. 7. Aufl., Verlag Springer Vieweg, 2013.

[4] C. Ress et al.: ADASIS PROTOCOL FOR ADVANCED IN-VEHICLE APPLICATIONS, ADASIS-Forum (http://durekovic.com/publications/documents/ADASISv2%20ITS%20NY%20Paper%20Final.pdf).

[5] K. Reif: Automobilelektronik. 5. Aufl., Verlag Springer Vieweg, 2014.

Informations- und Warnsysteme

Rückfahrkamerasystem

Aufgabe

Oft hat der Fahrer eine eingeschränkte Sicht auf die unmittelbare Fahrzeugumgebung. Kleine Seiten- und Heckscheiben und eine von der Aerodynamik und dem Fußgängerschutz beeinflusste Fahrzeugkontur erschweren ein genaues, sicheres Manövrieren. Das Rückfahrkamerasystem unterstützt den Fahrer, indem es ein Echtzeitbild des hinteren Fahrbereichs im Display des Radio- oder Navigationssystems anzeigt. Das Rückfahrkamerasystem bietet dem Fahrer beim Rückwärtsfahren eine uneingeschränkte Sicht auf die unmittelbare Fahrzeugumgebung (Bild 1).

Rückfahrkameras wurden schon vor geraumer Zeit zuerst in Japan eingeführt, konnten sich aber wegen des stark verzerrten Bilds des Superweitwinkelobjektivs in Europa nicht durchsetzen. Erst Systeme mit Bildentzerrung brachten in Europa den Durchbruch.

Arbeitsweise des Rückfahrkamerasystem

Die Nahbereichskamera im Heck des Fahrzeugs wird beim Einlegen des Rückwärtsgangs automatisch aktiv. Das Kamerabild zeigt den Bereich hinter dem Fahrzeug an (Erfassungsbereich bis zu 180 °, Bild 2). Darauf kann der Fahrer in Echtzeit erkennen, ob der Weg frei ist. Optional kann die Fahrspur des Fahrzeugs mit Hilfe von farbigen Linien dynamisch in das Kamerabild eingeblendet werden. Diese zeigen, in welche Richtung sich das Fahrzeug mit der aktuellen Lenkradstellung bewegt beziehungsweise wann ein Lenkradeinschlag erfolgen muss. Damit ist ein zielgenaues Manövrieren möglich.

In Kombination mit der ultraschallbasierten Einparkhilfe können die von den Ultraschallsensoren gemessenen Abstände, beispielsweise durch die Anzeige farbiger Balken, in das Kamerabild eingebettet werden. Somit hat der Fahrer alle für ihn relevanten Informationen auf einen Blick verfügbar.

Bild 1: Fahrerassistenz mit Rückfahrkamera.
Videodarstellung mit eingeblendeten Zusatzinformationen. Die Entfernungsinformationen sind aus den optischen Parametern der Mono-Videokamera berechnet.
1 Trajektorie ohne Lenkradeinschlag,
2 aus dem aktuellen Lenkwinkel berechnete Trajektorie.
SAE1219-1Y

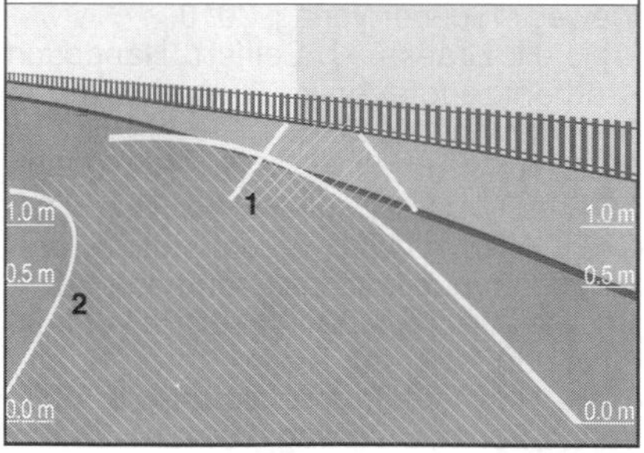

Systemnutzen für den Autofahrer

- Das Rückfahrkamerasystem ermöglicht ein sicheres und komfortables Parken und Rangieren,
- es ermöglicht schnellere und einfachere Parkmanöver,
- es ist einfach zu bedienen,
- die intelligente Bildaufbereitung sorgt für eine leicht verständliche Darstellung der Umgebung (kein Fischaugeneffekt),
- es vermindert das Risiko von Materialschäden und die damit verbundenen Kosten.

Bild 2: Erfassungsbereich der Rückfahrkamera.

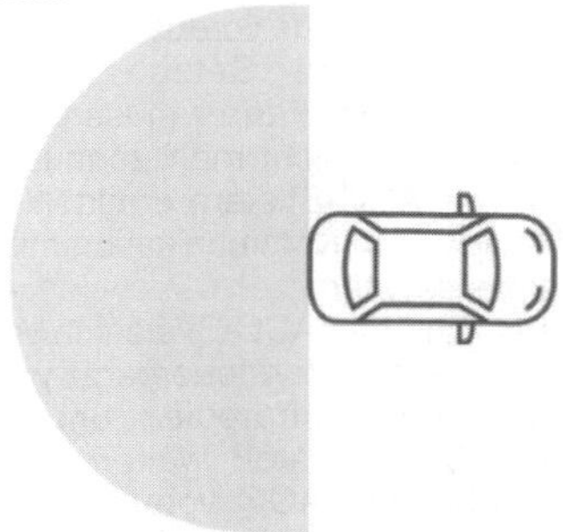

DAE1447Y

Multikamerasystem

Merkmale

Parken und Rangieren zählen zu den unfallträchtigsten Fahrmanövern, dabei kommt es oft auf Zentimeter an. Das Multikamerasystems bietet dem Fahrer eine 360 °-Rundumsicht für einfaches, sicheres und komfortables Parken und Manövieren. Wählbare Perspektiven ermöglichen eine präzise Ausrichtung an Linien, Bordsteinen und Mauern. Durch bessere Orientierung und die Sichtbarkeit der kompletten Fahrzeugumgebung, inklusive Hindernissen und Bordsteinen, ist ein sicheres Rangieren möglich.

Eigenschaften des Multikamerasystems

Die 3D-Rundumsicht des Multikamerasystems bietet verschiedene Vorteile dank ihrer hochkomplexen videobasierten Objekterkennung. Die 360 °-Ansicht (Bild 3) und die automatische Kamerafahrt liefern dem Fahrer im nahtlosen Wechsel stets die optimale Perspektive. Darüber hinaus generiert das Multikamerasystem ein realistisches, animiertes 3D-Fahrzeugmodell, das dem Fahrer ein beeindruckendes, detailliertes Bild der Fahrzeugumgebung liefert. Außerdem passt sich die 3D-Visualisierung beim Manövrieren automatisch einem auf Sensordatenfusion basierenden Umgebungsmodell an, um die beste Sicht auf kritische Situationen zu bieten. Das macht automatisiertes Parken und Parkassistenzfunktionen einfacherer und sicherer.

Der modulare Ansatz dieses Multikamerasystems erfüllt die unterschiedlichen Leistungsanforderungen mit nur einem Steuergerät, Nahbereichskameras mit einer Auflösung von ein bis zwei Megapixel und optionalen Ultraschallsensoren. Leichte Systemvarianten des Systems beinhalten dabei zwei bis vier Nahbereichskameras, je nach Auflösung.

Mit Hilfe des Multikamerasystems können automatisierte und assistierte Parkfunktionen robust realisiert werden, da die Sensordatenfusion das Verständnis des Fahrzeugumfelds und damit Parkfunktionen wie der (ferngesteuerte) Parkassistent oder der Homezone-Parkassistent verbessert. Auch beim Einparken und beim Rangieren mit einem Anhänger unterstützt das Multikamerasystem den Fahrer. Es erleichtert das Ankuppeln des Anhängers durch die gezielte Sicht auf die Anhängerkupplung und unterstützt den Fahrer beim Rückwärtsfahren mit dem Anhänger durch Übernahme der Querführung des Fahrzeugs.

Arbeitsweise des Multikamerasystem

Das Multikamerasystem besteht aus vier Nahbereichskameras. Eine schaut nach vorne, eine nach hinten, die zwei seitlichen sind in die Außenspiegel integriert. Mit einem Öffnungswinkel von jeweils 190 ° erfassen sie das komplette Fahrzeugumfeld. Hinzu kommt ein Steuergerät, das die Bilder der Kameras zu einer 360 °-Grad-Ansicht zusammenfügt und – auf Wunsch – mit Entfernungsinformationen von Ultraschallsensoren zusammenführt.

Mit diesen Daten wird um das virtuelle Fahrzeugmodell herum eine dreidimensionale, dynamische Drahtgitterstruktur erzeugt, die in ihrer Form situationsabhängig dem jeweiligen Umfeld angepasst wird. Auf diese Drahtgitterstruktur wird das Echtzeitbild der Nahbereichskameras projiziert. Anders als bei zweidimensionalen Systemen erscheinen dadurch aufragende Objekte realistischer.

Eine technische Neuerung des Multikamerasystems ist das nahtlose und

Bild 3: 360 °-Umfelderfassung mit dem Multikamerasystem mit vier Nahbereichskameras.
1 Erfassungbereich der Frontkamera, Rückkamera und Kameras in den Außenspiegeln,
2 Erfassungsbereich der optional eingesetzten Ultraschallsensoren.

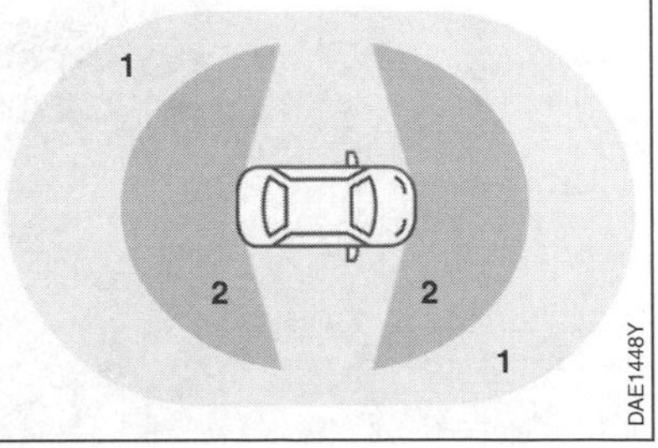

verzerrungsfreie Zusammenfügen der Kamerabilder in Echtzeit: Je nach Perspektive passt das System dazu die Schnittkanten der Bilder dynamisch an. So ensteht ein homogenes Bild, ohne störende Rahmen und Überlagerungen. Objekte bleiben jederzeit optimal sichtbar.

Das Multikamerasystem bietet verschiedene Modi und Perspektiven. Es unterstützt den Fahrer, indem es ihm genau den Blick auf das Fahrzeugumfeld bietet, der gerade relevant ist, um sicher und komfortabel rangieren und parken zu können. Das System nutzt 3D-Visualisierungstechniken, die auch in Kinofilmen verwendet werden, für eine sehr realistische Bilddarstellung.

Systemnutzen für den Autofahrer

- Das Multikamerasystem ermöglicht genaueres Parken und Manövrieren durch Sichtbarkeit der kompletten Fahrzeugumgebung, einschließlich Linien und Hindernissen,
- verschiedene Perspektiven ermöglichen eine präzise Ausrichtung an Linien, Bordsteinen und Mauern,
- es hilft Kollisionen zu vermeiden und Parkstress zu reduzieren.

Digitaler Außenspiegel

Große Außenspiegel bei Nutzfahrzeugen sind sicherheitsrelevant und unersetzlich, um den Blick nach hinten zu gewährleisten. Aufgrund ihrer Größe schränken sie jedoch die Sicht nach vorn ein und erzeugen zudem einen hohen Luftwiderstand. Der digitale Außenspiegel ersetzt die großen Außenspiegel durch zwei in der Fahrzeugkabine integrierte Monitore sowie zwei Außenkameras, die oberhalb der Fahrerkabine montiert werden (Bild 4). Das aerodynamische Design senkt den Luftwiderstand und damit den Kraftstoffverbrauch. Gleichzeitig erhöht sich die Sicherheit durch die erheblich verbesserte Rundumsicht des Fahrers und die Reduzierung des toten Winkels.

Der Ersatz für die beiden Außenspiegel bringt mit der innovativen Technik zusätzliche Vorteile. Die Technologie des digitales Außenspiegelsystems ermöglicht zudem die situationsbezogene Darstellung:

- bei Autobahnfahrten geht der Blick weit nach hinten,
- bei der Stadtfahrt erweitert ein großer Blickwinkel das Sichtfeld,
- bei Nachfahrten verbessert der erhöhte Kontrast die Sicht.

Bild 4: Digitaler Außenspiegel.
1 Kamera des vorausfahrenden Lkw,
2 Kamera des hinteren Lkw,
3 Sichtbereich bei Geradeausfahrt.

Verkehrszeichenerkennung

Merkmale
Eine Funktion, die auf die Informationen des Videosensors zurückgreift, ist die Verkehrszeichenerkennung. Sie erkennt und interpretiert Verkehrszeichen (z.B. Geschwindigkeitsbegrenzungen oder Überholverbote). Eine Videokamera nimmt über 20 Bilder pro Sekunde auf und leitet diese als Videosignal an den Bildverarbeitungsrechner weiter. Während der Fahrt wird nach Objekten gesucht, die wegen ihrer äußeren Form Verkehrsschilder sein könnten (Objektdetektion). Ist ein solches Objekt gefunden, wird es so lange verfolgt, bis es nahe genug ist, um von der Videokamera als ein bestimmtes Objekt erkannt werden zu können (Objektklassifikation). Das können Verkehrszeichen sein, die zum Beispiel Geschwindigkeitsbegrenzungen, Überholverbote sowie deren Aufhebung, oder auch Einfahrverbote anzeigen. Ebenso werden Stopp-, Vorfahrts- und Baustellenschilder erkannt. Die Verkehrszeichenerkennung klassifiziert auch relevante Zusatzzeichen wie Zeitangaben, für bestimmte Fahrzeugtypen gültige Schilder und Abbiegepfeile. Die Verkehrszeichen werden sowohl auf Schildern, Wechselverkehrszeichenanlagen oder Schilderbrücken zuverlässig erfasst Die Verkehrszeichenerkennung setzt voraus, dass die zu erkennenden Muster zuvor dem Bildverarbeitungsrechner eingelernt wurden.

Bild 5: Verkehrszeichenerkennung.
a) Straßenbild,
b) Symbole im Grafikdisplay des Kombiinstruments.

Detektiert das System ein relevantes Verkehrszeichen, zeigt er dieses als Symbol im Grafikdisplay des Kombiinstrument an (Bild 5). Beachtet der Fahrer zum Beispiel die erkannte Geschwindigkeitsbegrenzung nicht, so kann ihn das System zusätzlich akustisch oder haptisch warnen. Der Fahrer kann auch gewarnt werden vor dem Überholen bei gültigem Überholverbot und beim Überfahren von Stopp- und Einfahrverbotsschildern.

Eine zuverlässige Verkehrszeichenerkennung ist mittlerweile bei Geschwindigkeiten von bis zu 160 km/h und auch bei Regen und Gischt möglich.

Anwendung In Assistenzfunktionen
Erkannte Verkehrszeichen werden vermehrt in unterschiedlichen Assistenzfunktionen herangezogen. Zum Beispiel können Navigationskarten mit erkannten Verkehrszeichen aktualisiert werden, und die adaptive Fahrgeschwindigkeitsregelung kann in einer weiteren Ausbaustufe auf die erkannte Geschwindigkeitsbegrenzung regeln.

Wird ein Fußgänger als Objektklasse erkannt, kann die Funktion für den aktiven Fußgängeraufprallschutz aktiv werden, falls die Gefahr einer Kollision droht (siehe aktiver Fußgängerschutz).

Fahrermüdigkeitserkennung

Problemstellung

Übermüdung und Sekundenschlaf am Steuer sind oftmals die Ursache für schwere Verkehrsunfälle. Erste Anzeichen dafür lassen sich aber meist frühzeitig erkennen. Das Lenkverhalten kann Aufschluss über auftretende Müdigkeit beim Fahrer geben.

Arbeitsweise

Anhand von Informationen aus dem Lenkwinkelsensor analysiert der Algorithmus der Müdigkeitserkennung das Lenkverhalten des Fahrers und erkennt dadurch Änderungen, die sich durch lange Fahrzeiten und die Ermüdung des Fahrers ergeben. Typische Zeichen nachlassender Konzentration sind Phasen, in denen der Fahrer kaum lenkt und dann abrupt mit kleinen schnellen Lenkeingriffen den Fahrverlauf korrigieren muss. Bereits kleine, für den Fahrer selbst kaum spürbare Lenkabweichungen sind typische Zeichen nachlassender Konzentration. Aus der Häufigkeit dieser Lenkkorrekturen und weiterer Parameter wie Fahrtdauer, Blinkverhalten und Tageszeit, berechnet die Funktion einen Müdigkeitsindex. Steigt dieser über einen bestimmten Wert, warnt beispielsweise eine blinkende Kaffeetasse im Kombiinstrument den Fahrer und fordert ihn dadurch auf, eine Pause zu machen.

Dieses System zur Müdigkeitserkennung ist bereits seit einigen Jahren erfolgreich im Markt. Da es sich um eine reine Software-Lösung in Kombination mit dem Lenkwinkelsensor handelt, lässt sich die Funktion mit geringem Aufwand in bestehende Fahrzeugplattformen integrieren. Die Funktion trägt dazu bei, die aufkommenden gesetzlichen Anforderungen zu erfüllen.

Eine aufwändigere Realisierung der Fahrermüdigkeitserkennung beruht auf der kamerabasierten Innenraumbeobachtung.

Querverkehrswarnung

Merkmale

Rückwärts aus einer Parklücke quer zur Fahrbahn herauszufahren (Bild 7) kann zu einer besonderen Herausforderung werden, wenn der Fahrer den querenden Verkehr hinter dem eigenen Fahrzeug nicht sehen kann, etwa weil die Sicht durch Hindernisse versperrt ist. Die Querverkehrswarnung macht dieses rückwärtige Ausparkmanöver einfacher, indem sie den Fahrer beim Rückwärtsausparken vor querenden Fahrzeugen warnt. Die Querverkehrswarnung kann querende Fahrzeuge bis in einer Entfernung bis zu 50 m erkennen.

Arbeitsweise der Querverkehrswarnung

Das System nutzt zwei Eck-Radarsensoren im Heck des Fahrzeugs, Bild 6 zeigt den Erfassungsbereich. Sie messen und interpretieren den Abstand, die Geschwindigkeit und den voraussichtlichen Fahrweg erkannter Fahrzeuge im Querverkehr.

Detektiert die Funktion in einer Entfernung von bis zu 50 Metern von links oder rechts querende Fahrzeuge, weist sie den

Bild 6: Erfassungsbereich der Querverkehrswarnung.

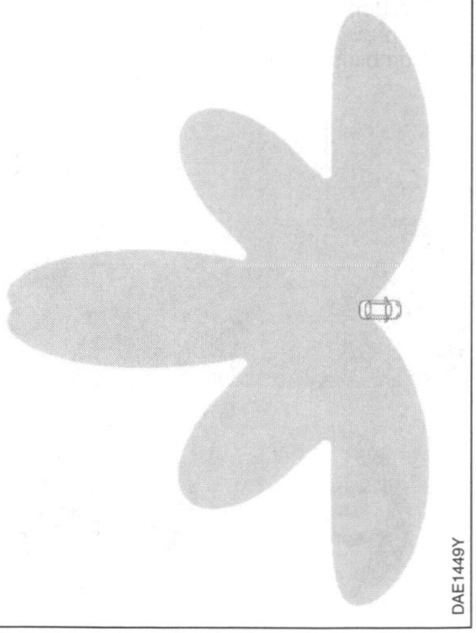

Fahrer akustisch oder optisch auf die drohende Kollisionsgefahr hin.

Systemnutzen für den Autofahrer

- Die Querverkehrswarnung warnt vor querenden Fahrzeugen beim rückwärtigen Ausparken,
- sie ermöglicht sicheres und stressfreies Rückwärtsausparken, auch bei eingeschränkter Sicht.

Abbiegewarnung für Lkw

Merkmale

Das Fahren schwerer Nutzfahrzeuge kann zur Herausforderung werden, insbesondere in Kreuzungen. Radfahrer und Fußgänger sind dabei besonders gefährdet. Die Abbiegewarnung detektiert frühzeitig Fußgänger und Radfahrer im toten Winkel des Nutzfahrzeugs (Bild 8), warnt den Fahrer vor dem Abbiegen akustisch oder visuell vor möglichen Gefahren und hilft so, Unfälle zu vermeiden. Mit den Seiten-Radarsensoren können diese Funktion ermöglicht und die gesetzlichen Anforderungen sogar übererfüllt werden.

Bild 7: Rückwärts ausparken bei Querverkehr.

Bild 8: Abbiegewarnung für schwere Lkw.

Arbeitsweise der Abbiegewarnung
Seitlich verbaute Radarsensoren erkennen frühzeitig Fußgänger und Radfahrer auf der Beifahrerseite. Hierbei decken die Sensoren den Bereich entlang des Fahrzeugs und des Trailers ab, von der in die Kreuzung hineinragenden Fahrzeugfront bis zum unmittelbaren Bereich hinter dem Trailer. Erkennen die Seiten-Radarsensoren andere Verkehrsteilnehmer in diesem Bereich, so informiert das System den Fahrer über eine visuelle Ausgabe. Dabei wird die voraussichtliche Fahrspur des Fahrzeugs mit dem erkannten Verkehrsteilnehmer abgeglichen.

Befindet sich eine Person im kritischen Bereich neben dem Fahrzeug, und der Fahrer leitet einen Abbiegevorgang ein, so erhält er eine weitere visuelle oder akustische Warnung. Der Fahrer kann dadurch frühzeitig reagieren, um eine Kollision mit einem Fußgänger oder Fahrradfahrer zu vermeiden. Das steigert die Verkehrssicherheit und hilft mit, Unfälle zwischen schweren Nutzfahrzeugen und schwächeren Verkehrsteilnehmern zu vermeiden. Durch den Einsatz der Seiten-Radarsensoren zur Realisierung der Funktion können die gesetzlichen Anforderungen der UN ECE R151 [1] zum „Blind Spot Information System" bezüglich dem Schutz von Fußgängern und Radfahrern in Abbiegesituationen erfüllt werden.

Systemnutzen für den Kraftfahrer
- Die Abbiegewarnung steigert die Verkehrssicherheit, indem Warnungen zu schwer ersichtlichen oder durch das Fahrzeug verdeckten Personen angezeigt werden,
- sie unterstützt den Fahrer durch akustische oder visuelle Warnsignale.

Anfahrinformationssystem für schwere Nfz

Merkmale
Übersichtlichkeit in schweren Nutzfahrzeugen kann zur Herausforderung werden, insbesondere im Stadtverkehr. Radfahrer und Fußgänger sind dabei besonders gefährdet. Das Anfahrinformationssystem hilft, Kollisionen zu vermeiden. Es erkennt Objekte und Personen, die sich in direkter Nähe des vorderen Fahrzeugumfelds befinden (Bild 9), warnt den Fahrer akustisch oder haptisch vor möglichen Gefahren und hilft so, Unfälle zu vermeiden. Mit den Seiten-Radarsensoren können diese Funktion ermöglicht und die gesetzlichen Anforderungen sogar übererfüllt werden.

Arbeitsweise des Anfahrinformationssystem
Das Anfahrinformationssystem bildet die Grundlage für integrative Sicherheitsfunktionen im Nahbereich und dient der Kollisionsvermeidung mit anderen Verkehrsteilnehmern. Damit verfügt der Fahrer über ein Unterstützungssystem, das Personen und Hindernisse im vorderen Fahrzeugumfeld in Situationen erkennt, in denen es sich um Anfahr- und Niedriggeschwindigkeitsmanöver handelt. Seitlich in der Fahrzeugfront verbaute Radarsensoren überwachen in solchen Situationen stets den Nahbereich des Kraftfahrzeugs.

Detektieren die Sensoren Objekte oder Verkehrsteilnehmer und erkennen eine mögliche Kollisionsgefahr, dann warnt das System den Fahrer frühzeitig akustisch oder haptisch. Der Fahrer kann somit rechtzeitig reagieren und das Fahrzeug abbremsen. Sobald keine Kollisionsgefahr mehr besteht, wird die visuelle oder akustische Warnung eingestellt. Durch den Einsatz der Seiten-Radarsensoren zur Realisierung der Funktion können die gesetzlichen Anforderungen der General Safety Regulation (GSR) mehr als erfüllt werden.

Bild 9: Anfahrinformationssystem für schwere Lkw.

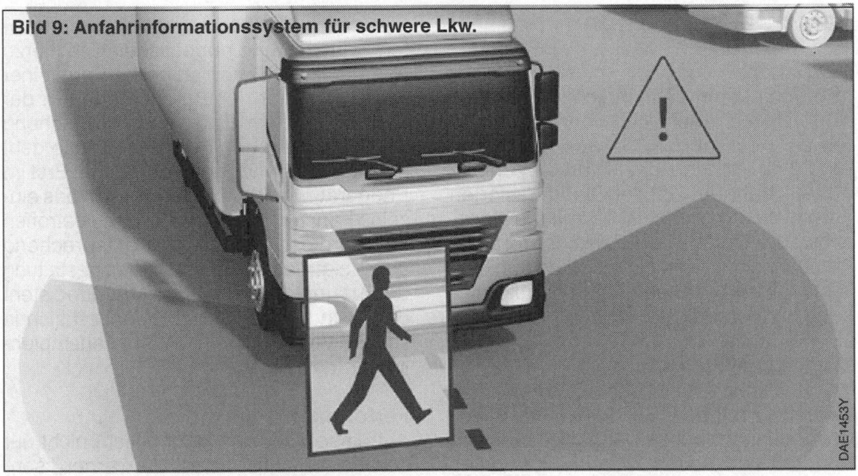

Systemnutzen für den Kraftfahrer

- Das Anfahrinformationssystem steigert die Verkehrssicherheit, indem Warnungen zu schwer ersichtlichen oder durch das Fahrzeug verdeckten Objekte angezeigt werden,
- es unterstützt den Fahrer durch akustische oder haptische Warnsignale,
- es erhöht die Sicherheit für alle Verkehrsteilnehmer.

Falschfahrerwarnung

Motivation

In Europa kommt es jährlich zu mehr als 4000 Unfällen aufgrund von Falschfahrten auf Autobahnen. Daraus resultieren rund 5 % aller tödlichen Verkehrsunfälle auf Autobahnen. Ziel der Cloud-basierten Falschfahrerwarnung ist es, die oft folgenschweren Unfälle von Falschfahrern auf Autobahnen zu vermeiden. Diese Funktion leistet somit wichtigen Beitrag zur Erhöhung der Verkehrssicherheit.

Technische Umsetzung

Um möglichst schnell sehr viele Verkehrsteilnehmer mit dem Service zu erreichen, wurde ein Ansatz gewählt, der lediglich Konnektivität und GPS (Global Positioning System) erfordert. Die Integration kann dabei sowohl in mobile Endgeräte wie Smartphones erfolgen, als auch direkt in der zentralen Kommunikationseinheit des Fahrzeugs (Headunit) vorgenommen werden. Hierzu muss lediglich ein „Software Development Kit" (eine aus Werkzeugen und Bibliotheken bestehende Software) integriert werden, welches die Koordinaten aller relevanten Autobahnauffahrten und die erforderlichen Algorithmen zur Durchführung der nachfolgend beschriebenen Schritte enthält.

Funktionsprinzip

Sobald ein derart vernetztes Fahrzeug den Bereich einer Autobahnauffahrt erreicht, beginnt das Endgerät die Positions- und Beschleunigungsdaten im Sekundentakt an das Backend zu senden. Dort wird die tatsächliche Fahrtrichtung mit der erlaubten Fahrtrichtung abgeglichen. Die hierzu erforderlichen Daten stehen in Form einer Karte mit Fahrtrichtungsangaben in der Cloud bereit. Im Falle einer Abweichung wird eine Warnung gesendet. Diese geht an alle angebundenen Fahrzeuge. Erst im Endgerät wird dann überprüft, ob das einzelne Fahrzeug von der Warnung betroffen ist und diese dem Nutzer entsprechend angezeigt werden muss. Die Ausgestaltung der Art und des Inhalts der Warnung steht dem Kunden frei. Bosch orientiert sich in seinem Vorschlag an die Verhaltensmpfehlungen des ADAC.

Performanz

Auf diese Weise ist es möglich, nicht nur den Falschfahrer selbst zu warnen, sondern ganz gezielt auch jene Verkehrsteilnehmer, die dem Falschfahrer entgegen fahren.

Mit einer Warnzeit von unter 10 Sekunden bei einer „True Positive Rate" von 93 % (tatsächliche Falschfahrer detektiert) und „False Positive Rate" von nur 0,0004 % (nur in vier von einer Million Fällen wird fälschlicherweise gewarnt) ist diese Lösung effiziener als andere Ansätze zur Prävention von Falschfahrten.

Literatur

[1] UN ECE R151: Blind Spot Information System for the Detection of Bicycles.

Bild 1: Cloud-basierte Falschfahrermeldung.

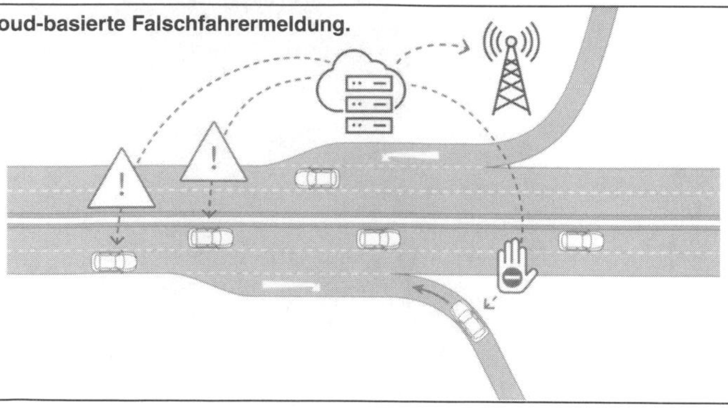

DAE1431Y

Fahrspurassistenz

Ein unbeabsichtes Verlassen der Fahrspur führt häufig zu schweren Unfällen. Verursacht werden sie zumeist durch Ablenkung oder Müdigkeit des Fahrers (z.B. beim Sekundenschlaf). Ein Spurverlassenswarner (LDW, Lane Departure Warning) soll solche Unfälle vermeiden helfen, indem er die vorausliegenden Fahrspurbegrenzungen detektiert und den Fahrer warnt, wenn die Gefahr besteht, dass eine Begrenzungslinie überfahren wird, ohne dass der Fahrtrichtungsanzeiger (Blinker) gesetzt wurde. Der Spurhalteassistent (LKS, Lane Keeping Support) greift zusätzlich aktiv in die Fahrzeugführung ein (Bild 1).

Derzeit befinden sich Assistenzsysteme in der Entwicklung, die die Unterstützung des Fahrers bei der Querführung auf Autobahnbaustellen (Baustellenassistent) oder im innerstädtischen Verkehr (Engstellenassistent) erweitern.

Spurverlassenswarner

Fahrspurerkennung

Systeme zur Spurverlassenswarnung benutzen Videokameras zur Erkennung der vorausliegenden Fahrstreifen und können sowohl in Mono- als auch in Stereo-Videotechnik aufgebaut werden. Ein Stereo-Videosensor bietet dann Vorteile, wenn die Straßenoberfläche stärkere Steigungen aufweist, wie sie z.B. für viele Landstraßen typisch sind. Hier hilft der Stereo-Videosensor, das Oberflächenprofil zu schätzen. Die Kenntnis des Oberflächenprofils erleichtert im nächsten Schritt die Erkennung der Begrenzungslinien und vergrößert die Erkennungsreichweite. Für die Fahrspurerkennung auf Autobahnen ergeben sich keine Vorteile, da hier aufgrund gesetztlicher Vorgabe nur leichte Änderungen im Oberflächenprofil zugelassen sind. Die Reichweite liegt bei guten Wetterverhältnissen und guten Spurmarkierungen im Bereich bis zu 100 m.

Bild 2 zeigt das Prinzip der videobasierten Fahrspurerkennung. Das Bildverarbeitungssystem sucht nach Fahrspurmarkierungen, indem Kontrastunterschiede zwischen Straßenbelag und Spurmarkie-

Bild 1: Spurhalteassistent für schwere Lkw.

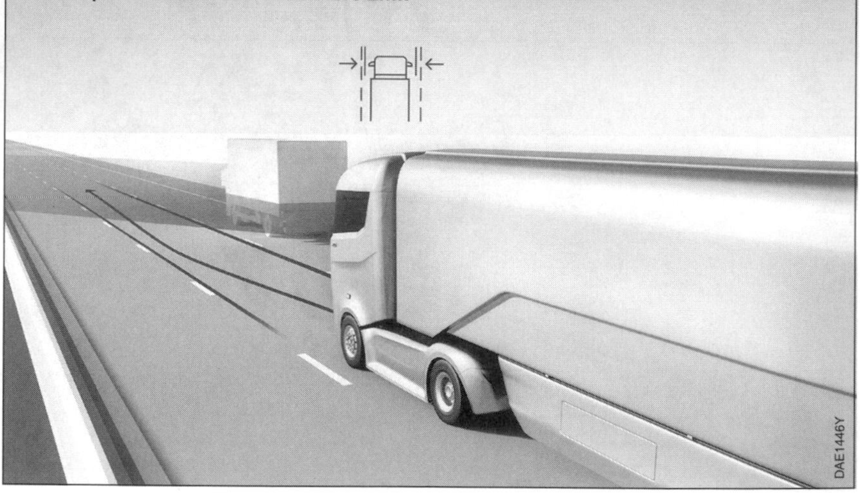

rung ausgewertet werden. Bild 2a zeigt das Kamerabild mit Suchlinien, Bild 2b einen Detailausschnitt. Die Kreuze in Bild 2a markieren den Spurverlauf, der vom Bildverarbeitungsrechner berechnet wurde. Um eine Linie zu detektieren, wird das Luminanzsignal (Helligkeit) innerhalb der Suchlinie analysiert (Bild 2c). Durch Hochpassfilterung (Bild 2d) werden die Grenzen der Fahrspurmarkierung detektiert. Auf Basis der eingrenzenden Fahrspurmarkierungen kann der durch das Systemfahrzeug belegte Fahrstreifen erkannt werden. Ein kurzzeitiges Fehlen der Spurmarkierungen kann bei den aktuell verfügbaren Systemen kompensiert werden. Fehlen die Markierungen über weite Bereiche, kann keine Spurassistenz angeboten werden.

Der Spurerkennungsalgorithmus der Kamera erfasst und klassifiziert alle gängigen Varianten von Spurmarkierungen bis zu einer Entfernung von etwa 60 Meter (bei guten Sichtbedingungen rund 100 Meter), unabhängig davon, ob sie

Bild 2: Prinzip der Fahrspurerkennung.
a) Kamerabild mit Suchlinien,
b) Detailbild mit Suchlinie,
c) Luminanzsignal (hoher Pegel bei heller Fahrspurmarkierung),
d) Kanteninformation durch Hochpassfilterung des Luminanzsignals (Spitzen an den Hell-dunkel-Übergängen)

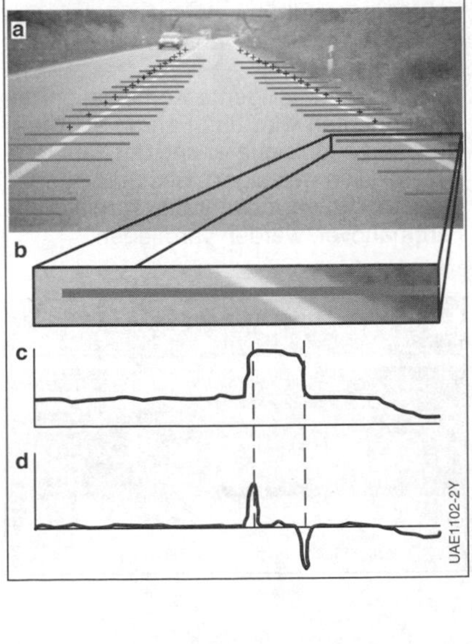

durchgezogen, gestrichelt, weiß, gelb, rot oder blau sind. Selbst „Botts' Dots" (runde, nicht reflektierende, erhabene Fahrbahnmarkierungen) können von der Kamera erkannt werden.

Aktuell werden Systeme erforscht, die die Fahrbahnränder auch ohne Markierungen auf Basis der Oberflächenstruktur und Farbe erkennen sollen. Hierfür gehen als Muster auch die Eigenschaften der zuletzt überfahrenen Fahrbahn ein. Wenn derartige Systeme in einigen Jahren marktreif sind, werden Fahrspurassistenzsysteme auch auf unmarkierten Straßen verfügbar.

Fahrerwarnung

Auf der Grundlage der erkannten Fahrstreifen kann eine Warnung für den Fahrer abgeleitet werden, wenn sein Fahrzeug die Fahrspur zu verlassen droht. Verschiedene Warnmodalitäten sind hierbei denkbar. Erste Systeme verwendeten eine akustische Warnung aus dem Fahrzeuglautsprecher in Form eines Warntons oder eines „Nagelbandratterns"; ein Stereoton kann dabei zusätzlich eine Richtungsinformation vermitteln. Inzwischen hat sich jedoch eine Warnung des Fahrers über den haptischen Sinneskanal durch Vibrieren des Lenkrads oder die Beaufschlagung der Lenkung mit einem leichten Gegenmoment durchgesetzt. Der Vorteil der Warnung über das Lenkrad besteht für den Fahrzeugführer in der direkten Assoziation der Gefahr mit Bewegungen am Lenkrad.

Regelungen und Standards

Zusammen mit der verpflichtenden Einführung des automatischen Notbremssystems für schwere Nutzfahrzeuge (ab 8 t) wurde der Spurverlassenswarner (LDWS, Lane Departure Warning System) für diese Fahrzeugklasse in der EU vorgeschrieben (European Union LDWS Regulation (EU) 351/2012 [1]). Auch hier erfolgte die Einführung schrittweise ab dem 1.11.2013 zunächst für neu zu homologierende Fahrzeuge und ab dem 1.11.2015 für alle neu in den Verkehr gebrachte Fahrzeuge.

Spurhalteassistent

Unterstützende Eingriffe

Der Spurhalteassistent stellt gegenüber der Spurverlassenswarnung eine funktionale Erweiterung dar, da sie den Fahrer vor einem unbeabsichtigten Verlassen der Fahrspur nicht nur warnt, sondern ihn aktiv bei der Spurhaltung unterstützt. Weicht das Fahrzeug zu weit von der Fahrspur ab, führt der Spurhalteassistent eine Kurskorrektur durch, entweder durch einen aktiven Lenk- oder durch einen asymmetrischen Bremseingriff. Damit wird der Fahrer bei der Spurhaltung seines Fahrzeugs unterstützt und gleichzeitig ein Beitrag zur Steigerung der Sicherheit im Straßenverkehr geleistet, indem Unfälle durch unbeabsichtigtes Verlassen der Fahrspur vermieden werden.

Der Spurhalteassistent kann die Querführung eines Fahrzeugs jedoch nicht vollständig selbst übernehmen, sondern soll den Fahrer bei der Spurhaltung unterstützen. Der Fahrer wird durch das System nicht von seiner Verantwortung entbunden, das Verkehrsgeschehen aufmerksam zu verfolgen und das Fahrzeug bewusst zu fahren. Einen Systemeingriff kann der Fahrer jederzeit übersteuern.

Um einen Missbrauch zu verhindern, verfügt der Spurhalteassistent über eine Einrichtung, mit der überwacht wird, ob der Fahrer seine Hände am Lenkrad hält und das Fahrzeug aktiv steuert. Fährt der Fahrer freihändig, erfolgt nach kurzer Zeit eine Übernahmeaufforderung und die Unterstützung durch den Spurhalteassistenten wird begleitet durch eine optische oder akustische Warnung beendet.

Einsatzgebiete

Der Spurhalteassistent ist in erster Linie für den Einsatz auf Autobahnen und gut ausgebauten Landstraßen konzipiert. Ebenso wie die Spurverlassenswarnung ist auch der Spurhalteassistent auf die Erkennung von vorausliegenden Fahrstreifen angewiesen. Kurzzeitige Ausfälle der Spurerkennung, z.B. durch verdeckte oder verblasste Fahrspurmarkierungen, werden vom System überbrückt. Kommt es jedoch zu einem länger andauernden Ausbleiben der Spurinformation, wird die Spurhalteassistenz deaktiviert.

Spurmittenführung für schwere Lkw

Anwendung

Müdigkeit und Ablenkung sind die häufigsten Gründe für ein unbeabsichtigtes Verlassen der markierten Fahrspur, gerade bei langen, monotonen Fahrten. Bereits ein kurzer Moment der Unachtsamkeit kann dazu führen, dass der Fahrer von der eigenen Fahrspur abkommt. Die Spurmittenführung verhindert das, indem es das Fahrzeug aktiv in der Mitte der eigenen Fahrspur hält (Bild 3). Das bringt den Fahrer und seine geladene Ware sicher und komfortabel ans Ziel.

Der Spurhalteassistent steuert aktiv das Fahrzeug in der Mitte der eigenen Fahrspur.

Arbeitsweise der Spurmittenführung

Die Spurmittenführung nutzt eine Videokamera, um Spurbegrenzungen – u.a. Fahrbahnmarkierungen oder bauliche Abgrenzungen – neben dem Fahrzeug zu detektieren und diese mit der Position des Fahrzeugs in der Spur zu vergleichen. Anschließend richtet das System über das elektrohydraulische Lenksystem das Fahrzeug so aus, dass es mittig in der Fahrspur fährt und hält es aktiv zentral in der eigenen Spur.

Die Funktion kann während der Fahrt aktiviert und – sofern notwendig – vom Fahrer jederzeit übersteuert werden. Damit behält er die Verantwortung für das Kraftfahrzeug.

Durch die intelligente Kombination der Komponenten wird das Fahren schwerer Nutzfahrzeuge sicherer und der Fahrkomfort merklich gesteigert. Beschädigungen der Ladung, verursacht durch ruckartige Fahrmanöver, werden vermieden.

Bild 3: Spurmittenführung für schwere Lkw.

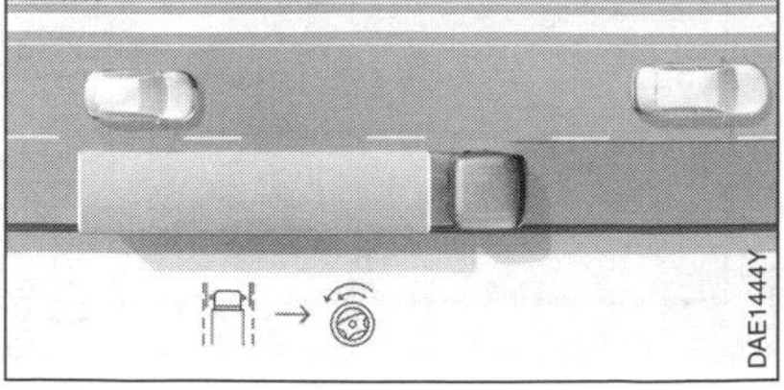

Notfall-Spurhalteassistent für schwere Lkw

Anwendung

Lange, monotone Strecken können den Fahrer müde und unachtsam werden lassen. Nicht selten führt das zum unbeabsichtigten Verlassen der markierten Fahrspur. Besonders gefährlich wird es, wenn der Fahrbahnrand mit ungeschützten Böschungen oder Grünstreifen versehen ist. Kommt der Fahrer vom befahrbaren Untergrund ab und reagiert nicht rechtzeitig, lenkt der Notfall-Spurhalteassistent das Fahrzeug aktiv zurück in die Fahrspur.

Arbeitsweise des Notfall-Spurhalteassistenten

Der Notfall-Spurhalteassistent nutzt eine Kamera, um den Fahrbahnrand, also die Begrenzung der sicher befahrbaren Fläche, zu detektieren und vergleicht diese mit der Position des Fahrzeugs. Erkennt die Funktion, dass ein definierter Mindestabstand zur Fahrbahnbegrenzung unterschritten wird, greift sie ein.

Der Notfall-Spurhalteassistent lenkt mit dem elektrohydraulischen Lenksystem spürbar gegen, um das Fahrzeug auf der Fahrbahn zu halten und somit schwerwiegende Folgen durch ein Abkommen von der Straße zu vermeiden. Er erhöht die Sicherheit durch frühzeitige Korrektur von Fahrfehlern.

Baustellenassistent

Einsatzbereich

In Baustellen bleibt meist wenig Platz zwischen den Fahrzeugen auf der Nebenspur und den Leitplanken. Baustellenassistent und Engstellenassistent sind Weiterentwicklungen des Spurhalteassistenten. Neben Spurmarkierungen erfassen diese Systeme auch erhabene Objekte und Hindernisse und berücksichtigen diese bei der Querführung (Bild 4). Sie unterstützen den Fahrer bei enger Spurführung dabei, einen seitlichen Sicherheitsabstand zu Fahrzeugen auf der Nebenspur sowie Schrammborden und Leitplanken einzuhalten.

Der Baustellenassistent unterstützt den Fahrer beim Durchfahren von Autobahnbaustellen und erweitert den Spurhalteassistenten somit um dieses spezielle Szenario.

Unterstützungsarten

Die Art sowie der Grad der Unterstützung können dabei recht unterschiedlich ausfallen. Von der optischen, akustischen oder haptischen Warnung bis hin zu Eingriffen in die Fahrzeugführung sind alle Stufen im Rahmen des Durchlaufens einer Eingriffskaskade möglich. Bei einem Eingriff in die Fahrzeugführung sind Eingriffe in die Fahrzeugquerdynamik (Lenkmoment oder asymmetrischer Bremseingriff) als auch in die Längsdynamik (Verzögern) möglich. Ein automatisches Verzögern kann bei einem zu schnellen Einfahren

Bild 4: Baustellenassistent.

in eine Baustellenverschwenkung helfen, die Spur zu halten.

Erkennen von Fahrspurbegrenzungen
Da Baustellen in Ihrer Struktur komplexer sind als das typische Autobahnumfeld, erfasst der Baustellenassistent neben Fahrspurmarkierungen weitere, baustellenspezifische Fahrspurbegrenzungen (Baken, Pylone, Leitwände). Sensorisch werden typischerweise eine Front-Stereo-Videokamera und seitlich verbaute Ultraschallsensoren verwendet. Diese ermöglichen, statische Objekte (z.B. Randbebauung) und dynamische Objekte (z.B. Fahrzeuge) zu unterscheiden. Damit kann das System bei Spurverengungen in Baustellen durch Verkehr in Nachbarspuren kollisionsvermeidend reagieren. Hierdurch wird eine situationsgerechte Unterstützung des Fahrers beim Durchfahren von Autobahnbaustellen ermöglicht und in der Konsequenz die bestmögliche Unterstützung zum Einhalten eines ausreichenden Sicherheitsabstands geboten.

Bild 5: Engstellenassistent – Visualisierung von Berechnungsergebnissen.
1 Aufblasbares Hindernis (Balloon-Car),
2 Engstelle,
3 kollisionsrelevante Objekte (z.B. Pylonen, Schrammborde),
4 verfügbare Straßenbreite,
5 prädizierter Fahrkorridor.

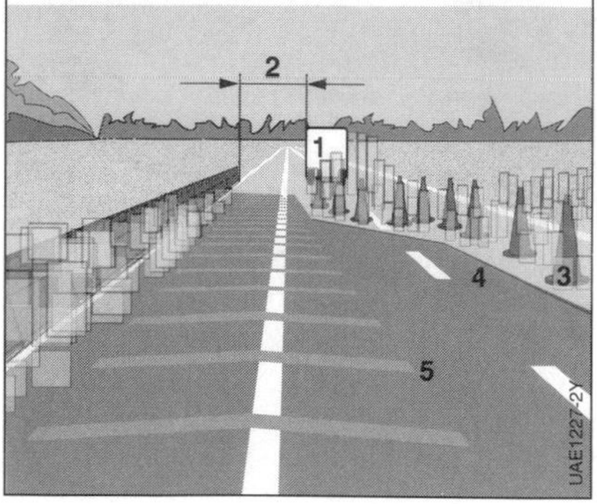

Engstellenassistent

Einsatzbereich
Der Engstellenassistent erweitert den Baustellenassistenten in Bezug auf den typischen Geschwindigkeitsbereich in der Innenstadt (0...60 km/h) und in Bezug auf die unterstützten Kurvenradien. Es wird entsprechend eine kollisionsvermeidende Lenkunterstützung in innerstädtischen Engstellen angeboten.

Funktional behandelbare Engstellen können auch durch mitfahrende oder durch entgegenkommende Objekte verursacht werden. Der Engstellenassistent sorgt durch automatische Lenkeingriffe dafür, dass beim Passieren von Engstellen ein ausreichender Sicherheitsabstand zu seitlichen Hindernissen eingehalten wird. Ferner sorgt er dafür, dass eine frühzeitige Fahrerwarnung ausgegeben sowie ein automatischer Bremseingriff realisiert wird, wenn für eine Passierbarkeit nicht ausreichenden Platz zur Verfügung steht.

Wie bei einem Spurhalteassistenten ist die Stärke des Lenk- und Bremseingriffs beschränkt. Die Eingriffe sind durch den Fahrer leicht übersteuerbar, wodurch potentiell unmotivierte Eingriffe völlig unkritisch und damit folgenlos bleiben.

Die Machbarkeit der Funktionsidee konnte durch eine prototypische Umsetzung im Fahrzeug im Rahmen des 2016 abgeschlossenen öffentlich geförderten Projekts UR:BAN [2] dargestellt werden. In [3] wird die Systemreaktion des Prototypen in einem typischen Innenstadtszenario in einem Video gezeigt. Der Engstellenassistent befindet sich aktuell im Vorentwicklungsstadium. Der Zeitpunkt einer Serieneinführung ist noch offen.

Umfelderfassung
Eine funktionale Anforderungsanalyse führt dazu, dass nach vorn eine Stereo-Videokamera sowie seitlich alternativ Ultraschallsensoren oder monokulare Videosensoren Verwendung finden müssen. Im Rahmen der Umfeldmodellierung müssen das stationäre Umfeld sowie bewegte (mitfahrende und entgegenkommende Objekte) repräsentiert werden. Für das stationäre Umfeld bietet sich ein Belegungsgitter an. Ein Belegungsgitter ist ein metrisches Raster der Fahrzeug-

umgebung. Typische Zellgrößen liegen zwischen 10 cm und 20 cm. Existiert ein Objekt im Umfeld des Systemfahrzeugs, werden die betreffenden Gitterzellen als belegt markiert. Dynamische Objekte werden über Objektmodelle mit diversen funktionsrelevanten Attributen (Position, Breite, Länge, Geschwindigkeit und Beschleunigung) abgebildet.

Bewertung der Verkehrssituation
Die Situationsanalyse muss gemäß der geplanten Fahrtrajektorie des eigenen Fahrzeugs und der bewegten Objekte sowie unter Einbeziehung des stationären Umfelds eine Abschätzung des Kollisionsrisikos treffen. Dafür werden typischerweise Kritikalitätsmaße berechnet, die im Funktionsmodul zur Erkennung von kritischen Situation mit Handlungsbedarf verwendet werden. Ein typisches derartiges Kritikalitätsmaß ist die Bremszeitreserve (auch als „Time To Brake" bezeichnet), die angibt, wieviel Zeit dem Fahrer noch bleibt, um durch einen selbst initiierten Bremseingriff eine Kollision z. B. mit einer unpassierbaren Engstelle zu vermeiden. Kann der Fahrer durch einen eigenen Eingriff nicht mehr reagieren (d. h., die Bremszeitreserve ist null oder negativ), ist eine kollisionsmindernde Systemreaktion gerechtfertigt.

Reaktionsmuster
Das Funktionsmodul prüft neben der Größe der genannten Kritikalitätsmaße auch die Einhaltung der Systemgrenzen (z. B. ob die maximal unterstützte Kurvenkrümmung überschritten wird) und aktiviert bei Bedarf die Lenk- beziehugsweise die Bremsunterstützung oder realisiert eine frühzeitige Fahrerwarnung.

Bild 5 visualisiert einige zentrale Berechnungsergebnisse des Engstellenassistenten in einem Testszenario mit passierbarer Engstelle unter Nutzung von typischen Testmitteln (Schrammborde, Pylone, Balloon-Car). Die Rechtecke stellen erkannte kollisionsrelevante Objekte dar. Die graue Fläche (im Bild links der dargestellten Begrenzungslinie) codiert die verfügbare Straßenbreite in der Engstelle. Die Streifen auf der Ebene zeigen den prädizierten Fahrkorridor für das eigene Fahrzeug.

Literatur
[1] Verordnung (EU) Nr. 351/2012 der Kommission vom 23. April 2012 zur Durchführung der Verordnung (EG) Nr. 661/2009 des Europäischen Parlaments und des Rates hinsichtlich der Anforderungen an die Typgenehmigung von Spurhaltewarnsystemen in Kraftfahrzeugen.
[2] www.urban-online.org
[3] UR:BAN Forschungsinitiative (2015) https://youtu.be/eyvh43Jq5yA?t=37s

Fahrstreifenwechselassistent

Der Anteil der Pkw-Unfälle, die durch einen unsachgemäßen Fahrspurwechsel verursacht werden, lag in den vergangenen Jahren regelmäßig zwischen 6 % und 8 % [1]. Hierbei liegt der Schwerpunkt des Unfallgeschehens auf Landstraßen und Autobahnen. Fahrer leiten hierbei einen Spurwechsel ein und übersehen entweder andere Verkehrsteilnehmer neben oder hinter ihrem Fahrzeug. Im ersten Fall befinden sich die anderen Verkehrsteilnehmer außerhalb des Sichtbereichs der Seitenspiegel (Toter Winkel, siehe Bild 1 und Bild 2). Auf Autobahnen haben die so kollidierenden Fahrzeuge typischerweise ähnliche Geschwindigkeiten, fahren also parallel oder überholen langsam. Im zweiten Fall wird vor einem sich schnell von hinten annähernden Fahrzeug ein Spurwechsel ausgeführt. Es kommt typischerweise zu einem Heckaufprall.

Nachfolgend werden Teilfunktionen beschrieben, die die genannten zwei Unfalltypen addressieren können. Die dort beschriebenen Funktionen sind neben Pkw auch für Lkw und Motorräder verfügbar. Das Funktionsprinzip ist dabei unabhängig vom Fahrzeugtyp.

Totwinkelassistent

Der Totwinkelassistent hilft den erst genannten Unfalltyp zu vermeiden.

Umfelderfassung

Es existieren verschiedene Sensorkonzepte, die sich in Kosten und Leistungsfähigkeit unterscheiden. Zur Vermeidung dieses Unfalltyps ist ausschließlich der Bereich direkt neben oder kurz hinter dem Systemfahrzeug relevant. Gemeinsam ist damit allen Sensorkonzepten, dass die Reichweite nach hinten nur wenig über das Fahrzeugheck hinaus geht.

Es existieren Systeme, die die Ultraschallsensoren (auch genutzt für die Einparkhilfe) an den hinteren Fahrzeugecken nutzen. Damit können kleine Objekte (z.B. Motorroller), die sich direkt neben dem Systemfahrzeug befinden, nicht gemessen werden, da sich diese außerhalb des Sichtbereichs des Ultraschallsensors befinden. Eine weitere auf dem Markt verfügbare Lösung nutzt Monokameras in den Seitenspiegeln. In einer dritten Ausprägung werden Nahbereichsradare zu den Seiten verwendet. In den beiden letztgenannten Fällen können auch kleinere Objekte an den Fahrzeugseiten sensorisch erfasst werden. Zu beachten ist, dass die genannten Sensoren durch die Fahrzeughersteller in einem Value-Added-Ansatz für diverse Funktionen wieder verwendet werden können (z.B.

Bild 1: Totwinkelerkennung im Lkw – der gesamte Raum entlang des Trailors wird detektiert.

Einparkhilfe, Abbiegeassistenz, Integrale Sicherheit).

Sensorische Herausforderungen entstehen bei Fahrmanövern mit hoher Querdynamik (Abbiegevorgänge). Hier setzen die Hersteller typischerweise Systemgrenzen (z.B. Schwellen auf die Querbeschleunigung, Gierrate, Kurvenradius, deren Überschreitung das System deaktiviert) in einer Art, dass falsche Objektmessungen und damit Falschwarnungen des Systems vermieden werden.

Reaktionsmuster

Wird durch die Sensorik ein Fahrzeug auf dem benachbarten Fahrstreifen erkannt, wird die folgende Warnkaskade durchlaufen.

In einer ersten Stufe erfolgt eine nur wenig wahrnehmbare Fahrerinformation durch eine Ansteuerung von optischen Symbolen oder Leuchtelementen seitenabhängig in den Seitenspiegeln. Signalisiert der Fahrer zusätzlich einen Spurwechselwunsch (z.B. durch die Aktivierung des Fahrtrichtungsanzeigers oder auf Basis des gemessenen Fahrerlenkmoments am Lenkrad), kann die optische Anzeige blinken, eine ergänzende akustische Warnung oder sogar ein leichter Eingriff in die Querführung erfolgen. Der letztgenannte Lenkeingriff kann den Spurwechsel aktiv verhindern oder erschweren. Der automatische Lenkeingriff ist leicht übersteuerbar und ist in der Eingriffsstärke mit dem des Spurhalteassistenten vergleichbar.

Bild 2: Totwinkelerkennung im Pkw.
1 Ausscherendes Fahrzeug,
2 Fahrzeug im Erfassungsbereich von Fahrzeug 1,
3 Erfassungsbereich von Fahrzeug 1.

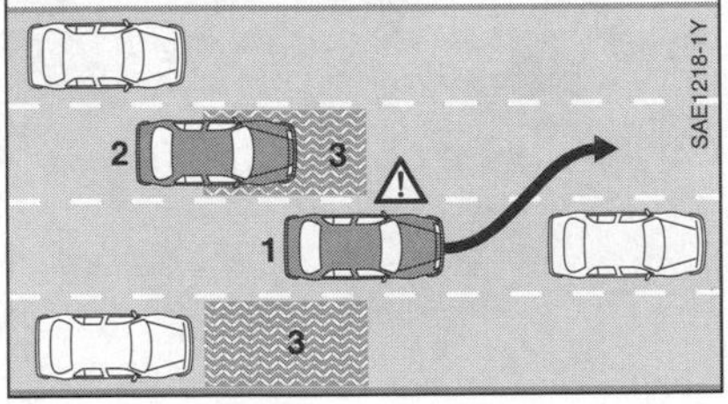

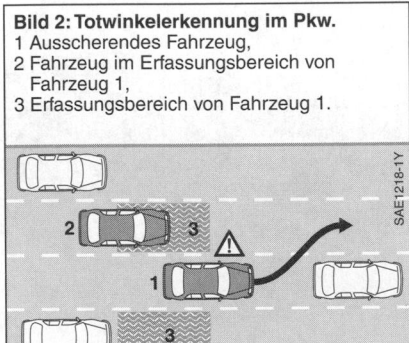

Spurwechselassistent

Wie oben beschrieben, kann der Totwinkelassistent aufgrund des beschränkten Sensorsichtbereichs nach hinten nicht auf sich schnell von hinten annährende Fahrzeuge (mit der typischen Folge einer Heckkollision) reagieren. Dabei ergänzt die Funktion des Spurwechselassistenten den Funktionsumfang des Totwinkelassistenten, überwacht also gleichzeitig auch den Raum seitlich des Fahrzeugs.

Umfelderfassung

Im Unterscheid zum Totwinkelassistenten werden ausschließlich Mittel- oder Fernbereichsradare verwendet, die beim Pkw an den hinteren Fahrzeugecken unter dem Stoßfänger verbaut werden. Ist ein Lkw mit einem Spurwechselassistenten ausgestattet, wird dieser typischerweise unter dem Seitenspiegel positioniert.

Inbesondere beim Pkw wird das Radar-Antennendiagramm typischerweise so ausgelegt, dass der Radarsensor mit einer kleineren Radarkeule geringer Reichweite auch den Bereich neben dem Fahrzeug mit abdeckt. Die genutzten Radarsensoren erreichen nach hinten eine Reichwelte von bis zu 100 m.

Reaktionsmuster

Anders als beim Totwinkelassistenten wird nun auf Basis der in der Umfelderfassung gebildeten Objektliste eine Objektprädiktion durchgeführt. Es wird also gemessen, ob bei gegebener Geschwindigkeit des Systemfahrzeugs das sich von hinten annährenden Objekt bei einem Spurwechsel des Systemfahrzeugs in eine kritische Situation geraten würde, d.h. stark bremsen müsste. Hierfür wird als Kritikalitätsmaß die Bremszeitreserve (Time To Brake, siehe Engstellenassistent) des sich annährenden Objekts ermittelt. Wird eine untere Schwelle unterschritten (typischerweise <2...3 Sekunden), wird der Spurwechsel als kritisch eingeschätzt und die Eskalationskaskade geht wie beim Totwinkelassistenten in die zweite Stufe über. Das eigentliche Reaktionsmuster entspricht nun dem des Totwinkelassistenten.

Ausweichassistent

Merkmale

Der Ausweichassistent unterstützt den Fahrer aktiv während eines kritischen Ausweichvorgangs durch ein unterstützendes Lenkmoment. Dies hilft dem Fahrer, ein Hindernis zu umfahren, um einen Unfall zu vermeiden. Der maximale Lenkeinschlag wird schneller mit Unterstützung des Ausweichassistenten erreicht.

Der Ausweichassistent wird aktiv, sobald das System eine drohende Kollision erkennt und der Fahrer ein Ausweichmanöver initiiert. Sobald der Fahrer lenkt, hilft ihm der Assistent mit Momenteneingriffen in die Servolenkung, um das Hindernis herum zu steuern (Bild 3).

Mit den Daten von Videokamera und Radarsensor berechnet der Assistent einen geeigneten Fahrweg, wobei er Abstand, Breite und Versatz des vorausfahrenden Fahrzeugs einbezieht. Für ein robusteres und besseres Szenenverständnis werden die gesammelten Daten von Radar und Kamera in einem Steuergerät fusioniert.

Systemnutzen für Autofahrer

- Der Ausweichassistent reduziert das Risiko für Kollisionen mit Objekten und damit verbundene Verletzungen,
- er unterstützt dabei, einen sicheren Fahr- und Ausweichweg zu halten,
- er erhält die Fahrstabilität.

Weiterentwicklungen

Mit dem zuvor genannten Spurwechselassistenten ist eine Automatisierung des Spurwechsels – inbesondere auf der Autobahn – denkbar. Derartige Systeme sind aktuell in der Entwicklung.

Hierbei wird dem Fahrer die Möglichkeit eines gefahrlosen Spurwechselmanövers angezeigt, vorausgesetzt dass das Systemfahrzeug einem anderen langsameren Fahrzeug folgt. Der Fahrer schaltet das Manöver frei und kann die Hände leicht auf das Lenkrad auflegen. Das System führt den Spurwechsel automatisch durch. In Kombination mit einer adaptiven Fahrgeschwindigkeitsregelung (ACC) würde das System beschleunigen und sich anschließend nach Abschluss des Überholvorgangs wieder vor dem überholten Fahrzeug einordnen.

Da der Radarsensor den rückwärtigen Verkehr beobachtet, lässt sich ein solches Manöver nur auslösen, wenn keine seitliche Kollsionsgefahr droht. Dadurch entsteht ein großer Sicherheitsgewinn. Die meisten aktuell durch Fahrfehler beim Spurwechsel entstehenden Unfälle könnten so vermieden werden.

Literatur

[1] GIDAS (German In-Depth Accident Study) 2014, http://www.gidas.org

Bild 3: Ausweichassistent.

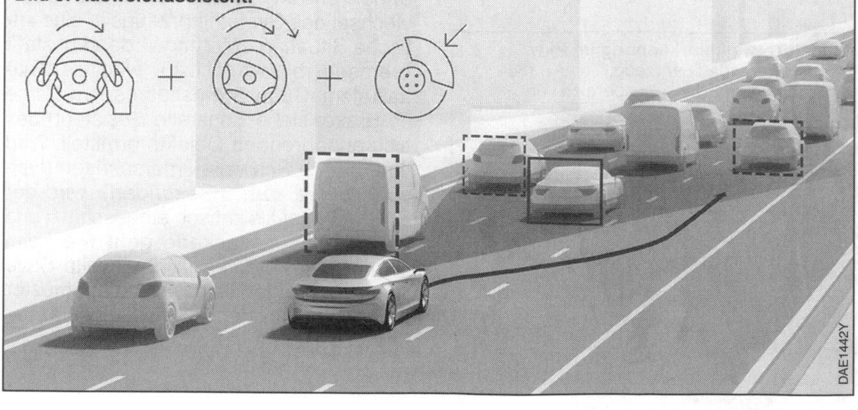

Notbremssysteme

Notbremssysteme im Längsverkehr

Notbremsassistent und automatische Notbremsung

Ein erheblicher Anteil der Unfälle im Straßenverkehr sind auf Kollisionen zwischen Fahrzeugen im Längsverkehr zurückzuführen, d.h. auf Auffahrunfälle. Fahrerassistenzsysteme, die solche Unfälle vermeiden oder zumindest deren Folgen mindern können, sind seit einigen Jahren in Serie. Eine einfache Ausprägung ist etwa der Bremsassistent (siehe Bremsassistenzfunktionen). Ein besonders hohes Potential haben Systeme, die das Fahrzeugumfeld mittels Sensorik beobachten und interpretieren [1]. So kann gegebenenfalls vorausschauend in die Fahrzeugführung eingegriffen werden, um z.B. mit einer Notbremsung einen Unfall zu vermeiden.

Umfelderfassung

Um Auffahrunfälle vermeiden zu können, ist es notwendig, das vorausfahrende Fahrzeug und dessen Bewegung zu beobachten. Wird erkannt, dass eine Kollision bevorsteht, kann geeignet reagiert werden, z.B. durch eine Warnung des Fahrers oder durch eine Notbremsung.

Zur Beobachtung des Fahrzeugumfelds eignen sich verschiedene Sensoren. Dabei ist deren Reichweite und Erfassungsbereich ein wichtiges funktionsrelevantes Merkmal. Die benötigte Vorausschauweite der Sensoren leitet sich vor allem aus dem Geschwindigkeitsbereich ab, in dem die Funktion aktiv sein soll. Für hohe Reichweiten, die bei hohen Fahrgeschwindigkeiten benötigt werden, kommen vorwiegend Radarsensoren zum Einsatz. Mittlere Vorausschauweiten erreichen typischerweise Mono- und Stereovideosensoren. Lidarsensoren können sowohl für mittlere Entfernungen als auch für den Nahbereich eingesetzt werden.

Häufig werden für ein automatisches Notbremssystem mehrere Sensoren kombiniert. Dies bietet zwei Vorteile: Zum Einen ergänzen sich die Stärken der einzelnen Messprinzipien, was eine genauere Vermessung vorausfahrender Fahrzeuge ermöglicht. Zum Anderen steigt die Zuverlässigkeit des Systems, in-

Bild 1: Bremsreaktionsmuster des Notbremsassistenten und der automatischen Notbremse für einen unaufmerksamen Fahrer, der nicht ausreichend oder gar nicht bremst.

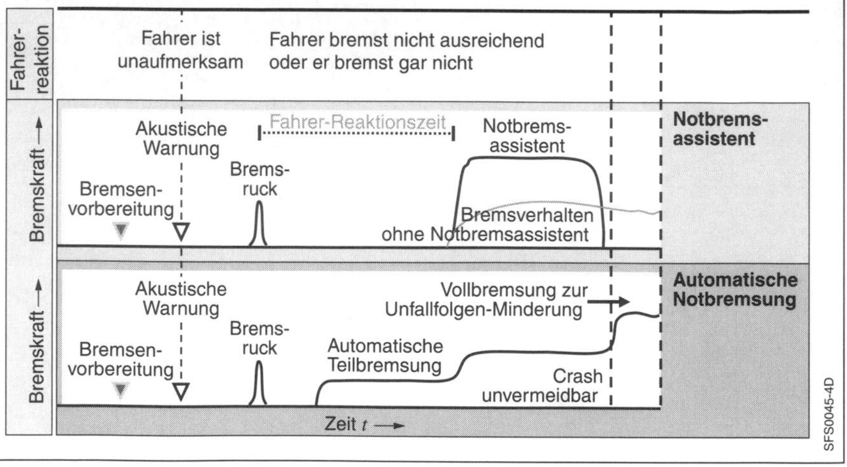

dem mögliche Fehler einzelner Sensoren erkannt werden können. Insbesondere können unberechtigte Systemreaktionen vermieden werden. Es lassen sich jedoch unter Verlust an Performanz auch Notbremssysteme realisieren, die lediglich auf den Daten eines einzelnen Sensors basieren.

Auf Basis der Umfeldsensordaten und unter Berücksichtigung der Bewegung des eigenen Fahrzeugs werden Attribute vorrausfahrender Objekte wie Position, Geschwindigkeit und Beschleunigung sowie Objekgröße und -typ geschätzt. Diese Objektattribute werden anschließend verwendet, um die Verkehrssituation bezüglich ihrer Kritikalität zu bewerten.

Bewertung der Verkehrssituation
Es haben sich verschiedene Maße etabliert, die beschreiben, wie kritisch die aktuelle Verkehrssituation ist, d.h., wie wahrscheinlich es ist, dass eine Kollision mit einem vorrausfahrenden Fahrzeug bevorsteht (Kritikalitätsmaße). Dazu werden Annahmen bezüglich der zukünftigen Bewegung sowohl des vorrausfahrenden Fahrzeugs als auch des eigenen Fahrzeugs getroffen. Dies ist möglich, da für Notbremssysteme nur sehr kurze Prädiktionshorizonte notwendig sind. Es kann z.B. angenommen werden, dass der Fahrer des eigenen Fahrzeugs durch ein Ausweichmanöver noch versuchen wird, die Kollision zu vermeiden. Unter Annahme einer maximalen Querdynamik dieses Ausweichmanövers lässt sich der letztmögliche Zeitpunkt berechnen, zu dem der Fahrer durch Ausweichen die Kollision noch vermeiden kann. Die verbleibende Zeit bis zu diesem Moment wird mit „Time To Steer“ (TTS) bezeichnet. Analog dazu kann eine „Time To Brake“ (TTB) berechnet werden, also die Zeit, die dem Fahrer verbleibt, die drohende Kollision noch durch ein Bremsmanöver zu vermeiden. Je kleiner diese Zeiten sind, umso kritischer ist die vorliegende Verkehrssituation. Es existieren viele weitere Kritikalitätsmaße, z.B. die Wahrscheinlichkeit für eine Kollision in der Zukunft „Time To Collision“ (TTC). Um diese berechnen zu können, müssen Annahmen über Wahrscheinlichkeitsverteilungen für die künftige Bewegung der beteiligten Fahrzeuge getroffen werden.

Reaktionsmuster
Wenn eine Kollision droht und dies anhand der Unterschreitung der oben genannten Kritikalitätsmaße erkannt wird, können unterschiedliche Systemreaktionen eingeleitet werden. Der zeitliche Ablauf einer exemplarischen Systemreaktion ist in Bild 1 dargestellt. Folgende Systemreaktionsstufen existieren in Seriensystemen.

Bremsenvorbereitung
Steigt die Wahrscheinlichkeit einer bevorstehenden Kollision, kann die Bremse durch die Fahrdynamikregelung (Electronic Stability Control, ESC) so vorbereitet werden (Prefill), dass eine möglicherweise folgende Bremsung (durch den Fahrer oder durch das System) schneller umgesetzt werden kann.

Warnung
Bei erhöhter Kollisionsgefahr kann der Fahrer gewarnt werden. Insbesondere wenn der Fahrer die Gefahr noch nicht erkannt hat, ist eine Warnung geeignet, ihn zu einer probaten Reaktion zu veranlassen. Bei ausreichend großer Vorwarnzeit kann ein Unfall so durch den Fahrer selbst vermieden werden.

Die Vorwarnzeit darf bei der Auslegung einer Warnfunktion jedoch nicht zu groß gewählt werden; die Warnung würde dann häufig bereits in einfach beherrschbaren, unkritischen Situationen erfolgen und somit als unberechtigt empfunden werden.

Bremsruck
Eine weitere Eskalationsstufe der Warnung stellt der Bremsruck dar. Hierbei wird kurzzeitig die Bremse automatisch aktiviert und sofort wieder gelöst. Dies hat zwei Vorteile: Zum Einen wird der Fahrer haptisch vor der Gefahr gewarnt; zum Anderen wird die Fahrgeschwindigkeit bereits leicht reduziert.

Teilbremsung
Die Teilbremsung wirkt ähnlich wie der Bremsruck. Hier wird eine geringe Verzögerung automatisch eingestellt, jedoch

im Gegensatz zum Bremsruck nicht sofort wieder gelöst.

Bremsassistent
Häufig reagiert der Fahrer auf die kritische Situation mit einer Bremsung, die zu schwach ist, um den Unfall zu vermeiden. In diesem Fall kann das System die vom Fahrer angeforderte Bremskraft so verstärken, dass das Fahrzeug rechtzeitig vor dem Hindernis zum Stehen kommt und der Unfall vermieden wird.

Vollbremsung
Sind die zuvor beschriebenen Systemreaktionen nicht ausreichend oder reagiert der Fahrer nicht geeignet, um die bevorstehende Kollision zu vermeiden, so reduzieren sich die oben beschriebenen Kritikalitätsmaße nicht ausreichend – die Situation bleibt also kritisch. In diesem Fall kann im letzten Moment eine automatische Vollbremsung eingeleitet werden. Ein mögliches Kritierium für die Aktivierung der Notbremsung ist z.B. eine „Time To Brake", die nahe Null oder negativ ist. Häufig lässt sich ein Unfall durch eine automatische Vollbremsung ganz vermeiden; zumindest wird die Aufprallgeschwindigkeit stark reduziert.

Regelungen und Standards
Notbremssysteme für Pkw
Seit dem Jahr 2014 ist die automatische Notbremsung im Längsverkehr Teil der Euro-NCAP-Bewertung (European New Car Assessment Programme, Europäisches Neuwagen-Bewertungs-Programm). Notbremssysteme werden anhand standardisierter Kollisionsszenarien, die auf einer Teststrecke nachgestellt werden, bewertet. Dabei wird sowohl die Vermeidung von Kollisionen durch ein Notbremssystem als auch eine Reduktion der Aufprallgeschwindigkeit positiv bewertet. Die Wirksamkeit des jeweils verbauten Notbremssystems wirkt sich schließlich auf die Anzahl der NCAP-Sterne aus, die ein Fahrzeug erzielen kann.

Notbremssysteme für Nfz
Für schwere Nutzfahrzeugen ab 8 t ist in der EU mittlerweile ein automatisches Notbremssystem (AEBS, Advanced Emergency Braking Systems) vorgeschrieben (European Union AEBS Regulation (EU) 562/2015, [2]). Die Einführung erfolgte schrittweise ab dem 1.11.2013 zunächst für neu zu homologierende Fahrzeuge und ab dem 1.11.2015 für alle neu in den Verkehr gebrachten Fahrzeuge. In einem weiteren Schritt wurden ab 2016 die Anforderungen bezüglich dem Geschwindigkeitsabbau auf fahrende und stehende Ziele verschärft.

Verfügbare Systeme
Derzeit sind verschiedene Systeme verfügbar, die in kritischen Situationen einen deutlichen Geschwindigkeitsabbau erreichen und häufig die Kollision vollständig vermeiden können. Ein automatisches

Bild 2: Beispiel für eine unübersichtliche Verkehrslage, in der eine automatische Notbremsung einen Auffahrunfall vermeiden kann.

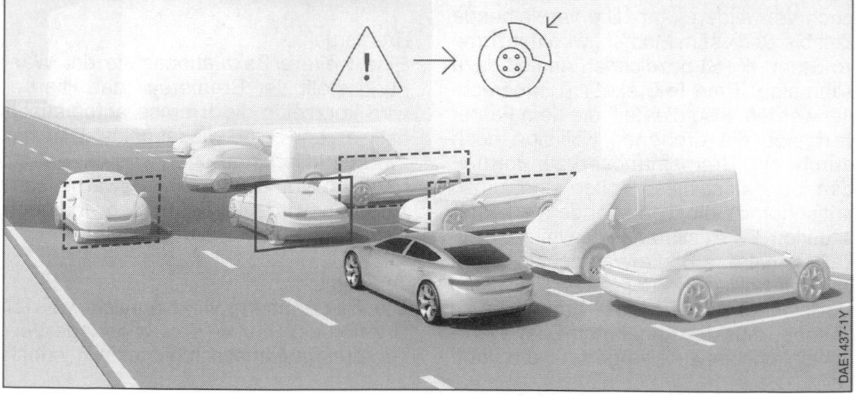

Notbremssystem kann jedoch das zusätzliche Risiko eines Heckaufpralls mit sich bringen und im Fall auftretender unberechtigter Auslösungen zu Akzeptanzproblemen führen. Daher muss durch geeignete Maßnahmen im Rahmen der Systementwicklung sichergestellt sein, dass keine unberechtigten Notbremsungen auftreten (siehe „Test und Absicherung“).

Gesetzliche Anforderungen
Durch den Einsatz des Front-Radarsensors und optional der Multifunktionskamera zur Realisierung der Funktion können die gesetzlichen Anforderungen der UN-ECE R131 [3] zum Advanced Emergency Braking System (AEBS) und eine Vielzahl regionaler, gesetzlicher Anforderungen erfüllt werden

Manövrier-Notbremsassistent

Beim Manövrieren in engen und komplexen Fahrsituationen sowie beim Versuch, das Auto in eine Parklücke zu manövrieren, verhindert der Manövrier-Notbremsassistent das Anecken an Pfosten, Säulen oder am Nachbarfahrzeug.

Arbeitsweise des Manövrier-Notbremsassistenten
Der Assistent überwacht mit Ultraschallsensoren permanent das Umfeld des Fahrzeugs. Anhand von Lenkwinkel und Fahrgeschwindigkeit berechnet das System den Fahrweg des Autos und erkennt dadurch, welche Hindernisse auf dem Weg in die Parklücke gefährlich werden könnten (Bild 3).

Rechtzeitig bevor eine Kollision droht, bremst der Assistent das Auto automatisch bis zum Stillstand ab und verhindert damit Dellen oder Kratzer.

Systemnutzen für den Autofahrer
- Der Manövrier-Notbremsassistent unterstützt beim Manövrieren in engen Fahrsituationen,
- er hilft, Park- und Rangierunfälle zu verhindern sowie Beschädigungen der Fahrzeugflanken zu vermeiden,

Bild 3: Manövrier-Notbremsassistent.

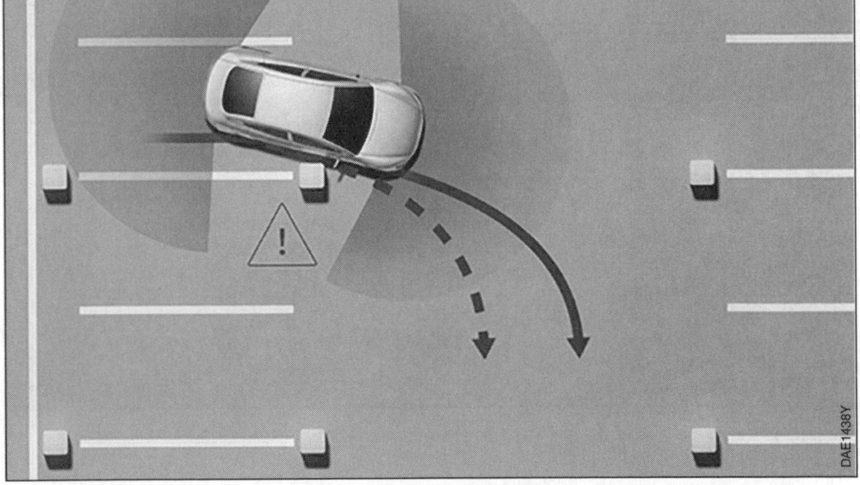

Automatische Notbremsung auf ungeschützte Verkehrsteilnehmer

Aktiver Fußgängerschutz

Motivation

In den vergangen Jahren ist der Schutz schwächerer Verkehrsteilnehmer, insbesondere von Fußgängern, immer stärker in den Fokus gerückt. Zunächst schlug sich das in der Verbesserung passiver Sicherheitssysteme zum Fußgängerschutz nieder (z.B. spezifische Auslegung der Fahrzeugfront, um die Kollisionsfolgen mit Fußgängern zu mindern). Darüber hinaus finden nun auch verstärkt aktive Systeme – also Systeme, die deutlich vor der möglichen Kollision wirken – Eingang in die Serie.

Aktive Fußgängerschutzsysteme reagieren ähnlich wie Notbremssysteme im Längsverkehr. Allerdings sind die Anforderungen an die Umfeldwahrnehmung unterschiedlich; dies wird bei einer Analyse der häufig auftretenden Unfalltypen erkennbar.

Unfallursachen

Der überwiegende Teil der Fußgängerunfälle geschieht mit Personen, die die Straße queren, während das Fahrzeug geradeaus fährt. Der Fußgänger läuft von der Seite vor das fahrende Auto (Bild 4), häufig aus einer Verdeckung heraus (d.h., der Fußgänger ist zunächst hinter einem anderen Objekt verborgen).

Ein weiterer bedeutender Anteil von Fußgängerunfällen ereignet sich im Kreuzungsbereich, insbesondere beim Abbiegen.

Vergleich zu Notbremssystemen im Längsverkehr

Systemreaktionen

Wie bereits erwähnt sind die Systemreaktionen beim aktiven Fußgängerschutz vergleichbar zur Notbremsung im Längsverkehr. Das System reagiert auf eine bevorstehende Kollision mit einem Fußgänger mit einer Warnung an den Fahrer sowie einer Teil- und Vollbremsung. Da Fußgänger häufig unerwartet aus einer Verdeckung auf die Fahrbahn treten, wird allerdings oft auch nur ein Teil der Reaktionskaskade, also z.B. nur die Teil- und Vollbremsung, aktiviert.

Umfelderfassung

Fußgänger treten in der Regel von der Seite auf die Fahrbahn. Daher muss im

Bild 4: Automatische Notbremsung auf ungeschützte Verkehrsteilnehmer.

Vergleich zu den Notbremssystemen im Längsverkehr ein breiterer Bereich vor dem eigenen Fahrzeug durch die Sensorik überwacht werden. Für eine korrekte Auslöseentscheidung muss die Sensorik insbesondere auch die Quergeschwindigkeit der Fußgänger präzise messen können. Da zudem Fußgänger häufig aus einer Verdeckung auf die Fahrbahn laufen, müssen Sensoren den Fußgänger außerdem sehr schnell (d.h. innerhalb weniger Sensormesszyklen) detektieren können. Nur dann ist eine rechtzeitige Systemreaktion (z.B. Vollbremsung) möglich.

Es befinden sich verschiedene Sensorkonfigurationen für den aktiven Fußgängerschutz in Serie. Dabei werden sowohl Systeme, die auf einem einzelnen Sensor basieren eingesetzt, als auch Systeme, die die Infomationen mehrerer Sensoren fusionieren. Genutzte Sensoren sind etwa Monovideokameras, Stereovideokameras oder Radarsensoren.

Situationsanalyse

Zur Bewertung der Verkehrssituation müssen Annahmen über die künftige Bewegung der beteiligten Verkehrsteilnehmer – hier also des Fußgängers und des eigenen Fahrzeugs – getroffen werden. Dadurch kann berechnet werden, ob eine drohende Kollisionssituation durch den Fahrer noch abgewendet werden kann oder ob eine Aktivierung der automatischen Notbremsung notwendig ist. Diese Prädiktion wird in allen Notbremssystemen durchgeführt (z.B. Notbremssysteme im Längsverkehr), ist jedoch im Fall des aktiven Fußgängerschutzes besonders herrausfordernd. Fußgänger können sehr plötzlich stehen bleiben, loslaufen oder ihre Richtung ändern. Diese Bewegungsmöglichkeiten müssen im System berücksichtigt werden, um unberechtigte Systemeingriffe zu vermeiden. Beispielsweise darf für einen Fußgänger, der zwar auf die Straße läuft, aber dann rechzeitig stehen bleibt, keine Notbremsung ausgelöst werden, um z.B. keinen Auffahrunfall mit dem nachfolgenden Verkehr zu riskieren.

Bewertungsstandards

Seit dem Jahr 2016 ist die automatische Notbremsung für Fußgänger Teil der Euro-NCAP-Bewertung (European New Car Assessment Programme, Europäisches Neuwagen-Bewertungs-Programm). Notbremssysteme werden anhand standardisierter Kollisionsszenarien, die auf einer Teststrecke mit Fußgängerdummys nachgestellt werden, bewertet. Es werden drei prinzipielle Kollisionsszenarien getestet, wobei das getestete Fahrzeug in allen Fällen mit verschiedenen Geschwindigkeiten gerdeaus fährt:

- Ein von der gegenüberliegenden Straßenseite (im Rechtsverkehr also von links) aus querender Fußgänger ohne Verdeckung,
- ein von der gleichen Straßenseite aus (im Rechtsverkehr also von rechts) querender Fußgänger und
- ein von hinter einem parkenden Fahrzeug querender Fußgänger.

Im letzten Fall hat der Fußgängerdummy die Größe eines Kindes. Die Fußgängerdummys haben dabei die Möglichkeit, die Beine zu bewegen und so einen gehenden echten Fußgänger realitätsnah abzubilden. Dies ist notwendig, da zum Teil zur Klassifikation des erkannten Objekts als Fußgänger die Bewegung der Beine ein wichtiges Merkmal ist, ohne die die automatische Notbremsung nicht ausgelöst werden würde. Radarsensoren erkennen beispielsweise die Beinbewegung von Fußgängern über den Mikrodopplereffekt. Dieser zeichnet sich durch eine minimale Oszilation des gemessenen Geschwindigkeitssignals des Fußgängers aus.

Notbremsung auf ungeschützte Verkehrsteilnehmer im Längsverkehr

Auffahrunfälle zählen zu den schlimmsten Kollisionen – insbesondere wenn Passanten oder Radfahrer beteiligt sind (Bild 5). Das vorausschauende Fußgängerschutzsystem kann derartige Kollisionen ganz verhindern oder zumindest die Folgen deutlich abmildern.

Bis 60 km/h kann das System eine automatische Notbremsung auslösen, um Frontalkollisionen mit Fußgängern zu vermeiden oder deren Folgen zumindest zu mindern.

Arbeitsweise

Um im Notfall eine automatische Notbremsung auslösen zu können, muss das Fahrzeug zu jeder Zeit wissen, ob sich Objekte im Gefahrenbereich vor dem Fahrzeug befinden. Im Fahrzeug verbaute Radarsensoren sind einerseits in der Lage, Objekte und andere Verkehrsteilnehmer dank Radarsensorik mit Chirp-Sequence-Modulation äußerst zuverlässig und präzise, auch bei schlechten Wetter- und Sichtbedingungen, zu detektieren. Andererseits ermöglicht ihr weiter Öffnungswinkel, Radfahrer und Fußgänger frühzeitig zu erkennen. Zusätzlich werden Fahrtrichtung und Fahrgeschwindigkeit des eigenen Fahrzeugs permanent mit den Daten des Fußgängers oder Radfahrers abgeglichen. Detektiert das System eine für Fußgänger oder Radfahrer gefährliche Situation, kann es den Fahrer warnen und bei ausbleibender Fahrerreaktion automatisch eine Notbremsung einleiten. Auf diese Weise kann der Zusammenstoß mit dem gefährdeten Verkehrsteilnehmer vermieden oder zumindest die Geschwindigkeit des Fahrzeugs vor einer Kollision so weit wie möglich reduziert werden, wenn diese unvermeidbar ist. So wird das Risiko schwerer Verletzungen deutlich minimiert.

Rückwärtige automatische Notbremsung

Rückwärts aus einer Parklücke herauszufahren kann zu einer Herausforderung werden, wenn der Fahrer das rückwärtige Geschehen hinter dem eigenen Fahrzeug nicht ausreichend beobachtet. Ein kurzer Moment der Unachtsamkeit genügt, um einen hinter dem Fahrzeug vorbeigehenden Fußgänger zu übersehen (Bild 6). Die rückwärtige automatische Notbremsung auf Fußgänger mindert diese Gefahr, indem das System das Umfeld hinter dem Fahrzeug überwacht und vor einer drohenden Kollision warnt. Reagiert der Fahrer nicht rechtzeitig, dann bremst das System das Fahrzeug automatisch ab. Das macht das Ausparkmanöver sicherer und komfortabler.

Bild 5: Automatische Notbremsung auf einen Radfahrer.

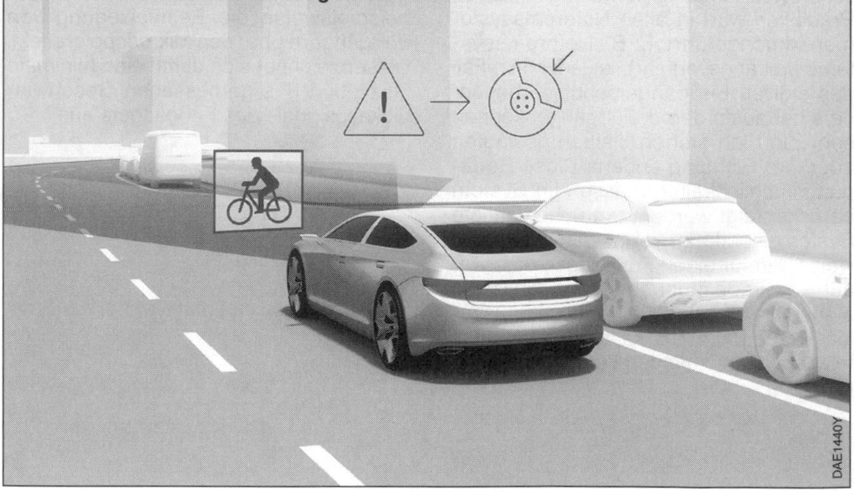

Umfeldsensierung
Beim kombinierten Einsatz von Ultraschallsensoren und Nahbereichskameras können die Sensordaten im Steuergerät fusioniert und eine dreidimensionale Rundumsicht für ein besseres und robusteres Szenenverständnis erstellt werden. Andere Verkehrsteilnehmer, Objekte sowie Parkplatzmarkierungen können durch die Datenfusion detektiert und verstanden werden. Damit werden Parkfunktionen und automatische Notbremsungen auf ungeschützte Verkehrsteilnehmer noch zuverlässiger und sicherer.

So erkennt das System beispielsweise, wenn beim rückwärtigen Ausparken ein Fußgänger hinter dem Fahrzeug vorbeigeht und kann diese Information an das Bremsregelsystem melden, das dann eine automatische Notbremsung auslöst.

Sicherheit
Das vorausschauende Fußgängerschutzsystem erfüllt die NCAP-Anforderungen an automatische Notbremsung.

Literatur
[1] A. Georgi, M. Zimmermann, T. Lich, L. Blank, N. Kickler, R. Marchthaler: New approach of accident benefit analysis for rear end collision avoidance and mitigation systems. In Proceedings of 21st International Technical Conference on the Enhanced Safety of Vehicles (2009).
[2] Verordnung (EU) 2015/562 der Kommission vom 8. April 2015 zur Änderung der Verordnung (EU) Nr. 347/2012 der Kommission zur Durchführung der Verordnung (EG) Nr. 661/2009 des Europäischen Parlaments und des Rates über die Typgenehmigung von Notbremsassistenzsystemen für bestimmte Kraftfahrzeugklassen.
[3] UN-ECE R131: Regelung Nr. 131 der Wirtschaftskommission der Vereinten Nationen für Europa (UNECE) – Einheitliche Bedingungen für die Genehmigung von Kraftfahrzeugen hinsichtlich des Notbremsassistenzsystems (AEBS).

Bild 6: Automatische Notbremsung auf Fußgänger beim rückwärtigen Ausparken aus einer Parklücke.

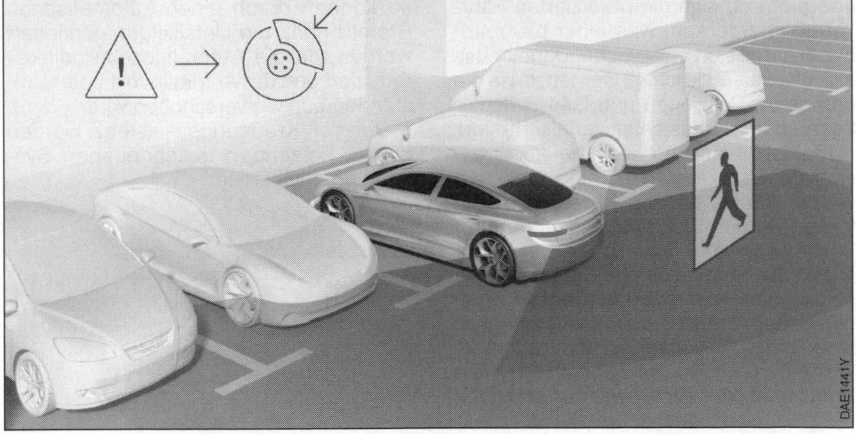

Kreuzungsassistenz

Motivation

Unfallursache

Etwa 26 % aller Unfälle mit Verletzten in Deutschland ereignen sich beim Kreuzen und Abbiegen [1]. Fahrerassistenzsysteme, die diesen häufigen Unfalltyp verhindern sollen, werden als Kreuzungsassistent bezeichnet. Es handelt sich um Sicherheitsfunktionen mit dem Ziel, Unfälle zu vermeiden oder deren Schwere zu mindern. Um dies zu erreichen, wird der Fahrer frühzeitig vor einem drohenden Unfall gewarnt oder eine automatische Bremsung des Fahrzeugs ausgeführt.

Umfeldsensierung

Andere Verkehrsteilnehmer werden mit Hilfe von Radarsensoren, Videokameras oder Lidarsensoren detektiert sowie deren Abstand, Geschwindigkeit und Bewegungsrichtung bestimmt. Die Informationen werden vom Mikrorechner eines Steuergeräts verarbeitet und in Form einer Objektliste in Software ausgewertet.

Situationsbewertung

Die Vorhersage eines drohenden Unfalls erfolgt, indem aus den gemessenen Positionen und Geschwindigkeiten anderer Verkehrsteilnehmer sowie dem Bewegungszustand des eigenen Fahrzeugs die zukünftige Position der Fahrzeuge vorhergesagt wird. Im nächsten Schritt wird überprüft, ob sich die prädizierten Fahrzeuge überdecken, was einer bevorstehenden Kollision entspräche. Dabei muss allerdings berücksichtigt werden, dass die gemessen Positionen und Geschwindigkeiten durch Messfehler verfälscht sind. Außerdem ist nicht genau bekannt, wie sich die Fahrzeuge zukünftig bewegen werden, ob sie also z.B. abbremsen oder lenken werden. Deshalb müssen bei der Vorhersage der Situationsentwicklung auch Fahrmanöver betrachtet werden, die einen Unfall vermeiden würden. Je weniger dieser Vermeidungsmanöver möglich sind, umso kritischer ist die Situation. Wenn durch normales Fahrverhalten ein Unfall nicht oder nur schwer zu vermeiden ist, spricht man auch von akuter Kollisionsgefahr.

Die Unterscheidung von kritischen und unkritischen Situationen ist im Kreuzungsbereich besonders schwierig, da die Fahrzeuge eine große Bewegungsfreiheit in mehrere Richtungen haben und das Abbiegeverhalten der beteiligten Fahrzeuge mehrere Sekunden im Voraus korrekt vorhergesagt werden müsste. Dies ist insbesondere bei einer sportlichen Fahrweise der beteiligten Fahrzeuge kaum möglich. Ein drohender Unfall kann deshalb häufig erst kurz vor der Kollision zweifelsfrei erkannt werden.

Ungerechtfertigte Bremseingriffe müssen unbedingt vermieden werden, da sie zum einen vom Fahrer nicht akzeptiert würden und zum anderen eine potentielle Gefahr für den nachfolgenden Verkehr darstellen. In bestimmten Situationen kann daher die automatische Notbremsung nicht oder nur verspätet aktiviert werden. Eine Unfallverhinderung ist dann unter Umständen nicht mehr möglich. Wenn z.B. das eigene Fahrzeug schnell fährt, müsste eine unfallvermeidende Bremsung in der Regel sehr früh eingeleitet werden, was wegen der situativen Unsicherheiten und der Gefahr von Falschauslösungen jedoch nicht möglich ist.

Doch auch wenn das System einen Unfall im Einzelfall nicht vermeiden kann, so können durch einen automatischen Bremseingriff die Unfallfolgen gemindert werden, da die Aufprallgeschwindigkeit reduziert und der Aufprallpunkt unter Umständen günstig verschoben wird.

Bei der Kreuzungsassistenz werden die im Folgenden beschriebenen Systeme unterschieden.

Linksabbiegeassistent

Unfallursachen
Der Linksabbiegeassistent soll Unfälle verhindern, die sich beim Linksabbiegen im Zusammenhang mit Gegenverkehr ereignen (Bild 1). Unfallursache ist hier meist eine falsch eingeschätzte Geschwindigkeit des entgegen kommenden Fahrzeugs – der Unfallverursacher biegt ab, obwohl die Zeit dafür nicht mehr ausreichend ist.

Umfeldsensierung
Die zusätzlich zum Front-Radarsensor eingesetzte Multifunktionskamera hilft, die Verfügbarkeit der AEB-Funktionen (Automated Brake Emergency, automatische Notbremse) zu erhöhen. Durch die Fusion der Sensordaten von Radar und Kamera lassen sich Objekte zuverlässiger detektieren, klassifizieren und nachverfolgen. Es entsteht dadurch ein höchst detailliertes und verlässliches „Bild", das Basis einer robusten Interpretation des Fahrzeugumfelds ist.

Systemreaktion
Beim Abbiegen muss der Fahrer neben dem kreuzenden Verkehr auch den Gegenverkehr im Blick behalten. Eine Missachtung oder Fehleinschätzung der Geschwindigkeit eines entgegenkommenden Fahrzeugs kann dabei schnell zur Gefahr werden (Bild 1). Hier greift die automatische Notbremsung für Abbiegeszenarien. Durch Auswertung von Blinker, Fahrpedalstellung und Lenkeinschlag kann ein bevorstehendes Linksabbiegemanöver des Fahrers erkannt werden.

Befindet sich das Fahrzeug vor dem Abbiegen im Stillstand und beabsichtigt der Fahrer trotz akuter Kollisionsgefahr abzubiegen, wird der Fahrer in einer ersten Stufe gewarnt. Bei akuter Kollisionsgefahr wird schließlich eine automatische Bremsung oder eine Anfahrverhinderung ausgelöst. Der Fahrer wird so lange am Wegfahren gehindert, bis die Gefahr gebannt ist. Wurde das Fahrzeug trotz Kollisionsgefahr bereits in Bewegung gesetzt, dann erkennt das System die gefährliche Situation und warnt den Fahrer. Dieser ist dann dafür verantwortlich, angemessen zu reagieren.

Um zu verhindern, dass sich das Fahrzeug bei einer Falschreaktion in einer potentiell gefährlichen Situation nicht mehr bewegen lässt, kann die Anfahrverhinderung vom Fahrer durch ein Kickdown übersteuert werden.

Bild 1: Linksabbiegeassistent – bei Kollisionsgefahr greift die automatische Notbremse.

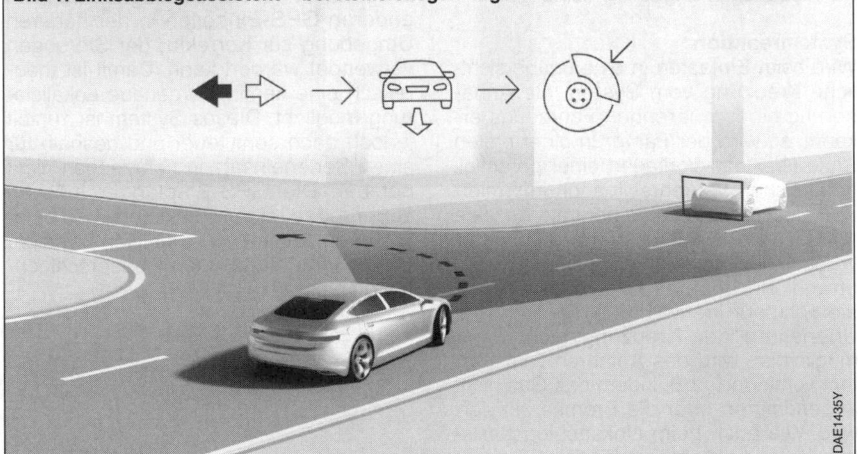

Querverkehrsassistent

Unfallursachen

Der Querverkehrsassistent soll Unfälle verhindern, die sich beim Kreuzen und Abbiegen im Zusammenhang mit querenden Fahrzeugen ereignen (Bild 2). Da die Insassen bei Seitenkollisionen im Vergleich zu Frontalkollisionen aufgrund fehlender Knautschzonen deutlich schlechter geschützt sind, ist das Verletzungsrisiko besonders hoch.

Neben Ablenkung und Unachtsamkeit sind Verdeckungen häufige Unfallursachen.

Umfeldsensierung

Ähnlich wie beim Linksabbiegeassistenten werden querende Fahrzeuge mit Hilfe von Umfeldsensoren detektiert. Im Vergleich zum Linksabbiegeassistent ist der abzudeckende Sichtbereich jedoch deutlich größer (≥180 °), sodass in der Regel mehrere Sensoren eingesetzt werden müssen. In den vorderen Fahrzeugecken verbaute Radarsensoren erweitern den horizontalen Sichtbereich des Fahrzeugs und ermöglichen es, kreuzende Fahrzeuge noch früher und schneller zu erkennen, auch bei höheren Geschwindigkeiten. Besonders im unübersichtlichen Stadtverkehr sind die Radarsensoren ideal dafür ausgelegt, um relevante Objekte zu erkennen und voneinander zu unterscheiden, die an den vorderen Fahrzeugecken angebracht sind.

Systemreaktion

Wird beim Eintasten in eine unübersichtliche Kreuzung vom System die Annäherung eines querenden Fahrzeugs erkannt, so wird der Fahrer in einer ersten Stufe über das Vorliegen einer potentiell gefährlichen Verkehrssituation informiert (z.B. optisch durch eine neutrale Anzeige im Head-up-Display). Wenn der Fahrer versucht in die Kreuzung einzufahren, obwohl ein anderes Fahrzeug in Kürze die Fahrspur kreuzt und ein gefahrloses Überfahren der Kreuzung nicht mehr möglich ist, wird das Anfahren vom System verhindert, z.B. indem das Gas nicht angenommen oder die Bremse aktiviert wird. Wie auch beim Linksabbiegeassistent kann die Anfahrverhinderung durch ein Kick-down übersteuert werden. Bei schnellerer Fahrt erfolgt bei drohender Kollision mit Querverkehrt zunächst eine Warnung (auffällige optische oder akustische Anzeigen). Reagiert der Fahrer nicht, wird vom System bei akuter Kollisionsgefahr ein automatischer Bremseingriff ausgelöst.

Ausblick

Da im Kreuzungsbereich häufig Verdeckungen z.B. durch parkende Fahrzeuge vorkommen, spielt in Zukunft vermutlich auch die Car-to-Car-Kommunikation (C2C) eine wichtige Rolle. Dabei tauschen die Fahrzeuge per Funksignal Informationen über ihre Positionen, Geschwindigkeit und Lenkwinkel aus und können damit mögliche Konflikte frühzeitig erkennen und Gegenmaßnahmen treffen. Die Position des Fahrzeugs wird zuvor über Satellitenortung ermittelt. Damit die Informationen von einer sicherheitskritischen Funktion wie dem Querverkehrsassistenten verwertet werden können, ist allerdings eine sehr genaue Lokalisierung der Fahrzeuge notwendig. Dies ist jedoch mit der Genauigkeit von GPS, das derzeit von handelsüblichen Navigationsgeräten genutzt wird, nicht möglich. Ursache sind z.B. atmosphärische Störungen. Beim Differential-GPS (DGPS) kommt ein zweiter GPS-Empfänger zum Einsatz, dessen Position genau bekannt ist. Dieser erzeugt damit ein Korrektursignal, was von anderen GPS-Einheiten in der näheren Umgebung zur Korrektur der Störungen verwendet werden kann. Damit ist theoretisch eine zentimetergenaue Lokalisierung möglicht. Dieses System ist zurzeit jedoch noch sehr teuer und deshalb für einen Serieneinsatz in Fahrzeugen nicht nutzbar. Die GPS-Empfänger müssen außerdem direkten Funkkontakt zu einer größeren Anzahl von Satelliten besitzen, was in innerstädtischen Häuserschluchten oft nicht der Fall ist.

Ampel- und Stoppschildassistent

Unfallursachen

Beim Ampel- und beim Stoppschildassistenten soll im Vergleich zum Linksabbiege- und zum Querverkehrsassistenten nicht eine drohende Kollision mit anderen Verkehrsteilnehmern, sondern ein versehentliches Überfahren einer roten Ampel oder eines Stoppschilds verhindert werden. Dadurch sollen Unfälle verhindert werden, die infolge dieser Regelverstöße auftreten.

Umfeldsensierung

Mit Hilfe einer Videokamera, die mit Bilderkennungsalgorithmen ausgestattet ist, wird die Fahrzeugumgebung nach Ampeln und Verkehrsschildern (siehe Verkehrszeichenerkennung) durchsucht und ihr Zustand und ihre Bedeutung interpretiert. Um Fehldetektionen zu verringern, können digitale Karten zum Einsatz kommen, in denen die Positionen von Verkehrszeichen markiert sind.

Eine Alternative bietet die Car-to-Infrastructure-Kommunikation (C2I). Hier übermittelt z.B. die Ampel ihren Zustand per Funk an mit speziellen Empfängern ausgerüstete Fahrzeuge in ihrer Umgebung. Weiterhin muss die zugehörige Haltelinie erkannt werden, um die Systemreaktion zeitlich sinnvoll gestalten zu können.

Systemreaktion

Ist der Fahrer im Begriff, vor einer roten Ampel oder einem Stoppschild nicht anzuhalten, so wird zunächst eine Warnung ausgegeben. Wenn der Fahrer nicht angemessen reagiert, kann je nach Systemausprägung das Fahrzeug auch automatisch gebremst werden.

Eine sinnvolle Reaktion auf eine Gelb-Phase ist nur möglich, wenn noch genügend Weg für einen komfortablen Anhaltevorgang bleibt oder wenn die Restdauer der Gelbphase zum Beispiel über C2I bekannt ist.

Eine andere Art der Ampelassistenz verfolgt das Ziel, die Grünphasen optimal auszunutzen und unnötige Brems- und Beschleunigungsphasen zu vermeiden. Neben der flüssigen und komfortablen Fahrweise soll dadurch auch der Kraftstoffverbrauch gesenkt werden. Bei diesem System übertragen die vorausliegenden Ampeln ihre Ampelphase und die Dauer bis zum Phasenwechsel an sich nähernde Fahrzeuge. Dort wird im Kombiinstrument eine Geschwindigkeitsangabe angezeigt, mit der man die nächste Ampel bei Grün erreicht.

Literatur

[1] GIDAS Datenbank 2014.

Bild 2: Querverkehrsassistent – bei Kollisionsgefahr greift die automatische Notbremse.

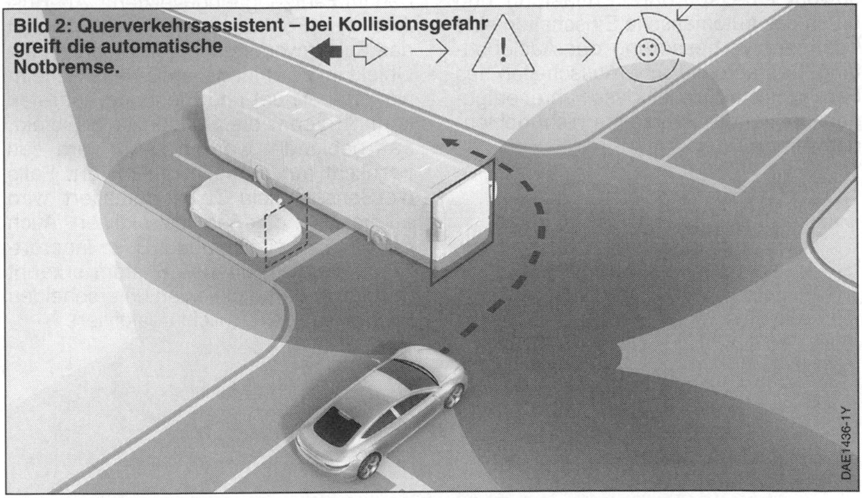

Intelligente Scheinwerfersteuerung

Motivation

Statistiken zeigen, dass bei Fahrten in der Nacht ein erhebliches Risiko besteht, in einen schweren Unfall verwickelt zu werden. Ein typischer Fahrer hat bei Fahrten in der Nacht zu einem Großteil das Fernlicht nicht eingeschaltet und fährt mit Abblendlicht, obwohl ein Aktivieren des Fernlichts möglich wäre. Einige Fahrer aktivieren das Fernlicht überhaupt nicht und fahren dauerhaft mit Abblendlicht. Ein System mit Fernlichtassistent aktiviert sehr viel häufiger das Fernlicht als der typische Fahrer bei manueller Aktivierung und verbessert damit signifikant die Ausleuchtung der Fahrbahn im Vergleich zum Abblendlicht. Die Zahlen aus Statistiken sind stark abhängig von der Verkehrsdichte – je geringer die Verkehrsdichte, desto höher ist die Fernlichtnutzung. Es wurde auch festgestellt, dass Ermüdung und Unkonzentriertheit dazu führen, dass das Fernlicht manuell nicht mehr zuverlässig deaktiviert wird und somit andere Verkehrsteilnehmer geblendet werden.

Hier stellt ein automatisches System eine deutliche Verbesserung für alle Verkehrsteilnehmer dar. Der Fahrer des Fahrzeugs mit Fernlichtassistent bekommt sowohl eine spürbare Entlastung und durch das automatische Einschalten eine häufigere Verbesserung der Ausleuchtung. Das automatische Ausschalten des Fernlichts stellt sicher, dass Fahrer entgegenkommender Fahrzeuge nicht geblendet werden.

Systemausprägungen

Der Fernlichtassistent automatisiert das Umschalten zwischen Abblendlicht und Fernlicht, er erkennt vorausfahrende und entgegenkommende Fahrzeuge und schaltet entsprechend der Verkehrssituation das Fernlicht automatisch ein oder aus. Daraus resultiert ein deutlicher Sicherheits- und Komfortgewinn bei Fahrten in der Nacht, hauptsächlich auf Land- und Schnellstraßen.

Basisvariante
Das System besteht aus einem lichtempfindlichen Sensor oder einer Kamera, kombiniert mit einem Steuergerät, das die Scheinwerfer steuert. Die Kamera ist entweder im Rückspiegel integriert oder in einer eigenständigen Sensorbaugruppe an der Windschutzscheibe installiert. Die Kamera erkennt und unterscheidet Fahrzeuge und stationäre Straßenbeleuchtungen. Es werden entgegenkommende Fahrzeuge bis zu einer Entfernung von 600 m und Rückleuchten vorausfahrender Fahrzeuge bis zu einer Entfernung von 400 m erkannt. Die Positionen der erkannten Objekte werden an das Scheinwerfersteuergerät gesendet, die Übertragung der Daten erfolgt über den im Fahrzeug eingesetzten CAN-Bus. Aus den Positionsangaben berechnet das Scheinwerfersteuergerät, ob sich ein Objekt im Strahlungsbereich des Scheinwerfers befindet und Blendung auftreten kann. Erkennt die Sensorik ein Objekt, das geblendet werden kann, wird das Fernlicht automatisch deaktiviert. Falls die Sensorik kein Objekt detektiert, wird automatisch das Fernlicht aktiviert. Auch bei Straßenbeleuchtung z.B. im innerörtlichen Bereich, die das System erkennt und von anderen Objekten unterscheiden kann, wird das Fernlicht deaktiviert.

Bild 1: Matrix-Scheinwerfer.
Schematische Darstellung.

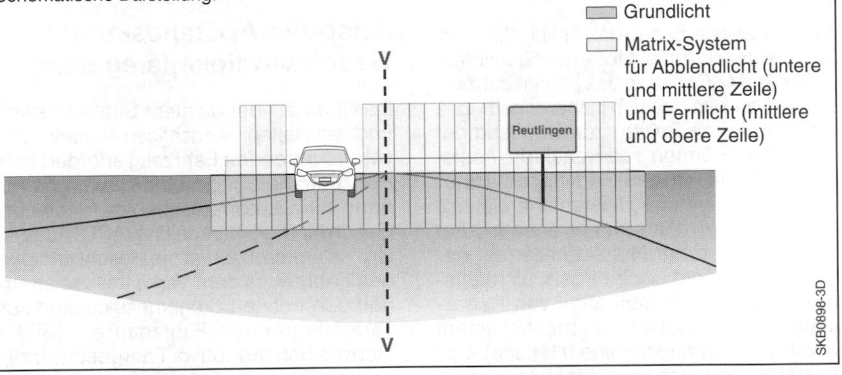

Weitere Ausbaustufen

Auf Basis von Videodaten kann die Reichweite des Abblend- oder Fernlichts automatisch geregelt werden.

Die nächste Stufe der intelligenten Scheinwerfersteuerung ermöglicht eine adaptive Steuerung des Fernlichts. Sie regelt nicht nur die Reichweite des Lichts, sie passt auch die Breite der Ausleuchtung den Verkehrsverhältnissen an. Damit können zum Beispiel Kurven vorausschauend ausgestrahlt werden oder im städtischen Verkehr durch einen breiteren Lichtkegel Straßenränder und damit potentiell gefährdete Fußgänger besser beleuchtet und erkannt werden.

Mit einer weiteren Ausbaustufe der Scheinwerfersteuerung kann der Fahrer dauerhaft mit Fernlicht fahren. Aufgrund der Bildanalyse der Kamera wird der Gegenverkehr oder der vorausfahrende Verkehr und dessen Position erkannt. Das System basiert auf horizontal und vertikal schwenkbaren Scheinwerfern oder Voll-LED-Scheinwerfern, bei denen die gesamte Lichtverteilung segmentiert so gesteuert wird, dass einerseits Verkehrsteilnehmer, die geblendet werden könnten, vom Lichtkegel ausgespart sind (Matrix-Scheinwerfer, Bild 1), während andererseits der übrige Teil mit Fernlicht optimal ausgeleuchtet wird („Blendfreies Fernlicht"). Die Fernlichtverteilung bleibt dadurch nahezu erhalten, die Sichtweite für den Fahrer vergrößert sich erheblich. Der größte Teil des Fernlichts kann dadurch weiter eingeschaltet bleiben und zur Sicherheit und zum Komfort für den Fahrer beitragen, ohne die anderen Verkehrsteilnehmer zu blenden.

Radarbasierte Assistenzsysteme für Zweiräder

Assistenzsysteme wie das Antiblockiersystem (ABS) und die Motorrad-Stabilitätskontrolle (MSC) haben das Fahren auf zwei Rädern bereits deutlich sicherer gemacht. Einen weiteren Beitrag zur Erhöhung der Sicherheit können radarbasierte Assistenzsysteme (ARAS, Advanced Rider Assistance Systems) leisten. Die elektronischen Helfer sind immer aufmerksam und reagieren zur Not schneller als der Mensch. Die technische Basis, die dahintersteckt: Eine Kombination von Radarsensor, Bremssystem, Motormanagement und HMI (Human Machine Interface). Der Radar als „Sinnesorgan" des Motorrads ermöglicht die neuen Assistenz- und Sicherheitsfunktionen für Zweiräder und liefert ein genaues Bild des Fahrzeugumfelds. Die Assistenzfunktionen sorgen damit nicht nur für mehr Sicherheit, sondern auch für mehr Fahrspaß und Komfort, da sie den Fahrer entlasten.

- Mit ARAS kann sich der Fahrer besser auf das aktuelle Verkehrsgeschehen konzentrieren,
- das System unterstützt den Fahrer in kritischen Situationen und hilft Unfälle zu vermeiden,
- es ermöglicht komfortableres und entspannteres Fahren,
- die elektronischen Helfer sind immer aufmerksam und reagieren zur Not schneller als der Mensch.

Adaptive Abstands- und Geschwindigkeitsregelung

Das Fahren bei dichtem Straßenverkehr und das Halten des richtigen Abstands zum vorausfahrenden Fahrzeug erfordert hohe Konzentration und ist auf Dauer anstrengend. Die automatische Abstands- und Geschwindigkeitsregelung (ACC, Adaptive Cruise Control) passt die Geschwindigkeit des Fahrzeugs dem Verkehrsfluss an und hält den nötigen Sicherheitsabstand zum vorausfahrenden Fahrzeug ein (Bild 1, siehe auch adaptive Fahrgeschwindigkeitsregelung). Damit kann das ACC Auffahrunfälle vermeiden, die aufgrund zu geringen Abstands entstehen. ACC bietet dem Fahrer nicht nur mehr Komfort wie beispielsweise beim Fahren in der Kolonne, sondern er kann sich auch besser auf das aktuelle Verkehrsgeschehen konzentrieren.

Bild 1: Adaptive Fahrgeschwindigkeitsregelung.
Das Motorrad passt die Geschwindigkeit dem vorausfahrenden Fahrzeug an.

Kollisionswarnung

Einmal kurz nicht aufgepasst – im Straßenverkehr kann das schwerwiegende Folgen haben. Das Kollisionswarnsystem für Motorräder reduziert das Risiko eines Auffahrunfalls oder schwächt zumindest dessen Auswirkungen ab. Das System ist aktiv, sobald das Fahrzeug gestartet wird und unterstützt den Fahrer in allen relevanten Geschwindigkeitsbereichen. Erkennt das System eine kritische Annäherung an ein vorausfahrendes Fahrzeug und bleibt eine Reaktion des Fahrers auf die Gefahrensituation aus, warnt es den Fahrer über ein akustisches oder optisches Signal (Bild 2).

Die Kollisionswarnung warnt den Fahrer frühzeitig vor drohenden Auffahrunfällen, sodass noch genügend Zeit zum Reagieren bleibt.

Totwinkelwarner

Der Totwinkelwarner hilft Motorradfahrern beim sicheren Wechseln der Spur. Ein Radarsensor dient dem Totwinkelwarner als elektronisches Auge. Er erfasst Objekte im nur schlecht einsehbaren Raum. Die Technik warnt den Fahrer mit einem optischen Signal, zum Beispiel im Rückspiegel, wenn sich ein anderes Fahrzeug im toten Winkel befindet (Bild 3).

Bild 2: Kollisionswarnung.
Mehrere Fahrzeuge werden von der Umfeldsensorik erfasst, Gefahr geht nur vom auf der Fahrspur vorausfahrenden Fahrzeug aus.

Bild 3: Totwinkelwarner.

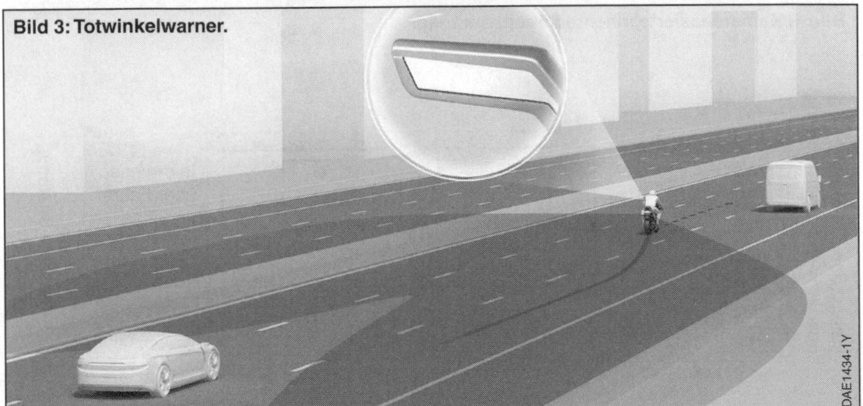

Systeme zur Innenraumbeobachtung

Innenraumbeobachtung macht das Fahren zu einem sicheren und komfortablen Erlebnis für alle Insassen. Das System zur Beobachtung des Fahrzeuginnenraums von Bosch ist in der Lage, Ablenkungs- oder Müdigkeitsanzeichen oder auch ein zurückgelassenes Kind zu erkennen und warnt den Fahrer vor kritischen Situationen. Sicherheitssysteme wie z.B. der Gurtwarner werden durch Informationen aus dem Innenraum noch präziser unterstützt. Neben den sicherheitsrelevanten Anwendungsfällen bietet das System eine Reihe an innovativen Interaktionsmöglichkeiten wie die Gestensteuerung für eine ablenkungsfreie Bedienung des Infotainment-Systems. Um die situationsbedingte Übernahmefähigkeit des Fahrers in automatisierten Fahrzeugen zu beurteilen, ist die Innenraumbeobachtung in Zukunft unverzichtbar.

Kamerabasierte Innenraumbeobachtung

Das modulare Baukastensystem bietet Fahrzeugherstellern die Möglichkeit, das System für die Innenraumbeobachtung flexibel an unterschiedliche Anforderungen und Fahrzeugtypen anzupassen.

Eine schnelle und kostengünstige Realisierung der maßgeschneiderten Lösungen ist ebenso selbstverständlich wie die nahtlose Integration in angrenzende Systeme wie das automatisierte Fahren, die passive Sicherheit oder das Infotainment.

Fahrerbeobachtung

Fahrermüdigkeitserkennung

Die Fahrerbeobachtungskamera (Bild 1) erfasst die Aufmerksamkeit sowie den Zustand des Fahrers. Ablenkung, Müdigkeit oder Sekundenschlaf können erfasst und der Fahrer rechtzeitig gewarnt werden.

Fahreridentifikation

Die Gesichtserkennung ermöglicht die eindeutige Identifizierung des Fahrers. Anhand des hinterlegten Fahrerprofils können individuelle Komforteinstellungen wie die optimale Sitz- und Spiegelposition, der Lieblingsradiosender oder die persönliche Wohlfühltemperatur automatisch eingestellt werden.

Bild 1: Kamerabasierte Innenraumbeobachtung.

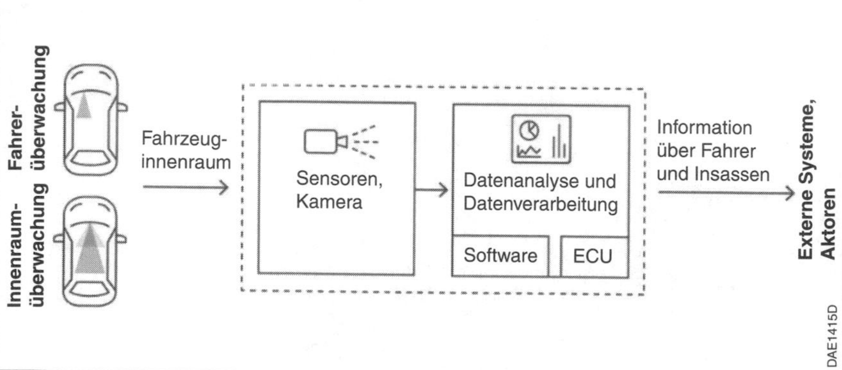

Innenraum- und Insassenbeobachtung

Mit dem System zur Innenraumbeobachtung ist nicht nur der Fahrer im Fokus. Die Kamera wird so positioniert, dass alle Sitzplätze im Sichtbereich liegen. So kann die Anwesenheit weiterer Personen erkannt und z.B. eine gezielte Anschnallerinnerung gesendet werden.

Das System kann die Belegung des Beifahrersitzes erkennen und so z.B. bei Belegung mit einem Kindersitz den Airbag deaktivieren.

Für ein zurückgelassenes Kind auf dem Rücksitz können steigende Temperaturen im Fahrzeug schnell gefährlich werden. Auch in diesem Fall warnt das System den Fahrer, um kritische Situation gar nicht erst aufkommen zu lassen.

Sicherheit und Komfort

Das System zur Innenraumbeobachtung ermöglicht innovative Interaktionsschnittstellen, wie z.B. die Gestensteuerung. So kann der Fahrer mit nur einer Handbewegung zum nächsten Lied wechseln ohne dabei den Blick von der Straße zu nehmen. Das reduziert die Ablenkung und verbessert gleichzeitig die „User Experience", d.h. das Benutzererlebnis.

Fahrerbeobachtung für automatisiertes Fahren

In zukünftigen automatisierten Fahrzeugen wird es erforderlich sein zu wissen, ob der Fahrer in kritischen Situationen in der Lage ist, das Steuer wieder zu übernehmen.

In automatisierten Fahrsituationen kann der Fahrer eine bequemere Haltung einnehmen, da er nicht mehr permanent das Fahrzeug führen muss. In Gefahrensituationen kann das System die Sitzposition feststellen und den Passagier in eine sichere Position bringen, sodass er bei einem Aufprall optimal geschützt ist.

Zukunft des automatisierten Fahrens

Automatisierungsstufen

Autofahren kann Spaß machen, kann aber auch anstrengend oder sogar gefährlich sein. Fahrerassistenzsysteme (FAS) unterstützen den Fahrer in schwierigen Fahrsituationen oder nehmen ihm lästige und eintönige Fahraufgaben ab.

Ein Trend, der in den letzten Jahren zu beobachten war, ist ein ansteigender Automatisierungsgrad der am Markt befindlichen Systeme. Dieser Trend wird sich auch in Zukunft fortsetzen [1], [2].

Level nach SAE
Für die Unterteilung von Fahrfunktionen kontinuierlicher Automatisierung haben sich die Definitionen der SAE (SAE J3016 [3]) als Standard weltweit durchgesetzt. Dabei werden fünf Level unterschieden.

Level 1
Ein Assistenzsystem übernimmt die Quer- oder die Längsführung des Fahrzeugs in einem spezifischen Anwendungsfall. Der Fahrer wird unterstützt, bleibt aber verantwortlich.
Beispiele: Spurhaltesysteme, Adaptive Abstands- und Geschwindigkeitsregelung (ACC, Adaptive Cruise Control).

Level 2
Das System übernimmt die Längs- und die Querführung in einem spezifischen Anwendungsfall. Der Fahrer wird unterstützt, bleibt aber verantwortlich. Er überwacht das System ständig und übernimmt bei Bedarf die delegierten Aufgaben.
Beispiel: Autobahnassistent.

Level 3
Das System übernimmt die gesamte Fahraufgabe in einem spezifischen Anwendungsfall. Der Fahrer muss das System nicht mehr ständig überwachen, er muss aber in der Lage sein, die Fahraufgabe jederzeit nach einer Übernahmeaufforderung innerhalb kurzer Zeit wieder zu übernehmen.
Beispiel: Staupilot.

Level 4
Das System übernimmt die gesamte Fahraufgabe in einem spezifischen Anwendungsfall. Bei einem Fehler bleibt die Verantwortung beim System, das einen sicheren Zustand herbeiführt; es sendet keine Übernahmeaufforderung an den Fahrer.
Beispiele: Fahrerloses Taxi in der Stadt; automatisierter Parkservice (Automated Valet Parking).

Level 5
Das System übernimmt die gesamte Fahraufgabe in allen Anwendungsfällen, etwa in der Stadt, auf der Landstraße oder Autobahn. Der Benutzer gibt einfach ein Ziel ein, das Fahrzeug navigiert von ganz allein zu diesem Ziel. Bei einem Fehler bleibt die Verantwortung beim System, das einen sicheren Zustand herbeiführt.
Beispiel: Fahrzeug kann jederzeit und unter allen Bedingungen autonom fahren.

Autonomes Fahren
Am Ende dieser Entwicklung steht somit ein System, das permanent alle Fahraufgaben übernehmen kann, ohne dass der Fahrer das System überwachen muss. Der Fahrer wird zum Fahrgast und kann die Fahrzeit jederzeit für andere Tätigkeiten nutzen, also z. B. Lesen, Arbeiten oder Schlafen.

Weitere Anwendungen wären, dass sich das Fahrzeug selbstständig einen Parkplatz sucht (siehe automatisierter Parkservice), zur Werkstatt fährt oder die Kinder zur Schule befördert, ohne dass ein Fahrer an Bord sein muss. Nicht zuletzt erhofft man sich eine Reduktion von Unfällen, da ein computergesteuertes System prinzipiell schneller und zuverlässiger reagieren kann und im Gegensatz zum Fahrer nicht ermüdet.

Hürden des automatisierten Fahrens

Die Idee des führerlosen Fahrens wird seit mehreren Jahrzehnten in zahlreichen Forschungsprojekten verfolgt. So stellte bereits im Jahr 1986 Prof. Dickmanns (Universität der Bundeswehr, München) ein „Roboterfahrzeug“ vor, das mit Geschwindigkeiten bis zu 96 km/h automatisiert auf Autobahnen fahren konnte. Im Jahr 1995 fuhr das Team um Prof. Dickmanns mit einem anderen Fahrzeug eine Strecke von 1 758 km von München nach Kopenhagen und zurück mit automatischer Längs- und Querführung. Das System war dabei zu 95 % der Fahrzeit verfügbar.

Vom US-amerikanischen Verteidigungsministerium wurde im Jahr 2004 die DARPA Grand Challenge (DARPA, Defense Advanced Research Projects Agency) veranstaltet, die erste Wettfahrt über eine längere Distanz für autonome Fahrzeuge.

Im Jahr 2007 wurde die DARPA Urban Challenge veranstaltet, bei der die autonom fahrenden Fahrzeuge verschiedene Aufgaben im quasi-städtischen Verkehr in einer ehemaligen Air Force Base erfüllen mussten.

Wie die verschiedenen Forschungsprojekte gezeigt haben, ist es heute durchaus möglich, ein Level 4- oder Level 5-Fahrzeug prototypisch aufzubauen. Trotzdem müssen, bevor solche Fahrzeuge in die Serie eingeführt werden können, noch einige technische wie auch nicht-technische Hürden überwunden werden.

Neben diversen Fahrzeugherstellern und anderen Zuliefern arbeitet auch die Robert Bosch GmbH seit 2011 an den Technologien, die für automatisiertes Fahren notwendig sind. Seit 2013 ist Bosch auch mit Erprobungsfahrzeugen im öffentlichen Straßenverkehr unterwegs.

Technische Hürden

Auf technischer Seite sind hier aus funktionaler Sicht im Wesentlichen die Umfelderfassung, das Situationsverständnis und die daraus abgeleitete Verhaltensplanung zu nennen.

Umfelderfassung

In der Umfelderfassung müssen alle Aspekte des Fahrzeugumfelds erfasst werden, so wie dies für einen menschlichen Fahrer selbstverständlich ist. Dazu gehören neben der Erkennung anderer Verkehrsteilnehmer auch die Erkennung der Fahrbahn, nicht überfahrbarer Hindernisse und der Verkehrsinfrastruktur (z.B. Fahrbahnmarkierungen, Verkehrsschilder und Ampeln).

Situationsverständnis

In letzter Konsequenz müssen auch Gesten anderer Verkehrsteilnehmer oder Verkehrspolizisten gedeutet werden. Sowohl die jederzeit zuverlässige Messung all dieser Aspekte als auch die Datenverarbeitung der von diesen Umfeldsensoren gelieferten Messwerte stößt derzeit noch an ihre Grenzen.

Verhaltensplanung

Eine weitere funktionale Herausforderung ist das Ableiten von geeigneten Handlungen (Verhaltensplanung) in Echtzeit. Insbesondere im innerstädtischen Umfeld sind die Verkehrssituationen oft sehr komplex, da eine Vielzahl von Verkehrsteilnehmern, Verkehrsregeln und Sondersituationen zu berücksichtigen sind. Mehrere Pilotprojekte adressieren bereits den urbanen Raum, z.B. im niedrigen Geschwindigkeitsbereich. Diese Systeme sind jedoch noch nicht in Serienfahrzeugen erhältlich.

Ausblick

Diese funktionalen Hürden erscheinen mit stetig fortschreitender Entwicklung (z.B. mit steigender Rechenleistung, leistungsfähige Lernalgorithmen) in absehbarer Zukunft überwindbar.

Bei einer weiteren technischen Hürde, der Validierung der funktionalen Zuverlässigkeit, gibt es derzeit jedoch noch keine generelle, vom Gesetzgeber freigegebene Lösung für die Serie: Ein vollautomatisiertes Fahrzeug darf selbstverständlich seine Insassen oder andere Verkehrsteilnehmer in keiner Situation durch Fehler gefährden. Die Fehlerrate wird bei einer Serieneinführung daher sehr strengen Anforderungen genügen müssen. Um dies sicherzustellen, müssten viele Millionen Kilometer an Testfahrten durchgeführt werden, was nicht wirtschaftlich umsetzbar ist und den Einsatz von Simulationen erforderlich macht.

Rechtliche Hürden

Schließlich gibt es noch rechtliche (nichttechnische) Hürden, die aus dem Weg geräumt werden müssen. Ungeklärt ist z.B., wer für den Schaden haftet, den ein Fahrzeug mit Automatisierungslevel 3 oder höher verursacht, wenn der Fahrer nicht mehr die Verantwortung über die Fahrzeugführung hat.

Abgesehen von der Haftungsfrage sind automatisierte Fahrfunktionen Level 3 und höher im öffentlichen Straßenverkehr in vielen Ländern der Welt derzeit rechtlich nicht zulässig. Es fehlen oftmals verbindliche Zulassungskriterien für Fahrzeuge mit Systemen höherer Automatisierungsgrade. Außerdem ist eine Anpassung der verhaltensrechtlichen Gesetzgebung notwendig, da die Fahrstrategie und das Verhalten im Verkehr nicht mehr durch den Fahrer, sondern durch die Algorithmen eines technischen Systems vorgegeben werden.

Die Zuständigkeiten für die Gesetzgebung sind weltweit unterschiedlich geregelt, was eine Zersplitterung der Anforderungen zur Folge hat. Beim Ziel der Harmonisierung der Anforderungen hat die UNECE (United Nations Economic Commission for Europe, Wirtschaftskommission für Europa der Vereinten Nationen) eine zentrale Rolle.

Schritte auf dem Weg zum autonomen Fahren

Autonomes Fahren (Level 5) wird nicht schlagartig eingeführt werden, sondern wird schrittweise kommen. Das bedeutet, dass man zunächst Systeme mit einem niedrigeren Automatisierungsgrad wie Level 2 in Serie bringt, die auf bestimmte Anwendungsfälle (use-cases) beschränkt sind. Dies können beispielsweise sein:
- Autobahnsituationen, wegen des einfacher strukturierten und weniger komplexen Umfelds,
- Stau-, Park- und Rangiersituationen, da sie typischerweise im Niedergeschwindigkeitsbereich stattfinden und hier nur eine geringe Sensorsichtweite notwendig ist sowie das Fahrzeug zeitnah und mit nur minimalem Bremsweg angehalten werden kann.

Natürlich sind auch Kombinationen denkbar, z.B. der im folgenden Abschnitt beschriebene Staupilot.

Entwicklung assistierender Fahrfunktionen

Assistierende Fahrfunktionen wie die Adaptive Fahrgeschwindigkeitsregelung (ACC, Adaptive Cruise Control), der Spurhalteassistent oder der Einparkassistent sind seit einigen Jahren auf dem Markt etabliert. Und auch Level 2-Funktionen wie der Stauassistent sind inzwischen am Markt verfügbar.

Stauassistent

Hier übernimmt das System die Quer- und die Längsführung in Stausituationen komplett. Bei niedrigen Geschwindigkeiten muss der Fahrer je nach Funktionsausprägung nicht mehr die Hände am Lenkrad haben, aber das System überwachen und falls nötig eingreifen. Der Stauassistent funktioniert in der Regel in einem Geschwindigkeitsbereich bis 60 km/h.

Autobahnassistent

Der Autobahnassistent übernimmt bei typischen Autobahngeschwindigkeiten die Längs- und die Querführung (z.B. kombiniertes System aus ACC und Spurhalteassistent). Die Verantwortung für das Geschehen liegt aber weiterhin beim Fahrer. Er muss das System überwachen, um jederzeit eingreifen zu können. Je nach Funktionsausprägung kann der Autobahnassistent auch die Funktionalität des Stauassistenten beinhalten.

Staupilot und Autobahnpilot
Zur nächsten Stufe der Automatisierung (Level 3) gehört zum Beispiel der Staupilot, der die Verantwortung für die Fahrzeugführung im Stau komplett übernimmt. Um den daran anschließenden Autobahnpiloten zu realisieren, ist die Teilfunktion Not-Stopp notwendig, die das Fahrzeug auf dem Seitenstreifen in einen sicheren Zustand bringen kann, wenn der Fahrer nicht in der Lage ist, die Fahrverantwortung wieder zu übernehmen. Im Gegensatz zum Autobahnassistenten übernimmt der Autobahnpilot die Verantwortung für die Fahrzeugführung. Der Fahrer kann Nebentätigkeiten ausführen, muss jedoch im Bedarfsfall die Fahraufgabe vom System innerhalb weniger Sekunden wieder übernehmen können.

Automatisierter Parkservice
Neben den Autobahnfunktionen werden auch die Park- und Rangierfunktionen immer weiter automatisiert. Systeme, die das Fahrzeug selbstständig unter menschlicher Überwachung in eine Parklücke fahren, sind bereits verfügbar (siehe Einpark- und Manövriersysteme).

Eine Stufe weiter geht der automatisierte Parkservice (Automated Valet Parking). Eine intelligente Parkhaus-Infrastruktur übernimmt im Zusammenspiel mit der Fahrzeugtechnik den gesamten Parkvorgang im Parkhaus vollautomatisiert (Bild 1). Zur notwendigen Parkhaus-

Bild 1: Automatisierter Parkservice (Automated Valet Parking).

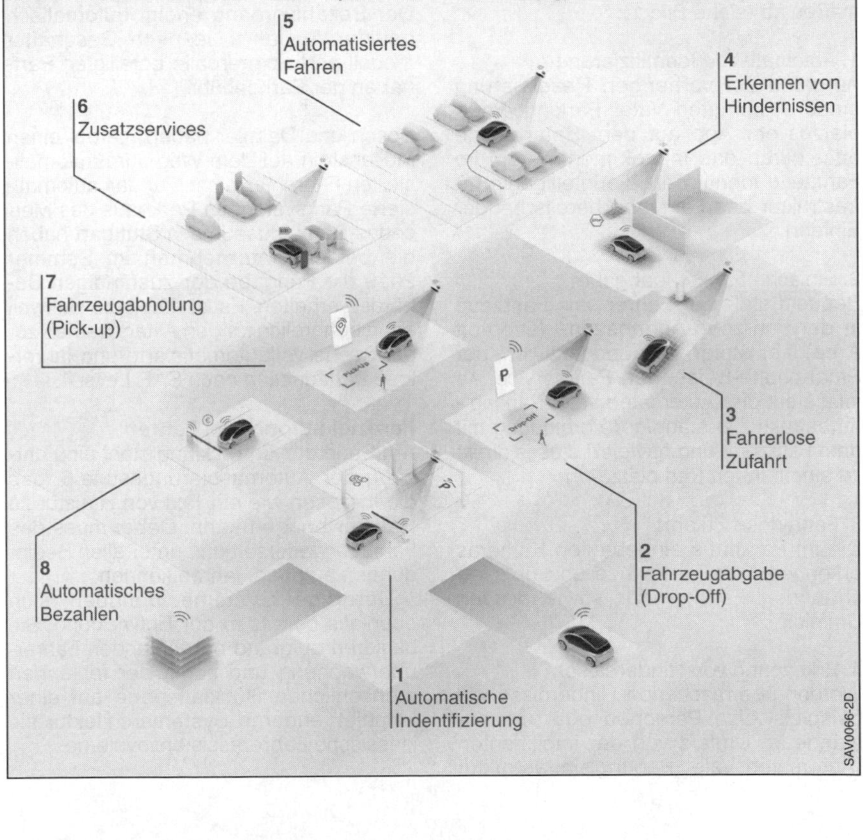

Infrastruktur gehören Kameras, die freie passende Parkplätze im Parkhaus erkennen, den Fahrkorridor sowie dessen Umfeld überwachen und überraschende Hindernisse oder Personen auf der Fahrspur erfassen, damit das Fahrzeug sofort reagieren kann. Die Technik im Fahrzeug setzt die Befehle der Infrastruktur in Fahrmanöver um. Die von den Kameras erfassten Daten werden in der IT-Technik des Parkhauses verarbeitet, um die Fahrwege zu berechnen und alle Anforderungen bezüglich der Sicherheit zu erfüllen. Außerdem werden eine technische Einheit, die mit dem Fahrzeug kommuniziert, und eine Cloud-Anbindung für die Interaktion mit dem Backend benötigt.

Sobald der Fahrer sein Fahrzeug in einer Fahrzeug-Abgabezone (Drop-off-Area) vor dem Parkhaus abgestellt hat, wird das es vom System sicher und effizient in eine freie Parklücke navigiert. Der Parkvorgang läuft im Einzelnen folgendermaßen ab (siehe Bild 1):

1. Automatische Identifizierung
Aufgrund der vorherigen Reservierung eines „Automated Valet Parking"-Parkplatzes per App auf dem Smartphone oder durch das Infotainmentsystem im Fahrzeug identifiziert die intelligente Infrastruktur das Fahrzeug bereits bei der Einfahrt.

2. Einfache Fahrzeugabgabe
Bequem stellt der Fahrer sein Fahrzeug in der Fahrzeug-Abgabezone (Drop-off Area) ab, steigt aus und aktiviert per Smartphone-Befehl den Parkservice. Ab jetzt steht die „Automated Valet Parking"-Infrastruktur in ständiger Verbindung mit dem Fahrzeug und navigiert dieses direkt zu einem freien Parkplatz.

3. Fahrerlose Zufahrt
Die im Parkhaus eingebauten Kameras erkennen freie Parkplätze und überwachen den Fahrkorridor sowie dessen Umfeld.

4. Erkennung von Hindernissen
Werden überraschende Hindernisse wie beispielsweise Personen oder Gegenstände im Umfeld von der intelligenten „Automated Valet Parking"-Infrastruktur erkannt, wird das Fahrzeug sofort zum Stehen gebracht.

5. Automatisiertes Fahren
Dank der „Automated Valet Parking"-Infrastruktur parkt das Fahrzeug selbst in der engsten Parklücke erfolgreich ein.

6. Zusatzservices
Mit dem automatisierten Parkservice erweitert sich das Spektrum möglicher Dienstleistungsangebote, wie zum Beispiel ein fahrerloses Laden der Batterie während der Parkdauer.

7. Einfache Fahrzeugabholung
Sobald der Fahrer abfahrbereit ist, aktiviert er sein Fahrzeug per Smartphone und es wird von der intelligenten Parkhaus-Infrastruktur automatisch zur Fahrzeug-Abholzone (Pick-up Area) geleitet.

8. Automatisches Bezahlen
Der Bezahlvorgang erfolgt automatisch bei der Ausfahrt. Je nach Geschäftsmodell partizipieren alle beteiligten Partner an der Parkgebühr.

Bosch und Daimler haben hierbei einen Meilenstein auf dem Weg zum automatisierten Fahren erreicht. Für das automatisierte Parksystem im Parkhaus des Mercedes-Benz-Museums in Stuttgart haben die beiden Unternehmen im Sommer 2019 die Freigabe der zuständigen Behörden erhalten. Es ist damit die weltweit erste behördlich für den Alltagsbetrieb zugelassene vollautomatisierte und fahrerlose Parkfunktion nach SAE Level 4.

Fernziel autonomes Fahren

Am Ende der Entwicklung steht ein Fahrzeug der Automatisierungsstufe 5, das die Insassen wie ein Taxi von Haustür zu Haustür bringen kann. Dabei muss das Fahrzeug jederzeit und unter allen Bedingungen autonom fahren können.

Derartige Systeme befinden sich ebenfalls bereits in der Entwicklung. Sie basieren aufgrund der fehlenden Fahrerüberwachung und somit der fehlenden menschlichen Rückfallebene auf einer komplett anderen Systemarchitektur als klassische Fahrerassistenzsysteme.

So müssen automatiserte und autonome Systeme der Level 4 und 5 redundant ausgelegt werden. Neben einer ausfallsicheren Stromversorgung für sicherheitsrelevante Systemkomponenten und redundanten Aktoren (z.B. Lenkeingriff durch Servolenkung oder asymmetrischen Eingriff der Fahrdynamikregelung) müssen redundante Sensorkonzepte verwendet werden. Ziel ist es damit, technologiebedingte Schwächen der verschiedenen Sensoren zu kompensieren. Zum Beispiel kann ein Videosensor als Einzelsensor durch starke Sonneneinstrahlung geblendet werden. Ein redundantes Sensorkonzept basiert entsprechend auf der kombinierten Nutzung von Sensoren, die unabhängige Messprinzipien verwenden (z.B. Radar, Video und Lidar), sich aber bezüglich ihres Erfassungsbereichs überschneiden.

Zudem wird mit hochgenauen digitalen Karten eine neue zentrale Systemkomponente eingeführt. Diese wird benötigt, um Informationen für die Repräsentation des Umfelds bereitzustellen, die über Umfeldsensoren nicht gemessen werden können (z.B. Straßenverlauf hinter der Kurve).

Ebenfalls eine neue Komponente ist der Verhaltensplaner, der die taktische Manöverplanung, die bisher vom menschlichen Fahrer durchgeführt wurde, übernimmt. Beispiele sind die Erkennung der Notwendigkeit eines Spurwechsels, eines Einfädel- oder eines Überholvorgangs, um nur einige zu nennen.

Damit die von den Umfeldsensoren gelieferten Daten korrekt mit der digitalen Karte assoziiert werden können, ist eine exakte Fahrzeuglokalisierung notwendig. Aufgabe der Lokalisierung ist es, basierend auf der GPS-Position (Global Positioning System), den Fahrzeugbewegungsdaten (z.B. der Fahrgeschwindigkeit) sowie markanten Umfeldmerkmalen (z.B. Bäume, Häuser, Ortsschilder) die exakte Position des Fahrzeugs in der digitalen Karte zu ermitteln. Nur damit wird eine korrekte Datenassoziation zwischen Umfeldsensoren und Kartendaten möglich.

Neben der reinen Vermessung von stehenden und bewegten Objekten im Straßenverkehr muss ein vollautomatisiertes System alle Wege der Kommunikation zwischen Verkehrsteilnehmern verstehen und nutzen können (z.B. Gesten und Blickkontakt mit einem Fußgänger am Zebrastreifen, Handzeichen von Radfahrern, verkehrsregelnde Zeichen von Polizisten oder Bauarbeitern). Während für die Kommunikation zwischen Fahrzeugen und Infrastruktur mit Vehicle2X bereits technische Lösungen existieren, werden robuste Lösungsansätze zur Gestenerkennung im Straßenverkehr aktuell noch erforscht.

Die Entwicklung dieser Systeme schreitet stetig voran. In wenigen Jahren werden diese daher den Prototypenstatus hinter sich lassen und den Einzug in unseren Alltag finden.

Literatur

[1] H. Winner, S. Hakuli, F. Lotz, C. Singer: Handbuch Fahrerassistenzsysteme – Grundlagen, Komponenten und Systeme für aktive Sicherheit und Komfort. 3. Aufl., Verlag Springer Vieweg, 2015.

[2] M. Buehler, K. Iagnemma, S. Singh: The DARPA Urban Challenge: Autonomous Vehicles in City Traffic (Springer Tracts in Advanced Robotics). Springer-Verlag, 2010.

[3] SAE J3016: Taxonomy and Definitions for Terms Related to Driving Automation Systems for On-Road Motor Vehicles.

Sachwörter

Symbole

0,2 %-Dehngrenze, Stoffkenngrößen 260
1-Stempel-Radialkolbenpumpe, Common-Rail 939
2/2-Magnetventile, Radschlupfregelsysteme 1265
2-Day Diurnal-Test, Verdunstungsprüfung 1088
2-Kanal-System, Antiblockiersystem 1268
2-Stempel-Radialkolbenpumpe, Common-Rail 939
2-Stempel-Reihenkolbenpumpe, Common-Rail 942
2-Takt-Verfahren Verbrennungsmotoren 666
3-Day Diurnal-Test, Verdunstungsprüfung 1088
3D-Punktewolke, Lidar-Sensorik 1825
3D-Rundumsicht, Informations- und Warnsysteme 1897
3-Kanal-System, Antiblockiersystem 1268
3K-Kreiskeilprofil, Reibschlussverbindungen 436
3-Sensoren-System, Antiblockiersystem 1268
3-Stempel-Radialkolbenpumpe, Common-Rail 937
4b/5b-Kodierung der Daten, Serial Wire Ring 1711
4-Kanal-System, Antiblockiersystem 1268
4-Takt-Verfahren Verbrennungsmotoren 664
12-Volt-Bordnetz, Autoelektrik 1450
12-Volt-Bordnetz, Hybrid- und Elektrofahrzeuge 1562
12-Volt-Bordnetze, Energiebordnetze für Nfz 1467
12-Volt-Starterbatterie, Autoelektrik 1478
24-Volt-Bordnetze, Energiebordnetze für Nfz 1467
48-Stunden-Diurnal-Test, Verdunstungsprüfung 1088
48-Volt-12-Volt-Spannungswandler, Gleichspannungswandler 1596
360 °-Rundumsicht, Einpark- und Manövriersysteme 1887
α-Zerfall, Elemente 186
β-Zerfall, Elemente 186
γ-Strahlung, Elemente 186
γ-Zerfall, Elemente 186
λ/4-Resonatoren, Abgasanlage 797
λ-Mittelwert, Dreiwegekatalysator 875
λ-Regelbereich, Dreiwegekatalysator 875
λ-Regelkreis, Dreiwegekatalysator 879
λ-Regelung, Dreiwegekatalysator 879
λ-Regelung, Elektronische Dieselregelung 913
λ-Sonden, Sensoren 1766
μ-Split, Radschlupfregelsysteme 1262
σ-Level, Technische Statistik 230

A

Abbiegescheinwerfer, Beleuchtungseinrichtungen 1363
Abbiegewarnung für Lkw, Informations- und Warnsysteme 1901
Abblendlicht, Beleuchtungseinrichtungen 1337
Abblendlicht Europa, Beleuchtungseinrichtungen 1341
Abbremsung, Bremssysteme 1210
Abbrennstumpfschweißen, Schweißtechnik 451
Abbruchstellen, Schaltpläne 1549
Abdeckscheibe, Beleuchtungseinrichtungen 1347
Abgasanlage, Verbrennungsmotoren 790
Abgasbeutel, Abgas-Messtechnik 1080
Abgasemissionen, Emissionsgesetzgebung für Motorräder 1071
Abgasemissionen, Verbrennungsmotoren 716
Abgas, Erdgasbetrieb 897
Abgasgeräusch, Abgasanlage 791
Abgasgesetzgebung, Abgas- und Diagnosegesetzgebung 1042
Abgasgesetzgebung für Pkw und leichte Nfz 1043
Abgasgesetzgebung für schwere Nfz 1062
Abgasgrenzwerte, Abgasgesetzgebung für schwere Nfz 1062, 1064, 1066
Abgasgrenzwerte, CARB-Gesetzgebung 1043

Abgasgrenzwerte, EPA-Gesetzgebung 1047
Abgasgrenzwerte, EU-Gesetzgebung 1051
Abgasgrenzwerte, Japan-Gesetzgebung 1056
Abgaskategorien, CARB-Gesetzgebung 1043
Abgaskategorien, EPA-Gesetzgebung 1048
Abgasklappen, Abgasanlage 797
Abgaskühler, Abgaskühlung 744
Abgaskühlung, Kühlung des Motors 744
Abgasmassenstrom, Abgasturboaufladung 672
Abgas-Messgeräte, Abgas-Messtechnik 1081
Abgas-Messtechnik, Abgas- und Diagnosegesetzgebung 1078
Abgasnachbehandlung, Dieselmotor 962
Abgasnachbehandlung, Steuerung und Regelung des Ottomotors 874
Abgasprüfung, Abgas-Messtechnik 1078
Abgasreinigung, Abgasanlage 790
Abgasrückführung, Abgaskühlung 744
Abgasrückführung, Elektronische Dieselregelung 914
Abgasrückführung, Ottomotor 651
Abgasrückführung, Verbrennungsmotoren 674
Abgasrückführung, Zylinderfüllung 814
Abgastemperatursensor, Sensoren 1763
Abgasturboaufladung, Verbrennungsmotoren 672
Abgasuntersuchung, EU-Gesetzgebung 1054
Abgeleitete SI-Einheiten, SI-Einheiten 34
Abgeschlossenes System, Thermodynamik 86
Abgleichwiderstand, Temperatursensoren 1761
Abkühlphase, Flammanlagen 960
Ablaufdrossel, Common-Rail 930
Ablaufsteuerung im Master, Serial Wire Ring 1714
Ableitergitter, Starterbatterien 1479
Ableitung, Mathematik 215
Ablösungen, Aerodynamik 517
Abrieberkennungshilfe, Reifenprofil 1174
Abschaltfunktion, Starter für Pkw 1511
Abschlammung, Starterbatterien 1484
Abschlusswiderstand, Elektrotechnik 128
Abschnittskennzeichnung, Schaltpläne 1549
ABS enhanced, Motorrad-Stabilitätskontrolle 1300
Absolutdrucksensoren, Sensoren 1756
Absolute Häufigkeit, Technische Statistik 226
Absolut wartungsfreie Batterien, Starterbatterien 1483
Absorbent Glass Mat, Starterbatterien 1484
Absorberhallen, Elektromagnetische Verträglichkeit 1532
Absorptionsdämpfer, Ansaugluftsystem 758
Absorptionsmaterial, Abgasanlage 795
Absorptionsmethode, Dieselrauchkontrolle 1085
Absorptionsschalldämpfer, Abgasanlage 795
Absperrventil, Flüssiggasbetrieb 893
ABS-Regelkreis, Antiblockiersystem 1261
ABS-Regelung, Radschlupfregelsysteme 1261
ABS-Regelverfahren, Antiblockiersystem 1263
ABS-Regler, Fahrdynamikregelung 1278
ABS-Systeme für Nfz, Radschlupfregelsysteme 1269
ABS-Systeme für Pkw, Radschlupfregelsysteme 1265
ABS-Systemvarianten, Antiblockiersystem 1267
Abstandsberechnung, Ultraschall-Sensorik 1815
Abstandsmessung, Einpark- und Manövriersysteme 1883
Abstandsmessung, Ultraschall-Sensorik 1813
Abstandssensor, Adaptive Fahrgeschwindigkeitsregelung 1890
Abstrahlcharakteristik, Ultraschall-Sensorik 1813
Abstreifer, Stangen- und Kolbendichtsysteme 411
Abstufbare Bremsung, Bremssysteme 1208
Abwärtswandler, Gleichspannungswandler 1595

Ac1-Temperatur, Wärmebehandlung 334
Accessory-Control, Motronic 804
ACCplus, Adaptive Fahrgeschwindigkeitsregelung 1894
ACC Stop&Go, Adaptive Fahrgeschwindigkeitsregelung 1894
ACEA-Normen, Schmierstoffe 545
ACEA-Spezifikationen, Schmierstoffe 545
Achsen, Achsen und Wellen 359
Achsgetriebe, Differentialgetriebe 626
Achslastverteilung, Fahrwerk 1114
Achslenkwinkel, Fahrwerk 1115
Achsschenkellenkung, Lenkung 1192
Achssensoren, Positionssensoren 1731
Ackermannbedingung, Lenkung 1193
Ackermannwinkel, Fahrwerk 1120
Ack Field, CAN 1695
Acknowledge, Kommunikationsbordnetze 1691
ACME-Anschluss, Flüssiggasbetrieb 892
Acrylatklebstoff, Klebtechnik 457
Acrylnitril-Butadien-Kautschuk, Elastomer-Werkstoffe 416
Active Clamping, Wechselrichter 1585
Adaption, Klopfregelung 859
Adaption mit Rückführung, Regelungs- und Steuerungstechnik 247
Adaptive Abstands- und Geschwindigkeitsregelung, Radarbasierte Assistenzsysteme für Zweiräder 1930
Adaptive Drucksteuerung, Getriebesteuerung 633
Adaptive Fahrgeschwindigkeitsregelung, Fahrerassistenzsysteme 1890
Adaptive hydraulische Dämpfer, Schwingungsdämpfer 1139
Adaptive Lichtverteilung, Beleuchtungseinrichtungen 1356
Adaptive Regler, Regelungs- und Steuerungstechnik 246
Adaptiver Schwingungsdämpfer, Fahrwerk 1143
Adaptive Rückleuchten, Beleuchtungseinrichtungen 1367
Adaptive Rückleuchtensysteme, Beleuchtungseinrichtungen 1366
Additive, Dieselkraftstoff 574
Additive, Ottokraftstoff 567
Additive, Schmierstoffe 538
Additivsystem, Abgasnachbehandlung Dieselmotor 964
Adhäsion, Reifenhaftung 1178
Adiabate Zustandsänderung, Thermodynamik 91
Adressierung, Kommunikationsbordnetze 1688
Adressierung, MOST 1709
Adressierungsarten, Kommunikationsbordnetze 1688
Adressierung, Serial Wire Ring 1712
Adsorberelemente, Ansaugluftsystem 758
Advanced Rollover Sensing, Insassenschutzsysteme 1417
Aeroakustik, Aerodynamik 522
Aeroakustik, Fahrzeugakustik 534
Aerodynamische Effizienz, Aerodynamik 520
Aerodynamische Kräfte, Aerodynamik 516
Aerodynamische Kräfte, Dynamik der Kraftfahrzeuge 484
Aerodynamische Momente, Dynamik der Kraftfahrzeuge 484
Aerosol, Stoffe 192
AFS-Funktionen, Beleuchtungseinrichtungen 1356
Agente Reductor Liquido de Óxido de Nitrogénio Automotivo, AdBlue 590
Aggregatszustände, Stoffe 192
Agilität, Fahrdynamik 1304
AGM-Batterie, Starterbatterien 1484
AGR-Kühler, Abgasrückführung 674
Airbag, Insassenschutzsysteme 1419
Air Belt, Insassenschutzsysteme 1421
Air-System, Motronic 803
Akkommodationsprozess, Anzeige und Bedienung 1791
Aktive Drehzahlsensoren, Sensoren 1738
Aktive Fahrzeugfahrwerke, Federung 1133
Aktive Federsysteme, Federung 1133
Aktive Lenkstabilisierung an der Hinterache 1305
Aktive Lenkstabilisierung an der Vorderachse 1305
Aktive Masse, Starterbatterien 1479
Aktive Materialien, Starterbatterien 1480
Aktive Regelung, Fahrdynamikregelung 1285
Aktiver Fußgängerschutz, Notbremssysteme 1920
Aktiver Sound, Fahrzeugakustik 536
Aktiver Stern, Kommunikationsbordnetze 1689

Aktive Ruckeldämpfung, Elektronische Dieselregelung 913
Aktive Schwingungsisolierung, Schwingungen 63
Aktive Sicherheit, Fahrzeugaufbau Nfz 1332
Aktive Sicherheitsfunktionen, Fahrerassistenzsysteme 1807
Aktive Sicherheit, Sicherheitssysteme im Kfz 1412
Aktivierungsenthalpie, Chemische Thermodynamik 195
Aktivität, Massenwirkungsgesetz 198
Aktivitätskoeffizient, Massenwirkungsgesetz 198
Aktivkohlebehälter, Kraftstoffversorgung 824
Aktivkohlefilter, Innenraumfilter 1397
Aktivlenkung, Lenkung 1201
Aktiv-Matrix-LCD, Anzeige und Bedienung 1789
Aktorredundanzkonzept, Architektur elektronischer Systeme 1674
Akustik, Ansaugluftsystem 757
Akustik, Grundlagen 66
Akustikverglasung, Automobilverglasung 1378
Akustik-Windkanal, Aerodynamik 527
Akustische Abstimmelemente, Abgasanlage 797
Akustische Größen, Gesetzliche Einheiten 39
Akustischer Kanal, Anzeige und Bedienung 1784
Akzeptanzprüfung, CAN 1694
Alarmanlage, Diebstahl-Sicherungssysteme 1448
Alarmdetektoren, Diebstahl-Alarmanlage 1448
Alarmsignale, Diebstahl-Alarmanlage 1448
Alarmsirene, Diebstahl-Alarmanlage 1448
Aliphaten, Kraftstoffe 560
Alkalisches Ätzen, Mikromechanik 1720
Alkoholbetrieb, Ottomotorbetrieb mit alternativen Kraftstoffen 900
Allgemeintoleranzen, Toleranzen 356
Allpoliges Kurzschließen, Wechselrichter 1584
Allradantrieb, Antriebsstrang mit Verbrennungsmotor 598
Alternative Betriebsstrategien, Verbrennungsmotoren 662
Alternative Klimagerätekonzepte, Klimatisierung 1394
Alterung, Katalysator 876
Alterung, Kunststoffe 310
Alterungsschutzmittel, Radialreifen 1171
Alterungsstabilisatoren, Ottokraftstoff 568
Aluminiumblechräder, Fahrwerk 1163
Aluminiumgussräder, Fahrwerk 1163
Aluminiumlegierungen, Metallische Werkstoffe 277
Aluminiumräder, Fahrwerk 1163
Aluminiumschmiederäder, Fahrwerk 1163
Ammoniak, Abgasnachbehandlung Dieselmotor 967
Amorphe Thermoplaste, Kunststoffe 307
Ampelassistent, Kreuzungsassistenz 1927
Ampere, SI-Einheiten 33
Amperometrische Messung, Wasserstoffsensoren 1774
Amplitudenmodulation, Rundfunkempfang 1795
Amplitude, Schwingungen 60
AMR-Effekt, Elektrotechnik 133
AMR-Sensor, Drehzahlsensoren 1739
AMR-Sensorelemente, Elektrotechnik 133
AMR-Sensoren, Positionssensoren 1734
Analog-digital-Wandler, Steuergerät 1626
Analoge Schnittstelle, Steuergerät 1632
Anbau-Nebelscheinwerfer, Beleuchtungseinrichtungen 1353
Andere legierte Stähle, EN-Normen der Metalltechnik 286
Anergie, Thermodynamik 92
Anfahrelemente, Antriebsstrang 600
Anfahrinformationssystem für schwere Nfz, Informations- und Warnsysteme 1902
Anfahrnickausgleich, Fahrwerk 1118
Anfangspermeabilität, Stoffkenngrößen 259
Anfettung, Gemischbildung Ottomotor 839
Anforderungsmanagement, Architektur elektronischer Systeme 1679
Anforderungsmodell, Architektur elektronischer Systeme 1675
Angestellte Lagerung, Wälzlager 380

Anhaltezeit,
Dynamik der Kraftfahrzeuge 476
Anhängerbetrieb,
Fahrzeugaufbau Nfz 1331
Anhängersteuermodul, Elektronisch geregeltes Bremssystem 1245
Anhängersteuerventil,
Bremsanlagen Nfz 1241
Anion, Chemische Bindungen 188
Anionen, Chemie 202
Anisotroper magnetoresistiver Effekt, Elektrotechnik 133
Anisotroper magnetoresistiver Effekt, Positionssensoren 1734
Anisotropes Ätzen,
Mikromechanik 1720
Ankerwicklungssystem,
Drehstromgenerator 1492
Anlassen, Wärmebehandlung 334
Anodischer Schutz,
Korrosionsschutz 346
Anodischer Teilprozess,
Korrosionsvorgänge 340
Anodisches Bonden,
Mikromechanik 1722
Anodisierprozess, Mikromechanik 1722
Anodisierschichten,
Überzüge und Beschichtungen 353
Anomalie, Wasser 193
Anpassungsschaltungen,
Steuergerät 1632
Anpassungstransformatoren,
Elektrotechnik 129
Anreicherungstyp,
Feldeffekt-Transistor 147
Ansatzfunktion,
Finite-Elemente-Methode 235
Ansaugakt, Ladungswechsel 665
Ansaughub, Ladungswechsel 664
Ansaugluftsysteme 754
Ansauglufttemperatursensor,
Autoelektronik 1763
Anschlussbolzen, Zündkerze 866
Anschlussdeckel,
Elektrokraftstoffpumpe 827
Anschlussplan, Schaltpläne 1550
Anschraubfilter, Dieselkraftstofffilter 922
Ansprechdauer, Bremssysteme 1209
Ansprechzeit,
Dynamik der Kraftfahrzeuge 475
Anspringtemperatur, Katalysator 876
Ansteuerstrategie, Wechselrichter 1588
Ansteuerung,
Hochdruckeinspritzventil 850
Ansteuerung,
Saugrohr-Einspritzventil 848
Ansteuerungsstrategie,
Nachtsichtsysteme 1879
Ansteuerung, Starter für Pkw 1512
Antennen, Elektrotechnik 129
Antennenfaktor, Elektrotechnik 130
Antennengewinn, Elektrotechnik 130
Antennenrichtcharakteristik,
Elektrotechnik 130
Antennensystem, Radar-Sensorik 1821
Antiblockiersystem,
Radschlupfregelsysteme 1261
Antiferromagnete,
Magnetwerkstoffe 290
Anti-Friction-Coating,
Schmierstoffe 539
Antimon, Starterbatterien 1479
Antischaummittel, Dieselkraftstoff 574
Anti-Schnee-System,
Ansaugluftsystem 759
Anti-Wheelie-Regelung,
Motorrad-Stabilitätskontrolle 1302
Antriebsarten, Antriebsstrang mit Verbrennungsmotor 598
Antriebsbatterie, Batterien für Elektro- und Hybridantriebe 1606
Antriebskraft,
Dynamik der Kraftfahrzeuge 471
Antriebsleistung,
Drehstromgenerator 1499
Antriebsmomentenwunsch,
Fahrdynamikregelung 1275
Antriebsmoment,
Steuerung Ottomotor 800
Antriebsschlupf,
Radschlupfregelsysteme 1260
Antriebsschlupfregelung,
Radschlupfregelsysteme 1261, 1264
Antriebsstrang-Betriebsstrategie,
Steuerung eines Hybridantriebs 1012
Antriebsstrang eines Elektrofahrzeugs,
Steuerung elektrischer Antriebe 984
Antriebsstrang mit Verbrennungsmotor 594
Antriebsstrangtopologie,
Hybridantriebe 998
Antriebsstruktur, Hybridantriebe 998
Antriebswirkungsgrad,
Energiebedarf für Fahrantriebe 514
Anwendungssoftware, Automotive Software-Engineering 1647
Anwendungsspezifische Endstufen,
Steuergerät 1634

Anzeigeeinheit,
Anzeige und Bedienung 1788
Anzeige und Bedienung,
Infotainment 1784
Anziehmomente,
Schraubenverbindungen 442
API-Klassifikationen, Getriebeöle 548
API-Klassifikationen, Motorenöle 546
Applikation, Automotive Software-Engineering 1662
Applikation,
Elektronische Dieselregelung 915
Applikationsdaten, Automotive Software-Engineering 1662
Applikationssystem, Automotive Software-Engineering 1662
Applikation, Steuergerät 1638
Applikationswerkzeug, Automotive Software-Engineering 1662
APSM-Prozess, Mikromechanik 1722
Aquaplaning,
Dynamik der Kraftfahrzeuge 473
Aquaplaning, Reifen 1174
Aqueous Urea Solution, AdBlue 590
Äquivalenzfaktor, Steuerung eines Hybridantriebs 1015
Arbeit, Elektrotechnik 112
Arbeit, Mechanik 47
Arbeitsdiagramm,
Schwingungsdämpfer 1141
Arbeitszylinder, Lenkung 1197
Arbeit, Thermodynamik 87
Arbitration Field, CAN 1695
Arbitrierung, CAN 1695
Arbitrierung, FlexRay 1699
Arbitrierung,
Kommunikationsbordnetze 1686
Arbitrierungsschema, CAN 1695
Arbitrierungsverfahren, Ethernet 1704
Architektur elektronischer Systeme,
Autoelektronik 1666
Architektur, Steuergerät 1620, 1632
Arithmetischer Mittenrauwert,
Toleranzen 357
Arithmetisches Mittel,
Technische Statistik 227
Arkusfunktionen, Mathematik 209
Armfensterheber,
Fensterhebersysteme 1404
Aromaten, Kraftstoffe 560
Artikulationsindex, Akustik 72
Asche, Schmierstoffe 538
ASIC-Bausteine, Steuergerät 1630
ASR-Motoreingriff bei Nfz,
Antriebsschlupfregelung 1271
ASR-Motoreingriff bei Pkw,
Antriebsschlupfregelung 1268
ASR-Regelung,
Radschlupfregelsysteme 1264
ASR-Systeme für Nfz,
Radschlupfregelsysteme 1269
ASR-Systeme für Pkw,
Radschlupfregelsysteme 1265
ASR-Ventil,
Antriebsschlupfregelung 1271
Association for Standardization of Automation and Measuring Systems 1647
Asynchronmaschine,
Elektrische Maschinen 1573
ATF, Schmierstoffe 538
Atomabsorptionsspektroskopie,
Elemente 187
Atomaufbau, Elektrotechnik 103
Atombindungen,
Chemische Bindungen 189
Atome, Chemie 182
Atommasse, Elemente 182
Atomorbitale,
Chemische Bindungen 190
Atomphysikalische Größen,
Gesetzliche Einheiten 40
Aufbauarten von Pkw,
Gesamtsystem Kraftfahrzeug 30
Aufbaueigenfrequenz,
Dynamik der Kraftfahrzeuge 489
Aufbaufedern, Federung 1124
Aufbaumasse,
Dynamik der Kraftfahrzeuge 489
Aufbauschwingungsdämpfer,
Fahrwerk 1136
Aufbauten, Fahrzeugaufbau Nfz 1329
Aufbau- und Verbindungstechnik,
Steuergerät 1636
Auffahrunfall, Integrale Sicherheit 1426
Aufforderung-Antwort-Verfahren,
Wegfahrsperre 1446
Aufgelöste Darstellung,
Schaltpläne 1548
Aufhängungselemente,
Abgasanlage 796
Aufheizen, Katalysator 877
Aufkohlen, Wärmebehandlung 337
Aufkohlungstiefe,
Wärmebehandlung 337
Aufladegeräte für Verbrennungsmotoren 772
Aufladegrad, Aufladung 671
Aufladeverfahren,
Verbrennungsmotoren 671
Aufladung, Verbrennungsmotoren 664

Auflaufbremsanlage, Bremssysteme 1207
Auflösungsvermögen, Wellenoptik 79
Aufreißdruck, Druckregelventil 920
Aufstandsfläche, Reifen 1176
Auftrieb, Hydrostatik 57
Auftriebsbalance, Aerodynamik 520
Auftriebsbeiwert, Aerodynamik 518
Auftriebskraft, Aerodynamik 518
Auftriebskraft, Hydrostatik 57
Aufwärtswandler, Gleichspannungswandler 1595
Augensicherheit, Lidar-Sensorik 1829
Auger-Elektronenspektroskopie, Elemente 187
Auger-Prozess, Elemente 187
Ausblutung, Schmierstoffe 538
Ausfallrate, Technische Statistik 229
Ausfallswinkel, Geometrische Optik 75
Ausfallwahrscheinlichkeit, Technische Statistik 229
Ausflusszahl, Strömungsmechanik 58
Ausgangsleistungsverzweigung, Hybridantriebe 1006
Ausgangswiderstand, Operationsverstärker 151
Ausgleichsbehälter, Bremsanlagen für Pkw und leichte Nfz 1221
Ausgleichsbehälter, Wasserkühlung 739
Ausgleichsfedern, Federung 1131
Ausgleichskegelrad, Differentialgetriebe 626
Aushärten, Wärmebehandlung 336
Auskuppeleinheit, Elektrischer Achsantrieb 1029
Auslagerungsversuche, Korrosionsprüfung 343
Auslasskanal, Ladungswechsel 665
Auslassklappen, Klimatisierung 1393
Auslassnockenwellenverstellung, Katalysatoraufheizung 877
Auslassnockenwellenverstellung, Variable Ventiltriebe 667
Auslassnockenwelle, Variable Ventiltriebe 667
Auslass öffnet, Ladungswechsel 665
Auslass schließt, Ladungswechsel 665
Auslassschlitze, 2-Takt-Verfahren 666
Auslassventil, Antiblockiersystem 1266
Auslassventil, Fahrdynamikregelung 1286
Auslassventil, Hubkolbenmotor 685
Auslassventil, Ladungswechsel 664
Auslastungsgrad, 12-Volt-Bordnetz 1462
Auslegungsrichtlinien, Schnappverbindungen 447
Auslenkkraft, Schnappverbindungen 448
Ausparkassistent, Einpark- und Manövriersysteme 1886
Auspuffklappe, Dauerbremsanlagen 1246
Ausschubhub, Ladungswechsel 664
Außenabmessungen, Fahrzeugaufbau Pkw 1318
Außenlamellen, Übersetzungsgetriebe 613
Außenmantel, Radialwellendichtring 399
Außentemperatursensor, Autoelektronik 1763
Außenverriegelung, Schließsysteme 1433
Äußere Abgasrückführung, Zylinderfüllung 814
Äußere Fahrwiderstände, Energiebedarf für Fahrantriebe 507
Äußere Gemischbildung, Ottomotor 646, 841
Ausspuren, Starter für Pkw 1511
Austauschgrad, Ladeluftkühlung 744
Austenitisches Gefüge, Metallische Werkstoffe 272
Austenit, Metallische Werkstoffe 272
Auswahlkriterien, Wälzlager 379
Auswuchtgewichte, Räder 1169
Authentifizierung, Wegfahrsperre 1446
Autobahnassistent, Zukunft des automatisierten Fahrens 1936
Autobahnlicht, Beleuchtungseinrichtungen 1357
Autobahnpilot, Zukunft des automatisierten Fahrens 1937
Autogas, Flüssiggasbetrieb 886
Autogas, Kraftstoffe 581
Automated Valet Parking, Zukunft des automatisierten Fahrens 1937
Automatenstahl, Metallische Werkstoffe 272
Automatic Transmission Fluid, Schmierstoffe 538
Automatische Bremsfunktionen, Fahrdynamikregelung 1292
Automatische Leuchtweitenregelung, Beleuchtungseinrichtungen 1368
Automatische Nachstellung, Scheibenbremse 1251

Automatische Nachstellvorrichtungen, Trommelbremse 1258
Automatische Notbremsung auf ungeschützte Verkehrsteilnehmer, Notbremssysteme 1920
Automatische Notbremsung, Notbremssysteme 1916
Automatischer Bremseingriff, Automatische Bremsfunktionen 1295
Automatischer lastabhängiger Bremskraftregler, Radschlupfregelsysteme 1264
Automatisches Bremsen, Automatische Bremsfunktionen 1295
Automatische Startsysteme, Starter für Pkw 1512
Automatische Störunterdrückung, Rundfunkempfang 1800
Automatisches Vorbefüllen, Automatische Bremsfunktionen 1294
Automatisch lastabhängiger Bremskraftregler, Bremsanlagen Nfz 1239
Automatisierte Fahrzeugführung, Fahrerassistenzsysteme 1806
Automatisierter Parkservice, Zukunft des automatisierten Fahrens 1937
Automatisiert geschaltete Getriebe, Übersetzungsgetriebe 617
Automobilverglasung, Fahrzeugaufbau 1374
Automotive Open System Architecture 1648
Automotive Software-Engineering, Autoelektronik 1646
Autonomes Einparken, Einpark- und Manövriersysteme 1888
Autonomes Fahren, Zukunft des automatisierten Fahrens 1934
AUTOSAR, Automotive Software-Engineering 1648
AUTOSAR-Standard, Architektur elektronischer Systeme 1677
Avogadrozahl, Stoffkonzentrationen 194
Axialkolben-Verteilereinspritzpumpen 948
Axialluft, Wälzlager 379

B

B6-Brückenschaltung, Drehstromgenerator 1493
Bag-in-Belt-System, Insassenschutzsysteme 1421
Bag Mini Diluter, Abgas-Messtechnik 1080
Bainitisieren, Wärmebehandlung 334
Bajonett-Anschluss, Flüssiggasbetrieb 892
Bakelit, Kunststoffe 319
Balg, Abgasanlage 796
Balgfedern, Federung 1129
Balg-Gasfeder, Federung 1129
Balg-Luftfeder, Federung 1129
Barber-Pole-Struktur, Elektrotechnik 135
Barberpol-Sensor, Positionssensoren 1735
Bar, Finite-Elemente-Methode 239
Bar, Gesetzliche Einheiten 37
Bariumnitrat, NO_x-Speicherkatalysator 875
Bariumoxid, NO_x-Speicherkatalysator 875
Bariumsulfat, NO_x-Speicherkatalysator 876
Bark-Skala, Akustik 71
Base Line, Drehstromgenerator 1505
Basen in Wasser, Chemie 199
Basenkonstante, Basen in Wasser 199
Basic-CAN-Controller, CAN 1696
Basiseinheiten, SI-Einheiten 32
Basis-Querdynamikregler, Fahrdynamikregelung 1277
Basissoftware, Automotive Software-Engineering 1648
Batterieausführungen, Starterbatterien 1483
Batterieaustausch, Starterbatterien 1489
Batteriebetrieb, Starterbatterien 1487
Batterieeinbaulagen, 12-Volt-Bordnetz 1452
Batterieentladeleistung, Bordnetze für Hybrid- und Elektrofahrzeuge 1564
Batteriekenngrößen, Starterbatterien 1482
Batteriemanagement, 12-Volt-Bordnetz 1465
Batteriemanagementsystem, Batterien für Elektro- und Hybridantriebe 1612
Batterien für Elektro- und Hybridantriebe, Elektrik für Elektro- und Hybridantriebe 1606
Batterien für Lkw-Bordnetze, Energiebordnetze für Nfz 1469
Batteriepack, Batterien für Elektro- und Hybridantriebe 1612
Batteriepflege, Starterbatterien 1488

Batteriesensor, 12-Volt-Bordnetz 1465
Batteriestörungen, Starterbatterien 1488
Batteriesystem, Batterien für Elektro- und Hybridantriebe 1606
Batterietester, Starterbatterien 1488
Batteriezustandserkennung, 12-Volt-Bordnetz 1465
Bauformen des Hubkolbenmotors 690
Baugröße, Sensoren 1717
Bauraumabschnitte, Fahrzeugaufbau Pkw 1321
Baustahl, Metallische Werkstoffe 272
Baustellenassistent, Fahrspurassistenz 1909
Bauteileschutz, Gemischbildung Ottomotor 838
Bauteileschutz, Katalysator 880
Bauteilgestaltung, Korrosionsschutz 344
Bauteilkräfte, Aerodynamik 523
Bauteilsicherheit, Reibschlussverbindungen 435
BCD-Mischprozess, Elektronik 149
Beam, Finite-Elemente-Methode 239
Becquerel, SI-Einheiten 34
Bedarfsgeregelte Hochdruckpumpe, Benzin-Direkteinspritzung 830
Bedarfsgeregeltes rücklauffreies System, Kraftstoffversorgung 821
Bedarfsgeregeltes System, Kraftstoffversorgung 823
Bedarfsgesteuertes System, Kraftstoffversorgung 822
Bedarfsregelung, Hochdruckpumpe Common-Rail 939
Bedieneinheit, Anzeige und Bedienung 1788
Beginning of Injection Period, Unit-Injector 945
Begrenzungsleuchten, Beleuchtungseinrichtungen 1360
Beifahrerairbag-Abschaltung, Insassenschutzsysteme 1423
Beladungserkennung, Abgasnachbehandlung Dieselmotor 964
Beladungserkennung, Katalytische Abgasnachbehandlung Ottomotor 881
Belastungshäufigkeit, Reifenhaftung 1178
Belastung, Wälzlager 379
Beleuchtung am Fahrzeugheck, Beleuchtungseinrichtungen 1334
Beleuchtung an der Fahrzeugfront, Beleuchtungseinrichtungen 1334
Beleuchtung, Anzeige und Bedienung 1787
Beleuchtung im Fahrzeuginnenraum, Beleuchtungseinrichtungen 1334
Beleuchtungseinrichtungen, Fahrzeugaufbau 1334
Beleuchtungsstärke, Lichttechnische Größen 81
Beleuchtungsstärken, Scheinwerfer Europa 1342
Beleuchtungsstärken, Scheinwerfer USA 1344
Bel, Gesetzliche Einheiten 39
Belichtung, Lichttechnische Größen 81
Belüftung, Aerodynamik 521
Belüftungsauslass, Klimatisierung 1393
Belüftungsdüsen, Klimatisierung 1393
Benzin-Direkteinspritzung, Gemischbildung Ottomotor 843
Benzin-Direkteinspritzung, Ottomotor 648
Benzinfilter, Kraftstoffversorgung 825
Benzin, Kraftstoffe 563
Berechnungsgenauigkeit, Finite-Elemente-Methode 234
Berechnungsprogramme, Schnappverbindungen 448
Bereitschaftsglühen, Glühsysteme 955
Berganfahrhilfe, Automatische Bremsfunktionen 1294
Bernoulli-Gleichung, Strömungsmechanik 58
Bernoulli'sches Gesetz, Durchflussmesser 1746
Beruhigungskammer, Windkanäle 525
Berührungsthermometer, Sensoren 1760
Beschichtete Sonnenschutz-Windschutzscheibe, Automobilverglasung 1377
Beschichtete Verglasung, Automobilverglasung 1376
Beschichtungen, Korrosionsschutz 346
Beschichtungen, Überzüge und Beschichtungen 348
Beschleunigung, Dynamik der Kraftfahrzeuge 472
Beschleunigung, Mechanik 46
Beschleunigungssensoren, Autoelektronik 1750
Besonders umweltfreundliche Fahrzeuge, Abgasgesetzgebung für schwere Nfz 1066
Besselfunktionen, Wellenoptik 78
Bestandteile des motorischen Abgases, Abgasemissionen 716

Bestärkendes Lernen, Künstliche Intelligenz 252
Bestrahlung, Lichttechnische Größen 80
Bestrahlungsstärke, Lichttechnische Größen 79
Betankungsemissionen, Verdunstungsprüfung 1089
Betätigungseinrichtung, Bremsanlagen für Pkw und leichte Nfz 1217
Betätigungseinrichtung, Bremssysteme 1206
Betätigungskraft, Bremssysteme 1209
Betragsfunktion, Mathematik 206
Betriebsbedingungen, Sensoren 1717
Betriebsbremsanlage Anhänger, Bremsanlagen Nfz 1231
Betriebsbremsanlage, Bremsanlagen für Pkw und leichte Nfz 1216
Betriebsbremsanlage, Bremsanlagen Nfz 1230
Betriebsbremsanlage, Bremssysteme 1206
Betriebsbremsanlage Zugfahrzeug, Bremsanlagen Nfz 1230
Betriebsbremsventil, Bremsanlagen Nfz 1237
Betriebsbremsventil, Elektronisch geregeltes Bremssystem 1244
Betriebskräfte, Schraubenverbindungen 439
Betriebspunkthäufigkeit, Elektrische Maschinen 1568
Betriebsstrategie, Bordnetze für Hybrid- und Elektrofahrzeuge 1565
Betriebsstrategie, Dieselmotor 662
Betriebsstrategien, Ottomotor 647
Betriebsstrategien, Starterbatterien 1477
Betriebstemperatur, Katalysator 876
Betriebsverhalten, Elektrische Maschinen 1574
Betriebsverhalten, Synchronmaschine 170
Beugungsmuster, Wellenoptik 78
Beugung, Wellenoptik 78
Beurteilungspegel, Akustik 70
Bewertung der Verkehrssituation, Notbremssysteme 1917
Bewertungsmethoden, Fahrzeugakustik 535
Bezeichnungssystem für Aluminium, EN-Normen der Metalltechnik 289
Bezeichnungssystem für Gusseisen, EN-Normen der Metalltechnik 288
Bezeichnungssystem für Stähle, EN-Normen der Metalltechnik 286
Bezugsmarke, Drehzahlsensoren 1741
Bezugsriemenlänge, Riemenantriebe 722
Biegespannung, Mechanik 52
Biegespannung, Stoffkenngrößen 262
Biegewechselfestigkeit, Stoffkenngrößen 261
Bifuel-Fahrzeuge, Erdgasbetrieb 894
Bifuel-Motronic, Steuerung Ottomotor 805
Bildaufbau, Lidar-Sensorik 1824
Bildrate, Lidar-Sensorik 1827
Bildwandler, Nachtsichtsysteme 1878
Bi-Litronic, Beleuchtungseinruchtungen 1351
Bimorph-Biegeelement, Beschleunigungssensor 1753
Binärer Klassifikator, Sensordatenfusion 1866
Binärsystem, Mathematik 204
Bindungswinkel, Chemische Bindungen 190
Bingham-Körper, Schmierstoffe 538
Biodiesel, Dieselkraftstoff 575
Bioethanol, Ottokraftstoff 568
Biofunktionale Filter, Innenraumfilter 1397
Biogas, Erdgasbetrieb 894
Biomass-to-Liquid, Kraftstoffe 577
Biomethan, Erdgas 580
Biomethan, Erdgasbetrieb 894
Bipolare Transistoren, Elektronik 144
Bitstream, FlexRay 1700
Bit-Stuffing, CAN 1696
Bitübertragungsschicht, Kommunikationsbordnetze 1685
Biturbo-Aufladung, Komplexe Aufladesysteme 784
Blattfedern, Federn 364
Blattfedern, Federung 1127
Bleiakkumulator, Starterbatterien 1478
Blei-Antimon-Legierungen, Starterbatterien 1479
Blei-Calcium-Legierungen, Starterbatterien 1480
Blei-Calcium-Zinn-Legierungen, Starterbatterien 1480
Bleidioxid, Starterbatterien 1480
Bleigitter, Starterbatterien 1478
Blendfreies Fernlicht, Beleuchtungseinruchtungen 1357
Blendfreies Fernlicht, Intelligente Scheinwerfersteuerung 1929

Blendkomponenten, Dieselkraftstoff 575
Blendkomponenten, Ottoraftstoff 568
Blends, Kunststoffe 315
Blendung, physiologisch, Beleuchtungseinrichtungen 1345
Blendung, psychologisch, Beleuchtungseinrichtungen 1346
Blindleistung, Elektrotechnik 127
Blindleistungskompensation, Elektrotechnik 127
Blindniet, Niettechnik 458
Blinkanlage, Beleuchtungseinrichtungen 1360
Blinkfrequenz, Beleuchtungseinrichtungen 1359
Block-Copolymere, Kunststoffe 315
Blockkasten, Starterbatterien 1478
Bodenhaftung, Dynamik der Kraftfahrzeuge 472
Bogenmaß, Mathematik 207
Bohrung, Radialwellendichtring 401
Bolt through design, Hubkolbenmotor 681
Bolzenverbindungen, Formschlussverbindungen 428
Bombierung, Radialreifen 1172
Bondrahmenmodul, Wechselrichter 1591
Boost-Converter, Gleichspannungswandler 1595
Boosterspannung, Common-Rail 933
Boosterspannung, Hochdruckeinspritzventil 850
Bordnetze für Hybrid- und Elektrofahrzeuge, Elektrik für Elektro- und Hybridantriebe 1560
Bordnetzkenngrößen, 12-Volt-Bordnetz 1460
Bordnetzsimulation, 12-Volt-Bordnetz 1458
Bordnetzsteuergerät, 12-Volt-Bordnetz 1459
Bordnetzstrukturen, 12-Volt-Bordnetz 1458
Bordnetzwelligkeit, Elektromagnetische Verträglichkeit 1525
Borieren, Wärmebehandlung 339
Bosch-Prozess, Mikromechanik 1720
Botschaften, Kommunikationsbordnetze 1682
Botschaftsformat, CAN 1695
Bottom-Feed-Prinzip, LPG-Einspritzventil 891
Bottom-up-Ansatz, Architektur elektronischer Systeme 1679
Boundary-Descriptor, MOST 1708
Boxermotor, Hubkolbenmotor 690
Brake by Wire, Bremsanlagen für Pkw und leichte Nfz 1225
Brake by Wire, Mechatronik 1641
Brayton-Prozess, Thermodynamik 95
Brechungsgesetz, Geometrische Optik 75
Brechungsindex, Geometrische Optik 76
Brechungswinkel, Geometrische Optik 76
Brechzahl, Geometrische Optik 75
Breitbanddämpfer, Ansaugluftsystem 758
Breitbandige Antennen, Elektrotechnik 129
Breitbandstörer, Elektromagnetische Verträglichkeit 1526
Breitband-λ-Sonde, Sensoren 1769
Breitband-λ-Sonde, Katalytische Abgasreinigung 880
Breitenbedarf, Fahrdynamik Nfz 495
Bremsanlagen, Bremssysteme 1206, 1211, 1214
Bremsanlagen für Nfz, Fahrwerk 1230
Bremsarbeit, Bremssysteme 1210
Bremsassistenzfunktionen, Automatische Bremsfunktionen 1292
Bremsausrüstung, Bremssysteme 1206
Bremsbeläge, Scheibenbremse 1253
Bremsdauer, Bremssysteme 1210
Bremsdruckmodule, Elektronisch geregeltes Bremssystem 1243
Bremse, Bremssysteme 1207
Bremseingriff mit Sperrdifferentialwirkung, Differentialgetriebe 629
Bremsen in der Kurve, Fahrdynamik-Testverfahren 503
Bremsen in der Kurve, Motorrad-Stabilitätskontrolle 1299
Bremsenkennwert, Bremssysteme 1209
Bremsenvorbereitung, Notbremssysteme 1917
Bremsflüssigkeiten, Betriebsstoffe 556
Bremsflüssigkeitsbehälter, Bremsanlagen für Pkw und leichte Nfz 1221
Bremskraft, Bremssysteme 1209
Bremskraftverstärker, Bremsanlagen für Pkw und leichte Nfz 1217
Bremskraftverteilung, Bremssysteme 1209, 1215

Bremskreisaufteilung, Bremssysteme 1214
Bremskreis, Bremssysteme 1214
Bremsleistung, Bremssysteme 1210
Bremslenkmoment, Motorrad-Stabilitätskontrolle 1299
Bremsleuchten, Beleuchtungseinrichtungen 1361
Bremsmoment, Bremssysteme 1209
Bremsnickabstützung, Fahrwerk 1118
Bremsregelung, Antiblockiersystem 1262
Bremsscheiben, Scheibenbremse für Nfz 1256
Bremsscheiben, Scheibenbremse für Pkw 1252
Bremsscheibenwischer, Automatische Bremsfunktionen 1293
Bremsschlupf, Radschlupfregelsysteme 1260
Bremsschlupfregler, Fahrdynamikregelung 1277
Bremssysteme, Fahrwerk 1206
Bremsverzögerung, Bremssysteme 1210
Bremsweg, Bremssysteme 1210
Bremswirkungsdauer, Bremssysteme 1209
Bremszeit, Dynamik der Kraftfahrzeuge 476
Bremszeitreserve, Fahrspurassistenz 1911
Brenndauer, Zündung 854
Brennpunkt, Geometrische Optik 76
Brennpunkt, Schmierstoffe 538
Brennspannung, Zündung 854
Brennstoffumsetzungsgrad, Wärmekraftmaschinen 645
Brennstoffzelle, Elektrifizierung des Antriebs 1030
Brennstoffzellenelektrischer Antrieb, Brennstoffzelle 1030
Brennstoffzellenstack, Brennstoffzelle 1034
Brennstoffzellensystem, Brennstoffzelle 1034
Brennverfahren, Ottomotor 649
Brennweite eines Reflektors, Beleuchtungseinrichtungen 1346
Brennwert, Kraftstoffe 562
Brinellhärte, Wärmebehandlung 329
Broadcast, Kommunikationsbordnetze 1688
Bronzen, Metallische Werkstoffe 277
Bruchdehnung, Stoffkenngrößen 261
Brucheinschnürung, Stoffkenngrößen 261
Bruchtrennung, Hubkolbenmotor 679
Bruchzähigkeit, Stoffkenngrößen 262
Brünierschichten, Überzüge und Beschichtungen 353
Buck-Converter, Gleichspannungswandler 1595
Bulk Current Injection, Elektromagnetische Verträglichkeit 1531
Bulk-Mikromechanik, Drehratensensor 1743
Buskonfiguration, CAN 1694
Buskonflikt, Kommunikationsbordnetze 1687
Busse im Kfz, Autoelektronik 1692
Bussysteme, Kommunikationsbordnetze 1682
Bustopologie, Kommunikationsbordnetze 1689
Bustreiber, Kommunikationsbordnetze 1684
Busvergabe, CAN 1694
Buszugriff, Ethernet 1704
Buszugriff, FlexRay 1698
Buszugriff, LIN 1701
Buszustände, CAN 1692
Butan Working Capacity, Ansaugluftsystem 758
Bypass-Anwendungen, Automotive Software-Engineering 1657
Bypassregelung, Abgasturbolader 782
Bypassventil, Abgasturboaufladung 672
Byte-Start-Sequence, FlexRay 1700
By-Wire-Modus, Bremsanlagen für Pkw 1227

C

Cache, Steuergerät 1624
CAFE-Wert, EPA-Gesetzgebung 1049
CAN-Bus, Architektur elektronischer Systeme 1667
CAN, Busse im Kfz 1692
Candela, SI-Einheiten 33
CAN-FD, CAN 1696
CAN-Protokoll, CAN 1694
Capability Maturity Model Integration, Automotive Software-Engineering 1652
Capture-Funktion, Steuergerät 1626
Carbamid, AdBlue 590
CARB-Fahrzeugklassen, Gesamtsystem Kraftfahrzeug 30

CARB-Gesetzgebung,
Abgasgesetzgebung 1043
Carbonitrieren, Wärmebehandlung 337
Carnot-Prozess, Thermodynamik 92
Car-to-Car-Kommunikation,
Kreuzungsassistenz 1926
Car-to-Infrastructure-Kommunikation,
Kreuzungsassistenz 1927
Ceroxid, Dreiwegekatalysator 875
Cetanindex, Dieselkraftstoff 570
Cetanzahl, Dieselkraftstoff 569
CFV-Verfahren,
Abgas-Messtechnik 1080
Challenge-Response-Verfahren,
Wegfahrsperre 1446
Charakteristische Fahrzeuggeschwindigkeit, Fahrdynamikregelung 1288
Charge-Depleting Test, Energiebedarf für Fahrantriebe 509
Charger,
On-Board-Ladevorrichtung 1600
Charge-Sustaining Test,
Energiebedarf für Fahrantriebe 509
Chassisbauweise,
Fahrzeugaufbau Nfz 1331
Chauffeurbremse, Bremsanlagen für Pkw und leichte Nfz 1225
Chemical vapor deposition,
Überzüge und Beschichtungen 352
Chemie, Grundlagen 182
Chemilumineszenz-Detektor,
Abgas-Messtechnik 1082
Chemisch abgeschiedene Überzüge,
Überzüge und Beschichtungen 350
Chemische Bindungen, Chemie 188
Chemische Reaktionen,
Starterbatterien 1480
Chemisches Gleichgewicht,
Chemie 197
Chemische Thermodynamik,
Chemie 195
Chemisch Kupfer,
Überzüge und Beschichtungen 350
Chemisch Nickel,
Überzüge und Beschichtungen 350
Chemisch Zinn,
Überzüge und Beschichtungen 350
Child Occupant Protection,
Sicherheitssysteme im Kfz 1410
China-Gesetzgebung,
Abgasgesetzgebung 1056
China-Gesetzgebung, Emissionsgesetzgebung für Motorräder 1075
Chirp-Sequence, Radar-Sensorik 1820
Chloropren-Kautschuk,
Elastomer-Werkstoffe 415
Chromüberzüge,
Überzüge und Beschichtungen 349
Circularspline, Lenkung 1202
CISC-Prozessor, Steuergerät 1624
Classic Line, Drehstromgenerator 1504
Clausius-Rankine Prozess,
Thermodynamik 95
Clinchen, Durchsetzfügeverfahren 459
Clock-Data-Recovery,
Serial Wire Ring 1711
Closed Loop,
Fahrdynamik-Testverfahren 498
Closing Curve,
Fahrdynamik-Testverfahren 503
Cloud, Adaptive Fahrgeschwindigkeitsregelung 1895
Cloudpoint, Schmierstoffe 538
CMOS-Transistoren, Elektronik 149
CO_2-Emissionen, Emissionsgesetzgebung für Motorräder 1074
CO_2-Emission, EU-Gesetzgebung 1053
CO_2, Kältemittel 592
CO_2-Laser, Schweißtechnik 453
Coal-to-Liquid, Kraftstoffe 577
COD-Verfahren, Kraftstoffe 578
Co-Injektionstechnik,
Zweikomponentendichtungen 408
Coke Carbons, Batterien für
Elektro- und Hybridantriebe 1609
Column,
Kommunikationsbordnetze 1686
Combiner,
Anzeige und Bedienung 1791
Common-Rail,
Speichereinspritzsystem 924
Common-Rail-System 924
Communication-Controller,
Kommunikationsbordnetze 1684
Communication, Motronic 804
Compact-Generator,
Drehstromgenerator 1503
Compare-Funktion, Steuergerät 1626
Composability,
Kommunikationsbordnetze 1687
Composite-Qualitäten,
Ansaugluftsystem 757
Comprehensive Components,
On-Board-Diagnose 1100
Compressed Natural Gas, Erdgas 580
Compressed Natural Gas,
Erdgasbetrieb 894
Computer-Aided Design,
Finite-Elemente-Methode 234

Computer Aided Lighting,
Beleuchtungseinrichtungen 1347
Connection-Master, MOST 1709
Consent Decree, Abgasgesetzgebung für schwere Nfz 1063
Control Field, CAN 1695
Controller Area Network, CAN 1692
Controllo Stabilità e Trazione,
Fahrdynamikregelung 1287
Coordination Engine, Motronic 804
Copolymere, Kunststoffe 307
Cordfasern, Radialreifen 1171
Core-Back-Technik,
Zweikomponentendichtungen 410
Coriolis-Beschleunigung,
Drehratensensor 1743
Coriolis-Kraft, Drehratensensor 1744
Cornering Stiffness,
Dynamik der Kraftfahrzeuge 484
Coulomb, Elektrotechnik 104
Coulombkraft, Elektrotechnik 125
Coulomb'sche Gleitreibungsgesetz,
Mechanik 53
Coulomb'sche Reibung, Mechanik 53
Coulomb, SI-Einheiten 34
Cracken, Hubkolbenmotor 679
Cradle to grave,
Energiebedarf für Fahrantriebe 515
Crash, Sicherheitssysteme im Kfz 1411
CRC Field, CAN 1695
CRC-Sequenz, CAN 1696
Crimpprozess,
Steckverbindungen 1523
Cross-over-Aufbauformen,
Fahrzeugaufbau Pkw 1313
CTS-System, Räder 1158, 1167
Curie-Punkt, Stoffkenngrößen 259
Curie-Temperatur,
Magnetwerkstoffe 290
Curie-Temperatur, Stoffkenngrößen 259
Customer Code Area, Motorsport 884
Cutter-FID, Abgas-Messtechnik 1083
CVD-Beschichtungen,
Überzüge und Beschichtungen 352
CVO-Verfahren,
Hochdruckeinspritzventil 850
CVS-Verdünnungsverfahren,
Abgas-Messtechnik 1079
CW-Phasen-Messverfahren,
Lidar-Sensorik 1833
Cycle-Count, FlexRay 1699
Cycles,
Kommunikationsbordnetze 1686
Cyclic Redundancy Check,
Kommunikationsbordnetze 1691

D

Dachantriebe, Dachsysteme 1406
Dachelektrode, Zündkerze 867
Dachsysteme 1406
Daisy-Chain-Topologie,
Kommunikationsbordnetze 1690
Dampfdruckkurve, Wasser 193
Dampfdruck, Ottokraftstoff 566
Dämpferbein-Einzelradaufhängung,
Radaufhängungen 1152
Dämpfercharakteristik,
Schwingungsdämpfer 1140
Dämpferkennlinie,
Schwingungsdämpfer 1141
Dämpferkolben,
Schwingungsdämpfer 1136
Dämpferregelung,
Schwingungsdämpfer 1141
Dämpfer, Schwingungsdämpfer 1137
Dampf-Flüssigkeits-Verhältnis,
Ottokraftstoff 567
Dampfphaseninhibitoren,
Korrosionsschutz 346
Dämpfung, Schwingungen 61
Dämpfungsdichtung,
Pneumatikdichtungen 406
Dämpfungsgrad, Schwingungen 61
Dämpfungskoeffizient,
Beschleunigungssensor 1750
Dämpfungskonstante,
Schwingungsdämpfer 1140
Dämpfungskraft,
Schwingungsdämpfer 1140
Dämpfungsmaß,
Dynamik der Kraftfahrzeuge 482, 489
Dämpfungsmaßnahmen,
Antiblockiersystem 1265
Dämpungskraft,
Beschleunigungssensor 1750
Darlington-Transistor, Elektronik 145
Data_0, FlexRay 1697
Data_1, FlexRay 1697
Data Field, CAN 1695
Data Frame, CAN 1695
Data-Frame-Counter,
Serial Wire Ring 1713
Data-Frame,
Serial Wire Ring 1712
Data-Matrix-Code,
Piezo-Hochdruckeinspritzventil 852
Data-Poisoning,
Künstliche Intelligenz 256
Datenfeld, LIN 1702
Datenfeld, Serial Wire Ring 1713

Daten-Frames, MOST 1708
Daten, Kommunikationsbordnetze 1682
Datenrahmen, CAN 1695
Datenrahmen, Ethernet 1704
Datenrahmen, FlexRay 1699
Datenrahmen, LIN 1701
Datenspeicher, Fahrzeugnavigation 1875
Datenspeicher, Steuergerät 1629
Datenübertragung, MOST 1708
Datenübertragung, Serial Wire Ring 1712
Datenübertragungsgeschwindigkeit, PSI5 1705
Datenverarbeitung, Elektronische Dieselregelung 910
Datenverarbeitung, Steuergerät 1632
Dauerbetrieb, Elektrische Maschinen 1567
Dauerbremsanlage, Bremsanlagen Nfz 1233
Dauerbremsanlage, Bremssysteme 1206
Dauerbremsanlagen, Bremsanlagen Nfz 1246
Dauerfestigkeitsschaubilder, Federn 367
Dauerfördernde Hochdruckpumpe, Benzin-Direkteinspritzung 832
Dauerförderndes System, Kraftstoffversorgung 823
Dauerhaltbarkeit, Abgasgesetzgebung für schwere Nfz 1064
Dauerhaltbarkeit, CARB-Gesetzgebung 1045
Dauerhaltbarkeit, EPA-Gesetzgebung 1049
Dauerhaltbarkeit, Japan-Gesetzgebung 1056
Dauer-Leistungsfähigkeit, Elektrischer Achsantrieb 1026
Dauermagnetwerkstoffe 299
Dauermagnetwerkstoffe, Elektrotechnik 123
Dauerverbraucher, 12-Volt-Bordnetz 1451
DC-DC-Wandler, Gleichspannungswandler 1594
Dead Lock, Schließsysteme 1438
Dedizierte Hybridgetriebe, Hybridantriebe 1008
Deep Learning, Künstliche Intelligenz 253
Definition von Kraftfahrzeug, Gesamtsystem Kraftfahrzeug 28
Defoamer, Dieselkraftstoff 574
Defrostauslass, Klimatisierung 1394
Dehnmessstreifen, Drucksensoren 1757
Dehnmesswiderstand, Drucksensoren 1757
Dehnsitz, Reibschlussverbindungen 433
Dehnstoffgeregelter Thermostat, Wasserkühlung 741
Deichsellenker, Radaufhängungen 1148
Deichsel, Radaufhängungen 1148
Dejustage Radarsensor, Adaptive Fahrgeschwindigkeitsregelung 1893
Dekompressionsbremse, Dauerbremsanlagen 1246
Depleting-Test, Energiebedarf für Fahrantriebe 509
Depowered Airbag, Insassenschutzsysteme 1420
Derating-Funktion, Wechselrichter 1587
Derating-Konzept, Wechselrichter 1589
Deratingkurve, Kabelbäume 1519
Desachsierung, Hubkolbenmotor 691
Design von Softwarefunktionen, Automotive Software-Engineering 1659
Deskriptive Statistik, Technische Statistik 226
Desmotronik, Hubkolbenmotor 687
Destillation, Kraftstoffe 561
Destruktive Interferenz, Wellenoptik 78
Desulfatisierung, NO_x-Speicherkatalysator 876
Detektionscharakteristik, Ultraschall-Sensorik 1814
Detergens, Schmierstoffe 538
Detergentien, Dieselkraftstoff 574
Detergentien, Ottokraftstoff 568
Determinante, Mathematik 223
Determinismus, FlexRay 1698
Determinismus, Kommunikationsbordnetze 1683
Dezibel, Akustik 67
Dezibel, Gesetzliche Einheiten 39
Dezimalsystem, Mathematik 204
Diagnose Abgasrückführsystem, On-Board-Diagnose 1100
Diagnose, Abgas- und Diagnosegesetzgebung 1090
Diagnose-Fehlerpfad-Management, On-Board-Diagnose 1098
Diagnose-Funktions-Scheduler, On-Board-Diagnose 1098

Diagnosehäufigkeit, On-Board-Diagnose 1093
Diagnose Partikelfilter, On-Board-Diagnose 1100
Diagnosestandards, Automotive Software-Engineering 1650
Diagnose-System-Management, On-Board-Diagnose 1098
Diagnose-Validator, On-Board-Diagnose 1098
Diagnostic-System, Motronic 804
Diagonalreifen, Reifen 1171
Diamagnete, Magnetwerkstoffe 290
Diamagnetische Stoffe, Elektrotechnik 122
Diamantartige Kohlenstoffschichten, Überzüge und Beschichtungen 352
Diamond like carbon, Überzüge und Beschichtungen 352
Dichte, Elastomer-Werkstoffe 418
Dichtefunktion, Technische Statistik 229
Dichte, Stoffkenngrößen 258
Dichtgeometrie, Erdgaseinblasventil 898
Dichtkantenringe, Stangen- und Kolbendichtsysteme 411
Dichtlippen, Steckverbindungen 1522
Dichtmanschette, Radialwellendichtring 400
Dichtsitz, Zündkerze 867
Dichtspalt, Formteildichtung 394
Dichtspalt, O-Ring 387
Dichtungen, Maschinenelemente 384
Dichtungstechnik, Maschinenelemente 384
Dickschichtwiderstände, Temperatursensoren 1762
Dicyclohexylaminnitrit, Korrosionsschutz 346
Diebstahl-Alarmanlage, Diebstahl-Sicherungssysteme 1448
Diebstahlschutz, Schließsysteme 1438
Diebstahl-Sicherungssysteme, Fahrzeugsicherungssysteme 1444
Dielektrikum, Elektrotechnik 117
Dielektrizitätskonstante, Elektrotechnik 118
Diesel Exhaust Fluid, AdBlue 590
Dieselkraftstofffilter, Niederdruck-Kraftstoffversorgung 922
Dieselkraftstoff, Kraftstoffe 569
Dieselmotor, Gemischbildung 657
Dieselmotorische Brennverfahren, Gemischbildung 657
Diesel-Partikelfilter, Abgasanlage 793
Diesel-Prozess, Thermodynamik 94
Diesel-Rauchgasmessung, Abgas-Messtechnik 1085
Dieselrauchkontrolle, Abgas-Messtechnik 1085
Diesel-Verteilereinspritzpumpen 948
Differentialgetriebe, Antriebsstrang 626
Differentialgleichungen, Mathematik 218
Differential-Hallsensor, Drehzahlsensoren 1739
Differentialrechnung, Mathematik 215
Differentialsperrenfunktion, Antriebsschlupfregelung 1264
Differenzdrucksensor, Sensoren 1758
Differenz-Eingangswiderstand, Operationsverstärker 151
Differenzialgleichung, Schwingungen 62
Diffusion detection, Reifendruckkontrollsysteme 1188
Diffusionsbarriere, λ-Sonden 1769
Diffusionsschichten, Überzüge und Beschichtungen 353
Diffusionsverbrennung, Dieselmotor 659
Digital-Directional-Antenna, Rundfunkempfang 1800
Digital-Diversity-System, Rundfunkempfang 1800
Digitale Anzeigen, Anzeige und Bedienung 1787
Digitale Karte, Fahrzeugnavigation 1875
Digitale Modulationsverfahren, Rundfunkempfang 1795
Digitaler Außenspiegel, Informations- und Warnsysteme 1898
Digitale Regelung, Regelungs- und Steuerungstechnik 245
Digitaler Equalizer, Rundfunkempfang 1798
Digitaler Rundfunkempfänger, Rundfunkempfang 1798
Digitaler Schlüssel, Schließsysteme 1441
Digitale Schnittstelle, Steuergerät 1632
Digitales Kombiinstrument, Infotainment- und Cockpitlösungen 1782
Digital-Sound-Adjustment, Rundfunkempfang 1799
Dilatanz, Schmierstoffe 542
Dimethylether, Kraftstoffe 584
DI-Motronic, Steuerung Ottomotor 805, 807, 808
Dioden, Elektronik 141

Dipolantennen, Elektrotechnik 129
Dipol-Dipol-Wechselwirkungen, Chemische Bindungen 191
Dipolmoment, Elektrotechnik 117
Dirac'sche Delta-Funktional, Mathematik 220
Direct Memory Access, Steuergerät 1626
Direktes Pulslaufzeitverfahren, Lidar-Sensorik 1830
Direkt flüssige LPG-Einspritzung, Flüssiggasbetrieb 889
Direkt messende Reifendruckkontrollsysteme, Reifen 1188
Direktschaltgetriebe, Übersetzungsgetriebe 618
Direktsteuerung, Getriebesteuerung 640
DISH-Anschluss, Flüssiggasbetrieb 892
Diskrete Halbleiterbauelemente, Elektronik 141
Diskrete Verteilungen, Technische Statistik 228
Dispersants, Schmierstoffe 538
Dispersion, Geometrische Optik 75
Dispersion, Stoffe 192
Display-Ausführungen, Anzeige und Bedienung 1789
Dissoziation, Massenwirkungsgesetz 198
Dissoziationsenergie, Chemische Bindungen 189
Distanzgenauigkeit, Lidar-Sensorik 1827
DLC-Schichten, Überzüge und Beschichtungen 352
DMS-Technik, Drucksensoren 1757
Domäne, Architektur elektronischer Systeme 1669
Domänen, Mechatronik 1644
Domänenzentralisierte E/E-Architektur, Architektur elektronischer Systeme 1668
Dominanter Zustand, CAN 1692
Doppelachsaggregate, Fahrzeugaufbau Nfz 1326
Doppelbindungen, Chemische Bindungen 189
Doppelkabine, Fahrzeugaufbau Nfz 1324
Doppelkupplung, Anfahrelemente 602
Doppelkupplungsgetriebe, Übersetzungsgetriebe 618
Doppelquerlenker-Einzelradaufhängung, Radaufhängungen 1151
Doppelring, Kommunikationsbordnetze 1690
Doppelrohr-Ölkühler, Ölkühlung 746
Doppelschichtkondensatoren, Superkondensatoren 1617
Dopplereffekt, Fahrzeugnavigation 1873
Doppler'sches Prinzip, Akustik 67
Dosiermodul, Abgasnachbehandlung Dieselmotor 968
Dotieren, Elektronik 138
Double Lock, Schließsysteme 1438
Downsizing, Hybridantriebe 997
Drahtgestrickmantel, Abgasanlage 796
Drahtlose Signalübertragung, Rundfunkempfang 1794
Drallkanal, Ansaugluftsystem 765
Drallströmung, Ansaugluftsystem 766
Drall, Verbrennungsmotoren 653, 660
Drehbewegung, Mechanik 46
Drehfedern, Federn 365
Drehfelderzeugung, Drehstromsystem 179
Drehimpuls, Mechanik 49
Drehkraft, Hubkolbenmotor 695
Drehkreuz, Zweikomponentendichtungen 410
Drehmagnetstellwerk, Axialkolben-Verteilereinspritzpumpe 949
Drehmasse, Mechanik 48
Drehmomentanstieg, Hubkolbenmotor 704
Drehmomentkennlinie, Elektrische Maschinen 1567
Drehmomentkoordinator, Elektronische Dieselregelung 910
Drehmomentlage, Hubkolbenmotor 703
Drehmoment, Mechanik 47
Drehmomentmessung, Sensoren 1764
Drehmomentsensor, Autoelektronik 1764
Drehmomentsensor, Lenkung 1200
Drehmomentstruktur, Elektronische Dieselregelung 910
Drehmomentverlauf, Aufladung 672
Drehmomentwandlungsfaktor, Hydrodynamischer Drehmomentwandler 604
Drehrate, Schwingungsgyrometer 1743
Drehriegel, Schließsysteme 1432
Drehschwinger, Drehratensensor 1744
Drehspannungssystem, Wechselrichter 1587
Drehstabfedern, Federn 366
Drehstabfedern, Federung 1127

Drehstoß, Mechanik 49
Drehstrom-Brückenschaltung, Wechselrichter 1583
Drehstrom, Drehstromgenerator 1492
Drehstromgenerator, Autoelektrik 1490
Drehstromsystem, Elektrische Maschinen 178
Drehteller, Zweikomponentendichtungen 409
Drehwerkzeug, Zweikomponentendichtungen 410
Drehwinkelsensor, Axialkolben-Verteilereinspritzpumpe 950
Drehzahlgrenze, Wälzlager 379
Drehzahl, Mechanik 46
Drehzahlregelung, Elektronische Dieselregelung 912
Drehzahlsensoren, Autoelektronik 1738
Drehzahlsensor für Getriebesteuerung, Sensoren 1742
Dreieckschaltung, Drehstromgenerator 1492
Dreieckslenker, Radaufhängungen 1151
Dreifachbindungen, Chemische Bindungen 189
Dreifachsynchronisierung, Übersetzungsgetriebe 612
Dreiphasensystem, Drehstromsystem 178
Dreiphasenwechselstrom, Drehstromgenerator 1492
Dreiphasenwechselstrom-Gleichrichtung, Drehstromgenerator 1493
Dreiphasige Ladevorrichtungen, On-Board-Ladevorrichtung 1605
Dreipunktgurt, Insassenschutzsysteme 1418
Dreisonden-λ-Regelung, Katalytische Abgasreinigung 880
Dreistempel-Radialkolbenpumpe, Common-Rail 937
Dreiwegekatalysator, Katalytische Abgasnachbehandlung 874
Dreiwellengetriebe, Übersetzungsgetriebe 616
Dreizellen-Grenzstromsensor, NO_x-Sensor 1772
Dreizonige Klimatisierung 1393
Dreizylinder-Radialkolbenpumpe, Benzin-Direkteinspritzung 832
DRIE-Prozess, Mikromechanik 1720
Driftstrom, Optoelektronische Sensoren 1777
Dritter Hauptsatz, Thermodynamik 89
Drive by Wire, Mechatronik 1640
Driver Workload 1304
Drop-in-Kraftstoffe, Synthetische Kraftstoffe 583
Drosselkennfeld, Zylinderfüllung 813
Drosselklappenwinkelsensor, Positionssensoren 1725
Drosselklappe, Zylinderfüllung 813
Drosselvorrichtung, Zylinderfüllung 813
Druckabbauphase, Antiblockiersystem 1261
Druckanstieg, Ottomotor 652
Druckaufbauphase, Antiblockiersystem 1261
Druckausgeglichenes Ventil, Common-Rail 931
Druckbehälter, Strömungsmechanik 58
Druckbelastetes Kugelventil, Common-Rail 930
Druckdämpfer, Benzin-Direkteinspritzung 832
Druckerzeugung, Common-Rail 926
Druckfedern, Federn 367
Druckhaltephase, Antiblockiersystem 1261
Druckhülse, Reibschlussverbindungen 434
Druckindizierte Kreisprozessleistung, Wärmekraftmaschinen 644
Druckmodulator, Bremsanlagen für Pkw und leichte Nfz 1225
Druckreduzierung, Erdgasdruckregelmodul 898
Druckregelmodule, Elektronisch geregeltes Bremssystem 1245
Druckregelmodul, Erdgasbetrieb 898
Druckregelung, Common-Rail 926
Druckregelventil, Getriebesteuerung 637
Druckregelventil, Niederdruck-Kraftstoffversorgung Diesel 920
Druckregler, Bremsanlagen Nfz 1234
Drucksensoren, Autoelektronik 1756
Druckspannung, Mechanik 52
Druckspannungsrelaxation, Elastomer-Werkstoffe 418
Druckspeicherung, Erdgasbetrieb 894
Druckstangenkolben, Bremsanlagen für Pkw und leichte Nfz 1220
Drucksteigerungsverhältnis, Thermodynamik 93
Drucksteuerventil, Antriebsschlupfregelung 1270
Drucksteuerventil, Benzin-Direkteinspritzung 833

Druckstufe, Schwingungsdämpfer 1141
Drucktank, Kraftstoffversorgung 825
Druckumlaufschmierung, Hubkolbenmotor 688
Druckumlaufschmierung, Schmierung des Motors 750
Druckverformungsrest, Elastomer-Werkstoffe 418
Druckverhältnis, Thermodynamik 95
Druck-Volumenstrom-Kennfeld, Aufladung 673
Druckwellenaufladung 673
Druckwellenlader, Aufladegeräte 772
Druckwiderstand, Aerodynamik 517
Duktilität, Stoffkenngrößen 261
Dünnschicht-Metallwiderstände, Temperatursensoren 1761
Duplexbremse, Trommelbremse 1257
Durchbruchspannung, Elektronik 140
Durchflusscharakteristik, Schwingungsdämpfer 1137
Durchflussmesser, Sensoren 1746
Durchflutung, Drehstromgenerator 1491
Durchflutung, Elektrotechnik 118
Durchgehende Bremsanlage, Bremssysteme 1208
Durchölungsverhalten, Schmierstoffe 539
Durchsetzfügen, Durchsetzfügeverfahren 459
Durchsetzfügeverfahren, Unlösbare Verbindungen 459
Durchströmungswiderstand, Aerodynamik 517
Duroplaste, Kunststoffe 319
Düsenhalterkombination, Diesel-Verteilereinspritzpumpen 953
Dynamic Coupling Torque at Center, Fahrdynamikregelung 1283
Dynamic-Noise-Covering, Rundfunkempfang 1799
Dynamic Stability and Traction Control, Fahrdynamikregelung 1287
Dynamic Stability Control, Fahrdynamikregelung 1287
Dynamic-Trailing-Sequence, FlexRay 1700
Dynamikbereich, Lidar-Sensorik 1829
Dynamik der Kraftfahrzeuge, Fahrzeugphysik 470
Dynamiklenkung, Lenkung 1201
Dynamische Aufladung 671
Dynamische Dichtungen, Dichtungstechnik 384
Dynamische Programmierung, Steuerung eines Hybridantriebs 1012
Dynamische Radlastschwankungen, Dynamik der Kraftfahrzeuge 489
Dynamisches Kurvenlicht, Beleuchtungseinrichtungen 1355
Dynamisches Segment, FlexRay 1698
Dynamische Viskosität, Hubkolbenmotor 699
Dynamische Viskosität, Schmierstoffe 542
Dynamische Viskosität, Strömungsmechanik 57
Dynamische Zielführung, Verkehrstelematik 1802
Dynamisierte Routen, Fahrzeugnavigation 1874
Dynamo Feld (DF), 12-Volt-Bordnetz 1456

E

eAchse, Elektrischer Achsantrieb 1020
E-Achse, Elektrischer Achsantrieb 1020
Early Pole Crash Detection, Insassenschutzsysteme 1417
Easy Entry, Elektrische Sitzverstellung 1408
Ebenes Dreieck, Mathematik 210
Ebenes Kräftesystem, Mechanik 49
Ebene Welle, Schwingungen 62
eCall, Sicherheitssysteme im Kfz 1411
Echolotverfahren, Ultraschall-Sensorik 1813
Echtzeitfähig, Automotive Software-Engineering 1646
ECMS, Steuerung eines Hybridantriebs 1014
Edelgaskonfiguration, Chemische Bindungen 189
Edle Metalle, Chemie 203
E/E-Architektur, Architektur elektronischer Systeme 1668, 1674
E/E-Architekturbausteine, Architektur elektronischer Systeme 1671
EE-Gas, Erdgasbetrieb 894
EEPROM, Steuergerät 1629
EFB-Batterie, Starterbatterien 1485
Effektive Leistung, Wärmekraftmaschinen 644
Effektivwert, Schwingungen 62
Efficiency Line, Drehstromgenerator 1505
Effizienz, Elektrischer Achsantrieb 1027

EFU-Diode, Zündspule 863
e-fuels, Kraftstoffe 583
EGAS-Komponenten,
Zylinderfüllung 813
EG-Fahrzeugklassen,
Gesamtsystem Kraftfahrzeug 29
Eiffel-Bauart, Windkanäle 524
Eigendissoziation,
Säuren in Wasser 199
Eigenfrequenz, Schwingungen 64
Eigenleitung, Halbleiter 139
Eigenlenkbeeinflussung über die
Wankstabilisierung 1306
Eigenlenkbeeinflussung über verstellbare
Schwingungsdämpfer 1307
Eigenlenkverhalten,
Dynamik der Kraftfahrzeuge 481
Eigenschaftswerte fester Stoffe,
Werkstoffe 263
Eigenschaftswerte flüssiger Stoffe,
Werkstoffe 267
Eigenschaftswerte gasförmiger Stoffe,
Werkstoffe 269
Eigenschaftswerte von Wasserdampf,
Werkstoffe 268
Eigenschwingung, Schwingungen 61
Eigenschwingungsform,
Schwingungen 64
Eigenschwingungsverhalten,
Schwingungen 64
Eigenstabilisierung,
Motorrad-Stabilitätskontrolle 1296
Eigenvektor, Schwingungen 64
Eigenverschmutzung, Aerodynamik 523
Eigenwert, Schwingungen 64
Ein-Batterie-Bordnetz,
12-Volt-Bordnetz 1458
Einbaulage, 12-Volt-Bordnetz 1452
Einbettfähigkeit, Gleitlager 372
Eindrahtleitung, CAN 1693
Einfaches regeneratives Bremssystem,
Elektrifizierung des Antriebs 976
Einfachkupplung, Anfahrelemente 600
Einfachschloss, Schließsysteme 1434
Einfallswinkel, Geometrische Optik 75
Einfederbewegung,
Radaufhängungen 1147
Einflutige Belüftung,
Drehstromgenerator 1504
Einführungsschrägen, O-Ring 391
Eingangsleistungsverzweigung,
Hybridantriebe 1005
Eingangssignale, Steuergerät 1632
Eingefärbte Verglasung,
Automobilverglasung 1376
Einhärtungstiefe,
Wärmebehandlung 334
Einheiten, Größen und Einheiten 32
Einheitensystem,
Größen und Einheiten 32
Einheitsbohrung, Toleranzen 355
Einheitsmatrix, Mathematik 224
Einheitswelle, Toleranzen 356
Einknickgefahr,
Fahrdynamikregelung Nfz 1288
Einkomponentenklebstoffe,
Klebtechnik 456
Einkreisausführung, Lenkung 1203
Einkreisbremsanlage,
Bremssysteme 1207
Einlasskanal,
Gemischbildung Ottomotor 842
Einlasskanal, Ladungswechsel 665
Einlassnockenwellenverstellung,
Variable Ventiltriebe 667
Einlassnockenwelle,
Variable Ventiltriebe 667
Einlass öffnet, Ladungswechsel 665
Einlass schließt, Ladungswechsel 665
Einlassschlitze, 2-Takt-Verfahren 666
Einlassventil, Antiblockiersystem 1265
Einlassventil,
Fahrdynamikregelung 1285
Einlassventil, Hubkolbenmotor 685
Einlassventil, Ladungswechsel 664
Einlaufvermögen, Gleitlager 372
Einlaufwinkel, Riemenantriebe 724
Einlegetechnik,
Zweikomponentendichtungen 410
Einleitungsbremsanlage,
Bremssysteme 1207
Einleitung von Gasen,
Ansaugluftsystem 766
Einmodenfaser, Lichtwellenleiter 83
Einparkhilfen, Einpark- und
Manövriersysteme 1882
Einpark- und Manövriersysteme,
Fahrerassistenzsysteme 1882
Einpedalsteuerung,
Steuerung elektrischer Antriebe 986
Einphasige Stoffe, Chemie 192
Einpresskraft,
Reibschlussverbindungen 432
Einpresstiefe, Räder 1156
Einrohrdämpfer,
Schwingungsdämpfer 1137
Einrückrelais, Starter für Pkw 1508
Einsatzbedingungen, Steuergerät 1621
Einsatzhärten, Wärmebehandlung 337

Einsatzhärtungstiefe,
Wärmebehandlung 337
Einsatzstahl,
Metallische Werkstoffe 272
Einsatztemperaturbereich,
Elastomer-Werkstoffe 415
Einschaltbedingungen,
On-Board-Diagnose 1097
Einschaltfunkenunterdrückung,
Zündspule 863
Einschaltspannung, Zündspule 863
Einscheibenkupplung,
Anfahrelemente 600
Einscheiben-Sicherheitsglas,
Automobilverglasung 1375
Einspritzdruck, Dieselmotor 661
Einspritzdüsen,
Diesel-Verteilereinspritzpumpen 953
Einspritzmengenspreizung,
Kraftstoffversorgung 821
Einspritzrate, Dieselmotor 657
Einspritzsynchrone Förderung,
Hochdruckpumpe Common-Rail 939
Einspritzsystem,
Diesel-Verteilereinspritzpumpen 953
Einspritzung, Common-Rail 927
Einspritzventile,
Gemischbildung Ottomotor 846
Einspritzverhältnis, Thermodynamik 93
Einspur-Fahrzeugmodell,
Fahrdynamikregelung 1277
Einstellmaß,
Beleuchtungseinrichtungen 1371
Einstellprüfgeräte für Scheinwerfer,
Beleuchtungseinrichtungen 1370
Einstempel-Radialkolbenpumpe,
Common-Rail 939
Ein-Steuergeräte-Konzepte,
Erdgasbetrieb 896
Ein-Steuergeräte-Konzept,
Flüssiggasbetrieb 890
Einstrahl-Lidar, Lidar-Sensorik 1834
Einstrahl, Saugrohr-Einspritzventil 848
Eintreibkraft, Mechanik 50
Einzeladerabdichtung,
Steckverbindungen 1522
Einzelfahrwiderstände,
Fahrzeugphysik 464
Einzelfunkenspule, Zündspule 863
Einzelradaufhängungen,
Radaufhängungen 1150
Einzelring,
Kommunikationsbordnetze 1690
Einzelwirkungsgrad,
Wärmekraftmaschinen 645
Einzügiges Einparken,
Einpark- und Manövriersysteme 1884
Einzugswicklung, Starter für Pkw 1508
Einzylinderpumpe,
Benzin-Direkteinspritzung 830
Eisencarbid, Metallische Werkstoffe 271
Eisen-Kohlenstoff-Diagramm,
Metallische Werkstoffe 271
Eisenkreis, Zündspule 862
Eisenlegierungen,
Metallische Werkstoffe 271
Eisenverluste,
Elektrische Maschinen 1579
Eisenwerkstoffe,
Metallische Werkstoffe 271
Eisflockenpunkt, Kühlmittel 554
Elastizitätsmodul, Mechanik 51
Elastizitätsmodul, Stoffkenngrößen 260
Elastizitätsmodul, Werkstoffe 270
Elastohydrodynamik,
Hubkolbenmotor 700
Elastomere, Bezeichnungen 317
Elastomere, Eigenschaften 318
Elastomere, Kunststoffe 316
Elastomerlager, Federung 1124
Elastomer-Metall-Flachdichtung,
Dichtungen 396
Elastomerquellung,
Bremsflüssigkeiten 558
Elastomer-Werkstoffe, Dichtungen 415
Electronic Stability Control,
Fahrdynamikregelung 1272
Elektrifizierte Nebenaggregate,
Elektrifizierung des Antriebs 975
Elektrifizierung des Antriebs 970
Elektrisch angetriebener Verdichter,
Komplexe Aufladesysteme 788
Elektrische Ansteuerung,
Hochdruckeinspritzventil 850
Elektrische Ansteuerung,
Piezo-Hochdruckeinspritzventil 853
Elektrische Ansteuerung,
Saugrohr-Einspritzventil 848
Elektrische Dipole,
Chemische Bindungen 190
Elektrische Effekte in metallischen
Leitern, Elektrotechnik 131
Elektrische Energiedichte,
Elektrotechnik 118
Elektrische Energieerzeugung,
Drehstromgenerator 1490
Elektrische Feldstärke,
Elektrotechnik 117
Elektrische Größen,
Gesetzliche Einheiten 38

Elektrische Hilfskraftlenkung, Lenkung 1198
Elektrische Leistung, Elektrotechnik 112
Elektrische Leitfähigkeit, Stoffkenngrößen 258
Elektrische Maschinen 158
Elektrische Maschinen als Kfz-Fahrantrieb, Elektrik für Elektro- und Hybridantriebe 1566
Elektrischer Achsantrieb, Elektrifizierung des Antriebs 1020
Elektrische Reichweite, Energiebedarf für Fahrantriebe 510
Elektrisch erregte Synchronmaschine, Elektrische Maschinen 1573
Elektrisches Energiemanagement, 12-Volt-Bordnetz 1462
Elektrisches Feld, Elektrotechnik 117
Elektrische Sitzverstellung, Komfortfunktionen im Fahrzeuginnenraum 1408
Elektrische Spannung, Elektrotechnik 117
Elektrisches Potential, Elektrotechnik 117
Elektrisches Saugventil, Hochdruckpumpe Common-Rail 941
Elektrisches stufenloses Getriebe, Hybridantriebe 1006
Elektrische Steller, Ansaugluftsystem 766
Elektrische Systemübersicht, Steuerung elektrischer Antriebe 984
Elektrisch unterstützte Abgasturboaufladung 673
Elektrizität, Elektrotechnik 103
Elektroantrieb, Elektrifizierung des Antriebs 972
Elektroantriebe mit Brennstoffzelle, Elektrifizierung des Antriebs 1030
Elektroband, Magnetwerkstoffe 292
Elektroblech, Magnetwerkstoffe 292
Elektrochemie, Chemie 202
Elektrochemische Impedanzspektroskopie, Korrosionsprüfung 342
Elektrochemische Korrosion, Korrosionsvorgänge 340
Elektrochemische Prüfverfahren, Korrosionsprüfung 342
Elektrochemische Reaktion, Chemie 203
Elektrochemisches Messprinzip, Wasserstoffsensoren 1774
Elektrochemische Spannungsreihe, Chemie 202
Elektrochemische Spannungsreihe, Korrosionsvorgänge 340
Elektrochemische Verfahren, Korrosionsschutz 345
Elektrodenabstand, Ottomotor 649
Elektrodenabstand, Zündkerze 869
Elektroden, Starterbatterien 1478
Elektrodenverschleiß, Zündkerze 870
Elektroden, Zündkerze 867
Elektrodynamischer Retarder, Dauerbremsanlagen 1248
Elektrodynamisches Prinzip, Elektrotechnik 121
Elektrohydraulische Aktoren, Getriebesteuerung 635
Elektrohydraulische Bremse, Bremsanlagen für Pkw und leichte Nfz 1224
Elektrohydraulische Ventilsteuerung, Verbrennungsmotoren 670
Elektrokraftstoffpumpe, Common-Rail 925
Elektrokraftstoffpumpe, Kraftstoffversorgung Ottomotor 827
Elektrokraftstoffpumpe, Niederdruck-Kraftstoffversorgung Diesel 916
Elektrolyt, Starterbatterien 1478
Elektromagnetisch aktives Fahrwerk, Federung 1134
Elektromagnetische Felder, Elektrotechnik 125
Elektromagnetische Induktion, Drehstromgenerator 1491
Elektromagnetische Leistungsdichte, Elektrotechnik 129
Elektromagnetisches Einspritzventil, Saugrohr-Einspritzventil 846
Elektromagnetische Strahlung, Technische Optik 74
Elektromagnetische Verträglichkeit, Autoelektrik 1524
Elektromagtetisches Hochdruckeinspritzventil, Gemischbildung 848
Elektromechanische Feststellbremse, Bremsanlagen für Pkw und leichte Nfz 1222
Elektromechanische Hilfskraftlenkung, Lenkung 1198
Elektromechanische Parkbremse, Automatische Bremsfunktionen 1294
Elektromechanischer Bremskraftverstärker, Bremsanlagen für Pkw und leichte Nfz 1218
Elektromechanischer Ventiltrieb, Verbrennungsmotoren 669

Elektromobilität,
Elektrifizierung des Antriebs 970
Elektromobilität für Zweiräder,
Elektrifizierung des Antriebs 1040
Elektromotor,
Elektrokraftstoffpumpe 827
Elektronegativität,
Chemische Bindungen 191
Elektron, Elemente 182
Elektronenorbitale,
Periodensystem 182, 185
Elektronische Bremsanlage,
Bremssysteme 1206
Elektronische Bremskraftverteilung,
Fahrdynamikregelung 1278
Elektronische Dieselregelung, Steuerung und Regelung des Dieselmotors 906
Elektronische Getriebesteuerung,
Antriebsstrang 630
Elektronische lastabhängige Brems kraftregelung, Radschlupfregelsysteme 1264
Elektronische Luftaufbereitungseinheit,
Bremsanlagen Nfz 1236
Elektronischer Batteriesensor,
12-Volt-Bordnetz 1465
Elektronische Regelung,
Magnetventilgesteuerte Verteilereinspritzpumpen 950
Elektronische Regelung, Verteilereinspritzpumpen mit Drehmagnetstellwerk 949
Elektronischer Horizont, Adaptive Fahrgeschwindigkeitsregelung 1895
Elektronischer Regler, Axialkolben-Verteilereinspritzpumpe 949
Elektronische Rundumsicht,
Fahrerassistenzsysteme 1808
Elektronische Stabilitätsprogramm,
Fahrdynamikregelung 1272
Elektronische Steuerung,
Unit-Injector 947
Elektronisches Vorschaltgerät Litronic,
Beleuchtungseinrichtungen 1350
Elektronische Wegfahrsperre,
Fahrzeugsicherungssysteme 1444
Elektronisch geregelte Bremskraftverteilung, Motorrad-Stabilitätskontrolle 1300
Elektronisch geregeltes Bremssystem,
Bremsanlagen Nfz 1242
Elektronvolt, Gesetzliche Einheiten 37
Elektro-Pitting, Schmierfette 551
Elektropneumatische Ventilsteuerung,
Verbrennungsmotoren 670
Elektroschloss, Schließsysteme 1440
Elektrostatische Entladungen,
Elektromagnetische Verträglichkeit 1527, 1532
Elektrotechnik, Grundlagen 102
Elemente, Chemie 182
Elemente,
Finite-Elemente-Methode 235
Elementqualität,
Finite-Elemente-Methode 235
Elementspektroskopie, Elemente 187
Elliptische Polarisation, Wellenoptik 77
Embedded Software, Automotive Software-Engineering 1646
Emissionen, Dieselmotor 661
Emissionen, Ottomotor 655
Emissionsfreie Fahrzeuge,
CARB-Gesetzgebung 1046
Emissionsgesetzgebung für Motorräder,
Abgasgesetzgebung 1071
Emissionsgrad, Thermodynamik 100
Emissionsspektrometrie, Elemente 187
E-Modul, Stoffkenngrößen 260
Empfangsbeeinträchtigungen,
Rundfunkempfang 1795
Empfangsschwund,
Rundfunkempfang 1799
Emulsion, Stoffe 192
EMV-Anforderungsanalyse, Elektromagnetische Verträglichkeit 1528
EMV-Anforderungsdokumente, Elektromagnetische Verträglichkeit 1528
EMV-Entwicklung, Elektromagnetische Verträglichkeit 1529
EMV-gerechte Entwicklung, Elektromagnetische Verträglichkeit 1528
EMV-Messtechnik, Elektromagnetische Verträglichkeit 1529
EMV-Messverfahren, Elektromagnetische Verträglichkeit 1530
EMV-Prüfungen, Elektromagnetische Verträglichkeit 1533
EMV-Simulation, Elektromagnetische Verträglichkeit 1533
EMV-Spezifikationen, Elektromagnetische Verträglichkeit 1528
EMV-Validierung, Elektromagnetische Verträglichkeit 1529
EMV-Verifikation, Elektromagnetische Verträglichkeit 1529
Enddrehzahlregelung,
Elektronische Dieselregelung 912
End of Frame, CAN 1695
Endotherme Reaktion,
Chemische Thermodynamik 195

Endpol, Starterbatterien 1478
Endpunktdosierung, Ottokraftstoff 568
Energieäquivalenter Dauerschallpegel, Akustik 70
Energiebänder, Chemische Bindungen 190
Energiebedarf für Fahrantriebe, Fahrzeugphysik 506
Energiebordnetze für Nutzfahrzeuge, Autoelektrik 1466
Energiebordnetzkonzepte, Energiebordnetze für Nfz 1471
Energieerhaltung, Mechanik 49
Energieerhaltungssatz, Mechanik 49
Energieformen, Mechanik 49
Energieformen, Thermodynamik 87
Energie, Gesetzliche Einheiten 37
Energiemanagement für Lkw-Bordnetze 1470
Energie, Mechanik 47
Energiesparsystem, Bremsanlagen Nfz 1234
Energiespeicherung, Bremsanlagen Nfz 1236
Energiestufendiagramm, Periodensystem 185
Energieversorgungseinrichtung, Bremssysteme 1206
Engstellenassistent, Fahrspurassistenz 1910
Enhanced Seat Belt Reminder, Sicherheitssysteme im Kfz 1410
EN-Normen der Metalltechnik, Werkstoffe 286
Entfernungsmessung, Lidar-Sensorik 1824
Entfernungsmessung, Radar-Sensorik 1819
Entflammung, Ottomotor 650
Entflammung, Zündung 855
Entgasungsöffnungen, Starterbatterien 1478
Entgasung, Starterbatterien 1478
Enthalpie, Chemische Thermodynamik 195
Enthalpie, Thermodynamik 88
Entkoppelelement, Abgasanlage 796
Entladeleistung, Bordnetze für Hybrid- und Elektrofahrzeuge 1564
Entladestrom, Starterbatterien 1481
Entladung, Starterbatterien 1481, 1487
Entmagnetisierungskurven, Elektrotechnik 123
Entnehmbare Ladungsmenge, Starterbatterien 1482
Entriegelungszone, Schließsysteme 1441
Entropie, Chemische Thermodynamik 196
Entropie, Thermodynamik 88
Entstörmaßnahmen, Drehstromgenerator 1500
Entwicklung assistierende Fahrfunktionen, Zukunft des automatisierten Fahrens 1936
Entwicklungsmethodik, Mechatronik 1642
Entwicklungsprozess, Architektur elektronischer Systeme 1679
Entwicklungsprozess, Automotive Software-Engineering 1650
Entwicklungswerkzeuge, Architektur elektronischer Systeme 1680
Entwicklungsziele, Reifen 1187
Entwurfskriterien, Regelungs- und Steuerungstechnik 245
Entzinkung, Phänomenologie der Korrosion 341
EOBD, On-Board-Diagnose 1095
EOL-Programmierung, Steuergerät 1639
EPA-Fahrzeugklassen, Gesamtsystem Kraftfahrzeug 30
EPA-Gesetzgebung, Abgasgesetzgebung 1047
EPA-OBD, On-Board-Diagnose 1095
Epichlorhydrin-Kautschuk, Elastomer-Werkstoffe 416
Epipoly-Schicht, Mikromechanik 1721
Epitaxie, Mikromechanik 1721
Epoxide, Kunststoffe 325
Epoxidharze, Kunststoffe 319
Epoxidklebstoff, Klebtechnik 456
EP-Schmierstoffe, Schmierstoffe 538
Equivalent Consumption Minimization Strategy, Steuerung eines Hybridantriebs 1012
Erdgasbetrieb, Ottomotorbetrieb mit alternativen Kraftstoffen 894
Erdgas-Direkteinblasung, Erdgasbetrieb 897
Erdgasdruckregelmodul, Erdgasbetrieb 898
Erdgaseinblasventil, Erdgasbetrieb 897
Erdgasfahrzeuge, Erdgasbetrieb 894
Erdgas, Kraftstoffe 579
Erdgas-Saugrohreinblasung, Erdgasbetrieb 896
Erfassung der Luftfüllung, Zylinderfüllung 815

Ergebnisinterpretation,
Finite-Element-Methode 235
Ermüdungsfestigkeit, Gleitlager 372
Erneuerbare-Energien-Gas,
Erdgasbetrieb 894
Erregerdioden,
Drehstromgenerator 1494
Erregermagnetfeld,
Drehstromgenerator 1491
Erregerstrom, 12-Volt-Bordnetz 1455
Erregerstromkreis,
Drehstromgenerator 1495
Erregerwicklung,
Drehstromgenerator 1492
Ersatz der Radmomentverteilung durch
Brems- und Motoreingriffe 1306
Ersatzfunktionen,
Elektronische Dieselregelung 914
Erster Hauptsatz, Thermodynamik 88
Erwartungswert,
Technische Statistik 230
Erweiterte Untersteuerunterdrückung,
Fahrdynamikregelung 1281
Erzwungene Schwingungen 61, 63
ESC-basiertes regeneratives Brems-
system, Elektrifizierung des
Antriebs 977
ESG-Scheibe,
Automobilverglasung 1375
ESI[tronic], Schaltpläne 1552
Ethanol, Alkoholbetrieb 901
Ether, Kraftstoffe 584
Ethernet, Busse im Kfz 1703
Ethernet-Protokoll, Busse im Kfz 1704
Ethylen-Acrylat-Kautschuk,
Elastomer-Werkstoffe 417
Ethylen-Propylen-Dien-Kautschuk,
Elastomer-Werkstoffe 416
ETN-Nomenklatur,
Starterbatterien 1482
EU/ECE-Gesetzgebung, Emissions-
gesetzgebung für Motorräder 1073
EU-Gesetzgebung,
Abgasgesetzgebung 1045, 1050
EU-Gesetzgebung, Abgasgesetzgebung
für schwere Nfz 1064
Euler'sche Formel, Mathematik 211
Euler'sche Seilreibungsformel,
Mechanik 54
EU-Reifenlabel, Reifen 1185
Euro 5, Abgasgesetzgebung 1051
Euro 6d-temp,
Abgasgesetzgebung 1052
Euro-NCAP-Bewertung,
Notbremssysteme 1918
Euro-NCAP,
Sicherheitssysteme im Kfz 1415
Euronozzle, Flüssiggasbetrieb 892
Europäischer Testzyklus,
Abgasgesetzgebung 1059
Europäische Typ-Nummer,
Starterbatterien 1482
European Steady-State Cycle,
Testzyklen für schwere Nfz 1069
European Transient Cycle,
Testzyklen für schwere Nfz 1069
Event Data Recorder,
Sicherheitssysteme im Kfz 1411
Evolventenverzahnung,
Übersetzungsgetriebe 609
Exergie, Thermodynamik 92
Exhaust Flow Meter,
Abgas-Messtechnik 1084
Exhaust-System, Motronic 803
Exotherme Reaktion,
Chemische Thermodynamik 195
Expansionsventil, Klimatisierung 1395
Experimentelle Modalanalyse,
Schwingungen 65
Exponentialfunktion, Mathematik 206
Exponentialgleichung,
Temperatursensoren 1761
Extended-Hump, Räder 1156
Extensive Zustandsgrößen,
Thermodynamik 87
Extern aufladbare Hybride,
Hybridantriebe 998
Extern aufladbarer Hybrid,
Elektrifizierung des Antriebs 971
Externe Dichtungen,
Pneumatikdichtungen 406
Extrema, Mathematik 216
Extrinsischer Fotoeffekt,
Optoelektronische Sensoren 1776
Exzenterwelle,
Hochdruckpumpe Common-Rail 937
Exzentrisches Kurbelwellenlager,
Hubkolbenmotor 683
Exzentrisches Pleuellager,
Hubkolbenmotor 683

F

Facettenreflektor, Beleuchtungseinrichtungen 1347
Fading, Rundfunkempfang 1799
Fahrbahnanregung, Dynamik der Kraftfahrzeuge 486
Fahrbahnausleuchtung, Beleuchtungseinrichtungen 1357
Fahrdynamik Nfz, Dynamik der Kraftfahrzeuge 493
Fahrdynamikregelung, Fahrwerksregelung 1272
Fahrdynamikregelung für Nfz, Fahrwerksregelung 1287
Fahrdynamik-Testverfahren, Fahrzeugphysik 498
Fahrdynamische Lenkempfehlung 1304
Fahrempfehlungen, Fahrzeugnavigation 1874
Fahrerassistenzsysteme, Fahrerassistenz und Sensorik 1804
Fahrerentlastung, Fahrerassistenzsysteme 1806
Fahrerhaus, Fahrzeugaufbau Nfz 1328
Fahreridentifikation, Systeme zur Innenraumbeobachtung 1932
Fahrermüdigkeitserkennung, Informations- und Warnsysteme 1900
Fahrermüdigkeitserkennung, Systeme zur Innenraumbeobachtung 1932
Fahrgeräusch, Fahrzeugakustik 530
Fahrgeräuschmessung, Fahrzeugakustik 530
Fahrgeschwindigkeitsbegrenzung, Elektronische Dieselregelung 913
Fahrgeschwindigkeitsregelung, Elektronische Dieselregelung 913
Fahrgeschwindigkeitsregelung, Fahrerassistenzsysteme 1892
Fahrgeschwindigkeitsregler, Adaptive Fahrgeschwindigkeitsregelung 1890
Fahrgestelle, Fahrzeugaufbau Nfz 1325
Fahrkomfort, Fahrwerk 1110
Fahrkomfortsimulation, Fahrzeugakustik 532
Fahrkomfortstrecken, Fahrzeugakustik 532
Fahrmanöver, Fahrdynamikregelung 1274
Fahrpedalsensor, Positionssensoren 1725, 1732
Fahrphysik, Motorrad-Stabilitätskontrolle 1296
Fahrprogramme, Getriebesteuerung 632
Fahrsicherheit, Fahrwerk 1110
Fahrsituationserkennung, Getriebesteuerung 633
Fahrspurassistenz, Fahrerassistenzsysteme 1906
Fahrspurbegrenzung, Fahrspurassistenz 1910
Fahrspurerkennung, Fahrspurassistenz 1906
Fahrstabilität, Aerodynamik 520
Fahrstreifenwechselassistent, Fahrerassistenzsysteme 1912
Fahrtrichtungsanzeiger, Beleuchtungseinrichtungen 1359
Fahrtrichtungsbestimmung, Fahrzeugnavigation 1873
Fahrverhalten, Fahrdynamik Nfz 495
Fahrverhalten, Fahrdynamik-Testverfahren 498
Fahrwerk 1108
Fahrwerksakustik, Fahrzeugakustik 533
Fahrwerksauslegung, Fahrwerk 1110
Fahrwiderstand, Antriebsstrang mit Verbrennungsmotor 596
Fahrwiderstände, Fahrzeugphysik 464
Fahrwiderstandsgleichung, Aerodynamik 519
Fahrwiderstandskennlinie, Antriebsstrang mit Verbrennungsmotor 597
Fahrzeug-Aerodynamik 516
Fahrzeug-Aerodynamik, Fahrzeugaufbau Pkw 1317
Fahrzeugakustik, Fahrzeugphysik 530
Fahrzeugakustische Entwicklungsarbeiten, Fahrzeugakustik 532
Fahrzeugantennenscheibe, Automobilverglasung 1378
Fahrzeugarchitektur, Fahrzeugaufbau Pkw 1312
Fahrzeugaufbauformen, Fahrzeugaufbau Pkw 1314
Fahrzeugaufbau Nfz 1324
Fahrzeugaufbau Pkw, 1310
Fahrzeug-Fahrzeug-Kommunikation, Verkehrstelematik 1803
Fahrzeugintegration, Elektrischer Achsantrieb 1024
Fahrzeug-Isolierglas, Automobilverglasung 1377
Fahrzeugklassen, Abgasgesetzgebung für schwere Nfz 1062, 1064, 1066
Fahrzeugklassen, CARB-Gesetzgebung 1043

Fahrzeugklassen, EPA-Gesetzgebung 1047
Fahrzeugklassen, EU-Gesetzgebung 1050
Fahrzeugklassen, Japan-Gesetzgebung 1055
Fahrzeugkonzeptentwicklung, Fahrzeugaufbau Pkw 1317
Fahrzeugkonzept, Fahrzeugaufbau Pkw 1312
Fahrzeuglängsdynamik, Fahrzeugphysik 471
Fahrzeugmessverfahren, Elektromagnetische Verträglichkeit 1532
Fahrzeugmittelebene, Bewegung des Fahrzeugs 462
Fahrzeugnavigation, Fahrerassistenzsysteme 1872
Fahrzeug-Package, Fahrzeugaufbau Pkw 1313
Fahrzeugquerdynamik, Dynamik der Kraftfahrzeuge 479
Fahrzeugschwingverhalten, Fahrwerk 1112
Fahrzeugsegmente, Fahrzeugaufbau Pkw 1313
Fahrzeugsicherheit, Sicherheitssysteme im Kfz 1410
Fahrzeug-Sollbewegung, Fahrdynamikregelung 1277
Fahrzeugsysteme, Fahrzeugaufbau Pkw 1315
Fahrzeugverhalten, Fahrwerk 1110
Fahrzeugvertikaldynamik, Dynamik der Kraftfahrzeuge 486
Fahrzeug-Windkanäle, Aerodynamik 524
Fahrzeugzentralisierte E/E-Architektur, Architektur elektronischer Systeme 1669
Fahrzeugzugang, Schließsysteme 1441
Fahrzustandsschätzung, Fahrdynamikregelung 1276
Fallbremsanlage, Bremssysteme 1207
Falschfahrerwarnung, Informations- und Warnsysteme 1904
Fanggrad, Ladungswechsel 664
Farad, SI-Einheiten 34
Farbfilter, Geometrische Optik 77
Faserverbundwerkstoffe, Werkstoffe 303
Fast-Ethernet, Busse im Kfz 1703
Fast-Light-Off, λ-Sonden 1768
Faustsattelbremse, Scheibenbremse 1251
Featuremodell, Architektur elektronischer Systeme 1675
Federal Smoke Cycle, Testzyklen für schwere Nfz 1067
Federarbeit, Federn 362
Federbein-Einzelradaufhängung, Radaufhängungen 1152
Federdämpfung, Federn 362
Federelement, Schnappverbindungen 447
Federformen, Federung 1127
Federfußpunktverstellung, Federung 1134
Federkennlinie, Federn 362
Feder-Masse-System, Beschleunigungssensor 1751
Federnde Laschen, Schnappverbindungen 447
Federnde Schnapphaken, Schnappverbindungen 447
Federn, Maschinenelemente 362
Federschaltungen, Federn 363
Federspeicherbremsanlage, Bremsanlagen Nfz 1232
Federspeicherzylinder, Scheibenbremse für Nfz 1255
Federstahl, Metallische Werkstoffe 276
Federübersetzung, Dynamik der Kraftfahrzeuge 489
Federung, Fahrwerk 1124
Federungselemente, Federung 1124
Federungssysteme, Federung 1132
Federungssystem, Federung 1124
Federvorspannung, Erdgasdruckregelmodul 899
Federweg, Schnappverbindungen 448
Fehlende Elektronen, Elektrotechnik 103
Fehlerart, Diagnose 1092
Fehlerbehandlung, Diagnose 1092
Fehlercode, Diagnose 1092
Fehlererkennung, Diagnose 1092
Fehlerlampe, Diagnose 1097
Fehlerspeichereinträge, Steuergerätediagnose 1106
Fehlerspeicherung, Diagnose 1092
Fehlertolerantes Energiebordnetz, Architektur elektronischer Systeme 1672
Fehlertolerantes Kommunikationsnetzwerk, Architektur elektronischer Systeme 1672
Feldeffekt-Transistoren, Elektronik 146
Feldplatten, Positionssensoren 1729

Feldplattensensoren, Positionssensoren 1733
Feldüberwachung, Abgasgesetzgebung 1043
Feldüberwachung, CARB-Gesetzgebung 1046
Feldüberwachung, EPA-Gesetzgebung 1050
Feldüberwachung, EU-Gesetzgebung 1054
Feldwellenwiderstand, Elektrotechnik 129
Felgenausführungen, Räder 1157
Felgenbett, Räder 1156
Felgendurchmesser, Räder 1156
Felgengröße, Räder 1157
Felgenhorn, Räder 1155
Felgenmaulweite, Räder 1156
Felgenschulter, Räder 1155
Felgentiefbett, Räder 1156
Felgenumfang, Räder 1156
Felge, Räder 1155
FEM-Beispiele, Finite-Elemente-Methode 237
FEM-Programmsystem, Finite-Elemente-Methode 234
Fensterantrieb, Fensterhebersysteme 1404
Fensterhebersysteme, Komfortsysteme 1404
Fermat'sche Prinzip, Geometrische Optik 74
Fermi-Niveau, Elektrotechnik 131
Fernbereich, Fahrerassistenzsysteme 1808
Fernbereichs-Lidar, Lidar-Sensorik 1827
Fernbereichsradar, Radar-Sensorik 1822
Ferngesteuerter Einparkassistent, Einpark- und Manövriersysteme 1888
Fern-Infrarot-Systeme, Nachtsichtsysteme 1876
Fernlicht Europa, Beleuchtungseinrichtungen 1340, 1343
Fernlicht USA, Beleuchtungseinrichtungen 1344
Fernlichtverteilung, Beleuchtungseinrichtungen 1341
Fernziel vollautomatisiertes Fahren, Zukunft des automatisierten Fahrens 1938
Ferrimagnete, Magnetwerkstoffe 290
Ferritisches Gefüge, Metallische Werkstoffe 271
Ferrit, Metallische Werkstoffe 271
Ferroelectric Random-Access Memory, Steuergerät 1628
Ferromagnete, Magnetwerkstoffe 290
Ferromagnetische Stoffe, Elektrotechnik 122
Fersenpunkt, Fahrzeugaufbau Pkw 1319
Festigkeitsberechnung, Mechanik 51
Festigkeitsklassen, Schraubenverbindungen 438
Festigkeitsnachweis, Mechanik 51
Festigkeitsträger, Radialreifen 1171
Festkörperreibung, Schmierstoffe 543
Fest-Los-Lagerung, Wälzlager 380
Festsattelbremse, Scheibenbremse 1251
Feststellbremsanlage, Bremsanlagen für Pkw und leichte Nfz 1216
Feststellbremsanlage, Bremsanlagen Nfz 1232
Feststellbremsanlage, Bremssysteme 1206
Feststellbremse, Bremsanlagen für Pkw und leichte Nfz 1222
Feststellbremse, Scheibenbremse 1251
Feststellbremse, Trommelbremse 1259
Feststellbremsventil, Bremsanlagen Nfz 1238
Feststoffmodifikationen, Stoffe 192
Fettsäuremethylester, Dieselkraftstoff 575
Fettverschiebung, λ-Regelung 879
Feuerpolitur, Automobilverglasung 1374
Filterelemente, Ansaugluftsystem 756
Filterelement, Klimatisierung 1393
Filterfeinheit, Benzinfilter 826
Filtermedien, Innenraumfilter 1397
Filtermedien, Schmierung des Motors 752
Filtermedium, Benzinfilter 826
Filtermethode, Dieselrauchkontrolle 1085
Filter Smoke Number, Dieselrauchkontrolle 1087
Filtervlies, Klimatisierung 1393
Filtration von Partikeln, Abgasnachbehandlung Dieselmotor 963
Filtrierbarkeit, Dieselkraftstoff 572
Finite-Elemente-Analysis, Finite-Elemente-Methode 234
Finite-Elemente-Methode, Mathematik und Methoden 234
Fischer-Tropsch-Verfahren, Dieselkraftstoff 577

Flachbettfelge, Räder 1158
Flachdichtsitz, Zündkerze 867
Flachdichtungen, Dichtungen 395
Fläche, Gesetzliche Einheiten 35
Flächendeckende Informationen, Verkehrstelematik 1802
Flächenelemente, Finite-Elemente-Methode 235
Flächenisolierstoffe, Kunststoffe 323
Flächenkorrosion, Phänomenologie der Korrosion 342
Flächenpressung, Mechanik 51
Flächenpressung, Schraubenverbindungen 443
Flachglas, Automobilverglasung 1374
Flachrohr-Ölkühler, Ölkühlung 746
Flachrohr-Wellrippen-Systeme, Ölkühlung 745
Flachrohr-Wellrippen-Systeme, Wasserkühlung 737
Flachrundniet, Niettechnik 458
Flachsitz-Druckregelventil, Getriebesteuerung 638
Flammanlage mit Brennkammer, Starthilfesysteme 958
Flammanlagen, Starthilfesysteme 958
Flammenausbreitung, Ottomotor 650
Flammenfront, Zündung 854
Flammengeschwindigkeit, Ottomotor 651
Flammenionisations-Detektor, Abgas-Messtechnik 1083
Flammglühkerze, Flammanlagen 959
Flammkern, Zündung 854
Flammlötung, Löttechnik 455
Flammpunkt, Dieselkraftstoff 572
Flammpunkt, Schmierstoffe 538
Flankendurchmesser, Schraubenverbindungen 437
Flash-Lidar, Lidar-Sensorik 1835
Flash-Speicher, Steuergerät 1629
Flat-Hump, Räder 1156
Flexfuel, Alkoholbetrieb 902
Flexfuel-Betrieb, Alkoholbetrieb 901
Flexfuel-Komponenten, Alkoholbetrieb 904
Flexfuel-Konzept, Alkoholbetrieb 903
Flexibler Eingangsbaustein, Steuergerät 1633
Flexibler programmierbarer Ausgabebaustein, Steuergerät 1634
Flex-Pol-Aktor, Schließsysteme 1440
FlexRay, Busse im Kfz 1697
FlexRay-Konsortium, Automotive Software-Engineering 1648
Flexspline, Lenkung 1202
Fliehkraft, Mechanik 47
Fliehkraftpendel, Schwingungsentkoppelung 606
Fließdruck, Schmierstoffe 538
Fließgrenze, Schmierstoffe 539
Fließgrenze, Stoffkenngrößen 260
Fließverbesserer, Dieselkraftstoff 574
Floatglas-Verfahren, Automobilverglasung 1374
Floating-Car-Prinzip, Verkehrstelematik 1802
Floating-Phone-Prinzip, Verkehrstelematik 1802
Flottendurchschnitt, CARB-Gesetzgebung 1045
Flottendurchschnitt, EPA-Gesetzgebung 1049
Flottenverbrauch, CARB-Gesetzgebung 1046
Flottenverbrauch, EPA-Gesetzgebung 1049
Flottenverbrauch, Japan-Gesetzgebung 1056
Flowforming-Prozess, Räder 1164
Flüchtigkeit, Ottokraftstoff 565
Flügelzellenpumpe, Niederdruck-Kraftstoffversorgung Diesel 918
Fluidmechanik, Grundlagen 56
Fluid, Strömungsmechanik 57
Fluoreszenzstrahlung, Elemente 187
Fluor-Kautschuk, Elastomer-Werkstoffe 417
Fluorsilikon-Kautschuk, Elastomer-Werkstoffe 417
Flussdichte, Elektrotechnik 119
Flüssige Kraftstoffe, Eigenschaftswerte 586
Flüssige LPG-Einspritzung, Flüssiggasbetrieb 889
Flüssiggas, Ottomotorbetrieb mit alternativen Kraftstoffen 886
Flüssiggasbetrieb, Ottomotorbetrieb mit alternativen Kraftstoffen 886
Flüssigkeitsgekühlter Generator, Drehstromgenerator 1505
Flüssigkeitsreibungskupplung, Wasserkühlung 740
Flüssigkristallanzeige, Anzeige und Bedienung 1789

Flüssigkühlung, Batterien für Elektro- und Hybridantriebe 1614
Flussmittel, Löttechnik 454
Flusswandler, Gleichspannungswandler 1595
FMCW-Messverfahren, Lidar-Sensorik 1834
FMCW-Modulation, Radar-Sensorik 1818
FMCW-Radar, Radar-Sensorik 1818
Fokussieroptik, Schweißtechnik 453
Folgeregelung, Adaptive Fahrgeschwindigkeitsregelung 1892
Förderbeginnregelung, Axialkolben-Verteilereinspritzpumpe 950
Förderhub, Unit-Injector 945
Förderleistung, Hochdruckpumpe Common-Rail 939
Fördermodul, Abgasnachbehandlung Dieselmotor 968
Förderpumpe, Axialkolben-Verteilereinspritzpumpe 948
Formfaktor, Schwingungen 62
Formschlüssige Haftung, Reifenhaftung 1178
Formschlüssige Riemenantriebe, Verbrennungsmotoren 725
Formschlussverbindungen, Lösbare Verbindungen 426
Formteildichtung, Dichtungen 393
Formtoleranz, Toleranzen 356
Fotodiode, Elektronik 142
Fotodioden, Optoelektronische Sensoren 1777
Fotoelektrischer Effekt, Optoelektronische Sensoren 1776
Fotoelemente, Optoelektronische Sensoren 1777
Fotostrom, Optoelektronische Sensoren 1777
Fototransistoren, Optoelektronische Sensoren 1777
Fotovoltaischer Effekt, Optoelektronische Sensoren 1777
Fotowiderstände, Optoelektronische Sensoren 1776
Fourier-Reihe, Schwingungen 61
Fourier'sche Wärmeleitungsgleichung, Thermodynamik 97
Fourier-Transformation, Mathematik 220
Frame-Bitstream, FlexRay 1700
Frame-End-Sequence, FlexRay 1700
Frame-ID, FlexRay 1699
Frame, Kommunikationsbordnetze 1682
Frame-Start-Sequence, FlexRay 1700
Freeze Frame, Diagnose 1092
Freibrenntemperatur, Zündkerze 867
Freie Elektronen, Elektrotechnik 103
Freie Kräfte, Hubkolbenmotor 697
Freie Schwingungen 63
Freie Trumlänge, Kettenantriebe 733
Freiformreflektor, Beleuchtungseinrichtungen 1346, 1348, 1365
Freiglühen, Hitzdraht-Luftmassenmesser 1748
Freilaufdiode, Drehstromgenerator 1497
Freilaufdioden, Elektronik 142
Freilaufdiode, Wechselrichter 1583
Freilauf, Starter für Pkw 1510
Freiraumbetrachtung, Formteildichtung 394
Freisetzung von Ammoniak, Abgasnachbehandlung Dieselmotor 969
Fremderregung, 12-Volt-Bordnetz 1455
Fremderregung, Drehstromgenerator 1491
Fremdkraftbremsanlage, Bremssysteme 1207
Fremdkraftlenkanlage, Lenkung 1193
Fremdverschmutzung, Aerodynamik 523
Frequenz, Akustik 67
Frequenzbereiche, Rollwiderstand Reifen 1181
Frequenzerzeugung, Radar-Sensorik 1819
Frequenzmodulation, Rundfunkempfang 1795
Frequenz, Schwingungen 60
Fressen, Hubkolbenmotor 699
Fresswiderstand, Gleitlager 372
Friction Modifier, Schmierstoffe 539
Friend-Key, Schließsysteme 1442
Frischgas, Zylinderfüllung 812
Frischladung, Ladungswechsel 664
Frischluft, Klimatisierung 1392
Frischölschmierung, Hubkolbenmotor 688
Fritten, Starterbatterien 1479
Frontairbag, Insassenschutzsysteme 1419
Frontalkollision, Integrale Sicherheit 1426

Frontantrieb, Antriebsstrang
mit Verbrennungsmotor 598
Frontkamera,
Einpark- und Manövriersysteme 1886
Frontlenkerfahrzeuge,
Fahrzeugaufbau Nfz 1328
Front-Wischerantrieb, Scheiben-
und Scheinwerferreinigung 1381
Front-Wischersysteme, Scheiben- und
Scheinwerferreinigung 1380
Frostschutzmittel, Wasserkühlung 737
Frühe Fusion, Sensordatenfusion 1862
Frühverstellschritt, Klopfregelung 858
Frühverstellwartezeit,
Klopfregelung 858
Frunk, Fahrzeugaufbau Pkw 1320
FTP 72-Testzyklus, Testzyklen 1059
FTP 75-Testzyklus, Testzyklen 1057
Fuel-System, Motronic 803
Fügekraft, Schnappverbindungen 448
Fügekraft, Steckverbindungen 1521
Fugenlöten, Löttechnik 455
Fugenpressung,
Reibschlussverbindungen 433
Fügespiel,
Reibschlussverbindungen 433
Fügewinkel, Schnappverbindungen 448
Führungen, Stangen- und
Kolbendichtsysteme 414
Führungsbänder, Stangen- und
Kolbendichtsysteme 414
Führungsband,
Pneumatikdichtungen 406
Führungsgröße, Regelungs- und
Steuerungstechnik 242
Führungsringe, Stangen- und
Kolbendichtsysteme 412
Führungsschiene, Kettenantriebe 735
Full-CAN-Controller, CAN 1696
Füllkanal, Ansaugluftsystem 765
Füllmengenbegrenzer,
Flüssiggasbetrieb 887
Fullpass-Anwendung, Automotive
Software-Engineering 1658
Füllsimulation,
Zweikomponentendichtungen 408
Full Speed Range, Adaptive
Fahrgeschwindigkeitsregelung 1894
Füllstoffe, Kunststoffe 322
Füllstoffe, Radialreifen 1171
Fully-finished, Magnetwerkstoffe 292
Fünflenker-Einzelradaufhängung,
Radaufhängungen 1153
Funkenbrennspannung, Zündspule 863
Funkendauer, Zündung 855
Funkenlage, Zündkerze 869
Funkenstrom, Zündspule 863
Funkentstörung, Elektromagnetische
Verträglichkeit 1534
Funkschlüssel, Schließsysteme 1431
Funkstörungen,
Rundfunkempfang 1796
Funktionale Sicherheit,
Steuergerät 1639
Funktionale Sicherheit,
Wechselrichter 1591
Funktionales Modell, Architektur
elektronischer Systeme 1675
Funktionale Systemübersicht,
Steuerung elektrischer Antriebe 985
Funktionalitäten der Hybridantriebe,
Hybridantriebe 992
Funktionen, Mathematik 204
Funktionsblock, MOST 1710
Funktionseinheiten eines Kraftfahrzeugs,
Gesamtsystem Kraftfahrzeug 28
Funktionsklassen, MOST 1710
Funktionsnetzwerk, Automotive
Software-Engineering 1656
Funktionsverglasungen,
Automobilverglasung 1376
Fusionstypen, Sensordatenfusion 1862
Fußgängerdummie,
Aktiver Fußgängerschutz 1921
Fußgängerschutz,
Insassenschutzsysteme 1422
Fußgängerschutz,
Notbremssysteme 1920

G

Gabelform, Drehzahlsensoren 1739
Galvanische Kopplung, Elektro-
magnetische Verträglichkeit 1525
Galvanische Überzüge,
Überzüge und Beschichtungen 348
Galvanomagnetische Effekte,
Elektrotechnik 133
Gamma-Winkel,
Saugrohr-Einspritzventil 848
Ganglinien, Verkehrstelematik 1802
Gangübersetzung, Antriebsstrang
mit Verbrennungsmotor 597
Gangwechselelemente,
Übersetzungsgetriebe 611
Gasabsperrventil,
Erdgasdruckregelmodul 898
Gasaufkohlen, Wärmebehandlung 337

Gasentladungslampen, Beleuchtungseinrichtungen 1336, 1350
Gasfedern, Federung 1128
Gasförmige Kraftstoffe, Eigenschaftswerte 587
Gasförmige LPG-Einblasung, Flüssiggasbetrieb 889
Gasgeneratoren, Insassenschutzsysteme 1421
Gaskonstante, Thermodynamik 89
Gaskraftzerlegung, Hubkolbenmotor 691
Gas-PEMS, Abgas-Messtechnik 1084
Gasrail, Erdgasbetrieb 896
Gassonden 1766
Gas-to-Liquid, Kraftstoffe 577
Gaswechselgeräusche, Fahrzeugakustik 533
Gaswechsel, Ladungswechsel 664
Gaswechsel-OT, Ladungswechsel 664
Gateway, Architektur elektronischer Systeme 1667
Gauß-Effekt, Positionssensoren 1729
Gauß'sche Glockenkurve, Technische Statistik 230
Gauß'sche Normalverteilung, Technische Statistik 230
GC-FID, Abgas-Messtechnik 1083
Gedämpfte Eigenfrequenz, Dynamik der Kraftfahrzeuge 488
Gefahrerkennungszeit, Dynamik der Kraftfahrzeuge 475
Gefaltetes Filtermedium, Ansaugluftsystem 756
Gefrierschwelle, Starterbatterien 1482
Gefügeaufbau von Stählen, Metallische Werkstoffe 271
Geführte Fehlersuche, Steuergerätediagnose 1106
Gegenkolbenmotor, Hubkolbenmotor 690
Gegenkopplung, Operationsverstärker 150
Gegenstromzylinderkopf, Hubkolbenmotor 683
Gehäusebohrung, Radialwellendichtring 402
Gehäuseölfilter, Schmierung des Motors 751
Geländefahrzeuge, Gesamtsystem Kraftfahrzeug 29
Geländewagen, Gesamtsystem Kraftfahrzeug 29
Gel-Batterie, Starterbatterien 1485
Gelenkbusse, Fahrzeugaufbau Nfz 1330
Gelenkfreies Wischerblatt, Scheiben- und Scheinwerferreinigung 1387
Gelenkverbindung, Formschlussverbindungen 429
Gelenkwellenrad, Differentialgetriebe 626
Gelfette, Schmierstoffe 539
Gemeinsame Schiene, Common-Rail 924
Gemischaufbereitung, Dieselmotor 658
Gemischaufbereitung, Ottomotor 647
Gemischbildung, Dieselmotor 657
Gemischbildung, Flüssiggasbetrieb 889
Gemischbildung, Ottomotor 646, 838
Gemischbildungssysteme, Ottomotor 840
Gemischheizwert, Kraftstoffe 562
Genauigkeit, Fahrzeugnavigation 1873
Genauigkeitsanforderungen, Sensoren 1717
Genehmigungszeichen, Beleuchtungseinrichtungen 1335
General Timer Modul, Steuergerät 1626
Generatorausführungen, Drehstromgenerator 1502
Generatorauslastung, 12-Volt-Bordnetz 1462
Generatorischer Betrieb, Hybridantriebe 993
Generatorkennwerte, Drehstromgenerator 1498
Generatorregler, 12-Volt-Bordnetz 1452
Generatorschaltungen, Drehstromgenerator 1492
Generatorstromkreis, Drehstromgenerator 1495
Geodätischer Druck, Hydrostatik 56
Geometrieabweichungen, Toleranzen 354
Geometrische Optik, Technische Optik 74
Geometrische Produktspezifikation, Toleranzen 354
Geometrische Reichweite eines Scheinwerfers, Beleuchtungseinrichtungen 1345
Geometrisches Mittel, Technische Statistik 227
Gerade, Mathematik 205
Geradlinige Bewegung, Mechanik 46
Geradverzahnung, Übersetzungsgetriebe 609
Gerätemechanik, Wechselrichter 1591

Geräuschemission von Fahrzeugen, Fahrzeugakustik 530
Geräuschimmissionen, Akustik 70
Geräuschquellen, Fahrzeugakustik 533
Geregelte Abbremsung, Automatische Bremsfunktionen 1294
Geregeltes Glühsystem, Starthilfesysteme 957
Gesamtausfallrate, Technische Statistik 229
Gesamtfahrwiderstand, Fahrzeugphysik 464
Gesamtsystem Kraftfahrzeug, Kraftfahrzeuge 28
Gesamtverschmutzung, Dieselkraftstoff 573
Gesamtwirkungsgrad, Wärmekraftmaschinen 645
Geschlossene Behälter, Hydrostatik 56
Geschlossenes System, Thermodynamik 86
Geschwindigkeit, Mechanik 46
Geschwindigkeitsmessung, Radar-Sensorik 1819
Geschwindigkeitsregelung, Adaptive Fahrgeschwindigkeitsregelung 1891
Geschwindigkeitssymbol, Reifenkennzeichnung 1182
Geschwindigkeitsziffer, Strömungsmechanik 58
Gesetzliche Anforderungen, Elektromagnetische Verträglichkeit 1534
Gesetzliche Einheiten, Größen und Einheiten 35
Gesetzliche Vorschriften, Sicherheitssysteme im Kfz 1414
Gespann-Stabilisierung, Fahrdynamikregelung 1281
Gestaltabweichungen, Toleranzen 354
Gestaltänderungsenergiehypothese, Mechanik 51
Gestaltung, Schnappverbindungen 447
Gestaltungsfelder der Fahrzeugkonzeption, Fahrzeugaufbau Pkw 1312
Gestanztes Gitter, Starterbatterien 1479
Gesteuerte Adaption, Regelungs- und Steuerungstechnik 246
Gesundheitszustand, 12-Volt-Bordnetz 1461
Getriebeakustik, Fahrzeugakustik 533
Getriebeöle, Schmierstoffe 548
Getriebesteuerung, Antriebsstrang 630
Gewichtsoptimierung, Finite-Elemente-Methode 240
Gewindeabmessungen, Schraubenverbindungen 445
Giant Magnetoresistiver Effekt, Elektrotechnik 136
Giant Magnetoresistiver Effekt, Positionssensoren 1737
GIDAS, Fahrerassistenzsysteme 1805
Gieren, Bewegung des Fahrzeugs 463
Giermomentaufbauverzögerung, Antiblockiersystem 1262
Giermoment, Bewegung des Fahrzeugs 463
Gierrate, Drehratensensor 1743
Gierverstärkung, Dynamik der Kraftfahrzeuge 481
Gierwinkel, Bewegung des Fahrzeugs 463
Gießharze, Kunststoffe 323
Gigabit-Ethernet, Busse im Kfz 1704
Gitterstruktur, Starterbatterien 1479
GKZ-Glühen, Wärmebehandlung 335
Glanzchrom, Überzüge und Beschichtungen 349
Glas, Automobilverglasung 1374
Glasbildungstemperatur, Gläser 303
Gläser, Werkstoffe 303
Glasfaservlies, Starterbatterien 1484
Glasscheiben, Automobilverglasung 1375
Glasschmelze, Zündkerze 866
Glasübergangstemperatur, Kunststoffe 316
Glasverhalten, Reifenhaftung 1178
Gleichdruckaufladung, Abgasturbolader 781
Gleichdruckprozess, Thermodynamik 94
Gleichgewichtskonstante, Massenwirkungsgesetz 197
Gleichgewichtskonstante, Säuren in Wasser 198
Gleichmaßdehnung, Stoffkenngrößen 261
Gleichraumprozess, Thermodynamik 94
Gleichrichterdiode, Elektronik 141
Gleichrichtung, Drehstromgenerator 1493
Gleichrichtwert, Schwingungen 62
Gleichspannungswandler, Elektrik für Elektro- und Hybridantriebe 1594
Gleichspannungswandler von hohen Spannungen auf 12 V 1598

Gleichspannungswandler von hohen Spannungen auf 48 V 1599
Gleichstrom-Laden, On-Board-Ladevorrichtung 1601
Gleichtakt-Eingangswiderstand, Operationsverstärker 151
Gleichtaktunterdrückungsverhältnis, Operationsverstärker 151
Gleichverteilungsanforderung, Ansaugluftsystem 766
Gleitbacken, Trommelbremse 1257
Gleitfunkenkonzept, Zündkerze 870
Gleitlack, Schmierstoffe 539
Gleitlager, Hubkolbenmotor 700
Gleitlager, Maschinenelemente 370
Gleitreibung, Mechanik 53
Gleitsitz, Formschlussverbindungen 427
Gliederzug, Fahrzeugaufbau Nfz 1324
Global Chassis Control 1304
Global Positioning System, Fahrzeugnavigation 1872
Global Warming Potential, Kältemittel 591
Glühen, Wärmebehandlung 335
Glühlampe, Beleuchtungseinrichtungen 1336
Glühphasen, Glühsysteme 955
Glühsoftware, Glühsysteme 955
Glühstiftkerzen, Glühsysteme 954
Glühsysteme, Starthilfesysteme 954
Glühwendel, Beleuchtungseinrichtungen 1336
Glühzeit-Steuergerät, Glühsysteme 957
Glühzündungen, Ottomotor 654
Glühzündung, Zündkerze 871
Glykoletherflüssigkeiten, Bremsflüssigkeiten 558
GMR-Effekt, Elektrotechnik 136
GMR-Sensor, Drehzahlsensoren 1739
GMR-Sensoren, Elektrotechnik 136
GMR-Sensoren, Positionssensoren 1737
Goldüberzüge, Überzüge und Beschichtungen 349
Göttinger-Bauart, Windkanäle 524
Grad Celsius, SI-Einheiten 34
Gradientenfaser, Lichtwellenleiter 83
Gradientenkontrolle, Motorrad-Stabilitätskontrolle 1299
Gradientensensoren, Drehzahlsensoren 1741
Gradientenstruktur, Ansaugluftsystem 757
Grafikmodule, Anzeige und Bedienung 1787
Graphit, Metallische Werkstoffe 277
Graphit, Schmierstoffe 539
Grashofzahl, Thermodynamik 99
Grauguss, Metallische Werkstoffe 277
Grauguss mit Kugelgraphit, Metallische Werkstoffe 277
Grauguss mit Lamellengraphit, Metallische Werkstoffe 277
Grauguss mit Vermiculargraphit, Metallische Werkstoffe 277
Gravimetrisches Verfahren, Abgas-Messtechnik 1083
Gravitationsvektor, Motorrad-Stabilitätskontrolle 1297
Gray, SI-Einheiten 34
Grenzbereich, Dynamik der Kraftfahrzeuge 480
Grenzgeschwindigkeiten in Kurven, Dynamik der Kraftfahrzeuge 485
Grenzpumptemperatur, Schmierstoffe 539
Grid-Ansätze, Sensordatenfusion 1862
Gridheater, Starthilfesysteme 961
Großdach, Dachsysteme 1406
Größen, Größen und Einheiten 32
Großraumlastzug, Fahrzeugaufbau Nfz 1324
Großraumlimousine, Fahrzeugaufbau Pkw 1315
Großsignalstörungen, Rundfunkempfang 1799
Groundhook-Regler, Schwingungsdämpfer 1143
Grundaxiome, Geometrische Optik 74
Grunddrehzahlbereich, Elektrische Maschinen 1566
Grundgleichungen, Strömungsmechanik 58
Grundzündzeitpunkt, Zündung 855
Gruppen, Periodensystem 182
Gummielastizität, Kunststoffe 316
Gummielemente, Federung 1124
Gummifedern, Federung 1126
Gummilippe, Scheiben- und Scheinwerferreinigung 1387
Gummimischung, Riemenantriebe 721, 726
Gummireibung, Reifen 1179
Gummiwerkstoffe, Kunststoffe 316
Gurtkraftbegrenzer, Insassenschutzsysteme 1419
Gurtlose, Insassenschutzsysteme 1418

Gurtstraffer, Insassenschutzsysteme 1418
Gurtwarnsystem, Sicherheitssysteme im Kfz 1410
Gusseisentypen, Metallische Werkstoffe 277
Gusseisenwerkstoffe, Metallische Werkstoffe 276
Gusslegierungen, Metallische Werkstoffe 277
Gütefaktor, Schwingungen 61
Gütegrad, Wärmekraftmaschinen 644

H

Haftreibung, Mechanik 53
Haftungsentstehung, Reifen 1177
Halbbrücke, Wechselrichter 1583
Halbhohlniet, Niettechnik 458
Halbleiterbauelemente, Elektronik 141
Halbleiter, Elektrotechnik 110
Halbleiterspeicher, Steuergerät 1628
Halbleitertechnik, Elektronik 138
Halbleitertechnik, Mikromechanik 1720
Halbmotorbetrieb, Zylinderabschaltung 817
Halbrundniet, Niettechnik 458
Halbstarrachsen, Radaufhängungen 1149
Halbwertsbreite, Schwingungen 61
Halbwertszeit, Elemente 186
Hall-Effekt, Elektrotechnik 133
Hall-Effekt, Positionssensoren 1729
Hall-Konstante, Elektrotechnik 133
Hallräume, Fahrzeugakustik 532
Hall-Sensor, Drehzahlsensoren 1738
Hall-Sensoren, Positionssensoren 1730
Hall-Spannung, Positionssensoren 1729
Halogenfüllung, Beleuchtungseinrichtungen 1336
Halogenglühlampe, Beleuchtungseinrichtungen 1336
Halogen-Zweifadenlampe, Beleuchtungseinrichtungen 1340
Haltestromphase, Common-Rail 933
Haltewicklung, Starter für Pkw 1508
Handbremse, Bremsanlagen für Pkw und leichte Nfz 1216
Handschaltgetriebe, Übersetzungsgetriebe 614
Hangabtriebskraft, Fahrwiderstände 467
Haptischer Kanal, Anzeige und Bedienung 1785
Hardcase-Zelle, Batterien für Elektro- und Hybridantriebe 1611
Hardwarebeschleuniger, Steuergerät 1626
Hardwarekapselung, Automotive Software-Engineering 1649
Hardwaremodell, Architektur elektronischer Systeme 1677
Harnstoff-Wasser-Lösung, Abgasnachbehandlung Dieselmotor 968
Harnstoff-Wasser-Lösung, Betriebsstoffe 590
Hartchrom, Überzüge und Beschichtungen 349
Härte, Elastomer-Werkstoffe 419
Härte-Messverfahren, Wärmebehandlung 328
Härten, Wärmebehandlung 331
Härteprüfungen, Elastomer-Werkstoffe 419
Härteprüfung, Wärmebehandlung 328
Härter, Klebtechnik 455
Härte, Stoffkenngrößen 262
Härte, Wärmebehandlung 328
Hartlötungen, Löttechnik 454
Hartstoffschichten, Überzüge und Beschichtungen 352
Härtung, Klebtechnik 455
Haubenfahrerhaus, Fahrzeugaufbau Nfz 1329
Häufigkeit, Technische Statistik 226
Hauptausströmebenen, Klimatisierung 1393
Hauptbestandteile, Abgasemissionen 716
Hauptbremszylinder, Bremsanlagen für Pkw und leichte Nfz 1220
Hauptbremszylinder mit gefesselter Kolbenfeder, Bremsanlagen für Pkw und leichte Nfz 1221
Hauptbremszylinder mit Zentralventil, Bremsanlagen für Pkw und leichte Nfz 1220
Haupteinspritzung, Unit-Injector 945
Hauptgetriebe, Übersetzungsgetriebe 624
Hauptgruppen, Periodensystem 182
Hauptlichtfunktionen Europa, Beleuchtungseinrichtungen 1337
Hauptlichtfunktionen USA, Beleuchtungseinrichtungen 1343
Hauptmaxima, Wellenoptik 79

Hauptquantenzahl,
Periodensystem 185
Hauptrast, Schließsysteme 1432
Hauptsatz,
Chemische Thermodynamik 195
Hauptsätze der Thermodynamik,
Thermodynamik 88
Hauptstromölfilter,
Schmierung des Motors 752
Hauptverstellebenen,
Elektrische Sitzverstellung 1408
HC-Adsorption, Ansaugluftsystem 758
HCCI-Brennverfahren, Dieselmotor 662
HCI-System, Abgasnachbehandlung
Dieselmotor 964
HD-Batterie, Starterbatterien 1486
Header-CRC, FlexRay 1699
Header, FlexRay 1699
Header, LIN 1701
Headlamps for Visual Aim,
Beleuchtungseinrichtungen 1345
Head-up-Display,
Anzeige und Bedienung 1791
Heavy Duty, Drehstromgenerator 1504
Hebelgesetz, Mechanik 50
Hebel, Mechanik 50
Heckantrieb, Antriebsstrang mit
Verbrennungsmotor 598
Heckmotorantrieb, Antriebsstrang mit
Verbrennungsmotor 599
Heckunterfahrschutz,
Fahrzeugaufbau Nfz 1333
Heck-Wischerantriebe, Scheiben- und
Scheinwerferreinigung 1389
Heck-Wischersysteme, Scheiben- und
Scheinwerferreinigung 1388
Heilung, Diagnose 1092
Heißabstellverluste,
Verdunstungsprüfung 1088
Heiße Zündkerze 868
Heißfilm-Luftmassenmesser,
Durchflussmesser 1748
Heißleiter, Temperatursensoren 1760
Heißwassergerät, Windkanäle 527
Heizbares Verbund-Sicherheitsglas,
Automobilverglasung 1377
Heizkreislauf, Klimatisierung 1395
Heizpresse, Reifen 1172
Heizwendel, Glühsysteme 956
Heizwert, Kraftstoffe 562
Hell-Dunkel-Grenze, Beleuchtungs-
einrichtungen 1337, 1367
Helmholtz-Resonator,
Abgasanlage 797
Helmholtz-Resonator,
Ansaugluftsystem 764
Henry, SI-Einheiten 34
Herstellungsdatum,
Reifenkennzeichnung 1183
Hertzsche Pressung,
Hubkolbenmotor 701
Hertz'sche Pressung, Mechanik 52
Hertz, SI-Einheiten 34
Heterogene Brennverfahren,
Ottomotor 649
Heterogene Gemischaufbereitung,
Ottomotor 647
Heterogene Stoffe, Chemie 192
Heuristik, Sensordatenfusion 1860
Hexadezimalsystem, Mathematik 204
Hexaeder,
Finite-Elemente-Methode 236
HH-Aufteilung, Antiblockiersystem 1267
HI-Aufteilung, Antiblockiersystem 1267
High-Cut, Rundfunkempfang 1800
High-End-Steuergeräte, Motorsport 884
High-side-Schalter,
Wechselrichter 1583
Highspeed-CAN, Busse im Kfz 1693
High-Temperature-High-Shear,
Schmierstoffe 542
Hilfsbremsanlage, Bremsanlagen für
Pkw und leichte Nfz 1217
Hilfsbremsanlage,
Bremsanlagen Nfz 1232
Hilfsbremsanlage, Bremssysteme 1206
Hilfsbremswirkung,
Bremsanlagen Nfz 1230
Hilfskraftbremsanlage,
Bremssysteme 1207
Hilfskraftlenkanlage, Lenkung 1193
Hilfskraftlenkanlagen für Nfz,
Lenkung 1203
Hilfskraftlenkanlagen für Pkw,
Lenkung 1196
Hinterachslenkung, Lenkung 1192
Hinterrad-Abheberegelung,
Motorrad-Stabilitätskontrolle 1298
Hitzdraht-Luftmassenmesser,
Durchflussmesser 1747
Hitzebeständigkeit,
Elastomer-Werkstoffe 415
Hochautomatisiertes ferngesteuertes
Einparken, Einpark- und Manövrier-
systeme 1888
Hochdruckabsperrventil,
Erdgasbetrieb 896
Hochdruck-AGR,
Abgasrückführung 674

Hochdruckanschluss, Hochdruckpumpe Common-Rail 938
Hochdruckeinspritzventil, Gemischbildung 848
Hochdruckkreis, Hochdruckpumpe Common-Rail 941
Hochdruck-Magnetventil, Axialkolben-Verteilereinspritzpumpe 950
Hochdruck-Magnetventil, Radialkolben-Verteilereinspritzpumpe 952
Hochdruckmagnetventil, Unit-Injector 944
Hochdruckpumpe, Benzin-Direkteinspritzung 830
Hochdruckpumpe, Diesel-Verteilereinspritzpumpe 948
Hochdruckpumpen, Common-Rail 937
Hochdruckpumpe, Radialkolben-Verteilereinspritzpumpe 951
Hochdruckschaltventil, Fahrdynamikregelung 1285
Hochdruckschmierstoffe, Schmierstoffe 539
Hochdruckseitige Regelung, Common-Rail 926
Hochdrucksystem, Kraftstoffversorgung 822
Hochenergiespulen, Zündspule 864
Hochfrequente Schwingungen, Elektromagnetische Verträglichkeit 1526
Hochfrequente Störeinkopplung, Elektromagnetische Verträglichkeit 1531
Hochpolige Steckverbindungen 1521
Hochschaltkennlinie, Getriebesteuerung 633
Hochspannungsanschluss, Zündkerze 866
Höhenkorrektur, Elektronische Dieselregelung 913
Hohlniet, Niettechnik 458
Hohlrad, Übersetzungsgetriebe 610
Homezone Park Assist, Einpark- und Manövriersysteme 1888
Homogenbetrieb, Benzin-Direkteinspritzung 844
Homogene Gemischaufbereitung, Ottomotor 646
Homogene Selbstzündung bei Dieselbetrieb, Gemischbildung 662
Homogene Stoffe, Chemie 192
Homogen-Magerbetrieb, Benzin-Direkteinspritzung 845
Homogen-Schicht-Modus, Benzin-Direkteinspritzung 845
Homogen-Split, Katalysatoraufheizung 877
Homogen-Split-Modus, Benzin-Direkteinspritzung 845
Homologation, Radar-Sensorik 1822
Honung, Hubkolbenmotor 701
Honungsmuster, Hubkolbenmotor 701
Hooke'sche Gerade, Mechanik 51
Hooke'sche Gesetz, Mechanik 51
Hördynamik, Akustik 67
Hornhöhe, Räder 1156
Host, Kommunikationsbordnetze 1684
Hot Forged Rail, Common-Rail 943
Hot Soak, Verdunstungsprüfung 1088
HTHS-Viskosität, Schmierstoffe 542
Huang-Algorithmus, Schwingungsdämpfer 1144
Hub, Ethernet 1704
Hubkolbenmotor, Verbrennungsmotoren 676
Hub, Kommunikationsbordnetze 1689
Hubload, Riemenantriebe 721
Hubraum, Hubkolbenmotor 706
Hubraumleistung, Hubkolbenmotor 703
Hubvolumen, Hubkolbenmotor 706
HUD-Verglasung, Automobilverglasung 1378
Hüllbedingung, Toleranzen 354
Hülsenkette, Kettenantriebe 731
Hülsen-Zahnkette, Kettenantriebe 731
Hump, Räder 1156
Hürden des automatisierten Fahrens, Zukunft des automatisierten Fahrens 1935
Huygens'sche Prinzip, Wellenoptik 78
HV-Batterie, Bordnetze für Hybrid- und Elektrofahrzeuge 1561
HV-Bordnetz, Bordnetze für Hybrid- und Elektrofahrzeuge 1561
Hybridantriebe, Elektrifizierung des Antriebs 973, 990
Hybride Superkondensatoren, Elektrik für Elektro- und Hybridantriebe 1618
Hybridfahrzeug, Hybridantriebe 990
Hybridfilter, Klimatisierung 1393
Hybridfunktionalitäten, Hybridantriebe 992
Hybridisches Fahren, Hybridantriebe 992
Hybrid-Kühlerschutzmittel, Kühlmittel 555
Hybridsteuergeräte, Steuergerät 1636
Hybridsteuerung, Hybridantriebe 1010
Hybridtopologie, Kommunikationsbordnetze 1690

Hybrid-Zyklus, Testzyklen 1059
Hydratationswärme,
Chemische Bindungen 189
Hydraulikdrucksensor, Sensoren 1758
Hydraulikeinheit,
Antiblockiersystem 1265
Hydraulikeinheit,
Antriebsschlupfregelung 1266
Hydraulikeinheit, Bremsanlagen für
Pkw und leichte Nfz 1221, 1225
Hydraulikeinheit,
Fahrdynamikregelung 1285
Hydraulikmodul,
Bremsanlagen für Pkw 1227
Hydraulikschaltplan,
Motorrad-Stabilitätskontrolle 1301
Hydraulikzylinder, Federung 1133
Hydraulische Bremskraftverstärker,
Bremsanlagen für Pkw und
leichte Nfz 1217
Hydraulische Dämpfung,
Federung 1130
Hydraulische Hilfskraftlenkung,
Lenkung 1196
Hydraulische Hohlmantel-Spannbuchse,
Reibschlussverbindungen 434
Hydraulische Kolbendichtungen,
Dichtungen 413
Hydraulische Presse, Hydrostatik 56
Hydraulischer Bremsassistent,
Automatische Bremsfunktionen 1292
Hydraulischer Koppler,
Common-Rail 935
Hydraulischer Teleskopdämpfer,
Schwingungsdämpfer 1136
Hydraulische Rückfallebene,
Bremsanlagen für Pkw 1226
Hydraulische Rückfallebene, Bremsanlagen für Pkw und leichte Nfz 1225
Hydraulische Stangendichtungen,
Dichtungen 411
Hydraulische Steuerung,
Getriebesteuerung 634
Hydrierter Acrylnitril-Butadien-Kautschuk, Elastomer-Werkstoffe 416
Hydroaggregat,
Antiblockiersystem 1265
Hydrocarbon Injection, Abgasnachbehandlung Dieselmotor 964
Hydrocracköle, Schmierstoffe 539
Hydrodynamik, Schmierstoffe 543
Hydrodynamische Gleitlager 371
Hydrodynamischer Drehmomentwandler,
Anfahrelemente 603
Hydrodynamischer Retarder,
Dauerbremsanlagen 1247
Hydropneumatische Federn,
Federung 1130
Hydropneumatisches Federungssystem,
Federung 1134
Hydropulser, Fahrzeugakustik 532
Hydrostatik, Fluidmechanik 56
Hydrostatische Gleitlager 370
Hydrostatischer Druck, Hydrostatik 56
Hydroxidionen, Säuren in Wasser 199
Hydroxoniumionen,
Säuren in Wasser 198
Hypergeometrische Verteilung,
Technische Statistik 228
Hypoidantrieb, Differentialgetriebe 626
Hysteresekurve, Elektrotechnik 122
Hystereseverluste,
Elektrische Maschinen 1579
Hystereseverlust, Elektrotechnik 122

I

iBolt, Insassenschutzsysteme 1422
iBolt, Kraftsensor 1765
iBooster, Bremsanlagen für
Pkw und leichte Nfz 1218
IC-Messverfahren, Elektromagnetische
Verträglichkeit 1530
Ideale Düse, Erdgaseinblasventil 898
Ideales Gas, Thermodynamik 89
Ident Field, LIN 1701
Identifier, CAN 1694
Identifier-Feld, LIN 1701
Identifier, LIN 1702
Idle, FlexRay 1697
Idle_LP, FlexRay 1697
IGBT, Elektronik 146
Ignition-System, Motronic 803
II-Aufteilung, Antiblockiersystem 1267
ILSAC, Schmierstoffe 547
Immobiliser, Wegfahrsperre 1444
Impedanzspektroskopie,
Korrosionsprüfung 342
Implementierungen, CAN 1696
Implementierung von Softwarefunktionen, Automotive Software-Engineering 1659
Impulsänderung, Mechanik 49
Impulse im Bordnetz, Elektromagnetische
Verträglichkeit 1525
Impulserhaltung, Mechanik 49
Impulshaltigkeit, Akustik 70
Impuls, Mechanik 49

Impulsrad, Drehzahlsensoren 1738
Indien-Gesetzgebung, Emissionsgesetzgebung für Motorräder 1075
Indirektes Pulslaufzeitverfahren, Lidar-Sensorik 1831
Indirekt messende Reifendruckkontrollsysteme, Reifen 1189
Individualregelung, Antiblockiersystem 1263
Individualregelung modifiziert, Antiblockiersystem 1263
Indizierte Leistung, Wärmekraftmaschinen 644
Induktion, Elektrotechnik 121
Induktionslöten, Löttechnik 454
Induktionsspannung, Zündspule 863
Induktionszeit, Dieselkraftstoff 569
Induktionszeit, Schmierstoffe 539
Induktive Kopplung, Elektromagnetische Verträglichkeit 1525
Induktives Laden, On-Board-Ladevorrichtung 1601
Induktive Zündung, Zündung 860
Induktivität, Elektrotechnik 109
Induzierter Widerstand, Aerodynamik 517
Inferenz, Sensordatenfusion 1860
Inflatable Curtain, Insassenschutzsysteme 1421
Inflatable Headrests, Insassenschutzsysteme 1421
Inflatable Tubular System, Insassenschutzsysteme 1421
Inflatable Tubular Torso Restraints, Insassenschutzsysteme 1421
Information Domain Computer, Infotainment- und Cockpitlösungen 1781
Informationsbereiche, Anzeige und Bedienung 1785
Informationserfassung, Verkehrstelematik 1802
Informations- und Warnsysteme, Fahrerassistenzsysteme 1896
Informierender Einparkassistent, Einpark- und Manövriersysteme 1884
Infotainment-Bus, MOST 1707
Infotainment- und Cockpitlösungen, Infotainment 1780
Infrarot-Scheinwerfer, Nachtsichtsysteme 1877
Infraschall, Akustik 66
Ingredienzien, Radialreifen 1171
Inhaltsbezogene Adressierung, CAN 1694
Inhibitoren, Klebtechnik 456
Inhibitoren, Korrosionsschutz 346
Inhibitoren, Kühlmittel 554
Inhibitoren, Schmierstoffe 539
Injektoren, Common-Rail 929
Injektormengenabgleich, Common-Rail 928
Injektorvarianten, Common-Rail 930
Inkrementsensor, Drehzahlsensoren 1740
Inline-Filter, Benzinfilter 825
Inline-Filter, Dieselkraftstofffilter 922
Innenabmessungen, Fahrzeugaufbau Pkw 1319
Innendurchmesser, O-Ring 386
Innenlamellen, Übersetzungsgetriebe 613
Innenraumfilter, Klimatisierung des Fahrgastraums 1397
Innenraumüberwachung, Diebstahl-Alarmanlage 1449
Innenschicht, Radialreifen 1171
Innentemperatursensor, Sensoren 1763
Innenverriegelung, Schließsysteme 1433
Innenwiderstand, Starterbatterien 1483
Innenzahnradpumpe, Elektrokraftstoffpumpe 828
Innere Abgasrückführung, Zylinderfüllung 814
Innere Energie, Thermodynamik 87
Innere Fahrwiderstände, Energiebedarf für Fahrantriebe 508
Innere Gemischbildung, Ottomotor 646
Innermotorische Schadstoffreduzierung, Dieselmotor 661
Insassenschutzsysteme, Passive Sicherheit 1416
Insassensensierung, Insassenschutzsysteme 1422
Institute of Electrical and Electronics Engineers, Automotive Software-Engineering 1648
Instrumentenverstärker, Operationsverstärker 153
Instrumentierung, Anzeige und Bedienung 1785
Insulated Gate Bipolar Transistor, Elektronik 146
Intank-Filter, Benzinfilter 825
Integralbauweise, Fahrzeugaufbau Nfz 1331
Integrale Sicherheit, Passive Sicherheit 1424
Integral, Mathematik 217
Integralrechnung, Mathematik 215

Integrated Chassis Control 1304
Integrated Chassis Management 1304
Integrated Collision Detection Front, Integrale Sicherheit 1427
Integration, Mathematik 216
Integration von Software, Automotive Software-Engineering 1660
Integrierte Fahrdynamik-Regelsysteme 1304
Integrierte Redundanz, Bremsanlagen für Pkw 1229
Integrierter Motor-Generator, Elektrische Maschinen 1569
Integrierter Startergenerator, Hybridantriebe 995
Integriertes Bremssystem IPB, Bremsanlagen für Pkw 1226
Integrierte Sensoren, Sensoren 1719
Integriertes Ladekonzept, On-Board-Ladevorrichtung 1601
Intelligente Agenten, Künstliche Intelligenz 250
Intelligente Generatorregelung, Drehstromgenerator 1497
Intelligente Scheinwerfersteuerung, Fahrerassistenzsysteme 1928
Intelligente Sensoren, Sensoren 1719
Intelligent Vents, Insassenschutzsysteme 1420
Intelligenz, Künstliche Intelligenz 255
Intelligenz, Sensordatenfusion 1865
Intensitätsmessung, Lidar-Sensorik 1824
Intensitätsverlauf, Wellenoptik 79
Intensive Zustandsgrößen, Thermodynamik 87
Interaktionskanäle, Anzeige und Bedienung 1784
Interferenzmaxima, Wellenoptik 78
Interferenzminima, Wellenoptik 78
Interferenzmuster, Wellenoptik 78
Interferenz, Schwingungen 61
Interferenz, Wellenoptik 78
Interferenzwiderstand, Aerodynamik 517
Interframe Space, CAN 1695
Interframe-Symbol, Serial Wire Ring 1712
Interkalationselektrode, Batterien für Elektro- und Hybridantriebe 1608
Interkristalline Korrosion, Phänomenologie der Korrosion 341
International Electrotechnical Commission, Automotive Software-Engineering 1648
Interne Dichtungen, Pneumatikdichtungen 406
Interrupt-Controller, Steuergerät 1626
Interrupt-Frame, Serial Wire Ring 1712
In-the-Loop-Test, Automotive Software-Engineering 1655
In-the-Loop-Testsysteme, Automotive Software-Engineering 1661
Intrinsischer Fotoeffekt, Optoelektronische Sensoren 1776
In-use Monitor Performance Ratio, On-Board-Diagnose 1093
Inverse Matrix, Mathematik 224
Inverter, Wechselrichter 1582
Invertierender Verstärker, Operationsverstärker 152
Ionen, Elektrotechnik 103
Ionenprodukt, Säuren in Wasser 199
Ionenstrom-Messverfahren, Zündkerze 868
Ionenverbindungen, Chemische Bindungen 189
Ionische Bindungen, Chemische Bindungen 188
IRHD-Härte, Elastomer-Werkstoffe 420
IR-Spektroskopie, Chemische Bindungen 191
Isentropenexponenten, Thermodynamik 91
Isobare Zustandsänderung, Thermodynamik 91
Isobuten-Isopren-Kautschuk, Elastomer-Werkstoffe 415
Isochore Zustandsänderung, Thermodynamik 91
Isolationseigenschaften, Kunststoffe 322
Isolator, Zündkerze 866
Isolierfolien, Kunststoffe 323
Isolierstoffe, Kunststoffe 322
Isolierte Rückleitung, Starter für schwere Nfz 1517
Isomere, Elemente 185
Isomere Nuklide, Elemente 185
Isophone Kurven, Akustik 71
Isotherme Zustandsänderung, Thermodynamik 91
ISO-Toleranzsystem, Toleranzen 355
Isotope, Elemente 185
ISO-Viskositätsklassen, Schmierstoffe 543
IT-Sicherheit von KI-Systemen, Künstliche Intelligenz 256

J

Jackknifing, Fahrdynamik Nfz 496
Japan Automotive Software Platform and Architecture, Automotive Software-Engineering 1648
Japan-Gesetzgebung, Abgasgesetzgebung 1054
Japan-Gesetzgebung, Abgasgesetzgebung für schwere Nfz 1066
Japan-Gesetzgebung, Emissionsgesetzgebung für Motorräder 1075
Japan-Testzyklus, Abgasgesetzgebung 1062
JC08-Testzyklus, Testzyklen 1062
JE05-Testzyklus, Testzyklen für schwere Nfz 1070
Joule-Prozess, Thermodynamik 95
Joule, SI-Einheiten 34
Justage Radarsensor, Adaptive Fahrgeschwindigkeitsregelung 1893

K

Kabelbäume, Autoelektrik 1518
Kalibrierung, Elektronische Dieselregelung 915
Kalman-Filter, Sensordatenfusion 1870
Kalorische Zustandsgleichung, Thermodynamik 89
Kaltarbeitsstähle, Metallische Werkstoffe 272
Kältekreislauf, Klimatisierung 1395
Kältemittel, Betriebsstoffe 591
Kältemittel, Klimatisierung 1395
Kältemittelkühlung, Batterien für Elektro- und Hybridantriebe 1614
Kälteprüfstom, Starterbatterien 1483
Kälteviskosität, Bremsflüssigkeiten 557
Kalte Zündkerze 868
Kaltlaufunterstützung, Flammanlagen 960
Kaltleiter, Temperatursensoren 1760
Kaltschlamm, Schmierstoffe 539
Kaltstartphase, Dieselmotor 660
Kaltstartsicherheit, Schmierstoffe 539
Kaltstartvorgänge, Dieselmotor 660
Kamerabasierte Innenraumbeobachtung, Systeme zur Innenraumbeobachtung 1932
Kammförmige Elektroden, Beschleunigungssensor 1754
Kamm'scher Kreis, Reifen 1176
Kammstruktur, Drehratensensor 1744
Kanalabschaltklappe, Ansaugluftsystem 765
Kapazität, Elektrotechnik 108
Kapazitätsdiode, Elektronik 142
Kapazität, Starterbatterien 1482
Kapazitive Kopplung, Elektromagnetische Verträglichkeit 1525
Karkasse, Radialreifen 1171
Karosserieakustik, Fahrzeugakustik 534
Karosserie-Rohrrahmen, Finite-Elemente-Methode 239
Kartendarstellung, Fahrzeugnavigation 1875
Kartesische Koordinaten, Mathematik 211
Kaskadenregelung, Regelungs- und Steuerungstechnik 243
Kastenwagen, Fahrzeugaufbau Nfz 1324
Katal, SI-Einheiten 34
Katalysator, Abgasanlage 792
Katalysator, Abgasemissionen 718
Katalysatoranordnungen, Katalytische Abgasnachbehandlung 876
Katalysatordiagnose, On-Board-Diagnose 1099
Katalysatoren, Chemische Thermodynamik 196
Katalysatorheizen, Benzin-Direkteinspritzung 845
Katalysator, Katalytische Abgasnachbehandlung 874
Katalysatorkonfigurationen, Katalytische Abgasnachbehandlung 876
Katalysatorschichten, Brennstoffzelle 1032
Katalytische Abgasnachbehandlung, Abgasemissionen 718
Katalytische Abgasnachbehandlung, Steuerung und Regelung des Ottomotors 874
Katalytische Oxidation, Abgasnachbehandlung Dieselmotor 962
Katalytische Reduktion von Nitrosen Gasen, Abgasnachbehandlung Dieselmotor 965
Katalytisches Messprinzip, Wasserstoffsensoren 1775
Katalytische Verfahren, Abgasemissionen 719
Kathodische Gegenreaktion, Korrosionsvorgänge 340
Kathodischer Schutz, Korrosionsschutz 345

Kathodische Tauchlackierung, Überzüge und Beschichtungen 350
Kation, Chemische Bindungen 188
Kationen, Chemie 202
Kautschuk, Kunststoffe 316
Kavitationserscheinungen, Schwingungsdämpfer 1137
Kegeldichtsitz, Zündkerze 867
Kegelraddifferential, Differentialgetriebe 626
Kegelradritzel, Differentialgetriebe 626
Kegelrollenlager, Wälzlager 378
Kegelspannring, Reibschlussverbindungen 434
Kegelstrahl, Saugrohr-Einspritzventil 847
Kegeltellerrad, Differentialgetriebe 626
Kegelverbindung, Reibschlussverbindungen 433
Keil, Mechanik 50
Keilprinzip, Mechanik 50
Keilriemen, Riemenantriebe 720
Keilrippenriemenprofil, Riemenantriebe 722
Keilrippenriemen, Riemenantriebe 721
Keilverbindungen, Reibschlussverbindungen 436
Keilwinkel, Mechanik 50
Kelvin, SI-Einheiten 33
Kennfeldbasierte Strategien, Steuerung eines Hybridantriebs 1016
Kennfeldthermostat, Wasserkühlung 742
Kenngrößen, Fahrwerk 1113
Kenngrößen, Kraftstoffe 562
Kennleuchten, Beleuchtungseinrichtungen 1363
Kennlinienart, Sensoren 1719
Kennlinien, Elektrische Maschinen 1571
Kennung, Schaltpläne 1549
Kennzeichenbeleuchtung, Beleuchtungseinrichtungen 1340
Kennzeichenleuchte, Beleuchtungseinrichtungen 1361
Keramikmonolith, Katalysator 793, 874
Keramik, Werkstoffe 303
Keramische Werkstoffe 303
Keramische Werkstoffe, Eigenschaftswerte 304
Kernbausteine, Elemente 182
Kernladungszahl, Elemente 182
Kernspaltung, Elemente 186
Kesternich, Schmierstoffe 539
Kettenantriebe, Verbrennungsmotoren 730
Kettenräder, Kettenantriebe 734
Kettenspanner, Kettenantriebe 734
Kettenteilung, Kettenantriebe 731
Keyless-Entry, Schließsysteme 1431
Key-Sharing-Service, Schließsysteme 1442
K-Faktor, Drucksensoren 1757
KI-basierte Sensordatenfusion 1865
Kilogramm, SI-Einheiten 33
Kinästhetischer Kanal, Anzeige und Bedienung 1785
Kindersicherungsfunktion, Schließsysteme 1433
Kindersitze, Sicherheitssysteme im Kfz 1410
Kinematische Viskosität, Hubkolbenmotor 699
Kinematische Viskosität, Schmierstoffe 542
Kinematische Viskosität, Strömungsmechanik 57
Kinetische Energie, Mechanik 47
Kinetische Energie, Thermodynamik 87
Kippgefahr, Fahrdynamikregelung 1281
Kippgrenze, Fahrdynamikregelung Nfz 1289
Kipphebel, Hubkolbenmotor 685
Kipphebelsteuerung, Hubkolbenmotor 685
Kippstabilität, Fahrdynamik Nfz 494
Kirchhoff'sche Gesetze, Elektrotechnik 110
Klappen, Klimatisierung 1392
Klappergeräusche, Fahrzeugakustik 535
Klassenlabel, Sensordatenfusion 1866
Klassifikation, Hybridantriebe 994
Klassifikation von Kraftfahrzeugen, Gesamtsystem Kraftfahrzeug 29
Klassifikatoren, Sensordatenfusion 1866
Klassische Aggregatszustände, Stoffe 192
Klassische Niettechnik, Unlösbare Verbindungen 457
Klauenpolprinzip, Drehstromgenerator 1492
Klebstoffe, Klebtechnik 455
Klebtechnik, Unlösbare Verbindungen 455
Kleinfeldkontrast, Lichttechnische Größen 82
Kleinsignalbereich, Dynamik der Kraftfahrzeuge 479

Klemmenbezeichnungen, Autoelektrik 1557
Klemmenspannung, Starterbatterien 1483
Klemmverbindungen, Reibschlussverbindungen 435
Klimagerät, Klimatisierung 1392
Klimatisierung des Fahrgastraums, Komfort 1392
Klimatisierung für Hybrid- und Elektrofahrzeuge, Komfort 1396
Klima-Windkanäle, Aerodynamik 528
Klopfende Verbrennung, Zündkerze 871
Klopfen, Ottomotor 654
Klopfen, Sensoren 1755
Klopferkennung, Zündung 858
Klopfregelsystem, Zündung 857
Klopfregelung, Zündung 857
Klopfschutz, Benzin-Direkteinspritzung 845
Klopfsensor, Sensoren 1755
Klopfsensor, Zündung 858
Knarzen, Schließsysteme 1434, 1437
Knarzgeräusche, Fahrzeugakustik 535
Knetlegierungen, Metallische Werkstoffe 277
Knickpleuel, Hubkolbenmotor 683
Knieairbag, Insassenschutzsysteme 1421
Knoophärte, Wärmebehandlung 330
Knöpfchen, Schließsysteme 1433
Knotenadresse, Kommunikationsbordnetze 1688
Knotenblech, Fahrzeugaufbau Nfz 1328
Knotenmodell, Architektur elektronischer Systeme 1677
Knotenpunktregel, Elektrotechnik 110
Koaxiale E-Achs-Topoplogie, Elektrischer Achsantrieb 1023
Kodierung, CAN 1692
Koerzitivfeldstärke, Elektrotechnik 122
Kohlenmonoxid, Abgasemissionen 717
Kohlenwasserstoffe, Abgasemissionen 717
Kolbenabstand, Hubkolbenmotor 712
Kolbenbewegung, Hubkolbenmotor 706
Kolbenbolzenkraft, Hubkolbenmotor 692
Kolbendichtungen, Dichtungen 413
Kolbendichtungen, Pneumatikdichtungen 406
Kolbendichtung, O-Ring 391
Kolbenformen, Hubkolbenmotor 676, 678
Kolbenführung, Stangen- und Kolbendichtsysteme 413
Kolbengeschwindigkeit, Hubkolbenmotor 713
Kolben, Hubkolbenmotor 676, 684
Kolbenlaufbahn, Hubkolbenmotor 682
Kolbenlötung, Löttechnik 455
Kolbenmulde, Hubkolbenmotor 676
Kolbennormalkraft, Hubkolbenmotor 692
Kolbenoberflächengeometrie, Hubkolbenmotor 676
Kolbenringformen, Hubkolbenmotor 679
Kolbenring, Hubkolbenmotor 677, 701
Kolbenwegunktion, Hubkolbenmotor 692
Kollisionsgefahr, Kreuzungsassistenz 1924
Kollisionswarnung, Radarbasierte Assistenzsysteme für Zweiräder 1931
Kolloid, Stoffe 192
Kombiaufladung, Komplexe Aufladesysteme 787
Kombibremszylinder, Bremsanlagen Nfz 1240
Kombiinstrumente, Anzeige und Bedienung 1786
Kombinationssysteme, Common-Rail 925
Komfort, Aerodynamik 522
Komfortleuchten, Beleuchtungseinrichtungen 1367
Komfortsysteme im Tür- und Dachbereich, Komfort 1404
Kommunikationsbereiche, Anzeige und Bedienung 1785
Kommunikationsbordnetze, Autoelektronik 1682
Kommunikationsmodi, PSI5 1705
Kommunikationsschnittstellen, Steuergerät 1635
Kommunikation, Steuergerät 1631
Kommunikationszone, Schließsysteme 1441
Kommutierung, Wechselrichter 1584
Kompaktspule, Zündspule 863
Komplexe Aufladesysteme, Aufladegeräte 784
Komplexe Zahlen, Mathematik 210
Komplexitätsentwicklung, Steuergerät 1622
Komponentenmessverfahren, Elektromagnetische Verträglichkeit 1530

Komponentenmodell, Architektur elektronischer Systeme 1676
Kompressibilität, Bremsflüssigkeiten 556
Kompressionsenddruck, Hubkolbenmotor 715
Kompressionsendtemperatur, Hubkolbenmotor 715
Kompressionsvolumen, Hubkolbenmotor 706
Kompressor, Bremsanlagen Nfz 1233
Kompressor, Klimatisierung 1395
Kondensator, Elektrotechnik 108, 114
Kondensator, Klimatisierung 1395
Kondenswasser, Klimatisierung 1393
Konduktive Ladekonzepte, On-Board-Ladevorrichtung 1600
Konfektionierung, Steckverbindungen 1521
Konfliktdiagramm, Fahrwerk 1112
Königswelle, Hubkolbenmotor 687
Konkave Linse, Geometrische Optik 76
Konsistenz, Schmierstoffe 539
Konstantdrossel, Dauerbremsanlagen 1246
Konstruktive Interferenz, Wellenoptik 78
Konstruktiver Aufbau, Elektrischer Achsantrieb 1021
Kontaktanaloges Head-up-Display, Anzeige und Bedienung 1792
Kontaktkorrosion, Phänomenologie der Korrosion 341
Kontaktkorrosionsstrommessung, Korrosionsprüfung 343
Kontaktspannung, Elektrotechnik 131
Kontaktsysteme, Steckverbindungen 1523
Kontinuitätsgleichung, Strömungsmechanik 58
Kontraktionszahl, Strömungsmechanik 58
Kontrast, Lichttechnische Größen 82
Kontrollbit, CAN 1695
Kontrollkanal, MOST 1707
Kontrollnachrichten, MOST 1708
Konvektion, Thermodynamik 96
Konvektiver Wärmeübergang, Thermodynamik 96, 98
Konventionelle Batterien, Starterbatterien 1483
Konventioneller Rundfunkempfänger, Rundfunkempfang 1797
Konventionelles Wischerblatt, Scheiben- und Scheinwerferreinigung 1386
Konversionsschichten, Überzüge und Beschichtungen 353
Konvertierung, Katalysator 874
Konvertierungsraten, Katalysator 879
Konvexe Linse, Geometrische Optik 76
Konzentrationssonden 1766
Kooperativ regeneratives Bremssystem, Elektrifizierung des Antriebs 976
Koordinatensystem, Bewegung des Fahrzeugs 462
Koordinatensysteme, Mathematik 211
Koordinatensystem, Fahrwerk 1113
Koppelelemente, Elektrotechnik 129
Koppelhebel, Hubkolbenmotor 683
Koppellenkerachsen, Radaufhängungen 1150
Koppelortung, Fahrzeugnavigation 1873
Koppler, Piezo-Hochdruckeinspritzventil 852
Kopplung, Schwingungen 61
Kornorientiertes Elektroband, Magnetwerkstoffe 292
Körperschallschwingungen, Klopfsensor 1755
Korrekturfunktionen, Common-Rail 928
Korrespondierende Säure-Base-Paare, Chemie 199
Korrosion, Korrosion und Korrosionsschutz 340
Korrosionsinhibitoren, Dieselkraftstoff 574
Korrosionsinhibitoren, Ottokraftstoff 568
Korrosionsprüfungen, Korrosion und Korrosionsschutz 342
Korrosionsschutz, Bremsflüssigkeiten 558
Korrosionsschutz, Korrosion und Korrosionsschutz 344
Korrosionsschutz, Überzüge und Beschichtungen 348
Korrosionsvorgänge, Korrosion und Korrosionsschutz 340
Korrosiver Angriff, Korrosionsvorgänge 340
Kosinusfunktion, Mathematik 208
Kotangensfunktion, Mathematik 209
Kovalente Bindungen, Chemische Bindungen 189
Kräftedreieck, Mechanik 49
Krafteinleitung, Schraubenverbindungen 439
Krafteinleitungsfaktor, Schraubenverbindungen 440
Kräfteparallelogramm, Mechanik 49

Kraftfahrzeuglampen, Beleuchtungseinrichtungen 1337
Kraftfahrzeuglenkanlagen, Fahrwerk 1192
Kraft, Gesetzliche Einheiten 37
Kraft, Mechanik 47
Kraftmessung, Sensoren 1765
Krafträder, Gesamtsystem Kraftfahrzeug 29
Kraftschlüssige Riemenantriebe, Verbrennungsmotoren 720
Kraftschluss-Schlupfkurven, Radschlupfregelsysteme 1260
Kraftsensor, Autoelektronik 1765
Kraftstoffdruckdämpfer, Kraftstoffversorgung Ottomotor 836
Kraftstoffdruckregler, Kraftstoffversorgung 820
Kraftstoffdruckregler, Kraftstoffversorgung Ottomotor 835
Kraftstoffdrucksensor, Sensoren 1758
Kraftstoffe, Betriebsstoffe 560
Kraftstofffilter, Dieselkraftstofffilter 922
Kraftstofffilter, Kraftstoffversorgung 825
Kraftstofffilterung, Common-Rail 926
Kraftstoffflüchtigkeit, Ottokraftstoff 565
Kraftstofffördermodul, Kraftstoffversorgung Ottomotor 829
Kraftstoffförderung, Benzin-Direkteinspritzung 822
Kraftstoffförderung, Flüssiggasbetrieb 887
Kraftstoffförderung, Niederdruck-Kraftstoffversorgung Diesel 916
Kraftstoffförderung, Saugrohreinspritzung 820
Kraftstoffkühler, Niederdruck-Kraftstoffversorgung Diesel 920
Kraftstoffnormen, Dieselkraftstoff 569
Kraftstoffnormen, Ottokraftstoff 563
Kraftstoffsorten, Ottokraftstoff 563
Kraftstofftemperatursensor, Sensoren 1763
Kraftstofftropfen, Ottomotor 648
Kraftstoffverbrauch, Abgasgesetzgebung für schwere Nfz 1065
Kraftstoffverbrauch, Energiebedarf für Fahrantriebe 506
Kraftstoffverbrauch, Hubkolbenmotor 703
Kraftstoffverbrauch, Reifenlabel 1186
Kraftstoffverbrauchsanforderung, Abgasgesetzgebung für schwere Nfz 1064, 1066
Kraftstoffverdampfung, Ottomotor 647
Kraftstoffverdunstungs-Rückhaltesystem, Kraftstoffversorgung 824
Kraftstoffversorgung, Common-Rail 925
Kraftstoffversorgung, Niederdruck-Kraftstoffversorgung Diesel 916
Kraftstoffversorgung, Steuerung und Regelung des Ottomotor 820
Kraftstoffverteilerrohr, Kraftstoffversorgung Ottomotor 833
Kraftstoß, Mechanik 49
Kraftübersetzung, Mechanik 50
Kraftübertragung, Reifen 1176
Kraftverblendung, Elektrifizierung des Antriebs 979
Kreisevolvente, Übersetzungsgetriebe 609
Kreisfahrt, stationäre, Fahrdynamik-Testverfahren 499
Kreisfrequenz, Schwingungen 60
Kreiskeilverbindung, Reibschlussverbindungen 436
Kreisprozesse, Thermodynamik 91
Kreuzprodukt, Drehratensensor 1743
Kreuzprodukt, Mathematik 214
Kreuzungsassistenz, Fahrerassistenzsysteme 1924
Kriechfunktion, Steuerung elektrischer Antriebe 986
Kriechverhalten, Kunststoffe 310
Kristallografische Textur, Magnetwerkstoffe 292
Kritikalitätsmaße, Fahrerassistenzsysteme 1917
Kritische Fahrsituationen, Fahrerassistenzsysteme 1804
Kritischer Punkt, Wasser 193
Kritische Spannungsintensitätsfaktor, Stoffkenngrößen 262
Krümmer, Abgasanlage 792
Kubische Wärmeausdehnungskoeffizient, Stoffkenngrößen 258
Kugelförmige Schnappverbindungen 447
Kugelumlaufgetriebe, Lenkung 1200
Kugelumlauflenkung, Lenkung 1196
Kühlerauslegung, Wasserkühlung 742
Kühlerbauarten, Wasserkühlung 737
Kühlerbauformen, Wechselrichter 1592
Kühlerblock, Ladeluftkühlung 743
Kühlerblock, Wasserkühlung 737
Kühlerkasten, Wasserkühlung 738
Kühlerschutzmittel, Kühlmittel 554
Kühlkreislauf, Abgaskühlung 745
Kühlkreislauf, Wasserkühlung 737
Kühlluftgebläse, Wasserkühlung 739

Kühlluft, Hubkolbenmotor 689
Kühlmittel-Ausgleichsbehälter, Wasserkühlung 739
Kühlmittel für Verbrennungsmotoren 553
Kühlmittelgekühlte Ladeluftkühler, Ladeluftkühlung 744
Kühlmittelkühlung, Wasserkühlung 737
Kühlmittel-Ölkühler, Ölkühlung 746
Kühlmitteltemperaturregelung, Wasserkühlung 741
Kühlmitteltemperatursensor, Sensoren 1763
Kühlmittel, Wasserkühlung 737
Kühlmodul, Kühlung des Motors 747
Kühlsystemtechnik, Kühlung des Motors 748
Kühlung, Aerodynamik 521
Kühlung des Motors 736
Kühlung, Elektrische Maschinen 1580
Kühlung, Elektrischer Achsantrieb 1021
Kühlung, Hubkolbenmotor 688
Kühlung, Steuergerät 1636
Kühlung, Wechselrichter 1591
Kühlwasser, Hubkolbenmotor 689
Kühlwasserkreislauf, Hubkolbenmotor 689
Kühlwassertemperatur, Hubkolbenmotor 689
Kundenspezifische Kleinstserien, Motorsport 885
Kunstkohlelager, Gleitlager 377
Kunstkopfmesstechnik, Fahrzeugakustik 532
Künstliche Elementumwandlung, Elemente 186
Künstliche Intelligenz, Mathematik und Methoden 248
Künstliche Intelligenz, Sensordatenfusion 1865
Künstliche Intelligenz, Steuerung eines Hybridantriebs 1016
Künstliche Intelligenz, Video-Sensorik 1855
Künstliche neuronale Netze, Künstliche Intelligenz 252
Kunststoffe, Werkstoffe 306
Kunststoffrad, Räder 1160
Kupferlegierungen, Metallische Werkstoffe 277
Kupfer-Nickel-Legierungen, Metallische Werkstoffe 277
Kupplungsbelag, Anfahrelemente 600
Kupplungskopf Bremse, Bremsanlagen Nfz 1232
Kupplungskopf Vorrat, Bremsanlagen Nfz 1230
Kupplungsmoment, Steuerung Ottomotor 800
Kupplungsscheibe, Anfahrelemente 600
Kurbelgehäuseentlüftung, Ansaugluftsystem 760
Kurbelgehäuseentlüftungsgase, Ansaugluftsystem 766
Kurbelgehäuse, Hubkolbenmotor 676, 681
Kurbelkastenspülung, 2-Takt-Verfahren 666
Kurbelkröpfung, Hubkolbenmotor 681
Kurbelstern, Hubkolbenmotor 696
Kurbeltrieb, Hubkolbenmotor 676
Kurbeltriebskinematik, Hubkolbenmotor 691
Kurbelwelle, Hubkolbenmotor 677, 680
Kurbelwellendrehzahlsensor, Sensoren 1741
Kurbelwellen-Grundlager, Hubkolbenmotor 680
Kurbelwellenschwingungsdämpfer, Hubkolbenmotor 689
Kurbelwellen-Startergenerator, Hybridantriebe 995
Kurbelwellenwange, Hubkolbenmotor 693
Kurbelzapfen, Hubkolbenmotor 680
Kursbestimmung, Adaptive Fahrgeschwindigkeitsregelung 1891
Kurvenlicht, Beleuchtungseinrichtungen 1355
Kurvenwiderstand, Fahrwiderstände 465
Kurvenwiderstandsbeiwert, Fahrwiderstände 465
Kurzschlussringsensor, Positionssensoren 1726
Kurzschlussspülung, 2-Takt-Verfahren 666
Kurzzeit-Leistungsfähigkeit, Elektrischer Achsantrieb 1026
Kurzzeitverbraucher, 12-Volt-Bordnetz 1451

L

Labeln, Video-Sensorik 1856
Labyrinthsystem, Starterbatterien 1478
Lacke, Überzüge und Beschichtungen 350
Lackschichten, Überzüge und Beschichtungen 350
Ladebilanz, 12-Volt-Bordnetz 1452
Ladebilanzrechnung, 12-Volt-Bordnetz 1457
Ladedruck, Abgasturboaufladung 672
Ladedruckregelung, Abgasturbolader 781
Ladedruckregelung, Elektronische Dieselregelung 914
Ladedrucksensor, Sensoren 1758
Ladegerät, On-Board-Ladevorrichtung 1600
Ladeinfrastruktur, Elektrifizierung des Antriebs 982
Ladekennlinie, Starterbatterien 1488
Ladekontrollleuchte, 12-Volt-Bordnetz 1456
Ladeleistung, On-Board-Ladevorrichtung 1602
Ladeluftkühlung, Kühlung des Motors 743
Ladelufttemperatursensor, Sensoren 1763
Lademethode, Starterbatterien 1487
Ladestrategie, Bordnetze für Hybrid- und Elektrofahrzeuge 1564
Ladevorrichtung, On-Board-Ladevorrichtung 1600
Ladezeit, Zündspule 862
Ladezustand, 12-Volt-Bordnetz 1460
Ladung, Elektrotechnik 117
Ladungsbewegung, Ottomotor 653
Ladungsbewegungsklappe, Ansaugluftsystem 764
Ladungsmenge, Elektrotechnik 104
Ladung, Starterbatterien 1487
Ladungsträger, Elektrotechnik 103
Ladungstransport, Elektrotechnik 105
Ladungswechsel, Ottomotor 652
Ladungswechsel, Verbrennungsmotoren 664
Ladungswechsel, Zylinderfüllung 814
Ladung und Entladung, Starterbatterien 1480
Lagegeregelter Beschleunigungssensor, Autoelektronik 1751
Lagemaße, Technische Statistik 227
Lageparameter, Technische Statistik 227
Lagergehäuse, Abgasturbolader 776
Lagerkräfte, Hubkolbenmotor 700
Lagerluft, Wälzlager 379
Lagermatte, Katalysator 793
Lagerspiel, Wälzlager 379
Lagerwerkstoffe, Gleitlager 373
Lagetoleranz, Toleranzen 356
Lambda, Gemischbildung Ottomotor 838
Lambda-Regelung, Katalytische Abgasreinigung 879
Lambert-Strahler, Elektronik 143
Lamellenbremse, Übersetzungsgetriebe 613
Lamellenkupplung, Übersetzungsgetriebe 613
Lamellen, Reifenprofil 1174
Laminare Strömung, Strömungsmechanik 57
Lanchester-Ausgleich, Hubkolbenmotor 695
Landstraßenlicht, Beleuchtungseinrichtungen 1357
Länge, Gesetzliche Einheiten 35
Längenausdehnungskoeffizient, Stoffkenngrößen 258
Lang-Lkw, Fahrzeugaufbau Nfz 1329
Längsblattfederung, Radaufhängungen 1148
Längsdynamik, Fahrdynamik Nfz 493
Längseinparken, Einpark- und Manövriersysteme 1884
Längskeilverbindungen, Reibschlussverbindungen 436
Längskippmoment, Hubkolbenmotor 695
Längskräfte, Reifen 1176
Längskraft, Fahrwerk 1120
Längslenker-Einzelradaufhängung, Radaufhängungen 1150
Längslenker, Radaufhängungen 1148
Längspol, Fahrwerk 1116
Längspresssitz, Reibschlussverbindungen 432
Längsträger, Fahrzeugaufbau Nfz 1328
Langzeitstromentnahme, Starterbatterien 1486
Langzeitverbraucher, 12-Volt-Bordnetz 1451
Laplace-Transformation, Mathematik 219
Laptriggersysteme, Motorsport 884
Lärm, Akustik 70

Lärmarme Konstruktion, Akustik 68
Lärmexpositionspegel, Akustik 70
Lärmimmission, Akustik 70
Lärmminderung, Akustik 68, 70
Laser-LED, Elektronik 143
Laserlicht,
Beleuchtungseinruchtungen 1353
Laserschweißen, Schweißtechnik 453
Laserstrahlschweißen,
Schweißtechnik 453
Lasertechnik, Technische Optik 82
Laser-Vibrometer, Fahrzeugakustik 532
Laser Welded Rail, Common-Rail 943
Lastenheft, Mechatronik 1644
Lastfrequenz, Reifenhaftung 1178
Lastindex, Reifenkennzeichnung 1182
Lastkraftwagen,
Fahrzeugaufbau Nfz 1325
Lastpunktverschiebung,
Elektrifizierung des Antriebs 974
Lastregelung, Ottomotor 656
Lasttrum, Mechanik 54
Lasttrum, Riemenantriebe 721
Latenzzeit,
Kommunikationsbordnetze 1683
Latsch, Fahrwerk 1120
Latsch, Reifen 1176
Laufbahn, Hubkolbenmotor 701
Läufer, Drehstromgenerator 1492
Laufflächenprofil, Radialreifen 1172
Laufleistung, Nfz-Reifen 1173
Laufrichtungsgebundenes Profil,
Reifen 1182
Laufruheregelung, Common-Rail 928
Laufruheregelung,
Elektronische Dieselregelung 913
Laufzeitumgebung, Automotive
Software-Engineering 1649
Lautheit, Akustik 71
Lautstärkepegel, Akustik 71
Lawinendurchbruch, Elektronik 140
Lebenszyklusanalyse,
Energiebedarf für Fahrantriebe 515
Leckage-Rate, Dichtungstechnik 384
LED-Abblendlicht,
Beleuchtungseinrichtungen 1352
LED, Beleuchtungseinrichtungen 1336
LED-Leuchte,
Beleuchtungseinrichtungen 1365
LED-Scheinwerfer,
Beleuchtungseinrichtungen 1352
Leerlaufdrehzahlanhebung,
Katalysatoraufheizung 877
Leerlaufdrehzahlregelung,
Elektronische Dieselregelung 912
Leerlauf, Synchronmaschine 171
Leerlaufverstärkung,
Operationsverstärker 151
Leertrum, Kettenantriebe 734
Leertrum, Riemenantriebe 721
Legierte Edelstähle,
EN-Normen der Metalltechnik 286
Legierte Qualitätsstähle,
EN-Normen der Metalltechnik 286
Legierte Schmierstoffe,
Schmierstoffe 539
Legierung, Metallische Werkstoffe 271
Legierungselemente,
Starterbatterien 1479
Legierungswerkstoffe,
Starterbatterien 1479
Lehr'schen Dämpfungsmaß,
Beschleunigungssensor 1751
Leichtlauföle, Schmierstoffe 540
Leichtmetallrad, Räder 1160
Leistung, Gesetzliche Einheiten 37
Leistung im Wechselstromkreis,
Elektrotechnik 126
Leistung, Mechanik 49
Leistungsausbeute, Ottomotor 656
Leistungsbilanz, Lidar-Sensorik 1828
Leistungscharakteristik,
Elektrischer Achsantrieb 1026
Leistungsdefinition,
Hubkolbenmotor 705
Leistungsdioden, Elektronik 141
Leistungsfaktorkorrektur,
On-Board-Ladevorrichtung 1603
Leistungsglättung,
On-Board-Ladevorrichtung 1605
Leistungskennlinie,
Elektrische Maschinen 1567
Leistungsklassen,
Elektrischer Achsantrieb 1026
Leistungsneutrales Downsizing,
Hybridantriebe 993
Leistungsschalter, Wechselrichter 1583
Leistungsverlauf, Aufladung 672
Leistungsverzweigter Hybrid,
Hybridantriebe 1005
Leiter, Elektrotechnik 109
Leiterplattentechnik, Steuergerät 1636
Leiterrahmen,
Fahrzeugaufbau Nfz 1327
Leitfähigkeit, Elektronik 138
Leitrad, Hydrodynamischer
Drehmomentwandler 603
Leitstückläufer,
Drehstromgenerator 1504

Leitungsgebundene Störungen, Elektromagnetische Verträglichkeit 1530
Leitungsquerschnitte, Kabelbäume 1518
Leitungssatzmodell, Architektur elektronischer Systeme 1678
Leitungsschutz, Kabelbäume 1520
Leitungsverlegung, Kabelbäume 1520
Leitwert, Elektrotechnik 106
Lenkachse, Fahrwerk 1118
Lenkachsenspreizung, Fahrwerk 1118
Lenkender Einparkassistent, Einpark- und Manövriersysteme 1884
Lenkgetriebe, Lenkung 1195
Lenkhilfepumpe, Lenkung 1198
Lenkradmoment, Fahrwerk 1118
Lenkradschloss, Fahrzeugsicherungssysteme 1444
Lenkradwinkel, Fahrwerk 1118
Lenkritzel, Lenkung 1195
Lenkrollradius, Fahrwerk 1119
Lenksäule, Lenkung 1195
Lenksperre, Fahrzeugsicherungssysteme 1444
Lenkübersetzung, Fahrwerk 1118
Lenkung, Fahrwerk 1192
Lenkwinkel, Fahrwerk 1115
Lenkwinkelsensor, Positionssensoren 1736
Lenkwinkelsprung, Fahrdynamik-Testverfahren 500
Lenkwunsch, Fahrdynamikregelung 1275
Lernen als Vorhersage, Künstliche Intelligenz 250
Lernen, Künstliche Intelligenz 253
Lernstrategien, Künstliche Intelligenz 251
Lernstrategien, Steuerung eines Hybridantriebs 1013
Leuchtdichte, Lichttechnische Größen 81
Leuchtdiode, Beleuchtungseinrichtungen 1336, 1352
Leuchtdiode, Elektronik 143
Leuchtende Fläche eines Reflektors, Beleuchtungseinrichtungen 1346
Leuchten mit Fresneloptik, Beleuchtungseinrichtungen 1364
Leuchten mit Leuchtdioden, Beleuchtungseinrichtungen 1365
Leuchten mit Lichtleittechnik, Beleuchtungseinrichtungen 1366
Leuchten mit Reflektoroptik, Beleuchtungseinrichtungen 1364
Leuchtstofflampen, Beleuchtungseinrichtungen 1336
Leuchtweiteneinstellung, Beleuchtungseinrichtungen 1367
Leuchtweitenregelung, Beleuchtungseinrichtungen 1367
Lichtausbeute, Lichttechnische Größen 81
Lichtbogen, Beleuchtungseinrichtungen 1349
Lichtempfindliche Sensorelemente, Optoelektronische Sensoren 1776
Lichtfarbe Kfz-Leuchten, Beleuchtungseinrichtungen 1363
Lichtfunktionen, Beleuchtungseinrichtungen 1357
Lichtlaufzeitverfahren, Lidar-Sensorik 1828
Lichtleittechnik, Beleuchtungseinrichtungen 1366
Lichtmenge, Lichttechnische Größen 81
Lichtquellen, Beleuchtungseinrichtungen 1336
Lichtstärke, Lichttechnische Größen 81
Lichtstärken, Beleuchtungseinrichtungen 1364
Lichtstrahlen, Geometrische Optik 75
Lichtstromänderungen, Beleuchtungseinrichtungen 1350
Lichtstrom, Lichttechnische Größen 81
Lichttechnische Begriffe, Beleuchtungseinrichtungen 1345
Lichttechnische Einrichtungen, Beleuchtungseinrichtungen 1335
Lichttechnische Größen, Gesetzliche Einheiten 39
Lichttechnische Größen, Technische Optik 79
Lichtverteilung, Beleuchtungseinrichtungen 1350
Lichtverteilung Bi-Litronic, Beleuchtungseinrichtungen 1351
Lichtwellenleiter, Beleuchtungseinrichtungen 1366
Lichtwellenleiter, Technische Optik 83
Lidar-Sensorik, Fahrerassistenz und Sensorik 1824
Lidarsensor, Lidar-Sensorik 1824
Liefergrad, Hochdruckpumpe Benzin-Direkteinspritzung 831
Liefergrad, Ladungswechsel 664
Life Cycle Analysis, Energiebedarf für Fahrantriebe 515
Lifetime-Filter, Benzinfilter 825

Lifteinrichtung,
Fahrzeugaufbau Nfz 1326
Light Dependent Resistor,
Optoelektronische Sensoren 1776
Light Emitting Diode, Elektronik 143
Light-off-Temperatur,
Katalysator 790, 876
Li-Ionen-Starterbatterie 1486
Limp home, Diagnose 1092
LIN, Busse im Kfz 1700
LIN-Description-File, LIN 1702
Lineare Differentialgleichungen,
Mathematik 218
Lineare Gleichungssysteme,
Mathematik 224
Lineare Klassifikatoren,
Sensordatenfusion 1866
Linear-elastisches Verhalten,
Mechanik 51
Lineare Polarisation, Wellenoptik 77
Linearer Bereich,
Dynamik der Kraftfahrzeuge 480
Linearer Bus,
Kommunikationsbordnetze 1689
Lineare Regression,
Künstliche Intelligenz 252
Lineare Regression,
Technische Statistik 232
Linearer Temperaturkoeffizient,
Temperatursensoren 1762
Linearer Wärmeausdehnungskoeffizient,
Stoffkenngrößen 258
Lineares Einspurmodell,
Dynamik der Kraftfahrzeuge 480
Liner, Abgasanlage 796
Linksabbiegeassistent,
Kreuzungsassistenz 1925
LIN-Protokoll, LIN 1701
Linsen, Geometrische Optik 76
Linsenniet, Niettechnik 458
Liquefied Natural Gas, Erdgas 580
Liquefied Natural Gas,
Erdgasbetrieb 894
Liquefied Petroleum Gas,
Flüssiggasbetrieb 886
Lithium-Ionen-Technologie, Batterien für
Elektro- und Hybridantriebe 1608
Lithium-Ionen-Zellen, Batterien für
Elektro- und Hybridantriebe 1610
Litronic-Scheinwerfer,
Beleuchtungseinrichtungen 1349
Lkw-Bordnetz,
Energiebordnetze für Nfz 1466
Lkw-Fahrgestelle,
Fahrzeugaufbau Nfz 1325
Load Adaptive Control,
Fahrdynamikregelung 1281
Load-Dump-Schutz,
Drehstromgenerator 1494
Load Index, Reifenkennzeichnung 1182
Load-Response Fahrt,
12-Volt-Bordnetz 1456
Load-Response-Funktion,
Drehstromgenerator 1497
Local Interconnect Network,
Busse im Kfz 1700
Lochkameramodell,
Video-Sensorik 1847
Lochkorrosion,
Phänomenologie der Korrosion 341
Lochkreisdurchmesser, Räder 1156
Lochleibungsdruck, Mechanik 51
Lockern, Schraubenverbindungen 443
Lockstep-Mode, Steuergerät 1625
Logarithmisches Dekrement,
Schwingungen 61
Logarithmusfunktion, Mathematik 207
Logische Buszustände, CAN 1694
Lokale Informationen,
Verkehrstelematik 1802
Longlife-Motorenöle, Schmierstoffe 540
Longlife-Zündkerzen 867
Long-Range-Radar,
Radar-Sensorik 1822
Lorentzkraft, Drehratensensor 1743
Lorentzkraft, Elektrotechnik 125
Lösbare Verbindungen,
Verbindungstechnik 426
Losdrehen,
Schraubenverbindungen 443
Losdrehmoment,
Schraubenverbindungen 441
Lösekraft, Schnappverbindungen 448
Lösewinkel, Schnappverbindungen 448
Löslichkeitsprodukt,
Massenwirkungsgesetz 198
Losreißeffekt, Gleitlager 370
Lost motion, Variable Ventiltriebe 670
Lot, Löttechnik 454
Löttechnik,
Unlösbare Verbindungen 454
Loudness, Akustik 71
Loudness Level, Akustik 71
Low-Risk-Deployment-Methode,
Insassenschutzsysteme 1420
Low-side-Schalter, Wechselrichter 1583
Lowspeed-CAN, Busse im Kfz 1693
Low Speed Following, Adaptive
Fahrgeschwindigkeitsregelung 1894

LPG-Befüllanschluss, Flüssiggasbetrieb 891
LPG-Direkteinspritzung, Flüssiggasbetrieb 889
LPG-Einblasung, Flüssiggasbetrieb 886
LPG-Einblasventil, Flüssiggasbetrieb 891
LPG-Einspritzung, Flüssiggasbetrieb 888
LPG-Einspritzventil, Flüssiggasbetrieb 891
Luftaufbereitung, Bremsanlagen Nfz 1233
Luftaufbereitungseinheit, Bremsanlagen Nfz 1236
Luftaufwand, Ladungswechsel 664
Luftauslass, Klimatisierung 1393
Luftbeschaffung, Bremsanlagen Nfz 1233
Luftdurchsatz, Ladungswechsel 664
Lufteinlass, Klimatisierung 1392
Lüfteransteuerung, Elektronische Dieselregelung 914
Lüfterregelung, Wasserkühlung 740
Luftfedern, Federung 1126
Luftfilter, Ansaugluftsystem 770
Luftfilterelemente, Ansaugluftsystem 756
Luftfiltration, Ansaugluftsystem 755, 770
Luftführung, Ansaugluftsystem 755
Luftfunkenkonzept, Zündkerze 870
Luftgeführtes Brennverfahren, Benzin-Direkteinspritzung 845
Luftgekühlte Ladeluftkühler, Ladeluftkühlung 743
Luftgleitfunkenkonzept, Zündkerze 870
Luftheizgeräte, Motorunabhängige Heizungen 1398
Luft, Kältemittel 592
Luftkasten, Ladeluftkühlung 743
Luft-Kraftstoff-Gemisch, Ottomotor 838
Luftkühlung, Batterien für Elektro- und Hybridantriebe 1614
Luftkühlung, Hubkolbenmotor 689
Luftkühlung, Kühlung des Motors 736
Luftmangel, Gemischbildung Ottomotor 838
Luftmassendurchsatz, Aufladung 671
Luftmengenmesser, Durchflussmesser 1747
Luft-Ölkühler, Ölkühlung 745
Luftreinigung, Klimatisierung 1393
Lüftspielausgleich, Scheibenbremse 1251
Lüftspiel, Scheibenbremse 1251
Lufttrockner, Bremsanlagen Nfz 1234
Luftüberschuss, Gemischbildung Ottomotor 839
Luftverhältnis, Gemischbildung Ottomotor 838
Luftverunreinigungen, Ansaugluftsystem 756
Luft-Wasser-Umlaufkühlung, Hubkolbenmotor 689
Luftwiderstand, Aerodynamik 516
Luftwiderstand, Fahrwiderstände 465
Luftwiderstandsbeiwert, Aerodynamik 516
Luftwiderstandsbeiwert, Fahrwiderstände 465
Luftwiderstandsbeiwert, Strömungsmechanik 59
Luftwiderstandsleistung, Fahrwiderstände 465
Luftzahl, Gemischbildung Ottomotor 838
Luftzustand, Hubkolbenmotor 705
Lumen, SI-Einheiten 34
Lux, SI-Einheiten 34

M

M+S, Reifenkennzeichnung 1184
Magerlaufgrenze, Gemischbildung Ottomotor 839
Magerverschiebung, λ-Regelung 879
Magnesium, Metallische Werkstoffe 280
Magnetische Energiedichte, Elektrotechnik 121
Magnetische Feldgrößen, Elektrotechnik 118
Magnetische Feldstärke, Elektrotechnik 119
Magnetische Größen, Gesetzliche Einheiten 39
Magnetische Induktion, Elektrotechnik 119
Magnetische Polarisation, Elektrotechnik 121
Magnetischer Fluss, Elektrotechnik 119
Magnetisches Dipolmoment, Elektrotechnik 121
Magnetisches Feld, Elektrotechnik 118, 125
Magnetisch induktive Sensoren, Positionssensoren 1726
Magnetisierungskurven, Elektrotechnik 124

Magnetoresistive Effekte, Elektrotechnik 133
Magnetoresistive Random-Access Memory, Steuergerät 1628
Magnetostatische Sensoren, Positionssensoren 1729
Magnetpole, Drehstromgenerator 1492
Magnetventilinjektoren, Common-Rail 929
Magnetwerkstoffe, Werkstoffe 290
MAG-Schweißen, Schweißtechnik 452
Makrorauigkeit, Reifenhaftung 1177
Makro-Scanner, Lidar-Sensorik 1835
Makrotick, FlexRay 1698
Manganphosphatschichten, Überzüge und Beschichtungen 353
Manipulationsmöglichkeiten, Künstliche Intelligenz 256
Manövrierassistent, Einpark- und Manövriersysteme 1886
Manövrier-Notbremsassistent, Notbremssysteme 1919
Manschette, Radialwellendichtring 400
Mantelraum, Schwingungsdämpfer 1137
Map Matching, Fahrzeugnavigation 1873
Martensitische Gefüge, Metallische Werkstoffe 272
Martensit, Metallische Werkstoffe 272
Maschenregel, Elektrotechnik 110
Maschentopologie, Kommunikationsbordnetze 1690
Maschinelle Lernverfahren, Video-Sensorik 1855
Maschinelles Lernen, Künstliche Intelligenz 250
Maßabweichungen, Toleranzen 354
Masseelektrode, Zündkerze 867
Masse, Gesetzliche Einheiten 36
Masse, Mechanik 46
Massenausgleich am Einzylindermotor, Hubkolbenmotor 693
Massenausgleich am Mehrzylindermotor, Hubkolbenmotor 694
Massendurchsatz, Strömungsmechanik 58
Massenkräfte, Hubkolbenmotor 693
Massenspektroskopie, Chemische Bindungen 191
Massensperre, Schließsysteme 1438
Massenwirkungsgesetz, Chemie 197
Massenzahl, Elemente 182
Maßtoleranzen, Toleranzen 355
Master, Kommunikationsbordnetze 1687
Master-Slave, Kommunikationsbordnetze 1687
Matchen, Räder 1168
Mathematik, Mathematik und Methoden 204
Mathematische Zeichen, Größen und Einheiten 45
Matrix, Mathematik 222
Matrix-Scheinwerfer, Beleuchtungseinruchtungen 1358
Matrize, Niettechnik 458
Matrizen-Rechnung, Mathematik 222
Matsch und Schnee, Reifenkennzeichnung 1184
Maturity Level, Automotive Software-Engineering 1652
Maximaldrehzahl, Drehstromgenerator 1499
Maximaler Ventilhub, Hubkolbenmotor 686
Maximalpermeabilität, Stoffkenngrößen 259
Maximalstrom, Drehstromgenerator 1499
Maximum-Materialmaß, Toleranzen 355
Maximum-Material-Virtualmaß, Toleranzen 355
McPherson-Prinzip, Radaufhängungen 1152
Mechanik, Grundlagen 46
Mechanische Aufladung, Verbrennungsmotoren 671
Mechanische Lader, Aufladegeräte 772
Mechanischer Kreisellader, Mechanische Lader 772
Mechanischer Wirkungsgrad, Wärmekraftmaschinen 644
Mechanische Spannung messende Systeme, Beschleunigungssensor 1752
Mechanische vollvariable Ventiltriebe, Verbrennungsmotoren 669
Mechanisch-technologische Stoffkenngrößen, Stoffkenngrößen 260
Mechatronik, Autoelektronik 1640
Mechatronische Systeme, Autoelektronik 1640
Median, Technische Statistik 227
Media Oriented Systems Transport, Busse im Kfz 1707
Medienbeständigkeit, Elastomer-Werkstoffe 421
Mehrbereichsöle, Schmierstoffe 540

Mehrfachsynchronisierung, Übersetzungsgetriebe 612
Mehrfarbenspritzgießen, Zweikomponentendichtungen 408
Mehrfunkenzündung, Zündspule 864
Mehrkammerleuchte, Beleuchtungseinrichtungen 1340
Mehrkomponenten-Spritzguss, Zweikomponentendichtungen 408
Mehrkreisbremsanlage, Bremssysteme 1207
Mehrkreisschutzventil, Bremsanlagen Nfz 1236
Mehrlenker-Einzelradaufhängung, Radaufhängungen 1152
Mehrlochventil, Hochdruckeinspritzventil 850
Mehrmodenfasern, Lichtwellenleiter 83
Mehrphasensystem, Drehstromsystem 178
Mehrschichtgleitlager 373
Mehrschichtisolierstoffe, Kunststoffe 323
Mehrstrahl-Lidar, Lidar-Sensorik 1835
Mehrstufenaufkohlung, Wärmebehandlung 337
Mehrwegeempfang, Rundfunkempfang 1799
Mehrzügiges Einparken, Einpark- und Manövriersysteme 1884
Meilensteine der Automobilgeschichte, Fahrzeugaufbau Pkw 1310
Meltblownfasern, Ansaugluftsystem 757
Membrandruckregler, Erdgasdruckregelmodul 898
Membransensoren, Drucksensoren 1756
Memory-Funktion, Elektrische Sitzverstellung 1408
ME-Motronic, Steuerung Ottomotor 806
Mengenausgleichsregelung, Common-Rail 928
Mengenausgleichsregelung, Elektronische Dieselregelung 913
Mengenregelung, Hochdruckpumpe Common-Rail 939
Mengensteuerventil, Benzin-Direkteinspritzung 832
Mengenzumessung, Axialkolben-Verteilereinspritzpumpe 950
Menschliche Auge, Technische Optik 79
Merkmalsvektor, Sensordatenfusion 1860
Message Authentification Code, Wegfahrsperre 1447
Message-Scheduling, LIN 1702
Messempfindlichkeit, Beschleunigungssensor 1750
Messing, Metallische Werkstoffe 277
Messmittel der Akustik, Fahrzeugakustik 532
Messprinzipien, Lidar-Sensorik 1828
Messverfahren, Radar-Sensorik 1818
Messwerke, Anzeige und Bedienung 1786
Messwerkzeug, Automotive Software-Engineering 1662
Metal Injection Molding, Metallische Werkstoffe 280
Metall-Aktivgasschweißen, Schweißtechnik 452
Metallcarbidhaltige Kohlenstoffschichten, Überzüge und Beschichtungen 353
Metallelektrode, Batterien für Elektro- und Hybridantriebe 1607
Metallfedern, Federn 364
Metallfilm-Temperatursensor, Sensoren 1762
Metallfreie Kohlenstoffschichten, Überzüge und Beschichtungen 353
Metallhydrid, Batterien für Elektro- und Hybridantriebe 1607
Metallic-Lackierung, Überzüge und Beschichtungen 351
Metallische Bindungen, Chemische Bindungen 190
Metallische Bindung, Metallische Werkstoffe 271
Metallische Werkstoffe, Werkstoffe 271
Metallkeramische Lager, Gleitlager 375
Metall-Inertgasschweißen, Schweißtechnik 452
Metallmembran-Hochdrucksensoren, Sensoren 1759
Metallmonolith, Katalysator 792, 874
Metallpulversintern, Metallische Werkstoffe 280
Metallschichtwiderstand, Temperatursensoren 1762
Metall-Schutzgasschweißen, Schweißtechnik 452
Metallseifen, Schmierstoffe 540, 549
Metallsickendichtungen, Flachdichtungen 395
Metastabile Form, Stoffe 192
Meter, SI-Einheiten 32
Methanol, Alkoholbetrieb 901
Methanol, Ottokraftstoff 569
Metrisches Feingewinde, Schraubenverbindungen 445

Metrisches ISO-Gewinde,
Schraubenverbindungen 445
Metrisches Regelgewinde,
Schraubenverbindungen 445
Midibusse, Fahrzeugaufbau Nfz 1330
Mid-Range-Radar,
Radar-Sensorik 1822
MIG-Schweißen, Schweißtechnik 452
Mikrobusse, Fahrzeugaufbau Nfz 1330
Mikrocomputer, Steuergerät 1624
Mikrocontroller, Steuergerät 1627
Mikrocontroller Unit, Steuergerät 1625
Mikrodopplereffekt,
Aktiver Fußgängerschutz 1921
Mikromechanik, Sensoren 1720
Mikromechanische Bulk-Silizium-Beschleunigungssensoren, Autoelektronik 1753
Mikromechanische Drehratensensoren,
Schwingungsgyrometer 1743
Mikromechanische Drucksensoren,
Sensoren 1757
Mikroporöse Separatoren,
Starterbatterien 1478
Mikroprozessor, Steuergerät 1624
Mikrorauigkeit, Reifenhaftung 1177
Mikro-Scanner, Lidar-Sensorik 1836
Mildhybrid,
Elektrifizierung des Antriebs 971
Mildhybrid, Hybridantriebe 996
Mindestgeräusch von Fahrzeugen,
Fahrzeugakustik 531
Mindestklemmkraft,
Schraubenverbindungen 439
Mindestprofiltiefe, Reifenprofil 1174
Mindeststreckgrenze,
Schraubenverbindungen 438
Mindestumschlingungswinkel,
Riemenantriebe 724, 728
Mineralöle, Schmierstoffe 540
Mineralölflüssigkeiten,
Bremsflüssigkeiten 559
Minibusse, Fahrzeugaufbau Nfz 1330
Mischer, Abgasanlage 791
Mischklappensystem,
Klimatisierung 1393
Mischraum, Klimatisierung 1393
Mischreibung, Schmierstoffe 543
Mischungskontrollierte Verbrennung,
Dieselmotor 659
Missbrauchsschutz,
Starter für schwere Nfz 1517
Mitkopplung, Operationsverstärker 151
Mittelbereich,
Fahrerassistenzsysteme 1808
Mittelbereichslidar,
Lidar-Sensorik 1827
Mittelbereichsradar,
Radar-Sensorik 1822
Mitteldrucksensoren, Sensoren 1758
Mittelelektrode, Zündkerze 867
Mittelmotorantrieb, Antriebsstrang
mit Verbrennungsmotor 599
Mittelpunktsviskosität,
Schmierstoffe 542
Mittenelement,
Fahrdynamikregelung 1282
Mittenlochdurchmesser, Räder 1156
Mittigkeitsabweichung,
Radialwellendichtring 402
Mittlere Fusion,
Sensordatenfusion 1863
Mittlere Rautiefe, Toleranzen 357
Mittlerer Temperaturkoeffizient,
Temperatursensoren 1762
M-Motronic, Steuerung Ottomotor 805
MNEFZ, Testzyklen 1059
Modalanalyse, Schwingungen 64
Modellbasierte Entwicklung, Automotive
Software-Engineering 1654
Modellbibliothek, Mechatronik 1643
Modelle der E/E-Architektur, Architektur
elektronischer Systeme 1674
Modelle, Mechatronik 1642
Modell-Windkanal, Aerodynamik 527
Model Predictive Control,
Steuerung eines Hybridantriebs 1012
Modifikationen, Stoffe 192
Modifizierte Lebensdauer,
Wälzlager 383
Modulationsverfahren,
Lidar-Sensorik 1829
Modul, Batterien für Elektro-
und Hybridantriebe 1612
Modulierbare Hilfskraftlenkungen,
Lenkung 1196
Molare Masse,
Stoffkonzentrationen 194
Moldflow-Analyse,
Zweikomponentendichtungen 408
Moldmodul, Wechselrichter 1591
Molekulare Haftung,
Reifenhaftung 1178
Molekülorbitale,
Chemische Bindungen 190
Molekülspektroskopie,
Chemische Bindungen 191
Molgewicht, Stoffkonzentrationen 194
Molmasse, Stoffkonzentrationen 194
Molprozent, Stoffkonzentrationen 194

Mol, SI-Einheiten 33
Mol, Stoffkonzentrationen 194
Molvolumen, Stoffkonzentrationen 194
Molybdändisulfid, Schmierstoffe 540
Momentenpfad,
Elektronische Dieselregelung 910
Momentenverblendung,
Elektrifizierung des Antriebs 977
Momentenverteilung in Längsrichtung bei Allradantrieben 1305
Moment, Mechanik 47
Monitoring, CAN 1696
Monitoring, Motronic 804
Monokristalline Silizium-Halbleiterwiderstände, Temperatursensoren 1763
Monolithische integrierte Schaltungen, Elektronik 157
Monomolekulare Reaktion, Elemente 186
Monovalente Fahrzeuge, Erdgasbetrieb 894
„Monovalent plus"-Fahrzeuge, Erdgasbetrieb 896
Montagebeanspruchung, Schraubenverbindungen 441
Montagehinweise, Radialwellendichtring 403
Montagehülse, O-Ring 391
Montagespritzgießen, Zweikomponentendichtungen 408
MOS-Feldeffekt-Transistoren, Elektronik 147
MOST 25, Busse im Kfz 1707
MOST 50, Busse im Kfz 1707
MOST 150, Busse im Kfz 1707
MOST-Anwendungsschicht, Busse im Kfz 1709
MOST, Busse im Kfz 1707
MOST Frame-Struktur, Busse im Kfz 1708
Motorakustik, Fahrzeugakustik 533
Motoransaugluftfilter, Ansaugluftsystem 755
Motorbankabschaltung, Zylinderabschaltung 817
Motorbremse, Dauerbremsanlagen 1246
Motorenöle, Schmierstoffe 544
Motor-Getriebe-Einheit, Scheiben- und Scheinwerferreinigung 1381
Motor Industry Software Reliability Association, Automotive Software-Engineering 1648
Motorischer Betrieb, Hybridantriebe 993
Motorkontrollleuchte, Diagnose 1097
Motorleistung, Hubkolbenmotor 705
Motor-Oktanzahl, Ottokraftstoff 565
Motoröldrucksensor, Sensoren 1758
Motoröltemperatursensor, Sensoren 1763
Motorrad-ABS, Motorrad-Stabilitätskontrolle 1298
Motorrad, Antiblockiersystem 1268
Motorrad-Batterie, Starterbatterien 1486
Motorrad-Stabilitätskontrolle, Fahrwerksregelung 1296
Motorrad-Traktionskontrolle, Motorrad-Stabilitätskontrolle 1302
Motorschleppmomentregelung, Fahrdynamikregelung 1273
Motorschleppmomentregelung, Radschlupfregelsysteme 1264
Motorsport 882
Motorsportstecker, Motorsport 883
Motorsport-Zündkerzen, Motorsport 885
Motorstaubremse, Dauerbremsanlagen 1246
Motorsteuerung für Erdgasfahrzeuge, Erdgasbetrieb 896
Motorsteuerung, Steuerung Ottomotor 800
Motorunabhängige Heizungen, Klimatisierung des Fahrgastraums 1398
Motor-Verbrauchskennfeld, Energiebedarf für Fahrantriebe 506
Motronic-Ausführungen für Motorräder 809
Motronic-Ausführungen, Steuerung Ottomotor 805
Motronic, Steuerung Ottomotor 801
Movable Magnet, Positionssensoren 1732
MPC, Steuerung eines Hybridantriebs 1012
MSG-Schweißen, Schweißtechnik 452
Multicast, Kommunikationsbordnetze 1688
Multifunktionsregler, Drehstromgenerator 1497
Multikamerasystem, Informations- und Warnsysteme 1897
Multi-Master, Kommunikationsbordnetze 1687
Multimediadaten, Übertragung über MOST 1708
Multimediakanal, MOST 1707
Multi-Phasen-Wandler, Gleichspannungswandler 1596

Multipolrad, Drehzahlsensoren 1739
Muscheldiagramm,
Energiebedarf für Fahrantriebe 506
Muskelkraftbremsanlage,
Bremssysteme 1207
Muskelkraftlenkanlage, Lenkung 1193

N

Nachbarkanalstörungen,
Rundfunkempfang 1799
Nachentflammungen, Zündkerze 868
Nachglühphase, Glühsysteme 955
Nachlaufachsen,
Fahrzeugaufbau Nfz 1326
Nachlauf,
Motorrad-Stabilitätskontrolle 1297
Nachlaufstrecke, Fahrwerk 1119
Nachlaufturbulenzen, Aerodynamik 523
Nachlaufversatz, Fahrwerk 1119
Nachlaufwinkel, Fahrwerk 1119
Nachrichten-Identifier,
Kommunikationsbordnetze 1688
Nachrichten,
Kommunikationsbordnetze 1682
Nachrichtenorientiertes Verfahren,
Kommunikationsbordnetze 1688
Nachrichtenübertragung,
Rundfunkempfang 1794
Nachschaltgruppe,
Übersetzungsgetriebe 624
Nachschneiden, Reifen 1174
Nachspur, Fahrwerk 1115
Nachtsehen,
Lichttechnische Größen 81
Nachtsichtsysteme,
Fahrerassistenzsysteme 1876
Nadellager, Wälzlager 378
Nahbereich,
Fahrerassistenzsysteme 1809
Nahbereichsradar,
Radar-Sensorik 1822
Nahfeldbedingungen,
Elektrotechnik 129
Nahfeld-Lidar, Lidar-Sensorik 1827
Nah-Infrarot-Systeme,
Nachtsichtsysteme 1877
Nanofaser-Filtermedien,
Ansaugluftsystem 771
Nassbremsen, Reifen 1175
Nasse Buchse, Hubkolbenmotor 682
Nasse Kupplung, Anfahrelemente 602
Nasshaftung, Reifenlabel 1186
Nasssiedepunkt,
Bremsflüssigkeiten 557
Nasssumpfschmierung,
Hubkolbenmotor 688
Naturkonstanten,
Größen und Einheiten 44
Natürliche Radioaktivität, Elemente 186
Navigationsgeräte,
Fahrzeugnavigation 1872
Navigationssysteme,
Fahrzeugnavigation 1872
NCAP-Bewertung,
Aktiver Fußgängerschutz 1921
NCAP-Bewertung,
Notbremssysteme 1918
NCAP, Sicherheitssysteme im Kfz 1414
NDIR-Analysator,
Abgas-Messtechnik 1082
NDUV-Analysator,
Abgas-Messtechnik 1084
NdYAG-Laser, Schweißtechnik 453
Nebelscheinwerfer,
Beleuchtungseinrichtungen 1353
Nebelschlussleuchten,
Beleuchtungseinrichtungen 1362
Nebenaggregateantrieb,
Riemenantriebe 723
Nebenbestandteile,
Abgasemissionen 716
Nebengruppen, Periodensystem 182
Nebenmaxima, Wellenoptik 79
Nebenstromölfilter,
Schmierung des Motors 753
Nebenverbraucherkreise,
Bremsanlagen Nfz 1236
Néel-Punkt, Magnetwerkstoffe 290
Negative Elektroden,
Starterbatterien 1478
Negative Gitter, Starterbatterien 1479
Neigungssensor,
Diebstahl-Alarmanlage 1449
Nenndrehzahl,
Drehstromgenerator 1499
Nennkapazität, Starterbatterien 1482
Nennleistung, Hubkolbenmotor 705
Nennstrom, 12-Volt-Bordnetz 1455
Nennstrom, Drehstromgenerator 1499
Neper, Gesetzliche Einheiten 39
Nernst'sche Gleichung, Chemie 203
Nernstzelle, λ-Sonden 1766
Network-Master, MOST 1709
Netzstörunterdrückungsverhältnis,
Operationsverstärker 151
Netzwerk-Management, LIN 1703

Netzwerkmodell, Architektur elektronischer Systeme 1677
Netzwerktopologie, Kommunikationsbordnetze 1688
Neukurve, Elektrotechnik 122
Neu-Planung, Künstliche Intelligenz 255
Neuronale Netze, Steuerung eines Hybridantriebs 1016
Neuronale Netzwerke, Sensordatenfusion 1866
Neusilber, Metallische Werkstoffe 277
Neutralsteuernd, Dynamik der Kraftfahrzeuge 482
Neutronen, Elemente 182
Neuwagen-Bewertungsprogramm, Sicherheitssysteme im Kfz 1414
Newtonmeter, Gesetzliche Einheiten 37
Newton'sche Flüssigkeiten, Schmierstoffe 542
Newton, SI-Einheiten 34
New York City Cycle, Testzyklen 1059
Nfz-Abgassysteme, Verbrennungsmotoren 798
Nfz-Ansaugluftsystem, Ansaugluftsystem 768
Nfz-Luftfilter, Ansaugluftsystem 771
Nfz-Reifen, Reifen 1173
Nfz-Saugrohre, Ansaugluftsystem 771
Nichteisenmetalle, Metallische Werkstoffe 277
Nichteisenmetall-Legierungen, EN-Normen der Metalltechnik 288
Nicht elektrochemische Korrosionsprüfverfahren, Korrosionsprüfungen 343
Nichtinvertierender Verstärker, Operationsverstärker 153
Nicht-kornorientiertes Elektroband, Magnetwerkstoffe 292
Nichtleiter, Elektrotechnik 110
Nichtlinearitäten, Regelungs- und Steuerungstechnik 245
Nichtmetallische anorganische Werkstoffe 303
Nichtrostende Stähle, EN-Normen der Metalltechnik 286
Nicht-schlussgeglühtes Elektroband, Magnetwerkstoffe 292
Nicht-selbsthaltende Lager, Wälzlager 379
Nickachse, Fahrwerk 1118
Nickel-Metallhydrid-Technologie, Batterien für Elektro- und Hybridantriebe 1607
Nickelüberzüge, Überzüge und Beschichtungen 349
Nicken, Bewegung des Fahrzeugs 463
Nickmoment, Bewegung des Fahrzeugs 463
Nickpol, Fahrwerk 1117
Nickwinkel, Bewegung des Fahrzeugs 463
Niederdruck-AGR, Abgasrückführung 675
Niederdruck-Druckregelventil, Niederdruck-Kraftstoffversorgung Diesel 920
Niederdruckkammer, Erdgasdruckregelmodul 899
Niederdruck-Kraftstoffversorgung, Steuerung und Regelung des Dieselmotors 916
Niederdruckkreis, Hochdruckpumpe Common-Rail 940
Niederdrucksensoren, Sensoren 1758
Niederdrucksystem, Kraftstoffversorgung 822
Niederpolige Steckverbindungen 1523
Niederspannungs-Glühsysteme, Starthilfesysteme 955
Niederspannungs-Keramik-Glühstiftkerze, Glühsysteme 957
Niederspannungs-Metall-Glühstiftkerze, Glühsysteme 955
Niedertemperaturkreis, Abgaskühlung 745
Niedrigtemperatur-Protonentauschermembran-Brennstoffzelle 1030
Nietbolzen, Niettechnik 458
Nietmutter, Niettechnik 458
Niettechnik, Unlösbare Verbindungen 457
NiMH-Zelle, Batterien für Elektro- und Hybridantriebe 1607
Nitrieren, Wärmebehandlung 338
Nitrierhärtetiefe, Wärmebehandlung 338
Nitrierstahl, Metallische Werkstoffe 276
Nitrocarburieren, Wärmebehandlung 338
Nitrose Gase, Abgasemissionen 717
Niveauregelung, Federung 1132
NLGI-Klasse, Schmierfette 550
NMOS-Transistoren, Elektronik 148
Nockenauslegung, Hubkolbenmotor 687
Nockenform, Variable Ventiltriebe 670
Nockenring, Radialkolben-Verteilereinspritzpumpe 951
Nockentrieb, Hubkolbenmotor 685
Nockenwelle, Hubkolbenmotor 678

Nockenwellenantrieb, Hubkolbenmotor 687
Nockenwellendrehzahlsensor, Sensoren 1742
Nockenwellenverstellung, Variable Ventiltriebe 667
Non Return to Zero, Busse im Kfz 1692
Non Return to Zero, Kommunikationsbordnetze 1685
Nonwovens, Schmierung des Motors 752
Normale Konzentration, Chemie 202
Normalglühen, Wärmebehandlung 336
Normalpotential, Chemie 202
Normalpotential, Korrosionsvorgänge 340
Normal-Wasserstoffelektrode, Chemie 202
Normen, Elektromagnetische Verträglichkeit 1534
Normung der Eisen-Gusswerkstoffe, EN-Normen der Metalltechnik 287
Normung der Stähle, EN-Normen der Metalltechnik 286
Notbremsassistent, Notbremssysteme 1916
Notbremssysteme im Längsverkehr, Fahrerassistenzsysteme 1916
Notfall-Spurhalteassistent, Fahrspurassistenz 1909
Notlauffunktionen, Diagnose 1092
Notlöseeinrichtung, Bremsanlagen Nfz 1240
Noträder, Räder 1167
NO_x-Sensor 1772
NO_x-Speicherkatalysator, Abgasnachbehandlung Dieselmotor 966
NO_x-Speicherkatalysator, Katalytische Abgasnachbehandlung 875
NO_x-Speicherung, NO_x-Speicherkatalysator 875
NRZ-Verfahren, Busse im Kfz 1692
NSC-Regeneration, Abgasnachbehandlung Dieselmotor 966
NSC-Verfahren, Abgasnachbehandlung Dieselmotor 966
NTC, Temperatursensor 1760
Nuklide, Elemente 185
Null-Ampere-Drehzahl, Drehstromgenerator 1498
Null-Frame-Indicator, FlexRay 1699
Null-Frame, Serial Wire Ring 1712
Nullmengenkalibration, Common-Rail 928
Nullspannungszeiger, Wechselrichter 1588
Nullstellen, Mathematik 205
Nullter Hauptsatz, Thermodynamik 88
Numerische Apertur, Lichtwellenleiter 84
Numerische Modalanalyse, Schwingungen 65
Nusselt-Zahl, Thermodynamik 99
Nutfüllung, O-Ring 388
Nutzdaten, Kommunikationsbordnetze 1688
Nutzdrehzahlspanne, Hubkolbenmotor 704
Nutzfahrzeug-Batterie, Autoelektrik 1485
Nutzfahrzeuge, Fahrzeugaufbau Nfz 1324
Nutzfahrzeuggetriebe, Übersetzungsgetriebe 624
Nutzkraftwagen, Gesamtsystem Kraftfahrzeug 29
Nutzleistung, Hubkolbenmotor 705
Nutzwirkungsgrad, Wärmekraftmaschinen 644

O

OAT-Kühlerschutzmittel, Kühlmittel 555
OBD-Anforderungen für schwere Nfz, On-Board-Diagnose 1101
OBD-Funktionen, On-Board-Diagnose 1098
OBD II, On-Board-Diagnose 1092
OBD I, On-Board-Diagnose 1092
OBD-Schwellenwerte, On-Board-Diagnose 1094
Oberer Totpunkt, Ladungswechsel 664
Oberflächenabweichungen, Toleranzen 354
Oberflächenfilter, Ansaugluftsystem 756
Oberflächenkenngrößen, Toleranzen 357
Oberflächenmikromechanik, Sensoren 1721
Oberflächenmikromechanische Beschleunigungssensoren, Autoelektronik 1754
Oberflächenmikromechanische Drehratensensoren, Schwingungsgyrometer 1744
Oberflächenrauigkeit, Radialwellendichtring 401

Oberschwingung, Wechselrichter 1583
Objektdetektion, Fahrerassistenzsysteme 1899
Objektdetektion, Sensordatenfusion 1861, 1866
Objekterkennung, Adaptive Fahrgeschwindigkeitsregelung 1892
Objektklasse, Fahrerassistenzsysteme 1809
Objektklassifikation, Fahrerassistenzsysteme 1899
Objektmodell-Ansätze, Sensordatenfusion 1862
Objektprädiktion, Spurwechselassistent 1913
Ofenlötung, Löttechnik 454
Offene Behälter, Hydrostatik 56
Offene Prozesse, Wärmekraftmaschinen 643
Offenes System, Thermodynamik 86
Offene Systeme und deren Schnittstellen für die Elektronik im Kraftfahrzeug, Automotive Software-Engineering 1648
Offline-Ansätze, Steuerung eines Hybridantriebs 1012
Offline-Applikation, Automotive Software-Engineering 1663
Öffnungsdruck, Druckregelventil 920
Öffnungskette, Schließsysteme 1432
Öffnungsphase, Common-Rail 933
Öffnungszeiten, Hubkolbenmotor 686
Offsetspannung, Operationsverstärker 151, 154
Ohmscher Widerstand, Elektrotechnik 110
Ohm'sches Gesetz, Elektrotechnik 110
Ohm, SI-Einheiten 34
Oktanzahl, Ottokraftstoff 564
Oktavbandspektrum, Akustik 68
Oktettregel, Chemische Bindungen 189
Ölbehälter, Hubkolbenmotor 688
Öldruck, Hubkolbenmotor 700
OLED, Anzeige und Bedienung 1790
OLED, Elektronik 143
Ölfilm, Hubkolbenmotor 699
Ölfilter, Hubkolbenmotor 678
Ölfilter, Schmierung des Motors 751
Ölfimtheorie, Hubkolbenmotor 701
Ölhaltevolumen, Hubkolbenmotor 699
Ölkeil, Hubkolbenmotor 699
Ölkühlerfunktionen, Hubkolbenmotor 682
Ölkühler, Hubkolbenmotor 688
Ölkühlung, Kühlung des Motors 745
Ölpumpe, Hubkolbenmotor 678, 688
Ölpumpengehäuse, Hubkolbenmotor 682
Öltemperatur, Hubkolbenmotor 699
Ölversorgung, Hubkolbenmotor 688
Ölvolumenstrom, Schwingungsdämpfer 1137
Ölwanne, Hubkolbenmotor 682
Öl-Wasser-Wärmetauscher, Schmierung des Motors 753
Ölwechselintervall, Schmierung des Motors 752
Omega-Mulde, Hubkolbenmotor 676
Omnibusse, Fahrzeugaufbau Nfz 1330
On-Board-Diagnose 1092
On-Board-Diagnose für Motorräder 1105
On-Board-Ladevorrichtung, Elektrik für Elektro- und Hybridantriebe 1600
One-Box-Design, Fahrzeugaufbau Pkw 1316
Online-Ansätze, Steuerung eines Hybridantriebs 1012
Online-Applikation, Automotive Software-Engineering 1663
Open deck, Hubkolbenmotor 682
Open Loop, Fahrdynamik-Testverfahren 498
Operating-Data, Motronic 804
Operationsverstärker, Elektronik 149
Opferanode, Korrosionsschutz 345
Opferschicht, Mikromechanik 1721
Optimierungsbasierte Betriebsstrategie, Steuerung eines Hybridantriebs 1012
Optoelektronische Sensoren, Autoelektronik 1776
Orbitalenergien, Periodensystem 185
Orbitale, Periodensystem 182
Ordnungszahl, Elemente 182
Organic Light Emitting Diode, Elektronik 143
Organische Leuchtdioden, Anzeige und Bedienung 1790
O-Ring, Dichtungen 386
Ortung, Fahrzeugnavigation 1872
OSI-Referenzmodell, Kommunikationsbordnetze 1684
Ottokraftstoff, Kraftstoffe 563
Ottomotor, Gemischbildung 646
Otto-Prozess, Thermodynamik 94
Out of Plane, Drehratensensor 1744
Out-of-Position-Erkennung, Insassenschutzsysteme 1423
Out of Range check, On-Board-Diagnose 1101

Overdrive, Antriebsstrang
mit Verbrennungsmotor 597
Owner-Key, Schließsysteme 1442
Oxidation, Chemie 202
Oxidationsgleichungen,
Dreiwegekatalysator 874
Oxidationsstabilität, Dieselkraftstoff 573
Oxygenates, Kraftstoffe 562
Oxymethylenether, Kraftstoffe 584
Ozonbeständigkeit,
Elastomer-Werkstoffe 422

P

P0-Topologie, Hybridantriebe 1000
P1-Topologie, Hybridantriebe 1000
P2-Topologie, Hybridantriebe 1001
P3-Topologie, Hybridantriebe 1002
P4-Topologie, Hybridantriebe 1002
Paketdatenkanal, MOST 1707
Paketdaten, MOST 1708
Pakete,
Kommunikationsbordnetze 1682
Palladium, Katalysator 874
Panhardstab, Radaufhängungen 1148
Panoramadach, Dachsysteme 1406
Panoramadächer,
Automobilverglasung 1378
Parabel, Mathematik 205
Paraboloide, Geometrische Optik 77
Paraffine, Kraftstoffe 560
Paraffinische Dieselkraftstoffe 577
Parallelhybrid, Hybridantriebe 998
Parallelschaltung, Federn 363
Parallelstartanlage,
Starter für schwere Nfz 1514
Paramagnete, Magnetwerkstoffe 290
Paramagnetischer Detektor,
Abgas-Messtechnik 1083
Paramagnetische Stoffe,
Elektrotechnik 122
Parameter, Automotive
Software-Engineering 1663
Paritätsbit,
Kommunikationsbordnetze 1691
Paritätsbit, Serial Wire Ring 1713
Parkbremse,
Automatische Bremsfunktionen 1294
Parkbremse, Bremsanlagen für
Pkw und leichte Nfz 1222
Parkleuchten,
Beleuchtungseinrichtungen 1361
Parkmanöverassistent, Einpark- und
Manövriersysteme 1888
Parkposition, Scheiben- und
Scheinwerferreinigung 1384
Parksperre,
Elektrischer Achsantrieb 1028
Parksperre, Übersetzungsgetriebe 619
Partialladungen,
Chemische Bindungen 190
Partial State of Charge,
12-Volt-Bordnetz 1464
Partielle Integration, Mathematik 217
Partikelemission,
Abgas-Messtechnik 1083
Partikelemissionen, Dieselmotor 661
Partikelfilter, Abgasanlage 793
Partikelfilter, Abgasnachbehandlung
Dieselmotor 963
Partikelfilter, Innenraumfilter 1397
Partikelfilter, Katalytische Abgas-
nachbehandlung Ottomotor 881
Partikelfilter-Verfahren,
Abgas-Messtechnik 1083
Partikel-Größenverteilung,
Abgas-Messtechnik 1084
Partikelsensor 1773
Partikelzählung,
Abgas-Messtechnik 1084
Pascal, SI-Einheiten 34
Passfederverbindungen,
Formschlussverbindungen 426
Passive Drehzahlsensoren,
Sensoren 1738
Passive-Entry, Schließsysteme 1431
Passive Regelung,
Fahrdynamikregelung 1285
Passiver Stern,
Kommunikationsbordnetze 1689
Passive Schwingungsisolierung,
Schwingungen 64
Passive Sicherheit,
Fahrzeugaufbau Nfz 1332
Passive Sicherheitsfunktionen,
Fahrerassistenzsysteme 1806
Passive Sicherheit,
Sicherheitssysteme im Kfz 1413
Passivieren, Mikromechanik 1721
Patch-Array-Antennensystem,
Radar-Sensorik 1821
PAX-System, Räder 1158, 1167
Payload, FlexRay 1699
Payload,
Kommunikationsbordnetze 1688
Payload-Length, FlexRay 1699
Payload-Preamble-Indicator,
FlexRay 1699

PDP-Verfahren,
Abgas-Messtechnik 1080
Pedalcharakteristik, Bremsanlagen für Pkw und leichte Nfz 1224
Pedalgefühlsimulator, Bremsanlagen für Pkw 1227
Pedalwegsensor, Bremsanlagen für Pkw und leichte Nfz 1224
Pedalwegsimulator, Bremsanlagen für Pkw und leichte Nfz 1224
Pedalwertgeber, Elektronisch geregeltes Bremssystem 1242
Peltier-Effekt, Elektrotechnik 132
Peltier-Koeffizient, Elektrotechnik 132
Pendelrollenlager, Wälzlager 378
Penetration, Schmierstoffe 541
Pentaeder, Finite-Elemente-Methode 236
Pentagramm-Schaltung, Drehstromgenerator 1500
Perfectly Keyless, Schließsysteme 1441
Performante Steuergeräte, Architektur elektronischer Systeme 1673
Periodensystem, Chemie 182
Periodische Abgasuntersuchung, EU-Gesetzgebung 1054
Periodischer Unebenheitsverlauf, Dynamik der Kraftfahrzeuge 487
Periodischer Zahneingriff, Riemenantriebe 728
Peripheral Sensor Interface, Busse im Kfz 1705
Perlitisches Gefüge, Metallische Werkstoffe 272
Perlit, Metallische Werkstoffe 271
Permanente Permeabilität, Stoffkenngrößen 259
Permanenterregte Synchronmaschine, Elektrische Maschinen 1573
Permeabilität, Stoffkenngrößen 259
Permeabilitätszahl, Elektrotechnik 121
Permeationsgrenzwerte, Emissionsgesetzgebung für Motorräder 1072
Perpetuum Mobile, Thermodynamik 88
Personenkraftwagen, Gesamtsystem Kraftfahrzeug 29
Perzentil, Technische Statistik 227
Perzeption, Lidar-Sensorik 1825
Perzeption, Sensordatenfusion 1860
Perzeptron, Sensordatenfusion 1866
PES-Scheinwerfer, Beleuchtungseinrichtungen 1348
PFC-Gleichrichter, On-Board-Ladevorrichtung 1604
Pflanzenöle, Dieselkraftstoff 577
Pflichtenheft, Mechatronik 1644
Phänomenologie der Korrosion, Korrosion und Korrosionsschutz 341
Phase-Change Memory, Steuergerät 1628
Phase-in, CARB-Gesetzgebung 1044
Phase-in, EPA-Gesetzgebung 1049
Phasengrenzreaktion, Korrosionsvorgänge 340
Phasenspannung, Wechselrichter 1583
Phasen, Stoffe 192
Phase Shifted Full Bridge, Gleichspannungswandler 1598
Phenol-Formaldehyd-Harze, Kunststoffe 322
Phon, Akustik 71
Phosphatierschichten, Überzüge und Beschichtungen 353
Photometrie, Lichttechnische Größen 79
Photometrische Kenngrößen, Lichttechnische Größen 79
Photometrisches Strahlungsäquivalent, Lichttechnische Größen 80
Photonenergie, Optoelektronische Sensoren 1776
Photonische Kristallfaser, Lichtwellenleiter 83
pH-Wert, Chemie 199
pH-Wert schwacher Säuren, Chemie 201
pH-Wert starker Säuren, Chemie 200
Physical vapor deposition, Überzüge und Beschichtungen 352
Physikalische Kenngrößen, Lichttechnische Größen 79
Physikalische Schicht, Kommunikationsbordnetze 1685
Physikalische Stoffkenngrößen 258
Piezoaktor, Piezo-Hochdruckeinspritzventil 851
Piezoelektrische Beschleunigungssensoren, Autoelektronik 1753
Piezoelektrischer Effekt, Beschleunigungssensor 1752
Piezoelektrischer Klopfsensor, Sensoren 1755
Piezo-Hochdruckeinspritzventil, Gemischbildung 851
Piezo-Inline-Injektor, Common-Rail 933
Piezokeramik, Klopfsensor 1755
Pi-Filter, Wechselrichter 1585
Pinfin-Konzept, Wechselrichter 1592
PK-Profil, Riemenantriebe 722
Pkw-Ansaugluftsystem 755

Pkw-Luftfilter 755
Pkw-Reifen, Reifen 1173
Pkw-Saugrohre 763
Planartechnik, Elektronik 157
Planck'sche Wirkungsquantum 83
Planen, Künstliche Intelligenz 254
Planetenautomatikgetriebe, Übersetzungsgetriebe 620
Planetengetriebe, Lenkung 1201
Planetengetriebe, Starter für Pkw 1508
Planetenräder, Übersetzungsgetriebe 610
Planetenradsatz, Übersetzungsgetriebe 610
Planlauf, Räder 1168
Plasmaentladung, Beleuchtungseinrichtungen 1349
Plasma-induzierte Emissionsspektrometrie, Elemente 187
Plasma, Stoffe 192
Plastizität, Schmierstoffe 542
Plastizität, Steuerung eines Hybridantriebs 1018
Plate, Finite-Elemente-Methode 237
Platin, Katalysator 874
Platin-Widerstände, Temperatursensoren 1762
Platte-Kegel-Messsystem, Schmierstoffe 541
Plattenkondensator, Elektrotechnik 108
Plattenverbinder, Starterbatterien 1478
Plattformsoftware, Automotive Software-Engineering 1647
Plausibilitätsprüfung, Diagnose 1091
Pleuelaugen, Hubkolbenmotor 679
Pleuelgeige, Hubkolbenmotor 679
Pleuel, Hubkolbenmotor 677
Pleuelmasse, Hubkolbenmotor 693
Pleuelstange, Hubkolbenmotor 679
Pleuelstangenkraft, Hubkolbenmotor 692
Pleuelstangenverhältnis, Hubkolbenmotor 692
Plug-in-Hybrid, Elektrifizierung des Antriebs 971
Plug-in-Hybrid, Hybridantriebe 998
PMOS-Transistoren, Elektronik 148
Pneumatikdichtungen, DIchtungen 406
Pneumatischer Bremsassistent, Automatische Bremsfunktionen 1292
Pneumatische Steller, Ansaugluftsystem 766
PN-PEMS, Abgas-Messtechnik 1084
pn-Übergang, Halbleiter 139
Point of Interest, Fahrzeugnavigation 1874
Poisson-Verteilung, Technische Statistik 228
Poissonzahl, Stoffkenngrößen 260
Polare Stoffe, Schmierstoffe 541
Polarisation, Elektrotechnik 117
Polarisationskurve, Brennstoffzelle 1032
Polarisationswiderstandsmessung, Korrosionsprüfung 342
Polarisation, Wellenoptik 77
Polarkoordinaten, Mathematik 211
Polyacrylat-Kautschuk, Elastomer-Werkstoffe 416
Poly-Ellipsoid-System, Beleuchtungseinrichtungen 1348
Polyesterharze, Kunststoffe 319
Polyester, Kunststoffe 325
Polygoneffekt, Kettenantriebe 732
Polygonring, Hochdruckpumpe Common-Rail 937
Polymerlager, Gleitlager 376
Polynom, Mathematik 205
Polytetrafluorethylen, Schmierstoffe 541
Polytrope Zustandsänderung, Thermodynamik 91
Polyurethane, Elastomer-Werkstoffe 417
Polyurethanklebstoff, Klebtechnik 456
Polyurethan, Kunststoffe 325
Poly-α-olefine, Schmierstoffe 543
Poröses Bleidioxid, Starterbatterien 1479
Poröses Silizium, Mikromechanik 1722
Porosität, Stoffkenngrößen 262
Portable Emissionsmessgeräte, Abgas-Messtechnik 1084
Positionsbestimmung, Fahrzeugnavigation 1872
Positionserkennung, Elektrische Sitzverstellung 1408
Positionssensoren, Autoelektronik 1724
Positionssensoren für Getriebesteuerung, Autoelektronik 1731
Positive Gitter, Starterbatterien 1479
Positron, Elemente 186
Postprozessor, Finite-Elemente-Methode 234
Potentialfreies Gehäuse, Starter für schwere Nfz 1517
Potentialtrennende Gleichspannungswandler 1598
Potentialtrennung, On-Board-Ladevorrichtung 1605

Potentialverbindende Gleichspannungswandler 1595
Potentielle Energie, Mechanik 47
Potentielle Energie, Thermodynamik 87
Potentiometrischs Messverfahren, Wasserstoffsensoren 1775
Potentiostat, Korrosionsprüfung 342
Pourpoint, Schmierstoffe 541
Power Density Line, Drehstromgenerator 1505
Power Supply Unit, Motorsport 884
p-Quantil, Technische Statistik 227
Präambel, Ethernet 1704
Prandtlzahl, Thermodynamik 99
Precrash-Erkennung, Sicherheitssysteme im Kfz 1411
Pre-Crash Positioning, Integrale Sicherheit 1427
Premiumschloss, Schließsysteme 1434
Preprozessor, Finite-Elemente-Methode 234
Pressen, Kunststoffe 322
Presspassung, Wälzlager 381
Pressstumpfschweißen, Schweißtechnik 452
Pressure-backing, Unit-Injector 945
Pressverbindung, Reibschlussverbindungen 430
Primäradresse, Serial Wire Ring 1713
Primärbacke, Trommelbremse 1257
Primärretarder, Dauerbremsanlagen 1247
Primärwicklung, Zündspule 862
Prioritätensteuerung, Kommunikationsbordnetze 1687
Prisma, Geometrische Optik 76
Prismatische Hardcase-Zelle, Batterien für Elektro- und Hybridantriebe 1611
Pritschenwagen, Fahrzeugaufbau Nfz 1324
Produktspezifikation, Toleranzen 354
Profilrillen, Reifenprofil 1174
Profilwellenverbindungen, Formschlussverbindungen 427
Programmspeicher, Steuergerät 1629
Projektionssytem, Beleuchtungseinrichtungen 1346
Prometheus, Fahrerassistenzsysteme 1804
Properties, Finite-Elemente-Methode 237
Proportionalmagnet, Getriebesteuerung 639
Protokolle, Kommunikationsbordnetze 1682
Protokoll, MOST 1708
Protolyse, Säuren in Wasser 198
Protonen, Elemente 182
Prozess-Assessment, Automotive Software-Engineering 1653
Prozessbeschreibungsmodelle, Automotive Software-Engineering 1650
Prozessbewertungsmodelle, Automotive Software-Engineering 1651
Prozessfähigkeitskennwert, Technische Statistik 233
Prozessfähigkeit, Technische Statistik 233
Prozessführung, Wärmekraftmaschinen 643
Prozessgrößen, Thermodynamik 86
Prozess, Thermodynamik 86
Prüfstand, Abgas-Messtechnik 1078
Prüfstandsmesstechnik, Abgas-Messtechnik 1081
Prüfverfahren, Abgasgesetzgebung 1042
Pseudo-Hall-Sensoren, Positionssensoren 1735
PSI5, Busse im Kfz 1705
Psychoakustik, Fahrzeugakustik 535
PTC, Temperatursensoren 1760
PTFE, Schmierstoffe 541
Puffersubstanz, Kühlmittel 554
Pulserkennung, Lidar-Sensorik 1830
Pulslaufzeitverfahren, Lidar-Sensorik 1830
Pulswechselrichter, Bordnetze für Hybrid- und Elektrofahrzeuge 1561
Pulswechselrichter, Wechselrichter 1582
Pulververbundwerkstoffe, Magnetwerkstoffe 294
Pumpe-Düse-Einheit, Unit-Injector 944
Pumpe-Leitung-Düse, Unit-Pump 947
Pumpenelement, Elektrokraftstoffpumpe 827
Pumpenrad, Hydrodynamischer Drehmomentwandler 603
Pumpgrenze, Abgasturbolader 778
Pumpzelle, λ-Sonden 1767
Puncture detection, Reifendruckkontrollsysteme 1188
Punktewolke, Lidar-Sensorik 1825
Punktlast, Wälzlager 381
Punktschweißelektroden, Schweißtechnik 451
Push-Pull-Treiber, Elektronik 156
Push-Spannung, Glühsysteme 955

PVD-Beschichtungen, Überzüge und Beschichtungen 352
PWM-Ansteuerung, Gleichspannungswandler 1598
PWM-Ventile, Getriebesteuerung 636
Pyrometer, Temperatursensoren 1760

Q

Quadratischer Temperaturkoeffizient, Temperatursensoren 1762
Qualitätsregelung, Ottomotor 656
Qualitätssicherung, Automotive Software-Engineering 1654
Quantenzahlen, Periodensystem 182
Quantitätsregelung, Ottomotor 656
Quartil, Technische Statistik 227
Quellverhalten, Elastomer-Werkstoffe 415
Quenching, Zündkerze 869
Queragilitätsdiagramm, Dynamik der Kraftfahrzeuge 483
Querbeschleunigung, Dynamik der Kraftfahrzeuge 479
Querdynamik durch Seitenwind, Dynamik der Kraftfahrzeuge 483
Querdynamik, Fahrdynamik Nfz 493
Querdynamikregelung, Fahrdynamikregelung 1278
Querdynamikregler, Fahrdynamikregelung 1275
Querdynamik-Zusatzfunktionen, Fahrdynamikregelung 1280
Quereinparken, Einpark- und Manövriersysteme 1885
Querkippmoment, Hubkolbenmotor 695
Querkräfte, Reifen 1176
Querpol, Fahrwerk 1115
Querpresssitz, Reibschlussverbindungen 432
Querstiftverbindung, Formschlussverbindungen 429
Querstromzylinderkopf, Hubkolbenmotor 683
Querträger, Fahrzeugaufbau Nfz 1328
Querverkehrsassistent, Kreuzungsassistenz 1926
Querverkehrswarnung, Informations- und Warnsysteme 1900
Quetschströmungen, Dieselmotor 658
Queue, Serial Wire Ring 1714
Quietschgeräusche, Fahrzeugakustik 535

R

R12, Kältemittel 591
R134a, Kältemittel 591
R134a, Klimatisierung 1396
R-744, Klimatisierung 1396
R1234yf, Kältemittel 592
R-1234yf, Klimatisierung 1396
Radar-Antennendiagramm, Spurwechselassistent 1913
Radarbasierte Assistenzsysteme für Zweiräder, Fahrerassistenzsysteme 1930
Radar-Sensorik, Fahrerassistenz und Sensorik 1816
Radaufhängungen, Fahrwerk 1146
Radaufstandspunkt, Fahrwerk 1113
Radausführungen, Räder 1165
Radbefestigung, Räder 1165
Radbezeichnung, Räder 1159
Radbremsen, Fahrwerk 1250
Raddrehzahlsensoren, Radschlupfregelsysteme 1265, 1270
Raddrehzahlsensor, Sensoren 1742
Raddruckmodulator, Bremsanlagen für Pkw und leichte Nfz 1225
Räder, Fahrwerk 1154
Radialdichtung, Steckverbindungen 1521
Radiale Bruchfestigkeit, Stoffkenngrößen 262
Radialgleitlager 371
Radialkolbenpumpe, Benzin-Direkteinspritzung 832
Radialkolben-Verteilereinspritzpumpen 951
Radialluft, Wälzlager 379
Radialreifen, Reifen 1171
Radialwellendichtring, Dichtungen 398
Radiant, SI-Einheiten 34
Radioaktiver Zerfall, Elemente 186
Radioaktivität, Elemente 186
Radio Data System, Rundfunkempfang 1799
Radio-Data-System, Verkehrstelematik 1801
Radiokarbonmethode, Elemente 185
Radiometrie, Lichttechnische Größen 79
Radiometrische Kenngrößen, Lichttechnische Größen 79
Radionuklide, Elemente 185
Radlast, Fahrwerk 1114
Radmomentverteilung in Querrichtung 1306

Radregelung,
Fahrdynamikregelung 1277
Radregler, Fahrdynamikregelung 1275
Radscheibe, Räder 1154
Radschlupfregelsysteme,
Fahrwerksregelung 1260
Radschüssel, Räder 1154
Radstand, Fahrwerk 1114
Radstern, Räder 1165
Radzierblenden, Räder 1166
Rahmen, Fahrzeugaufbau Nfz 1327
Rahmensicherung, CAN 1696
Rail, Common-Rail 943
Raildrucksensor, Sensoren 1759
Rail, Kraftstoffversorgung
Ottomotor 833
Raman-Spektroskopie,
Chemische Bindungen 191
RAM, Steuergerät 1629
Random Access Memory,
Steuergerät 1629
Randschichthärten,
Wärmebehandlung 333
Range-Extender-Betrieb,
Steuerung elektrischer Antriebe 989
Range-Extender,
Elektrifizierung des Antriebs 971
Range-Extender, Hybridantriebe 998
Rapid Control Prototyping, Automotive
Software-Engineering 1657
Rationale Zahlen, Mathematik 204
Rationality Check,
On-Board-Diagnose 1101
Rauchwertmessgerät,
Dieselrauchkontrolle 1086
Rauigkeit, Hubkolbenmotor 701
Rauigkeitswerte, Hubkolbenmotor 701
Raumladungszone, Diode 140
Raumwinkel, Gesetzliche Einheiten 35
Raumwinkel,
Lichttechnische Größen 82
Raumzeiger, Wechselrichter 1587
Rauschen, Operationsverstärker 155
Ravigneaux-Satz,
Übersetzungsgetriebe 620
RDE-Test, Testzyklen 1061
RDS/TMC-Standard,
Verkehrstelematik 1801
Readiness-Code,
On-Board-Diagnose 1097
Reaktion dritter Ordnung,
Reaktionskinetik 197
Reaktionen von Stoffen, Chemie 195
Reaktion erster Ordnung,
Reaktionskinetik 196
Reaktion nullter Ordnung,
Reaktionskinetik 196
Reaktion pseudo-erster Ordnung,
Reaktionskinetik 197
Reaktionsdauer, Bremssysteme 1209
Reaktionsenthalpie,
Chemische Thermodynamik 195
Reaktionskinetik,
Reaktionen von Stoffen 196
Reaktionsmuster,
Notbremssysteme 1917
Reaktionsmuster,
Spurwechselassistent 1913
Reaktionsmuster,
Totwinkelassistent 1913
Reaktionsverlauf,
Chemische Thermodynamik 195
Reaktionswärme,
Chemische Thermodynamik 195
Reaktionszeit,
Dynamik der Kraftfahrzeuge 475
Reaktion zweiter Ordnung,
Reaktionskinetik 197
Reales Gas, Thermodynamik 90
Real Road PEMS Tests,
Testzyklen für schwere Nfz 1070
Rechnerkern, Steuergerät 1624
Rechte-Hand-Regel, Mathematik 215
Rechtliche Hürden, Zukunft des
automatisierten Fahrens 1936
Redox-Reaktion, Chemie 203
Reduktion, Chemie 202
Reduktionsgleichungen,
Katalysator 874
Redundanz,
Bremsanlagen für Pkw 1228
Reelle Zahlen, Mathematik 204
Referenzvakuum, Drucksensoren 1758
Reflektoren, Geometrische Optik 76
Reflexionsbild, Nachtsichtsysteme 1877
Reflexionsdämpfer,
Ansaugluftsystem 758
Reflexionsfaktor, Elektrotechnik 128
Reflexionsgesetz,
Geometrische Optik 75
Reflexionsgrad, Geometrische Optik 75
Reflexionskoeffizient,
Geometrische Optik 75
Reflexionsschalldämpfer,
Abgasanlage 794
Reflexions-Scheinwerfer,
Beleuchtungseinrichtungen 1347
Reflexionssystem Scheinwerfer,
Beleuchtungseinrichtungen 1346

Reflexlichtmessung, Dieselrauchkontrolle 1085
Reflexlichtschranke, Optoelektronische Sensoren 1778
Refueling-Test, Verdunstungsprüfung 1089
Regelalgorithmen, Adaptive Fahrgeschwindigkeitsregelung 1892
Regelbasierte Betriebsstrategie, Steuerung eines Hybridantriebs 1012
Regelgröße, Regelungs- und Steuerungstechnik 242
Regelkreis-Einflussnahmen, Wechselrichter 1589
Regelmodule, Adaptive Fahrgeschwindigkeitsregelung 1892
Regelschieber, Axialkolben-Verteilereinspritzpumpe 949
Regelschieber, Radialkolben-Verteilereinspritzpumpe 952
Regelstrecke, Regelungs- und Steuerungstechnik 242, 245
Regelung der Klimatisierung, Komfort 1394
Regelung, Regelungs- und Steuerungstechnik 242
Regelungsaufgabe, Regelungs- und Steuerungstechnik 244
Regelungsstruktur, Fahrdynamikregelung 1275
Regelungs- und Steuerungstechnik, Mathematik und Methoden 242
Regelvorgang, Antiblockiersystem 1261
Regelwendel, Glühsysteme 956
Regelzyklus, Antiblockiersystem 1261
Regeneration des Partikelfilters, Abgasnachbehandlung Dieselmotor 963
Regeneration des Partikelfilters, Katalytische Abgasnachbehandlung Ottomotor 881
Regenerationsluftbehälter, Bremsanlagen Nfz 1234
Regeneratives Bremssystem, Elektrifizierung des Antriebs 972, 976
Regenerierung, NO_x-Speicherkatalysator 875
Regenerierung, Partikelfilter 793
Regensensor, Optoelektronische Sensoren 1778
Regensensor, Scheiben- und Scheinwerferreinigung 1388
Regionale Programme, Abgasgesetzgebung für schwere Nfz 1066
Registeraufladung, Komplexe Aufladesysteme 785
Reglerentwurf, Regelungs- und Steuerungstechnik 245
Regroovable, Reifenprofil 1174
Reibkraft, Mechanik 53
Reibschlussverbindungen, Lösbare Verbindungen 430
Reibung am Keil, Mechanik 54
Reibung, Hubkolbenmotor 699
Reibung, Mechanik 53
Reibungslenkanlage, Lenkung 1193
Reibungsverluste, Elektrische Maschinen 1579
Reibungsverluste, Radialwellendichtring 405
Reibungswiderstand, Aerodynamik 516
Reibungszahl, Mechanik 53
Reichweite eines Scheinwerfers, Beleuchtungseinrichtungen 1345
Reichweiten, Lidar-Sensorik 1827
Reichweitenverlängerer, Elektrifizierung des Antriebs 971
Reichweite, Radar-Sensorik 1822
Reifegrade, Automotive Software-Engineering 1652
Reifendruckkontrollsystem, Architektur elektronischer Systeme 1667
Reifendruckkontrollsysteme, Reifen 1188
Reifendruckregelung, Reifen 1190
Reifen, Fahrwerk 1170
Reifen, Federung 1124
Reifenflanke, Radialreifen 1171
Reifenfülldruck, Reifen 1173
Reifengeräusch, Reifen 1186
Reifenhaftung, Reifen 1177
Reifenkennzeichnung, Reifen 1182
Reifenkonstruktion, Reifen 1171
Reifenlabel, Reifen 1185
Reifennachlaufstrecke, Fahrwerk 1121
Reifenprofil, Radialreifen 1174
Reifenrückstellmoment, Fahrwerk 1121
Reifentest, Reifen 1187
Reihenmotor, Hubkolbenmotor 690
Reihenschaltung, Federn 363
Rein elektrisches Fahren, Hybridantriebe 993
Reinluftleitung, Ansaugluftsystem 755, 770
Reiseomnibusse, Fahrzeugaufbau Nfz 1330
Reißdehnung, Elastomer-Werkstoffe 420
Rekristallisationsglühen, Wärmebehandlung 335
Rekuperation, 12-Volt-Bordnetz 1464

Rekuperation, Hybridantriebe 992
Rekuperationsmoment, Steuerung elektrischer Antriebe 986
Rekuperationsstufe, Steuerung elektrischer Antriebe 986
Relativdrucksensoren, Sensoren 1756
Relative Häufigkeit, Technische Statistik 227
Relaxation, Federn 364
Relaxationsverhalten, Kunststoffe 310
Relay Station Attack, Schließsysteme 1431
Remanenz, Elektrotechnik 122
Remanenzpunkt, Elektrotechnik 122
Remote Frame, CAN 1695
Remote-Schweißen, Schweißtechnik 453
Repeater, Kommunikationsbordnetze 1689
Replay-Angriff, Wegfahrsperre 1446
Research-Oktanzahl, Ottokraftstoff 565
Resetfunktion, Reifendruckkontrollsysteme 1189
Resonanzaufladung, Ansaugluftsystem 764
Resonanzbehälter, Ansaugluftsystem 764
Resonanzfrequenz, Beschleunigungssensor 1751
Resonanzfrequenz, Schwingungen 61
Resonanzklappe, Ansaugluftsystem 764
Resonanzsammler, Ansaugluftsystem 764
Resonanzschärfe, Schwingungen 61
Resonanz, Schwingungen 61
Resonanzüberhöhung, Beschleunigungssensor 1751
Resonator, Lasertechnik 83
Responsemodell, Schwingungen 65
Responserechnung, Schwingungen 65
Restgasanteil, Ladungswechsel 664
Restgas, Zylinderfüllung 812
Restgeschwindigkeit, Reifen 1175
Restwelligkeit, Elektromagnetische Verträglichkeit 1525
Retarder, Dauerbremsanlagen 1246
Retreadable, Nfz-Reifen 1173
Reversibel adiabate Zustandsänderung, Thermodynamik 91
Reversierende Antriebe, Scheiben- und Scheinwerferreinigung 1383
Reversiertechnik, Scheiben- und Scheinwerferreinigung 1384
Reynolds-Zahl, Strömungsmechanik 57
Reynoldszahl, Thermodynamik 99
Rezessiver Zustand, CAN 1692
RFID-Transponder, Wegfahrsperre 1445
Rheologie, Schmierstoffe 541
Rheologische Dämpfersysteme, Schwingungsdämpfer 1139
Rheopexie, Schmierstoffe 542
Rhodium, Katalysator 874
Richtdiagramm, Elektrotechnik 130
Richtungstreue, Fahrdynamikregelung 1273
Ride Down Benefit, Insassenschutzsysteme 1421
Riefentiefe, Hubkolbenmotor 701
Riemenantriebe, Verbrennungsmotoren 720
Riemengetriebener Startergenerator, Hybridantriebe 995
Riemenscheibenprofil, Riemenantriebe 722
Riemenscheiben, Riemenantriebe 722
Riemenspannsysteme, Riemenantriebe 724, 729
Rillenkugellager, Wälzlager 378
Rillenlager, Gleitlager 373
Rillrohre, Kabelbäume 1520
Ringförmige Schnappverbindungen 447
Ringspalt, Piezo-Hochdruckeinspritzventil 852
Ringstruktur, MOST 1709
Ringtopologie, Kommunikationsbordnetze 1689
RISC-Prozessor, Steuergerät 1624
Robustheit, Regelungs- und Steuerungstechnik 245
Rockwellhärte, Wärmebehandlung 328
Rohling, Radialreifen 1172
Rohluftansaugung, Ansaugluftsystem 768
Rohluftleitung, Ansaugluftsystem 755
Rohrgabelkühler, Ölkühlung 746
Rohrgewinde, Schraubenverbindungen 446
Rohrheizkörper, Glühsysteme 955
Rohrniet, Niettechnik 458
Rohr-Rippen-Systeme, Wasserkühlung 738
Roll-back-Effekt, Scheibenbremse 1251
Rollenelektroden, Schweißtechnik 451
Rollenfreilauf, Starter für Pkw 1510
Rollengleitkurve, Starter für Pkw 1510
Rollenkette, Kettenantriebe 730
Rollennahtschweißen, Schweißtechnik 451

Rollenprüfstand, Abgas-Messtechnik 1078
Rollenstößel, Benzin-Direkteinspritzung 830
Rollenzellenpumpe, Elektrokraftstoffpumpe 827
Rollover Mitigation Function, Fahrdynamikregelung 1281
Rollradius, Fahrwerk 1121
Rollreibung, Mechanik 54
Rollreibungskoeffizient, Mechanik 55
Rollsteuern, Fahrdynamik Nfz 493
Rollwiderstand, Fahrwiderstände 464
Rollwiderstand, Reifen 1180
Rollwiderstandsbeiwert, Fahrwiderstände 464
Rollwiderstandskoeffizient, Reifen 1180
Röntgenbeugung, Elemente 188
Röntgenfluoreszenzanalyse, Elemente 187
Röntgenphotoelektronenspektroskopie, Elemente 188
Root Mean Square, Schwingungen 62
Roots-Lader, Mechanische Lader 773
Rostgrad, Korrosionsprüfung 343
Rotationsdichtung für Reifendruckregelung, Reifen 1190
Rotatorische Bewegungen, Bewegung des Fahrzeugs 463
Rotocap, Hubkolbenmotor 686
Rotor, Drehstromgenerator 1492
Rotorformen, Drehzahlsensoren 1739
Routenberechnung, Fahrzeugnavigation 1874
Routenberechnung, Verkehrstelematik 1802
Routing, Kommunikationsbordnetze 1685
Rückfahrkamera, Einpark- und Manövriersysteme 1886
Rückfahrkamerasystem, Informations- und Warnsysteme 1896
Rückfahrscheinwerfer, Beleuchtungseinrichtungen 1362
Rückfallebene, Bremsanlagen für Pkw 1228
Rückförderpumpe, Antiblockiersystem 1265
Rückförderpumpe, Fahrdynamikregelung 1285
Rückhaltemittel, Insassenschutzsysteme 1418
Rücklauffreies System, Kraftstoffversorgung 820
Rückprallelastizität, Elastomer-Werkstoffe 422
Rückruf, On-Board-Diagnose 1098
Rückschlagventil, Fahrdynamikregelung 1285
Rückstrahler, Beleuchtungseinrichtungen 1361
Rückstromsperre, Drehstromgenerator 1494
Rückwärtige automatische Notbremsung, Notbremssysteme 1922
Ruhespannung, Starterbatterien 1488
Ruhestrommanagement, 12-Volt-Bordnetz 1463
Ruhestromverbraucher, 12-Volt-Bordnetz 1451
Runderneuerung, Nfz-Reifen 1173
Rundfilter, Ansaugluftsystem 770
Rundfunkempfänger, Infotainment 1797
Rundfunkempfang, Infotainment 1794
Rundlaufabweichung, Radialwellendichtring 402
Rundlaufende Antriebe, Scheiben- und Scheinwerferreinigung 1382
Rundläufer, Scheiben- und Scheinwerferreinigung 1384
Rundlauf, Räder 1168
Rundscheiben-Ölkühler, Ölkühlung 746
Run-Flat-Reifen, Reifen 1171
Running-Loss-Test, Verdunstungsprüfung 1088
Rußemissionen, Dieselmotor 661
Rüttelfeste Batterie, Starterbatterien 1486

S

SAE-Viskositätsklassen, Schmierstoffe 543, 547
Safe-Funktion, Schließsysteme 1438
Salze, Chemische Bindungen 189
Sammelbehälter, Ansaugluftsystem 763
Sammellinse, Geometrische Optik 76
Sandwichspritzgießen, Zweikomponentendichtungen 408
Satellitenortungssystem GPS, Fahrzeugnavigation 1872
Sattelzugmaschinen, Fahrzeugaufbau Nfz 1325
Sättigungspolarisation, Elektrotechnik 122
Sauerstoffkonzentrationssensor, Chemie 203

Sauerstoff-Nulldurchgang,
λ-Regelung 879
Sauerstoffspeicher,
Dreiwegekatalysator 875
Sauerstoffversorgung,
Brennstoffzelle 1036
Saughub, Unit-Injector 945
Saugrohre, Ansaugluftsystem 763
Saugrohreinspritzung,
Gemischbildung Ottomotor 841
Saugrohreinspritzung, Ottomotor 647
Saugrohr-Einspritzventil,
Gemischbildung 846
Saugseitige Mengenregelung,
Common-Rail 926
Saugstrahlpumpe,
Kraftstofffördermodul 829
Säure-Base-Paar, Chemie 199
Säuredichte, Starterbatterien 1481
Säurekonstante, Säuren in Wasser 198
Säurekonzentration, pH-Wert 199
Säuren in Wasser, Chemie 198
Säureschichtung, Starterbatterien 1484
Säurestärke, Säuren in Wasser 198
SC03-Zyklus, Testzyklen 1058
Scan-Tool,
On-Board-Diagnose 1093, 1097
Scavenging, Erdgasbetrieb 897
Scavenging, Zylinderfüllung 814
Schadstoffbildung, Dieselmotor 661
Schadstoffbildung, Ottomotor 655
Schadstoffe, Abgasemissionen 716
Schadstoffemissionen, Dieselmotor 661
Schadstoffemissionen, Ottomotor 655
Schadstoffe, Ottomotor 655
Schadstoffverringerung,
Dieselmotor 661
Schadstoffverringerung, Ottomotor 655
Schalenmodell,
Finite-Elemente-Methode 237
Schalenschalldämpfer,
Abgasanlage 795
Schallabsorption, Akustik 68
Schallabsorptionsgrad, Akustik 68
Schall, Akustik 66
Schallausbreitung, Akustik 67
Schalldämmung, Akustik 68
Schalldämpfer, Abgasanlage 793
Schalldämpfung, Abgasanlage 791
Schalldämpfung, Akustik 68
Schalldruck, Akustik 66
Schalldruckpegel, Akustik 69
Schallfeld, Akustik 69
Schallfeldgrößen, Akustik 69
Schallgeschwindigkeit, Akustik 67
Schallintensität, Akustik 67
Schallintensitätspegel, Akustik 69
Schallkennimpedanz, Akustik 66
Schallleistung, Akustik 67, 69
Schallleistungspegel, Akustik 69
Schallschnelle, Akustik 66
Schallspektrum, Akustik 67
Schaltablauf, Getriebesteuerung 632
Schaltbare Verglasung,
Automobilverglasung 1378
Schaltdiode, Elektronik 141
Schaltfrequenz,
Gleichspannungswandler 1599
Schaltgetriebe, Antriebsstrang
mit Verbrennungsmotor 597
Schaltpläne, Autoelektrik 1545
Schaltpunktsteuerung,
Getriebesteuerung 632
Schaltqualitätssteuerung,
Getriebesteuerung 633
Schaltratschen,
Übersetzungsgetriebe 612
Schaltrelais,
Starter für schwere Nfz 1516
Schaltsaugrohr, Ansaugluftsystem 763
Schaltventil, Getriebesteuerung 635
Schaltzeichen, Autoelektrik 1538
Schärfe, Akustik 71
Scheiben, Automobilverglasung 1374
Scheibenbremsen für Nfz,
Radbremsen 1255
Scheibenbremsen für Pkw,
Radbremsen 1250
Scheibenfederverbindungen,
Formschlussverbindungen 426
Scheibenrad, Räder 1154
Scheiben- und Scheinwerferreinigung,
Fahrzeugaufbau 1380
Scheibenwaschanlagen, Scheiben-
und Scheinwerferreinigung 1389
Scheinleistung, Elektrotechnik 127
Scheinwerfer,
Beleuchtungseinrichtungen 1346
Scheinwerfer-Einstellprüfgerät,
Beleuchtungseinrichtungen 1369
Scheinwerfereinstellung, Beleuchtungs-
einrichtungen 1367
Scheinwerfer mit Facettenreflektor,
Beleuchtungseinrichtungen 1347
Scheinwerfer-Reinigungsanlagen,
Scheiben- und Scheinwerfer-
reinigung 1390
Scheinwerfersysteme,
Beleuchtungseinrichtungen 1340

Scheinwerfertechnik,
Beleuchtungseinrichtungen 1346
Scheitelfaktor, Schwingungen 62
Scherrate, Schmierstoffe 541
Scherschicht, Aerodynamik 522
Scherspannung, Mechanik 52
Scherviskosität, Schmierstoffe 541
Schichtaufbau,
Überzüge und Beschichtungen 350
Schichtbetrieb,
Benzin-Direkteinspritzung 844
Schichtladungswolke,
Benzin-Direkteinspritzung 844
Schichtpressstoffe, Kunststoffe 323
Schichttechnik,
Temperatursensoren 1761
Schichtverbundwerkstoffe 303
Schiebe-Aufstelldach,
Dachsysteme 1406
Schiebemuffe,
Übersetzungsgetriebe 612
Schieber-Druckregelventil,
Getriebesteuerung 638
Schlechtwetterlicht,
Beleuchtungseinrichtungen 1357
Schleifpotentiometer,
Positionssensoren 1724
Schlepphebelsteuerung,
Hubkolbenmotor 685
Schleppleistung,
Dauerbremsanlagen 1246
Schleppmomentennachbildung,
Elektrifizierung des Antriebs 976
Schleppmoment, Hybridantriebe 1001
Schließkraftbegrenzung,
Fensterhebersysteme 1405
Schließsysteme,
Fahrzeugsicherungssysteme 1430
Schließzeitbestimmung, Zündung 861
Schließzeiten, Hubkolbenmotor 686
Schließzeit, Zündung 861
Schließzylinder, Schließsysteme 1433
Schlossauslegung,
Schließsysteme 1434
Schlosshalter, Schließsysteme 1432
Schlossstraffer,
Insassenschutzsysteme 1419
Schlupf, Fahrwerk 1121
Schlupf, Radschlupfregelsysteme 1260
Schlupfregelung,
Fahrdynamikregelung 1278
Schlupf, Reifen 1176
Schlupfschaltschwelle,
Antiblockiersystem 1262
Schlussgeglühter Zustand,
Magnetwerkstoffe 292
Schlussleuchte, Beleuchtungs-
einrichtungen 1340, 1360
Schmalbandige Antennen,
Elektrotechnik 129
Schmalbandspektrum, Akustik 68
Schmalbandstörer, Elektromagnetische
Verträglichkeit 1526
Schmelzenthalpie,
Stoffkenngrößen 258
Schmelzkurve, Wasser 193
Schmelzschweißen,
Schweißtechnik 452
Schmelztauchüberzüge,
Überzüge und Beschichtungen 350
Schmelztemperatur,
Stoffkenngrößen 258
Schmelzwärme, Stoffkenngrößen 258
Schmiederäder, Räder 1161
Schmiederail, Common-Rail 943
Schmiegsamkeit, Gleitlager 372
Schmierfähigkeit, Dieselkraftstoff 573
Schmierfähigkeitsverbesserer,
Dieselkraftstoff 574
Schmierfette, Schmierstoffe 549
Schmierfilm, Gleitlager 371
Schmierfilm, Hubkolbenmotor 699
Schmieröle, Schmierstoffe 549
Schmierspalt, Hubkolbenmotor 699
Schmierstoffe, Betriebsstoffe 538
Schmierstoffzusätze, Gleitlager 376
Schmierung des Motors,
Verbrennungsmotoren 750
Schmutzabstreifer,
Pneumatikdichtungen 406
Schmutzsensor,
Optoelektronische Sensoren 1778
Schnappverbindungen,
Lösbare Verbindungen 447
Schneeflockensymbol,
Reifenkennzeichnung 1184
Schnellarbeitsstähle,
Metallische Werkstoffe 272
Schnelle FMCW-Modulation,
Radar-Sensorik 1820
Schnelle, Schwingungen 60
Schnittstellenmanagement,
Fahrzeugaufbau Pkw 1316
Schnittstellenregler,
Drehstromgenerator 1497
Schnurdurchmesser, O-Ring 386
Schottky-Diode, Elektronik 142
Schrägfederungswinkel, Fahrwerk 1116
Schrägkugellager, Wälzlager 378

Schräglagenschätzung,
Motorrad-Stabilitätskontrolle 1297
Schräglaufsteifigkeit,
Fahrdynamik Nfz 494
Schräglaufwinkel, Fahrwerk 1120
Schräglaufwinkel, Reifen 1176
Schräglenker-Einzelradaufhängung,
Radaufhängungen 1150
Schrägschulterfelge, Räder 1158
Schrägverzahnung,
Übersetzungsgetriebe 609
Schraubenanzugsmoment,
Schraubenverbindungen 441
Schraubenfedern, Federn 367
Schraubenfedern, Federung 1127
Schraubenkräfte,
Schraubenverbindungen 440
Schraubenlösemoment,
Schraubenverbindungen 441
Schraubenmomente,
Schraubenverbindungen 440
Schraubensicherungen,
Schraubenverbindungen 443
Schraubenverbindungen,
Schraubenverbindungen 437
Schraubenverdichter,
Mechanische Lader 774
Schraube,
Schraubenverbindungen 437
Schraubradgetriebe, Lenkung 1200
Schraubweg, Starter für Pkw 1510
Schritte auf dem Weg zum autonomen
Fahren, Zukunft des automatisierten
Fahrens 1936
Schrumpfprozess, Zündkerze 866
Schrumpfsitz,
Reibschlussverbindungen 433
Schubgliederband,
Übersetzungsgetriebe 622
Schubmodulkurve, Kunststoffe 309
Schub-Schraubtrieb-Starter,
Starter für Pkw 1509
Schubspannung, Schmierstoffe 541
Schubspannung, Stoffkenngrößen 262
Schubspannung,
Strömungsmechanik 57
Schubumluftventil,
Abgasturbolader 779
Schubweg, Starter für Pkw 1510
Schultergurtstraffer,
Insassenschutzsysteme 1418
Schutzgasschweißen,
Schweißtechnik 452
Schwalltopf, Kraftstofffördermodul 829
Schwamm-Blei, Starterbatterien 1479
Schwarzer Temperguss,
Metallische Werkstoffe 277
Schwärzungszahl,
Dieselrauchkontrolle 1086
Schwebung, Schwingungen 61
Schwefelgehalt, Kraftstoffe 562
Schwefeloxide, Abgasemissionen 717
Schweißlinsendurchmesser,
Schweißtechnik 450
Schweißrail, Common-Rail 943
Schweißtechnik,
Unlösbare Verbindungen 450
Schwelldauer, Bremssysteme 1209
Schwellenwertregler,
Schwingungsdämpfer 1142
Schwellzeit,
Dynamik der Kraftfahrzeuge 476
Schwerpunktabstand, Mechanik 47
Schwerpunkt, Fahrwerk 1114
Schwertlenker-Einzelradaufhängung,
Radaufhängungen 1153
Schwimmwinkel,
Bewegung des Fahrzeugs 462
Schwimmwinkel, Fahrwerk 1119
Schwingbeanspruchung,
Schraubenverbindungen 442
Schwingfestigkeit, Stoffkenngrößen 261
Schwinggeschwindigkeit,
Schwingungen 60
Schwinghebelsteuerung,
Hubkolbenmotor 685
Schwingrohraufladung,
Ansaugluftsystem 763
Schwingungen, Grundlagen 60
Schwingungsanregung,
Elektrische Maschinen 1568
Schwingungsdämpfer, Fahrwerk 1136
Schwingungsdämpfer,
Hubkolbenmotor 689
Schwingungsdämpferkennlinien,
Schwingungsdämpfer 1138
Schwingungsdämpfung,
Schwingungen 63
Schwingungsdauer, Schwingungen 60
Schwingungsebene, Wellenoptik 78
Schwingungsentkoppelung,
Antriebsstrang 605
Schwingungsgyrometer,
Sensoren 1743
Schwingungsisolierung,
Schwingungen 63
Schwingungsminderung,
Schwingungen 63
Schwingungsminimierung,
Fahrwerk 1111

Schwingungsrisskorrosion, Phänomenologie der Korrosion 341
Schwingungstilger, Abgasanlage 796
Schwingungstilger, Fahrwerk 1144
Schwingungstilgung, Schwingungen 64
Schwungmassen, Hubkolbenmotor 689
Schwungmassenklasse, Energiebedarf für Fahrantriebe 508
SCR-Verfahren, Abgasnachbehandlung Dieselmotor 966
Sealed-Beam-Bauart, Beleuchtungseinrichtungen 1344
Sealglasbonden, Mikromechanik 1722
Seat Belt Reminder, Sicherheitssysteme im Kfz 1410
Secondary Collision Mitigation, Insassenschutzsysteme 1417
Security, Wegfahrsperre 1446
Seebeck-Effekt, Elektrotechnik 131
Seebeck-Koeffizient, Elektrotechnik 131
Segelbetrieb, Hybridantriebe 1001
Segmentsensor, Drehzahlsensoren 1740
Seilfensterheber, Fensterhebersysteme 1404
Seiliger-Prozess, Thermodynamik 93
Seilreibung, Mechanik 54
Seismische Masse, Beschleunigungssensor 1753
Seismische Masse, Klopfsensor 1755
Seitenairbag, Insassenschutzsysteme 1421
Seitenelektrode, Zündkerze 867
Seitenkraft, Aerodynamik 518
Seitenkraft, Fahrwerk 1120
Seitenkraftsteuern, Fahrdynamik Nfz 493
Seitenmarkierungsleuchten, Beleuchtungseinrichtungen 1361
Seitenwandbeschriftung, Radialreifen 1172
Seitenwand, Radialreifen 1171
Sekantenmodul, Schnappverbindungen 448
Sekundärbacke, Trommelbremse 1257
Sekundärhärtung, Wärmebehandlung 334
Sekundärlufteinblasung, Katalysatoraufheizung 877
Sekundärluftpumpe, Katalysatoraufheizung 878
Sekundärluftventil, Katalysatoraufheizung 878
Sekundärretarder, Dauerbremsanlagen 1248
Sekundärverriegelung, Steckverbindungen 1522
Sekundärwicklung, Zündspule 862
Sekunde, SI-Einheiten 32
Selbstentladung, Starterbatterien 1483, 1487
Selbsterregung, 12-Volt-Bordnetz 1455
Selbsterregung, Drehstromgenerator 1491
Selbsthaltende Lager, Wälzlager 379
Selbsthemmung, Trommelbremse 1257
Selbstinduktion, Elektrotechnik 121
Selbstprüfung, Diagnose 1090
Selbstschmierende Gleitlager aus Kunststoff 376
Selbstschmierende Gleitlager aus Metall 374
Selbstschutzfunktion, Steuergerät 1635
Selbsttätige Bremsanlage, Bremssysteme 1206
Selbsttragende Karosserie, Fahrzeugaufbau Nfz 1331
Selbstverstärkung, Trommelbremse 1257
Selbstzündungen, Zündung 859
Selbstzündung im Benzinbetrieb, Gemischbildung 662
Selbstzündung, Zündkerze 868
Select-low-Regelung, Antiblockiersystem 1263
Selektive katalytische Reduktion, Abgasnachbehandlung Dieselmotor 966
Seltene Erden, Periodensystem 185
Semi-finished, Magnetwerkstoffe 292
Senderinitiative, CAN 1695
Senkniet, Niettechnik 458
Sensordatenfusion, Adaptive Fahrgeschwindigkeitsregelung 1894
Sensordatenfusion, Fahrerassistenzsysteme 1809
Sensordatenfusion, Fahrerassistenz und Sensorik 1860
Sensoren im Kraftfahrzeug, Autoelektronik 1716
Sensorformen, Drehzahlsensoren 1739
Sensorklassifikation, Sensoren 1718
Sensorraum, Sensordatenfusion 1860
Sensorredundanzkonzept, Architektur elektronischer Systeme 1673
Sensotronic Brake Control, Bremsanlagen für Pkw und leichte Nfz 1224
Separater Motor-Generator, Elektrische Maschinen 1571
Separatoren, Starterbatterien 1478
Serial Wire Ring, Busse im Kfz 1711

Serieller Hybrid, Hybridantriebe 1003
Seriell-paralleler Hybrid, Hybridantriebe 1005
Serienbasierte Steuergeräte, Motorsport 884
Serienprüfung, Abgasgesetzgebung 1043
Service-Informationssystem, Diagnose 1106
Servoeinheit, Lenkung 1199
Servomotor, Lenkung 1199
Servoventil, Common-Rail 934
Setzbetrag, Schraubenverbindungen 443
SFTP-Zyklen, Testzyklen 1058
Shaker, Fahrzeugakustik 532
SHARX, Rundfunkempfang 1800
SHED, Verdunstungsprüfung 1087
Shore-Härte, Elastomer-Werkstoffe 419
Short-Range-Radar, Radar-Sensorik 1822
SI-Basiseinheiten, Größen und Einheiten 32
Sicherheitsabstand, Dynamik der Kraftfahrzeuge 476
Sicherheitsanforderungen, Batterien für Elektro- und Hybridantriebe 1611
Sicherheitselement, Ansaugluftsystem 770
Sicherheitsfunktionen, Fahrdynamikregelung Nfz 1291
Sicherheitsfunktionen, Schließsysteme 1438
Sicherheitsgurte, Insassenschutzsysteme 1418
Sicherheits-Labyrinthdeckel, Starterbatterien 1483
Sicherheitsstrategie, Getriebesteuerung 634
Sicherungselemente, Schraubenverbindungen 443
Sicherungsschicht, Kommunikationsbordnetze 1685
Sichtbare Strahlung, Lichttechnische Größen 80
Sichtweite, Beleuchtungs-einrichtungen 1345, 1356
Sichtweite, Dynamik der Kraftfahrzeuge 478
Siedebereich, Dieselkraftstoffe 570
Siedebereich, Kraftstoffe 562
Siedetemperatur, Stoffkenngrößen 258
Siedeverlauf, Ottokraftstoff 566
SI-Einheiten, Größen und Einheiten 32
Siemens, SI-Einheiten 34
Sievert, SI-Einheiten 34
Signalarten, Steuergerät 1634
Signalaufbereitung, Steuergerät 1632
Signalleuchten, Beleuchtungseinrichtungen 1359
Signalpfad, Diagnose 1092
Signal Range Check, On-Board-Diagnose 1101
Signalübertragung, Rundfunkempfang 1794
Signalverarbeitung, Steuergerät 1634
Signumsfunktion, Mathematik 206
Silica, Reifen 1181
Silica, Starterbatterien 1478
Silikathaltige Kühlerschutzmittel, Kühlmittel 554
Silikone, Kunststoffe 325
Silikon-Kautschuk, Elastomer-Werkstoffe 417
Silikonklebstoff, Klebtechnik 456
Silikonölflüssigkeiten, Bremsflüssigkeiten 559
Silizium-Halbleiterwiderstände, Temperatursensoren 1763
Simplexbremse mit S-Nocken, Trommelbremsen 1258
Simplexbremse, Trommelbremse 1257
Simpson-Satz, Übersetzungsgetriebe 620
Simulation, Mechatronik 1642
Single-Box, Ansaugluftsystem 767
Sinterfilter, Erdgasdruckregelmodul 898
Sinterkeramische Widerstände, Temperatursensoren 1761
Sinterlager, Gleitlager 374
Sintermetalle für weichmagnetische Bauteile, Magnetwerkstoffe 294
Sintermetalle, Metallische Werkstoffe 280
Sinusförmige Lenkeingabe, Fahrdynamik-Testverfahren 501
Sinusfunktion, Mathematik 208
Situationsentwicklung, Kreuzungsassistenz 1924
Sitzbelegungsmatte, Insassenschutzsysteme 1422
Sitzreferenzpunkt, Fahrzeugaufbau Pkw 1319
Sitzverstellung, Elektrische Sitzverstellung 1408
Skalarprodukt, Mathematik 214
Skalierbarkeit, Elektrischer Achsantrieb 1028
Skleroskophärte, Wärmebehandlung 331

Skyhook-Dämpfer, Schwingungsdämpfer 1142
Skyhook-Regelstrategie, Schwingungsdämpfer 1142
Slave-Adresse, Serial Wire Ring 1713
Slave, Kommunikationsbordnetze 1687
Sleep-Modus, LIN 1703
Slot, FlexRay 1698
Slot, Kommunikationsbordnetze 1686
Slow response, OBD-Funktionen 1100
Slug-down, Steuergerät 1637
Slug-up, Steuergerät 1637
Smartphone-Anbindung, Infotainment- und Cockpitlösungen 1782
Snellius'sche Brechungsgesetz, Geometrische Optik 75
SOC-Fenster, Bordnetze für Hybrid- und Elektrofahrzeuge 1564
Society of Automotive Engineers, Automotive Software-Engineering 1648
Soft-Stop, Bremsanlagen für Pkw und leichte Nfz 1225
Softwarearchitektur, Automotive Software-Engineering 1647
Softwareentwicklung, Automotive Software-Engineering 1650, 1654
Softwarekomponenten, Automotive Software-Engineering 1649
Softwaremodell, Architektur elektronischer Systeme 1677
Software Process Improvement and Capability Determination, Automotive Software-Engineering 1653
Software, Steuergerät 1638
Solargas, Erdgasbetrieb 894
Solarzelle, Elektronik 142
Solid, Finite-Elemente-Methode 237
Solid Mesh, Finite-Elemente-Methode 237
Solid-State-Lidarsensoren, Lidar-Sensorik 1834
Soll-Schlupfwerte, Fahrdynamikregelung 1277
Sollzeitlücke, Adaptive Fahrgeschwindigkeitsregelung 1891
Solvatationswärme, Chemische Bindungen 189
Sommerfeldzahl, Gleitlager 371
Sonnenrad, Übersetzungsgetriebe 610
Sonnenrollo, Dachsysteme 1406
Soundcleaning, Fahrzeugakustik 535
Sounddesign, Fahrzeugakustik 535
Sound-Engineering, Fahrzeugakustik 535
Sound-Kennung, Reifenkennzeichnung 1185
Sound-Quality, Fahrzeugakustik 535
Space vector, Wechselrichter 1587
Spaltkorrosion, Phänomenologie der Korrosion 341
Spaltlöten, Löttechnik 455
Spaltmaß, Formteildichtung 394
Spannelementverbindungen, Reibschlussverbindungen 435
Spannkraft, Bremssysteme 1209
Spannkräfte, Mechanik 50
Spannrollen, Riemenantriebe 724
Spannschiene, Kettenantriebe 735
Spannung-Dehnung-Kurve, Stoffkenngrößen 260
Spannung, Elektrotechnik 105
Spannungsangebot, Zündspule 863
Spannungsanstiegsrate, Operationsverstärker 155
Spannungsarmglühen, Wärmebehandlung 335
Spannungspegel, CAN 1693
Spannungsregelung, 12-Volt-Bordnetz 1455
Spannungsregelung, Drehstromgenerator 1496
Spannungsregler, Steuergerät 1630
Spannungsrissbildung, Kunststoffe 310
Spannungsrisskorrosion, Phänomenologie der Korrosion 341
Spannungsteiler, Temperatursensoren 1761
Spannungswert, Elastomer-Werkstoffe 421
Späte Fusion, Sensordatenfusion 1864
Spätverstellschritt, Klopfregelung 858
Speed Symbol, Reifenkennzeichnung 1182
Speichereinspritzsystem Common-Rail 924
Speicherkammer, Antiblockiersystem 1265
Speichertechnologien, Batterien für Elektro- und Hybridantriebe 1607
Speicherung von Erdgas, Erdgasbetrieb 894
Speicherung von Flüssiggas, Flüssiggasbetrieb 887
Speichervolumen, Common-Rail 943
Spektrale Empfindlichkeit, Nachtsichtsysteme 1877
Spektrale Hellempfindlichkeit, Lichttechnische Größen 80

Spektraler Hellempfindlichkeitsgrad, Lichttechnische Größen 80
Sperrbedingungen, On-Board-Diagnose 1097
Sperrdifferential, Differentialgetriebe 628
Sperrflügelpumpe, Niederdruck-Kraftstoffversorgung Diesel 919
Sperrklinke, Schließsysteme 1432
Sperrsättigungsstrom, Optoelektronische Sensoren 1777
Sperrschicht-Feldeffekt-Transistoren, Elektronik 147
Sperrverzahnung, Übersetzungsgetriebe 612
Sperrwandler, Gleichspannungswandler 1595
Sperrwerk, Schließsysteme 1432
Spezifische Ausstrahlung, Lichttechnische Größen 80
Spezifische Lichtausstrahlung, Lichttechnische Größen 81
Spezifischer Kraftstoffverbrauch, Energiebedarf für Fahrantriebe 506
Spezifischer Widerstand, Elektrotechnik 106
Spezifische Wärmekapazität, Stoffkenngrößen 258
Spezifische Wärme, Stoffkenngrößen 258
Spezifische Zustandsgrößen, Thermodynamik 87
Sphärische Linsen, Geometrische Optik 76
Spielpassung, Wälzlager 380
Spinning-Current-Prinzip, Positionssensoren 1730
Spiralfedern, Federn 365
Spirallader, Mechanische Lader 774
Spitback-Test, Verdunstungsprüfung 1089
Splitgetriebe, Übersetzungsgetriebe 624
Spoilerdach, Dachsysteme 1406
Sports Utility Cabrio, Fahrzeugaufbau Pkw 1313
Sports Utility Vehicle, Fahrzeugaufbau Pkw 1313
Sport Utility Vehicles, Gesamtsystem Kraftfahrzeug 30
Sprachsteuerung, Anzeige und Bedienung 1793
Sprayausrichtung, Saugrohr-Einspritzventil 848
Spray, Saugrohr-Einspritzventil 848
Spray-Targeting, Saugrohreinspritzung 843
Spray-Targeting, Saugrohr-Einspritzventil 848
Spreading-Resistance-Prinzip, Temperatursensoren 1763
Spreizachse, Fahrwerk 1118
Spreizkeilbremse, Trommelbremse 1258
Spreizung des Getriebes, Antriebsstrang mit Verbrennungsmotor 597
Spreizungswinkel, Fahrwerk 1118
Spreizung, Übersetzungsgetriebe 615
Sprengniet, Niettechnik 458
Spritzbeginn, Axialkolben-Verteilereinspritzpumpe 950
Spritzgießen, Kunststoffe 322
Spritzlochausrichtung, Hochdruckeinspritzventil 850
Spritzlochscheibe, Saugrohr-Einspritzventil 847
Spritzöl, Hubkolbenmotor 701
Spritzversteller, Axialkolben-Verteilereinspritzpumpe 949
Spritzversteller, Radialkolben-Verteilereinspritzpumpe 952
Sprungsonden, λ-Sonden 1766
Spule, Elektrotechnik 109, 115
Spule im Wechselstromkreis, Elektrotechnik 116
Spulenzündung, Zündung 860
Spülgrad, Ladungswechsel 664
Spülpumpen, 2-Takt-Verfahren 666
Spurhalteassistent, Fahrspurassistenz 1908
Spurmittenführung, Fahrspurassistenz 1908
Spurstange, Lenkung 1199
Spurtreue, Fahrdynamikregelung 1273
Spurverlassenswarner, Fahrspurassistenz 1906
Spurwechselassistent, Fahrstreifenwechselassistent 1913
Spurweite, Fahrwerk 1114
Spurwinkel, Fahrwerk 1114
Spurzuordnung, Adaptive Fahrgeschwindigkeitsregelung 1892
Sputterlager, Gleitlager 373
Squeeze-cast-Prozess, Räder 1164
Stabelemente, Finite-Elemente-Methode 235
Stabilisatoren, Federung 1130
Stabilisatorfeder, Federung 1130
Stabilisierungseingriffe, Fahrdynamikregelung 1277

Stabsensorform, Drehzahlsensoren 1739
Stabspule, Zündspule 863
Stadtomnibusse, Fahrzeugaufbau Nfz 1330
Stahlcord, Radialreifen 1172
Stähle, Metallische Werkstoffe 271
Stahlfedern, Federung 1125
Stahlgelenkketten, Kettenantriebe 730
Stahlgruppennummer, EN-Normen der Metalltechnik 287
Stahlgürtelverbund, Radialreifen 1172
Stahlguss, Metallische Werkstoffe 277
Stahlguss-Motorlager, Finite-Element-Methode 237
Stahlräder, Fahrwerk 1160, 1162
Stahltypen, Metallische Werkstoffe 272
Stammfunktion, Mathematik 217
Stammfunktion, Technische Statistik 230
Standardabweichung, Technische Statistik 227
Standardantrieb, Antriebsstrang mit Verbrennungsmotor 598
Standardarchitektur, Fahrerassistenzsysteme 1807
Standardisierung, CAN 1696
Standardisierung, MOST 1710
Standard-Modellbibliothek, Mechatronik 1643
Standards für Software im Kraftfahrzeug, Automotive Software-Engineering 1647
Ständer, Drehstromgenerator 1492
Standgeräusch, Fahrzeugakustik 531
Standgeräuschmessung, Fahrzeugakustik 531
Stangendichtungen, Dichtungen 411
Stangendichtung, O-Ring 392
Stangendichtung, Pneumatikdichtungen 406
Stangenführungen, Stangen- und Kolbendichtsysteme 412
Stanznieten, Niettechnik 458
Stapelscheiben-Ölkühler, Ölkühlung 746
Starker Elektrolyt, Reaktionen von Stoffen 198
Star, Kommunikationsbordnetze 1689
Starrachsen, Radaufhängungen 1148
Startbatterie, 12-Volt-Bordnetz 1459
Startbereitschaft, Flammanlagen 960
Starterbatterien, Autoelektrik 1476
Starter für Pkw und leichte Nfz, Autoelektrik 1506
Starter für schwere Nfz, Autoelektrik 1514
Startergenerator, Hybridantriebe 995
Starterritzel, Starter für Pkw 1509
Startglühen, Flammanlagen 955
Starthilfesysteme, Dieselmotoren 954
Start of Frame, CAN 1695
Startspeicher, 12-Volt-Bordnetz 1459
Start-Stopp-Funktionalität, Hybridantriebe 992
Start-Stopp-System, Hybridantriebe 994
Start-Stopp-System, Starter für Pkw 1513
Startunterstützung, Flammanlage 960
Startup-Frame-Indicator, FlexRay 1699
Start-up-Prozess, FlexRay 1699
State of Charge, 12-Volt-Bordnetz 1460
State of Function, 12-Volt-Bordnetz 1460
State of Health, 12-Volt-Bordnetz 1461
Statik, Mechanik 49
Stationäre Kreisfahrt, Fahrdynamik-Testverfahren 499
Stationärer Wärmedurchgang, Thermodynamik 98
Statische Beanspruchung, Schraubenverbindungen 442
Statische Dichtungen, Dichtungstechnik 384
Statisches Kurvenlicht, Beleuchtungseinrichtungen 1355
Statisches Segment, FlexRay 1698
Statistische Prozessregelung, Technische Statistik 232
Stator, Drehstromgenerator 1492
Stauassistent, Zukunft des automatisierten Fahrens 1936
Stauaufladung, Abgasturbolader 780
Staubvorabscheidung, Ansaugluftsystem 769
Stauchgrenze, Stoffkenngrößen 262
Staudruck, Aerodynamik 516
Staudruckdurchflussmesser, Sensoren 1746
Staufolgefahren, Adaptive Fahrgeschwindigkeitsregelung 1894
Stauklappe, Durchflussmesser 1746
Staupilot, Zukunft des automatisierten Fahrens 1937
Steckdosenverbrauch, Energiebedarf für Fahrantriebe 511
Steckstift, Formschlussverbindungen 429
Steckverbindungen, Autoelektrik 1520

Steckverbindungen, Steuergerät 1636
Stefan-Boltzmann-Gesetz, Thermodynamik 100
Stefan-Boltzmann-Konstante, Thermodynamik 100
Steg, Übersetzungsgetriebe 610
Stehende Wellen, Schwingungen 62
Stehwellenverhältnis, Elektrotechnik 128
Steifigkeitsoptimierung, Finite-Element-Methode 240
Steigung, Fahrwiderstände 468
Steigung, Schraubenverbindungen 437
Steigungsleistung, Fahrwiderstände 467
Steigungswiderstand, Fahrwiderstände 467
Steigungswinkel, Schraubenverbindungen 437
Steilschulterfelge, Räder 1158
Stellgrößenverlauf, λ-Regelung 879
Stellgröße, Regelungs- und Steuerungstechnik 242
Steradiant, Lichttechnische Größen 82
Steradiant, SI-Einheiten 34
Stern-Bus-Topologie, Kommunikationsbordnetze 1690
Sternfilter, Benzinfilter 826
Stern, Kommunikationsbordnetze 1689
Sternmotor, Hubkolbenmotor 690
Stern-Ring-Topologie, Kommunikationsbordnetze 1690
Sternschaltung, Drehstromgenerator 1492
Sternscheibe, Reibschlussverbindungen 434
Sterntopologie, Kommunikationsbordnetze 1689
Stetige Verteilungen, Technische Statistik 229
Stetige λ-Regelung, Katalytische Abgasreinigung 880
Steuergerät, Autoelektronik 1620
Steuergerätediagnose 1106
Steuergerätenetzwerk, Automotive Software-Engineering 1656
Steuerketten, Kettenantriebe 730
Steuerkettentrieb, Hubkolbenmotor 687
Steuerstange, Erdgasdruckregelmodul 899
Steuerung eines Hybridantriebs, Elektrifizierung des Antriebs 1010
Steuerung elektrischer Antriebe, Elektrifizierung des Antriebs 984
Steuerung, Regelungs- und Steuerungstechnik 242
Steuerung und Regelung des Ottomotors 800
Steuerventil, Lenkung 1196
Steuerzeiten, Ladungswechsel 665
Steuerzeiten, Zylinderfüllung 814
Stichprobenumfang, Technische Statistik 227
Stichprobe, Technische Statistik 228
Stickoxide, Abgasemissionen 717
Stickoxidemissionen, Dieselmotor 661
Stickoxide, Ottomotor 655
Stick-Slip-Effek, Gleitlager 370
Stick-Slip, Schmierstoffe 539
Stickstoffoxide, Abgasemissionen 717
Stiftverbindungen, Formschlussverbindungen 428
Stimulierte Emission, Lasertechnik 83
Stirnflächem-Messanlage, Windkanäle 526
Stirnraddifferential, Differentialgetriebe 627
Stirnradgetriebe, Übersetzungsgetriebe 614
Stirnradsatz, Übersetzungsgetriebe 610
Stochastischer Unebenheitsverlauf, Dynamik der Kraftfahrzeuge 487
Stochastisch-grafische Modelle, Sensordatenfusion 1869
Stöchiometrisches Verhältnis, Gemischbildung Ottomotor 838
Stoffbegriff, Chemie 192
Stoffe, Chemie 192
Stoffkenngrößen, Werkstoffe 258
Stoffkonzentrationen, Chemie 194
Stoffmenge, Stoffkonzentrationen 194
Stopfgrenze, Abgasturbolader 778
Stoppie, Motorrad-Stabilitätskontrolle 1298
Stoppschildassistent, Kreuzungsassistenz 1927
Störabstand, Rundfunkempfang 1796
Störaussendung, Elektromagnetische Verträglichkeit 1525, 1531
Störaussendungsmessung, Elektromagnetische Verträglichkeit 1532
Störfestigkeit, Elektromagnetische Verträglichkeit 1527
Störfestigkeitsmessung, Elektromagnetische Verträglichkeit 1532
Störfestigkeitsprüfung, Elektromagnetische Verträglichkeit 1531
Störgröße, Regelungs- und Steuerungstechnik 242

Störimpulse, Elektromagnetische Verträglichkeit 1525
Störkrafthebelarm, Fahrwerk 1118
Störquellen, Elektromagnetische Verträglichkeit 1525
Störsenken, Elektromagnetische Verträglichkeit 1526
Störstellen-Fotoeffekt, Optoelektronische Sensoren 1776
Störungsbehandlung, CAN 1696
Störungserkennung, CAN 1696
Störungssicherheit, Wechselrichter 1585
Stoßaufladung, Abgasturbolader 780
Stoßionisation, Elektronik 140
Stoß, Mechanik 49
Stoßradius, Fahrwerk 1118
Strahlaufbereitung, Hochdruckeinspritzventil 850
Strahlaufbereitung, Piezo-Hochdruckeinspritzventil 852
Strahlaufbereitung, Saugrohr-Einspritzventil 847
Strahlausbreitung, Dieselmotor 658
Strahlausrichtung, Piezo-Hochdruckeinspritzventil 852
Strahldichte, Lichttechnische Größen 80
Strahlenmodell, Technische Optik 74
Strahlgeführtes Brennverfahren, Benzin-Direkteinspritzung 845
Strahlkegel, Saugrohr-Einspritzventil 847
Strahlrichtungswinkel, Saugrohr-Einspritzventil 848
Strahlstärke, Lichttechnische Größen 80
Strahlungsenergie, Lichttechnische Größen 79
Strahlungsfluss, Lichttechnische Größen 79
Strahlungsgrößen, Lichttechnische Größen 79
Strahlungsthermometer, Temperatursensoren 1760
Streckgrenze, Mechanik 51
Streckgrenze, Stoffkenngrößen 260
Streckmetallgitter, Starterbatterien 1479
Stretch Fit-Antriebe, Riemenantriebe 725
Streuparameter, Technische Statistik 227
Streuscheibe Scheinwerfer, Beleuchtungseinrichtungen 1347
Stribeck-Kurve, Gleitlager 371
Stribeck-Kurve, Hubkolbenmotor 699
Stribeck-Kurve, Schmierstoffe 543
Stripline, Elektromagnetische Verträglichkeit 1531
Stromabgabefähigkeit, Starterbatterien 1483
Stromdichte, Elektrotechnik 105
Stromeinkopplungsverfahren, Elektromagnetische Verträglichkeit 1531
Strom, Elektrotechnik 104
Stromgenerierte regenerative Kraftstoffe, Kraftstoffe 583
Stromkennlinie, Drehstromgenerator 1498
Stromlaufplan, Schaltpläne 1546
Stromstärke, Elektrotechnik 104
Strömungen, Ottomotor 653
Strömung laminar, Fluidmechanik 57
Strömungsbild, Aerodynamik 517
Strömungsbremse, Dauerbremsanlagen 1247
Strömungsgeschwindigkeit, Strömungsmechanik 57
Strömungsmechanik, Fluidmechanik 57
Strömungsoptimierte Geometrie, Erdgaseinblasventil 898
Strömungsprofil, Ottomotor 652
Strömungspumpe, Elektrokraftstoffpumpe 828
Strömungsrichtung, Durchflussmesser 1748
Strömungswiderstand, Strömungsmechanik 59
Strömung turbulent, Fluidmechanik 57
Stromwärmeverluste, Elektrische Maschinen 1579
Strukturmodifikation, Schwingungen 65
Strukturumschaltungen, Regelungs- und Steuerungstechnik 245
Strukturviskosität, Schmierstoffe 542
Stufenfaser, Lichtwellenleiter 83
Stufenlose Umschlingungsgetriebe, Übersetzungsgetriebe 622
Stufenmulde, Hubkolbenmotor 676
Sturzwinkel, Fahrwerk 1115
Stützfunke, Zündspule 863
Stützring, O-Ring 388, 392
Styrol-Butadien-Kautschuk, Elastomer-Werkstoffe 416
Subjektive Geräuschbewertung, Akustik 71
Sublimationskurve, Wasser 193
Substitution, Mathematik 217
Subsystem Electrical Supply System, Steuerung elektrischer Antriebe 988

Subsysteme, Motronic 802
Subsystem Thermomanagement, Steuerung elektrischer Antriebe 988
Subsystem Torque-Demand, Steuerung elektrischer Antriebe 985
Subsystem Torque-Structure, Steuerung elektrischer Antriebe 988
Subsystem Vehicle Functions, Steuerung elektrischer Antriebe 988
Subtrahierverstärker, Operationsverstärker 153
Sulfatierung, Starterbatterien 1484
Summenschirm, Wechselrichter 1585
Superkondensatoren, Elektrik für Elektro- und Hybridantriebe 1616
Super-Kraftstoffe, Ottokraftstoff 563
Superpositionsprinzip, Wellenoptik 78
Surface Engineering, Überzüge und Beschichtungen 348
Suspension, Stoffe 192
Sustaining-Test, Energiebedarf für Fahrantriebe 509
Suszeptibilität, Magnetwerkstoffe 290
SUV, Gesamtsystem Kraftfahrzeug 30
Switch, Ethernet 1704
Symbol Window, FlexRay 1698
Sync-Frame-Indicator, FlexRay 1699
Synch Break, LIN 1701
Synch Field, LIN 1701
Synchronisation, FlexRay 1698
Synchronisation, LIN 1702
Synchronisationsfeld, LIN 1701
Synchronisationspause, LIN 1701
Synchronisierung, Übersetzungsgetriebe 611
Synchronring, Übersetzungsgetriebe 612
Synthetische Kraftstoffe, Kraftstoffe 583
Synthetisches Öl, Schmierstoffe 543
Systemarchitektur, Automotive Software-Engineering 1654
Systemarchitektur, Integrierte Fahrdynamik-Regelsysteme 1307
System-Control, Motronic 804
System-Document, Motronic 804
Systeme zur Innenraumbeobachtung, Fahrerassistenzsysteme 1932
Systemschloss, Schließsysteme 1439

T

Tafel- und Rollenpressspan, Kunststoffe 323
Tagfahrleuchten, Beleuchtungseinrichtungen 1363
Tagfahrlicht, Beleuchtungseinrichtungen 1363
Tagsehen, Lichttechnische Größen 81
Tailored Blanks, Räder 1160
Taktfrequenz, Wechselrichter 1583
Taktrate, Serial Wire Ring 1712
Tandem-Hauptbremszylinder, Bremsanlagen für Pkw und leichte Nfz 1220
Tandemkraftstoffpumpe, Niederdruck-Kraftstoffversorgung Diesel 919
Tangensfunktion, Mathematik 209
Tangentialbeschleunigung, Bewegung des Fahrzeugs 463
Tangentialsensoren, Drehzahlsensoren 1741
Tankatmungsverluste, Verdunstungsprüfung 1088
Tankeinbaueinheit, Kraftstofffördermodul 829
Tankentlüftung, Kraftstoffversorgung 824
Tankentlüftungsgase, Ansaugluftsystem 766
Tankentlüftungsventil, Kraftstoffversorgung 824
Tankfüllstandsensor, Positionssensoren 1726
Tankleckdiagnose, On-Board-Diagnose 1099
Tankstellennetz, Erdgasbetrieb 894
Tank-to-Wheel-Pfad, Energiebedarf für Fahrantriebe 514
Tank-to-Wheel-Wirkungsgrad, Energiebedarf für Fahrantriebe 514
Taschenseparator, Starterbatterien 1478
Tassenstößel, Benzin-Direkteinspritzung 830
Tassenstößelsteuerung, Hubkolbenmotor 686
Technische Hürden, Zukunft des automatisierten Fahrens 1935
Technische Optik, Grundlagen 74
Technische Statistik, Mathematik und Methoden 226
Technologiemodell, Architektur elektronischer Systeme 1676
Technologische Wirkkette, Architektur elektronischer Systeme 1676

Teilaktive Regelung, Fahrdynamikregelung 1285
Teilchenverbundwerkstoffe 303
Teil-Flash-Lidar, Lidar-Sensorik 1835
Teilgetriebe, Übersetzungsgetriebe 624
Teilhub, Piezo-Hochdruckeinspritzventil 853
Teilkristalline Thermoplaste, Kunststoffe 307
Teillastfülldruck, Reifen 1173
Teilmotorbetrieb, Zylinderabschaltung 818
Teilnehmeradressierung, Kommunikationsbordnetze 1688
Teilnehmerorientiertes Verfahren, Kommunikationsbordnetze 1688
Teilstrommesser, Heißfilm-Luftmassenmesser 1749
Teilsynthetische Filtermedien, Ansaugluftsystem 757
Teilsynthetische Öle, Schmierstoffe 544
Teiltragende Systeme, Federung 1132
Teilung, Riemenantriebe 727
Teleskopdämpfer, Schwingungsdämpfer 1136
Tellerfedern, Federn 365
Temperaturbeiwert, Elektrotechnik 107
Temperaturbereiche im Fahrzeug, Temperatursensoren 1760
Temperatur, Gesetzliche Einheiten 38
Temperaturkennlinie, Temperatursensoren 1761
Temperaturkoeffizient der Koerzitivfeldstärke, Stoffkenngrößen 259
Temperaturkoeffizient der magnetischen Polarisation, Stoffkenngrößen 259
Temperaturkoeffizient, Temperatursensoren 1762
Temperaturmischklappen, Klimatisierung 1393
Temperatursensoren, Autoelektronik 1760
Temperguss, Metallische Werkstoffe 277
TEM-Wellenleiter, Elektromagnetische Verträglichkeit 1531
TEM-Zelle, Elektromagnetische Verträglichkeit 1531
Terzbandspektrum, Akustik 68
Tesla, SI-Einheiten 34
Testerbasierte Diagnosemodule, Steuergerätediagnose 1106
Test und Absicherung, Fahrerassistenzsysteme 1809
Test von Software und Steuergeräten, Automotive Software-Engineering 1660
Testzyklen für Pkw und leichte Nfz, Abgasgesetzgebung 1057
Testzyklen für schwere Nfz, Abgasgesetzgebung 1067
Tetraeder, Finite-Elemente-Methode 236
T-förmige Topologie, Elektrischer Achsantrieb 1023
Theoretische Federlänge, Federung 1128
Thermal Runaway, Batterien für Elektro- und Hybridantriebe 1611
Thermische Abregelung, Elektrische Maschinen 1581
Thermische Alterung, Katalysator 876
Thermische Auslegung, Elektrischer Achsantrieb 1021
Thermische Beschleunigungssensoren, Autoelektronik 1752
Thermische Entflammung, Zündkerze 868
Thermischer Alterungsprozess, Bordnetze für Hybrid- und Elektrofahrzeuge 1564
Thermische Zustandsgleichung, Thermodynamik 89
Thermochemische Behandlungen, Wärmebehandlung 337
Thermodynamik, Grundlagen 86
Thermodynamische Systeme, Thermodynamik 86
Thermoelektrische Spannungsreihe, Elektrotechnik 131
Thermoelektrisches Verfahren, Wasserstoffsensoren 1775
Thermoelektrizität, Elektrotechnik 131
Thermoelemente, Elektrotechnik 131
Thermomagnetische Effekte, Elektrotechnik 133
Thermomanagement, Batterien für Elektro- und Hybridantriebe 1614
Thermomanagement, Brennstoffzelle 1036
Thermomanagement für Elektroantriebe, Elektrifizierung des Antriebs 980
Thermomanagement, Kühlung des Motors 749
Thermomanagement, Schmierung des Motors 753
Thermoplaste, Kunststoffe 307
Thermoplastische Elastomere, Kunststoffe 315

Thermoplastische Kunststoffe, Chemische Bezeichnung 308
Thermoplastische Kunststoffe, Mechanische Eigenschaften 312
Thermoschalter, Starter für schwere Nfz 1517
Thermospannung, Elektrotechnik 132
Thermosteuerung, Ansaugluftsystem 760
Thixotropie, Schmierstoffe 542
Thoraxbag, Insassenschutzsysteme 1421
Three-Box-Design, Fahrzeugaufbau Pkw 1316
Threshold-Spannung, Elektronik 148
Tiefbettfelge, Räder 1157
Tiefenätzen, Mikromechanik 1721
Tiefe neuronale Netzwerke, Sensordatenfusion 1867
Tiefenfilter, Ansaugluftsystem 756
Tiefenfiltermedien, Schmierung des Motors 752
Tiefschweißeffekt, Schweißtechnik 453
Tieftemperaturflexibilität, Elastomer-Werkstoffe 422
Tieftemperaturviskosität, Bremsflüssigkeiten 557
Tier 2, EPA-Gesetzgebung 1048
Tier 3, EPA-Gesetzgebung 1048
Tilger, Schwingungen 64
Time Master, Kommunikationsbordnetze 1686
Time To Brake, Fahrspurassistenz 1911
Time To Brake, Notbremssysteme 1917
Time To Collision, Notbremssysteme 1917
Time To Steer, Notbremssysteme 1917
Time Triggered CAN, Busse im Kfz 1696
Timing-Master, MOST 1708
Titanaluminiumnitrid, Überzüge und Beschichtungen 352
Titancarbonitrid, Überzüge und Beschichtungen 352
Titanlegierungen, Metallische Werkstoffe 280
Titan, Metallische Werkstoffe 280
Titannitrid, Überzüge und Beschichtungen 352
Token Passing, Kommunikationsbordnetze 1687
Toleranzen, Maschinenelemente 354
Toleranzklasse, Toleranzen 355
Tolerierungsgrundsätze, Toleranzen 354
Tonhaltigkeit, Akustik 70
Tonheit, Akustik 71
Tonhöhe, Akustik 71
Top-down-Ansatz, Architektur elektronischer Systeme 1679
Top-Feed-Prinzip, LPG-Einspritzventil 891
Topfgenerator, Drehstromgenerator 1504
Topfmulde, Hubkolbenmotor 676
Topologie, Ethernet 1704
Topologiemodell, Architektur elektronischer Systeme 1678
Topologie, MOST 1709
Topologien, FlexRay 1697
Topologien, Hybridantriebe 998
Topologie, Serial Wire Ring 1711
Torque-Demand, Motronic 802
Torque-Structure, Motronic 802
Torque-Vectoring 1306
Torsionlenkerachsen, Radaufhängungen 1149
Torsionsdämpfer, Schwingungsentkoppelung 606
Torsionsschnapphaken, Schnappverbindungen 447
Torsionsschwingungen, Hubkolbenmotor 689
Torsionsspannungen, Federn 367
Torsionsspannung, Mechanik 52
Totalreflexion, Geometrische Optik 76
Totwinkelassistent, Fahrstreifenwechselassistent 1912
Totwinkelwarner, Radarbasierte Assistenzsysteme für Zweiräder 1931
Touchscreen, Anzeige und Bedienung 1792
Toxen, Durchsetzfügeverfahren 459
TPEG-Standard, Verkehrstelematik 1801
Tracking, Sensordatenfusion 1861, 1869
Trade-off, Automotive Software-Engineering 1662
Traffic-Message-Channel, Fahrzeugnavigation 1874
Traffic-Message-Channel, Verkehrstelematik 1801
Trägerbeschichtung, Katalysator 874
Tragfähigkeitskennzahl, Reifenkennzeichnung 1182
Tragfähigkeit, Wälzlager 382
Trägheitsmoment, Mechanik 46, 48
Tragwerk, Fahrzeugaufbau Nfz 1327
Trailer, FlexRay 1700

Trailer Sway Mitigation, Fahrdynamikregelung 1282
Traktionsbordnetz-Gleichspanungswandler 1597
Transaxleantrieb, Antriebsstrang mit Verbrennungsmotor 599
Transceiver, Kommunikationsbordnetze 1684
Transceiver, Wegfahrsperre 1445
Transformationstemperatur, Gläser 303
Transistoren, Elektronik 144
Transition-Test, Fahrdynamik-Testverfahren 502
Transkristalline Korrosion, Phänomenologie der Korrosion 341
Translatorische Bewegungen, Bewegung des Fahrzeugs 462
Transmission-Start-Sequence, FlexRay 1700
Transponder, Wegfahrsperre 1445
Transporter, Fahrzeugaufbau Nfz 1325
Transportmechanismen, Brennstoffzelle 1032
Transport Protocol Experts Group, Verkehrstelematik 1801
Transportschicht, Kommunikationsbordnetze 1685
Transversalwellen, Wellenoptik 78
Trapezlenker-Einzelradaufhängung, Radaufhängungen 1152
Traversiereinrichtung, Windkanäle 527
Tread Wear Indicator, Reifenprofil 1174
Treibhauspotential, Kältemittel 591
Trenchen, Mikromechanik 1721
Tribologie, Hubkolbenmotor 699
Tribologisches System, Hubkolbenmotor 699
Triebwerk, Hubkolbenmotor 691
Triebwerksauslegung, Hubkolbenmotor 691
Triebwerkskinetik, Hubkolbenmotor 692
Trigonometrische Funktionen, Mathematik 207
Trilateration, Fahrzeugnavigation 1872
Trimmen, Temperatursensoren 1761
Trimolekulare Reaktion, Reaktionskinetik 197
Tripelpunkt, Wasser 193
Trockene Kupplung, Anfahrelemente 601
Trockene Lagerung, Starterbatterien 1483
Trockenmittelbox, Bremsanlagen Nfz 1234
Trockensiedepunkt, Bremsflüssigkeiten 557
Trockensumpfschmierung, Hubkolbenmotor 688
Trommelbremsen, Radbremsen 1256
Tropfenaufbereitung, Ottomotor 648
Tropfenverdampfung, Ottomotor 648
Tropfpunkt, Schmierstoffe 543
Trübungsmessgerät, Dieselrauchkontrolle 1085
Trübungsmessung, Dieselrauchkontrolle 1085
Trumkräfte, Riemenantriebe 721
Trumlänge, Kettenantriebe 733
Trumlänge, Riemenantriebe 729
Trum, Riemenantriebe 721
TRX-Felge, Räder 1166
Tumble, Ansaugluftsystem 764
Tumbleklappe, Ansaugluftsystem 764
Tumble, Ottomotor 653
Tunnel Magnetoresistiver Effekt, Elektrotechnik 137
Turbine, Abgasturbolader 779
Turbinenrad, Hydrodynamischer Drehmomentwandler 603
Turbolader, Abgasturboaufladung 672
Turbulente kinetische Energie, Dieselmotor 660
Turbulente kinetische Energie, Ottomotor 652
Turbulente Strömung, Strömungsmechanik 57
Turbulenzen, Dieselmotor 657
Turbulenzen, Ottomotor 652
Turbulenzintensität, Ottomotor 651
Turcon-PTFE-Rotationsdichtung, Reifendruckregelung 1190
Turcon Roto L, Reifendruckregelung 1190
Twisted Nematic-LCD, Anzeige und Bedienung 1789
Twisted Pair, Busse im Kfz 1692
Two-Box-Design, Fahrzeugaufbau Pkw 1316
Typformel, Zündkerze 871
Typgenehmigung, Elektromagnetische Verträglichkeit 1534
Typprüfung, Abgasgesetzgebung 1042
Typprüfung, EU-Gesetzgebung 1052
Typ-Tests, EU-Gesetzgebung 1053

U

Überbeanspruchung, Schraubenverbindungen 441
Überbrückungskupplung, Hydrodynamischer Drehmomentwandler 605
Überdruckventil, Erdgasdruckregelmodul 899
Übererregung, Synchronmaschine 171
Übergangsbereich, Dynamik der Kraftfahrzeuge 480
Übergangspassung, Wälzlager 381
Übergangsverhalten, Fahrdynamik-Testverfahren 500
Überholen, Dynamik der Kraftfahrzeuge 476
Überholweg, Dynamik der Kraftfahrzeuge 477
Überkritische Phase, Wasser 193
Überlagerungslenkung, Lenkung 1200
Überlagerungswinkel, Lenkung 1202
Überlandomnibusse, Fahrzeugaufbau Nfz 1330
Überlappverbindung, Klebtechnik 456
Überlastbetrieb, Elektrische Maschinen 1567
Überlebenswahrscheinlichkeit, Technische Statistik 229
Übermodulation, Rundfunkempfang 1799
Übernahmeaufforderung, Adaptive Fahrgeschwindigkeitsregelung 1892
Überrollschutz, Insassenschutzsysteme 1422
Überschneidungs-OT, Ladungswechsel 664
Überschneidungsphase, Ladungswechsel 665
Überschneidungssteuerung, Getriebesteuerung 632
Übersetzungsgetriebe, Antriebsstrang 608
Übersetzungsgetriebe, Antriebsstrang mit Verbrennungsmotor 597
Übersetzungsverhältnis, Hochdruckpumpe Common-Rail 938
Übersichtsschaltplan, Schaltpläne 1546
Überspannungsschutz, Wechselrichter 1584
Übersteuernd, Dynamik der Kraftfahrzeuge 482
Überströmdrossel, Niederdruck-Kraftstoffversorgung Diesel 920
Überströmdruckregler, Kraftstoffversorgung Ottomotor 835
Überströmkanal, 2-Takt-Verfahren 666
Überströmventile, Bremsanlagen Nfz 1235
Überströmventil, Hochdruckpumpe Common-Rail 940
Übertragungseinrichtung, Bremsanlagen für Pkw und leichte Nfz 1221
Übertragungseinrichtung, Bremssysteme 1207
Übertragungsfunktion, Schwingungen 61
Übertragungsglieder, Regelungs- und Steuerungstechnik 243
Übertragungsmedien, FlexRay 1697
Übertragungsorientiertes Verfahren, Kommunikationsbordnetze 1688
Übertragungsrate, LIN 1701
Übertragungsrate, MOST 1707
Übertragungsrate, Ethernet 1703
Übertragungssicherheit, Kommunikationsbordnetze 1691
Übertragungssystem, Ethernet 1703
Übertragungssystem, LIN 1701
Übertragungssystem, MOST 1707
Übertragungssystem, PSI5 1705
Übertragungswege, Verkehrstelematik 1801
Überwachtes Lernen, Künstliche Intelligenz 251
Überwachtes Training, Sensordatenfusion 1868
Überwachung im Fahrbetrieb, Diagnose 1090
Überwachungsalgorithmen, Diagnose 1090
Überwachungsfunktionen, Fahrdynamikregelung Nfz 1291
Überwachungsmodul, Steuergerät 1630
Überwachungssystem, Fahrdynamikregelung 1286
Überzüge, Überzüge und Beschichtungen 348
Ultra-Fernbereichs-Lidar, Lidar-Sensorik 1827
Ultranahbereich, Fahrerassistenzsysteme 1809
Ultraschall, Akustik 66
Ultraschallbasierte Einparkhilfe, Einpark- und Manövriersysteme 1882
Ultraschallbasierter Einparkassistent, Einpark- und Manövriersysteme 1884
Ultraschall-Sensorik, Fahrerassistenz und automatisiertes Fahren 1812

Ultraschallsensor,
Ultraschall-Sensorik 1812
Umfangslast, Wälzlager 381
Umfelderfassung,
Fahrspurassistenz 1910
Umfelderfassung,
Notbremssysteme 1916
Umfelderfassung,
Spurwechselassistent 1913
Umfelderfassung,
Totwinkelassistent 1912
Umfeldsensorik,
Fahrerassistenzsysteme 1808
Umfeldwahrnehmung,
Lidar-Sensorik 1825
Umgekehrte Montage,
Drucksensoren 1757
Umlenkrollen, Riemenantriebe 724
Umluftbetrieb, Klimatisierung 1392
Ummagnetisierungsverluste,
Elektrotechnik 124
Umrichter, Wechselrichter 1582
Umrissleuchten,
Beleuchtungseinrichtungen 1361
Umschaltventil,
Fahrdynamikregelung 1285
Umschlingungsband,
Übersetzungsgetriebe 622
Umschlingungskette,
Übersetzungsgetriebe 622
Umschlingungswinkel,
Riemenantriebe 721
Umsetztechnik,
Zweikomponentendichtungen 410
Umsetzzeit,
Dynamik der Kraftfahrzeuge 475
Umströmte Körper,
Strömungsmechanik 59
Unabhängigkeitsprinzip,
Toleranzen 355
Unebenheitsspektrum,
Dynamik der Kraftfahrzeuge 487
Unedle Metalle, Chemie 203
Unfallarten, Integrale Sicherheit 1426
Unfalldatenbank,
Fahrerassistenzsysteme 1805
Unfalldatenspeicher,
Sicherheitssysteme im Kfz 1411
Unfallforschung,
Fahrerassistenzsysteme 1805
Unfallsituation,
Fahrerassistenzsysteme 1805
Ungedämpfte Eigenkreisfrequenz,
Dynamik der Kraftfahrzeuge 488
Uniballgelenke, Federung 1124
UNI-Lackierung,
Überzüge und Beschichtungen 351
Unit-Injector, Nfz 946
Unit-Injector, Pkw 944
Unit-Injector-System, Nfz 946
Unit-Injector-System, Pkw 944
Unit-Pump, Nfz 947
Unit-Pump-System, Nfz 947
Unkontrollierte Verbrennung,
Ottomotor 653
Unlegierte Edelstähle,
EN-Normen der Metalltechnik 286
Unlegierte Qualitätsstähle,
EN-Normen der Metalltechnik 286
Unlegierte Stähle,
EN-Normen der Metalltechnik 286
Unlocking Zone, Schließsysteme 1441
Unlösbare Verbindungen,
Verbindungstechnik 450
Unterdruckaufkohlen,
Wärmebehandlung 337
Unterdruck-Bremskraftverstärker, Bremsanlagen für Pkw und leichte Nfz 1217
Unterdruckdosen,
Ansaugluftsystem 766
Unterdruck-Rückschlagventil, Bremsanlagen für Pkw und leichte Nfz 1218
Unterdruckverstärker, Bremsanlagen für Pkw und leichte Nfz 1217
Untererregung, Synchronmaschine 171
Unterer Totpunkt, Ladungswechsel 664
Unterflurkatalysator, Katalytische Abgasnachbehandlung 877
Unterflurmotorantrieb, Antriebsstrang mit Verbrennungsmotor 599
Untersetzungsgetriebe, Lenkung 1200
Untersetzungsgetriebe,
Starter für Pkw 1508
Untersteuernd,
Dynamik der Kraftfahrzeuge 482
Unterstützende Eingriffe,
Fahrspurassistenz 1908
Unterstützungsarten,
Fahrspurassistenz 1909
Unüberwachtes Lernen,
Künstliche Intelligenz 251
Unwucht, Räder 1169
US06-Zyklus, Testzyklen 1058
USA-Gesetzgebung, Abgasgesetzgebung für schwere Nfz 1062
USA-Gesetzgebung, Emissionsgesetzgebung für Motorräder 1071
USA-Testzyklen,
Abgasgesetzgebung 1057

US-Sealed-Beam, Beleuchtungseinrichtungen 1340
Utility-Faktor, Energiebedarf für Fahrantriebe 509
UV/VIS-Spektroskopie, Chemische Bindungen 191

V

Valenzelektronen, Periodensystem 182
Valet Parking, Zukunft des automatisierten Fahrens 1937
Validierung, Mechatronik 1644
Van-der-Waals-Gleichung, Thermodynamik 90
Van-der-Waals-Kräfte, Chemische Bindungen 190
Vapor Lock, Bremsflüssigkeiten 556
Vapour-Lock-Index, Ottokraftstoff 567
Vapour lock, Ottokraftstoff 565
Vapour Phase Inhibitors, Korrosionsschutz 346
Variabler Turbinengeometrie, Aufladung 672
Variables Verdichtungsverhältnis, Hubkolbenmotor 682
Variable Turbinengeometrie, Abgasturbolader 782
Variable Ventiltriebe, Verbrennungsmotoren 667
Varianz, Technische Statistik 227
Variator, Übersetzungsgetriebe 622
Vehicle Control Unit für Elektrofahrzeuge, Steuerung elektrischer Antriebe 984
Vehicle Control Unit, Steuerung eines Hybridantriebs 1010
Vehicle Distributed Executive, Automotive Software-Engineering 1648
Vehicle Dynamics Management 1304
Vehicle Dynamics Management, Fahrdynamikregelung 1282
Vehicle Headlamp Aiming Device, Beleuchtungseinrichtungen 1345
Vehicle Motion Control, Architektur elektronischer Systeme 1674
Vehicle Stability Assist, Fahrdynamikregelung 1287
Vehicle Stability Control, Fahrdynamikregelung 1287
Vehicle to Grid, On-Board-Ladevorrichtung 1602
Vehicle to Home, On-Board-Ladevorrichtung 1602
Vehicle to Load, On-Board-Ladevorrichtung 1602
Vektoren, Mathematik 213
Ventilanordnung, Hubkolbenmotor 686
Ventilbeschleunigung, Hubkolbenmotor 686
Ventilbilder, Hubkolbenmotor 684
Ventildrehvorrichtung, Hubkolbenmotor 686
Ventile, Hubkolbenmotor 678
Ventilfeder, Hubkolbenmotor 685
Ventilführung, Hubkolbenmotor 686
Ventilgeschwindigkeit, Hubkolbenmotor 686
Ventilhubverlauf, Hubkolbenmotor 686
Ventilsitz, Hubkolbenmotor 686
Ventilsteuerdiagramm, Hubkolbenmotor 686
Ventilsteuerung, Hubkolbenmotor 678, 686
Ventilsteuerungsbauarten, Hubkolbenmotor 685
Ventilsteuerzeiten, Ladungswechsel 665
Ventilsteuerzeiten, Zylinderfüllung 814
Ventiltrieb, Hubkolbenmotor 685
Ventilüberschneidung, Variable Ventiltriebe 667
Ventilüberschneidung, Zylinderfüllung 814
Venturimischer, Flüssiggasbetrieb 887
Verarbeitungsverfahren, Kunststoffe 322
Verarmungstyp, Feldeffekt-Transistor 148
Verbindungselemente, Abgasanlage 796
Verbraucherklassifizierung, 12-Volt-Bordnetz 1451
Verbrauchertests, Sicherheitssysteme im Kfz 1414
Verbrennung homogener Gemische, Ottomotor 651
Verbrennung im Dieselmotor, Gemischbildung 658
Verbrennung im Ottomotor, Gemischbildung 649
Verbrennungsbombe, Zündung 854
Verbrennungsdruck, Zündung 855
Verbrennungsgeschwindigkeit, Ottomotor 651
Verbrennungsmoment, Steuerung Ottomotor 800
Verbrennungsmotoren 642

Verbrennungsschwerpunkt, Zündung 855
Verbrennungstakt, Ladungswechsel 665
Verbrennung teilhomogener Gemische, Ottomotor 652
Verbundelektroden, Zündkerze 867
Verbundlager, Gleitlager 376
Verbundlenkerachsen, Radaufhängungen 1149
Verbund-Sicherheitsglas, Automobilverglasung 1375
Verbund-Sicherheitsglas-Dachverglasung, Automobilverglasung 1377
Verbundspritzgießen, Zweikomponentendichtungen 408
Verbundtechniken, Zweikomponentendichtungen 409
Verbundwerkstoffe 303
Verdampfer, Flüssiggasbetrieb 892
Verdampfer, Klimatisierung 1395
Verdampfungsenthalpie, Stoffkenngrößen 258
Verdampfungswärme, Chemische Thermodynamik 196
Verdampfungswärme, Stoffkenngrößen 258
Verdichter, Abgasturbolader 777
Verdichtungstakt, Ladungswechsel 665
Verdichtungsverhältnis, Hubkolbenmotor 706
Verdichtungsverhältnis, Thermodynamik 93
Verdrängerlader, Mechanische Lader 773
Verdrängerpumpe, Elektrokraftstoffpumpe 827
Verdünnungsanlagen, Abgas-Messtechnik 1080
Verdünnungssystem, Abgas-Messtechnik 1079
Verdunstungsemissionen, Emissionsgesetzgebung für Motorräder 1072, 1074
Verdunstungsemission, Verdunstungsprüfung 1087
Verdunstungsprüfung, Abgas-Messtechnik 1087
Verdunstungsverluste, Verdunstungsprüfung 1087
Verfolgung, Sensordatenfusion 1861
Verformungsberechnung, Finite-Elemente-Methode 235
Verglasung, Automobilverglasung 1375
Vergleichsprozesse, Thermodynamik 92
Vergleichsspannung, Mechanik 52
Vergussmassen, Eigenschaften 324
Vergussmassen, Kunststoffe 323
Vergüten, Wärmebehandlung 335
Vergütungsstahl, Metallische Werkstoffe 272
Verhinderung des Umkippens, Fahrdynamikregelung 1281
Verkehrsmeldungen, Verkehrstelematik 1802
Verkehrstelematik, Infotainment 1801
Verkehrszeichenerkennung, Fahrerassistenzsysteme 1899
Verlorene Bewegung, Variable Ventiltriebe 670
Verluste, Elektrische Maschinen 1579
Verlustwiderstand, Elektrotechnik 128
Vermittlungsschicht, Kommunikationsbordnetze 1685
Vernetzung, Klebtechnik 455
Verschiebungsdichte, Elektrotechnik 117
Verschiebungsfluss, Elektrotechnik 117
Verschleißfreiheit, Hubkolbenmotor 699
Verschleißmarker, Reifenprofil 1174
Verschleißwiderstand, Gleitlager 372
Verschlussdeckel, Dichtungen 396
Verschlusskappen, Dichtungen 396
Verschmutzungsanlage, Windkanäle 527
Versorgungsbatterie, 12-Volt-Bordnetz 1459
Verspannungsschaubild, Schraubenverbindungen 439
Verstärkungszusätze, Gleitlager 376
Verstellbare Schwingungsdämpfer, Fahrwerk 1138
Vertrauensintervall, Technische Statistik 231
Vertrauensniveau, Technische Statistik 231
Verwaltungsfunktionen, MOST 1709
Verweilzeit, λ-Regelung 879
Verzahnungseffekt, Reifenhaftung 1177
Verzögerung, Bremssysteme 1210
Verzögerungswunsch, Fahrdynamikregelung 1275
Vibrationssensoren, Autoelektronik 1750
Vickershärte, Wärmebehandlung 330
Videobasierte Systeme, Einpark- und Manövriersysteme 1886

Vielstoffmotoren,
Verbrennungsmotoren 662
Vieraktverfahren, Ladungswechsel 664
Vierkreisschutzventil,
Bremsanlagen Nfz 1235
Vier-Scheinwerfer-System,
Beleuchtungseinrichtungen 1340
Viertelfahrzeugmodell,
Dynamik der Kraftfahrzeuge 488
Vierwegekatalysator, Katalytische Abgasnachbehandlung Ottomotor 881
Vierzonige Klimatisierung,
Komfort 1393
Virtual Prototyping,
Fahrzeugakustik 536
Virtual Reality,
Fahrzeugaufbau Pkw 1323
Virtuelle Funktionsbussystem, Automotive Software-Engineering 1648
Virtueller Sicherheitsgürtel,
Fahrerassistenzsysteme 1809
Viscokupplung, Wasserkühlung 740
Viskoelastizität, Reifenhaftung 1177
Viskosimetrische Größen,
Gesetzliche Einheiten 38
Viskosität, Bremsflüssigkeiten 557
Viskosität, Dieselkraftstoff 572
Viskosität, Schmierstoffe 543
Viskosität, Schwingungsdämpfer 1139
Viskositätsindex, Schmierstoffe 543
Viskositätsklassen, Schmierstoffe 542
Viskosität, Strömungsmechanik 57
Visueller Kanal,
Anzeige und Bedienung 1784
Vlies, Ansaugluftsystem 757
V-Modell, Automotive Software-Engineering 1650
V-Modell, Mechatronik 1643
V-Motor, Hubkolbenmotor 690
Volatile Corrosion Inhibitors,
Korrosionsschutz 346
Vollantriebe, Riemenantriebe 723
Vollhub,
Piezo-Hochdruckeinspritzventil 852
Vollhybrid,
Elektrifizierung des Antriebs 971
Vollhybrid, Hybridantriebe 996
Vollkommener Massenausgleich,
Hubkolbenmotor 694
Vollkommener Motor,
Verbrennungsmotoren 645
Volllastfülldruck, Reifen 1173
Vollmotorbetrieb,
Zylinderabschaltung 818
Vollniet, Niettechnik 458
Vollpolymerlager, Gleitlager 376
Vollsynthetische Filtermedien,
Ansaugluftsystem 757
Volltragende Systeme, Federung 1132
Vollvariabler Ventiltrieb,
Verbrennungsmotoren 668
Vollverzögerung, Bremssysteme 1210
Vollweggleichrichtung,
Drehstromgenerator 1493
Volt, SI-Einheiten 34
Volumenänderung,
Elastomer-Werkstoffe 415
Volumenänderungsarbeit,
Thermodynamik 87
Volumenausdehnungskoeffizient,
Stoffkenngrößen 258
Volumenelemente,
Finite-Elemente-Methode 236
Volumen, Gesetzliche Einheiten 35
Volumenmikromechanik,
Sensoren 1720
Volumenschloss, Schließsysteme 1434
Volumenstrom-Kennfeld, Aufladung 673
Volumenverblendung,
Elektrifizierung des Antriebs 977
Vorbefüllen,
Automatische Bremsfunktionen 1294
Vorbremszeit,
Dynamik der Kraftfahrzeuge 475
Voreinspritzung, Axialkolben-Verteilereinspritzpumpe 950
Voreinspritzung, Unit-Injector 945
Vorentflammung, Zündkerze 868, 871
Vorentflammung, Zündung 859
Vorerregerstromkreis,
Drehstromgenerator 1494
Vorgelegewelle,
Übersetzungsgetriebe 615
Vorglühen, Glühsysteme 955
Vorglühzeit, Flammanlage 960
Vorhub, Unit-Injector 945
Vorkammer, Windkanäle 525
Vorlaufachsen,
Fahrzeugaufbau Nfz 1326
Vormischverbrennung, Dieselmotor 659
Vorpressung, O-Ring 388
Vorrast, Schließsysteme 1432
Vorratsbehälter,
Bremsanlagen Nfz 1230
Vorratsvolumen,
Bremsanlagen Nfz 1233
Vorsatzzeichen, SI-Einheiten 33
Vorspannkräfte,
Schraubenverbindungen 442
Vorspannkraft, Riemenantriebe 721

Vorspannung, Schraubenverbindungen 438
Vorspur, Fahrwerk 1115
Vorsteuerung, Getriebesteuerung 640
Vorwarnzeit, Notbremssysteme 1917
VR-Motor, Hubkolbenmotor 690
VSG-Scheibe, Automobilverglasung 1375
Vulkanisation, Kunststoffe 316
Vulkanisationsbeschleuniger, Radialreifen 1171

W

Wafer-Bonden, Mikromechanik 1722
Wahrnehmung des Umfelds, Sensordatenfusion 1860
Wake-up, FlexRay 1700
Wake-up, LIN 1703
Walkarbeit, Reifen 1180
Walkpenetration, Schmierstoffe 543
Wälzkörper, Wälzlager 378
Wälzlager, Maschinenelemente 378
Wälzpaarungen, Hubkolbenmotor 701
Wälzpressung, Hubkolbenmotor 701
Wandbenetzungseffekte, Saugrohreinspritzung 842
Wandfilm, Saugrohreinspritzung 842
Wandgeführtes Brennverfahren, Benzin-Direkteinspritzung 845
Wandlerüberbrückung, Getriebesteuerung 633
Wandlerüberhöhung, Hydrodynamischer Drehmomentwandler 604
Wandlungsbereich, Hydrodynamischer Drehmomentwandler 604
Wankachse, Fahrwerk 1116
Wanken, Bewegung des Fahrzeugs 463
Wankmoment, Bewegung des Fahrzeugs 463
Wankpol, Fahrwerk 1116
Wankverhalten, Dynamik der Kraftfahrzeuge 485
Wankwinkel, Bewegung des Fahrzeugs 463
Wannenklappe, Ansaugluftsystem 765
Warmarbeitsstähle, Metallische Werkstoffe 272
Warmauslagern, Wärmebehandlung 336
Wärmeabfuhr, Elektrische Maschinen 1580
Wärmeabfuhr, Wechselrichter 1592
Wärmeabhängigkeitsverhalten, Reifenhaftung 1178
Wärmeausdehnungskoeffizient, Stoffkenngrößen 258
Wärmebehandlung metallischer Werkstoffe 328
Wärmebehandlung, Verfahren 331
Wärmebildkamera, Nachtsichtsysteme 1876
Wärmedurchgang, Thermodynamik 98
Wärme, Gesetzliche Einheiten 38
Wärmekapazität, Stoffkenngrößen 258
Wärmekraftmaschinen, Verbrennungsmotoren 642
Wärmeleitfähigeit, Thermodynamik 97
Wärmeleitfähigkeit, Stoffkenngrößen 258
Wärmeleitung, Thermodynamik 96
Wärmeleitwiderstand, Thermodynamik 97
Wärmemenge, Gesetzliche Einheiten 37
Wärmestrahlung, Thermodynamik 96, 100
Wärme, Thermodynamik 87
Wärmeübergangskoeffizient, Thermodynamik 98
Wärmeübertragung, Thermodynamik 96
Wärmewertkennzahl, Zündkerze 868
Wärmewertreserve, Zündkerze 869
Wärmewert, Zündkerze 867
Warm-up cycles, On-Board-Diagnose 1097
Warnblinken, Beleuchtungseinrichtungen 1359
Warnelemente, Einpark- und Manövriersysteme 1883
Wartungsarme Batterien, Starterbatterien 1483
Wartungsfreie Batterien, Starterbatterien 1483
Washcoat, Katalysator 874
Wasserabscheidung, Ansaugluftsystem 758, 769
Wasserabscheidung, Dieselkraftstofffilter 923
Wasserabweisende Verglasung, Automobilverglasung 1378
Wasseraufnahmefähigkeit, Bremsflüssigkeiten 556
Wasser-Glykol-Mischung, Kühlmittel 554
Wasserheizgeräte, Motorunabhängige Heizungen 1399

Wasser, Kältemittel 592
Wasserkühlsystem,
Hubkolbenmotor 689
Wasserkühlung,
Kühlung des Motors 737
Wasserpumpe, Hubkolbenmotor 678
Wasserstoffbrückenbindungen,
Chemische Bindungen 191
Wasserstoff, Kraftstoffe 582
Wasserstoffsensoren 1774
Wasserstoffversorgung,
Brennstoffzelle 1034
Wasserverbrauch,
Starterbatterien 1483
Wasserzersetzung,
Starterbatterien 1483
Wattgestänge, Radaufhängungen 1148
Wattsekunde, Gesetzliche Einheiten 37
Watt, SI-Einheiten 34
Weave-Test,
Fahrdynamik-Testverfahren 502
Weber, SI-Einheiten 34
Wechselfilter, Dieselkraftstofffilter 922
Wechselölfilter,
Schmierung des Motors 751
Wechselrichter für elektrische Antriebe,
Elektrik für Elektro- und
Hybridantriebe 1582
Wechselrichtersteuerung,
Wechselrichter 1586
Wechselstrom-Laden,
On-Board-Ladevorrichtung 1600
Wechselwirkungen zwischen Molekülen,
Chemische Bindungen 190
Wegfahrsperre,
Fahrzeugsicherungssysteme 1444
Wegfahrsperre-Steuergerät,
Wegfahrsperre 1445
Wegfahrsperre-Verbund,
Wegfahrsperre 1445
Wegkreisfrequenz,
Dynamik der Kraftfahrzeuge 487
Weg, Mechanik 46
Wegmessende Systeme,
Beschleunigungssensor 1750
Weibull-Verteilung,
Technische Statistik 229
Weichglühen, Wärmebehandlung 335
Weichlötungen, Löttechnik 454
Weichmacher, Radialreifen 1171
Weichmagnetische Ferritkerne,
Magnetwerkstoffe 294
Weichmagnetische Werkstoffe,
Elektrotechnik 123
Weichmagnetische Werkstoffe,
Magnetwerkstoffe 290
Weichstoffdichtungen,
Flachdichtungen 395
Weißer Temperguss,
Metallische Werkstoffe 277
Weiterreißfestigkeit,
Elastomer-Werkstoffe 421
Wellen, Achsen und Wellen 359
Wellenausbreitung, Elektrotechnik 128
Wellenlänge, Akustik 67
Wellenleiter, Elektrotechnik 128
Wellenoptik, Technische Optik 77
Wellenwiderstand, Elektrotechnik 128
Welle, Radialwellendichtring 401
Welle, Schwingungen 61
Wellgetriebe, Lenkung 1201
Wellrohr, Abgasanlage 796
Wellspannungshülse,
Reibschlussverbindungen 434
Well-to-Tank-Pfad,
Energiebedarf für Fahrantriebe 512
Well-to-Tank-Wirkungsgrad,
Energiebedarf für Fahrantriebe 512
Well-to-Wheel-Analyse,
Energiebedarf für Fahrantriebe 512
Weltweit harmonisierte Zyklen,
Testzyklen für schwere Nfz 1070
Wendekreis, Fahrwerk 1120
Wendekreisvorschrift,
Fahrdynamik Nfz 495
Werkstatt-Diagnosemodule,
Steuergerätediagnose 1106
Werkstattdiagnose,
Steuergerätediagnose 1106
Werkstoffauswahl,
Korrosionsschutz 344
Werkstoffe 258
Werkstoffe für Drosseln,
Magnetwerkstoffe 294
Werkstoffe für Gleichstromrelais,
Magnetwerkstoffe 294
Werkstoffe für Transformatoren,
Magnetwerkstoffe 294
Werkstoffgruppen, Werkstoffe 270
Werkstoff-Hauptgruppennummer,
EN-Normen der Metalltechnik 287
Werkzeugstahl,
Metallische Werkstoffe 272
Werkzeugtechniken,
Zweikomponentendichtungen 409
Wheatstone-Brücke,
Drucksensoren 1757
Whitworth-Rohrgewinde,
Schraubenverbindungen 446

Wickelfilter, Benzinfilter 826
Wickelschalldämpfer, Abgasanlage 795
Widerstand, Elektrotechnik 106
Widerstandsbasiertes Messprinzip, Wasserstoffsensoren 1775
Widerstandsbeiwert, Strömungsmechanik 59
Widerstandsbuckelschweißen, Schweißtechnik 450
Widerstandsfläche, Aerodynamik 519
Widerstandsmessung, Temperatursensoren 1761
Widerstandspunktschweißen, Schweißtechnik 450
Widerstandsschweißen, Schweißtechnik 450
Wieder-Intakt-Erkennung, Diagnose 1092
Windgas, Erdgasbetrieb 894
Windkanalbauarten, Aerodynamik 524
Windkanalvarianten, Aerodynamik 527
Windkanalwaage, Windkanäle 525
Window Bag, Insassenschutzsysteme 1421
Windschott, Aerodynamik 523
Winglet, Abgaskühler 744
Winkelbestimmung, Radar-Sensorik 1821
Winkel der geometrischen Sichtbarkeit, Beleuchtungseinrichtungen 1346
Winkelgeschwindigkeit, Mechanik 46
Winkel, Gesetzliche Einheiten 35
Winkelsensoren, Positionssensoren 1724
Winkel-Zeit-System, Axialkolben-Verteilereinspritzpumpe 950
Winterreifenkennzeichnung, Reifen 1184
Winterreifen, Reifen 1186
Wirbelstrombremse, Dauerbremsanlagen 1248
Wirbelstromsensoren, Positionssensoren 1726
Wirbelstromverluste, Elektrische Maschinen 1579
Wirbelstromverluste, Elektrotechnik 124
Wired-And-Arbitrierungsschema, CAN 1694
Wirkleistung, Elektrotechnik 127
Wirksamer Lichtstrom, Beleuchtungseinrichtungen 1346
Wirkschaltplan, Schaltpläne 1552
Wirkungsgrad, Brennstoffzelle 1037
Wirkungsgrad, Drehstromgenerator 1501
Wirkungsgrad eines Scheinwerfers, Beleuchtungseinrichtungen 1346
Wirkungsgrad, Hubkolbenmotor 706
Wirkungsgradkennfeld, Elektrische Maschinen 1568
Wirkungsgradkette, Wärmekraftmaschinen 645
Wirkungsgradoptimierung, Drehstromgenerator 1501
Wirkungsgrad, Wärmekraftmaschinen 643
Wischerarme, Scheiben- und Scheinwerferreinigung 1385
Wischerblätter, Scheiben- und Scheinwerferreinigung 1386
Wischergestänge, Scheiben- und Scheinwerferreinigung 1384
Wischergummi, Scheiben- und Scheinwerferreinigung 1387
WLTC, Testzyklen 1060
WLTP-Prüfverfahren, Testzyklen 1060
W-Motor, Hubkolbenmotor 690
W-Mulde, Hubkolbenmotor 676
Wöhlerlinie, Stoffkenngrößen 261
Wöhlerversuche, Stoffkenngrößen 261
Wolfram, Beleuchtungseinrichtungen 1336
Wolfram-Inertgasschweißen, Schweißtechnik 452
World Harmonised Not-to-Exceed-Zone, Testzyklen für schwere Nfz 1065
World Harmonized Stationary Cycle, Testzyklen für schwere Nfz 1070
World Harmonized Transient Cycle, Testzyklen für schwere Nfz 1070
Worldwide Light-duty Test Cycles, Testzyklen 1060
Wulstkern, Radialreifen 1171
Wulst, Radialreifen 1171
Wurzelfunktion, Mathematik 205

X

X-Aufteilung, Antiblockiersystem 1267
X by Wire, Mechatronik 1640
Xenonlicht, Beleuchtungseinrichtungen 1351
Xenon-Scheinwerfer, Beleuchtungseinrichtungen 1348
X-Kondensatoren, Wechselrichter 1585

Y

Y-Kondensatoren, Wechselrichter 1585

Z

Zahlen, Mathematik 204
Zahlensysteme, Mathematik 204
Zählrichtung der Zylinder, Hubkolbenmotor 691
Zahnanschrägung, Starter für Pkw 1510
Zahneingriff, Riemenantriebe 728
Zahnkette, Kettenantriebe 731
Zahnkranz, Starter für Pkw 1509
Zahnlücken-Windabweiser, Aerodynamik 522
Zahnräder, Übersetzungsgetriebe 608
Zahnradkraftstoffpumpe, Niederdruck-Kraftstoffversorgung Diesel 917
Zahnradpumpe, Common-Rail 925
Zahnriemenprofile, Riemenantriebe 727
Zahnriemen, Riemenantriebe 726
Zahnriementrieb, Hubkolbenmotor 687
Zahnscheiben, Riemenantriebe 727
Zahnstange, Lenkung 1195
Zahnstangenlenkung, Lenkung 1195
Zahnstangenweg, Fahrwerk 1119
Z-Diode, Elektronik 142
Zeitabhängiger Strom, Elektrotechnik 114
Zeitdiskrete Regelung, Regelungs- und Steuerungstechnik 245
Zeitfenster, FlexRay 1698
Zeitgesteuerte Einzelpumpeneinspritzsysteme 944
Zeitgesteuerter CAN, Busse im Kfz 1696
Zeitgrößen, Gesetzliche Einheiten 36
Zeitsteuerung, FlexRay 1698
Zeitsteuerung, Kommunikationsbordnetze 1686
Zellenspannung, Starterbatterien 1480
Zellentrennwand, Starterbatterien 1478
Zellenzyklon, Ansaugluftsystem 769
Zellulosemedien, Ansaugluftsystem 757
Zementit, Metallische Werkstoffe 271
Zenerdurchbruch, Diode 140
Zentralbildschirm, Anzeige und Bedienung 1788
Zentrale Anzeigeeinheit, Anzeige und Bedienung 1788
Zentrale Bedieneinheit, Anzeige und Bedienung 1788
Zentrale Einleitungsstelle, Ansaugluftsystem 766
Zentralentgasung, Starterbatterien 1485
Zentralisierte E/E-Architektur, Architektur elektronischer Systeme 1670
Zentralventil, Bremsanlagen für Pkw und leichte Nfz 1220
Zentralverriegelung, Schließsysteme 1433
Zentripetalbeschleunigung, Bewegung des Fahrzeugs 463
Zerreißfestigkeit, Schließsysteme 1434
Zerreißwert, Schließsysteme 1434
Zerstörungsfreie Zugriffssteuerung, CAN 1695
Zerstreuungslinse, Geometrische Optik 76
Zertifizierungsabschlag, Energiebedarf für Fahrantriebe 509
ZEV-Programm, CARB-Abgasgesetzgebung 1046
Zielauswahl, Fahrzeugnavigation 1874
Zielführung, Fahrzeugnavigation 1875
Zielführungssysteme, Verkehrstelematik 1802
Zielhinweis, Schaltpläne 1549
Zinklamellenüberzüge, Überzüge und Beschichtungen 350
Zinkphosphatschichten, Überzüge und Beschichtungen 353
Zinküberzüge, Überzüge und Beschichtungen 348
Zinn-Bronzen, Metallische Werkstoffe 277
Zinnüberzüge, Überzüge und Beschichtungen 349
Zirconiumoxid-Keramik, Chemie 203
Zirkulare Polarisation, Wellenoptik 77
Zitronenspiel, Gleitlager 371
Zonensteuergeräte, Architektur elektronischer Systeme 1670
Zufallsvariable, Technische Statistik 230
Zugangsberechtigung, Schließsysteme 1431
Zugfedern, Federn 368
Zugfeder, Radialwellendichtring 400
Zugfestigkeit, Elastomer-Werkstoffe 420
Zugfestigkeit, Mechanik 51
Zugfestigkeit, Stoffkenngrößen 260
Zugfreihaltung, Aerodynamik 523
Zugkörper, Riemenantriebe 727
Zugkraft, Antriebsstrang mit Verbrennungsmotor 596

Zugkraft-Fahrdiagramm, Dynamik der Kraftfahrzeuge 472
Zugkrafthyperbel, Antriebsstrang mit Verbrennungsmotor 595
Zugkraftkurven, Antriebsstrang mit Verbrennungsmotor 595
Zugkraftunterbrechungsfreier Gangwechsel, Schaltgetriebe 618
Zugkraftunterbrechung, Übersetzungsgetriebe 615
Zugkraftunterbrochene Getriebe, Übersetzungsgetriebe 615
Zugriffsverfahren, Kommunikationsbordnetze 1686
Zugspannung, Mechanik 52
Zugspannungs-Dehnungs-Eigenschaften, Elastomer-Werkstoffe 420
Zugstränge, Riemenantriebe 722
Zugstufe, Schwingungsdämpfer 1141
Zuheizer, Klimatisierung 1393
Zuheizer, Motorunabhängige Heizungen 1402
Zukunft des automatisierten Fahrens 1934
Zulaufdrossel, Common-Rail 930
Zumesseinheit, Hochdruckpumpe Common-Rail 939
Zumessgenauigkeit, Common-Rail 932
Zündabstände, Hubkolbenmotor 697
Zündausgabe, Zündung 861
Zündenergie, Ottomotor 650
Zündenergie, Zündung 854
Zündfolge, Hubkolbenmotor 691
Zündfunke, Ottomotor 649
Zündfunke, Zündung 854
Zündkerzenausführungen, Zündkerze 871
Zündkerzenauswahl, Zündkerze 869
Zündkerzenelektroden, Ottomotor 650
Zündkerzengehäuse, Zündkerze 866
Zündkerzengesichter, Zündkerze 873
Zündkerzenkonzepte, Zündkerze 870
Zündkerzenmontage, Zündkerze 873
Zündkerzen-Praxis, Zündkerze 873
Zündkerze, Zündung 865
Zünd-OT, Ladungswechsel 664
Zündpille, Insassenschutzsysteme 1421
Zündspannungsbedarf 854
Zündspannungsbedarf, Ottomotor 649
Zündspannungsbedarf, Zündspule 863
Zündspannung, Zündkerze 869
Zündspannung, Zündung 854
Zündspule, Zündung 862
Zündsysteme, Zündung 860
Zündtemperatur, Kraftstoffe 562
Zündung, Ottomotor 649
Zündung, Zündung 854
Zündverbesserer, Dieselkraftstoff 574
Zündverzug, Dieselmotor 658
Zündwinkelkennfelder, Zündung 856
Zündwinkelregelung, Zündung 859
Zündwinkelverstellung, Katalysatoraufheizung 877
Zündzeitpunktbestimmung, Zündung 861
Zündzeitpunktkennfeld, Ottomotor 650
Zündzeitpunktkorrekturen, Zündung 856
Zündzeitpunkt, Ladungswechsel 665
Zündzeitpunkt, Zündung 855
Zusammenhängende Darstellung, Schaltpläne 1547
Zusammensetzbarkeit, Kommunikationsbordnetze 1687
Zusatzdioden, Drehstromgenerator 1494
Zusatz-Fernscheinwerfer, Beleuchtungseinrichtungen 1343
Zusatzfunktionen, Automatische Bremsfunktionen 1292
Zusatzklimageräte, Klimatisierung 1394
Zustandsänderungen, Thermodynamik 86, 91
Zustandsdiagramme, Stoffe 192
Zustandsdiagramm von Kohlenstoff, Chemie 192
Zustandsdiagramm von Wasser, Chemie 193
Zustandsgleichungen, Thermodynamik 89
Zustandsgrößen, Thermodynamik 86
Zuverlässigkeit, Sensoren 1717
Zuziehende Kurve, Fahrdynamik-Testverfahren 503
Zwei-Batterien-Bordnetz, 12-Volt-Bordnetz 1459
Zwei-Batterien-Bordnetze, Energiebordnetze für Nfz 1468
Zweidrahtleitung, CAN 1693
Zweifachsynchronisierung, Übersetzungsgetriebe 612
Zweifunkenspule, Zündspule 863
Zweikomponentendichtungen, Dichtungen 408
Zweikomponentenklebstoffe, Klebtechnik 455
Zweikreisausführung, Lenkung 1204
Zweimassenschwungrad, Anfahrelemente 606

Zweimassenschwungräder, Hubkolbenmotor 689
Zweiplattenmodell, Schmierstoffe 541
Zweipunktlenker, Radaufhängungen 1152
Zweipunkt-λ-Regelung, Katalytische Abgasreinigung 879
Zweipunkt-λ-Sonde, Katalytische Abgasreinigung 879
Zweipunkt-λ-Sonden 1767
Zweirastigkeit, Schließsysteme 1432
Zweirohrdämpfer, Schwingungsdämpfer 1137
Zweischeibenkupplung, Schwingungsentkoppelung 601
Zwei-Scheinwerfer-System, Beleuchtungseinrichtungen 1340
Zweischicht-Piezokeramik, Beschleunigungssensor 1753
Zweisonden-λ-Regelung, Katalytische Abgasreinigung 880
Zweispannungsbordnetze, Energiebordnetze für Nfz 1468
Zweispurmodell, Dynamik der Kraftfahrzeuge 483
Zweistellersystem, Common-Rail 927
Zweistempel-Radialkolbenpumpe, Common-Rail 939
Zweistempel-Reihenkolbenpumpe, Common-Rail 942
Zwei-Steuergeräte-Konzepte, Erdgasbetrieb 896
Zwei-Steuergeräte-Konzept, Flüssiggasbetrieb 890
Zweistrahl, Saugrohr-Einspritzventil 847
Zweistufige Abgaskühlung 745
Zweistufiges Einspuren, Starter für schwere Nfz 1515
Zweistufig geregelte Aufladung, Komplexe Aufladesysteme 785
Zweitaktbrennverfahren, Ladungswechsel 666
Zweitaktverfahren, Ladungswechsel 666
Zweiter Hauptsatz, Thermodynamik 88
Zweiwellengetriebe, Übersetzungsgetriebe 615
Zweizonige Temperierung, Klimatisierung 1393
Zwischendrehzahlregelung, Elektronische Dieselregelung 912
Zwischenglühen, Glühsysteme 955
Zwischenknoten, Finite-Elemente-Methode 235
Zwischenkolben, Bremsanlagen für Pkw und leichte Nfz 1220
Zwischenkreiskondensator, Wechselrichter 1584
Zwischenwelle, Elektrischer Achsantrieb 1028
Zyklenfeste Batterie, Starterbatterien 1486
Zyklenfestigkeit, 12-Volt-Bordnetz 1459
Zyklenfestigkeit, Starterbatterien 1483
Zyklen, Kommunikationsbordnetze 1686
Zyklenstreuungen, Ottomotor 653
Zyklische Redundanzprüfung, Serial Wire Ring 1714
Zyklisierung, Bordnetze für Hybrid- und Elektrofahrzeuge 1564
Zyklon, Ansaugluftsystem 769
Zyklonprinzip, Ansaugluftsystem 759
Zylinderabschaltung, Zylinderfüllung 817
Zylinderanordnungen, Hubkolbenmotor 690
Zylinderfüllung, Steuerung und Regelung des Ottomotors 812
Zylinderkoordinaten, Mathematik 212
Zylinderkopfdichtungen, Flachdichtungen 395
Zylinderkopfdichtung, Hubkolbenmotor 685
Zylinderkopf, Hubkolbenmotor 677, 683
Zylinderkopf-Kennzeichnung, Hubkolbenmotor 683
Zylinderladungsbewegung, Dieselmotor 660
Zylinderrollenlager, Wälzlager 378
Zylindrischer Pressverband, Reibschlussverbindungen 430

Abkürzungen

Symbole:

3PMSF: Three Peak Monntain Snow Flake (Schneeflockensymbol)

A:

AAS: Atomabsorptionsspektroskopie
ABS: Antiblockiersystem
ABS: Acrylnitril-Butadien-Styrol
ABV: Antiblockiervorrichtung
AC: Accessory Control
AC: Alternating Current (Wechselstrom)
ACC: Adaptive Cruise Control (Adaptive Fahrgeschwindigkeitsregelung)
ACEA: Association des Constructeurs Européens de l'Automobile (Verband europäischer Kraftfahrzeughersteller)
ACT: Advanced Clean Truck Regulation
ACZ: Abgeleitete Cetanzahl
ADAC: Allgemeine Deutsche Automobil-Club
ADAS: Advanced Driver Assistance Systems
ADASIS: Advanced Driver Assistance Systems Interface Specifications
ADB: Adaptive Driving Beam
ADC: Analog-digital Converter
ADR: Accord européen relatif au transport international des marchandises Dangereuses par Route (Europäisches Übereinkommen über die internationale Beförderung gefährlicher Güter auf der Straße)
ADR: Advanced Digital Receiver
ADR: Australian Design Rule (Australische Konstruktions-Vorschrift)
AE: Automotive Electronics
AEB: Automatic Emergency Braking (Automatische Notbremse)
AEBS: Advanced Emergency Braking System
AF: Antiferromagnetisch
AF: Automatisiertes Fahren
AFC: Anti-Friction-Coating
AFS: Adaptive Frontlighting System
AGI: Air Gap Insulated
AGM: Absorbent Glass Mat
AGR: Abgasrückführung
AHP: Accelerator Heel Point (Fersenpunkt des Gaspedals)
AI: Artificial Intellicence
AI: Artikulationsindex
AKF: Aktivkohlefalle
AKS: Allpoliges Kurzschließen
ALB: Automatische lastabhängige Bremskraftregelung
ALU: Arithmetisch logische Einheit
AM: Amplitudenmodulation
AMB: Active Metal Brazing
AMLCD: Active Matrix Liquid Crystal Display (Aktiv adressierte Flüssigkristallanzeige)
AMR: Anisotropic Magneto-Resistance
AMT: Automated Manual Transmission
ANC: Active Noise Control
AÖ: Auslass öffnet
ANSI: American National Standards Institute
API: Application Programming Interface
API: American Petroleum Institute
APS: Active Pixel Sensor
APSM: Advanced Porous Silicon Membrane
ARAS: Advanced Rider Assistance Systems
ARD: Active Rectification Diode
ARLA: Agente Reductor Liquido de Òxido de Nitrogénio Automotivo
AS: Air System
AS: Auslass schließt
ASAM: Association for Standardization of Automation and Measuring Systems
ASF: Audi Space Frame (Aluminium-Rahmenkonstruktion aus mittragend integrierten Blechteilen der Firma Audi)
ASIC: Application Specific Integrated Circuit (Anwendungsspezifische Integrierte Schaltung)
ASIL: Automotive Safety Integrity Level
ASM: Asynchronmaschine
ASM: Anhängersteuermodul
ASPICE: Automotive Software Process Improvement and Capability Determination

ASR: Antriebsschlupfregelung
ASS: Anti-Schnee-System
ASTM: American Society of Testing and Materials (Amerikanische Gesellschaft für Prüftechnik und Materialwesen)
ASU: Automatische Störunterdrückung
ASVP: Air Saturated Vapour Pressure (Luftgesättigter Dampfdruck)
ASW: Anwendungssoftware
AT: Advanced Technology
AT: Automated Transmission
ATCT: Ambient Temperature Correction Test
ATF: Automatic-Transmission Fluid
ATL: Abgasturbolader
AUS: Aqueous Urea Sulution
AUTOSAR: Automotive Open Systems Architecture
AV: Auslassventil

B:

BBA: Betriebsbremsanlage
BCD: Bipolar, CMOS, DMOS
BCI: Bulk Current Injection
BCM: Body Computer Module
BCU: Battery Control Unit (Batteriesteuergerät)
BDE: Benzin-Direkteinspritzung
BEM: Boundary-Elemente-Methode
BETP: Bleed Emissions Test Procedure
BEV: Battery Electrical Vehicle
BIP: Beginning of Injection Period
BIPM: Bureau International des Poids et Mesures
BLDC: Brushless Direct Current
BL: Base Line
BLE: Bluetooth Low Energy
BM: Bus-Minus
BMD: Bag Mini Diluter
BMS: Batteriemanagementsystem
BP: Bus-Plus
BPP: Bipolarplatte
BRM: Boost-Rekuperations-Maschine
BRS: Boost-Rekuperations-System
BSS: Byte-Start-Sequence
BSW: Basis-Software
BtL: Biomass-to-Liquid
BWC: Butan Working Capacity
BZ: Brennstoffzelle
BZE: Batteriezustandserkennung

C:

C2C: Car-to-Car-Kommunikation
C2I: Car-to-Infrastructure-Kommunikation
CAD: Computer-Aided Design (Computerunterstütztes Entwerfen)
CAE: Computer-Aided Engineering (Computerunterstütztes Entwickeln)
CAFC: Corporate Average Fuel Comsumption
CAFE: Corporate Average Fuel Economy
CAL: Computer-Aided Lighting (Computerunterstützte Lichttechnik)
CAN: Controller Area Network
CAP: Compliance Assurance Program
CARB: California Air Resource Board
CBS: Combined Brake System
CCC: Car Connectivity Consortium
CCD: Charge-Coupled Device
CCD: Complex Device Drivers
CCFL: Cold-Cathode Fluorescence Lamp (Kaltkathoden-Fluoreszenz-Lampe)
CCL: Connected-Component Labeling
CCM: Continuous Conduction Mode
CCMC: Comité des Constructeurs d'automobiles du Marché Commun
CD: Charge-Depleting Test
CD: Compact Disc
CDPF: Catalyzed Diesel Particulate Filter (katalytisch beschichteter Diesel-Partikelfilter)
CDR: Clock-Data-Recovery
CE: Conformité Européenne
CE: Coordination Engine
CEMEP: European Committee of Manufacturers of Electrical Machines and Power Electronics
CEN: Comité Européen de Normalisation (Europäisches Komitee für Normung)
CF: Kohlefaser
CF: Conformity-Faktor, Konformitäts-Faktor
CFD: Computational Fluid Dynamics
CFPP: Cold Filter Plugging Point (Grenzwert der Filtrierbarkeit)
CFR: Cooperative Fuel Research

CFR: Code of Federal Regulations of the United States
CFV: Critical Flow Venturi
CGPM: Conférence Générale des Poids et Mésures (Generalkonferenz für Maß und Gewicht)
CGI: Compacted Graphite Iron
CGW: Central Gateway
CHD: Case Hardening Depth (Einsatzhärtungstiefe)
CI: Cetanindex
CIP-GMR: Current-in-plane-GMR
CISC: Complex-Instruction-Set Computing
CISPR: Comité International Spécial des Perturbations Radioélectriques (Internationales Sonderkomitee für Funkstörungen)
CL: Classic Line
CLD: Chemilumineszenz-Detektor
CMMI: Capability Maturity Model Integration
CMRR: Common Mode Rejection Ratio (Gleichtaktunterdrückungsverhältnis)
CMOS: Complementary Metal Oxide Semiconductor
CMVSS: Canadian Motor Vehicle Safety Standard (Kanadische Verordnung für Sicherheit von Kraftfahrzeugen)
CNG: Compressed Natural Gas
CNN: Convolutional Neural Network
CO: Communication
COD: Conversion-of-Olefins-to-Distillates
CoM: Change of Mind
COM: Communication
COP: Conformity of Production (Übereinstimmung der Produktion)
COP: Child Occupant Protection
CP: Circular Pitch
CPC: Condensation Particulate Counter
CPI: Compression Pre-Ignition number
CPP-GMR: Current-perpendicular-to-plane-GMR
cpsi: channels per square inch
CPU: Central Processing Unit (Zentrale Recheneinheit)
CR: Common-Rail
CR: Chloroprene Rubber (Chloropren-Kautschuk)
CRC: Cyclic Redundancy Check
CRS: Common-Rail-System
CRT: Continuously Regenerating Trap
CS: Checksumme
CS: Charge-Sustaining Test
CSC: Cell Supervisory Circuit (Zellüberwachungsschaltkreis)
CSM: Chlorsulfoniertes Polyethylen
CST: Controllo Stabilità e Trazione
ct: cold transient
cs: cold stabilized
CtL: Coal-to-Liquid
CTS: Conti Tire System
CV: Computer Vision
CVD: Chemical Vapor Deposition (Chemische Beschichtung durch Dampf)
CVS: Constant Volume Sampling
CVT: Continuously Variable Transmission
CW: Continuous Wave
CWS: Collision Warning System
C-WTVC: China World Transient Vehicle Cycle
CZ: Cetanzahl

D:

DAB: Digital Audio Broadcasting
DAC: Digital-analog Converter
DAPRA: Defense Advanced Research Projects Agency
DC: Direct Current (Gleichstrom)
DC: Diffusion Charger
DCB: Direct Copper-Bonding
DCT: Dual Clutch Transmission
DCT: Dynamic Coupling Torque
DCT-C: Dynamic Coupling Torque at Center
DDA: Digital Directional Antenna
DDS: Digital Diversity System
DEF: Diesel Exhaust Fluid
DEQ: Digital Equalizer
DF: Dynamo Feld
DFC: Data-Frame-Counter
DFM: Dynamo Feld Monitor
DFV: Dampf-Flüssigkeits-Verhältnis
DGDI-S: Diesel-Gasoline-Direct-Injection Solenoid
DGL: Differentialgleichung
DGPS: Differential-GPS
DHT: Dedicated Hybrid Transmission
DI: Direct Injection (Direkteinspritzung)
DIN: Deutsches Institut für Normung

DIS: Draft International Standard
DK: Dielektrizitätskonstante
DLC: Diamond like Carbon
DLC: Double Layer Capacitor
DLP: Digital Light Projection
DMA: Direct Memory Access
DME: Dimethylether
DMIPS: Dhrystone Millionen Instruktionen pro Sekunde
DMOS: Double-diffused Metal-Oxide Semiconductor (MOS-Leistungsbauelemente)
DMS: Differential Mobility Spectrometer
DMS: Dehnmessstreifen (Dehnmesswiderstand)
DNC: Dynamic Noise Covering (Dynamische Geräuschüberdeckung)
DNN: Deep Neural Network
DOC: Diesel Oxidation Catalyst
DOE: Design of Experiment
DOHC: Double Overhead Camshaft (zwei oben liegende Nockenwellen)
DOT: Department of Transportation (Verkehrsministerium in den USA)
DP: Dynamische Programmierung
DPF: Diesel Particulate Filter (Diesel-Partikelfilter)
DPMO: Defects per Million Opportunities
DR-F: Flachsitz-Druckregelventil
DRAM: Dynamic Random-Access Memory
DRIE: Deep Reactive Ion Etching
DRM: Digital Radio Mondial
DRO: Dielectric Resonance Oscillator
DR-S: Schieber-Druckregelventil
DS: Diagnostic System
DSA: Digital Sound Adjustment (Digitale Lautstärkeanpassung)
DSC: Dynamic Stability Control
DSG: Direktschaltgetriebe
DSM: Diagnose-System-Management
DSP: Digitaler Signalprozessor
DSTC: Dynamic Stability and Traction Control
DSTN-LCD: Doppelschicht Twisted Nematic-Liquid Crystal Display
DTC: Diagnostic Trouble Code
DTS: Dynamic-Trailing-Sequence
DTM: Deutsche-Tourenwagen-Masters
DVB: Digital Video Broadcasting
DVBE: Dry Vapour Pressure Equivalent (Trockenes Dampfdruckäquivalent)
DVB-C: Digital Video Broadcasting Cable (digitaler Fernsehrundfunk über Kabel)
DVB-H: Digital Video Broadcasting Handhelds (digitaler Fernsehrundfunk für Handgeräte)
DVB-S: Digital Video Broadcasting Satellite (digitaler Fernsehrundfunk über Satellit)
DVB-T: Digital Video Broadcasting Terrestrial (digitaler terrestrischer Fernsehrundfunk)
DWT: Dynamic Wheel Torque Distribution
DVD: Digital Versatile Disc
DVR: Druckverformungsrest

E:

E/E: Elektrik/Elektronik
EAB: Elektronische Abstellung (Dieselregelung)
EAC: Electronic Air Control (Elektronische Luftaufbereitungseinheit)
EB: Elektroblech und -band
EBA: Emergency Brake Assist (Notbremsassistent)
EBD: Electronic Brakeforce Distribution
EBS: Elektronisches Bremssystem
EBS: Elektronischer Batteriesensor
EBV: Elektronische Bremskraftverteilung
EC: European Community
EC: Electronic Commutated
eCall: emergency Call (Notruf)
eCBS: electronically Combined Brake System
ECC: Error Correction Code
ECE: Economic Commission for Europe (Regionale Wirtschaftskommission der Vereinten Nationen für Europa)
ECMS: Equivalent Consumption Minimization Strategy
ECU: Electronic Control Unit (Steuergerät)
ECVT: Electrical Continuously Variable Transmission
EDC: Electronic Diesel Control (Elektronische Dieselregelung)

EDR: Event Data Recorder
EEC: European Economic Community
EEM: Elektrisches Energiemanagement (Bordnetz)
EEPROM: Electrically Erasable Programmable Read Only Memory
EEV: Enhanced Environmentally-Friendly Vehicle (Besonders umweltfreundliches Fahrzeug)
EFB: Enhanced Flooded Battery
EFF: Bezeichnung von Effizienzklassen für elektrische Maschinen
EFM: Exhaust Flow Meter
EFU: Einschaltfunkenunterdrückung
EG: Europäische Gemeinschaft
EG: Eigenlenkgradient
EGAS: Elektronisches Gaspedal
EGS: Elektronische Getriebesteuerung
EH: Extended Hump
EHB: Elektrohydraulische Bremse
EHC: Hydrated Ethanol Fuel
EHD: Elastohydrodynamik
EHF: Extremely High Frequency
EIPR: Equivalent Isotropic Radiated Power
EIR: Emissions Information Report
EIS: Elektrochemische Impedanzspektroskopie
EIW: Equivalent Inertia Weight
EKP: Elektrokraftstoffpumpe
EL: Efficiency Line
ELPI: Electrical Low Pressure Impactor
ELR: European Load Response
EM: Einmodenfaser
EM: Elektrische Maschine
EMD: Engine Manufacturer Diagnostics
EMP: Elektromechanische Parkbremse
EMV: Elektromagnetische Verträglichkeit
EN: Europäische Norm
EÖ: Einlass öffnet
EOBD: Europäische On-Board-Diagnose
EOL: End of Life
EOL: End of Line
EP: Extreme Pressure
EP: Epoxid
EPA: Environment Protection Agency (Umweltschutz-Behörde in USA)
EPB: Electronic Parking Brake
EPDM: Ethylen-Propylen-Dien-Kautschuk
EPM: Engine & Powertrain Manager
EPROM: Erasable Programmable Read Only Memory (Löschbarer programmierbarer Nur-Lese-Speicher)
ERBP: Equilibrum Reflux Boiling Point
ES: Exhaust System
ES: Einlass schließt
ESC: Electronic Stability Control
ESC: European Steady-State Cycle
ESD: Electrostatic Discharge (Elektrostatische Entladungen)
ESG: Einscheiben-Sicherheitsglas
ESI: Elektronische Service Information
ESM: Elektrisch erregte Synchronmaschine
ESP®: Elektronisches Stabilitätsprogramm
ESR: Enhanced Seat Belt Reminder
ESS: Energiesparsystem
ET: Einpresstiefe
ETBE: Ethyltertiärbutylether
ETC: European Transient Cycle
ETFE: Ethylen-Tetrafluorethylen
ETK: Emulator-Tastkopf
ETN: Europäische Typ-Nummer
ETRTO: European Tyre and Rim Technical Organization (Europäische technische Gesellschaft für Reifen und Felgen)
EU: Europäische Union
euATL: Elektrisch unterstützter Abgasturbolader
EUC: Enhanced Understeering Control
EUDC: Extra Urban Driving Cycle
EUV: Elektroumschaltventil
EV: Einspritzventil
EV: Einlassventil
EV: Electric Vehicle
EVA: Eingabe – Verarbeitung – Ausgabe
EVAP: Evaporation
EVU: Energieversorgungsunternehmen
EWG: Europäische Wirtschaftsgemeinschaft
EWR: Europäischer Wirtschaftsraum
EWIR: Emissions Warranty Information Report

F:

FAEE: Fatty Acid Ethyl Ester
FAME: Fatty Acid Methyl Ester
FAS: Fahrerassistenzsystem
FBA: Feststellbremsanlage
FC: Fuel Cell (Brennstoffzelle)
FCHV: Fuel Cell Hybrid Vehicle
FC-REX: Fuel Cell Range Extender
FEA: Finite-Elemente-Analysis
FEP: Fluorethylenpropylen
FEM: Finite-Elemente-Methode
FES: Frame-End-Sequence
FET: Feldeffekt-Transistor
FFV: Flexible Fuel Vehicle
FGR: Fahrgeschwindigkeitsregler
FH: Flat Hump
FID: Flammenionisations-Detektor
FiL: Function in the Loop
FIR: Fern-Infrarot
FIR: Field Information Report
FIS: Fahrerinformationssystem
FKM: Forschungskuratorium Maschinenbau
FKM: Fluorkarbon-Kautschuk
FL: Free Layer
FLO: Fast-Light-Off
FM: Frequenzmodulation
FMCW: Frequency Modulated Continuous Wave
FMEA: Failure Mode and Effects Analysis (Fehlermöglichkeits- und Fehlereinfluss-Analyse)
FMVSS: Federal Motor Vehicle Safety Standard (Bundesverordnung für Sicherheit von Kraftfahrzeugen in den USA)
FoV: Field of View
FPA: Focall-Plane-Array
FPK: Frei programmierbares Kombiinstrument
fps: frames per second
FRAM: Ferroelectric Random-Access Memory
FS: Fuel System
FSN: Filter Smoke Number
FSR: Full Speed Range
FSS: Frame-Start-Sequence
FST: Federal Smoke Test
FTA: Fault Tree Analysis (Fehlerbaumanalyse)
FTIR: Fourier-Transform-Infrarot (-Spektroskopie)
FTP: Federal Test Procedure
FuSi: Funktionale Sicherheit

G:

GC: Gaschromatographensäule
GCU: Glow Control Unit
GCC: Global Chassis Control
GDL: Gasdiffusionslage
GEH: Gestaltänderungshypothese
GF: Glasfaser
GIDAS: German In-Depth Accident Study
GJL: Grauguss mit Lamellengraphit
GJS: Grauguss mit Kugelgraphit
GKZ: Glühen auf körnigem Zementit
GLP: Glow Plug (Glühstiftkerze)
GMA: Giermomentaufbauverzögerung
GMR: Giant Magneto-Resistance
GOT: Gaswechsel-OT (Oberer Totpunkt im Ausstoßtakt)
GPRS: General Packet Radio Service
GPS: Global Positioning System
GSM: Global System for Mobile Communication
GSR: General Safety Regulation
GSY: Geschwindigkeitssymbol (Reifen)
GtL: Gas-to-Liquid
GTM: General Timer Modul
GTR: Global Technical Regulation
GVW: Gross Vehicle Weight
GWP: Global Warming Potential
GZS: Glühzeitsteuergerät

H:

HA: Hinterachse
HB: Härte Brinell
HBA: Hilfsbremsanlage
HC: Hydrocarbon (Kohlenwasserstoffe)
HCI: Hydro Carbon Injection
HCCI: Homogeneous Charge Compression Ignition
HD: Heavy Duty
HDR: High Dynamic Range
HDS: Heavy Duty Second Generation
HDDTC: Heavy-Duty Diesel Transient Cycle
HDEV: Hochdruck-Einspritzventil
HDG: Hell-Dunkel-Grenze
HDK: Halbdifferential-Kurzschlussringsensor
HDP: Hochdruckpumpe
HDV: Heavy-Duty Vehicle
HDPE: High-Density Polyethylene

HED: Hoch-Effizienz-Diode
HEV: Hybrid Electric Vehicle
HF: Hochfrequenz
HFM: Heißfilm-Luftmassenmesser
HGV: Hydrogen Gas Vehicle
HFRR: High-Frequency Reciprocating Rig
HiL: Hardware in the Loop
HLDT: Heavy Light-Duty Truck
HLM: Hitzdraht-Luftmassenmesser
HMI: Human Machine Interface
HMM: Homogen-Mager
HNBR: Hydrogenated Nitrile Butadiene Rubber (Hydrierter Nitril-Butadien-Kautschuk)
HNS: Homogeneous Numerically Calculated Surface (Homogene numerisch berechnete Oberfläche)
HOG: Histogram of Oriented Gradients
HR: Hinterrad
HRC: Härte nach Rockwell, Skala C
HSLA: High Strength Low Alloy (Hochfest mikrolegiert)
HSV: Hochdruckschaltventil
ht: hot transient
HTD: High Torque Drive
HTHS: High Temperature High Shear
hs: hot stabilized
HUD: Head-up-Display
HV: High Voltage (hohe Spannung)
HVA: Hydraulischer Ventilspielausgleich
HVO: Hydro-treated Vegetable Oil
HWL: Harnstoff-Wasser-Lösung

I:

IC: Integrated Circuit (Integrierte Schaltung)
ICA: Integrated Cruise Assist
ICP-OES: Inductively Coupled Plasma Optical Emission Spectrometry
ICC: Integrated Chassis Control
ICE: Intercity-Express
ICE: Internal Combustion Engine
ICM: Integrated Chassis Management
ICZ: Indizierte Cetanzahl
ID: Identifier
IDF: Integrated Collision Detection Front
IDI: Indirect Injection (Indirekte Einspritzung)
IEC: International Electrotechnical Commission
IEEE: Institute of Electrical and Electronics Engineers
IGBT: Insulated Gate Bipolar Transistor
IGES: Initial Graphics Exchange Specification
IHU: Integrated Head Unit
IHU: Innenhochdruckumformung
IIR: Isobuten-Isopren-Kautschuk
ILSAC: International Lubricants Standardization and Approval Committee
I/M: Inspection and Maintenance
IMA: Injektormengenabgleich
IMC: Integrated Magnetic Concentrator
IMG: Integrierter Motor-Generator
IMM: Interacting Multiple Modell
IMR: Integriertes Mechanisches Relais
IP: Internet Protocol
IPB: Integrated Power Brake
IR: Infrarot
IR: Individualregelung (ABS)
IRHD: International Rubber Hardness Degree
IRM: Individualregelung modifiziert (ABS)
IS: Ignition System
ISC: In-service Conformity Check
ISM: Industrial, Scientific and Medical
ISO: International Organization for Standardization (Internationale Gesellschaft für Normung)
IT: Informationstechnologie
IT: Isolé Terre
IUC: In Use Compliance
ITO: Indium Tin Oxide
ITSEC: Information Technology Security Evaluation Criteria
ITU: International Telecommunications Union
IUMPR: In-Use Monitor Performance Ratio
IUPR: In-Use Performance Ratio
IUPAC: International Union of Pure and Applied Chemistry

J:

JAMA: Japan Automobile Manufacturers Association (Japanischer Verband der Automobilhersteller)
JASPAR: Japan Automotive Software Platform Architecture
JFET: Junction-Feldeffekt-Transistor (Sperrschicht-Feldeffekt-Transistor)

K:

KAMA: Korea Automobile Manufacturers Association (Koreanischer Verband der Automobilhersteller)
KBA: Kraftfahrt-Bundesamt
Kfz: Kraftfahrzeug
KI: Künstliche Intelligenz
KOM: Kraftomnibus
KNN: Künstliches neuronales Netz
KP: Kritischer Punkt
KTL: Kathodische Tauchlackierung
KTS: Diagnostics Hardware Kleintester
KW: Kurzwellen
KW: Kurbelwelle

L:

LAC: Load Adaptive Control
LAN: Local Area Network
lb: Pfund
lbs: Pfund (Plural)
LCA: Life Cycle Analysis
LCD: Liquid Crystal Display (Flüssigkristallanzeige)
LCV: Light Commercial vehicles
LDR: Ladedruck
LDR: Light Dependent Resistor
LDT: Light-Duty Truck
LDV: Light-Duty Vehicle
LDW: Lane Daparture Warning
LDWS: Lane Daparture Warning System
LED: Light-Emitting Diode (Leuchtdiode)
LEV: Light Electric Vehicle
LEV: Low-Emission Vehicle
LF: Low Frequency
LGS: Lineares Gleichungssystem
LI: Load Index, Lastindex (Reifen)
Lidar: Light Detection and Ranging
LIF: Lichtmaschine Flüssigkeitskühlung
LIN: Local Interconnect Network
Lkw: Lastkraftwagen
LKS: Lane Keeping Support
LLDT: Light Light-Duty Truck
LLK: Ladeluftkühlung
LLR: Laufruheregelung
LMM: Luftmengenmesser
LNG: Liquefied Natural Gas. Liquid Natural Gas
lNfz: Leichte Nutzfahrzeuge
LP: Low Power
LPG: Liquefied Petroleum Gas
LPTC: Low Powered vehicle test cycles
LR: Load Response
LRF: Load Response Fahrt
LRR: Long-Range Radar (Fernbereichsradar)
LRS: Load Response Start
LSF: Low Speed Following
LSI: Large Scale Integration
LSI: Luftspaltisoliert
LSTM: Long Short-Time Memoryt
LSU: Lambda-Sonde (Universal- oder Breitbandsonde)
LT: Low Temperature
LTE: Long Term Evolution
LV: Low Voltage (niedrige Spannung)
LVDS: Low Voltage Differential Signing
LW: Langwellen
LVW: Loaded Vehicle Weight (Fahrzeug-Leermasse plus 300 lb)
LWL: Lichtwellenleiter
LWS: Lenkwinkelsensor

M:

M+S: „Matsch-und-Schnee"
MAG: Metall-Aktivgas
MAC: Message Authentification Code
MAC: Multiply Accumulate
MAMAC: MOST Asynchronous Medium Access Control
MB: Mercedes Benz
MCAL: Micro-Controller Abstraction Layer
MCD: Measurement, Calibration and Diagnosis
MCU: Microcontroller Unit
MDPV: Medium-Duty Passenger Vehicle
MDV: Medium-Duty Vehicle

MEMS: Micro-Electro-Mechanical Systems
MF: Medium Frequency
MH: Metallhydrid
MIG: Metall-Inertgas
MiL: Model in the Loop
MIL: Malfunction Indicator Lamp (Motorkontrollleuchte)
MIL: Military
MIM: Metal Injection Molding
MIMO: Multiple Input Multiple Output
MISRA: Motor Industry Software Reliability Association
MKS: Mehrkörpersimulation
ML: Maturity Level
MM: Mehrmodenfaser
MMA: Mengenmittelwertadaption
MMIC: Millimeter-Wave Integrated Circuit
MMT: Methylcyclopentadienyl Mangan Tricarbonyl
MNEFZ: Modifizierter Neuer Europäischer Fahrzyklus
MO: Monitoring
MOS: Metal-Oxide Semiconductor (Metalloxid-Halbleiter)
MOSFET: MOS-Feldeffekt-Transistor
MOST: Media-Oriented Systems Transport
MOZ: Motor-Oktanzahl
MP: Momentanpol
MPC: Model Predictive Control
MPEG: Moving Picture Experts Group
mpg: Meilen pro Gallone
MPP: Most Propable Path (voraussichtliche Fahrstrecke)
MPT: Multi-Purpose Tire (Mehrzweckreifen)
MPU: Microprocessor Unit
MRAM: Magnetoresistive Random-Access Memory
MRR: Mid-Range Radar (Mittelbereichsradar)
MSB: Motorized Seat Belt (elektromechanischer Gurtstraffer)
MSC: Motorcycle Stability Control (Motorrad-Stabilitätskontrolle)
MSC: Micro Second Channel
MSE: Motronic Small Engines
MSG: Metall-Schutzgas
MSI: Medium-Scale Integration
MSI: Multi-Spark Ignition
MSR: Motorschleppmomentregelung
MT: Manual Transmission
MTBE: Methyltertiärbutylether
MTC: Motorcycle Traction Control
MtG: Methanol-to-Gasoline
MTF: Modulations-Transfer-Funktion
MTTF: Mean Time To Failure (Augenblickliche mittlere Lebensdauer)
MW: Mittelwellen

N:

NAFTA: North American Free Trade Agreement
NAO: Non Asbestos Organics
NBR: Nitril-Butadien-Kautschuk
NCAP: New Car Assessment Program
NCS: Needle Closing Sensor
NDIR: Nicht-dispersiver Infrarot (-Analysator)
NDUV: Nicht-Dispersiver Ultraviolett (-Analysator)
NE: Nicht-Eisen
NEFZ: Neuer Europäischer Fahrzyklus
NEV: New Energy Vehicle
NF: Niederfrequenz
NFC: Near Field Communication
Nfz: Nutzfahrzeug
NHD: Nitriding Hardness Depth (Nitrierhärtetiefe)
NHTSA: National Highway Traffic Safety Administration
NIC: Network Interface-Controller
NiMH: Nickel-Metallhydrid
NIR: Nah-Infrarot
NIT: Network Idle Time
Nkw: Nutzkraftwagen
NLGI: National Lubricating Grease Institute
NLU: Natural Language Understanding
NMHC: Non-Methane Hydrocarbon (Nicht-methanhaltige Kohlenwasserstoffe)
Nht: Nitrierhärtetiefe
NML: Nonmagnetic Layer (nichtmagnetische Zwischenschicht)
NMOG: Nicht-methanhaltige organische Gase
NMOS: N-Kanal MOS-Transistor
NN: Neuronales Netz (Netzwerk)
NR: Natural Rubber (Naturkautschuk)
NRZ: Non Return to Zero
NSC: NO_x-Storage Catalyst (NO_x-Speicherkatalysator)
NSM: Nebenschlussmaschine

NTC: Negative Temperature Coefficient (Negativer Temperaturkoeffizient)
NTE: Not To Exceed
NVH: Noise Vibration Harshness
NYCC: New York City Cycle

O:

OAT: Organic Acid Technology
OBD: On-Board-Diagnose
OBD: On-Board Diagnostic (System)
OC: Occupant Classification
OCV: Open Circuit Voltage
OD: Operating Data
ODB: Offset Deformable Barrier Crash
ODD: Operational Design Domain
OEM: Original Equipment Manufacturer
OGW: Oberer Grenzwert
OHC: Overhead Camshaft (Oben liegende Nockenwelle)
OHV: Overhead Valves (Hängende Ventile)
OLED: Organic Light Emitting Diode
OME: Oxymethylenether
OMM: Oberflächenmikromechanik
OP: Operationsverstärker
OPNV: Öffentlicher Personennahverkehr
OPV: Operationsverstärker
OS: Operating System
OSEK: Offene Systeme und deren Schnittstellen für die Elektronik im Kraftfahrzeug
OSI: Open Systems Interconnection
OT: Oberer Totpunkt (Kolben des Verbrennungsmotors)
OTX: Open Test Sequence Exchange Format

P:

PA: Polyamid
PAO: Poly-α-olefin
PAR: Parität
PAS: Peripheral Acceleration Sensor
PAX: Pneu Accrochage, X = Synonym für Michelin Radialreifentechnologie
PBT: Polybutylenterephthalat
PC: Passenger Car
PC: Personal Computer
PC: Polycarbonat
PCB: Printed Circuit Board
PCM: Phase Change Memory
PCP: Pre-Crash Positioning
PCV: Positiv Crankcase Ventilation
PCW: Predictive Collision Warning (Prädiktive Kollisionswarnung)
PDE: Pumpe-Düse-Einheit (Unit Injector System)
PDP: Positive Displacement Pump
PDU: Protocol Data Unit
PE: Polyethylen
PEBS: Predictive Emergency Braking System (Prädiktives Notbremssystem)
PEEK: Polyetheretherketon
PEM: Polymer-Elektrolyt-Membran
PEM: Proton Exchange Membrane
PEMS: Portable Emission Measurement System
PES: Poly-Ellipsoid System (Scheinwerfer)
PET: Polyethylenterephthalat
PF: Phenol-Formaldehyd
PFA: Perfluoralkoxy (-Polymere)
PFC: Power Factor Correction
PGM: Probabilistische-Grafisches Modell
pH: Potentia Hydrogenii
PHEV: Plug-in Hybrid Electric Vehicle
PHV: Plug-in Hybrid Electric Vehicle
PK: Profilkurzzeichen
Pkw: Personenkraftwagen
PL: Pinned Layer
PL: Power Density Line
PLD: Pumpe-Leitung-Düse (Unit Pump System)
PLL: Phase-Locked Loop (Phasenregelkreis)
PM: Particulate Matter (Partikelmasse)
PM: Proportionalmagnet
PMD: Paramagnetischer Detektor
PMD: Photonic Mixing Device
PMM: Polymethylmethacrylat
PMMA: Polymethylmethacrylat
PMOS: P-Kanal MOS-Transistor
PN: Particle Number (Partikelanzahl)
PNLT: Post New Long Term
POF: Polymeroptische Fasern
POI: Points of Interest
POM: Polyoximethylen
PP: Polypropylen
PPA: Polyphthalamid
PPNLT: Post Post New Long Term
PPS: Polyphenylensulfid

PPS: Peripheral Pressure Sensor
PROM: Programmable Read Only Memory (Programmierbarer Nur-Lese-Speicher)
PS: Pferdestärke
PS: Polystyrol
PS-P: Presafe Pulse
PSD: Power Spectral Density
PSFB: Phase Shifted Full Bridge
PSI: Peripheral Sensor Interface
PSM: Passive Safety Manager
PSM: Permanentmagneterregte Synchronmaschine
PSOC: Partial State of Charge
PSRR: Power Supply Rejection Ratio (Netzstörunterdrückungsverhältnis)
PTB: Physikalisch-Technische Bundesanstalt
PTC: Positive Temperature Coefficient (Positiver Temperaturkoeffizient)
PtG: Power-to-Gas
PtL: Power-to-Liquid
PTFE: Polytetrafluorethylen (Teflon)
PU: Polyurethan
PUR: Polyurethan
PVB: Polyvinylbutyral
PVC: Polyvinylchlorid
PVD: Physical Vapor Deposition (Physikalische Beschichtung durch Dampf)
PVDF: Polyvinylidenfluorid
PVE: Production Vehicle Evaluation
PWM: Pulsweitenmodulation
PWR: Pulswechselrichter
PZEV: Partial Zero-Emission Vehicle
PZT: Plumbum-Zirkonat-Titanat

Q:

QFD: Quality Function Deployment
QM: Qualitäts-Management
QVGA: Quarter Video Graphics Array

R:

Radar: Radio Detection and Ranging
RAM: Random Access Memory (Schreib-Lese-Speicher)
RAMSIS: Rechnerunterstütztes anthroprometrisch-mathematisches System zur Insassensimulation
RBU: Redundant Brake Unit
RDE: Real Driving Emissions
RDKS: Reifendruckkontrollsystem
RDS: Radio Data System
REX: Range-Extender
RF: Radio Frequency
RFA: Röntgenfluoreszenzanalyse
RFCMOS: Radio-Frequency-CMOS
RGM: Reliability-Growth Management (Zuverlässigkeitswachstums-Management)
RIM: Reaction-Injection Moulding (Formgebung durch Injektion mit anschließender Reaktion des Werkstoffs)
RISC: Reduced Instruction-Set Computing
RME: Rapsmethylester (Alternativkraftstoff)
RMF: Rollover Mitigation Functions
RMQ: Root Mean Quad
RMS: Root Mean Square
RMV: Rollover Mitigation Function
ROM: Read Only Memory (Nur-Lese-Speicher)
ROV: Rotierende Hochspannungsverteilung
ROZ: Research-Oktanzahl
RR: Rolling Resistance
RREG: Richtlinie des Rates der Europäischen Gemeinschaft (heute: Europäische Union)
RRIM: Reinforced Reaction-Injection Moulding (Formgebung durch Injektion mit anschließender Reaktion des verstärkten Werkstoffs)
RSM: Reihenschlussmaschine
RTA: Real Time Architect (Betriebssystem für Embedded Software)
RTE: Run-Time Environment
RUV: Ruhende Spannungsverteilung
RWAL: Rear Wheel Anti Lock Brake System

S:

S: Schwerpunkt
SAE: Society of Automotive Engineers (Gesellschaft der Kraftfahrzeug-Ingenieure in den USA)
SAF: Synthetic Antiferromagnetic Free Layer
SBC: Sensotronic Brake Control
SBI: Suppression of Background Illumination

SBR: Styrol-Butadien-Kautschuk
SBR: Seat Belt Reminder (Gurtwarnsystem)
SC: System Control
SCM: Secondary Collision Mitigation
SCR: Selective Catalytic Reduction (Selektive katalytische Reduktion)
SCU: Sensor Control Unit
SD: Secure Digital
SD: Sigma-Delta
SD: System Document
SDARS: Satellite Digital Audio Radio Service
SEI: Software Engineering Institute
SEL: Sound Exposure Level (Lärmexpositionspegel)
SENT: Single Edge Nibble Transmission
SEW: Stahl-Eisen-Werkstoffblätter
SfM: Structure of Motion
SFTP: Supplemental Federal Test Procedure
SG: Schwimmwinkelgradient
SG: Steuergerät
SH: Sample and Hold
SHD: Surface Hardness Depth (Einhärtungstiefe)
SHED: Sealed Housing for Evaporative Determination (gasdichte Klimakammer zur Bestimmung der Verdunstungsemissionen)
SHF: Super High Frequency
SI: Système International (Internationales Einheitensystem)
SI: Speed Index, Geschwindigkeitssymbol (Reifen)
SiL: Software in the Loop
SIL: Safety Integrity Level
SIR: Styrol-Isopren Kautschuk
SIS: Service-Informationssystem
SL: Select-Low (ABS)
SLADR: Slave-Adresse
SLC: Sensor-Less Control
SLI: Starting, Lighting, Ignition
SM: Synchronmaschine
SMD: Surface-Mounted Device (Oberflächenmontiertes Bauteil)
SMG: Separater Motor-Generator
SMK: Schwungmassenklasse
SML: Seitenmarkierungsleuchten
SMPS: Scanning Mobility Particle Sizer
SMS: Short Message Service
SMT: Surface-Mount Technology (Oberflächenmontagetechnik)
SoC: System on Chip
SNR: Signal-to-Nois Ratio (Signal-Rausch-Verhältnis)
SOC: State of Charge (Ladezustand der Batterie)
SOF: State of Function (Leistungsfähigkeit der Batterie)
SOH: State of Health (Gesundheitszustand, Alterungszustand der Batterie)
SOTIF: Safety of the Intended Function
SPAD: Single Photon Avalanche Diode
SPC: Statistic Process Control (Statistische Prozessregelung)
SPI: Serial Peripheral Interface
SPICE: Software Process Improvement and Capability Determination
SR: Slew Rate
SRAM: Static Random-Access Memory
SRET: Scanning Reference-Electrode Techniques
SRM: Switched Reluctance Machine
SRR: Short-Range Radar (Nahbereichsradar)
SSI: Small-Scale Integration
SSV: Side-by-Side Vehicle
STEP: Standard for the Exchange of Product Model Data
STN-LCD: Super Twisted Nematic-Liquid Crystal Display
StVZO: Straßenverkehrs-Zulassungsordnung (für Deutschland)
SULEV: Super Ultra-Low-Emission Vehicle
SURF: Speeded Up Robust Features
SUV: Sport Utility Vehicle
SVM: Space Vector Modulation
SVPWM: Space Vector Pulse Width Modulation
SW: Software
SWC: Software Component
SWR: Serial Wire Ring

T:

TA: Type Approval (Typzertifizierung)
TC: Transient Cycle
TCM: Trailer Control Modul
TCO: Total Cost of Ownership
TCP: Transmission Control Protocol
TCU: Transmission Control Unit
TD: Torque Demand
TDC: Time to Digital Converter
TDMA: Time Division Multiple Access

TEM: Transversal Electromagnetic Mode
TFT: Thin-Film Transistor (Dünnschichttransistor)
THC: Total Hydrocarbons
TKU: Technische Kundenunterlagen
TLEV: Transitional Low-Emission Vehicle
TMC: Traffic Message Channel
TMR: Tunnel-Magnetoresistiver Effekt
TN-LCD: Twisted Nematic-Liquid Crystal Display
TOF: Time of Flight
TP: Tripelpunkt
TPA: Thermoplastische Copolyamide
TPC: Thermoplastische Copolyester-elastomere
TPE: Thermoplastische Elastomere
TPO: Thermoplastische Elastomere auf Olefinbasis
TPU: Thermoplastische Elastomere auf Urethanbasis
TPV: Vernetzte thermoplastische Elastomere auf Olefinbasis
TPEG: Transport Protocol Experts Group
TPMS: Tire Pressure Monitoring System
TRX: Tension Répartie (verteilte Spannung)
TS: Technical Specification (Technische Spezifikation)
TS: Torque Structure
TSM: Trailer Sway Mitigation
TSS: Transmission-Start-Sequence
TTB: Time To Brake
TTC: Time To Collision
TTCAN: Time Triggered CAN
TTL: Transistor-Transistor Logic (Bipolare integrierte Digital-schaltung)
TTS: Time To Steer
TtW: Tank to Wheel
TV: Television
TWC: Three-way Catalyst (Dreiwege-katalysator)
TWI: Tread Wear Indicator

U:

UDC: Urban Driving Cycle
UDDS: Urban Dynamometer Driving Schedule
UF: Utility Faktor
UFOME: Used Frying Oil Methyl Ester (Altspeisefettmethylester)
UGW: Unterer Grenzwert
UHF: Ultra-High Frequency
UIS: Unit Injector System (Pumpe-Düse-Einheit)
UKW: Ultrakurzwellen
ULEV: Ultra-Low-Emission Vehicle
ULSD: Ultra Low Sulphur Diesel
ULSI: Ultra Large Scale Integration
UMTS: Universal Mobile Telecommunication System
UN: United Nations
UN/ECE: United Nations/Economic Commission for Europe
ÜOT: Überschneidungs-OT (Oberer Totpunkt im Ausstoßtakt)
UPS: Unit Pump System (Pumpe-Leitung-Düse)
UPS: Ultraviolett Photo Spectroscopy
USA: United States of America
USV: Umschaltventil
UT: Unterer Totpunkt (Kolben des Verbrennungsmotors)
UTP: Unshielded Twisted Pair
UV: Ultraviolett
UWB: Ultra Wide Band

V:

V2G: Vehicle to Grid
V2H: Vehicle to Home
V2I: Vehicle to Infrastructure
V2L: Vehicle to Load
V2V: Vehicle to Vehicle
V2X: Vehicle to Infrastructure
VA: Vorderachse
VC: Vehicle Computer
VCI: Volatile Corrosion Inhibitor (Flüchtiger Korrosionsinhibitor)
VCO: Voltage-Controlled Oscillator
VCR: Variable Compression Ratio
VCSEL: Vertical-Cavity Surface-Emitting Laser
VCU: Vehicle Control Unit
VDA: Verband der Automobilindustrie
VDA-FS: Verband der Automobil-industrie – Flächenschnittstelle
VDE: Verband der Elektrotechnik Elek-tronik Informationstechnik e.V.
VDI: Verein Deutscher Ingenieure
VDM: Vehicle Dynamics Management
VDU: Vehicle Dynamics Unit
VDX: Vehicle Distributed Executive

VE: Verteilereinspritzpumpe
VECTO: Vehicle Energy and Consumption Calculation tool
VFB: Virtual Function Bus
VFD: Vacuum Fluorescence Design (Vakuumfluoreszenztechnik)
VGA: Video Graphics Array
VHAD: Vehicle Headlamp Aiming Device (Einstellvorrichtung für Frontscheinwerfer)
VHD: Vertical Hall Device
VHF: Very High Frequency
VLF: Very Low Frequency
VLI: Vapour-Lock-Index
VI: Viskositätsindex
VIS: Visible
VLSI: Very Large Scale Integration
VMC: Vehicle Motion Control
VMM: Volumenmikromechanik
VOL: Visual Optical Aim Left
VOR: Visual Optical Aim Right
VPI: Vapor-Phase Inhibitor (Dampfphaseninhibitor)
VR: Verteilereinspritzpumpe, Radialkolbenpumpe
VR: Vorderrad
VRLA: Valve-Regulated Lead-Acid
VSA: Vehicle Stability Assist
VSC: Vehicle Stability Control
VSG: Verbund-Sicherheitsglas
VTG: Variable Turbinengeometrie (Abgasturbolader)
VVT: Variabler Ventiltrieb

W:

WdK: Wirtschaftsverband der deutschen Kautschukindustrie
WEC: World Endurance Championship
wERBP: wet Equilibrum Reflux Boiling Point
WHSC: World Harmonized Stationary Cycle
WHTC: World Harmonized Transient Cycle
WLAN: Wireless Local Area Network
WLTC: Worldwide Light-duty Test Cycles
WLTP: Worldwide harmonized Light vehicle Test Procedure
WMTC: Worldwide harmonised Motorcycle Testing Cycle
WNTE: Worldwide Harmonized Not To Exceed
WRC: World Rally Championship
WtT: Well to Tank
WtW: Well to Wheel
WWH: World Wide Harmonized
WWW: World Wide Web

X:

XML: Extensible Markup Language
XPS: X-Ray Photo Electron Spectrometry

Z:

ZEV: Zero-Emission Vehicle
ZF: Zwischenfrequenz
zGm: Zulässige Gesamtmasse
ZME: Zumesseinheit
ZOT: Zünd-OT (Oberer Totpunkt im Arbeitstakt)
ZZP: Zündzeitpunkt